实用机械加工工艺手册

第 5 版

陈宏钧　单立红　编著

机 械 工 业 出 版 社

本手册采用现行国家标准和行业标准，分3卷13章，系统全面地介绍了机械加工工艺规范和各类机械加工技术。其中，第1卷 金属切削常用技术标准及应用，共4章，包括常用技术资料，机械制图，机械零件，常用材料及热处理；第2卷 机械加工工艺技术及管理，共3章，包括机械加工工艺规程设计，工艺装备设计基础、规则及机床夹具设计，工艺管理及工艺纪律；第3卷 切削加工技术及技术测量，共6章，包括切削工具，切削加工技术，磨料磨具，磨削加工及光整加工，钳工加工及装配技术，技术测量及量具。

本手册工程实践案例丰富，具有实用性、科学性、先进性，内容翔实，结构合理，层次清楚，语言简练，技术难度适当，可供企业，特别是中小型企业机械加工工艺师、工程师、工艺设计员、工艺装备设计员，生产车间工艺施工员、技师，高级技术工人及工科院校相关专业的师生使用。

图书在版编目（CIP）数据

实用机械加工工艺手册 / 陈宏钧，单立红编著. 5版. -- 北京 : 机械工业出版社，2024. 11. -- ISBN 978-7-111-76831-9

Ⅰ. TG506-62

中国国家版本馆 CIP 数据核字第 20248E6A91 号

机械工业出版社（北京市百万庄大街22号　邮政编码100037）
策划编辑：孔　劲
责任编辑：孔　劲　李含杨
责任校对：牟丽英　樊钟英　刘雅娜　张　征
封面设计：鞠　杨
责任印制：郜　敏
三河市宏达印刷有限公司印刷
2025年3月第5版第1次印刷
184mm×260mm · 125.5印张 · 2插页 · 3369千字
标准书号：ISBN 978-7-111-76831-9
定价：299.00元

电话服务　网络服务
客服电话：010-88361066　机 工 官 网：www.cmpbook.com
010-88379833　机 工 官 博：weibo.com/cmp1952
010-68326294　金 书 网：www.golden-book.com
封底无防伪标均为盗版　机工教育服务网：www.cmpedu.com

前　言

机械加工工艺是机械加工的重要组成部分，是企业进行生产准备、计划调度、加工操作、安全生产、技术检测、健全劳动组织、实现产品设计的重要依据，也是企业上品种、上质量、上水平、加速产品更新、提高经济效益的技术保证。采用合理的机械加工工艺，可以获得良好的产品尺寸精度、表面粗糙度和几何形状等质量指标，从而起到提高产品质量，节约能源，降低成本，提升生产率的作用。

《实用机械加工工艺手册》自1997年第1版出版，分别于2003年和2009年出版了第2版和第3版，前后共重印10次；2016年，第4版出版后至今已重印11次，印数过万册，深受广大专业读者的厚爱和支持。随着我国制造业的快速发展，机械加工工艺在制造业中的重要作用更加凸显。为更好地满足我国制造企业对机械加工工艺的需求，我们在遵循手册前4版“以实用性、科学性、先进性相结合为宗旨”“以少而精为原则”选材的基础上，综合整理近年许多来自生产一线的读者反馈的意见和建议，再次进行全面的修订，力争将其打造成为我国企业，特别是中小企业工艺师、机械加工工艺设计员、工艺装备设计员、生产车间工艺施工员及技师案头的一部好使好用的工具书。

本手册采用现行国家标准和行业标准，从整体结构层次上进行了较大调整。全书共分3卷13章，第1卷 金属切削常用技术标准及应用，共4章，包括常用技术资料，机械制图，机械零件，常用材料及热处理；第2卷 机械加工工艺技术及管理，共3章，包括机械加工工艺规程设计，工艺装备设计基础、规则及机床夹具设计，工艺管理及工艺纪律；第3卷 切削加工技术及技术测量，共6章，包括切削工具，切削加工技术，磨料磨具，磨削加工及光整加工，钳工加工及装配技术，技术测量及量具。修订过程中，在第1卷第2章“机械制图”中补充了焊缝画法及轴测图等；在第2卷第1章1.3节“典型零件机械加工工艺过程举例”中更换增加了实例；增加了第3章“工艺管理及工艺纪律”；删除了第4版第2章2.5节“机械加工工序间加工余量”和2.6节“通用夹具中的常用回转工作台、吸盘及铣头、镗头、插头”等内容。

本手册包含系统的机械加工工艺规范、各类机械加工技术，以及丰富的来自于生产一线的案例，内容全面，实用性强，能够助力企业工艺师、设计师、工艺设计工程师及技术人员、工艺装备设计师及技术人员，现场工艺施工工程师及技术人员，工人技师等人员提升相关技能，也可作为高等院校、中职院校机械类专业相关师生的重要参考资料。

本手册由陈宏钧、单立红编写完成。

由于编者水平有限，在编写中难免有不妥和疏漏之处，真诚希望广大读者批评指正。

编　者

目　录

第2卷 机械加工工艺技术及管理

第3卷 切削加工技术及技术测量

第1卷　金属切削常用技术标准及应用

第1章　常用技术资料

1.1　常用资料

1.1.1　国家及行业标准编号（见表1-1-1～表1-1-3）

表1-1-1　国家标准编号及含义

标准编号	含　义	标准编号	含　义
GB	强制性国家标准	GB/Z	国家标准化指导性技术文件
GB/T	推荐性国家标准		

表1-1-2　部分行业标准编号及含义

标准编号	含　义	标准编号	含　义
BB	包装行业标准	MH	民用航空行业标准
CB	船舶行业标准	MT	煤炭行业标准
CH	测绘行业标准	NY	农业行业标准
CJ	城市建设行业标准	QB	轻工行业标准
DL	电力行业标准	QC	汽车行业标准
DZ	地质矿业行业标准	QJ	航天工业行业标准
EJ	核工业行业标准	SH	石油化工行业标准
FZ	纺织行业标准	SJ	电子行业标准
HB	航空工业行业标准	SL	水利行业标准
HG	化工行业标准	SY	石油天然气行业标准
HJ	环境保护行业标准	TB	铁道行业标准
JB	机械行业标准	WB	物资行业标准
JC	建材行业标准	WJ	兵工民品行业标准
JG	建筑工业行业标准	XB	稀土行业标准
JT	交通行业标准	YB	黑色冶金行业标准
LD	劳动和劳动安全行业标准	YD	邮电通信行业标准
LY	林业行业标准	YS	有色冶金行业标准

表1-1-3　部分原部颁标准编号及含义

标准编号	含　义	标准编号	含　义
QB	轻工业部标准	HG	化学工业部标准
SG	轻工业部标准(原中央手工业管理总局的代号)	FJ	纺织工业部标准
YB	冶金工业部标准	FJ/Z	纺织工业部指导性技术文件
YB/Z	冶金工业部指导性技术文件	FZ	纺织工业部专业标准
YB(T)	冶金工业部推荐性标准	FJn	纺织工业部内部标准

（续）

标准编号	含　义	标准编号	含　义
SJ	电子工业部标准	JJG	国家计量检定规程
SJ/Z	电子工业部指导性技术文件	LY	林业部标准
JB	机械工业部标准	SY	石油工业部标准
JBn	机械工业部标准(内部发行)	CB	中国船舶工业总公司部标准(原六机部标准)
JB/Z	机械工业部指导性技术文件	CB/Z	中国船舶工业总公司部指导性技术文件(原六机部指导性技术文件)
NJ	机械工业部标准(农机方面)		
NJ/Z	机械工业部指导性技术文件(农机方面)	CBM	船舶工业外贸标准
ZBY	机械工业部仪器仪表标准	TB	铁道部标准
JB/TQ	机械工业部石化通用局标准	TB/Z	铁道部指导性技术文件(医疗器械方面)
JB/GQ	机械工业部机床工具局标准	JT	交通部标准
JB/ZQ	机械工业部重型矿山局标准	JTJ	交通部工程建设标准
JB/DQ	机械工业部电工局标准	MT	煤炭部标准
JB/NQ	机械工业部农机局标准	MT/Z	煤炭部指导性技术文件
JJ	国家基建委、城乡建设环境保护部标准	DZ	地质部标准

1.1.2 主要元素的化学符号、相对原子质量和密度（见表1-1-4）

表1-1-4 主要元素的化学符号、相对原子质量和密度

元素名称	化学符号	相对原子质量	密度/(g/cm³)	元素名称	化学符号	相对原子质量	密度/(g/cm³)
银	Ag	107.88	10.5	钼	Mo	95.95	10.2
铝	Al	26.97	2.7	钠	Na	22.997	0.97
砷	As	74.91	5.73	铌	Nb	92.91	8.6
金	Au	197.2	19.3	镍	Ni	58.69	8.9
硼	B	10.82	2.3	磷	P	30.98	1.82
钡	Ba	137.36	3.5	铅	Pb	207.21	11.34
铍	Be	9.02	1.9	铂	Pt	195.23	21.45
铋	Bi	209.00	9.8	镭	Ra	226.05	5
溴	Br	79.916	3.12	铷	Rb	85.48	1.53
碳	C	12.01	1.9~2.3	钌	Ru	101.7	12.2
钙	Ca	40.08	1.55	硫	S	32.06	2.07
镉	Cd	112.41	8.65	锑	Sb	121.76	6.67
钴	Co	58.94	8.8	硒	Se	78.96	4.81
铬	Cr	52.01	7.19	硅	Si	28.06	2.35
铜	Cu	63.54	8.93	锡	Sn	118.70	7.3
氟	F	19.00	1.11	锶	Sr	87.63	2.6
铁	Fe	55.85	7.87	钽	Ta	180.88	16.6
锗	Ge	72.60	5.36	钍	Th	232.12	11.5
汞	Hg	200.61	13.6	钛	Ti	47.90	4.54
碘	I	126.92	4.93	铀	U	238.07	18.7
铱	Ir	193.1	22.4	钒	V	50.95	5.6
钾	K	39.096	0.86	钨	W	183.92	19.15
镁	Mg	24.32	1.74	锌	Zn	65.38	7.17
锰	Mn	54.93	7.3				

1.1.3 常用单位换算（见表 1-1-5~表 1-1-15）

表 1-1-5　长度单位换算

米(m)	厘米(cm)	毫米(mm)	英寸(in)	英尺(ft)	码(yd)	市尺
1	10^2	10^3	39.37	3.281	1.094	3
10^{-2}	1	10	0.394	3.281×10^{-2}	1.094×10^{-2}	3×10^{-2}
10^{-3}	0.1	1	3.937×10^{-2}	3.281×10^{-3}	1.094×10^{-3}	3×10^{-3}
2.54×10^{-2}	2.54	25.4	1	8.333×10^{-2}	2.778×10^{-2}	7.62×10^{-2}
0.305	30.48	3.048×10^2	12	1	0.333	0.914
0.914	91.44	9.14×10^2	36	3	1	2.743
0.333	33.333	3.333×10^2	13.123	1.094	0.365	1

表 1-1-6　面积单位换算

米²(m^2)	厘米²(cm^2)	毫米²(mm^2)	英寸²(in^2)	英尺²(ft^2)	码²(yd^2)	市尺²
1	10^4	10^6	1.550×10^3	10.764	1.196	9
10^{-4}	1	10^2	0.155	1.076×10^{-3}	1.196×10^{-4}	9×10^{-4}
10^{-6}	10^{-2}	1	1.55×10^{-3}	1.076×10^{-5}	1.196×10^{-6}	9×10^{-6}
6.452×10^{-4}	6.452	6.452×10^2	1	6.944×10^{-3}	7.617×10^{-4}	5.801×10^{-3}
9.290×10^{-2}	9.290×10^2	9.290×10^4	1.44×10^2	1	0.111	0.836
0.836	8361.3	0.836×10^6	1296	9	1	7.524
0.111	1.111×10^3	1.111×10^5	1.722×10^2	1.196	0.133	1

表 1-1-7　体积单位换算

米³(m^3)	升(L)	厘米³(cm^3)	英寸³(in^3)	英尺³(ft^3)	美加仑(USgal)	英加仑(UKgal)
1	10^3	10^6	6.102×10^4	35.315	2.642×10^2	2.200×10^2
10^{-3}	1	10^3	61.024	3.532×10^{-2}	0.264	0.220
10^{-6}	10^{-3}	1	6.102×10^{-2}	3.532×10^{-5}	2.642×10^{-4}	2.200×10^{-4}
1.639×10^{-5}	1.639×10^{-2}	16.387	1	5.787×10^{-4}	4.329×10^{-3}	3.605×10^{-3}
2.832×10^{-2}	28.317	2.832×10^4	1.728×10^3	1	7.481	6.229
3.785×10^{-3}	3.785	3.785×10^3	2.310×10^2	0.134	1	0.833
4.546×10^{-3}	4.546	4.546×10^3	2.775×10^2	0.161	1.201	1

表 1-1-8　质量单位换算

千克 (kg)	克 (g)	毫克 (mg)	吨 (t)	英吨 (ton)	美吨 (Sh ton)	磅 (lb)
1000	10^6	10^9	1	0.9842	1.1023	2204.6
1	1000	10^6	0.001	9.842×10^{-4}	1.1023×10^{-3}	2.2046
0.001	1	1000	10^{-6}	9.842×10^{-7}	1.1023×10^{-6}	2.2046×10^{-3}
1016.05	1.016×10^6	1.016×10^9	1.0161	1	1.12	2240
907.19	9.072×10^5	9.072×10^8	0.9072	0.8929	1	2000
0.4536	453.59	4.536×10^5	4.536×10^{-4}	4.465×10^{-4}	5.0×10^{-4}	1

注：1千克即1公斤，英吨又名长吨（Long Ton），美吨又名短吨（Short Ton）。

表 1-1-9　力单位换算

牛顿 (N)	千克力 (kgf)	克力 (gf)	达因 (dyn)	磅力 (lbf)	磅达 (pdl)
1	0.102	1.02×10^2	10^5	0.2248	7.233
9.80665	1	10^3	9.80665×10^5	2.2046	70.93
10^{-5}	1.02×10^{-5}	1.02×10^{-3}	1	2.248×10^{-6}	7.233×10^{-5}
4.448	0.4536	4.536×10^2	4.448×10^5	1	32.174
0.1383	1.41×10^{-2}	1.41×10^{-5}	1.383×10^4	3.108×10^{-2}	1

表 1-1-10　压力单位换算

工程大气压 (at)	标准大气压 (atm)	千克力/毫米^2 (kgf/mm^2)	毫米水柱 (mmH_2O)	毫米汞柱 (mmHg)	牛顿/米^2 (N/m^2)
1	0.9678	0.01	10^4	735.6	98067
1.033	1	1.033×10^{-2}	10332	760	101325
100	96.78	1	10^6	73556	9.807×10^6
0.0001	9.678×10^{-5}	1.0×10^{-6}	1	0.0736	9.807
0.00136	0.00132	1.36×10^{-5}	13.6	1	133.32
1.02×10^{-5}	0.99×10^{-5}	1.02×10^{-7}	0.102	0.0075	1

表 1-1-11　功率单位换算

瓦 (W)	千瓦 (kW)	[米制]马力 (法 ch,CV;德 PS)	英马力 (hp)	千克力·米/秒 (kgf·m/s)	英尺·磅力/秒 (ft·lbf/s)	千卡/秒 (kcal/s)
1	10^{-3}	1.36×10^{-3}	1.341×10^{-3}	0.102	0.7376	2.39×10^{-4}
1000	1	1.36	1.341	102	737.6	0.239
735.5	0.7355	1	0.9863	75	542.5	0.1757
745.7	0.7457	1.014	1	76.04	550	0.1781
9.807	9.807×10^{-3}	1.333×10^{-4}	1.315×10^{-4}	1	7.233	2.342×10^{-3}
1.356	1.356×10^{-3}	1.843×10^{-3}	1.82×10^{-3}	0.1383	1	3.24×10^{-4}
4186.8	4.187	5.692	5.614	426.935	3083	1

表 1-1-12　温度换算

摄氏度(℃)	华氏度(℉)	兰氏[①]度(°R)	开尔文(K)
℃	$\frac{9}{5}$℃+32	$\frac{9}{5}$℃+491.67	℃+273.15[②]
$\frac{5}{9}$(℉-32)	℉	℉+459.67	$\frac{5}{9}$(℉+459.67)
$\frac{5}{9}$(°R-491.67)	°R-459.67	°R	$\frac{5}{9}$°R
K-273.15[②]	$\frac{5}{9}$K-459.67	$\frac{5}{9}$K	K

① 原文是 Rankine，故也称兰金度。

② 摄氏温度的标定是以水的冰点为一个参照点作为 0℃，相当于热力学温度中的 273.15K。热力学温度的标定是以水的三相点为一个参照点作为 273.15K，相当于 0.01℃（即水的三相点高于水的冰点 0.01℃）。

表 1-1-13　热导率单位换算

瓦/(米·开) [W/(m·K)]	千卡/ (米·时·℃) [kcal/(m·h·℃)]	卡/ (厘米·秒·℃) [cal/(cm·s·℃)]	焦耳/ (厘米·秒·℃) [J/(cm·s·℃)]	英热单位/ (英尺·时·°F) [Btu/(ft·h·°F)]
1	0.8598	0.00239	0.01	0.578
1.16	1	0.00278	0.0116	0.672
418.68	360	1	4.1868	242
100	85.98	0.239	1	57.8
1.73	1.49	0.00413	0.0173	1

注：法定计量单位为瓦［特］每米开［尔文］，单位符号为 W/(m·K)。

表 1-1-14　速度单位换算

米/秒 (m/s)	千米/时 (km/h)	英尺/秒 (ft/s)
1	3.600	3.281
0.278	1	0.911
0.305	1.097	1

表 1-1-15　角速度单位换算

弧度/秒 (rad/s)	转/分 (r/min)	转/秒 (r/s)
1	9.554	0.159
0.105	1	0.017
6.283	60	1

1.2　产品几何技术规范

1.2.1　极限与配合（GB/T 1800.1~2—2020）

1.2.1.1　术语和定义

1. 轴

通常指工件的外尺寸要素，也包括非圆柱形的外尺寸要素（由两相对平行面或切面形成的被包容面）。

基准轴：在基轴制配合中选作基准的轴。对 GB/T 1800.1~2—2020 的配合制，即上极限偏差为零的轴。

2. 孔

通常指工件的内尺寸要素，也包括非圆柱形的内尺寸要素（由两相对平行面或切面形成的包容面）。

基准孔：在基孔制配合中选作基准的孔。对 GB/T 1800.1~2—2020 的配合制，即下极限偏差为零的孔。

3. 尺寸

（1）公称尺寸　由图样规范定义的理想形状要素的尺寸，如图1-1-1所示（公称尺寸可以是一个整数或一个小数值，如32、15、8.75、0.5……）。通过它应用上、下极限偏差可以计算出极限尺寸。

（2）极限尺寸　尺寸要素的尺寸所允许的极限值。

（3）上极限尺寸　尺寸要素允许的最大尺寸，如图1-1-1所示。

（4）下极限尺寸　尺寸要素允许的最小尺寸，如图1-1-1所示。

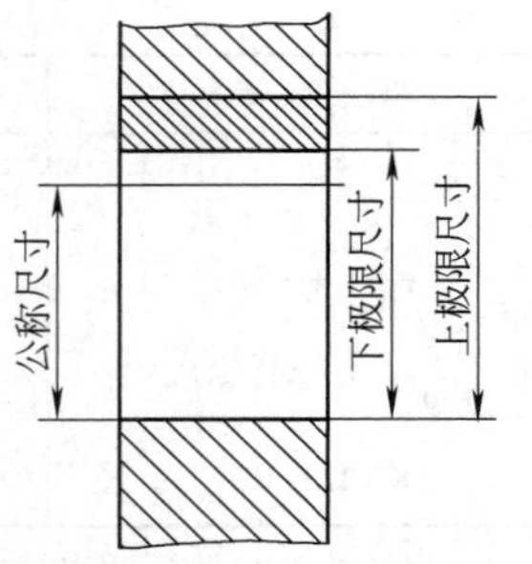

图1-1-1　公称尺寸、上极限尺寸和下极限尺寸

4. 偏差

某值与其参考值之差。对于尺寸偏差，参考值是公称尺寸，某值是实际尺寸。

（1）极限偏差　相对于公差尺寸的上极限偏差和下极限偏差。轴（外尺寸要素）的上、下极限偏差用小写字母*es*、*ei*表示；孔（内尺寸要素）的上、下极限偏差用大写字母*ES*、*EI*表示（见图1-1-2）。

（2）上极限偏差　上极限尺寸减其公称尺寸所得的代数差。

（3）下极限偏差　下极限尺寸减其公称尺寸所得的代数差。

（4）基本偏差　确定公差带相对公称尺寸位置的那个极限偏差（它可以是上极限偏差或下极限偏差，一般靠近公称尺寸的那个偏差为基本偏差）。

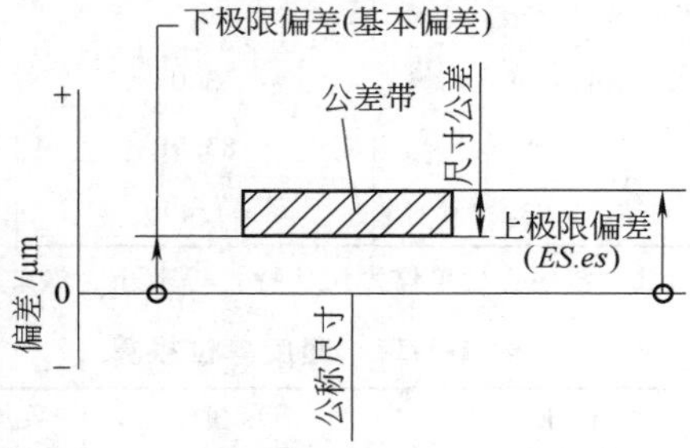

图1-1-2　偏差和公差

5. 公差

上极限尺寸与下极限尺寸之差，或上极限偏差与下极限偏差之差。它是允许尺寸的变动量（公差是一个没有符号的绝对值）。

（1）标准公差（IT）　线性尺寸公差ISO代号体系中的任一公差（字母IT为“国际公差”的符号）。

（2）标准公差等级　同常用标示符号表征的线性尺寸公差组。同一公差等级（如IT7）对所有公称尺寸的一组公差被认为具有同等精确程度。

（3）公差带　公差极限之间（包括公差极限）的尺寸变动值。对于GB/T 1800，公差带包含在上极限尺寸和下极限尺寸之间，由公差大小和其相对公称尺寸的位置确定，如图1-1-2所示。

（4）公差极限　确定允许值上界限和/或下界限的特定值。

6. 间隙

当轴的直径小于孔的直径时，孔和轴的尺寸之差，如图1-1-3所示。

（1）最小间隙　在间隙配合中，孔的下极限尺寸与轴的上极限尺寸之差，如图1-1-4所示。

（2）最大间隙　在间隙配合或过渡配合中，孔的上极限尺寸与轴的下极限尺寸之差，如图1-1-4和图1-1-5所示。

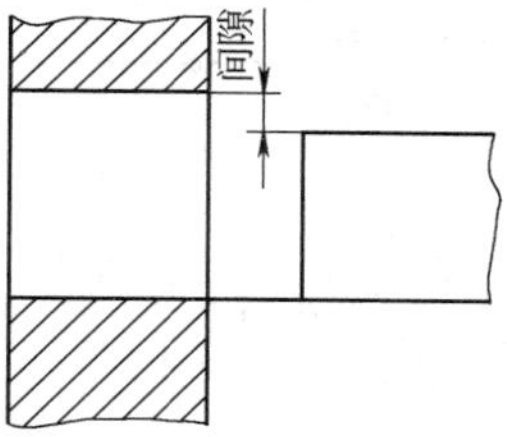

图 1-1-3　间隙

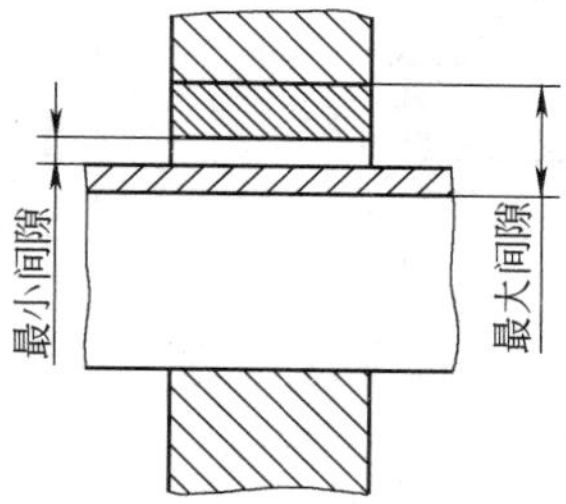

图 1-1-4　最小间隙和最大间隙

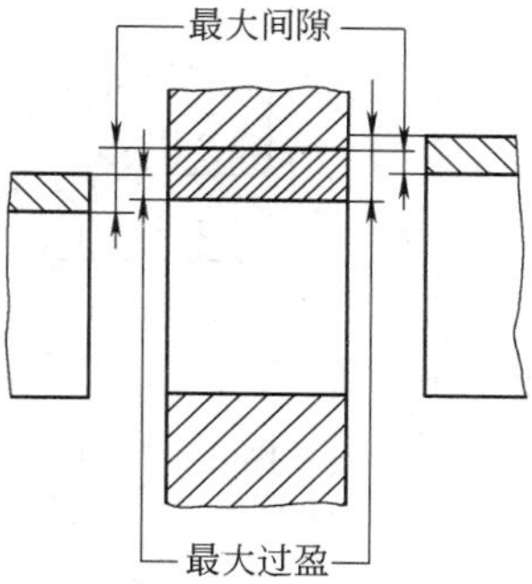

图 1-1-5　最大间隙和最大过盈

7. 过盈

当轴的直径大于孔的直径时，相配孔和轴的尺寸之差，如图 1-1-6 所示。在过盈计算中，所得的值是负值。

（1）最小过盈　在过盈配合中，孔的上极限尺寸与轴的下极限尺寸之差，如图 1-1-7 所示。

（2）最大过盈　在过盈配合或过渡配合中，孔的下极限尺寸与轴的上极限尺寸之差，如图 1-1-7 所示。

8. 配合

类型相同且待装配的外尺寸要素（轴）和内尺寸要素（孔）之间的关系。

（1）间隙配合　孔和轴装配时总是存在间隙（包括最小间隙等于零）的配合。此时，孔的公差带在轴的公差带之上，如图 1-1-8 所示。

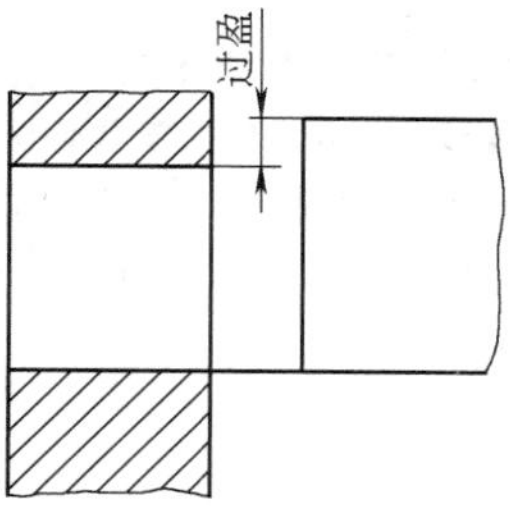

图 1-1-6　过盈

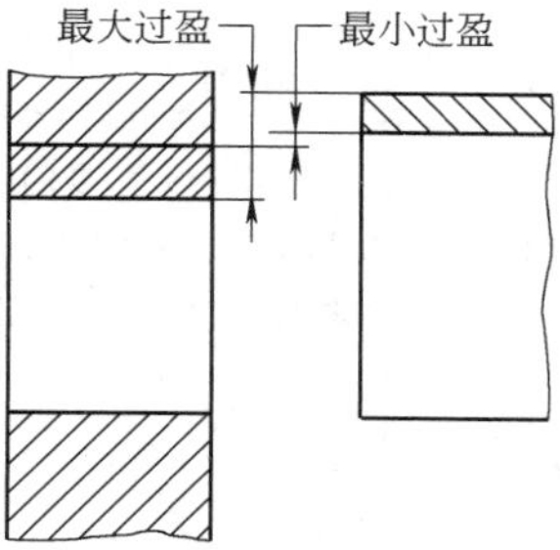

图 1-1-7　最小过盈和最大过盈

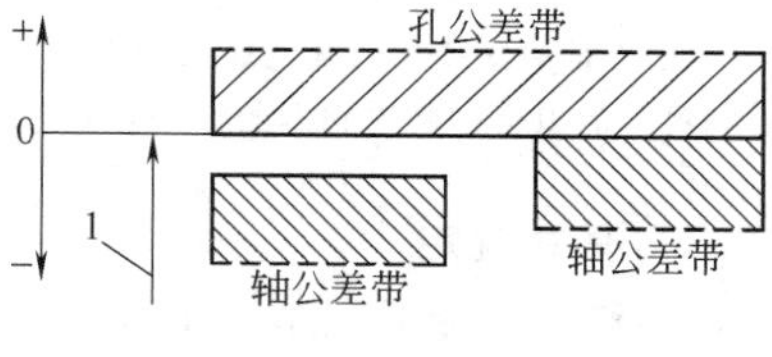

图 1-1-8　间隙配合

1—公称尺寸（=孔的下极限尺寸）

注：限制公差带的水平粗实线表示基本偏差，限制公差带的虚线代表另一个极限偏差。下同。

（2）过盈配合　孔和轴装配时总是存在过盈（包括最小过盈等于零）的配合。此时，孔的公差带在轴的公差带之下，如图 1-1-9 所示。

（3）过渡配合　孔和轴装配时可能具有间隙或过盈的配合。此时，孔的公差带与轴的公差带完全重叠或部分重叠，如图 1-1-10 所示。

（4）配合公差　组成配合的两个尺寸要素的尺寸公差之和。它表示配合所允许的变动量（配合公差是一个没有符号的绝对值）。

9. ISO 配合制

由线性尺寸公差 ISO 代号体系确定公差的孔和轴组成配合的一种制度。

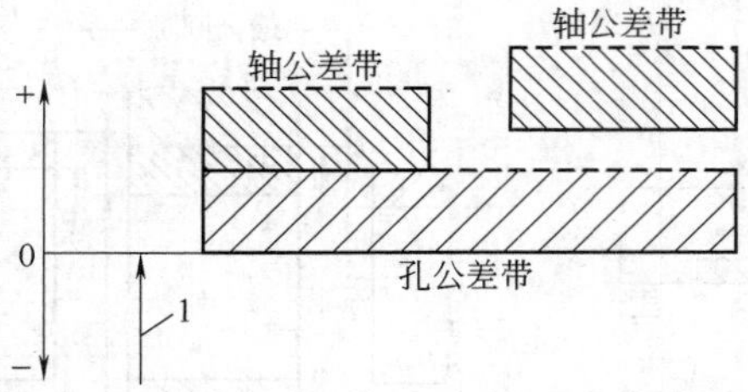

图 1-1-9 过盈配合

1—公称尺寸（=孔的下极限尺寸）

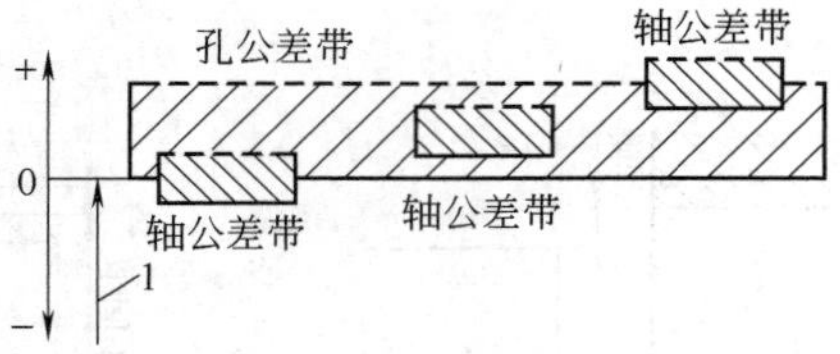

图 1-1-10 过渡配合

1—公称尺寸（=孔的下极限尺寸）

（1）基轴制配合　基轴制配合是轴的上极限尺寸与公称尺寸相等、轴的基本偏差（上极限偏差）为零的一种配合制，如图 1-1-11 所示。所要求的间隙或过盈由不同公差代号的孔与一基本偏差为零的公差带代号的基准轴相配合得到。

（2）基孔制配合　基孔制配合是孔的下极限尺寸与公称尺寸相等、孔的基本偏差（下极限偏差）为零的一种配合制，如图 1-1-12 所示。所要求的间隙或过盈由不同公差代号的轴与一基本偏差为零的公差代号的基准孔相配合得到。

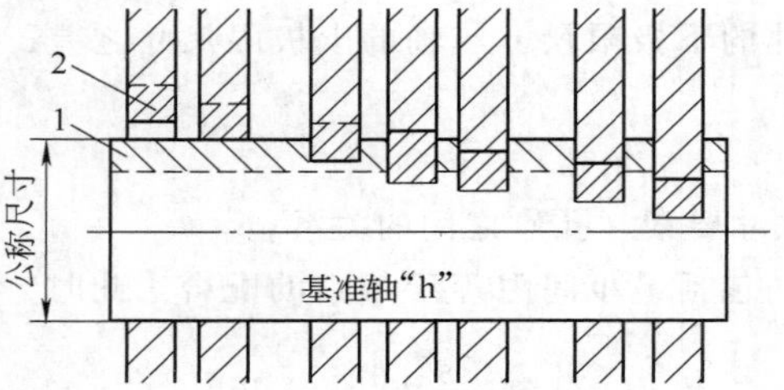

图 1-1-11 基轴制配合

1—基准轴的公差带　2—不同的孔的公差带

注：1. 限制公差带的水平实线代表孔或轴的基本偏差。
2. 限制公差带的虚线代表其他极限偏差，表示孔和轴之间可能的组合，其与它们的标准公差等级有关。

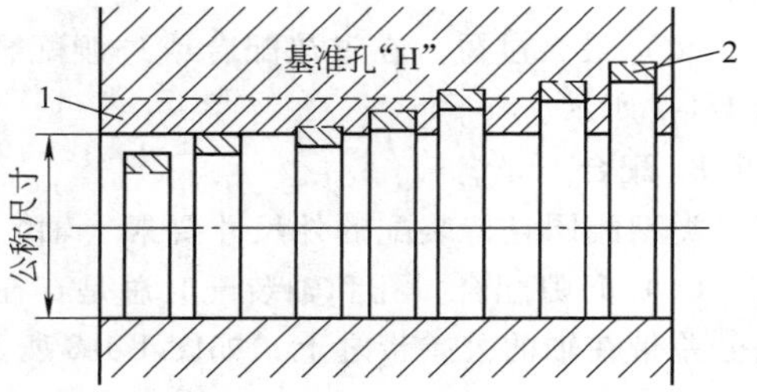

图 1-1-12 基孔制配合

1—基准孔的公差带　2—不同的轴的公差带

注：1. 限制公差带的水平实线代表孔或轴的基本偏差。
2. 限制公差带的虚线代表其他极限偏差，表示孔和轴之间可能的组合，其与它们的标准公差等级有关。

1.2.1.2 基本规定

1. 公称尺寸分段（表 1-1-16）

表 1-1-16 公称尺寸分段　（单位：mm）

主段落		中间段落		主段落		中间段落		主段落		中间段落		主段落		中间段落	
大于	至	大于	至	大于	至	大于	至	大于	至	大于	至	大于	至	大于	至
—	3	—	—	80	120	80	100	315	400	315	355	1000	1250	1000	1120
3	6	—	—			100	120			355	400			1120	1250
6	10	—	—	120	180	120	140	400	500	400	450	1250	1600	1250	1400
10	18	10	14			140	160			450	500			1400	1600
		14	18			160	180	500	630	500	560	1600	2000	1600	1800
18	30	18	24	180	250	180	200			560	630			1800	2000
		24	30			200	225	630	800	630	710	2000	2500	2000	2240
30	50	30	40			225	250			710	800			2240	2500
		40	50	250	315	250	280	800	1000	800	900	2500	3150	2500	2800
50	80	50	65			280	315			900	1000			2800	3150
		65	80												

2. 标准公差的等级、代号及数值

标准公差分 20 级，即 IT01、IT0、IT1～IT18。IT 表示标准公差，公差的等级代号用阿拉伯数字表示。从 IT01 至 IT18 等级依次降低，当其与代表基本偏差的字母一起组成公差带时，省略“IT”字母，如 h7。公称尺寸至 3150mm 的标准公差数值见表 1-1-17。

表 1-1-17 公称尺寸至 3150mm 的标准公差数值

公称尺寸/mm		标准公差等级																			
		IT01	IT0	IT1	IT2	IT3	IT4	IT5	IT6	IT7	IT8	IT9	IT10	IT11	IT12	IT13	IT14	IT15	IT16	IT17	IT18
大于	至	标准公差数值																			
		μm													mm						
—	3	0.3	0.5	0.8	1.2	2	3	4	6	10	14	25	40	60	0.1	0.14	0.25	0.4	0.6	1	1.4
3	6	0.4	0.6	1	1.5	2.5	4	5	8	12	18	30	48	75	0.12	0.18	0.3	0.48	0.75	1.2	1.8
6	10	0.4	0.6	1	1.5	2.5	4	6	9	15	22	36	58	90	0.15	0.22	0.36	0.58	0.9	1.5	2.2
10	18	0.5	0.8	1.2	2	3	5	8	11	18	27	43	70	110	0.18	0.27	0.43	0.7	1.1	1.8	2.7
18	30	0.6	1	1.5	2.5	4	6	9	13	21	33	52	84	130	0.21	0.33	0.52	0.84	1.3	2.1	3.3
30	50	0.6	1	1.5	2.5	4	7	11	16	25	39	62	100	160	0.25	0.39	0.62	1	1.6	2.5	3.9
50	80	0.8	1.2	2	3	5	8	13	19	30	46	74	120	190	0.3	0.46	0.74	1.2	1.9	3.0	4.6
80	120	1	1.5	2.5	4	6	10	15	22	35	54	87	140	220	0.35	0.54	0.87	1.4	2.2	3.5	5.4
120	180	1.2	2	3.5	5	8	12	18	25	40	63	100	160	250	0.4	0.63	1	1.6	2.5	4.0	6.3
180	250	2	3	4.5	7	10	14	20	29	46	72	115	185	290	0.46	0.72	1.15	1.85	2.9	4.6	7.2
250	315	2.5	4	6	8	12	16	23	32	52	81	130	210	320	0.52	0.81	1.3	2.1	3.2	5.2	8.1
315	400	3	5	7	9	13	18	25	36	57	89	140	230	360	0.57	0.89	1.4	2.3	3.6	5.7	8.9
400	500	4	6	8	10	15	20	27	40	63	97	155	250	400	0.63	0.97	1.55	2.5	4	6.3	9.7
500	630			9	11	16	22	32	44	70	110	175	280	440	0.7	1.1	1.75	2.8	4.4	7.0	11
630	800			10	13	18	25	36	50	80	125	200	320	500	0.8	1.25	2	3.2	5.0	8.0	12.5
800	1000			11	15	21	28	40	56	90	140	230	360	560	0.9	1.4	2.3	3.6	5.6	9.0	14
1000	1250			13	18	24	33	47	66	105	165	260	420	660	1.05	1.65	2.6	4.2	6.6	10.5	16.5
1250	1600			15	21	29	39	55	78	125	195	310	500	780	1.25	1.95	3.1	5	7.8	12.5	19.5
1600	2000			18	25	35	46	65	92	150	230	370	600	920	1.5	2.3	3.7	6	9.2	15.0	23
2000	2500			22	30	41	55	78	110	175	280	440	700	1100	1.75	2.8	4.4	7	11	17.5	28
2500	3150			26	36	50	68	96	135	210	330	540	860	1350	2.1	3.3	5.4	8.6	13.5	21.0	33

3. 基本偏差的代号

基本偏差的代号用拉丁字母表示，大写的为孔，小写的为轴，各 28 个。

孔：A，B，C，CD，D，E，EF，F，FG，G，H，J，JS，K，M，N，P，R，S，T，U，V，X，Y，Z，ZA，ZB，ZC。

轴：a，b，c，cd，d，e，ef，f，fg，g，h，j，js，k，m，n，p，r，s，t，u，v，x，y，z，za，zb，zc。

其中，H代表基准孔，h代表基准轴（见图1-1-13）。

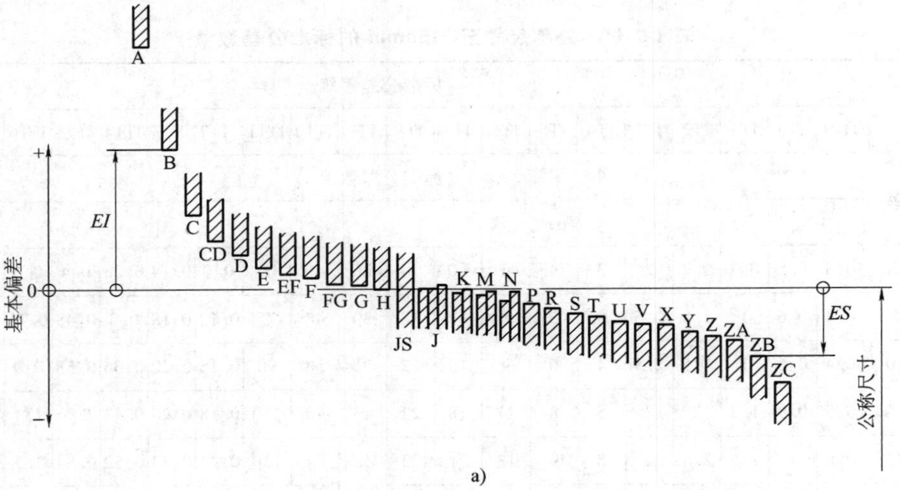

a)

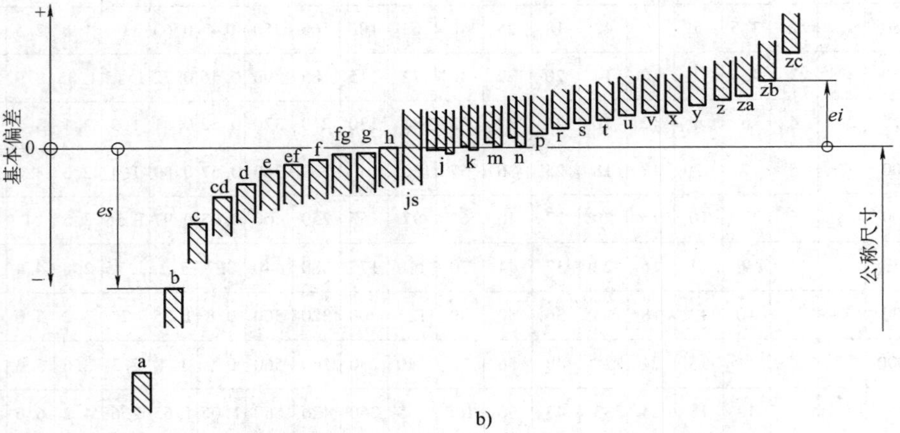

b)

图1-1-13 基本偏差系列

a）孔（内尺寸要素） b）轴（外尺寸要素）

4. 偏差代号

偏差代号规定如下：孔的上极限偏差*ES*，孔的下极限偏差*EI*；轴的上极限偏差*es*；轴的下极限偏差*ei*。

5. 轴的极限偏差

轴的基本偏差从a到h为上极限偏差；从j到zc为下极限偏差。

轴的基本偏差数值见表1-1-18和表1-1-19。

表1-1-18　轴a~j的基本偏差数值

公称尺寸/mm		基本偏差数值/μm														
		上极限偏差(*es*)												下极限偏差(*ei*)		
		a	b	c	cd	d	e	ef	f	fg	g	h	js	j		
大于	至	所有公差等级												IT5、IT6	IT7	IT8
—	3	-270	-140	-60	-34	-20	-14	-10	-6	-4	-2	0		-2	-4	-6
3	6	-270	-140	-70	-46	-30	-20	-14	-10	-6	-4	0		-2	-4	—
6	10	-280	-150	-80	-56	-40	-25	-18	-13	-8	-5	0		-2	-5	—
10	14	-290	-150	-95	-70	-50	-32	-23	-16	-10	-6	0		-3	-6	—
14	18															
18	24	-300	-160	-110	-85	-65	-40	-25	-20	-12	-7	0		-4	-8	—
24	30															
30	40	-310	-170	-120	-100	-80	-50	-35	-25	-15	-9	0		-5	-10	—
40	50	-320	-180	-130												
50	65	-340	-190	-140	—	-100	-60	—	-30	—	-10	0		-7	-12	—
65	80	-360	-200	-150												
80	100	-380	-220	-170	—	-120	-72	—	-36	—	-12	0		-9	-15	—
100	120	-410	-240	-180												
120	140	-460	-260	-200	—	-145	-85	—	-43	—	-14	0		-11	-18	—
140	160	-520	-280	-210												
160	180	-580	-310	-230												
180	200	-660	-340	-240	—	-170	-100	—	-50	—	-15	0		-13	-21	—
200	225	-740	-380	-260												
225	250	-820	-420	-280												
250	280	-920	-480	-300	—	-190	-110	—	-56	—	-17	0	偏差=±(IT*n*/2),*n*是标准公差等级数	-16	-26	—
280	315	-1050	-540	-330												
315	355	-1200	-600	-360	—	-210	-125	—	-62	—	-18	0		-18	-28	—
355	400	-1350	-680	-400												
400	450	-1500	-760	-440	—	-230	-135	—	-68	—	-20	0		-20	-32	—
450	500	-1650	-840	-480												
500	560					-260	-145	—	-76	—	-22	0				
560	630															
630	710					-290	-160	—	-80	—	-24	0				
710	800															
800	900					-320	-170	—	-86	—	-26	0				
900	1000															
1000	1120					-350	-195	—	-98	—	-28	0				
1120	1250															
1250	1400					-390	-220	—	-110	—	-30	0				
1400	1600															
1600	1800					-430	-240	—	-120	—	-32	0				
1800	2000															
2000	2240					-480	-260	—	-130	—	-34	0				
2240	2500															
2500	2800					-520	-290	—	-145	—	-38	0				
2800	3150															

注：公称尺寸≤1mm时，不使用基本偏差a和b。

表 1-1-19 轴 k～zc 的基本偏差数值

公称尺寸/mm		基本偏差数值/μm															
		下极限偏差(*ei*)															
		k		m	n	p	r	s	t	u	v	x	y	z	za	zb	zc
大于	至	IT4～IT7	≤IT3 >IT7	所有公差等级													
—	3	0	0	+2	+4	+6	+10	+14	—	+18	—	+20	—	+26	+32	+40	+60
3	6	+1	0	+4	+8	+12	+15	+19	—	+23	—	+28	—	+35	+42	+50	+80
6	10	+1	0	+6	+10	+15	+19	+23	—	+28	—	+34	—	+42	+52	+67	+97
10	14	+1	0	+7	+12	+18	+23	+28	—	+33	—	+40	—	+50	+64	+90	+130
14	18										+39	+45	—	+60	+77	+108	+150
18	24	+2	0	+8	+15	+22	+28	+35	—	+41	+47	+54	+63	+73	+98	+136	+188
24	30								+41	+48	+55	+64	+75	+88	+118	+160	+218
30	40	+2	0	+9	+17	+26	+34	+43	+48	+60	+68	+80	+94	+112	+148	+200	+274
40	50								+54	+70	+81	+97	+114	+136	+180	+242	+325
50	65	+2	0	+11	+20	+32	+41	+53	+66	+87	+102	+122	+144	+172	+226	+300	+405
65	80						+43	+59	+75	+102	+120	+146	+174	+210	+274	+360	+480
80	100	+3	0	+13	+23	+37	+51	+71	+91	+124	+146	+178	+214	+258	+335	+445	+585
100	120						+54	+79	+104	+144	+172	+210	+254	+310	+400	+525	+690
120	140	+3	0	+15	+27	+43	+63	+92	+122	+170	+202	+248	+300	+365	+470	+620	+800
140	160						+65	+100	+134	+190	+228	+280	+340	+415	+535	+700	+900
160	180						+68	+108	+146	+210	+252	+310	+380	+465	+600	+780	+1000
180	200	+4	0	+17	+31	+50	+77	+122	+166	+236	+284	+350	+425	+520	+670	+880	+1150
200	225						+80	+130	+180	+258	+310	+385	+470	+575	+740	+960	+1250
225	250						+84	+140	+196	+284	+340	+425	+520	+640	+820	+1050	+1350
250	280	+4	0	+20	+34	+56	+94	+158	+218	+315	+385	+475	+580	+710	+920	+1200	+1550
280	315						+98	+170	+240	+350	+425	+525	+650	+790	+1000	+1300	+1700
315	355	+4	0	+21	+37	+62	+108	+190	+268	+390	+475	+590	+730	+900	+1150	+1500	+1900
355	400						+114	+208	+294	+435	+530	+660	+820	+1000	+1300	+1650	+2100
400	450	+5	0	+23	+40	+68	+126	+232	+330	+490	+595	+740	+920	+1100	+1450	+1850	+2400
450	500						+132	+252	+360	+540	+660	+820	+1000	+1250	+1600	+2100	+2600
500	560	0	0	+26	+44	+78	+150	+280	+400	+600							
560	630						+155	+310	+450	+660							
630	710	0	0	+30	+50	+88	+175	+340	+500	+740							
710	800						+185	+380	+560	+840							
800	900	0	0	+34	+56	+100	+210	+430	+620	+940							
900	1000						+220	+470	+680	+1050							
1000	1120	0	0	+40	+66	+120	+250	+520	+780	+1150							
1120	1250						+260	+580	+840	+1300							

（续）

公称尺寸/mm		基本偏差数值/μm 下极限偏差(*ei*)															
		k		m	n	p	r	s	t	u	v	x	y	z	za	zb	zc
大于	至	IT4~IT7	≤IT3 >IT7	所有公差等级													
1250	1400	0	0	+48	+78	+140	+300	+640	+960	+1450							
1400	1600						+330	+720	+1050	+1600							
1600	1800	0	0	+53	+92	+170	+370	+820	+1200	+1850							
1800	2000						+400	+920	+1350	+2000							
2000	2240	0	0	+68	+110	+195	+440	+1000	+1500	+2300							
2240	2500						+460	+1100	+1650	+2500							
2500	2800	0	0	+76	+135	+240	+550	+1250	+1900	+2900							
2800	3150						+580	+1400	+2100	+3200							

轴的另一个偏差（下极限偏差或上极限偏差），根据轴的基本偏差和标准公差，按以下代数式计算：

$$ei = es - \mathrm{IT} \text{ 或 } es = ei + \mathrm{IT}$$

6. 孔的极限偏差

孔的基本偏差从 A 到 H 为下极限偏差；从 J 至 ZC 为上极限偏差。

孔的基本偏差数值表见表 1-1-20。

孔的另一个偏差（上极限偏差或下极限偏差），根据孔的基本偏差和标准公差，按以下代数式计算：

$$ES = EI + \mathrm{IT} \text{ 或 } EI = ES - \mathrm{IT}$$

7. 公差带代号

孔、轴公差带代号分别由代表孔的基本偏差的大写字母和轴的基本偏差的小写字母与代表标准公差等级的数字的组合标示。例如，H8、F8、K7、P7 等为孔的公差带代号；h7、f7、k6、P6 等为轴的公差带代号。其表示方法可以用下列示例之一：

孔：$\phi50\mathrm{H8}$，$\phi50^{+0.039}_{0}$，$\phi50\mathrm{H8}\ (^{+0.039}_{0})$。

轴：$\phi50\mathrm{f7}$，$\phi50^{-0.025}_{-0.050}$，$\phi50\mathrm{f7}\ (^{-0.025}_{-0.050})$。

8. 基准制

标准规定有基孔制和基轴制。在一般情况下，优先采用基孔制。如有特殊需要，允许将任一孔、轴公差带组成配合。

9. 配合代号

用孔、轴公差带代号的组合表示，写成分数形式，分子为孔的公差带代号，分母为轴的公差带代号，H8/f7 或$\frac{\mathrm{H8}}{\mathrm{f7}}$。配合的标准（写规则）可用以下示例之一：

$\phi50\mathrm{H8/f7}$ 或 $\phi50\,\frac{\mathrm{H8}}{\mathrm{f7}}$；10H7/n6 或 $10\,\frac{\mathrm{H7}}{\mathrm{n6}}$。

表 1-1-20 孔的基本偏差数值表

公称尺寸/mm		基本偏差数值/μm																				
		下极限偏差(*EI*)												上极限偏差(*ES*)								
		A	B	C	CD	D	E	EF	F	FG	G	H	JS	J			K		M		N	
大于	至	所有公差等级												6IT	7IT	8IT	≤8IT	>8IT	≤8IT	>8IT	≤8IT	>8IT
—	3	+270	+140	+60	+34	+20	+14	+10	+6	+4	+2	0	偏差 $=\pm\frac{ITn}{2}$ *n* 是标准公差等级数	+2	+4	+6	0	0	−2	−2	−4	−4
3	6	+270	+140	+70	+46	+30	+20	+14	+10	+6	+4	0		+5	+6	+10	−1+Δ	—	−4+Δ	−4	−8+Δ	0
6	10	+280	+150	+80	+56	+40	+25	+18	+13	+8	+5	0		+5	+8	+12	−1+Δ	—	−6+Δ	−6	−10+Δ	0
10	14	+290	+150	+95	+70	+50	+32	+23	+16	+10	+6	0		+6	+10	+15	−1+Δ	—	−7+Δ	−7	−12+Δ	0
14	18																					
18	24	+300	+160	+110	+85	+65	+40	+28	+20	+12	+7	0		+8	+12	+20	−2+Δ	—	−8+Δ	−8	−15+Δ	0
24	30																					
30	40	+310	+170	+120	+100	+80	+50	+35	+25	+15	+9	0		+10	+14	+24	−2+Δ	—	−9+Δ	−9	−17+Δ	0
40	50	+320	+180	+130																		
50	65	+340	+190	+140	—	+100	+60	—	+30	—	+10	0		+13	+18	+28	−2+Δ	—	−11+Δ	−11	−20+Δ	0
65	80	+360	+200	+150																		
80	100	+380	+220	+170	—	+120	+72	—	+36	—	+12	0		+16	+22	+34	−3+Δ	—	−13+Δ	−13	−23+Δ	0
100	120	+410	+240	+180																		
120	140	+460	+260	+200	—	+145	+85	—	+43	—	+14	0		+18	+26	+41	−3+Δ	—	−15+Δ	−15	−27+Δ	0
140	160	+520	+280	+210																		
160	180	+580	+310	+230																		

（续）

公称尺寸/mm		基本偏差数值/μm																				
		下极限偏差(*EI*)												上极限偏差(*ES*)								
		A	B	C	CD	D	E	EF	F	FG	G	H	JS	J			K		M		N	
大于	至	所有公差等级												6IT	7IT	8IT	≤8IT	>8IT	≤8IT	>8IT	≤8IT	>8IT
180	200	+660	+340	+240	—	+170	+100	—	+50	—	+50	0	偏差 $=\pm\frac{ITn}{2}$，*n* 是标准公差等级数	+22	+30	+47	−4+Δ	—	−17+Δ	−17	−31+Δ	0
200	225	+740	+380	+260																		
225	250	+820	+420	+280																		
250	280	+920	+480	+300	—	+190	+110	—	+56	—	+17	0		+25	+36	+55	−4+Δ	—	−20+Δ	−20	−34+Δ	0
280	315	+1050	+540	+330																		
315	355	+1200	+600	+360	—	+210	+125	—	+62	—	+18	0		+29	+39	+60	−4+Δ	—	−21+Δ	−21	−37+Δ	0
355	400	+1350	+680	+400																		
400	450	+1500	+760	+440	—	+230	+135	—	+68	—	+20	0		+33	+43	+66	−5+Δ	—	−23+Δ	−23	−40+Δ	0
450	500	+1650	+840	+480																		
500	560					+260	+145		+76		+22	0					0		−26		−44	
560	630																					
630	710					+290	+160		+80		+24	0					0		−30		−50	
710	800																					
800	900					+320	+170		+86		+26	0					0		−34		−56	
900	1000																					
1000	1120					+350	+195		+98		+28	0					0		−40		−66	
1120	1250																					
1250	1400					+390	+220		+110		+30	0					0		−48		−78	
1400	1600																					
1600	1800					+430	+240		+120		+32	0					0		−58		−92	
1800	2000																					
2000	2240					+480	+260		+130		+34	0					0		−68		−110	
2240	2500																					
2500	2800					+520	+290		+145		+38	0					0		−76		−135	
2800	3150																					

（续）

公称尺寸/mm		基本偏差数值/μm														Δ值/μm					
		上极限偏差(*ES*)																			
		P~ZC	P	R	S	T	U	V	X	Y	Z	ZA	ZB	ZC							
大于	至	≤IT7	>IT7 的标准公差等级													IT3	IT4	IT5	IT6	IT7	IT8
—	3	在大于 IT7 的标准公差等级的基本偏差数值上增加一个 Δ 值	-6	-10	-14	—	-18	—	-20	—	-26	-32	-40	-60	0						
3	6		-12	-15	-19	—	-23	—	-28	—	-35	-42	-50	-80	1	1.5	1	3	4	6
6	10		-15	-19	-23	—	-28	—	-34	—	-42	-52	-67	-97	1	1.5	2	3	6	7
10	14		-18	-23	-28	—	-33	—	-40	—	-50	-64	-90	-130	1	2	3	3	7	9
14	18							-39	-45	—	-60	-77	-108	-150						
18	24		-22	-28	-35	—	-41	-47	-54	-63	-73	-98	-136	-188	1.5	2	3	4	8	12
24	30					-41	-48	-55	-64	-75	-88	-118	-160	-218						
30	40		-26	-34	-43	-48	-60	-68	-80	-94	-112	-148	-200	-274	1.5	3	4	5	9	14
40	50					-54	-70	-81	-97	-114	-136	-180	-242	-325						
50	65		32	-41	-53	-66	-87	-102	-122	-144	-172	-226	-300	-405	2	3	5	6	11	16
65	80			-43	-59	-75	-102	-120	-146	-174	-210	-274	-360	-480						
80	100		-37	-51	-71	-91	-124	-146	-178	-214	-258	-335	-445	-585	2	4	5	7	13	19
100	120			-54	-79	-104	-144	-172	-210	-254	-310	-400	-525	-690						
120	140		-43	-63	-92	-122	-170	-202	-248	-300	-365	-470	-620	-800	3	4	6	7	15	23
140	160			-65	-100	-134	-190	-228	-280	-340	-415	-535	-700	-900						
160	180			-68	-108	-146	-210	-252	-310	-380	-465	-600	-780	-1000						
180	200		-50	-77	-122	-166	-236	-284	-350	-425	-520	-670	-880	-1150	3	4	6	9	17	26
200	225			-80	-130	-180	-258	-310	-385	-470	-575	-740	-960	-1250						
225	250			-84	-140	-196	-284	-340	-425	-520	-640	-820	-1050	-1350						
250	280		-56	-94	-158	-218	-315	-385	-475	-580	-710	-920	-1200	-1550	4	4	7	9	20	29
280	315			-98	-170	-240	-350	-425	-525	-650	-790	-1000	-1300	-1700						

（续）

公称尺寸/mm		基本偏差数值/μm 上极限偏差(ES)														Δ值/μm					
		P~ZC	P	R	S	T	U	V	X	Y	Z	ZA	ZB	ZC							
大于	至	≤IT7	>IT7 的标准公差等级													IT3	IT4	IT5	IT6	IT7	IT8
315	355	在大于 IT7 的标准公差等级的基本偏差数值上增加一个 Δ 值	-62	-108	-190	-268	-390	-475	-590	-730	-900	-1150	-1500	-1900		4	5	7	11	21	32
355	400			-114	-208	-294	-435	-530	-660	-820	-1000	-1300	-1650	-2100							
400	450		-68	-126	-232	-330	-490	-595	-740	-920	-1100	-1450	-1850	-2400		5	5	7	13	23	34
450	500			-132	-252	-360	-540	-660	-820	-1000	-1250	-1600	-2100	-2600							
500	560		-78	-150	-280	-400	-600														
560	630			-155	-310	-450	-660														
630	710		-88	-175	-340	-500	-740														
710	800			-185	-380	-560	-840														
800	900		-100	-210	-430	-620	-940														
900	1000			-220	-470	-680	-1050														
1000	1120		-120	-250	-520	-780	-1150														
1120	1250			-260	-580	-840	-1300														
1250	1400		-140	-300	-640	-960	-1450														
1400	1600			-330	-720	-1050	-1600														
1600	1800		-170	-370	-820	-1200	-1850														
1800	2000			-400	-920	-1350	-2000														
2000	2240		-195	-440	-1000	-1500	-2300														
2240	2500			-460	-1100	-1650	-2500														
2500	2800		-240	-550	-1250	-1900	-2900														
2800	3150			-580	-1400	-2100	-3200														

注：1. 公称尺寸小于 1mm 时，各级的 A 和 B 及大于 IT8 的 N 均不采用。

2. 特殊情况，当公称尺寸为 250~315mm 时，M6 的 *ES* 等于-9μm（不等于-11μm）。

3. 对小于或等于 IT8 的 K、M、N 和小于或等于 IT7 的 P~ZC，所需 Δ 值从表内右侧栏选取。例如，公称尺寸为 6~10mm 的 P6，Δ=3μm，所以 *ES*=(-15+3)μm=-12μm。

10. 配合分类

标准的配合有三类，即间隙配合、过渡配合和过盈配合。属于哪一类配合取决于孔、轴公差带的相互关系。

基孔制（基轴制）中，a 到 h（A 到 H）用于间隙配合；j 到 zc（J 到 ZC）用于过渡配合和过盈配合。

11. 公差带及配合的选用原则

孔、轴公差带及配合，首先采用优先公差带及优先配合，其次采用常用公差带及常用配合，再次采用一般用途公差带。

必要时，可按标准所规定的标准公差与基本偏差组成孔、轴公差带及配合。

1.2.1.3　孔、轴的极限偏差与配合（GB/T 1800.1—2020）

1. 基孔制配合的优先配合和基轴制配合的优先配合

对于通常的工程目的，只需要许多可能的配合中的少数配合。图 1-1-14 和图 1-1-15 中的配合可满足普通工程机构需要。基于经济因素，如有可能，配合应优先选择框中所示的公差带代号（见图 1-1-14 和图 1-1-15）。

可由基孔制（见图 1-1-14）获得符合要求的配合，或在特定应用中由基轴制（见图 1-1-15）获得。

基准孔	轴公差带代号																	
	间隙配合							过渡配合				过盈配合						
H6						g5	h5	js5	k5	m5		n5	p5					
H7					f6	g6	h6	js6	k6	m6	n6		p6	r6	s6	t6	u6	x6
H8				e7	f7		h7	js7	k7	m7					s7		u7	
			d8	e8	f8		h8											
H9			d8	e8	f8		h8											
H10	b9	c9	d9	e9			h9											
H11	b11	c11	d10				h10											

图 1-1-14　基孔制配合的优先配合

基准轴	孔公差带代号																	
	间隙配合							过渡配合				过盈配合						
h5						G6	H6	JS6	K6	M6		N6	P6					
h6					F7	G7	H7	JS7	K7	M7	N7		P7	R7	S7	T7	U7	X7
h7				E8	F8		H8											
h8			D9	E9	F9		H9											
h9				E8	F8		H8											
			D9	E9	F9		H9											
	B11	C10	D10				H10											

图 1-1-15　基轴制配合的优先配合

2. 孔、轴的极限偏差（见表 1-1-21～表 1-1-51）

表 1-1-21　孔的极限偏差（基本偏差 A、B 和 C）①

上极限偏差 = *ES*

下极限偏差 = *EI*

（偏差单位：μm）

公称尺寸/mm		A②					B②						C					
大于	至	9	10	11	12	13	8	9	10	11	12	13	8	9	10	11	12	13
—	3②	+295 +270	+310 +270	+330 +270	+370 +270	+410 +270	+154 +140	+165 +140	+180 +140	+200 +140	+240 +140	+280 +140	+74 +60	+85 +60	+100 +60	+120 +60	+160 +60	+200 +60
3	6	+300 +270	+318 +270	+345 +270	+390 +270	+450 +270	+158 +140	+170 +140	+188 +140	+215 +140	+260 +140	+320 +140	+88 +70	+100 +70	+118 +70	+145 +70	+190 +70	+250 +70
6	10	+316 +280	+338 +280	+370 +280	+430 +280	+500 +280	+172 +150	+186 +150	+208 +150	+240 +150	+300 +150	+370 +150	+102 +80	+116 +80	+138 +80	+170 +80	+230 +80	+300 +80
10	18	+333 +290	+360 +290	+400 +290	+470 +290	+560 +290	+177 +150	+193 +150	+220 +150	+260 +150	+330 +150	+420 +150	+122 +95	+138 +95	+165 +95	+205 +95	+275 +95	+365 +95
18	30	+352 +300	+384 +300	+430 +300	+510 +300	+630 +300	+193 +160	+212 +160	+244 +160	+290 +160	+370 +160	+490 +160	+143 +110	+162 +110	+194 +110	+240 +110	+320 +110	+440 +110
30	40	+372 +310	+410 +310	+470 +310	+560 +310	+700 +310	+209 +170	+232 +170	+270 +170	+330 +170	+420 +170	+560 +170	+159 +120	+182 +120	+220 +120	+280 +120	+370 +120	+510 +120
40	50	+382 +320	+420 +320	+480 +320	+570 +320	+710 +320	+219 +180	+242 +180	+280 +180	+340 +180	+430 +180	+570 +180	+169 +130	+192 +130	+230 +130	+290 +130	+380 +130	+520 +130
50	65	+414 +340	+460 +340	+530 +340	+640 +340	+800 +340	+236 +190	+264 +190	+310 +190	+380 +190	+490 +190	+650 +190	+186 +140	+214 +140	+260 +140	+330 +140	+440 +140	+600 +140
65	80	+434 +360	+480 +360	+550 +360	+660 +360	+820 +360	+246 +200	+274 +200	+320 +200	+390 +200	+500 +200	+660 +200	+196 +150	+224 +150	+270 +150	+340 +150	+450 +150	+610 +150
80	100	+467 +380	+520 +380	+600 +380	+730 +380	+920 +380	+274 +220	+307 +220	+360 +220	+440 +220	+570 +220	+760 +220	+224 +170	+257 +170	+310 +170	+390 +170	+520 +170	+710 +170
100	120	+497 +410	+550 +410	+630 +410	+760 +410	+950 +410	+294 +240	+327 +240	+380 +240	+460 +240	+590 +240	+780 +240	+234 +180	+267 +180	+320 +180	+400 +180	+530 +180	+720 +180

（续）

公称尺寸/mm		A②					B②						C					
大于	至	9	10	11	12	13	8	9	10	11	12	13	8	9	10	11	12	13
120	140	+560 +460	+620 +460	+710 +460	+860 +460	+1090 +460	+323 +260	+360 +260	+420 +260	+510 +260	+660 +260	+890 +260	+263 +200	+300 +200	+360 +200	+450 +200	+600 +200	+830 +200
140	160	+620 +520	+680 +520	+770 +520	+920 +520	+1150 +520	+343 +280	+380 +280	+440 +280	+530 +280	+680 +280	+910 +280	+273 +210	+310 +210	+370 +210	+460 +210	+610 +210	+840 +210
160	180	+680 +580	+740 +580	+830 +580	+980 +580	+1210 +580	+373 +310	+410 +310	+470 +310	+560 +310	+710 +310	+940 +310	+293 +230	+330 +230	+390 +230	+480 +230	+630 +230	+860 +230
180	200	+775 +660	+845 +660	+950 +660	+1120 +660	+1380 +660	+412 +340	+455 +340	+525 +340	+630 +340	+800 +340	+1060 +340	+312 +240	+355 +240	+425 +240	+530 +240	+700 +240	+960 +240
200	225	+855 +740	+925 +740	+1030 +740	+1200 +740	+1460 +740	+452 +380	+495 +380	+565 +380	+670 +380	+840 +380	+1100 +380	+332 +260	+375 +260	+445 +260	+550 +260	+720 +260	+980 +260
225	250	+935 +820	+1005 +820	+1110 +820	+1280 +820	+1540 +820	+492 +420	+535 +420	+605 +420	+710 +420	+880 +420	+1140 +420	+352 +280	+395 +280	+465 +280	+570 +280	+740 +280	+1000 +280
250	280	+1050 +920	+1130 +920	+1240 +920	+1440 +920	+1730 +920	+561 +480	+610 +480	+690 +480	+800 +480	+1000 +480	+1290 +480	+381 +300	+430 +300	+510 +300	+620 +300	+820 +300	+1110 +300
280	315	+1180 +1050	+1260 +1050	+1370 +1050	+1570 +1050	+1860 +1050	+621 +540	+670 +540	+750 +540	+860 +540	+1060 +540	+1350 +540	+411 +330	+460 +330	+540 +330	+650 +330	+850 +330	+1140 +330
315	355	+1340 +1200	+1430 +1200	+1560 +1200	+1770 +1200	+2090 +1200	+689 +600	+740 +600	+830 +600	+960 +600	+1170 +600	+1490 +600	+449 +360	+500 +360	+590 +360	+720 +360	+930 +360	+1250 +360
355	400	+1490 +1350	+1580 +1350	+1710 +1350	+1920 +1350	+2240 +1350	+769 +680	+820 +680	+910 +680	+1040 +680	+1250 +680	+1570 +680	+489 +400	+540 +400	+630 +400	+760 +400	+970 +400	+1290 +400
400	450	+1655 +1500	+1750 +1500	+1900 +1500	+2130 +1500	+2470 +1500	+857 +760	+915 +760	+1010 +760	+1160 +760	+1390 +760	+1730 +760	+537 +440	+595 +440	+690 +440	+840 +440	+1070 +440	+1410 +440
450	500	+1805 +1650	+1900 +1650	+2050 +1650	+2280 +1650	+2620 +1650	+937 +840	+995 +840	+1090 +840	+1240 +840	+1470 +840	+1810 +840	+577 +480	+635 +480	+730 +480	+880 +480	+1110 +480	+1450 +480

① 没有给出公称尺寸大于500mm的基本偏差A、B和C。

② 公称尺寸小于1mm时，各级的A和B均不采用。

表 1-1-22　孔的极限偏差（基本偏差 CD、D 和 E）

上极限偏差 = *ES*

下极限偏差 = *EI*

（偏差单位：μm）

公称尺寸/mm		CD①					D								E					
大于	至	6	7	8	9	10	6	7	8	9	10	11	12	13	5	6	7	8	9	10
—	3	+40 +34	+44 +34	+48 +34	+59 +34	+74 +34	+26 +20	+30 +20	+34 +20	+45 +20	+60 +20	+80 +20	+120 +20	+160 +20	+18 +14	+20 +14	+24 +14	+28 +14	+39 +14	+54 +14
3	6	+54 +46	+58 +46	+64 +46	+76 +46	+94 +46	+38 +30	+42 +30	+48 +30	+60 +30	+78 +30	+105 +30	+150 +30	+210 +30	+25 +20	+28 +20	+32 +20	+38 +20	+50 +20	+68 +20
6	10	+65 +56	+71 +56	+78 +56	+92 +56	+114 +56	+49 +40	+55 +40	+62 +40	+76 +40	+98 +40	+130 +40	+190 +40	+260 +40	+31 +25	+34 +25	+40 +25	+47 +25	+61 +25	+83 +25
10	18						+61 +50	+68 +50	+77 +50	+93 +50	+120 +50	+160 +50	+230 +50	+320 +50	+40 +32	+43 +32	+50 +32	+59 +32	+75 +32	+102 +32
18	30						+78 +65	+86 +65	+98 +65	+117 +65	+149 +65	+195 +65	+275 +65	+395 +65	+49 +40	+53 +40	+61 +40	+73 +40	+92 +40	+124 +40
30	50						+96 +80	+105 +80	+119 +80	+142 +80	+180 +80	+240 +80	+330 +80	+470 +80	+61 +50	+66 +50	+75 +50	+89 +50	+112 +50	+150 +50
50	80						+119 +100	+130 +100	+146 +100	+174 +100	+220 +100	+290 +100	+400 +100	+560 +100	+73 +60	+79 +60	+90 +60	+106 +60	+134 +60	+180 +60
80	120						+142 +120	+155 +120	+174 +120	+207 +120	+260 +120	+340 +120	+470 +120	+660 +120	+87 +72	+94 +72	+107 +72	+126 +72	+159 +72	+212 +72
120	180						+170 +145	+185 +145	+208 +145	+245 +145	+305 +145	+395 +145	+545 +145	+775 +145	+103 +85	+110 +85	+125 +85	+148 +85	+185 +85	+245 +85
180	250						+199 +170	+216 +170	+242 +170	+285 +170	+355 +170	+460 +170	+630 +170	+890 +170	+120 +100	+129 +100	+146 +100	+172 +100	+215 +100	+285 +100

（续）

公称尺寸/mm		CD①					D								E					
大于	至	6	7	8	9	10	6	7	8	9	10	11	12	13	5	6	7	8	9	10
250	315						+222 +190	+242 +190	+271 +190	+320 +190	+400 +190	+510 +190	+710 +190	+1000 +190	+133 +110	+142 +110	+162 +110	+191 +110	+240 +110	+320 +110
315	400						+246 +210	+267 +210	+299 +210	+350 +210	+440 +210	+570 +210	+780 +210	+1100 +210	+150 +125	+161 +125	+182 +125	+214 +125	+265 +125	+355 +125
400	500						+270 +230	+293 +230	+327 +230	+385 +230	+480 +230	+630 +230	+860 +230	+1200 +230	+162 +135	+175 +135	+198 +135	+232 +135	+290 +135	+385 +135
500	630						+304 +260	+330 +260	+370 +260	+435 +260	+540 +260	+700 +260	+960 +260	+1360 +260		+189 +145	+215 +145	+255 +145	+320 +145	+425 +145
630	800						+340 +290	+370 +290	+415 +290	+490 +290	+610 +290	+790 +290	+1090 +290	+1540 +290		+210 +160	+240 +160	+285 +160	+360 +160	+480 +160
800	1000						+376 +320	+410 +320	+460 +320	+550 +320	+680 +320	+880 +320	+1220 +320	+1720 +320		+226 +170	+260 +170	+310 +170	+400 +170	+530 +170
1000	1250						+416 +350	+455 +350	+515 +350	+610 +350	+770 +350	+1010 +350	+1400 +350	+2000 +350		+261 +195	+300 +195	+360 +195	+455 +195	+615 +195
1250	1600						+468 +390	+515 +390	+585 +390	+700 +390	+890 +390	+1170 +390	+1640 +390	+2340 +390		+298 +220	+345 +220	+415 +220	+530 +220	+720 +220
1600	2000						+522 +430	+580 +430	+660 +430	+800 +430	+1030 +430	+1350 +430	+1930 +430	+2730 +430		+332 +240	+390 +240	+470 +240	+610 +240	+840 +240
2000	2500						+590 +480	+655 +480	+760 +480	+920 +480	+1180 +480	+1580 +480	+2230 +480	+3280 +480		+370 +260	+435 +260	+540 +260	+700 +260	+960 +260
2500	3150						+655 +520	+730 +520	+850 +520	+1060 +520	+1380 +520	+1870 +520	+2620 +520	+3820 +520		+425 +290	+500 +290	+620 +290	+830 +290	+1150 +290

① 中间的基本偏差 CD 主要应用于精密机构和钟表制造业。如果需要在其他公称尺寸中包含该基本偏差的公差带代号，可依据 GB/T 1800.1 计算。

表 1-1-23　孔的极限偏差（基本偏差 EF 和 F）

上极限偏差 = *ES*

下极限偏差 = *EI*

（偏差单位：μm）

公称尺寸/mm		EF①								F							
大于	至	3	4	5	6	7	8	9	10	3	4	5	6	7	8	9	10
—	3	+12 +10	+13 +10	+14 +10	+16 +10	+20 +10	+24 +10	+35 +10	+50 +10	+8 +6	+9 +6	+10 +6	+12 +6	+16 +6	+20 +6	+31 +6	+46 +6
3	6	+16.5 +14	+18 +14	+19 +14	+22 +14	+26 +14	+32 +14	+44 +14	+62 +14	+12.5 +10	+14 +10	+15 +10	+18 +10	+22 +10	+28 +10	+40 +10	+58 +10
6	10	+20.5 +18	+22 +18	+24 +18	+27 +18	+33 +18	+40 +18	+54 +18	+76 +18	+15.5 +13	+17 +13	+19 +13	+22 +13	+28 +13	+35 +13	+49 +13	+71 +13
10	18									+19 +16	+21 +16	+24 +16	+27 +16	+34 +16	+43 +16	+59 +16	+86 +16
18	30									+24 +20	+26 +20	+29 +20	+33 +20	+41 +20	+53 +20	+72 +20	+104 +20
30	50									+29 +25	+32 +25	+36 +25	+41 +25	+50 +25	+64 +25	+87 +25	+125 +25
50	80											+43 +30	+49 +30	+60 +30	+76 +30	+104 +30	
80	120											+51 +36	+58 +36	+71 +36	+90 +36	+123 +36	
120	180											+61 +43	+68 +43	+83 +43	+106 +43	+143 +43	
180	250											+70 +50	+79 +50	+96 +50	+122 +50	+165 +50	
250	315											+79 +56	+88 +56	+108 +56	+137 +56	+186 +56	
315	400											+87 +62	+98 +62	+119 +62	+151 +62	+202 +62	
400	500											+95 +68	+108 +68	+131 +68	+165 +68	+223 +68	
500	630												+120 +76	+146 +76	+186 +76	+251 +76	
630	800												+130 +80	+160 +80	+205 +80	+280 +80	
800	1000												+142 +86	+176 +86	+226 +86	+316 +86	
1000	1250												+164 +98	+203 +98	+263 +98	+358 +98	
1250	1600												+188 +110	+235 +110	+305 +110	+420 +110	
1600	2000												+212 +120	+270 +120	+350 +120	+490 +120	
2000	2500												+240 +130	+305 +130	+410 +130	+570 +130	
2500	3150												+280 +145	+355 +145	+475 +145	+685 +145	

① 中间的基本偏差 EF 主要应用于精密机构和钟表制造业，如果需要在其他公称尺寸中包含该基本偏差的公差带代号，可依据 GB/T 1800.1 计算。

表 1-1-24　孔的极限偏差（基本偏差 FG 和 G）

上极限偏差 = *ES*

下极限偏差 = *EI*

（偏差单位：μm）

公称尺寸/mm		FG①								G							
大于	至	3	4	5	6	7	8	9	10	3	4	5	6	7	8	9	10
—	3	+6 +4	+7 +4	+8 +4	+10 +4	+14 +4	+18 +4	+29 +4	+44 +4	+4 +2	+5 +2	+6 +2	+8 +2	+12 +2	+16 +2	+27 +2	+42 +2
3	6	+8.5 +6	+10 +6	+11 +6	+14 +6	+18 +6	+24 +6	+36 +6	+54 +6	+6.5 +4	+8 +4	+9 +4	+12 +4	+16 +4	+22 +4	+34 +4	+52 +4
6	10	+10.5 +8	+12 +8	+14 +8	+17 +8	+23 +8	+30 +8	+44 +8	+66 +8	+7.5 +5	+9 +5	+11 +5	+14 +5	+20 +5	+27 +5	+41 +5	+63 +5
10	18									+9 +6	+11 +6	+14 +6	+17 +6	+24 +6	+33 +6	+49 +6	+76 +6
18	30									+11 +7	+13 +7	+16 +7	+20 +7	+28 +7	+40 +7	+59 +7	+91 +7
30	50									+13 +9	+16 +9	+20 +9	+25 +9	+34 +9	+48 +9	+71 +9	+109 +9
50	80											+23 +10	+29 +10	+40 +10	+56 +10		
80	120											+27 +12	+34 +12	+47 +12	+66 +12		
120	180											+32 +14	+39 +14	+54 +14	+77 +14		
180	250											+35 +15	+44 +15	+61 +15	+87 +15		
250	315											+40 +17	+49 +17	+69 +17	+98 +17		
315	400											+43 +18	+54 +18	+75 +18	+107 +18		
400	500											+47 +20	+60 +20	+83 +20	+117 +20		
500	630												+66 +22	+92 +22	+132 +22		
630	800												+74 +24	+104 +24	+149 +24		
800	1000												+82 +26	+116 +26	+166 +26		
1000	1250												+94 +28	+133 +28	+193 +28		
1250	1600												+108 +30	+155 +30	+225 +30		
1600	2000												+124 +32	+182 +32	+262 +32		
2000	2500												+144 +34	+209 +34	+314 +34		
2500	3150												+173 +38	+248 +38	+368 +38		

① 中间的基本偏差 FG 主要应用于精密机构和钟表制造业，如果需要在其他公称尺寸中包含该基本偏差的公差带代号，可依据 GB/T 1800.1 计算。

表 1-1-25 孔的极限偏差（基本偏差 H）

上极限偏差 = *ES*

下极限偏差 = *EI*

公称尺寸/mm		H																	
		1	2	3	4	5	6	7	8	9	10	11	12	13	14[①]	15[①]	16[①]	17[①]	18[①]
大于	至	偏差																	
		μm											mm						
—	3[①]	+0.8 0	+1.2 0	+2 0	+3 0	+4 0	+6 0	+10 0	+14 0	+25 0	+40 0	+60 0	+0.1 0	+0.14 0	+0.25 0	+0.4 0	+0.6 0	—	—
3	6	+1 0	+1.5 0	+2.5 0	+4 0	+5 0	+8 0	+12 0	+18 0	+30 0	+48 0	+75 0	+0.12 0	+0.18 0	+0.3 0	+0.48 0	+0.75 0	+1.2 0	+1.8 0
6	10	+1 0	+1.5 0	+2.5 0	+4 0	+6 0	+9 0	+15 0	+22 0	+36 0	+58 0	+90 0	+0.15 0	+0.22 0	+0.36 0	+0.58 0	+0.9 0	+1.5 0	+2.2 0
10	18	+1.2 0	+2 0	+3 0	+5 0	+8 0	+11 0	+18 0	+27 0	+43 0	+70 0	+110 0	+0.18 0	+0.27 0	+0.43 0	+0.7 0	+1.1 0	+1.8 0	+2.7 0
18	30	+1.5 0	+2.5 0	+4 0	+6 0	+9 0	+13 0	+21 0	+33 0	+52 0	+84 0	+130 0	+0.21 0	+0.33 0	+0.52 0	+0.84 0	+1.3 0	+2.1 0	+3.3 0
30	50	+1.5 0	+2.5 0	+4 0	+7 0	+11 0	+16 0	+25 0	+39 0	+62 0	+100 0	+160 0	+0.25 0	+0.39 0	+0.62 0	+1 0	+1.6 0	+2.5 0	+3.9 0
50	80	+2 0	+3 0	+5 0	+8 0	+13 0	+19 0	+30 0	+46 0	+74 0	+120 0	+190 0	+0.3 0	+0.46 0	+0.74 0	+1.2 0	+1.9 0	+3 0	+4.6 0
80	120	+2.5 0	+4 0	+6 0	+10 0	+15 0	+22 0	+35 0	+54 0	+87 0	+140 0	+220 0	+0.35 0	+0.54 0	+0.87 0	+1.4 0	+2.2 0	+3.5 0	+5.4 0
120	180	+3.5 0	+5 0	+8 0	+12 0	+18 0	+25 0	+40 0	+63 0	+100 0	+160 0	+250 0	+0.4 0	+0.63 0	+1 0	+1.6 0	+2.5 0	+4 0	+6.3 0
180	250	+4.5 0	+7 0	+10 0	+14 0	+20 0	+29 0	+46 0	+72 0	+115 0	+185 0	+290 0	+0.46 0	+0.72 0	+1.15 0	+1.85 0	+2.9 0	+4.6 0	+7.2 0
250	315	+6 0	+8 0	+12 0	+16 0	+23 0	+32 0	+52 0	+81 0	+130 0	+210 0	+320 0	+0.52 0	+0.81 0	+1.3 0	+2.1 0	+3.2 0	+5.2 0	+8.1 0

（续）

公称尺寸/mm		H																	
		1	2	3	4	5	6	7	8	9	10	11	12	13	14①	15①	16①	17①	18①
大于	至	偏差																	
		μm											mm						
315	400	+7 0	+9 0	+13 0	+18 0	+25 0	+36 0	+57 0	+89 0	+140 0	+230 0	+360 0	+0.57 0	+0.89 0	+1.4 0	+2.3 0	+3.6 0	+5.7 0	+8.9 0
400	500	+8 0	+10 0	+15 0	+20 0	+27 0	+40 0	+63 0	+97 0	+155 0	+250 0	+400 0	+0.63 0	+0.97 0	+1.55 0	+2.5 0	+4 0	+6.3 0	+9.7 0
500	630	+9 0	+11 0	+16 0	+22 0	+32 0	+44 0	+70 0	+110 0	+175 0	+280 0	+440 0	+0.7 0	+1.1 0	+1.75 0	+2.8 0	+4.4 0	+7 0	+11 0
630	800	+10 0	+13 0	+18 0	+25 0	+36 0	+50 0	+80 0	+125 0	+200 0	+320 0	+500 0	+0.8 0	+1.25 0	+2 0	+3.2 0	+5 0	+8 0	+12.5 0
800	1000	+11 0	+15 0	+21 0	+28 0	+40 0	+56 0	+90 0	+140 0	+230 0	+360 0	+560 0	+0.9 0	+1.4 0	+2.3 0	+3.6 0	+5.6 0	+9 0	+14 0
1000	1250	+13 0	+18 0	+24 0	+33 0	+47 0	+66 0	+105 0	+165 0	+260 0	+420 0	+660 0	+1.05 0	+1.65 0	+2.6 0	+4.2 0	+6.6 0	+10.5 0	+16.5 0
1250	1600	+15 0	+21 0	+29 0	+39 0	+55 0	+78 0	+125 0	+195 0	+310 0	+500 0	+780 0	+1.25 0	+1.95 0	+3.1 0	+5 0	+7.8 0	+12.5 0	+19.5 0
1600	2000	+18 0	+25 0	+35 0	+46 0	+65 0	+92 0	+150 0	+230 0	+370 0	+600 0	+920 0	+1.5 0	+2.3 0	+3.7 0	+6 0	+9.2 0	+15 0	+23 0
2000	2500	+22 0	+30 0	+41 0	+55 0	+78 0	+110 0	+175 0	+280 0	+440 0	+700 0	+1100 0	+1.75 0	+2.8 0	+4.4 0	+7 0	+11 0	+17.5 0	+28 0
2500	3150	+26 0	+36 0	+50 0	+68 0	+96 0	+135 0	+210 0	+330 0	+540 0	+860 0	+1350 0	+2.1 0	+3.3 0	+5.4 0	+8.6 0	+13.5 0	+21 0	+33 0

① IT14～IT18 只用于大于 1mm 的公称尺寸。

表 1-1-26　孔的极限偏差（基本偏差 JS）①

上极限偏差 = *ES*

下极限偏差 = *EI*

公称尺寸/mm		JS																	
		1	2	3	4	5	6	7	8	9	10	11	12	13	14②	15②	16②	17	18
大于	至	偏差																	
		μm											mm						
—	3②	±0.4	±0.6	±1	±1.5	±2	±3	±5	±7	±12.5	±20	±30	±0.05	±0.07	±0.125	±0.2	±0.3	—	—
3	6	±0.5	±0.75	±1.25	±2	±2.5	±4	±6	±9	±15	±24	±37.5	±0.06	±0.09	±0.15	±0.24	±0.375	±0.6	±0.9
6	10	±0.5	±0.75	±1.25	±2	±3	±4.5	±7.5	±11	±18	±29	±45	±0.075	±0.11	±0.18	±0.29	±0.45	±0.75	±1.1
10	18	±0.6	±1	±1.5	±2.5	±4	±5.5	±9	±13.5	±21.5	±35	±55	±0.09	±0.135	±0.215	±0.35	±0.55	±0.9	±1.35
18	30	±0.75	±1.25	±2	±3	±4.5	±6.5	±10.5	±16.5	±26	±42	±65	±0.105	±0.165	±0.26	±0.42	±0.65	±1.05	±1.65
30	50	±0.75	±1.25	±2	±3.5	±5.5	±8	±12.5	±19.5	±31	±50	±80	±0.125	±0.195	±0.31	±0.5	±0.8	±1.25	±1.95
50	80	±1	±1.5	±2.5	±4	±6.5	±9.5	±15	±23	±37	±60	±95	±0.15	±0.23	±0.37	±0.6	±0.95	±1.5	±2.3
80	120	±1.25	±2	±3	±5	±7.5	±11	±17.5	±27	±43.5	±70	±110	±0.175	±0.27	±0.435	±0.7	±1.1	±1.75	±2.7
120	180	±1.75	±2.5	±4	±6	±9	±12.5	±20	±31.5	±50	±80	±125	±0.2	±0.315	±0.5	±0.8	±1.25	±2	±3.15
180	250	±2.25	±3.5	±5	±7	±10	±14.5	±23	±36	±57.5	±92.5	±145	±0.23	±0.36	±0.575	±0.925	±1.45	±2.3	±3.6
250	315	±3	±4	±6	±8	±11.5	±16	±26	±40.5	±65	±105	±160	±0.26	±0.405	±0.65	±1.05	±1.6	±2.6	±4.05
315	400	±3.5	±4.5	±6.5	±9	±12.5	±18	±28.5	±44.5	±70	±115	±180	±0.285	±0.445	±0.7	±1.15	±1.8	±2.85	±4.45
400	500	±4	±5	±7.5	±10	±13.5	±20	±31.5	±48.5	±77.5	±125	±200	±0.315	±0.485	±0.775	±1.25	±2	±3.15	±4.85
500	630	±4.5	±5.5	±8	±11	±16	±22	±35	±55	±87.5	±140	±220	±0.35	±0.55	±0.875	±1.4	±2.2	±3.5	±5.5
630	800	±5	±6.5	±9	±12.5	±18	±25	±40	±62.5	±100	±160	±250	±0.4	±0.625	±1	±1.6	±2.5	±4	±6.25
800	1000	±5.5	±7.5	±10.5	±14	±20	±28	±45	±70	±115	±180	±280	±0.45	±0.7	±1.15	±1.8	±2.8	±4.5	±7
1000	1250	±6.5	±9	±12	±16.5	±23.5	±33	±52.5	±82.5	±130	±210	±330	±0.525	±0.825	±1.3	±2.1	±3.3	±5.25	±8.25
1250	1600	±7.5	±10.5	±14.5	±19.5	±27.5	±39	±62.5	±97.5	±155	±250	±390	±0.625	±0.975	±1.55	±2.5	±3.9	±6.25	±9.75
1600	2000	±9	±12.5	±17.5	±23	±32.5	±46	±75	±115	±185	±300	±460	±0.75	±1.15	±1.85	±3	±4.6	±7.5	±11.5
2000	2500	±11	±15	±20.5	±27.5	±39	±55	±87.5	±140	±220	±350	±550	±0.875	±1.4	±2.2	±3.5	±5.5	±8.75	±14
2500	3150	±13	±18	±25	±34	±48	±67.5	±105	±165	±270	±430	±675	±1.05	±1.65	±2.7	±4.3	±6.75	±10.5	±16.5

① 为了避免相同值的重复。表列值以“±*x*”给出，可为 $ES=+x$，$EI=-x$，如$^{+0.23}_{-0.23}$mm。

② IT14～IT16 只用于大于 1mm 的公称尺寸。

表 1-1-27　孔的极限偏差（基本偏差 J 和 K）

上极限偏差 = *ES*

下极限偏差 = *EI*

（偏差单位：μm）

公称尺寸/mm		J				K							
大于	至	6	7	8	9[①]	3	4	5	6	7	8	9[②]	10[②]
—	3	+2 -4	+4 -6	+6 -8		0 -2	0 -3	0 -4	0 -6	0 -10	0 -14	0 -25	0 -40
3	6	+5 -3	±6[③]	+10 -8		0 -2.5	+0.5 -3.5	0 -5	+2 -6	+3 -9	+5 -13		
6	10	+5 -4	+8 -7	+12 -10		0 -2.5	+0.5 -3.5	+1 -5	+2 -7	+5 -10	+6 -16		
10	18	+6 -5	+10 -8	+15 -12		0 -3	+1 -4	+2 -6	+2 -9	+6 -12	+8 -19		
18	30	+8 -5	+12 -9	+20 -13		-0.5 -4.5	0 -6	+1 -8	+2 -11	+6 -15	+10 -23		
30	50	+10 -6	+14 -11	+24 -15		-0.5 -4.5	+1 -6	+2 -9	+3 -13	+7 -18	+12 -27		
50	80	+13 -6	+18 -12	+28 -18				+3 -10	+4 -15	+9 -21	+14 -32		
80	120	+16 -6	+22 -13	+34 -20				+2 -13	+4 -18	+10 -25	+16 -38		
120	180	+18 -7	+26 -14	+41 -22				+3 -15	+4 -21	+12 -28	+20 -43		
180	250	+22 -7	+30 -16	+47 -25				+2 -18	+5 -24	+13 -33	+22 -50		
250	315	+25 -7	+36 -16	+55 -26				+3 -20	+5 -27	+16 -36	+25 -56		
315	400	+29 -7	+39 -18	+60 -29				+3 -22	+7 -29	+17 -40	+28 -61		
400	500	+33 -7	+43 -20	+66 -31				+2 -25	+8 -32	+18 -45	+29 -68		
500	630								0 -44	0 -70	0 -110		
630	800								0 -50	0 -80	0 -125		
800	1000								0 -56	0 -90	0 -140		
1000	1250								0 -66	0 -105	0 -165		
1250	1600								0 -78	0 -125	0 -195		
1600	2000								0 -92	0 -150	0 -230		
2000	2500								0 -110	0 -175	0 -280		
2500	3150								0 -135	0 -210	0 -330		

① 公差带代号 J9、J10 等的公差极限对称于公称尺寸线（有关这些公差极限的数值见表 1-1-26）。

② 公称尺寸大于 3mm 时，大于 IT8 的 K 的偏差值不作规定。

③ 与 JS7 相同。

表 1-1-28 孔的极限偏差（基本偏差 M 和 N）

上极限偏差 = ES

下极限偏差 = EI

（偏差单位：μm）

公称尺寸/mm		M								N								
大于	至	3	4	5	6	7	8	9	10	3	4	5	6	7	8	9①	10①	11①
—	3①	-2 -4	-2 -5	-2 -6	-2 -8	-2 -12	-2 -16	-2 -27	-2 -42	-4 -6	-4 -7	-4 -8	-4 -10	-4 -14	-4 -18	-4 -29	-4 -44	-4 -64
3	6	-3 -5.5	-2.5 -6.5	-3 -8	-1 -9	0 -12	+2 -16	-4 -34	-4 -52	-7 -9.5	-6.5 -10.5	-7 -12	-5 -13	-4 -16	-2 -20	0 -30	0 -48	0 -75
6	10	-5 -7.5	-4.5 -8.5	-4 -10	-3 -12	0 -15	+1 -21	-6 -42	-6 -64	-9 -11.5	-8.5 -12.5	-8 -14	-7 -16	-4 -19	-3 -25	0 -36	0 -58	0 -90
10	18	-6 -9	-5 -10	-4 -12	-4 -15	0 -18	+2 -25	-7 -50	-7 -77	-11 -14	-10 -15	-9 -17	-9 -20	-5 -23	-3 -30	0 -43	0 -70	0 -110
18	30	-6.5 -10.5	-6 -12	-5 -14	-4 -17	0 -21	+4 -29	-8 -60	-8 -92	-13.5 -17.5	-13 -19	-12 -21	-11 -24	-7 -28	-3 -36	0 -52	0 -84	0 -130
30	50	-7.5 -11.5	-6 -13	-5 -16	-4 -20	0 -25	+5 -34	-9 -71	-9 -109	-15.5 -19.5	-14 -21	-13 -24	-12 -28	-8 -33	-3 -42	0 -62	0 -100	0 -160
50	80			-6 -19	-5 -24	0 -30	+5 -41					-15 -28	-14 -33	-9 -39	-4 -50	0 -74	0 -120	0 -190
80	120			-8 -23	-6 -28	0 -35	+6 -48					-18 -33	-16 -38	-10 -45	-4 -58	0 -87	0 -140	0 -220
120	180			-9 -27	-8 -33	0 -40	+8 -55					-21 -39	-20 -45	-12 -52	-4 -67	0 -100	0 -160	0 -250
180	250			-11 -31	-8 -37	0 -46	+9 -63					-25 -45	-22 -51	-14 -60	-5 -77	0 -115	0 -185	0 -290

（续）

公称尺寸/mm		M								N								
大于	至	3	4	5	6	7	8	9	10	3	4	5	6	7	8	9①	10①	11①
250	315			-13 -36	-9 -41	0 -52	+9 -72					-27 -50	-25 -57	-14 -66	-5 -86	0 -130	0 -210	0 -320
315	400			-14 -39	-10 -46	0 -57	+11 -78					-30 -55	-26 -62	-16 -73	-5 -94	0 -140	0 -230	0 -360
400	500			-16 -43	-10 -50	0 -63	+11 -86					-33 -60	-27 -67	-17 -80	-6 -103	0 -155	0 -250	0 -400
500	630				-26 -70	-26 -96	-26 -136						-44 -88	-44 -114	-44 -154	-44 -219		
630	800				-30 -80	-30 -110	-30 -155						-50 -100	-50 -130	-50 -175	-50 -250		
800	1000				-34 -90	-34 -124	-34 -174						-56 -112	-56 -146	-56 -196	-56 -286		
1000	1250				-40 -106	-40 -145	-40 -205						-66 -132	-66 -171	-66 -231	-66 -326		
1250	1600				-48 -126	-48 -173	-48 -243						-78 -156	-78 -203	-78 -273	-78 -388		
1600	2000				-58 -150	-58 -208	-58 -288						-92 -184	-92 -242	-92 -322	-92 -462		
2000	2500				-68 -178	-68 -243	-68 -348						-110 -220	-110 -285	-110 -390	-110 -550		
2500	3150				-76 -211	-76 -286	-76 -406						-135 -270	-135 -345	-135 -465	-135 -675		

① 公差带代号 N9、N10 和 N11 只用于大于 1mm 的公称尺寸。

表 1-1-29　孔的极限偏差（基本偏差 P）

上极限偏差 = *ES*

下极限偏差 = *EI*

（偏差单位：μm）

公称尺寸/mm		P							
大于	至	3	4	5	6	7	8	9	10
—	3	-6 -8	-6 -9	-6 -10	-6 -12	-6 -16	-6 -20	-6 -31	-6 -46
3	6	-11 -13.5	-10.5 -14.5	-11 -16	-9 -17	-8 -20	-12 -30	-12 -42	-12 -60
6	10	-14 -16.5	-13.5 -17.5	-13 -19	-12 -21	-9 -24	-15 -37	-15 -51	-15 -73
10	18	-17 -20	-16 -21	-15 -23	-15 -26	-11 -29	-18 -45	-18 -61	-18 -88
18	30	-20.5 -24.5	-20 -26	-19 -28	-18 -31	-14 -35	-22 -55	-22 -74	-22 -106
30	50	-24.5 -28.5	-23 -30	-22 -33	-21 -37	-17 -42	-26 -65	-26 -88	-26 -126
50	80			-27 -40	-26 -45	-21 -51	-32 -78	-32 -106	
80	120			-32 -47	-30 -52	-24 -59	-37 -91	-37 -124	
120	180			-37 -55	-36 -61	-28 -68	-43 -106	-43 -143	
180	250			-44 -64	-41 -70	-33 -79	-50 -122	-50 -165	
250	315			-49 -72	-47 -79	-36 -88	-56 -137	-56 -186	
315	400			-55 -80	-51 -87	-41 -98	-62 -151	-62 -202	
400	500			-61 -88	-55 -95	-45 -108	-68 -165	-68 -223	
500	630				-78 -122	-78 -148	-78 -188	-78 -253	
630	800				-88 -138	-88 -168	-88 -213	-88 -288	
800	1000				-100 -156	-100 -190	-100 -240	-100 -330	
1000	1250				-120 -186	-120 -225	-120 -285	-120 -380	
1250	1600				-140 -218	-140 -265	-140 -335	-140 -450	
1600	2000				-170 -262	-170 -320	-170 -400	-170 -540	
2000	2500				-195 -305	-195 -370	-195 -475	-195 -635	
2500	3150				-240 -375	-240 -450	-240 -570	-240 -780	

表 1-1-30 孔的极限偏差（基本偏差 R）

上极限偏差 = *ES*

下极限偏差 = *EI*

（偏差单位：μm）

公称尺寸/mm		R							
大于	至	3	4	5	6	7	8	9	10
—	3	-10 -12	-10 -13	-10 -14	-10 -16	-10 -20	-10 -24	-10 -35	-10 -50
3	6	-14 -16.5	-13.5 -17.5	-14 -19	-12 -20	-11 -23	-15 -33	-15 -45	-15 -63
6	10	-18 -20.5	-17.5 -21.5	-17 -23	-16 -25	-13 -28	-19 -41	-19 -55	-19 -77
10	18	-22 -25	-21 -26	-20 -28	-20 -31	-16 -34	-23 -50	-23 -66	-23 -93
18	30	-26.5 -30.5	-26 -32	-25 -34	-24 -37	-20 -41	-28 -61	-28 -80	-28 -112
30	50	-32.5 -36.5	-31 -38	-30 -41	-29 -45	-25 -50	-34 -73	-34 -96	-34 -134
50	65			-36 -49	-35 -54	-30 -60	-41 -87		
65	80			-38 -51	-37 -56	-32 -62	-43 -89		
80	100			-46 -61	-44 -66	-38 -73	-51 -105		
100	120			-49 -64	-47 -69	-41 -76	-54 -108		
120	140			-57 -75	-56 -81	-48 -88	-63 -126		
140	160			-59 -77	-58 -83	-50 -90	-65 -128		
160	180			-62 -80	-61 -86	-53 -93	-68 -131		
180	200			-71 -91	-68 -97	-60 -106	-77 -149		
200	225			-74 -94	-71 -100	-63 -109	-80 -152		
225	250			-78 -98	-75 -104	-67 -113	-84 -156		
250	280			-87 -110	-85 -117	-74 -126	-94 -175		
280	315			-91 -114	-89 -121	-78 -130	-98 -179		

（续）

公称尺寸/mm		R							
大于	至	3	4	5	6	7	8	9	10
315	355			-101 -126	-97 -133	-87 -144	-108 -197		
355	400			-107 -132	-103 -139	-93 -150	-114 -203		
400	450			-119 -146	-113 -153	-103 -166	-126 -223		
450	500			-125 -152	-119 -159	-109 -172	-132 -229		
500	560				-150 -194	-150 -220	-150 -260		
560	630				-155 -199	-155 -225	-155 -265		
630	710				-175 -225	-175 -255	-175 -300		
710	800				-185 -235	-185 -265	-185 -310		
800	900				-210 -266	-210 -300	-210 -350		
900	1000				-220 -276	-220 -310	-220 -360		
1000	1120				-250 -316	-250 -355	-250 -415		
1120	1250				-260 -326	-260 -365	-260 -425		
1250	1400				-300 -378	-300 -425	-300 -495		
1400	1600				-330 -408	-330 -455	-330 -525		
1600	1800				-370 -462	-370 -520	-370 -600		
1800	2000				-400 -492	-400 -550	-400 -630		
2000	2240				-440 -550	-440 -615	-440 -720		
2240	2500				-460 -570	-460 -635	-460 -740		
2500	2800				-550 -685	-550 -760	-550 -880		
2800	3150				-580 -715	-580 -790	-580 -910		

表 1-1-31 孔的极限偏差（基本偏差 S）

上极限偏差 = *ES*

下极限偏差 = *EI*

（偏差单位：μm）

公称尺寸/mm		S							
大于	至	3	4	5	6	7	8	9	10
—	3	-14 -16	-14 -17	-14 -18	-14 -20	-14 -24	-14 -28	-14 -39	-14 -54
3	6	-18 -20.5	-17.5 -21.5	-18 -23	-16 -24	-15 -27	-19 -37	-19 -49	-19 -67
6	10	-22 -24.5	-21.5 -25.5	-21 -27	-20 -29	-17 -32	-23 -45	-23 -59	-23 -81
10	18	-27 -30	-26 -31	-25 -33	-25 -36	-21 -39	-28 -55	-28 -71	-28 -98
18	30	-33.5 -37.5	-33 -39	-32 -41	-31 -44	-27 -48	-35 -68	-35 -87	-35 -119
30	50	-41.5 -45.5	-40 -47	-39 -50	-38 -54	-34 -59	-43 -82	-43 -105	-43 -143
50	65			-48 -61	-47 -66	-42 -72	-53 -99	-53 -127	
65	80			-54 -67	-53 -72	-48 -78	-59 -105	-59 -133	
80	100			-66 -81	-64 -86	-58 -93	-71 -125	-71 -158	
100	120			-74 -89	-72 -94	-66 -101	-79 -133	-79 -166	
120	140			-86 -104	-85 -110	-77 -117	-92 -155	-92 -192	
140	160			-94 -112	-93 -118	-85 -125	-100 -163	-100 -200	
160	180			-102 -120	-101 -126	-93 -133	-108 -171	-108 -208	
180	200			-116 -136	-113 -142	-105 -151	-122 -194	-122 -237	
200	225			-124 -144	-121 -150	-113 -159	-130 -202	-130 -245	
225	250			-134 -154	-131 -160	-123 -169	-140 -212	-140 -255	
250	280			-151 -174	-149 -181	-138 -190	-158 -239	-158 -288	
280	315			-163 -186	-161 -193	-150 -202	-170 -251	-170 -300	

（续）

公称尺寸/mm		S							
大于	至	3	4	5	6	7	8	9	10
315	355			-183 -208	-179 -215	-169 -226	-190 -279	-190 -330	
355	400			-201 -226	-197 -233	-187 -244	-208 -297	-208 -348	
400	450			-225 -252	-219 -259	-209 -272	-232 -329	-232 -387	
450	500			-245 -272	-239 -279	-229 -292	-252 -349	-252 -407	
500	560				-280 -324	-280 -350	-280 -390		
560	630				-310 -354	-310 -380	-310 -420		
630	710				-340 -390	-340 -420	-340 -465		
710	800				-380 -430	-380 -460	-380 -505		
800	900				-430 -486	-430 -520	-430 -570		
900	1000				-470 -526	-470 -560	-470 -610		
1000	1120				-520 -586	-520 -625	-520 -685		
1120	1250				-580 -646	-580 -685	-580 -745		
1250	1400				-640 -718	-640 -765	-640 -835		
1400	1600				-720 -798	-720 -845	-720 -915		
1600	1800				-820 -912	-820 -970	-820 -1050		
1800	2000				-920 -1012	-920 -1070	-920 -1150		
2000	2240				-1000 -1110	-1000 -1175	-1000 -1280		
2240	2500				-1100 -1210	-1100 -1275	-1100 -1380		
2500	2800				-1250 -1385	-1250 -1460	-1250 -1580		
2800	3150				-1400 -1535	-1400 -1610	-1400 -1730		

表 1-1-32 孔的极限偏差（基本偏差 T 和 U）

上极限偏差 = *ES*

下极限偏差 = *EI*

（偏差单位：μm）

公称尺寸/mm		T①				U					
大于	至	5	6	7	8	5	6	7	8	9	10
—	3					-18 -22	-18 -24	-18 -28	-18 -32	-18 -43	-18 -58
3	6					-22 -27	-20 -28	-19 -31	-23 -41	-23 -53	-23 -71
6	10					-26 -32	-25 -34	-22 -37	-28 -50	-28 -64	-28 -86
10	18					-30 -38	-30 -41	-26 -44	-33 -60	-33 -76	-33 -103
18	24					-38 -47	-37 -50	-33 -54	-41 -74	-41 -93	-41 -125
24	30	-38 -47	-37 -50	-33 -54	-41 -74	-45 -54	-44 -57	-40 -61	-48 -81	-48 -100	-48 -132
30	40	-44 -55	-43 -59	-39 -64	-48 -87	-56 -67	-55 -71	-51 -76	-60 -99	-60 -122	-60 -160
40	50	-50 -61	-49 -65	-45 -70	-54 -93	-66 -77	-65 -81	-61 -86	-70 -109	-70 -132	-70 -170
50	65		-60 -79	-55 -85	-66 -112		-81 -100	-76 -106	-87 -133	-87 -161	-87 -207
65	80		-69 -88	-64 -94	-75 -121		-96 -115	-91 -121	-102 -148	-102 -176	-102 -222
80	100		-84 -106	-78 -113	-91 -145		-117 -139	-111 -146	-124 -178	-124 -211	-124 -264
100	120		-97 -119	-91 -126	-104 -158		-137 -159	-131 -166	-144 -198	-144 -231	-144 -284
120	140		-115 -140	-107 -147	-122 -185		-163 -188	-155 -195	-170 -233	-170 -270	-170 -330
140	160		-127 -152	-119 -159	-134 -197		-183 -208	-175 -215	-190 -253	-190 -290	-190 -350
160	180		-139 -164	-131 -171	-146 -209		-203 -228	-195 -235	-210 -273	-210 -310	-210 -370
180	200		-157 -186	-149 -195	-166 -238		-227 -256	-219 -265	-236 -308	-236 -351	-236 -421
200	225		-171 -200	-163 -209	-180 -252		-249 -278	-241 -287	-258 -330	-258 -373	-258 -443
225	250		-187 -216	-179 -225	-196 -268		-275 -304	-267 -313	-284 -356	-284 -399	-284 -469
250	280		-209 -241	-198 -250	-218 -299		-306 -338	-295 -347	-315 -396	-315 -445	-315 -525

（续）

公称尺寸/mm		T①				U					
大于	至	5	6	7	8	5	6	7	8	9	10
280	315		-231 -263	-220 -272	-240 -321		-341 -373	-330 -382	-350 -431	-350 -480	-350 -560
315	355		-257 -293	-247 -304	-268 -357		-379 -415	-369 -426	-390 -479	-390 -530	-390 -620
355	400		-283 -319	-273 -330	-294 -383		-424 -460	-414 -471	-435 -524	-435 -575	-435 -665
400	450		-317 -357	-307 -370	-330 -427		-477 -517	-467 -530	-490 -587	-490 -645	-490 -740
450	500		-347 -387	-337 -400	-360 -457		-527 -567	-517 -580	-540 -637	-540 -695	-540 -790
500	560		-400 -444	-400 -470	-400 -510		-600 -644	-600 -670	-600 -710		
560	630		-450 -494	-450 -520	-450 -560		-660 -704	-660 -730	-660 -770		
630	710		-500 -550	-500 -580	-500 -625		-740 -790	-740 -820	-740 -865		
710	800		-560 -610	-560 -640	-560 -685		-840 -890	-840 -920	-840 -965		
800	900		-620 -676	-620 -710	-620 -760		-940 -996	-940 -1030	-940 -1080		
900	1000		-680 -736	-680 -770	-680 -820		-1050 -1106	-1050 -1140	-1050 -1190		
1000	1120		-780 -846	-780 -885	-780 -945		-1150 -1216	-1150 -1255	-1150 -1315		
1120	1250		-840 -906	-840 -945	-840 -1005		-1300 -1366	-1300 -1405	-1300 -1465		
1250	1400		-960 -1038	-960 -1085	-960 -1155		-1450 -1528	-1450 -1575	-1450 -1645		
1400	1600		-1050 -1128	-1050 -1175	-1050 -1245		-1600 -1678	-1600 -1725	-1600 -1795		
1600	1800		-1200 -1292	-1200 -1350	-1200 -1430		-1850 -1942	-1850 -2000	-1850 -2080		
1800	2000		-1350 -1442	-1350 -1500	-1350 -1580		-2000 -2092	-2000 -2150	-2000 -2230		
2000	2240		-1500 -1610	-1500 -1675	-1500 -1780		-2300 -2410	-2300 -2475	-2300 -2580		
2240	2500		-1650 -1760	-1650 -1825	-1650 -1930		-2500 -2610	-2500 -2675	-2500 -2780		
2500	2800		-1900 -2035	-1900 -2110	-1900 -2230		-2900 -3035	-2900 -3110	-2900 -3230		
2800	3150		-2100 -2235	-2100 -2310	-2100 -2430		-3200 -3335	-3200 -3410	-3200 -3530		

① 公称尺寸至 24mm 的公差带代号 T5 ~ T8 的偏差数值没有列入表中，建议以公差带代号 U5 ~ U8 替代。

表 1-1-33 孔的极限偏差（基本偏差 V、X 和 Y）①

上极限偏差 = ES

下极限偏差 = EI

（偏差单位：μm）

公称尺寸/mm		V②				X						Y③				
大于	至	5	6	7	8	5	6	7	8	9	10	6	7	8	9	10
—	3					-20 -24	-20 -26	-20 -30	-20 -34	-20 -45	-20 -60					
3	6					-27 -32	-25 -33	-24 -36	-28 -46	-28 -58	-28 -76					
6	10					-32 -38	-31 -40	-28 -43	-34 -56	-34 -70	-34 -92					
10	14					-37 -45	-37 -48	-33 -51	-40 -67	-40 -83	-40 -110					
14	18	-36 -44	-36 -47	-32 -50	-39 -66	-42 -50	-42 -53	-38 -56	-45 -72	-45 -88	-45 -115					
18	24	-44 -53	-43 -56	-39 -60	-47 -80	-51 -60	-50 -63	-46 -67	-54 -87	-54 -106	-54 -138	-59 -72	-55 -76	-63 -96	-63 -115	-63 -147
24	30	-52 -61	-51 -64	-47 -68	-55 -88	-61 -70	-60 -73	-56 -77	-64 -97	-64 -116	-64 -148	-71 -84	-67 -88	-75 -108	-75 -127	-75 -159
30	40	-64 -75	-63 -79	-59 -84	-68 -107	-76 -87	-75 -91	-71 -96	-80 -119	-80 -142	-80 -180	-89 -105	-85 -110	-94 -133	-94 -156	-94 -194
40	50	-77 -88	-76 -92	-72 -97	-81 -120	-93 -104	-92 -108	-88 -113	-97 -136	-97 -159	-97 -197	-109 -125	-105 -130	-114 -153	-114 -176	-114 -214
50	65		-96 -115	-91 -121	-102 -148		-116 -135	-111 -141	-122 -168	-122 -196		-138 -157	-133 -163	-144 -190		
65	80		-114 -133	-109 -139	-120 -166		-140 -159	-135 -165	-146 -192	-146 -220		-168 -187	-163 -193	-174 -220		
80	100		-139 -161	-133 -168	-146 -200		-171 -193	-165 -200	-178 -232	-178 -265		-207 -229	-201 -236	-214 -268		
100	120		-165 -187	-159 -194	-172 -226		-203 -225	-197 -232	-210 -264	-210 -297		-247 -269	-241 -276	-254 -308		

（续）

公称尺寸/mm		V②				X						Y③				
大于	至	5	6	7	8	5	6	7	8	9	10	6	7	8	9	10
120	140		-195 -220	-187 -227	-202 -265		-241 -266	-233 -273	-248 -311	-248 -348		-293 -318	-285 -325	-300 -363		
140	160		-221 -246	-213 -253	-228 -291		-273 -298	-265 -305	-280 -343	-280 -380		-333 -358	-325 -365	-340 -403		
160	180		-245 -270	-237 -277	-252 -315		-303 -328	-295 -335	-310 -373	-310 -410		-373 -398	-365 -405	-380 -443		
180	200		-275 -304	-267 -313	-284 -356		-341 -370	-333 -379	-350 -422	-350 -465		-416 -445	-408 -454	-425 -497		
200	225		-301 -330	-293 -339	-310 -382		-376 -405	-368 -414	-385 -457	-385 -500		-461 -490	-453 -499	-470 -542		
225	250		-331 -360	-323 -369	-340 -412		-416 -445	-408 -454	-425 -497	-425 -540		-511 -540	-503 -549	-520 -592		
250	280		-376 -408	-365 -417	-385 -466		-466 -498	-455 -507	-475 -556	-475 -605		-571 -603	-560 -612	-580 -661		
280	315		-416 -448	-405 -457	-425 -506		-516 -548	-505 -557	-525 -606	-525 -655		-641 -673	-630 -682	-650 -731		
315	355		-464 -500	-454 -511	-475 -564		-579 -615	-569 -626	-590 -679	-590 -730		-719 -755	-709 -766	-730 -819		
355	400		-519 -555	-509 -566	-530 -619		-649 -685	-639 -696	-660 -749	-660 -800		-809 -845	-799 -856	-820 -909		
400	450		-582 -622	-572 -635	-595 -692		-727 -767	-717 -780	-740 -837	-740 -895		-907 -947	-897 -960	-920 -1017		
450	500		-647 -687	-637 -700	-660 -757		-807 -847	-797 -860	-820 -917	-820 -975		-987 -1027	-977 -1040	-1000 -1097		

① 公称尺寸大于500mm的V、X和Y的基本偏差数值没有列入表中。

② 公称尺寸至14mm的公差带代号V5～V8的偏差数值没有列入表中，建议以公差带代号X5～X8替代。

③ 公称尺寸至18mm的公差带代号Y6～Y10的偏差数值没有列入表中，建议以公差带代号Z6～Z10替代。

表 1-1-34　孔的极限偏差（基本偏差 Z 和 ZA）①

上极限偏差 = *ES*

下极限偏差 = *EI*

（偏差单位：μm）

公称尺寸/mm		Z						ZA					
大于	至	6	7	8	9	10	11	6	7	8	9	10	11
—	3	-26 -32	-26 -36	-26 -40	-26 -51	-26 -66	-26 -86	-32 -38	-32 -42	-32 -46	-32 -57	-32 -72	-32 -92
3	6	-32 -40	-31 -43	-35 -53	-35 -65	-35 -83	-35 -110	-39 -47	-38 -50	-42 -60	-42 -72	-42 -90	-42 -117
6	10	-39 -48	-36 -51	-42 -64	-42 -78	-42 -100	-42 -132	-49 -58	-46 -61	-52 -74	-52 -88	-52 -110	-52 -142
10	14	-47 -58	-43 -61	-50 -77	-50 -93	-50 -120	-50 -160	-61 -72	-57 -75	-64 -91	-64 -107	-64 -134	-64 -174
14	18	-57 -68	-53 -71	-60 -87	-60 -103	-60 -130	-60 -170	-74 -85	-70 -88	-77 -104	-77 -120	-77 -147	-77 -187
18	24	-69 -82	-65 -86	-73 -106	-73 -125	-73 -157	-73 -203	-94 -107	-90 -111	-98 -131	-98 -150	-98 -182	-98 -228
24	30	-84 -97	-80 -101	-88 -121	-88 -140	-88 -172	-88 -218	-114 -127	-110 -131	-118 -151	-118 -170	-118 -202	-118 -248
30	40	-107 -123	-103 -128	-112 -151	-112 -174	-112 -212	-112 -272	-143 -159	-139 -164	-148 -187	-148 -210	-148 -248	-148 -308
40	50	-131 -147	-127 -152	-136 -175	-136 -198	-136 -236	-136 -296	-175 -191	-171 -196	-180 -219	-180 -242	-180 -280	-180 -340
50	65		-161 -191	-172 -218	-172 -246	-172 -292	-172 -362		-215 -245	-226 -272	-226 -300	-226 -346	-226 -416
65	80		-199 -229	-210 -256	-210 -284	-210 -330	-210 -400		-263 -293	-274 -320	-274 -348	-274 -394	-274 -464
80	100		-245 -280	-258 -312	-258 -345	-258 -398	-258 -478		-322 -357	-335 -389	-335 -422	-335 -475	-335 -555
100	120		-297 -332	-310 -364	-310 -397	-310 -450	-310 -530		-387 -422	-400 -454	-400 -487	-400 -540	-400 -620
120	140		-350 -390	-365 -428	-365 -465	-365 -525	-365 -615		-455 -495	-470 -533	-470 -570	-470 -630	-470 -720
140	160		-400 -440	-415 -478	-415 -515	-415 -575	-415 -665		-520 -560	-535 -598	-535 -635	-535 -695	-535 -785
160	180		-450 -490	-465 -528	-465 -565	-465 -625	-465 -715		-585 -625	-600 -663	-600 -700	-600 -760	-600 -850
180	200		-503 -549	-520 -592	-520 -635	-520 -705	-520 -810		-653 -699	-670 -742	-670 -785	-670 -855	-670 -960
200	225		-558 -604	-575 -647	-575 -690	-575 -760	-575 -865		-723 -769	-740 -812	-740 -855	-740 -925	-740 -1030

（续）

公称尺寸/mm		Z						ZA					
大于	至	6	7	8	9	10	11	6	7	8	9	10	11
225	250		-623 -669	-640 -712	-640 -755	-640 -825	-640 -930		-803 -849	-820 -892	-820 -935	-820 -1005	-820 -1110
250	280		-690 -742	-710 -791	-710 -840	-710 -920	-710 -1030		-900 -952	-920 -1001	-920 -1050	-920 -1130	-920 -1240
280	315		-770 -822	-790 -871	-790 -920	-790 -1000	-790 -1110		-980 -1032	-1000 -1081	-1000 -1130	-1000 -1210	-1000 -1320
315	355		-879 -936	-900 -989	-900 -1040	-900 -1130	-900 -1260		-1129 -1186	-1150 -1239	-1150 -1290	-1150 -1380	-1150 -1510
355	400		-979 -1036	-1000 -1089	-1000 -1140	-1000 -1230	-1000 -1360		-1279 -1336	-1300 -1389	-1300 -1440	-1300 -1530	-1300 -1660
400	450		-1077 -1140	-1100 -1197	-1100 -1255	-1100 -1350	-1100 -1500		-1427 -1490	-1450 -1547	-1450 -1605	-1450 -1700	-1450 -1850
450	500		-1227 -1290	-1250 -1347	-1250 -1405	-1250 -1500	-1250 -1650		-1577 -1640	-1600 -1697	-1600 -1755	-1600 -1850	-1600 -2000

① 公称尺寸大于 500mm 的 Z 和 ZA 的基本偏差数值没有列入表中。

表 1-1-35　孔的极限偏差（基本偏差 ZB 和 ZC）①

上极限偏差 = *ES*

下极限偏差 = *EI*

（偏差单位：μm）

公称尺寸/mm		ZB					ZC				
大于	至	7	8	9	10	11	7	8	9	10	11
—	3	-40 -50	-40 -54	-40 -65	-40 -80	-40 -100	-60 -70	-60 -74	-60 -85	-60 -100	-60 -120
3	6	-46 -58	-50 -68	-50 -80	-50 -98	-50 -125	-76 -88	-80 -98	-80 -110	-80 -128	-80 -155
6	10	-61 -76	-67 -89	-67 -103	-67 -125	-67 -157	-91 -106	-97 -119	-97 -133	-97 -155	-97 -187
10	14	-83 -101	-90 -117	-90 -133	-90 -160	-90 -200	-123 -141	-130 -157	-130 -173	-130 -200	-130 -240
14	18	-101 -119	-108 -135	-108 -151	-108 -178	-108 -218	-143 -161	-150 -177	-150 -193	-150 -220	-150 -260
18	24	-128 -149	-136 -169	-136 -188	-136 -220	-136 -266	-180 -201	-188 -221	-188 -240	-188 -272	-188 -318
24	30	-152 -173	-160 -193	-160 -212	-160 -244	-160 -290	-210 -231	-218 -251	-218 -270	-218 -302	-218 -348

（续）

公称尺寸/mm		ZB					ZC				
大于	至	7	8	9	10	11	7	8	9	10	11
30	40	-191 -216	-200 -239	-200 -262	-200 -300	-200 -360	-265 -290	-274 -313	-274 -336	-274 -374	-274 -434
40	50	-233 -258	-242 -281	-242 -304	-242 -342	-242 -402	-316 -341	-325 -364	-325 -387	-325 -425	-325 -485
50	65	-289 -319	-300 -346	-300 -374	-300 -420	-300 -490	-394 -424	-405 -451	-405 -479	-405 -525	-405 -595
65	80	-349 -379	-360 -406	-360 -434	-360 -480	-360 -550	-469 -499	-480 -526	-480 -554	-480 -600	-480 -670
80	100	-432 -467	-445 -499	-445 -532	-445 -585	-445 -665	-572 -607	-585 -639	-585 -672	-585 -725	-585 -805
100	120	-512 -547	-525 -579	-525 -612	-525 -665	-525 -745	-677 -712	-690 -744	-690 -777	-690 -830	-690 -910
120	140	-605 -645	-620 -683	-620 -720	-620 -780	-620 -870	-785 -825	-800 -863	-800 -900	-800 -960	-800 -1050
140	160	-685 -725	-700 -763	-700 -800	-700 -860	-700 -950	-885 -925	-900 -963	-900 -1000	-900 -1060	-900 -1150
160	180	-765 -805	-780 -843	-780 -880	-780 -940	-780 -1030	-985 -1025	-1000 -1063	-1000 -1100	-1000 -1160	-1000 -1250
180	200	-863 -909	-880 -952	-880 -995	-880 -1065	-880 -1170	-1133 -1179	-1150 -1222	-1150 -1265	-1150 -1335	-1150 -1440
200	225	-943 -989	-960 -1032	-960 -1075	-960 -1145	-960 -1250	-1233 -1279	-1250 -1322	-1250 -1365	-1250 -1435	-1250 -1540
225	250	-1033 -1079	-1050 -1122	-1050 -1165	-1050 -1235	-1050 -1340	-1333 -1379	-1350 -1422	-1350 -1465	-1350 -1535	-1350 -1640
250	280	-1180 -1232	-1200 -1281	-1200 -1330	-1200 -1410	-1200 -1520	-1530 -1582	-1550 -1631	-1550 -1680	-1550 -1760	-1550 -1870
280	315	-1280 -1332	-1300 -1381	-1300 -1430	-1300 -1510	-1300 -1620	-1680 -1732	-1700 -1781	-1700 -1830	-1700 -1910	-1700 -2020
315	355	-1479 -1536	-1500 -1589	-1500 -1640	-1500 -1730	-1500 -1860	-1879 -1936	-1900 -1989	-1900 -2040	-1900 -2130	-1900 -2260
355	400	-1629 -1686	-1650 -1739	-1650 -1790	-1650 -1880	-1650 -2010	-2079 -2136	-2100 -2189	-2100 -2240	-2100 -2330	-2100 -2460
400	450	-1827 -1890	-1850 -1947	-1850 -2005	-1850 -2100	-1850 -2250	-2377 -2440	-2400 -2497	-2400 -2555	-2400 -2650	-2400 -2800
450	500	-2077 -2140	-2100 -2197	-2100 -2255	-2100 -2350	-2100 -2500	-2577 -2640	-2600 -2697	-2600 -2755	-2600 -2850	-2600 -3000

① 公称尺寸大于500mm的ZB和ZC的基本偏差数值没有列入表中。

表 1-1-36 轴的极限偏差（基本偏差 a、b 和 c）①

上极限偏差 = *es*

下极限偏差 = *ei*

（偏差单位：μm）

公称尺寸/mm		a②					b②						c				
大于	至	9	10	11	12	13	8	9	10	11	12	13	8	9	10	11	12
—	3②	-270 -295	-270 -310	-270 -330	-270 -370	-270 -410	-140 -154	-140 -165	-140 -180	-140 -200	-140 -240	-140 -280	-60 -74	-60 -85	-60 -100	-60 -120	-60 -160
3	6	-270 -300	-270 -318	-270 -345	-270 -390	-270 -450	-140 -158	-140 -170	-140 -188	-140 -215	-140 -260	-140 -320	-70 -88	-70 -100	-70 -118	-70 -145	-70 -190
6	10	-280 -316	-280 -338	-280 -370	-280 -430	-280 -500	-150 -172	-150 -186	-150 -208	-150 -240	-150 -300	-150 -370	-80 -102	-80 -116	-80 -138	-80 -170	-80 -230
10	18	-290 -333	-290 -360	-290 -400	-290 -470	-290 -560	-150 -177	-150 -193	-150 -220	-150 -260	-150 -330	-150 -420	-95 -122	-95 -138	-95 -165	-95 -205	-95 -275
18	30	-300 -352	-300 -384	-300 -430	-300 -510	-300 -630	-160 -193	-160 -212	-160 -244	-160 -290	-160 -370	-160 -490	-110 -143	-110 -162	-110 -194	-110 -240	-110 -320
30	40	-310 -372	-310 -410	-310 -470	-310 -560	-310 -700	-170 -209	-170 -232	-170 -270	-170 -330	-170 -420	-170 -560	-120 -159	-120 -182	-120 -220	-120 -280	-120 -370
40	50	-320 -382	-320 -420	-320 -480	-320 -570	-320 -710	-180 -219	-180 -242	-180 -280	-180 -340	-180 -430	-180 -570	-130 -169	-130 -192	-130 -230	-130 -290	-130 -380
50	65	-340 -414	-340 -460	-340 -530	-340 -640	-340 -800	-190 -236	-190 -264	-190 -310	-190 -380	-190 -490	-190 -650	-140 -186	-140 -214	-140 -260	-140 -330	-140 -440
65	80	-360 -434	-360 -480	-360 -550	-360 -660	-360 -820	-200 -246	-200 -274	-200 -320	-200 -390	-200 -500	-200 -660	-150 -196	-150 -224	-150 -270	-150 -340	-150 -450
80	100	-380 -467	-380 -520	-380 -600	-380 -730	-380 -920	-220 -274	-220 -307	-220 -360	-220 -440	-220 -570	-220 -760	-170 -224	-170 -257	-170 -310	-170 -390	-170 -520
100	120	-410 -497	-410 -550	-410 -630	-410 -760	-410 -950	-240 -294	-240 -327	-240 -380	-240 -460	-240 -590	-240 -780	-180 -234	-180 -267	-180 -320	-180 -400	-180 -530

（续）

公称尺寸/mm		a②					b②						c				
大于	至	9	10	11	12	13	8	9	10	11	12	13	8	9	10	11	12
120	140	-460 -560	-460 -620	-460 -710	-460 -860	-460 -1090	-260 -323	-260 -360	-260 -420	-260 -510	-260 -660	-260 -890	-200 -263	-200 -300	-200 -360	-200 -450	-200 -600
140	160	-520 -620	-520 -680	-520 -770	-520 -920	-520 -1150	-280 -343	-280 -380	-280 -440	-280 -530	-280 -680	-280 -910	-210 -273	-210 -310	-210 -370	-210 -460	-210 -610
160	180	-580 -680	-580 -740	-580 -830	-580 -980	-580 -1210	-310 -373	-310 -410	-310 -470	-310 -560	-310 -710	-310 -940	-230 -293	-230 -330	-230 -390	-230 -480	-230 -630
180	200	-660 -775	-660 -845	-660 -950	-660 -1120	-660 -1380	-340 -412	-340 -455	-340 -525	-340 -630	-340 -800	-340 -1060	-240 -312	-240 -355	-240 -425	-240 -530	-240 -700
200	225	-740 -855	-740 -925	-740 -1030	-740 -1200	-740 -1460	-380 -452	-380 -495	-380 -565	-380 -670	-380 -840	-380 -1100	-260 -332	-260 -375	-260 -445	-260 -550	-260 -720
225	250	-820 -935	-820 -1005	-820 -1110	-820 -1280	-820 -1540	-420 -492	-420 -535	-420 -605	-420 -710	-420 -880	-420 -1140	-280 -352	-280 -395	-280 -465	-280 -570	-280 -740
250	280	-920 -1050	-920 -1130	-920 -1240	-920 -1440	-920 -1730	-480 -561	-480 -610	-480 -690	-480 -800	-480 -1000	-480 -1290	-300 -381	-300 -430	-300 -510	-300 -620	-300 -820
280	315	-1050 -1180	-1050 -1260	-1050 -1370	-1050 -1570	-1050 -1860	-540 -621	-540 -670	-540 -750	-540 -860	-540 -1060	-540 -1350	-330 -411	-330 -460	-330 -540	-330 -650	-330 -850
315	355	-1200 -1340	-1200 -1430	-1200 -1560	-1200 -1770	-1200 -2090	-600 -689	-600 -740	-600 -830	-600 -960	-600 -1170	-600 -1490	-360 -449	-360 -500	-360 -590	-360 -720	-360 -930
355	400	-1350 -1490	-1350 -1580	-1350 -1710	-1350 -1920	-1350 -2240	-680 -769	-680 -820	-680 -910	-680 -1040	-680 -1250	-680 -1570	-400 -489	-400 -540	-400 -630	-400 -760	-400 -970
400	450	-1500 -1655	-1500 -1750	-1500 -1900	-1500 -2130	-1500 -2470	-760 -857	-760 -915	-760 -1010	-760 -1160	-760 -1390	-760 -1730	-440 -537	-440 -595	-440 -690	-440 -840	-440 -1070
450	500	-1650 -1805	-1650 -1900	-1650 -2050	-1650 -2280	-1650 -2620	-840 -937	-840 -995	-840 -1090	-840 -1240	-840 -1470	-840 -1810	-480 -577	-480 -635	-480 -730	-480 -880	-480 -1110

① 没有给出公称尺寸大于500mm的基本偏差a、b和c。

② 公称尺寸小于1mm时，各级的a和b均不采用。

表 1-1-37　轴的极限偏差（基本偏差 cd 和 d）

上极限偏差 = *es*

下极限偏差 = *ei*

（偏差单位：μm）

公称尺寸/mm		cd①						d								
大于	至	5	6	7	8	9	10	5	6	7	8	9	10	11	12	13
—	3	-34 -38	-34 -40	-34 -44	-34 -48	-34 -59	-34 -74	-20 -24	-20 -26	-20 -30	-20 -34	-20 -45	-20 -60	-20 -80	-20 -120	-20 -160
3	6	-46 -51	-46 -54	-46 -58	-46 -64	-46 -76	-46 -94	-30 -35	-30 -38	-30 -42	-30 -48	-30 -60	-30 -78	-30 -105	-30 -150	-30 -210
6	10	-56 -62	-56 -65	-56 -71	-56 -78	-56 -92	-56 -114	-40 -46	-40 -49	-40 -55	-40 -62	-40 -76	-40 -98	-40 -130	-40 -190	-40 -260
10	18							-50 -58	-50 -61	-50 -68	-50 -77	-50 -93	-50 -120	-50 -160	-50 -230	-50 -320
18	30							-65 -74	-65 -78	-65 -86	-65 -98	-65 -117	-65 -149	-65 -195	-65 -275	-65 -395
30	50							-80 -91	-80 -96	-80 -105	-80 -119	-80 -142	-80 -180	-80 -240	-80 -330	-80 -470
50	80							-100 -113	-100 -119	-100 -130	-100 -146	-100 -174	-100 -220	-100 -290	-100 -400	-100 -560
80	120							-120 -135	-120 -142	-120 -155	-120 -174	-120 -207	-120 -260	-120 -340	-120 -470	-120 -660
120	180							-145 -163	-145 -170	-145 -185	-145 -208	-145 -245	-145 -305	-145 -395	-145 -545	-145 -775
180	250							-170 -190	-170 -199	-170 -216	-170 -242	-170 -285	-170 -355	-170 -460	-170 -630	-170 -890

（续）

公称尺寸/mm		cd①						d								
大于	至	5	6	7	8	9	10	5	6	7	8	9	10	11	12	13
250	315							-190 -213	-190 -222	-190 -242	-190 -271	-190 -320	-190 -400	-190 -510	-190 -710	-190 -1000
315	400							-210 -235	-210 -246	-210 -267	-210 -299	-210 -350	-210 -440	-210 -570	-210 -780	-210 -1100
400	500							-230 -257	-230 -270	-230 -293	-230 -327	-230 -385	-230 -480	-230 -630	-230 -860	-230 -1200
500	630									-260 -330	-260 -370	-260 -435	-260 -540	-260 -700		
630	800									-290 -370	-290 -415	-290 -490	-290 -610	-290 -790		
800	1000									-320 -410	-320 -460	-320 -550	-320 -680	-320 -880		
1000	1250									-350 -455	-350 -515	-350 -610	-350 -770	-350 -1010		
1250	1600									-390 -515	-390 -585	-390 -700	-390 -890	-390 -1170		
1600	2000									-430 -580	-430 -660	-430 -800	-430 -1030	-430 -1350		
2000	2500									-480 -655	-480 -760	-480 -920	-480 -1180	-480 -1580		
2500	3150									-520 -730	-520 -850	-520 -1060	-520 -1380	-520 -1870		

① 中间的基本偏差 cd 主要应用于精密机构和钟表制造业。如果需要在其他公称尺寸中包含该基本偏差的公差带代号，可依据 GB/T 1800.1 计算。

表 1-1-38 轴的极限偏差（基本偏差 e 和 ef）

上极限偏差 = *es*

下极限偏差 = *ei*

（偏差单位：μm）

公称尺寸 /mm		e						ef[①]							
大于	至	5	6	7	8	9	10	3	4	5	6	7	8	9	10
—	3	-14 -18	-14 -20	-14 -24	-14 -28	-14 -39	-14 -54	-10 -12	-10 -13	-10 -14	-10 -16	-10 -20	-10 -24	-10 -35	-10 -50
3	6	-20 -25	-20 -28	-20 -32	-20 -38	-20 -50	-20 -68	-14 -16.5	-14 -18	-14 -19	-14 -22	-14 -26	-14 -32	-14 -44	-14 -62
6	10	-25 -31	-25 -34	-25 -40	-25 -47	-25 -61	-25 -83	-18 -20.5	-18 -22	-18 -24	-18 -27	-18 -33	-18 -40	-18 -54	-18 -76
10	18	-32 -40	-32 -43	-32 -50	-32 -59	-32 -75	-32 -102								
18	30	-40 -49	-40 -53	-40 -61	-40 -73	-40 -92	-40 -124								
30	50	-50 -61	-50 -66	-50 -75	-50 -89	-50 -112	-50 -150								
50	80	-60 -73	-60 -79	-60 -90	-60 -106	-60 -134	-60 -180								
80	120	-72 -87	-72 -94	-72 -107	-72 -126	-72 -159	-72 -212								
120	180	-85 -103	-85 -110	-85 -125	-85 -148	-85 -185	-85 -245								
180	250	-100 -120	-100 -129	-100 -146	-100 -172	-100 -215	-100 -285								

（续）

公称尺寸/mm		e						ef①							
大于	至	5	6	7	8	9	10	3	4	5	6	7	8	9	10
250	315	-110 -133	-110 -142	-110 -162	-110 -191	-110 -240	-110 -320								
315	400	-125 -150	-125 -161	-125 -182	-125 -214	-125 -265	-125 -355								
400	500	-135 -162	-135 -175	-135 -198	-135 -232	-135 -290	-135 -385								
500	630		-145 -189	-145 -215	-145 -255	-145 -320	-145 -425								
630	800		-160 -210	-160 -240	-160 -285	-160 -360	-160 -480								
800	1000		-170 -226	-170 -260	-170 -310	-170 -400	-170 -530								
1000	1250		-195 -261	-195 -300	-195 -360	-195 -455	-195 -615								
1250	1600		-220 -298	-220 -345	-220 -415	-220 -530	-220 -720								
1600	2000		-240 -332	-240 -390	-240 -470	-240 -610	-240 -840								
2000	2500		-260 -370	-260 -435	-260 -540	-260 -700	-260 -960								
2500	3150		-290 -425	-290 -500	-290 -620	-290 -830	-290 -1150								

① 中间的基本偏差 ef 主要应用于精密机构和钟表制造业。如果需要在其他公称尺寸中包含该基本偏差的公差带代号，可依据 GB/T 1800.1 计算。

表 1-1-39　轴的极限偏差（基本偏差 f 和 fg）

上极限偏差 = es

下极限偏差 = ei

（偏差单位：μm）

公称尺寸/mm		f								fg[①]							
大于	至	3	4	5	6	7	8	9	10	3	4	5	6	7	8	9	10
—	3	-6 -8	-6 -9	-6 -10	-6 -12	-6 -16	-6 -20	-6 -31	-6 -46	-4 -6	-4 -7	-4 -8	-4 -10	-4 -14	-4 -18	-4 -29	-4 -44
3	6	-10 -12.5	-10 -14	-10 -15	-10 -18	-10 -22	-10 -28	-10 -40	-10 -58	-6 -8.5	-6 -10	-6 -11	-6 -14	-6 -18	-6 -24	-6 -36	-6 -54
6	10	-13 -15.5	-13 -17	-13 -19	-13 -22	-13 -28	-13 -35	-13 -49	-13 -71	-8 -10.5	-8 -12	-8 -14	-8 -17	-8 -23	-8 -30	-8 -44	-8 -66
10	18	-16 -19	-16 -21	-16 -24	-16 -27	-16 -34	-16 -43	-16 -59	-16 -86								
18	30	-20 -24	-20 -26	-20 -29	-20 -33	-20 -41	-20 -53	-20 -72	-20 -104								
30	50	-25 -29	-25 -32	-25 -36	-25 -41	-25 -50	-25 -64	-25 -87	-25 -125								
50	80		-30 -38	-30 -43	-30 -49	-30 -60	-30 -76	-30 -104									
80	120		-36 -46	-36 -51	-36 -58	-36 -71	-36 -90	-36 -123									
120	180		-43 -55	-43 -61	-43 -68	-43 -83	-43 -106	-43 -143									
180	250		-50 -64	-50 -70	-50 -79	-50 -96	-50 -122	-50 -165									

（续）

公称尺寸/mm		f								fg①							
大于	至	3	4	5	6	7	8	9	10	3	4	5	6	7	8	9	10
250	315		-56 -72	-56 -79	-56 -88	-56 -108	-56 -137	-56 -186									
315	400		-62 -80	-62 -87	-62 -98	-62 -119	-62 -151	-62 -202									
400	500		-68 -88	-68 -95	-68 -108	-68 -131	-68 -165	-68 -223									
500	630				-76 -120	-76 -146	-76 -186	-76 -251									
630	800				-80 -130	-80 -160	-80 -205	-80 -280									
800	1000				-86 -142	-86 -176	-86 -226	-86 -316									
1000	1250				-98 -164	-98 -203	-98 -263	-98 -358									
1250	1600				-110 -188	-110 -235	-110 -305	-110 -420									
1600	2000				-120 -212	-120 -270	-120 -350	-120 -490									
2000	2500				-130 -240	-130 -305	-130 -410	-130 -570									
2500	3150				-145 -280	-145 -355	-145 -475	-145 -685									

① 中间的基本偏差 fg 主要应用于精密机构和钟表制造业。如果需要在其他公称尺寸中包含该基本偏差的公差带代号，可依据 GB/T 1800.1 计算。

表 1-1-40　轴的极限偏差（基本偏差 g）

上极限偏差 = *es*

下极限偏差 = *ei*

（偏差单位：μm）

公称尺寸/mm		g							
大于	至	3	4	5	6	7	8	9	10
—	3	-2 -4	-2 -5	-2 -6	-2 -8	-2 -12	-2 -16	-2 -27	-2 -42
3	6	-4 -6.5	-4 -8	-4 -9	-4 -12	-4 -16	-4 -22	-4 -34	-4 -52
6	10	-5 -7.5	-5 -9	-5 -11	-5 -14	-5 -20	-5 -27	-5 -41	-5 -63
10	18	-6 -9	-6 -11	-6 -14	-6 -17	-6 -24	-6 -33	-6 -49	-6 -76
18	30	-7 -11	-7 -13	-7 -16	-7 -20	-7 -28	-7 -40	-7 -59	-7 -91
30	50	-9 -13	-9 -16	-9 -20	-9 -25	-9 -34	-9 -48	-9 -71	-9 -109
50	80		-10 -18	-10 -23	-10 -29	-10 -40	-10 -56		
80	120		-12 -22	-12 -27	-12 -34	-12 -47	-12 -66		
120	180		-14 -26	-14 -32	-14 -39	-14 -54	-14 -77		
180	250		-15 -29	-15 -35	-15 -44	-15 -61	-15 -87		
250	315		-17 -33	-17 -40	-17 -49	-17 -69	-17 -98		
315	400		-18 -36	-18 -43	-18 -54	-18 -75	-18 -107		
400	500		-20 -40	-20 -47	-20 -60	-20 -83	-20 -117		
500	630				-22 -66	-22 -92	-22 -132		
630	800				-24 -74	-24 -104	-24 -149		
800	1000				-26 -82	-26 -116	-26 -166		
1000	1250				-28 -94	-28 -133	-28 -193		
1250	1600				-30 -108	-30 -155	-30 -225		
1600	2000				-32 -124	-32 -182	-32 -262		
2000	2500				-34 -144	-34 -209	-34 -314		
2500	3150				-38 -173	-38 -248	-38 -368		

表 1-1-41 轴的极限偏差（基本偏差 h）

上极限偏差 = es

下极限偏差 = ei

公称尺寸/mm		h																	
		1	2	3	4	5	6	7	8	9	10	11	12	13	14[①]	15[①]	16[①]	17	18
大于	至	偏差																	
		μm											mm						
—	3[①]	0 -0.8	0 -1.2	0 -2	0 -3	0 -4	0 -6	0 -10	0 -14	0 -25	0 -40	0 -60	0 -0.1	0 -0.14	0 -0.25	0 -0.4	0 -0.6		
3	6	0 -1	0 -1.5	0 -2.5	0 -4	0 -5	0 -8	0 -12	0 -18	0 -30	0 -48	0 -75	0 -0.12	0 -0.18	0 -0.3	0 -0.48	0 -0.75	0 -1.2	0 -1.8
6	10	0 -1	0 -1.5	0 -2.5	0 -4	0 -6	0 -9	0 -15	0 -22	0 -36	0 -58	0 -90	0 -0.15	0 -0.22	0 -0.36	0 -0.58	0 -0.9	0 -1.5	0 -2.2
10	18	0 -1.2	0 -2	0 -3	0 -5	0 -8	0 -11	0 -18	0 -27	0 -43	0 -70	0 -110	0 -0.18	0 -0.27	0 -0.43	0 -0.7	0 -1.1	0 -1.8	0 -2.7
18	30	0 -1.5	0 -2.5	0 -4	0 -6	0 -9	0 -13	0 -21	0 -33	0 -52	0 -84	0 -130	0 -0.21	0 -0.33	0 -0.52	0 -0.84	0 -1.3	0 -2.1	0 -3.3
30	50	0 -1.5	0 -2.5	0 -4	0 -7	0 -11	0 -16	0 -25	0 -39	0 -62	0 -100	0 -160	0 -0.25	0 -0.39	0 -0.62	0 -1	0 -1.6	0 -2.5	0 -3.9
50	80	0 -2	0 -3	0 -5	0 -8	0 -13	0 -19	0 -30	0 -46	0 -74	0 -120	0 -190	0 -0.3	0 -0.46	0 -0.74	0 -1.2	0 -1.9	0 -3	0 -4.6
80	120	0 -2.5	0 -4	0 -6	0 -10	0 -15	0 -22	0 -35	0 -54	0 -87	0 -140	0 -220	0 -0.35	0 -0.54	0 -0.87	0 -1.4	0 -2.2	0 -3.5	0 -5.4
120	180	0 -3.5	0 -5	0 -8	0 -12	0 -18	0 -25	0 -40	0 -63	0 -100	0 -160	0 -250	0 -0.4	0 -0.63	0 -1	0 -1.6	0 -2.5	0 -4	0 -6.3
180	250	0 -4.5	0 -7	0 -10	0 -14	0 -20	0 -29	0 -46	0 -72	0 -115	0 -185	0 -290	0 -0.46	0 -0.72	0 -1.15	0 -1.85	0 -2.9	0 -4.6	0 -7.2

（续）

公称尺寸/mm		h																	
		1	2	3	4	5	6	7	8	9	10	11	12	13	14①	15①	16①	17	18
大于	至	偏差																	
		μm											mm						
250	315	0 -6	0 -8	0 -12	0 -16	0 -23	0 -32	0 -52	0 -81	0 -130	0 -210	0 -320	0 -0.52	0 -0.81	0 -1.3	0 -2.1	0 -3.2	0 -5.2	0 -8.1
315	400	0 -7	0 -9	0 -13	0 -18	0 -25	0 -36	0 -57	0 -89	0 -140	0 -230	0 -360	0 -0.57	0 -0.89	0 -1.4	0 -2.3	0 -3.6	0 -5.7	0 -8.9
400	500	0 -8	0 -10	0 -15	0 -20	0 -27	0 -40	0 -63	0 -97	0 -155	0 -250	0 -400	0 -0.63	0 -0.97	0 -1.55	0 -2.5	0 -4	0 -6.3	0 -9.7
500	630	0 -9	0 -11	0 -16	0 -22	0 -32	0 -44	0 -70	0 -110	0 -175	0 -280	0 -440	0 -0.7	0 -1.1	0 -1.75	0 -2.8	0 -4.4	0 -7	0 -11
630	800	0 -10	0 -13	0 -18	0 -25	0 -36	0 -50	0 -80	0 -125	0 -200	0 -320	0 -500	0 -0.8	0 -1.25	0 -2	0 -3.2	0 -5	0 -8	0 -12.5
800	1000	0 -11	0 -15	0 -21	0 -28	0 -40	0 -56	0 -90	0 -140	0 -230	0 -360	0 -560	0 -0.9	0 -1.4	0 -2.3	0 -3.6	0 -5.6	0 -9	0 -14
1000	1250	0 -13	0 -18	0 -24	0 -33	0 -47	0 -66	0 -105	0 -165	0 -260	0 -420	0 -660	0 -1.05	0 -1.65	0 -2.6	0 -4.2	0 -6.6	0 -10.5	0 -16.5
1250	1600	0 -15	0 -21	0 -29	0 -39	0 -55	0 -78	0 -125	0 -195	0 -310	0 -500	0 -780	0 -1.25	0 -1.95	0 -3.1	0 -5	0 -7.8	0 -12.5	0 -19.5
1600	2000	0 -18	0 -25	0 -35	0 -46	0 -65	0 -92	0 -150	0 -230	0 -370	0 -600	0 -920	0 -1.5	0 -2.3	0 -3.7	0 -6	0 -9.2	0 -15	0 -23
2000	2500	0 -22	0 -30	0 -41	0 -55	0 -78	0 -110	0 -175	0 -280	0 -440	0 -700	0 -1100	0 -1.75	0 -2.8	0 -4.4	0 -7	0 -11	0 -17.5	0 -28
2500	3150	0 -26	0 -36	0 -50	0 -68	0 -96	0 -135	0 -210	0 -330	0 -540	0 -860	0 -1350	0 -2.1	0 -3.3	0 -5.4	0 -8.6	0 -13.5	0 -21	0 -33

① IT14~IT16 只用于大于1mm的公称尺寸。

表 1-1-42 轴的极限偏差（基本偏差 js）①

上极限偏差 = es

下极限偏差 = ei

公称尺寸/mm		js																	
		1	2	3	4	5	6	7	8	9	10	11	12	13	14②	15②	16②	17	18
		偏差																	
大于	至	μm											mm						
—	3②	±0.4	±0.6	±1	±1.5	±2	±3	±5	±7	±12.5	±20	±30	±0.05	±0.07	±0.125	±0.2	±0.3	—	—
3	6	±0.5	±0.75	±1.25	±2	±2.5	±4	±6	±9	±15	±24	±37.5	±0.06	±0.09	±0.15	±0.24	±0.375	±0.6	±0.9
6	10	±0.5	±0.75	±1.25	±2	±3	±4.5	±7.5	±11	±18	±29	±45	±0.075	±0.11	±0.18	±0.29	±0.45	±0.75	±1.1
10	18	±0.6	±1	±1.5	±2.5	±4	±5.5	±9	±13.5	±21.5	±35	±55	±0.09	±0.135	±0.215	±0.35	±0.55	±0.9	±1.35
18	30	±0.75	±1.25	±2	±3	±4.5	±6.5	±10.5	±16.5	±26	±42	±65	±0.105	±0.165	±0.26	±0.42	±0.65	±1.05	±1.65
30	50	±0.75	±1.25	±2	±3.5	±5.5	±8	±12.5	±19.5	±31	±50	±80	±0.125	±0.195	±0.31	±0.5	±0.8	±1.25	±1.95
50	80	±1	±1.5	±2.5	±4	±6.5	±9.5	±15	±23	±37	±60	±95	±0.15	±0.23	±0.37	±0.6	±0.95	±1.5	±2.3
80	120	±1.25	±2	±3	±5	±7.5	±11	±17.5	±27	±43.5	±70	±110	±0.175	±0.27	±0.435	±0.7	±1.1	±1.75	±2.7
120	180	±1.75	±2.5	±4	±6	±9	±12.5	±20	±31.5	±50	±80	±125	±0.2	±0.315	±0.5	±0.8	±1.25	±2	±3.15
180	250	±2.25	±3.5	±5	±7	±10	±14.5	±23	±36	±57.5	±92.5	±145	±0.23	±0.36	±0.575	±0.925	±1.45	±2.3	±3.6
250	315	±3	±4	±6	±8	±11.5	±16	±26	±40.5	±65	±105	±160	±0.26	±0.405	±0.65	±1.05	±1.6	±2.6	±4.05
315	400	±3.5	±4.5	±6.5	±9	±12.5	±18	±28.5	±44.5	±70	±115	±180	±0.285	±0.445	±0.7	±1.15	±1.8	±2.85	±4.45
400	500	±4	±5	±7.5	±10	±13.5	±20	±31.5	±48.5	±77.5	±125	±200	±0.315	±0.485	±0.775	±1.25	±2	±3.15	±4.85
500	630	±4.5	±5.5	±8	±11	±16	±22	±35	±55	±87.5	±140	±220	±0.35	±0.55	±0.875	±1.4	±2.2	±3.5	±5.5
630	800	±5	±6.5	±9	±12.5	±18	±25	±40	±62.5	±100	±160	±250	±0.4	±0.625	±1	±1.6	±2.5	±4	±6.25
800	1000	±5.5	±7.5	±10.5	±14	±20	±28	±45	±70	±115	±180	±280	±0.45	±0.7	±1.15	±1.8	±2.8	±4.5	±7
1000	1250	±6.5	±9	±12	±16.5	±23.5	±33	±52.5	±82.5	±130	±210	±330	±0.525	±0.825	±1.3	±2.1	±3.3	±5.25	±8.25
1250	1600	±7.5	±10.5	±14.5	±19.5	±27.5	±39	±62.5	±97.5	±155	±250	±390	±0.625	±0.975	±1.55	±2.5	±3.9	±6.25	±9.75
1600	2000	±9	±12.5	±17.5	±23	±32.5	±46	±75	±115	±185	±300	±460	±0.75	±1.15	±1.85	±3	±4.6	±7.5	±11.5
2000	2500	±11	±15	±20.5	±27.5	±39	±55	±87.5	±140	±220	±350	±550	±0.875	±1.4	±2.2	±3.5	±5.5	±8.75	±14
2500	3150	±13	±18	±25	±34	±48	±67.5	±105	±165	±270	±430	±675	±1.05	±1.65	±2.7	±4.3	±6.75	±10.5	±16.5

① 为了避免相同值的重复。表列值以“±x”给出，可为 $es=+x$，$ei=-x$，如 $^{+0.23}_{-0.23}$ mm。

② IT14～IT16 只用于大于 1mm 的公称尺寸。

表 1-1-43　轴的极限偏差（基本偏差 j 和 k）

上极限偏差 = *es*

下极限偏差 = *ei*

（偏差单位：μm）

公称尺寸/mm		j				k										
大于	至	5①	6①	7①	8	3	4	5	6	7	8	9	10	11	12	13
—	3	±2	+4 -2	+6 -4	+8 -6	+2 0	+3 0	+4 0	+6 0	+10 0	+14 0	+25 0	+40 0	+60 0	+100 0	+140 0
3	6	+3 -2	+6 -2	+8 -4		+2.5 0	+5 +1	+6 +1	+9 +1	+13 +1	+18 0	+30 0	+48 0	+75 0	+120 0	+180 0
6	10	+4 -2	+7 -2	+10 -5		+2.5 0	+5 +1	+7 +1	+10 +1	+16 +1	+22 0	+36 0	+58 0	+90 0	+150 0	+220 0
10	18	+5 -3	+8 -3	+12 -6		+3 0	+6 +1	+9 +1	+12 +1	+19 +1	+27 0	+43 0	+70 0	+110 0	+180 0	+270 0
18	30	+5 -4	+9 -4	+13 -8		+4 0	+8 +2	+11 +2	+15 +2	+23 +2	+33 0	+52 0	+84 0	+130 0	+210 0	+330 0
30	50	+6 -5	+11 -5	+15 -10		+4 0	+9 +2	+13 +2	+18 +2	+27 +2	+39 0	+62 0	+100 0	+160 0	+250 0	+390 0
50	80	+6 -7	+12 -7	+18 -12			+10 +2	+15 +2	+21 +2	+32 +2	+46 0	+74 0	+120 0	+190 0	+300 0	+460 0
80	120	+6 -9	+13 -9	+20 -15			+13 +3	+18 +3	+25 +3	+38 +3	+54 0	+87 0	+140 0	+220 0	+350 0	+540 0
120	180	+7 -11	+14 -11	+22 -18			+15 +3	+21 +3	+28 +3	+43 +3	+63 0	+100 0	+160 0	+250 0	+400 0	+630 0
180	250	+7 -13	+16 -13	+25 -21			+18 +4	+24 +4	+33 +4	+50 +4	+72 0	+115 0	+185 0	+290 0	+460 0	+720 0

（续）

公称尺寸/mm		j				k										
大于	至	5①	6①	7①	8	3	4	5	6	7	8	9	10	11	12	13
250	315	+7 -16	±16	±26			+20 +4	+27 +4	+36 +4	+56 +4	+81 0	+130 0	+210 0	+320 0	+520 0	+810 0
315	400	+7 -18	±18	+29 -28			+22 +4	+29 +4	+40 +4	+61 +4	+89 0	+140 0	+230 0	+360 0	+570 0	+890 0
400	500	+7 -20	±20	+31 -32			+25 +5	+32 +5	+45 +5	+68 +5	+97 0	+155 0	+250 0	+400 0	+630 0	+970 0
500	630								+44 0	+70 0	+110 0	+175 0	+280 0	+440 0	+700 0	+1100 0
630	800								+50 0	+80 0	+125 0	+200 0	+320 0	+500 0	+800 0	+1250 0
800	1000								+56 0	+90 0	+140 0	+230 0	+360 0	+560 0	+900 0	+1400 0
1000	1250								+66 0	+105 0	+165 0	+260 0	+420 0	+660 0	+1050 0	+1650 0
1250	1600								+78 0	+125 0	+195 0	+310 0	+500 0	+780 0	+1250 0	+1950 0
1600	2000								+92 0	+150 0	+230 0	+370 0	+600 0	+920 0	+1500 0	+2300 0
2000	2500								+110 0	+175 0	+280 0	+440 0	+700 0	+1100 0	+1750 0	+2800 0
2500	3150								+135 0	+210 0	+330 0	+540 0	+860 0	+1350 0	+2100 0	+3300 0

① 表中公差带代号 j5、j6 和 j7 的某些极限偏差与公差带代号 js5、js6 和 js7 一样，用“±x”表示。

表 1-1-44　轴的极限偏差（基本偏差 m 和 n）

上极限偏差 = *es*

下极限偏差 = *ei*

（偏差单位：μm）

公称尺寸/mm		m							n						
大于	至	3	4	5	6	7	8	9	3	4	5	6	7	8	9
—	3	+4 +2	+5 +2	+6 +2	+8 +2	+12 +2	+16 +2	+27 +2	+6 +4	+7 +4	+8 +4	+10 +4	+14 +4	+18 +4	+29 +4
3	6	+6.5 +4	+8 +4	+9 +4	+12 +4	+16 +4	+22 +4	+34 +4	+10.5 +8	+12 +8	+13 +8	+16 +8	+20 +8	+26 +8	+38 +8
6	10	+8.5 +6	+10 +6	+12 +6	+15 +6	+21 +6	+28 +6	+42 +6	+12.5 +10	+14 +10	+16 +10	+19 +10	+25 +10	+32 +10	+46 +10
10	18	+10 +7	+12 +7	+15 +7	+18 +7	+25 +7	+34 +7	+50 +7	+15 +12	+17 +12	+20 +12	+23 +12	+30 +12	+39 +12	+55 +12
18	30	+12 +8	+14 +8	+17 +8	+21 +8	+29 +8	+41 +8	+60 +8	+19 +15	+21 +15	+24 +15	+28 +15	+36 +15	+48 +15	+67 +15
30	50	+13 +9	+16 +9	+20 +9	+25 +9	+34 +9	+48 +9	+71 +9	+21 +17	+24 +17	+28 +17	+33 +17	+42 +17	+56 +17	+79 +17
50	80		+19 +11	+24 +11	+30 +11	+41 +11				+28 +20	+33 +20	+39 +20	+50 +20		
80	120		+23 +13	+28 +13	+35 +13	+48 +13				+33 +23	+38 +23	+45 +23	+58 +23		
120	180		+27 +15	+33 +15	+40 +15	+55 +15				+39 +27	+45 +27	+52 +27	+67 +27		
180	250		+31 +17	+37 +17	+46 +17	+63 +17				+45 +31	+51 +31	+60 +31	+77 +31		
250	315		+36 +20	+43 +20	+52 +20	+72 +20				+50 +34	+57 +34	+66 +34	+86 +34		
315	400		+39 +21	+46 +21	+57 +21	+78 +21				+55 +37	+62 +37	+73 +37	+94 +37		
400	500		+43 +23	+50 +23	+63 +23	+86 +23				+60 +40	+67 +40	+80 +40	+103 +40		
500	630				+70 +26	+96 +26						+88 +44	+114 +44		
630	800				+80 +30	+110 +30						+100 +50	+130 +50		
800	1000				+90 +34	+124 +34						+112 +56	+146 +56		
1000	1250				+106 +40	+145 +40						+132 +66	+171 +66		
1250	1600				+126 +48	+173 +48						+156 +78	+203 +78		
1600	2000				+150 +58	+208 +58						+184 +92	+242 +92		
2000	2500				+178 +68	+243 +68						+220 +110	+285 +110		
2500	3150				+211 +76	+286 +76						+270 +135	+345 +135		

表 1-1-45　轴的极限偏差（基本偏差 p）

上极限偏差 = *es*

下极限偏差 = *ei*

（偏差单位：μm）

公称尺寸/mm		p							
大于	至	3	4	5	6	7	8	9	10
—	3	+8 +6	+9 +6	+10 +6	+12 +6	+16 +6	+20 +6	+31 +6	+46 +6
3	6	+14.5 +12	+16 +12	+17 +12	+20 +12	+24 +12	+30 +12	+42 +12	+60 +12
6	10	+17.5 +15	+19 +15	+21 +15	+24 +15	+30 +15	+37 +15	+51 +15	+73 +15
10	18	+21 +18	+23 +18	+26 +18	+29 +18	+36 +18	+45 +18	+61 +18	+88 +18
18	30	+26 +22	+28 +22	+31 +22	+35 +22	+43 +22	+55 +22	+74 +22	+106 +22
30	50	+30 +26	+33 +26	+37 +26	+42 +26	+51 +26	+65 +26	+88 +26	+126 +26
50	80		+40 +32	+45 +32	+51 +32	+62 +32	+78 +32		
80	120		+47 +37	+52 +37	+59 +37	+72 +37	+91 +37		
120	180		+55 +43	+61 +43	+68 +43	+83 +43	+106 +43		
180	250		+64 +50	+70 +50	+79 +50	+96 +50	+122 +50		
250	315		+72 +56	+79 +56	+88 +56	+108 +56	+137 +56		
315	400		+80 +62	+87 +62	+98 +62	+119 +62	+151 +62		
400	500		+88 +68	+95 +68	+108 +68	+131 +68	+165 +68		
500	630				+122 +78	+148 +78	+188 +78		
630	800				+138 +88	+168 +88	+213 +88		
800	1000				+156 +100	+190 +100	+240 +100		
1000	1250				+186 +120	+225 +120	+285 +120		
1250	1600				+218 +140	+265 +140	+335 +140		
1600	2000				+262 +170	+320 +170	+400 +170		
2000	2500				+305 +195	+370 +195	+475 +195		
2500	3150				+375 +240	+450 +240	+570 +240		

表 1-1-46　轴的极限偏差（基本偏差 r）

上极限偏差 = es

下极限偏差 = ei

（偏差单位：μm）

公称尺寸/mm		r							
大于	至	3	4	5	6	7	8	9	10
—	3	+12 +10	+13 +10	+14 +10	+16 +10	+20 +10	+24 +10	+35 +10	+50 +10
3	6	+17.5 +15	+19 +15	+20 +15	+23 +15	+27 +15	+33 +15	+45 +15	+63 +15
6	10	+21.5 +19	+23 +19	+25 +19	+28 +19	+34 +19	+41 +19	+55 +19	+77 +19
10	18	+26 +23	+28 +23	+31 +23	+34 +23	+41 +23	+50 +23	+66 +23	+93 +23
18	30	+32 +28	+34 +28	+37 +28	+41 +28	+49 +28	+61 +28	+80 +28	+112 +28
30	50	+38 +34	+41 +34	+45 +34	+50 +34	+59 +34	+73 +34	+96 +34	+134 +34
50	65		+49 +41	+54 +41	+60 +41	+71 +41	+87 +41		
65	80		+51 +43	+56 +43	+62 +43	+73 +43	+89 +43		
80	100		+61 +51	+66 +51	+73 +51	+86 +51	+105 +51		
100	120		+64 +54	+69 +54	+76 +54	+89 +54	+108 +54		
120	140		+75 +63	+81 +63	+88 +63	+103 +63	+126 +63		
140	160		+77 +65	+83 +65	+90 +65	+105 +65	+128 +65		
160	180		+80 +68	+86 +68	+93 +68	+108 +68	+131 +68		
180	200		+91 +77	+97 +77	+106 +77	+123 +77	+149 +77		
200	225		+94 +80	+100 +80	+109 +80	+126 +80	+152 +80		
225	250		+98 +84	+104 +84	+113 +84	+130 +84	+156 +84		
250	280		+110 +94	+117 +94	+126 +94	+146 +94	+175 +94		
280	315		+114 +98	+121 +98	+130 +98	+150 +98	+179 +98		
315	355		+126 +108	+133 +108	+144 +108	+165 +108	+197 +108		

（续）

公称尺寸/mm		r							
大于	至	3	4	5	6	7	8	9	10
355	400		+132 +114	+139 +114	+150 +114	+171 +114	+203 +114		
400	450		+146 +126	+153 +126	+166 +126	+189 +126	+223 +126		
450	500		+152 +132	+159 +132	+172 +132	+195 +132	+229 +132		
500	560				+194 +150	+220 +150	+260 +150		
560	630				+199 +155	+225 +155	+265 +155		
630	710				+225 +175	+255 +175	+300 +175		
710	800				+235 +185	+265 +185	+310 +185		
800	900				+266 +210	+300 +210	+350 +210		
900	1000				+276 +220	+310 +220	+360 +220		
1000	1120				+316 +250	+355 +250	+415 +250		
1120	1250				+326 +260	+365 +260	+425 +260		
1250	1400				+378 +300	+425 +300	+495 +300		
1400	1600				+408 +330	+455 +330	+525 +330		
1600	1800				+462 +370	+520 +370	+600 +370		
1800	2000				+492 +400	+550 +400	+630 +400		
2000	2240				+550 +440	+615 +440	+720 +440		
2240	2500				+570 +460	+635 +460	+740 +460		
2500	2800				+685 +550	+760 +550	+880 +550		
2800	3150				+715 +580	+790 +580	+910 +580		

表 1-1-47　轴的极限偏差（基本偏差 s）

上极限偏差 = *es*

下极限偏差 = *ei*

（偏差单位：μm）

公称尺寸 /mm		s							
大于	至	3	4	5	6	7	8	9	10
—	3	+16 +14	+17 +14	+18 +14	+20 +14	+24 +14	+28 +14	+39 +14	+54 +14
3	6	+21.5 +19	+23 +19	+24 +19	+27 +19	+31 +19	+37 +19	+49 +19	+67 +19
6	10	+25.5 +23	+27 +23	+29 +23	+32 +23	+38 +23	+45 +23	+59 +23	+81 +23
10	18	+31 +28	+33 +28	+36 +28	+39 +28	+46 +28	+55 +28	+71 +28	+98 +28
18	30	+39 +35	+41 +35	+44 +35	+48 +35	+56 +35	+68 +35	+87 +35	+119 +35
30	50	+47 +43	+50 +43	+54 +43	+59 +43	+68 +43	+82 +43	+105 +43	+143 +43
50	65		+61 +53	+66 +53	+72 +53	+83 +53	+99 +53	+127 +53	
65	80		+67 +59	+72 +59	+78 +59	+89 +59	+105 +59	+133 +59	
80	100		+81 +71	+86 +71	+93 +71	+106 +71	+125 +71	+158 +71	
100	120		+89 +79	+94 +79	+101 +79	+114 +79	+133 +79	+166 +79	
120	140		+104 +92	+110 +92	+117 +92	+132 +92	+155 +92	+192 +92	
140	160		+112 +100	+118 +100	+125 +100	+140 +100	+163 +100	+200 +100	
160	180		+120 +108	+126 +108	+133 +108	+148 +108	+171 +108	+208 +108	
180	200		+136 +122	+142 +122	+151 +122	+168 +122	+194 +122	+237 +122	
200	225		+144 +130	+150 +130	+159 +130	+176 +130	+202 +130	+245 +130	
225	250		+154 +140	+160 +140	+169 +140	+186 +140	+212 +140	+255 +140	
250	280		+174 +158	+181 +158	+190 +158	+210 +158	+239 +158	+288 +158	
280	315		+186 +170	+193 +170	+202 +170	+222 +170	+251 +170	+300 +170	
315	355		+208 +190	+215 +190	+226 +190	+247 +190	+279 +190	+330 +190	

（续）

公称尺寸 /mm		s							
大于	至	3	4	5	6	7	8	9	10
355	400		+226 +208	+233 +208	+244 +208	+265 +208	+297 +208	+348 +208	
400	450		+252 +232	+259 +232	+272 +232	+295 +232	+329 +232	+387 +232	
450	500		+272 +252	+279 +252	+292 +252	+315 +252	+349 +252	+407 +252	
500	560				+324 +280	+350 +280	+390 +280		
560	630				+354 +310	+380 +310	+420 +310		
630	710				+390 +340	+420 +340	+465 +340		
710	800				+430 +380	+460 +380	+505 +380		
800	900				+486 +430	+520 +430	+570 +430		
900	1000				+526 +470	+560 +470	+610 +470		
1000	1120				+586 +520	+625 +520	+685 +520		
1120	1250				+646 +580	+685 +580	+745 +580		
1250	1400				+718 +640	+765 +640	+835 +640		
1400	1600				+798 +720	+845 +720	+915 +720		
1600	1800				+912 +820	+970 +820	+1050 +820		
1800	2000				+1012 +920	+1070 +920	+1150 +920		
2000	2240				+1110 +1000	+1175 +1000	+1280 +1000		
2240	2500				+1210 +1100	+1275 +1100	+1380 +1100		
2500	2800				+1385 +1250	+1460 +1250	+1580 +1250		
2800	3150				+1535 +1400	+1610 +1400	+1730 +1400		

表 1-1-48　轴的极限偏差（基本偏差 t 和 u）

上极限偏差 = *es*

下极限偏差 = *ei*

（偏差单位：μm）

公称尺寸/mm		t[①]				u				
大于	至	5	6	7	8	5	6	7	8	9
—	3					+22 +18	+24 +18	+28 +18	+32 +18	+43 +18
3	6					+28 +23	+31 +23	+35 +23	+41 +23	+53 +23
6	10					+34 +28	+37 +28	+43 +28	+50 +28	+64 +28
10	18					+41 +33	+44 +33	+51 +33	+60 +33	+76 +33
18	24					+50 +41	+54 +41	+62 +41	+74 +41	+93 +41
24	30	+50 +41	+54 +41	+62 +41	+74 +41	+57 +48	+61 +48	+69 +48	+81 +48	+100 +48
30	40	+59 +48	+64 +48	+73 +48	+87 +48	+71 +60	+76 +60	+85 +60	+99 +60	+122 +60
40	50	+65 +54	+70 +54	+79 +54	+93 +54	+81 +70	+86 +70	+95 +70	+109 +70	+132 +70
50	65	+79 +66	+85 +66	+96 +66	+112 +66	+100 +87	+106 +87	+117 +87	+133 +87	+161 +87
65	80	+88 +75	+94 +75	+105 +75	+121 +75	+115 +102	+121 +102	+132 +102	+148 +102	+176 +102
80	100	+106 +91	+113 +91	+126 +91	+145 +91	+139 +124	+146 +124	+159 +124	+178 +124	+211 +124
100	120	+119 +104	+126 +104	+139 +104	+158 +104	+159 +144	+166 +144	+179 +144	+198 +144	+231 +144
120	140	+140 +122	+147 +122	+162 +122	+185 +122	+188 +170	+195 +170	+210 +170	+233 +170	+270 +170
140	160	+152 +134	+159 +134	+174 +134	+197 +134	+208 +190	+215 +190	+230 +190	+253 +190	+290 +190
160	180	+164 +146	+171 +146	+186 +146	+209 +146	+228 +210	+235 +210	+250 +210	+273 +210	+310 +210
180	200	+186 +166	+195 +166	+212 +166	+238 +166	+256 +236	+265 +236	+282 +236	+308 +236	+351 +236
200	225	+200 +180	+209 +180	+226 +180	+252 +180	+278 +258	+287 +258	+304 +258	+330 +258	+373 +258
225	250	+216 +196	+225 +196	+242 +196	+268 +196	+304 +284	+313 +284	+330 +284	+356 +284	+399 +284
250	280	+241 +218	+250 +218	+270 +218	+299 +218	+338 +315	+347 +315	+367 +315	+396 +315	+445 +315
280	315	+263 +240	+272 +240	+292 +240	+321 +240	+373 +350	+382 +350	+402 +350	+431 +350	+480 +350

（续）

公称尺寸/mm		t①				u				
大于	至	5	6	7	8	5	6	7	8	9
315	355	+293 +268	+304 +268	+325 +268	+357 +268	+415 +390	+426 +390	+447 +390	+479 +390	+530 +390
355	400	+319 +294	+330 +294	+351 +294	+383 +294	+460 +435	+471 +435	+492 +435	+524 +435	+575 +435
400	450	+357 +330	+370 +330	+393 +330	+427 +330	+517 +490	+530 +490	+553 +490	+587 +490	+645 +490
450	500	+387 +360	+400 +360	+423 +360	+457 +360	+567 +540	+580 +540	+603 +540	+637 +540	+695 +540
500	560		+444 +400	+470 +400			+644 +600	+670 +600	+710 +600	
560	630		+494 +450	+520 +450			+704 +660	+730 +660	+770 +660	
630	710		+550 +500	+580 +500			+790 +740	+820 +740	+865 +740	
710	800		+610 +560	+640 +560			+890 +840	+920 +840	+965 +840	
800	900		+676 +620	+710 +620			+996 +940	+1030 +940	+1080 +940	
900	1000		+736 +680	+770 +680			+1106 +1050	+1140 +1050	+1190 +1050	
1000	1120		+846 +780	+885 +780			+1216 +1150	+1255 +1150	+1315 +1150	
1120	1250		+906 +840	+945 +840			+1366 +1300	+1405 +1300	+1465 +1300	
1250	1400		+1038 +960	+1085 +960			+1528 +1450	+1575 +1450	+1645 +1450	
1400	1600		+1128 +1050	+1175 +1050			+1678 +1600	+1725 +1600	+1795 +1600	
1600	1800		+1292 +1200	+1350 +1200			+1942 +1850	+2000 +1850	+2080 +1850	
1800	2000		+1442 +1350	+1500 +1350			+2092 +2000	+2150 +2000	+2230 +2000	
2000	2240		+1610 +1500	+1675 +1500			+2410 +2300	+2475 +2300	+2580 +2300	
2240	2500		+1760 +1650	+1825 +1650			+2610 +2500	+2675 +2500	+2780 +2500	
2500	2800		+2035 +1900	+2110 +1900			+3035 +2900	+3110 +2900	+3230 +2900	
2800	3150		+2235 +2100	+2310 +2100			+3335 +3200	+3410 +3200	+3530 +3200	

① 公称尺寸至24mm的公差带代号t5~t8的偏差数值没有列入表中，建议用公差带代号u5~u8替代。

表 1-1-49　轴的极限偏差（基本偏差 v、x 和 y）[①]

上极限偏差 = *es*

下极限偏差 = *ei*

（偏差单位：μm）

公称尺寸/mm		v[②]				x						y[③]				
大于	至	5	6	7	8	5	6	7	8	9	10	6	7	8	9	10
—	3					+24 +20	+26 +20	+30 +20	+34 +20	+45 +20	+60 +20					
3	6					+33 +28	+36 +28	+40 +28	+46 +28	+58 +28	+76 +28					
6	10					+40 +34	+43 +34	+49 +34	+56 +34	+70 +34	+92 +34					
10	14					+48 +40	+51 +40	+58 +40	+67 +40	+83 +40	+110 +40					
14	18	+47 +39	+50 +39	+57 +39	+66 +39	+53 +45	+56 +45	+63 +45	+72 +45	+88 +45	+115 +45					
18	24	+56 +47	+60 +47	+68 +47	+80 +47	+63 +54	+67 +54	+75 +54	+87 +54	+106 +54	+138 +54	+76 +63	+84 +63	+96 +63	+115 +63	+147 +63
24	30	+64 +55	+68 +55	+76 +55	+88 +55	+73 +64	+77 +64	+85 +64	+97 +64	+116 +64	+148 +64	+88 +75	+96 +75	+108 +75	+127 +75	+159 +75
30	40	+79 +68	+84 +68	+93 +68	+107 +68	+91 +80	+96 +80	+105 +80	+119 +80	+142 +80	+180 +80	+110 +94	+119 +94	+133 +94	+156 +94	+194 +94
40	50	+92 +81	+97 +81	+106 +81	+120 +81	+108 +97	+113 +97	+122 +97	+136 +97	+159 +97	+197 +97	+130 +114	+139 +114	+153 +114	+176 +114	+214 +114
50	65	+115 +102	+121 +102	+132 +102	+148 +102	+135 +122	+141 +122	+152 +122	+168 +122	+196 +122	+242 +122	+163 +144	+174 +144	+190 +144		
65	80	+133 +120	+139 +120	+150 +120	+166 +120	+159 +146	+165 +146	+176 +146	+192 +146	+220 +146	+266 +146	+193 +174	+204 +174	+220 +174		
80	100	+161 +146	+168 +146	+181 +146	+200 +146	+193 +178	+200 +178	+213 +178	+232 +178	+265 +178	+318 +178	+236 +214	+249 +214	+268 +214		

（续）

公称尺寸/mm		v[②]				x						y[③]				
大于	至	5	6	7	8	5	6	7	8	9	10	6	7	8	9	10
100	120	+187 +172	+194 +172	+207 +172	+226 +172	+225 +210	+232 +210	+245 +210	+264 +210	+297 +210	+350 +210	+276 +254	+289 +254	+308 +254		
120	140	+220 +202	+227 +202	+242 +202	+265 +202	+266 +248	+273 +248	+288 +248	+311 +248	+348 +248	+408 +248	+325 +300	+340 +300	+363 +300		
140	160	+246 +228	+253 +228	+268 +228	+291 +228	+298 +280	+305 +280	+320 +280	+343 +280	+380 +280	+440 +280	+365 +340	+380 +340	+403 +340		
160	180	+270 +252	+277 +252	+292 +252	+315 +252	+328 +310	+335 +310	+350 +310	+373 +310	+410 +310	+470 +310	+405 +380	+420 +380	+443 +380		
180	200	+304 +284	+313 +284	+330 +284	+356 +284	+370 +350	+379 +350	+396 +350	+422 +350	+465 +350	+535 +350	+454 +425	+471 +425	+497 +425		
200	225	+330 +310	+339 +310	+356 +310	+382 +310	+405 +385	+414 +385	+431 +385	+457 +385	+500 +385	+570 +385	+499 +470	+516 +470	+542 +470		
225	250	+360 +340	+369 +340	+386 +340	+412 +340	+445 +425	+454 +425	+471 +425	+497 +425	+540 +425	+610 +425	+549 +520	+566 +520	+592 +520		
250	280	+408 +385	+417 +385	+437 +385	+466 +385	+498 +475	+507 +475	+527 +475	+556 +475	+605 +475	+685 +475	+612 +580	+632 +580	+661 +580		
280	315	+448 +425	+457 +425	+477 +425	+506 +425	+548 +525	+557 +525	+577 +525	+606 +525	+655 +525	+735 +525	+682 +650	+702 +650	+731 +650		
315	355	+500 +475	+511 +475	+532 +475	+564 +475	+615 +590	+626 +590	+647 +590	+679 +590	+730 +590	+820 +590	+766 +730	+787 +730	+819 +730		
355	400	+555 +530	+566 +530	+587 +530	+619 +530	+685 +660	+696 +660	+717 +660	+749 +660	+800 +660	+890 +660	+856 +820	+877 +820	+909 +820		
400	450	+622 +595	+635 +595	+658 +595	+692 +595	+767 +740	+780 +740	+803 +740	+837 +740	+895 +740	+990 +740	+960 +920	+983 +920	+1017 +920		
450	500	+687 +660	+700 +660	+723 +660	+757 +660	+847 +820	+860 +820	+883 +820	+917 +820	+975 +820	+1070 +820	+1040 +1000	+1063 +1000	+1097 +1000		

① 公称尺寸大于 500mm 的 v、x 和 y 的基本偏差数值没有列入表中。

② 公称尺寸至 14mm 的公差带代号 v5~v8 的偏差数值没有列入表中，建议以公差带代号 x5~x8 替代。

③ 公称尺寸至 18mm 的公差带代号 y6~y10 的偏差数值没有列入表中，建议以公差带代号 z6~z10 替代。

表 1-1-50　轴的极限偏差（基本偏差 z 和 za）[1]

上极限偏差 = *es*

下极限偏差 = *ei*

（偏差单位：μm）

公称尺寸/mm		z						za					
大于	至	6	7	8	9	10	11	6	7	8	9	10	11
—	3	+32 +26	+36 +26	+40 +26	+51 +26	+66 +26	+86 +26	+38 +32	+42 +32	+46 +32	+57 +32	+72 +32	+92 +32
3	6	+43 +35	+47 +35	+53 +35	+65 +35	+83 +35	+110 +35	+50 +42	+54 +42	+60 +42	+72 +42	+90 +42	+117 +42
6	10	+51 +42	+57 +42	+64 +42	+78 +42	+100 +42	+132 +42	+61 +52	+67 +52	+74 +52	+88 +52	+110 +52	+142 +52
10	14	+61 +50	+68 +50	+77 +50	+93 +50	+120 +50	+160 +50	+75 +64	+82 +64	+91 +64	+107 +64	+134 +64	+174 +64
14	18	+71 +60	+78 +60	+87 +60	+103 +60	+130 +60	+170 +60	+88 +77	+95 +77	+104 +77	+120 +77	+147 +77	+187 +77
18	24	+86 +73	+94 +73	+106 +73	+125 +73	+157 +73	+203 +73	+111 +98	+119 +98	+131 +98	+150 +98	+182 +98	+228 +98
24	30	+101 +88	+109 +88	+121 +88	+140 +88	+172 +88	+218 +88	+131 +118	+139 +118	+151 +118	+170 +118	+202 +118	+248 +118
30	40	+128 +112	+137 +112	+151 +112	+174 +112	+212 +112	+272 +112	+164 +148	+173 +148	+187 +148	+210 +148	+248 +148	+308 +148
40	50	+152 +136	+161 +136	+175 +136	+198 +136	+236 +136	+296 +136	+196 +180	+205 +180	+219 +180	+242 +180	+280 +180	+340 +180
50	65	+191 +172	+202 +172	+218 +172	+246 +172	+292 +172	+362 +172	+245 +226	+256 +226	+272 +226	+300 +226	+346 +226	+416 +226
65	80	+229 +210	+240 +210	+256 +210	+284 +210	+330 +210	+400 +210	+293 +274	+304 +274	+320 +274	+348 +274	+394 +274	+464 +274
80	100	+280 +258	+293 +258	+312 +258	+345 +258	+398 +258	+478 +258	+357 +335	+370 +335	+389 +335	+422 +335	+475 +335	+555 +335

（续）

公称尺寸/mm		z						za					
大于	至	6	7	8	9	10	11	6	7	8	9	10	11
100	120	+332 +310	+345 +310	+364 +310	+397 +310	+450 +310	+530 +310	+422 +400	+435 +400	+454 +400	+487 +400	+540 +400	+620 +400
120	140	+390 +365	+405 +365	+428 +365	+465 +365	+525 +365	+615 +365	+495 +470	+510 +470	+533 +470	+570 +470	+630 +470	+720 +470
140	160	+440 +415	+455 +415	+478 +415	+515 +415	+575 +415	+665 +415	+560 +535	+575 +535	+598 +535	+635 +535	+695 +535	+785 +535
160	180	+490 +465	+505 +465	+528 +465	+565 +465	+625 +465	+715 +465	+625 +600	+640 +600	+663 +600	+700 +600	+760 +600	+850 +600
180	200	+549 +520	+566 +520	+592 +520	+635 +520	+705 +520	+810 +520	+699 +670	+716 +670	+742 +670	+785 +670	+855 +670	+960 +670
200	225	+604 +575	+621 +575	+647 +575	+690 +575	+760 +575	+865 +575	+769 +740	+786 +740	+812 +740	+855 +740	+925 +740	+1030 +740
225	250	+669 +640	+686 +640	+712 +640	+755 +640	+825 +640	+930 +640	+849 +820	+866 +820	+892 +820	+935 +820	+1005 +820	+1100 +820
250	280	+742 +710	+762 +710	+791 +710	+840 +710	+920 +710	+1030 +710	+952 +920	+972 +920	+1001 +920	+1050 +920	+1130 +920	+1240 +920
280	315	+822 +790	+842 +790	+871 +790	+920 +790	+1000 +790	+1110 +790	+1032 +1000	+1052 +1000	+1081 +1000	+1130 +1000	+1210 +1000	+1320 +1000
315	355	+936 +900	+957 +900	+989 +900	+1040 +900	+1130 +900	+1260 +900	+1186 +1150	+1207 +1150	+1239 +1150	+1290 +1150	+1380 +1150	+1510 +1150
355	400	+1036 +1000	+1057 +1000	+1089 +1000	+1140 +1000	+1230 +1000	+1360 +1000	+1336 +1300	+1357 +1300	+1389 +1300	+1440 +1300	+1530 +1300	+1660 +1300
400	450	+1140 +1100	+1163 +1100	+1197 +1100	+1255 +1100	+1350 +1100	+1500 +1100	+1490 +1450	+1513 +1450	+1547 +1450	+1605 +1450	+1700 +1450	+1850 +1450
450	500	+1290 +1250	+1313 +1250	+1347 +1250	+1405 +1250	+1500 +1250	+1650 +1250	+1640 +1600	+1663 +1600	+1697 +1600	+1755 +1600	+1850 +1600	+2000 +1600

① 公称尺寸大于 500mm 的 z 和 za 的基本偏差数值没有列入表中。

表 1-1-51 轴的极限偏差（基本偏差 zb 和 zc）[①]

上极限偏差 = es

下极限偏差 = ei

（偏差单位：μm）

公称尺寸/mm		zb					zc				
大于	至	7	8	9	10	11	7	8	9	10	11
—	3	+50 +40	+54 +40	+65 +40	+80 +40	+100 +40	+70 +60	+74 +60	+85 +60	+100 +60	+120 +60
3	6	+62 +50	+68 +50	+80 +50	+98 +50	+125 +50	+92 +80	+98 +80	+110 +80	+128 +80	+155 +80
6	10	+82 +67	+89 +67	+103 +67	+125 +67	+157 +67	+112 +97	+119 +97	+133 +97	+155 +97	+187 +97
10	14	+108 +90	+117 +90	+133 +90	+160 +90	+200 +90	+148 +130	+157 +130	+173 +130	+200 +130	+240 +130
14	18	+126 +108	+135 +108	+151 +108	+178 +108	+218 +108	+168 +150	+177 +150	+193 +150	+220 +150	+260 +150
18	24	+157 +136	+169 +136	+188 +136	+220 +136	+266 +136	+209 +188	+221 +188	+240 +188	+272 +188	+318 +188
24	30	+181 +160	+193 +160	+212 +160	+244 +160	+290 +160	+239 +218	+251 +218	+270 +218	+302 +218	+348 +218
30	40	+225 +200	+239 +200	+262 +200	+300 +200	+360 +200	+299 +274	+313 +274	+336 +274	+374 +274	+434 +274
40	50	+267 +242	+281 +242	+304 +242	+342 +242	+402 +242	+350 +325	+364 +325	+387 +325	+425 +325	+485 +325
50	65	+330 +300	+346 +300	+374 +300	+420 +300	+490 +300	+435 +405	+451 +405	+479 +405	+525 +405	+595 +405
65	80	+390 +360	+406 +360	+434 +360	+480 +360	+550 +360	+510 +480	+526 +480	+554 +480	+600 +480	+670 +480
80	100	+480 +445	+499 +445	+532 +445	+585 +445	+665 +445	+620 +585	+639 +585	+672 +585	+725 +585	+805 +585
100	120	+560 +525	+579 +525	+612 +525	+665 +525	+745 +525	+725 +690	+744 +690	+777 +690	+830 +690	+910 +690
120	140	+660 +620	+683 +620	+720 +620	+780 +620	+870 +620	+840 +800	+863 +800	+900 +800	+960 +800	+1050 +800
140	160	+740 +700	+763 +700	+800 +700	+860 +700	+950 +700	+940 +900	+963 +900	+1000 +900	+1060 +900	+1150 +900
160	180	+820 +780	+843 +780	+880 +780	+940 +780	+1030 +780	+1040 +1000	+1063 +1000	+1100 +1000	+1160 +1000	+1250 +1000
180	200	+926 +880	+952 +880	+995 +880	+1065 +880	+1170 +880	+1196 +1150	+1222 +1150	+1265 +1150	+1335 +1150	+1440 +1150
200	225	+1006 +960	+1032 +960	+1075 +960	+1145 +960	+1250 +960	+1296 +1250	+1322 +1250	+1365 +1250	+1435 +1250	+1540 +1250
225	250	+1096 +1050	+1122 +1050	+1165 +1050	+1235 +1050	+1340 +1050	+1396 +1350	+1422 +1350	+1465 +1350	+1535 +1350	+1640 +1350

（续）

公称尺寸/mm		zb					zc				
大于	至	7	8	9	10	11	7	8	9	10	11
250	280	+1252 +1200	+1281 +1200	+1330 +1200	+1410 +1200	+1520 +1200	+1602 +1550	+1631 +1550	+1680 +1550	+1760 +1550	+1870 +1550
280	315	+1352 +1300	+1381 +1300	+1430 +1300	+1510 +1300	+1620 +1300	+1752 +1700	+1781 +1700	+1830 +1700	+1910 +1700	+2020 +1700
315	355	+1557 +1500	+1589 +1500	+1640 +1500	+1730 +1500	+1860 +1500	+1957 +1900	+1989 +1900	+2040 +1900	+2130 +1900	+2260 +1900
355	400	+1707 +1650	+1739 +1650	+1790 +1650	+1880 +1650	+2010 +1650	+2157 +2100	+2189 +2100	+2240 +2100	+2330 +2100	+2460 +2100
400	450	+1913 +1850	+1947 +1850	+2005 +1850	+2100 +1850	+2250 +1850	+2463 +2400	+2497 +2400	+2555 +2400	+2650 +2400	+2800 +2400
450	500	+2163 +2100	+2197 +2100	+2255 +2100	+2350 +2100	+2500 +2100	+2663 +2600	+2697 +2600	+2755 +2600	+2850 +2600	+3000 +2600

① 公称尺寸大于500mm的zb和zc的基本偏差数值没有列入表中。

3. 基孔制与基轴制的优先常用配合

1）基孔制与基轴制（公称尺寸至500mm）的优先、常用配合的极限间隙或极限过盈（见表1-1-52）。

表1-1-52　基孔制与基轴制（公称尺寸至500mm）的优先、常用配合的极限间隙或极限过盈

基孔制		H6/f5	H6/g5	H6/h5	H7/f6	▲H7/g6	▲H7/h6	H8/e7	▲H8/f7	H8/g7	▲H8/h7	H8/d8	H8/e8	H8/f8	H8/h8	H9/c9	▲H9/d9
基轴制		F6/h5	G6/h5	H6/h5	F7/h6	▲G7/h6	▲H7/h6	E8/h7	▲F8/h7	—	▲H8/h7	D8/h8	E8/h8	F8/h8	H8/h8	—	▲D9/h9
公称尺寸/mm		间隙配合/μm															
大于	至																
—	3	+16 +6	+12 +2	+10 0	+22 +6	+18 +2	+16 0	+38 +14	+30 +6	+26 +2	+24 0	+48 +20	+42 +14	+34 +6	+28 0	+110 +60	+70 +20
3	6	+23 +10	+17 +4	+13 0	+30 +10	+24 +4	+20 0	+50 +20	+40 +10	+34 +4	+30 0	+66 +30	+56 +20	+46 +10	+36 0	+130 +70	+90 +30
6	10	+28 +13	+20 +5	+15 0	±37 +13	+29 +5	+24 0	+62 +25	+50 +13	+42 +5	+37 0	+84 +40	+69 +25	+57 +13	+44 0	+152 +80	+112 +40
10 14	14 18	+35 +16	+25 +6	+19 0	+45 +16	+35 +6	+29 0	+77 +32	+61 +16	+51 +6	+45 0	+104 +50	+86 +32	+70 +16	+54 0	+181 +95	+136 +50
18 24	24 30	+42 +20	+29 +7	+22 0	+54 +20	+41 +7	+34 0	+94 +40	+74 +20	+61 +7	+54 0	+131 +65	+106 +40	+86 +20	+66 0	+214 +110	+169 +65
30 40	40 50	+52 +25	+36 +9	+27 0	+66 +25	+50 +9	+41 0	+114 +50	+89 +25	+73 +9	+64 0	+158 +80	+128 +50	+103 +25	+78 0	+244 +120 +254 +130	+204 +80

（续）

基孔制		H6/f5	H6/g5	H6/h5	H7/f6	H7/g6	H7/h6	H8/e7	H8/f7	H8/g7	H8/h7	H8/d8	H8/e8	H8/f8	H8/h8	H9/c9	H9/d9
基轴制		F6/h5	G6/h5	H6/h5	F7/h6	G7/h6	H7/h6	E8/h7	F8/h7	—	H8/h7	D8/h8	E8/h8	F8/h8	H8/h8	—	D9/h9
公称尺寸/mm		间隙配合/μm															
大于	至																
50	65	+62 +30	+42 +10	+32 0	+79 +30	+59 +10	+49 0	+136 +60	+106 +30	+86 +10	+76 0	+192 +100	+152 +60	+122 +30	+92 0	+288 +140	+248 +100
65	80															+298 +150	
80	100	+73 +36	+49 +12	+37 0	+93 +36	+69 +12	+57 0	+161 +72	+125 +36	+101 +12	+89 0	+228 +120	+180 +72	+144 +36	+108 0	+344 +170	+294 +120
100	120															+354 +180	
120	140	+86 +13	+57 +14	+43 0	+108 +43	+79 +14	+65 0	+188 +85	+146 +43	+117 +14	+103 0	+271 +145	+211 +85	+169 +43	+126 0	+400 +200	+345 +145
140	160															+410 +210	
160	180															+430 +230	
180	200	+99 +50	+64 +15	+49 0	+125 +50	+90 +15	+75 0	+218 +100	+168 +50	+133 +15	+118 0	+314 +170	+244 +100	+194 +50	+144 0	+470 +240	+400 +170
200	225															+490 +260	
225	250															+510 +280	
250	280	+111 +56	+72 +17	+55 0	+140 +56	+101 +17	+84 0	+243 +110	+189 +56	+150 +17	+133 0	+352 +190	+272 +110	+218 +56	+162 0	+560 +300	+450 +190
280	315															+590 +330	
315	355	+123 +62	+79 +18	+61 0	+155 +62	+111 +18	+93 0	+271 +125	+208 +62	+164 +18	+146 0	+388 +210	+303 +125	+240 +62	+178 0	+640 +360	+490 +210
355	400															+680 +400	
400	450	+135 +68	+87 +20	+67 0	+171 +68	+123 +20	+103 0	+295 +135	+228 +68	+180 +20	+160 0	+424 +230	+329 +135	+262 +68	+194 0	+750 +440	+540 +230
450	500															+790 +480	

（续）

基孔制		H9/e9	H9/f9	H9/h9	H10/c10	H10/d10	H10/h10	H11/a11	H11/b11	H11/c11	H11/d11	H11/h11	H12/b12	H12/h12	H6/js5	—
基轴制		E9/h9	F9/h9	H9/h9	—	D10/h10	H10/h10	A11/h11	B11/h11	C11/h11	D11/h11	H11/h11	B12/h12	H12/h12	—	JS6/h5
公称尺寸/mm		间隙配合/μm													过渡配合/μm	
大于	至															
—	3	+64 +14	+56 +6	+50 0	+140 +60	+100 +20	+80 0	+390 +270	+260 +140	+180 +60	+140 +20	+120 0	+340 +140	+200 0	+8 −2	+7 −3
3	6	+80 +20	+70 +10	+60 0	+166 +70	+126 +30	+96 0	+420 +270	+290 +140	+220 +70	+180 +30	+150 0	+380 +140	+240 0	+10.5 −2.5	+9 −4
6	10	+97 +25	+85 +13	+72 0	+196 +80	+156 +40	+116 0	+460 +280	+330 +150	+260 +80	+220 +40	+180 0	+450 +150	+300 0	+12 −3	+10.5 −4.5
10	14	+118 +32	+102 +16	+86 0	+235 +95	+190 +50	+140 0	+510 +290	+370 +150	+315 +95	+270 +50	+220 0	+510 +150	+360 0	+15 −4	+13.5 −5.5
14	18															
18	24	+144 +40	+124 +20	+104 0	+278 +110	+233 +65	+168 0	+560 +300	+420 +160	+370 +110	+325 +65	+260 0	+580 +160	+420 0	−17.5 −4.5	+15.5 −6.5
24	30															
30	40	+174 +50	+149 +25	+124 0	+320 +120	+280 +80	+200 0	+630 +310	+490 +170	+440 +120	+400 +80	+320 0	+670 +170	+500 0	+21.5 −5.5	+19 −8
40	50				+330 +130			+640 +320	+500 +180	+450 +130			+680 +180			
50	65	+208 +60	+178 +30	+148 0	+380 +140	+340 +100	+240 0	+720 +340	+570 +190	+520 +140	+480 +100	+380 0	+790 +190	+600 0	+25.5 −6.5	+22.5 −9.5
65	80				+390 +150			+740 +360	+580 +200	+530 +150			+800 +200			
80	100	+246 +72	+210 +36	+174 0	+450 +170	+400 +120	+280 0	+820 +380	+660 +220	+610 +170	+560 +120	+440 0	+920 +220	+700 0	+29.5 −7.5	+26 −11
100	120				+460 +180			+850 +410	+680 +240	+620 +180			+940 +240			
120	140	+285 +85	+243 +43	+200 0	+520 +200	+465 +145	+320 0	+960 +460	+760 +260	+700 +200	+645 +145	+500 0	+1060 +260	+800 0	+34 −9	+30.5 −12.5
140	160				+530 +210			+1020 +520	+780 +280	+710 +210			+1080 +280			
160	180				+550 +230			+1080 +580	+810 +310	+730 +230			+1110 +310			

（续）

基孔制		H9/e9	H9/f9	H9/h9	H10/c10	H10/d10	H10/h10	H11/a11	H11/b11	H11/c11	H11/d11	H11/h11	H12/b12	H12/h12	H6/js5	—
基轴制		E9/h9	F9/h9	H9/h9	—	D10/h10	H10/h10	A11/h11	B11/h11	C11/h11	D11/h11	H11/h11	B12/h12	H12/h12	—	JS6/h5
公称尺寸/mm		间隙配合/μm													过渡配合/μm	
大于	至															
180	220	+330 +100	+280 +50	+230 0	+610 +240	+540 +170	+370 0	+1240 +660	+920 +340	+820 +240	+750 +170	+580 0	+1260 +340	+920 0	+39 −10	+34.5 −14.5
200	225				+630 +260			+1320 +740	+960 +380	+840 +260			+1300 +380			
225	250				+650 +280			+1400 +820	+1000 +420	+860 +280			+1340 +420			
250	280	+370 +110	+316 +56	+260 0	+720 +300	+610 +190	+420 0	+1560 +920	+1120 +480	+940 +300	+830 +190	+650 0	+1520 +480	+1040 0	+43.5 −11.5	+39 −16
280	315				+750 +330			+1690 +1050	+1180 +540	+970 +330			+1580 +540			
315	355	+405 +125	+342 +62	+280 0	+820 +360	+670 +210	+460 0	+1920 +1200	+1320 +600	+1080 +360	+930 +210	+720 0	+1740 +600	+1140 0	+48.5 −12.5	+43 −18
355	400				+860 +400			+2070 +1350	+1400 +680	+1120 +400			+1820 +680			
400	450	+445 +135	+378 +68	+310 0	+940 +440	+730 +230	+500 0	+2300 +1500	+1560 +760	+1240 +440	+1030 +230	+800 0	+2020 +760	+1260 0	+53.5 −13.5	+47 −20
450	500				+980 +480			+2450 +1650	+1640 +840	+1280 +480			+2100 +840			

基孔制		H6/k5		H6/m5		H7/js6		H7/k6		H7/m6		H7/n6		H8/js7		H8/k7	
基轴制			K6/h5		M6/h5		JS7/h6		K7/h6		M7/h6		N7/h6		JS8/h7		K8/h7
公称尺寸/mm		过渡配合/μm															
大于	至																
—	3	+6 −4	+4 −6	+4 −6	+2 −8	+13 −3	+11 −5	+10 −6	+6 −10	±8	+4 −12	+6 −10	+2 −14	+19 −5	+17 −7	+14 −10	+10 −14
3	6	+7 −6		+4 −9		+16 −4	+14 −6	+11 −9		+8 −12		+4 −16		+24 −6	+21 −9	+17 −13	
6	10	+8 −7		+3 −12		+19.5 −4.5	+16 −7	+14 −10		+9 −15		+5 −19		+29 −7	+26 −11	+21 −16	
10	14	+10 −9		+4 −15		+23.5 −5.5	+20 −9	+17 −12		+11 −18		+6 +23		+36 −9	+31 −13	+26 −19	
14	18																
18	24	±11		+5 −17		+27.5 −6.5	+23 −10	+91 −15		+13 −21		+6 −28		+43 −10	+37 −16	+31 −23	
24	30																

（续）

基孔制		H6/k5		H6/m5		H7/js6		H7/k6		H7/m6		H7/n6		H8/js7		H8/k7	
基轴制			K6/h5		M6/h5		JS7/h6		K7/h6		M7/h6		N7/h6		JS8/h7		K8/h7
公称尺寸/mm		过渡配合/μm															
大于	至																
30	40	+14 -13		+7 -20		+33 -8	+28 -12	+23 -18		+16 -25		+8 -33		+51 -12	+44 -19	+37 -27	
40	50																
50	65	+17 -15		+8 -24		+39.5 -9.5	+34 -15	+28 -21		+19 -30		+10 -39		+61 -15	+53 -23	+44 -32	
65	80																
80	100	+19 -18		+9 -28		+46 -11	+39 -17	+32 -25		+22 -35		+12 -45		+71 -17	+62 -27	+51 -38	
100	120																
120	140	+22 -21		+10 -33		+52.5 -12.5	+45 -20	+37 -28		+25 -40		+13 -52		+83 -20	+71 -31	+60 -43	
140	160																
160	180																
180	200	+25 -24		+12 -37		+60.5 -14.5	+52 -23	+42 -33		+29 -46		+15 -60		+95 -23	+82 -36	+68 -50	
200	225																
225	250																
250	280	+28 -27		+12 -43	+14 -41	+68 -16	+58 -26	+48 -36		+32 -52		+18 -66		+107 -26	+92 -40	+77 -56	
280	315																
315	355	+32 -29		+15 -46		+75 -18	+64 -28	+53 -40		+36 -57		+20 -73		+117 -28	+101 -44	+85 -61	
355	400																
400	450	+35 -32		+17 -50		+83 -20	+71 -31	+58 -45		+40 -63		+23 -80		+128 -31	+111 -48	+92 -68	
450	500																

基孔制		H8/m7		H8/n7		H8/p7	H6/n5		H6/p5		H6/r5		H6/s5		H6/t5	H7/p6	
基轴制			M8/h7		N8/h7			N6/h5		P6/h5		R6/h5		S6/h5	T6/h5		P7/h6
公称尺寸/mm		过渡配合/μm					过盈配合/μm										
大于	至																
—	3	+12 -12	+8 -16	+10 -14	+6 -18	+8 -16	+2 -8	0 -10	0 -10	-2 -12	-4 -14	-6 -16	-8 -18	-10 -20	—	+4 -12	0 -16
3	6	+14 -16		+10 -20		+6 -24	0 -13		-4 -17		-7 -20		-11 -24		—	0 -20	

（续）

基孔制		H8/m7	H8/n7	H8/p7	H6/n5	H6/p5	H6/r5	H6/s5	H6/t5	H7/p6
基轴制		M8/h7	N8/h7		N6/h5	P6/h5	R6/h5	S6/h5	T6/h5	P7/h6
公称尺寸/mm		过渡配合/μm			过盈配合/μm					
大于	至									
6	10	+16 -21	+12 -25	+7 -30	-1 -16	-6 -21	-10 -25	-14 -29	—	0 -24
10	14	+20 -25	+15 -30	+9 -36	-1 -20	-7 -26	-12 -31	-17 -36	—	0 -29
14	18									
18	24	+25 -29	+18 -36	+11 -43	-2 -24	-9 -31	-15 -37	-22 -44	—	-1 -35
24	30								-28 -50	
30	40	+30 -34	+22 -42	+13 -51	-1 -28	-10 -37	-18 -45	-27 -54	-32 -59	-1 -42
45	50								-38 -65	
50	65	+35 -41	+26 -50	+14 -62	-1 -33	-13 -45	-22 -54	-34 -66	-47 -79	-2 -51
65	80						-24 -56	-40 -72	-56 -88	
80	100	+41 -48	+31 -58	+17 -72	-1 -38	-15 -52	-29 -66	-49 -86	-69 -106	-2 -59
100	120						-32 -69	-57 -94	-82 -119	
120	140	+48 -55	+36 -67	+20 -83	-2 -45	-18 -61	-38 -81	-67 -110	-97 -140	-3 -68
140	160						-40 -83	-75 -118	-109 -152	
160	180						-43 -86	-83 -126	-121 -164	
180	200	+55 -63	+41 -77	+22 -96	-2 -51	-21 -70	-48 -97	-93 -142	-137 -186	-4 -79
200	225						-51 -100	-101 -150	-151 -200	
225	250						-55 -104	-111 -160	-167 -216	

（续）

基孔制		H8/m7		H8/n7		H8/p7	H6/n5		H6/p5		H6/r5		H6/s5		H6/t5	H7/p6	
基轴制			M8/h7		N8/h7			N6/h5		P6/h5		R6/h5		S6/h5	T6/h5		P7/h6
公称尺寸/mm		过渡配合/μm					过盈配合/μm										
大于	至																
250	280	+61 -72		+47 -86		+25 -108	-2 -57		-24 -79		-62 -117		-126 -181		-186 -241	-4 -88	
280	315										-66 -121		-138 -193		-208 -263		
315	355	+68 -78		+52 -94		+27 -119	-1 -62		-26 -87		-72 -133		-154 -215		-232 -293	-5 -98	
355	400										-78 -139		-172 -233		-258 -319		
400	450	+74 -86		+57 -103		+29 -131	0 -67		-28 -95		-86 -153		-192 -259		-290 -357	-5 -108	
450	500										-92 -159		-212 -279		-320 -387		

基孔制		H7/r6		H7/s6		H7/t6	H7/u6		H7/v6	H7/x6	H7/y6	H7/z6	H8/r7	H8/s7	H8/t7	H8/u7
基轴制			R7/h6		S7/h6	T7/h6		U7/h6								
公称尺寸/mm		过盈配合/μm														
大于	至															
—	3	0 -16	-4 -20	-4 -20	-8 -24	—	-8 -24	-12 -28	—	-10 -26	—	-16 -32	+4 -20	0 -24	—	-4 -28
3	6	-3 -23		-7 -27		—	-11 -31		—	-16 -36	—	-23 -43	+3 -27	-1 -31	—	-5 -35
6	10	-4 -28		-8 -32		—	-13 -37		—	-19 -43	—	-27 -51	+3 -34	-1 -38	—	-6 -43
10	14	-5 -34		-10 -39		—	-15 -44		—	-22 -51	—	-32 -61	+4 -41	-1 -46	—	-6 -51
14	18								-21 -50	-27 -56	—	-42 -71				

（续）

基孔制		H7/r6	H7/s6	H7/t6	H7/u6	H7/v6	H7/x6	H7/y6	H7/z6	H8/r7	H8/s7	H8/t7	H8/u7
基轴制		R7/h6	S7/h6	T7/h6	U7/h6								
公称尺寸/mm 大于	至	过盈配合/μm											
18	24	-7 -41	-14 -48	—	-20 -54	-26 -60	-33 -67	-42 -76	-52 -86	+5 -49	-2 -56	—	-8 -62
24	30			-20 -54	-27 -61	-34 -68	-43 -77	-54 -88	-67 -101			-8 -62	-15 -69
30	40	-9 -50	-18 -59	-23 -64	-35 -76	-43 -84	-55 -96	-69 -110	-87 -128	+5 -59	-4 -68	-9 -73	-21 -85
40	50			-29 -70	-45 -86	-56 -97	-72 -113	-89 -130	-111 -152			-15 -79	-31 -95
50	65	-11 -60	-23 -72	-36 -85	-57 -106	-72 -121	-92 -141	-114 -163	-142 -191	+5 -71	-7 -83	-20 -96	-41 -117
65	80	-13 -62	-29 -78	-45 -94	-72 -121	-90 -139	-116 -165	-144 -193	-180 -229	+3 -73	-13 -89	-29 -105	-56 -132
80	100	-16 -73	-36 -93	-56 -113	-89 -146	-111 -168	-143 -200	-179 -236	-223 -280	+3 -86	-17 -106	-37 -126	-70 -159
100	120	-19 -76	-44 -101	-69 -126	-109 -166	-137 -194	-175 -232	-219 -276	-275 -332	0 -89	-25 -114	-50 -139	-90 -179
120	140	-23 -88	-52 -117	-82 -147	-130 -195	-162 -227	-208 -273	-260 -325	-325 -390	0 -103	-29 -132	-59 -162	-107 -210
140	160	-25 -90	-60 -125	-94 -159	-150 -215	-188 -253	-240 -305	-300 -365	-375 -440	-2 -105	-37 -140	-71 -174	-127 -230
160	180	-28 -93	-68 -133	-106 -171	-170 -235	-212 -277	-270 -335	-340 -405	-425 -490	-5 -108	-45 -148	-83 -186	-147 -250
180	200	-31 -106	-76 -151	-120 -195	-190 -265	-238 -313	-304 -379	-379 -454	-474 -549	-5 -123	-50 -168	-94 -212	-164 -282
200	225	-34 -109	-84 -159	-134 -209	-212 -287	-264 -339	-339 -414	-424 -499	-529 -604	-8 -126	-58 -176	-108 -226	-186 -304
225	250	-38 -113	-94 -169	-150 -225	-238 -313	-294 -369	-379 -454	-474 -549	-594 -669	-12 -130	-68 -186	-124 -242	-212 -330
250	280	-42 -126	-106 -190	-166 -250	-263 -347	-333 -417	-423 -507	-528 -612	-658 -742	-13 -146	-77 -210	-137 -270	-234 -367
280	315	-46 -130	-118 -202	-188 -272	-298 -382	-373 -457	-473 -557	-598 -682	-738 -822	-17 -150	-89 -222	-159 -292	-269 -402

（续）

基孔制		$\frac{H7}{r6}$	◤$\frac{H7}{s6}$	◤$\frac{H7}{t6}$	◤$\frac{H7}{u6}$	$\frac{H7}{v6}$	$\frac{H7}{x6}$	$\frac{H7}{y6}$	$\frac{H7}{z6}$	$\frac{H8}{r7}$	$\frac{H8}{s7}$	$\frac{H8}{t7}$	$\frac{H8}{u7}$
基轴制		$\frac{R7}{h6}$	◤$\frac{S7}{h6}$	$\frac{T7}{h6}$	◤$\frac{U7}{h6}$								
公称尺寸/mm		过盈配合/μm											
大于	至												
315	355	-51 -144	-133 -226	-211 -304	-333 -426	-418 -511	-533 -626	-673 -766	-843 -936	-19 -165	-101 -247	-179 -325	-301 -447
355	400	-57 -150	-151 -244	-237 -330	-378 -471	-473 -566	-603 -696	-763 -856	-943 -1036	-25 -171	-119 -265	-205 -351	-346 -492
400	450	-63 -166	-169 -272	-267 -370	-427 -530	-532 -635	-677 -780	-857 -960	-1037 -1140	-29 -189	-135 -295	-233 -393	-393 -553
450	500	-69 -172	-189 -292	-297 -400	-477 -580	-597 -700	-757 -860	-937 -1040	-1187 -1290	-35 -195	-155 -315	-263 -423	-443 -603

注：1. 表中“+”值为间隙量；“-”值为过盈量。

2. $\frac{H8}{r7}$—在公称尺寸小于或等于100mm时，为过渡配合。

3. $\frac{H6}{n5}$、$\frac{H7}{p6}$—在公称尺寸小于或等于3mm时，为过渡配合。

4. 标注◤的配合为优先配合。

2）优先配合选用说明见表1-1-53。

表1-1-53 优先配合选用说明

优先配合		说 明
基孔制	基轴制	
$\frac{H11}{c11}$	$\frac{C11}{h11}$	间隙非常大，用于很松的、转动很慢的动配合；要求大公差与大间隙的外露组件；要求装配方便的很松的配合
$\frac{H9}{d9}$	$\frac{D9}{h9}$	间隙很大的自由转动配合，用于精度非主要要求时，或有大的温度变动、高转速或大的轴颈压力时
$\frac{H8}{f7}$	$\frac{F8}{h7}$	间隙不大的转动配合，用于中等转速与中等轴颈压力的精确转动；也用于装配较易的中等定位配合
$\frac{H7}{g6}$	$\frac{G7}{h6}$	间隙很小的滑动配合，用于不希望自由转动，但可自由移动和滑动并精密定位时；也可用于要求明确的定位配合
$\frac{H7}{h6}$ $\frac{H8}{h7}$ $\frac{H9}{h9}$ $\frac{H11}{h11}$	$\frac{H7}{h6}$ $\frac{H8}{h7}$ $\frac{H9}{h9}$ $\frac{H11}{h11}$	均为间隙定位配合，零件可自由装拆，而工作时一般相对静止不动。在最大实体条件下的间隙为零，在最小实体条件下的间隙由标准公差等级决定

（续）

优先配合		说　明
基孔制	基轴制	
$\frac{H7}{k6}$	$\frac{K7}{h6}$	过渡配合，用于精密定位
$\frac{H7}{n6}$	$\frac{N7}{h6}$	过渡配合，允许有较大过盈的更精密定位
$\frac{H7}{p6}$	$\frac{P7}{h6}$	过盈定位配合，即小过盈配合，用于定位精度特别重要时，能以最好的定位精度达到部件的刚度及对中的性能要求，而对内孔承受压力无特殊要求，不依靠配合的紧固性传递摩擦负荷
$\frac{H7}{s6}$	$\frac{S7}{h6}$	中等压入配合，适用于一般钢件；或用于薄壁件的冷缩配合，用于铸铁件可得到最紧的配合
$\frac{H7}{u6}$	$\frac{U7}{h6}$	压入配合，适用于可以受高压力的零件或不宜承受大压入力的冷缩配合

3）各种配合特性及应用见表1-1-54。

表1-1-54　各种配合特性及应用

配合	基本偏差	配合特性及应用
间隙配合	a、b	可得到特别大的间隙，应用很少
	c	可得到很大的间隙，一般适用于缓慢、松弛的间隙配合。用于工作条件较差（如农业机械），受力变形，或为了便于装配，而必须保证有较大的间隙时，推荐配合为H11/c11；其较高等级的配合，如H8/c7适用于轴在高温工作的紧密间隙配合，如内燃机排气阀和导管
	d	一般用于IT7～IT11，适用于松的转动配合，如密封盖、滑轮、空转带轮等与轴的配合；也适用于大直径滑动轴承配合，如汽轮机、球磨机、轧辊成形和重型弯曲机，以及其他重型机械中的一些滑动支承
	e	多用于IT7～IT9，通常适用要求有明显间隙，易于转动的支承配合，如大跨距支承、多支点支承等配合。高等级的e轴适用于大的高速重载支承，如涡轮发电机、大电动机的支承及内燃机主要轴承、凸轮轴支承、摇臂支承等配合
	f	多用于IT6～IT8的一般转动配合。当温度影响不大时，被广泛用于普通润滑油（或润滑脂）润滑的支承，如齿轮箱、小电动机、泵等的转轴与滑动支承的配合
	g	配合间隙很小，制造成本高，除承受很轻载荷的精密装置，不推荐用于转动配合。多用于IT5～IT7，最适合不回转的精密间隙配合，也用于插销等定位配合，如精密连杆轴承、活塞及滑阀、连杆销等
	h	多用于IT4～IT11，广泛用于无相对转动的零件，作为一般的定位配合。若没有温度、变形影响，也用于精密间隙配合
过渡配合	js	为完全对称偏差（±IT/2），平均起来，为稍有间隙的配合，多用于IT4～IT7，要求间隙比h轴小，并允许略有过盈的定位配合，如联轴器，可用手或木锤装配
	k	平均起来没有间隙的配合，适用IT4～IT7。推荐用于稍有过盈的定位配合，如为了消除振动用的定位配合。一般用木锤装配
	m	平均起来具有不大过盈的过渡配合，适用IT4～IT7。一般可用木锤装配，但在最大过盈时，要求相当的压入力
	n	平均过盈比m轴稍大，很少得到间隙，适用IT4～IT7。用锤或压力机装配，通常推荐用于紧密的组件配合。H6/n5配合时为过盈配合

（续）

配合	基本偏差	配合特性及应用
过盈配合	p	与H6或H7配合时是过盈配合，与H8孔配合时则为过渡配合。对非铁类零件，为较轻的压入配合，当需要时易于拆卸。对钢、铸铁或铜、钢组件装配是标准压入配合
	r	对铁类零件为中等打入配合；对非铁类零件，为轻打入的配合，当需要时可以拆卸。与H8孔配合，直径在100mm以上时为过盈配合，直径小时为过渡配合
	s	用于钢和铁制零件的永久性和半永久装配，可产生相当大的结合力。当用弹性材料，如轻合金时，配合性质与铁类零件的p轴相当，如套环压装在轴上、阀座等配合。尺寸较大时，为了避免损伤配合表面，须用热胀或冷缩法装配
	t、u v、x y、z	过盈量依次增大，一般不推荐

1.2.1.4　一般公差

未注公差的线性和角度尺寸的公差（GB/T 1804—2000）规定了未注出公差的线性和角度尺寸的一般公差的公差等级和极限偏差数值，适用于金属切削加工的尺寸，也适用于一般的冲压加工的尺寸。非金属材料和其他工艺方法加工的尺寸可参照采用。

1. 线性尺寸的极限偏差数值（见表1-1-55）

表1-1-55　线性尺寸的极限偏差数值　（单位：mm）

公差等级	尺寸分段							
	0.5~3	>3~6	>6~30	>30~120	>120~400	>400~1000	>1000~2000	>2000~4000
精密 f	±0.05	±0.05	±0.1	±0.15	±0.2	±0.3	±0.5	—
中等 m	±0.1	±0.1	±0.2	±0.3	±0.5	±0.8	±1.2	±2
粗糙 c	±0.2	±0.3	±0.5	±0.8	±1.2	±2	±3	±4
最粗 v	—	±0.5	±1	±1.5	±2.5	±4	±6	±8

2. 倒圆半径与倒角高度尺寸的极限偏差数值（见表1-1-56）

表1-1-56　倒圆半径与倒角高度尺寸的极限偏差数值　（单位：mm）

公差等级	尺寸分段				公差等级	尺寸分段			
	0.5~3	>3~6	>6~30	>30		0.5~3	>3~6	>6~30	>30
精密 f	±0.2	±0.5	±1	±2	粗糙 c	±0.4	±1	±2	±4
中等 m					最粗 v				

3. 角度尺寸的极限偏差数值（见表1-1-57）

表1-1-57　角度尺寸的极限偏差数值

公差等级	长度/mm				
	≤10	>10~50	>50~120	>120~400	>400
精密 f 中等 m	±1°	±30′	±20′	±10′	±5′
粗糙 c	±1°30′	±1°	±30′	±15′	±10′
最粗 v	±3°	±2°	±1°	±30′	±20′

注：长度按角度短边长度确定，对圆锥角按圆锥素线长度确定。

4. 一般公差的图样表示法

若采用 GB/T 1804 规定的一般公差，应在图样标题栏附近或技术要求、技术文件（如企业标准）中注出标准号及公差等级代号。例如，选用中等公差等级时，标注为：GB/T 1804—m。

1.2.2　工件几何公差的标注和方法（GB/T 1182—2018）

GB/T 1182—2018 规定了工件几何公差（形状、方向、位置和跳动公差）标注的基本要求和方法，适用于工件的几何公差标注。

1.2.2.1　符号

几何公差的几何特征、符号和附加符号见表 1-1-58～表 1-1-60。

表 1-1-58　几何特征、符号

公差类型	几何特征	符　　号	有无基准
形状公差	直线度	⏤	无
	平面度	⏥	无
	圆度	○	无
	圆柱度	⌭	无
	线轮廓度	⌒	无
	面轮廓度	⌓	无
方向公差	平行度	∥	有
	垂直度	⊥	有
	倾斜度	∠	有
	线轮廓度	⌒	有
	面轮廓度	⌓	有
位置公差	位置度	⌖	有或无
	同心度（用于中心点）	◎	有
	同轴度（用于轴线）	◎	有
	对称度	⌯	有
	线轮廓度	⌒	有
	面轮廓度	⌓	有

（续）

公差类型	几何特征	符号	有无基准
跳动公差	圆跳动	↗	有
	全跳动	⌰	有

表 1-1-59 GB/T 1182—2018 中定义的附加符号

描述	符号
组合规范元素	
组合公差带	CZ①③
独立公差带	SZ③
不对称公差带	
（规定偏置量的）偏置公差带	UZ①
公差带约束	
（未规定偏置量的）线性偏置公差带	OZ
（未规定偏置量的）角度偏置公差带	VA
拟合被测要素	
最小区域（切比雪夫）要素	Ⓒ
最小二乘（高斯）要素	Ⓖ
最小外接要素	Ⓝ
贴切要素	Ⓣ
最大内切要素	Ⓧ
导出要素	
中心要素	Ⓐ
延伸公差带	Ⓟ
评定参照要素的似合	
无约束的最小区域（切比雪夫）拟合被测要素	C
实体外部约束的最小区域（切比雪夫）拟合被测要素	CE
实体内部约束的最小区域（切比雪夫）拟合被测要素	CI
无约束的最小二乘（高斯）拟合被测要素	G
实体外部约束的最小二乘（高斯）拟合被测要素	GE
实体内部约束的最小二乘（高斯）拟合被测要素	GI
最小外接拟合被测要素	N
最大内切拟合被测要素	X
参数	
偏差的总体范围	T
峰值	P
谷深	V
标准差	Q
被测要素标识符	
区间	↔
联合要素	UF
小径	LD
大径	MD
中径/节径	PD
全周（轮廓）	
全表面（轮廓）	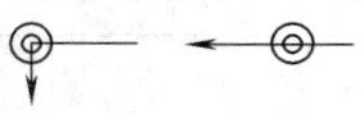

（续）

描述	符号
公差框格	
无基准的几何规范标注	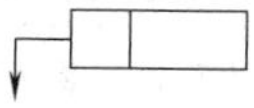
有基准的几何规范标注	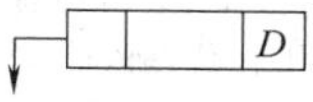
辅助要素标识符或框格	
任意横截面	ACS
相交平面框格	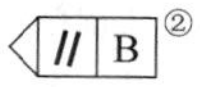
定向平面框格	
方向要素框格	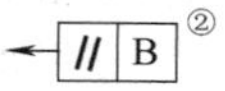
组合平面框格	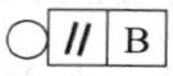
理论正确尺寸符号	
理论正确尺寸（TED）	50 ②

① 另参见 GB/T 17852、GB/T 16671—201×和 GB/T 13319。

② 这些符号中的字母、数值和特征符号仅为示例。

③ 该标准此前的版本中，将符号 CZ 称为“公共公差带”。

表 1-1-60　在其他标准中定义的附加符号

描述	符号	引用
实体状态		
最大实体要求	Ⓜ	GB/T 16671—2018
最小实体要求	Ⓛ	GB/T 16671—2018
可逆要求	Ⓡ	GB/T 16671—2018
状态的规范元素		
自由状态（非刚性零件）	Ⓕ	ISO 10579:2010
基准相关符号		
基准要素标识	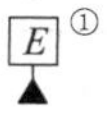	GB/T 17851
基准目标标识	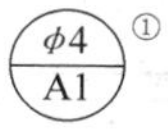	GB/T 17851
接触要素	CF	GB/T 17851
仅方向	><	GB/T 17851
尺寸公差相关符号		
包容要求	Ⓔ	ISO 14405-1

① 这些符号中的字母、数值和特征符号为示例。

1.2.2.2 用公差框格标注几何公差的基本要求（见表1-1-61）

表1-1-61 用公差框格标注几何公差的基本要求

标注方法及要求	图示
框格中的内容从左到右顺序填写： 第一格填写几何特征符号部分 第二格填写公差带、要素与特征部分，如公差带是圆形或圆柱形的，则在公差值前加注 ϕ；如是球形的，则加注 $S\phi$ 第三格及以后填写基准部分	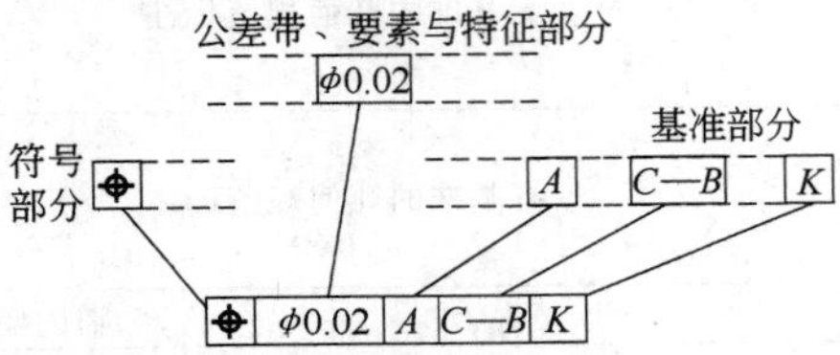
当某项公差应用于几个相同要素时，应在公差框格的上方被测要素的尺寸之前注明要素的个数，并在两者之间加上符号"×"	
如果需要就某个要素给出几种几何特征的公差，可将一个公差框格放在另一个的下面	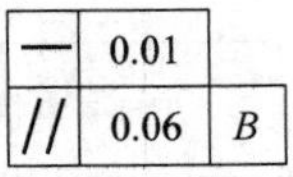

1.2.2.3 几何公差标注示例（见表1-1-62）

表1-1-62 几何公差标注示例

公差 几何特征	符号	标注示例	说明
直线度	—	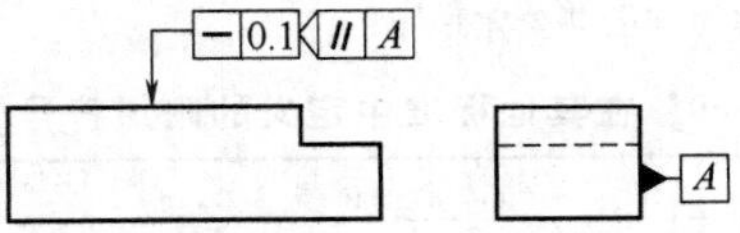	在由相交平面框格规定的平面内，上表面的提取（实际）线应限定在间距等于0.1mm的两平行直线之间
		不推荐的标注方式：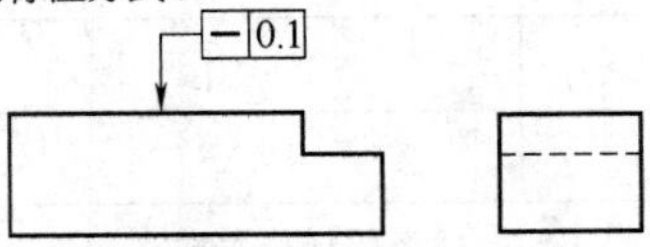	不推荐使用图样平面定义相交平面
		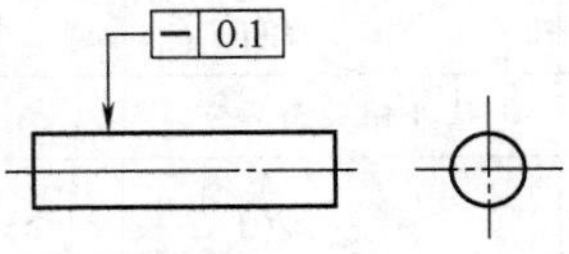	圆柱表面的提取（实际）棱边应限定在间距等于0.1mm的两平行平面之间
		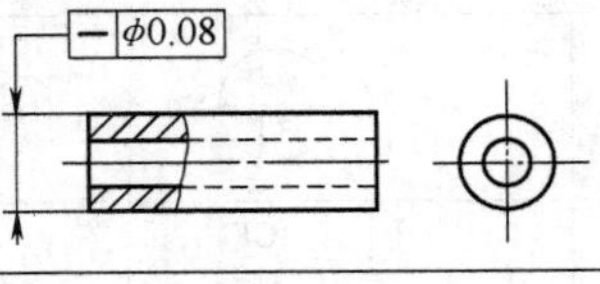	圆柱面的提取（实际）中心线应限定在直径等于 ϕ0.08mm的圆柱面内
平面度	▱	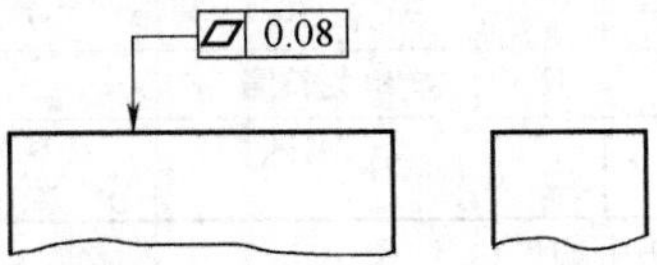	提取（实际）表面应限定在间距等于0.08mm的两平行面之间

（续）

公差几何特征	符号	标注示例	说明
圆度	○	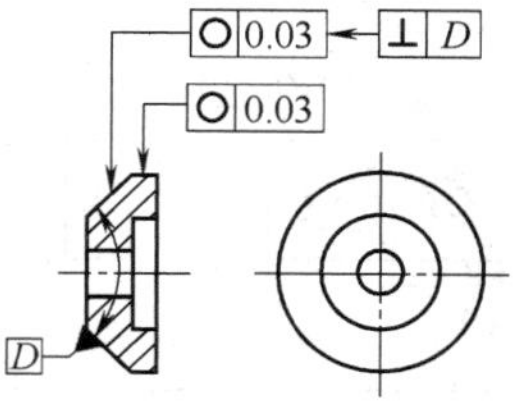	在圆柱面与圆锥面的任意横截面内，提取（实际）圆周应限定在半径差等于 0.03mm 的两共面同心圆之间
		已废止的标注方式： 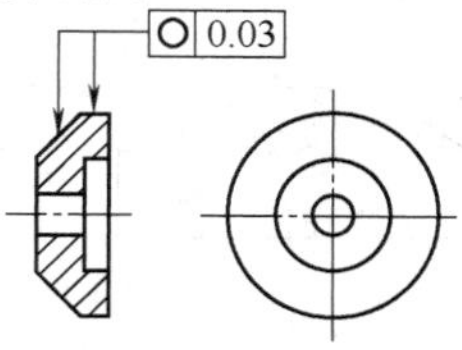	非圆柱形与非球形要素的回转体表面应标注方向要素框格，可用于表示垂直于被测要素表面或与被测要素轴线成一定角度的圆度
		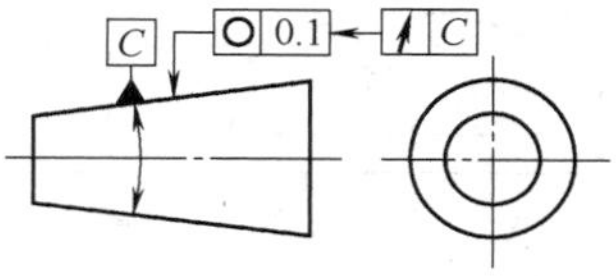	提取圆周线位于该表面的任意横截面上，由被测要素和与其同轴的圆锥相交所定义，并且其锥角可确保该圆锥与被测要素垂直。该提取圆周线应限定在距离等于 0.1mm 的两个圆之间，这两个圆位于相交圆锥上
		已废止的标注方式： 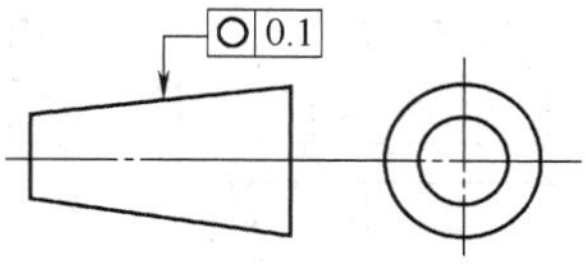	圆锥表面应使用方向要素框格进行标注
圆柱度	⌭	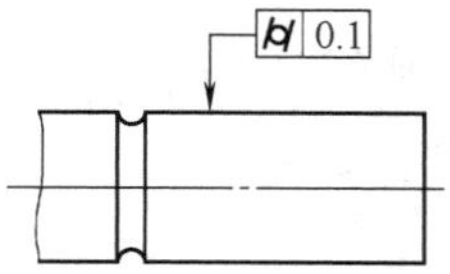	提取（实际）圆柱表面应限定在半径差等于 0.1mm 的两同轴圆柱面之间
线轮廓度	⌒	与基准不相关的线轮廓度公差 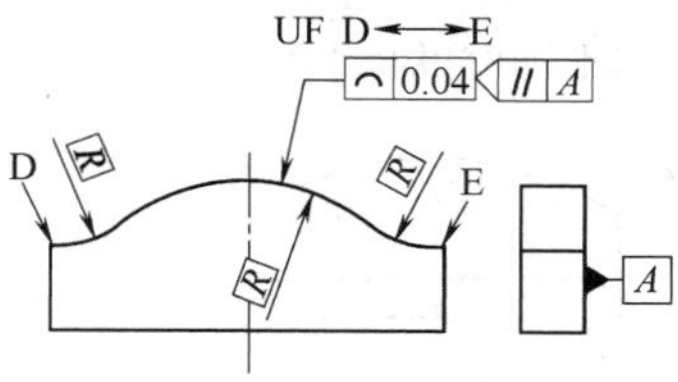	在任一平行于基准平面 A 的截面内，如相交平面框格所规定的，提取（实际）轮廓线应限定在直径等于 0.04mm，圆心位于理论正确几何形状上的一系列圆的两等距包络线之间。可使用 UF 表示组合要素上的三个圆弧部分应组成联合要素

（续）

公差几何特征	符号	标注示例	说明
线轮廓度	⌒	不推荐的标注方式： 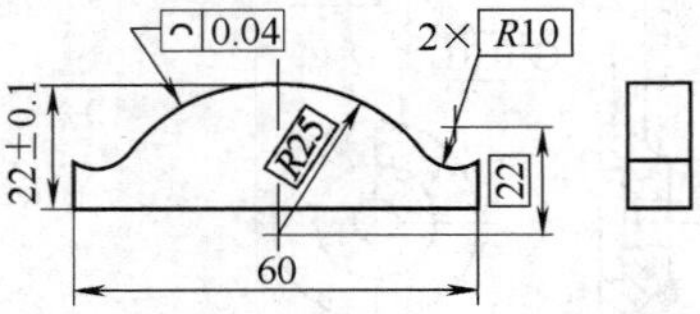 	不推荐使用图样平面定义相交平面
		已废止的标注方式： 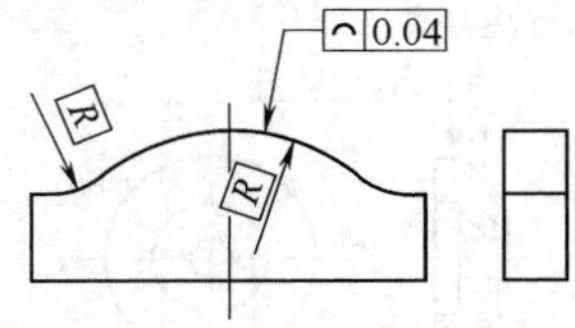 	曾经将面轮廓度公差的应用范围解释为“从边界到边界”，并且即使违反要素原则以及组成边界的要素并不明确，也默认此规范标注了联合要素 UF
		相对于基准体系的线轮廓度公差 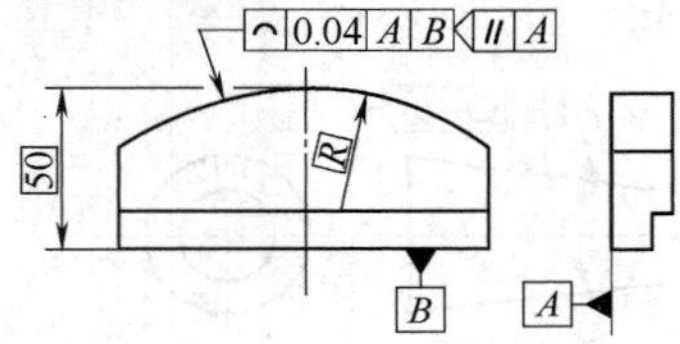 	在任一由相交平面框格规定的平行于基准平面 *A* 的截面内，提取（实际）轮廓线应限定在直径等于 0.04mm、圆心位于由基准平面 *A* 与基准平面 *B* 确定的被测要素理论正确几何形状线上的一系列圆的两等距包络线之间
		不推荐的标注方式： 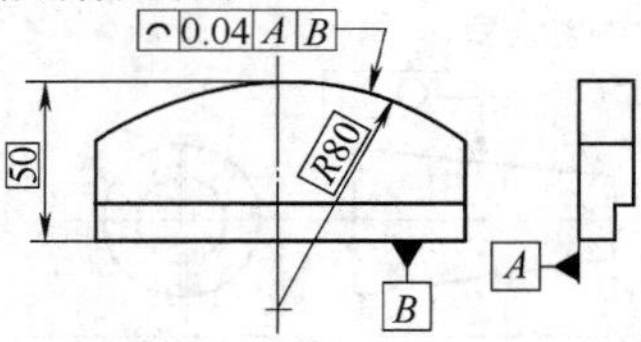 	不推荐使用图样平面定义相交平面
面轮廓度	⌓	与基准不相关的面轮廓度公差 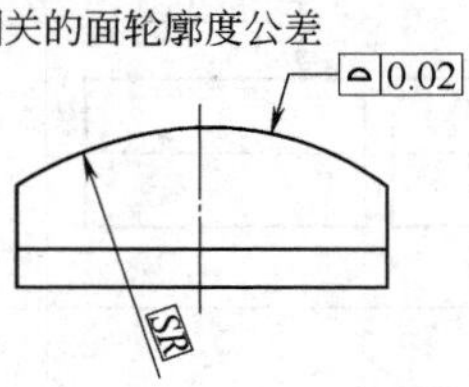 	提取（实际）轮廓面应限定在直径等于 0.02mm、球心位于被测要素理论正确几何形状表面上的一系列圆球的两等距包络面之间
		相对于基准的面轮廓度公差 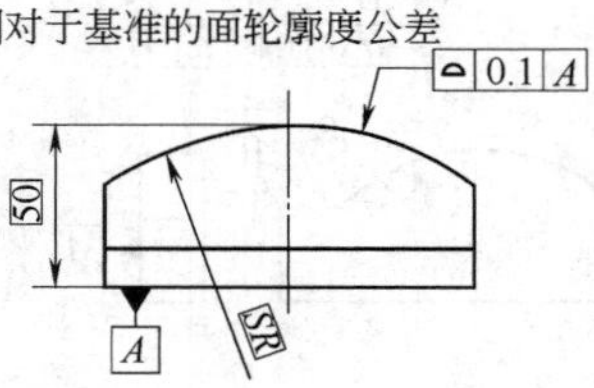 	提取（实际）轮廓面应限定在直径距离等于 0.1mm、球心位于由基准平面 *A* 确定的被测要素理论正确几何形状上的一系列圆球的两等距包络面之间

（续）

公差 几何特征	符号	标注示例	说明
平行度	//	相对于基准体系的中心线平行度公差 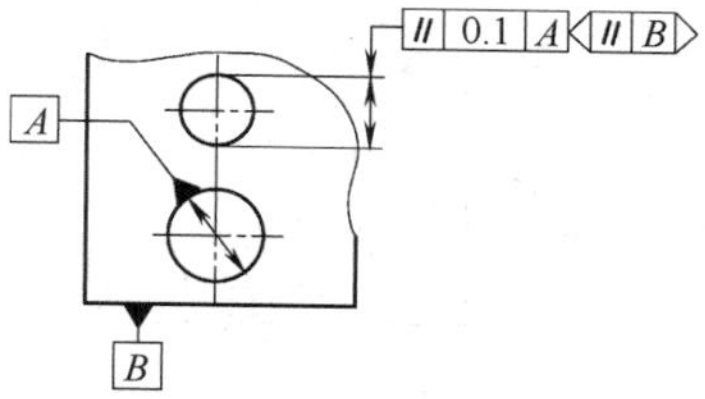	提取（实际）中心线应限定在间距等于 0.1mm、平行于基准轴线 *A* 的两平行平面之间。限定公差带的平面均平行于由定向平面框格规定的基准平面 *B*。基准 *B* 为基准 *A* 的辅助基准
		已废止的标注方式： 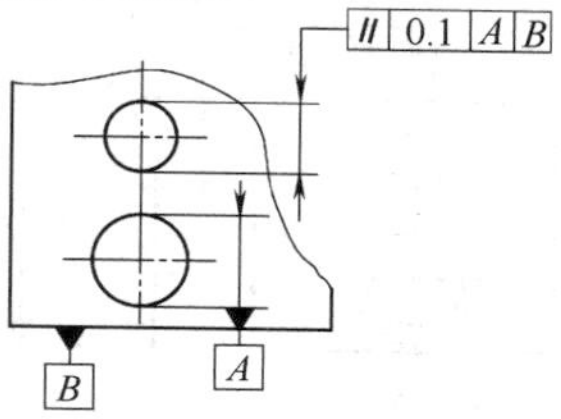	只在一个方向上需要测量的中心要素（中点、中线、中心面），曾经使用指引线的箭头给出这个方向，在一些情况中还包含第二基准。这种标注方式在二维环境下无法准确表达，在三维环境下含义模糊
		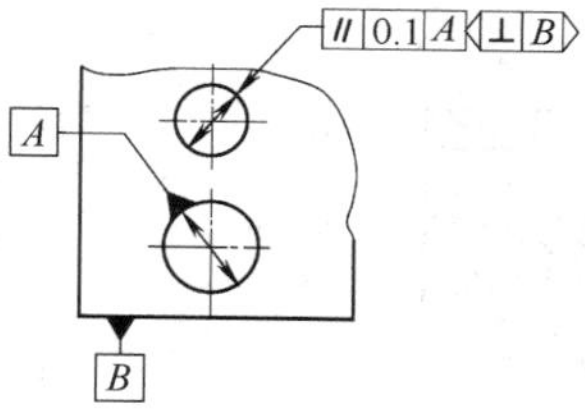	提取（实际）中心线应限定在间距等于 0.1mm、平行于基准轴线 *A* 的两平行平面之间。限定公差带的平面均垂直于由定向平面框格规定的基准平面 *B*。基准 *B* 为基准 *A* 的辅助基准
		已废止的标注方式： 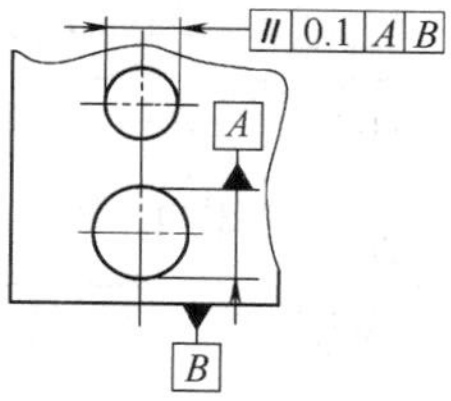	只在一个方向上需要测量的中心要素（中点、中线、中心面），曾经使用指引线的箭头给出这个方向，在一些情况中还包含第二基准。这种标注方式在二维环境下无法准确表达，在三维环境下含义模糊
		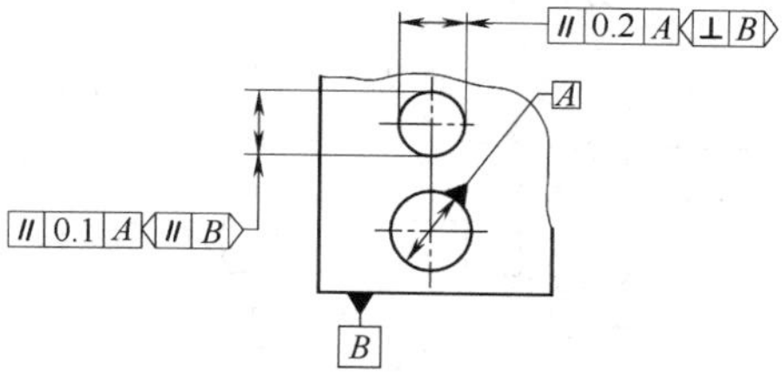	提取（实际）中心线应限定在两对间距分别等于公差值 0.1mm 和 0.2mm 且平行于基准轴线 *A* 的平行平面之间

（续）

公差几何特征	符号	标注示例	说明
平行度	//	已废止的标注方式： 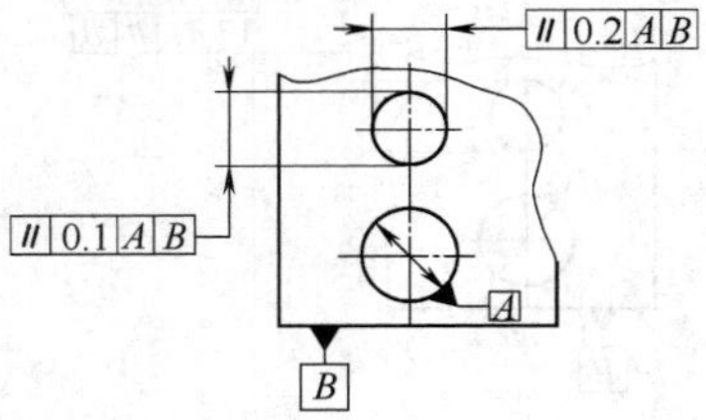	只在一个方向上需要测量的中心要素（中点、中线、中心面），曾经使用指引线的箭头给出这个方向，在一些情况中还包含第二基准。这种标注方式在二维环境下无法准确表达，在三维环境下含义模糊
		相对于基准直线的中心线平行度公差 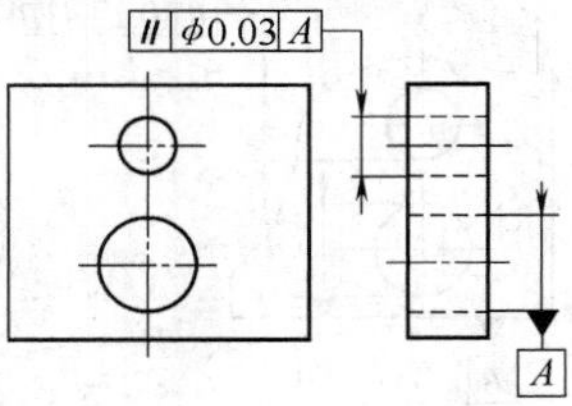	提取（实际）中心线应限定在平行于基准轴线 *A*、直径等于 ϕ0.03mm 的圆柱面内
		相对于基准面的中心线平行度公差 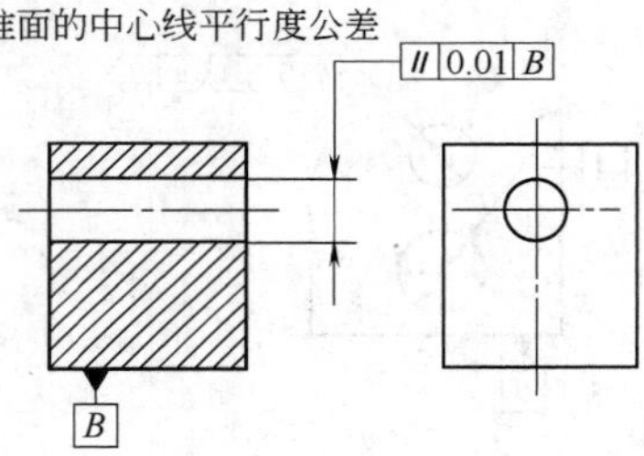	提取（实际）中心线应限定在平行于基准平面 *B*、间距等于 0.01mm 的两平行平面之间
		相对于基准面的一组在表面上的线平行度公差 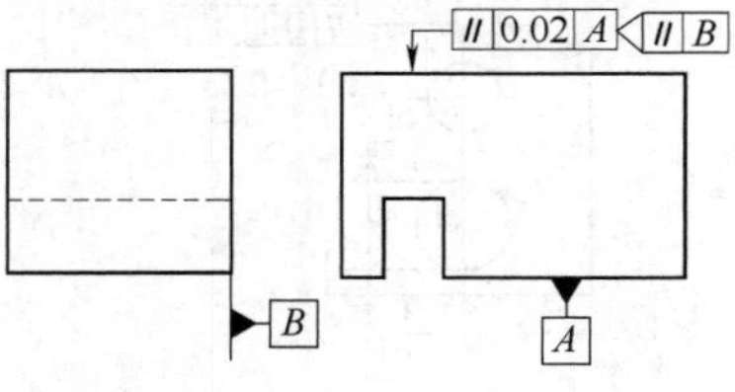	每条由相交平面框格规定的，平行于基准平面 *B* 的提取（实际）线，应限定在间距等于 0.02mm、平行于基准平面 *A* 的两平行线之间。基准 *B* 为基准 *A* 的辅助基准
		不推荐的标注方式： 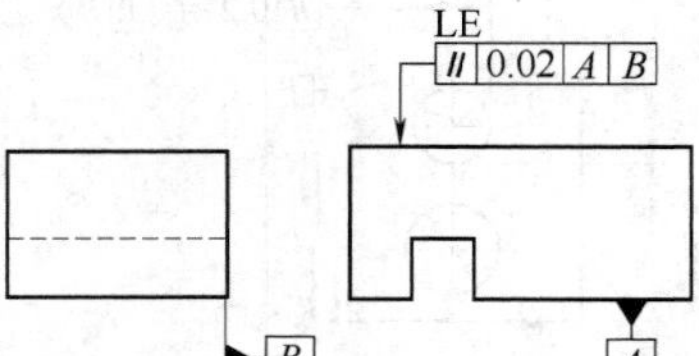	使用 LE 规定规范适用于单根线素，这个规范元素已不推荐使用，因为采用相交平面框格定义很明确，LE 是多余的

（续）

公差几何特征	符号	标注示例	说明
平行度	//	相对于基准直线的平面平行度公差 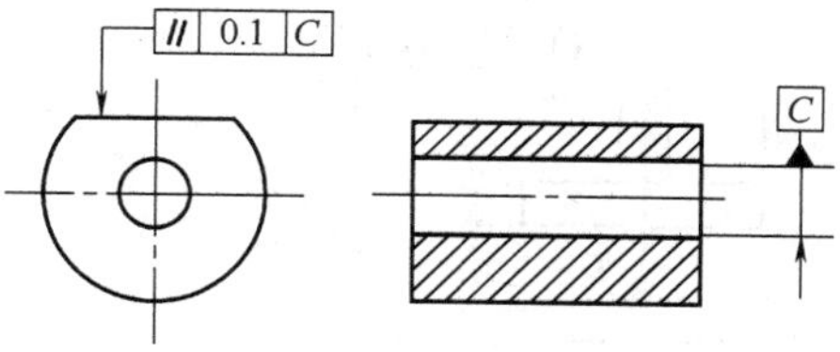	提取（实际）面应限定在间距等于 0.1mm、平行于基准轴线 *C* 的两平行平面之间
		相对于基准面的平面平行度公差 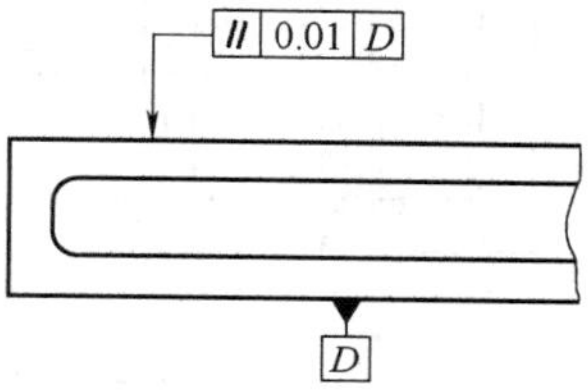	提取（实际）表面应限定在间距等于 0.01mm、平行于基准面 *D* 的两平行平面之间
垂直度	⊥	相对于基准直线的中心线垂直度公差 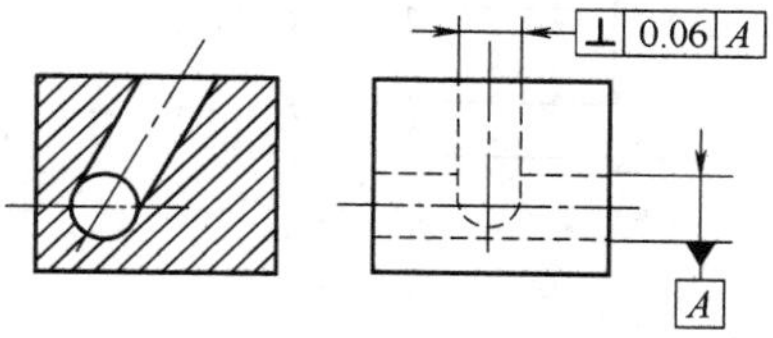	提取（实际）中心线应限定在间距等于 0.06mm、垂直于基准轴 *A* 的两平行平面之间
		相对于基准体系的中心线垂直度公差 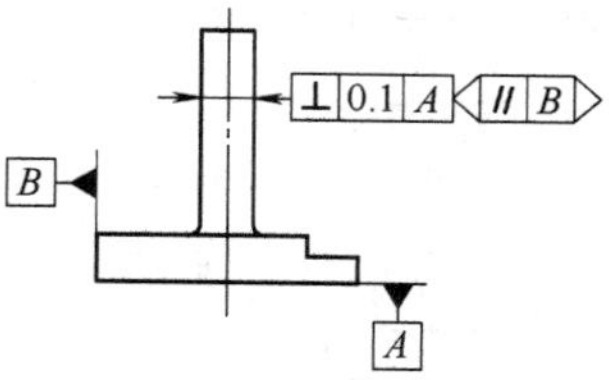	圆柱面的提取（实际）中心线应限定在间距等于 0.1mm 的两平行平面之间。该两平行平面垂直于基准平面 *A*，且方向由基准平面 *B* 规定。基准 *B* 为基准 *A* 的辅助基准
		已作废的标注方式： 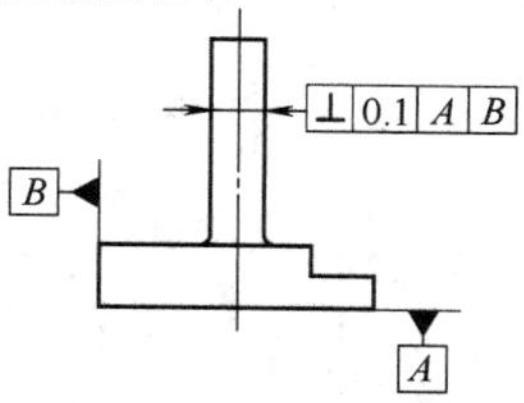	只在一个方向上需要测量的中心要素（中点、中线、中心面），曾经使用指引线的箭头给出这个方向，在一些情况中还包含第二基准。这种标注方式在二维环境下无法准确表达，在三维环境下含义模糊

（续）

公差 几何特征	符号	标注示例	说明
垂直度	⊥	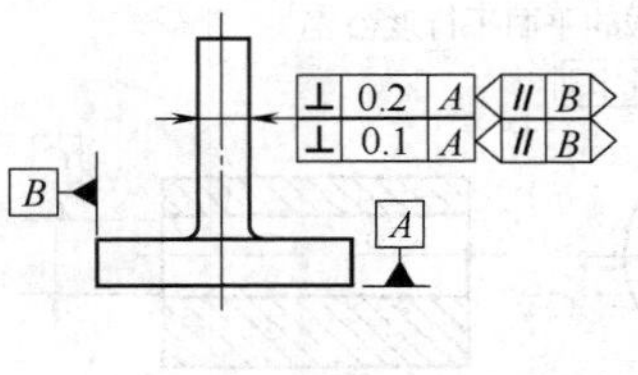	圆柱的提取（实际）中心线应限定在间距分别等于0.1mm和0.2mm且垂直于基准平面A的两组平行平面之间。公差带的方向使用定向平面框格由基准平面B规定
		已作废的标注方式：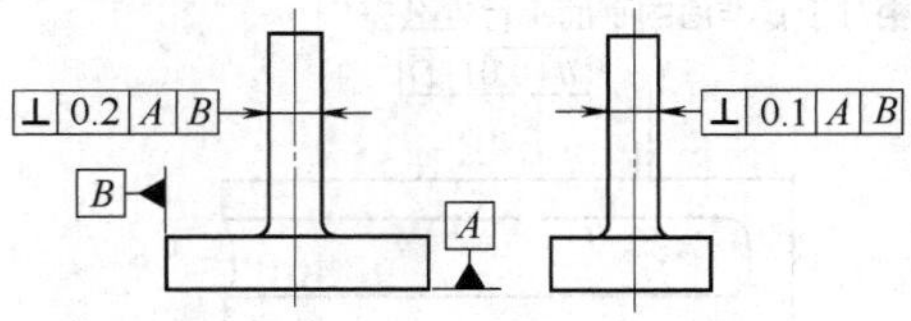	只在一个方向上需要测量的中心要素（中点、中线、中心面），曾经使用指引线的箭头给出这个方向，在一些情况中还包含第二基准。这种标注方式在二维环境下无法准确表达，在三维环境下含义模糊
		相对于基准面的中心线垂直度公差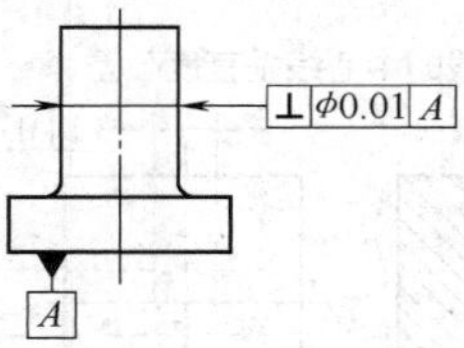	圆柱面的提取（实际）中心线应限定在直径等于φ0.01mm、垂直于基准平面A的圆柱面内
		相对于基准直线的平面垂直度公差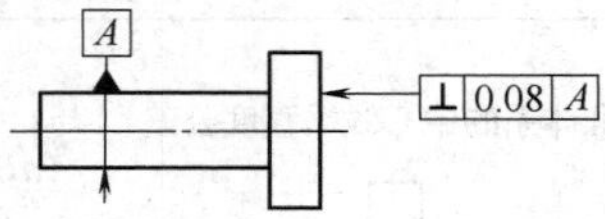	提取（实际）面应限定在间距等于0.08mm的两平行平面之间。该两平行平面垂直于基准轴线A
		相对于基准面的平面垂直度公差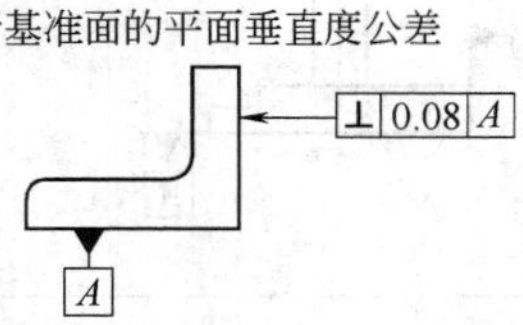	提取（实际）面应限定在间距等于0.08mm、垂直于基准平面A的两平行平面之间
倾斜度	∠	相对于基准直线的中心线倾斜度公差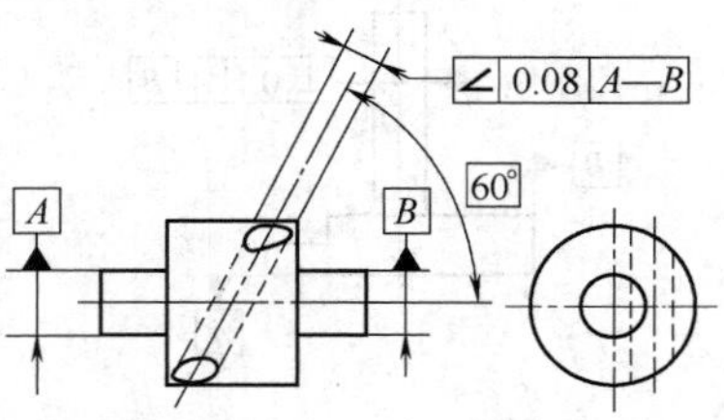	提取（实际）中心线应限定在间距等于0.08mm的两平行平面之间。该两平行平面按理论正确角度60°倾斜于公共基准轴线A—B

（续）

公差几何特征	符号	标注示例	说明
倾斜度	∠	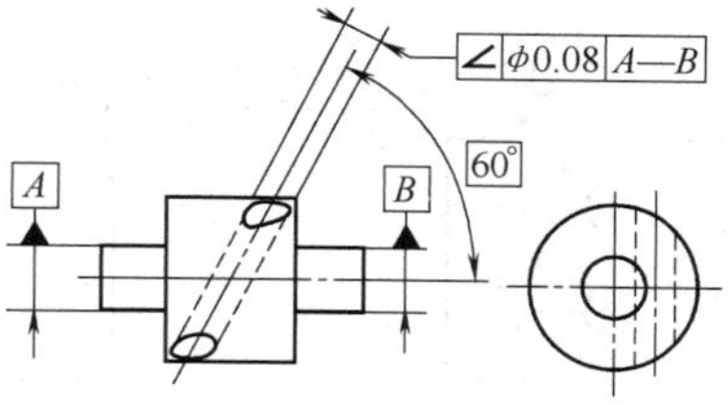	提取（实际）中心线应限定在直径等于 φ0.08mm 的圆柱面所限定的区域。该圆柱按理论正确角度 60°倾斜于公共基准轴线 A—B
		相对于基准体系的中心线倾斜度公差 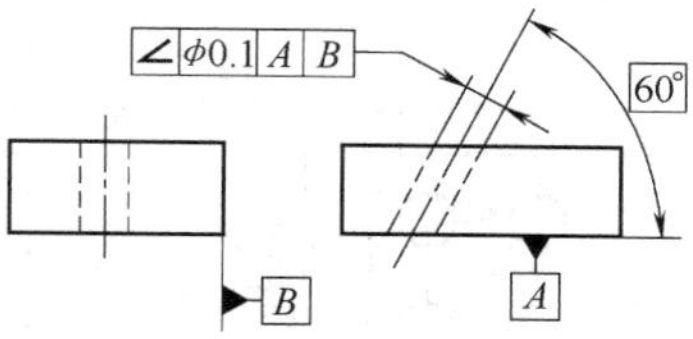	提取（实际）中心线应限定在直径等于 φ0.1mm 的圆柱面内。该圆柱面的中心线按理论正确角度 60°倾斜于基准平面 A 且平行于基准平面 B
		相对于基准直线的平面倾斜度公差 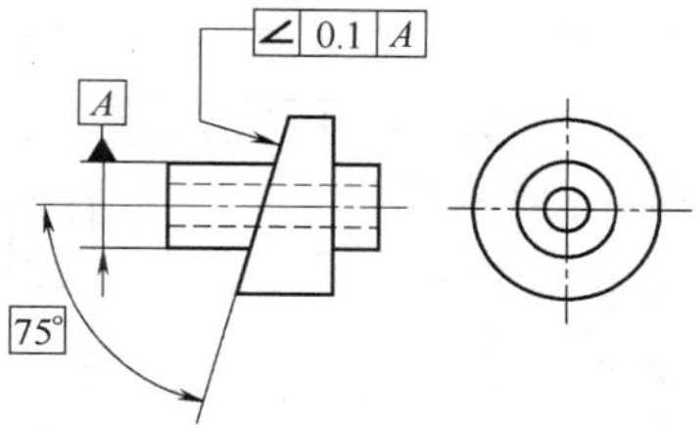	提取（实际）表面应限定在间距等于 0.1mm 的两平行平面之间。该两平行平面按理论正确角度 75°倾斜于基准轴线 A
		相对于基准面的平面倾斜度公差 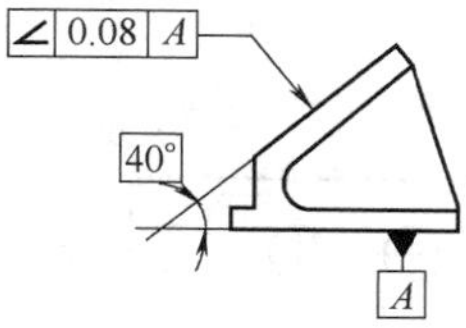	提取（实际）表面应限定在间距等于 0.08mm 的两平行平面之间。该两平行平面按理论正确角度 40°倾斜于基准平面 A
位置度	⌖	导出点的位置度公差 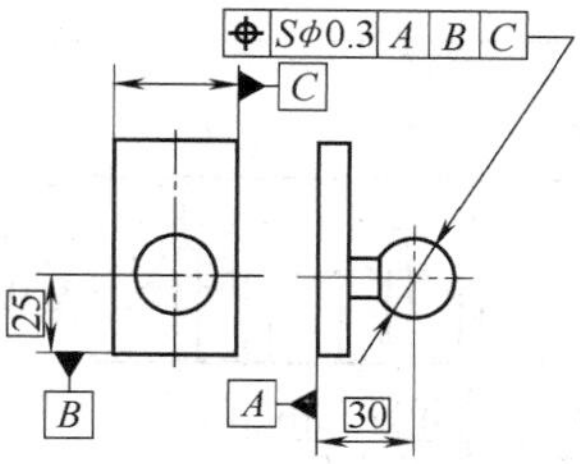	提取（实际）球心应限定在直径等于 Sφ0.3mm 的圆球面内。该圆球面的中心与基准平面 A、基准平面 B、基准中心平面 C 及被测球所确定的理论正确位置一致

（续）

公差几何特征	符号	标注示例	说明
位置度	⌖	中心线的位置度公差 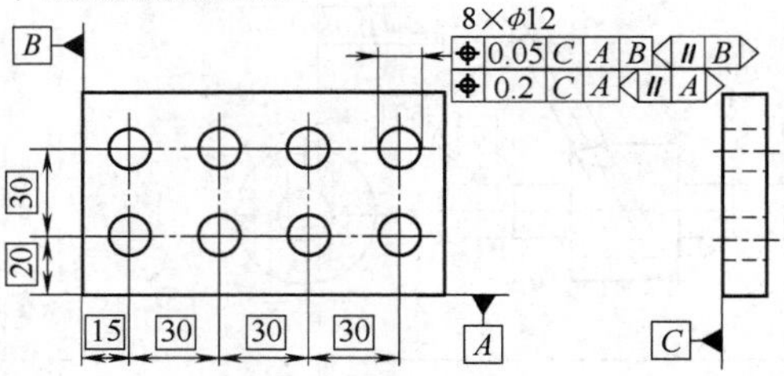	各孔的提取（实际）中心线在给定方向上应各自限定在间距分别等于0.05mm及0.2mm且相互垂直的两对平行平面内。每对平行平面的方向由基准体系确定，且对称于基准平面C、A、B及被测孔所确定的理论正确位置
		不推荐的标注方式： 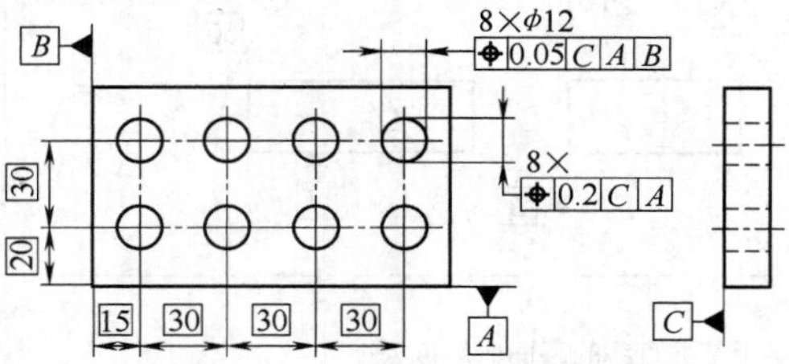	在二维环境的规范中，可省略定向平面框格而依靠尺寸线的方向定义公差带的方向，但是不推荐使用这种标注方式，以确保在二维环境和三维环境下使用相似的标注
		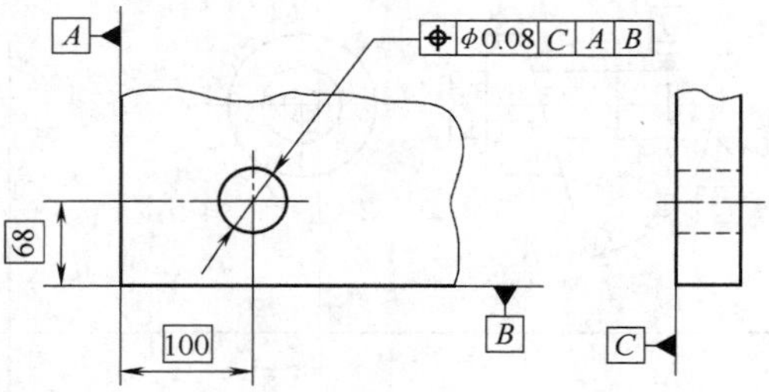	提取（实际）中心线应限定在直径等于ϕ0.08mm的圆柱面内。该圆柱面的轴线应处于由基准平面C、A、B与被测孔所确定的理论正确位置
		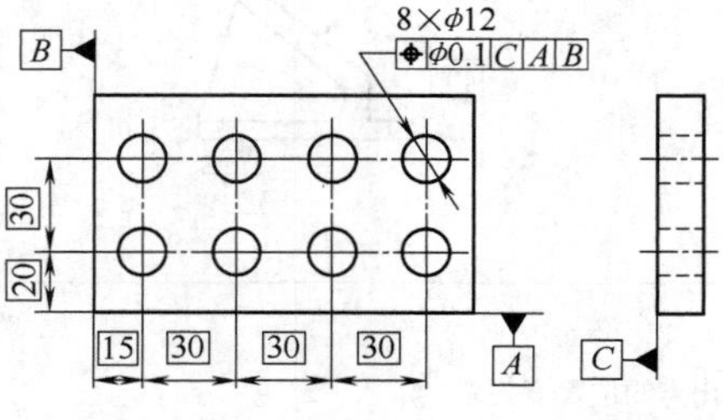	各孔的提取（实际）中心线应各自限定在直径等于ϕ0.1mm的圆柱面内。该圆柱面的轴线应处于由基准C、A、B与被测孔所确定的理论正确位置
		中心线的位置度公差 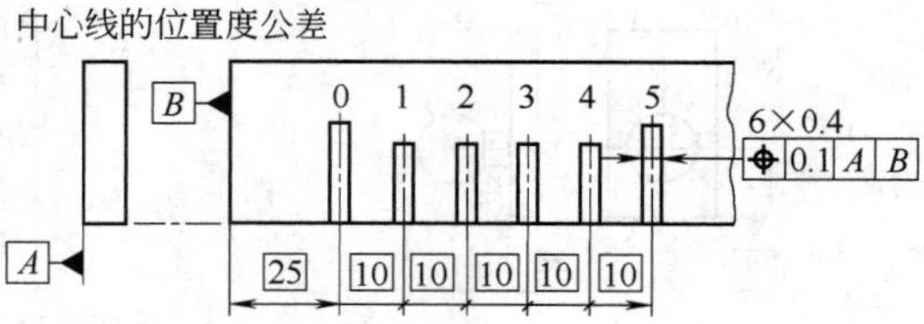	各条刻线的提取（实际）中心线应限定在距离等于0.1mm、对称于基准面A、B与被测线所确定的理论正确位置的两平行平面之间

（续）

公差 几何特征	符号	标注示例	说明
位置度	⌖	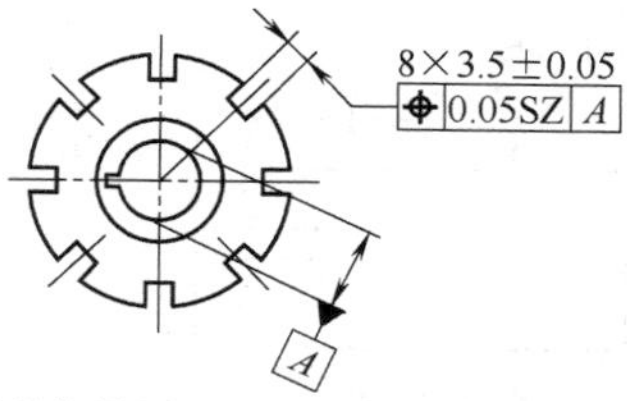 由于使用的是SZ，8个凹槽的公差带相互之间的角度不锁定。若使用的是CZ，公差带的相互角度应锁定在45°	8 个被测要素的每一个应单独考量（与其相互之间的角度无关），提取（实际）中心面应限定在间距等于公差值 0.05mm 的两平行平面之间
		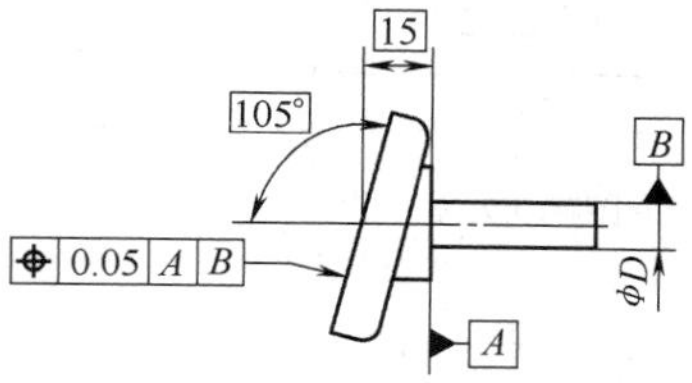	提取（实际）表面应限定在间距等于 0.05mm 的两平行平面之间。该两平行平面对称于由基准平面 A、基准轴线 B 与该被测表面所确定的理论正确位置
同心度和 同轴度	◎	点的同心度公差(当所标注的要素的公称状态为直线，且被测要素为一组点时，应标注ACS，ACS仅适用于回转体表面、圆柱表面或棱柱表面) 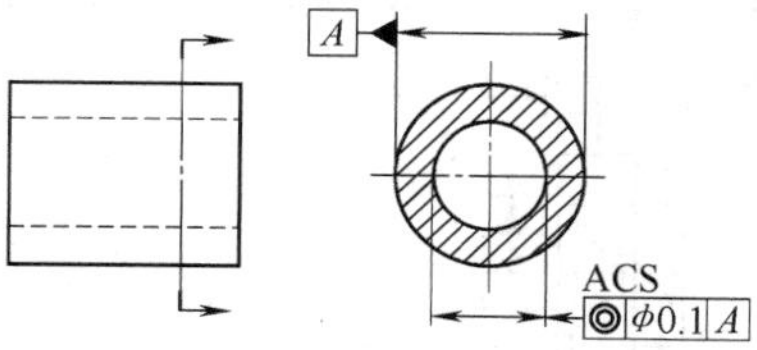	在任意横截面内，内圆的提取（实际）中心应限定在直径等于 $\phi0.1$mm、以基准点 A（在同一横截面内）为圆心的圆周内
		中心线的同轴度公差 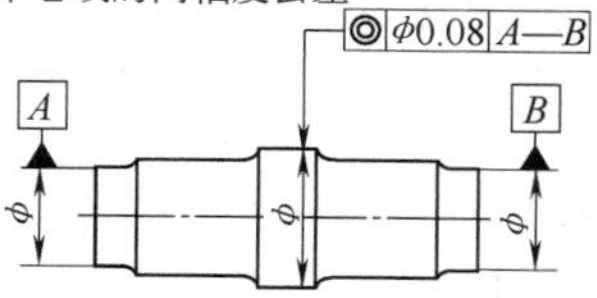	被测圆柱的提取（实际）中心线应限定在直径等于 $\phi0.08$mm、以公共基准轴线 A—B 为轴线的圆柱面内
		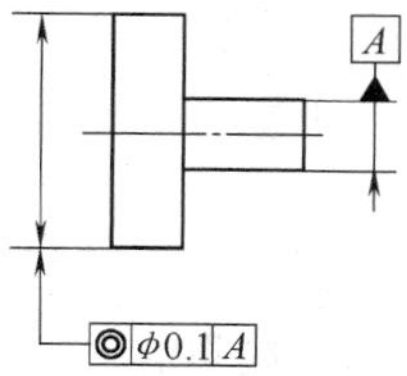	被测圆柱的提取（实际）中心线应限定在直径等于 $\phi0.1$mm、以基准轴线 A 为轴线的圆柱面内
		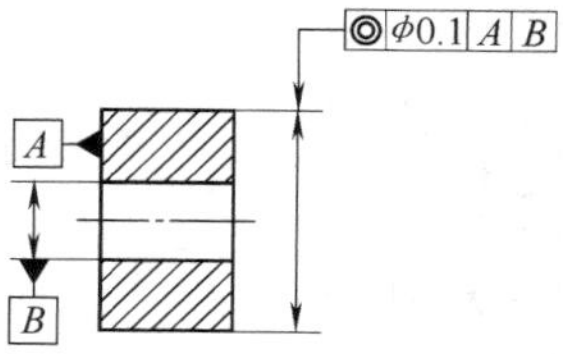	被测圆柱的提取（实际）中心线应限定在直径等于 $\phi0.1$mm、以垂直于基准平面 A 的基准轴线 B 为轴线的圆柱面内

（续）

公差几何特征	符号	标注示例	说明
对称度	⌯	中心平面的对称度公差 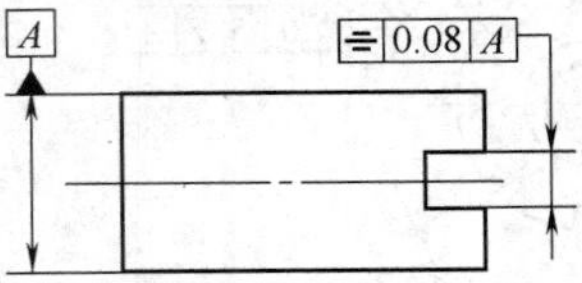	提取（实际）中心表面应限定在间距等于0.08mm、对称于基准中心平面A的两平行平面之间
		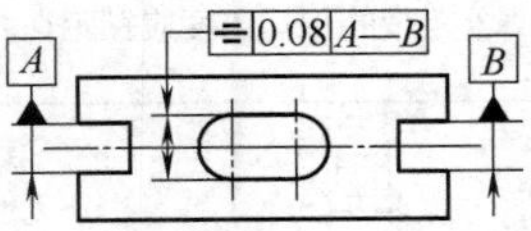	提取（实际）中心面应限定在间距等于0.08mm、对称于公共基准中心平面A—B的两平行平面之间
圆跳动	↗	径向圆跳动公差 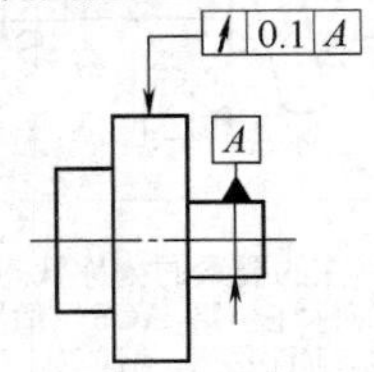	在任一垂直于基准轴线A的横截面内，提取（实际）线应限定在半径差等于0.1、圆心在基准轴线A上的两共面同心圆之间
		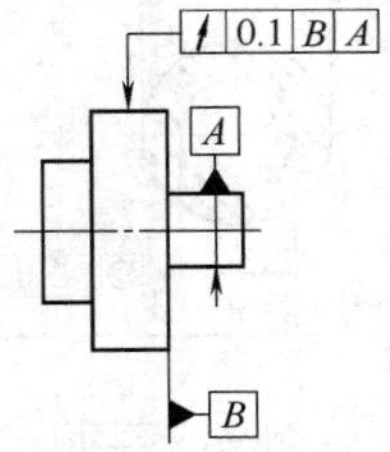	在任一平行于基准平面B、垂直于基准轴线A的横截面上，提取（实际）圆应限定在半径差等于0.1mm、圆心在基准轴线A上的两共面同心圆之间
		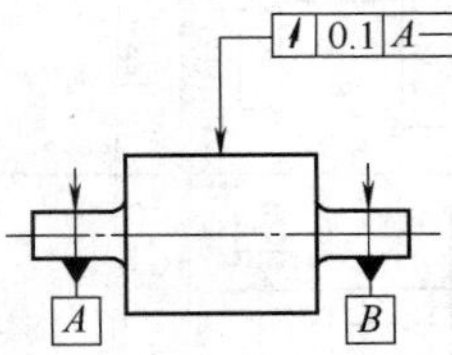	在任一垂直于公共基准直线A—B的横截面内，提取（实际）线应限定在半径差等于0.1mm、圆心在基准轴线A—B上的两共面同心圆之间
		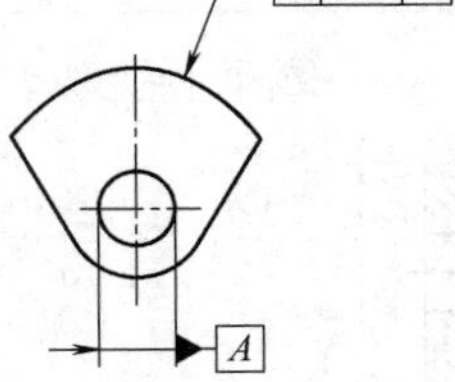	在任一垂直于基准轴线A的横截面内，提取（实际）线应限定在半径差等于0.2mm的共面同心圆之间

（续）

公差 几何特征	符号	标注示例	说明
圆跳动	↗	轴向圆跳动公差 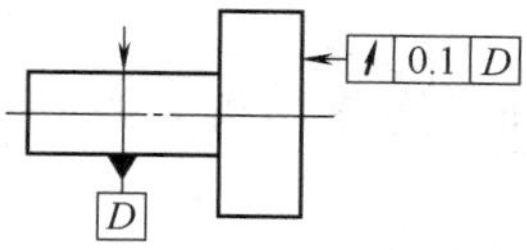	在与基准轴线 D 同轴的任一圆柱形截面上，提取（实际）圆应限定在轴向距离等于 0.1mm 的两个等圆之间
		斜向圆跳动公差 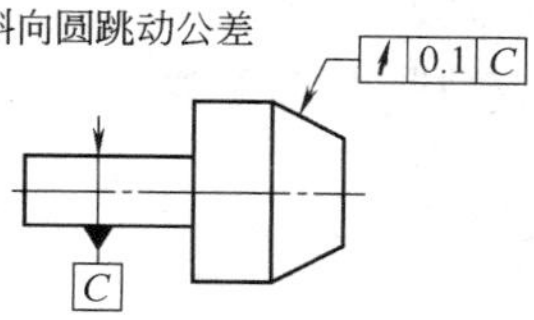	在与基准轴线 C 同轴的任一圆锥截面上，提取（实际）线应限定在素线方向间距等于 0.1mm 的两不等圆之间，并且截面的锥角与被测要素垂直
		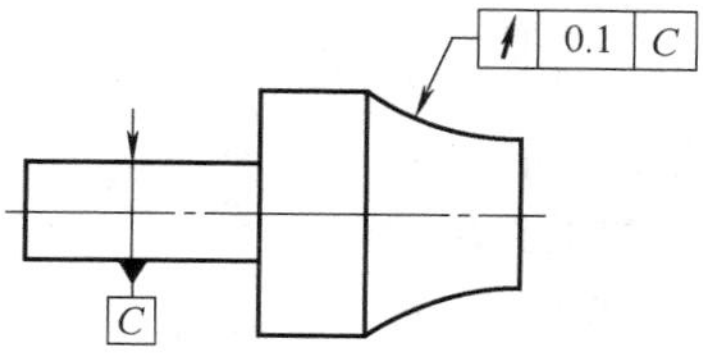	当被测要素的素线不是直线时，圆锥截面的锥角要随所测圆的实际位置而改变，以保持与被测要素垂直
		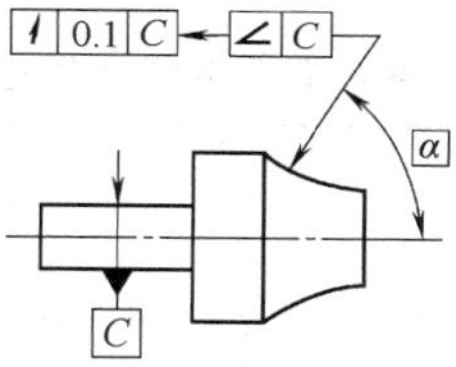	在相对于方向要素（给定角度 α）的任一圆锥截面上，提取（实际）线应限定在圆锥截面内间距等于 0.1mm 的两圆之间
全跳动	⌰	径向全跳动公差 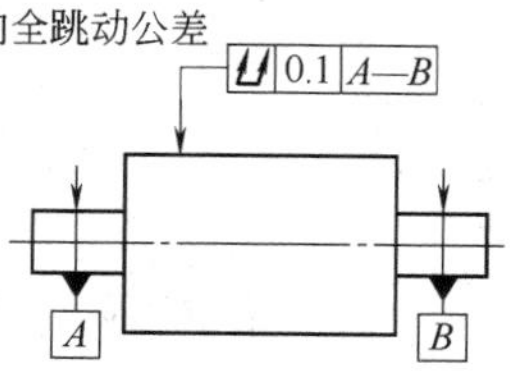	提取（实际）表面应限定在半径差等于 0.1mm、与公共基准轴线 $A—B$ 同轴的两圆柱面之间
		轴向全跳动公差 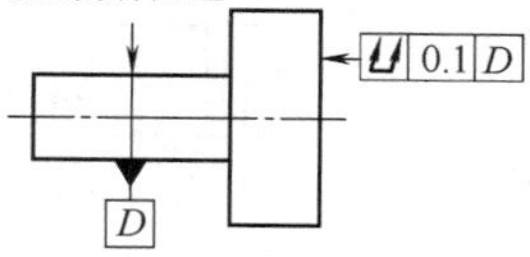	提取（实际）表面应限定在间距等于 0.1mm、垂直于基准轴线 D 的两平行平面之间

1.2.2.4　图样上标注公差值的规定（GB/T 1184—1996）

1. 规定提出了下列项目的公差值或数系表

1）直线度、平面度。

2）圆度、圆柱度。

3）平行度、垂直度、倾斜度。

4）同轴度、对称度、圆跳动和全跳动。

5）位置度数系。

2. 公差值的选用原则

1）根据零件的功能要求，并考虑加工的经济性和零件的结构、刚性等情况，按表中数系确定要素的公差值，并考虑下列情况：

① 在同一要素上给出的形状公差值应小于位置公差值，如平行的两个表面，其平面度公差值应小于平行度公差值。

② 圆柱形零件的形状公差值（轴线的直线度除外），一般情况下应小于其尺寸公差值。

③ 平行度公差值应小于其相应的距离公差值。

2）对于下列情况，考虑加工的难易程度和主参数外其他参数的影响，在满足零件功能的要求下，适当降低1~2级选用。

① 孔相对于轴。

② 细长比较大的轴或孔。

③ 距离较大的轴或孔。

④ 宽度较大（一般大于1/2长度）的零件表面。

⑤ 线对线和线对面相对于面对面的平行度。

⑥ 线对线和线对面相对于面对面的垂直度。

1.2.2.5 公差值表

1. 直线度、平面度公差值及应用示例（见表1-1-63和表1-1-64）

表1-1-63 直线度、平面度公差值

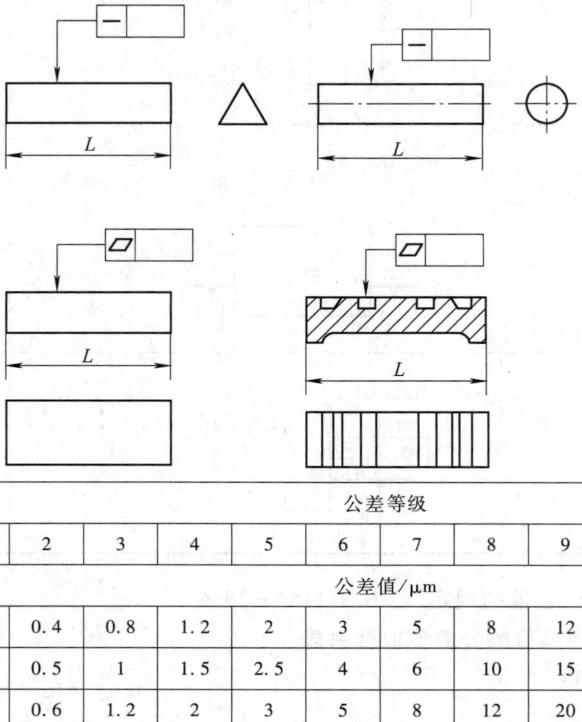

主参数 L /mm	公差等级											
	1	2	3	4	5	6	7	8	9	10	11	12
	公差值/μm											
≤10	0.2	0.4	0.8	1.2	2	3	5	8	12	20	30	60
>10~16	0.25	0.5	1	1.5	2.5	4	6	10	15	25	40	80
>16~25	0.3	0.6	1.2	2	3	5	8	12	20	30	50	100
>25~40	0.4	0.8	1.5	2.5	4	6	10	15	25	40	60	120

（续）

主参数 L /mm	公差等级											
	1	2	3	4	5	6	7	8	9	10	11	12
	公差值/μm											
>40～63	0.5	1	2	3	5	8	12	20	30	50	80	150
>63～100	0.6	1.2	2.5	4	6	10	15	25	40	60	100	200
>100～160	0.8	1.5	3	5	8	12	20	30	50	80	120	250
>160～250	1	2	4	6	10	15	25	40	60	100	150	300
>250～400	1.2	2.5	5	8	12	20	30	50	80	120	200	400
>400～630	1.5	3	6	10	15	25	40	60	100	150	250	500
>630～1000	2	4	8	12	20	30	50	80	120	200	300	600
>1000～1600	2.5	5	10	15	25	40	60	100	150	250	400	800
>1600～2500	3	6	12	20	30	50	80	120	200	300	500	1000
>2500～4000	4	8	15	25	40	60	100	150	250	400	600	1200
>4000～6300	5	10	20	30	50	80	120	200	300	500	800	1500
>6300～10000	6	12	25	40	60	100	150	250	400	600	1000	2000

表 1-1-64 直线度、平面度应用示例

公差等级	应用示例	公差等级	应用示例
1、2	用于精密量具、测量仪器和精度要求极高的精密机械零件，如高精度量规、样板平尺、工具显微镜等精密测量仪器的导轨面，喷油嘴针阀体端面、油泵柱塞套端面等高精度零件	6	用于普通机床导轨面，如卧式车床、龙门刨床、滚齿机、自动车床等的床身导轨、立柱导轨，滚齿机、卧式镗床、铣床的工作台及机床主轴箱导轨，柴油机体接合面等
3	用于 0 级及 1 级宽平尺的工作面、1 级样板平尺的工作面、测量仪器圆弧导轨、测量仪器测杆等	7	用于 2 级平板、0.02mm 游标卡尺尺身、机床主轴箱体、摇臂钻床底座工作台、镗床工作台、液压泵盖等
4	用于量具、测量仪器和高精度机床的导轨，如 0 级平板、测量仪器的 V 形导轨、高精度平面磨床的 V 形和滚动导轨、轴承磨床床身导轨、液压阀芯等	8	用于机床传动箱体、交换齿轮箱体、车床溜板箱体、主轴箱体、柴油机气缸体、连杆分离面，缸盖接合面、汽车发动机缸盖、曲轴箱体、减速器壳体等
5	用于 1 级平板，2 级宽平尺，平面磨床的纵导轨、垂直导轨、立柱导轨及工作台，液压龙门刨床和转塔车床床身的导轨，柴油机进、排气门导杆等	9、10	用于 3 级平板、车床交换齿轮架，缸盖接合面、阀体表面等
		11、12	用于易变形的薄片、薄壳零件表面，支架等要求不高的接合面

2. 圆度、圆柱度公差值及应用示例（见表 1-1-65 和表 1-1-66）

表 1-1-65 圆度、圆柱度公差值

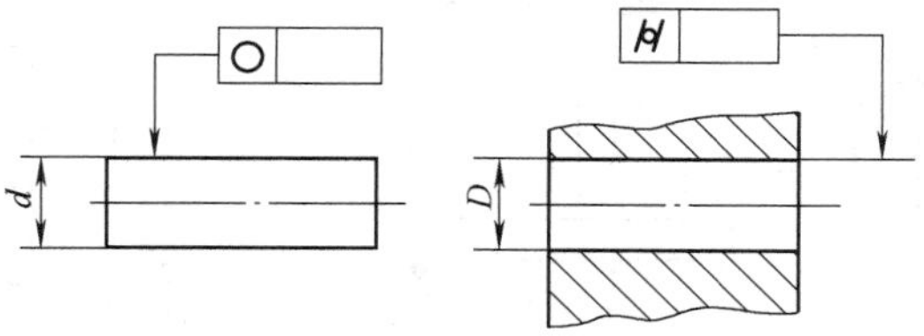

（续）

主参数 $d(D)$/mm	公差等级												
	0	1	2	3	4	5	6	7	8	9	10	11	12
	公差值/μm												
≤3	0.1	0.2	0.3	0.5	0.8	1.2	2	3	4	6	10	14	25
>3~6	0.1	0.2	0.4	0.6	1	1.5	2.5	4	5	8	12	18	30
>6~10	0.12	0.25	0.4	0.6	1	1.5	2.5	4	6	9	15	22	36
>10~18	0.15	0.25	0.5	0.8	1.2	2	3	5	8	11	18	27	43
>18~30	0.2	0.3	0.6	1	1.5	2.5	4	6	9	13	21	33	52
>30~50	0.25	0.4	0.6	1	1.5	2.5	4	7	11	16	25	39	62
>50~80	0.3	0.5	0.8	1.2	2	3	5	8	13	19	30	46	74
>80~120	0.4	0.6	1	1.5	2.5	4	6	10	15	22	35	54	87
>120~180	0.6	1	1.2	2	3.5	5	8	12	18	25	40	63	100
>180~250	0.8	1.2	2	3	4.5	7	10	14	20	29	46	72	115
>250~315	1.0	1.6	2.5	4	6	8	12	16	23	32	52	81	130
>315~400	1.2	2	3	5	7	9	13	18	25	36	57	89	140
>400~500	1.5	2.5	4	6	8	10	15	20	27	40	63	97	155

表1-1-66　圆度、圆柱度应用示例

公差等级	应用示例	公差等级	应用示例
1	高精度量仪主轴，高精度机床主轴，滚动轴承的滚珠、滚柱等	6	仪表端盖外圈，一般机床主轴及箱孔，汽车发动机凸轮轴，纺机锭子，通用减速器轴颈，高速船用柴油机曲轴，拖拉机曲轴轴颈等
2	精密量仪主轴、外套、阀套，高压油泵柱塞及套，高速柴油机气门，精密机床主轴轴颈，高精度微型轴承内、外圈等	7	大功率低速柴油机曲轴、活塞、活塞销、连杆、气缸，高速柴油机箱体孔，千斤顶压力油缸活塞，液压传动系统分配机构，机车传动轴，水泵轴颈等
3	小工具显微镜套管外圈，高精度外圆磨床主轴，喷油嘴针阀体，高精度微型轴承内、外圈等	8	低速发动机、减速器，大功率曲轴轴颈，压气机连杆，拖拉机气缸体、活塞、炼胶机、印刷机传动系统，内燃机曲轴，柴油机机体、凸轮轴等
4	精密机床主轴轴孔，较精密机床主轴，高压阀门活塞、活塞销、阀体孔，小工具显微镜顶尖，高压油泵柱塞，与较高精度滚动轴承配合的轴等	9	空气压缩机缸体，液压传动系统，通用机械杠杆与拉杆用套筒销子，拖拉机活塞环、套筒孔等
5	一般量仪主轴、测杆外圆，陀螺仪轴颈，一般机床主轴，较精密机床主轴箱孔，柴油机、汽油机活塞及活塞销孔，铣床动力头，轴承箱座孔等	10	印染机布辊，绞车、起重机、起重机滑动轴承轴颈等

3. 平行度、垂直度、倾斜度公差值及应用示例（见表1-1-67和表1-1-68）

表1-1-67　平行度、垂直度、倾斜度公差值

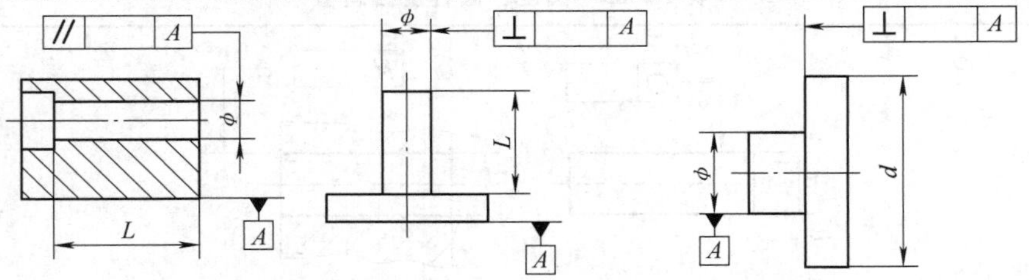

（续）

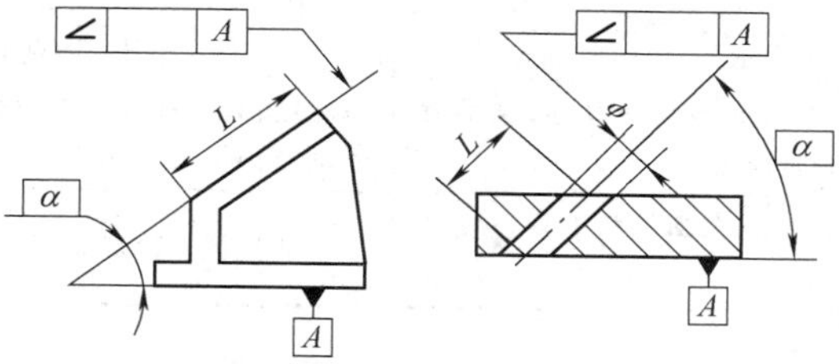

<table>
<tr><th rowspan="3">主参数
L,d(D)/mm</th><th colspan="12">公差等级</th></tr>
<tr><th>1</th><th>2</th><th>3</th><th>4</th><th>5</th><th>6</th><th>7</th><th>8</th><th>9</th><th>10</th><th>11</th><th>12</th></tr>
<tr><th colspan="12">公差值/μm</th></tr>
<tr><td>≤10</td><td>0.4</td><td>0.8</td><td>1.5</td><td>3</td><td>5</td><td>8</td><td>12</td><td>20</td><td>30</td><td>50</td><td>80</td><td>120</td></tr>
<tr><td>>10~16</td><td>0.5</td><td>1</td><td>2</td><td>4</td><td>6</td><td>10</td><td>15</td><td>25</td><td>40</td><td>60</td><td>100</td><td>150</td></tr>
<tr><td>>16~25</td><td>0.6</td><td>1.2</td><td>2.5</td><td>5</td><td>8</td><td>12</td><td>20</td><td>30</td><td>50</td><td>80</td><td>120</td><td>200</td></tr>
<tr><td>>25~40</td><td>0.8</td><td>1.5</td><td>3</td><td>6</td><td>10</td><td>15</td><td>25</td><td>40</td><td>60</td><td>100</td><td>150</td><td>250</td></tr>
<tr><td>>40~63</td><td>1</td><td>2</td><td>4</td><td>8</td><td>12</td><td>20</td><td>30</td><td>50</td><td>80</td><td>120</td><td>200</td><td>300</td></tr>
<tr><td>>63~100</td><td>1.2</td><td>2.5</td><td>5</td><td>10</td><td>15</td><td>25</td><td>40</td><td>60</td><td>100</td><td>150</td><td>250</td><td>400</td></tr>
<tr><td>>100~160</td><td>1.5</td><td>3</td><td>6</td><td>12</td><td>20</td><td>30</td><td>50</td><td>80</td><td>120</td><td>200</td><td>300</td><td>500</td></tr>
<tr><td>>160~250</td><td>2</td><td>4</td><td>8</td><td>15</td><td>25</td><td>40</td><td>60</td><td>100</td><td>150</td><td>250</td><td>400</td><td>600</td></tr>
<tr><td>>250~400</td><td>2.5</td><td>5</td><td>10</td><td>20</td><td>30</td><td>50</td><td>80</td><td>120</td><td>200</td><td>300</td><td>500</td><td>800</td></tr>
<tr><td>>400~630</td><td>3</td><td>6</td><td>12</td><td>25</td><td>40</td><td>60</td><td>100</td><td>150</td><td>250</td><td>400</td><td>600</td><td>1000</td></tr>
<tr><td>>630~1000</td><td>4</td><td>8</td><td>15</td><td>30</td><td>50</td><td>80</td><td>120</td><td>200</td><td>300</td><td>500</td><td>800</td><td>1200</td></tr>
<tr><td>>1000~1600</td><td>5</td><td>10</td><td>20</td><td>40</td><td>60</td><td>100</td><td>150</td><td>250</td><td>400</td><td>600</td><td>1000</td><td>1500</td></tr>
<tr><td>>1600~2500</td><td>6</td><td>12</td><td>25</td><td>50</td><td>80</td><td>120</td><td>200</td><td>300</td><td>500</td><td>800</td><td>1200</td><td>2000</td></tr>
<tr><td>>2500~4000</td><td>8</td><td>15</td><td>30</td><td>60</td><td>100</td><td>150</td><td>250</td><td>400</td><td>600</td><td>1000</td><td>1500</td><td>2500</td></tr>
<tr><td>>4000~6300</td><td>10</td><td>20</td><td>40</td><td>80</td><td>120</td><td>200</td><td>300</td><td>500</td><td>800</td><td>1200</td><td>2000</td><td>3000</td></tr>
<tr><td>>6300~10000</td><td>12</td><td>25</td><td>50</td><td>100</td><td>150</td><td>250</td><td>400</td><td>600</td><td>1000</td><td>1500</td><td>2500</td><td>4000</td></tr>
</table>

表 1-1-68　平行度、垂直度、倾斜度应用示例

<table>
<tr><th rowspan="2">公差等级</th><th colspan="2">应用示例</th></tr>
<tr><th>平行度</th><th>垂直度和倾斜度</th></tr>
<tr><td>1</td><td colspan="2">高精度机床、测量仪器及量具等主要基准面和工作面</td></tr>
<tr><td>2</td><td rowspan="2">精密机床、测量仪器、量具、模具的基准面和工作面
精密机床重要箱体主轴孔对基准面的要求</td><td rowspan="2">精密机床导轨，普通机床主要导轨，机床主轴轴向定位面，精密机床主轴肩端面，滚动轴承座圈端面，齿轮测量仪的心轴，光学分度头的心轴，涡轮轴端面，精密刀具、量具的基准面和工作面</td></tr>
<tr><td>3</td></tr>
<tr><td>4</td><td rowspan="2">普通机床、测量仪器、量具、模具的基准面和工作面，高精度轴承座圈、端盖、挡圈的端面
机床主轴孔对基准面的要求，重要轴承孔对基准面的要求，主轴箱体重要孔间要求，一般减速器壳体孔，齿轮泵的轴孔端面等</td><td rowspan="2">普通机床导轨，精密机床重要零件，机床重要支承面，发动机轴和离合器的凸缘，气缸的支承端面，装 C、D 级轴承的箱体的凸肩，液压传动轴瓦的端面，量具量仪的重要端面</td></tr>
<tr><td>5</td></tr>
<tr><td>6</td><td rowspan="3">一般机床零件的工作面或基准面，压力机和锻锤的工作面，中等精度钻模的工作面，一般刀、量、模具，机床一般轴承孔对基准面的要求，床头箱一般孔间要求，变速器箱孔，主轴花键对定心直径，重型机械轴承盖的端面，卷扬机、手动传动装置中的传动轴，气缸轴线等</td><td rowspan="3">低精度机床主要基准面和工作面，回转工作台端面，一般导轨，主轴箱体孔，刀架、砂轮架及工作台回转中心，机床轴肩，气缸配合面对其轴线，活塞销孔对活塞中线，装轴承端面对轴承壳体孔的轴线等</td></tr>
<tr><td>7</td></tr>
<tr><td>8</td></tr>
</table>

（续）

公差等级	应用示例	
	平行度	垂直度和倾斜度
9 10	低精度零件，重型机械滚动轴承端盖，柴油发动机和煤气发动机的曲轴孔、轴颈等	花键轴轴肩端面，传送带运输机法兰等端面对轴线，手动卷扬机及传动装置中轴承端面，减速器壳体平面等
11 12	零件的非工作面，卷扬机、运输机上用以安装减速器的平面等	农业机械齿轮端面等

4. 同轴度、对称度、圆跳动和全跳动公差值及应用示例（见表1-1-69和表1-1-70）

表1-1-69 同轴度、对称度、圆跳动和全跳动公差值

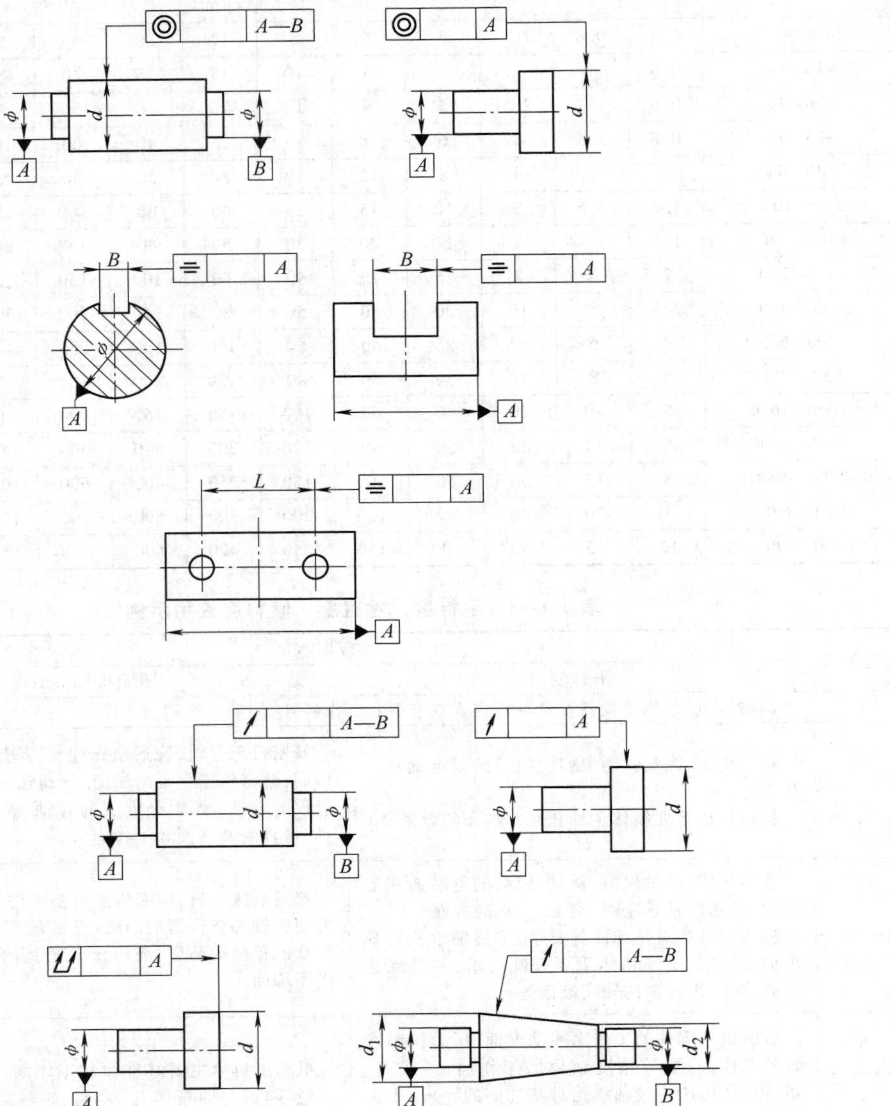

当被测要素为圆锥面时，

取$d=\frac{d_1+d_2}{2}$

（续）

主参数 d(D),B,L/mm	公差等级											
	1	2	3	4	5	6	7	8	9	10	11	12
	公差值/μm											
≤1	0.4	0.6	1.0	1.5	2.5	4	6	10	15	25	40	60
>1~3	0.4	0.6	1.0	1.5	2.5	4	6	10	20	40	60	120
>3~6	0.5	0.8	1.2	2	3	5	8	12	25	50	80	150
>6~10	0.6	1	1.5	2.5	4	6	10	15	30	60	100	200
>10~18	0.8	1.2	2	3	5	8	12	20	40	80	120	250
>18~30	1	1.5	2.5	4	6	10	15	25	50	100	150	300
>30~50	1.2	2	3	5	8	12	20	30	60	120	200	400
>50~120	1.5	2.5	4	6	10	15	25	40	80	150	250	500
>120~250	2	3	5	8	12	20	30	50	100	200	300	600
>250~500	2.5	4	6	10	15	25	40	60	120	250	400	800
>500~800	3	5	8	12	20	30	50	80	150	300	500	1000
>800~1250	4	6	10	15	25	40	60	100	200	400	600	1200
>1250~2000	5	8	12	20	30	50	80	120	250	500	800	1500
>2000~3150	6	10	15	25	40	60	100	150	300	600	1000	2000
>3150~5000	8	12	20	30	50	80	120	200	400	800	1200	2500
>5000~8000	10	15	25	40	60	100	150	250	500	1000	1500	3000
>8000~10000	12	20	30	50	80	120	200	300	600	1200	2000	4000

表 1-1-70　同轴度、对称度、圆跳动、全跳动应用示例

公差等级	应用示例	公差等级	应用示例
1、2、3、4	用于对同轴度或旋转精度要求很高，一般按尺寸公差等级 IT5 或高于 IT5 制造的零件。如 1、2 级用于精密测量仪器的主轴和顶尖、柴油机喷油嘴针阀等；3、4 级用于机床主轴轴颈、砂轮轴轴颈、汽轮机主轴、测量仪器的小齿轮轴、高精度滚动轴承内外圈等	8、9、10	用于一般精度要求，按尺寸公差等级 IT9 或 IT10 制造的零件。如 8 级精度用于拖拉机发动机分配轴轴颈；9 级精度用于齿轮轴的配合面、水泵叶轮、离心泵、精梳机；10 级精度用于摩托车活塞、印染机吊布辊、内燃机活塞环底径对活塞中心等
5、6、7	用于对精度要求比较高，一般按尺寸公差等级 IT6 或 IT7 制造的零件。如 5 级精度常用在机床轴颈、测量仪器的测量杆、汽轮机主轴、柱塞泵转子、高精度滚动轴承外圈、一般精度滚动轴承内圈；7 级精度用于内燃机曲轴、凸轮轴轴颈、水泵轴、齿轮轴、汽车后桥输出轴、电动机转子、滚动轴承内圈等	11、12	用于无特殊要求，一般按尺寸公差等级 IT12 制造的零件

5. 位置度数系（见表 1-1-71）

表 1-1-71　位置度数系　（单位：μm）

1	1.2	1.5	2	2.5	3	4	5	6	8
1×10^n	1.2×10^n	1.5×10^n	2×10^n	2.5×10^n	3×10^n	4×10^n	5×10^n	6×10^n	8×10^n

注：n 为正整数。

1.2.2.6　形状和位置公差未注公差值（GB/T 1184—1996）

1. 形状公差的未注公差值

1）直线度和平面度的未注公差值见表1-1-72。选择公差值时，对于直线度，应按其相应线的长度选择；对于平面度，应按其表面的较长一侧或圆表面的直径选择。

2）圆度的未注公差值等于标准的直径公差值，但不能大于表1-1-74中圆跳动的未注公差值。

3）圆柱度的未注公差值不做规定。圆柱度误差由三个部分组成：圆度、直线度和相对素线的平行度误差，而其中每一项误差均由它们的注出公差或未注公差控制。如因功能要求，圆柱度应小于圆度、直线度和平行度的未注公差的综合结果，应在被测要素上按GB/T 1184—1996的规定注出圆柱度公差值，或采用包容要求。

表1-1-72　直线度和平面度的未注公差值　　（单位：mm）

公差等级	基本长度范围					
	≤10	>10~30	>30~100	>100~300	>300~1000	>1000~3000
H	0.02	0.05	0.1	0.2	0.3	0.4
K	0.05	0.1	0.2	0.4	0.6	0.8
L	0.1	0.2	0.4	0.8	1.2	1.6

2. 位置公差的未注公差值

1）平行度的未注公差值等于给出的尺寸公差值，或直线度和平面度未注公差值中的相应公差值取较大者。应取两要素中的较长者作为基准；若两要素的长度相等，则可选任一要素为基准。

2）垂直度的未注公差值见表1-1-73。取形成直角的两边中较长的一边作为基准，较短的一边作为被测要素；若边的长度相等，则可取其中的任意一边为基准。

表1-1-73　垂直度的未注公差值　　（单位：mm）

公差等级	基本长度范围			
	≤100	>100~300	>300~1000	>1000~3000
H	0.2	0.3	0.4	0.5
K	0.4	0.6	0.8	1
L	0.6	1	1.5	2

3）对称度的未注公差值见表1-1-74。应取两要素中较长者作为基准，较短者作为被测要素；若两要素长度相等，则可选任一要素为基准。

表1-1-74　对称度的未注公差值　　（单位：mm）

公差等级	基本长度范围			
	≤100	>100~300	>300~1000	>1000~3000
H	0.5			
K	0.6		0.8	1
L	0.6	1	1.5	2

4）同轴度的未注公差值未作规定。在极限状况下，同轴度的未注公差值与圆跳动的未注公差值相等。

5）圆跳动（径向、端面和斜向）的未注公差值见表1-1-75。对于圆跳动未注公差值，应以设计和工艺给出的支承面作为基准，否则应取两要素中较长的一个作为基准；若两要素的长度相等，则可选任一要素为基准。

表 1-1-75 圆跳动的未注公差值 （单位：mm）

公差等级	H	K	L
圆跳动公差值	0.1	0.2	0.5

1.2.3 表面结构

1.2.3.1 基本术语新旧标准的对照（见表 1-1-76）

表 1-1-76 基本术语新旧标准的对照

基本术语	GB/T 3505—1983	GB/T 3505—2009
取样长度	l	lp、lw、lr①
评定长度	l_n	ln
纵坐标值	y	$Z(x)$
局部斜率	—	$\frac{dZ}{dX}$
轮廓峰高	y_p	Zp
轮廓谷深	y_v	Zv
轮廓单元高度	—	Zt
轮廓单元宽度	—	Xs
在水平截面高度 c 位置上轮廓的实体材料长度	η_p	$Ml(c)$

① 给定的三种不同轮廓的取样长度。

1.2.3.2 表面结构参数新旧标准的对照（见表 1-1-77）

表 1-1-77 表面结构参数新旧标准的对照

参数(GB/T 3505—2009)	GB/T 3505—1983	GB/T 3505—2009	在测量范围内	
			评定长度 ln	取样长度
最大轮廓峰高	R_p	Rp		✓
最大轮廓谷深	R_m	Rv		✓
轮廓最大高度	R_y	Rz		✓
轮廓单元的平均高度	R_c	Rc		✓
轮廓总高度	—	Rt	✓	
评定轮廓的算术平均偏差	R_a	Ra		✓
评定轮廓的均方根偏差	R_q	Rq		✓
评定轮廓的偏斜度	S_k	Rsk		✓
评定轮廓的陡度	—	Rku		✓
轮廓单元的平均宽度	S_m	Rsm		✓
评定轮廓的均方根斜率	Δ_q	$R\Delta q$		
轮廓支承长度率	—	$Rmr(c)$	✓	
轮廓水平截面高度	—	$R\delta c$	✓	
相对支承长度率	t_p	Rmr	✓	
十点高度	R_z	—		

注：1. ✓符号表示在测量范围内现采用的评定长度和取样长度。

2. 表中取样长度是 lr、lw 和 lp 分别对应于 R、W 和 P 参数。$lp=ln$。

3. 在规定的三个轮廓参数中，表中只列出了粗糙度轮廓参数。例如，三个参数分别为 Pa（原始轮廓）、Ra（粗糙度轮廓）、Wa（波纹度轮廓）。

1.2.3.3　评定表面结构的参数及数值系列

GB/T 1031—2009 采用中线制（轮廓法）评定表面粗糙度。

表面粗糙度的参数从轮廓的算术平均偏差 *Ra*、轮廓的最大高度 *Rz* 两项中选择。其幅度参数（峰和谷）常用的参数值范围分别是 *Ra* 为 0.025~6.3μm、*Rz* 为 0.1~25μm。评定表面粗糙度时，推荐优先选用 *Ra*。

1. 轮廓的算术平均偏差 *Ra* 的系列值

轮廓的算术平均偏差指在取样长度内纵坐标值的算术平均值，代号为 *Ra*，其系列值见表 1-1-78。

表 1-1-78　轮廓的算术平均偏差 *Ra* 的系列值（GB/T 1031—2009）（单位：μm）

系列值	补充系列值	系列值	补充系列值	系列值	补充系列值	系列值	补充系列值
	0.008						
	0.010						
0.012			0.125		1.25	12.5	
	0.016		0.160	1.60			16.0
	0.020	0.20			2.0		20
0.025			0.25		2.5	25	
	0.032		0.32	3.2			32
	0.040	0.40			4.0		40
0.050			0.50		5.0	50	
	0.063		0.63	6.3			63
	0.080	0.80			8.0		80
0.100			1.00		10.0	100	

2. 轮廓的最大高度 *Rz* 的系列值

轮廓的最大高度指在取样长度内最大的轮廓峰高 *Rp* 与最大的轮廓谷深 *Rv* 之和的高度，代号为 *Rz*，其系列值见表 1-1-79。

表 1-1-79　轮廓的最大高度 *Rz* 的系列值（GB/T 1031—2009）（单位：μm）

系列值	补充系列值	系列值	补充系列值	系列值	补充系列值	系列值	补充系列值
			0.25		4.0		80
			0.32		5.0	100	
		0.40		6.3			125
0.25					8.0		160
	0.032		0.50		10.0	200	
	0.040	0.80	0.63	12.5			250
0.050					16.0		320
	0.063		1.00		20	400	
	0.080		1.25	25			500
0.100		1.60			32		630
	0.125		2.0		40	800	
	0.160		2.5	50			1000
0.20		3.2			63		1250
						1600	

3. 取样长度 *lr*

取样长度指用于判别被评定轮廓不规则特征在 *X* 轴上的长度，代号为 *lr*。

为了在测量范围内较好反映表面粗糙度的实际情况，GB/T 1031—2009 规定，取样长度按表面粗糙参数选取相应的数值。在取样长度范围内，一般至少包含五个的轮廓峰和轮廓谷。规定和选择取样长度的目的是为限制和削弱其他几何形状误差，尤其是表面波度对测量结果的影响。

取样长度的数值见表 1-1-80。

表 1-1-80　取样长度 *lr* 的数值　（单位：mm）

lr	0.08	0.25	0.8	2.5	8	25

4. 评定长度 *ln*

评定长度指用于判别被评定轮廓在 *X* 轴方向上的长度，代号为 *ln*。它可以包含一个或几个取样长度。

为了较充分和客观地反映被测表面的表面粗糙度，须连续取几个取样长度的平均值作为测量结果。GB/T 1031—2009 规定，*ln* = 5*lr* 为默认值。选取评定长度的目的是减小被测表面上表面粗糙度的不均匀性影响。

取样长度与幅度参数之间有一定的联系。一般情况下，在测量 *Ra*、*Rz* 时，推荐按表 1-1-81 选取对应的取样长度值。

表 1-1-81　取样长度 *lr* 和评定长度 *ln* 的数值　（单位：mm）

Ra/μm	*Rz*/μm	*lr*	*ln*(*ln* = 5*lr*)	*Ra*/μm	*Rz*/μm	*lr*	*ln*(*ln* = 5*lr*)
>(0.008)~0.02	>(0.025)~0.1	0.08	0.4	>2.0~10.0	>10.0~50.0	2.5	12.5
>0.02~0.1	>0.1~0.5	0.25	1.25	>10.0~80.0	>50~200	8.0	40.0
>0.1~2.0	>0.5~10.0	0.8	4.0				

1.2.3.4　技术产品文件中表面结构的表示法（GB/T 131—2006）

1. 表面结构的图形符号及含义（见表 1-1-82）

表 1-1-82　表面结构的图形符号及含义

符号类型		符　号	含　义
基本图形符号			仅用于简化代号标注，没有补充说明时不能单独使用
扩展图形符号	表示去除材料		在基本图形符号上加一短横，表示指定表面用去除材料的方法获得，如通过机械加工获得的表面
	表示不去除材料		在基本图形符号上加一个圆圈，表示指定表面用不去材料方法获得
完整图形符号	允许任何工艺	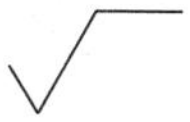	当要求标注表面粗糙度特征的补充信息时，应在的图形符号的长边上加一横线
	去除材料	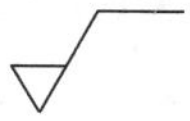	
	不去除材料	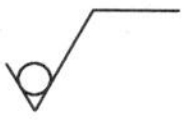	
工件轮廓各表面的图形符号		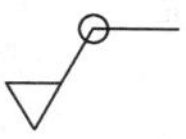	当在图样某个视图上构成封闭轮廓的各表面有相同的表面粗糙度要求时，应在完整图形符号上加一圆圈，标注在图样中工件的封闭轮廓线上。如果标注会引起歧义，各表面应分别标注

2. 表面结构完整图形符号的组成

在表面结构图形符号的规定位置上，注出表面结构参数和数值及相关补充要求（传输带、取样长度、加工工艺、表面纹理及方向、加工余量等后就形成了表面结构完整图形符号）。对表面结构要求的注写规定见表 1-1-83。

表 1-1-83　对表面结构要求的注写规定

图　示	注写规定
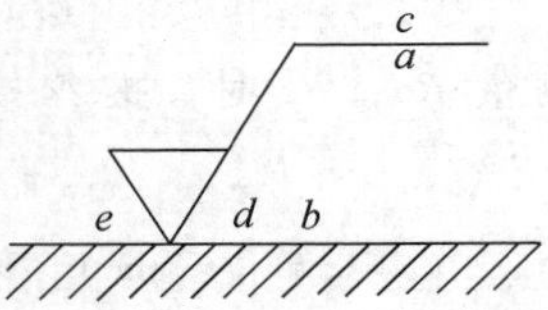 	位置 *a* 注写表面结构的单一要求。标注表面结构参数代号、极限值和传输带或取样长度。为了避免误解，在参数代号和极限值间应插入空格。传输带或取样长度后应有一斜线“/”，之后是表面结构参数代号，最后是数值，如 0.0025-0.8/*Rz* 6.3（传输带标注）、-0.8/*Rz* 6.3（取样长度标注） 位置 *a* 和 *b* 注写两个或多个表面结构要求。在位置 *a* 注写一个表面结构要求，在位置 *b* 注写第二个表面结构要求。如果要注写第三个或更多个表面结构要求，图形符号应在垂直方向扩大，以空出足够的空间。扩大图形符号时，*a* 和 *b* 的位置随之上移 位置 *c* 注写加工方法、表面处理、涂层或其他加工工艺要求等，如车、磨、镀等加工表面 位置 *d* 注写所要求的表面纹理和纹理的方向，如“=”“X”“M” 位置 *e* 注写所要求的加工余量，以 mm 为单位给出数值

3. 表面结构参数的标注

表面结构参数必须注出表面结构参数代号和相应数值，数值的单位均为 μm（微米），数值的判断规则有两种：

1）16%规则是所有表面结构要求标注的默认规则。

2）最大规则应用于表面结构要求时，则参数代号中应加上“max”。

当图样上标注参数的最大值（max）或（和）最小值（min）时，表示参数中所有的实测值均不得超过规定值。当图样上采用参数的上限值（用 U 表示）或（和）下限值（用 L 表示）时（表中未标注 max 或 min 的），表示参数的实测值中允许少于总数的 16%的实测值超过规定值。具体标注示例及含义见表 1-1-84。

表 1-1-84　表面结构符号的标注示例及含义

符　号	含义/解释
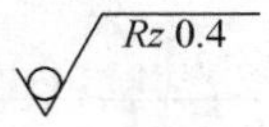 	表示不允许去除材料，单向上限值，默认传输带，尺轮廓，粗糙度的最大高度为 0.4μm，评定长度为 5 个取样长度（默认），“16%规则”（默认）
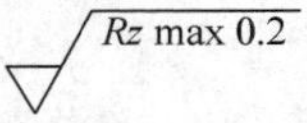 	表示去除材料，单向上限值，默认传输带，尺轮廓，粗糙度最大高度的最大值为 0.2μm，评定长度为 5 个取样长度（默认），“最大规则”（默认）
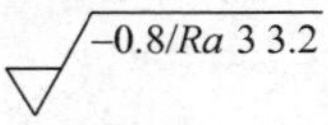 	表示去除材料，单向上限值，传输带：取样长度 0.8μm，尺轮廓；算术平均偏差 3.2μm，评定长度包含 3 个取样长度，“16%规则”（默认）
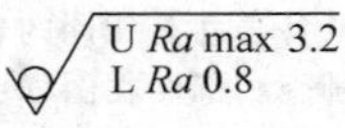 	表示不允许去除材料，双向极限值，两极限值均使用默认传输带，尺轮廓，上限值：算术平均偏差 3.2μm，评定长度为 5 个取样长度（默认），“最大规则”，下限值：算术平均偏差 0.8μm，评定长度为 5 个取样长度（默认），“16%规则”（默认）

（续）

符　号	含义/解释
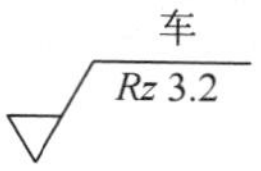	零件加工表面的表面粗糙度要求由指定的加工方法获得时，用文字标注在图形符号上边的横线上
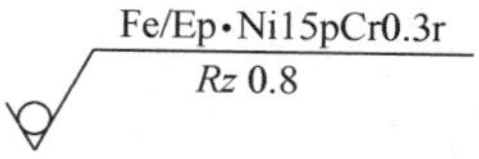	在图形符号的横线上可注写镀(涂)覆或其他表面处理要求。镀覆后达到的参数值这些要求也可在图样的技术要求中说明
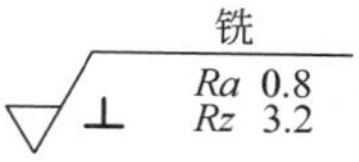	需要控制表面加工纹理方向时,可在完整图形符号的右下角加注加工纹理方向符号
	在同一图样中,有多道加工工序的表面可标注加工余量时,加工余量标注在完整图形符号的左下方,单位为 mm

注：对评定长度（*ln*）的标注，若所标注的参数代号没有“max”，表明采用有关标准中默认的评定长度；若不存在默认的评定长度时，参数代号中应标注取样长度的个数，如 *Ra*3、*Rz*3、*RSm*3……（要求评定长度为 3 个取样长度）。

4. 常见的加工纹理方向（见表 1-1-85）

表 1-1-85　常见的加工纹理方向

符号	说　明	示 意 图
=	纹理平行于视图所在的投影面	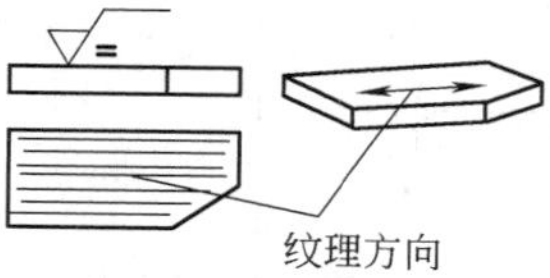
⊥	纹理垂直于视图所在的投影面	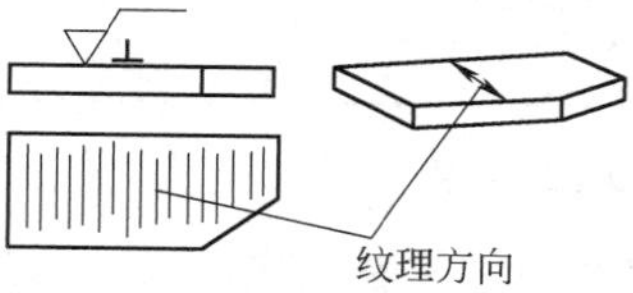
×	纹理呈两斜向交叉且与视图所在的投影面相交	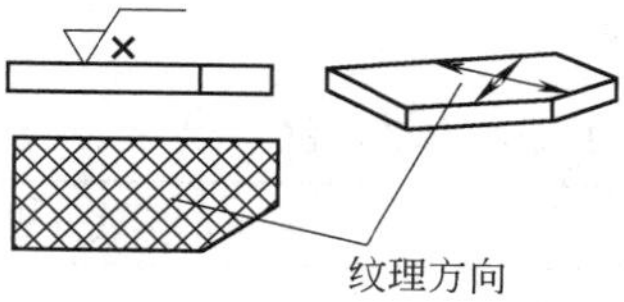
M	纹理呈多方向	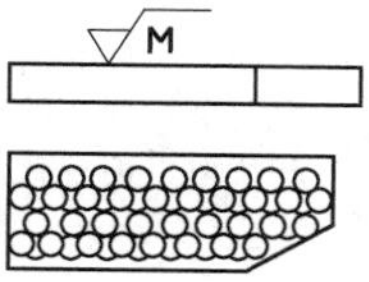
C	纹理呈近似同心圆且圆心与表面中心相关	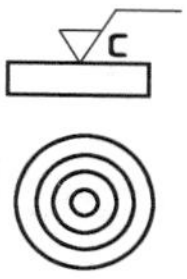
R	纹理呈近似的放射状且与表面圆心相关	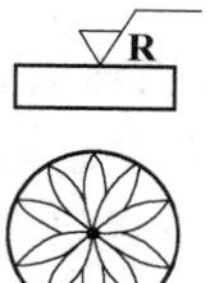
P	纹理呈微粒、凸起，无方向	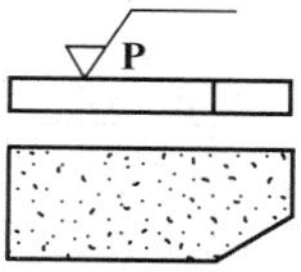

注：如果表面纹理不能清楚地用这些符号表示，必要时可以在图样上加注说明。

5. 表面结构图形符号标注方法新旧标准对照（见表1-1-86）

表1-1-86　表面结构图形符号标注方法新旧标准对照

GB/T 131—1983	GB/T 131—1993	GB/T 131—2006	说明主要问题的示例
1.6	1.6　1.6	*Ra* 1.6	*Ra* 只采用“16%规则”
Ry 3.2	*Ry* 3.2　*Ry* 3.2	*Rz* 3.2	除了 *Ra*“16%规则”的参数
—	1.6max	*Ra* max 1.6	“最大规则”
1.6　0.8	1.6　0.8	−0.8/*Ra* 1.6	*Ra* 加取样长度
Ry 3.2　0.8	*Ry* 3.2　0.8	−0.8/*Rz* 6.3	*Ra* 除外其他参数及取样长度
1.6 *Ry* 6.3	1.6 *Ry* 6.3	*Ra* 1.6 *Rz* 6.3	*Ra* 及其他参数
—	*Ry* 3.2	*Rz*3 6.3	评定长度中的取样长度个数如果不是5，则要注明个数（此例表示取样长度个数为3）
—	—	L *Rz*1.6	下限值
3.2 1.6	3.2 1.6	U *Ra* 3.2 L *Rz* 1.6	上、下限值

1.2.3.5　表面结构要求在图样和其他技术文件中的标注方法

表面结构要求对每一表面一般只标注一次，并尽可能注在相应的尺寸及其公差的同一视图上。除非另有说明，所标注的表面结构要求是对完工零件表面的要求。

1. 表面结构要求标注方法示例（见表1-1-87）

表1-1-87　表面结构要求标注方法示例

图　示	标注方法说明
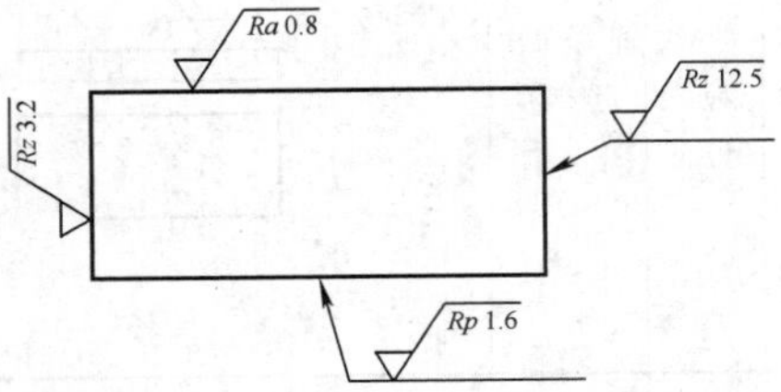	表面结构要求的注写和读取方向与尺寸的注写和读取方向一致

（续）

图　示	标注方法说明
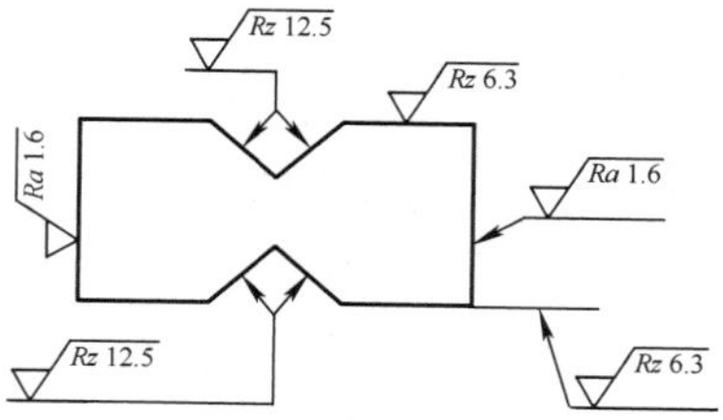 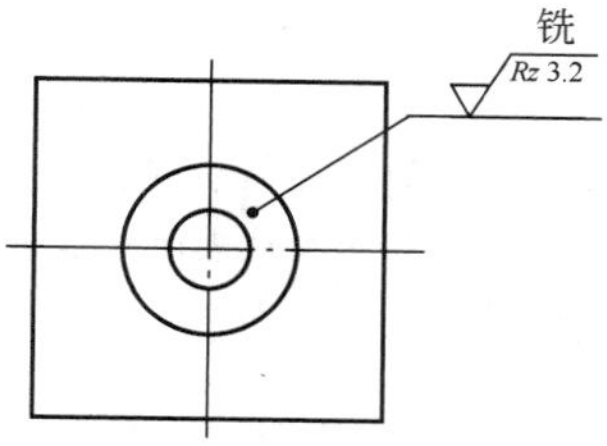 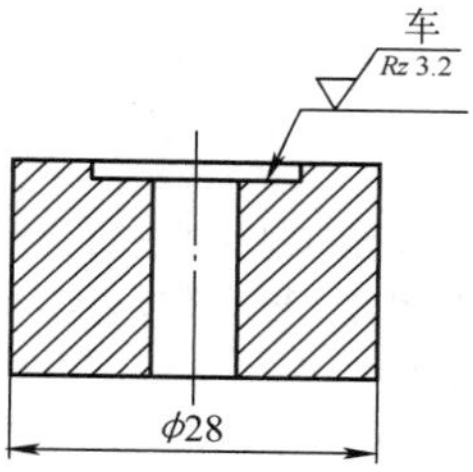	表面结构要求可标注在轮廓线上，其符号应从材料外指向并接触表面。必要时，表面结构符号也可用带箭头或黑点的指引线引出标注
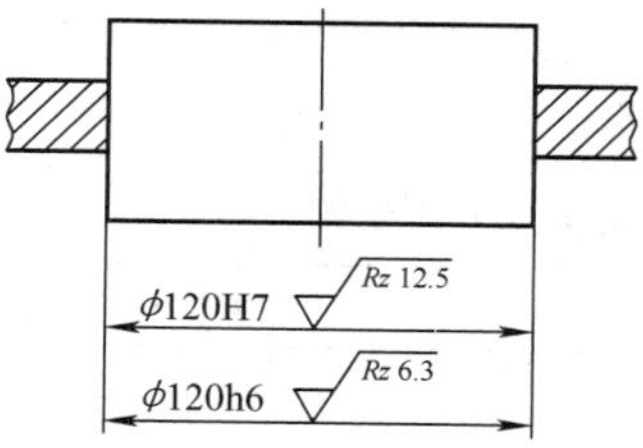	在不致引起误解时，表面结构要求可以标注在给定的尺寸线上
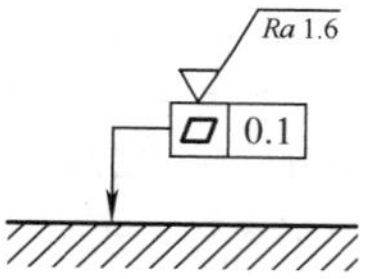 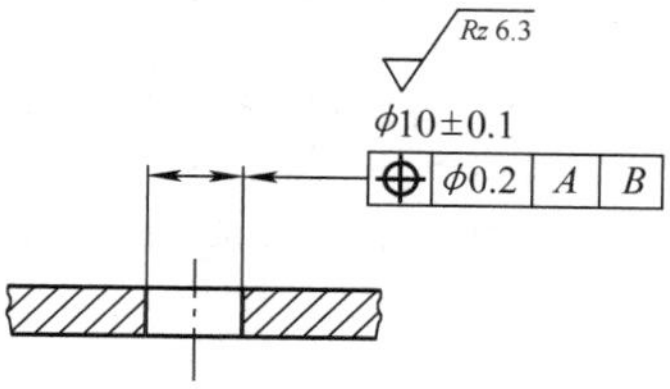	表面结构要求可标注在几何公差框格的上方

（续）

图　示	标注方法说明
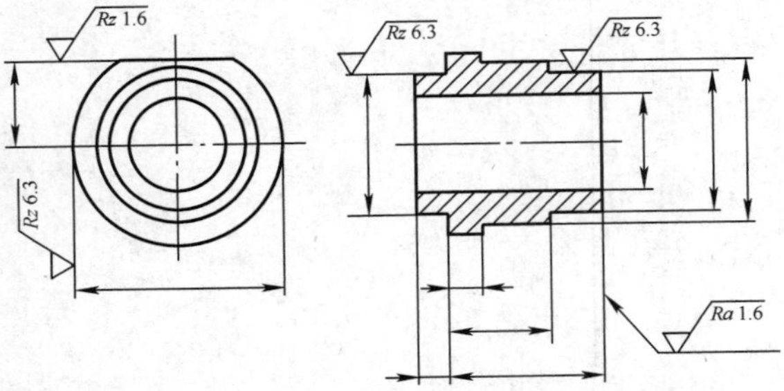	表面结构要求可以直接标注在延长线上
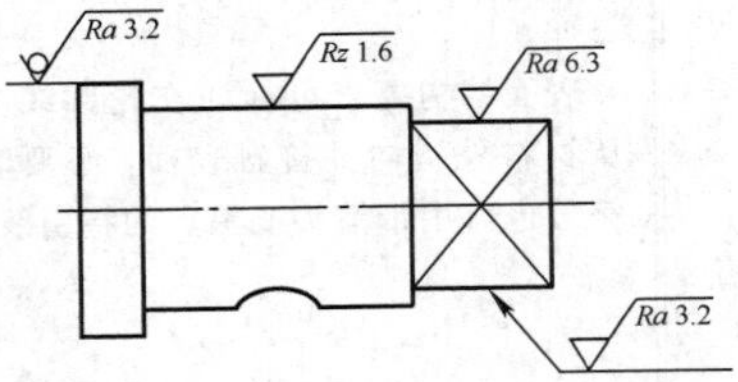	圆柱和棱柱表面的表面结构要求只标注一次。如果每个棱柱表面有不同的表面结构要求，则应分别单独标注
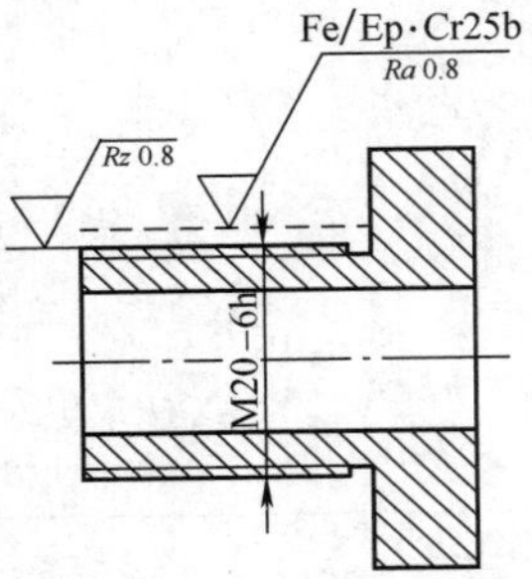	由几种不同的工艺方法获得的同一表面，当需要明确每种工艺方法的表面结构要求时的标注方法

2. 表面结构要求的简化标注方法示例（见表 1-1-88）

表 1-1-88　表面结构要求的简化标注方法示例

图　示	标注方法说明
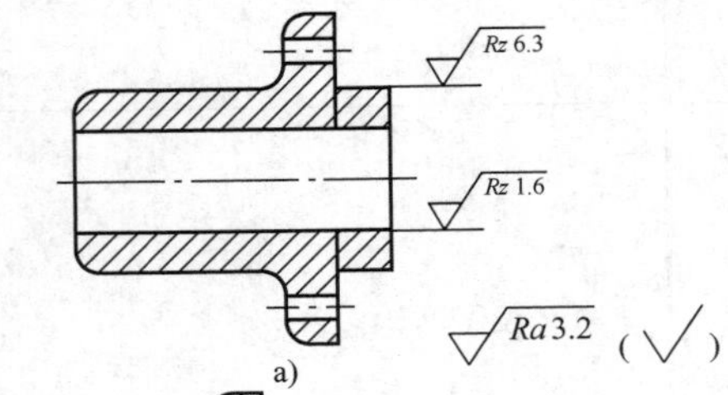 a) 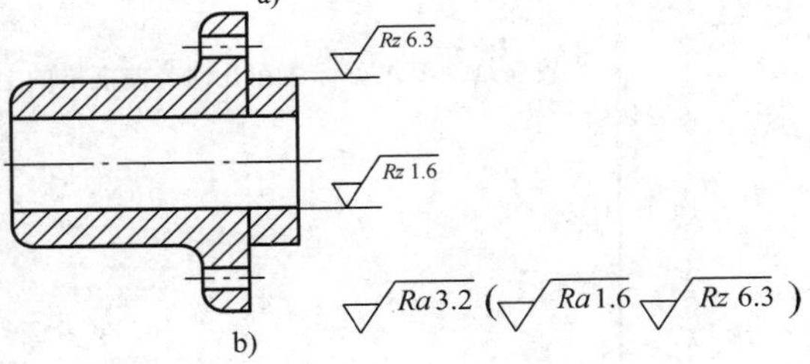 b)	有相同表面结构要求的简化标注方法 如果在工件的多数（包括全部）表面有相同的表面结构要求，则其表面结构要求可统一标注在图样的标题栏附近 除全部表面有相同要求的情况，表面结构要求在符号后面应有： 1）在圆括号内给出无任何其他标注的基本符号（图 a） 2）在圆括号内给出不同的表面结构要求（图 b） 不同表面结构要求应直接标注在图形中

（续）

图　示	标注方法说明
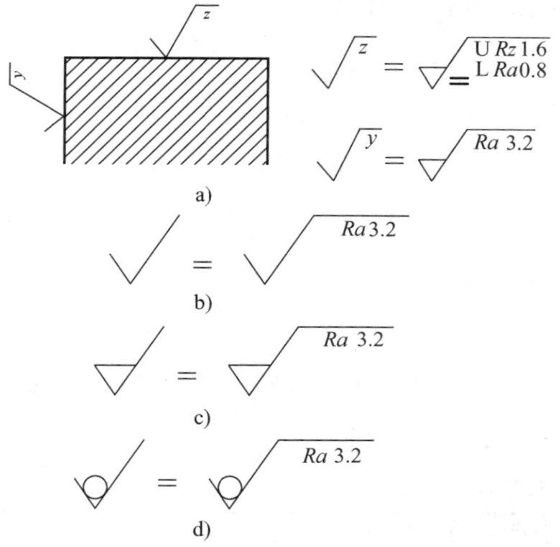	多个表面有共同要求的标注方法 当多个表面具有相同的表面结构要求或图样空间有限时的简化标注方法 1)图样空间有限时，可用带字母的完整符号，以等式的形式，在图形或标题栏附近，对有相同表面结构要求的表面进行简化标注(图 a) 2)只用表面结构符号的简化标注方法：可用基本和扩展的表面结构符号，以等式的形式给出对多个表面共同的表面结构要求 ① 未指定工艺方法的多个表面结构要求的简化标注法(图 b) ② 要求去除材料的多个表面结构要求的简化标注法(图 c) ③ 不允许去除材料的多个表面结构要求的简化标注法(图 d)

1.2.3.6　各级表面结构的表面特征及应用举例（见表 1-1-89）

表 1-1-89　各级表面结构的表面特征及应用举例

表面特征		Ra/μm	Rz/μm	应用举例
粗糙表面	可见刀痕	>20～40	>80～160	半成品粗加工过的表面，非配合的加工表面，如轴端面、倒角、钻孔、齿轮和带轮侧面、键槽底面、垫圈接触面等
	微见刀痕	>10～20	>40～80	
半光表面	微见加工痕迹	>5～10	>20～40	轴上不安装轴承或齿轮处的非配合表面、紧固件的自由装配表面、轴和孔的退刀槽等
	微辨加工痕迹	>2.5～5	>10～20	半精加工表面，箱体、支架、端盖、套筒等和其他零件结合而无配合要求的表面，需要发蓝处理的表面等
	看不清加工痕迹	>1.25～2.5	>6.3～10	接近于精加工表面、箱体上安装轴承的镗孔表面、齿轮的工作面
光表面	可辨加工痕迹方向	>0.63～1.25	>3.2～6.3	圆柱销、圆锥销，与滚动轴承配合的表面，普通车床导轨面，内、外花键定心表面等
	微辨加工痕迹方向	>0.32～0.63	>1.6～3.2	要求配合性质稳定的配合表面，工作时受交变应力的重要零件，较高精度车床的导轨面
	不可辨加工痕迹方向	>0.16～0.32	>0.8～1.6	精密机床主轴锥孔，顶尖圆锥面，发动机曲轴、凸轮轴工作表面，高精度齿轮齿面
极光表面	暗光泽面	>0.08～0.16	>0.4～0.8	精密机床主轴颈表面、一般量规工作表面、气缸套内表面、活塞销表面等
	亮光泽面	>0.04～0.08	>0.2～0.4	精密机床主轴颈表面、滚动轴承的滚动体、高压油泵中柱塞和柱塞套配合的表面
	镜状光泽面	>0.01～0.04	>0.05～0.2	
	镜面	≤0.01	≤0.05	高精度量仪、量块的工作表面，光学仪器中的金属镜面

第 2 章　机械制图

2.1　基本规定

2.1.1　图纸幅面和格式（GB/T 14689—2008）

1. 图纸幅面尺寸

绘制技术图样时，应优先选用所规定的基本幅面。必要时，允许采用加长幅面，这些幅面的尺寸是由基本幅面的短边成整数倍增加后所得出的，见表 1-2-1。

表 1-2-1　图纸幅面尺寸　　（单位：mm）

优先选用基本幅面（第一选择）					
幅面代号	A0	A1	A2	A3	A4
$B\times L$	841×1189	594×841	420×594	297×420	210×297
必要时，也允许选用加长幅面（第二选择）					
幅面代号	A3×3	A3×4	A4×3	A4×4	A4×5
$B\times L$	420×891	420×1189	297×630	297×841	297×1051
幅面代号	A0×2	A0×3	A1×3	A1×4	A2×3
$B\times L$	1189×1682	1189×2523	841×1783	841×2378	594×1261
幅面代号	A2×4	A2×5	A3×5	A3×6	A3×7
$B\times L$	594×1682	594×2102	420×1486	420×1783	420×2080
幅面代号	A4×6	A4×7	A4×8	A4×9	
$B\times L$	297×1261	297×1471	297×1682	297×1892	

2. 图框格式及尺寸

在图纸上必须用粗实线画出图框，其格式分为留有装订边和不留装订边两种，但同一产品的图样只能采用一种格式。图框格式及尺寸见表 1-2-2。

表 1-2-2　图框格式及尺寸　　（单位：mm）

留有装订边的图框格式	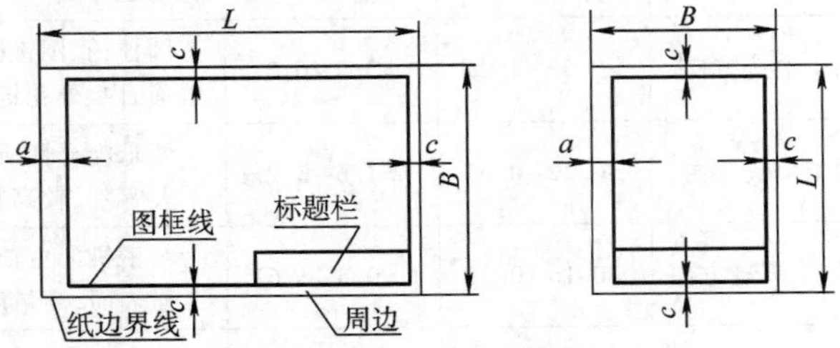
不留装订边的图框格式	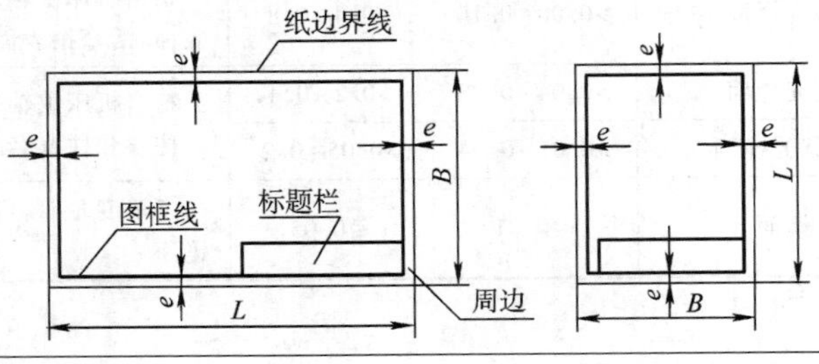

（续）

基本幅面图框尺寸	幅面代号	A0	A1	A2	A3	A4
	$B \times L$	841×1189	594×841	420×594	297×420	210×297
	e	20		10		
	c	10			5	
	a	25				
加长幅面图框尺寸	加长幅面的图框尺寸，按所选用的基本幅面大一号的图框尺寸确定。例如，A2×3 的图框尺寸按 A1 的边框尺寸确定，即 e 为 20（或 c 为 10）；而 A3×4 的图框尺寸按 A2 的图框尺寸确定，即 e 为 10（或 c 为 10）					

2.1.2　标题栏和明细栏

1. 标题栏的方位（见表 1-2-3）

表 1-2-3　标题栏的方位（GB/T 14689—2008）

标题栏方位规定	举　　例
每张图纸上都必须画出标题栏，标题栏的位置应位于图纸的右下角	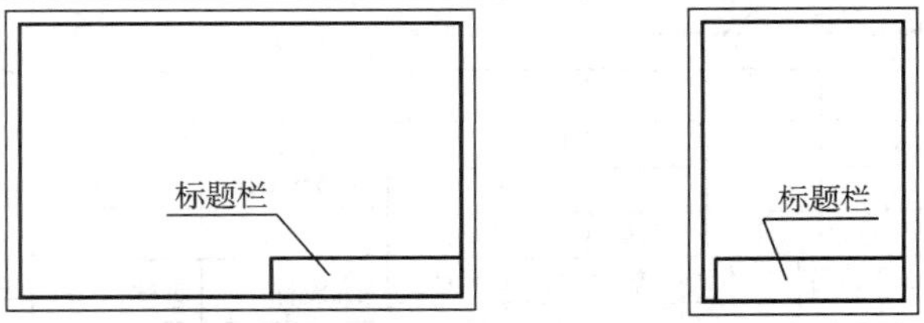
标题栏的长边置于水平方向并与图纸的长边平行时，则构成 X 型图纸	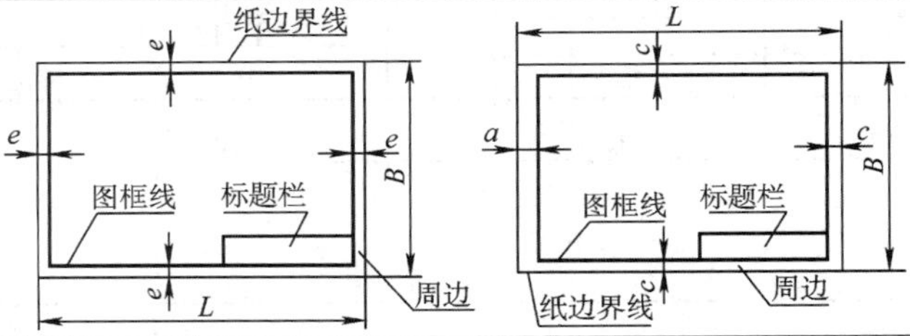
标题栏的长边与图纸的长边垂直时，则构成 Y 型图纸。在此情况下，看图方向与看标题栏的方向一致	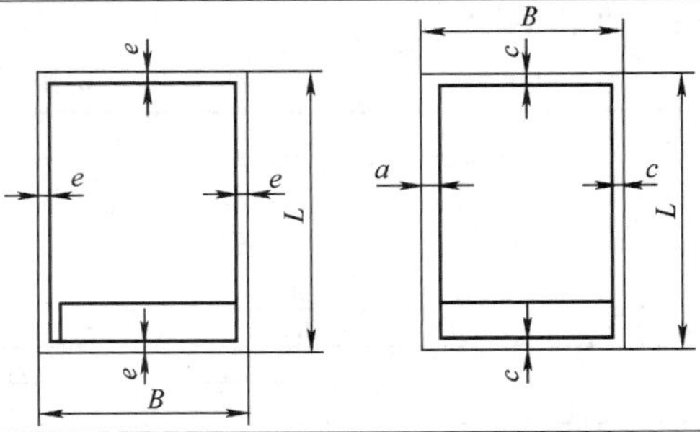
为了利用预先印制的图纸，允许以下情况： 1）将 X 型图纸的短边置于水平位置使用（图 a） 2）将 Y 型图纸的长边置于水平位置使用（图 b）	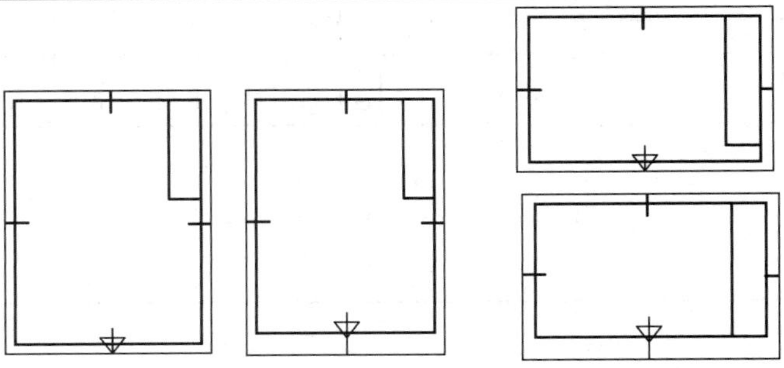 a)　　b)

2. 标题栏（见表 1-2-4）

表 1-2-4 标题栏（GB/T 10609.1—2008）

	图示	说明
标题栏中各区的布置	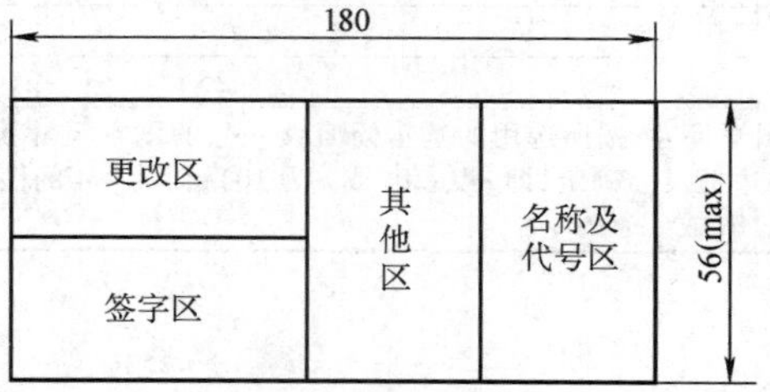	标题栏中各区的布置见图示，当采用这种形式配置标题栏时，名称及代号区中的图样代号和投影符号应放在该区的最下方
标题栏的格式举例	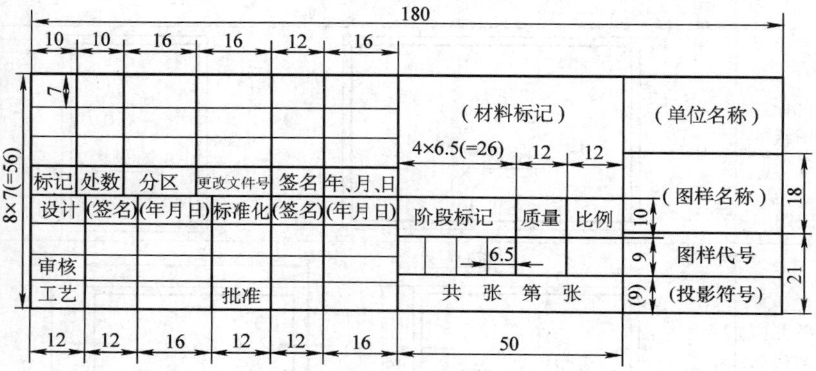	标题栏一般由更改区、签字区、其他区、名称及代号区组成 更改区：一般由更改标记、处数、分区、更改文件号、签名和年、月、日等组成 签字区：一般由设计、审核、工艺、标准化、批准、签名和年、月、日等组成 其他区：一般由材料标记、阶段标记、质量、比例、共 张、第 张等组成 名称及代号区：一般由单位名称、图样名称、图样代号和投影符号等组成

3. 明细栏（见表 1-2-5）

表 1-2-5 明细栏

图示	说明
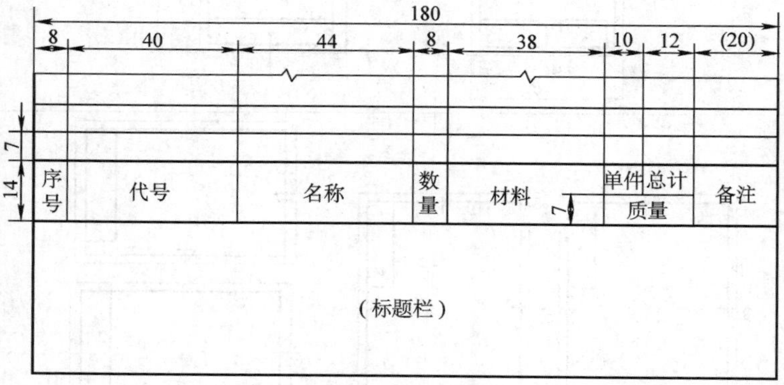	明细栏一般配置在装配图中标题栏的上方，按由下而上的顺序填写，其格数可根据需要而定。当由下而上延伸位置不够时，可紧靠在标题栏的左侧自下而上延续 明细栏一般由序号、代号、名称、数量、材料、质量（单件、总计）、分区、备注等组成，也可按实际情况增加或减少 当装配图中不能在标题栏的上方配置明细栏时，可作为装配图的续页按 A4 幅单独给出。其顺序应是由上而下延伸，还可连续加页，但应在明细栏的下方配置标题栏 当有两张或两张以上同一图样代号的装配图，而又按照图示方式配置明细栏时，明细栏应放在第一张装配图上

（续）

图示	说明
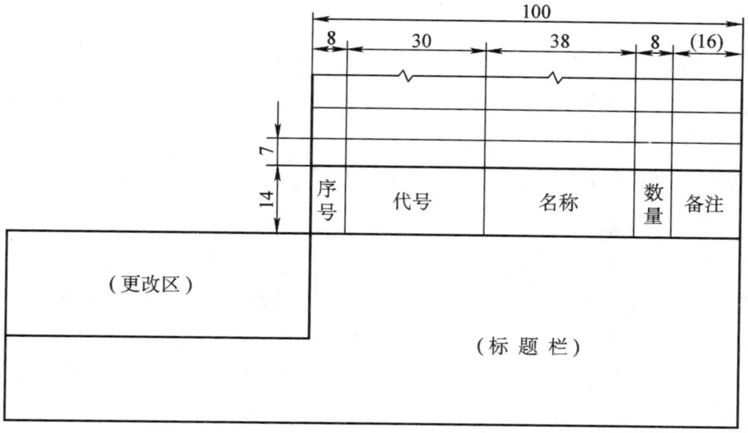	明细栏一般配置在装配图中标题栏的上方，按由下而上的顺序填写，其格数可根据需要而定。当由下而上延伸位置不够时，可紧靠在标题栏的左侧自下而上延续 明细栏一般由序号、代号、名称、数量、材料、质量（单件、总计）、分区、备注等组成，也可按实际情况增加或减少 当装配图中不能在标题栏的上方配置明细栏时，可作为装配图的续页按A4幅单独给出。其顺序应是由上而下延伸，还可连续加页，但应在明细栏的下方配置标题栏 当有两张或两张以上同一图样代号的装配图，而又按照图示方式配置明细栏时，明细栏应放在第一张装配图上

2.1.3 比例（GB/T 14690—1993）

1. 术语

（1）比例　图中图形与其实物相应要素的线性尺寸之比。

（2）原值比例　比值为1的比例，即1∶1。

（3）放大比例　比值大于1的比例，如2∶1等。

（4）缩小比例　比值小于1的比例，如1∶2等。

2. 比例系列

需要按比例绘制图样时，可从表1-2-6“优先选择系列”一栏中选用，也可在“允许选择系列”一栏中选用。

表1-2-6　比例系列

	种　类	比　例
优先选择比例	原值比例	1∶1
	放大比例	5∶1　2∶1　$5\times10^n:1$　$2\times10^n:1$　$1\times10^n:1$
	缩小比例	1∶2　1∶5　1∶10　$1:2\times10^n$　$1:5\times10^n$　$1:1\times10^n$
允许选择比例	放大比例	4∶1　2.5∶1　$4\times10^n:1$　$2.5\times10^n:1$
	缩小比例	1∶1.5　1∶2.5　1∶3　1∶4　1∶6 $1:1.5\times10^n$　$1:2.5\times10^n$　$1:3\times10^n$　$1:4\times10^n$　$1:6\times10^n$

注：n为正整数。

3. 标注方法

1）比例的符号应以“∶”表示。比例的表示方法有1∶1、1∶5、2∶1等。

2）绘制同一机件的各个视图时，应尽可能采用相同的比例，以利于绘图和看图。

3）比例一般应标注在标题栏中的比例栏内。必要时，可在视图名称下方或右侧标注比例，如：

$$\frac{A}{1:2}\quad\frac{B—B}{2:1}\quad\frac{\text{I}}{5:1}\quad\underline{\text{平面图}}\ 2:1$$

2.1.4　字体（GB/T 14691—1993）

1）在图样中书写的汉字、数字和字母，都必须做到“字体工整、笔画清楚、间隔均匀、排列整齐。”

2）字体高度（用 h 表示）的公称尺寸系列为：1.8mm、2.5mm、3.5mm、5mm、7mm、10mm、14mm、20mm。如需要书写更大的字，其字体高度应按$\sqrt{2}$的比率递增。字体高度代表字体的号数。

3）汉字应写成长仿宋体字，并应采用国家正式公布的简化字。汉字的高度 h 不应小于3.5mm，其字宽一般为 $h/\sqrt{2}$。只使用直体。

书写长仿宋体字的要领是：横平竖直、注意起落、结构匀称、填满方格。初学者应打格子书写。首先应从总体上分析字形及结构，以便书写时布局恰当，一般部首所占的位置要小一些。书写时，笔画应一笔写成，不要勾描。另外，由于字形特征不同，切忌一律追求满格，对笔画少的字尤应注意，如“月”字不可写得与格子同宽；“工”字不要写得与格子同高；“图”字不能写得与格子同大。

4）字母和数字分A型和B型。A型字体的笔画宽度（d）为字高（h）的1/14；B型字体的笔画宽度（d）为字高（h）的1/10。在同一图样上，只允许选用一种型式的字体。

5）字母和数字可写成斜体和直体。斜体字字头向右倾斜，与水平基准线成75°。

6）用作指数、分数、极限偏差、注脚等的数字及字母，一般应采用小一号的字体。

2.1.5　图线（GB/T 17450—1998，GB/T 4457.4—2002）

所有图线的宽度应按图样的类型、尺寸、比例和缩微复制的要求在下列数系中选择（该数系的公比为 $1:\sqrt{2}$）：0.13mm、0.18mm、0.25mm、0.35mm、0.5mm㊀、0.7mm㊁、1mm、1.4mm、2mm。由于图样复制中存在的困难，应尽可能避免采用线宽0.18mm以下的图线。

技术制图中的图线分粗线、中粗线、细线三种，它们的宽度比例为4∶2∶1。在机械图样中采用粗、细两种线宽，它们之间的比例为2∶1。

1）机械制图中的线型及应用见表1-2-7。

表1-2-7　机械制图中的线型及应用

代码 No.	名称	线　型	宽度	一般应用
01.1	细实线	————————	细	.1　过渡线 .2　尺寸线 .3　尺寸界线 .4　指引线和基准线 .5　剖面线 .6　重合断面的轮廓线 .7　短中心线 .8　螺纹牙底线 .9　尺寸线的起止线 .10　表示平面的对角线 .11　零件成形前的弯折线 .12　范围线及分界线 .13　重复要素表示线，如齿轮的齿根线 .14　锥形结构的基面表示线 .15　叠片结构位置线，如变压器叠钢片 .16　辅助线 .17　不连续同一表面连线 .18　成规律分布的相同要素连线 .19　投射线 .20　网格线

㊀㊁为优先采用的图线宽度。

（续）

代码 No.	名称	线　型	宽度	一般应用
01.1	波浪线		细	.21 断裂处边界线；视图和剖视图的分界线①
	双折线			.22 断裂处边界线；视图和剖视图的分界线①
01.2	粗实线		粗	.1 可见棱边线 .2 可见轮廓线 .3 相贯线 .4 螺纹牙顶线 .5 螺纹长度终止线 .6 齿顶线（圆） .7 表格图、流程图中的主要表示线 .8 系统结构线（金属结构工程） .9 模样分型线 .10 剖切符号用线
02.1	细虚线		细	.1 不可见棱边线 .2 不可见轮廓线
02.2	粗虚线		粗	.1 允许表面处理的表示线，如热处理
04.1	细点画线		细	.1 轴线 .2 对称中心线 .3 分度圆（线） .4 孔系分布的中心线 .5 剖切线
04.2	粗点画线		粗	.1 限定范围表示线
05.1	细双点画线		细	.1 相邻辅助零件的轮廓线 .2 可动零件处于极限位置时的轮廓线 .3 重心线 .4 成形前轮廓线 .5 剖切面前的结构轮廓线 .6 轨迹线 .7 毛坯图中制成品的轮廓线 .8 特定区域线 .9 延伸公差带表示线 .10 工艺用结构的轮廓线 .11 中断线

① 在一张图样上一般采用一种线型，即采用波浪线或双折线。

2）图线的应用示例，见图 1-2-1。

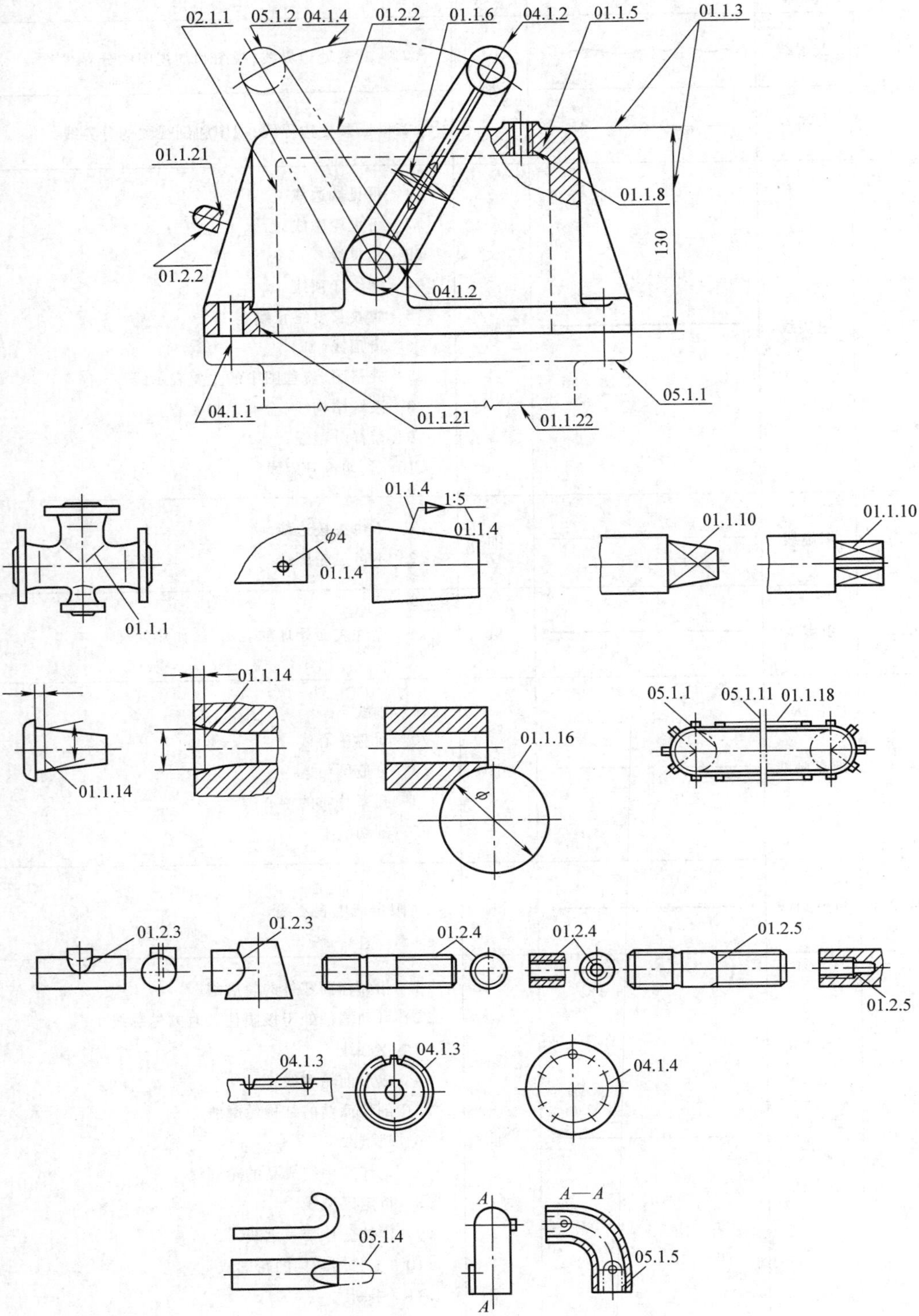

图 1-2-1　图线的应用示例

2.1.6　剖面符号（见表 1-2-8）

表 1-2-8　剖面符号

金属材料（已有规定剖面符号者除外）	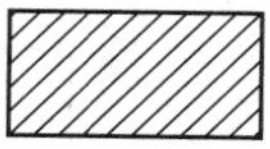	木质胶合板（不分层数）	
线圈绕组元件	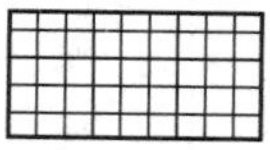	基础周围的泥土	
转子、电枢、变压器和电抗器等的叠钢片	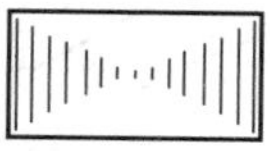	混凝土	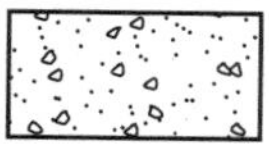
非金属材料（已有规定剖面符号者除外）	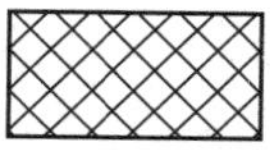	钢筋混凝土	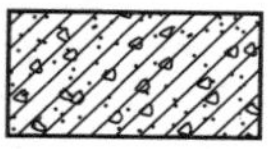
型砂、填砂、粉末冶金、砂轮、陶瓷刀片、硬质合金刀片等	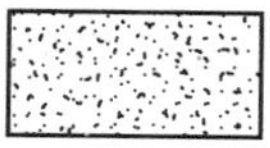	砖	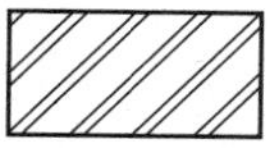
玻璃及供观察用的其他透明材料	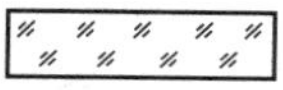	格网（筛网、过滤网等）	
木材　纵剖面	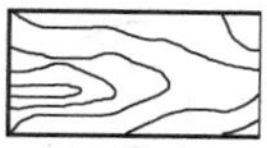	液体	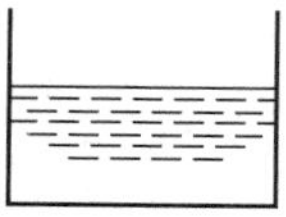
木材　横剖面	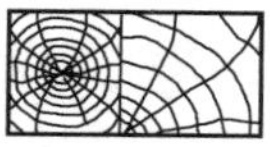		

注：1. 剖面符号仅表示材料的类别，材料的名称和代号必须另行注明。

2. 叠钢片的剖面线方向，应与束装中叠钢片的方向一致。

3. 液面用细实线绘制。

2.2　图样画法

2.2.1　视图

1. 基本视图及其投射方向的规定

物体向基本投影面投射所得的视图称为基本视图。基本投影面规定为正六面体的六个面，六个基本投影面的展开方法如图 1-2-2 所示。

六个基本视图的位置如图 1-2-3 所示。

主视图——由前向后投射所得的视图（*A* 视图）。

俯视图——由上向下投射所得的视图（*B* 视图）。

左视图——由左向右投射所得的视图（*C* 视图）。

右视图——由右向左投射所得的视图（*D* 视图）。

仰视图——由下向上投射所得的视图（*E* 视图）。

后视图——由后向前投射所得的视图（*F* 视图）。

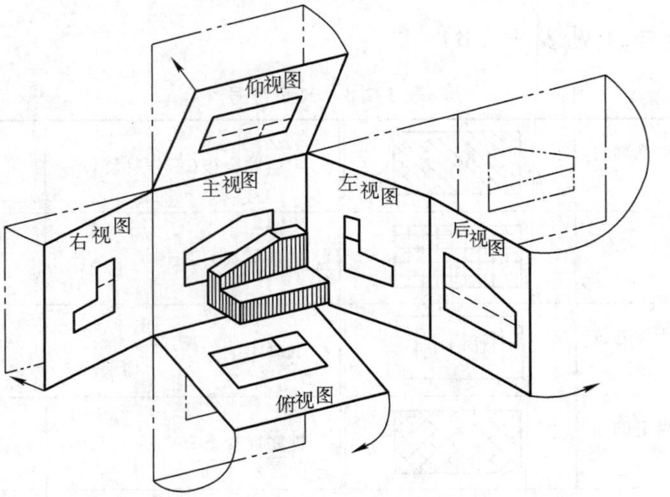

图 1-2-2 六个基本投影面的展开方法

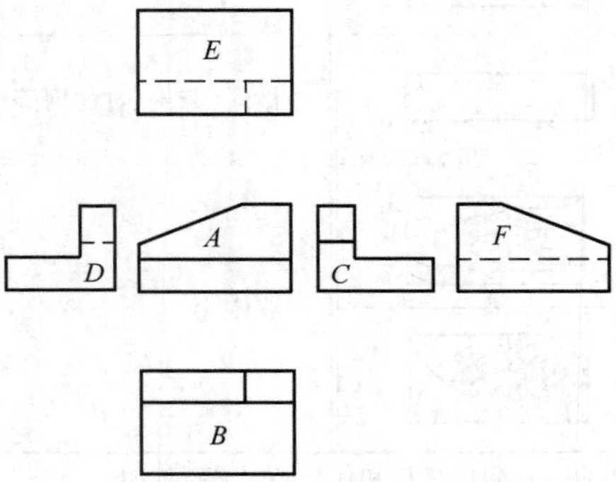

图 1-2-3 六个基本视图的位置

2. 视图的类型（见表 1-2-9）

表 1-2-9 视图的类型

类型	说 明	图 示
基本视图	在同一张图纸内按右图配置视图时，一律不标注视图的名称	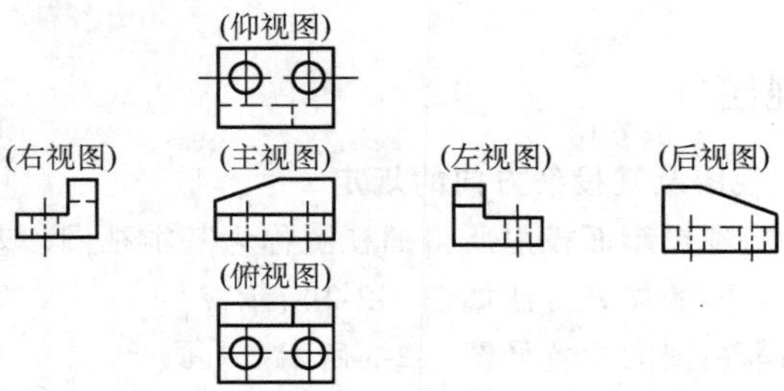
向视图	如不按"基本视图"配制视图时，应在向视图的上方标出视图的名称"x"（"x"为大写拉丁字母），并在相应的视图附近用箭头指明投射方向，并注上同样的字母	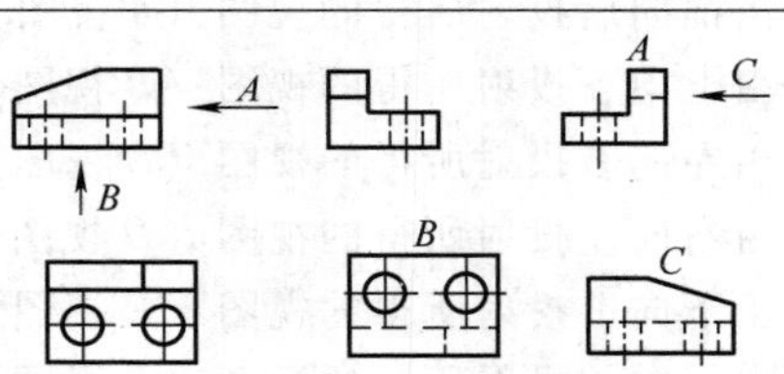

（续）

类型	说　　明	图　　示
局部视图	局部视图是将物体的某一部分向基本投影面投射所得的视图。其特点是，局部视图的断裂边界应以波浪线表示，当表示的局部结构是完整的，且外轮廓线又成封闭时，波浪线可省略不画 局部视图可按基本视图的配置形式配置（图 a） 局部视图可按向视图的配置形式配置（图 b） 对称零件或构件可以对称中心线为界，只画出一半视图或四分之一视图并在对称中心线的两端画出两条与其垂直的平行细实线（图 c）	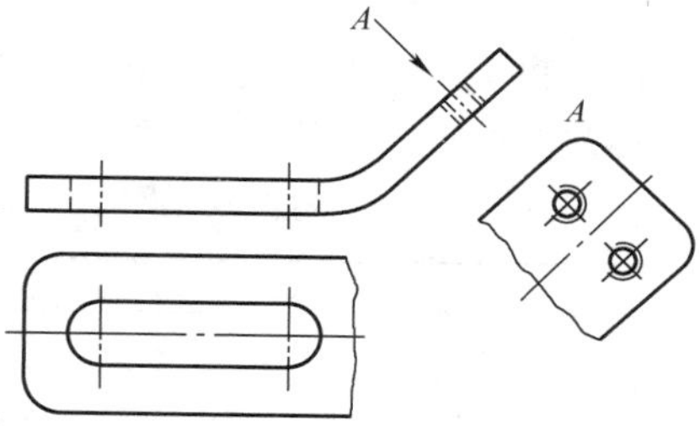 a) 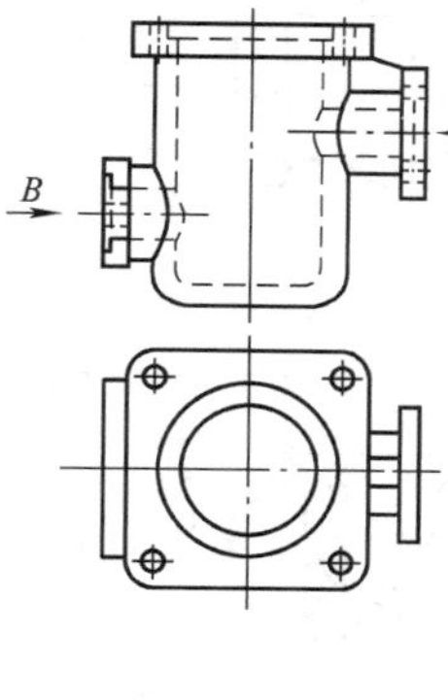 b) 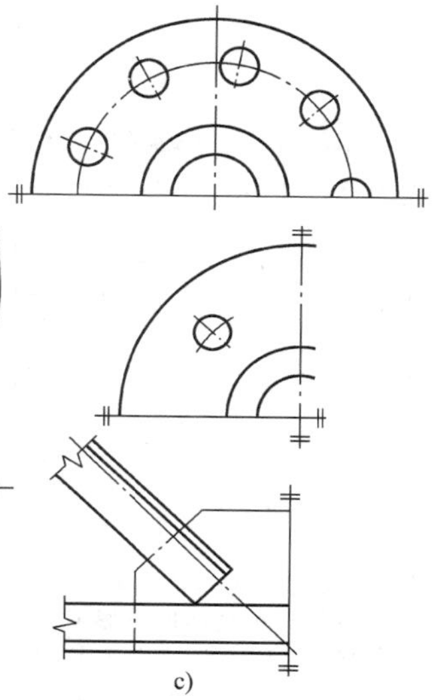 c)
斜视图	斜视图是物体向不平行于基本投影面的平面投射所得的视图（图 a） 斜视图通常按向视图的配置形式配置并标注（图 b） 必要时，允许将斜视图旋转配置，表示该视图名称的大写拉丁字母应靠近旋转符号的箭头端，也允许将旋转角度标注在字母之后（图 c） 假想将物体的倾斜部分旋转到与某一选定的基本投射面平行后再向该投影面投射所得的视图（图 d）	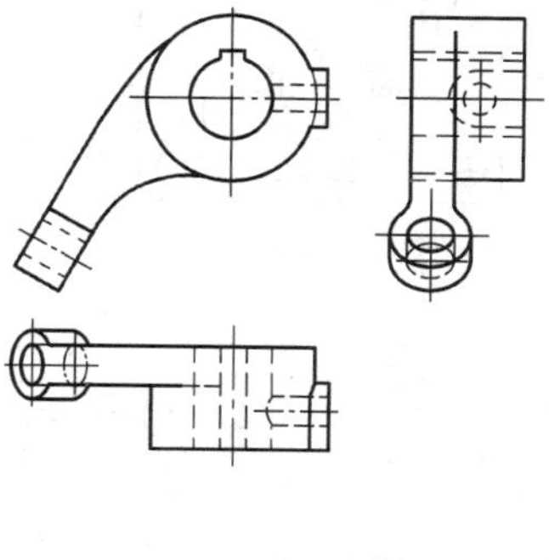 a) 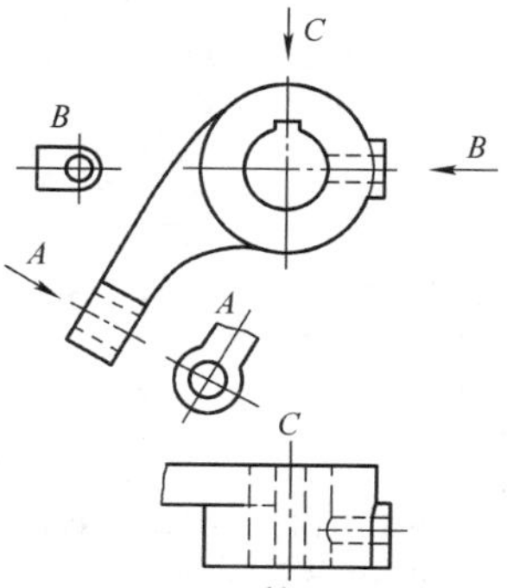 b) 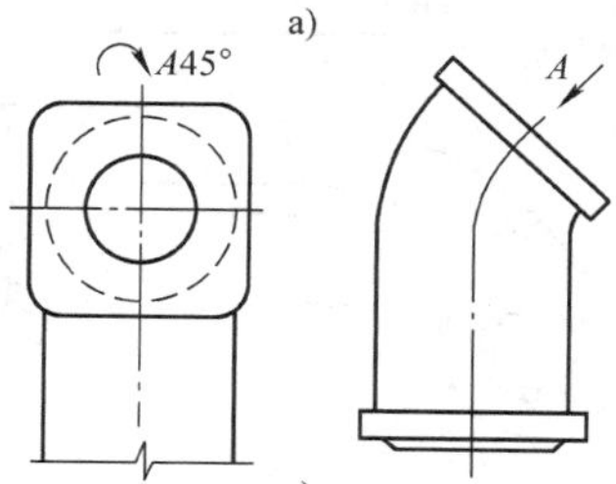 c) 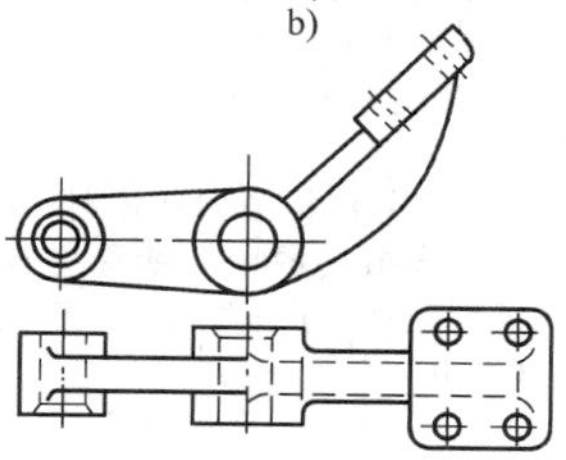 d)

2.2.2　剖视

1. 剖视图

假想用剖切面剖开物体，将处在观察者和剖切面之间的部分移去，而将其余部分向投影面投射所得的图形，称为剖视图。剖视图的类型见表1-2-10。

表1-2-10　剖视图的类型

类型	说　明	图　示
全剖视图	用剖切面完全地剖开物体所得的剖视图	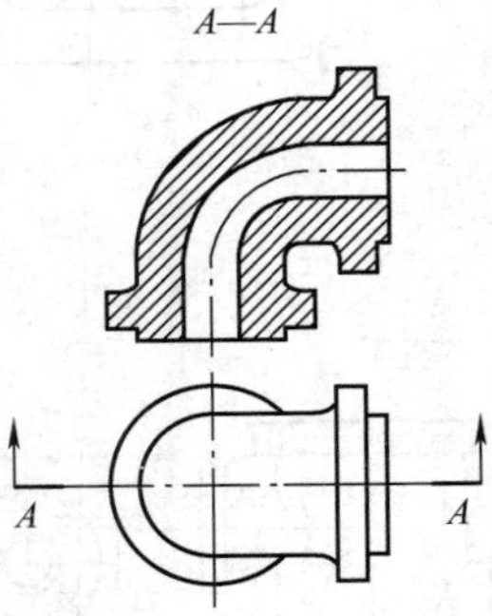 a) 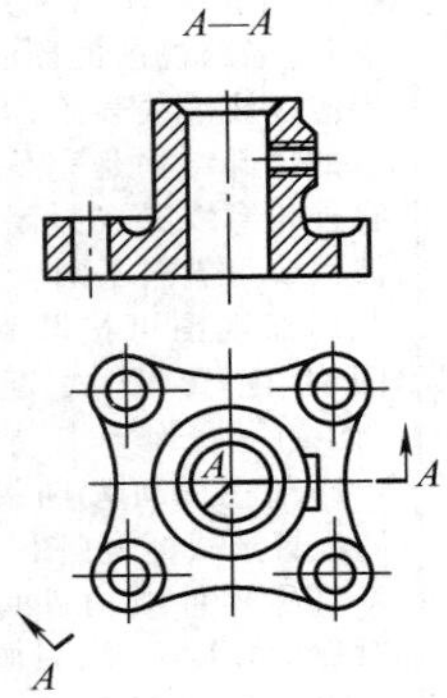 b)
半剖视图	当物体具有对称平面时，向垂直于对称平面的投影面上投射所得的图形，可以对称中心线为界，一半画成剖视，另一半画成视图(图a) 物体的形状接近于对称，且不对称部分已另有图形表达清楚时，也可以画成半剖视(图b)	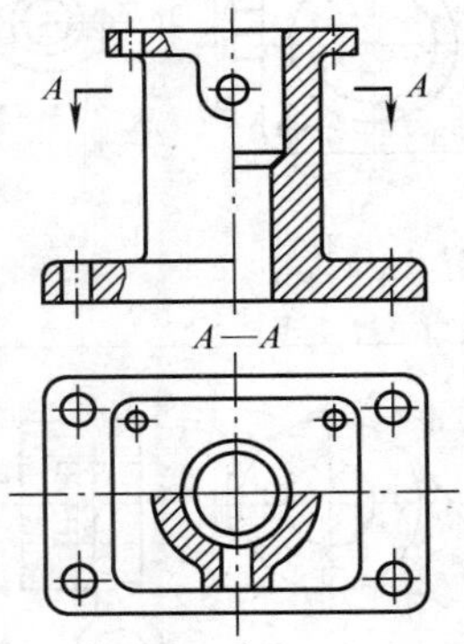 a) 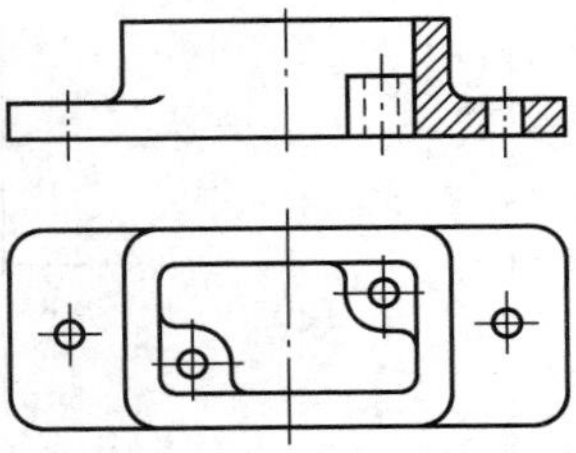 b)
局部剖视图	用剖切面局部地剖开物体所得的剖视图(图a) 局部剖视图用波浪线分界，波浪线不应和图样上其他图线重合 当被剖结构为回转体时，允许将该结构的中心线作为局部剖视图与视图的分界线(图b)	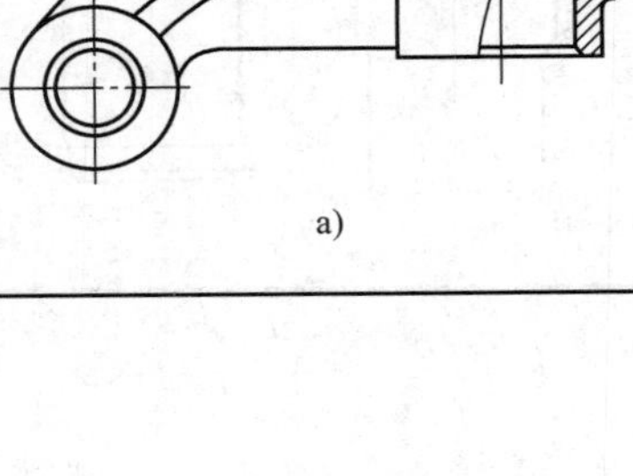 a) 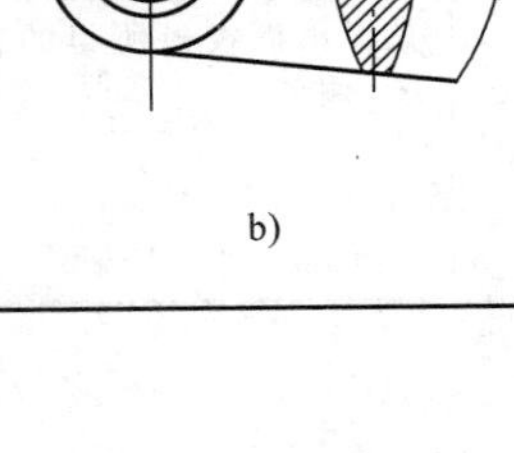 b)

2. 剖切面

剖切面指剖切被表达物体的假想平面或曲面。剖切面的类型见表 1-2-11。各种剖切面均适用于画剖视图。

表 1-2-11　剖切面的类型

类型	说　明	图　示
单一剖切面	一般用平面剖切物体（图 a），也可用柱面剖切物体。采用柱面剖切物体时，剖视图应按展开绘制（图 b 中的 *B—B*）	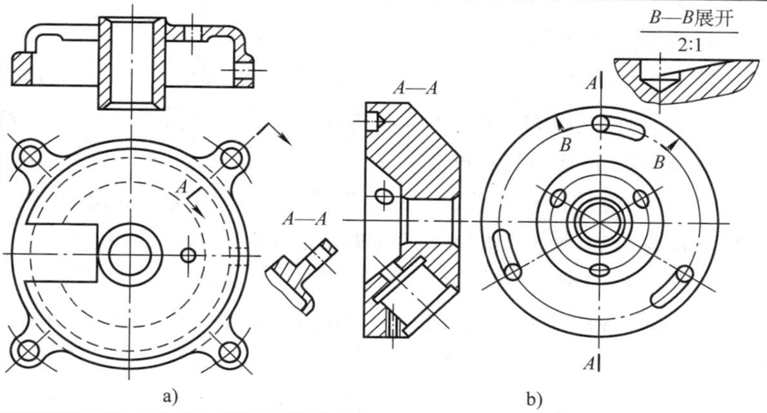
几个相交的剖切面	用两相交的剖切平面（交线垂直于某一基本投影面）获得剖视图见图 a 采用这种方法画剖视图时，先假想按剖切位置剖开物体，然后将被剖切面剖开的结构及其有关部分旋转到与选定的投影面平行再进行投射。在剖切面后的其他结构一般仍按原来位置投射（图 b 中的油孔） 当剖切后产生不完整要素时，应将此部分按不剖绘制（图 c 中的臂）	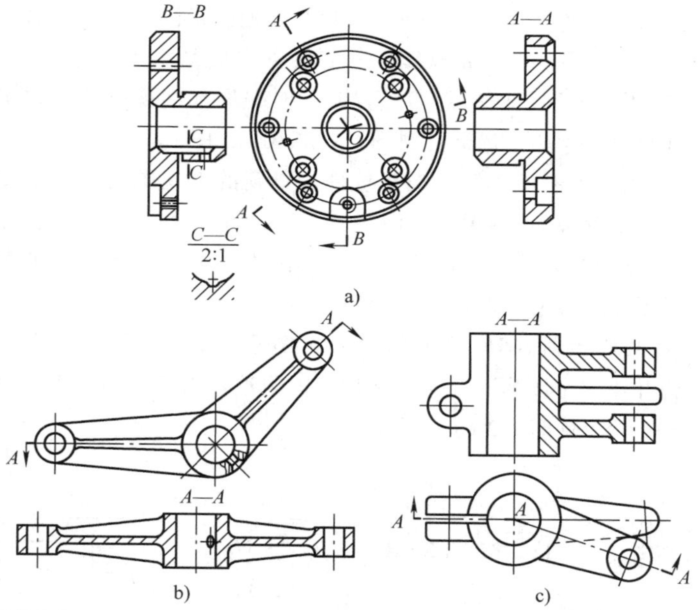
几个平行的剖切面	用几个平行的剖切面获得剖视图见图 a 采用这种方法画剖视图时，在图形内不应出现不完整的要素，仅当两个要素在图形上具有公共对称中心线或轴线时，可以各画一半，此时应以对称中心线或轴线为界（图 b）	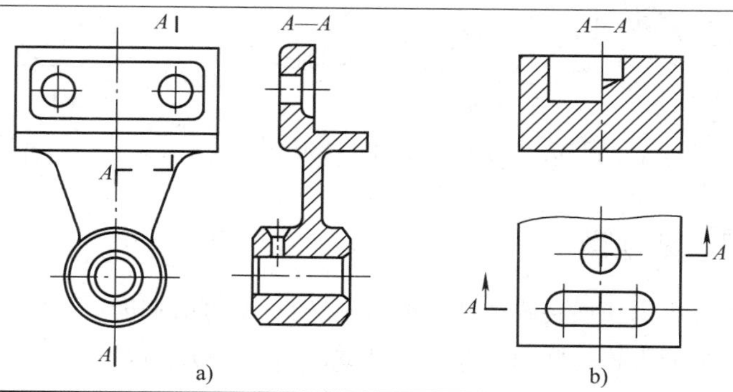

3. 剖切符号

剖切符号尽可能不与图形的轮廓线相交，在它的起、迄和转折处用相同的字母标出，但当转折处空间有限又不致引起误解时，允许省略标注（见表1-2-11“几个相交的剖切平面”一栏图b和“几个平行的剖切面”一栏图b）。两组或两组以上相交的剖切面，其剖切符号相交处用大写字母“*O*”标注（见表1-2-11“几个相交的剖切平面”一栏图a）。

4. 剖视图的配置

基本视图配置的规定（见表1-2-9）同样适用于剖视图。剖视图也可以按投影关系配置在与剖切符号相对应的位置，必要时允许配置在其他适当位置（见表1-2-11）。

5. 剖切位置与剖视图的标注

1）一般应在剖视图的上方用大写的拉丁字母标出剖视图的名称“×—×”。在相应的视图上用剖切符号表示剖切位置，用箭头表示投射方向，并注上同样字母（见表1-2-11“几个相交的剖切面”一栏图a）。

2）当剖视图按投影关系配置，中间又没有其他图形隔开时，可省略箭头（见表1-2-11“几个平行的剖切面”一栏图a）。

3）当单一剖切面通过机件的对称平面或基本对称的平面，且剖视图按投影关系配置，中间又没有其他图形隔开时，可省略标注（见表1-2-10“半剖视图”一栏图b主视图）。

4）当第一剖切面的剖切位置明显时，局部剖视图的标注可省略（见表1-2-10“局部剖视图”一栏图a、图b）。

5）用几个剖切面分别剖开机件，得到的剖视图为相同的图形时，可按图1-2-4的形式标注。

6）用一个公共剖切面剖开机件，按不同方向投影得到的两个剖视图，应按图1-2-5的形式标注。

7）可将投射方向一致的几个对称图形各取一半（或四分之一）合并成一个图形，此时应在剖视图附近标出相应的剖视图名称“×—×”（见图1-2-6）。

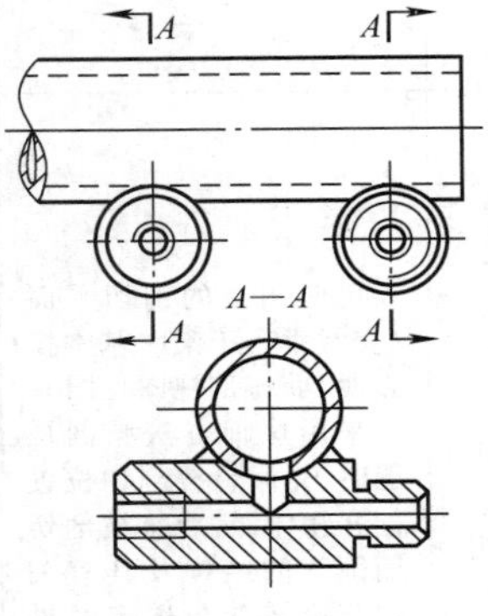

图1-2-4 用几个剖切面分别剖开机件

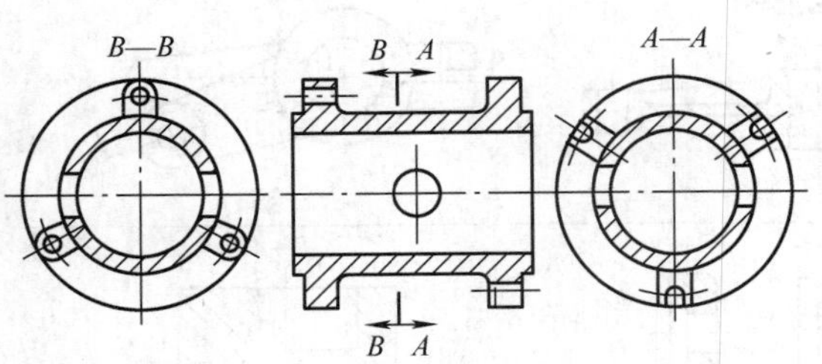

图1-2-5 用一个公共剖切面剖开机件

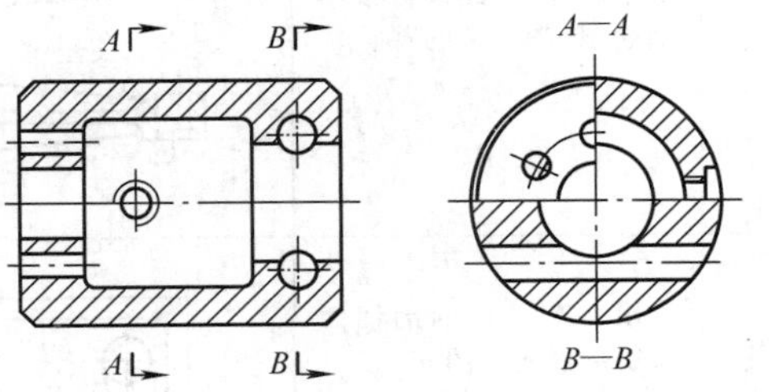

图1-2-6 几个对称图形合并一个图形的剖视图

2.2.3 断面图

假想用剖切面将物体的某处切断，仅画出该剖切面与物体接触部分的图形，称为断面图。断面图可分为移出断面图和重合断面图（见表1-2-12）

表 1-2-12　断面图

类型	图　　例	说　　明
移出断面图	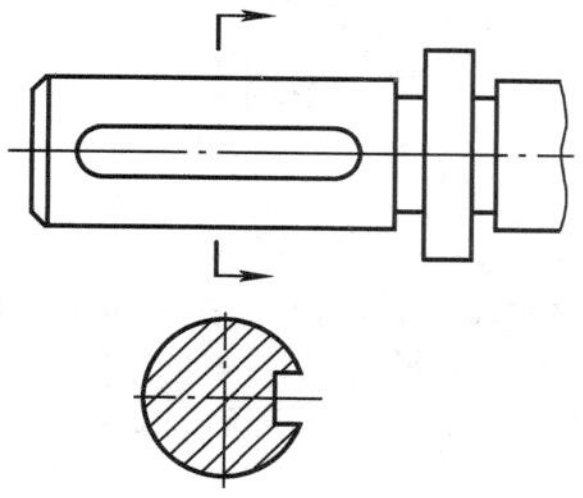	移出断面图的图形应画在视图之外，轮廓线用粗实线绘制，配置在剖切线或剖切平面迹线的延长线上。剖切平面迹线是剖切平面与投影的交线，用细点画线表示
	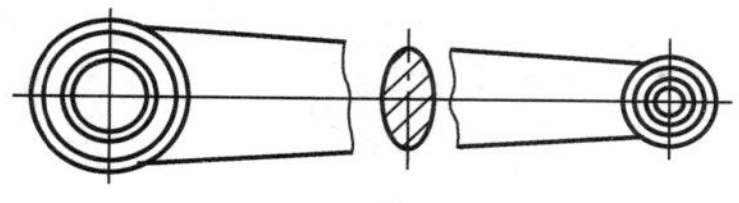	当移出断面图的图形对称时也可画在视图的中断处
	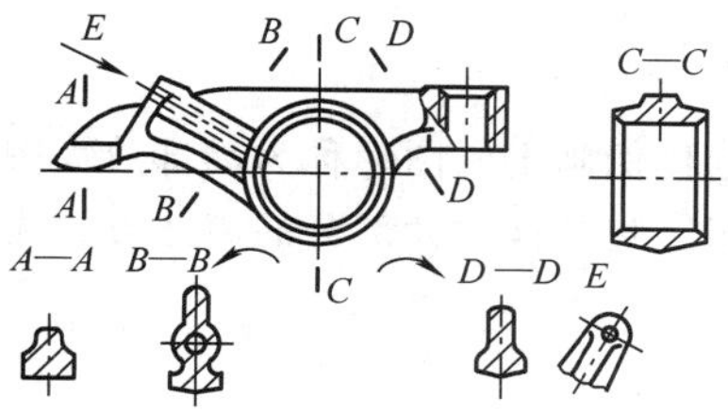	必要时可将移出断面图配置在其他适当的位置。在不致引起误解时，允许将图形旋转
	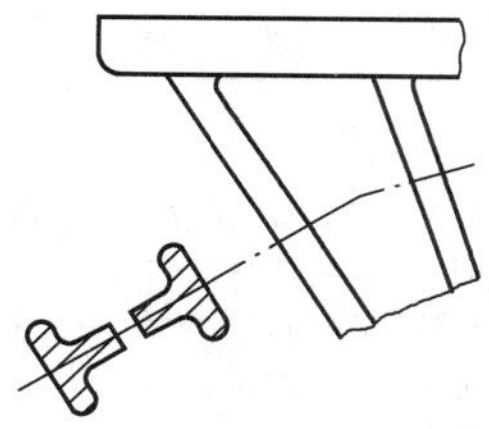	由两个或多个相交的剖切平面剖切得出的移出断面图，中间一般应断开
	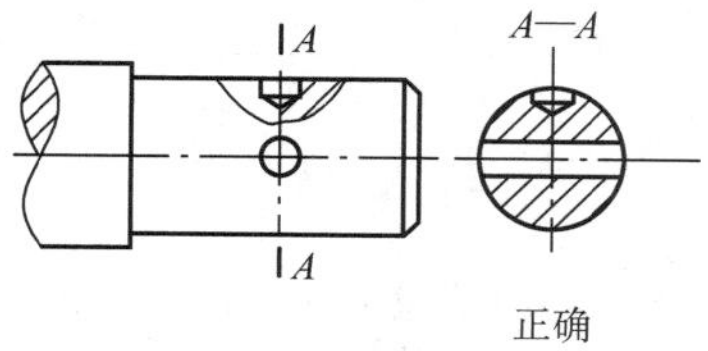 正确	当剖切面通过回转面形成的孔或凹坑的轴线时，这些结构按剖视图要求绘制
	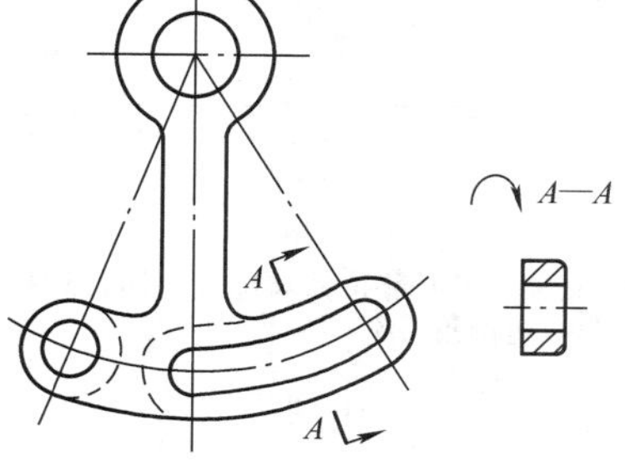	当剖切面通过非圆孔，会导致出现完全分离的两个剖面时，则这些结构应按剖视图要求绘制

（续）

类型	图　例	说　明
重合断面图	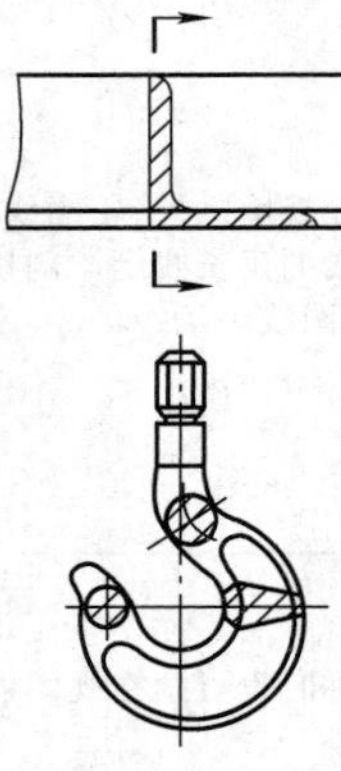	重合断面图的图形应画在视图内，轮廓线用细实线绘制（建筑类制图用粗实线）。当视图的轮廓线与重合断面图的图线重叠时，视图中的轮廓线应连续画出，不可间断

2.2.4 局部放大图

将图样中所表示物体的部分结构，用大于原图形的比例画出的图形称为局部放大图。

局部放大图可画成视图，也可画成剖视图、断面图，它与被放大部分的表达方式无关。局部放大图应尽量配置在被放大部位的附近。

局部放大图的画法及标注见表1-2-13。

表1-2-13　局部放大图的画法及标注

图　例	说　明
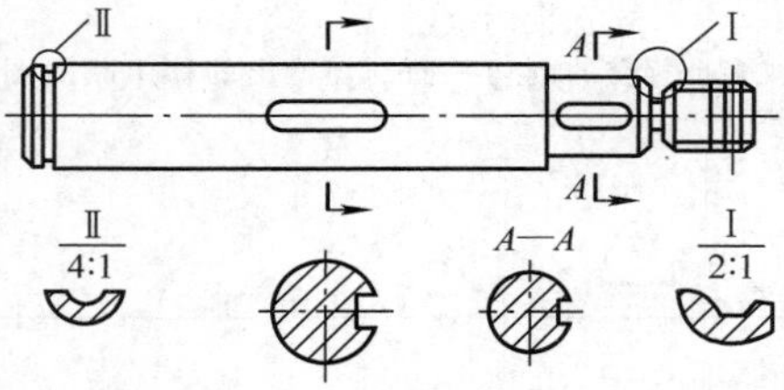	绘制局部放大图时，除螺纹牙型、齿轮和链轮的齿形，应用细实线圈出被放大的部位。当同一物体上有几个被放大的部分时，必须用罗马数字依次标明被放大的部位，并在局部放大图的上方标出相应的罗马数字和所用的比例
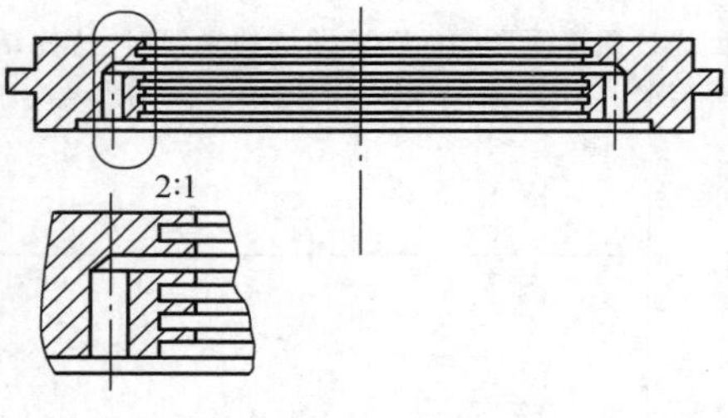	当物体上被放大的部分仅一个时，在局部放大图的上方只需注明所采用的比例
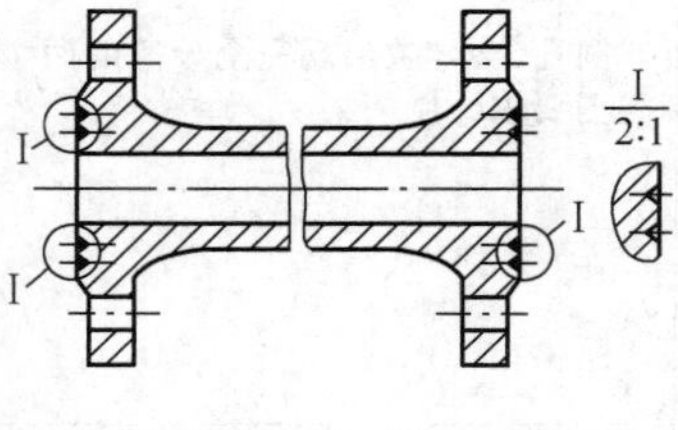	同一物体上不同部位的局部放大图，当图形相同或对称时，只需画出一个

（续）

图　　例	说　　明
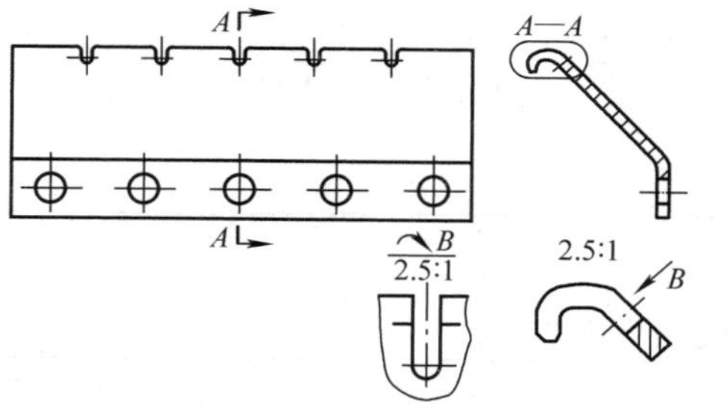	必要时可以采用几个图形来表达同一个被放大部分的结构

2.2.5　简化画法

1. 基本要求（见表 1-2-14）

表 1-2-14　简化画法的基本要求

图　　例	说　　明
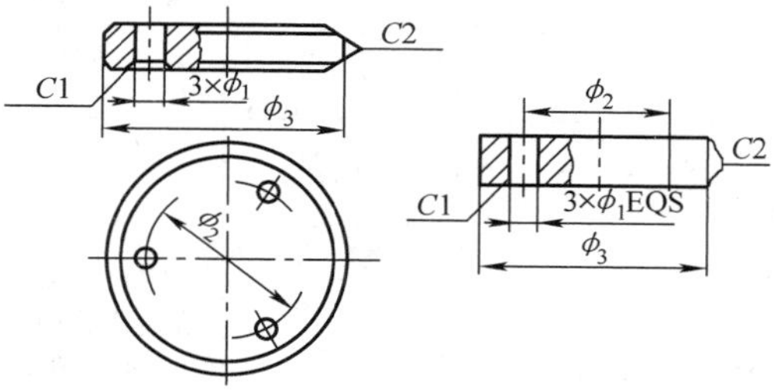简化前　简化后	应避免不必要的视图和剖视图
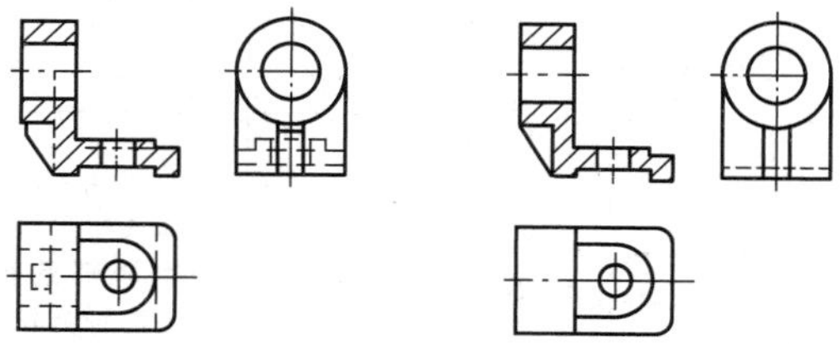简化前　简化后	在不致引起误解时，应避免使用虚线表示不可见结构
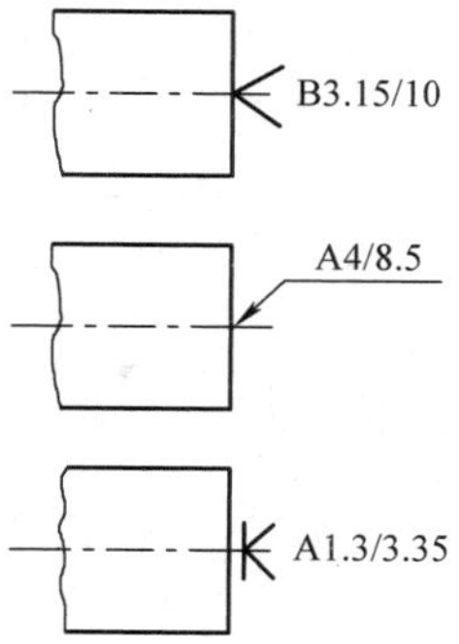	尽可能使用有关标准中规定的符号表达设计要求

（续）

图　例	说　明
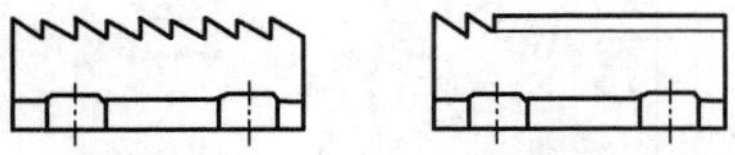 简化前　简化后	尽可能减少相同结构要素的重复绘制

2. 特定简化画法（见表 1-2-15）

表 1-2-15　特定简化画法

类型	图　例	说　明
左右手件画法	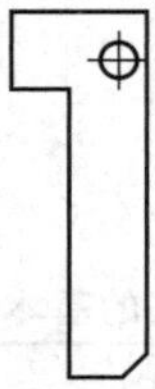 零件1(LH)如图 零件2(RH)对称	对于左右手零件和装配件，允许仅画出其中一件，另一件则用文字说明，其中"LH"为左件，"RH"为右件
放大部位在原视图中的简化	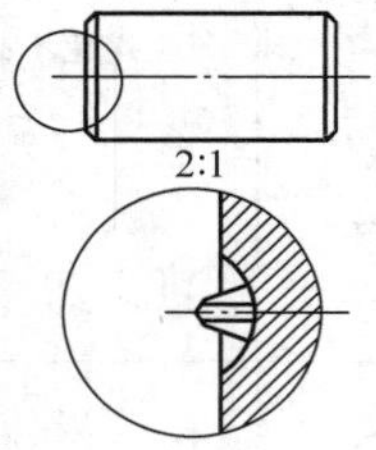	在局部放大图表达完整的前提下，允许在原视图中简化被放大部位的图形
剖中剖画法	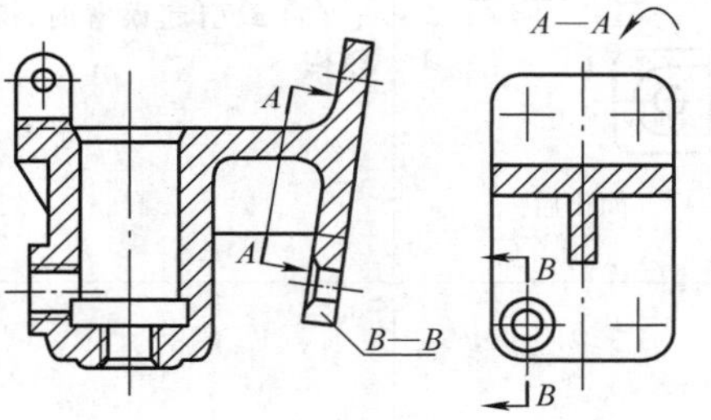	在剖视图的剖面区域中可再做一次局部剖视。采用这种方法表达时，两个剖面区域的剖面线应同方向、同间隔，但要相互错开，并用引出线标注其名称
较长件画法	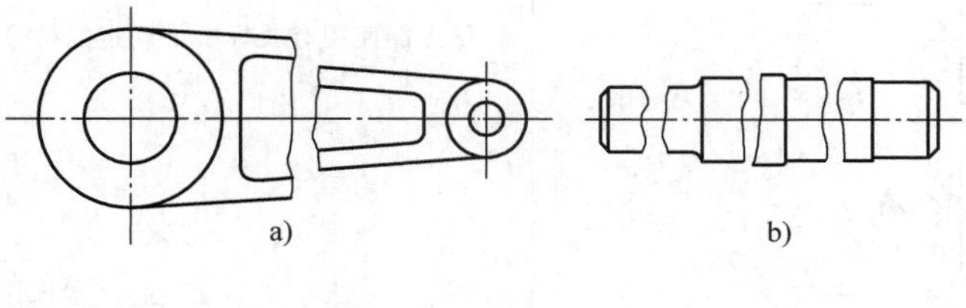 a)　b)	较长的机件（轴、杆、型材、连杆等）沿长度方向的形状一致或按一定规律变化时，可断开后缩短绘制

（续）

类型	图　　例	说　　明
复杂曲面剖面图的画法	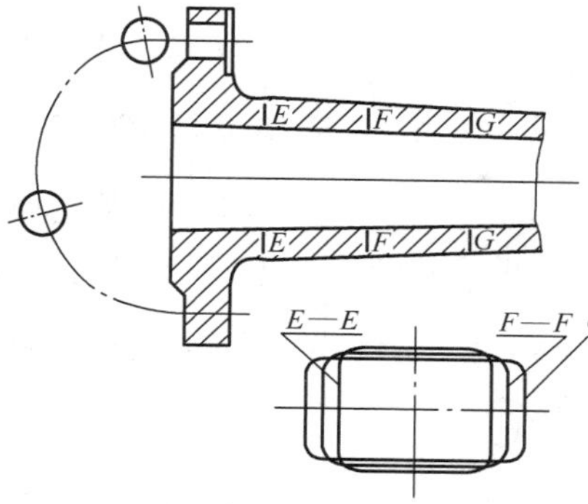	用一系列断面表示机件上较复杂的曲面时，可只画出剖面轮廓，并可配置在同一个位置上
拆卸画法	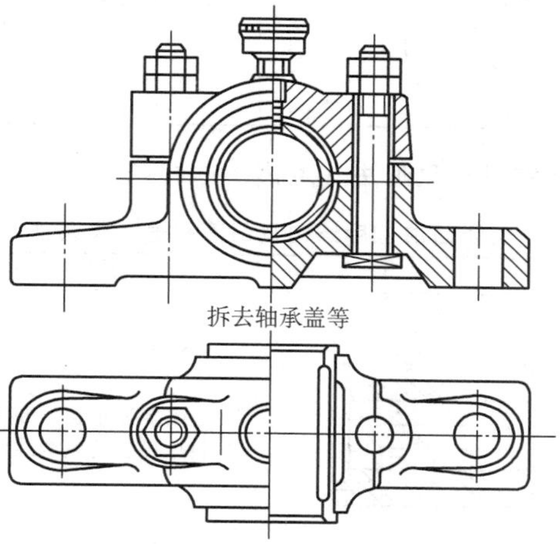	在装配图中可假想沿某些零件的结合面剖切或假想将某些零件拆卸后绘制。需要说明时，可加标注“拆去××等”
单独绘出某一零件的画法	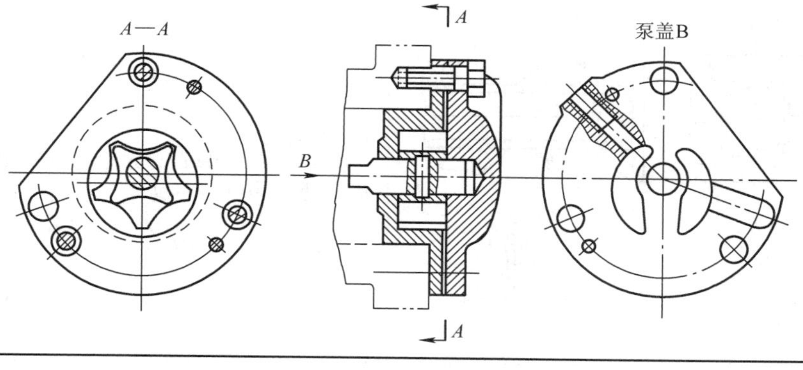	在装配图中可以单独画出某一零件的视图，但必须在所绘视图的上方注出该零件的视图名称，在相应视图的附近用箭头指明投射方向，并注上同样的字母（如图中的泵盖 B）

3. 对称画法（见表 1-2-16）

表 1-2-16　对称画法

类　　型	图　　例	说　　明
对称结构画法	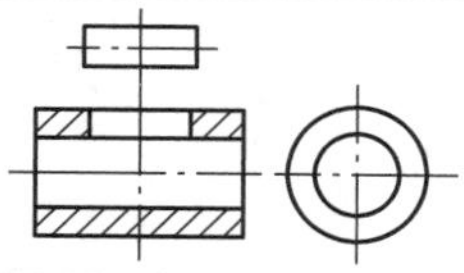	零件上对称结构的局部视图，可按图例中所示的简化方法绘制

（续）

类　型	图　例	说　明
对称件画法	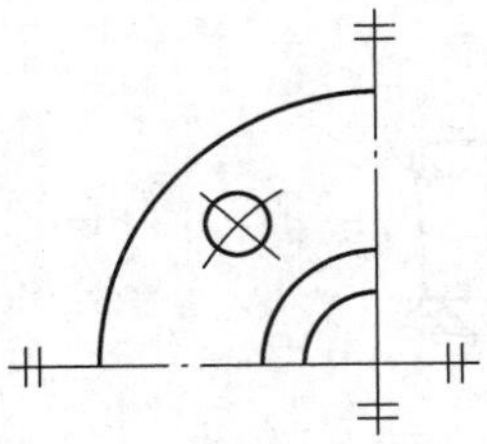	在不致引起误解时，对于对称机件的视图可只画一半或四分之一，并在对称中心线的两端画出两条与其垂直的平行细实线
基本对称画法	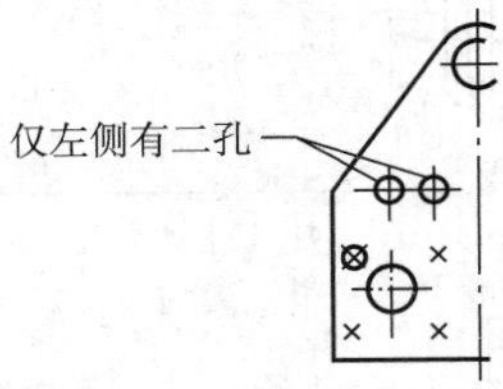	基本对称件也可按对称零件的方式绘制，但应对其中不对称的部分加注说明

4. 剖切面前、后结构及剖面符号简化画法（见表1-2-17）

表1-2-17　剖切面前、后结构及剖面符号简化画法

类　型	图　例	说　明
剖切面前的结构的画法	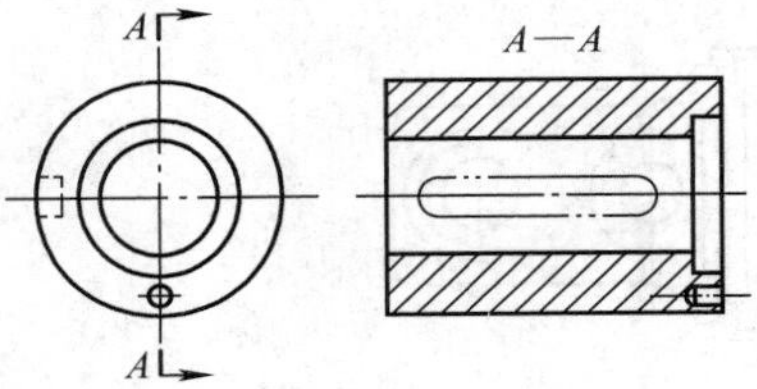	在需要表示位于剖切面前的结构时，这些结构按假想投射的轮廓线绘制（双点画线）
剖切面后结构的省略画法	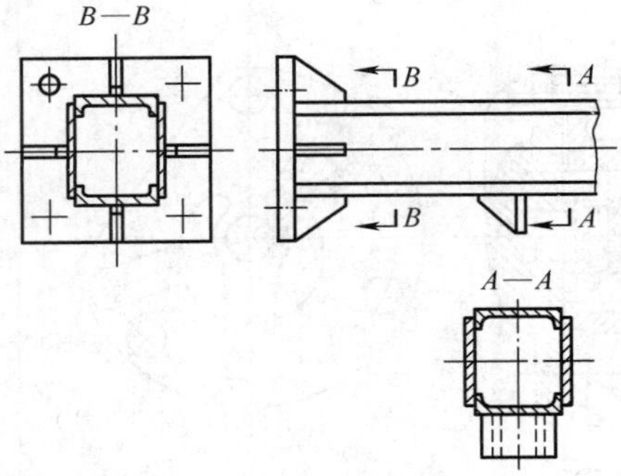	在不致引起误解时，剖切面后不需表达的部分允许省略不画（如A—A）
省略剖面符号的画法	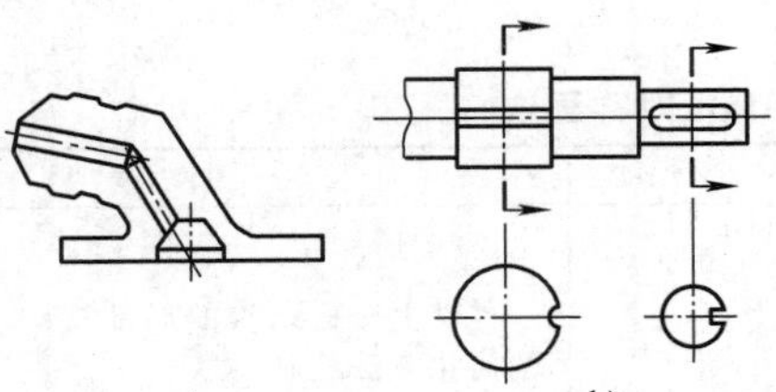 a)　　b)	在不引起误解时，剖面符号可以省略

5. 轮廓画法（见表 1-2-18）

表 1-2-18　轮廓画法

类　型	图　例	说　明
简化轮廓画法	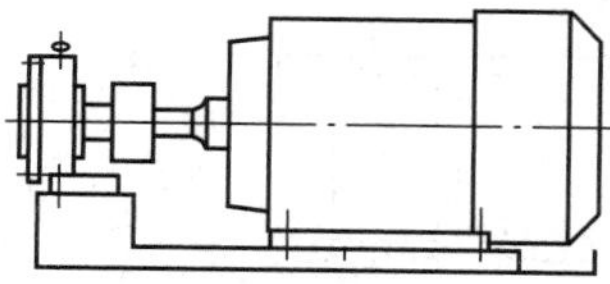	在能够清楚表达产品特征和装配关系的条件下，装配图可仅画出其简化后的轮廓（如图中电动机、联轴器等）
不剖画法	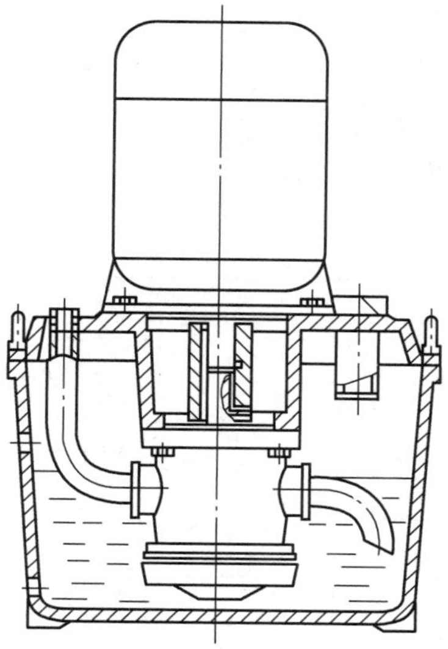	在装配图中，当剖切面通过的某些部件为标准产品或该部件已由其他图形表示清楚时，可按不剖绘制

6. 相同、成组结构或要素的画法（见表 1-2-19）

表 1-2-19　相同、成组结构或要素的画法

类　型	图　例	说　明
若干相同结构的画法	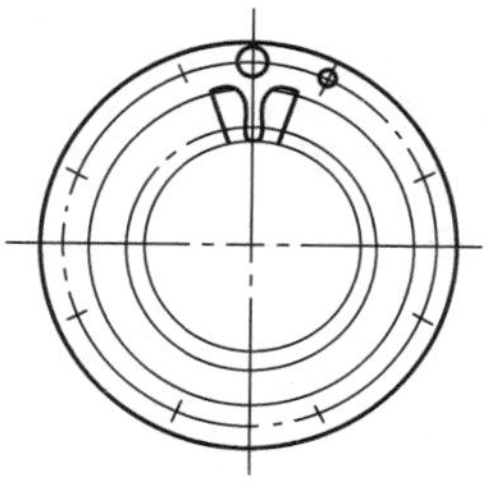 a) 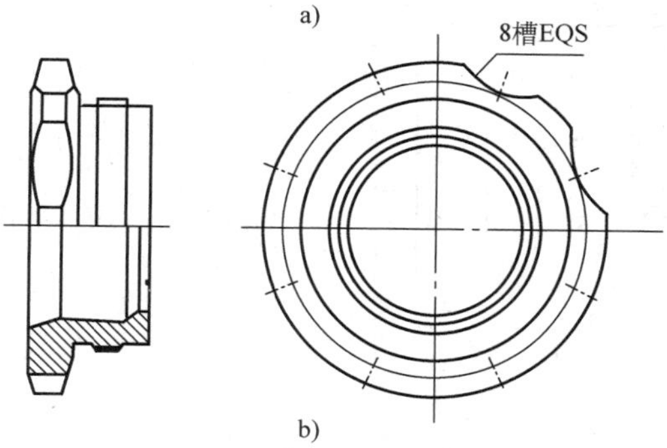 b)	当机件具有若干相同结构（如齿、槽等）并按一定规律分布时，只需要画出几个完整的结构，其余用细实线连接，在零件图中则必须注明该结构的总数

（续）

类　型	图　例	说　明
若干相同直径相同孔的画法	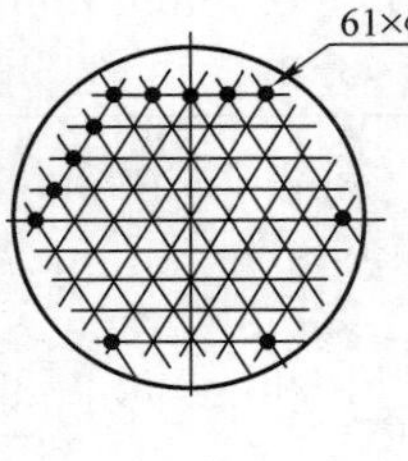 a) 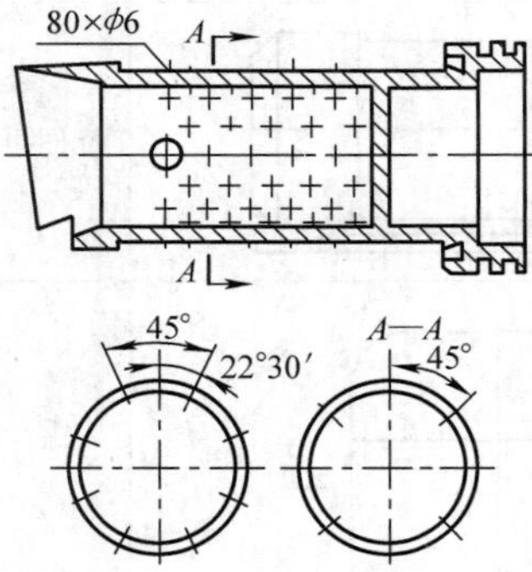 b)	对若干直径相同且成规律分布的孔，可以仅画出一个或少量几个，其余只需用细点画线或“+”符号表示其中心位置，在零件图中应注明孔的总数
若干相同零件组的画法	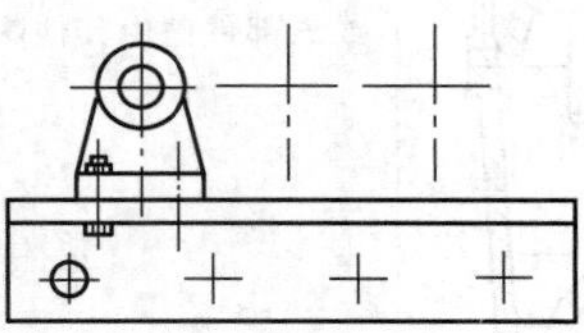	对于装配图中若干相同的零部件组，可仅详细地画出一组，其余只需用细点画线表示出其位置
若干相同单元的画法	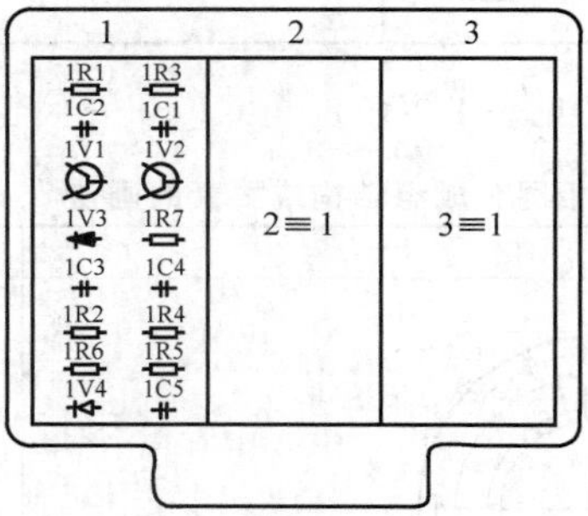	对于装配图中若干相同的单元，可仅详细地画出一组，其余可采用如图所示的简化方法表示
成组的重复要素的画法	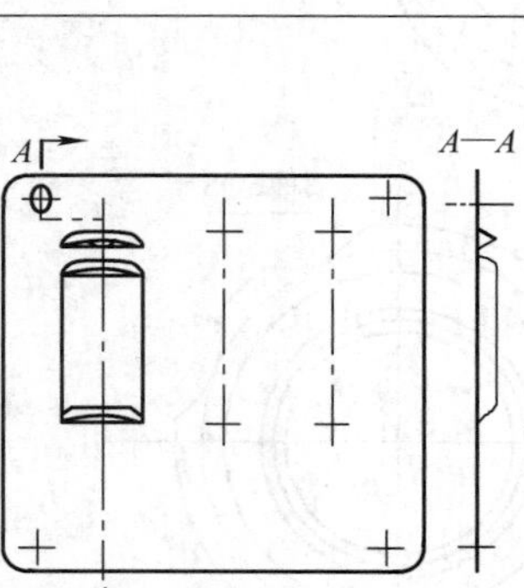	有成组的重复要素时，可将其中一组表示清楚，其余各组仅用细点画线表示中心位置

7. 特定结构或要素的画法（见表 1-2-20）

表 1-2-20 特定结构或要素的画法

类型	图例	说明
倾斜面上圆及圆弧投影的画法	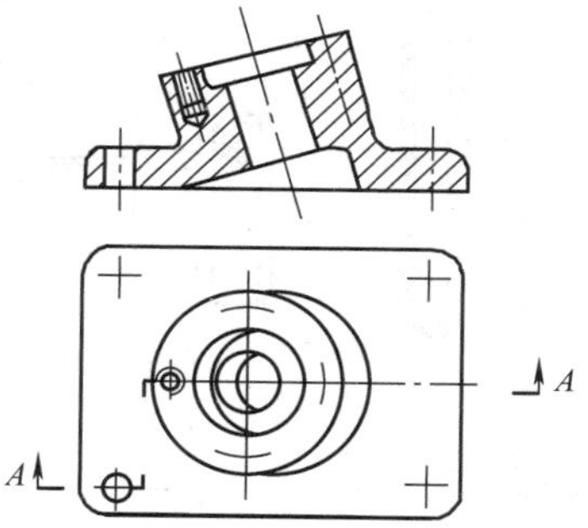	与投影面倾斜角度小于或等于 30°的圆或圆弧，手工绘图时，其投影可用圆或圆弧代替
过渡线、相贯线画法	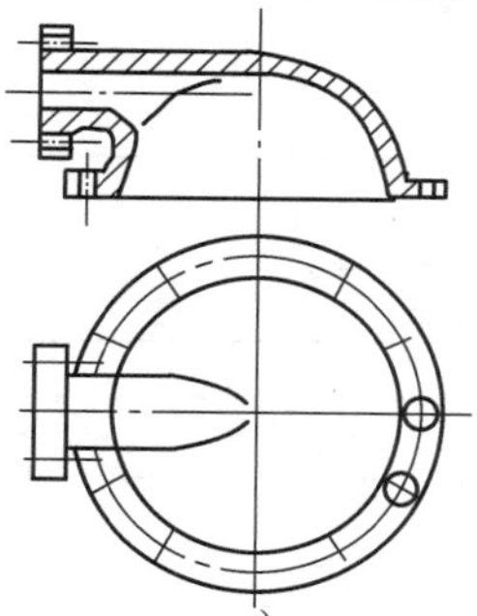 a) 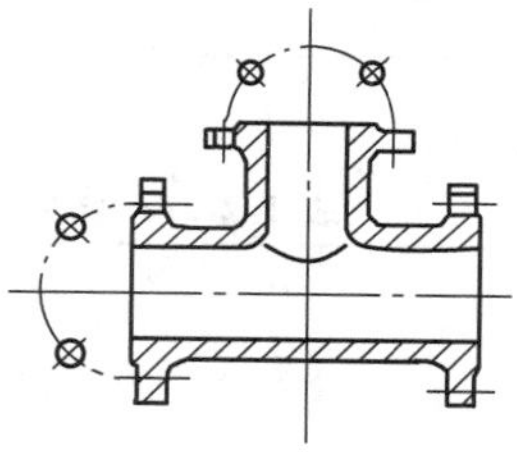 b)	图中的过渡线应按图 a 绘制，在不致引起误解时，图形中的过渡线、相贯线允许简化，如用圆弧或直线代替非圆曲线（图 b）
极小结构及斜度画法	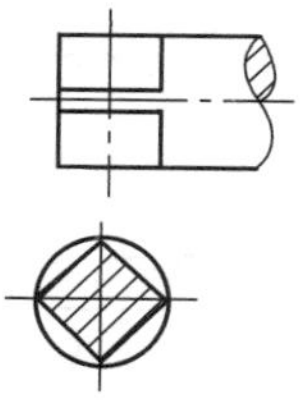 a) 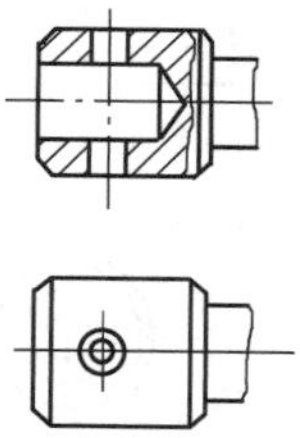 b)	当机件上较小的结构及斜度等已在一个图形中表达清楚时，其他图形应当简化或省略
圆角画法	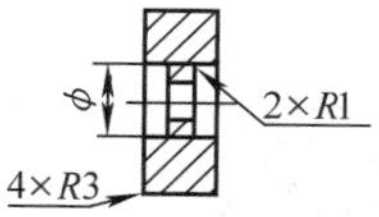 a) 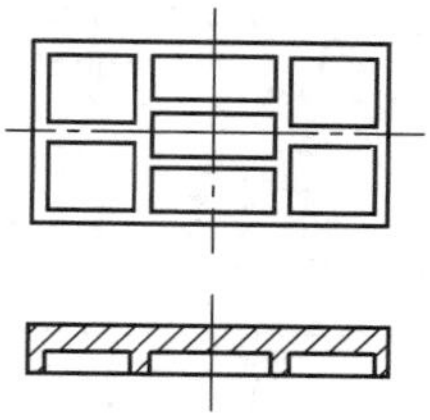 全部铸造圆角 R5 b)	除确属需要表示的某些结构圆角，其他圆角在零件图中均可不画，但必须注明尺寸或在技术要求中加以说明
倒角等细节画法	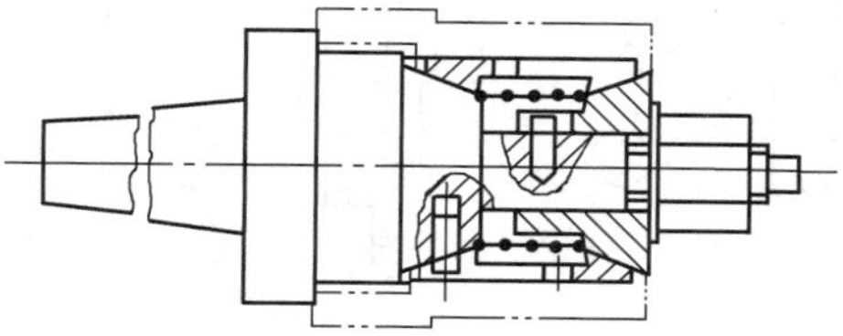	在装配图中，零件的倒角、圆角、凹坑、凸台、沟槽、滚花、刻线及其他细节可不画

（续）

类型	图例	说明
滚花的画法	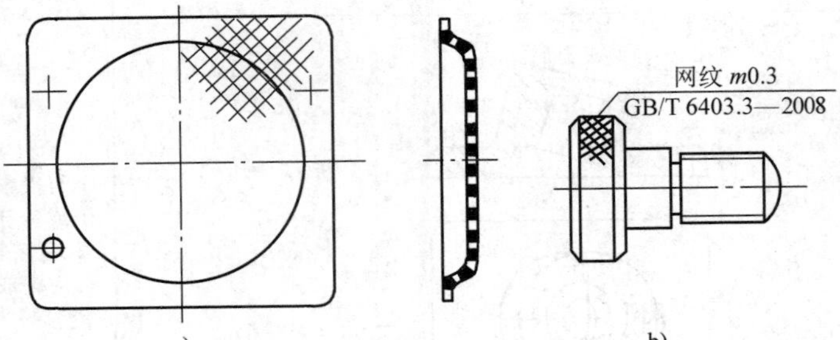 a) b)	网状物、编织物或机件上的滚花部分，可在轮廓线附近用粗实线示意画出，并在零件图上或技术要求中注明这些结构的具体要求
平面画法	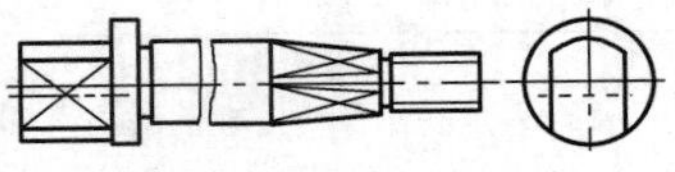	当回转体零件上的平面在图形中不能充分表达时，可用两条相交的细实线表示这些平面

8. 特定件画法（见表1-2-21）

表1-2-21 特定件画法

类型	图例	说明
管子画法	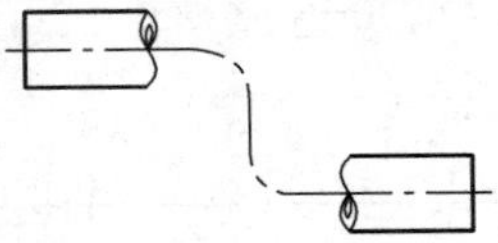	管子可仅在端部画出部分形状，其余用细点画线画出其中心线
带和链的画法	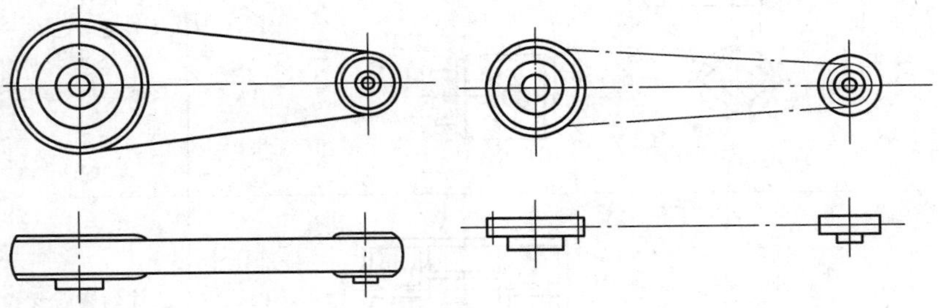 a) b)	在装配图中，可用粗实线表示带传动中的带，用细点画线表示链传动中的链。必要时，可在粗实线或细点画线上绘制出表示带类型或链类型的符号（见GB/T 4460—2013《机械制图 机构运动简图用图形符号》）
圆柱法兰的画法	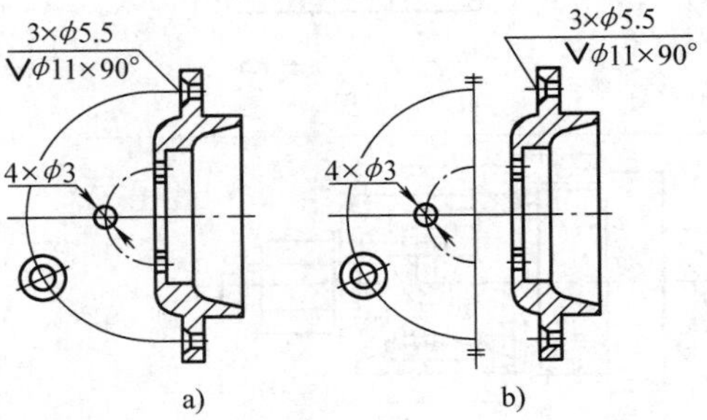 a) b)	圆柱形法兰和类似零件上均匀分布的孔，可采用由机件外向该法兰端面方向投射的方法表示

（续）

类型	图　例	说　明
牙嵌式离合器齿的画法	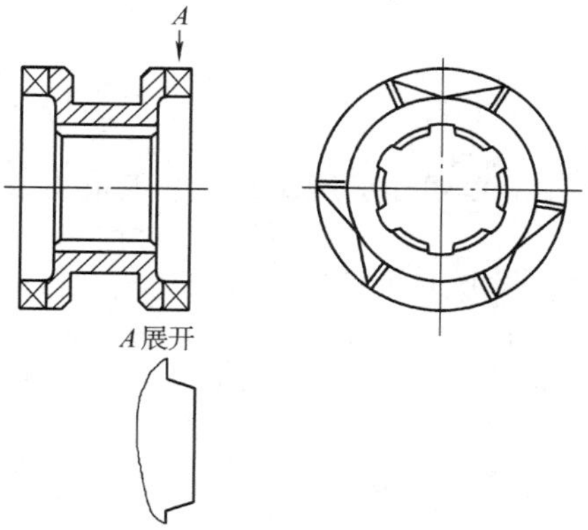	在剖视图中，类似牙嵌式离合器的齿等相同的结构可按图例的方法表示
肋、轮辐、薄壁的画法	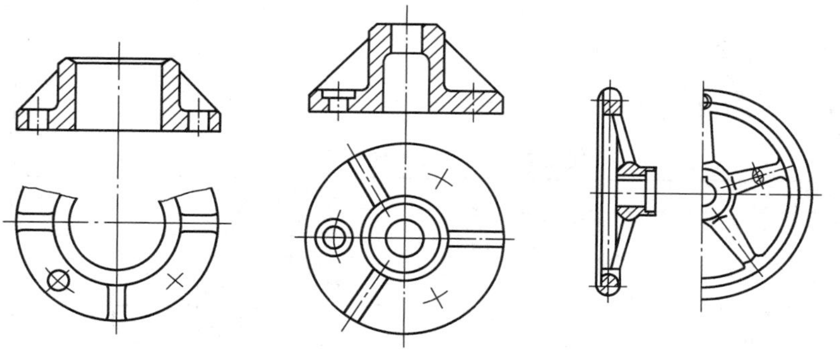 a)　b)　c)	对于机件的肋、轮辐及薄壁，如按纵向剖切，这些结构都不画剖面符号，而用粗实线将它与其邻接部分分开。当零件回转体上均匀分布的肋、轮辐、孔等结构不处于剖切面上时，可将这些结构旋转到剖切面上画出
轴等实体画法	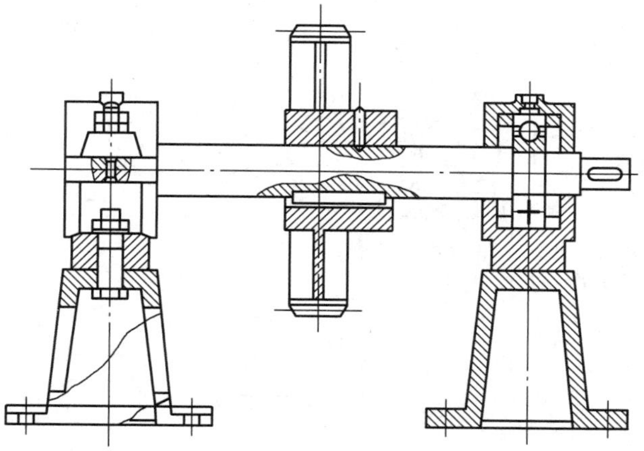	在装配图中，对于紧固件及轴、连杆、球、钩子、键、销等实心零件，若按纵向剖切，且剖切面通过其对称平面或轴线时，则这些零件均按不剖绘制。如需要特别表明零件的结构，如凹槽、链槽、销孔等，则可用局部剖视图表示
透明件的画法		由透明材料制成的物体，均按不透明物体绘制，对于供观察用的刻度、字体、指针、液面等可按可见轮廓绘制

2.3 尺寸注法（GB/T 4458.4—2003）

2.3.1 基本规则

（1）尺寸依据　机件的真实大小应以图样上所注的尺寸数值为依据，与图形的大小及绘图的准确度无关。

（2）尺寸单位　图样中（包括技术要求和其他说明）的尺寸以 mm 为单位时，不需要标注计量单位的代号或名称；如果用其他单位，则必须注明相应的计量单位的代号或名称。

（3）最后完工尺寸　图样中所标注的尺寸为该图样所示机件的最后完工尺寸，否则应另加说明。

（4）标注要求　机件的每一尺寸一般只标注一次，并应标注在反映该结构最清晰的图形上。

2.3.2 标注尺寸三要素

1. 尺寸数字（见表1-2-22）

表 1-2-22　尺寸数字

注法说明	图　例
线性尺寸的数字一般应注写在尺寸线的上方，也允许注写在尺寸线的中断处	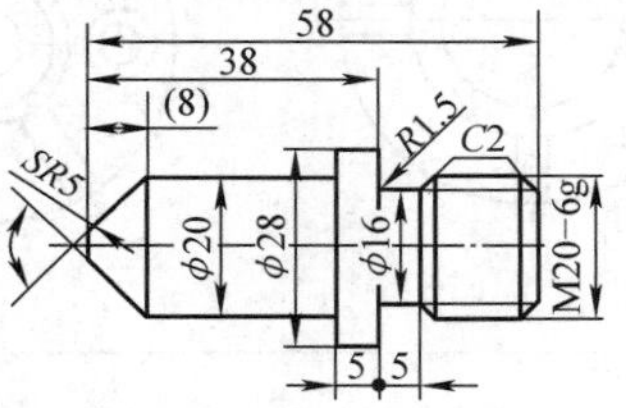
线性尺寸数字的方向一般应采用第一种方法注写(图 a)，并尽可能避免在30°范围内标注尺寸；当无法避免时，可按图 b 的形式标注 在不致引起误解时，也允许采用第二种方法注写，即对非水平方向尺寸，其数字也可水平地注写在尺寸线中断处(图 c) 在一张图样上应尽可能采用一种方法注写尺寸	 a) 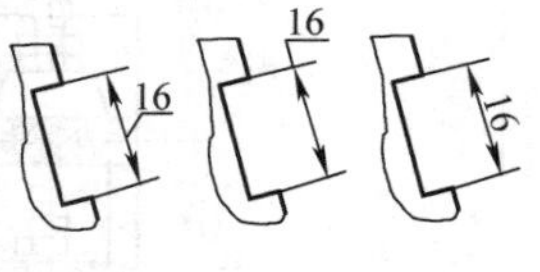 b) 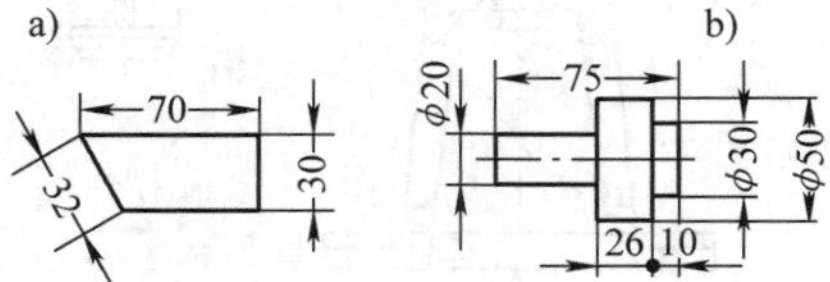 c)
角度的数字一律写成水平方向，一般注写在尺寸线的中断处(图 a)，必要时也可注写在尺寸线的上方或引出标注(图 b)	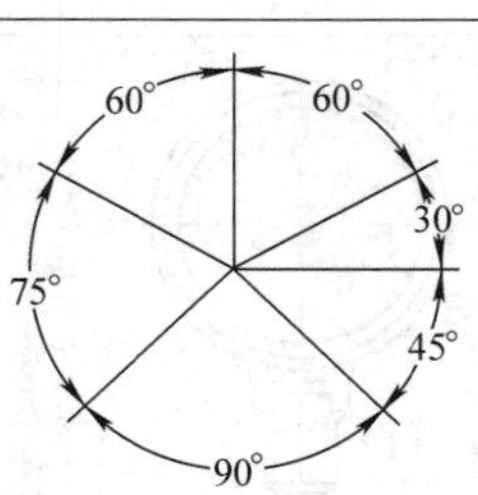 a) 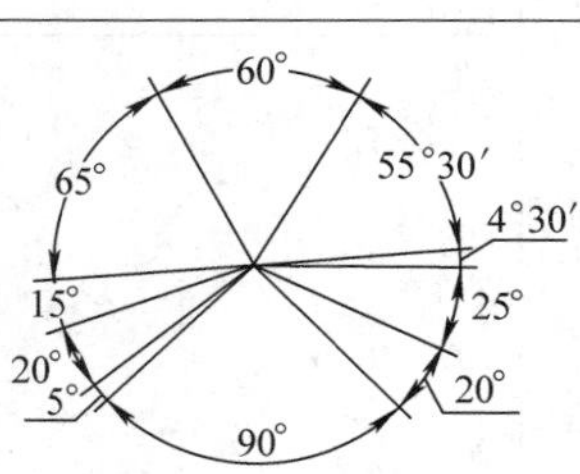 b)

（续）

注法说明	图 例
尺寸数字不可被任何图线所通过，否则必须将该图线断开	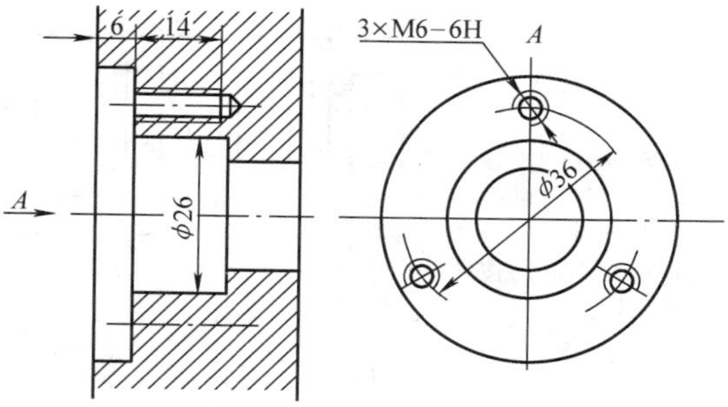

2. 尺寸线

尺寸线用细实线绘制，其终端可以有两种形式。

1）箭头的形式如图 1-2-7 所示，适用于各种类型的图样。

2）斜线的形式如图 1-2-8 所示，斜线用细实线绘制。

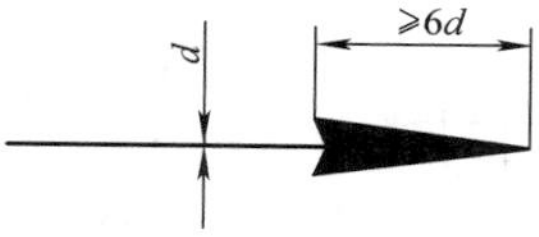

图 1-2-7 箭头的形式

d—粗实线的宽度

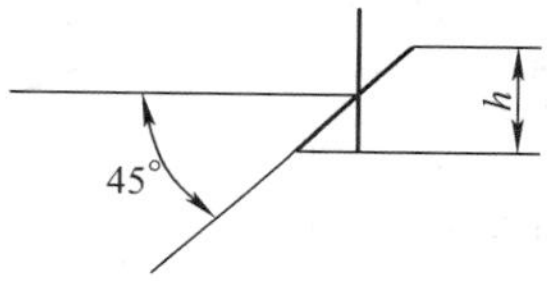

图 1-2-8 斜线的形式

h—字体高度

尺寸线注法见表 1-2-23。

表 1-2-23 尺寸线注法

注法说明	图 例
当尺寸线的终端采用斜线形式时，尺寸线与尺寸界线必须相互垂直。当尺寸线与尺寸界线相互垂直时，同一张图样中只能采用一种尺寸线终端的形式	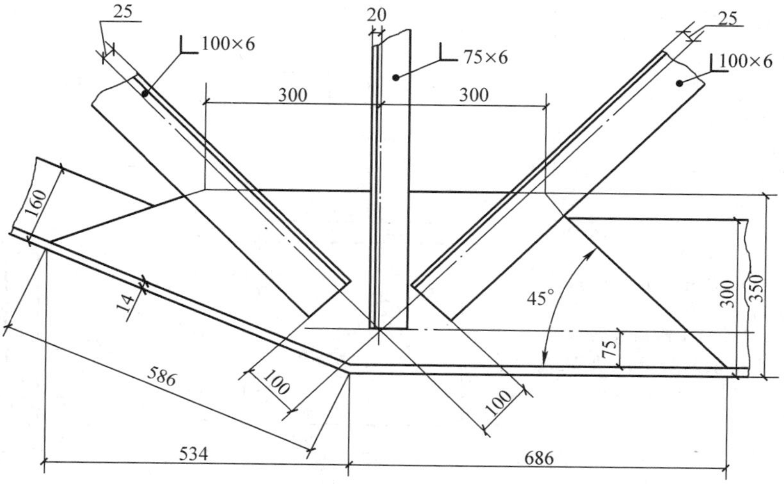

（续）

注法说明	图　例
在没有足够的位置画箭头或注写数字时，可按图例的形式标注。当采用箭头时，地方不够的情况下，允许用圆点或斜线代替箭头	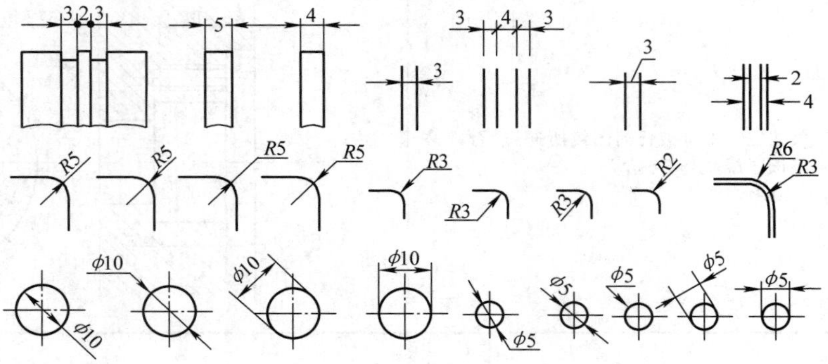
标注线性尺寸时，尺寸线必须与所标注的线段平行。尺寸线不能用其他图线代替，一般也不得与其他图线重合或画在其延长线上 圆的直径和圆弧半径的尺寸线的终端应画成箭头（图 a）；当圆弧的半径过大或在图样范围内无法标出其圆心位置时，可按图 b 的形式标注；若不需要标出其圆心位置时，可按图 c 的形式标注 标注角度时，尺寸线应画成圆弧，其圆心是该角的顶点	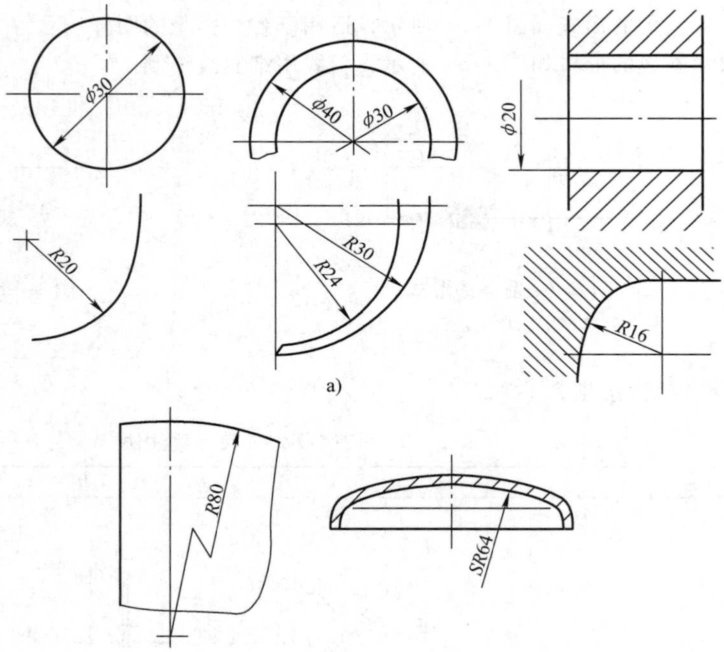a)　b)　c)
当对称机件的图形只画出一半或略大于一半时，尺寸线应略超过对称中心线或断裂处的边界线，此时仅在尺寸线的一端画出箭头	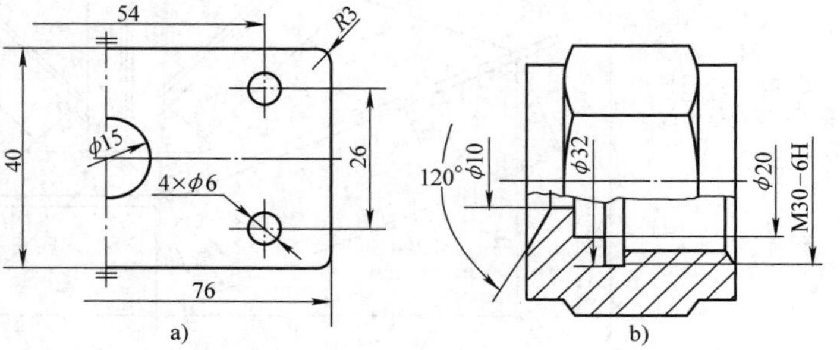a)　b)

3. 尺寸界线（见表1-2-24）

表1-2-24 尺寸界线

注法说明	图例
尺寸界线用细实线绘制，并应由图形的轮廓线、轴线或对称中心线处引出，也可利用轮廓线、轴线或对称中心线作尺寸界线	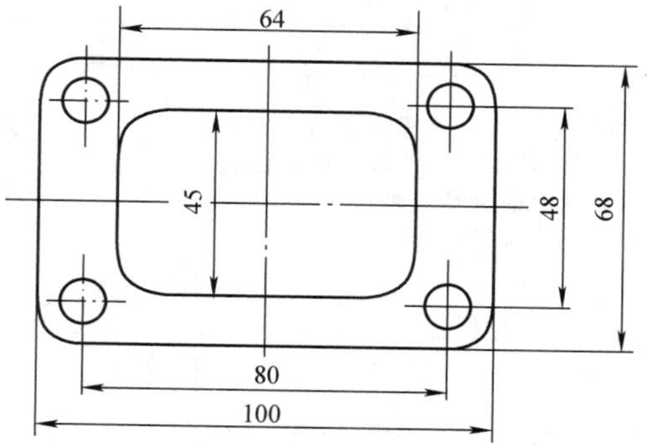
当表示曲线轮廓上各点的坐标时，可将尺寸线或其延长线作为尺寸界线	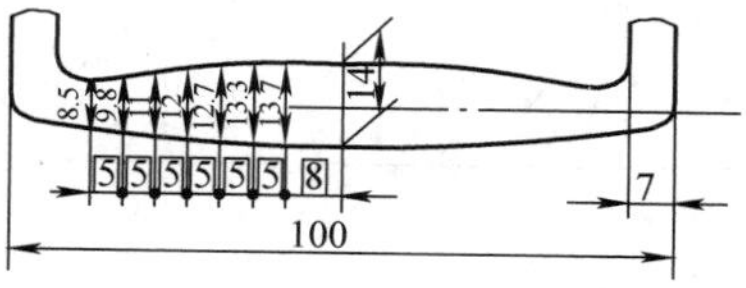 a) 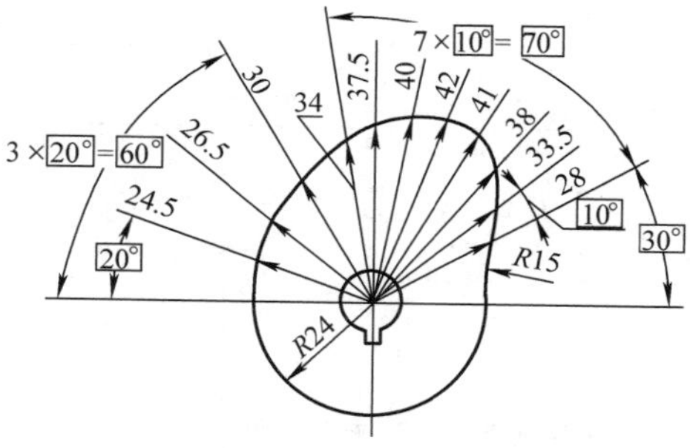 b)
尺寸界线一般应与尺寸线垂直，必要时才允许倾斜。 在光滑过渡处标注尺寸时，必须用细实线将轮廓线延长，从它们的交点处引出尺寸界线	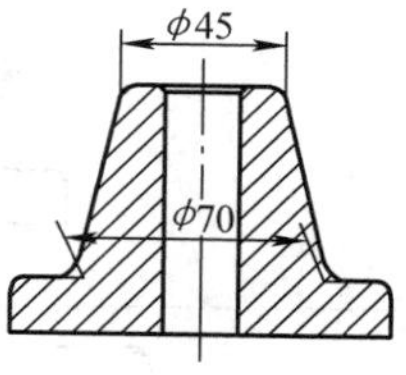 a) 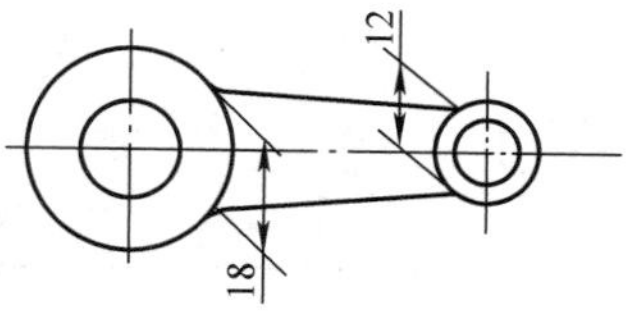 b)
标注角度的尺寸界线应沿径向引出（图a），标注弦长或弧长的尺寸界线应平行于该弦的垂直平分线（图b和图c）。当弧度较大时，可沿径向引出，如图d所示	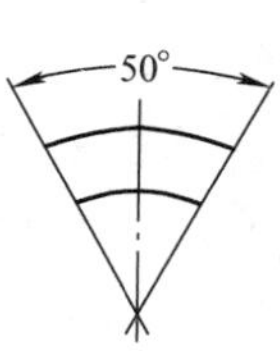 a) 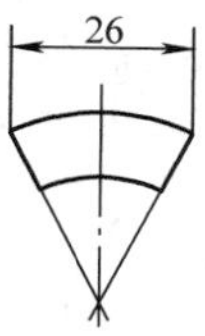 b) 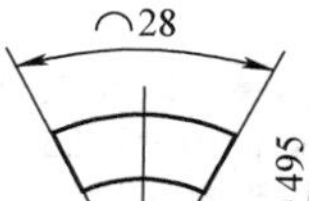 c) 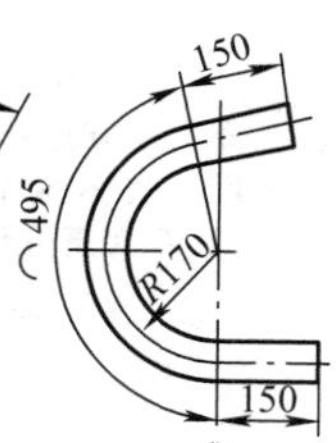 d)

2.3.3 标注尺寸的符号（见表1-2-25）

表1-2-25 标注尺寸的符号

标注说明	图例
标注直径时，应在尺寸数字前加注符号“ϕ”；标注半径时，应在尺寸数字前加注符号“R”；标注球面的直径或半径时，应在符号“ϕ”或“R”前再加符号“S”	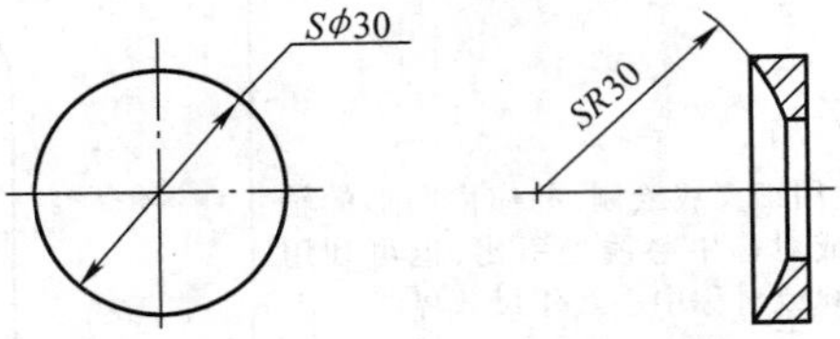 a) b)
对于螺钉、铆钉的头部，轴（包括螺杆）的端部及手柄的端部等，在不致引起误解的情况下，可省略符号“S”	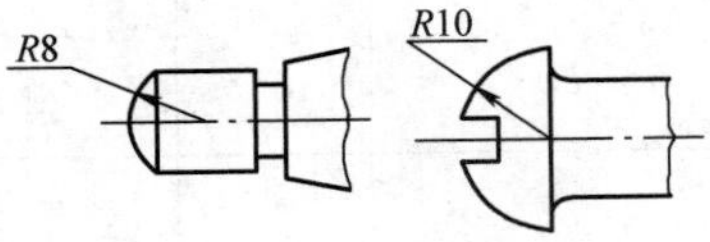 a) b)
标注弧长时，应在尺寸数字的左侧加注符号“⌒”	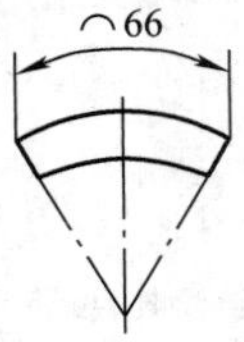
标注参考尺寸时，应将尺寸数字加上圆括弧	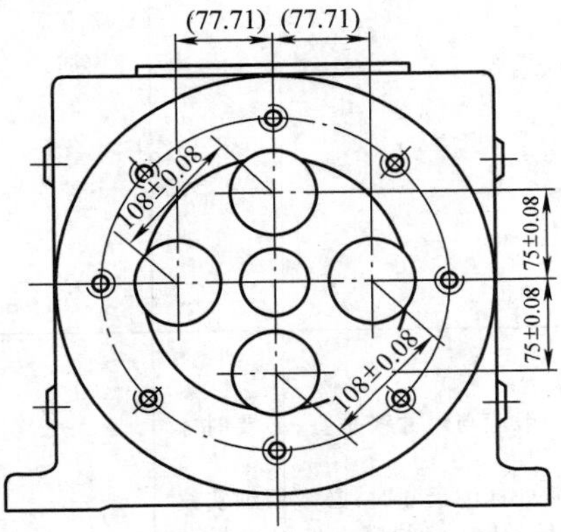
标注剖面为正方形结构的尺寸时，可在正方形边长尺寸数字前加注符号“□”或者用“B×B”注出（B为正方形的边长）	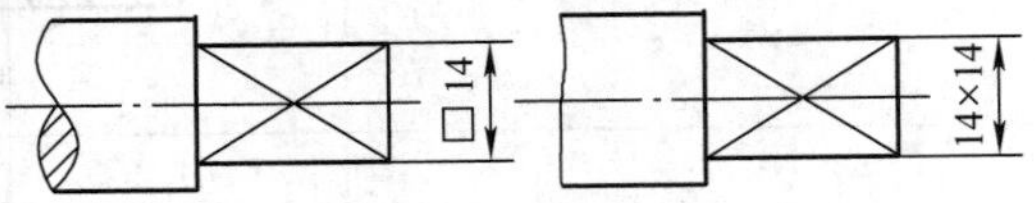 a) 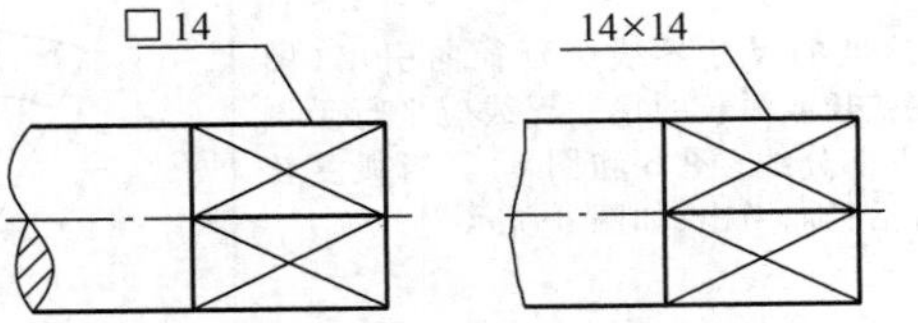 b)

（续）

标注说明	图　　例
标注板状厚度时，可在尺寸数字前加注符号“t”	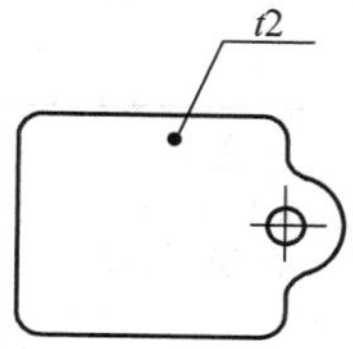
当需指明半径尺寸是由其他尺寸确定时，应用尺寸线和符号“R”标出，但不要注写尺寸数字	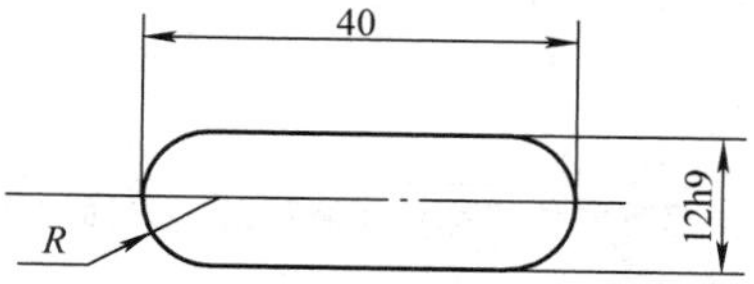
斜度符号（图 a）和锥度符号（图 b）的线宽为$\frac{h}{10}$，符号的方向应与斜度、锥度的方向一致（其标注图例见表 1-2-26）	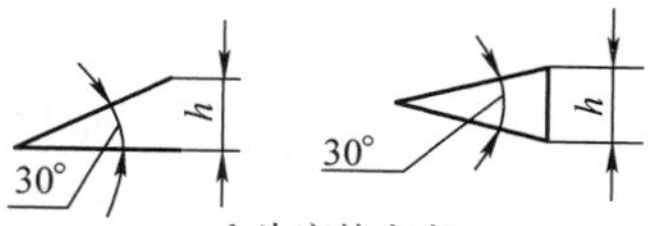 h 为字体高度 a) b)

表 1-2-26　锥度、斜度的标注图例

锥度标注图例	斜度标注图例
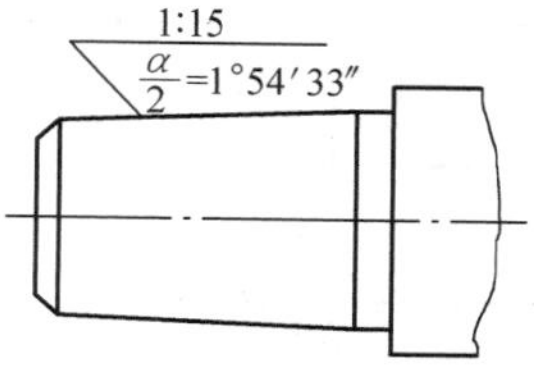	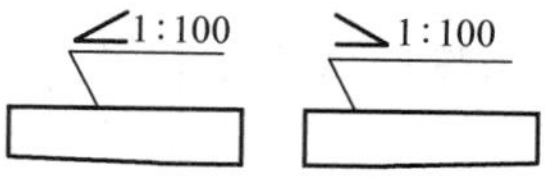
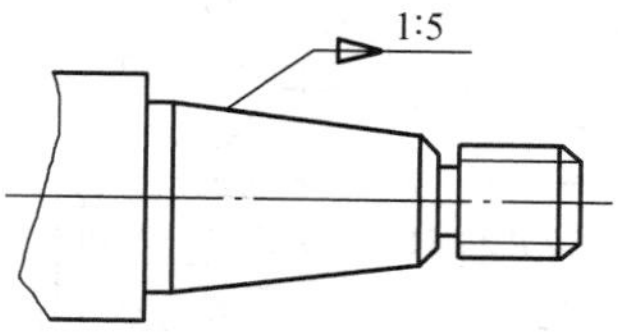	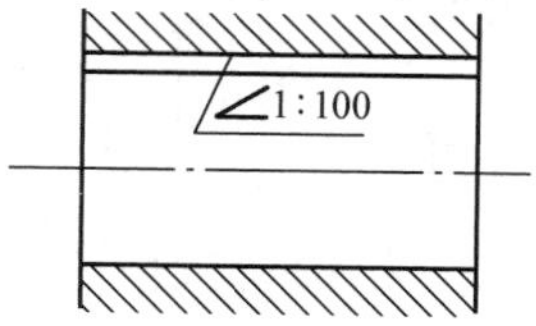
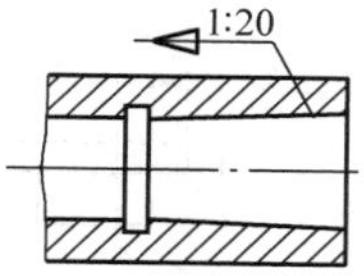	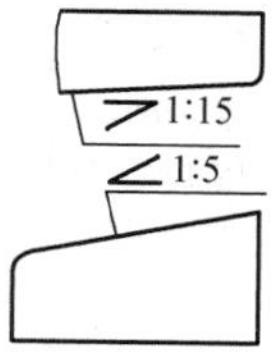

2.3.4　简化注法

1. 简化注法基本规定（见表 1-2-27）

表 1-2-27　简化注法基本规定

规定说明	图　例
若图样中的尺寸和公差全部相同或某个尺寸和公差占多数时，可在图样空白处作总的说明，如“全部倒角 *C*1.6，其余圆角 *R*6”等	—
对于尺寸相同的重复要素，可仅在一个要素上注出其尺寸和数量	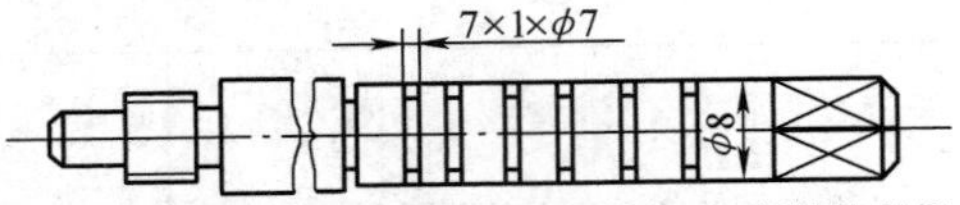 图中7是尺寸相同的槽的数量，1是槽宽，φ7是槽的底径
标注尺寸时，应尽可能使用符号和缩写词（未列的符号可参见表 1-2-25） 45°倒角 深度 沉孔或锪平 埋头孔 均布	 C ↧ ⌴ ∨ EQS

2. 简化注法图例

1）标注尺寸要素简化注法见表 1-2-28。

2）重复要素尺寸注法见表 1-2-29。

表 1-2-28　标注尺寸要素简化注法

注法说明	图　例
标注尺寸时，可用单边箭头	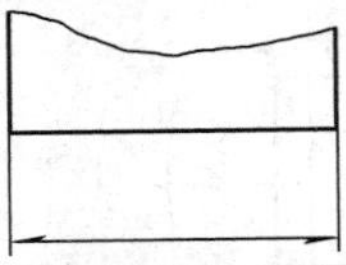
标注尺寸时，可采用带箭头的指引线（图 a）和不带箭头的指引线（图 b）	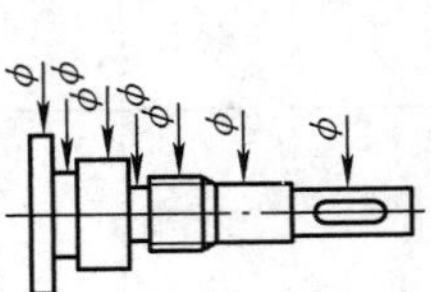 a) 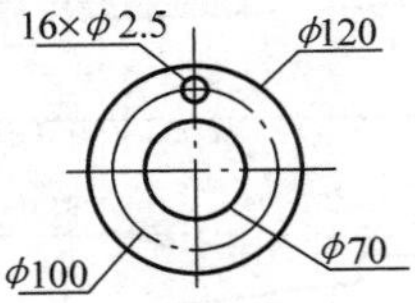 b)
一组同心圆弧或圆心位于一条直线上的多个不同心圆弧半径尺寸，可用共用的尺寸线箭头依次表示（图 a、图 b） 一组同心圆或尺寸较多的台阶孔的尺寸，也可用共用的尺寸线和箭头依次表示（图 c、图 d）	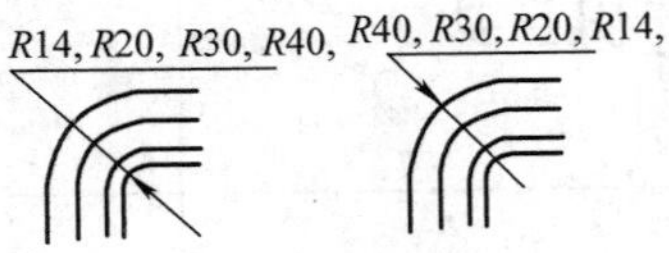 a) 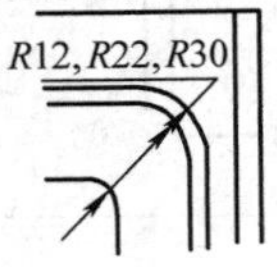 b) 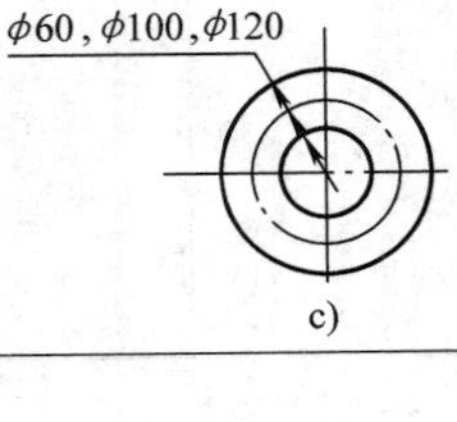 c) 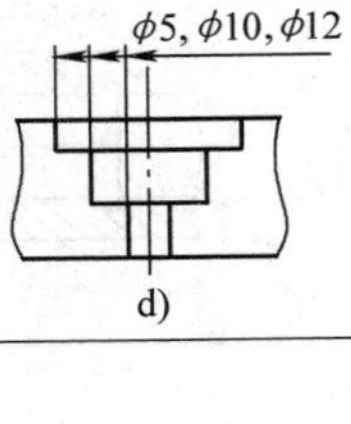 d)

（续）

<table>
<tr><th>注法说明</th><th>图　　例</th></tr>
<tr><td>采用同一基准注法时，尺寸线可重叠在一根线上并仅画出一端箭头，在起点处标“0”，其余尺寸数字逐一标注在箭头附近</td><td>

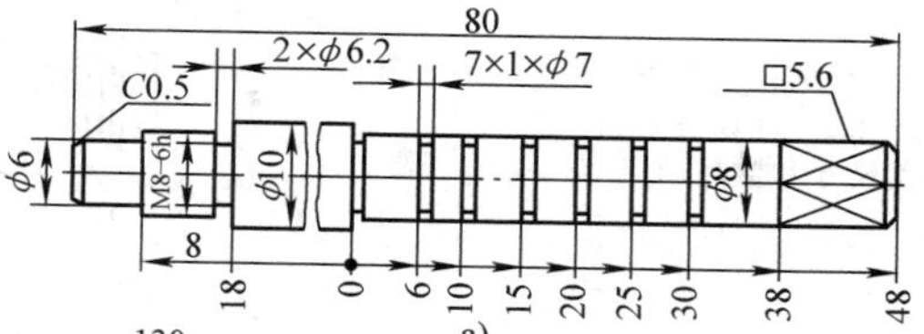

a)

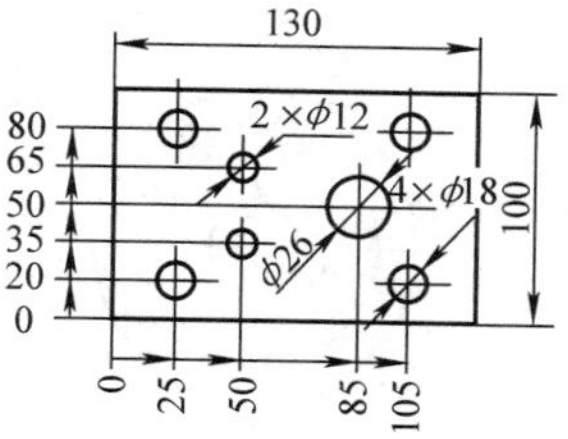

b)

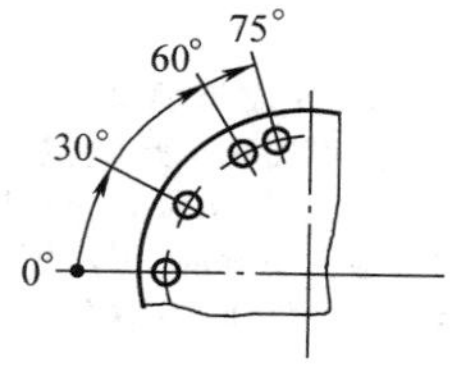

c)

</td></tr>
<tr><td>间隔相等的链式尺寸，可采用如图例所示的简化注法（图 a 中 3×45°，图 b 中 4×140）</td><td>

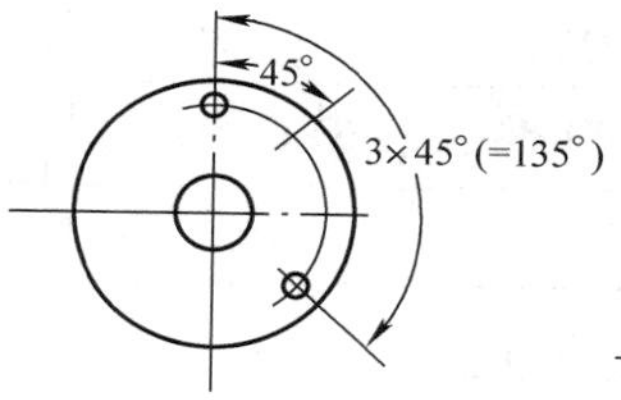

a)

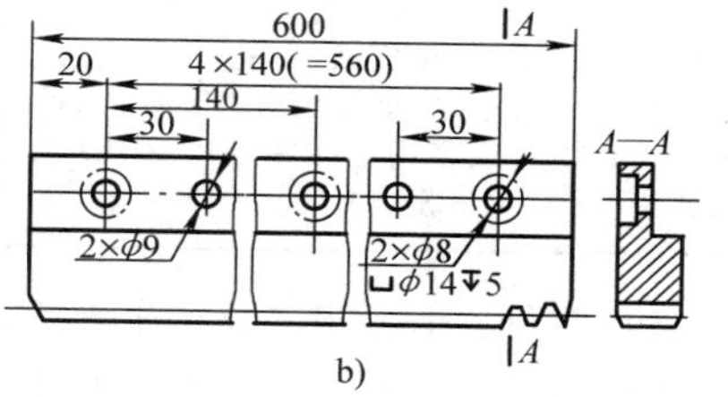

b)

</td></tr>
<tr><td>同类型或同系列的零件或构件，可采用表格图绘制</td><td>

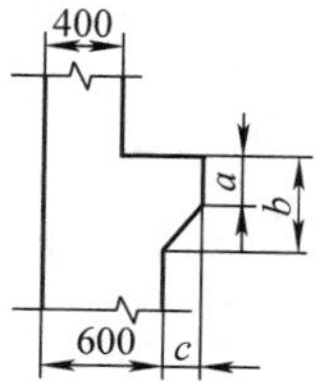

<table>
<tr><th>No.</th><th>a</th><th>b</th><th>c</th></tr>
<tr><td>Z1</td><td>200</td><td>400</td><td>200</td></tr>
<tr><td>Z2</td><td>250</td><td>450</td><td>200</td></tr>
<tr><td>Z3</td><td>200</td><td>450</td><td>250</td></tr>
</table>

</td></tr>
<tr><td>当图形具有对称中心线时，分布在对称中心线两边的相同结构，可仅标注其中一边的结构尺寸，如图例中的 R64、12、R9 和 R5 等</td><td>

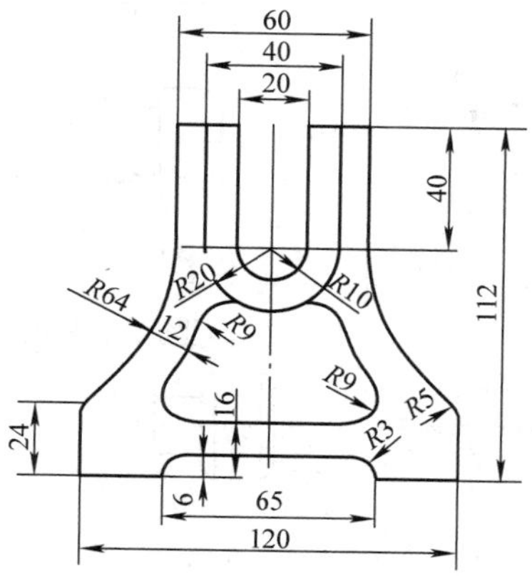

</td></tr>
</table>

表 1-2-29 重复要素尺寸注法

注法说明	图例
在同一图形中,对于尺寸相同的孔、槽等成组要素,可仅在一个要素上注出其尺寸和数量	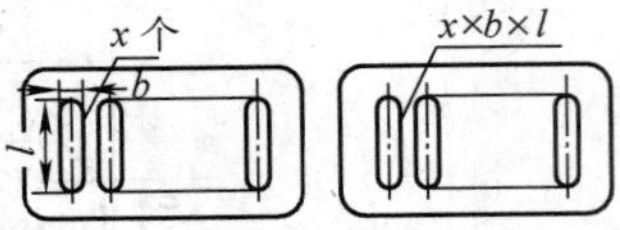 a) b)
均匀分布的成组要素(如孔等)的尺寸,可按图a所示方法标注,当成组要素的定位和分布情况在图形中已明确时,可不标注其角度并省略"EQS"字样(图b)	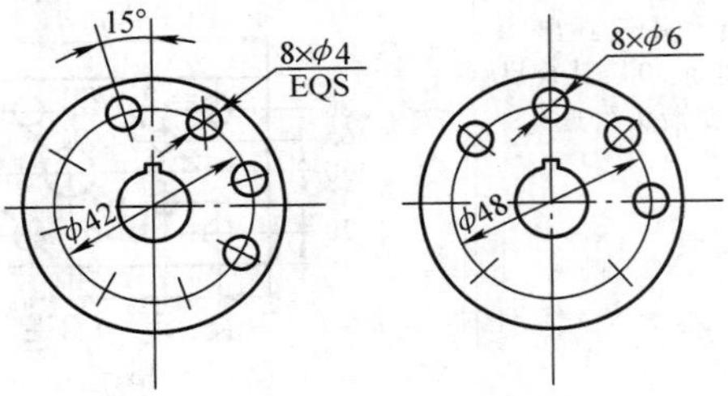 a) b)
在同一图形中,如有几种尺寸数值相近而又重复的要素(如孔等)时,可采用标记(如涂色等)的方法(图a)或采用标注字母的方法(图b)来区别	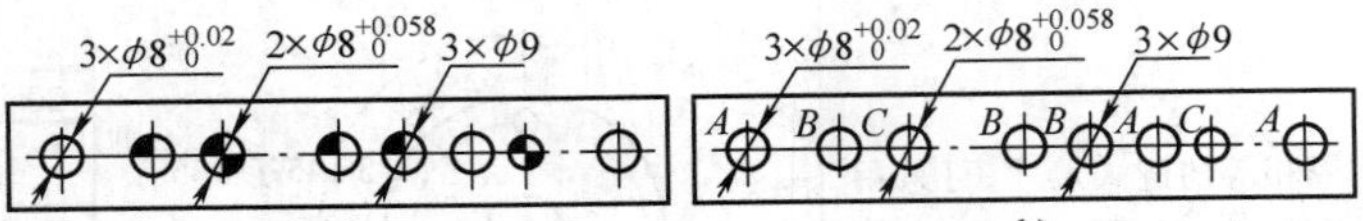 a) b)

3) 倒角、退刀槽、滚花注法见表1-2-30。

4) 各类孔的旁注法见表1-2-31。

表 1-2-30 倒角、退刀槽、滚花注法

注法说明	图例
45°的倒角可按图a的形式标注,非45°的倒角应按图b的形式标注(在不致引起误解时,零件图中的倒角可以省略不画)	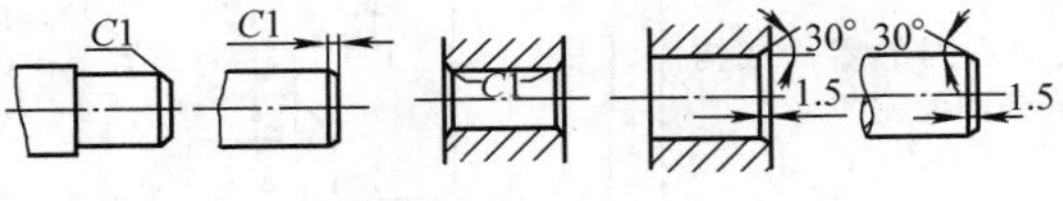 a) b)
一般退刀槽可按"槽宽×直径"(图a)或"槽宽×槽深"(图b)的形式标注	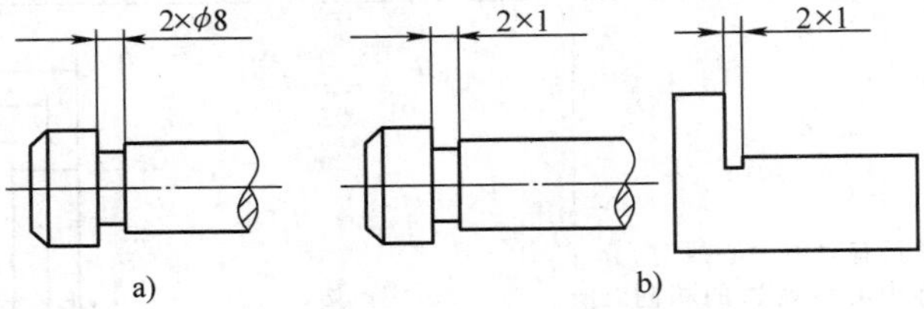 a) b)
滚花可采用如图例简化标注的方法	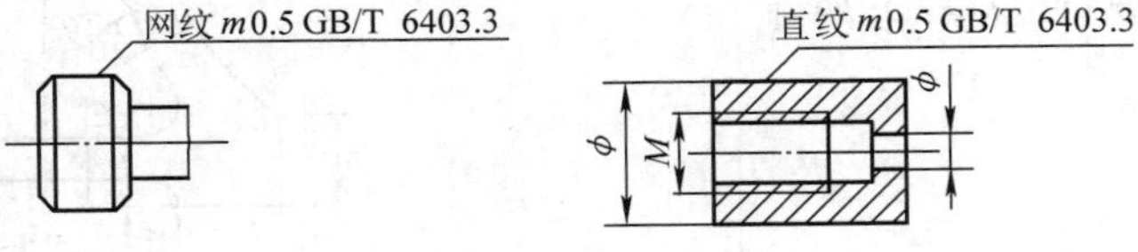 a) b)

表 1-2-31 各类孔的旁注法

类型	旁注法		普通注法
光孔	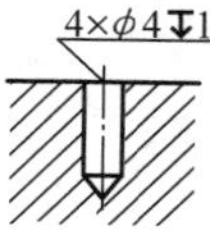	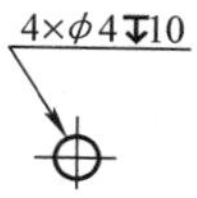	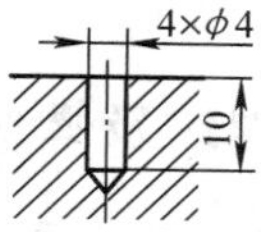
	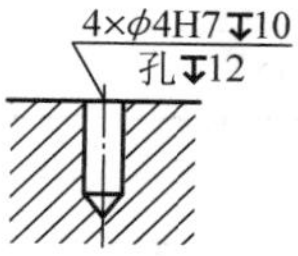	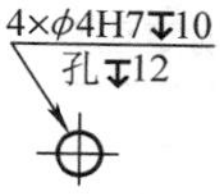	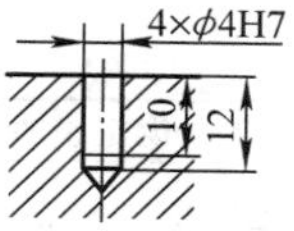
螺纹	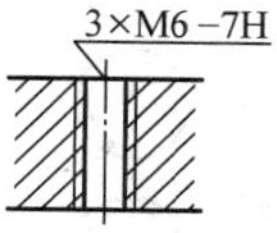	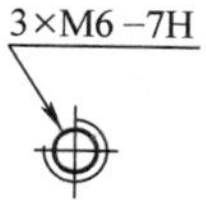	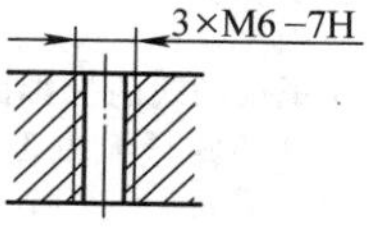
	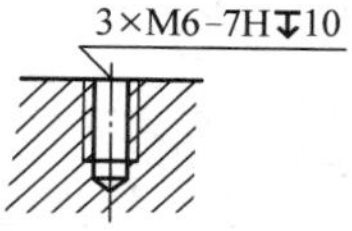	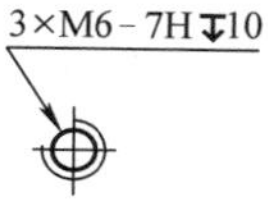	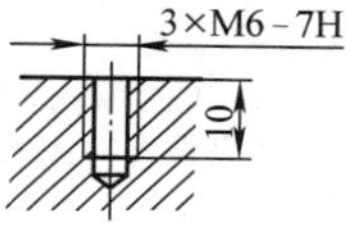
	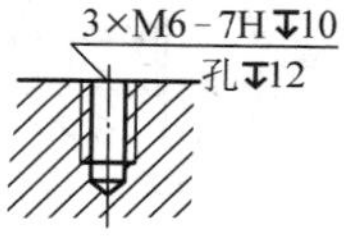	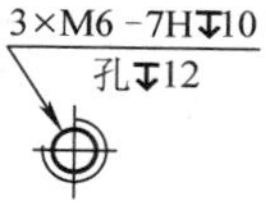	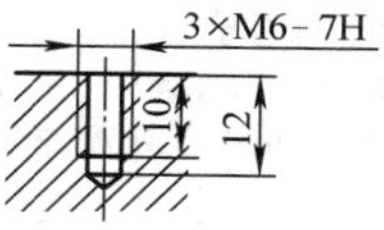
沉孔 埋头孔	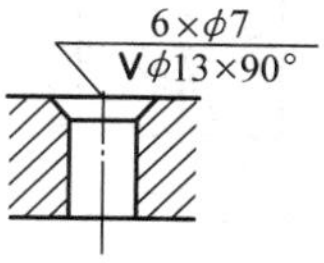	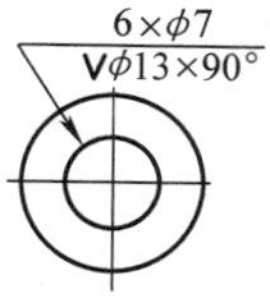	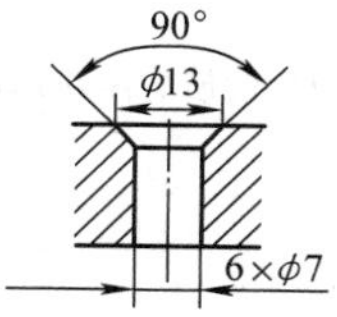
	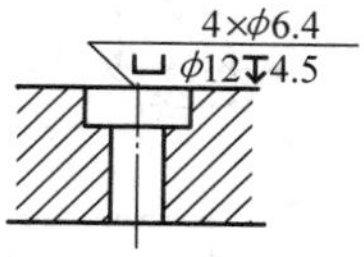	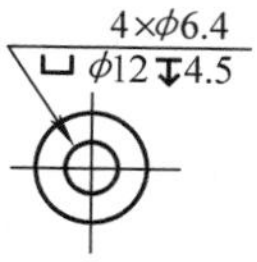	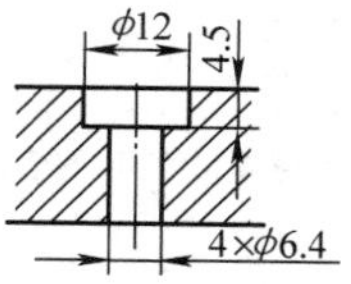
	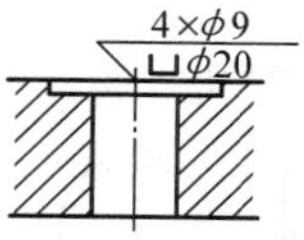	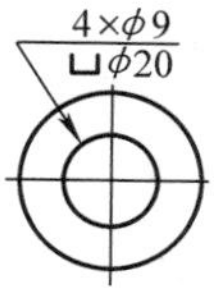	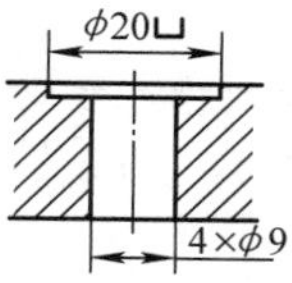
锥销孔	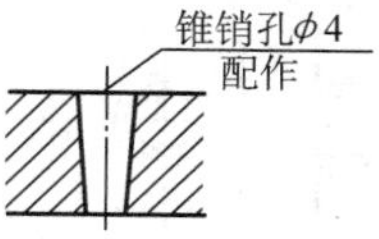	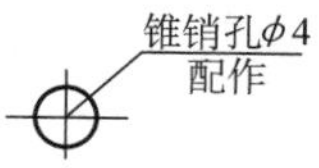	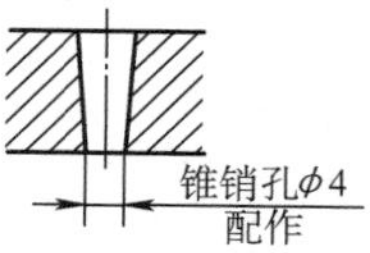

2.4　常用零件画法

2.4.1　螺纹及螺纹紧固件

1. 螺纹的规定画法（见表1-2-32）

表1-2-32　螺纹的规定画法（GB/T 4459.1—1995）

规定说明	图　例
螺纹牙顶圆的投影用粗实线表示，牙底圆的投影用细实线表示。在螺杆的倒角或倒圆部分也应画出 在垂直于螺纹轴线的投影面的视图中，表示牙底圆的细实圆只画约3/4圈（空出1/4圈的位置不作规定）。此时，螺杆或螺孔上的倒角投影不应画出 有效螺纹的终止界线（简称螺纹终止线）用粗实线表示 无论是外螺纹或内螺纹，在剖视图、剖面图中，剖面线都应画到粗实线	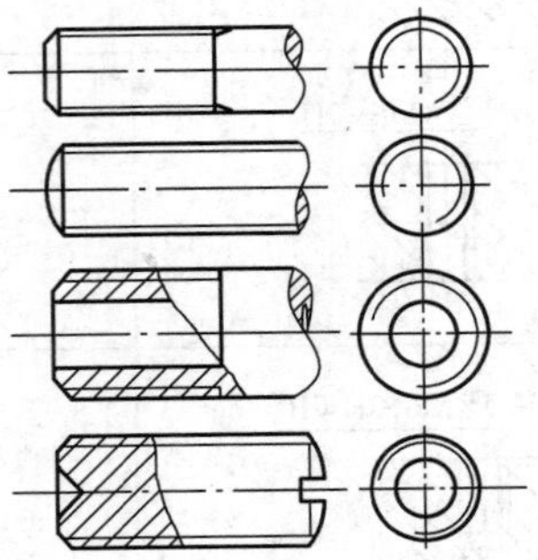
绘制不穿通螺孔时，一般应将钻孔深度与螺纹部分深度分别画出 螺尾部分一般不画出，当需要表示螺尾时，该部分用和轴线成30°的细实线画出	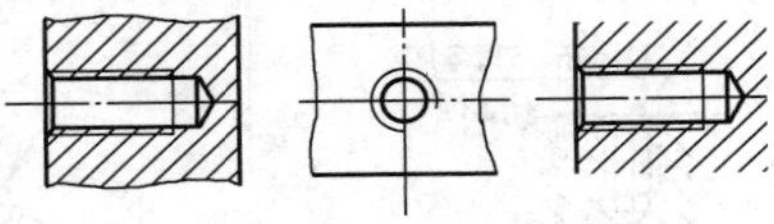
不可见螺纹的所有图线用虚线绘制	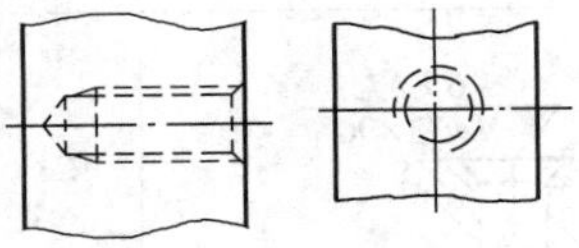
需要表示螺纹牙型时的表示方法见图例	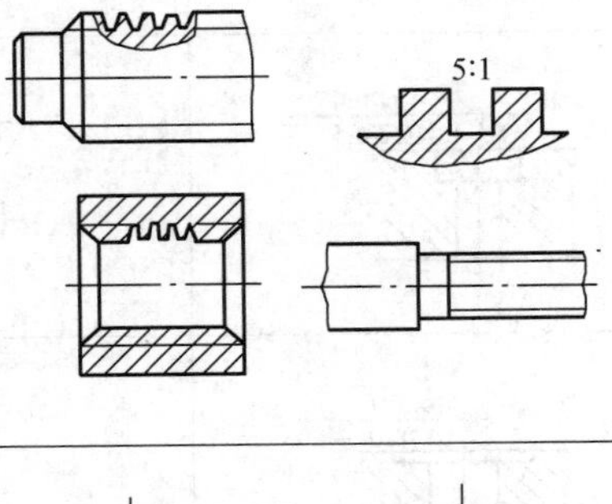
圆锥外螺纹和圆锥内螺纹的表示方法见图例	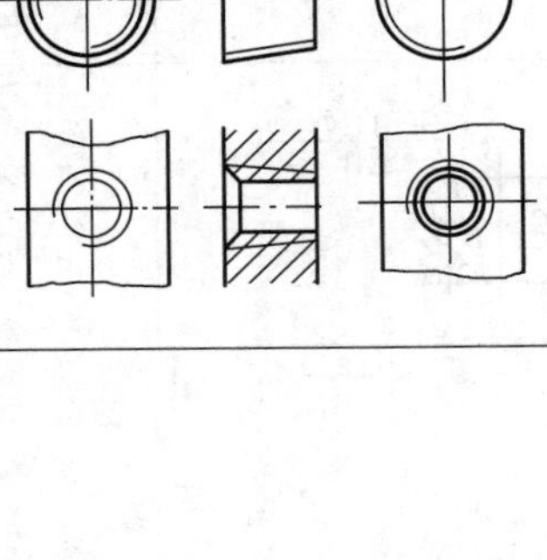

（续）

<table>
<tr><th>规定说明</th><th>图　　例</th></tr>
<tr><td>以剖视图表示内外螺纹连接时，其旋合部分应按外螺纹的画法绘制，其余部分仍按各自的画法表示</td><td>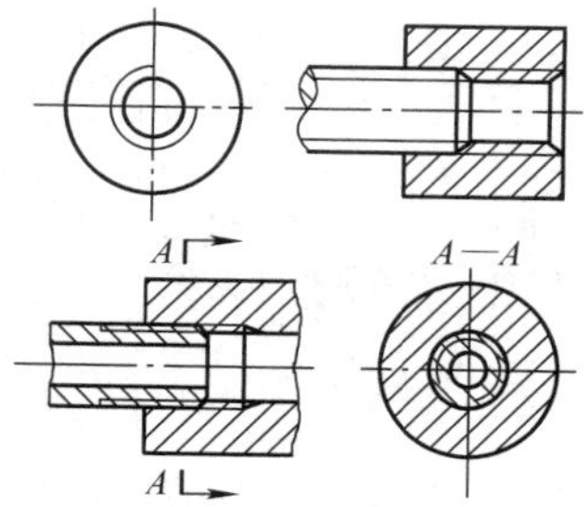
</td></tr>
</table>

2. 螺纹的标注（见表 1-2-33）

表 1-2-33　螺纹的标注

<table>
<tr><th>规定说明</th><th>图　　例</th></tr>
<tr><td>普通螺纹、梯形螺纹
公称直径以 mm 为单位的螺纹，其标记应直接注在大径的尺寸线上或其引出线上</td><td>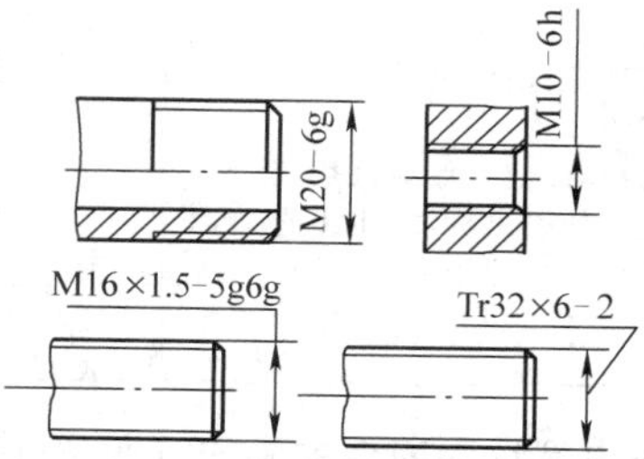
</td></tr>
<tr><td>管螺纹
其标记一律注在引出线上，引出线应由大径处引出，或由对称中心处引出</td><td>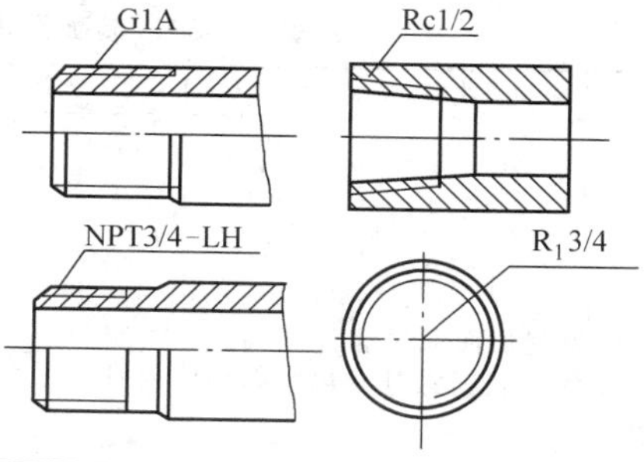
</td></tr>
<tr><td>米制密封螺纹
其标记一般应注在引出线上，引出线应由大径或对称中心处引出，也可以直接标注在从基面处画出的尺寸线上</td><td>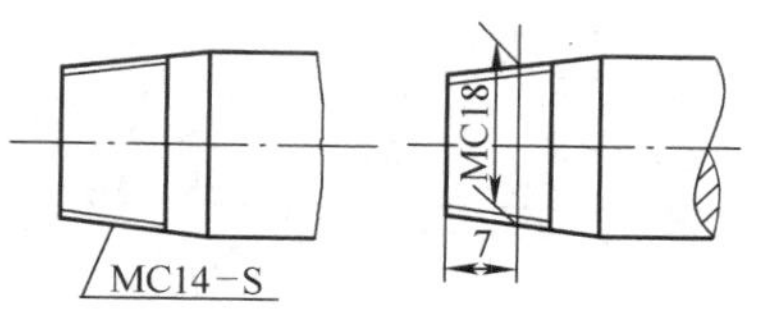
</td></tr>
<tr><td>非标准螺纹
应画出螺纹的牙型，并注出所需要的尺寸及有关要求</td><td>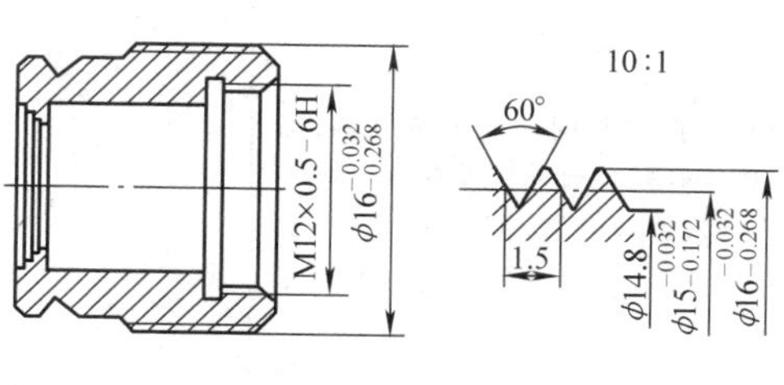
</td></tr>
</table>

（续）

规定说明	图 例
螺纹长度 图样中标注的螺纹长度，均指不包括螺尾在内的有效螺纹长度，否则应另加说明或按实际需要标注	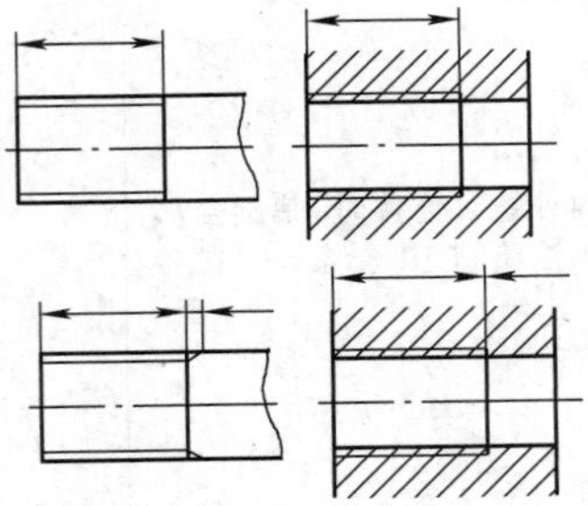
螺纹副 螺纹副标记的标注方法与螺纹标记的标注方法相同 普通螺纹：其标记应直接标注在大径的尺寸线上或引出线上 管螺纹：其标记应采用引出线由配合部分的大径处引出标注 米制密封螺纹：其标记一般应采用引出线由配合部分的大径处引出标注，也可直接标注在从基面处画出的尺寸线上	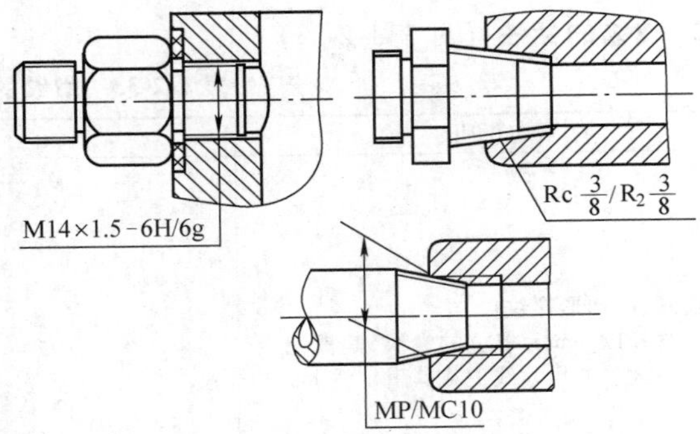

3. 装配图中螺纹紧固件的画法（见表 1-2-34）

表 1-2-34 装配图中螺纹紧固件的画法

规定说明	图 例
在装配图中，当剖切面通过螺杆的轴线时，对于螺柱、螺栓、螺钉、螺母及垫圈等均按未剖切绘制	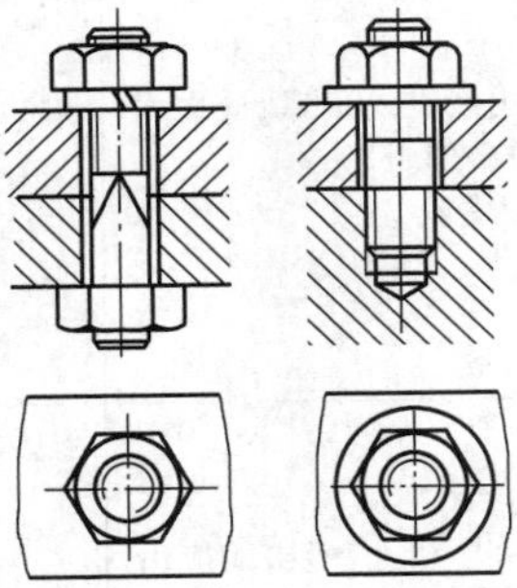
在装配图中，螺纹紧固件的工艺结构，如倒角、退刀槽、缩颈、凸肩等均可省略不画	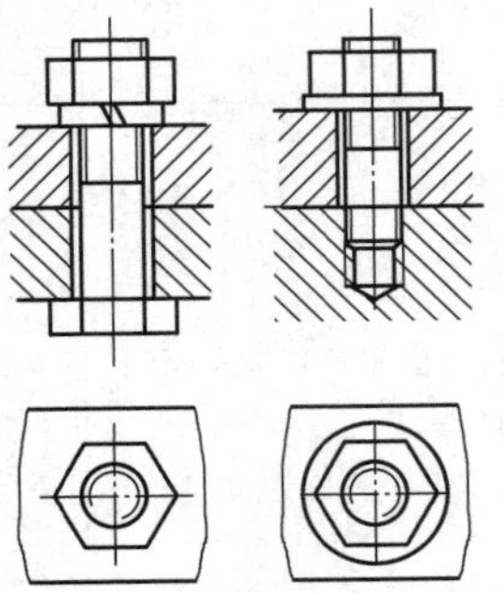

（续）

规定说明	图 例
在装配图中，不穿通的螺纹孔可不画出钻孔深度，仅按有效螺纹部分的深度（不包括螺尾）画出	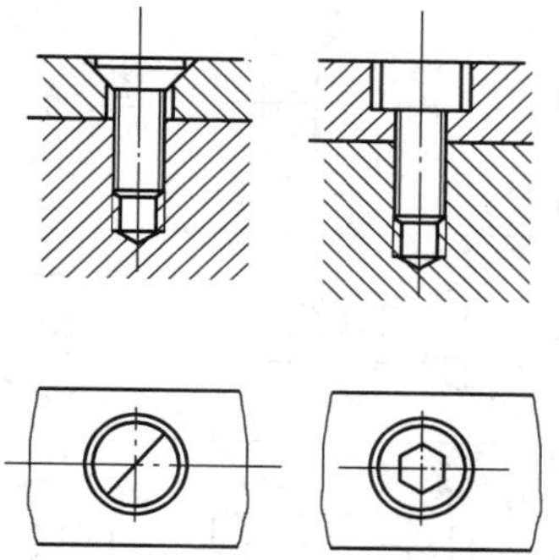

4. 常用紧固件的简化画法（见表 1-2-35）

表 1-2-35 常用紧固件的简化画法

类 型	图 例	类 型	图 例
六角头螺栓	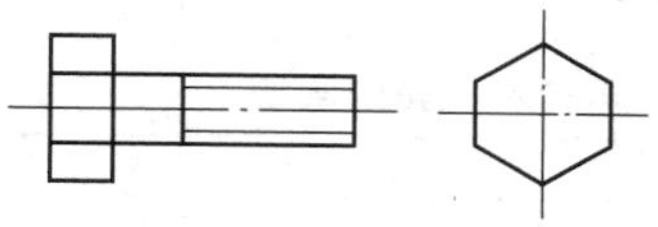	圆柱头开槽螺钉	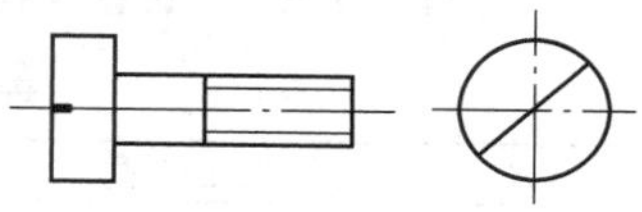
方头螺栓	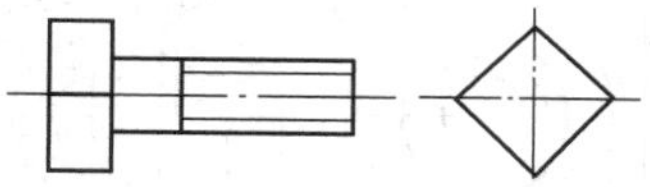	盘头开槽螺钉	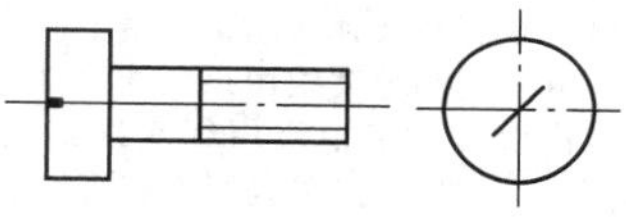
圆柱头内六角螺钉	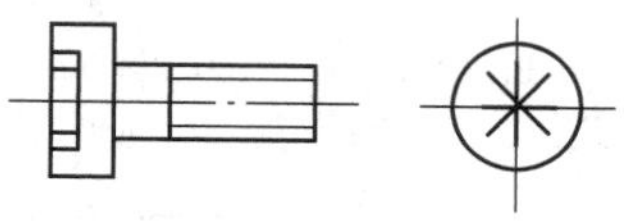	沉头开槽自攻螺钉	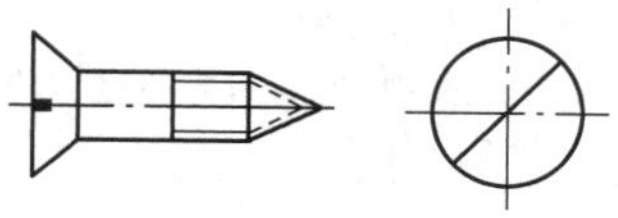
无头内六角螺钉	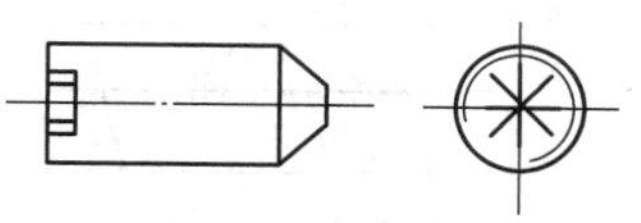	六角螺母	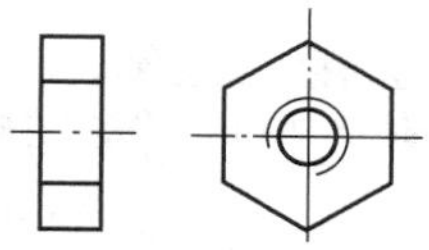
无头开槽螺钉	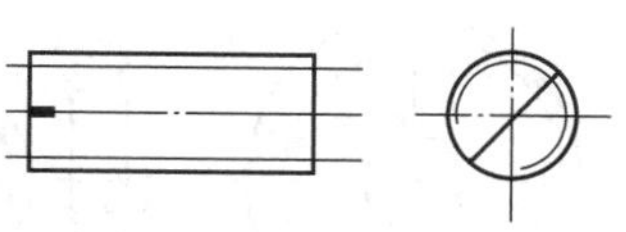	方头螺母	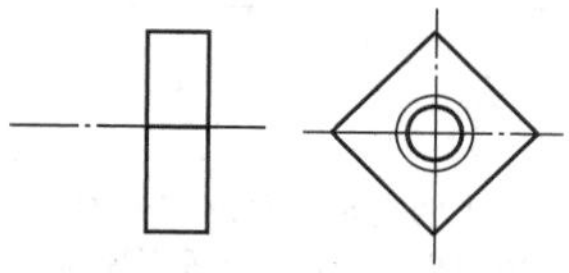
沉头开槽螺钉	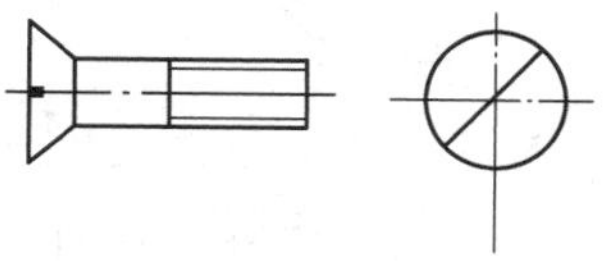	六角开槽螺母	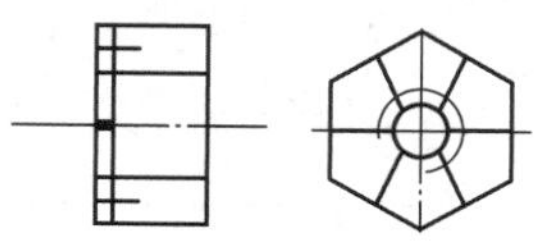
半沉头开槽螺钉	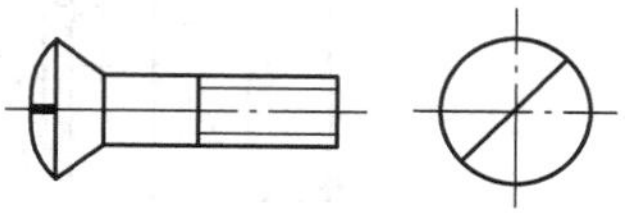	六角法兰面螺母	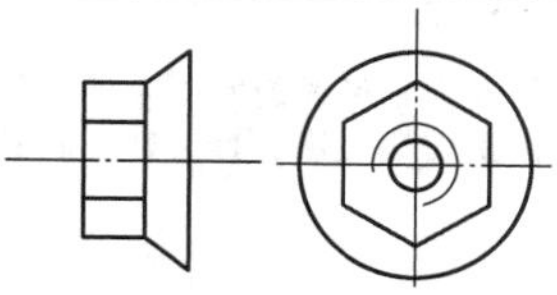

（续）

类　型	图　例	类　型	图　例
蝶形螺母	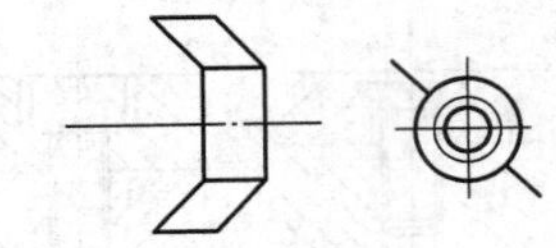	盘头十字槽螺钉	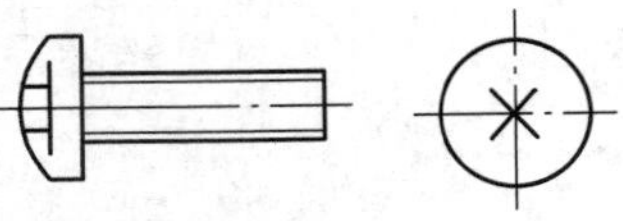
沉头十字槽螺钉	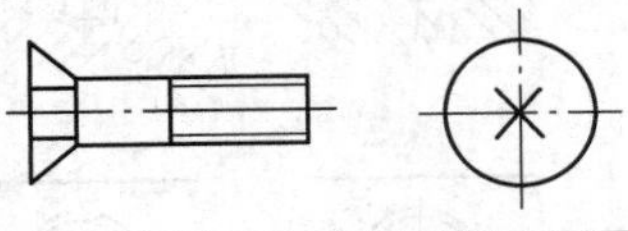	六角法兰面螺栓	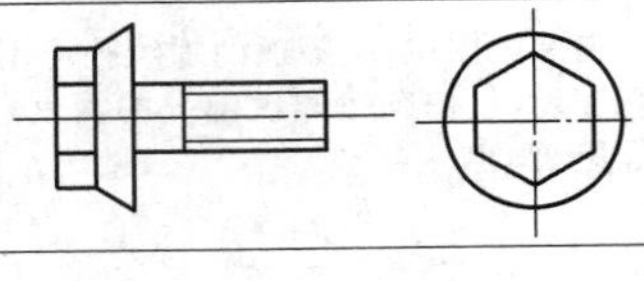
半沉头十字槽螺钉	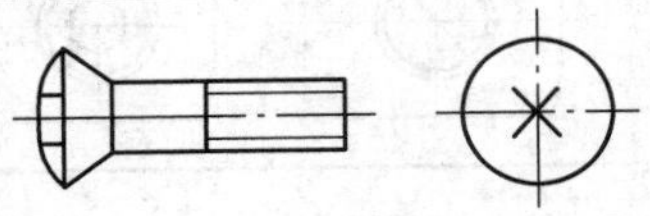	圆头十字槽木螺钉	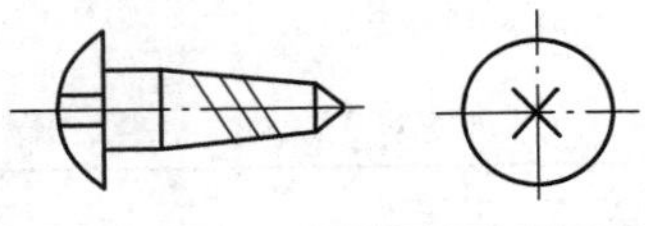

2.4.2　齿轮、齿条、蜗杆、蜗轮及链轮的画法（GB/T 4459.2—2003）

1. 齿轮、齿条、蜗轮及链轮的画法（见表1-2-36）

表1-2-36　齿轮、齿条、蜗轮及链轮的画法

规定说明	图　例
齿轮部分绘制的规定 1）齿顶圆和齿顶线用粗实线绘制 2）分度圆和分度线用点画线绘制 3）齿根圆和齿根线用细实线绘制，也可省略不画；在剖视图中，齿根线用粗实线绘制 表示齿轮、蜗轮一般用两个视图，或者用一个视图和一个局部视图 在剖视图中，当剖切面通过齿轮的轴线时，轮齿一律按不剖处理	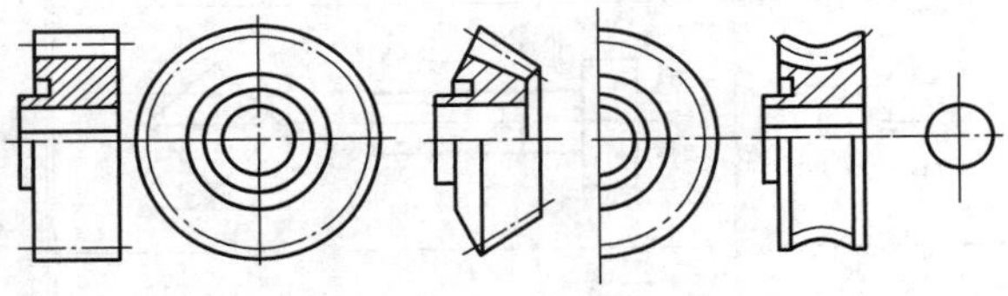 a)直齿圆柱齿轮　b)直齿锥齿轮　c)蜗轮
需要注出齿条的长度时，可在画出齿形的图中注出，并在另一视图中用粗实线画出其范围线	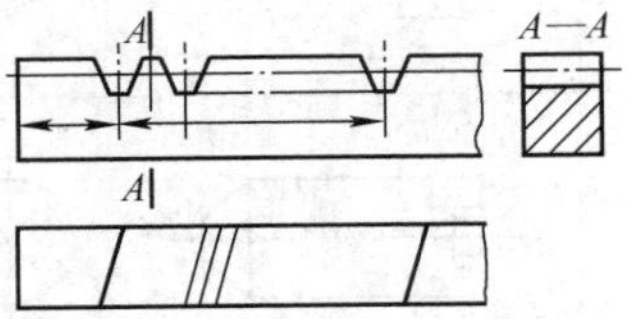
如需表明齿形，可在图形中用粗实线画出一个或两个齿（图a），或者用适当比例的局部放大图表示 图b所示为圆弧齿轮的画法	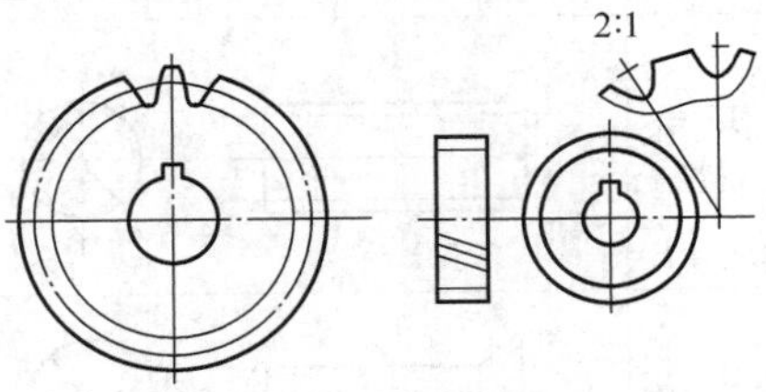 a)　b)
当需要表示齿线的特征时，可用三条与齿线方向一致的细实线表示。直齿则不需要表示	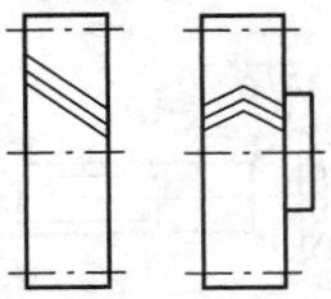

（续）

规定说明	图 例
链轮的画法	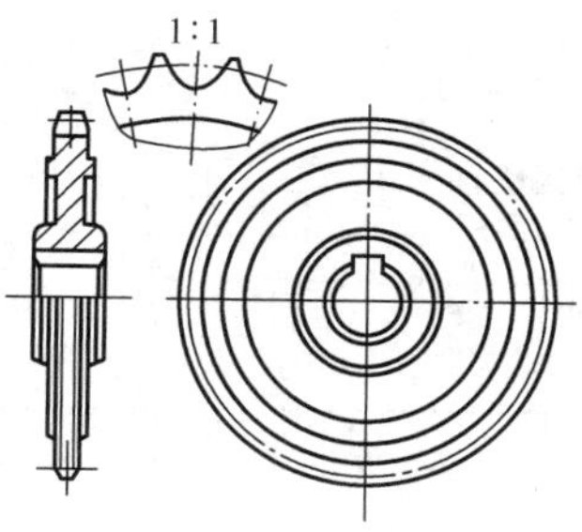

2. 齿轮、蜗杆、蜗轮啮合画法（见表1-2-37）

表1-2-37 齿轮、蜗杆、蜗轮啮合画法

规定说明	图 例
在垂直于圆柱齿轮轴线的投影面的视图中，啮合区内的齿顶圆均用粗实线绘制，也可采用省略画法（图b） 在剖视图中，当剖切面通过两啮合齿轮的轴线时，在啮合区内，将一个齿轮的轮齿用粗实线绘制，另一个齿轮的轮齿被遮挡的部分用虚线绘制，也可省略不画（图a） 在剖视图中，当剖切面不通过啮合齿轮的轴线时，齿轮一律按不剖绘制	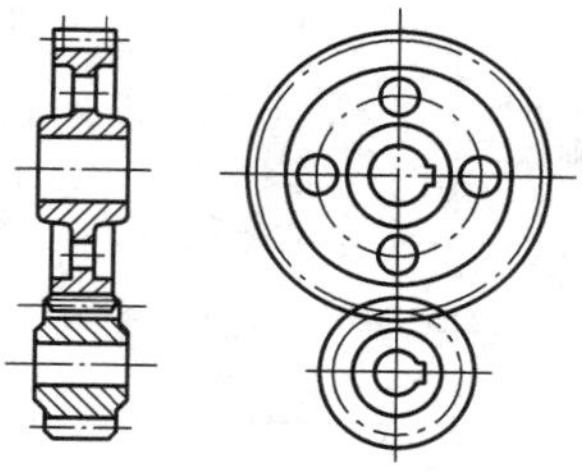 a) 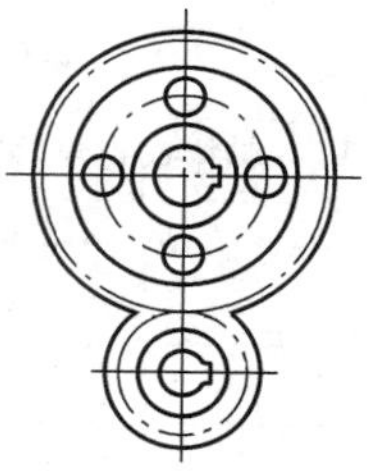 b)
在平行齿轮轴线的投影面的外形视图中，啮合区的齿顶线不需画出，节线用粗实线绘制，其他处的节线仍用点画线绘制	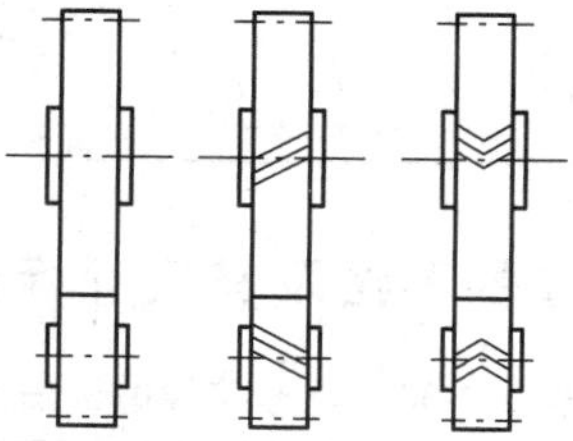
内啮合齿轮画法	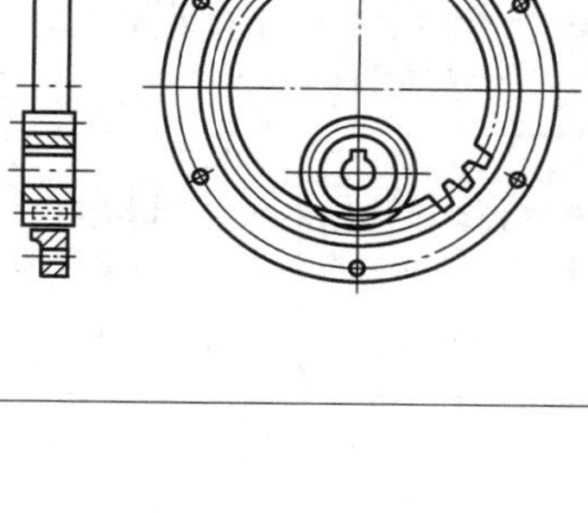

（续）

规定说明	图 例
齿轮齿条啮合画法	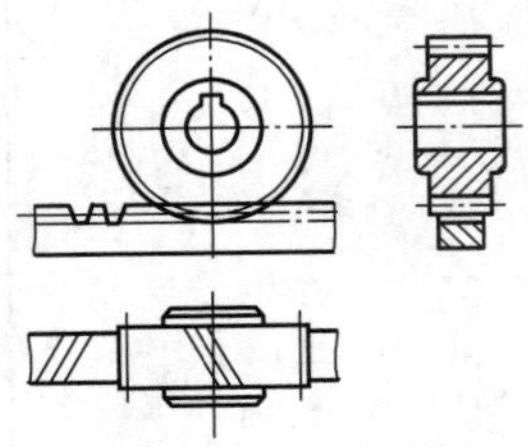
锥齿轮啮合（轴线成直角）的画法	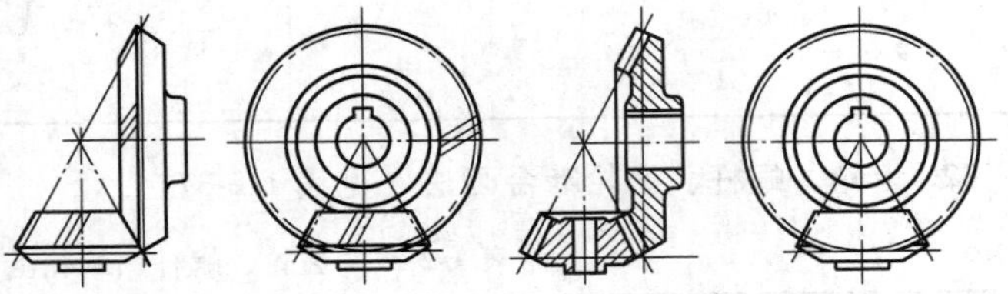
螺旋齿轮啮合（轴线成直角）的画法	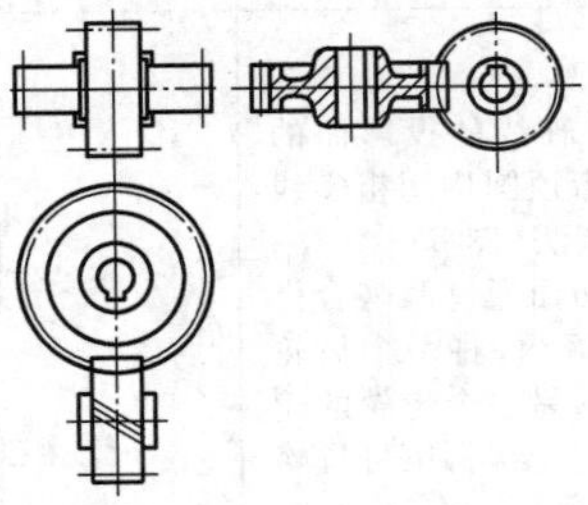
蜗轮、蜗杆啮合（圆柱蜗杆）的画法	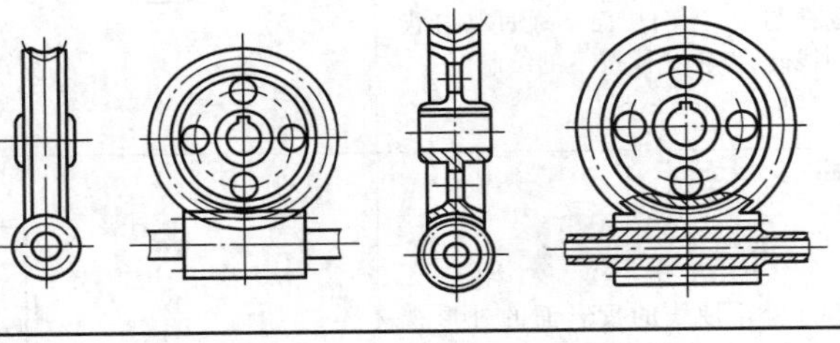

2.4.3 矩形花键的画法及其尺寸标注（见表1-2-38）

表1-2-38 矩形花键的画法及其尺寸标注（GB/T 4459.3—2000）

规定说明	图 例
在平行于花链轴线的投影面的视图中，外花键大径用粗实线绘制，小径用细实线绘制，并在断面图中画出一部分或全部齿形 花键工作长度的终止端和尾部长度的末端均用细实线绘制，并与轴线垂直，尾部画成斜线，其倾斜角一般与轴线成30°。必要时，可按实际情况画出	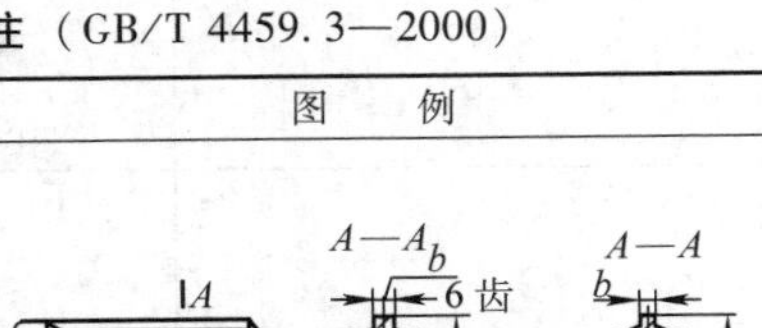
在平行于花键轴线的投影面的视图中，内花键大径与小径均用粗实线绘制，并用局部视图画出一部分或全部齿形	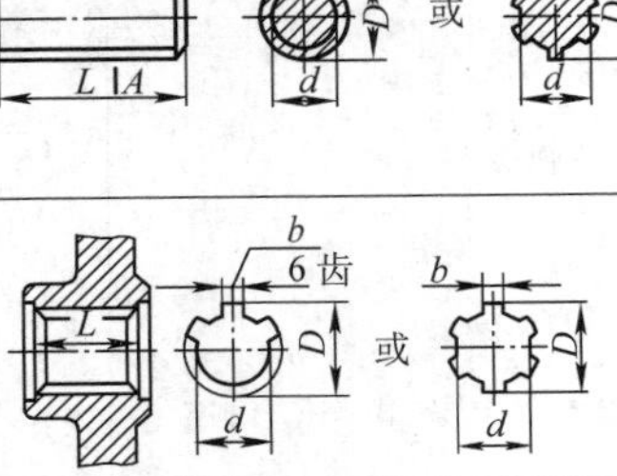

（续）

规定说明	图例
大径、小径及键宽采用一般尺寸标注时，其注法如图 a、图 b 所示 采用标准规定的花键标记标注时，其注法见图例	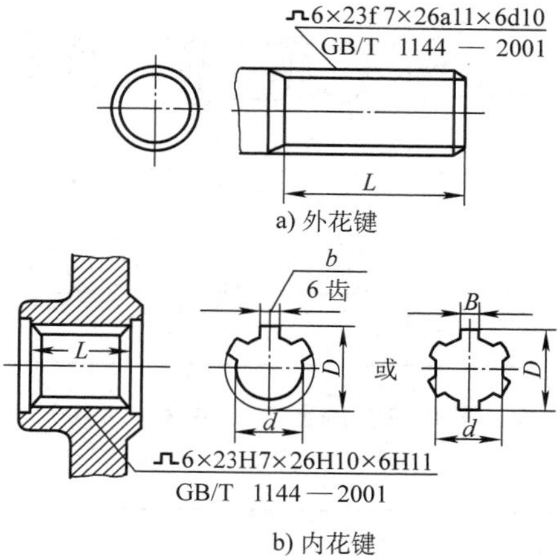 图中： ⎍（矩形花键符号）后面的数字表示键数×小径×大径×键宽
花键联接用剖视图表示时，其联接部分按外花键绘制，矩形花键的联接画法见图例	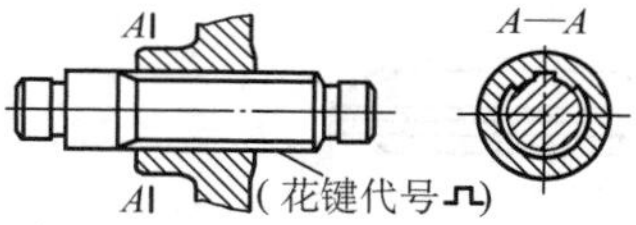

2.4.4 弹簧的画法（GB/T 4459.4—2003）

1. 螺旋弹簧的画法（见表 1-2-39）

1）在平行于螺旋弹簧轴线的投影面的视图中，其各圈的轮廓线应画成直线。

2）螺旋弹簧均可画成右旋，对必须保证的旋向要求，应在“技术要求”中注明。

3）螺旋压缩弹簧，如要求两端并紧且磨平时，无论支承圈的圈数多少和末端贴紧情况如何，均按表 1-2-39 形式绘制。必要时也可按支承圈的实际结构绘制。

4）有效圈数在四圈以上螺旋弹簧中间部分可以省略。圆柱螺旋弹簧中间省略后，允许适当缩短图形的长度。

表 1-2-39 螺旋弹簧画法

类型	视图	剖视图	示意图
圆柱螺旋压缩弹簧	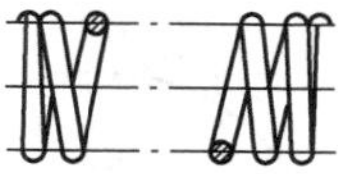	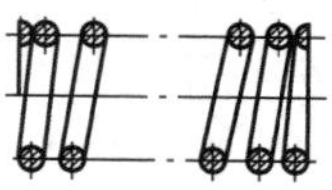	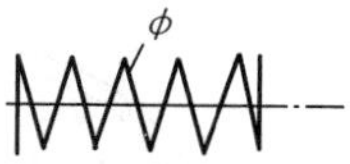
截锥螺旋压缩弹簧	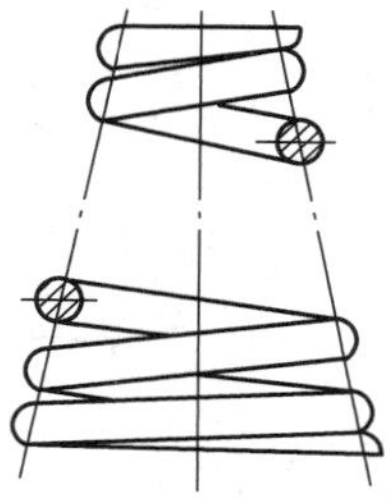	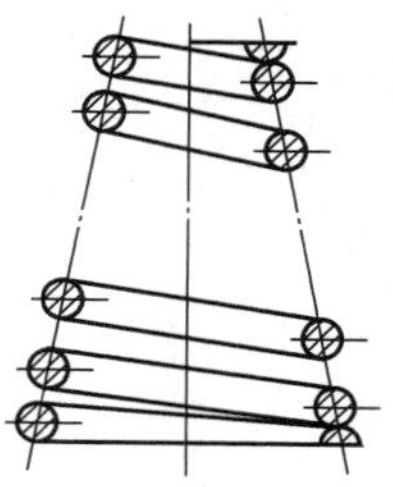	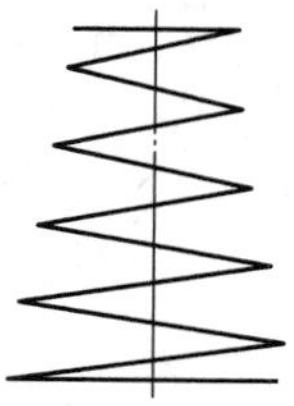

（续）

类型	视图	剖视图	示意图
圆柱螺旋拉伸弹簧	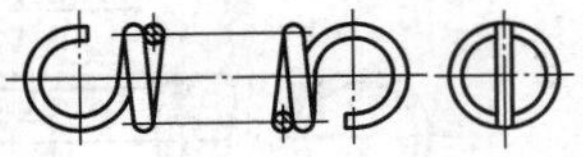	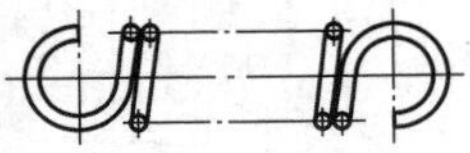	
圆柱螺旋扭转弹簧	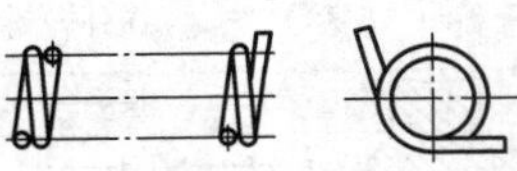	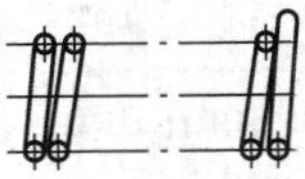	

2. 碟形弹簧的画法（见表1-2-40）

表1-2-40 碟形弹簧画法

视图	剖视图	示意图
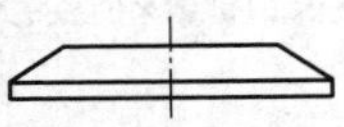	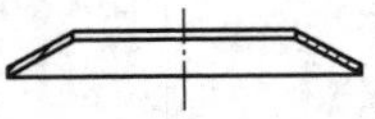	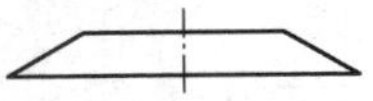
	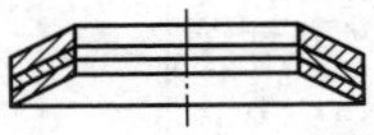	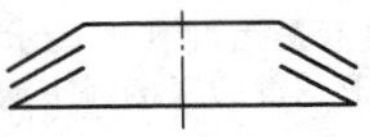
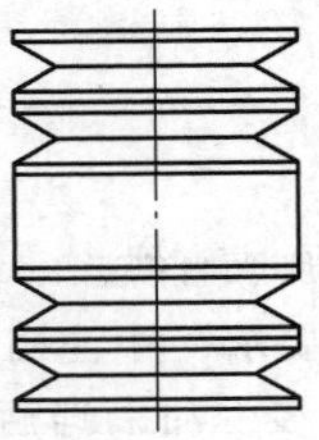	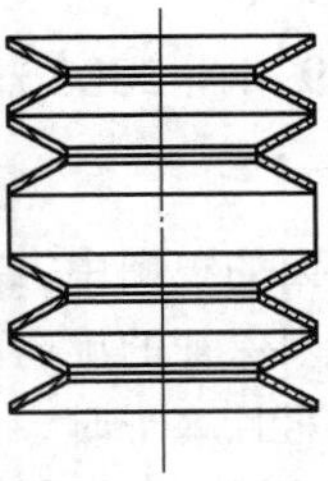	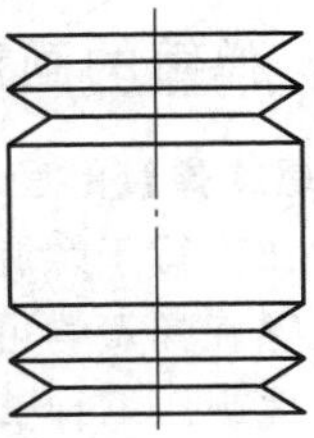

3. 平面涡卷弹簧的画法（见表1-2-41）

表1-2-41 平面涡卷弹簧的画法

视图	示意图
	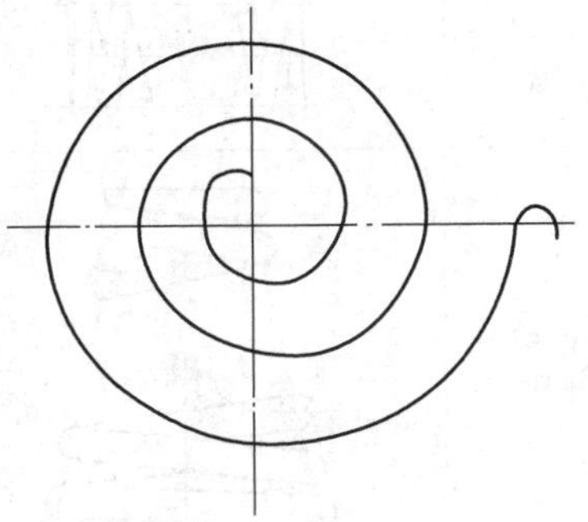

4. 板弹簧的画法

弓形板弹簧由多种零件组成，其画法如图 1-2-9 所示。

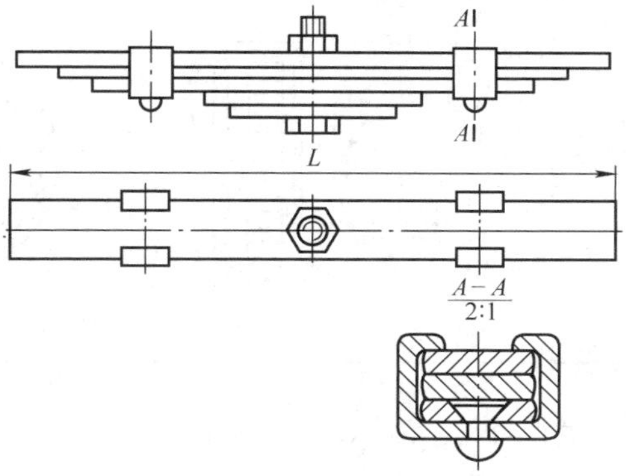

图 1-2-9　弓形板弹簧画法图例

5. 装配图中弹簧的画法（见表 1-2-42）

表 1-2-42　装配图中弹簧的画法

规定说明	图　例
被弹簧挡住的结构一般不画出，可见部分应从弹簧的外轮廓线或从弹簧钢丝剖面的中心线画起	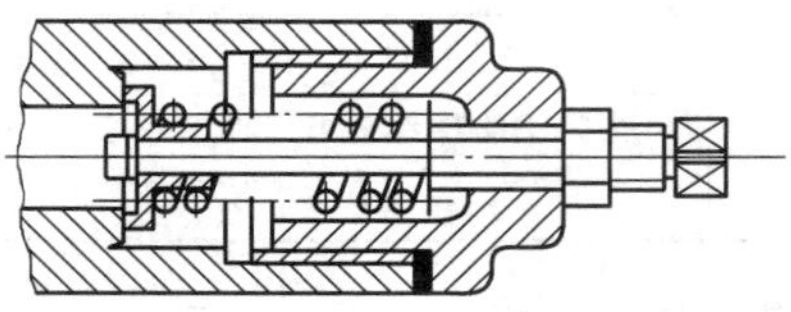
型材直径或厚度在图形上等于或小于 2mm 的螺旋弹簧、碟形弹簧、片弹簧允许用示意图绘制（图 a） 当弹簧被剖切时，剖面直径或厚度在图形上等于或小于 2mm 时也可用涂黑表示（图 b） 四束以上的碟形弹簧，中间部分省略后用细实线画出轮廓范围（图 c）	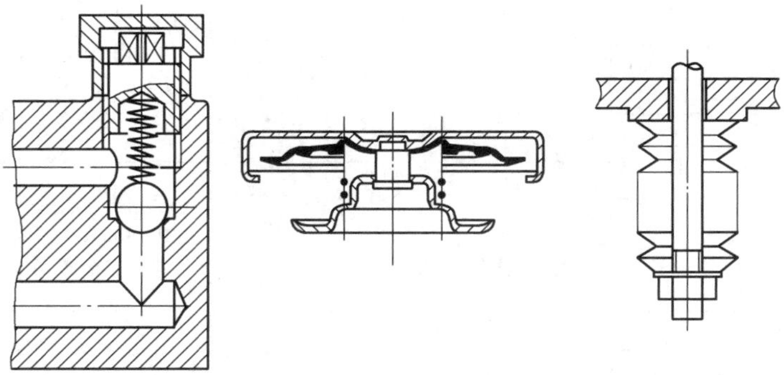 a)　b)　c)
板弹簧允许仅画出外形轮廓	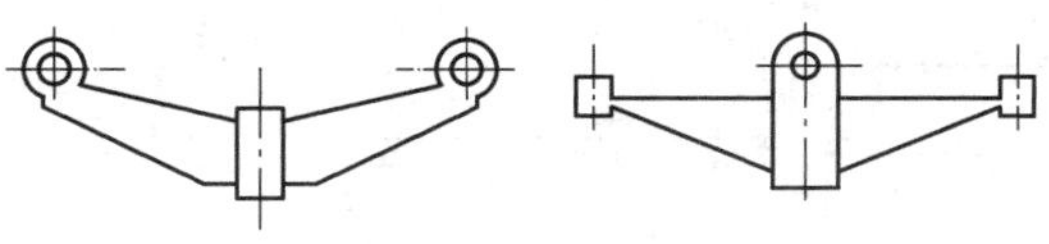

（续）

规定说明	图例
平面涡卷弹簧的装配图画法见图例	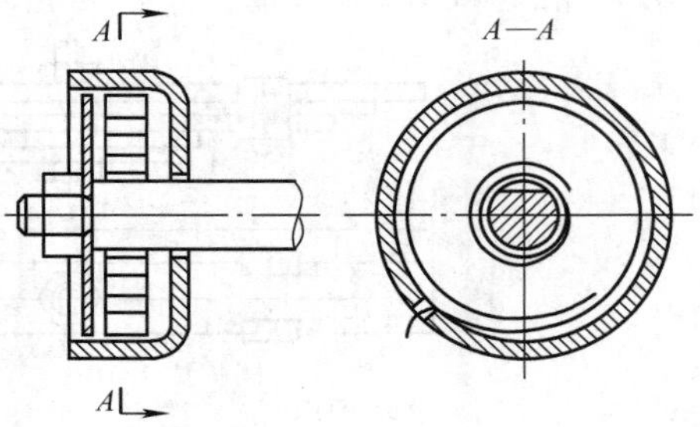

2.4.5 中心孔表示法（GB/T 4459.5—1999）

1. 中心孔符号（见表1-2-43）

表1-2-43 中心孔符号

符号	说明	符号	说明
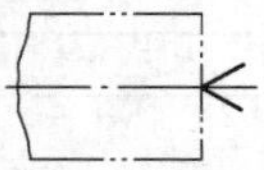	在完工的零件上要求保留中心孔	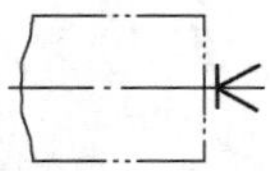	在完工的零件上不允许保留中心孔
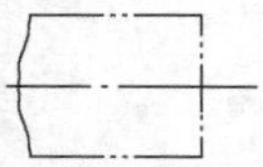	在完工的零件上可以保留中心孔		

2. 中心孔在图样上的标注（见表1-2-44）

表1-2-44 中心孔在图样上的标注

标注示例	说明
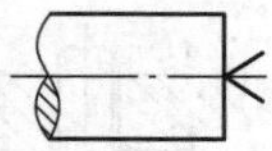	采用B型中心孔 $D=3.15\text{mm}, D_1=10\text{mm}$ 在完工的零件上要求保留中心孔
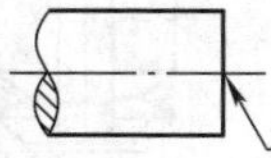	采用A型中心孔 $D=4\text{mm}, D_1=8.5\text{mm}$ 在完工的零件上是否保留中心孔都可以
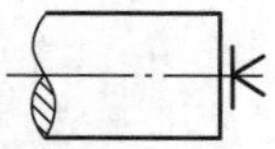	采用A型中心孔 $D=1.6\text{mm}, D_1=3.35\text{mm}$ 在完工的零件上不允许保留中心孔
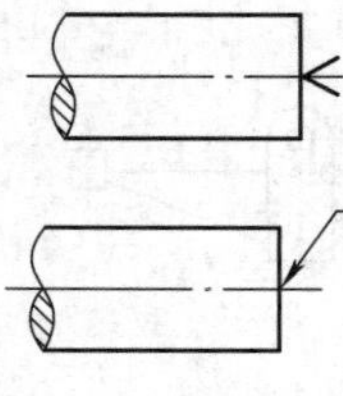	需指明中心孔的标准编号，也可标注在中心孔型号的下方

（续）

标注示例	说明
	以中心孔轴线为基准，基准代号的标注方法
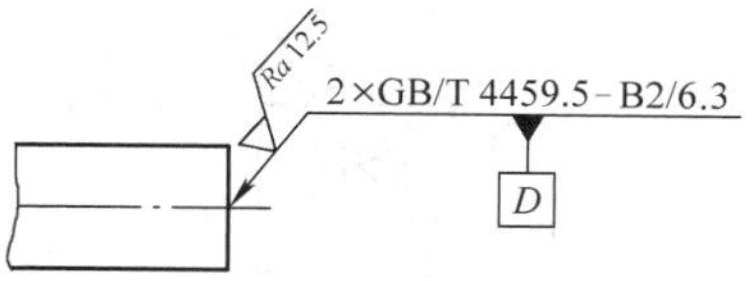	中心孔工作表面的表面粗糙度应标注在引出线上
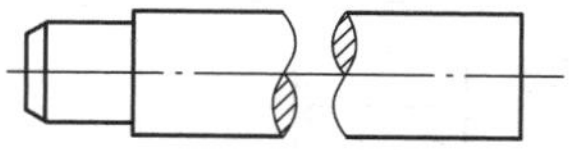	同一轴的两端中心孔相同，在一端标出，并注出数量在不致引起误解时，可省略标记中的标准编号

2.4.6 滚动轴承表示法（GB/T 4459.7—2017）

1. 基本规定（见表1-2-45）

表1-2-45 滚动轴承表示法的基本规定

要素	规定内容	图例
图线	表示滚动轴承时，通用画法、特征画法及规定画法中的各种符号、矩形线框和轮廓线均用GB/T 4457.4中规定的粗实线绘制	—
尺寸及比例	绘制滚动轴承时，其矩形线框或外形轮廓的大小应与滚动轴承的外形尺寸一致，并与所属图样采用同一比例。通用画法的尺寸比例（见表1-2-46），特征画法及规定画法的尺寸比例（见表1-2-47） 在剖视图中，用通用画法或特征画法绘制滚动轴承时，一律不画剖面符号；采用规定画法绘制剖视图时，轴承的滚动体不画剖面线，其各套圈可画成方向和间隔相同的剖面线。在不致引起误解时，也允许省略不画 若其他零件或附件（偏心套、紧定套、挡圈等）与滚动轴承配套使用时，其剖面线应与轴承套圈的剖面线呈不同方向或不同间隔。在不致引起误解时，也允许省略不画	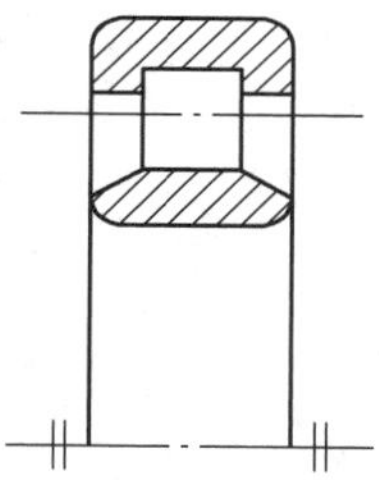 a) 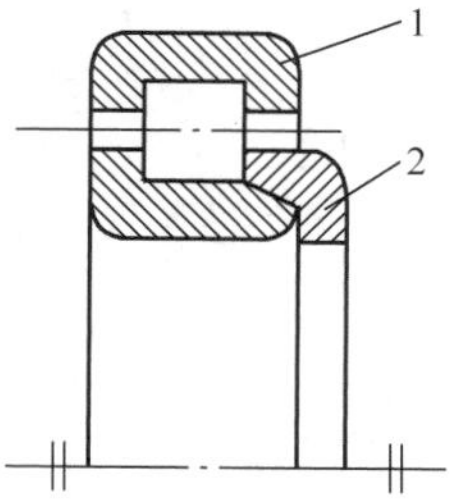 b) 1—圆柱滚子轴承 2—斜挡圈

表1-2-46 通用画法的尺寸比例示例

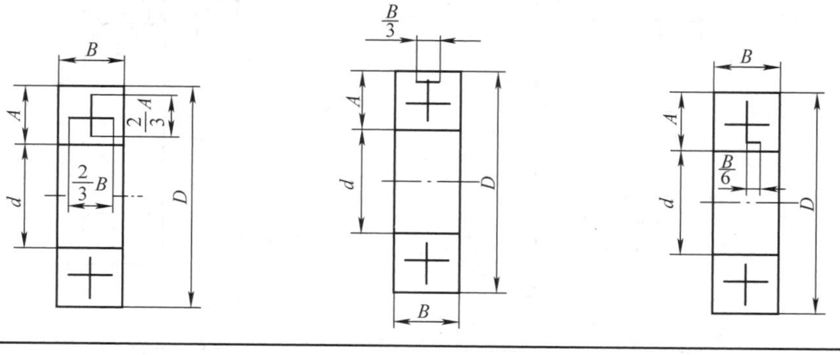

表 1-2-47 特征画法及规定画法的尺寸比例示例

序号	特征画法	规定画法
1	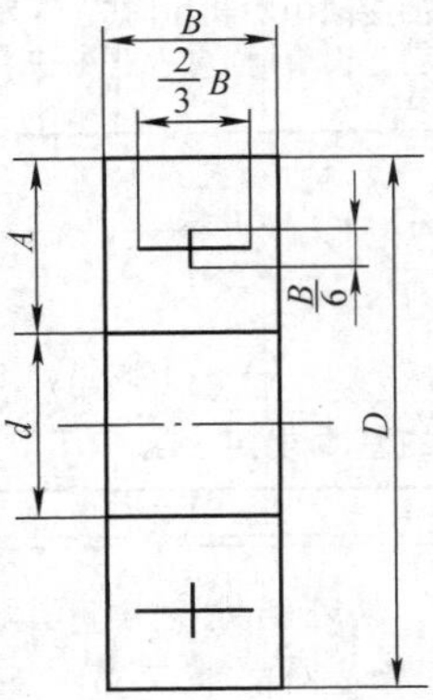	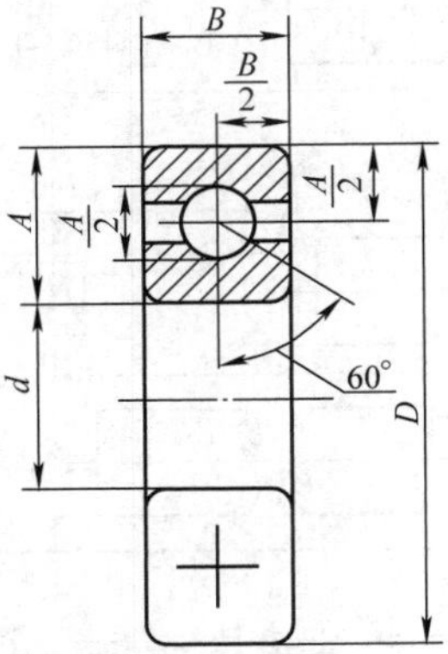 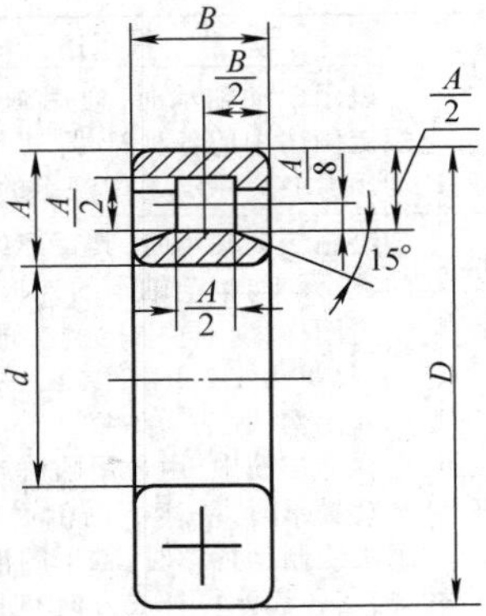
2	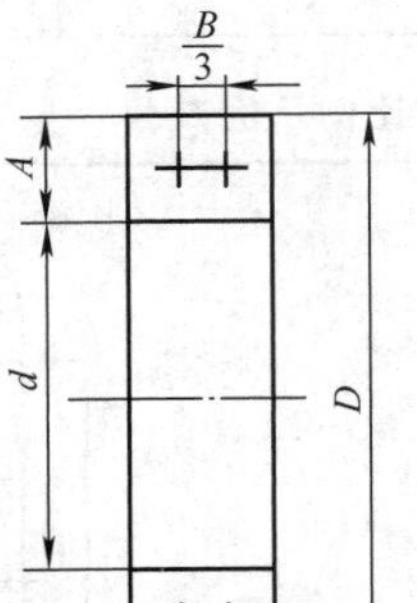	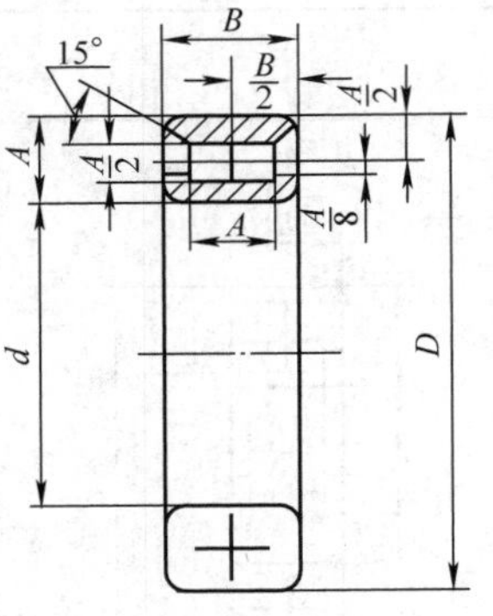

（续）

<table>
<tr><th>序号</th><th>特征画法</th><th>规定画法</th></tr>
<tr><td>3</td><td>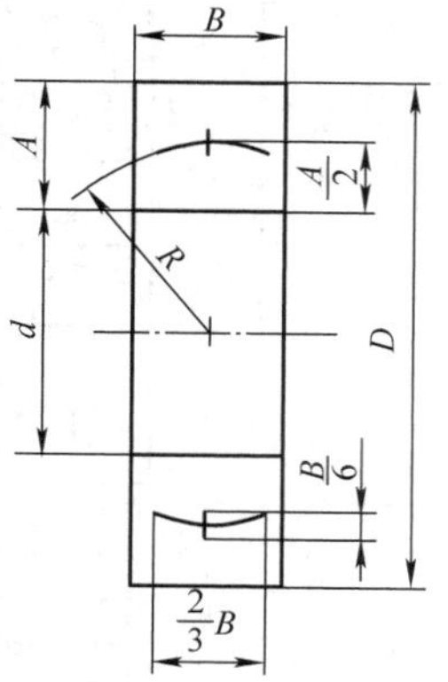
</td><td>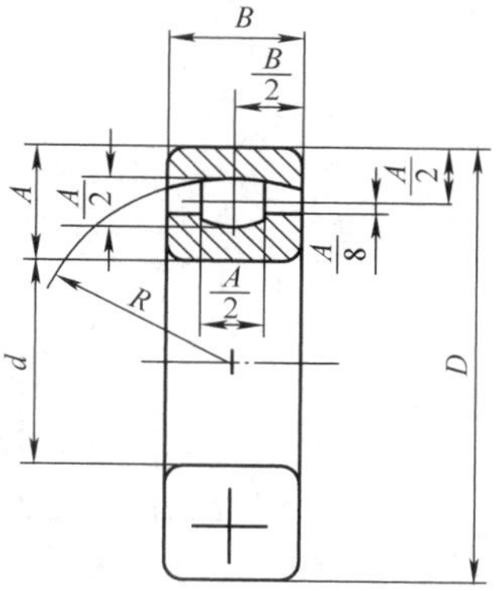
</td></tr>
<tr><td>4</td><td>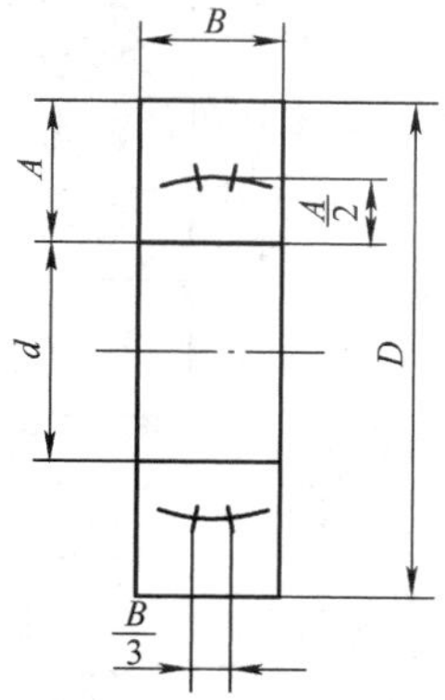
</td><td>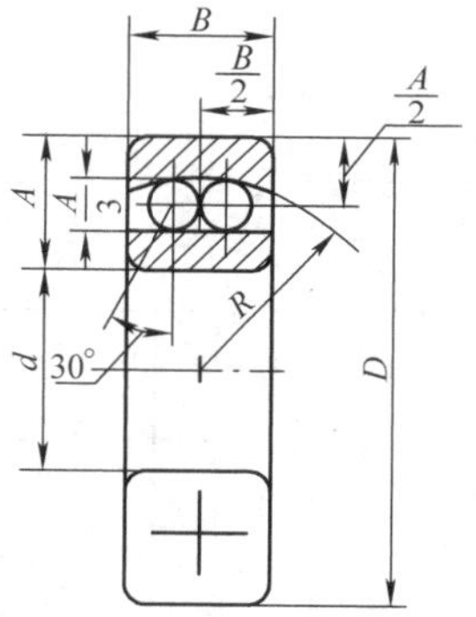

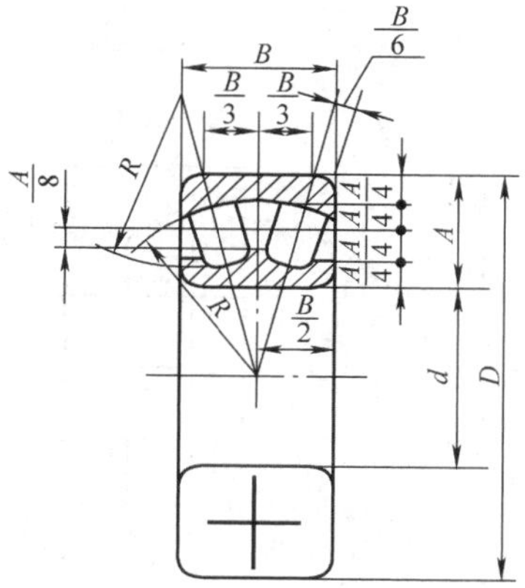
</td></tr>
</table>

（续）

<table>
<tr><th>序号</th><th>特征画法</th><th>规定画法</th></tr>
<tr><td>5</td><td>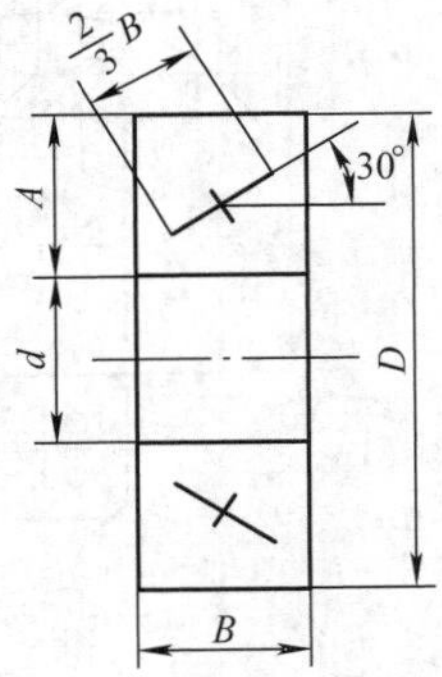
</td><td>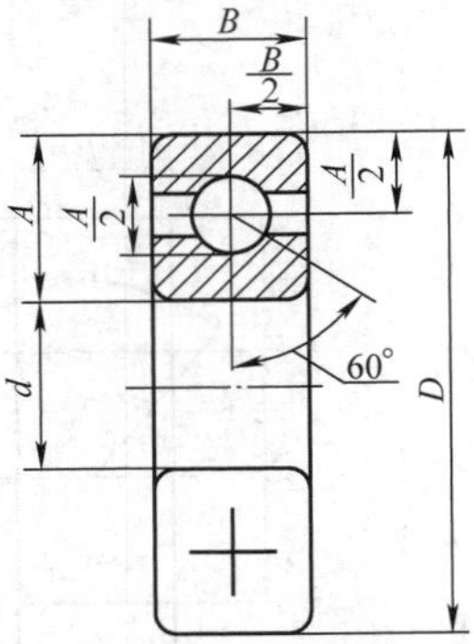

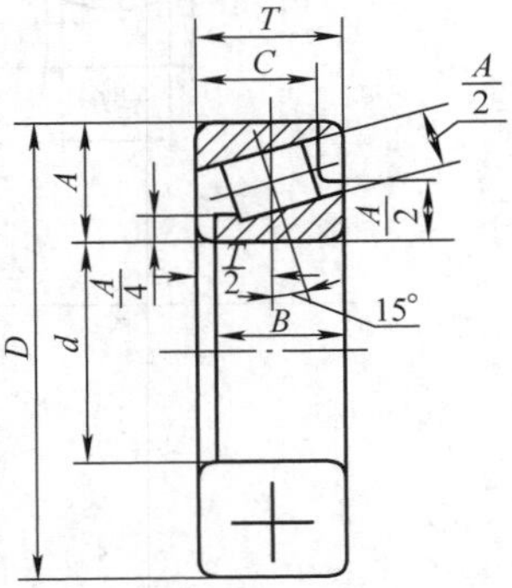
</td></tr>
<tr><td>6</td><td>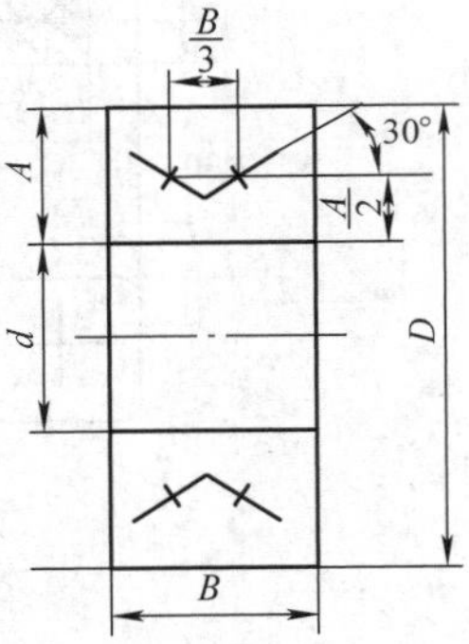
</td><td>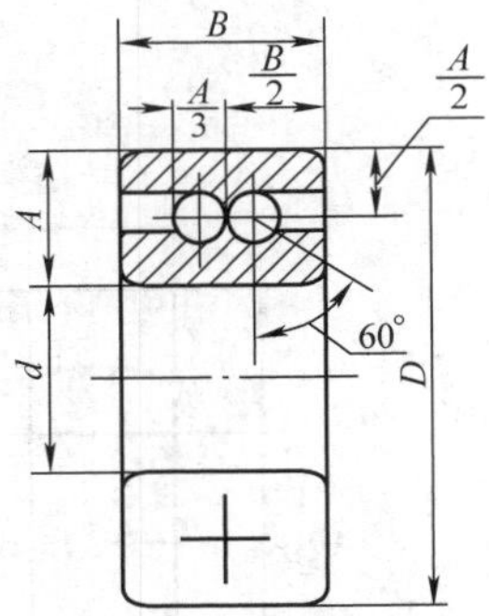
</td></tr>
<tr><td>7</td><td>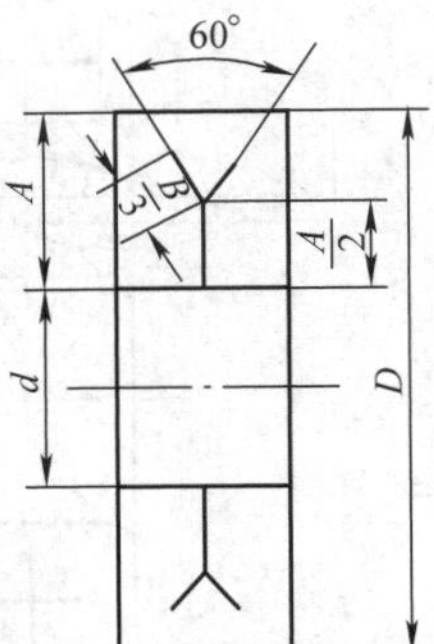
</td><td>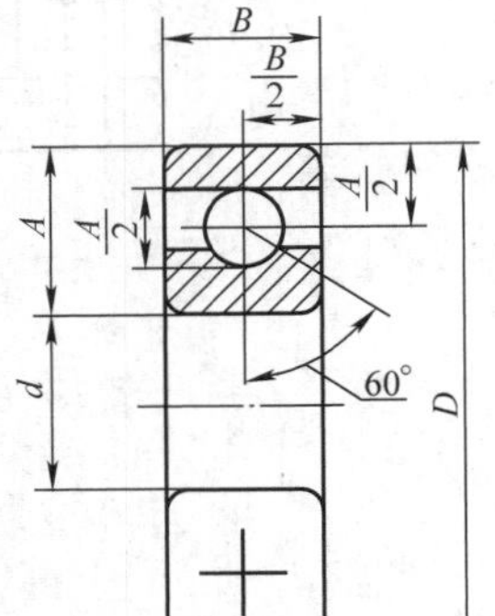
</td></tr>
</table>

（续）

序号	特征画法	规定画法
8	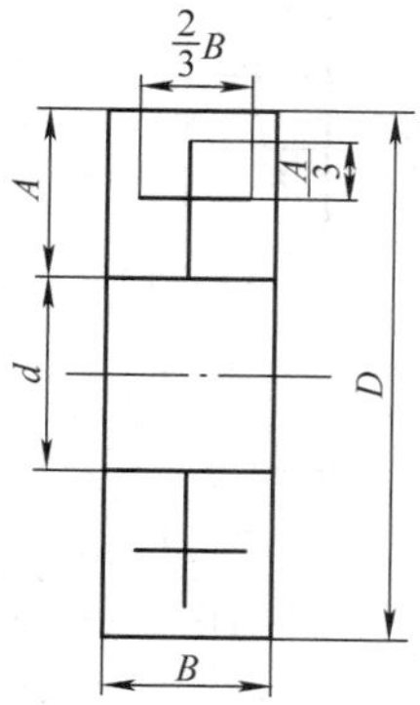	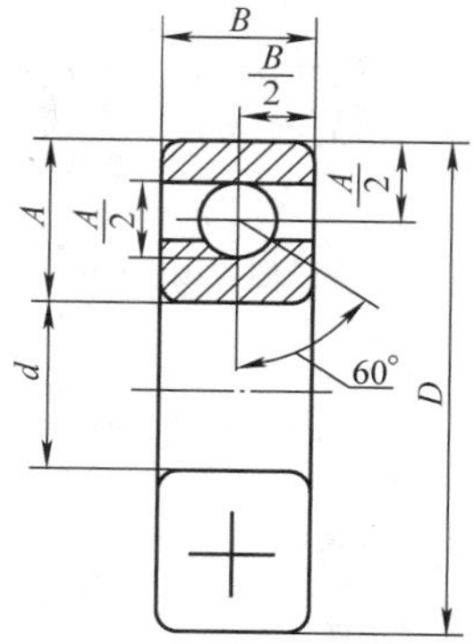
9	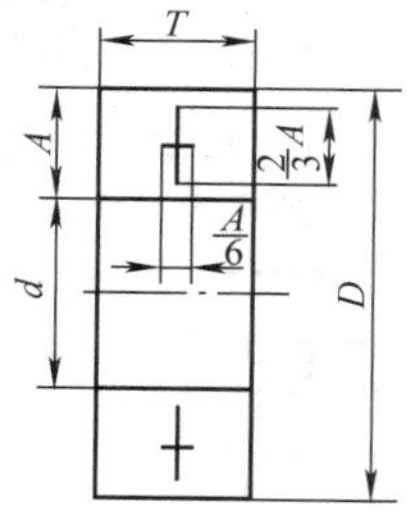	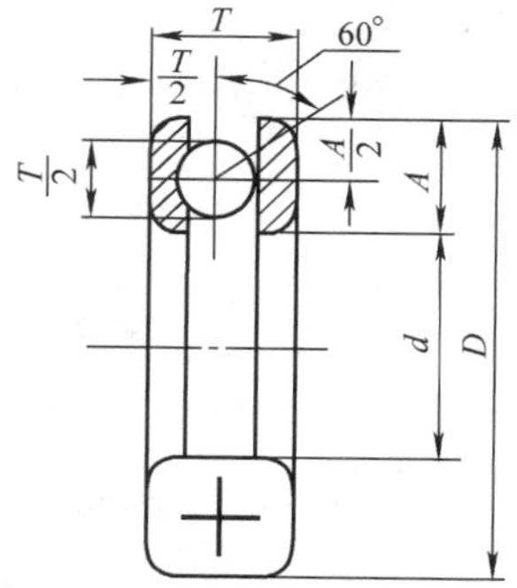
10	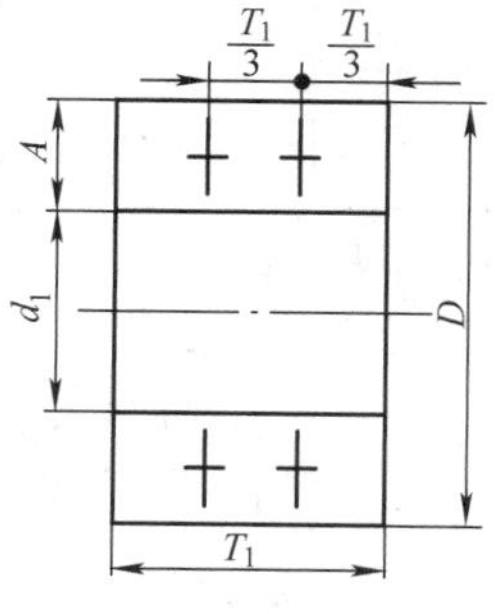	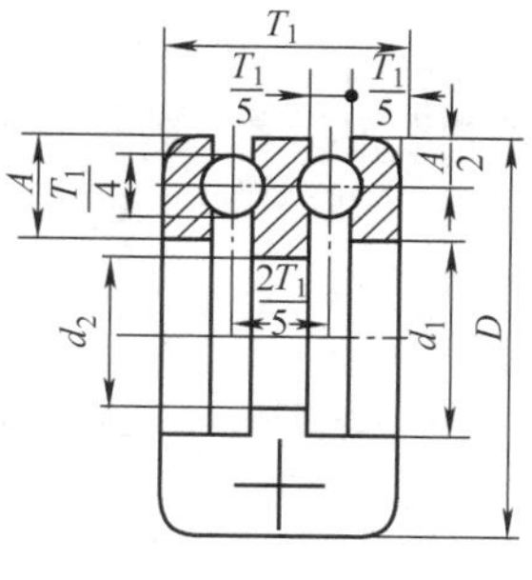

2. 简化画法

用简化画法绘制滚动轴承时，应采用通用画法或特征画法，但在同一图样中一般只采用其中一种画法。

（1）通用画法　通用画法见表 1-2-48。

表 1-2-48　滚动轴承的通用画法

规定说明	图　例
在剖视图中，当不需要确切地表示滚动轴承的外形轮廓、载荷特性、结构特征时，可用矩形线框及位于线框中央正立的十字形符号表示。十字符号不应与矩形线框接触（图 a） 通用画法应绘制在轴的两侧（图 b）	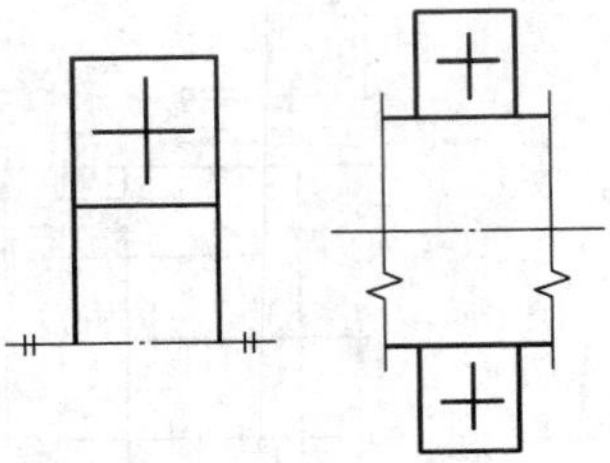 a)　　b)
需确切地表示滚动轴承的外形，则应画出其剖面轮廓，并在轮廓中央画出正立的十字形符号。十字符号不应与剖面轮廓线接触	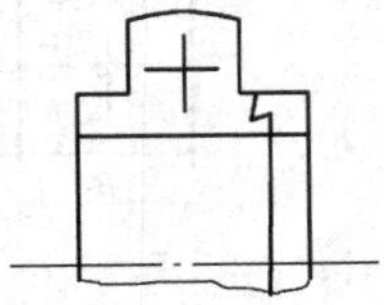
与滚动轴承配套使用的附件或零件，也可只画出其外形轮廓	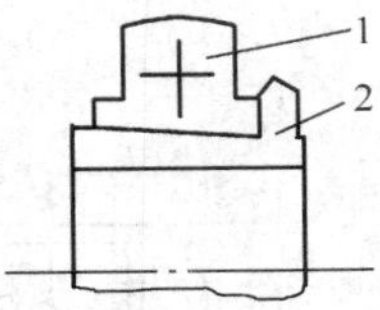 1—外球面球轴承　2—紧定套
滚动轴承自带的防尘盖和密封圈的表示	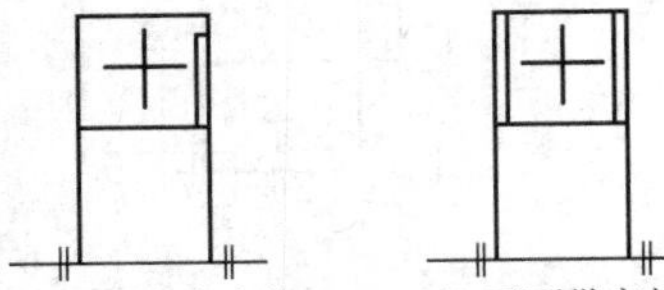 a) 一面带防尘盖　　b) 两面带密封圈
需要表示滚动轴承内圈和外圈无挡边时，可在十字符号上附加一短画表示内圈或外圈无挡边的方向	 a) 外圈无挡边　　b) 内圈右侧无挡边
装配图中，为了表达滚动轴承的安装方法，可画出滚动轴承的某些零件	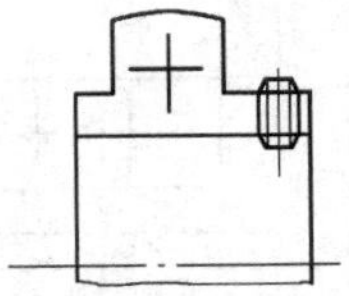

(2) 特征画法

1) 在剖视图中，如需较形象地表示滚动轴承的结构特征，可采用在矩形线框内画出其结构要素符号的方法表示。特征画法应绘制在轴的两侧。

① 滚动轴承特征画法中的结构要素符号见表 1-2-49。

② 滚动轴承特征画法中要素符号的组合见表 1-2-50。

表 1-2-49　滚动轴承特征画法中的结构要素符号

要素符号		说　　明	应　　用
①		长的粗实线	表示非调心轴承的滚动体的滚动轴线
①		长的粗圆弧线	表示调心轴承的调心表面或滚动体滚动轴线的包络线
		短的粗实线，与上两种要素符号相交成 90°角（或相交于法线方向），并通过每个滚动体的中心	表示滚动体的列数和位置
可供选择的要素符号②		圆	球
	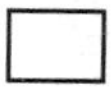	宽矩形	圆柱滚子
		长矩形	长圆柱滚子、滚针

① 根据轴承的类型，可以倾斜画出。

② 这些要素符号可代替短的粗实线表示滚动体。

表 1-2-50　滚动轴承特征画法中要素符号的组合

轴承承载特性		轴承结构特征			
		两个套圈		三个套圈	
		单　列	双　列	单　列	双　列
径向承载	非调心	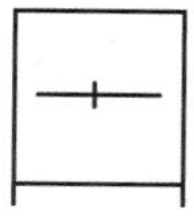	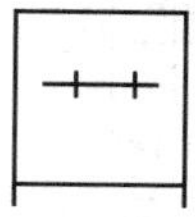	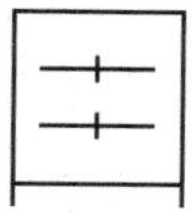	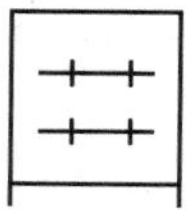
	调心	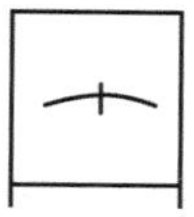	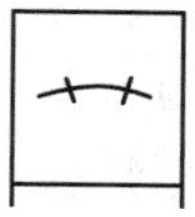	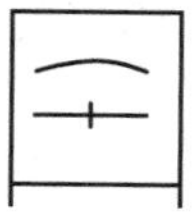	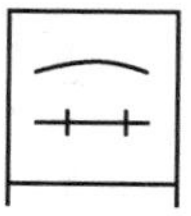
轴向承载	非调心	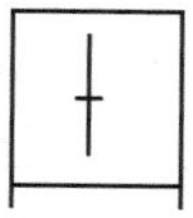	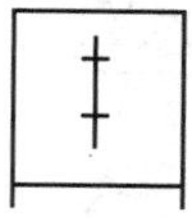	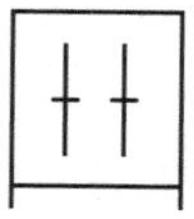	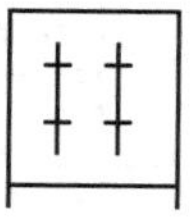
	调心	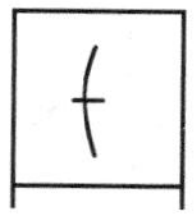	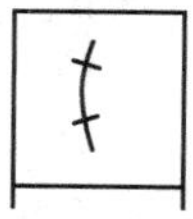	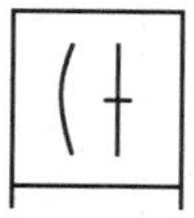	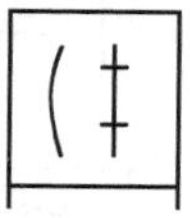
径向和轴向承载	非调心	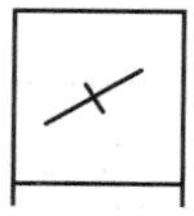		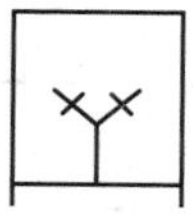	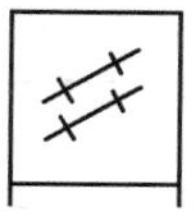
	调心	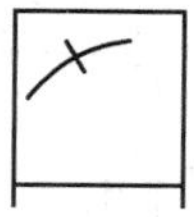	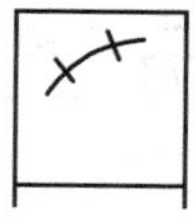		

注：表中的滚动轴承只画出了轴线一侧的部分。

③ 滚动轴承的特征画法及其应用见表 1-2-51～表 1-2-54。

表 1-2-51 球轴承和滚子轴承的特征画法及规定画法

特征画法	规定画法	
	球轴承	滚子轴承
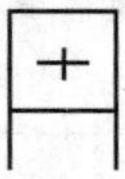	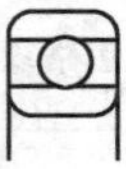	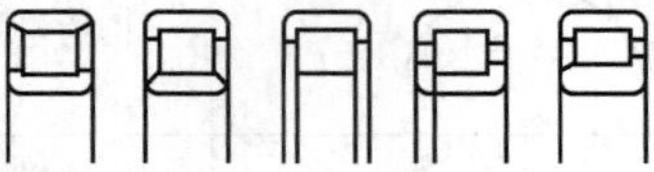
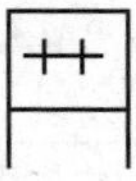	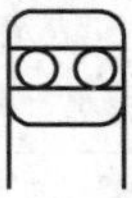	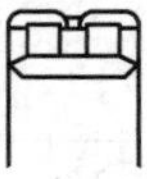
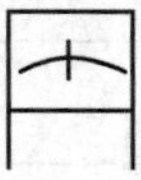		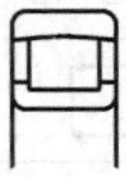
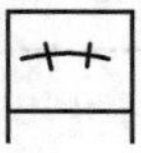		
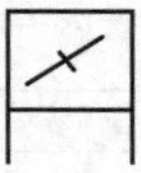		
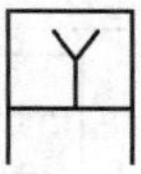	 (三点接触)	
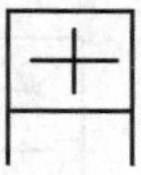	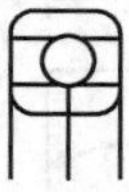 (四点接触)	
	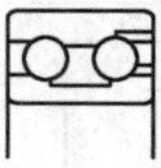	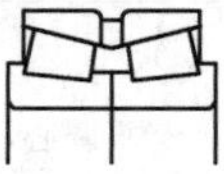
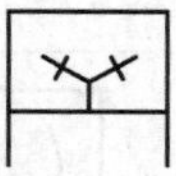	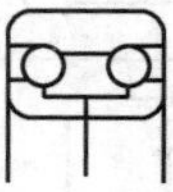	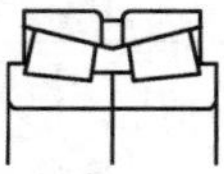
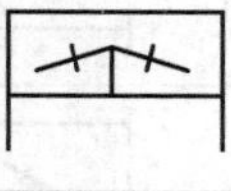		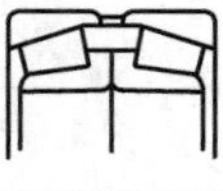

表 1-2-52 滚针轴承特征画法及规定画法

特征画法	规定画法
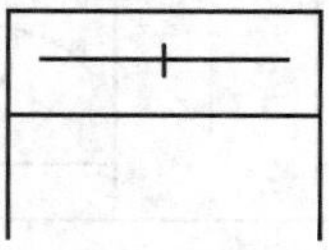	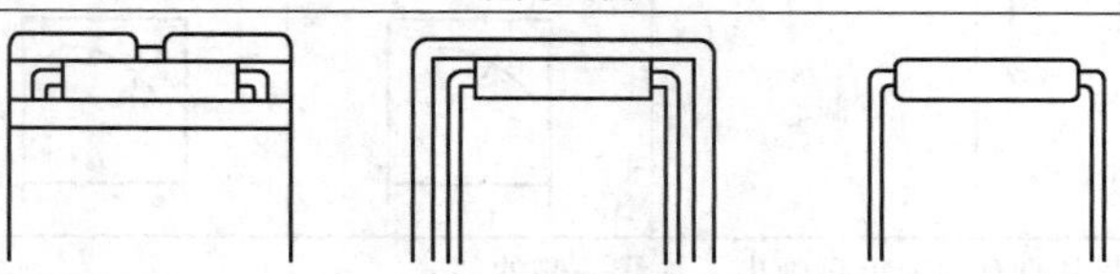

（续）

特征画法	规定画法
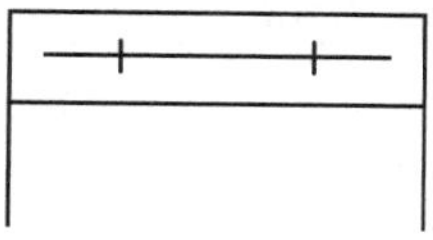	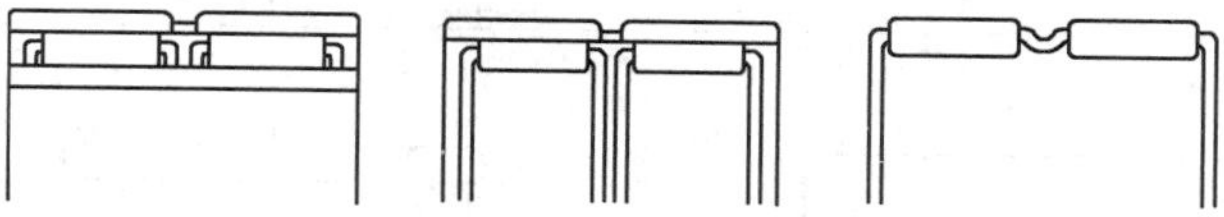
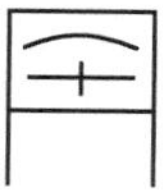	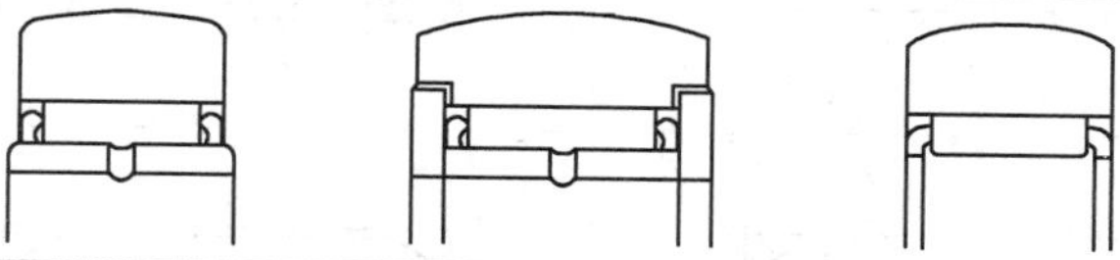

表 1-2-53　组合轴承的特征画法及规定画法

特征画法	规定画法
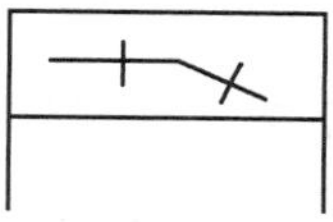	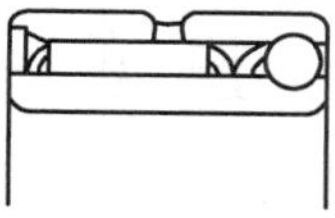
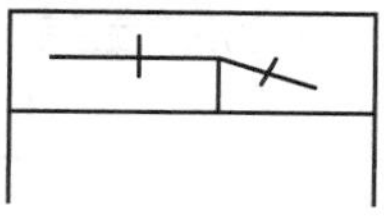	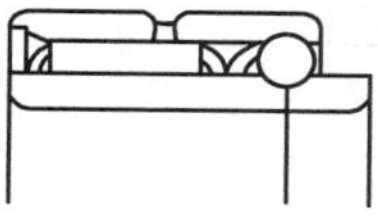
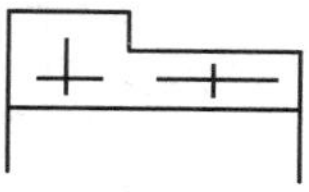	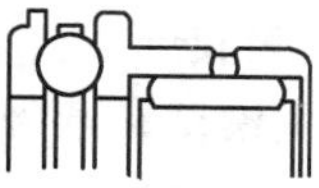
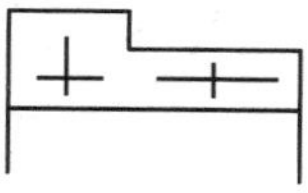	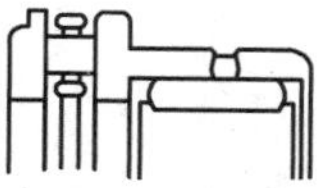

表 1-2-54　推力轴承的特征画法及规定画法

特征画法	规定画法	
	推力球轴承	推力滚子轴承
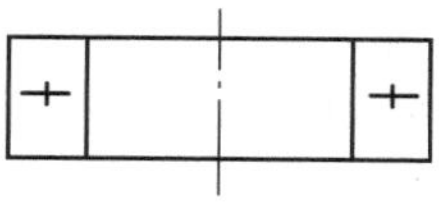	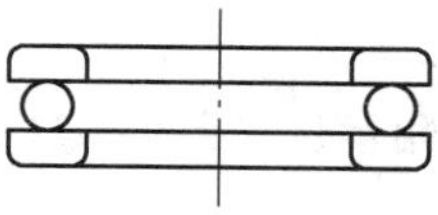	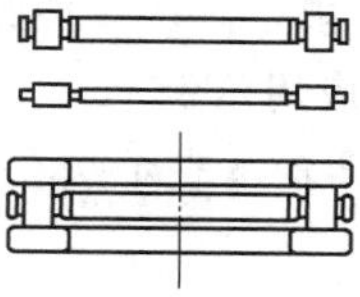
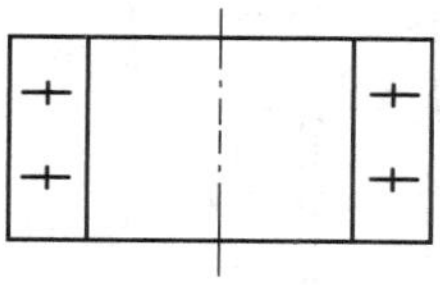	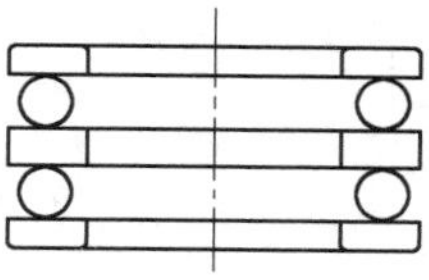	
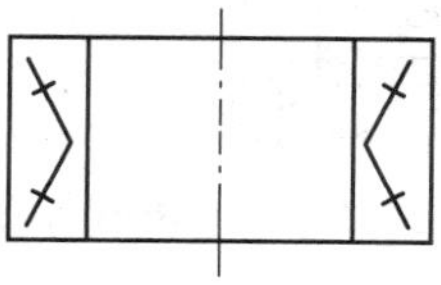	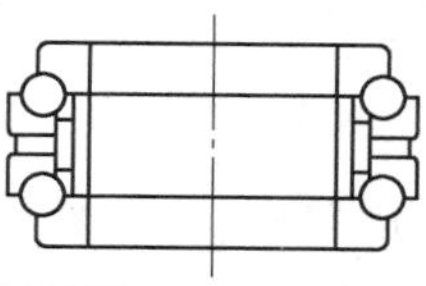	

（续）

特征画法	规定画法	
	推力球轴承	推力滚子轴承
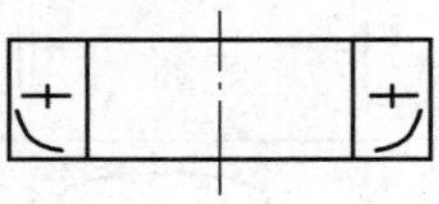	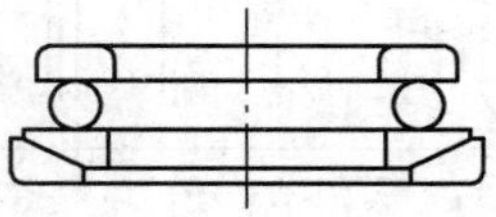	
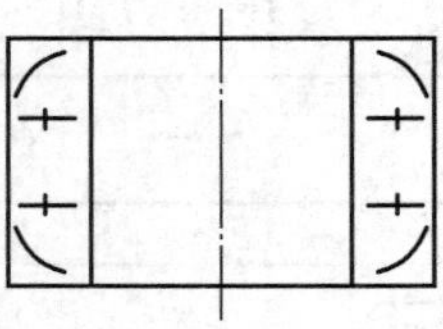	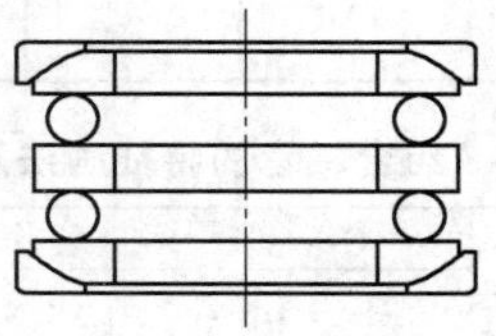	
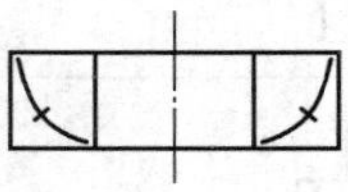		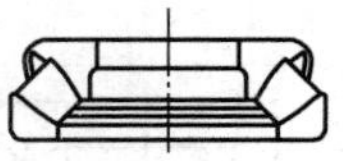

2）在垂直于滚动轴承轴线的投影面的视图上，无论滚动体的形状（球、柱、针等）及尺寸如何，均可按图1-2-10的方法绘制。

3）通用画法中有关滚动轴承带有附件或零件：表示防尘盖和密封圈，表示内圈或外圈无挡边时，装配图中表示方法的规定也适用于特征画法。

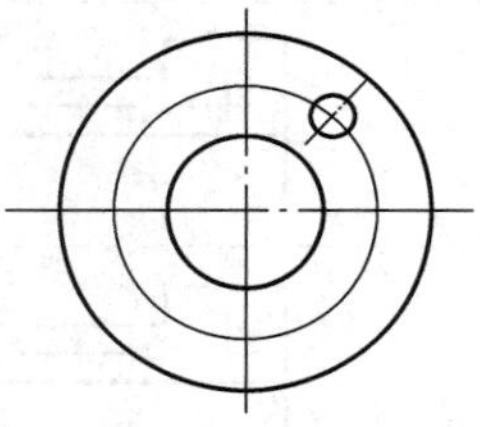

图1-2-10　滚动轴承轴线垂直于投影面的特征画法

3. 规定画法

1）必要时，在滚动轴承的产品图样、产品样本、产品标准、用户手册和使用说明书中可采用表1-2-51～表1-2-54的规定画法绘制滚动轴承。

2）在装配图中，滚动轴承的保持架及倒角等可省略不画。

3）规定画法一般绘制在轴的一侧，另一侧按通用画法绘制。

4. 应用示例

滚动轴承表示法在装配图中的应用示例如图1-2-11～图1-2-14所示。

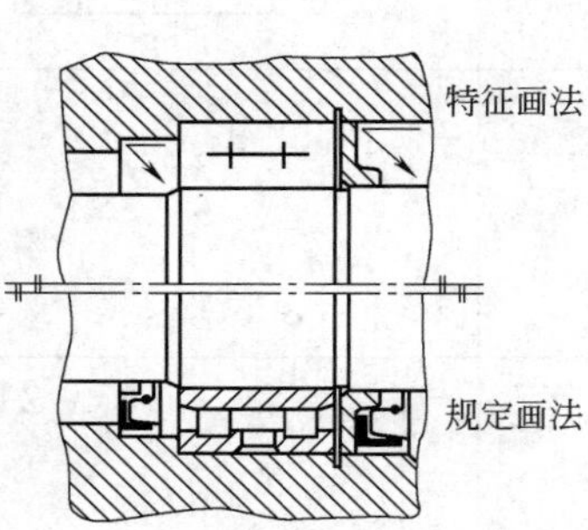

图1-2-11　双列圆柱滚子轴承在装配图中的画法

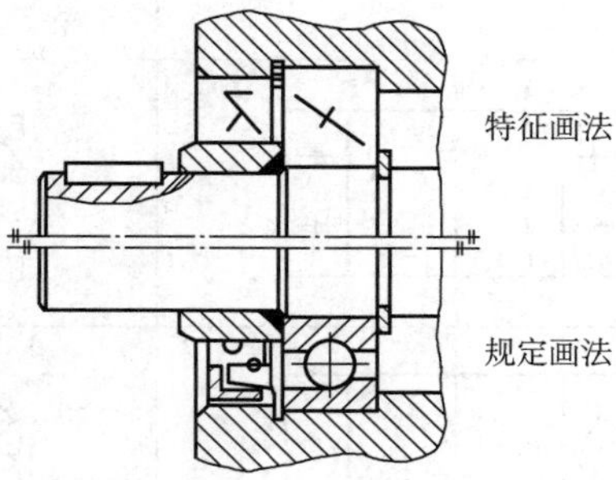

图1-2-12　角接触球轴承在装配图中的画法

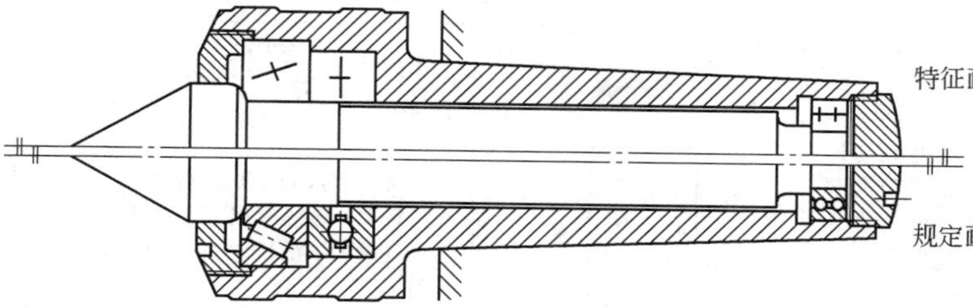

图 1-2-13 圆锥滚子轴承、推力球轴承和双列深沟球轴承在装配图中的画法

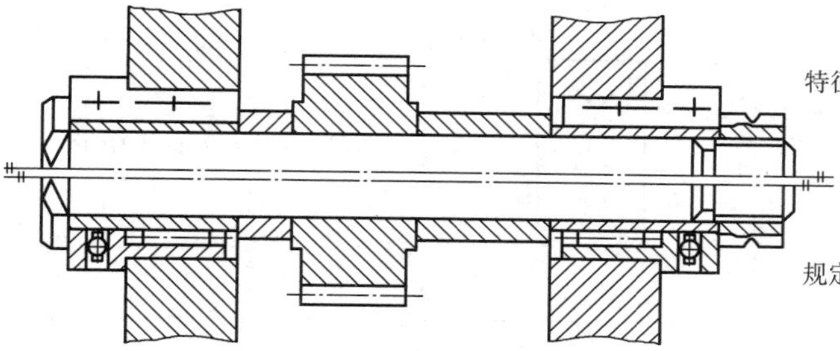

图 1-2-14 组合轴承在装配图中的画法

2.4.7 动密封圈表示法（GB/T 4459.8—2009，GB/T 4459.9—2009）

1. 基本规定（见表 1-2-55）

表 1-2-55 动密封圈表示法基本规定

要素	规定	图例
图线	绘制密封圈时，通用画法和特征画法及规定画法中的各种符号、矩形线框和轮廓线均用 GB/T 4457.4 中规定的粗实线绘制	—
尺寸及比例	用简化画法绘制的密封圈，其矩形线框和轮廓应与有关标准规定的密封圈尺寸及其安装沟槽尺寸协调一致，并与所属图样采用同一比例绘制	—
剖面符号	在剖视和剖面图中，用简化画法绘制密封圈时，一律不画剖面符号；用规定画法绘制密封圈时，仅在金属的骨架等嵌入元件上画出剖面线或涂黑	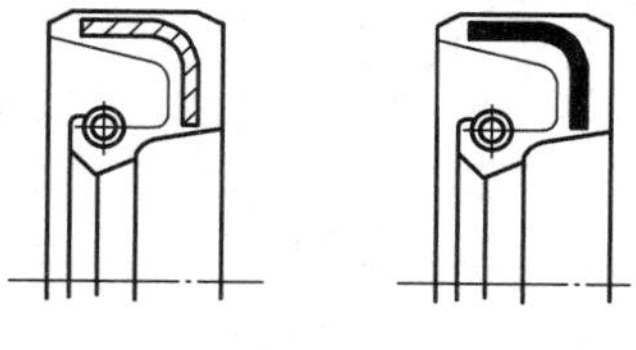

2. 简化画法

用简化画法绘制动密封圈时，可采用通用画法或特征画法。在同一张图样中一般只采用一种画法。

（1）通用画法　通用画法见表 1-2-56。

表 1-2-56　通用画法

规定说明	图　例	规定说明	图　例
在剖视图中，如不需要确切地表示密封圈的外形轮廓和内部结构，可采用在矩形线框的中央画出十字交叉的对角线符号的方法表示。交叉线符号不应与矩形线框的轮廓线接触	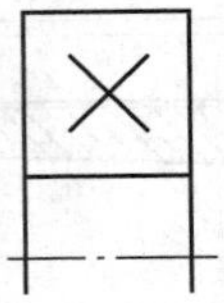	如需要确切地表示密封圈的外形轮廓，则应画出其较详细的剖面轮廓，并在其中央画出对角线符号	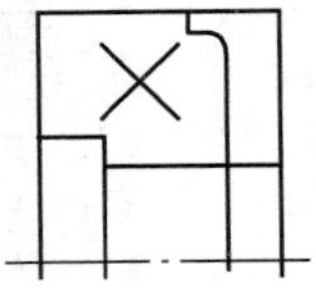
如需要表示密封的方向，则应在对角线符号的一端画出一个箭头，指向密封的一侧	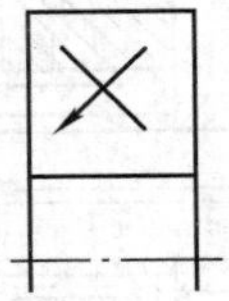	通用画法应绘制在轴的两侧	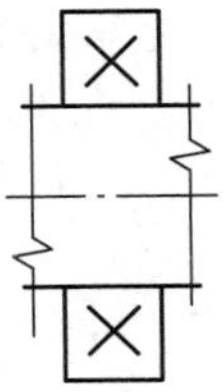

（2）特征画法　在剖视图中，如需比较形象地表示出密封圈的密封结构特征，可采用线框中间画出密封要素符号的方法表示。密封要素符号及其应用见表 1-2-57。

表 1-2-57　密封要素符号及其应用

序号	要素符号	说　明	应　用
1		长的粗实线（平行于密封表面的母线）	表示静态密封要素（密封圈和防尘圈上具有静态密封功能的部分）
2		长的粗实线①（与相应的轮廓线成45°）	表示动态密封要素（密封圈和防尘圈上具有动态密封功能的唇，以及有防尘、除尘功能的结构）。与序号1的要素符号组合使用，倾斜方向应与工作介质（流体、气体、固体）流动的方向相反
3		短的粗实线①（与序号2的要素符号成90°）	表示有防尘和除尘功能的副唇。与序号2的要素符号组合使用
4	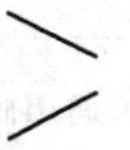	短的粗实线（由矩形线框的中心画出①，与相应的轮廓线成30°）	表示往复运动的动态密封要素，与序号5的要素符号组合使用
5		短的粗实线（由矩形线框的中心画出①，与相应的轮廓线平行）	表示往复运动的静态密封要素
6	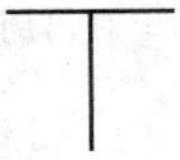	粗实线（T形，凸起）	T形、U形组合使用，表示非接触密封，如迷宫式密封
7		粗实线（U形，凹下）	

① 必要时，可附加一个表示密封方向的箭头。

特征画法应绘制在轴的两侧。

旋转轴唇形密封圈、往复运动橡胶密封圈、迷宫式密封件的特征画法和规定画法见表 1-2-58～表 1-2-60。

表 1-2-58　旋转轴唇形密封圈的特征画法和规定画法

特征画法		应　用	规定画法
轴用	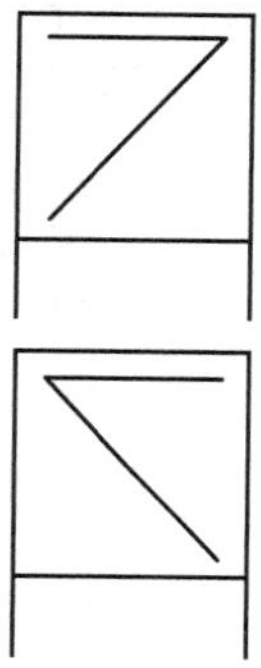	主要用于旋转轴唇形密封圈,也可用于往复运动活塞杆唇形密封圈及结构类似的防尘圈	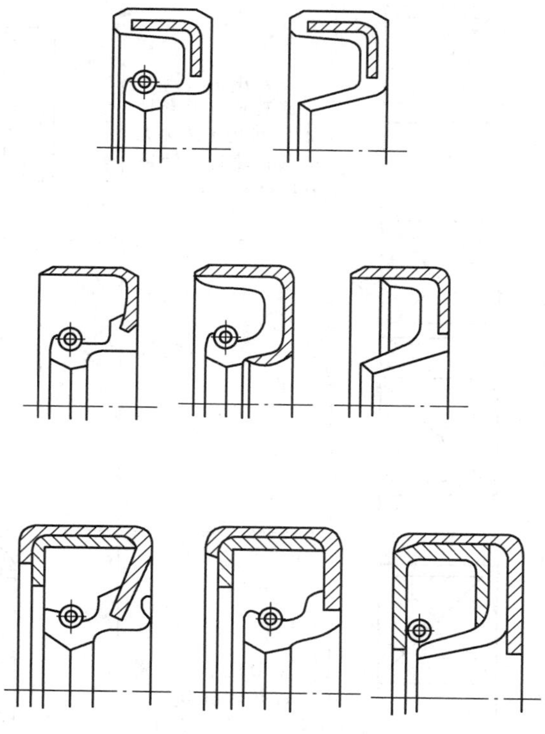
孔用	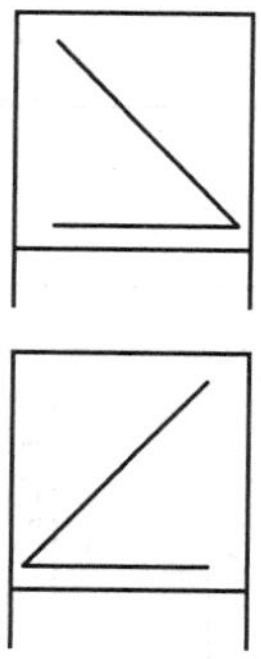	主要用于旋转轴唇形密封圈,也可用于往复运动活塞杆唇形密封圈及结构类似的防尘圈	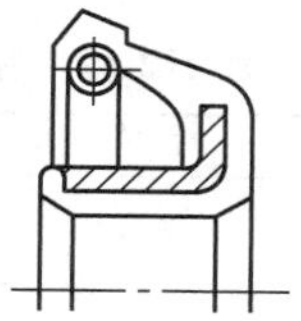

（续）

特征画法		应　用	规定画法
轴用	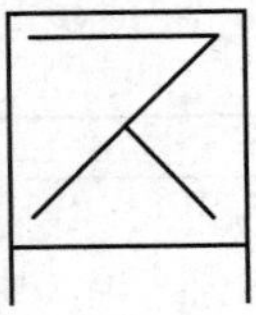 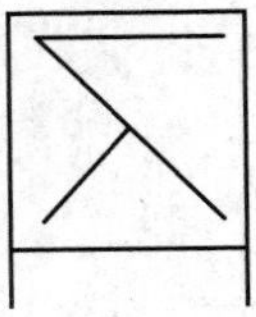	主要用于有副唇的旋转轴唇形密封圈，也可用于结构类似的往复运动活塞杆唇形密封圈	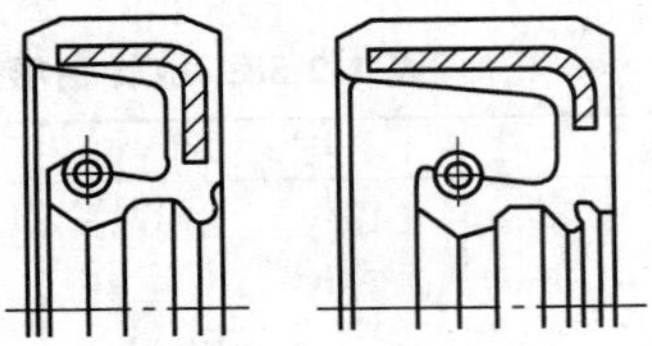 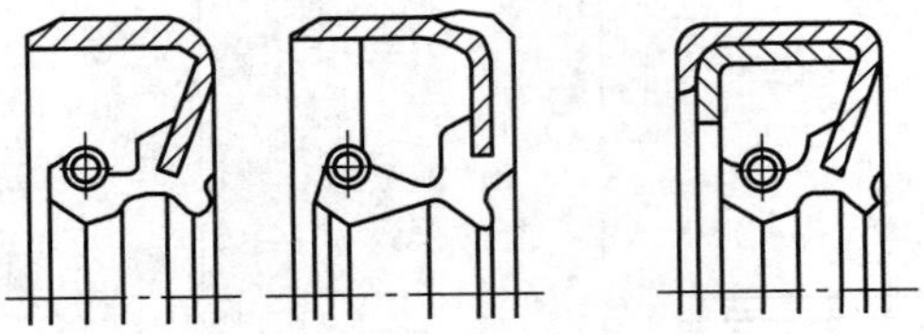
孔用	 		
轴用	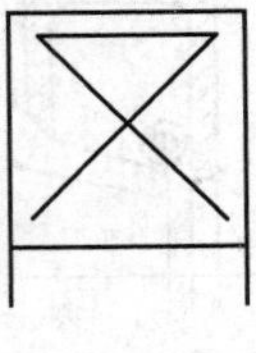	主要用于双向密封旋转轴唇形密封圈，也可用于结构类似的往复运动活塞杆唇形密封圈	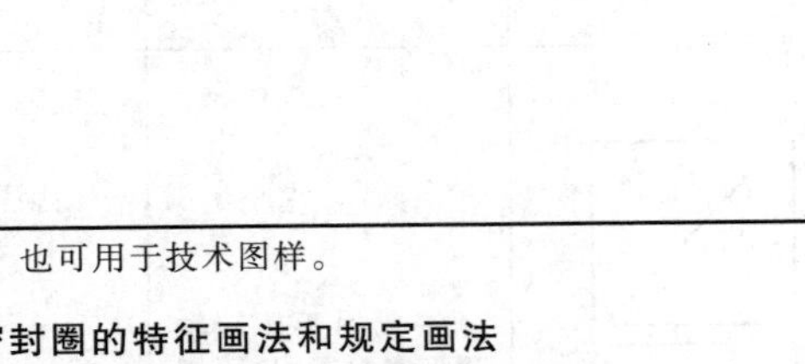
孔用	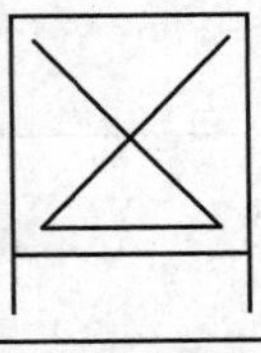		

注：规定画法常用于产品目录、用户手册、说明书等，也可用于技术图样。

表 1-2-59　往复运动橡胶密封圈的特征画法和规定画法

特征画法	应　用	规定画法
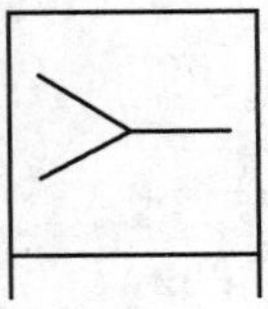	用于Y形、U形及蕾形橡胶密封圈	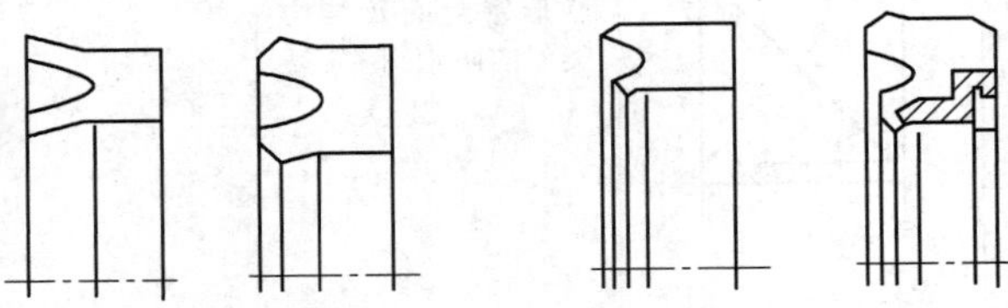

（续）

特征画法	应　　用	规定画法
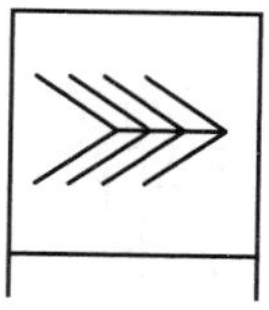	用于V形橡胶密封圈	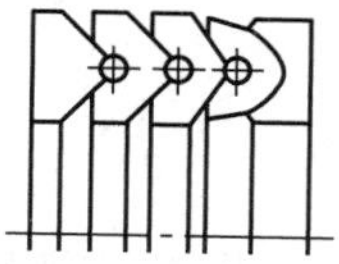
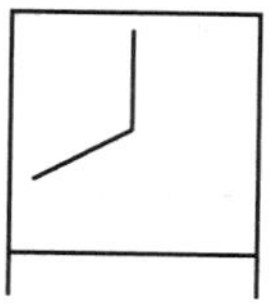	用于J形橡胶密封圈	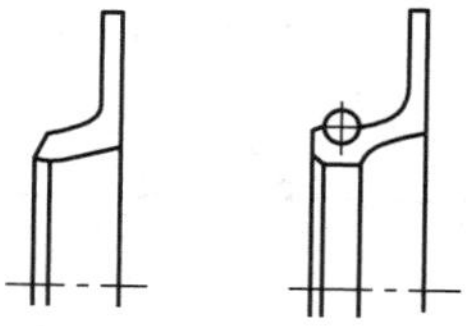
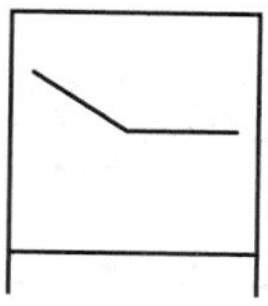	用于高低唇Y形橡胶密封圈（孔用）和橡胶防尘密封圈	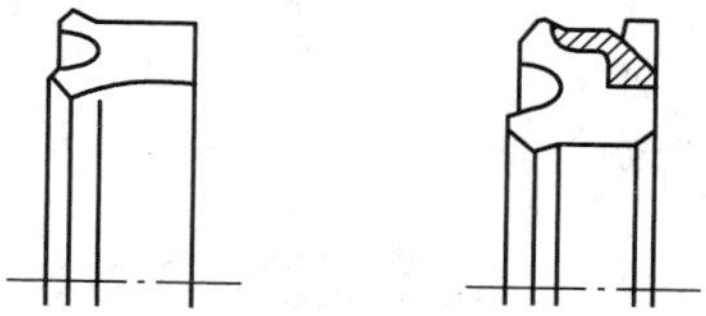
	用于起端面密封和防尘功能的VD形橡胶密封圈	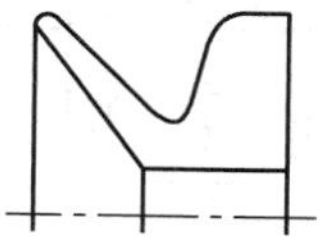
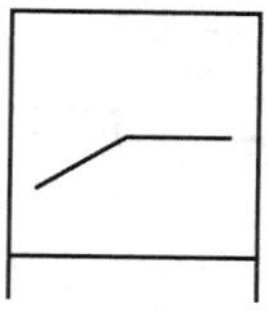	用于高低唇Y形橡胶密封圈（轴用）和橡胶防尘密封圈	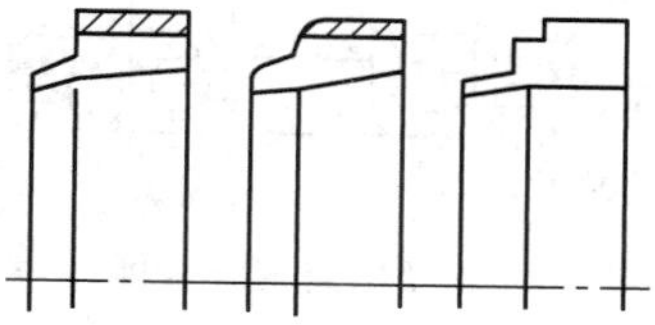
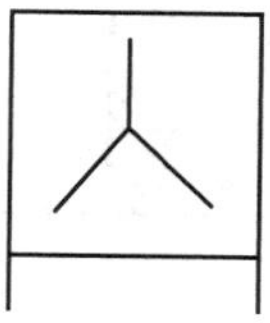	用于双向唇的橡胶防尘密封圈，也可用于结构类似的防尘密封圈（轴用）	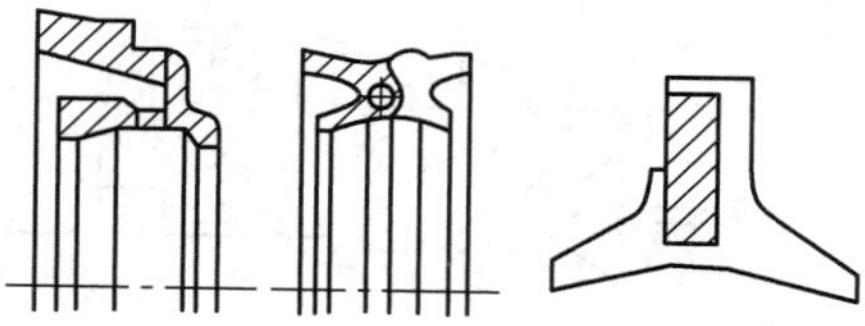
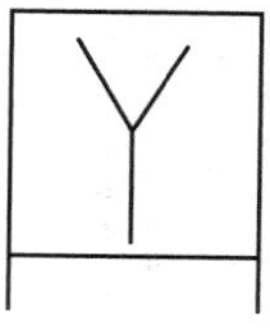	用于有双向唇的橡胶防尘密封圈，也可用于结构类似的防尘密封圈（孔用）	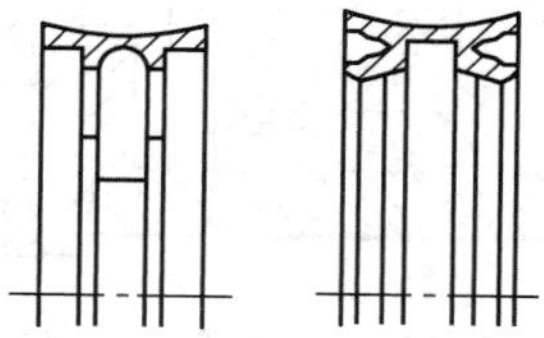

表 1-2-60　迷宫式密封件的特征画法和规定画法

特征画法	应　用	规定画法
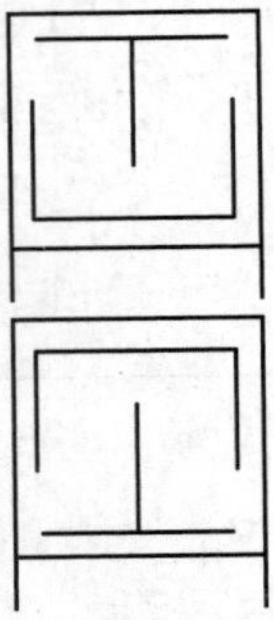	非接触密封的迷宫式密封	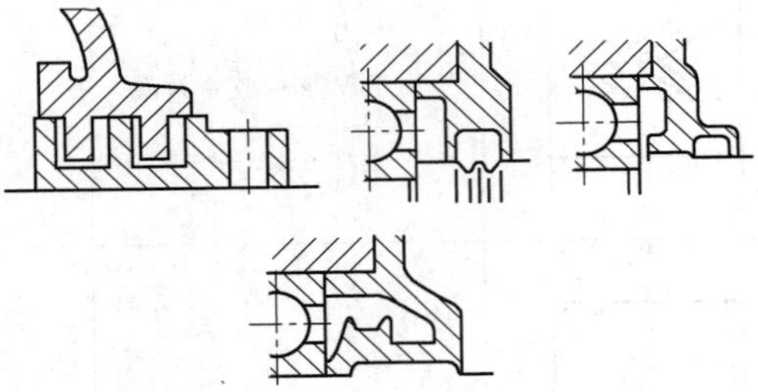

3. **规定画法**

必要时，可在密封圈的产品图样、产品样本、用户手册和使用说明书等采用规定画法（见表 1-2-58～表 1-2-60）绘制密封圈。这种画法可绘制在轴的两侧，也可绘制在轴的一侧，另一侧按通用画法绘制。

4. **应用举例**（见图 1-2-15～图 1-2-20）

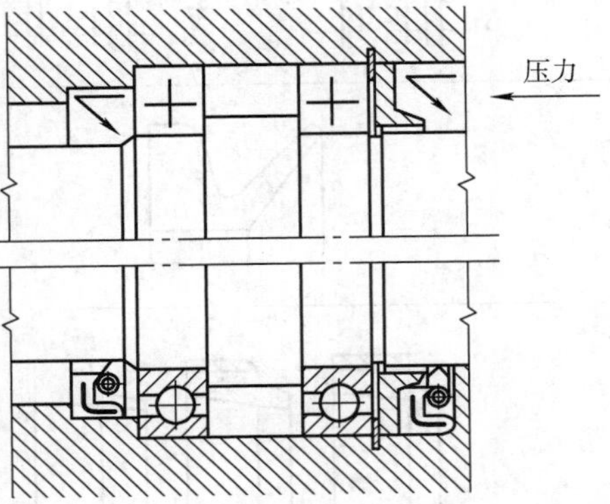

图 1-2-15　旋转轴唇形密封圈的应用

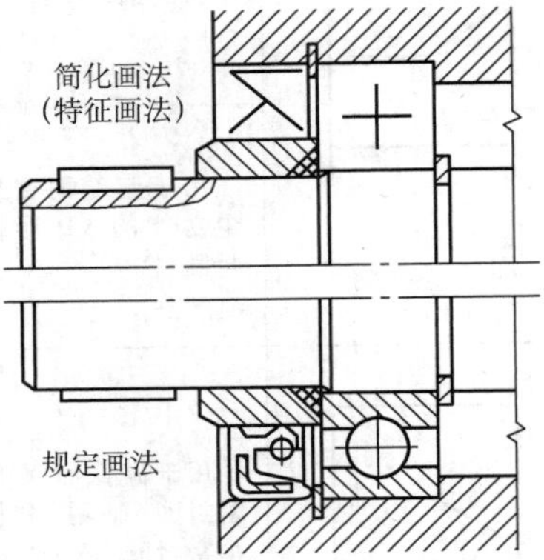

图 1-2-16　带副唇的旋转轴唇形密封圈的应用

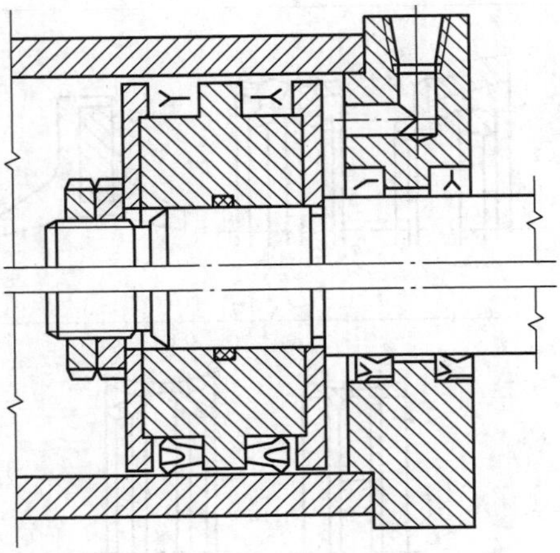

图 1-2-17　Y 形橡胶密封圈、橡胶防尘密封圈的应用

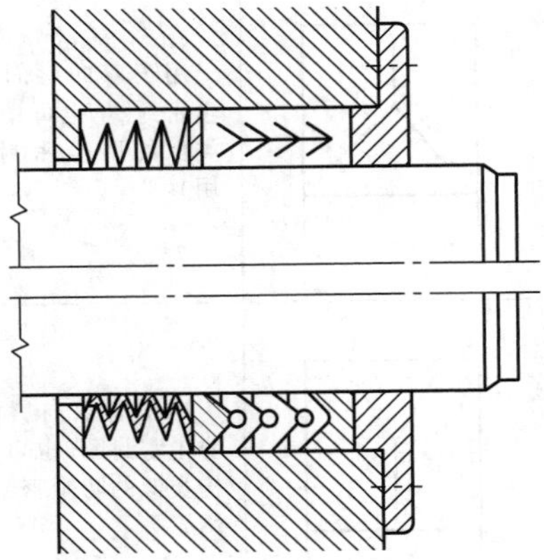

图 1-2-18　V 形橡胶密封圈的应用

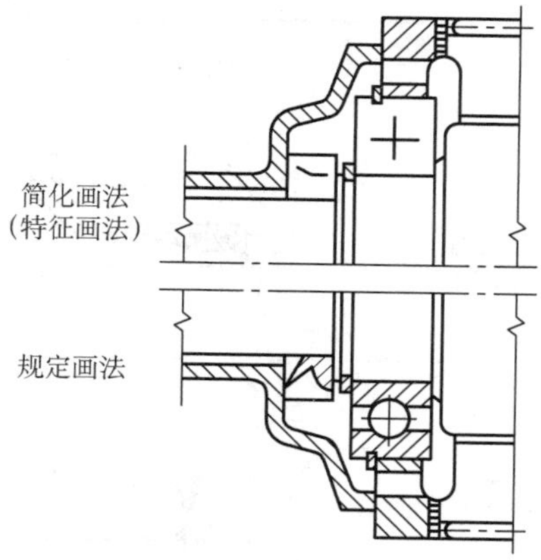

图 1-2-19　橡胶防尘密封圈的应用

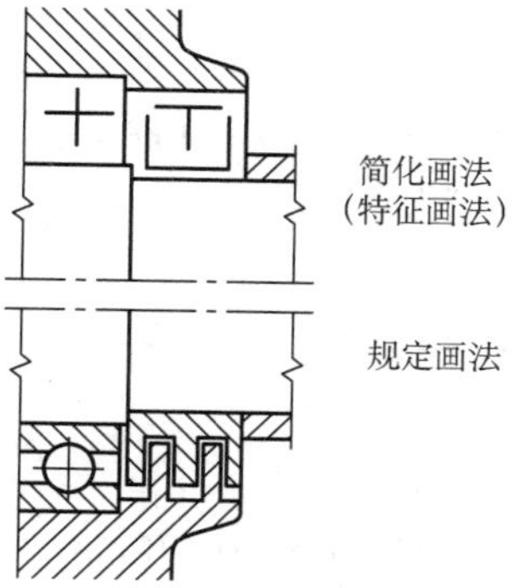

图 1-2-20　迷宫式密封的应用

2.4.8　焊缝画法

1. 焊缝在图样中的表示方法（表 1-2-61）

表 1-2-61　焊缝在图样中的表示方法（GB/T 12212—2012）

图样	规　　定	图　　例
视图	视图中的焊缝画法如图 a、b 所示。表示焊缝的一系列细实线允许示意绘制，也允许用加粗线（$2d$～$3d$）绘制，如图 c 所示 在表示焊缝端面的视图中，一般用粗实线绘出焊缝的轮廓，必要时用细实线画出焊接前的坡口形状，如图 d 所示	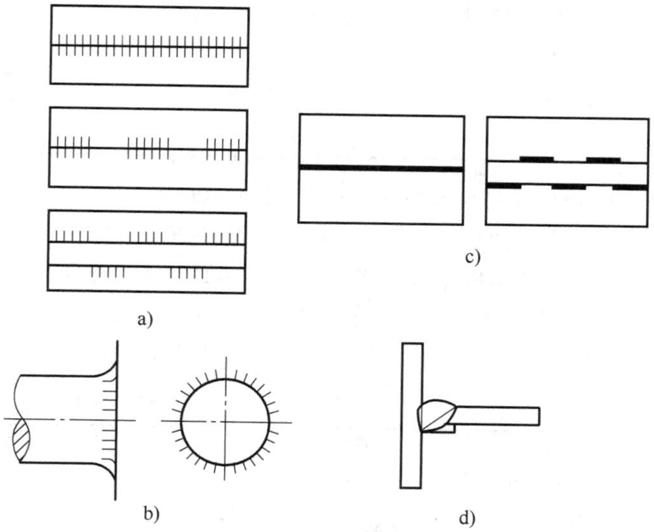
剖视图、断面图	在剖视图或断面图上，焊缝的金属熔焊区应涂黑（图 e）。若同时需要表示坡口等的形状时，熔焊区部分亦可按图 f 绘制	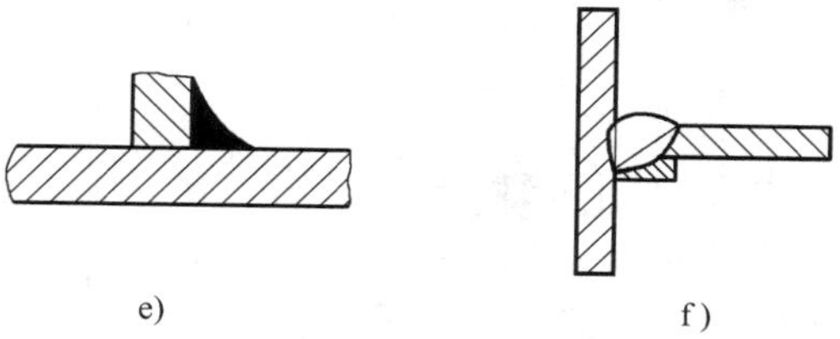

（续）

图样	规　定	图　例
轴测图	用轴测图示意地表示焊缝的画法如图 g、h 所示	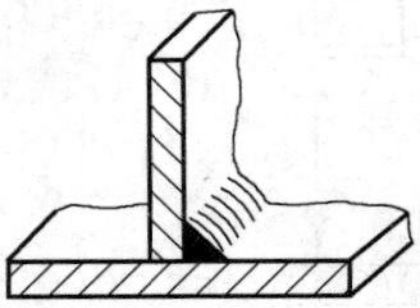 g) 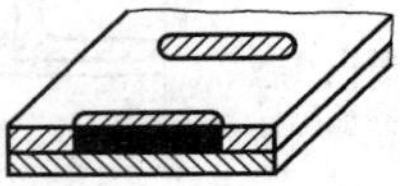 h)
局部放大图	必要时可将焊缝部位局部放大、并标注尺寸(图 i)	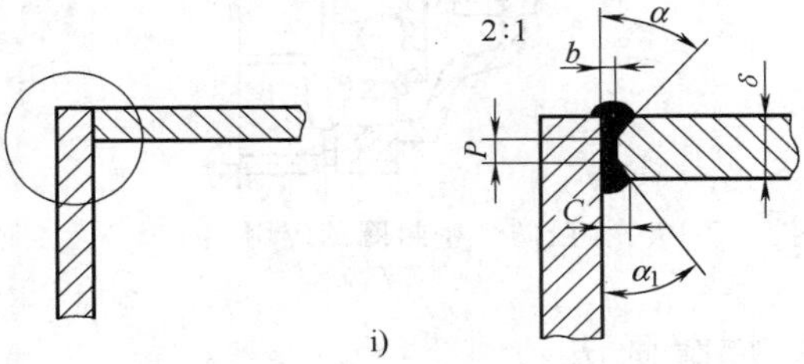 i)
图中标注的符号	当在图样中用图示法画出焊缝时，应同时标注焊缝符号(图 j、k)	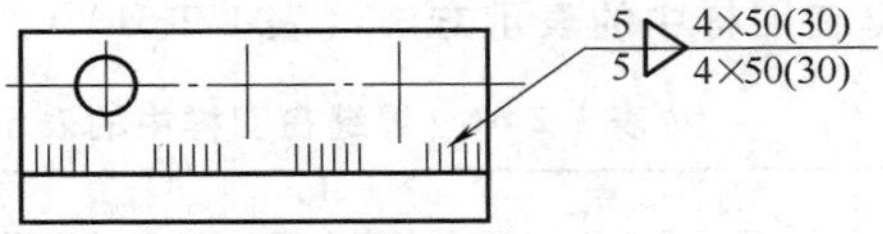 j) 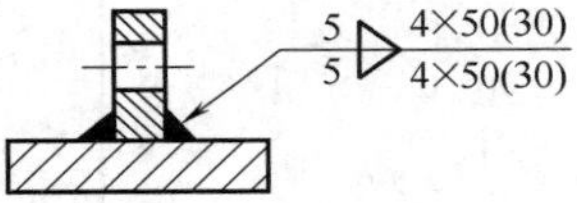 k)

2. 焊缝符号表示方法（GB/T 324—2008）

为了简化图样上的焊缝，GB/T 324—2008 规定了焊缝符号的表示方法。焊缝符号一般由基本符号与指引线组成，必要时还可以加上补充符号、尺寸符号和数据等。

(1) 基本符号　基本符号表示焊缝横截面的基本形式或特征，见表 1-2-62。标注双面焊缝或接头时，基本符号可以组合使用，见表 1-2-63。

表 1-2-62　基本符号

序号	名称	示意图	符号	序号	名称	示意图	符号
1	卷边焊缝（卷边完全熔化）			5	带钝边 V 形焊缝	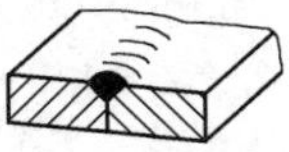	
2	I 形焊缝			6	带钝边单边 V 形焊缝		
3	V 形焊缝			7	带钝边 U 形焊缝		
4	单边 V 形焊缝	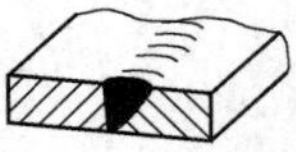		8	带钝边 J 形焊缝		

（续）

序号	名称	示意图	符号
9	封底焊缝	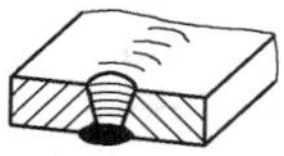	
10	角焊缝		
11	塞焊缝或槽焊缝	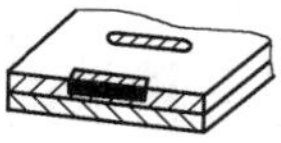	
12	点焊缝	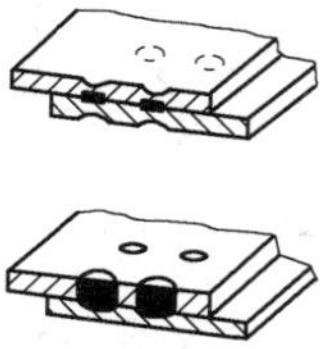	
13	缝焊缝	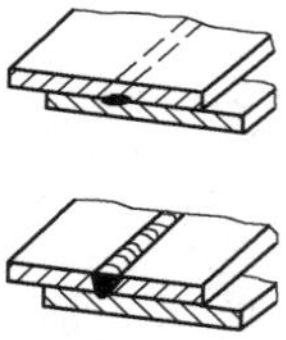	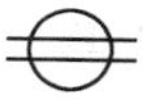
14	陡边V形焊缝	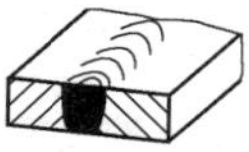	
15	陡边单V形焊缝		
16	端焊缝		
17	堆焊缝		
18	平面连接（钎焊）	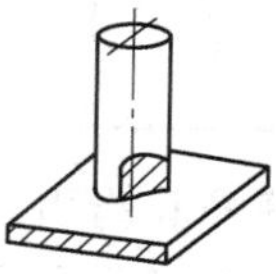 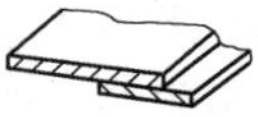	
19	斜面连接（钎焊）	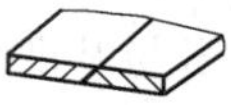	
20	折叠连接（钎焊）		

表 1-2-63　基本符号的组合

序号	名称	示意图	符号
1	双面V形焊缝（X焊缝）		
2	双面单V形焊缝（K焊缝）	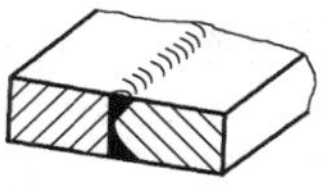	
3	带钝边的双面V形焊缝		
4	带钝边的双面单V形焊缝	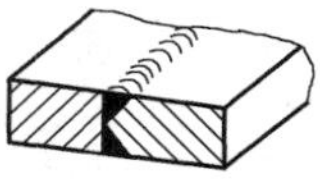	
5	双面U形焊缝	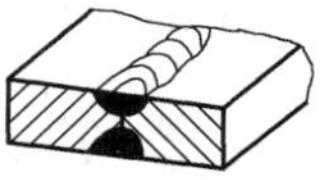	

（2）补充符号　补充符号用来补充说明有关焊缝或接头的某些特征（如表面形状、衬垫、焊缝分布、施焊地点等），见表1-2-64。

表 1-2-64　补充符号

序号	名称	符　号	说　明
1	平面		焊缝表面通常经过加工后平整
2	凹面		焊缝表面凹陷

（续）

序号	名称	符号	说明	序号	名称	符号	说明
3	凸面		焊缝表面凸起	7	三面焊缝		三面带有焊缝
4	圆滑过渡		焊趾处过渡圆滑	8	周围焊缝		沿着工件周边施焊的焊缝 标注位置为基准线与箭头线的交点处
5	永久衬垫	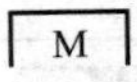	衬垫永久保留	9	现场焊缝		在现场焊接的焊缝
6	临时衬垫	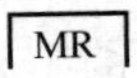	衬垫在焊接完成后拆除	10	尾部		可以表示所需的信息

（3）基本符号和指引线的位置规定 焊缝的准确位置通常由基本符号和指引线之间的相对位置决定，具体位置包括箭头线的位置、基准线的位置、基本符号的位置。指引线由箭头线和基准线（实线和虚线）组成，如图 1-2-21 所示。

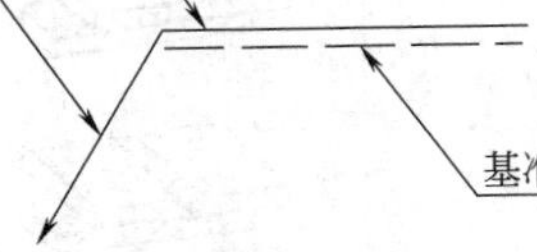

图 1-2-21 指引线

（4）基本符号与基准线的相对位置

1）基本符号在实线侧时，表示焊缝在箭头侧，如图 1-2-22a 所示。

2）基本符号在虚线侧时，表示焊缝在非箭头侧，如图 1-2-22b 所示。

3）对称焊缝允许省略虚线，如图 1-2-22c 所示。

4）在明确焊缝分布位置的情况下，有些双面焊缝也可省略虚线，如图 1-2-22d 所示。

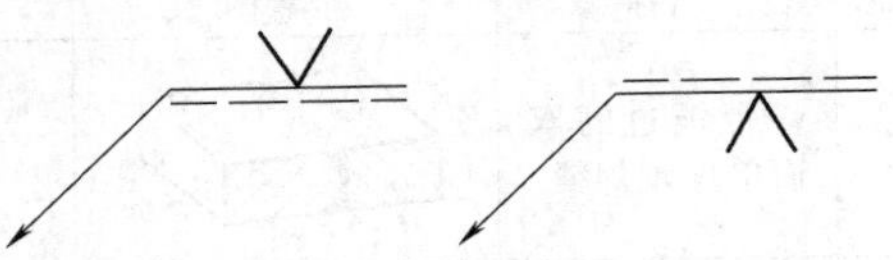

a) 焊缝在接头的箭头侧

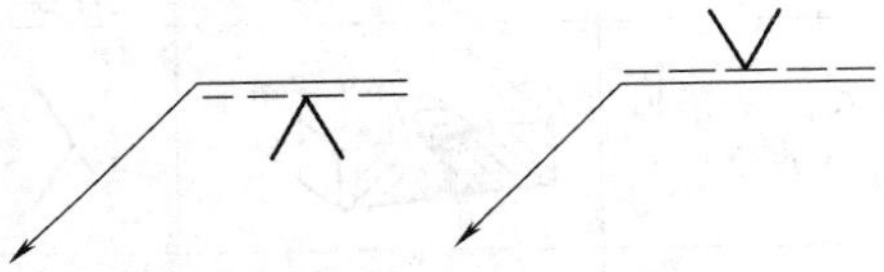

b) 焊缝在接头的非箭头侧

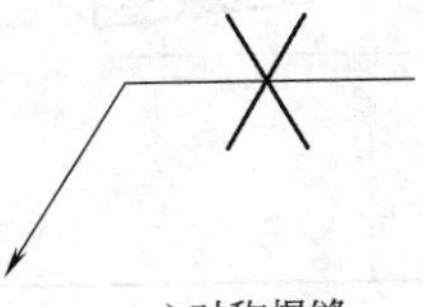

c) 对称焊缝

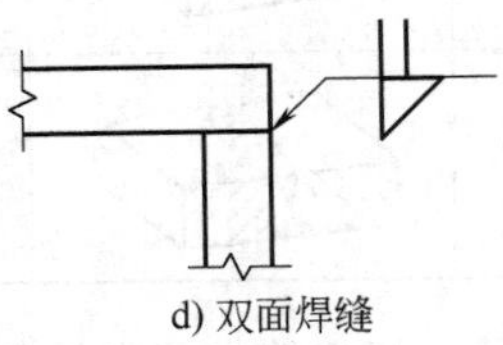

d) 双面焊缝

图 1-2-22 基本符号与基准线的相对位置

3. 焊缝符号应用示例

（1）基本符号的应用示例（表 1-2-65）

（2）补充符号的应用示例（表 1-2-66）

（3）补充符号的标注示例（表 1-2-67）

表 1-2-65　基本符号的应用示例

序号	符　号	示 意 图	标注示例
1		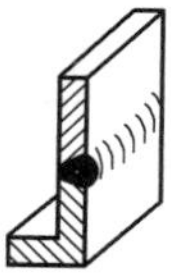	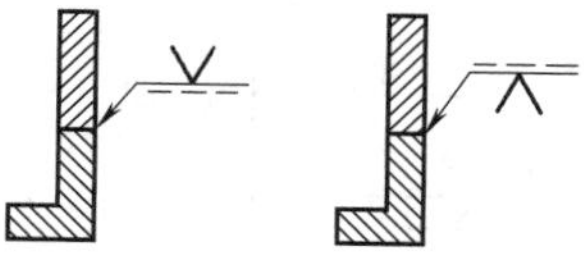
2		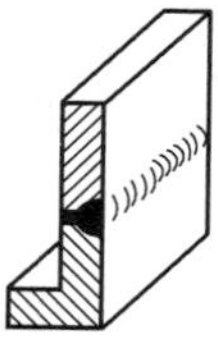	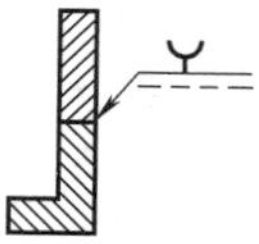
3		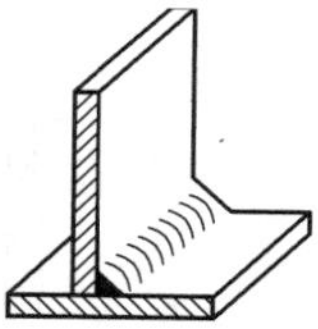	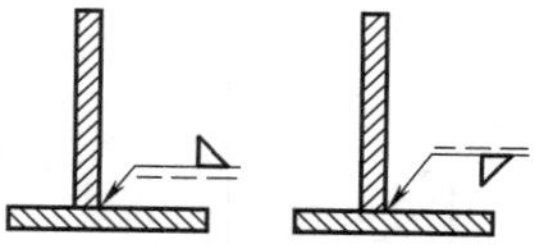
4		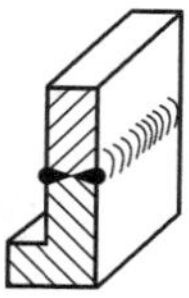	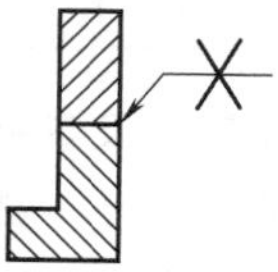
5		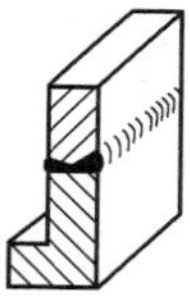	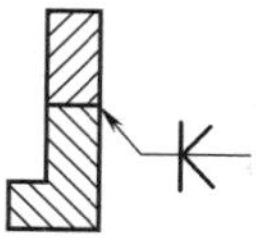

表 1-2-66　补充符号的应用示例

序号	名　称	示 意 图	符　号
1	平齐的 V 形焊缝		
2	凸起的双面 V 形焊缝		
3	凹陷的角焊缝		
4	平齐的 V 形焊缝和封底焊缝		
5	表面过渡平滑的角焊缝		

表 1-2-67　补充符号的标注示例

序号	符　号	示 意 图	标注示例
1		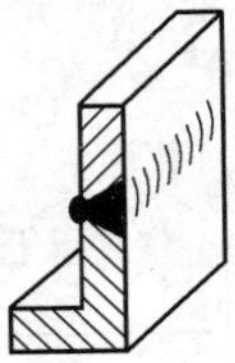	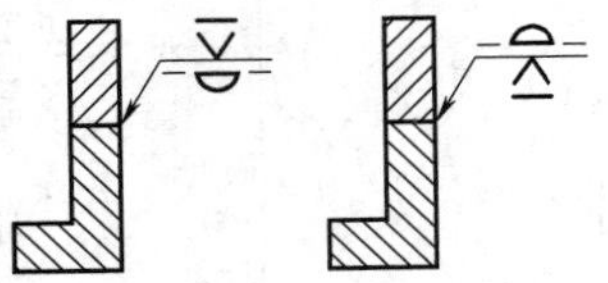
2		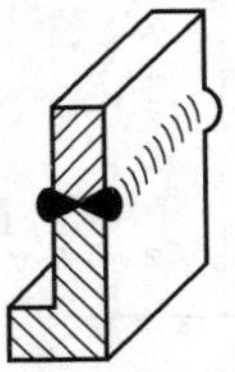	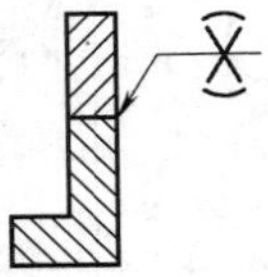
3		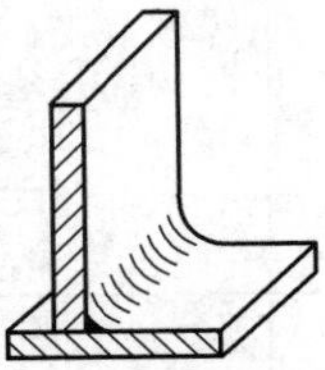	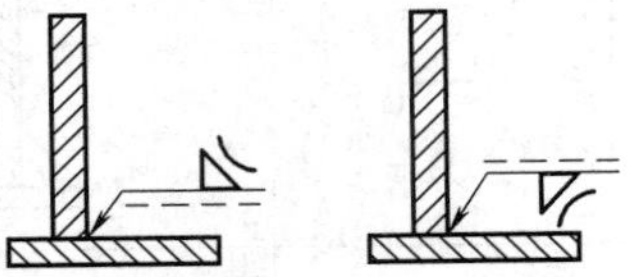

4. 焊缝尺寸符号及其标注

（1）焊缝尺寸符号　必要时，可以在焊缝符号中标注尺寸。焊缝尺寸符号见表 1-2-68。

表 1-2-68　焊缝尺寸符号

符号	名　称	示 意 图	符号	名　称	示 意 图
δ	工件厚度	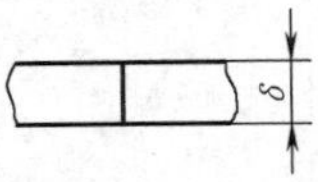	c	焊缝宽度	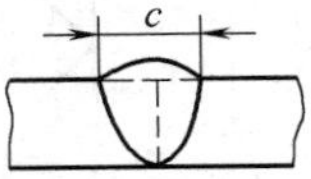
α	坡口角度	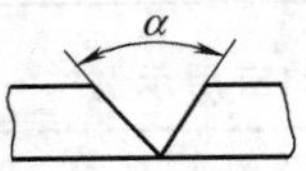	K	焊脚尺寸	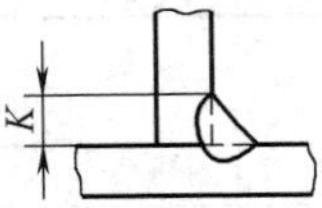
β	坡口面角度	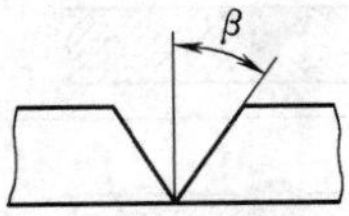	d	点焊:熔核直径 塞焊:孔径	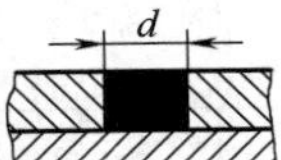
b	根部间隙	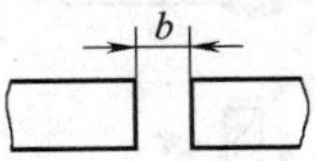	n	焊缝段数	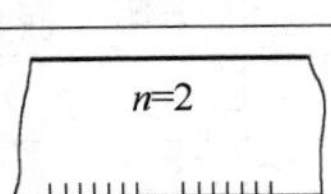
p	钝边	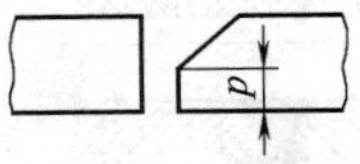	l	焊缝长度	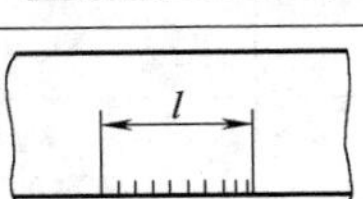
R	根部半径	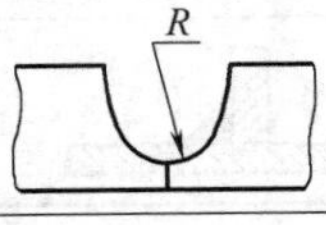	e	焊缝间隙	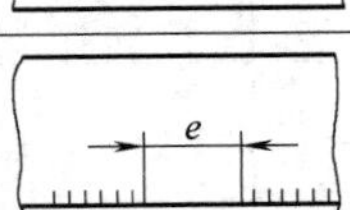

（续）

符号	名　　称	示意图	符号	名　　称	示意图
H	坡口深度	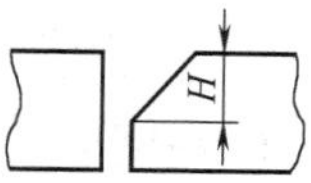	N	相同焊缝数量	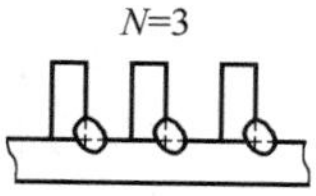
S	焊缝有效厚度	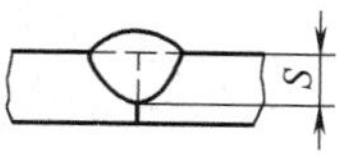	h	余高	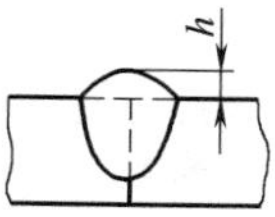

（2）焊缝尺寸符号及数据的标注规则

1）横向尺寸标注在基本符号的左侧。

2）纵向尺寸标注在基本符号的右侧。

3）坡口角度、坡口面角度、根部间隙等尺寸标注在基本符号的上侧或下侧。

4）相同焊缝数量符号（N）标注在尾部。

5）当需要标注的尺寸数据较多又不易分辨时，可在数据前面增加相应的尺寸符号。

当箭头线方向改变时，上述规则不变。

焊接尺寸的标注规则如图1-2-23所示。

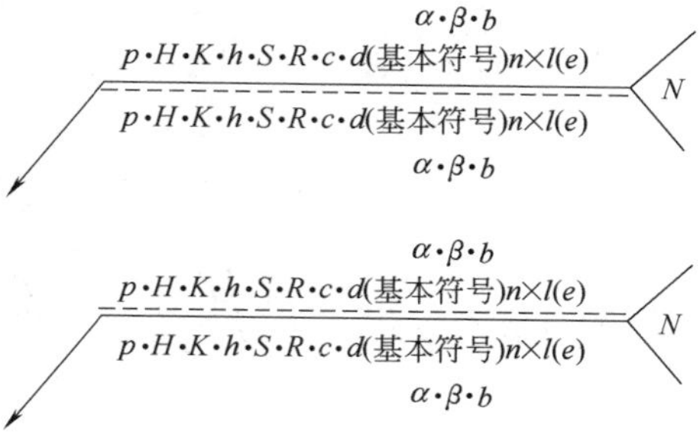

图1-2-23　焊缝尺寸的标注规则

（3）焊接尺寸的标注示例（见表1-2-69）

表1-2-69　焊缝尺寸标注示例

序号	名　　称	示意图	尺寸符号	标注方法
1	对接焊缝	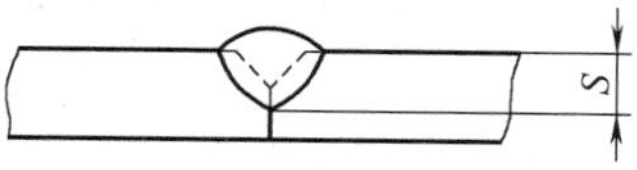	S:焊缝有效厚度	
2	连续角焊缝	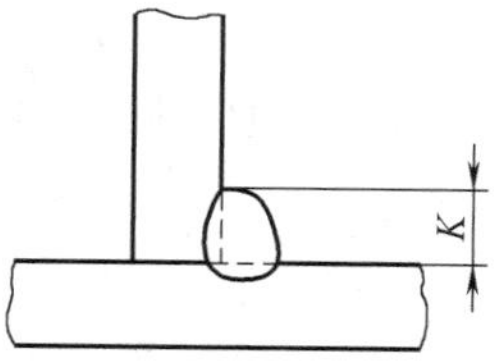	K:焊脚尺寸	
3	断续角焊缝	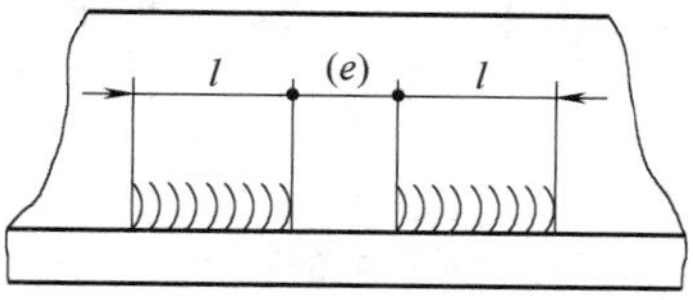	l:焊缝长度 e:间距 n:焊缝段数 K:焊脚尺寸	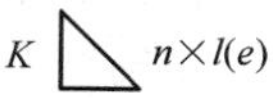
4	交错断续角焊缝	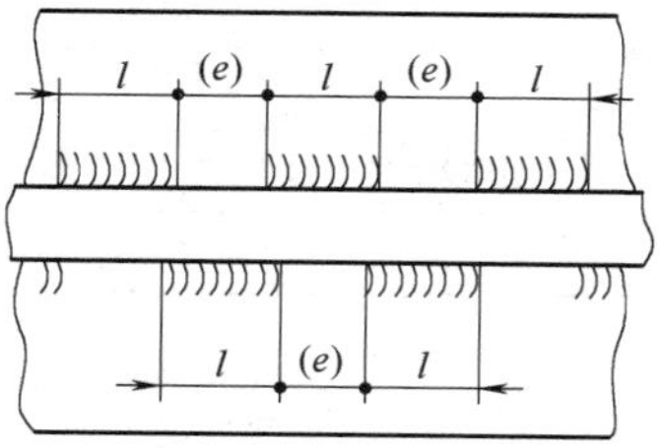	l:焊缝长度 e:间距 n:焊缝段数 K:焊脚尺寸	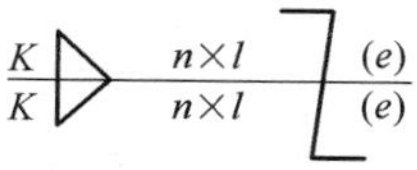

（续）

序号	名　　称	示 意 图	尺寸符号	标注方法
5	塞焊缝或槽焊缝	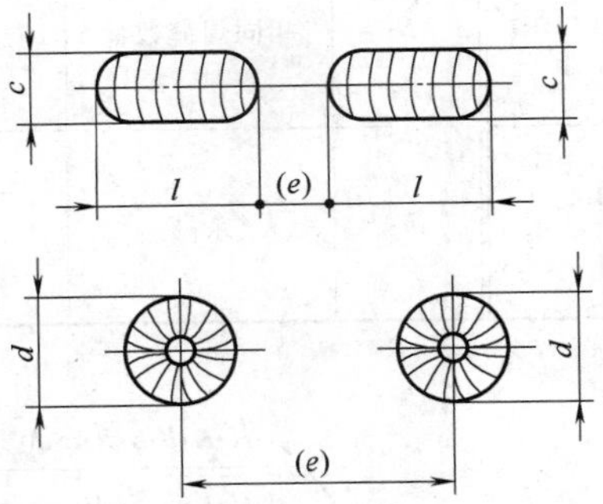	l:焊缝长度 e:间距 n:焊缝段数 c:槽宽 d:孔径	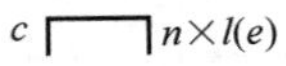 
6	点焊缝	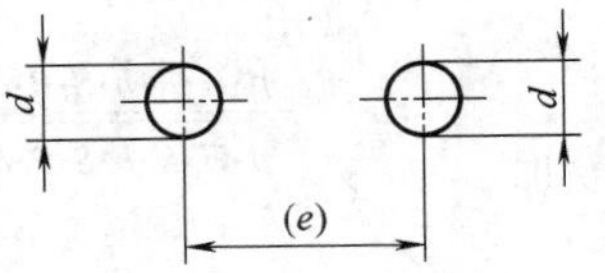	n:焊点数量 e:焊点距 d:熔核直径	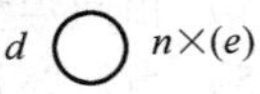
7	缝焊缝	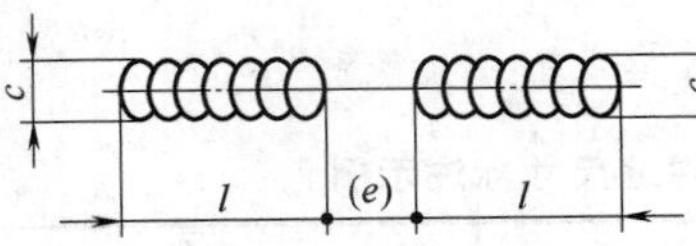	l:焊缝长度 e:间距 n:焊缝段数 c:焊缝宽度	

2.5　轴测图（GB/T 4458.3—2013）

将物体连同其参考直角坐标系，沿不平行任一坐标面的方向，用平行投影法投射在单一投影面上所得的图形称为轴测图。

2.5.1　一般规定

理论上，轴测图可以有无数种，但从作图简便等因素考虑，一般采用下列三种：正等轴测图，简称正等测；正二等轴测图，简称正二测；斜二等轴测图，简称斜二测。

常用轴测图的三种类型见表1-2-70。

表1-2-70　常用轴测图的三种类型

轴测类型	正轴测投影		斜轴测投影
	投射线与轴测投影面垂直		投射线与轴测投影面倾斜
	等测投影	二测投影	二测投影
	正等测	正二测	斜二测
轴向伸缩系数①	$p=q=r=1$	$p=r=1$ $q=0.5$	$p_1=r_1=1$ $q_1=0.5$

（续）

轴测类型	正轴测投影		斜轴测投影
	投射线与轴测投影面垂直		投射线与轴测投影面倾斜
	等测投影	二测投影	二测投影
	正等测	正二测	斜二测
应用举例（立方体）	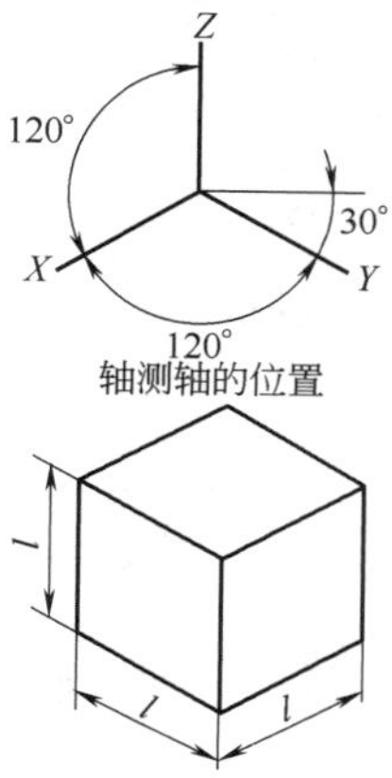	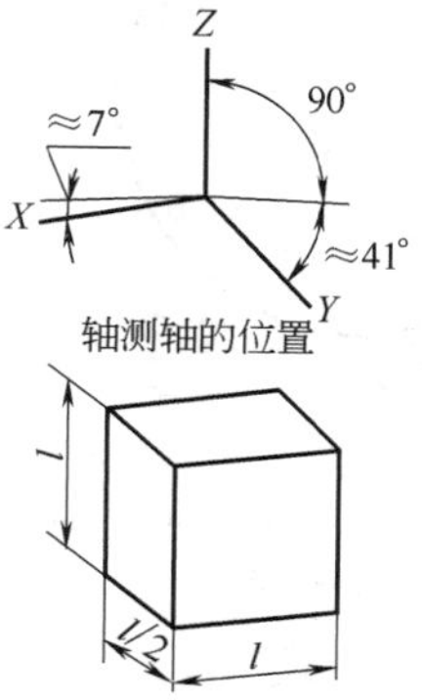	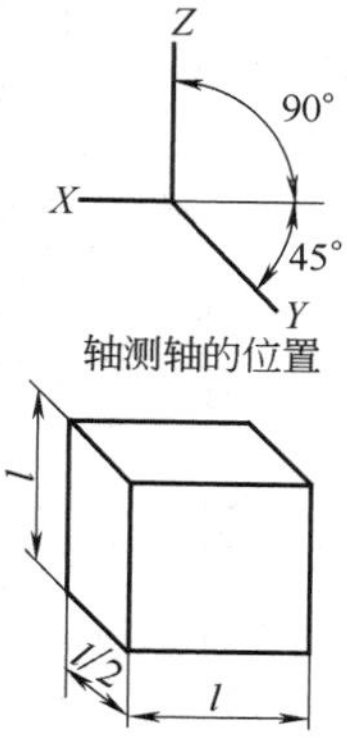

① 在投影过程中，物体上平行于参考直角坐标轴的直线，投影到轴测轴上的长度均已改变。轴测轴上的单位长度与相应投影轴上的单位长度之比称为轴向伸缩系数，分别为 p、q、r 表示 X、Y、Z 轴的轴向伸缩系数。

2.5.2 圆的轴测投影图画法

与各坐标平面平行的圆（直径为 d）在各种轴测图中分别投影为椭圆（斜二测中正面投影仍为圆），见表 1-2-71。

表 1-2-71 圆的轴测投影图画法

轴测图名称	画 法	说 明
正等轴测图	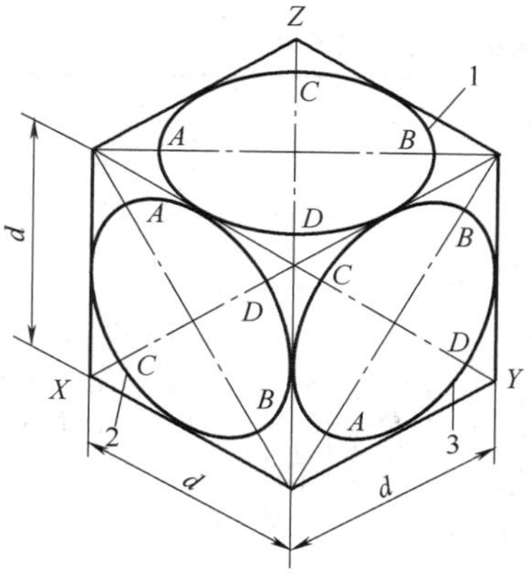	椭圆 1 的长轴垂直于 Z 轴 椭圆 2 的长轴垂直于 X 轴 椭圆 3 的长轴垂直于 Y 轴 各椭圆的长度： $AB \approx 1.22d$ 各椭圆的短轴： $CD \approx 0.7d$

（续）

轴测图名称	画 法	说 明
正二等轴测图	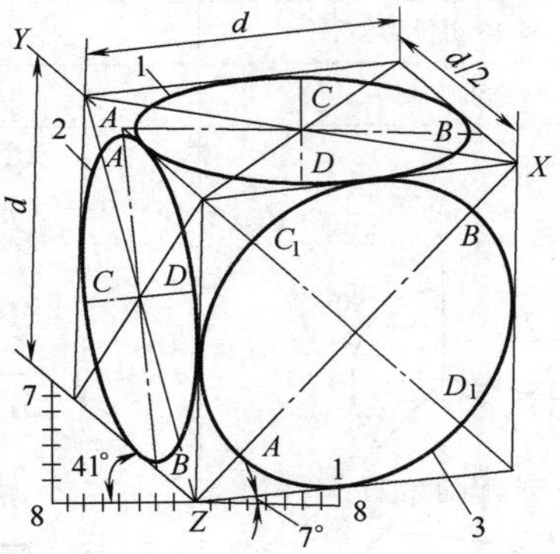	椭圆 1 的长轴垂直于 Z 轴 椭圆 2 的长轴垂直于 X 轴 椭圆 3 的长轴垂直于 Y 轴 各椭圆的长度： $AB\approx1.06d$ 椭圆 1、2 的短轴： $CD\approx0.35d$ 椭圆 3 的短轴： $C_1D_1\approx0.94d$
斜二等轴测图	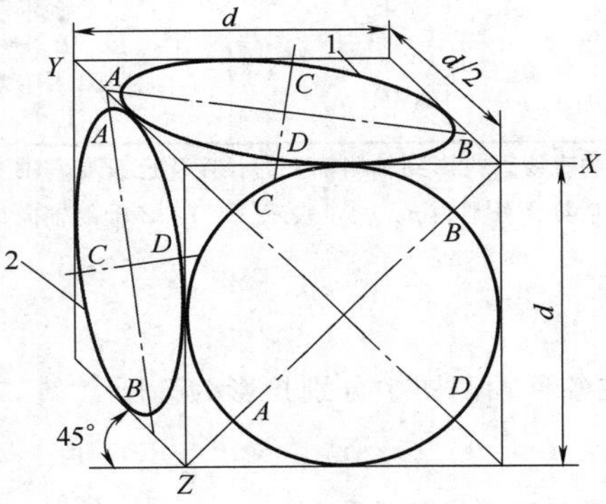	椭圆 1 的长轴与 X 轴约成 7° 椭圆 2 的长轴与 Z 轴约成 7° 椭圆 1、2 的长轴： $AB\approx1.06d$ 椭圆 1、2 的短轴： $CD\approx0.33d$

2.5.3 轴测图的剖面线画法（见表 1-2-72）

表 1-2-72 轴测图的剖面线画法

轴测图名称	剖面线画法	说 明
正等轴测图	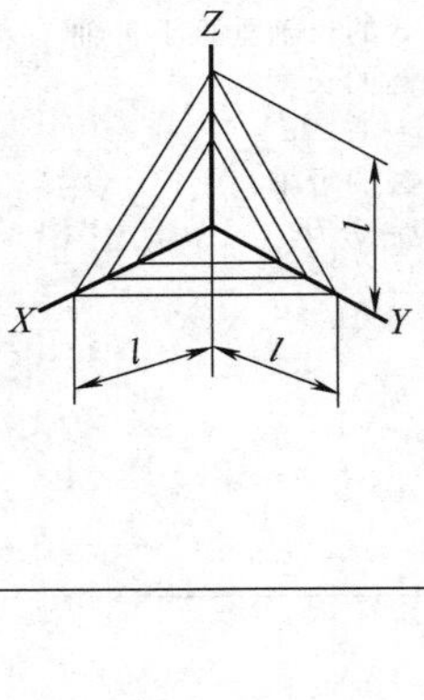 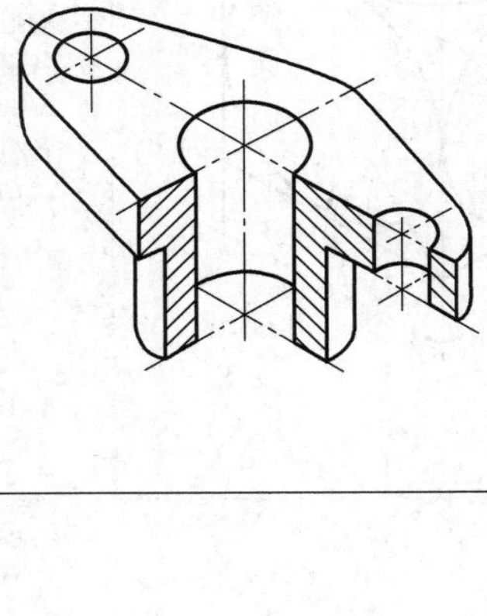	表示零件的内部形状时，可假想用剖切面将零件的一部分剖去，然后在其剖面区域中绘出剖面线或剖面符号

（续）

轴测图名称	剖面线画法	说明
正二等轴测图	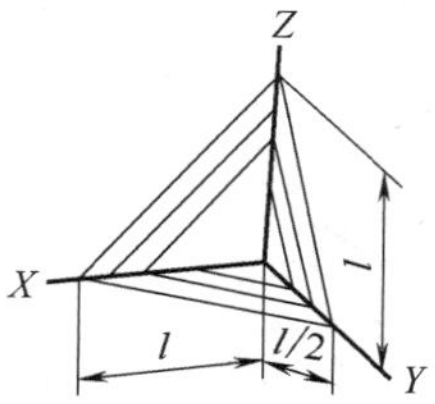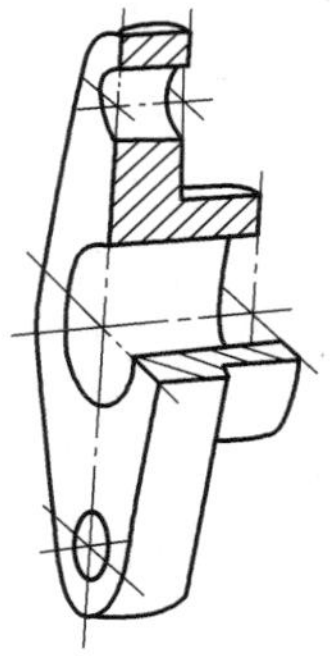	表示零件的内部形状时，可假想用剖切面将零件的一部分剖去，然后在其剖面区域中绘出剖面线或剖面符号
斜二等轴测图	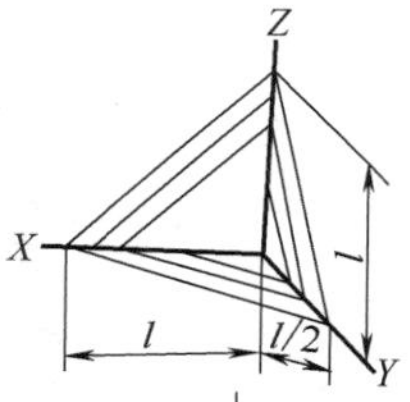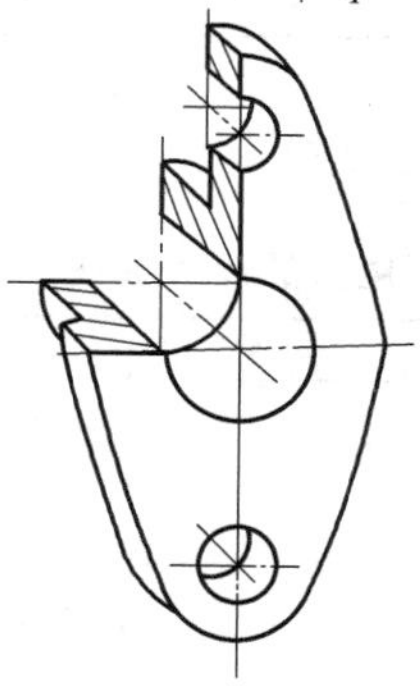	表示零件的内部形状时，可假想用剖切面将零件的一部分剖去，然后在其剖面区域里绘出剖面线或剖面符号
轴测装配图	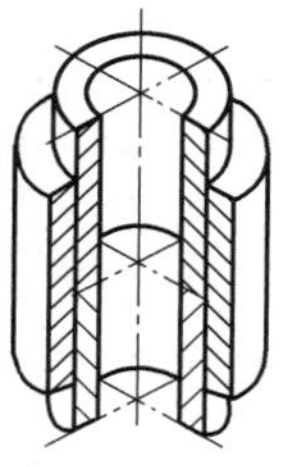	在轴测装配图中，可用将剖面线画成方向相反或不同的间隔的方法来区别相邻的零件

（续）

轴测图名称	剖面线画法	说　明
轴测图中的肋或薄壁结构	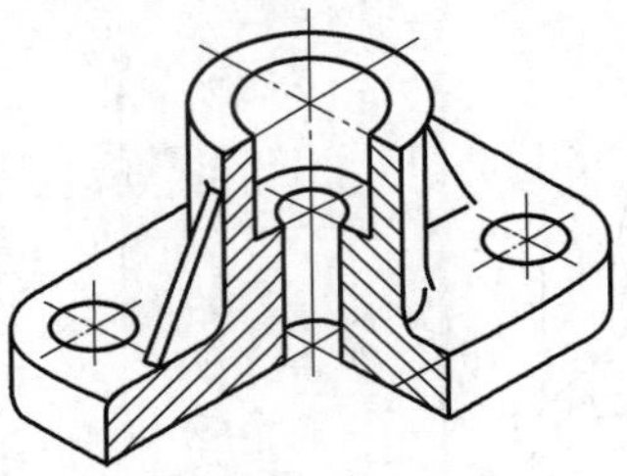	剖切面通过零件的肋或薄壁等结构的纵向对称平面时，这些结构都不画剖面符号，而用粗实线将它与邻接部分分开
	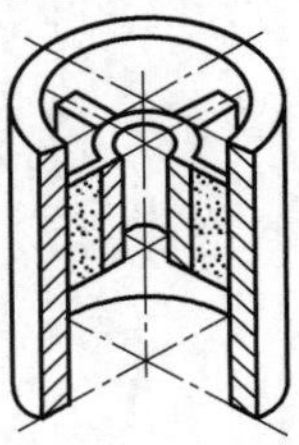	在图中表示不够清晰时，也允许在肋或薄壁部分用细点表示被剖切部分
轴测图中的断裂及局部视图	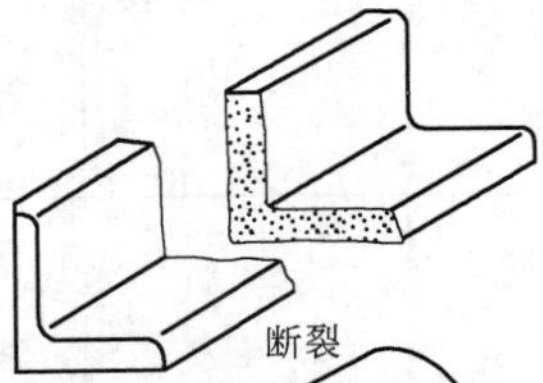 断裂 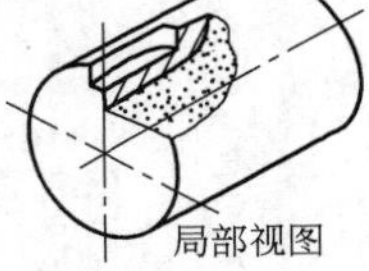 局部视图	表示零件中间折断或局部断裂时，断裂处的边界线应画波浪线，并在可见断裂面内加画细点以代替剖面线

2.5.4 轴测图上的尺寸标注（见表1-2-73）

表1-2-73 轴测图上的尺寸标注

尺寸类型	尺寸注法	说　明
线性尺寸	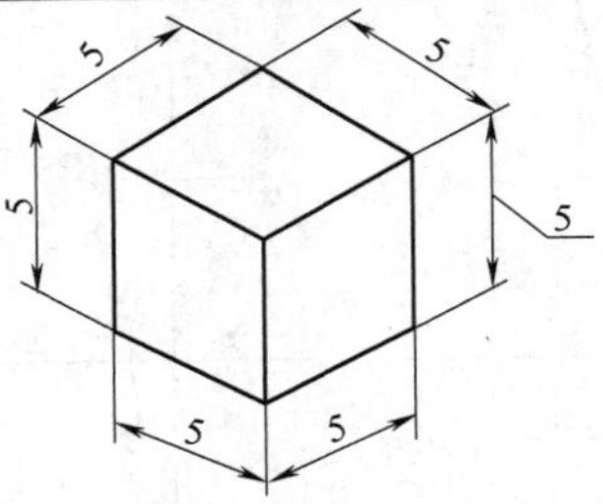	轴测图的线性尺寸一般应沿轴测轴方向标注。尺寸数值为零件的公称尺寸。尺寸数字应按相应的轴测图形标注在尺寸线的上方。尺寸线必须和所标注的线段平行，尺寸界线一般应平行于某一轴测轴。当在图形中出现字头向下时应引出标注，将数字按水平位置注写
	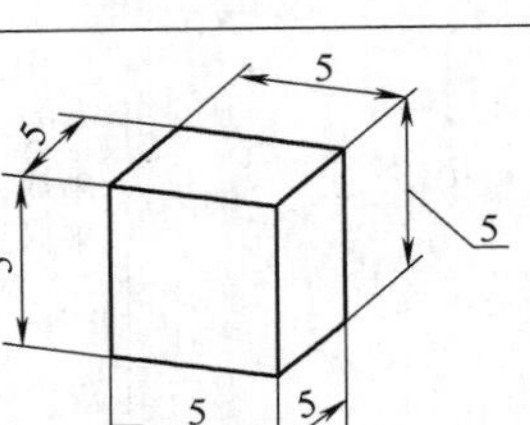	

（续）

尺寸类型	尺寸注法	说　明
线性尺寸	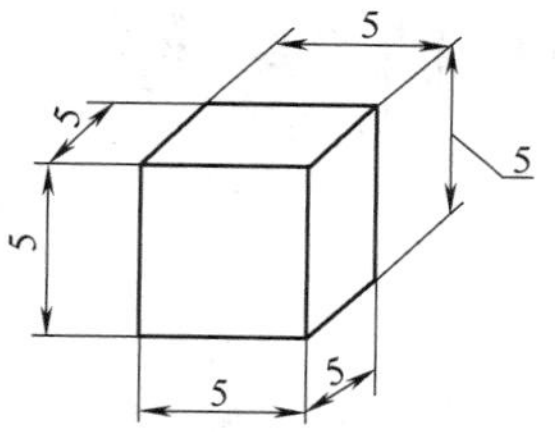	轴测图的线性尺寸一般应沿轴测轴方向标注。尺寸数值为零件的公称尺寸。尺寸数字应按相应的轴测图形标注在尺寸线的上方。尺寸线必须和所标注的线段平行，尺寸界线一般应平行于某一轴测轴。当在图形中出现字头向下时应引出标注，将数字按水平位置注写
圆的尺寸	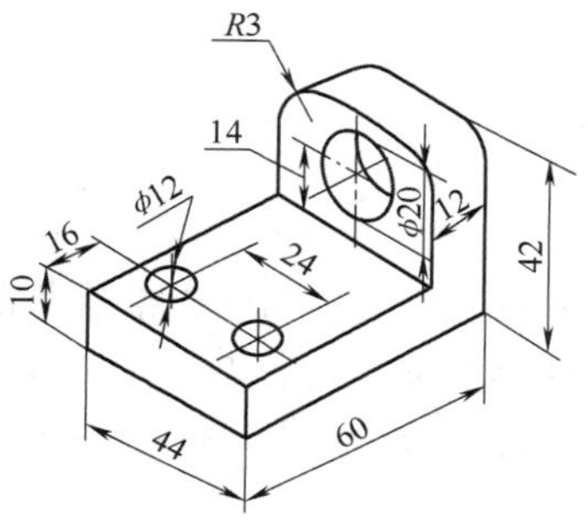 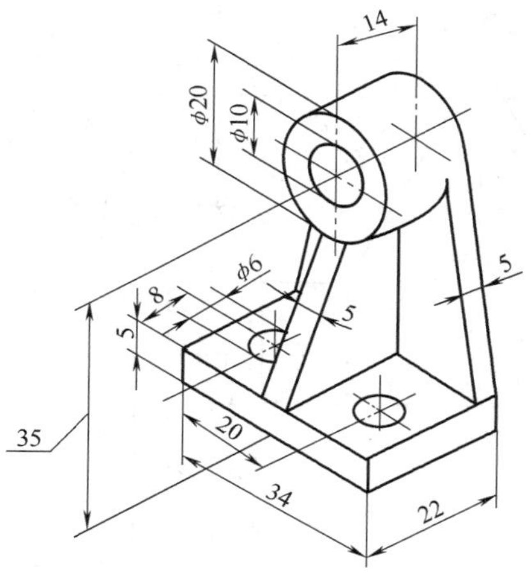	标注圆的直径、尺寸线和尺寸界线时，应分别平行于圆所在平面内的轴侧轴；标注圆弧半径或较小圆的直径时，尺寸线可从（或通过）圆心引出标注，但注出数字的横线必须平行于轴测轴
角度尺寸	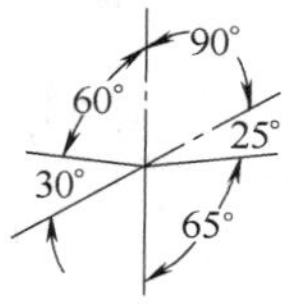 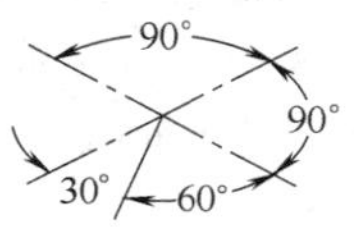	标注角度的尺寸线，应画成与该坐标平面相应的椭圆弧，角度数字一般写在尺寸线的中断处，字头向上

第3章　机械零件

3.1　螺纹

3.1.1　普通螺纹（M）

3.1.1.1　普通螺纹牙型（GB/T 192—2003）

普通螺纹的基本牙型如图1-3-1所示。

3.1.1.2　普通螺纹的直径与螺距系列

（1）标准系列（GB/T 193—2003）　普通螺纹的直径与螺距系列见表1-3-1。

（2）特殊系列（GB/T 193—2003）　如果需要使用比表1-3-1规定还要小的特殊螺距，则应从下列螺距中选择：3mm、2mm、1.5mm、1mm、0.75mm、0.5mm、0.35mm、0.25mm和0.2mm。

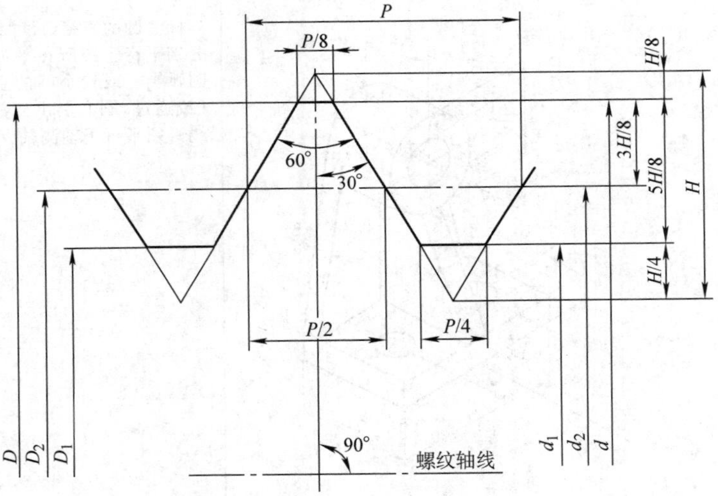

图1-3-1　普通螺纹的基本牙型

$H=\frac{\sqrt{3}}{2}P=0.866025404P$

$\frac{5}{8}H=0.541265877P$

$\frac{3}{8}H=0.324759526P$

$\frac{H}{4}=0.216506351P$

$\frac{H}{8}=0.108253175P$

D—内螺纹的基本大径（公称直径）

d—外螺纹的基本大径（公称直径）

D_2—内螺纹的基本中径

d_2—外螺纹的基本中径

D_1—内螺纹的基本小径

d_1—外螺纹的基本小径

H—原始三角形高度

P—螺距

表 1-3-1　普通螺纹的直径与螺距系列　　（单位:mm）

公称直径 D、d			螺距 P	
第一系列	第二系列	第三系列	粗牙	细牙
1			0.25	0.2
	1.1		0.25	0.2
1.2			0.25	0.2
	1.4		0.3	0.2
1.6			0.35	0.2
	1.8		0.35	0.2
2			0.4	0.25
	2.2		0.45	0.25
2.5			0.45	0.35
3			0.5	0.35
	3.5		0.6	0.35
4			0.7	0.5
	4.5		0.75	0.5
5			0.8	0.5
		5.5		0.5
6			1	0.75
		7	1	0.75
8			1.25	1,0.75
		9	1.25	1,0.75
10			1.5	1.25,1,0.75
		11	1.5	1,0.75
12			1.75	1.5,1.25,1
	14		2	1.5,1.25①,1
		15		1.5,1
16			2	1.5,1
		17		1.5,1
	18		2.5	2,1.5,1
20			2.5	2,1.5,1
	22		2.5	2,1.5,1
24			3	2,1.5,1
		25		2,1.5,1
		26		1.5
	27		3	2,1.5,1
		28		2,1.5,1
30			3.5	(3),2,1.5,1
		32		2,1.5
	33		3.5	(3),2,1.5
		35②		1.5
36			4	3,2,1.5
		38		1.5
	39		4	3,2,1.5
		40		3,2,1.5
42			4.5	4,3,2,1.5
	45		4.5	4,3,2,1.5
48			5	4,3,2,1.5
		50		3,2,1.5
	52		5	4,3,2,1.5
		55		4,3,2,1.5
56			5.5	4,3,2,1.5
		58		4,3,2,1.5
	60		5.5	4,3,2,1.5
		62		4,3,2,1.5
64			6	4,3,2,1.5
		65		4,3,2,1.5
	68		6	4,3,2,1.5
		70		6,4,3,2,1.5
72				6,4,3,2,1.5
		75		4,3,2,1.5
	76			6,4,3,2,1.5
		78		2
80				6,4,3,2,1.5
		82		2
	85			6,4,3,2
90				6,4,3,2
	95			6,4,3,2
100				6,4,3,2
	105			6,4,3,2
110				6,4,3,2
	115			6,4,3,2
	120			6,4,3,2
125				8,6,4,3,2

（续）

公称直径 D、d			螺距 P		公称直径 D、d			螺距 P	
第一系列	第二系列	第三系列	粗牙	细牙	第一系列	第二系列	第三系列	粗牙	细牙
	130			8,6,4,3,2	220				8,6,4,3
		135		6,4,3,2			225		6,4,3
140				8,6,4,3,2			230		8,6,4,3
		145		6,4,3,2			235		6,4,3
	150			8,6,4,3,2		240			8,6,4,3
		155		6,4,3,2			245		6,4,3
160				8,6,4,3	250				8,6,4,3
		165		6,4,3			255		6,4
	170			8,6,4,3		260			8,6,4
		175		6,4,3,			265		6,4
180				8,6,4,3			270		8,6,4
		185		6,4,3			275		6,4
	190			8,6,4,3	280				8,6,4
		195		6,4,3			285		6,4
200				8,6,4,3			290		8,6,4
		205		6,4,3			295		6,4
	210			8,6,4,3		300			8,6,4
		215		6,4,3					

注：1. 优先选用第一系列直径，其次选择第二系列直径，最后再选择第三系列直径。

2. 尽可能地避免选用括号内的螺距。

① 仅用于发动机的火花塞。

② 仅用于轴承的锁紧螺母。

选用的最大公称直径不宜超出表1-3-2所限定的直径范围。

表1-3-2 最大公称直径（单位：mm）

螺距	最大公称直径	螺距	最大公称直径
0.5	22	1.5	150
0.75	33	2	200
1	80	3	300

（3）优选系列（GB/T 9144—2003） 普通螺纹的优选系列见表1-3-3。

表1-3-3 普通螺纹的优选系列（单位：mm）

公称直径 D、d		螺距 P		公称直径 D、d		螺距 P	
第一系列	第二系列	粗牙	细牙	第一系列	第二系列	粗牙	细牙
1		0.25		1.6		0.35	
1.2		0.25			1.8	0.35	
	1.4	0.3		2		0.4	

（续）

公称直径 D、d		螺距 P	
第一系列	第二系列	粗牙	细牙
2.5		0.45	
3		0.5	
	3.5	0.6	
4		0.7	
5		0.8	
6		1	
	7	1	
8		1.25	1
10		1.5	1.25,1
12		1.75	1.5,1.25
	14	2	1.5
16		2	1.5
	18	2.5	2,1.5
20		2.5	2,1.5
	22	2.5	2,1.5

公称直径 D、d		螺距 P	
第一系列	第二系列	粗牙	细牙
24		3	2
	27	3	2
30		3.5	2
	33	3.5	2
36		4	3
	39	4	3
42		4.5	3
	45	4.5	3
48		5	3
	52	5	4
56		5.5	4
	60	5.5	4
64		6	4

（4）管路系列（GB/T 1414—2013）　普通螺纹的管路系列见表 1-3-4。

表 1-3-4　普通螺纹的管路系列　（单位：mm）

公称直径 D、d		螺距 P	公称直径 D、d		螺距 P
第一系列	第二系列		第一系列	第二系列	
8		1		60	2
10		1	64		2
	14	1.5		68	2
16		1.5	72		3
	18	1.5		76	2
20		1.5	80		2
	22	2,1.5		85	2
24		2	90		3,2
	27	2	100		3,2
30		2		115	3,2
	33	2	125		2
	39	2	140		3,2
42		2		150	2
48		2	160		2
	56	2		170	3

3.1.1.3　普通螺纹的基本尺寸（GB/T 196—2003）

普通螺纹的基本尺寸见表1-3-5。

表1-3-5　普通螺纹的基本尺寸（部分）　（单位：mm）

公称直径（大径）D、d	螺距 P	中径 D_2、d_2	小径 D_1、d_1
1	0.25	0.838	0.729
	0.2	0.870	0.783
1.1	0.25	0.938	0.829
	0.2	0.970	0.883
1.2	0.25	1.038	0.929
	0.2	1.070	0.983
1.4	0.3	1.205	1.075
	0.2	1.270	1.183
1.6	0.35	1.373	1.221
	0.2	1.470	1.383
1.8	0.35	1.573	1.421
	0.2	1.670	1.583
2	0.4	1.740	1.567
	0.25	1.838	1.729
2.2	0.45	1.908	1.713
	0.25	2.038	1.929
2.5	0.45	2.208	2.013
	0.35	2.273	2.121
3	0.5	2.675	2.459
	0.35	2.773	2.621
3.5	0.6	3.110	2.850
	0.35	3.273	3.121
4	0.7	3.545	3.242
	0.5	3.675	3.459
4.5	0.75	4.013	3.688
	0.5	4.175	3.959
5	0.8	4.480	4.134
	0.5	4.675	4.459
5.5	0.5	5.175	4.959
6	1	5.350	4.917
	0.75	5.513	5.188
7	1	6.350	5.917
	0.75	6.513	6.188
8	1.25	7.188	6.647
	1	7.350	6.917
	0.75	7.513	7.188
9	1.25	8.188	7.647
	1	8.350	7.917
	0.75	8.513	8.188
10	1.5	9.026	8.376
	1.25	9.188	8.647
	1	9.350	8.917
	0.75	9.513	9.188
11	1.5	10.026	9.376
	1	10.350	9.917
	0.75	10.513	10.188
12	1.75	10.863	10.106
	1.5	11.026	10.376
	1.25	11.188	10.647
	1	11.350	10.917
14	2	12.701	11.835
	1.5	13.026	12.376
	1.25	13.188	12.647
	1	13.350	12.917
15	1.5	14.026	13.376
	1	14.350	13.917
16	2	14.701	13.835
	1.5	15.026	14.376
	1	15.350	14.917
17	1.5	16.026	15.376
	1	16.350	15.917
18	2.5	16.376	15.294
	2	16.701	15.835
	1.5	17.026	16.376
	1	17.350	16.917
20	2.5	18.376	17.294
	2	18.701	17.835
	1.5	19.026	18.376
	1	19.350	18.917
22	2.5	20.376	19.294
	2	20.701	19.835
	1.5	21.026	20.376
	1	21.350	20.917

（续）

公称直径（大径）D、d	螺距 P	中径 D_2、d_2	小径 D_1、d_1
24	3	22.051	20.752
	2	22.701	21.835
	1.5	23.026	22.376
	1	23.350	22.917
25	2	23.701	22.835
	1.5	24.026	23.376
	1	24.350	23.917
26	1.5	25.026	24.376
27	3	25.051	23.752
	2	25.701	24.835
	1.5	26.026	25.376
	1	26.350	25.917
28	2	26.701	25.835
	1.5	27.026	26.376
	1	27.350	26.917
30	3.5	27.727	26.211
	3	28.051	26.752
	2	28.701	27.835
	1.5	29.026	28.376
	1	29.350	28.917
32	2	30.701	29.835
	1.5	31.026	30.376
33	3.5	30.727	29.211
	3	31.051	29.752
	2	31.701	30.835
	1.5	32.026	31.376
35	1.5	34.026	33.376
36	4	33.402	31.670
	3	34.051	32.752
	2	34.701	33.835
	1.5	35.026	34.376
38	1.5	37.026	36.376
39	4	36.402	34.670
	3	37.051	35.752
	2	37.701	36.835
	1.5	38.026	37.376
40	3	38.051	36.752
	2	38.701	37.835
	1.5	39.026	38.376
42	4.5	39.077	37.129
	4	39.402	37.670
	3	40.051	38.752
	2	40.701	39.835
	1.5	41.026	40.376
45	4.5	42.077	40.129
	4	42.402	40.670
	3	43.051	41.752
	2	43.701	42.835
	1.5	44.026	43.376
48	5	44.752	42.587
	5	45.402	43.670
	3	46.051	44.752
	2	46.701	45.835
	1.5	47.026	46.376
50	3	48.051	46.752
	2	48.701	47.835
	1.5	49.026	48.376
52	5	48.752	46.587
	4	49.402	47.670
	3	50.051	48.752
	2	50.701	49.835
	1.5	51.026	50.376
55	4	52.402	50.670
	3	53.051	51.752
	2	53.701	52.835
	1.5	54.026	53.376
56	5.5	52.428	50.046
	4	53.402	51.670
	3	54.051	52.752
	2	54.701	53.835
	1.5	55.026	54.376
58	4	55.402	53.670
	3	56.051	54.752
	2	56.701	55.835
	1.5	57.026	56.376
60	5.5	56.428	54.046
	4	57.402	55.670
	3	58.051	56.752
	2	58.701	57.835
	1.5	59.026	58.376

（续）

公称直径（大径）D、d	螺距 P	中径 D_2、d_2	小径 D_1、d_1
62	4	59.402	57.670
	3	60.051	58.752
	2	60.701	59.835
	1.5	61.026	60.376
64	6	60.103	57.505
	4	61.402	59.670
	3	62.051	60.752
	2	62.701	61.835
	1.5	63.026	62.376
65	4	62.402	60.670
	3	63.051	61.752
	2	63.701	62.835
	1.5	64.026	63.376
68	6	64.103	61.505
	4	65.402	63.670
	3	66.051	64.752
	2	66.701	65.835
	1.5	67.026	66.376
70	6	66.103	63.505
	4	67.402	65.670
	3	68.051	66.752
	2	68.701	67.835
	1.5	69.026	68.376
72	6	68.103	65.505
	4	69.402	67.670
	3	70.051	68.752
	2	70.701	69.835
	1.5	71.026	70.376
75	4	72.402	70.670
	3	73.051	71.752
	2	73.701	72.835
	1.5	74.026	73.376
76	6	72.103	69.505
	4	73.402	71.670
	3	74.051	72.752
	2	74.701	73.835
	1.5	75.026	74.376
78	2	76.700	75.835
80	6	76.103	73.505
	4	77.402	75.670
	3	78.051	76.752
	2	78.701	77.835
	1.5	79.026	78.376
82	2	80.701	79.835
85	6	81.103	78.505
	4	82.402	80.670
	3	83.051	81.752
	2	83.701	82.835
90	6	86.103	83.505
	4	87.402	85.670
	3	88.051	86.752
	2	88.701	87.835

注：$D_2=D-0.6495P$；$D_1=D-1.0825P$；$d_2=d-0.6495P$；$d_1=d-1.0825P$。

3.1.1.4　普通螺纹公差（GB/T 197—2018）

（1）普通螺纹的公差带　螺纹公差带由公差带的位置和公差带的大小组成（见图1-3-2）。公差带的位置指公差带的起始点到基本牙型的距离，又称为基本偏差。国家标准规定，外螺纹的上极限偏差（es）和内螺纹的下极限偏差（EI）为基本偏差。

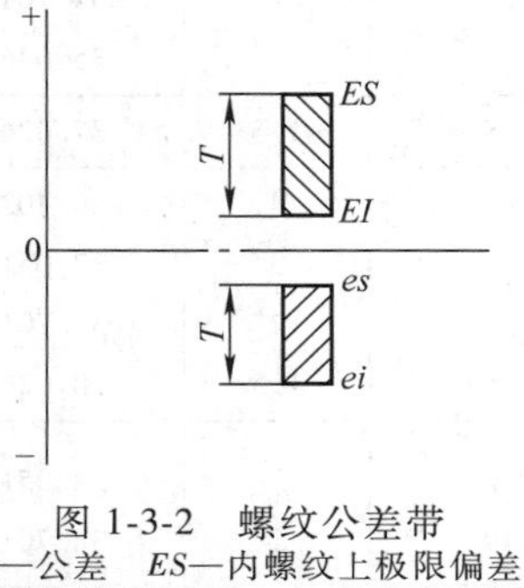

图1-3-2　螺纹公差带

T—公差　ES—内螺纹上极限偏差

EI—内螺纹下极限偏差　es—外螺纹上极限偏差

ei—外螺纹下极限偏差

对内螺纹规定了G和H两种位置（见图1-3-3），对外螺纹规定了a、b、c、d、e、f、g和h八种位置（见图1-3-4）。H、h的基本偏差为零，G的基本偏差为正值，a、b、c、d、e、f、 g的基本偏差为负值。

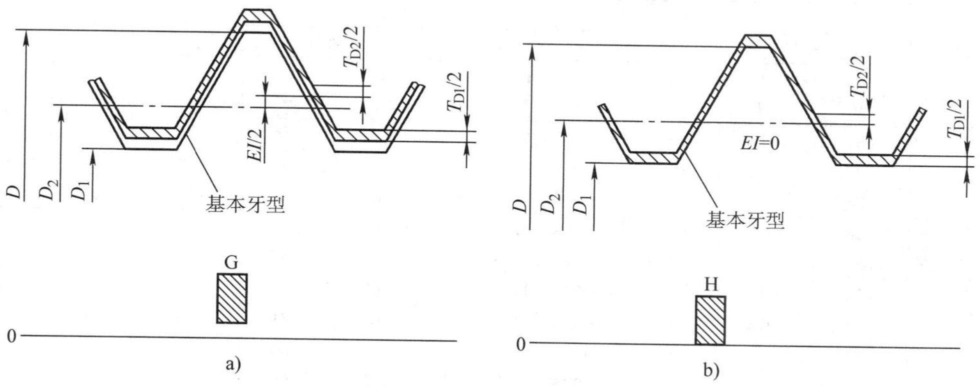

图1-3-3　内螺纹公差带位置

a）公差带位置为G　b）公差带位置为H

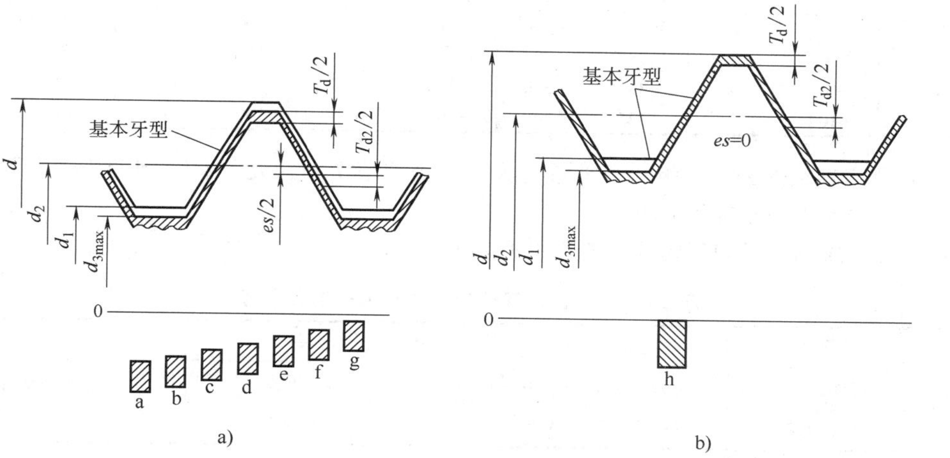

图1-3-4　外螺纹公差带位置

a）公差带位置为a、b、c、d、e、f和g　b）公差带位置为h

（2）内、外螺纹基本偏差　内、外螺纹的基本偏差见表1-3-6。

表1-3-6　内、外螺纹的基本偏差

螺距 P/mm	基本偏差/μm									
	内螺纹		外螺纹							
	G EI	H EI	a es	b es	c es	d es	e es	f es	g es	h es
0.2	+17	0	—	—	—	—	—	—	-17	0
0.25	+18	0	—	—	—	—	—	—	-18	0
0.3	+18	0	—	—	—	—	—	—	-18	0
0.35	+19	0	—	—	—	—	—	-34	-19	0
0.4	+19	0	—	—	—	—	—	-34	-19	0
0.45	+20	0	—	—	—	—	—	-35	-20	0
0.5	+20	0	—	—	—	—	-50	-36	-20	0
0.6	+21	0	—	—	—	—	-53	-36	-21	0
0.7	+22	0	—	—	—	—	-56	-38	-22	0

（续）

螺距 P/mm	基本偏差/μm									
	内螺纹		外螺纹							
	G EI	H EI	a es	b es	c es	d es	e es	f es	g es	h es
0.75	+22	0	—	—	—	—	-56	-38	-22	0
0.8	+24	0	—	—	—	—	-60	-38	-24	0
1	+26	0	-290	-200	-130	-85	-60	-40	-26	0
1.25	+28	0	-295	-205	-135	-90	-63	-42	-28	0
1.5	+32	0	-300	-212	-140	-95	-67	-45	-32	0
1.75	+34	0	-310	-220	-145	-100	-71	-48	-34	0
2	+38	0	-315	-225	-150	-105	-71	-52	-38	0
2.5	+42	0	-325	-235	-160	-110	-80	-58	-42	0
3	+48	0	-335	-245	-170	-115	-85	-63	-48	0
3.5	+53	0	-345	-255	-180	-125	-90	-70	-53	0
4	+60	0	-355	-265	-190	-130	-95	-75	-60	0
4.5	+63	0	-365	-280	-200	-135	-100	-80	-63	0
5	+71	0	-375	-290	-212	-140	-106	-85	-71	0
5.5	+75	0	-385	-300	-224	-150	-112	-90	-75	0
6	+80	0	-395	-310	-236	-155	-118	-95	-80	0
8	+100	0	-425	-340	-265	-180	-140	-118	-100	0

（3）普通螺纹的公差等级　公差带的大小由公差值 T 所决定，将 T 划分为若干等级称为公差等级，以代表公差带的大小。

内、外螺纹的中径和顶径的公差等级见表1-3-7。

表1-3-7　内、外螺纹的中径和顶径的公差等级

直径	公差等级	备　注	直径	公差等级	备　注
D_1	4、5、6、7、8	内螺纹大径的最大值依刃具牙顶的削平高度而定	d	4、6、8	外螺纹小径的最小值依刃具牙顶的削平高度而定
D_2	4、5、6、7、8		d_2	3、4、5、6、7、8、9	

（4）普通螺纹的顶径公差　普通螺纹的顶径公差见表1-3-8和表1-3-9。

表1-3-8　内螺纹小径公差（T_{D1}）　（单位：μm）

螺距 P/mm	公差等级					螺距 P/mm	公差等级				
	4	5	6	7	8		4	5	6	7	8
0.2	38	—	—	—	—	1.25	170	212	265	335	425
0.25	45	56	—	—	—	1.5	190	236	300	375	475
0.3	53	67	85	—	—	1.75	212	265	335	425	530
0.35	63	80	100	—	—	2	236	300	375	475	600
0.4	71	90	112	—	—	2.5	280	355	450	560	710
0.45	80	100	125	—	—	3	315	400	500	630	800
0.5	90	112	140	180	—	3.5	355	450	560	710	900
0.6	100	125	160	200	—	4	375	475	600	750	950
0.7	112	140	180	224	—	4.5	425	530	670	850	1060
0.75	118	150	190	236	—	5	450	560	710	900	1120
0.8	125	160	200	250	315	5.5	475	600	750	950	1180
1	150	190	236	300	375	6	500	630	800	1000	1250
						8	630	800	1000	1250	1600

表 1-3-9 外螺纹大径公差（T_d） （单位：μm）

螺距 P/mm	公差等级 4	公差等级 6	公差等级 8
0.2	36	56	—
0.25	42	67	—
0.3	48	75	—
0.35	53	85	—
0.4	60	95	—
0.45	63	100	—
0.5	67	106	—
0.6	80	125	—
0.7	90	140	—
0.75	90	140	—
0.8	95	150	236
1	112	180	280
1.25	132	212	335
1.5	150	236	375
1.75	170	265	425
2	180	280	450
2.5	212	335	530
3	236	375	600
3.5	265	425	670
4	300	475	750
4.5	315	500	800
5	335	530	850
5.5	355	560	900
6	375	600	950
8	450	710	1180

（5）普通螺纹的中径公差 普通螺纹的中径公差见表 1-3-10 和表 1-3-11。

表 1-3-10 内螺纹中径公差（T_{D2}） （单位：μm）

基本大径 D/mm >	基本大径 D/mm ≤	螺距 P/mm	公差等级 4	5	6	7	8
0.99	1.4	0.2	40	—	—	—	—
		0.25	45	56	—	—	—
		0.3	48	60	75	—	—
1.4	2.8	0.2	52	—	—	—	—
		0.25	48	60	—	—	—
		0.35	53	67	85	—	—
		0.4	56	71	90	—	—
		0.45	60	75	95	—	—
2.8	5.6	0.35	56	71	90	—	—
		0.5	63	80	100	125	—
		0.6	71	90	112	140	—
		0.7	75	95	118	150	—
		0.75	75	95	118	150	—
		0.8	80	100	125	160	200
5.6	11.2	0.75	85	106	132	170	—
		1	95	118	150	190	236
		1.25	100	125	160	200	250
		1.5	112	140	180	224	280
11.2	22.4	1	100	125	160	200	250
		1.25	112	140	180	224	280
		1.5	118	150	190	236	300
		1.75	125	160	200	250	315
		2	132	170	212	265	335
		2.5	140	180	224	280	355
22.4	45	1	106	132	170	212	—
		1.5	125	160	200	250	315
		2	140	180	224	280	355
		3	170	212	265	335	425
		3.5	180	224	280	355	450
		4	190	236	300	375	475
		4.5	200	250	315	400	500
45	90	1.5	132	170	212	265	335
		2	150	190	236	300	375
		3	180	224	280	355	450
		4	200	250	315	400	500
		5	212	265	335	425	530
		5.5	224	280	355	450	560
		6	236	300	375	475	600

（续）

基本大径 D/mm		螺距	公差等级				
>	≤	P/mm	4	5	6	7	8
90	180	2	160	200	250	315	400
		3	190	236	300	375	475
		4	212	265	335	425	530
		6	250	315	400	500	630
		8	280	355	450	560	710
180	355	3	212	265	335	425	530
		4	236	300	375	475	600
		6	265	335	425	530	670
		8	300	375	475	600	750

表 1-3-11 外螺纹中径公差（T_{d2}） （单位：μm）

基本大径 d/mm		螺距	公差等级						
>	≤	P/mm	3	4	5	6	7	8	9
0.99	1.4	0.2	24	30	38	48	—	—	—
		0.25	26	34	42	53	—	—	—
		0.3	28	36	45	56	—	—	—
1.4	2.8	0.2	25	32	40	50	—	—	—
		0.25	28	36	45	56	—	—	—
		0.35	32	40	50	63	80	—	—
		0.4	34	42	53	67	85	—	—
		0.45	36	45	56	71	90	—	—
2.8	5.6	0.35	34	42	53	67	85	—	—
		0.5	38	48	60	75	95	—	—
		0.6	42	53	67	85	106	—	—
		0.7	45	56	71	90	112	—	—
		0.75	45	56	71	90	112	—	—
		0.8	48	60	75	95	118	150	190
5.6	11.2	0.75	50	63	80	100	125	—	—
		1	56	71	90	112	140	180	224
		1.25	60	75	95	118	150	190	236
		1.5	67	85	106	132	170	212	265
11.2	22.4	1	60	75	95	118	150	190	236
		1.25	67	85	106	132	170	212	265
		1.5	71	90	112	140	180	224	280
		1.75	75	95	118	150	190	236	300
		2	80	100	125	160	200	250	315
		2.5	85	106	132	170	212	265	335
22.4	45	1	63	80	100	125	160	200	250
		1.5	75	95	118	150	190	236	300
		2	85	106	132	170	212	265	335
		3	100	125	160	200	250	315	400
		3.5	106	132	170	212	265	335	425
		4	112	140	180	224	280	355	450
		4.5	118	150	190	236	300	375	475
45	90	1.5	80	100	125	160	200	250	315
		2	90	112	140	180	224	280	355
		3	106	132	170	212	265	335	425
		4	118	150	190	236	300	375	475
		5	125	160	200	250	315	400	500
		5.5	132	170	212	265	335	425	530
		6	140	180	224	280	355	450	560
90	180	2	95	118	150	190	236	300	375
		3	112	140	180	224	280	355	450
		4	125	160	200	250	315	400	500
		6	150	190	236	300	375	475	600
		8	170	212	265	335	425	530	670
180	355	3	125	160	200	250	315	400	500
		4	140	180	224	280	355	450	560
		6	160	200	250	315	400	500	630
		8	180	224	280	355	450	560	710

（6）旋合长度　普通螺纹的旋合长度分为短（S）、中等（N）和长（L）三组。螺纹旋合长度见表 1-3-12。

表 1-3-12 普通螺纹的旋合长度 （单位：mm）

基本大径 D、d		螺距 P	旋合长度			
			S	N		L
>	≤		≤	>	≤	>
0.99	1.4	0.2	0.5	0.5	1.4	1.4
		0.25	0.6	0.6	1.7	1.7
		0.3	0.7	0.7	2	2
1.4	2.8	0.2	0.5	0.5	1.5	1.5
		0.25	0.6	0.6	1.9	1.9
		0.35	0.8	0.8	2.6	2.6
		0.4	1	1	3	3
		0.45	1.3	1.3	3.8	3.8
2.8	5.6	0.35	1	1	3	3
		0.5	1.5	1.5	4.5	4.5
		0.6	1.7	1.7	5	5
		0.7	2	2	6	6
		0.75	2.2	2.2	6.7	6.7
		0.8	2.5	2.5	7.5	7.5
5.6	11.2	0.75	2.4	2.4	7.1	7.1
		1	3	3	9	9
		1.25	4	4	12	12
		1.5	5	5	15	15
11.2	22.4	1	3.8	3.8	11	11
		1.25	4.5	4.5	13	13
		1.5	5.6	5.6	16	16
		1.75	6	6	18	18
		2	8	8	24	24
		2.5	10	10	30	30

基本大径 D、d		螺距 P	旋合长度			
			S	N		L
>	≤		≤	>	≤	>
22.4	45	1	4	4	12	12
		1.5	6.3	6.3	19	19
		2	8.5	8.5	25	25
		3	12	12	36	36
		3.5	15	15	45	45
		4	18	18	53	53
		4.5	21	21	63	63
45	90	1.5	7.5	7.5	22	22
		2	9.5	9.5	28	28
		3	15	15	45	45
		4	19	19	56	56
		5	24	24	71	71
		5.5	28	28	85	85
		6	32	32	95	95
90	180	2	12	12	36	36
		3	18	18	53	53
		4	24	24	71	71
		6	36	36	106	106
		8	45	45	132	132
180	355	3	20	20	60	60
		4	26	26	80	80
		6	40	40	118	118
		8	50	50	150	150

（7）普通螺纹的推荐公差带　螺纹公差精度是由螺纹公差带和旋合长度组别两个因素所决定的，它是螺纹质量的综合指标，直接影响螺纹的配合质量和使用性能。

螺纹公差精度分为精密、中等和粗糙三级，其选用原则如下：

精密——用于精密螺纹，要求配合性质变动较小。

中等——用于一般用途螺纹。

粗糙——用于制造螺纹。有困难的场合，如在热轧棒料上和深不通孔内加工螺纹。

根据螺纹配合的要求，将公差等级和公差位置组合，可得到多种公差带，但为了减少量具、刃具的规格，标准中规定了一般选用的公差带。

普通螺纹的推荐公差带见表 1-3-13。

表 1-3-13 内、外螺纹的推荐公差带

	公差精度	公差带位置 G			公差带位置 H		
		S	N	L	S	N	L
内螺纹	精密	—	—	—	4H	5H	6H
	中等	(5G)	**6G**	(7G)	**5H**	**6H**	**7H**
	粗糙	—	(7G)	(8G)	—	7H	8H

（续）

外螺纹	公差精度	公差带位置 e			公差带位置 f			公差带位置 g			公差带位置 h		
		S	N	L	S	N	L	S	N	L	S	N	L
	精密	—	—	—	—	—	—	—	(4g)	(5g4g)	(3h4h)	**4h**	(5h4h)
	中等	—	**6e**	(7e6e)		**6f**	—	(5g6g)	**[6g]**	(7g6g)	(5h6h)	6h	(7h6h)
	粗糙	—	(8e)	(9e8e)	—	—	—	—	8g	(9g8g)	—	—	—

注：1. 大量生产的螺纹紧固件采用带方框的粗字体公差带。

2. 优先选用粗字体的公差带，其次选择一般字体的公差带，尽可能不用括号内的公差带。

3. 如无特殊说明，推荐公差带适用于涂镀前螺纹。涂镀后，螺纹实际牙型轮廓上的任何点不应超越按公差位置 H 或 h 所确定的最大实体牙型。

（8）普通螺纹的极限偏差　内、外螺纹各个公差带的基本偏差和公差的计算公式为

内螺纹中径的下极限偏差（基本偏差）为 EI，则

内螺纹中径的上极限偏差为 $ES=EI+T_{D2}$

内螺纹小径的下极限偏差为 EI，则

内螺纹小径的上极限偏差为 $ES=EI+T_{D1}$

外螺纹中径的上极限偏差（基本偏差）为 es，则

外螺纹中径的下极限偏差为 $ei=es-T_{d2}$

外螺纹大径的上极限偏差为 es，则

外螺纹大径的下极限偏差为 $ei=es-T_d$

为了简化螺纹极限尺寸的计算，可查表 1-3-14。

表 1-3-14　普通螺纹的极限偏差（部分）（GB/T 2516—2003）　（单位：μm）

基本大径/mm		螺距/mm	内螺纹					外螺纹					
			公差带	中径		小径		公差带	中径		大径		小径
>	≤			ES	EI	ES	EI		es	ei	es	ei	用于计算应力的偏差
5.6	11.2	0.75	—	—	—	—	—	3h4h	0	-50	0	-90	-108
			4H	+85	0	+118	0	4h	0	-68	0	-90	-108
			5G	+128	+22	+172	+22	5g6g	-22	-102	-22	-162	-130
			5H	+106	0	+150	0	5h4h	0	-80	0	-90	-108
			—	—	—	—	—	5h6h	0	-80	0	-140	-108
			—	—	—	—	—	6e	-56	-156	-56	-196	-164
			—	—	—	—	—	6f	-38	-138	-38	-178	-146
			6G	+154	+22	+212	+22	6g	-22	-122	-22	-162	-130
			6H	+132	0	+190	0	6h	0	-100	0	-140	-108
			—	—	—	—	—	7e6e	-56	-181	-56	-196	-164
			7G	+192	+22	+258	+22	7g6g	-22	-147	-22	-162	-130
			7H	+170	0	+236	0	7h6h	0	-125	0	-140	-108
			8G	—	—	—	—	8g	—	—	—	—	—
			8H	—	—	—	—	9g8g	—	—	—	—	—
		1	—	—	—	—	—	3h4h	0	-56	0	-112	-144
			4H	+95	0	+150	0	4H	0	-71	0	-112	-144
			5G	+144	+26	+216	+26	5g6g	-26	-116	-26	-206	-170
			5H	+118	0	+190	0	5h4h	0	-90	0	-112	-144
			—	—	—	—	—	5h6h	0	-90	0	-180	-144
			—	—	—	—	—	6e	-60	-172	-60	-240	-204

（续）

基本大径/mm		螺距/mm	内螺纹					外螺纹					
			公差带	中径		小径		公差带	中径		大径		小径
>	≤			*ES*	*EI*	*ES*	*EI*		*es*	*ei*	*es*	*ei*	用于计算应力的偏差
5.6	11.2	1	—	—	—	—	—	6f	-40	-152	-40	-220	-184
			6G	+176	+26	+262	+26	6g	-26	-138	-26	-206	-170
			6H	+150	0	+236	0	6h	0	-112	0	-180	-144
			—	—	—	—	—	7e6e	-60	-200	-60	-240	-204
			7G	+216	+26	+326	+26	7g6g	-26	-166	-26	-206	-170
			7H	+190	0	+300	0	7h6h	0	-140	0	-180	-144
			8G	+262	+26	+401	+26	8g	-26	-206	-26	-306	-170
			8H	+236	0	+375	0	9g8g	-26	-250	-26	-306	-170
		1.25	—	—	—	—	—	3h4h	0	-60	0	-132	-180
			4H	+100	0	+170	0	4h	0	-75	0	-132	-180
			5G	+153	+28	+240	+28	5g6g	-28	-123	-28	-240	-208
			5H	+125	0	+212	0	5h4h	0	-95	0	-132	-180
			—	—	—	—	—	5h6h	0	-95	0	-212	-180
			—	—	—	—	—	6e	-63	-181	-63	-275	-243
			—	—	—	—	—	6f	-42	-160	-42	-254	-222
			6G	+188	+28	+293	+28	6g	-28	-146	-28	-240	-208
			6H	+160	0	+265	0	6h	0	-118	0	-212	-180
			—	—	—	—	—	7e6e	-63	-213	-63	-275	-243
			7G	+228	+28	+363	+28	7g6g	-28	-178	-28	-240	-208
			7H	+200	0	+335	0	7h6h	0	-150	0	-212	-180
			8G	+278	+28	+453	+28	8g	-28	-218	-28	-363	-208
			8H	+250	0	+425	0	9g8g	-28	-264	-28	-363	-208
		1.5	—	—	—	—	—	3h4h	0	-67	0	-150	-217
			4H	+112	0	+190	0	4h	0	-85	0	-150	-217
			5G	+172	+32	+268	+32	5g6g	-32	-138	-32	-268	-249
			5H	+140	0	+236	0	5h4h	0	-106	0	-150	-217
			—	—	—	—	—	5h6h	0	-106	0	-236	-217
			—	—	—	—	—	6e	-67	-199	-67	-303	-284
			—	—	—	—	—	6f	-45	-177	-45	-281	-262
			6G	+212	+32	+332	+32	6g	-32	-164	-32	-268	-249
			6H	+180	0	+300	0	6h	0	-132	0	-236	-217
			—	—	—	—	—	7e6e	-67	-237	-67	-303	-284
			7G	+256	+32	+407	+32	7g6g	-32	-202	-32	-268	-249
			7H	+224	0	+375	0	7h6h	0	-170	0	-236	-217
			8G	+312	+32	+507	+32	8g	-32	-244	-32	-407	-249
			8H	+280	0	+475	0	9g8g	-32	-297	-32	-407	-249
11.2	22.4	1	—	—	—	—	—	3h4h	0	-60	0	-112	-144
			4H	+100	0	+150	0	4h	0	-75	0	-112	-144
			5G	+151	+26	+216	+26	5g6g	-26	-121	-26	-206	-170
			5H	+125	0	+190	0	5h4h	0	-95	0	-112	-144
			—	—	—	—	—	5h6h	0	-95	0	-180	-144
			—	—	—	—	—	6e	-60	-178	-60	-240	-204
			—	—	—	—	—	6f	-40	-158	-40	-220	-184
			6G	+186	+26	+262	+26	6g	-26	-144	-26	-206	-170
			6H	+160	0	236	0	6h	0	-118	0	-180	-144
			—	—	—	—	—	7e6e	-60	-210	-60	-240	-204

（续）

基本大径/mm		螺距/mm	内螺纹					外螺纹					
			公差带	中径		小径		公差带	中径		大径		小径
>	≤			*ES*	*EI*	*ES*	*EI*		*es*	*ei*	*es*	*ei*	用于计算应力的偏差
11.2	22.4	1	7G	+226	+26	+326	+26	7g6g	-26	-176	-26	-206	-170
			7H	+200	0	+300	0	7h6h	0	-150	0	-180	-144
			8G	+276	+26	+401	+26	8g	-26	-216	-26	-306	-170
			8H	+250	0	+375	0	9g8g	-26	-262	-26	-306	-170
		1.25	—	—	—	—	—	3h4h	0	-67	0	-132	-180
			4H	+112	0	+170	0	4h	0	-85	0	-132	-180
			5G	+168	+28	+240	+28	5g6g	-28	-134	-28	-240	-208
			5H	+140	0	+212	0	5h4h	0	-106	0	-132	-180
			—	—	—	—	—	5h6h	0	-106	0	-212	-180
			—	—	—	—	—	6e	-63	-195	-63	-275	-243
			—	—	—	—	—	6f	-42	-174	-42	-254	-222
			6G	+208	+28	+293	+28	6g	-28	-160	-28	-240	-208
			6H	+180	0	+265	0	6h	0	-132	0	-212	-180
			—	—	—	—	—	7e6e	-63	-233	-63	-275	-243
			7G	+252	+28	+363	+28	7g6g	-28	-198	-28	-240	-208
			7H	+224	0	+335	0	7h6h	0	-170	0	-212	-180
			8G	+308	+28	+453	+28	8g	-28	-240	-28	-363	-208
			8H	+280	0	+425	0	9g8g	-28	-293	-28	-363	-208
		1.5	—	—	—	—	—	3h4h	0	-71	0	-150	-217
			4H	+118	0	+190	0	4h	0	-90	0	-150	-217
			5G	+182	+32	+268	+32	5g6g	-32	-144	-32	-268	-249
			5H	+150	0	+236	0	5h4h	0	-112	0	-150	-217
			—	—	—	—	—	5h6h	0	-112	0	-236	-217
			—	—	—	—	—	6e	-67	-207	-67	-303	-284
			—	—	—	—	—	6f	-45	-185	-45	-281	-262
			6G	+222	+32	+332	+32	6g	-32	-172	-32	-268	-249
			6H	+190	0	+300	0	6h	0	-140	0	-236	-217
			—	—	—	—	—	7e6e	-67	-247	-67	-303	-284
			7G	+268	+32	+407	+32	7g6g	-32	-212	-32	-268	-249
			7H	+236	0	+375	0	7h6h	0	-180	0	-236	-217
			8G	+332	+32	+507	+32	8g	-32	-256	-32	-407	-249
			8H	+300	0	+475	0	9g8g	-32	-312	-32	-407	-249
		1.75	—	—	—	—	—	3h4h	0	-75	0	-170	-253
			4H	+125	0	+212	0	4h	0	-95	0	-170	-253
			5G	+194	+34	+299	+34	5g6g	-34	-152	-34	-299	-287
			5H	+160	0	+265	0	5h4h	0	-118	0	-170	-253
			—	—	—	—	—	5h6h	0	-118	0	-265	-253
			—	—	—	—	—	6e	-71	-221	-71	-336	-324
			—	—	—	—	—	6f	-48	-198	-48	-313	-301
			6G	+234	+34	+369	+34	6g	-34	-184	-34	-299	-287
			6H	+200	0	+335	0	6h	0	-150	0	-265	-253
			—	—	—	—	—	7e6e	-71	-261	-71	-336	-324
			7G	+284	+34	+459	+34	7g6g	-34	-224	-34	-299	-287
			7H	+250	0	+425	0	7h6h	0	-190	0	-265	-253
			8G	+349	+34	+564	+34	8g	-34	-270	-34	-459	-287
			8H	+315	0	+530	0	9g8g	-34	-334	-34	-459	-287

（续）

基本大径/mm		螺距/mm	内螺纹					外螺纹					
			公差带	中径		小径		公差带	中径		大径		小径
>	≤			*ES*	*EI*	*ES*	*EI*		*es*	*ei*	*es*	*ei*	用于计算应力的偏差
11.2	22.4	2	—	—	—	—	—	3h4h	0	-80	0	-180	-289
			4H	+132	0	+236	0	4h	0	-100	0	-180	-289
			5G	+208	+38	+338	+38	5g6g	-38	-163	-38	-318	-327
			5H	+170	0	+300	0	5h4h	0	-125	0	-180	-289
			—	—	—	—	—	5h6h	0	-125	0	-280	-289
			—	—	—	—	—	6e	-71	-231	-71	-351	-360
			—	—	—	—	—	6f	-52	-212	-52	-332	-341
			6G	+250	+38	+413	+38	6g	-38	-198	-38	-318	-327
			6H	+212	0	+375	0	6h	0	-160	0	-280	-289
			—	—	—	—	—	7e6e	-71	-271	-71	-351	-360
			7G	+303	+38	+513	+38	7g6g	-38	-238	-38	-318	-327
			7H	+265	0	+475	0	7h6h	0	-200	0	-280	-289
			8G	+373	+38	+638	+38	8g	-38	-288	-38	-488	-327
			8H	+335	0	+600	0	9g8g	-38	-353	-38	-448	-327
		2.5	—	—	—	—	—	3h4h	0	-85	0	-212	-361
			4H	+140	0	+280	0	4h	0	-106	0	-212	-361
			5G	+222	+42	+397	+42	5g6g	-42	-174	-42	-377	-403
			5H	+180	0	+355	0	5h4h	0	-132	0	-212	-361
			—	—	—	—	—	5h6h	0	-132	0	-335	-361
			—	—	—	—	—	6e	-80	-250	-80	-415	-441
			—	—	—	—	—	6f	-58	-228	-58	-393	-419
			6G	+266	+42	+492	+42	6g	-42	-212	-42	-377	-403
			6H	+224	0	+450	0	6h	0	-170	0	-335	-361
			—	—	—	—	—	7e6e	-80	-292	-80	-415	-441
			7G	+322	+42	+602	+42	7g6g	-42	-254	-42	-377	-403
			7H	+280	0	+560	0	7h6h	0	-212	0	-335	-361
			8G	+397	+42	+752	+42	8g	-42	-307	-42	-572	-403
			8H	+355	0	+710	0	9g8g	-42	-377	-42	-572	-403
22.4	45	1	—	—	—	—	—	3h4h	0	-63	0	-112	-144
			4H	+106	0	+150	0	4h	0	-80	0	-112	-144
			5G	+158	+26	+218	+26	5g6g	-26	-126	-26	-206	-170
			5H	+132	0	+190	0	5h4h	0	-100	0	-112	-144
			—	—	—	—	—	5h6h	0	-100	0	-180	-144
			—	—	—	—	—	6e	-60	-185	-60	-240	-204
			—	—	—	—	—	6f	-40	-165	-40	-220	-184
			6G	+196	+26	+262	+26	6g	-26	-151	-26	-206	-170
			6H	+170	0	+236	0	6h	0	-125	0	-180	-144
			—	—	—	—	—	7e6e	-60	-220	-60	-240	-204
			7G	+238	+26	+326	+26	7g6g	-26	-186	-26	-206	-170
			7H	+212	0	+300	0	7h6h	0	-160	0	-180	-144
			8G	—	—	—	—	8g	-26	-226	-26	-306	-170
			8H	—	—	—	—	9g8g	-26	-276	-26	-306	-170
		1.5	—	—	—	—	—	3h4h	0	-75	0	-150	-217
			4H	+125	0	+190	0	4h	0	-95	0	-150	-217
			5G	+192	+32	+268	+32	5g6g	-32	-150	-32	-268	-249
			5H	+160	0	+236	0	5h4h	0	-118	0	-150	-217
			—	—	—	—	—	5h6h	0	-118	0	-236	-217

（续）

基本大径/mm		螺距/mm	内螺纹					外螺纹					
			公差带	中径		小径		公差带	中径		大径		小径
>	≤			*ES*	*EI*	*ES*	*EI*		*es*	*ei*	*es*	*ei*	用于计算应力的偏差
22.4	45	1.5	—	—	—	—	—	6e	-67	-217	-67	-303	-284
			—	—	—	—	—	6f	-45	-195	-45	-281	-262
			6G	+232	+32	+332	+32	6g	-32	-182	-32	-268	-249
			6H	+200	0	+300	0	6h	0	-150	0	-236	-217
			—	—	—	—	—	7e6e	-67	-257	-67	-303	-284
			7G	+282	+32	+407	+32	7g6g	-32	-222	-32	-268	-249
			7H	+250	0	+375	0	7h6h	0	-190	0	-236	-217
			8G	+347	+32	+507	+32	8g	-32	-268	-32	-407	-249
			8H	+315	0	+475	0	9g8g	-32	-332	-32	-407	-249
		2	—	—	—	—	—	3h4h	0	-85	0	-180	-289
			4H	+140	0	+236	0	4h	0	-106	0	-180	-289
			5G	+218	+38	+338	+38	5g6g	-38	-170	-38	-318	-327
			5H	+180	0	+300	0	5h4h	0	-132	0	-180	-289
			—	—	—	—	—	5h6h	0	-132	0	-280	-289
			—	—	—	—	—	6e	-71	-241	-71	-351	-360
			—	—	—	—	—	6f	-52	-222	-52	-332	-341
			6G	+262	+38	+413	+38	6g	-38	-208	-38	-318	-327
			6H	+224	0	+375	0	6h	0	-170	0	-280	-289
			—	—	—	—	—	7e6e	-71	-283	-71	-351	-360
			7G	+318	+38	+513	+38	7g6g	-38	-250	-38	-318	-327
			7H	+280	0	+475	0	7h6h	0	-212	0	-280	-289
			8G	+393	+38	+638	+38	8g	-38	-307	-38	-488	-327
			8H	+355	0	+600	0	9g8g	-38	-373	-38	-488	-327
		3	—	—	—	—	—	3h4h	0	-100	0	-236	-433
			4H	+170	0	+315	0	4h	0	-125	0	-236	-433
			5G	+260	+48	+448	+48	5g6g	-48	-208	-48	-423	-481
			5H	+212	0	+400	0	5h4h	0	-160	0	-236	-433
			—	—	—	—	—	5h6h	0	-160	0	-375	-433
			—	—	—	—	—	6e	-85	-285	-85	-460	-518
			—	—	—	—	—	6f	-63	-263	-63	-438	-496
			6G	+313	+48	+548	+48	6g	-48	-248	-48	-423	-481
			6H	+265	0	+500	0	6h	0	-200	0	-375	-433
			—	—	—	—	—	7e6e	-85	-335	-85	-460	-518
			7G	+383	+48	+678	+48	7g6g	-48	-298	-48	-423	-481
			7H	+335	0	+630	0	7h6h	0	-250	0	-375	-433
			8G	+473	+48	+848	+48	8g	-48	-363	-48	-648	-481
			8H	+425	0	+800	0	9g8g	-48	-448	-48	-648	-481
		3.5	—	—	—	—	—	3h4h	0	-106	0	-265	-505
			4H	+180	0	+355	0	4h	0	-132	0	-265	-505
			5G	+277	+53	+503	+53	5g6g	-53	-223	-53	-478	-558
			5H	+224	0	+450	0	5h4h	0	-170	0	-265	-505
			—	—	—	—	—	5h6h	0	-170	0	-425	-505
			—	—	—	—	—	6e	-90	-302	-90	-515	-595
			—	—	—	—	—	6f	-70	-282	-70	-495	-575
			6G	+333	+53	+613	+53	6g	-53	-265	-53	-478	-558
			6H	+280	0	+560	0	6h	0	-212	0	-425	-505

（续）

基本大径/mm		螺距/mm	内螺纹					外螺纹					
			公差带	中径		小径		公差带	中径		大径		小径
>	≤			ES	EI	ES	EI		es	ei	es	ei	用于计算应力的偏差
22.4	45	3.5	—	—	—	—	—	7e6e	-90	-355	-90	-515	-595
			7G	+408	+53	+763	+53	7g6g	-53	-318	-53	-478	-558
			7H	+355	0	+710	0	7h6h	0	-265	0	-425	-505
			8G	+503	+53	+953	+53	8g	-53	-388	-53	-723	-558
			8H	+450	0	+900	0	9g8g	-53	-478	-53	-723	-558
		4	—	—	—	—	—	3h4h	0	-112	0	-300	-577
			4H	+190	0	+375	0	4h	0	-140	0	-300	-577
			5G	+296	+60	+535	+60	5g6g	-60	-240	-60	-535	-637
			5H	+236	0	+475	0	5h4h	0	-180	0	-300	-577
			—	—	—	—	—	5h6h	0	-180	0	-475	-577
			—	—	—	—	—	6e	-95	-319	-95	-570	-672
			—	—	—	—	—	6f	-75	-299	-75	-550	-652
			6G	+360	+60	+660	+60	6g	-60	-284	-60	-535	-637
			6H	+300	0	+600	0	6h	0	-224	0	-475	-577
			—	—	—	—	—	7e6e	-95	-375	-95	-570	-672
			7G	+435	+60	+810	+60	7g6g	-60	-340	-60	-535	-637
			7H	+375	0	+750	0	7h6h	0	-280	0	-475	-577
			8G	+535	+60	+1010	+60	8g	-60	-415	-60	-810	-637
			8H	+475	0	+950	0	9g8g	-60	-510	-60	-810	-637
		4.5	—	—	—	—	—	3h4h	0	-118	0	-315	-650
			4H	+200	0	+425	0	4h	0	-150	0	-315	-650
			5G	+313	+63	+593	+63	5g6g	-63	-253	-63	-563	-713
			5H	+250	0	+530	0	5h4h	0	-190	0	-315	-650
			—	—	—	—	—	5h6h	0	-190	0	-500	-650
			—	—	—	—	—	6e	-100	-336	-100	-600	-750
			—	—	—	—	—	6f	-80	-316	-80	-580	-730
			6G	+378	+63	+733	+63	6g	-63	-299	-63	-563	-713
			6H	+315	0	+670	0	6h	0	-236	0	-500	-650
			—	—	—	—	—	7e6e	-100	-400	-100	-600	-750
			7G	+463	+63	+913	+63	7g6g	-63	-363	-63	-563	-713
			7H	+400	0	+850	0	7h6h	0	-300	0	-500	-650
			8G	+563	+63	+1123	+63	8g	-63	-438	-63	-863	-713
			8H	+500	0	+1060	0	9g8g	-63	-538	-63	-863	-713

3.1.1.5 标记方法及标记示例

（1）标记方法　完整的螺纹标记由螺纹特征代号、尺寸代号、公差带代号及其他有必要做进一步说明的个别信息组成。螺纹特征代号用字母“M”表示。单线螺纹的尺寸代号为“公称直径×螺距”，公称直径和螺距数值的单位为mm。对粗牙螺纹，可以省略标注其螺距项。

多线螺纹的尺寸代号为“公称直径×Ph 导程 P 螺距”，公称直径、导程和螺距数值的单位为 mm。为更加清晰地标记多线螺纹，可在后面增加括号，用英语说明线数，如双线为 two starts，三线为 three starts。

公差带代号包含中径公差带代号和顶径公差带代号。中径公差带代号在前，顶径公差带代号在后，内螺纹用大写字母，外螺纹用小写字母。如果中径公差带代号与顶径（内螺纹小径或外螺纹大径）公差带代号相同，则只标注一个公差带代号。螺纹尺寸代号与公差带间用“-”号分开。

大批生产的紧固件螺纹（中等公差精度和中等旋合长度，6H/6g）不标注其公差带代号。

表示螺纹配合时，内螺纹公差带代号在前，外螺纹公差带代号在后，中间用斜线“/”分开。

对旋合长度为短组和长组的螺纹，宜在公差带代号后分别标注“S”和“L”代号。旋合长度组别代号与公差带间用“-”号分开。中等旋合长度组螺纹不标注旋合长度组代号（N）。

对左旋螺纹，应在螺纹标记的最后标注“LH”代号，与前面用“-”号分开。对右旋螺纹，不标注旋向代号。

（2）标记示例

1）普通螺纹特征代号和尺寸代号部分的标注。

① 公称直径为 8mm、螺距为 1mm 的单线细牙螺纹：M8×1。

② 公称直径为 8mm、螺距为 1.25mm 的单线粗牙螺纹：M8。

③ 公称直径为 16mm、螺距为 1.5mm、导程为 3mm 的双线螺纹：

M16×Ph3P1.5 或 M16×Ph3P1.5（two starts）。

2）增加公差带代号后的标注。

① 中径公差带为 5g、顶径公差带为 6g 的外螺纹：M10×1-5g6g。

② 中径公差带和顶径公差带均为 6g 的粗牙外螺纹：M10-6g。

③ 中径公差带为 5H、顶径公差带为 6H 的内螺纹：M10×1-5H6H。

④ 中径公差带和顶径公差带均为 6H 的粗牙内螺纹：M10-6H。

⑤ 中径公差带和顶径公差带均为 6g、中等公差精度的粗牙外螺纹：M10。

⑥ 中径公差带和顶径公差带均为 6H、中等公差精度的粗牙内螺纹：M10。

⑦ 公差带为 6H 的内螺纹与公差带为 5g6g 的外螺纹组成配合：M20×2-6H/5g6g。

⑧ 公差带为 6H 的内螺纹与公差带为 6g 的外螺纹组成配合（中等精度、粗牙）：M6。

3）增加旋合长度组代号后的标注。

① 短旋合长度组的内螺纹：M20×2-5H-S。

② 长旋合长度组的内、外螺纹：M6-7H/7g6g-L。

③ 中等旋合长度组的外螺纹（粗牙、中等精度的 6g 公差带）：M6。

4）增加旋向代号后的标注（完整标记）。

① 左旋螺纹：M8×1-LH（公差带代号和旋合长度代号被省略）。

M6×0.75-5h6h-S-LH

M14×Ph6P2-7H-L-LH 或 M14×Ph6P2（three starts）-7H-L-LH

② 右旋螺纹：M6（螺距、公差带代号、旋合长度代号和旋向代号被省略）。

3.1.2 梯形螺纹（30°）（Tr）

3.1.2.1 梯形螺纹牙型（GB/T 5796.1—2022）

GB/T 5796.1—2022 规定了两种梯形螺纹牙型，即基本牙型和设计牙型。

（1）基本牙型 即理论牙型，它是由顶角为 30°的原始等腰三角形，截去顶部和底部所形成的内、外螺纹共有的牙型。基本牙型及基本尺寸代号如图 1-3-5 所示。

（2）设计牙型 设计牙型与基本牙型的不同点为大径和小径间都留有一定间隙，牙顶、牙底给出了制造所需的圆弧。设计牙型及基本尺寸代号如图 1-3-6 所示。

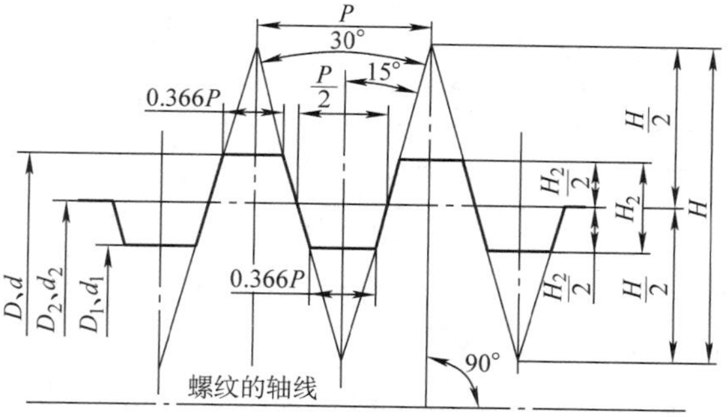

图 1-3-5 基本牙型及基本尺寸代号

D—基本牙型上的内螺纹大径（公称直径） d_2—外螺纹中径 P—螺距 d—外螺纹大径（公称直径） D_1—内螺纹小径 H—原始三角形高度 D_2—内螺纹中径 d_1—基本牙型上的外螺纹小径 H_2—基本牙型高度

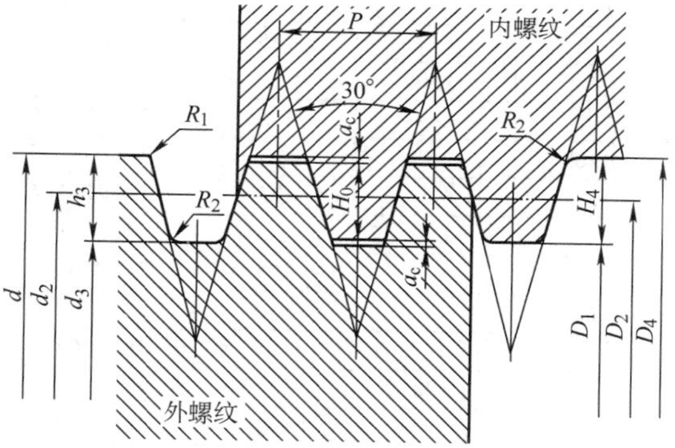

图 1-3-6 设计牙型及基本尺寸代号

d—外螺纹大径（公称直径） P—螺距 a_c—设计牙型上的大径、小径间隙 H_0—设计牙型上的螺纹接触高度，$H_0=0.5P$ h_3—设计牙型上的外螺纹牙高，$h_3=H_0+a_c=0.5P+a_c$ H_4—设计牙型上的内螺纹牙高，$H_4=H_0+a_c=0.5P+a_c$ d_2—外螺纹中径，$d_2=d-0.5P$ D_2—内螺纹中径，$D_2=d-0.5P$ d_3—设计牙型上的外螺纹小径，$d_3=d-2h_3$ D_1—内螺纹小径，$D_1=d-2H_0=d-P$ D_4—设计牙型上的内螺纹大径，$D_4=d+2a_c$ R_1—设计牙型上的外螺纹牙顶倒圆半径，$R_{1\max}=0.5a_c$ R_2—设计牙型上的内、外螺纹牙底倒圆半径，$R_{2\max}=a_c$

3.1.2.2 梯形螺纹的直径与螺距系列（见表 1-3-15）

表 1-3-15 梯形螺纹的直径与螺距表（GB/T 5796.2—2022） （单位：mm）

公称直径 D、d			螺距 P	公称直径 D、d			螺距 P
第一系列	第二系列	第三系列		第一系列	第二系列	第三系列	
8			(1.5)	40			10,(7),3
	9		(2),1.5		42		10,(7),3
10			(2),1.5	44			12,(7),3
	11		3,(2)		46		12,(8),3
12			(3),2	48			12,(8),3
	14		(3),2		50		12,(8),3
16			(4),2	52			12,(8),3
	18		(4),2		55		14,(9),3
20			(4),2	60			14,(9),3
	22		8,(5),3		65		16,(10),4
24			8,(5),3	70			16,(10),4
	26		8,(5),3		75		16,(10),4
28			8,(5),3	80			16,(10),4
	30		10,(6),3		85		18,(12),4
32			10,(6),3	90			18,(12),4
	34		10,(6),3		95		18,(12),4
36			10,(6),3	100			20,(12),4
	38		10,(7),3			105	20,(12),4

（续）

公称直径 D、d			螺距 P
第一系列	第二系列	第三系列	
	110		20,(12),4
		115	22,(14),6
120			22,(14),6
		125	22,(14),6
	130		22,(14),6
		135	24,(14),6
140			24,(14),6
		145	24,(14),6
	150		24,(16),6
		155	24,(16),6
160			28,(16),6
		165	28,(16),6
	170		28,(16),6
		175	28,(16),8
180			28,(18),8
		185	32,(18),8
	190		32,(18),8
		195	32,(18),8
200			32,(18),8
	210		36,(20),8
220			36,(20),8
	230		36,(20),8
240			36,(22),8
	250		40,(22),12
260			40,(22),12
	270		40,(24),12
280			40,(24),12
	290		44,(24),12
300			44,(24),12

注：1. 应优先选用第一系列直径。

2. 优先选用括号中的螺距。

3.1.2.3 梯形螺纹的基本尺寸（见表 1-3-16）

表 1-3-16 梯形螺纹的基本尺寸（部分）（GB/T 5796.3—2022）（单位：mm）

公称直径 d			螺距 P	中径 $d_2=D_2$	大径 D_4	小径	
第一系列	第二系列	第三系列				d_3	D_1
8			1.5	7.250	8.300	6.200	6.500
	9		1.5	8.250	9.300	7.200	7.500
			2	8.000	9.500	6.500	7.000
10			1.5	9.250	10.300	8.200	8.500
			2	9.000	10.500	7.500	8.000
	11		2	10.000	11.500	8.500	9.000
			3	9.500	11.500	7.500	8.000
12			2	11.000	12.500	9.500	10.000
			3	10.500	12.500	8.500	9.000
	14		2	13.000	14.500	11.500	12.000
			3	12.500	14.500	10.500	11.000
16			2	15.000	16.500	13.500	14.000
			4	14.000	16.500	11.500	12.000
	18		2	17.000	18.500	15.500	16.000
			4	16.000	18.500	13.500	14.000
20			2	19.000	20.500	17.500	18.000
			4	18.000	20.500	15.500	16.000
	22		3	20.500	22.500	18.500	19.000
			5	19.500	22.500	16.500	17.000
			8	18.000	23.000	13.000	14.000
24			3	22.500	24.500	20.500	21.000
			5	21.500	24.500	18.500	19.000
			8	20.000	25.000	15.000	16.000
	26		3	24.500	26.500	22.500	23.000
			5	23.500	26.500	20.500	21.000
			8	22.000	27.000	17.000	18.000
28			3	26.500	28.500	24.500	25.000
			5	25.500	28.500	22.500	23.000
			8	24.000	29.000	19.000	20.000
	30		3	28.500	30.500	26.500	27.000
			6	27.000	31.000	23.000	24.000
			10	25.000	31.000	19.000	20.000
32			3	30.500	32.500	28.500	29.000
			6	29.000	33.000	25.000	26.000
			10	27.000	33.000	21.000	22.000
	34		3	32.500	34.500	30.500	31.000
			6	31.000	35.000	27.000	28.000
			10	29.000	35.000	23.000	24.000
36			3	34.500	36.500	32.500	33.000
			6	33.000	37.000	29.000	30.000
			10	31.000	37.000	25.000	26.000
	38		3	36.500	38.500	34.500	35.000
			7	34.500	39.000	30.000	31.000
			10	33.000	39.000	27.000	28.000
40			3	38.500	40.500	36.500	37.000
			7	36.500	41.000	32.000	33.000
			10	35.000	41.000	29.000	30.000

（续）

公称直径 d			螺距 P	中径 $d_2=D_2$	大径 D_4	小径		公称直径 d			螺距 P	中径 $d_2=D_2$	大径 D_4	小径	
第一系列	第二系列	第三系列				d_3	D_1	第一系列	第二系列	第三系列				d_3	D_1
	42		3	40.500	42.500	38.500	39.000	90			4	88.000	90.500	85.500	86.000
			7	38.500	43.000	34.000	35.000				12	84.000	91.000	77.000	78.000
			10	37.000	43.000	31.000	32.000				18	81.000	92.000	70.000	72.000
44			3	42.500	44.500	40.500	41.000		95		4	93.000	95.500	90.500	91.000
			7	40.500	45.000	36.000	37.000				12	89.000	96.000	82.000	83.000
			12	38.000	45.000	31.000	32.000				18	86.000	97.000	75.000	77.000
	46		3	44.500	46.500	42.500	43.000	100			4	98.000	100.500	95.500	96.000
			8	42.000	47.000	37.000	38.000				12	94.000	101.000	87.000	88.000
			12	40.000	47.000	33.000	34.000				20	90.000	102.000	78.000	80.000
48			3	46.500	48.500	44.500	45.000			105	4	103.000	105.500	100.500	101.000
			8	44.000	49.000	39.000	40.000				12	99.000	106.000	92.000	93.000
			12	42.000	49.000	35.000	36.000				20	95.000	107.000	83.000	85.000
	50		3	48.500	50.500	46.500	47.000		110		4	108.000	110.500	105.500	106.000
			8	46.000	51.000	41.000	42.000				12	104.000	111.000	97.000	98.000
			12	44.000	51.000	37.000	38.000				20	100.000	112.000	88.000	90.000
52			3	50.500	52.500	48.500	49.000			115	6	112.000	116.000	108.000	109.000
			8	48.000	53.000	43.000	44.000				14	108.000	117.000	99.000	101.000
			12	46.000	53.000	39.000	40.000				22	104.000	117.000	91.000	93.000
	55		3	53.500	55.500	51.500	52.000	120			6	117.000	121.000	113.000	114.000
			9	50.500	56.000	45.000	46.000				14	113.000	122.000	104.000	106.000
			14	48.000	57.000	39.000	41.000				22	109.000	122.000	96.000	98.000
60			3	58.500	60.500	56.500	57.000			125	6	122.000	126.000	118.000	119.000
			9	55.500	61.000	50.000	51.000				14	118.000	127.000	109.000	111.000
			14	53.000	62.000	44.000	46.000				22	114.000	127.000	101.000	103.000
	65		4	63.000	65.500	60.500	61.000		130		6	127.000	131.000	123.000	124.000
			10	60.000	66.000	54.000	55.000				14	123.000	132.000	114.000	116.000
			16	57.000	67.000	47.000	49.000				22	119.000	132.000	106.000	108.000
70			4	68.000	70.500	65.500	66.000			135	6	132.000	136.000	128.000	129.000
			10	65.000	71.000	59.000	60.000				14	128.000	137.000	109.000	121.000
			16	62.000	72.000	52.000	54.000				22	123.000	137.000	109.000	111.000
	75		4	73.000	75.500	70.500	71.000	140			6	137.000	141.000	133.000	134.000
			10	70.000	76.000	64.000	65.000				14	133.000	142.000	124.000	126.000
			16	67.000	77.000	57.000	59.000				24	128.000	142.000	114.000	116.000
80			4	78.000	80.500	75.500	76.000			145	6	142.000	146.000	138.000	139.000
			10	75.000	81.000	69.000	70.000				14	138.000	147.000	129.000	131.000
			16	72.000	82.000	62.000	64.000				22	133.000	147.000	119.000	121.000
	85		4	83.000	85.500	80.500	81.000		150		6	147.000	151.000	143.000	144.000
			12	79.000	86.000	72.000	73.000				16	142.000	152.000	132.000	134.000
			18	76.000	87.000	65.000	67.000				24	138.000	152.000	124.000	126.000

3.1.2.4　梯形螺纹公差（GB/T 5796.4—2022）

（1）公差带位置与基本偏差　内螺纹大径 D_4、中径 D_2 和小径 D_1 的公差带位置为 H，其基本偏差 EI 为零，如图 1-3-7 所示。

外螺纹中径 d_2 的公差带位置为 e 和 c，其基本偏差 es 为负值；外螺纹大径 d 和小径 d_3 的公差带位置为 h，其基本偏差 es 为零，如图 1-3-8 所示。

外螺纹大径和小径的公差带基本偏差为零，与中径公差带位置无关。

（2）内、外螺纹中径基本偏差 内、外螺纹中径的基本偏差见表1-3-17。

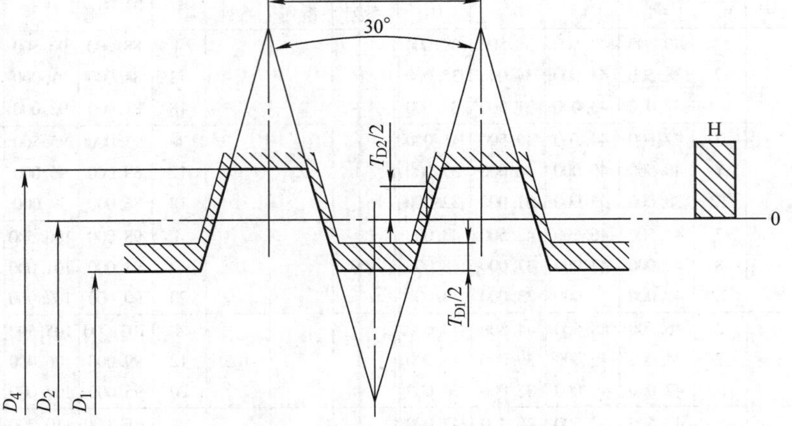

图1-3-7 内螺纹的公差带位置

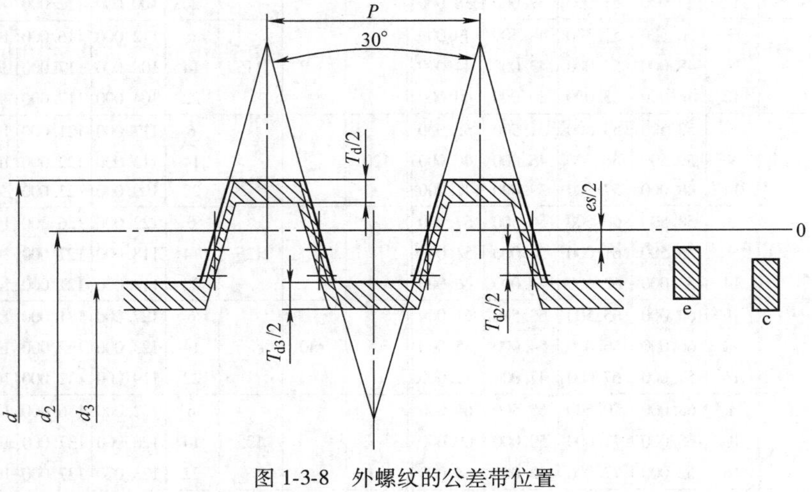

图1-3-8 外螺纹的公差带位置

表1-3-17 内、外螺纹中径的基本偏差 （单位：μm）

螺距 P /mm	内螺纹 D_2	外螺纹 d_2		螺距 P /mm	内螺纹 D_2	外螺纹 d_2	
	H EI	c es	e es		H EI	c es	e es
1.5	0	-140	-67	16	0	-378	-190
2	0	-150	-71	18	0	-400	-200
3	0	-170	-85	20	0	-425	-212
4	0	-190	-95	22	0	-450	-224
5	0	-212	-106	24	0	-475	-236
6	0	-236	-118	28	0	-500	-250
7	0	-250	-125	32	0	-530	-265
8	0	-265	-132	36	0	-560	-280
9	0	-280	-140	40	0	-600	-300
10	0	-300	-150	44	0	-630	-315
12	0	-335	-160				
14	0	-355	-180				

（3）内、外螺纹各直径公差等级　内、外螺纹各直径公差等级见表1-3-18。

表1-3-18　内、外螺纹各直径公差等级

直　径	公差等级	直　径	公差等级
内螺纹小径 D_1	4	外螺纹中径 d_2	7、8、9
外螺纹大径 d	4	外螺纹小径 d_3	7、8、9
内螺纹中径 D_2	7、8、9		

注：梯形螺纹公差等级中，增加了外螺纹小径公差，主要是为了保证大径、小径间隙和螺纹的强度。

（4）内螺纹小径公差　内螺纹小径公差见表1-3-19。

（5）外螺纹大径公差　外螺纹大径公差见表1-3-20。

表1-3-19　内螺纹小径公差 T_{D1}

螺距 P/mm	4级公差/μm	螺距 P/mm	4级公差/μm
1.5	190	16	1000
2	236	18	1120
3	315	20	1180
4	375	22	1250
5	450	24	1320
6	500	28	1500
7	560	32	1600
8	630	36	1800
9	670	40	1900
10	710	44	2000
12	800		
14	900		

表1-3-20　外螺纹大径公差 T_d

螺距 P/mm	4级公差/μm	螺距 P/mm	4级公差/μm
1.5	150	16	710
2	180	18	800
3	236	20	850
4	300	22	900
5	335	24	950
6	375	28	1060
7	425	32	1120
8	450	36	1250
9	500	40	1320
10	530	44	1400
12	600		
14	670		

（6）内螺纹中径公差　内螺纹中径公差见表1-3-21。

表 1-3-21 内螺纹中径公差 T_{D2} （单位：μm）

公称直径 D/mm		螺距	公差等级		
>	≤	P/mm	7	8	9
5.6	11.2	1.5	224	280	355
		2	250	315	400
		3	280	355	450
11.2	22.4	2	265	335	425
		3	300	375	475
		4	355	450	560
		5	375	475	600
		8	475	600	750
22.4	45	3	335	425	530
		5	400	500	630
		6	450	560	710
		7	475	600	750
		8	500	630	800
		10	530	670	850
		12	560	710	900
45	90	3	355	450	560
		4	400	500	630
		8	530	670	850
		9	560	710	900
		10	560	710	900
		12	630	800	1000
		14	670	850	1060
		16	710	900	1120
		18	750	950	1180

公称直径 d/mm		螺距	公差等级		
>	≤	P/mm	7	8	9
90	180	4	425	530	670
		6	500	630	800
		8	560	710	900
		12	670	850	1060
		14	710	900	1120
		16	750	950	1180
		18	800	1000	1250
		20	800	1000	1250
		22	850	1060	1320
		24	900	1120	1400
		28	950	1180	1500
180	355	8	600	750	950
		12	710	900	1120
		18	850	1060	1320
		20	900	1120	1400
		22	900	1120	1400
		24	950	1180	1500
		32	1060	1320	1700
		36	1120	1400	1800
		40	1120	1400	1800
		44	1250	1500	1900

（7）外螺纹中径公差　外螺纹中径公差见表 1-3-22。

表 1-3-22 外螺纹中径公差 T_{d2} （单位：μm）

公称直径 d/mm		螺距	公差等级		
>	≤	P/mm	7	8	9
5.6	11.2	1.5	170	212	265
		2	190	236	300
		3	212	265	335
11.2	22.4	2	200	250	315
		3	224	280	355
		4	265	335	425
		5	280	355	450
		8	355	450	560

公称直径 d/mm		螺距	公差等级		
>	≤	P/mm	7	8	9
22.4	45	3	250	315	400
		5	300	375	475
		6	335	425	530
		7	355	450	560
		8	375	475	600
		10	400	500	630
		12	425	530	670

（续）

公称直径 d/mm >	公称直径 d/mm ≤	螺距 P/mm	公差等级 7	公差等级 8	公差等级 9
45	90	3	265	335	425
		4	300	375	475
		8	400	500	630
		9	425	530	670
		10	425	530	670
		12	475	600	750
		14	500	630	800
		16	530	670	850
		18	560	710	900
90	180	4	315	400	500
		6	375	475	600
		8	425	530	670
		12	500	630	800
		14	530	670	850
		16	560	710	900
		18	600	750	950
		20	600	750	950
		22	630	800	1000
		24	670	850	1060
		28	710	900	1120
180	355	8	450	560	710
		12	530	670	850
		18	630	800	1000
		20	670	850	1060
		22	670	850	1060
		24	710	900	1120
		32	800	1000	1250
		36	850	1060	1320
		40	850	1060	1320
		44	900	1120	1400

（8）外螺纹小径公差　外螺纹小径公差见表1-3-23。

表 1-3-23　外螺纹小径公差 T_{d3}　（单位：μm）

公称直径 d/mm >	公称直径 d/mm ≤	螺距 P/mm	中径公差带位置为 c 公差等级 7	8	9	中径公差带位置为 e 公差等级 7	8	9
5.6	11.2	1.5	352	405	471	279	332	398
		2	388	445	525	309	366	446
		3	435	501	589	350	416	504
11.2	22.4	2	400	462	544	321	383	465
		3	450	520	614	365	435	529
		4	521	609	690	426	514	595
		5	562	656	775	456	550	669
		8	709	828	965	576	695	832
22.4	45	3	482	564	670	397	479	585
		5	587	681	806	481	575	700
		6	655	767	899	537	649	781
		7	694	813	950	569	688	825
		8	734	859	1015	601	726	882
		10	800	925	1087	650	775	937
		12	866	998	1223	691	823	1048

（续）

公称直径 d /mm		螺距 P /mm	中径公差带位置为 c			中径公差带位置为 e		
			公差等级			公差等级		
>	≤		7	8	9	7	8	9
45	90	3	501	589	701	416	504	616
		4	565	659	784	470	564	689
		8	765	890	1052	632	757	919
		9	811	943	1118	671	803	978
		10	831	963	1138	681	813	988
		12	929	1085	1273	754	910	1098
		14	970	1142	1355	805	967	1180
		16	1038	1213	1438	853	1028	1253
		18	1100	1288	1525	900	1088	1320
90	180	4	584	690	815	489	595	720
		6	705	830	986	587	712	868
		8	796	928	1103	663	795	970
		12	960	1122	1335	785	947	1160
		14	1018	1193	1418	843	1018	1243
		16	1075	1263	1500	890	1078	1315
		18	1150	1338	1588	950	1138	1388
		20	1175	1363	1613	962	1150	1400
		22	1232	1450	1700	1011	1224	1474
		24	1313	1538	1800	1074	1299	1561
		28	1388	1625	1900	1138	1375	1650
180	355	8	828	965	1153	695	832	1020
		12	998	1173	1398	823	998	1223
		18	1187	1400	1650	987	1200	1450
		20	1263	1488	1750	1050	1275	1537
		22	1288	1513	1775	1062	1287	1549
		24	1363	1600	1875	1124	1361	1636
		32	1530	1780	2092	1265	1515	1827
		36	1623	1885	2210	1343	1605	1930
		40	1663	1925	2250	1363	1625	1950
		44	1755	2030	2380	1440	1715	2065

（9）多线螺纹中径公差系数 螺距相同时，除中径公差，多线螺纹公差与单线螺纹相同。多线螺纹的中径公差是在单线螺纹中径公差的基础上，按线数不同分别乘一表 1-3-24 中的放大系数而得。

表 1-3-24 多线螺纹中径公差的放大系数

线 数	2	3	4	≥5
放大系数	1.12	1.25	1.4	1.6

（10）螺纹公差带的选用　由于 GB/T 5796.4 中对内螺纹小径 D_1 和外螺纹大径 d 只规定了一种公差带（4H、4h），还规定外螺纹小径 d_3 的公差带位置永远为 h，公差带等级数与中径公差等级数相同，所以梯形螺纹仅选择并标记中径公差带。

GB/T 5796.4 中对梯形螺纹规定了中等和粗糙两种公差精度，对一般用途的梯形螺纹选择中等公差精度，对精度要求不高的选用粗糙的公差精度。

内、外梯形螺纹中径公差带的选用见表 1-3-25。

表 1-3-25　内、外梯形螺纹中径公差带的选用

公差精度	内螺纹		外螺纹	
	N	L	N	L
中等	7H	8H	7e	8e
粗糙	8H	9H	8c	9c

3.1.2.5　梯形螺纹旋合长度

梯形螺纹旋合长度按公称直径和螺距的大小分为中等旋合长度组 N 和长旋合长度组 L（见表 1-3-26）。

表 1-3-26　梯形螺纹旋合长度　（单位：mm）

公称直径 D、d		螺距 P	旋合长度组		
			N		L
>	≤		>	≤	>
5.6	11.2	1.5	5	15	15
		2	6	19	19
		3	10	28	28
11.2	22.4	2	8	24	24
		3	11	32	32
		4	15	43	43
		5	18	53	53
		8	30	85	85
22.4	45	3	12	36	36
		5	21	63	63
		6	25	75	75
		7	30	85	85
		8	34	100	100
		10	42	125	125
		12	50	150	150
45	90	3	15	45	45
		4	19	56	56
		8	38	118	118
		9	43	132	132
		10	50	140	140
		12	60	170	170
		14	67	200	200
		16	75	236	236
		18	85	265	265
90	180	4	24	71	71
		6	36	106	106
		8	45	132	132
		12	67	200	200
		14	75	236	236
		16	90	265	265
		18	100	300	300
		20	112	335	335
		22	118	355	355
		24	132	400	400
		28	150	450	450
180	355	8	50	150	150
		12	75	224	224
		18	112	335	335
		20	125	375	375
		22	140	425	425
		24	150	450	450
		32	200	600	600
		36	224	670	670
		40	250	750	750
		44	280	850	850

3.1.2.6 标记方法及标记示例

完整的梯形螺纹标记由梯形螺纹特征代号、尺寸和公差带代号组成，后面跟着有必要进一步说明的其他信息。

对符合 GB/T 5796.1、GB/T 5796.2 和 GB/T 5796.4 要求的梯形螺纹用“Tr”表示。单线螺纹用“公称直径×螺距”表示，多线螺纹用“公称直径×导程、P 螺距-公差带代号”表示。当螺纹为左旋时，需在螺纹标记之后加注“-LH”，右旋不注出。

梯形螺纹的公差带代号只标注中径公差带。当旋合长度为 N 组时，不标注其旋合长度组代号。

标记示例：

内螺纹

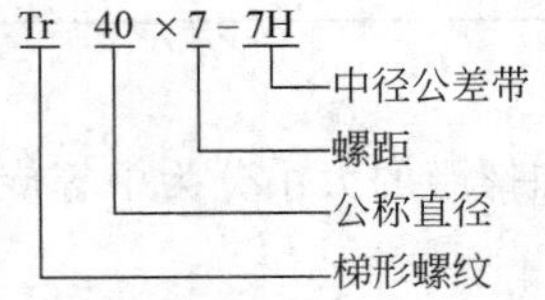

外螺纹

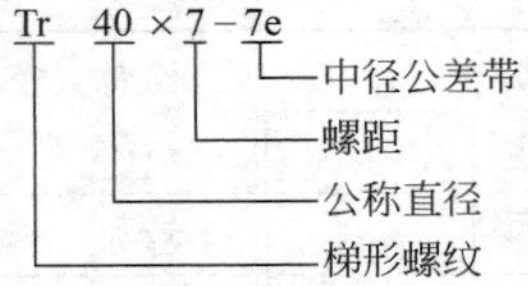

左旋外螺纹

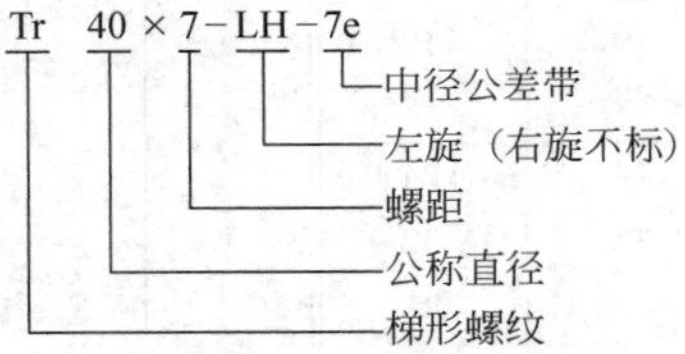

螺纹副的公差带要分别注出内、外公差代号，前者为内螺纹，后者为外螺纹，中间用斜线分开。

螺纹副：

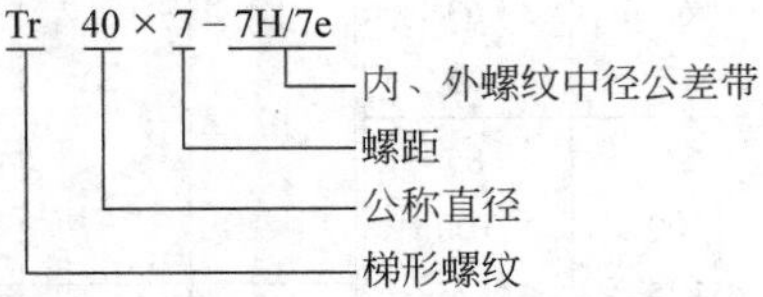

当旋合长度为 L 组时，组别代号 L 写在公差带代号的后面，并用“-”隔开：

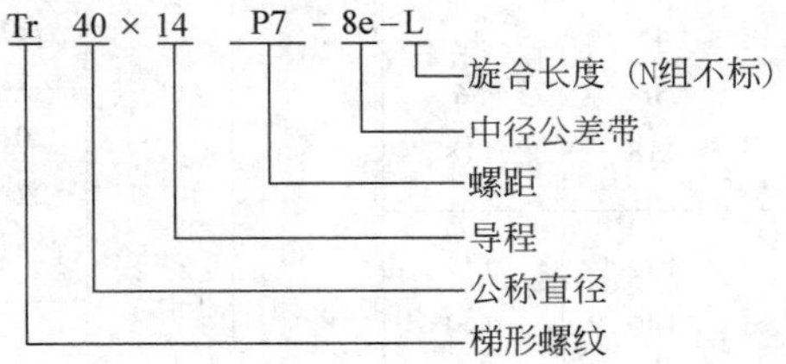

3.1.3 锯齿形螺纹（B）

3.1.3.1 锯齿形（3°、30°）螺纹牙型（GB/T 13576.1—2008）

GB/T 13576.1—2008 规定，锯齿形（3°、30°）螺纹牙型有两种，即基本牙型和设计牙型。

（1）基本牙型　即理论牙型，其基本尺寸代号如图 1-3-9 所示。

（2）设计牙型　即设计制造牙型，其小径和非承载牙侧间都留有间隙。设计牙型及基本尺寸代号如图 1-3-10 所示。

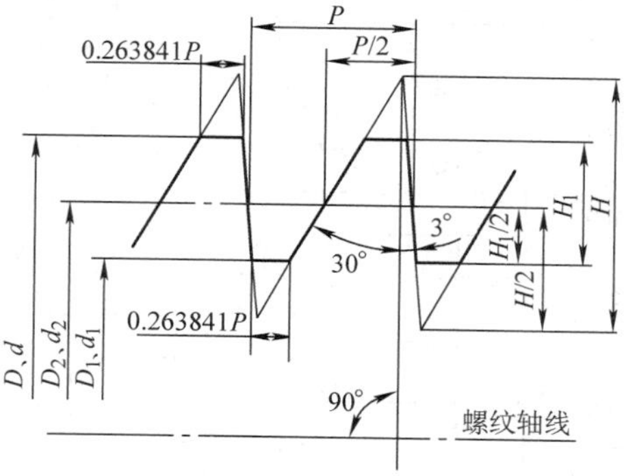

图 1-3-9　基本牙型及基本尺寸代号

D—内螺纹大径　d—外螺纹大径（公称直径）　H—原始三角形高度　D_2—内螺纹中径　d_2—外螺纹中径　H_1—基本牙型高度　D_1—内螺纹小径　d_1—外螺纹小径　P—螺距

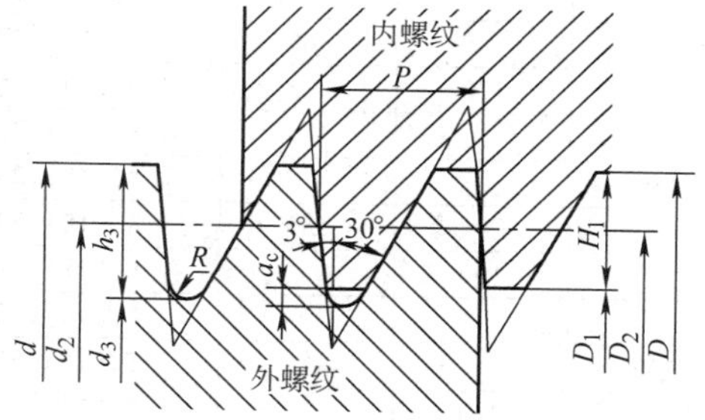

图 1-3-10　设计牙型及基本尺寸代号

d—外螺纹大径　D—内螺纹大径，$D=d$　P—螺距　a_c—小径间隙，$a_c=0.117767P$　H_1—内螺纹牙高，$H_1=0.75P$　h_3—外螺纹牙高，$h_3=H_1+a_c=0.867767P$　d_2—外螺纹中径，$d_2=d-H_1=d-0.75P$　D_2—内螺纹中径，$D_2=d_2$　d_3—外螺纹小径，$d_3=d-2h_3=d-1.735534P$　D_1—内螺纹小径，$D_1=d-2H_1=d-1.5P$　R—外螺纹牙底倒角圆弧半径，$R=0.124271P$

3.1.3.2　锯齿形螺纹的直径与螺距系列（见表 1-3-27）

表 1-3-27　锯齿形螺纹的直径与螺距系列（GB/T 13576.2—2008）　（单位：mm）

公称直径			螺距 P	公称直径			螺距 P
第一系列	第二系列	第三系列		第一系列	第二系列	第三系列	
10			(2)		50		3，(8)，12
12			2，(3)	52			3，(8)，12
	14		2，(3)		55		3，(9)，14
16			2，(4)	60			3，(9)，14
	18		2，(4)		65		4，(10)，16
20			2，(4)	70			4，(10)，16
	22		3，(5)，8		75		4，(10)，16
24			3，(5)，8	80			4，(10)，16
	26		3，(5)，8		85		4，(12)，18
28			3，(5)，8	90			4，(12)，18
	30		3，(6)，10		95		4，(12)，18
32			3，(6)，10	100			4，(12)，20
	34		3，(6)，10			105	4，(12)，20
36			3，(6)，10		110		4，(12)，20
	38		3，(7)，10			115	6，(14)，22
40			3，(7)，10	120			6，(14)，22
	42		3，(7)，10		130		6，(14)，22
44			3，(7)，12			135	6，(14)，24
	46		3，(8)，12	140			6，(14)，24
48			3，(8)，12			145	6，(14)，24

（续）

公称直径			螺距 P	公称直径			螺距 P
第一系列	第二系列	第三系列		第一系列	第二系列	第三系列	
	150		6,(16),24		290		12,(24),44
		155	6,(16),24	300			12,24,44
160			6,(16),28		320		12,44
		165	6,(16),28	340			12,44
	170		6,(16),28		360		12
		175	8,(16),28	380			12
180			8,(18),28		400		12
		185	8,(18),32	420			18
	190		8,(18),32		440		18
		195	8,(18),32	460			18
200			8,(18),32		480		18
	210		8,(20),36	500			18
220			8,(20),36		520		24
	230		8,(20),36	540			24
240			8,(22),36		560		24
	250		12,(22),40	580			24
260			12,(22),40		600		24
	270		12,(24),40	620			24
280			12,(24),40		640		24

注:1. 优先选择第一系列直径。

2. 优先选用括号中的螺距。

3.1.3.3 锯齿形螺纹的基本尺寸(见表1-3-28)

表1-3-28 锯齿形螺纹的基本尺寸(部分)(GB/T 13576.3—2008) (单位:mm)

公称直径 d		螺距	中径	小径		公称直径 d		螺距	中径	小径	
第一系列	第二系列	P	$d_2=D_2$	d_3	D_1	第一系列	第二系列	P	$d_2=D_2$	d_3	D_1
10		2	8.500	6.529	7.000		26	3	23.750	20.793	21.500
12		2	10.500	8.529	9.000			5	22.250	17.322	18.500
		3	9.750	6.793	7.500			8	20.000	12.116	14.000
	14	2	12.500	10.529	11.000	28		3	25.750	22.793	23.500
		3	11.750	8.793	9.500			5	24.250	19.322	20.500
16		2	14.500	12.529	13.000			8	22.000	14.116	16.000
		4	13.000	9.058	10.000		30	3	27.750	24.793	25.500
	18	2	16.500	14.529	15.000			6	25.500	19.587	21.000
		4	15.000	11.058	12.000			10	22.500	12.645	15.000
20		2	18.500	16.529	17.000	32		3	29.750	26.793	27.500
		4	17.000	13.058	14.000			6	27.500	21.587	23.000
	22	3	19.750	16.793	17.500			10	24.500	14.645	17.000
		5	18.250	13.322	14.500		34	3	31.750	28.793	29.500
		8	16.000	8.116	10.000			6	29.500	23.587	25.000
24		3	21.750	18.793	19.500			10	26.500	16.645	19.000
		5	20.250	15.322	16.500	36		3	33.750	30.793	31.500
		8	18.000	10.116	12.000			6	31.500	25.587	27.000
								10	28.500	18.645	21.000

（续）

公称直径 d		螺距	中径	小 径		公称直径 d		螺距	中径	小 径	
第一系列	第二系列	P	$d_2=D_2$	d_3	D_1	第一系列	第二系列	P	$d_2=D_2$	d_3	D_1
		3	35.750	32.793	33.500			4	62.000	58.058	59.000
	38	7	32.750	25.851	27.500		65	10	57.500	47.645	50.000
		10	30.500	20.645	23.000			16	53.000	37.231	41.000
		3	37.750	34.793	33.500			4	67.000	63.058	64.000
40		7	34.750	27.851	29.500	70		10	62.500	52.645	55.000
		10	32.500	22.645	25.000			16	58.000	42.231	46.000
		3	39.750	36.793	37.500			4	72.000	68.058	69.000
	42	7	36.750	29.851	31.500		75	10	67.500	57.645	60.000
		10	34.500	24.645	27.000			16	63.000	47.231	51.000
		3	41.750	38.793	39.500			4	77.000	73.058	74.000
44		7	38.750	31.851	33.500	80		10	72.500	62.645	65.000
		12	35.000	23.174	26.000			16	68.000	52.231	56.000
		3	43.750	40.793	41.500			4	82.000	78.058	79.000
	46	8	40.000	32.116	34.000		85	12	76.000	64.174	67.000
		12	37.000	25.174	28.000			18	71.500	53.760	58.000
		3	45.750	42.793	43.500			4	87.000	83.058	84.000
48		8	42.000	34.116	36.000	90		12	81.000	69.174	72.000
		12	39.000	27.174	30.000			18	76.500	58.760	63.000
		3	47.750	44.793	45.500			4	92.000	88.058	89.000
	50	8	44.000	36.116	38.000		95	12	86.000	74.174	77.000
		12	41.000	29.174	32.000			18	81.500	63.760	68.000
		3	49.750	46.793	47.500			4	97.000	93.058	94.000
52		8	46.000	38.116	40.000	100		12	91.000	79.174	82.000
		12	43.000	31.174	34.000			20	85.000	65.289	70.000
		3	52.750	49.793	50.000			4	107.000	103.058	104.000
	55	9	48.250	39.380	41.500		110	12	101.000	89.174	92.000
		14	44.500	30.702	34.000			20	95.000	75.289	80.000
		3	57.750	54.793	55.500			6	115.500	109.587	111.000
60		9	53.250	44.380	46.500	120		14	109.500	95.702	99.000
		14	49.500	35.702	39.000			22	103.500	81.818	87.000

3.1.3.4 锯齿形螺纹公差（GB/T 13576.4—2008）

（1）公差带

1）锯齿形螺纹公差带由公差带的位置和大小两个要素组成。公差带的位置由基本偏差来确定，公差带的大小用公差等级来表示。

GB/T 13576.4—2008 规定，内螺纹的下极限偏差 EI 和外螺纹的上极限偏差 es 为基本偏差。

2）内螺纹大径 D、中径 D_2 和小径 D_1 的公差带位置为 H，其基本偏差为零；外螺纹大径 d 和小径 d_3 的公差带位置为 h，其基本偏差为零。

3）外螺纹中径 d_2 的公差带位置为 e 和 c，其基本偏差为负值。

内螺纹公差带如图 1-3-11 所示，外螺纹公差带如图 1-3-12 所示。

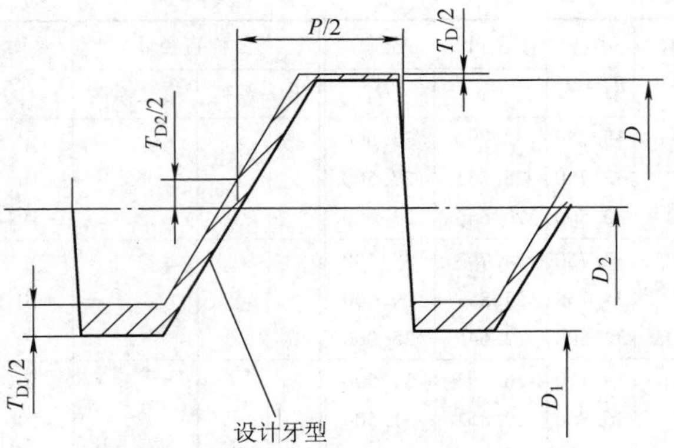

图 1-3-11 锯齿形内螺纹公差带

D—内螺纹大径 D_2—内螺纹中径 D_1—内螺纹小径 T_{D1}—内螺纹小径公差

T_{D2}—内螺纹中径公差 P—螺距

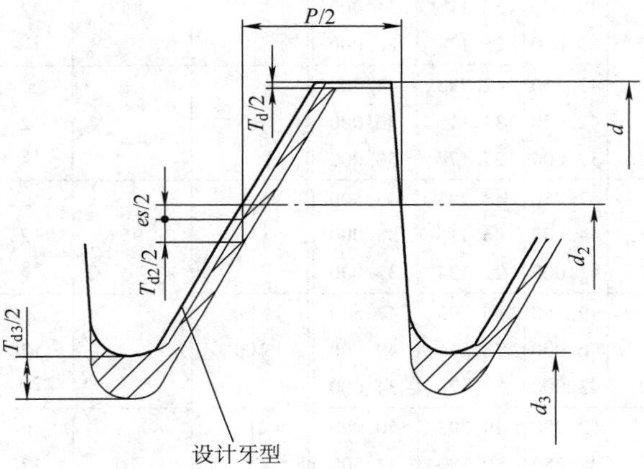

图 1-3-12 锯齿形外螺纹公差带

d—外螺纹大径（公称直径） d_2—外螺纹中径 d_3—外螺纹小径

T_d—外螺纹大径公差 T_{d2}—外螺纹中径公差

T_{d3}—外螺纹小径公差 P—螺距 es—中径基本偏差

（2）内、外螺纹各直径公差等级 内、外螺纹中径和小径公差等级见表 1-3-29。

表 1-3-29 内、外螺纹中径和小径的公差等级

直 径	公差等级	直 径	公差等级
内螺纹小径 D_1	4	外螺纹中径 d_2	7、8、9
内螺纹中径 D_2	7、8、9	外螺纹小径 d_3	7、8、9

注：锯齿形内螺纹大径和外螺纹大径的公差等级按 GB/T 1800.3—2003 所规定的 IT10 和 IT9。

（3）内、外螺纹的中径基本偏差 内、外螺纹中径基本偏差见表 1-3-30。

（4）内螺纹小径公差 内螺纹小径公差见表 1-3-31。

（5）内、外螺纹大径公差 内、外螺纹大径公差见表 1-3-32。

表 1-3-30 内、外螺纹的中径基本偏差 （单位：μm）

螺距 P/mm	内螺纹 D_2	外螺纹 d_2		螺距 P/mm	内螺纹 D_2	外螺纹 d_2	
	H *EI*	c *es*	e *es*		H *EI*	c *es*	e *es*
2 3 4	0 0 0	-150 -170 -190	-71 -85 -95	12 14 16	0 0 0	-335 -355 -375	-160 -180 -190
5 6 7	0 0 0	-212 -236 -250	-106 -118 -125	18 20 22	0 0 0	-400 -425 -450	-200 -212 -224
8 9 10	0 0 0	-265 -280 -300	-132 -140 -150	24 28 32	0 0 0	-475 -500 -530	-236 -250 -265
				36 40 44	0 0 0	-560 -600 -630	-280 -300 -315

表 1-3-31 内螺纹小径公差 T_{D1} （单位：μm）

螺距 P/mm	公差等级 4	螺距 P/mm	公差等级 4
2 3 4	236 315 375	18 20 22	1120 1180 1250
5 6 7	450 500 560	24 28 32	1320 1500 1600
8 9 10	630 670 710	36 40 44	1800 1900 2000
12 14 16	800 900 1000		

表 1-3-32 内、外螺纹大径公差 （单位：μm）

公称直径 d/mm		内螺纹大径公差 T_D	外螺纹大径公差 T_d	公称直径 d/mm		内螺纹大径公差 T_D	外螺纹大径公差 T_d
>	≤	H10	h9	>	≤	H10	h9
6 10 18	10 18 30	58 70 84	36 43 52	120 180 250	180 250 315	160 185 210	100 115 130
30 50 80	50 80 120	100 120 140	62 74 87	315 400 500	400 500 630	230 250 280	140 155 175
				630	800	320	200

（6）内螺纹中径公差 内螺纹中径公差见表 1-3-33。

（7）外螺纹中径公差 外螺纹中径公差见表 1-3-34。

表 1-3-33　内螺纹中径公差 T_{D2}（部分）　（单位：μm）

公称直径 d/mm		螺距 P/mm	公差等级		
>	≤		7	8	9
5.6	11.2	2	250	315	400
		3	280	355	450
11.2	22.4	2	265	335	425
		3	300	375	475
		4	355	450	560
		5	375	475	600
		8	475	600	750
22.4	45	3	335	475	530
		5	400	500	630
		6	450	560	710
		7	475	600	750
		8	500	630	800
		10	530	670	850
		12	560	710	900
45	90	3	355	450	560
		4	400	500	630
		8	530	670	850
		9	560	710	900
		10	560	710	900
		12	630	800	1000
		14	670	850	1060
		16	710	900	1120
		18	750	950	1180

公称直径 d/mm		螺距 P/mm	公差等级		
>	≤		7	8	9
90	180	4	425	530	670
		6	500	630	800
		8	560	710	900
		12	670	850	1060
		14	710	900	1120
		16	750	950	1180
		18	800	1000	1250
		20	800	1000	1250
		22	850	1060	1320
		24	900	1120	1400
		28	950	1180	1500
180	355	8	600	750	950
		12	710	900	1120
		18	850	1060	1320
		20	900	1120	1400
		22	900	1120	1400
		24	950	1180	1500
		32	1060	1320	1700
		36	1120	1400	1800
		40	1120	1400	1800
		44	1250	1500	1900

表 1-3-34　外螺纹中径公差 T_{d2}（部分）　（单位：μm）

公称直径 d/mm		螺距 P/mm	公差等级		
>	≤		7	8	9
5.6	11.2	2	190	236	300
		3	212	265	335
11.2	22.4	2	200	250	315
		3	224	280	355
		4	265	335	425
		5	280	355	450
		8	355	450	560
22.4	45	3	250	315	400
		5	300	375	475
		6	335	425	530
		7	355	450	560
		8	375	475	600
		10	400	500	630
		12	425	530	670

公称直径 d/mm		螺距 P/mm	公差等级		
>	≤		7	8	9
45	90	3	265	335	425
		4	300	375	475
		8	400	500	630
		9	425	530	670
		10	425	530	670
		12	475	600	750
		14	500	630	800
		16	530	670	850
		18	560	710	900

（续）

公称直径 d/mm		螺距 P/mm	公差等级			公称直径 d/mm		螺距 P/mm	公差等级		
>	≤		7	8	9	>	≤		7	8	9
90	180	4	315	400	500	180	355	8	450	560	710
		6	375	475	600			12	530	670	850
		8	425	530	670			18	630	800	1000
		12	500	630	800			20	670	850	1060
		14	530	670	850			22	670	850	1060
		16	560	710	900			24	710	900	1120
		18	600	750	950			32	800	1000	1250
		20	600	750	950			36	850	1060	1320
		22	630	800	1000			40	850	1060	1320
		24	670	850	1060			44	900	1120	1400
		28	710	900	1120						

（8）外螺纹小径公差　外螺纹小径公差见表1-3-35。

表1-3-35　外螺纹小径公差 T_{d3}　（单位：μm）

公称直径 d/mm		螺距 P/mm	中径公差带位置为c			中径公差带位置为e		
			公差等级			公差等级		
>	≤		7	8	9	7	8	9
5.6	11.2	2	388	445	525	309	366	446
		3	435	501	589	350	416	504
11.2	22.4	2	400	462	544	321	383	465
		3	450	520	614	365	435	529
		4	521	609	690	426	514	595
		5	562	656	775	456	550	669
		8	709	828	965	576	695	832
22.4	45	3	482	564	670	397	479	585
		5	587	681	806	481	575	700
		6	655	767	899	537	649	781
		7	694	813	950	569	688	825
		8	734	859	1015	601	726	882
		10	800	925	1087	650	775	937
		12	866	998	1223	691	823	1048
45	90	3	501	589	701	416	504	616
		4	565	659	784	470	564	689
		8	765	890	1052	632	757	919
		9	811	843	1118	671	803	978
		10	831	963	1138	681	813	988
		12	929	1085	1273	754	910	1098
		14	970	1142	1355	805	967	1180
		16	1038	1213	1438	853	1028	1253
		18	1100	1288	1525	900	1088	1320
90	180	4	584	690	815	489	595	720
		6	705	830	986	587	712	868
		8	796	928	1103	663	795	970
		12	960	1122	1335	785	947	1160
		14	1018	1193	1418	843	1018	1243
		16	1075	1263	1500	890	1078	1315

（续）

公称直径 d/mm		螺距 P/mm	中径公差带位置为c			中径公差带位置为e		
			公差等级			公差等级		
>	≤		7	8	9	7	8	9
90	180	18	1150	1338	1588	950	1138	1388
		20	1175	1363	1613	962	1150	1400
		22	1232	1450	1700	1011	1224	1474
		24	1313	1538	1800	1074	1299	1561
		28	1388	1625	1900	1138	1375	1650
180	355	8	828	965	1153	695	832	1020
		12	998	1173	1398	823	998	1223
		18	1187	1400	1650	987	1200	1450
		20	1263	1488	1750	1050	1275	1537
		22	1288	1513	1775	1062	1287	1549
		24	1363	1600	1875	1124	1361	1636
		32	1530	1780	2092	1265	1515	1827
		36	1623	1885	2210	1343	1605	1930
		40	1663	1925	2250	1363	1625	1950
		44	1755	2030	2380	1440	1715	2065
355	640	12	1035	1223	1460	870	1058	1295
		18	1238	1462	1725	1038	1263	1525
		24	1363	1600	1875	1124	1361	1636
		44	1818	2155	2530	1503	1840	2215

（9）多线螺纹中径公差修正系数　多线螺纹中径公差修正系数见表1-3-26。

表1-3-36　多线螺纹中径公差修正系数

线　数	2	3	4	≥5
修正系数	1.12	1.25	1.4	1.6

注：多线螺纹的中径公差是在单线螺纹中径公差的基础上按线数不同分别乘以修正系数而得的。

（10）旋合长度　按螺纹的公称直径和螺距的大小将旋合长度分为N、L两组，N代表中等长度组，L代表长旋合长度组（见表1-3-37）。

表1-3-37　锯齿形螺纹旋合长度（部分）　　（单位：mm）

公称直径 d		螺距 P	旋合长度			公称直径 d		螺距 P	旋合长度		
			N		L				N		L
>	≤		>	≤	>	>	≤		>	≤	>
5.6	11.2	2	6	19	19	22.4	45	7	30	85	85
		3	10	28	28			8	34	100	100
11.2	22.4	2	8	24	24			10	42	125	125
		3	11	32	32			12	50	150	150
		4	15	43	43	45	90	3	15	45	45
		5	18	53	53			4	19	56	56
		8	30	85	85			8	38	118	118
22.4	45	3	12	36	36			9	43	132	132
		5	21	63	63			10	50	140	140
		6	25	75	75			12	60	170	170
								14	67	200	200
								16	75	236	236
								18	85	265	265

（续）

公称直径 d		螺距 P	旋合长度		
			N		L
>	≤		>	≤	>
90	180	4	24	71	71
		6	36	106	106
		8	45	132	132
		12	67	200	200
		14	75	236	236
		16	90	265	265
		18	100	300	300
		20	112	335	335
		22	118	355	355
		24	132	400	400
		28	150	450	450
180	355	8	50	150	150
		12	75	224	224
		18	112	335	335
		20	125	375	375
		22	140	425	425
		24	150	450	450
		32	200	600	600
		36	224	670	670
		40	250	750	750
		44	280	850	850

（11）螺纹公差精度和公差带选用　锯齿形螺纹的公差精度分为中等和粗糙两个级别。一般情况下多选用中等公差精度。两种旋合长度的内、外螺纹公差带的选用见表1-3-38。

表1-3-38　内、外螺纹公差带的选用

公差精度	内螺纹		外螺纹	
	N	L	N	L
中等	7H	8H	7e	8e
粗糙	8H	9H	8c	9c

3.1.3.5　标记方法及标记示例

完整的锯齿形螺纹的标记应包括锯齿形螺纹特征代号、尺寸代号、公差带代号及旋合长度代号。

1）标准的锯齿形螺纹特征代号用“B”表示。

2）单线螺纹的尺寸代号用“公称直径×螺距”表示；多线螺纹的尺寸代号用“公称直径×导程（P螺距）”表示，单位均为mm。

3）当螺纹为左旋时，需在螺纹标记之后加注“-LH”，右旋不注出。

4）锯齿形螺纹的公差带代号只标注中径公差带代号。

5）当旋合长度为N组时，不标注旋合长度代号。当旋合长度为L组时，应将组别代号L写在公差带代号的后面，并用“-”隔开。特殊需要时，可用具体旋合长度数值代替组别代号L。

6）表示内、外螺纹配合时，要分别注出内、外螺纹的公差带代号。前面的是内螺纹公差带代号，后面的是外螺纹公差带代号，中间用斜线“/”分开。

7）标记示例：

① 内螺纹：B40×7-7H。

② 外螺纹：B40×7-7c。

③ 左旋外螺纹：B40×7LH-7c。

④ 内、外螺纹配合时：B40×7-7H/7c。

⑤ 旋合长度为L组的多线螺纹：B40×14（P7）-8c-L。

3.1.4 55°管螺纹

3.1.4.1 55°密封管螺纹（GB/T 7306.1~2—2000）

用螺纹密封的管螺纹的连接形式有两种，即圆锥内螺纹与圆锥外螺纹连接和圆柱内螺纹与圆锥外螺纹的连接。两种连接形式都具有密封性能，必要时允许在螺纹副内加入密封填料。

（1）牙型及要素名称代号

1）圆锥螺纹设计牙型如图1-3-13所示。

2）圆柱内螺纹设计牙型如图1-3-14所示。

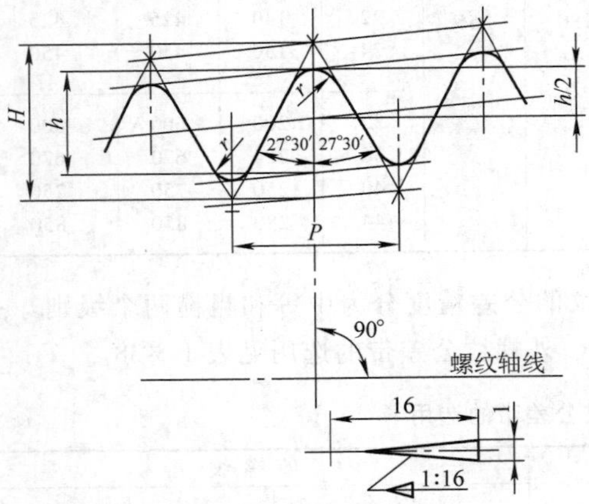

图1-3-13 圆锥螺纹设计牙型

$$P=\frac{25.4}{n} \quad H=0.960237P$$

$$h=0.640327P \quad r=0.137278P$$

式中 n—每25.4mm内的牙数。

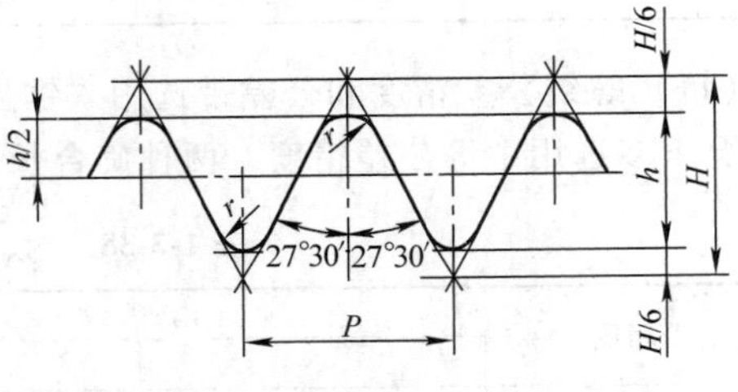

图1-3-14 圆柱内螺纹设计牙型

$$P=\frac{25.4}{n} \quad H=0.960491P$$

$$h=0.640327P \quad r=0.137329P \quad \frac{H}{6}=0.160082P$$

3）要素名称及代号见表1-3-39。

表1-3-39 要素名称及代号

名 称	代 号
内螺纹在基准平面上的大径	D
外螺纹在基准平面上的大径（基准直径）	d
内螺纹在基准平面上的中径	D_2
外螺纹在基准平面上的中径	d_2
内螺纹在基准平面上的小径	D_1
外螺纹在基准平面上的小径	d_1
螺距	P
原始三角形高度	H
螺纹牙高	h
螺纹牙顶和牙底的圆弧半径	r
每25.4mm轴向长度内所包含的螺纹牙数	n
外螺纹基准距离（基准平面位置）公差	T_1
内螺纹基准平面位置公差	T_2

（2）螺纹的公称尺寸　圆锥管螺纹的尺寸在基准平面上给出，与圆锥外螺纹配合的圆柱内螺纹尺寸与同规格的圆锥内螺纹基准平面上的尺寸相同。

螺纹中径和小径的数值按下列公式计算：

$$d_2=D_2=d-0.640327P$$

$$d_1=D_1=d-1.280654P$$

螺纹的公称尺寸及其极限偏差见表1-3-40。

表1-3-40 螺纹的公称尺寸及其极限偏差

1	2	3	4	5	6	7	8	9	10	11	12	13	14	15	16	17	18	19	20
尺寸代号	牙数 n	螺距 P	牙高 h	基准平面内的公称直径 大径（基准直径）$d=D$	基准平面内的公称直径 中径 $d_2=D_2$	基准平面内的公称直径 小径 $d_1=D_1$	基准距离 基本	基准距离 极限偏差 $\pm T_1/2$		基准距离 最大	基准距离 最小	装配余量		外螺纹的有效螺纹不小于 基准距离 基本	外螺纹的有效螺纹不小于 基准距离 最大	外螺纹的有效螺纹不小于 基准距离 最小	圆锥内螺纹基准平面轴向位置的极限偏差 $\pm T_2/2$	圆柱内螺纹直径的极限偏差 $\pm T_2/2$	轴向圈数
		mm					mm	mm	圈数	mm		mm	圈数	mm			mm		
1/16	28	0.907	0.581	7.723	7.142	6.561	4	0.9	1	4.9	3.1	2.5	2¾	6.5	7.4	5.6	1.1	0.071	1¼
1/8	28	0.907	0.581	9.728	9.147	8.566	4	0.9	1	4.9	3.1	2.5	2¾	6.5	7.4	5.6	1.1	0.071	1¼
1/4	19	1.337	0.856	13.157	12.301	11.445	6	1.3	1	7.3	4.7	3.7	2¾	9.7	11	8.4	1.7	0.104	1¼
3/8	19	1.337	0.856	16.662	15.806	14.950	6.4	1.3	1	7.7	5.1	3.7	2¾	10.1	11.4	8.8	1.7	0.104	1¼
1/2	14	1.814	1.162	20.955	19.793	18.631	8.2	1.8	1	10.0	6.4	5.0	2¾	13.2	15	11.4	2.3	0.142	1¼
3/4	14	1.814	1.162	26.441	25.279	24.117	9.5	1.8	1	11.3	7.7	5.0	2¾	14.5	16.3	12.7	2.3	0.142	1¼
1	11	2.309	1.479	33.249	31.770	30.291	10.4	2.3	1	12.7	8.1	6.4	2¾	16.8	19.1	14.5	2.9	0.180	1¼
1¼	11	2.309	1.479	41.910	40.431	38.952	12.7	2.3	1	15.0	10.4	6.4	2¾	19.1	21.4	16.8	2.9	0.180	1¼
1½	11	2.309	1.479	47.803	46.324	44.845	12.7	2.3	1	15.0	10.4	6.4	2¾	19.1	21.4	16.8	2.9	0.180	1¼
2	11	2.309	1.479	59.614	58.135	56.656	15.9	2.3	1	18.2	13.6	7.5	3¼	23.4	25.7	21.1	2.9	0.180	1¼
2½	11	2.309	1.479	75.184	73.705	72.226	17.5	3.5	1½	21.0	14.0	9.2	4	26.7	30.2	23.2	3.5	0.216	1½
3	11	2.309	1.479	87.884	86.405	84.926	20.6	3.5	1½	24.1	17.1	9.2	4	29.8	33.3	26.3	3.5	0.216	1½
4	11	2.309	1.479	113.030	111.551	110.072	25.4	3.5	1½	28.9	21.9	10.4	4½	35.8	39.3	32.3	3.5	0.216	1½
5	11	2.309	1.479	138.430	136.951	135.472	28.6	3.5	1½	32.1	25.1	11.5	5	40.1	43.6	36.6	3.5	0.216	1½
6	11	2.309	1.479	163.830	162.351	160.872	28.6	3.5	1½	32.1	25.1	11.5	5	40.1	43.6	36.6	3.5	0.216	1½

（3）基准平面位置　圆锥外螺纹基准平面的理论位置位于垂直于螺纹轴线、与小端面（参照平面）相距一个基准距离的平面内（见图1-3-15），圆锥内螺纹、圆柱内螺纹基准平面的理论位置位于垂直于螺纹轴线、深入端面（参照平面）以内0.5P的平面内（见图1-3-16）。

圆锥外螺纹小端面和圆锥内螺纹大端面的倒角轴向长度不得大于1P。

圆柱内螺纹外端面的倒角轴向长度不得大于1P。

（4）螺纹长度　圆锥外螺纹的有效螺纹长度不应小于其基准距离的实际值与装配余量之和。对应基准距离为最大、基本和最小尺寸的三种情况见表1-3-40第16、15和17栏。

当圆锥（圆柱）内螺纹的尾部未采用退刀结构时，其最小有效螺纹长度应能容纳具有表1-3-40中第16栏长度的圆锥外螺纹；当圆锥（圆柱）内螺纹的尾部采用退刀结构时，其容纳长度应能容纳具有表1-3-40中第16栏长度的圆锥外螺纹，其最小有效螺纹长度应不小于表1-3-40中第17栏规定长度的80%（见图1-3-16）。

（5）公差　圆锥外螺纹基准距离的极限偏差（$\pm T_1/2$）应符合表1-3-40中第9、10栏的规定。

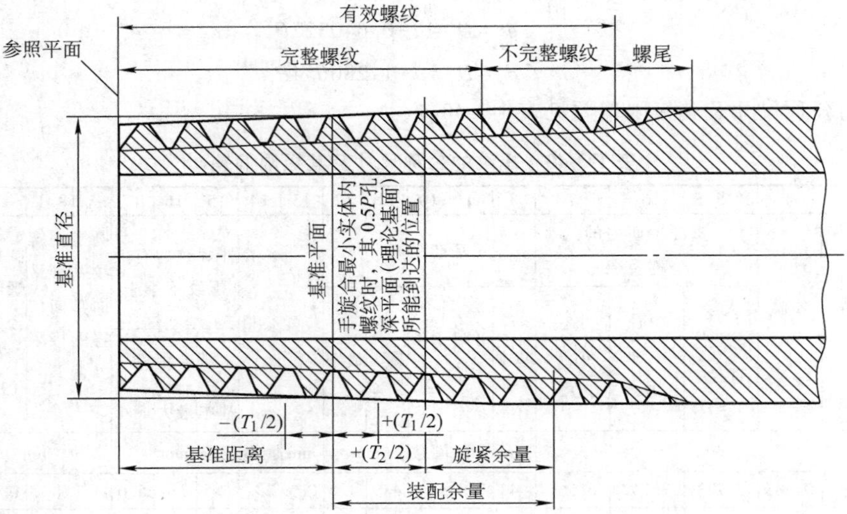

图 1-3-15　圆锥外螺纹上各主要尺寸的分布位置

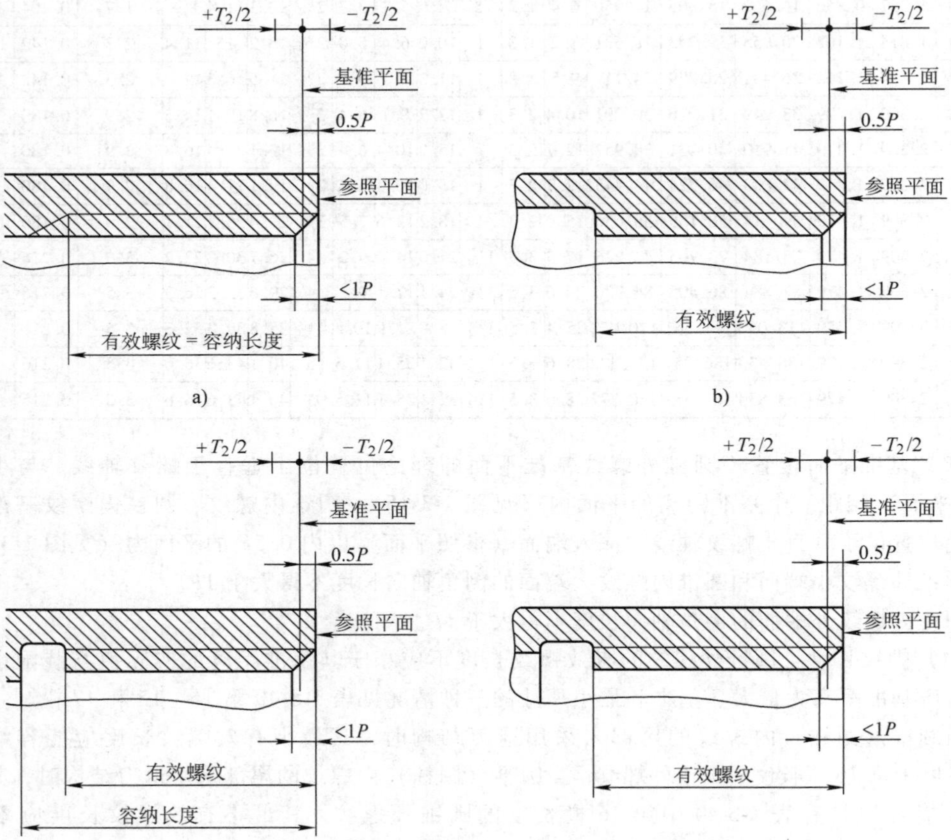

图 1-3-16　圆锥（圆柱）内螺纹上各主要尺寸的分布位置

圆锥内螺纹基准平面位置的极限偏差（$\pm T_2/2$）应符合表1-3-40中第18、20栏的规定。

圆柱内螺纹各直径的极限偏差应符合表1-3-40中第19、20栏的规定。

（6）螺纹代号及标记示例　螺纹特征代号：

Rc——圆锥内螺纹。

Rp——圆柱内螺纹。

R_1——与Rp配合使用的圆锥外螺纹。

R_2——与Rc配合使用的圆锥外螺纹。

螺纹尺寸代号为表1-3-40中第1项所规定的分数或整数。

标记示例：

尺寸代号为3/4的右旋圆锥内螺纹的标记为Rc3/4。

尺寸代号为3/4的右旋圆柱内螺纹的标记为Rp3/4。

与Rc配合使用尺寸代号为3/4的右旋圆锥外螺纹的标记为$R_2$3/4。

与Rp配合使用尺寸代号为3/4的右旋圆锥外螺纹的标记为$R_1$3/4。

当螺纹为左旋时，应在尺寸代号后加注“LH”，如尺寸代号为3/4左旋圆锥内螺纹的标记为Rc3/4LH。

表示螺纹副时，螺纹特征代号为“Rc/R_2”或“Rp/R_1”。前面为内螺纹的特征代号，后面为外螺纹的特征代号，中间用斜线分开。

圆锥内螺纹与圆锥外螺纹的配合：Rc/$R_2$3/4。

圆柱内螺纹与圆锥外螺纹的配合：Rp/$R_1$3/4。

左旋圆锥内螺纹与圆锥外螺纹的配合：Rc/$R_2$3/4LH。

3.1.4.2　55°非密封管螺纹

GB/T 7307—2001规定了牙型角为55°、螺纹副本身不具有密封性的圆柱管螺纹的牙型、尺寸、公差和标记。该管螺纹不具备密封性能（只是作为机械连接用），若要求连接后具有密封性能，可在螺纹副外采取其他密封方式。

（1）螺纹的设计牙型及牙型尺寸计算（见图1-3-17）

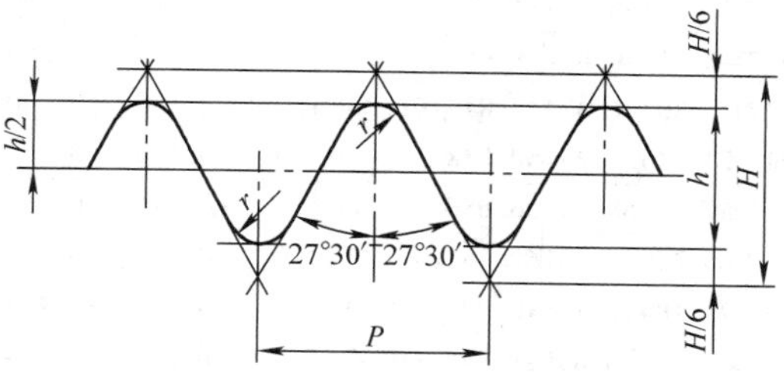

图1-3-17　螺纹的设计牙型及牙型尺寸计算

H—原始三角形高度，$H = 0.960491P$，$H/6 = 0.160082P$　h—螺纹牙高，$h = 0.640327P$

r—螺纹牙顶和牙底的圆弧半径，$r = 0.137329P$　P—螺距，$P = \dfrac{25.4}{n}$，

n是每25.4mm横向长度所包含的螺纹牙数

（2）尺寸和公差　螺纹中径和小径的尺寸按下列公式计算。

$$d_2 = D_2 = d - 0.640327P$$

$$d_1 = D_1 = d - 1.280654P$$

对内螺纹中径和小径，规定了一种公差等级，下极限偏差为零，上极限偏差为正。对外螺纹中径公差，规定了A、B两个公差等级，上极限偏差为零，下极限偏差为负。螺纹的牙顶在给出的公差范围内允许削平。

55°非密封管螺纹的尺寸及其公差带的分布如图1-3-18所示，其数值见表1-3-41。

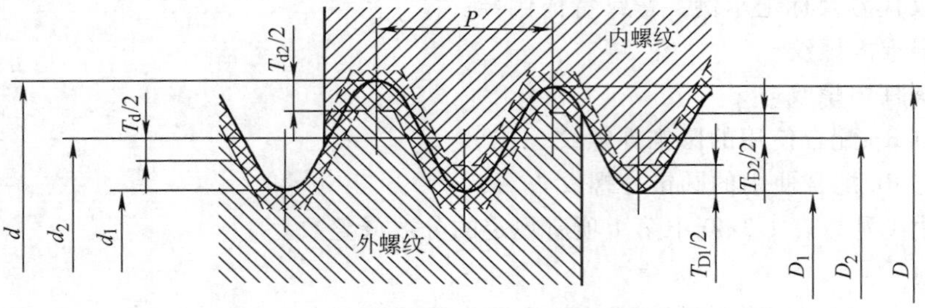

图 1-3-18 55°非密封管螺纹的尺寸及其公差带分布

表 1-3-41 55°非密封管螺纹的尺寸及其公差数值 （单位：mm）

螺纹的尺寸代号	每25.4mm内的牙数 n	螺距 P	牙型高度 h	圆弧半径 $r\approx$	基本直径			外螺纹					内螺纹			
					大径 $d=D$	中径 $d_2=D_2$	小径 $d_1=D_1$	大径公差 T_d		中径公差 T_{d2}①			中径公差 T_{D2}①		小径公差 T_{D1}	
								下极限偏差	上极限偏差	下极限偏差		上极限偏差	下极限偏差	上极限偏差	下极限偏差	上极限偏差
										A级	B级					
1/16	28	0.907	0.581	0.125	7.723	7.142	6.561	−0.214	0	−0.107	−0.214	0	0	+0.107	0	+0.282
1/8	28	0.907	0.581	0.125	9.728	9.147	8.566	−0.214	0	−0.107	−0.214	0	0	+0.107	0	+0.282
1/4	19	1.337	0.856	0.184	13.157	12.301	11.445	−0.250	0	−0.125	−0.250	0	0	+0.125	0	+0.445
3/8	19	1.337	0.856	0.184	16.662	15.806	14.950	−0.250	0	−0.125	−0.250	0	0	+0.125	0	+0.445
1/2	14	1.814	1.162	0.249	20.955	19.793	18.631	−0.284	0	−0.142	−0.284	0	0	+0.142	0	+0.541
5/8	14	1.814	1.162	0.249	22.911	21.749	20.587	−0.284	0	−0.142	−0.284	0	0	+0.142	0	+0.541
3/4	14	1.814	1.162	0.249	26.441	25.279	24.117	−0.284	0	−0.142	−0.284	0	0	+0.142	0	+0.541
7/8	14	1.814	1.162	0.249	30.201	29.039	27.877	−0.284	0	−0.142	−0.284	0	0	+0.142	0	+0.541
1	11	2.309	1.479	0.317	33.249	31.770	30.291	−0.360	0	−0.180	−0.360	0	0	+0.180	0	+0.640
1⅛	11	2.309	1.479	0.317	37.897	36.418	34.939	−0.360	0	−0.180	−0.360	0	0	+0.180	0	+0.640
1¼	11	2.309	1.479	0.317	41.910	40.431	38.952	−0.360	0	−0.180	−0.360	0	0	+0.180	0	+0.640
1½	11	2.309	1.479	0.317	47.803	46.324	44.845	−0.360	0	−0.180	−0.360	0	0	+0.180	0	+0.640
1¾	11	2.309	1.479	0.317	53.746	52.267	50.788	−0.360	0	−0.180	−0.360	0	0	+0.180	0	+0.640
2	11	2.309	1.479	0.317	59.614	58.135	56.656	−0.360	0	−0.180	−0.360	0	0	+0.180	0	+0.640
2¼	11	2.309	1.479	0.317	65.710	64.231	62.752	−0.434	0	−0.217	−0.434	0	0	+0.217	0	+0.640
2½	11	2.309	1.479	0.317	75.184	73.705	72.226	−0.434	0	−0.217	−0.434	0	0	+0.217	0	+0.640
2¾	11	2.309	1.479	0.317	81.534	80.055	78.576	−0.434	0	−0.217	−0.434	0	0	+0.217	0	+0.640
3	11	2.309	1.479	0.317	87.884	86.405	84.926	−0.434	0	−0.217	−0.434	0	0	+0.217	0	+0.640
3½	11	2.309	1.479	0.317	100.330	98.851	97.372	−0.434	0	−0.217	−0.434	0	0	+0.217	0	+0.640
4	11	2.309	1.479	0.317	113.030	111.551	110.072	−0.434	0	−0.217	−0.434	0	0	+0.217	0	+0.640
4½	11	2.309	1.479	0.317	125.730	124.251	122.772	−0.434	0	−0.217	−0.434	0	0	+0.217	0	+0.640
5	11	2.309	1.479	0.317	138.430	136.951	135.472	−0.434	0	−0.217	−0.434	0	0	+0.217	0	+0.640
5½	11	2.309	1.479	0.317	151.130	149.651	148.172	−0.434	0	−0.217	−0.434	0	0	+0.217	0	+0.640
6	11	2.309	1.479	0.317	163.830	162.351	160.872	−0.434	0	−0.217	−0.434	0	0	+0.217	0	+0.640

① 对薄壁管件，此公差适用于平均中径，该中径是测量两个互相垂直直径的算术平均值。

（3）标记方法及标记示例 圆柱管螺纹的标记由螺纹特征代号、尺寸代号和公差等级代号组成，螺纹特征代号用字母“G”表示。

标记示例：

尺寸代号为1½的A级右旋圆柱外螺纹的标记为G1½A。

尺寸代号为1½的B级右旋圆柱外螺纹的标记为G1½B。

尺寸代号为1½的右旋圆柱内螺纹的标记为G1½。

当螺纹为左旋时，应在外螺纹的公差等级代号或内螺纹的尺寸代号后加注“LH”，如G1½A-LH、G1½LH。

表示螺纹副时，仅需标注外螺纹的标记代号，如G1½/G1½A、G1½/G1½B。

3.1.5　60°密封管螺纹

GB/T 12716—2011规定了牙型角为60°、螺纹副本身具有密封性的管螺纹的牙型、尺寸、公差和标记。配合后的螺纹副具有密封能力，使用中允许加入密封填料。

内螺纹有圆锥内螺纹和圆柱内螺纹两种，外螺纹仅有圆锥外螺纹一种。内、外螺纹可组成两种密封配合形式，圆锥内螺纹与圆锥外螺纹组成“锥/锥”配合，圆柱内螺纹与圆锥外螺纹组成“柱/锥”配合。

3.1.5.1　螺纹术语及代号（见表1-3-42）

表1-3-42　螺纹术语及代号

术　语	代号	术　语	代号
内螺纹在基准平面内的大径	D	削平高度	f
外螺纹在基准平面内的大径	d	基准直径	—
内螺纹在基准平面内的中径	D_2	基准平面	—
外螺纹在基准平面内的中径	d_2	基准距离	L_1
内螺纹在基准平面内的小径	D_1	有效螺纹长度	L_2
外螺纹在基准平面内的小径	d_1	装配余量	L_3
螺距	P	完整螺纹长度	L_5
原始三角形高度	H	不完整螺纹长度	L_6
螺纹牙型高度	h	旋紧余量	L_7
每25.4mm轴向长度内所包含的螺纹牙数	n	螺尾长度	V

3.1.5.2　螺纹牙型及牙型尺寸

圆柱内螺纹的牙型如图1-3-19a所示，圆锥螺纹的牙型如图1-3-19b所示。

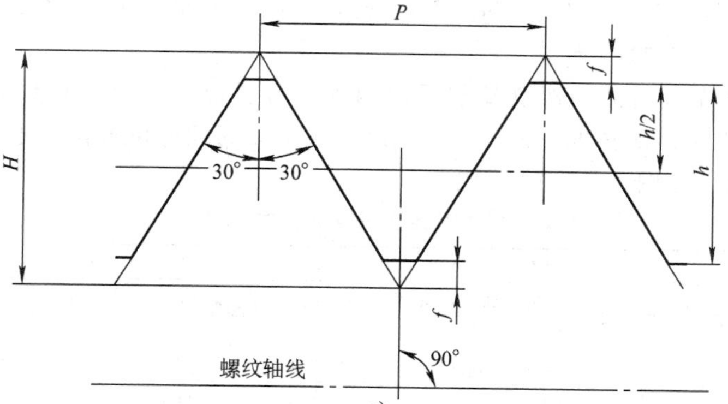

a)

图1-3-19　螺纹牙型

a）圆柱内螺纹的牙型

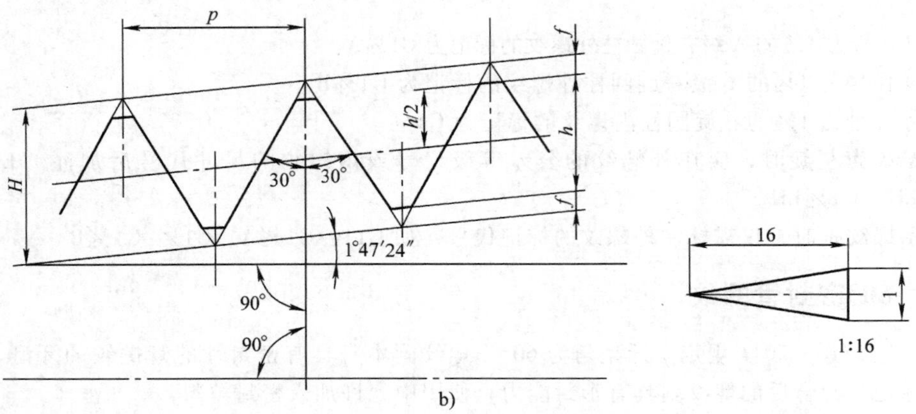

b)

图 1-3-19 螺纹牙型（续）

b）圆锥螺纹的牙型

1）牙型尺寸计算公式：

$$P=\frac{25.4}{n} \quad H=0.866025P$$

$$h=0.800000P \quad f=0.033P$$

2）牙顶高和牙底高公差见表 1-3-43。

表 1-3-43 牙顶高和牙底高公差

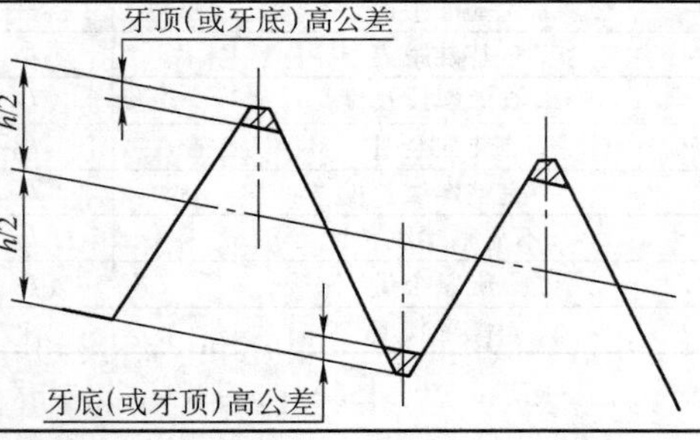

每 25.4mm 的螺纹牙数 n	牙顶高和牙底高公差/mm
27	0.061
18	0.079
14	0.081
11.5	0.086
8	0.094

3.1.5.3 圆锥管螺纹的基本尺寸及其公差

（1）圆锥管螺纹各主要尺寸及其位置 圆锥管螺纹的基本尺寸见表 1-3-44，圆锥外螺纹上主要尺寸的分布位置如图 1-3-20 所示。

（2）基准平面位置 圆锥外螺纹基准平面的理论位置位于垂直于螺纹轴线、与小端面（参照平面）相距一个基准距离的平面内。内螺纹基准平面的理论位置位于垂直于螺纹轴线的端面（参考平面）内（见图 1-3-20）。

表 1-3-44 圆锥管螺纹的基本尺寸

1	2	3	4	5	6	7	8	9	10	11	12
螺纹的尺寸代号	每 25.4mm 内的牙数 n	螺距 P	牙型高度 h	基准平面内的基本尺寸			基准距离 L_1		装配余量 L_3		外螺纹小端面内的基本小径
				大径 $d=D$	中径 $d_2=D_2$	小径 $d_1=D_1$					
		mm					圈数	mm	圈数	mm	mm
1/16	27	0.941	0.752	7.895	7.142	6.389	4.32	4.064	3	2.822	6.137
1/8	27	0.941	0.752	10.242	9.489	8.737	4.36	4.102	3	2.822	8.481
1/4	18	1.411	1.129	13.616	12.487	11.358	4.10	5.785	3	4.233	10.996

（续）

1	2	3	4	5	6	7	8	9	10	11	12
螺纹的尺寸代号	每25.4mm内的牙数 n	螺距 P	牙型高度 h	基准平面内的基本尺寸			基准距离 L_1		装配余量 L_3		外螺纹小端面内的基本小径
				大径 $d=D$	中径 $d_2=D_2$	小径 $d_1=D_1$					
		mm					圈数	mm	圈数	mm	mm
3/8	18	1.411	1.129	17.055	15.926	14.797	4.32	6.096	3	4.233	14.417
1/2	14	1.814	1.451	21.224	19.772	18.321	4.48	8.128	3	5.443	17.813
3/4	14	1.814	1.451	26.569	25.117	23.666	4.75	8.618	3	5.443	23.127
1	11.5	2.209	1.767	33.228	31.461	29.694	4.60	10.160	3	6.626	29.060
1¼	11.5	2.209	1.767	41.985	40.218	38.451	4.83	10.668	3	6.626	37.785
1½	11.5	2.209	1.767	48.054	46.287	44.520	4.83	10.668	3	6.626	43.853
2	11.5	2.209	1.767	60.092	58.325	56.558	5.01	11.065	3	6.626	55.867
2½	8	3.175	2.540	72.699	70.159	67.619	5.46	17.335	2	6.350	66.535
3	8	3.175	2.540	88.608	86.068	83.528	6.13	19.463	2	6.350	82.311
3½	8	3.175	2.540	101.316	98.776	96.236	6.57	20.860	2	6.350	94.932
4	8	3.175	2.540	113.973	111.433	108.893	6.75	21.431	2	6.350	107.554
5	8	3.175	2.540	140.952	138.412	135.872	7.50	23.812	2	6.350	134.384
6	8	3.175	2.540	167.792	165.252	162.712	7.66	24.320	2	6.350	161.191
8	8	3.175	2.540	218.441	215.901	213.361	8.50	26.988	2	6.350	211.673
10	8	3.175	2.540	272.312	269.772	267.232	9.68	30.734	2	6.350	265.311
12	8	3.175	2.540	323.032	320.492	317.952	10.88	34.544	2	6.350	315.793
14	8	3.175	2.540	354.904	352.364	349.824	12.50	39.688	2	6.350	347.345
16	8	3.175	2.540	405.784	403.244	400.704	14.50	46.038	2	6.350	397.828
18	8	3.175	2.540	456.565	454.025	451.485	16.00	50.800	2	6.350	448.310
20	8	3.175	2.540	507.246	504.706	502.166	17.00	53.975	2	6.350	498.792
24	8	3.175	2.540	608.608	606.068	603.528	19.00	60.325	2	6.350	599.758

注：1. 可参照表中第12栏数据选择攻螺纹前的麻花钻直径。

2. 螺纹收尾长度为3.47P。

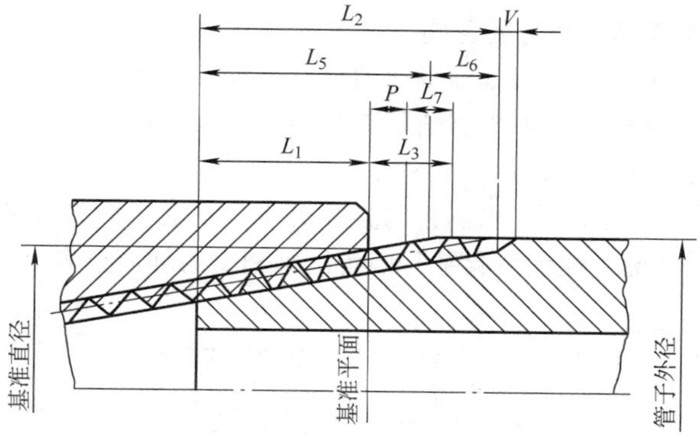

图1-3-20 圆锥外螺纹上主要尺寸的分布位置

（3）公差

1）圆锥螺纹基准平面的轴向位置极限偏差为±1P。

2）大径和小径公差应保证螺纹牙顶高和牙底高尺寸在表1-3-43所规定的公差范围内。

3）圆锥管螺纹单项要素极限偏差见表1-3-45。

表 1-3-45　圆锥管螺纹单项要素极限偏差

在25.4mm轴向长度内所包含的牙数 n	中径线锥度(1/16)的极限偏差	有效螺纹的导程累积偏差/mm	牙侧角偏差/(°)
27	+1/96 −1/192	±0.076	±1.25
18、14			±1
11.5、8			±0.75

注：对有效螺纹长度大于25.4mm的螺纹，其导程累积偏差的最大测量跨度为25.4mm。

3.1.5.4　圆柱内螺纹的基本尺寸及公差

1）圆柱内螺纹的大径、中径和小径的基本尺寸与圆锥螺纹在基准平面内的大径、中径和小径的基本尺寸相等（见表1-3-44）。

2）基准平面的位置。圆柱内螺纹基准平面的理论位置位于垂直于螺纹轴线的端面内。

3）大径和小径公差。以保证螺纹牙顶高和牙底高尺寸所规定的公差范围（见表1-3-43）。

4）圆柱内螺纹基准平面的横向位置极限偏差为±1.5P。

5）螺纹中径在径向所对应的极限尺寸见表1-3-46。

表 1-3-46　圆柱内螺纹的极限尺寸

螺纹的尺寸代号	在25.4mm长度内所包含的牙数 n	中径/mm max	中径/mm min	小径/mm min	螺纹的尺寸代号	在25.4mm长度内所包含的牙数 n	中径/mm max	中径/mm min	小径/mm min
1/8	27	9.578	9.401	8.636	1¼	11.5	40.424	40.010	38.252
1/4	18	12.619	12.355	11.227	1½	11.5	46.495	46.081	44.323
3/8	18	16.058	15.794	14.656	2	11.5	58.532	58.118	56.363
1/2	14	19.942	19.601	18.161	2½	8	70.457	69.860	67.310
3/4	14	25.288	24.948	23.495	3	8	86.365	85.771	83.236
1	11.5	31.669	31.255	29.489	3½	8	99.073	98.478	95.936
					4	8	111.730	111.135	108.585

注：可参照最小小径数据选择攻螺纹前的麻花钻直径。

3.1.5.5　有效螺纹长度

圆锥外螺纹的有效螺纹长度不应小于其基准距离的实际尺寸与装配余量之和。内螺纹的有效螺纹长度不应小于其基准平面位置的实际偏差、基准距离的基本尺寸与装配余量之和。

3.1.5.6　倒角对基准平面理论位置的影响

1）在外螺纹的小端面倒角，其基准平面的理论位置不变（见图1-3-21a）。

2）在内螺纹的大端面倒角，如果倒角的直径不大于大端面上内螺纹的大径，则基准平面的轴向理论位置不变（见图1-3-21b）。

3）在内螺纹的大端面倒角，如果倒角的直径大于大端面上内螺纹的大径，则基准平面的理论位置位于内螺纹大径圆锥或大径圆锥与倒角圆锥相交的轴向位置处（见图1-3-21c）。

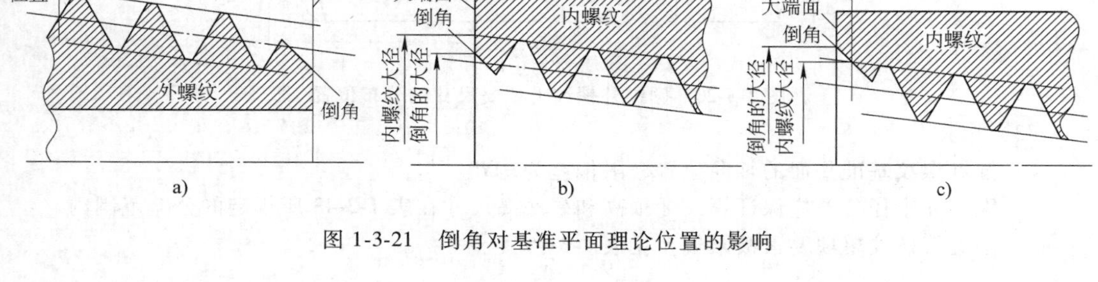

图 1-3-21　倒角对基准平面理论位置的影响

3.1.5.7 标记方法及标记示例

管螺纹的标记由螺纹特征代号、螺纹尺寸代号和螺纹牙数组成（尺寸代号见表1-3-44）。

螺纹特征代号：NPT——圆锥管螺纹；

NPSC——圆柱内螺纹。

标记示例：尺寸代号为3/4、14牙的右旋圆柱内螺纹的标记为NPSC3/4-14或NPSC3/4。

尺寸代号为6的右旋圆锥内螺纹或圆锥外螺纹的标记为NPT6。

3.1.6 米制密封螺纹（Mc、Mp）（GB/T 1415—2008）

米制密封螺纹有两种配合方式：圆柱内螺纹与圆锥外螺纹组成“柱/锥”配合；圆锥内螺纹与圆锥外螺纹组成“锥/锥”配合。为提高密封性，允许在螺纹配合面加密封填料。

3.1.6.1 牙型

1）米制密封圆柱内螺纹的牙型如图1-3-1所示。

2）米制密封圆锥螺纹的设计牙型及尺寸计算如图1-3-22所示。

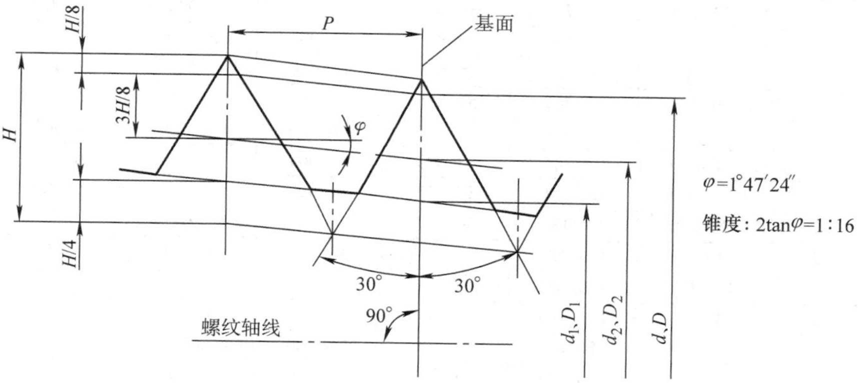

图1-3-22 米制密封圆锥螺纹的设计牙型及尺寸计算

$H=\frac{\sqrt{3}}{2}P=0.866025404P$ $\frac{H}{4}=0.216506351P$ $\frac{3}{8}H=0.324759526P$ $\frac{H}{8}=0.108253175P$

H—原始三角形高度 P—螺距

注：图中其他物理量的含义见表1-3-47。

3.1.6.2 基准平面位置

圆锥外螺纹基准平面的理论位置在垂直于螺纹轴线与小端面相距一个基准距离的平面内；内螺纹基准平面的理论位置在垂直于螺纹轴线的端面内（图1-3-23）。

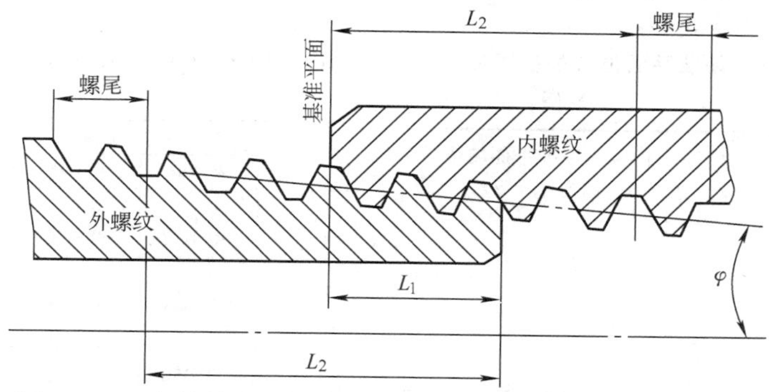

图1-3-23 米制密封螺纹基准平面理论位置及主要尺寸分布位置

L_1—基准距离 L_2—有效螺纹长度 φ—圆锥螺纹锥角的一半

3.1.6.3　公称尺寸

米制密封螺纹的公称尺寸见表 1-3-47，主要尺寸分布位置如图 1-3-23 所示。其中，$D_2=d_2=D-0.6495P$；$D_1=d_1=D-1.0825P$。

表 1-3-47　米制密封螺纹的公称尺寸　（单位：mm）

公称直径 D、d	螺距 P	基准平面内的直径①			基准距离②		最小有效螺纹长度②	
		大径 D、d	中径 D_2、d_2	小径 D_1、d_1	标准型 L_1	短型 $L_{1短}$	标准型 L_2	短型 $L_{2短}$
8	1	8.000	7.350	6.917	5.500	2.500	8.000	5.500
10	1	10.000	9.350	8.917	5.500	2.500	8.000	5.500
12	1	12.000	11.350	10.917	5.500	2.500	8.000	5.500
14	1.5	14.000	13.026	12.376	7.500	3.500	11.000	8.500
16	1	16.000	15.350	14.917	5.500	2.500	8.000	5.500
	1.5	16.000	15.026	14.376	7.500	3.500	11.000	8.500
20	1.5	20.000	19.026	18.376	7.500	3.500	11.000	8.500
27	2	27.000	25.701	24.835	11.000	5.000	16.000	12.000
33	2	33.000	31.701	30.835	11.000	5.000	16.000	12.000
42	2	42.000	40.701	39.835	11.000	5.000	16.000	12.000
48	2	48.000	46.701	45.835	11.000	5.000	16.000	12.000
60	2	60.000	58.701	57.835	11.000	5.000	16.000	12.000
72	3	72.000	70.051	68.752	16.500	7.500	24.000	18.000
76	2	76.000	74.701	73.835	11.000	5.000	16.000	12.000
90	2	90.000	88.701	87.835	11.000	5.000	16.000	12.000
	3	90.000	88.051	86.752	16.500	7.500	24.000	18.000
115	2	115.000	113.701	112.835	11.000	5.000	16.000	12.000
	3	115.000	113.051	111.752	16.500	7.500	24.000	18.000
140	2	140.000	138.701	137.835	11.000	5.000	16.000	12.000
	3	140.000	138.051	136.752	16.500	7.500	24.000	18.000
170	3	170.000	168.051	166.752	16.500	7.500	24.000	18.000

① 对圆锥螺纹，不同轴向位置平面内的螺纹直径数值是不同的。要注意各直径的轴向位置。

② 基准距离有两种型式：标准型和短型。两种基准距离分别对应两种型式的最小有效螺纹长度。标准型基准距离 L_1 和标准型最小有效螺纹长度 L_2 适用于由圆锥内螺纹与圆锥外螺纹组成的“锥/锥”配合螺纹；短型基准距离 $L_{1短}$ 和短型最小有效螺纹长度 $L_{2短}$ 适用于由圆柱内螺纹与圆锥外螺纹组成的“柱/锥”配合螺纹。选择时要注意两种配合形式对应两组不同的基准距离和最小有效螺纹长度，避免选择错误。

3.1.6.4　公差

圆锥螺纹基准平面位置的极限偏差见表 1-3-48。

圆柱内螺纹的中径公差带为 5H，其公差值见表 1-3-10。圆锥螺纹、圆柱内螺纹牙顶高和牙底高的极限偏差见表 1-3-49。

表 1-3-48　圆锥螺纹基准平面位置的极限偏差　（单位：mm）

螺距 P	外螺纹基准平面的极限偏差（$\pm T_1/2$）	内螺纹基准平面的极限偏差（$\pm T_2/2$）
1	0.7	1.2
1.5	1	1.5
2	1.4	1.8
3	2	3

表 1-3-49　螺纹牙顶高和牙底高的极限偏差　（单位：mm）

螺距 P	外螺纹极限偏差		内螺纹极限偏差	
	牙顶高	牙底高	牙顶高	牙底高
1	0 -0.032	-0.015 -0.050	±0.030	±0.030
1.5	0 -0.048	-0.020 -0.065	±0.040	±0.040
2	0 -0.050	-0.025 -0.075	±0.045	±0.045
3	0 -0.055	-0.030 -0.085	±0.050	±0.050

3.1.6.5 螺纹长度

米制密封圆锥螺纹的最小有效螺纹长度不应小于表 1-3-47 的规定值。米制密封圆柱内螺纹的最小有效螺纹长度不应小于表 1-3-47 规定值的 80%。

3.1.6.6 标记方法及标记示例

米制密封螺纹的完整标记由螺纹特征代号、尺寸代号和基准距离组别代号组成。

1)圆锥螺纹的特征代号为 Mc。

2)圆柱内螺纹的特征代号为 Mp。

3)基准距离组别代号:采用标准型基准距离时,可以省略基准距离代号(N);采用短型基准距离时,标注组别代号“S”,中间用“-”分开。

4)对左旋螺纹,应在基准距离组别代号后标注“LH”,右旋螺纹不标注旋向代号。

示例:

公称直径为 12mm、螺距为 1mm、标准型基准距离的右旋圆锥管螺纹的标记为 Mc12×1。

公称直径为 20mm、螺距为 1.5mm、短型基准距离的右旋圆锥管螺纹的标记为 Mc20×1.5-S。

公称直径为 42mm、螺距为 2mm、短型基准距离的左旋圆柱内螺纹的标记为 Mp42×2-S-LH。

与圆锥外螺纹配合的圆柱内螺纹采用米制普通螺纹,其牙型、基本尺寸、公差同米制普通螺纹。

3.1.7 寸制惠氏螺纹

3.1.7.1 牙型

寸制惠氏螺纹的设计牙型如图 1-3-24 所示。

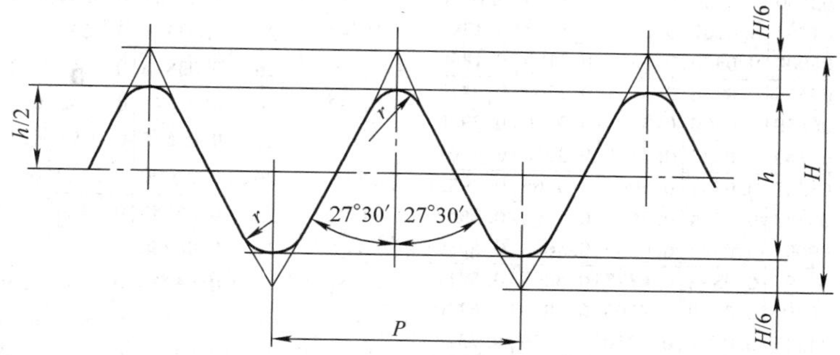

图 1-3-24 寸制惠氏螺纹的设计牙型

$H=0.960491P \quad h=0.640327P \quad \frac{H}{6}=0.160082P \quad r=0.137329P$

H—原始三角形高度 P—螺距 r—螺纹牙顶和牙底的圆弧半径 h—螺纹牙高

3.1.7.2 寸制惠氏螺纹的标准系列(见表 1-3-50)

表 1-3-50 寸制惠氏螺纹的标准系列

公称直径 /in①	牙数		公称直径 /in①	牙数	
	粗牙(B.S.W.)	细牙(B.S.F.)		粗牙(B.S.W.)	细牙(B.S.F.)
1/8	(40)	—	1/2	12	16
3/16	24	(32)	9/16	(12)	16
7/32	—	(28)	5/8	11	14
1/4	20	26	11/16	(11)	(14)
9/32	—	(26)	3/4	10	12
5/16	18	22	7/8	9	11
3/8	16	20	1	8	10
7/16	14	18	1⅛	7	9

（续）

公称直径/in[①]	牙数		公称直径/in[①]	牙数	
	粗牙（B.S.W.）	细牙（B.S.F.）		粗牙（B.S.W.）	细牙（B.S.F.）
1¼	7	9	3¼	(3.25)	5
1⅜	—	(8)	3½	3.25	4.5
1½	6	8	3¾	(3)	4.5
1⅝	—	(8)	4	3	4.5
1¾	5	7	4¼	—	4
2	4.5	7	4½	2.875	—
2¼	4	6	5	2.75	—
2½	4	6	5½	2.625	—
2¾	3.5	6	6	2.5	—
3	3.5	5			

注：优先选用不带括号的牙数。

① 1in = 25.4mm。

3.1.7.3 公称尺寸

惠氏粗牙螺纹和细牙螺纹的公称尺寸分别见表1-3-51和表1-3-52。特殊系列惠氏螺纹的公称尺寸按下列公式计算。

$$D_2 = d_2 = D - 0.640327P$$

$$D_1 = d_1 = D - 1.280654P$$

表1-3-51 惠氏粗牙螺纹（B.S.W.）的公称尺寸

（单位：in）

公称直径	牙数	螺距	牙高	大径	中径	小径
1/8	40	0.02500	0.0160	0.1250	0.1090	0.0930
3/16	24	0.04167	0.0267	0.1875	0.1608	0.1341
1/4	20	0.05000	0.0320	0.2500	0.2180	0.1860
5/16	18	0.05556	0.0356	0.3125	0.2769	0.2413
3/8	16	0.06250	0.0400	0.3750	0.3350	0.2950
7/16	14	0.07143	0.0457	0.4375	0.3918	0.3461
1/2	12	0.08333	0.0534	0.5000	0.4466	0.3932
9/16	12	0.08333	0.0534	0.5625	0.5091	0.4557
5/8	11	0.09091	0.0582	0.6250	0.5668	0.5086
11/16	11	0.09091	0.0582	0.6875	0.6293	0.5711
3/4	10	0.10000	0.0640	0.7500	0.6860	0.6220
7/8	9	0.11111	0.0711	0.8750	0.8039	0.7328
1	8	0.12500	0.0800	1.0000	0.9200	0.8400
1⅛	7	0.14286	0.0915	1.1250	1.0335	0.9420
1¼	7	0.14286	0.0915	1.2500	1.1585	1.0670
1½	6	0.16667	0.1067	1.5000	1.3933	1.2866
1¾	5	0.20000	0.1281	1.7500	1.6219	1.4938
2	4.5	0.22222	0.1423	2.0000	1.8577	1.7154
2¼	4	0.25000	0.1601	2.2500	2.0899	1.9298
2½	4	0.25000	0.1601	2.5000	2.3399	2.1798
2¾	3.5	0.28571	0.1830	2.7500	2.5670	2.3840
3	3.5	0.28571	0.1830	3.0000	2.8170	2.6340
3¼	3.25	0.30769	0.1970	3.2500	3.0530	2.8560
3½	3.25	0.30769	0.1970	3.5000	3.3030	3.1060
3¾	3	0.33333	0.2134	3.7500	3.5366	3.3232
4	3	0.33333	0.2134	4.0000	3.7866	3.5732
4½	2.875	0.34783	0.2227	4.5000	4.2773	4.0546
5	2.75	0.36364	0.2328	5.0000	4.7672	4.5344
5½	2.625	0.38095	0.2439	5.5000	5.2561	5.0122
6	2.5	0.40000	0.2561	6.0000	5.7439	5.4878

表1-3-52 惠氏细牙螺纹（B.S.F.）的公称尺寸

（单位：in）

公称直径	牙数	螺距	牙高	大径	中径	小径
3/16	32	0.03125	0.0200	0.1875	0.1675	0.1475
7/32	28	0.03571	0.0229	0.2188	0.1959	0.1730
1/4	26	0.03846	0.0246	0.2500	0.2254	0.2008
9/32	26	0.03846	0.0246	0.2812	0.2566	0.2320
5/16	22	0.04545	0.0291	0.3125	0.2834	0.2543
3/8	20	0.05000	0.0320	0.3750	0.3430	0.3110
7/16	18	0.05556	0.0356	0.4375	0.4019	0.3663
1/2	16	0.06250	0.0400	0.5000	0.4600	0.4200
9/16	16	0.06250	0.0400	0.5625	0.5225	0.4825
5/8	14	0.07143	0.0457	0.6250	0.5793	0.5336
11/16	14	0.07143	0.0457	0.6875	0.6418	0.5961
3/4	12	0.08333	0.0534	0.7500	0.6966	0.6432
7/8	11	0.09091	0.0582	0.8750	0.8168	0.7586
1	10	0.10000	0.0640	1.0000	0.9360	0.8720
1⅛	9	0.11111	0.0711	1.1250	1.0539	0.9828
1¼	9	0.11111	0.0711	1.2500	1.1789	1.1078
1⅜	8	0.12500	0.0800	1.3750	1.2950	1.2150
1½	8	0.12500	0.0800	1.5000	1.4200	1.3400
1⅝	8	0.12500	0.0800	1.6250	1.5450	1.4650
1¾	7	0.14286	0.0915	1.7500	1.6585	1.5670
2	7	0.14286	0.0915	2.0000	1.9085	1.8170
2¼	6	0.16667	0.1067	2.2500	2.1433	2.0366
2½	6	0.16667	0.1067	2.5000	2.3933	2.2866
2¾	6	0.16667	0.1067	2.7500	2.6433	2.5366
3	5	0.20000	0.1281	3.0000	2.8719	2.7438
3¼	5	0.20000	0.1281	3.2500	3.1219	2.9938

3.1.7.4 公差

标准系列寸制惠氏螺纹(粗牙、中等级)的公差和极限尺寸见表1-3-53和表1-3-54。

表1-3-53 粗牙、中等级内螺纹的公差和极限尺寸 (单位:in)

公称直径	牙数	大径	中径			小径		
		min	max	公差	min	max	公差	min
1/8	40	0.1250	0.1119	0.0029	0.1090	0.1020	0.0090	0.0930
3/16	24	0.1875	0.1643	0.0035	0.1608	0.1474	0.0133	0.1341
1/4	20	0.2500	0.2219	0.0039	0.2180	0.2030	0.0170	0.11860
5/16	18	0.3125	0.2811	0.0042	0.2769	0.2594	0.0181	0.2413
3/8	16	0.3750	0.3395	0.0045	0.3350	0.3145	0.0195	0.2950
7/16	14	0.4375	0.3966	0.0048	0.3918	0.3674	0.0213	0.3461
1/2	12	0.5000	0.4518	0.0052	0.4466	0.4169	0.02317	0.3932
9/16	12	0.5625	0.5144	0.0053	0.5091	0.4794	0.0237	0.4557
5/8	11	0.6250	0.5724	0.0056	0.5668	0.5338	0.0252	0.5086
11/16	11	0.6875	0.6351	0.0058	0.6293	0.5963	0.0252	0.5711
3/4	10	0.7500	0.6920	0.0060	0.6860	0.6490	0.0270	0.6220
7/8	9	0.8750	0.8103	0.0064	0.8039	0.7620	0.0292	0.7328
1	8	1.0000	0.9268	0.0068	0.9200	0.8720	0.0320	0.8400
1⅛	7	1.1250	1.0407	0.0072	1.0335	0.9776	0.0356	0.9420
1¼	7	1.2500	1.1659	0.0074	1.1585	1.1026	0.0356	1.0670
1½	6	1.5000	1.4013	0.0080	1.3933	1.3269	0.0403	1.2866
1¾	5	1.7500	1.6305	0.0086	1.6219	1.5408	0.0470	1.4938
2	4.5	2.0000	1.8668	0.0091	1.8577	1.7668	0.0514	1.7154
2¼	4	2.2500	2.0995	0.0096	2.0899	1.9868	0.0570	1.9298
2½	4	2.5000	2.3499	0.0100	2.3399	2.2368	0.0570	2.1798
2¾	3.5	2.7500	2.5774	0.0104	2.5670	2.4481	0.0641	2.3840
3	3.5	3.0000	2.8278	0.0108	2.8170	2.6981	0.0641	2.6340
3¼	3.25	3.2500	3.0641	0.0111	3.0530	2.9245	0.0685	2.8560
3½	3.25	3.5000	3.3144	0.0114	3.3030	3.1745	0.0685	3.1060
3¾	3	3.7500	3.5484	0.0118	3.5366	3.3969	0.0737	3.3232
4	3	4.0000	3.7987	0.0121	3.7866	3.6469	0.0737	3.5732
4½	2.875	4.5000	4.2899	0.0126	4.2773	4.1312	0.0766	4.0546
5	2.75	5.0000	4.7803	0.0131	4.7672	4.6141	0.0797	4.5344
5½	2.625	5.5000	5.2698	0.0137	5.2561	5.0954	0.0832	5.0122
6	2.5	6.0000	5.7580	0.0141	5.7439	5.5748	0.0870	5.4878

表1-3-54 粗牙、中等级外螺纹的公差和极限尺寸 (单位: in)

(1) 公称直径≤3/4

公称直径	牙数	大径				中径				小径			
		不镀或镀前			镀后	不镀或镀前			镀后	不镀或镀前			镀后
		max	公差	min	max	max	公差	min	max	max	公差	min	max
1/8	40	0.1238	0.0045	0.1193	0.1250	0.1078	0.0029	0.1049	0.1090	0.0918	0.0061	0.0857	0.0930
3/16	24	0.1863	0.0055	0.1808	0.1875	0.1596	0.0035	0.1561	0.1608	0.1329	0.0076	0.1253	0.1341
1/4	20	0.2488	0.0061	0.2427	0.2500	0.2168	0.0039	0.2129	0.2180	0.1848	0.0084	0.1764	0.1860
5/16	18	0.3112	0.0066	0.3046	0.3125	0.2756	0.0042	0.2714	0.2769	0.2400	0.0089	0.2311	0.2413
3/8	16	0.3736	0.0070	0.3666	0.3750	0.3336	0.0045	0.3291	0.3350	0.2936	0.0095	0.2841	0.2950
7/16	14	0.4360	0.0075	0.4285	0.4375	0.3903	0.0048	0.3855	0.3918	0.3446	0.0101	0.3345	0.3461
1/2	12	0.4985	0.0081	0.4904	0.5000	0.4451	0.0052	0.4399	0.4466	0.3917	0.0110	0.3807	0.3932
9/16	12	0.5609	0.0082	0.5527	0.5625	0.5075	0.0053	0.5022	0.5091	0.4541	0.0111	0.4430	0.4557
5/8	11	0.6233	0.0086	0.6147	0.6250	0.5651	0.0056	0.5595	0.5668	0.5069	0.0116	0.4953	0.5086
11/16	11	0.6858	0.0088	0.6770	0.6875	0.6276	0.0058	0.6218	0.6293	0.5694	0.0118	0.5576	0.5711
3/4	10	0.7482	0.0092	0.7390	0.7500	0.6842	0.0060	0.6782	0.6860	0.6202	0.0123	0.6079	0.6220

(2) 公称直径>3/4

公称直径	牙数	大径			中径			小径		
		max	公差	min	max	公差	min	max	公差	min
7/8	9	0.8750	0.0097	0.8653	0.8039	0.0064	0.7975	0.7328	0.0131	0.7197
1	8	1.0000	0.0103	0.9897	0.9200	0.0068	0.9132	0.8400	0.0139	0.8261
1⅛	7	1.1250	0.0110	1.1140	1.0335	0.0072	1.0263	0.9420	0.0148	0.9272
1¼	7	1.2500	0.0112	1.2388	1.1585	0.0074	1.1511	1.0670	0.0150	1.0520
1½	6	1.5000	0.0121	1.4879	1.3933	0.0080	1.3853	1.2866	0.0162	1.2704
1¾	5	1.7500	0.0131	1.7369	1.6219	0.0086	1.6133	1.4938	0.0175	1.4763
2	4.5	2.0000	0.0138	1.9862	1.8577	0.0091	1.8486	1.7154	0.0185	1.6969
2¼	4	2.2500	0.0146	2.2354	2.0899	0.0096	2.0803	1.9298	0.0196	1.9102
2½	4	2.5000	0.0150	2.4850	2.3399	0.0100	2.3299	2.1798	0.0200	2.1598
2¾	3.5	2.7500	0.0157	2.7343	2.5670	0.0104	2.5566	2.3840	0.0211	2.3629
3	3.5	3.0000	0.0161	2.9839	2.8170	0.0108	2.8062	2.6340	0.0215	2.6125
3¼	3.25	3.2500	0.0167	3.2333	3.0530	0.0111	3.0419	2.8560	0.0222	2.8338

（续）

公称直径	牙数	大径 max	大径 公差	大径 min	中径 max	中径 公差	中径 min	小径 max	小径 公差	小径 min
(2)公称直径>3/4										
3½	3.25	3.5000	0.0170	3.4830	3.3030	0.0114	3.2916	3.1060	0.0225	3.0835
3¾	3	3.7500	0.0176	3.7324	3.5366	0.0118	3.5248	3.3232	0.0234	3.2998
4	3	4.0000	0.0178	3.9822	3.7866	0.0121	3.7745	3.5732	0.0236	3.5496
4½	2.875	4.5000	0.0185	4.4815	4.2773	0.0126	4.2647	4.0546	0.0244	4.0302
5	2.75	5.0000	0.0192	4.9808	4.7672	0.0131	4.7541	4.5344	0.0252	4.5092
5½	2.625	5.5000	0.0198	5.4802	5.2561	0.0137	5.2424	5.0122	0.0260	4.9862
6	2.5	6.0000	0.0205	5.9795	5.7439	0.0141	5.7298	5.4878	0.0268	5.4610

注：1in=25.4mm。

3.1.7.5 标记方法及标记示例

惠氏螺纹的基本标记由公称尺寸、牙数、螺纹系列代号、旋向代号、公差带代号和内、外螺纹英文单词组成。

粗牙系列—B.S.W.

细牙系列—B.S.F.

组合系列—Whit.S.

螺距系列—Whit.

内螺纹—nut

外螺纹—bolt

左旋螺纹的代号为“LH”，右旋螺纹代号省略不标注。

外螺纹的自由、中等和紧密级公差带代号分别为“free”“medium”和“close”；内螺纹的普通和中等级公差带代号分别为“normal”和“medlium”。

示例：

1/4in.-20.B.S.W.LH （close） bolt.

1½in.-8B.S.F. （normal） nut.

1in.-20Whit.S. （free） bolt.

0.67in.-20Whit. （medium） nut.

多线螺纹的螺纹代号为“Whit”。标记内须注出线数（start）、导程（lead）和螺距（pitch）。其公差值须由设计得自己决定。

示例：

2in.2 start，0.2in.lead，0.1 in.pitch，Whit.

3.2 齿轮

3.2.1 渐开线圆柱齿轮

3.2.1.1 基本齿廓和模数

当渐开线圆柱齿轮的基圆无穷增大时，齿轮将变成齿条，渐开线齿廓将逼近直线形齿廓，这一点成为统一齿廓的基础。基本齿廓标准不仅要统一齿形角，还要统一齿廓各部分的几何尺寸。

GB/T 1356—2001《通用机械和重型机械用圆柱齿轮 标准基本齿条齿廓》规定了通用机械和重型机械用渐开线圆柱齿轮（外齿或内齿）的标准基本齿条齿廓的几何参数，适用于GB/T 1357规定的标准模数。

GB/T 1356—2001规定的齿廓没有考虑内齿轮齿高可能进行的修正，内齿轮对不同的情况应分别计算。

在该标准中，标准基本齿条的齿廓仅给出了渐开线类齿轮齿廓的几何参数。它不包括对刀具的定义，但为获得合适的齿廓，可以根据该标准中基本齿条的齿廓规定设计刀具的参数。

（1）术语定义和代号

1）基本齿条齿廓的术语和定义见表1-3-55。

2）基本齿条齿廓的代号和单位见表1-3-56。

表1-3-55 基本齿条齿廓的术语和定义

术语	定义
标准基本齿条齿廓	基本齿条的法向截面，基本齿条相当于齿数 $z=\infty$，直径 $d=\infty$ 的外齿轮（见表1-3-57中图）
相啮标准齿条齿廓	齿条齿廓在基准线 $P—P$ 上对称于标准基本齿条齿廓，且相对于标准基本齿条齿廓的半个齿距的齿廓（见表1-3-57中图）

注：标准基本齿条齿廓的轮齿介于齿顶处的齿顶线和与之平行的齿底部的齿根线之间。齿廓直线部分和齿根线之间的圆角是半径 ρ_{fP} 的圆弧。

表1-3-56 基本齿条齿廓的代号和单位

代号	意义	单位
c_P	标准基本齿条轮齿与相啮标准基本齿条轮齿之间的顶隙	mm
e_P	标准基本齿条轮齿齿槽宽	mm
h_{aP}	标准基本齿条轮齿齿顶高	mm
h_{fP}	标准基本齿条轮齿齿根高	mm
h_{FfP}	标准基本齿条轮齿齿根直线部分的高度	mm
h_P	标准基本齿条的齿高	mm
h_{wP}	标准基本齿条和相啮标准基本齿条轮齿的有效齿高	mm
m	模数	mm
p	齿距	mm
s_P	标准基本齿条轮齿的齿厚	mm
u_{FP}	挖根量	mm
α_{FP}	挖根角	(°)
α_P	压力角	(°)
ρ_{fP}	基本齿条的齿根圆角半径	mm

（2）标准基本齿条齿廓　标准基本齿条齿廓见表1-3-57。

表1-3-57 标准基本齿条齿廓

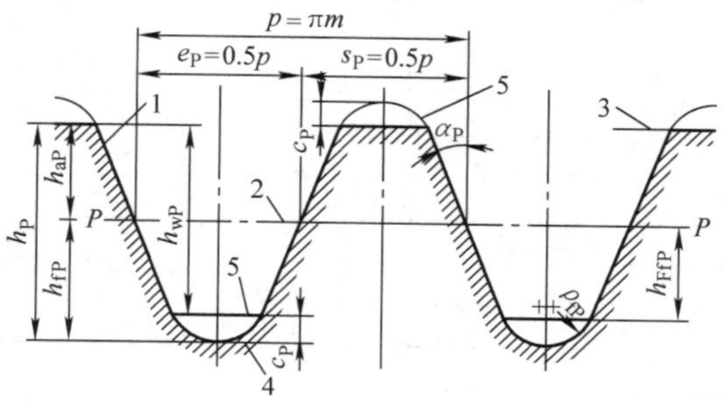

1—标准基本齿条齿廓　2—基准线　3—齿顶线　4—齿根线　5—相啮标准基本齿条齿廓

（续）

标准基本齿条齿廓的几何参数值				
$\alpha_P/(°)$	h_{aP}	c_P	h_{fP}	ρ_{fP}
20	$1m$	$0.25m$	$1.25m$	$0.38m$

基本齿条齿廓的几何参数值

基本齿条齿廓类型	几何参数					推荐使用场合
	$\alpha_P/(°)$	h_{aP}	c_P	h_{fP}	ρ_{fP}	
A	20	$1m$	$0.25m$	$1.25m$	$0.38m$	用于传递大转矩的齿轮
B	20	$1m$	$0.25m$	$1.25m$	$0.3m$	用于通常的场合。用标准滚刀加工时，可用C型
C	20	$1m$	$0.25m$	$1.25m$	$0.25m$	
D	20	$1m$	$0.4m$	$1.4m$	$0.39m$	齿根圆角为单圆弧齿根圆角。用于高精度、传递大转矩齿轮

（3）模数系列　模数系列见表1-3-58。

表1-3-58　模数系列（GB/T 1357—2008）　（单位：mm）

第一系列	1	1.25	1.5	2	2.5	3	4	5
	6	8	10	12	16	20	25	32
	40	50						
第二系列	1.125	1.375	1.75	2.25	2.75	(3.25)	3.5	4.5
	5.5	(6.5)	7	9	(11)	14	18	22
	28	36	45					

注：优先选用第一系列，括号内的模数尽可能不用。

3.2.1.2　圆柱齿轮的几何尺寸计算

（1）外啮合标准圆柱齿轮的几何尺寸计算见表1-3-59。

（2）内啮合标准圆柱齿轮的几何尺寸计算见表1-3-60。

表1-3-59　外啮合标准圆柱齿轮的几何尺寸计算

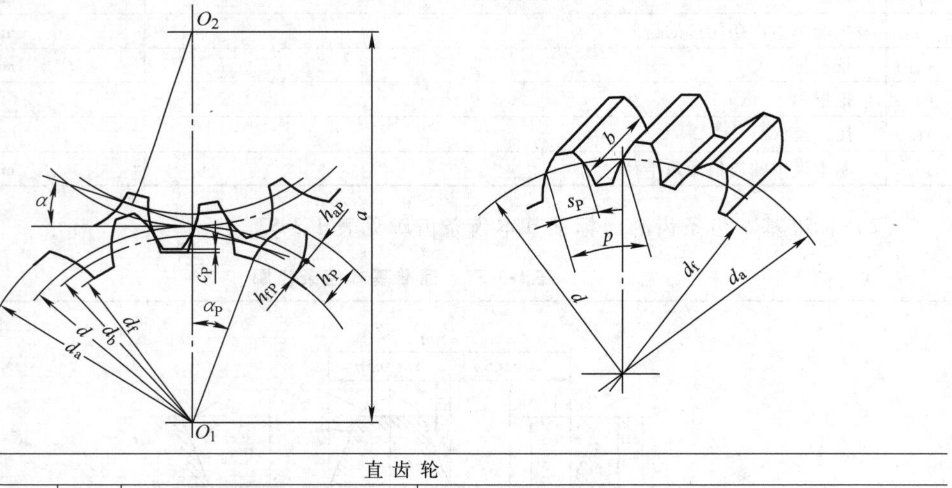

直齿轮

项目	名称	代号	计算公式	说　明
基本参数	模数	m	—	按规定选取
	齿数	z	—	按传动要求确定
	压力角	α_P	$\alpha_P=20°$	—
	齿顶高系数	h_a	$h_a=1$	—
	顶隙系数	c_P	$c_P=0.25$	—

（续）

直齿轮

项目	名称	代号	计算公式	说明
几何尺寸	分度圆直径	d	$d=mz$	—
	齿顶高	h_{aP}	$h_{aP}=h_a m=m$	—
	齿根高	h_{fP}	$h_{fP}=(h_a+c_P)\ m=1.25m$	—
	齿高	h_P	$h_P=h_{aP}+h_{fP}=2.25m$	—
	齿顶圆直径	d_a	$d_a=d+2h_{aP}=m\ (z+2)$	—
	齿根圆直径	d_f	$d_f=d-2h_{fP}=m\ (z-2.5)$	—
	齿距	p	$p=\pi m$	—
	齿厚	s_P	$s_P=\dfrac{p}{2}=\dfrac{\pi m}{2}$	—
	齿宽	b	b	齿的轴向长度
	中心距	a	$a=\dfrac{d_1+d_2}{2}=\dfrac{m\ (z_1+z_2)}{2}$	—

斜齿轮

项目	名称	代号	计算公式	说明
基本参数	法向模数	m_n	$m_n=m_t\cos\beta$ m_t—轴向模数	按规定选取
	齿数	z	—	按传动要求确定
	压力角	α_{pn}	$\alpha_{Pn}=20°$	—
	分度圆螺旋角	β	—	常在8°~20°内选择
	齿顶高系数	h_{an}	$h_{an}=1$	—
	顶隙系数	c_{Pn}	$c_{Pn}=0.25$	—
几何尺寸	分度圆直径	d	$d=\dfrac{m_n}{\cos\beta}\cdot z$	—
	齿顶高	h_{aP}	$h_{aP}=h_{an}m_n=m_n$	—
	齿根高	h_{fP}	$h_{fP}=(h_{an}+c_P)\ m_n=1.25m_n$	—
	齿高	h_P	$h_P=h_{aP}+h_{fP}=2.25m_n$	—
	齿顶圆直径	d_a	$d_a=d+2h_{aP}=m_n\left(\dfrac{z}{\cos\beta}+2\right)$	—
	齿根圆直径	d_f	$d_f=d-2h_{fP}=m_n\left(\dfrac{z}{\cos\beta}-2.5\right)$	—
	齿距	p_n	$p_n=\pi m_n$	—
	齿厚	s_{Pn}	$s_{Pn}=\dfrac{p_n}{2}=\dfrac{\pi m_n}{2}$	—
	齿宽	b	b	齿的轴向长度
	中心距	a	$a=\dfrac{(d_1+d_2)}{2}=\dfrac{m_n\ (z_1+z_2)}{2\cos\beta}$	—

表 1-3-60　内啮合标准圆柱齿轮几何尺寸计算

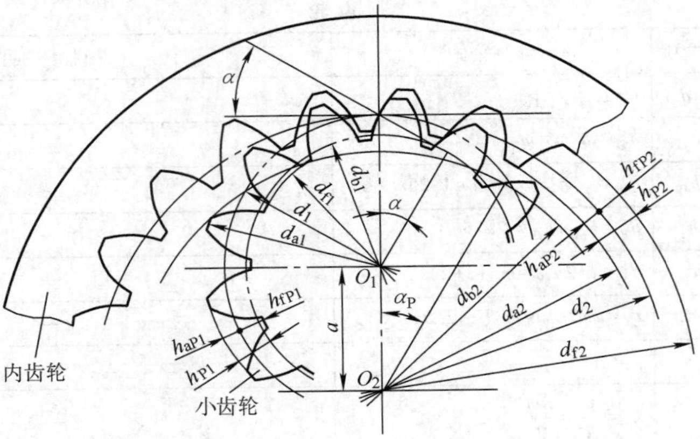

项目	名称	代号	计算公式	说明
基本参数	模数	m	—	按规定选取
	齿数	z	一般取 $z_2-z_1>10$	按传动要求确定
	分度圆压力角	α_P	$\alpha_P=20°$	—
	齿顶高系数	h_a	$h_a=1$	—
	顶隙系数	c_P	$c_P=0.25$	—
几何尺寸	分度圆直径	d_2	$d_2=z_2m$	—
	基圆直径	d_{b2}	$d_{b2}=d_2\cos\alpha$	—
	齿顶圆直径	d_{a2}	$d_{a2}=d_2-2h_am+\Delta d_a$ $\Delta d_a=\dfrac{2h_am}{z_2\tan^2\alpha_P}$ 当 $h_a=1$，$\alpha_P=20°$时，$\Delta d_a=\dfrac{15.1m}{z_2}$	—
	齿根圆直径	d_{f2}	$d_{f2}=d_2+2(h_a+c_P)m$	—
	全齿高	h_{P2}	$h_{P2}=\dfrac{1}{2}(d_{f2}-d_{a2})$	—
	中心距	a	$a=\dfrac{1}{2}(z_2-z_1)m$	—

3.2.1.3　齿轮精度

渐开线圆柱齿轮精度国家标准由两项标准和四项国家标准化指导性技术文件组成。

（1）国家标准与ISO的渐开线圆柱齿轮标准对照（见表1-3-61）。

表 1-3-61　国家标准与 ISO 的渐开线圆柱齿轮标准对照

中国（GB/T、GB/Z）	标准名称	国际（ISO、ISO/TR）
GB/T 10095.1—2022	圆柱齿轮　ISO齿面公差分级制　第1部分：齿面偏差的定义和允许值	等同 ISO 1328-1:2013
GB/T 10095.2—2023	圆柱齿轮　ISO齿面公差分级制　第2部分：径向综合偏差的定义和允许值	等同 ISO 1328-2:2020

（续）

中国（GB/T、GB/Z）	标准名称	国际（ISO、ISO/TR）
GB/Z 18620.1—2008	圆柱齿轮　检验实施规范　第1部分：轮齿同侧齿面的检验	等同 ISO/TR 10064-1:1992
GB/Z 18620.2—2008	圆柱齿轮　检验实施规范　第2部分：径向综合偏差、径向跳动、齿厚和侧隙的检验	等同 ISO/TR 10064-2:1996
GB/Z 18620.3—2008	圆柱齿轮　检验实施规范　第3部分：齿轮坯、轴中心距和轴线平行度	等同 ISO/TR 10064-3:1996
GB/Z 18620.4—2008	圆柱齿轮　检验实施规范　第4部分：表面结构和轮齿接触斑点检验	等同 ISO/TR 10064-4:1998

（2）适用范围（见表1-3-62）

表1-3-62　适用范围　（单位：mm）

标　　准	法向模数 m_n	分度圆直径 d	齿宽 b	齿数 z
GB/T 10095.1—2022	0.5~70	5~15000	4~1200	5~1000
GB/T 10095.2—2023		≤600		≥3

（3）齿轮各项偏差的代号和定义（见表1-3-63）

表1-3-63　齿轮各项偏差的代号和定义（GB/T 10095.1—2022）

齿距偏差

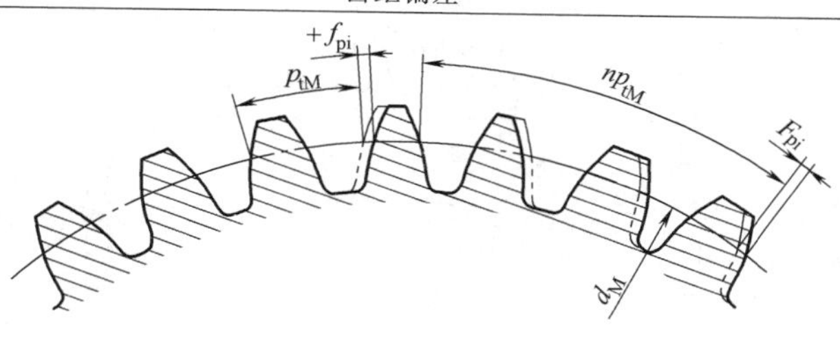

—·—·— 理论的
——— 实际的

d_M—测量圆直径　p_{tM}—测量圆上的端面齿距

$p_{tM}=\pi d_M/z$

序号	名　　称	代号	定　　义
1	任一单个齿距偏差	f_{pi}	在齿轮的端平面内、测量圆上，实际齿距与理论齿距的代数差 注：1. 该偏差是任一齿面相对于相邻同侧齿面偏离其理论位置的位移量 2. 左侧齿面及右侧齿面的 f_{pi} 值的个数均等于齿数
2	单个齿距偏差	f_p	所有任一单个齿距偏差（3.3.1）的最大绝对值 注：$f_p = \max\|f_{pi}\|$
3	任一齿距累积偏差（任一分度偏差）	F_{pi}	n 个相邻齿距的弧长与理论弧长的代数差 注：1. n 的范围从1到 z，左侧齿面和右侧齿面 F_{pi} 值的个数均等于齿数 2. 理论上 F_{pi} 等于这 n 个齿距的任一单个齿距偏差（f_{pi}）的代数和；是相对于一个基准轮齿齿面，任意轮齿齿面偏离其理论位置的位移量
4	齿距累积总偏差（总分度偏差）	F_p	齿轮所有齿的指定齿面的任一齿距累积偏差（F_{pi}）的最大代数差 注：$F_p = F_{pi,max} - F_{pi,min}$

（续）

齿廓偏差

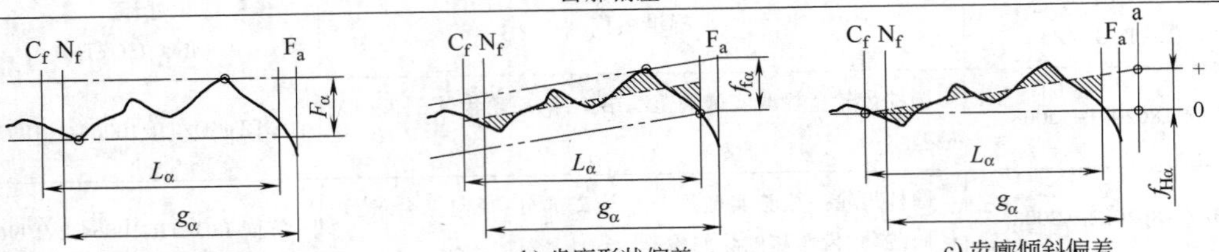

a) 齿廓总偏差　　b) 齿廓形状偏差　　c) 齿廓倾斜偏差

渐开线未修形的齿廓偏差

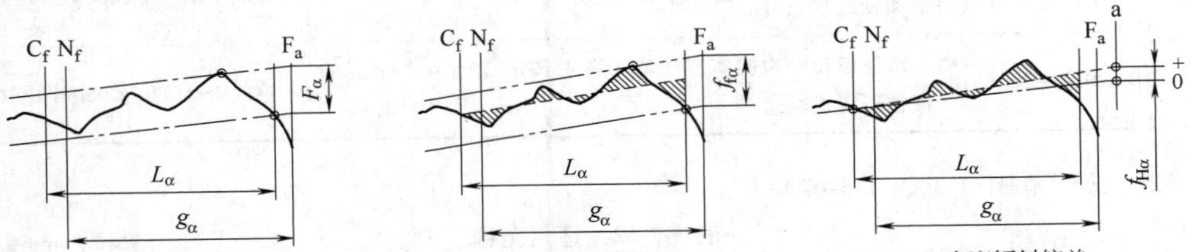

a) 齿廓总偏差　　b) 齿廓形状偏差　　c) 齿廓倾斜偏差

压力角修形的齿廓偏差

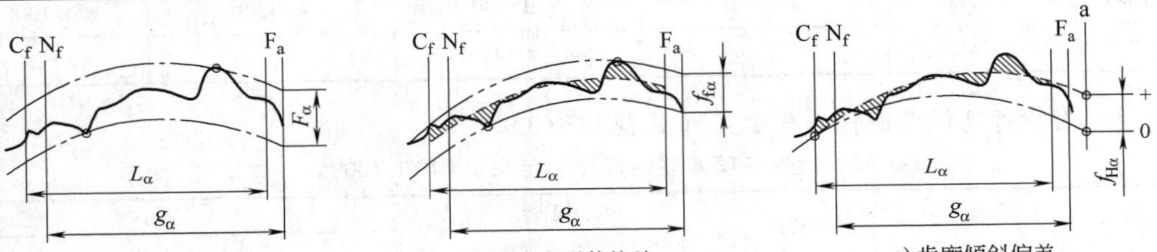

a) 齿廓总偏差　　b) 齿廓形状偏差　　c) 齿廓倾斜偏差

齿廓鼓形修形的齿廓偏差

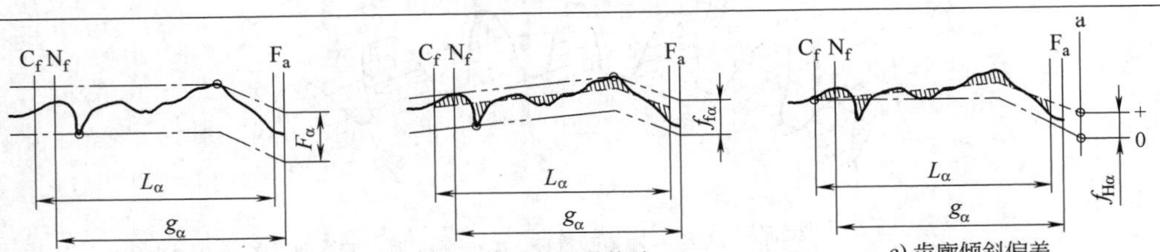

a) 齿廓总偏差　　b) 齿廓形状偏差　　c) 齿廓倾斜偏差

齿顶修缘的齿廓偏差

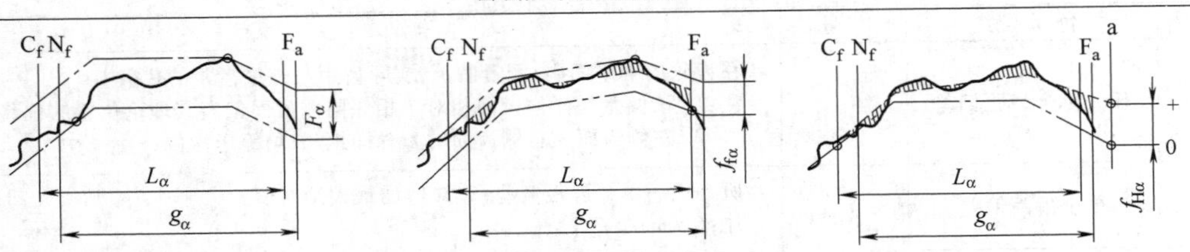

a) 齿廓总偏差　　b) 齿廓形状偏差　　c) 齿廓倾斜偏差

修缘与修根的齿廓偏差

——————— 被测齿廓
—·—·—·— 设计齿廓平行线
- - - - - - - 平均齿廓线
—··—··— 平均齿廓线平行线

啮合线上的点：
C_f — 齿廓控制点
N_f — 有效齿根点
F_a — 齿顶成形点(修顶起始处)
a — 齿顶点
g_a — 啮合线长度

（续）

齿廓偏差			
序号	名　　称	代号	定　　义
1	齿廓偏差	—	被测齿廓偏离设计齿廓的量
2	被测齿廓	—	测量时，测头沿齿面走过的齿廓部分，包括从齿廓控制直径 d_{Cf} 到齿顶成形圆直径 d_{Fa} 在内的部分 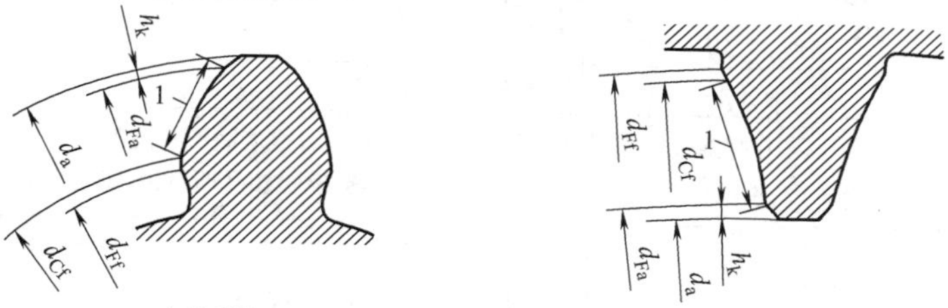 a) 外齿轮　　b) 内齿轮 1—被测齿廓　d_a—齿顶圆直径　d_{Ff}—齿根成形圆直径　h_k—齿顶倒角
3	设计齿轮	—	由设计者给定的齿廓。在展开图中，竖向代表对理论渐开线进行修正，横向代表沿基圆切线方向上的展开长度 注：未说明时，设计齿廓就是一条未修形的渐开线，在图中呈现为直线（以点画线表示）
4	齿廓计值范围	—	对于被测齿廓，从齿廓控制圆直径 d_{Cf} 到齿顶成形圆直径 d_{Fa} 范围的95%（从 d_{Cf} 算起）。另有规定时除外
5	齿廓计值长度	L_α	端平面上，齿廓计值范围对应的展开长度
6	平均齿廓线	—	与在齿廓计值范围内测得迹线相匹配的表达设计齿轮总体趋势的直线或（曲线）
7	齿廓总偏差	F_α	在齿廓计值范围内，包容被测齿廓的两条设计齿廓平行线之间的距离 注：设计齿廓平行线与设计齿廓平行
8	齿廓形状偏差	$f_{f\alpha}$	在齿廓计值范围内，包容被测齿廓的两条平均齿廓线平行线之间的距离 注：平均齿廓线平行线与平均齿廓线平行
9	齿廓倾斜偏差	$f_{H\alpha}$	以齿廓控制圆直径 d_{Cf} 为起点，以平均齿廓线的延长线与齿顶圆直径 d_a 的交点为终点，与这两点相交的两条设计齿廓平行线间的距离 注：设计齿廓平行线与设计齿廓保持平行

螺旋线偏差

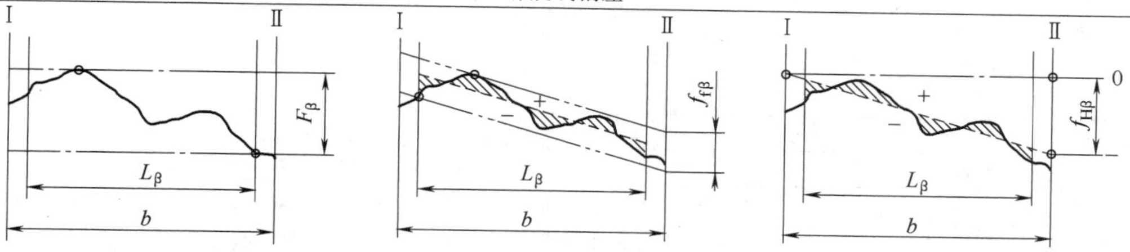

a) 螺旋线总偏差　　b) 螺旋线形状偏差　　c) 螺旋线倾斜偏差

螺旋线未修形的螺旋线偏差

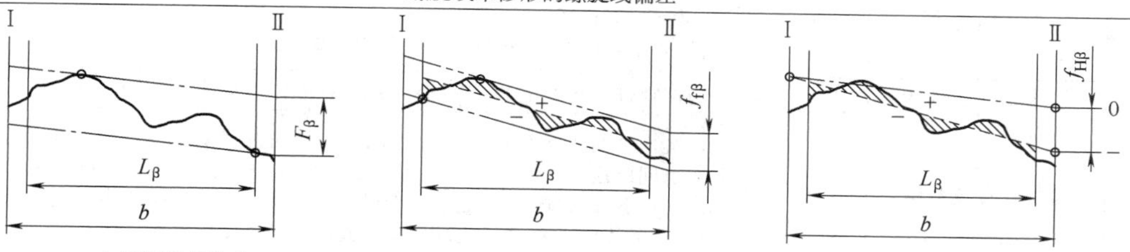

a) 螺旋线总偏差　　b) 螺旋线形状偏差　　c) 螺旋线倾斜偏差

螺旋角修形的螺旋线偏差

（续）

螺旋线偏差

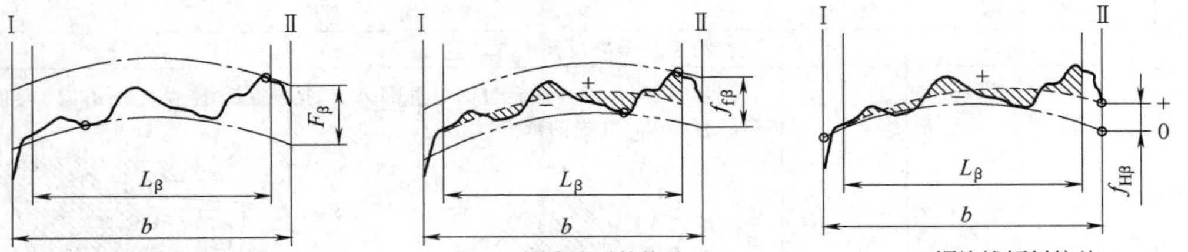

a) 螺旋线总偏差　　b) 螺旋线形状偏差　　c) 螺旋线倾斜偏差

螺旋线鼓形修形的螺旋线偏差

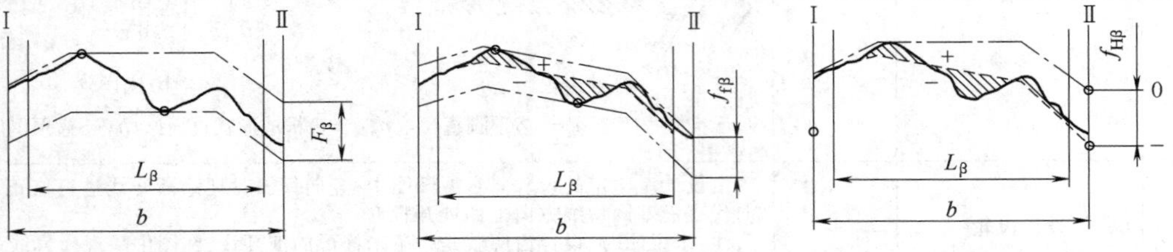

a) 螺旋线总偏差　　b) 螺旋线形状偏差　　c) 螺旋线倾斜偏差

螺旋线齿端修薄的螺旋线偏差

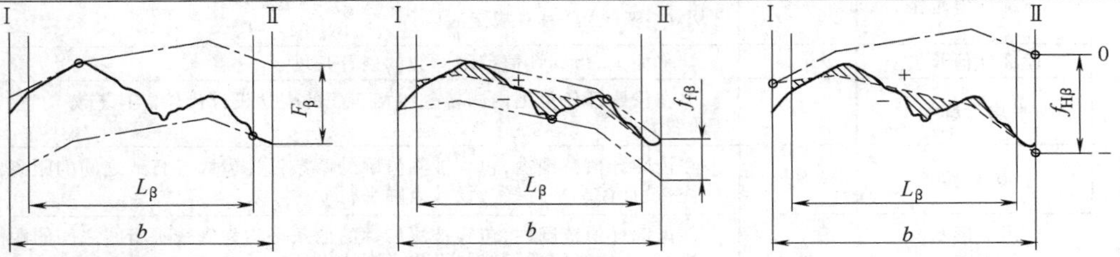

a) 螺旋线总偏差　　b) 螺旋线形状偏差　　c) 螺旋线倾斜偏差

螺旋角修形与齿端修薄的螺旋线偏差

———— 被测螺旋线
- - - - - 平均螺旋线
—·—·— 设计螺旋线平行线
—··—··— 平均螺旋线平行线

b—齿宽（横向）

序号	名　称	代号	定　义
1	螺旋线偏差	—	被测螺旋线偏离设计螺旋线的量
2	被测螺旋线	—	测量螺旋线时，两端面之间的齿面全长与测头接触的部分。如存在倒角、圆角及其他类型的修角，即为修角起始点间的部分
3	设计螺旋线	—	由设计者给定的螺旋线，在展开图中，竖向代表对理论螺旋线进行的修正，横向代表齿宽 注：未给定时，设计螺旋线是无修形的螺旋线
4	平均螺旋线	—	与测得迹线相匹配的、表达设计螺旋线总体趋势的直线（或曲线）
5	螺旋线计值范围	—	两端面之间的齿面区域。如存在倒角、圆角及其他类型的修角，则为修角起始点间的齿面区域。在满足使用要求的前提下，除另有规定外，该区域沿轴线两端各减去5%的齿宽或一个模数的长度这两个数值中较小的一个 注：齿轮设计者有责任使螺旋线计值范围满足使用要求
6	螺旋线计值长度	L_β	螺旋线计值范围的轴向长度

（续）

螺旋线偏差			
序号	名　　称	代号	定　　义
7	螺旋线总偏差	F_{β}	在螺旋线计值范围内，包容被测螺旋线的两条设计螺旋线平行线之间的距离 注：设计螺旋线平行线与设计螺旋线平行
8	螺旋线形状偏差	$f_{f\beta}$	在螺旋线计值范围内，包容被测螺旋线的两条平均螺旋线平行线之间的距离 注：平均螺旋线平行线与平均螺旋线平行
9	螺旋线倾斜偏差	$f_{H\beta}$	在齿轮全齿宽 b 内，通过平均螺旋线的延长线和两端面的交点的、两条设计螺旋线平行线之间的距离 注：设计螺旋线平行线与设计螺旋线平行

径向综合偏差（GB/T 10095.2—2023）

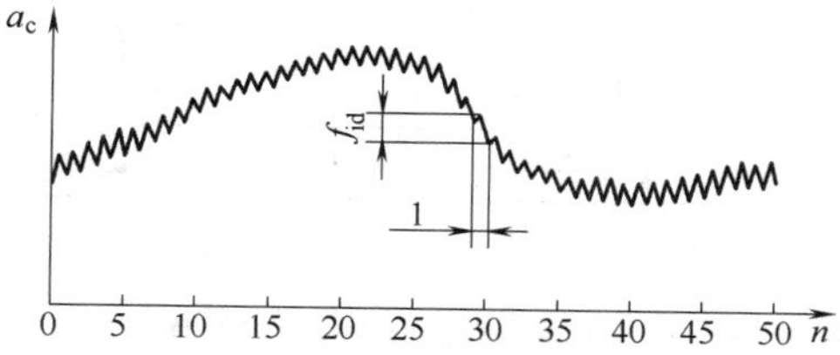

一齿径向综合偏差

1—单个齿距　n—齿号　a_c—双面啮合的中心距

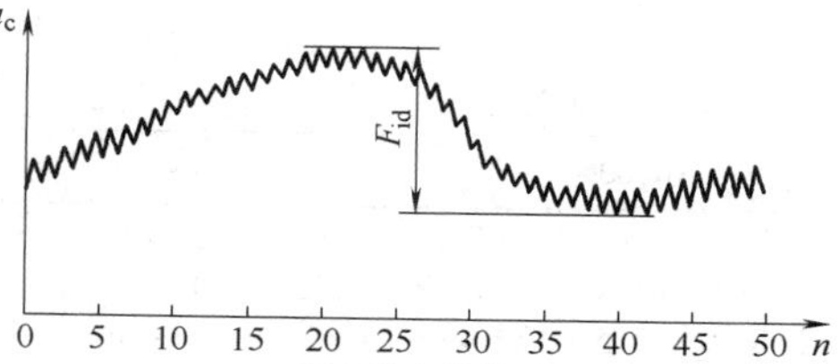

径向综合总偏差

n—齿号　a_c—双面啮合的中心距

序号	名　　称	代号	定　　义
1	一齿径向综合偏差	f_{id}	产品齿轮的所有轮齿与码特齿轮双面啮合测量中，中心跟在任一齿距内的最大变动量
2	产品齿轮	—	被测量或被评定的齿轮
3	码特齿轮	—	双面啮合测量中，满足精度要求并用来测量产品齿轮径向综合偏差的齿轮
4	双面啮合测量	—	码特齿轮与产品齿轮在弹力作用下做不脱啮、无侧隙回转啮合运动期间，对中心距的变动量的测量
5	径向综合总偏差	F_{id}	产品齿轮的所有轮齿与码特齿轮双面啮合测量中，中心距的最大值与最小值之差

径向跳动

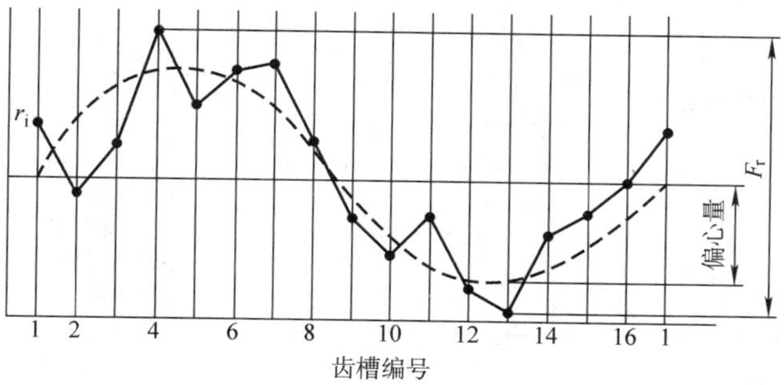

16齿齿轮的径向跳动

名称	代号	定　　义
径向跳动	F_r	任一径向测量距离 r_i 最大值与最小值

（4）ISO齿面公差分级制　符合ISO齿面公差等级规定的齿轮应满足表1-3-64和表1-3-65中给出的适用于指定齿面公差等级和尺寸的所有单个偏差要求。

表1-3-64列出了符合GB/T 10095.1—2022要求应进行测量的最少参数。当供需双方同意时，可用备选参数替代默认参数。选择默认参数还是备选参数取决于可用的测量设备。评价齿轮时，可使用更高精度的齿面公差等级的参数。

通常，轮齿两侧采用相同的公差。在某些情况下，承载齿面可比非承载齿面或轻承载齿面规定更高的精度等级。此时，应在齿轮工程图上说明，并注明承载齿面。

表1-3-64 被测量参数（GB/T 10095.1—2022）

分度圆直径/mm	齿面公差等级	最少可接受参数	
		默认参数	备选参数
$d\leqslant4000$	10~11	$F_p,f_p,s,F_\alpha,F_\beta$	s,c_p,F_{id}①$,f_{id}$①
	7~9	$F_p,f_p,s,F_\alpha,F_\beta$	s,c_p②$,F_{is},f_{is}$
	1~6	F_p,F_p,s $F_\alpha,f_{f\alpha},f_{H\alpha}$ $F_\beta,f_{f\beta},f_{H\beta}$	s,c_p②$,F_{is},f_{is}$
$d>4000$	7~11	$F_p,f_p,s,F_\alpha,F_\beta$	F_p,f_p,s,($f_{f\beta}$ 或 c_p②)

注：c_p—接触斑点评价；F_{is}—切向综合偏差；f_{is}——齿切向综合偏差；s—齿厚。

① 根据ISO 1328-2，仅限于齿轮尺寸不受限制时。

② 接触斑点的验收标准和测量方法未包含在GB/T 10095.1—2022中，如需采用，应经供需双方同意。

表1-3-65 典型测量方法及最少测量齿数（GB/T 10095.1—2022）

检查项目		典型测量方法	最少测量齿数
要素	F_p:齿距累积总偏差	双测头 单测头	全齿 全齿
	f_p:单个齿距偏差	双测头 单测头	全齿 全齿
	F_α:齿廓总偏差 $f_{f\alpha}$:齿廓形状偏差 $f_{H\alpha}$:齿廓倾斜偏差	齿廓测量	3齿
	F_β:螺旋线总偏差 $f_{f\beta}$:螺旋线形状偏差 $f_{H\beta}$:螺旋线倾斜偏差	螺旋线测量	3齿
综合	F_{is}:切向综合总偏差	—	全齿
	f_{is}:一齿切向综合偏差	—	全齿
	c_p:接触斑点评价	—	3处
尺寸	s:齿厚	齿厚卡尺 跨棒距或棒间距 跨齿测量距 综合测量	3齿 2处 2处 全齿

除非另有规定，制造商应选择：

1）采用的测量方法来自ISO/TR 10064-1中相关的描述和本表中的说明。

2）与测量方法相关的测量设备被正确地校准。

3）齿轮测量时按照本表中规定的方法及最少测量齿数进行，且被测轮齿近似等距。

（5）齿距偏差值报告

1）任一单个齿距偏差：该值应区别正、负号。实际轮齿齿面位置相对于理论位置靠近前一个轮齿齿面定义为负值。实际轮齿齿面位置相对于理论位置远离前一个轮齿齿面定义为正值。

2）单个齿距偏差的值：该值无正、负号。左、右齿面的偏差值应分别注明在检测报告中。

3）任一齿距累积偏差：该值有测量方向和正、负号的区别。在规定的测量方向（顺时针或逆时针），实际轮齿齿面位置相对于理论位置靠近基准轮齿齿面定义为负值，反之为正值。

4）齿距累积总偏差：该值无测量方向和正、负号。如果需要区别，可以构成齿距累积总偏差的两齿之间随意指定一个方向（顺时针或逆时针）。左、右齿面的偏差值应分别注明在检测报告中。

（6）公差　指定齿面公差等级的齿轮的各项公差值可按下式进行计算。

1）单个齿距公差 f_{pT}：

$$f_{pT}=(0.001d+0.4m_n+5)\sqrt{2}^{A-5}$$

式中　A——齿面公差等级。

2）齿距（分度）累积总公差 F_{pT}：

$$F_{pT}=(0.002d+0.55\sqrt{d}+0.7m_n+12)\sqrt{2}^{A-5}$$

3）齿廓公差：

① 齿廓倾斜公差 $f_{H\alpha T}$ 按下式计算，此公差应加上正、负号（±）。

$$f_{H\alpha T}=(0.4m_n+0.001d+4)\sqrt{2}^{A-5}$$

② 齿廓形状公差 $f_{f\alpha T}$：

$$f_{f\alpha T}=(0.55m_n+5)\sqrt{2}^{A-5}$$

③ 齿廓总公差 $F_{\alpha T}$ 按下式计算，其中齿廓倾斜公差和齿廓形状公差使用未圆整的公差值。

$$F_{\alpha T}=\sqrt{f_{H\alpha T}^2+f_{f\alpha T}^2}$$

4）螺旋线公差：

① 螺旋线倾斜公差 $f_{H\beta T}$ 按下式计算，此公差应该加上正、负号（±）。

$$f_{H\beta T}=(0.05\sqrt{d}+0.35\sqrt{b}+4)\sqrt{2}^{A-5}$$

② 螺旋线形状公差 $f_{f\beta T}$：

$$f_{f\beta T}=(0.07\sqrt{d}+0.45\sqrt{b}+4)\sqrt{2}^{A-5}$$

③ 螺旋线总公差 $F_{\beta T}$ 按下式计算，其中螺旋线倾斜公差 $f_{H\beta T}$ 和螺旋线形状公差 $f_{f\beta T}$ 使用未圆整的公差值。

$$F_{\beta T}=\sqrt{f_{H\beta T}^2+f_{f\beta T}^2}$$

5）径向跳动公差 F_{rT}：

$$F_{rT}=0.9F_{pT}=0.9(0.002d+0.55\sqrt{d}+0.7m_n+12)\sqrt{2}^{A-5}$$

应用范围如下：

——公差等级从1级到11级；

——$5\leqslant z\leqslant 1000$；

——$5\text{mm}\leqslant d\leqslant 15000\text{mm}$；

——$0.5\text{mm}\leqslant m_n\leqslant 70\text{mm}$。

6）k 个齿距累积公差 F_{pkT}：推荐的齿距累积公差用下式计算。

$$F_{pkT}=f_{pT}+\frac{4k}{z}(0.001d+0.55\sqrt{d}+0.3m_n+7)\sqrt{2}^{A-5}$$

齿距累积公差的推荐使用范围与齿距累积总公差 F_{pT} 一致。

对于 $F_{pz/8}$ 的特殊情况，上式可简化为

$$F_{pz/8T}=\frac{f_{pT}+F_{pT}}{2}$$

3.2.1.4 验收及评定标准

（1）齿面公差等级的标识 齿面公差等级的标识或规定应按下述格式表示：

GB/T 10095.1—2022，等级 A

A 表示设计齿面公差等级。

注：如果未列出出版年代，则使用最新版本的 GB/T 10095.1。

（2）不同的齿面公差等级 对于给定的具体齿轮，各偏差项目可使用不同的齿面公差等级。

（3）公差 指定齿面公差等级的齿轮的各项公差值可根据上述公式计算。

（4）评定标准 除非供需双方另有约定，应以 GB/T 10095.1—2022 中规定的公差、方法和定义为准。测量不确定度和指定公差的使用见 ISO 18653、ISO/TR 10064-5 和 ISO 14253-1。

（5）齿面公差等级评价 齿轮总的公差等级应由 GB/T 10095.1—2022 规定的所有偏差项目中最大公差等级数来确定。

（6）附加特性 在某些应用中，为取得令人满意的性能，可对齿轮提出额外的特性并指明其公差。例如，齿厚尺寸或表面粗糙度公差在具体应用中为了确保令人满意的性能，该尺寸或公差应体现在工程图上或采购协议中。这些特性的检测方法见 ISO/TR 10064-1 和 GB/T 10095.1—2022 的附录 D~附录 G。

3.2.1.5 齿厚

在分度圆柱上法向平面的法向齿厚是齿厚理论值，该齿厚与具有理论齿厚的相配齿轮在理论中心距下是无侧隙啮合。法向齿厚 s_n 的计算公式为

对外齿轮：$s_n=m_n\left(\frac{\pi}{2}+2\tan\alpha_n x\right)$

对内齿轮：$s_n=m_n\left(\frac{\pi}{2}-2\tan\alpha_n x\right)$

式中 m_n——法向模数（mm）；

α_n——法向压力角；

x——径向变位系数。

对于斜齿轮，s_n 值在法向平面内测量。

（1）齿厚的极限偏差 齿厚上极限偏差和齿厚下极限偏差统称为齿厚的极限偏差。

1）齿厚上极限偏差 E_{sns} 的确定应满足最小侧隙的要求，其选择大体上与轮齿精度无关。

2）齿厚下极限偏差 E_{sni} 是综合了齿厚上极限偏差及齿厚公差之后获得的，由于上、下极限偏差都使齿厚减薄，因此从齿厚上极限偏差中减去齿厚公差值即为齿厚下极限偏差：

$$E_{sni}=E_{sns}-T_{sn}$$

（2）齿厚公差 T_{sn} 齿厚公差是齿厚上极限偏差 E_{sns} 与齿厚下极限偏差 E_{sni} 之差，即

$$T_{sn}=E_{sns}-E_{sni}$$

3.2.1.6 侧隙

在一对装配好的齿轮副中，侧隙 j 是相啮齿轮齿间的间隙，它是在节圆上齿槽宽度超过相啮轮齿齿厚的量。侧隙可以在法向平面上或沿啮合线（见图 1-3-25）测量，但它是在端平面上

或啮合平面（基圆切平面）上计算和规定的。

侧隙受一对齿轮运行时的中心距和每个齿轮的实际齿厚所控制。运行时还受速度、温度、负载等的变动而变化。在静态可测量的条件下，必须有足够的侧隙，以保证在带负载运行于最不利的工作条件下仍有足够的侧隙。

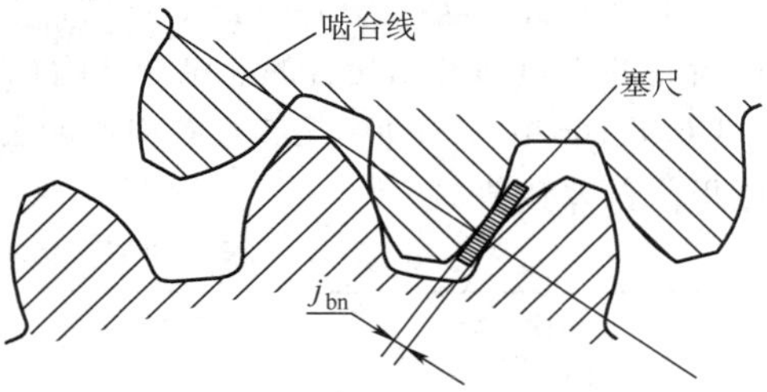

图 1-3-25 用塞尺测量侧隙（法向平面）

（1）最小侧隙 最小侧隙 j_{bnmin} 是当一个齿轮的轮齿以最大允许实效齿厚（实效齿厚指测量所得的齿厚加上轮齿各要素偏差及安装所产生的综合影响在齿厚方向上的量）与一个也具有最大允许实效齿厚的相配轮齿在最小的允许中心距啮合时，在静态条件下存在的最小允许侧隙。影响 j_{bnmin} 的因素有：

1）箱体、轴和轴承的偏斜。

2）因箱体的误差和轴承的间隙导致齿轮轴线的不对准和歪斜。

3）安装误差，如轴的偏心。

4）轴承径向跳动。

5）温度影响（箱体与齿轮的温差，由中心距和材料差异所致）。

6）旋转零件的离心胀大。

7）其他因素，如由于润滑剂的允许污染和非金属齿轮材料的熔胀。

表 1-3-66 列出了对工业传动装置推荐的最小侧隙，该传动装置是用钢铁材料齿轮和钢铁材料的箱体制造的，工作时节圆线速度小于 15m/s，其箱体、轴和轴承都采用常用的商业制造公差。

表 1-3-66 中、大模数齿轮传动装置推荐的最小侧隙 j_{bnmin}（GB/Z 18620.2—2008）

（单位：mm）

m_n	最小中心距 a_i					
	50	100	200	400	800	1600
1.5	0.09	0.11	—	—	—	—
2	0.10	0.12	0.15	—	—	—
3	0.12	0.14	0.17	0.24	—	—
5	—	0.18	0.21	0.28	—	—
8	—	0.24	0.27	0.34	0.47	—
12	—	—	0.35	0.42	0.55	—
18	—	—	—	0.54	0.67	0.94

注：表中数值也可用下列公式计算，即

$$j_{bnmin}=\frac{2}{3}(0.06+0.0005a_i+0.03m_n)$$

式中，a_i 必须是一个绝对值。

（2）最大侧隙 一个齿轮副中的最大侧隙 j_{bnmax}，是齿厚公差、中心距变动和轮齿几何形状变异的影响之和。理论的最大侧隙发生于两个理想的齿轮按最小齿厚的规定制成，且在最松的允许中心距条件下啮合，最松的中心距对外齿轮是指最大的，对内齿轮是指最小的。

3.2.1.7 中心距和轴线平行度

设计者应对中心距 a 和轴线平行度两项偏差选择适当的公差，以满足齿轮副侧隙和齿长方向正确使用要求。

（1）中心距公差　中心距公差是设计者规定的允许偏差。公称中心距是在考虑最小侧隙及两齿轮的齿顶和其相啮合的非渐开线齿廓齿根部分的干涉后确定的。

GB/Z 18620.3—2008 没有推荐中心距公差数值，设计人员可参考表 1-3-67 中的齿轮副中心距极限偏差数值。

表 1-3-67　齿轮副中心距极限偏差±f_a　（单位：μm）

齿轮精度等级			3、4	5、6	7、8	9、10	11、12
f_a			$\frac{1}{2}$IT6	$\frac{1}{2}$IT7	$\frac{1}{2}$IT8	$\frac{1}{2}$IT9	$\frac{1}{2}$IT11
齿轮副的中心距	大于 6	到 10	4.5	7.5	11	18	45
	10	18	5.5	9	13.5	21.5	55
	18	30	6.5	10.5	16.5	26	65
	30	50	8	12.5	19.5	31	80
	50	80	9.5	15	23	37	90
	80	120	11	17.5	27	43.5	110
	120	180	12.5	20	31.5	50	125
	180	250	14.5	23	36	57.5	145
	250	315	16	26	40.5	65	160
	315	400	18	28.5	44.5	70	180
	400	500	20	31.5	48.5	77.5	200
	500	630	22	35	55	87	220
	630	800	25	40	62	100	250
	800	1000	28	45	70	115	280
	1000	1250	33	52	82	130	330
	1250	1600	39	62	97	155	390
	1600	2000	46	75	115	185	460
	2000	2500	50	87	140	220	550
	2500	3150	67.5	105	165	270	676

（2）轴线平行度　由于轴线平行度偏差与其向量方向有关，所以 GB/Z 18620.3—2008 规定了“轴线平面内的偏差”$f_{\Sigma\delta}$ 和“垂直平面上的偏差”$f_{\Sigma\beta}$，如图 1-3-26 所示。

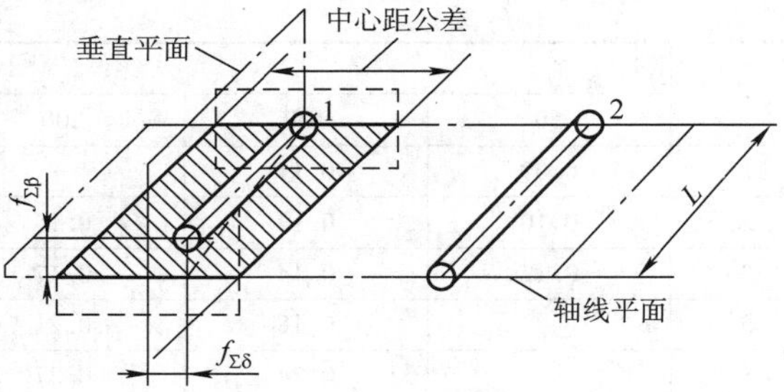

图 1-3-26　轴线平行度偏差

1、2—轴承（轴线）　L—较大的轴承跨距（mm）

（3）平行度偏差的最大推荐值

1）垂直平面上，轴线平行度偏差的最大推荐值为

$$f_{\Sigma\beta}=0.5\ (L/b)\ F_\beta$$

式中　b——齿宽（mm）；

F_β——螺旋线总偏差。

2）轴线平面内，轴线平行度偏差的最大推荐值为

$$f_{\Sigma\delta}=2f_{\Sigma\beta}$$

3.2.1.8　轮齿的接触斑点

图 1-3-27 和表 1-3-68、表 1-3-69 给出了在齿轮装配后（空载）检验时，所预计的齿轮的精度等级和接触斑点之间的一般关系，但不能理解为证明齿轮精度等级的替代方法。它可以控制齿轮轮齿齿长方向的配合精度，在缺乏测试条件下的特定齿轮的场合，可以应用实际的接触斑点来评定，不一定与图 1-3-27 所示的一致，在啮合机架上所获得的检查结果应当是相似的。图 1-3-27 和表 1-3-68、表 1-3-69 对齿廓和螺旋线修形的齿轮齿面是不适用的。

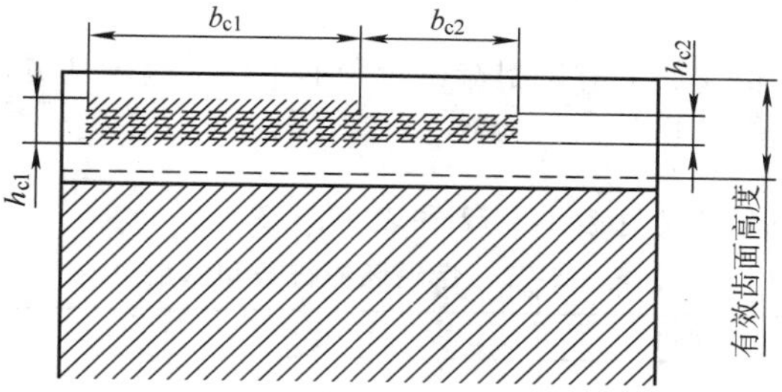

图 1-3-27　接触斑点分布

b_{c1}—接触斑点的较大长度　b_{c2}—接触斑点的较小长度

h_{c1}—接触斑点的较大高度　h_{c2}—接触斑点的较小高度

表 1-3-68　直齿轮装配后的接触斑点

精度等级按 GB/T 10095.1～2—2008	b_{c1} 占齿宽的百分比(%)	h_{c1} 占有效齿面高度的百分比(%)	b_{c2} 占齿宽的百分比(%)	h_{c2} 占有效齿面高度的百分比(%)
4 级及更高	50	50	40	30
5 和 6	45	40	35	20
7 和 8	35	40	35	20
9 至 12	25	40	25	20

表 1-3-69　斜齿轮装配后的接触斑点

精度等级按 GB/T 10095.1～2—2008	b_{c1} 占齿宽的百分比(%)	h_{c1} 占有效齿面高度的百分比(%)	b_{c2} 占齿宽的百分比(%)	h_{c2} 占有效齿面高度的百分比(%)
4 级及更高	50	70	40	50
5 和 6	45	50	35	30
7 和 8	35	50	35	30
9 至 12	25	50	25	30

3.2.1.9　齿面表面粗糙度的推荐值

GB/Z 18620.4—2008 提供了齿面表面粗糙度的数值。直接测得的表面粗糙度参数值，可直接与规定的允许值比较，规定的推荐值见表 1-3-70。

有些资料（或手册）中对齿面表面粗糙度和齿轮精度等级间的关系，给出了参考值，见表 1-3-71。

表 1-3-70　表面粗糙度 *Ra* 的推荐值（部分）（GB/Z 18620.4—2008）

（单位：μm）

精度等级	*Ra*		
	模数/mm		
	$m \leqslant 6$	$6 < m \leqslant 25$	$m > 25$
5	0.5	0.63	0.80
6	0.8	1.00	1.25
7	1.25	1.6	2.0
8	2.0	2.5	3.2
9	3.2	4.0	5.0
10	5.0	6.3	8.0
11	10.0	12.5	16
12	20	25	32

注：GB/T 10095.1—2008 规定的齿轮精度等级和表中粗糙度等级之间没有直接的关系。

表 1-3-71　4～9 级精度齿面表面粗糙度 *Ra* 的推荐值

（单位：μm）

齿轮精度等级	4		5		6		7		8		9	
齿面	硬	软	硬	软	硬	软	硬	软	硬	软	硬	软
齿面 *Ra*	≤0.4	≤0.8		≤1.6	≤0.8	≤1.6	≤1.6	≤3.2		≤6.3	≤3.2	≤6.3

3.2.1.10　齿轮坯的精度

齿轮坯即齿坯，指在轮齿加工前供制造齿轮用的工件。齿轮坯的尺寸偏差直接影响齿轮的加工精度，影响齿轮副的接触和运行。

1. 术语与定义

齿轮坯的符号、术语与定义见表1-3-72和表1-3-73。

表1-3-72　齿轮坯的符号和术语

符号	术语	单位
a	中心距	mm
b	齿宽	mm
D_d	基准面直径	mm
D_f	安装面直径	mm
$f_{\Sigma\delta}$	轴线平面内的轴线平行度偏差	μm
$f_{\Sigma\beta}$	垂直平面上的轴线平行度偏差	μm
F_β	螺旋线总偏差	μm
F_P	齿距累积总偏差	μm
L	较大的轴承跨距	mm
n	公差链中的链节数	—

表1-3-73　齿轮坯的术语与定义

术　语	定　义
工作安装面	用来安装齿轮的面
工作轴线	齿轮在工作时绕其旋转的轴线，它是由工作安装面的中心确定的。工作轴线只有在考虑整个齿轮组件时才有意义
基准面	用来确定基准轴线的面
基准轴线	由基准面中心确定。齿轮依此轴线来确定齿轮的细节，特别是确定齿距、齿廓和螺旋线的公差
制造安装面	齿轮制造或检验时用来安装齿轮的面

2. 齿坯精度

齿坯精度涉及对基准轴线、用来确定基准轴线的基准面，以及其他相关的安装面的选择和给定的公差，涉及齿轮轮齿精度参数（齿廓偏差、相邻齿距偏差等）的数值。在测量时，齿轮的旋转轴线（基准轴线）若有改变，上述参数的测量数值将会随之改变。因此，在齿轮图样上必须把规定轮齿公差的基准轴线明确表示出来。

（1）基准轴线与工作轴线间的关系　基准轴线是制造者（和检验者）用来对单个零件确定轮齿几何形状的轴线，设计者应保证其精确地确定，使齿轮相应于工作轴线的技术要求得到满足。通常将基准轴线与工作轴线重合，即将安装面作为基准面。

一般情况下，先确定一个基准轴线，然后将其他的所有轴线（包括工作轴线及可能的一些制造轴线）用适当的公差与之相联系，此时应考虑公差链中所增加的链环的影响。

（2）基准轴线的确定方法　基准轴线的确定方法见表1-3-74。

表1-3-74　基准轴线的确定方法

方　法	图　例	说　明
用两个“短的”基准面确定基准轴线	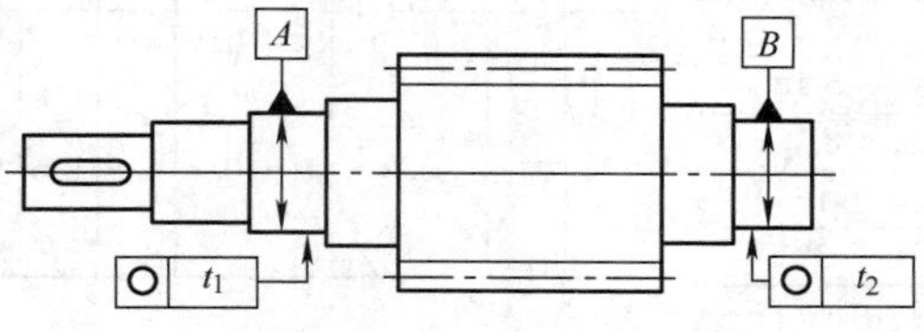 注：A和B是预定的轴承安装表面	由两个“短的”圆柱或圆锥形基准面上设定的两个圆的圆心来确定轴线上的两个点。采用这种方法，其圆柱或圆锥形基准面必须在轴向上很短，以保证它们自己不会单独确定另一条轴线

（续）

方 法	图 例	说 明
用一个“长的”基准面确定基准轴线	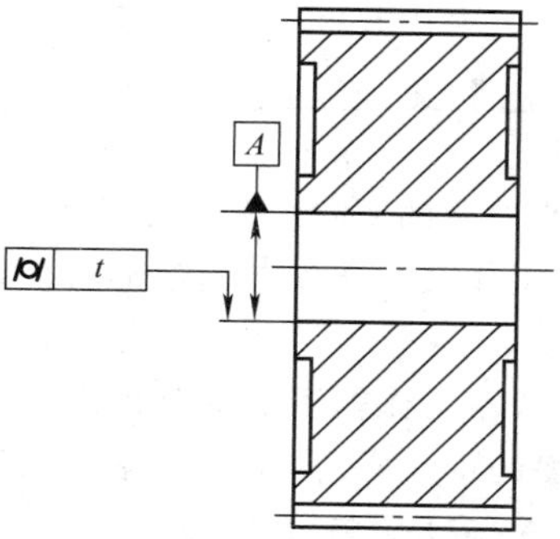	由一个“长的”圆柱或圆锥形的面来同时确定轴线的位置和方向，孔的轴线可以用与之正确装配的工作芯轴的轴线来表示
用一个圆柱面和一个端面确定基准轴线	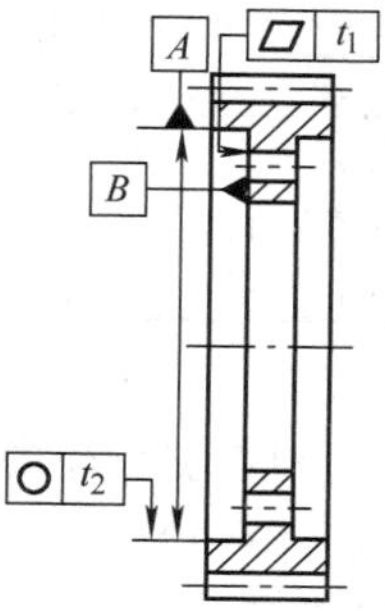	轴线的位置是用一个“短的”圆柱形基准面上的一个圆的圆心来确定，而其方向则由垂直于此轴线的一个基准端面来确定。采用这种方法，其圆柱基准面在轴向上必须很短，以保证它不会单独确定另一条轴线，基准端面的直径应该越长越好
由中心孔确定基准轴线	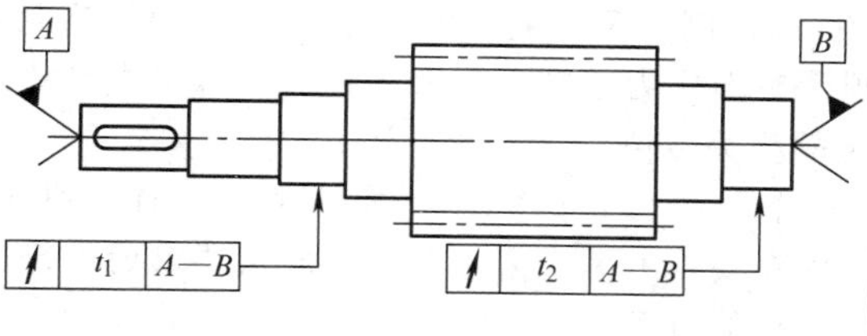	在制造、检验一个与轴做成一体的小齿轮时，常将其安置在两端的顶尖上，这样两个中心孔就确定了它的基准轴线。所有的齿轮公差及承载、安装的公差均需以此轴线来确定。显然，相对于中心孔的安装面的跳动量应予很小的公差值。 必须注意，中心孔 60° 接触角范围内应对准成一直线

（3）齿坯公差

1）基准面的形状公差。基准面的要求精度取决于：

——齿轮精度等级，基准面的极限值应远小于单个轮齿的公差值。

——基准面的相对位置，一般来说，跨距占齿轮分度圆直径的比例越大，则给定的公差就越松。

必须在齿轮图样上规定基准面的精度要求。所有基准面的形状公差应不大于表 1-3-75 中规定的数值。

表 1-3-75 基准面与安装面的形状公差

确定轴线的基准面	公差项目		
	圆度	圆柱度	平面度
两个“短的”圆柱或圆锥形基准面	$0.04(L/b)F_\beta$ 或 $0.1F_p$，取两者中之小值		
一个“长的”圆柱或圆锥形基准面		$0.04(L/b)F_\beta$ 或 $0.1F_p$，取两者中之小值	

（续）

确定轴线的基准面	公差项目		
	圆度	圆柱度	平面度
一个“短的”圆柱面和一个端面	$0.06F_p$		$0.06(D_d/b)F_\beta$

注：齿轮坯的公差应减至能经济地制造的最小值。

基准面（轴向和径向）应加工得与齿轮坯的实际轴孔、轴颈和肩部完全同心。

2）工作及制造安装面的形状公差。工作及制造安装面的形状公差，也不能大于表1-3-75中规定的数值。

3）工作轴线的跳动公差。当基准轴线与工作轴线不重合时，则工作安装面相对于基准轴线的跳动必须在图样上予以规定，安装面的跳动公差不应大于表1-3-76中规定的数值。

表1-3-76　安装面的跳动公差

确定轴线的基准面	跳动量（总的指示幅度）	
	径　向	轴　向
仅指圆柱或圆锥形基准面	$0.15(L/b)F_\beta$ 或 $0.3F_p$，取两者中之大值	
一个圆柱基准面和一个端面基准面	$0.3F_p$	$0.2(D_d/b)F_\beta$

注：齿轮坯的公差应减至能经济地制造的最小值。

4）齿轮切削和检验时使用的安装面。在制造和检测齿轮的过程中，安装齿轮时应使其实际旋转轴线与图样上规定的基准轴线相接近。

除非在制造和检验中用来安装齿轮的安装面就是基准面、否则这些安装面相对于基准轴线的位置也必须予以控制。表1-3-76中所规定的数值可作为这些面的公差值。

5）齿顶圆柱面。设计者应对齿顶圆直径选择合适的公差，以保证有最小的设计重合度，并且有足够的顶隙。如果将齿顶圆柱面作为基准面，上述数值仍可用作尺寸公差外，而其形状公差不应大于表1-3-75中所规定的相关数值。

6）其他齿轮的安装面。在一个与小齿轮做成一体的轴上，常有一段用来安装一个大齿轮。这时，大齿轮安装面的公差应在妥善考虑大齿轮轮齿的质量要求后进行选择。常用的办法是根据已经确定的基准轴线规定允许的跳动量。

7）公差的组合。当基准轴线与工作轴线重合时，可直接采用表1-3-76规定的公差。不重合时，需要将表1-3-75和表1-3-76中的单项公差数值适当减小。减小的程度取决于该公差链的排列，一般大致与 n 的平方根成正比（n 为公差链中的链节数）。

（4）齿坯公差应用示例（见图1-3-28和图1-3-29）

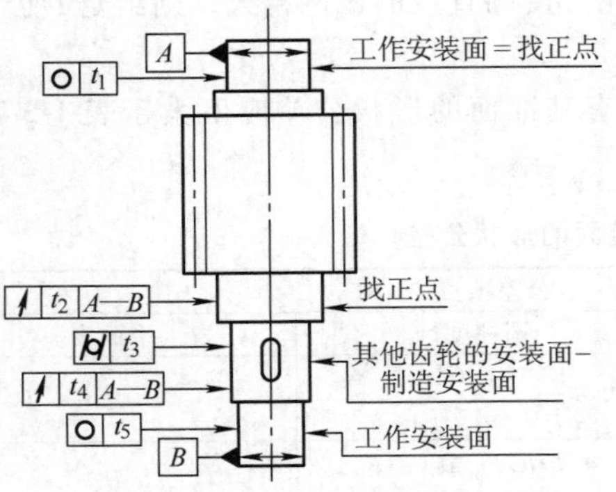

图1-3-28　轴齿轮

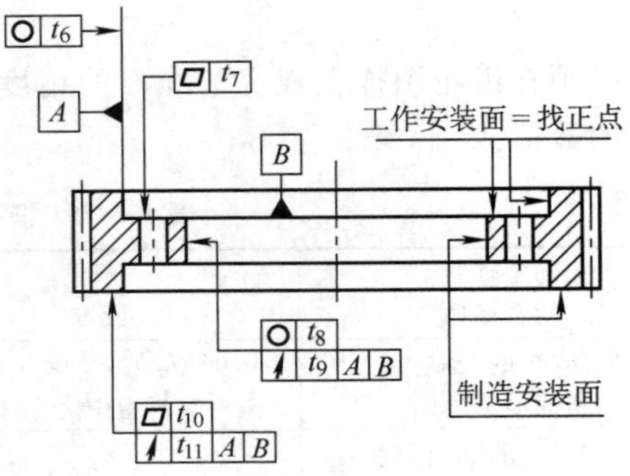

图1-3-29　齿圈

3.2.2 齿条

3.2.2.1 齿条的几何尺寸计算（见表 1-3-77）

表 1-3-77 齿条的几何尺寸计算

项目	名称	代号	计算公式	项目	名称	代号	计算公式
基本参数	模数	m		几何尺寸	齿距	p	$p=\pi m$
	压力角	α_p	$\alpha_p=20°$		齿厚	S_P	$S_P=1.5708m$
	齿顶高系数	h_a^*	$h_a^*=1$		齿顶高	h_{aP}	$h_{aP}=h_a^* m$
	顶隙系数	c^*	$c^*=0.25$		齿根高	h_{fP}	$h_{fP}=(h_a^*+c^*)m$
	齿条齿根圆半径	ρ_{fP}	$\rho_{fP}=0.38m$		齿全高	h_P	$h_P=h_{aP}+h_{fP}$

3.2.2.2 齿条精度（GB/Z 10096—2022）

GB/Z 10096—2022《齿条精度》规定了基本齿廓符合 GB/T 1356、法向模数 m_n 的范围为 1～40mm、工作齿宽 b 不大于 630mm 的单一直齿或斜齿齿条齿部几何精度的等级、基准、测量、公差值和图样标准。

（1）定义和代号　齿条精度的代号和定义见表 1-3-78。

表 1-3-78 齿条精度的代号和定义

序号	名称	代号	图例	定义
1	径向跳动（齿槽跳动）	F_r	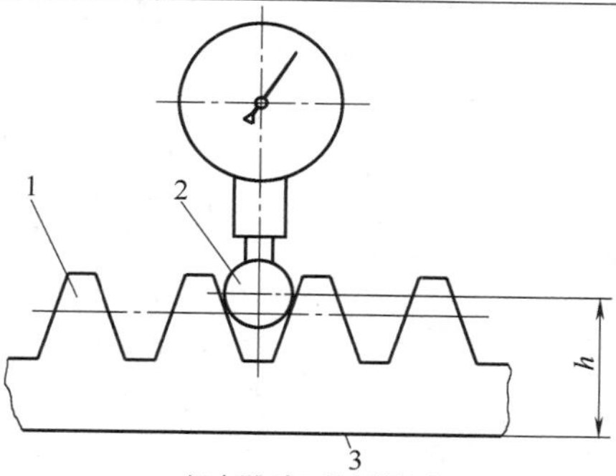 径向跳动F_r的测量原理 1—齿条　2—测量头　3—测量基准 h—测量头球心到齿条基准面的距离	在齿条上取不超过50个齿距的任意一段，使测量头依次与被测齿条的齿槽在齿深中部附近保持双面接触，测量头球心到齿条基准面距离的最大值与最小值的差
2	任一单个齿距偏差	f_{pi}	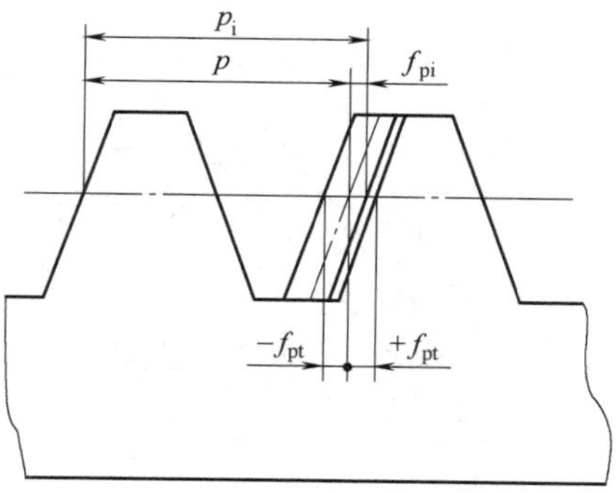	在齿条任一齿与相邻齿的同侧齿面的分度线附近，实际齿距与理论齿距之差 注：f_{pi} 有正负之分。实际齿距大于理论齿距时，f_{pi} 为正值，反之，f_{pi} 为负值。在图例中，f_{pi} 为正值
3	齿距极限偏差	f_{pt}	任一单个齿距偏差f_{pi}和齿距极限偏差f_{pt} p_i—任一实际齿距　p—理论齿距 f_{pi}—任一单个齿距偏差　f_{pt}—齿距极限偏差 注：合格齿条产品应符合$-f_{pt}\leqslant f_{pi}\leqslant +f_{pt}$	在齿条任一齿与相邻齿的同侧齿面的分度线附近，给定的实际齿距与理论齿距之差的正负极限值 注：齿距极限上偏差标注为$+f_{pt}$，齿距极限下偏差标注为$-f_{pt}$，如图例所示

（续）

序号	名称	代号	图例	定义
4	齿距累积总偏差	F_p	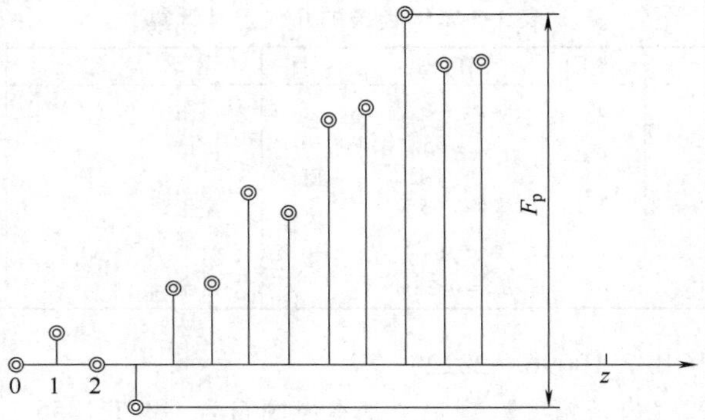齿距累积总偏差 F_p z—齿数 F_p— 齿距累积总偏差	在齿条上取不超过50个齿距的任意一段的齿条分度线上，任意两个同侧齿廓间实际齿距与理论齿距之差的最大绝对值
5	齿廓总偏差	F_α	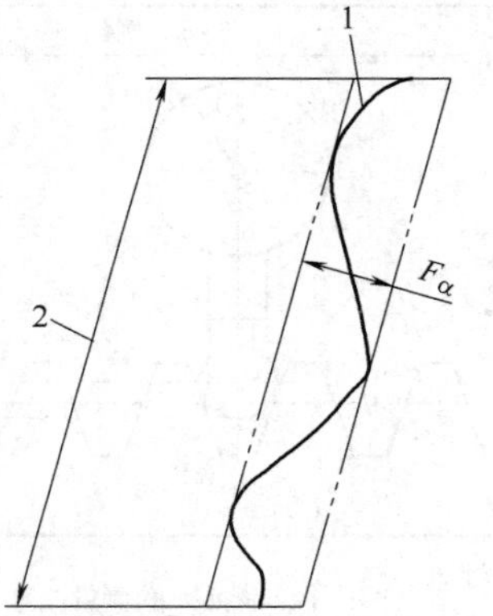齿廓总偏差F_α 1 — 实际齿廓 2 — 齿廓工作部分 F_α— 齿廓总偏差	在齿条端截面上齿廓工作部分内，包容实际齿廓且相距最小的两条设计齿廓间的距离
6	螺旋线总偏差	F_β	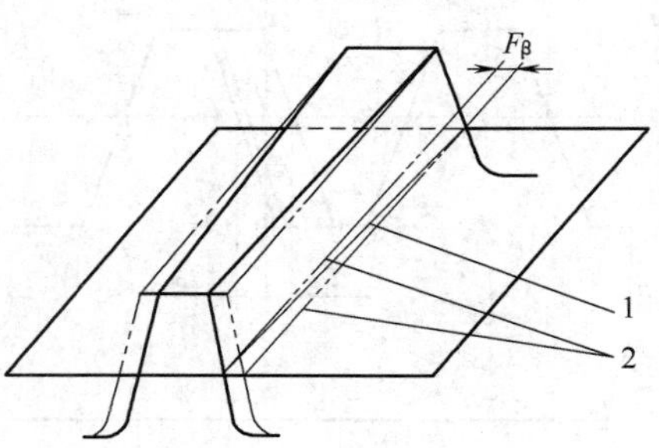螺旋线总偏差 F_β 1 — 实际齿线 2 — 设计齿线平行线 F_β— 螺旋线总偏差	在齿条分度面上有效齿宽范围内，包容实际齿线且相距最小的两条设计齿线之间的距离

（续）

序号	名称	代号	图 例	定 义
7	切向综合总偏差	F_{is}	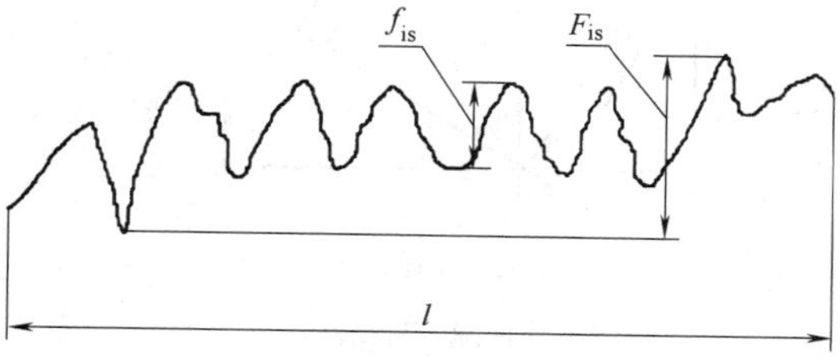 切向综合总偏差F_{is}和一齿切向综合偏差f_{is} l—齿条工作长度 F_{is}—切向综合总偏差 f_{is}—一齿切向综合偏差	当标准测量齿轮和被测齿条处在理论位置上，被测齿条与标准测量齿轮单面啮合时，被测齿条沿其分度线在工作长度内平移的实际值与理论值之差的最大幅度值
8	一齿切向综合偏差	f_{is}		当标准测量齿轮和被测齿条处在理论位置上，被测齿条与标准测量齿轮单面啮合时，被测齿条沿其分度线在工作长度内平移一个齿距的实际值与理论值之差的最大幅度值
9	径向综合总偏差	F_{id}	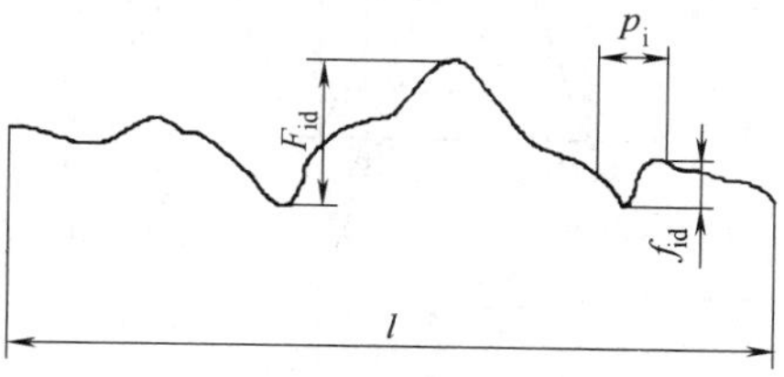 径向综合总偏差F_{id}和一齿径向综合偏差f_{id} l—齿条工作长度 F_{id}—径向综合总偏差 f_{id}—一齿径向综合偏差 p_i—任一实际齿距	被测齿条与标准测量齿轮双面啮合时，在工作长度内（在齿条上取不超过50个齿距的任意一段），被测齿条基准面至标准测量齿轮中心之间距离的最大变动量
10	一齿径向综合偏差	f_{id}		被测齿条与标准测量齿轮双面啮合时，齿条移动一个齿距（在齿条上取不超过50个齿距的任意一段），标准测量齿轮中心与被测齿条分度面之间距离的最大变动量
11	轴线平行度误差	f_x	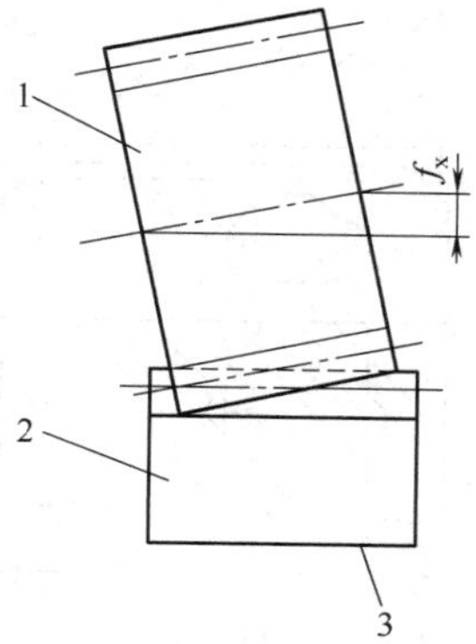 轴线平行度误差f_x 1—齿轮 2—齿条 3—测量基准	安装好的齿条副，齿轮的旋转轴线对齿条基准面的平行度误差，在等于齿轮齿宽的长度上测量

（续）

序号	名称	代号	图 例	定 义
12	轴线垂直度误差	f_y	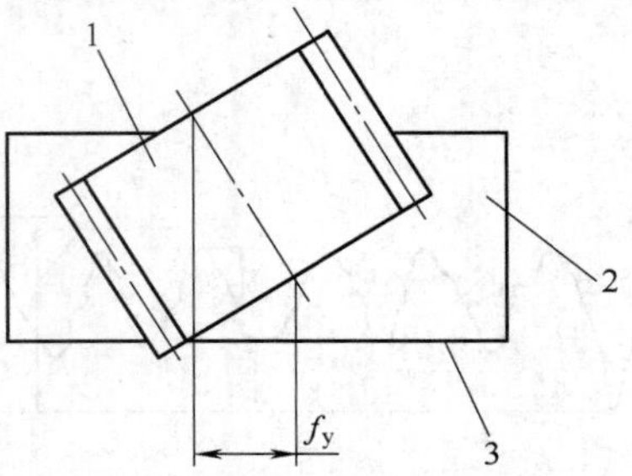 轴线垂直度误差 f_y 1— 齿轮 2— 齿条 3— 测量基准	安装好的齿条副，齿轮的旋转轴线与齿条端平面（即平行于齿条移动方向且与齿条分度面垂直的平面）的垂直度，在等于齿轮有效齿宽的长度上测量
13	安装距偏差	f_a	—	安装好的齿条副，齿轮轴线上的齿宽中点到齿条基准面的实际距离与理论距离之差
14	齿厚偏差	E_s	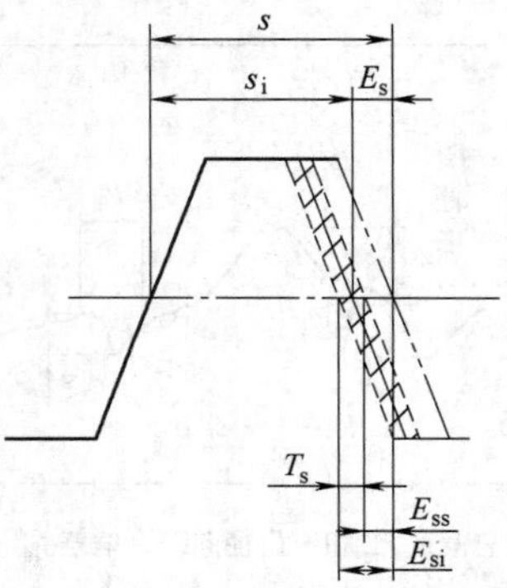 齿厚极限偏差与公差 s— 理论齿厚(mm) s_i— 任一实际齿厚(mm) E_s—齿厚偏差(μm) E_{ss}— 齿厚上极限偏差(μm) E_{si}—齿厚下极限偏差(μm) T_s— 齿厚公差(μm) —·—为理论位置 —— 为实际位置 – – –为极限位置	齿厚偏差 E_s 是齿条分度面上齿厚 s 的实际值与理论值之差
15	接触斑点	—	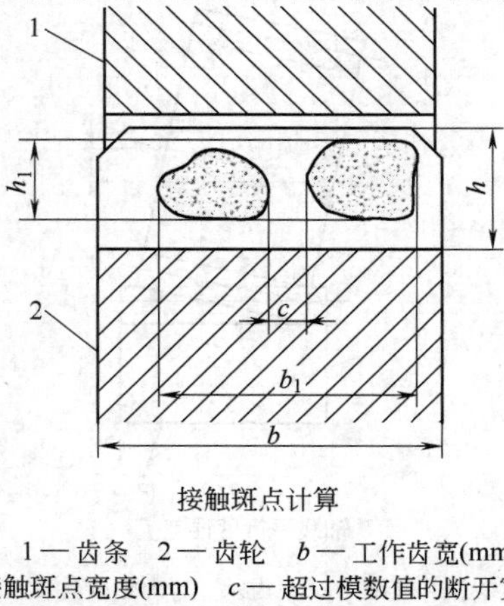 接触斑点计算 1— 齿条 2— 齿轮 b— 工作齿宽(mm) b_1— 接触斑点宽度(mm) c— 超过模数值的断开宽度(mm) h— 工作齿高(mm) h_1— 接触斑点高度(mm)	装配完成的齿条副，在有轻微制动情况下，运转后齿面上分布的接触擦亮痕迹

（续）

序号	名称	代号	图例	定义
16	圆周侧隙	j_t	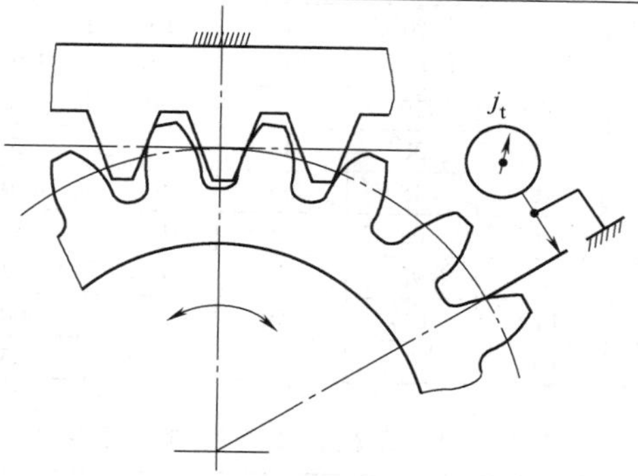 圆周侧隙 j_t	装配好的齿条副，齿条固定不动时，齿轮所能转过的分度圆弧长的最大值
17	法向侧隙	j_n	 法向侧隙 j_n	对于装配完成的齿条副，当工作齿面接触时，非工作齿面之间的最小距离，也就是齿条副螺旋线法向截面的齿廓的法向截面的间隙

（2）精度公差值

1）齿距极限偏差 f_{pt} 的精度等级对应的上下偏差极限值见表1-3-79，齿距累积总偏差 F_p、齿廓总偏差 F_α、螺旋线总偏差 F_β 和径向跳动 F_r 的精度等级的公差值分别见表1-3-80～表1-3-83。

2）除 F_r，根据工作条件，齿条的左齿面和右齿面可采用不同的精度等级。

表1-3-79 齿距极限偏差 $\pm f_{pt}$ 的值（单位：μm）

法向模数 m_n/mm	精度等级								
	3	4	5	6	7	8	9	10	11
1～3.5	2.5	4	6	10	14	20	28	40	56
>3.5～6.3	3.6	5.5	9	14	20	28	40	56	85
>6.3～10	4	6	10	16	22	32	45	63	90
>10～16	5.5	9	13	20	28	40	56	80	112
>16～25	6	10	16	22	35	50	71	100	140
>25～40	9	13	20	28	40	63	90	125	180

表1-3-80 齿距累积总偏差 F_p 的公差值（单位：μm）

精度等级	法向模数 m_n/mm	齿条长度/mm								
		≤32	>32～50	>50～80	>80～160	>160～315	>315～630	>630～1000	>1000～1600	>1600～2500
3	1～10	6	6.5	7	10	13	18	24	35	50
4	1～10	10	11	12	15	20	30	40	55	75

（续）

精度等级	法向模数 m_n/mm	齿条长度/mm								
		≤32	>32~50	>50~80	>80~160	>160~315	>315~630	>630~1000	>1000~1600	>1600~2500
5	1~16	15	17	20	24	35	50	60	75	95
6	1~16	24	27	30	40	55	75	95	120	135
7	1~25	35	40	45	55	75	110	135	170	200
8	1~25	50	56	63	75	105	150	190	240	280
9	1~40	70	80	90	106	150	212	265	335	400
10	1~40	95	110	125	150	210	300	375	475	550
11	1~40	132	160	170	212	280	425	530	670	750

表1-3-81 齿廓总偏差 F_α 的公差值 （单位：μm）

法向模数 m_n/mm	精度等级								
	3	4	5	6	7	8	9	10	11
1~3.5	3	5	7.5	12	18	25	35	50	70
>3.5~6.3	4.5	7	10	17	24	34	48	63	90
>6.3~10	5	8	12	20	28	40	55	75	110
>10~16	7	10	16	25	35	50	70	95	132
>16~25	8	12	20	32	45	63	90	125	170
>25~40	10	16	25	40	56	71	100	140	190

表1-3-82 螺旋线总偏差 F_β 的公差值 （单位：μm）

精度等级	法向模数 m_n/mm	有效齿宽/mm					
		≤40	>40~100	>100~160	>160~250	>250~400	>400~630
3	1~10	4.5	6	8	10	12	14
4	1~10	5.5	8	10	12	14	17
5	1~16	7	10	12	14	18	22
6	1~16	9	12	16	20	24	28
7	1~25	11	16	20	24	28	34
8	1~25	18	25	32	38	45	55
9	1~40	28	40	50	60	75	90
10	1~40	45	65	80	105	120	140
11	1~40	71	100	125	160	190	220

表1-3-83 径向跳动 F_r 的公差值 （单位：μm）

法向模数 m_n/mm	精度等级								
	3	4	5	6	7	8	9	10	11
1~3.5	6	7	14	24	32	45	65	90	130
>3.5~6.3	8	13	21	34	45	65	90	130	180
>6.3~10	9	15	24	38	55	75	105	150	220
>10~16	11	18	30	45	63	90	130	180	260
>16~25	14	24	36	56	90	112	160	220	320
>25~40	17	28	45	71	100	140	200	300	420

一齿切向综合偏差 f_{is}、径向综合总偏差 F_{id}、一齿径向综合偏差 f_{id} 的精度等级的公差值分别见表1-3-84~表1-3-86。

接触斑点、轴线平行度/垂直度误差的公差见表1-3-87和表1-3-88。

表 1-3-84 一齿切向综合偏差 f_{is} 的公差值 （单位：μm）

法向模数 m_n/mm	精度等级								
	3	4	5	6	7	8	9	10	11
≥1～3.5	5.5	9	14	22	32	45	63	90	125
>3.5～6.3	8	12	19	30	45	63	90	125	170
>6.3～10	9	14	22	36	50	70	100	140	190
>10～16	12	19	30	45	63	90	15	170	240
>16～25	14	22	36	56	80	112	160	220	300
>25～40	20	30	45	71	95	132	190	265	360

表 1-3-85 径向综合总偏差 F_{id} 的公差值 （单位：μm）

法向模数 m_n/mm	精度等级								
	3	4	5	6	7	8	9	10	11
1～3.5	—	14	22	38	50	70	105	150	210
>3.5～6.3	—	20	32	50	70	105	150	200	300
>6.3～10	—	24	38	60	80	120	170	240	350
>10～16	—	32	50	75	105	150	200	300	420

表 1-3-86 一齿径向综合偏差 f_{id} 的公差值 （单位：μm）

法向模数 m_n/mm	精度等级								
	3	4	5	6	7	8	9	10	11
1～3.5	—	5	8	14	19	28	40	55	80
>3.5～6.3	—	7.5	12	19	26	40	55	75	110
>6.3～10	—	9	14	22	30	45	60	90	125
>10～16	—	12	18	28	40	55	75	110	155

表 1-3-87 接触斑点的公差

接触斑点	精度等级						
	3	4	5	6	7	8	9
按高度不小于(%)	65	60	55	50	45	30	20
按长度不小于(%)	95	90	80	70	60	40	25

表 1-3-88 轴线平行度/垂直度误差的公差

X方向轴线的平行度公差	Y方向轴线的垂直度公差
f_x 的公差值等于 F_β 的公差值①	f_y 的公差值等于 F_β 的公差值①的一半

① F_β 的公差值见表 1-3-82。

齿条副的安装距极限偏差 $\pm f_a$ 和齿厚的极限偏差见表 1-3-89 和表 1-3-90。

表 1-3-89 安装距极限偏差 $\pm f_a$ （单位：μm）

齿条副的安装距/mm	齿廓总偏差和齿距极限偏差的精度等级				
	3、4	5、6	7、8	9、10	11
	$\frac{1}{2}$IT6	$\frac{1}{2}$IT7	$\frac{1}{2}$IT8	$\frac{1}{2}$IT9	$\frac{1}{2}$IT11
18～30	6.5	10.5	16.5	26	65
>30～50	8	12.5	19.5	31	80
>50～80	9.5	15	23	37	90
>80～120	11	17.5	27	43.5	110
>120～180	12.5	20	31.5	50	125

（续）

齿条副的安装距/mm	齿廓总偏差和齿距极限偏差的精度等级				
	3、4	5、6	7、8	9、10	11
	$\frac{1}{2}$IT6	$\frac{1}{2}$IT7	$\frac{1}{2}$IT8	$\frac{1}{2}$IT9	$\frac{1}{2}$IT11
>180~250	14.5	23	36	57.5	145
>250~315	16	26	40.5	65	160
>315~400	18	28.5	44.5	70	180
>400~500	20	31.5	48.5	77.5	200
>500~630	22	35	55	87	220
>630~800	25	40	62	100	250
>800~1000	28	45	70	115	280
>1000~1250	33	52	82	130	330
>1250~1600	39	62	97	155	390
>1600~2000	45	75	115	185	460

表 1-3-90　齿厚极限偏差

齿厚极限偏差等级	C	D	E	F	G	H	J
齿厚极限偏差	$+f_{pt}$	0	$-2f_{pt}$	$-4f_{pt}$	$-6f_{pt}$	$-8f_{pt}$	$-10f_{pt}$
齿厚极限偏差等级	K	L	M	N	P	R	S
齿厚极限偏差	$-12f_{pt}$	$-16f_{pt}$	$-20f_{pt}$	$-25f_{pt}$	$-32f_{pt}$	$-40f_{pt}$	$-50f_{pt}$

3.2.3　锥齿轮

3.2.3.1　锥齿轮基本齿廓尺寸参数

GB/T 12369—1990《直齿及斜齿锥齿轮基本齿廓》，对大端端面模数 $m \geqslant 1$mm 的直齿及斜齿锥齿轮规定了其基本齿廓的形状和尺寸参数（见表 1-3-91）。

表 1-3-91　锥齿轮基本齿廓尺寸参数

尺寸参数		图　示
压力角 α	20° 14°30′（根据需要采用） 25°（根据需要采用）	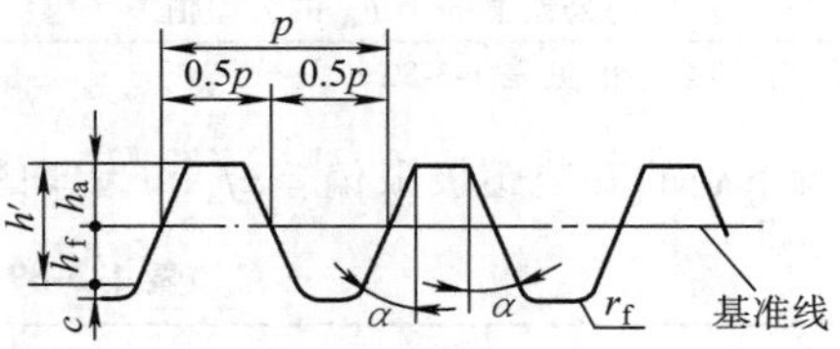
齿顶高 h_a	$1m_n$	
工作高度 h'	$2m_n$	
齿距 p	$\pi m_n/\cos\beta$（在大端端面基准面上）	
顶隙 c	$0.2m_n$	
齿根圆角半径 r_f	$0.3m_n$ $\geqslant 0.35m_n$（在啮合允许时）	

注：齿廓可以修缘，原则上在齿顶修缘，其最大值为：齿高方向 $0.6m_n$，齿厚方向 $0.02m_n$。

3.2.3.2　模数

GB/T 12368—1990《锥齿轮模数》，对直齿、斜齿及曲线齿（齿线为圆弧线、长幅外摆线及准渐开线等）锥齿轮规定了模数系列（见表 1-3-92）。

锥齿轮模数是指大端端面模数，代号为 m，单位为 mm。

表 1-3-92　锥齿轮模数　（单位：mm）

0.1、0.12、0.15、0.2、0.25、0.3、0.35、0.4、0.5、0.6、0.7、0.8、0.9、1、1.125、1.25、1.375、1.5、1.75、2、2.25、2.5、2.75、3、3.25、3.5、3.75、4、4.5、5、5.5、6、6.5、7、8、9、10、11、12、14、16、18、20、22、25、28、30、32、36、40、45、50

3.2.3.3　直齿锥齿轮几何尺寸计算（见表 1-3-93）

表 1-3-93　直齿锥齿轮几何尺寸计算

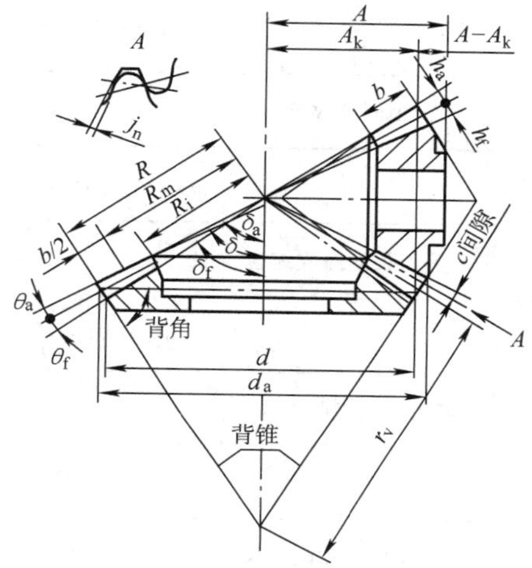

R—外锥距　R_i—内锥距　R_m—中点锥距
r_v—背锥距　A—安装距　A_k—冠顶距
$A-A_k$—轮冠距　b—齿宽　h_a—齿顶高
h_f—齿根高　θ_a—齿顶角　θ_f—齿根角
d_a—齿顶圆直径　d—分度圆直径
δ_a—顶锥角　δ—分锥角　δ_f—根锥角

名　称	代号	计算公式：小　轮	计算公式：大　轮
模数	m	大端模数 $m=d_1/z_1=d_2/z_2$	
齿数	z	z_1	z_2
轴交角	Σ	根据结构要求设计确定	
分锥角	δ	$\Sigma=90°$时 $\delta_1=\arctan\dfrac{z_1}{z_2}$	$\delta_2=\Sigma-\delta_1$
		$\Sigma<90°$时 $\delta_1=\arctan\dfrac{\sin\Sigma}{\dfrac{z_2}{z_1}+\cos\Sigma}$	$\delta_2=\Sigma-\delta_1$
		$\Sigma>90°$时 $\delta_1=\arctan\dfrac{\sin(180°-\Sigma)}{\dfrac{z_2}{z_1}-\cos(180°-\Sigma)}$	$\delta_2=\Sigma-\delta_1$
分度圆直径	d	$d_1=mz_1$	$d_2=mz_2$
外锥距	R	$R=\dfrac{d_1}{2\sin\delta_1}$ 当 $\Sigma=90°$时，$R=\dfrac{d_1}{2\sin\delta_1}=\dfrac{m}{2}\sqrt{z_1^2+z_2^2}$	
齿宽	b	$\dfrac{R}{3}\geqslant b\leqslant 10m$	

（续）

名称	代号	计算公式	
		小轮	大轮
齿顶高	h_a	m	
齿根高	h_f	1.2m	
全齿高	h	2.2m	
大端齿顶圆直径	d_a	$d_{a1}=d_1+2h_{a1}\cos\delta_1$	$d_{a2}=d_2+2h_{a2}\cos\delta_2$
齿根角	θ_f	$\theta_{f1}=\arctan\dfrac{h_{f1}}{R}$	$\theta_{f2}=\arctan\dfrac{h_{f2}}{R}$
齿顶角	θ_a	等齿顶间隙收缩齿	
		$\theta_{a1}=\theta_{f2}=\arctan\dfrac{h_{f2}}{R}$	$\theta_{a2}=\theta_{f1}=\arctan\dfrac{h_{f1}}{R}$
		不等齿顶间隙收缩齿	
		$\theta_{a1}=\arctan\dfrac{h_{a1}}{R}$	$\theta_{a2}=\arctan\dfrac{h_{a2}}{R}$
顶锥角	δ_a	等齿顶间隙收缩齿	
		$\delta_{a1}=\delta_1+\theta_{f2}$	$\delta_{a2}=\delta_2+\theta_{f1}$
		不等齿顶间隙收缩齿	
		$\delta_{a1}=\delta_1+\theta_{a1}$	$\delta_{a2}=\delta_2+\theta_{a2}$
根锥角	δ_f	$\delta_{f1}=\delta_1-\theta_{f1}$	$\delta_{f2}=\delta_2-\theta_{f2}$
冠顶距	A_k	$\Sigma=90°$时	
		$A_{k1}=\dfrac{d_2}{2}-h_{a1}\sin\delta_1$	$A_{k2}=\dfrac{d_1}{2}-h_{a2}\sin\delta_2$
		$\Sigma\neq90°$时	
		$A_{k1}=R\cos\delta_1-h_{a1}\sin\delta_1$	$A_{k2}=R\cos\delta_2-h_{a2}\sin\delta_2$
大端分度圆弧齿厚	s	$s_1=\dfrac{\pi m}{2}$	$s_2=\dfrac{\pi m}{2}$
大端分度圆弦齿厚	$\bar{s}$	$\bar{s}_1=s_1-\dfrac{s_1^3}{6d_1^2}$	$\bar{s}_2=s_2-\dfrac{s_2^3}{6d_2^2}$
大端分度圆弦齿高	$\bar{h}$	$\bar{h}_{a1}=h_{a1}+\dfrac{s_1^2}{4d_1}\cos\delta_1$	$\bar{h}_{a2}=h_{a2}+\dfrac{s_2^2}{4d_2}\cos\delta_2$
齿角（刨齿机用）	λ	$\lambda_1\approx\dfrac{3438}{R}\times\left(\dfrac{s_1}{2}+h_{f1}\tan\alpha\right)$	$\lambda_2\approx\dfrac{3438}{R}\times\left(\dfrac{s_2}{2}+h_{f2}\tan\alpha\right)$

注：为提高精切齿的精度及精切刀寿命，粗切时可以沿齿宽上切深 0.05mm 的增量，即实际齿根高比计算的多 0.05mm。

3.2.3.4 锥齿轮精度

GB/T 11365—2019 规定了未装配的锥齿轮、准双曲面齿轮及其组件的精度术语、等级与公差值，为供需双方提供了统一的公差尺度，定义了10个精度等级，从2级到11级，精度逐级降低。

（1）锥齿轮精度制的定义和代号（见表1-3-94）

表1-3-94 锥齿轮精度制的定义和代号

序号	名称	代号	图例	定 义
1	分度偏差	F_x	—	相对于基准齿面，任意齿面与其理论位置的偏移量
2	中点法向模数	m_{mn}	—	中点锥距处法面上节圆直径(mm)与齿数的比值，即 $m_{mn}=\frac{d_m}{z}\cos\beta_m=\frac{R_m}{R_e}m_{et}\cos\beta_m$ 式中 d_m—中点节圆直径 z—齿数 β_m—中点螺旋角 R_m—中点锥距 R_e—外锥距 m_{et}—大端端面模数
3	测量齿轮	—	—	用来与被检测齿轮啮合以测量综合偏差和接触斑点而专门设计的精度已知的齿轮
4	齿圈跳动总偏差	F_r	—	在接近齿高中部的公差圆上，将测头（球形或锥形）依次放入每个齿槽，并使其与左、右齿面同时保持接触，在垂直于分度锥方向测量出的最大和最小跳动量的差值
5	一齿切向综合偏差	f_{is}	—	齿轮单面啮合测试时，逐齿测量大齿轮一周后，除去长周期成分（偏心距的正弦波影响），得到的任一齿距（360°/z）切向综合偏差的最大值 注：GB/T 11365—2019 规定的一齿切向综合偏差方向是沿着公差基准圆圆弧的方向
6	切向综合总偏差	F_{is}	—	齿轮单面啮合测试时，逐齿测量大齿轮一周后，得到的切向综合偏差的最大值与最小值之差 注：GB/T 11365—2019 规定的切向综合总偏差的公差方向是指沿着公差基准圆圆弧方向
7	单个齿距偏差	f_{pt}	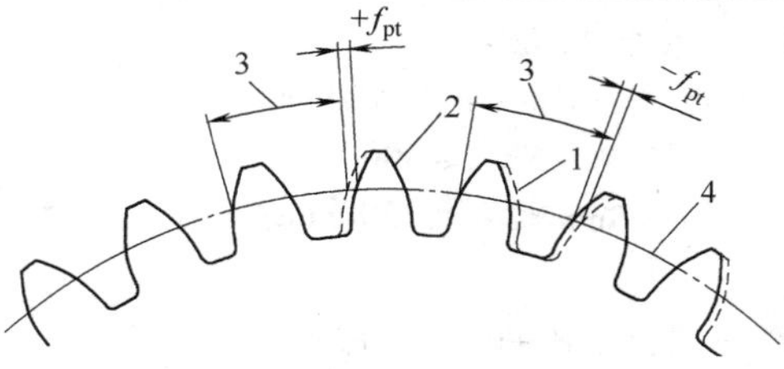 齿距偏差 1—理论齿面位置 2—实际齿面位置 3—理论齿距 4—公差基准圆	同一测量圆上测头从任意齿面上的一点到相邻同侧齿面上的一点，实际齿面相对于其理论位置的偏移量 注：1. 测量值的代数符号可以区分齿距偏差方向。负（-）偏差表示齿面的实际齿距小于理论齿距；正（+）偏差表示齿面的实际齿距大于理论齿距 2. 本标准规定的单个齿距偏差是沿公差基准圆圆弧方向测量

（续）

序号	名称	代号	图例	定义
8	公差基准直径	d_T	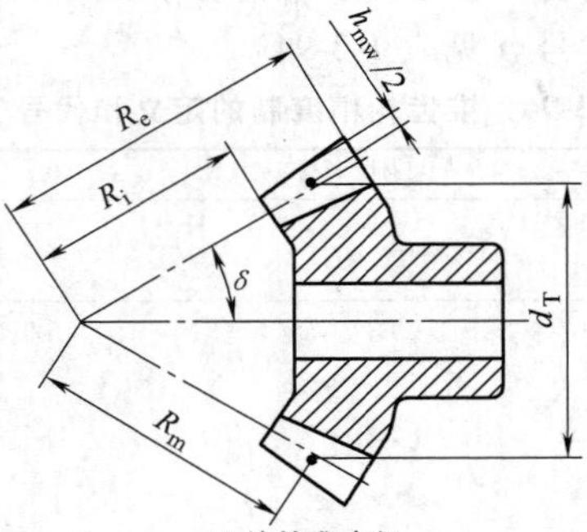 公差基准直径 R_i—内锥距	中点锥距（R_m）处与工作齿高中点相交处的直径 注：工作齿高中点是两个齿轮在中点锥距处啮合齿深的一半 $d_{T1}=d_{m1}+2(0.5h_{mw}-h_{am2})\cos\delta_1=d_{m1}+(h_{am1}-h_{am2})\cos\delta_1$ $d_{T2}=d_{m2}-2(0.5h_{mw}-h_{am2})\cos\delta_2=d_{m2}+(h_{am2}-h_{am1})\cos\delta_2$ 式中 $d_{m1,2}$—中点节圆直径（小轮，大轮） h_{mw}—中点工作齿高 $h_{am1,2}$—中点齿顶高 $\delta_{1,2}$—节锥角（小轮，大轮） 这些值可以从齿轮几何设计、加工调整卡，或者通过 ISO 10300 或 ISO 23509 中所述的计算方法得到
9	齿距累积总偏差	F_p	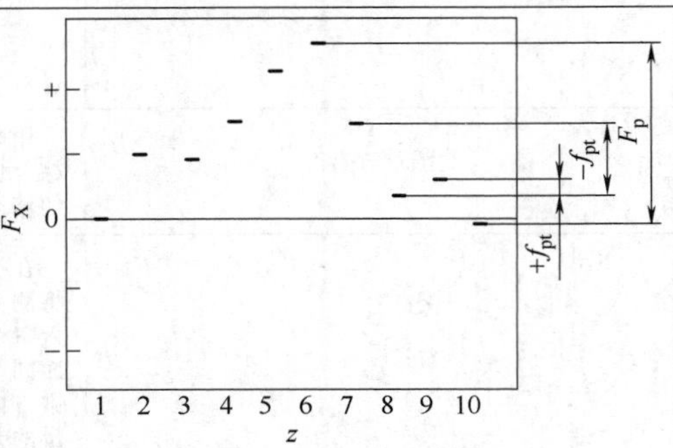 单测头仪器测得的齿距数据 F_X—分度偏差 f_{pt}—单个齿距偏差 F_p—齿距累积总偏差 z—齿数	对于指定的左齿面或右齿面，任意两个分度偏差之间的最大代数差，不管读数方向或代数符号 注：GB/T 11365—2019 规定的齿距累积总偏差是指沿着公差基准圆的圆弧方向
10	传动误差	Q_e	—	对于给定主动齿轮的角位移，被动齿轮产生的实际角位移与理论角位移之差

（2）公差公式

1）总则：所有公差值均定义在公差基准直径 d_T 上。

2）单个齿距公差（f_{ptT}）：采用正或负的偏差测量值的绝对值表示。根据下式计算单个齿距公差 f_{ptT}：

$$f_{ptT}=(0.003d_T+0.3m_{mn}+5)(\sqrt{2})^{(B-4)}$$

式中 B——要求的精度等级。

其应用范围仅限于精度等级2级到11级：

$$1.0\text{mm}\leqslant m_{mn}\leqslant 50\text{mm}$$
$$5\leqslant z\leqslant 400$$
$$5\text{mm}\leqslant d_T\leqslant 2500\text{mm}$$

3）齿距累积总公差（F_{pT}）：

$$F_{pT}=(0.025d_T+0.3m_{mn}+19)(\sqrt{2})^{(B-4)}$$

其应用范围仅限于精度等级2级到11级：

$$1.0\text{mm}\leqslant m_{mn}\leqslant 50\text{mm}$$
$$5\leqslant z\leqslant 400$$

$$5mm \leqslant d_T \leqslant 2500mm$$

4）齿圈跳动公差（F_{rT}）：

$$F_{rT} = 0.8(0.025d_T + 0.3m_{mn} + 19)(\sqrt{2})^{(B-4)}$$

其应用范围仅限于精度等级4级到11级：

$$1.0mm \leqslant m_{mn} \leqslant 50mm$$

$$5 \leqslant z \leqslant 400$$

$$5mm \leqslant d_T \leqslant 2500mm$$

5）一齿切向综合公差（f_{isT}）：一齿切向综合公差采用下述三种方法中的一种来确定，方法A、方法B、方法C的可信度依次降低。

方法A：根据工程应用经验、承载能力试验或二者结合，确定一齿切向综合公差。不考虑质量等级。

方法B和方法C：利用单面啮合综合偏差的短周期成分（高通滤波）的峰-峰幅值，确定一齿切向综合公差。锥齿轮副测量一周，运动曲线的最高点和最低点之间峰-峰幅值是不同的，其最大的峰-峰幅值不应大于f_{isTmax}，最小的峰-峰幅值不应小于f_{isTmin}。

一齿切向综合公差f_{isT}的最大值和最小值，可用下式计算：

$$f_{isTmax} = f_{is(design)} + (0.375m_{mn} + 5.0)(\sqrt{2})^{(B-4)}$$

f_{isTmin}值取以下公式计算的较大者：

$$f_{isTmin} = f_{is(design)} - (0.375m_{mn} + 5.0)(\sqrt{2})^{(B-4)}$$

$$f_{isTmin} = 0$$

如果f_{isTmin}值是负的，取$f_{isTmin}=0$。

其应用范围仅限于精度2级到11级：

$$1.0mm \leqslant m_{mn} \leqslant 50mm$$

$$5 \leqslant z \leqslant 400$$

$$5mm \leqslant d_T \leqslant 2500mm$$

如果测量仪器的读数单位是角度，应根据公差基准直径d_T将读数换算成微米。

在上式中，一齿切向综合偏差设计值$f_{is(design)}$采用方法B或方法C确定。

方法B：通过设计和试验分析确定。设计值大小的选择应考虑安装误差、齿形误差以及工作载荷等条件的影响。补充信息参见GB/T 11365—2019附录B。

方法C：如果缺乏设计和试验数值，采用下式计算：

$$f_{is(design)} = qm_{mn} + 1.5$$

表1-3-95中给出了参数q的推荐值。

表1-3-95 典型一齿切向综合偏差幅值和参数q的推荐值

应用	一齿切向综合偏差幅值/μrad	系数q
旅行车	<30	0.05
货车	20~50	1.0
工业	40~100	2~2.5
航空	40~200(平均80)	2.0

6）切向综合总公差（F_{isT}）：

$$F_{isT} = F_{pT} + F_{isTmax}$$

其应用范围仅限于精度等级2级到11级：

$$1.0mm \leqslant m_{mn} \leqslant 50mm$$

$$5 \leqslant z \leqslant 400$$

$$5mm \leqslant d_T \leqslant 2500mm$$

7）公差示例见表 1-3-96 和表 1-3-97。

表 1-3-96 单个齿距公差 f_{ptT}，4 级

轮齿尺寸	公差直径 d_T/mm							
模数	100	200	400	600	800	1000	1500	2500
m_{mn}/mm	f_{ptT}/μm							
1	5.5	6.0	6.5	—	—	—	—	—
5	7.0	7.0	8.0	8.5	9.0	9.5	11	—
10	8.0	8.5	9.0	10	10	11	13	16
25	—	13	14	14	15	16	17	20
50	—	—	21	22	22	23	25	28

注：表中数值来自公差公式，仅供参考。下同。

表 1-3-97 齿距累积总公差 F_{pT}，4 级

轮齿尺寸	公差直径 d_T/mm							
模数	100	200	400	600	800	1000	1500	2500
m_{mn}/mm	F_{pT}/μm							
1	22	23	29	—	—	—	—	—
5	23	26	31	36	41	45	58	—
10	25	27	32	37	42	47	60	85
25	—	32	37	42	47	52	64	89
50	—	—	44	49	54	59	72	97

（3）精度等级 GB/T 11365—2019 规定了 10 个精度等级，从 2 级到 11 级。精度等级 2 级的公差最小，11 级的公差最大。精度等级用规范的几何级数加以划分：两个相邻等级之间的分级系数是$\sqrt{2}$。乘/除以$\sqrt{2}$得到下一个更高/更低等级的公差。任何一个精度等级的公差值可以通过 4 级精度计算未圆整的公差值乘以$\sqrt{2}^{(B-4)}$ 得到，B 为要求的精度等级。

齿轮精度等级通过以偏差测量值与公差公式的计算值进行比较来判定。测量应相对于基准轴线进行。关于基准轴的定义参见 GB/Z 18620.3。

精度等级的评定方法按照表 1-3-98 规定，总的精度等级按单个精度等级中最低一级确定。注意，如果有特殊需要，齿轮的各偏差项可以规定不同的精度等级。

另外，如果不进行单面切向综合偏差的测量，建议增加接触斑点检查和齿厚检测。接触斑点的要求应由供需双方在制造前商定。更多信息参见 ISO/TR 10064-6。

表 1-3-98 精度等级的评定方法

轮齿尺寸	模数≥1.0 mm①		
基本要求②③	TT 和（CP 或 TF）③		
精度	低	中	高
精度等级④	11~9	8~5	4~2
最低要求②⑤	RO	SP 和 RO	SP 和 AP
替代方法②⑤	（SP 和 AP）或 SF		

① 模数小于 1.0，参见 GB/T 11365—2019 附录 C。

② 字母符号含义见表 1-3-99。

③ 所有等级均应测量齿厚和 CP 或 TF。

④ 噪声控制要求齿形有好的共轭性。应很好地控制 TF、CP 或 SF（切向综合偏差）。重点推荐选用 SF（连带 CP 和 TT）方法。

⑤ 替代方法可用于代替最低要求。

表 1-3-99　齿轮几何测量方法与规定的最少测量齿数

测量要素		典型测量方法	最少测量齿数
单个要素测量	单个齿距(SP)	双测头 单测头	全部轮齿 全部轮齿
	齿距累积(AP)	双测头 单测头	全部轮齿 全部轮齿
	齿圈跳动(RO)	球形测头 单测头—分度 双测头—180° 双面啮合综合测量	全部轮齿 全部轮齿 全部轮齿 全部轮齿
	齿面拓扑(TF)	CMM 或 CNC 特殊软件[①]	3 齿近似等间隔
综合测量	轮齿接触斑点(CP) 单面(SF)	滚动检验机 单面啮合测量仪(附录 B)	全部轮齿 全部轮齿
尺寸测量	齿厚(TT)	齿厚卡尺 CMM 特定软件 滚动检验机	2 齿近似等间隔 3 齿近似等间隔 3 齿近似等间隔

①参见 ISO/TR 10064-6。

3.2.4　圆柱蜗杆和蜗轮

3.2.4.1　圆柱蜗杆的类型及基本齿廓(GB/T 10087—2018)

（1）圆柱蜗杆的类型　基本蜗杆的类型为阿基米德蜗杆（ZA 蜗杆）（见图 1-3-30）、法向直廓蜗杆（ZN 蜗杆）（见图 1-3-31）、渐开线蜗杆（ZI 蜗杆）（见图 1-3-32）和锥面包络圆柱蜗杆（ZK 蜗杆）（见图 1-3-33）。

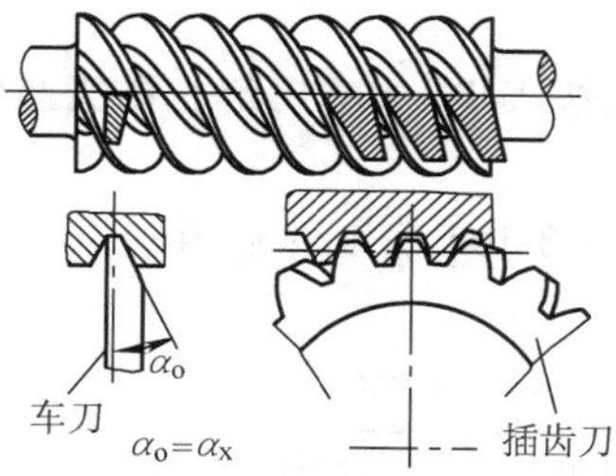

图 1-3-30　阿基米德蜗杆

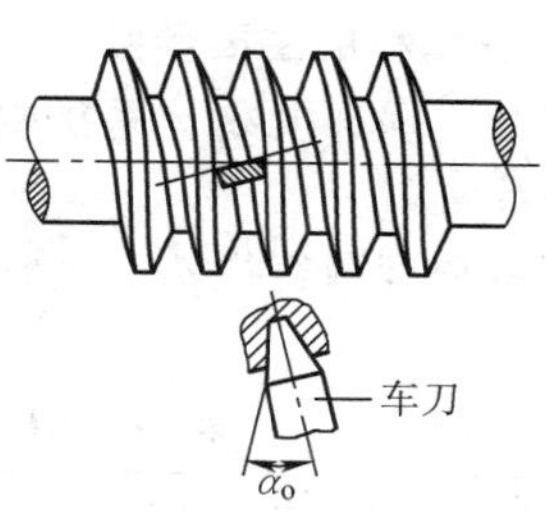

图 1-3-31　法向直廓蜗杆

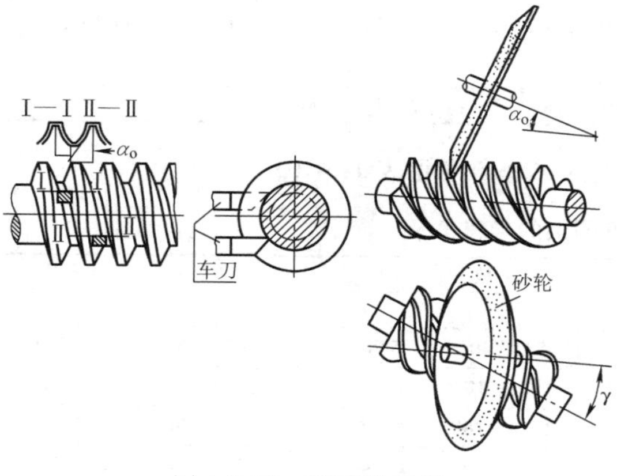

图 1-3-32　渐开线蜗杆

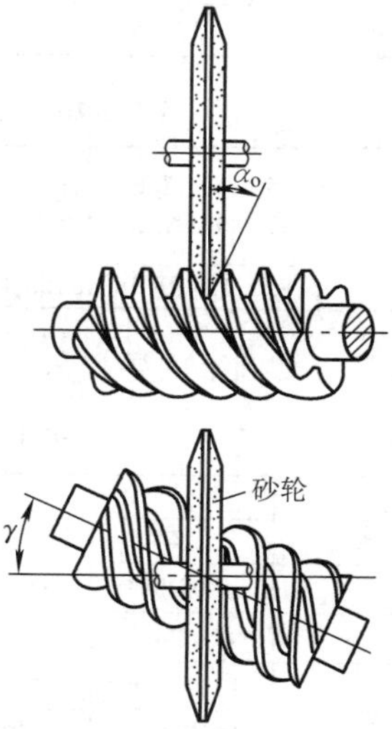

图 1-3-33　锥面包络圆柱蜗杆

（2）基本齿廓　圆柱蜗杆的基本齿廓是基本蜗杆在给定截面上的规定齿形。基本齿廓的尺寸参数在蜗杆的轴平面内规定（见表1-3-100）。GB/T 10087—2018适用于模数 $m \geqslant 1$mm、轴交角 $\Sigma=90°$ 的圆柱蜗杆传动。

表1-3-100　圆柱蜗杆基本齿廓

基本齿廓(在轴平面内)	参数名称		代号	数值	说明
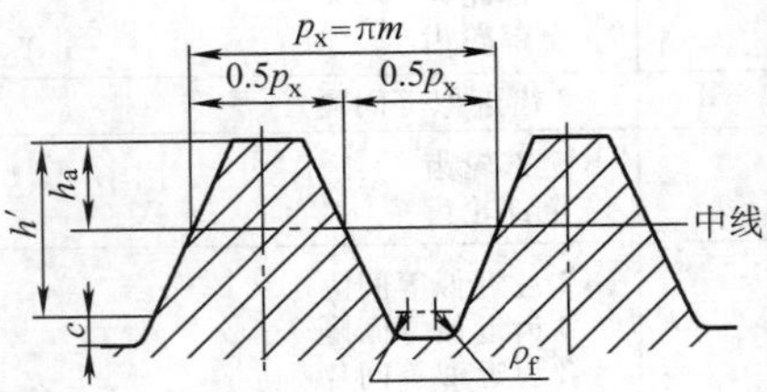	齿顶高		h_a	$1m$	齿顶高系数 $h_a^*=1$
	工作齿高		h'	$2m$	在工作齿高部分的齿形是直线
	轴向齿距		p_x	πm	中线上的齿厚和齿槽宽相等
	顶隙		c	$0.2m$	顶隙系数 $c^*=0.2$
	齿根圆角半径		ρ_f	$0.3m$	
	压力角/(°)	ZA蜗杆	α_x	20	蜗杆的轴向压力角
		ZN蜗杆	α_n	20	蜗杆的法向压力角
		ZI蜗杆	α_n	20	蜗杆的法向压力角
	产形角/(°)	ZK蜗杆	α_0	20	为形成蜗杆齿面的锥形刀具的产形角

注：1. 基本蜗杆的类型推荐采用ZI、ZK蜗杆。
2. 采用短齿时，$h_a=0.8m$，$h'=1.6m$。
3. 顶隙 c 允许减小到 $0.15m$ 或增大至 $0.35m$。
4. 齿根圆角半径 ρ_f 允许减小到 $0.2m$ 或增大至 $0.4m$，也允许加工成单圆弧。
5. 允许齿顶倒圆，但圆角半径不大于 $0.2m$。
6. 在动力传动中，当蜗杆导程角 $\gamma>30°$ 时，允许增大压力角，推荐采用25°；在分度传动中，允许减小压力角，推荐采用15°或12°。

3.2.4.2　圆柱蜗杆的主要参数

（1）模数　蜗杆模数 m 系指蜗杆的轴向模数。通常应按表1-3-101规定的数值选取。应优先采用第一系列。

（2）蜗杆分度圆直径 d_1　蜗杆分度圆直径 d_1 应按表1-3-102规定的数值选取。优先采用第一系列。

表1-3-101　圆柱蜗杆模数 *m*（GB/T 10088—2018）　　（单位：mm）

第一系列	0.1,0.12,0.16,0.2,0.25,0.3,0.4,0.5,0.6,0.8,1,1.25,1.6,2,2.5,3.15,4,5,6.3,8,10,12.5,16,20,25,31.5,40
第二系列	0.7,0.9,1.5,3,3.5,4.5,5.5,6,7,12,14

表1-3-102　蜗杆分度圆直径 d_1（GB/T 10088—2018）　　（单位：mm）

第一系列	4,4.5,5,5.6,6.3,7.1,8,9,10,11.2,12.5,14,16,18,20,22.4,25,28,31.5,35.5,40,45,50,56,63,71,80,90,100,112,125,140,160,180,200,224,250,280,315,355,400
第二系列	6,7.5,8.5,15,30,38,48,53,60,67,75,85,95,106,118,132,144,170,190,300

（3）蜗杆分度圆上的导程角 γ　蜗杆分度圆上的导程角 γ 见表1-3-103。

表1-3-103　蜗杆分度圆上的导程角 γ

蜗杆头数 z_1	直径系数 q						
	14	13	12	11	10	9	8
1	4°05′08″	4°23′55″	4°45′49″	5°11′40″	5°42′38″	6°20′25″	7°07′30″
2	8°07′48″	8°44′46″	9°27′44″	10°18′17″	11°18′36″	12°31′44″	14°02′10″
3	12°05′41″	12°59′41″	14°02′10″	15°15′18″	16°41′57″	18°26′06″	20°33′22″
4	15°56′43″	17°06′10″	18°26′06″	19°58′59″	21°48′05″	23°57′45″	26°33′54″

（4）蜗杆头数 z_1 与蜗轮齿数 z_2 的推荐值　蜗杆头数 z_1 与蜗轮齿数 z_2 的推荐值见表 1-3-104。

（5）中心距　一般圆柱蜗杆传动的减速装置的中心距 a 按表 1-3-105 选用。

表 1-3-104　蜗杆头数 z_1 与蜗轮齿数 z_2 的推荐值

$i=\frac{z_2}{z_1}$	z_1	z_2
7～8	4	28～32
9～13	3～4	27～52
14～24	2～3	28～72
25～27	2～3	50～81
28～40	1～2	28～80
≥40	1	≥40

表 1-3-105　中心距

中心距 a/mm	40	50	63	80	100
	(225)	250	(280)	315	(355)
中心距 a/mm	125	160	(180)	200	
	400	(450)	500	—	

注：括号中的数值尽可能不用。

（6）蜗杆传动的基本尺寸和参数　蜗杆传动的基本尺寸和参数见表 1-3-106。

表 1-3-106　蜗杆传动的基本尺寸和参数（GB/T 10085—2018）

模数 m/mm	轴向齿距 p_x/mm	分度圆直径 d_1/mm	蜗杆头数 z_1	直径系数 q	齿顶圆直径 d_{a1}/mm	齿根圆直径 d_{f1}/mm	分度圆柱导程角 γ	说明
1	3.141	18	1	18.000	20	15.6	3°10′47″	自锁
1.25	3.927	20	1	16.000	22.5	17	3°34′35″	
		22.4	1	17.920	24.9	19.4	3°11′38″	自锁
1.6	5.027	20	1	12.500	23.2	16.16	4°34′26″	
			2				9°05′25″	
			4				17°44′41″	
		28	1	17.500	31.2	24.16	3°16′14″	自锁
2	6.283	(18)	1	9.000	22	13.2	6°20′25″	
			2				12°31′44″	
			4				23°57′45″	
		22.4	1	11.200	26.4	17.6	5°06′08″	
			2				10°07′29″	
			4				19°39′14″	
			6				28°10′43″	
		(28)	1	14.000	32	23.2	4°05′08″	
			2				8°07′48″	
			4				15°56′43″	
		35.5	1	17.750	39.5	30.7	3°13′28″	自锁
2.5	7.854	(22.4)	1	8.960	27.4	16.4	6°22′06″	
			2				12°34′59″	
			4				24°03′26″	
		28	1	11.200	33	22	5°06′08″	
			2				10°07′29″	
			4				19°39′14″	
			6				28°10′43″	
		(35.5)	1	14.200	40.5	29.5	4°01′42″	
			2				8°01′02″	
			4				15°43′55″	
		45	1	18.000	50	39	3°10′47″	自锁

（续）

模数 /m/mm	轴向齿距 p_x/mm	分度圆直径 d_1/mm	蜗杆头数 z_1	直径系数q	齿顶圆直径 d_{a1}/mm	齿根圆直径 d_{f1}/mm	分度圆柱导程角γ	说明
3.15	9.896	(28)	1	8.889	34.3	20.4	6°25′08″	
			2				12°40′49″	
			4				24°13′40″	
		35.5	1	11.270	41.8	27.9	5°04′15″	
			2				10°03′48″	
			4				19°32′29″	
			6				28°01′50″	
		(45)	1	14.286	51.3	37.4	4°00′15″	
			2				7°58′11″	
			4				15°38′32″	
		56	1	17.778	62.3	48.4	3°13′10″	自锁
4	12.566	(31.5)	1	7.875	39.5	21.9	7°14′13″	
			2				14°15′00″	
			4				26°55′40″	
		40	1	10.000	48	30.4	5°42′38″	
			2				11°18′36″	
			4				21°48′05″	
			6				30°57′50″	
		(50)	1	12.500	58	40.4	4°34′26″	
			2				9°05′25″	
			4				17°44′41″	
		71	1	17.750	79	61.4	3°13′28″	自锁
5	15.708	(40)	1	8.000	50	28	7°07′30″	
			2				14°02′10″	
			4				26°33′54″	
		50	1	10.000	60	38	5°42′38″	
			2				11°18′36″	
			4				21°48′05″	
			6				30°57′50″	
		(63)	1	12.600	73	51	4°32′16″	
			2				9°01′10″	
			4				17°36′45″	
		90	1	18.000	100	78	3°10′47″	自锁

（续）

模数 /m/mm	轴向齿距 p_x/mm	分度圆直径 d_1/mm	蜗杆头数 z_1	直径系数 q	齿顶圆直径 d_{a1}/mm	齿根圆直径 d_{f1}/mm	分度圆柱导程角 γ	说明
6.3	19.792	(50)	1	7.936	62.6	34.9	7°10′53″	
			2				14°08′39″	
			4				26°44′53″	
		63	1	10.000	75.6	47.9	5°42′38″	
			2				11°18′36″	
			4				21°48′05″	
			6				30°57′50″	
		(80)	1	12.698	92.6	64.8	4°30′10″	
			2				8°57′02″	
			4				17°29′04″	
		112	1	17.778	124.6	96.9	3°13′10″	自锁
8	25.133	(63)	1	7.875	79	43.8	7°14′13″	
			2				14°15′00″	
			4				26°53′40″	
		80	1	10.000	96	60.8	5°42′38″	
			2				11°18′36″	
			4				21°48′05″	
			6				30°57′50″	
		(100)	1	12.500	116	80.8	4°34′26″	
			2				9°05′25″	
			4				17°44′41″	
		140	1	17.500	156	120.8	3°16′14″	自锁
10	31.416	(71)	1	7.100	91	47	8°01′02″	
			2				15°43′55″	
			4				29°23′46″	
		90	1	9.000	110	66	6°20′25″	
			2				12°31′44″	
			4				23°57′45″	
			6				33°41′24″	
		(112)	1	11.200	132	88	5°06′08″	
			2				10°07′29″	
			4				19°39′14″	
		160	1	16.000	180	136	3°34′35″	

（续）

模数 /m/mm	轴向齿距 p_x/mm	分度圆直径 d_1/mm	蜗杆头数 z_1	直径系数 q	齿顶圆直径 d_{a1}/mm	齿根圆直径 d_{f1}/mm	分度圆柱导程角 γ	说明
12.5	39.270	(90)	1	7.200	115	60	7°50′26″	
			2				15°31′27″	
			4				29°03′17″	
		112	1	8.960	137	82	6°22′06″	
			2				12°34′59″	
			4				24°03′26″	
		(140)	1	11.200	165	110	5°06′08″	
			2				10°07′29″	
			4				19°39′14″	
		200	1	16.000	225	170	3°34′35″	
16	50.265	(112)	1	7.000	144	73.6	8°07′48″	
			2				15°56′43″	
			4				29°44′42″	
		140	1	8.750	172	101.6	6°31′11″	
			2				12°52′30″	
			4				24°34′02″	
		(180)	1	11.250	212	141.6	5°04′47″	
			2				10°04′50″	
			4				19°34′23″	
		250	1	15.625	282	211.6	3°39′43″	
20	62.832	(140)	1	7.000	180	92	8°07′48″	
			2				15°56′43″	
			4				29°44′42″	
		160	1	8.000	200	112	7°07′30″	
			2				14°02′10″	
			4				26°33′54″	
		(224)	1	11.200	264	176	5°06′08″	
			2				10°07′29″	
			4				19°39′14″	
		315	1	15.750	355	267	3°37′59″	
25	78.540	(180)	1	7.200	230	120	7°54′26″	
			2				15°31′27″	
			4				27°03′17″	
		200	1	8.000	250	140	7°07′30″	
			2				14°02′10″	
			4				26°33′54″	
		(280)	1	11.200	330	220	5°06′08″	
			2				10°07′29″	
			4				19°39′14″	
		400	1	16.000	450	340	3°34′35″	

注：1. 括号内的数字尽可能不采用。

2. 表中所指的自锁是导程角 $\gamma<3°30'$的圆柱蜗杆。

3.2.4.3 圆柱蜗杆传动几何尺寸计算

圆柱蜗杆传动几何尺寸计算见表1-3-107。

表1-3-107 圆柱蜗杆传动几何尺寸计算（GB/T 10085—2018）

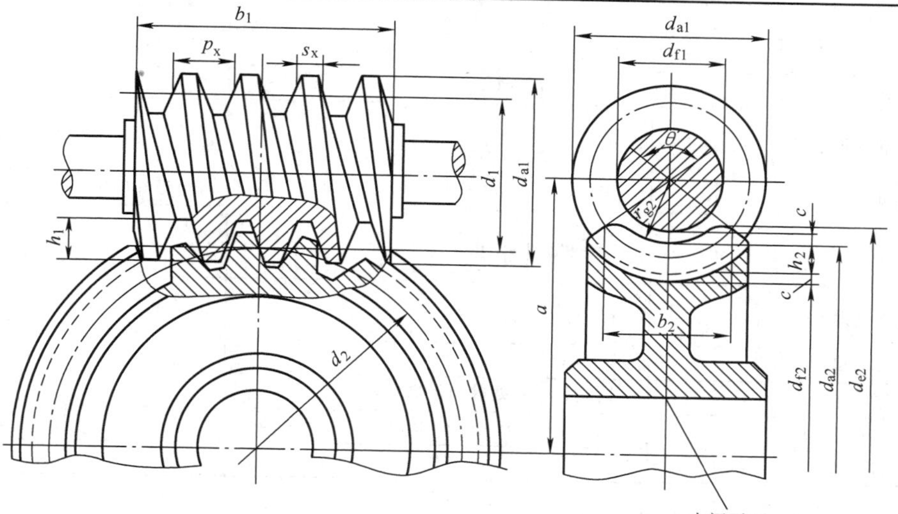

名称	代号	计算式	说明
中心距	a	$a=(d_1+d_2+2x_2m)/2$	按规定选取
蜗杆头数	z_1		按规定选取
蜗轮齿数	z_2		按传动比确定
压力角	α	$\alpha_x=20$ 或 $\alpha_n=20°$	按蜗杆类型确定
模数	m	$m=m_x=\frac{m_n}{\cos\gamma}$	按规定选取
传动比	i	$i=n_1/n_2$	蜗杆为主动，按规定选取
蜗轮变位系数	x_2	$x_2=\frac{a}{m}-\frac{d_1+d_2}{2m}$	正常蜗轮变位系数取零
蜗杆直径系数	q	$q=d_1/m$	
蜗杆轴向齿距	p_x	$p_x=\pi m$	
蜗杆导程	p_z	$p_z=\pi mz_1$	
蜗杆分度圆直径	d_1	$d_1=mq$	按规定选取
蜗杆齿顶圆直径	d_{a1}	$d_{a1}=d_1+2h_{a1}=d_1+2h_a^*m$	$h_a^*=1$
蜗杆齿根圆直径	d_{f1}	$d_{f1}=d_1-2h_{f1}=d_1-2(h_a^*m+c)$	
顶隙	c	$c=c^*m$	$c^*=0.2$
渐开线蜗杆基圆直径	d_{b1}	$d_{b1}=d_1\tan\gamma/\tan\gamma_b=mz_1/\tan\gamma_b$	
蜗杆齿顶高	h_{a1}	$h_{a1}=h_a^*m=(d_{a1}-d_1)/2$	按规定选取
蜗杆齿根高	h_{f1}	$h_{f1}=(h_a^*+c)m=(d_1-d_{f1})/2$	
蜗杆齿高	h_1	$h_1=h_{a1}+h_{f1}=(d_{a1}-d_{f1})/2$	
蜗杆导程角	γ	$\tan\gamma=mz_1/d_1=z_1/q$	
渐开线蜗杆基圆导程角	γ_b	$\cos\gamma_b=\cos\gamma\cos\alpha_n$	
蜗杆齿宽	b_1		由设计确定
蜗轮分度圆直径	d_2	$d_2=mz_2=2a-d_1-2x_2m$	正常蜗轮 $x_2=0$

（续）

名　　称	代　　号	关系式	说　　明
蜗轮喉圆直径	d_{a2}	$d_{a2}=d_2+2h_{a2}$	
蜗轮齿根圆直径	d_{f2}	$d_{f2}=d_2-2h_{f2}$	
蜗轮齿顶高	h_{a2}	$h_{a2}=(d_{a2}-d_2)/2=m(h_a^*+x_2)$	正常蜗轮 $x_2=0$
蜗轮齿根高	h_{f2}	$h_{f2}=(d_2-d_{f2})/2=m(h_a^*-x_2+c^*)$	正常蜗轮 $x_2=0$
蜗轮齿高	h_2	$h_2=h_{a2}+h_{f2}=(d_{a2}-d_{f2})/2$	
蜗轮咽喉母圆半径	r_{g2}	$r_{g2}=a-\dfrac{d_{a2}}{2}$	
蜗轮齿宽	b_2		由设计确定
蜗轮齿宽角	θ	$\theta=2\arcsin\left(\dfrac{b_2}{d_1}\right)$	
蜗杆轴向齿厚	s_x	$s_x=\dfrac{\pi m}{2}$	
蜗杆法向齿厚	s_n	$s_n=s_x\cos\gamma$	
蜗轮齿厚	s_t	按蜗杆节圆处轴向齿槽宽 e'_x 确定	
蜗杆节圆直径	d'_1	$d'_1=d_1+2x_2m=m(q+2x_2)$	
蜗轮节圆直径	d'_2	$d'_2=d_2$	

3.2.4.4　圆柱蜗杆、蜗轮精度

（1）圆柱蜗杆蜗轮传动机构偏差的定义和代号（见表 1-3-108）

表 1-3-108　圆柱蜗杆蜗轮传动机构偏差的定义和代号（GB/T 10089—2018）

序号	名　　称	代号	图　　例	定　　义
蜗杆偏差				
1	齿廓总偏差	$F_{\alpha1}$	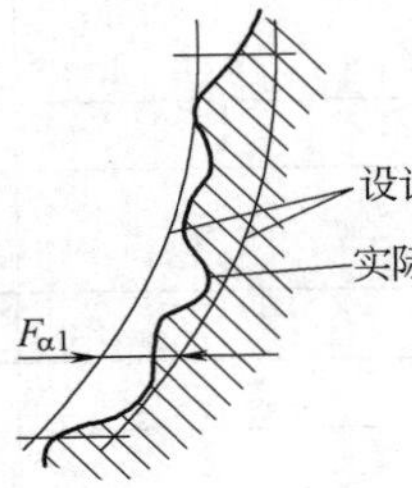 a) ZC蜗杆轴向截面内的齿廓总偏差 $F_{\alpha1}$	在轴向截面的计值范围 $L_{\alpha1}$（齿廓的工作范围）内，包容实际齿廓迹线的两条设计齿廓迹线间的轴向距离（见图 a） 在齿廓检验图中（见图 b），齿廓总偏差 $F_{\alpha1}$ 为两个设计齿廓迹线之间的距离（垂直于设计齿廓迹线测量） 注：在图 b 中，设计齿廓和蜗杆的齿面形状 A、N、I、K 及 C 无关并用直线标出，实际齿廓包含在画出的范围内
2	齿廓形状偏差	$f_{f\alpha1}$	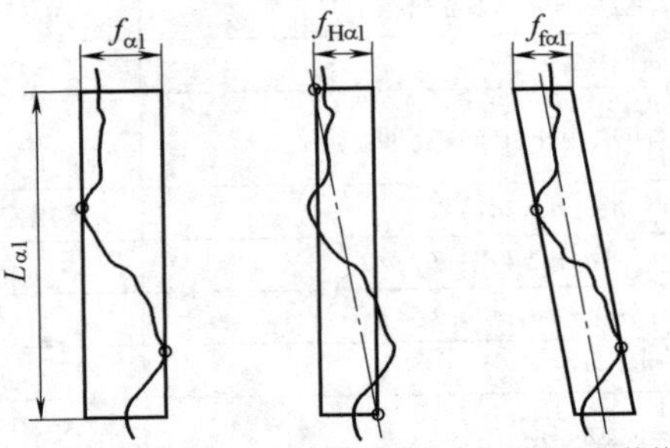 b) 计值范围 $L_{\alpha1}$ 内的齿廓检验图	在轴向截面的计值范围 $L_{\alpha1}$ 内，包容实际齿廓迹线的并与平均齿廓迹线平行的两条辅助线间的距离（垂直于设计齿廓迹线测量，见图 b）
3	齿廓倾斜偏差	$f_{H\alpha1}$		在轴向截面的计算范围 $L_{\alpha1}$ 内，与平均齿廓迹线相交的两条平行于设计齿廓迹线的辅助线间的距离（见图 b）

（续）

序号	名 称	代号	图 例	定 义
			蜗杆偏差	
4	轴向齿距偏差	f_{px}	—	在蜗杆轴向截面内实际齿距与公称齿距之差
5	相邻轴向齿距偏差	f_{ux}	—	在蜗杆轴向截面内两相邻齿距之差
6	径向跳动偏差	F_{r1}	—	在蜗杆任意一转范围内，测头在齿槽内与齿高中部的齿面双面接触，其测头相对于蜗杆主导轴线的径向最大变动量 注：径向跳动偏差是由蜗杆轮齿中点圆柱面的轴线和蜗杆轴承位置决定的蜗杆主导轴线之间的距离和交叉角度造成的
7	导程偏差	F_{pz}	—	蜗杆导程的实际尺寸和公称尺寸之差
			蜗轮偏差	
8	单个齿距偏差	f_{p2}	—	在蜗轮分度圆上，实际齿距与公称齿距之差 用相对法测量时，公称齿距是指所有实际齿距的平均值 注：当实际齿距大于平均值时为正偏差；当实际齿距小于平均值时为负偏差
9	齿距累积总偏差	F_{p2}	—	在蜗轮分度圆上，任意两个同侧齿面间的实际弧长与公称弧长之差的最大绝对值
10	相邻齿距偏差	f_{u2}	—	蜗轮右齿面或左齿面两个相邻齿距的实际尺寸之差
11	齿廓总偏差	$F_{\alpha2}$	—	在轮齿给定截面的计值范围内，包容实际齿廓迹线的两条设计齿廓迹线间的距离
12	径向跳动偏差	F_{r2}	—	在蜗轮一转范围内，测头在靠近中间平面的齿槽内与齿高中部的齿面双面接触，其测头相对于蜗轮轴线径向距离的最大变动量 注：径向跳动偏差是由轮齿偏心以及由于右齿面和左齿面的齿距偏差而产生的齿槽宽的不均匀性和轮齿轴线相对于主导轴线的偏移量（偏心量）造成的
			啮合偏差	
13	单面啮合偏差	F_i'	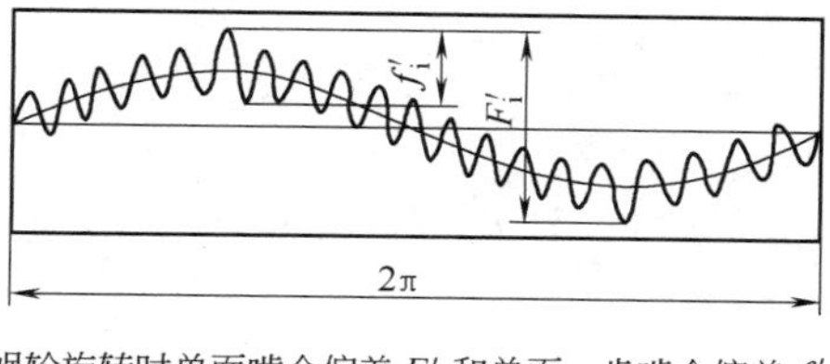	蜗轮实际旋转位置和理论旋转位置的波动。理论旋转位置是由蜗杆的旋转确定的。当旋转方向确定时（左侧齿面啮合或右侧齿面啮合），单面啮合偏差等于蜗轮旋转一周范围内相对于起始位置的最大偏差之和 注：单面啮合偏差 F_{i1}' 和 F_{i2}' 是用标准蜗轮或者标准蜗杆测量得到的。如果没有标准蜗轮和标准蜗杆，则使用配对的蜗杆蜗轮副，其单面啮合偏差为 F_{i12}'
14	单面一齿啮合偏差	f_i'	c）蜗轮旋转时单面啮合偏差 F_i' 和单面一齿啮合偏差 f_i'	一个齿啮合过程中旋转位置的偏差 注：单面一齿啮合偏差 f_{i1}' 和 f_{i2}' 是用标准蜗轮或者标准蜗杆测量得到的。如果没有标准蜗轮和标准蜗杆，则使用配对的蜗杆蜗轮副，其单面一齿啮合偏差为 f_{i12}'

（续）

序号	名　称	代号	图　例	定　义
			啮合偏差	
15	蜗杆副的接触斑点		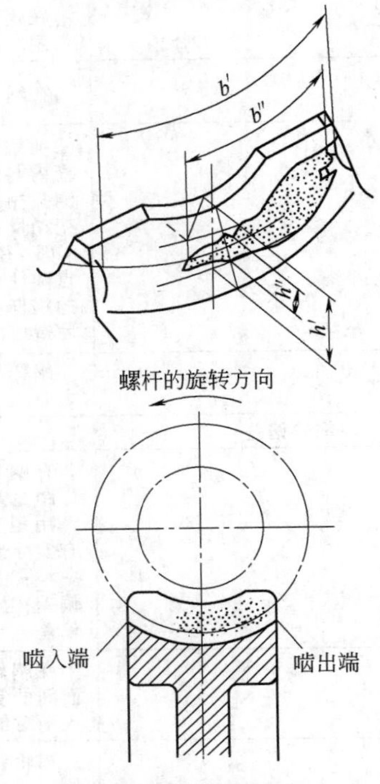 d) 蜗杆副的接触斑点	安装好的蜗杆副中，在轻微力的制动下，蜗杆与蜗轮啮合运转后，在蜗轮齿面上分布的接触痕迹 注：接触斑点以接触面积大小、形状和分布位置表示 接触面积大小按接触痕迹的百分比计算确定： 沿齿长方向——接触痕迹的长度 b'' 与工作长度 b' 之比的百分数，即 $(b''/b')\times100\%$（在确定接触痕迹长度 b'' 时，应扣除超过模数值的断开部分） 沿齿高方向——接触痕迹的平均高度 h'' 与工作高度 h' 之比的百分数，即 $(h''/h')\times100\%$ 接触形状以齿面接触痕迹总的几何形状的状态确定 接触位置以接触痕迹离齿面啮入、啮出端或齿顶、齿根的位置确定

（2）5级精度的蜗杆蜗轮偏差允许值的计算公式

1）单个齿距偏差 f_p 的计算公式：

$$f_p = 4+0.315(m_x+0.25\sqrt{d})$$

2）相邻齿距偏差 f_u 的计算公式：

$$f_u = 5+0.4(m_x+0.25\sqrt{d})$$

3）导程偏差 F_{pz} 的计算公式：

$$F_{pz} = 4+0.5z_1+5\sqrt[3]{z_1}(\lg m_x)^2$$

4）齿距累积总偏差 F_{p2} 的计算公式：

$$F_{p2} = 7.25d_2^{\frac{1}{5}}m_x^{\frac{1}{7}}$$

5）齿廓总偏差 F_α 的计算公式：

$$F_\alpha = \sqrt{(f_{H\alpha})^2+(f_{f\alpha})^2}$$

6）齿廓倾斜偏差 $f_{H\alpha}$ 的计算公式：

$$f_{H\alpha} = 2.5+0.25(m_x+3\sqrt{m_x})$$

7）齿廓形状偏差 $f_{f\alpha}$ 的计算公式：

$$f_{f\alpha} = 1.5+0.25(m_x+9\sqrt{m_x})$$

8）径向跳动偏差 F_r 的计算公式：

$$F_r = 1.68+2.18\sqrt{m_x}+(2.3+1.2\lg m_x)d^{\frac{1}{4}}$$

9）单面啮合偏差 F_i' 的计算公式：

$$F_i' = 5.8d^{\frac{1}{5}} m_x^{\frac{1}{7}} + 0.8F_\alpha$$

10）单面一齿啮合偏差 f_i' 的计算公式：

$$f_i' = 0.7(f_p + F_\alpha)$$

11）公式中的参数 m_x、d 和 z_1 的取值为各参数分段界限值的几何平均值；公式中 m_x 和 d 的单位均为 mm，偏差允许值的单位为 μm；公式中的蜗杆头数 $z_1>6$ 时取平均数 $z_1=8.5$ 计算；公式中蜗杆蜗轮的模数 $m_x=m_t$；计算 F_α、F_i' 和 f_i' 偏差允许值时，应取 $f_{H\alpha}$、$f_{f\alpha}$、F_α 和 f_p 计算修约后的数值。

（3）精度等级 GB/T 10089—2018 对蜗杆蜗轮传动机构规定了 12 个精度等级；第 1 级的精度最高，第 12 级的精度最低。

根据使用要求不同，允许选用不同精度等级的偏差组合。

蜗杆和配对蜗轮的精度等级一般取成相同，也允许取成不相同。在硬度高的钢制蜗杆和材质较软的蜗轮组成的传动机构中，可选择比蜗轮精度等级高的蜗杆，在磨合期可使蜗轮的精度提高。例如，蜗杆可以选择 8 级精度，蜗轮选择 9 级精度。

（4）偏差的允许值 把测量出的偏差与表 1-3-109～表 1-3-120 规定的数值进行比较，以评定蜗杆蜗轮的精度等级。表中的数值是用上述 5 级精度规定的公式乘以级间公比 φ 计算出来的。

两相邻精度等级的级间公比 φ 为：$\varphi=1.4$（1～9 级精度）；$\varphi=1.6$（9 级精度以下）；径向跳动偏差 F_r 的级间公比为 $\varphi=1.4$（1～12 级精度）。

例如，计算 7 级精度的偏差允许值时，5 级精度的未修约的计算值乘以 1.4^2，然后再按照规定的规则修约。

（5）修约规则 如果计算值小于 10μm，修约到最接近的相差小于 0.5μm 的小数或整数，如果大于 10μm，修约到最接近的整数。

（6）轮齿尺寸参数偏差的允许值 蜗杆蜗轮轮齿尺寸参数偏差各精度等级的允许值见表 1-3-109～表 1-3-120。表中的数值和蜗杆轴向模数 m_x、蜗轮端面模数 m_t、分度圆直径 d 以及蜗杆头数 z_1 有关。测量蜗杆偏差时要用到蜗杆分度圆直径 d_1，测量蜗轮偏差时要用到蜗轮分度圆直径 d_2。

对于蜗杆副的单面啮合偏差 F_i' 和单面一齿啮合偏差 f_i' 的偏差允许值，其计算公式为

$$F_i' = \sqrt{(F_{i1}')^2 + (F_{i2}')^2}$$

$$f_i' = \sqrt{(f_{i1}')^2 + (f_{i2}')^2}$$

表 1-3-109 1 级精度轮齿偏差的允许值 （单位：μm）

模数 $m(m_t,m_x)$/mm	偏差		分度圆直径 d/mm						
	F_α		>10～50	>50～125	>125～280	>280～560	>560～1000	>1000～1600	>1600～2500
>0.5～2.0	1.5	f_u	1.5	1.5	2.0	2.0	2.0	2.5	2.5
		f_p	1.0	1.5	1.5	1.5	1.5	2.0	2.0
		F_{p2}	3.5	4.5	5.5	6.0	7.0	8.0	8.5
		F_r	2.5	3.0	3.0	3.5	4.0	4.5	5.0
		F_i'	4.0	4.5	5.5	6.0	7.0	7.5	8.0
		f_i'	2.0	2.0	2.0	2.0	2.0	2.5	2.5

（续）

模数 $m(m_t,m_x)$/mm	偏差 F_α	偏差	分度圆直径 d/mm >10~50	>50~125	>125~280	>280~560	>560~1000	>1000~1600	>1600~2500
>2.0~3.55	2.0	f_u	1.5	2.0	2.0	2.0	2.5	2.5	3.0
		f_p	1.5	1.5	1.5	1.5	2.0	2.0	2.0
		F_{p2}	4.0	5.0	6.0	7.5	8.0	9.0	10.0
		F_r	3.0	3.5	4.0	4.5	5.0	5.5	6.0
		F_i'	4.5	5.5	6.5	7.5	8.0	9.0	9.5
		f_i'	2.5	2.5	2.5	2.5	2.5	3.0	3.0
>3.55~6.0	2.5	f_u	2.0	2.0	2.0	2.5	2.5	2.5	3.0
		f_p	1.5	1.5	1.5	2.0	2.0	2.0	2.5
		F_{p2}	4.5	5.5	7.0	8.0	9.0	10.0	11.0
		F_r	3.5	4.0	4.5	5.0	6.0	6.5	7.0
		F_i'	5.5	6.5	7.5	8.0	9.0	10.0	11.0
		f_i'	3.0	3.0	3.0	3.0	3.0	3.5	3.5
>6.0~10	3.0	f_u	2.0	2.5	2.5	2.5	3.0	3.0	3.5
		f_p	2.0	2.0	2.0	2.0	2.0	2.5	2.5
		F_{p2}	4.5	6.0	7.5	8.5	9.5	11.0	11.0
		F_r	4.0	4.5	5.0	6.0	6.5	7.5	8.0
		F_i'	6.0	7.5	8.5	9.0	10.0	11.0	12.0
		f_i'	3.5	3.5	3.5	3.5	3.5	4.0	4.0
>10~16	4.0	f_u	3.0	3.0	3.0	3.0	3.5	3.5	4.0
		f_p	2.0	2.0	2.5	2.5	2.5	3.0	3.0
		F_{p2}	5.0	6.5	8.0	9.0	10.0	11.0	12.0
		F_r	4.5	5.0	6.0	7.0	7.5	8.0	9.0
		F_i'	7.5	8.5	9.5	10.0	11.0	12.0	13.0
		f_i'	4.5	4.5	4.5	4.5	4.5	5.0	5.0
>16~25	5.0	f_u	3.5	3.5	3.5	4.0	4.0	4.5	4.5
		f_p	3.0	3.0	3.0	3.0	3.0	3.5	3.5
		F_{p2}	5.5	7.0	8.5	9.5	11.0	12.0	13.0
		F_r	5.0	6.0	7.0	7.5	8.5	9.0	9.5
		F_i'	8.5	9.5	11.0	12.0	13.0	14.0	15.0
		f_i'	5.5	5.5	5.5	5.5	5.5	6.0	6.0
>25~40	7.0	f_u	4.5	5.0	5.0	5.0	5.0	5.5	6.0
		f_p	3.5	4.0	4.0	4.0	4.0	4.5	4.5
		F_{p2}	5.5	7.5	9.0	10.0	12.0	13.0	14.0
		F_r	6.0	7.0	7.5	8.5	9.0	10.0	11.0
		F_i'	10.0	11.0	13.0	14.0	15.0	16.0	17.0
		f_i'	7.5	7.5	7.5	8.0	8.0	8.0	8.0

偏差 F_{pz}

测量长度/mm		15	25	45	75	125	200	300
轴向模数 m_x/mm		>0.5~2	>2~3.55	>3.55~6	>6~10	>10~16	>16~25	>25~40
蜗杆头数 z_1	1	1.0	1.5	1.5	2.0	3.0	3.5	4.0
	2	1.5	1.5	2.0	2.5	3.5	4.0	5.0
	3和4	1.5	2.0	2.5	3.0	4.0	5.0	6.0
	5和6	1.5	2.0	3.0	3.5	4.5	5.5	7.0
	>6	2.0	2.5	3.5	4.0	5.5	7.0	8.0

表 1-3-110 2级精度轮齿偏差的允许值 （单位：μm）

模数 $m(m_t,m_x)$/mm	偏差 F_α	偏差	分度圆直径 d/mm >10~50	>50~125	>125~280	>280~560	>560~1000	>1000~1600	>1600~2500
>0.5~2.0	2.0	f_u	2.0	2.5	2.5	2.5	3.0	3.5	3.5
		f_p	1.5	2.0	2.0	2.0	2.5	2.5	3.0
		F_{p2}	4.5	6.0	7.5	8.5	10.0	11.0	12.0
		F_r	3.5	4.0	4.5	5.0	6.0	6.5	7.0
		F_i'	5.5	6.5	7.5	8.5	9.5	11.0	11.0
		f_i'	2.5	2.5	2.5	3.0	3.0	3.5	3.5
>2.0~3.55	2.5	f_u	2.5	2.5	2.5	3.0	3.5	3.5	4.0
		f_p	2.0	2.0	2.0	2.5	2.5	2.5	3.0
		F_{p2}	6.0	7.5	8.5	10.0	11.0	13.0	14.0
		F_r	4.0	5.0	6.0	6.5	7.5	8.0	8.5
		F_i'	6.5	8.0	9.0	10.0	11.0	12.0	13.0
		f_i'	3.5	3.5	3.5	3.5	3.5	4.0	4.0
>3.55~6.0	3.5	f_u	2.5	2.5	3.0	3.5	3.5	3.5	4.0
		f_p	2.0	2.0	2.5	2.5	2.5	3.0	3.5
		F_{p2}	6.0	8.0	9.5	11.0	12.0	14.0	15.0
		F_r	4.5	6.0	6.5	7.5	8.5	9.0	10.0
		F_i'	7.5	9.0	10.0	11.0	13.0	14.0	15.0
		f_i'	4.0	4.0	4.0	4.5	4.5	4.5	4.5
>6.0~10	4.5	f_u	3.0	3.5	3.5	3.5	4.0	4.5	4.5
		f_p	2.5	2.5	2.5	3.0	3.0	3.5	3.5
		F_{p2}	6.5	8.5	10.0	12.0	13.0	15.0	16.0
		F_r	5.5	6.5	7.5	8.5	9.0	10.0	11.0
		F_i'	8.5	10.0	12.0	13.0	14.0	15.0	16.0
		f_i'	4.5	4.5	5.0	5.0	5.0	5.5	5.5
>10~16	6.0	f_u	4.0	4.0	4.0	4.5	4.5	5.0	5.5
		f_p	3.0	3.0	3.5	3.5	3.5	4.0	4.5
		F_{p2}	7.0	9.0	11.0	12.0	14.0	16.0	17.0
		F_r	6.0	7.5	8.5	9.5	10.0	11.0	12.0
		F_i'	10.0	12.0	13.0	15.0	16.0	17.0	19.0
		f_i'	6.0	6.0	6.5	6.5	6.5	7.0	7.5
>16~25	7.5	f_u	4.5	5.0	5.0	5.5	6.0	6.0	6.0
		f_p	4.0	4.0	4.0	4.5	4.5	4.5	5.0
		F_{p2}	7.5	10.0	12.0	13.0	15.0	17.0	19.0
		F_r	7.5	8.5	9.5	11.0	12.0	12.0	13.0
		F_i'	12.0	13.0	15.0	16.0	18.0	19.0	21.0
		f_i'	8.0	8.0	8.0	8.0	8.0	8.5	8.5
>25~40	10.0	f_u	6.5	7.0	7.0	7.5	7.5	7.5	8.0
		f_p	5.0	5.5	5.5	6.0	6.0	6.0	6.0
		F_{p2}	8.0	10.0	12.0	14.0	16.0	18.0	20.0
		F_r	8.5	9.5	11.0	12.0	13.0	14.0	15.0
		F_i'	14.0	16.0	18.0	19.0	21.0	22.0	24.0
		f_i'	11.0	11.0	11.0	11.0	11.0	11.0	11.0

（续）

偏差 F_{pz}								
测量长度/mm		15	25	45	75	125	200	300
轴向模数 m_x/mm		>0.5 ~2	>2 ~3.55	>3.55 ~6	>6 ~10	>10 ~16	>16 ~25	>25 ~40
蜗杆头数 z_1	1	1.5	2.0	2.5	3.0	4.0	4.5	6.0
	2	2.0	2.0	3.0	3.5	4.5	6.0	7.0
	3和4	2.0	2.5	3.5	4.5	5.5	7.0	8.5
	5和6	2.5	3.0	4.0	5.0	6.0	8.0	10.0
	>6	3.0	3.5	4.5	6.0	7.5	9.5	11.0

表1-3-111 3级精度轮齿偏差的允许值 （单位：μm）

模数 $m(m_t, m_x)$/mm	偏差 F_α	偏差	分度圆直径 d/mm >10 ~50	>50 ~125	>125 ~280	>280 ~560	>560 ~1000	>1000 ~1600	>1600 ~2500
>0.5 ~2.0	3.0	f_u	3.0	3.5	3.5	4.0	4.0	4.5	5.0
		f_p	2.5	2.5	3.0	3.0	3.5	3.5	4.0
		F_{p2}	6.5	8.5	11.0	12.0	14.0	15.0	17.0
		F_r	4.5	5.5	6.0	7.0	8.0	9.0	9.5
		F_i'	7.5	9.0	11.0	12.0	13.0	15.0	16.0
		f_i'	3.5	4.0	4.0	4.0	4.5	4.5	5.0
>2.0 ~3.55	4.0	f_u	3.5	3.5	4.0	4.0	4.5	5.0	5.5
		f_p	2.5	3.0	3.0	3.5	3.5	4.0	4.5
		F_{p2}	8.0	10.0	12.0	14.0	16.0	18.0	19.0
		F_r	5.5	7.0	8.0	9.0	10.0	11.0	12.0
		F_i'	9.0	11.0	13.0	14.0	16.0	17.0	19.0
		f_i'	4.5	4.5	5.0	5.0	5.0	5.5	5.5
>3.55 ~6.0	5.0	f_u	4.0	4.0	4.0	4.5	5.0	5.0	5.5
		f_p	3.0	3.0	3.5	3.5	4.0	4.5	4.5
		F_{p2}	8.5	11.0	13.0	15.0	17.0	19.0	21.0
		F_r	6.5	8.0	9.0	10.0	12.0	13.0	14.0
		F_i'	11.0	13.0	14.0	16.0	18.0	19.0	21.0
		f_i'	5.5	5.5	5.5	6.0	6.0	6.5	6.5
>6.0 ~10	6.0	f_u	4.5	4.5	5.0	5.0	5.5	6.0	6.5
		f_p	3.5	3.5	4.0	4.0	4.5	4.5	5.0
		F_{p2}	9.0	12.0	14.0	16.0	18.0	21.0	22.0
		F_r	7.5	9.0	10.0	12.0	13.0	14.0	15.0
		F_i'	12.0	14.0	16.0	18.0	20.0	21.0	23.0
		f_i'	6.5	6.5	7.0	7.0	7.0	7.5	7.5
>10 ~16	8.0	f_u	5.5	5.5	5.5	6.0	6.5	7.0	7.5
		f_p	4.5	4.5	4.5	5.0	5.0	5.5	6.0
		F_{p2}	9.5	13.0	15.0	17.0	20.0	22.0	24.0
		F_r	8.5	10.0	12.0	13.0	14.0	16.0	17.0
		F_i'	14.0	17.0	19.0	20.0	22.0	24.0	26.0
		f_i'	8.5	8.5	9.0	9.0	9.0	9.5	10.0
>16 ~25	10.0	f_u	6.5	7.0	7.0	7.5	8.0	8.5	8.5
		f_p	5.5	5.5	5.5	6.0	6.0	6.5	7.0
		F_{p2}	11.0	14.0	16.0	19.0	21.0	23.0	26.0
		F_r	10.0	12.0	13.0	15.0	16.0	17.0	19.0
		F_i'	17.0	19.0	21.0	23.0	25.0	27.0	29.0
		f_i'	11.0	11.0	11.0	11.0	11.0	12.0	12.0

（续）

模数 $m(m_t,m_x)$/mm	偏差		分度圆直径 d/mm						
	F_α		>10 ~50	>50 ~125	>125 ~280	>280 ~560	>560 ~1000	>1000 ~1600	>1600 ~2500
>25 ~40	14.0	f_u	9.0	9.5	9.5	10.0	10.0	11.0	11.0
		f_p	7.0	7.5	7.5	8.0	8.0	8.5	8.5
		F_{p2}	11.0	14.0	17.0	20.0	23.0	26.0	28.0
		F_r	12.0	13.0	15.0	16.0	18.0	19.0	21.0
		F_i'	20.0	22.0	25.0	27.0	29.0	31.0	33.0
		f_i'	15.0	15.0	15.0	15.0	15.0	16.0	16.0
偏差 F_{pz}									
测量长度/mm			15	25	45	75	125	200	300
轴向模数 m_x/mm			>0.5 ~2	>2 ~3.55	>3.55 ~6	>6 ~10	>10 ~16	>16 ~25	>25 ~40
蜗杆头数 z_1	1		2.5	3.0	3.5	4.5	5.5	6.5	8.0
	2		2.5	3.0	4.0	5.0	6.5	8.0	9.5
	3和4		3.0	3.5	4.5	6.0	7.5	9.5	12.0
	5和6		3.5	4.5	5.5	7.0	8.5	11.0	14.0
	>6		4.5	5.0	6.5	8.0	11.0	13.0	16.0

表 1-3-112 4级精度轮齿偏差的允许值 （单位：μm）

模数 $m(m_t,m_x)$/mm	偏差		分度圆直径 d/mm						
	F_α		>10 ~50	>50 ~125	>125 ~280	>280 ~560	>560 ~1000	>1000 ~1600	>1600 ~2500
>0.5 ~2.0	4.0	f_u	4.5	4.5	5.0	5.5	5.5	6.5	7.0
		f_p	3.0	3.5	4.0	4.5	4.5	5.0	5.5
		F_{p2}	9.5	12.0	15.0	17.0	19.0	21.0	24.0
		F_r	6.5	8.0	8.5	10.0	11.0	13.0	14.0
		F_i'	11.0	13.0	15.0	17.0	19.0	21.0	22.0
		f_i'	5.0	5.5	5.5	5.5	6.0	6.5	7.0
>2.0 ~3.55	5.5	f_u	4.5	5.0	5.5	5.5	6.5	7.0	8.0
		f_p	3.5	4.0	4.5	4.5	5.0	5.5	6.0
		F_{p2}	11.0	14.0	17.0	20.0	22.0	25.0	27.0
		F_r	8.0	10.0	11.0	13.0	14.0	16.0	17.0
		F_i'	13.0	16.0	18.0	20.0	22.0	24.0	26.0
		f_i'	6.5	6.5	7.0	7.0	7.0	8.0	8.0
>3.55 ~6.0	7.0	f_u	5.5	5.5	5.5	6.5	7.0	7.0	8.0
		f_p	4.5	4.5	4.5	5.0	5.5	6.0	6.5
		F_{p2}	12.0	16.0	19.0	21.0	24.0	27.0	29.0
		F_r	9.5	11.0	13.0	14.0	16.0	18.0	19.0
		F_i'	15.0	18.0	20.0	22.0	25.0	27.0	29.0
		f_i'	8.0	8.0	8.0	8.5	8.5	9.5	9.5
>6.0 ~10	8.5	f_u	6.0	6.5	7.0	7.0	8.0	8.5	9.5
		f_p	5.0	5.0	5.5	5.5	6.0	6.5	7.0
		F_{p2}	13.0	16.0	20.0	23.0	26.0	29.0	31.0
		F_r	11.0	13.0	14.0	16.0	18.0	20.0	21.0
		F_i'	17.0	20.0	23.0	25.0	28.0	30.0	32.0
		f_i'	9.5	9.5	10.0	10.0	10.0	11.0	11.0

（续）

模数 $m(m_t,m_x)$/mm	偏差 F_α	偏差	分度圆直径 d/mm >10~50	>50~125	>125~280	>280~560	>560~1000	>1000~1600	>1600~2500
>10~16	11.0	f_u	8.0	8.0	8.0	8.5	9.5	10.0	11.0
		f_p	6.0	6.0	6.5	7.0	7.0	8.0	8.5
		F_{p2}	14.0	18.0	21.0	24.0	28.0	31.0	34.0
		F_r	12.0	14.0	16.0	19.0	20.0	22.0	24.0
		F_i'	20.0	24.0	26.0	29.0	31.0	34.0	36.0
		f_i'	12.0	12.0	13.0	13.0	13.0	14.0	14.0
>16~25	14.0	f_u	9.5	10.0	10.0	11.0	11.0	12.0	12.0
		f_p	8.0	8.0	8.0	8.5	8.5	9.5	10.0
		F_{p2}	15.0	19.0	23.0	26.0	30.0	33.0	36.0
		F_r	14.0	16.0	19.0	21.0	23.0	24.0	26.0
		F_i'	24.0	26.0	29.0	32.0	35.0	38.0	41.0
		f_i'	16.0	16.0	16.0	16.0	16.0	16.0	17.0
>25~40	19.0	f_u	13.0	14.0	14.0	14.0	14.0	15.0	16.0
		f_p	10.0	11.0	11.0	11.0	11.0	12.0	12.0
		F_{p2}	16.0	20.0	24.0	28.0	32.0	36.0	39.0
		F_r	16.0	19.0	21.0	23.0	25.0	27.0	29.0
		F_i'	28.0	31.0	35.0	38.0	41.0	44.0	46.0
		f_i'	21.0	21.0	21.0	21.0	21.0	22.0	22.0

偏差 F_{pz}

测量长度/mm		15	25	45	75	125	200	300
轴向模数 m_x/mm		>0.5~2	>2~3.55	>3.55~6	>6~10	>10~16	>16~25	>25~40
蜗杆头数 z_1	1	3.0	4.0	4.5	6.0	8.0	9.5	11.0
	2	3.5	4.5	5.5	7.0	9.5	11.0	14.0
	3和4	4.0	5.0	6.5	8.5	11.0	14.0	16.0
	5和6	4.5	6.0	8.0	10.0	12.0	16.0	19.0
	>6	6.0	7.0	9.5	11.0	15.0	19.0	22.0

表1-3-113 5级精度轮齿偏差的允许值（单位：μm）

模数 $m(m_t,m_x)$/mm	偏差 F_α	偏差	分度圆直径 d/mm >10~50	>50~125	>125~280	>280~560	>560~1000	>1000~1600	>1600~2500
>0.5~2.0	5.5	f_u	6.0	6.5	7.0	7.5	8.0	9.0	10.0
		f_p	4.5	5.0	5.5	6.0	6.5	7.0	8.0
		F_{p2}	13.0	17.0	21.0	24.0	27.0	30.0	33.0
		F_r	9.0	11.0	12.0	14.0	16.0	18.0	19.0
		F_i'	15.0	18.0	21.0	24.0	26.0	29.0	31.0
		f_i'	7.0	7.5	7.5	8.0	8.5	9.0	9.5
>2.0~3.55	7.5	f_u	6.5	7.0	7.5	8.0	9.0	9.5	11.0
		f_p	5.0	5.5	6.0	6.5	7.0	7.5	8.5
		F_{p2}	16.0	20.0	24.0	28.0	31.0	35.0	38.0
		F_r	11.0	14.0	16.0	18.0	20.0	22.0	24.0
		F_i'	18.0	22.0	25.0	28.0	31.0	34.0	37.0
		f_i'	9.0	9.0	9.5	10.0	10.0	11.0	11.0

（续）

模数 $m(m_t,m_x)$/mm	偏差 F_α	偏差	分度圆直径 d/mm >10~50	>50~125	>125~280	>280~560	>560~1000	>1000~1600	>1600~2500
>3.55~6.0	9.5	f_u	7.5	7.5	8.0	9.0	9.5	10.0	11.0
		f_p	6.0	6.0	6.5	7.0	7.5	8.5	9.0
		F_{p2}	17.0	22.0	26.0	30.0	34.0	38.0	41.0
		F_r	13.0	16.0	18.0	20.0	23.0	25.0	27.0
		F_i'	21.0	25.0	28.0	31.0	35.0	38.0	41.0
		f_i'	11.0	11.0	11.0	12.0	12.0	13.0	13.0
>6.0~10	12.0	f_u	8.5	9.0	9.5	10.0	11.0	12.0	13.0
		f_p	7.0	7.0	7.5	8.0	8.5	9.0	10.0
		F_{p2}	18.0	23.0	28.0	32.0	36.0	41.0	44.0
		F_r	15.0	18.0	20.0	23.0	25.0	28.0	30.0
		F_i'	24.0	28.0	32.0	35.0	39.0	42.0	45.0
		f_i'	13.0	13.0	14.0	14.0	14.0	15.0	15.0
>10~16	16.0	f_u	11.0	11.0	11.0	12.0	13.0	14.0	15.0
		f_p	8.5	8.5	9.0	9.5	10.0	11.0	12.0
		F_{p2}	19.0	25.0	30.0	34.0	39.0	43.0	48.0
		F_r	17.0	20.0	23.0	26.0	28.0	31.0	34.0
		F_i'	28.0	33.0	37.0	40.0	44.0	48.0	51.0
		f_i'	17.0	17.0	18.0	18.0	18.0	19.0	20.0
>16~25	20.0	f_u	13.0	14.0	14.0	15.0	16.0	17.0	17.0
		f_p	11.0	11.0	11.0	12.0	12.0	13.0	14.0
		F_{p2}	21.0	27.0	32.0	37.0	42.0	46.0	51.0
		F_r	20.0	23.0	26.0	29.0	32.0	34.0	37.0
		F_i'	33.0	37.0	41.0	45.0	49.0	53.0	57.0
		f_i'	22.0	22.0	22.0	22.0	22.0	23.0	24.0
>25~40	27.0	f_u	18.0	19.0	19.0	20.0	20.0	21.0	22.0
		f_p	14.0	15.0	15.0	16.0	16.0	17.0	17.0
		F_{p2}	22.0	28.0	34.0	39.0	45.0	50.0	54.0
		F_r	23.0	26.0	29.0	32.0	35.0	38.0	41.0
		F_i'	39.0	44.0	49.0	53.0	57.0	61.0	65.0
		f_i'	29.0	29.0	29.0	30.0	30.0	31.0	31.0

偏差 F_{pz}

测量长度/mm		15	25	45	75	125	200	300
轴向模数 m_x/mm		>0.5~2	>2~3.55	>3.55~6	>6~10	>10~16	>16~25	>25~40
蜗杆头数 z_1	1	4.5	5.5	6.5	8.5	11.0	13.0	16.0
	2	5.0	6.0	8.0	10.0	13.0	16.0	19.0
	3 和 4	5.5	7.0	9.0	12.0	15.0	19.0	23.0
	5 和 6	6.5	8.5	11.0	14.0	17.0	22.0	27.0
	>6	8.5	10.0	13.0	16.0	21.0	26.0	31.0

表 1-3-114 6 级精度轮齿偏差的允许值 （单位：μm）

模数 $m(m_t,m_x)$/mm	偏差 F_α	偏差	分度圆直径 d/mm >10~50	>50~125	>125~280	>280~560	>560~1000	>1000~1600	>1600~2500
>0.5~2.0	7.5	f_u	8.5	9.0	10.0	11.0	11.0	13.0	14.0
		f_p	6.5	7.0	7.5	8.5	9.0	10.0	11.0
		F_{p2}	18.0	24.0	29.0	34.0	38.0	42.0	46.0

（续）

模数 $m(m_t, m_x)$/mm	偏差 F_α	差	分度圆直径 d/mm						
			>10~50	>50~125	>125~280	>280~560	>560~1000	>1000~1600	>1600~2500
>0.5~2.0	7.5	F_r	13.0	15.0	17.0	20.0	22.0	25.0	27.0
		F'_i	21.0	25.0	29.0	34.0	36.0	41.0	43.0
		f'_i	10.0	11.0	11.0	11.0	12.0	13.0	13.0
>2.0~3.55	11.0	f_u	9.0	10.0	11.0	11.0	13.0	13.0	15.0
		f_p	7.0	7.5	8.5	9.0	10.0	11.0	12.0
		F_{p2}	22.0	28.0	34.0	39.0	43.0	49.0	53.0
		F_r	15.0	20.0	22.0	25.0	28.0	31.0	34.0
		F'_i	25.0	31.0	35.0	39.0	43.0	48.0	52.0
		f'_i	13.0	13.0	13.0	14.0	14.0	15.0	15.0
>3.55~6.0	13.0	f_u	11.0	11.0	11.0	13.0	13.0	14.0	15.0
		f_p	8.5	8.5	9.0	10.0	11.0	12.0	13.0
		F_{p2}	24.0	31.0	36.0	42.0	48.0	53.0	57.0
		F_r	18.0	22.0	25.0	28.0	32.0	35.0	38.0
		F'_i	29.0	35.0	39.0	43.0	49.0	53.0	57.0
		f'_i	15.0	15.0	15.0	17.0	17.0	18.0	18.0
>6.0~10	17.0	f_u	12.0	13.0	13.0	14.0	15.0	17.0	18.0
		f_p	10.0	10.0	11.0	11.0	12.0	13.0	14.0
		F_{p2}	25.0	32.0	39.0	45.0	50.0	57.0	62.0
		F_r	21.0	25.0	28.0	32.0	35.0	39.0	42.0
		F'_i	34.0	39.0	45.0	49.0	55.0	59.0	63.0
		f'_i	18.0	18.0	20.0	20.0	20.0	21.0	21.0
>10~16	22.0	f_u	15.0	15.0	15.0	17.0	18.0	20.0	21.0
		f_p	12.0	12.0	13.0	13.0	14.0	15.0	17.0
		F_{p2}	27.0	35.0	42.0	48.0	55.0	60.0	67.0
		F_r	24.0	28.0	32.0	36.0	39.0	43.0	48.0
		F'_i	39.0	46.0	52.0	56.0	62.0	67.0	71.0
		f'_i	24.0	24.0	25.0	25.0	25.0	27.0	28.0
>16~25	28.0	f_u	18.0	20.0	20.0	21.0	22.0	24.0	24.0
		f_p	15.0	15.0	15.0	17.0	17.0	18.0	20.0
		F_{p2}	29.0	38.0	45.0	52.0	59.0	64.0	71.0
		F_r	28.0	32.0	36.0	41.0	45.0	48.0	52.0
		F'_i	46.0	52.0	57.0	63.0	69.0	74.0	80.0
		f'_i	31.0	31.0	31.0	31.0	31.0	32.0	34.0
>25~40	38.0	f_u	25.0	27.0	27.0	28.0	28.0	29.0	31.0
		f_p	20.0	21.0	21.0	22.0	22.0	24.0	24.0
		F_{p2}	31.0	39.0	48.0	55.0	63.0	70.0	76.0
		F_r	32.0	36.0	41.0	45.0	49.0	53.0	57.0
		F'_i	55.0	62.0	69.0	74.0	80.0	85.0	91.0
		f'_i	41.0	41.0	41.0	42.0	42.0	43.0	43.0

偏差 F_{pz}

测量长度/mm		15	25	45	75	125	200	300
轴向模数 m_x/mm		>0.5~2	>2~3.55	>3.55~6	>6~10	>10~16	>16~25	>25~40
蜗杆头数 z_1	1	6.5	7.5	9.0	12.0	15.0	18.0	22.0
	2	7.0	8.5	11.0	14.0	18.0	22.0	27.0
	3和4	7.5	10.0	13.0	17.0	21.0	27.0	32.0
	5和6	9.0	12.0	15.0	20.0	24.0	31.0	38.0
	>6	12.0	14.0	18.0	22.0	29.0	36.0	43.0

表 1-3-115 7级精度轮齿偏差的允许值 （单位：μm）

模数 $m(m_t,m_x)$/mm	偏差		分度圆直径 d/mm						
	F_α		>10~50	>50~125	>125~280	>280~560	>560~1000	>1000~1600	>1600~2500
>0.5~2.0	11.0	f_u	12.0	13.0	14.0	15.0	16.0	18.0	20.0
		f_p	9.0	10.0	11.0	12.0	13.0	14.0	16.0
		F_{p2}	25.0	33.0	41.0	47.0	53.0	59.0	65.0
		F_r	18.0	22.0	24.0	27.0	31.0	35.0	37.0
		F_i'	29.0	35.0	41.0	47.0	51.0	57.0	61.0
		f_i'	14.0	15.0	15.0	16.0	17.0	18.0	19.0
>2.0~3.55	15.0	f_u	13.0	14.0	15.0	16.0	18.0	19.0	22.0
		f_p	10.0	11.0	12.0	13.0	14.0	15.0	17.0
		F_{p2}	31.0	39.0	47.0	55.0	61.0	69.0	74.0
		F_r	22.0	27.0	31.0	35.0	39.0	43.0	47.0
		F_i'	35.0	43.0	49.0	55.0	61.0	67.0	73.0
		f_i'	18.0	18.0	19.0	20.0	20.0	22.0	22.0
>3.55~6.0	19.0	f_u	15.0	15.0	16.0	18.0	19.0	20.0	22.0
		f_p	12.0	12.0	13.0	14.0	15.0	17.0	18.0
		F_{p2}	33.0	43.0	51.0	59.0	67.0	74.0	80.0
		F_r	25.0	31.0	35.0	39.0	45.0	49.0	53.0
		F_i'	41.0	49.0	55.0	61.0	69.0	74.0	80.0
		f_i'	22.0	22.0	22.0	24.0	24.0	25.0	25.0
>6.0~10	24.0	f_u	17.0	18.0	19.0	20.0	22.0	24.0	25.0
		f_p	14.0	14.0	15.0	16.0	17.0	18.0	20.0
		F_{p2}	35.0	45.0	55.0	63.0	71.0	80.0	86.0
		F_r	29.0	35.0	39.0	45.0	49.0	55.0	59.0
		F_i'	47.0	55.0	63.0	69.0	76.0	82.0	88.0
		f_i'	25.0	25.0	27.0	27.0	27.0	29.0	29.0
>10~16	31.0	f_u	22.0	22.0	22.0	24.0	25.0	27.0	29.0
		f_p	17.0	17.0	18.0	19.0	20.0	22.0	24.0
		F_{p2}	37.0	49.0	59.0	67.0	76.0	84.0	94.0
		F_r	33.0	39.0	45.0	51.0	55.0	61.0	67.0
		F_i'	55.0	65.0	73.0	78.0	86.0	94.0	100.0
		f_i'	33.0	33.0	35.0	35.0	35.0	37.0	39.0
>16~25	39.0	f_u	25.0	27.0	27.0	29.0	31.0	33.0	33.0
		f_p	22.0	22.0	22.0	24.0	24.0	25.0	27.0
		F_{p2}	41.0	53.0	63.0	73.0	82.0	90.0	100.0
		F_r	39.0	45.0	51.0	57.0	63.0	67.0	73.0
		F_i'	65.0	73.0	80.0	88.0	96.0	104.0	112.0
		f_i'	43.0	43.0	43.0	43.0	43.0	45.0	47.0
>25~40	53.0	f_u	35.0	37.0	37.0	39.0	39.0	41.0	43.0
		f_p	27.0	29.0	29.0	31.0	31.0	33.0	33.0
		F_{p2}	43.0	55.0	67.0	76.0	88.0	98.0	106.0
		F_r	45.0	51.0	57.0	63.0	69.0	74.0	80.0
		F_i'	76.0	86.0	96.0	104.0	112.0	120.0	127.0
		f_i'	57.0	57.0	57.0	59.0	59.0	61.0	61.0

（续）

偏差 F_{pz}								
测量长度/mm		15	25	45	75	125	200	300
轴向模数 m_x/mm		>0.5 ~2	>2 ~3.55	>3.55 ~6	>6 ~10	>10 ~16	>16 ~25	>25 ~40
蜗杆头数 z_1	1	9.0	11.0	13.0	17.0	22.0	25.0	31.0
	2	10.0	12.0	16.0	20.0	25.0	31.0	37.0
	3和4	11.0	14.0	18.0	24.0	29.0	37.0	45.0
	5和6	13.0	17.0	22.0	27.0	33.0	43.0	53.0
	>6	17.0	20.0	25.0	31.0	41.0	51.0	61.0

表1-3-116 8级精度轮齿偏差的允许值 （单位：μm）

模数 $m(m_t, m_x)$/mm	偏差		分度圆直径 d/mm						
	F_α		>10 ~50	>50 ~125	>125 ~280	>280 ~560	>560 ~1000	>1000 ~1600	>1600 ~2500
>0.5 ~2.0	15.0	f_u	16.0	18.0	19.0	21.0	22.0	25.0	27.0
		f_p	12.0	14.0	15.0	16.0	18.0	19.0	22.0
		F_{p2}	36.0	47.0	58.0	66.0	74.0	82.0	91.0
		F_r	25.0	30.0	33.0	38.0	44.0	49.0	52.0
		F_i'	41.0	49.0	58.0	66.0	71.0	80.0	85.0
		f_i'	19.0	21.0	21.0	22.0	23.0	25.0	26.0
>2.0 ~3.55	21.0	f_u	18.0	19.0	21.0	22.0	25.0	26.0	30.0
		f_p	14.0	15.0	16.0	18.0	19.0	21.0	23.0
		F_{p2}	44.0	55.0	66.0	77.0	85.0	96.0	104.0
		F_r	30.0	38.0	44.0	49.0	55.0	60.0	66.0
		F_i'	49.0	60.0	69.0	77.0	85.0	93.0	102.0
		f_i'	25.0	25.0	26.0	27.0	27.0	30.0	30.0
>3.55 ~6.0	26.0	f_u	21.0	21.0	22.0	25.0	26.0	27.0	30.0
		f_p	16.0	16.0	18.0	19.0	21.0	23.0	25.0
		F_{p2}	47.0	60.0	71.0	82.0	93.0	104.0	113.0
		F_r	36.0	44.0	49.0	55.0	63.0	69.0	74.0
		F_i'	58.0	69.0	77.0	85.0	96.0	104.0	113.0
		f_i'	30.0	30.0	30.0	33.0	33.0	36.0	36.0
>6.0 ~10	33.0	f_u	23.0	25.0	26.0	27.0	30.0	33.0	36.0
		f_p	19.0	19.0	21.0	22.0	23.0	25.0	27.0
		F_{p2}	49.0	63.0	77.0	88.0	99.0	113.0	121.0
		F_r	41.0	49.0	55.0	63.0	69.0	77.0	82.0
		F_i'	66.0	77.0	88.0	96.0	107.0	115.0	123.0
		f_i'	36.0	36.0	38.0	38.0	38.0	41.0	41.0
>10 ~16	44.0	f_u	30.0	30.0	30.0	33.0	36.0	38.0	41.0
		f_p	23.0	23.0	25.0	26.0	27.0	30.0	33.0
		F_{p2}	52.0	69.0	82.0	93.0	107.0	118.0	132.0
		F_r	47.0	55.0	63.0	71.0	77.0	85.0	93.0
		F_i'	77.0	91.0	102.0	110.0	121.0	132.0	140.0
		f_i'	47.0	47.0	49.0	49.0	49.0	52.0	55.0
>16 ~25	55.0	f_u	36.0	38.0	38.0	41.0	44.0	47.0	47.0
		f_p	30.0	30.0	30.0	33.0	33.0	36.0	38.0
		F_{p2}	58.0	74.0	88.0	102.0	115.0	126.0	140.0
		F_r	55.0	63.0	71.0	80.0	88.0	93.0	102.0
		F_i'	91.0	102.0	113.0	123.0	134.0	145.0	156.0
		f_i'	60.0	60.0	60.0	60.0	60.0	63.0	66.0

（续）

模数 $m(m_t,m_x)$/mm	偏差		分度圆直径 d/mm						
	F_α		>10 ~50	>50 ~125	>125 ~280	>280 ~560	>560 ~1000	>1000 ~1600	>1600 ~2500
>25 ~40	74.0	f_u	49.0	52.0	52.0	55.0	55.0	58.0	60.0
		f_p	38.0	41.0	41.0	44.0	44.0	47.0	47.0
		F_{p2}	60.0	77.0	93.0	107.0	123.0	137.0	148.0
		F_r	63.0	71.0	80.0	88.0	96.0	104.0	113.0
		F_i'	107.0	121.0	134.0	145.0	156.0	167.0	178.0
		f_i'	80.0	80.0	80.0	82.0	82.0	85.0	85.0
偏差 F_{pz}									
测量长度/mm			15	25	45	75	125	200	300
轴向模数 m_x/mm			>0.5 ~2	>2 ~3.55	>3.55 ~6	>6 ~10	>10 ~16	>16 ~25	>25 ~40
蜗杆头数 z_1	1		12.0	15.0	18.0	23.0	30.0	36.0	44.0
	2		14.0	16.0	22.0	27.0	36.0	44.0	52.0
	3 和 4		15.0	19.0	25.0	33.0	41.0	52.0	63.0
	5 和 6		18.0	23.0	30.0	38.0	47.0	60.0	74.0
	>6		23.0	27.0	36.0	44.0	58.0	71.0	85.0

表 1-3-117　9级精度轮齿偏差的允许值　（单位：μm）

模数 $m(m_t,m_x)$/mm	偏差		分度圆直径 d/mm						
	F_α		>10 ~50	>50 ~125	>125 ~280	>280 ~560	>560 ~1000	>1000 ~1600	>1600 ~2500
>0.5 ~2.0	21.0	f_u	23.0	25.0	27.0	29.0	31.0	35.0	38.0
		f_p	17.0	19.0	21.0	23.0	25.0	27.0	31.0
		F_{p2}	50.0	65.0	81.0	92.0	104.0	115.0	127.0
		F_r	35.0	42.0	46.0	54.0	61.0	69.0	73.0
		F_i'	58.0	69.0	81.0	92.0	100.0	111.0	119.0
		f_i'	27.0	29.0	29.0	31.0	33.0	35.0	36.0
>2.0 ~3.55	29.0	f_u	25.0	27.0	29.0	31.0	35.0	36.0	42.0
		f_p	19.0	21.0	23.0	25.0	27.0	29.0	33.0
		F_{p2}	61.0	77.0	92.0	108.0	119.0	134.0	146.0
		F_r	42.0	54.0	61.0	69.0	77.0	85.0	92.0
		F_i'	69.0	85.0	96.0	108.0	119.0	131.0	142.0
		f_i'	35.0	35.0	36.0	38.0	38.0	42.0	42.0
>3.55 ~6.0	36.0	f_u	29.0	29.0	31.0	35.0	36.0	38.0	42.0
		f_p	23.0	23.0	25.0	27.0	29.0	33.0	35.0
		F_{p2}	65.0	85.0	100.0	115.0	131.0	146.0	158.0
		F_r	50.0	61.0	69.0	77.0	88.0	96.0	104.0
		F_i'	81.0	96.0	108.0	119.0	134.0	146.0	158.0
		f_i'	42.0	42.0	42.0	46.0	46.0	50.0	50.0
>6.0 ~10	46.0	f_u	33.0	35.0	36.0	38.0	42.0	46.0	50.0
		f_p	27.0	27.0	29.0	31.0	33.0	35.0	38.0
		F_{p2}	69.0	88.0	108.0	123.0	138.0	158.0	169.0
		F_r	58.0	69.0	77.0	88.0	96.0	108.0	115.0
		F_i'	92.0	108.0	123.0	134.0	150.0	161.0	173.0
		f_i'	50.0	50.0	54.0	54.0	54.0	58.0	58.0

（续）

模数 $m(m_t,m_x)$/mm	偏差 F_α		分度圆直径 d/mm >10~50	>50~125	>125~280	>280~560	>560~1000	>1000~1600	>1600~2500
>10~16	61.0	f_u	42.0	42.0	42.0	46.0	50.0	54.0	58.0
		f_p	33.0	33.0	35.0	36.0	38.0	42.0	46.0
		F_{p2}	73.0	96.0	115.0	131.0	150.0	165.0	184.0
		F_r	65.0	77.0	88.0	100.0	108.0	119.0	131.0
		F_i'	108.0	127.0	142.0	154.0	169.0	184.0	196.0
		f_i'	65.0	65.0	69.0	69.0	69.0	73.0	77.0
>16~25	77.0	f_u	50.0	54.0	54.0	58.0	61.0	65.0	65.0
		f_p	42.0	42.0	42.0	46.0	46.0	50.0	54.0
		F_{p2}	81.0	104.0	123.0	142.0	161.0	177.0	196.0
		F_r	77.0	88.0	100.0	111.0	123.0	131.0	142.0
		F_i'	127.0	142.0	158.0	173.0	188.0	204.0	219.0
		f_i'	85.0	85.0	85.0	85.0	85.0	88.0	92.0
>25~40	104.0	f_u	69.0	73.0	73.0	77.0	77.0	81.0	85.0
		f_p	54.0	58.0	58.0	61.0	61.0	65.0	65.0
		F_{p2}	85.0	108.0	131.0	150.0	173.0	192.0	207.0
		F_r	88.0	100.0	111.0	123.0	134.0	146.0	158.0
		F_i'	150.0	169.0	188.0	204.0	219.0	234.0	250.0
		f_i'	111.0	111.0	111.0	115.0	115.0	119.0	119.0

偏差 F_{pz}

测量长度/mm		15	25	45	75	125	200	300
轴向模数 m_x/mm		>0.5~2	>2~3.55	>3.55~6	>6~10	>10~16	>16~25	>25~40
蜗杆头数 z_1	1	17.0	21.0	25.0	33.0	42.0	50.0	61.0
	2	19.0	23.0	31.0	38.0	50.0	61.0	73.0
	3和4	21.0	27.0	35.0	46.0	58.0	73.0	88.0
	5和6	25.0	33.0	42.0	54.0	65.0	85.0	104.0
	>6	33.0	38.0	50.0	61.0	81.0	100.0	119.0

表 1-3-118　10级精度轮齿偏差的允许值　（单位：μm）

模数 $m(m_t,m_x)$/mm	偏差 F_α		分度圆直径 d/mm >10~50	>50~125	>125~280	>280~560	>560~1000	>1000~1600	>1600~2500
>0.5~2.0	34.0	f_u	37.0	40.0	43.0	46.0	49.0	55.0	61.0
		f_p	28.0	31.0	34.0	37.0	40.0	43.0	49.0
		F_{p2}	80.0	104.0	129.0	148.0	166.0	184.0	203.0
		F_r	48.0	59.0	65.0	75.0	86.0	97.0	102.0
		F_i'	92.0	111.0	129.0	148.0	160.0	178.0	191.0
		f_i'	43.0	46.0	46.0	49.0	52.0	55.0	58.0
>2.0~3.55	46.0	f_u	40.0	43.0	46.0	49.0	55.0	58.0	68.0
		f_p	31.0	34.0	37.0	40.0	43.0	46.0	52.0
		F_{p2}	98.0	123.0	148.0	172.0	191.0	215.0	234.0
		F_r	59.0	75.0	86.0	97.0	108.0	118.0	129.0
		F_i'	111.0	135.0	154.0	172.0	191.0	209.0	227.0
		f_i'	55.0	55.0	58.0	61.0	61.0	68.0	68.0

（续）

模数 $m(m_t, m_x)$/mm	偏差 F_α	偏差	分度圆直径 d/mm >10~50	>50~125	>125~280	>280~560	>560~1000	>1000~1600	>1600~2500
>3.55~6.0	58.0	f_u	46.0	46.0	49.0	55.0	58.0	61.0	68.0
		f_p	37.0	37.0	40.0	43.0	46.0	52.0	55.0
		F_{p2}	104.0	135.0	160.0	184.0	209.0	234.0	252.0
		F_r	70.0	86.0	97.0	108.0	124.0	134.0	145.0
		F_i'	129.0	154.0	172.0	191.0	215.0	234.0	252.0
		f_i'	68.0	68.0	68.0	74.0	74.0	80.0	80.0
>6.0~10	74.0	f_u	52.0	55.0	58.0	61.0	68.0	74.0	80.0
		f_p	43.0	43.0	46.0	49.0	52.0	55.0	61.0
		F_{p2}	111.0	141.0	172.0	197.0	221.0	252.0	270.0
		F_r	81.0	97.0	108.0	124.0	134.0	151.0	161.0
		F_i'	148.0	172.0	197.0	215.0	240.0	258.0	277.0
		f_i'	80.0	80.0	86.0	86.0	86.0	92.0	92.0
>10~16	98.0	f_u	68.0	68.0	68.0	74.0	80.0	86.0	92.0
		f_p	52.0	52.0	55.0	58.0	61.0	68.0	74.0
		F_{p2}	117.0	154.0	184.0	209.0	240.0	264.0	295.0
		F_r	91.0	108.0	124.0	140.0	151.0	167.0	183.0
		F_i'	172.0	203.0	227.0	246.0	270.0	295.0	313.0
		f_i'	104.0	104.0	111.0	111.0	111.0	117.0	123.0
>16~25	123.0	f_u	80.0	86.0	86.0	92.0	98.0	104.0	104.0
		f_p	68.0	68.0	68.0	74.0	74.0	80.0	86.0
		F_{p2}	129.0	166.0	197.0	227.0	258.0	283.0	313.0
		F_r	108.0	124.0	140.0	156.0	172.0	183.0	199.0
		F_i'	203.0	227.0	252.0	277.0	301.0	326.0	350.0
		f_i'	135.0	135.0	135.0	135.0	135.0	141.0	148.0
>25~40	166.0	f_u	111.0	117.0	117.0	123.0	123.0	129.0	135.0
		f_p	86.0	92.0	92.0	98.0	98.0	104.0	104.0
		F_{p2}	135.0	172.0	209.0	240.0	277.0	307.0	332.0
		F_r	124.0	140.0	156.0	172.0	188.0	204.0	221.0
		F_i'	240.0	270.0	301.0	326.0	350.0	375.0	400.0
		f_i'	178.0	178.0	178.0	184.0	184.0	191.0	191.0

偏差 F_{pz}

测量长度/mm		15	25	45	75	125	200	300
轴向模数 m_x/mm		>0.5~2	>2~3.55	>3.55~6	>6~10	>10~16	>16~25	>25~40
蜗杆头数 z_1	1	28.0	34.0	40.0	52.0	68.0	80.0	98.0
	2	31.0	37.0	49.0	61.0	80.0	98.0	117.0
	3 和 4	34.0	43.0	55.0	74.0	92.0	117.0	141.0
	5 和 6	40.0	52.0	68.0	86.0	104.0	135.0	166.0
	>6	52.0	61.0	80.0	98.0	129.0	160.0	191.0

表 1-3-119　11 级精度轮齿偏差的允许值　（单位：μm）

模数 $m(m_t, m_x)$/mm	偏差 F_α	偏差	分度圆直径 d/mm >10~50	>50~125	>125~280	>280~560	>560~1000	>1000~1600	>1600~2500
>0.5~2.0	54.0	f_u	59.0	64.0	69.0	74.0	79.0	89.0	98.0
		f_p	44.0	49.0	54.0	59.0	64.0	69.0	79.0
		F_{p2}	128.0	167.0	207.0	236.0	266.0	295.0	325.0

（续）

模数 $m(m_t,m_x)$/mm	偏差 F_α		分度圆直径 d/mm >10~50	>50~125	>125~280	>280~560	>560~1000	>1000~1600	>1600~2500
>0.5~2.0	54.0	F_r	68.0	83.0	90.0	105.0	120.0	136.0	143.0
		F'_i	148.0	177.0	207.0	236.0	256.0	285.0	305.0
		f'_i	69.0	74.0	74.0	79.0	84.0	89.0	93.0
>2.0~3.55	74.0	f_u	64.0	69.0	74.0	79.0	89.0	93.0	108.0
		f_p	49.0	54.0	59.0	64.0	69.0	74.0	84.0
		F_{p2}	157.0	197.0	236.0	275.0	305.0	344.0	374.0
		F_r	83.0	105.0	120.0	136.0	151.0	166.0	181.0
		F'_i	177.0	216.0	246.0	275.0	305.0	334.0	364.0
		f'_i	89.0	89.0	93.0	98.0	98.0	108.0	108.0
>3.55~6.0	93.0	f_u	74.0	74.0	79.0	89.0	93.0	98.0	108.0
		f_p	59.0	59.0	64.0	69.0	74.0	84.0	89.0
		F_{p2}	167.0	216.0	256.0	295.0	334.0	374.0	403.0
		F_r	98.0	120.0	136.0	151.0	173.0	188.0	203.0
		F'_i	207.0	246.0	275.0	305.0	344.0	374.0	403.0
		f'_i	108.0	108.0	108.0	118.0	118.0	128.0	128.0
>6.0~10	118.0	f_u	84.0	89.0	93.0	98.0	108.0	118.0	128.0
		f_p	69.0	69.0	74.0	79.0	84.0	89.0	98.0
		F_{p2}	177.0	226.0	275.0	315.0	354.0	403.0	433.0
		F_r	113.0	136.0	151.0	173.0	188.0	211.0	226.0
		F'_i	236.0	275.0	315.0	344.0	384.0	413.0	443.0
		f'_i	128.0	128.0	138.0	138.0	138.0	148.0	148.0
>10~16	157.0	f_u	108.0	108.0	108.0	118.0	128.0	138.0	148.0
		f_p	84.0	84.0	89.0	93.0	98.0	108.0	118.0
		F_{p2}	187.0	246.0	295.0	334.0	384.0	423.0	472.0
		F_r	128.0	151.0	173.0	196.0	211.0	233.0	256.0
		F'_i	275.0	325.0	364.0	393.0	433.0	472.0	502.0
		f'_i	167.0	167.0	177.0	177.0	177.0	187.0	197.0
>16~25	197.0	f_u	128.0	138.0	138.0	148.0	157.0	167.0	167.0
		f_p	108.0	108.0	108.0	118.0	118.0	128.0	138.0
		F_{p2}	207.0	266.0	315.0	364.0	413.0	452.0	502.0
		F_r	151.0	173.0	196.0	218.0	241.0	256.0	279.0
		F'_i	325.0	364.0	403.0	443.0	482.0	521.0	561.0
		f'_i	216.0	216.0	216.0	216.0	216.0	226.0	236.0
>25~40	266.0	f_u	177.0	187.0	187.0	197.0	197.0	207.0	216.0
		f_p	138.0	148.0	148.0	157.0	157.0	167.0	167.0
		F_{p2}	216.0	275.0	334.0	384.0	443.0	492.0	531.0
		F_r	173.0	196.0	218.0	241.0	264.0	286.0	309.0
		F'_i	384.0	433.0	482.0	521.0	561.0	600.0	639.0
		f'_i	285.0	285.0	285.0	295.0	295.0	305.0	305.0

偏差 F_{pz}

测量长度/mm		15	25	45	75	125	200	300
轴向模数 m_x/mm		>0.5~2	>2~3.55	>3.55~6	>6~10	>10~16	>16~25	>25~40
蜗杆头数 z_1	1	44.0	54.0	64.0	84.0	108.0	128.0	157.0
	2	49.0	59.0	79.0	98.0	128.0	157.0	187.0
	3和4	54.0	69.0	89.0	118.0	148.0	187.0	226.0
	5和6	64.0	84.0	108.0	138.0	167.0	216.0	266.0
	>6	84.0	98.0	128.0	157.0	207.0	256.0	305.0

表 1-3-120 12 级精度轮齿偏差的允许值 （单位：μm）

模数 $m(m_t, m_x)$/mm	偏差		分度圆直径 d/mm						
	F_α		>10~50	>50~125	>125~280	>280~560	>560~1000	>1000~1600	>1600~2500
>0.5~2.0	87.0	f_u	94.0	102.0	110.0	118.0	126.0	142.0	157.0
		f_p	71.0	79.0	87.0	94.0	102.0	110.0	126.0
		F_{p2}	205.0	267.0	330.0	378.0	425.0	472.0	519.0
		F_r	95.0	116.0	126.0	148.0	169.0	190.0	200.0
		F_i'	236.0	283.0	330.0	378.0	409.0	456.0	488.0
		f_i'	110.0	118.0	118.0	126.0	134.0	142.0	149.0
>2.0~3.55	118.0	f_u	102.0	110.0	118.0	126.0	142.0	149.0	173.0
		f_p	79.0	87.0	94.0	102.0	110.0	118.0	134.0
		F_{p2}	252.0	315.0	378.0	441.0	488.0	551.0	598.0
		F_r	116.0	148.0	169.0	190.0	211.0	232.0	253.0
		F_i'	283.0	346.0	393.0	441.0	488.0	535.0	582.0
		f_i'	142.0	142.0	149.0	157.0	157.0	173.0	173.0
>3.55~6.0	149.0	f_u	118.0	118.0	126.0	142.0	149.0	157.0	173.0
		f_p	94.0	94.0	102.0	110.0	118.0	134.0	142.0
		F_{p2}	267.0	346.0	409.0	472.0	535.0	598.0	645.0
		F_r	137.0	169.0	190.0	211.0	242.0	264.0	285.0
		F_i'	330.0	393.0	441.0	488.0	551.0	598.0	645.0
		f_i'	173.0	173.0	173.0	189.0	189.0	205.0	205.0
>6.0~10	189.0	f_u	134.0	142.0	149.0	157.0	173.0	189.0	205.0
		f_p	110.0	110.0	118.0	126.0	134.0	142.0	157.0
		F_{p2}	283.0	362.0	441.0	504.0	566.0	645.0	692.0
		F_r	158.0	190.0	211.0	242.0	264.0	295.0	316.0
		F_i'	378.0	441.0	504.0	551.0	614.0	661.0	708.0
		f_i'	205.0	205.0	220.0	220.0	220.0	236.0	236.0
>10~16	252.0	f_u	173.0	173.0	173.0	189.0	205.0	220.0	236.0
		f_p	134.0	134.0	142.0	149.0	157.0	173.0	189.0
		F_{p2}	299.0	393.0	472.0	535.0	614.0	677.0	755.0
		F_r	179.0	211.0	242.0	274.0	295.0	327.0	358.0
		F_i'	441.0	519.0	582.0	629.0	692.0	755.0	802.0
		f_i'	267.0	267.0	283.0	283.0	283.0	299.0	315.0
>16~25	315.0	f_u	205.0	220.0	220.0	236.0	252.0	267.0	267.0
		f_p	173.0	173.0	173.0	189.0	189.0	205.0	220.0
		F_{p2}	330.0	425.0	504.0	582.0	661.0	724.0	802.0
		F_r	211.0	242.0	274.0	306.0	337.0	358.0	390.0
		F_i'	519.0	582.0	645.0	708.0	771.0	834.0	897.0
		f_i'	346.0	346.0	346.0	346.0	346.0	362.0	378.0
>25~40	425.0	f_u	283.0	299.0	299.0	315.0	315.0	330.0	346.0
		f_p	220.0	236.0	236.0	252.0	252.0	267.0	267.0
		F_{p2}	346.0	441.0	535.0	614.0	708.0	787.0	850.0
		F_r	242.0	274.0	306.0	337.0	369.0	401.0	432.0
		F_i'	614.0	692.0	771.0	834.0	897.0	960.0	1023.0
		f_i'	456.0	456.0	456.0	472.0	472.0	488.0	488.0
偏差 F_{pz}									
测量长度/mm			15	25	45	75	125	200	300
轴向模数 m_x/mm			>0.5~2	>2~3.55	>3.55~6	>6~10	>10~16	>16~25	>25~40
蜗杆头数 z_1	1		71.0	87.0	102.0	134.0	173.0	205.0	252.0
	2		79.0	94.0	126.0	157.0	205.0	252.0	299.0
	3 和 4		87.0	110.0	142.0	189.0	236.0	299.0	362.0
	5 和 6		102.0	134.0	173.0	220.0	267.0	346.0	425.0
	>6		134.0	157.0	205.0	252.0	330.0	409.0	488.0

（7）蜗杆副的接触斑点要求　蜗杆副的接触斑点主要按其形状、分布位置与面积大小来评定。接触斑点的要求应符合表1-3-121的规定。

表1-3-121　蜗杆副的接触斑点要求

精度等级	接触面积的百分比(%)		接触形状	接触位置
	沿齿高不小于	沿齿长不小于		
1和2	75	70	接触斑点在齿高方向无断缺,不允许成带状条纹	接触斑点痕迹的分布位置趋近齿面中部,允许略偏于啮入端。在齿顶和啮入、啮出端的棱边处不允许接触
3和4	70	65		
5和6	65	60		
7和8	55	50	不作要求	接触斑点痕迹应偏于啮出端,但不允许在齿顶和啮入、啮出端的棱边接触
9和10	45	40		
11和12	30	30		

注：采用修形齿面的蜗杆传动，接触斑点的接触形状要求可不受表中规定的限制。

3.3　键、花键和销

3.3.1　键

3.3.1.1　平键

平键分为普通型平键、导向型平键和薄型平键三种。

1）普通型平键的型式、尺寸及极限偏差见表1-3-122。

表1-3-122　普通型平键的型式、尺寸及极限偏差（GB/T 1096—2003）

（单位：mm）

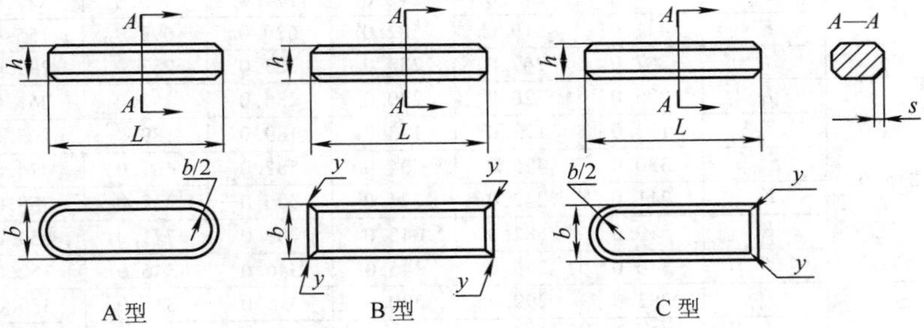

注：$y \leqslant s_{max}$

标记示例:圆头普通平键(A型),b=10mm,h=8mm,L=25mm,标记为

GB/T 1096　键 10×8×25

对于同一尺寸的平头普通平键(B型)或单圆头普通平键(C型),标记为

GB/T 1096　键 B 10×8×25

GB/T 1096　键 C 10×8×25

宽度 b	公称尺寸	2	3	4	5	6	8	10	12	14	16	18	20	22
	极限偏差(h8)	0 -0.014		0 -0.018			0 -0.022		0 -0.027				0 -0.033	

（续）

高度 h	公称尺寸		2	3	4	5	6	7	8	8	9	10	11	12	14
	极限偏差	矩形(h11)	—		—			0 -0.090					0 -0.110		
		方形(h8)	0 -0.014		0 -0.018			—					—		
倒角 c 或倒圆 s			0.16~0.25			0.25~0.40			0.40~0.60					0.60~0.80	
宽度 b	公称尺寸		25	28	32	36	40	45	50	56	63	70	80	90	100
	极限偏差(h8)		0 -0.033		0 -0.039					0 -0.046				0 -0.054	
高度 h	公称尺寸		14	16	18	20	22	25	28	32	32	36	40	45	50
	极限偏差	矩形(h11)	0 -0.110			0 -0.130				0 -0.160					
		方形(h8)	—			—				—					
倒角或倒圆 s			0.60~0.80			1.00~1.20				1.60~2.00			2.50~3.00		
L 系列(h14)			6,8,10,12,14,16,18,20,22,25,28,32,36,40,45,50,56,63,70,80,90,100,110,125,140,160,180,200,220,250,280,320,360,400,450,500												

2）导向型平键的型式、尺寸及极限偏差见表1-3-123。

表1-3-123　导向型平键的型式、尺寸及极限偏差（GB/T 1097—2003）

（单位：mm）

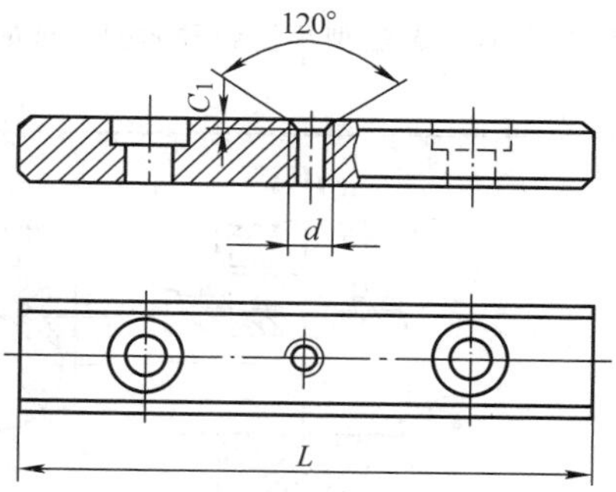

B型

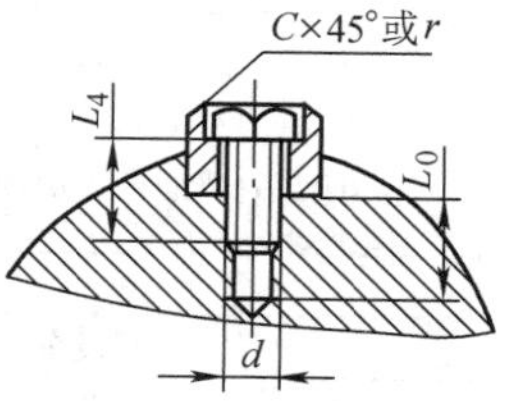

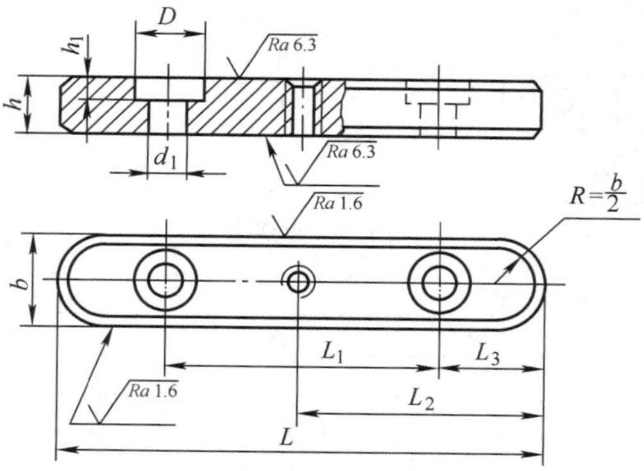

A型

$\sqrt{Ra\ 12.5}$ (√)

标记示例：

宽度 b=16mm、宽度 h=10mm、长度 L=100mm 导向A型平键的标记为
GB/T 1097　键 16×100

宽度 b=16mm、高度 h=10mm、长度 L=100mm 导向B型平键的标记为
GB/T 1097　键 B16×100

（续）

		8	10	12	14	16	18	20	22	25	28	32	36	40	45
b	公称尺寸	8	10	12	14	16	18	20	22	25	28	32	36	40	45
b	极限偏差（h8）	0 −0.022		0 −0.027				0 −0.033				0 −0.039			
h	公称尺寸	7	8	8	9	10	11	12	14	14	16	18	20	22	25
h	极限偏差（h11）	0 −0.090						0 −0.110					0 −0.130		
C 或 r		0.25~0.40	0.40~0.60					0.60~0.80					1.00~1.20		
h_1		2.4		3.0	3.5		4.5		6			7	8		
d		M3		M4	M5		M6		M8			M10	M12		
d_1		3.4		4.5	5.5		6.6		9			11	14		
D		6		8.5	10		12		15			18	22		
C_1		0.3		0.5									1.0		
L_0		7	8	10			12			15		18	22		
螺钉（$d×L_4$）		M3×8	M3×10	M4×10	M5×10		M6×12		M6×16	M8×16		M10×20	M12×25		

L 与 L_1、L_2、L_3 的对应长度系列

L	25	28	32	36	40	45	50	56	63	70	80	90	100	110	125	140	160	180	200	220	250	280	320	360	400	450
L_1	13	14	16	18	20	23	26	30	35	40	48	54	60	66	75	80	90	100	110	120	140	160	180	200	220	250
L_2	12.5	14	16	18	20	22.5	25	28	31.5	35	40	45	50	55	62	70	80	90	100	110	125	140	160	180	200	225
L_3	6	7	8	9	10	11	12	13	14	15	16	18	20	22	25	30	35	40	45	50	55	60	70	80	90	100

普通型平键和导向型平键的键槽剖面尺寸及极限偏差见表 1-3-124。

表 1-3-124 普通型平键和导向型平键的键槽剖面尺寸及极限偏差（GB/T 1095—2003）

（单位：mm）

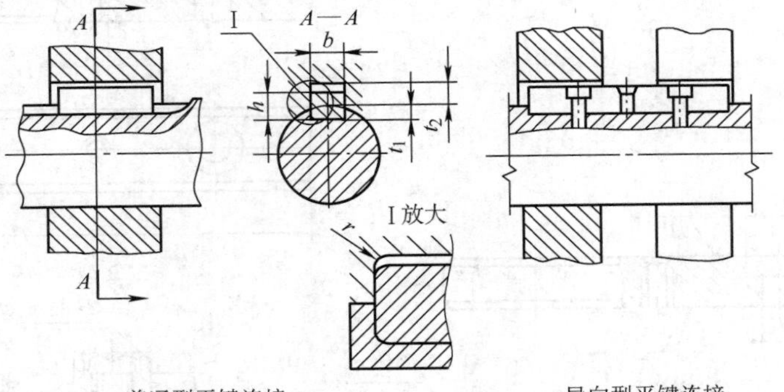

普通型平键连接　　导向型平键连接

键尺寸 b×h	键槽										半径 r	
	宽度 b						深度					
	公称尺寸	极限偏差					轴 t_1		毂 t_2			
		正常连接		紧密连接	松连接		公称尺寸	极限偏差	公称尺寸	极限偏差	min	max
		轴（N9）	毂（JS9）	轴和毂（P9）	轴（H9）	毂（D10）						
2×2	2.0	−0.004 −0.029	±0.0125	−0.006 −0.031	+0.025 0	+0.060 +0.020	1.2	+0.1 0	1.0	+0.1 0	0.08	0.16
3×3	3.0						1.8		1.4			
4×4	4.0	0 −0.030	±0.015	−0.012 −0.042	−0.030 0	+0.078 +0.030	2.5		1.8			
5×5	5.0						3.0		2.3		0.16	0.25
6×6	6.0						3.5		2.8			

（续）

键尺寸 $b\times h$	键槽											
	宽度 b						深度				半径 r	
	公称尺寸	极限偏差					轴 t_1		毂 t_2			
		正常连接		紧密连接	松连接		公称尺寸	极限偏差	公称尺寸	极限偏差		
		轴(N9)	毂(JS9)	轴和毂(P9)	轴(H9)	毂(D10)					min	max
8×7	8.0	0 -0.036	±0.018	-0.015 -0.051	+0.036 0	+0.098 +0.040	4.0	+0.2 0	3.3	+0.2 0	0.16	0.25
10×8	10						5.0		3.3			
12×8	12	0 -0.043	±0.0215	-0.018 -0.061	+0.043 0	+0.120 +0.050	5.0		3.3		0.25	0.40
14×9	14						5.5		3.8			
16×10	16						6.0		4.3			
18×11	18						7.0		4.4			
20×12	20	0 -0.052	±0.026	-0.022 -0.074	+0.052 0	+0.149 +0.065	7.5		4.9		0.40	0.60
22×14	22						9.0		5.4			
25×14	25						9.0		5.4			
28×16	28						10.0		6.4			
32×18	32	0 -0.062	±0.031	-0.026 -0.088	+0.062 0	+0.180 +0.080	11.0		7.4			
36×20	36						12.0	+0.3 0	8.4	+0.3 0	0.70	1.00
40×22	40						13.0		9.4			
45×25	45						15.0		10.4			
50×28	50						17.0		11.4			
56×32	56	0 -0.074	±0.037	-0.032 -0.106	+0.074 0	+0.220 +0.100	20.0		12.4		1.20	1.60
63×32	63						20.0		12.4			
70×36	70						22.0		14.4			
80×40	80						25.0		15.4			
90×45	90	0 -0.087	±0.0435	-0.037 -0.124	+0.087 0	+0.260 +0.120	28.0		17.4		2.00	2.50
100×50	100						31.0		19.5			

注：1. 导向型平键的轴槽与轮毂槽用松连接的公差。

2. 平键轴槽的长度公差用 H14。

3. 轴槽及轮毂槽的宽度 b 对轴及轮毂轴线的对称度，一般可按 GB/T 1184—1996 表 B4 中的对称度公差 7～9 级选取。

3）薄型平键的型式、尺寸及极限偏差见表 1-3-125。

表 1-3-125 薄型平键的型式、尺寸及极限偏差（GB/T 1567—2003）（单位：mm）

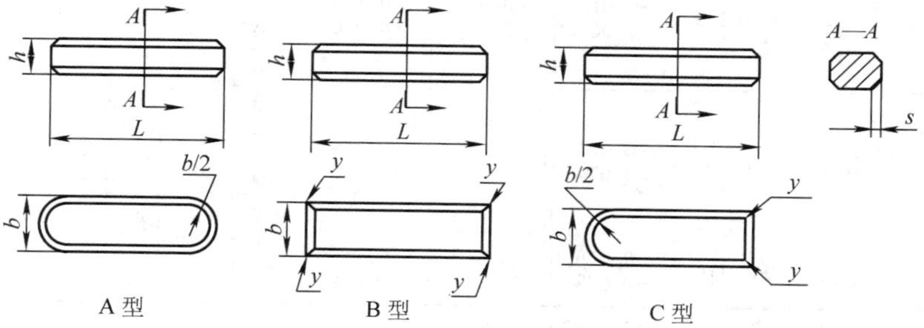

注：$y\leqslant s_{max}$

标记示例：

宽度 b=16mm、高度 h=7mm、长度 L=100mm 薄 A 型平键的标记为
GB/T 1567 键 16×7×100

宽度 b=16mm、高度 h=7mm、长度 L=100mm 薄 B 型平键的标记为
GB/T 1567 键 B16×7×100

宽度 b=16mm、高度 h=7mm、长度 L=100mm 薄 C 型平键的标记为
GB/T 1567 键 C16×7×100

（续）

宽度 b	公称尺寸	5	6	8	10	12	14	16	18	20	22	25	28	32	36
	极限偏差（h8）	0 −0.018		0 −0.022		0 −0.027				0 −0.033				0 −0.039	
高度 h	公称尺寸	3	4	5	6	6	6	7	7	8	9	9	10	11	12
	极限偏差（h11）	0 −0.060		0 −0.075				0 −0.090						0 −0.110	
倒角或倒圆 s		0.25～0.40			0.40～0.60					0.60～0.80				1.0～1.2	
L系列（h14）		10,12,14,16,18,20,22,25,28,32,36,40,45,50,56,63,70,80,90,100,110,125,140,160,180,200,220,250,280,320,360,400													

薄型平键键槽剖面尺寸及极限偏差见表1-3-126。

表1-3-126　薄型平键键槽剖面尺寸及极限偏差（GB/T 1566—2003）（单位：mm）

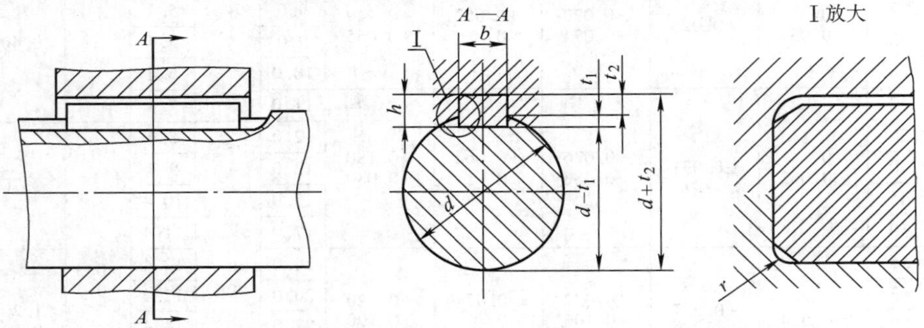

键尺寸 $b×h$	键槽											
	宽度 b						深度				半径 r	
	公称尺寸	极限偏差					轴 t_1		毂 t_2			
		正常连接		紧密连接	松连接		公称尺寸	极限偏差	公称尺寸	极限偏差		
		轴 N9	毂 JS9	轴和毂 P9	轴 H9	毂 D10					min	max
5×3	5	0 −0.030	±0.015	−0.012 −0.042	+0.030 0	+0.078 +0.030	1.8	+0.1 0	1.4	+0.1 0	0.16	0.25
6×4	6						2.5		1.8			
8×5	8	0 −0.036	±0.018	−0.015 −0.051	+0.036 0	+0.098 +0.040	3.0		2.3			
10×6	10						3.5		2.8		0.25	0.40
12×6	12	0 −0.043	±0.0215	−0.018 −0.061	+0.043 0	+0.120 +0.050	3.5		2.8			
14×6	14						3.5		2.8			
16×7	16						4.0	+0.2 0	3.3	+0.2 0		
18×7	18						4.0		3.3			
20×8	20	0 −0.052	±0.026	−0.022 −0.074	+0.052 0	+0.149 +0.065	5.0		3.3		0.40	0.60
22×9	22						5.5		3.8			
25×9	25						5.5		3.8			
28×10	28						6.0		4.3			
32×11	32	0 −0.062	±0.031	−0.026 −0.088	+0.062 0	+0.180 +0.080	7.0		4.4			
36×12	36						7.5		4.9		0.70	0.10

注：1. 薄型平键的尺寸应符合GB/T 1567—2003的规定。

2. 薄型平键的轴槽长度公差用H14。

3. 轴槽及轮毂槽的宽度 b 对轴及轮毂轴线的对称度，一般可按GB/T 1184—1996表B4中的对称度公差7～9级选取。

4. 轴槽、轮毂槽的键槽宽度 b 两侧面的表面粗糙度参数按GB/T 1031，选 Ra 值为1.6～3.2μm。

5. 轴槽底面、轮毂槽底面的表面粗糙度参数按GB/T 1031，选 Ra 值为6.3μm。

3.3.1.2 半圆键

半圆键分为普通型半圆键和平底型半圆键两种。

1）普通型半圆键的型式、尺寸及极限偏差见表 1-3-127。

表 1-3-127 普通型半圆键的型式、尺寸及极限偏差（GB/T 1099.1—2003）

（单位：mm）

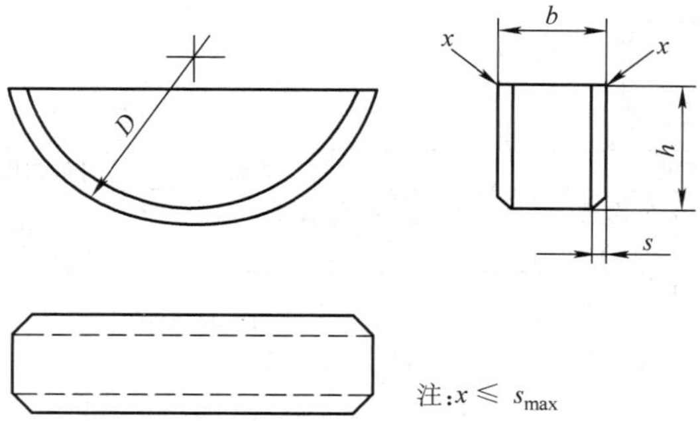

注：$x \leqslant s_{max}$

标记示例：

宽度 $b=6$mm、高度 $h=10$mm、直径 $D=25$mm 普通型半圆键，标记为

GB/T 1099.1 键 6×10×25

<table>
<tr><th rowspan="2">键尺寸
b×h×D</th><th colspan="2">宽度 b</th><th colspan="2">高度 h</th><th colspan="2">直径 D</th><th colspan="2">倒角或倒圆 s</th></tr>
<tr><th>公称尺寸</th><th>极限偏差</th><th>公称尺寸</th><th>极限偏差（h12）</th><th>公称尺寸</th><th>极限偏差（h12）</th><th>min</th><th>max</th></tr>
<tr><td>1×1.4×4</td><td>1</td><td rowspan="16">0
-0.025</td><td>1.4</td><td rowspan="3">0
-0.10</td><td>4</td><td>0
-0.120</td><td rowspan="7">0.16</td><td rowspan="7">0.25</td></tr>
<tr><td>1.5×2.6×7</td><td>1.5</td><td>2.6</td><td>7</td><td rowspan="4">0
-0.150</td></tr>
<tr><td>2×2.6×7</td><td>2</td><td>2.6</td><td>7</td></tr>
<tr><td>2×3.7×10</td><td>2</td><td>3.7</td><td rowspan="3">0
-0.12</td><td>10</td></tr>
<tr><td>2.5×3.7×10</td><td>2.5</td><td>3.7</td><td>10</td></tr>
<tr><td>3×5×13</td><td>3</td><td>5</td><td>13</td><td rowspan="3">0
-0.180</td></tr>
<tr><td>3×6.5×16</td><td>3</td><td>6.5</td><td rowspan="8">0
-0.15</td><td>16</td></tr>
<tr><td>4×6.5×16</td><td>4</td><td>6.5</td><td>16</td><td rowspan="7">0.25</td><td rowspan="7">0.40</td></tr>
<tr><td>4×7.5×19</td><td>4</td><td>7.5</td><td>19</td><td>0
-0.210</td></tr>
<tr><td>5×6.5×16</td><td>5</td><td>6.5</td><td>16</td><td>0
-0.180</td></tr>
<tr><td>5×7.5×19</td><td>5</td><td>7.5</td><td>29</td><td rowspan="5">0
-0.210</td></tr>
<tr><td>5×9×22</td><td>5</td><td>9</td><td>22</td></tr>
<tr><td>6×9×22</td><td>6</td><td>9</td><td>22</td></tr>
<tr><td>6×10×25</td><td>6</td><td>10</td><td>25</td></tr>
<tr><td>8×11×28</td><td>8</td><td>11</td><td rowspan="2">0
-0.18</td><td>28</td><td rowspan="2">0.40</td><td rowspan="2">0.60</td></tr>
<tr><td>10×13×32</td><td>10</td><td>13</td><td>32</td><td>0
-0.250</td></tr>
</table>

2）平底型半圆键的型式、尺寸及极限偏差见表 1-3-128。

表 1-3-128　平底型半圆键的型式、尺寸及极限偏差　（单位：mm）

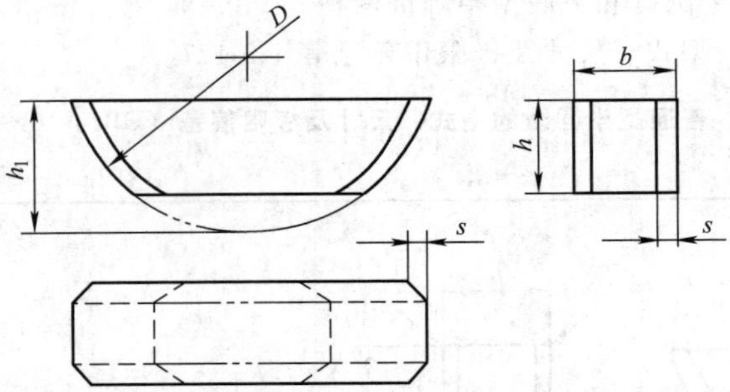

键尺寸 b×h×D	宽度 公称尺寸 b	宽度 极限偏差	高度 公称尺寸 h_1	高度 极限偏差（h12）	高度 公称尺寸 h	高度 极限偏差（h12）	直径 公称尺寸 D	直径 极限偏差（h12）	倒角或倒圆 s min	倒角或倒圆 s max
1×1.4×4	1	0 −0.025	1.8	0 −0.10	1.4	0 −0.10	4	0 −0.120	0.16	0.25
1.5×2.1×7	1.5		2.6		2.1		7	0 −0.150		
2×2.1×7	2		2.6		2.1		7			
2×3×10	2		3.7	0 −0.12	3.0		10			
2.5×3×10	2.5		3.7		3.0		10			
3×4×13	3		5		4.0	0 −0.12	13	0 −0.180		
3×5.2×16	3		6.5	0 −0.15	5.2		16			
4×5.2×16	4		6.5		5.2		16	0 −0.210	0.25	0.40
4×6×19	4		7.5		6.0		19			
5×5.2×16	5		6.5		5.2		16	0 −0.180		
5×6×19	5		7.5		6.0		19	0 −0.210		
5×7.2×22	5		9		7.2	0 −0.15	22			
6×7.2×22	6		9		7.2		22			
6×8×25	6		10		8.0		25			
8×8.8×28	8		11	0 −0.18	8.8		28		0.40	0.60
10×10.4×32	10		13		10.4	0 −0.18	32	0 −0.250		

3）半圆键键槽的剖面尺寸及极限偏差见表 1-3-129。

表 1-3-129　半圆键键槽的剖面尺寸及极限偏差（GB/T 1098—2003）（单位：mm）

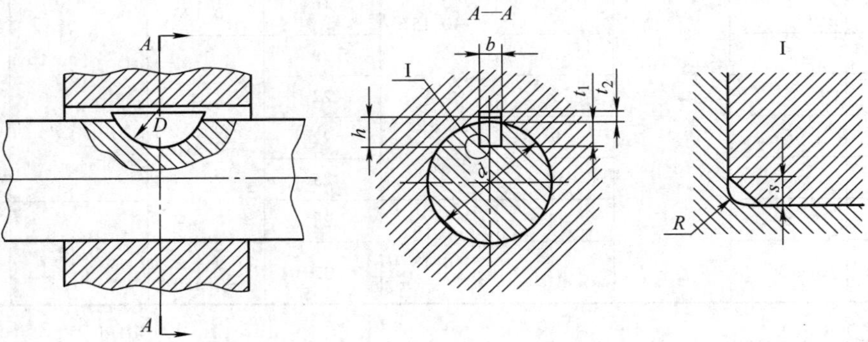

（续）

键尺寸 $b \times h \times D$	键槽											
	宽度 b						深度				半径 R	
	公称尺寸	极限偏差					轴 t_1		毂 t_2			
		正常连接		紧密连接	松连接		公称尺寸	极限偏差	公称尺寸	极限偏差		
		轴 N9	毂 JS9	轴和毂 P9	轴 H9	毂 D10					max	min
1×1.4×4 1×1.1×4	1	-0.004 -0.029	±0.0125	-0.006 -0.031	+0.025 0	+0.060 +0.020	1.0	+0.1 0	0.6	+0.1 0	0.16	0.08
1.5×2.6×7 1.5×2.1×7	1.5						2.0		0.8			
2×2.6×7 2×2.1×7	2						1.8		1.0			
2×3.7×0 2×3×10	2						2.9		1.0			
2.5×3.7×10 2.5×3×10	2.5						2.7		1.2			
3×5×13 3×4×13	3						3.8	+0.2 0	1.4			
3×6.5×16 3×5.2×16	3						5.3		1.4			
4×6.5×16 4×5.2×16	4	0 -0.030	±0.015	-0.012 -0.042	+0.030 0	+0.078 +0.030	5.0		1.8		0.25	0.16
4×7.5×19 4×6×19	4						6.0		1.8			
5×6.5×16 5×5.2×19	5						4.5		2.3			
5×7.5×19 5×6×19	5						5.5		2.3			
5×9×22 5×7.2×22	5						7.0	+0.3 0	2.3			
6×9×22 6×7.2×22	6						6.5		2.8			
6×10×25 6×8×25	6						7.5		2.8	+0.2 0		
8×11×28 8×8.8×28	8	0 -0.036	±0.018	-0.015 -0.051	+0.036 0	+0.098 +0.040	8.0		3.3		0.40	0.25
10×13×32 10×10.4×32	10						10		3.3			

注：1. 键尺寸中的直径 D 系键槽直径最小值。

2. 轮毂槽和轴槽的宽度 b 对轮毂轴线、轴的轴线的对称度，通常按 GB/T 1184—1996 表 B4 中对称度公差 7～9 级选取。

3.3.1.3 楔键

楔键分为普通型楔键、薄型楔键和钩头型楔键三种。

（1）普通型楔键 其型式、尺寸及极限偏差见表 1-3-130。

表 1-3-130　普通型楔键的型式、尺寸及极限偏差（GB/T 1564—2003）

（单位：mm）

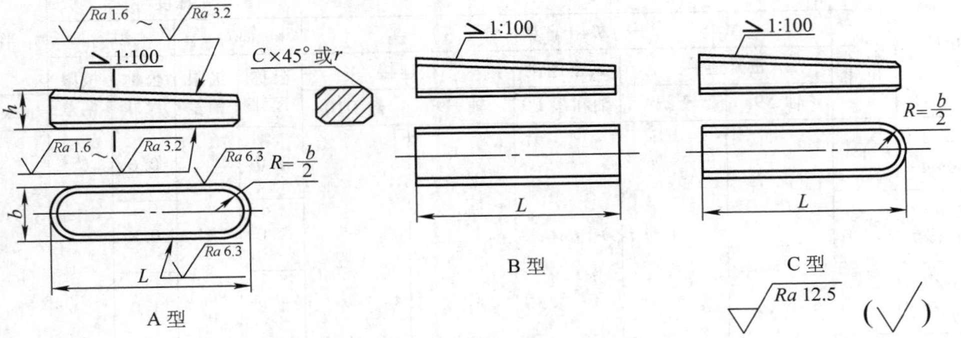

标记示例：

宽度 b = 16mm、高度 h = 10mm、长度 L = 100mm 普通 A 型楔键的标记为

GB/T 1564　键 16×100

宽度 b = 16mm、高度 h = 10mm、长度 L = 100mm 普通 B 型楔键的标记为

GB/T 1564　键 B 16×100

宽度 b = 16mm、高度 h = 10mm、长度 L = 100mm 普通 C 型楔键的标记为

GB/T 1564　键 C 16×100

宽度 b	公称尺寸	2	3	4	5	6	8	10	12	14	16	18	20	22
	极限偏差（h8）	0 −0.014		0 −0.018			0 −0.022		0 −0.027				0 −0.033	
高度 h	公称尺寸	2	3	4	5	6	7	8	8	9	10	11	12	14
	极限偏差（h11）	0 −0.060		0 −0.075			0 −0.090					0 −0.110		
倒角 C 或倒圆 r		0.16~0.25			0.25~0.40			0.40~0.60					0.60~0.80	
宽度 b	公称尺寸	25	28	32	36	40	45	50	56	63	70	80	90	100
	极限偏差（h8）	0 −0.033		0 −0.039					0 −0.046				0 −0.054	
高度 h	公称尺寸	14	16	18	20	22	25	28	32	32	36	40	45	50
	极限偏差（h11）	0 −0.110			0 −0.130				0 −0.160					
倒角 C 或倒圆 r		0.60~0.80			1.00~1.20				1.60~2.00			2.50~3.00		
L 系列（h14）		6,8,10,12,14,16,18,20,22,25,28,32,36,40,45,50,56,63,70,80,90,100,110,125,140,160,180,200,220,250,280,320,360,400,450,500												

（2）钩头型楔键　其型式、尺寸及极限偏差见表 1-3-131。

表 1-3-131　钩头型楔键的型式、尺寸及极限偏差（GB/T 1565—2003）　（单位：mm）

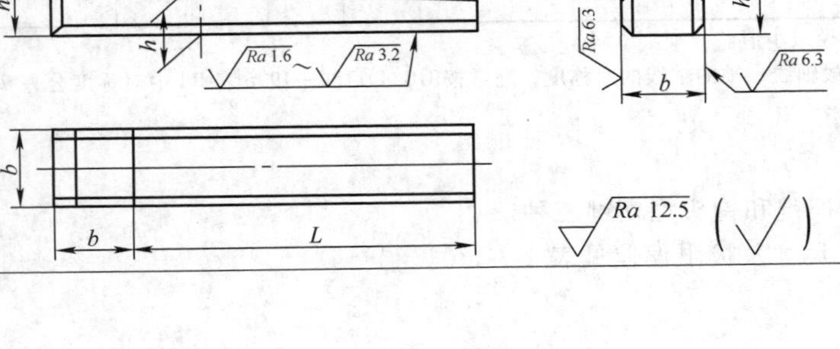

标记示例：

宽度 b = 16mm、高度 h = 10mm、长度 L = 100mm 钩头型楔键的标记为

GB/T 1565　键 16×100

（续）

宽度 b	公称尺寸	4	5	6	8	10	12	14	16	18	20	22	25
	极限偏差（h8）	0 -0.018			0 -0.022		0 -0.027				0 -0.033		
高度 h	公称尺寸	4	5	6	7	8	8	9	10	11	12	14	14
	极限偏差（h11）	0 -0.075			0 -0.090					0 -0.110			
h_1		7	8	10	11	12	12	14	16	18	20	22	22
倒角或倒圆 r		0.16~0.25	0.25~0.40			0.40~0.60					0.60~0.80		
宽度 b	公称尺寸	28	32	36	40	45	50	56	63	70	80	90	100
	极限偏差（h8）	0 -0.033	0 -0.039					0 -0.046			0 -0.054		
高度 h	公称尺寸	16	18	20	22	25	28	32	32	36	40	45	50
	极限偏差（h11）	0 -0.110		0 -0.130				0 -0.160					
h_1		25	28	32	36	40	45	50	50	56	63	70	80
倒角或倒圆 r		0.60~0.80		1.00~1.20				1.60~2.00			2.50~3.00		
L 系列（h14）		14,16,18,20,22,25,28,32,36,40,45,50,56,63,70,80,90,100,110,125,140,160,180,200,220,250,280,320,360,400,450,500											

普通型和钩头型楔键键槽的剖面尺寸及极限偏差见表 1-3-132。

表 1-3-132 普通型和钩头型楔键键槽的剖面尺寸及极限偏差（GB/T 1563—2017）

（单位：mm）

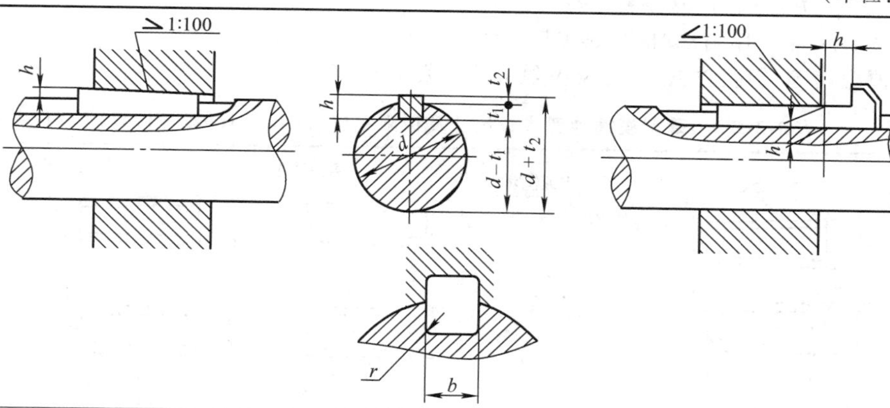

键尺寸 $b\times h$	键槽宽度 b 公称尺寸	极限偏差 正常连接 轴 N9	正常连接 毂 JS9	紧密连接 轴和毂 P9	松连接 轴 H9	松连接 毂 D10	深度 轴 t_1 公称尺寸	轴 t_1 极限偏差	毂 t_2 公称尺寸	毂 t_2 极限偏差	半径 r min	半径 r max
2×2	2	-0.004 -0.029	±0.012	-0.006 -0.031	+0.025 0	+0.060 +0.020	1.2	+0.1 0	1.0	+0.1 0	0.08	0.16
3×3	3						1.8		1.4			
4×4	4	0 -0.030	±0.015	-0.012 -0.042	+0.030 0	+0.078 +0.030	2.5		1.8			
5×5	5						3.0		2.3		0.16	0.25
6×6	6						3.5		2.8			
8×7	8	0 -0.036	±0.018	-0.015 -0.051	+0.036 0	+0.098 +0.040	4.0	+0.2 0	3.3	+0.2 0		
10×8	10						5.0		3.3		0.25	0.40
12×8	12	0 -0.043	±0.021	-0.018 -0.061	+0.043 0	+0.120 +0.050	5.0		3.3			
14×9	14						5.5		3.8			

（续）

键尺寸 $b\times h$	键槽 宽度 b 公称尺寸	宽度 b 极限偏差 正常连接 轴 N9	正常连接 毂 JS9	紧密连接 轴和毂 P9	松连接 轴 H9	松连接 毂 D10	深度 轴 t_1 公称尺寸	轴 t_1 极限偏差	毂 t_2 公称尺寸	毂 t_2 极限偏差	半径 r min	半径 r max
16×10	16	0 −0.043	±0.021	−0.018 −0.061	+0.043 0	+0.120 +0.050	6.0	+0.2 0	4.3	+0.2 0	0.25	0.40
18×11	18						7.0		4.4			
20×12	20	0 −0.052	±0.026	−0.022 −0.074	+0.052 0	+0.149 +0.065	7.5		4.9		0.40	0.60
22×14	22						9.0		5.4			
25×14	25						9.0		5.4			
28×16	28						10.0		6.4			
32×18	32	0 −0.062	±0.031	−0.026 −0.088	+0.062 0	+0.180 +0.080	11.0		7.4			
36×20	36						12.0	+0.3 0	8.4	+0.3 0	0.70	1.00
40×22	40						13.0		9.4			
45×25	45						15.0		10.4			
50×28	50						17.0		11.4			
56×32	56	0 −0.074	±0.037	−0.032 −0.106	+0.074 0	+0.220 +0.100	20.0		12.4		1.20	1.60
63×32	63						20.0		12.4			
70×36	70						22.0		14.4			
80×40	80						25.0		15.4		2.00	2.50
90×45	90	0 −0.087	±0.043	−0.037 −0.124	+0.087 0	+0.260 +0.120	28.0		17.4			
100×50	100						31.0		19.5			

注：1. （$d+t_2$）及 t_2 表示大端轮毂槽深度。

2. 安装时，键的斜面与轮毂槽的斜面必须紧密贴合。

（3）薄型楔键　其型式、尺寸及极限偏差见表1-3-133。

表1-3-133　薄型楔键的型式、尺寸及极限偏差（GB/T 16922—1997）（单位：mm）

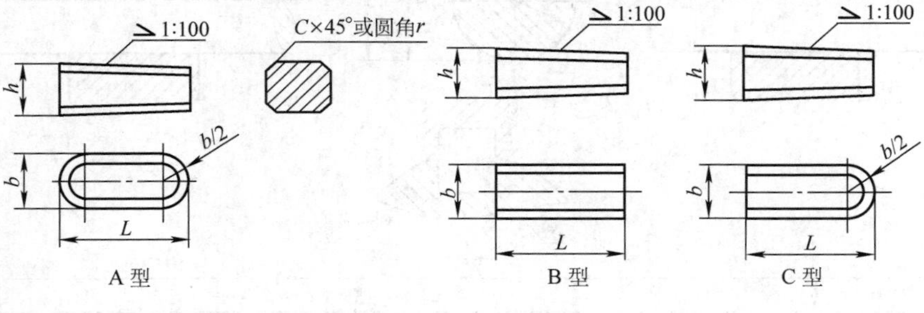

标记示例：

宽度 b=16mm、高度 h=7mm、长度 L=100mm 圆头薄型楔键（A型）标记为

键 A16×7×100　GB/T 16922—1997

宽度 b	公称尺寸	8	10	12	14	16	18	20	22	25	28	32	36	40	45	50
	极限偏差（h9）	0 −0.036		0 −0.043				0 −0.052				0 −0.062				
高度 h	公称尺寸	5	6	6	6	7	7	8	9	9	10	11	12	14	16	18
	极限偏差（h11）	0 −0.1						0 −0.090				0 −0.110				
C 或 r	min	0.25	0.40					0.60					1.0			
	max	0.40	0.60					0.80					1.2			
L 系列（h14）		20,22,25,28,32,36,40,45,50,56,63,70,80,90,100,110,125,140,160,180,200,220,250,280,320,360,400														

薄型楔键和钩头薄型楔键键槽的剖面尺寸及极限偏差见表 1-3-134。

表 1-3-134 薄型楔键和钩头薄型楔键键槽的剖面尺寸及极限偏差（GB/T 16922—1997）

（单位：mm）

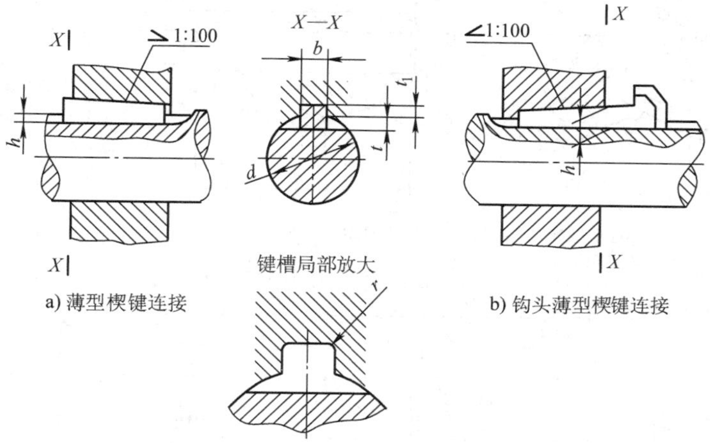

a) 薄型楔键连接　　b) 钩头薄型楔键连接

轴	键	键槽（轮毂）						平台（轴）	
直径 d	公称尺寸 $b\times h$	宽度 b		深度 t_1		半径 r		深度 t	
		公称尺寸	极限偏差（D10）	公称尺寸	极限偏差	min	max	公称尺寸	极限偏差
22～30	8×5	8	+0.098 +0.040	1.7	+0.1 0	0.16	0.25	3.0	+0.1 0
>30～38	10×6	10		2.2		0.25	0.40	3.5	
>38～44	12×6	12	+0.120 +0.050	2.2				3.5	
>44～50	14×6	14		2.2				3.5	
>50～58	16×7	16		2.4	+0.2 0			4	+0.2 0
>58～65	18×7	18		2.4				4	
>65～75	20×8	20	+0.149 +0.065	2.4		0.40	0.60	5	
>75～85	22×9	22		2.9				5.5	
>85～95	25×9	25		2.9				5.5	
>95～110	28×10	28		3.4				6	
>110～130	32×11	32	+0.180 +0.080	3.4				7	
>130～150	36×12	36		3.9		0.70	1.0	7.5	
>150～170	40×14	40		4.4				9	
>170～200	45×16	45		5.4				10	
>200～230	50×18	50		6.4				11	

3.3.1.4 切向键（GB/T 1974—2003）

切向键由两个斜度为 1∶100 的楔键组成，其承载能力大。

普通型和强力型切向键及键槽的型式、尺寸及极限偏差见表 1-3-135。

表 1-3-135　普通型和强力型切向键及键槽的型式、尺寸及极限偏差（单位：mm）

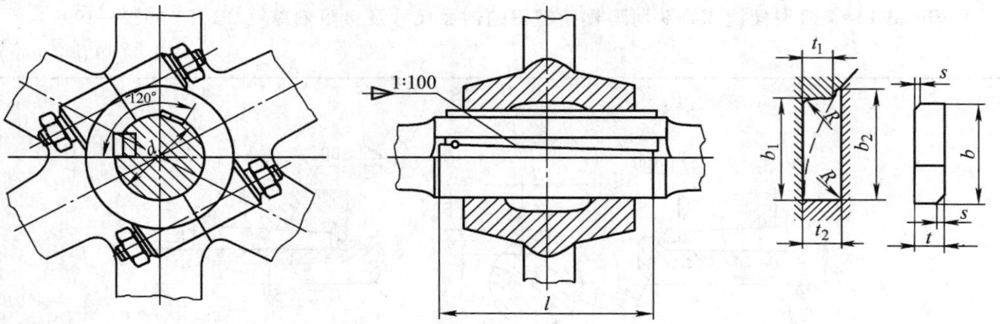

标记示例：
计算宽度 $b=24$mm、厚度 $t=8$mm、长度 $l=100$mm 的普通型切向键的标记为
　GB/T 1974　切向键　24×8×100
计算宽度 $b=60$mm、厚度 $t=20$mm、长度 $l=250$mm 的强力型切向键的标记为
　GB/T 1974　强力切向键　60×20×250

轴径 d	普通切向键										强力切向键									
	键		键槽								键		键槽							
			深度				计算宽度		半径 R				深度				计算宽度		半径 R	
			轮毂 t_1		轴 t_2								轮毂 t_1		轴 t_2					
	t	s	尺寸	极限偏差	尺寸	极限偏差	轮毂 b_1	轴 b_2	min	max	t	s	尺寸	极限偏差	尺寸	极限偏差	轮毂 b_1	轴 b_2	min	max
60							19.3	19.6			—	—	—	—	—	—	—	—	—	—
65	7		7		7.3		20.1	20.5												
70							21.0	21.4												
75				0 -0.2			23.2	23.5												
80		0.6 ~ 0.8					24.0	24.4												
85	8		8		8.3		24.8	25.2	0.4	0.6										
90						+0.2 0	25.6	26.0												
95							27.8	28.2												
100	9		9		9.3		28.6	29.0			10		10	0 -0.2	10.3	+0.2 0	30	30.4		
110							30.1	30.6			11		11		11.4		33	33.5		
120	10		10	0 -0.2	10.3		33.2	33.6			12	1.0 ~ 1.2	12		12.4		36	36.5		
130			10		10.3		34.6	35.1			13		13		13.4		39	0.95	0.7	1.0
140	11		11		11.4		37.7	38.3			14		14		14.4		42	42.5		
150		1.0 ~ 1.2					39.1	39.7	0.7	1.0	15		15		15.4		45	45.5		
160							42.1	42.8			16		16		16.4		48	48.5		
170	12		12		12.4		43.5	44.2			17		17		17.4		51	51.5		
180							44.9	45.6			18	1.6 ~ 2.0	18		18.4		54	54.5		
190	14		14		14.4		49.6	50.3			19		19		19.4		57	57.5	1.2	1.6
200							51.0	51.7			20		20		20.4		60	60.5		
220	16	1.6 ~ 2.0	16		16.4		57.1	57.8			22		22	0 -0.3	22.4	+0.3 0	66	66.5		
240							59.9	60.6	1.2	1.6	24		24		24.4		72	72.5		
250	18		18	0 -0.3	18.4	+0.3 0	64.6	65.3			25		25		25.4		75	75.5		
260							66.0	66.7			26	2.5 ~ 3.0	26		26.4		78	78.5		
280	20		20		20.4		72.1	72.8			28		28		28.4		84	84.4	2.0	2.5
300							74.8	75.5			30		30		30.4		90	90.5		
320	22	2.5 ~ 3.0	22		22.4		81.0	81.6	2.0	2.5	32		32		32.4		96	96.5		
340							83.6	84.3			34	3.0 ~ 4.0	34		34.4		102	102.5		
360	26		26		26.4		93.2	93.8			36		36		36.4		108	108.5	2.5	3.0
380							95.9	96.6			38		38		38.4		114	114.5		

（续）

轴径 d	普通切向键										强力切向键									
	键		键槽								键		键槽							
	t	s	深度				计算宽度		半径 R		t	s	深度				计算宽度		半径 R	
			轮毂 t_1		轴 t_2								轮毂 t_1		轴 t_2					
			尺寸	极限偏差	尺寸	极限偏差	轮毂 b_1	轴 b_2	min	max			尺寸	极限偏差	尺寸	极限偏差	轮毂 b_1	轴 b_2	min	max
400	26	2.5~3.0	26	0 −0.3	26.4	+0.3 0	98.6	99.3	2.0	2.5	40	3.0~4.0	40	0 −0.3	40.4	+0.3 0	120	120.5	2.5	3.0
420	30	3.0~4.0	30		30.4		108.2	108.8	2.5	3.0	42		42		42.4		126	126.5		
450							112.3	112.9			45		45		45.4		135	135.5		
480	34		34		34.4		123.1	123.8			48		48		48.5		144	144.7		
500							125.9	126.6			50		50		50.5		150	150.7		
530	38		38		38.4		136.7	137.4			53		53		53.5		159	159.7		
560							140.8	141.5			56		56		56.5		168	168.7		
600	42		42		42.4		153.1	153.8			60		60		60.5		180	180.7		
630							157.1	157.8			63		63		63.5		189	189.7		

注：1. 键的厚度 t、计算宽度 b 分别与轮毂槽的 t_1、计算宽度 b_1 相同。

2. 对普通切向键，若轴径 d 位于两相邻轴径值之间时，采用稍大轴径的 t、t_1 和 t_2，但 b 和 b_1、b_2 须用以下公式计算：$b=b_1=\sqrt{t(d-t)}$；$b_2=\sqrt{t_2(d-t_2)}$。当轴径 d 超过 630mm 时，推荐 $t=t_1=0.07d$，$b=b_1=0.25d$。

3. 对强力切向键，若轴径 d 位于两相邻轴径值之间，或者轴径 d 超过 630mm 时，键与键槽的尺寸用以下公式计算：$t=t_1=0.1d$；$b=b_1=0.3d$；$t_2=t+0.3\text{mm}$（当 $t\leqslant 10\text{mm}$）；$t_2=t+0.4\text{mm}$（当 $10<t\leqslant 45$）；$t_2=t+0.5\text{mm}$（当 $t>45\text{mm}$）；$b_2=\sqrt{t_2(d-t_2)}$。当轴径 d 超过 630mm 时，推荐 $t=t_1=0.1d$，$b=b_1=0.3d$。

4. 键厚度 t 的偏差为 h11。

3.3.2 花键

3.3.2.1 花键连接的类型、特点和应用（见表 1-3-136）

表 1-3-136 花键连接的类型、特点和应用

类型	特点	应用
矩形花键(GB/T 1144—2001) 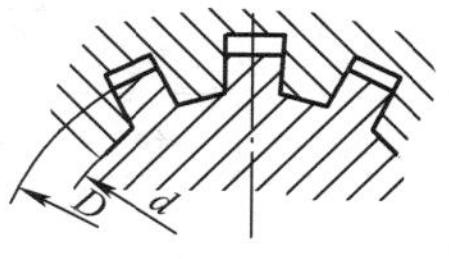 	多齿工作，承载能力高，对中性、导向性好，齿根较浅，应力集中较小，轴与毂强度削弱小 加工方便，能用磨削方法获得较高的精度。矩形花键包括两个系列：轻系列，用于载荷较轻的静连接；中系列，用于中等载荷的连接	应用广泛，如飞机、汽车、拖拉机、机床、农业机械及一般机械传动装置等
渐开线花键(GB/T 3478.1—2008) 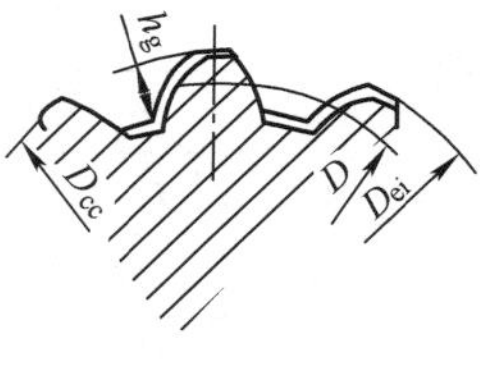 	齿廓为渐开线，受载时齿上有径向力，能起自动定心作用，使各齿受力均匀，强度高、寿命长。加工工艺与齿轮相同，易获得较高精度和互换性 渐开线花键标准压力角 α_D 常用的有 30°、37.5°及 45°	用于载荷较大，定心精度要求较高，以及尺寸较大的连接

3.3.2.2 矩形花键（GB/T 1144—2001）

1. 矩形花键尺寸系列

圆柱轴用小径定心矩形花键（GB/T 1144—2001）的尺寸分轻、中两个系列。

1）矩形花键的公称尺寸见表1-3-137。

2）矩形花键键槽的截面形状及尺寸见表1-3-138。

3）矩形内花键的型式及长度系列见表1-3-139。

表1-3-137 矩形花键的公称尺寸 （单位：mm）

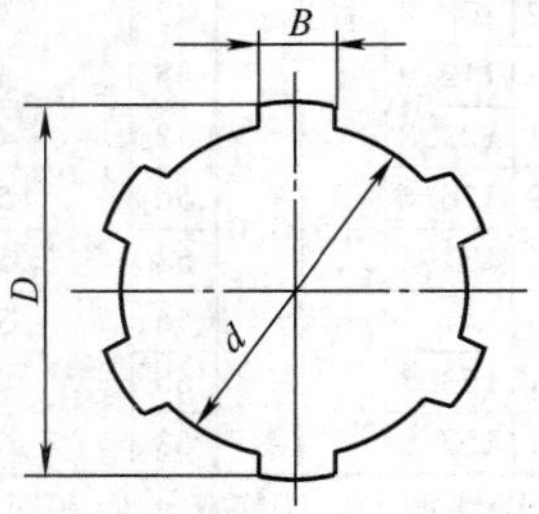

小径 *d*	轻系列				中系列			
	规格 *N*×*d*×*D*×*B*	键数 *N*	大径 *D*	键宽 *B*	规格 *N*×*d*×*D*×*B*	键数 *N*	大径 *D*	键宽 *B*
11	—	—	—	—	6×11×14×3	6	14	3
13					6×13×16×3.5		16	3.5
16					6×16×20×4		20	4
18					6×18×22×5		22	5
21					6×21×25×5		25	
23	6×23×26×6	6	26	6	6×23×28×6		28	6
26	6×26×30×6		30		6×26×32×6		32	
28	6×28×32×7		32	7	6×28×34×7		34	7
32	6×32×36×6		36	6	8×32×38×6	8	38	6
36	8×36×40×7	8	40	7	8×36×42×7		42	7
42	8×42×46×8		46	8	8×42×48×8		48	8
46	8×46×50×9		50	9	8×46×54×9		54	9
52	8×52×58×10		58	10	8×52×60×10		60	10
56	8×56×62×10		62		8×56×65×10		65	
62	8×62×68×12		68	12	8×62×72×12		72	12
72	10×72×78×12	10	78		10×72×82×12	10	82	
82	10×82×88×12		88		10×82×92×12		92	
92	10×92×98×14		98	14	10×92×102×14		102	14
102	10×102×108×16		108	16	10×102×112×6		112	16
112	10×112×120×18		120	18	10×112×125×18		125	18

表 1-3-138 矩形花键键槽的截面形状及尺寸 （单位：mm）

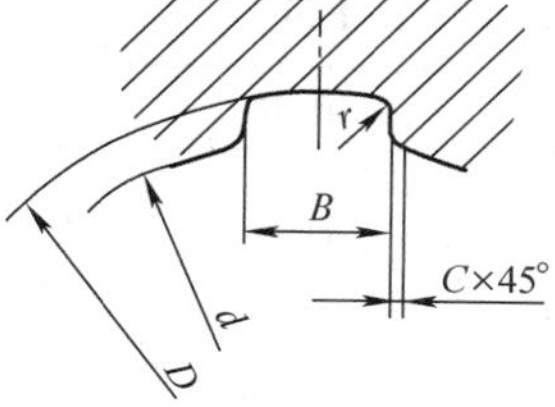

a) 内花键

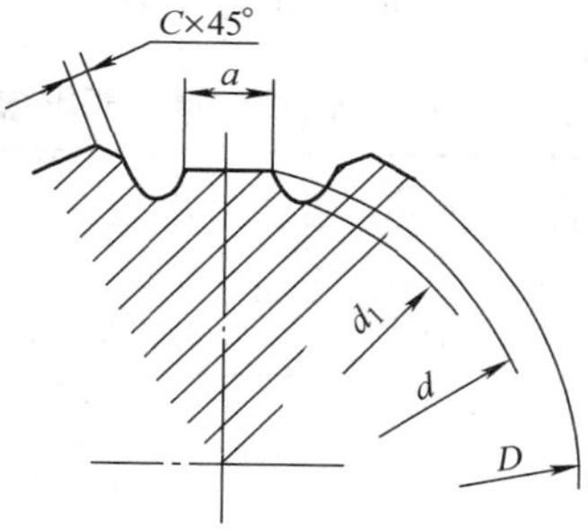

b) 外花键

轻系列					中系列				
规格 $N \times d \times D \times B$	C	r	$d_{1\min}$	$a_{\min}$	规格 $N \times d \times D \times B$	C	r	$d_{1\min}$	$a_{\min}$
			参	考				参	考
—	—	—	—	—	6×11×14×3	0.2	0.1	—	—
					6×13×16×3.5				
					6×16×20×4	0.3	0.2	14.4	1.0
					6×18×22×5			16.6	
					6×21×25×5			19.5	2.0
6×23×26×6	0.2	0.1	22	3.5	6×23×28×6			21.2	1.2
6×26×30×6	0.3	0.2	24.5	3.8	6×26×32×6	0.4	0.3	23.6	
6×28×32×7			26.6	4.0	6×28×34×7			25.8	1.4
6×32×36×6			30.3	2.7	8×32×38×6			29.4	1.0
8×36×40×7			34.4	3.5	8×36×42×7			33.4	
8×42×46×8			40.5	5.0	8×42×48×8			39.4	2.5
8×46×50×9			44.6	5.7	8×46×54×9	0.5	0.4	42.6	1.4
8×52×58×10	0.4	0.3	49.6	4.8	8×52×60×10			48.6	2.5
8×56×62×10			53.5	6.5	8×56×65×10			52.0	
8×62×68×12			59.7	7.3	8×62×72×12	0.6	0.5	57.7	2.4
10×72×78×12			69.6	5.4	10×72×82×12			67.4	1.0
10×82×88×12			79.3	8.5	10×82×92×12			77.0	2.9
10×92×98×14			89.6	9.9	10×92×102×14			87.3	4.5
10×102×108×16			99.6	11.3	10×102×112×6			97.7	6.2
10×112×120×18	0.5	0.4	108.8	10.5	10×112×125×18			106.2	4.1

表 1-3-139 矩形内花键的型式及长度系列 （单位：mm）

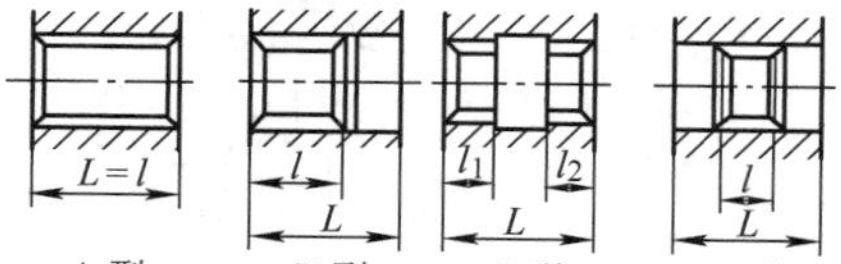

内花键长度：l 或 l_1+l_2

孔的最大长度：L

小径 d 范围	11	13	16~21	23~32	36~52	56、62	72	82、92	102、112
l 或 l_1+l_2 范围	10~50	10~50	10~80	10~80	22~120	22~120	32~120	32~200	32~200
L	50	80	80	120	200	250	250	250	300
l 或 l_1+l_2 系列	10,12,15,18,22,25,28,30,32,36,38,42,45,48,50,56,60,63,71,75,80,85,90,95,100,110,120,130,140,160,180,200								

注：A 型，花键长 l 等于孔的全长 L；B 型，花键位于孔的一端即花键长 l 小于孔的全长 L；C 型，花键位于孔的两端，花键长分为 l_1 和 l_2 两段；D 型，花键长 l 位于孔的中间位置。

2. 矩形花键的公差与配合

（1）矩形内、外花键的尺寸公差带见表 1-3-140

表 1-3-140　矩形内、外花键的尺寸公差带

内花键				外花键			装配型式
d	D	B 拉削后不热处理	B 拉削后热处理	d	D	B	
一般用							
H7	H10	H9	H11	f7	a11	d10	滑动
				g7		f9	紧滑动
				h7		h10	固定
精密传动用							
H5	H10	H7、H9		f5	a11	d8	滑动
				g5		f7	紧滑动
				h5		h8	固定
H6				f6		d8	滑动
				g6		f7	紧滑动
				h6		h8	固定

注：1. 精密传动用的内花键，当需要控制键侧配合间隙时，槽宽可选 H7，一般情况下可选 H9。

2. d 为 H6 和 H7 的内花键，允许与提高一级的外花键配合。

（2）矩形花键键槽宽或键宽的位置度公差见表 1-3-141

表 1-3-141　矩形花键键槽宽或键宽的位置度公差　　（单位：mm）

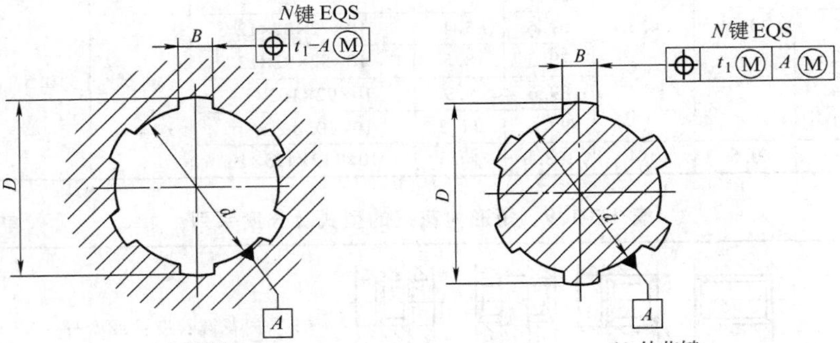

a) 内花键　　b) 外花键

键槽宽或键宽 B			3	3.5~6	7~10	12~18
t_1	键槽宽		0.010	0.015	0.020	0.025
	键宽	滑动、固定	0.010	0.015	0.020	0.025
		紧滑动	0.006	0.010	0.013	0.016

（3）矩形花键键槽宽或键宽的对称度公差见表 1-3-142

表 1-3-142 矩形花键键槽宽或键宽的对称度公差 （单位：mm）

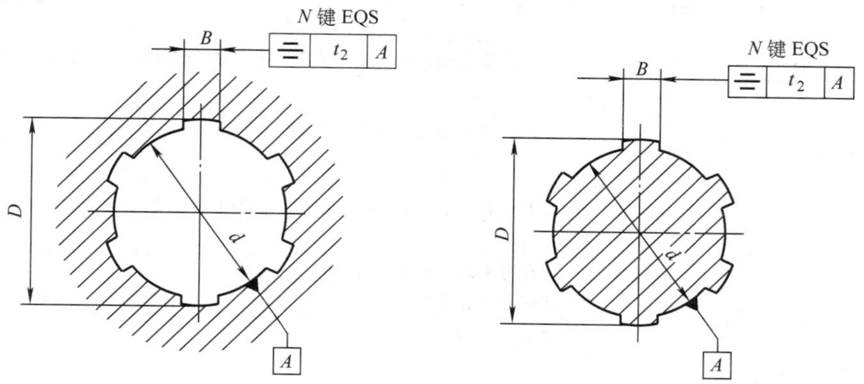

a) 内花键 b) 外花键

键槽宽或键宽 B		3	3.5~6	7~10	12~18
t_2	一般用	0.010	0.012	0.015	0.018
	精密传动用	0.006	0.008	0.009	0.011

3. 标记示例

矩形花键的标记代号应按次序包括下列项目：键数 N、小径 d、大径 D、键宽 B、公称尺寸及配合公差带代号和标准号。

示例：

花键 $N=6$；$d=23\ \dfrac{\mathrm{H7}}{\mathrm{f7}}$；$D=26\ \dfrac{\mathrm{H10}}{\mathrm{a11}}$；$B=6\ \dfrac{\mathrm{H11}}{\mathrm{d10}}$的标记为

花键规格：$N \times d \times D \times B$

$6\times23\times26\times6$

花键副：$6\times23\ \dfrac{\mathrm{H7}}{\mathrm{f7}}\times26\ \dfrac{\mathrm{H10}}{\mathrm{a11}}\times6\ \dfrac{\mathrm{H11}}{\mathrm{d10}}$ GB/T 1144—2001

内花键：6×23H7×26H10×6H11 GB/T 1144—2001

外花键：6×23f7×26a11×6d10 GB/T 1144—2001

3.3.2.3 圆柱直齿渐开线花键（GB/T 3478.1~9—2008）

1. 渐开线花键的模数系列（见表 1-3-143）

表 1-3-143 渐开线花键的模数系列（GB/T 3478.1—2008） （单位：mm）

第一系列	0.25、0.5、1、1.5、2、2.5、3、5、10
第二系列	0.75、1.25、1.75、4、6、8

注：应用时优先采用表中第一系列。

2. 渐开线花键标准压力角（GB/T 3478.1—2008）

渐开线花键的标准压力角 α_D 分为 30°、37.5°和 45°三种。该书中重点介绍 30°和 45°两种。

3. 渐开线花键术语、代号及定义（见表1-3-144）

表1-3-144 渐开线花键术语、代号及定义（GB/T 3478.1—2008）

术 语	代 号	定 义
模数	m	表示渐开线花键键齿大小的系数，数值为齿距除以圆周率 π 所得的商
齿数	z	
分度圆		计算花键尺寸用的基准圆，在此圆上的模数和压力角为标准值
分度圆直径	D	
压力角	α	齿形上任意点的压力角，为过该点花键的径向线与齿形在该点的切线所夹锐角
标准压力角	α_D	规定在分度圆上的压力角
齿距	p	分度圆上两相邻同侧齿形之间的弧长，其值为圆周率 π 乘以模数 m
齿根圆弧		连接渐开线齿形与齿根圆的过渡曲线
齿根圆弧最小曲率半径		
内花键	$R_{i\,min}$	
外花键	$R_{e\,min}$	
平齿根花键		在花键同一齿槽上，两侧渐开线齿形各由一段过渡曲线与齿根圆相连接的花键
圆齿根花键		在花键同一齿槽上，两侧渐开线齿形由一段或近似一段过渡曲线与齿根圆相连接的花键
基本齿槽宽	E	内花键分度圆上的弧齿槽宽，其值为齿距之半
实际齿槽宽		在内花键分度圆上实际测得的各齿槽的弧齿槽宽
作用齿槽宽	E_v	作用齿槽宽等于一与之在全齿长上配合（无间隙且无过盈）的理想全齿外花键分度圆弧齿厚的齿槽宽
基本齿厚 实际齿厚	S	外花键分度圆上弧齿厚，其值为齿距之半，即 $S=0.5\pi m$ 在外花键分度圆上实际测得的各花键齿的弧齿厚
作用齿厚	S_v	作用齿厚等于一与之在全长齿上配合（无间隙且无过盈）的理想全齿内花键分度圆弧齿槽宽的齿厚
作用侧隙 （全齿侧隙）	C_v	内花键作用齿槽宽减去与之相配合的外花键作用齿厚。正值为间隙；负值为过盈
理论侧隙 （单齿侧隙）	C	内花键实际齿槽宽减去与之相配合的外花键实际齿厚。理论侧隙不能确定花键连接的配合，因未考虑综合误差 $\Delta\lambda$ 的影响
齿形裕度	C_F	在花键连接中，渐开线齿形超过结合部分的径向距离。用来补偿内花键小圆相对于分度圆和外花键大圆相对于分度圆的同轴度误差。$C_F=0.1m$
总公差	$T+\lambda$	加工公差与综合公差之和。是以分度圆直径和基本齿槽宽（或基本齿厚）为基础的公差
加工公差	T	实际齿槽宽或实际齿厚的允许变动量
综合公差	λ	花键齿（或齿槽）的形状和位置误差的允许范围
齿距累积公差	F_p	在分度圆上，任意两个同侧齿面间的实际弧长与理论弧长之差的最大绝对值的允许范围
齿形公差	f_α	在齿形工作部分（包括齿形裕度，不包括齿顶倒棱）包容实际齿形的两条理论齿形之间法向距离的允许范围
齿向公差	F_β	在花键长度范围内，包容实际齿线的两条理论齿线之间分度圆弧长的允许范围。齿线是分度圆柱面与齿面的交线

4. 渐开线花键尺寸的计算公式（见表 1-3-145）

表 1-3-145 渐开线花键尺寸的计算公式（GB/T 3478.1—2008）

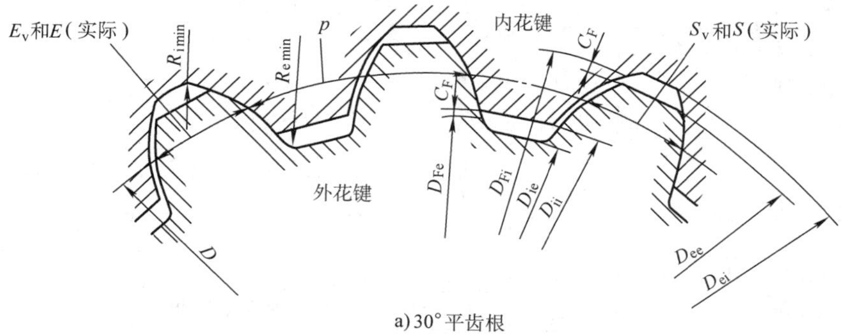

a) 30°平齿根

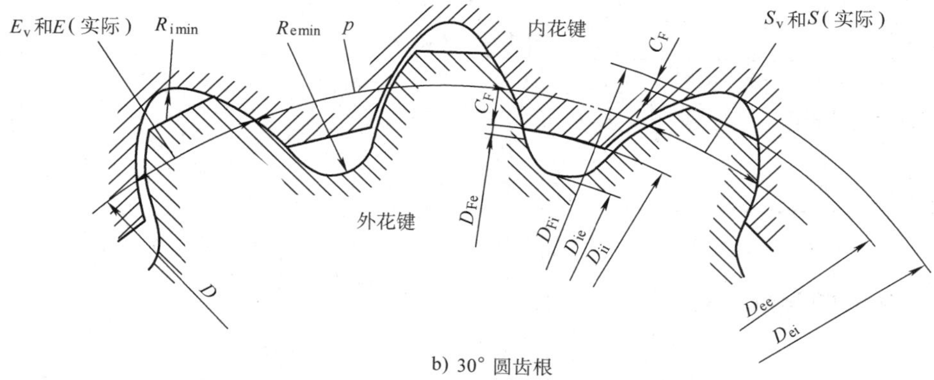

b) 30° 圆齿根

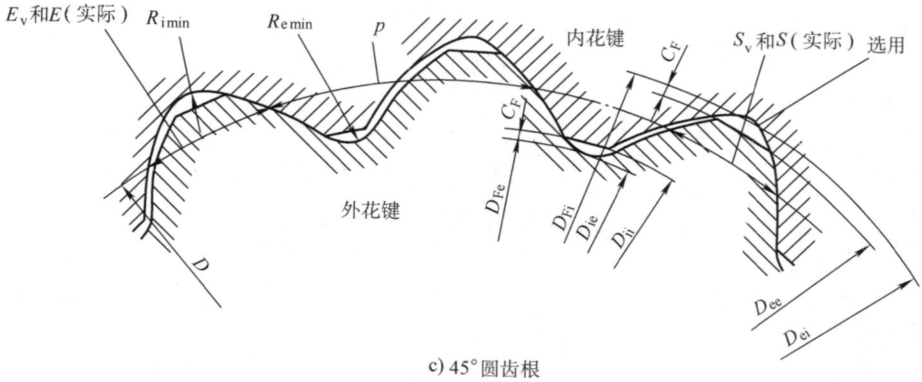

c) 45°圆齿根

名　称	代　号	计算公式
分度圆直径	D	$D=mz$
基圆直径	D_b	$D_b=mz\cos\alpha_D$
齿距	p	$p=\pi m$
内花键大径基本尺寸		
30°平齿根	D_{ei}	$D_{ei}=m(z+1.5)$
30°圆齿根	D_{ei}	$D_{ei}=m(z+1.8)$
37.5°圆齿根	D_{ei}①	$D_{ei}=m(z+1.4)$
45°圆齿根	D_{ei}①	$D_{ei}=m(z+1.2)$

（续）

名称	代号	计算公式
内花键大径下极限偏差		0
内花键大径公差		从IT12、IT13或IT14中选取
内花键渐开线终止圆直径最小值		
30°平齿根和圆齿根	$D_{Fi\ min}$	$D_{Fi\ min}=m(z+1)+2C_F$
37.5°圆齿根	$D_{Fi\ min}$	$D_{Fi\ min}=m(z+0.9)+2C_F$
45°圆齿根	$D_{Fi\ min}$	$D_{Fi\ min}=m(z+0.8)+2C_F$
内花键小径基本尺寸	D_{ii}	$D_{ii}=D_{Fe\ max}^{②}+2C_F$
基本齿槽宽	E	$E=0.5\pi m$
作用齿槽宽最小值	$E_{v\ min}$	$E_{v\ min}=0.5\pi m$
实际齿槽宽最大值	E_{max}	$E_{max}=E_{v\ min}+(T+\lambda)$（见表1-3-149～表1-3-156）
实际齿槽宽最小值	E_{min}	$E_{min}=E_{v\ min}+\lambda$
作用齿槽宽最大值	$E_{v\ max}$	$E_{v\ max}=E_{max}-\lambda$
外花键大径基本尺寸		
30°平齿根和圆齿根	D_{ee}	$D_{ee}=m(z+1)$
37.5°圆齿根	D_{ee}	$D_{ee}=m(z+0.9)$
45°圆齿根	D_{ee}	$D_{ee}=m(z+0.8)$
外花键渐开线起始圆直径最大值	$D_{Fe\ max}$	$D_{Fe\ max}=2\times\sqrt{(0.5D_b)^2+\left(0.5D\sin\alpha_D-\dfrac{h_s-\dfrac{0.5es_v}{\tan\alpha_D}}{\sin\alpha_D}\right)^2}$ 式中 $h_s=0.6m$；$\dfrac{es_v}{\tan\alpha_D}$见表1-3-159
外花键小径基本尺寸		
30°平齿根	D_{ie}	$D_{ie}=m(z-1.5)$
30°圆齿根	D_{ie}	$D_{ie}=m(z-1.8)$
37.5°圆齿根	D_{ie}	$D_{ie}=m(z-1.4)$
45°圆齿根	D_{ie}	$D_{ie}=m(z-1.2)$
外花键小径公差		从IT12、IT13或IT14选取
基本齿厚	S	$S=0.5\pi m$
作用齿厚最大值	$S_{v\ max}$	$S_{v\ max}=S+es_v$（es_v见表1-3-158）
实际齿厚最小值	S_{min}	$S_{min}=S_{v\ max}-(T+\lambda)$
实际齿厚最大值	S_{max}	$S_{max}=S_{v\ max}-\lambda$
作用齿厚最小值	$S_{v\ min}$	$S_{v\ min}=S_{min}+\lambda$
齿形裕度	$C_F^{③}$	$C_F=0.1m$

① 37.5°、45°圆齿根内花键允许选用平齿根，此时，内花键大径基本尺寸 D_{ei} 应大于内花键渐开线终止圆直径最小值 $D_{Fi\ min}$。

② 对所有花键齿侧配合类别，均按H/h配合类别取 $D_{Fe\ max}$ 值。

③ $C_F=0.1m$ 只适合于H/h配合类别，其他各种配合类别的齿形裕度 C_F 均有变化。

5. 外花键大径基本尺寸（GB/T 3478.1—2008）

1）30°外花键大径基本尺寸系列见表1-3-146。

2）45°外花键大径基本尺寸系列见表1-3-147。

表 1-3-146 30°外花键大径基本尺寸系列（部分）（GB/T 3478.1—2008）

$$D_{ee}=m(z+1)$$

（单位：mm）

齿数 z	模数													
	0.5	(0.75)	1	(1.25)	1.5	(1.75)	2	2.5	3	(4)	5	(6)	(8)	10
10	5.5	8.25	11	13.75	16.5	19.25	22	27.5	33	44	55	66	88	110
11	6.0	9.00	12	15.00	18.0	21.00	24	30.0	36	48	60	72	96	120
12	6.5	9.75	13	16.25	18.5	22.75	26	32.5	39	52	65	78	104	130
13	7.0	10.50	14	17.50	21.0	24.50	28	35.0	42	56	70	84	112	140
14	7.5	11.25	15	18.75	22.5	26.25	30	37.5	45	60	75	90	120	150
15	8.0	12.00	16	20.00	24.0	28.00	32	40.0	48	64	80	96	128	160
16	8.5	12.75	17	21.25	25.5	29.75	34	42.5	51	68	85	102	136	170
17	9.0	13.50	18	22.50	27.0	31.50	36	45.0	54	72	90	108	144	180
18	9.5	14.25	19	23.75	28.5	33.25	38	47.5	57	76	95	114	152	190
19	10.0	15.00	20	25.00	30.0	35.00	40	50.0	60	80	100	120	160	200
20	10.5	15.75	21	26.25	31.5	36.75	42	52.5	63	84	105	126	168	210
21	11.0	16.50	22	27.50	33.0	38.50	44	55.0	66	88	110	132	176	220
22	11.5	17.25	23	28.75	34.5	40.25	46	57.5	69	92	115	138	184	230
23	12.0	18.00	24	30.00	36.0	42.00	48	60.0	72	96	120	144	192	240
24	12.5	18.75	25	31.25	37.5	43.75	50	62.5	75	100	125	150	200	250
25	13.0	19.50	26	32.50	39.0	45.50	52	65.0	78	104	130	156	208	260
26	13.50	20.25	27	33.75	40.5	47.25	54	67.5	81	108	135	162	216	270
27	14.0	21.00	28	35.00	42.0	49.00	56	70.0	84	112	140	168	224	280
28	14.5	21.75	29	36.25	43.5	50.75	58	72.5	87	116	145	174	232	290
29	15.0	22.50	30	37.50	45.0	52.50	60	75.0	90	120	150	180	240	300
30	15.5	23.25	32	38.75	46.5	54.25	62	77.5	93	124	155	186	248	310
31	16.0	24.00	32	40.00	48.0	56.00	64	80.0	96	128	160	192	256	320
32	16.5	24.75	33	41.25	49.5	57.75	66	82.5	99	132	165	198	264	330
33	17.0	25.50	34	42.50	51.0	59.50	68	85.0	102	136	170	204	272	340
34	17.5	26.25	35	43.75	52.5	61.25	70	87.5	105	140	175	210	280	350
35	18.0	27.00	36	45.00	54.0	63.00	72	90.0	108	144	180	216	288	360
36	18.5	27.75	37	46.25	55.5	64.75	74	92.5	111	148	185	222	296	370
37	19.0	28.50	38	47.50	57.0	66.50	76	95.0	114	152	190	228	304	380
38	19.5	29.25	39	48.75	58.5	68.25	78	97.5	117	156	195	234	312	390
39	20.0	30.00	40	50.00	60.0	70.00	80	100.0	120	160	200	240	320	400
40	20.5	30.75	41	51.25	61.5	71.75	82	102.5	123	164	205	246	328	410
41	21.0	31.50	42	52.50	63.0	73.50	84	105.0	126	168	210	252	336	420
42	21.5	32.25	43	53.75	64.5	75.25	86	107.5	129	172	215	258	344	430
43	22.0	33.00	44	55.00	66.0	77.00	88	110.0	132	176	220	264	352	440
44	22.5	33.75	45	56.25	67.5	78.75	90	112.5	135	180	225	270	360	450
45	23.0	34.50	46	57.50	69.0	80.50	92	115.0	138	184	230	276	368	460
46	23.5	35.25	47	58.75	70.5	82.25	94	117.5	141	188	235	282	376	470
47	24.0	36.00	48	60.00	72.0	84.00	96	120.0	144	192	240	288	384	480
48	24.5	36.75	49	61.25	73.5	85.75	98	122.5	147	196	245	294	392	490
49	25.0	37.50	50	62.50	75.0	87.50	100	125.0	150	200	250	300	400	500
50	25.5	38.25	51	63.75	76.5	89.25	102	127.5	153	204	255	306	408	510
51	26.0	39.00	52	65.00	78.0	91.00	104	130.0	156	208	260	312	416	520
52	26.5	39.75	53	66.25	79.5	92.75	106	132.5	159	212	265	318	424	530
53	27.0	40.50	54	67.50	81.0	94.50	108	135.0	162	216	270	324	432	540
54	27.5	41.25	55	68.75	82.5	96.25	110	137.5	165	220	275	330	440	550
55	28.0	42.00	56	70.00	84.0	98.00	112	140.0	168	224	280	336	448	560

表 1-3-147 45°外花键大径基本尺寸系列（部分）（GB/T 3478.1—2008）

$D_{ee}=m(z+0.8)$ （单位：mm）

齿数	模数								
z	0.25	0.5	(0.75)	1	1.25	1.5	1.75	2	2.5
10	2.70	5.40	8.10	10.80	13.50	16.20	18.90	21.60	27.00
11	2.95	5.90	8.85	11.80	14.75	17.70	20.65	23.60	29.50
12	3.20	6.40	9.60	12.80	16.00	19.20	22.40	25.60	32.00
13	3.45	6.90	10.35	13.80	17.25	20.70	24.15	27.60	34.50
14	3.70	7.40	11.10	14.80	18.50	22.20	25.90	29.60	37.00
15	3.95	7.90	11.85	15.80	19.75	23.70	27.65	31.60	39.50
16	4.20	8.40	12.60	16.80	21.00	25.20	29.40	33.60	42.00
17	4.45	8.90	13.35	17.80	22.25	26.70	31.15	35.60	44.50
18	4.70	9.40	14.10	18.80	23.50	28.20	32.90	37.60	47.00
19	4.95	9.90	14.85	19.80	24.75	29.70	34.65	39.60	49.50
20	5.20	10.40	15.60	20.80	26.00	31.20	36.40	41.60	52.00
21	5.45	10.90	16.35	21.80	27.25	32.70	38.15	43.60	54.50
22	5.70	11.40	17.10	22.80	28.50	34.20	39.90	45.60	57.00
23	5.95	11.90	17.85	23.80	29.75	35.70	41.65	47.60	59.50
24	6.20	12.40	18.60	24.80	31.00	37.20	43.40	49.60	62.00
25	6.45	12.90	19.35	25.80	32.25	38.70	45.15	51.60	64.50
26	6.70	13.40	20.10	26.80	33.50	40.20	46.90	53.60	67.00
27	6.95	13.90	20.85	27.80	34.75	41.70	48.65	55.60	69.50
28	7.20	14.40	21.60	28.80	36.00	43.20	50.40	57.60	72.00
29	7.45	14.90	22.35	29.80	37.25	44.70	52.15	59.60	74.50
30	7.70	15.40	23.10	30.80	38.50	46.20	53.90	61.60	77.00
31	7.95	15.90	23.85	31.80	39.75	47.70	55.65	63.60	79.50
32	8.20	16.40	24.60	32.80	41.00	49.20	57.40	65.60	82.00
33	8.45	16.90	25.35	33.80	42.25	50.70	59.15	67.60	84.50
34	8.70	17.40	26.10	34.80	43.50	52.20	60.90	69.60	87.00
35	8.95	17.90	26.85	35.80	44.75	53.70	62.65	71.60	89.50
36	9.20	18.40	27.60	36.80	46.00	55.20	64.40	73.60	92.00
37	9.45	18.90	28.35	37.80	47.25	56.70	66.15	75.60	94.50
38	9.70	19.40	29.10	38.80	48.50	58.20	67.90	77.60	97.00
39	9.95	19.90	29.85	39.80	49.75	59.70	69.65	79.60	99.50
40	10.20	20.40	30.60	40.80	51.00	61.20	71.40	81.60	102.00
41	10.45	20.90	31.35	41.80	52.25	62.70	73.15	83.60	104.50
42	10.70	21.40	32.10	42.80	53.50	64.20	74.90	85.60	107.00
43	10.95	21.90	32.85	43.80	54.75	65.70	76.65	87.60	109.50
44	11.20	22.40	33.60	44.80	56.00	67.20	78.40	89.60	112.00
45	11.45	22.90	34.35	45.80	57.25	68.70	80.15	91.60	114.50
46	11.70	23.40	35.10	46.80	58.50	70.20	81.90	93.60	117.00
47	11.95	23.90	35.85	47.80	59.75	71.70	83.65	95.60	119.50
48	12.20	24.40	36.60	48.80	61.00	73.20	85.40	97.60	122.00
49	12.45	24.90	37.35	49.80	62.25	74.70	87.15	99.60	124.50
50	12.70	25.40	38.10	50.80	63.50	76.20	88.90	101.60	127.00
51	12.95	25.90	38.85	51.80	64.75	77.70	90.65	103.60	129.50
52	13.20	26.40	39.60	52.80	66.00	79.20	92.40	105.60	132.00
53	13.45	26.90	40.35	53.80	67.25	80.70	94.15	107.60	134.50
54	13.70	27.40	41.10	54.80	68.50	82.20	95.90	109.60	137.00
55	13.95	27.90	41.85	55.80	69.75	83.70	97.65	111.60	139.50

6. 渐开线花键公差与配合

（1）公差等级 公差等级见表 1-3-148。

表 1-3-148 公差等级

标准压力角/(°)	公差等级
30	4、5、6、7
45	6、7

（2）齿侧配合

1）渐开线花键连接的齿侧配合采用基孔制，即仅改变外花键作用齿厚上极限偏差的方法实现不同的配合。

2）花键连接有六种齿侧配合类别：H/k、H/js、H/h、H/f、H/e 和 H/d，如图 1-3-34 所示。对 45°标准压力角的花键连接，应优先选用 H/k、H/h 和 H/f。

3）花键齿侧配合性质取决于最小作用侧隙，与公差等级无关（配合类别 H/k 和 H/js 除外）。

4）齿侧配合的精度决定于总公差（$T+\lambda$）。允许不同公差等级的内、外花键相互配合。

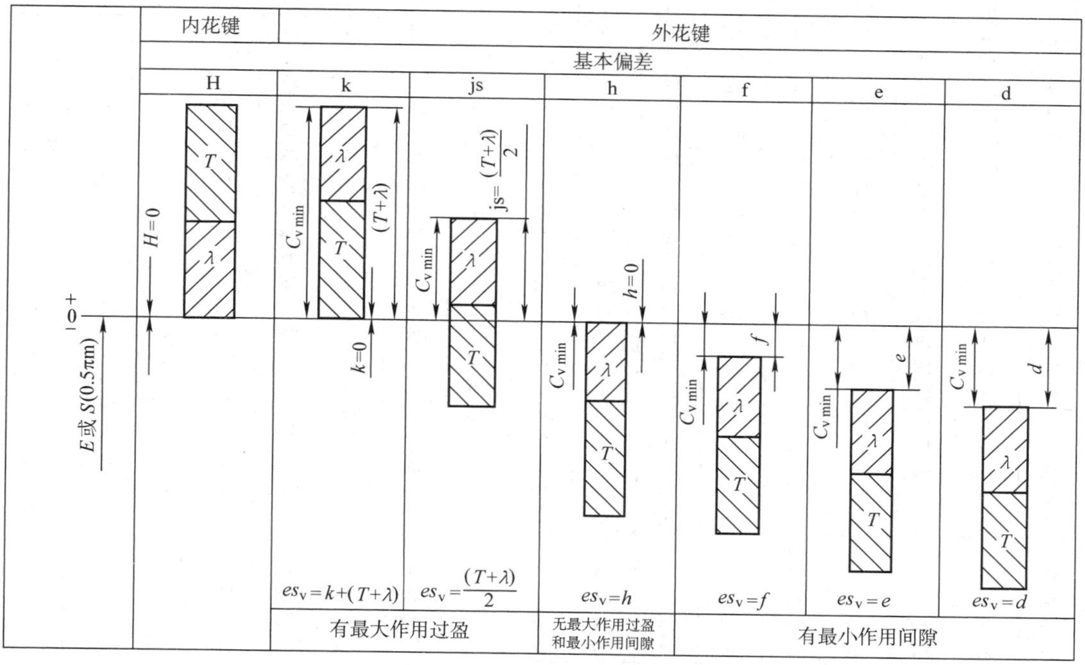

图 1-3-34 齿侧配合的公差带分布

7. 图样标记示例

[例 1] 花键副，齿数 24、模数 2.5mm，内花键为 30°平齿根，公差等级为 6 级；外花键为 30°圆齿根，公差等级为 5 级，配合类别为 H/h。

花键副：INT/EXT 24z×2.5m×30P/R×6H/5h GB/T 3478.1—2008

内花键：INT 24z×2.5m×30P×6H GB/T 3478.1—2008

外花键：EXT 24z×2.5m×30R×5h GB/T 3478.1—2008

[例 2] 花键副，齿数 24、模数 2.5mm，45°圆齿根，内花键公差等级为 6 级，外花键公差等级为 7 级，配合类别为 H/h。

花键副：INT/EXT 24z×2.5m×45×6H/7h GB/T 3478.1—2008

内花键：INT 24z×2.5m×45×6H GB/T 3478.1—2008

外花键：EXT 24z×2.5m×45×7h GB/T 3478.1—2008

8. 公差数值表

1）总公差（$T+\lambda$）、综合公差 λ、齿距累积公差 F_p 和齿形公差 f_α 见表 1-3-149～表 1-3-156。

表 1-3-149　总公差（$T+\lambda$）、综合公差 λ、齿距累积公差 F_p 和齿形公差 f_α（部分）

$m=0.5$mm　　（单位：μm）

z	公差等级															
	4				5				6				7			
	$T+\lambda$	λ	F_p	f_α	$T+\lambda$	λ	F_p	f_α	$T+\lambda$	λ	F_p	f_α	$T+\lambda$	λ	F_p	f_α
10	24	11	13	11	39	16	19	17	61	23	27	27	98	36	38	44
11	25	11	14	11	39	16	19	17	62	24	27	27	99	36	39	44
12	25	11	14	11	40	16	20	17	62	24	28	27	99	36	40	44
13	25	11	14	11	40	17	20	17	63	24	28	27	100	37	41	44
14	25	11	15	11	41	17	21	17	63	25	29	27	101	37	42	44
15	26	12	15	11	41	17	21	17	64	25	30	27	102	37	42	44
16	26	12	15	11	41	17	22	18	64	25	30	27	103	38	43	44
17	26	12	15	11	41	17	22	18	65	25	31	27	104	38	44	44
18	26	12	16	11	42	18	22	18	65	26	31	27	104	39	45	44
19	26	12	16	11	42	18	23	18	66	26	32	27	105	39	45	44
20	26	12	16	11	42	18	23	18	66	26	32	28	106	39	46	44
21	27	12	16	11	43	18	23	18	66	26	33	28	106	40	47	44
22	27	13	17	11	43	18	24	18	67	27	33	28	107	40	48	44
23	27	13	17	11	43	18	24	18	67	27	34	28	108	40	48	44
24	27	13	17	11	43	19	24	18	68	27	34	28	108	40	49	44
25	27	13	17	11	44	19	25	18	68	27	35	28	109	41	49	44
26	27	13	18	11	44	19	25	18	68	27	35	28	109	41	50	44
27	27	13	18	11	44	19	25	18	69	28	36	28	110	41	51	44
28	28	13	18	11	44	19	26	18	69	28	36	28	110	42	51	44
29	28	13	18	11	44	19	26	18	69	28	36	28	111	42	52	44
30	28	13	18	11	45	20	26	18	70	28	37	28	112	42	52	44
31	28	14	19	11	45	20	27	18	70	28	37	28	112	43	53	44
32	28	14	19	11	45	20	27	18	70	29	38	28	113	43	54	44
33	28	14	19	11	45	20	27	18	71	29	38	28	113	43	54	44
34	28	14	19	11	45	20	27	18	71	29	38	28	113	43	55	44
35	28	14	19	11	46	20	28	18	71	29	39	28	114	44	55	45
36	29	14	20	11	46	20	28	18	72	29	39	28	114	44	56	45
37	29	14	20	11	46	21	28	18	72	30	39	28	115	44	56	45
38	29	14	20	11	46	21	28	18	72	30	40	28	115	44	57	45
39	29	14	20	11	46	21	29	18	72	30	40	28	116	45	57	45
40	29	14	20	11	46	21	29	18	73	30	41	28	116	45	58	45
41	29	15	20	11	47	21	29	18	73	30	41	28	117	45	58	45
42	29	15	21	11	47	21	29	18	73	31	41	28	117	45	59	45
43	29	15	21	11	47	21	30	18	73	31	42	28	117	46	59	45
44	29	15	21	11	47	21	30	18	74	31	42	28	118	46	60	45
45	30	15	21	11	47	22	30	18	74	31	42	28	118	46	60	45
46	30	15	21	11	47	22	30	18	74	31	43	28	119	46	61	45
47	30	15	21	11	48	22	31	18	74	31	43	28	119	47	61	45
48	30	15	22	11	48	22	31	18	75	32	43	28	119	47	62	45
49	30	15	22	11	48	22	31	18	75	32	44	28	120	47	62	45
50	30	15	22	11	48	22	31	18	75	32	44	28	120	47	62	45
51	30	15	22	11	48	22	31	18	75	32	44	28	121	48	63	45
52	30	16	22	11	48	22	32	18	76	32	44	28	121	48	63	45
53	30	16	22	11	48	23	32	18	76	32	45	28	121	48	64	45
54	30	16	23	11	49	23	32	18	76	33	45	28	122	48	64	45
55	30	16	23	11	49	23	32	18	76	33	45	28	122	49	64	45

表 1-3-150 总公差 $(T+\lambda)$、综合公差 λ、齿距累积公差 F_p 和齿形公差 f_α（部分）

$m=1\text{mm}$ （单位：μm）

z	公差等级															
	4				5				6				7			
	$T+\lambda$	λ	F_p	f_α	$T+\lambda$	λ	F_p	f_α	$T+\lambda$	λ	F_p	f_α	$T+\lambda$	λ	F_p	f_α
10	31	13	16	12	49	18	23	19	77	27	32	30	123	40	46	47
11	31	13	17	12	50	19	24	19	78	27	33	30	124	41	48	47
12	31	13	17	12	50	19	24	19	78	28	34	30	126	42	49	47
13	32	13	18	12	51	19	25	19	79	28	35	30	127	42	50	47
14	32	13	18	12	51	20	26	19	80	29	36	30	128	43	51	47
15	32	14	18	12	52	20	26	19	81	29	37	30	129	43	52	47
16	32	14	19	12	52	20	27	19	81	29	38	30	130	44	54	48
17	33	14	19	12	52	21	27	19	82	30	38	30	131	45	55	48
18	33	14	20	12	53	21	28	19	82	30	39	30	132	45	56	48
19	33	14	20	12	53	21	28	19	83	31	40	30	133	46	57	48
20	33	15	20	12	53	21	29	19	83	31	41	30	134	46	58	48
21	34	15	21	12	54	22	29	19	84	31	41	30	134	47	59	48
22	34	15	21	12	54	22	30	19	84	32	42	30	135	47	60	48
23	34	15	21	12	54	22	30	19	85	32	43	30	136	48	61	48
24	34	15	22	12	55	22	31	19	85	32	43	30	137	48	62	48
25	34	16	22	12	55	23	31	19	86	33	44	30	138	48	62	48
26	35	16	22	12	55	23	32	19	86	33	44	30	138	49	63	48
27	35	16	23	12	56	23	32	19	87	33	45	30	139	49	64	48
28	35	16	23	12	56	23	33	19	87	34	46	30	140	50	65	49
29	35	16	23	12	56	24	33	19	88	34	46	30	140	50	66	49
30	35	16	23	12	56	24	33	19	88	34	47	31	141	51	67	49
31	35	17	24	12	57	24	34	19	89	34	47	31	142	51	68	49
32	36	17	24	12	57	24	34	20	89	35	48	31	142	52	68	49
33	36	17	24	12	57	24	35	20	89	35	48	31	143	52	69	49
34	36	17	25	12	57	25	35	20	90	35	49	31	144	52	70	49
35	36	17	25	12	58	25	35	20	90	36	50	31	144	53	71	49
36	36	17	25	12	58	25	36	20	90	36	50	31	145	53	71	49
37	36	18	25	12	58	25	36	20	91	36	51	31	145	54	72	49
38	36	18	26	12	58	25	36	20	91	37	51	31	146	54	73	49
39	37	18	26	12	59	26	37	20	92	37	52	31	147	54	74	49
40	37	18	26	12	59	26	37	20	92	37	52	31	147	55	74	49
41	37	18	26	12	59	26	37	20	92	37	53	31	148	55	75	50
42	37	18	27	12	59	26	38	20	93	38	53	31	148	55	76	50
43	37	18	27	12	59	26	38	20	93	38	54	31	149	56	76	50
44	37	18	27	12	60	27	39	20	93	38	54	31	149	56	77	50
45	37	19	27	13	60	27	39	20	94	38	55	31	150	57	78	50
46	38	19	28	13	60	27	39	20	94	39	55	31	150	57	78	50
47	38	19	28	13	60	27	40	20	94	39	55	31	151	57	79	50
48	38	19	28	13	61	27	40	20	95	39	56	31	151	58	80	50
49	38	19	28	13	61	28	40	20	95	39	56	31	152	58	80	50
50	38	19	28	13	61	28	40	20	95	40	57	32	152	58	81	50
51	38	19	29	13	61	28	41	20	95	40	57	32	153	59	82	50
52	38	19	29	13	61	28	41	20	96	40	58	32	153	59	82	50
53	38	20	29	13	61	28	41	20	96	40	58	32	154	59	83	50
54	39	20	29	13	62	28	42	20	96	41	59	32	154	60	83	51
55	39	20	30	13	62	29	42	20	97	41	59	32	154	60	84	51

表 1-3-151 总公差（$T+\lambda$）、综合公差 λ、齿距累积公差 F_p 和齿形公差 f_α（部分）

$m=1.5$mm （单位：μm）

z	公差等级															
	4				5				6				7			
	$T+\lambda$	λ	F_p	f_α	$T+\lambda$	λ	F_p	f_α	$T+\lambda$	λ	F_p	f_α	$T+\lambda$	λ	F_p	f_α
10	35	14	18	13	56	20	26	20	88	30	37	32	141	45	52	51
11	36	14	19	13	57	21	27	20	89	30	38	32	143	46	54	51
12	36	15	20	13	58	21	28	20	90	30	39	32	144	46	56	51
13	36	15	20	13	58	22	29	20	91	31	40	32	145	47	57	51
14	37	15	21	13	59	22	29	20	92	32	41	32	147	48	59	51
15	37	15	21	13	59	22	30	20	92	32	42	32	148	48	60	51
16	37	16	22	13	60	23	31	21	93	33	43	32	149	49	62	51
17	38	16	22	13	60	23	31	21	94	33	44	32	150	50	63	51
18	38	16	23	13	60	23	32	21	95	34	45	32	151	51	64	52
19	38	16	23	13	61	24	33	21	95	34	46	32	152	51	66	52
20	38	17	23	13	61	24	33	21	96	35	47	33	153	52	67	52
21	39	17	24	13	62	24	34	21	96	35	48	33	154	52	68	52
22	39	17	24	13	62	25	35	21	97	35	48	33	155	53	69	52
23	39	17	25	13	62	25	35	21	98	36	49	33	156	54	70	52
24	39	18	25	13	63	25	36	21	98	37	50	33	157	54	71	52
25	39	18	25	13	63	26	36	21	99	37	51	33	158	55	72	52
26	40	18	26	13	63	26	37	21	99	37	52	33	159	55	74	53
27	40	18	26	13	64	26	37	21	100	38	52	33	160	56	75	53
28	40	18	27	13	64	27	38	21	100	38	53	33	160	57	76	53
29	40	19	27	13	64	27	38	21	101	39	54	33	161	57	77	53
30	40	19	27	13	65	27	39	21	101	39	55	33	162	58	78	53
31	41	19	28	13	65	27	39	21	102	39	55	33	163	58	79	53
32	41	19	28	13	65	28	40	21	102	40	56	33	164	59	80	53
33	41	19	28	13	66	28	40	21	103	40	57	33	164	59	81	53
34	41	20	29	13	66	28	41	21	103	41	57	34	165	60	82	53
35	41	20	29	13	66	29	41	21	103	41	58	34	166	60	82	54
36	42	20	29	13	67	29	42	21	104	41	59	34	166	61	83	54
37	42	20	30	14	67	29	42	21	104	42	59	34	167	61	84	54
38	42	20	30	14	67	29	43	22	105	42	60	34	168	62	85	54
39	42	21	30	14	67	30	43	22	105	42	60	34	168	62	86	54
40	42	21	31	14	68	30	43	22	106	43	61	34	169	63	87	54
41	42	21	31	14	68	30	44	22	106	43	62	34	170	63	88	54
42	43	21	31	14	68	30	44	22	106	43	62	34	170	64	89	54
43	43	21	31	14	68	31	45	22	107	44	63	34	171	64	89	55
44	43	21	32	14	69	31	45	22	107	44	63	34	171	65	90	55
45	43	22	32	14	69	31	46	22	108	44	64	34	172	65	91	55
46	43	22	32	14	69	31	46	22	108	45	65	34	173	66	92	55
47	43	22	33	14	69	31	46	22	108	45	65	35	173	66	93	55
48	43	22	33	14	70	32	47	22	109	45	66	35	174	66	94	55
49	44	22	33	14	70	32	47	22	109	46	66	35	174	67	94	55
50	44	22	33	14	70	32	48	22	109	46	67	35	175	67	95	55
51	44	23	34	14	70	32	48	22	110	46	67	35	176	68	96	55
52	44	23	34	14	70	33	48	22	110	47	68	35	176	68	97	56
53	44	23	34	14	71	33	49	22	110	47	68	35	177	69	97	56
54	44	23	34	14	71	33	49	22	110	47	69	35	177	69	98	56
55	44	23	35	14	71	33	49	22	111	47	69	35	178	70	99	56

表 1-3-152　总公差（$T+\lambda$）、综合公差 λ、齿距累积公差 F_p 和齿形公差 f_α（部分）

$m=2$mm

（单位：μm）

z	公差等级															
	4				5				6				7			
	$T+\lambda$	λ	F_p	f_α	$T+\lambda$	λ	F_p	f_α	$T+\lambda$	λ	F_p	f_α	$T+\lambda$	λ	F_p	f_α
10	39	15	20	14	62	22	29	22	97	32	41	34	156	49	58	54
11	39	16	21	14	63	23	30	22	98	33	42	34	157	49	60	54
12	40	16	22	14	64	23	31	22	99	34	43	34	159	50	62	54
13	40	16	22	14	64	24	32	22	100	34	44	34	160	51	63	55
14	40	17	23	14	65	24	33	22	101	35	46	34	162	52	65	55
15	41	17	23	14	65	25	33	22	102	36	47	35	163	53	67	55
16	41	17	24	14	66	25	34	22	103	36	48	35	164	54	68	55
17	41	17	25	14	66	25	35	22	104	37	49	35	166	55	70	55
18	42	18	25	14	67	26	36	22	104	37	50	35	167	55	71	55
19	42	18	26	14	67	26	36	22	105	38	51	35	168	56	73	56
20	42	18	26	14	68	27	37	22	106	38	52	35	169	57	74	56
21	43	19	27	14	68	27	38	22	106	39	53	35	170	58	76	56
22	43	19	27	14	69	27	39	22	107	39	54	35	171	58	77	56
23	43	19	28	14	69	28	39	22	108	40	55	35	172	59	78	56
24	43	19	28	14	69	28	40	23	108	40	56	35	173	60	80	56
25	44	20	28	14	70	28	40	23	109	41	57	36	174	60	81	57
26	44	20	29	14	70	29	41	23	110	41	58	36	175	61	82	57
27	44	20	29	14	70	29	42	23	110	42	59	36	176	62	83	57
28	44	20	30	14	71	29	42	23	111	42	59	36	177	62	85	57
29	44	21	30	14	71	30	43	23	111	43	60	36	178	63	86	57
30	45	21	31	14	71	30	43	23	112	43	61	36	179	64	87	57
31	45	21	31	14	72	30	44	23	112	44	62	36	180	64	88	57
32	45	21	31	14	72	31	45	23	113	44	63	36	180	65	89	58
33	45	22	32	15	72	31	45	23	113	45	63	36	181	66	90	58
34	45	22	32	15	73	31	46	23	114	45	64	36	182	66	91	58
35	46	22	33	15	73	32	46	23	114	45	65	37	183	67	92	58
36	46	22	33	15	73	32	47	23	115	46	66	37	184	67	94	58
37	46	22	33	15	74	33	47	23	115	46	66	37	184	68	95	58
38	46	22	34	15	74	33	48	23	116	47	67	37	185	69	96	59
39	46	23	34	15	74	33	48	23	116	47	68	37	186	69	97	59
40	47	23	34	15	75	33	49	24	117	48	69	37	187	70	98	59
41	47	23	35	15	75	33	49	24	117	48	69	37	187	70	99	59
42	47	23	35	15	75	34	50	24	117	48	70	37	188	71	100	59
43	47	24	35	15	75	34	50	24	118	49	71	37	189	71	101	59
44	47	24	36	15	76	34	51	24	118	49	71	37	189	72	101	60
45	48	24	36	15	76	35	51	24	119	49	72	38	190	72	102	60
46	48	24	36	15	76	35	52	24	119	50	73	38	191	73	103	60
47	48	24	37	15	77	35	52	24	120	50	73	38	191	74	104	60
48	48	25	37	15	77	36	53	24	120	51	74	38	192	74	105	60
49	48	25	37	15	77	36	53	24	120	51	75	38	193	75	106	60
50	48	25	38	15	77	36	53	24	121	51	75	38	193	75	107	60
51	48	25	38	15	78	36	54	24	121	52	76	38	194	76	108	61
52	49	25	38	15	78	36	54	24	122	52	76	38	195	76	109	61
53	49	26	39	15	78	37	55	24	122	52	77	38	195	77	110	61
54	49	26	39	15	78	37	55	24	122	53	78	38	196	77	110	61
55	49	26	39	15	79	37	56	24	123	53	78	39	196	78	111	61

表 1-3-153 总公差（$T+\lambda$）、综合公差 λ、齿距累积公差 F_p 和齿形公差 f_α（部分）

$m=2.5$mm

（单位：μm）

z	公差等级															
	4				5				6				7			
	$T+\lambda$	λ	F_p	f_α	$T+\lambda$	λ	F_p	f_α	$T+\lambda$	λ	F_p	f_α	$T+\lambda$	λ	F_p	f_α
10	42	16	22	14	67	24	31	23	105	35	44	36	168	52	62	58
11	42	17	23	15	68	24	32	23	106	35	45	36	170	53	65	58
12	43	17	23	15	68	25	33	23	107	36	47	36	171	54	67	58
13	43	17	24	15	69	25	34	23	108	37	48	37	173	55	69	58
14	44	18	25	15	70	26	35	23	109	38	50	37	174	56	71	59
15	44	18	25	15	70	26	36	23	110	38	51	37	176	57	72	59
16	44	19	26	15	71	27	37	24	111	39	52	37	177	58	74	59
17	45	19	27	15	71	27	38	24	112	40	53	37	179	59	76	59
18	45	19	27	15	72	28	39	24	112	40	55	37	180	60	78	59
19	45	20	28	15	72	28	40	24	113	41	56	37	181	61	79	59
20	46	20	28	15	73	29	40	24	114	42	57	38	182	62	81	60
21	46	20	29	15	73	29	41	24	115	42	58	38	184	62	82	60
22	46	21	30	15	74	30	42	24	115	43	59	38	185	63	84	60
23	46	21	30	15	74	30	43	24	116	43	60	38	186	64	85	60
24	47	21	31	15	75	30	43	24	117	44	61	38	187	65	87	60
25	47	21	31	15	75	31	44	24	118	44	62	38	188	66	88	61
26	47	22	32	15	76	31	45	24	118	45	63	38	189	66	90	61
27	48	22	32	15	76	32	46	24	119	45	64	38	190	67	91	61
28	48	22	33	15	76	32	46	24	119	46	65	39	191	68	92	61
29	48	22	33	15	77	32	47	25	120	47	66	39	192	69	94	61
30	48	22	33	16	77	33	48	25	121	47	67	39	193	69	95	62
31	49	23	34	16	78	33	48	25	121	48	68	39	194	70	96	62
32	49	23	34	16	78	34	49	25	122	48	69	39	195	71	98	62
33	49	24	35	16	78	34	49	25	122	49	69	39	196	71	99	62
34	49	24	35	16	79	34	50	25	123	49	70	39	197	72	100	62
35	49	24	36	16	79	35	51	25	123	50	71	39	197	73	101	63
36	50	24	36	16	79	35	51	25	124	50	72	40	198	73	102	63
37	50	25	36	16	80	35	52	25	124	51	73	40	199	74	104	63
38	50	25	37	16	80	36	52	25	125	51	74	40	200	75	105	63
39	50	25	37	16	80	36	53	25	125	51	74	40	201	75	106	63
40	50	25	38	16	81	36	53	25	126	52	75	40	202	76	107	64
41	51	25	38	16	81	37	54	25	126	52	76	40	203	77	108	64
42	51	26	38	16	81	37	55	26	127	53	77	40	203	77	109	64
43	51	26	39	16	82	37	55	26	127	53	77	40	204	78	110	64
44	51	26	39	16	82	38	56	26	128	54	78	41	205	79	111	64
45	51	26	40	16	82	38	56	26	128	54	79	41	206	79	112	65
46	52	27	40	16	82	38	57	26	129	55	80	41	206	80	113	65
47	52	27	40	16	83	38	57	26	129	55	80	41	207	80	114	65
48	52	27	41	16	83	39	58	26	130	55	81	41	208	81	115	65
49	52	27	41	16	83	39	58	26	130	56	82	41	208	82	116	65
50	52	27	41	17	84	39	59	26	131	56	83	41	209	82	117	66
51	52	28	42	17	84	40	59	26	131	57	83	41	210	83	118	66
52	53	28	42	17	84	40	60	26	132	57	84	42	210	83	119	66
53	53	28	42	17	84	40	60	26	132	57	85	42	211	84	120	66
54	53	28	43	17	85	41	61	26	132	58	85	42	212	85	121	66
55	53	28	43	17	85	41	61	27	133	58	86	42	213	85	122	67

表 1-3-154 总公差($T+\lambda$)、综合公差 λ、齿距累积公差 F_p 和齿形公差 f_α(部分)

$m=3$mm

(单位:μm)

z	公差等级															
	4				5				6				7			
	$T+\lambda$	λ	F_p	f_α	$T+\lambda$	λ	F_p	f_α	$T+\lambda$	λ	F_p	f_α	$T+\lambda$	λ	F_p	f_α
10	45	17	23	15	71	25	33	24	112	37	47	38	178	55	67	61
11	45	18	24	15	72	26	35	25	113	38	48	39	180	57	69	61
12	46	18	25	16	73	27	36	25	114	39	50	39	182	58	71	62
13	46	19	26	16	74	27	37	25	115	39	52	39	184	59	74	62
14	46	19	27	16	74	28	38	25	116	40	53	39	186	60	76	62
15	47	19	27	16	75	28	39	25	117	41	55	39	187	61	78	62
16	47	20	28	16	75	29	40	25	118	42	56	39	189	62	80	63
17	48	20	29	16	76	29	41	25	119	42	57	40	190	63	82	63
18	48	21	29	16	77	30	42	25	120	43	59	40	192	64	83	63
19	48	21	30	16	77	30	43	25	121	44	60	40	193	65	85	63
20	49	21	31	16	78	31	43	25	121	44	61	40	194	66	87	64
21	49	22	31	16	78	31	44	25	122	45	62	40	195	67	89	64
22	49	22	32	16	79	32	45	26	123	46	63	40	197	68	90	64
23	49	22	32	16	79	32	46	26	124	46	65	40	198	69	92	64
24	50	23	33	16	80	32	47	26	124	47	66	41	199	69	94	65
25	50	23	33	16	80	33	48	26	125	48	67	41	200	70	95	65
26	50	23	34	16	81	34	48	26	126	48	68	41	201	71	97	65
27	51	24	34	16	81	34	49	26	127	49	69	41	203	72	98	65
28	51	24	35	16	81	34	50	26	127	49	70	41	203	73	100	66
29	51	24	36	17	82	35	50	26	128	50	71	41	205	74	101	66
30	51	24	36	17	82	35	51	26	128	51	72	42	206	74	102	66
31	52	25	37	17	83	35	52	26	129	51	73	42	207	75	104	66
32	52	25	37	17	83	36	53	27	130	52	74	42	208	76	105	66
33	52	25	37	17	83	36	53	27	130	52	75	42	209	77	107	67
34	52	26	38	17	84	37	54	27	131	53	76	42	209	78	108	67
35	53	26	38	17	84	37	55	27	131	53	77	42	210	78	109	67
36	53	26	39	17	85	38	55	27	132	54	78	42	211	79	110	67
37	53	26	39	17	85	38	56	27	133	54	79	43	212	80	112	68
38	53	27	40	17	85	38	57	27	133	55	79	43	213	81	113	68
39	53	27	40	17	86	39	57	27	134	55	80	43	214	81	114	68
40	54	27	41	17	86	39	58	27	134	56	81	43	215	82	115	68
41	54	27	41	17	86	39	58	27	135	56	82	43	216	83	117	69
42	54	28	41	17	87	40	59	27	135	57	83	43	217	83	118	69
43	54	28	42	17	87	40	60	28	136	57	84	43	217	84	119	69
44	55	28	42	17	87	40	60	28	136	58	84	44	218	85	120	69
45	55	28	43	18	88	41	61	28	137	58	85	44	219	85	121	70
46	55	29	43	18	88	41	61	28	137	59	86	44	220	86	123	70
47	55	29	44	18	88	41	62	28	138	59	87	44	221	87	124	70
48	55	29	44	18	89	42	62	28	138	60	88	44	221	87	125	70
49	56	29	44	18	89	42	63	28	139	60	88	44	222	88	126	70
50	56	30	45	18	89	42	63	28	139	61	89	44	223	89	127	71
51	56	30	45	18	90	43	64	28	140	61	90	45	224	89	128	71
52	56	30	45	18	90	43	65	28	140	62	91	45	224	90	129	71
53	56	30	46	18	90	43	65	28	141	62	92	45	225	91	130	71
54	56	30	46	18	90	44	66	29	141	63	92	45	226	91	131	72
55	57	31	47	18	91	44	66	29	142	63	93	45	227	92	132	72

表 1-3-155 总公差($T+\lambda$)、综合公差 λ、齿距累积公差 F_p 和齿形公差 f_α(部分)

$m=5$mm

(单位:μm)

z	公差等级															
	4				5				6				7			
	$T+\lambda$	λ	F_p	f_α	$T+\lambda$	λ	F_p	f_α	$T+\lambda$	λ	F_p	f_α	$T+\lambda$	λ	F_p	f_α
10	53	21	28	19	85	31	40	30	133	45	57	48	213	67	81	75
11	54	22	30	19	86	32	42	30	134	46	59	48	215	69	84	76
12	54	22	31	19	87	32	43	30	136	47	61	48	217	70	87	76
13	55	23	32	19	88	33	45	31	137	48	63	48	219	72	90	77
14	55	23	33	19	88	34	46	31	138	49	65	49	221	73	92	77
15	56	24	33	20	89	35	48	31	139	50	67	49	223	75	95	77
16	56	24	34	20	90	35	49	31	141	51	68	49	225	76	98	78
17	57	25	35	20	91	36	50	31	142	52	70	49	227	77	100	78
18	57	25	36	20	91	37	51	31	143	53	72	50	228	79	102	79
19	58	26	37	20	92	37	52	31	144	54	74	50	230	80	105	79
20	58	26	38	20	93	38	53	32	145	55	75	50	232	81	107	79
21	58	27	39	20	93	38	54	32	146	56	77	50	223	82	109	80
22	59	27	39	20	94	39	56	32	147	57	78	51	235	84	111	80
23	59	28	40	20	95	40	57	32	148	57	80	51	236	85	113	81
24	59	28	41	20	95	40	58	32	149	58	81	51	238	86	115	81
25	60	28	41	21	96	41	59	32	149	59	83	51	239	87	117	81
26	60	29	42	21	96	42	60	33	150	60	84	52	241	88	119	82
27	60	29	43	21	97	42	61	33	151	61	85	52	242	89	121	82
28	61	30	43	21	97	43	62	33	152	61	87	52	243	90	123	82
29	61	30	44	21	98	43	63	33	153	62	88	52	244	92	125	83
30	61	30	45	21	98	44	63	33	154	63	89	53	246	93	127	83
31	62	31	45	21	99	44	64	33	154	64	91	53	247	94	129	84
32	62	31	46	21	99	45	65	34	155	64	92	53	248	95	131	84
33	62	31	47	21	100	45	66	34	156	65	93	53	249	96	132	84
34	63	32	47	21	100	46	67	34	157	66	94	54	251	97	134	85
35	63	32	48	22	101	46	68	34	157	67	95	54	252	98	136	85
36	63	33	48	22	101	47	69	34	158	67	97	54	253	99	137	86
37	64	33	49	22	102	47	70	34	159	68	98	54	254	100	139	86
38	64	33	49	22	102	48	70	34	159	69	99	55	255	101	141	86
39	64	34	50	22	103	48	71	35	160	69	100	55	256	102	142	87
40	64	34	51	22	103	49	72	35	161	70	101	55	257	103	144	87
41	65	34	51	22	103	49	73	35	162	71	102	55	258	103	145	88
42	65	35	52	22	104	50	73	35	162	71	103	56	259	104	147	88
43	65	35	52	22	104	50	74	35	163	72	104	56	261	105	148	88
44	65	35	53	22	105	51	75	35	163	73	105	56	262	106	150	89
45	66	36	53	23	105	51	76	36	164	73	106	56	263	107	151	89
46	66	36	54	23	105	52	76	36	165	74	108	57	264	108	153	90
47	66	36	54	23	106	52	77	36	165	74	109	57	265	109	154	90
48	66	36	55	23	106	52	78	36	166	75	110	57	266	110	156	90
49	67	37	55	23	107	53	79	36	167	76	111	57	267	111	157	91
50	67	37	56	23	107	53	79	36	167	76	112	58	267	112	159	91
51	67	37	56	23	107	54	80	36	168	77	113	58	268	112	160	92
52	67	38	57	23	108	54	81	37	168	77	114	58	269	113	161	92
53	68	38	57	23	108	55	81	37	169	78	115	58	270	114	163	92
54	68	38	58	23	108	55	82	37	169	79	115	59	271	115	164	93
55	68	39	58	24	109	55	83	37	170	79	116	59	272	116	166	93

表 1-3-156 总公差（$T+\lambda$）、综合公差 λ、齿距累积公差 F_p 和齿形公差 f_α（部分）

$m=10$mm

（单位：μm）

z	公差等级															
z	4				5				6				7			
	$T+\lambda$	λ	F_p	f_α	$T+\lambda$	λ	F_p	f_α	$T+\lambda$	λ	F_p	f_α	$T+\lambda$	λ	F_p	f_α
10	68	29	38	28	108	42	53	44	169	62	75	70	270	94	107	111
11	68	30	39	28	109	43	56	44	171	64	78	71	273	96	111	112
12	69	30	41	28	110	44	58	45	173	65	81	71	276	98	115	112
13	70	31	42	29	112	46	60	45	174	67	84	72	279	100	119	113
14	70	32	43	29	113	47	62	45	176	68	87	72	282	102	123	114
15	71	33	45	29	114	48	63	46	178	70	89	73	284	104	127	115
16	72	33	46	29	115	49	65	46	179	71	92	73	287	106	131	116
17	72	34	47	29	116	50	67	46	181	72	94	74	289	108	134	116
18	73	35	48	30	117	51	69	47	182	74	97	74	291	110	137	117
19	73	35	49	30	117	51	70	47	183	75	99	75	294	112	141	118
20	74	36	51	30	118	52	72	47	185	76	101	75	296	113	144	119
21	74	37	52	30	119	53	73	48	186	78	103	76	298	115	147	120
22	75	37	53	30	120	54	75	48	187	79	105	76	300	117	150	120
23	75	38	54	31	121	55	76	48	189	80	108	77	302	119	153	121
24	76	39	55	31	122	56	78	49	190	81	110	77	304	120	156	122
25	77	39	56	31	122	57	79	49	191	82	112	78	306	122	159	123
26	77	40	57	31	123	58	81	49	192	84	114	78	308	124	161	123
27	77	40	58	31	124	58	82	49	193	85	115	79	310	125	164	124
28	78	41	59	32	125	59	83	50	195	86	117	79	311	127	167	125
29	78	41	60	32	125	60	85	50	196	87	119	80	313	128	170	126
30	79	42	60	32	126	61	86	50	197	88	121	80	315	130	172	127
31	79	42	61	32	127	61	87	51	198	89	123	81	317	131	175	127
32	80	43	62	32	127	62	89	51	199	90	125	81	318	133	177	128
33	80	44	63	33	128	63	90	51	200	91	126	82	320	134	180	129
34	80	44	64	33	129	64	91	52	201	92	128	82	322	136	182	130
35	81	45	65	33	129	64	92	52	202	93	130	83	323	137	184	131
36	81	45	66	33	130	65	93	52	203	94	131	83	325	139	187	131
37	82	46	67	33	131	66	95	53	204	95	133	84	326	140	189	132
38	82	46	67	34	131	67	96	53	205	96	135	84	328	142	191	133
39	82	47	68	34	132	67	97	53	206	97	136	85	330	143	194	134
40	83	47	69	34	132	68	98	54	207	98	138	85	331	144	196	135
41	83	48	70	34	133	69	99	54	208	99	139	86	333	146	198	135
42	83	48	71	34	134	69	100	54	209	100	141	86	334	147	200	136
43	84	48	71	35	134	70	101	54	210	101	142	87	335	149	203	137
44	84	49	72	35	135	71	102	55	211	102	144	87	337	150	205	138
45	85	49	73	35	135	71	103	55	211	103	145	88	338	151	207	138
46	85	50	74	35	136	72	104	55	212	104	147	88	340	153	209	139
47	85	50	74	35	136	73	105	56	213	105	148	89	341	154	211	140
48	86	51	75	36	137	73	106	56	214	106	150	89	343	155	213	141
49	86	51	76	36	138	74	107	56	215	107	151	90	344	156	215	142
50	86	52	76	36	138	74	108	57	216	107	153	90	345	158	217	142
51	87	52	77	36	139	75	109	57	218	108	154	91	348	159	219	143
52	87	52	78	36	140	76	110	57	219	109	155	91	350	160	221	144
53	88	53	78	37	141	76	111	58	220	110	157	92	351	161	223	145
54	88	53	79	37	141	77	112	58	221	111	158	92	353	163	225	146
55	89	54	80	37	142	78	113	58	222	112	159	93	355	164	227	146

2）齿向公差 F_{β} 见表 1-3-157。

表 1-3-157　齿向公差 F_{β}（GB/T 3478.1—2008）　（单位：μm）

公差等级	花键配合长度 g															
	≤5	>5~10	>10~15	>15~20	>20~25	>25~30	>30~35	>35~40	>40~45	>45~50	>50~55	>55~60	>60~70	>70~80	>80~90	>90~100
4	6	7	7	8	8	8	9	9	9	10	10	10	11	11	12	12
5	7	8	9	9	10	10	11	11	12	12	12	13	13	14	14	15
6	9	10	11	12	13	13	14	14	15	15	16	16	17	17	18	19
7	14	16	18	19	20	21	22	23	23	24	25	25	27	28	29	30

注：当花键配合长度 g 不为表中数值时，可按 F_{β} 给出的计算式计算。

3）作用齿槽宽 E_{v} 下极限偏差和作用齿厚 S_{v} 上极限偏差见表 1-3-158。

表 1-3-158　作用齿槽宽 E_{v} 下极限偏差和作用齿厚 S_{v} 上极限偏差（GB/T 3478.1—2008）

分度圆直径 D/mm	基本偏差						
	H	d	e	f	h	js	k
	作用齿槽宽 E_{v} 下极限偏差/μm	作用齿厚 S_{v} 上极限偏差 es_{v}/μm					
≤6		-30	-20	-10			
>6~10		-40	-25	-13			
>10~18		-50	-32	-16			
>18~30		-65	-40	-20			
>30~50		-80	-50	-25			
>50~80		-100	-60	-30			
>80~120		-120	-72	-36			
>120~180	0	-145	-85	-43	0	$+\frac{(T+\lambda)}{2}$	$+(T+\lambda)$
>180~250		-170	-100	-50			
>250~315		-190	-110	-56			
>315~400		-210	-125	-62			
>400~500		-230	-135	-68			
>500~630		-260	-145	-76			
>630~800		-290	-160	-80			
>800~1000		-320	-170	-86			

注：1. 当表中的作用齿厚上极限偏差 es_{v} 值不能满足需要时，可从 GB/T 1800.1 中选择合适的基本偏差。
2. 总公差（$T+\lambda$）的数值见表 1-3-149~表 1-3-156。

4）外花键小径 D_{ie} 和大径 D_{ee} 的上极限偏差 $es_{v}/\tan\alpha_{D}$ 见表 1-3-159。

表 1-3-159　外花键小径 D_{ie} 和大径 D_{ee} 的上极限偏差 $es_{v}/\tan\alpha_{D}$（GB/T 3478.1—2008）

（单位：μm）

分度圆直径 D/mm	基本偏差								
	d		e		f		h	js	k
	标准压力角 α_{D}								
	30°	45°	30°	45°	30°	45°	30°、45°		
≤6	-52	-30	-35	-20	-17	-10			
>6~10	-69	-40	-43	-25	-12	-13			
>10~18	-87	-50	-55	-32	-28	-16			
>18~30	-113	-65	-69	-40	-35	-20	0	$+(T+\lambda)/2\tan\alpha_{D}$[①]	$+(T+\lambda)/\tan\alpha_{D}$[①]
>30~50	-139	-80	-87	-50	-43	-25			
>50~80	-173	-100	-104	-60	-52	-30			
>80~120	-208	-120	-125	-72	-62	-36			

（续）

分度圆直径 D/mm	基本偏差								
	d		e		f		h	js	k
	标准压力角 α_D								
	30°	45°	30°	45°	30°	45°	30°、45°		
>120~180	-251	-145	-147	-85	-74	-43	0	$+(T+\lambda)/2\tan\alpha_D$①	$+(T+\lambda)/\tan\alpha_D$①
>180~250	-294	-170	-173	-100	-87	-50			
>250~315	-329	-190	-191	-110	-97	-56			
>315~400	-364	-210	-217	-125	-107	-62			
>400~500	-398	-230	-234	-135	-118	-68			
>500~630	-450	-260	-251	-145	-132	-76			
>630~800	-502	-290	-277	-160	-139	-80			
>800~1000	-554	-320	-294	-170	-149	-86			

① 对于大径，取值为零。

5）内花键小径 D_{ii} 极限偏差和外花键大径 D_{ee} 公差见表1-3-160。

表1-3-160 内花键小径 D_{ii} 极限偏差和外花键大径 D_{ee} 公差（GB/T 3478.1—2008）

（单位：μm）

直径 D_{ii} 和 D_{ee} /mm	内花键小径 D_{ii} 的极限偏差			外花键大径 D_{ee} 公差		
	模数 m/mm					
	0.25~0.75	1~1.75	2~10	0.25~0.75	1~1.75	2~10
	H10	H11	H12	IT10	IT11	IT12
<6	+48 0	—	—	48	—	—
>6~10	+58 0	+90 0	—	58	—	—
>10~18	+70 0	+110 0	+180 0	70	110	—
>18~30	+84 0	+130 0	+210 0	84	130	210
>30~50	+100 0	+160 0	+250 0	100	160	250
>50~80	+120 0	+190 0	+300 0	120	190	300
>80~120	—	+220 0	+350 0	—	220	350
>120~180	—	+250 0	+400 0	—	250	400
>180~250	—	—	+460 0	—	—	460
>250~315	—	—	+520 0	—	—	520
>315~400	—	—	+570 0	—	—	570
>400~500	—	—	+630 0	—	—	630
>500~630	—	—	+700 0	—	—	700
>630~800	—	—	+800 0	—	—	800
>800~1000	—	—	+900 0	—	—	900

6）齿根圆弧最小曲率半径 $R_{i\,min}$ 和 $R_{e\,min}$ 见表1-3-161。

表1-3-161　齿根圆弧最小曲率半径 $R_{i\,min}$ 和 $R_{e\,min}$

（GB/T 3478.1—2008）　（单位：μm）

模数 m/mm	标准压力角 α_D/(°)		
	30		45
	平齿根 0.2m	圆齿根 0.4m	圆齿根 0.25m
0.25	—	—	0.06
0.5	0.10	0.20	0.12
0.75	0.15	0.30	0.19
1	0.20	0.40	0.25
1.25	0.25	0.50	0.31
1.5	0.30	0.60	0.38
1.75	0.35	0.70	0.44
2	0.40	0.80	0.50
2.5	0.50	1.00	0.62
3	0.60	1.20	—
4	0.80	1.60	—
5	1.00	2.00	—
6	1.20	2.40	—
8	1.60	3.20	—
10	2.00	4.00	—

7）齿圈径向跳动公差 F_r 见表1-3-162。

表1-3-162　齿圈径向跳动公差 F_r（GB/T 3478.1—2008）　（单位：μm）

公差等级	模数 m/mm	分度圆直径 D/mm															
		≤125				>125~400				>400~800				>800			
		A	B	C	D	A	B	C	D	A	B	C	D	A	B	C	D
4	≤3	10	16	25	36	15	22	36	50	18	28	45	63	20	32	50	71
	4~6	11	18	28	40	16	25	40	56	20	32	50	71	22	36	56	80
	8和10	13	20	32	45	18	28	45	63	22	36	56	80	25	40	63	90
5	≤3	16	25	36	45	22	36	50	63	28	45	63	80	32	50	71	90
	4~6	18	28	40	50	25	40	56	71	32	50	71	90	36	56	80	100
	8和10	20	32	45	56	28	45	63	80	36	56	80	100	40	63	90	112
6	≤3	25	36	45	71	36	50	63	80	45	63	80	100	50	71	90	112
	4~6	28	40	50	80	40	56	71	100	50	71	90	112	56	80	100	125
	8和10	32	45	56	90	45	63	86	112	56	80	100	125	63	90	112	140
7	≤3	36	45	71	100	50	63	80	112	63	80	100	125	71	90	112	140
	4~6	40	50	80	125	71	90	112	140	71	90	112	140	80	100	125	160
	8和10	45	56	90	140	80	100	125	160	80	100	125	160	90	112	140	180

注：A、B、C、D表示公差系列。

3.3.3　销

3.3.3.1　销的类型及应用范围（见表1-3-163~表1-3-166）

表1-3-163　圆柱销的类型及应用范围

类　型	图　示	应用范围
圆柱销（GB/T 119.1—2000）		直径公差带有m6、h8两种，以满足不同使用要求。主要用于定位，也可用于连接
内螺纹圆柱销（GB/T 120.1—2000）	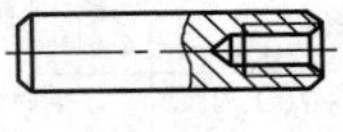	直径公差带只有m6一种，内螺纹供拆卸用
弹性圆柱销（GB/T 879.1~879.5—2018）	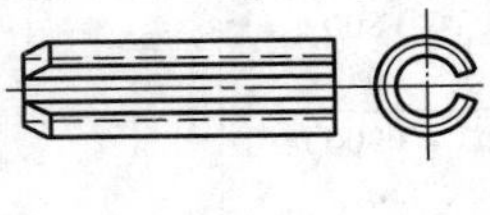	具有弹性，装入销孔后与孔壁压紧，不易松脱。销孔精度要求较低，互换性好，可多次装拆。刚度较差，适用于有冲击、振动的场合，但不适于高精度定位

表 1-3-164 圆锥销的类型及应用范围

类　　型	图　　示	应用范围
圆锥销 （GB/T 117—2000）	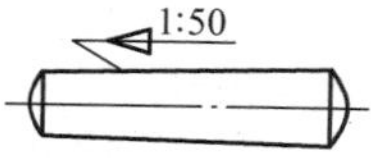	主要用于定位，也可用于固定零件、传递动力。多用于经常装拆的场合
内螺纹圆锥销 （GB/T 118—2000）	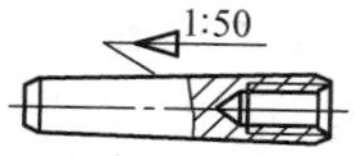	螺纹供拆卸用。内螺纹圆锥销用于不通孔
螺尾锥销 （GB/T 881—2000）	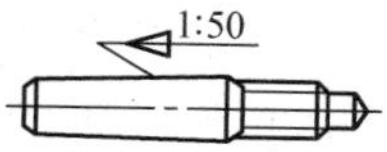	螺纹供拆卸用。用于拆卸困难的场合
开尾圆锥销 （GB/T 877—1986）	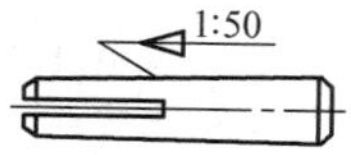	开尾圆锥销打入销孔后，末端可稍张开，以防止松脱，用于有冲击、振动的场合

表 1-3-165 槽销的类型及应用范围

类　　型	图　　示	应用范围
带导杆及全长平行沟槽的槽销 （GB/T 13829.1—2004）	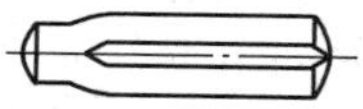	全长具有平行槽，销与孔壁间压力分布较均匀。用于有严重振动和冲击载荷的场合
中部槽长为 1/3 全长的槽销 （GB/T 13829.3—2004）		销的中部有短槽，用作心轴，将带毂的零件固定在短槽处
全长锥槽的槽销 （GB/T 13829.5—2004）	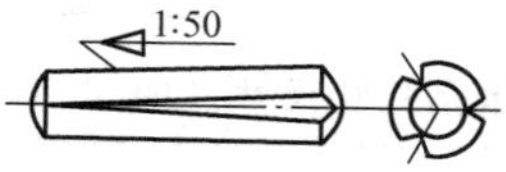	沟槽成楔形，作用与圆锥销相似，销与孔壁间压力分布不均 应用范围与圆锥销相同
半长倒锥槽的槽销 （GB/T 13829.7—2004）	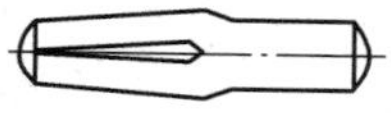	半长为圆柱销，半长为倒锥槽销，用作轴杆
圆头槽销 （GB/T 13829.8—2004）	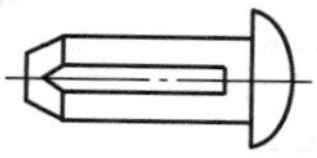	可代替螺钉、抽芯铆钉，用以紧定标牌、管夹子等

表 1-3-166 其他销的类型应用范围

类　　型	图　　示	应用范围
销轴 （GB/T 882—2008）	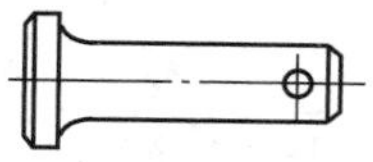	用开口销锁定，拆卸方便，用于铰接
带开口销孔的无头销轴 （GB/T 880—2008）	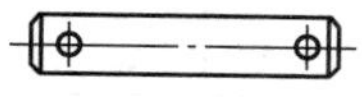	
开口销 （GB/T 91—2000）	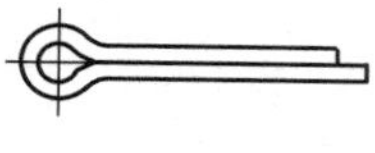	工作可靠、拆卸方便。用于锁定其他紧固件（如槽形螺母、销轴等）

（续）

类　型	图　示	应用范围
安全销	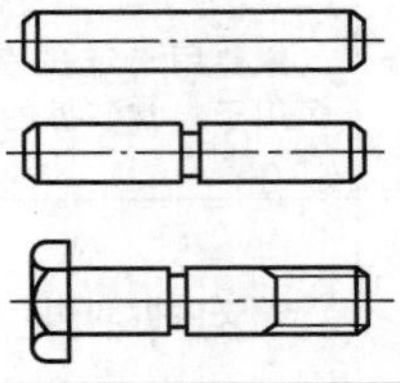	结构简单、型式多样。必要时可在销上切出圆槽。为防止断销时损坏孔壁，可在孔内加销套 用于传动装置和机器的过载保护，如安全联轴器等的过载剪断元件

3.3.3.2 常用销的型式和尺寸（见表1-3-167～表1-3-176）

表1-3-167 圆柱销的型式和尺寸（GB/T 119.1—2000）　（单位：mm）

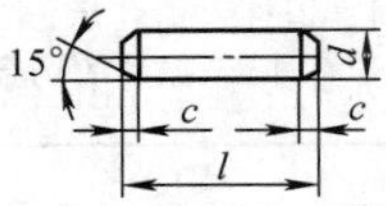

标记示例：

公称直径 d=8mm、公差为m6、长度 l=30mm、材料为钢，不经淬火、不经表面处理的圆柱销的标记为

销　GB/T 119.1　8 m6×30

d(公称直径)m6/h8	0.6	0.8	1	1.2	1.5	2	2.5	3	4	5
$c\approx$	0.12	0.16	0.20	0.25	0.30	0.35	0.40	0.50	0.63	0.80
l(商品规格范围)	2～6	2～8	4～10	4～12	4～16	6～20	6～24	8～30	8～40	10～50
d(公称直径)m6/h8	6	8	10	12	16	20	25	30	40	50
$c\approx$	1.2	1.6	2.0	2.5	3.0	3.5	4.0	5.0	6.3	8.0
l(商品规格范围)	12～60	14～80	18～95	22～140	26～180	35～200	50～200	60～200	80～200	95～200
l系列(公称尺寸)	2，3，4，5，6，8，10，12，14，16，18，20，22，24，26，28，30，32，35，40，45，50，55，60，65，70，75，80，85，90，95，100，120，140，160，180，200									

表1-3-168 内螺纹圆柱销的型式和尺寸（GB/T 120.1—2000）　（单位：mm）

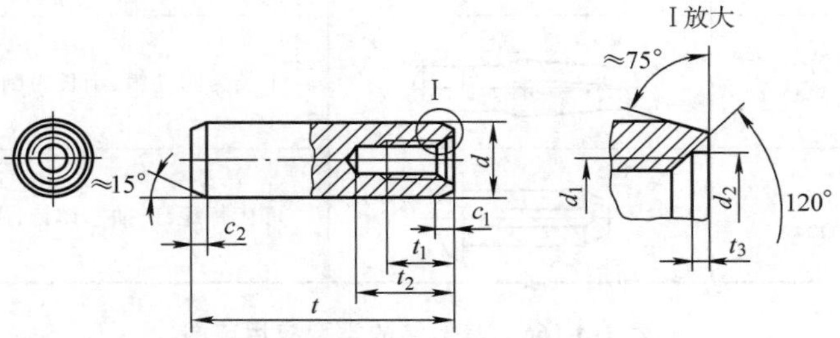

d(公称直径)m6[①]	6	8	10	12	16	20	25	30	40	50
$c_1\approx$	0.8	1	1.2	1.6	2	2.5	3	4	5	6.3
$c_2\approx$	1.2	1.6	2	2.5	3	3.5	4	5	6.3	8
d_1	M4	M5	M6	M6	M8	M10	M16	M20	M20	M24
P[②]	0.7	0.8	1	1	1.25	1.5	2	2.5	2.5	3
d_2	4.3	5.3	6.4	6.4	8.4	10.5	17	21	21	25
t_1	6	8	10	12	16	18	24	30	30	36
$t_{2\min}$	10	12	16	20	25	28	35	40	40	50
t_3	1	1.2	1.2	1.2	1.5	1.5	2	2	2.5	2.5

（续）

d（公称直径）m6①			6	8	10	12	16	20	25	30	40	50
l③												
公称	min	max										
16	15.5	16.5										
18	17.5	18.5										
20	19.5	20.5										
22	21.5	22.5										
24	23.5	24.5										
26	25.5	26.5										
28	27.5	28.5										
30	29.5	30.5										
32	31.5	32.5										
35	34.5	35.5										
40	39.5	40.5		商品								
45	44.5	45.5										
50	49.5	50.5										
55	54.25	55.75										
60	59.25	60.75										
65	64.25	65.75										
70	69.25	70.75					长度					
75	74.25	75.75										
80	79.25	80.75										
85	84.25	85.75										
90	89.25	90.75										
95	94.25	95.75										
100	99.25	100.75							范围			
120	119.25	120.75										
140	139.25	140.75										
160	159.25	160.75										
180	179.25	180.75										
200	199.25	200.75										

注：阶梯实线间为优选长度范围。

① 其他公差由供需双方协议。

② P—螺距。

③ 公称长度大于200mm，按20mm递增。

表 1-3-169 无头销轴的型式和尺寸（GB/T 880—2008） （单位：mm）

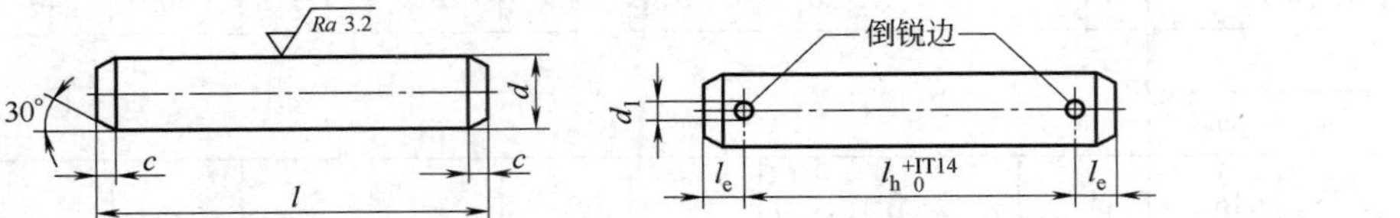

A型(无开口销孔)　　B型(带开口销孔)　　Ra 12.5 (√)

注：1. 用于铁路和开口销承受交变横向力的场合，推荐采用本表中规定的下一档较大的开口销及相应的孔径

2. 对于 B 型，其余尺寸、角度和表面粗糙度值见 A 型；某些情况下，不能按 $l-l_e$ 计算 l_h 尺寸，所需要的尺寸应在标记中注明，但不允许 l_h 尺寸小于本表中规定的数值

d h11①			3	4	5	6	8	10	12	14	16	18
d_1 H13②			0.8	1	1.2	1.6	2	3.2	3.2	4	4	5
c_{max}			1	1	2	2	2	2	3	3	3	3
$l_{e\ min}$			1.6	2.2	2.9	3.2	3.5	4.5	5.5	6	6	7
l③												
公称	min	max										
6	5.75	6.25										
8	7.75	8.25										
10	9.75	10.25										
12	11.5	12.5										
14	13.5	14.5										
16	15.5	16.5										
18	17.5	18.5		商								
20	19.5	20.5										
22	21.5	22.5										
24	23.5	24.5										
26	25.5	26.5										
28	27.5	28.5			品							
30	29.5	30.5										
32	31.5	32.5										
35	34.5	35.5										
40	39.5	40.5				长						
45	44.5	45.5										
50	49.5	50.5										
55	54.25	55.75										
60	59.25	60.75					度					
65	64.25	65.75										
70	69.25	70.75										
75	74.25	75.75										
80	79.25	80.75										
85	84.25	85.75							范			
90	89.25	90.75										
95	94.25	95.75										
100	99.25	100.75										
120	119.25	120.75										
140	139.25	140.75									围	
160	159.25	160.75										
180	179.25	180.75										
200	199.25	200.75										

（续）

d h11①			20	22	24	27	30	33	36	40
d_1 H13②			5	5	6.3	6.3	8	8	8	8
c_{max}			4	4	4	4	4	4	4	4
$l_{e\ min}$			8	8	9	9	10	10	10	10
l③										
公称	min	max								
40	39.5	40.5								
45	44.5	45.5								
50	49.5	50.5	商							
55	54.25	55.75								
60	59.25	60.75		品						
65	64.25	65.75								
70	69.25	70.75			长					
75	74.25	75.75								
80	79.25	80.75				度				
85	84.25	85.75								
90	89.25	90.75					范			
95	94.25	95.75								
100	99.25	100.75						围		
120	119.25	120.75								
140	139.25	140.75								
160	159.25	160.75								
180	179.25	180.75								
200	199.25	200.75								
90	89.25	90.75								
95	94.25	95.75								
100	99.25	100.75		商						
120	119.25	120.75			品					
140	139.25	140.75				长				
160	159.25	160.75					度			
180	179.25	180.75						范		
200	199.25	200.75							围	

注：阶梯实线间为优选长度范围。

① 其他公差，如 a11、c11、f8 应由供需双方协议。

② 孔径 d_1 等于开口销的公称规格（见 GB/T 91）。

③ 公称长度大于 200mm，按 20mm 递增。

表 1-3-170 直槽重型弹性圆柱销的型式和尺寸（GB/T 879.1—2018）（单位：mm）

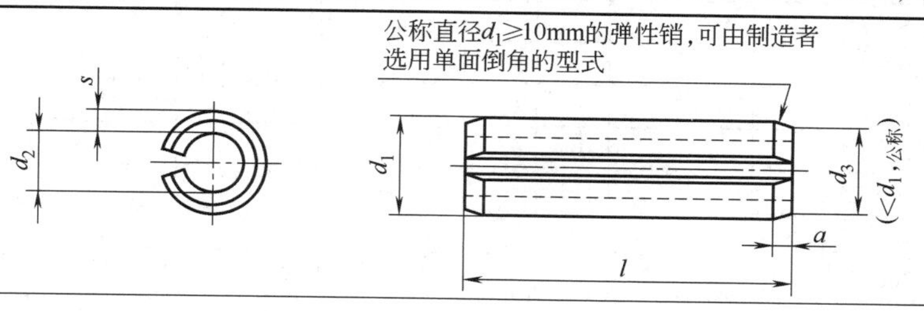

（续）

d_1	公称		1	1.5	2	2.5	3	3.5	4	4.5	5	6	8	10	12	13
	装配前	max	1.3	1.8	2.4	2.9	3.5	4.0	4.6	5.1	5.6	6.7	8.8	10.8	12.8	13.8
		min	1.2	1.7	2.3	2.8	3.3	3.8	4.4	4.9	5.4	6.4	8.5	10.5	12.5	13.5
d_2	装配前①		0.8	1.1	1.5	1.8	2.1	2.3	2.8	2.9	3.4	4.0	5.5	6.5	7.5	8.5
a	max		0.35	0.45	0.55	0.6	0.7	0.8	0.85	1.0	1.1	1.4	2.0	2.4	2.4	2.4
	min		0.15	0.25	0.35	0.4	0.5	0.6	0.65	0.8	0.9	1.2	1.6	2.0	2.0	2.0
s			0.2	0.3	0.4	0.5	0.6	0.75	0.8	1.0	1.0	1.2	1.5	2.0	2.5	2.5
最小剪切载荷（双面剪切②）/kN			0.7	1.58	2.82	4.38	6.32	9.06	11.24	15.36	17.54	26.04	42.76	70.16	104.1	115.1
l③																
公称	min	max														
4	3.75	4.25														
5	4.75	5.25														
6	5.75	6.25														
8	7.75	8.25														
10	9.75	10.25														
12	11.5	12.5														
14	13.5	14.5														
16	15.5	16.5														
18	17.5	18.5														
20	19.5	20.5														
22	21.5	22.5														
24	23.5	24.5														
26	25.5	26.5														
28	27.5	28.5														
30	29.5	30.5														
32	31.5	32.5														
35	34.5	35.5														
40	39.5	40.5														
45	44.5	45.5														
50	49.5	50.5														
55	54.25	55.75														
60	59.25	60.75														
65	64.25	65.75														
70	69.25	70.75														
75	74.25	75.75														
80	79.25	80.75														
85	84.25	85.75														
90	89.25	90.75														
95	94.25	95.75														
100	99.25	100.75														
120	119.25	120.75														
140	139.25	140.75														
160	159.25	160.75														
180	179.25	180.75														
200	199.25	200.75														

（续）

d_1	公称		14	16	18	20	21	25	28	30	32	35	38	40	45	50
	装配前	max	14.8	16.8	18.9	20.9	21.9	25.9	28.9	30.9	32.9	35.9	38.9	40.9	45.9	50.9
		min	14.5	16.5	18.5	20.5	21.5	25.5	28.5	30.5	32.5	35.5	38.5	40.5	45.5	50.5
d_2	装配前①		8.5	10.5	11.5	12.5	13.5	15.5	17.5	18.5	20.5	21.5	23.5	25.5	28.5	31.5
a	max		2.4	2.4	2.4	3.4	3.4	3.4	3.4	3.4	3.6	3.6	4.6	4.6	4.6	4.6
	min		2.0	2.0	2.0	3.0	3.0	3.0	3.0	3.0	3.0	3.0	4.0	4.0	4.0	4.0
s			3.0	3.0	3.5	4.0	4.0	5.0	5.5	6.0	6.0	7.0	7.5	7.5	8.5	9.5
最小剪切载荷（双面剪切②）/kN			144.7	171	222.5	280.6	298.2	438.5	542.6	631.4	684	859	1003	1068	1360	1685
l③																
公称	min	max														
4	3.75	4.25														
5	4.75	5.25														
6	5.75	6.25														
8	7.75	8.25														
10	9.75	10.25														
12	11.5	12.5														
14	13.5	14.5														
16	15.5	16.5														
18	17.5	18.5														
20	19.5	20.5														
22	21.5	22.5														
24	23.5	24.5														
26	25.5	26.5														
28	27.5	28.5														
30	29.5	30.5														
32	31.5	32.5														
35	34.5	35.5														
40	39.5	40.5														
45	44.5	45.5														
50	49.5	50.5														
55	54.25	55.75														
60	59.25	60.75														
65	64.25	65.75														
70	69.25	70.75														
75	74.25	75.75														
80	79.25	80.75														
85	84.25	85.75														
90	89.25	90.75														
95	94.25	95.75														
100	99.25	100.75														
120	119.25	120.75														
140	139.25	140.75														
160	159.25	160.75														
180	179.25	180.75														
200	199.25	200.75														

注：1. 直槽轻型、卷制重型、卷制标准型、卷制轻型弹性圆柱销的相关数据见 GB/T 879.2~5—2018。

2. 阶梯实线间为优选长度范围。

① 参考。

② 仅适用于钢和马氏体不锈钢产品；对奥氏体不锈钢弹性销，不规定双面剪切载荷值。

③ 公称长度大于 200mm，按 20mm 递增。

表 1-3-171　圆锥销的型式和尺寸（GB/T 117—2000）　（单位：mm）

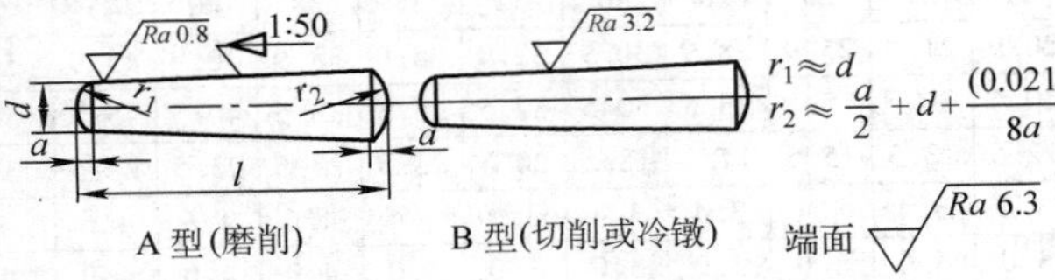

标记示例：

公称直径 $d=10$mm、长度 $l=60$mm、材料为 35 钢，热处理硬度 28～38HRC，表面氧化处理的 A 型圆锥销的标记为

销　GB/T 117　10×60

d(公称直径)h10	0.6	0.8	1	1.2	1.5	2	2.5	3	4	5
$a\approx$	0.08	0.1	0.12	0.16	0.2	0.25	0.3	0.4	0.5	0.63
l(商品规格范围)	4～8	5～12	6～16	6～20	8～24	10～35	10～35	12～45	14～55	18～60
d（公称直径）h10	6	8	10	12	16	20	25	30	40	50
$a\approx$	0.8	1	12	16	2	2.5	3	4	5	6.3
l(商品规格范围)	22～90	22～120	26～160	32～180	40～200	45～200	50～200	55～200	60～200	65～200
l 系列（公称尺寸）	2，3，4，5，6，8，10，12，14，16，18，20，22，24，26，28，30，32，35，40，45，50，55，60，65，70，75，80，85，90，95，100，120，140，160，180，200									

表 1-3-172　内螺纹圆锥销的型式和尺寸（GB/T 118—2000）　（单位：mm）

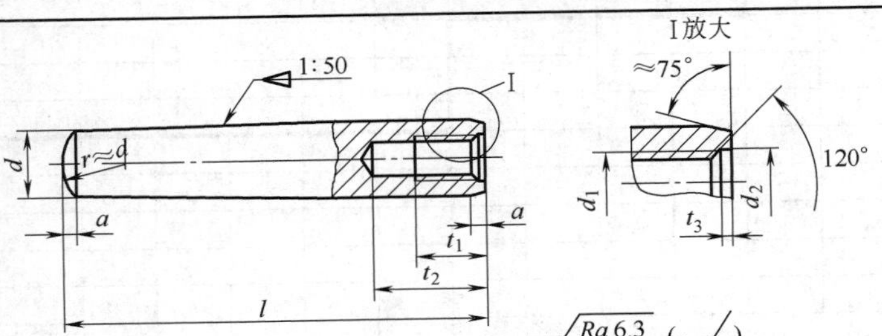

Ra 6.3 (√)

A型(磨削)：锥面表面粗糙度$Ra=0.8\mu m$

B型(切削或冷镦)：锥面表面粗糙度$Ra=3.2\mu m$

标记示例：

公称直径 $d=10$mm、长度 $l=60$mm、材料为 35 钢、热处理硬度 28～38HRC、表面氧化处理的 A 型内螺纹圆锥销的标记为

销　GB/T 118　10×60

d(公称直径)h10	6	8	10	12	16	20	25	30	40	50
$a\approx$	0.8	1	1.2	1.6	2	2.5	3	4	5	6.3
P(螺距)	0.7	0.8	1	1.25	1.5	1.75	2	2.5	2.5	3
d_1	M4	M5	M6	M8	M10	M12	M16	M20	M20	M24
d_2	4.3	5.3	6.4	8.4	10.5	13	17	21	21	25
t_1	6	8	10	12	16	18	24	30	30	36
$t_{2\min}$	10	12	16	20	25	28	35	40	40	50
t_3	1	1.2	1.2	1.2	1.5	1.5	2	2	2.5	2.5
l(商品规格范围)	16～60	18～85	22～100	26～120	32～160	40～200	50～200	60～200	80～200	100～200
l 系列(公称尺寸)	16,18,20,22,24,26,28,30,32,35,40,45,50,55,60,65,70,75,80,85,90,95,100,120,140,160,180,200									

表 1-3-173　螺尾锥销的型式和尺寸（GB/T 881—2000）　（单位：mm）

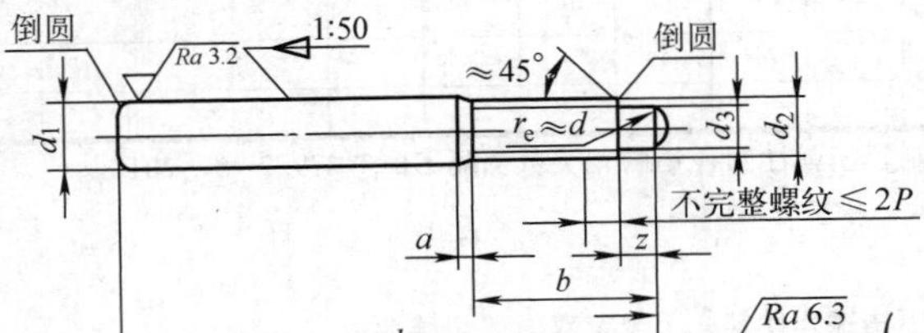

Ra 6.3 (√)

标记示例：

公称直径 $d_1=8$mm、公称长度 $l=60$mm、材料为 Y12 或 Y15、不经热处理、不经表面氧化处理的螺尾锥销的标记

销　GB/T 881　8×60

（续）

d_1(公称直径)h10	5	6	8	10	12	16	20	25	30	40	50
a_{max}	2.4	3	4	4.5	5.3	6	6	7.5	9	10.5	12
b_{max}	15.6	20	24.5	27	30.5	39	39	45	52	65	78
d_2	M5	M6	M8	M10	M12	M16	M16	M20	M24	M30	M36
P(螺距)	0.8	1	1.25	1.5	1.75	2	2	2.5	3	3.5	4
d_{3max}	3.5	4	5.5	7	8.5	12	12	15	18	23	28
z_{max}	15	1.75	2.25	2.75	3.25	4.3	4.3	5.3	6.3	7.5	9.4
l(商品规格范围)	40~50	45~60	55~75	65~100	85~120	100~160	120~190	140~250	160~280	190~320	220~400
l系列(公称尺寸)	40,45,50,55,60,65,75,85,100,120,140,160,190,220,250,280,320,360,400										

表 1-3-174 开尾圆锥销的型式和尺寸（GB/T 877—1986） （单位：mm）

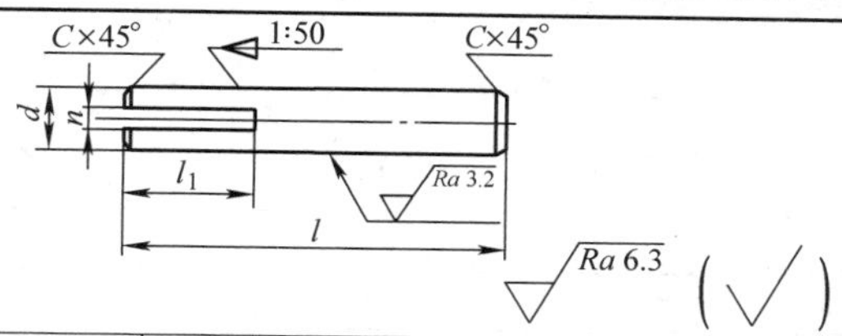

标记示例：

公称直径 d=10mm、长度 l=60mm、材料为 35 钢、不经热处理及表面处理的开尾圆锥销的标记为

销 GB/T 877 10×60

d(公称直径)h10	3	4	5	6	8	10	12	16
n(公称尺寸)	0.8		1		1.6		2	
l_1	10		12	15	20	25	30	40
$C\approx$	0.5		1			1.5		
l(商品规格范围)	30~55	35~60	40~80	50~100	60~120	70~160	80~120	100~200
l系列(公称尺寸)	30,32,35,40,45,50,55,60,65,70,75,80,85,90,95,100,120,140,160,180,200							

表 1-3-175 开口销（GB/T 91—2000） （单位：mm）

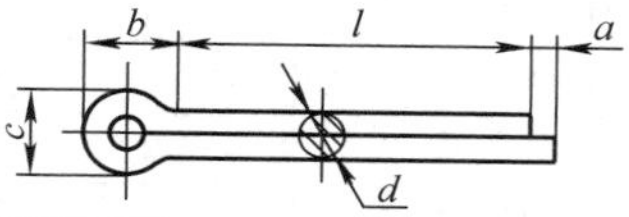

标记示例：

公称规格为 5mm、长度 l=50mm、材料为低碳钢、不经表面处理的开口销的标记为

销 GB/T 91 5×50

d(公称直径)	0.6	0.8	1	1.2	1.6	2	2.5	3.2	4	5	6.3	8	10	13	16	20
c_{max}	1.0	1.4	1.8	2.0	2.8	3.6	4.6	5.8	7.4	9.2	11.8	15.0	19.0	24.8	30.8	38.5
$b\approx$	2	2.4	3	3	3.2	4	5	6.4	8	10	12.6	16	20	26	32	40
a_{max}	1.6			2.5				3.2	4				6.3			
l(商品规格范围)	4~12	5~16	6~20	8~25	8~32	10~40	12~50	14~63	18~80	22~100	32~125	40~160	45~200	71~250	112~280	160~280
l系列(公称尺寸)	4,5,6,8,10,12,14,16,18,20,22,24,25,28,32,36,40,45,50,56,63,71,80,90,100,112,125,140,160,180,200,224,250,280															

注：材料 Q215、Q235、12Cr17Ni7、H63。

表 1-3-176 销轴的型式和尺寸（部分）（GB/T 882—2008） （单位：mm）

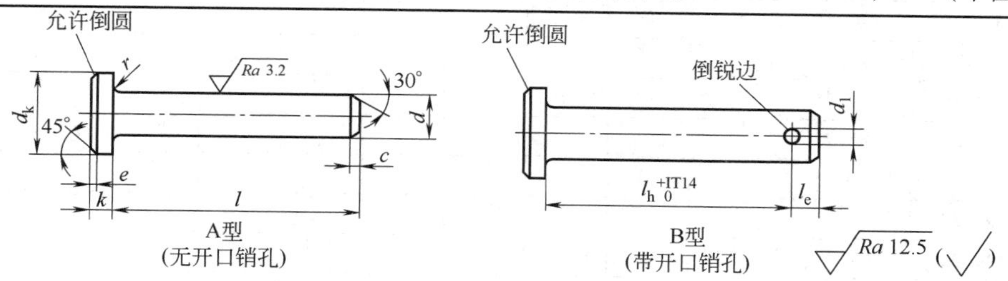

注：1.用于铁路和开口销承受交变横向力的场合，推荐采用表1-3-176规定的下一档较大的开口销及相应的孔径

2.对于B型，其余尺寸、角度和表面粗糙度值见A型。某些情况下，不能按 $l-l_e$ 计算 l_h 尺寸，所需要的尺寸应在标记中注明，但不允许 l_h 尺寸小于表1-3-176规定的数值

标记示例：

公称直径 d=10mm、长度 l=50mm、材料为 35 钢、热处理硬度为 28~38HRC、表面氧化处理的 A 型销轴的标记为

销轴 GB/T 882 10×50

（续）

d h11[①]			3	4	5	6	8	10	12	14	16	18
d_k h14			5	6	8	10	14	18	20	22	25	28
d_1 H13[②]			0.8	1	1.2	1.6	2	3.2	3.2	4	4	5
c_{max}			1	1	2	2	2	2	3	3	3	3
$e\approx$			0.5	0.5	1	1	1	1	1.6	1.6	1.6	1.6
k js14			1	1	1.6	2	3	4	4	4	4.5	5
$l_{e\,min}$			1.6	2.2	2.9	3.2	3.5	4.5	5.5	6	6	7
r			0.6	0.6	0.6	0.6	0.6	0.6	0.6	0.6	0.6	1
l[③]												
公称	min	max										
6	5.75	6.25										
8	7.75	8.25										
10	9.75	10.25										
12	11.5	12.5										
14	13.5	14.5										
16	15.5	16.5		商								
18	17.5	18.5										
20	19.5	20.5										
22	21.5	22.5										
24	23.5	24.5				品						
26	25.5	26.5										
28	27.5	28.5										
30	29.5	30.5										
32	31.5	32.5					长					
35	34.5	35.5										
40	39.5	40.5										
45	44.5	45.5										
50	49.5	50.5										
55	54.25	55.75						度				
60	59.25	60.75										
65	64.25	65.75										
70	69.25	70.75										
75	74.25	75.75							范			
80	79.25	80.75										
85	84.25	85.75										
90	89.25	90.75										
95	94.25	95.75										
100	99.25	100.75									围	
120	119.25	120.75										
140	139.25	140.75										
160	159.25	160.75										
180	179.25	180.75										
200	199.25	200.75										

（续）

d h11①			20	22	24	27	30	33	36	40
d_k h14			30	33	36	40	44	47	50	55
d_1 H13②			5	5	6.3	6.3	8	8	8	8
c_{max}			4	4	4	4	4	4	4	4
$e\approx$			2	2	2	2	2	2	2	2
k js14			5	5.5	6	6	8	8	8	8
$l_{e\,min}$			8	8	9	9	10	10	10	10
r			1	1	1	1	1	1	1	1
l③										
公称	min	max								
40	39.5	40.5								
45	44.5	45.5								
50	49.5	50.5								
55	54.25	55.75		商						
60	59.25	60.75								
65	64.25	65.75			品					
70	69.25	70.75								
75	74.25	75.75				长				
80	79.25	80.75								
85	84.25	85.75					度			
90	89.25	90.75								
95	94.25	95.75								
100	99.25	100.75						范		
120	119.25	120.75								
140	139.25	140.75								
160	159.25	160.75							围	
180	179.25	180.75								
200	199.25	200.75								

d h11①			45	50	55	60	70	80	90	100
d_k h14			60	66	72	78	90	100	110	120
d_1 H13②			10	10	10	10	13	13	13	13
c_{max}			4	4	6	6	6	6	6	6
$e\approx$			2	2	3	3	3	3	3	3
k js14			9	9	11	12	13	13	13	13
$l_{e\,min}$			12	12	14	14	16	16	16	16
r			1	1	1	1	1	1	1	1
l③										
公称	min	max								
90	89.25	90.75								
95	94.25	95.75	商							
100	99.25	100.75								
120	119.25	120.75		品						
140	139.25	140.75			长					
160	159.25	160.75				度				
180	179.25	180.75					范			
200	199.25	200.75						围		

注：阶梯实线间为优选长度范围。

① 其他公差，如 a11、c11、f8 应由供需双方协议。

② 孔径 d_1 等于开口销的公称规格（见 GB/T 91）。

③ 公称长度大于 200mm，按 20mm 递增。

3.4 链和链轮

3.4.1 滚子链传动（GB/T 1243—2024）

传动用短节距精密滚子链（简称滚子链）适用于一般机械传动。

3.4.1.1 滚子链的型式和尺寸

滚子链有单排链、双排链和三排链等（见图 1-3-35）。

滚子链由内链节、外链节和连接链节组成。内链节由两片内链板、两个套筒和两个滚子组成。外链节由两片外链板和两个销轴组成。连接链节为连接链条两端用，有三种型式：普通连接链节、单个过渡链节和复合过渡链节（见图 1-3-36）。

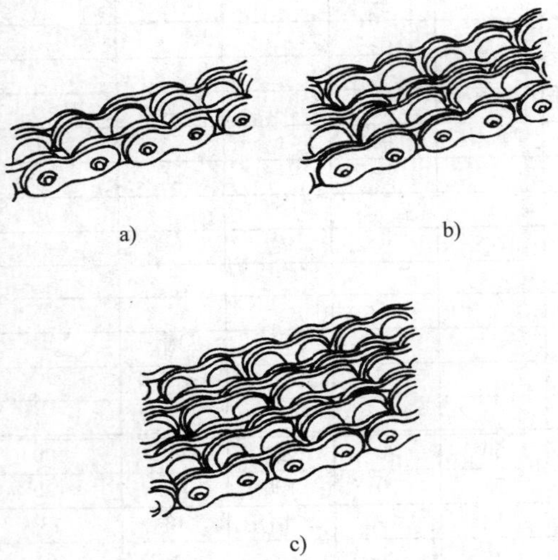

图 1-3-35 滚子链的型式

a）单排链 b）双排链 c）三排链

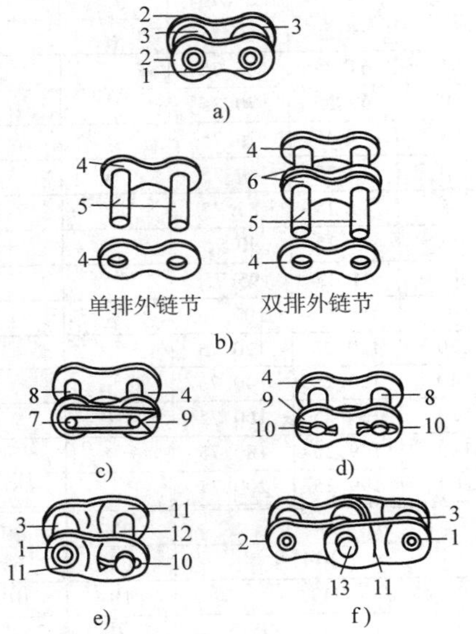

图 1-3-36 链节型式

a）内链节 b）铆头外链节

c）用弹簧锁片止锁的连接链节

d）用开口销止锁的连接链节

e）单个过渡链节 f）复合过渡链节

1—套筒 2—内链板 3—滚子 4—外链板

5—销轴 6—中链板 7—弹簧锁片

8—固定连接销轴 9—可拆链板 10—开口销

11—弯链板 12—可拆连接销轴 13—销轴、铆头

1）滚子链的基本参数和尺寸见表 1-3-177。

2）标记。链条使用表 1-3-177 中的标准链号来表示，表 1-3-177 中的链号后加一连线和后缀，其中后缀 1 表示单排链，后缀 2 表示双排链，后缀 3 表示三排链，如 16B-1、16B-2、80-1、80-2、80-3 等。链条 081、083、084 和 41 不遵循这一规则，因为这些链条通常仅以单排形式使用。

表 1-3-177 滚子链的基本参数和尺寸

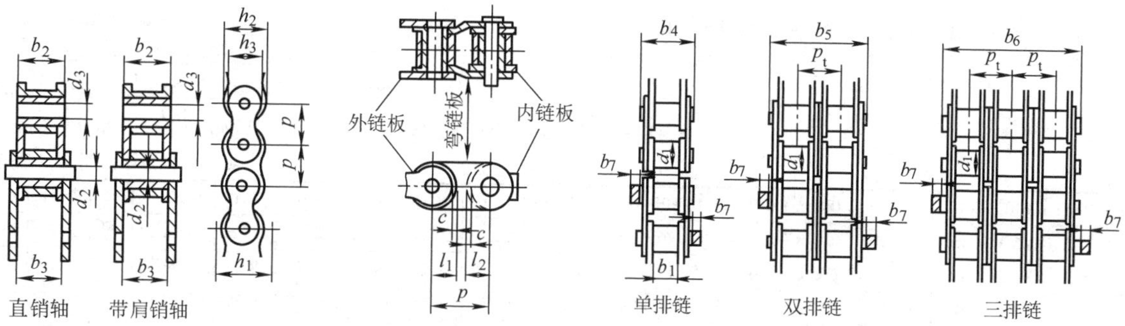

a) 链条截面　　b) 过渡链节　　c) 链条型式

链号	节距 p nom	滚子直径 d_1 max	内节内宽 b_1 min	销轴直径 d_2 max	套筒孔径 d_3 min	链条通道高度 h_1 min	内链板高度 h_2 max	外或中链板高度 h_3 max	过渡链节尺寸① l_1 min			排距 p_t	内节外宽 b_2 max	外节内宽 b_3 min	销轴长度 单排 b_4 max			止锁件附加宽度② b_7 max	测量力 单排			抗拉强度 F_u 单排 min			动载强度③④⑤ 单排 F_d min
									l_1 min	l_2 min	c				单排 b_4 max	双排 b_5 max	三排 b_6 max		单排	双排	三排	单排 min	双排 min	三排 min	
	mm																		N			kN			N
25	6.35	3.30⑥	3.10	2.31	2.34	6.27	6.02	5.21	2.65	3.08	0.10	6.40	4.80	4.85	9.1	15.5	21.8	2.5	50	100	150	3.5	7.0	10.5	630
35	9.525	5.08⑥	4.68	3.60	3.62	9.30	9.05	7.81	3.97	4.60	0.10	10.13	7.46	7.52	13.2	23.4	33.5	3.3	70	140	210	7.9	15.8	23.7	1410
05B	8.00	5.00	3.00	2.31	2.36	7.37	7.11	7.11	3.71	3.71	0.08	5.64	4.77	4.90	8.6	14.3	19.9	3.1	50	100	150	4.4	7.8	11.1	820
06B	9.525	6.35	5.72	3.28	3.33	8.52	8.26	8.26	4.32	4.32	0.08	10.24	8.53	8.66	13.5	23.8	34.0	3.3	70	140	210	8.9	16.9	24.9	1290
40	12.70	7.92	7.85	3.98	4.00	12.33	12.07	10.42	5.29	6.10	0.08	14.38	11.17	11.23	17.8	32.3	46.7	3.9	120	250	370	13.9	27.8	41.7	2480
08B	12.70	8.51	7.75	4.45	4.50	12.07	11.81	10.92	5.66	6.12	0.08	13.92	11.30	11.43	17.0	31.0	44.9	3.9	120	250	370	17.8	31.1	44.5	2480
081	12.70	7.75	3.30	3.66	3.71	10.17	9.91	9.91	5.36	5.36	0.08	—	5.80	5.93	10.2	—	—	1.5	125	—	—	8.0	—	—	—
083	12.70	7.75	4.88	4.09	4.14	10.56	10.30	10.30	5.36	5.36	0.08	—	7.90	8.03	12.9	—	—	1.5	125	—	—	11.6	—	—	—
084	12.70	7.75	4.88	4.09	4.14	11.41	11.15	11.15	5.77	5.77	0.08	—	8.80	8.93	14.8	—	—	1.5	125	—	—	15.6	—	—	—
41	12.70	7.77	6.25	3.60	3.62	10.17	9.91	8.51	4.35	5.03	0.08	—	9.06	9.12	14.0	—	—	2.0	80	—	—	6.7	—	—	1340
50	15.875	10.16	9.40	5.09	5.12	15.35	15.09	13.02	6.61	7.62	0.10	18.11	13.84	13.89	21.8	39.9	57.9	4.1	200	390	590	21.8	43.6	65.4	3850
10B	15.875	10.16	9.65	5.08	5.13	14.99	14.73	13.72	7.11	7.62	0.10	16.59	13.28	13.41	19.6	36.2	52.8	4.1	200	390	590	22.2	44.5	66.7	3330
60	19.05	11.91	12.57	5.96	5.98	18.34	18.10	15.62	7.90	9.15	0.10	22.78	17.75	17.81	26.9	49.8	72.6	4.6	280	560	840	31.3	62.6	93.9	5490
12B	19.05	12.07	11.68	5.72	5.77	16.39	16.13	16.13	8.33	8.33	0.10	19.46	15.62	15.75	22.7	42.2	61.7	4.6	280	560	840	28.9	57.8	86.7	3720

（续）

链号	节距	滚子直径	内节内宽	销轴直径	套筒孔径	链条通道高度	内链板高度	外或中链板高度	过渡链节尺寸①			排距	内节外宽	外节内宽	销轴长度			止锁件附加宽度②	测量力			抗拉强度 F_u			动载强度③④⑤
															单排	双排	三排		单排	双排	三排	单排	双排	三排	单排
	p	d_1	b_1	d_2	d_3	h_1	h_2	h_3	l_1	l_2	c	p_t	b_2	b_3	b_4	b_5	b_6	b_7							F_d
	nom	max	min	max	min	min	max	max	min	min			max	min	max	max	max	max				min	min	min	min
	mm																		N			kN			N
80	25.40	15.88	15.75	7.94	7.96	24.39	24.13	20.83	10.55	12.20	0.13	29.29	22.60	22.66	33.5	62.7	91.9	5.4	500	1000	1490	55.6	111.2	166.8	9550
16B	25.40	15.88	17.02	8.28	8.33	21.34	21.08	21.08	11.15	11.15	0.13	31.88	25.45	25.58	36.1	68.0	99.9	5.4	500	1000	1490	60.0	106.0	160.0	9530
100	31.75	19.05	18.90	9.54	9.56	30.48	30.17	26.04	13.16	15.24	0.15	35.76	27.45	27.51	41.1	77.0	113.0	6.1	780	1560	2340	87.0	174.0	261.0	14600
20B	31.75	19.05	19.56	10.19	10.24	26.68	26.42	26.42	13.89	13.89	0.15	36.45	29.01	29.14	43.2	79.7	116.1	6.1	780	1560	2340	95.0	170.0	250.0	13500
120	38.10	22.23	25.22	11.11	11.14	36.55	36.2	31.24	15.80	18.27	0.18	45.44	35.45	35.51	50.8	96.3	141.7	6.6	1110	2220	3340	125.0	250.0	375.0	20500
24B	38.10	25.40	25.40	14.63	14.68	33.73	33.4	33.40	17.55	17.55	0.18	48.36	37.92	38.05	53.4	101.8	150.2	6.6	1110	2220	3340	160.0	280.0	425.0	19700
140	44.45	25.40	25.22	12.71	12.74	42.67	42.23	36.45	18.42	21.32	0.20	48.87	37.18	37.24	54.9	103.6	152.4	7.4	1510	3020	4540	170.0	340.0	510.0	27300
28B	44.45	27.94	30.99	15.90	15.95	37.46	37.08	37.08	19.51	19.51	0.20	59.56	46.58	46.71	65.1	124.7	184.3	7.4	1510	3020	4540	200.0	360.0	530.0	27100
160	50.80	28.58	31.55	14.29	14.31	48.74	48.26	41.68	21.04	24.33	0.20	58.55	45.21	45.26	65.5	124.2	182.9	7.9	2000	4000	6010	223.0	446.0	669.0	34800
32B	50.80	29.21	30.99	17.81	17.86	42.72	42.29	42.29	22.20	22.20	0.20	58.55	45.57	45.70	67.4	126.0	184.5	7.9	2000	4000	6010	250.0	450.0	670.0	29900
180	57.15	35.71	35.48	17.46	17.49	54.86	54.30	46.86	23.65	27.36	0.20	65.84	50.85	50.90	73.9	140.0	206.0	9.1	2670	5340	8010	281.0	562.0	843.0	44500
200	63.50	39.68	37.85	19.85	19.87	60.93	60.33	52.07	26.24	30.36	0.20	71.55	54.88	54.94	80.3	151.9	223.5	10.2	3110	6230	9340	347.0	694.0	1041.0	53600
40B	63.50	39.37	38.10	22.89	22.94	53.49	52.96	52.96	27.76	27.76	0.20	72.29	55.75	55.88	82.6	154.9	227.2	10.2	3110	6230	9340	355.0	630.0	950.0	41800
240	76.20	47.63	47.35	23.81	23.84	73.13	72.39	62.49	31.45	36.40	0.20	87.83	67.81	67.87	95.5	183.4	271.3	10.5	4450	8900	13340	500.0	1000.0	1500.0	73100
48B	76.20	48.26	45.72	29.24	29.29	64.52	63.88	63.88	33.45	33.45	0.20	91.21	70.56	70.69	99.1	190.4	281.6	10.5	4450	8900	13340	560.0	1000.0	1500.0	63600
56B	88.90	53.98	53.34	34.32	34.37	78.64	77.85	77.85	40.61	40.61	0.20	106.60	81.33	81.46	114.6	221.2	327.8	11.7	6090	12190	20000	850.0	1600.0	2240.0	88900
64B	101.60	63.50	60.96	39.40	39.45	91.08	90.17	90.17	47.07	47.07	0.20	119.89	92.02	92.15	130.9	250.8	370.7	13.0	7960	15920	27000	1120.0	2000.0	3000.0	106900
72B	114.30	72.39	68.58	44.48	44.53	104.67	103.63	103.63	53.37	53.37	0.20	136.27	103.81	103.94	147.4	283.7	420.0	14.3	10100	20190	33500	1400.0	2500.0	3750.0	132700

① 对于高应力使用场合，不推荐使用过渡链节。

② 止锁件的实际尺寸取决于其类型，但都不应超过规定尺寸，使用者应从制造商处获取详细资料。

③ 动载强度值不适用于过渡链节、连接链节或带有附件的链条。

④ 双排链和三排链的动载试验不能用单排链的值按比例套用。

⑤ 动载强度值是基于 5 个自由链节的试样，不含 180、200、40B、240、48B、56B、64B 和 72B，这些链条是基于 3 个自由链节的试样。

⑥ 套筒直径。

3.4.1.2 滚子链用附件（GB/T 1243—2024）

为使滚子链能用于输送，可制成带附件的形式，即由链板延伸部分弯成水平翼板，构成附件板。K型附板（见图1-3-37）有两种型式，即K1型和K2型，它们可以相同，区别是K1型附板中心有一个孔，K2型附板不能逐节安装。K型附板既可装在外链节，也可装在内链节。

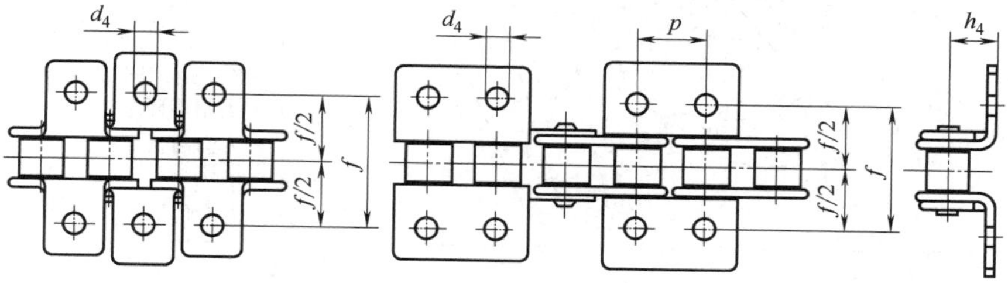

图 1-3-37 K型附板

注：$f=2p$，p 值见表1-3-177，f、d_4、h_4 的值见表1-3-178。

表 1-3-178 K型附板尺寸

（单位：mm）

链号	附板平台高 h_4	板孔直径 $d_{4\min}$	孔中心间横向距离 f
35	6.4	2.6	19.0
40 08B	7.9	3.3	25.4
	8.9	4.3	
50 10B	10.3	5.1	31.8
		5.3	
60 12B	11.9	5.1	38.1
	13.5	6.4	
80 16B	15.9	6.6	50.8
		6.4	
100 20B	19.8	8.2	63.5
		8.4	
120 24B	23.0	9.8	76.2
	26.7	10.5	
140 28B	28.6	11.4	88.9
		13.1	
160 32B	31.8	13.1	101.6
200	42.9	16.3	127.0

3.4.1.3 滚子链链轮

1. 滚子链链轮齿槽形状

滚子链与链轮齿并非共轭啮合，故链轮齿形具有较大的灵活性。GB/T 1243—2024规定了最大齿槽形状和最小齿槽形状（见表1-3-179）。实际齿槽形状取决于刀具和加工方法，但要求位于最小和最大齿侧圆弧半径之间，并在对应的定位圆弧角处与滚子定位圆弧平滑连接。

表 1-3-179　滚子链链轮齿槽形状（GB/T 1243—2024）

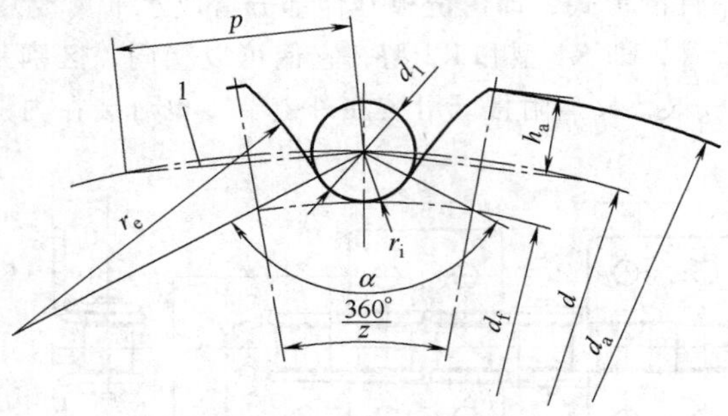

1—节距多边形
d—分度圆直径
d_1—最大滚子直径
d_a—齿顶圆直径
d_f—齿根圆直径
h_a—节距多边形以上的齿高
p—弦节距，等于链条节距
r_e—齿槽圆弧半径
r_i—齿沟圆弧半径
z—齿数
α—齿沟角

名　　称	计算公式	
	最大齿槽形状	最小齿槽形状
齿槽圆弧半径/mm	$r_{e\,min}=0.008d_1(z^2+180)$	$r_{e\,max}=0.12d_1(z+2)$
圆弧半径/mm	$r_{i\,max}=0.505d_1+0.069\sqrt[3]{d_1}$	$r_{i\,min}=0.505d_1$
齿沟角	$\alpha_{min}=120°-\dfrac{90°}{z}$	$\alpha_{max}=140°-\dfrac{90°}{z}$

2. 滚子链链轮剖面齿廓及尺寸（见表 1-3-180）

表 1-3-180　滚子链链轮剖面齿廓及尺寸　　（单位：mm）

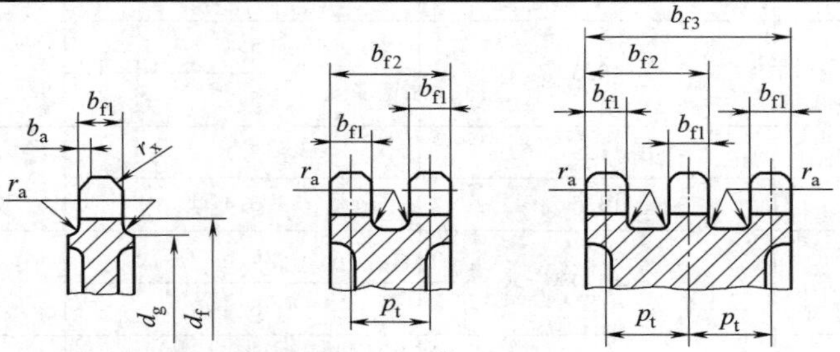

链轮剖面齿廓是从轴面通过齿槽中心的剖面

b_a—齿边倒角宽
b_{f1}—齿宽
b_{f2}和b_{f3}—齿全宽
d_f—齿根圆直径
d_g—最大齿侧凸缘直径
p_t—链条排距
r_a—齿侧凸缘圆角半径
r_x—齿侧半径

名　　称		符　号	计算公式		备　　注
			$p\leqslant12.7$	$p>12.7$	
齿　宽	单排	b_{f1}	$0.93b_1$	$0.95b_1$	$p>12.7$mm 时，经制造商同意，亦可使用 $p\leqslant12.7$mm 时的齿宽 b_1—内链节内宽
	双排、三排		$0.91b_1$	$0.93b_1$	
	四排以上		$0.88b_1$	—	
齿边倒角宽		b_a	$b_a=0.13p$		对链号为 081、083、084 和 085 的链条 $b_a=0.06p$
齿侧半径		r_x	$r_x=p$		
最大齿侧凸缘直径		d_g	$d_g=p\cot\dfrac{180°}{z}-1.04h_2-0.76\text{mm}$		对于链号为 04C 和 06C 的链条 $d_g=p\cot\dfrac{180°}{z}-1.05h_2-1.00-2r_a$ h_2—内链板高度

3. 滚子链链轮的直径尺寸（见表 1-3-181）

表 1-3-181 滚子链链轮的直径尺寸 （单位：mm）

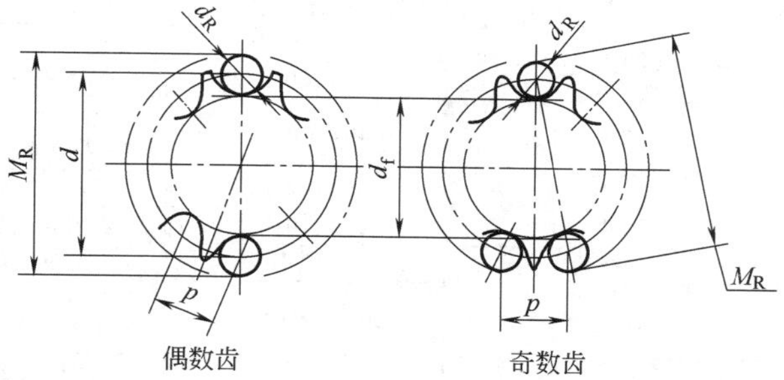

d—分度圆直径
d_f—齿根圆直径
d_R—量柱直径
M_R—跨柱测量距
p—弦节距，等于链条节距
z—齿数

名称	符号	计算公式	备注
分度圆直径	d	$d=\dfrac{p}{\sin\dfrac{180°}{z}}$	
齿根圆直径	d_f	$d_f=d-d_1$	
量柱直径	d_R	$d_R=d_1$	
跨柱测量距	M_R	偶数齿： $M_R=d+d_{R\,min}$ 奇数齿： $M_R=d\cos\dfrac{90°}{z}+d_{R\,min}$	

4. 链轮公差（见表 1-3-182 和表 1-3-183）

表 1-3-182 滚子链链轮齿根圆直径极限偏差和跨柱测量距极限偏差（单位：mm）

项目	极限偏差		备注
齿根圆直径极限偏差	$d_f \leqslant 127$	0 −0.25	为使链条能在链轮上实现盘啮，链轮齿根圆直径的极限偏差均规定为负值。它可以用齿根圆千分尺直接测量，也可以用量柱法间接测量
	$1.27<d_f \leqslant 250$	0 −0.30	
	$d_f>250$	h11（见 GB/T 1801、GB/T 1802）	
跨柱测量距极限偏差	其极限偏差与相应的齿根圆直径的极限偏差相同		

表 1-3-183 滚子链链轮的径向跳动和轴向跳动（摆动）

项目	数值	备注
径向跳动	$0.0008d_f+0.08$mm，或 0.15mm，最大可达 0.76mm	在轴孔和齿根圆之间的径向圆跳动量的指示器读数值不应大于两值中较大的数值
轴向跳动（摆动）	$0.0009d_f+0.08$mm，最大可达 1.14mm	以轴孔和齿部侧面的平面部分为参考测得的轴向跳动指示器读数值不应大于计算值 对于焊接链轮，如果计算值较小，可以采用 0.25mm

5. 滚子链链轮常用材料及热处理（见表1-3-184）

表1-3-184　滚子链链轮常用材料及热处理

材　料	热处理	齿面硬度	应　用　范　围
15钢、20钢	渗碳、淬火、回火	50～60HRC	$z \leqslant 25$ 有冲击载荷的链轮
35钢	正火	160～200HBW	$z>25$ 的主、从动链轮
45钢、50钢 45Mn、ZG310-570	淬火、回火	40～50HRC	无剧烈冲击振动和要求耐磨损的主、从动链轮
15Cr、20Cr	渗碳、淬火、回火	55～60HRC	$z<30$、传递较大功率的重要链轮
40Cr、35SiMn、35CrMo	淬火、回火	45～50HRC	要求强度较高和耐磨损的重要链轮
Q235A、Q275	焊接后退火	≈140HBW	中低速、功率不大的较大链轮
不低于HT200的灰铸铁	淬火、回火	260～280HBW	$z>50$ 的从动链轮以及外形复杂或强度要求一般的链轮
夹布胶木	—	—	$P<6$kW，速度较高，要求传动平稳、噪声小的链轮

3.4.2　齿形链和链轮

GB/T 10855—2016规定了齿形链和链轮的基本参数和技术要求，适用于外接触式齿形链和链轮。

3.4.2.1　链条和链轮轴向齿廓

（1）链条结构型式　齿形链是由一系列的齿链板和导板交替装配且用销轴或组合的铰接元件连接组成，相邻链节间为铰链节。外导式齿形链的导板跨骑在链轮两侧，如图1-3-38a所示；内导式齿形链的导板则是在链轮上一个或多个圆周导槽中运行，如图1-3-38b、图1-3-38c所示。链条的导板用以保证链条横向的稳定性。

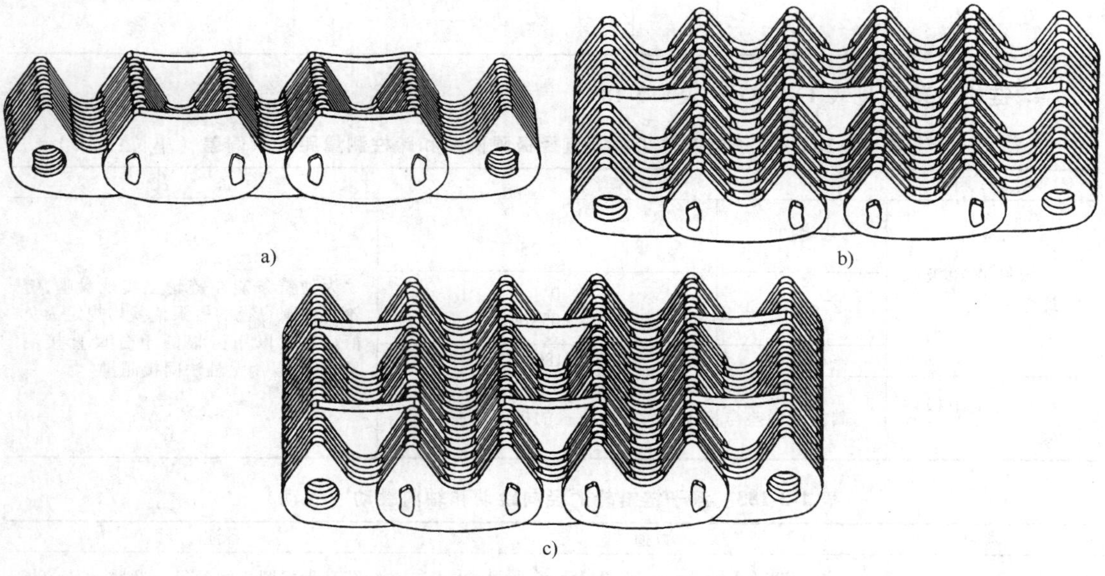

图1-3-38　齿形链导向型式

a）外导式齿形链　b）内导式齿形链　c）双内导式齿形链

注：图示不定义链条的实际结构和零件的实际形状。

典型链板结构如图1-3-39。允许链板轮廓有改变，但链板必须能同GB/T 10855—2016所规定的链轮相啮合，使其铰接中心位于链轮的分度圆上。由于铰接件、连接件以及过渡链板随各制造厂而不同，因此 GB/T 10855—2016 中未规定这些部分。

(2) 链条一般结构 9.525mm 及以上节距链条链宽达到或超过 2 倍节距的链条用内导式；链宽小于 2 倍节距的链条可以用外导式，也可用内导式；不宜使用链宽超过 16 倍节距的链条。

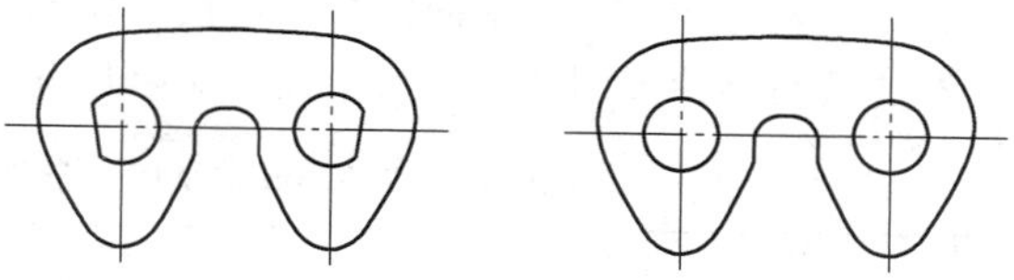

图 1-3-39 典型链板结构

4.762mm 节距链条可以采用外导式或内导式，最大链宽不应大于 8 倍的链条节距。

(3) 链号 9.525mm 及以上节距链条链号由字母 SC 与表示链条节距和链条公称宽度的数字组成，数字的前 1 位或前两位乘以 3.175mm（1/8in）为链条节距值，最后 2 位或 3 位数乘以 6.35mm（1/4in）为齿形链的公称链宽。例如，SC302 表示节距为 9.525mm、公称链宽为 12.70mm 的齿形链。

4.762mm 节距链条链号由字母 SC 与表示链条节距和链条公称宽度的数字组成，0 后面的第 1 位数字乘以 1.5875mm（1/16in）为链条节距值，最后 1 位或两位数乘以 0.79375mm（1/32in）为齿形链的公称链宽。例如，SC0309 表示节距为 4.762mm、公称链宽为 7.14mm 的齿形链。4.762mm 节距齿形链条的链板公称厚度均为 0.76mm，因此链号中的宽度数值也就是链条宽度方向的链板数量。

(4) 链长精度

1) 链条的测量长度：链条的测量长度均应≥300mm。

2) 测量力：

① 9.525mm 及以上节距链条的链长测量力（N）为 0.1724×节距×链宽+89。

② 4.762mm 节距链条的链长测量力为链宽方向每一个链板取 4.45N。例如，对于 SC0315 链条取 67N。

3) 链长公差。

① 9.525mm 及以上节距链条的链长公差应为相对测量长度公称尺寸的 $^{+0.25}_{0}$%。

② 4.762mm 节距链条的链长公差应为相对测量长度公称尺寸的 $^{+0.17}_{0}$%。

(5) 9.525mm 及以上节距链条的主要尺寸 9.525mm 及以上节距链条的主要尺寸应符合图 1-3-40 和表 1-3-185 的规定。

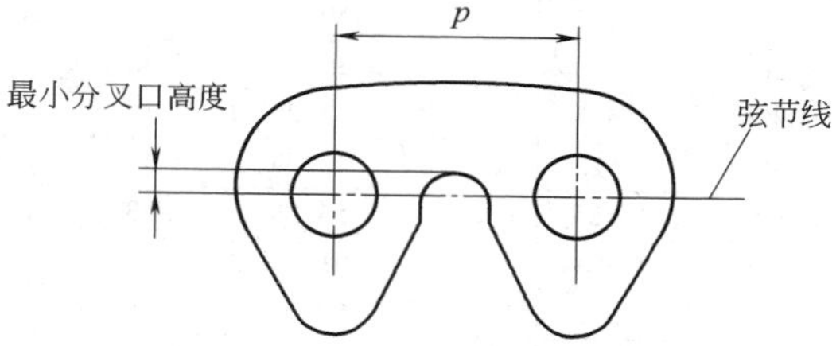

图 1-3-40 链板形状

注：最小分叉口高度 = 0.062p。

表 1-3-185 链节参数

（单位：mm）

链号	节距 p	标志	最小分叉口高度
SC3	9.525	SC3 或 3	0.590
SC4	12.70	SC4 或 4	0.787
SC5	15.875	SC5 或 5	0.985
SC6	19.05	SC6 或 6	1.181
SC8	25.40	SC8 或 8	1.575
SC10	31.75	SC10 或 10	1.969
SC12	38.10	SC12 或 12	2.362
SC16	50.80	SC16 或 16	3.150

(6) 9.525mm 及以上节距链条的链宽和链轮齿廓尺寸（见表 1-3-186）

所有链轮应标记上完整的链号和齿数，如 SC304-25。

新链条在链轮上围链的最大半径不应超过链轮分度圆半径加 0.75*p*。

表 1-3-186 9.525mm 及以上节距链条的链宽和链轮齿廓尺寸 （单位：mm）

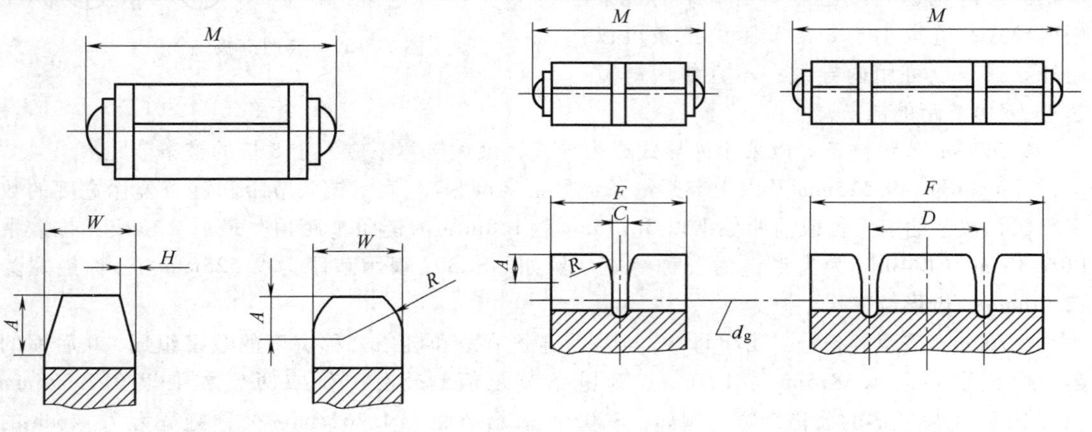

a) 外导式 b) 内导式 c) 双内导式

注：1. 外导式的导板厚度与齿链板的厚度相同

2. *M*等于链条最大全宽

3. 切槽刀的端头可以是圆弧形或矩形，d_g 值见表 1-3-188

链号	链条节距 *p*	类型	最大链宽 *M* max	齿侧倒角高度 *A*	导槽宽度 *C* ±0.13	导槽间距 *D* ±0.25	齿全宽 *F* $^{+3.18}_{0}$	齿侧倒角宽度 *H* ±0.08	齿侧圆角半径 *R* ±0.08	齿宽 *W* $^{+0.25}_{0}$
SC302	9.525	外导①	19.81	3.38	—	—	—	1.30	5.08	10.41
SC303	9.525	内导	22.99	3.38	2.54	—	19.05	—	5.08	—
SC304	9.525		29.46	3.38	2.54	—	25.40	—	5.08	—
SC305	9.525		35.81	3.38	2.54	—	31.75	—	5.08	—
SC306	9.525		42.29	3.38	2.54	—	38.10	—	5.08	—
SC307	9.525		48.64	3.38	2.54	—	44.45	—	5.08	—
SC308	9.525		54.99	3.38	2.54	—	50.80	—	5.08	—
SC309	9.525		61.47	3.38	2.54	—	57.15	—	5.08	—
SC310	9.525		67.69	3.38	2.54	—	63.50	—	5.08	—
SC312	9.525	双内导	80.39	3.38	2.54	25.40	76.20	—	5.08	—
SC316	9.525		105.79	3.38	2.54	25.40	101.60	—	5.08	—
SC320	9.525		131.19	3.38	2.54	25.40	127.00	—	5.08	—
SC324	9.525		156.59	3.38	2.54	25.40	152.40	—	5.08	—
SC402	12.70	外导①	19.81	3.38	—	—	—	1.30	5.08	10.41
SC403	12.70	内导	24.13	3.38	2.54	—	19.05	—	5.08	—
SC404	12.70		30.23	3.38	2.54	—	25.40	—	5.08	—
SC405	12.70		36.58	3.38	2.54	—	31.75	—	5.08	—
SC406	12.70		42.93	3.38	2.54	—	38.10	—	5.08	—
SC407	12.70		49.28	3.38	2.54	—	44.45	—	5.08	—
SC408	12.70		55.63	3.38	2.54	—	50.80	—	5.08	—
SC409	12.70		61.98	3.38	2.54	—	57.15	—	5.08	—
SC410	12.70		68.33	3.38	2.54	—	63.50	—	5.08	—
SC411	12.70		74.68	3.38	2.54	—	69.85	—	5.08	—
SC414	12.70		93.98	3.38	2.54	—	88.90	—	5.08	—

（续）

链号	链条节距 p	类型	最大链宽 M max	齿侧倒角高度 A	导槽宽度 C ±0.13	导槽间距 D ±0.25	齿全宽 F +3.18 0	齿侧倒角宽度 H ±0.08	齿侧圆角半径 R ±0.08	齿宽 W +0.25 0
SC416	12.70	双内导	106.68	3.38	2.54	25.40	101.60	—	5.08	—
SC420	12.70		132.33	3.38	2.54	25.40	127.00	—	5.08	—
SC424	12.70		157.73	3.38	2.54	25.40	152.40	—	5.08	—
SC428	12.70		183.13	3.38	2.54	25.40	177.80	—	5.08	—
SC504	15.875	内导	33.78	4.50	3.18	—	25.40	—	6.35	—
SC505	15.875		37.85	4.50	3.18	—	31.75	—	6.35	—
SC506	15.875		46.48	4.50	3.18	—	38.10	—	6.35	—
SC507	15.875		50.55	4.50	3.18	—	44.45	—	6.35	—
SC508	15.875		58.67	4.50	3.18	—	50.80	—	6.35	—
SC510	15.875		70.36	4.50	3.18	—	63.50	—	6.35	—
SC512	15.875		82.80	4.50	3.18	—	76.20	—	6.35	—
SC516	15.875		107.44	4.50	3.18	—	101.60	—	6.35	—
SC520	15.875	双内导	131.83	4.50	3.18	50.80	127.00	—	6.35	—
SC524	15.875		157.23	4.50	3.18	50.80	152.40	—	6.35	—
SC528	15.875		182.63	4.50	3.18	50.80	177.80	—	6.35	—
SC532	15.875		208.03	4.50	3.18	50.80	203.20	—	6.35	—
SC540	15.875		257.96	4.50	3.18	50.80	254.00	—	6.35	—
SC604	19.05	内导	33.78	6.96	4.57	—	25.40	—	9.14	—
SC605	19.05		39.12	6.96	4.57	—	31.75	—	9.14	—
SC606	19.05		46.48	6.96	4.57	—	38.10	—	9.14	—
SC608	19.05		58.67	6.96	4.57	—	50.80	—	9.14	—
SC610	19.05		71.37	6.96	4.57	—	63.50	—	9.14	—
SC612	19.05		81.53	6.96	4.57	—	76.20	—	9.14	—
SC614	19.05		94.23	6.96	4.57	—	88.90	—	9.14	—
SC616	19.05		106.93	6.96	4.57	—	101.60	—	9.14	—
SC620	19.05		132.33	6.96	4.57	—	127.00	—	9.14	—
SC624	19.05		159.26	6.96	4.57	—	152.40	—	9.14	—
SC628	19.05	双内导	184.66	6.96	4.57	101.60	177.80	—	9.14	—
SC632	19.05		208.53	6.96	4.57	101.60	203.20	—	9.14	—
SC636	19.05		233.93	6.96	4.57	101.60	228.60	—	9.14	—
SC640	19.05		259.33	6.96	4.57	101.60	254.00	—	9.14	—
SC648	19.05		310.13	6.96	4.57	101.60	304.80	—	9.14	—
SC808	25.40	内导	57.66	6.96	4.57	—	50.80	—	9.14	—
SC810	25.40		70.10	6.96	4.57	—	63.50	—	9.14	—
SC812	25.40		82.42	6.96	4.57	—	76.20	—	9.14	—
SC816	25.40		107.82	6.96	4.57	—	101.60	—	9.14	—
SC820	25.40		133.22	6.96	4.57	—	127.00	—	9.14	—
SC824	25.40		158.62	6.96	4.57	—	152.40	—	9.14	—
SC828	25.40	双内导	188.98	6.96	4.57	101.60	177.80	—	9.14	—
SC832	25.40		213.87	6.96	4.57	101.60	203.20	—	9.14	—
SC836	25.40		234.95	6.96	4.57	101.60	228.60	—	9.14	—
SC840	25.40		263.91	6.96	4.57	101.60	254.00	—	9.14	—
SC848	25.40		316.23	6.96	4.57	101.60	304.80	—	9.14	—
SC856	25.40		361.95	6.96	4.57	101.60	355.60	—	9.14	—
SC864	25.40		412.75	6.96	4.57	101.60	406.40	—	9.14	—

（续）

链号	链条节距 p	类型	最大链宽 M max	齿侧倒角高度 A	导槽宽度 C ±0.13	导槽间距 D ±0.25	齿全宽 F $^{+3.18}_{0}$	齿侧倒角宽度 H ±0.08	齿侧圆角半径 R ±0.08	齿宽 W $^{+0.25}_{0}$
SC1010	31.75	内导	71.42	6.96	4.57	—	63.50	—	9.14	—
SC1012	31.75		84.12	6.96	4.57	—	76.20	—	9.14	—
SC1016	31.75		109.52	6.96	4.57	—	101.60	—	9.14	—
SC1020	31.75		134.92	6.96	4.57	—	127.00	—	9.14	—
SC1024	31.75		160.32	6.96	4.57	—	152.40	—	9.14	—
SC1028	31.75		185.72	6.96	4.57	—	177.80	—	9.14	—
SC1032	31.75	双内导	211.12	6.96	4.57	101.60	203.20	—	9.14	—
SC1036	31.75		236.52	6.96	4.57	101.60	228.60	—	9.14	—
SC1040	31.75		261.92	6.96	4.57	101.60	254.00	—	9.14	—
SC1048	31.75		312.72	6.96	4.57	101.60	304.80	—	9.14	—
SC1056	31.75		363.52	6.96	4.57	101.60	355.60	—	9.14	—
SC1064	31.75		414.32	6.96	4.57	101.60	406.40	—	9.14	—
SC1072	31.75		465.12	6.96	4.57	101.60	457.20	—	9.14	—
SC1080	31.75		515.92	6.96	4.57	101.60	508.00	—	9.14	—
SC1212	38.10	内导	85.98	6.96	4.57	—	76.20	—	9.14	—
SC1216	38.10		111.38	6.96	4.57	—	101.60	—	9.14	—
SC1220	38.10		136.78	6.96	4.57	—	127.00	—	9.14	—
SC1224	38.10		162.18	6.96	4.57	—	152.40	—	9.14	—
SC1228	38.10		187.58	6.96	4.57	—	177.80	—	9.14	—
SC1232	38.10	双内导	212.98	6.96	4.57	101.60	203.20	—	9.14	—
SC1236	38.10		238.38	6.96	4.57	101.60	228.60	—	9.14	—
SC1240	38.10		264.92	6.96	4.57	101.60	254.00	—	9.14	—
SC1248	38.10		315.72	6.96	4.57	101.60	304.80	—	9.14	—
SC1256	38.10		366.52	6.96	4.57	101.60	355.60	—	9.14	—
SC1264	38.10		417.32	6.96	4.57	101.60	406.40	—	9.14	—
SC1272	38.10		468.12	6.96	4.57	101.60	457.20	—	9.14	—
SC1280	38.10		518.92	6.96	4.57	101.60	508.00	—	9.14	—
SC1288	38.10		569.72	6.96	4.57	101.60	558.80	—	9.14	—
SC1296	38.10		620.52	6.96	4.57	101.60	609.60	—	9.14	—
SC1616	50.80	内导	110.74	6.96	5.54	—	101.60	—	9.14	—
SC1620	50.80		136.14	6.96	5.54	—	127.00	—	9.14	—
SC1624	50.80		161.54	6.96	5.54	—	152.40	—	9.14	—
SC1628	50.80		186.94	6.96	5.54	—	177.80	—	9.14	—
SC1632	50.80	双内导	212.34	6.96	5.54	101.60	203.20	—	9.14	—
SC1640	50.80		263.14	6.96	5.54	101.60	254.00	—	9.14	—
SC1648	50.80		313.94	6.96	5.54	101.60	304.80	—	9.14	—
SC1656	50.80		371.09	6.96	5.54	101.60	355.60	—	9.14	—
SC1688	50.80		574.29	6.96	5.54	101.60	558.80	—	9.14	—
SC1696	50.80		571.50	6.96	5.54	101.60	609.60	—	9.14	—
SC16120	50.80		571.50	6.96	5.54	101.60	762.00	—	9.14	—

注：选用链宽可查阅制造厂产品目录。

① 外导式的导板厚度与齿链板的厚度相同。

（7）4.762mm节距链条的链宽和链轮齿廓尺寸（见表1-3-187）

表1-3-187 4.762mm节距链条的链宽和链轮齿廓尺寸（单位：mm）

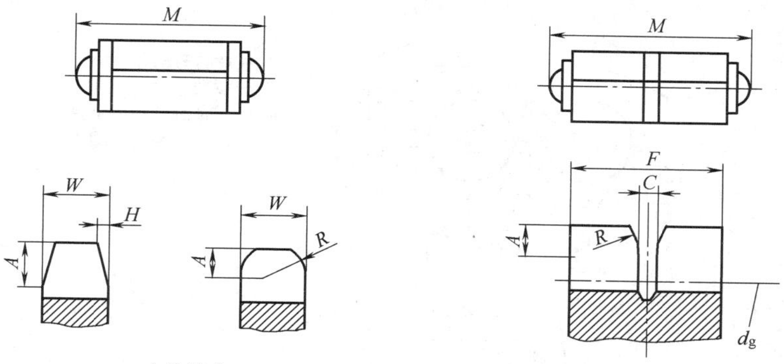

a) 外导式　b) 内导式

注：1.切槽刀的端头可以是圆弧形或矩形，d_g值见表1-3-189
2.M等于链条最大全宽

链号	链条节距 p	类型	最大链宽 M max	齿侧倒角高度 A	导槽宽度 C max	齿全宽 F min	齿侧倒角宽度 H	齿侧圆角半径 R	齿宽 W
SC0305	4.762	外导	5.49	1.5	—	—	0.64	2.3	1.91
SC0307	4.762		7.06	1.5	—	—	0.64	2.3	3.51
SC0309	4.762		8.66	1.5	—	—	0.64	2.3	5.11
SC0311[①]	4.762	外导/内导	10.24	1.5	1.27	8.48	0.64	2.3	6.71
SC0313[①]	4.762	外导/内导	11.84	1.5	1.27	10.06	0.64	2.3	8.31
SC0315[①]	4.762	外导/内导	13.41	1.5	1.27	11.66	0.64	2.3	9.91
SC0317	4.762	内导	15.01	1.5	1.27	13.23	—	2.3	—
SC0319	4.762		16.59	1.5	1.27	14.83	—	2.3	—
SC0321	4.762		18.19	1.5	1.27	16.41	—	2.3	—
SC0323	4.762		19.76	1.5	1.27	18.01	—	2.3	—
SC0325	4.762		21.59	1.5	1.27	19.58	—	2.3	—
SC0327	4.762		22.94	1.5	1.27	21.18	—	2.3	—
SC0329	4.762		24.54	1.5	1.27	22.76	—	2.3	—
SC0331	4.762		26.11	1.5	1.27	24.36	—	2.3	—

① 应指明内导还是外导。

1）链轮齿宽度 W 的计算公式为

$$W=(n-2)\times0.80012-0.51$$

式中 W——链轮齿宽度（mm）；

n——链节宽度上的链板总数。

2）齿宽 W 的公差为±0.08mm。

3.4.2.2 链轮

（1）9.525mm及以上节距链轮的齿形及相关尺寸（见表1-3-188）

1）齿顶圆弧中心圆直径 d_E 的计算公式为

$$d_E=p\left(\cot\frac{180°}{z}-0.22\right)$$

表 1-3-188 9.525mm 及以上节距链轮的齿形及相关尺寸 （单位：mm）

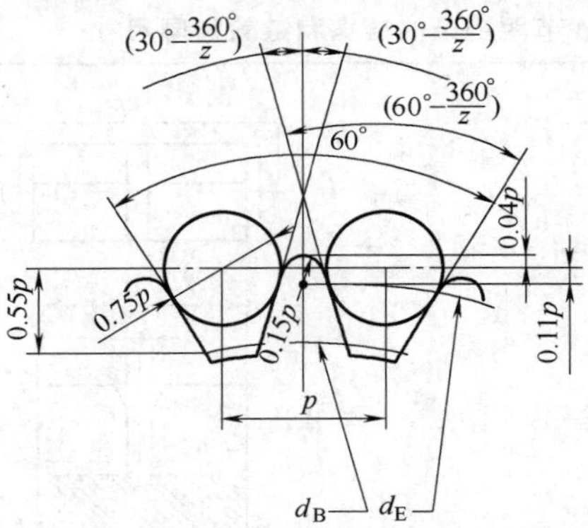

p — 链条节距
z — 齿数
d_E — 齿顶圆弧中心圆直径
d_B — 齿根圆弧中心圆直径

齿数 z	分度圆直径 d	齿顶圆直径 d_a 圆弧齿顶	齿顶圆直径 d_a 矩形齿顶①	跨柱测量距① M_R	导槽最大直径① d_g	量柱直径 d_R
17	5.442	5.429	5.298	5.669	4.189	0.625
18	5.759	5.751	5.623	6.018	4.511	0.625
19	6.076	6.072	5.947	6.324	4.832	0.625
20	6.393	6.393	6.271	6.669	5.153	0.625
21	6.710	6.714	6.595	6.974	5.474	0.625
22	7.027	7.036	6.919	7.315	5.796	0.625
23	7.344	7.356	7.243	7.621	6.116	0.625
24	7.661	7.675	7.568	7.960	6.435	0.625
25	7.979	7.996	7.890	8.266	6.756	0.625
26	8.296	8.315	8.213	8.602	7.075	0.625
27	8.614	8.636	8.536	8.909	7.396	0.625
28	8.932	8.956	8.859	9.244	7.716	0.625
29	9.249	9.275	9.181	9.551	8.035	0.625
30	9.567	9.595	9.504	9.884	8.355	0.625
31	9.885	9.913	9.828	10.192	8.673	0.625
32	10.202	10.233	10.150	10.524	8.993	0.625
33	10.520	10.553	10.471	10.833	9.313	0.625
34	10.838	10.872	10.793	11.164	9.632	0.625
35	11.156	11.191	11.115	11.472	9.951	0.625
36	11.474	11.510	11.437	11.803	10.270	0.625
37	11.792	11.829	11.757	12.112	10.589	0.625
38	12.110	12.149	12.077	12.442	10.909	0.625
39	12.428	12.468	12.397	12.751	11.228	0.625
40	12.746	12.787	12.717	13.080	11.547	0.625
41	13.064	13.106	13.037	13.390	11.866	0.625
42	13.382	13.425	13.357	13.718	12.185	0.625
43	13.700	13.743	13.677	14.028	12.503	0.625
44	14.018	14.062	13.997	14.356	12.822	0.625
45	14.336	14.381	14.317	14.667	13.141	0.625
46	14.654	14.700	14.637	14.994	13.460	0.625
47	14.972	15.018	14.957	15.305	13.778	0.625
48	15.290	15.337	15.277	15.632	14.097	0.625
49	15.608	15.656	15.597	15.943	14.416	0.625

（续）

齿数 z	分度圆直径 d	齿顶圆直径 d_a		跨柱测量距① M_R	导槽最大直径① d_g	量柱直径 d_R
		圆弧齿顶	矩形齿顶①			
50	15.926	15.975	15.917	16.270	14.735	0.625
51	16.244	16.293	16.236	16.581	15.053	0.625
52	16.562	16.612	16.556	16.907	15.372	0.625
53	16.880	16.930	16.876	17.218	15.690	0.625
54	17.198	17.249	17.196	17.544	16.009	0.625
55	17.517	17.568	17.515	17.857	16.328	0.625
56	17.835	17.887	17.834	18.183	16.647	0.625
57	18.153	18.205	18.154	18.494	16.965	0.625
58	18.471	18.524	18.473	18.820	17.284	0.625
59	18.789	18.842	18.793	19.131	17.602	0.625
60	19.107	19.161	19.112	19.457	17.921	0.625
61	19.426	19.480	19.431	19.769	18.240	0.625
62	19.744	19.799	19.750	20.095	18.559	0.625
63	20.062	20.117	20.070	20.407	18.877	0.625
64	20.380	20.435	20.388	20.731	19.195	0.625
65	20.698	20.754	20.708	21.044	19.514	0.625
66	21.016	21.072	21.027	21.368	19.832	0.625
67	21.335	21.391	21.346	21.682	20.151	0.625
68	21.653	21.710	21.665	22.006	20.470	0.625
69	21.971	22.028	21.984	22.319	20.788	0.625
70	22.289	22.347	22.303	22.643	21.107	0.625
71	22.607	22.665	22.622	22.955	21.425	0.625
72	22.926	22.984	22.941	23.280	21.744	0.625
73	23.244	23.302	23.259	23.593	22.062	0.625
74	23.562	23.621	23.578	23.917	22.381	0.625
75	23.880	23.939	23.897	24.230	22.699	0.625
76	24.198	24.257	24.216	24.553	23.017	0.625
77	24.517	24.577	24.535	24.868	23.337	0.625
78	24.835	24.895	24.853	25.191	23.655	0.625
79	25.153	25.213	25.172	25.504	23.973	0.625
80	25.471	25.531	25.491	25.828	24.291	0.625
81	25.790	25.851	25.809	26.141	24.611	0.625
82	26.108	26.169	26.128	26.465	24.929	0.625
83	26.426	26.487	26.447	26.778	25.247	0.625
84	26.744	26.805	26.766	27.101	25.565	0.625
85	27.063	27.125	27.084	27.415	25.885	0.625
86	27.381	27.443	27.403	27.739	26.203	0.625
87	27.699	27.761	27.722	28.052	26.521	0.625
88	28.017	28.079	28.040	28.375	26.839	0.625
89	28.335	28.397	28.359	28.689	27.157	0.625
90	28.654	28.716	28.678	29.013	27.476	0.625
91	28.972	29.035	58.997	29.327	27.795	0.625
92	29.290	29.353	29.315	29.649	28.113	0.625
93	29.608	29.671	29.634	29.963	28.431	0.625
94	29.926	29.989	29.953	30.285	28.749	0.625

（续）

齿数 z	分度圆直径 d	齿顶圆直径 d_a 圆弧齿顶	齿顶圆直径 d_a 矩形齿顶①	跨柱测量距① M_R	导槽最大直径① d_g	量柱直径 d_R
95	30.245	30.308	30.271	30.601	29.068	0.625
96	30.563	30.627	30.900	30.923	29.387	0.625
97	30.881	30.945	30.909	31.237	29.705	0.625
98	31.199	31.263	31.228	31.559	30.023	0.625
99	31.518	31.582	31.546	31.874	30.342	0.625
100	31.836	31.900	31.865	32.196	30.660	0.625
101	32.154	32.218	32.183	32.511	30.978	0.625
102	32.473	32.537	32.502	32.834	31.297	0.625
103	32.791	32.856	32.820	33.148	31.616	0.625
104	33.109	33.174	33.139	33.470	31.934	0.625
105	33.427	33.492	33.457	33.784	32.252	0.625
106	33.746	33.811	33.776	34.107	32.571	0.625
107	34.064	34.129	34.094	34.422	32.889	0.625
108	34.382	34.447	34.413	34.744	33.207	0.625
109	34.701	34.767	34.731	35.059	33.527	0.625
110	35.019	35.084	35.050	35.381	33.844	0.625
111	35.237	35.403	35.368	35.695	34.163	0.625
112	35.655	35.721	35.687	36.017	34.481	0.625
113	35.974	36.040	36.005	36.333	34.800	0.625
114	36.292	36.358	36.324	36.654	35.118	0.625
115	36.610	36.676	36.642	36.969	35.436	0.625
116	36.929	36.995	36.961	37.292	35.755	0.625
117	37.247	37.313	37.279	37.606	36.073	0.625
118	37.565	37.632	37.598	37.928	36.392	0.625
119	37.883	37.950	37.916	38.243	36.710	0.625
120	38.201	38.268	38.235	38.564	37.028	0.625
121	38.519	38.586	38.553	38.879	37.346	0.625
122	38.837	38.904	38.872	39.200	37.664	0.625
123	39.156	39.223	39.190	39.516	37.983	0.625
124	39.475	39.542	39.508	39.839	38.302	0.625
125	39.794	39.861	39.827	40.154	38.621	0.625
126	40.112	40.180	40.145	40.476	38.940	0.625
127	40.430	40.497	40.464	40.790	39.257	0.625
128	40.748	40.816	40.782	41.112	39.576	0.625
129	41.066	41.134	41.100	41.427	39.894	0.625
130	41.384	41.452	41.419	41.748	40.212	0.625
131	41.702	41.770	41.738	42.063	40.530	0.625
132	42.020	42.088	42.056	42.384	40.848	0.625
133	42.338	42.406	42.374	42.699	41.166	0.625
134	42.656	42.724	42.693	43.020	41.484	0.625
135	42.975	43.043	43.011	43.336	41.803	0.625
136	43.293	43.362	43.329	43.657	42.122	0.625
137	43.611	43.679	43.647	43.972	42.439	0.625
138	43.930	43.998	43.966	44.295	42.758	0.625
139	44.249	44.317	44.284	44.611	43.077	0.625

（续）

齿数 z	分度圆直径 d	齿顶圆直径 d_a 圆弧齿顶	齿顶圆直径 d_a 矩形齿顶①	跨柱测量距① M_R	导槽最大直径① d_g	量柱直径 d_R
140	44.567	44.636	44.603	44.932	43.396	0.625
141	44.885	44.954	44.922	45.247	43.714	0.625
142	45.203	45.271	45.240	45.568	44.031	0.625
143	45.521	45.590	45.558	45.883	44.350	0.625
144	45.840	45.909	45.877	46.205	44.669	0.625
145	46.158	46.227	46.195	46.520	44.987	0.625
146	45.477	46.546	46.514	46.842	45.306	0.625
147	46.796	46.865	46.832	47.159	45.625	0.625
148	47.114	47.183	47.151	47.479	45.943	0.625
149	47.432	47.501	47.469	47.795	46.261	0.625
150	47.750	47.819	47.787	48.116	46.579	0.625

① 表列均为最大直径值，所有公差带上偏差为0，下偏差为负值，相关公差见GB/T 10855—2016中的4.4。

2）齿根圆弧中心圆直径 d_B 的计算公式为

$$d_B = p\sqrt{1.515213+\left(\cot\frac{180^\circ}{z}-1.1\right)^2}$$

3）链轮齿顶可以是圆弧形或者是矩形（车制）。

4）工作面以下的齿根部形状可随刀具形状有所不同。

（2）4.762mm节距链轮的齿形及相关尺寸（见表1-3-189）

表1-3-189　4.762mm节距链轮的齿形及相关尺寸　（单位：mm）

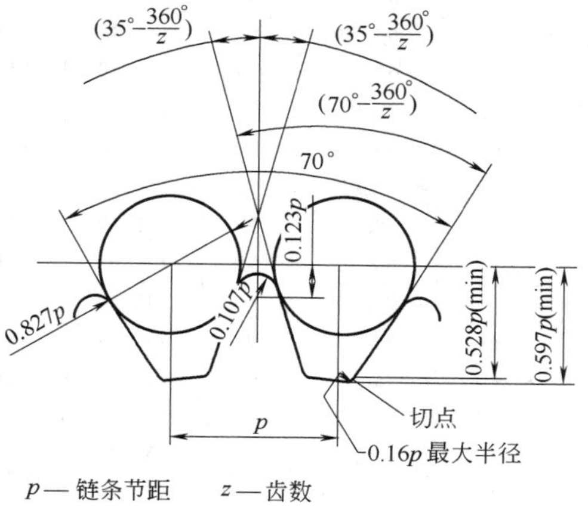

p—链条节距　z—齿数

齿数 z	分度圆直径 d	齿顶圆直径 d_a①②	跨柱测量距 M_R①③	导槽最大直径 d_g①	齿数 z	分度圆直径 d	齿顶圆直径 d_a①②	跨柱测量距 M_R①③	导槽最大直径 d_g①
11	16.89	16.05	17.55	10.50	16	24.41	23.80	25.70	18.23
12	18.39	17.63	19.33	10.89	17	25.91	25.30	27.15	19.76
13	19.89	19.18	20.85	13.61	18	27.43	26.85	28.80	21.29
14	21.41	20.70	22.56	15.15	19	28.93	28.35	30.25	22.82
15	22.91	22.25	24.03	16.69	20	30.45	29.90	31.90	24.35

（续）

齿数 z	分度圆直径 d	齿顶圆直径 $d_a^{①②}$	跨柱测量距 $M_R^{①③}$	导槽最大直径 $d_g^{①}$	齿数 z	分度圆直径 d	齿顶圆直径 $d_a^{①②}$	跨柱测量距 $M_R^{①③}$	导槽最大直径 $d_g^{①}$
21	31.95	31.42	33.32	25.88	66	100.10	99.82	101.85	94.26
22	33.48	32.97	34.98	27.41	67	101.60	101.32	103.33	95.78
23	34.98	34.47	36.40	28.94	68	103.12	102.84	104.88	97.31
24	36.47	35.99	38.02	30.36	69	104.65	104.37	106.38	98.81
25	38.00	37.52	39.47	31.98	70	106.15	105.87	107.90	100.33
26	39.52	39.07	41.07	33.50	71	107.67	107.39	109.40	101.85
27	41.02	40.56	42.52	35.03	72	109.19	108.92	110.95	103.38
28	42.54	42.09	44.12	36.55	73	110.69	110.41	112.42	104.88
29	44.04	43.61	45.59	38.01	74	112.22	111.94	113.97	106.40
30	45.57	45.14	47.17	39.60	75	113.74	113.46	115.47	107.92
31	47.07	46.63	48.62	41.12	76	115.24	114.96	116.99	109.42
32	48.59	48.18	50.22	42.56	77	116.76	116.48	118.49	110.95
33	50.11	49.71	51.69	44.17	78	118.29	118.01	120.04	112.47
34	51.61	51.21	53.24	45.69	79	119.79	119.51	121.54	113.97
35	53.14	52.76	54.74	47.19	80	121.31	121.03	123.09	115.49
36	54.64	54.25	56.29	48.72	81	122.83	122.56	124.59	117.02
37	56.16	55.78	57.76	50.24	82	124.33	124.05	126.11	118.54
38	57.68	57.30	59.33	51.77	83	125.86	125.58	127.61	120.04
39	59.18	58.80	60.81	53.29	84	127.38	127.10	129.16	121.56
40	60.71	60.35	62.38	54.81	85	128.88	128.60	130.63	123.09
41	62.20	61.85	63.83	56.31	86	130.40	130.15	132.18	124.61
42	63.73	63.37	65.40	57.84	87	131.93	131.67	133.68	126.11
43	65.25	64.90	66.88	59.36	88	133.43	133.17	135.20	128.14
44	66.75	66.40	68.45	60.88	89	134.95	134.70	136.70	129.13
45	68.28	67.92	69.93	62.38	90	136.47	136.22	138.25	130.66
46	69.80	69.47	71.50	63.91	91	137.97	137.72	139.73	132.18
47	71.30	70.97	72.95	65.43	92	139.50	139.24	141.27	133.71
48	72.82	72.49	74.52	66.95	93	141.02	140.77	142.77	135.20
49	74.32	73.99	76.00	68.48	94	142.52	142.27	144.30	136.73
50	75.84	75.51	77.55	69.98	95	144.04	143.79	145.80	138.25
51	77.37	77.04	79.02	71.50	96	145.57	145.31	147.35	139.78
52	78.87	78.54	80.59	73.03	97	147.07	146.81	148.82	141.27
53	80.39	80.06	82.07	74.52	98	148.59	148.34	150.37	142.80
54	81.92	81.61	83.64	76.02	99	150.11	149.86	151.87	144.32
55	83.41	83.11	85.12	77.57	100	151.61	151.36	153.39	145.82
56	84.94	84.63	86.66	79.10	101	153.14	152.88	154.89	147.35
57	86.46	86.16	88.16	80.59	102	154.66	154.41	156.44	148.87
58	87.96	87.66	89.69	82.12	103	156.15	155.91	157.91	150.39
59	89.48	89.18	91.19	83.64	104	157.66	157.40	159.44	151.89
60	91.01	90.70	92.74	85.17	105	159.21	158.95	160.96	153.42
61	92.51	92.20	94.21	86.69	106	160.73	160.48	162.51	154.94
62	94.03	93.73	95.78	88.19	107	162.26	162.00	164.01	156.44
63	95.55	95.25	97.28	89.71	108	163.75	163.50	165.56	157.96
64	97.05	96.75	98.81	91.24	109	165.30	165.05	167.03	159.49
65	98.58	98.27	100.30	92.74	110	166.78	166.52	168.58	160.99

（续）

齿数 z	分度圆直径 d	齿顶圆直径 $d_a^{①②}$	跨柱测量距 $M_R^{①③}$	导槽最大直径 $d_g^{①}$	齿数 z	分度圆直径 d	齿顶圆直径 $d_a^{①②}$	跨柱测量距 $M_R^{①③}$	导槽最大直径 $d_g^{①}$
111	168.28	168.02	170.05	162.50	116	175.87	175.62	177.67	170.10
112	169.80	169.54	171.58	164.03	117	177.39	177.14	179.17	171.60
113	171.32	171.07	173.10	165.56	118	178.92	178.66	180.70	173.13
114	172.85	172.59	174.65	167.06	119	180.42	180.19	182.22	174.65
115	174.40	174.14	176.15	168.58	120	181.91	181.69	183.72	176.15

① 表列均为最大直径值；所有公差带上偏差为 0，下偏差为负值。

② 为圆弧顶齿。

③ 量柱直径 = 3.175mm。

3.5　滚动轴承

滚动轴承由外圈、内圈、滚动体和保持架四部分组成（见图 1-3-41）。工作时，滚动体在内、外圈的滚道上滚动，形成滚动摩擦。它具有摩擦小、效率高、轴向尺寸小、装拆方便等优点。

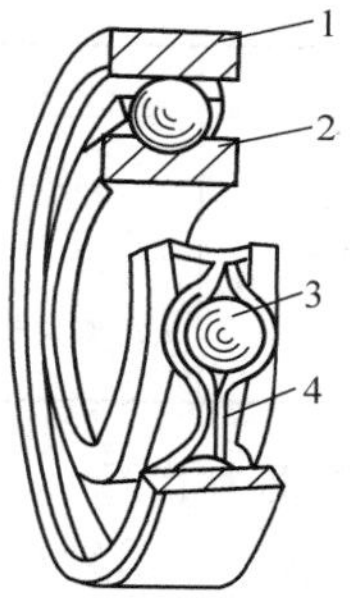

图 1-3-41　滚动轴承的构造

1—外圈　2—内圈

3—滚动体　4—保持架

3.5.1　滚动轴承的分类

1. 按轴承所能承受的载荷方向或公称接触角的不同分类

（1）向心轴承　主要用于承受径向载荷的滚动轴承，其公称接触角为 0°～45°。按公称接触角不同又分为：

1）径向接触轴承——公称接触角为 0°的向心轴承。

2）角接触向心轴承——公称接触角为 >0°～45°的向心轴承。

（2）推力轴承　主要用于承受轴向载荷的滚动轴承，其公称接触角为 >45°～90°。按公称接触角的不同又分为：

1）轴向接触轴承——公称接触角为 90°的推力轴承。

2）角接触推力轴承——公称接触角大于 45°但小于 90°的推力轴承。

2. 按轴承中滚动体的种类分类

1）球轴承——滚动体为球的轴承。

2）滚子轴承——滚动体为滚子的轴承。按滚子的种类不同，又分为圆柱滚子轴承、圆锥滚子轴承、调心滚子轴承滚针轴承和长弧面滚子轴承。

轴承按其工作时能否调心，分为调心轴承和非调心轴承。

轴承按其所能承受的载荷方向或公称接触角、滚动体的种类与列数、调心与否等，综合分类如图 1-3-42 所示。

3.5.2　滚动轴承代号的构成（GB/T 272—2017）

轴承代号由基本代号，前置代号和后置代号构成，其排列顺序按表 1-3-190 的规定。

- 滚动轴承
  - 轴承
    - 向心轴承
      - 径向接触轴承
        - 径向接触球轴承——深沟球轴承
        - 径向接触滚子轴承
          - 圆柱滚子轴承
          - 滚针轴承
      - 角接触向心轴承
        - 角接触向心球轴承
          - 调心球轴承
          - 角接触球轴承
        - 角接触向心滚子轴承
          - 圆锥滚子轴承
          - 调心滚子轴承
    - 推力轴承
      - 轴向接触轴承
        - 轴向接触球轴承——推力球轴承
        - 轴向接触滚子轴承
          - 推力圆柱滚子轴承
          - 推力滚针轴承
      - 角接触推力轴承
        - 角接触推力球轴承——推力角接触球轴承
        - 角接触推力滚子轴承
          - 推力圆锥滚子轴承
          - 推力调心滚子轴承
  - 组合轴承（细分省略）
  - 轴承单元

图 1-3-42　滚子轴承综合分类结构图

表 1-3-190　轴承代号的构成

<table>
<tr><th colspan="6">轴承代号</th></tr>
<tr><td rowspan="4">前置代号</td><td colspan="4">基本代号</td><td rowspan="4">后置代号</td></tr>
<tr><td colspan="3">轴承系列</td><td rowspan="3">内径代号</td></tr>
<tr><td rowspan="2">类型代号</td><td colspan="2">尺寸系列代号</td></tr>
<tr><td>宽度(或高度)系列代号</td><td>直径系列代号</td></tr>
</table>

3.5.2.1　基本代号

基本代号表示轴承的基本类型、结构和尺寸，是轴承代号的基础。

(1) 滚动轴承（滚针轴承除外）基本代号　轴承外形尺寸符合 GB/T 273.1、GB/T 273.2、GB/T 273.3 和 GB/T 3882 任一标准的规定，其基本代号由轴承类型代号、尺寸系列代号、内径代号构成，排列顺序见表 1-3-190。

(2) 类型代号　轴承类型代号用数字或字母表示，见表 1-3-191。

表 1-3-191　滚动轴承类型代号

代　号	轴承类型	代　号	轴承类型
0	双列角接触球轴承	N	圆柱滚子轴承
1	调心球轴承		双列或多列用字母 NN 表示
2	调心滚子轴承和推力调心滚子轴承	U	外球面球轴承
3	圆锥滚子轴承	QJ	四点接触球轴承
4	双列深沟球轴承	C	长弧面滚子轴承（圆环轴承）
5	推力球轴承	—	—
6	深沟球轴承		
7	角接触球轴承		
8	推力圆柱滚子轴承		

注：在表中代号后或前加字母或数字表示该类轴承中的不同结构。

(3) 尺寸系列代号　尺寸系列代号由轴承的宽（高）度系列代号和直径系列代号组合而成。向心轴承、推力轴承的尺寸系列代号见表 1-3-192。

表 1-3-192 尺寸系列代号

直径系列代号	向心轴承								推力轴承			
	宽度系列代号								高度系列代号			
	8	0	1	2	3	4	5	6	7	9	1	2
	尺寸系列代号											
7	—	—	17	—	37	—	—	—	—	—	—	—
8	—	08	18	28	38	48	58	68	—	—	—	—
9	—	09	19	29	39	49	59	69	—	—	—	—
0	—	00	10	20	30	40	50	60	70	90	10	—
1	—	01	11	21	31	41	51	61	71	91	11	—
2	82	02	12	22	32	42	52	62	72	92	12	22
3	83	03	13	23	33	—	—	—	73	93	13	23
4	—	04	—	24	—	—	—	—	74	94	14	24
5	—	—	—	—	—	—	—	—	—	95	—	—

（4）轴承系列代号　轴承系列代号由轴承类型代号和尺寸系列代号构成。常用的轴承类型、尺寸系列代号及由轴承类型代号及尺寸系列代号组成的轴承系列代号，见表 1-3-193。

表 1-3-193 轴承系列代号

轴承类型	简　图	类型代号	尺寸系列代号	轴承系列代号	标准号
双列角接触球轴承	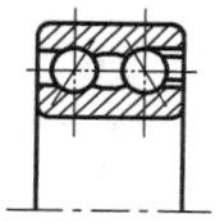	(0)	32	32	GB/T 296
			33	33	
调心球轴承	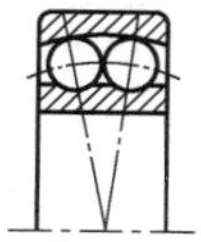	1	39	139	GB/T 281
		1	(1)0	10	
		1	30	130	
		1	(0)2	12	
		(1)	22	22	
		1	(0)3	13	
		(1)	23	23	
调心滚子轴承	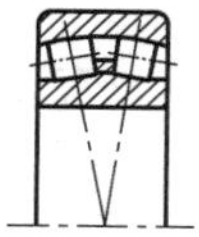	2	38	238	GB/T 288
			48	248	
			39	239	
			49	249	
			30	230	
			40	240	
			31	231	
			41	241	
			22	222	
			32	232	
			03①	213	
			23	223	
推力调心滚子轴承	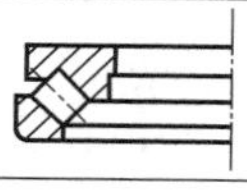	2	92	292	GB/T 5859
			93	293	
			94	294	

（续）

轴承类型	简图	类型代号	尺寸系列代号	轴承系列代号	标准号
圆锥滚子轴承	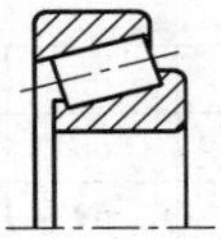	3	29	329	GB/T 297
			20	320	
			30	330	
			31	331	
			02	302	
			22	322	
			32	332	
			03	303	
			13	313	
			23	323	
双列深沟球轴承	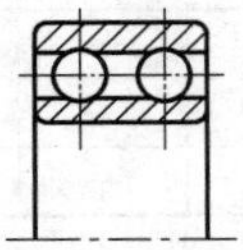	4	(2)2	42	—
			(2)3	43	
推力球轴承 / 推力球轴承	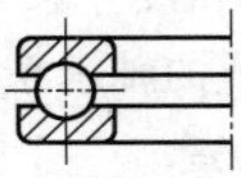	5	11	511	GB/T 301
			12	512	
			13	513	
			14	514	
推力球轴承 / 双向推力球轴承	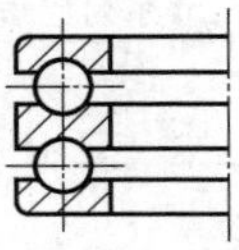	5	22	522	GB/T 301
			23	523	
			24	524	
推力球轴承 / 带球面座圈的推力球轴承	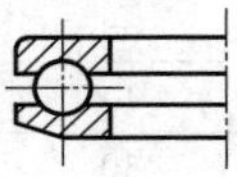	5	12②	532	GB/T 28697
			13②	533	
			14②	534	
推力球轴承 / 带球面座圈的双向推力球轴承	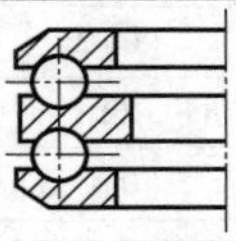	5	22③	542	
			23③	543	
			24③	544	
深沟球轴承	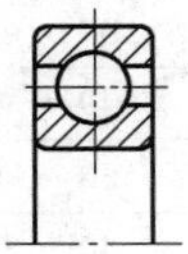	6	17	617	GB/T 276
			37	637	
			18	618	
			19	619	
		16	(0)0	160	
		6	(1)0	60	
			(0)2	62	
			(0)3	63	
			(0)4	64	
角接触球轴承	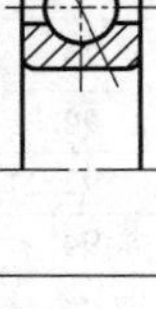	7	18	718	GB/T 292
			19	719	
			(1)0	70	
			(0)2	72	
			(0)3	73	
			(0)4	74	

（续）

轴承类型		简图	类型代号	尺寸系列代号	轴承系列代号	标准号
推力圆柱滚子轴承		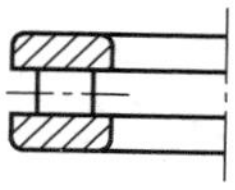	8	11	811	GB/T 4663
				12	812	
圆柱滚子轴承	外圈无挡边圆柱滚子轴承	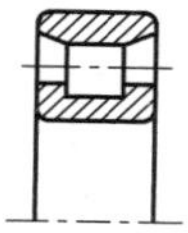	N	10	N 10	GB/T 283
				(0)2	N 2	
				22	N 22	
				(0)3	N 3	
				23	N 23	
				(0)4	N 4	
	内圈无挡边圆柱滚子轴承	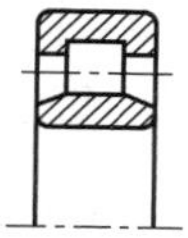	NU	10	NU 10	
				(0)2	NU 2	
				22	NU 22	
				(0)3	NU 3	
				23	NU 23	
				(0)4	NU 4	
	内圈单挡边圆柱滚子轴承	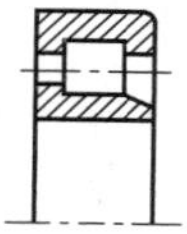	NJ	(0)2	NJ 2	
				22	NJ 22	
				(0)3	NJ 3	
				23	NJ 23	
				(0)4	NJ 4	
	内圈单挡边并带平挡圈圆柱滚子轴承	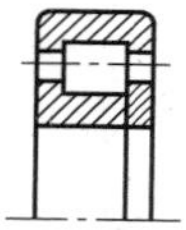	NUP	(0)2	NUP 2	
				22	NUP 22	
				(0)3	NUP 3	
				23	NUP 23	
				(0)4	NUP 4	
	外圈单挡边圆柱滚子轴承	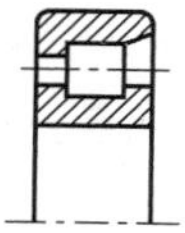	NF	(0)2	NF 2	
				(0)3	NF 3	
				23	NF 23	
	双列圆柱滚子轴承	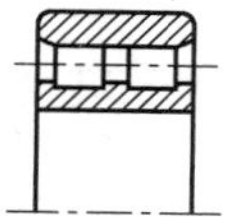	NN	49	NN 49	GB/T 285
				30	NN 30	
	内圈无挡边双列圆柱滚子轴承	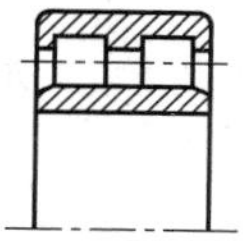	NNU	49	NNU 49	GB/T 285
				41	NNU 41	
外球面球轴承	带顶丝外球面球轴承	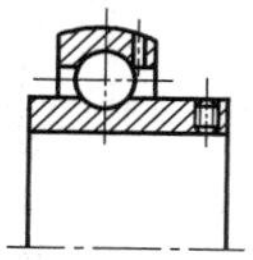	UC	2	UC 2	GB/T 3882
				3	UC 3	

（续）

轴承类型		简　图	类型代号	尺寸系列代号	轴承系列代号	标准号
外球面球轴承	带偏心套外球面球轴承	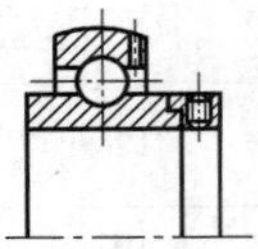	UEL	2	UEL 2	GB/T 3882
				3	UEL 3	
	圆锥孔外球面球轴承	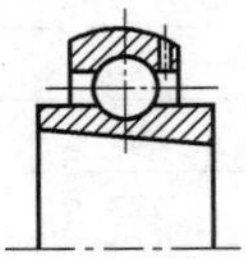	UK	2	UK 2	
				3	UK 3	
四点接触球轴承		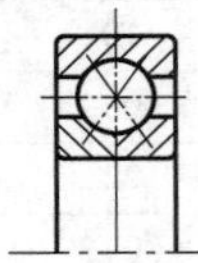	QJ	(0)2	QJ 2	GB/T 294
				(0)3	QJ 3	
				10	QJ 10	
长弧面滚子轴承		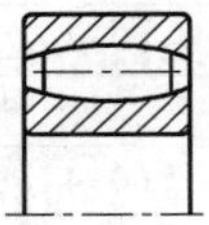	C	29	C 29	—
				39	C 39	
				49	C 49	
				59	C 59	
				69	C 69	
				30	C 30	
				40	C 40	
				50	C 50	
				60	C 60	
				31	C 31	
				41	C 41	
				22	C 22	
				32	C 32	

注：表中用“（ ）”括住的数字表示在轴承系列代号中省略。

① 尺寸系列实为03，用13表示。

② 尺寸系列实为12、13、14，分别用32、33、34表示。

③ 尺寸系列实为22、23、24，分别用42、43、44表示。

（5）滚动轴承内径代号　滚动轴承内径代号见表1-3-194。

表1-3-194　滚动轴承内径代号

轴承公称内径/mm		内径代号	示　例
0.6~10 （非整数）		用公称内径毫米数直接表示，与尺寸系列代号之间用“/”分开	深沟球轴承　618/2.5 $d=2.5$mm
1~9（整数）		用公称内径毫米数直接表示，对深沟及角接触球轴承7、8、9直径系列，内径与尺寸系列代号之间用“/”分开	深沟球轴承　625、618/5 $d=5$mm 角接触球轴承707、71917
10~17	10	00	深沟球轴承　6200　$d=10$mm
	12	01	调心球轴承　1201　$d=12$mm
	15	02	圆柱滚子轴承　NU202　$d=15$mm
	17	03	推力球轴承　51103　$d=17$mm
20~480 （22、28、32除外）		公称内径除以5的商数，商数为个位数，须在商数左边加“0”，如08	调心滚子轴承　23208　$d=40$mm 圆柱滚子轴承　NU1096　$d=480$mm

（续）

轴承公称内径/mm	内径代号	示　例
大于和等于 500，以及 22、28、32	用公称内径毫米数直接表示，与尺寸系列之间用“/”分开	调心滚子轴承　230/500 $d=500$mm 深沟球轴承　62/22 $d=22$mm

注：例如，调心滚子轴承 23224　2—类型代号，32—尺寸系列代号，24—内径代号，$d=120$mm。

（6）滚针轴承基本代号　滚针轴承基本代号由轴承类型代号和表示轴承配合安装特征的尺寸构成。滚针轴承类型代号用字母表示，表示轴承配合安装特征的尺寸，用尺寸系列、内径代号或毫米数表示。

滚针轴承基本代号见表 1-3-195。

表 1-3-195　滚针轴承基本代号

轴承类型		简　图	类型代号	配合安装特征尺寸表示	轴承基本代号	标准号
滚针和保持架组件	向心滚针和保持架组件	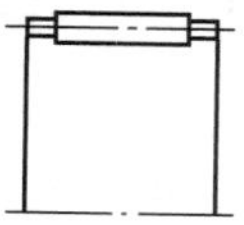	K	$F_w \times E_w \times B_c$	K $F_w \times E_w \times B_c$	GB/T 20056
	推力滚针和保持架组件		AXK	d_cD_c ①	AXK d_cD_c	GB/T 4605
滚针轴承	机制套圈滚针轴承	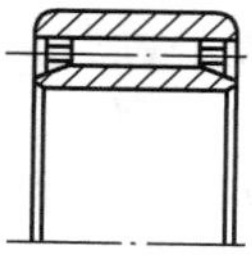	NA	用尺寸系列代号、内径代号表示： 尺寸系列代号 48、49、69；内径代号见表 1-3-194②	NA 4800 NA 4900 NA 6900	GB/T 5801
	开孔型无内圈冲压外圈滚针轴承	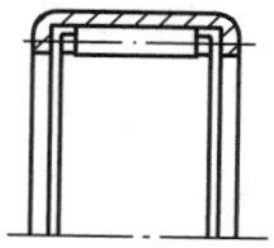	HK	F_wC ①	HK F_wC	GB/T 290
	封口型无内圈冲压外圈滚针轴承	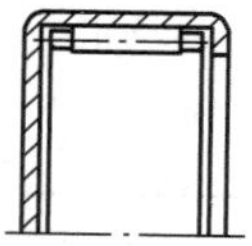	BK	F_wC ②	BK F_wC	GB/T 290

注：F_w—无内圈滚针轴承滚针总体内径（滚针保持架组件内径）；E_w—滚针保持架组件滚针总体外径；C—轴承外圈公称宽度；B_c—滚针保持架组件宽度；d_c—推力滚针保持架组件内径；D_c—推力滚针保持架组件外径。

① 尺寸直接用毫米数表示时，如是个位数，须在其左边加“0”，如 8mm 用 08 表示。

② 内径代号除 $d<10$mm 用“/实际公称毫米数”表示，其余按表 1-3-194 内径代号标注规定。

（7）基本代号编制规则　基本代号，中当轴承类型代号用字母表示时，编排时应与表示轴承尺寸的系列代号、内径代号或安装配合特征尺寸的数字之间空半个汉字距如 NJ 230，AXK 0821。

3.5.2.2　前置、后置代号

前置、后置代号是滚动轴承的结构形状、尺寸、公差、技术要求等有改变时，在其基本代号左右添加的补充代号。滚动轴承前置、后置代号排列顺序见表 1-3-196。

表 1-3-196　滚动轴承前置、后置代号排列顺序

<table>
<tr><td colspan="11">轴承代号</td></tr>
<tr><td rowspan="2">前置代号</td><td rowspan="3">基本代号</td><td colspan="9">后置代号(组)</td></tr>
<tr><td>1</td><td>2</td><td>3</td><td>4</td><td>5</td><td>6</td><td>7</td><td>8</td><td>9</td></tr>
<tr><td>成套轴承分部件</td><td>内部结构</td><td>密封与防尘与外部形状</td><td>保持架及其材料</td><td>轴承零件材料</td><td>公差等级</td><td>游隙</td><td>配置</td><td>振动及噪声</td><td>其他</td></tr>
</table>

（1）前置代号　前置代号用字母表示。滚动轴承前置代号及其含义见表 1-3-197。

表 1-3-197　轴承前置代号

代号	含　　义	示　　例
L	可分离轴承的可分离内圈或外圈	LNU 207,表示 NU 207 轴承的内圈 LN 207,表示 N 207 轴承的外圈
LR	带可分离内圈或外圈与滚动体的组件	—
R	不带可分离内圈或外圈的组件(滚针轴承仅适用于 NA 型)	RNU 207,表示 NU 207 轴承的外圈和滚子组件 RNA 6904,表示无内圈的 NA 6904 滚针轴承
K	滚子和保持架组件	K81107,表示无内圈和外圈的 81107 轴承
WS	推力圆柱滚子轴承轴圈	WS 81107
GS	推力圆柱滚子轴承座圈	GS 81107
F	带凸缘外圈的向心球轴承(仅适用于 $d \leqslant 10$mm)	F 618/4
FSN	凸缘外圈分离型微型角接触球轴承(仅适用于 $d \leqslant$ 10mm)	FSN 719/5-Z
KIW-	无座圈的推力轴承组件	KIW-51108
KOW-	无轴圈的推力轴承组件	KOW-51108

（2）后置代号编制规则　后置代号用字母（或加数字）表示。

滚动轴承后置代号的编制规则：

1）后置代号置于基本代号的右侧并与基本代号空半个汉字距（代号中有符号“-”“/”除外）外。当改变项目多、具有多组后置代号时，按表 1-3-196 所列从左至右的顺序排列。

2）改变为第 4 组（含第 4 组）以后的内容，则在其代号前用“/”与前面代号隔开，如 6205-2Z/P6　22308/P63。

3）改变内容为第 4 组后的两组，在前组与后组代号中的数字或文字表示含义可能混淆时，两代号间空半个字距，如 6208/P63 V1。

（3）后置代号及含义　后置代号及含义见表 1-3-198～表 1-3-206。

表 1-3-198　内部结构代号及含义

代号	含　　义	示　　例
A	无装球缺口的双列角接触或深沟球轴承	3205 A
	滚针轴承外圈带双锁圈(d>9mm,F_w>12mm)	—
	套圈直滚道的深沟球轴承	—
AC	角接触球轴承　公称接触角 $\alpha=25°$	7210 AC
B	角接触球轴承　公称接触角 $\alpha=40°$	7210 B
	圆锥滚子轴承　接触角加大	32310 B
C	角接触球轴承　公称接触角 $\alpha=15°$	7005 C
	调心滚子轴承　C 型调心滚子轴承,设计改变,内圈无挡边,活动中挡圈,冲压保持架,对称型滚子,加强型	23122 C
CA	C 型调心滚子轴承,内圈带挡边,活动中挡圈,实体保持架	23084 CA/W33
CAB	CA 型调心滚子轴承,滚子中部穿孔,带柱销式保持架	—
CABC	CAB 型调心滚子轴承,滚子引导方式有改进	—

（续）

代号	含　　义	示　　例
CAC	CA 型调心滚子轴承，滚子引导方式有改进	22252 CACK
CC	C 型调心滚子轴承，滚子引导方式有改进。轴向游隙大于 CB(深沟及角接触球轴承)	22205 CC
D	剖分式轴承	K 50×55×20 D
E	加强型①	NU 207 E
ZW	滚针保持架组件　双列	K 20×25×40 ZW

① 加强型，即内部结构设计改进，增大轴承承载能力。

表 1-3-199　密封、防尘与外部形状变化代号及含义

代号	含　　义	示　　例
D	双列角接触球轴承，双内圈	3307 D
	双列圆锥滚子轴承，无内隔圈，端面不修磨	—
D1	双列圆锥滚子轴承，无内隔圈，端面修磨	—
DC	双列角接触球轴承，双外圈	3924-2KDC
DH	有两个座圈的单向推力轴承	—
DS	有两个轴圈的单向推力轴承	—
-FS	轴承一面带毡圈密封	6203-FS
-2FS	轴承两面带毡圈密封	6206-2FSWB
K	圆锥孔轴承　锥度为 1：12(外球面球轴承除外)	1210K，锥度为 1：12 代号为 1210 的圆锥孔调心球轴承
K30	圆锥孔轴承　锥度为 1：30	24122 K30，锥度为 1：30 代号为 24122 的圆锥孔调心滚子轴承
-2K	双圆锥孔轴承，锥度为 1：12	QF 2308-2K
L	组合轴承带加长阶梯形轴圈	ZARN 1545 L
-LS	轴承一面带骨架式橡胶密封圈(接触式，套圈不开槽)	—
-2LS	轴承两面带骨架式橡胶密封圈(接触式，套圈不开槽)	NNF 5012-2LSNV
N	轴承外圈上有止动槽	6210 N
NR	轴承外圈上有止动槽，并带止动环	6210 NR
N1	轴承外圈有一个定位槽口	—
N2	轴承外圈有两个或两个以上的定位槽口	—
N4	N+N2　定位槽口和止动槽不在同一侧	—
N6	N+N2　定位槽口和止动槽在同一侧	—
P	双半外圈的调心滚子轴承	—
PP	轴承两面带软质橡胶密封圈	NATR 8 PP
PR	同 P，两半外圈间有隔圈	—
-2PS	滚轮轴承，滚轮两端为多片卡簧式密封	—
R	轴承外圈有止动挡边(凸缘外圈)(不适用于内径小于 10 mm 的向心球轴承)	30307 R
-RS	轴承一面带骨架式橡胶密封圈(接触式)	6210-RS
-2RS	轴承两面带骨架式橡胶密封圈(接触式)	6210-2RS
-RSL	轴承一面带骨架式橡胶密封圈(轻接触式)	6210-RSL
-2RSL	轴承两面带骨架式橡胶密封圈(轻接触式)	6210-2RSL
-RSZ	轴承一面带骨架式橡胶密封圈(接触式)、一面带防尘盖	6210-RSZ
-RZZ	轴承一面带骨架式橡胶密封圈(非接触式)、一面带防尘盖	6210-RZZ
-RZ	轴承一面带骨架式橡胶密封圈(非接触式)	6210-RZ
-2RZ	轴承两面带骨架式橡胶密封圈(非接触式)	6210-2RZ
S	轴承外圈表面为球面(外球面球轴承和滚轮轴承除外)	—
	游隙可调(滚针轴承)	NA 4906 S

（续）

代号	含 义	示 例
SC	带外罩向心轴承	—
SK	螺栓型滚轮轴承，螺栓轴端部有内六角不通孔 注：对螺栓型滚轮轴承，滚轮两端为多片卡簧式密封，螺栓轴端部有内六角不通孔，后置代号可简化为-2PSK	—
U	推力球轴承 带调心座垫圈	53210 U
WB	宽内圈轴承（双面宽）	—
WB1	宽内圈轴承（单面宽）	—
WC	宽外圈轴承	—
X	滚轮轴承外圈表面为圆柱面	KR 30 X NUTR 30 X
Z	带防尘罩的滚针组合轴承	NK 25 Z
	带外罩的滚针和满装推力球组合轴承（脂润滑）	—
-Z	轴承一面带防尘盖	6210-Z
-2Z	轴承两面带防尘盖	6210-2Z
-ZN	轴承一面带防尘盖，另一面外圈有止动槽	6210-ZN
-2ZN	轴承两面带防尘盖，外圈有止动槽	6210-2ZN
-ZNB	轴承一面带防尘盖，同一面外圈有止动槽	6210-ZNB
-ZNR	轴承一面带防尘盖，另一面外圈有止动槽并带止动环	6210-ZNR
ZH	推力轴承，座圈带防尘罩	—
ZS	推力轴承，轴圈带防尘罩	—

注：密封圈代号与防尘盖代号同样可以与止动槽代号进行多种组合。

表 1-3-200 保持架代号及含义

代号		含义	代号		含义
保持架材料	F	钢、球墨铸铁或粉末冶金实体保持架	保持架结构型式及表面处理	A	外圈引导
	J	钢板冲压保持架		B	内圈引导
	L	轻合金实体保持架		C	有镀层的保持架（C1—镀银）
	M	黄铜实体保持架		D	碳氮共渗保持架
	Q	青铜实体保持架		D1	渗碳保持架
	SZ	保持架由弹簧丝或弹簧制造		D2	渗氮保持架
	T	酚醛层压布管实体保持架		D3	低温碳氮共渗保持架
	TH	玻璃纤维增强酚醛树脂保持架（管型）		E	磷化处理保持架
	TN	工程塑料模注保持架		H	自锁兜孔保持架
	Y	铜板冲压保持架		P	由内圈或外圈引导的拉孔或冲孔的窗形保持架
	ZA	锌铝合金保持架		R	铆接保持架（用于大型轴承）
无保持架	V	满装滚动体		S	引导面有润滑槽
				W	焊接保持架

注：保持架结构型式及表面处理的代号只能与保持架材料代号结合使用。

表 1-3-201 轴承零件材料代号及含义

代号	含 义	示 例
/CS	轴承零件采用碳素结构钢制造	—
/HC	套圈和滚动体或仅是套圈由渗碳轴承钢（/HC—G20Cr2Ni4A；/HC1—G20Cr2Mn2MoA；/HC2—15Mn）制造	—
/HE	套圈和滚动体由电渣重熔轴承钢 GCr15Z 制造	6204/HE

（续）

代号	含义	示例
/HG	套圈和滚动体或仅是套圈由其他轴承钢（/HG—5CrMnMo；/HG1—55SiMoVA）制造	—
/HN	套圈、滚动体由高温轴承钢（/HN—Cr4Mo4V；/HN1—Cr14Mo4；/HN2—Cr15Mo4V；/HN3—W18Cr4V）制造	NU 208/HN
/HNC	套圈和滚动体由高温渗碳轴承钢 G13Cr4Mo4 Ni4V 制造	—
/HP	套圈和滚动体由铍青铜或其他防磁材料制造	—
/HQ	套圈和滚动体由非金属材料（/HQ—塑料；/HQ1—陶瓷）制造	—
/HU	套圈和滚动体由 1Cr18Ni9Ti① 不锈钢制造	6004/HU
/HV	套圈和滚动体由可淬硬不锈钢（/HV—G95Cr18；/HV1—G102Cr18Mo）制造	6014/HV

① 曾用牌号。

表 1-3-202 公差等级代号及含义

代号	含义	示例
/PN	公差等级符合标准规定的普通级，代号中省略不表示	6203
/P6	公差等级符合标准规定的 6 级	6203/P6
/P6X	公差等级符合标准规定的 6X 级	30210/P6X
/P5	公差等级符合标准规定的 5 级	6203/P5
/P4	公差等级符合标准规定的 4 级	6203/P4
/P2	公差等级符合标准规定的 2 级	6203/P2
/SP	尺寸精度相当于 5 级，旋转精度相当于 4 级	234420/SP
/UP	尺寸精度相当于 4 级，旋转精度高于 4 级	234730/UP

表 1-3-203 游隙代号及含义

代号	含义	示例
/C2	游隙符合标准规定的 2 组	6210/C2
/CN	游隙符合标准规定的 N 组，代号中省略不表示	6210
/C3	游隙符合标准规定的 3 组	6210/C3
/C4	游隙符合标准规定的 4 组	NN 3006 K/C4
/C5	游隙符合标准规定的 5 组	NNU 4920 K/C5
/CA	公差等级为 SP 和 UP 的机床主轴用圆柱滚子轴承径向游隙	—
/CM	电机深沟球轴承游隙	6204-2RZ/P6CM
/CN	N 组游隙。/CN 与字母 H、M 和 L 组合，表示游隙范围减半，或与 P 组合，表示游隙范围偏移，如： /CNH—N 组游隙减半，相当于 N 组游隙范围的上半部 /CNL—N 组游隙减半，相当于 N 组游隙范围的下半部 /CNM—N 组游隙减半，相当于 N 组游隙范围的中部 /CNP—偏移的游隙范围，相当于 N 组游隙范围的上半部及 3 组游隙范围的下半部组成	—
/C9	轴承游隙不同于现标准	6205-2RS/C9

注：公差等级代号与游隙代号需同时表示时，可进行简化，取公差等级代号加上游隙组号（N 组不表示）组合表示。例如，/P63 表示轴承公差等级 6 级，径向游隙 3 组；/P52 表示轴承公差等级 5 级，径向游隙 2 组。

表 1-3-204 配置代号及含义

代号	含义	示例
/DB	成对背靠背安装	7210 C/DB
/DF	成对面对面安装	32208/DF
/DT	成对串联安装	7210 C/DT

（续）

代号		含　义	示　例
配置组中轴承数目	/D	两套轴承	配置组中轴承数目和配置中轴承排列可以组合成多种配置方式，如 —成对配置的/DB、/DF、/DT； —三套配置的/TBT、/TFT、/TT； —四套配置的/QBC、/QFC、/QT、/QBT、/QFT等 7210 C/TFT—接触角 $\alpha=15°$ 的角接触球轴承7210 C，三套配置，两套串联和一套面对面 7210 C/PT—接触角 $\alpha=15°$ 的角接触球轴承7210 C，五套串联配置 7210 AC/QBT—接触角 $\alpha=25°$ 的角接触球轴承7210 AC，四套成组配置，三套串联和一套背对背
	/T	三套轴承	
	/Q	四套轴承	
	/P	五套轴承	
	/S	六套轴承	
配置中轴承排列	B	背对背	
	F	面对面	
	T	串联	
	G	万能组配	
	BT	背对背和串联	
	FT	面对面和串联	
	BC	成对串联的背对背	
	FC	成对串联的面对面	
预载荷	G	特殊预紧，附加数字直接表示预紧力的大小（单位为N）；用于角接触球轴承时，“G”可省略	7210 C/G325—接触角 $\alpha=15°$ 的角接触球轴承7210 C，特殊预载荷为325N
	GA	轻预紧，预紧力值较小（深沟及角接触球轴承）	7210 C/DBGA—接触角 $\alpha=15°$ 的角接触球轴承7210 C，成对背对背配置，有轻预紧
	GB	中预紧，预紧力值大于GA（深沟及角接触球轴承）	—
	GC	重预紧，预紧力值大于GB（深沟及角接触球轴承）	—
	R	径向载荷均匀分配	NU 210/QTR—圆柱滚子轴承NU 210，四套配置，均匀预紧
轴向游隙	CA	轴向游隙较小（深沟及角接触球轴承）	—
	CB	轴向游隙大于CA（深沟及角接触球轴承）	—
	CC	轴向游隙大于CB（深沟及角接触球轴承）	—
	CG	轴向游隙为零（圆锥滚子轴承）	—

表 1-3-205　振动及噪声代号及含义

代号	含　义	示　例
/Z	轴承的振动加速度级极值组别。附加数字表示极值不同： Z1—轴承的振动加速度级极值符合有关标准中规定的Z1组 Z2—轴承的振动加速度级极值符合有关标准中规定的Z2组 Z3—轴承的振动加速度级极值符合有关标准中规定的Z3组 Z4—轴承的振动加速度级极值符合有关标准中规定的Z4组	6204/Z1 6205-2RS/Z2 — —
/ZF3	振动加速度级达到Z3组，且振动加速度级峰值与振动加速度级之差不大于15 dB	—
/ZF4	振动加速度级达到Z4组，且振动加速度级峰值与振动加速度级之差不大于15 dB	—
/V	轴承的振动速度级极值组别。附加数字表示极值不同： V1—轴承的振动速度级极值符合有关标准中规定的V1组 V2—轴承的振动速度级极值符合有关标准中规定的V2组 V3—轴承的振动速度级极值符合有关标准中规定的V3组 V4—轴承的振动速度级极值符合有关标准中规定的V4组	— 6306/V1 6304/V2 — —

（续）

代号	含义	示例
/VF3	振动速度达到 V3 组且振动速度波峰因数达到 F 组①	—
/VF4	振动速度达到 V4 组且振动速度波峰因数达到 F 组①	—
/ZC	轴承噪声值有规定，附加数字表示限值不同	—

① F—低频振动速度波峰因数不大于 4，中、高频振动速度波峰因数不大于 6。

表 1-3-206 其他特性代号及含义

代号		含义	示例
工作温度	/S0	轴承套圈经过高温回火处理，工作温度可达 150 ℃	N 210/S0
	/S1	轴承套圈经过高温回火处理，工作温度可达 200 ℃	NUP 212/S1
	/S2	轴承套圈经过高温回火处理，工作温度可达 250 ℃	NU 214/S2
	/S3	轴承套圈经过高温回火处理，工作温度可达 300 ℃	NU 308/S3
	/S4	轴承套圈经过高温回火处理，工作温度可达 350 ℃	NU 214/S4
摩擦力矩	/T	对起动力矩有要求的轴承，后接数字表示起动力矩	—
	/RT	对转动力矩有要求的轴承，后接数字表示转动力矩	—
润滑	/W20	轴承外圈上有三个润滑油孔	—
	/W26	轴承内圈上有六个润滑油孔	—
	/W33	轴承外圈上有润滑油槽和三个润滑油孔	23120 CC/W33
	/W33X	轴承外圈上有润滑油槽和六个润滑油孔	—
	/W513	W26+W33	—
	/W518	W20+W26	—
	/AS	外圈有油孔，附加数字表示油孔数（滚针轴承）	HK 2020/AS1
	/IS	内圈有油孔，附加数字表示油孔数（滚针轴承）	NAO 17×30×13/IS1
	/ASR	外圈有润滑油孔和沟槽	NAO 15×28×13/ASR
	/ISR	内圈有润滑油孔和沟槽	—
润滑脂	/HT	轴承内充特殊高温润滑脂。当轴承内润滑脂的装填量和标准值不同时附加字母表示： A—润滑脂的装填量少于标准值 B—润滑脂的装填量多于标准值 C—润滑脂的装填量多于 B（充满）	NA 6909/ISR/HT
	/LT	轴承内充特殊低温润滑脂	—
	/MT	轴承内充特殊中温润滑脂	—
	/LHT	轴承内充特殊高、低温润滑脂	—
表面涂层	/VL	套圈表面带涂层	—
其他	/Y	Y 和另一个字母（如 YA、YB）组合用来识别无法用现有后置代号表达的非成系列的改变，凡轴承代号中有 Y 的后置代号，应查阅图样或补充技术条件，以便了解其改变的具体内容： YA—结构改变（综合表达） YB—技术条件改变（综合表达）	—

3.5.3 常用滚动轴承代号及外形尺寸举例

1. 深沟球轴承代号及外形尺寸举例（见表1-3-207）

表1-3-207 深沟球轴承代号及外形尺寸举例

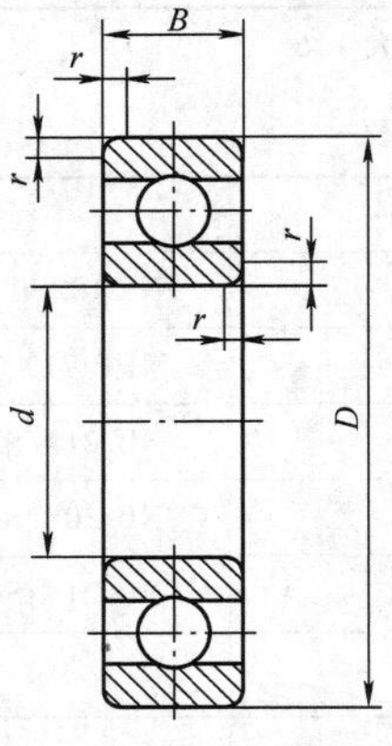

深沟球轴承 60000型

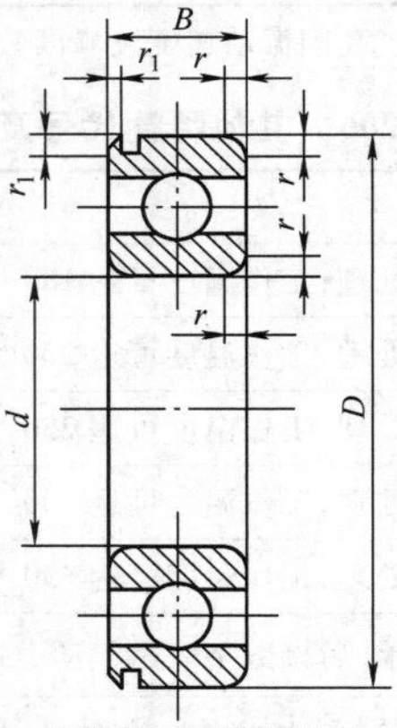

外圈有止动槽的深沟球轴承 60000 N型

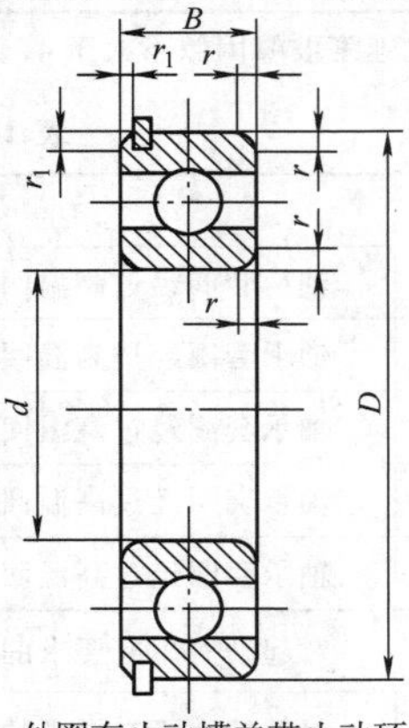

外圈有止动槽并带止动环的深沟球轴承 60000 NR型

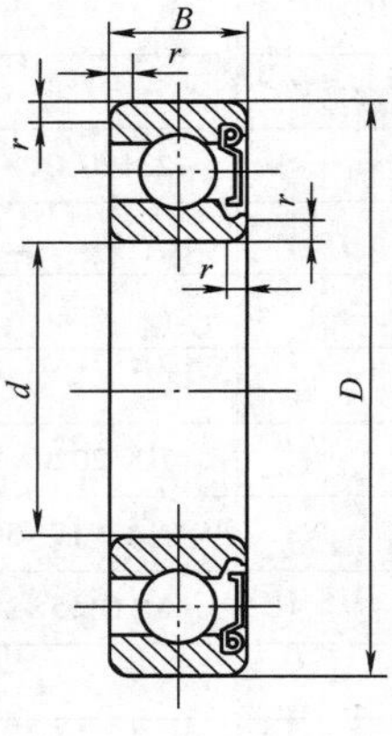

一面带防尘盖的深沟球轴承 60000-Z型

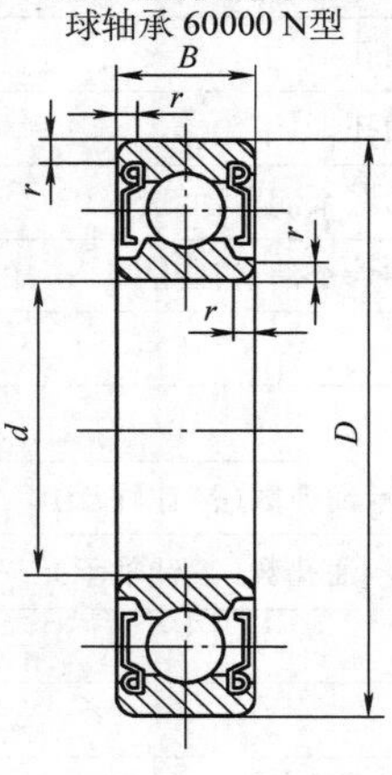

两面带防尘盖的深沟球轴承 60000-2Z型

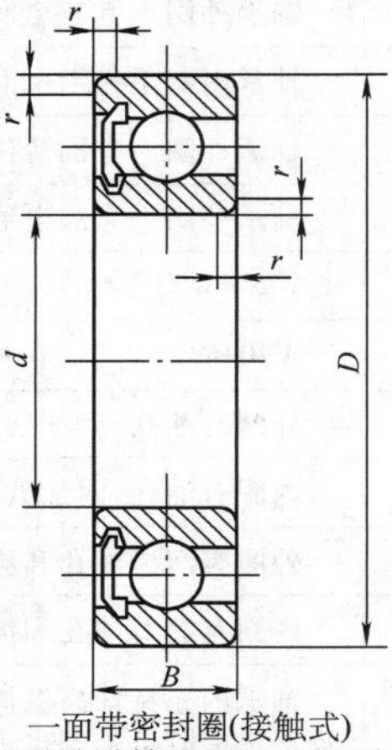

一面带密封圈(接触式)的深沟球轴承 60000-RS型

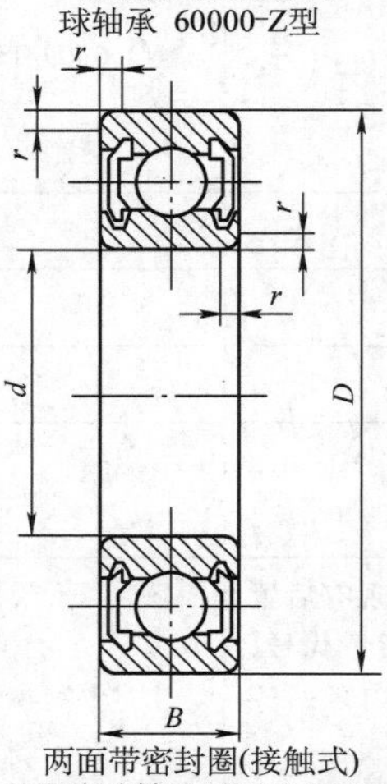

两面带密封圈(接触式)的深沟球轴承 60000-2RS型

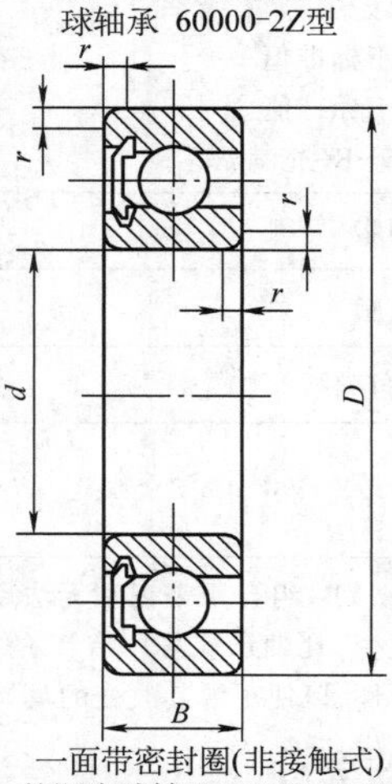

一面带密封圈(非接触式)的深沟球轴承 60000-RZ型

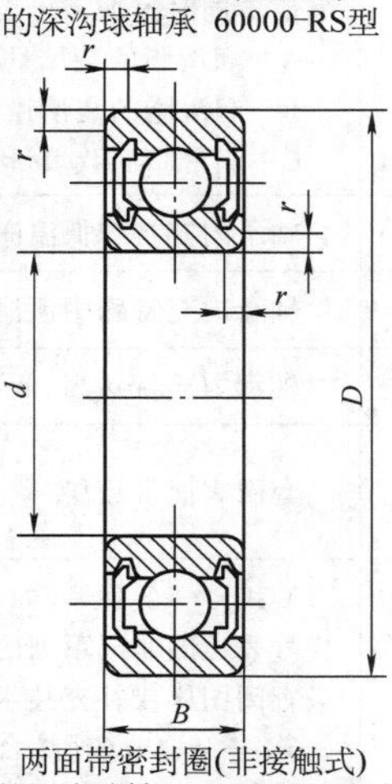

两面带密封圈(非接触式)的深沟球轴承 60000-2RZ型

（续）

轴承代号									外形尺寸/mm				
60000 型	60000 N 型	60000 NR 型	60000-Z 型	60000-2Z 型	60000-RS 型	60000-2RS 型	60000-RZ 型	60000-2RZ 型	d	D	B	$r_{s\ min}$	$r_{1s\ min}$
6200	6200 N	6200 NR	6200-Z	6200-2Z	6200-RS	6200-2RS	6200-RZ	6200-2RZ	10	30	9	0.6	0.5
6201	6201 N	6201 NR	6201-Z	6201-2Z	6201-RS	6201-2RS	6201-RZ	6201-2RZ	12	32	10	0.6	0.5
6202	6202 N	6202 NR	6202-Z	6202-2Z	6202-RS	6202-2RS	6202-RZ	6202-2RZ	15	35	11	0.6	0.5
6203	6203 N	6203 NR	6203-Z	6203-2Z	6203-RS	6203-2RS	6203-RZ	6203-2RZ	17	40	12	0.6	0.5
6204	6204 N	6204 NR	6204-Z	6204-2Z	6204-RS	6204-2RS	6204-RZ	6204-2RZ	20	47	14	1	0.5
62/22	62/22 N	62/22 NR	62/22-Z	62/22-2Z	—	—	—	62/22-2RZ	22	50	14	1	0.5
6205	6205 N	6205 NR	6205-Z	6205-2Z	6205-RS	6205-2RS	6205-RZ	6205-2RZ	25	52	15	1	0.5
62/28	62/28 N	62/28 NR	62/28-Z	62/28-2Z	—	—	—	62/28-2RZ	28	58	16	1	0.5
6206	6206 N	6206 NR	6206-Z	6206-2Z	6206-RS	6206-2RS	6206-RZ	6206-2RZ	30	62	16	1	0.5
62/32	62/32 N	62/32 NR	62/32-Z	62/32-2Z	—	—	—	62/32-2RZ	32	65	17	1	0.5
6207	6207 N	6207 NR	6207-Z	6207-2Z	6207-RS	6207-2RS	6207-RZ	6207-2RZ	35	72	17	1.1	0.5
6208	6208 N	6208 NR	6208-Z	6208-2Z	6208-RS	6208-2RS	6208-RZ	6208-2RZ	40	80	18	1.1	0.5
6209	6209 N	6209 NR	6209-Z	6209-2Z	6209-RS	6209-2RS	6209-RZ	6209-2RZ	45	85	19	1.1	0.5
6210	6210 N	6210 NR	6210-Z	6210-2Z	6210-RS	6210-2RS	6210-RZ	6210-2RZ	50	90	20	1.1	0.5
6211	6211 N	6211 NR	6211-Z	6211-2Z	6211-RS	6211-2RS	6211-RZ	6211-2RZ	55	100	21	1.5	0.5
6212	6212 N	6212 NR	6212-Z	6212-2Z	6212-RS	6212-2RS	6212-RZ	6212-2RZ	60	110	22	1.5	0.5
6213	6213 N	6213 NR	6213-Z	6213-2Z	6213-RS	6213-2RS	6213-RZ	6213-2RZ	65	120	23	1.5	0.5
6214	6214 N	6214 NR	6214-Z	6214-2Z	6214-RS	6214-2RS	6214-RZ	6214-2RZ	70	125	24	1.5	0.5
6215	6215 N	6215 NR	6215-Z	6215-2Z	6215-RS	6215-2RS	6215-RZ	6215-2RZ	75	130	25	1.5	0.5
6216	6216 N	6216 NR	6216-Z	6216-2Z	6216-RS	6216-2RS	6216-RZ	6216-2RZ	80	140	26	2	0.5
6217	6217 N	6217 NR	6217-Z	6217-2Z	6217-RS	6217-2RS	6217-RZ	6217-2RZ	85	150	28	2	0.5
6218	6218 N	6218 NR	6218-Z	6218-2Z	6218-RS	6218-2RS	6218-RZ	6218-2RZ	90	160	30	2	0.5
6219	6219 N	6219 NR	6219-Z	6219-2Z	6219-RS	6219-2RS	6219-RZ	6219-2RZ	95	170	32	2.1	0.5
6220	6220 N	6220 NR	6220-Z	6220-2Z	6220-RS	6220-2RS	6220-RZ	6220-2RZ	100	180	34	2.1	0.5

注：1. 此表仅以 02 系列中几种型号为例，作为查阅尺寸时参考，其余系列可查 GB/T 276—2013 或产品样本（下同）。

2. $r_{s\ min}$ 为 r 的最小单一倒角尺寸；$r_{1s\ min}$ 为 r_1 的最小单一倒角尺寸（下同）。

2. 调心球轴承代号及外形尺寸举例（见表 1-3-208）

表 1-3-208　调心球轴承代号及外形尺寸举例

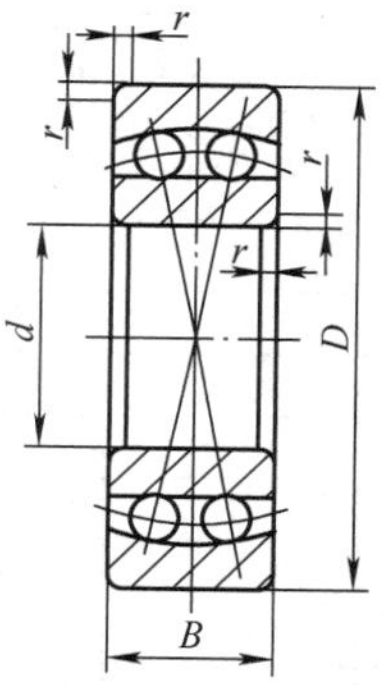

圆柱孔调心球轴承
10000 型

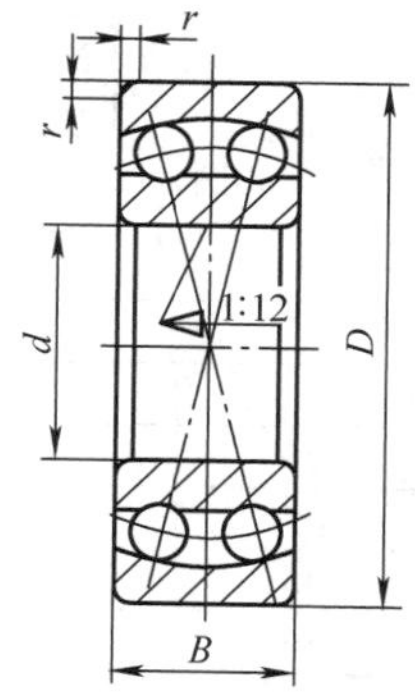

圆锥孔调心球轴承
10000 K 型

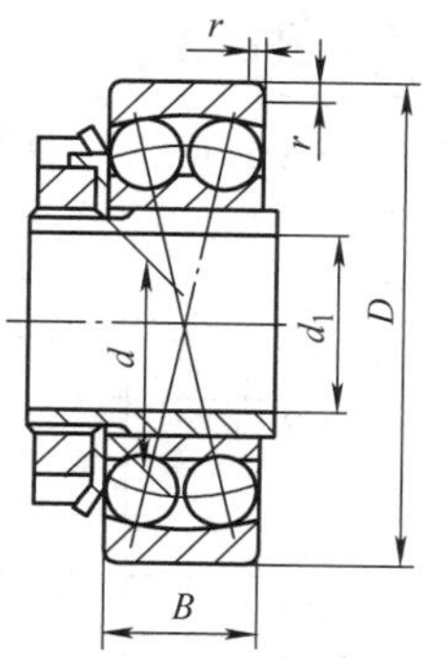

带紧定套的调心球轴承
10000 K+H型

（续）

轴承代号			外形尺寸/mm				
10000 型	10000 K 型	10000 K+H 型	d	d_1	D	B	$r_{s\ min}$
1200	1200 K	—	10	—	30	9	0.6
1201	1201 K	—	12	—	32	10	0.6
1202	1202 K	—	15	—	35	11	0.6
1203	1203 K	—	17	—	40	12	0.6
1204	1204 K	1204 K+H 204	20	17	47	14	1
1205	1205 K	1205 K+H 205	25	20	52	15	1
1206	1206 K	1206 K+H 206	30	25	62	16	1
1207	1207 K	1207 K+H 207	35	30	72	17	1.1
1208	1208 K	1208 K+H 208	40	35	80	18	1.1
1209	1209 K	1209 K+H 209	45	40	85	19	1.1
1210	1210 K	1210 K+H 210	50	45	90	20	1.1
1211	1211 K	1211 K+H 211	55	50	100	21	1.5
1212	1212 K	1212 K+H 212	60	55	110	22	1.5
1213	1213 K	1213 K+H 213	65	60	120	23	1.5
1214	1214 K	1214 K+H 214	70	60	125	24	1.5
1215	1215 K	1215 K+H 215	75	65	130	25	1.5
1216	1216 K	1216 K+H 216	80	70	140	26	2
1217	1217 K	1217 K+H 217	85	75	150	28	2
1218	1218 K	1218 K+H 218	90	80	160	30	2
1219	1219 K	1219 K+H 219	95	85	170	32	2.1
1220	1220 K	1220 K+H 220	100	90	180	34	2.1

3. 双列圆柱滚子轴承代号及外形尺寸举例（见表 1-3-209）

表 1-3-209　双列圆柱滚子轴承代号及外形尺寸举例

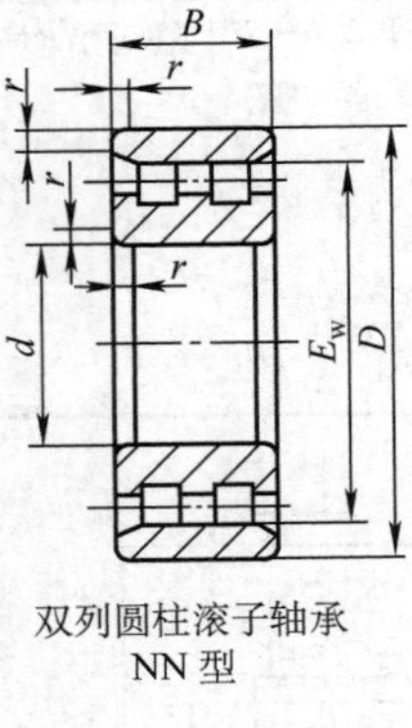

双列圆柱滚子轴承
NN 型

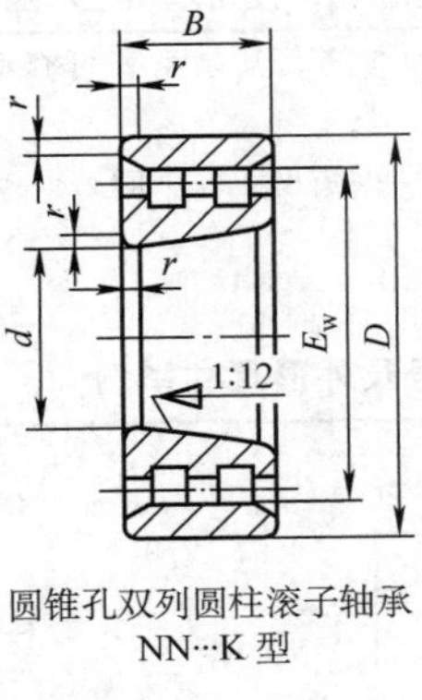

圆锥孔双列圆柱滚子轴承
NN…K 型

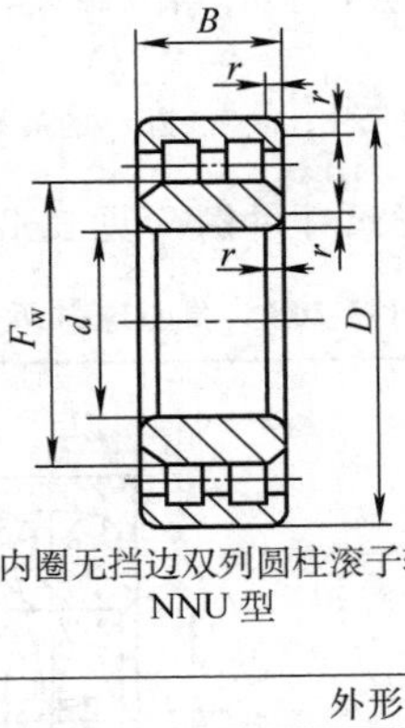

内圈无挡边双列圆柱滚子轴承
NNU 型

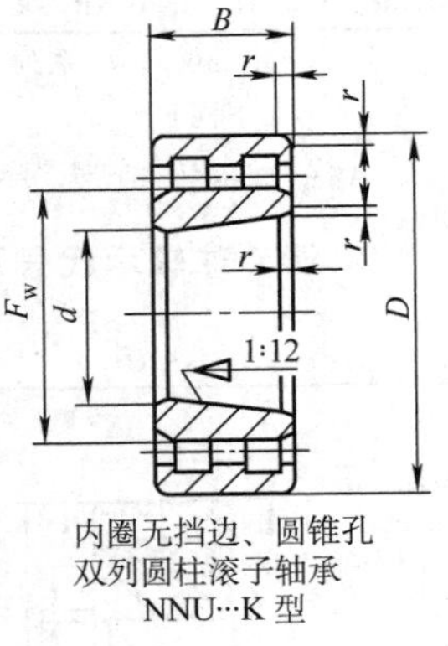

内圈无挡边、圆锥孔
双列圆柱滚子轴承
NNU…K 型

轴承代号		外形尺寸/mm				
NN 型	NN…K 型	d	D	B	$r_{s\ min}$	E_w
NN3005	NN3005K	25	47	16	0.6	41.3
NN3007	NN3007K	35	62	20	1	55
NN3009	NN3009K	45	75	23	1	67.5
NN3010	NN3010K	50	80	23	1	72.5
NN3012	NN3012K	60	95	26	1.1	86.1
NN3014	NN3014K	70	110	30	1.1	100
NN3015	NN3015K	75	115	30	1.1	105

（续）

轴承代号		外形尺寸/mm				
NN 型	NN…K 型	d	D	B	$r_{s\ min}$	E_w
NN3017	NN3017K	85	130	34	1.1	118
NN3019	NN3019K	95	145	37	1.5	132
NN3020	NN3020K	100	150	37	1.5	137
NN3022	NN3022K	110	170	45	2	155
NN3026	NN3026K	130	200	52	2	182
NN3028	NN3028K	140	210	53	2	192
NN3032	NN3032K	160	240	60	2.1	219
NN3036	NN3036K	180	280	74	2.1	255
NN3038	NN3038K	190	290	75	2.1	265
NN3044	NN3044K	220	340	90	3	310
NN3052	NN3052K	260	400	104	4	364
NN3056	NN3056K	280	420	106	4	384
NN3060	NN3060K	300	460	118	4	418
NN3068	NN3068K	340	520	133	5	473
NN3076	NN3076K	380	560	135	5	513
NN3084	NN3084K	420	620	150	5	569
NN3092	NN3092K	460	680	163	6	624
NN3096	NN3096K	480	700	165	6	644
NN30/530	NN30/530K	530	780	185	6	715
NN30/600	NN30/600K	600	870	200	6	803
NN30/630	NN30/630K	630	920	212	7.5	845

注：此表仅以 30 系列为例，其余系列可查 GB/T 285—2013 或产品样本。

4. 圆锥滚子轴承代号及外形尺寸举例（见表 1-3-210）

表 1-3-210 圆锥滚子轴承代号及外形尺寸举例

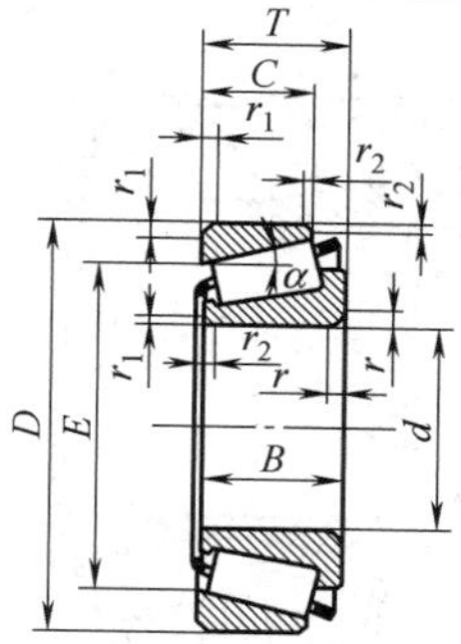

圆锥滚子轴承30000型

轴承代号	外形尺寸/mm								
	d	D	T	B	$r_{s\ min}$ ①	C	$r_{1s\ min}$ ①	α	E
30202	15	35	11.75	11	0.6	10	0.6	—	—
30203	17	40	13.25	12	1	11	1	12°57′10″	31.408
30204	20	47	15.25	14	1	12	1	12°57′10″	37.304
30205	25	52	16.25	15	1	13	1	14°02′10″	41.135
30206	30	62	17.25	16	1	14	1	14°02′10″	49.990
302/32	32	65	18.25	17	1	15	1	14°	52.500
30207	35	72	18.25	17	1.5	15	1.5	14°02′10″	58.844
30208	40	80	19.75	18	1.5	16	1.5	14°02′10″	65.730

（续）

轴承代号	外形尺寸/mm								
	d	D	T	B	$r_{s\ min}$ ①	C	$r_{1s\ min}$ ①	α	E
30209	45	85	20.75	19	1.5	16	1.5	15°06′34″	70.440
30210	50	90	21.75	20	1.5	17	1.5	15°38′32″	75.078
30211	55	100	22.75	21	2	18	1.5	15°06′34″	84.197
30212	60	110	23.75	22	2	19	1.5	15°06′34″	91.876
30213	65	120	24.75	23	2	20	1.5	15°06′34″	101.934
30214	70	125	26.25	24	2	21	1.5	15°38′32″	105.748
30215	75	130	27.25	25	2	22	1.5	16°10′20″	110.408
30216	80	140	28.25	26	2.5	22	2	15°38′32″	119.169
30217	85	150	30.5	28	2.5	24	2	15°38′32″	126.685
30218	90	160	32.5	30	2.5	26	2	15°38′32″	134.901
30219	95	170	34.5	32	3	27	2.5	15°38′32″	143.385
30220	100	180	37	34	3	29	2.5	15°38′32″	151.310
30221	105	190	39	36	3	30	2.5	15°38′32″	159.795
30222	110	200	41	38	3	32	2.5	15°38′32″	168.548
30224	120	215	43.5	40	3	34	2.5	16°10′20″	181.257
30226	130	230	43.75	40	4	34	3	16°10′20″	196.420
30228	140	250	45.75	42	4	36	3	16°10′20″	212.270
30230	150	270	49	45	4	38	3	16°10′20″	227.408

注：此表仅以02系列为例，其余系列可查GB/T 297—2015或产品样本。

① 对应的最大倒角尺寸规定见GB/T 274—2000。

5. 双列圆锥滚子轴承代号及外形尺寸举例（见表1-3-211）

表1-3-211　双列圆锥滚子轴承代号及外形尺寸举例　（单位：mm）

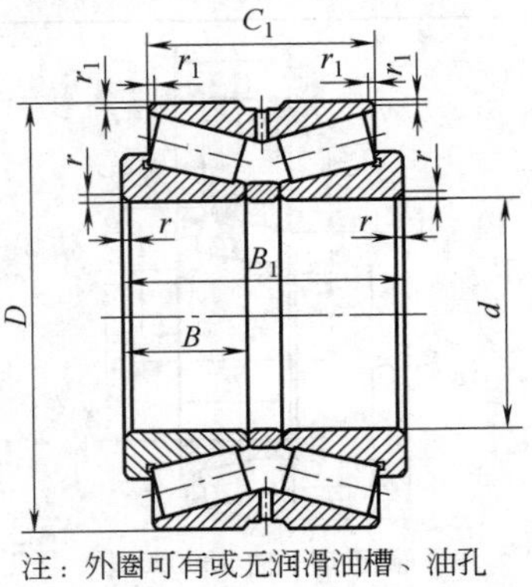

注：外圈可有或无润滑油槽、油孔

轴承代号	d	D	B_1	C_1	B	$r_{s\ min}$	$r_{1s\ min}$	轴承代号	d	D	B_1	C_1	B	$r_{s\ min}$	$r_{1s\ min}$
352004	20	42	34	28	15	0.6	0.3①	352013	65	100	52	41	23	1.5	0.6
352005	25	47	34	27	15	0.6	0.3①	352014	70	110	57	45	25	1.5	0.6
352006	30	55	39	31	17	1	0.3	352015	75	115	58	46	25	1.5	0.6
352007	35	62	41	33	18	1	0.3	352016	80	125	66	52	29	1.5	0.6
352008	40	68	44	35	19	1	0.3	352017	85	130	67	53	29	1.5	0.6
352009	45	75	46	37	20	1	0.3	352018	90	140	73	57	32	2	0.6
352010	50	80	46	37	20	1	0.3	352019	95	145	73	57	32	2	0.6
352011	55	90	52	41	23	1.5	0.6	352020	100	150	73	57	32	2	0.6
352012	60	95	52	41	23	1.5	0.6	352021	105	160	80	62	35	2.5	0.6

（续）

轴承代号	d	D	B_1	C_1	B	$r_{s\ min}$	$r_{1s\ min}$	轴承代号	d	D	B_1	C_1	B	$r_{s\ min}$	$r_{1s\ min}$
352022	110	170	86	68	38	2.5	0.6	352038	190	290	142	110	64	3	1
352024	120	180	88	70	38	2.5	0.6	352040	200	310	154	120	70	3	1
352026	130	200	102	80	45	2.5	0.6	352044	220	340	166	128	76	4	1
352028	140	210	104	82	45	2.5	0.6	352048	240	360	166	128	76	4	1
352030	150	225	110	86	48	3	1	352052	260	400	190	146	87	5	1.1
352032	160	240	116	90	51	3	1	352056	280	420	190	146	87	5	1.1
352034	170	260	128	100	57	3	1	352060	300	460	220	168	100	5	1.1
352036	180	280	142	110	64	3	1	352064	320	480	220	168	100	5	1.1

注：此表仅以 20 系列为例，其余系列可查 GB/T 299—2008 或产品样本。

① 最大尺寸。

6. 角接触球轴承代号及外形尺寸举例（见表 1-3-212）

表 1-3-212 角接触球轴承代号及外形尺寸举例

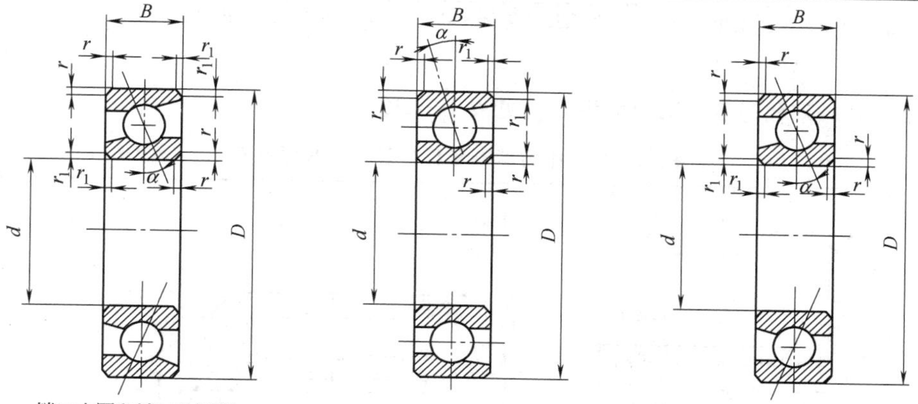

锁口内圈和锁口外圈型角接触球轴承　　锁口外圈型角接触球轴承　　锁口内圈型角接触球轴承

轴承代号		外形尺寸				
$\alpha=15°$	$\alpha=25°$	d	D	B	$r_{s\ min}$ ①	$r_{1s\ min}$ ①
B723 C	B723 AC	3	10	4	0.15	0.15
B724 C	B724 AC	4	13	5	0.2	0.2
B725 C	B725 AC	5	16	5	0.3	0.2
B726 C	B726 AC	6	19	6	0.3	0.2
B727 C	B727 AC	7	22	7	0.3	0.2
B728 C	B728 AC	8	24	8	0.3	0.2
B729 C	B729 AC	9	26	8	0.3	0.2
B7200 C	B7200 AC	10	30	9	0.6	0.3
B7201 C	B7201 AC	12	32	10	0.6	0.3
B7202 C	B7202 AC	15	35	11	0.6	0.3
B7203 C	B7203 AC	17	40	12	0.6	0.3
B7204 C	B7204 AC	20	47	14	1	0.3
B7205 C	B7205 AC	25	52	15	1	0.3
B7206 C	B7206 AC	30	62	16	1	0.3
B7207 C	B7207 AC	35	72	17	1.1	0.3
B7208 C	B7208 AC	40	80	18	1.1	0.6
B7209 C	B7209 AC	45	85	19	1.1	0.6
B7210 C	B7210 AC	50	90	20	1.1	0.6

（续）

轴承代号		外形尺寸				
$\alpha=15°$	$\alpha=25°$	d	D	B	$r_{s\ min}$ ①	$r_{1s\ min}$ ①
B7211 C	B7211 AC	55	100	21	1.5	0.6
B7212 C	B7212 AC	60	110	22	1.5	0.6
B7213 C	B7213 AC	65	120	23	1.5	0.6
B7214 C	B7214 AC	70	125	24	1.5	0.6
B7215 C	B7215 AC	75	130	25	1.5	0.6
B7216 C	B7216 AC	80	140	26	2	1
B7217 C	B7217 AC	85	150	28	2	1
B7218 C	B7218 AC	90	160	30	2	1
B7219 C	B7219 AC	95	170	32	2.1	1.1
B7220 C	B7220 AC	100	180	34	2.1	1.1
B7221 C	B7221 AC	105	190	36	2.1	1.1
B7222 C	B7222 AC	110	200	38	2.1	1.1
B7224 C	B7224 AC	120	215	40	2.1	1.1

注：此表仅以锁口内圈型角接触轴承的外形尺寸为例，其余的可查 GB/T 292—2007 或产品样本。

① 最大倒角尺寸规定在 GB/T 274—2000 中。

7. 推力球轴承代号及外形尺寸举例（见表 1-3-213）

表 1-3-213　推力球轴承代号及外形尺寸举例　　（单位：mm）

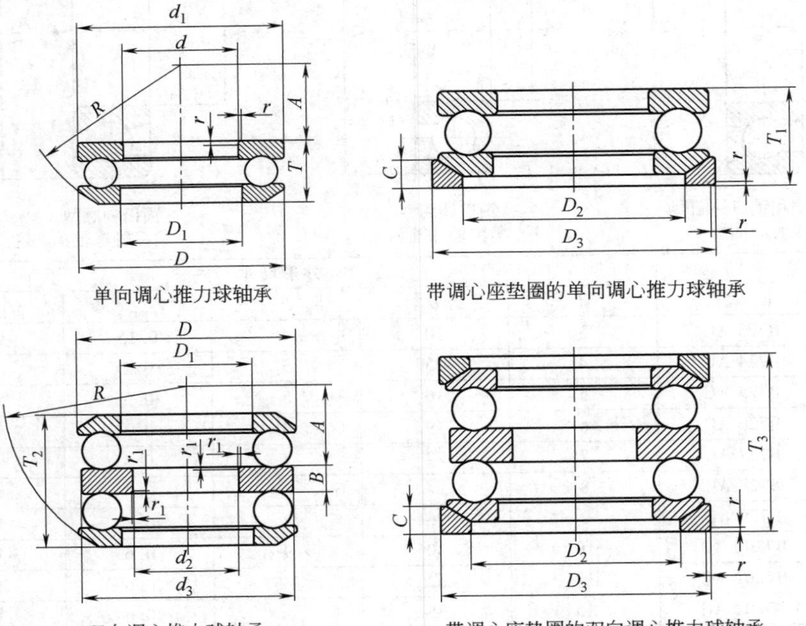

单向调心推力球轴承　　带调心座垫圈的单向调心推力球轴承

双向调心推力球轴承　　带调心座垫圈的双向调心推力球轴承

d	D	$d_{1s\ max}$	$D_{1s\ min}$	T max	A	R	D_2	D_3	T_1	C	$r_{s\ min}$
25	60	60①	27	26.4	19	50	42	62	29	8	1
30	70	70①	32	30.1	20	56	50	75	33	9	1
35	80	80①	37	34	23	64	58	85	37	10	1.1
40	90	90①	42	38.2	26	72	65	95	42	12	1.1
45	100	100①	47	42.4	29	80	72	105	46	12.5	1.1

（续）

d	D	$d_{1s\ max}$	$D_{1s\ min}$	T max	A	R	D_2	D_3	T_1	C	$r_{s\ min}$
50	110	110①	52	45.6	35	90	80	115	50	14	1.5
55	120	120①	57	50.5	28	90	88	125	55	15.5	1.5
60	130	130①	62	54	34	100	95	135	58	16	1.5
65	140	140①	68	60.2	40	112	100	145	65	17.5	2
70	150	150①	73	63.6	34	112	110	155	69	19.5	2
75	160	160①	78	69	42	125	115	165	75	21	2
80	170	170①	83	72.2	36	125	125	175	78	22	2.1
85	180	177	88	77	47	140	130	185	83	23	2.1
90	190	187	93	81.2	40	140	140	195	88	25.5	2.1
100	210	205	103	90	50	160	155	220	98	27	3
110	230	225	113	99.7	59	180	170	240	109	29	3
120	250	245	123	107.3	70	200	185	260	118	32	4
130	270	265	134	115.2	58	200	200	280	128	38	4
140	280	275	144	117	83	225	206	290	131	38	4
150	300	295	154	125.9	69	225	225	310	140	41	4
160	320	315	164	135.3	84	250	240	330	150	41.5	5
170	340	335	174	141	74	250	255	350	156	46	5
180	360	355	184	148.3	97	280	270	370	164	46.5	5

注：此表仅以单向调心推力球轴承直径系列4为例，其余系列可查GB/T 28697—2012或产品样本。

① 如果 $d_{1s\ max}$ 与 D 的公称值相同，应规定其公差，以使轴圈外表面与公称直径为 D 的轴承座内孔之间留有间隙。

3.5.4 滚动轴承的配合（见表1-3-214~表1-3-216）

表1-3-214 深沟球轴承和推力球轴承与轴的配合

轴旋转状况	应用举例	轴承公称尺寸/mm		配合
		深沟球轴承和推力球轴承	圆柱滚子轴承和圆锥滚子轴承	
轴不旋转	滚子	所有内径的尺寸		g6
	张紧滑轮，外圈旋转的振动器	所有内径的尺寸		h6
轴旋转	齿轮传动箱	≤18		h5
		18~100	≤40	js6
		100~200	40~140	k6
			140~200	m6

轴旋转状况	应用举例	轴承公称尺寸/mm		配合
		深沟球轴承和推力球轴承	圆柱滚子轴承和圆锥滚子轴承	
轴旋转	主轴，精密机械和高速机械	≤18		h5
		18~100	≤40	js、s5
		100~200	40~140	k5
			140~200	m5
	一般通用机械	≤18		js，js5
		18~100	≤40	k5
		100~140	40~100	m5
		140~200	100~140	m6
			140~200	n6

表1-3-215 深沟球轴承和推力球轴承与外壳的配合

外圈旋转情况	应用举例	配合
外圈旋转	张紧滑轮	M7
外圈不旋转	一般机械用轴承	H7
	多支点长轴	H8
	磨头主轴用球轴承	J6、JS6
	主轴用滚子轴承	(K6)、M6、N6

表1-3-216 推力轴承与轴或外壳的配合

负荷种类	轴承类型	轴承公称直径/mm	配合
纯轴向负荷	推力球轴承	各种内径	js、js5、js6
纯轴向负荷	角接触球轴承	各种内径	k6
	推力球轴承	各种外径	H8

3.6　圆锥和楔体

3.6.1　锥度、锥角及其公差

3.6.1.1　圆锥的术语及定义（见表1-3-217）

表1-3-217　圆锥的术语及定义(GB/T 157—2001)

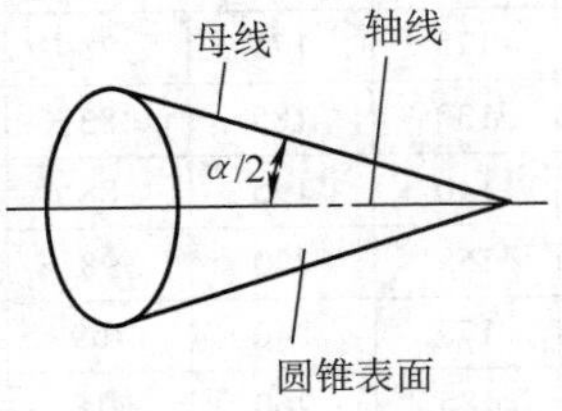

a) 圆锥表面

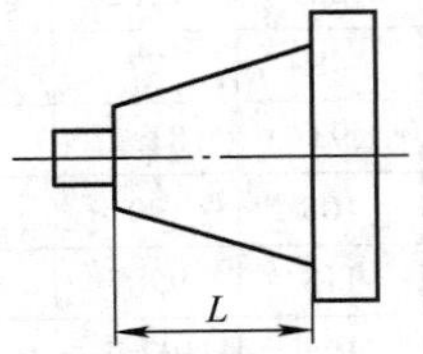

b) 外圆锥

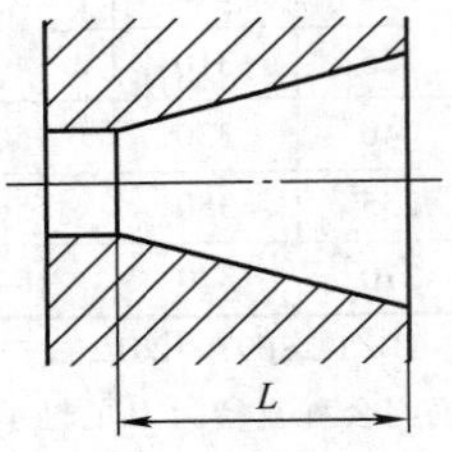

c) 内圆锥

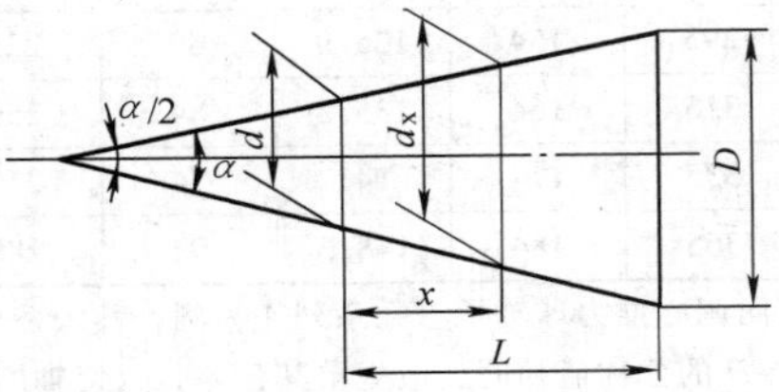

d) 圆锥直径、长度、圆锥角

术　语	定　义
圆锥表面	与轴线成一定角度，且一端相交于轴线的一条直线段(母线)，围绕该轴线旋转形成的表面(见图a)
圆锥	由圆锥表面与一定尺寸所限定的几何体 外圆锥是外部表面为圆锥表面的几何体(见图b)，内圆锥是内部表面为圆锥表面的几何体(见图c)
圆锥角 α	在通过圆锥轴线的截面内，两条素线间的夹角(见图d)
圆锥直径	圆锥在垂直轴线截面上的直径(见图d)。常用的有： 1）最大圆锥直径 D 2）最小圆锥直径 d 3）给定截面圆锥直径 d_x
圆锥长度 L	最大圆锥直径截面与最小圆锥直径截面之间的轴向距离(见图d)
锥度 C	两个垂直圆锥轴线截面的圆锥直径之差与该两截面间的轴向距离之比 例如，最大圆锥直径 D 与最小圆锥直径 d 之差对圆锥长度 L 之比 $C=\dfrac{D-d}{L}$ 锥度 C 与圆锥角 α 的关系为 $C=2\tan\dfrac{\alpha}{2}=1:\dfrac{1}{2}\cot\dfrac{\alpha}{2}$ 锥度一般用比例或分式形式表示

3.6.1.2 锥度与锥角系列（GB/T 157—2001）

1）一般用途圆锥的锥度与锥角系列见表1-3-218。

表1-3-218 一般用途圆锥的锥度与锥角系列（GB/T 157—2001）

基本值		推算值			
系列1	系列2	圆锥角α			锥度C
				rad	
120°	—	—	—	2.09439510	1：0.2886751
90°	—	—	—	1.57079633	1：0.5000000
—	75°	—	—	1.30899694	1：0.6516127
60°	—	—	—	1.04719755	1：0.8660254
45°	—	—	—	0.78539816	1：1.2071068
30°	—	—	—	0.52359878	1：1.8660254
1：3	—	18°55′28.7199″	18.92464442°	0.33029735	—
—	1：4	14°15′0.1177″	14.25003270°	0.24870999	—
1：5	—	11°25′16.2706″	11.42118627°	0.19933730	—
—	1：6	9°31′38.2202″	9.52728338°	0.16628246	—
—	1：7	8°10′16.4408″	8.17123356°	0.14261493	—
—	1：8	7°9′9.6075″	7.15266875°	0.12483762	—
1：10	—	5°43′29.3176″	5.72481045°	0.09991679	—
—	1：12	4°46′18.7970″	4.77188806°	0.08328516	—
—	1：15	3°49′5.8975″	3.81830487°	0.06664199	—
1：20	—	2°51′51.0925″	2.86419237°	0.04998959	—
1：30	—	1°54′34.8570″	1.90968251°	0.03333025	—
1：50	—	1°8′45.1586″	1.14587740°	0.01999933	—
1：100	—	34′22.6309″	0.57295302°	0.00999992	—
1：200	—	17′11.3219″	0.28647830°	0.00499999	—
1：500	—	6′52.5295″	0.11459152°	0.00200000	—

注：系列1中120°~1：3的数值近似按R10/2优先数系列，1：5~1：500按R10/3优先数系列（见GB/T 321—2005）。

2）特定用途的圆锥见表1-3-219。

表1-3-219 特定用途的圆锥（GB/T 157—2001）

基本值	推算值				标准号 GB/T（ISO）	用途
	圆锥角α			锥度C		
			rad			
11°54′	—	—	0.20769418	1：4.7974511	(5237) (8489-5)	纺织机械和附件
8°40′	—	—	0.15126187	1：6.5984415	(8489-3) (8489-4) (324-575)	
7°	—	—	0.12217305	1：8.1749277	(8489-2)	
1：38	1°30′27.7080″	1.50769667°	0.02631427	—	(368)	
1：64	0°53′42.8220″	0.89522834°	0.01562468	—	(368)	

（续）

基本值	推算值				标准号 GB/T (ISO)	用　途
	圆锥角 α			锥度 C		
			rad			
7：24	16°35′39.4443″	16.59429008°	0.28962500	1：3.4285714	3837.3 (297)	机床主轴 工具配合
1：12.262	4°40′12.1514″	4.67004205°	0.08150761	—	(239)	贾各锥度 No.2
1：12.972	4°24′52.9039″	4.41469552°	0.07705097	—	(239)	贾各锥度 No.1
1：15.748	3°38′13.4429″	3.63706747°	0.06347880	—	(239)	贾各锥度 No.33
6：100	3°26′12.1776″	3.43671600°	0.05998201	1：16.6666667	1962 (594-1) (595-1) (595-2)	医疗设备
1：18.779	3°3′1.2070″	3.05033527°	0.05323839	—	(239)	贾各锥度 No.3
1：19.002	3°0′52.3956″	3.01455434°	0.05261390	—	1443(296)	莫氏锥度 No.5
1：19.180	2°59′11.7258″	2.98659050°	0.05212584	—	1443(296)	莫氏锥度 No.6
1：19.212	2°58′53.8255″	2.98161820°	0.05203905	—	1443(296)	莫氏锥度 No.0
1：19.254	2°58′30.4217″	2.97511713°	0.05192559	—	1443(296)	莫氏锥度 No.4
1：19.264	2°58′24.8644″	2.97357343°	0.05189865	—	(239)	贾各锥度 No.6
1：19.922	2°52′31.4463″	2.87540176°	0.05018523	—	1443(296)	莫氏锥度 No.3
1：20.020	2°51′40.7960″	2.86133223°	0.04993967	—	1443(296)	莫氏锥度 No.2
1：20.047	2°51′26.9283″	2.85748008°	0.04987244	—	1443(296)	莫氏锥度 No.1
1：20.288	2°49′24.7802″	2.82355006°	0.04928025	—	(239)	贾各锥度 No.0
1：23.904	2°23′47.6244″	2.39656232°	0.04182790	—	1443(296)	布朗夏普锥度 No.1～No.3
1：28	2°2′45.8174″	2.04606038°	0.03571049	—	(8382)	复苏器(医用)
1：36	1°35′29.2096″	1.59144711°	0.02777599	—	(5356-1)	麻醉器具
1：40	1°25′56.3516″	1.43231989°	0.02499870	—		

3）一般用途圆锥的锥度与锥角应用举例见表1-3-220。

表1-3-220　一般用途圆锥的锥度与锥角应用举例

基本值	应用举例	基本值	应用举例
120°	螺纹孔的内倒角、节气阀、汽车和拖拉机阀门、填料盒内填料的锥度	1：3	受轴向力的易拆开的接合面，摩擦离合器
		1：50	受轴向力的接合面，锥形摩擦离合器，磨床主轴
90°	沉头螺钉、沉头及半沉头铆钉头、轴及螺纹的倒角、重型顶尖、重型中心孔、阀的阀销锥体	1：7	重型机床顶尖，旋塞
75°	10～13mm 沉头及半沉头铆钉头	1：8	联轴器和轴的接合面
60°	顶尖、中心孔、弹簧夹头、沉头钻	1：10	受轴向力、横向力和力矩的接合面，电动机及机器的锥形轴伸，主轴承调节套筒
45°	沉头及半沉头铆钉		
30°	摩擦离合器，弹簧夹头	1：12	滚动轴承的衬套

（续）

基本值	应用举例	基本值	应用举例
1∶15	受轴向力零件的接合面，主轴齿轮的接合面	1∶50	圆锥销、锥形铰刀、量规尾部
1∶20	机床主轴，刀具、刀杆的尾部，锥形铰刀，心轴	1∶100	受陡振及静变载荷的不需拆开的连接件、楔键、导轨镶条
1∶30	锥形铰刀、套式铰刀及扩孔钻的刀杆尾部，主轴颈	1∶200	受陡振及冲击变载荷的不需拆开的连接件、圆锥螺栓、导轨镶条

3.6.1.3 圆锥公差（GB/T 11334—2005）

GB/T 11334—2005 规定了圆锥公差的项目、给定了方法和公差数值，适用于锥度 C 为 1∶3～1∶500、圆锥长度 L 为 6～630mm 的光滑圆锥；规定的圆锥角公差也适用于棱体的角度与斜度（表 5-274 中数值用于棱体的角度时，以该角短边长度作为 L 选取公差值）。

（1）圆锥直径公差（T_D）所能限制的最大圆锥角误差　表 1-3-221 列出了圆锥长度 L 为 100mm 时，圆锥直径公差 T_D 所能限制的最大圆锥角误差 $\Delta\alpha_{max}$。

表 1-3-221　圆锥直径公差（T_D）所能限制的最大圆锥角误差

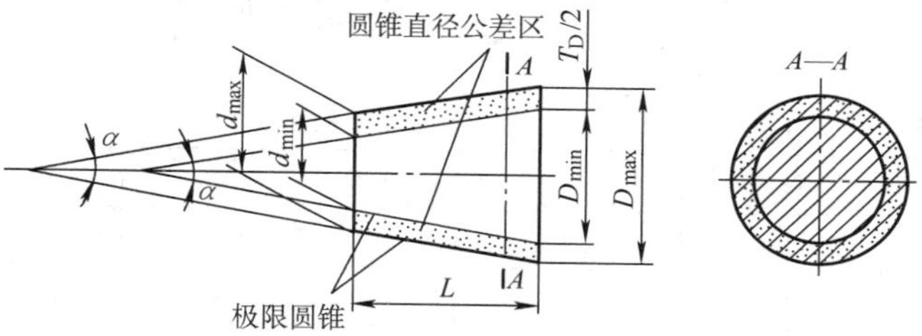

圆锥直径公差等级	圆锥直径/mm												
	≤3	>3～6	>6～10	>10～18	>18～30	>30～50	>50～80	>80～120	>120～180	>180～250	>250～315	>315～400	>400～500
	$\Delta\alpha_{max}$/μrad												
IT01	3	4	4	5	6	6	8	10	12	20	25	30	40
IT0	5	6	6	8	10	10	12	15	20	30	40	50	60
IT1	8	10	10	12	15	15	20	25	35	45	60	70	80
IT2	12	15	15	20	25	25	30	40	50	70	80	90	100
IT3	20	25	25	30	40	40	50	60	80	100	120	130	150
IT4	30	40	40	50	60	70	80	100	120	140	160	180	200
IT5	40	50	60	80	90	110	130	150	180	200	230	250	270
IT6	60	80	90	110	130	160	190	220	250	290	320	360	400
IT7	100	120	150	180	210	250	300	350	400	460	520	570	630
IT8	140	180	220	270	330	390	460	540	630	720	810	890	970
IT9	250	300	360	430	520	620	740	870	1000	1150	1300	1400	1550
IT10	400	480	580	700	840	1000	1200	1400	1600	1850	2100	2300	2500
IT11	600	750	900	1000	1300	1600	1900	2200	2500	2900	3200	3600	4000
IT12	1000	1200	1500	1800	2100	2500	3000	3500	4000	4600	5200	5700	6300
IT13	1400	1800	2200	2700	3300	3900	4600	5400	6300	7200	8100	8900	9700
IT14	2500	3000	3600	4300	5200	6200	7400	8700	10000	11500	13000	14000	15500
IT15	4000	4800	5800	7000	8400	10000	12000	14000	16000	18500	21000	23000	25000
IT16	6000	7500	9000	11000	13000	16000	19000	22000	25000	29000	32000	36000	40000
IT17	10000	12000	15000	18000	21000	25000	30000	35000	40000	46000	52000	57000	63000
IT18	14000	18000	22000	27000	33000	39000	46000	54000	63000	72000	81000	89000	97000

注：圆锥长度不等于 100mm 时，需将表中的数值乘以 100/L，L 的单位为 mm。

（2）圆锥角公差 AT 圆锥角公差 AT 共分 12 个公差等级，用 AT1、AT2、AT3、……、AT12 表示。

圆锥角公差可用两种形式表示：

AT_α——以角度单位微弧度或以度、分、秒表示，单位为 μrad。

AT_D——以长度单位微米表示，单位为 μm。

AT_α 和 AT_D 的关系如下：

$$AT_D = AT_\alpha \times L \times 10^{-3}$$

式中，L 单位为 mm。

圆锥角公差数值见表 1-3-222。

表 1-3-222 圆锥角公差数值

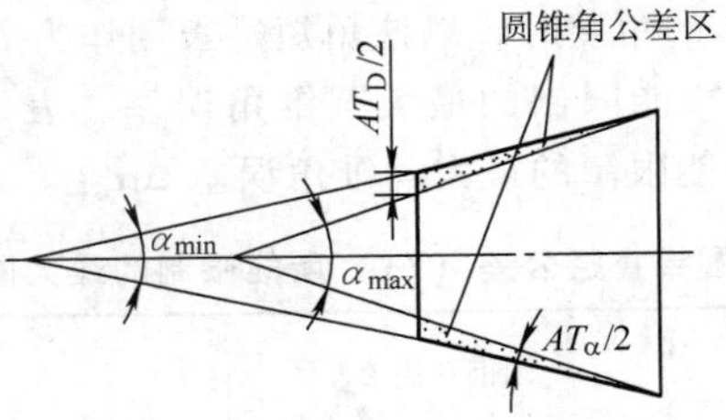

基本圆锥长度 L/mm		圆锥角公差等级								
		AT1			AT2			AT3		
		AT_α		AT_D	AT_α		AT_D	AT_α		AT_D
大于	至	μrad	(″)	μm	μrad	(″)	μm	μrad	(″)	μm
自 6	10	50	10	>0.3~0.5	80	16	>0.5~0.8	125	26	>0.8~1.3
10	16	40	8	>0.4~0.6	63	13	>0.6~1.0	100	21	>1.0~1.6
16	25	31.5	6	>0.5~0.8	50	10	>0.8~1.3	80	16	>1.3~2.0
25	40	25	5	>0.6~1.0	40	8	>1.0~1.6	63	13	>1.6~2.5
40	63	20	4	>0.8~1.3	31.5	6	>1.3~2.0	50	10	>2.0~3.2
63	100	16	3	>1.0~1.6	25	5	>1.6~2.5	40	8	>2.5~4.0
100	160	12.5	2.5	>1.3~2.0	20	4	>2.0~3.2	31.5	6	>3.2~5.0
160	250	10	2	>1.6~2.5	16	3	>2.5~4.0	25	5	>4.0~6.3
250	400	8	1.5	>2.0~3.2	12.5	2.5	>3.2~5.0	20	4	>5.0~8.0
400	630	6.3	1	>2.5~4.0	10	2	>4.0~6.3	16	3	>6.3~10.0

基本圆锥长度 L/mm		圆锥角公差等级								
		AT4			AT5			AT6		
		AT_α		AT_D	AT_α		AT_D	AT_α		AT_D
大于	至	μrad	(″)	μm	μrad		μm	μrad		μm
自 6	10	200	41	>1.3~2.0	315	1′05″	>2.0~3.2	500	1′43″	>3.2~5.0
10	16	160	33	>1.6~2.5	250	52″	>2.5~4.0	400	1′22″	>4.0~6.3
16	25	125	26	>2.0~3.2	200	41″	>3.2~5.0	315	1′05″	>5.0~8.0
25	40	100	21	>2.5~4.0	160	33″	>4.0~6.3	250	52″	>6.3~10.0
40	63	80	16	>3.2~5.0	125	26″	>5.0~8.0	200	41″	>8.0~12.5
63	100	63	13	>4.0~6.3	100	21″	>6.3~10.0	160	33″	>10.0~16.0
100	160	50	10	>5.0~8.0	80	16″	>8.0~12.5	125	26″	>12.5~20.0
160	250	40	8	>6.3~10.0	63	13″	>10.0~16.0	100	21″	>16.0~25.0
250	400	31.5	6	>8.0~12.5	50	10″	>12.5~20.0	80	16″	>20.0~32.0
400	630	25	5	>10.0~16.0	40	8″	>16.0~25.0	63	13″	>25.0~40.0

（续）

基本圆锥长度 L/mm		圆锥角公差等级								
		AT7			AT8			AT9		
		AT_α		AT_D	AT_α		AT_D	AT_α		AT_D
大于	至	μrad		μm	μrad		μm	μrad		μm
自 6	10	800	2′45″	>5.0～8.0	1250	4′18″	>8.0～12.5	2000	6′52″	>12.5～20
10	16	630	2′10″	>6.3～10.0	1000	3′26″	>10.0～16.0	1600	5′30″	>16～25
16	25	500	1′43″	>8.0～12.5	800	2′45″	>12.5～20.0	1250	4′18″	>20～32
25	40	400	1′22″	>10.0～16.0	630	2′10″	>16.0～25.0	1000	3′26″	>25～40
40	63	315	1′05″	>12.5～20.0	500	1′43″	>20.0～32.0	800	2′45″	>32～50
63	100	250	52″	>16.0～25.0	400	1′22″	>25.0～40.0	630	2′10″	>40～63
100	160	200	41″	>20.0～32.0	315	1′05″	>32.0～50.0	500	1′43″	>50～80
160	250	160	33″	>25.0～40.0	250	52″	>40.0～63.0	400	1′22″	>63～100
250	400	125	26″	>32.0～50.0	200	41″	>50.0～80.0	315	1′05″	>80～125
400	630	100	21″	>40.0～63.0	160	33″	>63.0～100.0	250	52″	>100～160

基本圆锥长度 L/mm		圆锥角公差等级								
		AT10			AT11			AT12		
		AT_α		AT_D	AT_α		AT_D	AT_α		AT_D
大于	至	μrad		μm	μrad		μm	μrad		μm
自 6	10	3150	10′49″	>20～32	5000	17′10″	>32～50	8000	27′28″	>50～80
10	16	2500	8′35″	>25～40	4000	13′44″	>40～63	6300	21′38″	>63～100
16	25	2000	6′52″	>32～50	3150	10′49″	>50～80	5000	17′10″	>80～125
25	40	1600	5′30″	>40～63	2500	8′35″	>63～100	4000	13′44″	>100～160
40	63	1250	4′18″	>50～80	2000	6′52″	>80～125	3150	10′49″	>125～200
63	100	1000	3′26″	>63～100	1600	5′30″	>100～160	2500	8′35″	>160～250
100	160	800	2′45″	>80～125	1250	4′18″	>125～200	2000	6′52″	>200～320
160	250	630	2′10″	>100～160	1000	3′26″	>160～250	1600	5′30″	>250～400
250	400	500	1′43″	>125～200	800	2′45″	>200～320	1250	4′18″	>320～500
400	630	400	1′22″	>160～250	630	2′10″	>250～400	1000	3′26″	>400～630

注：1. 如需要更高或更低等级的圆锥角公差 AT 时，可按公比 1.6 向两端延伸。更高等级用 AT0、AT01……表示，更低等级用 AT13、AT14……表示。

2. 圆锥角的极限偏差可按单向（$\alpha+AT$、$\alpha-AT$）或双向（$\alpha\pm AT/2$）取值。

3. AT_α 和 AT_D 的关系式为 $AT_D=AT_\alpha\times L\times10^{-3}$。表中 AT_D 取值举例：

[例 1] L 为 63mm，选用 AT7，则 AT_α 为 315μrad 或 1′05″，AT_D 为 20μm。

[例 2] L 为 50mm，选用 AT7，则 AT_α 为 315μrad 或 1′05″，则

$$AT_D=AT_\alpha\times L\times10^{-3}=315\times50\times10^{-3}\mu m=15.75\mu m$$

取 AT_D 为 15.8μm。

4. 1μrad 等于半径为 1m、弧长为 1μm 所对应的圆心角。5μrad≈1″；300μrad≈1′。

3.6.2 楔体

1. 楔体的术语和定义（见表1-3-223）

表1-3-223 楔体的术语和定义（GB/T 4096.1—2022）

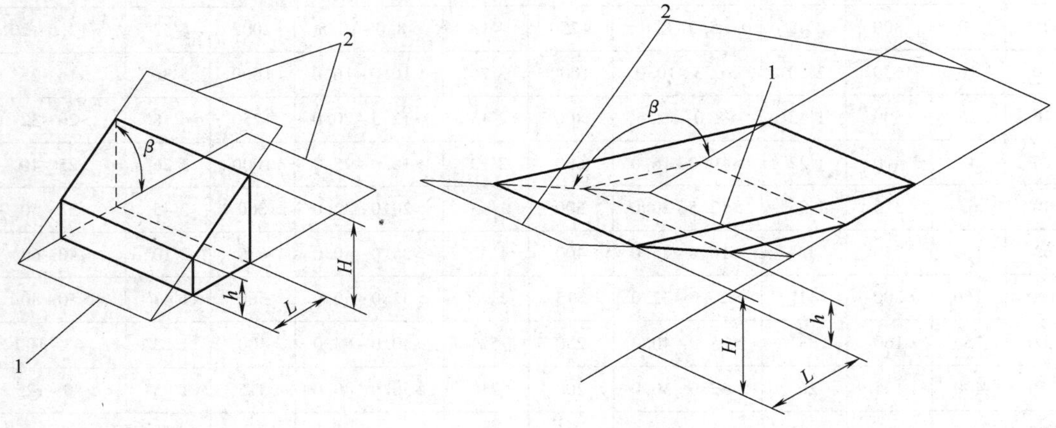

a) 小于90° b) 大于90°

楔体

1—楔体棱边 2—楔体平面

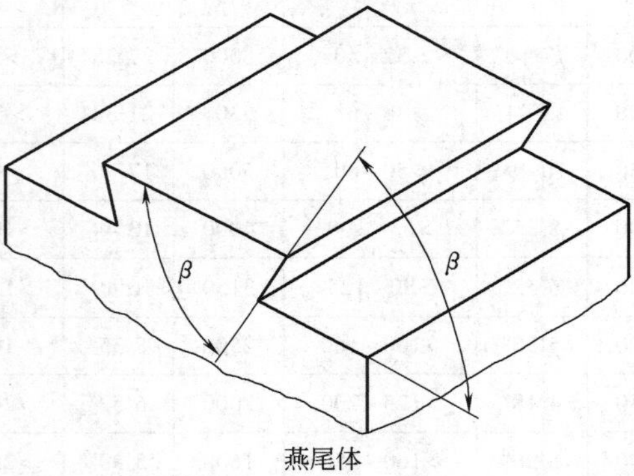

燕尾体

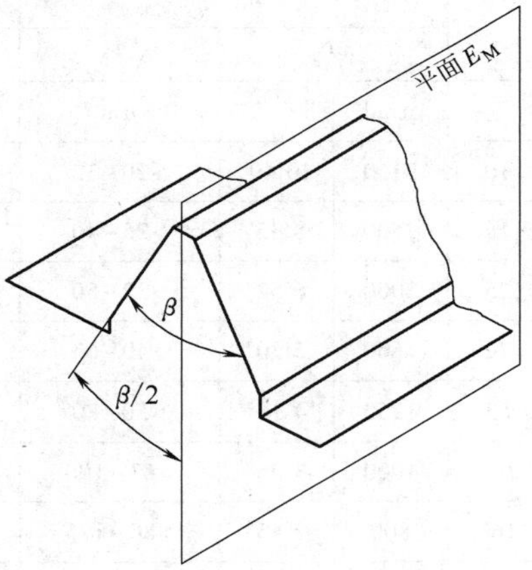

V形体

术语	代号	定义
楔体	—	由一对相交平面与一定尺寸所限定的几何体 注：楔体是角度尺寸定义的尺寸要素
楔体角	β	在垂直于楔体棱边的平面内定义的楔体角度尺寸
楔体斜度	S	两指定楔体截面相对于任一楔体平面的高度 H 和 h 之差与其之间的投影距离 L 之比 $S=(H-h)/L=\tan\beta$ 注：当楔体角 $\beta<90°$ 时，L 为正值；当楔体角 $\beta>90°$ 时，L 为负值
楔体比率	C	楔体角的半角正切值的2倍，即 $C=2\tan\dfrac{\beta}{2}$
楔体棱边	—	由楔体平面相交而构成的直线

2. 楔体系列

表1-3-224给出了一般用途的楔体角度、楔体斜度的公称值，及其所对应的楔体比率、楔体斜度的推算值。选用楔体角度时，应优先选用系列1，其次选用系列2，以减少具有楔体特征的工件在生产过程中所需的工具、量规和测量仪器的数量。

表1-3-224　楔体角度、楔体斜度、楔体比率的公称值和推算值

公称值							推算值		
楔体角度						楔体斜度	楔体比率	楔体斜度	楔体角度
系列1		系列2		特殊楔体					
β	$\beta/2$	β	$\beta/2$	β	$\beta/2$	S	C③	S④	β
120°	60°	—	—	—	—	—	1∶0.288675	1∶-0.577350	—
—	—	—	—	108°①	54°	—	1∶0.363271	1∶-0.324920	—
90°	45°	—	—	—	—	—	1∶0.500000	—	—
—	—	75°	37°30′	—	—	—	1∶0.651613	1∶0.267949	—
—	—	—	—	72°①	36°	—	1∶0.688190	1∶0.324920	—
60°	30°	—	—	—	—	—	1∶0.866025	1∶0.577350	—
—	—	—	—	50°②	—	—	1∶1.072253	1∶0.839100	—
45°	22°30′	—	—	—	—	—	1∶1.207107	1∶1.000000	—
—	—	40°	20°	—	—	—	1∶1.373739	1∶1.191754	—
30°	15°	—	—	—	—	—	1∶1.866025	1∶1.732051	—
20°	10°	—	—	—	—	—	1∶2.835641	1∶2.747477	—
15°	7°30′	—	—	—	—	—	1∶3.797877	1∶3.732051	—
—	—	10°	5°	—	—	—	1∶5.715026	1∶5.671282	—
—	—	8°	4°	—	—	—	1∶7.150333	1∶7.115370	—
—	—	7°	3°30′	—	—	—	1∶8.174928	1∶8.144346	—
—	—	6°	3°	—	—	—	1∶9.540568	1∶9.514364	—
—	—	—	—	—	—	1∶10	—	—	5°42′38.1″
5°	2°30′	—	—	—	—	—	1∶11.451883	1∶11.430052	—
—	—	4°	2°	—	—	—	1∶14.318127	1∶14.300666	—
—	—	3°	1°30′	—	—	—	1∶19.094230	1∶19.081137	—
—	—	—	—	—	—	1∶20	—	—	2°51′44.7″
—	—	2°	1°	—	—	—	1∶28.644981	1∶28.636253	—
—	—	—	—	—	—	1∶50	—	—	1°8′44.7″
—	—	1°	0°30′	—	—	—	1∶57.294325	1∶57.289962	—
—	—	—	—	—	—	1∶100	—	—	34′22.6″
—	—	0°30′	0°15′	—	—	—	1∶114.590832	1∶114.588650	—
—	—	—	—	—	—	1∶200	—	—	17′11.3″
—	—	—	—	—	—	1∶500	—	—	6′52.5″

① 适用于V形体。

② 适用于燕尾体。

③ C表示为$1:1/C$。

④ S表示为$1:1/S$。

第 4 章　常用材料及热处理

4.1　钢

4.1.1　金属材料性能的名词术语（见表 1-4-1）

表 1-4-1　金属材料性能的名词术语

类别	术语	符号	单位	说明
物理性能	密度	ρ	kg/m^3	单位体积金属材料的质量
	熔点		℃	由固态转变为液态的温度
	电阻率	ρ	Ω·m	金属传导电流的能力。电阻率大，导电性能差；反之，导电性能就好
	热导率	λ	W/(m·K)	单位时间内，当沿着热流方向的单位长度上温度降低 1K(或 1℃)时，单位面积容许导过的热量
	线胀系数	α_l	K^{-1}	金属的温度每升高 1℃所增加的长度与原来长度的比值
	磁导率	μ	H/m	磁性材料中的磁感应强度(B)和磁场强度(H)的比值
力学性能	强度极限	σ	MPa	金属在外力作用下，断裂前单位面积上所能承受的最大载荷
	抗拉强度	R_m	MPa	外力是拉力时的强度极限
	抗压强度	R_{mc}	MPa	外力是压力时的强度极限
	抗弯强度	σ_{bb}	MPa	外力的作用方向与材料轴线垂直，并在作用后使材料呈弯曲时的强度极限
	屈服强度	R_{eL}、R_{eH}	MPa	开始出现塑性变形时的强度
	冲击韧度	a_K	J/cm^2	指材料抵抗弯曲负荷的能力，即用摆锤一次冲断试样，缺口底部单位横截面积上的冲击吸收功
	断后伸长率	A	%	金属材料受拉力断裂后，总伸长量与原始长度比值的百分率
	断面收缩率	ψ	%	金属材料受拉力断裂后，其截面的缩减量与原截面之比的百分率
	硬度			金属材料抵抗其他更硬物体压入其表面的能力
	布氏硬度	HBW		用硬质合金球压入金属表面，加在球上的载荷除以压痕面积所得的商即为布氏硬度值
	洛氏硬度	HRC		在特定的压头上以一定压力压入被测材料，根据压痕深度来度量材料的硬度，称为洛氏硬度，用 HR 表示。HRC 是用 1471N(150kgf)载荷，将顶角为 120°的金刚石圆锥形压头压入金属表面测得的洛氏硬度值。主要用于测定淬火钢及较硬的金属材料
		HRA		用 588.4N(60kgf)载荷和顶角为 120°的金刚石圆锥形压头测定的洛氏硬度。一般用于测定硬度很高或硬而薄的材料

（续）

类别	术语	符号	单位	说　明
力学性能	洛氏硬度	HRB		用 980.7N(100kgf)载荷和直径为 1.5875mm(即 1/16in)的淬硬钢球所测得的洛氏硬度。主要用于测定硬度为 60～230HRB 的较软的金属材料
	维氏硬度	HV		用 49.03～980.7N(5～100kgf)的载荷,将锋角为 136°的金刚石正四棱锥压头压入金属表面,所加载荷除以压痕面积所得的商即为维氏硬度值。主要用于检验很薄(0.3～0.5mm)的金属材料或厚度为 0.03～0.05mm 的零件表面的硬化层
	肖氏硬度	HS		一定质量(2.5g)的钢球或金刚石球自一定的高度(一般为 254mm)落下,撞击金属后球回跳到某一高度 h,此高度即为肖氏硬度值

4.1.2　钢的分类（见表 1-4-2）

表 1-4-2　钢的分类

分类方法	分类名称	说　明
按化学成分分	碳素钢	碳素钢指钢中除铁、碳,还含有少量锰、硅、硫、磷等元素的铁碳合金,按其碳含量的不同,可分为: 1)低碳钢—w(C)≤0.25% 2)中碳钢—w(C)>0.25%～0.60% 3)高碳钢—w(C)>0.60%
	合金钢	为了改善钢的性能,在冶炼碳素钢的基础上,加入一些合金元素而炼成的钢,如铬钢、锰钢、铬锰钢、铬镍钢等。按其合金元素的总含量,可分为: 1)低合金钢—w(∑Me)≤5% 2)中合金钢—w(∑Me)为 5%～10% 3)高合金钢—w(∑Me)>10%
按冶炼设备分	转炉钢	用转炉吹炼的钢,可分为底吹、侧吹、顶吹和空气吹炼、纯氧吹炼等转炉钢;根据炉衬的不同,又分酸性和碱性两种
	平炉钢	用平炉炼制的钢,按炉衬材料的不同分为酸性和碱性两种,一般平炉钢多为碱性
	电炉钢	用电炉炼制的钢,有电弧炉钢、感应炉钢及真空感应炉钢等。工业上大量生产的是碱性电弧炉钢
按浇注前脱氧程度分	沸腾钢	属脱氧不完全的钢,浇注时在钢锭模里产生沸腾现象。其优点是冶炼损耗少,成本低,表面质量及深冲性能好;缺点是成分和质量不均匀、耐蚀性和力学性能较差,一般用于轧制碳素结构钢的型钢和钢板
	镇静钢	属脱氧完全的钢,浇注时在钢锭模里钢液镇静,没有沸腾现象。其优点是成分和质量均匀;缺点是成本较高。一般合金钢和优质碳素结构钢都为镇静钢
	半镇静钢	脱氧程度介于镇静钢和沸腾钢之间的钢,因生产较难控制,目前产量较少

（续）

分类方法	分类名称	说明
按钢的品质分	普通钢	钢中含杂质元素较多，一般 $w(S) \leqslant 0.05\%$，$w(P) \leqslant 0.045\%$，如碳素结构钢、低合金高强度钢等
	优质钢	钢中含杂质元素较少，一般 $w(S)$、$w(P) \leqslant 0.04\%$，如优质碳素结构钢、合金结构钢、碳素工具钢和合金工具钢、弹簧钢、轴承钢等
	高级优质钢	钢中含杂质元素极少，一般 $w(S) \leqslant 0.03\%$，$w(P) \leqslant 0.035\%$，如合金结构钢和工具钢等。高级优质钢在钢号后面，通常加符号"A"或汉字"高"，以便识别
按钢的用途分	结构钢	1）建筑及工程用结构钢，简称建造用钢，它是用于建筑、桥梁、船舶、锅炉或其他工程上制作金属结构件的钢，如碳素结构钢、低合金钢、钢筋钢等 2）机械制造用结构钢指用于制造机械设备上结构零件的钢。这类钢基本上都是优质钢或高级优质钢，主要有优质碳素结构钢、合金结构钢、易切结构钢、弹簧钢、滚动轴承钢等
	工具钢	一般用于制造各种工具，如碳素工具钢、合金工具钢、高速工具钢等。如按用途又可分为刃具钢、模具钢、量具钢
	特殊钢	具有特殊性能的钢，如不锈耐酸钢、耐热不起皮钢、高电阻合金、耐磨钢、磁钢等
	专业用钢	指各个工业部门专业用途的钢，如汽车用钢、农机用钢、航空用钢、化工机械用钢、锅炉用钢、电工用钢、焊条用钢等
按制造加工形式分	铸钢	铸钢指采用铸造方法而生产出来的一种钢铸件。铸钢主要用于制造一些形状复杂，难于进行锻造或切削加工成形而又要求较高的强度和塑性的零件
	锻钢	锻钢指采用锻造方法生产出来的各种锻材和锻件。锻钢件的质量比铸钢件高，能承受大的冲击力作用，塑性、韧性和其他方面的力学性能也都比铸钢件高，所以凡是一些重要的机器零件都应当采用锻钢件
	热轧钢	热轧钢指用热轧方法生产出来的各种热轧钢材。大部分钢材都是采用热轧轧成的，热轧常用来生产型钢、钢管、钢板等大型钢材，也用于轧制线材
	冷轧钢	冷轧钢指用冷轧方法生产出来的各种冷轧钢材。与热轧钢相比，冷轧钢的特点是表面光洁，尺寸精确，力学性能好。冷轧常用来轧制薄板、钢带和钢管
	冷拔钢	冷拔钢指用冷拔方法生产出来的各种冷拔钢材。冷拔钢的特点是精度高，表面质量好。冷拔主要用于生产钢丝，也用于生产直径小于50mm的圆钢和六角钢，以及直径小于76mm的钢管

注：1. 表中成分含量皆指质量分数。

2. $w(C)$、$w(S)$、$w(P)$ 分别表示碳、硫、磷的质量分数。

4.1.3 钢铁产品牌号表示方法（GB/T 221—2008）

1. 牌号表示方法基本原则

1）凡列入国家标准和行业标准的钢铁产品，均应按该标准规定的牌号表示方法编写牌号。

2）钢铁产品牌号的表示，通常采用大写汉语拼音字母、化学元素符号和阿拉伯数字相结合的方法表示。为了便于国际交流和贸易的需要，也可采用大写英文字母或国际惯例表示符号。

3）采用汉语拼音字母或英文字母表示产品名称、用途、特性和工艺方法时，一般从产品名称中选取有代表性的汉字的汉语拼音的首位字母或英文单词的首位字母。当和另一产品所取字母重复时，改取第二个字母或第三个字母，或同时选取两个（或多个）汉字或英文单词的首位字母。

采用汉语拼音字母或英文字母，原则上只取一个，一般不超过三个。

4）产品牌号中各组成部分的表示方法应符合相应规定，各部分按顺序排列，如无必要可省略相应部分。除有特殊规定，字母、符号及数字之间应无间隙。

5）产品牌号中的元素含量用质量分数表示。

2. 产品用途、特性和工艺方法表示符号（见表 1-4-3）

3. 牌号表示方法及示例（见表 1-4-4）

表 1-4-3　产品用途、特性和工艺方法表示符号

产品名称	采用的汉字及汉语拼音或英文单词			采用字母	位置
	汉字	汉语拼音	英文单词		
炼钢用生铁	炼	LIAN	—	L	牌号头
铸造用生铁	铸	ZHU	—	Z	牌号头
球墨铸铁用生铁	球	QIU	—	Q	牌号头
耐磨生铁	耐磨	NAI MO	—	NM	牌号头
脱碳低磷粒铁	脱粒	TUO LI	—	TL	牌号头
含钒生铁	钒	FAN	—	F	牌号头
热轧光圆钢筋	热轧光圆钢筋	—	Hot Rolled Plain Bars	HPB	牌号头
热轧带肋钢筋	热轧带肋钢筋	—	Hot Rolled Ribbed Bars	HRB	牌号头
细晶粒热轧带肋钢筋	热轧带肋钢筋+细	—	Hot Rolled Ribbed Bars+Fine	HRBF	牌号头
冷轧带肋钢筋	冷轧带肋钢筋	—	Cold Rolled Ribbed Bars	CRB	牌号头
预应力混凝土用螺纹钢筋	预应力、螺纹、钢筋	—	Prestressing、Screw、Bars	PSB	牌号头
焊接气瓶用钢	焊瓶	HAN PING	—	HP	牌号头
管线用钢	管线	—	Line	L	牌号头
船用锚链钢	船锚	CHUAN MAO	—	CM	牌号头
煤机用钢	煤	MEI	—	M	牌号头
锅炉和压力容器用钢	容	RONG	—	R	牌号尾
锅炉用钢(管)	锅	GUO	—	G	牌号尾
低温压力容器用钢	低容	DI RONG	—	DR	牌号尾
桥梁用钢	桥	QIAO	—	Q	牌号尾
耐候钢	耐候	NAI HOU	—	NH	牌号尾
高耐候钢	高耐候	GAO NAI HOU	—	GNH	牌号尾
汽车大梁用钢	梁	LIANG	—	L	牌号尾
高性能建筑结构用钢	高建	GAO JIAN	—	GJ	牌号尾
低焊接裂纹敏感性钢	低焊接裂纹敏感性	—	Crack Free	CF	牌号尾
保证淬透性钢	淬透性	—	Hardenability	H	牌号尾
矿用钢	矿	KUANG	—	K	牌号尾

（续）

产品名称	采用的汉字及汉语拼音或英文单词			采用字母	位置
	汉字	汉语拼音	英文单词		
船用钢	采用国际符号				
车辆车轴用钢	辆轴	LIANG ZHOU	—	LZ	牌号头
机车车辆用钢	机轴	JI ZHOU	—	JZ	牌号头
非调质机械结构钢	非	FEI	—	F	牌号头
碳素工具钢	碳	TAN	—	T	牌号头
高碳铬轴承钢	滚	GUN	—	G	牌号头
钢轨钢	轨	GUI	—	U	牌号头
冷镦钢	铆螺	MAO LUO	—	ML	牌号头
焊接用钢	焊	HAN	—	H	牌号头
电磁纯铁	电铁	DIAN TIE	—	DT	牌号头
原料纯铁	原铁	YUAN TIE	—	YT	牌号头

表 1-4-4 牌号表示方法及示例

类别	牌号组成	示例
生铁	牌号由两部分组成： 1)表示产品用途，特性及工艺方法的大写汉语拼音字母 2)表示主要元素平均含量(以千分之几计)的阿拉伯数字。炼钢用生铁、铸造用生铁、球墨铸铁用生铁、耐磨生铁为硅元素平均含量，脱碳低磷粒铁为碳元素平均含量，含钒生铁为钒元素平均含量	硅的质量分数为 0.85%～1.25%的炼钢用生铁，阿拉伯数字为10，L10 硅的质量分数为 2.80%～3.20%的铸造用生铁，阿拉伯数字为30，Z30 硅的质量分数为 1.00%～1.40%的球墨铸铁用生铁，阿拉伯数字为12，Q12 硅的质量分数为 1.60%～2.00%的耐磨生铁，阿拉伯数字为18，NM18 碳的质量分数为 1.20%～1.60%的炼钢用脱碳低磷粒铁，阿拉伯数字为14，TL14 钒的质量分数不小于 0.40%的含钒生铁，阿拉伯数字为04，F04
碳素结构钢和低合金结构钢	牌号由四部分组成： 1)采用代表屈服强度的拼音字母“Q” 2)钢的质量等级用英文字母 A、B、C、D、E、F……表示(必要时) 3)脱氧方式表示符号，沸腾钢、半镇静钢、镇静钢、特殊镇静钢分别以“F”“b”“Z”“TZ”表示。镇静钢、特殊镇静钢表示符号可以省略(必要时) 4)产品用途、特性和工艺方法表示符号见表 1-4-3(必要时)	碳素结构钢：最小屈服强度 235MPa，A 级、沸腾钢，Q235AF 低合金高强度结构钢：最小屈服强度 345MPa，D 级、特殊镇静钢，Q345D 热轧光圆钢筋：屈服强度特征值 235MPa，HPB235 热轧带肋钢筋：屈服强度特征值 335MPa，HRB335 细晶粒热轧带肋钢筋：屈服强度特征值 335MPa，HRBF335 冷轧带肋钢筋：最小抗拉强度 550MPa，CRB550 预应力混凝土用螺纹钢筋：最小屈服强度 830MPa，PSB830 焊接气瓶用钢：最小屈服强度 345MPa，HP345 管线用钢：最小规定总延伸强度 415MPa，L415 船用锚链钢：最小抗拉强度 370MPa，CM370 煤机用钢：最小抗拉强度 510MPa，M510 锅炉和压力容器用钢：最小屈服强度 345MPa，Q345R

（续）

类　别	牌号组成	示　例
优质碳素结构钢和优质碳素弹簧钢	牌号由五部分组成： 1）以两位阿拉伯数字表示平均碳含量（以万分之几计） 2）锰含量较高的优质碳素结构钢，加锰元素符号 Mn（必要时） 3）高级优质钢、特级优质钢分别用 A、E 表示，优质钢不用字母表示（必要时） 4）沸腾钢、半镇静钢、镇静钢分别用 F、B、Z 表示，但镇静钢符号可以省略（必要时） 5）产品用途、特性或工艺方法表示符号见表 1-4-3（必要时）	优质碳素结构钢：w（C）= 0.05% ~ 0.11%，w（Mn）= 0.25% ~ 0.50%，优质钢，沸腾钢，08F 优质碳素结构钢：w（C）= 0.47% ~ 0.55%，w（Mn）= 0.50% ~ 0.80%，高级优质钢，镇静钢，50A 优质碳素结构钢：w（C）= 0.48% ~ 0.56%，w（Mn）= 0.70% ~ 1.00%，特级优质钢，镇静钢，50MnE 保证淬透性用钢：w（C）= 0.42% ~ 0.50%，w（Mn）= 0.50% ~ 0.85%，高级优质钢，镇静钢，45AH 优质碳素弹簧钢：w（C）= 0.62% ~ 0.70%，w（Mn）= 0.90% ~ 1.20%，优质钢，镇静钢，65Mn
易切削钢	牌号由三部分组成： 1）易切削钢的表示符号为“Y” 2）用两位阿拉伯数字表示平均碳含量（以万分之几计） 3）对含钙、铅、锡等易切削元素的易切削钢，在符号“Y”和阿拉伯数字后加易切削元素符号 Ca、Pb、Sn 对加硫易切削钢和加硫磷易切削钢，在符号“Y”和阿拉伯数字后不加易切削元素符号 对较高锰含量的加硫或加硫磷易切削钢，在符号“Y”和阿拉伯数字后加锰元素符号 Mn。为区分牌号，对较高硫含量的易切削钢，在牌号尾部加硫元素符号 S	易切削钢：碳的质量分数为 0.42% ~ 0.50%，钙的质量分数为 0.002% ~ 0.006%，Y45Ca 易切削钢：碳的质量分数 0.40% ~ 0.48%，锰的质量分数 1.35% ~ 1.65%，硫的质量分数 0.16% ~ 0.24%，Y45Mn 易切削钢：碳的质量分数 0.40% ~ 0.48%，锰的质量分数 1.35% ~ 1.65%，硫的质量分数 0.24% ~ 0.32%，Y45MnS
合金结构钢和合金弹簧钢	牌号由四部分组成： 1）用两位阿拉伯数字表示平均碳含量（以万分之几计） 2）合金元素含量表示方法：平均质量分数小于 1.50% 时，牌号中仅标明元素，一般不标明含量：平均质量分数为 1.50% ~ 2.49%、2.50% ~ 3.49%、3.50% ~ 4.49%、4.50% ~ 5.49%……时，在合金元素后相应写成 2、3、4、5…… 3）对高级优质合金结构钢，在牌号尾部加符号“A”表示 对特级优质合金结构钢，在牌号尾部加符号“E”表示 对专用合金结构钢，在牌号头部（或尾部）加代表产品用途的符号表示 4）产品用途、特性或工艺方法表示符号见表 1-4-3（必要时）	合金结构钢：w（C）= 0.22% ~ 0.29%，w（Cr）= 1.50% ~ 1.80%，w（Mo）= 0.25% ~ 0.35%，w（V）= 0.15% ~ 0.30%，高级优质钢，25Cr2MoVA 锅炉和压力容器用钢：w（C）≤ 0.22%，w（Mn）= 1.20% ~ 1.60%，w（Mo）= 0.45% ~ 0.65%，w（Nb）= 0.025% ~ 0.050%，特级优质钢，18MnMoNbER 优质弹簧钢：w（C）= 0.56% ~ 0.64%，w（Si）= 1.60% ~ 2.00%，w（Mn）= 0.70% ~ 1.00%，优质钢，60Si2Mn

（续）

类 别	牌号组成	示 例
非调质机械结构钢	牌号由四部分组成： 1）非调质机械结构钢用符号“F”表示 2）用两位阿拉伯数字表示平均碳含量（以万分之几计） 3）合金元素含量以化学元素符号及阿拉伯数字表示，表示方法同合金结构钢中第二部分 4）改善切削性能的非调质机械结构钢加硫元素符号S	非调质机械结构钢：碳的质量分数0.32%～0.39%，钒的质量分数0.06%～0.13%，硫的质量分数0.035%～0.075%，F35VS
碳素工具钢	牌号由四部分组成： 1）碳素工具钢用符号“T”表示 2）用阿拉伯数字表示平均含碳量（以千分之几计） 3）较高锰含量碳素工具钢，加锰元素符号Mn（必要时） 4）高级优质碳素工具钢用A表示，优质钢不用字母表示（必要时）	碳素工具钢：碳的质量分数0.80%～0.90%，锰的质量分数0.40%～0.60%，高级优质钢，T8MnA
合金工具钢	牌号由两部分组成： 1）平均碳的质量分数小于1.00%时，采用一位数字表示碳含量（以千分之几计）。平均碳的质量分数不小于1.00%时，不标明碳含量数字 2）合金元素含量用化学元素符号和阿拉伯数字表示，表示方法同合金结构钢第二部分。平均铬的质量分数小于1%的合金工具钢，在铬含量（以千分之几计）前加数字“0”	合金工具钢：碳的质量分数0.85%～0.95%，硅的质量分数1.20%～1.60%，铬的质量分数0.95%～1.25%，9SiCr
高速工具钢	高速工具钢牌号表示方法与合金结构钢相同，但在牌号头部一般不标明表示碳含量的阿拉伯数字。为表示高碳高速工具钢，在牌号头部加“C”	高速工具钢：碳的质量分数0.80%～0.90%，钨的质量分数5.50%～6.75%，钼的质量分数4.50%～5.50%，铬的质量分数3.80%～4.40%，钒的质量分数1.75%～2.20%，W6Mo5Cr4V2 高速工具钢：碳的质量分数0.86%～0.94%，钨的质量分数5.90%～6.70%，钼的质量分数4.70%～5.20%，铬的质量分数3.80%～4.50%，钒的质量分数1.75%～2.10%，CW6Mo5Cr4V2
高碳铬轴承钢	牌号由两部分组成： 1）（滚珠）轴承钢的表示符号为“G”，但不标明碳含量 2）合金元素“Cr”符号及其含量（以千分之几计）。其他合金元素含量用化学元素符号及阿拉伯数字表示，表示方法同合金结构钢第二部分	高碳铬轴承钢：铬的质量分数1.40%～1.65%，硅的质量分数0.45%～0.75%，锰的质量分数0.95%～1.25%，GCr15SiMn

（续）

类　别	牌号组成	示　例
渗碳轴承钢	采用合金结构钢的牌号表示方法，仅在牌号头部加符号"G" 高级优质渗碳轴承钢，在牌号尾部加"A"	高级优质渗碳轴承钢：碳的质量分数0.17%～0.23%，铬的质量分数0.35%～0.65%，镍的质量分数0.40%～0.70%，钼的质量分数0.15%～0.30%，G20CrNiMoA
高碳铬不锈轴承钢和高温轴承钢	采用不锈钢和耐热钢的牌号表示方法，牌号头部加符号"G"	高碳铬不锈轴承钢：碳的质量分数0.90%～1.00%，铬的质量分数17.0%～19.0%，G95Cr18 高温轴承钢：碳的质量分数0.75%～0.85%，铬的质量分数3.75%～4.25%，钼的质量分数4.00%～4.50%，G80Cr4Mo4V
不锈钢和耐热钢	牌号采用合金元素符号和表示各元素含量的阿拉伯数字表示： （1）碳含量　用两位或三位阿拉伯数字表示碳含量最佳控制值（以万分之几或十万分之几计） 1）碳的质量分数上限为0.08%时，其牌号中的碳含量用06表示；碳的质量分数上限为0.20%时，其牌号中的碳含量用16表示；碳的质量分数上限为0.15%时，其牌号中的碳含量用12表示 2）碳的质量分数上限为0.030%时，其牌号中的碳含量用022表示；碳的质量分数上限为0.020%时，其牌号中的碳含量用015表示 3）碳的质量分数为0.16%～0.25%时，其牌号中的碳含量用20表示 （2）合金元素含量　表示方法同合金结构钢第二部分，钢中有意加入的铌、钛、锆、氮等合金元素虽含量很低，也应在牌号中标出	不锈钢：碳的质量分数不大于0.08%，铬的质量分数18.00%～20.00%，镍的质量分数8.00%～11.00%，06Cr19Ni10 不锈钢：碳的质量分数不大于0.030%，铬的质量分数16.00%～19.00%，钛的质量分数0.10%～1.00%，022Cr18Ti 不锈钢：碳的质量分数0.15%～0.25%，铬的质量分数14.00%～16.00%，锰的质量分数14.00%～16.00%，镍的质量分数1.50%～3.00%，氮的质量分数0.15%～0.30%，20Cr15Mn15Ni12N 耐热钢：碳的质量分数不大于0.25%，铬的质量分数24.00%～26.00%，镍的质量分数19.00%～22.00%，20Cr25Ni20
焊接用钢	焊接用钢包括焊接用碳素钢、焊接用合金钢和焊接用不锈钢等，其牌号表示方法是在各类焊接用钢牌号头部加符号"H"。对高级优质焊接用钢，在牌号尾部加符号"A"	焊接用钢：碳的质量分数不大于0.10%，铬的质量分数0.80%～1.10%，钼的质量分数0.40%～0.60%的高级优质合金结构钢，H08CrMoA
原料纯铁	牌号由两部分组成： 1）原料纯铁的表示符号为"YT" 2）用阿拉伯数字表示不同牌号的顺序号	原料纯铁：顺序号1，YT1

4.1.4 常用钢的品种、性能和用途

4.1.4.1 结构钢

1. 碳素结构钢（GB/T 700—2006）

（1）碳素结构钢的牌号及力学性能（见表1-4-5）

表 1-4-5 碳素结构钢的牌号及力学性能

拉伸试验与冲击试验															
牌号	等级	屈服强度 R_{eH}/MPa，≥						抗拉强度 R_m/MPa	断后伸长率 A(%)，≥					冲击试验(V型缺口)	
		厚度(或直径)/mm							厚度(或直径)/mm					温度/℃	冲击吸收能量(纵向)/J ≥
		≤16	>16~40	>40~60	>60~100	>100~150	>150~200		≤40	>40~60	>60~100	>100~150	>150~200		
Q195	—	195	185	—	—	—	—	315~430	33	—	—	—	—	—	—
Q215	A	215	205	195	185	175	165	335~450	31	30	29	27	26	—	—
	B													+20	27
Q235	A	235	225	215	215	195	185	370~500	26	25	24	22	21	—	—
	B													+20	27°
	C													0	
	D													−20	
Q275	A	275	265	255	245	225	215	410~540	22	21	20	18	17	—	—
	B													+20	27
	C													0	
	D													−20	

冷弯试验			
牌号	试样方向	冷弯试验180° $B=2a$[①]	
		钢材厚度(或直径)/mm	
		≤60	>60~100
		弯心直径 d	
Q195	纵	0	—
	横	0.5a	
Q215	纵	0.5a	1.5a
	横	a	2a
Q235	纵	a	2a
	横	1.5a	2.5a
Q275	纵	1.5a	2.5a
	横	2a	3a

① B为试样宽度，a为试样厚度（或直径）。

（2）碳素结构钢的主要特性和应用举例（见表1-4-6）

表 1-4-6　碳素结构钢的主要特性和应用举例

牌　号	主要特性	应用举例
Q195 Q215	具有好的塑性、韧性和焊接性，良好的压力加工性能，但强度低	用于制造地脚螺栓、犁铧、烟筒、屋面板、铆钉、低碳钢丝、薄板、焊管、拉杆、吊钩、支架、焊接结构
Q235	具有良好的塑性、韧性、焊接性和冷冲压性能，以及一定的强度、好的冷弯性能	广泛用于一般要求的零件和焊接结构，如受力不大的拉杆、连杆、销、轴、螺钉、螺母、套圈、支架、机座、建筑结构、桥梁等
Q275	具有较高的强度、较好的塑性和可加工性、一定的焊接性。小型零件可以淬火强化	用于制造要求强度较高的零件，如齿轮、轴、链轮、键、螺栓、螺母、农机用型钢、输送链和链节

2. 优质碳素结构钢（GB/T 699—2015）

（1）优质碳素结构钢的牌号及力学性能（见表 1-4-7）

表 1-4-7　优质碳素结构钢的牌号及力学性能

序号	牌号	试样毛坯尺寸[①] /mm	推荐的热处理制度[③]			力学性能					交货硬度 HBW	
			正火	淬火	回火	抗拉强度 R_m/MPa	下屈服强度 R_{eL}[④] /MPa	断后伸长率 A（%）	断面收缩率 Z（%）	冲击吸收能量 KU_2/J	未热处理钢	退火钢
			加热温度/℃			≥					≤	
1	08	25	930	—	—	325	195	33	60	—	131	—
2	10	25	930	—	—	335	205	31	55	—	137	—
3	15	25	920	—	—	375	225	27	55	—	143	—
4	20	25	910	—	—	410	245	25	55	—	156	—
5	25	25	900	870	600	450	275	23	50	71	170	—
6	30	25	880	860	600	490	295	21	50	63	179	—
7	35	25	870	850	600	530	315	20	45	55	197	—
8	40	25	860	840	600	570	335	19	45	47	217	187
9	45	25	850	840	600	600	355	16	40	39	229	197
10	50	25	830	830	600	630	375	14	40	31	241	207
11	55	25	820	—	—	645	380	13	35	—	255	217
12	60	25	810	—	—	675	400	12	35	—	255	229
13	65	25	810	—	—	695	410	10	30	—	255	229
14	70	25	790	—	—	715	420	9	30	—	269	229
15	75	试样[②]	—	820	480	1080	880	7	30	—	285	241
16	80	试样[②]	—	820	480	1080	930	6	30	—	285	241
17	85	试样[②]	—	820	480	1130	980	6	30	—	302	255
18	15Mn	25	920	—	—	410	245	26	55	—	163	—
19	20Mn	25	910	—	—	450	275	24	50	—	197	—
20	25Mn	25	900	870	600	490	295	22	50	71	207	—

（续）

序号	牌号	试样毛坯尺寸[①] /mm	推荐的热处理制度[③]			力学性能					交货硬度HBW	
			正火	淬火	回火	抗拉强度 R_m/MPa	下屈服强度 R_{eL}[④] /MPa	断后伸长率 A (%)	断面收缩率 Z (%)	冲击吸收能量 KU_2/J	未热处理钢	退火钢
			加热温度/℃			≥					≤	
21	30Mn	25	880	860	600	540	315	20	45	63	217	187
22	35Mn	25	870	850	600	560	335	18	45	55	229	197
23	40Mn	25	860	840	600	590	355	17	45	47	229	207
24	45Mn	25	850	840	600	620	375	15	40	39	241	217
25	50Mn	25	830	830	600	645	390	13	40	31	255	217
26	60Mn	25	810	—	—	690	410	11	35	—	269	229
27	65Mn	25	830	—	—	735	430	9	30	—	285	229
28	70Mn	25	790	—	—	785	450	8	30	—	285	229

注：1. 表中的力学性能适用于公称直径或厚度不大于80mm的钢棒。

2. 公称直径或厚度大于80~250mm的钢棒，允许其断后伸长率，断面收缩率比表中的规定值分别降低2%（绝对值）和5%（绝对值）。

3. 公称直径或厚度大于120~250mm的钢棒，允许改锻（轧）成70~80mm的试料取样检验，其结果应符合该表的规定。

① 钢棒尺寸小于试样毛坯尺寸时，用原尺寸钢棒进行热处理。

② 留有加工余量的试样，其性能为淬火+回火状态下的性能。

③ 热处理温度允许调整范围：正火±30℃，淬火±20℃，回火±50℃；推荐保温时间：正火不少于30min，空冷；淬火不少于30min，75、80和85钢油冷，其他钢棒水冷；600℃回火不少于1h。

④ 当屈服现象不明显时，可用规定塑性延伸强度 $R_{p0.2}$ 代替。

（2）优质碳素结构钢的主要特性和应用举例（见表1-4-8）

表1-4-8 优质碳素结构钢的主要特性和应用举例

牌号	主要特性	应用举例
08	极软低碳钢，强度、硬度很低，塑性、韧性极好，可加工性好，淬透性、淬硬性极差，不宜切削加工，退火后导磁性能好	宜轧制成薄板、薄带，冷变型材、冷拉、冷冲件，焊接件、表面硬化件
10	强度低（稍高于08钢），塑性、韧性很好，焊接性优良，无回火脆性。易冷热加工成形，淬透性很差，正火或冷加工后可加工性好	宜用冷轧、冷冲、冷镦、冷弯、热轧、热挤压、热镦等工艺成形，制造要求受力不大、韧性好的零件，如摩擦片、深冲器皿、汽车车身、弹体等
15	强度、硬度、塑性与10钢相近。为改善其可加工性，须进行正火或水韧处理以适当提高硬度。淬透性、淬硬性低，韧性、焊接性好	适于制造受力不大，形状简单，但韧性要求较高或焊接性能较好的中、小结构件、螺钉、螺栓、拉杆、起重钩、焊接容器等
20	强度硬度稍高于15钢，塑性、焊接性都好，热轧或正火后韧性好	适于制造不太重要的中、小型渗碳、碳氮共渗件和锻压件，如杠杆轴、变速箱变速叉、齿轮，重型机械拉杆、钩环等
25	具有一定强度、硬度，塑性和韧性好，焊接性、冷塑性加工性较好，可加工性中等，淬透性、淬硬性差。淬火后低温回火后强韧性好，无回火脆性	焊接件、热锻件、热冲压件渗碳后用作耐磨件

（续）

牌　号	主要特性	应用举例
30	强度、硬度较高，塑性好、焊接性尚可，可在正火或调质后使用，适于热锻、热压。可加工性良好	适于制造受力不大，温度<150℃的低载荷零件，如丝杆、拉杆、轴键、齿轮、轴套筒等，渗碳件表面耐磨性好，可作耐磨件
35	强度适当，塑性较好，冷塑性高，焊接性尚可。冷态下可局部镦粗和拉丝。淬透性差，正火或调质后使用	适于制造小截面零件，可承受较大载荷的零件，如曲轴、杠杆、连杆、钩环等，以及各种标准件、紧固件
40	强度较高，可加工性良好，冷变形能力中等，焊接性差，无回火脆性，淬透性差，易产生水淬裂纹。多在调质或正火态使用，两者综合性能相近，表面淬火后可用于制造承受较大应力的零件	适于制造曲轴、心轴、传动轴、活塞杆、连杆、链轮、齿轮等，作焊接件时须先预热，焊后缓冷
45	最常用的中碳调质钢，综合力学性能良好，淬透性低，水淬时易生裂纹。小型件宜采用调质处理，大型件宜采用正火处理	主要用于制造强度高的运动件，如涡轮机叶轮、压缩机活塞、轴、齿轮、齿条、蜗杆等。对焊接件，注意焊前预热，焊后应进行去应力退火
50	高强度中碳结构钢，冷变形能力差，可加工性中等。焊接性差，无回火脆性，淬透性较差，水淬时，易生裂纹。使用状态：正火，淬火后回火，高频感应淬火，适于制造在动载荷及冲击作用不大的条件下耐磨性高的机械零件	适于制造锻造齿轮、拉杆、轧辊、轴摩擦盘、机床主轴、发动机曲轴、农业机械犁铧、重载荷心轴及各种轴类零件等，以及较次要的减振弹簧、弹簧垫圈等
55	具有高强度和硬度，塑性和韧性差，可加工性中等，焊接性差，淬透性差，水淬时易淬裂。多在正火或调质处理后使用，适于制造高强度、高弹性、高耐磨性机件	适于制造齿轮、连杆、轮圈、轮缘、机车轮箍、扁弹簧、热轧轧辊等
60	具有高强度、高硬度和高弹性。冷变形时塑性差，可加工性中等，焊接性不好，淬透性差，水淬易生裂纹，故大型件用正火处理	适于制造轧辊、轴类、轮箍、弹簧圈、减振弹簧、离合器、钢丝绳
65	适当热处理或冷作硬化后具有较高的强度与弹性。焊接性不好，易形成裂纹，不宜焊接，可加工性差，冷变形塑性低，淬透性差，一般采用油淬，大截面件采用水淬油冷或正火处理。其特点是在相同组组织形态下，其疲劳强度与合金弹簧钢相当	宜用于制造截面和形状简单、受力小的扁形或螺旋形弹簧零件，如气门弹簧、弹簧环等，也宜用于制造高耐磨性零件，如轧辊、曲轴、凸轮及钢丝绳等
70	强度和弹性比65钢稍高，其他性能与65钢近似	适于制造弹簧、钢丝、钢带、车轮圈等
75 80	性能与65钢、70钢相似，但强度较高而弹性略低，其淬透性亦不高。通常在淬火、回火后使用	适于制造板弹簧、螺旋弹簧、抗磨损零件、较低速车轮等
85	碳含量最高的高碳结构钢，强度、硬度比其他高碳钢高，但弹性略低，其他性能与65钢、70钢、75钢、80钢相近似。淬透性仍然不高	适于制造铁道车辆、扁形板弹簧、圆形螺旋弹簧、钢丝钢带等
15Mn	锰含量（w_{Mn}0.70%～1.00%）较高的低碳渗碳钢，因锰含量高，故其强度、塑性、可加工性和淬透性均比15钢稍高，渗碳与淬火时表面形成软点较少，宜进行渗碳、碳氮共渗处理，得到表面耐磨而心部韧性好的综合性能。热轧或正火处理后韧性好	适于制造齿轮、曲柄轴。支架、铰链、螺钉、螺母。铆焊结构件。板材适于制造油罐等。也适于制造寒冷地区农具，如奶油罐等

（续）

牌号	主要特性	应用举例
20Mn	其强度和淬透性比15Mn钢略高，其他性能与15Mn钢相近	与15Mn钢基本相同
25Mn	性能与20Mn及25钢相近，强度稍高	与20Mn及25钢相近
30Mn	与30钢相比，具有较高的强度和淬透性，冷变形时塑性好，焊接性中等，可加工性良好。热处理时有回火脆性倾向及过热敏感性	适于制造螺栓、螺母、螺钉、拉杆、杠杆、小轴、制动机齿轮
35Mn	强度及淬透性比30Mn高，冷变形时的塑性中等。可加工性好，但焊接性较差。宜调质处理后使用	适于制造转轴、啮合杆、螺栓、螺母、螺钉及心轴、齿轮等
40Mn	淬透性略高于40钢。热处理后的强度、硬度、韧性比40钢稍高，冷变形塑性中等，可加工性好，焊接性差，具有过热敏感性和回火脆性，水淬易裂	适于制造耐疲劳件，如曲轴、辊子、轴、连杆，以及高应力下工作的螺钉、螺母等
45Mn	中碳调质结构钢，调质后具有良好的综合力学性能。淬透性、强度、韧性比45钢高，可加工性尚可，冷变形塑性低，焊接性差，具有回火脆性倾向	适于制造转轴、心轴、花键轴、汽车半轴、万向接头轴、曲轴、连杆、制动杠杆、啮合杆、齿轮、离合器、螺栓、螺母等
50Mn	性能与50钢相近，但其淬透性较好，热处理后的强度、硬度、弹性均稍高于50钢。焊接性差，具有过热敏感性和回火脆性倾向	适于制造承受高应力零件和高耐磨性零件，如齿轮、齿轮轴、摩擦盘、心轴、平板弹簧等
60Mn	强度、硬度、弹性和淬透性比60钢稍高，退火态的可加工性良好，冷变形塑性和焊接性差。具有过热敏感和回火脆性倾向	适于制造大尺寸螺旋弹簧、板簧、各种圆扁弹簧，弹簧环、片，冷拉钢丝及发条
65Mn	强度、硬度、弹性和淬透性均比65钢高，具有过热敏感性和回火脆性倾向，水淬有形成裂纹的倾向。退火态的可加工性尚可，冷变形塑性和焊接性差	适于制造受中等载荷的板弹簧，直径为7~20mm螺旋弹簧及弹簧垫圈、弹簧环。高耐磨性零件，如磨床主轴、弹簧夹头、精密机床丝杠、犁、切刀、螺旋辊子轴承上的套环、铁道钢轨等
70Mn	性能与70钢相近，但淬透性稍好，热处理后的强度、硬度、弹性均比70钢好，具有过热敏感性和回火脆性倾向，易脱碳，水淬时有形成裂纹的倾向，冷塑性变形能力差，焊接性差	适于制造承受大应力、磨损条件下工作零件，如各种弹簧圈、弹簧垫圈、止推环、锁紧圈、离合器盘等

3. 低合金高强度结构钢（GB/T 1591—2018）

（1）低合金高强度结构钢的牌号及力学性能和工艺性能（见表1-4-9）

表 1-4-9　低合金高强度结构钢的牌号及力学性能和工艺性能

热轧钢材的力学性能

牌号		上屈服强度 R_{eH}①/MPa 不小于									抗拉强度 R_m/MPa			
钢级	质量等级	公称厚度或直径/mm												
		≤16	>16~40	>40~63	>63~80	>80~100	>100~150	>150~200	>200~250	>250~400	≤100	>100~150	>150~250	>250~400
Q355	B、C	355	345	335	325	315	295	285	275	—	470~630	450~600	450~600	—
	D									265②				450~600②
Q390	B、C、D	390	380	360	340	340	320	—	—	—	490~650	470~620	—	—
Q420③	B、C	420	410	390	370	370	350	—	—	—	520~680	500~650	—	—
Q460③	C	460	450	430	410	410	390	—	—	—	550~720	530~700	—	—

热轧钢材的伸长率

牌号		断后伸长率 A(%) 不小于						
钢级	质量等级	公称厚度或直径/mm						
		试样方向	≤40	>40~63	>63~100	>100~150	>150~250	>250~400
Q355	B、C、D	纵向	22	21	20	18	17	17④
		横向	20	19	18	18	17	17④
Q390	B、C、D	纵向	21	20	20	19	—	—
		横向	20	19	19	18	—	—
Q420⑤	B、C	纵向	20	19	19	19	—	—
Q460⑤	C	纵向	18	17	17	17	—	—

夏比(V 型缺口)冲击试验的温度和冲击吸收能量

牌号		以下试验温度的冲击吸收能量最小值 KV_2/J									
钢级	质量等级	20℃		0℃		-20℃		-40℃		-60℃	
		纵向	横向	纵向	横向	纵向	横向	纵向	横向	纵向	横向
Q355、Q390、Q420	B	34	27	—	—	—	—	—	—	—	—
Q355、Q390 Q420、Q460	C	—	—	34	27	—	—	—	—	—	—
Q355、Q390	D	—	—	—	—	34⑥	27⑥	—	—	—	—
Q355N、Q390N Q420N	B	34	27	—	—	—	—	—	—	—	—
Q355N、Q390N Q420N、Q460N	C	—	—	34	27	—	—	—	—	—	—
	D	55	31	47	27	40⑦	20	—	—	—	—
	E	63	40	55	34	47	27	31⑧	20⑧	—	—

（续）

夏比（V型缺口）冲击试验的温度和冲击吸收能量											
牌号		以下试验温度的冲击吸收能量最小值 KV_2/J									
钢级	质量等级	20℃		0℃		-20℃		-40℃		-60℃	
		纵向	横向	纵向	横向	纵向	横向	纵向	横向	纵向	横向
Q355N	F	63	40	55	34	47	27	31	20	27	16
Q355M、Q390M Q420M	B	34	27	—	—	—	—	—	—	—	—
Q355M、Q390M Q420M、Q460M	C	—	—	34	27	—	—	—	—	—	—
	D	55	31	47	27	40⑦	20	—	—	—	—
	E	63	40	55	34	47	27	31⑧	20⑧	—	—
Q355M	F	63	40	55	34	47	27	31	20	27	16
Q500M、Q550M Q620M、Q690M	C	—	—	55	34	—	—	—	—	—	—
	D	—	—	—	—	47⑦	27	—	—	—	—
	E	—	—	—	—	—	—	31⑧	20⑧	—	—

弯曲试验		
试样方向	180°弯曲试验 D—弯曲压头直径，a—试样厚度或直径	
	公称厚度或直径/mm	
	≤16	>16~100
对于公称宽度不小于600mm的钢板及钢带，拉伸试验取横向试样；其他钢材的拉伸试验取纵向试样	$D=2a$	$D=3a$

注：1. 当需方未指定试验温度时，正火（N）、正火轧制（+N）和热机械轧制（M）的C、D、E、F级钢材分别做0℃、-20℃、-40℃、-60℃冲击。

2. 冲击试验取纵向试样。经供需双方协商，也可取横向试样。

① 当屈服不明显时，可用规定塑性延伸强度 $R_{p0.2}$ 代替上屈服强度。

② 只适用于质量等级为D的钢板。

③ 只适用于型钢和棒材。

④ 只适用于质量等级为D的钢板。

⑤ 只适用于型钢和棒材。

⑥ 仅适用于厚度大于250mm的Q355D钢板。

⑦ 当需方指定时，D级钢可做-30℃冲击试验时，冲击吸收能量纵向不小于27J。

⑧ 当需方指定时，E级钢可做-50℃冲击时，冲击吸收能量纵向不小于27J、横向不小于16J。

（2）低合金高强度钢的主要特性和应用举例（见表1-4-10）

表1-4-10　低合金高强度钢的主要特性和应用举例

牌号	主要特性	应用举例
Q355 Q390	综合力学性能好，焊接性、冷热加工性能和耐蚀性能均好，C、D、E级钢具有良好的低温韧性	适于制造船舶、锅炉、压力容器、石油储罐、桥梁、电站设备、起重运输机械及其他较高载荷的焊接结构件
Q420	强度高，特别是在正火或正火加回火状态有较高的综合力学性能	适于制造大型船舶，桥梁，电站设备，中、高压锅炉，高压容器，机车车辆，起重机械，矿山机械及其他大型焊接结构件
Q460	强度最高，在正火、正火加回火或淬火加回火状态有很高的综合力学性能，全部用铝补充脱氧，质量等级为C、D、E级，可保证钢的良好韧性	备用钢种，适于制造各种大型工程结构及要求强度高，载荷大的轻型结构

4. 合金结构钢（GB/T 3077——2015）

（1）合金结构钢的牌号及力学性能（见表 1-4-11）

表 1-4-11　合金结构钢的牌号及力学性能

钢组	序号	牌号	试样毛坯尺寸[①]/mm	推荐的热处理制度					力学性能					供货状态为退火或高温回火钢棒布氏硬度 HBW
				淬火			回火		抗拉强度 R_m/MPa	下屈服强度 R_{eL}[②]/MPa	断后伸长率 A（%）	断面收缩率 Z（%）	冲击吸收能量 KU_2[③]/J	
				加热温度/℃		冷却剂	加热温度/℃	冷却剂	不小于					不大于
				第 1 次淬火	第 2 次淬火									
Mn	1	20Mn2	15	850	—	水、油	200	水、空气	785	590	10	40	47	187
				880	—	水、油	440	水、空气						
	2	30Mn2	25	840	—	水	500	水	785	635	12	45	63	207
	3	35Mn2	25	840	—	水	500	水	835	685	12	45	55	207
	4	40Mn2	25	840	—	水、油	540	水	885	735	12	45	55	217
	5	45Mn2	25	840	—	油	550	水、油	885	735	10	45	47	217
	6	50Mn2	25	820	—	油	550	水、油	930	785	9	40	39	229
MnV	7	20MnV	15	880	—	水、油	200	水、空气	785	590	10	40	55	187
SiMn	8	27SiMn	25	920	—	水	450	水、油	980	835	12	40	39	217
	9	35SiMn	25	900	—	水	570	水、油	885	735	15	45	47	229
	10	42SiMn	25	880	—	水	590	水	885	735	15	40	47	229
SiMnMoV	11	20SiMn2MoV	试样	900	—	油	200	水、空气	1380	—	10	45	55	269
	*12	25SiMn2MoV	试样	900	—	油	200	水、空气	1470	—	10	40	47	269
	13	37SiMn2MoV	25	870	—	水、油	650	水、空气	980	835	12	50	63	269
B	14	40B	25	840	—	水	550	水	785	635	12	45	55	207
	15	45B	25	840	—	水	550	水	835	685	12	45	47	217
	16	50B	20	840	—	油	600	空气	785	540	10	45	39	207

（续）

钢组	序号	牌号	试样毛坯尺寸①/mm	推荐的热处理制度					力学性能					供货状态为退火或高温回火钢棒布氏硬度 HBW
				淬火			回火		抗拉强度 R_m/MPa	下屈服强度 R_{eL}②/MPa	断后伸长率 A（%）	断面收缩率 Z（%）	冲击吸收能量 $KU_2$③/J	
				加热温度/℃		冷却剂	加热温度/℃	冷却剂	不小于					不大于
				第1次淬火	第2次淬火									
MnB	17	25MnB	25	850	—	油	500	水、油	835	635	10	45	47	207
	18	35MnB	25	850	—	油	500	水、油	930	735	10	45	47	207
	19	40MnB	25	850	—	油	500	水、油	980	785	10	45	47	207
	20	45MnB	25	840	—	油	500	水、油	1030	835	9	40	39	217
MnMoB	21	20MnMoB	15	880	—	油	200	油、空气	1080	885	10	50	55	207
MnVB	22	15MnVB	15	860	—	油	200	水、空气	885	635	10	45	55	207
	23	20MnVB	15	860	—	油	200	水、空气	1080	885	10	45	55	207
	24	40MnVB	25	850	—	油	520	水、油	980	785	10	45	47	207
MnTiB	25	20MnTiB	15	860	—	油	200	水、空气	1130	930	10	45	55	187
	26	25MnTiBRE	试样	860	—	油	200	水、空气	1380	—	10	40	47	229
	27	15Cr	15	880	770~820	水、油	180	油、空气	685	490	12	45	55	179
	28	20Cr	15	880	780~820	水、油	200	水、空气	835	540	10	40	47	179
	29	30Cr	25	860	—	油	500	水、油	885	685	11	45	47	187
	30	35Cr	25	860	—	油	500	水、油	930	735	11	45	47	207
	31	40Cr	25	850	—	油	520	水、油	980	785	9	45	47	207
	32	45Cr	25	840	—	油	520	水、油	1030	835	9	40	39	217
	33	50Cr	25	830	—	油	520	水、油	1080	930	9	40	39	229
CrSi	34	38CrSi	25	900	—	油	600	水、油	980	835	12	50	55	255
CrMo	35	12CrMo	30	900	—	空气	650	空气	410	265	24	60	110	179
	36	15CrMo	30	900	—	空气	650	空气	440	295	22	60	94	179

（续）

钢组	序号	牌号	试样毛坯尺寸[①]/mm	推荐的热处理制度：淬火：加热温度/℃：第 1 次淬火	推荐的热处理制度：淬火：加热温度/℃：第 2 次淬火	推荐的热处理制度：淬火：冷却剂	推荐的热处理制度：回火：加热温度/℃	推荐的热处理制度：回火：冷却剂	力学性能：抗拉强度 R_m/MPa	力学性能：下屈服强度 R_{eL}[②]/MPa	力学性能：断后伸长率 A（%）	力学性能：断面收缩率 Z（%）	力学性能：冲击吸收能量 KU_2[③]/J	供货状态为退火或高温回火钢棒布氏硬度 HBW
									不小于					不大于
CrMo	37	20CrMo	15	880	—	水、油	500	水、油	885	685	12	50	78	197
	38	25CrMo	25	870	—	水、油	600	水、油	900	600	14	55	68	229
	39	30CrMo	15	880	—	油	540	水、油	930	735	12	50	71	229
	40	35CrMo	25	850	—	油	550	水、油	980	835	12	45	63	229
	41	42CrMo	25	850	—	油	560	水、油	1080	930	12	45	63	229
	42	50CrMo	25	840	—	油	560	水、油	1130	930	11	45	48	248
CrMoV	43	12CrMoV	30	970	—	空气	750	空气	440	225	22	50	78	241
	44	35CrMoV	25	900	—	油	630	水、油	1080	930	10	50	71	241
	45	12Cr1MoV	30	970	—	空气	750	空气	490	245	22	50	71	179
	46	25Cr2MoV	25	900	—	油	640	空气	930	785	14	55	63	241
	47	25Cr2Mo1V	25	1040	—	空气	700	空气	735	590	16	50	47	241
CrMoAl	48	38CrMoAl	30	940	—	水、油	640	水、油	980	835	14	50	71	229
CrV	49	40CrV	25	880	—	油	650	水、油	885	735	10	50	71	241
	50	50CrV	25	850	—	油	500	水、油	1280	1130	10	40	—	255
CrMn	51	15CrMn	15	880	—	油	200	水、空气	785	590	12	50	47	179
	52	20CrMn	15	850	—	油	200	水、空气	930	735	10	45	47	187
	53	40CrMn	25	840	—	油	550	水、油	980	835	9	45	47	229
CrMnSi	54	20CrMnSi	25	880	—	油	480	水、油	785	635	12	45	55	207
	55	25CrMnSi	25	880	—	油	480	水、油	1080	885	10	40	39	217
	56	30CrMnSi	25	880	—	油	540	水、油	1080	835	10	45	39	229
	57	35CrMnSi	试样	加热到 880℃，于 280℃～310℃ 等温淬火					1620	1280	9	40	31	241
			试样	950	890	油	230	空气、油						

（续）

钢组	序号	牌号	试样毛坯尺寸①/mm	推荐的热处理制度					力学性能					供货状态为退火或高温回火钢棒布氏硬度HBW
				淬火			回火		抗拉强度 R_m/MPa	下屈服强度 R_{eL}②/MPa	断后伸长率 A（%）	断面收缩率 Z（%）	冲击吸收能量 $KU_2$③/J	
				加热温度/℃		冷却剂	加热温度/℃	冷却剂	不小于					不大于
				第1次淬火	第2次淬火									
CrMnMo	58	20CrMnMo	15	850	—	油	200	水、空气	1180	885	10	45	55	217
	59	40CrMnMo	25	850	—	油	600	水、油	980	785	10	45	63	217
CrMnTi	60	20CrMnTi	15	880	870	油	200	水、空气	1080	850	10	45	55	217
	61	30CrMnTi	试样	880	850	油	200	水、空气	1470	—	9	40	47	229
CrNi	62	20CrNi	25	850	—	水、油	460	水、油	785	590	10	50	63	197
	63	40CrNi	25	820	—	油	500	水、油	980	785	10	45	55	241
	64	45CrNi	25	820	—	油	530	水、油	980	785	10	45	55	255
	65	50CrNi	25	820	—	油	500	水、油	1080	835	8	40	39	255
	66	12CrNi2	15	860	780	水、油	200	水、空气	785	590	12	50	63	207
	67	34CrNi2	25	840	—	水、油	530	水、油	930	735	11	45	71	241
	68	12CrNi3	15	860	780	油	200	水、空气	930	685	11	50	71	217
	69	20CrNi3	25	830	—	水、油	480	水、油	930	735	11	55	78	241
	70	30CrNi3	25	820	—	油	500	水、油	980	785	9	45	63	241
	71	37CrNi3	25	820	—	油	500	水、油	1130	980	10	50	47	269
	72	12Cr2Ni4	15	860	780	油	200	水、空气	1080	835	10	50	71	269
	73	20Cr2Ni4	15	880	780	油	200	水、空气	1180	1080	10	45	63	269
CrNiMo	74	15CrNiMo	15	850	—	油	200	空气	930	750	10	40	46	197
	75	20CrNiMo	15	850	—	油	200	空气	980	785	9	40	47	197
	76	30CrNiMo	25	850	—	油	500	水、油	980	785	10	50	63	269

（续）

钢组	序号	牌号	试样毛坯尺寸①/mm	推荐的热处理制度					力学性能					供货状态为退火或高温回火钢棒布氏硬度 HBW
				淬火			回火		抗拉强度 R_m/MPa	下屈服强度 R_{eL}②/MPa	断后伸长率 A（%）	断面收缩率 Z（%）	冲击吸收能量 $KU_2$③/J	
				加热温度/℃		冷却剂	加热温度/℃	冷却剂	不小于					不大于
				第1次淬火	第2次淬火									
CrNiMo	77	40CrNiMo	25	850	—	油	600	水、油	980	835	12	55	78	269
	78	40CrNi2Mo	25	正火 890	850	油	560~580	空气	1050	980	12	45	48	269
			试样	正火 890	850	油	220 两次回火	空气	1790	1500	6	25	—	
	79	30Cr2Ni2Mo	25	850	—	油	520	水、油	980	835	10	50	71	269
	80	34Cr2Ni2Mo	25	850	—	油	540	水、油	1080	930	10	50	71	269
	81	30Cr2Ni4Mo	25	850	—	油	560	水、油	1080	930	10	50	71	269
	82	35Cr2Ni4Mo	25	850	—	油	560	水、油	1130	980	10	50	71	269
CrMnNiMo	83	18CrMnNiMo	15	830	—	油	200	空气	1180	885	10	45	71	269
CrNiMoV	84	45CrNiMoV	试样	860	—	油	460	油	1470	1330	7	35	31	269
CrNiW	85	18Cr2Ni4W	15	950	850	空气	200	水、空气	1180	835	10	45	78	269
	86	25Cr2Ni4W	25	850	—	油	550	水、油	1080	930	11	45	71	269

注：1. 表中所列热处理温度允许调整范围：淬火±15℃，低温回火±20℃，高温回火±50℃。

2. 硼钢在淬火前可先经正火，正火温度应不高于其淬火温度，铬锰钛钢第一次淬火可用正火代替。

① 钢棒尺寸小于试样毛坯尺寸时，用原尺寸钢棒进行热处理。

② 当屈服现象不明显时，可用规定塑性延伸强度 $R_{p0.2}$ 代替。

③ 直径小于 16mm 的圆钢和厚度小于 12mm 的方钢、扁钢，不做冲击试验。

（2）合金结构钢的主要特性和应用举例（见表1-4-12）

表1-4-12　合金结构钢的主要特性和应用举例

牌　号	主要特性	应用举例
20Mn2	具有中等强度、较小截面尺寸的20Mn2和20Cr的性能相似，低温冲击韧度、焊接性较20Cr好，冷变形时塑性高，可加工性良好，淬透性比相应的碳素钢要好，热处理时有过热、脱碳敏感性及回火脆性倾向	用于制造截面尺寸小于50mm的渗碳件，如渗碳的小齿轮、小轴，以及对力学性能要求不高的十字头销、活塞销、柴油机套筒、气门顶杆、变速齿轮操纵杆、钢套，热轧及正火状态下用于制造螺栓、螺钉、螺母及铆焊件等
30Mn2	30Mn2通常经调质处理之后使用，其强度高，韧性好，并具有优良的耐磨性，当用于制造截面尺寸小的零件时，具有良好的静强度和疲劳强度，拉丝、冷镦、热处理工艺性都良好，可加工性中等，焊接性尚可，一般不用作焊接件，须焊接时，应将零件预热到200℃以上，具有较好的淬透性，淬火变形小，但有过热、脱碳敏感性及回火脆性	用于制造汽车、拖拉机中的车架、纵横梁、变速器齿轮、轴、冷镦螺栓、较大截面的调质件，也可用于制造心部强度较高的渗碳件，如起重机的后车轴等
35Mn2	比30Mn2的碳含量高，因而具有更高的强度和更好的耐磨性，淬透性也较好，但塑性略有下降，冷变形时塑性中等，可加工性中等，焊接性差，且有白点敏感性、过热倾向及回火脆性倾向，水冷易产生裂纹。一般在调质或正火状态下使用	制造直径小于20mm的较小零件时，可用35Mn2代替40Cr。适于制造直径小于15mm的各种冷镦螺栓，以及对力学性能要求较高的小轴、轴套、小连杆、操纵杆、曲轴、风机配件、农机中的锄铲柄、锄铲
40Mn2	中碳调质锰钢，其强度、塑性及耐磨性均优于40钢，并具有良好的热处理工艺性及可加工性，焊接性差，当碳含量在下限时，需要预热至100~425℃才能焊接，存在回火脆性、过热敏感性，水冷易产生裂纹。通常在调质状态下使用	用于制造重载工作的各种机械零件，如曲轴、车轴、轴、半轴、杠杆、连杆、操纵杆、蜗杆、活塞杆，承载的螺栓、螺钉、加固环、弹簧；当制造直径小于40mm的零件时，其静强度及疲劳性能与40Cr相近，因而可代替40Cr制作小直径的重要零件
45Mn2	中碳调质钢，具有较高的强度、耐磨性及淬透性，调质后能获得良好的综合力学性能，适宜油冷再高温回火，常在调质状态下使用。需要时也可在正火状态下使用。可加工性尚可，但焊接性差，冷变形时塑性低，热处理有过热敏感性和回火脆性倾向，水冷易产生裂纹	用于制造承受高应力和耐磨损的零件，如果制作直径小于60mm的零件，可代替40Cr使用。在汽车、拖拉机及通用机械中，常用于制造轴、车轴、万向接头轴、蜗杆、齿轮轴、齿轮、连杆盖、摩擦盘、车厢轴、电机车和蒸汽机车轴、重负载机架、冷拉状态中的螺栓和螺母等
50Mn2	中碳调质高强度锰钢，具有高强度、高弹性及优良的耐磨性，并且淬透性亦较好，可加工性尚可。冷变形塑性低，焊接性差，具有过热敏感、白点敏感及回火脆性，水冷易产生裂纹，采用适当的调质处理，可获得良好的综合力学性能。一般在调质后使用，也可在正火及回火后使用	用于制造高应力、高磨损工作的大型零件，如通用机械中的齿轮轴、曲轴、各种轴、连杆、蜗杆、万向接头轴、齿轮等，汽车的传动轴、花键轴，承受强烈冲击载荷的心轴，重型机械中的滚动轴承支撑的主轴、轴及大型齿轮，以及用于制造手卷簧、板弹簧等。如果用于制造直径小于80mm的零件，可代替45Cr使用
20MnV	20MnV性能好，可以代替20Cr、20CrNi使用，其强度、韧性及塑性均优于15Cr钢和20Mn2钢，淬透性亦好，可加工性尚可。渗碳后可以直接淬火、不需要第二次淬火来改善心部组织，焊接性较好，但热处理时在300~360℃有回火脆性	用于制造高压容器、锅炉、大型高压管道等的焊接构件（工作温度不超过450~475℃），还用于制造冷轧、冷拉、冷冲压加工的零件，如齿轮、自行车链条、活塞销等，还广泛用于制造直径小于20mm的矿用链环

（续）

牌　号	主要特性	应用举例
27SiMn	27SiMn 的性能高于 30Mn2，具有较高的强度和耐磨性，淬透性较好，冷变形塑性中等，可加工性良好，焊接性尚可。热处理时，钢的韧性降低较少，水冷时仍能保持较高的韧性，但有过热敏感性、白点敏感性及回火脆性倾向。大多在调质后使用，也可在正火或热轧供货状态下使用	用于制造高韧性、高耐磨的热冲压件，以及不需热处理或正火状态下使用的零件，如拖拉机履带销
35SiMn	合金调质钢，性能良好，可以代替 40Cr 使用，还可部分代替 40CrNi 使用，调质处理后具有高的静强度、疲劳强度和耐磨性及良好的韧性，淬透性良好，冷变形时塑性中等，可加工性良好，但焊接性能差，焊前应预热，且有过热敏感性、白点敏感性及回火脆性，并且容易脱碳	在调质状态下用于制造中速、中负载的零件，在淬火回火状态下用于制造高负载、小冲击振动的零件，以及截面较大、表面淬火的零件，如汽轮机的主轴和轮毂（直径小于 250mm，工作温度小于 400℃）、叶轮（厚度小于 170mm），以及各种重要紧固件，通用机械中的传动轴、主轴、心轴、连杆、齿轮、蜗杆、电车轴、发电机轴、曲轴、飞轮及各种锻件，农机中的锄铲柄、犁辕等耐磨件。另外，还可用于制造薄壁无缝钢管
42SiMn	性能与 35SiMn 相近，其强度、耐磨性及淬透性均略高于 35SiMn，在一定条件下，此钢的强度、耐磨性及热加工性能优于 40Cr，还可代替 40CrNi 使用	在高频淬火及中温回火状态下，用于制造中速、中载的齿轮传动件；在调质后高频感应淬火、低温回火状态下，用于制造较大截面的表面高硬度、较高耐磨性的零件，如齿轮、主轴、轴等；在淬火后低、中温回火状态下，用于制造中速、重载的零件，如主轴、齿轮、液压泵转子、滑块等
20SiMn2MoV	高强度、高韧性低碳淬火新型结构钢，有较好的淬透性，油冷变形及裂纹倾向很小，脱碳倾向低，锻造工艺性能良好，焊接性较好，复杂形状零件焊前应预热至 300℃，焊后缓冷，但可加工性差。一般在淬火及低温回火状态下使用	在低温回火状态下可代替调质状态下使用的 35CrMo、35CrNi3Mo、40CrNiMo 等中碳合金结构钢使用，用于制造较重载荷、应力状况复杂或低温下长期工作的零件，如石油机械中的吊卡、吊环、射孔器及其他较大截面的连接件
25SiMn2MoA	性能与 20SiMn2MoV 基本相同，但强度和淬硬性稍高于 20SiMn2MoV，而塑性及韧性又略有降低	用途和 20SiMn2MoV 基本相同，用该钢制成的石油钻机吊环等零件，使用性能良好，较之 35CrNi3Mo 和 40CrNiMo 制造的同类零件更安全可靠，且质量小，节省材料
37SiMn2MoV	高级调质钢，具有优良的综合力学性能，热处理工艺性良好，淬透性好，淬裂敏感性小，耐回火性高，回火脆性倾向很小，高温强度较佳，低温韧性亦好，调质处理后能得到高强度和高韧性。一般在调质状态下使用	调质处理后，用于制造重载、大截面的重要零件，如重型机器中的齿轮、轴、连杆、转子、高压无缝钢管等，石油化工用的高压容器及大螺栓，也可用于制造高温条件下的大螺栓紧固件（工作温度低于 450℃）；淬火低温回火后，可作为超高强度钢使用，可代替 35CrMo、40CrNiMo
40B	硬度、韧性、淬透性都比 40 钢高，调质后的综合力学性能良好，可代替 40Cr。一般在调质状态下使用	用于制造比 40 钢截面大、性能要求高的零件，如轴、拉杆、齿轮、凸轮、拖拉机曲轴等；制造小截面尺寸零件时，可代替 40Cr 使用
45B	强度、耐磨性、淬透性都比 45 钢好，多在调质状态下使用，可代替 40Cr 使用	用于制造截面较大、强度要求较高的零件，如拖拉机的连杆、曲轴及其他零件；制造小尺寸且性能要求不高的零件时，可代替 40Cr 使用

（续）

牌　号	主要特性	应用举例
50B	调质后，比50钢的综合力学性能要高，淬透性好，正火时硬度偏低，可加工性尚可，一般在调质状态下使用。因耐回火性能较差，调质时应降低回火温度50℃左右	用于代替50、50Mn、50Mn2制造强度较高、淬透性较好、截面尺寸不大的各种零件，如凸轮、轴、齿轮、转向拉杆等
40MnB	具有高强度、高硬度，良好的塑性及韧性，高温回火后，低温冲击韧度良好；调质或淬火+低温回火后，承受动载荷能力有所提高，淬透性和40Cr相近，耐回火性比40Cr低，有回火脆性倾向，冷热加工性良好。工作温度范围为-20～425℃。一般在调质状态下使用	用于制造拖拉机、汽车及其他通用机器设备中的中小重要调质零件，如汽车半轴、转向轴、花键轴、蜗杆和机床主轴、齿轮轴等，也可代替40Cr制造较大截面的零件，如卷扬机中轴；制造小尺寸零件时，可代替40CrNi使用
45MnB	强度、淬透性均高于40Cr，塑性和韧性略低，热加工性能和可加工性良好，加热时晶粒长大、氧化脱碳、热处理变形都小。在调质状态下使用	用于代替40Cr、45Cr和45Mn2制造中、小截面的耐磨的调质件及高频感应淬火件，如钻床主轴、拖拉机曲轴、机床齿轮、凸轮、花键轴、曲轴、惰轮、左右分离叉、轴套等
15MnVB	低碳马氏体淬火钢，可完全代替40Cr钢，经淬火低温回火后，具有较高的强度，良好的塑性及低温冲击韧度，较低的缺口敏感性，淬透性较好，焊接性能亦佳	采用淬火+低温回火，用以制造高强度的重要螺栓，如汽车上的气缸盖螺栓、半轴螺栓、连杆螺栓，亦可用于制造中等载荷的渗碳件
20MnVB	渗碳钢，其性能与20CrMnTi及20CrNi相近，具有高强度、高耐磨性及良好的淬透性，可加工性、渗碳及热处理工艺性能均较好，渗碳后可直接降温淬火，但淬火变形、脱碳较20CrMnTi稍大，可代替20CrMnTi、20Cr、20CrNi使用	常用于制造较重载荷的中小渗碳件，如重型机床上的轴，大模数齿轮，汽车后桥的主、从动齿轮
40MnVB	综合力学性能优于40Cr，具有高强度、高韧性和塑性，淬透性良好，热处理的过热敏感性较小，冷拔工艺性、可加工性均好。在调质状态下使用	常用于代替40Cr、45Cr和38CrSi制造低温回火、中温回火及高温回火状态的零件，还可代替42CrMo、40CrNi制造重要调质件，如机床和汽车上的齿轮、轴等
20MnTiB	具有良好的力学性能和工艺性能，正火后可加工性良好，热处理后的疲劳强度较高	较多地用于制造汽车、拖拉机中尺寸较小、中等载荷的各种齿轮及渗碳件，可代替20CrMnTi使用
25MnTiBRE	综合力学性能比20CrMnTi好，且具有很好的工艺性能及较好的淬透性，冷热加工性良好，锻造温度范围大，正火后可加工性较好；加入RE后，低温冲击韧性提高，缺口敏感性降低。热处理变形比铬钢稍大，但可以通过控制工艺条件予以调整	常用于代替20CrMnTi、20CrMo制造中等载荷的拖拉机齿轮（渗碳）、推土机和中、小汽车变速器齿轮和轴等渗碳、碳氮共渗件
15Cr	低碳合金渗碳钢，比15钢的强度和淬透性均高，冷变形塑性高，焊接性良好，退火后可加工性较好。对性能要求不高且形状简单的零件，渗碳后可直接淬火，但热处理变形较大，有回火脆性。一般均作为渗碳钢使用	用于制造表面耐磨、心部强度和韧性较高、较高工作速度但断面尺寸在30mm以下的各种渗碳件，如曲柄销、活塞销、活塞环、联轴器、小凸轮轴、小齿轮、滑阀、活塞、衬套、轴承圈、螺钉、铆钉等，还可以用作淬火钢，制造要求具有一定强度和韧性，但变形要求较宽的小型零件

（续）

牌　号	主要特性	应用举例
20Cr	比15Cr和20钢的强度和淬透性高，经淬火+低温回火后，能得到良好的综合力学性能和低温冲击韧度，无回火脆性。渗碳时，钢的晶粒仍有长大的倾向，因而应进行二次淬火以提高心部韧性，不宜降温淬火。冷弯时塑性较好，可进行冷拉丝。高温正火或调质后，可加工性良好，焊接性较好（焊前一般应预热至100~150℃）。一般作为渗碳钢使用	用于制造小截面（小于30mm）、形状简单、较高转速、载荷较小、表面耐磨、心部强度较高的各种渗碳或碳氮共渗件，如小齿轮、小轴、阀、活塞销、衬套棘轮、托盘、凸轮、蜗杆、牙形离合器等。对热处理变形小、耐磨性要求高的零件，渗碳后应进行一般淬火或高频感应淬火，如小模数（小于3mm）齿轮、花键轴、轴等，也可作调质钢，用于制造低速、中等载荷（冲击）的零件
30Cr	强度和淬透性均高于30钢，冷弯塑性尚好，退火或高温回火后的可加工性良好，焊接性中等。一般在调质后使用，也可在正火后使用	用于制造耐磨或受冲击的各种零件，如齿轮、滚子、轴、杠杆、摇杆、连杆、螺栓、螺母等，还可用作高频感应淬火钢，制造耐磨、表面高硬度的零件
35Cr	中碳合金调质钢，强度和韧性较高，其强度比35钢高，淬透性比30Cr略好，性能基本上与30Cr相近	用于制造齿轮、轴、滚子、螺栓及其他重要调质件，用途和30Cr基本相同
40Cr	经调质处理后，具有良好的综合力学性能、低温冲击韧性、极低的缺口敏感性，淬透性良好。油冷时可得到较高的疲劳强度，水冷时复杂形状的零件易产生裂纹，冷弯塑性中等。正火或调质后可加工性好，但焊接性不好，易产生裂纹，焊前应预热到100~150℃。一般在调质状态下使用，还可以进行碳氮共渗和高频感应淬火处理	使用最广泛的钢种之一，调质处理后用于制造中速、中等载荷的零件，如机床齿轮、轴、蜗杆、花键轴、顶尖套等；调质并高频感应淬火后用于制造表面高硬度、耐磨的零件，如齿轮、轴、主轴、曲轴、心轴、套筒、销子、连杆、螺钉、螺母、进气阀等；淬火及中温回火后用于制造重载、中速冲击的零件，如液压泵转子、滑块、齿轮、主轴、套环等；淬火及低温回火后用于制造重载、低冲击、耐磨的零件，如蜗杆、主轴、轴、套环等；碳氮共渗处理后用于制造尺寸较大、低温冲击韧度较高的传动零件，如轴、齿轮等。40Cr的代用钢有40MnB、45MnB、35SiMn、42SiMn、40MnVB、42MnV、40MnMoB、40MnWB等
45Cr	强度、耐磨性及淬透性均优于40Cr，但韧性稍差，性能与40Cr相近	与40Cr的用途相似，主要用于制造高频感应淬火的轴、齿轮、套筒、销子等
50Cr	淬透性好，在油冷及回火后，具有高强度、高硬度，水冷易产生裂纹，可加工性良好，但冷变形时塑性低，且焊接性不好，有裂纹倾向，焊前须预热到200℃，通过焊后热处理消除应力。一般在淬火及回火或调质状态下使用	用于制造重载、耐磨的零件，如截面尺寸在600mm以下的热轧辊、传动轴、齿轮、止推环，支承辊的心轴、柴油机连杆、挺杆，拖拉机离合器、螺栓，重型矿山机械中耐磨、高强度的油膜轴承套、齿轮，也可用于制造高频感应淬火零件、中等弹性的弹簧等
38CrSi	具有高强度，较高的耐磨性及韧性，淬透性好，低温冲击韧性较好，耐回火性好，可加工性尚可，焊接性差。一般在淬火加回火后使用	一般用于制造直径为30~40mm、对强度和耐磨性要求较高的各种零件，如拖拉机、汽车及机械设备中的小模数齿轮、拨叉轴、履带轴、小轴、起重钩、螺栓、进气阀、铆钉机压头等
12CrMo	耐热钢，具有高的热强度，且无热脆性，冷变形塑性及可加工性良好，焊接性尚可。一般在正火及高温回火后使用	正火回火后用于制造蒸汽温度至510℃的锅炉及汽轮机的主汽管，管壁温度不超过540℃的各种导管、过热器管，淬火回火后还可用于制造各种高温弹性零件

（续）

牌　号	主要特性	应用举例
15CrMo	珠光体耐热钢，强度优于12CrMo，韧性稍低，在500~550℃时，持久强度较高，可加工性及冷应变塑性良好，焊接性尚可（焊前预热至300℃，焊后热处理）。一般在正火及高温回火状态下使用	正火及高温回火后用于制造蒸汽温度至510℃的锅炉过热器、中高压蒸汽导管及联箱、主汽管，淬火+回火后可用于制造常温工作的各种重要零件
20CrMo	热强性较高，在500~520℃时，热强度仍高，淬透性较好，无回火脆性，冷应变塑性、可加工性及焊接性均良好。一般在调质或渗碳淬火状态下使用	用于制造化工设备中非腐蚀介质及工作温度低于250℃，氮氢介质中工作的高压管和各种紧固件，汽轮机、锅炉中的叶片、隔板、锻件、轧制型材，一般机器中的齿轮、轴等重要渗碳件，还可以替代12Cr13钢使用，也可用于制造中压、低压汽轮机处于过热蒸汽区压力级的工作叶片
30CrMo	具有高强度、高韧性，在低于500℃时，具有良好的高温强度，可加工性良好，冷弯塑性中等，淬透性较好，焊接性能良好。一般在调质状态下使用	用于制造工作温度低于400℃的导管，锅炉、汽轮机中工作温度低于450℃的紧固件，工作温度低于500℃、高压用的螺母及法兰，通用机械中受载荷大的主轴、轴、齿轮、螺栓、螺柱、操纵轮，化工设备中低于250℃、氮氢介质中工作的高压导管及焊接件
35CrMo	高温下具有高的持久强度和蠕变强度，低温冲击韧性较好，工作温度高温可达500℃，低温可至-110℃，并具有高的静强度、冲击韧度及较高的疲劳强度，淬透性良好，无过热倾向，淬火变形小，冷变形时塑性尚可，可加工性中等，但有第一类回火脆性，焊接性不好，焊前须预热至150~400℃，通过焊后热处理以消除应力。一般在调质处理后使用，也可在高中频感应淬火或淬火及低、中温回火后使用	用于制造承受冲击、弯扭、重载荷的各种机器中的重要零件，如轧钢机人字齿轮、曲轴、锤杆、连杆、紧固件，汽轮发动机主轴、车轴，发动机传动零件，大型电动机轴，石油机械中的穿孔器，工作温度低于400℃的锅炉用螺栓，低于510℃的螺母，化工机械中高压无缝厚壁的导管（温度450~500℃，无腐蚀性介质）等，还可代替40CrNi，用于制造高载荷传动轴、汽轮发电机转子、大截面齿轮、支承轴（直径小于500mm）等
42CrMo	与35CrMo的性能相近，由于碳和铬含量增高，因而其强度和淬透性均优于35CrMo，调质后有较高的疲劳强度和抗多次冲击能力，低温冲击韧性良好，且无明显的回火脆性。一般在调质后使用	一般用于制造比35CrMo强度要求更高、断面尺寸较大的重要零件，如轴、齿轮、连杆、变速箱齿轮、增压器齿轮、发动机气缸、弹簧、弹簧夹、1200~2000mm石油钻杆接头、打捞工具，以及代替含镍较高的调质钢使用
12CrMoV	珠光体耐热钢，具有较高的高温力学性能，冷变形时塑性好，无回火脆性倾向，可加工性较好，焊接性尚可（壁厚件焊前应预热，焊后须热处理以消除应力），使用温度范围较大，高温达560℃，低温可至-40℃。一般在高温正火及高温回火状态下使用	用于制造汽轮机蒸汽温度至540℃的主汽管道、转向导叶环、隔板，以及蒸汽温度小于或等于570℃的各种过热器管、导管
35CrMoV	强度较高，淬透性良好，焊接性差，冷变形时塑性差。经调质后使用	用于制造高应力下工作的重要零件，如在蒸汽温度为500~520℃下工作的汽轮机叶轮、高级涡轮鼓风机和压缩机的转子、盖盘、轴盘、发电机轴、强力发动机的零件等
12Cr1MoV	此钢具有蠕变极限与持久强度数值相近的特点，在持久拉伸时，具有好的塑性，其抗氧化性及热强性均比12CrMoV更高，且工艺性与焊接性良好（焊前应预热，焊后须热处理以消除应力）。一般在正火及高温回火后使用	用于制造工作温度不超过570℃的高压设备中的过热钢管、导管、散热器管及有关的锻件

（续）

牌　号	主要特性	应用举例
25Cr2MoVA	中碳耐热钢，强度和韧性均高。低于 500℃ 时，高温性能良好，无热脆倾向，淬透性较好，可加工性尚可，冷变形塑性中等，焊接性差。一般在调质状态下使用，也可在正火及高温回火后使用	用于制造高温条件下的螺母（小于或等于 550℃）、螺栓、螺柱（小于 530℃），长期工作温度至 510℃ 左右的紧固件，汽轮机整体转子、套筒、主汽阀、调节阀，还可作为渗氮钢，用于制造阀杆、齿轮等
38CrMoAl	高级渗氮钢，具有很高的渗氮性能和力学性能，良好的耐热性和耐蚀性，经渗氮处理后，能得到高的表面硬度、高的疲劳强度及良好的抗过热性，无回火脆性，可加工性尚可，高温工作温度可达 500℃，但冷变形时塑性低，焊接性差，淬透性差。一般在调质及渗氮后使用	用于制造高疲劳强度、高耐磨性、热处理后尺寸精确、强度较高的各种尺寸不大的渗氮件，如气缸套、座套、底盖、活塞螺栓、检验规、精密磨床主轴、车床主轴、镗杆、精密丝杠和齿轮、蜗杆、高压阀门、阀杆、仿模、滚子、样板、汽轮机的调速器、转动套、固定套、塑料挤压机上的一些耐磨零件
40CrV	调质钢，具有高强度和高屈服点，综合力学性能比 40Cr 要好，冷变形塑性和可加工性均属中等，过热敏感性小，但有回火脆性倾向及白点敏感性。一般在调质状态下使用	用于制造变载、高负荷的各种重要零件，如机车连杆、曲轴、推杆、螺旋桨、横梁、轴套支架、双头螺柱、螺钉，不渗碳齿轮，经渗氮处理的各种齿轮和销子，高压锅炉水泵轴（直径小于 30mm）、高压气缸、钢管及螺栓（工作温度小于 420℃，30MPa）等
50CrV	合金弹簧钢，具有良好的综合力学性能和工艺性能，淬透性较好，耐回火性良好，疲劳强度高，工作温度最高可达 500℃，低温冲击韧性良好，焊接性差。通常在淬火并中温回火后使用	用于制造工作温度低于 210℃ 的各种弹簧及其他机械零件，如内燃机气门弹簧、喷油嘴弹簧、锅炉安全阀弹簧、轿车缓冲弹簧
15CrMn	属淬透性好的渗碳钢，表面硬度高，耐磨性好，可用于代替 15CrMo	用于制造齿轮、蜗轮、塑料模具、汽轮机油封和气缸套等
20CrMn	渗碳钢，强度、韧性均高，淬透性良好，热处理后所得到的性能优于 20Cr，淬火变形小，低温韧性良好，可加工性较好，但焊接性差。一般在渗碳淬火或调质后使用	用于制造重载大截面的调质零件及小截面的渗碳零件，用于制造中等载荷、冲击较小的中小零件时，代替 20CrNi 使用，如齿轮、轴、摩擦轮、蜗杆减速器的套筒等
40CrMn	淬透性好，强度高，可替代 42CrMo 和 40CrNi	用于制造在高速和高弯曲负荷工作条件下泵的轴和连杆、无强力冲击载荷的齿轮泵、水泵转子、离合器、高压容器盖板的螺栓等
20CrMnSi	具有较高的强度和韧性，冷变形加工塑性好，冲压性能较好，适于冷拔、冷轧等冷作工艺。焊接性较好，淬透性较差，回火脆性较大，一般不用于渗碳或其他热处理，需要时，也可在淬火+回火后使用	用于制造强度较高的焊接件、韧性较好的受拉件，以及厚度小于 16mm 的薄板冲压件、冷拉件、冷冲件，如矿山设备中的较大截面的链条、链环、螺栓等
25CrMnSi	强度较 20CrMnSi 高，韧性较差，经热处理后，强度、塑性、韧性都好	用于制造拉杆、重要的焊接件和冲压件、高强度的焊接构件
30CrMnSi	高强度调质结构钢，具有很高的强度和韧性，淬透性较好，冷变形塑性中等，可加工性良好，有回火脆性倾向，横向的冲击韧性差，焊接性较好，但厚度大于 3mm 时，应先预热到 150℃，焊后需热处理。一般在调质后使用	多用于制造重载、高速的各种重要零件，如齿轮、轴、离合器、链轮、砂轮轴、轴套、螺栓、螺母等，也用于制造耐磨、工作温度不高的零件、变载荷的焊接构件，如高压鼓风机的叶片、阀板、非腐蚀性管道管子

（续）

牌　号	主要特性	应用举例
35CrMnSi	低合金超高强度钢，热处理后具有良好的综合力学性能，高强度，足够的韧性，淬透性、焊接性（焊前预热）、加工成形性均较好，但耐蚀性和抗氧化性能差，使用温度通常不高于200℃。一般在低温回火或等温淬火后使用	用于制造中速、重载、高强度的零件及高强度构件，如飞机起落架等高强度零件、高压鼓风机叶片。在制造中小截面零件时，可以部分替代相应的铬镍钼合金钢使用
20CrMnMo	高强度的高级渗碳钢，强度高于15CrMnMo，塑性及韧性稍差，淬透性及力学性能比20CrMnTi较好，淬火低温回火后具有良好的综合力学性能和低温冲击韧性，渗碳淬火后具有较高的抗弯强度和耐磨性，但磨削时易产生裂纹，焊接性不好，适于电阻焊接，焊前需预热，焊后需回火处理，可加工性和热加工性良好	常用于制造高硬度、高强度、高韧性的较大的重要渗碳件（其要求均高于15CrMnMo），如曲轴、凸轮轴、连杆、齿轮轴、齿轮、销轴，还可代替12Cr2Ni4使用
40CrMnM	调质处理后具有良好的综合力学性能，淬透性较好，耐回火性较高。大多在调质状态下使用	用于制造重载、截面较大的齿轮轴、齿轮，大货车的后桥半轴、轴、偏心轴、连杆和汽轮机的类似零件，还可代替40CrNiMo使用
20CrMnTi	渗碳钢，也可作为调质钢使用。淬火+低温回火后，综合力学性能和低温冲击韧性良好，渗碳后具有良好的耐磨性和抗弯强度，热处理工艺简单，热加工和可加工性较好，但高温回火时有回火脆性倾向	是应用广泛、用量很大的一种合金结构钢，用于制造汽车、拖拉机中的截面尺寸小于30mm的中载或重载、冲击耐磨且高速运行的各种重要零件，如齿轮轴、齿圈、齿轮、十字轴、滑动轴承支撑的主轴、蜗杆、牙形离合器，有时还可代替20SiMoVB、20MnTiB使用
30CrMnTi	主要用钛渗碳钢，有时也可作为调质钢使用。渗碳及淬火后具有耐磨性好、静强度高的特点，热处理工艺性好，渗碳后可直接降温淬火，且淬火变形很小，高温回火时有回火脆性	用于制造对心部强度要求特高的渗碳件，如齿轮轴、齿轮、蜗杆等，也可用于制造调质件，如汽车、拖拉机上较大截面的主动齿轮等
20CrNi	具有高强度、高韧性、良好的淬透性，经渗碳及淬火后，心部韧性好，表面硬度高，可加工性尚好，冷变形时塑性中等，焊接性差，焊前应预热到100～150℃，一般在渗碳及淬火回火后使用	用于制造重载、大型重要的渗碳件，如花键轴、轴、键、齿轮、活塞销，也可用于制造高冲击韧性的调质件
40CrNi	中碳合金调质钢，具有高强度、高韧性、好的淬透性。调质状态下，综合力学性能良好，低温冲击韧性良好，有回火脆性倾向，水冷易产生裂纹，可加工性良好，但焊接性差。在调质状态下使用	用于制造锻造和冷冲压且截面尺寸较大的重要调质件，如连杆、圆盘、曲轴、齿轮、轴、螺钉等
45CrNi	性能与40CrNi相近，由于碳含量高，因而其强度和淬透性均稍有提高	用于制造各种重要的调质件，与40CrNi用途相近，如用于制造内燃机曲轴，汽车、拖拉机主轴、连杆、气门及螺栓等
50CrNi	性能比45CrNi更好	可用于制造重要的轴、曲轴、传动轴等
12CrNi2	低碳合金渗碳结构钢，具有高强度、高韧性及好的淬透性，冷变形时塑性中等，低温韧性较好，可加工性和焊接性较好，大型锻件时有形成白点的倾向，回火脆性倾向小	适于制造对心部韧性要求较高、对强度要求不太高的受力复杂的中、小渗碳或碳氮共渗件，如活塞销、轴套、推杆、小轴、小齿轮、齿套等

（续）

牌　号	主要特性	应用举例
12CrNi3	高级渗碳钢，淬火加低温回火或高温回火后，均具有良好的综合力学性能，低温冲击韧性好，缺口敏感性小，可加工性及焊接性尚好，但有回火脆性，白点敏感性较高，渗碳后均须进行二次淬火，特殊情况还须进行冷处理	用于制造表面硬度高、心部力学性能良好、重载荷、耐冲击、耐磨损等各种渗碳或碳氮共渗件，如传动轴、主轴、凸轮轴、心轴、连杆、齿轮、轴套、滑轮、气阀托盘、油泵转子、活塞涨圈、活塞销、万向联轴器十字头、重要螺杆、调节螺钉等
20CrNi3	调质或淬火低温回火后都有良好的综合力学性能，低温冲击韧性也较好，但有白点敏感倾向，高温回火有回火脆性倾向。淬火到半马氏体硬度时，油淬时可淬透 ϕ50~70mm，可加工性良好，焊接性中等	多用于制造重载荷条件下工作的齿轮、轴、蜗杆及螺钉、双头螺栓、销钉等
30CrNi3	具有极佳的淬透性，强度和韧性较高，经淬火加低温回火或高温回火后均具有良好的综合力学性能，可加工性良好，但冷变形时塑性低，焊接性差，有白点敏感性及回火脆性倾向。一般均在调质状态下使用	用于制造大型、重载荷的重要零件或热锻、热冲压负荷高的零件，如轴、蜗杆、连杆、曲轴、传动轴、方向轴、前轴、齿轮、键、螺栓、螺母等
37CrNi3	具有高韧性，淬透性很好，油冷可把 ϕ150mm 的零件完全淬透。在 450℃ 时抗蠕变性稳定，低温冲击韧性良好；在 450~550℃ 范围内回火时有第二类回火脆性，形成白点倾向较大。由于淬透性很好，必须采用正火及高温回火来降低硬度，以改善可加工性。一般在调质状态下使用	用于制造重载、冲击，截面较大的零件或低温、受冲击的零件或热锻、热冲压的零件，如转子轴、叶轮、重要的紧固件等
12Cr2Ni4	合金渗碳钢，具有高强度、高韧性，淬透性良好。渗碳淬火后表面硬度和耐磨性很高，可加工性尚好。冷变形时塑性中等，但有白点敏感性及回火脆性，焊接性差，焊前需预热。一般在渗碳及二次淬火、低温回火后使用	采用渗碳及二次淬火、低温回火后，用于制造承受重载荷的大型渗碳件，如各种齿轮、蜗轮、蜗杆、轴等，也可经淬火及低温回火后使用，制造高强度、高韧性的机械零件
20Cr2Ni4	强度、韧性及淬透性均高于 12Cr2Ni4，渗碳后不能直接淬火，而在淬火前须进行一次高温回火，以减少表层大量残留奥氏体。冷变形塑性中等，可加工性尚可，焊接性差，焊前应预热到 150℃，白点敏感性大，有回火脆性倾向	用于制造要求高于 12Cr2Ni4 性能的大型渗碳件，如大型齿轴、轴等，也可用于制造强度、韧性均高的调质件
20CrNiMo	20CrNiMo 钢原系美国 AISI、SAE 标准中的钢号 8720。淬透性与 20CrNi 钢相近。虽然钢中 Ni 含量为 20CrNi 钢的一半，但由于加入少量 Mo，使奥氏体等温转变曲线的上部右移；又因适当提高 Mn 含量，致使此钢的淬透性仍然很好，强度也比 20CrNi 钢高	常用于制造中小型汽车、拖拉机的发动机和传动系统中的齿轮；亦可代替 12CrNi3 钢制造要求心部性能较高的渗碳件、碳氮共渗件，如石油钻探和冶金露天矿用的牙轮钻头的牙爪和牙轮体
40CrNiMo	具有高的强度、高的韧性和良好的淬透性，当淬硬到半马氏体硬度（45HRC）时，水淬临界淬透直径 ≥100mm，油淬临界淬透直径 ≥75mm；当淬硬到 90%马氏体硬度时，水淬临界直径为 ϕ80~ϕ90mm，油淬临界直径为 ϕ55~ϕ66mm。此钢又具有抗过热的稳定性，但白点敏感性高，有回火脆性，钢的焊接性很差，焊前需经高温预热，焊后要进行消除应力处理	经调质后使用，用于制造要求塑性好、强度高及大尺寸的重要零件，如重型机械中承受高载荷的轴类，直径大于 250mm 的汽轮机轴、叶片，承受高载荷的传动件、紧固件、曲轴、齿轮等；也可用于制造温度超过 400℃ 的转子轴和叶片等。此外，这种钢还可以在渗氮处理后用于制造特殊性能要求的重要零件

（续）

牌 号	主要特性	应用举例
45CrNiMoV	这是一种低合金超高强度钢，钢的淬透性好，油中临界淬透直径为 60mm（96%马氏体），钢在淬火回火后可获得很高的强度，并具有一定的韧性，且可加工成形；但冷变形塑性与焊接性较差。耐蚀性较差，受回火温度的影响，使用温度不宜过高。通常均在淬火、低温（或中温）回火后使用	主要用于制造飞机发动机曲轴、大梁、起落架、压力容器和中小型火箭壳体等高强度结构零部件。在重型机器制造中，用于制造承受重载荷的扭力轴、变速箱轴、摩擦离合器轴等
18Cr2Ni4W	力学性能比 12Cr2Ni4 钢还好，工艺性能与 12Cr2Ni4 钢相近	用于制造断面更大、性能要求比 12Cr2Ni4 钢更高的零件
25Cr2Ni4W	综合性能良好，且耐较高的工作温度	用于制造在动载荷下工作的重要零件，如挖掘机的轴、齿轮等

5. 非调质机械结构钢（GB/T 15712—2016）

非调质机械结构钢是在中碳钢中添加微量合金元素（微合金化），通过控制轧制（锻制）、控制冷却，使之在轧制（锻制）后不经调质处理，即可获得碳素结构钢或合金结构钢经调质处理后所能达到的力学性能的一类优质或特殊质量结构钢。

非调质机械结构钢广泛应用于汽车、机床和农业机械。直接切削加工用非调质机械结构钢的牌号及力学性能（见表 1-4-13）

表 1-4-13 直接切削加工用非调质机械结构钢的牌号及力学性能

序号	牌号	钢材直径或边长/mm	抗拉强度 R_m/MPa	下屈服强度 R_{eL}/MPa	断后伸长率 A(%)	断面收缩率 Z(%)	冲击吸收能量 KU_2/J
1	F35VS	≤40	≥590	≥390	≥18	≥40	≥47
2	F40VS	≤40	≥640	≥420	≥16	≥35	≥37
3	F45VS	≤40	≥685	≥440	≥15	≥30	≥35
4	F30MnVS	≤60	≥700	≥450	≥14	≥30	实测值
5	F35MnVS	≤40	≥735	≥460	≥17	≥35	≥37
		>40~60	≥710	≥440	≥15	≥33	≥35
6	F38MnVS	≤60	≥800	≥520	≥12	≥25	实测
7	F40MnVS	≤40	≥785	≥490	≥15	≥33	≥32
		>40~60	≥760	≥470	≥13	≥30	≥28
8	F45MnVS	≤40	≥835	≥510	≥13	≥28	≥28
		>40~60	≥810	≥490	≥12	≥28	≥25
9	F49MnVS	≤60	≥780	≥450	≥8	≥20	实测值

6. 弹簧钢（GB/T 1222—2016）

（1）弹簧钢的牌号及热处理制度和力学性能（见表 1-4-14）

表 1-4-14 弹簧钢的牌号及热处理制度和力学性能

序号	牌号	热处理制度[①]			力学性能，不小于				
		淬火温度/℃	淬火介质	回火温度/℃	抗拉强度 R_m/MPa	下屈服强度 R_{eL}[②]/MPa	断后伸长率 A(%)	断后伸长率 $A_{11.3}$(%)	断面收缩率 Z(%)
1	65	840	油	500	980	785	—	9.0	35
2	70	830	油	480	1030	835	—	8.0	30
3	85	820	油	480	1080	930	—	6.0	30
4	85	820	油	480	1130	980	—	6.0	30
5	65Mn	830	油	540	980	785	—	8.0	30

（续）

序号	牌号	热处理制度①			力学性能,不小于				
		淬火温度/℃	淬火介质	回火温度/℃	抗拉强度 R_m/MPa	下屈服强度 R_{eL}②/MPa	断后伸长率		断面收缩率 Z(%)
							A(%)	$A_{11.3}$(%)	
6	70Mn	③	—	—	785	450	8.0	—	30
7	28SiMnB④	900	水或油	320	1275	1180	—	5.0	25
8	40SiMnVBE④	880	油	320	1800	1680	9.0	—	40
9	55SiMnVB	860	油	460	1375	1225	—	5.0	30
10	38Si2	880	水	450	1300	1150	8.0	—	35
11	60Si2Mn	870	油	440	1570	1375	—	5.0	20
12	55CrMn	840	油	485	1225	1080	9.0	—	20
13	60CrMn	840	油	490	1225	1080	9.0	—	20
14	60CrMnB	840	油	490	1225	1080	9.0	—	20
15	60CrMnMo	860	油	450	1450	1300	6.0	—	30
16	55SiCr	860	油	450	1450	1300	6.0	—	25
17	60Si2Cr	870	油	420	1765	1570	6.0	—	20
18	56Si2MnCr	860	油	450	1500	1350	6.0	—	25
19	52SiCrMnNi	860	油	450	1450	1300	6.0	—	35
20	55SiCrV	860	油	400	1650	1600	5.0	—	35
21	60Si2CrV	850	油	410	1860	1665	6.0	—	20
22	60Si2MnCrV	860	油	400	1700	1650	5.0	—	30
23	50CrV	850	油	500	1275	1130	10.0	—	40
24	51CrMnV	850	油	450	1350	1200	6.0	—	30
25	52CrMnMoV	860	油	450	1450	1300	6.0	—	35
26	30W4Cr2V⑤	1075	油	600	1470	1325	7.0	—	40

注：1. 力学性能试验采用直径 10mm 的比例试样，推荐取留有少许加工余量的试样毛坯（一般尺寸为 11~12mm）。

2. 对于直径或边长小于 11mm 的棒材，用原尺寸钢材进行热处理。

3. 对于厚度小于 11mm 的扁钢，允许采用矩形试样。当采用矩形试样时，断面收缩率不作为验收条件。

① 表中热处理温度允许调整范围为：淬火，±20℃；回火，±50℃（28MnSiB 钢±30℃）。根据需方要求，其他钢回火可按±30℃进行。

② 当检测钢材屈服现象不明显时，可用 $R_{p0.2}$ 代替 R_{eL}。

③ 70Mn 的推荐热处理制度为：正火 790℃，允许调整范围为±30℃。

④ 典型力学性能参数参见 GB/T 1222—2016 附录 D。

⑤ 30W4Cr2V 除抗拉强度，其他力学性能检验结果供参考，不作为交货依据。

（2）弹簧钢的主要特性和应用举例（见表 1-4-15）

表 1-4-15　弹簧钢的主要特性和应用举例

牌　号	主要特性	应用举例
65 70 85	可得到很高强度、硬度、屈强比，但淬透性差，耐热性不好，承受动载和疲劳载荷的能力差	应用非常广泛，但多用于质量工作温度不高的小型弹簧或不太重要的较大弹簧，如汽车、拖拉机、铁道车辆及一般机械用的弹簧
65Mn	成分简单，淬透性和综合力学性能、抗脱碳等工艺性能均比碳素钢好，但对过热比较敏感，有回火脆性，淬火易产生裂纹	价格较低，用量很大。用于制造各种小截面扁簧、圆簧、发条等，亦可用于制造气门弹簧、弹簧环，减振器和离合器簧片、制动簧等
55Si2Mn 60Si2Mn 60Si2MnA	硅含量 w(Si)高（上限达 2.00%），强度高，弹性好，耐回火性好，易脱碳和石墨化，淬透性差	主要的弹簧钢类，用途很广。用于制造各种弹簧，如汽车、机车、拖拉机的板簧、螺旋弹簧，气缸安全阀簧及一些在高应力下工作的重要弹簧，磨损严重的弹簧

（续）

牌号	主要特性	应用举例
55Si2MnB	因含硼，其淬透性明显改善	用于制造轻型、中型汽车的前后悬架弹簧、副簧
55SiMnVB	我国自行研制的钢号，淬透性、综合力学性能、疲劳性能均较60Si2Mn钢好	主要用于制造中、小型汽车的板簧，使用效果好，亦可用于制造其他中等截面尺寸的板簧、螺旋弹簧
60Si2Cr 60Si2CrV	高强度弹簧钢，淬透性好，热处理工艺性能好。因强度高，卷制弹簧后应及时进行处理以消除内应力	用于制造载荷大的重要大型弹簧。60Si2CrV可用于制造汽轮机汽封弹簧、调节弹簧、冷凝器支承弹簧、高压水泵碟形弹簧等，还可用于制造极重要的弹簧，如常规武器取弹钩弹簧、破碎机弹簧
55CrMn 60CrMn	突出优点是淬透性好，其热加工性能、综合力学性能、抗脱碳性能亦好	用于制造大截面的各种重要弹簧，如汽车、机车的大型板簧、螺旋弹簧等
60CrMnMo	在现有各种弹簧钢中淬透性最好，力学性能、耐回火性等亦好	用于制造大型土木建筑、重型车辆、机械等使用的超大型弹簧。钢板厚度可达35mm以上，圆钢直径可超过60mm
50CrV	少量钒提高弹性、强度、屈强比，细化晶粒，减小脱碳倾向。碳含量较小，塑性、韧性较其他弹簧钢好。淬透性好，疲劳性能也好	用于制造各种重要的螺旋弹簧，特别适宜制造工作应力振幅高、疲劳性能要求严格的弹簧，如阀门弹簧、喷油嘴弹簧、气缸胀圈、安全阀簧等
60CrMnB	淬透性比60CrMn好，其他各种性能相似	用于制造尺寸更大的板簧、螺旋弹簧、扭转弹簧等
30W4Cr2V	高强度耐热弹簧钢，淬透性很好，高温抗松弛和热加工性能也很好	用于制造工作温度低于500℃的耐热弹簧，如汽轮机主蒸汽阀弹簧、汽封弹簧片、锅炉安全阀弹簧、400t锅炉蝶形阀弹簧等

4.1.4.2 工具钢

1. 工模具钢（GB/T 1299—2014）

（1）工模具钢的牌号、交货状态的钢材硬度和试样的淬火硬度（见表1-4-16）

表1-4-16 工模具钢的牌号、交货状态的钢材硬度和试样的淬火硬度

统一数字代号	牌号	退火交货状态的钢材硬度HBW，不大于	试样淬火硬度		
			淬火温度/℃	冷却剂	洛氏硬度HRC，不小于
刃具模具用非合金钢					
T00070	T7	187	800~820	水	62
T00080	T8	187	780~800	水	62
T01080	T8Mn	187	780~800	水	62
T00090	T9	192	760~780	水	62
T00100	T10	197	760~780	水	62
T00110	T11	207	760~780	水	62
T00120	T12	207	760~780	水	62
T00130	T13	217	760~780	水	62
量具刃具用钢					
T31219	9SiCr	197~241①	820~860	油	62
T30108	8MnSi	≤229	800~820	油	60

（续）

统一数字代号	牌号	退火交货状态的钢材硬度 HBW，不大于	试样淬火的硬度		
			淬火温度/℃	冷却剂	洛氏硬度 HRC，不小于
量具刃具用钢					
T30200	Cr06	187～241	780～810	水	64
T31200	Cr2	179～229	830～860	油	62
T31209	9Cr2	179～217	820～850	油	62
T30800	W	187～229	800～830	水	62
耐冲击工具用钢					
T40294	4CrW2Si	179～217	860～900	油	53
T40295	5CrW2Si	207～255	860～900	油	55
T40296	6CrW2Si	229～285	860～900	油	57
T40356	6CrMnSi2Mo1V②	≤229	667℃±15℃预热，885℃（盐浴）或900℃（炉控气氛）±6℃加热，保温5～15min油冷，58～204℃回火		58
T40355	5Cr3MnSiMo1V②	≤235	667℃±15℃预热，941℃（盐浴）或955℃（炉控气氛）±6℃加热，保温5～15min油冷，56～204℃回火		56
T40376	6CrW2SiV	≤225	870～910	油	58
轧辊用钢					
T42239	9Cr2V	≤229	830～900	空气	64
T42309	9Cr2Mo	≤229	830～900	空气	64
T42319	9Cr2MoV	≤229	880～900	空气	64
T42518	8Cr3NiMoV	≤269	900～920	空气	64
T42519	9Cr5NiMoV	≤269	930～950	空气	64
冷作模具用钢					
T20019	9Mn2V	≤229	780～810	油	62
T20299	9CrWMn	197～241	800～830	油	62
T21290	CrWMn	207～255	800～830	油	62
T20250	MnCrWV	≤255	790～820	油	62
T21347	7CrMn2Mo	≤235	820～870	空气	61
T21355	5Cr8MoVSi	≤229	1000～1050	油	59
T21357	7CrSiMnMoV	≤235	870～900℃油冷或空冷，150℃±10℃回火空冷		60
T21350	Cr8Mo2SiV	≤255	1020～1040	油或空气	62
T21320	Cr4W2MoV	≤269	960～980或1020～1040	油	60

（续）

统一数字代号	牌号	退火交货状态的钢材硬度 HBW，不大于	试样淬火的硬度		
			淬火温度/℃	冷却剂	洛氏硬度 HRC，不小于
冷作模具用钢					
T21386	6Cr4W3Mo2VN[③]	≤255	1100~1160	油	60
T21836	6W6Mo5Cr4V	≤269	1180~1200	油	60
T21830	W6Mo5Cr4V2[③]	≤255	730~840℃预热，1210~1230℃（盐浴或控制气氛）加热，保温5~15min油冷，540~560℃回火两次（盐浴或控制气氛），每次2h		64（盐浴）63（炉控气氛）
T21209	Cr8	≤255	920~980	油	63
T21200	Cr12	217~269	950~1000	油	60
T21290	Cr12W	≤255	950~980	油	60
T21317	7Cr7Mo2V2Si	≤255	1100~1150	油或空气	60
T21318	Cr5Mo1V[③]	≤255	790℃±15℃预热，940℃（盐浴）或950℃（炉控气氛）±6℃加热，保温5~15min油冷；200℃±6℃回火一次，2h		60
T21319	Cr12MoV	207~255	950~1000	油	58
T21310	Cr12Mo1V1[④]	≤255	820℃±15℃预热，1000℃（盐浴）±6℃或1010℃（炉控气氛）±6℃加热，保温10~20min空冷，200℃±6℃回火一次，2h		59
热作模具用钢					
T22345	5CrMnMo	197~241	820~850	油	⑥
T22505	5CrNiMo	197~241	830~860	油	⑥
T23504	4CrNi4Mo	≤285	840~870	油或空气	⑥
T23514	4Cr2NiMoV	≤220	910~960	油	⑥
T23515	5CrNi2MoV	≤255	850~880	油	⑥
T23535	5Cr2NiMoVSi	≤255	960~1010	油	⑥
T42208	8Cr3	207~255	850~880	油	⑥
T23274	4Cr5W2VSi	≤229	1030~1050	油或空气	⑥
T23273	3Cr2W8V	≤255	1075~1125	油	⑥
T23352	4Cr5MoSiV[⑤]	≤229	790℃±15℃预热，1010℃（盐浴）或1020℃（炉控气氛）1020℃±6℃加热，保温5~15min油冷，550℃±6℃回火两次回火，每次2h		⑥
T23353	4Cr5MoSiV1[⑤]	≤229	790℃±15℃预热，1000℃（盐浴）或1010℃（炉控气氛）±6℃加热，保温5~15min油冷，550℃±6℃回火两次回火，每次2h		⑥

（续）

统一数字代号	牌号	退火交货状态的钢材硬度 HBW，不大于	试样淬火的硬度		
			淬火温度/℃	冷却剂	洛氏硬度 HRC，不小于
热作模具用钢					
T23354	4Cr3Mo3SiV⑤	≤229	790℃±15℃预热，1010℃（盐浴）或1020℃（炉控气氛）1020℃±6℃加热，保温 5~15min 油冷，550℃±6℃回火两次回火，每次 2h		⑥
T23355	5Cr4Mo3SiMnVAl	≤255	1090~1120	⑥	⑥
T23364	4CrMnSiMoV	≤255	870~930	油	⑥
T23375	5Cr5WMoSi	≤248	990~1020	油	⑥
T23324	4Cr5MoWVSi	≤235	1000~1030	油或空气	⑥
T23323	3Cr3Mo3W2V	≤255	1060~1130	油	⑥
T23325	5Cr4W5Mo2V	≤269	1100~1150	油	⑥
T23314	4Cr5Mo2V	≤220	1000~1030	油	⑥
T23313	3Cr3Mo3V	≤229	1010~1050	油	⑥
T23314	4Cr5Mo3V	≤229	1000~1030	油或空气	⑥
T23393	3Cr3Mo3VCo3	≤229	1000~1050	油	⑥

统一数字代号	牌号	退火硬度 HBW，不大于	预硬化硬度 HRC	试样淬火的硬度		
				淬火温度/℃	冷却剂	洛氏硬度 HRC，不小于
塑料模具用钢						
T10450	SM45	热轧交货状态硬度 155~215		—	—	—
T10500	SM50	热轧交货状态硬度 165~225		—	—	—
T10550	SM55	热轧交货状态硬度 170~230		—	—	—
T25303	3Cr2Mo	235	28~36	850~880	油	52
T25553	3Cr2MnNiMo	235	30~36	830~870	油或空气	48
T25344	4Cr2Mn1MoS	235	28~36	830~870	油	51
T25378	8Cr2MnWMoVS	235	40~48	860~900	空气	62
T25515	5CrNiMnMoVSCa	255	35~45	860~920	油	62
T25512	2CrNiMoMnV	235	30~38	850~930	油或空气	48
T25572	2CrNi3MoAl	—	38~43	—	—	—
T25611	1Ni3MnCuMoAl	—	38~42	—	—	—
A64060	06Ni6CrMoVTiAl	255	43~48	850~880℃固溶，油或空冷 500~540℃时效，空冷		实测
A64000	00Ni18Co8Mo5TiAl	协议	协议	805~825℃固溶，空冷 460~530℃时效，空冷		协议
S42023	2Cr13	220	30~36	1000~1050	油	45
S42043	4Cr13	235	30~36	1050~1100	油	50
T25444	4Cr13NiVSi	235	30~36	1000~1030	油	50
T25402	2Cr17Ni2	285	28~32	1000~1050	油	49
T25303	3Cr17Mo	285	33~38	1000~1040	油	46

（续）

统一数字代号	牌号	退火硬度HBW，不大于	预硬化硬度HRC	试样淬火的硬度		
				淬火温度/℃	冷却剂	洛氏硬度HRC，不小于
塑料模具用钢						
T25513	3Cr17NiMoV	285	33~38	1030~1070	油	50
S44093	9Cr18	255	协议	1000~1050	油	55
S46993	9Cr18MoV	269	协议	1050~1075	油	55

统一数字代号	牌号	退火交货状态的钢材硬度HBW，不大于	试样淬火的硬度	
			淬火温度/℃ 冷却剂	洛氏硬度HRC，不小于
特殊用途模具用钢				
T26377	7Mn15Cr2Al3V2WMo	—	1170~1190℃固溶，水冷 650~700℃时效，空冷	45
S31049	2Cr25Ni20Si2	—	1040~1150℃固溶，水或空冷	⑦
S51740	0Cr17Ni4Cu4Nb	协议	1020~1060℃固溶，空冷 470~630℃时效，空冷	⑦
H21231	Ni25Cr15Ti2MoMn	≤300	950~980℃固溶，水或空冷 620~720℃时效，空冷	⑦
H07718	Ni53Cr19Mo3TiNb	≤300	980~1000℃固溶，水、油或空冷 710~730℃时效，空冷	⑦

注：1. 非合金工具钢材退火后冷拉交货的布氏硬度应不大于241HBW。
2. 保温时间指试样达到加热温度后保持的时间。
3. 保温时间指试样达到加热温度后保持的时间。
4. 保温时间指试样达到加热温度后保持的时间。
① 根据需方要求，并在合同中注明，制造螺纹刃具用钢为187~229HBW。
② 试样在盐浴中保持时间为5min，在炉控气氛中保持时间为5~15min。
③ 试样在盐浴中保持时间为5min，在炉控气氛中保持时间为5~15min。
④ 试样在盐浴中保持时间为10min；在炉控气氛中保持时间为10~20min。
⑤ 试样在盐浴中保持时间为5min；在炉控气氛中保持时间为5~15min。
⑥ 根据需方要求，并在合同中注明，可提供实测值。
⑦ 根据需方要求，并在合同中注明，可提供实测值。

（2）工模具钢的主要特点及用途（见表1-4-17）

表1-4-17 工模具钢的主要特点及用途

统一数字代号	牌号	主要特点及用途
刃具模具用非合金钢		
T00070	T7	亚共析钢，具有较好的塑性、韧性和强度，以及一定的硬度，能承受振动和冲击负荷，但切削性能力差。用于制造承受冲击负荷不大，且要求具有适当硬度和耐磨性及较好韧性的工具
T00080	T8	淬透性、韧性均优于T10钢，耐磨性也较高，但淬火加热容易过热，变形也大，塑性和强度比较低，大、中截面模具易残存网状碳化物，适用于制作小型拉拔、拉伸、挤压模具
T01080	T8Mn	共析钢，具有较高的淬透性和硬度，但塑性和强度较低。用于制造断面较大的木工工具、手锯锯条、刻印工具、铆钉冲模、煤矿用凿等
T00090	T9	过共析钢，具有较高的强度，但塑性和强度较低。用于制造要求较高硬度且有一定韧性的各种工具，如刻印工具、铆钉冲模、冲头、木工工具、凿岩工具等
T00100	T10	性能较好的非合金工具钢，耐磨性也较高，淬火时过热敏感性小，经适当热处理可得到较高强度和一定韧性，适合制作要求耐磨性较高而受冲击载荷较小的模具

（续）

统一数字代号	牌号	主要特点及用途
		刃具模具用非合金钢
T00110	T11	过共析钢，具有较好的综合力学性能(如硬度、耐磨性和韧性等)，在加热时对晶粒长大和形成碳化物网的敏感性小。用于制造在工作时切削刃口不变热的工具，如锯、丝锥、锉刀、刮刀、扩孔钻、板牙、尺寸不大和断面无急剧变化的冷冲模及木工刀具等
T00120	T12	过共析钢，由于碳含量高，淬火后仍有较多的过剩碳化物，所以硬度和耐磨性高，但韧性低，且淬火变形大。不适于制造切削速度高和受冲击负荷的工具，用于制造不受冲击负荷、切削速度不高、切削刃口不变热的工具，如车刀、铣刀、钻头、丝锥、锉刀、刮刀、扩孔钻、板牙，以及断面尺寸小的冷切边模和冲孔模等
T00130	T13	过共析钢，由于碳含量高，淬火后有更多的过剩碳化物，所以硬度更高，但韧性更差，又由于碳化物数量增加且分布不均匀，故力学性能较差，不适于制造切削速度较高和受冲击负荷的工具，用于制造不受冲击负荷，但要求极高硬度的金属切削工具，如剃刀、刮刀、拉丝工具、锉刀、刻纹用工具，以及坚硬岩石加工用工具和雕刻用工具等
		量具刃具用钢
T31219	9SiCr	比铬钢具有更高的淬透性和淬硬性，且回火稳定性好。适宜制造形状复杂、变形小、耐磨性要求高的低速切削刃具，如钻头、螺纹工具、手动铰刀、搓丝板及滚丝轮等；也可以制作冷作模具(如冲模、打印模等)、冷轧辊、矫正辊以及细长杆件
T30108	8MnSi	在 T8 钢基础上同时加入 Si、Mn 元素形成的低合金工具钢，具有较高的回火稳定性、较高的淬透性和耐磨性，热处理变形也较非合金工具钢小。适宜制造木工工具、冷冲模及冲头；也可制造冷加工用的模具
T30200	Cr06	在非合金工具钢基础上添加一定量的 Cr，淬透性和耐磨性较非合金工具钢高，冷加工塑性变形和切削加工性能较好，适宜制造木工工具，也可制造简单冷加工模具，如冲孔模、冷压模等
T31200	Cr2	在 T10 的基础上添加一定量的 Cr，淬透性提高，硬度、耐磨性也比非合金工具钢高，接触疲劳强度也高，淬火变形小。适宜制造木工工具、冷冲模及冲头，也用于制作中小尺寸冷作模具
T31209	9Cr2	与 Cr2 钢性能基本相似，但韧性好于 Cr2 钢。适宜制造木工工具、冷轧辊、冷冲模及冲头、钢印冲孔模等
T30800	W	在非合金工具钢基础上添加一定量的 W，热处理后具有更高的硬度和耐磨性，且具有过热敏感性小，热处理变形小，回火稳定性好等特点。适宜制造小型麻花钻头，也可用于制造丝锥、锉刀、板牙，以及温度不高、切削速度不快的工具
		耐冲击工具用钢
T40294	4CrW2Si	在铬硅钢的基础上添加一定量的 W，具有一定的淬透性和高温强度。适宜制造高冲击载荷下操作的工具，如风动工具、冲裁切边复合模、冲模、冷切用的剪刀等冲剪工具，以及部分小型热作模具
T40295	5CrW2Si	在铬硅钢的基础上添加一定量的 W，具有一定的淬透性和高温强度。适宜制造冷剪金属的刀片、铲搓丝板的铲刀、冷冲裁和切边的凹模，以及长期工作的木工工具等
T40296	6CrW2Si	在铬硅钢的基础上添加一定量的 W，淬火硬度较高，有一定的高温强度。适宜制造承受冲击载荷而有要求耐磨性高的工具，如风动工具、凿子和模具，冷剪机刀片，冲裁切边用凹槽，空气锤用工具等
T40355	5CrMnSi2Mo1V	相当于 ASTM A681 中 S5 钢。具有较高的淬透性、耐磨性和回火稳定性，钢种淬火温度较低，模具使用过程很少发生崩刃和断裂，适宜制造在高冲击载荷下操作的工具、冲模、冷冲裁切边用凹模等
T40355	5Cr3MnSiMo1	相当于 ASTM A681 中 S7 钢。淬透性较好，有较高的强度和回火稳定性，综合性能良好。适宜制造在较高温度、高冲击载荷下工作的工具、冲模，也可用于制造锤锻模具
T40376	6CrW2SiV	中碳油淬型耐冲击冷作工具钢，具有良好的耐冲击和耐磨损性能的配合。同时具有良好的抗疲劳性能和高的尺寸稳定性。适宜制作刀片、冷成形工具和精密冲裁模及热冲孔工具等

（续）

统一数字代号	牌号	主要特点及用途
		轧辊用钢
T42239	9Cr2V	2%Cr 系列，高碳含量保证轧辊有高硬度；加铬，可增加钢的淬透性；加钒，可提高钢的耐磨性和细化钢的晶粒。适宜制作冷轧工作辊、支承辊等
T42309	9Cr2Mo	2%Cr 系列，高碳含量保证轧辊有高硬度，加铬、钼可增加钢的淬透性和耐磨性。该类钢锻造性能良好，控制较低的终锻温度与合适的变形量可细化晶粒，消除沿晶界分布的网状碳化物，并使其均匀分布。适宜制作冷轧工作辊、支承辊和矫正辊
T42319	9Cr2MoV	2%Cr 系列，但综合性能优于 9Cr2 系列钢。若采用电渣重熔工艺生产，其辊坯的性能更优良。适宜制造冷轧工作辊、支承辊和矫正辊
T42518	8Cr3NiMoV	3%Cr 系列，经淬火及冷处理后的淬硬层深度可达 30mm 左右。用于制作冷轧工作辊，使用寿命高于含 2%铬钢
T42519	9Cr5NiMoV	即 MC5 钢，淬透性高，其成品轧辊单边的淬硬层深度为 35~40mm（≥HSD85），耐磨性好，适宜制造要求淬硬层深，轧制条件恶劣，抗事故性高的冷轧辊
		冷作模具用钢
T20019	9Mn2V	具有较高的硬度和耐磨性，淬火时变形较小，淬透性好。适宜制造各种精密量具、样板，也可用于制造尺寸较小的冲模及冷压模、雕刻模、落料模等，以及机床的丝杆等结构件
T20299	9CrWMn	具有一定的淬透性和耐磨性，淬火变形较小，碳化物分布均匀且颗粒细小，适宜制作截面不大而变形复杂的冷冲模
T21290	CrWMn	油淬钢。由于钨形成碳化物，在淬火和低温回火后比 9SiCr 钢具有更多的过剩碳化物，更高的硬度和耐磨性和较好的韧性。但该钢对形成碳化物网较敏感，若有网状碳化物的存在，工模具的刃部有剥落的危险，从而降低工模具的使用寿命。有碳化物网的钢必须根据其严重程度进行锻造或正火。适宜制作丝锥、板牙、铰刀、小型冲模等
T20250	MnCrWV	国际广泛采用的高碳低合金油淬钢，具有较高的淬透性，热处理变形小，硬度高，耐磨性较好。适宜制作钢板冲裁模、剪切刀、落料模、量具和热固性塑料成型模等
T21347	7CrMn2Mo	空淬钢，热处理变形小，适宜制作需要接近尺寸公差的制品，如修边模、塑料模、压弯工具、冲切模和精压模等
T21355	5Cr8MoVSi	ASTM A681 中 A8 钢的改良钢种，具有良好淬透性、韧性、热处理尺寸稳定性。适宜制作硬度在 55~60HRC 的冲头和冷锻模具。也可用于制作非金属刀具材料
T21357	7CrSiMnMoV	火焰淬火钢，淬火温度范围宽，淬透性良好，空冷即可淬硬，硬度达到 62~64HRC，具有淬火操作方便，成本低，过热敏感性小，空冷变形小等优点，适宜制作汽车冷弯模具
T21350	Cr8Mo2SiV	高韧性、高耐磨性钢，具有高的淬透性和耐磨性，淬火时尺寸变化小等特点，适宜制作冷剪切模、切边模、滚边模、量规、拉丝模、搓丝板、冷冲模等
T21320	Cr4W2MoV	具有较高的淬透性、淬硬性、耐磨性和尺寸稳定性，适宜制作各种冲模、冷镦模、落料模、冷挤凹模及搓丝板等工模具
T21386	6Cr4W3Mo2VNb	即 65Nb 钢。加入铌以提高钢的强韧性和改善工艺性。适宜制作冷挤压、厚板冷冲、冷镦等承受较大载荷的冷作模具，也可用于制作温热挤压模具
T21836	6W6Mo5Cr4V	低碳型高速钢，较 W6Mo5Cr4V2 的碳、钒含量均低，具有较好的韧性，用于冷作模具钢，主要用于制作钢铁材料冷挤压模具
T21830	W6Mo5Cr4V2	钨钼系高速钢的代表牌号。具有韧性高，热塑好，耐磨性、红硬性高等特点。用于冷作模具钢，适宜制作各种类型的工具，大型热塑成型的刀具；还可以制作高负荷下耐磨性零件，如冷挤压模具，温挤压模具等

（续）

统一数字代号	牌号	主要特点及用途
冷作模具用钢		
T21209	Cr8	具有较好的淬透性和高的耐磨性，适宜制作要求耐磨性较高的各类冷作模具，与Cr12相比具有较好的韧性
T21200	Cr12	相当于ASTM A681中D3钢，具有良好的耐磨性，适宜制作受冲击负荷较小的要求较高耐磨的冷冲模及冲头、冷剪切刀、钻套、量规、拉丝模等
T21290	Cr12W	莱氏体钢。具有较高的耐磨性和淬透性，但塑性、韧性较低。适宜制作高强度、高耐磨性，且受热不大于300℃的工模具，如钢板深拉伸模、拉丝模，螺纹搓丝板、冷冲模、剪切刀、锯条等
T21317	7Cr7Mo2V2Si	比Cr12钢和W6Mo5Cr4V2钢具有更高的强度和韧性，更好地耐磨性，且冷热加工的工艺性能优良，热处理变形小，通用性强，适宜制作承受高负荷的冷挤压模具，冷镦模具、冷冲模具等
T21318	Cr5Mo1V	空淬钢，具有良好的空淬特性，耐磨性介于高碳油淬模具钢和高碳高铬耐磨型模具钢之间，但其韧性较好，通用性强，特别适宜制作既要求好的耐磨性又要求好的韧性工模具，如下料模和成型模、轧辊、冲头、压延模和滚丝模等
T21319	Cr12MoV	莱氏体钢。具有高的淬透性和耐磨性，淬火时尺寸变化小，比Cr12钢的碳化物分布均匀，具有较高的韧性。适宜制作形状复杂的冲孔模、冷剪切刀、拉伸模、拉丝模、搓丝板、冷挤压模、量具等
T21310	Cr12Mo1V1	莱氏体钢。具有高的淬透性、淬硬性和高的耐磨性；高温抗氧化性能好，热处理变形小。适宜制作各种高精度、长寿命的冷作模具、刃具和量具，如形状复杂的冲孔凹模、冷挤压模、滚丝轮、搓丝板、冷剪切刀和精密量具等
热作模具用钢		
T22345	5CrMnMo	具有与5CrNiMo相似的性能，淬透性较5CrNiMo略差，在高温下工作，耐热疲劳性逊于5CrNiMo，适宜制作要求具有较高强度和高耐磨性的各种类型的锻模
T22505	5CrNiMo	具有良好的韧性、强度和较高的耐磨性，在加热到500℃时仍能保持硬度在300HBW左右。由于含有Mo元素，钢对回火脆性不敏感，适宜制作各种大、中型锻模
T23504	4CrNi4Mo	具有良好的淬透性、韧性和抛光性能，可空冷硬化。适宜制作热作模具和塑料模具，也可用于制作部分冷作模具
T23514	4Cr2NiMoV	5CrMnMo钢的改进型，具有较高的室温强度及韧性，较好的回火稳定性、淬透性及抗热疲劳性能。适宜制作热锻模具
T23515	5CrNi2MoV	与5CrNiMo钢类似，具有良好的淬透性和热稳定性。适宜制作大型锻压模具和热剪
T23535	5Cr2NiMoVSi	具有良好的淬透性和热稳定性。适宜制作各种大型热锻模
T23208	8Cr3	具有一定的室温、高温力学性能。适宜制作热冲孔模的冲头，热切边模的凹模镶块，热顶锻模、热弯曲模，以及工作温度低于500℃、受冲击较小且要求耐磨的工作零件，如热剪刀片等；也可用于制作冷轧工作辊
T23274	4Cr5W2VSi	压铸模用钢，在中温下具有较高的热强度、硬度、耐磨性、韧性和较好的热疲劳性能，可空冷硬化。适宜制作热挤压用的模具和芯棒，铝、锌等轻金属的压铸模，热顶锻结构钢和耐热钢用的工具，以及成型某些零件用的高速锤锻模
T23273	3Cr2W8V	在高温下具有高的强度和硬度（650℃时硬度为300HBW左右），抗冷热交变疲劳性能较好，但韧性较差。适宜制作高温下高应力、但不受冲击载荷的凸模、凹模，如平锻机上用的凸凹模、镶块、铜合金挤压模、压铸用模具；也可用来制作同时承受大压应力、弯应力、拉应力的模具，如反挤压模具等；还可以用来制作高温下受力的热金属切刀等

（续）

统一数字代号	牌号	主要特点及用途
热作模具用钢		
T23352	4Cr5MoSiV	具有良好的韧性、热强性和热疲劳性能，可空冷硬化。在较低的奥氏体化温度下空淬，热处理变形小，空淬时产生的氧化皮倾向较小，且可以抵抗熔融铝的冲蚀作用。适宜制作铝压铸模、热挤压模和穿孔芯棒、塑料模等
T23353	4Cr5MoSiV1	压铸模用钢，相当于 ASTM A681 中 H13 钢，具有良好的韧性和较好的热强性、热疲劳性能和一定的耐磨性。可空冷淬硬，热处理变形小。适宜制作铝、铜及其合金铸件用的压铸模，热挤压模、穿孔用的工具、芯棒、压机锻模、塑料模等
T22354	4Cr3Mo3SiV	相当于 ASTM A681 中 H10 钢，具有非常好的淬透性、很高的韧性和高温强度。适宜制作热挤压模、热冲模、热锻模、压铸模等
T23355	5Cr4Mo3SiMnVAl	热作、冷作兼用的模具钢。具有较高的热强性、高温硬度、抗回火稳定性，并具有较好的耐磨性、抗热疲劳性、韧性和热加工塑性。模具工作温度可达700℃，抗氧化性好。用于热作模具钢时，其高温强度和热疲劳性能优于 3Cr2W8V 钢。用于冷作模具钢时，比 Cr12 型和低合金模具钢具有较高的韧性。主要用于制造轴承行业的热挤压模和标准件行业的冷镦模
T23364	4CrMnSiMoV	低合金大截面热锻模用钢，具有良好的淬透性、较高的热强性、耐热疲劳性能、耐磨性和韧性，较好抗回火性能和冷热加工性能等特点。主要用于制作 5CrNiMo 钢不能满足要求的、大型锤锻模和机锻模
T23375	5Cr5WMoSi	具有良好淬透性和韧性，热处理尺寸稳定性好，且有中等的耐磨性。适宜制作硬度为 55～60HRC 的冲头，也适宜制作冷作模具、非金属刀具材料
T23324	4Cr5MoWVSi	具有良好的韧性和热强性。可空冷硬化，热处理变形小，空淬时产生的氧化皮倾向较小，而且可以抵抗熔融铝的冲蚀作用。适宜制作铝压铸模、锻压模、热挤压模和穿孔芯棒等
T23323	3Cr3Mo3W2V	ASTM A681 中 H10 改进型钢种，具有高的强韧性和抗冷热疲劳性能，热稳定性好。适宜制作热挤压模、热冲模、热锻模、压铸模等
T23325	5Cr4W5Mo2V	具有较高的回火抗力和热稳定性，高的热强性、高温硬度和耐磨性，但其韧性和抗热疲劳性能低于 4Cr5MoSiV1 钢。适宜制作对高温强度和抗磨损性能有较高要求的热作模具，可替代 3Cr2W8V
T23314	4Cr5Mo2V	4Cr5MoSiV1 改进型钢，具有良好的淬透性、韧性、热强性、耐热疲劳性，热处理变形小等特点。适宜制作铝、铜及其合金的压铸模具，热挤压模、穿孔用的工具、芯棒
T23313	3Cr3Mo3V	具有较高热强性和韧性，良好的抗回火稳定性和疲劳性能。适宜制作镦锻模、热挤压模和压铸模等
T23314	4Cr5Mo3V	具有良好的高温强度、良好的抗回火稳定性和高抗热疲劳性。适宜制作热挤压模、温锻模和压铸模具和其他的热成型模具
T23393	3Cr3Mo3VCo3	具有高的热强性、良好的回火稳定性和耐抗热疲劳性等特点。适宜制作热挤压模、温锻模和压铸模具
塑料模具用钢		
T10450	SM45	非合金塑料模具钢，切削加工性能好，淬火后具有较高的硬度，调质处理后具有良好的强韧性和一定的耐磨性。适宜制作中、小型的中、低档次的塑料模具

（续）

统一数字代号	牌号	主要特点及用途
塑料模具用钢		
T10500	SM50	非合金塑料模具钢，可加工性好，适宜制作形状简单的小型塑料模具或精度要求不高、使用寿命不需要很长的塑料模具等，但焊接性、冷变形性差
T10550	SM55	非合金塑料模具钢，可加工性中等。适宜制作成形状简单的小型塑料模具或精度要求不高、使用寿命较短的塑料模具
T25303	3Cr2Mo	预硬型钢，相当于 ASTM A681 中的 P20 钢，其综合性能好，淬透性高，较大的截面钢材也可获得均匀的硬度，并且同时具有很好的抛光性能，模具表面光洁
T25553	3Cr2MnNiMo	预硬型钢，相当于瑞典 ASSAB 公司的 718 钢，其综合力学性能好，淬透性高，大截面钢材在调质处理后具有较均匀的硬度分布，有很好的抛光性能
T25344	4Cr2Mn1MoS	易切削预硬化型钢，其使用性能与 3Cr2MnNiMo 相似，但具有更优良的机械加工性能
T25378	8Cr2MnWMoVS	预硬化型易切削钢，适宜制作各种类型的塑料模、胶木模、陶土瓷料模及印制板的冲孔模。由于淬火硬度高，耐磨性好，综合力学性能好，热处理变形小，也可用于制作精密的冷冲模具等
T25515	5CrNiMnMoVSCa	预硬化型易切削钢，钢中加入 S 元素改善钢的切削加工工艺性能，加入 Ca 元素主要是改善硫化物的组织形态，改善钢的力学性能，降低钢的各向异性。适宜制作各种类型的精密注塑模具、压塑模具和橡胶模具
T25512	2CrNiMoMnV	预硬化型镜面塑料模具钢，是 3Cr2MnNiMo 钢的改进型，其淬透性高、硬度均匀，并具有良好的抛光性能、电火花加工性能和蚀花（皮纹加工）性能，适用于渗氮处理，适宜制作大中型镜面塑料模具
T25572	2CrNi3MoAl	时效硬化钢。由于固溶处理工序是在切削加工制成模具之前进行的，从而避免了模具的淬火变形，因而模具的热处理变形小，综合力学性能好，适宜制作复杂、精密的塑料模具
T25611	1Ni3MnCuMoAl	即 10Ni3MnCuAl，一种镍铜铝系时效硬化型钢，其淬透性好，热处理变形小，镜面加工性能好，适宜制作高镜面的塑料模具、高外观质量的家用电器塑料模具
A64060	06Ni6CrMoVTiAl	低合金马氏体时效钢，简称 06Ni 钢，经固溶处理（也可在粗加工后进行）后，硬度为 25~28HRC。在机械加工成所需要的模具形状和经钳工修整及抛光后，再进行时效处理。使硬度明显增加，模具变形小，可直接使用，保证模具有高的精度和使用寿命
A64000	00Ni18Co8Mo5TiAl	沉淀硬化型超高强度钢，简称 18Ni（250）钢，具有高强韧性，低硬化指数，良好成形性和焊接性。适宜制作铝合金挤压模和铸件模、精密模具及冷冲模等工模具等
S42023	2Cr13	耐蚀型钢，属于 Cr13 型不锈钢，可加工性较好，经热处理后具有优良的耐蚀性，较好的强韧性，适宜制作承受高负荷并在腐蚀介质作用下的塑料模具和透明塑料制品模具等
S42043	4Cr13	耐蚀型钢，属于 Cr13 型不锈钢，力学性能较好，经热处理（淬火及回火）后，具有优良的耐蚀性、抛光性能，较高的强度和耐磨性，适宜制作承受高负荷并在腐蚀介质作用下的塑料模具和透明塑料制品模具等

（续）

统一数字代号	牌号	主要特点及用途
		塑料模具用钢
T25444	4Cr13NiVSi	耐蚀预硬化型钢，属于Cr13型不锈钢，淬回火硬度高，有超镜面加工性，可预硬至31~35HRC，镜面加工性好。适宜制作要求高精度、高耐磨、高耐蚀塑料模具，也用于制作透明塑料制品模具
T25402	2Cr17Ni2	耐蚀预硬化型钢，具有好的抛光性能；在玻璃模具的应用中具有好的抗氧化性。适宜制作耐蚀塑料模具，并且不用采用Cr、Ni涂层
T25303	3Cr17Mo	耐蚀预硬化型钢，属于Cr17型不锈钢，具有优良的强韧性和较高的耐蚀性，适宜制作各种类型的要求高精度、高耐磨，又要求耐蚀性的塑料模具和透明塑料制品模具
T25513	3Cr17NiMoV	耐蚀预硬化型钢，属于Cr17型不锈钢，具有优良的强韧性和较高的耐蚀性，适宜制作各种要求高精度、高耐磨，又要求耐蚀的塑料模具和压制透明塑料制品的模具
S44093	9Cr18	耐蚀、耐磨型钢，属于高碳马氏体钢，淬火后具有很高的硬度和耐磨性，较Cr17型马氏体钢的耐蚀性有所改善，在大气、水及某些酸类和盐类的水溶液中有优良的不锈耐蚀性。适宜制作要求耐蚀、高强度和耐磨损的零部件，如轴、杆类、弹簧、紧固件等
S46993	9Cr18MoV	耐蚀、耐磨型钢，属于高碳铬不锈钢，基本性能和用途与9Cr18钢相近，但热强性和抗回火性能更好。适宜制作承受摩擦并在腐蚀介质中工作的零件，如量具、不锈切片机械刃具及剪切工具、手术刀片、高耐磨设备零件等
		特殊用途模具用钢
T26377	7Mn15Cr2Al3V2WMo	一种高Mn-V系无磁钢。在各种状态下都能保持稳定的奥氏体，具有非常低的磁导率，高的硬度、强度，较好的耐磨性。适宜制作无磁模具、无磁轴承及其他要求在强磁场中不产生磁感应的结构零件。也可以用来制造在700~800℃下使用的热作模具
S31049	2Cr25Ni20Si2	奥氏体型耐热钢，具有较好的抗一般耐蚀性。最高使用温度可达1200℃。连续使用最高温度为1150℃；间歇使用温度为1050~1100℃。适宜制作加热炉的各种构件，也用于制造玻璃模具等
S51740	0Cr17Ni4Cu4Nb	马氏体沉淀硬化不锈钢。碳含量低，其耐蚀性和焊接性比一般马氏体不锈钢好。此钢耐酸性能好、可加工性好、热处理工艺简单。在400℃以上长期使用时有脆化倾向，适宜制作工作温度400℃以下，要求耐酸蚀性、高强度的部件，也适宜制作在腐蚀介质作用下要求高性能、高精密的塑料模具等
H21231	Ni25Cr15Ti2MoMn	即GH2132B，Fe-25Ni-15Cr基时效强化型高温合金，加入钼、钛、铝、钒和微量硼综合强化，特点是高温耐磨性好，高温抗变形能力强，高温抗氧化性能优良，无缺口敏感性，热疲劳性能优良。适宜制作在650℃以下长期工作的高温承力部件和热作模具，如铜排模，热挤压模和内筒等
H07718	Ni53Cr19Mo3TiNb	即In718合金，以体心四方的γ″相和面心立方的γ′相沉淀强化的镍基高温合金，在合金中加入铝、钛以形成金属间化合物进行γ′(Ni3AlTi)相沉淀强化。具有高温强度高，高温稳定性好，抗氧化性好，冷热疲劳性能及冲击韧性优异等特点，适宜制作600℃以上使用的热锻模、冲头、热挤压模、压铸模等

2. 高速工具钢（GB/T 9943—2008）

（1）高速工具钢的牌号及交货状态硬度和试样淬回火硬度（见表 1-4-18）

表 1-4-18　高速工具钢的牌号及交货状态硬度和试样淬回火硬度

序号	牌号	交货硬度（退火态）/HBW ≤	试样热处理制度及淬回火硬度					
			预热温度/℃	淬火温度/℃		淬火介质	回火温度/℃	硬度 HRC ≥
				盐浴炉	箱式炉			
1	W3Mo3Cr4V2	255	800～900	1180～1120	1180～1120	油或盐浴	540～560	63
2	W4Mo3Cr4VSi	255		1170～1190	1170～1190		540～560	63
3	W18Cr4V	255		1250～1270	1260～1280		550～570	63
4	W2Mo8Cr4V	255		1180～1120	1180～1120		550～570	63
5	W2Mo9Cr4V2	255		1190～1210	1200～1220		540～560	64
6	W6Mo5Cr4V2	255		1200～1220	1210～1230		540～560	64
7	CW6Mo5Cr4V2	255		1190～1210	1200～1220		540～560	64
8	W6Mo6Cr4V2	262		1190～1210	1190～1210		550～570	64
9	W9Mo3Cr4V	255		1200～1220	1220～1240		540～560	64
10	W6Mo5Cr4V3	262		1190～1210	1200～1220		540～560	64
11	CW6Mo5Cr4V3	262		1180～1200	1190～1210		540～560	64
12	W6Mo5Cr4V4	269		1200～1220	1200～1220		550～570	64
13	W6Mo5Cr4V2Al	269		1200～1220	1230～1240		550～570	65
14	W12Cr4V5Co5	277		1220～1240	1230～1250		540～560	65
15	W6Mo5Cr4V2Co5	269		1190～1210	1200～1220		540～560	64
16	W6Mo5Cr4V3Co8	285		1170～1190	1170～1190		550～570	65
17	W7Mo4Cr4V2Co5	269		1180～1200	1190～1210		540～560	66
18	W2Mo9Cr4VCo8	269		1170～1190	1180～1200		540～560	66
19	W10Mo4Cr4V3Co10	285		1220～1240	1220～1240		550～570	66

（2）高速工具钢的主要特性和应用举例（见表 1-4-19）

表 1-4-19　高速工具钢的主要特性和应用举例

牌　号	主要特性	应用举例
W18Cr4V	具有良好的高温硬度，在 600℃时，仍具有较高的硬度和较好的可加工性，可磨削性好，淬火过热敏感性小，比合金工具钢的耐热性能高。但由于其碳化物较粗大，强度和韧性随材料尺寸增大而下降，因此仅适于制造一般刀具，不适于制造薄刃或较大的刀具	广泛用于制造加工中等硬度或软的材料的各种刀具，如车刀、铣刀、拉刀、齿轮刀具、丝锥等，也可用于制造冷作模具，还可用于制造高温下工作的轴承、弹簧等耐磨、耐高温的零件
W18Cr4VCo5①	含钴高速钢，具有良好的高温硬度和热硬性，耐磨性较高，淬火硬度高，表面硬度为 64～66HRC	可用于制造加工较高硬度的高速切削的各种刀具，如滚刀、车刀和铣刀等，以及自动化机床的加工刀具
W18Cr4V2Co8①	含钴高速钢，其高温硬度及耐磨性均优于 W18Cr4VCo5，但韧性有所降低，淬火后表面硬度为 64～66HRC（表面硬度）	可用于制造加工高硬度、高切削力的各种刀具，如铣刀、滚刀及车刀等
W12Cr4V5Co5	高碳高钒含钴高速钢，具有很好的耐磨性，硬度高，耐回火性良好，高温硬度较高，因此工作温度高，工作寿命较其他的高速钢成倍提高	适于制造车刀、铣刀、齿轮刀具、成形刀具、螺纹加工刀具及冷作模具，但不适于制造高精度的复杂刀具，适用于加工难加工材料，如高强度钢、中强度钢、冷轧钢、铸造合金钢等
W6Mo5Cr4V2	具有良好的高温硬度和韧性，淬火后表面硬度为 64～66HRC，这是一种含钼低钨高速钢，成本较低，是仅次于 W18Cr4V 而获得广泛应用的一种高速工具钢	适于制造钻头、丝锥、板牙、铣刀、齿轮刀具、冷作模具等

（续）

牌　号	主要特性	应用举例
CW6Mo-5Cr4V2	淬火后，其表面硬度、高温硬度、耐热性、耐磨性均比W6Mo5Cr4V2有所提高，但其强度和冲击韧性比W6Mo5Cr4V2有所降低	用于制造切削性能较高的冲击不大的刀具，如拉刀、铰刀、滚刀、扩孔刀等
W6Mo5Cr4V3	具有碳化物细小均匀、韧性高、塑性好等优点，且耐磨性优于W6Mo5Cr4V2，但可磨削性差，易于氧化脱碳	可用于制造各种类型的一般刀具，如车刀、刨刀、丝锥、钻头、成形铣刀、拉刀、滚刀、螺纹梳刀等，适于加工中高强度钢、高温合金等难加工材料。因可磨削性差，不宜制造高精度复杂刀具
CW6Mo-5Cr4V3	高碳钼系高钒型高速钢，它是在W6Mo5Cr4V3的基础上把平均含碳量w(C)由1.05%提高到1.20%，并相应提高了钒含量而形成的一个钢种，其耐磨性更好	用途同W6Mo5Cr4V3
W2Mo9Cr4V2	具有较高的高温硬度、韧性及耐磨性，密度较小，可磨削性优良，在切削一般材料时有着良好的效果	用于制造铣刀、成形刀具、丝锥、锯条、车刀、拉刀、冷冲模具等
W6Mo5Cr-4V2Co5	含钴高速钢，具有良好的高温硬度，可加工性及耐磨性较好，强度和冲击韧性不高	可用于制造加工硬质材料的各种刀具，如齿轮刀具、铣刀、冲头等
W7Mo4Cr-4V2Co5	在W6Mo5Cr4V2的基础上增加了5%（质量分数）的钴，提高了碳含量并调整了钨、钼含量。提高了钢的高温硬度，改善了耐磨性。钢的可加工性较好，但强度和冲击韧性较低	一般用于制造齿轮刀具、铣刀及冲头、刀头等工具，供作切削硬质材料用
W2Mo9Cr-4VCo8	高碳含钴超硬型高速钢，具有高的室温硬度及高温硬度，可磨削性好，刀刃锋利	适于制造各种高精度复杂刀具，如成形铣刀、精拉刀、专用钻头、车刀、刀头及刀片。对于加工铸造高温合金、钛合金、超高强度钢等难加工材料，均可得到良好的效果
W9Mo3Cr4V	钨钼系通用型高速钢，通用性强，综合性能超过W6Mo5Cr4V2，且成本较低	用于制造各种高速切削刀具和冷、热作模具
W6Mo5-Cr4V2Al	含铝超硬型高速钢，具有高的高温硬度，高耐磨性，热塑性好，工作寿命长	可用于制造车刀、镗刀、铣刀、钻头、齿轮刀具、拉刀等，适于加工各种难加工材料，如高温合金、超高强度钢、不锈钢等

① 曾用牌号。

4.1.4.3　轴承钢

常用轴承钢的牌号、主要特性和应用举例（见表1-4-20）。

表1-4-20　常用轴承钢的牌号、主要特性和应用举例

牌　号	主要特性	应用举例
高碳铬不锈轴承钢（GB/T 3086—2019）		
G95Cr18 G102Cr18Mo	具有高的硬度和耐回火性，可加工性及冷冲压性良好，导热性差，淬火处理和低温回火后有更高的力学性能	用于制造耐蚀的轴承套圈及滚动体，如海水、河水、硝酸、化工石油、核反应堆用轴承，还可以作为耐蚀高温轴承钢使用，其工作温度不高于250℃；也可用于制造高质量的刀具、医用手术刀，以及耐磨和耐蚀但动载荷较小的机械零件
高碳铬轴承钢（GB/T 18254—2016）		
GCr4①	低铬轴承钢，耐磨性比相同碳含量的碳素工具钢高，冷加工塑性变形和可加工性尚好，有回火脆性倾向	用于制造一般载荷不大、形状简单的机械转动轴上的钢球和滚子

（续）

牌　号	主要特性	应用举例
高碳铬轴承钢(GB/T 18254—2016)		
GCr15	高碳铬轴承钢的代表钢种,综合性能良好。淬火与回火后具有高而均匀的硬度,良好的耐磨性和高的接触疲劳寿命,热加工变形性能和可加工性均好,但焊接性差,对白点形成较敏感,有回火脆性倾向	用于制造壁厚≤12mm、外径≤250mm的各种轴承套圈,也用于制造尺寸范围较宽的滚动体,如钢球、圆锥滚子、圆柱滚子、球面滚子、滚针等;还用于制造模具、精密量具,以及其他要求高耐磨性、高弹性极限和高接触疲劳强度的机械零件
GCr15SiMn	在GCr15钢的基础上适当增加硅、锰含量,其淬透性、弹性极限、耐磨性均有明显提高,冷加工塑性中等,可加工性稍差,焊接性不好,对白点形成较敏感,有回火脆性倾向	用于制造大尺寸的轴承套圈、钢球、圆锥滚子、圆柱滚子、球面滚子等,轴承零件的工作温度为180℃;还用于制造模具、量具、丝锥及其他要求硬度高且耐磨的零部件
GCr15SiMo	在GCr15钢的基础上提高硅含量,并添加钼而开发的新型轴承钢。综合性能良好,淬透性高,耐磨性好,接触疲劳寿命高,其他性能与GCr15SiMn钢相近	用于制造大尺寸的轴承套圈、滚珠、滚柱,还用于制造模具、精密量具,以及其他要求硬度高且耐磨的零部件
GCr18Mo	相当于瑞典SKF24轴承钢。在GCr15钢的基础上加入钼,并适当提高铬含量,从而提高了钢的淬透性。其他性能与GCr15钢相近	用于制造各种轴承套圈,壁厚从≤16mm增加到≤20mm,扩大了使用范围。其他用途和GCr15钢基本相同
渗碳轴承钢(GB/T 3203—2016)		
G20CrMo	低合金渗碳钢,渗碳后表面硬度较高,耐磨性较好,而心部硬度低,韧性好,适于制造耐冲击载荷的轴承及零部件	常用于制造汽车、拖拉机的承受冲击载荷的滚子轴承,也用于制造汽车齿轮、活塞杆、螺栓等
G20CrNiMo	有良好的塑性、韧性和强度,渗碳或碳氮共渗后表面有相当高的硬度,耐磨性好,接触疲劳寿命明显优于GCr15钢,而心部碳含量低,有足够的韧性可承受冲击载荷	是制造耐冲击载荷轴承的良好材料,用于制造承受冲击载荷的汽车轴承和中小型轴承,也用于制造汽车、拖拉机齿轮及牙轮钻头的牙爪和牙轮体
G20CrNi2Mo	渗碳后表面硬度高,耐磨性好,具有中等表面硬化性,心部韧性好,可耐冲击载荷。钢的冷热加工塑性较好,能加工成棒、板、带及无缝钢管	用于制造承受较大冲击载荷的滚子轴承,如铁路货车轴承套圈和滚子,也用于制造汽车齿轮、活塞杆、万向节轴、圆头螺栓等
G10CrNi3Mo	渗碳后表面碳含量高,具有高硬度,耐磨性好,而心部碳含量低,韧性好,可耐冲击载荷	用于制造承受较大冲击载荷的大型滚子轴承,如轧钢机轴承等
G20Cr2Ni4A	常用的渗碳结构钢,用于制作轴承。渗碳后表面有相当高的硬度、耐磨性和接触疲劳强度,而心部韧性好,可耐强烈冲击载荷,焊接性中等,有回火脆性倾向,对白点形成较敏感	用于制造耐冲击载荷的大型轴承,如轧钢机轴承等,也用于制造其他大型渗碳件,如大型齿轮、轴等,还可用于制造要求强韧性高的调质件
G20Cr2Mn2MoA	渗碳后表面硬度高,而心部韧性好,可耐强烈冲击载荷。与G20Cr2Ni4A相比,渗碳速度快,渗碳层较易形成粗大碳化物,不易扩散消除	用于制造高冲击载荷条件下工作的特大型和大、中型轴承零件,以及轴、齿轮等

① 曾用牌号。

4.1.4.4 特种钢

1. 不锈钢棒（GB/T 1220—2007）

（1）不锈钢棒力学性能（见表1-4-21）

表1-4-21　不锈钢棒力学性能

经固溶处理的奥氏体型钢棒							
牌号	规定非比例延伸强度 $R_{p0.2}$/MPa	抗拉强度 R_m/MPa	断后伸长率 A(%)	断面收缩率 Z(%)	硬度		
					HBW	HRB	HV
	不小于				不大于		
12Cr17Mo6Ni5N	275	520	40	45	241	100	253
12Cr18Mn9Ni5N	275	520	40	45	207	95	218
12Cr17Ni7	205	520	40	60	187	90	200
12Cr18Ni9	205	520	40	60	187	90	200
Y12Cr18Ni9	205	520	40	50	187	90	200
Y12Cr18Ni9Se	205	520	40	50	187	90	200
06Cr19Ni10	205	520	40	60	187	90	200
022Cr19Ni10	175	480	40	60	187	90	200
06Cr18Ni9Cu3	175	480	40	60	187	90	200
06Cr19Ni10N	275	550	35	50	217	95	220
06Cr19Ni9NbN	345	685	35	50	250	100	260
022Cr19Ni10N	245	550	40	50	217	95	220
10Cr18Ni12	175	480	40	60	187	90	200
06Cr23Ni13	205	520	40	60	187	90	200
06Cr25Ni20	205	520	40	50	187	90	200
06Cr17Ni12Mo2	205	520	40	60	187	90	200
022Cr17Ni12Mo2	175	480	40	60	187	90	200
06Cr17Ni12Mo2Ti	205	530	40	55	187	90	200
06Cr17Ni12Mo2N	275	550	35	50	217	95	220
022Cr17Ni12Mo2N	245	550	40	50	217	95	220
06Cr18Ni12Mo2Cu2	205	520	40	60	187	90	200
022Cr18Ni14Mo2Cu2	175	480	40	60	187	90	200
06Cr19Ni13Mo3	205	520	40	60	187	90	200
022Cr19Ni13Mo3	175	480	40	60	187	90	200
03Cr18Ni16Mo5	175	480	40	45	187	90	200
06Cr18Ni11Ti	205	520	40	50	187	90	200
06Cr18Ni11Nb	205	520	40	50	187	90	200
06Cr18Ni13Si4	205	520	40	60	207	95	218

经固溶处理的奥氏体-铁素体型钢棒								
牌号	规定非比例延伸强度 $R_{p0.2}$/MPa	抗拉强度 R_m/MPa	断后伸长率 A(%)	断面收缩率 Z(%)	冲击吸收能量 KU_2/J	硬度		
						HBW	HRB	HV
	不小于					不大于		
14Cr18Ni11Si4AlTi	440	715	25	40	63	—	—	—
022Cr19Ni5Mo3Si2N	390	590	20	40	—	290	30	300
022Cr22Ni5Mo3N	450	620	25	—	—	290	—	—
022Cr23Ni5Mo3N	450	655	25	—	—	290	—	—
022Cr25Ni6Mo2N	450	620	20	—	—	260	—	—
03Cr25Ni6Mo3Cu2N	550	750	25	—	—	290	—	—

（续）

经退火处理的铁素体型钢棒						
牌号	规定非比例延伸强度 $R_{p0.2}$/MPa	抗拉强度 R_m/MPa	断后伸长率 A(%)	断面收缩率 Z(%)	冲击吸收能量 KU_2/J	硬度 HBW
	不小于					不大于
06Cr13Al	175	410	20	60	78	183
022Cr12	195	360	22	60	—	183
10Cr17	205	450	22	50	—	183
Y10Cr17	205	450	22	50	—	183
10Cr17Mo	205	450	22	60	—	183
008Cr27Mo	245	410	20	45	—	219
008Cr30Mo2	295	450	20	45	—	228

经热处理的马氏体型钢棒									
牌号	组别	经淬火回火后试样的力学性能和硬度							退火后钢棒的硬度
		规定非比例延伸强度 $R_{p0.2}$/MPa	抗拉强度 R_m/MPa	断后伸长率 A(%)	断面收缩率 Z(%)	冲击吸收能量 KU_2/J	HBW	HRC	HBW
		不小于							不大于
12Cr12		390	590	25	55	118	170	—	200
06Cr13		345	490	24	60	—	—	—	183
12Cr13		345	540	22	55	78	159	—	200
Y12Cr13		345	540	17	45	55	159	—	200
20Cr13		440	640	20	50	63	192	—	223
30Cr13		540	735	12	40	24	217	—	235
Y30Cr13		540	735	8	35	24	217	—	235
40Cr13		—	—	—	—	—	—	50	235
14Cr17Ni2		—	1080	10	—	39	—	—	285
17Cr16Ni2	1	700	900~1050	12	45	25(A_{KV})	—	—	295
	2	600	800~950	14					
68Cr17		—	—	—	—	—	—	54	255
85Cr17		—	—	—	—	—	—	56	255
108Cr17		—	—	—	—	—	—	58	269
Y108Cr17		—	—	—	—	—	—	58	269
95Cr18		—	—	—	—	—	—	55	255
13Cr13Mo		490	690	20	60	78	192	—	200
32Cr13Mo		—	—	—	—	—	—	50	207
102Cr17Mo		—	—	—	—	—	—	55	269
90Cr18MoV		—	—	—	—	—	—	55	269

沉淀硬化型钢棒								
牌号	热处理		规定非比例延伸强度 $R_{p0.2}$/MPa	抗拉强度 R_m/MPa	断后伸长率 A(%)	断面收缩率 Z(%)	硬度	
	类型	组别	不小于				HBW	HRC
05Cr15Ni5Cu4Nb	固溶处理	0	—	—	—	—	≤363	≤38
	沉淀硬化 480℃时效	1	1180	1310	10	35	≥375	≤40
	沉淀硬化 550℃时效	2	1000	1070	12	45	≥331	≥35
	沉淀硬化 580℃时效	3	865	1000	13	45	≥302	≥31
	沉淀硬化 620℃时效	4	725	930	16	50	≥277	≥28

（续）

牌号	热处理			规定非比例延伸强度 $R_{p0.2}$/MPa	抗拉强度 R_m/MPa	断后伸长率 A(%)	断面收缩率 Z(%)	硬度	
沉淀硬化型钢棒									
	类型		组别	不小于				HBW	HRC
05Cr17Ni4Cu4Nb	固溶处理		0	—	—	—	—	≤363	≤38
	沉淀硬化	480℃时效	1	1180	1310	10	40	≥375	≥40
		550℃时效	2	1000	1070	12	45	≥331	≥35
		580℃时效	3	865	1000	13	45	≥302	≥31
		620℃时效	4	725	930	16	50	≥277	≥28
07Cr17Ni7Al	固溶处理		0	≤380	≤1030	20	—	≤229	—
	沉淀硬化	510℃时效	1	1030	1230	4	10	≥388	—
		565℃时效	2	960	1140	5	25	≥363	—
07Cr15Ni7Mo2Al	固溶处理		0	—	—	—	—	≤269	—
	沉淀硬化	510℃时效	1	1210	1320	6	20	≥388	—
		565℃时效	2	1100	1210	7	25	≥375	—

（2）不锈钢的特性和用途（见表1-4-22）

表1-4-22 不锈钢的特性和用途

牌号	特性和用途
奥氏体型	
12Cr17Mn6Ni5N	节镍钢，性能与12Cr17Ni7（1Cr17Ni7）相近，可代替12Cr17Ni7（1Cr17Ni7）使用。在固溶态无磁，冷加工后具有轻微磁性。主要用于制造旅馆装备、厨房用具、水池、交通工具等
12Cr18Mn9Ni5N	节镍钢，是Cr-Mn-Ni-N型最典型、发展比较完善的钢。在800℃以下具有很好的抗氧化性，且保持较高的强度，可代替12Cr18Ni9（1Cr18Ni9）使用。主要用于制作800℃以下经受弱介质腐蚀和承受负荷的零件，如炊具、餐具等
12Cr17Ni7	亚稳定奥氏体不锈钢，是最易冷变形强化的钢。经冷加工有高的强度和硬度，并仍保留足够的塑韧性，在大气条件下具有较好的耐蚀性。主要用于制造以冷加工状态承受较高负荷，又希望减轻装备重量和不生锈的设备和部件，如铁道车辆、装饰板、传送带、紧固件等
12Cr18Ni9	历史最悠久的奥氏体不锈钢，在固溶态具有良好的塑性、韧性和冷加工性，在氧化性酸和大气、水、蒸汽等介质中耐蚀性也好。经冷加工有高的强度，但断后伸长率比12Cr17Ni7（1Cr17Ni7）稍差。主要用于制造对耐蚀性和强度要求不高的结构件和焊接件，如建筑物外表装饰材料；也可用于制造无磁部件和低温装置的部件。但在敏化态或焊后，具有晶间腐蚀倾向，不宜用作焊接结构材料
Y12Cr18Ni9	12Cr18Ni9（1Cr18Ni9）改进切削性能钢。最适用于快速切削（如自动车床）制作辊、轴、螺栓、螺母等
Y12Cr18Ni9Se	除调整12Cr18Ni9（1Cr18Ni9）钢的磷、硫含量，还加入硒，提高12Cr18Ni9（1Cr18Ni9）钢的切削性能。用于小切削量，也适用于热加工或冷顶锻，如螺丝、铆钉等
06Cr19Ni10	在12Cr18Ni9（1Cr18Ni9）钢基础上发展演变的钢，性能类似于12Cr18Ni9（1Cr18Ni9）钢，但耐蚀性优于12Cr18Ni9（1Cr18Ni9）钢，可用作薄截面尺寸的焊接件，是应用量最大、使用范围最广的不锈钢。适用于制造深冲成型部件和输酸管道、容器、结构件等，也可用于制造无磁、低温设备和部件
022Cr19Ni10	为解决因 $Cr_{23}C_6$ 析出致使06Cr19Ni10（0Cr18Ni9）钢在一些条件下存在严重的晶间腐蚀倾向而发展的超低碳奥氏体型不锈钢，其敏化态耐晶间腐蚀能力显著优于06Cr18Ni9（0Cr18Ni9）钢。除强度稍低，其他性能同06Cr18Ni9Ti（0Cr18Ni9Ti）钢，主要用于制造需焊接且焊后又不能进行固溶处理的耐蚀设备和部件

（续）

牌　　号	特性和用途
奥氏体型	
06Cr18Ni9Cu3	在06Cr19Ni10(0Cr18Ni9)基础上为改进其冷成形性能而发展的不锈钢。铜的加入，使钢的冷作硬化倾向小，冷作硬化率降低，可以在较小的成形力下获得最大的冷变形。主要用于制作冷镦紧固件、深拉等冷成形的部件
06Cr19Ni10N	在06Cr19Ni10(0Cr18Ni9)钢基础上添加氮，不仅防止塑性降低，而且提高钢的强度和加工硬化倾向，改善钢的耐点蚀、晶间腐蚀性，使材料的厚度减少。用于制造有一定耐蚀性要求，并要求较高强度和减轻重量的设备或结构部件
06Cr19Ni9NbN	在06Cr19Ni10(0Cr18Ni9)钢基础上添加氮和铌，提高钢的耐点蚀和晶间腐蚀性，具有与06Cr19Ni10N(0Cr19Ni9N)钢相同的特性和用途
022Cr19Ni10N	06Cr19Ni10N(0Cr19Ni9N)的超低碳钢。因06Cr19Ni10N(0Cr19Ni9N)钢在450~900℃加热后耐晶间腐蚀性明显下降，因此对于焊接设备构件，推荐用022Cr19Ni10N(00Cr18Ni10N)钢
10Cr18Ni12	在12Cr18Ni9(1Cr18Ni9)钢基础上，通过提高钢中镍含量而发展起来的不锈钢。加工硬化性比12Cr18Ni9(1Cr18Ni9)钢低。适用于旋压加工、特殊拉拔，如作冷墩钢用等
06Cr23Ni13	高铬镍奥氏体型不锈钢，耐蚀性比06Cr19Ni10(0Cr18Ni9)钢好，但实际上多作为耐热钢使用
06Cr23Ni20	高铬镍奥氏体型不锈钢，在氧化性介质中具有优良的耐蚀性，同时具有良好的高温力学性能，抗氧化性比06Cr23Ni13(0Cr23Ni13)钢好，耐点蚀和耐应力腐蚀能力优于18-8型不锈钢，既可用于制造耐蚀部件，又可作为耐热钢使用
06Cr17Ni12Mo2	在10Cr18Ni12(1Cr18Ni12)钢基础上加入钼，使钢具有良好的耐还原性介质和耐点蚀能力。在海水和其他各种介质中，耐蚀性优于06Cr19Ni10(0Cr18Ni9)钢。主要用作耐点蚀材料
022Cr17Ni12Mo2	06Cr17Ni2Mo2(0Cr17Ni12Mo2)的超低碳钢，具有良好的耐敏化态晶间腐蚀性能。适用于制造厚截面尺寸的焊接部件和设备，如石油化工、化肥、造纸、印染及原子能工业用设备的耐蚀件
06Cr17Ni12Mo2Ti	为解决06Cr17Ni12Mo2(0Cr17Ni12Mo2)钢的晶间腐蚀而发展起来的钢种，有良好的耐晶间腐蚀性，其他性能与06Cr17Ni12Mo2(0Cr17Ni12Mo2)钢相近。适合于制造焊接件
06Cr17Ni12Mo2N	在06Cr17Ni12Mo2(0Cr17Ni12Mo2)中加入氮，提高强度，同时又不降低塑性，使材料的使用厚度减薄。用于制造耐蚀性好的高强度零部件
022Cr17Ni12Mo2N	在022Cr17Ni12Mo2(00Cr17Ni14Mo2)钢中加入氮，具有与022Cr17Ni12Mo2(00Cr17Ni14Mo2)钢同样的特性，用途与06Cr17Ni12Mo2N(0Cr17Ni12Mo2N)相同，但耐晶间腐蚀性更好。主要用于化肥、造纸、制药、高压设备等领域
06Cr18Ni12Mo2Cu2	在06Cr17Ni12Mo2(0Cr17Ni12Mo2)钢基础上加入约2%(质量分数)Cu，其耐蚀性、耐点蚀性好。主要用作耐硫酸材料，也可用于制造焊接结构件和管道、容器等
022Cr18Ni14Mo2Cu2	06Cr18Ni12Mo2Cu2(0Cr18Ni12Mo2Cu2)的超低碳钢。比06Cr18Ni12Mo2Cu2(0Cr18Ni12Mo2Cu2)钢的耐晶间腐蚀性好。用途同06Cr18Ni12Mo2Cu_2(0Cr18Ni12Mo2Cu2)钢
06Cr19Ni13Mo3	耐点蚀和抗蠕变能力优于06Cr17Ni12Mo2(0Cr17Ni12Mo2)。用于制作造纸、印染设备，石油化工及耐有机酸腐蚀的装备等
022Cr19Ni13Mo3	06Cr19Ni13Mo3(0Cr19Ni13Mo3)的超低碳钢，比06Cr19Ni13Mo3(0Cr19Ni13Mo3)钢耐晶间腐蚀性好，在焊接整体件时抑制析出碳。用途与06Cr19Ni13Mo3(0Cr19Ni13Mo3)钢相同
03Cr18Ni16Mo5	耐点蚀性优于022Cr17Ni12Mo2(00Cr17Ni14Mo2)和06Cr17Ni12Mo2Ti(0Cr18Ni12Mo3Ti)的一种高钼不锈钢，在硫酸、甲酸、醋酸等介质中的耐蚀性要比一般含2%~4%(质量分数)Mo的常用Cr-Ni钢更好。主要用于制造处理含氯离子溶液的热交换器、醋酸设备、磷酸设备、漂白装置等，以及022Cr17Ni12Mo2(00Cr17Ni14Mo2)和06Cr17Ni12Mo2Ti(0Cr18Ni12Mo3Ti)钢不适用环境中使用

（续）

牌　　号	特性和用途
	奥氏体型
06Cr18Ni11Ti	钛稳定化的奥氏体型不锈钢,添加钛提高耐晶间腐蚀性,并具有良好的高温力学性能。可用超低碳奥氏体型不锈钢代替。除专用(高温或抗氢腐蚀),一般情况不推荐使用
06Cr18Ni11Nb	铌稳定化的奥氏体型不锈钢,添加铌提高耐晶间腐蚀性,在酸、碱、盐等腐蚀介质中的耐蚀性同06Cr18Ni11Ti(0Cr18Ni10Ti),焊接性良好。既可作耐蚀材料又可作耐热钢使用,主要用于火电厂、石油化工等领域,如制作容器、管道、热交换等、轴类等;也可作为焊接材料使用
06Cr18Ni13Si4	在06Cr19Ni10(0Cr18Ni9)中增加镍,添加硅,提高耐应力腐蚀断裂性能。用于含氯离子环境,如汽车排气净化装置等
	奥氏体-铁素体型
14Cr18Ni11Si4AlTi	含硅使钢的强度和耐浓硝酸腐蚀性能提高,可用于制作抗高温、浓硝酸介质的零件和设备,如排酸阀门等
022Cr19Ni5Mo3Si2N	在瑞典3RE60钢基础上,加入0.5%~0.10%(质量分数)的N形成的一种耐氯化物应力腐蚀的专用不锈钢。耐点蚀性与022Cr17Ni12Mo2(00Cr17Ni14Mo2)相当。适用于含氯离子的环境,用于炼油、化肥、造纸、石油、化工等工业制造热交换器、冷凝器等,也可代替022Cr19Ni10(00Cr19Ni10)和022Cr17Ni12Mo2(00Cr17Ni14Mo2)钢在易发生应力腐蚀破坏的环境下使用
022Cr22Ni5Mo3N	在瑞典SAF2205钢基础上研制的,是双相不锈钢中应用最普遍的钢。对含硫化氢、二氧化碳、氯化物的环境具有阻抗性,可进行冷、热加工及成形,焊接性良好,适用于作结构材料,用来代替022Cr19Ni10(00Cr19Ni10)和022Cr17Ni12Mo2(00Cr17Ni14Mo2)奥氏体型不锈钢使用。用于制作油井管、化工储罐、热交换器、冷凝冷却器等易产生点蚀和应力腐蚀的受压设备
022Cr23Ni5Mo3N	从022Cr22Ni5Mo3N基础上派生出来的,具有更窄的区间。特性和用途同022Cr22Ni5Mo3N
022Cr25Ni6Mo2N	在0Cr26Ni5Mo2钢基础上调高钼含量、调低碳含量、添加氮,具有高强度、耐氯化物应力腐蚀、可焊接等特点,是耐点蚀最好的钢。代替0Cr26Ni5Mo2钢使用。主要应用于化工、化肥、石油化工等工业领域,用于制作热交换器、蒸发器等
03Cr25Ni6Mo3Cu2N	在英国Ferralium alloy 255合金基础上研制的,具有良好的力学性能和耐局部腐蚀性能,尤其是耐磨损性能优于一般的奥氏体型不锈钢,是海水环境中的理想材料。适用制作舰船用的螺旋推进器、轴、潜艇密封件等,也适用于在化工、石油化工、天然气、纸浆、造纸等领域应用
	铁素体型
06Cr13Al	低铬纯铁素体型不锈钢,非淬硬性钢。具有相当于低铬钢的不锈性和抗氧化性,塑性、韧性和冷成形性优于铬含量更高的其他铁素体型不锈钢。主要用于12Cr13(1Cr13)或10Cr17(1Cr17)由于空气可淬硬而不适用的地方,如石油精制装置、压力容器衬里,汽轮机叶片和复合钢板等
022Cr12	比022Cr13(0Cr13)碳含量低,焊接部位的弯曲性能、加工性能、耐高温氧化性能好。用于制作汽车排气处理装置、锅炉燃烧室、喷嘴等
10Cr17	具有耐蚀性、力学性能和热导率高的特点,在大气、水蒸气等介质中具有不锈性,但当介质中含有较高氯离子时,不锈性则不足。主要用于制作生产硝酸、硝铵的化工设备,如吸收塔、热交换器、贮槽等;薄板主要用于建筑内装饰、日用办公设备、厨房器具、汽车装饰、气体燃烧器等。由于它的脆性转变温度在室温以上,且对缺口敏感,不适于制作室温以下的承受载荷的设备和部件,且通常使用的钢材的截面尺寸一般不允许超过4mm
Y10Cr17	10Cr17(1Cr17)改进的切削钢。主要用于制作大切削量自动车床机械加工零件,如螺栓、螺母等
10Cr17Mo	在10Cr17(1Cr17)钢中加入钼,提高钢的耐点蚀、耐缝隙腐蚀性及强度等,比10Cr17(1Cr17)钢抗盐溶液性强。主要用于制作汽车轮毂、紧固件,以及汽车外装饰材料使用

（续）

牌　号	特性和用途
铁素体型	
008Cr27Mo	高纯铁素体型不锈钢中发展最早的钢，性能类似于008Cr30Mo2（00Cr30Mo2）。适用于既要求耐蚀性又要求软磁性的用途
008Cr30Mo2	高纯铁素体型不锈钢。脆性转变温度低，耐卤离子应力腐蚀破坏性好，耐蚀性与纯镍相当，并具有良好的韧性、加工成形性和焊接性。主要用于制作化学加工工业（醋酸、乳酸等有机酸，苛性钠浓缩工程）成套设备，食品工业、石油精炼工业、电力工业、水处理和污染控制等用热交换器、压力容器、罐和其他设备等
马氏体型	
12Cr12	作为汽轮机叶片及高应力部件之良好的不锈耐热钢
06Cr13	用于制作较高韧性及受冲击负荷的零件，如汽轮机叶片、结构架、衬里、螺栓、螺帽等
12Cr13	半马氏体型不锈钢，经淬火回火处理后具有较高的强度、韧性，良好的耐蚀性和可加工性。主要用于制造韧性要求较高且具有不锈性的受冲击载荷的部件，如刃具、叶片、紧固件、水压机阀、热裂解抗硫腐蚀设备等；也可用于制作在常温条件耐弱腐蚀介质的设备和部件
Y12Cr13	不锈钢中切削性能最好的钢，自动车床用
20Cr13	马氏体型不锈钢，其主要性能类似于12Cr13（1Cr13）。由于碳含量较高，其强度、硬度高于12Cr13（1Cr13），韧性和耐蚀性略低。主要用于制造承受高应力负荷的零件，如汽轮机叶片、热油泵、轴和轴套、叶轮、水压机阀片等，也可用于制造造纸工业和医疗器械及日用消费领域的刀具、餐具等
30Cr13	马氏体型不锈钢，较12Cr13（1Cr13）和20Cr13（2Cr13）钢具有更高的强度、硬度和更好的淬透性，在室温的稀硝酸和弱的有机酸中具有一定的耐蚀性，但不及12Cr13（1Cr13）和20Cr13（2Cr13）钢。主要用于制造高强度部件，以及在承受高应力载荷并在一定腐蚀介质条件下的磨损件，如300℃以下工作的刀具、弹簧，400℃以下工作的轴、螺栓、阀门、轴承等
Y30Cr13	改善30Cr13（3Cr13）切削性能的钢。用途与30Cr13（3Cr13）相似，需要更好的切削性能
40Cr13	特性和用途类似于30Cr13（3Cr13）钢，其强度、硬度高于30Cr13（3Cr13）钢，而韧性和耐蚀性略低。主要用于制造外科医疗用具、轴承、阀门、弹簧等。40Cr13（4Cr13）钢焊接性差，通常不用于制造焊接件
14Cr17Ni2	热处理后具有较高的力学性能，耐蚀性优于12Cr13（1Cr13）和10Cr17（1Cr17）。一般用于制造既要求高力学性能的可淬硬性，又要求耐硝酸、有机酸腐蚀的轴类、活塞杆、泵、阀等零部件，以及弹簧和紧固件
17Cr16Ni2	可加工性比14Cr17Ni2（1Cr17Ni2）明显改善，适用于制作要求较高强度、韧性、塑性和良好耐蚀性的零部件及在潮湿介质中工作的承力件
68Cr17	高铬马氏体型不锈钢，比20Cr13（2Cr13）有较高的淬火硬度。在淬火回火状态下，具有高强度和硬度，并兼有不锈性、耐蚀性。一般用于制造要求具有不锈性或耐稀氧化性酸、有机酸和盐类腐蚀的刀具、量具、轴类、杆件、阀门、钩件等零部件
85Cr17	可淬硬性不锈钢。特性和用途类似于68Cr17（7Cr17），但硬化状态下，比68Cr17（7Cr17）硬，而比108Cr17（11Cr17）韧性高，如刃具、阀座等
108Cr17	在可淬硬性不锈钢中硬度最高。特性和用途类似于68Cr17（7Cr17）。主要用于制作喷嘴、轴承等
Y108Cr17	108Cr17（11Cr17）改进的切削性钢种。自动车床用
95Cr18	高碳马氏体型不锈钢。较Cr17型马氏体型不锈钢的耐蚀性有所改善，其他特性与Cr17型马氏体型不锈钢相似。主要用于制造耐蚀、高强度、耐磨损部件，如轴、泵、阀件、杆类、弹簧、紧固件等。由于钢中极易形成不均匀的碳化物而影响钢的质量和性能，须在生产时予以注意

（续）

牌　　号	特性和用途
马氏体型	
13Cr13Mo	比12Cr13(1Cr13)钢耐蚀性高的高强度钢。用于制作汽轮机叶片、高温部件等
32Cr13Mo	在30Cr13(3Cr13)钢基础上加入钼，改善了钢的强度和硬度，并增强了二次硬化效应，且耐蚀性优于30Cr13(3Cr13)钢。主要用途同30Cr13(3Cr13)钢
102Cr17Mo 90Cr18MoV	特性和用途类似于95Cr18(9Cr18)钢。由于钢中加入了钼和钒，热强性和抗回火能力均优于95Cr18(9Cr18)钢。主要用于制造承受摩擦并在腐蚀介质中工作的零件，如量具、刃具等
沉淀硬化型	
05Cr15Ni5Cu4Nb	在05Cr17Ni4Cu4Nb(0Cr17Ni4Cu4Nb)钢基础上发展的马氏体沉淀硬化型不锈钢，除高强度，还具有高的横向韧性和良好的可锻性，耐蚀性与05Cr17Ni4Cu4Nb(0Cr17Ni4Cu4Nb)钢相当。主要应用于既要求具有高强度、良好韧性，又要求具有优良耐蚀性的服役环境，如高强度锻件、高压系统阀门部件、飞机部件等
05Cr17Ni4Cu4Nb	添加铜和铌的马氏体沉淀硬化型不锈钢，强度可通过改变热处理工艺予以调整，耐蚀性优于Cr13型及95Cr18(9Cr18)和14Cr17Ni2(1Cr17Ni2)钢，抗腐蚀疲劳及抗水滴冲蚀能力优于12%Cr马氏体型不锈钢，焊接工艺简便，易于加工制造，但较难进行深度冷成型。主要用于制造既要求具有不锈性又要求耐弱酸、碱、盐腐蚀的高强度部件，如汽轮机末级动叶片，以及在腐蚀环境下，工作温度低于300℃的结构件
07Cr17Ni7Al	添加铝的半奥氏体沉淀硬化型不锈钢，成分接近18-8型奥氏体型不锈钢，具有良好的冶金和制造加工工艺性能。可用于制造350℃以下长期工作的结构件、容器、管道、弹簧、垫圈、计器部件。该钢热处理工艺复杂，有被马氏体时效钢取代的趋势，但目前仍具有广泛应用的领域
07Cr15Ni7Mo2Al	以2%(质量分数)Mo取代07Cr17Ni7Al(0Cr17Ni7Al)钢中2%(质量分数)Cr的半奥氏体沉淀硬化型不锈钢，使之耐还原性介质腐蚀能力有所改善，综合性能优于07Cr17Ni7Al(0Cr17Ni7Al)。用于制造宇航、石油化工和能源等领域有一定耐蚀要求的高强度容器、零件及结构件

2. 耐热钢棒（GB/T 1221—2007）

(1) 耐热钢棒力学性能（见表1-4-23）

表1-4-23 耐热钢棒力学性能

经热处理的奥氏体型钢棒						
牌　　号	热处理状态	规定非比例延伸强度 $R_{p0.2}$/MPa	抗拉强度 R_m/MPa	断后伸长率 A(%)	断面收缩率 Z(%)	布氏硬度 HBW
		不小于				不大于
53Cr21Mn9Ni4N	固溶+时效	560	885	8	—	≥302
26Cr18Mn12Si2N	固溶处理	390	685	35	45	248
22Cr20Mn10Ni2Si2N		390	635	35	45	248
06Cr19Ni10		205	520	40	60	187
22Cr21Ni12N	固溶+时效	430	820	26	20	269
16Cr23Ni13	固溶处理	205	560	45	50	201
06Cr23Ni13		205	520	40	60	187
20Cr25Ni20		205	590	40	50	201
06Cr25Ni20		205	520	40	50	187
06Cr17Ni12Mo2		205	520	40	60	187
06Cr19Ni13Mo3		205	520	40	60	187
06Cr18Ni11Ti		205	520	40	50	187
45Cr14Ni14W2Mo	退火	315	705	20	35	248

（续）

经热处理的奥氏体型钢棒

牌　　号	热处理状态	规定非比例延伸强度 $R_{p0.2}$/MPa	抗拉强度 R_m /MPa	断后伸长率 A(%)	断面收缩率 Z(%)	布氏硬度 HBW
		不小于				不大于
12Cr16Ni35	固溶处理	205	560	40	50	201
06Cr18Ni11Nb		205	520	40	50	187
06Cr18Ni13Si4		205	520	40	60	207
16Cr20Ni14Si2		295	590	35	50	187
16Cr25Ni20Si2		295	590	35	50	187

经退火的铁素体型钢棒

牌　　号	热处理状态	规定非比例延伸强度 $R_{p0.2}$/MPa	抗拉强度 R_m /MPa	断后伸长率 A(%)	断面收缩率 Z(%)	布氏硬度 HBW
		不小于				不大于
06Cr13Al	退火	175	410	20	60	183
022Cr12		195	360	22	60	183
10Cr17		205	450	22	50	183
16Cr25N		275	510	20	40	201

经淬火回火的马氏体型钢棒

牌　　号	规定非比例延伸强度 $R_{p0.2}$/MPa	抗拉强度 R_m /MPa	断后伸长率 A(%)	断面收缩率 Z(%)	冲击吸收能量 KU_2/J	经淬火回火后的硬度 HBW	退火后的硬度 HBW
	不小于						不大于
12Cr13	345	540	22	55	78	159	200
20Cr13	440	640	20	50	63	192	223
14Cr17Ni2	—	1080	10	—	39	—	—
17Cr16Ni2	700	900~1050	12	45	25(A_{KV})	—	295
	600	800~950	14				
12Cr5Mo	390	590	18	—	—	—	200
12Cr12Mo	550	685	18	60	78	217~248	255
13Cr13Mo	490	690	20	60	78	192	200
14Cr11MoV	490	685	16	55	47	—	200
18Cr12MoVNbN	685	835	15	30	—	≤321	269
15Cr12WMoV	585	735	15	45	47	—	—
22Cr12NiWMoV	735	885	10	25	—	≤341	269
13Cr11Ni2W2MoV	735	885	15	55	71	269~321	269
	885	1080	12	50	55	311~388	
18Cr11NiMoNbVN	760	930	12	32	20(A_{KV})	277~331	255
42Cr9Si2	590	885	19	50	—	—	269
45Cr9Si3	685	930	15	35	—	≥269	—
40Cr10Si2Mo	685	885	10	35	—	—	269
80Cr20Si2Ni	685	885	10	15	8	≥262	321

沉淀硬化型钢棒

牌　　号	热处理 类型	热处理 组别	规定非比例延伸强度 $R_{p0.2}$/MPa	抗拉强度 R_m/MPa	断后伸长率 A(%)	断面收缩率 Z(%)	硬度 HBW	硬度 HRC
			不小于					
05Cr15Ni5Cu4Nb	固溶处理	0	—	—	—	—	≤363	≤38
	沉淀硬化 480℃时效	1	1180	1310	10	35	≥375	≤40
	沉淀硬化 550℃时效	2	1000	1070	12	45	≥331	≥35
	沉淀硬化 580℃时效	3	865	1000	13	45	≥302	≥31
	沉淀硬化 620℃时效	4	725	930	16	50	≥277	≥28

（续）

牌号	热处理			规定非比例延伸强度 $R_{p0.2}$/MPa	抗拉强度 R_m/MPa	断后伸长率 A(%)	断面收缩率 Z(%)	硬度	
沉淀硬化型钢棒									
	类型		组别	不小于				HBW	HRC
07Cr17Ni7Al	固溶处理		0	≤380	≤1030	20	—	≤229	—
	沉淀硬化	510℃时效	1	1030	1230	4	10	≥388	—
		565℃时效	2	960	1140	5	25	≥363	—
06Cr15Ni25-Ti2MoA1VB	固溶+时效			590	900	15	18	≥248	—

（2）耐热钢棒的特性和用途（见表1-4-24）

表1-4-24 耐热钢棒的特性和用途

牌号	特性和用途
奥氏体型	
53Cr21Mn9Ni4N	Cr-Mn-Ni-N型奥氏体阀门钢。用于制作以经受高温强度为主的汽油机及柴油机用排气阀
26Cr18Mn12Si2N	有较高的高温强度和一定的抗氧化性，并且有较好的抗硫及抗增碳性。用于制作吊挂支架、渗碳炉构件、加热炉传送带、料盘、炉爪
22Cr20Mn10Ni2Si2N	特性和用途同26Cr18Mn12Si2N(3Cr18Mn12Si2N)，还可用于制作盐浴坩埚和加热炉管道等
06Cr19Ni10	通用耐氧化钢，可承受870℃以下反复加热
22Cr21Ni12N	Cr-Ni-N型耐热钢。用于制造以抗氧化为主的汽油及柴油机用排气阀
16Cr23Ni13	承受980℃以下反复加热的抗氧化钢。用于制造加热炉部件，重油燃烧器
06Cr23Ni13	耐蚀性比06Cr19Ni10(0Cr18Ni9)钢好，可承受980℃以下反复加热。炉用材料
20Cr25Ni20	承受1035℃以下反复加热的抗氧化钢。主要用于制作炉用部件、喷嘴、燃烧室
06Cr25Ni20	抗氧化性比06Cr23Ni13(0Cr23Ni13)钢好，可承受1035℃以下反复加热。炉用材料，用于制作汽车排气净化装置等
06Cr17Ni12Mo2	高温具有优良的蠕变强度，用于制作热交换用部件，高温耐蚀螺栓
06Cr19Ni13Mo3	耐点蚀和抗蠕变能力优于06Cr17Ni12Mo2(0Cr17Ni12Mo2)。用于制作造纸、印染设备，石油化工及耐有机酸腐蚀的装备、热交换用部件等
06Cr18Ni11Ti	用于制作在400~900℃腐蚀条件下使用的部件，高温用焊接结构件
45Cr14Ni14W2Mo	中碳奥氏体型阀门钢。在700℃以下有较高的热强性，在800℃以下有良好的抗氧化性能。用于制造700℃以下工作的内燃机、柴油机重负荷进、排气阀和紧固件，500℃以下工作的航空发动机及其他产品零件，也可作为渗氮钢使用
12Cr16Ni35	抗渗碳，易渗氮，1035℃以下反复加热。炉用钢料、石油裂解装置
06Cr18Ni11Nb	用于制作在400~900℃腐蚀条件下使用的部件，高温用焊接结构件
06Cr18Ni13Si4	具有与06Cr25Ni20(0Cr25Ni20)相当的抗氧化性。用于制作在含氯离子环境下工作的零部件，如汽车排气净化装置等
16Cr20Ni14Si2 16Cr25Ni20Si2	具有较高的高温强度及抗氧化性，对含硫气氛较敏感，在600~800℃有析出相的脆化倾向，适用于制作承受应力的各种炉用构件
铁素体型	
06Cr13Al	冷加工硬化少，主要用于制作汽轮机和压缩机叶片、退火箱、淬火台架等
022Cr12	比022Cr13(0Cr13)碳含量低，焊接部位的弯曲性能、加工性能、耐高温氧化性能好。用于制作汽车排气处理装置，锅炉燃烧室、喷嘴等
10Cr17	用于制作900℃以下耐氧化用部件、散热器、炉用部件、油喷嘴等
16Cr25N	耐高温腐蚀性强，1082℃以下不产生易剥落的氧化皮。常用于抗硫气氛，如燃烧室、退火箱、玻璃模具、阀、搅拌杆等的制作

（续）

牌　　号	特性和用途
马氏体型	
12Cr13	用于制作 800℃ 以下耐氧化用部件
20Cr13	淬火状态下硬度高，耐蚀性良好。用于制作汽轮机叶片
14Cr17Ni2	用于制造具有较高程度的耐硝酸、有机酸腐蚀的轴类、活塞杆、泵、阀等零部件，以及弹簧、紧固件、容器和设备
17Cr16Ni2	改善 14Cr17Ni2（1Cr17Ni2）钢的加工性能，可代替 14Cr17Ni2（1Cr17Ni2）钢使用
12Cr5Mo	在中高温下有好的力学性能。能抗石油裂化过程中产生的腐蚀。用于制作再热蒸汽管、石油裂解管、锅炉吊架、蒸汽轮机气缸衬套、泵的零件、阀、活塞杆、高压加氢设备部件、紧固件
12Cr12Mo	铬钼马氏体型耐热钢。用于制作汽轮机叶片
13Cr13Mo	比 12Cr13（1Cr13）耐蚀性高的高强度钢。用于制作汽轮机叶片，高温、高压蒸汽用机械部件等
14Cr11MoV	铬钼钒马氏体耐热钢。有较高的热强性，良好的减振性及组织稳定性。用于制作汽轮机叶片及导向叶片
18Cr12MoVNbN	铬钼钒铌氮马氏体型耐热钢。用于制作高温结构部件，如汽轮机叶片、盘、叶轮轴、螺栓等
15Cr12WMoV	铬钼钨钒马氏体型耐热钢。有较高的热强性，良好的减振性及组织稳定性。用于制作汽轮机叶片、紧固件、转子及轮盘
22Cr12NiWMoV	特性和用途类似于 13Cr11Ni2W2MoV（1Cr11Ni2W2MoV）。用于制作汽轮机叶片
13Cr11Ni2W2MoV	铬镍钨钼钒马氏体型耐热钢。具有良好的韧性和抗氧化性能，在淡水和湿空气中有较好的耐蚀性
18Cr11NiMoNbVN	具有良好的强韧性、抗蠕变性能和抗松弛性能，主要用于制作汽轮机高温紧固件和动叶片
42Cr9Si2 45Cr9Si3	铬硅马氏体阀门钢，750℃ 以下耐氧化。用于制作内燃机进气阀，轻负荷发动机的排气阀
40Cr10Si2Mo	铬硅钼马氏体阀门钢，经淬火回火后使用。因含有钼和硅，高温强度抗蠕变性能及抗氧化性能比 40Cr13（4Cr13）高。用于制作进、排气阀门，鱼雷，火箭部件，预燃烧室等
80Cr20Si2Ni	铬硅镍马氏体阀门钢。用于制作以耐磨性为主的进气阀、排气阀、阀座等
沉淀硬化型	
05Cr17Ni4Cu4Nb	添加铜和铌的马氏体沉淀硬化型钢，用于制作燃气透平压缩机叶片、燃气透平发动机周围材料
07Cr17Ni7Al	添加铝的半奥氏体沉淀硬化型钢，用于制作高温弹簧、膜片、固定器、波纹管
06Cr15Ni25Ti2-MoA1VB	奥氏体沉淀硬化型钢，具有高的缺口强度，在温度低于 980℃ 时抗氧化性能与 06Cr25Ni20（0Cr25Ni20）相当。主要用于制作 700℃ 以下的工作环境，要求具有高强度和优良耐蚀性的部件或设备，如汽轮机转子、叶片、骨架、燃烧室部件和螺栓等

4.1.5　型钢

4.1.5.1　热轧圆钢和方钢的尺寸规格（见表 1-4-25）

4.1.5.2　热轧六角钢和八角钢的尺寸规格（见表 1-4-26）

表 1-4-25　热轧圆钢和方钢的尺寸规格（GB/T 702—2017）

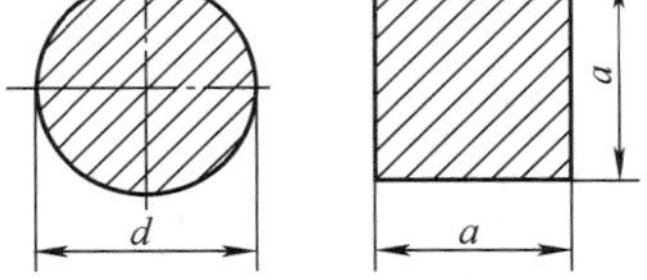

d—圆钢直径　　*a*—方钢边长

直径 *d*（或边长 *a*）/mm	精度组别 1 组	2 组	3 组	截面面积/cm^2 圆钢	方钢	理论重量/(kg/m) 圆钢	方钢	直径 *d*（或边长 *a*）/mm	精度组别 1 组	2 组	3 组	截面面积/cm^2 圆钢	方钢	理论重量/(kg/m) 圆钢	方钢
	允许偏差/mm								允许偏差/mm						
5.5	±0.25	±0.35	±0.40	0.2375	0.30	0.187	0.237	8	±0.25	±0.35	±0.40	0.5027	0.64	0.395	0.502
6				0.2827	0.36	0.222	0.283	9				0.6362	0.81	0.499	0.636
6.5				0.3318	0.42	0.260	0.332	10				0.7854	1.0	0.617	0.785
7				0.3848	0.49	0.302	0.385	*11				0.9503	1.21	0.746	0.950

（续）

直径 d（或边长 a）/mm	精度组别 1组	2组	3组	截面面积/cm² 圆钢	方钢	理论重量/(kg/m) 圆钢	方钢	直径 d（或边长 a）/mm	精度组别 1组	2组	3组	截面面积/cm² 圆钢	方钢	理论重量/(kg/m) 圆钢	方钢
	允许偏差/mm								允许偏差/mm						
12				1.131	1.44	0.888	1.13	53				22.06	28.09	17.3	22.0
13				1.327	1.69	1.04	1.33	*55	±0.60	±0.70	±0.80	23.76	30.25	18.6	23.7
14				1.539	1.96	1.21	1.54	56				24.63	31.36	19.3	24.6
15				1.767	2.25	1.39	1.77	*58				26.42	33.64	20.7	26.4
16	±0.25	±0.35	±0.40	2.011	2.56	1.58	2.01	60				28.27	36.00	22.2	28.3
17				2.270	2.89	1.78	2.27	63				31.17	39.69	24.5	31.2
18				2.545	3.24	2.00	2.54	*65				33.18	42.25	26.0	33.2
19				2.835	3.61	2.23	2.83	*68	±0.60	±0.70	±0.80	36.32	46.24	28.5	36.3
20				3.142	4.00	2.47	3.14	70				38.48	49.00	30.2	38.5
21				3.464	4.41	2.72	3.46	75				44.18	56.25	34.7	44.2
22				3.801	4.84	2.98	3.80	80				50.27	64.00	39.5	50.2
*23				4.155	5.29	3.26	4.15	85				56.75	72.25	44.5	56.7
24				4.524	5.76	3.55	4.52	90				63.62	81.00	49.9	63.6
25	±0.30	±0.40	±0.50	4.909	6.25	3.85	4.91	95	±0.90	±1.00	±1.10	70.88	90.25	55.6	70.8
26				5.309	6.76	4.17	5.31	100				78.54	100.00	61.7	78.5
*27				5.726	7.29	4.49	5.72	105				86.59	110.25	68.0	86.5
28				6.158	7.84	4.83	6.15	110				95.03	121.00	74.6	95.0
*29				6.605	8.41	5.18	6.60	115				103.82	132.26	81.5	104
30				7.069	9.00	5.55	7.06	120				113.10	144.00	88.8	113
*31				7.548	9.61	5.93	7.54	125	±1.20	±1.30	±1.40	122.72	156.25	96.3	123
32				8.042	10.24	6.31	8.04	130				132.73	169.00	104	133
*33				8.553	10.89	6.71	8.55	140				153.94	196.00	121	154
34				9.097	11.56	7.13	9.07	150				176.72	225.00	139	177
*35				9.621	12.25	7.55	9.62	160				201.06	256.00	158	201
36	±0.40	±0.50	±0.60	10.18	12.96	7.99	10.2	170				226.98	289.00	178	227
38				11.34	14.44	8.90	11.3	180	±1.60	±1.80	±2.00	254.47	324.00	200	254
40				12.57	16.00	9.86	12.6	190				283.53	361.00	223	283
42				13.85	17.64	10.9	13.8	200				314.16	400.00	247	314
45				15.90	20.25	12.5	15.9	220	±2.00	±2.50	±3.00	380.13	—	298	344
48				18.10	23.04	14.2	18.1	250				490.88	—	385	406
50				19.64	25.00	15.4	19.6								

注：1. 表中的理论质量是按钢的密度为 7.85g/cm³ 计算的。

2. 表中带"*"号的规格，不推荐使用。

3. 表中未列规格尺寸见 GB/T 702—2017。

表 1-4-26　热轧六角钢和八角钢的尺寸规格（GB/T 702—2017）

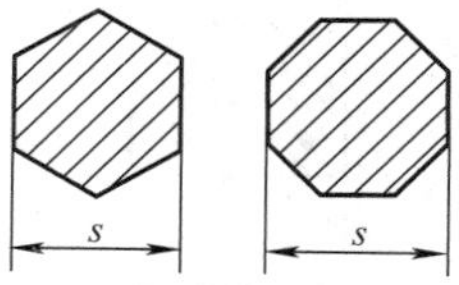

s—对边距离

对边距离 s/mm	允许偏差/mm			截面面积/cm^2		理论重量/(kg/m)	
	1 组	2 组	3 组	六角钢	八角钢	六角钢	八角钢
8	±0.25	±0.35	±0.40	0.5543	—	0.435	—
9				0.7015	—	0.551	—
10				0.866	—	0.680	—
11				1.048	—	0.823	—
12				1.247	—	0.979	—
13				1.464	—	1.15	—
14				1.697	—	1.33	—
15				1.949	—	1.53	—
16				2.217	2.120	1.74	1.66
17				2.503	—	1.96	—
18				2.806	2.683	2.20	2.16
19				3.126	—	2.45	—
20				3.464	3.312	2.72	2.60
21	±0.30	±0.40	±0.50	3.819	—	3.00	—
22				4.192	4.008	3.29	3.15
23				4.581	—	3.60	—
24				4.988	—	3.92	—
25				5.413	5.175	4.25	4.06
26				5.854	—	4.60	—
27				6.314	—	4.96	—

对边距离 s/mm	允许偏差/mm			截面面积/cm^2		理论重量/(kg/m)	
	1 组	2 组	3 组	六角钢	八角钢	六角钢	八角钢
28	±0.30	±0.40	±0.50	6.790	6.492	5.33	5.10
30				7.794	7.452	6.12	5.85
32	±0.40	±0.50	±0.60	8.868	8.479	6.96	6.66
34				10.011	9.572	7.86	7.51
36				11.223	10.731	8.81	8.42
38				12.505	11.956	9.82	9.39
40				13.86	13.25	10.88	10.40
42				15.28	—	11.99	—
45				17.54	—	13.77	—
48				19.95	—	15.66	—
50				21.65	—	17.00	—
53	±0.60	±0.70	±0.80	24.33	—	19.10	—
56				27.16	—	21.32	—
58				29.13	—	22.87	—
60				31.18	—	24.50	—
63				34.37	—	26.98	—
65				36.59	—	28.72	—
68				40.04	—	31.43	—
70				42.43	—	33.30	—

注：1. 表列理论质量系按密度 7.85g/cm^3 计算的。

2. 钢的通常长度为 2~6m，短尺长度≥1.5m。

4.1.5.3 冷拉圆钢、方钢、六角钢的尺寸规格（见表1-4-27）

表1-4-27 冷拉圆钢、方钢、六角钢的尺寸规格(GB/T 905—1994)

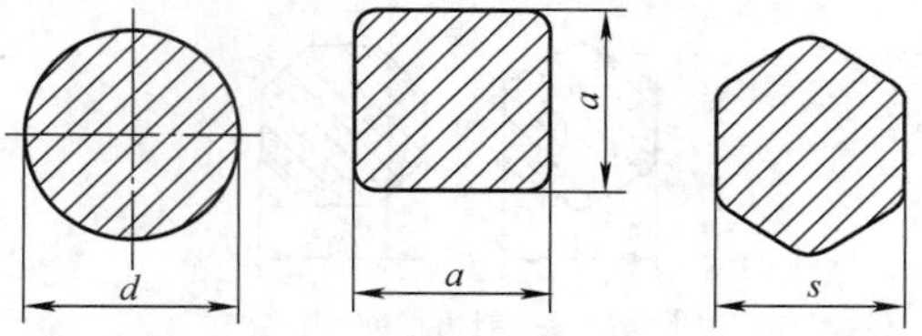

尺寸(d、a、s)/mm	圆钢 截面面积/mm²	圆钢 理论重量/(kg/m)	方钢 截面面积/mm²	方钢 理论重量/(kg/m)	六角钢 截面面积/mm²	六角钢 理论重量/(kg/m)	尺寸(d、a、s)/mm	圆钢 截面面积/mm²	圆钢 理论重量/(kg/m)	方钢 截面面积/mm²	方钢 理论重量/(kg/m)	六角钢 截面面积/mm²	六角钢 理论重量/(kg/m)
7.0	38.48	0.302	49.00	0.385	42.44	0.333	26.0	530.9	4.17	676.0	5.31	585.4	4.60
7.5	44.18	0.347	56.25	0.442	—	—	28.0	615.8	4.83	784.0	6.15	679.0	5.33
8.0	50.27	0.395	64.00	0.502	55.43	0.435	30.0	706.9	5.55	900.0	7.06	779.4	6.12
8.5	56.75	0.445	72.25	0.567	—	—	32.0	804.2	6.31	1024	8.04	886.8	6.96
9.0	63.62	0.499	81.00	0.636	70.15	0.551	34.0	907.9	7.13	1156	9.07	1001	7.86
9.5	70.88	0.556	90.25	0.708	—	—	35.0	962.1	7.55	1225	9.62	—	—
10.0	78.54	0.617	100.0	0.785	86.60	0.680	36.0	—	—	—	—	1122	8.81
10.5	86.59	0.680	110.2	0.865	—	—	38.0	1134	8.90	1444	11.3	1251	9.82
11.0	95.03	0.746	121.0	0.950	104.8	0.823	40.0	1257	9.86	1600	12.6	1386	10.9
11.5	103.9	0.815	132.2	1.04	—	—	42.0	1385	10.9	1764	13.8	1528	12.0
12.0	113.1	0.888	144.0	1.13	124.7	0.979	45.0	1590	12.5	2025	15.9	1754	13.8
13.0	132.7	1.04	169.0	1.33	146.4	1.15	48.0	1810	14.2	2304	18.1	1995	15.7
14.0	153.9	1.21	196.0	1.54	169.7	1.33	50.0	1968	15.4	2500	19.6	2165	17.0
15.0	176.7	1.39	225.0	1.77	194.9	1.53	52.0	2206	17.3	2809	22.0	2433	19.1
16.0	201.1	1.58	256.0	2.01	221.7	1.74	55.0	—	—	—	—	2620	20.5
17.0	227.0	1.78	289.0	2.27	250.3	1.96	56.0	2463	19.3	3136	24.6	—	—
18.0	254.5	2.00	324.0	2.54	280.6	2.20	60.0	2827	22.2	3600	28.3	3118	24.5
19.0	283.5	2.23	361.0	2.83	312.6	2.45	63.0	3117	24.5	3969	31.2	—	—
20.0	314.2	2.47	400.0	3.14	346.4	2.72	65.0	—	—	—	—	3654	28.7
21.0	346.4	2.72	441.0	3.46	381.9	3.00	67.0	3526	27.7	4489	35.2	—	—
22.0	380.1	2.98	484.0	3.80	419.2	3.29	70.0	3848	30.2	4900	38.5	4244	33.3
24.0	452.4	3.55	576.0	4.52	498.8	3.92	75.0	4418	34.7	5625	44.2	4871	38.2
25.0	490.9	3.85	625.0	4.91	541.3	4.25	80.0	5027	39.5	6400	50.2	5543	43.5

注：1. 表内尺寸一栏，对圆钢表示直径，对方钢表示边长，对六角钢表示对边距离。未列尺寸见GB/T 905—1994。

2. 表中理论质量按密度为7.85g/cm³计算。对高合金钢计算理论质量时应采用相应牌号的密度。

4.1.5.4　热轧扁钢的尺寸规格（见表 1-4-28 和表 1-4-29）

表 1-4-28　一般用途热轧扁钢的尺寸规格（GB/T 702—2017）

公称宽度/mm	厚度/mm																								
	3	4	5	6	7	8	9	10	11	12	14	16	18	20	22	25	28	30	32	36	40	45	50	56	60
	理论重量/(kg/m)																								
10	0.24	0.31	0.39	0.47	0.55	0.63																			
12	0.28	0.38	0.47	0.57	0.66	0.75																			
14	0.33	0.44	0.55	0.66	0.77	0.88																			
16	0.38	0.50	0.63	0.75	0.88	1.00	1.15	1.26																	
18	0.42	0.57	0.71	0.85	0.99	1.13	1.27	1.41																	
20	0.47	0.63	0.78	0.94	1.10	1.26	1.41	1.57	1.73	1.88															
22	0.52	0.69	0.86	1.04	1.21	1.38	1.55	1.73	1.90	2.07															
25	0.59	0.78	0.98	1.18	1.37	1.57	1.77	1.96	2.16	2.36	2.75	3.14													
28	0.66	0.88	1.10	1.32	1.54	1.76	1.98	2.20	2.42	2.64	3.08	3.53													
30	0.71	0.94	1.18	1.41	1.65	1.88	2.12	2.36	2.59	2.83	3.30	3.77	4.24	4.71											
32	0.75	1.00	1.26	1.51	1.76	2.01	2.26	2.55	2.76	3.01	3.52	4.02	4.52	5.02											
35	0.82	1.10	1.37	1.65	1.92	2.20	2.47	2.75	3.02	3.30	3.85	4.40	4.95	5.50	6.04	6.87	7.69								
40	0.94	1.26	1.57	1.88	2.20	2.51	2.83	3.14	3.45	3.77	4.40	5.02	5.65	6.28	6.91	7.85	8.79								
45	1.06	1.41	1.77	2.12	2.47	2.83	3.18	3.53	3.89	4.24	4.95	5.65	6.36	7.07	7.77	8.83	9.89	10.60	11.30	12.72					
50	1.18	1.57	1.96	2.36	2.75	3.14	3.53	3.93	4.32	4.71	5.50	6.28	7.06	7.85	8.64	9.81	10.99	11.78	12.56	14.13					
55		1.73	2.16	2.59	3.02	3.45	3.89	4.32	4.75	5.18	6.04	6.91	7.77	8.64	9.50	10.79	12.09	12.95	13.82	15.54					
60		1.88	2.36	2.83	3.30	3.77	4.24	4.71	5.18	5.65	6.59	7.54	8.48	9.42	10.36	11.78	13.19	14.13	15.07	16.96	18.84	21.20			
65		2.04	2.55	3.06	3.57	4.08	4.59	5.10	5.61	6.12	7.14	8.16	9.18	10.20	11.23	12.76	14.29	15.31	16.33	18.37	20.41	22.96			
70		2.20	2.75	3.30	3.85	4.40	4.95	5.50	6.04	6.59	7.69	8.79	9.89	10.99	12.09	13.74	15.39	16.49	17.58	19.78	21.98	24.73			
75		2.36	2.94	3.53	4.12	4.71	5.30	5.89	6.48	7.07	8.24	9.42	10.60	11.78	12.95	14.72	16.48	17.66	18.84	21.20	23.55	26.49			
80		2.51	3.14	3.77	4.40	5.02	5.65	6.28	6.91	7.54	8.79	10.05	11.30	12.56	13.82	15.70	17.58	18.84	20.10	22.61	25.12	28.26	31.40	35.17	
85			3.34	4.00	4.67	5.34	6.01	6.67	7.34	8.01	9.34	10.68	12.01	13.34	14.68	16.68	18.68	20.02	21.35	24.02	26.69	30.03	33.36	37.37	40.04
90			3.53	4.24	4.95	5.65	6.36	7.07	7.77	8.48	9.89	11.30	12.72	14.13	15.54	17.66	19.78	21.20	22.61	25.43	28.26	31.79	35.32	39.56	42.39
95			3.73	4.47	5.22	5.97	6.71	7.46	8.20	8.95	10.44	11.93	13.42	14.92	16.41	18.64	20.88	22.37	23.86	26.85	29.83	33.56	37.29	41.76	44.74
100			3.92	4.71	5.50	6.28	7.06	7.85	8.64	9.42	10.99	12.56	14.13	15.70	17.27	19.62	21.98	23.55	25.12	28.26	31.40	35.32	39.25	43.96	47.10
105			4.12	4.95	5.77	6.59	7.42	8.24	9.07	9.89	11.54	13.19	14.84	16.48	18.13	20.61	23.08	24.73	26.38	29.67	32.97	37.09	41.21	46.16	49.46
110			4.32	5.18	6.04	6.91	7.77	8.64	9.50	10.36	12.09	13.82	15.54	17.27	19.00	21.59	24.18	25.90	27.63	31.09	34.54	38.86	43.18	48.36	51.81
120			4.71	5.65	6.59	7.54	8.48	9.42	10.36	11.30	13.19	15.07	16.96	18.84	20.72	23.55	26.38	28.26	30.14	33.91	37.68	42.39	47.10	52.75	56.52
125				5.89	6.87	7.85	8.83	9.81	10.79	11.78	13.74	15.70	17.66	19.62	21.58	24.53	27.48	29.44	31.40	35.32	39.25	44.16	49.06	54.95	58.88
130				6.12	7.14	8.16	9.18	10.20	11.23	12.25	14.29	16.33	18.37	20.41	22.45	25.51	28.57	30.62	32.66	36.74	40.82	45.92	51.02	57.15	61.23
140					7.69	8.79	9.89	10.99	12.09	13.19	15.39	17.58	19.78	21.98	24.18	27.48	30.77	32.97	35.17	39.56	43.96	49.46	54.95	61.54	65.94
150					8.24	9.42	10.60	11.78	12.95	14.13	16.48	18.84	21.20	23.55	25.90	29.44	32.97	35.32	37.68	42.39	47.10	52.99	58.88	65.94	70.65
160					8.79	10.05	11.30	12.56	13.82	15.07	17.58	20.10	22.61	25.12	27.63	31.40	35.17	37.68	40.19	45.22	50.24	56.52	62.80	70.34	75.36
180					9.89	11.30	12.72	14.13	15.54	16.96	19.78	22.61	25.43	28.26	31.09	35.32	39.56	42.39	45.22	50.87	56.52	63.58	70.65	79.13	84.78
200					10.99	12.56	14.13	15.70	17.27	18.84	21.98	25.12	28.26	31.40	34.54	39.25	43.96	47.10	50.24	56.52	62.80	70.65	78.50	87.92	94.20

注：1. 表中的理论重量按密度 7.85g/m^3 计算。

2. 经供需双方协商并在合同中注明，也可提供除表中以外的尺寸及理论重量。

表 1-4-29 热轧工具钢扁钢的尺寸规格

公称宽度 mm	扁钢公称厚度/mm																				
	4	6	8	10	13	16	18	20	23	25	28	32	36	40	45	50	56	63	71	80	90	100
	理论重量/(kg/m)																					
10	0.31	0.47	0.63																			
13	0.41	0.61	0.82	1.02																		
16	0.50	0.75	1.00	1.26	1.63																	
20	0.63	0.94	1.26	1.57	2.04	2.51	2.83															
25	0.79	1.18	1.57	1.96	2.55	3.14	3.53	3.93	4.51													
32	1.00	1.51	2.01	2.51	3.27	4.02	4.52	5.02	5.78	6.28	7.03											
40	1.26	1.88	2.51	3.14	4.08	5.02	5.65	6.28	7.22	7.85	8.79	10.05	11.30									
50	1.57	2.36	3.14	3.93	5.10	6.28	7.07	7.85	9.03	9.81	10.99	12.56	14.13	15.70	17.66							
63	1.98	2.97	3.96	4.95	6.43	7.91	8.90	9.89	11.37	12.36	13.85	15.83	17.80	19.78	22.25	24.73	27.69					
71	2.23	3.34	4.46	5.57	7.25	8.92	10.03	11.15	12.82	13.93	15.61	17.84	20.06	22.29	25.08	27.87	31.21	35.11				
80	2.51	3.77	5.02	6.28	8.16	10.05	11.30	12.56	14.44	15.70	17.58	20.10	22.61	25.12	28.26	31.40	35.17	39.56	44.59			
90	2.83	4.24	5.65	7.07	9.18	11.30	12.72	14.13	16.25	17.66	19.78	22.61	25.43	28.26	31.79	35.33	39.56	44.51	50.16	56.52		
100	3.14	4.71	6.28	7.85	10.21	12.56	14.13	15.70	18.06	19.63	21.98	25.12	28.26	31.40	35.33	39.25	43.96	49.46	55.74	62.80	70.65	
112	3.52	5.28	7.03	8.79	11.43	14.07	15.83	17.58	20.22	21.98	24.62	28.13	31.65	35.17	39.56	43.96	49.24	55.39	62.42	70.34	79.13	87.92
125	3.93	5.89	7.85	9.81	12.76	15.70	17.66	19.63	22.57	24.53	27.48	31.40	35.33	39.25	44.16	49.06	54.95	61.82	69.67	78.50	88.31	98.13
140	4.40	6.59	8.79	10.99	14.29	17.58	19.78	21.98	25.28	27.48	30.77	35.17	39.56	43.96	49.46	54.95	61.54	69.24	78.03	87.92	98.91	109.90
160	5.02	7.54	10.05	12.56	16.33	20.10	22.61	25.12	28.89	31.40	35.17	40.19	45.22	50.24	56.52	62.80	70.34	79.13	89.18	100.48	113.04	125.60
180	5.65	8.48	11.30	14.13	18.37	22.61	25.43	28.26	32.50	35.33	39.56	45.22	50.87	56.52	63.59	70.65	79.13	89.02	100.32	113.04	127.17	141.30
200	6.28	9.42	12.56	15.70	20.41	25.12	28.26	31.40	36.11	39.25	43.96	50.24	56.52	62.80	70.65	78.50	87.92	98.91	111.47	125.60	141.30	157.00
224	7.03	10.55	14.07	17.58	22.86	28.13	31.65	35.17	40.44	43.96	49.24	56.27	63.30	70.34	79.13	87.92	98.47	110.78	124.85	140.67	158.26	175.84
250	7.85	11.78	15.70	19.63	25.51	31.40	35.33	39.25	45.14	49.06	54.95	62.80	70.65	78.50	88.31	98.13	109.90	123.64	139.34	157.00	176.63	196.25
280	8.79	13.19	17.58	21.98	28.57	35.17	39.56	43.96	50.55	54.95	61.54	70.34	79.13	87.92	98.91	109.90	123.09	138.47	156.06	175.84	197.82	219.80
310	9.73	14.60	19.47	24.34	31.64	38.94	43.80	48.67	55.97	60.84	68.14	77.87	87.61	97.34	109.51	121.68	136.28	153.31	172.78	194.68	219.02	243.35

注：表中的理论重量按密度 7.85g/m³ 计算，对于高合金钢，计算理论重量时应采用相应牌号的密度进行计算。

4.1.5.5 优质结构钢冷拉扁钢的尺寸规格（见表1-4-30）

表1-4-30 优质结构钢冷拉扁钢的尺寸规格（YB/T 037—2005）

宽度/mm	厚度/mm														
	5	6	7	8	9	10	11	12	14	15	16	18	20	25	30
	理论重量/(kg/m)(密度7.85g/cm³)														
8	0.31	0.38	0.44												
10	0.39	0.47	0.55	0.63	0.71										
12	0.47	0.55	0.66	0.75	0.85	0.94	1.04								
13	0.51	0.61	0.71	0.82	0.92	1.02	1.12								
14	0.55	0.66	0.77	0.88	0.99	1.10	1.21	1.32							
15	0.59	0.71	0.82	0.94	1.06	1.18	1.29	1.41							
16	0.63	0.75	0.88	1.00	1.13	1.26	1.38	1.51	1.76						
18	0.71	0.85	0.99	1.13	1.27	1.41	1.55	1.70	1.96	2.12	2.26				
20	0.78	0.94	1.10	1.26	1.41	1.57	1.73	1.88	2.28	2.36	2.51	2.63			
22	0.86	1.04	1.21	1.38	1.55	1.73	1.90	2.07	2.42	2.69	2.76	3.11	3.45		
24	0.94	1.13	1.32	1.51	1.69	1.88	2.07	2.26	2.64	2.83	3.01	3.39	3.77		
25	0.98	1.18	1.37	1.57	1.77	1.96	2.16	2.36	2.75	2.94	3.14	3.53	3.92		
28	1.10	1.32	1.54	1.76	1.98	2.20	2.42	2.64	3.08	3.28	3.52	3.96	4.40	5.49	
30	1.18	1.41	1.65	1.88	2.12	2.36	2.59	2.83	3.30	3.53	3.77	4.24	4.71	5.89	
32		1.51	1.76	2.01	2.26	2.51	2.76	3.01	3.52	3.77	4.02	4.52	5.02	6.28	7.54
35		1.65	1.92	2.19	2.47	2.75	3.02	3.29	3.85	4.12	4.39	4.95	5.49	6.87	8.24
36		1.70	1.98	2.26	2.54	2.83	3.11	3.39	3.96	4.24	4.52	5.09	5.65	7.06	8.48
38			2.09	2.39	2.68	2.98	3.28	3.58	4.18	4.47	4.77	5.37	5.97	7.46	8.95
40			2.20	2.51	2.83	3.14	3.45	3.77	4.40	4.71	5.02	5.65	6.20	7.85	9.42
45				2.83	3.18	3.53	3.89	4.24	4.95	5.29	5.65	6.36	7.06	8.83	10.60
50					3.53	3.92	4.32	4.71	5.50	5.89	6.28	7.06	7.85	9.81	11.78

4.1.5.6 热轧等边角钢的尺寸规格（见表1-4-31）

表1-4-31 热轧等边角钢的尺寸规格（GB/T 706—2016）

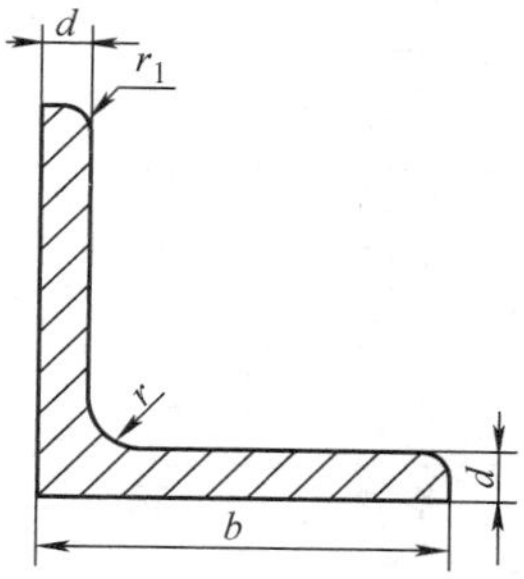

型号	截面尺寸/mm			截面面积/cm²	理论重量/(kg/m)
	b	d	r		
2	20	3	3.5	1.132	0.89
		4		1.459	1.15
2.5	25	3		1.432	1.12
		4		1.859	1.46
3.0	30	3	4.5	1.749	1.37
		4		2.276	1.79
3.6	36	3		2.109	1.66
		4		2.756	2.16
		5		3.382	2.65

型号	截面尺寸/mm			截面面积/cm²	理论重量/(kg/m)
	b	d	r		
4	40	3	5	2.359	1.85
		4		3.086	2.42
		5		3.792	2.98
4.5	45	3		2.659	2.09
		4		3.486	2.74
		5		4.292	3.37
		6		5.077	3.99
5	50	3	5.5	2.971	2.33
		4		3.897	3.06

（续）

型号	截面尺寸/mm			截面面积	理论重量
	b	d	r	/cm²	/(kg/m)
5	50	5	5.5	4.803	3.77
		6		5.688	4.46
5.6	56	3	6	3.343	2.62
		4		4.39	3.45
		5		5.415	4.25
		6		6.42	5.04
		7		7.404	5.81
		8		8.367	6.57
6	60	5	6.5	5.829	4.58
		6		6.914	5.43
		7		7.977	6.26
		8		9.02	7.08
6.3	63	4	7	4.978	3.91
		5		6.143	4.82
		6		7.288	5.72
		7		8.412	6.60
		8		9.515	7.47
		10		11.66	9.15
7	70	4	8	5.570	4.37
		5		6.876	5.40
		6		8.160	6.41
		7		9.424	7.40
		8		10.67	8.37
7.5	75	5	9	7.412	5.82
		6		8.797	6.91
		7		10.16	7.98
		8		11.50	9.03
		9		12.83	10.1
		10		14.13	11.1
8	80	5		7.912	6.21
		6		9.397	7.38
		7		10.86	8.53
		8		12.30	9.66
		9		13.73	10.8
		10		15.13	11.9
9	90	6	10	10.64	8.35
		7		12.30	9.66
		8		13.94	10.9
		9		15.57	12.2
		10		17.17	13.5
		12		20.31	15.9
10	100	6	12	11.93	9.37
		7		13.80	10.8
		8		15.64	12.3
		9		17.46	13.7
		10		19.26	15.1
		12		22.80	17.9
		14		26.26	20.6
		16		29.63	23.3
11	110	7	12	15.20	11.9
		8		17.24	13.5
		10		21.26	16.7
		12		25.20	19.8
		14		29.06	22.8
12.5	125	8	14	19.75	15.5
		10		24.37	19.1
		12		28.91	22.7
		14		33.37	26.2
		16		37.74	29.6
14	140	10		27.37	21.5
		12		32.51	25.5
		14		37.57	29.5
		16		42.54	33.4
15	150	8	16	23.75	18.6
		10		29.37	23.1
		12		34.91	27.4
		14		40.37	31.7
		15		43.06	33.8
		16		45.74	35.9
16	160	10		31.50	24.7
		12		37.44	29.4
		14		43.30	34.0
		16		49.07	38.5
18	180	12		42.24	33.2
		14		48.90	38.4
		16		55.47	43.5
		18		61.96	48.6
20	200	14	18	54.64	42.9
		16		62.01	48.7
		18		69.30	54.4
		20		76.51	60.1
		24		90.66	71.2
22	220	16	21	68.67	53.9
		18		76.75	60.3
		20		84.76	66.5
		22		92.68	72.8
		24		100.5	78.9
		26		108.3	85.0
25	250	18	24	87.84	69.0
		20		97.05	76.2
		22		106.2	83.3
		24		115.2	90.4
		26		124.2	97.5
		28		133.0	104
		30		141.8	111
		32		150.5	118
		35		163.4	128

注：截面图中的 $r_1=1/3d$ 及表中 r 的数据用于孔型设计，不做交货条件。

4.1.5.7　热轧不等边角钢的尺寸规格（见表 1-4-32）

表 1-4-32　热轧不等边角钢的尺寸规格（GB/T 706—2016）

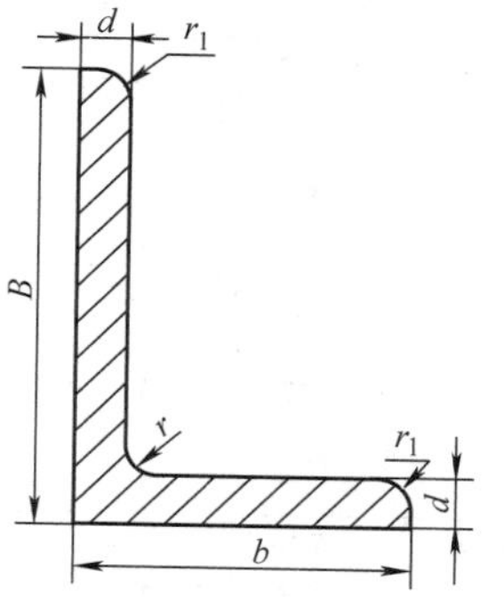

型号	截面尺寸/mm B	b	d	r	截面面积/cm^2	理论重量/(kg/m)
2.5/1.6	25	16	3	3.5	1.162	0.91
			4		1.499	1.18
3.2/2	32	20	3		1.492	1.17
			4		1.939	1.52
4/2.5	40	25	3	4	1.890	1.48
			4		2.467	1.94
4.5/2.8	45	28	3	5	2.149	1.69
			4		2.806	2.20
5/3.2	50	32	3	5.5	2.413	1.91
			4		3.177	2.49
5.6/3.6	56	36	3	6	2.743	2.15
			4		3.590	2.82
			5		4.415	3.47
6.3/4	63	40	4	7	4.058	3.19
			5		4.993	3.92
			6		5.908	4.64
			7		6.802	5.34
7/4.5	70	45	4	7.5	4.553	3.57
			5		5.609	4.40
			6		6.644	5.22
			7		7.658	6.01
7.5/5	75	50	5	8	6.126	4.81
			6		7.260	5.70
			8		9.467	7.43
			10		11.59	9.10
8/5	80	50	5		6.376	5.00
			6		7.560	5.93
			7		8.724	6.85
			8		9.867	7.75
9/5.6	90	56	5	9	7.212	5.66
			6		8.557	6.72
			7		9.881	7.76
			8		11.18	8.78
10/6.3	100	63	6	10	9.618	7.55
			7		11.11	8.72
			8		12.58	9.88

型号	截面尺寸/mm B	b	d	r	截面面积/cm^2	理论重量/(kg/m)
10/6.3	100	63	10	10	15.47	12.1
10/8	100	80	6	10	10.64	8.35
			7		12.30	9.66
			8		13.94	10.9
			10		17.17	13.5
11/7	110	70	6	10	10.64	8.35
			7		12.30	9.66
			8		13.94	10.9
			10		17.17	13.5
12.5/8	125	80	7	11	14.10	11.1
			8		15.99	12.6
			10		19.71	15.5
			12		23.35	18.3
14/9	140	90	8	12	18.04	14.2
			10		22.26	17.5
			12		26.40	20.7
			14		30.46	23.9
15/9	150	90	8		18.84	14.8
			10		23.26	18.3
			12		27.60	21.7
			14		31.86	25.0
			15		33.95	26.7
			16		36.03	28.3
16/10	160	100	10	13	25.32	19.9
			12		30.05	23.6
			14		34.71	27.2
			16		39.28	30.8
18/11	180	110	10	14	28.37	22.3
			12		33.71	26.5
			14		38.97	30.6
			16		44.14	34.6
20/12.5	200	125	12		37.91	29.8
			14		43.87	34.4
			16		49.74	39.0
			18		55.53	43.6

注：截面图中的 $r_1=1/3d$ 及表中 r 的数据用于孔/设计，不做交货条件。

4.1.5.8　热轧工字钢的尺寸规格（见表1-4-33）

表1-4-33　热轧工字钢的尺寸规格（GB/T 706—2008）

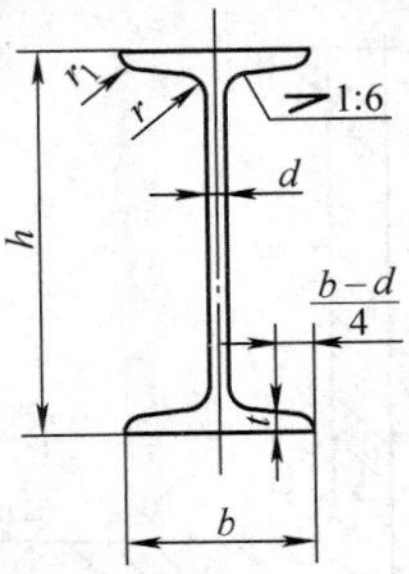

型号	截面尺寸/mm						截面面积/cm²	理论重量/(kg/m)
	h	b	d	t	r	r_1		
10	100	68	4.5	7.6	6.5	3.3	14.33	11.3
12	120	74	5.0	8.4	7.0	3.5	17.80	14.0
12.6	126	74	5.0	8.4	7.0	3.5	18.10	14.2
14	140	80	5.5	9.1	7.5	3.8	21.50	16.9
16	160	88	6.0	9.9	8.0	4.0	26.11	20.5
18	180	94	6.5	10.7	8.5	4.3	30.74	24.1
20a	200	100	7.0	11.4	9.0	4.5	35.55	27.9
20b		102	9.0				39.55	31.1
22a	220	110	7.5	12.3	9.5	4.8	42.10	33.1
22b		112	9.5				46.50	36.5
24a	240	116	8.0	13.0	10.0	5.0	47.71	37.5
24b		118	10.0				52.51	41.2
25a	250	116	8.0				48.51	38.1
25b		118	10.0				53.51	42.0
27a	270	122	8.5	13.7	10.5	5.3	54.52	42.8
27b		124	10.5				59.92	47.0
28a	280	122	8.5				55.37	43.5
28b		124	10.5				60.97	47.9
30a	300	126	9.0	14.4	11.0	5.5	61.22	48.1
30b		128	11.0				67.22	52.8
30c		130	13.0				73.22	57.5
32a	320	130	9.5	15.0	11.5	5.8	67.12	52.7
32b		132	11.5				73.52	57.7
32c		134	13.5				79.92	62.7

型号	截面尺寸/mm						截面面积/cm²	理论重量/(kg/m)
	h	b	d	t	r	r_1		
36a	360	136	10.0	15.8	12.0	6.0	76.44	60.0
36b		138	12.0				83.64	65.7
36c		140	14.0				90.84	71.3
40a	400	142	10.5	16.5	12.5	6.3	86.07	67.6
40b		144	12.5				94.07	73.8
40c		146	14.5				102.1	80.1
45a	450	150	11.5	18.0	13.5	6.8	102.4	80.4
45b		152	13.5				111.4	87.4
45c		154	15.5				120.4	94.5
50a	500	158	12.0	20.0	14.0	7.0	119.2	93.6
50b		160	14.0				129.2	101
50c		162	16.0				139.2	109
55a	550	166	12.5	21.0	14.5	7.3	134.1	105
55b		168	14.5				145.1	114
55c		170	16.5				156.1	123
56a	560	166	12.5				135.4	106
56b		168	14.5				146.6	115
56c		170	16.5				157.8	124
63a	630	176	13.0	22.0	15.0	7.5	154.6	121
63b		178	15.0				167.2	131
63c		180	17.0				179.8	141

注：表中 r、r_1 的数据用于孔型设计，不做交货条件。

4.1.5.9　热轧槽钢的尺寸规格（见表 1-4-34）

表 1-4-34　热轧槽钢的尺寸规格（GB/T 706—2016）

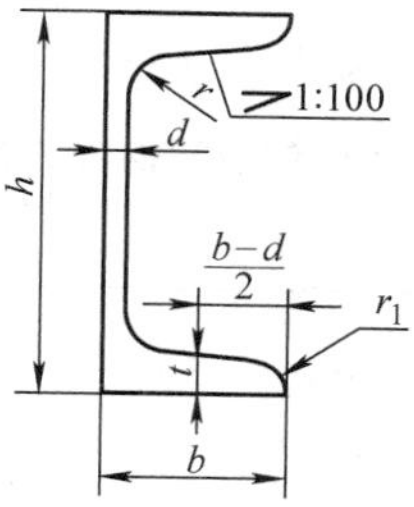

型号	截面尺寸/mm						截面面积/cm^2	理论重量/(kg/m)
	h	b	d	t	r	r_1		
5	50	37	4.5	7.0	7.0	3.5	6.925	5.44
6.3	63	40	4.8	7.5	7.5	3.8	8.446	6.63
6.5	65	40	4.3	7.5	7.5	3.8	8.292	6.51
8	80	43	5.0	8.0	8.0	4.0	10.24	8.04
10	100	48	5.3	8.5	8.5	4.2	12.74	10.0
12	120	53	5.5	9.0	9.0	4.5	15.36	12.1
12.6	126	53	5.5	9.0	9.0	4.5	15.69	12.3
14a	140	58	6.0	9.5	9.5	4.8	18.51	14.5
14b		60	8.0				21.31	16.7
16a	160	63	6.5	10.0	10.0	5.0	21.95	17.2
16b		65	8.5				25.15	19.8
18a	180	68	7.0	10.5	10.5	5.2	25.69	20.2
18b		70	9.0				29.29	23.0
20a	200	73	7.0	11.0	11.0	5.5	28.83	22.6
20b		75	9.0				32.83	25.8
22a	220	77	7.0	11.5	11.5	5.8	31.83	25.0
22b		79	9.0				36.23	28.5
24a	240	78	7.0	12.0	12.0	6.0	34.21	26.9
24b		80	9.0				39.01	30.6
24c		82	11.0				43.81	34.4

型号	截面尺寸/mm						截面面积/cm^2	理论重量/(kg/m)
	h	b	d	t	r	r_1		
25a	250	78	7.0	12.0	12.0	6.0	34.91	27.4
25b		80	9.0				39.91	31.3
25c		82	11.0				44.91	35.3
27a	270	82	7.5	12.5	12.5	6.2	39.27	30.8
27b		84	9.5				44.67	35.1
27c		86	11.5				50.07	39.3
28a	280	82	7.5				40.02	31.4
28b		84	9.5				45.62	35.8
28c		86	11.5				51.22	40.2
30a	300	85	7.5	13.5	13.5	6.8	43.89	34.5
30b		87	9.5				49.89	39.2
30c		89	11.5				55.89	43.9
32a	320	88	8.0	14.0	14.0	7.0	48.50	38.1
32b		90	10.0				54.90	43.1
32c		92	12.0				61.30	48.1
36a	360	96	9.0	16.0	16.0	8.0	60.89	47.8
36b		98	11.0				68.09	53.5
36c		100	13.0				75.29	59.1
40a	400	100	10.5	18.0	18.0	9.0	75.04	58.9
40b		102	12.5				83.04	65.2
40c		104	14.5				91.04	71.5

注：表中 r、r_1 的数据用于孔型设计，不做交货条件。

4.1.6 钢板和钢带

4.1.6.1 热轧钢板和钢带（GB/T 709—2019）

1. 热轧钢板和钢带的分类和代号（见表1-4-35）

表1-4-35 热轧钢板和钢带的分类和代号

按边缘状态分		按厚度精度分	
分类	代号	分类	代号
切边	EC	普通厚度精度	PT. A
不切边	EM	较高厚度精度	PT. B
按厚度偏差种类分		按不平度度精度分	
N类偏差	上偏差和下偏差相等	普通不平度精度	PT. A
A类偏差	按工程厚度规定下偏差		
B类偏差	固定下偏差为-0.30mm	较高不平度精度	PT. B
C类偏差	固定下偏差为-0.00mm		

2. 热轧钢板和钢带的公称尺寸范围（见表1-4-36）

表1-4-36 热轧钢板和钢带的公称尺寸范围（单位：mm）

产品名称	公称厚度	公称宽度	公称长度
单轧钢板	3.00~450	600~5300	2000~25000
宽钢带	≤25.40	600~2200	—
连轧钢板	≤25.40	600~2200	2000~25000
纵切钢带	≤25.40	120~900	—

注：推荐的公称尺寸：

1）单轧钢板的公称厚度在表1-4-36中所规定范围内，厚度小于30mm的钢板按0.5mm倍数的任何尺寸：厚度不小于30mm的钢板按1mm倍数的任何尺寸。

2）单轧钢板的公称宽度在表1-4-36中所规定范围内，按10mm或50mm倍数的任何尺寸。

3）钢带（包括连轧钢板）的公称厚度在表1-4-36中所规定范围内，按0.1mm倍数的任何尺寸。

4）钢带（包括连轧钢板）的公称宽度在表1-4-36中所规定范围内，按10mm倍数的任何尺寸。

5）钢板的长度在表1-4-36中规定范围内，按50mm或100mm倍数的任何尺寸。

6）根据需方要求，经供需双方协议，可供应推荐公称尺寸以外的其他尺寸的钢板和钢带。

3. 热轧钢板理论计重的计算方法（见表1-4-37）

表1-4-37 热轧钢板理论计重的计算方法

计算顺序	计算方法	结果的修约
基本重量/kg/(mm·m^2)	7.85(厚度1mm,面积$1m^2$的重量)	—
单位重量/kg/m^2	基本重量[kg/(mm·m^2)]×厚度(mm)	修约到有效数字4位
钢板的面积/m^2	宽度(m)×长度(m)	修约到有效数字4位
一张钢板的重量/kg	单位重量(kg/m^2)×面积(m^2)	修约到有效数字3位，当超过1000kg时修约到kg的整数值
总重量/kg	各张钢板重量之和	kg的整数值

4.1.6.2　冷轧钢板和钢带（GB/T 708—2019）

1. 冷轧钢板和钢带的分类和代号（见表 1-4-38）

表 1-4-38　冷轧钢板和钢带的分类和代号

<table>
<tr><td colspan="2">按边缘状态分</td><td colspan="2">按尺寸精度分</td></tr>
<tr><td>分类</td><td>代号</td><td>分类</td><td>代号</td></tr>
<tr><td>切边</td><td>EC</td><td>普通厚度精度</td><td>PT. A</td></tr>
<tr><td>不切边</td><td>EM</td><td>较高厚度精度</td><td>PT. B</td></tr>
<tr><td colspan="2">按不平度度精度分</td><td>普通宽度精度</td><td>PW. A</td></tr>
<tr><td>普通不平度精度</td><td>PT. A</td><td>较高宽度精度</td><td>PW. B</td></tr>
<tr><td rowspan="2">较高不平度精度</td><td rowspan="2">PT. B</td><td>普通长度精度</td><td>PL. A</td></tr>
<tr><td>较高长度精度</td><td>PL. B</td></tr>
</table>

2. 冷轧钢板和钢带的尺寸范围（见表 1-4-39）

表 4-1-39　冷轧钢板和钢带的尺寸范围　（单位：mm）

公称厚度	公称宽度	公称长度
≤4.00	≤2150	1000～6000

注：推荐的公称尺寸：

1）钢板和钢带的公称厚度在表 1-4-39 所规定范围内，公称厚度小于 1.00mm 的钢板和钢带推荐的公称厚度按 0.05mm 倍数的任何尺寸；公称厚度不小于 1.00mm 的钢板和钢带推荐的公称厚度按 0.10mm 倍数的任何尺寸。

2）钢板和钢带推荐的公称宽度按 10mm 倍数的任何尺寸。

3）钢板的公称长度在表 1-4-39 所规定范围内，推荐的公称长度按 50mm 倍数的任何尺寸。

4）根据需方要求，经供需双方协商，可以供应其他尺寸的钢板和钢带。

3. 冷轧钢板理论计重的计算方法（见表 1-4-40）

表 1-4-40　冷轧钢板理论计重的计算方法

计算顺序	计算方法	结果的修约
基本重量/[kg/(mm·m^2)]	7.85(厚度 1mm，面积 $1m^2$ 的重量)	—
单位重量/(kg/m^2)	基本重量[kg/(mm·m^2)]×厚度(mm)	修约到有效数字 4 位
钢板的面积/m^2	宽度(m)×长度(m)	修约到有效数字 4 位
一张钢板的重量/kg	单位重量(kg/m^2)×面积(m^2)	修约到有效数字 3 位
总重量/kg	各张钢板重量之和	kg 的整数值

4.1.6.3　不锈钢热轧钢板和钢带（GB/T 4237—2015）

产品主要用于耐蚀结构件、容器和机械零件等。钢种按组织特征分为奥氏体型、奥氏体-铁素体型、铁素体型、马氏体型和沉淀硬化型 5 类。

1. 不锈钢热轧钢板和钢带的公称尺寸范围（见表 1-4-41）

表 1-4-41　不锈钢热轧钢板和钢带的公称尺寸范围

形态	公称厚度/mm	公称宽度/mm
厚钢板	3.0～200	600～4800
宽钢带、卷切钢板、纵剪宽钢带	2.0～25.4	600～2500
窄钢带、卷切钢带	2.0～13.0	<600

注：推荐的公称尺寸执行 GB/T 709 中的规定。

2. 不锈钢热轧钢板和钢带的牌号及力学性能（见表1-4-42）

表1-4-42 不锈钢热轧钢板和钢带的牌号及力学性能

经固溶处理的奥氏体型钢板和钢带

统一数字代号	牌号	规定塑性延伸强度 $R_{p0.2}$/MPa	抗拉强度 R_m/MPa	断后伸长率 A①(%)	硬度值		
					HBW	HRB	HV
		不小于			不大于		
S30103	022Cr17Ni7	220	550	45	241	100	242
S30110	12Cr17Ni7	205	515	40	217	95	220
S30153	022Cr17Ni7N	240	550	45	241	100	242
S30210	12Cr18Ni9	205	515	40	201	92	210
S30240	12Cr18Ni9Si3	205	515	40	217	95	220
S30403	022Cr19Ni10	180	485	40	201	92	210
S30408	06Cr19Ni10	205	515	40	201	92	210
S30409	07Cr19Ni10	205	515	40	201	92	210
S30450	05Cr19Ni10Si2CeN	290	600	40	217	95	220
S30453	022Cr19Ni10N	205	515	40	217	95	220
S30458	06Cr19Ni10N	240	550	30	217	95	220
S30478	06Cr19Ni9NbN	275	585	30	241	100	242
S30510	10Cr18Ni12	170	485	40	183	88	200
S30859	08Cr21Ni11Si2CeN	310	600	40	217	95	220
S30908	06Cr23Ni13	205	515	40	217	95	220
S31008	06Cr25Ni20	205	515	40	217	95	220
S31053	022Cr25Ni22Mo2N	270	580	25	217	95	220
S31252	015Cr20Ni18Mo6CuN	310	655	35	223	96	225
S31603	022Cr17Ni12Mo2	180	485	40	217	95	220
S31608	06Cr17Ni12Mo2	205	515	40	217	95	220
S31609	07Cr17Ni12Mo2	205	515	40	217	95	220
S31653	022Cr17Ni12Mo2N	205	515	40	217	95	220
S31658	06Cr17Ni12Mo2N	240	550	35	217	95	220
S31668	06Cr17Ni12Mo2Ti	205	515	40	217	95	220
S31678	06Cr17Ni12Mo2Nb	205	515	30	217	95	220
S31688	06Cr18Ni12Mo2Cu2	205	520	40	187	90	200
S31703	022Cr19Ni13Mo3	205	515	40	217	95	220
S31708	06Cr19Ni13Mo3	205	515	35	217	95	220
S31723	022Cr19Ni16Mo5N	240	550	40	223	96	225
S31753	022Cr19Ni13Mo4N	240	550	40	217	95	220
S31782	015Cr21Ni26Mo5Cu2	220	490	35	—	90	200

（续）

经固溶处理的奥氏体型钢板和钢带							
统一数字代号	牌　　号	规定塑性延伸强度 $R_{p0.2}$/MPa	抗拉强度 R_m/MPa	断后伸长率 A[①]（%）	硬度值		
					HBW	HRB	HV
		不小于			不大于		
S32168	06Cr18Ni11Ti	205	515	40	217	95	220
S32169	07Cr19Ni11Ti	205	515	40	217	95	220
S32652	015Cr24Ni22Mo8Mn3CuN	430	750	40	250	—	252
S34553	022Cr24Ni17Mo5Mn6NbN	415	795	35	241	100	242
S34778	06Cr18Ni11Nb	205	515	40	201	92	210
S34779	07Cr18Ni11Nb	205	515	40	201	92	210
S38367	022Cr21Ni25Mo7N	310	655	30	241	—	—
S38926	015Cr20Ni25Mo7CuN	295	650	35	—	—	—

经固溶处理的奥氏体-铁素体型钢板和钢带						
统一数字代号	牌　　号	规定塑性延伸强度 $R_{p0.2}$/MPa	抗拉强度 R_m/MPa	断后伸长率 A[①]（%）	硬度值	
					HBW	HRC
		不小于			不大于	
S21860	14Cr18Ni11Si4AlTi	—	715	25	—	—
S21953	022Cr19Ni5Mo3Si2N	440	630	25	290	31
S22053	022Cr23Ni5Mo3N	450	655	25	293	31
S22152	022Cr21Mn5Ni2N	450	620	25	—	25
S22153	022Cr21Ni3Mo2N	450	655	25	293	31
S22160	12Cr21Ni5Ti	—	635	20	—	—
S22193	022Cr21Mn3Ni3Mo2N	450	620	25	293	31
S22253	022Cr22Mn3Ni2MoN	450	655	30	293	31
S22293	022Cr22Ni5Mo3N	450	620	25	293	31
S22294	03Cr22Mn5Ni2MoCuN	450	650	30	290	—
S22353	022Cr23Ni2N	450	650	30	290	—
S22493	022Cr24Ni4Mn3Mo2CuN	480	680	25	290	—
S22553	022Cr25Ni6Mo2N	450	640	25	295	31
S23043	022Cr23Ni4MoCuN	400	600	25	290	31
S25554	03Cr25Ni6Mo3Cu2N	550	760	15	302	32
S25073	022Cr25Ni7Mo4N	550	795	15	310	32
S27603	022Cr25Ni7Mo4WCuN	550	750	25	270	—

（续）

经退火处理的铁素体型钢板和钢带

统一数字代号	牌号	规定塑性延伸强度 $R_{p0.2}$/MPa	抗拉强度 R_m/MPa	断后伸长率 A[1]（%）	180°弯曲试验弯曲压头直径 D	硬度值 HBW	硬度值 HRB	硬度值 HV
		不小于				不大于		
S11163	022Cr11Ti	170	380	20	$D=2a$	179	88	200
S11173	022Cr11NbTi	170	380	20	$D=2a$	179	88	200
S11213	022Cr12Ni	280	450	18	—	180	88	200
S11203	022Cr12	195	360	22	$D=2a$	183	88	200
S11348	06Cr13Al	170	415	20	$D=2a$	179	88	200
S11510	10Cr15	205	450	22	$D=2a$	183	89	200
S11573	022Cr15NbTi	205	450	22	$D=2a$	183	89	200
S11710	10Cr17	205	420	22	$D=2a$	183	89	200
S11763	022Cr17NbTi	175	360	22	$D=2a$	183	88	200
S11790	10Cr17Mo	240	450	22	$D=2a$	183	89	200
S11862	019Cr18MoTi	245	410	20	$D=2a$	217	96	230
S11863	022Cr18Ti	205	415	22	$D=2a$	183	89	200
S11873	022Cr18NbTi	250	430	18	—	180	88	200
S11882	019Cr18CuNb	205	390	22	$D=2a$	192	90	200
S11972	019Cr19Mo2NbTi	275	415	20	$D=2a$	217	96	230
S11973	022Cr18NbTi	205	415	22	$D=2a$	183	89	200
S12182	019Cr21CuTi	205	390	22	$D=2a$	192	90	200
S12361	019Cr23Mo2Ti	245	410	20	$D=2a$	217	96	230
S12362	019Cr23MoTi	245	410	20	$D=2a$	217	96	230
S12763	022Cr27Ni2Mo4NbTi	450	585	18	$D=2a$	241	100	242
S12791	008Cr27Mo	275	450	22	$D=2a$	187	90	200
S12963	022Cr29Mo4NbTi	415	550	18	$D=2a$	255	25[2]	257
S13091	008Cr30Mo2	295	450	22	$D=2a$	207	95	220

经退火处理的马氏体型钢板和钢带

统一数字代号	牌号	规定塑性延伸强度 $R_{p0.2}$/MPa	抗拉强度 R_m/MPa	断后伸长率 A[1]（%）	180°弯曲试验弯曲压头直径 D	硬度值 HBW	硬度值 HRB	硬度值 HV
		不小于				不大于		
S40310	12Cr12	205	485	20	$D=2a$	217	96	210
S41008	06Cr13	205	415	22	$D=2a$	183	89	200
S41010	12Cr13	205	450	20	$D=2a$	217	96	210

（续）

经退火处理的马氏体型钢板和钢带

统一数字代号	牌号	规定塑性延伸强度 $R_{p0.2}$/MPa	抗拉强度 R_m/MPa	断后伸长率 A①(%)	180°弯曲试验弯曲压头直径 D	硬度值		
						HBW	HRB	HV
		不小于				不大于		
S41595	04Cr13Ni5Mo	620	795	15	—	302	32②	308
S42020	20Cr13	225	520	18	—	223	97	234
S42030	30Cr13	225	540	18	—	235	99	247
S42040	40Cr13	225	590	15	—	—	—	—
S43120	17Cr16Ni2③	690	880～1080	12	—	262～326	—	—
		1050	1350	10	—	388	—	—
S44070	68Cr17	245	590	15	—	255	25②	269
S46050	50Cr15MoV	—	≤850	12	—	280	100	280

经固溶处理的沉淀硬化型钢板和钢带的试样

统一数字代号	牌号	钢材厚度/mm	规定塑性延伸强度 $R_{p0.2}$/MPa	抗拉强度 R_m/MPa	断后伸长率 A①(%)	硬度值	
						HRC	HBW
			不大于		不小于	不大于	
S51380	04Cr13Ni8Mo2Al	2.0～102	—	—	—	38	363
S51290	022Cr12Ni9Cu2NbTi	2.0～102	1105	1205	3	36	331
S51770	07Cr17Ni7Al	2.0～102	380	1035	20	92④	—
S51570	07Cr15Ni7Mo2Al	2.0～102	450	1035	25	100④	—
S51750	09Cr17Ni5Mo3N	2.0～102	585	1380	12	30	—
S51778	06Cr17Ni7AlTi	2.0～102	515	825	5	32	—

经时效处理后的沉淀硬化型钢的试样

统一数字代号	牌号	钢材厚度/mm	处理温度⑤	规定塑性延伸强度 $R_{p0.2}$/MPa	抗拉强度 R_m/MPa	断后伸长率 A①⑥(%)	硬度值	
							HRC	HBW
				不小于				
S51380	04Cr13Ni8Mo2Al	2～<5 5～<16 16～100	510℃±5℃	1410 1410 1410	1515 1515 1515	8 10 10	45 45 45	— — 429
		2～<5 5～<16 16～100	540℃±5℃	1310 1310 1310	1380 1380 1380	8 10 10	43 43 43	— — 401
S51290	022Cr12Ni9Cu2NbTi	≥2	480℃±6℃或 510℃±5℃	1410	1525	4	44	—

（续）

统一数字代号	牌　号	钢材厚度/mm	处理温度⑤	规定塑性延伸强度 $R_{p0.2}$/MPa	抗拉强度 R_m/MPa	断后伸长率 A①⑥(%)	硬度值 HRC	硬度值 HBW
经时效处理后的沉淀硬化型钢的试样				不小于				
S51770	07Cr17Ni7Al	2~<5 5~16	760℃±15℃ 15℃±3℃ 566℃±6℃	1035 965	1240 1170	6 7	38 38	— 352
		2~<5 5~16	954℃±8℃ -73℃±6℃ 510℃±6℃	1310 1240	1450 1380	4 6	44 43	— 401
S51570	07Cr15Ni7Mo2Al	2~<5 5~16	760℃±15℃ 15℃±3℃ 566℃±6℃	1170 1170	1310 1310	5 4	40 40	— 375
		2~<5 5~16	954℃±8℃ -73℃±6℃ 510℃±6℃	1380 1380	1550 1550	4 4	46 45	— 429
S51750	09Cr17Ni5Mo3N	2~5	455℃±10℃	1035	1275	8	42	—
		2~5	540℃±10℃	1000	1140	8	36	—
S51778	06Cr17Ni7AlTi	2~<3 ≥3	510℃±10℃	1170 1170	1310 1310	5 8	39 39	— 363
		2~<3 ≥3	540℃±10℃	1105 1105	1240 1240	5 8	37 38	— 352
		2~<3 ≥3	565℃±10℃	1035 1035	1170 1170	5 8	35 36	— 331

注：a 为弯曲试样厚度。

① 厚度不大于3mm时使用 A_{50mm} 试样。

② 为HRC硬度值。

③ 表列为淬火、回火后的力学性能。

④ 为HRB硬度值。

⑤ 为推荐性热处理温度，供方应向需方提供推荐性热处理制度。

⑥ 适用于沿宽度方向的试验，垂直于轧制方向且平行于钢板表面。

4.1.6.4　不锈钢冷轧钢板和钢带（GB/T 3280—2015）

产品主要用于耐蚀结构件。

1. 不锈钢冷轧钢板和钢带的公称尺寸范围（见表1-4-43）

表1-4-43　不锈钢冷轧钢板和钢带公称尺寸范围

形　态	公称厚度/mm	公称宽度/mm
宽钢带、卷切钢板	0.10~8.00	600~2100
纵剪宽钢带、卷切钢带Ⅰ	0.10~8.00	<600
窄钢带、卷切钢带Ⅱ	0.01~3.00	<600

注：推荐的公称尺寸执行GB/T 708中的规定。

2. 不锈钢冷轧钢板和钢带的牌号及力学性能（见表 1-4-44）

表 1-4-44　不锈钢冷轧钢板和钢带的牌号及力学性能

经固溶处理的奥氏体型钢板和钢带							
统一数字代号	牌　　号	规定塑性延伸强度 $R_{p0.2}$/MPa	抗拉强度 R_m/MPa	断后伸长率 A①(%)	硬度值		
					HBW	HRB	HV
		不小于			不大于		
S30103	022Cr17Ni7	220	550	45	241	100	242
S30110	12Cr17Ni7	205	515	40	217	95	220
S30153	022Cr17Ni7N	240	550	45	241	100	242
S30210	12Cr18Ni9	205	515	40	201	92	210
S30240	12Cr18Ni9Si3	205	515	40	217	95	220
S30403	022Cr19Ni10	180	485	40	201	92	210
S30408	06Cr19Ni10	205	515	40	201	92	210
S30409	07Cr19Ni10	205	515	40	201	92	210
S30450	05Cr19Ni10Si2CeN	290	600	40	217	95	220
S30453	022Cr19Ni10N	205	515	40	217	95	220
S30458	06Cr19Ni10N	240	550	30	217	95	220
S30478	06Cr19Ni9NbN	345	620	30	241	100	242
S30510	10Cr18Ni12	170	485	40	183	88	200
S30859	08Cr21Ni11Si2CeN	310	600	40	217	95	220
S30908	06Cr23Ni13	205	515	40	217	95	220
S31008	06Cr25Ni20	205	515	40	217	95	220
S31053	022Cr25Ni22Mo2N	270	580	25	217	95	220
S31252	015Cr20Ni18Mo6CuN	310	690	35	223	96	225
S31603	022Cr17Ni12Mo2	180	485	40	217	95	220
S31608	06Cr17Ni12Mo2	205	515	40	217	95	220
S31609	07Cr17Ni12Mo2	205	515	40	217	95	220
S31653	022Cr17Ni12Mo2N	205	515	40	217	95	220
S31658	06Cr17Ni12Mo2N	240	550	35	217	95	220
S31668	06Cr17Ni12Mo2Ti	205	515	40	217	95	220
S31678	06Cr17Ni12Mo2Nb	205	515	30	217	95	220
S31688	06Cr18Ni12Mo2Cu2	205	520	40	187	90	200
S31703	022Cr19Ni13Mo3	205	515	40	217	95	220
S31708	06Cr19Ni13Mo3	205	515	35	217	95	220
S31723	022Cr19Ni16Mo5N	240	550	40	223	96	225
S31753	022Cr19Ni13Mo4N	240	550	40	217	95	220
S31782	015Cr21Ni26Mo5Cu2	220	490	35	—	90	200

（续）

经固溶处理的奥氏体型钢板和钢带

统一数字代号	牌号	规定塑性延伸强度 $R_{p0.2}$/MPa	抗拉强度 R_m/MPa	断后伸长率 A①(%)	硬度值		
					HBW	HRB	HV
		不小于			不大于		
S32168	06Cr18Ni11Ti	205	515	40	217	95	220
S32169	07Cr19Ni11Ti	205	515	40	217	95	220
S32652	015Cr24Ni22Mo8Mn3CuN	430	750	40	250	—	252
S34553	022Cr24Ni17Mo5Mn6NbN	415	795	35	241	100	242
S34778	06Cr18Ni11Nb	205	515	40	201	92	210
S34779	07Cr18Ni11Nb	205	515	40	201	92	210
S38367	022Cr21Ni25Mo7N	310	690	30	—	100	258
S38926	015Cr20Ni25Mo7CuN	295	650	35	—	—	—

H1/4 状态的钢板和钢带

统一数字代号	牌号	规定塑性延伸强度 $R_{p0.2}$/MPa	抗拉强度 R_m/MPa	断后伸长率 A①(%)		
				厚度 <0.4mm	厚度 0.4~<0.8mm	厚度 ≥0.8mm
		不小于				
S30103	022Cr17Ni7	515	825	25	25	25
S30110	12Cr17Ni7	515	860	25	25	25
S30153	022Cr17Ni7N	515	825	25	25	25
S30210	12Cr18Ni9	515	860	10	10	12
S30403	022Cr19Ni10	515	860	8	8	10
S30408	06Cr19Ni10	515	860	10	10	12
S30453	022Cr19Ni10N	515	860	10	10	12
S30458	06Cr19Ni10N	515	860	12	12	12
S31603	022Cr17Ni12Mo2	515	860	8	8	8
S31608	06Cr17Ni12Mo2	515	860	10	10	10
S31658	06Cr17Ni12Mo2N	515	860	12	12	12

H1/2 状态的钢板和钢带

统一数字代号	牌号	规定塑性延伸强度 $R_{p0.2}$/MPa	抗拉强度 R_m/MPa	断后伸长率 A①(%)		
				厚度 <0.4mm	厚度 0.4~<0.8mm	厚度 ≥0.8mm
		不小于				
S30103	022Cr17Ni7	690	930	20	20	20
S30110	12Cr17Ni7	760	1035	15	18	18
S30153	022Cr17Ni7N	690	930	20	20	20
S30210	12Cr18Ni9	760	1035	9	10	10
S30403	022Cr19Ni10	760	1035	5	6	6
S30408	06Cr19Ni10	760	1035	6	7	7

（续）

H1/2 状态的钢板和钢带

统一数字代号	牌号	规定塑性延伸强度 $R_{p0.2}$/MPa	抗拉强度 R_m/MPa	断后伸长率 A①(%)		
				厚度<0.4mm	厚度0.4~<0.8mm	厚度≥0.8mm
		不小于				
S30453	022Cr19Ni10N	760	1035	6	7	7
S30458	06Cr19Ni10N	760	1035	6	8	8
S31603	022Cr17Ni12Mo2	760	1035	5	6	6
S31608	06Cr17Ni12Mo2	760	1035	6	7	7
S31658	06Cr17Ni12Mo2N	760	1035	6	8	8

H3/4 状态的钢板和钢带

统一数字代号	牌号	规定塑性延伸强度 $R_{p0.2}$/MPa	抗拉强度 R_m/MPa	断后伸长率 A①(%)		
				厚度<0.4mm	厚度0.4~<0.8mm	厚度≥0.8mm
		不小于				
S30110	12Cr17Ni7	930	1205	10	12	12
S30210	12Cr18Ni9	930	1205	5	6	6

H 状态的钢板和钢带

统一数字代号	牌号	规定塑性延伸强度 $R_{p0.2}$/MPa	抗拉强度 R_m/MPa	断后伸长率 A①(%)		
				厚度<0.4mm	厚度0.4~<0.8mm	厚度≥0.8mm
		不小于				
S30110	12Cr17Ni7	965	1275	8	9	9
S30210	12Cr18Ni9	965	1275	3	4	4

H2 状态的钢板和钢带

统一数字代号	牌号	规定塑性延伸强度 $R_{p0.2}$/MPa	抗拉强度 R_m/MPa	断后伸长率 A①(%)		
				厚度<0.4mm	厚度0.4~<0.8mm	厚度≥0.8mm
		不小于				
S30110	12Cr17Ni7	1790	1860	—	—	—

经固溶处理的奥氏体—铁素体型钢板和钢带

统一数字代号	牌号	规定塑性延伸强度 $R_{p0.2}$/MPa	抗拉强度 R_m/MPa	断后伸长率 A①(%)	硬度值	
					HBW	HRC
		不小于			不大于	
S21860	14Cr18Ni11Si4AlTi	—	715	25	—	—
S21953	022Cr19Ni5Mo3Si2N	440	630	25	290	31
S22053	022Cr23Ni5Mo3N	450	655	25	293	31

（续）

经固溶处理的奥氏体—铁素体型钢板和钢带

统一数字代号	牌号	规定塑性延伸强度 $R_{p0.2}$/MPa	抗拉强度 R_m/MPa	断后伸长率 A①(%)	硬度值 HBW	硬度值 HRC
		不小于			不大于	
S22152	022Cr21Mn5Ni2N	450	620	25	—	25
S22153	022Cr21Ni3Mo2N	450	655	25	293	31
S22160	12Cr21Ni5Ti	—	635	20	—	—
S22193	022Cr21Mn3Ni3Mo2N	450	620	25	293	31
S22253	022Cr22Mn3Ni2MoN	450	655	30	293	31
S22293	022Cr22Ni5Mo3N	450	620	25	293	31
S22294	03Cr22Mn5Ni2MoCuN	450	650	30	290	—
S22353	022Cr23Ni2N	450	650	30	290	—
S22493	022Cr24Ni4Mn3Mo2CuN	540	740	25	290	—
S22553	022Cr25Ni6Mo2N	450	640	25	295	31
S23043	022Cr23Ni4MoCuN	400	600	25	290	31
S25073	022Cr25Ni7Mo4N	550	795	15	310	32
S25554	03Cr25Ni6Mo3Cu2N	550	760	15	302	32
S27603	022Cr25Ni7Mo4WCuN	550	750	25	270	—

经退火处理的铁素体型钢板和钢带

统一数字代号	牌号	规定塑性延伸强度 $R_{p0.2}$/MPa	抗拉强度 R_m/MPa	断后伸长率 A①(%)	180°弯曲试验弯曲压头直径 D	硬度值 HBW	硬度值 HRB	硬度值 HV
		不小于				不大于		
S11163	022Cr11Ti	170	380	20	$D=2a$	179	88	200
S11173	022Cr11NbTi	170	380	20	$D=2a$	179	88	200
S11203	022Cr12	195	360	22	$D=2a$	183	88	200
S11213	022Cr12Ni	280	450	18	—	180	88	200
S11348	06Cr13Al	170	415	20	$D=2a$	179	88	200
S11510	10Cr15	205	450	22	$D=2a$	183	89	200
S11573	022Cr15NbTi	205	450	22	$D=2a$	183	89	200
S11710	10Cr17	205	420	22	$D=2a$	183	89	200
S11763	022Cr17Ti	175	360	22	$D=2a$	183	88	200
S11790	10Cr17Mo	240	450	22	$D=2a$	183	89	200
S11862	019Cr18MoTi	245	410	20	$D=2a$	217	96	230
S11863	022Cr18Ti	205	415	22	$D=2a$	183	89	200
S11873	022Cr18Nb	250	430	18	—	180	88	200
S11882	019Cr18CuNb	205	390	22	$D=2a$	192	90	200
S11972	019Cr19Mo2NbTi	275	415	20	$D=2a$	217	96	230

（续）

统一数字代号	牌　号	规定塑性延伸强度 $R_{p0.2}$/MPa	抗拉强度 R_m/MPa	断后伸长率 A①(%)	180°弯曲试验弯曲压头直径 D	硬度值 HBW	硬度值 HRB	硬度值 HV
经退火处理的铁素体型钢板和钢带								
		不小于				不大于		
S11973	022Cr18NbTi	205	415	22	$D=2a$	183	89	200
S12182	019Cr21CuTi	205	390	22	$D=2a$	192	90	200
S12361	019Cr23Mo2Ti	245	410	20	$D=2a$	217	96	230
S12362	019Cr23MoTi	245	410	20	$D=2a$	217	96	230
S12763	022Cr27Ni2Mo4NbTi	450	585	18	$D=2a$	241	100	242
S12791	008Cr27Mo	275	450	22	$D=2a$	187	90	200
S12963	022Cr29Mo4NbTi	415	550	18	$D=2a$	255	25②	257
S13091	008Cr30Mo2	295	450	22	$D=2a$	207	95	220
经退火处理的马氏体型钢板和钢带（17Cr16Ni2 除外）								
		不小于				不大于		
S40310	12Cr12	205	485	20	$D=2a$	217	96	210
S41008	06Cr13	205	415	22	$D=2a$	183	89	200
S41010	12Cr13	205	450	20	$D=2a$	217	96	210
S41595	04Cr13Ni5Mo	620	795	15	—	302	32②	308
S42020	20Cr13	225	520	18	—	223	97	234
S42030	30Cr13	225	540	18	—	235	99	247
S42040	40Cr13	225	590	15	—	—	—	—
S43120	17Cr16Ni2③	690	880～1080	12	—	262～326	—	—
		1050	1350	10	—	388	—	—
S44070	68Cr17	245	590	15	—	255	25②	269
S46050	50Cr15MoV	—	≤850	12	—	280	100	280

经固溶处理的沉淀硬化型钢板和钢带试样

统一数字代号	牌　号	钢材厚度/mm	规定塑性延伸强度 $R_{p0.2}$/MPa	抗拉强度 R_m/MPa	断后伸长率 A①(%)	硬度值 HRC	硬度值 HBW
			不大于		不小于	不大于	
S51380	04Cr13Ni8Mo2Al	0.10～<8.0	—	—	—	38	363
S51290	022Cr12Ni9Cu2NbTi	0.30～8.0	1105	1205	3	36	331
S51770	07Cr17Ni7Al	0.10～<0.30	450	1035	—	—	—
		0.30～8.0	380	1035	20	92④	—

（续）

经固溶处理的沉淀硬化型钢板和钢带试样

统一数字代号	牌号	钢材厚度/mm	规定塑性延伸强度 $R_{p0.2}$/MPa	抗拉强度 R_m/MPa	断后伸长率 A[①]（%）	硬度值 HRC	硬度值 HBW
			不大于	不大于	不小于	不大于	不大于
S51570	07Cr15Ni7Mo2Al	0.10～<8.0	450	1035	25	100[④]	—
S51750	09Cr17Ni5Mo3N	0.10～<0.30	585	1380	8	30	—
		0.30～8.0	585	1380	12	30	—
S51778	06Cr17Ni7AlTi	0.10～<1.50	515	825	4	32	—
		1.50～8.0	515	825	5	32	—

经时效处理后的沉淀硬化型钢板和钢带试样

统一数字代号	牌号	钢材厚度/mm	处理[⑤]温度/℃	规定塑性延伸强度 $R_{p0.2}$/MPa	抗拉强度 R_m/MPa	断后伸长率 A[①⑥]（%）	硬度值 HRC	硬度值 HBW
				不小于	不小于	不小于	不小于	不小于
S51380	04Cr13Ni8Mo2Al	0.10～<0.50	510±6	1410	1515	6	45	—
		0.50～<5.0		1410	1515	8	45	—
		5.0～8.0		1410	1515	10	45	—
		0.10～<0.50	538±6	1310	1380	6	43	—
		0.50～<5.0		1310	1380	8	43	—
		5.0～8.0		1310	1380	10	43	—
S51290	022Cr12Ni9Cu2NbTi	0.10～<0.50	510±6或482±6	1410	1525	—	44	—
		0.50～<1.50		1410	1525	3	44	—
		1.50～8.0		1410	1525	4	44	—
S51770	07Cr17Ni7Al	0.10～<0.30	760±15	1035	1240	3	38	—
		0.30～<5.0	15±3	1035	1240	5	38	—
		5.0～8.0	566±6	965	1170	7	38	352
		0.10～<0.30	954±8	1310	1450	1	44	—
		0.30～<5.0	−73±6	1310	1450	3	44	—
		5.0～8.0	510±6	1240	1380	6	43	401
S51570	07Cr15Ni7Mo2Al	0.10～<0.30	760±15	1170	1310	3	40	—
		0.30～<5.0	15±3	1170	1310	5	40	—
		5.0～8.0	566±6	1170	1310	4	40	375
		0.10～<0.30	954±8	1380	1550	2	46	—
		0.30～<5.0	−73±6	1380	1550	4	46	—
		5.0～8.0	510±6	1380	1550	4	45	429
		0.10～1.2	冷轧	1205	1380	1	41	—
		0.10～1.2	冷轧+482	1580	1655	1	46	—
S51750	09Cr17Ni5Mo3N	0.10～<0.30	455±8	1035	1275	6	42	—
		0.30～5.0		1035	1275	8	42	—
		0.10～<0.30	540±8	1000	1140	6	36	—
		0.30～5.0		1000	1140	8	36	—

（续）

经时效处理后的沉淀硬化型钢板和钢带试样								
统一数字代号	牌　　号	钢材厚度/mm	处理⑤温度/℃	规定塑性延伸强度 $R_{p0.2}$/MPa	抗拉强度 R_m/MPa	断后伸长率 $A^{①⑥}$(%)	硬度值	
							HRC	HBW
				不小于				
S51778	06Cr17Ni7AlTi	0.10～<0.80	510±8	1170	1310	3	39	—
		0.80～<1.50		1170	1310	4	39	—
		1.50～8.0		1170	1310	5	39	—
		0.10～<0.80	538±8	1105	1240	3	37	—
		0.80～<1.50		1105	1240	4	37	—
		1.50～8.0		1105	1240	5	37	—
		0.10～<0.80	566±8	1035	1170	3	35	—
		0.80～<1.50		1035	1170	4	35	—
		1.50～8.0		1035	1170	5	35	—

注：a 为弯曲试样厚度。

① 厚度不大于 3mm 时使用 A_{50mm} 试样。

② 为 HRC 硬度值。

③ 表列为淬火、回火后的力学性能。

④ 为 HRB 硬度值。

⑤ 为推荐性热处理温度，供方应向需方提供推荐性热处理制度。

⑥ 适用于沿宽度方向的试验，垂直于轧制方向且平行于钢板表面。

4.1.6.5　承压设备用钢板和钢带（GB/T 713.2—2023）

承压设备用钢板的尺寸应符合 GB/T 713.1 的规定。卷切钢板和单轧钢板厚度为 3～250mm，钢带厚度不大于 25.4mm。

承压设备用钢板的牌号、力学性能和工艺性能见表 1-4-45 和表 1-4-46。

表 1-4-45　承压设备用钢板的牌号、力学性能和工艺性能

牌　　号	交货状态	钢板厚度/mm	拉伸试验			冲击试验		180°弯曲试验 $b=2a$
			抗拉强度 R_m/MPa	下屈服强度 R_{eL}①/MPa	断后伸长率 A(%)	温度/℃	冲击吸收能量 KV_2/J	
				不小于			不小于	
Q245R	热轧、正火轧制或正火	3～16	400～520	245	25	0	34	$D=1.5a$
		>16～36		235				
		>36～60		225				
		>60～100	390～510	205	24			$D=2a$
		>100～150	380～500	185				
		>150～250	370～490	175				
Q345R	热轧、正火轧制、正火或正火加回火	3～16	510～640	345	21	0	41	$D=2a$
		>16～36	500～630	325				$D=3a$
		>36～60	490～620	315				
		>60～100	490～620	305	20			
		>100～150	480～610	285				
		>150～250	470～600	265				

（续）

牌号	交货状态	钢板厚度/mm	拉伸试验			冲击试验		180°弯曲试验 $b=2a$
			抗拉强度 R_m/MPa	下屈服强度 R_{eL}①/MPa	断后伸长率 A(%)	温度/℃	冲击吸收能量 KV_2/J	
				不小于			不小于	
Q370R	正火或正火加回火	6~16	530~630	370	20	-20	47	$D=2a$
		>16~36		360				$D=3a$
		>36~60	520~620	340				
		>60~100	510~610	330				
Q420R		6~20	590~720	420	18	-20	60	$D=3a$
		>20~30	570~700	400				
Q460R		6~20	630~750	460	17	-20	60	$D=3a$
		>20~30	610~730	440				
18MnMoNbR	正火加回火	30~60	570~720	400	18	0	47	$D=3a$
		>60~100		390				
13MnNiMoR		6~100	570~720	390	18	0	47	$D=3a$
		>100~150		380				
15CrMoR		6~60	450~590	295	19	20	47	$D=3a$
		>60~100		275				
		>100~200	440~580	255				
14Cr1MoR		6~100	520~680	310	19	20	47	$D=3a$
		>100~200	510~670	300				
12Cr2Mo1R		6~200	520~680	310	19	20	47	$D=3a$
12Cr1MoVR		6~60	440~590	245	19	20	47	$D=3a$
		>60~100	430~580	235				
12Cr2Mo1VR		6~200	590~760	415	17	-20	60	$D=3a$
07Cr2AlMoR	正火加回火	6~36	420~580	260	21	20	47	$D=3a$
		>36~60	410~570	250				

注：D 为弯曲压头直径；b 为试样宽度；a 为试样厚度。

① 当屈服现象不明显时，可采用规定塑性延伸强度 $R_{p0.2}$ 代替。

表 1-4-46 承压设备用钢板的高温力学性能

牌号	厚度/mm	试验温度/℃								
		100	150	200	250	300	350	400	450	500
		R_{eL}①(或 $R_{p0.2}$)/MPa，不小于								
Q245R	>20~36	210	200	186	167	153	139	129	121	—
	>36~60	200	191	178	161	147	133	123	116	—
	>60~100	184	176	164	147	135	123	113	106	—
	>100~150	168	160	150	135	120	110	105	95	—
	>150~250	160	150	145	130	115	105	100	90	—
Q345R	>20~36	295	275	255	235	215	200	190	180	—
	>36~60	285	260	240	220	200	185	175	165	—
	>60~100	275	250	225	205	185	175	165	155	—
	>100~150	260	240	220	200	180	170	160	150	—
	>150~250	245	230	215	195	175	165	155	145	—

（续）

牌　号	厚度/mm	试验温度/℃								
		100	150	200	250	300	350	400	450	500
		R_{eL}[①]（或 $R_{p0.2}$）/MPa，不小于								
Q370R	>20~36	330	310	290	275	260	245	230	—	—
	>36~60	310	290	275	260	250	235	220	—	—
	>60~100	290	270	265	250	245	230	215	—	—
Q420R	>6~20	380	355	330	305	280	255	240	—	—
	>20~30	365	340	315	290	270	245	230	—	—
Q460R	>6~20	420	390	355	325	300	280	260	—	—
	>20~30	405	375	345	315	290	270	250	—	—
18MnMoNbR	30~60	375	365	360	355	350	340	310	275	—
	>60~100	370	360	355	350	345	335	305	270	—
13MnNiMoR	6~100	370	360	355	350	345	335	305	—	—
	>100~150	360	350	345	340	335	325	300	—	—
15CrMoR	>20~60	270	255	240	225	210	200	189	179	174
	>60~100	250	235	220	210	196	186	176	167	162
	>100~200	235	220	210	199	185	175	165	156	150
14Cr1MoR	>20~200	280	270	255	245	230	220	210	195	176
12Cr2Mo1R	>20~200	280	270	260	255	250	245	240	230	215
12Cr1MoVR	>20~100	220	210	200	190	176	167	157	150	142
12Cr2Mo1VR	>20~200	395	380	370	365	360	355	350	340	325
07Cr2AlMoR	>20~60	215	205	195	185	175	—	—	—	—

① 当屈服现象不明显时，可采用规定塑性延伸强度 $R_{p0.2}$ 代替。

4.1.7　钢管

4.1.7.1　无缝钢管（GB/T 17395—2008）

钢管的外径和壁厚分为三类：普通钢管的外径和壁厚，精密钢管的外径和壁厚，不锈钢管的外径和壁厚。

钢管的外径分为三个系列：系列 1、系列 2 和系列 3。系列 1 是通用系列，属推荐选用系列；系列 2 是非通用系列；系列 3 是少数特殊、专用系列。

普通钢管和不锈钢管的外径分为系列 1、系列 2 和系列 3；精密钢管的外径分为系列 2 和系列 3。

钢管通常长度为 3~12.5m。

1. 普通钢管的尺寸规格（见表 1-4-47）

2. 精密钢管的尺寸规格（见表 1-4-48）

3. 不锈钢管的尺寸规格（见表 1-4-49）

表 1-4-47 普通钢管的尺寸规格（部分）

外径/mm			壁厚/mm															
系列1	系列2	系列3	0.25	0.30	0.40	0.50	0.60	0.80	1.0	1.2	1.4	1.5	1.6	1.8	2.0	2.2(2.3)	2.5(2.6)	2.8
			单位长度理论重量/(kg/m)															
	6		0.035	0.042	0.055	0.068	0.080	0.103	0.123	0.142	0.159	0.166	0.174	0.186	0.197			
	7		0.042	0.050	0.065	0.080	0.095	0.122	0.148	0.172	0.193	0.203	0.213	0.231	0.247	0.260	0.277	
	8		0.048	0.057	0.075	0.092	0.110	0.142	0.173	0.201	0.228	0.240	0.253	0.275	0.296	0.315	0.339	
	9		0.054	0.064	0.085	0.105	0.124	0.162	0.197	0.231	0.262	0.277	0.292	0.320	0.345	0.369	0.401	0.428
10(10.2)			0.060	0.072	0.095	0.117	0.139	0.182	0.222	0.261	0.297	0.314	0.332	0.364	0.395	0.423	0.462	0.497
	11		0.066	0.079	0.105	0.129	0.154	0.201	0.247	0.290	0.331	0.351	0.371	0.408	0.444	0.477	0.524	0.566
	12		0.072	0.087	0.115	0.142	0.169	0.221	0.271	0.320	0.366	0.388	0.410	0.453	0.493	0.532	0.586	0.635
	13(12.7)		0.079	0.094	0.124	0.154	0.184	0.241	0.296	0.349	0.400	0.425	0.450	0.497	0.543	0.586	0.647	0.704
13.5			0.082	0.098	0.129	0.160	0.191	0.251	0.308	0.364	0.418	0.444	0.470	0.519	0.567	0.613	0.678	0.739
		14	0.085	0.101	0.134	0.166	0.198	0.260	0.321	0.379	0.435	0.462	0.490	0.542	0.592	0.640	0.709	0.773
	16		0.097	0.116	0.154	0.191	0.228	0.300	0.370	0.438	0.504	0.536	0.568	0.630	0.691	0.749	0.832	0.91
17(17.2)			0.103	0.124	0.164	0.203	0.243	0.320	0.395	0.468	0.539	0.573	0.608	0.675	0.740	0.803	0.894	0.98
		18	0.109	0.131	0.174	0.216	0.258	0.340	0.419	0.497	0.573	0.610	0.647	0.719	0.789	0.857	0.956	1.05
	19		0.115	0.138	0.183	0.228	0.272	0.359	0.444	0.527	0.608	0.647	0.687	0.763	0.838	0.911	1.02	1.12
	20		0.122	0.146	0.193	0.240	0.287	0.379	0.469	0.556	0.642	0.684	0.726	0.808	0.888	0.966	1.08	1.19
21(21.3)					0.203	0.253	0.302	0.399	0.493	0.586	0.677	0.721	0.765	0.852	0.937	1.02	1.14	1.26
		22			0.212	0.265	0.317	0.418	0.518	0.616	0.711	0.758	0.805	0.897	0.986	1.07	1.20	1.33
	25				0.242	0.302	0.361	0.477	0.592	0.704	0.815	0.869	0.923	1.03	1.13	1.24	1.39	1.53
		25.4			0.247	0.307	0.367	0.485	0.602	0.716	0.829	0.884	0.939	1.05	1.15	1.26	1.41	1.56
27(26.9)					0.262	0.327	0.391	0.517	0.641	0.763	0.884	0.943	1.00	1.13	1.23	1.34	1.51	1.67
	28				0.272	0.339	0.406	0.537	0.666	0.793	0.918	0.98	1.04	1.16	1.28	1.40	1.57	1.74
		30			0.292	0.364	0.435	0.576	0.715	0.852	0.987	1.05	1.12	1.25	1.38	1.51	1.70	1.88
	32(31.8)				0.311	0.388	0.465	0.616	0.765	0.911	1.056	1.13	1.20	1.34	1.48	1.62	1.82	2.02
34(33.7)					0.331	0.413	0.494	0.655	0.814	0.971	1.125	1.20	1.28	1.43	1.58	1.72	1.94	2.15
		35			0.341	0.425	0.509	0.675	0.838	1.000	1.160	1.24	1.32	1.47	1.63	1.78	2.00	2.22
	38				0.370	0.462	0.553	0.734	0.912	1.089	1.26	1.35	1.44	1.61	1.78	1.94	2.19	2.43
	40				0.390	0.487	0.583	0.774	0.962	1.148	1.33	1.42	1.52	1.69	1.87	2.05	2.31	2.57
42(42.4)									1.01	1.21	1.40	1.50	1.60	1.79	1.97	2.16	2.44	2.71
		45(44.5)							1.09	1.30	1.51	1.61	1.71	1.92	2.12	2.32	2.62	2.91
48(48.3)									1.16	1.39	1.61	1.72	1.83	2.05	2.27	2.48	2.81	3.12
	51								1.23	1.47	1.71	1.83	1.95	2.18	2.42	2.65	2.99	3.33
		54							1.31	1.56	1.82	1.94	2.07	2.32	2.56	2.81	3.18	3.54
	57								1.38	1.65	1.92	2.05	2.19	2.45	2.71	2.97	3.36	3.74
60(60.3)									1.46	1.74	2.02	2.16	2.31	2.58	2.86	3.14	3.55	3.95
	63(63.5)								1.53	1.83	2.13	2.27	2.42	2.72	3.01	3.30	3.73	4.16
	65								1.58	1.89	2.20	2.35	2.50	2.81	3.11	3.41	3.85	4.29

（续）

外径/mm			壁厚/mm															
系列1	系列2	系列3	0.25	0.30	0.40	0.50	0.60	0.80	1.0	1.2	1.4	1.5	1.6	1.8	2.0	2.2 (2.3)	2.5 (2.6)	2.8
			单位长度理论重量/(kg/m)															
	68								1.65	1.98	2.30	2.46	2.62	2.94	3.26	3.57	4.04	4.50
	70								1.70	2.04	2.37	2.53	2.70	3.03	3.35	3.68	4.16	4.64
		73							1.78	2.12	2.47	2.64	2.82	3.16	3.50	3.84	4.35	4.85
76(76.1)									1.85	2.21	2.58	2.76	2.94	3.29	3.65	4.00	4.53	5.05
	77										2.61	2.79	2.98	3.34	3.70	4.06	4.59	5.12
	80										2.71	2.90	3.09	3.47	3.85	4.22	4.78	5.33

外径/mm			壁厚/mm															
系列1	系列2	系列3	(2.9) 3.0	3.2	3.5 (3.6)	4.0	4.5	5.0	(5.4) 5.5	6.0	(6.3) 6.5	7.0 (7.1)	7.5	8.0	8.5	(8.8) 9.0	9.5	10
			单位长度理论重量/(kg/m)															
	6																	
	7																	
	8																	
	9																	
10(10.2)			0.518	0.537	0.561													
	11		0.592	0.615	0.647													
	12		0.666	0.694	0.734	0.789												
	13(12.7)		0.740	0.774	0.820	0.888												
13.5			0.777	0.813	0.863	0.937												
		14	0.814	0.852	0.906	0.986												
	16		0.962	1.01	1.08	1.18	1.28	1.36										
17(17.2)			1.04	1.09	1.17	1.28	1.39	1.48										
		18	1.11	1.17	1.25	1.38	1.50	1.60										
		19		1.18	1.25	1.34	1.48	1.61	1.73	1.83	1.92							
	20		1.26	1.33	1.42	1.58	1.72	1.85	1.97	2.07								
21(21.3)			1.33	1.41	1.51	1.68	1.83	1.97	2.10	2.22								
		22	1.41	1.48	1.60	1.78	1.94	2.10	2.24	2.37								
	25		1.63	1.72	1.86	2.07	2.28	2.47	2.64	2.81	2.97	3.11						
		25.4	1.66	1.75	1.89	2.11	2.32	2.52	2.70	2.87	3.03	3.18						

（续）

外径/mm			壁厚/mm															
系列1	系列2	系列3	(2.9) 3.0	3.2	3.5 (3.6)	4.0	4.5	5.0	(5.4) 5.5	6.0	(6.3) 6.5	7.0 (7.1)	7.5	8.0	8.5	(8.8) 9.0	9.5	10
			单位长度理论重量/(kg/m)															
27(26.9)			1.78	1.88	2.03	2.27	2.50	2.71	2.92	3.11	3.29	3.45						
	28		1.85	1.96	2.11	2.37	2.61	2.84	3.05	3.26	3.45	3.63						
		30	2.00	2.12	2.29	2.56	2.83	3.08	3.32	3.55	3.77	3.97	4.16	4.34				
	32(31.8)		2.15	2.27	2.46	2.76	3.05	3.33	3.59	3.85	4.09	4.32	4.53	4.74				
34(33.7)			2.29	2.43	2.63	2.96	3.27	3.58	3.87	4.14	4.41	4.66	4.90	5.13				
		35	2.37	2.51	2.72	3.06	3.38	3.70	4.00	4.29	4.57	4.83	5.09	5.33	5.56	5.77		
	38		2.59	2.75	2.98	3.35	3.72	4.07	4.41	4.74	5.05	5.35	5.64	5.92	6.18	6.44	6.68	6.91
	40		2.74	2.90	3.15	3.55	3.94	4.32	4.68	5.03	5.37	5.70	6.01	6.31	6.60	6.88	7.15	7.40
42(42.4)			2.89	3.06	3.32	3.75	4.16	4.56	4.95	5.33	5.69	6.04	6.38	6.71	7.02	7.32	7.61	7.89
		45(44.5)	3.11	3.30	3.58	4.04	4.49	4.93	5.36	5.77	6.17	6.56	6.94	7.30	7.65	7.99	8.32	8.63
48(48.3)			3.33	3.54	3.84	4.34	4.83	5.30	5.76	6.21	6.65	7.08	7.49	7.89	8.28	8.66	9.02	9.37
	51		3.55	3.77	4.10	4.64	5.16	5.67	6.17	6.66	7.13	7.60	8.05	8.48	8.91	9.32	9.72	10.11
		54	3.77	4.01	4.36	4.93	5.49	6.04	6.58	7.10	7.61	8.11	8.60	9.08	9.54	9.99	10.43	10.85
	57		4.00	4.25	4.62	5.23	5.83	6.41	6.99	7.55	8.10	8.63	9.16	9.67	10.17	10.65	11.13	11.59
60(60.3)			4.22	4.48	4.88	5.52	6.16	6.78	7.39	7.99	8.58	9.15	9.71	10.26	10.80	11.32	11.83	12.33
	63(63.5)		4.44	4.72	5.14	5.82	6.49	7.15	7.80	8.43	9.06	9.67	10.26	10.85	11.42	11.98	12.53	13.07
	65		4.59	4.88	5.31	6.02	6.71	7.40	8.07	8.73	9.38	10.01	10.63	11.25	11.84	12.43	13.00	13.56
	68		4.81	5.11	5.57	6.31	7.05	7.77	8.48	9.17	9.86	10.53	11.19	11.84	12.47	13.10	13.71	14.30
	70		4.96	5.27	5.74	6.51	7.27	8.01	8.75	9.47	10.18	10.88	11.56	12.23	12.89	13.54	14.17	14.80
		73	5.18	5.51	6.00	6.81	7.60	8.38	9.16	9.91	10.66	11.39	12.11	12.82	13.52	14.20	14.88	15.54
76(76.1)			5.40	5.75	6.26	7.10	7.93	8.75	9.56	10.36	11.14	11.91	12.67	13.42	14.15	14.87	15.58	16.28
	77		5.47	5.82	6.34	7.20	8.05	8.88	9.70	10.50	11.30	12.08	12.85	13.61	14.36	15.09	15.81	16.52
	80		5.70	6.06	6.60	7.50	8.38	9.25	10.10	10.95	11.78	12.60	13.41	14.21	14.99	15.76	16.52	17.26

注：1. 括号内尺寸为相应的ISO 4200的规格。

2. 理论重量按钢的密度为7.85kg/dm^{3}计算。

表 1-4-48 精密钢管的尺寸规格

外径/mm		壁厚/mm																				
系列2	系列3	0.5	(0.8)	1.0	(1.2)	1.5	(1.8)	2.0	(2.2)	2.5	(2.8)	3.0	(3.5)	4	(4.5)	5	(5.5)	6	(7)	8	(9)	10
		单位长度理论重量①/(kg/m)																				
4		0.043	0.063	0.074	0.083																	
5		0.055	0.083	0.099	0.112																	
6		0.068	0.103	0.123	0.142	0.166	0.186	0.197														
8		0.092	0.142	0.173	0.201	0.240	0.275	0.296	0.315	0.339												
10		0.117	0.182	0.222	0.260	0.314	0.364	0.395	0.423	0.462												
12		0.142	0.221	0.271	0.320	0.388	0.453	0.493	0.532	0.586	0.635	0.666										
12.7		0.150	0.235	0.289	0.340	0.414	0.484	0.528	0.570	0.629	0.684	0.718										
	14	0.166	0.260	0.321	0.379	0.462	0.542	0.592	0.640	0.709	0.773	0.814	0.906									
16		0.191	0.300	0.370	0.438	0.536	0.630	0.691	0.749	0.832	0.911	0.962	1.08	1.18								
	18	0.216	0.339	0.419	0.497	0.610	0.719	0.789	0.857	0.956	1.05	1.11	1.25	1.38	1.50							
20		0.240	0.379	0.469	0.556	0.684	0.808	0.888	0.966	1.08	1.19	1.26	1.42	1.58	1.72	1.85						
	22	0.265	0.418	0.518	0.616	0.758	0.897	0.986	1.07	1.20	1.33	1.41	1.60	1.78	1.94	2.10						
25		0.302	0.477	0.592	0.704	0.869	1.03	1.13	1 24	1.39	1.53	1.63	1.86	2.07	2.28	2.47	2.64	2.81				
	28	0.339	0.537	0.666	0.793	0.980	1.16	1.28	1.40	1.57	1.74	1.85	2.11	2.37	2.61	2.84	3.05	3.26	3.63	3.95		
	30	0.364	0.576	0.715	0.852	1.05	1.25	1.38	1.51	1.70	1.88	2.00	2.29	2.56	2.83	3.08	3.32	3.55	3.97	4.34		
32		0.388	0.616	0.765	0.911	1.13	1.34	1.48	1.62	1.82	2.02	2.15	2.46	2.76	3.05	3.33	3.59	3.85	4.32	4.74		
	35	0.425	0.675	0.838	1.00	1.24	1.47	1.63	1.78	2.00	2.22	2.37	2.72	3.06	3.38	3.70	4.00	4.29	4.83	5.33		
38		0.462	0.734	0.912	1.09	1.35	1.61	1.78	1.94	2.19	2.43	2.59	2.98	3.35	3.72	4.07	4.41	4.74	5.35	5.92	6.44	6.91
40		0.487	0.773	0.962	1.15	1.42	1.70	1.87	2.05	2.31	2.57	2.74	3.15	3.55	3.94	4.32	4.68	5.03	5.70	6.31	6.88	7.40
42			0.813	1.01	1.21	1.50	1.78	1.97	2.16	2.44	2.71	2.89	3.32	3.75	4.16	4.56	4.95	5.33	6.04	6.71	7.32	7.89

（续）

外径/mm		壁厚/mm																	
系列 2	系列 3	(0.8)	1.0	(1.2)	1.5	(1.8)	2.0	(2.2)	2.5	(2.8)	3.0	(3.5)	4	(4.5)	5	(5.5)	6	(7)	8
		单位长度理论重量[①]/(kg/m)																	
	45	0.872	1.09	1.30	1.61	1.92	2.12	2.32	2.62	2.91	3.11	3.58	4.04	4.49	4.93	5.36	5.77	6.56	7.30
48		0.931	1.16	1.38	1.72	2.05	2.27	2.48	2.81	3.12	3.33	3.84	4.34	4.83	5.30	5.76	6.21	7.08	7.89
50		0.971	1.21	1.44	1.79	2.14	2.37	2.59	2.93	3.26	3.48	4.01	4.54	5.05	5.55	6.04	6.51	7.42	8.29
	55	1.07	1.33	1.59	1.98	2.36	2.61	2.86	3.24	3.60	3.85	4.45	5.03	5.60	6.17	6.71	7.25	8.29	9.27
60		1.17	1.46	1.74	2.16	2.58	2.86	3.14	3.55	3.95	4.22	4.88	5.52	6.16	6.78	7.39	7.99	9.15	10.26
63		1.23	1.53	1.83	2.28	2.72	3.01	3.30	3.73	4.16	4.44	5.14	5.82	6.49	7.15	7.80	8.43	9.67	10.85
70		1.37	1.70	2.04	2.53	3.03	3.35	3.68	4.16	4.64	4.96	5.74	6.51	7.27	8.02	8.75	9.47	10.88	12.23
76		1.48	1.85	2.21	2.76	3.29	3.65	4.00	4.53	5.05	5.40	6.26	7.10	7.93	8.75	9.56	10.36	11.91	13.42
80		1.56	1.95	2.33	2.90	3.47	3.85	4.22	4.78	5.33	5.70	6.60	7.50	8.38	9.25	10.11	10.95	12.60	14.21
	90			2.63	3.27	3.92	4.34	4.76	5.39	6.02	6.44	7.47	8.48	9.49	10.48	11.46	12.43	14.33	16.18
100				2.92	3.64	4.36	4.83	5.31	6.01	6.71	7.18	8.33	9.47	10.60	11.71	12.82	13.91	16.05	18.15
	110			3.22	4.01	4.80	5.33	5.85	6.63	7.40	7.92	9.19	10.46	11.71	12.95	14.17	15.39	17.78	20.12
120						5.25	5.82	6.39	7.24	8.09	8.66	10.06	11.44	12.82	14.18	15.53	16.87	19.51	22.10
130						5.69	6.31	6.93	7.86	8.78	9.40	10.92	12.43	13.93	15.41	16.89	18.35	21.23	24.07
	140					6.13	6.81	7.48	8.48	9.47	10.14	11.78	13.42	15.04	16.65	18.24	19.83	22.96	26.04
150						6.58	7.30	8.02	9.09	10.16	10.88	12.65	14.40	16.15	17.88	19.60	21.31	24.69	28.02
160						7.02	7.79	8.56	9.71	10.86	11.62	13.51	15.39	17.26	19.11	20.96	22.79	26.41	29.99
170												14.37	16.38	18.37	20.35	22.31	24.27	28.14	31.96
	180														21.58	23.67	25.75	29.87	33.93
190																25.03	27.23	31.59	35.91
200																	28.71	33.32	37.88
	220																	36.77	41.83

（续）

外径/mm		壁厚/mm														
系列 2	系列 3	(9)	10	(11)	12.5	(14)	16	(18)	20	(22)	25					
		单位长度理论重量①/(kg/m)														
	45	7.99	8.63	9.22	10.02											
48		8.66	9.37	10.04	10.94											
50		9.10	9.86	10.58	11.56											
	55	10.21	11.10	11.94	13.10	14.16										
60		11.32	12.33	13.29	14.64	15.88	17.36									
63		11.99	13.07	14.11	15.57	16.92	18.55									
70		13.54	14.80	16.01	17.73	19.33	21.31									
76		14.87	16.28	17.63	19.58	21.41	23.68									
80		15.76	17.26	18.72	20.81	22.79	25.25	27.52								
	90	17.98	19.73	21.43	23.89	26.24	29.20	31.96	34.53	36.89						
100		20.20	22.20	24.14	26.97	29.69	33.15	36.40	39.46	42.32	46.24					
	110	22.42	24.66	26.86	30.06	33.15	37.09	40.84	44.39	47.74	52.41					
120		24.64	27.13	29.57	33.14	36.60	41.04	45.28	49.32	53.17	58.57					
130		26.86	29.59	32.28	36.22	40.05	44.98	49.72	54.26	58.60	64.74					
	140	29.08	32.06	34.99	39.30	43.50	48.93	54.16	59.19	64.02	70.90					
150		31.30	34.53	37.71	42.39	46.96	52.87	58.60	64.12	69.45	77.07					
160		33.52	36.99	40.42	45.47	50.41	56.82	63.03	69.05	74.87	83.23					
170		35.73	39.46	43.13	48.55	53.86	60.77	67.47	73.98	80.30	89.40					
	180	37.95	41.92	45.85	51.64	57.31	64.71	71.91	78.92	85.72	95.56					
190		40.17	44.39	48.56	54.72	60.77	68.66	76.35	83.85	91.15	101.73					
200		42.39	46.86	51.27	57.80	64.22	72.60	80.79	88.78	96.57	107.89					
	220	46.83	51.79	56.70	63.97	71.12	80.50	89.67	98.65	107.43	120.23					

（续）

外径/mm		壁厚/mm													
系列2	系列3	(5.5)	6	(7)	8	9	10	(11)	12.5	(14)	16	(18)	20	(22)	25
		单位长度理论重量①/(kg/m)													
	240			40.22	45.77	51.27	56.72	62.12	70.13	78.03	88.39	98.55	108.51	118.28	132.56
	260			43.68	49.72	55.71	61.65	67.55	76.30	84.93	96.28	107.43	118.38	129.13	144.89

注：括号内尺寸不推荐使用。

① 理论重量按 $W=\pi\rho(D-S)S/1000$ 计算。其中，W 是钢管的理论质量（kg/m）；$\pi=3.1416$；ρ 是钢的密度（kg/dm^3）；D 是钢管的公称外径（mm）；S 是钢管的公称壁厚（mm）。

表 1-4-49　不锈钢管尺寸规格

外径/mm			壁厚/mm													
系列1	系列2	系列3	0.5	0.6	0.7	0.8	0.9	1.0	1.2	1.4	1.5	1.6	2.0	2.2(2.3)	2.5(2.6)	2.8(2.9)
	6		●	●	●	●	●	●	●							
	7		●	●	●	●	●	●	●							
	8		●	●	●	●	●	●	●							
	9		●	●	●	●	●	●	●							
10(10.2)			●	●	●	●	●	●	●	●	●	●	●			
	12		●	●	●	●	●	●	●	●	●	●	●			
	12.7		●	●	●	●	●	●	●	●	●	●	●	●	●	●
13(13.5)			●	●	●	●	●	●	●	●	●	●	●	●	●	●
		14	●	●	●	●	●	●	●	●	●	●	●	●	●	●
	16		●	●	●	●	●	●	●	●	●	●	●	●	●	●
17(17.2)			●	●	●	●	●	●	●	●	●	●	●	●	●	●
		18	●	●	●	●	●	●	●	●	●	●	●	●	●	●
	19		●	●	●	●	●	●	●	●	●	●	●	●	●	●
	20		●	●	●	●	●	●	●	●	●	●	●	●	●	●
21(21.3)			●	●	●	●	●	●	●	●	●	●	●	●	●	●
		22	●	●	●	●	●	●	●	●	●	●	●	●	●	●
	24		●	●	●	●	●	●	●	●	●	●	●	●	●	●
	25		●	●	●	●	●	●	●	●	●	●	●	●	●	●
		25.4						●	●	●	●	●	●	●	●	●
27(26.9)								●	●	●	●	●	●	●	●	●
		30						●	●	●	●	●	●	●	●	●
	32(31.8)							●	●	●	●	●	●	●	●	●

（续）

外径/mm			壁厚/mm											
系列 1	系列 2	系列 3	3.0	3.2	3.5(3.6)	4.0	4.5	5.0	5.5(5.6)	6.0	(6.3)6.5	7.0(7.1)	7.5	8.0
	6													
	7													
	8													
	9													
10(10.2)														
	12													
	12.7		●	●										
13(13.5)			●	●										
		14	●	●	●									
	16		●	●	●	●								
17(17.2)			●	●	●	●								
		18	●	●	●	●	●							
	19		●	●	●	●	●							
	20		●	●	●	●	●							
21(21.3)			●	●	●	●	●	●						
		22	●	●	●	●	●	●						
	24		●	●	●	●	●	●						
	25		●	●	●	●	●	●	●	●				
		25.4	●	●	●	●	●	●	●	●				
27(26.9)			●	●	●	●	●	●	●	●				
		30	●	●	●	●	●	●	●	●	●			
	32(31.8)		●	●	●	●	●	●	●	●	●			

（续）

外径/mm			壁厚/mm														
系列1	系列2	系列3	1.0	1.2	1.4	1.5	1.6	2.0	2.2(2.3)	2.5(2.6)	2.8(2.9)	3.0	3.2	3.5(3.6)	4.0	4.5	5.0
34(33.7)			•	•	•	•	•	•	•	•	•	•	•	•	•	•	•
		35	•	•	•	•	•	•	•	•	•	•	•	•	•	•	•
	38		•	•	•	•	•	•	•	•	•	•	•	•	•	•	•
	40		•	•	•	•	•	•	•	•	•	•	•	•	•	•	•
42(42.4)			•	•	•	•	•	•	•	•	•	•	•	•	•	•	•
		45(44.5)	•	•	•	•	•	•	•	•	•	•	•	•	•	•	•
48(48.3)			•	•	•	•	•	•	•	•	•	•	•	•	•	•	•
	51		•	•	•	•	•	•	•	•	•	•	•	•	•	•	•
		54					•	•	•	•	•	•	•	•	•	•	•
	57						•	•	•	•	•	•	•	•	•	•	•
60(60.3)							•	•	•	•	•	•	•	•	•	•	•
	64(63.5)						•	•	•	•	•	•	•	•	•	•	•
	68						•	•	•	•	•	•	•	•	•	•	•
	70						•	•	•	•	•	•	•	•	•	•	•
	73						•	•	•	•	•	•	•	•	•	•	•
76(76.1)							•	•	•	•	•	•	•	•	•	•	•
		83(82.5)					•	•	•	•	•	•	•	•	•	•	•
89(88.9)							•	•	•	•	•	•	•	•	•	•	•
	95						•	•	•	•	•	•	•	•	•	•	•
	102(101.6)						•	•	•	•	•	•	•	•	•	•	•
	108						•	•	•	•	•	•	•	•	•	•	•
114(114.3)							•	•	•	•	•	•	•	•	•	•	•

（续）

外径/mm			壁厚/mm												
系列 1	系列 2	系列 3	5.5(5.6)	6.0	(6.3)6.5	7.0(7.1)	7.5	8.0	8.5	(8.8)9.0	9.5	10	11	12(12.5)	14(14.2)
34(33.7)			●	●	●										
		35	●	●	●										
	38		●	●	●										
	40		●	●	●										
42(42.4)			●	●	●	●	●								
		45(44.5)	●	●	●	●	●	●	●						
48(48.3)			●	●	●	●	●	●	●						
	51		●	●	●	●	●	●	●	●					
		54	●	●	●	●	●	●	●	●	●	●			
	57		●	●	●	●	●	●	●	●	●	●			
60(60.3)			●	●	●	●	●	●	●	●	●	●			
	64(63.5)		●	●	●	●	●	●	●	●	●	●			
	68		●	●	●	●	●	●	●	●	●	●	●	●	
	70		●	●	●	●	●	●	●	●	●	●	●	●	
	73		●	●	●	●	●	●	●	●	●	●	●	●	
76(76.1)			●	●	●	●	●	●	●	●	●	●	●	●	
		83(82.5)	●	●	●	●	●	●	●	●	●	●	●	●	●
89(88.9)			●	●	●	●	●	●	●	●	●	●	●	●	●
	95		●	●	●	●	●	●	●	●	●	●	●	●	●
	102 (101.6)		●	●	●	●	●	●	●	●	●	●	●	●	●
	108		●	●	●	●	●	●	●	●	●	●	●	●	●
114(114.3)			●	●	●	●	●	●	●	●	●	●	●	●	●

（续）

外径/mm			壁厚/mm												
系列1	系列2	系列3	1.6	2.0	2.2(2.3)	2.5(2.6)	2.8(2.9)	3.0	3.2	3.5(3.6)	4.0	4.5	5.0	5.5(5.6)	6.0
	127		●	●	●	●	●	●	●	●	●	●	●	●	●
	133		●	●	●	●	●	●	●	●	●	●	●	●	●
140 (139.7)			●	●	●	●	●	●	●	●	●	●	●	●	●
	146		●	●	●	●	●	●	●	●	●	●	●	●	●
	152		●	●	●	●	●	●	●	●	●	●	●	●	●
	159		●	●	●	●	●	●	●	●	●	●	●	●	●
168 (168.3)			●	●	●	●	●	●	●	●	●	●	●	●	●
	180			●	●	●	●	●	●	●	●	●	●	●	●
	194			●	●	●	●	●	●	●	●	●	●	●	
219 (219.1)				●	●	●	●	●	●	●	●	●	●	●	
	245			●	●	●	●	●	●	●	●	●	●	●	
273				●	●	●	●	●	●	●	●	●	●	●	
325 (323.9)						●	●	●	●	●	●	●	●	●	
	351					●	●	●	●	●	●	●	●	●	
356 (355.6)						●	●	●	●	●	●	●	●	●	
	377					●	●	●	●	●	●	●	●	●	
406 (406.4)						●	●	●	●	●	●	●	●	●	●
	426								●	●	●	●	●	●	●

（续）

外径/mm			壁厚/mm									
系列1	系列2	系列3	(6.3)6.5	7.0(7.1)	7.5	8.0	8.5	(8.8)9.0	9.5	10	11	12(12.5)
	127		●	●	●	●	●	●	●	●	●	●
	133		●	●	●	●	●	●	●	●	●	●
140 (139.7)			●	●	●	●	●	●	●	●	●	●
	146		●	●	●	●	●	●	●	●	●	●
	152		●	●	●	●	●	●	●	●	●	●
	159		●	●	●	●	●	●	●	●	●	●
168 (168.3)			●	●	●	●	●	●	●	●	●	●
	180		●	●	●	●	●	●	●	●	●	●
	194		●	●	●	●	●	●	●	●	●	●
219 (219.1)			●	●	●	●	●	●	●	●	●	●
	245		●	●	●	●	●	●	●	●	●	●
273			●	●	●	●	●	●	●	●	●	●
325 (323.9)			●	●	●	●	●	●	●	●	●	●
	351		●	●	●	●	●	●	●	●	●	●
356 (355.6)			●	●	●	●	●	●	●	●	●	●
	377		●	●	●	●	●	●	●	●	●	●
406 (406.4)			●	●	●	●	●	●	●	●	●	●
	426		●	●	●	●	●	●	●	●	●	●

（续）

外径/mm			壁厚/mm										
系列1	系列2	系列3	14(14.2)	15	16	17(17.5)	18	20	22(22.2)	24	25	26	28
	127		●										
	133		●										
140 (139.7)			●	●	●								
	146		●	●	●								
	152		●	●	●								
	159		●	●	●								
168 (168.3)			●	●	●	●	●						
	180		●	●	●	●	●						
	194		●	●	●	●	●						
219 (219.1)			●	●	●	●	●	●	●	●	●	●	●
	245		●	●	●	●	●	●	●	●	●	●	●
273			●	●	●	●	●	●	●	●	●	●	●
325 (323.9)			●	●	●	●	●	●	●	●	●	●	●
	351		●	●	●	●	●	●	●	●	●	●	●
356 (355.6)			●	●	●	●	●	●	●	●	●	●	●
	377		●	●	●	●	●	●	●	●	●	●	●
406 (406.4)			●	●	●	●	●	●	●	●	●	●	●
	426		●	●	●	●	●	●					

注：1. 括号内尺寸为相应的英制单位。

2. “●”表示常用规格。

4.1.7.2 结构用无缝钢管（GB/T 8162—2018）

结构用无缝钢管分热轧（挤压、扩）钢管和冷拔（轧）钢管两类。钢管的尺寸规格应符合 GB/T 17395 的规定，钢管通常长度为 3～12m。

结构用无缝钢管主要用于机械结构和一般工程结构。

1. 优质碳素结构钢、低合金高强度结构钢钢管的牌号及力学性能（见表 1-4-50）

表 1-4-50 优质碳素结构钢、低合金高强度结构钢钢管的牌号及力学性能

牌号	质量等级	抗拉强度 R_m/MPa	下屈服强度 R_{eL}①/MPa			断后伸长率 A②(%)	冲击试验	
			公称壁厚 S/mm				温度/℃	吸收能量 KV_2/J
			≤16	>16～30	>30			
			不小于					不小于
10	—	≥335	205	195	185	24	—	—
15	—	≥375	225	215	205	22	—	—
20	—	≥410	245	235	225	20	—	—
25	—	≥450	275	265	255	18	—	—
35	—	≥510	305	295	285	17	—	—
45	—	≥590	335	325	315	14	—	—
20Mn	—	≥450	275	265	255	20	—	—
25Mn	—	≥490	295	285	275	18	—	—
Q345	A	470～630	345	325	295	20	—	—
	B						+20	34
	C					21	0	
	D						−20	
	E						−40	27
Q390	A	490～650	390	370	350	18	—	—
	B						+20	34
	C					19	0	
	D						−20	
	E						−40	27
Q420	A	520～680	420	400	380	18	—	—
	B						+20	34
	C					19	0	
	D						−20	
	E						−40	27
Q460	C	550～720	460	440	420	17	0	34
	D						−20	
	E						−40	27

（续）

牌号	质量等级	抗拉强度 R_m/MPa	下屈服强度 R_{eL}①/MPa			断后伸长率 A②(%)	冲击试验	
			公称壁厚 S/mm				温度/℃	吸收能量 KV_2/J
			≤16	>16~30	>30			
			不小于					不小于
Q500	C	610~770	500	480	440	17	0	55
	D						-20	47
	E						-40	31
Q550	C	670~830	550	530	490	16	0	55
	D						-20	47
	E						-40	31
Q620	C	710~880	620	590	550	15	0	55
	D						-20	47
	E						-40	31
Q690	C	770~940	690	660	620	14	0	55
	D						-20	47
	E						-40	31

① 拉伸试验时，如不能测定 R_{eL}，可测定 $R_{p0.2}$ 代替 R_{eL}。

② 如合同中无特殊规定，拉伸试验试样可沿钢管纵向或横向截取。如有分歧时，拉伸试验应以沿钢管纵向截取的试样作为仲裁试样。

2. 合金钢钢管的牌号及力学性能（见表1-4-51）

表1-4-51 合金钢钢管的牌号及力学性能

序号	牌号	推荐的热处理制度①					拉伸性能②			钢管退火或高温回火交货状态布氏硬度 HBW
		淬火（正火）			回火		抗拉强度 R_m/MPa	下屈服强度 R_{eL}⑦/MPa	断后伸长率 A(%)	
		温度/℃		冷却剂	温度/℃	冷却剂				
		第一次	第二次				不小于			不大于
1	40Mn2	840	—	水、油	540	水、油	885	735	12	217
2	45Mn2	840	—	水、油	550	水、油	885	735	10	217
3	27SiMn	920	—	水	450	水、油	980	835	12	217
4	40MnB③	850	—	油	500	水、油	980	785	10	207
5	45MnB③	840	—	油	500	水、油	1030	835	9	217
6	20Mn2B③⑥	880	—	油	200	水、空	980	785	10	187
7	20Cr④⑥	880	800	水、油	200	水、空	835	540	10	179
							785	490	10	179
8	30Cr	860	—	油	500	水、油	885	685	11	187
9	35Cr	860	—	油	500	水、油	930	735	11	207
10	40Cr	850	—	油	520	水、油	980	785	9	207

（续）

序号	牌号	推荐的热处理制度①					拉伸性能②			钢管退火或高温回火交货状态布氏硬度HBW
		淬火（正火）			回火		抗拉强度 R_m /MPa	下屈服强度 R_{eL}⑦ /MPa	断后伸长率 A (%)	
		温度/℃ 第一次	温度/℃ 第二次	冷却剂	温度/℃	冷却剂	不小于			不大于
11	45Cr	840	—	油	520	水、油	1030	835	9	217
12	50Cr	830	—	油	520	水、油	1080	930	9	229
13	38CrSi	900	—	油	600	水、油	980	835	12	255
14	20CrMo④⑥	880	—	水、油	500	水、油	885	685	11	197
							845	635	12	197
15	35CrMo	850	—	油	550	水、油	980	835	12	229
16	42CrMo	850	—	油	560	水、油	1080	930	12	217
17	38CrMoAl④	940	—	水、油	640	水、油	980	835	12	229
							930	785	14	229
18	50CrVA	860	—	油	500	水、油	1275	1130	10	255
19	20CrMn	850	—	油	200	水、空	930	735	10	187
20	20CrMnSi⑥	880	—	油	480	水、油	785	635	12	207
21	30CrMnSi⑥	880	—	油	520	水、油	1080	885	8	229
							980	835	10	229
22	35CrMnSiA⑥	880	—	油	230	水、空	1620	—	9	229
23	20CrMnTi⑤⑥	880	870	油	200	水、空	1080	835	10	217
24	30CrMnTi⑤⑥	880	850	油	200	水、空	1470	—	9	229
25	12CrNi2	860	780	水、油	200	水、空	785	590	12	207
26	12CrNi3	860	780	油	200	水、空	930	685	11	217
27	12Cr2Ni4	860	780	油	200	水、空	1080	835	10	269
28	40CrNiMoA	850	—	油	600	水、油	980	835	12	269
29	45CrNiMoVA	860	—	油	460	油	1470	1325	7	269

① 表中所列热处理温度允许调整范围：淬火±15℃，低温回火±20℃，高温回火±50℃。
② 拉伸试验时，可截取横向或纵向试样，有异议时，以纵向试样为仲裁依据。
③ 含硼钢在淬火前可先正火，正火温度应不高于其淬火温度。
④ 按需方指定的一组数据交货，当需方未指定时，可按其中任一组数据交货。
⑤ 含铬锰钛钢第一次淬火可用正火代替。
⑥ 于 280~320℃ 等温淬火。
⑦ 拉伸试验时，如不能测定 R_{eL}，可测定 $R_{p0.2}$ 代替 R_{eL}。

4.1.7.3　直缝电焊钢管（GB/T 13793—2016）

直缝电焊钢管按外径精度等级分为普通精度的钢管（PD. A）、较高精度的钢管（PD. B）和高精度的钢管（PD. C），按壁厚精度等级分为普通精度的钢管（PT. A）、较高精度的钢管（PT. B）和高精度的钢管（PT. C），按弯曲度精度等级分为普通精度的钢管（PS. A）、较高精度的钢管（PS. B）和高精度的钢管（PS. C）。

钢的牌号和化学成分（熔炼分析）应分别符号 GB/T 699—2015 中 08、10、15、20 或 GB/T 700—2006 中 Q195、Q215A、Q215B、Q235A、Q235B、Q235C、Q275A、Q275B、Q275C 或 GB/T 1591—2008 中 Q345A、Q345B、Q345C、Q390A、Q390B、Q390C、Q420A、Q420B、Q420C、Q460C、Q460D 的规定。

根据需方要求，经供需双方协商，可供应其他牌号钢管。

钢管的公称外径和公称壁厚应符合 GB/T 21835 的规定。钢管的通常长度：公称外径≤30mm 时为 4~5m；公称外径>30~70mm 时为 4~8m；公称外径>70mm 时为 4~12m。

直缝电焊钢管适用于机械、建筑等结构用途，且外径不大于 711mm 的管道，也可用于输送流体。

直缝电焊钢管的牌号及力学性能见表 1-4-52。

表 1-4-52 直缝电焊钢管的牌号及力学性能

牌号	下屈服强度 R_{eL}①/MPa	抗拉强度 R_m/MPa	断后伸长率 A(%) $D\leqslant168.3$mm	断后伸长率 A(%) $D>168.3$mm
	不小于			
08、10	195	315	22	
15	215	355	20	
20	235	390	19	
Q195②	195	315	15	20
Q215A、Q215B	215	335		
Q235A、Q235B、Q235C	235	370		
Q275A、Q275B、Q275C	275	410	13	18
Q345A、Q345B、Q345C	345	470		
Q390A、Q390B、Q390C	390	490	19	
Q420A、Q420B、Q420C	420	520	19	
Q460C、Q460D	460	550	17	

① 当屈服不明显时，可测量 $R_{p0.2}$ 或 $R_{t0.5}$ 代替下屈服强度。

② Q195 的屈服强度值仅作为参考，不作交货条件。

4.1.8 钢丝

4.1.8.1 冷拉圆钢丝、方钢丝和六角钢丝（GB/T 342—2017）

冷拉圆钢丝、方钢丝和六角钢丝的尺寸及重量（见表 1-4-53）

表 1-4-53 冷拉圆钢丝、方钢丝和六角钢丝的尺寸及重量

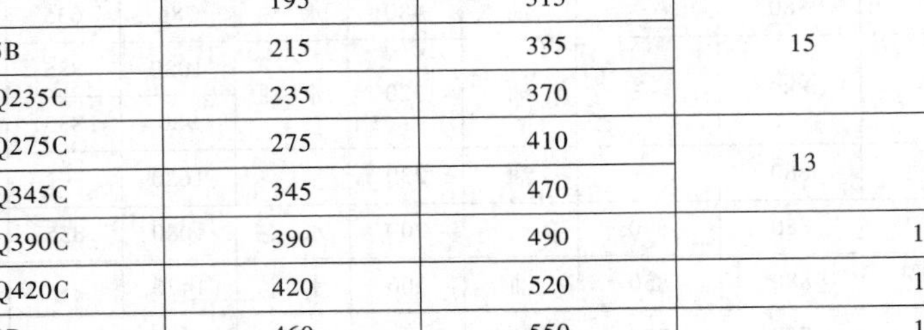

d—圆钢丝直径　　a—方钢丝的边长　　S—六角钢丝的对边距离

r—角部圆弧半径　　r—角部圆弧半径

（续）

公称尺寸/mm	圆形		方形		六角形	
	截面面积/mm²	理论重量/(kg/1000m)	截面面积/mm²	理论重量/(kg/1000m)	截面面积/mm²	理论重量/(kg/1000m)
0.050	0.0020	0.016				
0.055	0.0024	0.019				
0.063	0.0031	0.024				
0.070	0.0038	0.030				
0.080	0.0050	0.039				
0.090	0.0064	0.050				
0.10	0.0079	0.062				
0.11	0.0095	0.075				
0.12	0.0113	0.089				
0.14	0.0154	0.121				
0.16	0.0201	0.158				
0.18	0.0254	0.199				
0.20	0.0314	0.246				
0.22	0.0380	0.298				
0.25	0.0491	0.385				
0.28	0.0616	0.484				
0.32	0.0804	0.631				
0.35	0.096	0.754				
0.40	0.126	0.989				
0.45	0.159	1.248				
0.50	0.196	1.539	0.250	1.962		
0.55	0.238	1.868	0.302	2.371		
0.63	0.312	2.447	0.397	3.116		
0.70	0.385	3.021	0.490	3.846		
0.80	0.503	3.948	0.640	5.024		
0.90	0.636	4.993	0.810	6.358		
1.00	0.785	6.162	1.000	7.850		
1.10	0.950	7.458	1.210	9.498		
1.20	1.131	8.878	1.440	11.30		
1.40	1.539	12.08	1.960	15.39		
1.60	2.011	15.79	2.560	20.10	2.217	17.40
1.80	2.545	19.98	3.240	25.43	2.806	22.03
2.00	3.142	24.66	4.000	31.40	3.464	27.20
2.20	3.801	29.84	4.840	37.99	4.192	32.91
2.50	4.909	38.54	6.250	49.06	5.413	42.49
2.80	6.158	48.34	7.840	61.54	6.790	53.30
3.20	8.042	63.13	10.24	80.38	8.869	69.62
3.50	9.621	75.52	12.25	96.16	10.61	83.29
4.00	12.57	98.67	16.00	125.6	13.86	108.8
4.50	15.90	124.8	20.25	159.0	17.54	137.7
5.00	19.64	154.2	25.00	196.2	21.65	170.0
5.60	24.63	193.3	31.36	246.2	27.16	213.2

（续）

公称尺寸/mm	圆形		方形		六角形	
	截面面积/mm^2	理论重量/(kg/1000m)	截面面积/mm^2	理论重量/(kg/1000m)	截面面积/mm^2	理论重量/(kg/1000m)
6.30	31.17	244.7	39.69	311.6	34.38	269.9
7.00	38.48	302.1	49.00	384.6	42.44	333.2
8.00	50.27	394.6	64.00	502.4	55.43	435.1
9.00	63.62	499.4	81.00	635.8	70.15	550.7
10.0	78.54	616.5	100.00	785.0	86.61	679.9
11.0	95.03	746.0				
12.0	113.1	887.8				
14.0	153.9	1208.1				
16.0	201.1	1578.6				
18.0	254.5	1997.8				
20.0	314.2	2466.5				

注：1. 表中的理论质量是按密度为7.85g/cm^3计算的，对特殊合金钢丝，在计算理论质量时应采用相应牌号的密度。

2. 表内尺寸一栏，对于圆钢丝表示直径；对于方钢丝表示边长；对于六角钢丝表示对边距离，以下各表相同。

3. 表中的钢丝直径系列采用GB/T 321—2005中的R20优先数系。

4.1.8.2 一般用途低碳钢丝（YB/T 5294—2009）

一般用途低碳钢丝按交货时的状态分为冷拉钢丝（WCD）、退火钢丝（TA）和镀锌钢丝（SZ），按用途分为普通用、制钉用和建筑用。主要用于一般的捆绑、制钉、编织和建筑。

一般用途低碳钢丝的力学性能见表1-4-54。

表1-4-54 一般用途低碳钢丝的力学性能

公称直径/mm	抗拉强度 R_m/MPa					弯曲试验(180°/次)		伸长率(%)(标距100mm)	
	冷拉钢丝			退火钢丝	镀锌钢丝①	冷拉钢丝		冷拉建筑用钢丝	镀锌钢丝
	普通用	制钉用	建筑用			普通用	建筑用		
≤0.30	≤980	—	—	295~540	295~540	见6.2.3	—	—	≥10
>0.30~0.80	≤980	—	—				—	—	
>0.80~1.20	≤980	880~1320	—			≥6	—	—	≥12
>1.20~1.80	≤1060	785~1220	—				—	—	
>1.80~2.50	≤1010	735~1170	—				—	—	
>2.50~3.50	≤960	685~1120	≥550			≥4	≥4	≥2	
>3.50~5.00	≤890	590~1030	≥550						
>5.00~6.00	≤790	540~930	≥550						
>6.00	≤690	—	—			—	—	—	

① 对于先镀后拉的镀锌钢丝的力学性能按冷拉钢丝的力学性能执行。

4.1.8.3 优质碳素结构钢丝（YB/T 5303—2010）

钢丝应用GB/T 699中的08、10、15、20、25、30、40、45、50、55和60钢制造。

冷拉钢丝的尺寸及允许偏差应符合 GB/T 342—2017 中表 2 的规定，级别由供需双方协商确定，合同中未注明时按Ⅱ级交货。银亮钢丝的尺寸及允许偏差应符合 GB/T 3207 的规定，级别由供需双方协商确定，合同中未注明时按Ⅱ级交货。钢丝的外形应符合 GB/T 342 中相应规定。当需方有特殊要求，并在合同注明时，应按需方要求执行。

优质碳素结构钢丝主要用于机器结构零件、标准件等的制作。

优质碳素结构钢丝的分类、尺寸规格及力学性能见表 1-4-55。

表 1-4-55　优质碳素结构钢丝分类、尺寸规格及力学性能

分类		
按力学性能分	按截面形状分	按表面状态分
硬状态:代号为 I 软状态:代号为 R	圆形钢丝:代号为 d 方形钢丝:代号为 a 六角钢丝:代号为 s	冷拉:代号为 WCD 银亮:代号为 ZY

力学性能(硬状态钢丝)										
钢丝公称直径/mm	抗拉强度 R_m/MPa 不小于					反复弯曲/次 不少于				
	牌号									
	08、10	15、20	25、30、35	40、45、50	55、60	8~10	15~20	25~35	40~50	55~60
0.3~0.8	750	800	1000	1100	1200	—	—	—	—	—
>0.8~1.0	700	750	900	1000	1100	6	6	6	5	5
>1.0~3.0	650	700	800	900	1000	6	6	5	4	4
>3.0~6.0	600	650	700	800	900	5	5	5	4	4
>6.0~10.0	550	600	650	750	800	5	4	3	2	2

4.1.8.4　合金结构钢丝（YB/T 5301—2010）

合金结构钢丝主要适用于直径小于 10mm 的冷拉圆钢丝以及 2~8mm 的冷拉方钢丝和六角钢丝，其尺寸规格应符合 GB/T 342 的规定。合金结构钢丝用钢的牌号及化学成分应符合 GB/T 3077 的规定，合金结构钢丝的分类及力学性能见表 1-4-56。

表 1-4-56　合金结构钢丝的分类及力学性能

分类		
按交货状态分		
冷拉:代号为 WCD 退火:代号为 A		
力学性能		
交货状态	公称尺寸,小于 5.00mm	公称尺寸,不小于 5.00mm
	抗拉强度 R_m/MPa	硬度 HBW
冷拉	≤1080	≤302
退火	≤930	≤296

4.1.8.5 碳素工具钢丝（YB/T 5322—2010）

碳素工具钢丝主要用于制造工具和零件等。其分类、规格、牌号及力学性能见表1-4-57。

表1-4-57 碳素工具钢丝分类、规格、牌号及力学性能

分类、规格			
	分类及代号	冷拉、退火钢丝	磨光钢丝
分类、直径及允许偏差规定	冷拉钢丝：WCD 磨光钢丝：SP 退火钢丝：A	直径及允许偏差按GB/T 342—1997表3中的9~11级的规定	直径及允许偏差按GB/T 3207—2008中9~11级的规定

	直径/mm	通常长度/m	短尺	
			长度/m ≥	数量
钢丝长度	1~3	1~2	0.8	不超过每批质量的15%
	>3~6	2~3.5	1.2	
	>6~16	2~4	1.5	

牌号、力学性能					
牌号	试样淬火		退火状态	退火状态	冷拉状态
	淬火温度和冷却剂	硬度值HRC	硬度值HBW	抗拉强度 R_m/MPa	
T7(A)	800~820℃，水	≥62	≤187	490~685	≤1080
T8(A)、T8Mn(A)	780~800℃，水				
T9(A)	760~780℃，水		≤192		
T10(A)			≤197	540~735	
T11(A)、T12(A)			≤207		
T13(A)			≤217		

注：1. 直径小于5mm的钢丝，不做试样淬火硬度和退火硬度检验。
2. 检验退火硬度时，不检验抗拉强度。

4.1.8.6 合金工具钢丝（YB/T 095—2015）

合金工具钢丝以退火或磨光状态交货。钢丝直径范围1.0~20.0mm。钢丝牌号和化学成分应符合GB/T 1299的有关规定。主要用于制造工具和机械零件。

合金工具钢丝的牌号及硬度见表1-4-58。

表1-4-58 合金工具钢丝的牌号及硬度

牌号	退火交货状态钢丝硬度 HBW 不大于	试样淬火硬度		
		淬火温度/℃	冷却剂	淬火硬度 HRC 不小于
9SiCr	241	820~860	油	62
5CrW2Si	255	860~900	油	55
5SiMoV	241	840~860	盐水	60
5Cr3MnSiMo1V	235	925~955	空	59
Cr12Mo1V1	255	980~1040	油(空)	62(59)
Cr12MoV	255	1020~1040	油(空)	61(58)
Cr5Mo1V	255	925~985	空	62
CrWMn	255	820~840	油	62
9CrWMn	255	820~840	油	62
3Cr22W8V	255	1050~1100	油	52
4Cr5MoSiV	235	1000~1030	油	53
4Cr5MoSiVS	235	1000~1030	油	53
4Cr5MoSiV1	235	1020~1050	油	56

注：1. 直径小于5.0mm的钢丝不做硬度检验，根据需方要求可做拉伸或其他检查，合格范围按双方协议。
2. 表中未列举的牌号的硬度值由供需双方协商确定。
3. 直条和磨光状态交货的退火钢丝硬度值允许比表中退火硬度值提高10%。

4.1.8.7　高速工具钢丝（YB/T 5302—2010）

高速工具钢丝可以盘状或直条交货，未注明时按盘状交货。钢丝公称直径范围为 1.00~16.00mm。钢丝用钢的牌号及化学成分应符合 GB/T 9943 的有关规定。主要用于制造各类工具，也可用于制造偶件针阀等。

1. 高速工具钢丝直条钢丝通常长度（见表 1-4-59）

表 1-4-59　高速工具钢丝直条钢丝通常长度　（单位：mm）

钢丝公称直径	通常长度	短尺长度,不小于
1.00~3.00	1000~2000	800
>3.00	2000~4000	1200

2. 高速工具钢丝的硬度（见表 1-4-60）

表 1-4-60　高速工具钢丝的硬度

序号	牌号	交货硬度（退火态）HBW	试样热处理制度及淬火—回火硬度				
			预热温度/℃	淬火温度/℃	淬火介质	回火温度/℃	硬度 HRC 不小于
1	W3Mo3Cr4V2	≤255	800~900	1180~1200	油	540~560	63
2	W4Mo3Cr4VSi	207~255		1170~1190		540~560	63
3	W18Cr4V	207~255		1250~1270		550~570	63
4	W2Mo9Cr4V2	≤255		1190~1210		540~560	64
5	W6Mo5Cr4V2	207~255		1200~1220		550~570	63
6	CW6Mo5Cr4V2	≤255		1190~1210		540~560	64
7	W9Mo3Cr4V	207~255		1200~1220		540~560	63
8	W6Mo5Cr4V3	≤262		1190~1210		540~560	64
9	CW6Mo5Cr4V3	≤262		1180~1200		540~560	64
10	W6Mo5Cr4V2Al	≤269		1200~1220		550~570	65
11	W6Mo5Cr4V2Co5	≤269		1190~1210		540~560	64
12	W2Mo9Cr4VCo8	≤269		1170~1190		540~560	66

4.1.8.8　冷拉碳素弹簧钢丝（GB/T 4357—2022）

冷拉碳素弹簧钢丝主要用于制造静载荷和动载荷应用的机械圆形弹簧，不适用于制造高疲劳弹度的弹簧（如阀门簧）。

1. 冷拉碳素弹簧钢丝的抗拉强度水平、分类及代号（见表 1-4-61）

表 1-4-61　抗拉强度水平、分类及代号

钢丝抗拉强度水平	弹簧载荷类型及钢丝代号	
	S 级	D 级
低抗拉强度	SL	—
中等抗拉强度	SM	DM
高抗拉强度	SH	DH

2. 冷拉碳素弹簧钢丝的力学性能（见表1-4-62）

表1-4-62 冷拉碳素弹簧钢丝的力学性能

钢丝公称直径/mm	抗拉强度 R_m/MPa					所有级别的最小断面收缩率(%)
	SL级	SM级	DM级	SH级	DH型	
0.05					2800~3520	
0.06			—		2800~3520	
0.07					2800~3520	
0.08			2780~3100		2800~3480	
0.09			2740~3060		2800~3430	
0.10			2710~3020		2800~3380	
0.11			2690~3000		2800~3350	
0.12		—	2660~2960	—	2800~3320	
0.14			2620~2910		2800~3250	
0.16			2570~2860		2800~3200	
0.18			2530~2820		2800~3160	
0.20			2500~2790		2800~3110	
0.22			2470~2760		2770~3080	
0.25			2420~2710		2720~3010	
0.28			2390~2670		2680~2970	
0.30		2370~2650	2370~2650	2660~2940	2660~2940	—
0.32		2350~2630	2350~2630	2640~2920	2640~2920	
0.34	—	2330~2600	2330~2600	2610~2890	2610~2890	
0.36		2310~2580	2310~2580	2590~2890	2590~2890	
0.38		2290~2560	2290~2560	2570~2850	2570~2850	
0.40		2270~2550	2270~2550	2560~2830	2560~2830	
0.43		2250~2520	2250~2520	2530~2800	2530~2800	
0.45		2240~2500	2240~2500	2510~2780	2510~2780	
0.48		2220~2480	2240~2500	2490~2760	2490~2760	
0.50		2200~2470	2200~2470	2480~2740	2480~2740	
0.53		2180~2450	2180~2450	2460~2720	2460~2720	
0.56		2170~2430	2170~2430	2440~2700	2440~2700	
0.60		2140~2400	2140~2400	2410~2670	2410~2670	
0.63		2130~2380	2130~2380	2390~2650	2390~2650	
0.65		2120~2370	2120~2370	2380~2640	2380~2640	
0.70		2090~2350	2090~2350	2360~2610	2360~2610	
0.80		2050~2300	2050~2300	2310~2560	2310~2560	
0.85		2030~2280	2030~2280	2290~2530	2290~2530	40
0.90		2010~2260	2010~2260	2270~2510	2270~2510	
0.95		2000~2240	2000~2240	2250~2490	2250~2490	

（续）

钢丝公称直径/mm	抗拉强度 R_m/MPa					所有级别的最小断面收缩率(%)
	SL 级	SM 级	DM 级	SH 级	DH 级	
1.00	1720~1970	1980~2200	1980~2220	2230~2470	2230~2470	40
1.05	1710~1950	1960~2220	1960~2220	2210~2450	2210~2450	
1.10	1690~1940	1950~2190	1950~2190	2200~2430	2200~2430	
1.20	1670~1910	1920~2160	1920~2160	2170~2400	2170~2400	
1.25	1660~1900	1910~2130	1910~2130	2140~2380	2140~2380	
1.30	1640~1890	1900~2130	1900~2130	2140~2370	2140~2370	
1.40	1620~1860	1870~2100	1870~2100	2100~2340	2110~2340	
1.50	1600~1840	1850~2080	1850~2080	2090~2310	2090~2310	
1.60	1590~1820	1830~2050	1830~2050	2060~2290	2060~2290	
1.70	1570~1800	1810~2030	1810~2030	2040~2260	2040~2260	
1.80	1550~1780	1790~2010	1790~2010	2020~2240	2020~2240	
1.90	1540~1760	1770~1990	1770~1990	2000~2220	2000~2220	
2.00	1520~1750	1760~1970	1760~1970	1980~2200	1980~2200	
2.10	1510~1730	1740~1960	1740~1960	1970~2180	1970~2180	
2.25	1490~1710	1720~1930	1720~1930	1940~2150	1940~2150	
2.40	1470~1690	1700~1910	1700~1910	1920~2130	1920~2130	
2.50	1460~1680	1690~1890	1690~1890	1900~2100	1900~2110	
2.60	1450~1660	1670~1880	1670~1880	1890~2100	1890~2100	
2.80	1420~1640	1650~1850	1650~1850	1860~2070	1860~2070	
3.00	1410~1620	1630~1830	1630~1830	1840~2040	1840~2040	
3.20	1390~1600	1610~1810	1610~1810	1820~2020	1820~2020	
3.40	1370~1580	1590~1780	1590~1780	1790~1990	1790~1990	
3.60	1350~1560	1570~1760	1570~1760	1770~1970	1770~1970	
3.80	1340~1540	1550~1740	1550~1740	1750~1950	1750~1950	
4.00	1320~1520	1530~1730	1530~1730	1740~1930	1740~1930	35
4.25	1310~1500	1510~1700	1510~1700	1710~1900	1710~1900	
4.50	1290~1490	1500~1680	1500~1680	1690~1880	1690~1880	
4.75	1270~1470	1480~1670	1480~1670	1680~1840	1680~1840	
5.00	1260~1450	1460~1650	1460~1650	1660~1830	1660~1830	
5.30	1240~1430	1440~1630	1440~1630	1640~1820	1640~1820	
5.60	1230~1420	1430~1610	1430~1610	1620~1800	1620~1800	
6.00	1210~1390	1400~1580	1400~1580	1590~1770	1590~1770	
6.30	1190~1380	1390~1560	1390~1560	1570~1750	1570~1750	
6.50	1180~1370	1380~1550	1380~1550	1560~1740	1560~1740	
7.00	1160~1340	1350~1530	1350~1530	1540~1710	1540~1710	

（续）

钢丝公称直径/mm	抗拉强度 R_m/MPa					所有级别的最小断面收缩率(%)
	SL级	SM级	DM级	SH级	DH级	
7.50	1140~1320	1330~1500	1330~1500	1510~1680	1510~1680	30
8.00	1120~1300	1310~1480	1310~1480	1490~1660	1490~1660	
8.50	1110~1280	1290~1460	1290~1460	1470~1630	1470~1630	
9.00	1090~1260	1270~1440	1270~1440	1450~1610	1450~1610	
9.50	1070~1250	1260~1420	1260~1420	1430~1590	1430~1590	
10.00	1060~1230	1240~1400	1240~1400	1410~1570	1410~1570	
10.50	—	1220~1380	1220~1380	1390~1550	1390~1550	
11.00		1210~1370	1210~1370	1380~1530	1380~1530	
12.00		1180~1340	1180~1340	1350~1500	1350~1500	
12.50		1170~1320	1170~1320	1330~1480	1330~1480	
13.00		1160~1310	1160~1310	1320~1470	1320~1470	

4.1.8.9 重要用途碳素弹簧钢丝（YB/T 5311—2010）

重要用途碳素弹簧钢丝主要用于制造承受动载荷、阀门等重要用途的不需进行淬火—回火或仅需进行低温去应力处理的弹簧。

1. 重要用途碳素弹簧钢丝的分类及用途（见表1-4-63）

表1-4-63 重要用途碳素弹簧钢丝的分类及用途

组别	公称直径/mm	用途
E	0.10~7.00	主要用于制造承受中等应力的动载荷的弹簧
F	0.10~7.00	主要用于制造承受较高应力的动载荷的弹簧
G	1.00~7.00	主要用于制造承受振动载荷的阀门弹簧

2. 重要用途碳素弹簧钢丝的力学性能（见表1-4-64）

表1-4-64 重要用途碳素弹簧钢丝的力学性能

直径/mm	抗拉强度 R_m/MPa			直径/mm	抗拉强度 R_m/MPa		
	E组	F组	G组		E组	F组	G组
0.10	2440~2890	2900~3380	—	0.90	2070~2400	2410~2740	—
0.12	2440~2860	2870~3320	—	1.00	2020~2350	2360~2660	1850~2110
0.14	2440~2840	2860~3250	—	1.20	1940~2270	2280~2580	1820~2080
0.16	2440~2840	2850~3200	—	1.40	1880~2200	2210~2510	1780~2040
0.18	2390~2770	2780~3160	—	1.60	1820~2140	2150~2450	1750~2010
0.20	2390~2750	2760~3110	—	1.80	1800~2120	2060~2360	1700~1960
0.22	2370~2720	2730~3080	—	2.00	1790~2090	1970~2250	1670~1910
0.25	2340~2690	2700~3050	—	2.20	1700~2000	1870~2150	1620~1860
0.28	2310~2660	2670~3020	—	2.50	1680~1960	1830~2110	1620~1860
0.30	2290~2640	2650~3000	—	2.80	1630~1910	1810~2070	1570~1810
0.32	2270~2620	2630~2980	—	3.00	1610~1890	1780~2040	1570~1810
0.35	2250~2600	2610~2960	—	3.20	1560~1840	1760~2020	1570~1810
0.40	2250~2580	2590~2940	—	3.50	1500~1760	1710~1970	1470~1710
0.45	2210~2560	2570~2920	—	4.00	1470~1730	1680~1930	1470~1710
0.50	2190~2540	2550~2900	—	4.50	1420~1680	1630~1880	1470~1710
0.55	2170~2520	2530~2880	—	5.00	1400~1650	1580~1830	1420~1660
0.60	2150~2500	2510~2850	—	5.50	1370~1610	1550~1800	1400~1640
0.63	2130~2480	2490~2830	—	6.00	1350~1580	1520~1770	1350~1590
0.70	2100~2460	2470~2800	—	6.50	1320~1550	1490~1740	1350~1590
0.80	2080~2430	2440~2770	—	7.00	1300~1530	1460~1710	1300~1540

注：中间尺寸钢丝的抗拉强度按相邻较大尺寸的规定执行，另有约定除外。

4.1.8.10　合金弹簧钢丝（YB/T 5318—2010）

合金弹簧钢丝适用于制造承受中、高应力的机械合金弹簧。其牌号、尺寸规格及力学性能见表1-4-65。

表1-4-65　合金弹簧钢丝的牌号、尺寸规格及力学性能

牌号	直径范围/mm	抗拉强度 R_m/MPa
50CrVA	0.50~14.00	直径大于5mm的冷拉钢丝，其抗拉强度不大于1030MPa。经供需双方协商，也可用布氏硬度代替抗拉强度，其硬度值不大于302HBW
55CrSiA		
60Si2MnA		

4.1.8.11　油淬火-回火弹簧钢丝（GB/T 18983—2017）

油淬火-回火弹簧钢丝按工作状态分为：

1）静态级钢丝（FD），适用于一般用途弹簧。

2）中疲劳级钢丝（TD），适用于离合器弹簧、悬架弹簧等。

3）高疲劳级钢丝（VD），适用于剧烈运动的场合，如阀门弹簧。

按供货抗拉强度分为低强度、中强度、高强度和超高强度四级。

1. 油淬火-回火弹簧钢丝的分类及直径范围（见表1-4-66）

表1-4-66　油淬火-回火弹簧钢丝的分类及直径范围

分类		静态级	中疲劳级	高疲劳级
抗拉强度	低强度	FDC	TDC	VDC
	中强度	FDCrV、FDSiMn	TDSiMn	VDCrV
	高强度	FDSiCr	TDSiCr-A	VDSiCrV
	超高强度	—	TDSiCr-B、TDSiCr-C	VDSiCrV
直径范围		0.50~18.00mm	0.50~18.00	0.50~10.00mm

2. 油淬火-回火弹簧钢丝的力学性能（见表1-4-67和表1-4-68）

表1-4-67　静态级、中疲劳级钢丝力学性能

直径范围/mm	抗拉强度 R_m/MPa						断面收缩率 Z①(%) ≥	
	FDC TDC	FDCrV-A TDCrV-A	FDSiMn TDSiMn	FDSiCr TDSiCr-A	TDSiCr-B	TDSiCr-C	FD	TD
0.50~0.80	1800~2100	1800~2100	1850~2100	2000~2250	—	—	—	
>0.80~1.00	1800~2060	1780~2080	1850~2100	2000~2250	—	—	—	
>1.00~1.30	1800~2010	1750~2010	1850~2100	2000~2250	—	—	45	45
>1.30~1.40	1750~1950	1750~1990	1850~2100	2000~2250	—	—	45	45
>1.40~1.60	1740~1890	1710~1950	1850~2100	2000~2250	—	—	45	45
>1.60~2.00	1720~1890	1710~1890	1820~2000	2000~2250	—	—	45	45

（续）

直径范围/mm	抗拉强度 R_m/MPa						断面收缩率 Z①(%) ≥	
	FDC TDC	FDCrV-A TDCrV-A	FDSiMn TDSiMn	FDSiCr TDSiCr-A	TDSiCr-B	TDSiCr-C	FD	TD
>2.00~2.50	1670~1820	1670~1830	1800~1950	1970~2140	—	—	45	45
>2.50~2.70	1640~1790	1660~1820	1780~1930	1950~2120	—	—	45	45
>2.70~3.00	1620~1770	1630~1780	1760~1910	1930~2100	—	—	45	45
>3.00~3.20	1600~1750	1610~1760	1740~1890	1910~2080	—	—	40	45
>3.20~3.50	1580~1730	1600~1750	1720~1870	1900~2060	—	—	40	45
>3.50~4.00	1550~1700	1560~1710	1710~1860	1870~2030	—	—	40	45
>4.00~4.20	1540~1690	1540~1690	1700~1850	1860~2020	—	—	40	45
>4.20~4.50	1520~1670	1520~1670	1690~1840	1850~2000	—	—	40	45
>4.50~4.70	1510~1660	1510~1660	1680~1830	1840~1990	—	—	40	45
>4.70~5.00	1500~1650	1500~1650	1670~1820	1830~1980	—	—	40	45
>5.00~5.60	1470~1620	1460~1610	1660~1810	1800~1950	—	—	35	40
>5.60~6.00	1460~1610	1440~1590	1650~1800	1780~1930	—	—	35	40
>6.00~6.50	1440~1590	1420~1570	1640~1790	1760~1910	—	—	35	40
>6.50~7.00	1430~1580	1400~1550	1630~1780	1740~1890	—	—	35	40
>7.00~8.00	1400~1550	1380~1530	1620~1770	1710~1860	—	—	35	40
>8.00~9.00	1380~1530	1370~1520	1610~1760	1700~1850	1750~1850	1850~1950	30	35
>9.00~10.00	1360~1510	1350~1500	1600~1750	1660~1810	1750~1850	1850~1950	30	35
>10.00~12.00	1320~1470	1320~1470	1580~1730	1660~1810	1750~1850	1850~1950	30	35
>12.00~14.00	1280~1430	1300~1450	1560~1710	1620~1770	1750~1850	1850~1950	30	35
>14.00~15.00	1270~1420	1290~1440	1550~1700	1620~1770	1750~1850	1850~1950	30	35
>15.00~17.00	1250~1400	1270~1420	1540~1690	1580~1730	1750~1850	1850~1950	30	35

① FDSiMn 和 TDSiMn 直径不大于 5.00mm 时，Z≥35%；直径大于 5.00~14.00mm 时，Z≥30%。

表 1-4-68　高疲劳级钢丝力学性能

直径范围/mm	抗拉强度 R_m/MPa				断面收缩率 Z(%) ≥
	VDC	VDCrV-A	VDSiCr	VDSiCrV	
0.50~0.80	1700~2000	1750~1950	2080~2230	2230~2380	—
>0.80~1.00	1700~1950	1730~1930	2080~2230	2230~2380	—
>1.00~1.30	1700~1900	1700~1900	2080~2230	2230~2380	45
>1.30~1.40	1700~1850	1680~1860	2080~2230	2210~2360	45
>1.40~1.60	1670~1820	1660~1860	2050~2180	2210~2360	45
>1.60~2.00	1650~1800	1640~1800	2010~2110	2160~2310	45
>2.00~2.50	1630~1780	1620~1770	1960~2060	2100~2250	45
>2.50~2.70	1610~1760	1610~1760	1940~2040	2060~2210	45

（续）

直径范围/mm	抗拉强度 R_m/MPa				断面收缩率 Z(%) ≥
	VDC	VDCrV-A	VDSiCr	VDSiCrV	
>2.70~3.00	1590~1740	1600~1750	1930~2030	2060~2210	45
>3.00~3.20	1570~1720	1580~1730	1920~2020	2060~2210	45
>3.20~3.50	1550~1700	1560~1710	1910~2010	2010~2160	45
>3.50~4.00	1530~1680	1540~1690	1890~1990	2010~2160	45
>4.00~4.20	1510~1660	1520~1670	1860~1960	1960~2110	45
>4.20~4.50	1510~1660	1520~1670	1860~1960	1960~2110	45
>4.50~4.70	1490~1640	1500~1650	1830~1930	1960~2110	45
>4.70~5.00	1490~1640	1500~1650	1830~1930	1960~2110	45
>5.00~5.60	1470~1620	1480~1630	1800~1900	1910~2060	40
>5.60~6.00	1450~1600	1470~1620	1790~1890	1910~2060	40
>6.00~6.50	1420~1570	1440~1590	1760~1860	1910~2060	40
>6.50~7.00	1400~1550	1420~1570	1740~1840	1860~2010	40
>7.00~8.00	1370~1520	1410~1560	1710~1810	1860~2010	40
>8.00~9.00	1350~1500	1390~1540	1690~1790	1810~1960	35
>9.00~10.00	1340~1490	1370~1520	1670~1770	1810~1960	35

3. 说明

1）公称直径大于 1.00mm 的钢丝应测量断面收缩率。

2）经协议，钢丝也可采用其他抗拉强度控制范围。

3）一盘或一轴内钢丝抗拉强度允许的波动范围为：

a）VD 级钢丝不应超过 50MPa。

b）TD 级钢丝不应超过 60MPa。

c）FD 级钢丝不应超过 70MPa。

4.2 铸钢

4.2.1 铸钢的分类（见表 1-4-69）

表 1-4-69 铸钢的分类

按化学成分	铸造碳钢	低碳钢[w(C)：≤0.25%]
		中碳钢[w(C)：0.25%~0.60%]
		高碳钢[w(C)：0.60%~2.00%]
	铸造合金钢	低合金钢（合金元素总量①≤5%）
		中合金钢（合金元素总量 5%~10%）
		高合金钢（合金元素总量≥10%）
按使用特性	工程与结构用铸钢	碳素结构钢、合金结构钢
	铸造特殊钢	不锈钢、耐热钢、耐磨钢、镍基合金、其他合金
	铸造工具钢	刀具钢、模具钢
	专业铸造用钢	

① 质量分数。

4.2.2 铸钢牌号表示方法及示例（见表1-4-70）

表1-4-70 铸钢牌号表示方法及示例（GB/T 5613—2014）

(1)以力学性能表示的铸钢牌号 在牌号中"ZG"后面的两组数字表示力学性能，第一组数字表示该牌号铸钢的屈服强度最低值，第二组数字表示其抗拉强度最低值，单位均为MPa。两组数字间用"-"隔开

(2)以化学成分表示的铸钢牌号

1)当以化学成分表示铸钢的牌号时，碳含量(质量分数)以及合金元素符号和含量(质量分数)排列在铸钢代号"ZG"之后

2)在牌号中"ZG"后面以一组(两位或三位)阿拉伯数字表示铸钢的名义碳含量(以万分之几计)

3)平均碳含量<0.1%的铸钢，其第一位数字为"0"，牌号中名义碳含量用上限表示；碳含量≥0.1%的铸钢，牌号中名义碳含量用平均碳含量表示

4)在名义碳含量后面排列各主要合金元素符号，在元素符号后用阿拉伯数字表示合金元素名义含量(以百分之几计)。合金元素平均含量<1.50%时，牌号中只标明元素符号，一般不标明含量；合金元素平均含量为1.50%~2.49%、2.50%~3.49%、3.50%~4.49%、4.50%~5.49%……时，在合金元素符号后面相应写成2、3、4、5……

5)当主要合金化元素多于三种时，可以在牌号中只标注前两种或前三种元素的名义含量值；各元素符号的标注顺序按它们的平均含量的递减顺序排列。若两种或多种元素平均含量相同，则按元素符号的英文字母顺序排列

6)铸钢中常规的锰、硅、磷、硫等元素一般在牌号中不标明

7)在特殊情况下，当同一牌号分几个品种时，可在牌号后面用"-"隔开，用阿拉伯数字标注品种序号

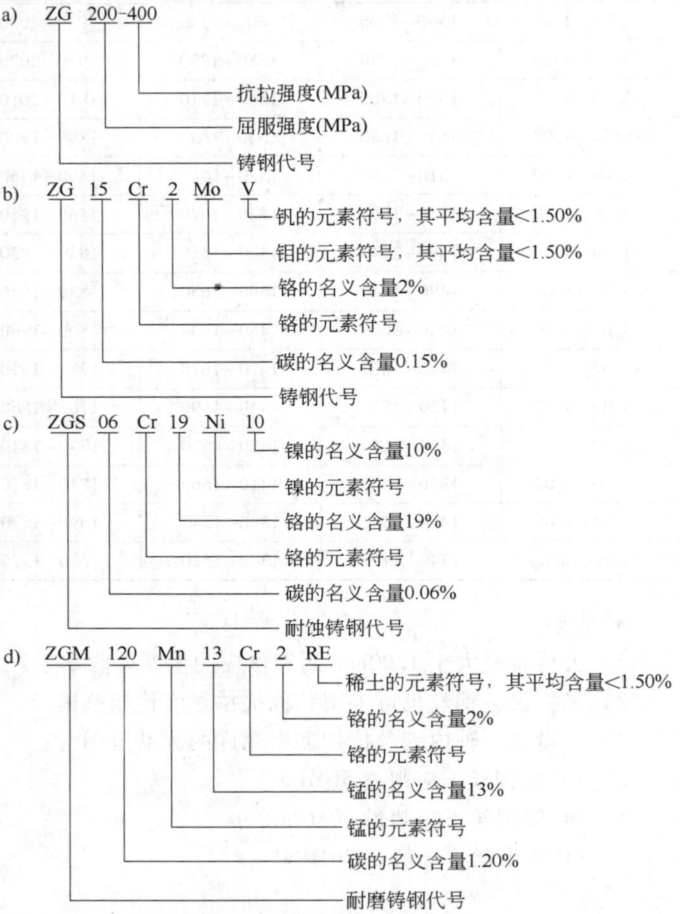

4.2.3 铸钢件

4.2.3.1 一般工程用铸造碳钢件（GB/T 11352—2009）

1. 一般工程用铸造碳钢件力学性能（见表1-4-71）

表1-4-71 一般工程用铸造碳钢件力学性能

牌号	屈服强度 $R_{eH}(R_{p0.2})$/MPa ≥	抗拉强度 R_m/MPa ≥	断后伸长率 A_5(%) ≥	根据合同选择		
				断面收缩率 Z(%) ≥	冲击吸收能量 KV/J ≥	冲击吸收能量 KU/J ≥
ZG200-400	200	400	25	40	30	47
ZG230-450	230	430	22	32	25	35
ZG270-500	270	500	18	25	22	27
ZG310-570	310	570	15	21	15	24
ZG340-640	340	640	10	18	10	16

注：1. 表中所列的各牌号性能，适应于厚度为100mm以下的铸件。当铸件厚度超过100mm时，表中规定的 R_{eH}（$R_{p0.2}$）屈服强度仅供设计使用。

2. 表中冲击吸收能量 *KU* 的试样缺口为2mm。

2. 一般工程用铸造碳钢件的主要特性和应用举例（见表 1-4-72）

表 1-4-72　一般工程用铸造碳钢件的主要特性和应用举例

牌　　号	主 要 特 性	应 用 举 例
ZG200-400	低碳铸钢，韧性及塑性均好，但强度和硬度较低，低温冲击韧性大，脆性转变温性低，导磁、导电性能良好，焊接性好，但铸造性差	用于制造机座、电气吸盘、变速箱体等受力不大，但要求韧性的零件
ZG230-450		用于制造负荷不大、韧性较好的零件，如轴承盖、底板、阀体、机座、侧架、轧钢机架、箱体、犁柱、砧座等
ZG270-500	中碳铸钢，有一定的韧性及塑性，强度和硬度较高，可加工性良好，焊接性尚可，铸造性比低碳钢好	应用广泛，用于制造飞轮、车辆车钩、水压机工作缸、机架、蒸汽锤气缸、轴承座、连杆、箱体、曲拐
ZG310-570		用于制造重负荷零件，如联轴器、大齿轮、缸体、气缸、机架、制动轮、轴及辊子
ZG340-640	高碳铸钢，具有高强度、高硬度及高耐磨性，塑性、韧性低，铸造、焊接性均差，裂纹敏感性较大	用于制造起重运输机齿轮、联轴器、齿轮、车轮、棘轮、叉头

4.2.3.2　一般工程与结构用低合金钢铸件（GB/T 14408—2024）

一般工程与结构用低合金钢铸件的牌号及力学性能见表 1-4-73。

表 1-4-73　一般工程与结构用低合金钢铸件的牌号及力学性能

材料牌号	规定塑性延伸强度 $R_{P0.2}$/MPa ≥	抗拉强度 R_m /MPa	断后伸长率 A (%) ≥	断面收缩率 Z (%) ≥	冲击吸收能量 KV/J ≥
ZG270-480	270	≥480	18	38	25
ZG300-510	300	≥510	16	35	25
ZG345-550	345	≥550	14	35	20
ZG410-620	410	620～770	16	40	20
ZG540-720	540	720～870	14	35	20
ZG620-820	620	820～970	11	30	18
ZG730-910	730	≥910	8	22	15
ZG840-1030	840	1030～1180	7	22	15
ZG1030-1240	1030	≥1240	5	20	—
ZG1240-1450	1240	≥1450	4	15	—

4.2.3.3　大型低合金钢铸件（JB/T 6402—2018）

大型低合金钢铸件的牌号及力学性能见表 1-4-74。

表 1-4-74　大型低合金钢铸件的牌号及力学性能

牌　　号	热处理状态	R_{eH} /MPa ≥	R_m /MPa	A (%) ≥	Z (%) ≥	KU_2 或 KU_8 /J ≥	KV_2 或 KV_8 /J ≥	A_{KDVM} /J ≥	硬度 HBW	备　　注
ZG20Mn	正火+回火	285	≥495	18	30	39	—	—	≥145	焊接及流动性良好，用于水压机缸、叶片、喷嘴体、阀、弯头等
	调质	300	500～650	22	—	—	45	—	150～190	

（续）

牌　　号	热处理状态	R_{eH} /MPa ≥	R_m /MPa	A (%) ≥	Z (%) ≥	KU_2 或 KU_8 /J ≥	KV_2 或 KV_8 /J ≥	A_{KDVM} /J ≥	硬度 HBW	备　　注
ZG25Mn	正火+回火	295	≥490	20	35	47	—	—	156~197	
ZG30Mn	正火+回火	300	≥550	18	30	—	—	—	≥163	
ZG35Mn	正火+回火	345	≥570	12	20	24	—	—	—	用于承受摩擦的零件
	调质	415	≥640	12	25	27	—	27	200~260	
ZG40Mn	正火+回火	350	≥640	12	30	—	—	—	≥163	用于承受摩擦和冲击的零件,如齿轮等
ZG65Mn	正火+回火	—	—	—	—	—	—	—	187~241	用于球磨机衬板等
ZG40Mn2	正火+回火	395	≥590	20	35	30	—	—	≥179	用于承受摩擦的零件,如齿轮等
	调质	635	≥790	13	40	35	—	35	220~270	
ZG45Mn2	正火+回火	392	≥637	15	30	—	—	—	≥179	用于模块、齿轮等
ZG50Mn2	正火+回火	445	≥785	18	37	—	—	—	—	用于高强度零件,如齿轮、齿轮缘等
ZG35SiMnMo	正火+回火	395	≥640	12	20	24	—	—	—	用于承受负荷较大的零件
	调质	490	≥690	12	25	27	—	27	—	
ZG35CrMnSi	正火+回火	345	≥690	14	30	—	—	—	≥217	用于承受冲击、摩擦的零件,如齿轮、滚轮等
ZG20MnMo	正火+回火	295	≥490	6	—	39	—	—	≥156	用于受压容器,如泵壳等
ZG30Cr1MnMo	正火+回火	392	≥686	15	30	—	—	—	—	用于拉坯和立柱
ZG55CrMnMo	正火+回火	—	—	—	—	—	—	—	197~241	用于热模具钢,如锻模等
ZG40Cr1	正火+回火	345	≥630	18	26	—	—	—	≥212	用于高强度齿轮
ZG34Cr2Ni2Mo	调质	700	950~1000	12	—	—	32	—	240~290	用于特别要求的零件,如锥齿轮、小齿轮、吊车行走轮、轴等
ZG15Cr1Mo	正火+回火	275	≥490	20	35	24	—	—	140~220	用于汽轮机
ZG15Cr1Mo1V	正火+回火	345	≥590	17	30	24	—	—	140~220	用于汽轮机蒸汽室、汽缸等
ZG20CrMo	正火+回火	245	≥460	18	30	30	—	—	135~180	用于齿轮、锥齿轮及高压缸零件等
	调质	245	≥460	18	30	24	—	—	—	

（续）

牌号	热处理状态	R_{eH} /MPa ≥	R_m /MPa	A (%) ≥	Z (%) ≥	KU_2 或 KU_8 /J ≥	KV_2 或 KV_8 /J ≥	A_{KDVM} /J ≥	硬度 HBW	备注
ZG20CrMoV	正火+回火	315	≥590	17	30	24	—	—	140~220	用于570℃下工作的高压阀门
ZG35Cr1Mo	正火+回火	392	≥588	12	20	23.5	—	—	—	用于齿轮、电炉支承轮轴套、齿圈等
	调质	490	≥686	12	25	31	—	27	≥201	
ZG42Cr1Mo	正火+回火	410	≥569	12	20	—	12	—	—	用于承受高负荷零件、齿轮、锥齿轮等
	调质	510	690~830	11	—	—	15	—	200~250	
ZG50Cr1Mo	调质	520	740~880	11	—	—	—	34	200~260	用于减速器零件、齿轮、小齿轮等
ZG28NiCrMo	—	420	≥630	20	40	—	—	—	—	适用于直径大于300mm的齿轮铸件
ZG30NiCrMo	—	590	≥730	17	35	—	—	—	—	适用于直径大于300mm的齿轮铸件
ZG35NiCrMo	—	660	≥830	14	30	—	—	—	—	适用于直径大于300mm的齿轮铸件

注：1. 需方无特殊要求时，KU_2 或 KU_8、KV_2 或 KV_8、A_{KDVM} 由供方任选一种。

2. 硬度一般不作为验收依据，仅供设计参考。

4.2.3.4 工程结构用中、高强度不锈钢铸件（GB/T 6967—2009）

1. 工程结构用中、高强度不锈钢铸件牌号及力学性能（见表 1-4-75）

表 1-4-75 工程结构用中、高强度不锈钢铸件牌号及力学性能

铸钢牌号		屈服强度 $R_{p0.2}$ /MPa ≥	抗拉强度 R_m/MPa ≥	断后伸长率 A_5(%) ≥	断面收缩率 Z(%) ≥	冲击吸收能量 KV/J ≥	布氏硬度 HBW
ZG15Cr13		345	540	18	40	—	163~229
ZG20Cr13		390	590	16	35	—	170~235
ZG15Cr13Ni1		450	590	16	35	20	170~241
ZG10Cr13Ni1Mo		450	620	16	35	27	170~241
ZG06Cr13Ni4Mo		550	750	15	35	50	221~294
ZG06Cr13Ni5Mo		550	750	15	35	50	221~294
ZG06Cr16Ni5Mo		550	750	15	35	50	221~294
ZG04Cr13Ni4Mo	HT1①	580	780	18	50	80	221~294
	HT2②	830	900	12	35	35	294~350
ZG04Cr13Ni5Mo	HT1①	580	780	18	50	80	221~294
	HT2②	830	900	12	35	35	294~350

① 回火温度应为 600~650℃。

② 回火温度应为 500~550℃

2. 工程结构用中、高强度不锈钢铸件的特性和应用(见表1-4-76)

表1-4-76 工程结构用中、高强度不锈钢铸件的特性和应用

牌号	特性和应用
ZG10Gr13	耐大气腐蚀性好,力学性能较好,可用于制造承受冲击载荷且韧性较高的零件,可耐有机酸水液、聚乙烯醇、碳酸氢钠、橡胶液,还可用于制造水轮机转轮叶片、水压机阀
ZG20Cr13	
ZG10Cr13Ni1	
ZG10Cr13Ni1Mo	综合力学性能好,抗大气磨蚀、水中抗疲劳性能均好,钢的焊接性良好,焊后不必热处理,铸造性能尚好,耐泥砂磨损,可用于制造大型水轮机转轮(叶片)
ZG06Cr13Ni4Mo	
ZG06Cr13Ni6Mo	
ZG06Cr16Ni5Mo	

4.2.3.5 一般用途耐热钢和合金铸件 (GB/T 8492—2014)

GB/T 8492—2014《一般用途耐热钢和合金铸件》包括的牌号代表了适合在一般工程中不同耐热条件下广泛应用的铸造耐热钢和耐热合金铸件的种类。如果要求采用GB/T 8492—2014未规定的牌号,则应特殊订货。

一般用途耐热钢和合金铸件牌号、室温力学性能和最高使用温度见表1-4-77。

表1-4-77 一般用途耐热钢和合金铸件牌号、室温力学性能和最高使用温度

牌号	$R_{p0.2}$ /MPa ≥	R_m /MPa ≥	A (%) ≥	硬度 HBW	最高使用温度[1] /℃
ZG30Cr7Si2	—	—	—	—	750
ZG40Cr13Si2	—	—	—	300[2]	850
ZG40Cr17Si2	—	—	—	300[2]	900
ZG40Cr24Si2	—	—	—	300[2]	1050
ZG40Cr28Si2	—	—	—	320[2]	1100
ZGCr29Si2	—	—	—	400[2]	1100
ZG25Cr18Ni9Si2	230	450	15	—	900
ZG25Cr20Ni14Si2	230	450	10	—	900
ZG40Cr22Ni10Si2	230	450	8	—	950
ZG40Cr24Ni24Si2Nb1	220	400	4	—	1050
ZG40Cr25Ni12Si2	220	450	6	—	1050
ZG40Cr25Ni20Si2	220	450	6	—	1100
ZG45Cr27Ni4Si2	250	400	3	400[3]	1100
ZG40Cr20Co20Ni20Mo3W3	320	400	6	—	1150
ZG10Ni31Cr20Nb1	170	440	20	—	1000
ZG40Ni35Cr17Si2	220	420	6	—	980
ZG40Ni35Cr26Si2	220	440	6	—	1050
ZG40Ni35Cr26Si2Nb1	220	440	4	—	1050
ZG40Ni38Cr19Si2	220	420	6	—	1050
ZG40Ni38Cr19Si2Nb1	220	420	4	—	1100
ZNiCr28Fe17W5Si2C0.4	220	400	3	—	1200
ZNiCr50Nb1C0.1	230	540	8	—	1050

（续）

牌　号	$R_{p0.2}$ /MPa ≥	R_m /MPa ≥	A (%) ≥	硬度 HBW	最高使用温度[①] /℃
ZNiCr19Fe18Si1C0.5	220	440	5	—	1100
ZNiFe18Cr15Si1C0.5	200	400	3	—	1100
ZNiCr25Fe20Co15W5SiTC0.46	270	480	5	—	1200
ZCoCr28Fe18C0.3	④	④	④	④	1200

注：1. 当供需双方协定要求提供室温力学性能时，其力学性能应按本表规定。
2. ZG30Cr7Si2、ZG40Cr13Si2、ZG40Cr17Si2、ZG40Cr24Si2、ZG40Cr28Si2、ZGCr29Si2 可以在 800～850℃ 进行退火处理。若需要，ZG30Cr7Si2 也可铸态下供货。其他牌号耐热钢和合金铸件，不需要热处理。若需热处理，则热处理工艺由供需双方商定，并在订货合同中注明。
3. 本表列出的最高使用温度为参考数据，这些数据仅适用于牌号间的比较，在实际应用时，还应考虑环境、载荷等实际使用条件。

① 最高使用温度取决于实际使用条件，所列数据仅供用户参考。这些数据适用于氧化气氛，实际的合金成分对其也有影响。
② 退火态最大硬度值，铸件也可以铸态提供，此时硬度限制就不适用。
③ 最大硬度值。
④ 由供需双方协商确定。

4.2.3.6 焊接结构用铸钢件（GB/T 7659—2010）

焊接结构用铸钢件主要用于一般结构，要求焊接性好。其牌号及力学性能见表 1-4-78。

表 1-4-78　焊接结构用铸钢件的牌号及力学性能

牌号	拉伸性能			根据合同选择	
	上屈服强度 R_{eH}/MPa ≥	抗拉强度 R_m/MPa ≥	断后伸长率 A（%） ≥	断面收缩率 Z（%） ≥	冲击吸收能量 KV_2/J ≥
ZG200-400H	200	400	25	40	45
ZG230-450H	230	450	22	35	45
ZG270-480H	270	480	20	35	40
ZG300-500H	300	500	20	21	40
ZG340-550H	340	550	15	21	35

注：当无明显屈服时，测定规定非比例延伸强度 $R_{p0.2}$。

4.3 铸铁

4.3.1 铸铁的分类（见表 1-4-79）

表 1-4-79　铸铁的分类

分类方法	分类名称	说　明
按断口颜色	灰铸铁	这种铸铁中的碳大部分或全部以自由状态的片状石墨形式存在，其断口呈暗灰色，有一定的力学性能和良好的可加工性，普遍应用于工业中
	白口铸铁	白口铸铁是组织中完全没有或几乎完全没有石墨的一种铁碳合金，其断口呈白亮色，硬而脆，不能进行切削加工，很少在工业上直接用来制作机械零件。由于其具有很高的表面硬度和耐磨性，又称激冷铸铁或冷硬铸铁
	麻口铸铁	麻口铸铁是介于白口铸铁和灰铸铁之间的一种铸铁，其断口呈灰白相间的麻点状，性能不好，极少应用

（续）

分类方法	分类名称	说明
按化学成分	普通铸铁	指不含任何合金元素的铸铁，如灰铸铁、可锻铸铁、球墨铸铁、蠕墨铸铁等
	合金铸铁	是在普通铸铁内加入一些合金元素，用以提高某些特殊性能而配制的一种高级铸铁，如各种耐蚀、耐热、耐磨的特殊性能铸铁
按生产方法和组织性能	普通灰铸铁	参见“灰铸铁”
	孕育铸铁	这是在灰铸铁基础上采用“变质处理”而成，又称变质铸铁。其强度、塑性和韧性均比一般灰铸铁好得多，组织也较均匀。主要用于制造力学性能要求较高，而截面尺寸变化较大的大型铸件
	可锻铸铁	可锻铸铁是由一定成分的白口铸铁经石墨化退火而成，比灰铸铁具有较高的韧性，又称韧性铸铁。它并不可以锻造，常用来制造承受冲击载荷的铸件
	球墨铸铁	它是通过在浇铸前往铁液中加入一定量的球化剂和石墨化剂，以促进呈球状石墨结晶而获得的。它和钢相比，除塑性、韧性稍低外，其他性能均接近，是兼有钢和铸铁优点的优良材料，在机械工程上应用广泛
	特殊性能铸铁	这是一种有某些特性的铸铁，根据用途的不同，可分为耐磨铸铁、耐热铸铁、耐蚀铸铁等，在机械制造上应用较广泛

4.3.2 铸铁牌号表示方法及示例（见表 1-4-80）

表 1-4-80 铸铁牌号表示方法及示例（GB/T 5612—2008）

铸铁名称	代号	示例
灰铸铁	HT	
灰铸铁	HT	
奥氏体灰铸铁	HTA	
冷硬灰铸铁	HTL	
耐磨灰铸铁	HTM	
耐热灰铸铁	HTR	
耐蚀灰铸铁	HTS	
球墨铸铁	QT	
球墨铸铁	QT	
奥氏体球墨铸铁	QTA	
冷硬球墨铸铁	QTL	
抗磨球墨铸铁	QTM	
耐热球墨铸铁	QTR	
耐蚀球墨铸铁	QTS	
蠕墨铸铁	RuT	
可锻铸铁	KT	
白心可锻铸铁	KTB	
黑心可锻铸铁	KTH	
珠光体可锻铸铁	KTZ	
白口铸铁	BT	
抗磨白口铸铁	BTM	
耐热白口铸铁	BTR	
耐蚀白口铸铁	BTS	

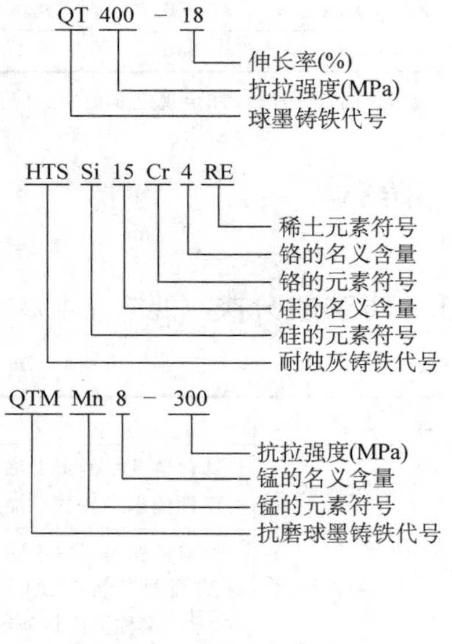

4.3.3　常用铸铁的性能和用途

4.3.3.1　灰铸铁（GB/T 9439—2023）

1. 灰铸铁的牌号和力学性能（见表 1-4-81 和表 1-4-82）

表 1-4-81　灰铸铁的牌号及试样的抗拉强度

材料牌号	铸件主要壁厚 t /mm		抗拉强度 R_m /MPa		
			单铸试棒或并排试棒		附铸试块
	>	≤	≥	≤	≥
HT100	5	40	100	200	—
HT150	2.5	5	150	250	—
	5	10			—
	10	20			—
	20	40			125
	40	80			110
	80	150			100
	150	300			90
HT200	2.5	5	200	300	—
	5	10			—
	10	20			—
	20	40			170
	40	80			155
	80	150			140
	150	300			130
HT225	5	10	225	325	—
	10	20			—
	20	40			190
	40	80			170
	80	150			155
	150	300			145
HT250	5	10	250	350	—
	10	20			—
	20	40			210
	40	80			190
	80	150			170
	150	300			160
HT275	10	20	275	375	—
	20	40			230
	40	80			210
	80	150			190
	150	300			180
HT300	10	20	300	400	—
	20	40			250
	40	80			225
	80	150			210
	150	300			190

（续）

材料牌号	铸件主要壁厚 t /mm		抗拉强度 R_m /MPa		
			单铸试棒或并排试棒		附铸试块
	>	≤	≥	≤	≥
HT350	10	20	350	450	—
	20	40			290
	40	80			260
	80	150			240
	150	300			220

注：1. 对于单铸试棒和并排试棒，最小抗拉强度值为强制性值。

2. 经供需双方同意，代表铸件主要壁厚处的附铸试块的抗拉强度值，也可作为强制性值。

3. 当铸件的主要壁厚超过300mm时，试棒的类型和尺寸以及最小抗拉强度值，应由供需双方商方。

4. 若规定了试棒的类型，应在牌号后加上“/”号，并在其后加上字母来表示试棒的类型：

——/S代表单铸试棒或并排试棒；

——/A代表附铸试块；

——/C代表本体试样。

5. 以抗拉强度作为验收指标时，应在订货协议中规定试样类型。如果订货协议中没有规定，则由供方自行决定。

6. HT100是适用于要求高减震性和高热导率的材料。

表1-4-82　灰铸铁硬度

材料牌号	铸件主要壁厚 t /mm		铸件的布氏硬度 HBW	
	>	≤	≥	≤
HT-HBW155	2.5	5	—	210
	5	10	—	185
	10	20	—	170
	20	40	—	160
	40	**80**	—	155
HT-HBW175	2.5	5	170	260
	5	10	140	225
	10	20	125	205
	20	40	110	185
	40	**80**	**100**	**175**
HT-HBW195	4	5	190	275
	5	10	170	260
	10	20	150	230
	20	40	125	210
	40	**80**	**120**	**195**
HT-HBW215	5	10	200	275
	10	20	180	255
	20	40	160	235
	40	**80**	**145**	**215**

（续）

材料牌号	铸件主要壁厚 t /mm		铸件的布氏硬度 HBW	
	>	≤	≥	≤
HT-HBW235	10	20	200	275
	20	40	180	255
	40	**80**	**165**	**235**
HT-HBW255	20	40	200	275
	40	**80**	**185**	**255**

注：1. 铸件特定位置的布氏硬度差不大于 40HBW 的，仅适应于批量生产的铸件。经供需双方同意，可以适当增大硬度值波动范围。
2. 黑体数字表示对应该硬度等级的铸件主要壁厚处的最小和最大布氏硬度值。
3. 对同一硬度等级，硬度随壁厚的增加而降低。

2. 灰铸铁件的应用范围（见表 1-4-83）

表 1-4-83 灰铸铁件的应用范围

牌号	应用范围	
	工作条件	用途举例
HT100	1）负荷极低 2）变形很小	盖、外罩、油盘、手轮、手把、支架、座板、重锤等形状简单、不甚重要的零件。这些铸件通常不经试验即被采用，一般无须加工，或者只需经过简单的机械加工
HT150	1）承受中等载荷的零件 2）摩擦面间的单位面积压力不大于 490kPa	1）一般机械制造中的铸件，如支柱、底座、齿轮箱、刀架、轴承座、轴承滑座、工作台，齿面不加工的齿轮和链轮，汽车拖拉机的进气管，排气管，液压泵进油管等 2）薄壁（质量不大）零件，工作压力不大的管子配件，以及壁厚≤30mm 的耐磨轴套等 3）圆周速度>6~12m/s 的带轮，以及其他符合左列工作条件的零件
HT200 HT225 HT250	1）承受较大负荷的零件 2）摩擦面间的单位面积压力大于 490kPa 者（大于 10t 的大型铸件>1470kPa）或须经表面淬火的零件 3）要求保持气密性或要求抗胀性及韧性的零件	1）一般机械制造中较为重要的铸件，如气缸、齿轮、链轮、棘轮、衬套、金属切削机床床身、飞轮等 2）汽车、拖拉机的气缸体、气缸盖、活塞、制动毂、联轴器盘、飞轮、齿轮、离合器外壳、分离器本体、左右半轴壳 3）承受 7840kPa 以下中等压力的液压缸、泵体、阀体等 4）汽油机和柴油机的活塞环 5）圆周速度>12~20m/s 的带轮，以及其他符合左列工作条件的零件
HT275 HT300 HT350	1）承受高弯曲力及高拉力的零件 2）摩擦面间的单位面积压力≥1960kPa 或须进行表面淬火的零件 3）要求保持高度气密性的零件	1）机械制造中重要的铸件，如剪床、压力机、自动车床和其他重型机床的床身、机座、机架和大而厚的衬套、齿轮、凸轮；大型发动机的气缸体、缸套、气缸盖等 2）高压的液压缸、泵体、阀体等 3）圆周速度>20~25m/s 的带轮，以及符合左列工作条件的其他零件

4.3.3.2 球墨铸铁（GB/T 1348—2019）

1. 铁素体珠光体球墨铸铁的力学性能（见表1-4-84~表1-4-86）

2. 固溶强化铁素体球墨铸铁的力学性能（见表1-4-87和表1-4-88）

表1-4-84 铁素体珠光体球墨铸铁试样的拉伸性能

牌号	铸铁壁厚 t /mm	屈服强度 $R_{p0.2}$ /MPa ≥	抗拉强度 R_m /MPa ≥	断后伸长率 A[①] (%)
QT350-22L	$t≤30$	220	350	22
	$30<t≤60$	210	330	18
	$60<t≤200$	200	320	15
QT350-22R	$t≤30$	220	350	22
	$30<t≤60$	220	330	18
	$60<t≤200$	210	320	15
QT350-22	$t≤30$	220	350	22
	$30<t≤60$	220	330	18
	$60<t≤200$	210	320	15
QT400-18L	$t≤30$	240	400	18
	$30<t≤60$	230	380	15
	$60<t≤200$	220	360	12
QT400-18R	$t≤30$	250	400	18
	$30<t≤60$	250	390	15
	$60<t≤200$	240	370	12
QT400-18	$t≤30$	250	400	18
	$30<t≤60$	250	390	15
	$60<t≤200$	240	370	12
QT400-15	$t≤30$	250	400	15
	$30<t≤60$	250	390	14
	$60<t≤200$	240	370	11
QT450-10	$t≤30$	310	450	10
	$30<t≤60$	供需双方商定		
	$60<t≤200$			
QT500-7	$t≤30$	320	500	7
	$30<t≤60$	300	450	7
	$60<t≤200$	290	420	5
QT550-5	$t≤30$	350	550	5
	$30<t≤60$	330	520	4
	$60<t≤200$	320	500	3
QT600-3	$t≤30$	370	600	3
	$30<t≤60$	360	600	2
	$60<t≤200$	340	550	1
QT700-2	$t≤30$	420	700	2
	$30<t≤60$	400	700	2
	$60<t≤200$	380	650	1
QT800-2	$t≤30$	480	800	2
	$30<t≤60$	供需双方商定		
	$60<t≤200$			

（续）

牌　号	铸铁壁厚 t /mm	屈服强度 $R_{p0.2}$ /MPa ≥	抗拉强度 R_m /MPa ≥	断后伸长率 A① (%)
QT900-2	$t \leq 30$	600	900	2
	$30 < t \leq 60$	供需双方商定		
	$60 < t \leq 200$			

注：1. 从试样测得的力学性能并不能准确地反映铸件本体的力学性能，铸件本体的力学性能指导值参见表 1-4-86。

2. 本表数据适用于单铸试样、附铸试样和并排铸造试样。

3. 字母“L”表示低温；字母“R”表示室温。

① 伸长率在原始标距 $L_o = 5d$ 上测得，d 是试样上原始标距处的直径。

表 1-4-85　铁素体球墨铸铁试样上加工的 V 型缺口试样的最小冲击吸收能量

牌　号	铸铁壁厚 t /mm	最小冲击吸取能量/J					
		室温(23±5)℃		低温(-20±2)℃		低温(-40±2)℃	
		三个试样平均值	单个值	三个试样平均值	单个值	三个试样平均值	单个值
QT350-22L	$t \leq 30$	—	—	—	—	12	9
	$30 < t \leq 60$	—	—	—	—	12	9
	$60 < t \leq 200$	—	—	—	—	10	7
QT350-22R	$t \leq 30$	17	14	—	—	—	—
	$30 < t \leq 60$	17	14	—	—	—	—
	$60 < t \leq 200$	15	12	—	—	—	—
QT400-18L	$t \leq 30$	—	—	12	9	—	—
	$30 < t \leq 60$	—	—	12	9	—	—
	$60 < t \leq 200$	—	—	10	7	—	—
QT400-18R	$t \leq 30$	14	11	—	—	—	—
	$30 < t \leq 60$	14	11	—	—	—	—
	$60 < t \leq 200$	12	9	—	—	—	—

注：1. 这些材料牌号也可用于压力容器。

2. 从试样上测得的力学性能并不能准确地反映铸件本体的力学性能。

3. 该表数据适用于单铸试样、附铸试样和并排浇铸试样。

4. 字母“L”表示低温；字母“R”表示室温。

表 1-4-86　铁素体珠光体球墨铸铁本体试样的力学性能指导值

牌　号	铸铁壁厚 t /mm	屈服强度 $R_{p0.2}$ /MPa ≥	抗拉强度 R_m /MPa ≥	伸长率 A① (%)
QT350-22L/C	$t \leq 30$	220	340	20
	$30 < t \leq 60$	210	320	15
	$60 < t \leq 200$	200	310	12
QT350-22R/C	$t \leq 30$	220	340	20
	$30 < t \leq 60$	210	320	15
	$60 < t \leq 200$	200	310	12
QT350-22/C	$t \leq 30$	220	340	20
	$30 < t \leq 60$	210	320	15
	$60 < t \leq 200$	200	310	12

（续）

牌　号	铸铁壁厚 t /mm	屈服强度 $R_{p0.2}$ /MPa ≥	抗拉强度 R_m /MPa ≥	伸长率 A[①] (%)
QT400-18L/C	$t \leqslant 30$	240	390	15
	$30<t \leqslant 60$	230	370	12
	$60<t \leqslant 200$	220	340	10
QT400-18R/C	$t \leqslant 30$	250	390	15
	$30<t \leqslant 60$	240	370	12
	$60<t \leqslant 200$	230	350	10
QT400-18/C	$t \leqslant 30$	250	390	15
	$30<t \leqslant 60$	240	370	12
	$60<t \leqslant 200$	230	350	10
QT400-15/C	$t \leqslant 30$	250	390	12
	$30<t \leqslant 60$	240	370	11
	$60<t \leqslant 200$	230	350	8
QT450-10/C	$t \leqslant 30$	300	440	8
	$30<t \leqslant 60$	供方提供指导值		
	$60<t \leqslant 200$			
QT500-7/C	$t \leqslant 30$	300	480	6
	$30<t \leqslant 60$	280	450	5
	$60<t \leqslant 200$	260	400	3
QT550-5/C	$t \leqslant 30$	330	530	4
	$30<t \leqslant 60$	310	500	3
	$60<t \leqslant 200$	290	450	2
QT600-3/C	$t \leqslant 30$	360	580	3
	$30<t \leqslant 60$	340	550	2
	$60<t \leqslant 200$	320	500	1
QT700-2/C	$t \leqslant 30$	410	680	2
	$30<t \leqslant 60$	390	650	1
	$60<t \leqslant 200$	370	600	1
QT800-2/C	$t \leqslant 30$	460	780	2
	$30<t \leqslant 60$	供方提供指导值		
	$60<t \leqslant 200$			

注：若需方要求特定位置的最小力学性能值，由供需双方商定。

表 1-4-87　固溶强化铁素体球墨铸铁铸造试样的拉伸性能

牌　号	铸铁壁厚 t /mm	屈服强度 $R_{p0.2}$ /MPa ≥	抗拉强度 R_m /MPa ≥	断后伸长率 A[①] (%) ≥
QT450-18	$t \leqslant 30$	350	450	18
	$30<t \leqslant 60$	340	430	14
	$60<t \leqslant 200$	供需双方商定		
QT500-14	$t \leqslant 30$	400	500	14
	$30<t \leqslant 60$	390	480	12
	$60<t \leqslant 200$	供需双方商定		

（续）

牌　　号	铸铁壁厚 t /mm	屈服强度 $R_{p0.2}$ /MPa　≥	抗拉强度 R_m /MPa　≥	断后伸长率 A①（%）　≥
QT600-10	$t \leqslant 30$	470	600	10
	$30<t \leqslant 60$	450	580	8
	$60<t \leqslant 200$	供需双方商定		

注：1. 从铸造试样测得的力学性能并不能准确地反映铸件本体的力学性能，铸件本体的拉伸性能指导值见表 1-4-88。
2. 本表数据适用于单铸试样、附铸试样和并排浇铸试样。

表 1-4-88　固溶强化铁素体球墨铸铁件本体试样的力学性能指导值

牌　　号	铸件壁厚 t /mm	屈服强度 $R_{p0.2}$ /MPa　≥	抗拉强度 R_m /MPa　≥	伸长率 A（%）　≥
QT450-18C	$t \leqslant 30$	350	440	16
	$30<t \leqslant 60$	340	420	12
	$60<t \leqslant 200$	供方提供指导值		
QT500-14/C	$t \leqslant 30$	400	480	12
	$30<t \leqslant 60$	380	460	10
	$60<t \leqslant 200$	供方提供指导值		
QT600-10/C	$t \leqslant 30$	450	580	8
	$30<t \leqslant 60$	430	560	6
	$60<t \leqslant 200$	供方提供指导值		

注：若需方要求特定位置的最小力学性能值，由供需双方商定。

3. 球墨铸铁件的主要特性和应用举例（见表 1-4-89）

表 1-4-89　球墨铸铁件的主要特性和应用举例

牌　　号	主要特性	应用举例
QT400-18 QT400-15	具有良好的焊接性和可加工性，常温时冲击韧性高，而且脆性转变温度低，同时低温韧性也很好	农机具：重型机引五铧犁、轻型二铧犁、悬挂犁上的犁柱、犁托、犁侧板、牵引架、收割机及割草机上的导架、差速器壳、护刃器
QT450-10	焊接性、可加工性均较好，塑性略低于 QT400-18，而强度与小能量冲击韧性优于 QT400-18	汽车、拖拉机、手扶拖拉机：牵引框、轮毂、驱动桥壳体、离合器壳、差速器壳、离合器拨叉、弹簧吊耳、汽车底盘悬架件 通用机械：1.6～6.4MPa 阀门的阀体、阀盖、支架；压缩机上承受一定温度的高低压气缸、输气管 其他：铁路垫板、电动机机壳、齿轮箱、汽轮机壳
QT500-7	具有中等强度与塑性，可加工性尚好	内燃机的机油泵齿轮，汽轮机中温气缸隔板、水轮机的阀门体、铁路机车车辆轴瓦、机器座架、传动轴、链轮、飞轮、电动机架、千斤顶座等
QT600-3	中高强度，低塑性，耐磨性较好	内燃机：5～4000 马力（1 马力 = 735.5W）柴油机和汽油机的曲轴，部分轻型柴油机和汽油机的凸轮轴、气缸套、连杆、进排气门座 农机具：脚踏脱粒机齿条、轻负荷齿轮、畜力犁铧 机床：部分磨床、铣床、车床的主轴 通用机械：空调机、气压机、冷冻机、制氧机及泵的曲轴、缸体、缸套 冶金、矿山、起重机械：球磨机齿轴、矿车轮、桥式起重机大小车滚轮
QT700-2 QT800-2	有较高的强度、耐磨性，低韧性（或低塑性）	

（续）

牌　　号	主要特性	应用举例
QT900-2	有高的强度、耐磨性，较高的弯曲疲劳强度、接触疲劳强度和一定的韧性	农机具：犁铧、耙片、低速农用轴承套圈 汽车：曲线齿锥齿轮、转向节、传动轴 拖拉机：减速齿轮 内燃机：凸轮轴、曲轴

4.3.3.3 可锻铸铁（GB/T 9440—2010）

1. 黑心可锻铸铁和球光体可锻铸铁的牌号及力学性能（见表1-4-90）

2. 白心可锻铸铁的牌号及力学性能（见表1-4-91）

表1-4-90 黑心可锻铸铁和珠光体可锻铸铁的牌号及力学性能

牌　　号	试样直径 d①② /mm	抗拉强度 R_m/MPa ≥	0.2%屈服强度 $R_{p0.2}$/MPa ≥	断后伸长率 A(%)≥ ($L_o=3d$)	布氏硬度 HBW
KTH 275-05③	12或15	275	—	5	≤150
KTH 300-06③	12或15	300	—	6	
KTH 330-08	12或15	330	—	8	
KTH 350-10	12或15	350	200	10	
KTH 370-12	12或15	370	—	12	
KTZ 450-06	12或15	450	270	6	150~200
KTZ 500-05	12或15	500	300	5	165~215
KTZ 550-04	12或15	550	340	4	180~230
KTZ 600-03	12或15	600	390	3	195~245
KTZ 650-02④⑤	12或15	650	430	2	210~260
KTZ 700-02	12或15	700	530	2	240~290
KTZ 800-01④	12或15	800	600	1	270~320

① 如果需方没有明确要求，供方可以任意选取两种试棒直径中的一种。

② 试样直径代表同样壁厚的铸件，如果铸件为薄壁件时，供需双方可以协商选取直径6mm或9mm试样。

③ KTH 275-05和KTH 300-06为专门用于保证压力密封性能，而不要求高强度或者高延展性的工作条件的。

④ 油淬加回火。

⑤ 空冷加回火。

表1-4-91 白心可锻铸铁的牌号及力学性能

牌　　号	试样直径 d/mm	抗拉强度 R_m/MPa ≥	0.2%屈服强度 $R_{p0.2}$/MPa ≥	断后伸长率 A(%)≥ ($L_o=3d$)	布氏硬度 HBW ≤
KTB 350-04	6	270	—	10	230
	9	310	—	5	
	12	350	—	4	
	15	360	—	3	
KTB 360-12	6	280	—	16	200
	9	320	170	15	
	12	360	190	12	
	15	370	200	7	
KTB 400-05	6	300	—	12	220
	9	360	200	8	
	12	400	220	5	
	15	420	230	4	

（续）

牌　　号	试样直径 d/mm	抗拉强度 R_m/MPa　≥	0.2%屈服强度 $R_{p0.2}$/MPa　≥	断后伸长率 A(%)≥ ($L_o=3d$)	布氏硬度 HBW　≤
KTB 450-07	6	330	—	12	220
	9	400	230	10	
	12	450	260	7	
	15	480	280	4	
KTB 550-04	6	—	—	—	250
	9	490	310	5	
	12	550	340	4	
	15	570	350	3	

注：1. 所有级别的白心可锻铸铁均可以焊接。
2. 对于小尺寸的试样，很难判断其屈服强度，屈服强度的检测方法和数值由供需双方在签订订单时商定。

3. 可锻铸铁件的特性和应用（见表 1-4-92）

表 1-4-92　可锻铸铁件的特性和应用

类　　型	牌　　号	特性和应用
黑心可锻铸铁	KTH 300-06	有一定的韧性和适度的强度，气密性好；用于制造承受低动载荷及静载荷、要求气密性好的工作零件，如管道配件（弯头、三通、管件）、中低压阀门等
	KTH 330-08	有一定的韧性和强度，用于制造承受中等动载荷和静载荷的工作零件，如农机上的犁刀、犁柱、车轮壳，机床用的钩形扳手、螺纹扳手，铁道扣扳，输电线路上的线夹本体及压板等
	KTH 350-10 KTH 370-12	有较高的韧性和强度，用于制造承受较高的冲击、振动及扭转载荷下工作的零件，如汽车、拖拉机上的前后轮壳、差速器壳、转向节壳，农机上的犁刀、犁柱，船用电动机壳，瓷绝缘子铁帽等
珠光体可锻铸铁	KTZ 450-06 KTZ 550-04 KTZ 650-02 KTZ 700-02	韧性较低，但强度大、硬度高、耐磨性好，且可加工性良好；可代替低碳、中碳、低合金钢及有色合金制造承受较高的动、静载荷，在磨损条件下工作并要求有一定韧性的重要工作零件，如曲轴、连杆、齿轮、摇臂、凸轮轴、万向节头、活塞环、轴套、犁刀、耙片等
白心可锻铸铁	KTB 350-04 KTB 380-12 KTB 400-05 KTB 450-07	白心可锻铸铁的特性是： 1）薄壁铸件仍有较好的韧性 2）有非常优良的焊接性，可与钢钎焊 3）可加工性好，但工艺复杂、生产周期长、强度及耐磨性较差，适于铸造厚度在 15mm 以下的薄壁铸件和焊接后不需进行热处理的铸件。在机械制造工业上很少应用这类铸铁

4.3.3.4　耐热铸铁（GB/T 9437—2009）

1. 耐热铸铁的牌号及室温力学性能（表 1-4-93）

表 1-4-93　耐热铸铁的牌号及室温力学性能

铸铁牌号	最小抗拉强度 R_m/MPa	硬度 HBW
HTRCr	200	189～288
HTRCr2	150	207～288
HTRCr16	340	400～450
HTRSi5	140	160～270
QTRSi4	420	143～187

（续）

铸铁牌号	最小抗拉强度 R_m/MPa	硬度 HBW
QTRSi4Mo	520	188~241
QTRSi4Mo1	550	200~240
QTRSi5	370	228~302
QTRAl4Si4	250	285~341
QTRAl5Si5	200	302~363
QTRAl22	300	241~364

注：允许用热处理方法达到上述性能。

2. 耐热铸铁的高温短时抗拉强度（见表1-4-94）

表 1-4-94 耐热铸铁的高温短时抗拉强度

铸铁牌号	在下列温度时的最小抗拉强度 R_m/MPa				
	500℃	600℃	700℃	800℃	900℃
HTRCr	225	144	—	—	—
HTRCr2	243	166	—	—	—
HTRCr16	—	—	—	141	88
HTRSi5	—	—	41	27	—
QTRSi4	—	—	75	35	—
QTRSi4Mo	—	—	101	46	—
QTRSi4Mo1	—	—	101	46	—
QTRSi5	—	—	67	30	—
QTRAl4Si4	—	—	—	82	32
QTRAl5Si5	—	—	—	167	75
QTRAl22	—	—	—	130	77

3. 耐热铸铁的主要特性及应用举例（见表1-4-95）

表 1-4-95 耐热铸铁的主要特性及应用举例

铸铁牌号	主要特性	应用举例
HTRCr	在空气炉气中，耐热温度到550℃。具有高的抗氧化性和体积稳定性	适用于急冷急热的，薄壁，细长件。用于炉条、高炉支梁式水箱、金属型、玻璃模等
HTRCr2	在空气炉气中，耐热温度到600℃。具有高的抗氧化性和体积稳定性	适用于急冷急热的，薄壁，细长件。用于煤气炉内灰盆、矿山烧结车挡板等
HTRCr16	在空气炉气中耐热温度到900℃。具有高的室温及高温强度，高的抗氧化性，但常温脆性较大。耐硝酸的腐蚀	可在室温及高温下作抗磨件使用。用于退火罐、煤粉烧嘴、炉栅、水泥焙烧炉零件、化工机械等零件
HTRSi5	在空气炉气中，耐热温度到700℃。耐热性较好，承受机械和热冲击能力较差	用于制造炉条、煤粉烧嘴、锅炉用梳形定位析、换热器针状管、二硫化碳反应瓶等
QTRSi4	在空气炉气中耐热温度到650℃。力学性能、抗裂性较 RQTSi5 好	用于制造玻璃窑烟道闸门、玻璃引上机墙板、加热炉两端管架等
QTRSi4Mo	在空气炉气中耐热温度到680℃。高温力学性能较好	用于制造内燃机排气歧管、罩式退火炉导向器、烧结机中后热筛板、加热炉吊梁等
QTRSi4Mo1	在空气炉气中耐热温度到800℃。高温力学性能好	用于制造内燃机排气歧管、罩式退火炉导向器、烧结机中后热筛板、加热炉吊梁等

（续）

铸铁牌号	主要特性	应用举例
QTRSi5	在空气炉气中耐热温度到800℃。常温及高温性能显著优于RTSi5	用于制造煤粉烧嘴、炉条、辐射等、烟道闸门、加热炉中间管架等
QTRAl4Si4	在空气炉气中耐热温度到900℃。耐热性良好	适用于制造高温轻载荷下工作的耐热件。用于制造烧结机篦条、炉用件等
QTRAl5Si5	在空气炉气中耐热温度到1050℃。耐热性良好	
QTRAl22	在空气炉气中耐热温度到1100℃。具有优良的抗氧化能力，较高的室温和高温强度，韧性好，抗高温硫蚀性好	适用于制造高温（1100℃）、载荷较小、温度变化较缓的工件。用于制造锅炉用侧密封块、链式加热炉炉爪、黄铁矿焙烧炉零件等

4.3.3.5 高硅耐蚀铸铁（GB/T 8491—2009）

1. 高硅耐蚀铸铁的牌号及力学性能（见表1-4-96）

表1-4-96 高硅耐蚀铸铁的牌号及力学性能

牌　　号	最小抗弯强度 σ_{bb}/MPa	最小挠度 f/mm
HTSSi11Cu2CrR	190	0.80
HTSSi15R	118	0.66
HTSSi15Cr4MoR	118	0.66
HTSSi15Cr4R	118	0.66

注：高硅耐蚀铸铁的力学性能一般不作为验收依据。单铸试棒直径为30mm，长度为330mm。

2. 高硅耐蚀铸铁的性能、适用条件及应用举例（见表1-4-97）

表1-4-97 高硅耐蚀铸铁的性能、适用条件及应用举例

牌　　号	性能和适用条件	应用举例
HTSSi11Cu2CrR	具有较好的力学性能，可以用一般的机械加工方法进行生产。在浓度大于或等于10%的硫酸、浓度小于或等于46%的硝酸或由上述两种介质组成的混合酸、浓度大于或等于70%的硫酸加氯、苯、苯磺酸等介质中具有较稳定的耐蚀性，但不允许有急剧的交变载荷、冲击载荷和温度突变	卧式离心机、潜水泵、阀门、旋塞、塔罐、冷却排水管、弯头等化工设备和零部件等
HTSSi15R	在氧化性酸（如各种温度和浓度的硝酸、硫酸、铬酸等）、各种有机酸和一系列盐溶液介质中都有良好的耐蚀性，但在卤素的酸、盐溶液（如氢氟酸和氯化物等）和强碱溶液中不耐蚀。不允许有急剧的交变载荷、冲击载荷和温度突变	各种离心泵、阀类、旋塞、管道配件、塔罐、低压容器及各种非标准零部件等
HTSSi15Cr4R	具有优良的耐电化学腐蚀性能，并有改善抗氧化性条件的耐蚀性。高硅铬铸铁中的铬可提高其钝化性和点蚀击穿电位，但不允许有急剧的交变载荷和温度突变	在外加电流的阴极保护系统中，大量用作辅助阳极铸件
HTSSi15Cr4MoR	适用于强氯化物的环境	

4.3.3.6 抗磨白口铸铁（GB/T 8263—2010）

抗磨白口铸铁主要用于制造冶金、电力、建筑、船舶、煤炭、化工、机械等行业的抗磨损零部件。

1. 抗磨白口铸铁的牌号及硬度（见表1-4-98）

表1-4-98　抗磨白口铸铁的牌号及硬度

牌　　号	表面硬度					
	铸态或铸态去应力处理		硬化态或硬化态去应力处理		软化退火态	
	HRC	HBW	HRC	HBW	HRC	HBW
BTMNi4Cr2-DT	≥53	≥550	≥56	≥600	—	—
BTMNi4Cr2-GT	≥53	≥550	≥56	≥600	—	—
BTMCr9Ni5	≥50	≥500	≥56	≥600	—	—
BTMCr2	≥45	≥435	—	—	—	—
BTMCr8	≥46	≥450	≥56	≥600	≤41	≤400
BTMCr12-DT	—	—	≥50	≥500	≤41	≤400
BTMCr12-GT	≥46	≥450	≥58	≥650	≤41	≤400
BTMCr15	≥46	≥450	≥58	≥650	≤41	≤400
BTMCr20	≥46	≥450	≥58	≥650	≤41	≤400
BTMCr26	≥46	≥450	≥58	≥650	≤41	≤400

注：1. 洛氏硬度值（HRC）和布氏硬度值（HBW）之间没有精确的对应值，因此这两种硬度值应独立使用。

2. 铸件断面深度40%处的硬度应不低于表面硬度值的92%。

2. 抗磨白口铸铁件的热处理规范（见表1-4-99）

表1-4-99　抗磨白口铸铁件的热处理规范

牌　　号	软化退火处理	硬化处理	回火处理
BTMNi4Cr2-DT BTMNi4Cr2-GT	—	430~470℃保温4~6h，出炉空冷或炉冷	在250~300℃保温8~16h，出炉空冷或炉冷
BTMCr9Ni5	—	800~850℃保温6~16h，出炉空冷或炉冷	
BTMCr8	920~960℃保温，缓冷至700~750℃保温，缓冷至600℃以下出炉空冷或炉冷	940~980℃保温，出炉后以合适的方式快速冷却	在200~550℃保温，出炉空冷或炉冷
BTMCr12-DT		900~980℃保温，出炉后以合适的方式快速冷却	
BTMCr12-GT		900~980℃保温，出炉后以合适的方式快速冷却	
BTMCr15		920~1000℃保温，出炉后以合适的方式快速冷却	
BTMCr20	960~1060℃保温，缓冷至700~750℃保温，缓冷至600℃；以下出炉空冷或炉冷	950~1050℃保温，出炉后以合适的方式快速冷却	
BTMCr26		960~1060℃保温，出炉后以合适的方式快速冷却	

注：热处理规范中保温时间主要由铸件壁厚决定。

4.3.3.7　等温淬火球墨铸铁（GB/T 24733—2023）

1. 等温淬火球墨铸铁的牌号及单铸、并排或附铸试块力学性能（见表1-4-100）

表1-4-100　等温淬火球墨铸铁的牌号及单铸、并排或附铸试块力学性能

材料牌号	铸件的主要壁厚 t/mm	抗拉强度 R_m/MPa ≥	屈服强度 $R_{p0.2}$/MPa ≥	断后伸长率 A_5 ($L_o=5d$) (%) ≥	断后伸长率 A_4 ($L_o=4d$) (%) ≥
QTD800-11 QTD800-11R	$t≤30$	800	550	11	12
	$30<t≤60$	750	550	7	8
	$60<t≤100$	720	550	6	7

（续）

材料牌号	铸件的主要壁厚 t/mm	抗拉强度 R_m/MPa ≥	屈服强度 $R_{p0.2}$/MPa ≥	断后伸长率 A_5 ($L_o=5d$) (%) ≥	断后伸长率 A_4 ($L_o=4d$) (%) ≥
QTD900-9	$t \leqslant 30$	900	650	9	10
	$30<t \leqslant 60$	850	650	6	7
	$60<t \leqslant 100$	820	650	5	6
QTD1050-7	$t \leqslant 30$	1050	750	7	8
	$30<t \leqslant 60$	1000	750	5	6
	$60<t \leqslant 100$	970	700	4	5
QTD1200-4	$t \leqslant 30$	1200	850	4	5
	$30<t \leqslant 60$	1170	850	3	4
	$60<t \leqslant 100$	1140	850	2	3
QTD1400-2	$t \leqslant 30$	1400	1100	2	3
	$30<t \leqslant 60$	1300	由供需双方商定	2	由供需双方商定
	$60<t \leqslant 100$	1250	由供需双方商定	1	由供需双方商定
QTD1600-1	$t \leqslant 30$	1600	1300	1	1
	$30<t \leqslant 60$	1450	由供需双方商定		由供需双方商定
	$60<t \leqslant 100$	1300	由供需双方商定		由供需双方商定

注：1. 经过适当的热处理，屈服强度最小值可按本表规定，而随铸件壁厚增大，抗拉强度和断后伸长率会降低。
2. 由于铸件复杂程度和各部分壁厚不同，其性能是不均匀的。
3. 字母 R 表示该牌号有室温（23℃）冲击性能值。

2. 抗磨等温淬火球墨铸铁的力学性能（见表 1-4-101）

表 1-4-101 抗磨等温淬火球墨铸铁的力学性能

材料牌号	布氏硬度 HBW ≥	其他性能（仅供参考）		
		抗拉强度 R_m/MPa ≥	屈服强度 $R_{p0.2}$/MPa ≥	断后伸长率 A_5 (%) ≥
QTD-HBW400	400	1400	1100	2
QTD-HBW450	450	1600	1300	1

注：1. 最大布氏硬度由供需双方商定。
2. 400HBW 和 450HBW 如换算成洛氏硬度分别约为 43HRC 和 48HRC。

3. 等温淬火球墨铸铁的性能特点及应用示例（见表 1-4-102）

表 1-4-102 等温淬火球墨铸铁的性能特点及应用示例

材料牌号	性能特点	应用示例
QTD800-11 QTD800-11R	布氏硬度 250~310HBW。具有优异的弯曲疲劳强度和较好的抗裂纹性能。可加工性较好。抗拉强度和疲劳强度稍低于 QTD900-9，但可成为等温淬火处理后需进一步机械加工的 QTD900-9 零件的代替牌号。动载性能超过同硬度的球墨铸铁齿轮	大功率船用发动机（8000kW）支承架、注塑机液压件、大型柴油机（10 缸）托架板、中型货车悬挂件、恒速联轴器和柴油机曲轴（经圆角滚压）等。同硬度球墨铸铁齿轮的改进材料

（续）

材料牌号	性能特点	应用示例
QTD900-9	布氏硬度270~340HBW。适用于制造要求较高韧性和弯曲疲劳强度以及可加工性良好的承受中等应力的零件。具有较好的低温性能。等温淬火处理后进行喷丸、圆弧滚压或磨削，有良好的强化效果	柴油机曲轴（经圆角滚压）、真空泵传动齿轮、风镐缸体、机头、载货汽车后钢板弹簧支架、汽车牵引钩支承座、衬套、控制臂、转动轴轴颈支撑、转向节、建筑用夹具、下水道盖板等
QTD1050-7	布氏硬度310~380HBW。适用于制造高强度、高韧性和高弯曲疲劳强度以及可加性尚好的承受中等应力的零件。低温性能为各牌号ADI中最好，等温淬火处理后进行喷丸，圆弧滚压或磨削有很好的强化效果。进行喷丸强化后超过淬火钢齿轮的动载性能，接触疲劳强度优于氮化钢齿轮	大马力柴油机曲轴（经圆角滚压），柴油机正时齿轮，拖拉机、工程机械齿轮，拖拉机轮轴传动器轮毂、坦克履带板体等
QTD1200-4	布氏硬度340~420HBW。适用于制造要求高抗拉强度、较好疲劳强度、抗冲击强度和高耐磨性的零件	柴油机正时齿轮，链轮，铁路车辆销套等
QTD1400-2	布氏硬度380~480HBW。适用于制造要求高强度、高接触疲劳强度和高耐磨性的零件。该牌号的齿轮接触疲劳强度和弯曲疲劳强度超过经火焰或感应淬火球墨铸铁齿轮的动载性能	凸轮轴、铁路货车斜楔、轻型货车后桥弧齿锥齿轮、托辊、滚轮、冲剪机刀片等
QTD1600-1	布氏硬度400~490HBW。适用于制造要求高强度、高接触疲劳强度和高耐磨性的零件	杂质泵体、挖掘机斗齿，磨球，衬板、锤头等
QTD HBW400	布氏硬度大于400HBW。适用于制造要求高硬度、抗磨、耐磨的零件	犁铧、斧、锹、铣刀等工具，挖掘机斗齿、杂质泵体、施肥刀片等
QTD HBW450	布氏硬度大于450HBW。适用于制造要求高硬度、抗磨、耐磨的零件	磨球、衬板、颚板、锤头、锤片、挖掘机斗齿等

4.4 有色金属及其合金

4.4.1 有色金属及其合金产品代号表示方法（见表1-4-103和表1-4-104）

表1-4-103 有色金属、合金名称及其汉语拼音字母的代号

名称	采用汉字	采用符号	名称	采用汉字	采用符号
铜	铜	T	黄铜	黄	H
铝	铝	L	青铜	青	Q
镁	镁	M	白铜	白	B
镍	镍	N	钛及钛合金	钛	T

表 1-4-104 常用有色金属及其合金产品牌号的表示方法

有色金属及其合金	牌号举例		说明
	名称	代号	
变形铝及铝合金	纯铝 铝合金	1A99 2A50、3A21	1 A 9 9 ① ② ③ ④ GB/T 16474—2011 规定： ①表示铝及合金的组别，1 为纯铝，2 为以铜为主要合金元素的铝合金，3 则表示以锰为主要元素，4 对应硅，5 对应镁，6 对于镁和硅，7 对应锌，8 对应其他合金元素，9 为备用组 ②若为字母，则表示原始纯铝或原始合金的改型情况，A 表示为原始纯铝，B～Y 表示原始纯铝的改型情况；若为数字，则表示合金元素或杂质极限含量的控制情况，0 表示其杂质极限含量无特殊限制，1～9 表示对一项或一项以上的单个杂质或合金元素极限含量进行特殊控制 ③、④两位数字仅用来识别同一组中不同的铝合金或最低铝百分含量(纯铝)
铜及铜合金	纯铜 黄铜 青铜 白铜	T1、T2-M TU1、TP1 H62、HSn90-1 QSn4-3、QSn4-4-2. 5 B25、BMn3-12	Q Al 10 -3-1. 5M ① ② ③ ④ ④ ⑤ GB/T 29091—2012 规定： ① 为分类代号，T 为纯铜，TU 为无氧铜，TP 为磷脱氧铜，H 为黄铜，Q 为青铜，B 为白铜 ② 为主添加元素符号，纯铜、一般黄铜、白铜不标；三元以上的黄铜、白铜为第二主添加元素，青铜为第一主添加元素 ③ 为主添加元素含量，百分之几，纯铜中为金属顺序号；黄铜中为铜含量(Zn 为余数)；白铜为 Ni 或 Ni+Co 的含量。青铜为第一主添加元素含量 ④ 为添加元素的量，百分之几，纯铜、一般黄铜、白铜无此数字；三元以上黄铜、白铜为第二添加合金元素含量；青铜为第二主添加元素含量 ⑤ 为状态代号
钛及钛合金		TA1、TA4 TB2 TC1、TC4	T A 1 ① ② ③ GB/T 3620. 1—2016 规定： ① 表示钛及钛合金 ② A 表示工业纯钛、α 型和近 α 型钛合金；B 表示 β 型及近 β 型钛合金；C 表示 α-β 型钛合金 ③ 为按注册的先后自然排列的顺序号
镁合金		AZ30M VE71A	AZ 30 M ① ② ③ GB/T 5153—2016 规定： ① 为最主要的合金组成元素代号，A 表示铝，Z 表示锌，具体见 GB/T 5153—2016 ② 为最主要的合金组成元素的大致含量，3 表示 $w(\mathrm{Al})\approx3\%$，O 表示 $w(\mathrm{Zn})<1\%$ ③ 为标识代号
镍及镍合金		N4NY1 NSi0. 19 NMn2-2-1 NCu28-2. 5-1. 5 NCr10	N Cu 28- 2. 5-1. 5M ① ② ③ ④ ④⑤ GB/T 5235—2021 规定： ① 为分类代号，N 为纯镍或镍合金，NY 为阳极镍 ② 为主添加元素符号 ③ 为主添加元素含量或序号，百分之几，纯镍中为金属顺序号 ④ 为添加元素的量，百分之几 ⑤ 为状态代号

4.4.2 铜及铜合金

4.4.2.1 部分加工铜的牌号、主要特性和应用举例（见表1-4-105）

表1-4-105 部分加工铜的牌号、主要特性和应用举例

组别	牌号	产品种类	主要特性	应用举例
纯铜	T1	板、带、箔	有良好的导电、导热、耐蚀和可加工性，可以焊接和钎焊。含降低导电、导热性的杂质较少，微量的氧对导电、导热和加工等性能影响不大，但易引起"氢病"，不宜在高温（如>370℃）还原性气氛中加工（退火、焊接等）和使用	用作导电、导热、耐蚀器材，如电线、电缆，导电螺钉，爆破用雷管，化工用蒸发器、贮藏器及各种管道等
	T2	板、带、箔、管、棒、线		
	T3	板、带、箔、管、棒、线	有较好的导电、导热、耐蚀和可加工性，可以焊接和钎焊；但含降低导电、导热性的杂质较多，氧含量更高，更易引起"氢病"，不能在高温还原性气氛中加工、使用	用作一般铜材，如电气开关、垫圈、垫片、铆钉、管嘴、油管及其他管道等
无氧铜	TU1	板、带、管、线、棒	纯度高，导电，导热性极好，无"氢病"或极少"氢病"；可加工性和焊接性、耐蚀性、耐寒性均好	主要用作电真空仪器仪表器件
	TU2			
磷脱氧铜	TP1	板、带、管	焊接性和冷弯性好，一般无"氢病"倾向，可在还原性气氛中加工、使用，但不宜在氧化性气氛中加工、使用。TP1的残留磷量比TP2少，故其导电、导热性较TP2好	主要以管材应用，也可以板、带或棒、线供应。用作汽油或气体输送管、排水管、冷凝管、水雷用管、冷凝器、蒸发器、热交换器、火车厢零件
	TP2	板、带、管、棒、线		
银铜	TAg0.1	板、管	铜中加入少量的银，可显著提高软化温度（再结晶温度）和蠕变强度，而很少降低铜的导电、导热性和塑性。实际使用的银铜，其时效硬化的效果不显著，一般采用冷作硬化来提高强度。它具有很好的耐磨性、电接触性和耐蚀性，如制成电车线时，使用寿命比一般硬铜高2~4倍	用作耐热、导电器材，如电动机整流子片、发电机转子用导体、点焊电极、通信线、引线、导线、电子管材料等

4.4.2.2 部分加工黄铜的牌号、主要特性和应用举例（见表1-4-106）

4.4.2.3 部分加工青铜（或高铜合金）的牌号、主要特性和应用举例（见表1-4-107）

表1-4-106 部分加工黄铜的牌号、主要特性和应用举例

组别	牌号	主要特性	应用举例
普通黄铜	H96	强度比纯铜高（但在普通黄铜中，它是最低的），导热、导电性好，在大气和淡水中有高的耐蚀性，且有良好的塑性，易于冷、热压力加工，易于焊接、锻造和镀锡，无应力腐蚀破裂倾向	在一般机械制造中用作导管、冷凝管、散热器管、散热片、汽车散热器带以及导电零件等
	H90	性能和H96相似，但强度较H96稍高，可镀金属及涂敷珐琅	供水及排水管、奖章、艺术品、散热器带以及双金属片

（续）

组别	牌号	主要特性	应用举例
普通黄铜	H85	具有较高的强度，塑性好，能很好地承受冷、热压力加工，焊接性和耐蚀性也都良好	冷凝和散热用管、虹吸管、蛇形管、冷却设备制件
	H80	性能和 H85 近似，但强度较高，塑性也较好，在大气、淡水及海水中有较高的耐蚀性	造纸网、薄壁管、皱纹管及房屋建筑用品
	H70	有极为良好的塑性（是黄铜中最佳者）和较高的强度，可加工性好，易焊接，对一般腐蚀非常安定，但易产生腐蚀开裂。H68 是普通黄铜中应用最为广泛的一个品种	复杂的冷冲件和深冲件，如散热器外壳、导管、波纹管、弹壳、垫片、雷管等
	H68		
	H68A①	H68A 中加有微量的砷（As），可防止黄铜脱锌，并提高黄铜的耐蚀性	
	H65	性能介于 H68 和 H62 之间，价格比 H68 便宜，也有较高的强度和塑性，能良好地承受冷、热压力加工，有腐蚀破裂倾向	小五金、日用品、小弹簧、螺钉、铆钉和机器零件
	H63	有良好的力学性能，热态下塑性良好，冷态下塑性也可以，可加工性好，易钎焊和焊接，耐蚀，但易产生腐蚀破裂。此外，价格便宜，是应用广泛的一个普通黄铜品种	各种深拉深和弯折制造的受力零件，如销钉、铆钉、垫圈、螺母、导管、气压表弹簧、筛网、散热器零件等
	H62		
	H59	价格最便宜，强度、硬度高而塑性差，但在热态下仍能很好地承受压力加工，耐蚀性一般，其他性能和 H62 相近	一般机器零件、焊接件、热冲及热轧零件
铅黄铜	HPb63-3	含铅高的铅黄铜，不能热态加工，可加工性极为优良，且有高的减摩性能，其他性能和 HPb59-1 相似	主要用于要求可加工性极高的钟表结构零件及汽车拖拉机零件
	HPb63-0.1	可加工性较 HPb63-3 差，其他性能和 HPb63-3 相同	用于一般机器结构零件
	HPb62-0.8		
	HPb61-1	有好的可加工性和较高的强度，其他性能同 HPb59-1	用于高强、高可加工性结构零件
	HPb59-1	应用较广的铅黄铜，它的特点是可加工性好，有良好的力学性能，能承受冷、热压力加工，易钎焊和焊接，对一般腐蚀有良好的稳定性，但有腐蚀破裂倾向	适于以热冲压和切削加工制作的各种结构零件，如螺钉、垫圈、垫片、衬套、螺母、喷嘴等
锡黄铜	HSn90-1	力学性能和工艺性能近似于 H90 普通黄铜，但有高的耐蚀性和减摩性，目前只有这种锡黄铜可作为耐磨合金使用	汽车、拖拉机弹性套管及其他耐蚀、减摩零件
	HSn70-1	典型的锡黄铜，在大气、蒸汽、油类和海水中有高的耐蚀性，且有良好的力学性能，可加工性尚可，易焊接和钎焊，在冷、热状态下压力加工性好，有腐蚀破裂倾向	海轮上的耐蚀零件（如冷凝器管），与海水、蒸汽、油类接触的导管，热工设备零件
	HSn62-1	在海水中有高的耐蚀性，有良好的力学性能，冷加工时有冷脆性，只适于热压加工，可加工性好，易焊接和钎焊，但有腐蚀破裂倾向	用作与海水或汽油接触的船舶零件或其他零件
	HSn60-1	性能与 HSn62-1 相似，主要产品为线材	船舶焊接结构用的焊条

（续）

组别	牌号	主要特性	应用举例
铝黄铜	HAl77-2	典型的铝黄铜，有高的强度和硬度，塑性良好，可在热态及冷态下进行压力加工，对海水及盐水有良好的耐蚀性，并耐冲击腐蚀，但有脱锌及腐蚀破裂倾向	船舶和海滨热电站中用作冷凝管及其他耐蚀零件
	HAl67-2.5	在冷态、热态下能良好地承受压力加工，耐磨性好，对海水的耐蚀性尚可，对腐蚀破裂敏感，钎焊和镀锡性能不好	海船抗蚀零件
	HAl60-1-1	具有高的强度，在大气、淡水和海水中耐蚀性好，但对腐蚀破裂敏感，在热态下压力加工性好，冷态下可塑性低	要求耐蚀的结构零件，如齿轮、蜗轮、衬套、轴等
	HAl59-3-2	具有高的强度，耐蚀性是所有黄铜中最好的，腐蚀破裂倾向不大，冷态下塑性低，热态下压力加工性好	发动机和船舶业及其他在常温下工作的高强度耐蚀件
	HAl66-6-3-2	为耐磨合金，具有高的强度、硬度和耐磨性，耐蚀性也较好，但有腐蚀破裂倾向，塑性较差。为铸造黄铜的移植品种	重负荷下工作中固定螺钉的螺母及大型蜗杆；可作铝青铜 QAl10-4-4 的代用品
锰黄铜	HMn58-2	在海水和过热蒸汽、氯化物中有高的耐蚀性，但有腐蚀破裂倾向；力学性能良好，导热导电性低，易于在热态下进行压力加工，冷态下压力加工性尚可，是应用较广的黄铜品种	腐蚀条件下工作的重要零件和弱电流工业用零件
	HMn57-3-1	强度、硬度高，塑性低，只能在热态下进行压力加工；在大气、海水、过热蒸汽中的耐蚀性比一般黄铜好，但有腐蚀破裂倾向	耐蚀结构件
	HMn55-3-1	性能和 HMn57-3-1 接近，为铸造黄铜的移植品种	耐蚀结构件
铁黄铜	HFe59-1-1	具有高的强度，韧性、减摩性能良好，在大气、海水中的耐蚀性好，但有腐蚀破裂倾向，热态下塑性良好	制作在摩擦和受海水腐蚀条件下工作的结构零件
	HFe58-1-1	强度、硬度高，可加工性好，但塑性下降，只能在热态下压力加工，耐蚀性尚好，有腐蚀破裂倾向	适于用热压和切削加工法制作的高强度耐蚀件
硅黄铜	HSi80-3	有良好的力学性能，耐蚀性好，无腐蚀破裂倾向，耐磨性亦可，在冷态、热态下压力加工性好，易焊接和钎焊，可加工性好，导热、导电性是黄铜中最低的	船舶零件、蒸汽管和水管配件
镍黄铜	HNi65-5	有高的耐蚀性和减摩性，良好的力学性能，在冷态和热态下压力加工性能极好，对脱锌和“季裂”比较稳定，导热、导电性低，但因镍的价格较贵，故 HNi65-5 一般用的不多	压力表管、造纸网、船舶用冷凝管等，可作锡磷青铜和德银的代用品

① 曾用牌号。

表 1-4-107　部分加工青铜（或高铜合金）的牌号、主要特性和应用举例

组别	牌号	主要特性	应用举例
锡青铜	QSn4-3	为含锌的锡青铜，耐磨性和弹性高，抗磁性良好，能很好地承受热态或冷态压力加工；在硬态下，可加工性好，易焊接和钎焊，在大气、淡水和海水中耐蚀性好	制作弹簧（扁弹簧、圆弹簧）及其他弹性元件，化工设备上的耐蚀件及耐磨件（如衬套、圆盘、轴承等）和抗磁零件、造纸工业用的刮刀
	QSn4-4-2.5 QSn4-4-4	为添有锌、铅合金元素的锡青铜，有高的减摩性和良好的可加工性，易于焊接和钎焊，在大气、淡水中具有良好的耐蚀性，只能在冷态下进行压力加工，因含铅，热加工时易引起热脆	制作在摩擦条件下工作的轴承、卷边轴套、衬套、圆盘及衬套的内垫等。QSn4-4-4 使用温度在300℃以下，是一种热强性较好的锡青铜
	QSn6.5-0.1	含磷青铜，有高的强度、弹性、耐磨性和抗磁性，在热态和冷态下压力加工性良好，对电火花有较高的抗燃性，可焊接和钎焊，可加工性好，在大气和淡水中耐蚀	制作弹簧和导电性好的弹簧接触片，精密仪器中的耐磨件和抗磁零件，如齿轮、电刷盒、振动片、接触器
	QSn6.5-0.4	含磷青铜，性能用途和 QSn6.5-0.1 相似，因磷含量较高，其疲劳强度较高，弹性和耐磨性较好，但在热加工时有热脆性，只能接受冷压力加工	除用作弹簧和耐磨件，主要用于造纸工业制作耐磨的铜网和单位负荷<981MPa、圆周速度<3m/s 的条件下工作的零件
	QSn7-0.2	含磷青铜，强度高，弹性和耐磨性好，易焊接和钎焊，在大气、淡水和海水中耐蚀性好，可加工性良好，适于热压加工	制作中等载荷、中等滑动速度下承受摩擦的零件，如抗磨垫圈、轴承、轴套、蜗轮等，还可用作弹簧、簧片等
	QSn4-0.3	含磷青铜，有高的力学性能、耐蚀性和弹性，能很好地在冷态下承受压力加工，也可在热态下进行压力加工	主要制作压力计弹簧用的各种尺寸的管材
铝青铜	QAl5	为不含其他元素的铝青铜，有较高的强度、弹性和耐磨性，在大气、淡水、海水和某些酸中耐蚀性好，可电焊、气焊，不易钎焊，能很好地在冷态或热态下承受压力加工，不能淬火强化	制作弹簧和其他要求耐蚀的弹性元件，齿轮摩擦轮，蜗杆传动机构等，可作为 QSn6.5-0.4、QSn4-3 和 QSn4-4-4 的代用品
	QAl7	性能用途和 QAl5 相似，因铝含量稍高，其强度较高	
	QAl9-2	含锰的铝青铜，具有高的强度，在大气、淡水和海水中耐蚀性很好，可以电焊和气焊，不易钎焊，在热态和冷态下压力加工性均好	高强度耐蚀件，以及在 250℃ 以下蒸汽介质中工作的管配件和海轮上零件
	QAl9-4	含铁的铝青铜。有高的强度和减摩性，良好的耐蚀性，热态下压力加工性良好，可电焊和气焊，但钎焊性不好，可用作高锡耐磨青铜的代用品	制作在高负荷下工作的抗磨、耐蚀件，如轴承、轴套、齿轮、蜗轮、阀座等，也用于制作双金属耐磨件

（续）

组别	牌　号	主要特性	应用举例
铝青铜	QAl10-3-1.5	为含有铁、锰元素的铝青铜，有高的强度和耐磨性，经淬火、回火后可提高硬度，有较好的高温耐蚀性和抗氧化性，在大气、淡水和海水中耐蚀性很好，可加工性尚可，可焊接，不易钎焊，热态下压力加工性良好	制作高温条件下工作的耐磨件和各种标准件，如齿轮、轴承、衬套、圆盘、导向摇臂、飞轮、固定螺母等，可代替高锡青铜制作重要机件
铝青铜	QAl10-4-4	为含有铁、镍元素的铝青铜，属于高强度耐热青铜，高温（400℃）下力学性能稳定，有良好的减摩性，在大气、淡水和海水中耐蚀性很好，热态下压力加工性良好，可热处理强化，可焊接，不易钎焊，可加工性尚好	高强度的耐磨件和高温（400℃）下工作的零件，如轴衬、轴套、齿轮、球形座、螺母、法兰、滑座等，以及其他各种重要的耐蚀、耐磨件
铝青铜	QAl11-6-6	成分、性能和QAl10-4-4相近	高强度的耐磨件和500℃下工作的高温抗蚀、耐磨件
铍铜（高铜合金）	TBe2	为含有少量镍的铍铜，是力学、物理、化学综合性能良好的一种合金。经淬火调质后，具有高的强度、硬度、弹性、耐磨性、疲劳极限和耐热性，同时还具有高的导电性、导热性和耐寒性，无磁性，碰击时无火花，易于焊接和钎焊，在大气、淡水和海水中耐蚀性极好	制作各种精密仪表、仪器中的弹簧和弹性元件，各种耐磨件，以及在高速、高压和高温下工作的轴承、衬套，矿山和炼油厂用的冲击不生火花的工具及各种深冲零件
铍铜（高铜合金）	TBe1.7 TBe1.9	为含有少量镍、钛的铍铜，具有和QBe2相近的特性，但其优点是弹性迟滞小、疲劳强度高，温度变化时弹性稳定，性能对时效温度变化的敏感性小，价格较低廉，而强度和硬度比QBe2降低甚少	制作各种重要用途的弹簧、精密仪表的弹性元件、敏感元件及承受高变向载荷的弹性元件，可代替QBe2牌号的铍青铜
铍铜（高铜合金）	TBe1.9-0.1	为加有少量Mg的铍铜，性能同QBe1.9，但因加入微量Mg，能细化晶粒，并提高强化相（γ_2相）的弥散度和分布均匀性，从而大幅度提高合金的力学性能，合金时效后的弹性极限和力学性能的稳定性	同QBe1.9
硅青铜	QSi3-1	为加有锰的硅青铜，有高的强度、弹性和耐磨性，塑性好，低温下仍不变脆；能良好地与青铜、钢和其他合金焊接，特别是钎焊性好；在大气、淡水和海水中的耐蚀性高，对于苛性钠及氯化物的作用也非常稳定；能很好地承受冷、热压力加工，不能热处理强化，通常在退火和加工硬化状态下使用，此时有高的屈服强度和弹性	用于制作在腐蚀介质中工作的各种零件、弹簧和弹簧工件，以及蜗轮、蜗杆、齿轮、轴套、制动销和杆类耐磨件，也用于制作焊接结构中的零件，可代替重要的锡青铜，甚至铍铜
硅青铜	QSi1-3	为含有锰、镍元素的硅青铜，具有高的强度，相当好的耐磨性，能热处理强化，淬火回火后的强度和硬度大幅度提高，在大气、淡水和海水中有较高的耐蚀性，焊接性和可加工性良好	用于制造在300℃以下，润滑不良、单位压力不大的工作条件下的摩擦件（如发动机排气和进气门的导向套），以及在腐蚀介质中工作的结构零件

（续）

组别	牌　号	主要特性	应用举例
硅青铜	QSi3.5-3-1.5	为含有锌、锰、铁等元素的硅青铜，性能同 QSi3-1，但耐热性较好，棒材、线材存放时自行开裂的倾向性较小	主要用作在高温工作的轴套材料
锰青铜	QMn1.5	锰含量较 QMn5 低，与 QMn5 比较，强度、硬度较低，但塑性较高，其他性能相似，QMn2 的力学性能稍高于 QMn1.5	用作电子仪表零件，也可作为蒸汽锅炉管配件和接头等
	QMn2		
	QMn5	为锰含量较高的锰青铜，有较高的强度、硬度和良好的塑性，能很好地在热态及冷态下承受压力加工，有好的耐蚀性，并有高的热强性，400℃下还能保持其力学性能	用于制作蒸汽机零件和锅炉的各种管接头、蒸汽阀门等高温耐蚀件
锆铜（加工铜）	TZr0.2	有高的电导率，能冷、热态压力加工，时效后有高的硬度、强度和耐热性	作电阻焊接材料及高导电、高强度电极材料，如工作温度 350℃以下的电动机换向器片、开关零件、导线、点焊电极等
	TZr0.4	强度及耐热性比 TZr0.2 更高，但导电率则比 TZr0.2 稍低	
铬铜（高铜合金）	TCr0.5	在常温及较高温度下（<400℃）具有较高的强度和硬度，导电性和导热性好，耐磨性和减摩性也很好，经时效硬化处理后，强度、硬度、导电性和导热性均显著提高；易于焊接和钎焊，在大气和淡水中具有良好的耐蚀性，高温抗氧化性好，能很好地在冷态和热态下承受压力加工。其缺点是对缺口的敏感性较强，在缺口和尖角处造成应力集中，容易引起机械损伤，故不宜于作换向器片	用于制作工作温度低于 350℃的电焊机电极、电动机换向器片，以及其他各种在高温下工作的、要求有高的强度、硬度、导电性和导热性的零件，还可以双金属的形式用于制动盘和圆盘
	TCr0.5-0.2-0.1	为加有少量镁、铝的铬铜，与 TCr0.5 相比，不仅进一步提高了耐热性和耐蚀性，而且可改善缺口敏感性，其他性能和 TCr0.5 相似	用于制作点焊、滚焊机上的电极等
	TCr0.6-0.4-0.05	为加有少量锆、镁的铬铜，与 TCr0.5 相比，可进一步提高合金的强度、硬度和耐热性，同时还有好的导电性	同 TCr0.5
镉铜（高铜合金）	TCd1	具有高的导电性和导热性，良好的耐磨性和减摩性，耐蚀性好，压力加工性能良好，镉铜的时效硬化效果不显著，一般采用冷作硬化来提高强度	用作工作温度为 250℃下的电动机换向器片、电车触线和电话用软线，以及电焊机的电极和喷气技术中
镁铜（高铜合金）	TMg0.8	这是 $w(Mg)$ 为 0.7%～0.85% 的铜合金。微量 Mg 降低铜的导电性较少，但对铜有脱氧作用，还能提高铜的高温抗氧化性。实际应用的铜-镁合金，其 $w(Mg)$ 一般小于 1%，过高则压力加工性能急剧变坏。这类合金只能加工硬化，不能热处理强化	主要用作电缆线芯及其他导线材料

4.4.2.4　部分加工白铜的牌号、主要特性和应用举例（见表1-4-108）

表1-4-108　部分加工白铜的牌号、主要特性和应用举例

组别	牌号	主要特性	应用举例
普通白铜	B0.6	为电工铜镍合金，其特性是温差电动势小。最大工作温度为100℃	用于制造特殊温差电偶（铂-铂铑热电偶）的补偿导线
	B5	为结构白铜，它的强度和耐蚀性都比铜高，无腐蚀破裂倾向	用作船舶耐蚀件
	B19	为结构铜镍合金，有高的耐蚀性和良好的力学性能，在热态及冷态下压力加工性良好，在高温和低温下仍能保持高的强度和塑性，可加工性不好	用作在蒸汽、淡水和海水中工作的精密仪表零件、金属网和抗化学腐蚀的化工机械零件，以及医疗器具、钱币
	B25	为结构铜镍合金，具有高的力学性能和耐蚀性，在热态及冷态下压力加工性良好，由于其镍含量较高，故其力学性能和耐蚀性均较B5、B19好	用作在蒸汽、海水中工作的耐蚀件，以及在高温高压下工作的金属管和冷凝管等
锰白铜	BMn3-12	为电工铜镍合金，俗称锰铜，特点是有高的电阻率和低的电阻温度系数，电阻长期稳定性高，对铜的热电动势小	广泛用于制造工作温度低于100℃的电阻仪器及精密电工测量仪器
	BMn40-1.5	为电工铜镍合金，通常称为康铜，具有几乎不随温度而改变的高电阻率和高的热电动势，耐热性和耐蚀性好，且有高的力学性能和变形能力	是制造热电偶（900℃以下）的良好材料，以及工作温度低于500℃的加热器（电炉的电阻丝）和变阻器
	BMn43-0.5	为电工铜镍合金，通常称为考铜，它的特点是在电工铜镍合金中具有最大的温差电动势，并有高的电阻率和很低的电阻温度系数，耐热性和耐蚀性也比BM40-1.5好，同时具有高的力学性能和变形能力	在高温测量中，广泛采用考铜作补偿导线和热电偶的负极，以及工作温度低于600℃的电热仪器
铁白铜	BFe30-1-1	为结构铜镍合金，有良好的力学性能，在海水、淡水和蒸汽中具有高的耐蚀性，但可加工性较差	用于海船制造业中制作高温、高压和高速条件下工作的冷凝器和恒温器的管材
	BFe10-1-1	为含镍较少的结构铁白铜，与BFe30-1-1相比，其强度、硬度较低，但塑性较高，耐蚀性相似	主要用于船舶业，代替BFe30-1-1制作冷凝器及其他耐蚀件
锌白铜	BZn15-20	为结构铜镍合金，因其外表具有美丽的银白色，俗称德银（本来是中国银），这种合金具有高的强度和耐蚀性，可塑性好，在热态及冷态下均能很好地承受压力加工，可加工性不好，焊接性差，弹性优于QSn6.5-0.1	用作潮湿条件下和强腐蚀介质中工作的仪表零件，以及医疗器械、工业器皿、艺术品、电信工业零件、蒸汽配件和水道配件、日用品、弹簧管和簧片等
	BZn15-21-1.8 BZn15-24-1.5	为加有铅的锌白铜结构合金，性能和BZn15-20相似，但它的可加工性较好，而且只能在冷态下进行压力加工	用于手表业制作精细零件

（续）

组别	牌　　号	主要特性	应用举例
铝白铜	BAl13-3	为结构铜镍合金，可以热处理，其特性是：除具有高的强度（是白铜中强度最高的）和耐蚀性，还具有高的弹性和耐寒性，在低温（90K）下力学性能不但不降低，反而有些提高，这是其他铜合金所没有的性能	用于制作高强度耐蚀件
	BAl6-1.5	为结构铜镍合金，可以热处理强化，有较高的强度和良好的弹性	用于制作重要用途的扁弹簧

4.4.2.5　部分加工铜及铜合金的力学性能（见表 1-4-109）

表 1-4-109　部分加工铜及铜合金的力学性能

组别	牌　　号	力学性能								
		抗拉强度 R_m/MPa		屈服强度 R_{eL}/MPa		断后伸长率 A（%）		断面收缩率 Z（%）	布氏硬度 HBW	
		软态	硬态	软态	硬态	软态	硬态	软态	软态	硬态
黄铜	H96	235	441		382	50	2			
	H90	255	471	118	392	45	4	80	53	130
	H85	275	539	98	441	45	4	85	54	126
	H80	314	628	118	510	52	5	70	53	145
	H70	314	647	88	510	55	3	70		150
	H68	314	647	88	510	55	3	70		150
	H62	324	588	108	490	49	3	66	56	164
	HPb74-3	343	637	102	510	50	4			
	HPb64-2	343	588	98	490	55	5	60		
	HPb60-1	363	657	127	549	45	4			
	HPb59-1	392	637	137	441	45	16		90	140
	HSn90-1	275	510	83	441	45	5			
	HSn70-1	343	686	98	588	60	4			
	HSn62-1	392	686	147	588	40	4			
	HSn60-1	373	549	147	412	40	10	46		
	HAl77-2	392	637			55	12	58	60	170
	HAl60-1-1	411	736	196		45	8	30	95	180
	HAl59-3-2	373	637	294		50	15		75	155
	HMn58-2	392	686			40	10	50	85	175
	HMn57-3-1	539	686			25	3		115	175
	HFe59-1-1	411	686			50	10	55	88	160
	HSi80-3	294	588			58	4		60	180
	HNi65-5	392	686	167	588	65	4			

（续）

组别	牌　号	力学性能								
		抗拉强度 R_m/MPa		屈服强度 R_{eL}/MPa		断后伸长率 A（%）		断面收缩率 Z（%）	布氏硬度 HBW	
		软态	硬态	软态	硬态	软态	硬态	软态	软态	硬态
青铜	QSn4-3	343	539			40	4		60	160
	QSn4-4-2.5	294～343	539～637	127	275	35～45	2～4		60	160～180
	QSn4-4-4	304		127		46		34	62	
	QSn6.5-0.4	343～441	686～785	196～245	579～637	60～70	7.5～12		70～90	160～200
	QSn4-0.3	333	588		530	52	8		55～70	160～170
	QSn7-0.2	353		225		64		50	75	
	QAl5	373	785	157	490	65	4	70	60	200
	QAl7	412	981			70	3～10	75	70	154
	QAl9-2	392	588	294	490	25				160
	QAl9-4	588	539	216	343	40	5	33	110	160～200
	QAl10-3-1.5	598		186		32		55		
	QAl10-4-4	588	686			35	9	45	140～160	225
	QSi1-3									
	QSi3-1									
	TBe2	490	1275～1373	245～343	1255	30～35	1～2		117	350
	QMn5	294	588		490	40	2		80	160
	TCd1	392	686			20	2			
白铜	B5									
	B10									
	B16									
	B19	343	539	98	510	35	4		70	120
	B30									
	BFe5-1	235～275	441～490			45～55	4～6		35～50	110～120
	BFe30-1-1	373	588	137	530	40～50	4		70	190
	BAl6-1.5	353	637	78		35～40	24		60～70	200
	BAl13-3	686	883～981			7	4		75	250～270
	BZn15-20	392	657	137	588	45	2.5		70	165
	BZn17-18-1.8	392	637			40	2			
	BMn3-12									
	BMn40-1.5									
	BMn43-0.5									

4.4.2.6　部分加工铜及铜合金的工艺性能（见表 1-4-110）

表 1-4-110　部分加工铜及铜合金的工艺性能

组别	代　号	铸造温度 /℃	热加工温度 /℃	退火温度 /℃	消除内应力退火温度 /℃	线收缩率 (%)	可加工性[①] (%)
纯铜	工业纯铜	1150～1230	800～950	500～700		2.1	18
黄铜	H96	1160～1200	775～850	540～600			20
	H90	1160～1200	850～950	650～720	200	2	20
	H85			650～720	180		
	H80	1160～1180	820～870	600～700	260	2	30
	H70	1100～1160	750～830	520～650	260	1.92	30
	H68	1100～1160	750～830	520～650	260	1.92	30
	H62	1060～1100	650～850	600～700	280	1.77	40
	HPb64-2	1060～1100		620～670		2.2	90
	HPb59-1	1030～1080	640～780	600～650	285	2.23	80
	HSn90-1			650～720	230		
	HSn70-1	1150～1180	650～750	560～580	320	1.71	30
	HSn62-1	1060～1100	700～750	550～650	360	1.78	40
	HSn60-1	1060～1110	760～800	550～650	290	1.78	40
	HA177-2			600～650	320		
	HA159-3-2			600～650	380		
	HMn58-2	1040～1080	680～730	600～650	250	1.45	22
	HFe59-1-1	1040～1080	680～730	600～650		2.14	25
	HSi80-3	950～1000	750～850			1.7	
	HNi65-5				380		
青铜	QSn4-3	1250～1270		590～610		1.45	
	QSn4-4-4	1250～1300		590～610			90
	QSn6.5-0.1	1200～1300	750～770	600～650		1.45	20
	QSn6.5-0.4	1200～1300	750～770	600～650		1.45	20
	QSn7-0.2	1200～1300	728～780	600～650		1.5	16
	QAl5			600～700			
	QAl9-2	1120～1150	800～850	650～750		1.7	20
	QAl9-4	1120～1150	750～850	700～750		2.49	20
	QAl10-3-1.5	1120～1150	775～825	650～750		2.4	20
	QAl10-4-4	1120～1200	850～900	700～750		1.8	20
	QSi3-1	1080～1100	800～850	700～750	290	1.6	30
	TBe2	1050～1160	760～800				20
白铜	B5			650～800			
	B16			750～780			

（续）

组别	代号	铸造温度/℃	热加工温度/℃	退火温度/℃	消除内应力退火温度/℃	线收缩率(%)	可加工性①(%)
白铜	B19			650~800	250		
	B30			700~800			
	BFe5-1			650~750			
	BFe30-1-1			700~800			
	BAl6-1.5			600~700			
	BZn15-20			600~750	250		
	BMn3-12			720~860	300		
	BMn40-1.5			800~850			
	BMn43-0.5			800~850			

① 可加工性以 HPb63-3 为 100%。

4.4.3 铸造铜合金（GB/T 1176—2013）

4.4.3.1 铸造铜合金的牌号、主要特性和应用举例（见表 1-4-111）

4.4.3.2 铸造铜合金的力学性能（见表 1-4-112）

表 1-4-111 铸造铜合金的牌号、主要特性和应用举例

合金名称	合金牌号	主要特性	应用举例
3-8-6-1 锡青铜	ZCuSn3Zn8Pb6Ni1	耐磨性较好，易加工，铸造性能好，气密性较好，耐腐蚀，可在流动海水中工作	在各种液体燃料及海水、淡水和蒸汽（<225℃）中工作的零件，压力不大于 2.5MPa 的阀门和管配件
3-11-4 锡青铜	ZCuSn3Zn11Pb4	铸造性能好，易加工，耐腐蚀	海水、淡水、蒸汽中，压力不大于 2.5MPa 的管配件
5-5-5 锡青铜	ZCuSn5Pb5Zn5	耐磨性和耐蚀性好，易加工，铸造性能和气密性较好	在较重载荷、中等滑动速度下工作的耐磨、耐蚀件，如轴瓦、衬套、缸套、活塞、离合器、泵件压盖、蜗轮等
10-1 锡青铜	ZCuSn10Pb1	硬度高，耐磨性极好，不易产生咬死现象，有较好的铸造性能和可加工性，在大气和淡水中有良好的耐蚀性	可用于重载荷（20MPa 以下）和高滑动速度（8m/s）下工作的耐磨件，如连杆、衬套、轴瓦、齿轮、蜗轮等
10-5 锡青铜	ZCuSn10Pb5	耐腐蚀，特别对稀硫酸、盐酸和脂肪酸的耐蚀性高	结构材料，耐蚀、耐酸的配件，以及破碎机衬套、轴瓦
10-2 锡青铜	ZCuSn10Zn2	耐蚀性、耐磨性和可加工性好，铸造性能好，铸件致密性较高，气密性较好	在中等及较重载荷和小滑动速度下工作的重要管配件，以及阀、旋塞、泵体、齿轮、叶轮和蜗轮等

（续）

合金名称	合金牌号	主要特性	应用举例
10-10 铅青铜	ZCuPb10Sn10	润滑性能、耐磨性和耐蚀性好，适合用作双金属铸造材料	表面压力高、又存在侧压力的滑动轴承，如轧辊、车辆轴承、负荷峰值 60MPa 的受冲击的零件，最高峰值达 100MPa 的内燃机双金属轴瓦，以及活塞销套、摩擦片等
15-8 铅青铜	ZCuPb15Sn8	在缺乏润滑剂和用水质润滑剂条件下，滑动性和自润滑性能好，易切削，铸造性能差，对稀硫酸耐蚀性好	表面压力高，又有侧压力的轴承，可用来制造冷轧机的铜冷却管，耐冲击载荷达 50MPa 的零件，内燃机的双金属轴承。主要用于最大载荷达 70MPa 的活塞销套，耐酸配件
17-4-4 铅青铜	ZCuPb17Sn4Zn4	耐磨性和自润滑性能好，易切削，铸造性能差	一般耐磨件，高滑动速度的轴承等
20-5 铅青铜	ZCuPb20Sn5	有较高的滑动性能，在缺乏润滑介质和以水为介质时有特别好的自润滑性能，适用于双金属铸造材料，耐硫酸腐蚀，易切削，铸造性能差	高滑动速度的轴承及破碎机、水泵、冷轧机轴承，载荷达 40MPa 的零件，耐腐蚀零件，双金属轴承，载荷达 70MPa 的活塞销套
30 铅青铜	ZCuPb30	有良好的自润滑性，易切削，铸造性能差，易产生密度偏析	要求高滑动速度的双金属轴瓦、减摩零件等
8-13-3 铝青铜	ZCuAl8Mn13Fe3	具有很高的强度和硬度，良好的耐磨性和铸造性能，合金致密性高，耐蚀性好，作为耐磨件工作温度不大于 400℃，可以焊接，不易钎焊	适用于制造重型机械用轴套，以及要求强度高、耐磨、耐压零件，如衬套、法兰、阀体、泵体等
8-13-3-2 铝青铜	ZCuAl8Mn13Fe3Ni2	有很高的力学性能，在大气、淡水和海水中均有良好的耐蚀性，腐蚀疲劳强度高，铸造性能好，合金组织致密，气密性好，可以焊接，不易钎焊	要求强度高、耐腐蚀的重要铸件，如船舶螺旋桨、高压阀体、泵体，以及耐压、耐磨零件，如蜗轮、齿轮、法兰、衬套等
9-2 铝青铜	ZCuAl9Mn2	有高的力学性能，在大气、淡水和海水中耐蚀性好，铸造性能好，组织致密，气密性高，耐磨性好，可以焊接，不易钎焊	耐蚀、耐磨、形状简单的大型铸件，如衬套、齿轮、蜗轮，以及在 250℃ 以下工作的管配件和要求气密性高的铸件，如增压器内气封
9-4-4-2 铝青铜	ZCuAl9Fe4Ni4Mn2	有很高的力学性能，在大气、淡水、海水中均有优良的耐蚀性，腐蚀疲劳强度高，耐磨性良好，在 400℃ 以下具有耐热性，可以热处理，焊接性能好，不易钎焊，铸造性能尚好	要求强度高、耐蚀性好的重要铸件，是制造船舶螺旋桨的主要材料之一，也可用作耐磨和 400℃ 以下工作的零件，如轴承、齿轮、蜗轮、螺母、法兰、阀体、导向套管
10-3 铝青铜	ZCuAl10Fe3	具有高的力学性能，耐磨性和耐蚀性能好，可以焊接，不易钎焊，大型铸件自 700℃ 空冷可以防止变脆	要求强度高、耐磨、耐蚀的重型铸件，如轴套、螺母、蜗轮以及 250℃ 以下工作的管配件

（续）

合金名称	合金牌号	主要特性	应用举例
10-3-2铝青铜	ZCuAl10Fe3Mn2	具有高的力学性能和耐磨性，可热处理，高温下耐蚀性和抗氧化性能好，在大气、淡水和海水中耐蚀性好，可以焊接，不易钎焊，大型铸件自700℃空冷可以防止变脆	要求强度高、耐磨、耐蚀的零件，如齿轮、轴承、衬套、管嘴，以及耐热管配件等
38黄铜	ZCuZn38	具有优良的铸造性能和较高的力学性能，可加工性好，可以焊接，耐蚀性较好，有应力腐蚀开裂倾向	一般结构件和耐蚀件，如法兰、阀座、支架、手柄和螺母等
25-6-3-3铝黄铜	ZCuZn25Al6Fe3Mn3	有很高的力学性能，铸造性能良好，耐蚀性较好，有应力腐蚀开裂倾向，可以焊接	适用高强度耐磨件，如桥梁支承板、螺母、螺杆、耐磨板、滑块和蜗轮等
26-4-3-3铝黄铜	ZCuZn26Al4Fe3Mn3	有很高的力学性能，铸造性能良好，在空气、淡水和海水中耐蚀性较好，可以焊接	要求强度高、耐蚀零件
31-2铝黄铜	ZCuZn31Al2	铸造性能良好，在空气、淡水、海水中耐蚀性较好，易切削，可以焊接	适于压力铸造，如电动机、仪表等压铸件，以及造船和机械制造业的耐蚀件
35-2-2-1铝黄铜	ZCuZn35Al2Mn2Fe1	具有高的力学性能和良好的铸造性能，在大气、淡水、海水中有较好的耐蚀性，可加工性好，可以焊接	管路配件和要求不高的耐磨件
38-2-2锰黄铜	ZCuZn38Mn2Pb2	有较高的力学性能和耐蚀性，耐磨性较好，可加工性良好	一般用途的结构件，船舶、仪表等使用的外形简单的铸件，如套筒、衬套、轴瓦、滑块等
40-2锰黄铜	ZCuZn40Mn2	有较高的力学性能和耐蚀性，铸造性能好，受热时组织稳定	在空气、淡水、海水、蒸汽（300℃以下）和各种液体燃料中工作的零件和阀体、阀杆、泵管接头，以及需要浇注巴氏合金和镀锡零件等
40-3-1锰黄铜	ZCuZn40Mn3Fe1	有高的力学性能，良好的铸造性能和可加工性，在空气、淡水、海水中耐蚀性较好，有应力腐蚀开裂倾向	耐海水腐蚀的零件，以及300℃以下工作的管配件，制造船舶螺旋桨等大型铸件
33-2铅黄铜	ZCuZn33Pb2	结构材料，给水温度为90℃时抗氧化性能好，电导率为10~14MS/m	煤气和给水设备的壳体，机械制造业、电子技术、精密仪器和光学仪器的部分构件和配件
40-2铅黄铜	ZCuZn40Pb2	有好的铸造性能和耐磨性，可加工性能好，耐蚀性较好，在海水中有应力腐蚀开裂倾向	一般用途的耐磨、耐蚀件，如轴套、齿轮等
16-4硅黄铜	ZCuZn16Si4	具有较高的力学性能和良好的耐蚀性，铸造性能好，流动性高，铸件组织致密，气密性好	接触海水工作的管配件及水泵、叶轮、旋塞和在空气、淡水、油、燃料，以及工作压力在4.5MPa和250℃以下蒸汽中工作的铸件

注：铸造有色合金牌号由“Z”和基体金属的化学元素符号、主要合金化学元素符号（其中混合稀土元素符号统一用RE表示）以及表明合金化元素名义含量的数字组成。（摘自GB/T 8063—2017）

表 1-4-112　铸造铜合金的力学性能

合金牌号	铸造方法	力学性能			
		抗拉强度 R_m	屈服强度 $R_{0.2}$	断后伸长率 A_5	布氏硬度
		MPa　≥		（%）　≥	HBW　≥
ZCuSn3Zn8Pb6Ni1	S J	175 215	— —	8 10	60 70
ZCuSn3Zn11Pb4	S J	175 215	— —	8 10	60 60
ZCuSn5Pb5Zn5	S、J Li、La	200 250	90 100 *	13 13	60 * 65 *
ZCuSn10P1	S J Li La	220 310 330 360	130 170 170 * 170 *	3 2 4 6	80 * 90 * 90 * 90 *
ZCuSn10Pb5	S J	195 245	— —	10 10	70 70
ZCuSn10Zn2	S J Li、La	240 245 270	120 140 * 140 *	12 6 7	70 * 80 * 80 *
ZCuPb10Sn10	S J Li、La	180 220 220	80 140 110 *	7 5 6	65 * 70 * 70 *
ZCuPb15Sn8	S J Li、La	170 200 220	80 100 100 *	5 6 8	60 * 65 * 65 *
ZCuPb17Sn4Zn4	S J	150 175	— —	5 7	55 60
ZCuPb20Sn5	S J La	150 150 180	60 70 * 80 *	5 6 7	45 * 55 * 55 *
ZCuPb30	J	—	—	—	25
ZCuAl8Mn13Fe3	S J	600 650	270 * 280 *	15 10	160 170
ZCuAl8Mn13Fe3Ni2	S J	645 670	280 310 *	20 18	160 170
ZCuAl9Mn2	S J	390 440	— —	20 20	85 95
ZCuAl9Fe4Ni4Mn2	S	630	250	16	160

（续）

合金牌号	铸造方法	力学性能			
		抗拉强度 R_m	屈服强度 $R_{0.2}$	断后伸长率 A_5 (%) ≥	布氏硬度 HBW ≥
		MPa ≥			
ZCuAl10Fe3	S J Li、La	490 540 540	180 200 200	13 15 15	100* 110* 110*
ZCuAl10Fe3Mn2	S J	490 540	— —	15 20	110 120
ZCuZn38	S J	295 295	— —	30 30	60 70
ZCuZn25Al6Fe3Mn3	S J Li、La	725 740 740	380 400 400	10 7 7	160* 170* 170*
ZCuZn26Al4Fe3Mn3	S J Li、La	600 600 600	300 300 300	18 18 18	120* 130* 130*
ZCuZn31Al2	S J	295 390	— —	12 15	80 90
ZCuZn35Al2Mn2Fe2	S J Li、La	450 475 475	170 200 200	20 18 18	100* 110* 110*
ZCuZn38Mn2Pb2	S J	245 345	— —	10 18	70 80
ZCuZn40Mn2	S J	345 390	— —	20 25	80 90
ZCuZn40Mn3Fe1	S J	440 490	— —	18 15	100 110
ZCuZn33Pb2	S	180	70*	12	50*
ZCuZn40Pb2	S J	220 280	120*	15 20	80* 90*
ZCuZn16Si4	S J	345 390	— —	15 20	90 100

注：1. 有“*”符号的数据为参考值。

2. 布氏硬度试验，力的单位为牛顿(N)。

3. 铸造方法代号表示涵义：S—砂型铸造；J—金属型铸造；La—连续铸造；Li—离心铸造。

4.4.4　铝及铝合金

4.4.4.1　变形铝合金

1. 常用变形铝合金的牌号、主要特性和应用举例（见表 1-4-113）

表 1-4-113　常用变形铝合金的牌号、主要特性和应用举例

牌号		产品种类	主要特性	应用举例
现行牌号	曾用牌号			
1060 1050A	L2 L3	板、箔、管、线	这是一组工业纯铝，它们的共同特性是具有高的可塑性、耐蚀性、导电性和导热性，但强度低，热处理不能强化，可加工性不好；可气焊、原子氢焊和电阻焊，易承受各种压力加工和拉深、弯曲	用于不承受载荷，但要求具有某种特性——如高的可塑性、良好的焊接性、高的耐蚀性或高的导电、导热性的结构元件，如铝箔用于制作垫片及电容器，其他半成品用于制作电子管隔离罩、电线保护套管、电缆电线线芯、飞机通风系统零件等
1035 8A06	L4 L6	棒、板、箔、管、线、型		
3A21	LF21	板、箔、管、棒、型、线	为 Al-Mn 系合金，是应用最广的一种防锈铝，这种合金的强度不高（仅稍高于工业纯铝），不能热处理强化，故常采用冷加工方法来提高它的力学性能；在退火状态下有高的塑性，在半冷作硬化时塑性尚好，冷作硬化时塑性低，耐蚀性好，焊接性良好，可加工性不良	用于要求高的可塑性和良好的焊接性、在液体或气体介质中工作的低载荷零件，如油箱、汽油或润滑油导管、各种液体容器和其他用深拉深制作的小负荷零件；线材用作铆钉
5A02	LF2	板、箔、管、棒、型、线、锻件	为 Al-Mg 系防锈铝，与 3A21 相比，5A02 强度较高，特别是具有较高的疲劳强度；塑性与耐蚀性高，在这方面与 3A21 相似；热处理不能强化，用电阻焊和原子氢焊焊接性良好，氩弧焊时有形成结晶裂纹的倾向；合金在冷作硬化和半冷作硬化状态下可加工性较好，退火状态下可加工性不良，可抛光	用于焊接在液体中工作的容器和构件（如油箱、汽油和滑油导管），以及其他中等载荷的零件、车辆船舶的内部装饰件等；线材用作焊条和制作铆钉
5A03	LF3	板、棒、型、管	为 Al-Mg 系防锈铝，合金的性能与 5A02 相似，但因镁含量比 5A02 稍高，且加入了少量的硅，故其焊接性比 5A02 好，合金用气焊、氩弧焊、点焊和滚焊的焊接性都很好，其他性两者无大差别	用作在液体下工作的中等强度的焊接件，冷冲压的零件和骨架等
5A05	LF5	板、棒、管	为 Al-Mg 系防锈铝（5B05 的镁含量稍高于 5A05），强度与 5A03 相当，热处理不能强化；退火状态塑性高，半冷作硬化时塑性中等；用氢原子焊、点焊、气焊、氩弧焊时焊接性尚好；耐蚀性高，可加工性在退火状态低劣，半冷作硬化时可加工性尚好，制造铆钉，须进行阳极化处理	5A05 用于制作在液体中工作的焊接件、管道和容器，以及其他零件 5B05 用作铆接铝合金和镁合金结构铆钉，铆钉在退火状态下铆入结构
5B05	LF10	线材		
5A06	LF6	板、棒、管、型、锻件及模锻件	为 Al-Mg 系防锈铝，合金具有较高的强度和腐蚀稳定性，在退火和挤压状态下塑性尚好，用氩弧焊的焊缝气密性和焊缝塑性尚可，气焊和点焊的焊接接头强度为基体强度的 90%～95%；可加工性良好	用于焊接容器、受力零件、飞机蒙皮及骨架零件

（续）

牌号		产品种类	主要特性	应用举例
现行牌号	曾用牌号			
2A01	LY1	线材	为低合金、低强度硬铝，这是铆接铝合金结构用的主要铆钉材料，这种合金的特点是α-固溶体的过饱和程度较低，不溶性的第二相较少，故在淬火和自然时效后的强度较低，但具有很高的塑性和良好的工艺性能（热态下塑性高，冷态下塑性尚好），焊接性与2A11相同；可加工性尚可，耐蚀性不高；铆钉在淬火和时效后进行铆接，在铆接过程中不受热处理后的时间限制	这种合金广泛用作铆钉材料，用于中等强度和工作温度不超过100℃的结构用铆钉，因耐蚀性低，铆钉铆入结构时应在硫酸中经过阳极氧化处理，再用重铬酸钾填充氧化膜
2A02	LY2	棒、带、冲压叶片	这是硬铝中强度较高的一种合金，其特点是常温时有高的强度，同时也有较高的热强性，属于耐热硬铝。合金在热变形时塑性高，在挤压半成品中，有形成粗晶环的倾向，可热处理强化，在淬火及人工时效状态下使用。与2A70、2A80耐热锻铝相比，腐蚀稳定性较好，但有应力腐蚀破裂倾向，焊接性比2A70略好，可加工性良好	用于工作温度为200~300℃的涡轮喷气发动机轴向压缩机叶片及其他在高温下工作、而合金性能又能满足结构要求的模锻件，一般用作主要承力结构材料
2A04	LY4	线材	铆钉用合金。具有较高的抗剪强度和耐热性能，压力加工性能和切削性能及耐蚀性均与2A12相同，在150~250℃内形成晶间腐蚀倾向较2A12小；可热处理强化，在退火和刚淬火状态下塑性尚好，铆钉应在刚淬火状态下进行铆接（2~6h内，按铆钉直径大小而定）	用于结构工作温度为125~250℃的铆钉
2B11	LY8	线材	铆钉用合金，具有中等抗剪强度，在退火、刚淬火和热态下塑性尚好，可以热处理强化，铆钉必须在淬火后2h内铆接	用于中等强度的铆钉
2B12	LY9	线材	铆钉用合金，抗剪强度和2A04相当，其他性能和2B11相似，但铆钉必须在淬火后20min内铆接，故工艺困难，因而应用范围受到限制	用于强度要求较高的铆钉
2A10	LY10	线材	铆钉用合金，具有较高的抗剪强度，在退火、刚淬火、时效和热态下均具有足够的铆接铆钉所需的可塑性；用经淬火和时效处理过的铆钉铆接，铆接过程不受热处理后的时间限制，这是它比2B12、2A11和2A12合金优越之处。焊接性与2A11相同，铆钉的腐蚀稳定性与2A01、2A11相同；由于耐蚀性不高，铆钉铆入结构时，须在硫酸中经过阳极氧化处理，再用重铬酸钾填充氧化膜	用于制造要求较高强度的铆钉，但加热超过100℃时产生晶间腐蚀倾向，故工作温度不宜超过100℃，可代替2A11、2A12、2B12和2A01等牌号的合金制造铆钉

（续）

牌　　号		产品种类	主要特性	应用举例
现行牌号	曾用牌号			
2A11	LY11	板、棒、管、型、锻件	这是应用最早的一种硬铝，一般称为标准硬铝，它具有中等强度，在退火、刚淬火和热态下的可塑性尚好，可热处理强化，在淬火和自然时效状态下使用；点焊焊接性良好，用2A11作钎料进行气焊及氩弧焊时有裂纹倾向；包铝板材有良好的腐蚀稳定性，不包铝的则耐蚀性不高，在加热超过100℃时有产生晶间腐蚀倾向。表面阳极化和涂装能可靠地保护挤压与锻造件免于腐蚀。可加工性在淬火时效状态下尚好，在退火状态时不良	用于制作各种中等强度的零件和构件，冲压的连接部件，空气螺旋桨叶片，局部镦粗的零件，如螺栓、铆钉等。铆钉应在淬火后2h内铆入结构
2A12	LY12	板、棒、管、型、箔、线材	这是一种高强度硬铝，可进行热处理强化，在退火和刚淬火状态下塑性中等，点焊焊接性良好，用气焊和氩弧焊时有形成晶间裂纹的倾向；合金在淬火和冷作硬化后的可加工性尚好，退火后可加工性低；耐蚀性不高，常采用阳极氧化处理与涂装方法或表面加包铝层以提高其抗腐蚀能力	用于制作各种高负荷的零件和构件（但不包括冲压件和锻件），如飞机上的骨架零件、蒙皮、隔框、翼肋、翼梁、铆钉等150℃以下工作的零件。在制作特高负荷零件时有用7A04取代的趋势
2A06	LY6	板材	高强度硬铝，压力加工性能和可加工性与2A12相同，在退火和刚淬火状态下塑性尚好。合金可以进行淬火与时效处理，一般腐蚀稳定性与2A12相同，加热至150～250℃时，形成晶间腐蚀的倾向较2A12为小，点焊焊接性与2A12、2A16相同，氩弧焊较2A12为好，但比2A16差	可作为150～250℃工作的结构板材之用，但对淬火自然时效后冷作硬化的板材，在200℃长期（>100h）加热的情况下，不宜采用
2A16	LY16	板、棒、型材及锻件	这是一种耐热硬铝，其特点是：在常温下强度并不太高，而在高温下却有较高的蠕变强度（与2A02相当），合金在热态下有较高的塑性，无挤压效应，可热处理强化，点焊、缝焊和氩弧焊焊接性能良好，形成裂纹的倾向并不显著，焊缝气密性尚好。焊缝腐蚀稳定性较低，包铝板材的腐蚀稳定性尚好，挤压半成品的耐蚀性不高，为防止腐蚀，应采用阳极氧化处理或涂装保护；可加工性尚好	用于在250～350℃下工作的零件，如轴向压缩机叶片、圆盘，板材用作常温和高温下工作的焊接件，如容器、气密仓等
2A17	LY17	板、棒、锻件	成分和2A16相似，只是加入了少量的镁。两者性能大致相同，所不同的是：2A17在室温下的强度和高温（225℃）下的持久强度超过了2A16（只是在300℃下才低于2A16）。此外，2A17的焊接性不好，不能焊接	用于20～300℃下要求高强度的锻件和冲压件

（续）

牌号		产品种类	主要特性	应用举例
现行牌号	曾用牌号			
6A02	LD2	板、棒、管、型、锻件	这是工业上应用较为广泛的一种锻铝，特点是具有中等强度（但低于其他锻铝）。在退火状态下可塑性高，在淬火和自然时效后可塑性尚好，在热态下可塑性很高，易于锻造、冲压。在淬火和自然时效状态下的耐蚀性与3A21、5A02一样良好，人工时效状态的合金具有晶间腐蚀倾向。w(Cu)<0.1%的合金在人工时效状态下的耐蚀性高。合金易于点焊和原子氢焊，气焊尚好。其可加工性在退火状态下不好，在淬火时效后尚可	用于制造要求有高塑性和高耐蚀性且承受中等载荷的零件、形状复杂的锻件和模锻件，如气冷式发动机曲轴箱，直升机桨叶
2A50	LD5	棒、锻件	高强度锻铝。在热态下具有高的可塑性，易于锻造、冲压；可以热处理强化，在淬火及人工时效后的强度与硬铝相似；工艺性能较好，但有挤压效应，故纵向和横向性能有所差别；耐蚀性较好，但有晶间腐蚀倾向；切削性能良好，电阻焊、点焊和缝焊性能良好，电弧焊和气焊性能不好	用于制造形状复杂和中等强度的锻件和冲压件
2B50	LD6	锻件	高强度锻铝。成分、性能与2A50接近，可互相通用，但在热态下的可塑性比2A50高	用于制作复杂形状的锻件和模锻件，如压气机叶轮和风扇叶轮等
2A70	LD7	棒、板、锻件和模锻件	耐热锻铝。成分和2A80基本相同，但还加入了微量的钛，故其组织比2A80细化；因硅含量较少，其热强性也比2A80较高；可热处理强化，工艺性能比2A80稍好，热态下具有高的可塑性；由于合金不含锰、铬，因而无挤压效应；电阻焊、点焊和缝焊性能良好，电弧焊和气焊性能差，合金的耐蚀性尚可，可加工性尚好	用于制造内燃机活塞和在高温下工作的复杂锻件，如压气机叶轮、鼓风机叶轮等，板材可用作高温下工作的结构材料，用途比2A80更为广泛
2A80	LD8	棒、锻件和模锻件	耐热锻铝。热态下可塑性稍低，可进行热处理强化，高温强度高，无挤压效应；焊接性与2A70相同，耐蚀性尚好，但有应力腐蚀倾向，可加工性尚可	用于制作内燃机活塞，压气机叶片、叶轮、圆盘以及其他高温下工作的发动机零件
2A90	LD9	棒、锻件和模锻件	这是应用较早的一种耐热锻铝，有较好的热强性，在热态下可塑性尚可，可热处理强化，耐蚀性、焊接性和可加工性与2A70接近	用途和2A70、2A80相同，它已被热强性很高且热态下塑性很好的2A70及2A80所取代
2A14	LD10	棒、锻件和模锻件	从2A14的成分和性能来看，它可属于硬铝合金，又可属于2A50锻铝合金；它与2A50不同之处在于，铜含量较高，故强度较高，热强性较好，但在热态下的塑性不如2A50好。合金具有良好的可加工性，电阻焊、点焊和缝焊性能良好，电弧焊和气焊性能差；可热处理强化，有挤压效应，因此纵向横向性能有所差别；耐蚀性不高，在人工时效状态时有晶间腐蚀倾向和应力腐蚀破裂倾向	用于制作承受高负荷和形状简单的锻件和模锻件。由于热压加工困难，限制了这种合金的应用

（续）

牌号		产品种类	主要特性	应用举例
现行牌号	曾用牌号			
7A03	LC3	线材	超硬铝铆钉合金。在淬火和人工时效时的塑性足以使铆钉铆入;可以热处理强化,常温时抗剪强度较高,耐蚀性尚好,可加工性尚可。铆接铆钉不受热处理后时间的限制	用作受力结构的铆钉。当工作温度低于 125℃时,可作为 2A10 铆钉合金的代用品
7A04	LC4	板、棒、管、型、锻件	这是一种最常用的超硬铝,系高强度合金,在退火和刚淬火状态下可塑性中等,可热处理强化,通常在淬火人工时效状态下使用,这时得到的强度比一般硬铝高得多,但塑性较低;截面不太厚的挤压半成品和包铝板有良好的耐蚀性,合金具有应力集中的倾向,所有转接部分应圆滑过渡,减少偏心率等。点焊焊接性良好,气焊不良,热处理后的可加工性良好,退火状态下的可加工性较低	用于制作承力构件和高载荷零件,如飞机上的大梁、桁条、加强框、蒙皮、翼肋、接头、起落架零件等。通常多用以取代 2A12
7A09	LC9	棒、板、管、型	高强度铝合金。在退火和刚淬火状态下的塑性稍低于同样状态的 2A12,稍优于 7A04。在淬火和人工时效后的塑性显著下降。合金板材的静疲劳、缺口敏感、应力腐蚀性能稍优于 7A04,棒材与 7A04 相当	用于制造飞机蒙皮等结构件和主要受力零件
4A01	LT1	线材	这是一种硅质量分数为 5%的低合金化的二元铝硅合金,其强度不高,但耐蚀性很高;压力加工性良好	用于制作焊条和焊棒,用于焊接铝合金制件

2. 部分变形铝合金的室温力学性能（见表 1-4-114）

表 1-4-114　部分变形铝合金的室温力学性能

合金牌号	半成品种类	试样状态（旧）	抗拉强度/MPa	屈服强度/MPa	抗剪强度/MPa	布氏硬度 HBW	断后伸长率（%）	断面收缩率（%）	疲劳强度/MPa
工业纯铝		HX8(Y)	147	98		32	6	60	41~62
		O(M)	78	29	54	25	35	80	34
3A21	板材	HX8(Y)	216	177	108	55	5	50	69
		HX4(Y2)	167	127	98	40	10	55	64
		O(M)	127	49	78	30	23	70	49
5A02	棒材	HX8(Y)	314	226	147	45	5		137
		HX4(Y2)	245	206	123	60	6		123
		O(M)	186	78			23	64	118
		H112(R)	177				21		
5A03	板材	HX4(Y2)	265	226		75	8		127
		O(M)	231	118		58	22		113
		H112(R)	226	142			14.5		
5A05	板材	O(M)	299	177		65	20		137
		H112(R)	304	167			18		
	锻件	HX6(Y1)	265	226	216	100	10		152
		O(M)	231	118	177	65	20		137

（续）

合金牌号	半成品种类	试样状态（旧）	抗拉强度/MPa	屈服强度/MPa	抗剪强度/MPa	布氏硬度 HBW	断后伸长率(%)	断面收缩率(%)	疲劳强度/MPa
5B05	丝材	O(M)	265	147	186	70	23		
5A06	板材	HX4(Y2)	441	338			13		
		O(M)	333	167		70	20		127
	锻件	HX8(Y)	373	275			6		
		O(M)	333	167	206		20	25	127
2A01	丝材	T4(CZ)	294	167	196	70	24	50	83
		O(M)	157	59		38	24		
2A02	带材	T6(CS)	490	324			13	21	
2A04	丝材	T4(CZ)	451	275	284	115	23	42	
2A10	丝材	T4(CZ)	392		255		20		
2A11	锻件	O(M)	177				20		
		T4(CZ)	402	245		115	15	30	123
2A12	—	O(M)	177				21		
		T4(CZ)	510	373	294	130	12		137
		T6(CS)	461	422			6		
2A06	包铝板材	T4(CZ)	431	294			20		
		HX4(Y2)	530	431			10		
2A16	板材	—	392	294			10		
	挤压件	T6(CS)	392	245	265	100	12	35	127
	锻件	T6(CS)	422		255		17.5		103
7A03	丝材	T6(CS)	500	431	314	150	15	45	
7A04	薄型材	O(M)	216	98					
	型材厚度<10mm	T6(CS)	549	520					
	型材厚度>20mm	T6(CS)	588	539	234				
	<2.5mm 包铝板	T6(CS)	500	431		150	8	12	
6A02	—	O(M)	118		78	30	30	65	
		T4(CZ)	216	118	162	65	22	50	
		T6(CS)	324	275	206	95	16	20	
2A50	模锻件	T6(CS)	412	294		105	13		
2B50		T6(CS)	402	314	255			40	
2A70	8mm 挤压棒材	T6(CS)	407	270			13	25.5	
	<5kg 锻件	T6(CS)	392				18		
2A80	挤压带材 25mm×125mm	T4(CZ)	390	320			9.5		
2A14	小型模锻件	T6(CS)	471	373	284	135	10	25	

注：试样状态的含义见 GB/T 16475—2023。

4.4.4.2 变形铝及铝合金的热处理工艺参数（见表 1-4-115）

表 1-4-115 变形铝及铝合金的热处理工艺参数

牌号	退火[①]		淬火温度/℃	时效	
	温度/℃	时间/h		温度/℃	时间/h
1060、1050A、1035、8A06	350~500	壁厚小于 6mm，热透即可，壁厚大于6mm，保温 30min	—	—	—
3A21	350~500		—	—	—
5A02、5A03	350~420		—	—	—
5A05、5A06	310~335		—	—	—

（续）

牌　号	退　火①		淬火温度/℃	时　效	
	温度/℃	时间/h		温度/℃	时间/h
2A01	370~450	2~3	495~505	室温	96
2A02			495~505	165~175	16
2A06	380~430		500~510	室温或125~135	120或12~14
2A10	370~450		515~520	70~80	24
2A11	390~450		500~510	室温	96
2A12	390~450		495~503	室温或185~195	96或6~12
2A16	390~450		530~540	160~170	16
2A17	390~450		520~530	180~190	16
7A03	350~370	2~3	460~470	分级时效　1级　115~125	3~4
				2级　160~170	3~5
7A04	390~430		465~480	120~140	12~24
				分级时效　1级　115~125	3
				2级　155~165	3
7A05	390~430		465~475	135~145	16
				分级时效　1级　95~105	4~5
				2级　155~165	8~9
6A20	380~430	2~3	515~530	150~165或室温	6~15或96
2A50、2B50	350~400		505~520	150~165或室温	6~15或96
2A70	350~480		525~540	185~195或稳定化处理240	8~12或1~3
2A80	350~480		525~535	165~180或稳定化处理240	8~14或1~3
2A90	350~480		510~520	165~175或稳定化处理225	6~16或3~10
2A14	390~410		495~505	150~165或室温	5~15或96

① 不能热处理强化的铝及铝合金，不受冷却速度限制，可直接在空气或水中冷却；能热处理强化的铝合金，以30℃/h的冷却速度，冷却到250℃以下出炉，在空气中继续冷却。

4.4.5 铸造铝合金（GB/T 1173—2013）

4.4.5.1 铸造铝合金的牌号、代号和力学性能（见表1-4-116）

表1-4-116　铸造铝合金的牌号、代号和力学性能

合金牌号	合金代号	铸造方法	合金状态	力学性能		
				抗拉强度 R_m/MPa ≥	断后伸长率 A_5(%) ≥	布氏硬度 HBW ≥ (5/250/30)
ZAlSi7Mg	ZL101	S、R、J、K	F	155	2	50
		S、R、J、K	T2	135	2	45
		JB	T4	185	4	50
		S、R、K	T4	175	4	50
		J、JB	T5	205	2	60
		S、R、K	T5	195	2	60
		SB、RB、KB	T5	195	2	60
		SB、RB、KB	T6	225	1	70
		SB、RB、KB	T7	195	2	60
		SB、RB、KB	T8	155	3	55

（续）

合金牌号	合金代号	铸造方法	合金状态	力学性能		
				抗拉强度 R_m/MPa ≥	断后伸长率 A_5(%) ≥	布氏硬度 HBW ≥ (5/250/30)
ZAlSi7MgA	ZL101A	S、R、K	T4	195	5	60
		J、JB	T4	225	5	60
		S、R、K	T5	235	4	70
		SB、RB、KB	T5	235	4	70
		JB、J	T5	265	4	70
		SB、RB、KB	T6	275	2	80
		JB、J	T6	295	3	80
ZAlSi12	ZL102	SB、JB、RB、KB	F	145	4	50
		J	F	155	2	50
		SB、JB、RB、KB	T2	135	4	50
		J	T2	145	3	50
ZAlSi9Mg	ZL104	S、J、R、K	F	150	2	50
		J	T1	200	1.5	65
		SB、RB、KB	T6	230	2	70
		J、JB	T6	240	2	70
ZAlSi5Cu1Mg	ZL105	S、J、R、K	T1	155	0.5	65
		S、R、K	T5	195	1	70
		J	T5	235	0.5	70
		S、R、K	T6	225	0.5	70
		S、J、R、K	T7	175	1	65
ZAlSi5Cu1MgA	ZL105A	SB、R、K	T5	275	1	80
		J、JB	T5	295	2	80
ZAlSi8Cu1Mg	ZL106	SB	F	175	1	70
		JB	T1	195	1.5	70
		SB	T5	235	2	60
		JB	T5	255	2	70
		SB	T6	245	1	80
		JB	T6	265	2	70
		SB	T7	225	2	60
		J	T7	245	2	60
ZAlSi7Cu4	ZL107	SB	F	165	2	65
		SB	T6	245	2	90
		J	F	195	2	70
		J	T6	275	2.5	100
ZAlSi12Cu2Mg1	ZL108	J	T1	195	—	85
		J	T6	255	—	90
ZAlSi12Cu1Mg1Ni1	ZL109	J	T1	195	0.5	90
		J	T6	245	—	100
ZAlSi5Cu6Mg	ZL110	S	F	125	—	80
		J	F	155	—	80
		S	T1	145	—	80
		J	T1	165	—	90

（续）

合金牌号	合金代号	铸造方法	合金状态	力学性能		
				抗拉强度 R_m/MPa ≥	断后伸长率 A_5(%) ≥	布氏硬度 HBW ≥ (5/250/30)
ZAlSi9Cu2Mg	ZL111	J	F	205	1.5	80
		SB	T6	255	1.5	90
		J、JB	T6	315	2	100
ZAlSi7Mg1A	ZL114A	SB	T5	290	2	85
		J、JB	T5	310	3	90
ZAlSi5Zn1Mn	ZL115	S	T4	225	4	70
		J	T4	275	6	80
		S	T5	275	3.5	90
		J	T5	315	5	100
ZAlSi8MgBe	ZL116	S	T4	255	4	70
		J	T4	275	6	80
		S	T5	295	2	85
		J	T5	335	4	90
ZAlSi7Cu2Mg	ZL118	SB、RB	T6	290	1	90
		JB	T6	305	2.5	105
ZAlCu5Mn	ZL201	S、J、R、K	T4	295	8	70
		S、J、R、K	T5	335	4	90
		S	T7	315	2	80
ZAlCu5MnA	ZL201A	S、J、R、K	T5	390	8	100
ZAlCu10	ZL202	S、J	F	104	—	50
		S、J	T6	163	—	100
ZAlCu4	ZL203	S、R、K	T4	195	6	60
		J	T4	205	6	60
		S、R、K	T5	215	3	70
		J	T5	225	3	70
ZAlCu5MnCdA	ZL204A	S	T5	440	4	100
ZAlCu5MnCdVA	ZL205A	S	T5	440	7	100
		S	T6	470	3	120
		S	T7	460	2	110
ZAlRE5Cu3Si2	ZL207	S	T1	165	—	75
		J	T1	175	—	75
ZAlMg10	ZL301	S、J、R	T4	280	10	60
ZAlMg5Si1	ZL303	S、J、R、K	F	145	1	55
ZAlMg8Zn1	ZL305	S	T4	290	8	90
ZAlZn11Si7	ZL401	S、R、K	T1	195	2	80
		J	T1	245	1.5	90
ZAlZn6Mg	ZL402	J	T1	235	4	70
		S	T1	215	4	65

注：1. 合金铸造方法、变质处理代号表示意义：S—砂型铸造；J—金属型铸造；R—熔模铸造；K—壳型铸造；B—变质处理。

2. 合金状态代号表示意义：F—铸态；T1—人工时效；T2—退火；T4—固溶处理加自然时效；T5—固溶处理加不完全人工时效；T6—固溶处理加完全人工时效；T7—固溶处理加稳定化处理；T8—固溶处理加软化处理。

4.4.5.2 铸造铝合金的主要特性和应用举例（见表1-4-117）

表1-4-117 铸造铝合金的主要特性和应用举例

合金代号	主要特性	应用举例
ZL101	铸造性能良好，无热裂倾向，线收缩小，气密性高，但稍有产生气孔和缩孔倾向，耐蚀性高，与ZL102相近，可热处理强化，具有自然时效能力，强度、塑性高，焊接性好，可加工性一般	适于铸造形状复杂、中等载荷零件，或要求高气密性、高耐蚀性、高焊接性，且环境温度不超过200℃的零件，如水泵、传动装置、壳体、水泵壳体、仪器仪表壳体等
ZL101A	杂质含量较ZL101低，力学性能较ZL101要好	
ZL102	铸造性能好，密度小，耐蚀性高，可承受大气、海水、二氧化碳、浓硝酸、氨、硫、过氧化氢的腐蚀作用。随铸件壁厚的增加，强度降低程度低，不可热处理强化，焊接性好，可加工性、耐热性差，成品应在变质处理下使用	适于铸造形状复杂、低载荷的薄壁零件及耐腐蚀和气密性高、工作温度≤200℃的零件，如船舶零件、仪表壳体、机器盖等
ZL104	铸造性能良好，无热裂倾向，气密性好，线收缩小，但易形成针孔，室温力学性良好，可热处理强化，耐蚀性好、可加工性及焊接性一般、铸件须经变质处理	适于铸造形状复杂、薄壁、耐蚀及承受较高静载荷和冲击载荷、工作温度小于200℃的零件，如气缸体盖、水冷或发动机曲轴箱等
ZL105	铸造性能良好，气密性良好，热裂倾向小，可热处理强化，强度较高，塑性、韧性较低，可加工性良好，焊接性好，但耐蚀性一般	适于铸造形状复杂、承受较高静载荷及要求焊接性好、气密性高及工作温度在225℃以下的零件，如气缸体、气缸头、气缸盖及曲轴箱等，在航空工业中应用也很广泛
ZL105A	特性与ZL105相近，但力学性能优于ZL105	
ZL106	铸造性能良好，气密性高，无热裂倾向，线收缩小，产生缩松及气孔倾向小，可热处理强化，高温、室温力学性能良好，耐蚀性良好，焊接性和可加工性也较好	适于铸造形状复杂、承受高静载荷的零件，以及要求气密性高，工作温度≤225℃的零件，如泵体、发动机气缸头等
ZL107	铸造流动性及热裂倾向较ZL101、ZL102、ZL104要差，可热处理强化，力学性能较ZL104要好，可加工性好，但耐蚀性不高，需变质处理	用于铸造形状复杂、承受高负荷的零件，如机架、柴油发动机、化油器零件及电气设备的外壳等
ZL108	是一种常用的主要的活塞铝合金，其密度小，热胀系数低，耐热性能好，铸造性能好，无热裂倾向，气密性高，线收缩小，但有较大的吸气倾向，可热处理强化，高温、室温力学性能均较高，其可加工性较差，且需变质处理	主要用于铸造汽车、拖拉机发动机活塞和其他在250℃以下高温中工作的零件
ZL109	性能与ZL108相近，也是一种常用的活塞铝合金，价格比ZL108高	和ZL108可互用
ZL110	铸造性能和焊补性能良好，耐蚀性中等，强度高，高温性能好	可用于制造活塞和其他工作温度较高的零件
ZL111	铸造性能优良，无热裂倾向，线收缩小，气密性高，在铸态及热处理后力学性能优良，高温力学性能也很高，其可加工性、焊接性均较好，可热处理强化，耐蚀性较差	适于铸造形状复杂、要求高载荷、高气密性的大型铸件及高压气体、液体中工作的零件，如转子发动机缸体、缸盖，大型水泵的叶轮等重要铸件
ZL114A	成分及性能均与ZL101A相近，但其强度较ZL101A要高	适用于铸造形状复杂、强度高的铸件，但其热处理工艺要求严格，使应用受到限制

（续）

合金代号	主要特性	应用举例
ZL115	铸造性能、耐蚀性优良，且强度及塑性也较好，无须变质处理。与ZL111、ZL114A一样，是一种高强度铝-硅合金	主要用于铸造形状复杂、高强度及耐蚀的铸件
ZL116	铸造性能好，铸件致密、气密性能、合金力学性能好，耐蚀性高，也是一种高强度的铝-硅系合金，其价格较高	用于制造承受高液压的油泵壳体、发动机附件，以及外形复杂、高强度、高耐蚀的零件
ZL201	铸造性能不佳，线收缩大，气密性低，易形成热裂及缩孔，经热处理强化后，合金具有很高的强度和耐热性，其塑性和韧性也很好，焊接性和可加工性良好，但耐蚀性差	适用于制造高温（175～300℃）或室温下承受高载荷、形状简单的零件，也可用于低温（0～-70℃）承受高负载零件，如支架等，是一种用途较广的高强铝合金
ZL201A	成分、性能同ZL201，杂质小，力学性能优于ZL201	
ZL203	铸造性能差，有形成热裂和缩松的倾向，气密性尚可，经热处理后有较好的强度和塑性，可加工性和焊接性良好，耐蚀性差，耐热性差，无须变质处理	需要切削加工、形状简单、中等载荷或冲击载荷的零件，如支架、曲轴箱、飞轮盖等
ZL204A ZL205A	属于高强度耐热合金，其中ZL205A耐热性优于ZL204A	作为受力结构件广泛应用于航空、航天工业中
ZL207A	属铝-稀土金属合金，其耐热性优良，铸造性能良好，气密性高，不易产生热裂和疏松，但室温力学性能差，成分复杂需严格控制	可用于铸造形状复杂、受力不大，在高温（≤400℃）下工作的零件
ZL301	系铝镁二元合金，铸件可热处理强化。淬火后，其强度高，且塑性、韧性良好，但在长期使用时有自然时效倾向，塑性下降，且有应力腐蚀倾向，耐蚀性高，是铸造铝合金中耐蚀性最优的，可加工性良好。铸造性能差，易产生显微疏松，耐热性、焊接性较差，且熔铸工艺复杂	用于制造承受高静载荷、冲击载荷及要求耐蚀、工作环境温度≤200℃的铸件，如雷达座、飞机起落架等，还可以用来生产装饰件
ZL303	具有耐蚀性高，与ZL301相近，铸造性能及吸气形成缩孔的倾向、热裂倾向等均比ZL301好，收缩率大，气密性一般，铸件不能热处理强化，高温性能较ZL301好，切割性比ZL301好，且焊接性较ZL301明显改善，生产工艺简单	适于制造工作温度低于200℃，承受中等载荷的船舶、航空、内燃机等零件，以及其他一些装饰件
ZL305	系ZL301改进型合金。针对ZL301的缺陷，添加了Be、Ti、Zn等元素，使合金自然时效稳定性和抗应力腐蚀能力均有所提高，且铸造氧化性降低，其他均类似于ZL301	适用于工作温度低于100℃的工作环境，其他用途同ZL301相同
ZL401	俗称锌硅铝明，其铸造性能良好，产生缩孔及热裂倾向小，线收缩率小，但有较大吸气倾向。铸件有自然时效能力，可加工性及焊接性良好，但须经变质处理；耐蚀性一般，耐热性低，密度大	用于制造工作温度≤200℃、形状复杂、承受高静载荷的零件，多用于汽车零件、医药机械、仪器仪表零件及日用品方面
ZL402	铸造性能尚好，经时效处理后可获得较高力学性能，适于-70～150℃温度范围内工作，抗应力腐蚀性及耐蚀性较好，可加工性良好，焊接性一般，密度大	用于高静载荷、冲击载荷而不便热处理的零件，以及要求耐蚀和尺寸稳定的工作情况，如高速整铸叶轮、空压机活塞、精密机械、仪器、仪表等方面

4.4.5.3 铸造铝合金的热处理工艺规范（见表 1-4-118）

表 1-4-118 铸造铝合金的热处理工艺规范（GB/T 1173—2013）

合金牌号	合金代号	合金状态	固熔处理		时效处理	
			温度/℃	时间/h	温度/℃	时间/h
ZAlSi7MnA	ZL101A	T4	535±5	6~12	—	—
		T5			室温	不少于 8
					再 155±5	2~12
		T6			室温	不少于 8
					再 180±5	3~8
ZAlSi5Cu1MgA	ZL105A	T5	525±5	4~6	160±5	3~5
		T7			225±5	
ZAlSi7Mg1A	ZL114A	T5	535±5	10~14	室温	不少于 8
					再 160±5	4~8
ZAlSi5Zn1Mg	ZL115	T4	540±5	10~12	150±5	3~5
		T5				
ZAlSi8MgBe	ZL116	T4	535±5	10~14	室温	≥24
		T5			175±5	6
ZAlSi7Cu2Mg	ZL118	T6	490±5	4~6	室温	≥8
			再 510±5	6~8	160±5	7~9
			再 520±5	8~10		
ZAlCu5MnA	ZL201A	T5	535±5	7~9	室温	≥24
			再 545±5		160±5	6~9
ZAlCu5MnCdA	ZL204A	T5	530±5	9	—	—
			再 540±5		175±5	3~5
ZAlCu5MnCdVA	ZL205A	T5	538±5	10~18	155±5	8~10
		T6			175±5	4~5
		T7			190±5	2~4
ZAlRE5Cu3Si2	ZL207	T1	—	—	200±5	5~10
ZAlMg8Zn1	ZL305	T4	435±5	8~10	—	—
			再 490±5	6~8		

注：固溶处理时，装炉温度一般在 300℃以下，升温（升至固溶温度）速度以 100℃/h 为宜。固溶处理中如需阶段保温，在两个阶段间不允许停留冷却，需直接升至第二阶段温度。固溶处理后，淬火转移时间控制在 8~30s（视合金与零件种类而定），淬火介质水温由生产厂根据合金及零件种类自定；时效完毕，冷却介质为室温空气。

4.5 非金属材料

4.5.1 工程塑料及其制品

4.5.1.1 常用工程塑料的性能特点及应用（见表 1-4-119）

4.5.1.2 工程塑料棒材

1. 聚四氟乙烯棒材

聚四氟乙烯棒材适用于制作在各种腐蚀性介质中工作的衬垫、密封件和润滑材料，以及在各种频率下使用的电绝缘零件，分为Ⅰ型-T［聚四氟乙烯树脂（PTFE 树脂）（不含再生 PTFE 树脂）加工的通用型棒材］、Ⅰ型-D［PTFE 树脂（不含再生 PTFE 树脂）加工的电气型棒材］和Ⅱ型［PTFE 树脂（含再生 PTFE 树脂）的棒材］，其尺寸规格见表 1-4-120。

2. 尼龙棒材

尼龙 1010 具有减摩、耐磨、自润滑、耐油和耐弱酸等优点。尼龙 1010 棒材主要用于制作螺母、轴套、垫圈、齿轮、密封圈等机械零件，以代替铜和其他金属材料制件。其尺寸规格见表 1-4-121。

表 1-4-119　常用工程塑料的性能特点及应用

名　称	性能特点	应　用
硬质聚氯乙烯（PVC）	强度较高，化学稳定性及介电性能优良，耐油性和抗老化性也较好，易熔接及粘合，价格较低。缺点是使用温度低（在60℃以下），线胀系数大，成型加工性不良	制品有管、棒、板、焊条及管件，除用作日常生活用品，主要用作耐磨、耐蚀的结构材料或设备衬里材料（代替非铁金属、不锈钢、橡胶）及电气绝缘材料
软质聚氯乙烯（PVC）	拉伸强度、抗弯强度及冲击强度均较硬质聚氯乙烯低，但破裂伸长率较高。质柔软、耐摩擦、挠曲，弹性良好（像橡胶），吸水性低，易加工成型，有良好的耐寒性和电气性能，化学稳定性强，能制各种鲜艳而透明的制品。缺点是使用温度低（-15~55℃）	通常制成管、棒、薄板、薄膜、耐寒管、耐酸碱软管等半成品，供作绝缘包皮、套管，耐腐蚀材料、包装材料和日常生活用品
低压聚乙烯（HDPE）	具有优良的介电性能、耐冲击、耐水性好，化学稳定性高，使用温度为80~100℃，摩擦性能和耐寒性好。缺点是强度不高，质较软，成型收缩率大	用作一般电缆的包皮，耐腐蚀的管道、阀、泵的结构零件，亦可喷涂于金属表面，作为耐磨、减摩及防腐蚀涂层
高压聚乙烯（LDPE）		吹塑薄膜用作农业育秧、工业包装等
聚甲基丙烯酸甲酯（PMMA）	有极好的透光性，可透过92%以上的太阳光，紫外线光达73.5%；强度较高，有一定的耐热、耐寒性，耐蚀性、绝缘性能良好，尺寸稳定，易于成型；质较脆，易溶于有机溶剂中，表面硬度不够，易擦毛	可用作要求有一定强度的透明结构零件
聚丙烯（PP）	是最轻的塑料之一，其屈服、拉伸和压缩强度和硬度均优于低压聚乙烯，有很突出的刚度，高温（90℃）抗应力松弛性能良好，耐热性能较好，可在100℃以上使用，如无外力，150℃下也不变形。除浓硫酸、浓硝酸，在许多介质中很稳定，低相对分子质量的脂肪烃、芳香烃、氯化烃，对它有软化和溶胀作用，几乎不吸水；高频电性能不好，成型容易，但收缩率大，低温呈脆性，耐磨性不高	用于制作一般结构零件，以及耐腐蚀化工设备和受热的电气绝缘零件
聚苯乙烯（PS）	有较好的韧性和一定的冲击强度，透明度优良，化学稳定性、耐水、耐油性能较好，且易于成型	用于制作透明零件，如汽车用各种灯罩和电气零件等
改性聚苯乙烯（203A）	有较高的刚度和冲击强度；耐酸、耐碱性能好，不耐有机溶剂，电气性能优良，透光性好，着色性佳，并易于成型	用于制作一般结构零件和透明结构零件，以及仪表零件、油浸式多点切换开关、电池外壳等
丙烯腈/丁二烯/苯乙烯（ABS）	具有良好的综合性能，即高的冲击强度和良好的力学性能，优良的耐热、耐油性能和化学稳定性，尺寸稳定、易机械加工，表面还可镀金属，电性能良好	用于制作一般结构或耐磨受力传动零件和耐腐蚀设备，用ABS制成的泡沫夹层板可用于小轿车车身
聚　砜（PSF）	有很高的力学性能、绝缘性能及化学稳定性，并且在-100~150℃下能长期使用，在高温下能保持常温下所具有的各种力学性能和硬度，蠕变值很小，用F-4填充后，可作摩擦零件	适于高温下工作的耐磨受力传动零件，如汽车分速器盖、齿轮，以及电绝缘零件等

（续）

名　称	性能特点	应　用
聚己二酰己二胺（尼龙66）	疲劳强度和刚度较高,耐热性较好,摩擦因数小,耐磨性好,但吸湿性大,尺寸稳定性不够	适用于中等载荷,使用温度为100～120℃，无润滑或少润滑条件下工作的耐磨受力传动零件
聚己内酰胺（尼龙6）	疲劳强度、刚度、耐热性稍不及尼龙66，但弹性好，有较好的消振、降低噪声能力。其余同尼龙66	在轻载荷、中等温度（80～100℃）、无润滑或少润滑、要求噪声低的条件下工作的耐磨受力传动零件
聚癸二酰己二胺（尼龙610）	强度、刚度、耐热性略低于尼龙66,但吸湿性较小,耐磨性好	同尼龙6,宜作要求比较精密的齿轮,用于湿度波动较大的条件下工作的零件
聚癸二酰癸二胺（尼龙1010）	强度、刚度、耐热性均与尼龙6和尼龙610相似,吸湿性低于尼龙610,成型工艺性较好,耐磨性亦好	轻载荷、温度不高、湿度变化较大的条件下无润滑或少润滑情况下工作的零件
单体浇铸尼龙（MC尼龙）	强度、耐疲劳性、耐热性、刚度均优于尼龙6及尼龙66,吸湿性低于尼龙6及尼龙66,耐磨性好,能直接在模具中聚合成型,宜浇铸大型零件	在较高载荷、较高的使用温度（最高使用温度小于120℃）、无润滑或少润滑的条件下工作的零件
聚甲醛（POM）	拉伸强度、冲击强度、刚度、疲劳强度、抗蠕变性能都很高,尺寸稳定性好,吸水性小,摩擦因数小,有很好的耐化学药品能力,性能不亚于尼龙,且价格较低,缺点是加热易分解,成型比尼龙困难	可用作轴承、齿轮、凸轮、阀门、管道螺母、泵叶轮、车身底盘的小部件、汽车仪表板、化油器、箱体、容器、杆件,以及喷雾器的各种代铜零件
聚碳酸酯（PC）	具有突出的冲击强度和抗蠕变性能,有很高的耐热性,耐寒性也很好,脆化温度达-100℃,抗弯强度、拉伸强度与尼龙等相当,并有较高的伸长率和弹性模量,但疲劳强度小于尼龙66,吸水性较低,收缩率小,尺寸稳定性好,耐磨性与尼龙相当,并有一定的抗腐蚀能力。缺点是对成型条件要求较高	可用作各种齿轮、蜗轮、齿条、凸轮、轴承、心轴、滑轮、传送链、螺母、垫圈、泵叶轮、灯罩、容器、外壳、盖板等
氯化聚醚（CPE）	具有独特的耐蚀性能,仅次于聚四氟乙烯,可与聚三氟乙烯媲美,能耐各种酸碱和有机溶剂,在高温下不耐浓硝酸,浓过氧化氢和湿氯气等,可在120℃下长期使明,强度、刚度比尼龙、聚甲醛等低,耐磨性略优于尼龙,吸水性小,成品收缩率小,尺寸稳定,成品精度高,可用火焰喷镀法涂于金属表面	用于制作耐蚀设备与零件,作为在腐蚀介质中使用的低速或高速、低速、低载荷的精密耐磨受力传动零件
聚酚氧树脂	具有良好的力学性能,高的刚度、硬度和韧性。冲击强度可与聚碳酸酯媲美,抗蠕变性能与大多数热塑性塑料相比属于优等,吸水性小,尺寸稳定,成型精度高,一般推荐的最高使用温度为77℃	适于制作精密的、形状复杂的耐磨受力传动零件,仪表、计算机等零件
线型聚酯（聚对苯二甲酸乙二醇酯）（PETP）	具有很高的力学性能,拉伸强度超过聚甲醛,抗蠕变性能、刚度和硬度都胜过多种工程塑料,吸水性小,线胀系数小,尺寸稳定性高,热力学性能很差,耐磨性同聚甲醛和尼龙,增强的线型聚酯的性能相当于热固性塑料	用于制作耐磨受力传动零件,特别是与有机溶剂接触的上述零件,增强的线型聚酯可以代替玻璃纤维填充的酚醛、环氧等热固性塑料

（续）

名　称	性能特点	应　用
聚苯醚（PPO）	在高温下有良好的力学性能，特别是拉伸强度和蠕变性极好，有较高的耐热性（长期使用温度为-127～120℃），成型收缩率低，尺寸稳定性强，耐高浓度的无机酸、有机酸、盐的水溶液、碱及水蒸气，但溶于氯化烃和芳香烃中，在丙酮、苯甲醇、石油中龟裂和膨胀	适于制作在高温工作下的耐磨受力传动零件和耐蚀的化工设备与零件，如泵叶轮、阀门、管道等，还可以代替不锈钢制作外科医疗器械
聚四氟乙烯（PTFE、F-4）	具有优异的化学稳定性，与强酸、强碱或强氧化剂均不起作用，有很高的耐热性，耐寒性，使用温度为-180～250℃，摩擦因数很小，是极好的自润滑材料。缺点是力学性能较小，刚度小、有冷流动性，热导率低，热膨胀大，耐磨性不高（可加入填充剂适当改善），须采用预压烧结的方法，成型加工费用较高	主要用作耐化学腐蚀、耐高温的密封元件，如填料、衬垫、涨圈、阀座、阀片，也用作输送腐蚀介质的高温管道、耐腐蚀衬里、容器，以及轴承、导轨、无油润滑活塞环、密封圈等。其分散液可以用作涂层及浸渍多孔制品
填充聚四氟乙烯（PTFE）	用玻璃纤维粉末、二硫化钼、石墨、氧化镉、硫化钨、青铜粉、铅粉等填充的聚四氟乙烯，在承载能力、刚度、*pv*极限值等方面都有不同的提高	用于制作高温或腐蚀性介质中工作的摩擦零件，如活塞环等
聚三氟氯乙烯（PCTFE、F-3）	耐热性、电性能和化学稳定性仅次于F-4，在180℃的酸、碱和盐的溶液中亦不溶胀或侵蚀，强度、抗蠕变性能、硬度都比F-4好些，长期使用温度为-195～190℃，但要求长期保持弹性时，则最高使用温度为120℃，涂层与金属有一定的附着力，其表面坚韧、耐磨，有较高的强度	用于制作耐蚀的设备与零件，悬浮液涂于金属表面可作为防腐、电绝缘防潮等涂层
聚全氟乙丙烯（FEP、F-46）	力学、电性能和化学稳定性基本与F-4相同，但突出的优点是冲击强度高，即使带缺口的试样也冲不断，能在-85～205℃温度范围内长期使用	同F-4，用于制作要求大批量生产或外形复杂的零件，并用注射成型代替F-4的冷压烧结成型
酚醛塑料	力学性能很高，刚度大，冷流性小，耐热性很高（100℃以上），在水润滑下摩擦因数极小（0.01～0.03），*pv*值很高，有良好的电性能和抵抗酸碱侵蚀的能力，不易因温度和湿度的变化而变形，成型简便，价格低廉。缺点是性质较脆、色调有限，耐光性差，耐电弧性较小，不耐强氧化性酸的腐蚀	常用的为层压酚醛塑料和粉末状压塑料，有板材、管材及棒材等。可用作农用潜水电泵的密封件和轴承、轴瓦、带轮、齿轮、制动装置和离合装置的零件、摩擦轮及电器绝缘零件等
聚酰亚胺	能耐高温、高强度，可在260℃温度下长期使用，耐磨性能好，且在高温和真空下稳定、挥发物少，电性能、耐辐射性能好，不溶于有机溶剂和不受酸的侵蚀，但在强碱、沸水、蒸汽持续作用下会破坏，主要缺点是质脆，对缺口敏感，不宜在室外长期使用	适用于高温、高真空条件下作减摩、自润滑零件，高温电动机、电器零件
环氧树脂	具有较高的强度，良好的化学稳定性和电绝缘性能，成型收缩率小，成型简便	用于制造金属拉深模、压形模、铸造模，各种结构零件，以及用来修补金属零件及铸件

表1-4-120　聚四氟乙烯棒材的尺寸规格（GB/T 4041—2021）　（单位：mm）

直径	极限偏差	长度	极限偏差
3.0、4.0、5.0、6.0	+0.4 0	≥100	+0.5 0
7.0、8.0、9.0、10.0、11.0、12.0	+0.6 0		
13.0、14.0、15.0、16.0、17.0、18.0	+0.7 0		
20.0、22.0、25.0	+1.0 0		

（续）

直径	极限偏差	长度	极限偏差
30.0、35.0、40.0、45.0、50.0	+1.5 0	≥100	+0.5 0
55.0、60.0、65.0、70.0、75.0、80.0、85.0、90.0、95.0	+4.0 0		
100.0、110.0、120.0、130.0、140.0	+5.0 0		
150.0、160.0、170.0、180.0、190.0、200.0	+6.0 0		

表 1-4-121 尼龙 1010 棒材尺寸规格 （单位：mm）

棒材直径	极限偏差	棒材直径	极限偏差
10	+1.0 0	60	+3.0 0
12	+1.5 0	70	
15		80	+4.0 0
20	+2.0 0	90	
25		100	
30	+3.0 0	120	+5.0 0
40		140	
50		160	

4.5.1.3 工程塑料管材

1. 聚四氟乙烯管材

聚四氟乙烯管材用于制作绝缘及输送腐蚀流体的导管，其尺寸规格见表 1-4-122。

2. 尼龙管材

尼龙管材主要用于机床输油管路（代替铜管），也可输送弱酸、弱碱及一般腐蚀性介质。可用管件连接，也可用黏结剂粘接。使用温度为-60~80℃，使用压力为 9.8~14.7MPa。其尺寸规格见表 1-4-123。

表 1-4-122 聚四氟乙烯管材的尺寸规格（GB/T 4877—2015） （单位：mm）

型号	公称内径 d	内径极限偏差	壁厚 δ	壁厚极限偏差
SFG-Ⅰ	≤2.0	±0.1	≤0.40	±0.05
			>0.40~0.50	±0.10
	>2.0~4.0	±0.2	>0.50~0.80	±0.15
	>4.0~10.0	±0.3	>0.80~1.50	±0.20
			>1.50~2.50	±0.25
	>10.0~20.0	±0.6	>2.50~3.50	±0.30
	>20.0	±0.8	>3.50~5.00	±0.40
			>5.00	±0.50
	公称外径 D	外径偏差	壁厚 δ	壁厚偏差
SFG-Ⅱ SFG-Ⅲ	≤10.0	±0.5	≤2.5	±0.2
	>10~50	±1.0	>2.5~4.0	±0.3
			>4.0~7.5	±0.5
	>50~100	±2.0	>7.5~12.0	±0.7
	>100~200	±3.0	>12~30	±1.0
	>200~300	±5.0	>30~70	±2.0
	>300	±7.0	>70~100	±3.0
			>100	±5.0

注：长度由供需双方商定，不应有负偏差。

表 1-4-123　尼龙管材的尺寸规格　（单位：mm）

外径×壁厚	极限偏差		长度	外径×壁厚	极限偏差		长度
	外　径	壁　厚			外　径	壁　厚	
4×1 6×1 8×1	±0.10	±0.10	协议	12×1	±0.10	±0.10	协议
8×2 9×2	±0.5	±0.15		12×2 14×2 16×2 18×2 20×2	±0.15	±0.15	
10×1	±0.10	±0.10					

4.5.2　橡胶、石棉及其制品

4.5.2.1　常用橡胶的主要特性及用途(见表 1-4-124)

表 1-4-124　常用橡胶的主要特性及用途

类型与代号	主要特性	用　途
天然橡胶 (NR)	为异戊二烯聚合物,其回弹性、拉伸强度、拉断伸长率、耐磨、耐撕裂和压缩永久变形均优于大多数合成橡胶,但不耐油,耐天候、臭氧、氧的性能较差	使用温度为－60～100℃,适于制作轮胎、减振零件、缓冲绳和密封件
丁苯橡胶 (SBR)	为丁二烯和苯乙烯共聚物,有良好耐寒性、耐磨性,价格低,但不耐油,抗老化性能较差	使用温度为－60～120℃,适于制作轮胎和密封件
丁二烯橡胶 (BR)	为丁二烯聚合物,耐寒性、耐磨性和回弹性较好,不耐油、不耐老化	使用温度为－70～100℃,适于制作轮胎、密封件、减振件、胶带和胶管
氯丁橡胶 (CR)	为氯丁二烯聚合物,拉伸强度、拉断伸长率、回弹性优良,耐天候、耐臭氧老化;耐油性仅次于丁腈橡胶,但不耐合成双酯润滑油及磷酸酯液压油,与金属和织物粘接性良好	使用温度为－35～130℃,适于制作密封圈及其他密封型材、胶管、涂层、电线绝缘层、胶布及配制胶粘剂等
丁腈橡胶 (NBR)	为丁二烯与丙烯腈共聚物,耐油、耐热、耐磨性好,不耐天候、臭氧老化,也不耐磷酸酯液压油	使用温度为－55～130℃,适于制作各种耐油密封件、膜片、胶管和油箱
二元乙丙橡胶 (EPM) 三元乙丙橡胶 (EPDM)	EPM 为乙烯、丙烯共聚物,EPDM 为再加二烯类烯烃共聚物,耐天候、臭氧老化,耐蒸汽、磷酸酯液压油、酸、碱及火箭燃料和氧化剂;电绝缘性能优良,但不耐石油基油类	使用温度为－60～150℃,适于制作磷酸酯液压油系统密封件、胶管及飞机门窗密封型材、胶布和电线绝缘层
丁基橡胶	为异丁烯和异戊二烯共聚物,耐天候、臭氧老化,耐磷酸酯液压油,耐酸碱、火箭燃料及氧化剂,介电性能和绝缘性能优良,透气性极小,但不耐石油基油类	使用温度为－60～150℃,适于制作轮胎内胎、门窗密封条、磷酸酯液压油系统的密封件,胶管、电线和绝缘层
氯磺化聚乙烯橡胶 (CSM)	耐天候及臭氧老化,耐油性随氯含量增大而增加,耐酸、碱	使用温度为－50～150℃,适于制作胶布、电缆套管、垫圈、防腐涂层及软油箱外壁
聚氨酯橡胶 (AU、EU)	为聚氨基甲酸酯,AU 为聚酯型、EU 为聚醚型,具有优良的拉伸强度、撕裂强度和耐磨性,耐油、耐臭氧与原子辐射,但不宜与酯、酮、磷酸酯液压油、浓酸、碱、蒸汽等接触	使用温度为－60～80℃,适于制作各种形状的密封圈、能量吸收装置、冲孔模板、振动阻尼装置、柔性连接、防磨涂层、摩擦动力传动装置、胶辊等

（续）

类型与代号	主要特性	用途
硅橡胶（MQ、MVQ、MPQ、MPVQ）	为聚硅氧烷，具有优良的耐热、耐寒、耐老化性能，绝缘电阻和介电特性优异，导热性好，但强度与抗撕裂性较差，不耐油，价格较贵	使用温度为-70~280℃，适于制作密封圈和型材、氧气波纹管、膜片、减振器、绝缘材料、隔热海绵胶板
氟硅橡胶（MFQ）	为含有氟代烷基的聚硅氧烷，耐油、耐化学品、耐热、耐寒、耐老化性优良，但强度和撕裂性较低，价格偏高	使用温度为-65~250℃，适于制作燃油、双酯润滑油、液压油系统的密封圈、膜片
氟橡胶（FPM）	具有突出的耐热、耐油、耐酸、耐碱性能，老化性能与电绝缘性能亦很优良，难燃，透气性小，但低温性能较差，价格昂贵	使用温度为-40~250℃（短时可达300℃），适于制作各种耐热、耐油的密封件、胶管、胶布和油箱等
聚硫橡胶（PSR）	为多硫烷烃聚合物，耐油性好，耐天候老化，透气性小，电绝缘性良好	使用温度为-50~100℃（短时可达130℃），常用作燃油系统的密封件，胶管和膜片，液态胶通常作配制密封剂用
氯醇橡胶（CO、ECO）	为环氧氯丙烷均聚物（CO），或环氧氯丙烷与环氧乙烷的共聚物（ECO），具有耐油、耐臭氧性能，耐热性比丁腈橡胶好，透气性小	适于制作密封垫圈和膜片

4.5.2.2 橡胶、石棉制品

1. 工业用橡胶板

工业用橡胶板按耐油性能分A类、B类和C类三种。

A类橡胶板的工作介质为水和空气，工作温度范围一般为-30~50℃，用于制作机器衬垫、各种密封或缓冲用胶垫、胶圈，以及室内外、轮船、飞机等铺地面材料。

B类、C类橡胶板的工作介质为汽油、煤油、全损耗系统用油、柴油及其他矿物油类，工作温度范围为-30~50℃，用于制作机器衬垫，各种密封或缓冲用胶圈、衬垫等。

工业用橡胶板的尺寸规格见表1-4-125。

2. 压缩空气用织物增强橡胶软管尺寸规格（表1-4-126）

3. 石棉橡胶板的等级牌号和推荐使用范围（表1-4-127）

4. 耐油石棉橡胶板的等级牌号和推荐使用范围（表1-4-128）

5. 石棉密封填料的规格、牌号及适用范围（表1-4-129）

表1-4-125 工业用橡胶板尺寸规格（GB/T 5574—2008）

厚度/mm												
厚度/mm	公称尺寸	0.5	1.0	1.5	2.0	2.5	3.0	4.0	5.0	6.0	8.0	10
	极限偏差	±0.2			±0.3			±0.4	±0.5		±0.8	±1.0

厚度/mm											
厚度/mm	公称尺寸	12	14	16	18	20	22	25	30	40	50
	极限偏差	±1.2	±1.4	±1.5				±2.0			

注：工业橡胶板宽度为0.5~2.0m，极限偏差为±20mm。

表1-4-126 压缩空气用织物增强橡胶软管尺寸规格（GB/T 1186—2016）

软管规格	最小内径/mm	最大内径/mm
4	3.25	4.75
5	4.25	5.75

（续）

软管规格	最小内径/mm	最大内径/mm
6.3	5.55	7.05
8	7.25	8.75
10	9.25	10.75
12.5	11.75	13.25
16	15.25	16.75
19	18.25	19.75
20	19.25	20.75
25	23.75	26.25
31.5	30.25	32.75
38	36.50	39.50
40	38.50	41.50
51	49.50	52.50
63	61.50	64.50
76	74.50	77.50
80	78.00	82.00
100	98.00	102.00
102	100.00	104.00

表 1-4-127　石棉橡胶板的等级牌号和推荐使用范围（GB/T 3985—2008）

等级牌号	表面颜色	推荐使用范围
XB510	墨绿色	温度 510℃以下、压力 7MPa 以下的非油、非酸介质
XB450	紫色	温度 450℃以下、压力 6MPa 以下的非油、非酸介质
XB400	紫色	温度 400℃以下、压力 5MPa 以下的非油、非酸介质
XB350	红色	温度 350℃以下、压力 4MPa 以下的非油、非酸介质
XB300	红色	温度 300℃以下、压力 3MPa 以下的非油、非酸介质
XB200	灰色	温度 200℃以下、压力 1.5MPa 以下的非油、非酸介质
XB150	灰色	温度 150℃以下、压力 0.8MPa 以下的非油、非酸介质

表 1-4-128　耐油石棉橡胶板的等级牌号和推荐使用范围（GB/T 539—2008）

分类	等级牌号	表面颜色	推荐使用范围
一般工业用耐油石棉橡胶板	NY510	草绿色	温度 510℃以下、压力 5MPa 以下的油类介质
	NY400	灰褐色	温度 400℃以下、压力 4MPa 以下的油类介质
	NY300	蓝色	温度 300℃以下、压力 3MPa 以下的油类介质
	NY250	绿色	温度 250℃以下、压力 2.5MPa 以下的油类介质
	NY150	暗红色	温度 150℃以下、压力 1.5MPa 以下的油类介质
航空工业用耐油石棉橡胶板	HNY300	蓝色	温度 300℃以下的航空燃油、石油基润滑油及冷气系统的密封垫片

表 1-4-129　石棉密封填料的规格、牌号及适用范围（JC/T 1019—2006）

规格和极限偏差

规格①(mm)	极限偏差/mm	规格①(mm)	极限偏差/mm
3.0、4.0、5.0	±0.3	19.0、22.0、25.0	±0.8
6.0、8.0、10.0	±0.4	28.0、32.0、35.0、38.0、42.0、45.0、50.0	±1.0
13.0、16.0	±0.6		

橡胶石棉密封填料②

牌号	适用范围	牌号	适用范围
XS 550 A	适用于介质温度≤550℃，压力≤8MPa	XS 350 A	适用于介质温度≤350℃、压力≤4.5MPa
XS 550 B	适用于介质温度≤550℃，压力≤8MPa	XS 350 B	适用于介质温度≤350℃，压力≤4.5MPa
XS 450 A	适用于介质温度≤450℃，压力≤6MPa	XS 250 A	适用于介质温度≤250℃，压力≤4.5MPa
XS 450 B	适用于介质温度≤450℃，压力≤6MPa	XS 250 B	适宜于介质温度≤250℃，压力≤4.5MPa

油浸石棉密封填料②

牌号	适用范围	牌号	适用范围
YS 350 F	适用于介质温度≤350℃，压力≤4.5MPa	YS 250 F	适用于介质温度≤250℃，压力≤4.5MPa
YS 350 Y	适用于介质温度≤350℃，压力≤4.5MPa	YS 250 Y	适用于介质温度≤250℃，压力≤4.5MPa
YS 350 N	适用于介质温度≤350℃，压力≤4.5MPa	YS 250 N	适用于介质温度≤250℃，压力≤4.5MPa

① 其他规格可由供需双方商定。

② 夹金属丝的，在牌号后面以金属丝的化学元素符号加括弧注明。

4.6　常用金属材料热处理工艺

4.6.1　热处理工艺分类及代号（见表 1-4-130 和表 1-4-131）

表 1-4-130　热处理工艺分类及代号（GB/T 12603—2005）

工艺总称	代号	工艺类型	代号	工艺名称	代　号
热处理	5	整体热处理	1	退火	1
				正火	2
				淬火	3
				淬火和回火	4
				调质	5
				稳定化处理	6
				固溶处理；水韧处理	7
				固溶处理+时效	8

（续）

工艺总称	代号	工艺类型	代号	工艺名称	代号
热处理	5	表面热处理	2	表面淬火和回火	1
				物理气相沉积	2
				化学气相沉积	3
				等离子体增强化学气相沉积	4
				离子注入	5
		化学热处理	3	渗碳	1
				碳氮共渗	2
				渗氮	3
				氮碳共渗	4
				渗其他非金属	5
				渗金属	6
				多元共渗	7

加热方式及代号

加热方式	可控气氛（气体）	真空	盐浴（液体）	感应	火焰	激光	电子束	等离子体	固体装箱	流态床	电接触
代号	01	02	03	04	05	06	07	08	09	10	11

退火工艺及代号

退火工艺	去应力退火	均匀化退火	再结晶退火	石墨化退火	脱氢处理	球化退火	等温退火	完全退火	不完全退火
代号	St	H	R	G	D	Sp	I	F	P

淬火冷却介质和冷却方法及代号

冷却介质和方法	空气	油	水	盐水	有机聚合物水溶液	热浴	加压淬火	双介质淬火	分级淬火	等温淬火	形变淬火	气冷淬火	冷处理
代号	A	O	W	B	Po	H	Pr	I	M	At	Af	G	C

表 1-4-131 常用热处理工艺代号（GB/T 12603—2005）

工艺名称	代号	工艺名称	代号	工艺名称	代号
热处理	500	水冷淬火	513-W	可控气氛渗碳	531-01
感应热处理	500-04	盐水淬火	513-B	真空渗碳	531-02
火焰热处理	500-05	盐浴淬火	513-H	盐浴渗碳	531-03
整体热处理	510	盐浴加热淬火	513-03	碳氮共渗	532
退火	511	淬火和回火	514	渗氮	533
去应力退火	511-St	调质	515	液体渗氮	533-03
球化退火	511-Sp	表面热处理	520	气体渗氮	533-01
等温退火	511-1	表面淬火和回火	521	氮碳共渗	534
正火	512	感应淬火和回火	521-04	渗其他非金属	535
淬火	513	火焰淬火和回火	521-05	渗硼	535(B)
空冷淬火	513-A	渗碳	531	固体渗硼	535-09(B)
油冷淬火	513-O	固体渗碳	531-09	液体渗硼	535-03(B)
				渗硫	535(S)

4.6.2 热处理工艺

4.6.2.1 整体热处理

整体热处理是对工件整体进行穿透加热的热处理。

1. 退火

退火是将工件加热到适当温度，保持一定时间，然后缓慢冷却下来的热处理工艺。

退火工艺通常作为铸造、锻造、轧、焊加工之后，冷加工、热处理之前的一种中间预备热处理工序。其目的在于使材料的成分均匀化、细化组织，消除应力，降低硬度，提高塑性，改善可加工性。

常用退火工艺的类别、工艺特点及应用范围见表1-4-132。

表1-4-132 常用退火工艺的类别、工艺特点及应用范围

类 别	工艺特点	应用范围
扩散退火（均匀化退火）	将工件加热至Ac_3+(150～200)℃，长时间保温后缓慢冷却	使钢材成分均匀，用于消除铸钢及锻轧件等的成分偏析
完全退火	将工件加热至Ac_3+(30～50)℃，保温后缓慢冷却	使钢材组织均匀，硬度降低，用于铸、焊件及中碳钢和中碳合金钢锻轧件等
不完全退火	将工件加热至Ac_1+(40～60)℃，保温后缓慢冷却	使钢材组织均匀，硬度降低，用于中、高碳钢和低合金钢锻轧件等
等温退火	将工件加热至Ac_3+(30～50)℃（亚共析钢），保温一定时间，随炉冷至稍低于Ac_1的温度，进行等温转变，然后空冷	使钢材组织均匀，硬度降低，防止产生白点，用于中碳合金钢和某些高合金钢的重型铸锻件及冲压件等（组织与硬度比完全退火更为均匀）
锻后余热等温退火	锻坯从停锻温度（一般为1000～1100℃）快冷至Ac_1以下的一定温度（一般为650℃），保温一定时间后炉冷至350℃左右，然后出炉空冷	低碳低合金结构钢锻件毛坯采用锻后等温退火处理，可获得均匀、稳定的硬度和组织，改善锻坯的可加工性，降低刀具消耗，也为最后的热处理做好组织上的准备。此外，该工艺也有显著的节能效果
球化退火	在稍高和稍低于Ac_1温度间交替加热及冷却，或在稍低于Ac_1温度保温，然后慢冷	使钢材碳化物球状化，降低硬度，提高塑性，用于工模具、轴承钢件及结构钢冷挤压件等
再结晶退火	将工件加热至Ac_1-(50～150)℃，保温后空冷	用于降低经加工硬化的钢件硬度，提高塑性，以利加工继续进行，因此再结晶退火是冷作加工后工件的中间退火
去应力退火	将工件加热至Ac_1-(100～200)℃，保温后空冷或炉冷至200～300℃，再出炉空冷。对一些精密零件，可采用较低的退火温度，减少本工序变形，并消除退火前所存在的残余应力	用于消除铸件、锻件、焊件、热轧件、冷拉件，以及切削、冷冲压过程中所产生的内应力，对于严格要求减少变形的重要件，在淬火或渗氮前常增加去应力退火

注：Ac_1钢加热，开始形成奥氏体的温度；Ac_3亚共析钢加热时，所有铁素体均转变为奥氏体的温度（下同）。

2. 正火

将工件加热奥氏体化后在空气中或其他介质中冷却，获得以珠光体组织为主的热处理工艺称为正火。

正火时，一般将工件加热至 Ac_3 或 Ac_{cm}㊀+（40～60）℃，保温一定时间，达到完全奥氏体化和均匀化，然后在自然流通的空气中均匀冷却。大件正火也可采用风冷、喷雾冷却等以获得正火均匀的效果。

正火的目的在于调整工件的硬度、细化组织及消除网状碳化物，并为淬火做好组织准备。正火的主要应用如下：

1）用于碳含量（质量分数）低于 0.25%的低碳钢工件，使之得到量多且细小的珠光体组织，提高硬度，从而改善其可加工性。

2）消除共析钢中的网状碳化物，为球化退火做准备。

3）作为中碳钢及合金结构钢淬火前的预备热处理，以减少淬火缺陷。

4）作为要求不高的普通结构件的最终热处理。

5）用于淬火返修件消除残余应力和细化组织，以防重淬时产生变形与开裂。

3. 淬火

淬火是通过加热和快速冷却的方式使工件在一定的截面部位上获得马氏体或（和）下贝氏体，回火后达到要求的力学性能。一般将工件加热至 Ac_3+（20～30）℃（亚共析钢）或加热至 Ac_1+（20～30）℃（过共析钢），保温一定时间后在水、油等介质中快速冷却，最终使工件获得要求的淬火组织。

淬火的目的在于提高硬度和耐磨性。淬火后经中温或高温回火，也可获得良好的综合力学性能。

常用淬火工艺的类别、工艺特点及应用范围见表 1-4-133。

表 1-4-133　常用淬火工艺的类别、工艺特点及应用范围

类　别	工艺特点	应用范围
单液淬火	将工件加热至淬火温度后，浸入一种淬火介质中，直到工件冷至室温为止。该工艺适合于一般工件的大量流水生产，可根据材料特性和工件有效尺寸，选择不同冷却特性的淬火介质	适用于形状规则的工件，工序简单，质量也较易保证
双介质淬火（双液淬火）	将加热到奥氏体化的工件先淬入快冷的第一介质（水或盐水）中，冷却至接近马氏体转变温度时，将工件迅速转入低温缓冷的第二种介质（如油）中	主要适用于碳素钢和合金钢制成的零件，由于马氏体转变在较为缓和的冷却条件下进行，可减少变形并防止产生裂纹
分级淬火	将加热到奥氏体化后的工件淬入温度为马氏体转变温度附近的淬火介质中，停留一定时间，使工件表面和心部分别以不同速度达到淬火介质温度，待表里温度趋于一致时再取出空冷	分级淬火法能显著地减小变形和开裂，适合于形状复杂、有效厚度小于 20mm 的碳素钢、合金钢零件和工具。渗碳齿轮采用分级淬火，可大幅度减少齿轮的热处理变形
贝氏体等温淬火（等温淬火）	将加热到奥氏体化温度后的工件淬入温度稍高于马氏体转变温度（贝氏体转变区）的盐浴或碱浴中，保温足够的时间，使其发生贝氏体转变后在空气中冷却	1）由于变形很小，很适合处理如冷冲模、轴承、精密齿轮等精密结构件 2）组织结构均匀，内应力很小，产生显微和超显微裂纹的可能性小 3）由于受等温槽冷却速度的限制，工件尺寸不宜过大

㊀ Ac_{cm} 过共析钢加热时，所有渗碳体和碳化物完全溶入奥氏体的温度。

4. 回火

工件淬硬后再加热到 Ac_1 点以下某一温度，保温一定时间，然后冷却至室温的热处理工艺，称为回火。

淬火后重新加热回火的目的是获得所要求的力学性能，消除淬火残余应力，提高其塑性和韧性，以及保证零件尺寸的稳定性。回火工艺通常要在淬火后立即进行。

在实际生产中，根据零件不同的性能要求，常用回火工艺的类别、工艺特点和应用范围见表 1-4-134。

表 1-4-134　常用回火工艺的类别、工艺特点和应用范围

类　别	工艺特点	应用范围
低温回火	回火温度<250℃	降低脆性和内应力的同时，保持工件在淬火后的高硬度和耐磨性，主要用于各种工具、模具、滚动轴承，以及渗碳或表面淬火的零件
中温回火	回火温度为 250～500℃	在保持一定韧性的条件下提高弹性和屈服强度，主要用于各种弹簧、锻模、冲击工具和某些要求高强度的零件
高温回火	回火温度>500℃，回火后获得索氏体组织，一般习惯将淬火后经高温回火称为调质处理	可获得强度、塑性、韧性都较好的综合力学性能。广泛用于各种较为重要的结构件，特别是在交变负荷下工作的连杆、螺栓、齿轮及轴等，不但可作为这些重要零件的最终热处理，而且还常可作为某些精密零件（如丝杠等）的预备热处理，以减小最终热处理中的变形，并为获得较好的最终性能提供组织基础

5. 冷处理

冷处理应在工件淬火冷却到室温后立即进行，以免在室温停留时间过长引起奥氏体稳定化。冷处理温度一般为-60～-80℃，待工件截面冷却至温度均匀一致后取出空冷。

冷处理的目的在于提高工件硬度、抗拉强度和稳定工件尺寸，主要适用于合金钢制成的精密刀具、量具和精密零件，如量块、量规、铰刀、样板、高精度的齿轮等，还可使磁钢更好地保持磁性。

4.6.2.2　表面热处理

仅对工件表层进行热处理以改变其组织和性能的工艺称为表面热处理。它不仅可以提高零件的表面硬度及耐磨性，而且与经过适当预备热处理的心部组织相配合，从而获得高的疲劳强度和韧性。

表面热处理工艺的类别、工艺特点和应用范围见表 1-4-135。

表 1-4-135　表面热处理工艺的类别、工艺特点和应用范围

类　别	工艺特点	应用范围
感应淬火	将工件的整体或局部置入感应器中，由于高频电流的趋肤效应，使工件相应部位由表层向内加热、升温，使表层一定深度组织转变成奥氏体，然后再迅速淬硬的工艺。根据材料的特性选择淬火介质。感应淬火件变形小，节能，成本低，生产率高	较大地提高零件的扭转和弯曲疲劳强度及表面的耐磨性。汽车、拖拉机零件采用感应淬火的范围很广，如曲轴、凸轮轴、半轴、球销等
火焰淬火	将氧-乙炔或其他可燃气体的火焰喷射到工件表面上快速加热，达到淬火温度后立即喷水，或用其他淬火介质进行冷却，从而在表层获得较高硬度而同时保留心部的韧性和塑性	适用于单件或小批生产的大型零件和需要局部淬火的工具或零件，如大型轴类与大模数齿轮等。常用钢材为中碳钢，如 35、45 钢及中碳合金钢（合金元素总质量分数<3%），如 40Cr、65Mn 等，还可用于灰铸铁件、合金铸铁件。火焰淬火的淬硬层厚度一般为 2～5mm

（续）

类　别	工艺特点	应用范围
电解液淬火	将工件需淬硬的端部浸入电解淬火液中，工件接阴极，电解液接阳极。通电后由于阴极效应而将工件浸入液中的部分表面加热，到达温度之后断电，工件立即被周围的电解液冷却而淬硬	提高淬火表面的硬度，增加耐磨性。因淬硬层很薄，所以变形很小。但由于极间形成高温电弧，造成组织过热、晶粒粗大。采用电解液淬火的典型零件是发动机气阀端的表面淬火
激光淬火	以高能量激光作为热源快速加热并自身冷却淬硬的工艺，对形状复杂的零件进行局部激光扫描淬火，可精确选择淬硬区范围。该工艺生产率高、变形小，一般在激光淬火之后可省略冷加工	提高零件的耐磨性和疲劳性能。典型激光淬火件有滚珠轴承环、缸套或缸体内孔等

4.6.2.3　化学热处理

将工件置于具有一定活性介质的热处理炉中加热、保温，使一种或几种元素渗入工件的表层，以改变其化学成分、组织和性能的热处理工艺，称为化学热处理。

化学热处理工艺的类别、工艺特点及应用范围见表 1-4-136。

表 1-4-136　化学热处理工艺的类别、工艺特点及应用范围

类　别	工艺特点	应用范围
渗碳	将低碳或中碳钢工件放入渗碳介质中加热及保温，使工件表面层增碳，经渗碳的工件必须进行淬火和低温回火，使工件表面渗层获得回火马氏体组织。当渗碳件的某些部位不允许高硬度时，则可在渗碳前采取防渗措施，即对防渗部位进行镀铜或敷以防渗涂料，并根据需要在淬火后进行局部退火软化处理	增加钢件表面硬度，提高其耐磨性和疲劳强度，并同时保持心部原材料所具有的韧性。适用于中小型零件和大型重负荷、受冲击、要求耐磨的零件，如齿轮、轴等
渗氮	向工件表面渗入氮原子，形成渗氮层的过程。为了保证工件心部获得必要的力学性能，需要在渗氮前进行调质处理，使心部获得索氏体组织；同时，为了减少在渗氮中变形，切削加工后一般需要进行去应力退火。渗氮分气体渗氮和液体渗氮，按用途还分为强化渗氮和耐蚀渗氮。当工件只需局部渗氮，可将不需要渗氮的部位预先镀锡（用于结构钢工件），或镀镍（用于不锈钢工件），或采用涂料法，或进行磷化处理	提高表面硬度、耐磨性和疲劳强度（可实现这两个目的的强化渗氮），以及耐蚀能力（抗蚀渗氮）。强化渗氮用钢通常是用含有 Al、Cr、Mo 等合金元素的钢，如 38CrMoAlA（目前专门用于渗氮的钢种），其他如 40Cr、35CrMo、42CrMo、50CrV、12Cr2Ni4A 等钢也可用于渗氮，用 Cr-Al-Mo 钢渗氮得到的硬度比 Cr-Mo-V 钢渗氮的高，但其韧性不如后者。耐蚀渗氮常用材料是碳素钢和铸铁。渗氮层厚度根据渗氮工艺性和使用性能，一般不超过 0.5～0.7mm 渗氮广泛用于各种高速传动精密齿轮、高精度机床主轴，如镗杆、磨床主轴；在变向负荷工作条件下要求很高疲劳强度的零件，如高速柴油机轴及要求变形很小和在一定抗热、耐磨工作条件下使用的零件，如发动机的气缸、阀门等
离子渗氮	是利用稀薄的含氮气体的辉光放电现象进行的。气体电离后所产生的氮、氢正离子在电场作用下向工件移动，以很大速度冲击工件表面，氮被吸附，并向内扩散形成氮化层。渗氮前应经过消除切削加工引起的残余应力的人工时效，时效温度低于调质回火温度，高于渗氮温度	基本适用于所有的钢铁材料，但含有 Al、Cr、Ti、Mo、V 等合金元素的合金钢离子渗氮后的钢材表面比碳素钢离子渗氮后表面的硬度高 多用于精密零件及一些要求耐磨但用其他处理方法又难于达到高的表面硬度的零件，如不锈钢材料

（续）

类　别	工艺特点	应用范围
碳氮共渗	在一定温度下同时将碳氮渗入工件的表层奥氏体中，并以渗碳为主的化学热处理工艺。防渗部位可采用镀铜或敷以防渗涂料法	提高工件的表面硬度、耐磨性、疲劳强度和耐蚀性。碳氮共渗已广泛应用于汽车、拖拉机变速器齿轮等
氮碳共渗	工件表层同时渗入氮和碳并以渗氮为主的化学热处理工艺，亦称为软氮化	提高工件的表面硬度、耐磨性、耐蚀性和疲劳性能，其效果与渗氮相近
渗硼	在一定温度下将硼原子渗入工件表层的工艺	可极大地提高工件的表面硬度、耐磨性、热硬性，提高工件的疲劳强度和耐酸碱腐蚀性
渗硫	使硫渗入已硬化工件表层的工艺	可提高工件的抗擦伤能力

4.6.3 常用金属材料热处理工艺参数

4.6.3.1 优质碳素结构钢常规热处理工艺参数（见表1-4-137）

表1-4-137 优质碳素结构钢常规热处理工艺参数

牌号	退火			正火			淬火			回火							
										不同温度回火后的硬度值HRC							
	温度/℃	冷却方式	硬度HBW	温度/℃	冷却方式	硬度HBW	温度/℃	淬火介质	硬度HRC	150℃	200℃	300℃	400℃	500℃	550℃	600℃	650℃
08	900~930	炉冷	—	920~940	空冷	≤137	—	—	—	—	—	—	—	—	—	—	—
10	900~930	炉冷	≤137	900~950	空冷	≤143	—	—	—	—	—	—	—	—	—	—	—
15	880~960	炉冷	≤143	900~950	空冷	≤143	—	—	—	—	—	—	—	—	—	—	—
20	800~900	炉冷	≤156	920~950	空冷	≤156	870~900	水或盐水	≥140HBW	170HBW	165HBW	158HBW	152HBW	150HBW	147HBW	144HBW	—
25	860~880	炉冷	—	870~910	空冷	≤170	860	水或盐水	≥380HBW	380HBW	370HBW	310HBW	270HBW	235HBW	225HBW	<200HBW	—
30	850~900	炉冷	—	850~900	空冷	≤179	860	水或盐水	≥44	43	42	40	30	20	18	—	—
35	850~880	炉冷	≤187	850~870	空冷	≤187	860	水或盐水	≥50	49	48	43	35	26	22	20	—
40	840~870	炉冷	≤187	840~860	空冷	≤207	840	水	≥55	55	53	48	42	34	29	23	20
45	800~840	炉冷	≤197	850~870	空冷	≤217	840	水或油	≥59	58	55	50	41	33	26	22	—
50	820~840	炉冷	≤229	820~870	空冷	≤229	830	水或油	≥59	58	55	50	41	33	26	22	—
55	770~810	炉冷	≤229	810~860	空冷	≤255	820	水或油	≥63	63	56	50	45	34	30	24	21
60	800~820	炉冷	≤229	800~820	空冷	≤255	820	水或油	≥63	63	56	50	45	34	30	24	21

（续）

牌号	退火			正火			淬火			回火							
	温度/℃	冷却方式	硬度HBW	温度/℃	冷却方式	硬度HBW	温度/℃	淬火介质	硬度HRC	不同温度回火后的硬度值 HRC							
										150℃	200℃	300℃	400℃	500℃	550℃	600℃	650℃
65	680~700	炉冷	≤229	820~860	空冷	≤255	800	水或油	≥63	63	58	50	45	37	32	28	24
70	780~820	炉冷	≤229	800~840	空冷	≤269	800	水或油	≥63	63	58	50	45	37	32	28	24
75	780~800	炉冷	≤229	800~840	空冷	≤285	800	水或油	≥55	55	53	50	45	35	—	—	—
80	780~800	炉冷	≤229	800~840	空冷	≤285	800	水或油	≥63	63	61	52	47	39	32	28	24
85	780~800	炉冷	≤255	800~840	空冷	≤302	780~820	油	≥63	63	61	52	47	39	32	28	24
15Mn	—	—	—	880~920	空冷	≤163	—	—	—	—	—	—	—	—	—	—	—
20Mn	900	炉冷	≤179	900~950	空冷	≤197	—	—	—	—	—	—	—	—	—	—	—
25Mn	—	—	—	870~920	空冷	≤207	—	—	—	—	—	—	—	—	—	—	—
30Mn	890~900	炉冷	≤187	900~950	空冷	≤217	850~900	水	49~53	—	—	—	—	—	—	—	—
35Mn	830~880	炉冷	≤197	850~900	空冷	≤229	850~880	油或水	50~55	—	—	—	—	—	—	—	—
40Mn	820~860	炉冷	≤207	850~900	空冷	≤229	800~850	油或水	53~58	—	—	—	—	—	—	—	—
45Mn	820~850	炉冷	≤217	830~860	空冷	≤241	810~840	油或水	54~60	—	—	—	—	—	—	—	—
50Mn	800~840	炉冷	≤217	840~870	空冷	≤255	780~840	油或水	54~60	—	—	—	—	—	—	—	—
60Mn	820~840	炉冷	≤229	820~840	空冷	≤269	810	油	57~64	61	58	54	47	39	34	29	25
65Mn	775~800	炉冷	≤229	830~850	空冷	≤269	810	油	57~64	61	58	54	47	39	34	29	25
70Mn	—	—	—	—	—	—	780~800	油	≥62	>62	62	55	46	37	—	—	—

4.6.3.2　合金结构钢常规热处理工艺参数（见表 1-4-138）

表 1-4-138　合金结构钢常规热处理工艺参数

牌号	退火			正火			淬火			回火							
	温度/℃	冷却方式	硬度HBW	温度/℃	冷却方式	硬度HBW	温度/℃	淬火介质	硬度HRC	不同温度回火后的硬度值 HRC							
										150℃	200℃	300℃	400℃	500℃	550℃	600℃	650℃
20Mn2	850~880	炉冷	≤187	870~900	空冷	—	860~880	水	>40	—	—	—	—	—	—	—	—
30Mn2	830~860	炉冷	≤207	840~880	空冷	—	820~850	油	≥49	48	47	45	36	26	24	18	11
35Mn2	830~880	炉冷	≤207	840~880	空冷	≤241	820~850	油	≥57	57	56	48	38	34	23	17	15

（续）

牌号	退火			正火			淬火			回火							
	温度/℃	冷却方式	硬度HBW	温度/℃	冷却方式	硬度HBW	温度/℃	淬火介质	硬度HRC	不同温度回火后的硬度值HRC							
										150℃	200℃	300℃	400℃	500℃	550℃	600℃	650℃
40Mn2	820~850	炉冷	≤217	830~870	空冷	—	810~850	油	≥58	58	56	48	41	33	29	25	23
45Mn2	810~840	炉冷	≤217	820~860	空冷	187~241	810~850	油	≥58	58	56	48	43	35	31	27	19
50Mn2	810~840	炉冷	≤229	820~860	空冷	206~241	810~840	油	≥58	58	56	49	44	35	31	27	20
20MnV	670~700	炉冷	≤187	880~900	空冷	≤207	880	油	—	—	—	—	—	—	—	—	—
27SiMn	850~870	炉冷	≤217	930	空冷	≤229	900~920	油	≥52	52	50	45	42	33	28	24	20
35SiMn	850~870	炉冷	≤229	880~920	空冷	—	880~900	油	≥55	55	53	49	40	31	27	23	20
42SiMn	830~850	炉冷	≤229	860~890	空冷	≤244	840~900	油	≥55	55	50	47	45	35	30	27	22
20SiMn2MoV	710±20	炉冷	≤269	920~950	空冷	—	890~920	油或水	≥45	—	—	—	—	—	—	—	—
25SiMn2MoV	680~700	堆冷	≤255	920~950	空冷	—	880~910	油或水	≥46	—	200~250℃时≥45		—	—	—	—	—
37SiMn2MoV	870	炉冷	269	880~900	空冷	—	850~870	油或水	56	—	—	—	—	44	40	33	24
40B	840~870	炉冷	≤207	850~900	空冷	—	840~860	盐水或油	—	—	—	48	40	30	28	25	22
45B	780~800	炉冷	≤217	840~890	空冷	—	840~870	盐水或油	—	—	—	50	42	37	34	31	29
50B	800~820	炉冷	≤207	880~950	空冷	HRC≥20	840~860	油	52~58	56	55	48	41	31	28	25	20
40MnB	820~860	炉冷	≤207	860~920	空冷	≤229	820~860	油	≥55	55	54	48	38	31	29	28	27
45MnB	820~910	炉冷	≤217	840~900	空冷	≤229	840~860	油	≥55	54	52	44	38	34	31	26	23
20Mn2B	—	—	—	880~900	空冷	≤183	860~880	油	≥46	46	45	41	40	38	35	31	22
20MnMoB	680	炉冷	≤207	900~950	空冷	≤217	—	—	—	—	—	—	—	—	—	—	—
15MnVB	780	炉冷	≤207	920~970	空冷	149~179	860~880	油	38~42	38	36	34	30	27	25	24	—

（续）

牌号	退火			正火			淬火			回火							
	温度/℃	冷却方式	硬度HBW	温度/℃	冷却方式	硬度HBW	温度/℃	淬火介质	硬度HRC	不同温度回火后的硬度值HRC							
										150℃	200℃	300℃	400℃	500℃	550℃	600℃	650℃
20MnVB	700±10	<600℃空冷	≤207	880~900	空冷	≤217	860~880	油	—	—	—	—	—	—	—	—	—
40MnVB	830~900	炉冷	≤207	860~900	空冷	≤229	840~880	油或水	>55	54	52	45	35	31	30	27	22
20MnTiB	—	—	—	900~920	空冷	143~149	860~890	油	≥47	47	47	46	42	40	39	38	—
25MnTiBRE	670~690	炉冷	≤229	920~960	空冷	≤217	840~870	油	≥43	—	—	—	—	—	—	—	—
15Cr 15CrA	860~890	炉冷	≤179	870~900	空冷	≤197	870	水	>35	35	34	32	28	24	19	14	—
20Cr	860~890	炉冷	≤179	870~900	空冷	≤197	860~880	油、水	>28	28	26	25	24	22	20	18	15
30Cr	830~850	炉冷	≤187	850~870	空冷	—	840~860	油	>50	50	48	45	35	25	21	14	—
35Cr	830~850	炉冷	≤207	850~870	空冷	—	860	油	48~56	—	—	—	—	—	—	—	—
40Cr	825~845	炉冷	≤207	850~870	空冷	≤250	830~860	油	>55	55	53	51	43	34	32	28	24
45Cr	840~850	炉冷	≤217	830~850	空冷	≤320	820~850	油	>55	55	53	49	45	33	31	29	21
50Cr	840~850	炉冷	≤217	830~850	空冷	≤320	820~840	油	>56	56	55	54	52	40	37	28	18
38CrSi	860~880	炉冷	≤225	900~920	空冷	≤350	880~920	油或水	57~60	57	56	54	48	40	37	35	29
12CrMo	—	—	—	900~930	空冷	—	900~940	油	—	—	—	—	—	—	—	—	—
15CrMo	600~650	空冷	—	910~940	空冷	—	910~940	油	—	—	—	—	—	—	—	—	—
20CrMo	850~860	炉冷	≤197	880~920	空冷	—	860~880	水或油	≥33	33	32	28	28	23	20	18	16
30CrMo 30CrMoA	830~850	炉冷	≤229	870~900	空冷	≤400	850~880	水或油	>52	52	51	49	44	36	32	27	25
35CrMo	820~840	炉冷	≤229	830~880	空冷	241~286	850	油	>55	55	53	51	43	34	32	28	24

（续）

牌号	退火			正火			淬火			回火							
	温度/℃	冷却方式	硬度HBW	温度/℃	冷却方式	硬度HBW	温度/℃	淬火介质	硬度HRC	不同温度回火后的硬度值HRC							
										150℃	200℃	300℃	400℃	500℃	550℃	600℃	650℃
42CrMo	820~840	炉冷	≤241	850~900	空冷	—	840	油	>55	55	54	53	46	40	38	35	31
2CrMoV	960~980	炉冷	≤156	960~980	空冷	—	900~940	油	—	—	—	—	—	—	—	—	—
35CrMoV	870~900	炉冷	≤229	880~920	空冷	—	880	油	>50	50	49	47	43	39	37	33	25
12Cr1MoV	960~980	炉冷	≤156	910~960	—	—	960~980	水冷后油冷	>47	—	—	—	—	—	—	—	—
25Cr2MoV	—	—	—	980~1000	空冷	—	910~930	油	—	—	—	—	—	41	40	37	32
25Cr2Mo1V	—	—	—	1030~1050	空冷	—	1040	空气	—	—	—	—	—	—	—	—	—
38CrMoAl	840~870	炉冷	≤229	930~970	空冷	—	940	油	>56	56	55	51	45	39	35	31	28
40CrV	830~850	炉冷	≤241	850~880	空冷	—	850~880	油	≥56	56	54	50	45	35	30	28	25
50CrV	810~870	炉冷	≤254	850~880	空冷	≈288	830~860	油	>58	57	56	54	46	40	35	33	29
15CrMn	850~870	炉冷	≤179	870~900	空冷	—	—	油	44	—	—	—	—	—	—	—	—
20CrMn	850~870	炉冷	≤187	870~900	空冷	≤350	850~920	油或水淬油冷	≥45	—	—	—	—	—	—	—	—
40CrMn	820~840	炉冷	≤229	850~870	空冷	—	820~840	油	52~60	—	—	—	—	—	34	28	—
20CrMnSi	860~870	炉冷	≤207	880~920	空冷	—	880~910	油或水	≥44	44	43	44	40	35	31	27	20
25CrMnSi	840~860	炉冷	≤217	860~880	空冷	—	850~870	油	—	—	—	—	—	—	—	—	—
30CrMnSi 30CrMnSiA	840~860	炉冷	≤217	880~900	空冷	—	860~880	油	≥55	55	54	49	44	38	34	30	27
35CrMnSi	840~860	炉冷	≤229	890~910	空冷	≤218	860~890	油	≥55	54	53	45	42	40	35	32	28
20CrMnMo	850~870	炉冷	≤217	880~930	空冷	190~228	350	油	>46	45	44	43	35	—	—	—	—
40CrMnMo	820~850	炉冷	≤241	850~880	空冷	≤321	840~860	油	>57	57	55	50	45	41	37	33	30
20CrMnTi	680~720	炉冷至600℃空冷	≤217	950~970	空冷	156~207	880	油	42~46	43	41	40	39	35	30	25	17

（续）

牌号	退火			正火			淬火			回火							
	温度/℃	冷却方式	硬度HBW	温度/℃	冷却方式	硬度HBW	温度/℃	淬火介质	硬度HRC	不同温度回火后的硬度值HRC							
										150℃	200℃	300℃	400℃	500℃	550℃	600℃	650℃
30CrMnTi	—	—	—	950～970	空冷	150～216	880	油	>50	49	48	46	44	37	32	26	23
20CrNi	860～890	炉冷	≤197	880～930	空冷	≤197	855～885	油	>43	43	42	40	26	16	13	10	8
40CrNi	820～850	炉冷	≤207	840～860	空冷	≤250	820～840	油	>53	53	50	47	42	33	29	26	23
45CrNi	840～850	炉冷	≤217	850～880	空冷	≤229	820	油	>55	55	52	48	38	35	30	25	—
50CrNi	820～850	炉冷至600℃空冷	≤207	870～900	空冷	—	820～840	油	57～59	—	—	—	—	—	—	—	—
12CrNi2	840～880	炉冷	≤207	880～940	空冷	≤207	850～870	油	>33	33	32	30	28	23	20	18	12
12CrNi3	870～900	炉冷	≤217	885～940	空冷	—	860	油	>43	43	42	41	39	31	28	24	20
20CrNi3	840～860	炉冷	≤217	860～890	空冷	—	820～860	油	>48	48	47	42	38	34	30	25	—
30CrNi3	810～830	炉冷	≤241	840～860	空冷	—	820～840	油	>52	52	50	45	42	35	29	26	22
37CrNi3	790～820	炉冷	≤179～241	840～860	空冷	—	830～860	油	>53	53	51	47	42	36	33	30	25
12Cr2Ni4	650～680	炉冷	≤269	890～940	空冷	187～255	760～800	油	>46	46	45	41	38	35	33	30	—
20Cr2Ni4	650～670	炉冷	≤229	860～900	空冷	—	840～860	油	—	—	—	—	—	—	—	—	—
20CrNiMo	660	炉冷	≤197	900	空冷	—	—	—	—	—	—	—	—	—	—	—	—
40CrNiMo	840～880	炉冷	≤269	860～920	空冷	—	840～860	油	>55	55	54	49	44	38	34	30	27
45CrNiMoV	840～860	炉冷	HRC 20～23	870～890	空冷	HRC 23～33	860～880	油	55～58	—	55	53	51	45	43	38	32
18Cr2Ni4W	—	—	—	900～980	空冷	≤415	850	油	>46	42	41	40	39	37	28	24	22
25Cr2Ni4W	—	—	—	900～950	空冷	≤415	850	油	>49	48	47	42	39	34	31	27	25

4.6.3.3 弹簧钢常规热处理工艺参数（见表1-4-139）

表 1-4-139 弹簧钢常规热处理工艺参数

牌号	退火			正火			淬火			回火										
	温度/℃	冷却方式	硬度HBW	温度/℃	冷却方式	硬度HBW	温度/℃	冷却方式	硬度HBW	不同温度回火后的硬度值HRC								常用回火温度范围/℃	淬火介质	硬度HRC
										150℃	200℃	300℃	400℃	500℃	550℃	600℃	650℃			
65	680~700	炉冷	≤210	820~860	空冷	—	800	水	62~63	63	58	50	45	37	32	28	24	320~420	水	35~48
70	780~820	炉冷	≤225	800~840	空冷	≤275	800	水	62~63	63	58	50	45	37	32	28	24	380~400	水	45~50
85	780~800	炉冷	≤229	800~840	空冷	—	780~820	油	62~63	63	61	52	47	39	32	28	24	375~400	水	40~49
65Mn	780~840	炉冷	≤228	820~860	空冷	≤269	780~840	油	57~64	61	58	54	47	39	34	29	25	350~530	空气	36~50
55Si2Mn①	750	空冷	—	830~860	空冷	—	850~880	油	60~63	60	56	57	51	40	37	—	—	400~520	空气	40~50
55Si2MnB①	—	—	—	—	—	—	870	油	≥60	60	59	58	62	45	40	38	35	460	空气	47~50
55SiMnVB	800~840	炉冷	—	840~880	空冷	—	840~880	油	>60	60	59	55	47	40	34	30	—	400~500	水	40~50
60Si2Mn	750	炉冷	≤222	830~860	空冷	≤302	870	油	>61	61	60	56	51	43	38	33	29	430~480	水、空气	45~50
60Si2Cr	—	—	—	850~870	空冷	—	850~860	油	62~66	—	—	—	—	—	—	—	—	450~480	水	45~50
60Si2CrV	—	—	—	—	—	—	850~860	油	62~66	—	—	—	—	—	—	—	—	450~480	水	45~50
55CrMn	800~820	炉冷	≈272	800~840	空冷	≈493	840~860	油	62~66	60	58	55	50	42	31	—	—	400~500	水	42~50

（续）

牌号	退火			正火			淬火			回火										
	温度/℃	冷却方式	硬度HBW	温度/℃	冷却方式	硬度HBW	温度/℃	冷却方式	硬度HBW	不同温度回火后的硬度值 HRC								常用回火温度范围/℃	淬火介质	硬度HRC
										150℃	200℃	300℃	400℃	500℃	550℃	600℃	650℃			
60CrMn	—	—	—	—	—	—	830~860	油	—	—	—	—	—	—	—	—	—	—	—	—
60CrMnMo	—	—	—	820~840	空冷	—	860	油	—	—	—	59~63	47~52	—	30~38	—	24~29	—	—	—
50CrV	810~870	炉冷	—	850~880	空冷	≈288	860	油	56~62	56	55	51	45	39	35	31	28	370~400 400~450	水	45~50 HBW ≤415
60CrMnB	—	—	—	—	—	—	830~860	油	—	—	—	—	—	—	—	—	—	—	—	—
30W4Cr2V	740~780	炉冷	—	—	—	—	1050~1100	油	52~58	—	—	—	—	—	—	—	—	520~540 600~670	空气或水	43~47

① 曾用牌号。

4.6.3.4　碳素工具钢常规热处理工艺参数（见表 1-4-140）

表 1-4-140　碳素工具钢常规热处理工艺参数

牌号	普通退火			等温退火				球化退火				正火			淬火			回火								
	温度/℃	冷却方式	硬度HBW	加热温度/℃	等温温度/℃	冷却方式	硬度HBW	加热温度/℃	等温温度/℃	冷却方式	硬度HBW	温度/℃	冷却方式	硬度HBW	温度/℃	冷却方式	硬度HBW	不同温度回火后的硬度值 HRC							常用回火温度范围/℃	硬度HRC
																		150℃	200℃	300℃	400℃	500℃	550℃	600℃		
T7	750~760	炉冷	≤187	760~780	660~680	空冷	≤187	730~750	600~700	空冷	≤187	800~820	空冷	229~280	820	水→油	62~64	63	60	54	43	35	31	27	200~250	55~60

（续）

牌号	普通退火			等温退火				球化退火				正火			淬火			回火								
	温度/℃	冷却方式	硬度HBW	加热温度/℃	等温温度/℃	冷却方式	硬度HBW	加热温度/℃	等温温度/℃	冷却方式	硬度HBW	温度/℃	冷却方式	硬度HBW	温度/℃	冷却方式	硬度HBW	不同温度回火后的硬度值HRC 150℃	200℃	300℃	400℃	500℃	550℃	600℃	常用回火温度范围/℃	硬度HRC
T8	750~760	炉冷	≤187	760~780	660~680	空冷	≤187	730~750	600~700	空冷	≤187	800~820	空冷	229~280	800	水→油	62~64	64	60	55	45	35	31	27	150~240	55~60
T8Mn	690~710	炉冷	≤189	760~780	600~680	空冷	≤187	730~750	600~700	空冷	≤187	800~820	空冷	229~280	800	水→油	62~64	64	60	55	45	35	31	27	180~270	55~60
T9	750~760	炉冷	≤192	760~780	660~680	空冷	≤187	730~750	600~700	空冷	≤187	800~820	空冷	229~280	800	水→油	63~65	64	62	56	46	37	33	27	180~270	55~60
T10	760~780	炉冷	≤197	750~770	620~660	空冷	≤197	730~750	600~700	空冷	≤197	820~840	空冷	225~310	790	水→油	62~64	64	62	56	46	37	33	27	200~250	62~64
T11	750~770	炉冷	≤207	740~760	640~680	空冷	≤207	730~750	680~700	空冷	≤207	820~840	空冷	225~310	780	水→油	62~64	64	62	57	47	38	33	28	200~250	62~64
T12	760~780	炉冷	≤207	740~760	640~680	空冷	≤207	730~750	680~700	空冷	≤207	820~840	空冷	225~310	780	水→油	62~64	64	62	57	47	38	33	28	200~250	58~62
T13	760~780	炉冷	≤207	750~770	620~680	空冷	≤207	730~750	680~700	空冷	≤217	810~830	空冷	179~217	780	水→油	62~66	65	62	58	47	38	33	28	150~270	60~64

4.6.3.5 合金工具钢常规热处理工艺参数（见表1-4-141）

表1-4-141 合金工具钢常规热处理工艺参数

牌号	退火							正火			淬火			回火									
	普通退火			等温退火										不同温度回火扣的硬度值HRC								常用回火温度范围/℃	硬度HRC
	加热温度/℃	冷却方式	硬度HBW	加热温度/℃	等温温度/℃	冷却方式	硬度HBW	加热温度/℃	冷却方式	硬度HBW	加热温度/℃	冷却方式	硬度HBW	150℃	200℃	300℃	400℃	500℃	550℃	600℃	650℃		
9SiCr	790~810	炉冷	197~241	790~810	700~720	空冷	207~241	900~920	空冷	321~415	860~880	油	62~65	65	63	59	54	48	44	40	36	180~200	60~62
																						200~220	58~62

（续）

牌号	退火							正火			淬火			回火									
	普通退火			等温退火										不同温度回火后的硬度值 HRC								常用回火温度范围/℃	硬度 HRC
	加热温度/℃	冷却方式	硬度 HBW	加热温度/℃	等温温度/℃	冷却方式	硬度 HBW	加热温度/℃	冷却方式	硬度 HBW	加热温度/℃	冷却方式	硬度 HBW	150℃	200℃	300℃	400℃	500℃	550℃	600℃	650℃		
8MnSi	740±10	炉冷	≤229	—	—	—	—	—	—	—	800~820	油	>60	—	60~64	60~63	—	—	—	—	—	100~200	60~64
																						200~300	60~63
Cr06	750~770	炉冷	187~241	750~790	680~700	空冷	187~241	980~1000	空冷	—	780~800	油	62~65	63	60	55	50	40	—	—	—	150~200	60~62
											800~820	水											
Cr2	700~790	炉冷	187~229	770~790	680~700	空冷	187~229	930~950	空冷	302~388	830~850	油	62~65	61	60	55	50	41	36	31	28	150~170	60~62
																						180~220	56~60
9Cr2	800~820	炉冷	179~217	800~820	670~680	空冷	179~217	—	—	—	820~850	油	61~63	61	60	55	50	41	36	31	28	160~180	59~61
W	750~77	炉冷	187~229	780~800	650~680	空冷	≤229	—	—	—	800~820	水	62~64	61	58	52	44	—	—	—	—	150~180	59~61
4CrW2Si	800~820	炉冷	179~217	—	—	—	—	—	—	—	860~900	油	53~56	55	53	51	49	42	38	33	—	200~250	53~58
																						430~470	45~50

（续）

牌号	退火							正火			淬火			回火									
	普通退火			等温退火										不同温度回火扣的硬度值 HRC								常用回火温度范围/℃	硬度HRC
	加热温度/℃	冷却方式	硬度HBW	加热温度/℃	等温温度/℃	冷却方式	硬度HBW	加热温度/℃	冷却方式	硬度HBW	加热温度/℃	冷却方式	硬度HBW	150℃	200℃	300℃	400℃	500℃	550℃	600℃	650℃		
5CrW2Si	800~820	炉冷	207~255	—	—	—	—	—	—	—	860~900	油	≥55	58	56	52	48	42	38	34	—	200~250	53~58
																						430~470	45~50
6CrW2Si	800~820	炉冷	229~285	—	—	—	—	—	—	—	860~900	油	≥57	59	58	53	48	42	38	35	31	200~250	53~58
																						430~470	45~50
Cr12	860±10	炉冷	207~255	830~850	720~740	空冷	≤269	—	—	—	950~980	油	61~64	63	61	57	55	53	49	44	39	180~200	60~62
																						320~350	57~58
Cr12Mo1V1	870~900	炉冷	217~255	—	—	—	—	—	—	—	980~1020	油或空气	>62	—	—	—	—	—	—	—	—	200~530	—
Cr12MoV	850~870	炉冷	207~255	850~870	730±10	空冷	207~255	—	—	—	1020~1040	油	62~63	63	62	59	57	55	53	47	40	200~275	57~59
																						400~425	55~57
Cr5Mo1V	840~870	炉冷	202~229	840~870	760	空冷	—	—	—	—	920~980	油空气	>62	64	63	58	57	56	55	50	—	175~530	—

（续）

牌号	退火							正火			淬火			回火									
	普通退火			等温退火										不同温度回火扣的硬度值 HRC								常用回火温度范围/℃	硬度 HRC
	加热温度/℃	冷却方式	硬度 HBW	加热温度/℃	等温温度/℃	冷却方式	硬度 HBW	加热温度/℃	冷却方式	硬度 HBW	加热温度/℃	冷却方式	硬度 HBW	150℃	200℃	300℃	400℃	500℃	550℃	600℃	650℃		
9Mn2V	750~770	炉冷	≤229	760~780	680~700	空冷	≤229	—	—	—	780~820	油	≥62	60	59	55	48	40	36	32	27	150~200	60~62
CrWMn	770~790	炉冷	207~255	790±10	720±10	空冷	207~255	970~990	空冷	388~514	820~840	油	63~65	64	62	58	53	47	43	39	35	160~200	61~62
9CrWMn	760~790	炉冷	190~230	780~800	670~720	空冷	197~243	—	—	—	820~840	油	64~66	62	60	58	52	45	40	35	—	170~230	60~62
Cr4W2MoV	860±10	炉冷	≤269	860±10	760±10	空冷	≤209	—	—	—	960~980	油或空气	≥62	65	63	61	59	58	55	—	—	280~300	60~62
6Cr4W3-Mo2VCNb	—	—	—	860±10	740±10	空冷	≤209	—	—	—	1080~1180	油	≥61	—	61	58	59	60	61	56	—	540~580	≥56
6W6Mo-5Cr4V	850~860	炉冷	197~229	850~860	740~750	空冷	197~229	—	—	—	1180~1200	硝盐或油	60~63	—	—	—	—	61	62	59	—	500~580	58~63
5CrMnMo	760~780	炉冷	197~241	850~870	680	空冷	197~243	—	—	—	830~860	油	53~58	58	57	52	47	41	37	34	30	490~510	41~47
																						520~540	38~41
5CrNiMo	740~760	炉冷	197~241	760~780	680	空冷	197~243	—	—	—	830~860	油	53~59	59	58	53	48	43	38	35	31	490~510	41~47
																						500~540	38~42
																						560~580	34~37

（续）

牌号	退火							正火			淬火			回火									
	普通退火			等温退火										不同温度回火扣的硬度值 HRC								常用回火温度范围/℃	硬度HRC
	加热温度/℃	冷却方式	硬度HBW	加热温度/℃	等温温度/℃	冷却方式	硬度HBW	加热温度/℃	冷却方式	硬度HBW	加热温度/℃	冷却方式	硬度HBW	150℃	200℃	300℃	400℃	500℃	550℃	600℃	650℃		
3CrW8V	840~860	炉冷	207~255	830~850	710~740	空冷	207~255	—	—	—	1050~1100	油或硝盐	49~52	52	51	50	49	47	48	45	40	600~620	40~48
5Cr4Mo3-SiMnVAl	—	—	—	—	—	—	—	—	—	—	1090~1120	油	>60	—	—	—	—	—	—	—	—	580~620	50~54
3Cr3Mo3-W2V	—	—	—	870	730	空冷	≤253	—	—	—	1060~1130	油	52~56	—	—	—	—	—	—	—	—	680	39~41
																						640	52~54
5Cr4W5-Mo2V	—	—	—	850~870	720~740	空冷	≤255	—	—	—	1100~1150	油	57~62	—	58	—	57	58	58	58	52.5	450~670	50~62
8Cr3	790~810	炉冷	205~255	—	—	—	—	—	—	—	820~850	油	60~63	62	60	58	55	50	43	39	—	480~520	41~46
											850~880	油	≥55										
4CrMnSiMoV	—	—	—	870~890	280~320	空冷	≤241	—	—	—	870±10	油	56~58	—	—	—	50	47	45	43	38	520~660	37~49
					640~660																		
4Cr3Mo3SiV	870~900	炉冷	192~229	—	—	—	—	—	—	—	1010~140	空气或油	52~59	—	—	—	—	—	—	—	—	540~650	—

（续）

牌号	退火							正火			淬火			回火									
	普通退火			等温退火										不同温度回火扣的硬度值HRC								常用回火温度范围/℃	硬度HRC
	加热温度/℃	冷却方式	硬度HBW	加热温度/℃	等温温度/℃	冷却方式	硬度HBW	加热温度/℃	冷却方式	硬度HBW	加热温度/℃	冷却方式	硬度HBW	150℃	200℃	300℃	400℃	500℃	550℃	600℃	650℃		
4Cr5MoSiV	860～890	炉冷	≤229	—	—	—	—	—	—	—	1000～1030	空气或油	53～55	—	—	—	—	—	—	—	—	530～560	47～49
4Cr5MoSiV1	860～890	炉冷	≤229	—	—	—	—	—	—	—	1020～1050	空气或油	56～58	55	52	51	51	52	53	45	35	560～580	47～49
4Cr5W2VSi	870±10	炉冷	≤229	—	—	—	—	—	—	—	1060～1080	空气或油	56～58	57	56	56	56	57	55	52	43	580～620	48～53
3Cr2Mo	760～790	炉冷	150～180	—	—	—	—	—	—	—	810～870	油	—	—	—	—	—	—	—	—	—	150～260	—
7Mn15Cr2-Al3V2WMo	高温退火			固溶处理				时效处理			气体氮碳共渗			—	—	—	—	—	—	—	—	—	—
	(880±10)℃ 炉冷 28～30HRC			1150～1180℃ 水冷 20～22HRC				650～700℃ 空冷 48～48.5HRC			560～570℃ 950～1100HV 68～70HRC 渗氮层深度 0.03～0.04mm												

4.6.3.6 高速工具钢常规热处理工艺参数（见表1-4-142）

表1-4-142 高速工具钢常规热处理工艺参数

钢号	淬火预热		淬火加热			淬火介质	回火制度	淬火、回火后硬度HRC
	温度/℃	时间/(s/mm)	介质	温度/℃	时间/(s/mm)			
W18Cr4V	850	24	中性盐浴	1260～1300	12～15	油	560℃，3次，每次1h，空冷	≥62
				1200～1240[④]	15～20			

（续）

钢　号	淬火预热		淬火加热			淬火介质	回火制度	淬火、回火后硬度 HRC
	温度/℃	时间/（s/mm）	介质	温度/℃	时间/（s/mm）			
W6Mo5Cr4V2	850	24	中性盐浴	1200~1220①	12~15	油	560℃回火3次，每次1h，空冷	≥62
				1230③				≥63
W6Mo5Cr4V2	850	24		1240③	12~15	油	560℃回火3次，每次1h，空冷	≥64
				1150~1200④	20			≥60
W14Cr4VMnRE⑤	850	24		1230~1260	12~15	油	同上	≥63
9W18Cr4V	850	24		1260~1280	12~15	油	570~590℃，回火4次，每次1h，空冷	≥63
W12Cr4V4Mo⑤	850	24		1240~1250① 1260② 1270~1280③	12~15	油	550~570℃，回火3次，每次1h，空冷	≥62
W6Mo5Cr4V2Al	850	24		1220~1240	12~15	油	550~570℃，回火4次，每次1h，空冷	≥65
W10Mo4Cr4V3Al⑤	860~880	24		1230~1250	20	油	540~560℃，回火4次，每次1h，空冷	≥66
W6Mo5Cr4V5SiNbAl⑤	850	24		1220~1240	12~15	油	500~530℃，回火3次，每次1h，空冷或560℃回火3次，每次1h，空冷	≥65
W12Mo3Cr4V3Co5Si⑤	850	24		1210~1240	12~15	油	560℃回火4次，每次1h，空冷	≥66
W2Mo9Cr4V2	800~850	24		1180~1210② 1210~1230③	12~15	油	550~580℃回火3次，每次1h，空冷	≥65
W6Mo5Cr4V3	850	24		1200~1230	12~15	油	550~570℃回火3次，每次1h，空冷	≥64
W6Mo5Cr4V2Co5	800~850	24		1210~1230	12~15	油	550℃回火3次，每次1h，空冷	≥64
W12Cr4V5Co5（JIS SKH10）	800~850	24		1220~1240	12~15	油	530~550℃回火3次，每次1h，空冷	≥65
W2Mo9Cr4VCo8	850	24		1180~1200② 1200~1220③	12~15	油	550~570℃回火4次，每次1h，空冷	≥66

（续）

钢　　号	淬火预热		淬火加热			淬火介质	回火制度	淬火、回火后硬度HRC
	温度/℃	时间/（s/mm）	介质	温度/℃	时间/（s/mm）			
W10Mo4Cr4V3Co10（JIS SKHS7）	800~850	24	中性盐浴	1200~1230② 1230~1250③	12~15	油	550~570℃回火 3 次，每次 1h，空冷	≥66

① 高强薄刃刀具淬火温度。
② 复杂刀具淬火温度。
③ 简单刀具淬火温度。
④ 冷作模具淬火温度。
⑤ 曾用牌号。

4.6.3.7　轴承钢常规热处理工艺参数（见表 1-4-143）

表 1-4-143　轴承钢常规热处理工艺参数

高碳铬不锈轴承钢																			
牌　　号	普通退火			等温退火			淬　　火			回　　火									
	温度/℃	冷却方式	硬度HBW	加热温度/℃	等温温度/℃	冷却方式	硬度HBW	加热温度/℃	冷却方式	硬度HBW	不同温度回火扣的硬度值 HRC							常用回火温度范围/℃	硬度HRC
											150℃	200℃	300℃	400℃	500℃	550℃	600℃		
GCr15	790~810	炉冷	179~207	790~810	710~720	空冷	270~390	835~850	油	≥63	64	61	55	49	41	36	31	150~170	61~65
GCr15SiMn	790~810	炉冷	179~207	790~810	710~720	空冷	270~390	820~840	油	≥64	64	61	58	50	—	—	—	150~180	>62
G8Cr15	退火：770～790℃ 2～6h，以 20℃/h 冷至 720~750℃ 1~2h，再以 20℃/h 冷至 650℃出炉空冷 HBW197~207						—	830~850	油	>63	63	61	57	—	—	—	—	150~160	61~64
G95Cr18	850~870	炉冷	≤255	850~870	730~750	空冷	≤255	1050~1100	油	>59	60	58	57	55	—	—	—	150~160	58~62

（续）

牌号	普通退火			等温退火				淬火			回火								
	温度/℃	冷却方式	硬度HBW	加热温度/℃	等温温度/℃	冷却方式	硬度HBW	加热温度/℃	冷却方式	硬度HBW	不同温度回火扣的硬度值HRC							常用回火温度范围/℃	硬度HRC
											150℃	200℃	300℃	400℃	500℃	550℃	600℃		
高碳铬不锈轴承钢																			
G102Cr1Mo	退火：850～870℃ 4～6h，30℃/h冷至600℃，空冷HBW≤255			再结晶退火730～750℃空冷			—	1050～1100	油	>59	58	58	56	54	—	—	—	150～160	≥58

牌号	普通退火			正火			渗碳热处理						
	温度/℃	冷却方式	硬度HBW	温度/℃	冷却方式	硬度HBW	渗碳温度/℃	一次淬火温度/℃	二次淬火温度/℃	直接淬火温度/℃	冷却剂	回火温度/℃	硬度HRC
渗碳轴承例													
G20CrMo	850～860	炉冷	≤197	880～900	空冷	167～215	920～940	—	—	840	油	160～180	表≥56 心≥30
G20Cr2NiMo	660	炉冷	≤197	920～980	空冷	—	930	880±20	790±20	820～840	油	150～180	表≥56 心≥30
G20CrNi2Mo	—	—	—	920±20	空冷	—	930	880±20	800±20	—	油	150～200	表≥56 心≥30
G10CrNi3Mo	—	—	—	—	—	—	930	880±20	790±20	—	油	150～200	表≥56 心≥30
G20Cr2Ni4	800～900	炉冷	≤269	890～920	空冷	—	930～950	870～890	790～810	—	油	160～180	表≥58 心≥28
G20Cr2Mn2Mo	600℃ 4～6h，空冷至280～300℃，再加热至640～660℃ 2～6h空冷，HBW≤269			910～930	空冷	—	920～950	870～890	810～830	—	油	160～180	表≥58 心≥30

第2卷　机械加工工艺技术及管理

第1章　机械加工工艺规程设计

1.1　工艺工作基础

1.1.1　机械制造常用名词术语

1.1.1.1　机械制造工艺基本术语（GB/T 4863—2008）

1. 一般术语（见表2-1-1～表2-1-7）

表2-1-1　基本概念

术　　语	定　　义
工艺	使各种原材料、半成品成为产品的方法和过程
机械制造工艺	各种机械的制造方法和过程的总称
典型工艺	根据零件的结构和工艺特性进行分类、分组，对同组零件制订的统一加工方法和过程
产品结构工艺性	所设计的产品在能满足设计功能和精度要求的前提下，制造、维修的可行性和经济性
零件结构工艺性	所设计的零件在能满足设计功能和精度要求的前提下，制造的可行性和经济性
工艺性分析	在产品技术设计阶段，工艺人员对产品结构工艺性进行分析和评价的过程
工艺性审查	在产品工作图设计阶段，工艺人员对产品和零件结构工艺性进行全面审查并提出意见或建议的过程
可加工性	在一定生产条件下，材料加工的难易程度
生产过程	将原材料转变为成品的全过程
工艺过程	改变生产对象的形状、尺寸、相对位置和性质等，使其成为成品或半成品的过程
工艺文件	指导工人操作和用于生产、工艺管理等的各种技术文件
工艺方案	根据产品设计要求、生产类型和企业的生产能力，提出工艺技术准备工作具体任务和措施的指导性文件
工艺路线	产品和零部件在生产过程中，由毛坯准备到成品包装入库，经过企业各有关部门或工序的先后顺序
工艺规程	规定产品或零部件制造工艺过程和操作方法等的工艺文件
工艺设计	编制各种工艺文件和设计工艺装备等的过程
工艺要素	与工艺过程有关的主要因素
工艺规范	对工艺过程中有关技术要求所做的一系列统一规定
工艺参数	为了达到预期的技术指标，工艺过程中所需选用或控制的有关量
工艺准备	产品投产前所进行的一系列工艺工作的总称。其主要内容包括对产品图样进行工艺性分析和审查；拟定工艺方案；编制各种工艺文件；设计制造和调整工艺装备；设计合理的生产组织形式等

（续）

术　语	定　义
工艺试验	为考查工艺方法、工艺参数的可行性或材料的可加工性等而进行的试验
工艺验证	通过试生产，检验工艺设计的合理性
工艺管理	科学地计划、组织和控制各项工艺工作的全过程
工艺设备	完成工艺过程的主要生产装置，如各种机床、加热炉、电镀槽等
工艺装备	产品制造过程中所用的各种工具的总称，包括刀具、夹具、模具、量具、检具、辅具、钳工工具和工位器具等
工艺系统	在机械加工中，由机床、刀具、夹具和工件所组成的统一体
工艺纪律	在生产过程中，有关人员应遵守的工艺秩序
成组技术	将企业的多种产品、部件和零件，按一定的相似性准则分类编组，并以这些组为基础，组织生产的各个环节，从而实现多品种中小批量生产的产品设计、制造和管理的合理化
自动化生产	以机械的动作代替人工操作，自动地完成各种作业的生产过程
数控加工	根据被加工零件图样和工艺要求，编制成以数码表示的程序输入机床的数控装置或控制计算机中，以控制工件和工具的相对运动，使之加工出合格零件的方法
适应控制	按照事先给定的评价指标自动改变加工系统的参数，使之达到最佳工作状态的控制
工艺过程优化	根据一个（或几个）判据，对工艺过程及有关参数进行最佳方案的选择
工艺数据库	储存于计算机的外存储器中以供用户共享的工艺数据集合
生产纲领	企业在计划期内应当生产的产品产量和进度计划
生产类型	企业（或车间、工段、班组、工作地）生产专业化程度的分类。一般分为大量生产、成批生产和单件生产三种类型
生产批量	一次投入或产出的同一产品（或零件）的数量
生产周期	生产某一产品或零件时，从原材料投入到出产品一个循环所经过的日历时间
生产节拍	流水生产中，相继完成两件制品之间的时间间隔

表 2-1-2　生产对象

术　语	定　义
原材料	投入生产过程以创造新产品的物质
主要材料	构成产品实体的材料
辅助材料	在生产中起辅助作用而不构成产品实体的材料
毛坯	根据零件（或产品）所要求的形状、工艺尺寸等而制成的供进一步加工用的生产对象
锻件	金属材料经过锻造变形而得到的工件或毛坯
铸件	将熔融金属浇入铸型，凝固后所得到的具有一定形状、尺寸和性能的金属零件或零件毛坯
焊接件	用焊接的方法而得到的结合件
冲压件	用冲压的方法制成的工件或毛坯
工件	加工过程中的生产对象
工艺关键件	技术要求高，工艺难度大的零、部件
外协件	由本企业提供设计图样资料，委托其他企业完成部分或全部制造工序的零、部件
试件	为试验材料的力学性能、物理性能、化学性能、金相组织或可加工性等而专门制作的样件
工艺用件	为工艺需要而特制的辅助件

（续）

术　　语	定　　义
在制品	在一个企业的生产过程中，正在进行加工、装配或待进一步加工、装配或待检查验收的制品
半成品	在一个企业的生产过程中，已完成一个或几个生产阶段，经检验合格入库尚待继续加工或装配的制品
制成品	已完成所有处理和生产的最终物料
合格品	通过检验质量特性符合标准要求的制品
不合格品	通过检验质量特性不符合标准要求的制品
废品	不能修复又不能降级使用的不合格品

表 2-1-3　工艺方法

术　　语	定　　义
铸造	熔炼金属，制造铸型，将熔融金属浇注铸型，凝固后而得到具有一定形状、尺寸和性能的金属零件毛坯的成形方法
锻造	在加压设备及工（模）具的作用下，使金属坯料或铸锭产生局部或全部的塑性变形，以获得一定几何形状、尺寸和质量的锻件的加工方法
热处理	将固态金属或合金在一定介质中加热、保温和冷却，以改变其整体或表面组织，从而获得所需要性能的加工方法
表面处理	改善工件表面层的力学性能、物理性能或化学性能的加工方法
表面涂覆	用规定的异己材料，在工件表面上形成涂层的方法
粉末冶金	将金属粉末（或与非金属粉末的混合物）压制成形和烧结等形成各种制品的方法
注射成型	将粉末或粒状塑料加热熔化至流动状态，然后以一定的压力和较高的速度注射到模具内，以形成各种制品的方法
机械加工	利用机械力对各种工件进行加工的方法
压力加工	使毛坯材料产生塑性变形或分离而无切屑的加工方法
切削加工	利用切削工具从工件上切除多余材料的加工方法
车削	工件旋转作主运动，车刀作进给运动的切削加工方法
铣削	铣刀旋转作主运动，工件或铣刀作进给运动的切削加工方法
刨削	用刨刀对工件作水平相对直线往复运动的切削加工方法
钻削	用钻头或扩孔钻在工件上加工孔的方法
铰削	用铰刀从工件孔壁上切除微量金属层，以提高其尺寸精度和降低表面粗糙度的方法
锪削	用锪钻或锪刀刮平孔的端面或切出沉孔的方法
镗削	镗刀旋转作主运动，工件或镗刀作进给运动的切削加工方法
插削	用插刀对工件作垂直相对直线往复运动的切削加工方法
拉削	用拉刀加工工件内、外表面的方法
推削	用推刀加工工件内表面的方法
铲削	切出有关带齿工具的切削齿背以获得后面和后角的加工方法
刮削	用刮刀刮除工件表面薄层的加工方法
磨削	用磨具以较高的线速度对工件表面进行加工的方法

（续）

术　语	定　义
研磨	用研磨工具和研磨剂，从工件上研去一层极薄表面层的精加工方法
珩磨	利用珩磨工具对工件表面施加一定压力，珩磨工具同时作相对旋转和直线往复运动，切除工件上极小余量的精加工方法
超精加工	用细粒度的磨具对工件施加很小的压力，并作往复振动和慢速纵向进给运动，以实现微量磨削的一种光整加工方法
抛光	利用机械、化学或电化学的作用，使工件获得光亮、平整表面的加工方法
挤压	坯料在封闭模腔内受三向不均匀压应力作用下，从模具的孔口与缝隙挤出，使之横截面积减小，成为所需制品的加工方法
滚压	用滚压工具对金属坯料或工件施加压力，使其产生塑性变形，从而将坯料成形或滚光工件表面的加工方法
喷丸	用小直径的弹丸，在压缩空气或离心力的作用下，高速喷射工件，进行表面强化和清理的加工方法
喷砂	用高速运行的砂粒喷射工件，进行表面清理、除锈或使其表面粗化的加工方法
冷作	在基本不改变材料断面特征的情况下，将金属板材、型材等加工成各种制品的方法
冲压	使板料经分离或成形而得到制件的加工方法
铆接	借助铆钉形成的不可拆连接
黏结	借助黏结剂形成的连接
钳加工	一般在钳台上以手工工具为主，对工件进行各种加工的方法
电加工	直接利用电能对工件进行加工的方法
电火花加工	在一定的介质中，通过工具电极之间的脉冲放电的电蚀作用，对工件进行加工的方法
电解加工	利用金属工件在电解液中所产生的阳极溶解作用而进行加工的方法
电子束加工	在真空条件下，利用电子枪中产生的电子经加速、聚焦，形成高能量大密度的细电子束以轰击工件被加工部位，使该部位的材料熔化和蒸发，从而进行加工，或者利用电子束照射引起的化学变化而进行加工的方法
离子束加工	利用离子源产生的离子，在真空中经加速聚焦而形成高速高能的束状离子流，从而对工件进行加工的方法
等离子加工	利用高温高速的等离子流使工件的局部金属熔化和蒸发，从而对工件进行加工的方法
电铸	利用金属电解沉积，复制金属制品的加工方法
激光加工	利用功率密度极高的激光束照射工件的被加工部位，使其材料瞬间熔化或蒸发，并在冲击波作用下，将熔融物质喷射出去，从而对工件进行穿孔、蚀刻、切割；或者采用较小能量密度，使加工区域材料熔融黏合，对工件进行焊接
超声波加工	利用产生超声振动的工具，带动工件和工具间的磨料悬浮液，冲击和抛磨工件的被加工部位，使其局部材料破坏而成粉末，以进行穿孔、切割和研磨等
高速高能成形	利用化学能源、电能源或机械能源瞬时释放的高能量，使材料成形为所需制件的加工方法
装配	按规定的技术要求，将零件或部件进行配合和连接，使之成为半成品或成品的工艺过程

表 2-1-4　工艺要素

术　语	定　义
工序	一个或一组工人，在一个工作地对同一个或同时对几个工件所连续完成的那一部分工艺过程

（续）

术　　语	定　　义
安装	工件（或装配单元）经一次装夹后所完成的那一部分工序
工步	在加工表面（或装配时的连接表面）和加工（或装配）工具不变的情况下，所连续完成的那一部分工序
辅助工步	由人和（或）设备连续完成的一部分工序，该部分工序不改变工件的形状、尺寸和表面粗糙度，但它是完成工步所必需的，如更换刀具等
工作行程	刀具以加工进给速度相对工件所完成一次进给运动的工步部分
空行程	刀具以非加工进给速度相对工件所完成一次进给运动的工步部分
工位	为了完成一定的工序部分，一次装夹工件后，工件（或装配单元）与夹具或设备的可动部分一起相对刀具或设备的固定部分所占据的每一个位置
基准	用来确定生产对象上几何要素间的几何关系所依据的那些点、线、面
设计基准	设计图样上所采用的基准
工艺基准	在工艺过程中所采用的基准
工序基准	在工序图上用来确定本工序所加工表面加工后的尺寸、形状和位置的基准
定位基准	在加工中用作定位的基准
测量基准	测量时所采用的基准
装配基准	装配时用来确定零件或部件在产品中的相对位置所采用的基准
辅助基准	为满足工艺需要，在工件上专门设计的定位面
工艺孔	为满足工艺（加工、测量、装配）的需要而在工件上增设的孔
工艺凸台	为满足工艺的需要而在工件上增设的凸台
工艺尺寸	根据加工的需要，在工艺附图或工艺规程中所给出的尺寸
工序尺寸	某工序加工应达到的尺寸
尺寸链	互相联系且按一定顺序排列的封闭尺寸组合
工艺尺寸链	在加工过程中的各有关工艺尺寸所组成的尺寸链
加工总余量	毛坯尺寸与零件图的设计尺寸之差
工序余量	相邻两工序的工艺尺寸之差
切入量（切入长度）	为完成切入过程所必须附加的加工长度
切出量（切出长度）	为完成切出过程所必须附加的加工长度
工艺留量	为工艺需要而增加的工件（或毛坯）的尺寸量
切削用量	在切削加工过程中的切削速度、进给量和切削深度的总称
切削速度	在进行切削加工时，刀具切削刃上的某一点相对于待加工表面在主运动方向上的瞬时速度
主轴转速	机床主轴在单位时间内的转数
往复次数	在作直线往复切削运动的机床上，刀具或工件在单位时间内连续完成切削运动的次数
切削深度	一般指工件已加工表面和待加工表面的垂直距离
进给量	工件或刀具每转或往复一次或刀具每转过一齿时，工件与刀具在进给运动方向上的相对位移
进给速度	单位时间内工件与刀具在进给运动方向上的相对位移

（续）

术语	定义
切削力	切削加工时，工件材料抵抗刀具切削所产生的阻力
切削功率	切削加工时，为克服切削力所消耗的功率
切削热	在切削加工过程中，由于被切削材料层的变形、分离及刀具和被切削材料间的摩擦而产生的热量
切削温度	切削过程中切削区域的温度
切削液	为了提高切削加工效果而使用的液体
产量定额	在一定生产条件下，规定每个工人在单位时间内应完成的合格品数量
时间定额	在一定生产条件下，规定生产一件产品或完成一道工序所需消耗的时间
作业时间	直接用于制造产品或零、部件所消耗的时间。可分为基本时间和辅助时间两部分
基本时间	直接改变生产对象的尺寸、形状、相对位置、表面状态或材料性质等工艺过程所消耗的时间
辅助时间	为实现工艺过程所必须进行的各种辅助动作所消耗的时间
布置工作地时间	为使加工正常进行，工人照管工作地（如更换刀具、润滑机床、清理切屑、收拾工具等）所消耗的时间
休息与生理需要时间	工人在工作班内为恢复体力和满足生理上的需要所消耗的时间
准备与终结时间	为生产一批产品或零、部件，进行准备和结束工作所消耗的时间
材料消耗工艺定额	在一定生产条件下，生产单位产品或零件所需消耗的材料总重量
材料工艺性消耗	产品或零件在制造过程中，由于工艺需要而损耗的材料，如铸件的浇口、冒口，锻件的烧损量，棒料等的锯口、切口等
材料利用率	产品或零件的净重占其材料消耗工艺定额的百分比
设备负荷率	设备的实际工作时间占其台时基数的百分比
加工误差	零件加工后的实际几何参数（尺寸、形状和位置）对理想几何参数的偏离程度
加工精度	零件加工后的实际几何参数（尺寸、形状和位置）与理想几何参数的符合程度
加工经济精度	在日常加工条件下（采用符合质量标准的设备、工艺装备和标准技术等级的工人，不延长加工时间）所能保证的加工精度
表面粗糙度	加工表面上具有的较小间距和峰谷所组成的微观几何形状特性，一般由所采用的加工方法和（或）其他因素形成
工序能力	工序处于稳定状态时，加工误差正常波动的幅度，通常用6倍的质量特性值分布的标准偏差表示
工序能力系数	工序能力满足加工精度要求的程度

表 2-1-5 工艺文件

术语	定义
工艺路线表	描述产品或零、部件工艺路线的一种工艺文件
车间分工明细	按产品各车间应加工（或装配）的零、部件一览表
工艺过程卡片	以工序为单位简要说明产品或零、部件的加工（或装配）过程的一种工艺文件
工艺卡片	按产品或零、部件的某一工艺阶段编制的一种工艺文件。它以工序为单元，详细说明产品（或零部件）在某一工艺阶段中的工序号、工序名称、工序内容、工艺参数、操作要求，以及采用的设备和工艺装备等

（续）

术　　语	定　　义
工序卡片	在工艺过程卡片或工艺卡片的基础上，按每道工序所编制的一种工艺文件。一般具有工序简图，并详细说明该工序的每个工步的加工（或装配）内容、工艺参数、操作要求，以及所用设备和工艺装备等
典型工艺过程卡片	具有相似结构和工艺特征的一组零、部件所能通用的工艺过程卡片
典型工艺卡片	具有工艺结构和工艺特征的一组零、部件所通用的工艺卡片
典型工序卡片	具有相似结构和工艺特征的一组零、部件所能通用的工序卡片
调整卡片	对自动、半自动机床或某些齿轮加工机床等进行调整用的一种工艺文件
工艺守则	某一专业工种所通用的一种基本操作规程
工艺附图	附在工艺规程上用以说明产品或零、部件加工或装配的简图或图表
毛坯图	供制造毛坯用的，表明毛坯材料、形状、尺寸和技术要求的图样
装配系统图	表明产品零、部件间相互装配关系及装配流程的示意图
专用工艺装备设计任务书	由工艺人员根据工艺要求，对专用工艺装备的设计提出的一种提示性文件，作为工装设计人员进行工装设计的依据
专用设备设计任务书	由主管工艺人员根据工艺要求，对专用设备的设计提出的一种提示性文件，作为设计专用设备的依据
组合夹具组装任务书	由工艺人员根据工艺需要，对组合夹具的组装提出的一种提示性文件，作为组装夹具的依据
工艺关键件明细表	填写产品中所有工艺关键件的图号、名称和关键内容等的一种工艺文件
外协件明细表	填写产品中所有外协件的图号、名称和加工内容等的一种工艺文件
专用工艺装备明细表	填写产品在生产过程中所需要的全部专用工艺装备的编号、名称、使用零（部）件图号等的一种工艺文件
外购工具明细表	填写产品在生产过程中所需购买的全部刀具和量具等的名称、规格和精度、使用零（部）件图号等的一种工艺文件
标准工具明细表	填写产品在生产过程中所需的全部本企业标准工具的名称、规格与精度、使用零（部）件图号等的一种工艺文件
组合夹具明细表	填写产品在生产过程中所需的全部组合夹具的编号、名称、使用零（部）件图号等的一种工艺文件
工位器具明细表	填写产品在生产过程中所需的全部工位器具的编号、名称、使用零（部）件图号等的一种工艺文件
材料消耗工艺定额明细表	填写产品每个零件在制造过程中所需消耗的各种材料的名称、牌号、规格、质量等的一种工艺文件
材料消耗工艺定额汇总表	将“材料消耗工艺定额明细表”中的各种材料按单台产品汇总填列的一种工艺文件
工艺装备验证书	记载对工艺装备验证结果的一种工艺文件
工艺试验报告	说明对新的工艺方案或工艺方法的试验过程，并对试验结果进行分析和提出处理意见的一种工艺文件
工艺总结	新产品经过试生产后，工艺人员对工艺准备阶段的工作和工艺、工装的试用情况进行记述，并提出处理意见的一种工艺文件
工艺文件目录	产品所有工艺文件的清单
工艺文件更改通知单	更改工艺文件的联系单和凭证
临时脱离工艺通知单	由于客观条件限制，暂时不能按原定工艺规程加工或装配，在规定的时间或批量内允许改变工艺路线或工艺方法的联系单和凭证

表 2-1-6 工艺装备与工件装夹

术语	定义
专用工艺装备	专为某一产品所用的工艺装备
通用工艺装备	能为几种产品所共用的工艺装备
标准工艺装备	已纳入标准的工艺装备
夹具	用以装夹工件(和引导刀具)的装置
模具	用以限定生产对象的形状和尺寸的装置
刀具	能从工件上切除多余材料或切断材料的带刃工具
计量器具	用以直接或间接测出被测对象量值的工具、仪器、仪表等
辅具	用以连接刀具与机床的工具
钳工工具	各种钳工作业所用的工具的总称
工位器具	在工作地或仓库中用以存放生产对象或工具用的各种装置
装夹	将工件在机床上或夹具中定位、夹紧的过程
定位	确定工件在机床上或夹具中占有正确位置的过程
夹紧(卡夹)	工件定位后将其固定,使其在加工过程中保持定位位置不变的操作
找正	用工具(或仪表)根据工件上有关基准,找出工件在划线、加工或装配时的正确位置的过程
对刀	调整刀具切削刃相对工件或夹具的正确位置的过程

表 2-1-7 其他术语

术语	定义
粗加工	从坯料上切除较多加工余量,所能达到的精度和表面粗糙度都比较低的加工过程
半精加工	在粗加工和精加工之间所进行的切削加工过程
精加工	从工件上切除较少余量,所得精度和表面粗糙度都比较高的加工过程
光整加工	精加工后,从工件上不切除或切除极薄金属层,用以降低工件表面粗糙度或强化其表面的加工过程
超精密加工	按照超稳定、超微量切除等原则,实现加工尺寸误差和形状误差在0.1μm以下的加工技术
试切法	通过试切—测量—调整—再试切,反复进行到被加工尺寸达到要求为止的加工方法
调整法	先调整好刀具和工件在机床上的相对位置,并在一批零件的加工过程中保持这个位置不变,以保证工件被加工尺寸的方法
定尺寸刀具法	用刀具的相应尺寸来保证工件被加工部位尺寸的方法
展成法(滚切法)	利用工件和刀具作展成切削运动进行加工的方法
仿形法	刀具按照仿形装置进给对工件进行加工的方法
成形法	利用成形刀具对工件进行加工的方法
配作	以已加工件为基准,加工与其相配的另一工件,或者将两个(或两个以上)工件组合在一起进行加工的方法

2. 典型表面加工术语（见表 2-1-8）

表 2-1-8　典型表面加工术语

术　语	定　义
孔加工	
钻孔	用钻头在实体材料上加工孔的方法
扩孔	用扩孔工具扩大工件孔径的加工方法
铰孔	见表 2-1-3“工艺方法”中铰削术语
锪孔	用锪削方法加工平底或锥形沉孔
镗孔	用镗削方法扩大工件的孔
车孔	用车削方法扩大工件的孔或加工空心工件的内表面
铣孔	用铣削方法加工工件的孔
拉孔	用拉削方法加工工件的孔
推孔	用推削方法加工工件的孔
插孔	用插削方法加工工件的孔
磨孔	用磨削方法加工工件的孔
珩孔	用珩磨方法加工工件的孔
研孔	用研磨方法加工工件的孔
刮孔	用刮削方法加工工件的孔
挤孔	用挤压方法加工工件的孔
滚压孔	用滚压方法加工工件的孔
冲孔	用冲模在工件或板料上冲切孔的方法
激光打孔	用激光加工原理加工工件的孔
电火花打孔	用电火花加工原理加工工件的孔
超声波打孔	用超声波加工原理加工工件的孔
电子束打孔	用电子束加工原理加工工件的孔
外圆加工	
车外圆	用车削方法加工工件的外圆表面
磨外圆	用磨削方法加工工件的外圆表面
珩磨外圆	用珩磨方法加工工件的外圆表面
研磨外圆	用研磨方法加工工件的外圆表面
抛光外圆	用抛光方法加工工件的外圆表面
滚压外圆	用滚压方法加工工件的外圆表面
平面加工	
车平面	用车削方法加工工件的平面
铣平面	用铣削方法加工工件的平面
刨平面	用刨削方法加工工件的平面
磨平面	用磨削方法加工工件的平面
珩平面	用珩磨方法加工工件的平面
刮平面	用刮削方法加工工件的平面
拉平面	用拉削方法加工工件的平面
锪平面	用锪削方法将工件的孔口周围切削成垂直于孔的平面
研平面	用研磨的方法加工工件的平面
抛光平面	用抛光方法加工工件的平面

（续）

术　语	定　义
	槽加工
车槽	用车削方法加工工件的槽
铣槽	用铣削方法加工工件的槽或键槽
刨槽	用刨削方法加工工件的槽
插槽	用插削方法加工工件的槽或键槽
拉槽	用拉削方法加工工件的槽或键槽
推槽	用推削方法加工工件的槽
镗槽	用镗削方法加工工件的槽
磨槽	用磨削方法加工工件的槽
研槽	用研磨方法加工工件的槽
滚槽	用滚压工具对工件上的槽进行光整或强化加工的方法
刮槽	用刮削方法加工工件的槽
	螺纹加工
车螺纹	用螺纹车刀切出工件的螺纹
梳螺纹	用螺纹梳刀切出工件的螺纹
铣螺纹	用螺纹铣刀切出工件的螺纹
旋风铣螺纹	用旋风铣头切出工件的螺纹
滚压螺纹	用一副螺纹滚轮滚轧出工件的螺纹
搓螺纹	用一对螺纹模板（搓丝板）轧制出工件的螺纹
拉螺纹	用拉削丝锥加工工件的内螺纹
攻螺纹	用丝锥加工工件的内螺纹
套螺纹	用板牙或螺纹切头加工工件的螺纹
磨螺纹	用单线或多线砂轮磨削工件的螺纹
珩螺纹	用珩磨工具珩磨工件的螺纹
研螺纹	用螺纹研磨工具研磨工件的螺纹
	齿面加工
铣齿	用铣刀或铣刀盘按成形法或展成法加工齿轮或齿条等的齿面
刨齿	用刨齿刀加工直齿圆柱齿轮、锥齿轮或齿条等的齿面
插齿	用插齿刀按展成法或成形法加工内、外齿轮或齿条等的齿面
滚齿	用齿轮滚刀按展成法加工齿轮、蜗轮等的齿面
剃齿	用剃齿刀对齿轮或蜗轮等的齿面进行精加工
珩齿	用珩磨轮对齿轮或蜗轮等的齿面进行精加工
磨齿	用砂轮按展成法或成形法磨削齿轮或齿条等的齿面
拉齿	用拉刀或拉刀盘加工内、外齿轮等的齿面
研齿	用具有齿形的研轮与被研齿轮或一对被研齿轮对滚研磨，以进行齿面的加工
轧齿	用具有齿形的轧轮或齿条作为工具，轧制出齿轮的齿形
挤齿	用挤轮与齿轮按无侧隙啮合的方式对滚，以精加工齿轮的齿面
冲齿轮	用冲模冲制齿轮
铸齿轮	用铸造方法获得齿轮

（续）

术　　语	定　　义
成形面加工	
车成形面	用成形车刀按成形法或仿形法等车削工件的成形面
铣成形面	用成形铣刀按成形法或仿形法等铣削工件的成形面
刨成形面	用成形刨刀按成形法或仿形法等刨削工件的成形面
磨成形面	用成形砂轮按成形法或仿形法等磨削工件的成形面
抛光成形面	用抛光方法加工工件的成形面
电加工成形面	用电火花成形、电解成形等方法加工工件的成形面
其他	
滚花	用滚花工具在工件表面上滚压出花纹的加工
倒角	把工件的棱角切削成一定斜面的加工
倒圆角	把工件的棱角切削成圆弧面的加工
钻中心孔	用中心孔钻在工件的端面加工定位孔
磨中心孔	用锥形砂轮磨削工件的中心孔
研中心孔	用研磨方法精加工工件的中心孔
挤压中心孔	用硬质合金多棱顶尖挤光工件的中心孔
切断	把坯料或工件切成两段（或数段）的加工方法

3. 冷作、钳工、装配与试验常用术语（见表 2-1-9～表 2-1-11）

表 2-1-9　冷作术语

术　　语	定　　义
排料（排样）	在板料或条料上合理安排每个坯件下料位置的过程
放样	根据构件图样，用 1∶1 的比例（或一定的比例）在放样台（或平台）上画出其所需图形的过程
展开	将构件的各个表面依次摊开在一个平面的过程
号料	根据图样，或利用样板、样杆等直接在材料上划出构件形状和加工界线的过程
切割	把板材或型材等切成所需形状和尺寸的坯料或工件的过程
剪切	通过两剪刃的相对运动切断材料的加工方法
弯形	将坯料弯成所需形状的加工方法
压弯	用模具或压弯设备将坯料弯成所需形状的加工方法
拉弯	坯料在受拉状态下沿模具弯曲成形的方法
滚弯	通过旋转辊轴使坯料弯曲成形的方法
热弯	将坯料在热状态下弯曲成形的方法
弯管	将管材弯曲成形的方法
热成形	金属在再结晶温度以上进行的成形方法
胀形	板料或空心坯料在双向拉应力作用下，使其产生塑性变形取得所需制件的成形方法
扩口	将管件或空心制件的端部径向尺寸扩大的加工方法
缩口	对管件或空心制件的端部加压，使其径向尺寸缩小的加工方法

（续）

术语	定义
缩颈	对管件或空心制件局部加压，使其径向尺寸缩小的加工方法
咬缝（锁接）	将薄板的边缘相互折转扣合压紧的连接方法
胀接	利用管子和管板变形来达到紧固和密封的连接方法
放边	使工件单边延伸变薄而弯曲成形的方法
收边	使工件单边起皱收缩而弯曲成形的方法
拔缘	利用放边和收边使板料边缘弯曲的方法
拱曲	将板料周围起皱收边，而中间打薄锤放，使之成为半球形或其他所需形状的加工方法
扭曲	将坯料的一部分与另一部分相对扭转一定角度的加工方法
拼接	将坯料以小拼整的方法
卷边	将工件边缘卷成圆弧的加工方法
折边	将工件边缘压扁成叠边或压扁成一定几何形状的加工方法
翻边	将板件边缘或管件（或空心制件）的口部进行折边或翻扩的加工方法
刨边	对板件的边缘进行的刨削加工
修边	对板件的边缘进行修整加工的方法
反变形（预变形）	在焊接前，用外力把制件按预计变形相反的方向强制变形，以补偿加工后制件变形的方法
矫正（校形）	消除材料或制件的弯曲、翘曲、凸凹不平等缺陷的加工方法
校直	消除材料或制件弯曲的加工方法
校平	消除板材或平板制件的翘曲、局部凸凹不平等的加工方法

表 2-1-10 钳工术语

术语	定义
划线	在毛坯或工件上，用划线工具划出待加工部位的轮廓线或作为基准的点、线
打样冲眼	在毛坯或工件划线后，在中心线或辅助线上用样冲打出冲点的方法
锯削	用锯对材料或工件进行切断或切槽等的加工方法
錾削	用手锤打击錾子对金属工件进行切削加工的方法
锉削	用锉刀对工件进行切削加工的方法
堵孔	按工艺要求堵住工件上某些工艺孔
配键	以键槽为基准，修锉与其配合的键
配重	在产品或零、部件的某一位置上增加重物，使其由不平衡达到平衡的方法
去重	去掉产品或零、部件上某一部分质量，使其由不平衡达到平衡的方法
刮研	用刮刀从工件表面刮去较高点，再用标准检具（或与其相配的件）涂色检验的反复加工过程
配研	两个相配合的零件，在其结合表面加研磨剂使其相互研磨，以达到良好接触的过程
标记	在毛坯或工件上做出规定的记号
去毛刺	清除工件已加工部位周围所形成的刺状物或飞边
倒钝锐边	除去工件上尖锐棱角的过程
砂光	用砂布或砂纸磨光工件表面的过程
除锈	将工件表面上的锈蚀除去的过程
清洗	用清洗剂清除产品或工件上的油污、灰尘等脏物的过程

表 2-1-11 装配与试验术语

术语	定义
配套	将待装配产品的所有零、部件配备齐全
部装	把零件装配成部件的过程
总装	把零件和部件装配成最终产品的过程
调整装配法	在装配时用改变产品中可调整零件的相对位置或选用合适的调整件,以达到装配精度的方法
修配装配法	在装配时修去指定零件上预留的修配量,以达到装配精度的方法
互换装配法	在装配时各配合零件不经修理,通过选择或调整即可达到装配精度的方法
分组装配法	在成批或大量生产中,将产品各配合副的零件按实测尺寸分组,装配时按组进行互换装配,以达到装配精度的方法
压装	将具有过盈量配合的两个零件压到配合位置的装配过程
热装	具有过盈量配合的两个零件,装配时先将包容件加热胀大,再将被包容件装入配合位置的过程
冷装	具有过盈量配合的两个零件,装配时先将被包容件用冷却剂冷却,使其尺寸收缩,再装入包容件,使其达到配合位置的过程
试装	为保证产品总装质量而进行的各连接部位的局部试验性装配
吊装	对大型零、部件,借助起吊装置进行的装配
装配尺寸链	各有关装配尺寸所组成的尺寸链
预载	对某些产品或零、部件在使用前所需预加的载荷
静平衡试验	调整产品或零、部件,使其达到静态平衡的过程
动平衡试验	对旋转的零、部件,在动平衡试验机上进行试验和调整,使其达到动态平衡的过程
试车	机器装配后,按设计要求进行的运转试验
空运转试验	机器或其部件装配后,不加负荷所进行的运转试验
负荷试验	机器或其部件装配后,加上额定负荷所进行的试验
超负荷试验	按照技术要求,对机器进行超出额定负荷范围的运转试验
型式试验	根据新产品试制鉴定大纲或设计要求,对新产品样机的各项质量指标所进行的全面试验或检验
性能试验	为测定产品或其部件的性能参数而进行的各种试验
寿命试验	按照规定的使用条件(或模拟其使用条件)和要求,对产品或其零、部件的寿命指标所进行的试验
破坏性试验	按规定的条件和要求,对产品或其零、部件进行直到破坏为止的试验
温度试验	在规定的温度条件下,对产品或其零、部件进行的试验
压力试验	在规定的压力条件下,对产品或其零、部件进行的试验
噪声试验	按规定的条件和要求,对产品所产生的噪声大小进行测定的试验
电气试验	将机器的电气部分安装后,按电气系统性能要求所进行的试验
渗漏试验	在规定压力下,观测产品或其零、部件对试验液体的渗漏情况
气密性试验	在规定的压力下,测定产品或其零、部件气密性程度的试验
油封	在产品装配和清洗后,用防锈剂等将其指定部位(或全部)加以保护的措施
漆封	对产品中不准随意拆卸或调整的部位,在产品装调合格后,用漆加封的措施

（续）

术　语	定　义
铅封	产品装调合格后,用铅将其指定部位封住的措施
启封	将封装的零、部件或产品打开的过程

1.1.1.2 热处理工艺术语（见表2-1-12）

表2-1-12 热处理工艺术语（GB/T 7232—2023、GB/T 8121—2012）

术　语	定　义
	基本术语
热处理	采用适当的方式对金属材料或工件进行加热、保温和冷却,以获得预期的组织结构与性能的工艺
心部	热处理工件内部的组织和(或)成分未发生变化的部分
整体热处理	对工件整体进行穿透加热的热处理
化学热处理	将工件置于适当的活性介质中加热、保温,使一种或几种元素渗入工件的表层,以改变其化学成分、组织结构与性能的热处理
化合物层	也称白亮层,指渗氮工件表层的氮化物层
扩散层	渗氮层中化合物层以下至基体之间的渗层
表面热处理	仅对工件表层进行的热处理
局部热处理	仅对工件的某一部位或某几个部位进行的热处理
预备热处理	为调整原始组织,保证工件最终热处理和(或)切削加工性能,预先进行的热处理
真空热处理	将工件放置在压力低于1×10^5Pa(通常是$1\times10^{-1}\sim1\times10^{-3}$Pa)的环境中进行的热处理
可控气氛热处理	为达到无氧化、无脱碳或按要求渗碳(氮),在成分可控的炉气中进行的热处理
等离子热处理(辉光放电热处理)离子轰击热处理	在压力低于1×10^5Pa(通常是$1\times10^{-1}\sim1\times10^{-3}$Pa)的特定气氛中利用工件(阴极)和阳极之间产生的辉光放电进行的热处理
稳定化处理	为使材料或工件在长期服役的条件下,形状、尺寸、组织与性能变化保持在一定范围内的热处理
形变热处理	将塑性变形和热处理结合,以提高工件力学性能的复合工艺
	加热类
热处理工艺周期	通过加热、保温和冷却,完成一种热处理的过程
加热制度(加热规范)	热处理过程中对加热阶段规定的时间和温度参数
预热	为减少畸变、避免开裂,在工件加热到最终温度前先进行的一次或数次阶段性保温的过程
升温时间	加热阶段工件表面达到工艺规定温度的时间
加热速度	在设定温度区间,单位时间内工件或介质温度的平均增值
穿透加热	工件整体达到均匀温度的加热方法
差温加热	有目的地在工件中产生温度梯度的加热
保温	工件或加热介质在工艺规定温度下恒温保持的过程
有效厚度	工件各部位的壁厚不同时,按可以保证工件热处理质量制定加热时间处的壁厚
奥氏体化	将钢铁材料加热至Ac_3或Ac_1以上温度,以获得完全或部分奥氏体组织的过程。如无特殊说明,则指获得完全奥氏体组织

（续）

术　语	定　义
	加热类
可控气氛(控制气氛)	成分可按氧化或还原、增碳或脱碳效果控制炉中的气体混合物。采用可控气氛的目的是为了有效地进行渗碳、碳氮共渗等化学热处理以及防止钢件加热时的氧化、脱碳
吸热式气氛	将燃料气和空气以一定比例混合，在一定的温度和催化作用下，通过吸热反应裂解生成的气氛
放热式气氛	将燃料气与空气以接近完全燃烧的比例混合，通过燃烧、冷却和除水等过程而制成的气氛
保护气氛	在给定温度下，能保护被加热金属材料或工件不发生氧化或脱碳的气氛
中性气氛	在给定温度下，不与被加热工件发生氧化或还原、脱碳或渗碳反应的气氛
氧化气氛	在给定温度下，与被加热工件发生氧化反应的气氛
还原气氛	在给定条件下，可以使氧化物还原的气氛
	冷却类
冷却制度	对工件热处理冷却介质或冷却速度等所做的规定
冷却速度	工件热处理冷却时，温度随时间的变化
空冷	工件加热后在静止空气中冷却
风冷	工件加热后在快速空气流中冷却
油冷	工件加热后在油中冷却
水冷	工件加热后在水中冷却
炉冷	工件在热处理炉中加热保温后，切断供给炉子的能源，使工件随炉冷却的方式
控制冷却	工件热处理时按照预定的冷却制度进行的冷却
	退火类
退火	将工件加热到适当温度，保持一定时间，然后缓慢冷却的热处理工艺
再结晶退火	将经冷塑性变形后的工件加热到再结晶温度以上并保持适当时间，使冷变形过程中产生的晶体学缺陷基本消失，形成均匀的新的晶粒，以消除形变强化和残余应力的退火
等温退火	工件加热到高于 Ac_3(或 Ac_1)温度并保持适当时间后，较快地冷却到珠光体温度区间的适当温度并等温保持，使奥氏体转变为珠光体类组织，然后在空气中冷却的退火
球化退火	为使工件中碳化物球状化而进行的退火
去氢退火(预防白点退火)	在工件组织不发生变化的条件下，通过低温加热和保温，使工件内的氢向外扩散进入大气中的退火；或在热形变加工结束后直接进行的退火，以防止冷却过程中因氢呈气态析出而形成发裂(白点)
光亮退火	工件在热处理过程中基本不被氧化，表面保持光亮的退火
中间退火	为了消除工件形变强化效应，便于实施后续工序而进行的工序间退火
扩散退火(均匀化退火)	以减少工件化学成分和组织的不均匀程度为主要目的，将其加热到高温并长时间保温，然后进行缓慢冷却的退火
稳定化退火	为使工作中微细的显微组成物沉淀析出或球化的退火
可锻化退火	使成分适宜的白口铸铁中的碳化物分解并形成团絮状石墨的退火
去应力退火	为了去除工件塑性形变加工、切削加工或焊接等造成的应力及铸件内存在的残余应力而进行的退火
完全退火	将工件完全奥氏体化，随之缓慢冷却以获得接近平衡状态组织的退火

（续）

术 语	定 义
	退火类
不完全退火（相变区退火、亚温退火、临界区退火）	将工件部分奥氏体化后进行的退火
真空退火	工件在压力低于 1×10^5Pa（通常是 $1\times10^{-1}\sim1\times10^{-3}$Pa）的环境中进行的退火
高温退火（晶粒粗化处理）	将工件加热至比正常退火较高的温度，保持较长时间，使晶粒粗化，以改善工件可加工性的退火
	正火类
正火	工件加热奥氏体化后在空气中或其他介质中冷却，获得以珠光体组织为主的热处理工艺
	淬火类
淬火	工件加热奥氏体化后以适当方式冷却，获得马氏体和（或）贝氏体组织的热处理工艺
局部淬火	仅对工件需要硬化的局部进行的淬火
表面淬火	仅对工件表层进行的淬火
光亮淬火	工件在可控气氛、惰性气体或真空中加热，并在适当介质中冷却，或在盐浴中加热，在碱浴中冷却，以获得光亮或光洁金属表面的淬火
双介质淬火（双液淬火）	将工件加热奥氏体化后，先浸入一种冷却能力强的介质，在组织即将发生马氏体转变前转入冷却能力缓和的介质中冷却，如先水后油、先水后空气等
加压淬火（模压淬火）	工件加热奥氏体化后，置于特定夹具中夹紧，随之淬火冷却的方法。这种方法可以减小零件的淬火冷却畸变
喷液淬火	工件加热奥氏体化后，在喷射的液体流中淬火的方法
喷雾淬火	工件加热奥氏体化后，在将水和空气混合喷射的雾（气溶胶）中淬火的方法
风冷淬火	工件加热奥氏体化后，用压缩空气进行淬火的方法
铅浴淬火	工件加热奥氏体化后，在融熔铅浴中进行的淬火
盐浴淬火	工件加热奥氏体化后，浸入熔盐浴中进行的淬火
欠速淬火	工件加热奥氏体化后，随之以低于马氏体临界冷却速度淬火，形成除马氏体外的一种或多种奥氏体转变产物
贝氏体等温淬火（等温淬火）	工件加热奥氏体化后，随之快冷到贝氏体转变温度区间（260~400℃）等温保持，使奥氏体转变为下贝氏体的淬火
马氏体分级淬火	工件加热奥氏体化后，随之浸入温度稍高或稍低于 Ms 点温度的介质中，保持适当时间，待工件整体达到介质温度后取出空冷，以获得马氏组织的淬火
亚温淬火	亚共析钢工件在 $Ac_1\sim Ac_3$ 温度区间奥氏体化后淬火冷却，以获得马氏体和铁素体组织的淬火
自冷淬火	工件局部或表层快速加热奥氏体化后，加热区的热量自行向未加热区传导，从而使奥氏体化区迅速冷却的淬火
冲击淬火	输入高能量以极大的加热速度使工件表层加热至奥氏体状态，停止加热后，在极短时间内热量被传入内部而淬火的方法
电子束淬火	以电子束作为热源，以极快速度加热工件的自冷淬火
激光淬火	以激光作为能源，以极快速度加热工件的自冷淬火
火焰淬火	应用氧-乙炔（或其他可燃气）火焰对工件表面进行加热并快速冷却的淬火
感应淬火	利用感应电流通过工件所产生的热量，使工件表面、局部或整体加热并快速冷却的淬火

（续）

术　语	定　义
淬火类	
接触电阻加热淬火	借助与工件接触的电极（高导电材料的滚轮）通电后，因接触电阻而加热工件表层，并快速冷却的淬火
电解液淬火	将工件欲淬硬的部位浸入电解液中，工件接阴极，电解液槽接阳极，通电后由于阴极效应而将浸入部位加热奥氏体化，断电后被电解液冷却的淬火
形变淬火	将工件在低于再结晶温度的亚稳奥氏体状态下进行塑性加工，随之淬冷，以获得马氏体和（或）贝氏体的形变热处理工艺。常用的为锻热淬火，即将锻件从锻造温度锻打到淬火温度，停锻，直接淬火
深冷处理	工件淬火后继续在液氮或液氮蒸汽中冷却的工艺
淬硬性	以钢在理想条件下淬火硬化所能达到的最高硬度来表征的材料特征
淬透性	以在规定条件下钢试样淬硬深度和硬度分布表征的材料特性
淬硬层	工件淬硬的表面层，一般以淬火硬化层深度来表征
表面淬火硬化层深度（淬硬深度）	表面淬火时，从工件表面到界限硬度处的垂直距离
回火类	
回火	将淬火后的工件加热或冷却到 Ac_1 点以下的某一温度，保温一定时间，然后冷却到室温的热处理工艺
真空回火	工件在真空炉中先抽到一定真空度，然后充惰性气体的回火
加压回火	进行回火的同时施加压力以校正淬火冷却畸变的回火
自回火	利用局部或表层被淬硬的工件内部的余热使淬硬部分回火的工艺
自发回火	形成马氏体的快速冷却过程中因工件的 *Ms* 点较高而自行回火的现象。例如，低碳钢在淬火时就有这一现象发生
低温回火	工件在250℃以下回火
中温回火	工件在250~500℃之间的回火
高温回火	工件在高于500℃的回火
回火稳定性（耐回火性）	工件回火时抵抗硬度下降的能力
调质	工件淬火并高温回火，以形成回火索氏体的热处理工艺
固溶与时效类	
固溶处理	将工件加热至适当温度并保温，使过剩相充分溶解，然后快速冷却，以得到过饱和固溶体的热处理
水韧处理	为了改善某些奥氏体钢的组织以提高韧性，将工件加热到高温使过剩相溶解，然后水冷的热处理。例如，高锰（Mn13）钢加热到1000~1100℃保温后水冷，可消除沿晶界或滑移带析出的碳化物，获得均匀、单一的奥氏体，从而得到高的韧性和耐磨性
沉淀硬化（析出强化）	在金属的过饱和固溶体中形成溶质原子偏聚区和（或）析出弥散分布的强化相，从而使材料强化
时效	工件经固溶处理或淬火后，在室温或稍高于室温的适当温度保温，以达到沉淀硬化的目的
形变时效	铝合金、铜合金冷塑性加工与时效相结合的复合处理
人工时效处理	在高于室温下进行的时效处理

（续）

术语	定义
固溶与时效类	
分级时效	工件经固溶热处理后进行二次或多次提高温度加热的时效处理
过时效	工件经固溶热处理后，用比能获得最佳力学性能（强度和硬度）高得多的温度或长得多的时间进行的时效处理
马氏体时效处理	马氏体时效钢经固溶处理和时效，沉淀析出金属间化合物相的处理
天然稳定化处理（天然时效）	将铸铁件在露天长期（数月乃至数年）放置，使铸铁件的内应力逐渐松弛，从而使铸件尺寸趋于稳定的处理
回归	某些经固溶热处理的铝合金自然时效硬化后，在低于固溶处理温度（120～180℃）进行短时间加热而引起力学性能恢复到固溶处理状态的现象
热处理缺陷类	
氧化	工件加热时，介质中的氧、二氧化碳和水等与金属反应生成氧化物的过程
脱碳	工件加热时介质与工件中的碳发生反应，使表层碳含量降低的现象
淬火裂纹	淬火冷却时工件应力超过材料断裂强度，在工件上形成的裂纹
淬火冷却畸变（淬火变形）①	工件的原始尺寸或形状于淬火冷却时发生人们所不希望的变化
淬火冷却应力①	工件淬火冷却时，由于不同部位出现瞬间温差及组织转变不同步而产生的内应力
热应力①	工件加热和（或）冷却时，由于不同部位出现温差而导致热胀和（或）冷缩的不均匀所产生的应力
相变应力①	热处理过程中，由于工件各部位组织转变不同步而产生的内应力
残余应力	工件各部位在没有外力作用且没有温差的情况下而存留在工件内的内应力
软点	工件淬火后，表面硬度偏低的局部小区域
过烧	工件加热温度过高，致使晶界氧化和部分熔化的现象
过热	工件加热温度偏高或保温时间偏长而使晶粒长得很大，致使力学性能显著降低的现象
偏析	凝固时钢中的碳、硫、锰等元素的不均匀分布
蓝脆	钢在200～300℃（表面氧化膜呈蓝色）时抗拉强度及硬度比常温的高，塑性及韧性比常温低的现象
热脆（红脆）	有些合金在接近熔点的温度受到应力或形变时沿晶界开裂的现象
氢脆	工件因吸收氢而导致韧性下降和延时断裂强度降低现象
白点①	白点是工件中的氢呈气态析出而引起的一种缺陷。在纵向断口上表现为接近圆形或椭圆形的银白色斑点；在侵蚀后的宏观磨片上表现为发裂
σ相脆性	高铬合金钢因析出σ相而引起的脆化现象
回火脆性①	工件淬火后，在某些温度区间回火产生韧性下降的现象。回火脆性可分为第一类回火脆性和第二类回火脆性
第一类回火脆性①（不可逆回火脆性）	钢件淬火后，在300℃左右回火时出现韧性下降的现象。第一类回火脆性可用更高温度的回火提高韧性，以后再次在300℃左右回火脆性出现
第二类回火脆性①（可逆回火脆性）	含有铬、锰、铬、镍等元素的合金钢工件淬火后，在脆化温度（400～550℃）区回火，或经更高温度回火后缓慢冷却所产生的脆性。这种脆性可通过高于脆化温度的再次回火后快速冷却来消除，消除后如再次在脆化温度区回火或更高温度回火后缓慢冷却，则重新脆化

（续）

术　语	定　义
渗碳类	
渗碳	为了增加工件表层的碳含量并在其中形成一定的碳浓度梯度，将工件在渗碳介质中加热并保温，使碳原子渗入的化学热处理工艺
固体渗碳①	将工件放在填充粒状渗碳剂的密封箱中进行的渗碳
膏剂渗碳①	工件表面以膏状渗碳剂涂覆进行的渗碳
液体渗碳（盐浴渗碳）	工作在含有渗碳剂熔盐中进行的渗碳
气体渗碳	工件在含碳气体中进行的渗碳
滴注式渗碳	将酮、醇或煤油等液体渗碳剂直接滴入炉内裂解进行的气体渗碳
离子渗碳	在压力低于 1×10^5Pa（通常是 $10\sim10^{-1}$Pa）的渗碳气氛中，利用工件（阴极）和阳极之间产生的辉光放电进行的渗碳
流态床渗碳①	在含碳的流态床中进行的渗碳
电解渗碳①	在作为阴极的被处理件和在熔盐浴中的石墨阳极之间接通电源进行的渗碳
真空渗碳（低压渗碳）	在压力低于 1×10^5Pa（通常是 $10\sim10^{-1}$Pa）的真空炉中进行的渗碳
高温渗碳	在950℃以上进行的渗碳
局部渗碳	仅对工件某一部分或某些区域进行的渗碳
复碳	工件因某种原因脱碳后，为恢复初始碳含量而进行的渗碳
碳势	表征含碳气氛在一定温度下改变工件表面碳含量能力的参数。通常可用低碳钢箔片在含碳气氛中的平衡碳含量定量检测
渗碳层①	渗碳件中碳含量高于原材料的表层
渗碳层深度①	由渗碳工件表面向内至碳含量规定值（一般为0.4%C）处的垂直距离
渗碳淬火硬化层深度（渗碳硬化层深度）	工件渗碳淬火后从表面到规定硬度（通常为550HV）处的垂直距离
渗氮类	
渗氮	在一定温度下于一定介质中使活性氮原子渗入工件表层的化学热处理工艺
液体渗氮	在含氮渗氮剂中进行的渗氮
气体渗氮	在可提供活性氮原子的气体中进行的渗氮
离子渗氮	在低于 1×10^5Pa（通常是 $10\sim10^{-1}$Pa）的渗氮气氛中，利用工件（阴极）和阳极之间产生的辉光放电进行的渗氮
一段渗氮	在一定温度和一定氮势下进行渗氮的工艺
多段渗氮	在两个或两个以上的温度和多种氮势条件下进行的渗氮
退氮	为使渗氮表层去除过多的氮而进行的工艺过程
氮化物	渗氮时，氮与基体金属元素形成的化合物。常见的氮化物有 γ-Fe_4N，ε-$Fe_{2\text{-}3}N$，ζ-Fe_2N 等
氮势	表征渗氮气氛在一定温度下向工件提供活性氮原子能力的参数
渗氮硬化层深度（渗氮层深度）	渗氮件从表面至比心部硬度高出50HV处的垂直距离，以NHD表示

① 参考 GB/T 7232—2012。

1.1.2　机械加工定位、夹紧符号（JB/T 5061—2006㊀）

1.1.2.1　符号的类型

1. 定位支承符号（见表2-1-13）

表2-1-13　定位支承符号

定位支承类型	符号			
	独立定位		联合定位	
	标注在视图轮廓线上	标注在视图正面①	标注在视图轮廓线上	标注在视图正面①
固定式			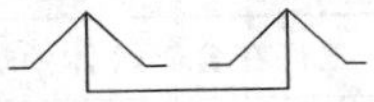	
活动式			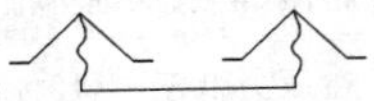	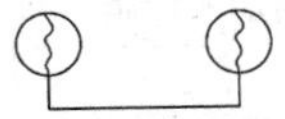

① 视图正面是指观察者面对的投影面。

2. 辅助支承符号（见表2-1-14）

表2-1-14　辅助支承符号

独立支承		联合支承	
标注在视图轮廓线上	标注在视图正面	标注在视图轮廓线上	标注在视图正面
		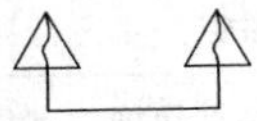	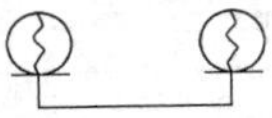

3. 夹紧符号（见表2-1-15）

表2-1-15　夹紧符号

夹紧动力源类型	符号			
	独立夹紧		联合夹紧	
	标注在视图轮廓线上	标注在视图正面	标注在视图轮廓线上	标注在视图正面
手动夹紧		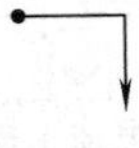	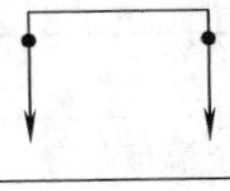	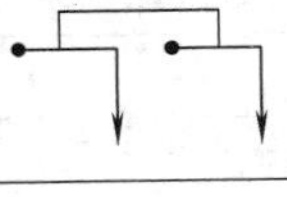
液压夹紧	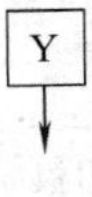	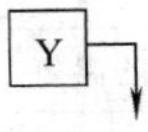	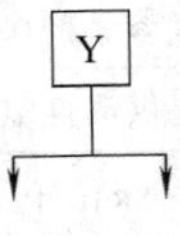	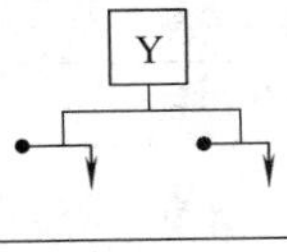
气动夹紧		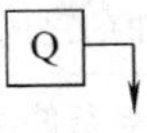	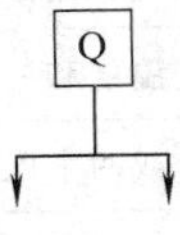	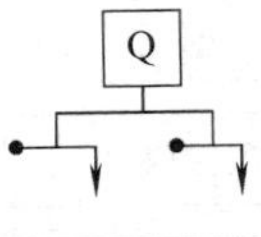
电磁夹紧		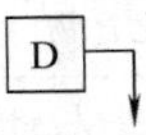	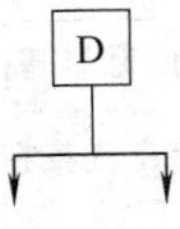	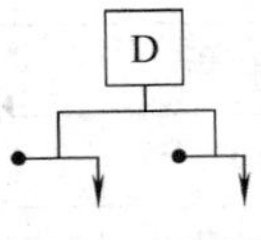

㊀ 该标准适用于机械制造行业设计产品零部件机械加工工艺规程和编制工艺装备设计任务书时使用。

4. 常用装置符号（见表 2-1-16）

表 2-1-16　常用装置符号

序号	符号	名称	简图
1		固定顶尖	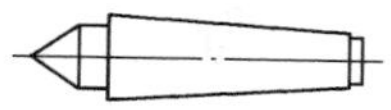
2		内顶尖	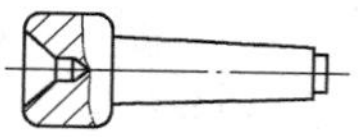
3		回转顶尖	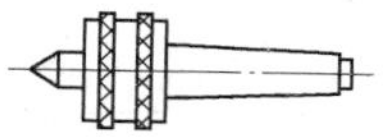
4		外拨顶尖	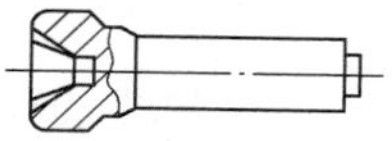
5		内拨顶尖	
6		浮动顶尖	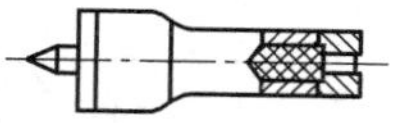
7		伞形顶尖	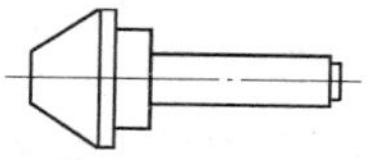
8		圆柱心轴	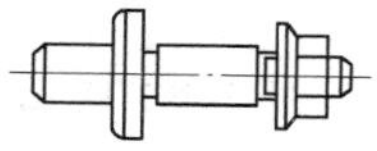
9		锥度心轴	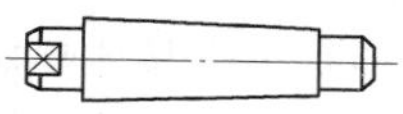
10		螺纹心轴	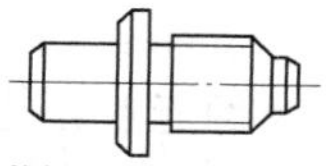（花键心轴也用此符号）
11		弹性心轴	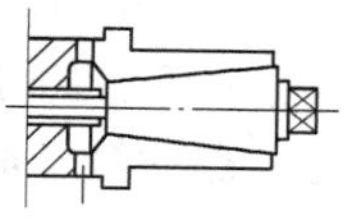（包括塑料心轴）
		弹簧夹头	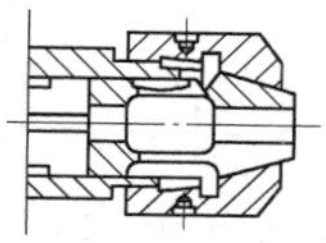
12		自定心卡盘	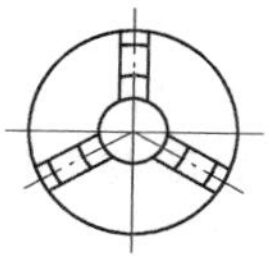
13		单动卡盘	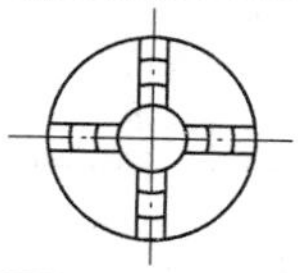
14		中心架	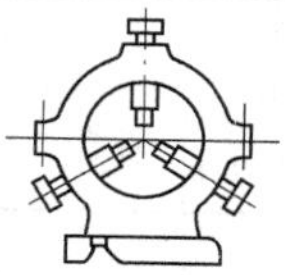
15		跟刀架	
16		圆柱衬套	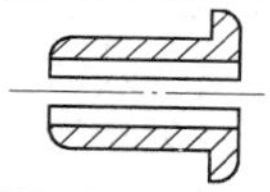
17		螺纹衬套	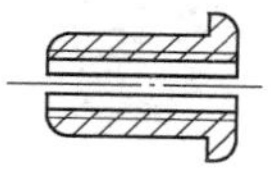
18		止口盘	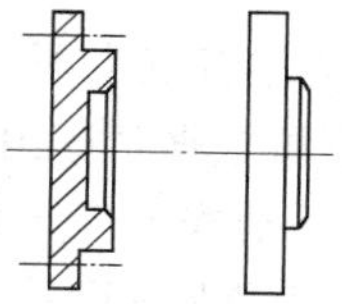
19		拨杆	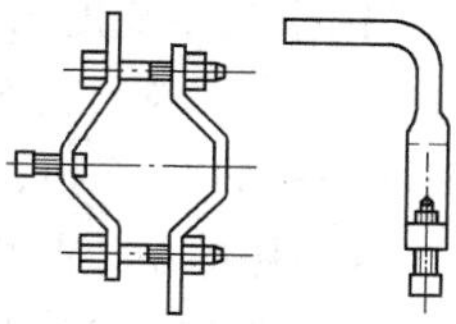
20		垫铁	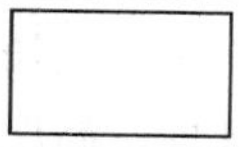
21		压板	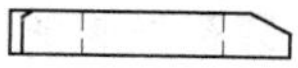
22		角铁	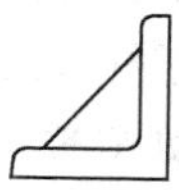
23		可调支承	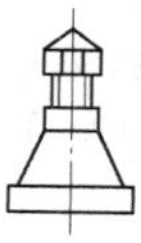

（续）

序号	符号	名称	简　　图	序号	符号	名称	简　　图
24	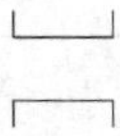	平口钳	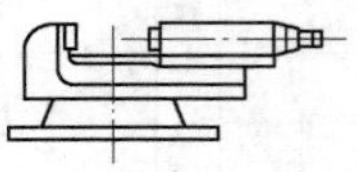	26	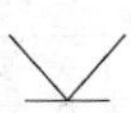	V形块	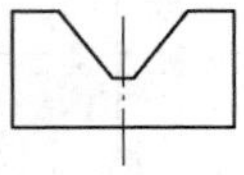
25	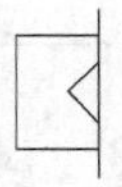	中心堵	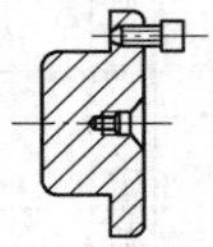	27		软爪	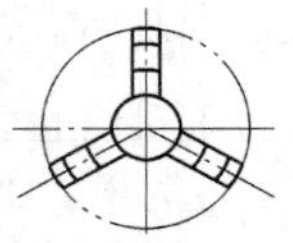

1.1.2.2　各类符号的画法

1. 定位支承符号与辅助支承符号的画法

1）定位支承符号与辅助支承符号的尺寸按图 2-1-1 所示的规定。

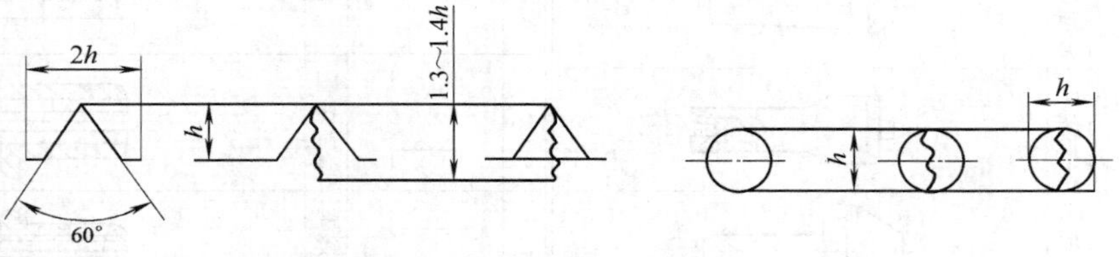

图 2-1-1　定位支承符号与辅助支承符号的尺寸规定

2）联合定位与辅助支承符号的基本图形尺寸应符合图 2-1-1 所示的规定，基本符号间的连线长度可根据工序图中的位置确定。连线允许画成折线，见表 2-1-17 中的序号 29。

3）活动式定位支承符号和辅助支承符号内的波纹形状不作具体规定。

4）定位支承符号与辅助支承符号的线条按 GB 4457.4 中规定的型线宽度 $d/2$，符号高度 h 应是工艺图中数字高度的 1~1.5 倍。

5）定位支承符号与辅助支承符号允许标注在视图轮廓的延长线上或投影面的引出线上，见表 2-1-17 中的序号 19、29。

6）未剖切的中心孔引出线应由轴线与端面的交点开始，见表 2-1-17 中的序号 1、2。

7）在工件的一个定位面上布置两个以上的定位点，且对每个点的位置无特定要求时，允许用定位符号右边加数字的方法进行表示，不必将每个定位点的符号都画出，符号右边数字的高度应与符号的高度 h 一致。标注示例见表 2-1-17。

2. 夹紧符号画法

1）夹紧符号的尺寸应根据工艺图的大小与位置确定。

2）夹紧符号线条按 GB 4457.4 中规定的线型宽度 $d/2$。

3）联动夹紧符号的连线长度应根据工艺图中的位置确定，允许连线画成折线，见表 2-1-17 中的序号 28。

3. 装置符号的画法

装置符号的大小应根据工艺图中的位置确定，其线条宽度按 GB 4457.4 中规定的线型宽度 $d/2$。

1.1.2.3　定位、夹紧符号和装置符号的使用

1）定位符号、夹紧符号和装置符号可单独使用，也可联合使用。

2）当仅用符号表示不明确时，可用文字补充说明。

1.1.2.4　定位、夹紧符号和装置符号的标注示例（见表 2-1-17）

表 2-1-17　定位、夹紧符号和装置符号的标注示例

序号	说　明	定位、夹紧符号标注示意图	装置符号标注或与定位、夹紧符号联合标注示意图
1	床头固定顶尖、床尾固定顶尖定位，拨杆夹紧	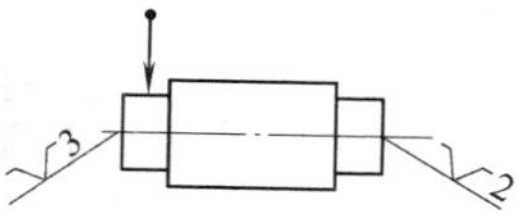	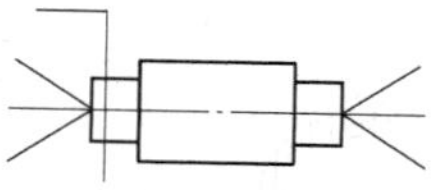
2	床头固定顶尖、床尾浮动顶尖定位，拨杆夹紧	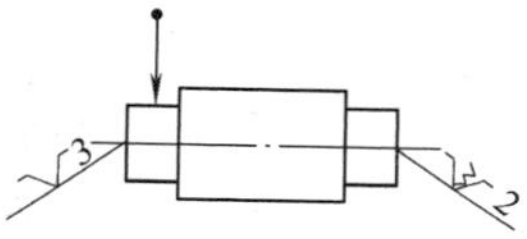	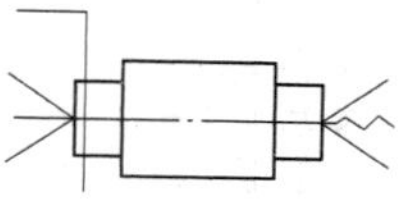
3	床头内拨顶尖、床尾回转顶尖定位夹紧	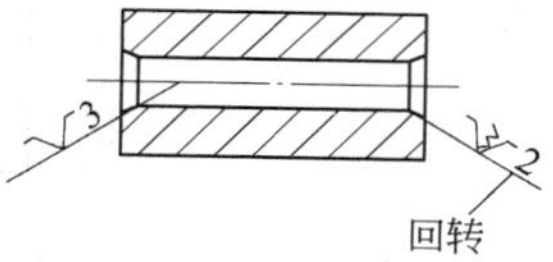	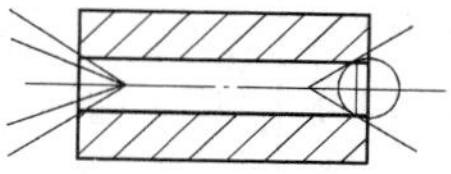
4	床头外拨顶尖、床尾回转顶尖定位夹紧	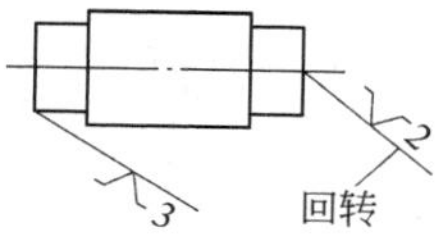	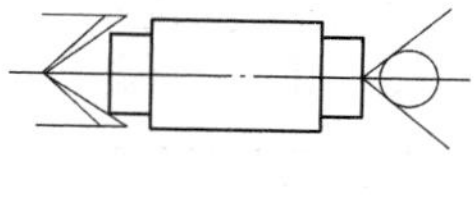
5	床头弹簧夹头定位夹紧，夹头内带有轴向定位，床尾内顶尖定位	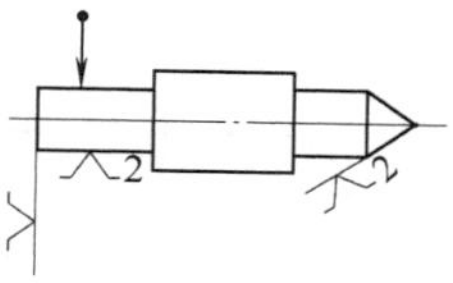	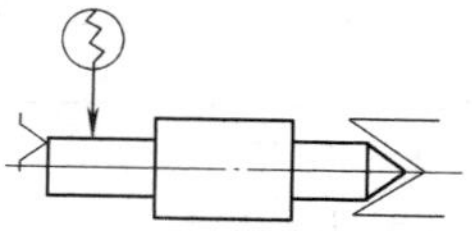
6	弹簧夹头定位夹紧	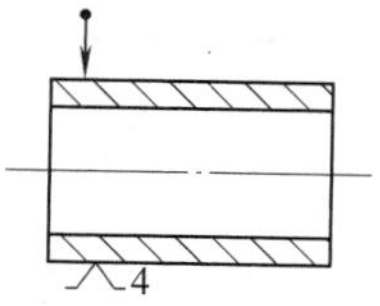	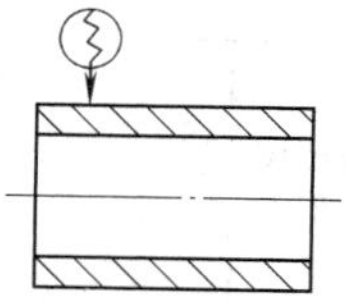

（续）

序号	说 明	定位、夹紧符号标注示意图	装置符号标注或与定位、夹紧符号联合标注示意图
7	液压弹簧夹头定位夹紧，夹头内带有轴向定位	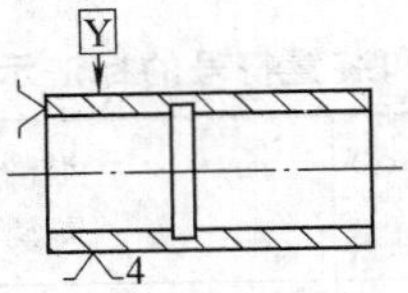	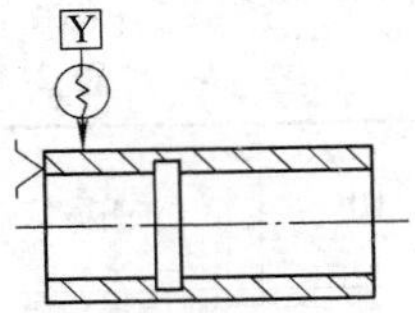
8	弹性心轴定位夹紧	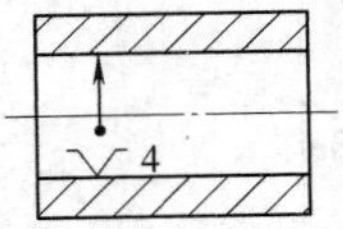	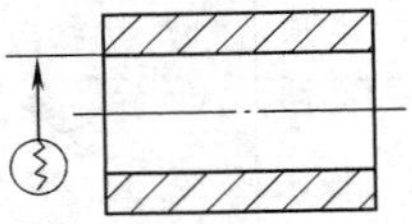
9	气动弹性心轴定位夹紧，带端面定位	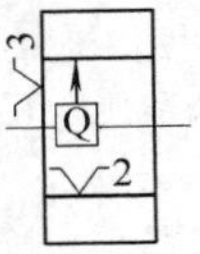	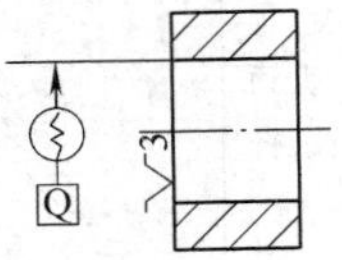
10	锥度心轴定位夹紧	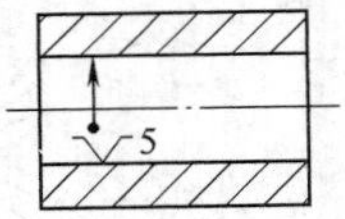	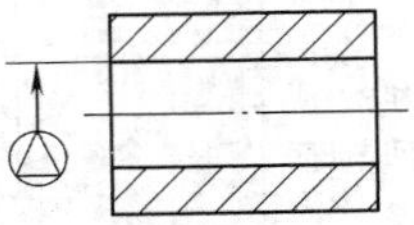
11	圆柱心轴定位夹紧，带端面定位	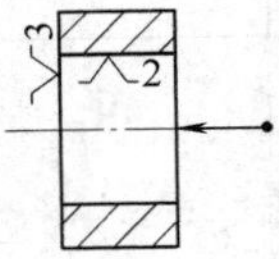	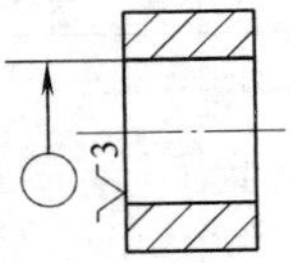
12	自定心卡盘定位夹紧	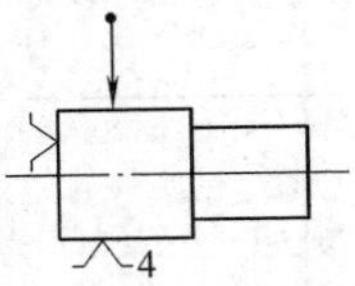	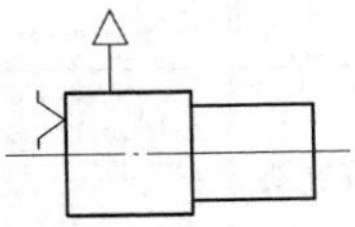
13	液压自定心卡盘定位夹紧，带端面定位	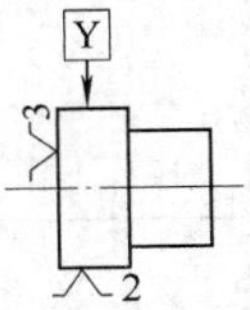	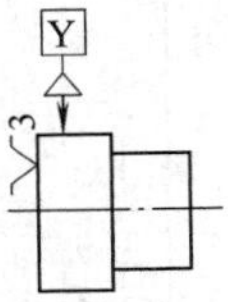
14	单动卡盘定位夹紧，带轴向定位	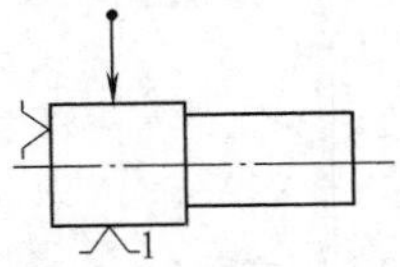	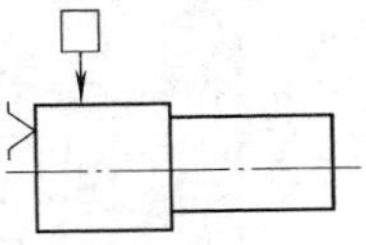

（续）

序号	说　明	定位、夹紧符号标注示意图	装置符号标注或与定位、夹紧符号联合标注示意图
15	单动卡盘定位夹紧，带端面定位	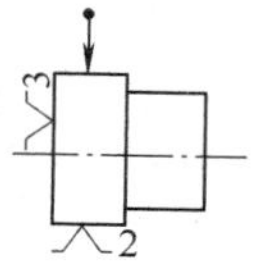	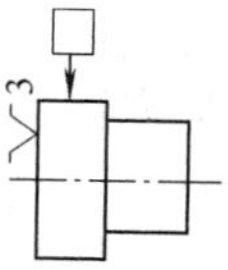
16	床头固定顶尖，床尾浮动顶尖定位，中部有跟刀架辅助支承，拨杆夹紧（细长轴类零件）	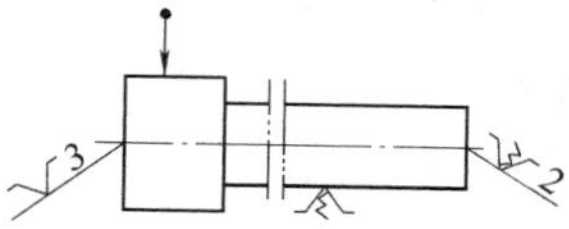	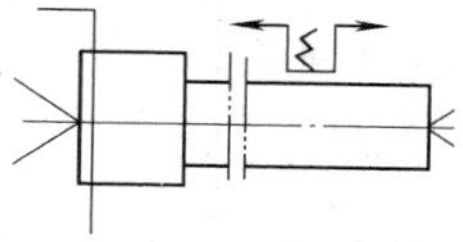
17	床头自定心卡盘带轴向定位夹紧，床尾中心架支承定位	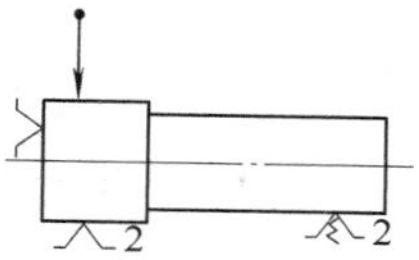	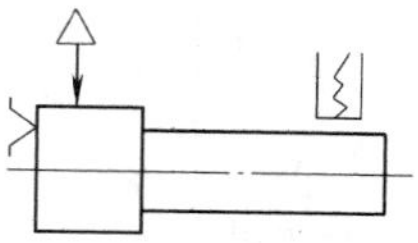
18	止口盘定位螺栓压板夹紧	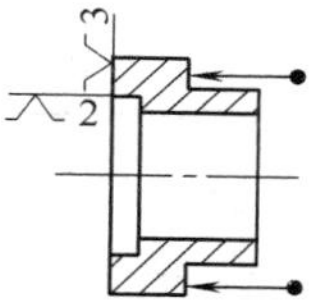	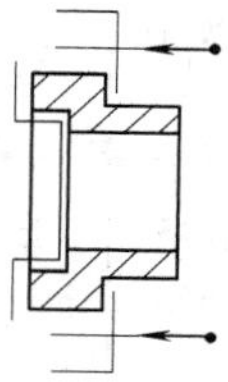
19	止口盘定位气动压板联动夹紧	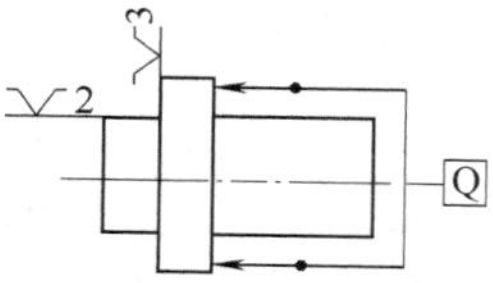	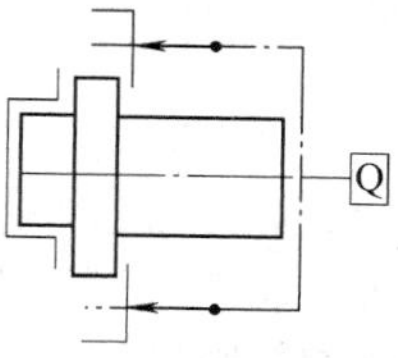
20	螺纹心轴定位夹紧	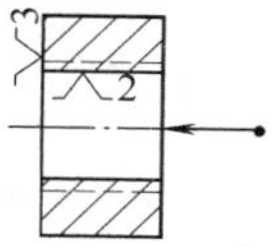	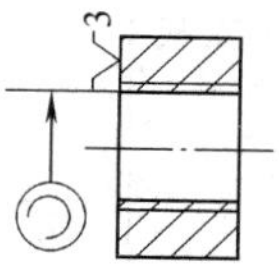
21	圆柱衬套带有轴向定位，外用自定心卡盘夹紧	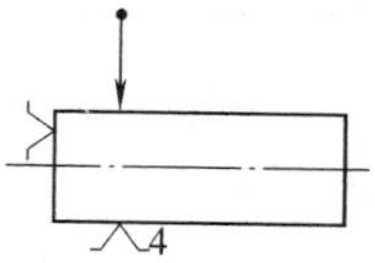	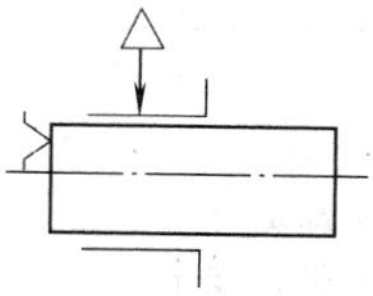
22	螺纹衬套定位，外用自定心卡盘夹紧	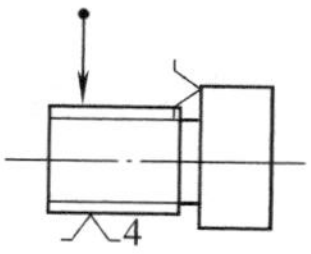	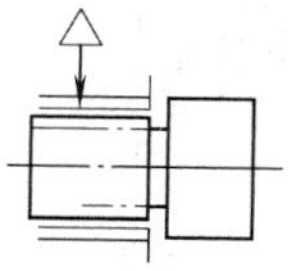

（续）

序号	说　明	定位、夹紧符号标注示意图	装置符号标注或与定位、夹紧符号联合标注示意图
23	平口钳定位夹紧	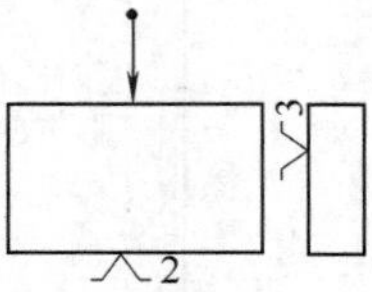	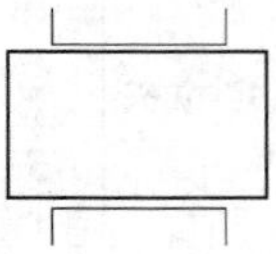
24	电磁盘定位夹紧	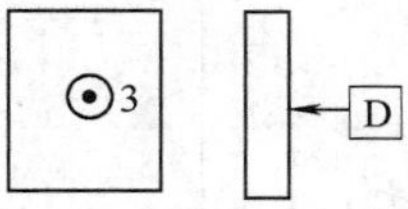	
25	软爪自定心卡盘定位卡紧	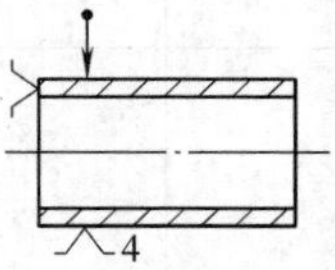	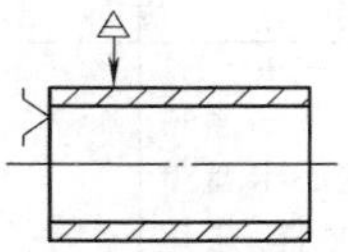
26	床头伞形顶尖、床尾伞形顶尖定位，拨杆夹紧	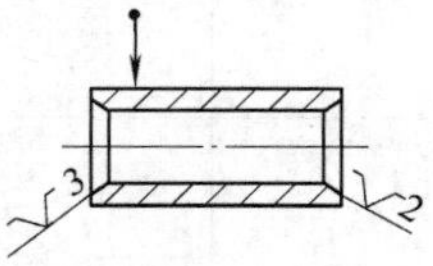	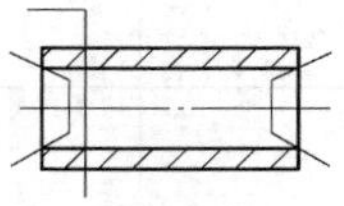
27	床头中心堵、床尾中心堵定位，拨杆夹紧	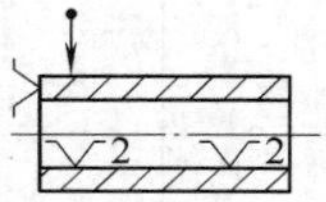	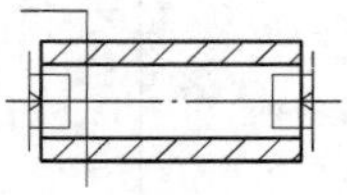
28	角铁、V形铁及可调支承定位，下部加辅助可调支承，压板联动夹紧	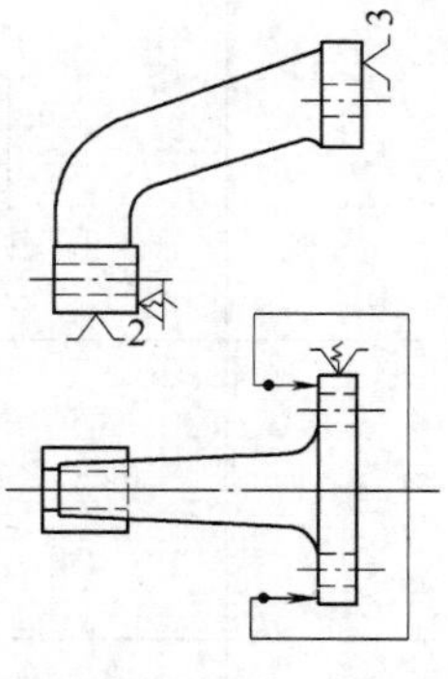	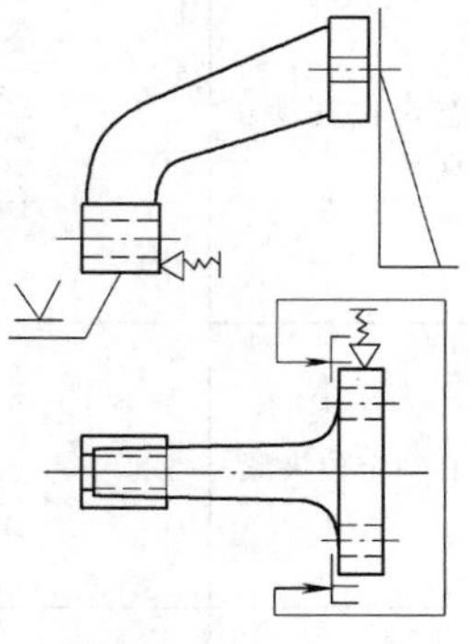
29	一端固定V形铁，下平面垫铁定位，另一端可调V形铁定位夹紧	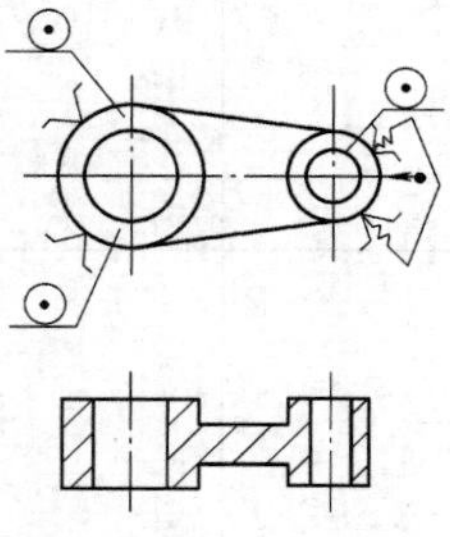	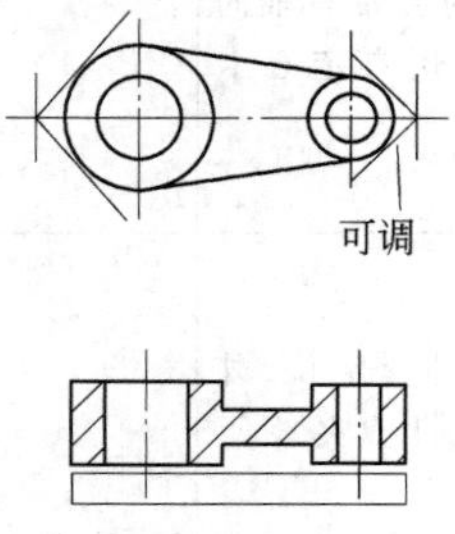

1.1.3 产品结构工艺性

1.1.3.1 产品结构工艺性审查（JB/T 9169.3—1998）

1. 产品结构工艺性审查的内容和程序

（1）基本要求

1）所有新设计的产品和改进设计的产品，在设计过程中均应进行结构工艺性审查。

2）企业对外来产品图样，在首次生产前也需进行结构工艺性审查。

（2）产品结构工艺性审查的任务 进行产品结构工艺性审查，是使新设计的产品在满足使用功能的前提下应符合一定的工艺性指标要求，以便在现有生产条件下能用比较经济、合理的方法将其制造出来，并要便于使用和维修。

（3）工艺分类及评定产品结构工艺性应考虑的主要因素和工艺性的评价形式

1）工艺性分类。

① 生产工艺性。产品结构的生产工艺性是其制造的难易程度与经济性。

② 使用工艺性。产品结构的使用工艺性是其在使用过程中维护保养和修理的难易程度与经济性。

2）评定产品结构工艺性应考虑的主要因素。

① 产品的种类及复杂程度。

② 产品的产量或生产类型。

③ 现有的生产条件。

3）工艺性的评价形式。

① 定性评价。根据经验概括地对产品结构工艺性给以评价。

② 定量评价。根据工艺性主要指标数值进行评价。

（4）产品结构工艺性的主要指标项目

1）产品制造劳动量。

2）单位产品材料用量。

3）材料利用系数（K_m）。

$$K_m = \frac{\text{产品净重}}{\text{该产品的材料消耗工艺定额}}$$

4）产品结构装配性系数（K_a）。

$$K_a = \frac{\text{产品各独立部件中的零件数之和}}{\text{产品的零件总数}}$$

5）产品的工艺成本。

6）产品的维修劳动量。

7）加工精度系数（K_{ac}）。

$$K_{ac} = \frac{\text{产品(或零件)图样中标注有公差要求的尺寸数}}{\text{产品(或零件)的尺寸总数}}$$

8）表面粗糙度系数（K_r）。

$$K_r = \frac{\text{产品(或零件)图样中标注有表面粗糙度要求的表面数}}{\text{产品(或零件)的表面总数}}$$

9）结构继承性系数（K_s）。

$$K_s=\frac{\text{产品中借用件数+通用件数}}{\text{产品零件总数}}$$

10）结构标准化系数（K_{st}）。

$$K_{st}=\frac{\text{产品中标准件数}}{\text{产品零件总数}}$$

11）结构要素统一化系数（K_e）。

$$K_e=\frac{\text{产品中各零件所用同一结构要素数}}{\text{该结构要素的尺寸规格数}}$$

（5）产品结构工艺性审查内容　为了保证所设计的产品具有良好的工艺性，在产品设计的各个阶段均应进行工艺性审查。

1）初步设计阶段的审查。

① 从制造观点分析结构方案的合理性。

② 分析结构的继承性。

③ 分析结构的标准化与系列化程度。

④ 分析产品各组成部分是否便于装配、调整和维修。

⑤ 分析主要材料选用是否合理。

⑥ 主要件在本企业或外协加工的可能性。

2）技术设计阶段的审查。

① 分析产品各组成部件进行平行装配和检查的可行性。

② 分析总装配的可行性。

③ 分析装配时避免切削加工或减少切削加工的可行性。

④ 分析高精度复杂零件在本企业加工的可行性。

⑤ 分析主要参数的可检查性和主要装配精度的合理性。

⑥ 特殊零件外协加工的可行性。

3）工作图设计阶段的审查。

① 各部件是否具有装配基准，是否便于装拆。

② 各大部件拆成平行装配的小部件的可行性。

③ 审查零件的铸造、锻造、冲压、焊接、热处理、切削加工和装配等的工艺性。

（6）产品结构工艺性审查的方式和程序

1）初步设计和技术设计阶段的工艺性审查（或分析）一般采用会审方式进行。对结构复杂的重要产品，主管工艺师应从制订设计方案开始就经常参加有关研究该产品设计工作的各种会议和有关活动，以便随时对其结构工艺性提出意见和建议。

2）对产品工作图样的工艺性审查应由产品主管工艺师和各专业工艺师（员）分头进行。

① 进行工艺性审查的产品图样应为原图（铅笔图）并需要有设计、审核人员签字。

② 审查者在审查时对发现的工艺性问题应填写“产品结构工艺性审查记录”（JB/T 9165.3）。

③ 全套产品图样审查完后，对无大修改意见的，审查者应在“工艺”栏内签字；对有较

大修改意见的，暂不签字，把产品设计图样和工艺性审查记录一起交设计部门。

④ 设计者根据工艺性审查记录上的意见和建议进行修改设计，修改后对工艺未签字的图样再返回到工艺部门复查签字。

⑤ 若设计员与工艺员意见不一致，由双方协商解决。若协商中仍有较大分歧意见，由厂技术负责人进行协调或裁决。

2. 零件结构工艺性的基本要求

（1）零件结构的铸造工艺性

1）铸件的壁厚应合适、均匀，不得有突然变化。

2）铸件圆角要合理，并不得有尖角。

3）铸件的结构要尽量简化，并要有合理的起模斜度，以减少分型面、芯子，便于起模。

4）加强肋的厚度和分布要合理，以避免冷却时铸件变形或产生裂纹。

5）铸件的选材要合理。

（2）零件结构的锻造工艺性

1）结构应力求简单对称。

2）模锻件应有合理的模锻斜度和圆角半径。

3）材料应具有可锻性。

（3）零件结构的冲压工艺性

1）结构应力求简单对称。

2）外形和内孔应尽量避免尖角。

3）圆角半径大小应利于成形。

4）选材应符合工艺要求。

（4）零件结构的焊接工艺性

1）焊接件所用的材料应具有焊接性。

2）焊缝的布置应有利于减小焊接应力及变形。

3）焊接接头的形式、位置和尺寸应能满足焊接质量的要求。

4）焊接件的技术要求要合理。

（5）零件结构的热处理工艺性

1）对热处理的技术要求要合理。

2）热处理零件应尽量避免尖角、锐边、不通孔。

3）截面要尽量均匀、对称。

4）零件材料应与所要求的物理、力学性能相适应。

（6）零件结构的切削加工工艺性

1）尺寸公差、几何公差和表面粗糙度的要求应经济、合理。

2）各加工表面几何形状应尽量简单。

3）有相互位置要求的表面应能尽量在一次装夹中加工。

4）零件应有合理的工艺基准并尽量与设计基准一致。

5）零件的结构应便于装夹、加工和检查。

6）零件的结构要素应尽可能统一，并使其能尽量使用普通设备和标准刀具进行加工。

7）零件的结构应尽量便于多件同时加工。

（7）装配工艺性

1）应尽量避免装配时采用复杂工艺装备。

2）在质量大于20kg的装配单元或其组成部分的结构中，应具有吊装的结构要素。

3）在装配时应避免有关组成部分的中间拆卸和再装配。

4）各组成部分的连接方法应尽量保证能用最少的工具快速装拆。

5）各种连接结构形式应便于装配工作的机械化和自动化。

1.1.3.2 零件结构的切削加工工艺性

1. 工件便于在机床或夹具上装夹的图例（见表2-1-18）

表2-1-18 工件便于在机床或夹具上装夹的图例

图例		说明
改进前	改进后	
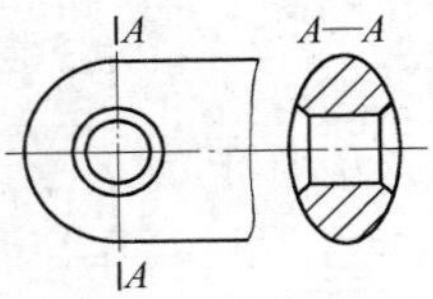	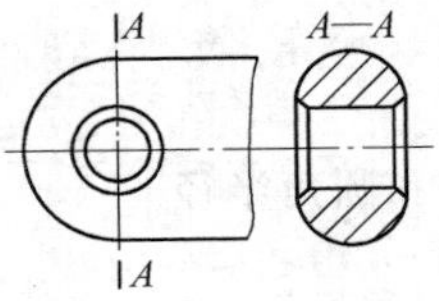	将圆弧面改成平面，便于装夹和钻孔
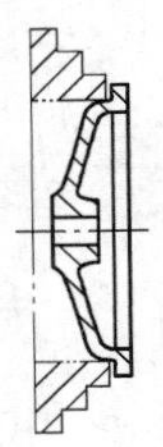	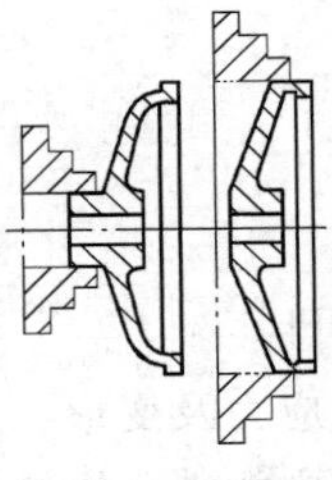	改进后的圆柱面易于定位夹紧
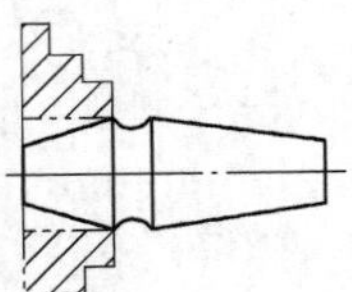	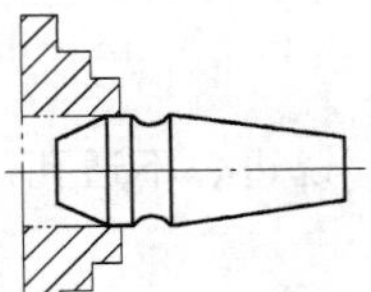	
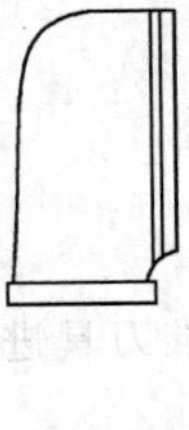		改进后增加工艺凸台，易于定位夹紧

（续）

图例		说　明
改进前	改进后	
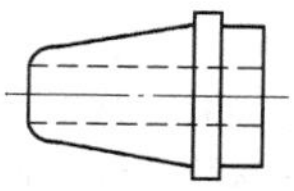	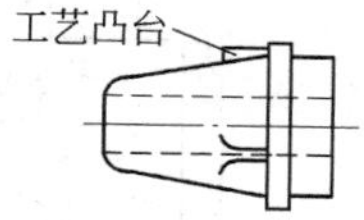	改进后增加工艺凸台，易于定位夹紧
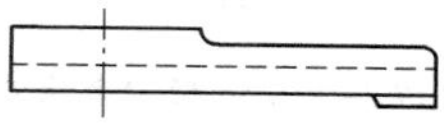	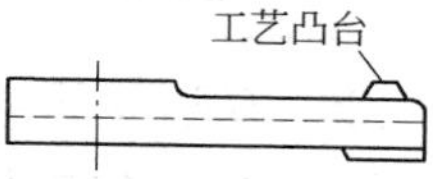	
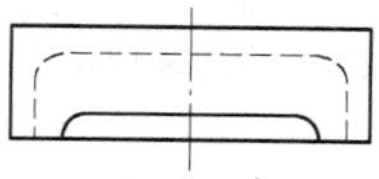	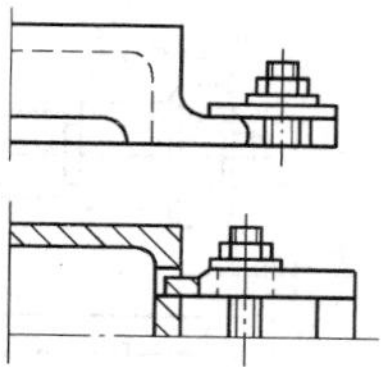	增加夹紧边缘或夹紧孔
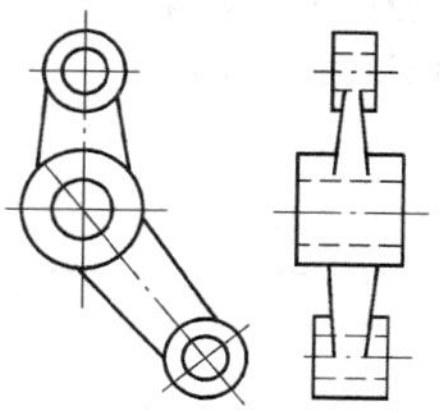	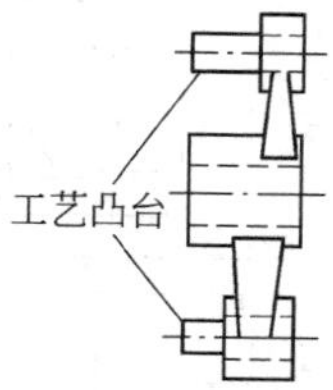	改进后不仅使三端面处于同一平面上，而且还设计了两个工艺凸台，其直径分别小于被加工孔，孔钻通时凸台脱落
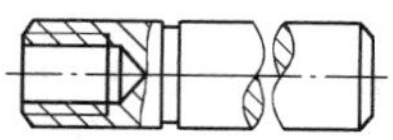	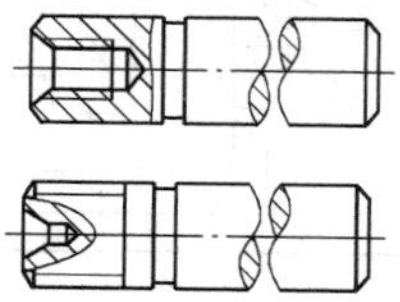	为便于用顶尖支承加工，改进后增加 60°内锥面或改为外螺纹

2. 减少装夹次数图例（见表 2-1-19）

表 2-1-19　减少装夹次数图例

图例		说　明
改进前	改进后	
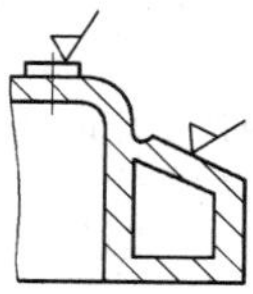	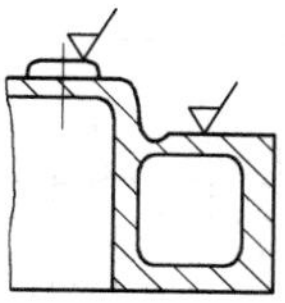	避免倾斜的加工面和孔，可减少装夹次数并利于加工

（续）

图例		说明
改进前	改进后	
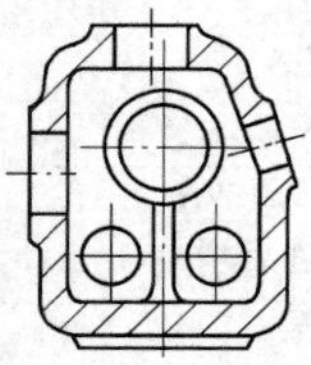	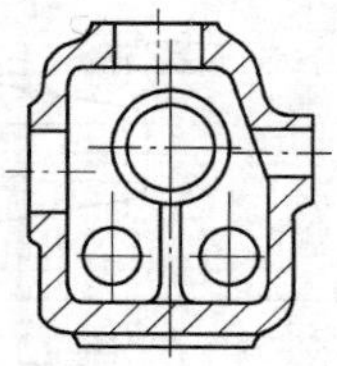	避免倾斜的加工面和孔，可减少装夹次数并利于加工
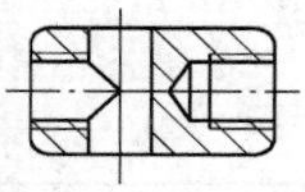	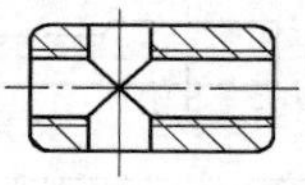	改为通孔可减少装夹次数，保证孔的同轴度要求
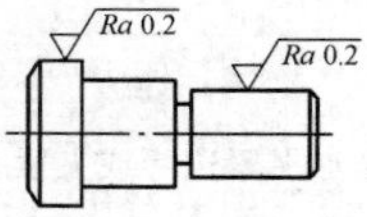	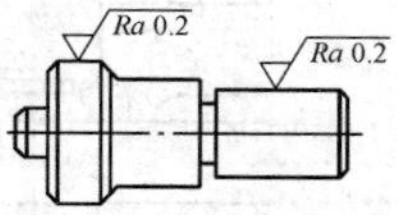	改进前需两次装夹磨削，改进后只需一次装夹即可磨削完成
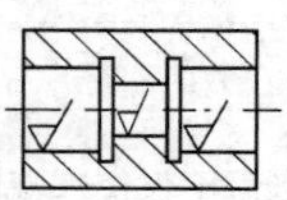	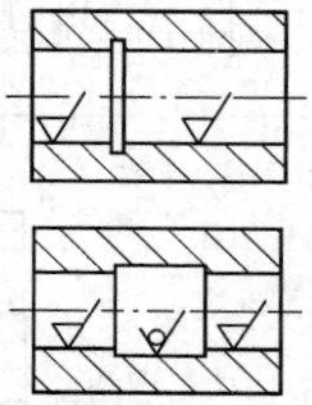	原设计需从两端进行加工，改进后只需一次装夹
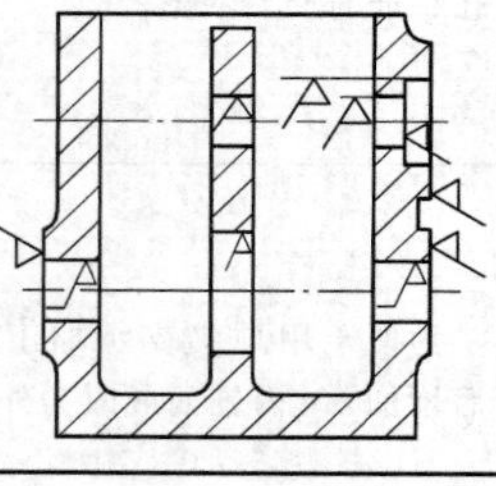	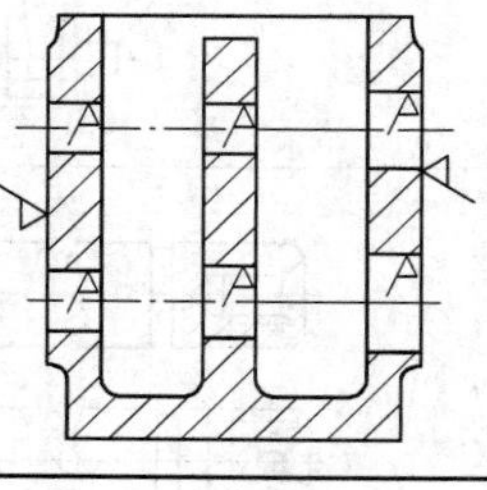	改进后无台阶顺次缩小孔径，在一次装夹中同时或依次加工全部同轴孔

3. 减少刀具调整与走刀次数图例（见表2-1-20）

表2-1-20　减少刀具调整与走刀次数图例

图例		说明
改进前	改进后	
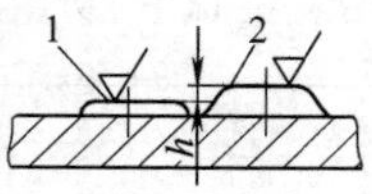	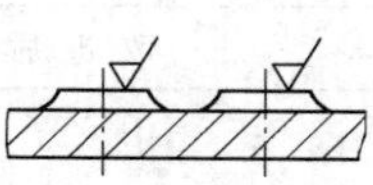	被加工表面（1、2面）尽量设计在同一平面上，可以一次走刀加工，缩短调整时间，保证加工面的相对位置精度
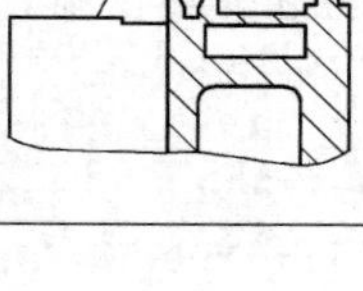	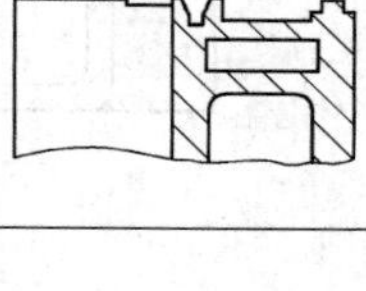	

（续）

图例		说　明
改进前	改进后	
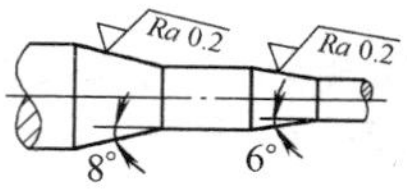	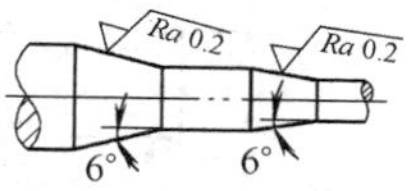	锥度相同只需做一次调整
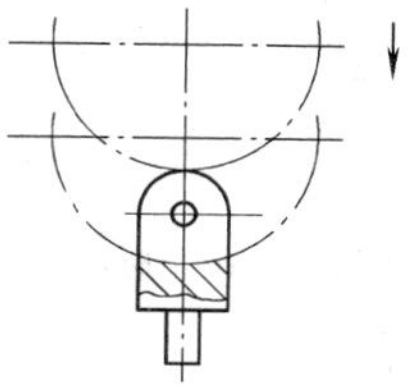	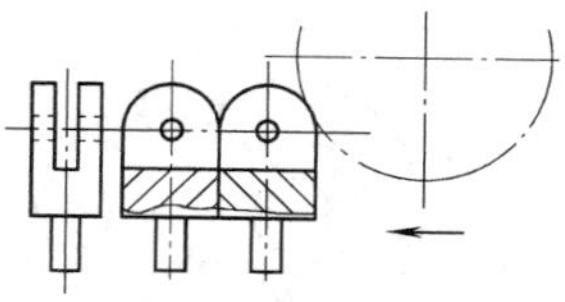	底部为圆弧形，只能单件垂直进刀加工，改成平面可多件同时加工
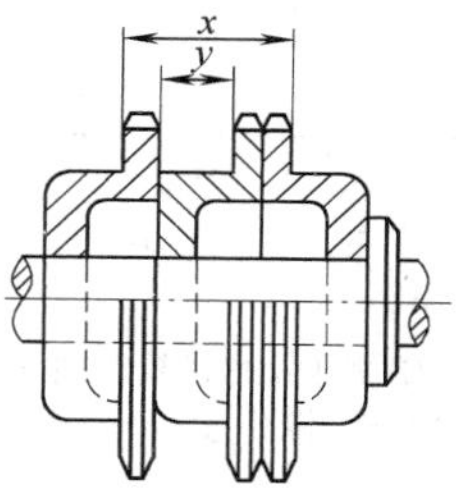	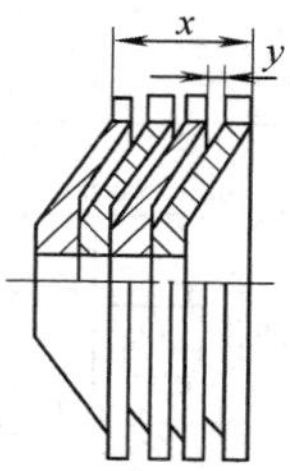	改进后的结构可多件合并加工
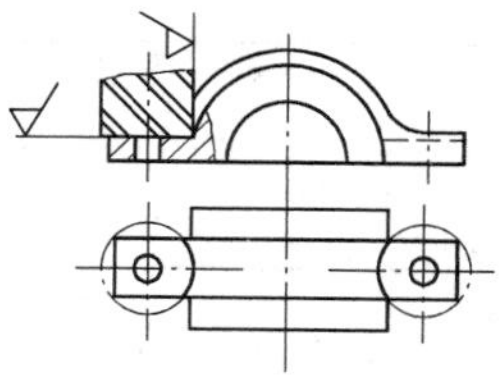	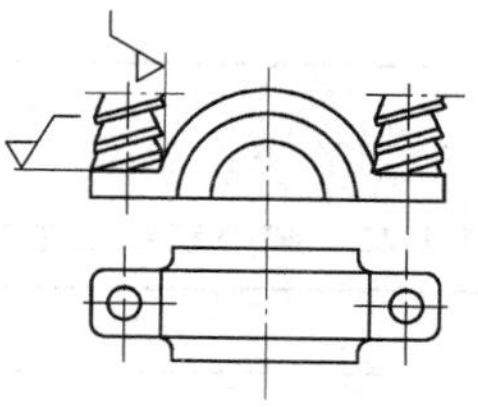	原设计安装螺母的平面必须逐个加工，改进后可多件合并加工

4. 采用标准刀具减少刀具种类图例（见表 2-1-21）

表 2-1-21　采用标准刀具减少刀具种类图例

图例		说　明
改进前	改进后	
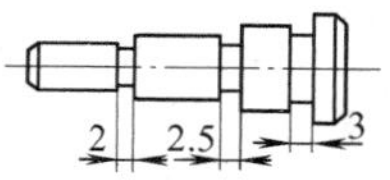	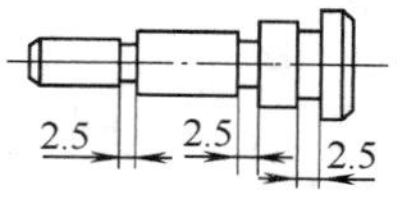	轴的退刀槽或键槽的形状与宽度尽量一致
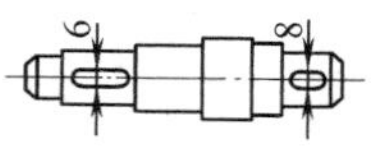	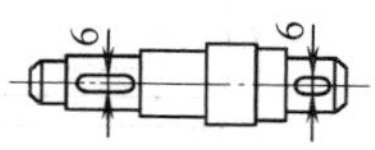	

（续）

图例		说　明
改进前	改进后	
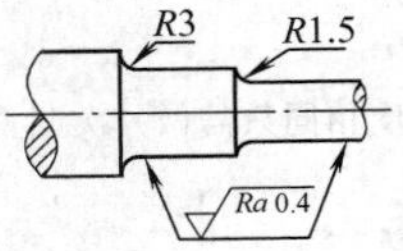	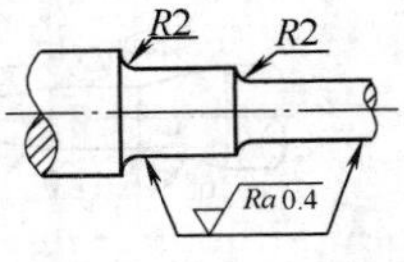	磨削或精车时，轴上的过渡圆角应尽量一致
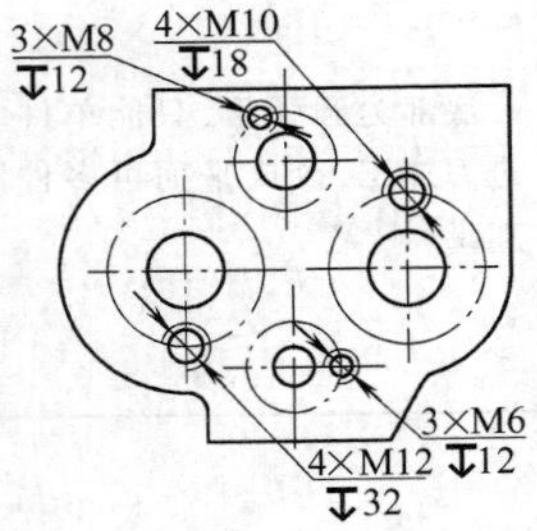	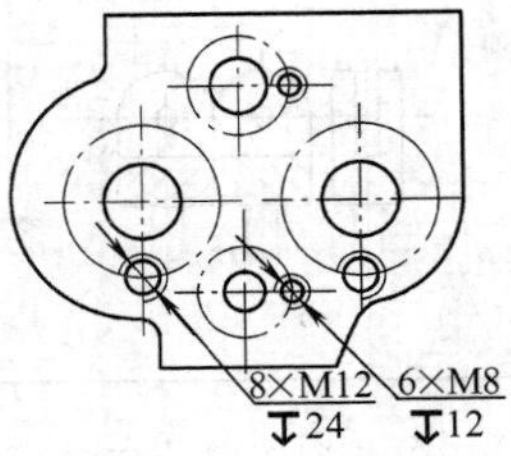	箱体上的螺孔应尽量一致或减少种类
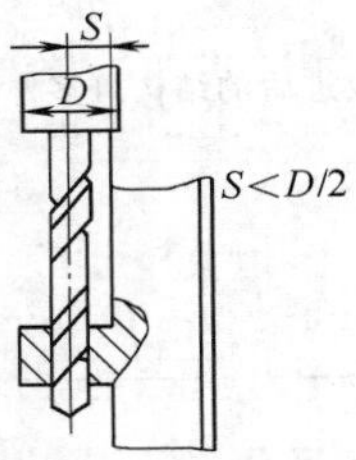	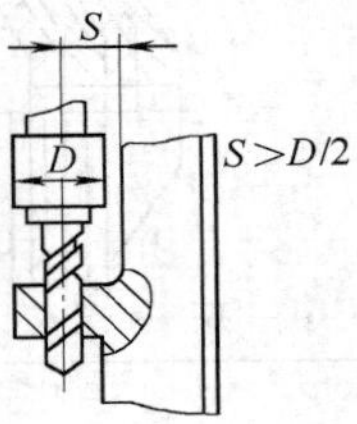	尽量不采用接长杆钻头等非标准刀具

5. 减少切削加工难度图例（见表2-1-22）

表2-1-22　减少切削加工难度图例

图例		说　明
改进前	改进后	
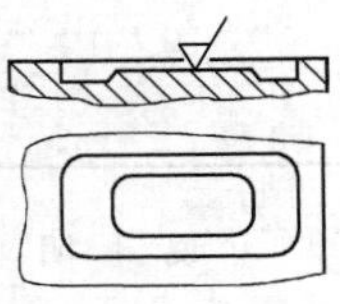	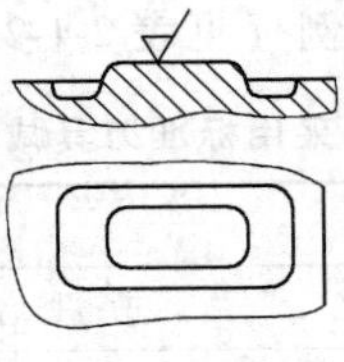	避免把加工平面布置在低凹处
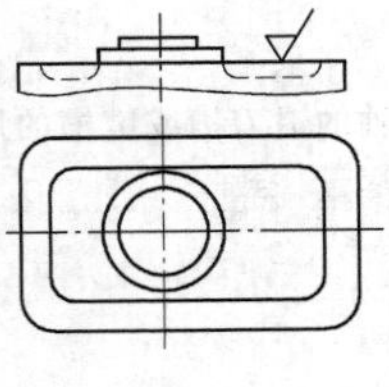	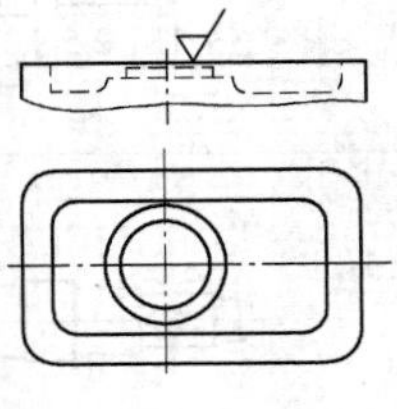	避免在加工平面中间设计凸台

（续）

图例		说明
改进前	改进后	
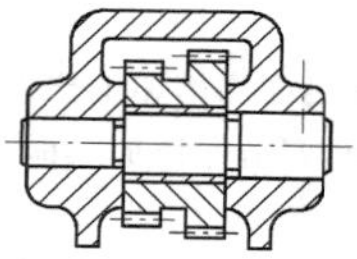	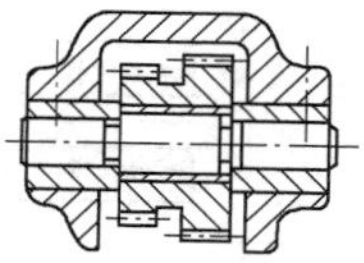	合理应用组合结构，用外表面加工取代内端面加工
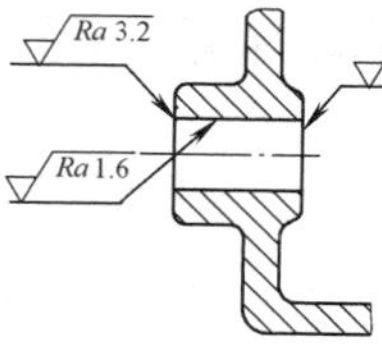	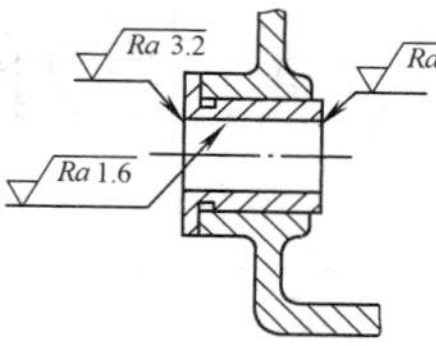	
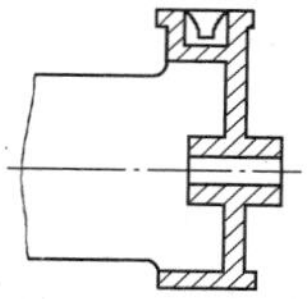	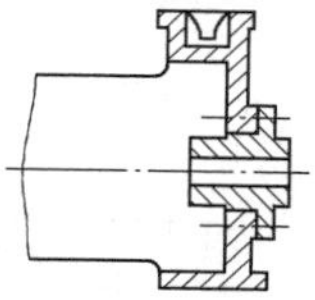	
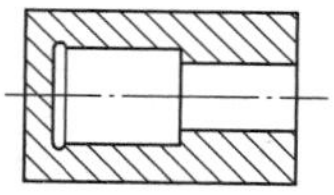	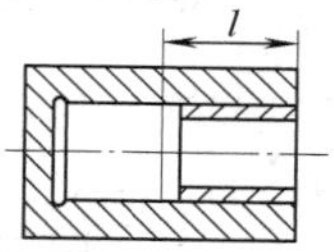	
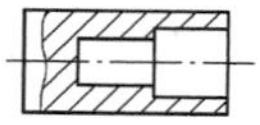	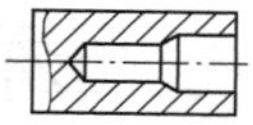	避免平底孔的加工
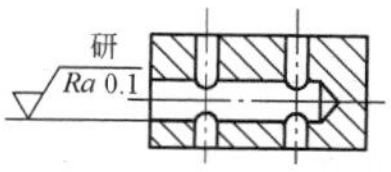	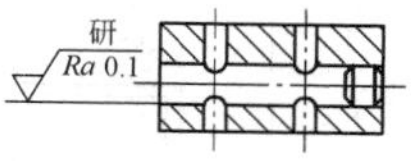	研磨孔易贯通
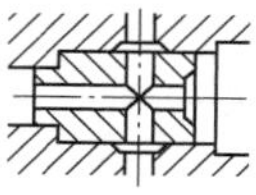	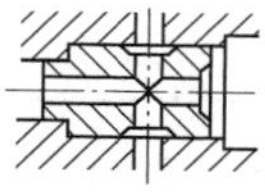	外表面沟槽加工比内沟槽加工方便，容易保证加工精度
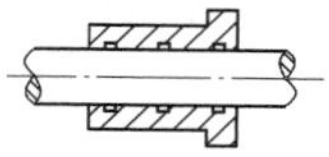	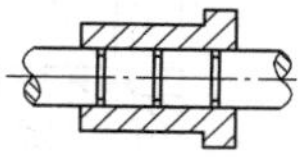	

（续）

图例		说明
改进前	改进后	
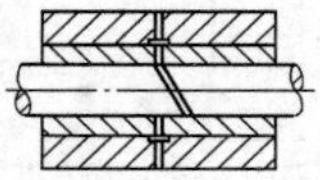	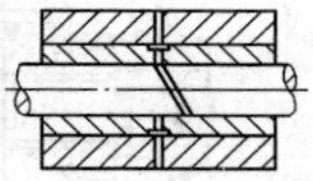	外表面沟槽加工比内沟槽加工方便，容易保证加工精度
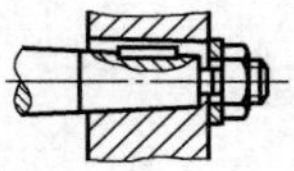	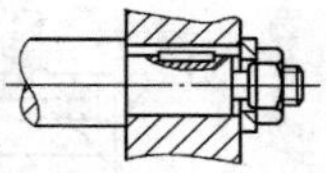	精度要求不太高，不受重载处宜用圆柱配合
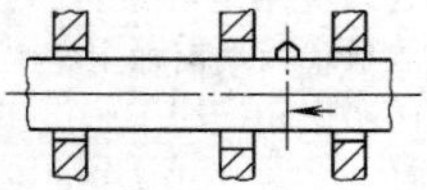	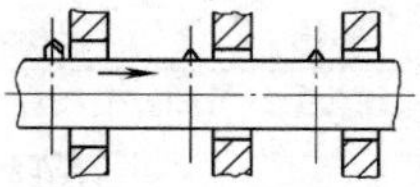	内大外小的同轴孔不易加工
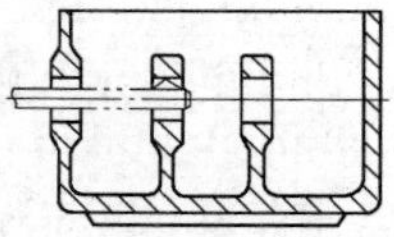	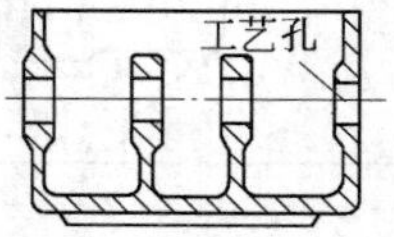	改进后可采用前后双导向支承加工，保证加工质量
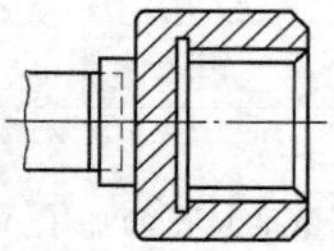	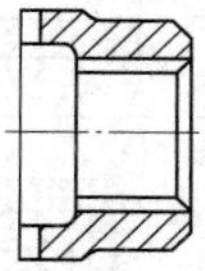	花键孔宜贯通，易加工
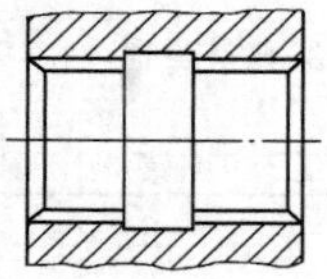	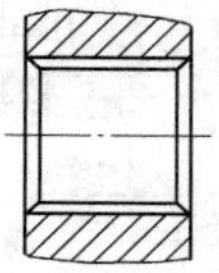	花键孔宜连接，易加工
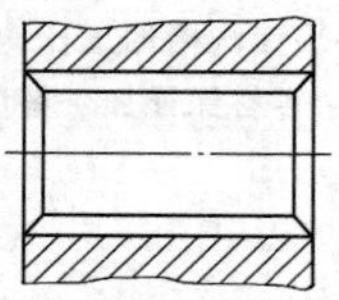	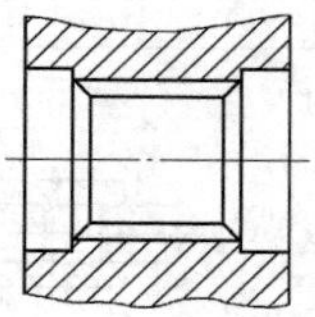	花键孔不宜过长，易加工

（续）

图例		说　明
改进前	改进后	
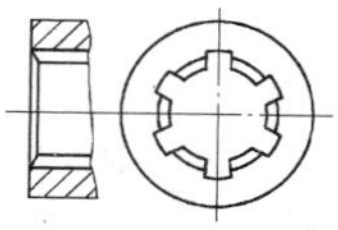	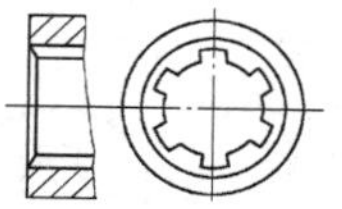	花键孔端部倒棱应超过底圆面
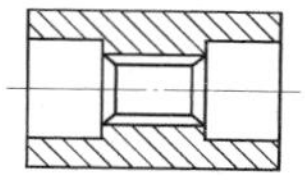	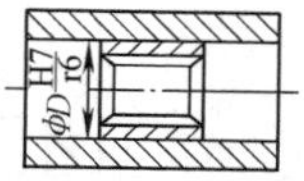	改进前，加工花键孔很困难；改进后，花键孔用管材和拉削后的中间体组合而成
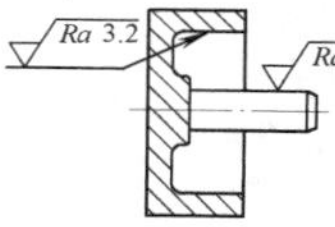	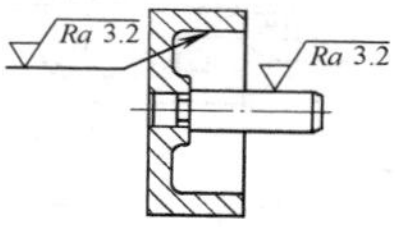	复杂型面改为组合件，加工方便
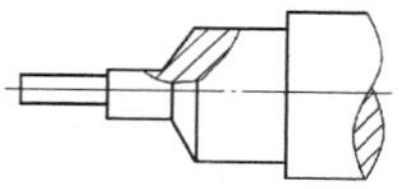	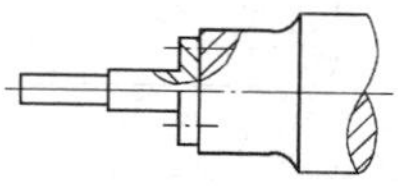	细小轴端的加工比较困难，材料损耗大，改为装配式后省料，便于加工
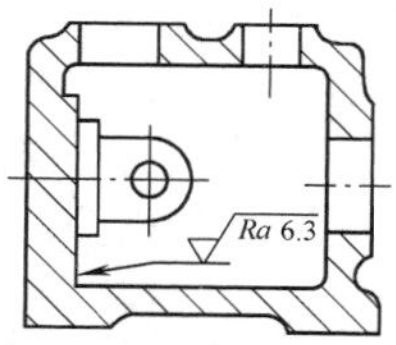	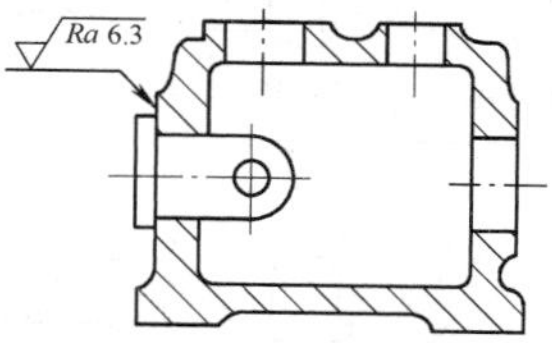	箱体内的轴承应改箱内装配为箱外装配，避免箱体内表面的加工
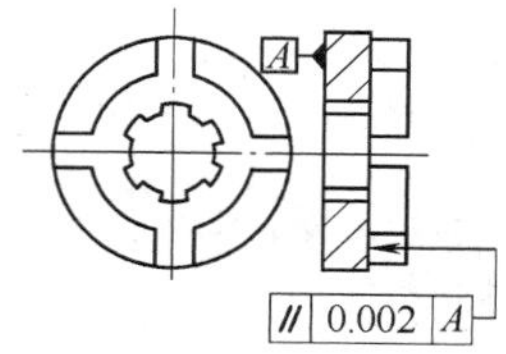	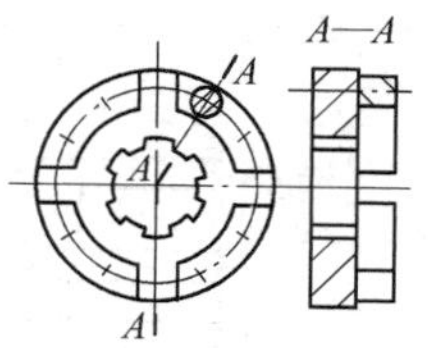	合理应用组合结构，改进后槽底与底面的平行度要求易保证

6. 减少加工量图例（见表2-1-23）

表2-1-23 减少加工量图例

图例：改进前	图例：改进后	说明
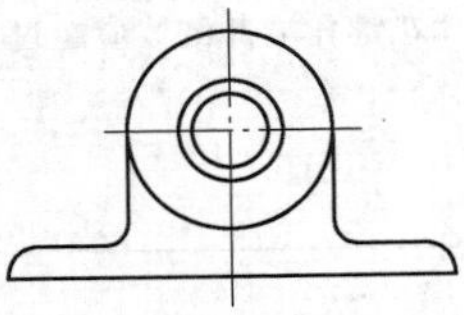	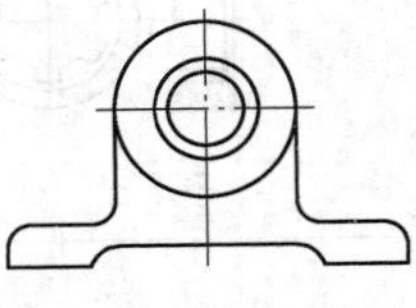	将整个支承面改成台阶支承面，减少了加工面积
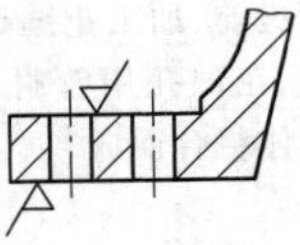	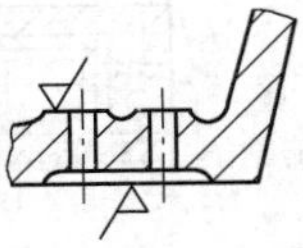	铸出凸台，以减少切去金属的体积
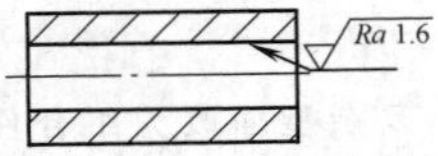	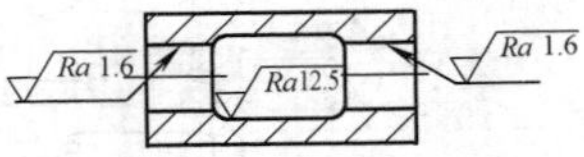	将中间部位多粗车一些，以减少精车的长度
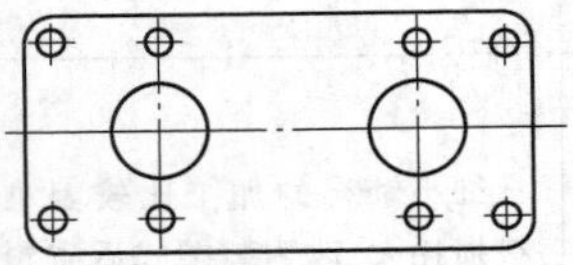	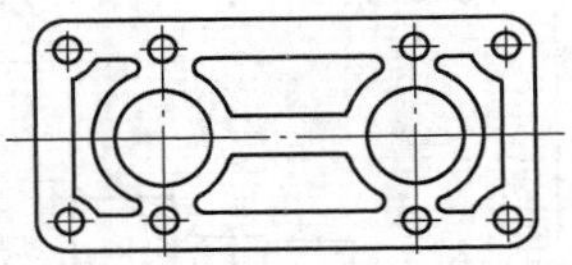	减少大面积的铣、刨、磨削加工面
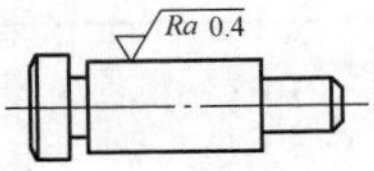	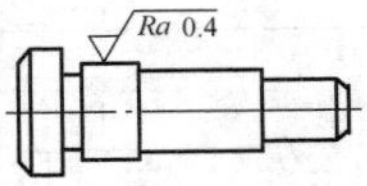	若轴上仅一部分直径有较高的精度要求，应将轴设计成阶梯状，以减少磨削加工量
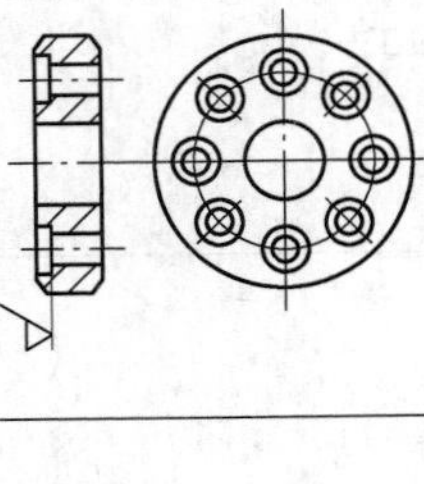	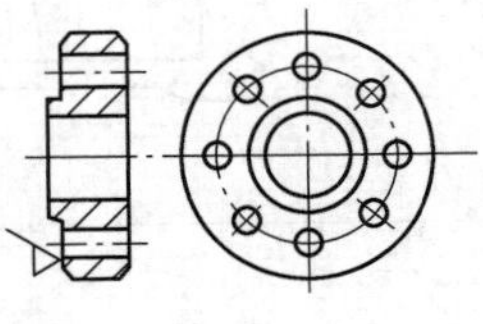	将孔的锪平面改为端面车削，可减少加工表面
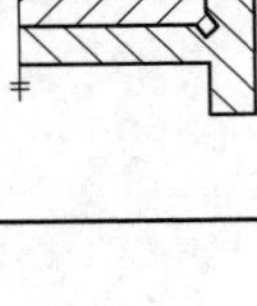	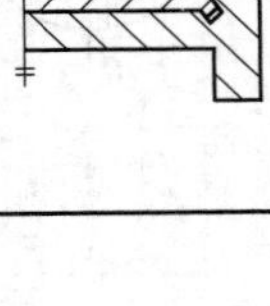	接触面改为环形带后，减少加工面积

7. 加工时便于进刀、退刀和测量的图例（见表 2-1-24）

表 2-1-24 加工时便于进刀、退刀和测量的图例

<table>
<tr><th colspan="2">图　例</th><th rowspan="2">说　明</th></tr>
<tr><th>改进前</th><th>改进后</th></tr>
<tr><td>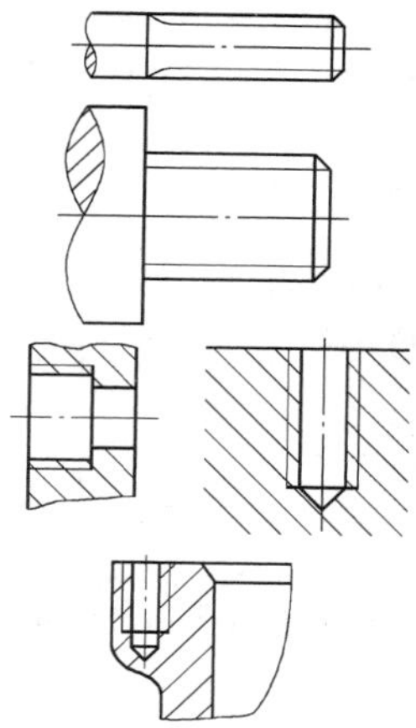</td><td>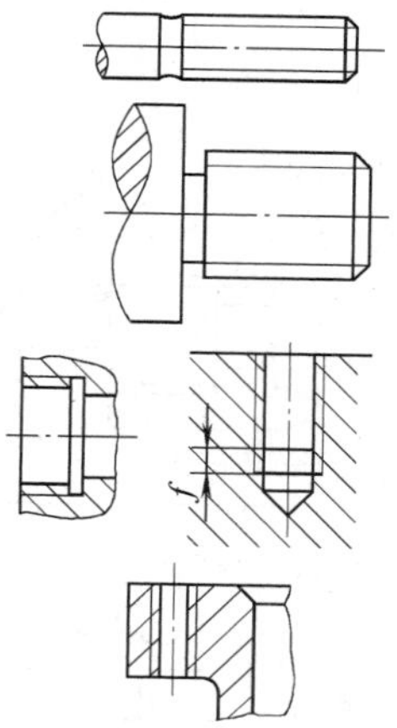</td><td>加工螺纹时，应留有退刀槽或开通，不通的螺孔应具有退刀槽或螺纹尾扣段，最好改成开通</td></tr>
<tr><td>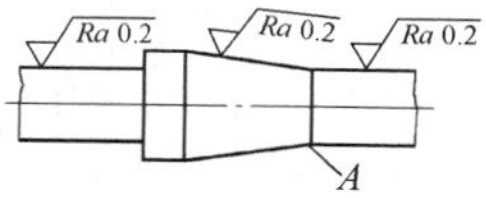</td><td>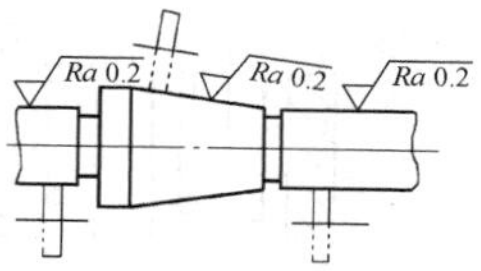</td><td rowspan="4">磨削时，各表面间的过渡部位应设计出越程槽，应保证砂轮自由退出和加工的空间</td></tr>
<tr><td>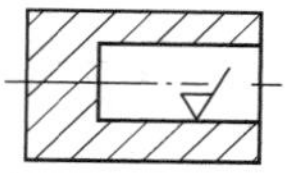</td><td>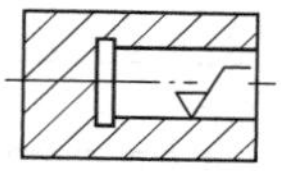</td></tr>
<tr><td>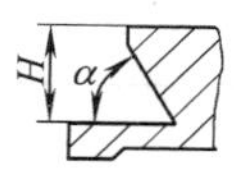</td><td>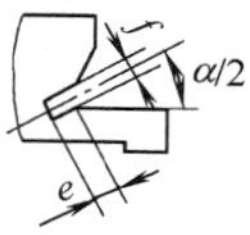</td></tr>
<tr><td></td><td>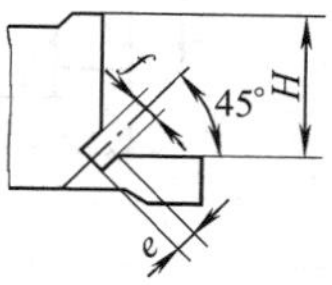</td></tr>
<tr><td>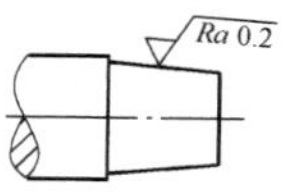</td><td>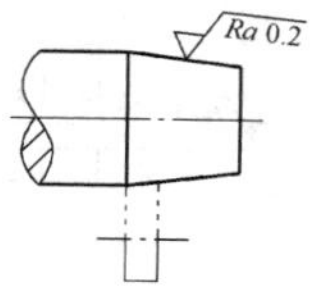</td><td>改进后便于加工和测量</td></tr>
</table>

（续）

图例		说明
改进前	改进后	
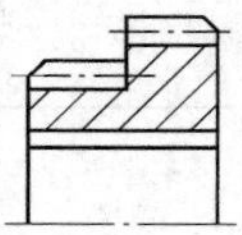	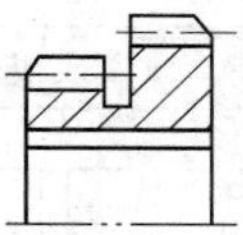	加工多联齿轮时，应留有空刀
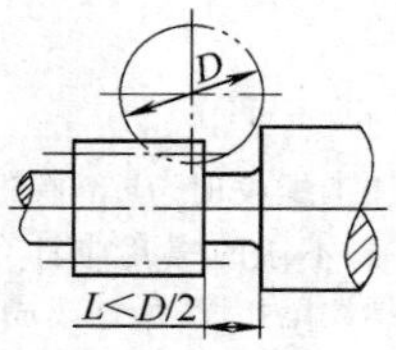	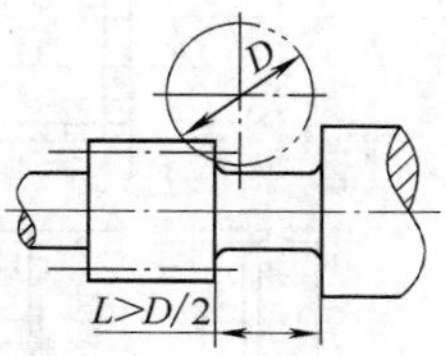	退刀槽长度 L 应大于铣刀的半径 $D/2$
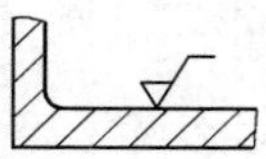	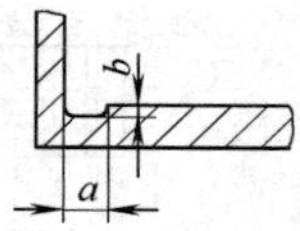	刨削时，在平面的前端必须留有让刀部位
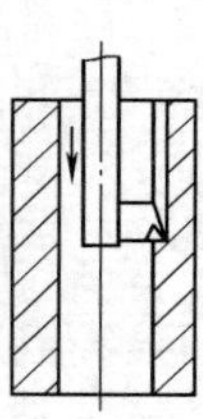	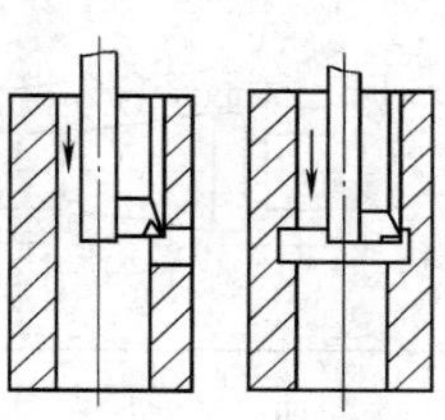	在套筒上插削键槽时，应在键槽前端设置一孔或车出空刀环槽，以利让刀
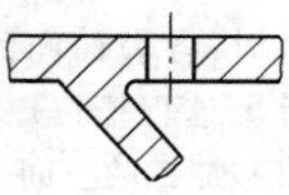	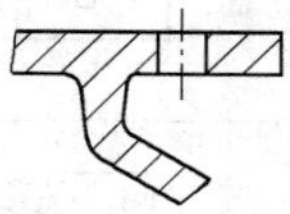	留有较大的空间，以保证钻削顺利
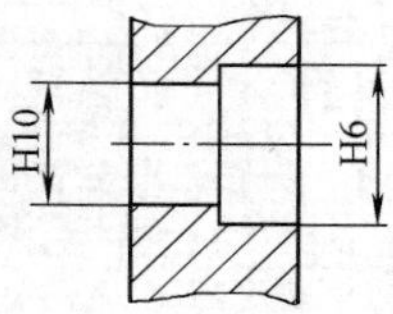	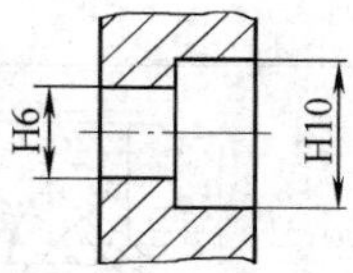	将加工精度要求高的孔设计成开通的，便于加工与测量
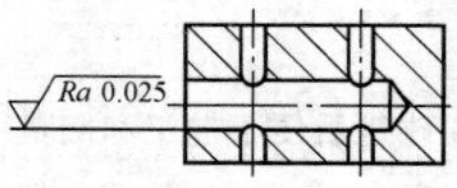	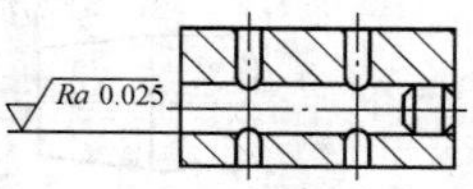	

8. 保证零件在加工时刚度的图例（见表 2-1-25）

表 2-1-25　保证零件在加工时刚度的图例

图例：改进前	图例：改进后	说明
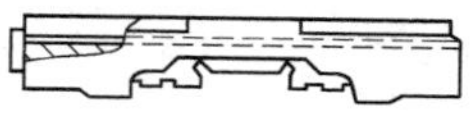	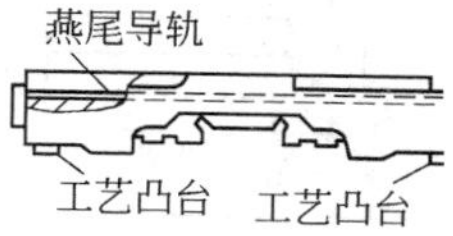	增设支承用工艺凸台，提高工艺系统刚度、装夹方便
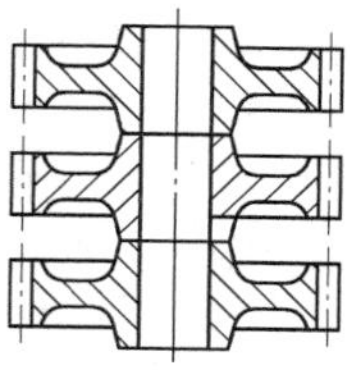	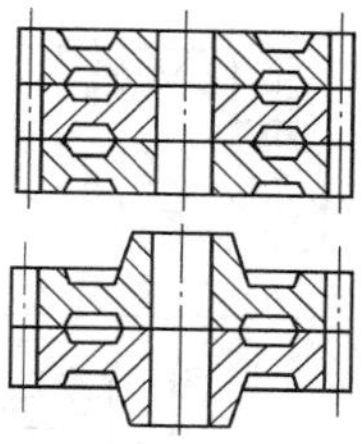	改进后的结构可提高加工时的刚度
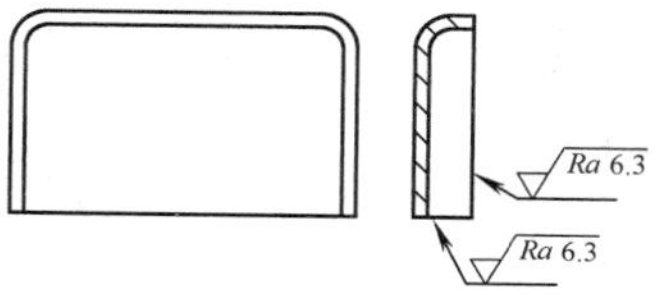	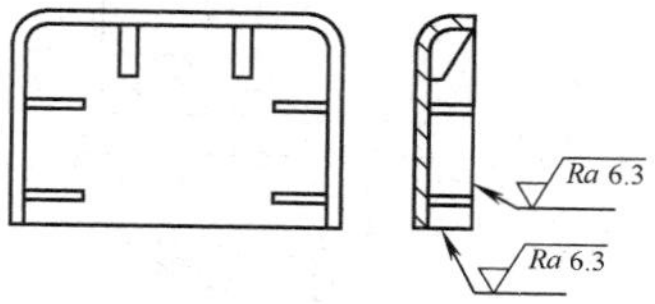	对较大面积的薄壁、悬臂零件，应合理增设加强肋，提高工件刚度
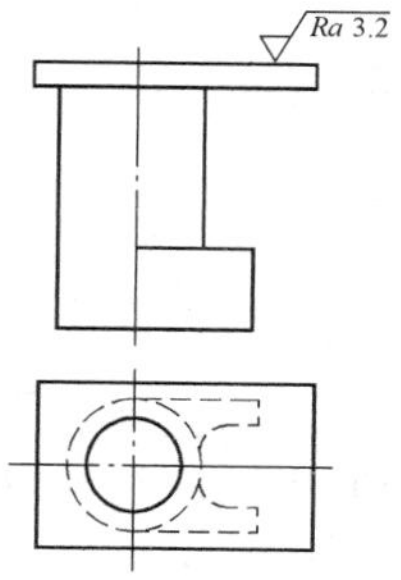	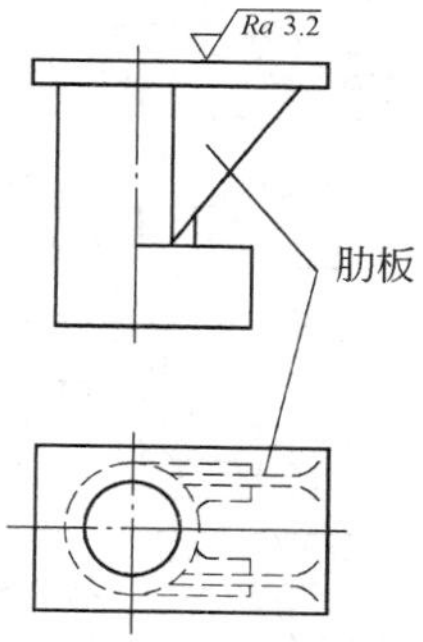	

9. 有利于改善刀具切削条件与提高刀具寿命的图例（见表 2-1-26）

表 2-1-26　有利于改善刀具切削条件与提高刀具寿命的图例

图例：改进前	图例：改进后	说明
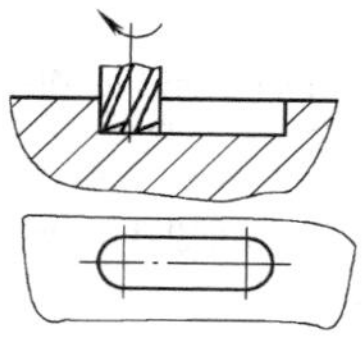	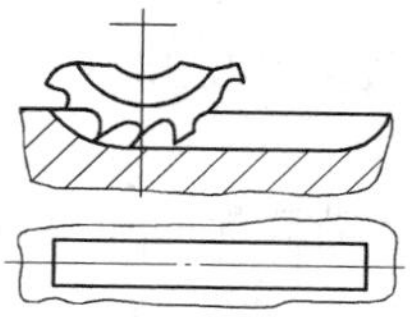	避免用端铣方法加工封闭槽，以改善切削条件

（续）

图例		说明
改进前	改进后	
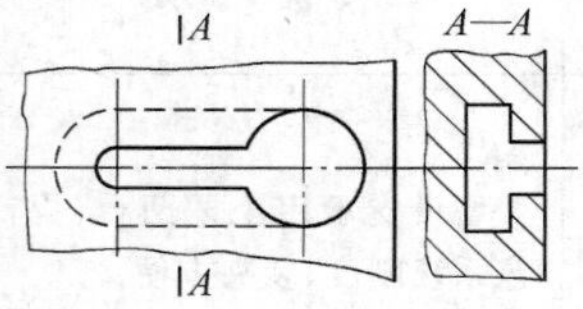	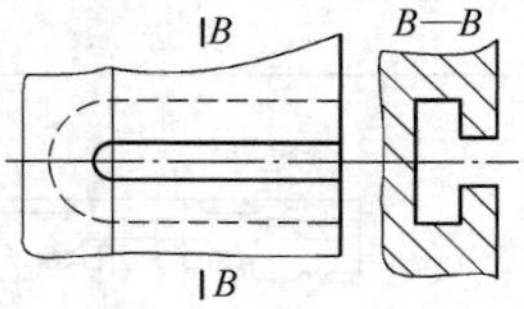	避免封闭的凹窝和不穿透的槽
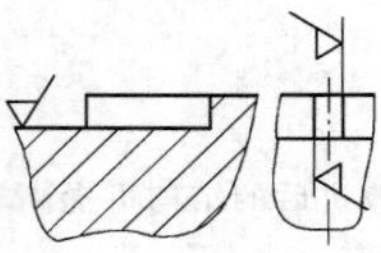	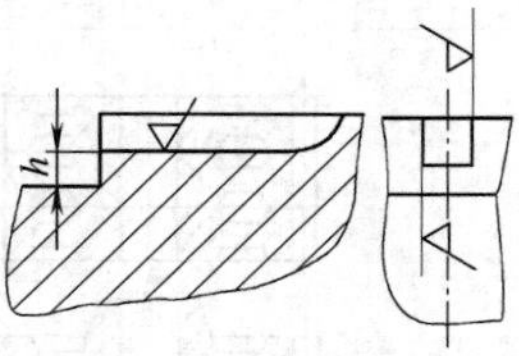	沟槽表面不要与其他加工表面重合
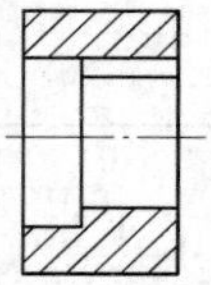	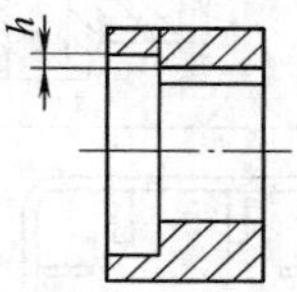	
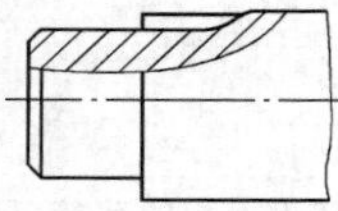	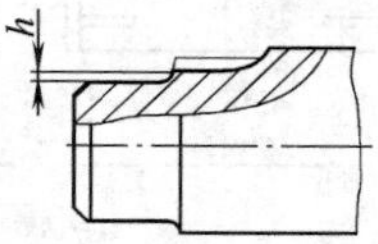 $h>0.3\sim0.5$	
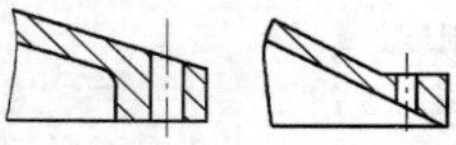	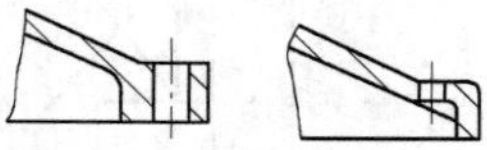	避免在斜面上钻孔，避免钻头单刃切削，以防止刀具损坏和造成加工误差
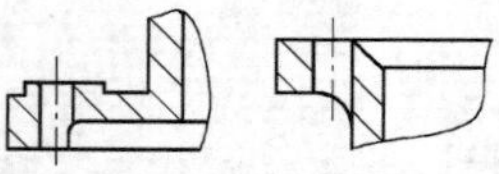	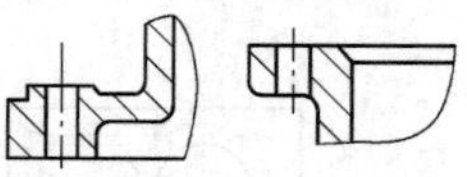	
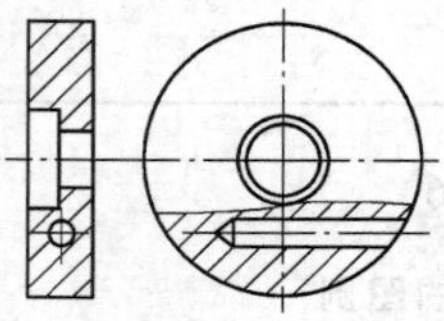	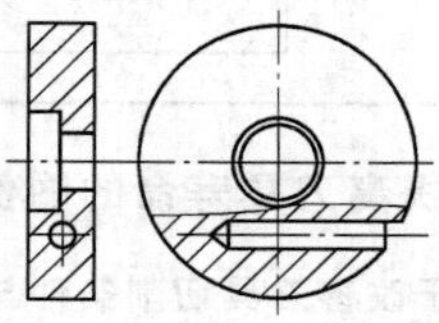	

1.1.3.3 零部件的装配工艺性

1. 装配通用技术要求（JB/T 5994—1992）

（1）基本要求

1）产品必须严格按照设计、工艺要求及 JB/T 5994—1992 和与产品有关的标准规定进行装配。

2）装配环境必须清洁。高精度产品装配的环境温度、湿度、防尘量、照明、防振等必须符合有关规定。

3）产品零部件（包括外购、外协件）必须具有检验合格证方能进行装配。

4）零件在装配前必须清理和清洗干净，不得有毛刺、飞边、氧化皮、锈蚀、切屑、砂粒、灰尘和油污等，并应符合相应清洁度要求。

5）除有特殊要求，装配前零件的尖角和锐边必须倒钝。

6）配作表面必须按有关规定进行加工，加工后应清理干净。

7）用修配法装配的零件，修整后的主要配合尺寸必须符合设计要求或工艺规定。

8）装配过程中零件不得磕碰、划伤和锈蚀。

9）涂装后未干的零、部件不得进行装配。

（2）连接方法的要求

1）螺钉、螺栓连接。

① 螺钉、螺栓和螺母紧固时严禁打击或使用不合适的旋具与扳手。紧固后螺钉槽、螺母和螺钉、螺栓头部不得损伤。

② 有规定拧紧力矩要求的紧固件，应采用力矩扳手紧固。未规定拧紧力矩的螺栓，其拧紧力矩可参考普通螺栓拧紧力矩的规定，见表 2-1-27。

表 2-1-27 普通螺栓拧紧力矩

螺栓强度级	螺栓公称直径/mm														
	6	8	10	12	14	16	18	20	22	24	27	30	36	42	48
	拧紧力矩/N·m														
4.6	4~5	10~12	20~25	35~44	54~69	88~108	118~147	167~206	225~284	294~370	441~519	529~666	882~1078	1372~1666	2058~2450
5.6	5~7	12~15	25~31	44~54	69~88	108~137	147~186	206~265	284~343	370~441	539~686	666~833	1098~1372	1705~2736	2334~2548
6.6	6~8	14~18	29~39	49~64	83~98	127~157	176~216	245~314	343~431	441~539	637~784	784~980	1323~1677	1960~2548	3087~3822
8.8	9~12	22~29	44~58	76~102	121~162	189~252	260~347	369~492	502~669	638~850	933~1244	1267~1689	2214~2952	3540~4721	5311~7081
10.9	13~14	29~35	64~76	108~127	176~206	274~323	372~441	529~637	725~862	921~1098	1372~1617	1666~1960	2744~3283	4263~5096	6468~7742
12.9	15~20	37~50	74~88	128~171	204~273	319~425	489~565	622~830	847~1129	1096~1435	1574~2099	2138~2850	3736~4981	5974~7966	8962~11949

③ 同一零件用多个螺钉或螺栓紧固时，各螺钉（螺栓）需顺时针、交错、对称逐步拧紧，如有定位销，应从靠近定位销的螺钉或螺栓开始，如图 2-1-2 所示。

2）销连接。

① 重要的圆锥销装配时应与孔进行涂色检查，其接触长度不应小于工作长度的 60%，并应分布在结合面的两侧。

② 定位销的端面一般应略凸出零件表面。带螺尾的锥销装入相关零件后，其大端应沉入孔内。

③ 开口销装入相关零件后，其尾部应分开 60°~90°。

3）键连接。

① 平键与固定键的键槽两侧面应均匀接触，其配合面间不得有间隙。

② 钩头键、楔形键装配后，其接触面积应不小于工作面积的 70%，而且不接触部分不得集中于一段。外露部分应为斜面长度的 10%~15%。

③ 间隙配合的键（或花键）装配后，相对运动的件沿着轴向移动时，不得有松紧不匀现象。

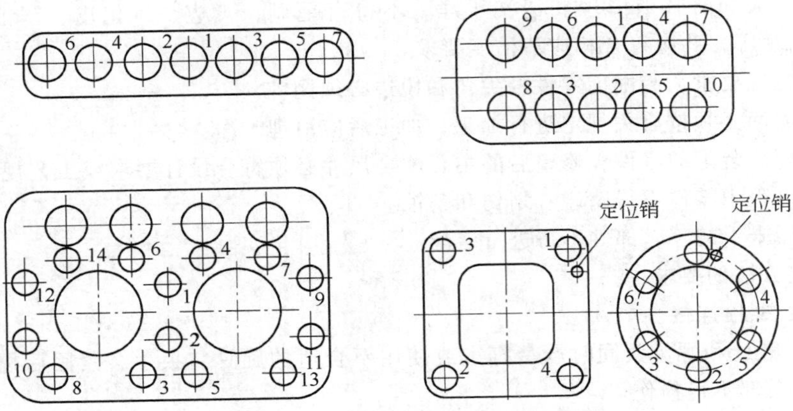

图 2-1-2 螺纹连接拧紧顺序

4）过盈连接。过盈连接一般有压装、热装、冷装、液压套合、爆炸压合等，其工艺特点及适用范围见表 2-1-28，装配时可根据具体情况选用。

表 2-1-28 过盈连接装配方法的工艺特点及适用范围

装配方法		主要设备和工具	工艺特点	适用范围
压装	冲击压入	锤子或用重物冲击	简便，但导向性不易控制，易出现歪斜	适用于配合面要求较低或其长度较短、过渡配合的连接件，如销、键、短轴等，多用于单件生产
压装	工具压入	螺旋式、杠杆式、气动式压入工具	导向性比冲击压入好，生产率较高	适用于不宜用压力机压入的小尺寸连接件，如小型轮圈、轮毂、齿轮、套筒、连杆、衬套和一般要求的滚动轴承等。多用于小批生产
压装	压力机压入	齿条式、螺旋式、杠杆式、气动式压力机和液压机	压力范围为 10～10000kN，配合夹具可提高导向性	适用于中型和大型连接件，如车轮、飞轮、齿圈、轮毂、连杆衬套、滚动轴承等。易于实现压合过程自动化，成批生产中广泛采用
压装	液压垫压入	液压垫（一般用厚 2～3mm 的钢板制成空心，注入压力液体）	压力常在 10000kN 以上	用于压入行程短的大型、重型连接件，多用于单件或小批生产以代替大型压力机
热装	火焰加热	喷灯、氧乙炔、丙烷加热器、炭炉	加热温度低于 350℃。丙烷（加其他气体燃料）加热器热量集中，加热温度易于控制，操作简便	适用于局部受热和热胀尺寸要求严格控制的中型和大型连接件，如汽轮机、鼓风机、透平压缩机的叶轮、组合式曲轴的曲柄等
热装	介质加热	沸水槽、蒸汽加热槽、热油槽	沸水槽加热温度为 80～100℃，蒸汽加热槽可达 120℃，热油槽加热温度为 90～320℃，均可使连接件除油干净，热胀均匀	适用于过盈量较小的连接件，如滚动轴承、液体静压轴承、连杆衬套、齿轮。对忌油连接件，如氧压缩机上的连接件，需用沸水槽或蒸汽加热槽加热
热装	电阻加热和辐射加热	电阻炉、红外线辐射加热箱	加热温度可达 400℃ 以上，热胀均匀，表面洁净，加热温度易于自动控制	适用于小型和中型连接件，大型连接件需专用设备，成批生产中广泛应用
热装	感应加热	感应加热器	加热温度可达 400℃ 以上，加热时间短，调节温度方便，热效率高	适用于采用特重型和重型过盈配合的中型和大型连接件，如汽轮机叶轮、大型压榨机部件等

（续）

装配方法		主要设备和工具	工艺特点	适用范围
冷装	干冰冷缩	干冰冷缩装置（或以乙醇、丙酮、汽油为介质）	可冷至-78℃，操作简便	适用于过盈量小的小型连接件和薄壁衬套等
	低温箱冷缩	各种类型低温箱	可冷至-40~-140℃，冷缩均匀，表面洁净，冷缩温度易于自动控制，生产率高	适用于配合面精度较高的连接件，在热态下工作的薄壁套筒件，如发动机气门座圈等
	液氮冷缩	移动式或固定式液氮槽	可冷至-195℃，冷缩时间短，生产率高	适用于过盈量较大的连接件，如发动机主、副连杆衬套等。在过盈连接装配自动化中常被采用
	液氧冷缩	移动式或固定式液氧槽	可冷至-180℃，冷缩时间短，生产率高	
液压套合		高压油泵、扩压器或高压油枪、高压密封件、接头等	油压为 150000~200000MPa，操作工艺要求严格，套合后拆卸方便	适用于过盈量较大的大、中型连接件，如大型联轴器、化工机械和轧钢设备部件；特别适用于套合定位要求严格的部件，如大型凸轮轴的凸轮与轴的套合
爆炸压合		炸药、安全设施	在空旷地进行，注意安全	适用于中型和大型连接件，如高压容器的薄衬套等

① 压装。

a）压装时不得损伤零件。

b）压入过程应平稳，被压入件应准确到位。

c）压装的轴或套引入端应有适当导锥，但导锥长度不得大于配合长度的 15%，导向斜角一般不应大于 10°。

d）将实心轴压入不通孔时，应在适当部位有排气孔或槽。

e）压装零件的配合表面除有特殊要求，在压装时应涂以清洁的润滑剂。

f）用压力机压入时，压入前应根据零件的材料和配合尺寸计算所需的压入力，压力机的压力一般应为所需压入力的 3~3.5 倍。压装时压入力的计算方法见表 2-1-29。

表 2-1-29　压装时压入力的计算方法

压入力计算

1）压入力 p 的计算公式

$$p=p_{\mathrm{fmax}}\pi d_f L_f \mu \tag{1}$$

式中　p—压入力（N）

p_{fmax}—结合表面承受的最大单位压力（N/mm^2）

d_f—结合直径（mm）

L_f—结合长度（mm）

μ—结合表面摩擦因数

材　料	摩擦因数 μ	
	无润滑	有润滑
钢-钢	0.07~0.16	0.05~0.13
钢-铸钢	0.11	0.07
钢-结构钢	0.10	0.08
钢-优质结构钢	0.11	0.07

（续）

	材料	摩擦因数 μ	
压入力计算		无润滑	有润滑
	钢-青铜	0.15~0.20	0.03~0.06
	钢-铸铁	0.12~0.15	0.05~0.10
	铸铁-铸铁	0.15~0.25	0.05~0.10

最大单位压力的计算

2）最大单位压力 p_{fmax} 的计算公式

$$p_{\text{fmax}}=\frac{\delta_{\max}}{d_1\left(\frac{C_a}{E_a}+\frac{C_i}{E_i}\right)} \tag{2}$$

式中 $\delta_{\max}$—最大过盈量（mm）

C_a、C_i—系数，见式（3）、式（4）

E_a、E_i—分别为包容件和被包容件的材料弹性模量（N/mm^2）

3）系数 C_a、C_i 的计算

$$C_a=\frac{d_a^2+d_f^2}{d_a^2-d_f^2}+\nu \tag{3}$$

$$C_i=\frac{d_f^2+d_i^2}{d_f^2-d_i^2}-\nu \tag{4}$$

式中 d_a、d_i—分别为包容件外径和被包容件内径（实心轴 $d_i=0$）（mm）

ν—泊松比

材料	弹性模量 E /MPa	泊松比 ν	线胀系数 $\alpha/10^{-6}℃^{-1}$	
			加热	冷却
碳素钢、低合金钢、合金结构钢	200000~235000	0.30~0.31	11	−8.5
灰铸铁 HT150、HT200	70000~80000	0.24~0.25	11	−9
灰铸铁 HT250、HT300	105000~130000	0.24~0.26		
可锻铸铁	90000~100000	0.25	10	−8
非合金球墨铸铁	160000~180000	0.28~0.29		
青铜	85000	0.35	17	−15
黄铜	80000	0.36~0.37	18	−16
铝合金	69000	0.32~0.36	21	−20
镁铝合金	40000	0.25~0.30	25.5	−25

② 热装。

a）热装时的最小间隙应符合表2-1-30的规定。

表2-1-30 热装时的最小间隙（单位：mm）

结合直径 d	≤−3	>3~6	>6~10	>10~18	>18~30	>30~50	>50~80
最小间隙	0.003	0.006	0.010	0.018	0.030	0.050	0.059
结合直径 d	>80~120	>120~180	>180~250	>250~315	>315~400	>400~500	—
最小间隙	0.069	0.079	0.090	0.101	0.111	0.123	—

b）零件加热温度应根据零件的材料、结合直径、过盈量和热装的最小间隙等确定，确定方法见表2-1-31。

表 2-1-31　热装时零件加热温度的确定方法

加热温度计算图	1）热装时包容件的加热温度可根据其材料、结合直径、所需的内径热胀量由下图求得 2）包容件内径的热胀量等于最大过盈量加热装时的最小间隙 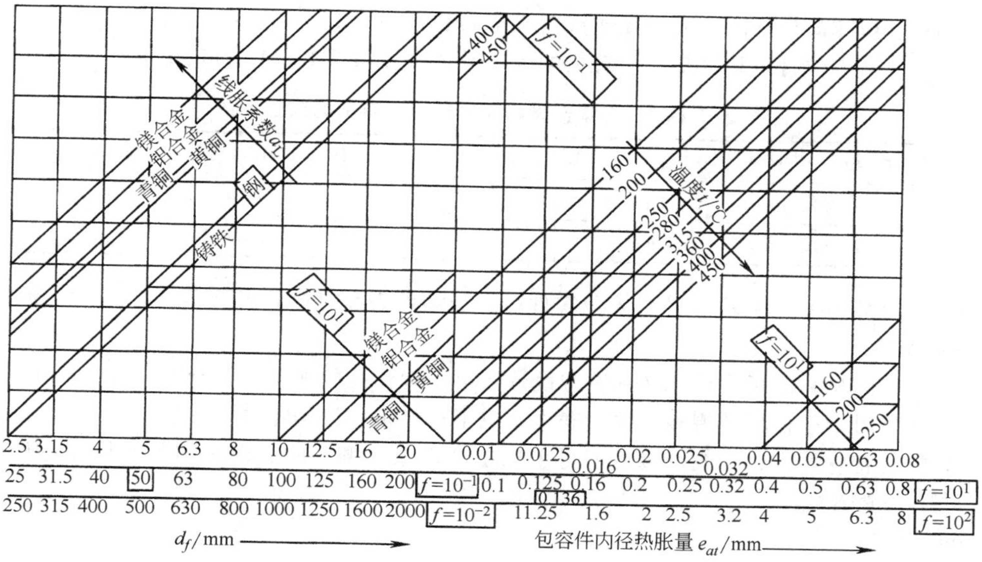 3）计算结果应乘以图表中与所用各参数数列相对应的以 10 为底的幂
应用举例	已知包容件为钢件，其结合直径 $d_f=50$mm，最大过盈量 $\delta_{max}=0.086$mm，求热装时的加热温度 解：根据表 2-1-30 可查得当 $d_f=50$mm 时，热装最小间隙为 0.050mm，则包容件的内径热胀量 $e_{at}=\delta_{max}+0.050mm=(0.086+0.050)mm=0.136$mm。由包容件为钢件，$d_f=50$mm 和 $e_{at}=0.136$mm 就可以从图中求出加热温度为 250℃，求出的结构应乘以图中与所用各参数列相对的以 10 为底的幂。在本例中所用 $d=50$mm，该数列对应的 $f=10^{-1}$，$e_{at}=0.136$mm，其数列对应的 $f=10^{1}$，故加热温度 $t=250\times10^{-1}\times10^{1}$℃ $=250$℃

c）加热方式参照表 2-1-28 中的“热装”项。

d）用油温加热时，被加热零件必须全部浸没在油中，加热温度应低于油的闪点 20~30℃。

e）零件加热到预定温度后，应取出立即装配，并应一次装到预定位置，中间不得停顿。

f）热装后一般应让其自然冷却，不应骤冷。

③ 冷装。

a）冷装时的冷却温度应控制合适，可用下式进行计算：

$$t_c=\frac{e_{it}}{\alpha d_f}$$

式中　t_c——冷却温度（℃）；

e_{it}——被包容件外径的冷缩量，等于过盈量与冷装时的最小间隙之和（mm）；

α——材料的线胀系数（$℃^{-1}$）；

d_f——结合直径（mm）。

b）冷装时的最小间隙与热装时的最小间隙相同，可按表 2-1-30 选取。

c）冷装时常用的冷却方式参照表 2-1-28 中的“冷装”项。

d）零件的冷却时间按下式计算：

$$t=a\delta+6$$

式中　t——零件冷却所需要的时间（min）；

δ——被冷却零件的最大半径或壁厚（mm）；

a——与零件材料和冷却介质有关的综合系数（见表2-1-32）（min/mm）。

表2-1-32　与零件材料和冷却介质有关的综合系数　（单位：min/mm）

零件材料		钢	铸　铁	黄　铜	青　铜
冷却介质	液态氮	1.2	1.3	0.8	0.9
	液态氧	1.4	1.5	1.0	1.1

e）冷透零件取出后应立即装入包容件。对于零件表面有厚霜者，不得装配，应重新冷却。

5）铆接。

① 铆钉的材料与规格尺寸必须符合设计要求。铆钉孔的加工应符合有关标准规定。

② 铆接时不得损坏被铆接零件的表面，也不得使被铆接的零件变形。

③ 除有特殊要求，一般铆接后不得出现松动现象，铆钉的头部必须与被铆接零件紧密接触，并应光滑圆整。

6）粘接。

① 黏结剂必须符合设计或工艺要求。

② 被粘接的表面必须做好预处理，符合粘接工艺要求。

③ 通过预处理的零件应立即进行粘接。

④ 粘接时黏结剂应涂抹均匀，相粘接的零件应注意定位。

⑤ 固化时的温度、压力、时间等必须严格按工艺规定。

⑥ 粘接后应清除多余的黏结剂。

（3）典型部件的装配要求

1）滚动轴承的装配。

① 轴承在装配前必须是清洁的。

② 对于油脂润滑的轴承，装配后一般应注入约二分之一空腔符合规定的润滑脂。

③ 用压入法装配时，应用专门压具或在过盈配合环上垫以棒或套（见图2-1-3），不得通过滚动体和保持架传递压力或打击力。

④ 轴承内圈端面一般应靠紧轴肩，其最大间隙，对圆锥滚子轴承和向心推力轴承应不大于0.05mm，其他轴承应不大于0.1mm。

⑤ 轴承外圈装配后，其定位端轴承盖与垫圈或外圈的接触应均匀。

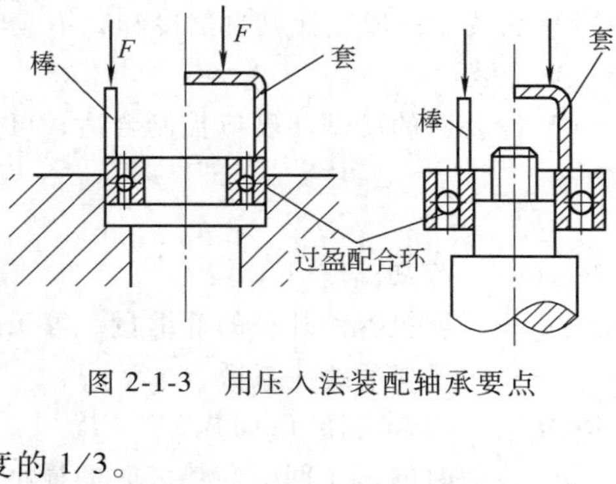

图2-1-3　用压入法装配轴承要点

⑥ 轴承外圈与开式轴承座及轴承盖的半圆孔均应接触良好，用涂色法检验时，与轴承座在对称于中心线的120°范围内应均匀接触；与轴承盖在对称于中心线90°范围内应均匀接触。在上述范围内，用0.03mm的塞尺检查时，不得塞入外环宽度的1/3。

⑦ 热装轴承时，加热温度一般应不高于120℃；冷装时，冷却温度应不低于-80℃。

⑧ 装配可拆卸的轴承时，必须按内外圈和对位标记安装，不得装反或与别的轴承内外圈混装。

⑨ 对可调头装配的轴承，装配时应将有编号的一端向外，以便识别。

⑩ 在轴的两侧装配径向间隙不可调的向心轴承，并且轴向位移是以两端端盖限定时，只能一端轴承紧靠端盖，另一端必须留有轴向间隙 C（见图 2-1-4）。C 值的大小按下式计算：

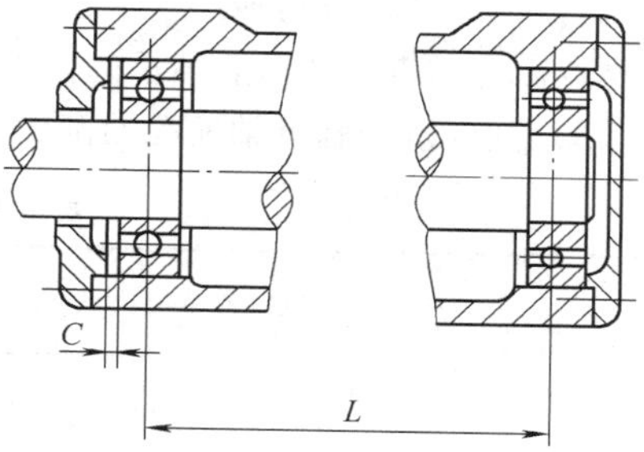

图 2-1-4　向心轴承装配要点

$$C=\alpha_1\Delta tL+0.15$$

式中　C——轴承外圈端面与端盖间的轴向间隙（mm）；

α_1——轴的材料线胀系数，见表 2-1-29（加热）；

Δt——轴最高工作温度与环境温度之差（℃）；

L——两轴承中心距（mm）；

0.15——轴热胀后应剩余的间隙（mm）。

⑪ 滚动轴承装配时的轴向游隙值（见表 2-1-33）。

表 2-1-33　滚动轴承装配时的轴向游隙值　（单位：mm）

1）推力角接触球轴承、圆锥滚子轴承、双向推力角接触球轴承

轴承内径	轴向游隙					
	推力角接触球轴承		圆锥滚子轴承		双向推力角接触球轴承	
	轻系列	中及重系列	轻系列	轻宽中及中宽系列	轻系列	中及重系列
≤30	0.02~0.06	0.03~0.09	0.03~0.10	0.04~0.11	0.03~0.08	0.05~0.11
>30~50	0.03~0.09	0.04~0.10	0.04~0.11	0.05~0.13	0.04~0.10	0.06~0.12
>50~80	0.04~0.10	0.05~0.12	0.05~0.13	0.06~0.15	0.05~0.12	0.07~0.14
>80~120	0.05~0.12	0.06~0.15	0.06~0.15	0.07~0.18	0.06~0.15	0.10~0.18
>120~150	0.06~0.15	0.07~0.18	0.07~0.18	0.08~0.20	—	—
>150~180	0.07~0.18	0.08~0.20	0.09~0.20	0.10~0.22	—	—
>180~200	0.09~0.20	0.10~0.22	0.12~0.22	0.14~0.24	—	—
>200~250	—	—	0.18~0.30	0.18~0.30	—	—

2）双列圆锥滚子轴承

轴承内径	轴向游隙	
	一般情况	内圈比外圈温度高 25~30℃
≤80	0.10~0.20	0.30~0.40
>80~180	0.15~0.25	0.40~0.50
>180~225	0.20~0.30	0.50~0.60
>225~315	0.30~0.40	0.70~0.80
>315~560	0.40~0.50	0.90~1.00

3）四列圆锥滚子轴承

轴承内径	轴向游隙	轴承内径	轴向游隙
>120~180	0.15~0.25	>500~630	0.30~0.40
>180~315	0.20~0.30	>630~800	0.35~0.45
>315~400	0.25~0.35	>800~1000	0.35~0.45
>400~500	0.30~0.40	>1000~1250	0.40~0.50

⑫ 滚动轴承装好后，用手转动应灵活、平稳。

2）滑动轴承的装配。

① 剖分式滑动轴承的装配。

a）上下轴瓦应与轴颈（或工艺轴）配对加工，以达到设计规定的配合间隙、接触面积、孔与端面的垂直度和前后轴承的同轴度要求。

b）刮削滑动轴承轴瓦孔的刮研接触点数，若设计未规定，不应低于表 2-1-34 的要求。

表 2-1-34　轴瓦孔的刮研接触点数

轴承直径/mm	机床或精密机械主轴轴承			锻压设备、通用机械动力机械的轴承		冶金设备和建筑工程机械的轴承	
	高精度	精密	普通	重要	一般	重要	一般
	每 25mm×25mm 内的刮研接触点数						
≤120	20	16	12	12	8	8	5
>120	16	12	10	8	6	5~6	2~3

c）上下轴瓦接触角 α 以外的部分须加工出油楔，油楔尺寸 C_1 若设计未规定，应符合表 2-1-35 的要求。

表 2-1-35　油楔尺寸

油楔最大值 C_1	
稀油润滑	$C_1 \approx C$
油脂润滑	距瓦两端面 10~15mm 范围内，$C_1 \approx C$
	中间部位 $C_1 \approx 2C$

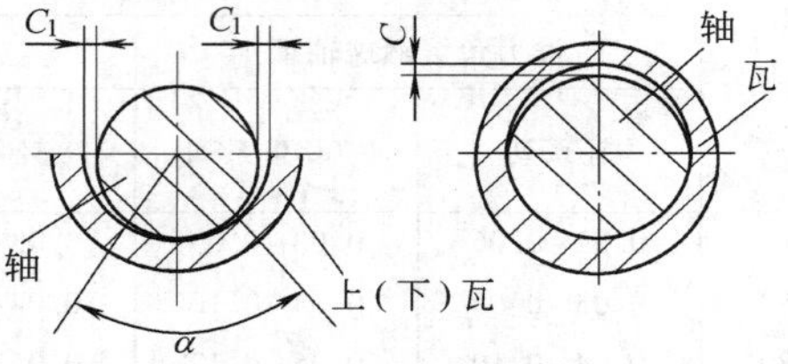

注：C 值为轴瓦的最大配合间隙。

d）轴瓦外径与轴承座孔的接触应良好，若设计未规定接触指标的要求，则装配时应达到表 2-1-36 的要求。

表 2-1-36　轴瓦外径与轴承座孔的接触要求

项目		接触要求	
		上瓦	下瓦
接触角 α	稀油润滑	130°	150°
	油脂润滑	120°	140°
α 角内接触率		60%	70%
瓦侧间隙 b/mm		$D \leqslant 200$mm 时，0.05mm 塞尺不准塞入	
		$D>200$mm 时，0.10mm 塞尺不准塞入	

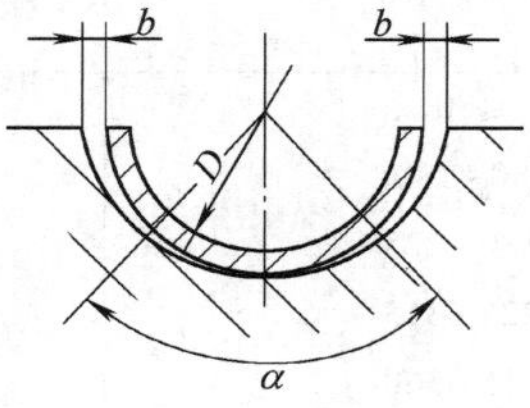

e）上下轴瓦的接合面要紧密接触，用 0.05mm 的塞尺从外侧检查时，任何部位塞入深度均不得大于接合面宽度的 1/3。

f）上下轴瓦应按加工时的配对标记装配，不得装错。

g）瓦口垫片应平整，其宽度应小于瓦口面宽度1~2mm，长度方向应小于瓦口面长度。垫片不得与轴颈接触，一般应与轴颈保持1~2mm的间隙。

h）当用定位销固定轴瓦时，应保证瓦口面、端面与相关轴承孔的开合面、端面保持平齐。固定销打入后不得有松动现象，且销的端面应低于轴瓦内孔表面1~2mm。

i）球面自位轴承的轴承体与球面座装配时，应涂色检查它们的配合表面接触情况，一般接触面积应大于70%，并应均匀接触。

② 整体圆柱滑动轴承装配。

a）固定式圆柱滑动轴承装配时可根据过盈量的大小，采用压装或冷装，装入后内径必须符合设计要求。

b）轴套装入后，固定轴承用的锥端紧定螺钉或固定销端头应埋入轴承内。

c）轴装入轴套后应转动自如。

③ 整体圆锥滑动轴承装配。装配圆锥滑动轴承时，应涂色检查锥孔与主轴颈的接触情况，一般接触长度应大于70%，并应靠近大端。

3）齿轮与齿轮箱的装配。

① 装配齿轮时，齿轮孔与轴的配合必须符合设计要求；齿轮基准端面与轴肩（或定位套端面）应贴合，并应保证齿轮基准端面与轴线的垂直度要求。

② 相啮合的圆柱齿轮副的轴向错位应符合如下规定：

a）当齿宽 $B\leqslant100$mm 时，错位 $\Delta B\leqslant0.05B$。

b）当齿宽 $B>100$mm 时，错位 $\Delta B\leqslant5$mm。

③ 齿轮装配后，齿面的接触斑点和侧隙应符合GB/T 10095和GB/T 11365的规定。齿轮齿条副和蜗杆副装配后的接触斑点与侧隙应分别符合GB/T 10096和GB/T 10089的规定。

④ 装配锥齿轮时，应按加工配对编号装配。

⑤ 齿轮箱的变速机构换挡应灵活自如，且不应有脱挡或松动现象。

⑥ 齿轮箱体与盖的结合面应接触良好，在自由状态下，用0.15mm塞尺检查不应塞入，在紧固后，用0.05mm的塞尺检查，一般不应塞入，局部塞入不应超过结合面宽的1/3。

⑦ 齿轮箱装配后，用手转动时应灵活平稳。

⑧ 齿轮箱装配后的清洁度应符合JB/T 7929的规定。

⑨ 齿轮箱装配后应按设计和工艺规定进行空载试验。试验时不应有冲击，噪声、温升和渗漏不得超过有关标准规定。

4）链轮、链条的装配。

① 链轮与轴的配合必须符合设计要求。空套链轮应在轴上转动灵活。

② 主动链轮与从动链轮的轮齿几何中心平面应重合，其偏移量不得超过设计要求。若设计未规定，一般应小于或等于两轮中心距的2‰。

③ 链条与链轮啮合时，工作边必须拉紧，并应保证啮合平稳。

④ 链条非工作边的下垂度应符合设计要求。若设计未规定，应按两链轮中心距的1%~5%调整。

5）制动器的装配。

① 制动带与制动板铆合后，铆钉头应埋入制动带厚度的1/3左右，不得产生铆裂现象。制动带和制动板必须贴紧，局部间隙应符合以下要求：

a）当制动轮直径小于500mm时，局部间隙不得大于0.3mm。

b）当制动轮直径等于或大于500mm时，局部间隙不得大于0.5mm。

② 带式制动器在自由状态时，制动带与制动轮之间的间隙装配时应调到1~2mm范围内。蹄式制动器在自由状态时，制动衬面与制动鼓的间隙应调整到0.25~0.5mm范围内。

6）联轴器的装配。

① 装配联轴器时，轴端面应埋入半联轴器内1~2mm，联轴器相对两端面间的间隙应符合设计要求。

② 联轴器相对两轴的径向偏移量和角向偏量必须小于相应联轴器标准中规定的许用补偿量。其径向许用补偿量 Δy 和角向许用补偿量 $\Delta\alpha$ 见表2-1-37。

7）液压系统的装配。

① 液压系统的管路在装配前必须除锈、清洗，在装配和存放时应注意防尘、防锈。

② 各种管子不得有凸痕、皱折、压扁、破裂等现象，管路弯曲处应圆滑。软管不得有扭转现象。

③ 管路的排列要整齐，并要便于液压系统的调整和维修。

④ 注入液压系统的液压油应符合设计和工艺要求。

⑤ 装配液压系统时必须注意密封。为防止渗漏，装配时允许使用密封填料或密封胶，但应防止进入系统中。

⑥ 液压系统装好后，应按有关标准和要求进行运转试验。

⑦ 有关液压系统和液压元件的其他要求应分别符合GB/T 3766和GB/T 7935的规定。

表2-1-37 联轴器许用补偿量

齿式联轴器

型号	Δy	$\Delta\alpha$
CL1	0.4	≤30′
CL2	0.65	
CL3	0.8	
CL4	1.0	
CL5	1.25	
CL6	1.35	
CL7	1.6	
CL8	1.8	
CL9	1.9	
CL10	2.1	
CL11	2.4	
CL12	3.0	
CL13	3.2	
CL14	3.5	
CL15	4.5	
CL16	4.6	
CL17	5.4	
CL18	6.1	
CL19	6.3	

梅花形弹性联轴器

型号	Δy	$\Delta\alpha$
ML1 MLZ1 MLS1 MLL1	0.5	2.5°
ML2~ML4 MLZ2~MLZ4 MLS2~MLS4 MLL2~MLL4	0.8	
ML5~ML7 MLZ5~MLZ7 MLS5~MLS7 MLL5~MLL7	1.0	1.5°
ML8 MLZ8 MLS8 MLL8		
ML9~ML10 MLZ9~MLZ10 MLS9~MLS10 MLL9~MLL10	1.5	1°
ML11~ML13 MLZ11~MLZ13 MLS11~MLS13 MLL11~MLL13	1.6	

弹性柱销齿式联轴器

型号	Δy	$\Delta\alpha$
ZL~ZL3 ZLD1~ZLD3	0.3	30′
ZL4~ZL7 ZLD4~ZLD7	0.4	
ZL8~ZL13 ZLD8~ZLD13	0.6	
ZL14~ZL21	1.0	
ZL22~ZL23	1.5	
ZLZ1~ZLZ3	0.15	
ZLZ4~ZLZ6	0.2	1°
ZLZ7~ZLZ8		1°30′
ZLZ9~ZLZ15	0.3	2°
ZLZ16~ZLZ19	0.3	2°30′
ZLZ20~ZLZ23	0.75	
ZLL1~ZLL2	0.15	30′
ZLL3~ZLL7	0.2	
ZLL8~ZLL9	0.3	

（续）

<table>
<tr><th colspan="3">弹性套柱销联轴器</th><th colspan="3">弹性柱销联轴器</th><th colspan="3">扰性爪联轴器</th><th colspan="3">滑块联轴器</th></tr>
<tr><th>型号</th><th>Δy</th><th>Δα</th><th>型号</th><th>Δy</th><th>Δα</th><th>型号</th><th>Δy</th><th>Δα</th><th>型号</th><th>Δy</th><th>Δα</th></tr>
<tr><td>TL1～TL4</td><td>0.2</td><td rowspan="2">1°30′</td><td rowspan="2">HL1～HL5
HLL1～HLL7</td><td rowspan="2">0.15</td><td rowspan="2">—</td><td rowspan="2">NZ1～NZ6</td><td rowspan="2">0.2</td><td rowspan="2">40′</td><td rowspan="2">HL</td><td rowspan="2">0.1</td><td rowspan="2">—</td></tr>
<tr><td rowspan="2">TL5
TLL1
TL6～TL7
TLL2～TLL3</td><td rowspan="2">0.3</td></tr>
<tr><td rowspan="2">1°</td><td rowspan="2">HL6～HL9
HLL8～HLL13</td><td rowspan="2">0.2</td><td rowspan="7">≤30′</td><td colspan="3">板弹性联轴器</td><td colspan="3" rowspan="7">—</td></tr>
<tr><td>TL8～TL10
TLL4～TLL6</td><td>0.4</td><td>型号</td><td>Δy</td><td>Δα</td></tr>
<tr><td rowspan="2">TL11～TL12
TLL7～TLL8</td><td rowspan="2">0.5</td><td rowspan="5">30′</td><td rowspan="5">HL10～HL14
HLL14
HLL15</td><td rowspan="5">0.25</td><td>T1～T2</td><td>0.1</td><td rowspan="5">40′</td></tr>
<tr><td>T3</td><td>0.15</td></tr>
<tr><td rowspan="3">TL13
TL19</td><td rowspan="3">0.6</td><td>T4～T5</td><td>0.2</td></tr>
<tr><td>T6</td><td>0.25</td></tr>
<tr><td>T7</td><td>0.3</td></tr>
</table>

8）气动系统的装配应符合 GB/T 7932 的规定。

9）密封件的装配。

① 装配密封件时，对石棉绳和毡垫应先浸透油；对油封和密封圈，装配前应先将油封唇部和密封圈表面涂上润滑油脂（需干装配的除外）。

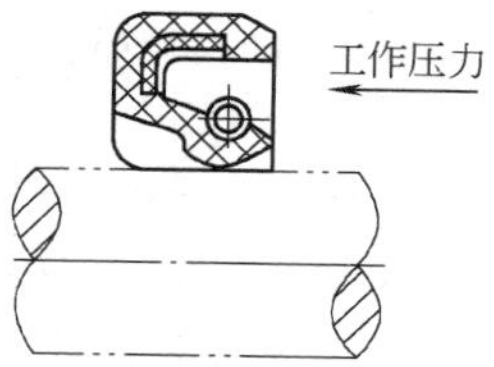

图 2-1-5　油封的装配方向

② 油封的装配方向应使介质工作压力把密封唇部压紧在轴上（见图 2-1-5），不得装反。如油封用于防尘时，则应使唇部背向轴承。

③ 若轴端有键槽、螺钉孔、台阶等时，为防止油封或密封圈损坏，装配时可采用装配导向套（见图 2-1-6）。

④ 装配密封件时必须使其与轴或孔壁贴紧，以防渗漏。

⑤ 装配端面密封件时，必须使动、静环具有一定的浮动性，但动、静环与相配零件间不得发生连续的相对转动，以防渗漏。

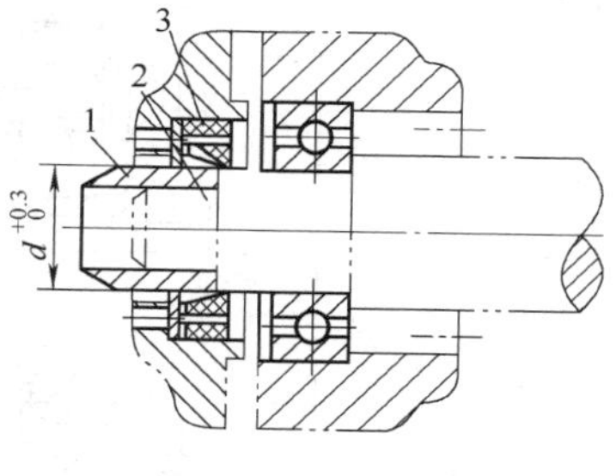

图 2-1-6　采用装配导向套装配
1—装配导向套　2—轴　3—油封

10）电气系统装配。

① 电气元件在装配前应进行测试、检查，不合格者不能进行装配。

② 应严格按照电气装配图样要求进行布线和连接。

③ 所有导线的绝缘层必须完好无损，导线剥头处的细铜丝必须拧紧，需要时应搪锡。

④ 焊点必须牢固，不得有脱焊或虚焊现象。焊点应光滑、均匀。

⑤ 电气系统装配的其他要求可参照 GB/T 5226.1 等的规定。

（4）平衡

1）有不平衡力矩要求的零部件，装配时应进行静平衡或动平衡试验。

2）对回转零部件的不平衡质量可用下述方法进行校正：

① 用补焊、喷镀、粘接、铆接、螺纹连接等加配质量（配重）。

② 用钻削、磨削、铣削、锉削等去除质量（去重）。

③ 在平衡槽中改变平衡块的数量或位置。

3）用加配质量的方法校正时，必须固定牢靠，以防在工作过程中松动或飞出。

4）用去除质量的方法校正时，注意不得影响零件的刚度、强度和外观。

5）对于组合式回转体，经总体平衡后，不得再任意移动或调换零件。

6）恒态（刚性）转子和挠性转子的平衡要求应符合 GB/T 9239.1、GB/T 9239.12 等的规定。

（5）总装

1）产品入库前必须进行总装，总装时对随机附件也应进行试装，并要保证设计要求。

2）对于需到使用现场才能进行总装的大型或成套设备，在出厂前也应进行试装，试装时必须保证所有连接或配合部位均符合设计要求。

3）产品总装后均应按产品标准和有关技术文件的规定进行试验和检验。

4）试验、检验合格后，应排除试验用油、水、气等，并清除所有脏污，保证产品的清洁度要求，并应采取相应防锈措施。

2. 一般装配对零部件结构工艺性的要求

（1）组成单独部件或装配单元（见表 2-1-38）

表 2-1-38　组成单独部件或装配单元

注意事项	图例		说　明
	改进前	改进后	
尽可能组成单独的箱体或部件	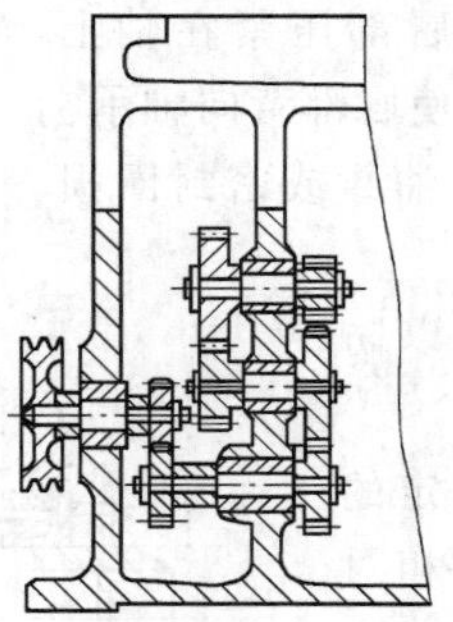	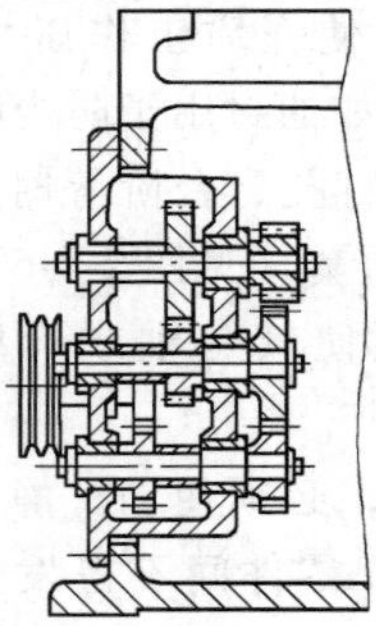	将传动齿轮组成单独的齿轮箱，以便分别装配，提高工效，便于维修
尽可能组成单独的部件或装配单元	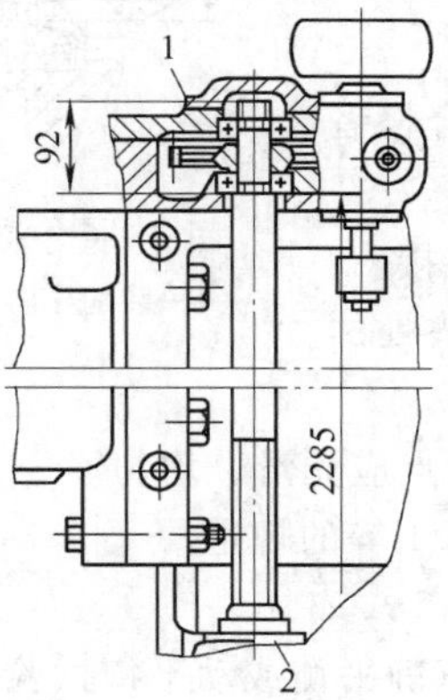	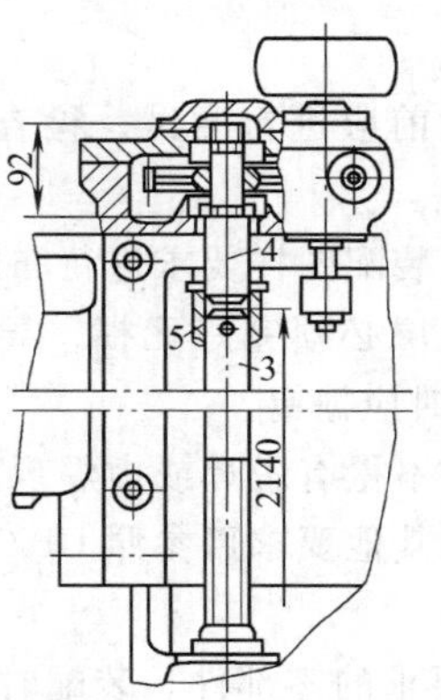	改进前，轴的两端分别装在箱体 1 和箱体 2 内，装配不便。改进后，轴分为 3、4 两段，用联轴器 5 连接，箱体 1 成为单独装配单元，简化了装配工作

（续）

注意事项	图例		说明
	改进前	改进后	
同一轴上的零件，尽可能考虑能从箱体一端成套装卸	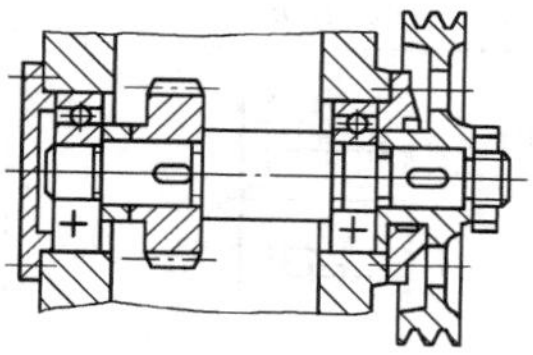	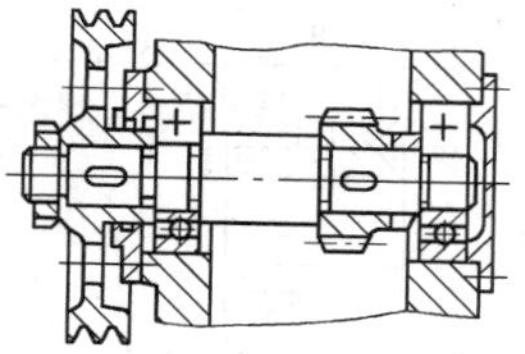	改进前，轴上的齿轮大于轴承孔，需在箱内装配。改进后，轴上零件可在组装后一次装入箱体内

（2）应具有合理的装配基面（见表2-1-39）

表2-1-39　应具有合理的装配基面

注意事项	图例		说明
	改进前	改进后	
具有装配位置精度要求的零件应有定位基面	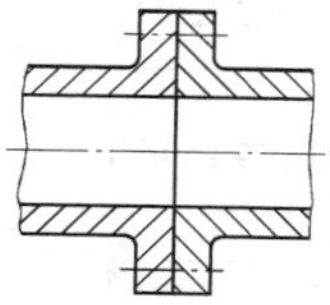	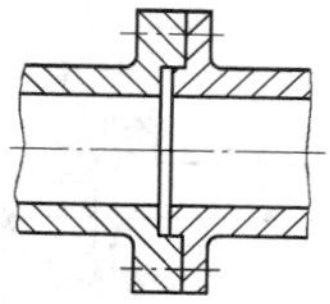	有同轴度要求的两个零件在连接时应有装配定位基面
零件装配位置不应是游动的，而应有定位基面	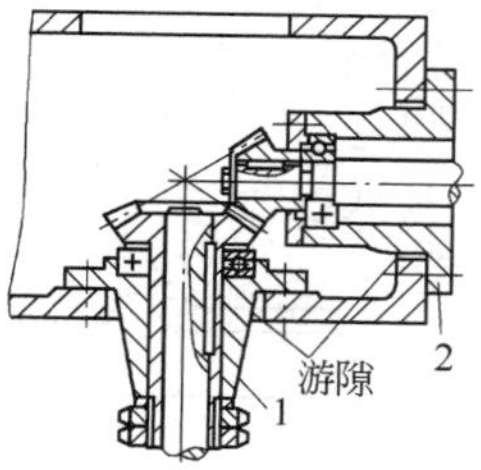	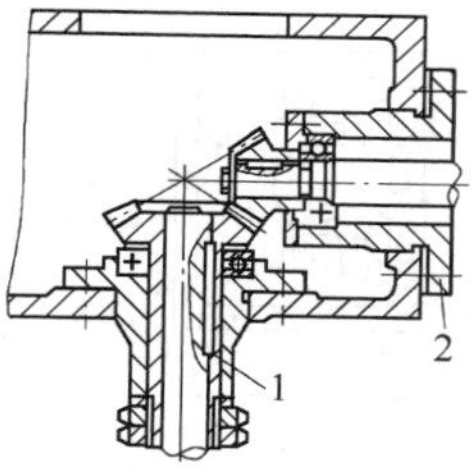	改进前，支架1和支架2都是套在无定位面的箱体孔内，调整装配锥齿轮，需用专用夹具。改进后，做出支架定位基面后，可使装配调整简化
避免用螺纹定位	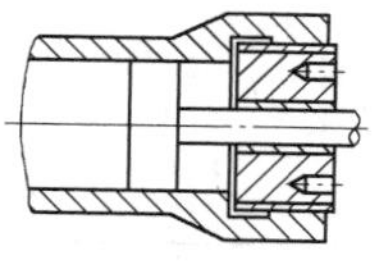	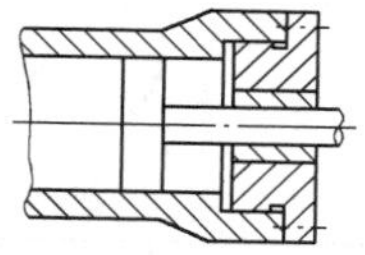	改进前由于有螺纹间隙，不能保证端盖孔与液压缸的同轴度，须改用圆柱配合面定位
互相有定位要求的零件，应按同一基准来定位	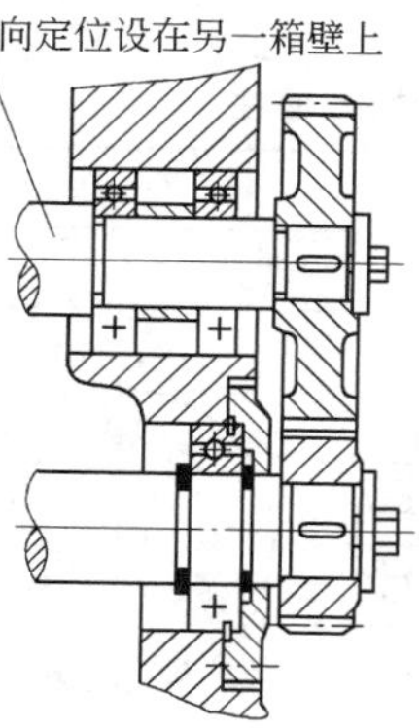	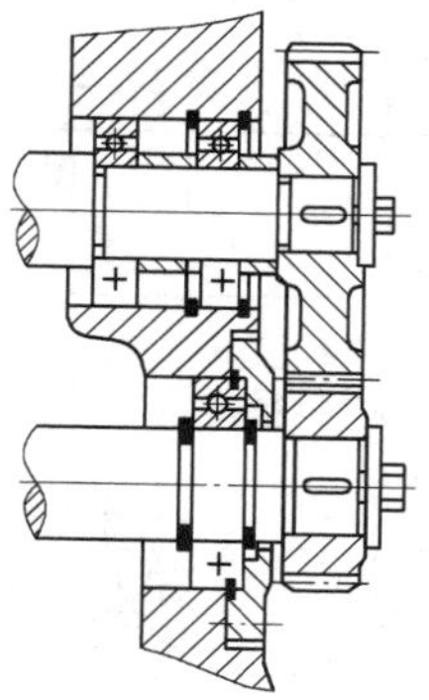	交换齿轮的两根轴不在同一箱体壁上作轴向定位，当孔和轴加工误差较大时，齿轮装配相对偏差加大，应改在同一壁上，作轴向固定

(3) 考虑装配的方便性（见表 2-1-40）

表 2-1-40 考虑装配的方便性

注意事项	图例		说明
	改进前	改进后	
考虑装配时能方便地找正和定位	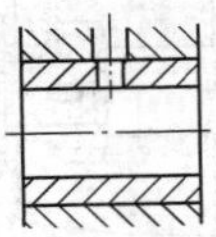	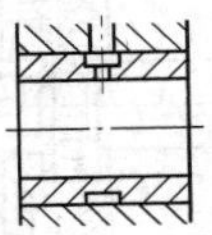	为便于装配时找正油孔，做出环形槽
	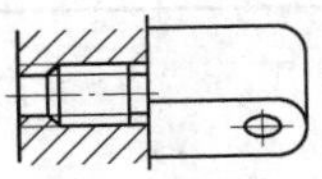	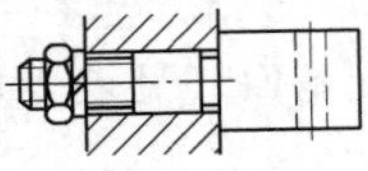	有方向性的零件应采用适应方向要求的结构，改进后的图例可调整孔的位置
轴上几个有配合的台阶表面，避免同时入孔装配	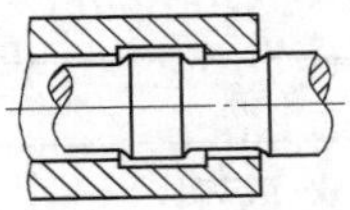	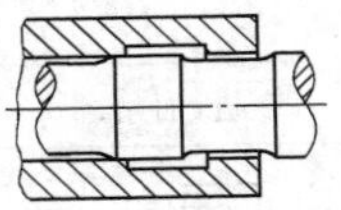	轴上几个台阶同时装配，找正不方便，且易损坏配合面。改进后可改善工艺性
轴与套相配部分较长时，应做退刀槽	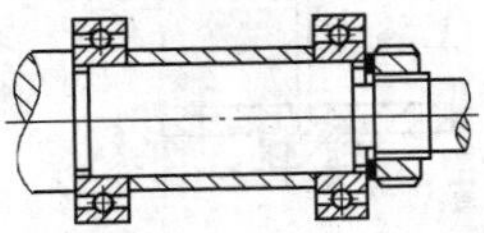	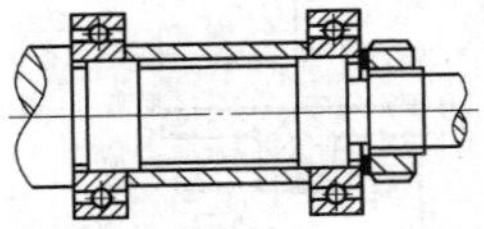	避免装配接触面过长
尽可能把紧固件布置在易于装拆的部位	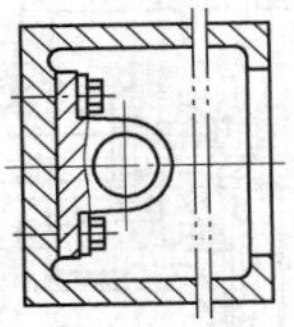	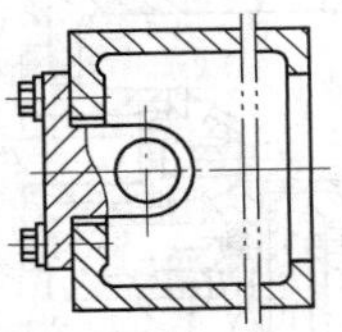	改进前轴承架需专用工具装拆，改进后比较简便
应考虑电气、润滑、冷却等部分安装、布线和接管的要求	—	—	在床身、立柱、箱体、罩、盖等设计中，应综合考虑电气、润滑、冷却及其他附属装置的布线要求，如做出凸台、孔、龛及在铸件中敷设钢管等

(4) 考虑拆卸的方便性（见表 2-1-41）

表 2-1-41 考虑拆卸的方便性

注意事项	图例		说明
	改进前	改进后	
在轴、法兰、压盖、堵头及其他零件的端面，应有必要的工艺螺孔	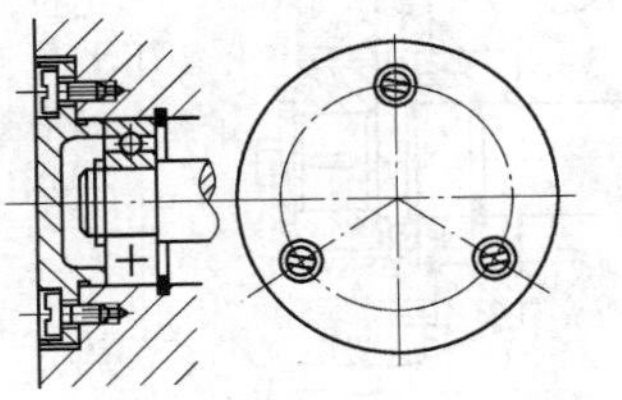	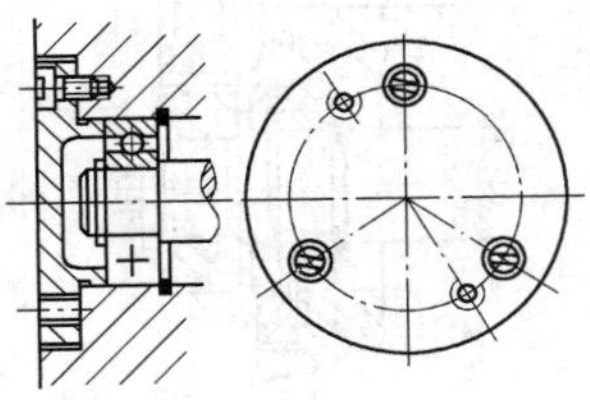	避免使用非正常拆卸方法，易损坏零件

（续）

注意事项	图例		说明
	改进前	改进后	
做出适当的拆卸窗口、孔槽	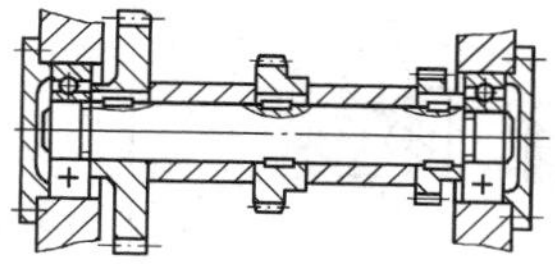	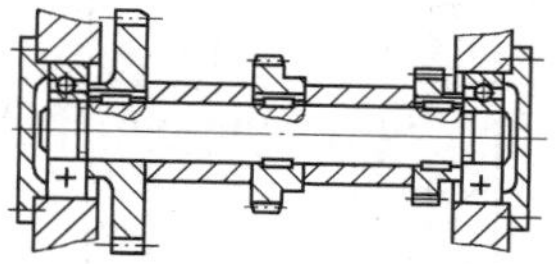	在隔套上做出键槽，便于安装，拆时不需将键拆下
当调整维修个别零件时，避免拆卸全部零件	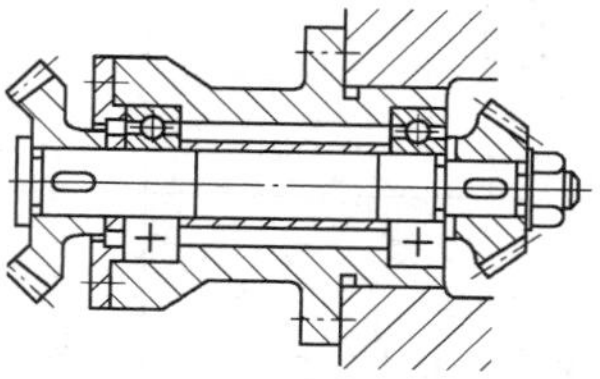	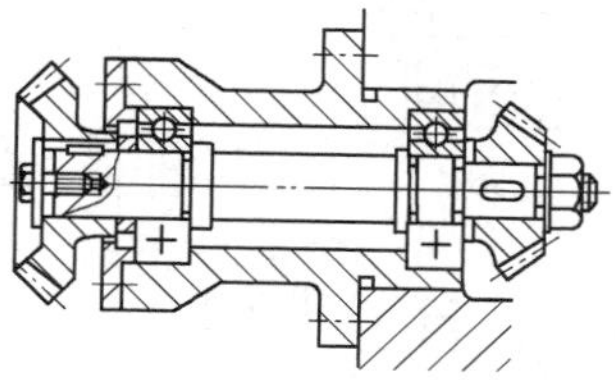	改进前在拆卸左边调整垫圈时，几乎需拆下轴上全部零件

（5）考虑装配的零部件之间结构的合理性（见表 2-1-42）

表 2-1-42　考虑装配的零部件之间结构的合理性

注意事项	图例		说明
	改进前	改进后	
轴和轴毂的配合在锥形轴头上必须留有一充分伸出部分 a，不许在锥形部分之外加轴肩	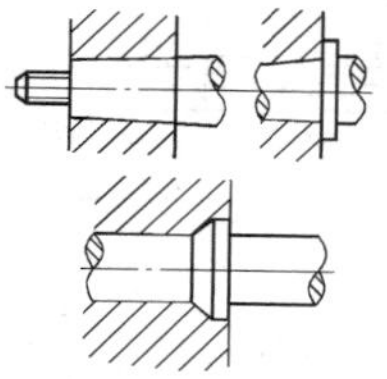	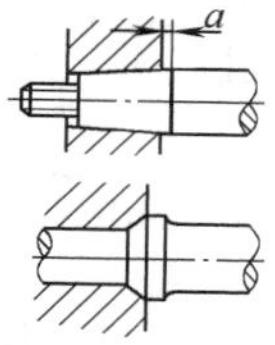	使轴和轴毂能保证紧密配合
圆形的铸件加工面必须与不加工处留有充分的间隙 a	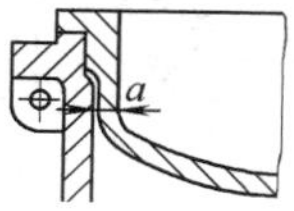	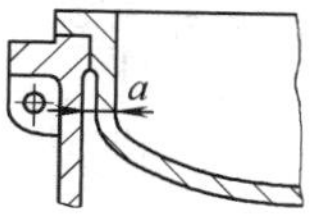	防止铸件圆度有误差，两件相互干涉
定位销的孔应尽可能钻通	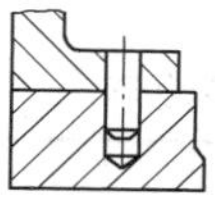	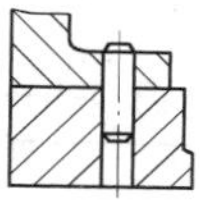	销子容易取出
螺纹端部应倒角	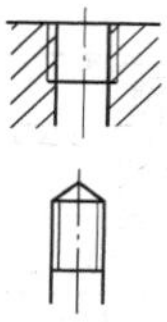	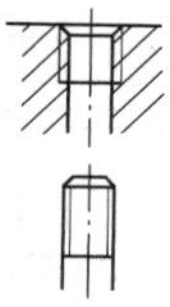	避免装配时将螺纹端部损坏

（6）避免装配时的切削加工（见表 2-1-43）

表 2-1-43　避免装配时的切削加工

注意事项	图例：改进前	图例：改进后	说明
避免装配时的切削加工	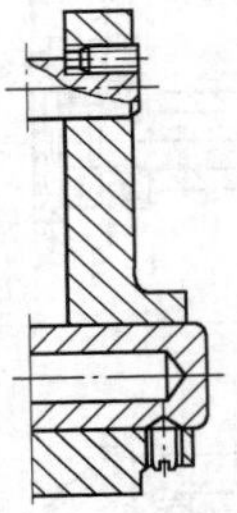	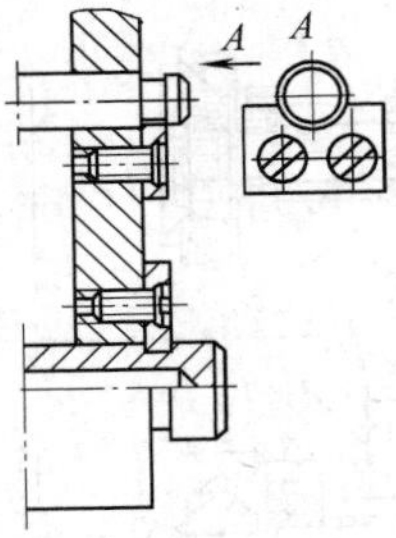	改进前，轴套装上后需钻孔、攻螺纹。改进后的结构则避免了装配时的切削加工
	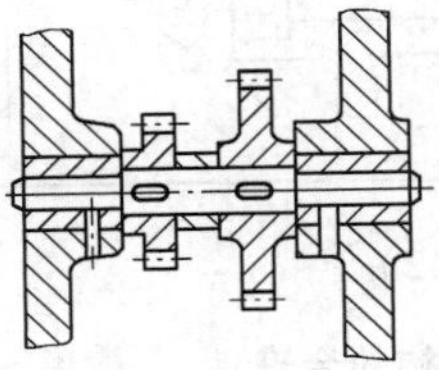	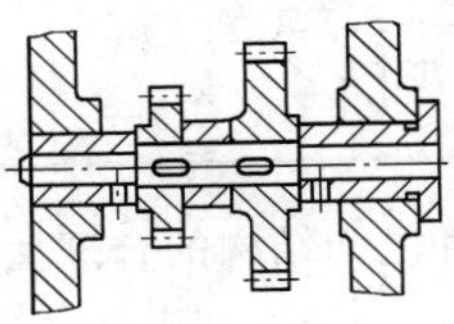	改进前，轴套上油孔需在装配后与箱体一起配钻。改进后，油孔改在轴套上，装配前预先钻出
避免装配时的加工	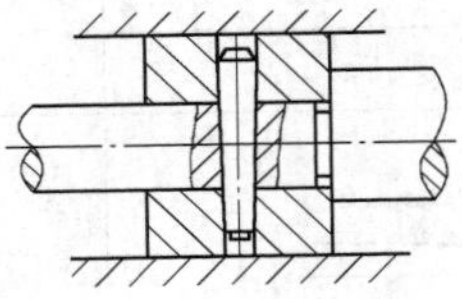	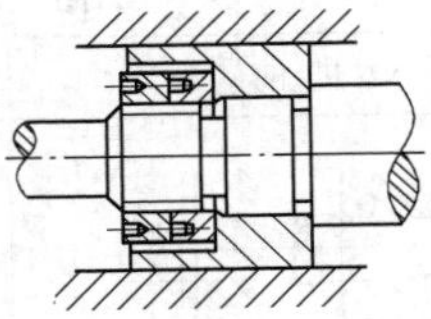	将活塞上配钻销孔的销钉连接改为螺纹连接
	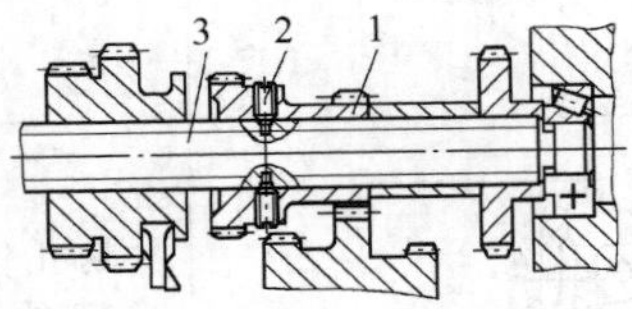	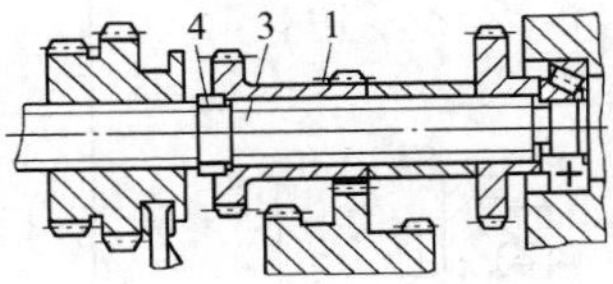	改进前，齿轮1上两定位螺钉2在花键轴3上的定位孔需在装配时钻出，改进后花键轴上增加一沉割槽，用两只半圆隔套4实现齿轮1的轴向定位，避免了装配时的机加工配作

（7）选择合理的调整补偿环（见表 2-1-44）

表 2-1-44　选择合理的调整补偿环

注意事项	图例：改进前	图例：改进后	说明
在零件的相对位置需要调整的部位，应设置调整补偿环，以补偿尺寸链误差，简化装配工作	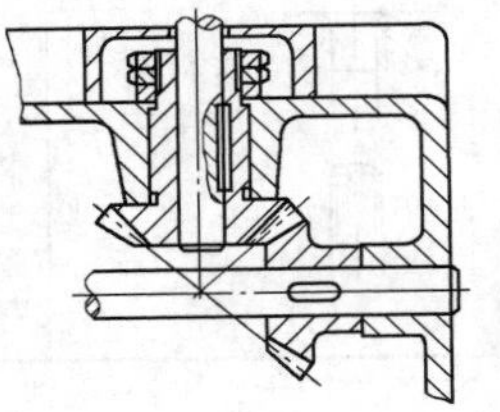	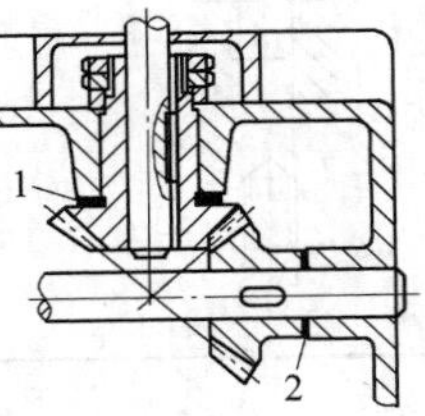	改进前锥齿轮的啮合要靠反复修配支承面来调整；改进后可靠修磨调整垫1和2的厚度来调整

（续）

注意事项	图例		说明
	改进前	改进后	
在零件的相对位置需要调整的部位，应设置调整补偿环，以补偿尺寸链误差，简化装配工作	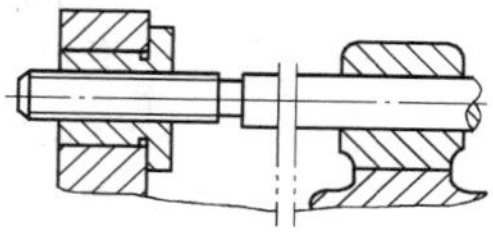	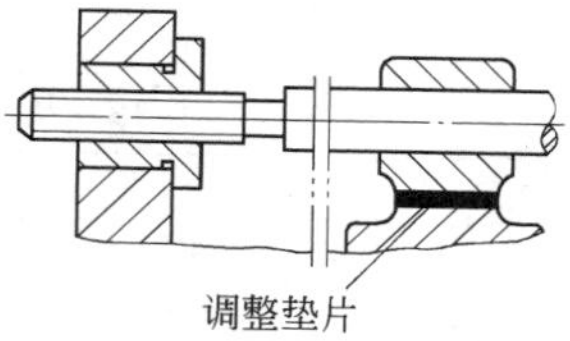	用调整垫片来调整丝杠支承与螺母的同轴度
调整补偿环应考虑测量方便	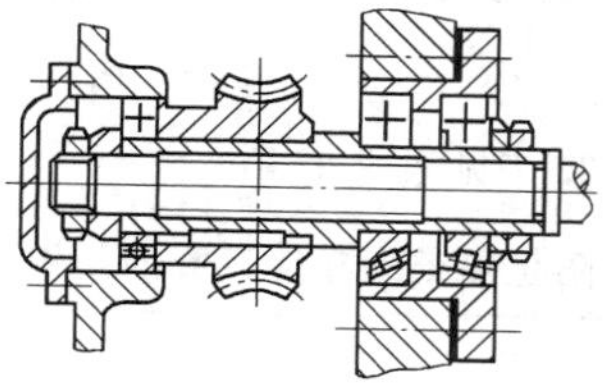		调整垫尽可能布置在易于拆卸的部位
调整补偿环应考虑调整方便	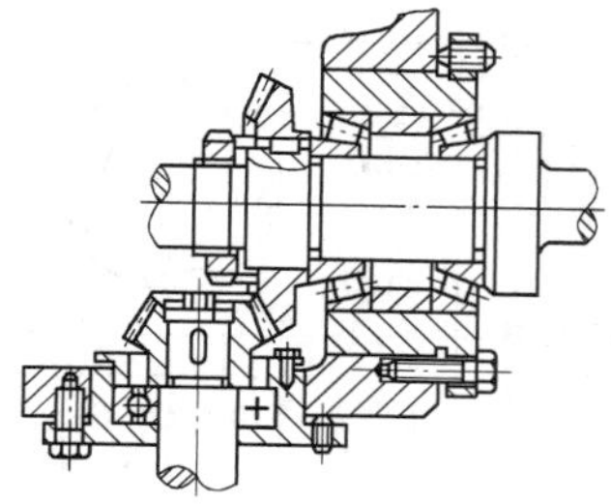		精度要求不太高的部位，采用调整螺钉代替调整垫，可省去修磨垫片，并避免孔的端面加工

（8）减少修整外形的工作量（见表 2-1-45）

表 2-1-45　减少修整外形的工作量

注意事项	图例		说明
	改进前	改进后	
部件结合处可适当采用装饰性凸边	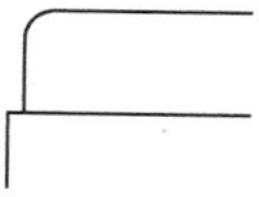	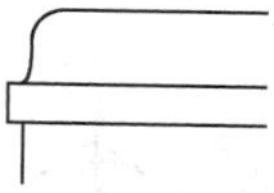	装饰性凸边可掩盖外形不吻合误差，减少加工和整修外形的工作量
铸件外形结合面的圆滑过渡处应避免作为分型面	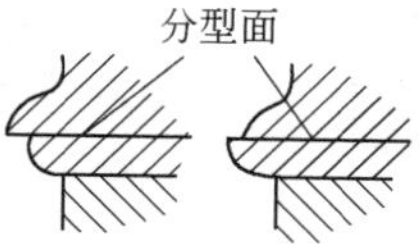	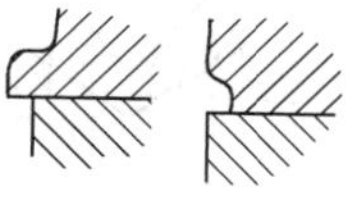	在圆滑过渡处做分型面，当砂箱偏移时，就需要修整外观
零件上的装饰性肋条应避免直接对缝连接	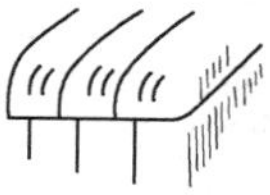	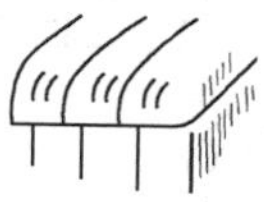	装饰性肋条直接对缝很难对准，反而影响外观整齐
不允许一个罩（或盖）同时与两个箱体或部件相连	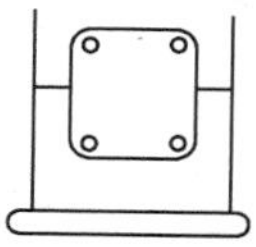	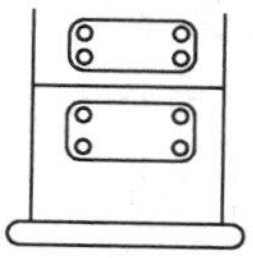	同时与两件相连时，需要加工两个平面，装配时也不易找正对准，外观不整齐

（续）

注意事项	图例		说　明
	改进前	改进后	
在冲压的罩、盖、门上适当布置凸条			在冲压的零件上适当布置凸条，可增加零件刚度，并具有较好的外观
零件的轮廓表面尽可能具有简单的外形，并圆滑地过渡			床身、箱体、外罩、盖、小门等零件，尽可能具有简单外形，便于制造装配，并可使外形很好地吻合

1.1.3.4　零件结构的热处理工艺性

1. 防止热处理零件开裂的结构要求（见表2-1-46）

表2-1-46　防止热处理零件开裂的结构要求

结构要求	图例		说　明
	改进前	改进后	
避免孔距离边缘太近，以减少热处理开裂	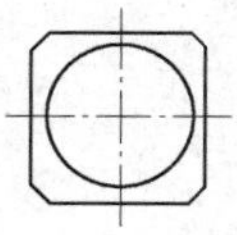	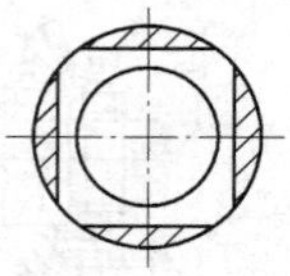	避免危险尺寸或太薄的边缘。当零件要求必须是薄边时，应在热处理后成形（加工去多余部分）
	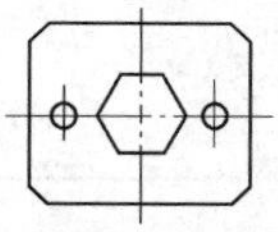	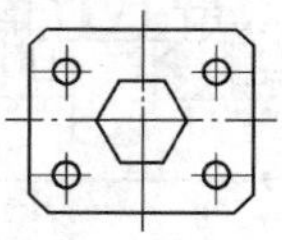	改变冲模螺孔的数量和位置，减少淬裂倾向
	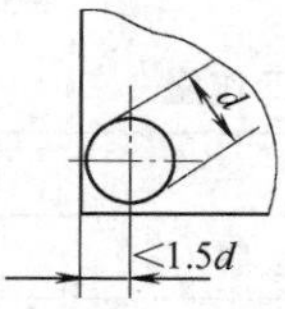	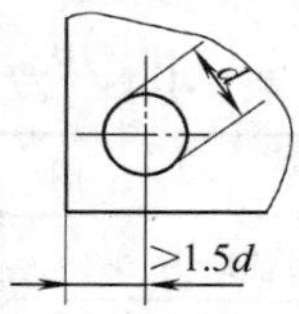	结构允许时，孔距离边缘应不小于1.5d
	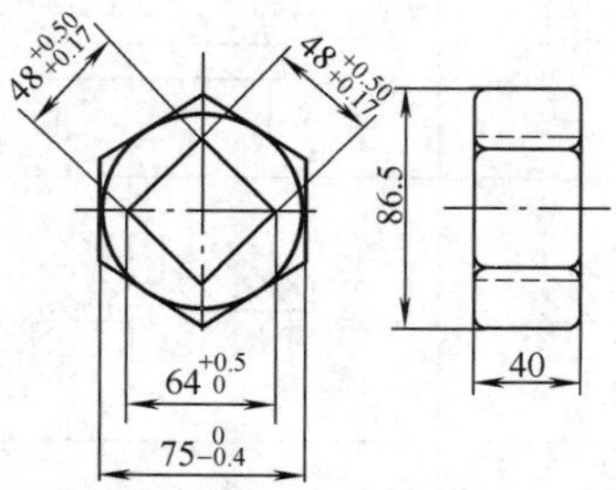		原设计尺寸为$64^{+0.5}_{0}$，角上易出现裂纹，现改为$60^{+0.5}_{0}$，增加了壁厚，减少了淬裂倾向
避免结构尺寸厚薄悬殊，以减少变形或开裂	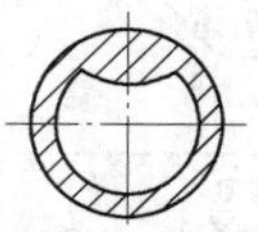	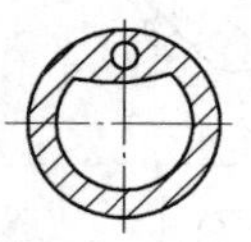	加开工艺孔，使零件截面尺寸均匀
	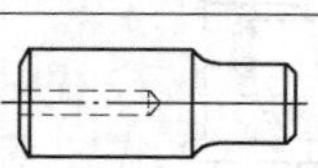	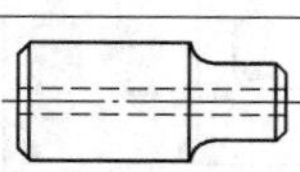	变不通孔为通孔

（续）

结构要求	图例		说明
	改进前	改进后	
避免尖角、棱角	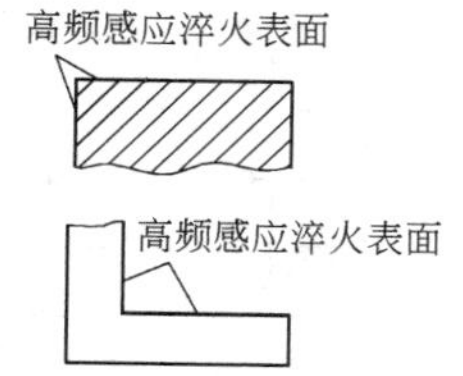	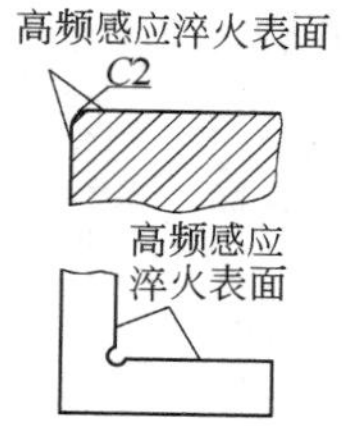	两平面交角处应有较大的圆角或倒角，并有 5~8mm 不能淬硬
	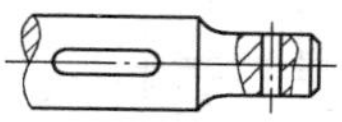	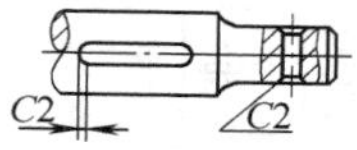	为避免锐边尖角在热处理时熔化或过热，在槽或孔的边上应有 2~3mm 的倒角（与轴线平行的键槽可不倒角）
避免断面突变，增大过渡圆角减少开裂	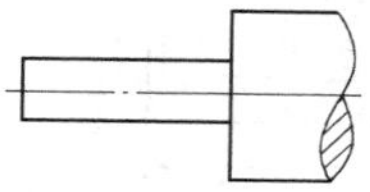	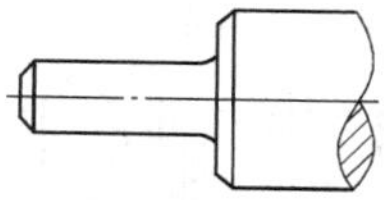	断面过渡处应有较大的圆弧半径
		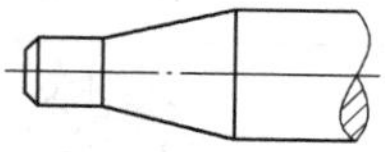	结构允许时可设计成过渡圆锥
	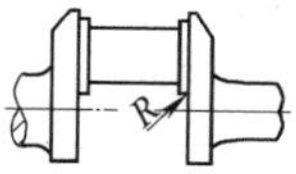	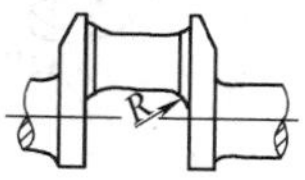	增大曲轴轴颈的圆角，且必须规定淬硬要包括圆角部分，否则曲轴的疲劳强度显著降低
防止螺纹脆裂	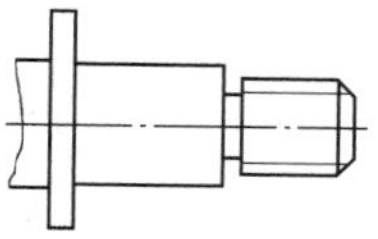 45-G48	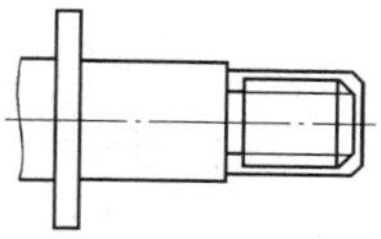 45-G48（螺纹 G35）	螺纹在淬火前已车好，则在淬火时用石棉泥、钢丝包扎防护，或者用耐火泥调水玻璃防护

2. 防止热处理零件变形及硬度不均的结构要求（见表 2-1-47）

表 2-1-47　防止热处理零件变形及硬度不均的结构要求

结构要求	图例		说明
	改进前	改进后	
零件形状应力求对称以减小变形	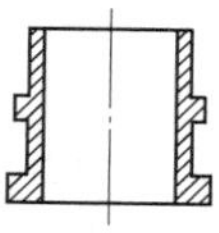	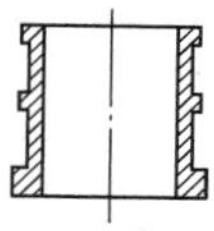	一端有凸缘的薄壁套类零件渗氮后变形成喇叭口，在另一端增加凸缘后变形减小
	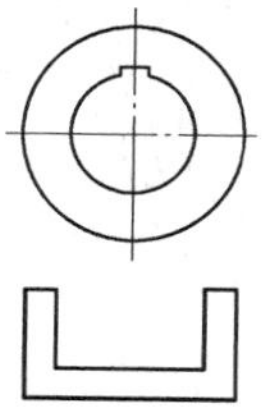	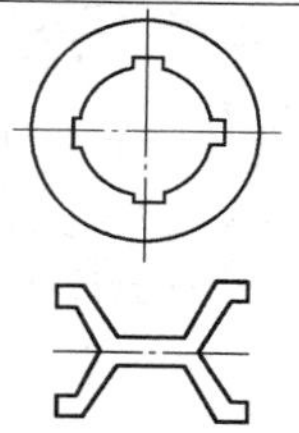	几何形状在允许的条件下力求对称。如图例为 T611A 机床渗氮摩擦片和坐标镗床精密刻线尺

（续）

结构要求	图例		说明
	改进前	改进后	
零件应具有足够的刚度	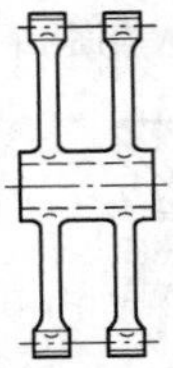	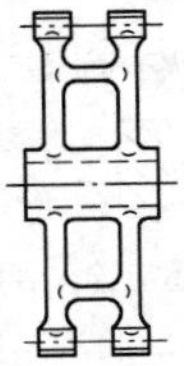	该杠杆为铸件，杆臂较长，铸造及热处理时均易变形。加上横梁后，增加了刚度，变形减小
采用封闭结构	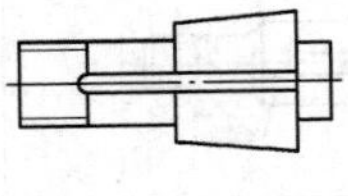	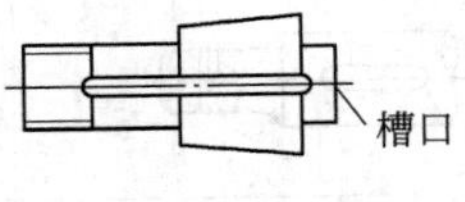	弹簧夹头都采用封闭结构，淬火、回火后再切开槽口
对易变形开裂的零件，应改选合适的材料	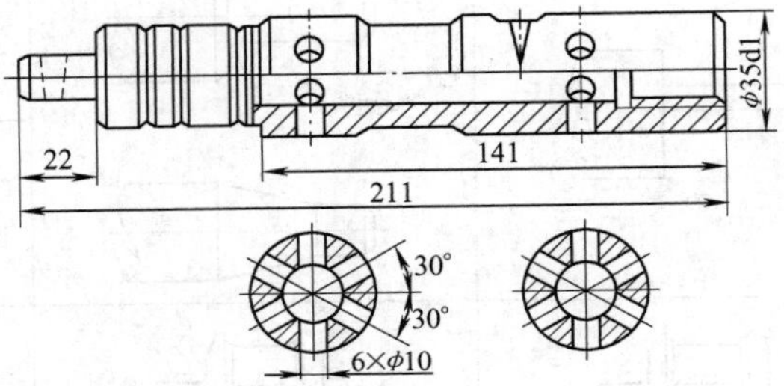		原设计用45钢水淬后，6×φ10处易开裂，整个工件弯曲变形，且不易校直。改用40Cr钢制造油淬，减小了变形、开裂倾向
	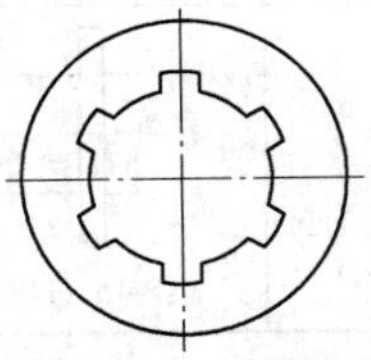 15-S0.5-G59 65Mn-G52		摩擦片原用15钢，渗碳淬火时须用专用夹具，合格率较低。改用65Mn钢感应加热油淬，夹紧回火，避免了变形超差
	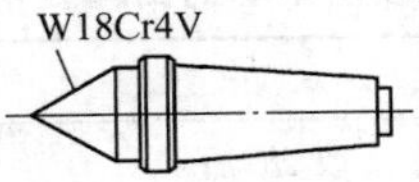	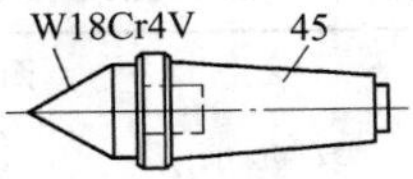	此件两部分工作条件不同，设计成组合结构，即提高工艺性，又节约材料
合理调整加工工序，改善热处理工艺性，保证质量	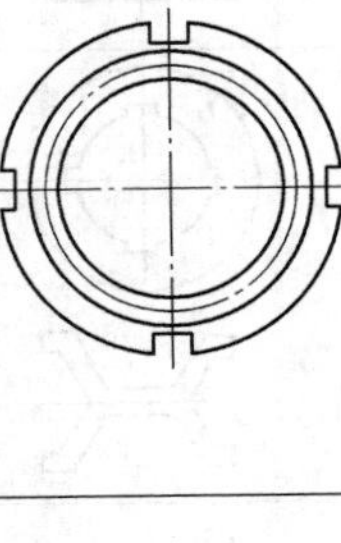	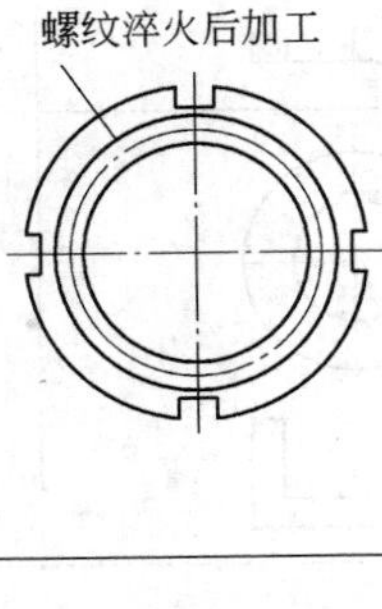	锁紧螺母，要求槽口部分硬度为35～40HRC，全部加工后淬火，内螺纹产生变形。应在槽口局部高频感应淬火后再车内螺纹

（续）

<table>
<tr><th rowspan="2">结构要求</th><th colspan="2">图　　例</th><th rowspan="2">说　　明</th></tr>
<tr><th>改 进 前</th><th>改 进 后</th></tr>
<tr><td rowspan="3">合理调整加工工序，改善热处理工艺性，保证质量</td><td>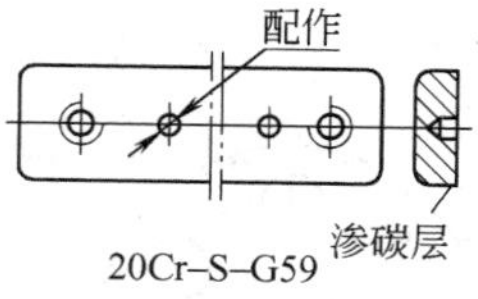
</td><td>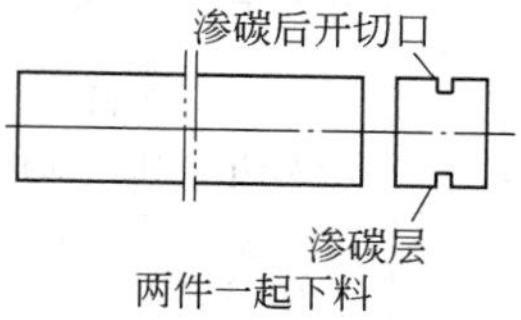
</td><td>改进前，有配作孔的一面去掉渗碳层，形成碳层不对称，淬火后必然翘曲；改为两件一起下料，渗碳后开切口，淬火后再切成单件</td></tr>
<tr><td colspan="2">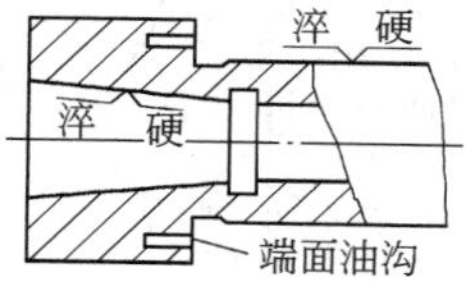
</td><td>龙门铣床主轴的端面油沟先车出来，淬火时易开裂；改成整体淬火，外圆局部高频感应退火后再加工油沟</td></tr>
<tr><td colspan="2">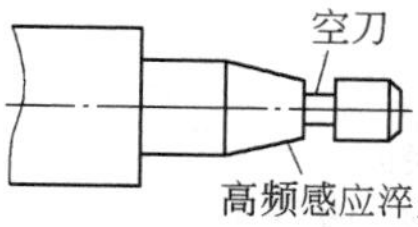
</td><td>紧靠小直径处较深的空刀应淬火后车出</td></tr>
<tr><td rowspan="3">适当调整零件热处理前的加工余量，既满足了热处理工艺性要求，又保证了质量</td><td colspan="2">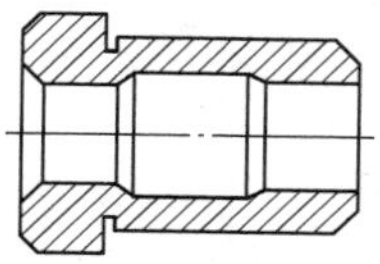</td><td>渗碳淬火后，缩孔达 0.15～0.20mm，按常规留磨量淬火，变形后磨量超差。改为预先只留 0.10～0.15mm 磨量，淬火后磨量可满足要求</td></tr>
<tr><td colspan="2">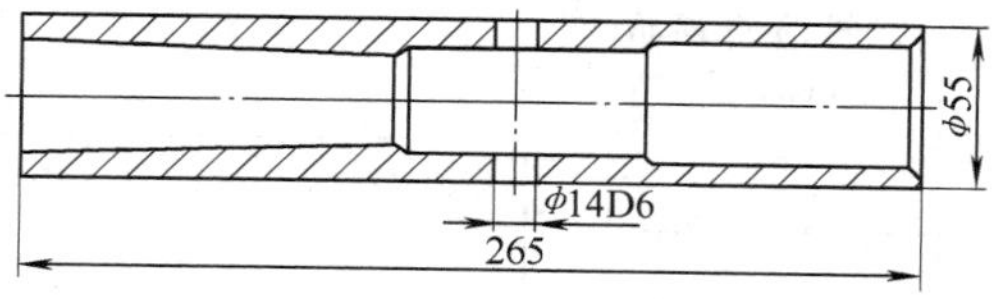
</td><td>尾架顶尖套精度要求不高。淬火后 ϕ14D6 孔径向缩小，使配件装不进去。在淬火前将 ϕ14D6 孔加工成 $\phi14^{+0.12}_{+0.08}$，解决了问题</td></tr>
<tr><td colspan="2">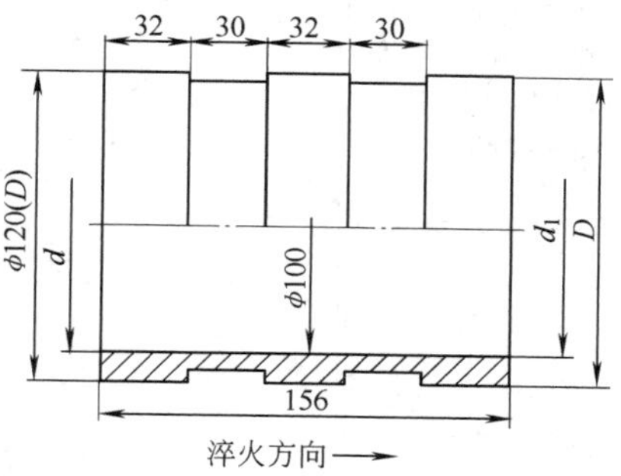
</td><td>衬套，45 钢，要求硬度为 50～55HRC。按常规留磨量，淬火后外径余量有余，内径余量不足而报废。将磨量改为内径预留 0.70～0.80mm，外径预留 0.20～0.30mm，以适应淬火后胀大。磨削余量实际上并没有增加</td></tr>
<tr><td>避免不通孔、死角</td><td>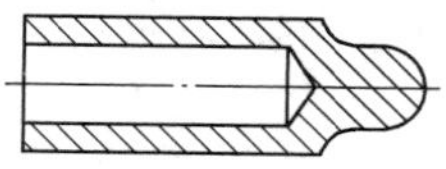</td><td>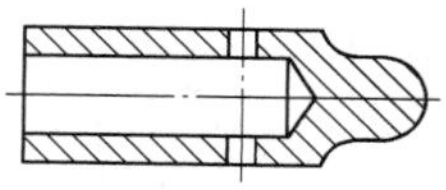</td><td>不通孔和死角使淬火时气泡不易逸出，造成硬度不均，应设计工艺排气孔</td></tr>
</table>

3. 热处理齿轮的结构要求（见表2-1-48）

表2-1-48　热处理齿轮的结构要求

图　　例	说　　明
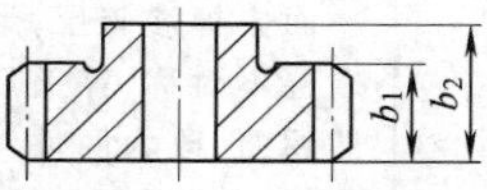	b_1 和 b_2 要相当，b_1、b_2 相差越大，则变形越大
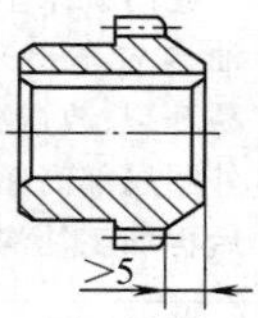	齿部和端面均要求淬火时，端面与齿部距离应不小于5mm
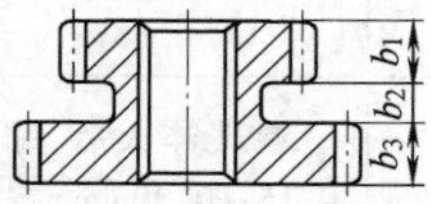	二联或三联齿轮高频感应淬火，齿部两端面间距离 $b_2 \geqslant 8$mm，b_1 和 b_3 要相近
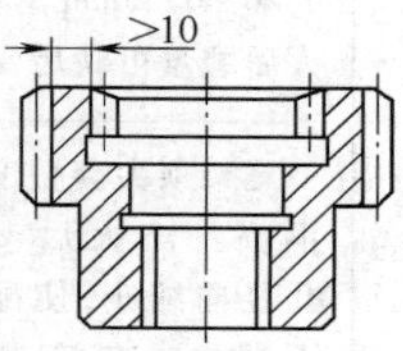	内外齿均需高频感应淬火，两齿根圆间的距离应大于10mm
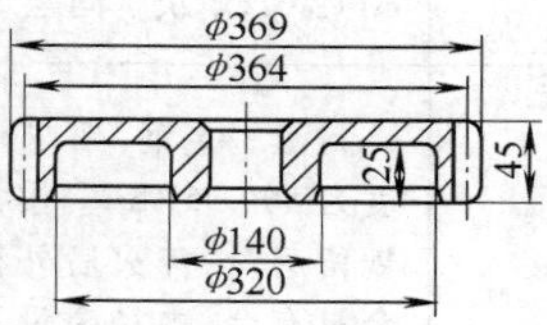	25mm深的槽必须在淬火后挖出，否则当齿部淬火时，节圆直径部分会变成锥形
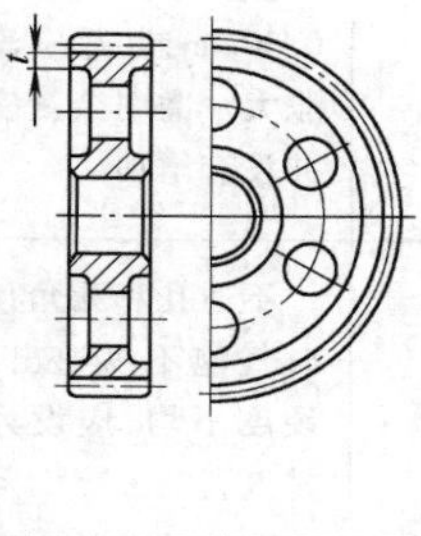	渗碳齿轮加开工艺孔，增厚为 t，以减小变形
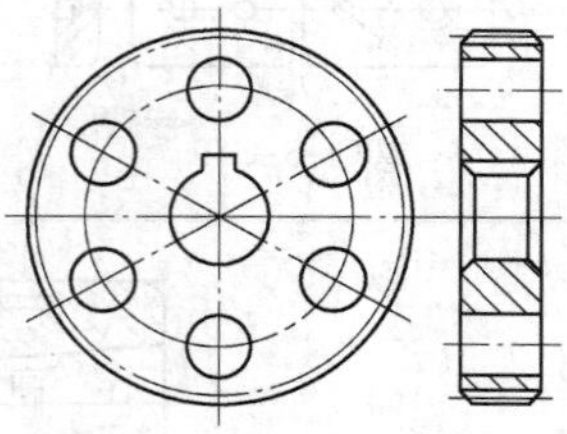	齿部淬火后，再加工出6个孔
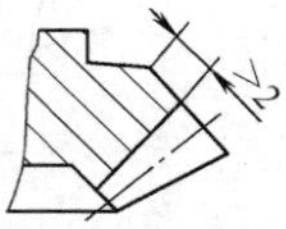	锥齿轮，高频感应淬火时箭头所指处应大于2mm，否则易过热
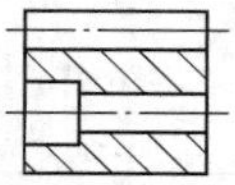 20Cr-S-G59或40Cr-D500	平齿条避免采用高频感应淬火，应采用渗碳或渗氮
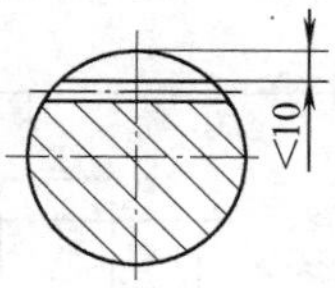 G48 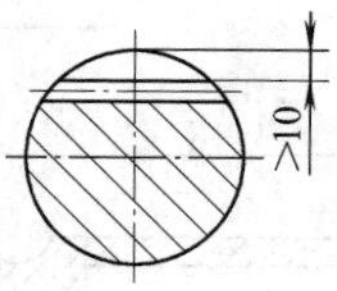	圆断面齿条，当齿顶平面到圆柱表面的距离小于10mm时，可采用高频感应淬火。当该距离大于10mm时，最好采用渗氮处理，离子渗氮更好

1.1.4　常用零件结构要素

1.1.4.1　中心孔(GB/T 145—2001)

1. 60°中心孔的结构和尺寸

60°中心孔分 A 型、B 型、C 型和 R 型四种类型,其结构和尺寸见表 2-1-49~表 2-1-52。

表 2-1-49　A 型中心孔的结构和尺寸　(单位:mm)

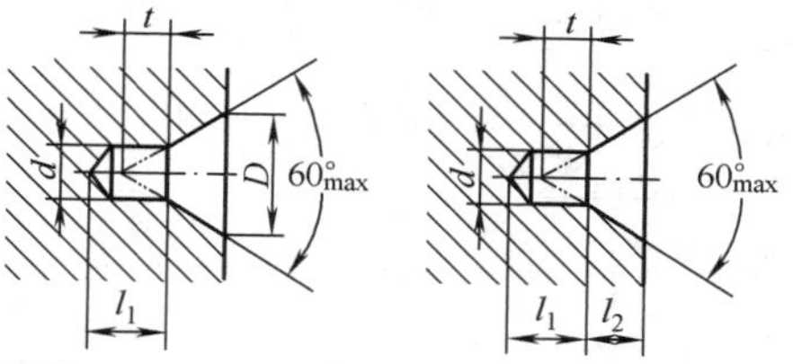

d	D	l_2	t 参考尺寸	d	D	l_2	t 参考尺寸
(0.50)	1.06	0.48	0.5	2.50	5.30	2.42	2.2
(0.63)	1.32	0.60	0.6	3.15	6.70	3.07	2.8
(0.80)	1.70	0.78	0.7	4.00	8.50	3.90	3.5
1.00	2.12	0.97	0.9	(5.00)	10.60	4.85	4.4
(1.25)	2.65	1.21	1.1	6.30	13.20	5.98	5.5
1.60	3.35	1.52	1.4	(8.00)	17.00	7.79	7.0
2.00	4.25	1.95	1.8	10.00	21.20	9.70	8.7

注：1. 尺寸 l_1 取决于中心钻的长度 l_1，即使中心钻重磨后再使用，此值也不应小于 t 值。
2. 表中同时列出了 D 和 l_2 尺寸，制造厂可任选其中一个尺寸。
3. 括号内的尺寸尽量不采用。

表 2-1-50　B 型中心孔的结构和尺寸　(单位：mm)

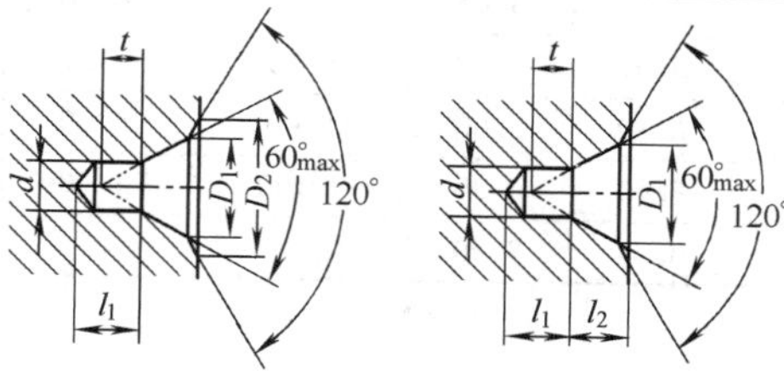

d	D_1	D_2	l_2	t 参考尺寸	d	D_1	D_2	l_2	t 参考尺寸
1.00	2.12	3.15	1.27	0.9	4.00	8.50	12.50	5.05	3.5
(1.25)	2.65	4.00	1.60	1.1	(5.00)	10.60	16.00	6.41	4.4
1.60	3.35	5.00	1.99	1.4	6.30	13.20	18.00	7.36	5.5
2.00	4.25	6.30	2.54	1.8	(8.00)	17.00	22.40	9.36	7.0
2.50	5.30	8.00	3.20	2.2	10.00	21.20	28.00	11.66	8.7
3.15	6.70	10.00	4.03	2.8					

注：1. 尺寸 l_1 取决于中心钻的长度 l_1，即使中心钻重磨后再使用，此值也不应小于 t 值。
2. 表中同时列出了 D_2 和 l_2 尺寸，制造厂可任选其中一个尺寸。
3. 括号内的尺寸尽量不采用。
4. 尺寸 d 和 D_1 与中心钻的尺寸一致。

表 2-1-51　C型中心孔的结构和尺寸　　（单位：mm）

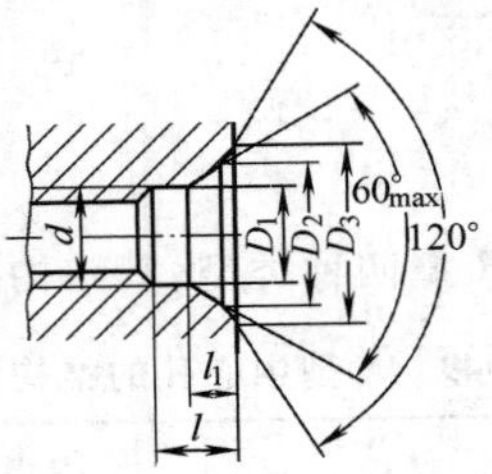

d	D_1	D_2	D_3	l	l_1 参考尺寸	d	D_1	D_2	D_3	l	l_1 参考尺寸
M3	3.2	5.3	5.8	2.6	1.8	M10	10.5	14.9	16.3	7.5	3.8
M4	4.3	6.7	7.4	3.2	2.1	M12	13.0	18.1	19.8	9.5	4.4
M5	5.3	8.1	8.8	4.0	2.4	M16	17.0	23.0	25.3	12.0	5.2
M6	6.4	9.6	10.5	5.0	2.8	M20	21.0	28.4	31.3	15.0	6.4
M8	8.4	12.2	13.2	6.0	3.3	M24	26.0	34.2	38.0	18.0	8.0

表 2-1-52　R型中心孔的结构和尺寸　　（单位：mm）

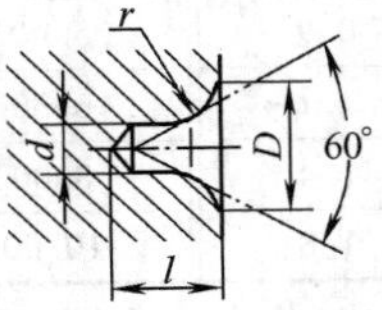

d	D	l_{min}	r max	r min	d	D	l_{min}	r max	r min
1.00	2.12	2.3	3.15	2.50	4.00	8.50	8.9	12.50	10.00
(1.25)	2.65	2.8	4.00	3.15	(5.00)	10.60	11.2	16.00	12.50
1.60	3.35	3.5	5.00	4.00	6.30	13.20	14.0	20.00	16.00
2.00	4.25	4.4	6.30	5.00	(8.00)	17.00	17.9	25.00	20.00
2.50	5.30	5.5	8.00	6.30	10.00	21.20	22.5	31.50	25.00
3.15	6.70	7.0	10.00	8.00					

注：括号内的尺寸尽量不采用。

2. 75°、90°中心孔的结构和尺寸（见表 2-1-53）

表 2-1-53　75°、90°中心孔的结构和尺寸　　（单位：mm）

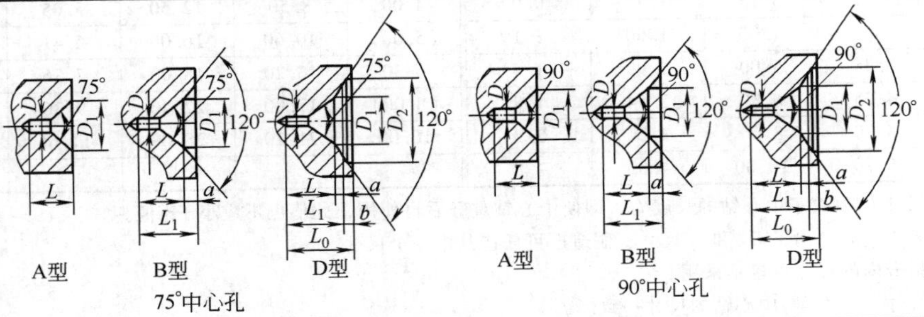

（续）

D	D_{1max}		D_{2min}		L_0		$L_1\approx$		L		$a\approx$	
	75°	90°	75°	90°	75°	90°	75°	90°	75°	90°	75°	90°
3	9		18		12		8		7		1	
4	12		24		16		11		10		1.2	
6	18		34		23		16		14		1.8	
8	24		44		29		21		19		2	
12	36		60		41		31		28		2.5	
20	60	80	85	100	63	61	53	53	50	50	3	3
30	90	120	125	150	87	94	74	84	70	80	4	4
40	120	160	160	200	113	115	100	105	95	100	5	5
45	135	180	175	220	136	128	121	116	115	110	6	6
50	150	200	200	250	163	138	148	126	140	120	8	8

1.1.4.2　各类槽

1. 退刀槽

1）外圆退刀槽及相配件的倒角和倒圆见表 2-1-54～表 2-1-57。

表 2-1-54　退刀槽的各部尺寸　（单位：mm）

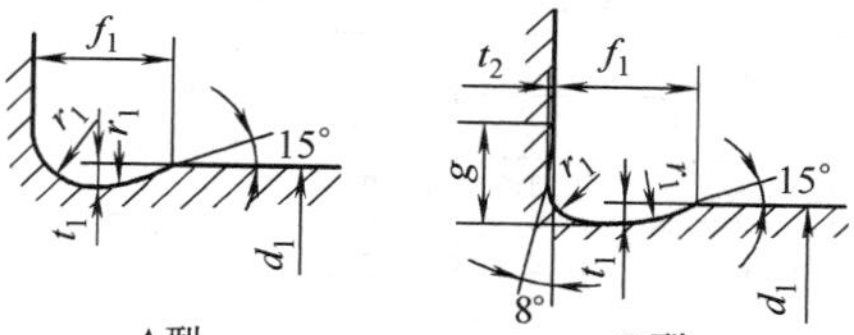

A型　　B型

r_1	t_1 +0.1	f_1	g ≈	t_2 −0.05	推荐的配合直径 d_1	
					用在一般载荷	用在交变载荷
0.6	0.2	2	1.4	0.1	≈18	—
	0.3	2.5	2.1	0.5	>18～80	
1	0.4	4	3.2	0.3	>80	
	0.2	2.5	1.8	0.1	—	>18～50
1.6	0.3	4	3.1	0.2		>50～80
2.5	0.4	5	4.8	0.3		>80～125
4	0.5	7	6.4	0.3		125

注：1. A 型轴的配合面需磨削，轴肩不磨削。
　　2. B 型轴的配合面及轴肩皆需磨削。

表 2-1-55　相配件的倒角和倒圆　（单位：mm）

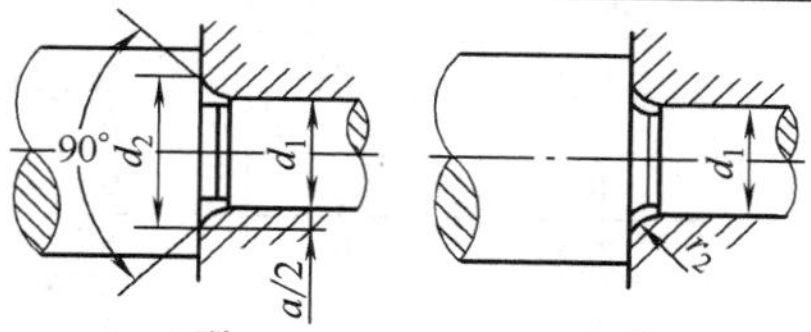

A型　　B型

$d_2=d_1+a$

（续）

退刀槽尺寸	倒角最小值 a_{min}		倒圆最小值 r_{2min}	
$r_1 \times t_1$	A 型	B 型	A 型	B 型
0.6×0.2	0.8	0.2	1	0.3
0.6×0.3	0.6	0	0.8	0
1×0.2	1.6	0.8	2	1
1×0.4	1.2	0	1.5	0
1.6×0.3	2.6	1.1	3.2	1.4
2.5×0.4	4.2	1.9	5.2	2.4
4×0.5	7	4.0	8.8	5

注：1. A 型轴的配合表面需磨削，轴肩不磨削。
2. B 型轴的配合表面和轴肩皆需磨削。

表 2-1-56 C、D、E 型退刀槽及相配件的各部尺寸 （单位：mm）

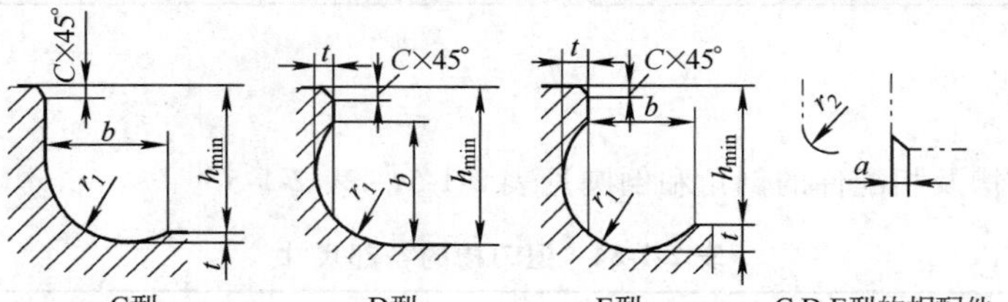

轴						相配件（孔）			
h min	r_1	t	b		C max	a	极限偏差	r_2	极限偏差
			C、D 型	E 型					
2.5	1.0	0.25	1.6	1.4	0.2	1	+0.6 0	1.2	+0.6 0
4	1.6	0.25	2.4	2.2	0.2	1.6	+0.6 0	2.0	+0.6 0
6	2.5	0.25	3.6	3.4	0.2	2.5	+1.0 0	3.2	+1.0 0
10	4.0	0.4	5.7	5.3	0.4	4.0	+1.0 0	5.0	+1.0 0
16	6.0	0.4	8.1	7.7	0.4	6.0	+1.6 0	8.0	+1.6 0
25	10.0	0.6	13.4	12.8	0.4	10.0	+1.6 0	12.5	+1.6 0
40	16.0	0.6	20.3	19.7	0.6	16.0	+2.5 0	20.0	+2.5 0
60	25.0	1.0	32.1	31.1	0.6	25.0	+2.5 0	32.0	+2.5 0

注：适用于对受载无特殊要求的磨削件。C 型（轴的配合表面需磨削，轴肩不磨削），D 型与 C 型相反，E 型均需磨削。

表 2-1-57 F 型退刀槽的各部尺寸 （单位：mm）

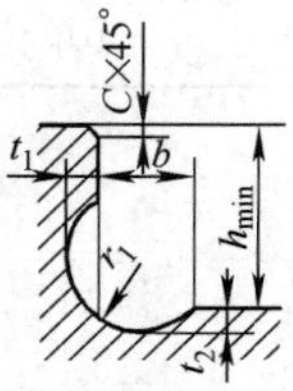

轴					
h min	r_1	t_1	t_2	b	C max
4	1.0	0.4	0.25	1.2	0.2
5	1.6	0.6	0.4	2.0	
8	2.5	1.0	0.6	3.2	
12.5	4.0	1.6	1.0	5.0	0.4
20	6.0	2.5	1.6	8.0	
30	10.0	4.0	2.5	12.5	

注：r_1 = 10mm 不适用于光整。

2）公称直径相同具有不同配合的退刀槽尺寸见表 2-1-58。

3）带槽孔的退刀槽尺寸见表 2-1-59。

表 2-1-58　公称直径相同具有不同配合的退刀槽尺寸　（单位：mm）

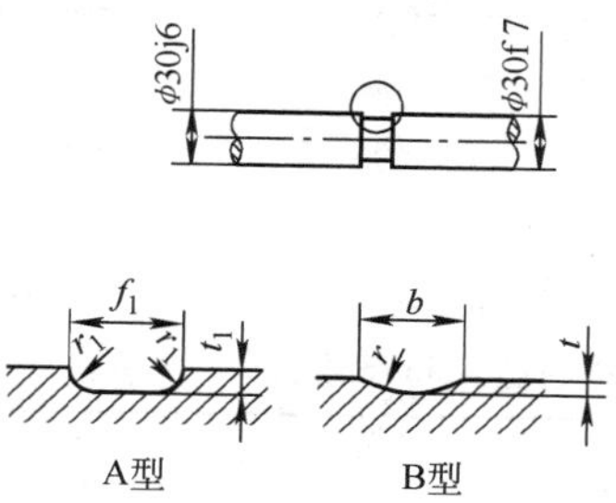

r	t	b
2.5	0.25	2.2
4	0.4	3.4
6	0.4	4.3
10	0.6	7.0
16	0.6	9.0
25	1.0	13.9

注：1. A 型退刀槽长度 f_1 包括在公差带较小的一段长度内；各部尺寸根据直径 d_1 的大小按表 2-1-54 选取。
　　2. B 型退刀槽各部尺寸按本表选取。

表 2-1-59　带槽孔的退刀槽尺寸

图　　示	说　　明
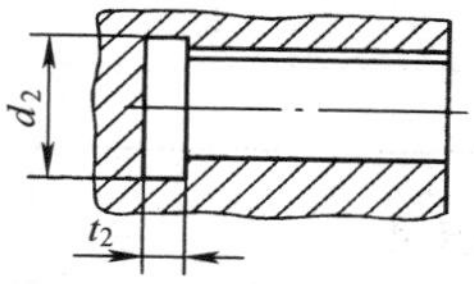	退刀槽直径 d_2 可按选用的平键或楔键而定 退刀槽的深度 t_2 一般为 20mm，如因结构上的原因，t_2 的最小值不得小于 10mm 退刀槽的表面粗糙度一般选用 Ra3.2μm，根据需要也可选用 Ra1.6μm，Ra0.8μm，Ra0.4μm

2. 砂轮越程槽（GB/T 6403.5—2008）

砂轮越程槽的型式和尺寸见表 2-1-60～表 2-1-63。

表 2-1-60　磨回转面及端面砂轮越程槽的型式和尺寸　（单位：mm）

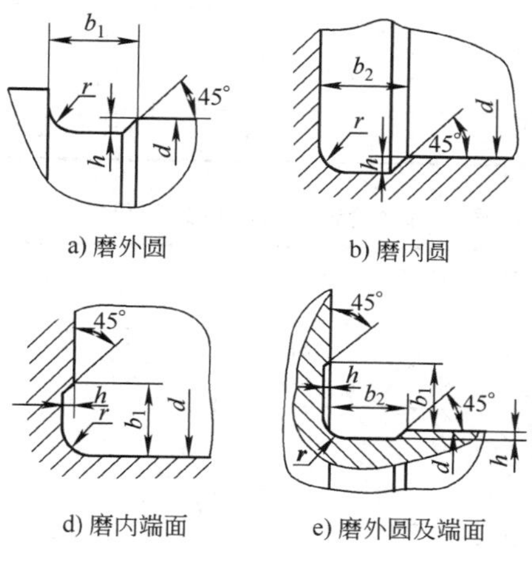

b_1	0.6	1.0	1.6	2.0	3.0	4.0	5.0	8.0	10
b_2	2.0	3.0		4.0		5.0		8.0	10

（续）

h	0.1	0.2	0.3	0.4	0.6	0.8	1.2
r	0.2	0.5	0.8	1.0	1.6	2.0	3.0
d	~10		>10~50		>50~100	>100	

注：1. 越程槽内两直线相交处不允许产生尖角。

2. 越程槽深度 h 与圆弧半径 r 要满足 $r<3h$。

3. 磨削具有数个直径的工件时，可使用同一规格的越程槽。

4. 直径 d 值大的零件，允许选择小规格的砂轮越程槽。

5. 砂轮越程槽的尺寸公差和表面粗糙度根据该零件的结构、性能确定。

表 2-1-61 磨平面、磨 V 形面砂轮越程槽的型式和尺寸 （单位：mm）

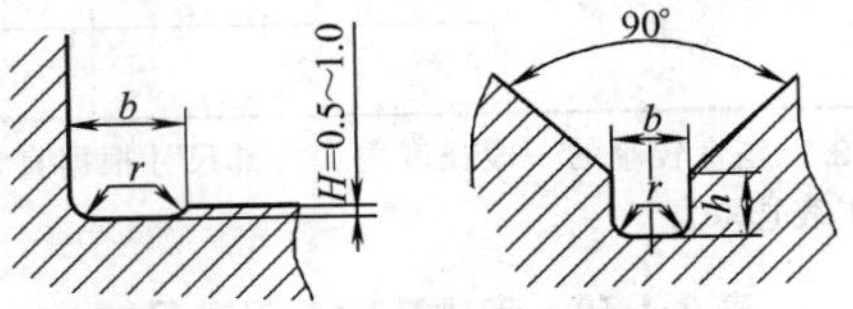

a) 磨平面 b) 磨 V 形面

b	2	3	4	5
h	1.6	2.0	2.5	3.0
r	0.5	1.0	1.2	1.6

表 2-1-62 磨燕尾导轨面砂轮越程槽的型式和尺寸 （单位：mm）

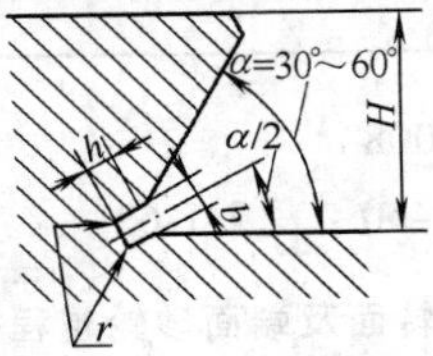

H	≤5	6	8	10	12	16	20	25	32	40	50	63	80
b h	1	2		3			4			5			6
r	0.5	0.5		1.0			1.6			1.6			2.0

表 2-1-63 磨矩形导轨面砂轮越程槽的型式和尺寸 （单位：mm）

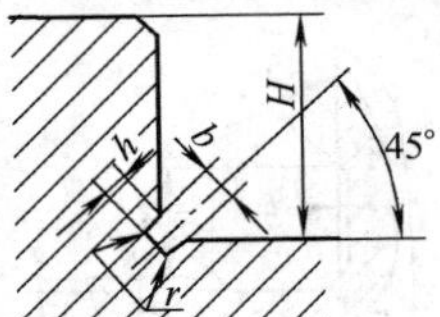

H	8	10	12	16	20	25	32	40	50	63	80	100
b	2				3				5		8	
h	1.6				2.0				3.0		5.0	
r	0.5				1.0				1.6		2.0	

3. 润滑槽（GB/T 6403.2—2008）

润滑槽的型式和尺寸见表 2-1-64 和表 2-1-65。

表 2-1-64　滑动轴承上用润滑槽的型式和尺寸　（单位：mm）

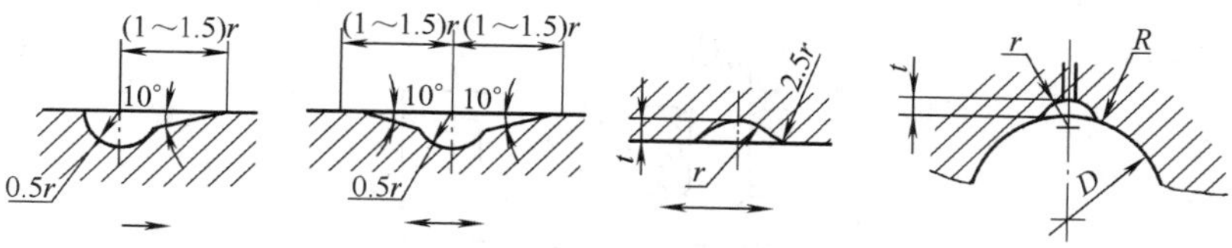

a)　b)　c)　d)

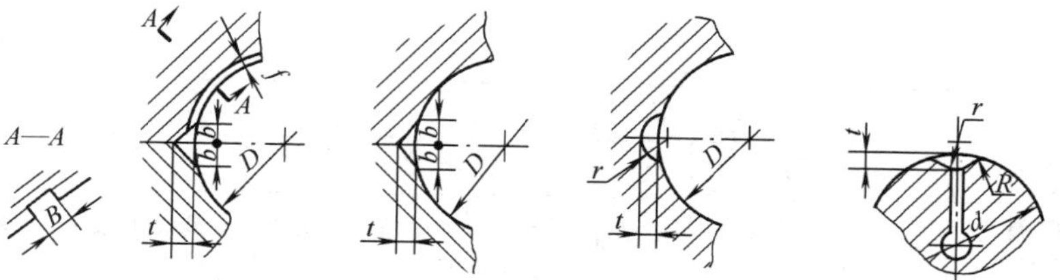

e)　f)　g)　h)

a)、b)用于推力轴承上　c)用于轴端面上　d)、e)、f)、g)用于轴瓦、轴套　h)用于轴上

注：图下箭头说明运动为单向或双向

直径 D	直径 d	t	r	R	B	f	b
≤50		0.8	1.0	1.0	—	—	—
		1.0	1.6	1.6	—	—	—
		1.6	3.0	6.0	5.0	1.6	4.0
>50～120		2.0	4.0	10	8.0	2.0	6.0
		2.5	5.0	16	10	2.0	8.0

直径 D	直径 d	t	r	R	B	f	b
>50～120		3.0	6.0	20	12	2.5	10
>120		4.0	8.0	25	16	3.0	12
		5.0	10	32	20	3.0	16
		6.0	12	40	25	4.0	20

表 2-1-65　平面上用润滑槽的型式和尺寸　（单位：mm）

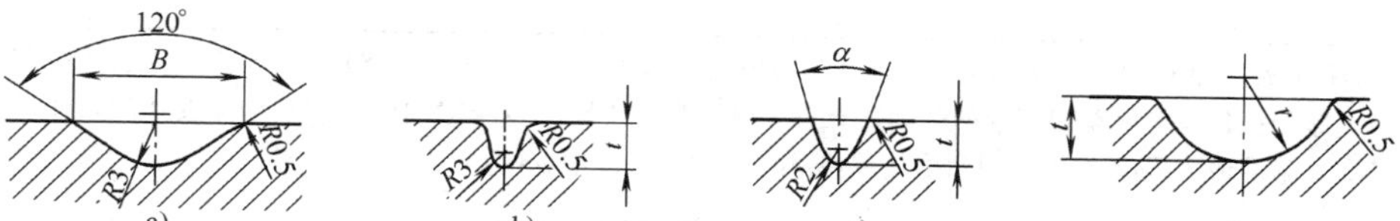

a)　b)　c)　d)

润滑槽尺寸（图 a～图 c 适用）			
B	4、6	10、12	16
α	15°	30°	45°
t	3	4	5

润滑槽尺寸（图 d 适用）			
t	1.0	1.6	2.0
r	1.6	2.5	4.0

注：GB/T 6403.2—2008 标准中未注明尺寸的棱边，按小于 0.5mm 倒圆。

4. T形槽（GB/T 158—1996）（见表2-1-66～表2-1-69）

表2-1-66　T形槽及螺栓头部尺寸　（单位：mm）

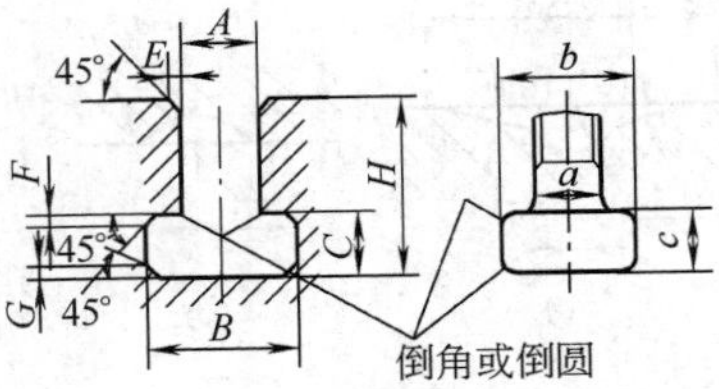

T形槽												螺栓头部		
A			B		C		H		E	F	G	a	b	c
基本尺寸	极限偏差 基准槽	极限偏差 固定槽	最小尺寸	最大尺寸	最小尺寸	最大尺寸	最小尺寸	最大尺寸	最大尺寸	最大尺寸	最大尺寸	最大尺寸	最大尺寸	最大尺寸
5	$^{+0.018}_{0}$	$^{+0.12}_{0}$	10	11	3	3.5	8	10	1	0.6	1	4	9	2.5
6			11	12.5	5	6	11	13				5	10	4
8	$^{+0.020}_{0}$	$^{+0.15}_{0}$	14.5	16	7	8	15	18				6	13	6
10			16	18	7	8	17	21				8	15	6
12	$^{+0.027}_{0}$	$^{+0.18}_{0}$	19	21	8	9	20	25				10	18	7
14			23	25	9	11	23	28	1.6		1.6	12	22	8
18			30	32	12	11	30	36		1		16	28	10
22	$^{+0.033}_{0}$	$^{+0.21}_{0}$	37	40	16	18	38	45			2.5	20	34	14
28			46	50	20	22	48	56				24	43	18
36	$^{+0.039}_{0}$	$^{+0.25}_{0}$	56	60	25	28	61	71	2.5			30	53	23
42			68	72	32	35	74	85		1.6	4	36	64	28
48			80	85	36	40	84	95		2	6	42	75	32
54	$^{+0.046}_{0}$	$^{+0.30}_{0}$	90	95	40	44	94	106				48	85	36

注：T形槽宽度A的极限偏差按GB/T 1800.1—2020《产品几何技术规范（GPS）　线性尺寸公差ISO代号体系　第1部分：公差、偏差和配合的基础》选择，基准槽为H8，固定槽为H12。T形槽宽度A的两侧面的表面粗糙度，基准槽为Ra2.8μm，固定槽为Ra6.3μm，其余为Ra12.5μm。

表2-1-67　T形槽间距尺寸　（单位：mm）

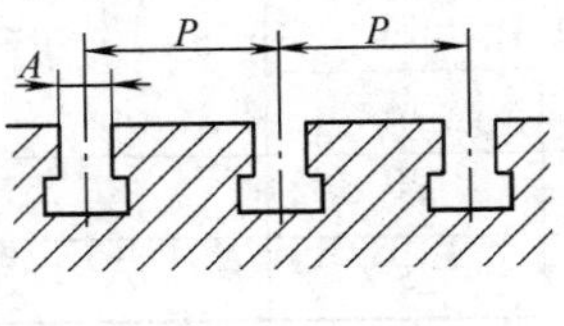

（续）

T 形槽宽度 A	T 形槽间距 P	T 形槽宽度 A	T 形槽间距 P	T 形槽宽度 A	T 形槽间距 P	T 形槽宽度 A	T 形槽间距 P
5	20	12	50	22	100	42	200
	25		63		125		250
	32		80		160		320
6	25	14	63	28	125	48	250
	32		80		160		320
	40		100		200		400
8	32	18	80	36	160	54	320
	40		100		200		400
	50		125		250		500
10	40						
	50						
	63						

注：T 形槽直接铸出时，其尺寸偏差自行决定。相对于每个 T 形槽宽度，表中给出了 3 个间距，制造厂应根据工作台尺寸及使用需要条件选择 T 形槽间距。特殊情况需采用其他尺寸的间距时，则应符合下列原则：

1）采用数值大于或小于表中所列 T 形槽间距 P 的尺寸范围时，应从优先数系 R10 系列的数值中选取。

2）采用数值在表中所列 T 形槽间距 P 的尺寸范围内，则应从优先数系 R20 系列的数值中选取。

表 2-1-68　T 形槽间距尺寸 P 的极限偏差　　（单位：mm）

T 形槽间距 P	极限偏差 基准槽	极限偏差 固定槽	T 形槽间距 P	极限偏差 基准槽	极限偏差 固定槽
20 25	±0.1	±0.2	125 160 200 250	±0.2	±0.5
32 40 50 63 80 100	±0.15	±0.3	320 400 500	±0.3	±0.8

注：T 形槽的排列一般应对称分布。当槽数为奇数时，应以中间 T 形槽为基准槽；当槽数为偶数时，基准槽必须明显标出。

表 2-1-69　T 形槽不通端的型式和尺寸　　（单位：mm）

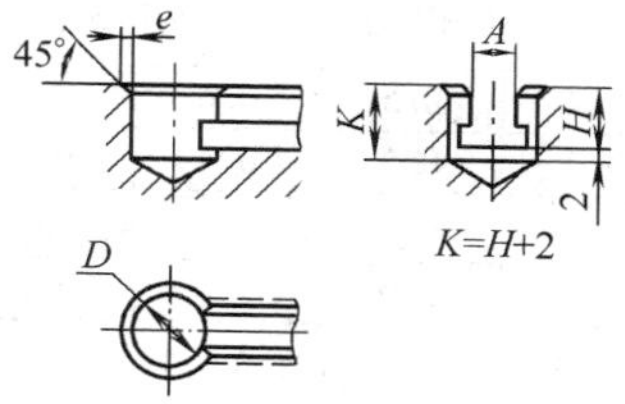

T 形槽槽宽 A		5	6	8	10	12	14	18	22	28	36	42	48	54
K		12	15	20	23	27	30	38	47	58	73	87	97	108
D	基本尺寸	15	16	20	22	28	32	42	50	62	76	92	108	122
	极限偏差	$^{+1}_{0}$		$^{+1.5}_{0}$					$^{+2}_{0}$					
e		0.5		1				1.5		2				

注：基准槽 H 为 8，固定槽 H 为 12。

5. 燕尾槽的型式和尺寸（见表2-1-70）

表2-1-70　燕尾槽的型式和尺寸　（单位：mm）

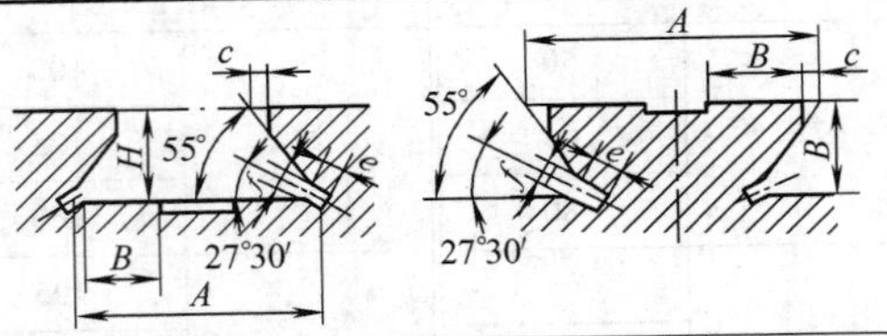

A	40~65	50~70	60~90	80~125	100~160	125~200	160~250	200~320	250~400	320~500
B	12	16	20	25	32	40	50	65	80	100
c	1.5~5									
e	1.5		2.0				2.5			
f	2		3				4			
H	8	10	12	16	20	25	32	40	50	65

注：1. A（mm）的系列为：40，45，50，55，60，65，70，80，90，100，110，125，140，160，180，200，225，250，280，320，360，400，450，500。

2. c为推荐值。

1.1.4.3　零件倒圆与倒角（GB/T 6403.4—2008）（见表2-1-71~表2-1-73）

表2-1-71　倒圆、倒角尺寸R、C系列值　（单位：mm）

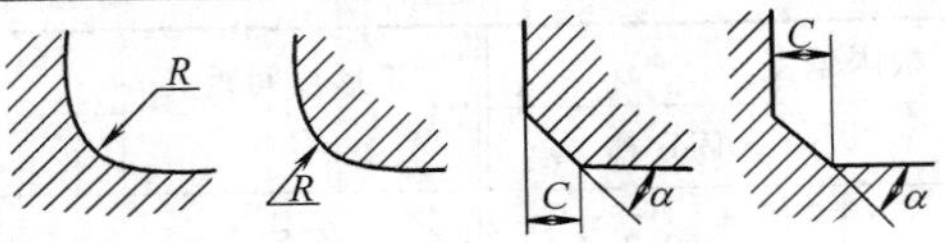

a)　b)　c)　d)

R、C	0.1	0.2	0.3	0.4	0.5	0.6	0.8	1.0	1.2	1.6	2.0	2.5	3.0
	4.0	5.0	6.0	8.0	10	12	16	20	25	32	40	50	—

注：α一般采用45°，也可采用30°或60°。倒角半径、倒角的尺寸标注不适于有特殊要求的情况下使用。

表2-1-72　内角倒角、外角倒圆时C的最大值C_{max}与R_1的关系　（单位：mm）

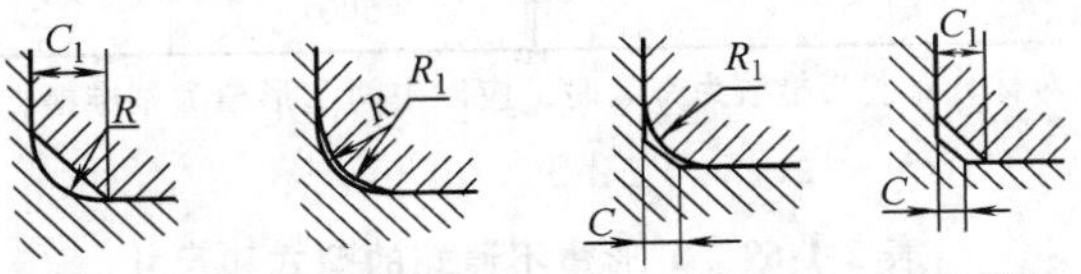

a) 内角倒圆、外角倒角　b) 内角倒圆、外角倒圆　c) 内角倒角、外角倒圆　d) 内角倒角、外角倒角

R_1	0.1	0.2	0.3	0.4	0.5	0.6	0.8	1.0	1.2	1.6	2.0
C_{max}	—	0.1	0.1	0.2	0.2	0.3	0.4	0.5	0.6	0.8	1.0
R_1	2.5	3.0	4.0	5.0	6.0	8.0	10	12	16	20	25
C_{max}	1.2	1.6	2.0	2.5	3.0	4.0	5.0	6.0	8.0	10	12

注：四种装配方式中，R_1、C_1的偏差为正；R、C的偏差为负。

表2-1-73　与直径φ相应的倒角C、倒圆R的推荐值　（单位：mm）

φ	~3	>3~6	>6~10	>10~18	>18~30	>30~50
C或R	0.2	0.4	0.6	0.8	1.0	1.6
φ	>50~80	>80~120	>120~180	>180~250	>250~320	>320~400
C或R	2.0	2.5	3.0	4.0	5.0	6.0
φ	>400~500	>500~630	>630~800	>800~1000	>1000~1250	>1250~1600
C或R	8.0	10	12	16	20	25

1.1.4.4　球面半径（见表 2-1-74）

表 2-1-74　球面半径（GB/T 6403.1—2008）　（单位：mm）

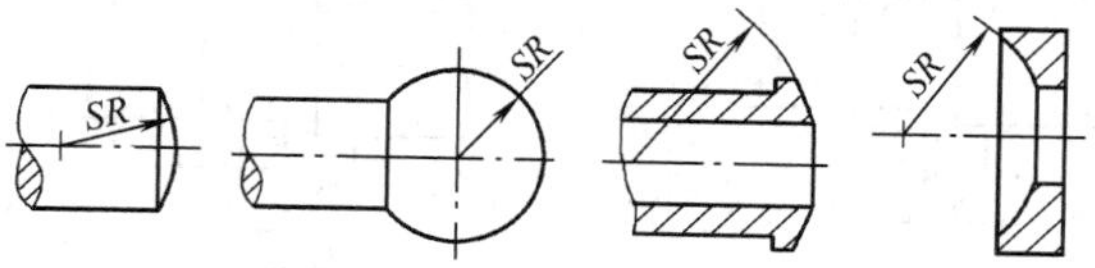

系列												
系列	Ⅰ	0.2	0.4	0.6	1.0	1.6	2.5	4.0	6.0	10	16	20
	Ⅱ	0.3	0.5	0.8	1.2	2.0	3.0	5.0	8.0	12	18	22
	Ⅰ	25	32	40	50	63	80	100	125	160	200	250
	Ⅱ	28	36	45	56	71	90	110	140	180	220	280
	Ⅰ	320	400	500	630	800	1000	1250	1600	2000	2500	3200
	Ⅱ	360	450	560	710	900	1100	1400	1800	2200	2800	

注：优先选用表中第Ⅰ系列。

1.1.4.5　螺纹零件

1. 紧固件外螺纹零件末端（GB/T 2—2016）

1）紧固件公称长度以内的末端型式如图 2-1-7 所示。

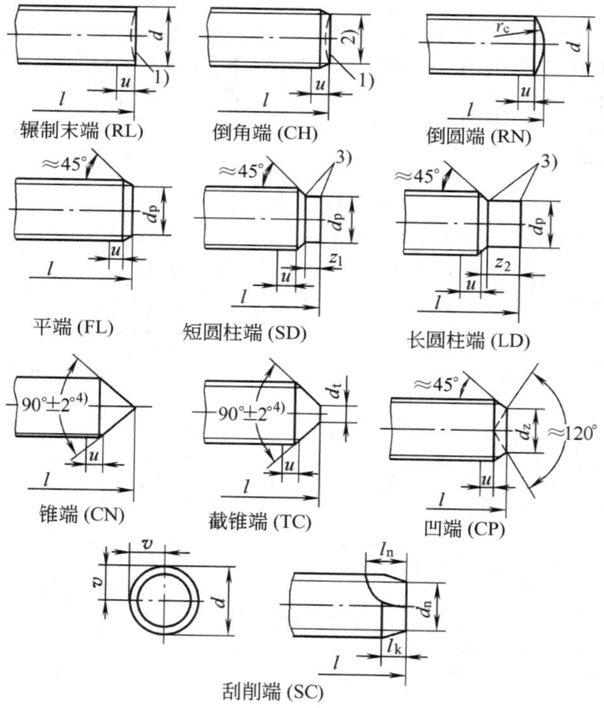

图 2-1-7　紧固件公称长度以内的末端型式

注：1. $r_e \approx 1.4d$；$u = 0.5d \pm 0.5\text{mm}$；$d_n = d - 1.6P$；$l_n \leqslant 5P$；$l_k \leqslant 3P$；$l_n - l_k \geqslant 2P$；$P$ 是螺距。

2. l 为紧固件的公称长度。

3. 不完整螺纹的长度 $u \leqslant 2P$。

4. 对 FL、SD、LD 和 CP 型末端，45°仅指螺纹小径以下的末端部分。

5. 图中 1）端面可以是凹面；2）该处直径小于或等于螺纹小径；3）该处需倒圆；4）该处的角度对短螺钉为 120°±2°，并按产品标准的规定，如 GB/T 78—2007。

2）紧固件公称长度以外的末端型式如图 2-1-8 所示。

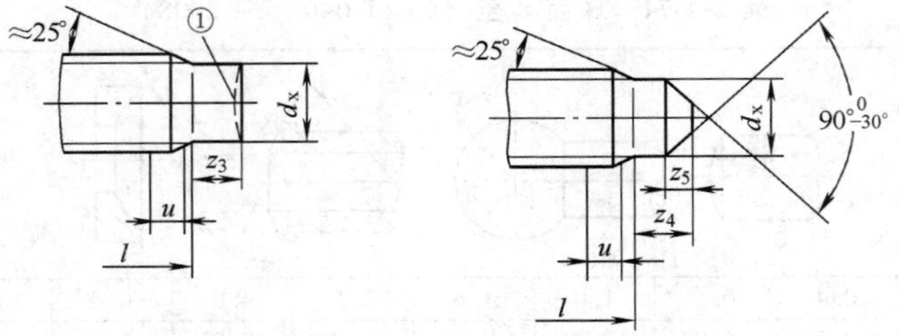

平面导向端 (PF)　　截锥导向端 (PC)

图 2-1-8 紧固件公称长度以外的末端型式

注：1. 不完整螺纹的长度 $u \leqslant 2P$；P 是螺距。

2. 20°仅指螺纹小径以下的末端部分。端面可以是凹面。

① 端面可以是凹面。

2. 普通螺纹收尾、肩距、退刀槽和倒角尺寸（见表 2-1-75）

表 2-1-75 普通螺纹收尾、肩距、退刀槽和倒角尺寸（GB/T 3—1997）

（单位：mm）

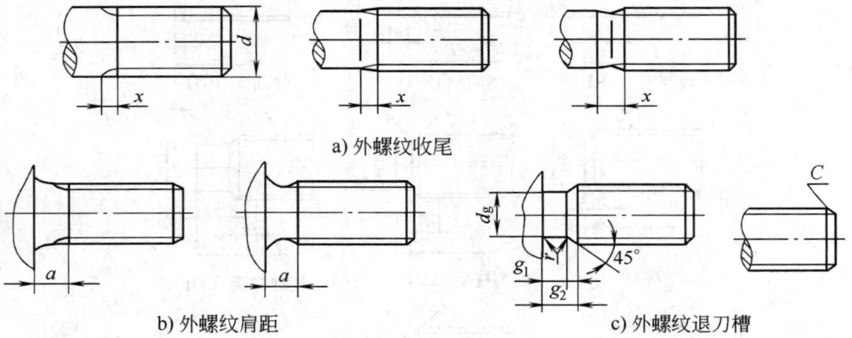

a) 外螺纹收尾

b) 外螺纹肩距　　c) 外螺纹退刀槽

螺距 P	粗牙螺纹大径 d	螺纹收尾 x_{max}		肩距 a_{max}			退刀槽				倒角 C
		一般	短的	一般	长的	短的	g_{2max}	g_{1min}	$r\approx$	d_g	
0.2	—	0.5	0.25	0.6	0.8	0.4	—	—	—	—	0.2
0.25	1、1.2	0.6	0.3	0.75	1	0.5	0.75	0.4	0.12	$d-0.4$	
0.3	1.4	0.75	0.4	0.9	1.2	0.6	0.9	0.6	0.16	$d-0.5$	0.3
0.35	1.6、1.8	0.9	0.45	1.05	1.4	0.7	1.05	0.6		$d-0.6$	
0.4	2	1	0.5	1.2	1.6	0.8	1.2		0.2	$d-0.7$	0.4
0.45	2.2、2.5	1.1	0.6	1.35	1.8	0.9	1.35	0.7		$d-0.7$	
0.5	3	1.25	0.7	1.5	2	1	1.5	0.8		$d-0.8$	0.5
0.6	3.5	1.5	0.75	1.8	2.4	1.2	1.8	0.9		$d-1$	
0.7	4	1.75	0.9	2.1	2.8	1.4	2.1	1.1	0.4	$d-1.1$	0.6
0.75	4.5	1.9	1	2.25	3	1.5	2.25	1.2		$d-1.2$	
0.8	5	2	1	2.4	3.2	1.6	2.4	1.3		$d-1.3$	0.8

（续）

螺距 P	粗牙螺纹大径 d	螺纹收尾 x_{max}		肩距 a_{max}			退刀槽				倒角 C
		一般	短的	一般	长的	短的	g_{2max}	g_{1min}	$r\approx$	d_g	
1	6、7	2.5	1.25	3	4	2	3	1.6	0.6	$d-1.6$	1
1.25	8	3.2	1.6	4	5	2.5	3.75	2		$d-2$	1.2
1.5	10	3.8	1.9	4.5	6	3	4.5	2.5	0.8	$d-2.3$	1.5
1.75	12	4.3	2.2	5.3	7	3.5	5.25	3	1	$d-2.6$	2
2	14、16	5	2.5	6	8	4	6	3.4	1	$d-3$	2
2.5	18、20、22	6.3	3.2	7.5	10	5	7.5	4.4	1.2	$d-3.6$	2.5
3	24、27	7.5	3.8	9	12	6	9	5.2	1.6	$d-4.4$	
3.5	30、33	9	4.5	10.5	14	7	10.5	6.2		$d-5$	3
4	36、39	10	5	12	16	8	12	7	2	$d-5.7$	
4.5	42、45	11	5.5	13.5	18	9	13.5	8	2.5	$d-6.4$	4
5	48、52	12.5	6.3	15	20	10	15	9		$d-7$	
5.5	56、60	14	7	16.5	22	11	17.5	11	3.2	$d-7.7$	5
6	64、68	15	7.5	18	24	12	18			$d-8.3$	

注：1. 外螺纹倒角和退刀槽过渡角一般按 45°，也可按 60°或 30°。当螺纹按 60°或 30°倒角时，倒角深度应大于或等于牙型高度。

2. 肩距 a 是螺纹收尾 x 加螺纹空白的总长。设计时应优先考虑一般肩距尺寸。短的肩距只在结构需要时采用。产品等级为 B 级或 C 级的螺纹紧固件可采用长肩距。

3. 细牙螺纹按本表螺距 P 选用。

3. 普通内螺纹收尾、肩距、退刀槽和倒角尺寸（见表 2-1-76）

表 2-1-76　普通内螺纹收尾、肩距、退刀槽和倒角尺寸（GB/T 3—1997）

（单位：mm）

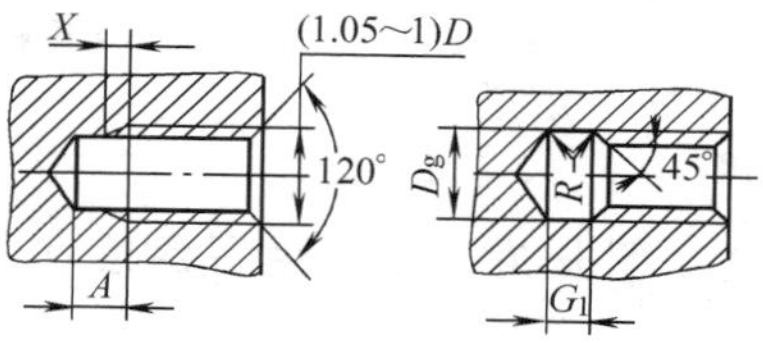

a) 内螺纹的收尾和肩距　b) 内螺纹退刀槽

螺距 P	粗牙螺纹大径 D	螺纹收尾 x_{max}		肩距 A		退刀槽			
						G_1		$R\approx$	D_g
		一般	短的	一般	长的	一般	短的		
0.2	—	0.8	0.4	1.2	1.6				$D+0.3$
0.25	1、1.2	1	0.5	1.5	2				
0.3	1.4	1.2	0.6	1.8	2.4				
0.35	1.6、1.8	1.4	0.7	2.2	2.8				

（续）

螺距 P	粗牙螺纹大径 D	螺纹收尾 x_{max}		肩距 A		退刀槽			
						G_1		R ≈	D_g
		一般	短的	一般	长的	一般	短的		
0.4	2	1.6	0.8	2.5	3.2				
0.45	2.2、2.5	1.8	0.9	2.8	3.6				
0.5	3	2	1	3	4	2	1	0.2	
0.6	3.5	2.4	1.2	3.2	4.8	2.4	1.2	0.3	D+0.3
0.7	4	2.8	1.4	3.5	5.6	2.8	1.4	0.4	
0.75	4.5	3	1.5	3.8	6	3	1.5	0.4	
0.8	5	3.2	1.6	4	6.4	3.2	1.6	0.4	
1	6、7	4	2	5	8	4	2	0.5	
1.25	8	5	2.5	6	10	5	2.5	0.6	
1.5	10	6	3	7	12	6	3	0.8	
1.75	12	7	3.5	9	14	7	3.5	0.9	
2	14、16	8	4	10	16	8	4	1	
2.5	18、20、22	10	5	12	18	10	5	1.2	
3	24、27	12	6	14	22	12	6	1.5	D+0.5
3.5	30、33	14	7	16	24	14	7	1.8	
4	36、39	16	8	18	26	16	8	2	
4.5	42、45	18	9	21	29	18	9	2.2	
5	48、52	20	10	23	32	20	10	2.5	
5.5	56、60	22	11	25	35	22	11	2.8	
6	64、68	24	12	28	38	24	12	3	

注：1. 内螺纹倒角一般是120°，也可以是90°。端面倒角直径为（1~1.05）D。

2. 肩距 A 是螺纹收尾 x 加螺纹空白的总长。

3. 应优先采用一般长度的收尾和肩距；短的退刀槽只在结构需要时采用；产品等级为B级或C级的螺纹紧固件可采用长肩距。

4. 细牙螺纹按本表螺距 P 选用。

4. 普通螺纹的内、外螺纹余留长度、钻孔余留深度和螺栓突出螺母的末端长度（见表2-1-77）

表2-1-77 普通螺纹的内、外螺纹余留长度、钻孔余留深度和螺栓突出螺母的末端长度

（单位：mm）

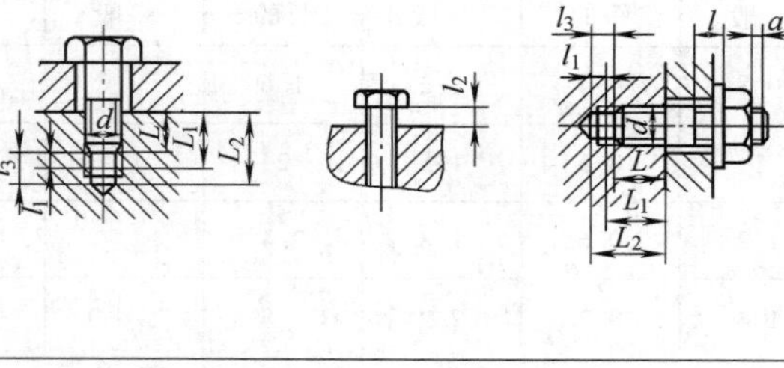

（续）

螺距	螺纹直径		余留长度			末端长度
	粗牙	细牙	内螺纹	外螺纹	钻孔	
P	d		l_1	$l=l_2$	l_3	a
0.5	3		1	2	3	0.5~1.5
		5				
0.7	4		1.5	2.5	4	1~2
0.75		6			5	
0.8	5					
1	6		2	3.5	6	1.5~2.5
		8				
		10				
		14				
		16				
		18				
1.25	8	12	2.5	4	8	
1.5	10		3	4.5	9	2~3
		14				
		16				
		18				
		20				
		22				
		24				
		27				
		30				
		33				
1.75	12		3.5	5.5	11	
2	14		4	6	12	2.5~4
	16					
		24				
		27				
		30				
		33				
		36				
		39				
2		45	4	6	12	2.5~4
		48				
		52				
2.5	18		5	7	15	
	20					
	22					
3	24		6	8	18	3~5
	27					
		36				
		39				
		42	6	8	18	3~5
		45				
		48				
		56				
		60				
		64				
		72				
		76				
3.5	30		7	9	21	
4	36		8	10	24	4~7
		56				
		60				
		64				
		68				
		72				
		76				
4.5	42		9	11	27	
5	48		10	13	30	6~10
5.5	56		11	16	33	
6	64		12	18	36	
	72					
	76					

注：1. 拧入深度 L 由设计者决定。

2. 钻孔深度 $L_2=L+l_3$。

3. 螺孔深度 $L_1=L+l_1$（不包括螺尾）。

5. 紧固件用通孔和沉孔的型式和尺寸（见表 2-1-78~表 2-1-82）

表 2-1-78 螺栓和螺钉用通孔的型式和尺寸（GB/T 5277—1985） （单位：mm）

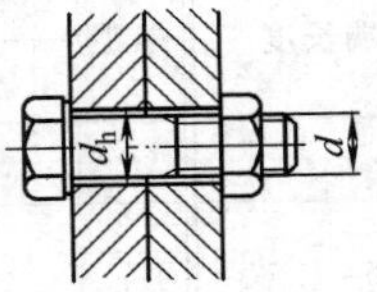

螺纹规格 d	通孔 d_h 系列 精装配	中等装配	粗装配
M1.6	1.7	1.8	2
M1.8	2	2.1	2.2
M2	2.2	2.4	2.6
M2.5	2.7	2.9	3.1
M3	3.2	3.4	3.6
M3.5	3.7	3.9	4.2
M4	4.3	4.5	4.8
M4.5	4.8	5	5.3
M5	5.3	5.5	5.8
M6	6.4	6.6	7
M7	7.4	7.6	8
M8	8.4	9	10

螺纹规格 d	通孔 d_h 系列 精装配	中等装配	粗装配
M10	10.5	11	12
M12	13	13.5	14.5
M14	15	15.5	16.5
M16	17	17.5	18.5
M18	19	20	21
M20	21	22	24
M22	23	24	26
M24	25	26	28
M27	28	30	32
M30	31	33	35
M33	34	36	38
M36	37	39	42
M39	40	42	45

螺纹规格 d	通孔 d_h 系列 精装配	中等装配	粗装配
M42	43	45	48
M45	46	48	52
M48	50	52	56
M52	54	56	62
M56	58	62	66
M60	62	66	70
M64	66	70	74
M68	70	74	78
M72	74	78	82

表 2-1-79 铆钉用通孔的型式和尺寸（GB/T 152.1—1988） （单位：mm）

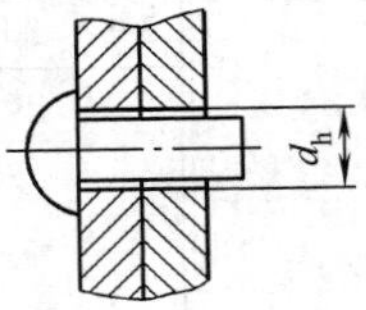

铆钉公称直径 d	0.6	0.7	0.8	1	1.2	1.4	1.6	2	2.5	3	3.5	4	5	6	8
d_h 精装配	0.7	0.8	0.9	1.1	1.3	1.5	1.7	2.1	2.6	3.1	3.6	4.1	5.2	6.2	8.2

铆钉公称直径 d		10	12	14	16	18	20	22	24	27	30	36
d_h	精装配	10.3	12.4	14.5	16.5	—	—	—	—	—	—	—
	粗装配	11	13	15	17	19	21.5	23.5	25.5	28.5	32	38

表 2-1-80 沉头螺钉用沉孔的型式和尺寸（GB/T 152.2—2014） （单位：mm）

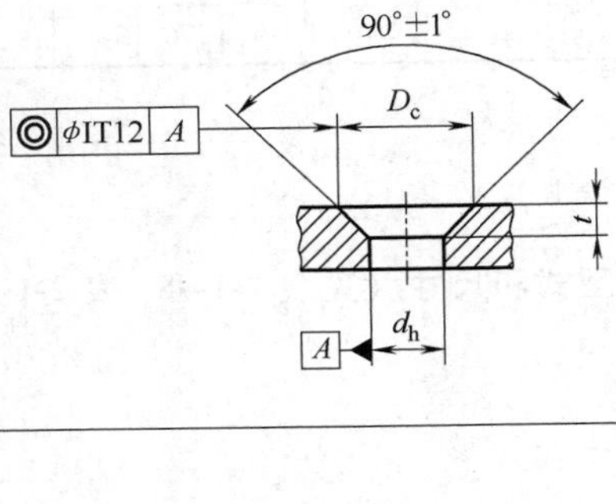

（续）

公称规格	螺纹规格		d_h[①]		D_c		t
			min(公称)	max	min(公称)	max	≈
1.6	M1.6	—	1.80	1.94	3.6	3.7	0.95
2	M2	ST2.2	2.40	2.54	4.4	4.5	1.05
2.5	M2.5	—	2.90	3.04	5.5	5.6	1.35
3	M3	ST2.9	3.40	3.58	6.3	6.5	1.55
3.5	M3.5	ST3.5	3.90	4.08	8.2	8.4	2.25
4	M4	ST4.2	4.50	4.68	9.4	9.6	2.55
5	M5	ST4.8	5.50	5.68	10.40	10.65	2.58
5.5	—	ST5.5	6.00[②]	6.18	11.50	11.75	2.88
6	M6	ST6.3	6.60	6.82	12.60	12.85	3.13
8	M8	ST8	9.00	9.22	17.30	17.55	4.28
10	M10	ST9.5	11.00	11.27	20.0	20.3	4.65

① 按 GB/T 5277 中等装配系列的规定，公差带为 H13。
② GB/T 5277 中无此尺寸。

表 2-1-81 圆柱头用沉孔的型式和尺寸（GB/T 152.3—1988） （单位：mm）

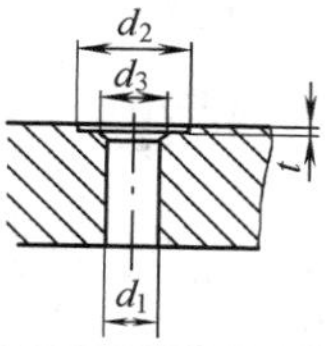

内六角圆柱头螺钉用沉孔

螺纹规格	M1.6	M2	M2.5	M3	M4	M5	M6	M8	M10	M12	M14	M16	M20	M24	M30	M36
d_2H13	3.3	4.3	5.0	6.0	8.0	10.0	11.0	15.0	18.0	20.0	24.0	26.0	33.0	40.0	48.0	57.0
tH13	1.8	2.3	2.9	3.4	4.6	5.7	6.8	9.0	11.0	13.0	15.0	17.5	21.5	25.5	32.0	38.0
d_3	—	—	—	—	—	—	—	—	—	16	18	20	24	28	36	42
d_1H13	1.8	2.4	2.9	3.4	4.5	5.5	6.6	9.0	11.0	13.5	15.5	17.5	22.0	26.0	33.0	39.0

内六角花形圆柱头螺钉及开槽圆柱头螺钉用沉孔

螺纹规格	M4	M5	M6	M8	M10	M12	M14	M16	M20
d_2H13	8	10	11	15	18	20	24	26	33
tH13	3.2	4.0	4.7	6.0	7.0	8.0	9.0	10.5	12.5
d_3	—	—	—	—	—	16	18	20	24
d_1H13	4.5	5.5	6.6	9.0	11.0	13.5	15.5	17.5	22.0

表 2-1-82 六角头螺栓和六角螺母用沉孔的型式和尺寸（GB/T 152.4—1988）

（单位：mm）

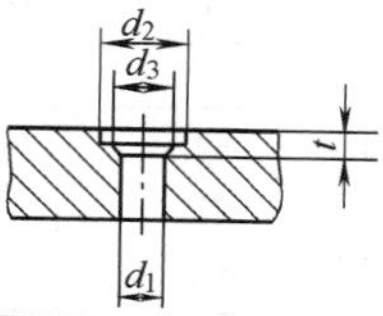

（续）

螺纹规格	M1.6	M2	M2.5	M3	M4	M5	M6	M8	M10	M12	M14	M16	M18	M20
d_2H15	5	6	8	9	10	11	13	18	22	26	30	33	36	40
d_3	—	—	—	—	—	—	—	—	—	16	18	20	22	24
d_1H13	1.8	2.4	2.9	3.4	4.5	5.5	6.6	9.0	11.0	13.5	15.5	17.5	20.0	22.0
螺纹规格	M22	M24	M27	M30	M33	M36	M39	M42	M45	M48	M52	M56	M60	M64
d_2H15	43	48	53	61	66	71	76	82	89	98	107	112	118	125
d_3	26	28	33	36	39	42	45	48	51	56	60	68	72	76
d_1H13	24	26	30	33	36	39	42	45	48	52	56	62	66	70

注：对尺寸 t，只要能制出与通孔轴线垂直的圆平面即可。

6. 梯形和锯齿形螺纹收尾、肩距、退刀槽和倒角尺寸（见表 2-1-83）

表 2-1-83　梯形和锯齿形螺纹收尾、肩距、退刀槽和倒角尺寸（GB/T 32537—2016）

（单位：mm）

外螺纹收尾和肩距

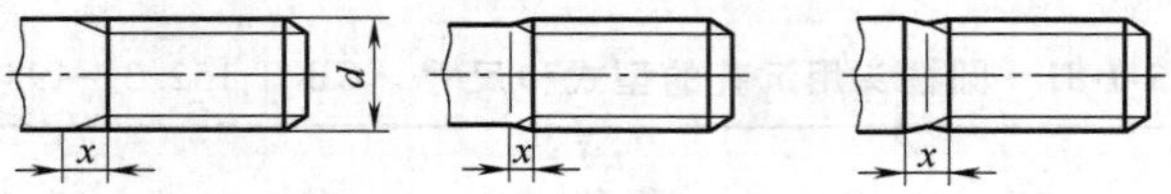

a) 收尾

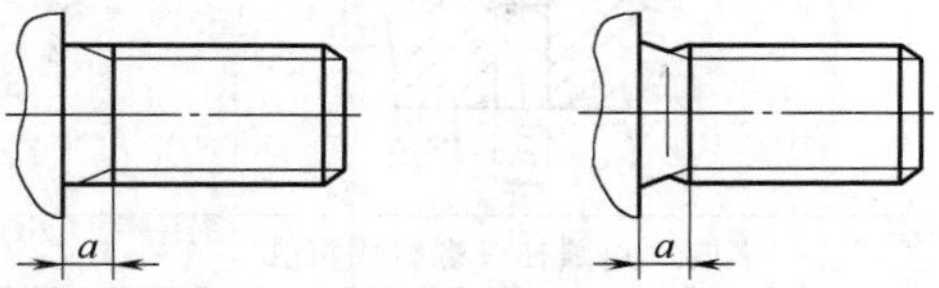

b) 肩距

螺距 P	收尾 x max			肩距 a max		
	中等组	短组	长组	中等组	短组	长组
1.5	4.5	3	6	6	3.8	7.5
2	6	4	8	8	5	10
3	9	6	12	12	7.5	15
4	12	8	16	16	10	20
5	15	10	20	20	12.5	25
6	18	12	24	24	15	30
7	21	14	28	28	17.5	35
8	24	16	32	32	20	40
9	27	18	36	36	22.5	45
10	30	20	40	40	25	50
12	36	24	48	48	30	60
14	42	28	56	56	35	70
16	48	32	64	64	40	80
18	54	36	72	72	45	90
20	60	40	80	80	50	100

（续）

外螺纹收尾和肩距

螺距 P	收尾 x max			肩距 a max		
	中等组	短组	长组	中等组	短组	长组
22	66	44	88	88	55	110
24	72	48	96	96	60	120
28	84	56	112	112	70	140
32	96	64	128	128	80	160
36	108	72	144	144	90	180
40	120	80	160	160	100	200
44	132	88	176	176	110	220
参考公式	$3P$	$2P$	$4P$	$4P$	$2.5P$	$5P$

外螺纹退刀槽

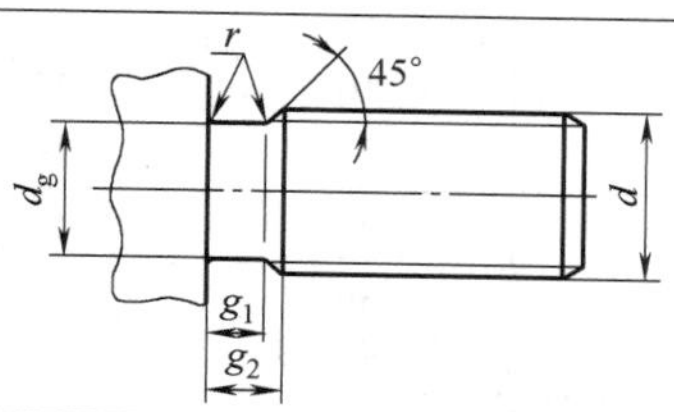

螺距 P	退刀槽				
	g_1			d_g①	r
	中等组	短组	长组		
1.5	4.5	3	6	等于外螺纹的最小小径	0.6
2	6	4	8		0.6
3	9	6	12		1.6
4	12	8	16		1.6
5	15	10	20		1.6
6	18	12	24		2.5
7	21	14	28		2.5
8	24	16	32		2.5
9	27	18	36		4
10	30	20	40		4
12	36	24	48		4
14	42	28	56		6
16	48	32	64		6
18	54	36	72		6
20	60	40	80		8
22	66	44	88		8
24	72	48	96		8
28	84	56	112		10
32	96	64	128		10
36	108	72	144		
40	120	80	160		
44	132	88	176		
参考公式	$3P$	$2P$	$4P$	—	—

（续）

内螺纹收尾和肩距

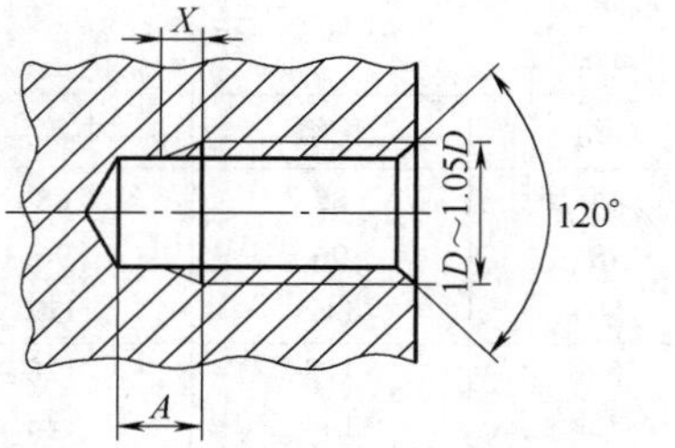

螺距 P	收尾 X max			肩距 A max		
	中等组	短组	长组	中等组	短组	长组
1.5	7.5	4.5	12	9	6	15
2	10	6	16	12	8	20
3	15	9	24	18	12	30
4	20	12	32	24	16	40
5	25	15	40	30	20	50
6	30	18	48	36	24	60
7	35	21	56	42	28	70
8	40	24	64	48	32	80
9	45	27	72	54	36	90
10	50	30	80	60	40	100
12	60	36	96	72	48	120
14	70	42	112	84	56	140
16	80	48	128	96	64	160
18	90	54	144	108	72	180
20	100	60	160	120	80	200
22	110	66	176	132	88	220
24	120	72	192	144	96	240
28	140	84	224	168	112	280
32	160	96	256	192	128	320
36	180	108	288	216	144	360
40	200	120	320	240	160	400
44	220	132	352	264	176	440
参考公式	$5P$	$3P$	$8P$	$6P$	$4P$	$10P$

内螺纹退刀槽

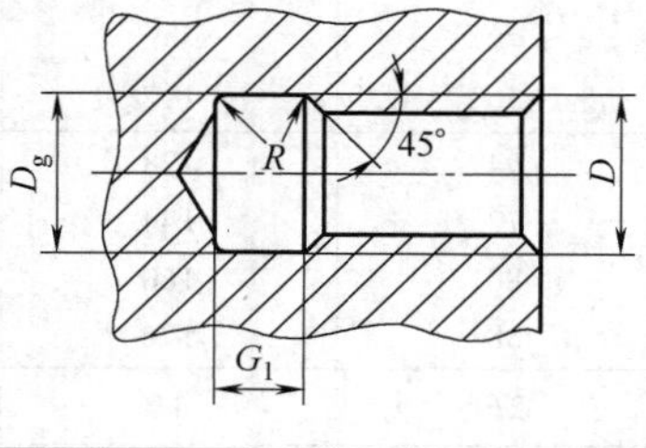

（续）

内螺纹退刀槽					
螺　距 P	退刀槽				
	G_1			D_g②	R
	中等组	短组	长组		
1.5	7.5	4.5	12	$D+1$	0.6
2	10	6	16		0.6
3	15	9	24		1.6
4	20	12	32		1.6
5	25	15	40		1.6
6	30	18	48	$D+1.5$	2.5
7	35	21	56		2.5
8	40	24	64		2.5
9	45	27	72		4
10	50	30	80		4
12	60	36	96		4
14	70	42	112	$D+2.5$	6
16	80	48	128		6
18	90	54	144		6
20	100	60	160		8
22	110	66	176		8
24	120	72	192		8
28	140	84	224		10
32	160	96	256		10
36	180	108	288		10
40	200	120	320		10
44	220	132	352		10
参考公式	$5P$	$3P$	$8P$	—	—

注：1. 优先选用“中等组”。

2. 本表适用于单线和多线螺纹（按螺距查取有关参数的尺寸）。

3. 外螺纹始端端面的倒角为 45°，也允许采用 60°和 30°，倒角深度应大于或等于螺纹牙型高度。

4. 外螺纹和内螺纹退刀槽的过渡角为 45°，也允许采用 60°和 30°。

5. 内螺纹入口端面的倒角为 120°，也允许采用 90°；端面倒角直径为 $1D \sim 1.05D$。

① 槽底直径 D_g 的公差为 h13。

② 槽底直径 D_g 的公差为 H13。

7. 普通螺纹收尾、肩距、退刀槽和倒角尺寸（见表 2-1-84）

表 2-1-84　普通螺纹收尾、肩距、退刀槽和倒角尺寸（GB/T 3—1997）

（单位：mm）

外螺纹收尾和肩距

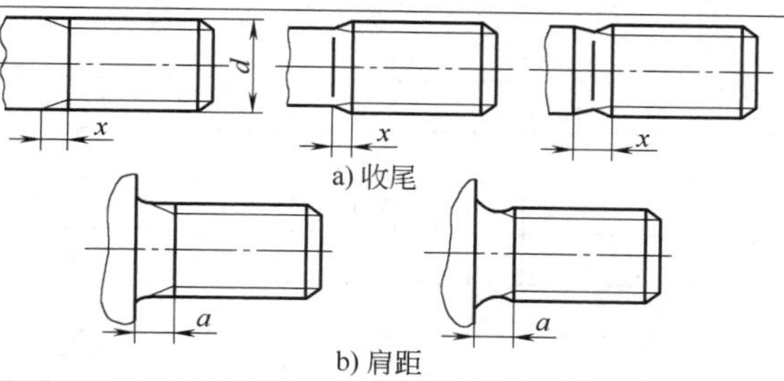

a) 收尾

b) 肩距

（续）

外螺纹收尾和肩距					
螺距 P	收尾 x max		肩距 a max		
	一般	短的	一般	长的	短的
0.2	0.5	0.25	0.6	0.8	0.4
0.25	0.6	0.3	0.75	1	0.5
0.3	0.75	0.4	0.9	1.2	0.6
0.35	0.9	0.45	1.05	1.4	0.7
0.4	1	0.5	1.2	1.6	0.8
0.45	1.1	0.6	1.35	1.8	0.9
0.5	1.25	0.7	1.5	2	1
0.6	1.5	0.75	1.8	2.4	1.2
0.7	1.75	0.9	2.1	2.8	1.4
0.75	1.9	1	2.25	3	1.5
0.8	2	1	2.4	3.2	1.6
1	2.5	1.25	3	4	2
1.25	3.2	1.6	4	5	2.5
1.5	3.8	1.9	4.5	6	3
1.75	1.3	2.2	5.3	7	3.5
2	5	2.5	6	8	4
2.5	6.3	3.2	7.5	10	5
3	7.5	3.8	9	12	6
3.5	9	4.5	10.5	14	7
4	10	5	12	16	8
4.5	11	5.5	13.5	18	9
5	12.5	6.3	15	20	10
5.5	14	7	16.5	22	11
6	15	7.5	18	24	12
参考值	≈2.5P	≈1.25P	≈3P	=4P	=2P

外螺纹退刀槽

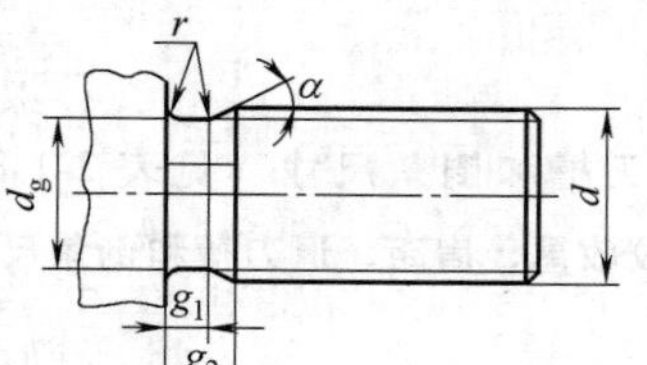

螺距 P	g_2 max	g_1 min	d_g	r ≈
0.25	0.75	0.4	d-0.4	0.12
0.3	0.9	0.5	d-0.5	0.16
0.35	1.05	0.6	d-0.6	0.16
0.4	1.2	0.6	d-0.7	0.2
0.45	1.35	0.7	d-0.7	0.2
0.5	1.5	0.8	d-0.8	0.2

（续）

外螺纹退刀槽				
螺距 P	g_2 max	g_1 min	d_g	r ≈
0.6	1.8	0.9	$d-1$	0.4
0.7	2.1	1.1	$d-1.1$	0.4
0.75	2.25	1.2	$d-1.2$	0.4
0.8	2.4	1.3	$d-1.3$	0.4
1	3	1.6	$d-1.6$	0.6
1.25	3.75	2	$d-2$	0.6
1.5	4.5	2.5	$d-2.3$	0.8
1.75	5.25	3	$d-2.6$	1
2	6	3.4	$d-3$	1
2.5	7.5	4.4	$d-3.6$	1.2
3	9	5.2	$d-4.4$	1.6
3.5	10.5	6.2	$d-5$	1.6
4	12	7	$d-5.7$	2
4.5	13.5	8	$d-6.4$	2.5
5	15	9	$d-7$	2.5
5.5	17.5	11	$d-7.7$	3.2
6	18	11	$d-8.3$	3.2
参考值	≈$3P$	—	—	—

内螺纹收尾和肩距

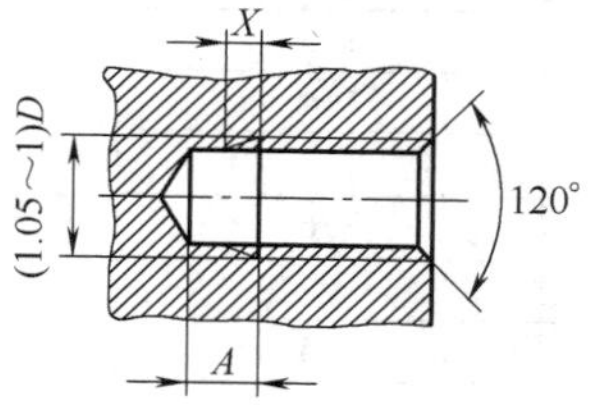

螺距 P	收尾 X max		肩距 A	
	一般	短的	一般	长的
0.2	0.8	0.4	1.2	1.6
0.25	1	0.5	1.5	2
0.3	1.2	0.6	1.8	2.4
0.35	1.4	0.7	2.2	2.8
0.4	1.6	0.8	2.5	3.2
0.45	1.8	0.9	2.8	3.6
0.5	2	1	3	4
0.6	2.4	1.2	3.2	4.8
0.7	2.8	1.4	3.5	5.6
0.75	3	1.5	3.8	6
0.8	3.2	1.6	4	6.4
1	4	2	5	8
1.25	5	2.5	6	10

（续）

内螺纹收尾和肩距

螺距 P	收尾 X max		肩距 A	
	一般	短的	一般	长的
1.5	6	3	7	12
1.75	7	3.5	9	14
2	8	4	10	16
2.5	10	5	12	18
3	12	6	14	22
3.5	14	7	16	24
4	16	8	18	26
4.5	18	9	21	29
5	20	10	23	32
5.5	22	11	25	35
6	24	12	28	38
参考值	$=4P$	$=2P$	$\approx(6\sim5)P$	$\approx(8\sim6.5)P$

内螺纹退刀槽

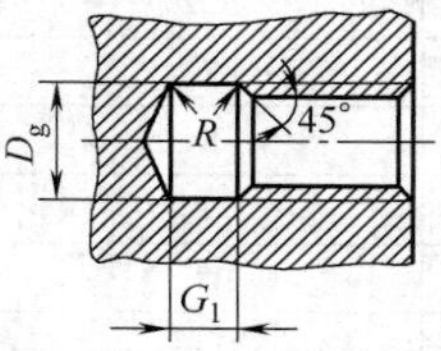

螺距 P	G_1		D_g	R ≈
	一般	短的		
0.5	2	1	D+0.3	0.2
0.6	2.4	1.2		0.3
0.7	2.8	1.4		0.4
0.75	3	1.5		0.4
0.8	3.2	1.6		0.4
1	4	2	D+0.5	0.5
1.25	5	2.5		0.6
1.5	6	3		0.8
1.75	7	3.5		0.9
2	8	4		1
2.5	10	5		1.2
3	12	6		1.5
3.5	14	7		1.8
4	16	8		2
4.5	18	9		2.2
5	20	10		2.5
5.5	22	11		2.8
6	24	12		3
参考值	$=4P$	$=2P$	—	$\approx0.5P$

注：1. 对于外螺纹，应优先选用“一般”长度的收尾和肩距，“短的”收尾和“短的”肩距仅用于结构受限制的螺纹件上，产品等级为B或C级的螺纹紧固件可采用“长的”肩距；对于内螺纹，应优先选用“一般”长度的收尾和肩距，容屑需要较大空间时可选用“长的”肩距，结构受限制时可选用“短的”收尾。

2. 对于外螺纹退刀槽，d为螺纹公称直径代号，d_g的公差为h13（d>3mm）和h12（$d\leqslant$3mm）；对于内螺纹退刀槽，D为螺纹公称直径代号，D_g的公差为H13。“短的”退刀槽仅在结构受限时采用。

3. 外螺纹始端端面的倒角一般为45°，也可采用60°和30°，倒角深度应大于或等于螺纹牙型高度；内螺纹入口端面的倒角一般为120°，也可采用90°，端面倒角直径为$1D\sim1.05D$。

8. 管螺纹收尾、肩距、退刀槽和倒角尺寸（见表 2-1-85 和表 2-1-86）

表 2-1-85　55°密封和非密封管螺纹（Rp、Rc、R1、R2 和 G）收尾、肩距、退刀槽和倒角尺寸（GB/T 32535—2016）　（单位：mm）

外螺纹（R1、R2 和 G）收尾和肩距

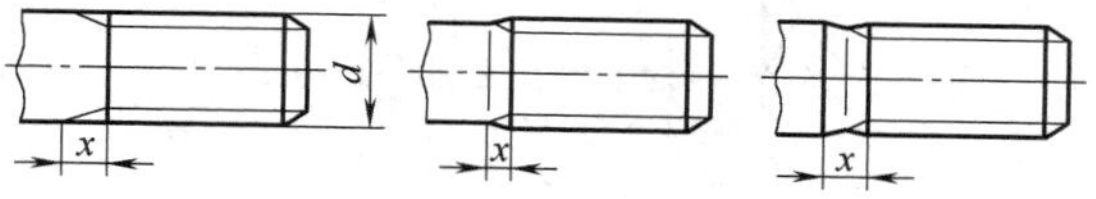

a) 收尾

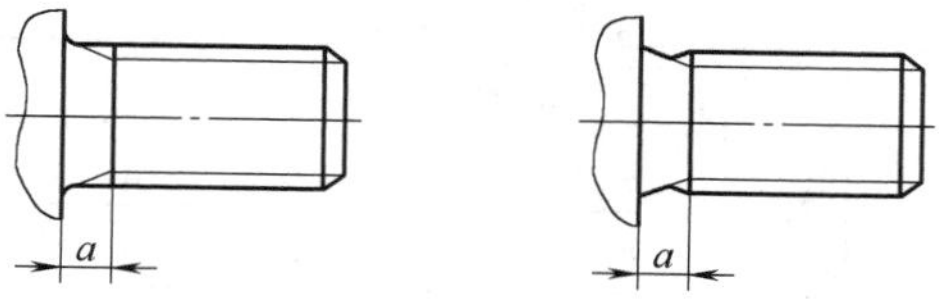

b) 肩距

牙数 n	螺距 P	收尾 x max		肩距 a max		
		中等组	短组	中等组	短组	长组
28	0.907	2.3	1.3	3.0	2.0	4.0
19	1.337	3.3	1.7	4.0	2.7	5.4
14	1.814	4.5	2.3	5.5	3.6	7.2
11	2.309	5.8	2.9	7.0	4.6	9.2
参考公式		$2.5P$	$1.25P$	$3P$	$2P$	$4P$

外螺纹（R1、R2 和 G）退刀槽

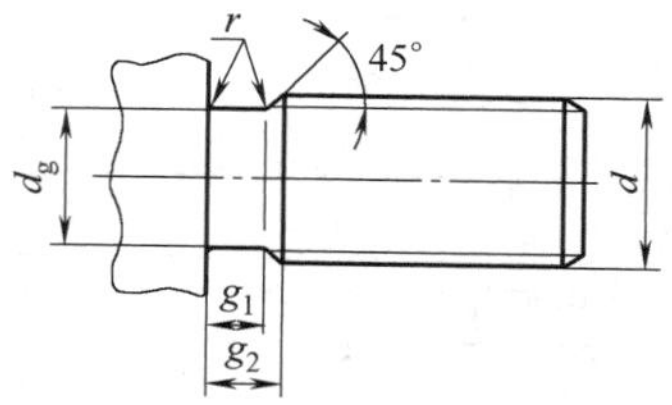

牙数 n	螺距 P	退刀槽					
		$g_{2\max}$		$g_{1\min}$①		d_g②	r
		中等组	短组	中等组	短组		
28	0.907	3.2	2.3	1.5	0.6	$d-2$	0.45
19	1.337	4.7	3.3	2.5	1.1	$d-2.5$	0.7
14	1.814	6.3	4.5	3.8	2.0	$d-3$	0.9
11	2.309	8.1	5.8	4.6	2.3	$d-4$	1.2
参考公式		$3.5P$	$2.5P$	—	—	—	$0.5P$

（续）

内螺纹（Rp、Rc 和 G）收尾和肩距

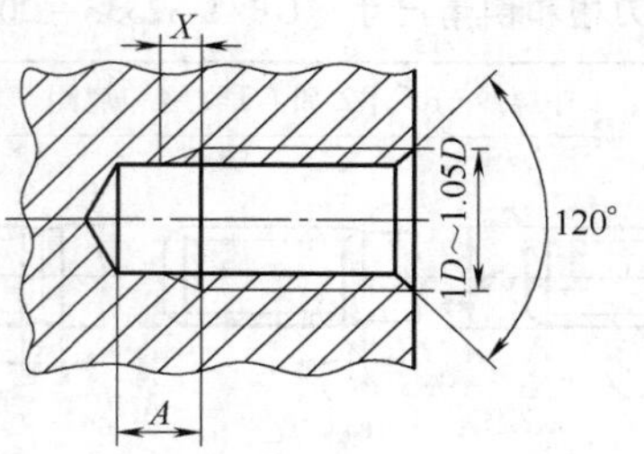

牙数 n	螺距 P	收尾 X max		肩距 A max	
		中等组	短组	中等组	短组
28	0.907	3.8	2.3	4.5	3.0
19	1.337	5.3	3.3	6.5	4.0
14	1.814	7.2	4.5	8.5	5.5
11	2.309	9.2	5.8	10.0	6.5
参考公式		$4P$	$2.5P$	$4.5P$	$3P$

内螺纹（Rp、Rc 和 G）退刀槽

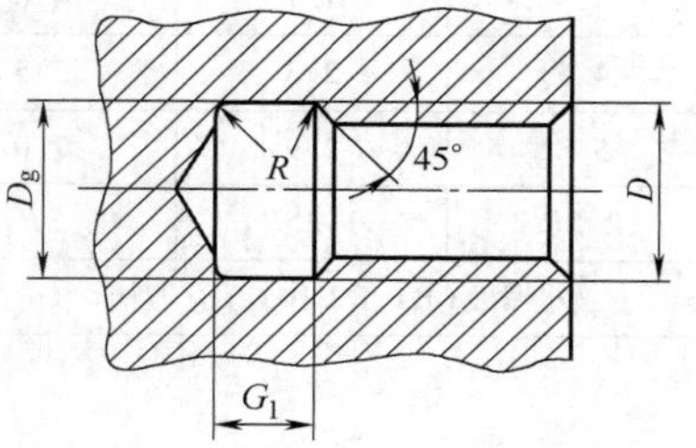

牙数 n	螺距 P	退刀槽			
		G_1		D_g③	R
		中等组	短组		
28	0.907	3.8	2.3	D+0.5	0.45
19	1.337	5.3	3.3	D+0.5	0.7
14	1.814	7.2	4.5	D+0.5	0.9
11	2.309	9.2	5.8	D+0.5	1.2
参考公式		$4P$	$2.5P$	—	$0.5P$

注：1. 优先选用“中等组”。

2. 外螺纹始端端面的倒角为 45°，也允许采用 60°或 30°，倒角深度应大于或等于螺纹牙型高度；内螺纹入口端面的倒角为 120°，也允许采用 90°，端面倒角直径为 1D~1.05D。

① g_{1min} 数值是在最小过渡角（30°）条件下从 g_{2max} 计算出来的。

② 槽底直径 d_g 的公差为 h13。

③ 槽底直径 D_g 的公差为 H13。

表 2-1-86　60°密封和干密封管螺纹（NPT、NPSC、NPTF、PTF-SAE SHORT、NPSF 和 NPSI）**收尾、肩距、退刀槽和倒角尺寸**（GB/T 32535—2016）　（单位：mm）

60°密封和干密封外螺纹（NPT、NPTF 和 PTF-SAE SHORT）的收尾、肩距和退刀槽尺寸

牙数 n	螺距 P	收尾 x max		肩距 a max		退刀槽			
						g_1		d_g①	r
		中等组	长组	中等组	长组	中等组	长组		
27	0.941	2.5	3.3	2.8	3.8	2.5	3.3	$d-2$	0.5
18	1.411	3.5	4.9	4.2	5.6	3.5	4.9	$d-3$	0.7
14	1.814	4.5	6.4	5.4	7.3	4.5	6.4	$d-3.5$	0.9
11.5	2.209	5.5	7.7	6.6	8.8	5.5	7.7	$d-4$	1.1
8	3.175	7.9	11.0	10.0	12.7	7.9	11.0	$d-6$	1.6
参考公式		2.5P	3.5P	3P	4P	2.5P	3.5P	—	0.5P

60°密封和干密封内螺纹（NPT、NPSC、NPTF、PTF-SAE SHORT、NPSF 和 NPSI）的收尾、肩距和退刀槽尺寸

牙数 n	螺距 P	收尾 X max	肩距 A max	退刀槽		
				G_1	D_g	R
27	0.941	3.8	4.7	3.8	$D+0.5$	0.5
18	1.411	5.6	7.0	5.6	$D+0.5$	0.7
14	1.814	7.3	9.0	7.3	$D+0.5$	0.9
11.5	2.209	8.8	11.0	8.8	$D+0.5$	1.1
8	3.175	12.7	16.0	12.7	$D+0.5$	1.6
参考公式		4P	5P	4P	—	0.5P

注：1. 表注同表 2-1-85 注。
2. 60°密封和干密封管螺纹的型式与 55°密封和非密封管螺纹相同，见表 2-1-85 中图。

米制密封螺纹（Mc 和 Mp）的收尾、肩距、退刀槽和倒角尺寸应符合 GB/T 3（普通螺纹收尾、肩距、退刀槽和倒角）的有关规定。

1.1.5　切削加工件通用技术条件（JB/T 8828—2001）

1.1.5.1　一般要求

1）所有经过切削加工的零件必须符合产品图样、工艺规程和 JB/T 8828—2001 的要求。

2）零件的加工面不允许有锈蚀及影响性能、寿命和外观的磕、碰、划伤等缺陷。

3）除有特殊要求，加工后的零件不允许有尖棱、尖角和毛刺。

① 零件图样中未注明倒角高度尺寸时，应按表 2-1-87 的规定进行倒角。

② 零件图样中未注明倒圆半径，又无清根要求时，按表 2-1-88 规定倒圆。

4）滚压精加工的表面，滚压加工后的表面不得有脱皮现象。

5）经过热处理的工件，精加工时不得产生烧伤、裂纹等缺陷。

6）精加工后的配合面（摩擦面和定位面等）上不允许打印标记。

7）采用一般公差的尺寸在图样上可不单独注出其公差，而是在图样上、技术要求或技术文件（如企业标准）中做出总的说明，表示方法按 GB/T 1804—2000 和 GB/T 1184—1996 规定，如 GB/T 1804-m，GB/T 1184-K。

表 2-1-87 零件未注明倒角尺寸时规定的倒角尺寸 （单位：mm）

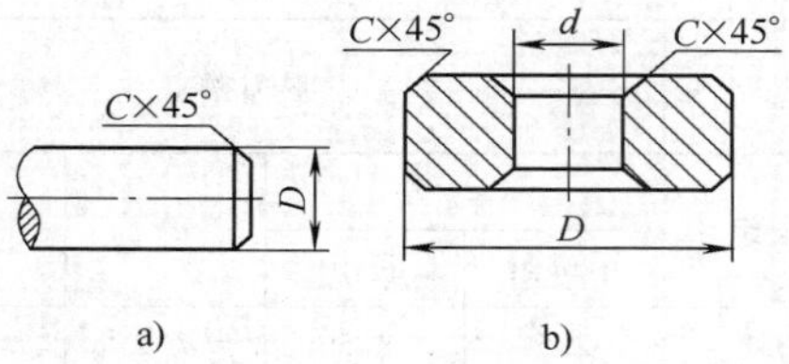

D(d)	C
≤5	0.2
>5~30	0.5
>30~100	1
>100~250	2
>250~500	3
>500~1000	4
>1000	5

表 2-1-88 零件未注明倒圆半径时规定的倒圆尺寸 （单位：mm）

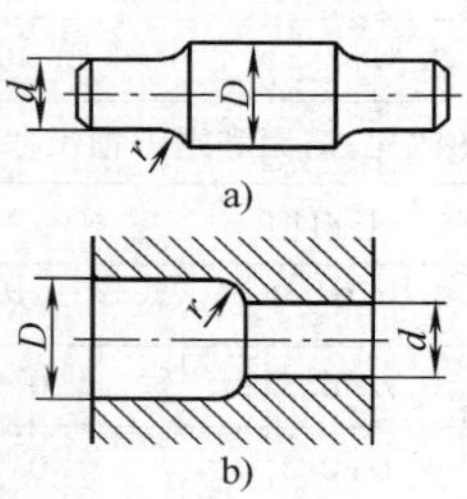

D−d	D	r
≤4	3~10	0.4
>4~12	>10~30	1
>12~30	>30~80	2
>30~80	>80~260	4
>80~140	>260~630	8
>140~200	>630~1000	12
>200	>1000	20

注：1. D 值用于不通孔和外端面倒圆。

2. 非圆柱面的倒圆可参照本表。

1.1.5.2 线性尺寸的一般公差

1）线性尺寸（不包括倒圆半径和倒角高度）的极限偏差按 GB/T 1804—2000 中 f 级和 m 级选取，其数值见表 2-1-89。

表 2-1-89 线性尺寸的极限偏差数值 （单位：mm）

等级	尺寸分段							
	0.5~3	>3~6	>6~30	>30~120	>120~400	>400~1000	>1000~2000	>2000~4000
f(精密级)	±0.05	±0.05	±0.1	±0.15	±0.2	±0.3	±0.5	—
m(中等级)	±0.1	±0.1	±0.2	±0.3	±0.5	±0.8	±1.2	±2

2）倒角高度和倒圆半径按 GB/T 6403.4 的规定选取，其尺寸的极限偏差数值按 GB/T 1804—2000 中 f 级和 m 级选取，见表 2-1-90。

表 2-1-90 倒角高度与倒圆半径尺寸的极限偏差数值 （单位：mm）

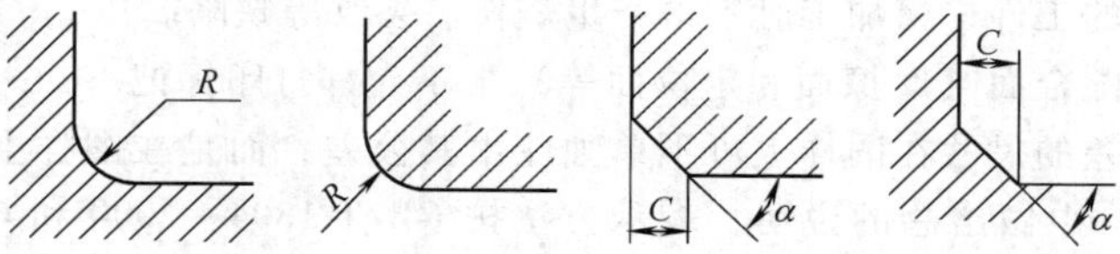

（续）

等级	尺寸分段			
	0.5~3	>3~6	>6~30	>30
f(精密级)	±0.2	±0.5	±1	±2
m(中等级)	±0.4	±1	±2	±4

1.1.5.3　角度尺寸的一般公差

角度尺寸的极限偏差按 GB/T 1804—2000 中 m 级和 c 级选取，其数值见表 2-1-91。

表 2-1-91　角度尺寸的极限偏差数值

等级	长度/mm				
	≤10	>10~50	>50~120	>120~400	>400
m(中等级)	±1°	±30′	±20′	±10′	±5′
c(粗糙级)	±1°30′	±1°	±30′	±15′	±10′

注：长度值按短边长度确定。若为圆锥角，对锥度为 1 : 3~1 : 500 的圆锥，按圆锥长度确定；对锥度大于 1 : 3 的圆锥，按其素线长度确定。

1.1.5.4　形状公差和位置公差的一般公差

1. 形状公差的一般公差

（1）直线度与平面度　图样上直线度和平面度的未注公差值按 GB/T 1184—1996 中 H 级或 K 级选用，其值见表 2-1-92。

表 2-1-92　直线度和平面度的未注公差值

被测要素表面粗糙度 Ra/μm	直线度与平面度的公差等级	被测要素尺寸 L/mm					
		≤10	>10~30	>30~100	>100~300	>300~1000	>1000~3000
		公差值/mm					
0.01~1.60	H	0.02	0.05	0.1	0.2	0.3	0.4
3.2~25	K	0.05	0.1	0.2	0.4	0.6	0.8

注：被测要素尺寸 L，对直线度公差值，是被测要素的长度尺寸；对平面度公差值，是被测表面轮廓的较大尺寸。

（2）圆度　图样上圆度的未注公差值等于直径公差值，但不应大于 GB/T 1184—1996 中的径向圆跳动值，其值见表 2-1-93。

表 2-1-93　圆跳动的未注公差值　（单位：mm）

等级	径向圆跳动公差值
H	0.1
K	0.2

2. 位置公差的一般公差

（1）平行度　平行度的未注公差值等于给出的尺寸公差值，或者直线度和平面度未注公差中的相应公差值取较大者。应取两要素中的较长者作为基准，若两要素的长度相等，则可选任一要素为基准。

（2）对称度

1）图样上对称度的未注公差值（键槽除外）按 GB/T 1184—1996 中 K 级选用，其值见表

2-1-94。对称度应取两要素中较长者作为基准，较短者作为被测要素；若两要素长度相等，则可任选一要素作为基准。

表 2-1-94 对称度的未注公差值 （单位：mm）

等级	基本长度范围			
	≤100	>100~300	>300~1000	>1000~3000
K	0.6		0.8	1.0

2）图样上键槽对称度的未注公差值见表2-1-95。

表 2-1-95 键槽对称度的未注公差值 （单位：mm）

键宽 b	对称度公差值	键宽 b	对称度公差值
2~3	0.020	>18~30	0.050
>3~6	0.025	>30~50	0.060
>6~10	0.030	>50~100	0.080
>10~18	0.040		

（3）垂直度 图样上垂直度的未注公差值按GB/T 1184—1996的规定选取，其数值见表2-1-96。取形成直角的两边中较长的一边作为基准，较短的一边作为被测要素；若两边的长度相等，则可取其中的任意一边作为基准。

表 2-1-96 垂直度的未注公差值 （单位：mm）

等级	基本长度范围			
	≤100	>100~300	>300~1000	>1000~3000
H	0.2	0.3	0.4	0.5

（4）同轴度 同轴度未注公差在GB/T 1184—1996未作规定。在极限状况下，同轴度的未注公差值可以与GB/T 1184—1996中规定的径向圆跳动的未注公差值相等（见表2-1-93）。应选两要素中的较长者为基准，若两要素长度相等，则可任选一要素为基准。

（5）圆跳动 圆跳动（径向、端面和斜向）的未注公差值见表2-1-93。

对于圆跳动的未注公差值，应以设计或工艺给出的支承面作为基准，否则应取两要素中较长的一个作为基准；若两要素长度相等，则可任选一要素为基准。

（6）中心距的极限偏差 当图样上未注明中心距的极限偏差时，按表2-1-97的规定。螺栓和螺钉尺寸按GB/T 5277选取。

表 2-1-97 任意两螺钉、螺栓孔中心距的极限偏差 （单位：mm）

螺钉或螺栓规格	M2~M6	M8~M10	M12~M18	M20~M24	M27~M30	M36~M42	M48	M56~M72	≥M80
任意两螺钉孔中心距极限偏差	±0.12	±0.25	±0.30	±0.50	±0.60	±0.75	±1.00	±1.25	±1.50
任意两螺栓孔中心距极限偏差	±0.25	±0.50	±0.75	±1.00	±1.25	±1.50	±2.00	±2.50	±3.00

1.1.5.5 螺纹通用技术条件

1）加工的螺纹表面不允许有黑皮、刮牙和毛刺等缺陷。

2）普通螺纹的收尾、肩距、退刀槽和倒角尺寸应按 GB/T 3 的相应规定。

1.1.5.6　中心孔通用技术条件

零件图样中未注明中心孔的零件，加工中又需要中心孔时，在不影响使用和外观的情况下，加工后中心孔可以保留。中心孔的形式和尺寸根据需要按 GB/T 145 的规定选取。

1.1.6　工艺文件格式及填写规则

1.1.6.1　工艺文件编号方法（JB/T 9166—1998）

1. 基本要求

1）凡正式工艺文件都必须具有独立的编号。同一编号只能授予一份工艺文件（一份工艺文件是能单独使用的最小单位工艺文件，如某个零件的铸造工艺卡片、机械加工工艺过程卡片、机械加工工序卡片等均为能单独使用的最小单位工艺文件）。

2）当同一文件由数页组成时，每页都应填写同一编号。

3）引证和借用某一工艺文件时应注明其编号。

4）工艺文件的编号应按 JB/T 9165.2—1998 和 JB/T 9165.3—1998 中规定的位置填写。

2. 编号的组成

1）工艺文件编号的组成推荐以下两种形式，各企业可以根据自己的情况任选一种。

① 由工艺文件特征号和登记顺序号两部分组成，两部分之间用一字线隔开。

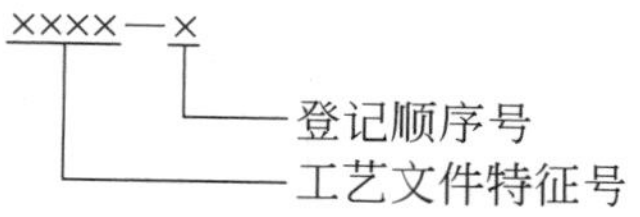

② 由产品代号（型号）、工艺文件特征号和登记顺序号组成，各部分之间用一字线隔开。

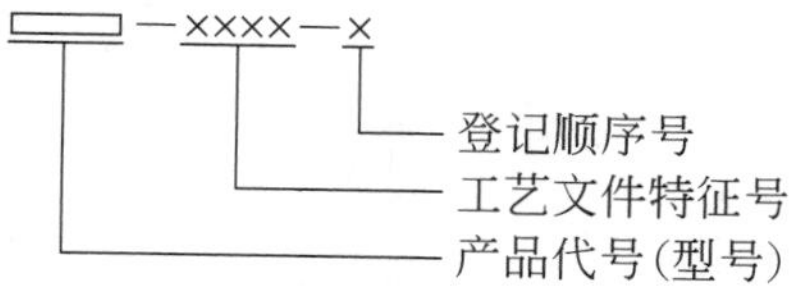

2）工艺文件特征号包括工艺文件类型代号和工艺方法代号两部分，每一部分均由两位数字组成。

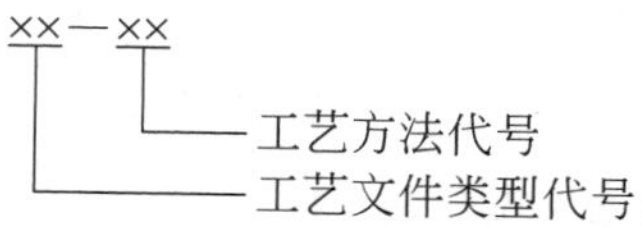

3）登记顺序号在每一文件特征号内一般由 1 开始连续递增，位数多少根据需要决定。

3. 代号编制规则和登记方法

1）工艺文件类型代号按表 2-1-98 规定。

2）工艺方法代号按表 2-1-99 规定。

3）登记顺序号由各企业的工艺标准部门统一给定。

4）工艺文件编号时需要登记，登记用表格式见表 2-1-100。

5）不同特征号的工艺文件不能登记在同一张登记表中。

6）经多处修改后重新描晒的工艺文件在其原编号后加 A、B、C 等，以示区别。

表 2-1-98 工艺文件类型代号

工艺文件类型代号	工艺文件类型名称	工艺文件类型代号	工艺文件类型名称
01	工艺文件目录	41	工艺关键件明细表
02	工艺方案	42	外协件明细表
03		43	外制件明细表
04		44	配作件明细表
05		45	
06		46	
07		47	
08		48	
09	工艺路线表	49	配套件明细表
10	车间分工明细表	50	消耗定额表
11		51	材料消耗工艺定额明细表
12		52	材料消耗工艺定额汇总表
13		53	
14		54	
15		55	
16		56	
17		57	
18		58	
19		59	
20	工艺规程	60	工艺装备明细表
21	工艺过程卡片	61	专用工艺装备明细表
22	工艺卡片	62	外购工具明细表
23	工序卡片	63	厂标准(通用)工具明细表
24	计算-调整卡片	64	组合夹具明细表
25	检验卡片	65	
26		66	
27		67	
28		68	
29	工艺守则	69	工位器具明细表
30	工序质量管理文件	70	(待发展)
31	工序质量分析表	80	(待发展)
32	操作指导卡片(作业指导书)	90	其他
33	控制图	91	工艺装备设计任务书
34		92	专用工艺装备使用说明书
35		93	工艺装备验证书
36		94	
37		95	
38		96	工艺试验报告
39		97	工艺总结
40	( )零件明细表	98	
		99	

表 2-1-99　工艺方法代号

工艺方法代号	工艺方法名称	工艺方法代号	工艺方法名称	工艺方法代号	工艺方法名称
00	未规定	31	电弧焊与电渣焊	62	高频热处理
01	下料	32	电阻焊	63	
02		33		64	
03		34		65	化学热处理
04		35		66	
05		36	摩擦焊	67	
06		37	气焊与气割	68	
07		38	钎焊	69	工具热处理
08		39		70	表面处理
09		40	机械加工	71	电镀
10	铸造	41	单轴自动车床加工	72	金属喷镀
11	砂型铸造	42	多轴自动车床加工	73	磷化
12	压力铸造	43	齿轮机床加工	74	发蓝
13	熔模铸造	44	自动线加工	75	
14	金属模铸造	45	数控机床加工	76	喷丸强化
15		46		77	
16		47	光学加工	78	涂装
17		48	典型加工	79	清洗
18	木模制造	49	成组加工	80	（待发展）
19	砂、泥芯制造	50	电加工	90	冷作、装配、包装
20	锻压	51	电火花加工	91	冷作
21	锻造	52	电解加工	92	装配
22	热冲压	53	线切割加工	93	
23	冲压	54	激光加工	94	
24	旋压成形	55	超声波加工	95	电气安装
25		56	电子束加工	96	
26	粉末冶金	57	离子束加工	97	包装
27	塑料零件注射	58		98	
28	塑料零件压制	59		99	
29		60	热处理		
30	焊接	61	感应热处理		

4. 工艺文件编号示例[⊖]

1）不带产品代号（型号）的编号。

工艺方案：0200—5

砂型铸造工艺卡片：2211—15

机械加工工艺关键件明细表：3140—112

锻件材料消耗工艺定额明细表：5121—9700

机械加工专用工艺装备明细表：6140—8201

⊖ 示例中的登记顺序号均为假定。

表 2-1-100　工艺文件编号登记用表格式

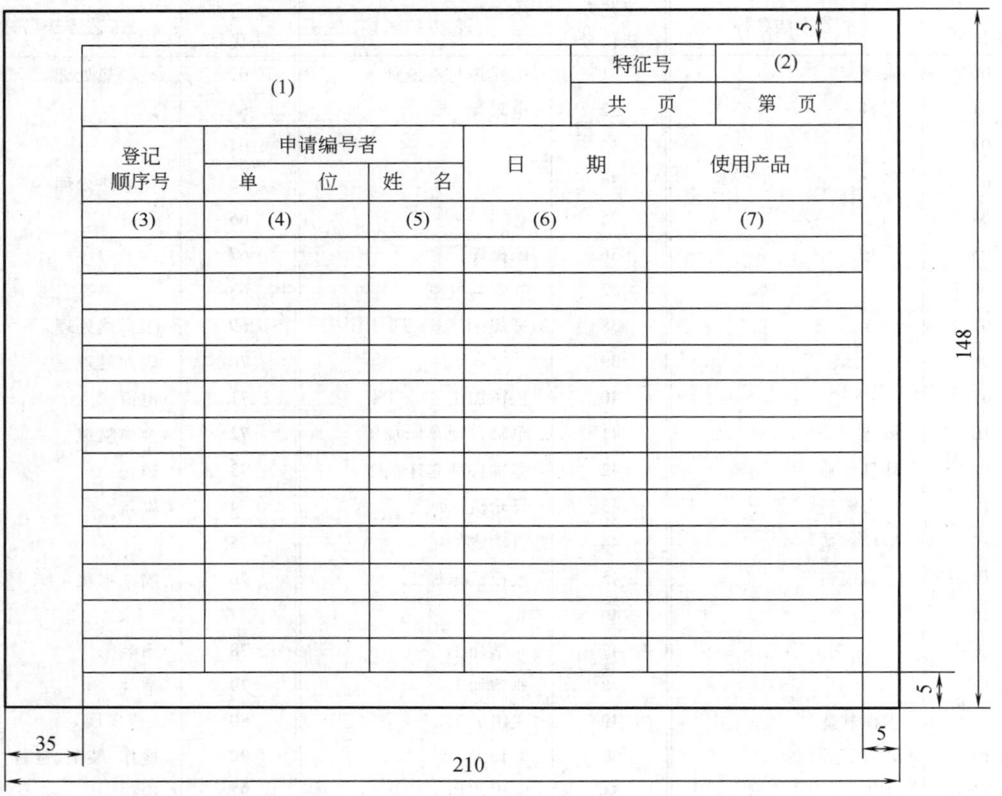

注：表内各栏尺寸未限定，各企业在使用时可以自行确定。工艺文件编号登记表各栏内容的填写：(1) 编号的工艺文件名称；(2) 文件的特征号；(3) 具有该特征号文件的登记顺序；(4) 申请编号者的单位代号或名称；(5) 申请编号者的姓名；(6) 登记日期；(7) 使用该编号文件的产品代号（型号）。

2）带产品代号（型号）的编号。

CA6140 卧式车床工艺方案：CA6140—0200—5

X6132 万能铣床工艺路线表：X6132—1000—20

2V—6/8 型空压机机械加工工序卡片：2V—6/8—2340—135

2XZ—8 直联旋片式真空泵工艺总结：2XZ—8—9700—8526

1.1.6.2　工艺文件的完整性（JB/T 9165.1—1998）

1. 基本要求

1）工艺文件是指导工人操作和用于生产、工艺管理的主要依据，要做到正确、完整、统一、清晰。

2）工艺文件的种类和内容应根据产品的生产性质、生产类型和产品的复杂程度，有所区别。

3）产品的生产性质指样机试制、小批试制和正式批量生产。样机试制主要是验证产品设计结构，对工艺文件不要求完整，各企业可根据具体情况而定；小批试制主要是验证工艺，所以小批试制的工艺文件基本上应与正式批量生产的工艺文件相同，不同的是后者通过小批试制过程验证后的修改补充，更加完善。

4）产品生产类型是企业（或车间、工段、班组、工作地）生产专业化程度的分类。生产类型的划分方法见表 2-1-101。

表 2-1-101　生产类型的划分方法

按工作地所担负的工序数划分	
生产类型	工作地每月担负的工序数/个
单件生产	不作规定
小批生产	>20~40
中批生产	>10~20
大批生产	>1~10
大量生产	1
按生产产品的年产量划分	
生产类型	年产量[①]/台
单件生产	1~10
小批生产	>10~150
中批生产	>150~500
大批生产	>500~5000
大量生产	>5000

① 表中生产类型的年产量应根据各企业产品具体情况而定。

5）产品的复杂程度由产品结构、精度和结构工艺性而定。一般可分为简单产品和复杂产品。复杂程度由各企业自定。

6）按生产类型和产品复杂程度不同，JB/T 9165. 1—1998 对常用的工艺文件完整性作了规定（见表 2-1-102）。使用时，各企业可根据各自工艺条件和产品需要，允许有所增减。

表 2-1-102　工艺文件完整性

序号	工艺文件名称	产品生产类型					
		单件和小批生产		中批生产		大批和大量生产	
		工艺文件适用范围					
		简单产品	复杂产品	简单产品	复杂产品	简单产品	复杂产品
1	产品结构工艺性审查记录	△	△	△	△	△	△
2	工艺方案	—	△	△	△	△	△
3	产品零部件工艺路线表	+	△	△	△	△	△
4	木模工艺卡片	+	+	+	+	+	+
5	砂型铸造工艺卡片	+	+	+	△	△	△
6	熔模铸造工艺卡片	—	+	+	+	△	△
7	压力铸造工艺卡片	—	—	+	+	△	△
8	锻造工艺卡片	+	△	△	△	△	△
9	冲压工艺卡片	+	+	+	△	△	△
10	焊接工艺卡片	+	+	+	△	△	△
11	机械加工工艺过程卡片	△	△	△	△	+	+
12	典型零件工艺过程卡片	+	+	+	+	+	+
13	标准零件工艺过程卡片	△	△	△	△	△	△
14	成组加工工艺卡片	+	+	+	+	+	+
15	机械加工工序卡片	—	+	+	△	△	△
16	单轴自动车床调整卡片	—	—	△	△	△	△

（续）

序号	工艺文件名称	产品生产类型					
		单件和小批生产		中批生产		大批和大量生产	
		工艺文件适用范围					
		简单产品	复杂产品	简单产品	复杂产品	简单产品	复杂产品
17	多轴自动车床调整卡片	—	—	△	△	△	△
18	数控加工程序卡片	+	+	△	△	△	△
19	弧齿锥齿轮加工机床调整卡片	△	△	△	△	△	△
20	热处理工艺卡片	△	△	△	△	△	△
21	感应热处理工艺卡片	△	△	△	△	△	△
22	工具热处理工艺卡片	△	△	△	△	△	△
23	化学热处理工艺卡片	△	△	△	△	△	△
24	表面处理工艺卡片	+	+	+	+	+	+
25	电镀工艺卡片	+	+	△	△	△	△
26	光学零件加工工艺卡片	+	△	△	△	△	△
27	塑料零件注射工艺卡片	—	—	△	△	△	△
28	塑料零件压制工艺卡片	—	—	△	△	△	△
29	粉末冶金零件工艺卡片	—	—	△	△	△	△
30	装配工艺过程卡片	+	△	△	△	△	△
31	装配工序卡片	—	—	—	△	△	△
32	电气装配工艺卡片	+	△	△	△	△	△
33	涂装工艺卡片	+	△	△	△	△	△
34	操作指导卡片	+	+	+	+	+	+
35	检验卡片	+	+	+	+	△	△
36	工艺附图	+	+	+	+	+	+
37	工艺守则	○	○	○	○	○	○
38	工艺关键件明细表	+	△	+	△	+	△
39	工序质量分析表	+	+	+	+	+	+
40	工序质量控制图	+	+	+	+	+	+
41	产品质量控制点明细表	+	+	+	+	+	+
42	零(部)件质量控制明细表	+	+	+	+	+	+
43	外协件明细表	△	△	△	△	△	△
44	配作件明细表	+	+	+	+	+	+
45	(　)零件明细表	+	+	+	+	+	+
46	外购工具明细表	△	△	△	△	△	△
47	组合夹具明细表	△	△	+	+	+	+
48	企业标准工具明细表	+	+	△	△	△	△
49	专用工艺装备明细表	△	△	△	△	△	△
50	工位器具明细表	+	+	+	+	△	△
51	专用工艺装备图样及设计文件	△	△	△	△	△	△

（续）

序号	工艺文件名称	产品生产类型					
		单件和小批生产		中批生产		大批和大量生产	
		工艺文件适用范围					
		简单产品	复杂产品	简单产品	复杂产品	简单产品	复杂产品
52	材料消耗工艺定额明细表	△	△	△	△	△	△
53	材料消耗工艺定额汇总表	+	△	△	△	△	△
54	工艺文件标准化审查记录	+	+	+	+	+	+
55	工艺验证书	+	+	△	△	△	△
56	工艺总结	—	△	△	△	△	△
57	产品工艺文件目录	△	△	△	△	△	△

注：△—必须具备；+—酌情自定；○—可代替或补充相应的工艺卡片（与生产类型无关）。

2. 常用工艺文件

1）产品结构工艺性审查记录。记录产品结构工艺性审查情况的一种工艺文件。

2）工艺方案。根据产品设计要求、生产类型和企业的生产能力，提出工艺技术准备工作具体任务和措施的指导性文件。

3）产品零、部件工艺线路表。产品全部零（部）件（设计部门提出的外购件除外）在生产过程中所经过部门（科室、车间、工段、小组或工种）的工艺流程，供工艺部门、生产计划调度部门使用。

4）木模工艺卡片。

5）砂型铸造工艺卡片。

6）熔模铸造工艺卡片。

7）压力铸造工艺卡片。

8）锻造工艺卡片。用于模锻及自由锻加工。

9）冲压工艺卡片。用于零件的冲压加工。

10）焊接工艺卡片。用于对复杂零（部）件进行电、气焊接。

11）机械加工工艺过程卡片。

12）典型零件工艺过程卡片。用于制造具有加工特性一致的一组零件。

13）标准零件工艺过程卡片。用于制造标准相同、规格不同的标准零件。

14）成组加工工艺卡片。依据成组技术而设计的零件加工工艺卡片。

15）机械加工工序卡片。

16）单轴自动车床调整卡片。用于单轴转塔自动或纵切自动车床的加工、调整和凸轮设计。

17）多轴自动车床调整卡片。用于多轴自动车床的加工、调整和凸轮设计。

18）数控加工程序卡片。用于编制数控机床加工程序和调整机床。

19）弧形锥齿轮加工机床调整卡片。

20）热处理工艺卡片。

21）感应热处理工艺卡片。

22）工具热处理工艺卡片。主要用于工具行业，其他行业的工具车间可参照采用。

23）表面处理工艺卡片。用于零件的氧化、钝化、磷化等。

24）化学热处理工艺卡片。

25）电镀工艺卡片。

26）光学零件加工工艺卡片。用于指导光学玻璃零件加工的工艺卡片。

27）塑料零件注射工艺卡片。用于热塑性及热固性塑料零件的注射成型及加工。

28）塑料零件压制工艺卡片。用于热固性塑料零件的压制成型及加工。

29）粉末冶金零件工艺卡片。

30）装配工艺过程卡片。

31）装配工序卡片。

32）电气装配工艺卡片。用于产品的电器安装与调试。

33）涂漆工艺卡片。

34）操作指导卡片（作业指导书）。指导工序质量控制点上的工人生产操作的文件。

35）检验卡片。根据产品标准、图样、技术要求和工艺规范，对产品及其零、部件的质量特征的检测内容、要求、手段做出规定的指导性文件。

36）工艺附图。与工艺规程配合使用，以说明产品或零、部件加工或装配的简图或图表应用。

37）工艺守则。某一专业工种所通用的一种基本操作规程。

38）工艺关键件明细表。填写产品中所有技术要求严、工艺难度大的工艺关键件的图号、名称和关键内容等的一种工艺文件。

39）工序质量分析表。用于分析工序质量控制点的每个特性值——操作者、设备、工装、材料、方法、环境等因素对质量的影响程度，以使加工质量处于良好的控制状态的一种工艺文件。

40）工序质量控制图。用于对工序质量控制点按质量波动因素进行分析、控制的图表。

41）产品质量控制点明细表。填写产品中所有设置质量控制点的零件图号、名称及控制点名称等的一种工艺文件。

42）零、部件质量控制点明细表。填写某一零（部）件的所有质量控制点、名称、控制项目、控制标准、技术要求等的一种工艺文件。

43）外协件明细表。填写产品中所有外协件的图号、名称和加工内容等的一种工艺文件。

44）配作件明细表。填写产品中所有需配作或合作的零、部件的图号、名称和加工内容等的一种工艺文件。

45）（ ）零件明细表。当该产品不采用零（部）件工艺路线表或此表表达不够时，需编制按车间或按工种划分的（ ）零件明细表，起指导组织生产的作用，如涂装、热处理、光学零件加工、表面处理等零件明细表。

46）外购工具明细表。填写产品在生产过程中所需购买的全部刀具、量具等的名称、规格与精度等的一种工艺文件。

47）组合夹具明细表。填写产品在生产过程中所需的全部组合夹具的编号、名称等的一种工艺文件。

48）企业标准工具明细表。填写产品在生产过程中所需的全部本企业标准工具的名称、规格、精度等的一种工艺文件。

49）专用工艺装备明细表。填写产品在生产过程中所需的全部专用工装的编号、名称等的一种工艺文件。

50）工位器具明细表。填写产品在生产过程中所需的全部工位器具的编号、名称等的一种工艺文件。

51）专用工艺装备设计文件。专用工装应具备完整的设计文件，包括专用工装设计任务书、装配图、零件图、零件明细表、使用说明书（简单的专用工装可在装配图中说明）。

52）材料消耗工艺定额明细表。填写产品每个零件在制造过程中所需消耗的各种材料的名称、牌号、规格、重量等的一种工艺文件。

53）材料消耗工艺定额汇总表。将“材料消耗工艺定额明细表”中的各种材料按单台产品汇总填列的一种工艺文件。

54）工艺文件标准化审查记录。对设计的工艺文件，依据各项有关标准进行审查的记录文件。

55）工艺验证书。记载工艺验证结果的一种工艺文件。

56）工艺总结。新产品经过试生产后，工艺人员对工艺准备阶段的工作和工艺、工装的试用情况进行记述，并提出处理意见的一种工艺文件。

57）工艺文件目录。产品所有工艺文件的清单。

1.1.6.3　工艺规程格式（JB/T 9165.2—1998）

1. 对工艺规程填写的基本要求

1）填写内容应简要、明确。

2）文字要正确，应采用国家正式公布推行的简化字。字体应端正，笔划清楚，排列整齐。

3）格式中所用的术语、符号和计量单位等，应按有关标准填写。

4）“设备”栏一般填写设备的型号或名称，必要时还应填写设备编号。

5）“工艺装备”栏填写各工序（或工步）所使用的夹具、模具、辅具和刀量、量具。其中属专用的，按专用工艺装备的编号（名称）填写；属标准的，填写名称、规格和精度，有编号的也可填写编号。

6）“工序内容”栏内，对一些难以用文字说明的工序或工步内容，应绘制示意图。

7）对工序或工步示意图的要求：

① 根据零件加工或装配情况可画（　）向视图、剖视图、局部视图。允许不按比例绘制。

② 加工面用粗实线表示，非加工面用细实线表示。

③ 应标明定位基面、加工部位、精度要求、表面粗糙度、测量基准等。

④ 定位和夹紧符号按 JB/T 5061—2006 的规定选用。

2. 工艺规程格式的名称、编号及填写说明

（1）锻造工艺卡片（格式6）（见表 2-1-103）

（2）焊接工艺卡片（格式7）（见表 2-1-104）

（3）冲压工艺卡片（格式8）（见表 2-1-105）

（4）机械加工工艺过程卡片（格式9）（见表 2-1-106）

（5）机械加工工序卡片（格式10）（见表 2-1-107）

（6）标准零件或典型零件工艺过程卡片（格式11）（见表 2-1-108）

（7）热处理工艺卡片（格式14）（见表 2-1-109）

（8）装配工艺过程卡片（格式23）（见表 2-1-110）

（9）装配工序卡片（格式24）（见表 2-1-111）

（10）机械加工工序操作指导卡片（格式27、27a）（见表 2-1-112、表 2-1-113）

（11）检验卡片（格式28）（见表 2-1-114）

（12）工艺附图（格式29）（见表 2-1-115）

（13）工艺守则（格式30）（见表 2-1-116）

表 2-1-103 锻造工艺卡片（格式 6）

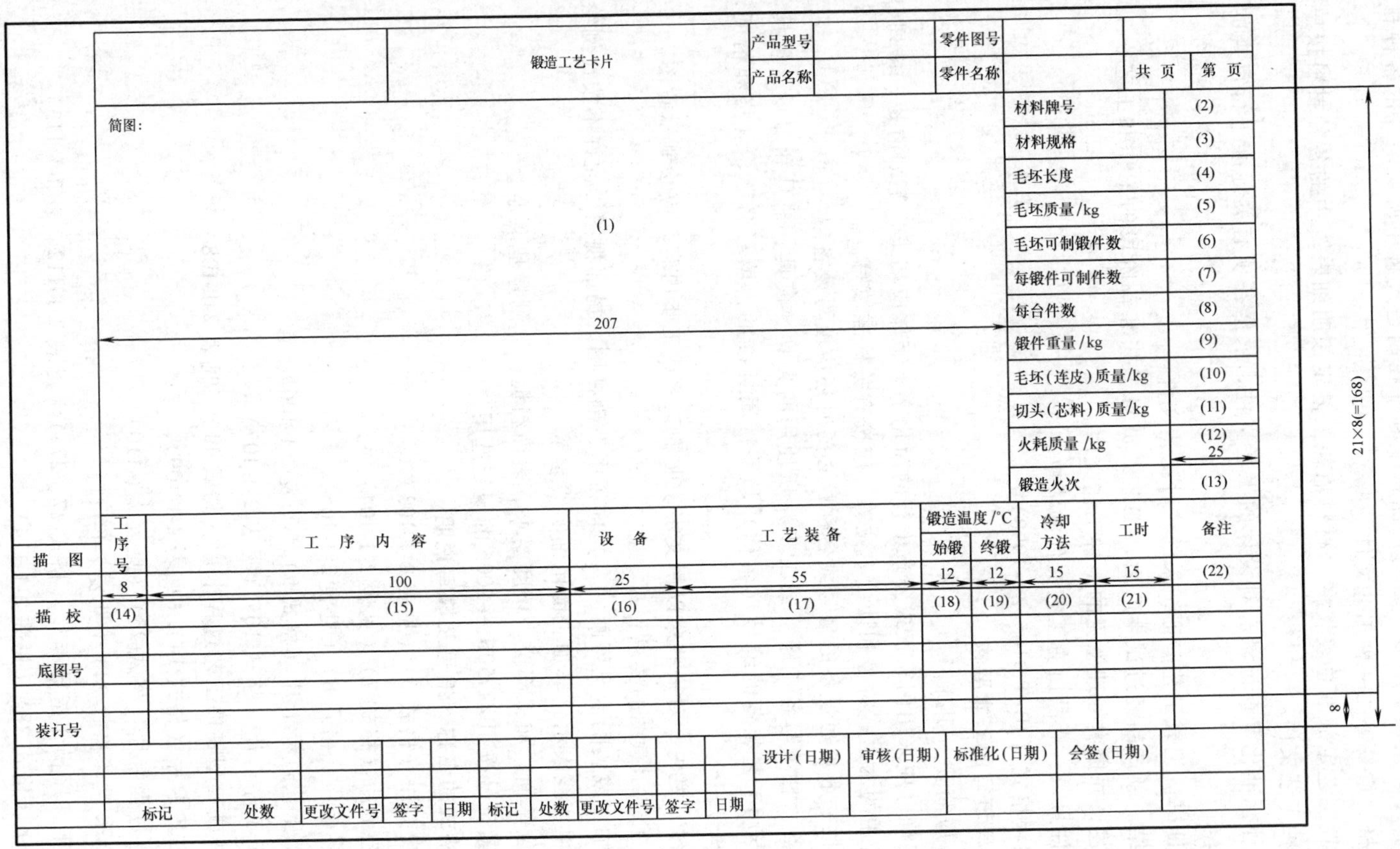

注：锻造工艺卡片各空格的填写内容：（1）绘制锻造后应达到尺寸的锻件简图和锻造过程中的毛坯变形简图；（2）按产品图样要求填写；（3）所用原材料的规格；（4）毛坯料的长度；（5）锻前毛坯质量=空格（8）+（9）+（10）+（11）；（6）每一毛坯可制锻件数；（7）每个锻件可制产品件数；（8）每台件数，按产品图样要求填写；（9）按锻件图计算出的质量；（10）模锻时切去的毛边或连皮质量；（11）锻后切去的余料头或芯料质量；（12）各次加热烧损量的总和；（13）每个锻件所需要的锻造火次；（14）工序号；（15）各工序的操作内容和主要技术要求；（16）、（17）各工序所使用的设备和工艺装备，分别按工艺规程填写的基本要求填写；（18）、（19）填写始锻温度和终锻温度；（20）锻造后的冷却方法；（21）可根据需要填写；（22）填写本工序时间定额。

表 2-1-104　焊接工艺卡片（格式 7）

	焊接工艺卡片	产品型号		零件图号			
		产品名称		零件名称		共　页	第　页

简图：

(17)

88

主要组成件				
序号	图　号	名　称	材　料	件数
(1)	(2)	(3)	(4)	(5)
10	26	20	26	14

	工序号	工　序　内　容	设　备	工艺装备	电压或气　压	电流或焊嘴号	焊条、焊丝、电极 型号	焊条、焊丝、电极 直径	焊剂	其他规范	工时
	(6)	(7)	(8)	(9)	(10)	(11)	(12)	(13)	(14)	(15)	(16)
描　图											
描　校											
底图号											
	8		20	24	15	15	15	15	15	45	10
装订号											

											设计（日期）	审核（日期）	标准化（日期）	会签（日期）	
	标记	处数	更改文件号	签字	日期	标记	处数	更改文件号	签字	日期					

21×8(=168)

8

注：焊接工艺卡片各空格的填写内容：（1）序号用阿拉伯数字 1、2、3 等填写；（2）～（5）分别填写焊接的零（部）件图号、名称，材料牌号和件数，按设计要求填写；（6）工序号；（7）每工序的焊接操作内容和主要技术要求；（8）、（9）设备和工艺装备分别按工艺规程填写的基本要求填写；（10）～（16）根据实际需要填写；（17）编制焊接简图。

表 2-1-105 冲压工艺卡片（格式 8）

冲压工艺卡片	产品型号		零件图号			
	产品名称		零件名称		共 页	第 页

材料牌号及规格	材料技术要求	毛坯尺寸	每毛坯可制件数	毛坯质量	辅助材料
(1)	(2)	(3)	(4)	(5)	(6)
48	45	45	45	30	

工序号	工序名称	工序内容	加工简图	设备	工艺装备	工时
(7)	(8)	(9)	(10)	(11)	(12)	(13)
8	10	80	80	25	50	

行高：8；8；8；17×8(=136)

描图
描校
底图号
装订号

标记	处数	更改文件号	签字	日期	标记	处数	更改文件号	签字	日期	设计（日期）	审核（日期）	标准化（日期）	会签（日期）

注：冷冲压工艺卡片各空格的填写内容：（1）按产品图样要求填写；（2）对材料的技术要求可根据设计或工艺的要求填写；（3）冲压一个或多个零件的毛坯裁料尺寸，即长×宽；（4）每一毛坯可制件数；（5）每个毛坯的质量；（6）冲压过程中所用的润滑剂等辅助材料；（7）工序号；（8）各工序名称；（9）各工序的冲压内容和要求；（10）对需多次拉伸或弯曲成形的零件需画出每个工序或工步的变形简图，并要注明弯曲部位、定位基准和要达到的尺寸要求等；（11）、（12）设备和工艺装备分别按工艺规程填写的基本要求填写；（13）填写本工序时间定额。

表 2-1-106　机械加工工艺过程卡片（格式 9）

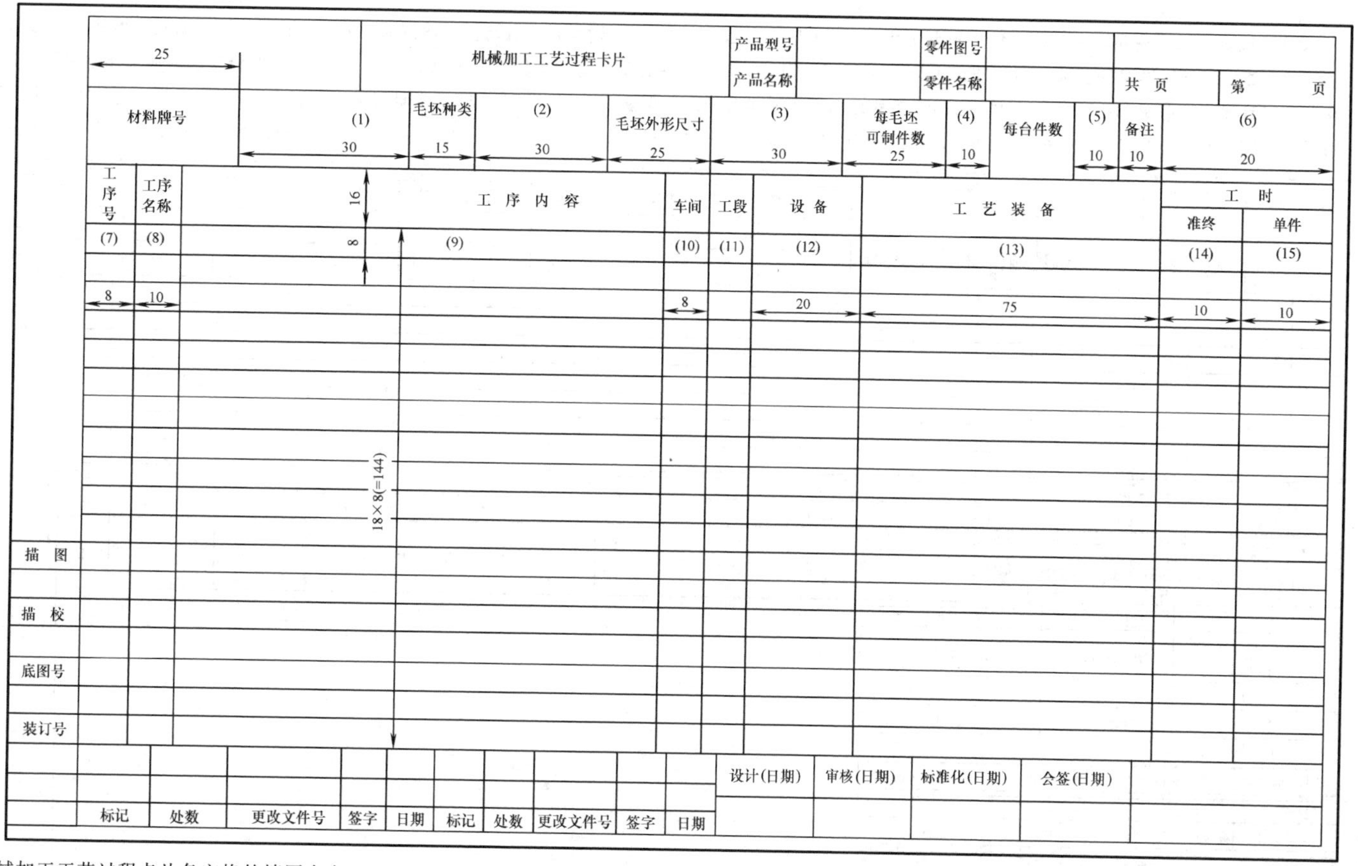

注：机械加工工艺过程卡片各空格的填写内容：（1）材料牌号按产品图样要求填写；（2）毛坯种类填写铸件、锻件、条钢、板钢等；（3）进入加工前的毛坯外形尺寸；（4）每一毛坯可制零件数；（5）每台件数按产品图样要求填写；（6）备注可根据需要填写；（7）工序号；（8）各工序名称；（9）各工序和工步、加工内容和主要技术要求，工序中的外协工序也要填写，但只写工序名称和主要技术要求，如热处理的硬度和变形要求、电镀层的厚度等，产品图样标有配做、配钻时，或根据工艺需要装配时配做、配钻时，应在配做前的最后工序另起一行注明，如“××孔与××件装配时配钻”“××部位与××件装配后加工”等；（10）、（11）填写加工车间和工段的代号或简称；（12）设备按工艺规程填写的基本要求填写；（13）工艺装备按工艺规程填写的基本要求填写；（14）、（15）填写准备与终结时间和单位时间定额。

表 2-1-107 机械加工工序卡片（格式 10）

机械加工工序卡片	产品型号		零件图号			
	产品名称		零件名称		共 页	第 页

车 间	工序号	工序名称	材料牌号
25 (1)	15 (2)	25 (3)	30 (4)
毛坯种类	毛坯外形尺寸	每毛坯可制件数	每台件数
(5)	30 (6)	20 (7)	20 (8)
设备名称	设备型号	设备编号	同时加工件数
(9)	(10)	(11)	(12)

夹具编号	夹具名称	切削液	
(13)	(14)	(15)	
工位器具编号	工位器具名称	工序工时	
		准终	单件
45 (16)	30 (17)	(18)	(19)

工步号	工 步 内 容	工 艺 设 备	主轴转速/(r/min)	切削速度/(m/min)	进给量/(mm/r)	切削深度/mm	进给次数	工步工时	
								机动	辅助
(20)	(21)	(22)	(23)	(24)	(25)	(26)	(27)	(28)	(29)
8		90	7×10(=70)						
			10						

（表头行高 16，各行高 8，9×8(=72)）

描 图
描 校
底图号
装订号

标记	处数	更改文件号	签字	日期	标记	处数	更改文件号	签字	日期	设计（日期）	审核（日期）	标准化（日期）	会签（日期）

注：机械加工工序卡片各空格的填写内容：(1) 执行该工序的车间名称或代号；(2)~(8) 按格式 9 中的相应项目填写；(9)~(11) 该工序所用的设备，按工艺规程填写的基本要求填写；(12) 在机床上同时加工的件数；(13)、(14) 该工序需使用的各种夹具名称和编号；(15) 该工序需使用的各种工位器具的名称和编号；(16)、(17) 机床所用切削液的名称和牌号；(18)、(19) 工序工时的准终、单件时间；(20) 工步号；(21) 各工步的名称、加工内容和主要技术要求；(22) 各工步所需用的模具、辅具、刀具、量具，可按上述工艺规程填写的基本要求填写；(23)~(27) 切削规范，一般工序可不填，重要工序可根据需要填写；(28)、(29) 填写本工序机动时间和辅助时间定额。

表 2-1-108　标准零件或典型零件工艺过程卡片（格式 11）

40	标准零件或典型零件工艺过程卡片	典型件代号 (20)	(34)	标准件代号 (20)	(34)	(文件编号) (40)	(20)
		典型件名称		标准件名称		共　页	第　页

零件图号或规格	材料 牌号	材料 规格尺寸	毛坯种类	每毛坯可制件数	备注	工时定额 工序/单件	(8)	(9)	(10)	(11)	(12)	(13)	(14)	(15)	(16)	(17)
(1)	(2)	(3)	(4)	(5)	(6)	(7)	(18)	(19)	(20)	(21)	(22)	(23)	(24)	(25)	(26)	(27)
	12	12	10	9	9	11	10×5(=50)									5

零件图号或规格	材料 牌号	材料 规格尺寸	毛坯种类	每毛坯可制件数	备注	工时定额 工序/单件

工序号	工序名称	工序内容	图号或规格 / 工艺装备 / 设备	(28)	(29)	(30)	(31)	(32)	(33)	(34)	(35)
(36)	(37)	(38)	(39)	(40)	(41)	(42)	(43)	(44)	(45)	(46)	(47)
7	10	8; 13×8(=104)	15	24; 8×24(=192)							

描图	描校	底图号	装订号							
标记	处数	更改文件号	签字	日期	标记	处数	更改文件号	签字	日期	设计（日期）／审核（日期）／标准化（日期）／会签（日期）

注：标准零件或典型零件工艺过程卡片各空格的填写内容：（1）用于典型零件时填写零件图号，用于标准件时填写标准件的规格；（2）材料牌号，按产品图样要求填写；（3）毛坯材料的规格和长度，也可不填；（4）毛坯种类填写铸件、锻件、条钢、板钢等；（5）每一毛坯可加工同一零件的数量；（6）备用格；（7）单件定额时间，等于各工序定额时间总和；（8）~（17）填写空格（37）中的相应各工序的简称，如车、铣、磨……（18）~（27）各工序的定额时间，与空格（1）的零件图号或规格一致；（28）~（35）填写内容同（1）；（36）工序号；（37）各工工序的名称；（38）各工序加工内容和主要要求；（39）各工序使用的设备；（40）~（47）各工序需使用的工艺装备，按工艺规程填写的基本要求填写。

表 2-1-109　热处理工艺卡片（格式 14）

热处理工艺卡片	产品型号		零件图号			
	产品名称		零件名称		共　页	第　页

(18)	材料牌号	(1)	零件质量	(2)
	工艺路线	(3)		
	技 术 要 求		检 验 方 法	
	硬化层深度	(4)	(11)	
	硬　度	(5)	(12)	
	金 相 组 织	(6)	(13)	
	机 械 性 能	(7)	(14)	
		(8)	(15)	
	允许变形量	(9)	(16)	
10×8(=80)	32	32 (10)	64(17)	

工序号	工 序 内 容	设 备	装炉方式及工装编号	装炉温度/℃	加热温度/℃	升温时间/min	保温时间/min	冷却 介质	冷却 温度/℃	冷却 时间/s	工时/min
(19)	(20)	(21)	(22)	(23)	(24)	(25)	(26)	(27)	(28)	(29)	(30)
										12	
8		15	35	7×12(=84)							10

11×8(=88)　8

描 图	描 校	底图号	装订号

标记	处数	更改文件号	签字	日期	标记	处数	更改文件号	签字	日期	设计(日期)	审核(日期)	标准化(日期)	会签(日期)

注：热处理工艺卡片各空格的填写内容：(1)、(2) 按产品图样要求填写；(3) 热处理整个过程各工序工艺路线及进、出单位；(4)~(10) 按设计要求和工艺要求填写；(11)~(17) 分别填写检验每一参数所用的仪器和抽检比率，也可填写使用工艺守则的编号；(18) 绘制热处理零件的简图并标明热处理部位及有效尺寸；(19) 工序号；(20) 热处理各工序的名称和操作内容；(21) 按工艺规程填写的基本要求填写；(22) 填写“立放”“堆放”“挂放”等及所使用的工装；(23) 编号装炉时的炉温；(24)~(29) 根据实际需要填写；(30) 填写本工序时间定额。

表 2-1-110 装配工艺过程卡片（格式 23）

	装配工艺过程卡片		产品型号		零件图号	
			产品名称		零件名称	共 页 第 页
工序号	工序名称	工 序 内 容	装配部门	设备及工艺装备	辅助材料	工时定额/min
(1)	(2)	(3)	(4)	(5)	(6)	(7)
8	12		12	60	40	10

19×8(=152)，行高 8

描 图	描 校	底图号	装订号

标记	处数	更改文件号	签字	日期	标记	处数	更改文件号	签字	日期	设计（日期）	审核（日期）	标准化（日期）	会签（日期）

注：装配工艺过程卡片各空格的填写内容：(1) 工序号；(2) 工序名称；(3) 各工序装配内容和主要内容；(4) 装配的车间、工段或班组；(5) 各工序所使用的设备和工艺装备；(6) 各工序所需使用的辅助材料；(7) 填写本工序所需时间定额。

表 2-1-111　装配工序卡片（格式 24）

装配工序卡片				产品型号		零件图号			
				产品名称		零件名称		共　页	第　页

工序号	(1)	工序名称	(2)	车间	(3)	工段	(4)	设备	(5)	工序工时	(6)
10	10	20	60	10	20	10	20	10	40	25	
简图											
(7)											

工步号	工步内容	工艺装备	辅助材料	工时定额/min
(8)	(9)	(10)	(11)	(12)
8		50	50	10

行高：16；8；8×8(=64)

描图	描校	底图号	装订号

标记	处数	更改文件号	签字	日期	标记	处数	更改文件号	签字	日期	设计（日期）	审核（日期）	标准化（日期）	会签（日期）

注：装配工序卡片各空格的填写内容：（1）工序号；（2）装配工序的名称；（3）执行本工序的车间名称或代号；（4）执行本工序的工段名称或代号；（5）本工序所使用的设备的型号、名称；（6）填写工序工时；（7）绘制装配简图或装配系统图；（8）工步号；（9）各工步名称、操作内容和主要技术要求；（10）各工步所需使用的工艺装备，按工艺规程填写的基本要求填写；（11）各工步所使用的辅助材料；（12）填写本工序所需时间定额。

表 2-1-112　机械加工工序操作指导卡片（格式 27）

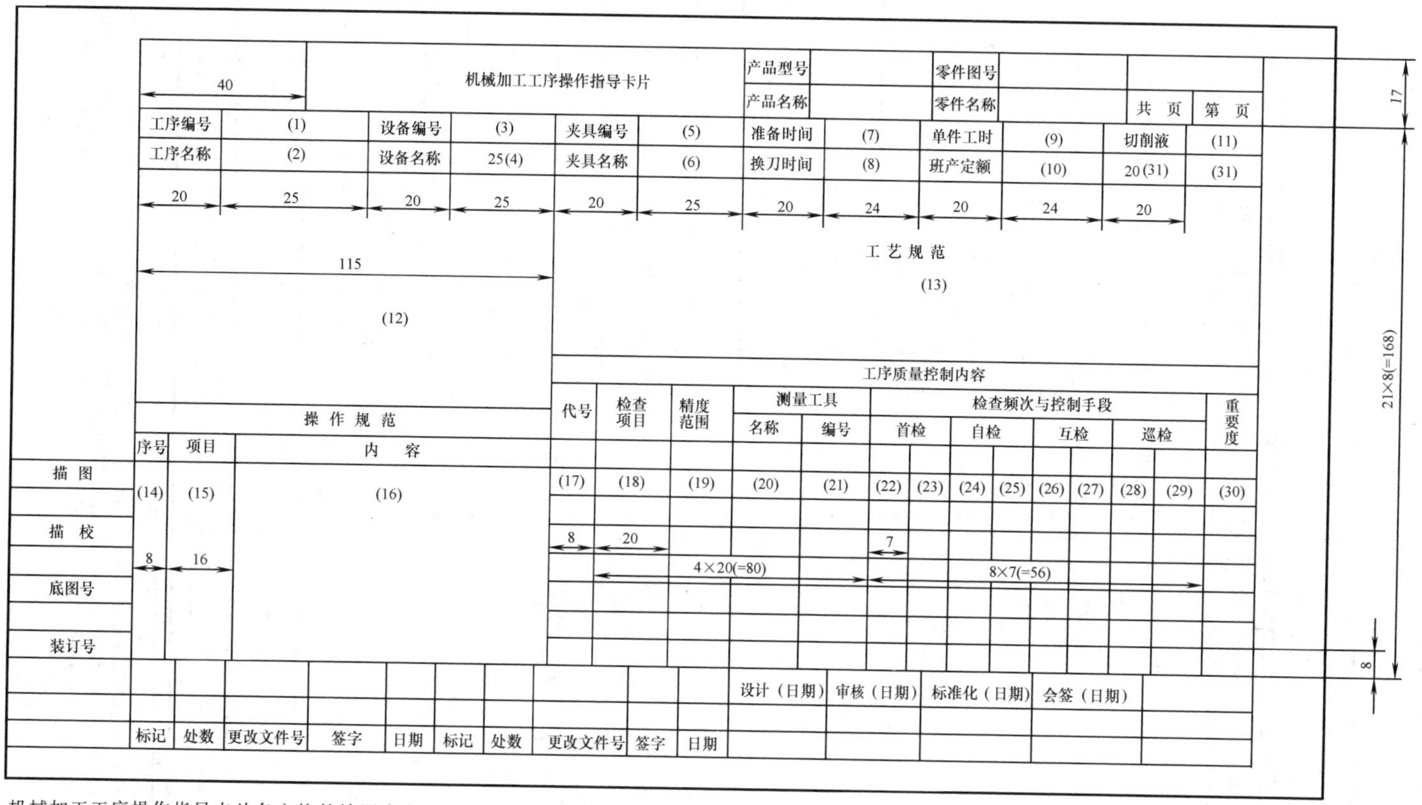

注：机械加工工序操作指导卡片各空格的填写内容：(1)~(4) 按工艺规程填写；(5)、(6) 按所需工艺装备编号和名称填写；(7)、(8) 分别填写准备终结工时和换刀工时；(9)、(10) 分别填写工序工时和班产件数；(11) 填写切削液的牌号和名称；(12) 按工艺要求绘制工序简图；(13) 填写加工部位、方法、精度等内容；(14) 按工序操作顺序号填写；(15) 按机床夹具、操作要领、注意事项和测量工具填写；(16) 按空格 (15) 分别填写具体工作内容；(17) 按检查项目代号和顺序号填写；(18) 按工艺要求和表面粗糙度填写；(19) 按尺寸公差及表面粗糙度等级填写；(20)、(21) 按测量工具的名称和编号填写；(22)、(24)、(26)、(28) 按不同记录、检测记录卡、波动图、控制图分别填写；(23)、(25)、(27)、(29) 按全数检验、N 件检一件、日检 N 件或月检 N 件分别填写；(30) 按关键、重要、一般分别填写；(31) 自定。

表 2-1-113　机械加工工序

25	60		机械加工工序操作指导卡片						
	20	25	20	15	25	15	20	25	55
	车间工段	(1)	工序号	(2)	工序名称	(3)	材料牌号	(4)	(5)

	简图：	工步号	工步内容
		(11)	(12)
描 图			
描 校			
		8	80
底图号			
装订号			

	标记	处数	更改文件号	签字	日期	标记	处数	更改文件号	签字

注：机械加工工序操作指导卡片(格式27a)各空格的填写内容：(1)填写该工序执行车间、工段的名称或代号；（2)、(3)填写该液名称及牌号；(8)～(10)按工时定额填写；(11)按操作工步顺序填写；(12)填写有关加工内容及对机床、工装操作的(17)按全数检验、*N*件检一件、日检*N*件或月检*N*件分别填写；(18)按“关键、重要、一般”的重要度等级填写；(19)按不同

操作指导卡片（格式 27a）

	产品型号			零件图号			
	产品名称			零件名称		共　页	第　页

20　20　20　25　20　20　20　15　20

	设备编号	(6)	切削液	(7)	准终工时	(8)	单件工时	(9)	班产定额	(10)

质量控制内容		检验频次			重要度	控制手段	切削速度	进给量	切削深度	进给次数	工艺装备	工时	
项目	精度	自检	首检	巡检								机动	辅助
(13)	(14)	(15)	(16)	(17)	(18)	(19)	(20)	(21)	(22)	(23)	(24)		
20	20	7	7	7	7	7	10	10	10	10		9	9

5　5　21×8(=168)　210　8　5

		设计(日期)	审核(日期)	标准化(日期)	会签(日期)	
	日期					

工序代号和名称；(4)工件的材料编号；(5)、(6)按工艺规程填写的基本要求填写设备名称；(7)按工艺要求，分别填写有关切削要领，注意事项等；(13)按轴径、孔径、几何公差、表面粗糙度等要求填写；(14)按空格(13)要求，填写精度、公差数值；(15)～记录、检测记录卡、波动图、控制图分别填写；(20)～(23)按有关工艺规定填写；(24)填写使用的刀具、量具等工装名称。

表 2-1-114　检验卡片（格式 28）

检 验 卡 片	产品型号		零件图号			
	产品名称		零件名称		共　页	第　页

工序号	工序名称	车　间	检验项目	技术要求	检验手段	检验方案	检验操作要求
(1)	(2)	(3)	(4)	(5)	(6)	(7)	(8)
简图:							

8　8　30　30×3(=90)　40　25　25　25

描图
描校
底图号
装订号

										设计（日期）	审核（日期）	标准化（日期）	会签（日期）	
标记	处数	更改文件号	签字	日期	标记	处数	更改文件号	签字	日期					

注：检验卡片各空格的填写内容：(1)、(2) 该工序号、工序名称，按工艺规程填写；(3) 按执行该工序的车间名称填写；(4) 指该工序被检项目，如轴径、孔径、几何公差、表面粗糙度等；(5) 指该工序被检验项目的尺寸公差及工艺要求的数值；(6) 执行该工序检验所需的检验设备、工装等；(7) 执行该工序检验的方法，指抽检或频次检验；(8) 填写检查操作要求。

表 2-1-115　工艺附图（格式 29）

工艺附图	产品型号		零件图号			
	产品名称		零件名称		共　页	第　页

工序号

描　图
描　校
底图号
装订号

										设计（日期）	审核（日期）	标准化（日期）	会签（日期）	
标记	处数	更改文件号	签字	日期	标记	处数	更改文件号	签字	日期					

注：当各种卡片的简图位置不够用时，可用工艺附图。

表 2-1-116 工艺守则（格式 30）

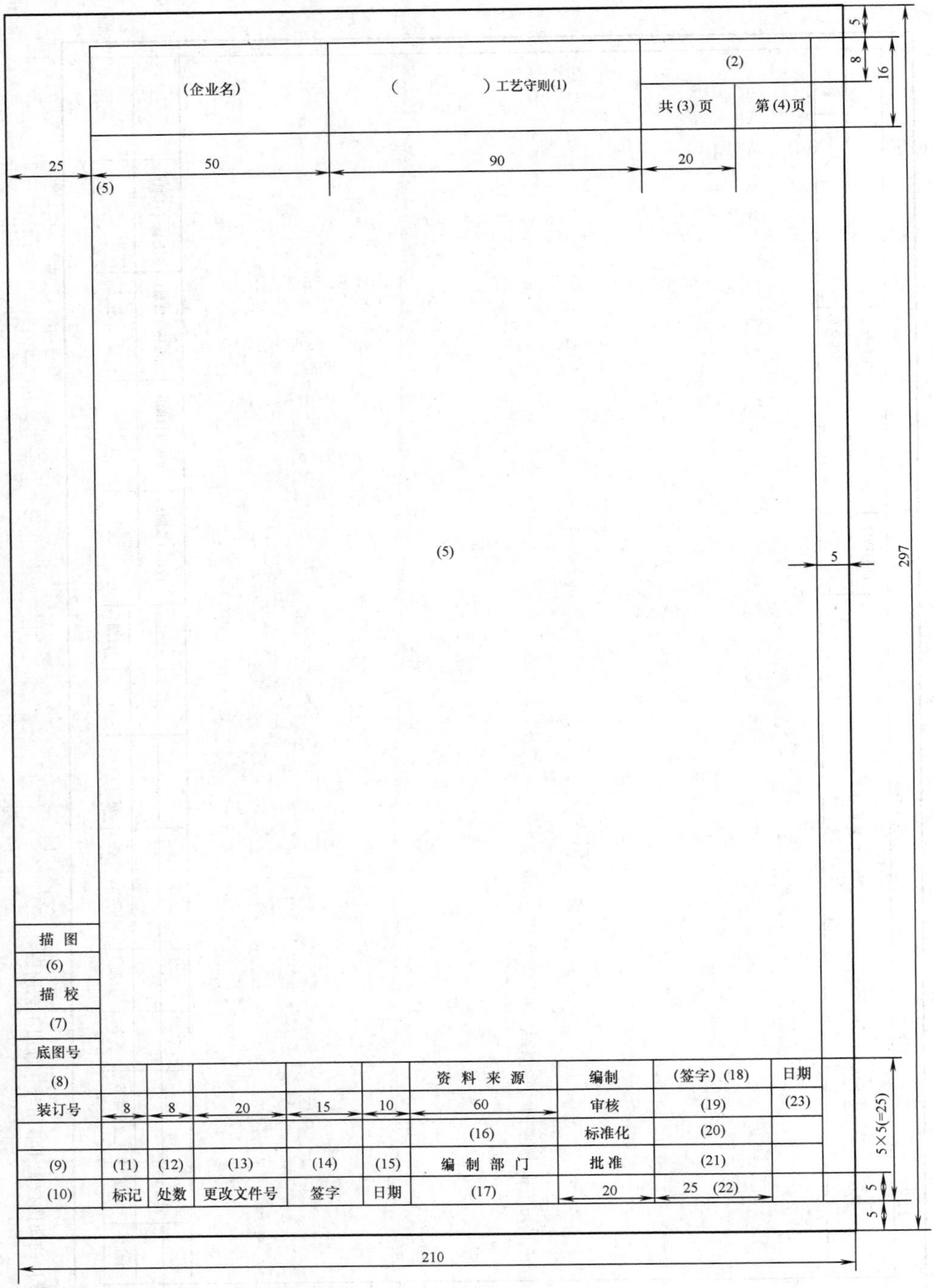

注：工艺守则各空格的填写内容：(1) 工艺守则的类别，如“热处理”“电镀”“焊接”等；(2) 按 JB/T 9166 填写工艺守则的编号；(3)、(4) 该守则的总页数和顺序页数；(5) 工艺守则的具体内容；(6)～(15) 按要求填写内容；(16) 编制该守则的参考技术资料；(17) 编制该守则的部门；(18)～(22) 责任者签字；(23) 各责任者签字后填写日期。

1.2 工艺规程的设计

1.2.1 工艺技术选择

1.2.1.1 各种生产类型的主要工艺特点

根据产品和生产纲领的大小及其工作地专业化程度的不同，企业的生产类型可分为大量生产、成批生产和单件生产三种。

各种生产类型的主要工艺特点见表2-1-117。

表2-1-117 各种生产类型的主要工艺特点

特征性质	单件生产	成批生产	大量生产
生产方式特点	事先不能决定是否重复生产	周期性地批量生产	按一定节拍长期不变地生产某一、两种零件
零件的互换性	一般采用试配方法，很少具有互换性	大部分有互换性，少数采用试配法	具有完全互换性，高精度配合件用分组选配法
毛坯制造方法及加工余量	木模手工造型、自由锻，精度低，余量大	部分用金属模、模锻，精度和加工余量中等	广泛采用金属模和机器造型、模锻及其他高生产率方法，精度高，余量小
设备及其布置方式	通用机床按种类和规格以“机群式”布置	采用部分通用机床和部分高生产率专用设备，按零件类别布置	广泛采用专用机床及自动机床并按流水线布置
夹具	多用标准附件，必要时用组合夹具，很少用专用夹具，靠划线及试切法达到精度	广泛采用专用夹具，部分用划线法达到精度	广泛采用高生产率夹具，靠调整法达到精度
刀具及量具	通用刀具及量具	较多用专用刀具及量具	广泛采用高生产率刀具及量具
工艺文件	只要求有工艺过程卡片	要求有工艺卡片，关键工序有工序卡片	要求有详细完善的工艺文件，如工序卡片、调整卡片等
工艺定额	靠经验统计分析法制订	重要复杂零件用实际测定法制订	运用技术计算和实际测定法制订
对工人的技术要求	需要技术熟练的工人	需要技术较熟练的工人	对工人技术水平要求较低，但对调整工技术要求高
生产率	低	中	高
成本	高	中	低
发展趋势	复杂零件采用加工中心	采用成组技术、数控机床或柔性制造系统	采用计算机控制的自动化制造系统

1.2.1.2 零件表面加工方法的选择

零件表面的加工，应根据这些表面的加工要求和零件的结构特点及材料性质等因素来选用相应的加工方法。

在选择某一表面的加工方法时，一般总是首先选定它的最终加工方法，然后再逐一选定各有关前导工序的加工方法。

（1）加工方法选择的原则

1）所选加工方法应考虑每种加工方法的经济加工精度㊀，并要与加工表面的精度要求及表面粗糙度要求相适应。

㊀ 经济加工精度指在正常加工条件下（采用符合质量标准的设备、工艺装备和标准技术等级的工人，不延长加工时间）所能保证的加工精度。

2）所选加工方法能确保加工面的几何形状精度、表面相互位置精度的要求。

3）所选加工方法要与零件材料的可加工性相适应。例如，淬火钢、耐热钢等硬度高的材料则应采用磨削方法加工。

4）所选加工方法要与生产类型相适应，大批量生产时，应采用高效的机床设备和先进的加工方法。在单件小批生产中，多采用通用机床和常规加工方法。

5）所选加工方法要与企业现有设备条件和工人技术水平相适应。

（2）各类表面的加工方案及适用范围

1）外圆表面加工方案见表2-1-118。

表2-1-118 外圆表面加工方案

序号	加工方案	经济加工精度的公差等级(IT)	加工表面粗糙度 $Ra/\mu m$	适用范围
1	粗车	11~12	50~12.5	适用于淬火钢以外的各种金属
2	粗车—半精车	8~10	6.3~3.2	
3	粗车—半精车—精车	6~7	1.6~0.8	
4	粗车—半精车—精车—滚压(或抛光)	5~6	0.2~0.025	
5	粗车—半精车—磨削	6~7	0.8~0.4	主要用于淬火钢，也可用于未淬火钢，但不宜加工非铁金属
6	粗车—半精车—粗磨—精磨	5~6	0.4~0.1	
7	粗车—半精车—粗磨—精磨—超精加工(或轮式超精磨)	5~6	0.1~0.012	
8	粗车—半精车—精车—金刚石车	5~6	0.4~0.025	主要用于要求较高的非铁金属的加工
9	粗车—半精车—粗磨—精磨—超精磨(或镜面磨)	5级以上	<0.025	极高精度的钢或铸铁的外圆加工
10	粗车—半精车—粗磨—精磨—研磨	5级以上	<0.1	

2）孔加工方案见表2-1-119。

3）平面加工方案见表2-1-120。

表2-1-119 孔加工方案

序号	加工方案	经济加工精度的公差等级(IT)	加工表面粗糙度 $Ra/\mu m$	适用范围
1	钻	11~12	12.5	用于加工未淬火钢及铸铁的实心毛坯，也可用于加工非铁金属(但表面粗糙度值稍高)，孔径<20mm
2	钻—铰	8~9	3.2~1.6	
3	钻—粗铰—精铰	7~8	1.6~0.8	
4	钻—扩	11	12.5~6.3	用于加工未淬火钢及铸铁的实心毛坯，也可用于加工非铁金属(但表面粗糙度值稍高)，但孔径>20mm
5	钻—扩—铰	8~9	3.2~1.6	
6	钻—扩—粗铰—精铰	7	1.6~0.8	
7	钻—扩—机铰—手铰	6~7	0.4~0.1	
8	钻—(扩)—拉(或推)	7~9	1.6~0.1	大批大量生产中小零件的通孔
9	粗镗(或扩孔)	11~12	12.5~6.3	淬火钢以外各种材料，毛坯有铸出孔或锻出孔
10	粗镗(粗扩)—半精镗(精扩)	9~10	3.2~1.6	
11	粗镗(粗扩)—半精镗(精扩)—精镗(铰)	7~8	1.6~0.8	
12	粗镗(扩)—半精镗(精扩)—精镗—浮动镗刀块精镗	6~7	0.8~0.4	

（续）

序号	加工方案	经济加工精度的公差等级(IT)	加工表面粗糙度 $Ra/\mu m$	适用范围
13	粗镗(扩)—半精镗—磨孔	7~8	0.8~0.2	主要用于加工淬火钢，也可用于加工不淬火钢，但不宜用于加工非铁金属
14	粗镗(扩)—半精镗—粗磨—精磨	6~7	0.2~0.1	
15	粗镗—半精镗—精镗—金刚镗	6~7	0.4~0.05	主要用于精度要求较高的非铁金属加工
16	钻—(扩)—粗铰—精铰—珩磨 钻—(扩)—拉—珩磨 粗镗—半精镗—精镗—珩磨	6~7	0.2~0.025	用于加工精度要求很高的孔
17	以研磨代替上述方案中的珩磨	5~6	<0.1	
18	钻(或粗镗)—扩(半精镗)—精镗—金刚镗—脉冲滚挤	6~7	0.1	用于加工成批大量生产的非铁金属零件中的小孔，铸铁箱体上的孔

表 2-1-120　平面加工方案

序号	加工方案	经济加工精度的公差等级(IT)	加工表面粗糙度 $Ra/\mu m$	适用范围
1	粗车—半精车	8~9	6.3~3.2	用于加工端面
2	粗车—半精车—精车	6~7	1.6~0.8	
3	粗车—半精车—磨削	7~9	0.8~0.2	
4	粗刨(或粗铣)—精刨(或精铣)	7~9	6.3~1.6	一般用于加工不淬硬的平面(端铣的表面粗糙度值较低)
5	粗刨(或粗铣)—精刨(或精铣)—刮研	5~6	0.8~0.1	用于加工精度要求较高的不淬硬平面 批量较大时宜采用宽刃精刨方案
6	粗刨(或粗铣)—精刨(或精铣)—宽刃精刨	6~7	0.8~0.2	
7	粗刨(或粗铣)—精刨(或精铣)—磨削	6~7	0.8~0.2	用于加工精度要求较高的淬硬平面或不淬硬平面
8	粗刨(或粗铣)—精刨(或精铣)—粗磨—精磨	5~6	0.4~0.25	
9	粗铣—拉	6~9	0.8~0.2	大量生产，用于加工较小的平面
10	粗铣—精铣—磨削—研磨	5 级以上	<0.1	用于加工高精度平面

1.2.1.3　常用毛坯的制造方法及主要特点

机械零件的制造包括毛坯成形和切削加工两个阶段，正确选择毛坯的类型和制造方法对于机械制造有着重要意义。

机械零件常用的毛坯包括铸件、锻件、轧制型材、挤压件、冲压件、焊接件、粉末冶金件和注射件等。

常用毛坯的制造方法及其主要特点见表 2-1-121。

表 2-1-121　常用毛坯的制造方法及其主要特点

比较内容	毛坯类型				
	铸件	锻件	冲压件	焊接件	轧制型材
成形特点	液态下成形	固态下塑性变形	同锻件	永久性连接	同锻件
对原材料工艺性能要求	流动性好，收缩率低	塑性好，变形抗力小	同锻件	强度高，塑性好，液态下化学稳定性好	同锻件
常用材料	灰铸铁、球墨铸铁、中碳钢及铝合金、铜合金等	中碳钢及合金结构钢	低碳钢及非铁金属薄板	低碳钢、低合金钢、不锈钢及铝合金等	低、中碳钢，合金结构钢，铝合金、铜合金等
金属组织特征	晶粒粗大、疏松、杂质无方向性	晶粒细小、致密	拉深加工后沿拉深方向形成新的流线组织，其他工序加工后原组织基本不变	焊缝区为铸造组织，熔合区和过热区有粗大晶粒	同锻件
力学性能	灰铸铁件力学性能差，球墨铸铁、可锻铸铁及锻钢件较好	比相同成分的铸钢件好	变形部分的强度、硬度提高，结构刚度好	接头的力学性能可达到或接近母材	同锻件
结构特征	形状一般不受限制，可以相当复杂	形状一般较铸件简单	结构轻巧，形状可以较复杂	尺寸、形状一般不受限制，结构较轻	形状简单，横向尺寸变化小
零件材料利用率	高	低	较高	较高	较低
生产周期	长	自由锻短，模锻长	长	较短	短
生产成本	较低	较高	批量越大，成本越低	较高	低
主要适用范围	灰铸铁件用于受力不大或承压为主的零件，或要求有减振、耐磨性能的零件；其他铁碳合金铸件用于承受重载或复杂载荷的零件；机架、箱体等形状复杂的零件	用于对力学性能，尤其是强度和韧性，要求较高的传动零件和工具、模具	用于以薄板成形的各种零件	主要用于制造各种金属结构，部分用于制造零件毛坯	形状简单的零件
应用举例	机架、床身、底座、工作台、导轨、变速箱、泵体、阀体、带轮、轴承座、曲轴、齿轮等	机床主轴、传动轴、曲轴、连杆、齿轮、凸轮、螺栓、弹簧、锻模、冲模等	汽车车身覆盖件、电器及仪器、仪表壳及零件、油箱、水箱、各种薄金属件	锅炉、压力容器、化工容器、管道，厂房构架、起重机构架、桥梁、车身、船体、飞机构件，重型机械的机架、立柱、工作台等	光轴、丝杠、螺栓、螺母、销子等

1.2.1.4　各种零件的最终热处理与表面保护工艺的合理搭配

热处理和表面保护工艺是材料改性处理的主要方法，在设计工艺方案时往往将这两类工艺综合比较，全面考虑，使其相互配合，合理搭配。其最终目的是满足对零件整体及表面性能的设计要求。

各种零件的最终热处理与表面保护工艺的合理搭配见表 2-1-122。

表 2-1-122　各种零件的最终热处理与表面保护工艺的合理搭配

零件材料	最终热处理及表面保护工艺	性能特点及适用范围	典型零件
灰铸铁	时效+涂装 时效+磷化	在大气环境下有一定保护作用	壳体、箱体
	时效+热浸镀(锌)	有较好的抗大气腐蚀性能	管接头
	时效+电镀	改善摩擦副的摩擦学性能	缸套、活塞环
	时效+表面淬火	提高耐磨性	机床导轨
	时效+等离子喷焊(铜)	提高耐磨性	低压阀门
可锻铸铁	石墨化退火+涂装	在大气环境下有一定保护作用	壳体
	石墨化退火+热浸镀	有较好的抗大气腐蚀性能	电路金具
球墨铸铁	退火+涂装	塑性韧度高，在大气环境下有一定保护作用	壳体、管体
	退火+等离子喷焊	塑性韧度高，喷焊表面耐磨性好	中压阀门
	正火	强度、硬度较高，有一定塑韧性	轴类、连杆
	正火+表面淬火	强度及表面硬度高，耐磨性好	曲轴、凸轮轴
	正火+电镀	改善摩擦副的摩擦学性能	缸套、活塞环
	正火+渗氮	疲劳强度及耐磨性好	齿轮
	等温淬火	具有良好的综合力学性能	齿轮、磨球
铸钢、锻钢	正火+涂装	具有一般力学性能和保护作用，用于大气环境下的非受力件	壳体
	正火+表面淬火	形成内韧外硬的组织，具有良好的耐磨性和疲劳强度，多用于中碳钢	机床主轴、轧辊
	调质(+涂装)	是中碳钢、中碳合金钢件最常用的热处理工艺，具有良好的综合力学性能	汽车半轴、汽轮机转子
	调质+表面淬火	心部综合力学性能高，耐磨性好	机床齿轮
	调质+深冷处理+时效	马氏体转变完全，减少工件在使用中变形，硬度和疲劳强度高	丝杠、量具
	淬火+中温回火	与调质相比，具有较高的强度与屈强比	弹簧、轴
	淬火 淬火+低温回火	用于低碳钢，具有低碳马氏体组织及较好的综合力学性能	高强度螺栓、链片、轴
	淬火+低温回火 淬火+低温回火+氧化	用于高碳钢、高碳合金钢，具有高的硬度、强度、耐磨性	刀具、量具、轴承
	渗碳 碳氮共渗	用于低碳合金钢，具有高的疲劳强度、耐磨性和抗冲击性能	汽车、拖拉机传动齿轮
	渗氮 氮碳共渗	用于中碳渗氮钢，处理温度低，变形小，具有高的疲劳强度、耐磨性，并改善耐蚀性	丝杠、镗杆

（续）

零件材料	最终热处理及表面保护工艺	性能特点及适用范围	典型零件
铸钢、锻钢	渗硫	减摩、抗咬合性能优良，但通常只能作为已硬化工件的后续处理工艺	渗碳齿轮、已淬火回火的刀具
	硫氮碳共渗	减摩、抗咬合性能优良、变形很小，抗疲劳与耐磨性良好且在非酸性介质中耐蚀，适用于因黏着磨损、非重载疲劳断裂而失效的钢铁件	曲轴、缸套、气门、刀具与多种模具
	渗碳+渗硫	疲劳强度高，表面耐磨、减摩、耐蚀性好	高速齿轮
	渗硼	硬度很高（1500～3000HV），耐腐蚀，抗磨粒磨损性能好	牙轮钻、模具、泵内衬
	渗入碳化物形成元素		
	正火（调质）+热喷涂	提高耐磨、耐蚀性及其他特种性能（抗擦伤性、耐冷热疲劳性等）	轧辊、模具、阀门（密封面）
	正火（调质）+堆焊		
	正火（调质）+物理气相沉积	提高耐磨、耐蚀性，可获得超硬覆盖层	高速钢刀具、表壳
	正火（调质）+电镀	形成装饰性或功能性多种镀层	液压支架、炮筒
	正火（调质）+化学镀	形成超硬、耐磨、耐蚀镀层	印刷辊筒、纺织机零件
	正火（调质）+热浸镀	有较好的抗大气腐蚀性	紧固件
	正火（调质）+化学转化膜	获得耐蚀或减摩层	紧固件
	固溶处理（+涂装）	不锈钢、高锰钢等铸锻件	阀门、履带板
	固溶处理+时效	沉淀硬化钢铸锻件	叶片、导叶
钢型材	预处理+涂装	在大气环境下有一定保护及装饰作用	一般钢构件
	预处理+电镀	形成装饰性或功能性多种镀层	汽车、自行车零件
	预处理+热喷涂+涂装	形成有长效重防蚀功能的复合覆层	恶劣环境下的户外钢结构
	预处理+化学转化膜	提高耐蚀性、耐磨性	
	预处理+物理气相沉积	获得超硬覆盖层，提高耐磨性、耐蚀性	
铝合金	预处理+化学转化膜	提高耐蚀性、耐磨性，可形成多种美观色彩，多用于铝型材	铝合金门窗
	淬火，时效	具有较好的综合力学性能，用于铝铸锻件	活塞
	淬火，时效+硬阳极氧化	形成高硬度的表面膜，具有较高的耐磨性和疲劳强度。用于承载较大的铝合金铸锻件	齿圈
高分子材料	电镀	外观好，有一定耐蚀性能	汽车、家电装饰件

注：消除内应力退火等预备热处理工艺未列在本表内。

1.2.2 工艺规程设计的一般程序

1.2.2.1 零件图样分析

零件图是制订工艺规程的主要资料。在制订工艺规程时，必须首先分析零件图和部分装配图，了解产品的用途、性能及工作条件，熟悉该零件在产品中的功能，找出主要加工表面和主要技术要求。

零件的技术要求分析包括：

1）零件材料、性能及热处理要求。

2）加工表面尺寸精度。

3）主要加工表面形状精度和主要加工表面之间的相互位置精度。

4）加工表面的表面粗糙度及表面质量方面的要求。

5）其他要求，如毛坯、倒角、倒圆、去毛刺等。

1.2.2.2 定位基准选择

工件在加工时，用以确定工件对机床及刀具相对位置的表面，称为定位基准。最初工序中所用定位基准是毛坯上未经加工的表面，称为粗基准。在其后各工序加工中所用定位基准是已加工的表面，称为精基准。

1. 粗基准选择原则

1）选用的粗基准应便于定位、装夹和加工，并使夹具结构简单。

2）如果必须首先保证工件加工面与不加工面之间的位置精度要求，则应以该不加工面为粗基准。

3）为保证某重要表面的粗加工余量小而均匀，应选该表面为粗基准。

4）为使毛坯上多个表面的加工余量相对较为均匀，应选能使其余毛坯面至所选粗基准的位置误差得到均分的这种毛坯面为粗基准。

5）粗基准面应平整，没有浇口、冒口或飞边等缺陷，以便定位可靠。

6）粗基准一般只能使用一次（尤其主要定位基准），以免产生较大的位置误差。

2. 精基准选择原则

1）所选定位基准应便于定位、装夹和加工，要有足够的定位精度。

2）遵循基准统一原则，当工件以某一组精基准定位，可以比较方便地加工其余多数表面时，应在这些表面的加工各工序中，采用这同一组基准来定位的方法。这样，可减少工装设计和制造，避免基准转换误差，提高生产率。

3）遵循基准重合原则，表面最后精加工需保证位置精度时，应选用设计基准为定位基准的方法，称为基准重合原则。在用基准统一原则定位而不能保证其位置精度的那些表面的精加工时，必须采用基准重合原则。

4）自为基准原则，当有的表面精加工工序要求余量小而均匀时，可利用被加工表面本身作为定位基准的方法，称为自为基准原则。此时的位置精度要求由先行工序保证。

1.2.2.3 零件表面加工方法的选择

零件表面的加工，应根据这些表面的加工要求和零件的结构特点及材料性质等因素选用相应的加工方法。

在选择某一表面的加工方法时，一般总是首先选定它的最终加工方法，然后再逐一选定各有关前道工序的加工方法。

各种生产类型的主要工艺特点见表2-1-117，各类表面的加工方案及适用范围见表2-1-118～表2-1-120。

1.2.2.4 加工顺序的安排

1. 加工阶段的划分

按加工性质和作用的不同，工艺过程一般可划分为三个加工阶段。

(1) 粗加工阶段　主要是切除各加工表面上的大部分余量，所用精基准的粗加工则在本阶段的最初工序中完成。

(2) 半精加工阶段　为各主要表面的精加工做好准备（达到一定精度要求并留有精加工余量），并完成一些次要表面的加工。

(3) 精加工阶段　使各主要表面达到规定的质量要求。

此外，某些精密零件加工时还有精整（超精磨、镜面磨、研磨和超精加工等）或光整（滚压、抛光等）加工阶段。

下列情况可以不划分加工阶段：加工质量要求不高，或虽然加工质量要求较高，但毛坯刚度好、精度高的零件，就可以不划分加工阶段，特别是用加工中心加工时，对于加工要求不太高的大型、重型工件，在一次装夹中完成粗加工和精加工，也往往不划分加工阶段。

划分加工阶段的作用有以下几点：

1) 避免毛坯内应力重新分布而影响获得的加工精度。

2) 避免粗加工时较大的夹紧力和切削力所引起的弹性变形和热变形对精加工的影响。

3) 粗、精加工阶段分开，可较及时地发现毛坯的缺陷，避免不必要的损失。

4) 可以合理使用机床，使精密机床能较长期地保持其精度。

5) 适应加工过程中安排热处理的需要。

2. 工序的合理组合

确定加工方法以后，就要按生产类型、零件的结构特点、技术要求和机床设备等具体生产条件确定工艺过程的工序数。确定工序数有两种基本原则可供选择。

(1) 工序分散原则　工序多，工艺过程长，每个工序所包含的加工内容很少，极端情况下每个工序只有一个工步，所使用的工艺设备与装备比较简单，易于调整和掌握，有利于选用合理的切削用量，缩短基本时间，但设备数量多，生产面积大。

(2) 工序集中原则　零件各个表面的加工集中在少数几个工序内完成，每个工序的内容和工步都较多，有利于采用高效的数控机床，生产计划和生产组织工作得到简化，生产面积和操作工人数量减少，工件装夹次数减少，辅助时间缩短，加工表面间的位置精度易于保证，但设备、工装投资大，调整、维护复杂，生产准备工作量大。

批量小时往往采用在通用机床上工序集中的原则，批量大时即可按工序分散原则组织流水线生产，也可利用高生产率的通用设备按工序集中原则组织生产。

3. 加工顺序的安排原则

零件加工顺序的安排原则见表2-1-123。

表2-1-123　零件加工顺序的安排原则

工序类别	工　　序	安排原则
机械加工	划线与加工	1)对于形状复杂、尺寸较大的毛坯或尺寸偏差较大的毛坯，应首先安排划线工序，为精基准加工提供找正基准 2)按"先基面后其他"的顺序，首先加工精基准面 3)在重要表面加工前应对精基准进行修正 4)按"先主后次、先粗后精"的顺序，对精度要求较高的各主要表面进行粗加工、半精加工和精加工 5)对于与主要表面有位置精度要求的次要表面，应安排在主要表面加工之后加工 6)对于易出现废品的工序，精加工和光整加工可适当提前；一般情况下，主要表面的精加工和光整加工应放在最后阶段进行

（续）

工序类别	工　　序	安排原则
热处理	退火与正火	属于毛坯预备性热处理，应安排在机械加工之前进行
	时效	为了消除残余应力，对于尺寸大、结构复杂的铸件，需在粗加工前、后各安排一次时效处理；对于一般铸件，在铸造后或粗加工后安排一次时效处理；对于精度要求高的铸件，在半精加工前、后各安排一次时效处理；对于精度高、刚度差的零件，在粗车、粗磨、半精磨后各需安排一次时效处理
	淬火	淬火后工件硬度提高且易变形，应安排在精加工阶段的磨削加工前进行
	渗碳	渗碳易产生变形，应安排在精加工前进行，为控制渗碳层深度，渗碳前需要安排精加工
	渗氮	一般安排在工艺过程的后部、该表面的最终加工之前。渗氮处理前应调质
辅助工序	中间检验	一般安排在粗加工全部结束之后，精加工之前；送往外车间加工的前后（特别是热处理前后）；花费工时较多和重要工序的前后
	特种检验	荧光检验、磁力检测主要用于表面质量的检验，通常安排在精加工阶段。荧光检验若用于检查毛坯的裂纹，则安排在加工前
	表面处理	电镀、涂层、发蓝、氧化、阳极化等表面处理工序一般安排在工艺过程的最后进行

1.2.2.5　工序尺寸的确定

1. 确定工序尺寸的方法

1）对外圆和内孔等简单加工，工序尺寸可由后续加工的工序尺寸加上（对被包容面）或减去（对包容面）公称工序余量而求得，工序公差按所用加工方法的经济加工公差等级选定。

2）当工件上的位置尺寸精度或技术要求在工艺过程中是由两个甚至更多的工序所间接保证时，需通过尺寸链计算，来确定有关工序尺寸、公差及技术要求。

3）对于同一位置尺寸方向有较多尺寸，加工时定位基准又需多次转换的工件（如轴类、套筒类等），由于工序尺寸相互联系的关系较复杂（如某些设计尺寸作为封闭环被间接保证，加工余量有误差累积），就需要从整个工艺过程的角度用工艺尺寸链综合计算，以求出各工序尺寸、公差及技术要求。

2. 工艺尺寸链的计算参数与计算公式（GB/T 5847—2004）

1）尺寸链的计算参数见表 2-1-124。

2）尺寸链的计算公式见表 2-1-125。

表 2-1-124　尺寸链的计算参数

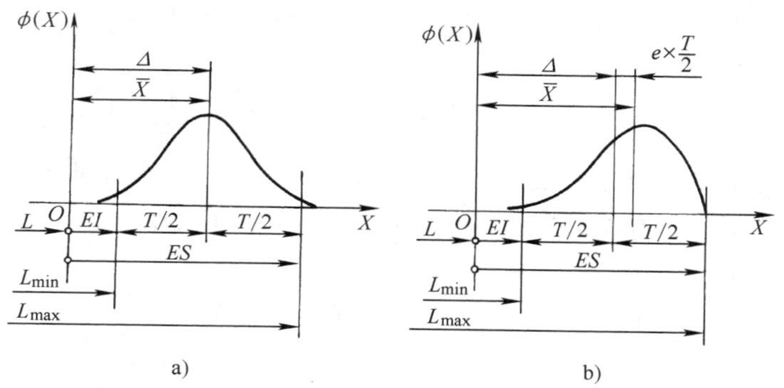

（续）

序号	符号	含　义	序号	符号	含　义
1	L	基本尺寸	7	T	公差
2	L_{max}	最大极限尺寸	8	Δ	中间偏差
3	L_{min}	最小极限尺寸	9	$\overline{X}$	平均偏差
4	ES	上偏差	10	$\phi(X)$	概率密度函数
5	EI	下偏差	11	e	相对不对称系数
6	X	实际偏差			

表 2-1-125　尺寸链的计算公式

序号	计算内容		计算公式	说　明
1	封闭环基本尺寸		$L_0=\sum_{i=1}^{m}\xi_i L_i$	下标“0”表示封闭环，“i”表示组成环及其序号。下同
2	封闭环中间偏差		$\Delta_0=\sum_{i=1}^{m}\xi_i\left(\Delta_i+e_i\frac{T_i}{2}\right)$	当 $e_i=0$ 时，$\Delta_0=\sum_{i=1}^{m}\xi_i\Delta_i$
3	封闭环公差	极值公差	$T_{0L}=\sum_{i=1}^{m}\lvert\xi_i\rvert T_i$	在给定各组成环公差的情况下，按此计算的封闭环公差 T_{0L}，其公差值最大
		统计公差	$T_{0S}=\frac{1}{k_0}\sqrt{\sum_{i=1}^{m}\xi_i^2k_i^2T_i^2}$	当 $k_0=k_i=1$ 时，得平方公差 $T_{0Q}=\sqrt{\sum_{i=1}^{m}\xi_i^2T_i^2}$，在给定各组成环公差的情况下，按此计算的封闭环平方公差 T_{0Q}，其公差值最小 当 $k_0=1$、$k_i=k$ 时，得当量公差 $T_{0E}=k\sqrt{\sum_{i=1}^{m}\xi_i^2T_i^2}$，它是统计公差 T_{0S} 的近似值。其中 $T_{0L}>T_{0S}>T_{0Q}$
4	封闭环极限偏差		$ES_0=\Delta_0+\frac{1}{2}T_0$ $EI_0=\Delta_0-\frac{1}{2}T_0$	
5	封闭环极限尺寸		$L_{0max}=L_0+ES_0$ $L_{0min}=L_0+EI_0$	
6	组成环平均公差	极值公差	$T_{av,L}=\frac{T_0}{\sum_{i=1}^{m}\lvert\xi_i\rvert}$	对于直线尺寸链 $\lvert\xi_i\rvert=1$，则 $T_{av,L}=\frac{T_0}{m}$。在给定封闭环公差的情况下，按此计算的组成环平均公差 $T_{av,L}$，其公差值最小
		统计公差	$T_{av,S}=\frac{k_0T_0}{\sqrt{\sum_{i=1}^{m}\xi_i^2k_i^2}}$	当 $k_0=k_i=1$ 时，得组成环平均平方公差 $T_{av,Q}=\frac{T_0}{\sqrt{\sum_{i=1}^{m}\xi_i^2}}$；直线尺寸链 $\lvert\xi_i\rvert=1$，则 $T_{av,Q}=\frac{T_0}{\sqrt{m}}$ 在给定封闭环公差的情况下，按此计算的组成环平均平方公差 $T_{av,Q}$，其公差值最大 当 $k_0=1$、$k_i=k$ 时，得组成环平均当量公差 $T_{av,E}=\frac{T_0}{k\sqrt{\sum_{i=1}^{m}\xi_i^2}}$；直线尺寸链 $\lvert\xi_i\rvert=1$，则 $T_{av,E}=\frac{T_0}{k\sqrt{m}}$ 它是统计公差 $T_{av,S}$ 的近似值。其中 $T_{av,L}<T_{av,S}<T_{av,Q}$

（续）

序号	计算内容	计算公式	说　明
7	组成环极限偏差	$ES_i=\Delta_i+\frac{1}{2}T_i$ $EI_i=\Delta_i-\frac{1}{2}T_i$	
8	组成环极限尺寸	$L_{i\max}=L_i+ES_i$ $L_{i\min}=L_i+EI_i$	

注：1. 各组成环在其公差带内按正态分布时，封闭环亦必按正态分布；各组成环具有各自不同分布时，只要组成环数不太小（$m \geqslant 5$），各组成环分布范围相差又不太大时，封闭环也趋近正态分布。因此，通常取 $e_0=0$，$k_0=1$。

2. 当组成环环数较小（$m<5$），各组成环又不按正态分布，这时封闭环亦不同于正态分布；计算时没有参考的统计数据，可取 $e_0=0$，$k_0=1.1 \sim 1.3$。

3. m—组成环环数；ξ—传递系数；k—相对分布系数；T_{av}—平均公差；T_L—极值公差；T_S—统计公差；T_Q—平方公差；T_E—当量公差。

3. 工艺尺寸链的基本类型与工序尺寸的计算

（1）工艺尺寸换算

1）基准不重合时工艺尺寸的换算见表 2-1-126。零件是一个有孔中心距要求的轴承座，加工轴孔时有三种不同的方案。当基准不重合时，须进行工艺尺寸换算。

表 2-1-126　基准不重合时工艺尺寸的换算

加工方案	以底面 B 为基准，一次装夹，先镗 C，再以 C 为基准调整对刀，镗孔 D	以底面 B 为基准，在两台机床上分别镗两孔	上、下表面 A、B 加工后，先以底面 B 为基准加工孔 C，再以表面 A 为基准加工孔 D
简图	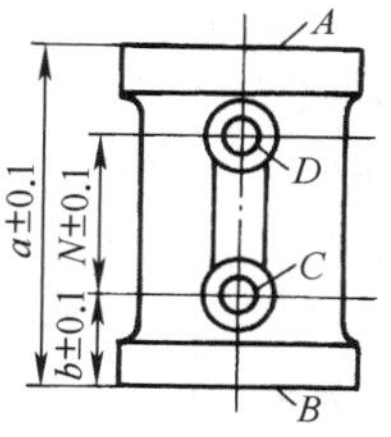	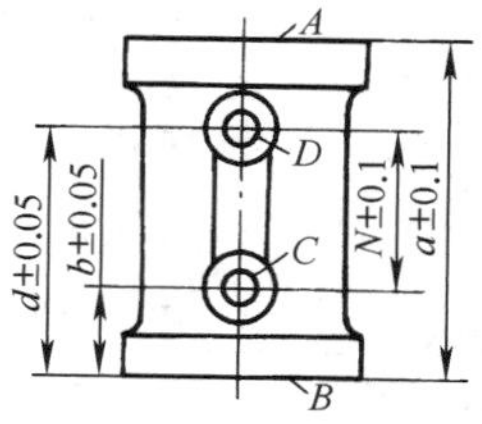	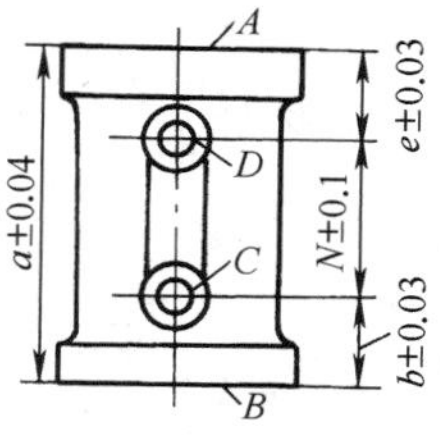
工艺尺寸换算		$T_{0L}=\sum_{i=1}^{2}T_i=T_b+T_d=\pm0.1\text{mm}$ 设 $T_b=T_d=T_{av,L}$ $T_{av,L}=\frac{T_{0L}}{2}=\pm0.05\text{mm}$ 加工 C 孔的工艺尺寸为 $b\pm0.05\text{mm}$ 加工 D 孔的工艺尺寸为 $d\pm0.05\text{mm}$	$T_{0L}=\sum_{i=1}^{3}T_i=T_a+T_b+T_e=\pm0.1\text{mm}$ 设 $T_a=\pm0.04\text{mm}$，则 $T_b=T_e=\pm0.03\text{mm}$ A、B 面距离尺寸为 $a\pm0.04\text{mm}$ 加工 C 孔的工艺尺寸为 $b\pm0.03\text{mm}$ 加工 D 孔的工艺尺寸为 $e\pm0.03\text{mm}$
说明	工序尺寸与设计尺寸完全相符，不进行工艺尺寸换算	尺寸 d 在原设计图上没有，需通过工艺尺寸换算求得。由于两次装夹分别加工，为了保证孔中心距尺寸精度，需压缩原设计尺寸的公差	需计算新的工艺尺寸 e，并且根据孔中心距的公差重新确定 a、b、e 的公差

2）走刀次序与走刀方式不同时工艺尺寸的换算。加工阶梯轴时，虽然基准不变，加工方法相同，但由于走刀次序和走刀方式不同，也要进行工艺尺寸换算（见表2-1-127）。

表2-1-127　走刀次序与走刀方式不同时工艺尺寸的换算

走刀方式	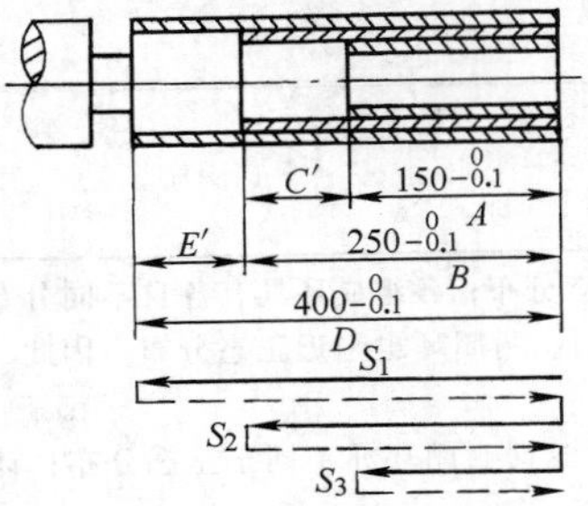	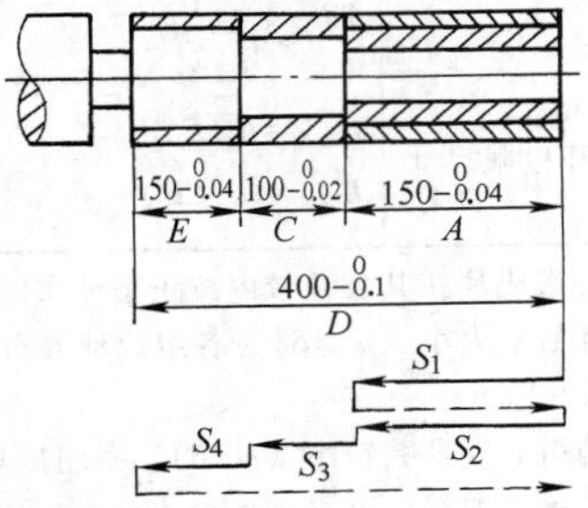
工艺尺寸换算		新的工艺尺寸为 $C=B-A$，$E=D-B$ 确保原设计尺寸 B、D 的公差，所以 $T_B=T_A+T_C\leqslant 0.1\text{mm}$ $T_D=T_B+T_E=(T_A+T_C)+T_E=0.1\text{mm}$ 设　$T_A=T_C=T_E=T_{\text{av,L}}$ $T_{\text{av,L}}=\dfrac{T_0}{3}=\dfrac{T_B}{3}\left(\text{或}\dfrac{T_D}{3}\right)=\dfrac{0.1}{3}\text{mm}=0.033\text{mm}$ 根据加工情况，各组成环公差作如下分配 $T_A=T_E=0.04\text{mm}$，$T_C=0.02\text{mm}$ $T_B=T_A+T_C=0.06\text{mm}$ 验算各组成环的极限偏差： $ES_B=ES_A+ES_C=0+ES_C=0$，$ES_C=0$ $EI_B=EI_A+EI_C=(-0.04)+EI_C=-0.06$ $EI_C=-0.02\text{mm}$ 新工艺尺寸为 $C_{-0.02}^{\ 0}\text{mm}$ 同理得 $E_{-0.04}^{\ 0}\text{mm}$
说明	走刀方式 S_1、S_2、S_3 按阶梯递增，工作行程等于空行程，刀具移动距离大，生产率低。工艺尺寸不需要换算	走刀长度缩短，生产率高。但原设计尺寸 B、D 间接获得，新工艺尺寸 C、E 须经换算。为保证原设计尺寸公差，各个尺寸的制造公差有所压缩，增加了加工难度

3）定程控制尺寸精度所要求的工艺尺寸换算。由于工件装夹方式不同，或者应用刀具和走刀定程方式不同，应根据加工条件进行工艺尺寸换算（见表2-1-128）。

表2-1-128　定程控制尺寸精度所要求的工艺尺寸换算

零　件	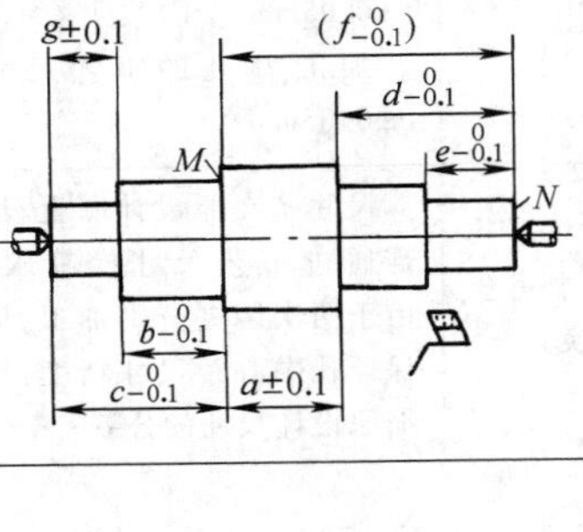

（续）

加工方法	在普通车床上应用定程挡铁自动控制尺寸加工	用夹具装夹，在自动或半自动机床上应用多刀刀架自动定程加工
加工简图与尺寸链	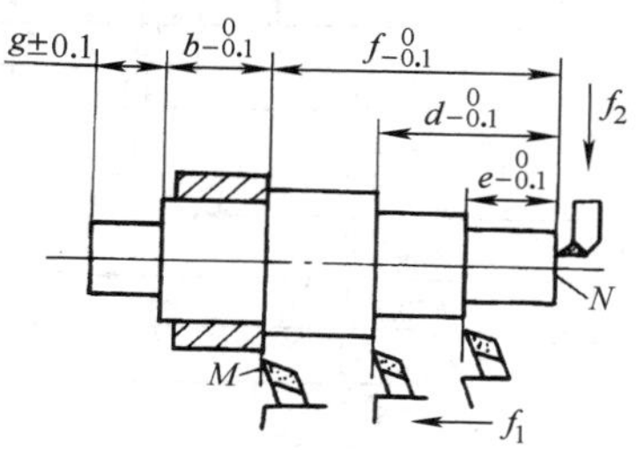	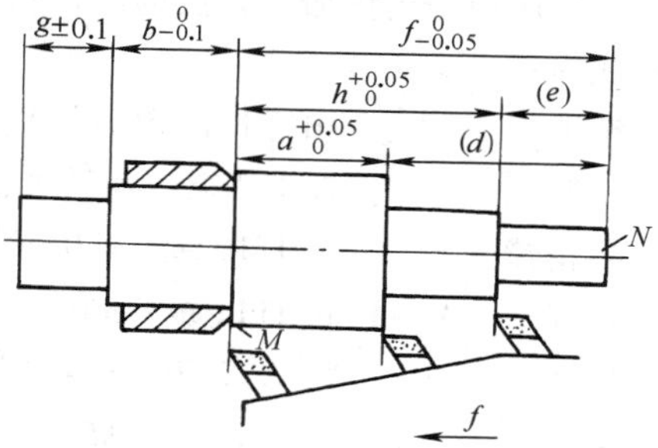
工艺尺寸换算	$f=a+d$ $T_{0L}=T_a=\pm0.1=0.2\text{mm}$ $T_{0L}=\sum_{i=1}^{2}T_i=T_f+T_d=0.2\text{mm}$ $T_f=0.2-T_d=(0.2-0.1)\text{mm}=0.1\text{mm}$ $ES_0=ES_f-EI_d=ES_f-(-0.1)=+0.1\text{mm}$ $ES_f=0$ $EI_0=EI_f-ES_d=EI_f-0=-0.1\text{mm}$ $EI_f=-0.1\text{mm}$ 所以新工艺尺寸为 $f_{-0.1}^{0}$mm	$T_e=T_f+T_h$，$T_d=T_f+T_a$，$T_d=0.1\text{mm}$ 设 $T_f=T_a=0.05\text{mm}$ 工艺尺寸 $f_{-0.05}^{0}$mm $ES_0=ES_d=ES_f-EI_a=0-EI_a=0$，$EI_a=0$ $EI_0=EI_d=EI_f-ES_a=(-0.05)-ES_a=-0.1\text{mm}$ $ES_a=0.05\text{mm}$ 因此可得工艺尺寸 $a_{0}^{+0.05}$mm 同理，由上一组尺寸链可得 $h_{0}^{+0.05}$mm
说明	以 M 面定位，调整各挡铁的距离尺寸，首先调整 M 面与 N 面之间的距离，即新工艺尺寸 f，然后再以调整好的第一个挡铁为基准，逐一调整另外两个挡铁。这两个定程挡铁所需的调整尺寸与原设计尺寸相同，不需要换算。原设计尺寸 a 为封闭环	工件以 M 面定位，三把刀的位置都以 M 面为基准确定，需换算新的工艺尺寸 a、f 和 h，以进行对刀调整。原设计尺寸 d、e 为两个尺寸链的封闭环

（2）同一表面需要经过多次加工时工序尺寸的计算　加工精度要求较高、表面粗糙度参数值要求较小的工件表面，通常都要经过多次加工。这时各次加工的工序尺寸计算比较简单，不必列出工艺尺寸链，只需先确定各次加工的加工余量便可直接计算（对于平面加工，只有当各次加工时的基准不转换的情况下才可直接计算）。

例如，加工某一钢质零件上的内孔，其设计尺寸为 $\phi72.5_{0}^{+0.03}$mm，表面粗糙度 Ra 为 0.2μm。现经过扩孔、粗镗、半精镗、精镗、精磨五次加工，计算各次加工的工序尺寸及公差。

查表确定各工序的基本余量为：

精磨	0.7mm	精镗	1.3mm
半精镗	2.5mm	粗镗	4.0mm
扩孔	5.0mm	总余量	13.5mm

各工序的工序尺寸为：

精磨后	由零件图知 $\phi72.5$mm
粗镗后	$\phi(72.5-0.7)\text{mm}=\phi71.8\text{mm}$
半精镗后	$\phi(71.8-1.3)\text{mm}=\phi70.5\text{mm}$

粗镗后 $\phi(70.5-2.5)$mm $=\phi68$mm

扩孔后 $\phi(68-4)$mm $=\phi64$mm

毛坯孔 $\phi(64-5)$mm $=\phi59$mm

各工序的公差按加工方法的经济精度确定，并标注为：

精磨 由零件图知 $\phi72.5_{0}^{+0.03}$mm

精镗 按 IT7 级 $\phi71.8_{0}^{+0.045}$mm

半精镗 按 IT10 级 $\phi70.5_{0}^{+0.12}$mm

粗镗 按 IT11 级 $\phi68_{0}^{+0.19}$mm

扩孔 按 IT13 级 $\phi64.8_{0}^{+0.46}$mm

毛坯 $\phi59_{-2}^{+1}$mm

根据计算结果可做出加工余量、工序尺寸及其公差分布图，如图 2-1-9 所示。

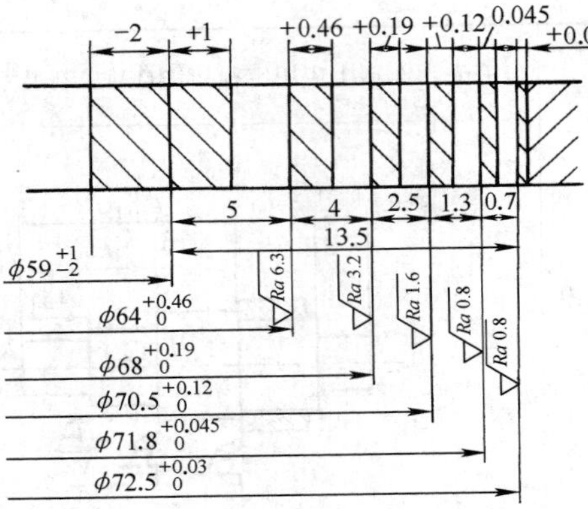

图 2-1-9 孔的加工余量、工序尺寸及公差分布图

（3）其他类型工艺尺寸的计算（见表 2-1-129）

表 2-1-129 其他类型工艺尺寸的计算

尺寸链类型及说明	图 例	工艺尺寸计算
1）多尺寸保证时工艺尺寸的计算。当一次切削同时获得几个尺寸时，基准面最终一次加工只能直接保证一个设计尺寸，另一些设计尺寸为间接获得尺寸。因此，宜选取精度要求较高的设计尺寸作为直接获得尺寸，精度要求不高的设计尺寸作为封闭环 图中阶梯轴，安装轴承的 $\phi30$mm±0.007mm 轴颈要在最后进行磨削加工，同时修磨轴肩，保证轴承的轴向定位。当磨削轴肩以后，可以得到三个尺寸：$25_{-0.08}^{0}$mm、$20_{-0.15}^{0}$mm 和 $80_{-0.2}^{0}$mm。其中，$25_{-0.08}^{0}$mm 是直接测量控制达到的，而 $20_{-0.15}^{0}$mm 和 $80_{-0.2}^{0}$mm 均为间接获得尺寸	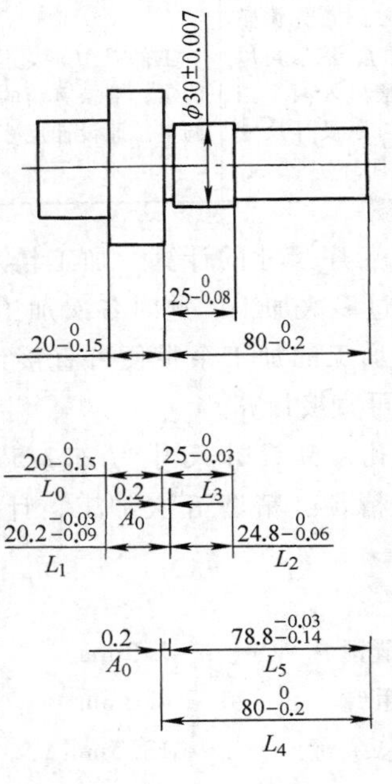	封闭环 $L_0=20_{-0.15}^{0}$mm，$T_0=0.15$mm $T_{av,L}=\frac{0.15}{3}$mm $=0.05$mm 按平均公差确定工序尺寸公差，并压缩原设计尺寸公差，设 $L_3=25_{-0.03}^{0}$mm，$L_2=24.8_{-0.06}^{0}$mm，$T_1=0.06$mm 磨削余量 $A_0=(25-24.8)$mm $=0.2$mm $T_A=T_3+T_2=(0.03+0.06)$mm $=0.09$mm $ES_A=ES_3-EI_2=[0-(-0.06)]$mm $=+0.06$mm $EI_A=EI_3-ES_2=[(-0.03)-0]$mm $=-0.03$mm $A_0=0.2_{-0.03}^{+0.06}$mm $T_0=T_A+T_1=(0.09+0.06)$mm $=0.15$mm $ES_0=ES_1-EI_A=ES_1-(-0.03)=0$ $ES_1=-0.03$mm $EI_0=EI_1-ES_A=EI_1-0.06=-0.15$mm $EI_1=-0.09$mm L_1 的基本尺寸 $=L_0+A_0=(20+0.2)$mm $=20.2$mm 因此 $L_1=20.2_{-0.09}^{-0.03}$mm 即间接获得的设计尺寸 $20_{-0.15}^{0}$mm，由精车轴肩尺寸 80mm 后间接获得尺寸 $20.2_{-0.09}^{-0.03}$mm 来保证 同理，应用下一个尺寸链可求得工序尺寸 L_5

（续）

尺寸链类型及说明	图　　例	工艺尺寸计算
2）自由加工工序的工艺尺寸计算。对于靠火花磨削、研磨、珩磨、抛光、超精加工等以加工表面本身为基准的加工，其加工余量须在工艺过程中直接控制，即加工余量在工艺尺寸链中是组成环，而加工所得工序尺寸却是封闭环 如图所示齿轮轴的有关工序为：精车 D 面，以 D 面为基准精车 B 面，保持工序尺寸 L_1，以 B 面为基准精车 C 面，保持工序尺寸 L_2；热处理；以余量 $A=(0.2\pm0.05)$mm 靠磨 B 面，达到图样要求。求工序尺寸 L_1 和 L_2 由于在靠磨 B 面的工序中出现两个间接获得的尺寸，因此必须将并联尺寸链分解成两个单一的尺寸链解算	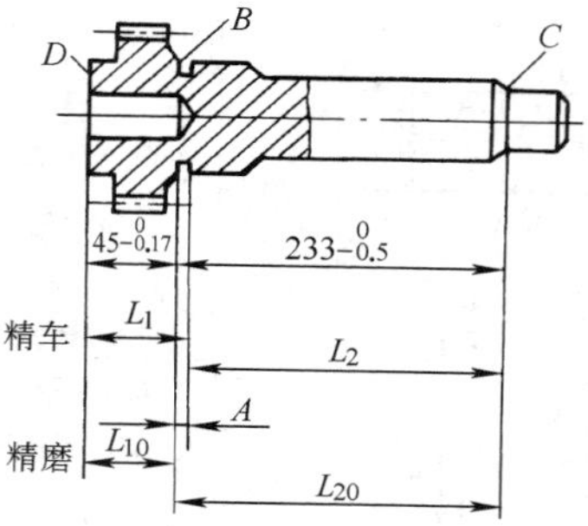	$L_{10}=45_{-0.17}^{\ 0}$mm，$T_{10}=0.17$mm $A=(0.2\pm0.05)$mm，$T_A=0.1$mm， $L_1=L_{10}+A=45.2$mm $T_{av,L}=\frac{0.17}{2}$mm$=0.085$mm $T_1=T_{10}-T_A=(0.17-0.1)mm=0.07$mm $ES_{10}=ES_1-EI_A=ES_1-(-0.05)=0$ $ES_1=-0.05$mm $EI_{10}=EI_1-ES_A=EI_1-(+0.05)=-0.17$mm $EI_1=-0.12$mm 因此工序尺寸 $L_1=45.2_{-0.12}^{-0.05}$mm 同理，可求得 $L_2=232.8_{-0.45}^{-0.05}$mm
3）表面处理工序工艺尺寸计算 ①渗入类表面处理工序工艺尺寸计算。对于渗碳、渗氮、碳氮共渗等工序的工艺尺寸链计算，要解决的问题是在最终加工前使渗入层达到一定深度，然后进行最终加工，要求在加工后能保证获得图样上规定的渗入层深度。此时，图样上所规定的渗入层深度被间接保证，是尺寸链的封闭环 如图所示直径为 $120_{\ 0}^{+0.04}$mm 的孔，须进行渗氮处理，渗氮层深度要求为 $0.3_{\ 0}^{+0.2}$mm。其有关工艺路线为精车、渗氮、磨孔。若渗氮后磨孔的加工余量为 0.3mm（双边），则渗氮前孔的尺寸 D_1 应为 $\phi119.7$mm，终加工前的渗氮层深度为 t_1，则 D_1、D_2、t_1 及 t 组成一个尺寸链，t 为封闭环。D_1、D_2 及 A_0 组成另一个尺寸链，A_0 为封闭环	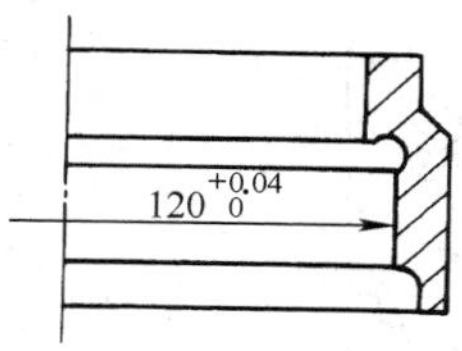a) 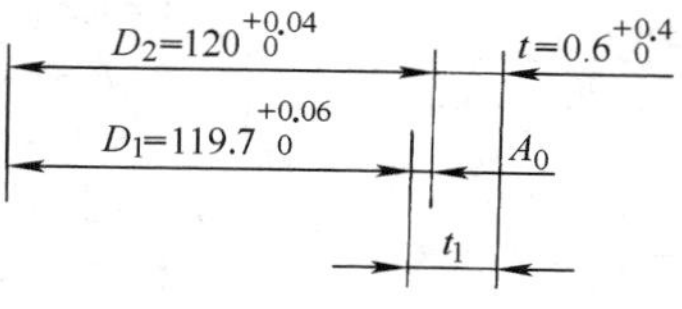b)	A_0（双边）$=0.3$mm $D_1=D_2-A_0=(120-0.3)$mm$=119.7$mm， $R_1=59.85$mm 以下按半径和单边余量计算 $t_1=t+A_0=(0.3+0.15)$mm$=0.45$mm $T_{0L}=T_t=0.2$mm 精车工序公差 $T_1=0.03$mm 精车孔尺寸 $R_1=59.85_{\ 0}^{+0.03}$mm $T_{t1}=T_t-T_1=(0.2-0.03)mm=0.17$mm 确定余量偏差 $T_A=T_2+T_1=(0.02+0.03)$mm$=0.05$mm $ES_A=ES_2-EI_1=(0.02-0)$mm$=0.02$mm $EI_A=EI_2-ES_1=(0-0.03)$mm$=-0.03$mm $A_0=0.15_{-0.03}^{+0.02}$mm 根据另一组尺寸链 $ES_t=ES_{t1}-EI_{A0}=ES_{t1}-(-0.03)=+0.2$mm $ES_{t1}=+0.17$mm $EI_t=EI_{t1}-ES_A=EI_{t1}-(+0.02)=0$ $EI_{t1}=+0.02$mm 工艺尺寸 $t_1=0.45_{+0.02}^{+0.17}$mm

（续）

尺寸链类型及说明	图 例	工艺尺寸计算
② 镀层类表面处理工序的工艺尺寸计算。对于镀铬、镀锌、镀铜、镀镉等工序，生产中常有两种情况，一种是零件表面镀层后无须加工，另一种是零件表面镀层后尚须加工。对镀层后无须加工的情况，当生产批量较大时，可通过控制电镀工艺条件，直接保证电镀层厚度，此时电镀层厚度为组成环；当单件、小批生产或镀后表面尺寸精度要求特别高时，电镀表面的最终尺寸精度通过电镀过程中不断测量来直接控制，此时电镀层厚度为封闭环。对零件镀后表面有较高的表面质量要求，须在镀后对其进行精加工，则镀前、镀后的工序尺寸和公差对镀层厚度有影响，故镀层厚度为封闭环 图中零件，使电镀层厚度控制在一定的公差范围内 $\phi30_{-0.05}^{0}$mm 是间接形成的，是尺寸链的封闭环。须确定电镀前的预加工尺寸与公差。图中尺寸链为无减环尺寸链	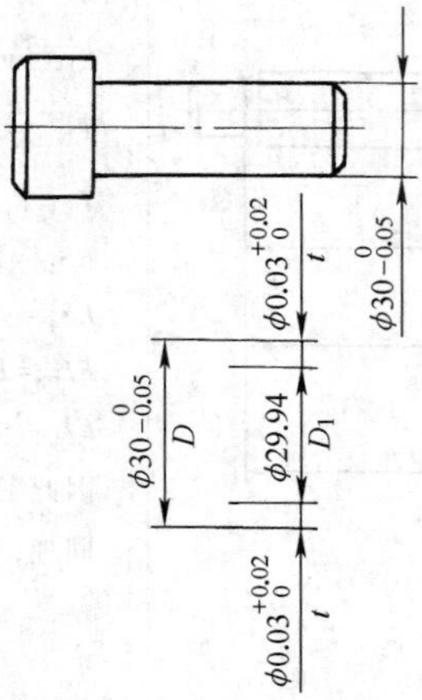	$D_1=D-2t=(30-0.06)\text{mm}=29.94\text{mm}$ $ES_D=ES_{D1}+2ES_t$ $=ES_{D1}+2(+0.02)=0$ $ES_{D1}=-0.04\text{mm}$ $EI_D=EI_{D1}+2EI_t=EI_{D1}+2(0)=-0.05\text{mm}$ $EI_{D1}=-0.05\text{mm}$ 因此 $D_1=29.94_{-0.05}^{-0.04}$ $=29.9_{-0.01}^{0}\text{mm}$
4）中间工序尺寸计算。在零件的机械加工过程中，凡与前后工序尺寸有关的工序尺寸属于中间工序尺寸。 图中所示零件的加工过程为：镗孔至 $\phi39.6_{0}^{+0.1}$mm；插键槽，工序基准为镗孔后的下母线，工序尺寸为 B；热处理；磨内孔至 $\phi40_{0}^{+0.05}$mm，同时保证设计尺寸 $43.6_{0}^{+0.34}$mm 尺寸链图中，尺寸 $19.8_{0}^{+0.05}$mm 是前工序镗孔所得到的半径尺寸，尺寸 $20_{0}^{+0.025}$mm 是在后工序磨孔直接得到的尺寸，尺寸 B 是本工序加工中直接得到的尺寸，均为组成环。尺寸 $43.6_{0}^{+0.34}$mm 则是在磨孔工序中间接得到的尺寸，由上述三个尺寸共同形成，故为封闭环	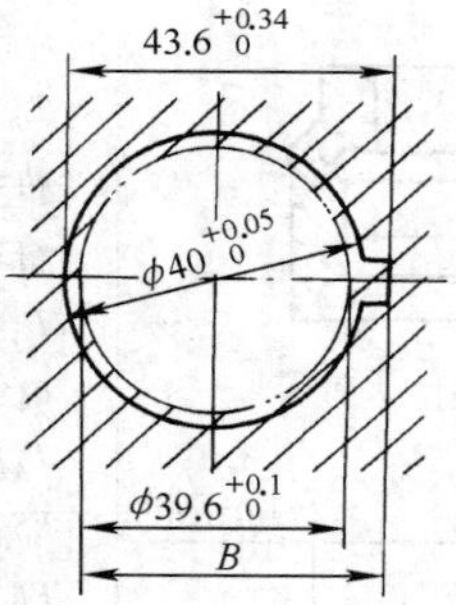a) 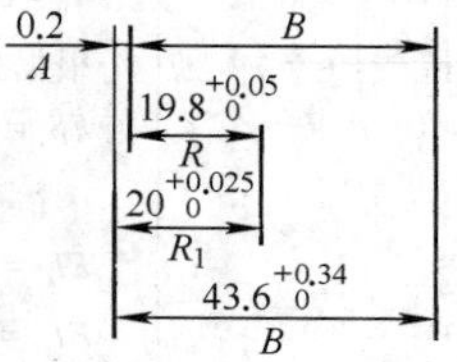b)	$L_0=B_1=43.6\text{mm}$， $T_0=T_{B1}=0.34\text{mm}$ $T_{\text{av,L}}=\dfrac{0.34}{3}\approx0.113\text{mm}$ $R_1=20\text{mm}, T_{R1}=0.025\text{mm}$ A（单边余量）$=0.2\text{mm}$ $T_A=T_{R1}+T_R=(0.025+0.05)\text{mm}=0.075\text{mm}$ $ES_A=ES_{R1}-EI_R=(0.025-0)\text{mm}=0.025\text{mm}$ $EI_A=EI_{R1}-ES_R=(0-0.05)\text{mm}=-0.05\text{mm}$ $A=0.2_{-0.050}^{+0.025}\text{mm}$ $B=B_1-A=(43.6-0.2)\text{mm}=43.4\text{mm}$ $T_B=T_{B1}-T_{R1}-T_R=(0.34-0.025-0.05)\text{mm}=0.265\text{mm}$ $ES_{B1}=ES_B+ES_A$ $=ES_B+(+0.025)$ $=0.34\text{mm}$ $ES_B=0.315\text{mm}$ $EI_{B1}=EI_B+EI_A$ $=EI_B+(-0.05)=0$ $EI_B=+0.05\text{mm}$ $B=43.4_{+0.050}^{+0.315}=43.45_{0}^{+0.265}\text{mm}$

（续）

尺寸链类型及说明	图　例	工艺尺寸计算
5）精加工余量校核。当多次加工某一表面时，由于采用的工艺基准可能不相同，因此本工序余量的变动量不仅与本工序的公差及前一工序的公差有关，而且还与其他工序的公差有关。在以本工序的加工余量为封闭环的工艺尺寸链中，如果组成环数较多，由于误差累积的原因，有可能使本工序的余量过大或过小。特别是精加工余量过小，可能造成废品，应进行余量校核 图中小轴加工过程为：车端面 1；车肩面 2（保证其间尺寸 $49.5^{+0.3}_{0}$mm）；车端面 3（保证总长 $80_{-0.2}^{0}$mm）；打顶尖孔；热处理；磨肩面 2（以端面 3 定位，保证尺寸 $30_{-0.14}^{0}$mm）。应校核磨肩面 2 的余量 尺寸链的封闭环为肩面磨削余量。计算结果余量最小值为零，说明有的零件肩面无余量可磨。为解决这个问题，在保证设计要求尺寸及公差不变的情况下，减小 B_2 的公差。可通过给定一最小余量值，计算 B_2 的最大值	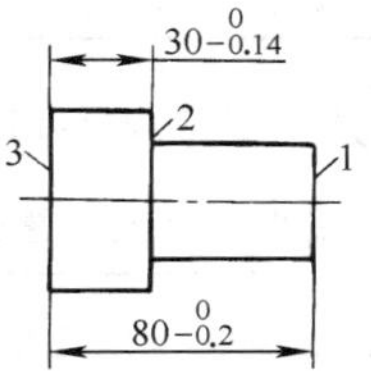 a) 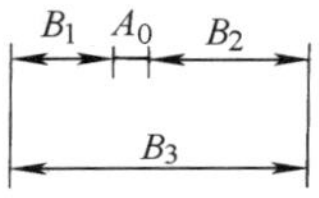 b)	$A_0=B_3-B_1-B_2=(80-30-49.5)$mm $=0.5$mm $ES_{A0}=ES_{B3}-EI_{B1}-EI_{B2}$ $=[0-(-0.14)-0]$mm $=+0.14$mm $EI_{A0}=EI_{B3}-ES_{B1}-ES_{B2}$ $=[-0.2-0-(+0.3)]$mm $=-0.5$mm $A_{0\max}=A_0+ES_{A0}$ $=[0.5+(+0.14)]$mm $=0.64$mm（余量太大，不经济） $A_{0\min}=A_0+EI_{A0}=[0.5+(-0.5)]mm=0$ 取 $A_{0\min}=0.1$mm，$A_{0\max}=0.54$mm 则　$B_2=49.5^{+0.2}_{+0.1}$mm$=49.6^{+0.1}_{0}$mm

1.2.2.6　加工余量的确定

1. 基本术语

（1）加工总余量（毛坯余量）　毛坯尺寸与零件图设计尺寸之差。

（2）基本余量　设计时给定的余量。

（3）工序间加工余量（工序余量）　相邻两工序尺寸之差。

（4）工序余量公差　本工序的最大余量与最小余量之代数差的绝对值，等于本工序的公差与上工序公差之和。

（5）单面加工余量　加工前后半径之差，平面余量为单面余量。

（6）双面加工余量　加工前后直径之差。

2. 影响加工余量的因素（见表 2-1-130）

表 2-1-130　影响加工余量的因素

影响因素	说　明
加工前（或毛坯）的表面质量（表面缺陷层深度 H 和表面粗糙度）	1）铸件的冷硬、气孔和夹渣层，锻件和热处理件的氧化皮、脱碳层、表面裂纹等表面缺陷层，以及切削加工后的残余应力层 2）前工序加工后的表面粗糙度

（续）

影响因素	说　明
前工序的尺寸公差 T_a	1）前工序加工后的尺寸误差和形状误差，其总和不超过前工序的尺寸公差 T_a 2）当加工一批零件时，若不考虑其他误差，本工序的加工余量不应小于 T_a
前工序的形状与位置公差（如直线度、同轴度、垂直度公差等）ρ_a	1）前工序加工后产生的形状与位置误差，二者之和一般小于前工序的形状与位置公差 2）当不考虑其他误差的存在，本工序的加工余量不应小于 ρ_a 3）当存在两种以上形状与位置误差时，其总误差为各误差的向量和
本工序加工时的安装误差 ε_b	安装误差等于定位误差和夹紧误差的向量和

3. 最大余量、最小余量及余量公差的计算（见表 2-1-131）

表 2-1-131　最大余量、最小余量及余量公差的计算

计算方法		极值计算法	误差复映计算法
简图		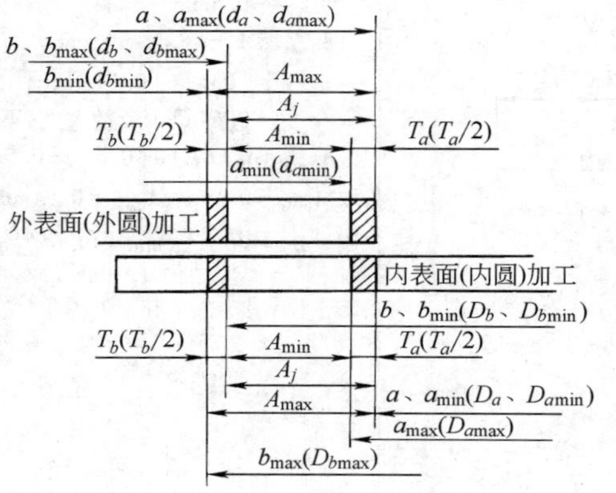	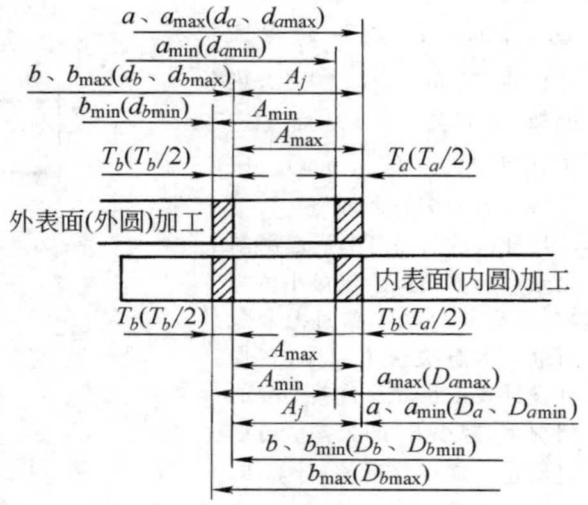
计算公式	外表面	$A_{max}=a_{max}-b_{min}=A_j+T_b$ $A_{min}=a_{min}-b_{max}=A_j-T_a$ $T_A=A_{max}-A_{min}$ $=a_{max}-a_{min}+b_{max}-b_{min}$ $=T_a+T_b$	$A_{max}=a_{max}-b_{max}$ $A_{min}=a_{min}-b_{min}$ $A_j=A_{max}=A_{min}+T_a-T_b$ $T_A=A_{max}-A_{min}=T_a-T_b$
	外圆	$2A_{max}=d_{amax}-d_{bmin}$ $=2A_j+T_b$ $2A_{min}=d_{amin}-d_{bmax}$ $=2A_j-T_a$ $2T_A=T_a+T_b$	$2A_{max}=d_{amax}-d_{bmax}$ $2A_{min}=d_{amin}-d_{bmin}$ $2A_j=2A_{max}=d_{amax}-d_{bmax}$ $=2A_{min}+T_a-T_b$ $2T_A=T_a-T_b$
	内表面	$A_{max}=b_{max}-a_{min}=A_j+T_b$ $A_{min}=b_{min}-a_{max}=A_j-T_a$ $T_A=A_{max}-A_{min}$ $=b_{max}-b_{min}+a_{max}-a_{min}$ $=T_a+T_b$	$A_{max}=b_{min}-a_{min}$ $A_{min}=b_{max}-a_{max}$ $A_j=A_{max}=A_{min}+T_a-T_b$ $T_A=A_{max}-A_{min}=T_a-T_b$
	内圆	$2A_{max}=D_{bmax}-D_{amin}=2A_j+T_b$ $2A_{min}=D_{bmin}-D_{amax}=2A_j-T_a$ $2T_A=T_a+T_b$	$2A_{max}=D_{bmin}-D_{amin}$ $2A_{min}=D_{bmax}-D_{amax}$ $2A_j=2A_{max}=D_{bmin}-D_{amin}$ $=2A_{min}+T_a-T_b$ $2T_A=T_a-T_b$

（续）

代号意义	a、d_a、D_a—前工序公称尺寸；b、d_b、D_b—本工序公称尺寸；a_{max}、d_{amax}、D_{amax}—前工序最大极限尺寸；b_{max}、d_{bmax}、D_{bmax}—本工序最大极限尺寸；a_{min}、d_{amin}、D_{amin}—前工序最小极限尺寸；b_{min}、d_{bmin}、D_{bmin}—本工序最小极限尺寸；T_a、T_b—前工序、本工序尺寸公差；A_j—基本余量；A_{max}—本工序最大单面余量；A_{min}—本工序最小单面余量；T_A—余量公差

注：1. 工序尺寸的公差，对于外表面，最大极限尺寸就是公称尺寸；对于内表面，最小极限尺寸就是公称尺寸。
2. 由于各工序（工步）尺寸有公差，所以加工余量有最大余量、最小余量之分，余量的变动范围也称余量公差。

4. 用分析计算法确定最小余量（见表 2-1-132）

表 2-1-132　用分析计算法确定最小余量

加工类型	平面加工	回转表面加工
计算公式	A_{min} $=R_{za}+H_a+\sqrt{\rho_a^2+\varepsilon_b^2}$	$2A_{min}$ $=2(R_{za}+H_a)+2\sqrt{\rho_a^2+\varepsilon_b^2}$
计算最小余量的特殊情况	1）试切法加工平面时，不考虑 ε_b 2）以被加工孔作为定位基准加工时，不考虑 ρ_a 3）用拉刀及浮动铰刀、浮动镗刀加工孔时，不考虑 ρ_a 和 ε_b 4）研磨、超精加工时，不考虑 H_a、ρ_a、ε_b 5）抛光时，仅考虑 R_{za} 6）经热处理后，还应考虑变形和扩张量	
符号意义	R_{za}—前工序表面粗糙度数值；H_a—前工序表面缺陷层深度；ρ_a—前工序表面形状和位置误差；ε_b—本工序工件装夹误差，包括定位误差和夹紧误差	

5. 工序尺寸、毛坯尺寸及总余量的计算（见表 2-1-133）

表 2-1-133　工序尺寸、毛坯尺寸及总余量的计算

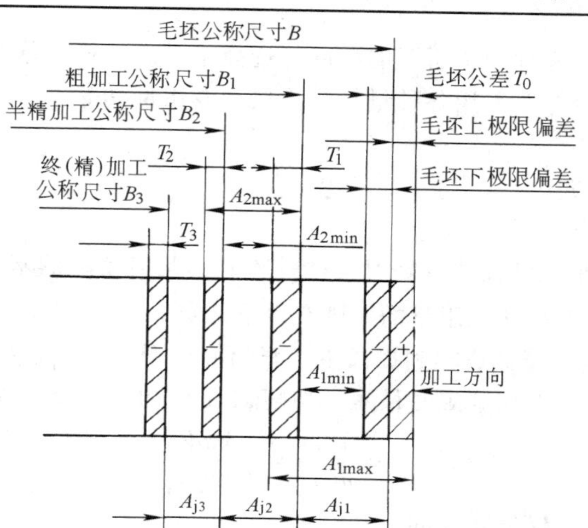

A_{j0}—毛坯基本余量　A_{j1}、A_{j2}、A_{j3}—粗加工、半精加工、精加工的基本余量，对于极值计算法，$A_j=A_{min}+T_a$，对于误差复映计算法，$A_j=A_{min}+T_a-T_b$，A_{min} 可由查表法或分析计算法确定　T_1、T_2—粗加工、半精加工的工序尺寸公差　T_0—毛坯公差　T_3—精加工（终加工）尺寸公差，由零件图规定

（续）

工序尺寸	计算公式	公 差
终加工（精加工）B_3	B_3，由零件图规定	T_3，由零件图规定
半精加工 B_2	$B_2=B_3+A_{j3}$	T_2
粗加工 B_1	$B_1=B_2+A_{j2}=B_3+A_{j3}+A_{j2}$	T_1
毛坯 B_0	$B_0=B_1+A_{j1}=B_3+A_{j3}+A_{j2}+A_{j1}$	T_0
加工总余量 A_{j0}	$A_{j0}=A_{j1}+A_{j2}+A_{j3}$	

注：1. 计算每一工序（工步）的尺寸时，可根据表图由最终尺寸逐步向前推算，便可得到每一工序的工序尺寸，最后得到毛坯的尺寸。

2. 毛坯尺寸的偏差一般是双向的。第一道工序的基本余量是毛坯的公称尺寸与第一道工序的公称尺寸之差，不是最大余量。对于外表面加工，第一道工序的最大余量是其基本余量与毛坯尺寸上极限偏差之和；对于内表面加工，是其基本余量与毛坯尺寸下极限偏差绝对值之和。

1.2.2.7 工艺装备的选择

1. 机床的选择

1）机床的加工尺寸范围应与加工零件要求的尺寸相适应。

2）机床的工作精度应与工序要求的精度相适应。

3）机床的选择还应与零件的生产类型相适应。

2. 夹具的选择

在单件小批量生产中，应选用通用夹具和组合夹具；在大批量生产中，应根据工序加工要求设计制造专用工装。

提出专用工艺装备明细表及专用工艺装备设计任务书。

3. 刀具的选择

主要依据加工表面的尺寸、工件材料、所要求的加工精度、表面粗糙度及选定的加工方法等选择刀具。一般应采用标准刀具，必要时采用组合刀具及专用刀具。

提出外购工具明细表及企业标准（通用）工具明细表。

4. 量具的选择

主要依据生产类型和零件加工所要的精度等选择量具。一般在单件、小批量生产时采用通用量具量仪，在大批量生产时采用各种量规、量仪和专用量具等。

5. 工位器具

提出工位器具明细表。

1.2.2.8 切削用量的选择

选择切削用量，就是在已经选择好刀具材料和刀具几何角度的基础上，确定背吃刀量 a_p、进给量 f 和切削速度 v。选择切削用量的原则有以下几点。

1）在保证加工质量、降低成本和提高生产率的前提下，使 a_p、f 和 v 的乘积最大。当 a_p、f 和 v 的乘积最大时，工序的切削工时最短。切削工时 t_m 的计算公式为

$$t_m=\frac{l}{nf}\frac{A}{a_p}=\frac{lA\pi d}{1000vfa_p}$$

式中 l——每次进给的行程长度（mm）；

n——转速（r/min）；

A——每边加工总余量（mm）；

d——工件直径（mm）。

2）提高切削用量要受到工艺装备（机床、刀具）与技术要求（加工精度、表面质量）的

限制。所以，粗加工时，一般是先按刀具寿命的限制确定切削用量，然后再考虑整个工艺系统的刚度是否允许，是否需要调整。精加工时，则主要依据零件表面粗糙度和加工精度确定切削用量。

3）根据切削用量与刀具寿命的关系可知，对刀具寿命影响最小的是 a_p，其次是 f，最大是 v。这是因为 v 对切削温度的影响最大。温度升高，刀具磨损加快，寿命明显缩短。所以，确定切削用量次序应是首先尽量选择较大的 a_p，其次按工艺装备与技术条件的允许选择最大的 f，最后再根据刀具寿命的允许确定 v，这样可在保证一定刀具寿命的前提下，使 a_p、f 和 v 的乘积最大。

1.2.2.9　材料消耗工艺定额的编制（JB/T 9169.6—1998）

1. 材料消耗工艺定额编制范围

构成产品的主要材料和产品生产过程中所需的辅助材料，均应编制消耗工艺定额。

2. 编制材料消耗定额的前提

编制材料消耗工艺定额应在保证产品质量及工艺要求的前提下，充分考虑经济合理地使用材料，最大限度地提高材料利用率，降低材料消耗。

3. 编制材料消耗工艺定额的依据

1）产品零件明细表和产品图样。

2）零件工艺规程。

3）有关材料标准、手册和下料标准。

4. 材料消耗工艺定额的编制方法

（1）技术计算法　根据产品零件结构和工艺要求，用理论计算的方法求出零件的净重和制造过程中的工艺性损耗。

（2）实际测定法　用实际称量的方法确定每个零件的材料消耗工艺定额。

（3）经验统计分析法　根据类似零件材料实际消耗统计资料，经过分析对比，确定零件的材料消耗工艺定额。

5. 用技术计算法编制产品主要材料消耗工艺定额的程序

（1）型材、管料和板材机械加工件和锻件材料消耗工艺定额的编制

1）根据产品零件明细表或产品图样中的零件净重或工艺规程中的毛坯尺寸计算零件的毛坯重量。

2）确定各类零件单件材料消耗工艺定额的方法：

① 选料法。根据材料目录中给定的材料范围及企业历年进料尺寸的规律，结合具体产品情况，选定一个最经济合理的材料尺寸；然后根据零件毛坯和下料切口尺寸，在选定尺寸的材料上排列，将最后剩余的残料（不能再利用的）分摊到零件的材料消耗工艺定额中，即得出：

$$零件材料消耗工艺定额=毛坯重+下料切口重+\frac{残料重}{每料件数}$$

这种方法适用于成批生产的产品。

② 下料利用率法。先按材料规格定出组距，经过综合套裁下料的实际测定，分别求出各种材料规格组距的下料利用率，然后用下料利用率计算零件消耗工艺定额。具体计算方法如下：

$$下料利用率=\frac{一批零件毛坯重量之和}{获得该批毛坯的材料消耗总量}\times 100\%$$

$$零件材料消耗工艺定额=\frac{零件毛坯重量}{下料利用率}$$

③ 下料残料率法。先按材料规格定出组距，经过下料综合套裁的实际测定，分别求出各种材料规格组距的下料残料率，然后用下料残料率计算零件材料消耗工艺定额。具体计算方法如下：

$$下料残料率=\frac{获得一批零件毛坯后剩下的残料重量之和}{获得该批零件毛坯所消耗的材料总重量}\times 100\%$$

$$零件材料消耗工艺定额=\frac{零件毛坯重量+一个下料切口重量}{1-下料残料率}$$

④ 材料综合利用率法。当同一规格的某种材料可用一种产品的多种零件或用于多种产品的零件上时，可采用更广泛的套裁。在这种情况下，利用综合利用率法计算零件材料消耗工艺定额较为合理，具体计算方法如下：

$$材料综合利用率=\frac{一批零件净重之和}{该批零件消耗材料总重量}\times 100\%$$

$$零件材料消耗工艺定额=\frac{零件净重}{材料综合利用率}$$

3）计算零件材料利用率（K）：

$$K=\frac{零件净重}{零件材料消耗工艺定额}\times 100\%$$

4）填写产品材料消耗工艺定额明细表。

5）汇总单台产品各个品种、规格的材料消耗工艺定额。

6）计算单台产品材料利用率。

7）填写单台产品材料消耗工艺定额汇总表。

8）审核、批准。

（2）铸件材料消耗工艺定额和每吨合格铸件所需金属炉料消耗工艺定额的编制

1）铸件材料消耗工艺定额编制：

① 计算铸件毛重。

② 计算浇、冒口系统重。

③ 计算铸件金属切削率：

$$铸件金属切削率=\frac{铸件毛重-净重}{毛重}\times 100\%。$$

④ 填写铸件材料消耗工艺定额明细表。

⑤ 审核、批准。

2）每吨合格铸件金属炉料消耗工艺定额编制：

① 确定金属炉料技术经济指标项目及计算公式。

$$铸件成品率=\frac{成品铸件重量}{金属炉料重量}\times 100\%$$

$$可回收率=\frac{回炉料重量}{金属炉料重量}\times 100\%$$

$$不可回收率=\frac{金属炉料重量-成品铸件重量-回炉料重量}{金属炉料重量}\times 100\%$$

$$炉耗率=\frac{金属炉料重量-金属液重量}{金属炉料重量}\times 100\%$$

$$金属液收得率=\frac{金属液重量}{金属炉料重量}\times 100\%$$

$$金属炉料与焦炭比=\frac{金属炉料重量}{焦炭重量}$$

② 确定每吨合格铸件所需某种金属炉料消耗工艺定额。

$$某种金属炉料消耗工艺定额=\frac{配料比}{铸件成品率}$$

③ 填写金属炉料消耗工艺定额明细表。

④ 审核、批准。

6. 材料消耗工艺定额的修改

材料消耗工艺定额经批准实施后一般不得随意修改，若由于产品设计、工艺改变或材料质量等方面的原因，确需改变材料消耗工艺定额时，应由工艺部门填写工艺文件更改通知单，经有关部门会签和批准后方可修改。

1.2.2.10　劳动定额的制订（JB/T 9169.6—1998）

1. 劳动定额的制订范围

凡能计算考核工作量的工种和岗位均应制订劳动定额。

2. 劳动定额的形式

（1）时间定额（工时定额）的组成

1）单件时间（用 T_p 表示）由以下几部分组成：

① 作业时间（用 T_B 表示）：直接用于制造产品或零、部件所消耗的时间。它又分为基本时间和辅助时间两部分。其中，基本时间（用 T_b 表示）是直接用于改变生产对象的尺寸、形状、相对位置、表面状态或材料性质等工艺过程所消耗的时间，而辅助时间（用 T_a 表示）是为实现上述工艺过程必须进行各种辅助动作所消耗的时间。

② 布置工作地时间（用 T_s 表示）：为使加工正常进行，工人照管工作地（如润滑机床、清理切屑、收拾工具等）所需消耗的时间，一般按作业时间的 2%～7%计算。

③ 休息与生理需要时间（用 T_r 表示），工人在工作班内为恢复体力和满足生理上的需要所消耗的时间，一般按作业时间的 2%～4%计算。

若用公式表示，则

$$T_p=T_B+T_s+T_r=T_b+T_a+T_s+T_r$$

2）准备与终结时间（简称准终时间，用 T_e 表示）。工人为了生产一批产品或零、部件，进行准备和结束工作所需消耗的时间。若每批件数为 n，则分摊到每个零件上的准终时间为 T_e/n。

3）单件计算时间（用 T_c 表示）。

① 在成批生产中：

$$T_c=T_p+T_e/n=T_b+T_a+T_s+T_r+T_e/n$$

② 在大量生产中，由于 n 的数值大，$T_e/n\approx 0$，即可忽略不计，所以

$$T_c=T_p=T_b+T_a+T_s+T_r$$

（2）产量定额　单位时间内完成的合格品数量。

3. 制订劳动定额的基本要求

制订劳动定额应根据企业的生产技术条件，使大多数职工经过努力都可达到，部分先进职工可以超过，少数职工经过努力可以达到或接近平均先进水平。

4. 制订劳动定额的主要依据

1）产品图样和工艺规程。

2）生产类型。

3）企业的生产技术水平。

4）定额标准或有关资料。

5. 劳动定额的制订方法

（1）经验估计法　由定额员、工艺人员和工人相结合，通过总结过去的经验并参考有关的技术资料，直接估计出劳动工时定额。

（2）统计分析法　对企业过去一段时期内生产类似零件（或产品）所实际消耗的工时原始记录进行统计分析，并结合当前具体生产条件，确定该零件（或产品）的劳动定额。

（3）类推比较法　以同类产品的零件或工序的劳动定额为依据，经过对比分析，推算出该零件或工序的劳动定额。

（4）技术测定法　通过对实际操作时间的测定和分析，确定劳动定额。

6. 劳动定额的修订

1）随着企业生产技术条件的不断改善，劳动定额应定期进行修订，以保持定额的平均先进水平。

2）在批量生产中，发生下列情况之一时，应及时修改劳动定额。

① 产品设计结构修改。

② 工艺方法修改。

③ 原材料或毛坯改变。

④ 设备或工艺装备改变。

⑤ 生产组织形式改变。

⑥ 生产条件改变等。

1.3　典型零件机械加工工艺过程举例

1.3.1　轴类零件

1.3.1.1　接头

图2-1-10所示为接头的结构、尺寸和技术要求。

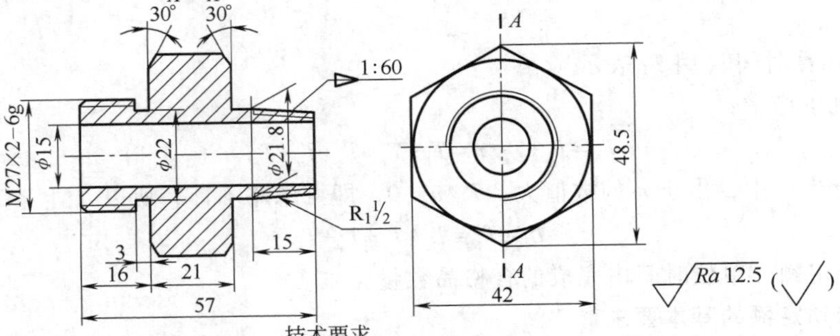

技术要求

1.未注倒角C1。2.发蓝处理。3.材料为Q235A钢。

图2-1-10　接头的结构、尺寸和技术要求

1. 零件图样分析

1）R_1½是 55°密封管螺纹中与 R_P（圆柱内螺纹）配合使用的圆锥外螺纹，其他见 GB/T 7306.1～2—2000。

2）表面粗糙度全部 Ra12.5μm。

3）发蓝处理。

4）零件材料牌号为 Q235A。

2. 接头机械加工工艺过程卡（见表 2-1-134）

表 2-1-134　接头机械加工工艺过程卡

工序号	工序名称	工序内容	工艺装备
1	下料	棒料 ϕ50mm×340mm（五件连下）	锯床
2	车	自定心卡盘装夹工件，车一端面见平即可；钻 ϕ15mm 孔，深 60mm；车 M27×2-6g 螺纹外径至 $\phi27_{-0.206}^{-0.026}$mm，长 16mm；倒六方左端面 30°角；切槽 3mm×ϕ22mm；车螺纹 M27×2-6g，倒角 C1。切下，保证工件总长度为 58mm	CA6140
3	车	倒头，自定心卡盘夹外圆，车另一端面，保证总长至图样尺寸 57mm 及尺寸 21mm；倒六方右端面 30°角。车锥螺纹外径，板牙套 R_1½管螺纹，倒角 C1，保证锥螺纹长度为 15mm	CA6140
4	铣	以 M27×2-6g 及左端面定位，夹紧工件，铣六方尺寸为 42mm	X6132 专用工装
5	热处理	发蓝处理	
6	检验	按图样要求，检查各部尺寸	
7	入库	入库	

3. 工艺分析

1）接头零件多应用于水暖件、液压管路、气管路、油管路等。其结构形式较多，但加工工艺方法基本相同。这里所介绍的是其中一种较典型结构形式，可说明接头一般加工工艺方法。

2）管螺纹的加工一般应保证有十扣，即工厂对一般管螺纹加工常说的一句顺口溜，“五松、三紧、两不入”。

3）接头加工也可以选用六方棒料，这样可以减少铣六方的工序。

4）螺纹 R_1½应用螺纹环规进行检查。

1.3.1.2　单拐曲轴

图 2-1-11 所示为单拐曲轴的结构、尺寸和技术要求。

1. 零件图样分析

1）曲轴的拐径与轴径偏心距为（120±0.10）mm，在加工时应注意回转平衡。

2）键槽 $\phi28_{-0.074}^{-0.022}$mm×176mm，对 1∶10 锥度轴心线的对称度公差为 0.05mm。

3）轴径 $\phi110_{+0.003}^{+0.025}$mm，与拐径 $\phi110_{-0.071}^{-0.036}$mm 的圆柱度公差为 0.015mm。

4）两个轴径 $\phi110_{+0.003}^{+0.025}$mm 的同轴度公差为 ϕ0.02mm。

5）1∶10 锥度，对 A—B 轴心线的圆跳动公差为 0.03mm。

6）曲轴拐径 $\phi110_{-0.071}^{-0.036}$mm 的轴心线对 A—B 轴心线的平行度公差为 ϕ0.02mm。

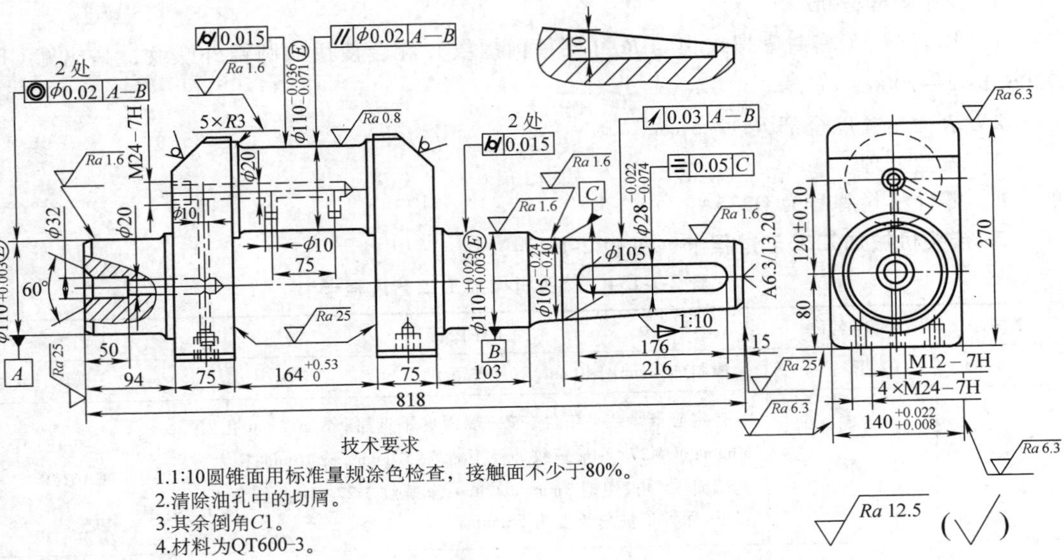

技术要求

1.1:10圆锥面用标准量规涂色检查，接触面不少于80%。

2.清除油孔中的切屑。

3.其余倒角C1。

4.材料为QT600-3。

图 2-1-11 单拐曲轴的结构、尺寸和技术要求

7）轴径与拐径连接各处均为光滑圆角。其目的是减少应力集中。

8）1∶10 锥度面涂色检查，其接触面不少于 80%。

9）加工后应清除油孔中的一切杂物。

10）Ⓔ为包容要求。

11）材料牌号为 QT600-3。

2. 单拐曲轴机械加工工艺过程卡（见表 2-1-135）

表 2-1-135 单拐曲轴机械加工工艺过程卡

工序号	工序名称	工序内容	工艺装备
1	铸造	铸造	
2	清砂	清砂	
3	热处理	人工时效	
4	清砂	细清砂	
5	涂漆	非加工表面涂红色防锈漆	
6	划线	以毛坯外形找正，划主要加工线、偏心距（120±0.10）mm 及外形加工线	
7	粗铣	用 V 形块和辅助支承调整装夹工件后压紧（按线找正），铣 75mm×140mm 平面（两处）和 270mm 上、下面，留加工余量 5~6mm	X62W
8	铣	以 75mm×140mm 两平面定位夹紧，按线找正，铣一侧面，留加工余量 3mm，保证厚度尺寸为 149mm	X62W
9	铣	以 75mm×140mm 两平面定位夹紧，按线找正，铣另一侧面，留加工余量 3mm，保证厚度尺寸为 $146^{+0.5}_{0}$ mm	X62W
10	检测	超声检测	超声检测仪
11	划线	划轴两端中心孔线，照顾各部加工余量	
12	钻	工件平放在镗床工作台上，压 ϕ110mm 两处，钻左端中心孔 A6.3	T68

（续）

工序号	工序名称	工序内容	工艺装备
13	粗车	夹右端(1 : 10 锥度一边)，顶左端中心孔，车左端外圆 $\phi110^{+0.025}_{+0.003}$mm 至 $\phi125^{0}_{-0.021}$mm(工艺尺寸)，车右端所有轴径至 ϕ114mm±0.08mm，粗车拐径外侧左、右端面，保证拐径外侧的对称性及尺寸为 320mm(工艺尺寸)	CW6180
14	粗车	夹左端(上工序加工的尺寸 $\phi125^{0}_{-0.021}$mm)，右端上中心架，车端面，保证总长尺寸 818mm，钻中心孔 A6.3	CW6180
15	铣	以 75mm×140mm 两处平面定位压紧，在左端 $\phi125^{0}_{-0.021}$mm 上铣键槽，宽度为 10mm、深度为 5mm、长度为 80mm(工艺键槽)	X52K
16	粗车	粗车拐径 $\phi110^{-0.036}_{-0.071}$mm 尺寸至 ϕ115mm，粗车拐径内侧面 $\phi164^{+0.53}_{0}$mm 至(162±0.1)mm(装夹在车拐径专用工装上)	CW6180 专用车拐工装
17	精车	精车拐径 $\phi110^{-0.036}_{-0.071}$mm 至 ϕ110.8mm±0.1mm，车拐径内侧面 $\phi164^{+0.53}_{0}$mm 至尺寸要求，倒角 R3mm	CW6180 专用车拐工装
18	精车	夹右端 ϕ114mm±0.8mm 处，顶左端中心孔，精车轴径 $\phi110^{+0.025}_{+0.003}$mm 至 ϕ111mm，长度尺寸至 94mm，保证 75mm 尺寸	CW6180
19	精车	夹左端(ϕ111mm 处)，顶右端中心孔，精车轴径 $\phi110^{+0.025}_{+0.003}$mm 至 ϕ111mm，长度尺寸至 103mm，其余部分车至尺寸 ϕ106mm，保证 75mm 尺寸	CW6180
20	粗磨	以两中心孔定位，磨右端轴径至 $\phi110.6^{+0.05}_{0}$mm，轴径 $\phi105^{-0.24}_{-0.40}$mm 至尺寸 $\phi105.6^{+0.05}_{0}$mm	M1450A
21	粗磨	以两中心孔定位，倒头装夹，磨左端轴径 $\phi110^{+0.025}_{+0.003}$mm 至尺寸 $\phi110.6^{+0.05}_{0}$mm	M1450A
22	铣	精铣 $140^{+0.022}_{+0.008}$mm 左右两侧面至图样尺寸	X62W
23	铣	铣底面 75mm×140mm，以两侧面定位并压紧，保证距中心高度为 80mm，总高度为 270mm	X62W
24	钻	以两轴径 $\phi110.6^{+0.05}_{0}$mm 定位压紧，钻攻 4×M24-7H 螺纹	X3050 钻模
25	磨	以两端中心孔定位，磨拐径 $\phi110^{-0.036}_{-0.071}$mm 至图样尺寸，磨圆角 R3mm	M8260
26	磨	以两端中心孔定位，精磨两轴径 $\phi110^{+0.025}_{+0.003}$mm 至图样尺寸，磨圆角 R3mm，磨 $\phi105^{-0.24}_{-0.40}$mm 至图样尺寸，磨圆角 R3mm	M1432
27	车	夹左端，顶右端中心孔，车 1 : 10 圆锥，留磨削余量 1.5mm	CW6180
28	磨	以两端中心孔定位，磨 1 : 10 圆锥 ϕ105mm，长度为 216mm	M1432　1 : 10 环规
29	检测	磁粉检测各轴径、拐径	探伤机
30	划线	划键槽线 $\phi28^{-0.022}_{-0.074}$mm×176mm	
31	铣	铣键槽，以两轴径 $\phi110^{-0.036}_{-0.071}$mm 定位，采用专用工装装夹，铣键槽 $\phi28^{-0.022}_{-0.074}$mm×176mm×10mm 至图样尺寸	X52K 专用工装
32	钻	钻左端 ϕ20mm 孔，孔深 136mm；扩 ϕ32mm，深 50mm；锪 60°角	T68
33	钻	重新装夹工件，钻 ϕ10mm 油孔，以及 M24-7H 底孔、M12-7H 底孔，攻 M24-7H、M12-7H 螺纹	T68
34	钻	钻拐径 ϕ10mm 斜油孔，采用专用工装装夹	Z50
35	钳	修油孔、倒角、清污垢	
36	检验	检查各部尺寸	
37	入库	涂油入库	

3. 工艺分析

1）当以毛坯外形找正划线时，要兼顾各部分的加工余量，以减少毛坯件的废品率。

2）曲轴在铸造时，左端 $\phi110^{+0.025}_{+0.003}$mm 要在直径方向上留出工艺尺寸量，铸造尺寸为 ϕ130mm，这样为开拐前加工出工艺键槽准备。该工艺键槽与开拐工装配合传递转矩。

3）为保证加工精度，对所有加工的部位均应采用粗加工、精加工分开的原则。

4）曲轴加工应充分考虑切削时的平衡装置。

① 曲轴车削拐径用专用工装及配重装置如图 2-1-12 所示。

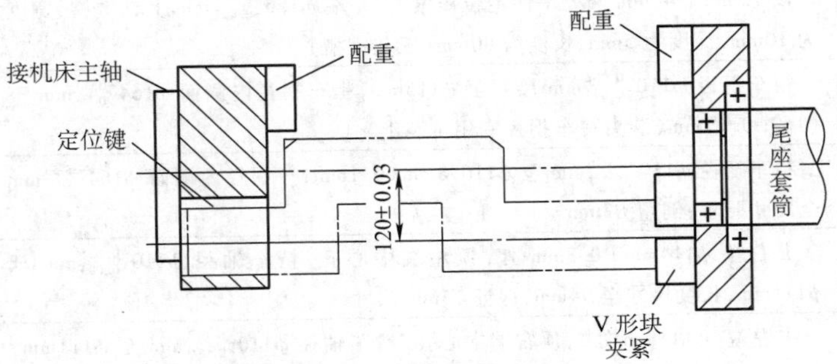

图 2-1-12　曲轴车削拐径用专用工装及配重装置

② 粗、精车轴径及粗、精磨轴径，都应在曲轴拐径的对面加装平衡装置，如图 2-1-13 所示。

5）1∶10 锥度环规与塞规要求配套使用。环规检测曲轴锥度，塞规检测与之配套的电动机转子锥孔或联轴器锥孔，以保证配合精度。

6）曲轴偏心距（120±0.1）mm 的检测方法如图 2-1-14 所示。将等高 V 形块放在工作平台上，以曲轴两轴径 $\phi110^{+0.025}_{+0.003}$mm 作为测量基准。将曲轴放在 V 形块上，首先用百分表将两轴径的最高点调整到等高（可用纸垫 V 形块的方法），并同时用高度尺测出轴径最高点实际尺寸 H_2、H_3（如两轴径均在公差范围内，这时 H_2 与 H_3 应等高）。用百分表将曲轴拐径调整到最高点位置上，同时用高度尺测出拐径最高点实际尺寸 H_1，再用外径千分尺测出拐径 d_1 和轴径 d_2、d_3 的实际尺寸，这样经过计算可得出偏心距的实际尺寸：

$$\text{偏心距}=\left(H_1-\frac{d_1}{2}\right)-\left(H_2-\frac{d_2}{2}\right)$$

式中 H_1——曲轴拐径最高点；

H_2（H_3）——曲轴轴径最高点；

d_1——曲轴拐径实际尺寸；

d_2（d_3）——曲轴轴径实际尺寸。

7）曲轴拐径轴线与轴径轴线平行度的检查，可参照图 2-1-14 进行。当用百分表将两轴径的最高点调整到等高后，可用百分表再测出拐径 d_1 最高点两处之差（距离尽可能远些），然后通过计算可得出平行度误差值。

8）曲轴拐径、轴径圆度测量，可在机床上用百分表测出。圆柱度的检测可以在每个轴上选取 2~3 个截面测量，通过计算可得出圆柱度误差值。

1.3.1.3　连杆螺钉

图 2-1-15 所示为连杆螺钉的结构、尺寸及技术要求。

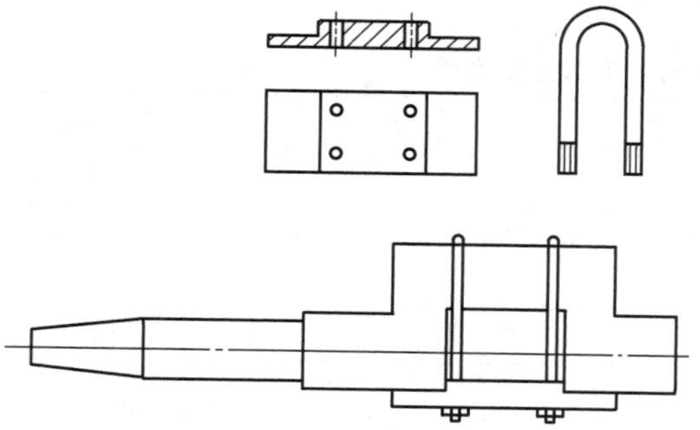

图 2-1-13　曲轴加工轴径平衡装置

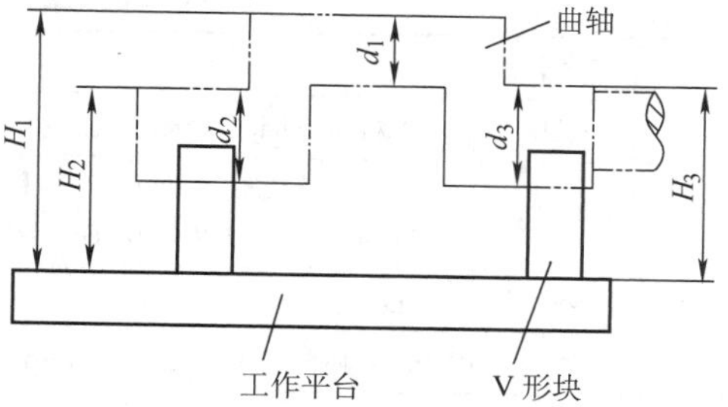

图 2-1-14　曲轴偏心距的检测方法

1. 零件图样分析

1）连杆螺钉定位部分 $\phi34_{-0.016}^{\ 0}$mm 的表面粗糙度 Ra 为 0.8μm，圆度公差为 0.008mm，圆柱度公差为 0.008mm。

2）螺纹 M30×2 的精度为 6g，表面粗糙度 Ra 为 3.2μm。

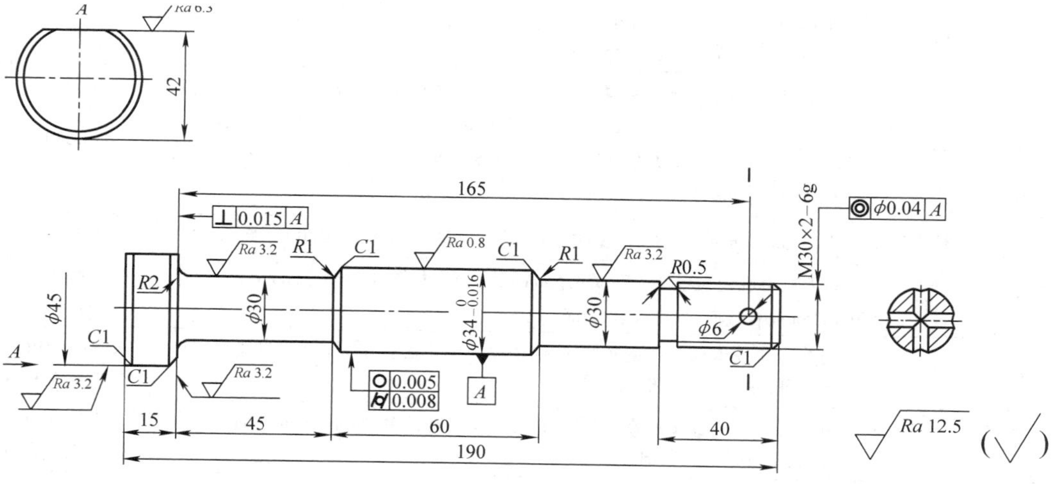

技术要求

1.调质处理，硬度为28～32HRC。　3.$\phi34_{-0.016}^{\ 0}$mm圆度、圆柱度公差为0.008mm。

2.磁粉检测，无裂纹、夹渣等缺陷。4.材料为40Cr钢。

图 2-1-15　连杆螺钉的结构、尺寸及技术要求

3）螺纹头部支撑面，即靠近 $\phi30$mm 杆径一端，对 $\phi34_{-0.016}^{\ 0}$mm 轴心线垂直度公差为 0.015mm。

4）连杆螺钉螺纹部分与定位基准 $\phi34_{-0.016}^{\ 0}$mm 轴心线的同轴度公差为 $\phi0.04$mm。

5）连杆螺钉体承受交变载荷作用，不允许材料有裂纹、夹渣等影响螺纹及整体强度的缺陷存在，因此，对每一根螺钉都要进行磁粉检测。

6）调质处理硬度为 28～32HRC。

7）连杆螺钉材料牌号为 40Cr。

2. 连杆螺钉机械加工工艺过程卡（见表2-1-136）

表2-1-136 连杆螺钉机械加工工艺过程卡

工序号	工序名称	工序内容	工艺装备
1	下料	棒料 ϕ60mm×125mm	锯床
2	锻造	自由锻造成形，锻件尺寸：连杆螺钉头部为 ϕ52mm×27mm，杆部为 ϕ41mm×183mm，零件总长为210mm（留有工艺余量）	锻
3	热处理	正火	热
4	划线	划毛坯两端中心孔线，照顾各部分加工余量	
5	钻	钻两端中心孔A2.5	C620
6	粗车	以 ϕ52mm×27mm定位夹紧（毛坯尺寸），顶尖顶紧另一端中心孔，以毛坯外圆找正，将毛坯外圆 ϕ41mm车至 ϕ37mm，长度为185mm	C620
7	粗车	夹紧 ϕ37mm外圆，车另一端毛坯外圆 ϕ52mm至 ϕ48mm	C620
8	热处理	调质处理，硬度为28~32HRC	热
9	精车	修研两中心孔。夹紧 ϕ48mm（工艺过程尺寸），顶紧另一端中心孔，车工艺凸台（中心孔处）外圆尺寸至 ϕ25mm，长度为7.5mm；车 ϕ37mm外圆至 ϕ35mm，长度为178.5mm	C620
10	精车	夹 ϕ35mm（垫上铜皮），车工艺凸台（中心孔部分）ϕ25mm×7.5mm，尺寸 ϕ48mm车至图样尺寸 ϕ45mm，倒角 $C1$	C620
11	精车	以两中心孔定位，卡环夹紧 ϕ45mm外圆，按图样车连杆螺钉各部尺寸至图样要求。其中，$\phi34_{-0.016}^{0}$mm处留磨量为0.5mm，保证连杆螺钉头部 ϕ45mm长度为15.1mm，总长度为190mm，螺纹一端长出部分车至 ϕ25mm，车螺纹部分至 $\phi30_{+0.15}^{+0.25}$mm	C620
12	精车	夹紧 ϕ34.5mm外圆（垫上铜皮），并以外圆找正，车螺纹M30-6g，倒角 $C1$	C620、环规
13	磨	以两中心孔定位装夹，磨 ϕ34.5mm尺寸至图样要求 $\phi34_{-0.016}^{0}$mm，同时磨削 ϕ45mm右端面，保证尺寸15mm	磨床M1420
14	铣	用V形块或组合夹具装夹工件，铣螺纹一端中心孔工艺凸台，与螺纹端面平齐即可，注意不可碰伤螺纹部分	X62W专用工装或组合夹具
15	铣	用V形块或组合夹具装夹工件，铣另一端工艺凸台，与 ϕ45mm端面平齐即可，注意不可碰伤倒角部分	X62W专用工装或组合夹具
16	铣	用V形块或组合夹具装夹工件，铣 ϕ45mm处42mm尺寸为（42±0.1）mm（为以下工序中用）	X62W专用工装或组合夹具
17	钻	用专用钻模或组合夹具装夹工件，钻2×ϕ6mm孔[以（42±0.1）mm尺寸定位]	Z512
18	检测	按图样要求检验各部，并进行磁粉检测	专用检具、探伤机
19	入库	涂防锈油、包装入库	

3. 工艺分析

1）连杆螺钉在整个连杆组件中是非常重要的零件，其承受交变载荷作用，易产生疲劳断裂，所以本身要有较高的强度；在结构上，各变径的地方均以圆角过渡，以减少应力集中。在定位尺寸 $\phi34_{-0.016}^{0}$mm两边均为 ϕ30mm尺寸，主要是为了装配方便；在 ϕ45mm圆柱头部分铣一平面（尺寸42mm），是为了防止在拧紧螺钉时转动。

2）毛坯材料为40Cr锻件，根据加工数量的不同，可以采用自由锻或模锻，锻造后要进行正火。锻造的目的是为了改善材料的性能。

下料尺寸为 ϕ60mm×125mm，是为了保证有一定的锻造比，以防止金属烧损，并保证有足够的毛坯用料量。

3）图样要求的调质处理应安排在粗加工后进行，为了保证调质变形后的加工余量，粗加工时就留有 3mm 的加工余量。

4）连杆螺钉上不允许留有中心孔，在锻造时就留下工艺留量，两边留有 ϕ25mm×7.5mm 工艺凸台，中心孔钻在凸台上，中心孔为 A2.5。

5）M30×2-6g 螺纹的加工，不宜采用板牙套螺纹的方法（因为这种方法达不到精度要求），应采用螺纹车刀车削螺纹。

6）热处理时，要注意连杆螺钉的码放，不允许交叉放置，以减小连杆螺钉的变形。

7）为保证连杆螺钉头部支撑面（即靠近 ϕ30mm 杆径一端）对连杆螺钉轴心线的垂直度要求，在磨削 $\phi 34_{-0.016}^{\ 0}$mm 外圆时，一定要用砂轮靠端面的方法，加工出支撑面，磨削前应先修整砂轮，保证砂轮的圆角及垂直度。

8）连杆螺钉头部支撑面（即靠近 ϕ30mm 杆径一端）对中心线垂直度的检验可采用专用检具配合涂色法检查，图 2-1-16 所示的专用检具与连杆螺钉 $\phi 34_{-0.016}^{\ 0}$mm 相配的孔径应按工件实际公差分段配作。检测时，将连杆螺钉支撑面涂色后与专用工具端面进行对研，当连杆螺钉头部支撑面与检具端面的接触面在 90%以上时为合格。

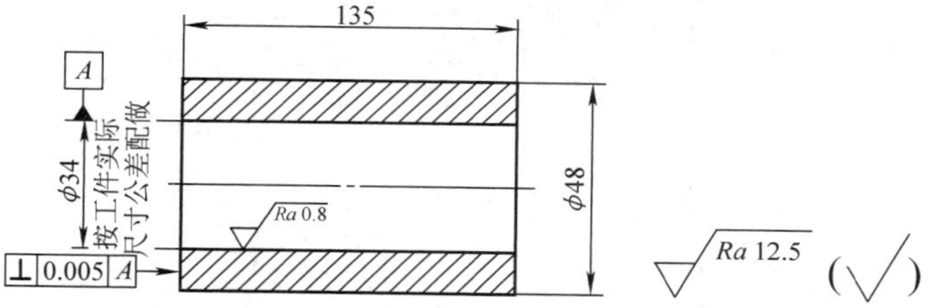

技术要求

1.ϕ34mm 尺寸分为三个尺寸段，$\phi 34_{+0.005}^{+0.013}$mm、$\phi 34_{-0.010}^{+0.005}$mm、$\phi 34_{-0.025}^{-0.010}$mm。
2.热处理，硬度为56～62HRC。
3.材料为GCr15钢。

图 2-1-16　连杆螺钉垂直度专用检具

9）连杆螺钉 M30×2-6g 螺纹部分对 $\phi 34_{-0.016}^{\ 0}$mm 定位直径的同轴度检验可采用专用检具（见图 2-1-17）和标准 V 形块配合进行。

专用检具特点是采用 1∶100 的锥度螺纹套。要求螺纹套的外径与内螺纹中心线的同轴度公差在零件同轴度误差 1/2 范围内，以消除中径加工的误差。

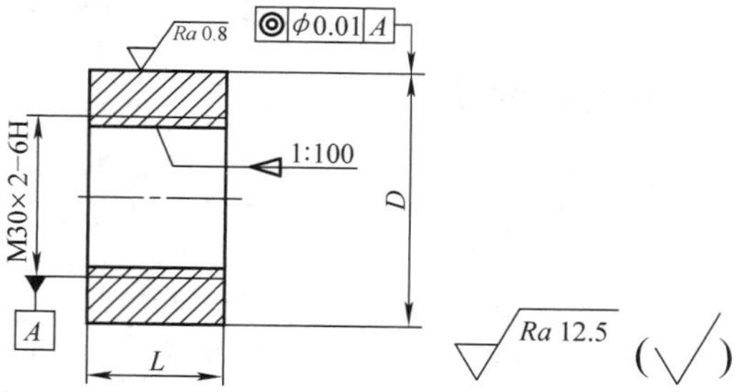

技术要求

1.调质处理，硬度为28～32HRC。
2.材料为40Cr钢。

图 2-1-17　连杆螺钉同轴度专用检具

检查方法是先将连杆螺钉与锥度螺纹套旋合在一起，以连杆螺钉 $\phi 34_{-0.016}^{\ 0}$mm 为定位基准，放在 V 形块上（V 形块放在标准平板上），然后转动连杆螺钉，同时用百分表检测锥度螺纹套外径的跳动量，其百分表读数为误差值（见图 2-1-18）。

1.3.1.4 输出轴

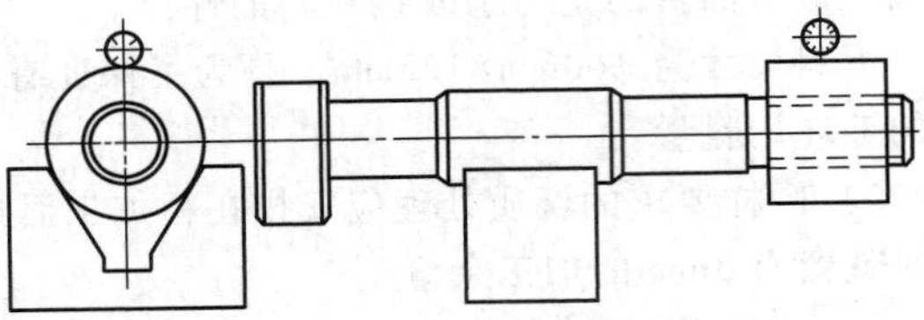

图 2-1-18 连杆螺钉同轴度检验方法

图 2-1-19 所示为输出轴的结构、尺寸和技术要求。

1. 零件图样分析

1）两个 $\phi60^{+0.024}_{+0.011}$mm 的同轴度公差为 $\phi0.02$mm。

2）$\phi54.4^{+0.05}_{0}$mm 与 $\phi60^{+0.024}_{+0.011}$mm 的同轴度公差为 $\phi0.02$mm。

3）$\phi80^{+0.021}_{+0.002}$mm 与 $\phi60^{+0.024}_{+0.011}$mm 的同轴度公差为 $\phi0.02$mm。

4）保留两端中心孔。

5）调质处理硬度为 28~32HRC。

6）材料为 45 钢。

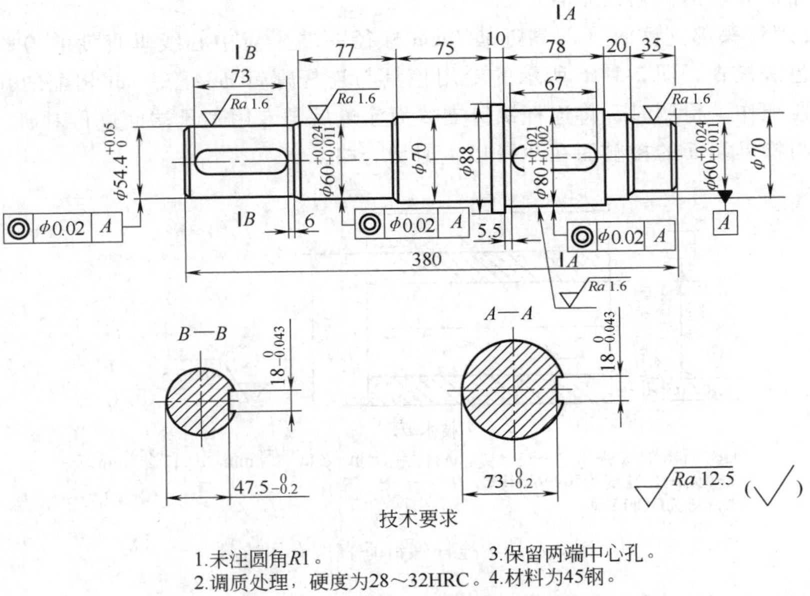

图 2-1-19 输出轴的结构、尺寸和技术要求

2. 输出轴机构加工工艺过程卡（见表 2-1-137）

表 2-1-137 输出轴机械加工工艺过程卡

工序号	工序名称	工序内容	工艺装备
1	下料	棒料 $\phi90$mm×400mm	锯床
2	热处理	调质处理硬度为 28~32HRC	
3	车	夹左端，车右端面，见平即可。钻中心孔 B2.5，粗车右端各部，$\phi88$mm 见圆即可。其余均留精加工余量 3mm	CA6140
4	车	倒头装夹工件，车端面保证总长度为 380mm；钻中心孔 B2.5；粗车外圆各部，留精加工余量 3mm，与工序 3 加工部分相接	CA6140
5	精车	夹左端，顶右端，精车右端各部，其中 $\phi60^{+0.024}_{+0.011}$mm×35mm、$\phi80^{+0.021}_{+0.002}$mm×78mm 处分别留磨削余量 0.8mm	CA6140

（续）

工序号	工序名称	工序内容	工艺装备
6	精车	倒头，一夹一顶精车另一端各部，其中 $\phi54.4^{+0.05}_{0}$mm×85mm、$\phi60^{+0.024}_{+0.011}$mm×77mm 处分别留磨削余量 0.8mm	CA6140
7	磨	用两顶尖装夹工件，磨削 $\phi60^{+0.024}_{+0.011}$mm 两处，$\phi80^{+0.021}_{+0.002}$mm 至图样要求尺寸	M1432A
8	磨	倒头，用两顶尖装夹工件，磨削 $\phi54.4^{+0.05}_{0}$mm×85mm 至图样要求尺寸	M1432A
9	划线	划两处键槽线	
10	铣	铣 $18_{-0.043}^{0}$mm 键槽两处	X5030 组合夹具
11	检验	按图检查各部尺寸精度	
12	入库	涂油入库	

3. 工艺分析

1）该轴的结构比较典型，代表了一般传动轴的结构形式，其加工工艺过程具有普遍性。在加工工艺流程中，也可以采用粗车加工后进行调质处理。

2）图样中键槽未标注对称度要求，但在实际加工中应保证±0.025mm 的对称度。这样便于与齿轮的装配、键槽对称度的检查，可采用偏摆仪及量块配合完成，也可采用专用对称度检具进行检查。

3）输出轴各部分同轴度的检查，可采用偏摆仪和百分表结合进行检查。

1.3.2 套类零件

1.3.2.1 缸套

图 2-1-20 所示为缸套的结构、尺寸和技术要求。

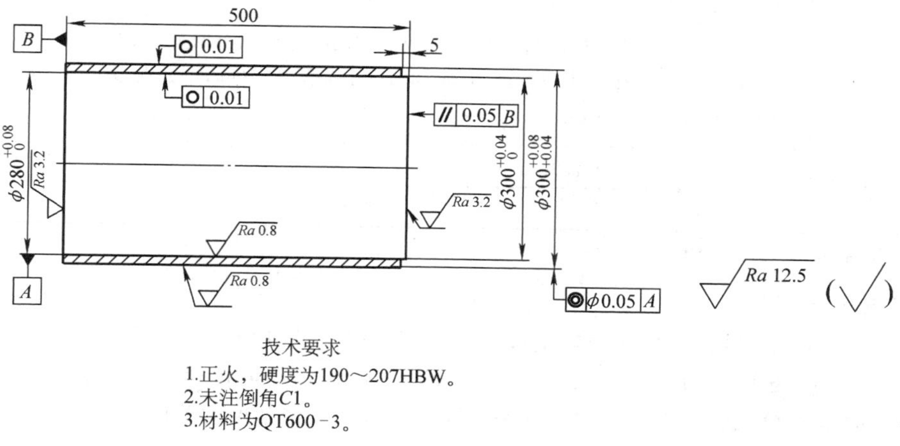

图 2-1-20 缸套的结构、尺寸和技术要求

1. 零件图样分析

1）外圆对基准 *A* 的同轴度公差为 ϕ0.05mm。

2）右端面对基准面 *B* 的平行度公差为 0.05mm。

3）外圆表面圆度公差为0.01mm。

4）内圆表面圆度公差为0.01mm。

5）正火硬度为190～207HBW。

6）材料为QT600-3。

2. 缸套机械加工工艺过程卡（见表2-1-138）

表2-1-138 缸套机械加工工艺过程卡

工序号	工序名称	工序内容	工艺装备
1	铸	铸造尺寸 ϕ315mm×ϕ265mm×515mm	
2	热处理	人工时效	
3	粗车	夹工件一端外圆，车内径至尺寸 ϕ270±1mm，车外圆至尺寸 ϕ310mm±1mm，车端面见平即可	CA6140
4	粗车	倒头装夹工件外圆，车另一端内径尺寸至 ϕ270mm±1mm 接刀，车外圆至尺寸 ϕ310mm±1mm 接刀，车端面，保证工件总长度为508mm	CA6140
5	热处理	正火硬度为190～207HBW	
6	粗车①	夹工件一端外圆，车内径至尺寸 ϕ275mm±0.5mm，车外圆至 ϕ305mm±0.5mm，车端面，保证工件总长度为506mm	CA6140
7	粗车	倒头装夹工件外圆，车另一端内径尺寸至 ϕ275mm±0.5mm 平滑接刀，车外圆至尺寸 ϕ305mm±0.5mm 平滑接刀，车端面，保证工件总长度为504mm	CA6140
8	精车	夹工件一端外圆（注意合理的夹紧力，防止工件变形）。车内径至 ϕ279.2mm±0.05mm，车外圆至 ϕ300.8mm±0.05mm（注意长度尺寸要超过250mm），车端面，保证工件总长度为502mm	CA6140
9	精车	倒头装夹工件外圆，车另一端内径尺寸至 ϕ279.2mm±0.05mm 平滑接刀，车外圆至尺寸 ϕ300.8mm±0.05mm 平滑接刀，保证工件总长度为500.8mm	CA6140
10	磨	以外圆定位装夹工件，另一端采用中心架支承，磨内径至图样尺寸 $\phi280^{+0.08}_{0}$mm，磨端面，保证工件总长度为500.4mm	中心架
11	磨	倒头，以内孔定位装夹工件，尾座采用专用工装辅助支承，磨外圆至图样尺寸 $\phi300^{+0.08}_{+0.04}$mm。松开尾座，磨端面，保证图样尺寸500mm，磨外圆 $\phi300^{+0.04}_{0}$mm，长度为5mm	专用工装
12	检验	按图样检查各部尺寸精度	
13	入库	涂油入库	

① 车内径和外圆时，长度应超过总长的一半。

3. 工艺分析

1）缸套属于薄壁零件。由于薄壁工件的刚度差，在车削过程中，受切削力和夹紧力的作用极易产生变形，影响工件尺寸精度和形状精度。因此，合理地选择装夹方法、刀具几何角度、切削用量及充分地进行冷却润滑，都是保证加工薄壁工件精度的关键。

2）零件内圆和外圆精度要求较高，加工时应粗、精分开。

3）缸套在最终使用时，是将缸套压入缸体后，再一次对内径尺寸进行重新加工。缸套端部 $\phi300^{+0.04}_{0}$mm×5mm 是在压入缸体时起定位及导入作用的。

1.3.2.2 铜套

图2-1-21所示为铜套的结构、尺寸和技术要求。

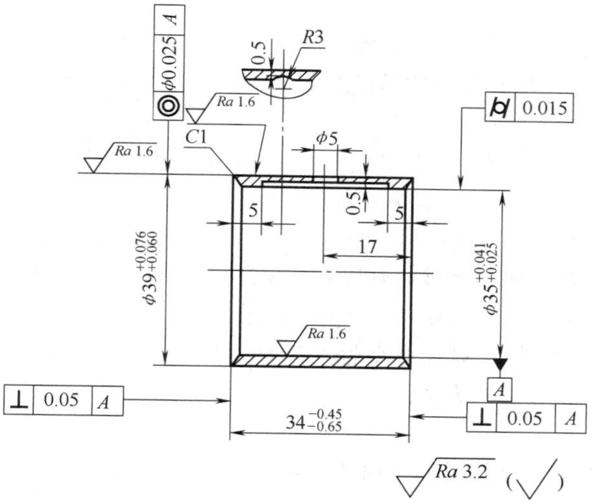

技术要求
1.未注圆角为R0.5。2.材料为ZCuSn10Zn2。

图 2-1-21 铜套的结构、尺寸和技术要求

1. 零件图样分析

1） $\phi35^{+0.041}_{+0.025}$mm 的圆柱度公差为 0.015mm。

2） $\phi35^{+0.041}_{+0.025}$mm 与 $\phi39^{+0.076}_{+0.060}$mm 的同轴度公差为 ϕ0.025mm。

3） 两端面对 $\phi35^{+0.041}_{+0.025}$mm 的轴线垂直度公差为 0.05mm。

4） 未注圆角为 R0.5。

5） 零件材料为 ZCuSn10Zn2。

2. 铜套机械加工工艺过程卡（见表 2-1-139）

表 2-1-139 铜套机械加工工艺过程卡

工序号	工序名称	工 序 内 容	工艺装备
1	下料	（棒料）ϕ45mm×40mm	锯床
2	车	夹一端外圆，粗车外圆至 ϕ42mm，长度为 20mm；粗车端面见平即可；钻孔 ϕ30mm；粗车内孔至 ϕ33mm	CA6140
3	车	倒头夹 ϕ42mm 外圆，找正内孔，车外圆至 ϕ42mm；接上道工序 ϕ42mm，车端面保证总长度为 36mm	CA6140
4	精车	用专用工装装夹①工件，内孔找正，精车铜套内孔至图样尺寸 $\phi35^{+0.041}_{+0.025}$mm；精车端面，保证总长度为 35mm，倒角；拉深 0.5mm，长度为 24mm 润滑槽	CA6140 专用工装
5	精车	用专用工装装夹②工件，内孔定位，精车铜套外圆至图样尺寸 $\phi35^{+0.076}_{+0.060}$mm；精车另一端面并倒角，保证总长度为 $34^{-0.45}_{-0.65}$mm	CA6140 专用工装
6	钳	钻 ϕ5mm 油孔，孔轴线距铜套右端面 17mm。注意孔与润滑槽的相对位置。去毛刺	Z512B 组合夹具或专用钻模
7	检验	检查各部尺寸	
8	入库	入库	

① 可用开口弹性夹套装夹铜套，减少工件变形。
② 可采用可胀心轴装夹铜套。

3. 工艺分析

1）当批量生产铜套时，可采用铸造成筒形料，并多件连铸，这样可节约材料。

2）加工套类零件时，粗基准应选择在加工余量小的表面上。若采用铸造筒形料时，应根据材料的具体情况考虑加工工序的安排。

3）对于精度要求较高的铜套，当铜套压入与之相配套的零件后，采用过冲挤压方法保证最终装配尺寸及精度要求。

4）$\phi35^{+0.041}_{+0.025}$mm 与 $\phi39^{+0.076}_{+0.060}$mm 的同轴度，两端面对 $\phi35^{+0.041}_{+0.025}$mm 轴线的垂直度检查，采用小锥度心轴装夹工件，然后将小锥度心轴装夹在偏摆仪两顶尖之间，用百分表测量外圆的跳动量，即为同轴度误差，测量端面的跳动量，即为垂直度误差。

5）圆柱度的测量，按测同轴度与垂直度测量的装夹方法，用百分表测量。测三个横截面，其最大读数与最小读数之差为圆柱度。

1.3.2.3 活塞

图 2-1-22 所示为活塞的结构、尺寸和技术要求。

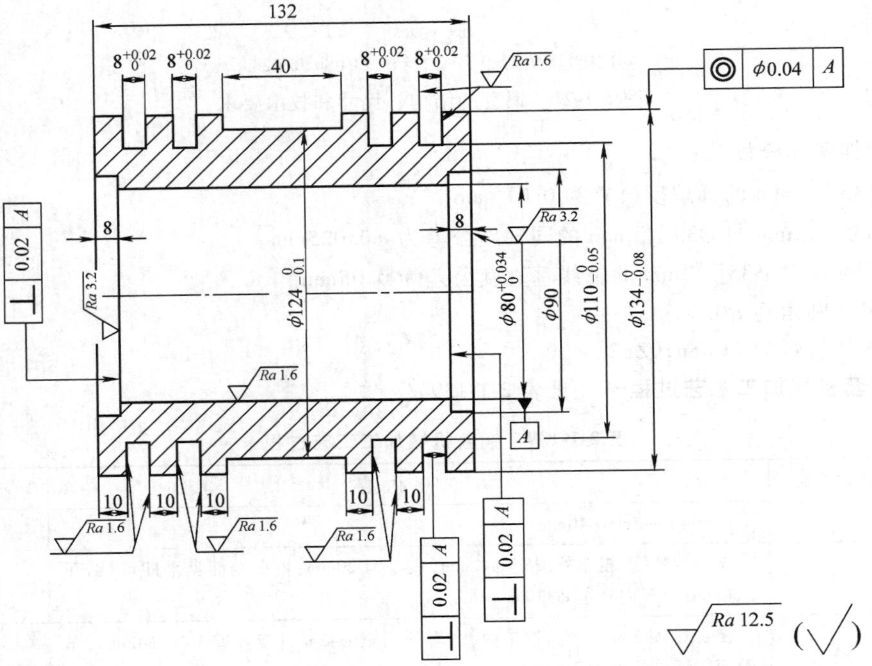

技术要求

1.铸件时效处理。3.活塞环槽$8^{+0.02}_{0}$mm人口倒角C0.3。

2.未注明倒角C1。4.材料为HT200。

图 2-1-22 活塞的结构、尺寸和技术要求

1. 零件图样分析

1）活塞环槽侧面与 $\phi80^{+0.034}_{0}$ mm 轴心线的垂直度公差为 0.02mm。

2）活塞外圆 $\phi134^{0}_{-0.08}$mm 与 $\phi80^{+0.034}_{0}$ mm 轴心线的同轴度公差为 $\phi0.04$mm。

3）左右两端 φ90mm 内端面与 $\phi80^{+0.034}_{0}$ mm 轴心线的垂直度公差为 0.02mm。

4）由于活塞环槽与活塞环配合精度要求较高，所以活塞环槽加工精度相对要求较高。

5）活塞上环槽 $8^{+0.02}_{0}$mm 入口处的倒角为 C0.3。

6）材料为 HT200，铸造后时效处理。

7）未注明倒角 C1。

2. 活塞机械加工工艺过程卡（见表 2-1-140）

表 2-1-140　活塞机械加工工艺过程卡

工序号	工序名称	工序内容	工艺装备
1	铸造	铸造	
2	清砂	清砂，去冒口	
3	检验	检验铸件有无缺陷	
4	热处理	时效处理	
5	粗车	夹外圆 $\phi134^{0}_{-0.08}$mm（毛坯），粗车 $\phi80^{+0.034}_{0}$mm 内孔至 $\phi76$mm 及端面，端面见平即可。粗车外圆尺寸至 138mm，长度大于 80mm	C6140
6	粗车	倒头装夹 $\phi138$mm，粗车外圆尺寸至 $\phi138$mm 光滑接刀；车端面，保证工件总长度为 135mm	C6140
7	热处理	第二次时效处理	
8	检验	检验工件有无气孔、夹渣等缺陷	
9	半精车	夹 $\phi80^{+0.034}_{0}$mm 内孔，半精车外圆，留加工余量 1.5mm。按图样尺寸切槽 $8^{+0.02}_{0}$mm 至 6mm；车端面，照顾尺寸 10mm；车 $\phi90$mm×8mm 凹台，留加工余量 1mm	C6140
10	精车	倒头装夹，夹外圆并找正。精车孔至 $\phi80^{+0.034}_{0}$mm，车端面，保证总长度为 132.5mm。车凹槽 $\phi90$mm×8mm，倒角 C1	C6140
11	精车	以内孔定位，倒头装夹，精车另一端面，保证总长度为 132mm；精车另一凹槽 $\phi90$mm×8mm，倒角 C1；精车外圆 $134^{0}_{-0.08}$mm，切各槽至图样尺寸 $8^{+0.02}_{0}$mm、内径 $\phi110^{0}_{-0.05}$mm，保证各槽间距为 10mm 及各槽入口处倒角 C0.3；车中间环槽 40mm×$\phi124^{0}_{-0.1}$mm	C6140
12	检验	检验各部尺寸及精度	
13	入库	入库	

3. 工艺分析

1）时效处理是为了消除铸件的内应力。第二次时效处理是为了消除粗加工和铸件残余应力，以保证加工质量。

2）活塞环槽的加工分粗加工和精加工，这样可以减少切削力对环槽尺寸的影响，以保证加工质量。

3）加工活塞环槽时，装夹方法可采用心轴，在批量生产时可提高生产率，保证质量。

4）活塞环槽 $8^{+0.02}_{0}$mm 的尺寸检验采用片塞规进行检查。片塞规分为通端和止端两种，片塞规具有综合检测功能，既能检查尺寸精度，也可以检查环槽两面是否平行。若不平行，片塞规在环槽内不能平滑移动。

5）活塞环槽侧面与 $\phi80^{+0.034}_{0}$mm 轴心线的垂直度检验可采用心轴装夹工件，再将心轴装夹在两顶尖之间（或偏摆仪上），转动心轴，用杠杆百分表测每一环槽的两个侧面，所测最大与最小读数的差值，即为垂直度误差。

左、右两端 ϕ90mm 内端面与 $\phi80^{+0.034}_{0}$mm 轴心线的垂直度检验方法与活塞环槽侧面垂直度检验方法基本相同。

6）活塞外圆 $\phi134^{0}_{-0.08}$mm 与 $\phi80^{+0.034}_{0}$mm 轴心线的同轴度检验可采用心轴装夹工件，再将心轴装夹在两顶尖之间（或偏摆仪上）。转动心轴，用百分表测出活塞径向圆跳动，所测最大与最小读数的差值，即为同轴度误差。

1.3.2.4　十字头滑套

图 2-1-23 所示为十字头滑套的结构、尺寸和技术要求。

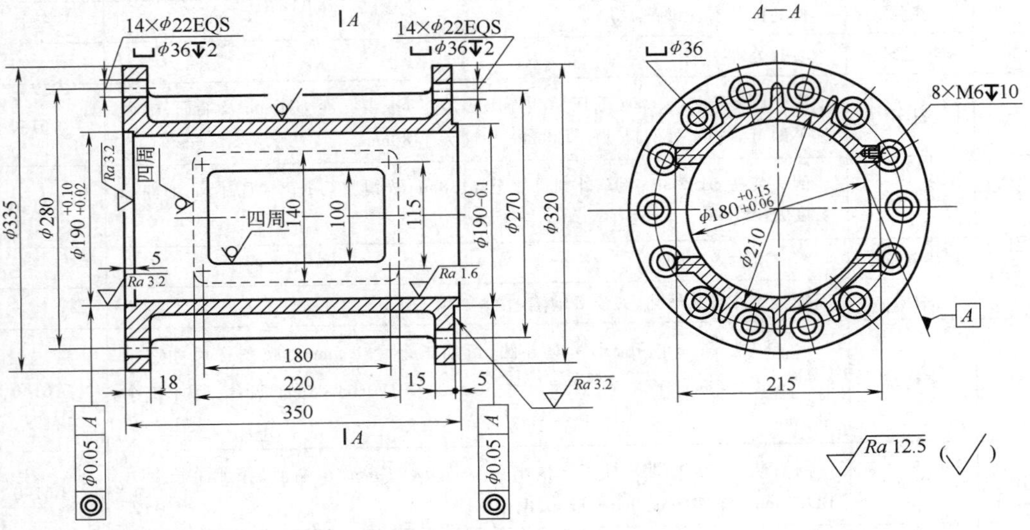

技术要求

1.铸件时效处理。2.铸造圆角R5。3.未注倒角C1。4.材料为HT200。

图 2-1-23　十字头滑套的结构、尺寸和技术要求

（1）零件图样分析

1）$\phi190^{0}_{-0.10}$mm 定位凸台与 $\phi180^{+0.15}_{+0.06}$mm 滑道孔同轴度公差为 ϕ0.05mm。

2）$\phi190^{+0.10}_{+0.02}$mm 定位内止口与 $\phi180^{+0.15}_{+0.06}$mm 滑道孔同轴度公差为 ϕ0.05mm。

3）未注铸件圆角为 R5。

4）铸件应人工时效。

5）零件材料为 HT200。

（2）十字头滑套机械加工工艺过程卡（见表 2-1-141）

表 2-1-141　十字头滑套机械加工工艺过程卡

工序号	工序名称	工序内容	工艺装备
1	铸	铸造	
2	清砂	清砂	
3	热处理	人工时效	
4	清砂	细清砂	
5	涂漆	非加工表面涂防锈漆	

（续）

工序号	工序名称	工序内容	工艺装备
6	划线	划十字线，划 $\phi180^{+0.15}_{+0.06}$mm 孔线，照顾壁厚均匀；划 350mm 总长加工线	
7	车	夹 $\phi335$mm（毛坯）外圆，按线找正，车右端 $\phi320$mm 至图样尺寸；车端面及 $\phi190^{\ 0}_{-0.10}$mm 凸台，留加工余量 5mm，照顾法兰厚度尺寸 15mm；粗车内孔 $\phi180^{+0.15}_{+0.06}$mm 至 $\phi175$mm	CW6180
8	车	倒头，夹 $\phi320$mm 外圆，按内孔 $\phi175$mm 找正，车 $\phi335$mm 至图样尺寸；车端面及 $\phi190^{+0.10}_{+0.02}$mm 内止口，各留加工余量 5mm，照顾法兰厚度尺寸 18mm	CW6180
9	精车	夹 $\phi320$mm 外圆，按内孔 $\phi175$mm 找正，车 $\phi335$mm 端面及 $\phi190^{+0.10}_{+0.02}$mm×5mm 内止口至图样尺寸，倒角 $C1$	CW6180
10	精车	倒头，以 $\phi190^{+0.10}_{+0.02}$mm×5mm 内止口及 $\phi335$mm 端面定位压紧（专用工装）①，精车 $\phi320$mm、端面及 $\phi190^{\ 0}_{-0.10}$mm×5mm 凸台，保证总长度为 350mm；精车内孔 $\phi180^{+0.15}_{+0.06}$mm，至图样尺寸，表面粗糙度为 $Ra1.6\mu m$	CW6180 专用工装
11	划线	划两个方法兰线 215mm	
12	铣	以 $\phi190^{+0.10}_{+0.02}$mm×5mm、内止口及 $\phi335$mm 端面定位按线找正压紧（工装）铣法兰两侧平面（端铣），保证尺寸 215mm	X6132 专用工装或组合夹具
13	钻	以 $\phi190^{+0.10}_{+0.02}$mm×5mm 内止口及 $\phi335$mm 端面定位，按十字中心线找正压紧，采用钻模钻右端法兰 14×$\phi22$mm 各孔，锪 $\phi36$mm×2mm 平面	Z3050 专用工装
14	钻	采用钻模，以 $\phi190^{\ 0}_{-0.10}$mm 凸台及 $\phi320$mm 端面定位，按十字中心线找正压紧，钻左端法兰 14×$\phi32$mm 各孔，锪 $\phi36$mm 平面	Z3050 专用工装
15	钻	采用钻模，按方法兰外形找正，钻、攻 8×M6、深度为 10mm 螺纹	Z3050 专用工装
16	检验	按图样检查各部尺寸及精度	
17	入库	涂防锈油、入库	

① 专用工装加工方法见本节工艺分析。

（3）工艺分析

1）划线工序（工序 6）主要是为了照顾铸件的壁厚均匀，兼顾各部分的加工量，减少铸件的废品率。

2）$\phi180^{+0.15}_{+0.06}$mm 内孔的中间部分由两段圆弧组成，而内孔表面粗糙度要求又较高（$Ra1.6\mu m$），在加工中会出现很长一段断续切削，所以在加工时，应注意切削用量的选择及合理选用刀具的几何角度。

3）工序 10 精车内孔 $\phi180^{+0.15}_{+0.06}$mm 时，先在车床花盘上装夹一块较厚的铸铁板（此时铸铁板两平面已完成铣削加工，并在 $\phi370$mm 圆周上钻、攻 6×M16 螺纹，作为安装十字头滑套压板用），车铸铁板端面，并车在 $\phi190^{\ 0}_{-0.05}$mm 凸台，高度为 $4^{\ 0}_{-0.10}$mm，作为加工内孔 $\phi180^{+0.15}_{+0.06}$mm 定位用基准，这样可以很好地保证定位凸台（工件的定位内止口）及端面与车床回转中心线的同轴度和垂直度。注意，每换装一次工装，必须要重新车削一次定位平面和凸台。

4）两个 $\phi190$mm（凸台和内止口）与 $\phi180^{+0.15}_{+0.06}$mm 孔的同轴度主要由设备来保证，所以加工机床的精度在很大程度上决定了零件的加工精度。

同轴度的检查，可采用心轴、百分表及偏摆仪配合进行检测。

1.3.3　齿轮、花键、丝杆类零件

1.3.3.1　齿轮

图2-1-24所示为CM6140车床主轴箱（镶铜套）齿轮的结构、尺寸和技术要求。

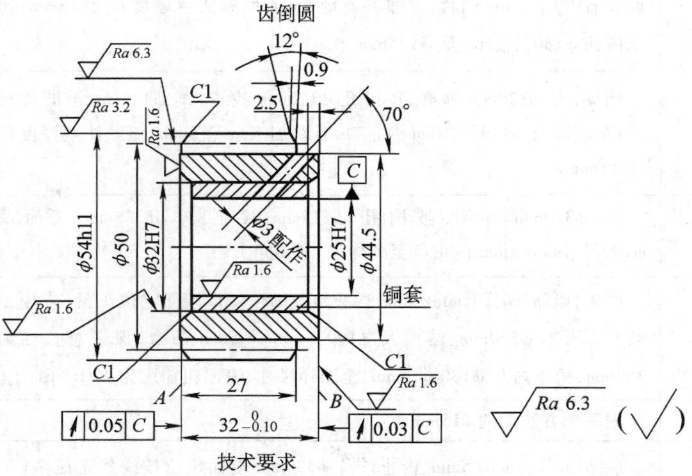

图2-1-24　CM6140车床主轴箱齿轮的结构、尺寸和技术要求

1. 零件图样分析

1）齿轮材料和铜套材料不同，分别为45钢和ZQSn6-6-3。

2）齿轮左端面A圆跳动为0.05mm。

3）齿轮右端面B圆跳动为0.03mm。

4）齿部高频感应加热淬火44~48HRC。

5）齿轮精度等级为6FH。

2. 齿轮机械加工工艺过程卡（见表2-1-142）

表2-1-142　齿轮机械加工工艺过程卡

工序号	工序名称	工序内容	工艺装备
1	下料	棒料	锯
2	锻	毛坯锻造ϕ62mm×40mm	
3	热处理	正火	
4	车	夹一端外圆，找正工件（照顾各部加工余量），车一端面，钻孔ϕ28mm	C6140
5	车	倒头，夹外圆，按内表面找正，车另一端面，保证总长度为32.6mm；车内孔尺寸至ϕ32H7mm	C6140
6	车	以ϕ32H7mm内孔及一端面定位装夹工件，车外形各部尺寸ϕ44.5mm×5.3mm，ϕ54h11mm车至$\phi 54^{+0.1}_{0}$mm，倒角	C6140 专用心轴
7	钳	压入配套的铜套	
8	磨	磨两端面，保证尺寸$32^{0}_{-0.10}$mm	M7132

（续）

工序号	工序名称	工序内容	工艺装备
9	精车	以 $\phi54^{+0.1}_{0}$mm 外圆及一端面定位装夹工件，精车（铜套）内孔至图样尺寸 ϕ25H7mm	C6140
10	精车	以 ϕ25H7mm 内孔及端面定位装夹，精车外圆至图样尺寸 ϕ54h11mm，倒角 C1	
11	滚齿	以 ϕ25H7mm 内孔及一端面定位装夹，滚齿 $m=2$mm；$z=25$ 留剃齿余量	Y3603
12	钳	钻 ϕ3mm 油孔，去毛刺	台钻 Z4006A 组合夹具
13	热处理	高频感应淬火，硬度为 44～48HRC	
14	剃齿	剃齿	Y4236
15	检验	检查各部尺寸	
16	入库	入库	

3. 工艺分析

1）齿轮根据其结构、精度等级及生产批量的不同，机械加工工艺过程也不相同，但基本工艺路线大致相同，即毛坯制造及热处理→齿坯加工→齿形加工→齿部淬火→精基准修正→齿形精加工。

2）该例齿轮是由两种不同材料组合成的工件，应先加工齿圈内孔，过盈配合压入铜套后，再进行各种精加工。

3）齿轮精度等级较高（6FH），滚齿加工应留有一定剃齿或磨齿的加工余量，以便进行最后的精加工。

1.3.3.2 锥齿轮

图 2-1-25 所示为锥齿轮的结构、尺寸和技术要求。

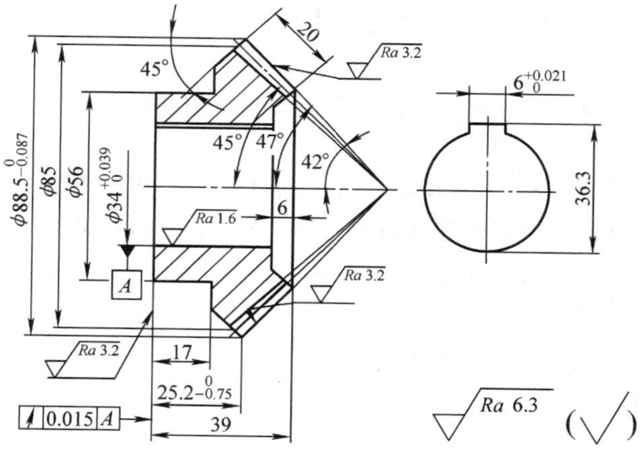

技术要求

1.热处理硬度为28～32HRC。
2.未注明倒角C1。
3.材料为45钢。
齿轮基本参数：$m=2.5$　$\alpha=20°$　$z=34$　精度等级12a。

图 2-1-25　锥齿轮的结构、尺寸和技术要求

1. 零件图样分析

1）齿轮端面对 $\phi34^{+0.039}_{0}$mm 内孔轴心线的圆跳动公差为 0.015mm。

2）调质处理，硬度为 28~32HRC。

3）齿轮精度等级 12a。

4）材料为 45 钢。

2. 锥齿轮机械加工工艺过程卡（见表 2-1-143）

表 2-1-143　锥齿轮机械加工工艺过程卡

工序号	工序名称	工序内容	工艺装备
1	下料	棒料 ϕ80mm×65mm	锯床
2	锻造	自由锻、锻造尺寸为 ϕ95mm×46mm	
3	热处理	正火	
4	粗车	夹一端，车另一端（先加工齿轮左端）；车端面；车 ϕ56mm，长度为 17mm，均留余量 5mm；钻 ϕ28mm 通孔	C620
5	粗车	倒头夹 ϕ56mm（工艺尺寸 ϕ61mm），粗车右端，各部均留余量 5mm	C620
6	热处理	调质处理硬度为 28~32HRC	
7	精车	夹左端 ϕ56mm（工艺尺寸 ϕ61mm），精车右端各部尺寸至图样要求，精车内孔至 $\phi34^{+0.039}_{0}$mm	C620
8	精车	专用工装（可胀心轴）装夹工件，精车左端各部尺寸至图样要求	C620 专用工装
9	划线	划 $6^{+0.021}_{0}$mm 键槽尺寸线	
10	插键槽	以 ϕ56mm 及左端端面定位装夹，按线找正，插键槽至图样尺寸 $6^{+0.021}_{0}$mm	B5020 组合夹具或专用工装
11	铣齿	以 $\phi34^{+0.039}_{0}$mm 内孔及左端端面定位装夹，铣齿	X62W 专用心轴
12	检验	按图样要求检查齿轮各部尺寸及精度	
13	入库	入库	

3. 工艺分析

1）该工件的加工主要为齿坯和齿部两部分，为保证齿轮的加工精度，必须首先保证齿坯的加工精度。

2）锻造毛坯经过正火处理，可消除锻造后材料的内应力，改善加工性能。

3）粗加工后进行调质处理，再进行精加工和铣齿加工，可保证加工质量的稳定。

4）工序 10 插键槽，对组合夹具或专用工装，应要求备有键槽对称度检查基准，可供加工时对刀及加工后检查使用。

5）齿轮端面对 $\phi34^{+0.039}_{0}$mm 内孔轴心线的圆跳动公差，可将锥齿轮装在 $\phi34^{+0.039}_{0}$mm 专用心轴上，采用偏摆仪进行检查。

1.3.3.3　齿轮轴

图 2-1-26 所示为齿轮轴的结构、尺寸和技术要求。

1. 零件图样分析

1）ϕ60k6（$^{+0.021}_{+0.002}$）mm、$\phi141.78^{\ 0}_{-0.063}$mm、$\phi$60k6（$^{+0.021}_{+0.002}$）mm 三处轴径外圆对公共轴心线 $A—B$ 圆跳动公差为 0.025mm。

2）18N9（$^{\ 0}_{-0.043}$）mm 键槽对 ϕ65r6（$^{+0.060}_{+0.041}$）mm 轴心线的对称度公差为 0.02mm。

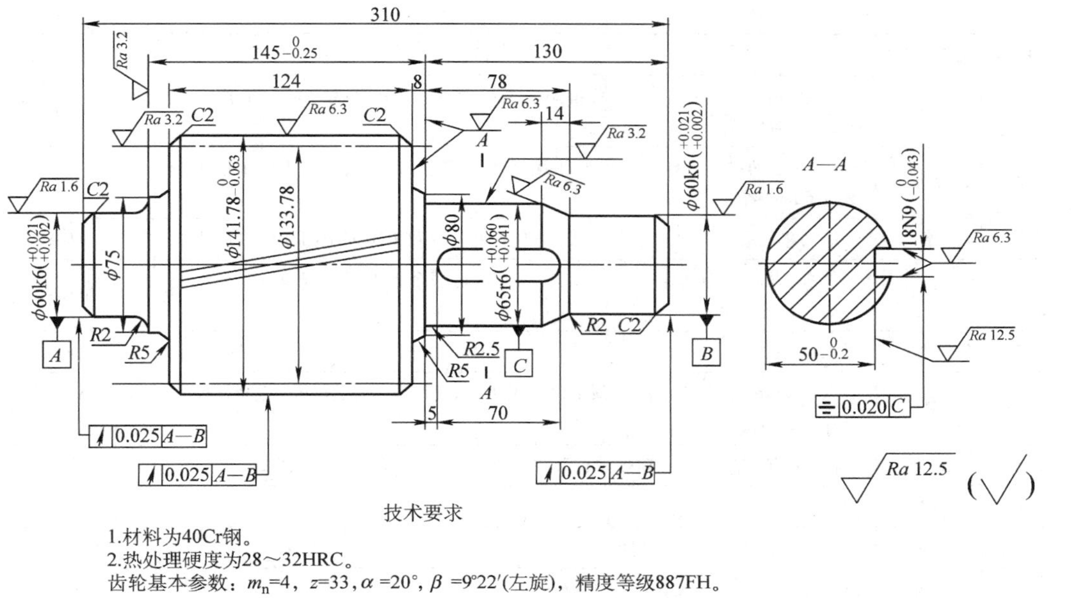

图 2-1-26　齿轮轴的结构、尺寸和技术要求

3）齿轮轴材料为 40Cr 钢。

4）调质处理，硬度为 28～32HRC。

2. 齿轮轴机械加工工艺过程卡（见表 2-1-144）

3. 工艺分析

1）工序安排调质处理后再进行精车、磨削加工，以保证加工质量稳定。

2）精车、粗磨、精磨工序均以两中心孔定位装夹工件，其定位基准统一，可以更好地保证零件的加工质量。

3）以工件两中心孔为定位基准，在偏摆仪上检查，$\phi60^{+0.021}_{+0.002}$mm、$\phi141.78^{\ 0}_{-0.063}$mm、$\phi60^{+0.021}_{+0.002}$mm 三处轴径外圆对公共轴心线 $A—B$ 的圆跳动 0.025mm。

4）工序 14 对组合夹具应要求备有键槽对称度检查基准，可供加工对刀及加工后检查使用。

表 2-1-144　齿轮轴机械加工工艺过程卡

工序号	工序名称	工序内容	工艺装备
1	下料	棒料尺寸 φ120mm×300mm	锯床
2	锻	锻造尺寸分别为 φ85mm×55mm+φ150mm×135mm+φ87mm×135mm	
3	热处理	正火	
4	粗车	夹一端车另一端及端面（见平即可）。车外圆，直径与长度均留加工余量 5mm	C620
5	粗车	倒头装夹，车另一端端面及余下外径各部，直径与长度均留加工余量 5mm，保证总长度为 315mm	C620
6	热处理	调质处理，硬度为 28～32HRC	
7	精车	夹一端，车端面，保证总长度为 312.5mm；钻中心孔 B6.3	C620
8	精车	倒头装夹，车端面，保证总长度为 310mm；钻中心孔 B6.3	C620

（续）

工序号	工序名称	工序内容	工艺装备
9	精车	以两中心孔定位装夹工件，精车右端各部尺寸，其直径方向留磨削余量 0.6mm，倒角 $C2$	C620
10	精车	倒头，以两中心孔定位装夹工件，精车余下各部尺寸，其直径方向留磨削余量 0.6mm，倒角 $C2$	
11	磨	以两中心孔定位装夹工件。粗、精磨各部及圆角 R2mm 至图样要求尺寸	M1432
12	磨	倒头，以两中心孔定位孔装夹工件。粗、精磨余下外圆及圆角 R5mm 至图样要求尺寸	M1432
13	划线	划键槽线	
14	铣	以两 $\phi60\text{k}6(^{+0.021}_{+0.002})$mm 轴颈定位装夹工件，铣 $18\text{N}9(^{\ 0}_{-0.043})$mm 键槽至图样尺寸及精度要求	X53K 组合夹具
15	滚齿	以 $\phi65\text{r}6(^{+0.060}_{+0.041})$mm 轴颈定位装夹工件，滚齿，其基本参数见图 2-1-26	Y3180
16	钳	去毛刺	
17	检验	检查零件各部尺寸及精度	
18	入库	入库	

1.3.3.4　矩形齿花键轴

图 2-1-27 所示为矩形齿花键轴的结构、尺寸和技术要求。

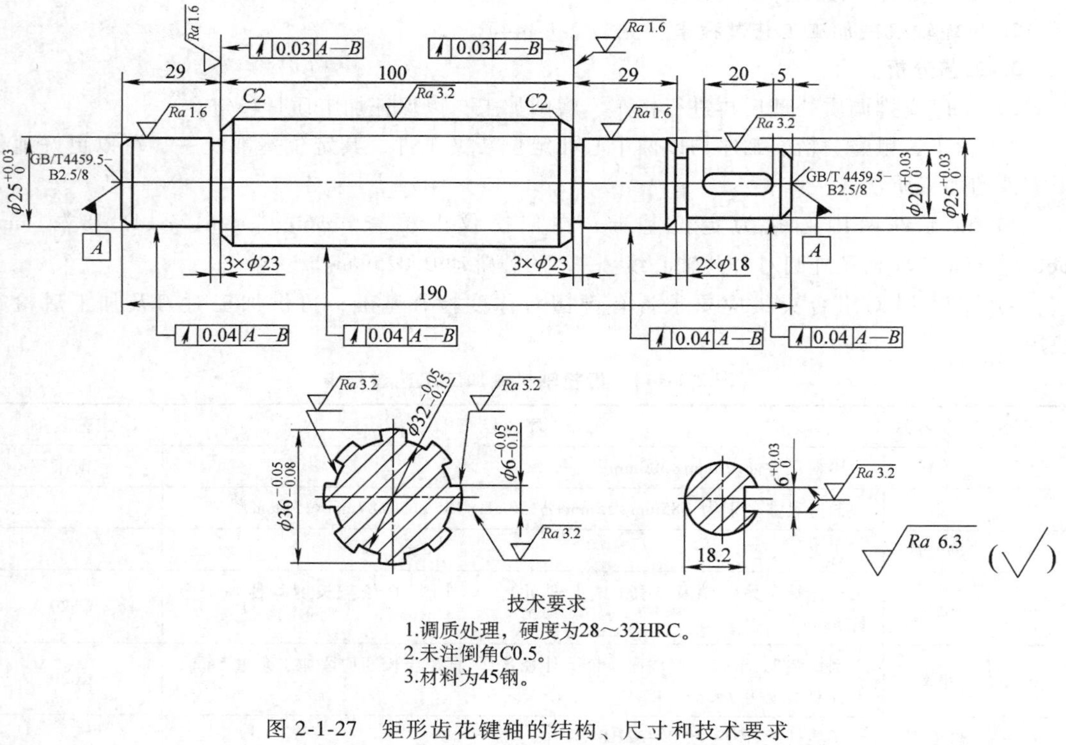

图 2-1-27　矩形齿花键轴的结构、尺寸和技术要求

1. 零件图样分析

1）该零件既是花键轴又是阶梯轴，其加工精度要求较高，所以零件两中心孔是设计和工

艺基准。

2）矩形花键轴花键两端面对公共轴线的圆跳动公差为0.03mm。

3）花键外圆对公共轴心线圆跳动公差为0.04mm。

4）$\phi25^{+0.03}_{0}$mm外圆（两处）对公共轴心线圆跳动公差为0.04mm。

5）$\phi20^{+0.03}_{0}$mm外圆对公共轴心线圆跳动公差为0.04mm。

6）材料为45钢。

7）调质处理硬度为28～32HRC。

2. 矩形齿花键轴机械加工工艺过程卡（见表2-1-145）

表2-1-145　矩形齿花键轴机械加工工艺过程卡

工序号	工序名称	工序内容	工艺装备
1	下料	棒料ϕ40mm×200mm	锯床
2	热处理	调质处理，硬度为28～32HRC	
3	粗车	夹一端，车端面，见平即可；钻中心孔B2.5/8	C620
4	粗车	倒头装夹工件，车端面，保证总长度为190mm；钻中心孔B2.5/8	C620
5	粗车	以两中心孔定位装夹工件，粗车外圆各部，留加工余量2mm，长度方向各留加工余量2mm	C620
6	精车	以两中心孔定位装夹工件，精车各部尺寸，留磨削余量0.4mm；切槽3mm×ϕ23mm（两处），切槽2mm×ϕ18mm，倒角C2.2及C0.7	C620
7	磨	以两中心孔定位装夹工件，粗、精磨外圆各部至图样要求尺寸，磨花键部分两端面，保证尺寸100mm	NM1432
8	铣	一夹一顶装夹工件，粗、精铣花键8×$6^{-0.05}_{-0.15}$mm，保证小径$\phi32^{-0.05}_{-0.15}$mm	X62W
9	划线	划$6^{+0.03}_{0}$mm键槽线	
10	铣	一夹一顶装夹工件，铣键槽$6^{+0.03}_{0}$mm，保证尺寸18.2mm	X52K
11	检验	按图样要求检查各部尺寸及精度	
12	入库	入库	

3. 工艺分析

1）花键轴的种类较多，按齿廓的形状可分为矩形齿、梯形齿、渐开线齿和三角形等。花键的定心方法有小径定心、大径定心和键侧定心三种，但一般情况下均按大径定心。

矩形齿花键由于加工方便、强度较高且易于对正，所以应用较广。

2）本例矩形花键为大径定心，所以安排工序7——粗、精磨各部外圆，以保证花键轴大径尺寸$\phi36^{-0.05}_{-0.08}$mm。

3）为确保花键轴各部外圆的位置及形状精度要求，在各工序中均以两中心孔为定位基准装夹工件。

4）花键轴可以在专用的花键铣床上采用滚切法进行加工。这种方法有较高的生产率和加工精度，但在没有专用的花键铣床时，也可采用普通卧式铣床进行铣削加工。

5）矩形齿花键轴花键两端面圆跳动公差、花键外圆、两处$\phi25^{+0.03}_{0}$mm外圆和$\phi20^{+0.03}_{0}$mm外圆对公共轴线的圆跳动公差的检查，可以两中心孔定位，将工件装夹在偏摆仪上，用百分表进行检查。

6）外花键在单件小批生产时，其等分精度由分度头精度保证，键宽、大径、小径尺寸可用游标卡尺或千分尺测定，必要时可用百分表检查花键键侧的对称度。在成批或大批量生产中，可采用综合量规进行检查。

1.3.3.5 矩形齿花键套

图 2-1-28 所示为矩形齿花键套的结构、尺寸和技术要求。

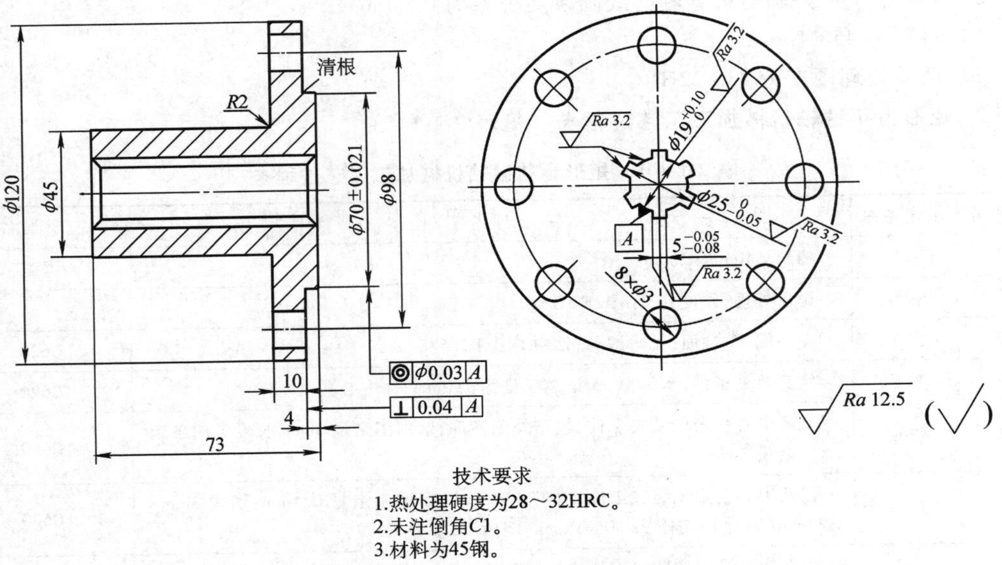

图 2-1-28 矩形齿花键套的结构、尺寸和技术要求

1. 零件图样分析

1） ϕ70mm±0.021mm 与花键套内孔的同轴度公差为 ϕ0.03mm。

2） ϕ120mm 右端面与花键套内孔中心线的垂直度公差为 0.04mm。

3） 热处理硬度为 28～32HRC。

4） 未注倒角 C1。

5） 材料为 45 钢。

2. 矩形齿花键套机械加工工艺过程卡（见表 2-1-146）

表 2-1-146 矩形齿花键套机械加工工艺过程卡

工序号	工序名称	工序内容	工艺装备
1	下料	棒料 ϕ80mm×90mm	锯床
2	锻造	自由锻，锻造尺寸为 ϕ50mm×63mm+ϕ125mm×18mm	
3	热处理	正火	
4	粗车	夹 ϕ45mm 毛坯上一端外圆，车 ϕ120mm 外圆及端面，直径方向留加工余量3mm，长度方向留加工余量 3mm。钻孔 ϕ15mm	C620
5	粗车	倒头，夹 ϕ120mm 外圆（实际工艺尺寸为 ϕ123mm），并以大端面定位，车 ϕ45mm 处毛坯外圆及端面，直径方向留加工余量 3mm，总长留加工余量 3mm	C620
6	热处理	调质处理，硬度为 28～32HRC	
7	精车	以 ϕ120mm 外圆及右端面定位，装夹工件，车 ϕ45mm 外圆及 ϕ120mm 左侧面至图样要求尺寸；车内孔，留加工余量 1.2mm	C620

（续）

工序号	工序名称	工序内容	工艺装备
8	精车	倒头，夹 ϕ45mm 外圆找正 ϕ120mm 外圆左侧面，车 ϕ120mm 外圆及右端各部至图样要求尺寸；精车内孔，至 $\phi19^{+0.10}_{0}$mm	C620
9	拉花键	以 ϕ70mm±0.021mm 外圆及 ϕ120mm 右端面定位，装夹工件，拉花键 $6\times5^{-0.05}_{-0.08}$mm	L6120 专用拉刀
10	钻	以 ϕ70mm±0.021mm 外圆及 ϕ120mm 右端面定位，装夹工件，钻 8×ϕ13mm 孔	Z3032 专用钻模或组合夹具
11	钳	去毛刺	
12	检验	按图样要求检查各部尺寸及精度	
13	入库	入库	

3. 工艺分析

1）该工件锻造比比较大，很容易造成应力分布不均。因此，锻造后进行正火，粗加工后进行调质处理，以改善材料的切削性能。

该花键套定位盘部分直径为 ϕ120mm，花键套外径部分为 ϕ45mm，其尺寸差距较大，在单件小批量生产时（不采用锻件毛坯），应选用合适的坯料，以减少材料的浪费。

2）工序安排以在设备上实际应用的尺寸 ϕ70mm±0.021mm 及 ϕ120mm 右端面定位，装夹工件，进行花键套的拉削加工，达到了设计基准、工艺基准及使用的统一。

3）该矩形齿花键套为大径定心，宜采用拉削加工。

4）ϕ70mm±0.021mm 与花键套内孔的同轴度检查及 ϕ120mm 右端面与花键套内孔的垂直度检查，可采用 $\phi19^{+0.10}_{0}$mm 孔配装心轴后，在偏摆仪上用百分表检查同轴度及垂直度。

5）花键套键宽、大径、小径尺寸及等分精度的检查，可采用综合量规进行检查。

1.3.3.6　丝杆

图 2-1-29 所示为丝杆的结构、尺寸和技术要求。

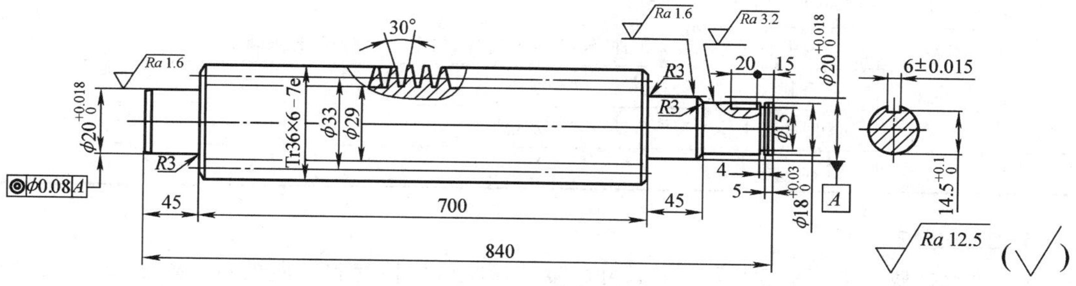

技术要求
1.热处理：调质处理，硬度为28～32HRC。
2.未注倒角C1。
3.材料为45钢。

图 2-1-29　丝杆的结构、尺寸和技术要求

1. 零件图样分析

1）丝杆为梯形螺纹 Tr36×6-7e。

2）两端 $\phi20^{+0.018}_{0}$mm 轴心线同轴度公差为 ϕ0.08mm。

3）热处理：调质处理，硬度为28~32HRC。

4）未注倒角$C1$。

5）材料为45钢。

2. 丝杆机械加工工艺过程卡（见表2-1-147）

表2-1-147 丝杆机械加工工艺过程卡

工序号	工序名称	工序内容	工艺装备
1	下料	棒料ϕ45mm×850mm	锯床
2	粗车	用自定心卡盘装夹工件一端,车另一端面见平即可;钻中心孔B2.5	CA6140
3	粗车	倒头,夹工件另一端,车端面,保证总长度为840mm;钻中心孔B2.5	CA6140
4	粗车	夹工件左端,顶尖顶右端,车外圆至尺寸ϕ42±0.5mm,车右端至尺寸(ϕ30±0.5)mm×85mm	CA6140
5	粗车	倒头,夹工件右端顶尖顶左端,车左端外圆至尺寸(ϕ30±0.5)mm×40mm	CA6140
6	热处理	调质处理硬度为28~32HRC	
7	车	夹工件左端,修研右端中心孔	CA6140
8	车	倒头,夹工件右端,修研左端中心孔	CA6140
9	半精车	一夹一顶装夹工件,辅以跟刀架,半精车外圆至尺寸ϕ36.8mm;车右端外圆$\phi18^{+0.03}_{0}$mm至图样要求尺寸,长度为50mm;车$\phi20^{+0.018}_{0}$mm至尺寸ϕ20.8mm,长度为45mm;车距右端5mm处的4mm×ϕ15mm槽	CA6140
10	半精车	倒头,一夹一顶装夹工件,车左端$\phi20^{+0.018}_{0}$mm至尺寸ϕ20.8mm,长度为45mm	CA6140
11	划线	划(6±0.015)mm×20mm键槽线	
12	铣	以两个ϕ20.8mm(工艺尺寸)定位装夹工件,铣(6±0.015)mm×20mm键槽	X52K 组合夹具
13	磨	以两中心孔定位装夹工件,磨外圆至图样要求尺寸ϕ36mm±0.05mm,磨两端$\phi20^{+0.018}_{0}$mm至图样要求尺寸	M1432
14	精车	以两中心孔定位装夹工件,辅以跟刀架,粗、精车Tr36×6-7e梯形螺纹	CA6140
15	钳	修毛刺	
16	检验	按图样要求检查工件各部分尺寸及精度	
17	入库	涂油入库	

3. 工艺分析

1）该丝杆属于中等精度长丝杆，尺寸精度、形状位置精度和表面粗糙度均要求不高，因此丝杆各部尺寸及梯形螺纹均可在普通设备上加工完成。当批量较小时，可用精车代替磨削工序完成，但应保证车削外径及螺纹的同轴度。

2）调质处理安排在粗加工之后、半精加工之前进行，这样可以更好地保证加工质量。

3）两端$\phi20^{+0.018}_{0}$mm轴心线的同轴度公差可以两中心孔定位，将工件装夹在偏摆仪上，用百分表进行检查。

4）精车外径和螺纹时要采用跟刀架，防止工件变形。

5）梯形螺纹的检查可用梯形螺纹环规进行。

1.3.4　连杆类零件

1.3.4.1　两孔连杆

连杆组件的结构、尺寸和技术要求如图 2-1-30 所示，连杆上盖的结构与尺寸如图 2-1-31 所示，连杆体的结构与尺寸如图 2-1-32 所示。

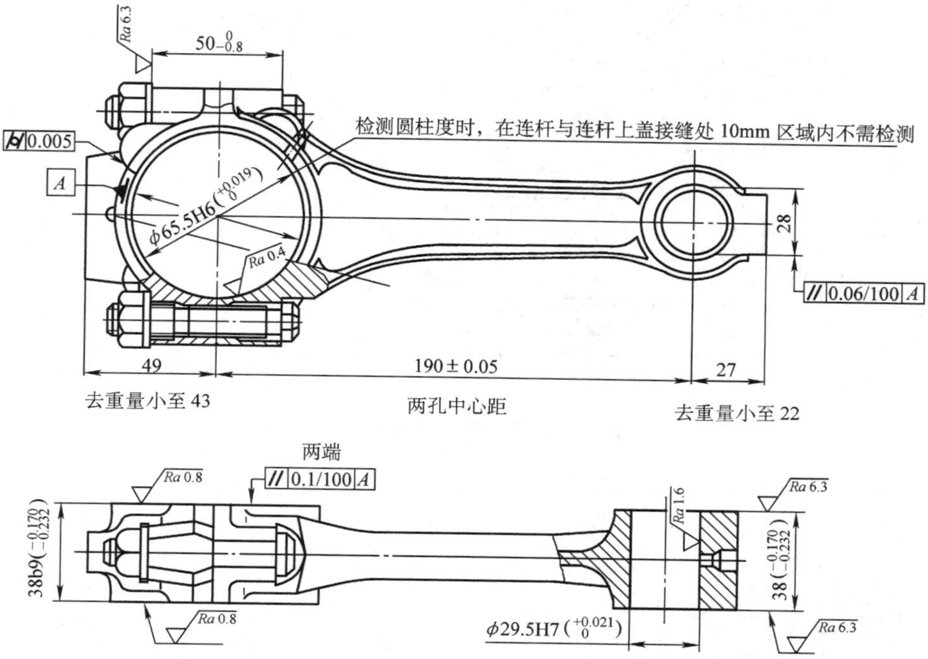

技术要求

1.铸造起模斜度≤7°。
2.在连杆的全部表面上不得有裂纹、发裂、夹层、结疤、凹痕、飞边、氧化皮及锈蚀等现象。
3.连杆上不得有因金属未充满锻模而产生的缺陷，连杆上不得焊补修整。
4.在指定处检验硬度，硬度为226～278HRB。
5.连杆纵向剖面上宏观组织的纤维方向应沿着连杆中心线并与连杆外廓相符，无弯曲及断裂现象。
6.连杆成品的金相显微组织应为均匀的细晶粒结构，不允许有片状铁素体。
7.锻件须经喷丸处理。
8.材料为45钢。

图 2-1-30　连杆组件的结构、尺寸和技术要求

1. 零件图样分析

1）该连杆为整体模锻成形。在加工中先将连杆切开，再重新组装，镗削大头孔。其外形可不再加工。

2）连杆大头孔圆柱度公差为 0.005mm。

3）连杆大、小头孔平行度公差为 0.06mm/100mm。

4）连杆大头孔两侧面对大头孔中心线的垂直度公差为 0.1mm/100mm。

5）连杆体分割面、连杆上盖分割面对连杆螺钉孔的垂直度公差为 0.25mm/100mm。

6）连杆体分割面、连杆上盖分割面对大头孔轴线位置度公差为 0.125mm。

7）连杆体、连杆上盖对大头孔中心线的对称度公差为 0.25mm。

8）材料为 45 钢。

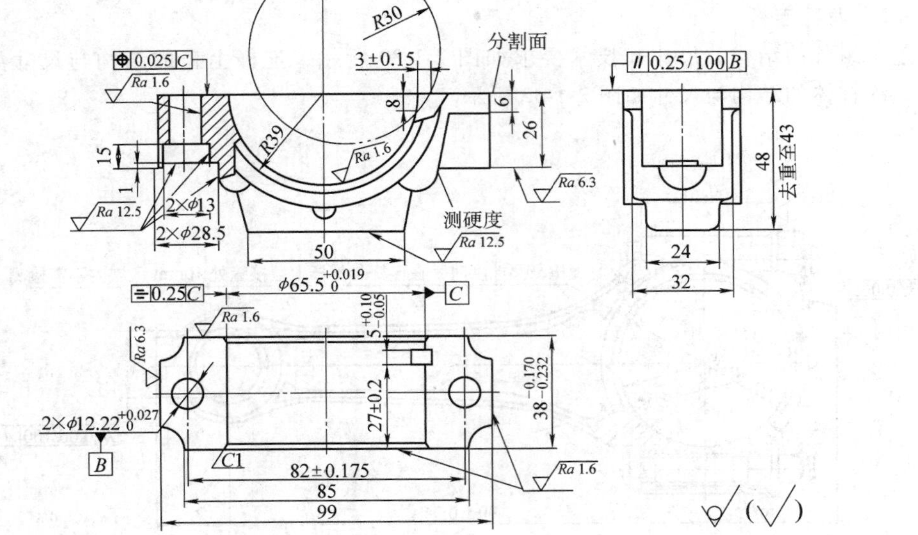

图 2-1-31　连杆上盖的结构与尺寸

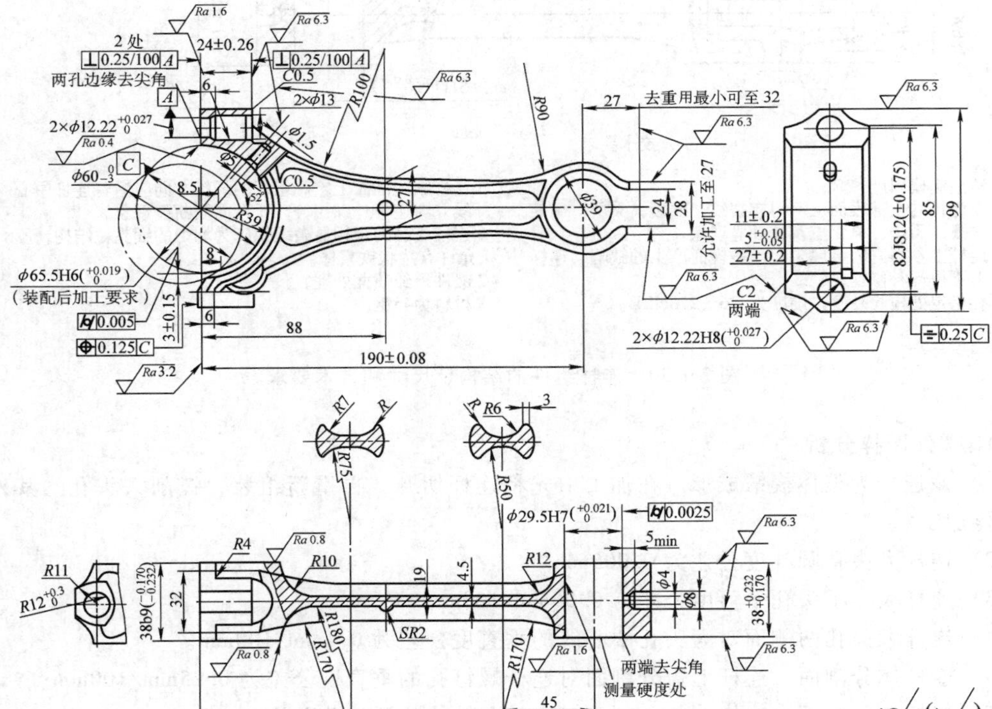

图 2-1-32　连杆体的结构与尺寸

2. 连杆机械加工工艺过程卡（见表2-1-148）

表2-1-148 连杆机械加工工艺过程卡

工序号	工序名称	工序内容	工艺装备
1	锻造	模锻坯料	锻模
2	锻造	模锻成形，切边	切边模
3	热处理	正火	
4	清理	清除毛刺、飞边、涂漆	
5	划线	划杆身中心线，大、小头孔中心线（中心距加大3mm以留出连杆体与连杆上盖在切开时的加工量）	
6	铣	按线加工，铣连杆大、小头两大平面，每面留磨削余量0.5mm（加工中要多翻转几次）	X52K
7	磨	以一大平面定位磨另一大平面，保证中心线的对称并做标记，定为基面（下同）	M7130
8	磨	以基面定位磨另一大平面，保证厚度尺寸$38_{-0.232}^{-0.170}$mm	M7130
9	划线	重划大、小头孔线	
10	钻	以基面定位钻、扩小头孔，大头孔尺寸为ϕ50mm，小头孔尺寸为ϕ25mm	Z3050
11	粗镗	以基面定位按线找正，粗镗大、小头孔，大头孔尺寸为ϕ58mm±0.05mm，小头孔尺寸为ϕ26mm±0.05mm	X52K
12	铣	以基面及大、小头孔定位装夹工件，铣尺寸（99±0.01）mm两侧面，保证对称（此平面为工艺用基准面）	X62W组合夹具或专用工装
13	铣	以基面及大、小头孔定位装夹工件，按线切开连杆，对杆身及上盖编号，分别打标记字头	X62W组合夹具或专用工装，锯片铣刀厚2mm
14	铣、钻、镗（连杆体）	1）以基面和一侧面（指99±0.01mm）（下同）定位装夹工件，铣连杆体分割面，保证直径方向测量深度为27.5mm	X62W组合夹具或专用工装
		2）以基面、分割面和一侧面定位装夹工件，钻连杆体两螺钉孔$\phi12.22_{0}^{+0.027}$mm、底孔ϕ10mm，保证中心距（82±0.175）mm	Z3050组合夹具或专用钻模
		3）以基面、分割面和一侧面定位装夹工件，锪平面$R12_{0}^{+0.3}$mm、R11mm，保证尺寸（24±0.26）mm	Z3050组合夹具或专用工装
		4）以基面、分割面和一侧面定位装夹工件，精镗$\phi12.22_{0}^{+0.027}$mm两螺钉孔至图样尺寸。扩孔2×ϕ13mm，深18mm	X62W（端铣）组合夹具或专用工装，也可用可调双轴立镗
15	铣、钻、镗（连杆上盖）	1）以基面和一侧面（指99mm±0.01mm）（下同）定位装夹工件，铣连杆上盖分割面，保证直径方向测量深度为27.5mm	X62W组合夹具或专用工装
		2）以基面、分割面和一侧面定位装夹工件，钻连杆上盖两螺钉孔$\phi12.22_{0}^{+0.027}$mm、底孔ϕ10mm，保证中心距（82±0.175）mm	Z3050组合夹具或专用钻模
		3）以基面、分割面和一侧面定位装夹工件，锪2×ϕ28.5mm孔，深度为1mm，总厚度为26mm	Z3050组合夹具或专用工装
		4）以基面、分割面和一侧面定位装夹工件，精镗$\phi12.22_{0}^{+0.027}$mm两螺钉孔至图样要求尺寸；扩孔2×ϕ13mm深15mm，倒角	X62W（端铣）组合夹具或专用工装，也可用可调双轴立镗

（续）

工序号	工序名称	工序内容	工艺装备
16	钳	用专用连杆螺钉将连杆体和连杆上盖组装成连杆组件，其扭紧力矩为100～120N·m	专用连杆螺钉
17	镗	以基面、一侧面及连杆体螺钉孔面定位装夹工件，粗、精镗大、小头孔至图样要求尺寸，中心距为(190±0.05)mm	X62W（端铣）组合夹具或专用工装，也可用可调双轴镗
18	钳	拆开连杆体与上盖	
19	铣	以基面及分割面定位装夹工件，铣连杆上盖 $5^{+0.10}_{-0.05}$mm×8mm 斜槽	X62W 或 X52K 组合夹具或专用工装
20	铣	以基面及分割面定位装夹工件，铣连杆体 $5^{+0.10}_{-0.05}$mm×8mm 斜槽	X62W 或 X52K 组合夹具或专用工装
21	钻	钻连杆体大头油孔 ϕ5mm、ϕ1.5mm，小头油孔 ϕ4mm、ϕ8mm 孔	Z3050 组合夹具或专用工装
22	钳	按规定值去重	
23	钳	刮研螺钉孔端面	
24	检	检查各部尺寸及精度	
25	检测	无损检测及硬度检验	
26	入库	组装入库	

3. 工艺分析

1）连杆毛坯为模锻件，外形无须加工，但划线时要照顾毛坯尺寸，保证加工余量。如果单件生产，也可采用自由锻造毛坯，但对连杆外形要进行加工。

2）该工艺过程适用于小批连杆的生产加工。

3）铣连杆两大平面时应多翻转几次，以消除平面翘曲。

4）工序7、8的磨削加工，也可改为精铣。

5）单件加工连杆螺钉孔可采用钻、扩、铰方法。

6）锪连杆螺钉孔平面时，采用粗、精加工分开，以保证精度。必要时可刮研。

7）连杆大头孔圆柱度的检验。用量缸表在大头孔内分三个断面测量其内径，每个断面测量两个方向，三个断面测量的最大值与最小值之差的一半即为圆柱度。

8）连杆体、连杆上盖对大头孔中心线的对称度的检验采用专用检具（在一平尺上安装百分表）（见图2-1-33）。以分割面为定位基准，分别测量连杆体、连杆上盖两个半圆的半径值，其差为对称度误差。

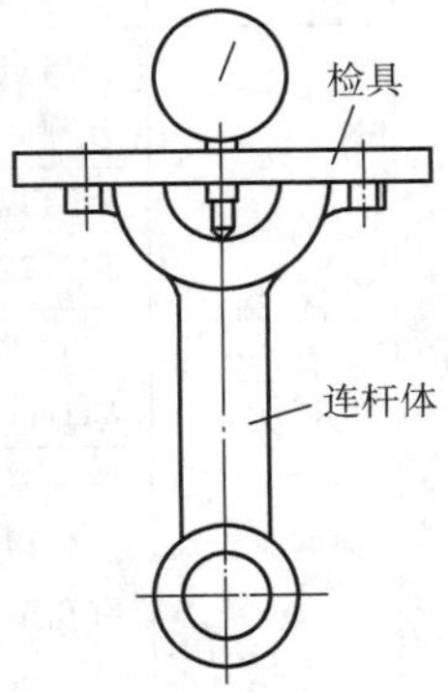

图2-1-33　分割面对称度检验

9）连杆大、小头孔平行度的检验如图2-1-34所示。将连杆大、小头孔穿入专用心轴，在平台上用等高V形架支撑连杆大头孔心轴，测量小头孔心轴在最高位置时两端的差值，其差值的一半即为平行度误差。

10）连杆螺钉孔中心线与分割面垂直度的检验（见图2-1-35）。制作专用垂直度检验心轴，其检测心轴直径公差分三个尺寸段，配以不同公差的螺钉孔，检查其接触面积，一般在90%以上为合格。或配用塞尺检测，塞尺厚度的一半为垂直度误差值。

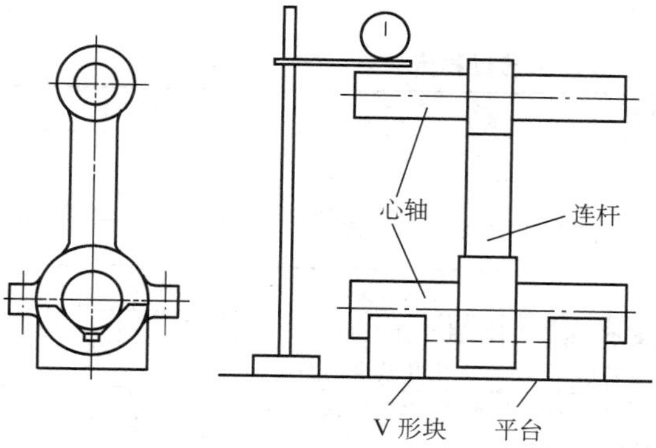

图 2-1-34　连杆大、小头孔平行度的检验

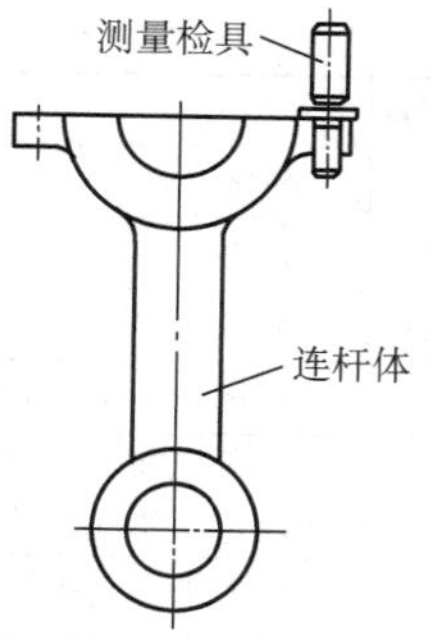

图 2-1-35　连杆螺钉孔中心线与分割面垂直度的检验

1.3.4.2　三孔连杆

图 2-1-36 所示为三孔连杆的结构、尺寸和技术要求。

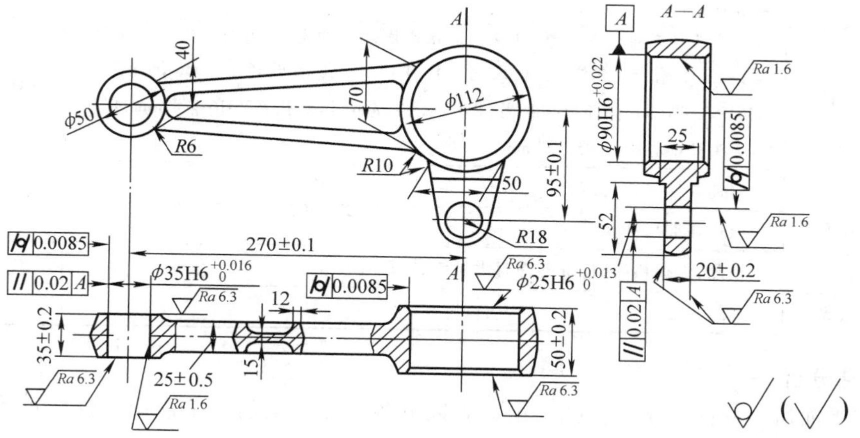

技术要求

1.锻造模锻斜度不大于7°。
2.连杆不得有裂纹、夹渣等缺陷。
3.热处理硬度为226～271HBW。
4.未注倒角C0.5。
5.材料为45钢。

图 2-1-36　三孔连杆的结构、尺寸和技术要求

1. 零件图样分析

1）连杆三孔平行度公差均为 0.02mm。

2）连杆三孔圆柱度公差均为 0.0085mm。

3）连杆不得有裂纹、夹渣等缺陷。

4）连杆热处理硬度为 226～271HBW。

5）未注倒角 $C0.5$。

6）材料为 45 钢。

2. 三孔连杆机械加工工艺过程卡（见表2-1-149）

表2-1-149 三孔连杆机械加工工艺过程卡

工序号	工序名称	工序内容	工艺装备
1	锻	模锻	
2	热处理	正火	
3	喷砂	喷砂、去毛刺	
4	划线	划杆身十字中心线及三孔端面加工线	
5	铣	按所划加工线找正，垫平，杆身加辅助支承，压紧工件，铣平面至划线尺寸，并确定大头孔平面为以下各加工工序的主基准面（下称大头孔基准面）	X52K
6	铣	以大头孔基准面为基准，小头、耳部及杆身加辅助支承，压紧工件，铣平面，大头厚度为(50±0.2)mm，小头厚度为(35±0.2)mm	X52K
7	铣	以大头孔基准面为基准，按大、小头中心连线找正，压紧大头，铣耳部两侧平面，确保尺寸高度为52mm，厚度为(20±0.2)mm	X62W组合夹具
8	划线	以大头毛坯孔为基准，兼顾连杆外形情况，划三孔径的加工线	
9	钻	以大头孔基准面为基准，小头及耳部端面加辅助支承，压紧工件，钻小头孔至ϕ29mm、耳部孔至ϕ19mm	Z3050 组合夹具
10	粗镗	以大头孔基准面为基准，小头及耳部端面加辅助支承，压紧工件，粗镗三孔。其中，大头孔尺寸至ϕ88mm，小头孔尺寸至ϕ33mm，耳部孔尺寸至ϕ24mm	T611组合夹具
11	精镗	以大头孔基准面为基准，小头及耳部端面加辅助支承，重新装夹压紧工件。精镗三个孔至图样要求尺寸，其中大头孔$\phi 90H6^{+0.022}_{0}$mm，小头孔$\phi 35H6^{+0.016}_{0}$mm，保证中心距为(270±0.10)mm，耳部孔$\phi 25H6^{+0.013}_{0}$mm，保证与大头孔中心距为$95^{+0.10}_{0}$mm	T611组合夹具
12	钳	修钝各处尖棱，去毛刺	
13	检验	检查各部尺寸及精度	
14	检验	检测，无损检测，检查零件有无裂纹、夹渣等	磁力探伤仪
15	入库	油封入库	

3. 工艺分析

1）铣平面后，立即确定大头孔一平面为以下各工序加工的主基准面，这样可确保加工质量的稳定。

2）铣平面时，应保证小头孔及耳部孔平面厚度与大头孔平面厚度的对称性。

3）由于连杆三个孔平面厚度不一致，因此加工中要注意合理布置辅助支承及应用。

4）连杆平面加工也可以分为粗、精两道工序，这样可更好地保证三个平面相互位置及尺寸精度。

5）粗、精镗三孔也可改用专用工装或组合夹具装夹。采用X62W端镗。

6）当加工连杆尺寸较小时，粗、精镗三孔也可采用车削加工方法（按几何原理将三个孔中心连线后，找出一公共圆心，设计一套回转式车床夹具即可）。

7）连杆三孔平行度和圆柱度的检验均与“连杆一例”中所述方法相同。

1.3.5 箱体类零件

1.3.5.1 减速器

减速器箱盖的结构、尺寸和技术要求如图2-1-37所示，减速器箱体的结构、尺寸和技术要求如图2-1-38所示，减速器箱的结构、尺寸和技术要求如图2-1-39所示。

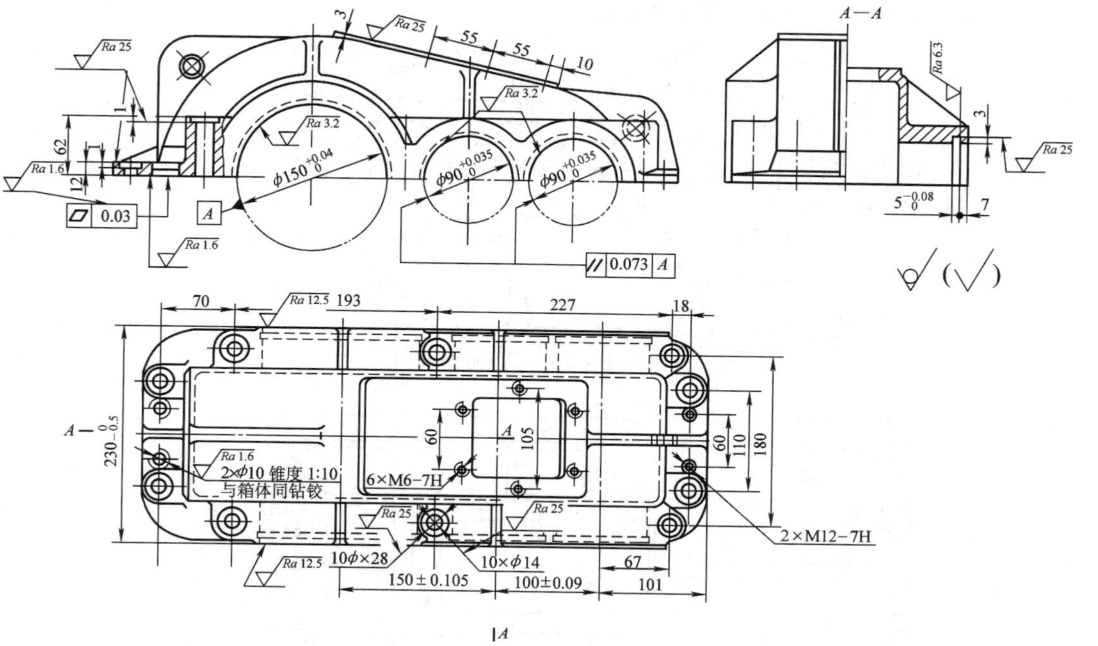

技术要求

1.非加工表面涂底漆。 4.铸件人工时效处理。
2.未注明铸造圆角$R5$。 5.材料为HT200。
3.尖角倒钝$C0.5$。

图 2-1-37　减速器箱盖的结构、尺寸和技术要求

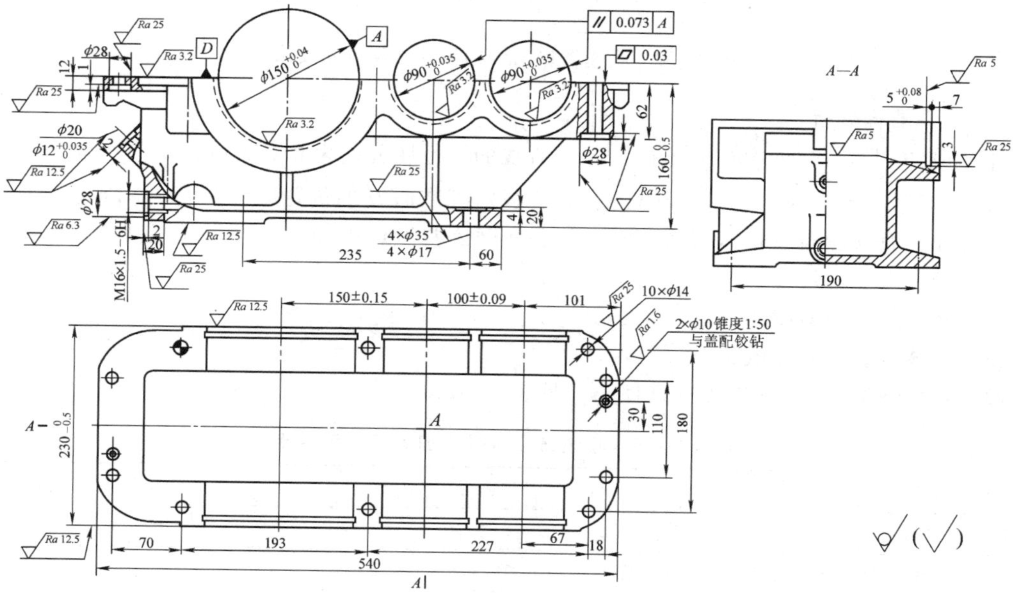

技术要求

1.非加工表面涂底漆。 4.铸件人工时效处理。
2.未注明铸造圆角$R5$。 5.箱体做煤油渗漏试验。
3.尖角倒钝$C0.5$。 6.材料为HT200。

图 2-1-38　减速器箱体的结构、尺寸和技术要求

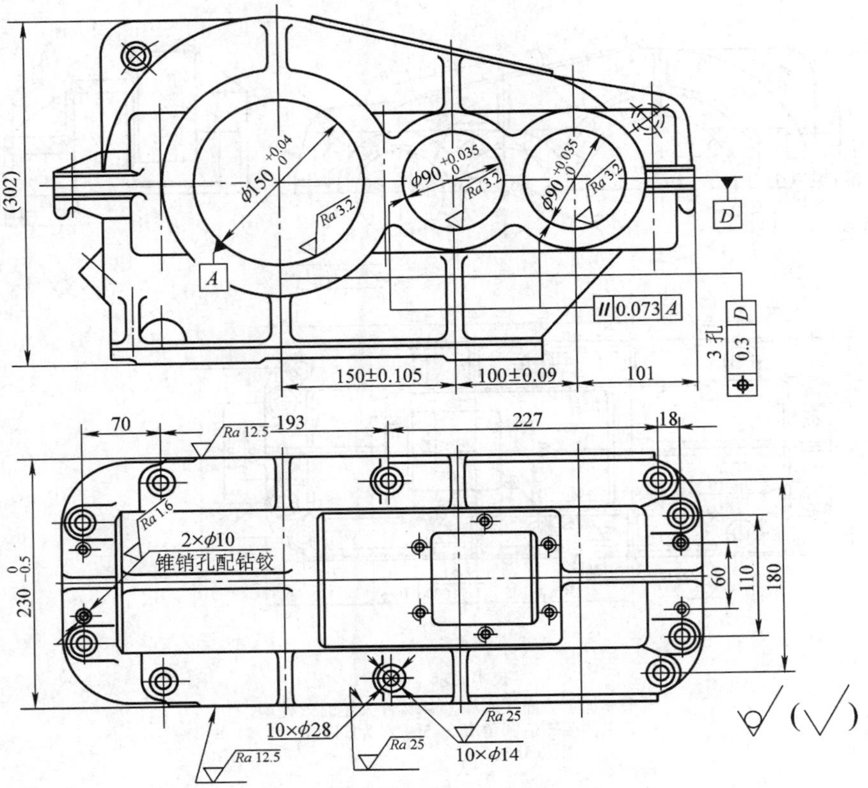

技术要求

1.合箱后结合面不能有间隙，防止渗油。

2.合箱后必须打定位销。

图 2-1-39 减速器箱的结构、尺寸和技术要求

1. 零件图样分析

1）$\phi150^{+0.04}_{0}$mm、两 $\phi90^{+0.035}_{0}$mm 三孔轴心线的平行度公差为 0.073mm。

2）$\phi150^{+0.04}_{0}$mm、两 $\phi90^{+0.035}_{0}$mm 三孔轴心线对基准面 D 的位置度公差为 0.3mm。

3）分割面（箱盖、箱体的结合面）的平面度公差为 0.03mm。

4）铸件人工时效处理。

5）零件材料为 HT200。

6）箱体做煤油渗漏试验。

2. 减速器箱盖机械加工工艺过程卡（见表 2-1-150）

表 2-1-150 减速器箱盖机械加工工艺过程卡

工序号	工序名称	工序内容	工艺装备
1	铸造		
2	清砂	清除浇注系统、冒口、型砂、飞边、飞刺等	
3	热处理	人工时效处理	
4	涂漆	非加工面涂防锈漆	
5	划线	划分割面加工线，划 $\phi150^{+0.04}_{0}$mm、两 $\phi90^{+0.035}_{0}$mm 三个轴承孔端面加工线，划上平面加工线(检查孔)	

（续）

工序号	工序名称	工序内容	工艺装备
6	刨	以分割面为装夹基面，按线找正，夹紧工件，刨顶部斜面，保证尺寸 3mm	B665 专用工装
7	刨	以已加工顶斜面做定位基准，装夹工件（专用工装），刨分割面，保证尺寸 12mm（注意周边尺寸均匀），留有磨削余量 0.6～0.8mm	B665 专用工装
8	钻	以分割面及外形定位，钻 10×ϕ14mm 孔，锪 10×ϕ28mm 孔，钻攻 2×M12-7H 螺纹	Z3050 专用工装
9	钻	以分割面定位，钻攻顶斜面上 6×M6-7H 螺纹	Z3050 专用工装
10	磨	以顶斜面及一侧面定位，装夹工件，磨分割面至图样尺寸 12mm	M7132 专用工装
11	检验	检查各部尺寸及精度	

3. 减速器箱体机械加工工艺过程卡（见表 2-1-151）

表 2-1-151　减速器箱体机械加工工艺过程卡

工序号	工序名称	工序内容	工艺装备
1	铸造		
2	清砂	清除浇口、冒口、型砂、飞边、毛刺等	
3	热处理	人工时效处理	
4	涂漆	非加工面涂防锈漆	
5	划线	划分割面加工线；划三个轴承孔端面加工线、底面线，照顾壁厚均匀	
6	刨	以底面定位，按线找正，装夹工件，刨分割面，留磨削余量 0.5～0.8mm（注意尺寸 12mm 和 62mm）	B665
7	刨	以分割面定位装夹工件，刨底面，保证高度尺寸 $160.8_{-0.5}^{0}$mm（工艺尺寸）	B665
8	钻	钻底面 4×ϕ17mm 孔，其中两个铰至 $\phi17.5_{0}^{+0.01}$mm（工艺用）；锪 4×ϕ35mm，深度为 1mm	Z3050 专用钻模
9	钻	钻 10×ϕ14mm 孔；锪 10×ϕ28mm，深度为 1mm	Z3050 专用钻模
10	钻	钻、铰 $\phi12_{0}^{+0.035}$mm 测油孔；锪 ϕ20mm，深度为 2mm	Z3032
11	钻	以两个 $\phi17.5_{0}^{+0.01}$mm 孔及底面定位，装夹工件，钻 M16×1.5 底孔；攻 M16×1.5 螺纹；锪 ϕ28mm，深度为 2mm	Z3032 专用工装
12	磨	以底面定位，装夹工件，磨分割面，保证尺寸 $160_{-0.5}^{0}$mm	M7132
13	钳	箱体底部用煤油做渗漏试验	
14	检验	检查各部尺寸及精度	

4. 减速器箱机械加工工艺过程卡（见表 2-1-152）

表 2-1-152　减速器箱机械加工工艺过程卡

工序号	工序名称	工序内容	工艺装备
1	钳	将箱盖、箱体对准合箱，用 10×M12 螺栓、螺母紧固	
2	钻	钻、铰 2×ϕ10mm、1：10 锥度销孔，装入锥销	Z3050
3	钳	将箱盖、箱体做标记，编号	
4	铣	以底面定位，按底面一边找正，装夹工件，兼顾其他三面的加工尺寸；铣两端面，保证尺寸 $230_{-0.5}^{0}$mm	X62W

（续）

工序号	工序名称	工序内容	工艺装备
5	划线	以合箱后的分割面为基准，划 $\phi150^{+0.04}_{0}$mm 和 $2\times\phi90^{+0.035}_{0}$mm 三轴承孔加工线	
6	镗	以底面定位，以加工过的端面找正，装夹工件，粗镗 $\phi150^{+0.04}_{0}$mm 和 $2\times\phi90^{+0.035}_{0}$mm 三轴承孔，留加工余量 1～1.2mm。保证中心距（150±0.105）mm 和（100±0.09）mm，保证分割面与轴承孔的位置度公差为 0.3mm	T68
7	镗	定位夹紧同工序 6，按分割面精确对刀（保分割面与轴承孔的位置度公差为 0.3mm），精镗三轴承孔至图样要求尺寸。保证中心距（150±0.105）mm 和（100±0.09）mm 精镗 6 处宽 $5^{+0.08}_{0}$mm，深度为 3mm，距端面 7mm 环槽	T68
8	钳	拆箱，清理飞边、毛刺	
9	钳	合箱，装锥销、紧固	
10	检验	检查各部尺寸及精度	
11	入库	入库	

5. 工艺分析

1）减速器箱盖、箱体主要加工部分是分割面、轴承孔、通孔和螺孔，其中轴承孔要在箱盖、箱体合箱后再进行镗孔加工，以确保三个轴承孔中心线与分割面的位置，以及三孔中心线的平行度和中心距。

2）减速器整个箱体壁薄，容易变形，在加工前要进行人工时效处理，以消除铸件内应力；加工时要注意夹紧位置和夹紧力的大小，防止零件变形。

3）如果磨削加工分割面达不到平面度要求时，可采用箱盖与箱体对研的方法。最终安装使用时，一般加密封胶密封。

4）减速器箱盖和箱体不具有互换性，所以每装配一套必须钻铰定位销，做标记和编号。

5）减速器若批量生产，可采用专用镗模或专用镗床，以保证加工精度及提高生产率。

6）三孔平行度的精度主要由设备精度来保证。工件一次装夹，主轴不移动，靠移动工作台来保证三孔中心距。

7）三孔平行度检查，可用三根心轴分别装入三个轴承孔中，测量三根心轴两端的距离差，即可得出平行度误差。

8）三孔轴心线的位置度也通过三根心轴进行测量。

9）箱盖、箱体的平面度检查，可将工件放在平台上，用百分表测量。

10）一般孔的位置，靠钻模和划线来保证。

1.3.5.2　曲轴箱

曲轴箱箱盖的结构、尺寸和技术要求如图 2-1-40 所示，曲轴箱箱体的结构、尺寸和技术要求如图 2-1-41 所示，曲轴箱的结构、尺寸和技术要求如图 2-1-42 所示。

1. 零件图样分析

1）箱盖、箱体分割面的平面度公差为 0.03mm。

2）轴承孔由箱盖、箱体两部分组成，其尺寸 $\phi100^{+0.035}_{0}$mm 的分割面位置对上、下两个半圆孔有对称度要求，其对称度公差为 0.02mm。

3）两个轴承孔 $\phi100^{+0.035}_{0}$mm 的同轴度公差为 $\phi0.03$mm。

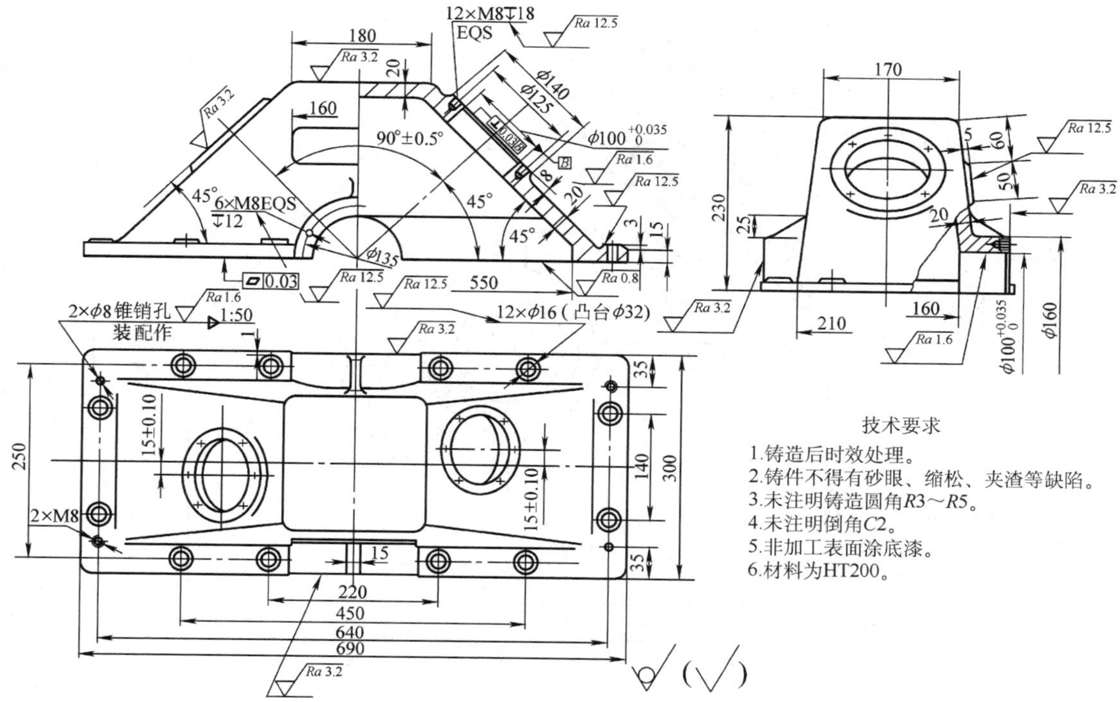

图 2-1-40　曲轴箱箱盖的结构、尺寸和技术要求

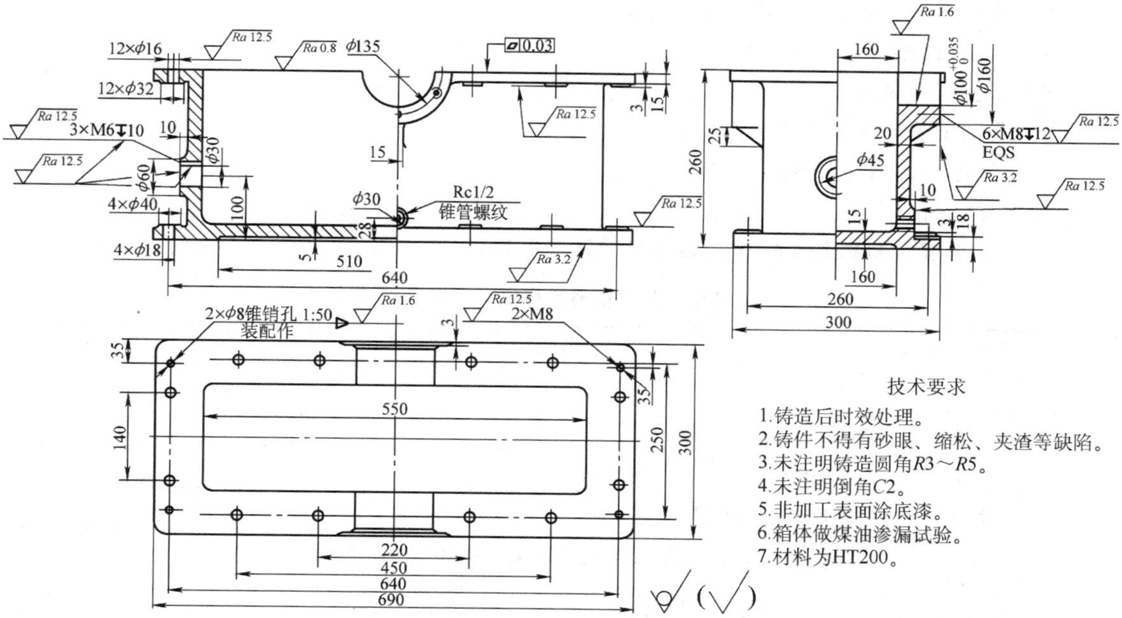

图 2-1-41　曲轴箱箱体的结构、尺寸和技术要求

4）$\phi140$mm 端面对 $\phi100^{+0.035}_{0}$mm 孔轴心线的垂直度公差为 0.03mm。

5）箱盖上部 $2\times\phi100^{+0.035}_{0}$mm 孔端面对其轴心线的垂直度公差为 0.03mm，对 $\phi100^{+0.035}_{0}$mm 轴承孔轴心线平行度公差为 0.03mm。

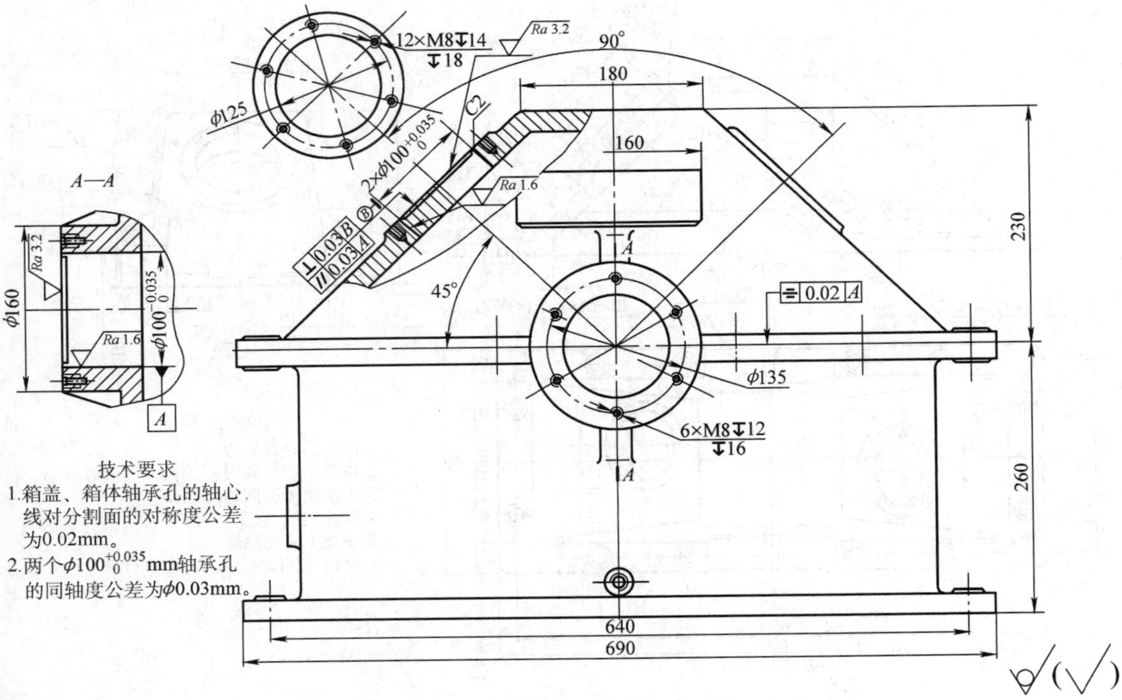

图 2-1-42　曲轴箱的结构、尺寸和技术要求

6）铸件不得有砂眼、夹渣、缩松等缺陷。

7）未注明铸造圆角 $R3\sim R5$。

8）未注明倒角 C2。

9）非加工表面涂防锈漆。

10）箱体底部做煤油渗漏试验。

11）材料为 HT200。

2. 曲轴箱箱盖机械加工工艺过程卡（见表 2-1-153）

表 2-1-153　曲轴箱箱盖机械加工工艺过程卡

工序号	工序名称	工序内容	工艺装备
1	铸	铸造	
2	清砂	清砂	
3	热处理	人工时效处理	
4	涂漆	非加工表面涂防锈漆	
5	划线	划分割面加工线；划 $\phi100^{+0.035}_{0}$mm 轴承孔线，按分割面凸缘上面找正；划尺寸 230mm 高度线，照顾相互间尺寸，保证加工余量	
6	铣	以分割面定位，按分割面加工线找正，装夹工件，铣上平面 180mm×170mm 至划线处	X53K
7	铣	以平面 180mm×170mm 定位装夹工件，并在凸缘上加辅助支承，铣分割面，留磨削余量 0.5~0.8mm	X53K

（续）

工序号	工序名称	工序内容	工艺装备
8	磨	以平面 180mm×170mm 定位装夹工件，并在凸缘上加辅助支承，磨分割面至图样尺寸 230mm	M7150A
9	钻	以 180mm×170mm 平面定位装夹工件，采用专用钻模按分割面外形找正，钻 12×ϕ16mm 孔，锪 12×ϕ32mm 凸台	Z3050 专用工装
10	钻	钻、攻 2×M8 螺纹孔	Z3050
11	钳	修锉飞边毛刺	
12	检验	检查各部尺寸	

3. 曲轴箱箱体机械加工工艺过程卡（见表 2-1-154）

表 2-1-154　曲轴箱箱体机械加工工艺过程卡

工序号	工序名称	工序内容	工艺装备
1	铸	铸造	
2	清砂	清砂	
3	热处理	人工时效处理	
4	涂漆	非加工表面涂防锈漆	
5	划线	划分割面加工线，划 $\phi100^{+0.035}_{0}$mm 轴承孔线，照顾壁厚均匀，并保证轴承孔的加工余量	
6	刨	以分割面定位，按分割面加工线找正，装夹工件，刨底面，留加工余量 2mm	B1010A
7	刨	以底面定位，装夹工件，刨分割面，留磨削余量 0.4~0.5mm	B1010A
8	刨	以分割面定位，装夹工件，精刨底面至图样尺寸 260mm（注意保留工序 7 留磨削余量）	B1010A
9	钻	以分割面定位，装夹工件，用专用钻模，按底面外形找正钻 4×ϕ18mm 孔，锪 4×ϕ40mm	Z3050 专用工装
10	钻	以底面定位，装夹工件，用专用钻模，按分割面外形找正，钻 12×ϕ16mm 孔，锪 12×ϕ32mm	Z3050 专用工装
11	钻	钻、攻放油孔 Rc½60°圆锥内螺纹，锪平面 ϕ30mm，钻视油孔 ϕ30mm，锪平面 ϕ60mm，钻、攻 3×M6 螺纹孔	Z3050
12	磨	以底面定位，装夹工件，磨分割面至图样要求尺寸，保证尺寸 260mm	M7132Z
13	钳	煤油渗漏试验	
14	检验	检查各部尺寸	

4. 曲轴箱机械加工工艺过程卡（见表 2-1-155）

表 2-1-155　曲轴箱机械加工工艺过程卡

工序号	工序名称	工序内容	工艺装备
1	钳	将箱盖、箱体对准合箱，用 12×M14 螺栓、螺母紧固	
2	钻	钻铰 2×ϕ8mm 和 1∶50 锥度销孔	Z3050
3	钳	将箱盖、箱体做标记、编号	

（续）

工序号	工序名称	工序内容	工艺装备
4	划线	划 $2\times\phi100^{+0.035}_{0}$mm 轴承孔端面加工线。划 $2\times\phi100^{+0.035}_{0}$mm 互成 90°缸孔加工线	
5	镗	以底面定位装夹工件，按分割面高度中心线找正镗杆中心高。按线找正孔的位置，精镗 $\phi100^{+0.035}_{0}$mm 轴承孔，留精镗余量 0.5~0.6mm，刮两端面	T68
6	精镗	定位装夹同工序 5，精镗 $\phi100^{+0.035}_{0}$mm 轴承孔至图样要求尺寸，精刮两端面	T68
7	镗	以底面及轴承孔（轴承孔装上心轴）定位，轴承孔一端面定向，装夹工件，镗一侧缸孔 $\phi100^{+0.035}_{0}$mm 至图样要求尺寸，刮削端面。用同样装夹方法，重新装夹工件，镗另一侧缸孔 $\phi100^{+0.035}_{0}$mm 至图样要求尺寸，刮削端面	T68
8	铣	以底面定位，装夹工件（专用工装或组合夹具），铣箱盖上斜面 50mm×160mm	X62W 专用工装或组合夹具
9	钻	钻攻箱盖缸孔端面上 6×M8 螺孔	Z3050 专用钻模
10	钻	钻、攻轴承孔端面上 6×M8 螺孔	Z3050 专用钻模
11	检查	检查缸孔端面与轴承孔轴心线的平行度，缸孔端面与缸孔轴心线的垂直度及各部尺寸和精度	专用检具
12	钳	拆箱去毛刺、清洗	
13	入库	入库	

5. 工艺分析

1）曲轴箱箱盖、箱体主要加工部分是分割面、轴承孔、缸孔、通孔和螺孔，其中轴承孔及箱盖上缸孔要在箱盖、箱体合箱后再进行镗孔及刮削端面的加工，以保证两轴承孔的同轴度、端面与轴承孔轴心线的垂直度、缸孔端面与轴承孔轴心线的平行度要求等。

2）曲轴箱在加工前，要进行人工时效处理，以消除铸件的内应力；加工时应注意夹紧位置，夹紧力大小及辅助支承的合理使用，防止零件变形。

3）箱盖、箱体分割面上的 12×ϕ16mm 孔的加工采用同一钻模，均按外形找正，这样可保证孔的位置精度要求。

4）曲轴箱箱盖和箱体不具互换性，所以每装配一套必须钻、铰定位销，做标记和编号。

5）轴承孔分割面对称度的检验，用一平尺安装上百分表，分别测量箱盖、箱体两个半圆的半径值，其差为对称度误差。

6）箱盖缸孔端面与轴承孔轴心线的平行度检验，首先在轴承孔内安装测量心轴，用平尺上百分表以缸孔端面为基准，分别测量心轴两端最高点，其差值即为平行度误差。

1.3.6 其他类零件

1.3.6.1 轴承座

图 2-1-43 所示为轴承座的结构、尺寸和技术要求。

1. 零件图样分析

1）侧视图右侧面对基准 C（$\phi30^{+0.021}_{0}$mm 轴线）的垂直度公差为 0.03mm。

2）俯视图上、下两侧面平行度公差为 0.03mm。

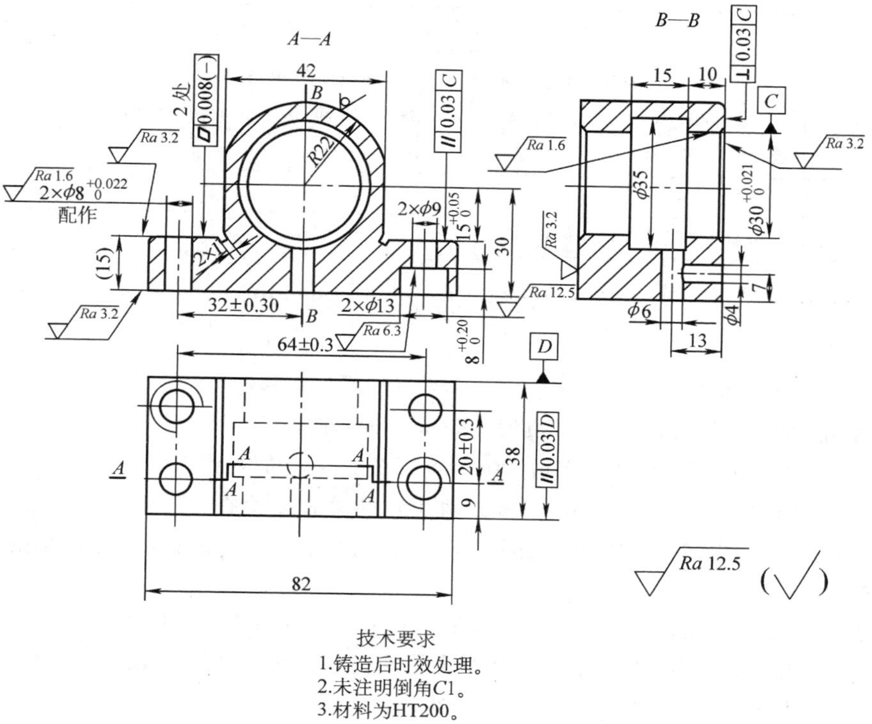

图 2-1-43 轴承座的结构、尺寸和技术要求

3）主视图上平面对基准 *C*（$\phi30^{+0.021}_{0}$mm 轴线）的平行度公差为 0.03mm。

4）主视图上平面的平面度公差为 0.008mm，只允许凹陷，不允许凸起。

5）铸造后毛坯要进行时效处理。

6）未注明倒角 *C*1。

7）材料为 HT200。

2. 轴承座机械加工工艺过程卡（见表 2-1-156）

表 2-1-156 轴承座机械加工工艺过程卡

工序号	工序名称	工序内容	工艺装备
1	铸	铸造	
2	清砂	清砂	
3	热处理	时效处理	
4	划线	划外形及轴承孔加工线	
5	铣	夹轴承孔两侧毛坯，按线找正，铣轴承座底面，照顾尺寸 30mm	X52K
6	刨	以已加工底面定位，在轴孔处压紧，刨主视图上平面及轴承孔左、右侧面 42mm，刨 2mm×1mm 槽，照顾底面厚度 15mm	B6050
7	划线	划底面四边及轴承孔加工线	
8	铣	夹 42mm 两侧面，按底面找正，铣四侧面，保证尺寸 38mm 和 82mm	X52K
9	车	以底面及侧面定位，采用弯板式专用夹具装夹工件，车 $\phi30^{+0.021}_{0}$mm、$\phi35$mm 孔、倒角 *C*1，保证 $\phi30^{+0.021}_{0}$mm 中心至上平面距离 $15^{+0.05}_{0}$mm	CA6140

（续）

工序号	工序名称	工序内容	工艺装备
10	钻	以主视图上平面及 $\phi30^{+0.021}_{0}$mm 孔定位，钻 ϕ6mm、ϕ4mm 各孔，钻 2×ϕ9mm 孔，锪 2×ϕ13mm 沉孔、深度为 $8^{+0.20}_{0}$mm。钻 2×ϕ8mm 孔至 ϕ7mm（装配时再进行合钻、扩、铰）	Z3025 钻模或组合夹具
11	钳	去毛刺	
12	检	检验各部尺寸及精度	
13	入库	入库	

3. 工艺分析

1）$\phi30^{+0.021}_{0}$mm 轴承孔可以用车床加工，也可以用铣床镗孔。

2）轴承孔两侧面用刨床加工，以便加工 2mm×1mm 槽。

3）两个 $\phi8^{+0.022}_{0}$mm 定位销孔，先钻 2×ϕ7mm 工艺底孔，待装配时与装配件合钻。

4）侧视图右侧面对基准 C（$\phi30^{+0.021}_{0}$mm 轴线）的垂直度检查，可将工件用 ϕ30mm 心轴安装在偏摆仪上，再用百分表测工件右侧面。这时转动心轴，百分表最大与最小值的差值为垂直度误差值。

5）主视图上平面对基准 C（$\phi30^{+0.021}_{0}$mm 轴线）的平行度检查，可将轴承座 $\phi30^{+0.021}_{0}$mm 孔穿入心轴，并用两块等高垫铁将主视图所示的上平面垫起。这时用百分表分别测量心轴两端最高点，其差值即为平行度误差值。

6）俯视图两侧面平行度及主视图上平面平面度的检查，可将工件放在平台上，用百分表测出。

1.3.6.2 带轮

图 2-1-44 所示为带轮的结构、尺寸和技术要求。

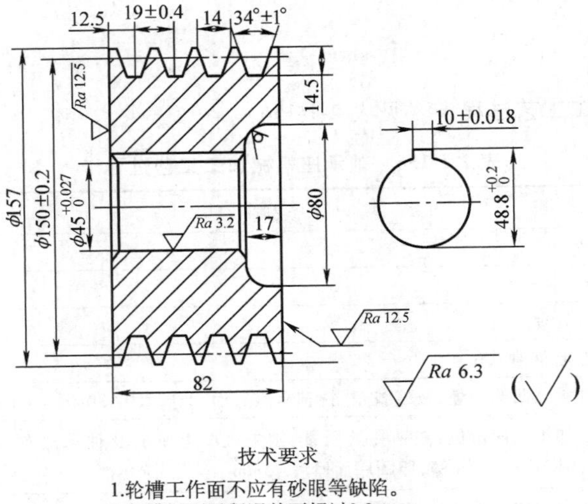

技术要求

1.轮槽工作面不应有砂眼等缺陷。
2.各槽间距累积误差不超过0.8mm。
3.铸件人工时效处理。
4.未注倒角$C1$。
5.材料为HT200。

图 2-1-44 带轮的结构、尺寸和技术要求

1. 零件图样分析

1）轮槽工作面不应有砂眼等缺陷。

2）各槽间距累积误差不超过0.8mm。

3）带轮槽夹角为34°±1°。

4）铸件人工时效处理。

5）未注倒角*C*1。

6）材料为HT200。

2. 带轮机械加工工艺过程卡（见表2-1-157）

表2-1-157 带轮机械加工工艺过程卡

工序号	工序名称	工序内容	工艺装备
1	铸	铸造	
2	清砂	清砂	
3	热处理	人工时效处理	
4	涂漆	非加工表面涂防锈漆	
5	粗车	夹工件右端外圆，粗车左端各部，切带槽，各部留加工余量2mm	CA6140 34°样板
6	粗车	倒头，夹工件左端外圆，以已加工内孔找正，车右端面，切带槽，留加工余量2mm	CA6140 34°样板
7	精车	夹工件右端，车左端面，保证端面与槽中心距离为12.5mm，精车内孔至图样要求尺寸$\phi45_{0}^{+0.027}$mm	CA6140
8	精车	倒头，夹工件左端，车右端面至图样要求尺寸82mm	CA6140
9	划线	划(10±0.018)mm键槽线	
10	插	以外圆及右端面定位装夹工件，插键槽(10±0.018)mm	B5020组合夹具
11	精车	以$\phi45_{0}^{+0.027}$mm及右端面定位装夹工件，精车带槽，保证槽间距为(19±0.4)mm，带槽夹角为34°±1°	CA6140专用心轴 34°样板
12	检验	按图样要求检查工件各部尺寸及精度	
13	入库	入库	

3. 工艺分析

1）带轮的工作表面与橡胶带接触，因此要求带轮槽表面不能有砂眼等缺陷。

2）带槽的加工采用成形车刀直接加工，车刀可按磨刀样板校正刃磨。

3）检验工件用样板与磨刀用样板，应是凸凹相配的一套。

1.3.6.3 轴瓦

图2-1-45所示为轴瓦的结构、尺寸和技术要求。

1. 零件图样分析

1）$\phi110_{-0.04}^{-0.01}$mm为轴瓦在自由状态下尺寸。

2）轴瓦上两面与最大外圆表面平行度公差为0.05mm。

3）铁基厚度为3.5mm，巴氏合金厚度不小于1.5mm。

4）在轴瓦的内表面开有油槽和油孔。

5）轴瓦剖面上有定位槽，装配时与相配件组成一体。

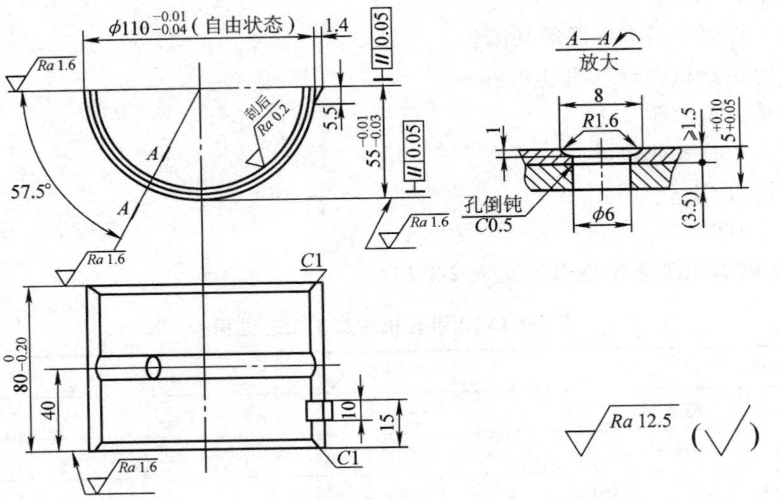

技术要求

1.外层铁基厚3.5mm。

2.内层巴氏合金厚不小于1.5mm。

3.材料：外层10钢；内层巴氏合金。

图 2-1-45 轴瓦的结构、尺寸和技术要求

6）轴瓦加工常用方法有两种：一种是采用双金属材料（铁基双金属板）加工，多用于批量生产；一种是采用无缝钢管材料，后挂巴氏合金的加工方法，多用于修配或少量生产。

2. 轴瓦机械加工工艺过程卡

1）轴瓦机械加工工艺过程卡（采用铁基双金属板材料）（见表 2-1-158）。

2）轴瓦机械加工工艺过程卡（采用无缝钢管材料）（见表 2-1-159）。

表 2-1-158 轴瓦机械加工工艺过程卡（采用铁基双金属板材料）

工序号	工序名称	工序内容	工艺装备
1	下料	铁基双金属板下料尺寸 180mm×86mm×6mm	剪床
2	压弯	压弯成形	压力机专用工装
3	铣	铣径向剖分面，保证尺寸 $55^{-0.01}_{-0.03}$mm	X52K 专用工装
4	车	两片轴瓦合起来加工，先车一端面，倒角 *C*1	C620 专用工装
5	车	倒头车另一端面，保证尺寸 $80^{0}_{-0.20}$mm，倒角 *C*1	C620 专用工装
6	钻	钻 φ6mm 油孔，孔边倒钝	台钻专用工装
7	车	两片轴瓦合起来加工，车油槽，宽度为 8mm、深度为 1mm	C620 专用工装
8	冲	冲定位槽凸台，保证尺寸，宽度为 10mm、长度为 5.5mm、深度为 1.4mm，一边距端面为 15mm	冲床专用工装
9	钳	修毛刺	
10	电镀	全部镀锡	电镀
11	刮瓦	外圆定位，粗刮轴瓦内壁，从尺寸 $5^{+0.10}_{+0.05}$mm 至尺寸 $5^{+0.20}_{+0.15}$mm，表面粗糙度 *Ra* 为 0.4μm	刮瓦轴专用工装
12	精刮瓦	外圆定位，精刮瓦至图样要求尺寸，表面粗糙度 *Ra* 为 0.2μm	刮瓦机专用工装
13	检验	检查各部尺寸及精度	
14	入库	包装入库	

表 2-1-159　轴瓦机械加工工艺过程卡（采用无缝钢管材料）

工序号	工序名称	工序内容	工艺装备
1	下料	下料无缝钢管尺寸为 ϕ121mm×ϕ95mm×90mm	锯床
2	车	用三爪自定心卡盘夹工件内孔，找正外圆，车外圆尺寸至 ϕ118mm	C620
3	铣	以外圆定位分两次装夹，采用厚度为 1.6mm 的锯片铣刀将工件切开	X62W 组合夹具
4	铣	外径定位，专用工装装夹工件。粗铣、精铣分割面，保证外径至分割面距离，尺寸为 58mm	X62W 专用工装
5	车	用专用工装将分割开的工件合装在一起，按内椭圆的大、小径找正，车内孔至 ϕ103mm±0.08mm	C620 专用工装
6	清洗	酸洗内表面→清水清洗内表面→烘干内表面	
7	镀锡	在内表面涂助熔剂（选用质量分数为 50%氯化锌和质量分数为 50%氯化氨制成饱和溶液），镀锡	
8	车	用专用工装将分割开的工件合装在一起，车内孔，使锡层厚度在 0.05～0.15mm 的范围内	C620 专用工装
9	挂巴氏合金	用专用工装将分割开的工件合装在一起，两边分割面各垫 0.1mm 厚的铜皮，采用离心浇注巴氏合金，浇注后内孔为 ϕ97mm	专用工装
10	钳	拆除工装，去掉铜皮，修整分割面	
11	焊	用专用工装将分割的两片轴瓦对正合装一起，点焊两端面分割处，使之成一体	
12	车	用铜三爪装夹轴瓦内孔，车外圆至 $\phi110_{-0.04}^{-0.01}$mm	C620
13	车	用专用工装装夹轴瓦外圆粗、精车内孔至 ϕ98.5mm	C620 专用工装
14	车	重新装夹外圆，精车内孔，保证壁厚 $5_{+0.05}^{+0.10}$mm	C620 专用工装
15	车	用专用工装装夹工件外圆车一端面，保证工件总长度为 85mm，倒角 $C1$	C620 专用工装
16	车	倒头（同上序工装），车油槽宽度为 8mm、深度为 1mm，车端面倒角 $C1$	C620 专用工装
17	钳	将轴瓦分开，修毛刺	
18	钻	钻 ϕ6mm 油孔，倒钝孔边（组合夹具）	台钻
19	铣	用专用工装装夹工件，铣定位槽处巴氏合金，见铁基即可（为冲压定位槽凸台做准备）	X62W
20	冲压	冲定位槽凸台，保证尺寸，宽度为 10mm、长度为 5.5mm、深度为 1.4mm，一边距端面为 15mm	冲床专用工装
21	钳	去毛刺、作标记	
22	检验	检查各部尺寸及精度	
23	入库	包装入库	

3. 工艺分析

1）单件小批生产，采用离心浇铸巴氏合金的方法，可保证加工质量，而且节约材料。

2）单件小批生产，毛坯留有较大的加工余量。当工件切开后，精铣分割面再对合加工时，内、外圆均变为椭圆，直径方向相差较大，因此必须留有足够的加工余量。

3）轴瓦上两面（分割面）与最大外圆表面平行度的检验，可将分开的轴瓦扣在平台上，用百分表测量轴瓦外径两端最高点，其差即为平行度误差。

1.3.6.4　拨叉

图 2-1-46 所示为拨叉的结构、尺寸和技术要求。

1. 零件图样分析

1）拨叉右端两侧面对基准孔轴线 A 的垂直度公差为 0.15mm。

2）拨叉右端 R20mm 为少半圆孔，其端面与孔中心相距 2mm。

3）零件材料为 ZG310-570。

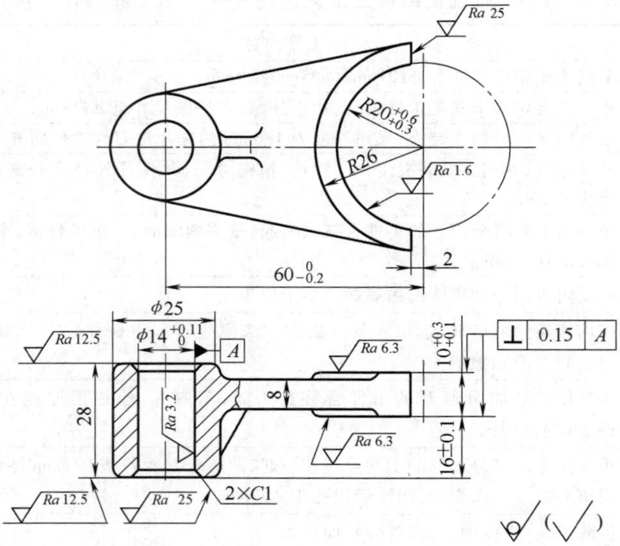

技术要求
1.未注明铸造圆角R3～R5。
2.铸造后滚抛毛刺。
3.材料为ZG310－570。

图 2-1-46　拨叉的结构、尺寸和技术要求

2. 拨叉机械加工工艺过程卡（见表 2-1-160）

表 2-1-160　拨叉机械加工工艺过程卡

工序号	工序名称	工序内容	工艺装备
1	铸	精密铸造，两件合铸（工艺需要）	
2	热处理	退火	
3	划线	划各端面线及三个孔的线	
4	车	以外形及下端面定位，按线找正，单动卡盘装夹（或专用工装）工件。车 $R20^{+0.6}_{+0.3}$mm（φ40mm）孔至图样要求尺寸，并车孔的两侧面，保证尺寸 $10^{+0.3}_{+0.1}$mm	CA6140 专用工装
5	铣	以 $R20^{+0.6}_{+0.3}$mm 内孔及上端面定位，装夹工件，铣 φ25mm 下端面，保证尺寸 16±0.1mm	X5030A 组合夹具
6	铣	以 $R20^{+0.6}_{+0.3}$mm 内孔及下端面定位，装夹工件，铣 φ25mm 另一端端面，保证尺寸 28mm	X5030A 组合夹具
7	钻	以 $R20^{+0.6}_{+0.3}$mm 内孔及上端面定位，装夹工件，钻、扩、铰 $\phi14^{+0.11}_{0}$mm 孔，孔口倒角 C1	Z5132A 组合夹具
8	划线	划 $R20^{+0.6}_{+0.3}$mm 孔中心线及切开线	
9	铣	以 $R20^{+0.6}_{+0.3}$mm 内孔及上端面定位，装夹工件，切工件成单件，切口宽度为 2mm	X6132 组合夹具
10	铣	以 $R20^{+0.6}_{+0.3}$mm 孔及上端面定位，$\phi14^{+0.11}_{0}$mm 定向，装夹工件，精铣 $R20^{+0.6}_{+0.3}$mm 端面，距中心偏移 2mm	X6132 组合夹具
11	钻	以 $\phi14^{+0.11}_{0}$mm 内孔及下端面定位，倒另一端孔口 C1	Z5132A 组合夹具
12	检验	按图样要求检查各部尺寸及精度	
13	入库	入库	

3. 工艺分析

1）为了改善拨叉的加工工艺，在铸造时工艺安排两件合铸一起，使工件叉处形成一个整圆，并以此孔为基准加工零件其余尺寸，这样既保证了零件的加工精度，又提高了生产率。

2）$\phi14^{+0.11}_{0}$mm 孔也可用车削方法加工、端铣方法加工。

3）拨叉右端两侧面对基准孔轴线 A 的垂直度检查，可将工件用 ϕ14mm 心轴安装在偏摆仪上，再用百分表测工件两侧面，这时转动心轴，百分表最大与最小差值为垂直度误差值。

1.4 机械加工质量

零件的机械加工质量包括加工精度和表面质量。

1.4.1 机械加工精度

机械加工精度是零件加工后实际几何参数（尺寸、形状和表面间的相互位置）与理想几何参数（设计值）的符合程度，简称加工精度。

1.4.1.1 影响加工精度的因素及改善措施

1. 影响尺寸精度的因素及改善措施（见表 2-1-161）

2. 影响形状精度的因素及改善措施（见表 2-1-162）

3. 影响位置精度的因素及改善措施（见表 2-1-163）

表 2-1-161　影响尺寸精度的因素及改善措施

产生误差因素		对加工精度的影响	改善措施
测量误差	由于量具制造误差、测量方法误差等引起	测量结果不能正确反映工件的实际尺寸，直接影响加工表面的尺寸精度	1）根据精度要求，合理选用测量方法及量具量仪 2）控制测量条件（正确使用量具，控制环境温度）
调整误差		在采用调整法加工时，由于测量的样件不能完全反映出加工中各种随机误差造成的尺寸分散，影响调整尺寸的正确性，产生尺寸误差	试切一组工件，并以其尺寸分布的平均位置为依据，调整刀具位置。试切工件的数量由所要求的尺寸公差及实际加工尺寸的分散范围而定
刀具误差与刀具磨损		1）定尺寸刀具误差及磨损直接影响加工尺寸 2）调整法加工时，刀具尺寸磨损会使一批工件的尺寸不同 3）数控加工时，刀具制造、安装、调整误差及刀具磨损等直接影响加工尺寸	1）控制刀具尺寸 2）及时调整机床 3）保证刀具安装精度 4）掌握刀具磨损规律，进行补偿
定程机构重复定位精度		采用调整法加工时会造成一批工件尺寸不一致	提高定程机构的刚度、精度及操纵机构的灵敏性
进给误差		进给机构的传动误差和微量进给时产生的“爬行”，使实际进给量与刻度指示值或程序控制值不符，产生加工尺寸误差	1）提高进给机构精度 2）用千分表等直接测量进给量 3）采用闭环控制系统
工艺系统热变形		1）工件加工刚结束时所测量的尺寸不能反映工件的实际尺寸 2）调整法加工一批工件时，机床和刀具热变形会使工件尺寸分散范围加大 3）定尺寸刀具法加工时，刀具热变形直接影响加工尺寸	1）精、粗加工分开 2）进行充分、有效的冷却 3）合理确定调整尺寸 4）根据工件热变形规律，测量时适当补偿，或在冷态（室温）下测量 5）机床热平衡后再加工 6）控制环境温度

（续）

产生误差因素		对加工精度的影响	改善措施
工件安装误差	由夹具制造误差、定位误差、导向及对刀误差、夹紧变形及找正误差等引起	使加工表面的设计基准与刀具相对位置发生变化，引起加工表面位置尺寸误差	1）正确选择定位基准 2）提高夹具制造精度 3）合理确定夹紧方法和夹紧力大小 4）仔细找正及装夹

表 2-1-162　影响形状精度的因素及改善措施

产生误差因素		对加工精度的影响	改善措施
机床主轴回转误差	主轴径向圆跳动（由于轴承滚道圆度误差、滚动体形状误差和尺寸不一致，轴颈或箱体孔圆度误差等引起）	使已加工表面产生圆度或波纹度误差 内环滚道或轴颈形状误差对工件回转类机床（如车床）的加工误差影响较大；外环滚道或箱体孔的形状误差对刀具回转类机床（如镗床）的加工误差影响较大	1）采用高精度的滚动轴承或动、静压轴承，提高主轴、箱体及有关零件的加工与装配质量 2）轴承预加载荷以消除间隙 3）工件采用死顶尖支承，镗杆与主轴采用浮动连接，使工件或刀具回转运动精度不依赖于主轴回转精度
	主轴轴向圆跳动（由于轴承滚道轴向跳动，主轴止推轴肩、过渡套或垫圈等轴向圆跳动引起）	使已加工端面产生平面度误差，加工丝杠时产生一转内螺旋线误差	
机床导轨几何误差	导轨在水平面或垂直面内的直线度误差 前后导轨平行度误差（扭曲）	引起工件与切削刃间相对位移，使已加工表面产生圆柱度或平面度误差。相对位移若沿加工表面法线方向时，对加工精度影响严重；若沿加工表面切线方向时，影响甚小，常常可以忽略	1）提高导轨精度和耐磨性 2）正确安装，定期检查，及时调整
进给运动与主运动之间几何关系不正确		例如，切削刃直线运动轨迹与工件回转轴线不平行将产生圆柱度误差（在工件加工表面法线方向上影响严重），不垂直将产生平面度误差；镗杆回转轴线与直线进给运动不平行将产生圆度误差	找正相互位置关系
机床传动误差	由于传动元件制造误差与安装误差引起	车螺纹时，若$\frac{v_f}{\omega_w}\neq$常数，将产生螺距误差；展成法加工齿轮时，若$\frac{\omega_t}{\omega_w}\neq$常数，将产生齿形和齿距误差（$v_f$、$\omega_t$分别为刀具直线运动速度和回转角速度；$\omega_w$为工件回转角速度）	1）尽量缩短传动链 2）增大末端传动副的降速比，提高末端传动元件的制造与安装精度 3）采用校正机构
成形运动原理误差		例如，用模数铣刀铣齿轮会产生齿形误差；车多边形时，各边为近似的平面	计算其误差，满足工件精度要求时才能采用
刀具误差	刀具几何形状制造误差与刀具安装误差	采用成形刀具加工或展成法加工时，直接影响被加工表面的形状精度	1）提高成形刀具切削刃的制造精度 2）提高刀具安装精度
	刀尖尺寸磨损	加工大表面时或加工难加工材料工件时影响被加工表面的形状精度	1）改进刀具材料 2）选用合理切削用量 3）自动补偿刀具磨损
工艺系统受力变形	工艺系统在不同加工位置上静刚度差别较大	例如，车削轴类零件时，工艺系统静刚度在不同轴向位置上的差别会使被加工表面产生轴向截面的形状误差	1）提高工艺系统静刚度，特别是薄弱环节的刚度 2）采用辅助支承或跟刀架等，以增强系统刚度并减小系统刚度变化 3）改进刀具几何角度以减小切削抗力 4）安排预加工工序 5）采用双销传动，进行平衡处理，合理选择夹紧方法和夹紧力大小
	毛坯余量不均或材料硬度不均引起切削力变化	使毛坯的形状误差部分地复映到工件上	
	传动力、惯性力、重力和夹紧力的影响	例如，车削或磨削外圆或内孔时，传动力或惯性力方向的周期变化会使被加工表面产生圆度误差；夹紧力所引起的工件夹紧变形会产生相应的形状误差	

（续）

产生误差因素		对加工精度的影响	改善措施
工件残余应力	加工时破坏了残余应力的平衡	残余应力的重新分布，使工件加工后形状发生变化，产生几何形状误差	1）改善零件结构，以减小工件残余应力 2）粗、精加工分开 3）进行时效处理 4）尽量不采用校直方法，或用热校直代替冷校直
	工件残余应力处于不稳定的平衡状态	在自然条件下，工件残余应力重新平衡，工件形状缓慢发生变化，使已加工合格的工件产生几何形状误差	
工艺系统热变形	机床热变形	由于机床各部分温升不一致，热变形也不一致，破坏了机床静态几何精度，使切削刃与工件发生相对位移，产生几何形状误差	1）寻找热源，减少发热，移出、隔离、冷却热源 2）用补偿法均衡温度场，使机床各部分均匀受热 3）空运转机床至接近热平衡再加工 4）控制环境温度
	工件热变形	工件受热变形时加工，冷却后出现形状误差。例如，铣、刨、磨平面时单面受热，上下表面温度差引起工件弯曲变形，加工表面冷却后出现中凹；车削细长轴时，工件受热伸长，受顶尖阻碍而弯曲，产生圆柱度误差	1）进行充分有效的冷却 2）选择适当的切削用量 3）改进细长轴、薄板零件的装夹方法 4）根据工件热变形规律，施加反向变形
	刀具热变形	在一次走刀时间较长时，刀具热变形会造成加工表面形状误差	1）充分冷却 2）减小刀杆悬伸长度，增大刀杆截面

表 2-1-163 影响位置精度的因素及改善措施

产生误差因素		对加工精度的影响	改善措施
机床误差	机床几何误差	刀具切削成形面与机床装夹面的位置误差直接影响工件加工表面与定位基准面之间的位置精度 成形运动轨迹关系不正确，造成同一次安装中各加工表面之间位置误差	1）提高机床几何精度 2）减小或补偿机床热变形 3）减小或补偿机床受力变形
	机床热变形与受力变形	破坏了机床的几何精度，造成加工表面之间或加工表面与定位基准面之间位置误差	
夹具误差	夹具制造误差与夹具安装误差	直接影响加工表面与定位基准面之间的位置精度	1）提高夹具制造精度 2）提高夹具安装精度
找正误差		采用找正法（划线找正或直接找正）安装工件时，直接影响加工表面与找正基准面之间的位置精度	1）提高找正基准面的精度 2）提高找正操作技术水平 3）采用与加工精度要求相适应的找正方法和找正工具
工件定位基准与设计基准不重合		直接影响加工表面与设计基准面之间的位置精度	1）以设计基准为定位基准 2）提高设计基准与定位基准之间的位置精度

（续）

产生误差因素	对加工精度的影响	改善措施
工件定位基准面误差	影响加工表面与定位基准面的位置精度；在多次安装加工中影响各加工表面之间的位置精度	1）提高定位基准面精度 2）采用可胀心轴或定位时在固定方向上施加外力以保证固定边接触等办法，减小该项误差影响
基准转换	在多工序加工中，定位基准转换会加大不同工序或不同安装中加工表面之间的位置误差	1）尽量采用统一精基准，以避免基准转换 2）尽量采用工序集中原则 3）提高定位基准面本身的精度和定位基准面之间的位置精度

1.4.1.2 各种加工方法的加工误差（见表2-1-164）

表2-1-164 各种加工方法的加工误差

序号	工件尺寸说明	加工方法	加工方法可能产生的误差/mm
1	由孔轴线到基准面的距离（箱体、轴架支承等）	1）刮研基准平面（按孔测量）	0.01~0.10
		2）磨削基准平面（按孔测量）	0.04~0.10
		3）精铣基准平面（按孔测量）	0.06~0.12
			0.10~0.20
		4）在坐标镗床上加工孔	0.02~0.04
		5）在金刚镗床上加工孔	0.04~0.10
		6）在普通镗床或摇臂钻床上应用夹具及导向套加工孔	0.10~0.20
		7）在普通镗床或摇臂钻床上用划线法加工孔（不用夹具）	0.4~1.0
2	孔与孔之间的距离尺寸（箱体、轴架支承等孔的中心距尺寸）	1）在坐标镗床上加工孔	0.02~0.04
		2）在金刚镗床上加工孔	0.04~0.10
		3）在普通镗床或摇臂钻床上应用夹具及导向套加工孔	0.10~0.20
		4）在普通镗床或摇臂钻床上用划线法加工孔（不用夹具）	0.4~1.0
3	孔轴线与基准平面的平行度、垂直度及角度误差（箱体轴架）	1）刮研基准平面（按孔测量）	$\frac{0.01}{L}\sim\frac{0.10}{L}$
		2）磨削基准平面（按孔测量）	$\frac{0.04}{L}\sim\frac{0.10}{L}$
		3）精铣基准平面（按孔测量）	$\frac{0.06}{L}\sim\frac{0.12}{L}$
			$\frac{0.10}{L}\sim\frac{0.20}{L}$
		4）在坐标镗床上加工孔	$\frac{0.02}{L}\sim\frac{0.04}{L}$
		5）在金刚镗床上加工孔	$\frac{0.04}{L}\sim\frac{0.10}{L}$
		6）在普通镗床或摇臂钻床上应用夹具及导向套加工孔	$\frac{0.10}{L}\sim\frac{0.20}{L}$
		7）在普通镗床或摇臂钻床上用划线法（不用夹具）加工孔	$\frac{0.4}{L}\sim\frac{1.0}{L}$
4	孔与孔轴线之间的平行度、垂直度或者角度误差	1）在坐标镗床上加工孔	$\frac{0.02}{L}\sim\frac{0.04}{L}$
		2）在金刚镗床上加工孔	$\frac{0.04}{L}\sim\frac{0.20}{L}$
		3）在普通镗床或摇臂钻床上应用夹具及导向套加工	$\frac{0.10}{L}\sim\frac{0.20}{L}$
		4）在普通镗床或摇臂钻床上用划线法加工	$\frac{0.40}{L}\sim\frac{1.0}{L}$

（续）

序号	工件尺寸说明	加工方法	加工方法可能产生的误差/mm
5	平面与平面间的平行度、垂直度或角度误差（箱体滑块支架等）	1）在平面全长 L 内进行刮研	$\frac{0.01}{L}\sim\frac{0.10}{L}$
		2）磨削平面	$\frac{0.02}{300}\sim\frac{0.05}{300}$
		3）在专门铣床或龙门刨床上精铣或精刨平面	$\frac{0.08}{300}\sim\frac{0.15}{300}$
			$\frac{0.12}{300}\sim\frac{0.20}{300}$
		4）在镗床上加工平面	$\frac{0.1}{300}\sim\frac{0.2}{300}$
		5）在牛头刨床上加工平面	$\frac{0.12}{300}\sim\frac{0.2}{300}$
		6）在立式铣床上加工平面	$\frac{0.2}{300}\sim\frac{0.3}{300}$
6	平面与平面之间的距离尺寸	1）刮研平面	0.01～0.10
		2）磨削平面	0.02～0.08
		3）在铣床或刨床上铣、刨表面或在镗床及钻床上加工端面	0.1～0.5
			0.3～1.0
		4）在车床上车端面	0.1～0.3
		5）在多刀车床或转塔车床上车端面	0.2～0.4
7	箱体内壁、滑块内槽平面与轴肩两内端面间的距离尺寸	1）平面刮研加工	0.01～0.10
		2）表面磨削加工	0.02～0.10
		3）在铣床、刨床上加工平面或在镗床、钻床上加工内端面	0.1～0.5
			0.3～1.0
		4）在车床上加工内端面	0.1～0.3
		5）在多刀车床或转塔车床上加工内端面	0.2～0.4
8	箱体外壁、滑块外端面及轴肩两外端面间的距离	1）表面刮研加工	0.01～0.10
		2）表面磨削加工	0.02～0.10
		3）在铣床、刨床上加工外端面或在镗床、钻床上加工外端面	0.1～0.5
			0.3～1.0
		4）在车床上加工外端面	0.1～0.3
		5）在多刀车床或转塔车床上加工外端面	0.2～0.4
9	轴、轴颈套筒、环件、盘件、法兰凸缘及其他零件的外圆直径	1）外圆磨削加工	0.01～0.1
		2）在万能车床或立式车床上加工外圆表面	0.1～0.5
		3）在多刀车床、转塔车床或自动半自动车床上加工外圆表面	0.1～0.5
10	各种零件上的内孔直径	1）内孔研磨加工	0.005～0.06
		2）内孔磨削加工	0.01～0.10
		3）拉内孔	0.01～0.10
		4）在金刚镗床上加工内孔	0.02～0.1
		5）在坐标镗床上加工内孔	0.02～0.1
		6）在镗床、摇臂钻床、立式车床或转塔车床上钻及铰孔或镗内孔	0.02～0.1
		7）在普通车床上镗内孔	0.05～0.2
11	轴、套筒、环件、盘件、法兰及其他零件外圆表面的径向圆跳动	1）表面磨削加工	0.01～0.02
		2）在普通车床或立式车床上加工外圆	0.02～0.10
		3）在转塔车床、多刀车床或自动半自动车床上加工外圆	0.02～0.10

（续）

序号	工件尺寸说明	加工方法	加工方法可能产生的误差/mm
12	轴、套筒、环件、法兰及其他零件等端面的轴向圆跳动	1)端面磨削加工 2)在普通车床或立式车床上加工端面 3)在转塔车床、多刀车床或自动半自动车床上车端面	0.01~0.02 0.02~0.10 0.02~0.10

注：*L*代表工件全长。

1.4.1.3 机械加工的经济精度

机械加工时，每种机床在正常生产条件下（指设备完好，工夹量具适应，工人技术水平相当，工时定额合理）能经济地达到的公差等级是有一定范围的，这个公差等级范围就是这种方法的经济精度。

1. 加工路线与所能达到的公差等级和表面粗糙度（见表2-1-165~表2-1-168）

2. 各种加工方法能达到的尺寸经济精度（见表2-1-169~表2-1-181）

表2-1-165 外圆柱表面加工路线及所能达到的公差等级和表面粗糙度

加工路线	公差等级IT	表面粗糙度 *Ra*/μm
粗车	11以下	100~25
粗车→半精车	8~10	12.5~6.3
粗车→半精车→ 精车 磨	7~8	6.3~1.6
粗车→半精车→ 精车—细车(适用于非铁金属及合金) 粗磨—精磨 精车—滚压	6~7	1.6~0.2
粗车→半精车→粗磨→精磨→ 镜面磨削 研磨 超精加工 抛光	5	0.4~0.1
粗车→半精车→粗磨→精磨 →镜面磨削 →粗研磨→ 精研磨 超精加工 抛光	5以上	0.1~0.012

表2-1-166 在钻床上用钻模加工孔各种加工路线所能达到的公差等级

孔的公差等级IT	在实体材料上制孔		预先铸出或热冲出的孔	
	孔径/mm	加工路线	孔径/mm	加工路线
12~13		一次钻孔		用车刀或扩孔钻镗孔
11	≤10	一次钻孔	≤80	1） 粗扩→精扩 2） 用车刀粗镗→精镗 3） 根据余量一次镗孔或扩孔
	>10~30	钻孔→扩孔		
	>30~80	1） 钻孔→扩钻及扩孔 2） 钻孔→用扩孔刀或车刀镗孔→扩孔		

（续）

孔的公差等级 IT	在实体材料上制孔		预先铸出或热冲出的孔	
	孔径/mm	加工路线	孔径/mm	加工路线
10~9	≤10	钻孔→铰孔	≤80	1）扩孔（一次或二次，根据余量而定）→铰孔 2）用车刀镗孔（一次或二次，根据余量而定）→铰孔
	>10~30	钻孔→扩孔→铰孔		
	>30~80	1）钻孔→扩孔→扩钻→铰孔 2）钻孔用扩孔刀镗孔→扩孔→铰孔		
8~7	≤10	钻孔→一次或二次铰孔	≤80	1）扩孔（一次或二次，根据余量而定）→一次或二次铰孔 2）用车刀镗孔（一次或二次，根据余量而定）→一次或二次铰孔
	>10~30	钻孔→扩孔→一次或二次铰孔		
	>30~80	钻孔→扩钻（或用扩孔刀镗孔）→扩孔→一次或二次铰孔		

注：1. 当孔径≤30mm，直径余量≤4mm 和 30mm<孔径≤80mm，直径余量≤6mm 时，采用一次扩孔或一次镗孔。
2. 孔的长度不超过直径的 5 倍。

表 2-1-167 在车床（包括自动车床、转塔车床）上加工孔各种加工路线所达到的公差等级

孔的公差等级 IT	在实体材料上制孔		预先铸出或热冲出的孔	
	孔径/mm	加工路线	孔径/mm	加工路线
12~13		一次钻孔		用车刀或扩孔钻镗孔
11	≤10	用定心钻和钻头钻孔		1）一次或二次扩孔（根据余量而定） 2）用车刀一次或二次镗孔
	>10~30	用定心钻和钻头钻孔→用扩孔刀（或车刀、扩孔钻）镗孔		
	>30~80	1）用定心钻和钻头钻孔→扩钻→扩孔 2）用定心钻及钻头钻孔→用车刀镗孔		
10~9	≤10	用定心钻和钻头钻孔→铰孔		1）扩孔→铰孔 2）用车刀镗孔→铰孔 3）粗镗孔→精镗孔（不铰） 4）粗镗孔→精镗孔→磨孔 5）用车刀镗孔→拉孔
	>10~30	1）用定心钻和钻头钻孔→扩孔→铰孔 2）用定心钻和钻头钻孔→用车刀扩孔（或镗孔）→铰孔 3）用定心钻和钻头钻孔→扩孔（或用车刀镗孔）→磨孔 4）用定心钻和钻头钻孔→拉孔		
	>30~80	1）用定心钻和钻头钻孔→扩钻→扩孔→铰孔 2）用定心钻和钻头钻孔→用车刀或扩孔刀镗孔→铰孔 3）用定心钻和钻头钻孔→用车刀镗孔（或扩孔）→磨孔 4）用定心钻和钻头钻孔→拉孔		

（续）

<table>
<tr><th rowspan="2">孔的公差等级IT</th><th colspan="2">在实体材料上制孔</th><th colspan="2">预先铸出或热冲出的孔</th></tr>
<tr><th>孔径/mm</th><th>加工路线</th><th>孔径/mm</th><th>加工路线</th></tr>
<tr><td rowspan="3">8~7</td><td>≤10</td><td>用定心钻和钻头钻孔→粗铰（或用扩孔刀镗孔）→精铰</td><td rowspan="2">≤80</td><td rowspan="2">1）一至二次扩孔（根据余量而定）→粗铰（或用扩孔刀镗孔）→精铰
2）用车刀镗孔（根据余量而定）→粗铰（或用扩孔刀镗孔）→精铰
3）粗镗→半精镗→精镗
4）用车刀镗孔→拉孔
5）粗镗→精镗→磨孔</td></tr>
<tr><td>>10~30</td><td>1）用定心钻和钻头钻孔→扩孔（或用车刀镗孔）→粗铰（或用扩孔刀镗孔）→精铰
2）用定心钻和钻头钻孔→用车刀或扩孔刀镗孔→磨孔
3）用定心钻和钻头钻孔→拉孔</td></tr>
<tr><td>>30~80</td><td>1）用定心钻和钻头钻孔→扩钻→扩孔→粗精铰孔
2）用定心钻和钻头钻孔→用车刀镗孔→粗铰（或用扩孔刀镗孔及精铰）
3）用定心钻和钻头钻孔→用车刀或扩孔钻镗孔→磨孔
4）用定心钻和钻头钻孔→拉孔</td><td>>80</td><td>1）用车刀粗镗、精镗和铰孔
2）粗镗、半精镗、精镗
3）粗精镗及磨孔</td></tr>
<tr><td>6~5</td><td colspan="4">加工5级精度孔的最后工序应该是用金刚石细镗；用精密调整的车刀镗；细磨及精镗</td></tr>
</table>

注：1. 用定心钻钻孔仅用于车床、转塔车床及自动车床。

2. 当孔径≤30mm，直径余量≤4mm和30mm<孔径≤80mm，直径余量≤6mm时，采用一次扩孔或一次镗孔。

3. 孔长不得超过直径的3倍。

表2-1-168　平面加工路线与公差等级和表面粗糙度

<table>
<tr><th>加工路线</th><th>公差等级IT</th><th>表面粗糙度 $Ra/\mu m$</th></tr>
<tr><td>粗刨
粗铣</td><td>11~13</td><td>100~25</td></tr>
<tr><td>粗刨→半精刨
粗铣→半精铣
车平面</td><td>8~11</td><td>12.5~3.2</td></tr>
<tr><td>拉削</td><td>7~9</td><td>1.6</td></tr>
<tr><td>粗刨→半精刨、粗铣→半精铣 → {宽刀精刨、高速精铣、磨、刮研}</td><td>6~9</td><td>1.6~0.4</td></tr>
<tr><td>粗拉→精拉</td><td>6</td><td rowspan="2">0.4~0.2</td></tr>
<tr><td>粗刨→半精刨、粗铣→半精铣 → 粗磨→精磨</td><td>5~6</td></tr>
<tr><td>粗刨→半精刨、粗铣→半精铣 → 粗磨→精磨→ {研磨、超精加工}</td><td>5</td><td>0.2~0.012</td></tr>
</table>

表 2-1-169　各种加工方法可能达到的公差等级

加工方法	公差等级 IT																	
	01	0	1	2	3	4	5	6	7	8	9	10	11	12	13	14	15	16
研磨	—	—	—	—	—	—	—											
珩磨						—	—	—	—									
内外圆磨削							—	—	—	—								
平面磨削							—	—	—	—								
金刚石车削							—	—	—									
金刚石镗削							—	—	—									
拉削							—	—	—	—								
铰孔								—	—	—	—	—						
车削									—	—	—	—	—					
镗削									—	—	—	—	—					
铣削										—	—	—	—					
刨削、插削												—	—					
钻孔												—	—	—	—			
滚压、挤压												—	—					
冲压												—	—	—	—	—		
压铸													—	—	—	—		
粉末冶金成形								—	—	—								
粉末冶金烧结									—	—	—	—						
砂型铸造、气割																		—
锻造																	—	

表 2-170　孔加工的经济精度

孔的公称直径/mm	钻及扩钻孔				扩孔				铰孔						拉孔	
	无钻模		有钻模		粗扩	铸孔或冲孔后一次扩孔	粗扩或钻后精扩		半精铰		精铰		细铰		粗拉铸孔或冲孔	
	加工的公差等级 IT 和偏差值/μm															
	12	11	12	11	12	12	11	10	11	10	9	8	7	6	11	10
1～3	—	60	—	60	—	—	—	—	—	—	—	—	—	—	—	—
>3～6	—	80	—	80	—	—	—	—	80	48	25	18	13	8	—	—
>6～10	—	100	—	100	—	—	—	—	100	58	30	22	16	9	—	—
>10～18	240	—	—	120	240	—	120	70	120	70	35	27	19	11	—	—

（续）

孔的公称直径/mm	钻及扩钻孔				扩孔				铰孔						拉孔	
	无钻模		有钻模		粗扩	铸孔或冲孔后一次扩孔		粗扩或钻后精扩	半精铰		精铰		细铰		粗拉铸孔或冲孔	
	加工的公差等级 IT 和偏差值/μm															
	12	11	12	11	12	12	11	10	11	10	9	8	7	6	11	10
>18~30	280	—	—	140	280	—	140	84	140	84	45	38	23	—	—	—
>30~50	340	—	340	—	340	340	170	100	170	100	50	39	27	—	170	100
>50~80	—	—	460	—	400	400	200	120	200	120	60	46	30	—	200	120
>80~120	—	—	—	—	460	460	230	140	280	140	70	54	35	—	230	140
>120~180	—	—	—	—	—	—	—	—	260	160	80	63	40	—	260	160
>180~260	—	—	—	—	—	—	—	—	300	185	90	73	45	—	—	—
>260~360	—	—	—	—	—	—	—	—	340	215	100	84	50	—	—	—
>360~500	—	—	—	—	—	—	—	—	—	—	—	—	—	—	—	—

孔的公称直径/mm	拉孔			镗孔							磨孔			研磨	用钢球、挤压杆校整，用钢球或滚柱扩孔器挤孔			
	粗拉孔后或钻孔后精拉孔			粗	半精	精			细		粗	精						
	加工的公差等级 IT 和偏差值/μm																	
	9	8	7	12	11	10	9	8	7	6	9	8	7	6	10	9	8	7
1~3	—	—	—	—	—	—	—	—	—	—	—	—	—	—	—	—	—	—
>3~6	—	—	—	—	—	—	—	—	—	—	—	—	—	—	—	—	—	—
>6~10	—	—	—	—	—	—	—	—	—	—	—	—	—	—	—	—	—	—
>10~18	35	27	19	240	120	70	35	27	19	11	35	27	19	11	70	35	27	19
>18~30	45	33	23	280	140	84	45	33	23	13	45	33	23	13	84	45	33	23
>30~50	50	39	27	340	170	100	50	39	27	15	50	39	27	15	100	50	39	27
>50~80	60	46	30	400	200	120	60	46	30	18	60	46	30	18	120	60	46	30
>80~120	70	54	35	460	230	140	70	54	35	21	70	54	35	21	140	70	54	35
>120~180	80	63	40	530	260	160	80	63	40	—	80	63	40	24	160	80	63	40
>180~260	—	—	—	600	300	185	90	73	45	—	90	73	45	27	185	90	73	45
>260~360	—	—	—	680	340	215	100	84	50	—	100	84	50	30	215	100	84	50
>360~500	—	—	—	760	380	250	120	95	60	—	120	95	60	35	250	120	95	60

注：1. 孔加工精度与工具的制造精度有关。

2. 6级精度细镗孔要采用金刚石工具。

3. 用钢球或挤压杆校整适用于孔径≤50mm。

表 2-1-171　圆锥孔加工的经济精度

加工方法		公差等级 IT		加工方法		公差等级 IT	
		锥孔	深锥孔			锥孔	深锥孔
扩孔	粗	11		铰孔	机动	7	7~9
	精	9			手动	高于7	
镗孔	粗	9	9~11	磨孔		高于7	7
	精	7		研磨		6	6~7

表 2-1-172　圆柱深孔加工的经济精度

加工方法		公差等级 IT
用麻花钻、扁钻、环孔钻钻孔	钻头回转	11~13
	工件回转	11
	钻头和工件都回转	11
扩钻		9~11
深孔钻钻孔或镗孔	刀具回转	9~11
	工件回转	9
	刀具、工件都回转	9

加工方法	公差等级 IT
镗刀块镗孔	7~9
铰孔	7~9
磨孔	7
珩磨	7
研磨	6~7

表 2-1-173　多边形孔、花键孔加工的经济精度

多边形孔		花键孔加工精度	
加工方法	公差等级 IT	加工方法	公差等级 IT
钻	9~11	插	9
插	9~11	磨	7~9
磨	7~9	拉	7~9
拉	7~9	粗拉	7
研磨	7	精拉	5

表 2-1-174　外圆柱表面加工的经济精度

公称直径/mm	车削					磨削				研磨	用钢珠或滚柱工具滚压			
	粗车	半精车或一次加工		精车		一次加工	粗磨	精磨						
	加工的公差等级 IT 和误差值/μm													
	13~12	12	11	10	9	7	9	7	6	5	10	9	7	6
1~3	120	120	60	40	20	9	20	9	6	4	40	20	9	6
>3~6	160	160	80	48	25	12	25	12	8	5	48	25	12	8
>6~10	200	200	100	58	30	15	30	15	10	6	58	30	15	10
>10~18	240	240	120	70	35	18	35	18	12	8	70	35	18	12
>18~30	280	280	140	84	45	21	45	21	14	9	84	45	21	14
>30~50	620~340	340	170	100	50	25	50	25	17	11	100	50	25	17
>50~80	740~400	400	200	120	60	30	60	30	20	13	120	60	30	20
>80~120	870~460	460	230	140	70	35	70	35	23	15	140	70	35	23
>120~180	1000~530	530	260	160	80	40	80	40	27	18	160	80	40	27
>180~260	1150~600	600	300	185	80	47	90	47	30	20	185	90	47	30
>260~360	1350~680	680	340	215	100	54	100	54	35	22	215	100	54	35
>360~500	1550~760	760	380	250	120	62	120	62	40	25	250	120	62	40

表 2-1-175　端面加工的经济精度　（单位：mm）

加工方法		直径			
		≤50	>50~120	>120~260	>260~500
车削	粗	0.15	0.20	0.25	0.40
	精	0.07	0.10	0.13	0.20
磨削	普通	0.03	0.04	0.05	0.07
	精密	0.02	0.025	0.03	0.035

注：指端面至基准的尺寸精度。

表 2-1-176　成形铣刀加工的经济精度

（单位：mm）

表面长度	粗铣		精铣	
	铣刀宽度			
	≤120	>120~180	≤120	>120~180
≤100	0.25	—	0.10	—
>100~300	0.35	0.45	0.15	0.20
>300~600	0.45	0.50	0.20	0.25

注：指加工表面至基准的尺寸精度。

表 2-1-177　同时加工平行表面的经济精度

（单位：mm）

加工性质	表面长和宽					
	≤120			>120~300		
	表面高度					
	≤50	>50~80	>80~120	≤50	>50~80	>80~120
用三面刃铣刀同时铣削	0.05	0.06	0.08	0.06	0.08	0.10

注：指两平行表面距离的尺寸精度。

表 2-1-178　平面加工的经济精度

基本尺寸/mm（高或厚）	刨削和圆柱铣刀及套式面铣刀铣削									拉削					磨削					研磨	用钢球或滚柱工具滚压		
	粗			半精或一次加工		精	细			粗拉铸造冲压表面		精拉			一次加工		粗	精	细				
	加工公差等级 IT 和误差值/μm																						
	13	12	11	12	11	10	9	7	6	11	10	9	7	6	9	7	9	7	6	5	10	9	7
10~18	430	240	120	240	120	70	35	18	12	—	—	—	—	—	35	18	35	18	12	8	70	35	18
>18~30	520	280	140	280	140	84	45	21	14	140	84	45	21	14	45	21	45	21	14	9	84	45	21
>30~50	620	340	170	340	170	100	50	25	17	170	100	50	25	17	50	25	50	25	17	11	100	50	25
>50~80	700	400	200	400	200	120	60	30	20	200	120	60	30	20	60	30	60	30	20	13	120	60	30
>80~120	870	460	230	460	230	140	70	35	23	230	140	70	35	23	70	35	70	35	23	15	140	70	35
>120~180	1000	530	260	530	260	160	80	40	27	260	160	80	40	27	80	40	80	40	27	18	160	80	40
>180~260	1150	600	300	600	300	185	90	47	30	300	185	90	47	30	90	47	90	47	30	20	185	90	47
>260~360	1350	680	340	680	340	215	100	54	35	—	—	—	—	—	100	54	100	54	35	22	215	100	54
>360~500	1550	760	380	760	380	250	120	62	40	—	—	—	—	—	120	62	120	62	40	25	250	120	62

注：1. 表内资料适用于尺寸<1m，结构刚度好的零件加工：用光洁的加工表面作为定位基准和测量基准。

2. 套式面铣刀铣削的加工精度在相同的条件下大体上比圆柱铣刀铣削高一级。

3. 细铣仅用于套式面铣刀铣削。

表 2-1-179　米制螺纹加工的经济精度

加工方法		公差带（GB/T 197—2018）	加工方法	公差带（GB/T 197—2018）
车削	外螺纹	4h~6h	带径向或切向梳刀的自动张开式板牙头加工螺纹	6h
	内螺纹	5H、6H、7H		
用梳形刀车螺纹	外螺纹	4h~6h	旋风切削螺纹	6h~8h
	内螺纹	5H、6H、7H		
用丝锥攻内螺纹		4H、5H~7H	搓丝板搓螺纹	6h
用圆板牙加工外螺纹		6h~8h	滚丝模滚螺纹	4h~6h
带圆梳刀自动张开式板牙加工螺纹		4h~6h	单线或多线砂轮磨螺纹	4h 以上
梳形螺纹铣刀铣螺纹		6h~8h	研磨螺纹	4h

表 2-1-180　花键加工的经济精度　（单位：mm）

花键的最大直径	轴				孔			
	用磨制的滚铣刀		成形磨		拉削		推削	
	精度				热处理前精度			
	花键宽	底圆直径	花键宽	底圆直径	花键宽	底圆直径	花键宽	底圆直径
18～30	0.025	0.05	0.013	0.027	0.013	0.018	0.008	0.012
>30～50	0.040	0.075	0.015	0.032	0.016	0.026	0.009	0.015
>50～80	0.050	0.10	0.017	0.042	0.016	0.030	0.012	0.019
>80～120	0.075	0.125	0.019	0.045	0.019	0.035	0.012	0.023

表 2-1-181　齿形加工的经济精度

加工方法			公差等级 IT（GB/T 10095.1—2008，GB/T 10095.2—2008，GB/T 11365—2019）
多头滚刀滚齿（$m=1\sim20$mm）			8～10
单头滚刀滚齿（$m=1\sim20$mm）	滚刀精度等级：	AA	6～7
		A	8
		B	9
		C	10
圆盘形插齿刀插齿（$m=1\sim20$mm）	插齿刀精度等级：	AA	6
		A	7
		B	8
圆盘形剃齿刀剃齿（$m=1\sim20$mm）	剃齿刀精度等级：	A	5
		B	6
		C	7
模数铣刀铣齿			9 以下
珩齿			6～7
磨齿	成形砂轮成形法		5～6
	盘形砂轮展成法		3～6
	两个盘形砂轮展成法（马格法）		3～6
	蜗杆砂轮展成法		4～6
用铸铁研磨轮研齿			5～6
直齿圆锥齿轮刨齿			8
螺旋圆锥齿轮刀盘铣齿			8
蜗轮模数滚刀滚蜗轮			8
热轧齿轮（$m=2\sim8$mm）			8～9
热轧后冷校齿形（$m=2\sim8$mm）			7～8
冷轧齿轮（$m\leqslant1.5$mm）			7

3. 各种加工方法能达到的形状经济精度（见表 2-1-182～表 2-1-184）

表 2-1-182　平面度和直线度的经济精度

加工方法	公差等级 IT
研磨、精密磨、精刮	1～2
研磨、精磨、刮	3～4
磨、刮、精车	5～6
粗磨、铣、刨、拉、车	7～8
铣、刨、车、插	9～10
各种粗加工	11～12

表 2-1-183　圆度和圆柱度的经济精度

加工方法	公差等级
研磨、超精磨	1～2
研磨、珩磨、精密磨、金刚镗、精密车、精密镗	3～4
磨、珩磨、精车及精镗、精铰、拉	5～6
精车及镗、铰、拉，精扩及钻孔	7～8
车、镗、钻	9～10

表 2-1-184　型面加工的经济精度

加工方法		在直径上的形状误差/mm	
		经济的	可达到的
按样板手动加工		0.20	0.06
在机床上加工		0.10	0.04
按划线刨		2	0.40
按划线铣		3	1.60
在机床上用靠模铣	用机械控制	0.40	0.16
	用跟随系统	0.06	0.02
靠模车		0.24	0.06
成形刀车		0.10	0.02
仿形磨		0.04	0.02

4. 各种加工方法能达到的位置经济精度（见表 2-1-185~表 2-1-190）

表 2-1-185　平行度的经济精度

加工方法	公差等级 IT
研磨、金刚石精密加工、精刮	1~2
研磨、珩磨、刮、精密磨	3~4
磨、坐标镗、精密铣、精密刨	5~6
磨、铣、刨、拉、镗、车	7~8
铣、镗、车,按导套钻、铰	9~10
各种粗加工	11~12

表 2-1-186　端面圆跳动和垂直度的经济精度

加工方法	公差等级 IT	加工方法	公差等级 IT
研磨、精密磨、金刚石精密加工	1~2	磨、铣、刨、刮、镗	7~8
研磨、精磨、精刮、精密车	3~4	车、半精铣、刨、镗	9~10
磨、刮、珩、精刨、精铣、精镗	5~6	各种粗加工	11~12

表 2-1-187　同轴度的经济精度

加工方法	公差等级 IT	加工方法	公差等级 IT
研磨、珩磨、精密磨、金刚石精密加工	1~2	粗磨、车、镗、拉、铰	7~8
精磨、精密车,一次装夹下的内圆磨、珩磨	3~4	车、镗、钻	9~10
磨、精车,一次装夹下的内圆磨及镗	5~6	各种粗加工	11~12

表 2-1-188　轴线相互平行的孔的位置经济精度　　（单位：mm）

加工方法		两孔轴线的距离误差或自孔轴线到平面的距离误差	加工方法		两孔轴线的距离误差或自孔轴线到平面的距离误差
立钻或摇臂钻上钻孔	按划线	0.5~1.0	卧式镗床上镗孔	按划线	0.4~0.6
	用钻模	0.1~0.2		用游标尺	0.2~0.4
立钻或摇臂钻上镗孔	用镗模	0.05~0.1		用内径规或塞尺	0.05~0.25
车床上镗孔	按划线	1.0~3.0		用镗模	0.05~0.08
	在角铁式夹具上	0.1~0.3		按定位器的指示读数	0.04~0.06
坐标镗床上镗孔	用光学仪器	0.004~0.015		用程序控制的坐标装置	0.04~0.05
金刚镗床上镗孔	—	0.008~0.02		按定位样板	0.08~0.2
多轴组合机床上镗孔	用镗模	0.05~0.2		用量块	0.05~0.1

表 2-1-189　轴线相互垂直的孔的位置经济精度　（单位：mm）

加工方法		在 100mm 长度上轴线的垂直度	轴线的位置度
立钻上钻孔	按划线	0.5~1.0	0.5~2.0
	用钻模	0.1	0.5
铣床上镗孔	回转工作台	0.02~0.05	0.1~0.2
	回转分度头	0.05~0.10	0.3~0.5
多轴组合机床上镗孔	用镗模	0.02~0.05	0.01~0.03

加工方法		在 100mm 长度上轴线的垂直度	轴线的位置度
卧式镗床上镗孔	按划线	0.5~1.0	0.5~2.0
	用镗模	0.04~0.20	0.02~0.06
	回转工作台	0.06~0.30	0.03~0.08
	带有百分表的回转工作台	0.05~0.15	0.05~0.10

表 2-1-190　在各种机床上加工时形状、位置的平均经济精度　（单位：mm）

机床类型			圆　　度	圆柱度（长度上）	平面度（凹入）（直径上）
卧式车床	最大加工直径	≤400	0.01	0.0075/100	0.015/200 0.02/300 0.025/400 0.03/500 0.04/600 0.05/700 0.06/800 0.07/900 0.08/1000
		>400~800	0.015	0.025/300	
		>800~1600	0.02	0.03/300	
		>1600~3200	0.025	0.04/300	
高精度普通车床		≤500	0.005	0.01/150	0.01/200
外圆磨床	最大磨削直径	≤200	0.003	0.0055/500	—
		>200~400	0.004	0.01/1000	
		>400~800	0.006	0.015/全长	
无心磨床			0.005	0.004/100	等径多边形误差 0.003
珩磨机			0.005	0.01/300	—

机床类型			圆　　度	圆柱度（长度上）	平面度（凹入）（直径上）	成批工件尺寸的分散度	
						直径	长度
转塔车床	最大棒料直径	≤12	0.007	0.007/300	0.02/300	0.04	0.12
		>12~32	0.01	0.01/300	0.03/300	0.05	0.15
		>32~80	0.01	0.02/300	0.04/300	0.06	0.18
		>80	0.02	0.025/300	0.05/300	0.09	0.22

机床类型			圆　　度	圆柱度（长度上）	平面度（凹入）（直径上）	孔加工的平行度（长度上）	孔和端面加工的垂直度（长度上）
卧式镗床	镗杆直径	≤100	外圆 0.025 内孔 0.02	0.02/200	0.04/300	0.05/300	0.05/300
		>100~160	外圆 0.025 内孔 0.025	0.025/300	0.05/500		
		>160	外圆 0.03 内孔 0.025	0.03/400	—		

（续）

机床类型			圆度	圆柱度（长度上）	平面度（凹入）（直径上）	孔加工的平行度（长度上）	孔和端面加工的垂直度（长度上）
内圆磨床	最大磨孔直径	≤50	0.004	0.004/200	0.009	—	0.015
		>50~200	0.0075	0.0075/200	0.013	—	0.018
		>200	0.01	0.01/200	0.02	—	0.022
立式金刚镗床			0.004	0.01/300	—	—	0.03/300

机床类型			平面度	平度（加工面对基准面）	垂直度	
					加工面对基准面	加工面相互间
卧式铣床			0.06/300	0.06/300	0.04/300	0.05/300
立式铣床			0.06/300	0.06/300	0.04/150	0.05/300
龙门铣床	最大加工宽度	≤2000	0.05/1000	0.03/1000 0.05/2000 0.06/3000 0.07/4000 0.10/6000 0.13/8000	侧加工面间的平行度 0.03/1000	0.06/300
		>2000				0.10/500 0.03/300
龙门刨床		≤2000	0.03/1000	0.03/1000 0.05/2000 0.06/3000 0.07/4000 0.10/6000 0.12/8000	—	
		>2000				0.05/500
插床	最大插削长度	≤200	0.05/300	—	0.05/300	0.05/300
		>200~500	0.05/300	—	0.05/300	0.05/300
		>500~800	0.06/500	—	0.06/500	0.06/500
		>800~1250	0.07/500	—	0.07/500	0.07/500
平面磨床	立轴、卧轴轴矩台		—	0.02/1000	—	—
	卧轴矩台（提高精度）		—	0.009/500	—	0.01/100
	卧轴圆台		—	0.02/工作台直径	—	—
	立轴圆台		—	0.03/1000	—	—
牛头刨床			0.04/300	±0.07/3000	±0.07/3000	±0.07/3000

1.4.2 机械加工表面质量

加工表面质量包括以下两个方面内容：

（1）已加工表面的几何形状特征　主要指已加工表面的表面粗糙度、波度和纹理方向。

（2）已加工表面层的物理品质　主要包括表面层的加工硬化程度及冷硬层深度，表面层残余应力的性质、大小及分布状况，加工表面层的金相组织变化。

1.4.2.1 表面粗糙度

1. 各种加工方法能达到的表面粗糙度（见表2-1-191）

表 2-1-191　各种加工方法能达到的表面粗糙度

加工方法			表面粗糙度 $Ra/\mu m$
自动气割、带锯或圆盘锯割断			50~12.5
切断	车		50~12.5
	铣		25~12.5
	砂轮		3.2~1.6
车削外圆	粗车		12.5~3.2
	半精车	金属	6.3~3.2
		非金属	3.2~1.6
	精车	金属	3.2~0.8
		非金属	1.6~0.4
	精密车（或金刚石车）	金属	0.8~0.2
		非金属	0.4~0.1
车削端面	粗车		12.5~6.3
	半精车	金属	6.3~3.2
		非金属	6.3~1.6
	精车	金属	6.3~1.6
		非金属	6.3~1.6
	精密车	金属	0.8~0.4
		非金属	0.8~0.2
切槽	一次行程		12.5
	二次行程		6.3~3.2
高速车削			0.8~0.2
钻	≤ϕ15mm		6.3~3.2
	>ϕ15mm		25~6.3
扩孔	粗（有表皮）		12.5~6.3
	精		6.3~1.6
锪倒角（孔的）			3.2~1.6
带导向的锪平面			6.3~3.2
镗孔	粗镗		12.5~6.3
	半精镗	金属	6.3~3.2
		非金属	6.3~1.6
	精镗	金属	3.2~0.8
		非金属	1.6~0.4
	精密镗（或金刚石镗）	金属	0.8~0.2
		非金属	0.4~0.2
高速镗			0.8~0.2

加工方法			表面粗糙度 $Ra/\mu m$
铰孔	半精铰（一次铰）	钢	6.3~3.2
		黄铜	6.3~1.6
	精铰（二次铰）	铸铁	3.2~0.8
		钢、轻合金	1.6~0.8
		黄铜、青铜	0.8~0.4
	精密铰	钢	0.8~0.2
		轻合金	0.8~0.4
		黄铜、青铜	0.2~0.1
圆柱铣刀铣削	粗		12.5~3.2
	精		3.2~0.8
	精密		0.8~0.4
面铣刀铣削	粗		12.5~3.2
	精		3.2~0.4
	精密		0.8~0.2
高速铣削	粗		1.6~0.8
	精		0.4~0.2
刨削	粗		12.5~6.3
	精		3.2~1.6
	精密		0.8~0.2
	槽的表面		6.3~3.2
插削	粗		25~12.5
	精		6.3~1.6
拉削	精		1.6~0.4
	精密		0.2~0.1
推削	精		0.8~0.2
	精密		0.4~0.025
外圆磨内圆磨	半精（一次加工）		6.3~0.8
	精		0.8~0.2
	精密		0.2~0.1
	精密、超精密磨削		0.050~0.025
	镜面磨削（外圆磨）		<0.050
平面磨	精		0.8~0.4
	精密		0.2~0.05

（续）

加工方法			表面粗糙度 Ra/μm
珩磨	粗(一次加工)		0.8~0.2
珩磨	精、精密		0.2~0.025
研磨	粗		0.4~0.2
研磨	精		0.2~0.05
研磨	精密		<0.05
超精加工	精		0.8~0.1
超精加工	精密		0.1~0.05
超精加工	镜面加工(两次加工)		<0.025
抛光	精		0.8~0.1
抛光	精密		0.1~0.025
抛光	砂带抛光		0.2~0.1
抛光	砂布抛光		1.6~0.1
抛光	电抛光		1.6~0.012
螺纹加工	切削	板牙、丝锥、自开式板牙头	3.2~0.8
螺纹加工	切削	车刀或梳刀车、铣	6.3~0.8
螺纹加工	切削	磨	0.8~0.2
螺纹加工	切削	研磨	0.8~0.05

加工方法			表面粗糙度 Ra/μm
螺纹加工	滚轧	搓丝模	1.6~0.8
螺纹加工	滚轧	滚丝模	1.6~0.2
齿轮及花键加工	切削	粗滚	3.2~1.6
齿轮及花键加工	切削	精滚	1.6~0.8
齿轮及花键加工	切削	精插	1.6~0.8
齿轮及花键加工	切削	精刨	3.2~0.8
齿轮及花键加工	切削	拉	3.2~1.6
齿轮及花键加工	切削	剃	0.8~0.2
齿轮及花键加工	切削	磨	0.8~0.1
齿轮及花键加工	切削	研	0.4~0.2
齿轮及花键加工	滚轧	热轧	0.8~0.4
齿轮及花键加工	滚轧	冷轧	0.2~0.1
刮	粗		3.2~0.8
刮	精		0.4~0.05
滚压加工			0.4~0.05
钳工锉削			12.5~0.8
砂轮清理			50~6.3

2. 影响加工表面粗糙度的因素及改善措施

（1）影响切削加工表面粗糙度的因素及改善措施（见表2-1-192）

表2-1-192　影响切削加工表面粗糙度的因素及改善措施

因素及改善措施		说　明
影响因素	残留面积	理论残留面积高度是由刀具相对于工件表面的运动轨迹所形成的,它是影响表面粗糙度的基本因素。其高度可根据刀具的主偏角 κ_r、副偏角 κ_r'、刀尖圆弧半径 r_ε 和进给量 f 的几何关系计算出来。实际表面粗糙度最大值大于残留面积高度
影响因素	鳞刺	在较低及中等速度下,用高速钢、硬质合金或陶瓷刀片切削塑性材料(低、中碳钢,铬钢,不锈钢,铝合金及纯铜等)时,在已加工表面常出现鳞片状毛刺,使表面粗糙度数值增大
影响因素	积屑瘤	积屑瘤代替切削刃进行切削时,会引起过切,并因积屑瘤的形状不规则,从而在工件表面上刻划出沟纹;当积屑瘤分裂时,可能有一部分留在工件表面上形成鳞片状毛刺,同时引起振动,使加工表面恶化
影响因素	切削过程中的变形	由于切削过程中的变形,在挤裂或单元切屑的形成过程中,在加工表面上留下波浪形挤裂痕迹;在崩碎切屑的形成过程中,造成加工表面的凸凹不平;在切削刃两端的已加工表面及待加工表面处,工件材料被挤压而产生隆起。这些均使加工表面粗糙度数值进一步增大
影响因素	刀具副后面的磨损	刀具在副后面上因磨损而产生的沟槽,会在已加工表面上形成锯齿状的凸出部分,使加工表面粗糙度数值增大

（续）

因素及改善措施		说　明
影响因素	切削刃与工件相对位置变动	机床主轴回转精度不高，各滑动导轨面的形状误差与润滑状况不良，材料性能的不均匀性，切屑的不连续性等，使刀具与工件间已调好的相对位置发生附加的微量变化，引起切削厚度、切削宽度或切削力发生变化，甚至诱发自激振动，从而使表面粗糙度数值增大
改善措施	刀具方面	在工艺系统刚度足够时，采用较大的刀尖圆弧半径 r_ε，较小的副偏角 κ_r'；使用长度比进给量稍大一些的 $\kappa_r'=0°$ 的修光刃；采用较大的前角 γ_o 加工塑性大的材料；提高刀具刃磨质量，减小刀具前、后刀面的表面粗糙度数值，使其不大于 Ra1.25μm；选用与工件亲和力小的刀具材料，如用陶瓷或碳化钛基硬质合金切削碳素工具钢，用金刚石或矿物陶瓷刀加工非铁金属等；对刀具进行氧氮化处理（如对加工 20CrMo 与 45 钢齿轮的高速钢插齿刀）；限制副切削刃上的磨损量；选用细颗粒的硬质合金作刀具等
	工件方面	应有适宜的金相组织（低碳钢、低合金钢中应有铁素体+低碳马氏体、索氏体或片状珠光体，高碳钢、高合金钢中应有粒状珠光体）；加工中碳钢及中碳合金钢时，若采用较高切削速度，应为粒状珠光体，若用较低切削速度，应为片状珠光体组织。合金元素中碳化物的分布要细而匀；易切钢中应含有硫、铅等元素；对工件进行调质处理，提高硬度，降低塑性；减少铸铁中石墨的颗粒尺寸等
	切削条件方面	以较高的切削速度切削塑性材料（用 YT15 切削 35 钢，临界切削速度 v>100m/min）；减小进给量；采用高效切削液（极压切削液，10%～12%极压乳化液和离子型切削液）；提高机床的运动精度，增强工艺系统刚度；采用超声振动切削加工等

（2）影响磨削表面粗糙度的因素及改善措施（见表 2-1-193）

3. 表面粗糙度与加工精度和配合之间的关系（见表 2-1-194 和表 2-1-195）

表 2-1-193　影响磨削表面粗糙度的因素及改善措施

影响因素	改善措施	影响因素	改善措施
磨削条件	1）提高砂轮速度 v 或降低工件速度 v_w，使 v_w/v 的比值减小，可获得较小数值的粗糙度 2）采用较小的纵向进给量 f_a，减小 f_a/B 的比值，使工件表面上某一点被磨的次数越多，则能获得较低的表面粗糙度 3）径向进给量 f_r 减小，能按一定比例降低 Ra 的数值。例如，磨削 18CrNiWA 钢时，若 f_r = 0.02mm，Ra = 0.6μm；若 f_r = 0.03mm，则 $Ra\approx$ 0.75μm。最后进行 5 次以上的无进给光磨，可较好地改善表面粗糙度 4）正确使用切削液的种类、配比、压力、流量和清洁度 5）提高砂轮的平衡精度、磨床主轴的回转精度、工作台的运动平稳性及整个工艺系统的刚度，消减磨削时的振动，可使表面粗糙度大为改善	砂轮特性及修整	1）一般地说，砂轮粒度越细，粗糙度数值就越小，但超过 80#时，则 Ra 值的变化甚微 2）应选择与工件材料亲和力小的磨料。例如，磨削高速钢时，宜选用白刚玉、单晶刚玉或绿碳化硅；磨削硬质合金时，则宜选用绿碳化硅或碳化硼。一般地说，碳化硅的磨料不适于加工钢材，但适于非铁金属 Zn、Pb、Cu 和非金属材料。立方氮化硼为磨削不锈钢、高温合金和钛合金的好磨料 3）磨具的硬度。工件材料软、黏时，应选较硬的磨具；硬、脆时选较软的磨具。v_w/v 越大，则磨具应越硬。磨削难加工材料时，应选 J～N 的硬度 4）采用直径较大的砂轮，增大砂轮宽度皆可降低表面粗糙度值 5）采用耐磨性好的金刚笔、合适的刃口形状和安装角度，当修整用量适当时（纵向进给量应小些），能使磨粒切削刃获得良好的等高性，降低表面粗糙度值

表 2-1-194　轴的表面粗糙度与公差等级和配合之间的关系

<table>
<tr><td rowspan="5">公称尺寸/mm</td><td colspan="16">公差等级 IT</td></tr>
<tr><td>5</td><td colspan="5">6</td><td>7</td><td colspan="3">9</td><td>10</td><td>11</td><td>12、13</td><td>14</td><td>15</td><td>16</td></tr>
<tr><td colspan="16">配合</td></tr>
<tr><td>h5、s5、r5、n5、m5、k5、j5、g5、f5</td><td>s7、u5、u6</td><td>h6、r6、s6、n6、m6、k6、js6、g6</td><td>f7</td><td>e8</td><td>d8</td><td>h7、n7、m7、k7、j7、js7</td><td>h8、h9</td><td>f9</td><td>d9、d10</td><td>h10</td><td>h11</td><td>h12、h13</td><td>h14</td><td>h15</td><td>h16</td></tr>
<tr><td colspan="16">表面粗糙度 Ra/μm</td></tr>
<tr><td>≥1~3</td><td>0.16
0.32</td><td rowspan="3">0.63</td><td rowspan="3">0.32</td><td rowspan="3">0.63</td><td>0.63</td><td rowspan="5">1.25</td><td>0.32</td><td rowspan="4">1.25</td><td rowspan="2">1.25</td><td>1.25</td><td rowspan="4">2.5</td><td rowspan="3">2.5</td><td rowspan="3">5</td><td rowspan="3">10</td><td rowspan="5">20</td><td rowspan="2">20</td></tr>
<tr><td>>3~6</td><td rowspan="4">0.32</td><td rowspan="5">1.25</td><td rowspan="3">0.63</td><td rowspan="4">2.5</td></tr>
<tr><td>>6~10</td><td rowspan="4">2.5</td><td rowspan="2">40</td></tr>
<tr><td>>10~18</td><td rowspan="4">1.25</td><td rowspan="4">0.63</td><td rowspan="4">1.25</td><td rowspan="4">5</td><td rowspan="4">10</td><td rowspan="6">20</td></tr>
<tr><td>>18~30</td><td rowspan="4">1.25</td><td rowspan="4">2.5</td><td rowspan="4">5</td><td rowspan="8">80</td></tr>
<tr><td>>30~50</td><td rowspan="4">0.63</td><td rowspan="2">2.5</td><td rowspan="4">5</td><td rowspan="4">40</td></tr>
<tr><td>>50~80</td><td>2.5</td><td rowspan="4">5</td></tr>
<tr><td>>80~120</td><td rowspan="5">2.5</td><td rowspan="3">1.25</td><td colspan="3" rowspan="5">2.5</td><td rowspan="5">10</td><td rowspan="5">20</td></tr>
<tr><td>>120~180</td><td rowspan="4">2.5</td><td rowspan="4">5</td><td rowspan="4">10</td></tr>
<tr><td>>180~260</td><td rowspan="3">1.25</td><td rowspan="3">10</td><td rowspan="3">40</td><td rowspan="3">80</td></tr>
<tr><td>>260~360</td><td rowspan="2">2.5</td><td rowspan="2">10</td></tr>
<tr><td>>360~500</td></tr>
</table>

表 2-1-195　孔的表面粗糙度与公差等级和配合之间的关系

<table>
<tr><td rowspan="5">公称尺寸/mm</td><td colspan="16">公差等级 IT</td></tr>
<tr><td>6</td><td colspan="5">7</td><td>8</td><td colspan="3">9</td><td>10</td><td>11</td><td>12、13</td><td>14</td><td>15</td><td>16</td></tr>
<tr><td colspan="16">配合</td></tr>
<tr><td>H6、N6、G6、M6、K6、J6、JS6</td><td>U7、S7</td><td>H7、R7、R8、S7、N7、M7、K7、J7、G7</td><td>F8</td><td>E8、E9</td><td>D8、D9</td><td>H8、N8、M8、K8、J8</td><td>H8、H9</td><td>F9</td><td>D9、D10</td><td>H10</td><td>H11、D11、B11、C11、A11</td><td>H12、H13</td><td>H14</td><td>H15</td><td>H16</td></tr>
<tr><td colspan="16">表面粗糙度 Ra/μm</td></tr>
<tr><td>≥1~3</td><td rowspan="3">0.32</td><td>0.63</td><td rowspan="3">0.63</td><td>0.63</td><td rowspan="4">1.25</td><td rowspan="3">1.25</td><td>0.63</td><td rowspan="4">1.25</td><td rowspan="2">1.25</td><td>1.25</td><td rowspan="4">2.5</td><td rowspan="3">2.5</td><td rowspan="3">5</td><td rowspan="3">10</td><td rowspan="5">20</td><td rowspan="2">20</td></tr>
<tr><td>>3~6</td><td rowspan="4">1.25</td><td rowspan="5">1.25</td><td rowspan="4">1.25</td><td rowspan="4">2.5</td></tr>
<tr><td>>6~10</td><td rowspan="4">2.5</td><td rowspan="3">40</td></tr>
<tr><td>>10~18</td><td rowspan="5">0.63</td><td rowspan="4">1.25</td><td rowspan="5">2.5</td><td rowspan="5">5</td><td rowspan="4">10</td><td rowspan="5">20</td></tr>
<tr><td>>18~30</td><td rowspan="5">2.5</td><td rowspan="4">2.5</td><td rowspan="4">5</td></tr>
<tr><td>>30~50</td><td rowspan="7">2.5</td><td rowspan="5">2.5</td><td rowspan="4">5</td><td rowspan="3">40</td><td rowspan="7">80</td></tr>
<tr><td>>50~80</td><td rowspan="5">2.5</td><td rowspan="4">5</td></tr>
<tr><td>>80~120</td><td rowspan="5">2.5</td><td rowspan="5">20</td></tr>
<tr><td>>120~180</td><td rowspan="4">1.25</td><td rowspan="4">5</td><td rowspan="4">5</td><td rowspan="4">10</td><td rowspan="4">10</td><td rowspan="4">40</td><td rowspan="4">80</td></tr>
<tr><td>>180~260</td><td rowspan="3">5</td><td rowspan="3">10</td></tr>
<tr><td>>260~360</td><td rowspan="2">5</td><td rowspan="2">10</td></tr>
<tr><td>>360~500</td><td>5</td></tr>
</table>

4. 各种接合表面的表面粗糙度（见表 2-1-196～表 2-1-200）

表 2-1-196　动连接[①]接合表面的表面粗糙度

接合面性质			滑动或滚动速度/(m/s) ≤0.5	滑动或滚动速度/(m/s) >0.5
			表面粗糙度 Ra/μm	
滑动导轨面	平面度(A/100000)	A≤6	0.32	0.16
		A≤10	0.63	0.32
		A≤30	1.25	0.63
		A≤50	2.5	1.25
		A>50	5	2.5
滚动导轨面	平面度(A/100000)	A≤6	0.16	0.08
		A≤10	0.32	0.16
		A≤30	0.63	0.32
		A≤50	1.25	0.63
		A>50	2.5	1.25
推力轴承端面	端面圆跳动/μm	A≤6	0.32	0.16
		A≤10	0.63	0.32
		A≤30	1.25	0.63
		A≤50	2.5	1.25
		A>50	5	2.5

① 动连接指密贴着移动的连接或两个表面彼此有相对位移的连接，当它们有相对移动和变位时，这种连接对部件和零件间的相互位置精度有要求。

表 2-1-197　静连接[①]接合表面的表面粗糙度

接合面性质			表面粗糙度 Ra/μm
壳体零件的连接表面	密封的	带衬垫	5、2.5
		不带衬垫	1.25、0.63
	不密封的		10、5
支承端面	垂直度(A/100000)	A≤6	0.63
		A≤10	0.63
		A≤30	1.25
		A≤50	2.5
		A>50	5

① 静连接指用紧固件将零件的密贴面彼此接合在一起的连接。它要求装好的零件和部件具有一定的相互位置精度。

表 2-1-198　丝杠传动接合表面的表面粗糙度

公差等级 IT	车削螺纹的工作表面 传动或承重丝杠的螺母	车削螺纹的工作表面 传动或承重的丝杠
	表面粗糙度 Ra/μm	
1	0.63、0.32	0.32
2	1.25	0.63
3	2.5	1.25

表 2-1-199 螺纹联接的工作表面粗糙度

公差等级 IT	螺纹工作表面	
	紧固螺栓、螺钉和螺母	锥体形轴、拉杆、套筒和其他零件
	表面粗糙度 $Ra/\mu m$	
4~5	1.25	0.63
5~6	2.5	1.25
6~7	5	2.5

表 2-1-200 齿轮、蜗轮和蜗杆的工作表面粗糙度

齿轮型式	公差等级 IT								
	3	4	5	6	7	8	9	10	11
	工作表面粗糙度 $Ra/\mu m$								
直、斜齿圆柱齿轮、蜗轮	0.32 0.16	0.63 0.32	0.63 0.32	0.63	1.25 0.63	2.5	5	10	20
直、斜、曲线齿锥齿轮	—	—	0.63 0.32	0.63	0.63	1.25	2.5	5	10
蜗杆	0.16	0.32	0.32	0.63	0.63	1.25	2.5	—	—

注：齿轮、蜗轮和蜗杆的齿根圆表面粗糙度推荐为和它的工作表面粗糙度相同；齿顶圆表面粗糙度 Ra 推荐为 5~2.5μm。

1.4.2.2 加工硬化与残余应力

1. 加工表面层的冷作硬化

机械加工后，工件已加工表面表层金属的硬度常常会高于基体材料的硬度，这一现象称为加工硬化。

加工硬化通常以硬化层深度 h_c 及硬化程度 N 表示。h_c 是加工表面至未硬化处的垂直距离，单位为微米；N 是已加工表面显微硬度的增加值对原始显微硬度 H_0 比值的百分数，即

$$N=\frac{H-H_0}{H_0}\times100\%$$

式中 H——已加工表面的显微硬度(GPa)。

(1) 几种加工方法的硬化程度及硬化层深度（见表 2-1-201）

表 2-1-201 几种加工方法的硬化程度及硬化层深度

加工方法	冷硬程度 N(%)		硬化层深度 $h_c/\mu m$		加工方法	冷硬程度 N(%)		硬化层深度 $h_c/\mu m$	
	平均值	最大值	平均值	最大值		平均值	最大值	平均值	最大值
普通车和高速车	120~150	200	30~50	200	滚齿和插齿	160~200	—	120~150	—
精密车	140~180	220	20~60	—	剃齿	—	—	<100	—
端铣	140~160	200	40~100	200	圆磨非淬火钢	140~160	200	30~60	—
圆周铣	120~140	180	40~80	110	圆磨低碳钢	160~200	250	30~60	—
钻和扩	160~170	—	180~200	250	圆磨淬火钢①	125~130	—	20~40	—
铰	—	—	—	300	平磨	150	—	16~35	—
拉	150~200	—	20~75	—	研磨(用研磨膏)	112~117	—	3~7	—

① 磨削用量大、冷却条件不好时，会发生淬火钢的回火转化，表层金属的显微硬度要降低，回火层的深度有时可达200μm。

（2）影响加工表面硬化的因素（见表 2-1-202）

表 2-1-202 影响加工表面硬化的因素

加工方法		影响因素	加工方法		影响因素
切削加工	刀具	刀具的前角越大，切削层金属的塑性变形越小，故硬化层深度 h_c 越小。当前角从 −60° 增大到 0°时，表层金属的显微硬度 HV 从 730 减至 450，硬化层深度从 200μm 减少到 50μm 刀刃钝圆半径 r_β 越大，已加工表面在形成过程中受挤压的程度越大，故加工硬化也越大。 随着刀具后面磨损量的增加，后面与已加工表面的摩擦随之增大，从而加工硬化层深度也增大。刀具后面磨损宽度从 0 增大到 0.2mm，表层金属的显微硬度 HV 由 220 增大到 340。但磨损宽度继续增大，摩擦热急剧增大，弱化趋势明显增加，表层金属的显微硬度 HV 逐渐下降，直至稳定在某一水平上	磨削加工	工件材料	材料的塑性好，导热性好，硬化的倾向大。纯铁与高速工具钢相比，塑性好，磨削时塑性变形大，强化倾向大。纯铁的导热性比高碳钢高，热量不易集中于表面层，弱化的倾向小
	工件	工件材料的塑性越大，强化指数越大，则硬化越严重。对于一般碳素结构钢，碳含量越少，塑性越大，硬化越严重。非铁合金金属的熔点低，容易弱化，加工硬化比结构钢轻得多，铜件比钢件小 30%，铝件比钢件小 75%左右		磨削用量	加大背吃刀量，磨削力随之增大，磨削过程的塑性变形加剧，表面冷硬趋向增大 加大纵向进给速度 v_{ft}，每个磨粒的切削厚度增大，磨削力增大，晶格畸变，晶粒间应力加大，冷硬增大。但提高纵向进给速度，有时会使磨削区产生较大的热量而使冷硬减弱。加工表面的冷硬状况要综合上述两种因素的作用 在工件纵向进给速度不变的情况下，提高工件的回转速度，就会缩短砂轮对工件的热作用时间，使弱化倾向减弱，表面冷硬增大 在其他条件不变的情况下，提高磨削速度的影响：可使每颗磨粒切除的切削厚度变小，减弱了塑性变形程度，表面冷硬减小；磨削区的温度增高，弱化倾向增大，冷硬减小；由于塑性变形速度的原因，使钢的蓝脆性范围向高温区转移，工件材料的塑性降低，强化倾向降低，冷硬减弱
	切削条件	当进给量比较大时，切削力增大，表面层金属的塑性变形加剧，冷硬程度增加。对于切削厚度比较小的情况，表面层的金属冷硬程度不仅不会减小，相反却会增大。这是由于切削厚度减小，切削比压要增大 切削速度增加时，塑性变形减小，塑性变形区也缩小，因此硬化层深度减小。另一方面，切削速度增加时，切削温度升高，弱化过程加快。但切削速度增加，又会使导热时间缩短，因而弱化来不及进行。当切削温度超过 Ac_3 时，表面层组织将产生相变，形成淬火组织。因此，硬化层深度及硬化程度又将增加。硬化层深度先是随切削速度的增加而减小，然后又随切削速度的增加而增大 采用有效的冷却润滑措施，可使加工硬化层深度减小		砂轮粒度	砂轮粒度越大，每颗磨粒的载荷越小，冷硬也越小
				冷却条件	在正常磨削条件下，若磨削液充分而背吃刀量又不大，强化作用占主导地位。如果砂轮钝化或修整不良，磨削液不充分，磨削过程中热因素的作用占主导地位，弱化恢复作用逐步加强，金相显微组织发生相变，导致在磨削表面层一定深度内出现回火软化区

2. 残余应力

残余应力是在没有外力作用的情况下，物体内部保持平衡而存留的应力。残余应力有残余压应力(−σ)和残余拉应力(+σ)之分。

影响残余应力的因素及减少残余应力的措施见表 2-1-203。

1.4.2.3 机械加工中的振动

机械加工中产生的振动有强迫振动和自激振动(颤振)两种类型。

1. 强迫振动的特点、产生原因与消减措施（见表 2-1-204）

2. 自激振动（颤振）的特点、产生原因与消减措施（见表 2-1-205）

表 2-1-203　影响残余应力的因素及减少残余应力的措施

影响残余应力的因素		减少残余应力的措施
前角	对残余应力的深度影响较大，负前角时比正前角的深度增大一倍	选择合适的切削用量以保证较好的刀具寿命与降低表面粗糙度值，必须用尖锐的切削刃，无细小锯齿状缺口，后面磨损应控制在0.2mm左右
刀具磨损	刀具磨损增大则离表层较深处的压应力值也增大	1)机床的刚度要好，避免产生振动。钻孔时，最好有导向套，尽可能增大钻头的刚度，钻出的孔边缘应进行倒角 2)用挤压方法和喷丸处理增大表层的残余压应力，可提高疲劳强度。例如，精挤齿轮与剃齿相比较，齿面的残余压应力增大，硬度提高；电火花加工、电解加工与电解抛光后用喷丸处理可显著提高高温合金的疲劳强度 3)进行热处理
进给量	进给量增大，表层拉应力增大，最大压应力移向工件内部	

表 2-1-204　强迫振动的特点、产生原因与消减措施

特　点	产生原因	消减措施
由外界周期性干扰力（工艺系统内部或外部振源）所激发的振动。其主要特点是： 1)强迫振动本身不能改变干扰力，干扰力一般与切削过程无关（由切削过程本身所引起的强迫振动除外）。干扰力消除，振动停止 2)强迫振动的频率与外界周期干扰力的频率相同，或是它的整倍数 3)干扰力的频率与系统的固有频率的比值等于或接近于1时，产生共振，振幅达到最大值 4)强迫振动的振幅与干扰力、系统的刚度及阻尼大小有关。干扰力越大，刚度及阻尼越小，则振幅越大	1)机床上回转件不平衡所引起的周期性变化的离心力 2)机床传动零件缺陷所引起的周期性变化的传动力 3)切削过程本身不均匀性所引起的周期性变化的切削力 4)往复运动部件运动方向改变时产生的惯性冲击 5)由外界其他振源传来的干扰力	1)对高速回转（600r/min以上）的零件进行平衡（静平衡和动平衡）或设置自动平衡装置。 2)调整轴承及镶条等处的间隙，改变系统的固有频率，使其偏离激振频率；调整运动参数，使可能引起强迫振动的振源频率远离机床加工薄弱模态的固有频率 3)提高传动装置的稳定性，如采用少接头、无接头传动带，用斜齿轮代替直齿轮，在主轴上安装飞轮等 4)在精密磨床上用叶片泵或螺旋泵代替齿轮泵，在液压系统中采用缓冲装置等以消除运动冲击 5)将高精度机床的动力源与机床本体分置在两个基础上以实现隔振 6)适当选择砂轮的硬度、粒度和组织，适时修整砂轮，减轻砂轮堵塞，减少磨削力的波动 7)按均匀铣削条件适当选择铣刀直径、齿数和螺旋角；增加铣刀齿数；以顺铣代替逆铣；采用不等距刀齿结构，破坏干扰力的周期性 8)刮研接触面，提高接触刚度；采用跟刀架、中心架等增强工艺系统刚度 9)采用黏结结构的基础件及薄壁封砂结构的床身等，增加阻尼，提高抗振能力 10)采用减振装置

表 2-1-205 自激振动(颤振)的特点、产生原因与消减措施

<table>
<tr><th>特 点</th><th>产生原因</th><th>消减措施</th></tr>
<tr>
<td>由振动系统本身在振动过程中激发产生的交变力所引起的不衰减的振动。即使不受到任何外界周期性干扰力的作用,自激振动也会发生。自激振动的特点是:
1)自激振动的频率等于或接近于系统的固有频率。按频率的高低可分为高频颤振(一般频率为 500~5000Hz)及低频颤振(一般频率为 50~500Hz)
2)自激振动能否产生及其振幅的大小,决定于每一振动周期内系统所获得的能量与阻尼消耗能量的对比情况
3)由于维持自激振动的干扰力是由振动过程本身激发的,故振动中止,干扰力及能量补充过程立即消失</td>
<td>自激振动产生的基本条件:刀具切离时所获得的能量大于刀具切入时所消耗的能量,即振动系统切离时通过 y_i 点的力 $F_0(y_i)$ 大于切入时通过同一点 y_i 的力 $F_i(y_i)$ 自激振动类型:
1)再生颤振。当重叠系数 $\mu>0$ 时,前后两次走刀(或相邻刀齿)的切削振纹就会有相位差 ψ,ψ 在 0°~180°的范围内时,$F_0(y_i)>F_i(y_i)$
相位角 ψ 与工件每转中的振动次数 f_r 有关。分析表明,只有当 $0>\varepsilon>-0.5$ 时,才有产生再生颤振的可能。ε 为工件一转中振动次数的小数部分
2)振型耦合颤振。假设切削前工件表面是光滑的,工件系统的刚度很高,刀具系统是主振系统,其等效质量为 m,由刚度为 k_1 和 k_2 的两个彼此垂直的弹簧支承着,弹簧 $k_1<k_2$,其轴线 x_1 和 x_2 分别称为小刚度主轴和大刚度主轴
如果刀架系统在 y、z 两个坐标方向上产生了角速度为 ω 的振动,其振动必有相位差 ψ。ψ 值不同,振动系统将有不同的振动轨迹,一般为椭圆形封闭曲线。刀具沿椭圆形曲线切入运动时,切削厚度较薄,切削力较小;刀具切离运动时,切削厚度较大,切削力较大,因而 $F_0(y_i)>F_i(y_i)$
3)负摩擦颤振。产生负摩擦颤振的充分条件是径向切削力随速度变化的斜率小于或等于振动系统的负阻尼</td>
<td>1)调整振动系统小刚度主轴的位置,使其处于切削力 F 与 y 轴(加工表面的法线方向)的夹角范围之外,如镗孔时采用削扁镗杆,车外圆时车刀反装
2)通过改变切削用量和刀具几何形状,减小重叠系数 μ,如采用主偏角 $\kappa_r=90°$ 的直角偏刀车外圆
3)减小切削刚度 k_c:增大进给量 f、主偏角 κ_r、前角 γ_o;适当提高切削速度 v;改善被加工材料的可加工性
4)增加切削阻尼:适当减小刀具的后角($\alpha=2°\sim3°$);在后面上磨出消振棱;适当增大钻头的横刃;适当使刀尖高于(车外圆)、低于(镗内孔)工件轴线,以获得小的工作后角
为消减刀具的高频振动,宜增大刀具的后角和前角
5)调整切削速度,避开临界切削速度 v_{lim},以消减切削过程动态特性引起的自振。在切断、车端面或使用宽刃刀具、成形刀具和螺纹刀具时,宜取 $v<v_{lim}$。纵车和切环形工件端面时,宜取 $v>v_{lim}$。刀具高频自振时,宜提高转速和背吃刀量,以提高切削温度,消除刀具后面的摩擦力下降特性和负摩擦自振。切削 45 钢时,自振临界速度 v_{lim} 见下表
<table>
<tr><td>进给量 f/(mm/r)</td><td>0.025</td><td>0.075</td><td>0.15</td><td>0.225</td></tr>
<tr><td>临界速度 v_{lim}/(m/min)</td><td>110~130</td><td>75~95</td><td>45~55</td><td>30~40</td></tr>
</table>
6)周期性改变车、磨的主轴转速(变化幅度为 10%~20%),可消除再生颤振
7)提高工艺系统刚度,可减小动柔度最大负实部的数值,以提高抗振性,但应注意提高薄弱环节的刚度和减轻构件质量
8)增大系统的阻尼:选用阻尼比大的材料制造零件;在零件上附加高内阻材料;提高结合面的摩擦阻尼;在机床振动系统上附加阻尼减振器;在精密机床上采用液体静压主轴、丝杠、导轨
9)采用逆相位加振:对工件或砂轮座施加一个与磨削工艺系统相位差为 180°、振动量相同的振动,抵消已发生的磨削振动,适用于平面磨削和外圆磨削
10)对砂轮进行超声波清洗以降低振动振幅</td>
</tr>
</table>

第2章　工艺装备设计基础、规则及机床夹具设计㊀

按工艺规程的要求，保证工件获得相对于机床和刀具的正确位置，并通过夹紧工件保证在加工过程中始终保持工件正确位置的工艺装备，称为机床夹具。

机床夹具的分类：按所使用机床的不同，夹具可分为车床夹具、铣床夹具、钻床夹具、磨床夹具等。按夹具上所采用的夹紧力装置不同，夹具可分为手动夹具、气动夹具、液压夹具、磁力夹具等。按夹具通用化程度和使用范围不同，夹具可分为通用夹具、专用夹具、可调夹具、组合夹具等。

2.1　工艺装备设计基础

2.1.1　工艺装备编号方法（JB/T 9164—1998）

2.1.1.1　基本要求

1）企业的自制工艺装备都应具有独立的编号。

2）工艺装备编号可采用数字编号方法和字母与数字混合编号方法两种，推荐优先采用数字编号方法。

2.1.1.2　工艺装备编号的构成

1）数字编号方法由工装的类代号、组代号、分组代号及设计顺序号两部分组成，中间以一字线分开。

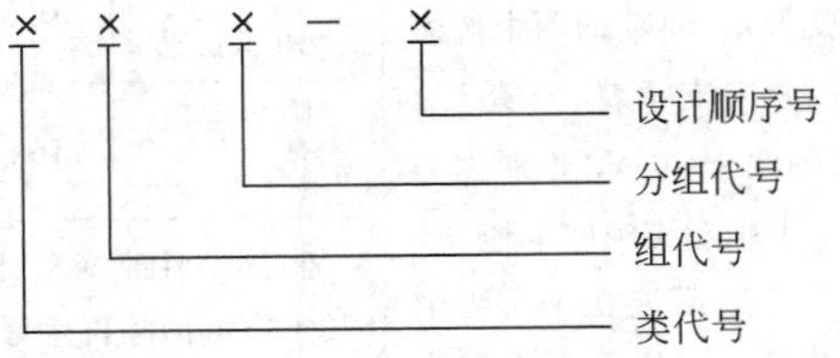

例如，外圆车刀的编号为

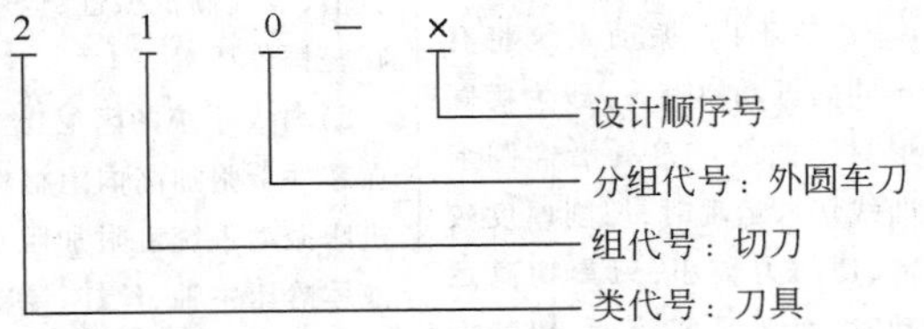

2）字母和数字混合编号方法，由工装的类代号、组代号、分组代号及设计顺序号两部分组成，中间以一字线分开。

㊀ 工艺装备指产品制造中所用的工具总体，包括刀具、夹具、模具、量具、检具、辅具、钳工工具和工位器具等。其中，在机械加工中应用的“夹具”在厂矿企业中俗称“机床夹具”，其通用工艺装备称为通用夹具，专用工艺装备称为专用夹具，可调工艺装备称为可调夹具。另外，还有组合夹具和机床辅具等。

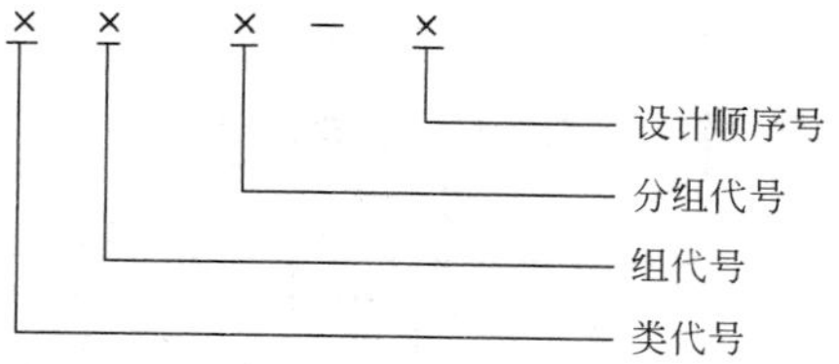

例如，外圆车刀的编号为

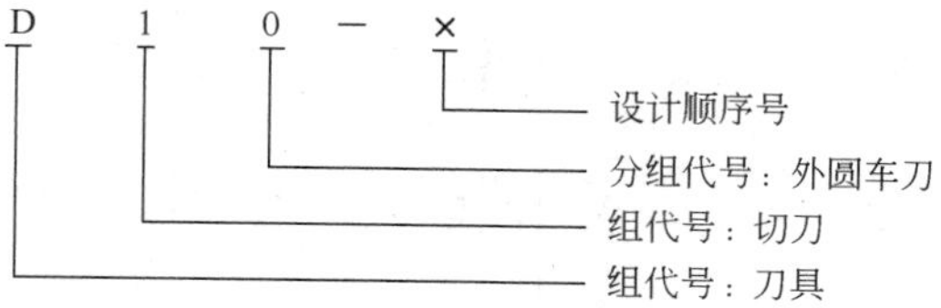

3）必要时企业可在工装编号中加入下列内容：

① 对每个分组再分型，型代号由企业自行规定。

② 在工装编号的首部加入产品代号和其他代号（如企业代号）。

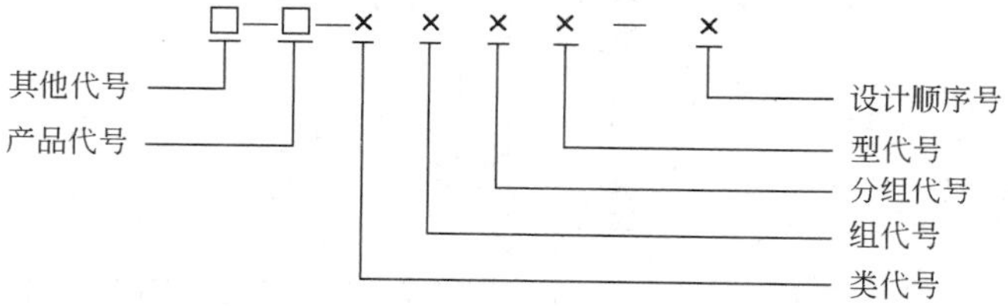

4）若企业自制工装不多，可以只划分类、组，不再划分分组。

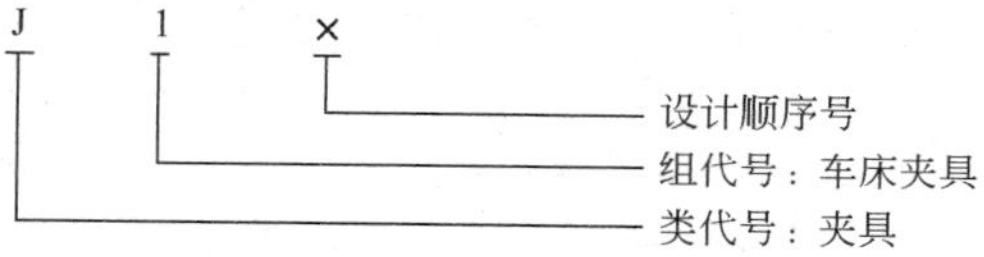

5）自制通用工艺装备可在类代号前加字母“T”。

6）工装做较大修改时，可在设计顺序号后加字母 A、B、C 等，以示区别。

2.1.1.3　工艺装备的类、组和分组的划分及代号

1. 工艺装备类的划分及代号（见表 2-2-1）

表 2-2-1　工艺装备类的划分及代号

类			说　明
数字代号	字母代号	名称	
0	R	热加工用工装	铸造、热压力加工、热处理、焊接、粉末冶金、非金属热加工用的工装
1	C	冷压加工用工装	板料冲压、冷镦、冷挤、拉丝等冷压加工用的工装
2	D	刀具（用于切削加工）	金属切削机床用刀具，包括光整加工用工具和电加工用工具
3			
4			
5			
6	F	辅具	用于连接机床与刀具的各种工具
7	J	夹具（用于切削加工）	在金属切削机床或机械上，用于安装、定位和夹紧被加工工件的工具
8	L	计量器具	加工和装配中测量尺寸、形状和位置的量具、夹具和各种检验测试装置
9	Q	其他工装	工位器具，起重运输装置，表面处理，制造弹簧用工装，电加工专用工装及钳工和装配工具非金属加工用工装等

2. 工艺装备的类、组及代号（类代号以数字表示为例）（见表 2-2-2）

表 2-2-2 工艺装备的类、组及代号

类	组									
	0	1	2	3	4	5	6	7	8	9
0 热加工用工装	00 铸造用工装	01 热压力加工用工装	02 热处理用工装	03 焊接用工装	04 粉末冶金用工装	05 非金属热加工用工装	06	07	08	09 其他
1 冷压加工用工装	10 板料冲压用工装	11 冷镦、冷挤、拉丝等用工装	12	13	14	15	16	17	18	19 其他
2 刀具（用于切削加工）	20	21 切刀	22 铣刀	23 孔加工刀具	24 拉刀和推刀	25 齿形加工刀具	26 螺纹加工刀具	27 光整加工工具	28	29 其他
3	30	31	32	33	34	35	36	37	38	39
4	40	41	42	43	44	45	46	47	48	49
5	50	51	52	53	54	55	56	57	58	59
6 辅具	60	61 车床辅具	62 铣床和齿轮加工机床辅具	63 刨床、插床辅具	64 磨床辅具	65 钻床、镗床辅具	66 拉床、花键机床辅具	67	68	69 其他
7 夹具（用于切削加工）	70 夹具装置	71 车床、螺纹机床、圆磨机床用夹具	72 齿轮加工机床用夹具	73 钻床、镗床用夹具	74 铣、刨、插、平面磨床用夹具	75 花键机床、拉床用夹具	76	77	78	79 其他
8 计量器具	80	81 光滑极限量规	82 螺纹量规	83 位置、综合和成形量具	84 样板、样件	85	86 检验夹具和装置	87 检验仪器和测试装置	88	89 其他
9 其他工装	90 工位器具	91 起重运输装置	92 钳工和装配工具	93 非金属加工用工具	94 表面处理用工具	95 制造弹簧用的工装	96	97 电工专用工装	98	99 其他

3. 工艺装备（简称工装）**分组的划分及代号**（类代号以数字表示为例）

1）热加工用工装的类、组、分组及代号见表 2-2-3。

表 2-2-3　热加工用工装的类、组、分组及代号

类、组	分组									
	0	1	2	3	4	5	6	7	8	9
00 铸造用工装	000 砂型铸造用工装	001 金属型铸造用工装	002 压力铸造用工装	003 离心铸造用工装	004 熔模铸造用工装	005 其他铸造方法用工装	006 铸件清理校正用工装	007 铸造用手工工具和量具	008	009 其他
01 热压力加工用工装	010 模锻锤用锻模	011 摩擦压力机用锻模	012 曲轴压力机用锻模	013 平锻机用锻模	014	015 自由锻锤用锻模	016 锻造用的整形模、冲切模	017 锻造用手工工具和量具	018	019 其他
02 热处理用工装	020 热处理用夹具	021 热处理用感应器	022	023	024	025	026	027 热处理用手工工具及其他装置	028	029 其他
03 焊接用工装	030 焊接用夹具	031 焊接用焊枪、焊钳、切割器及其附件	032 焊接用电极	033	034	035	036	037 钎焊工具及焊接用手工具	038	039 其他
04 粉末冶金用工装	040 硬质合金用压模	041 粉末冶金用模具	042	043	044	045	046	047	048	049 其他
05 非金属热加工用工装	050 橡胶用模具	051 塑料用模具	052 玻璃用模具	053	054	055	056	057	058	059 其他
06	060	061	062	063	064	065	066	067	068	069
07	070	071	072	073	074	075	076	077	078	079
08	080	081	082	083	084	085	086	087	088	089
09 其他	090	091	092	093	094	095	096	097	098	099

2）冷压力加工用工装的类、组、分组及代号见表 2-2-4。

表 2-2-4 冷压力加工用工装的类、组、分组及代号

类、组	分组									
	0	1	2	3	4	5	6	7	8	9
10 板料冲压工装	100 冲裁模	101 弯曲成形冲模	102 拉深成形冲模	103 成形模	104 复合冲模	105 连续冲模	106 非金属用冲模	107 板料冲压用工具	108	109 其他
11 冷镦、冷挤、拉丝等用工装	110 冷镦模具和夹具	111 冷挤压模具和夹具	112 拉丝模具和夹具	113	114	115	116	117	118	119
12	120	121	122	123	124	125	126	127	128	129
13	130	131	132	133	134	135	136	137	138	139
14	140	141	142	143	144	145	146	147	148	149
15	150	151	152	153	154	155	156	157	158	159
16	160	161	162	163	164	165	166	167	168	169
17	170	171	172	173	174	175	176	177	178	179
18	180	181	182	183	184	185	186	187	188	189
19 其他	190 钣金工具	191 冷压加工用量具	192 压印工具	193	194	195	196	197	198	199

3）刀具（用于机械加工）的类、组、分组及代号见表 2-2-5。

表 2-2-5　刀具（用于机械加工）的类、组、分组及代号

类、组	分组									
	0	1	2	3	4	5	6	7	8	9
20	200	201	202	203	204	205	206	207	208	209
21 切刀	210 外圆车刀	211 镗孔车刀	212 成形车刀	213 其他车刀	214 刨刀	215 插刀	216	217	218	219 其他
22 铣刀	220 圆柱形铣刀	221 盘铣刀和面铣刀	222 立铣刀	223	224 片铣刀	225 槽铣刀	226 成形铣刀	227	228 角度铣刀	229 其他
23 孔加工刀具	230 钻头	231 扩孔钻	232 锪钻	233 镗刀	234 铰刀	235 深孔刀具	236 组合刀具	237	238	239 其他
24 拉刀和推刀	240 圆孔拉刀	241 平面拉刀	242 键槽拉刀	243 花键拉刀	244 特形拉刀	245 推刀	246	247	248	249 其他
25 齿形加工刀具	250 铣齿刀	251 滚刀	252 剃齿刀	253 插齿刀	254 刨齿刀	255 其他齿形加工刀具	256	257	258	259 其他
26 螺纹加工刀具	260 丝锥	261	262	263	264	265 滚丝轮	266 板牙	267 搓丝板	268 螺纹梳刀	269 其他
27 光整加工用工具	270	271	272 研磨工具	273	274 珩磨工具	275 磨头	276	277 压光工具	278 抛光工具	279 其他
28	280	281	282	283	284	285	286	287	288	289
29 其他	290 滚压轮	291 刻字工具	292 电加工用工具	293	294	295	296	297	298	299

4）辅助工具（用于机械加工）的类、组、分组及代号见表2-2-6。

表2-2-6 辅助刀具（用于机械加工）的类、组、分组及代号

类、组	分组									
	0	1	2	3	4	5	6	7	8	9
60	600	601	602	603	604	605	606	607	608	609
61 车床辅具	610	611 卧式车床辅具	612 立式车床辅具	613 转塔车床辅具	614 半自动车床辅具	615 自动车床辅具	616	617	618	619 其他
62 铣床和齿轮加工机床辅具	620	621 立式铣床辅具	622 卧式铣床辅具	623 龙门铣床辅具	624 万能铣床辅具	625 滚齿、铣齿机床辅具	626 插齿、刨齿机床辅具	627 剃齿、珩齿、研齿、磨齿机床辅具	628	629 其他
63 刨床、插床辅具	630	631 牛头刨床辅具	632 龙门刨床辅具	633 插床辅具	634	635	636	637	638	639 其他
64 磨床辅具	640	641 内圆磨床辅具	642 外圆磨床辅具	643 无心磨床辅具	644 平面磨床辅具	645 工具磨床辅具	646 万能磨床辅具	647	648	649 其他
65 钻床、镗床辅具	650	651 立式钻床辅具	652 摇臂钻床辅具	653 立式镗床辅具	654 卧式镗床辅具	655 深孔加工机床辅具	656	657	658	659 其他
66 拉床、花键机床辅具	660	661 拉床辅具	662	663 花键机床辅具	664 花键磨床辅具	665	666	667	668	669 其他
67 其他机床辅具	670	671 螺纹机床辅具	672 研磨机床辅具	673 抛光机床辅具	674 电加工机床辅具	675	676	677	678	679 其他
68	680	681	682	683	684	685	686	687	688	689
69	690	691	692	693	694	695	696	697	698	699

5）夹具（用于机械加工）的类、组、分组及代号见表 2-2-7。

表 2-2-7　夹具（用于机械加工）的类、组、分组及代号

类、组	分组									
	0	1	2	3	4	5	6	7	8	9
70 夹具装置	700 夹紧装置	701 定位装置	702 气液压装置	703 回转装置	704 靠模装置	705	706	707	708	709 其他
71 车床、螺纹机床、圆磨床用夹具	710	711 卧式车床用夹具	712 立式车床用夹具	713 转塔车床用夹具	714 半自动车床和自动车床用夹具	715	716 螺纹机床用夹具	717 内、外圆磨床用夹具	718	719 其他
72 齿轮加工机床用夹具	720	721 滚齿、铣齿机用夹具	722 刨齿机用夹具	723 插齿机用夹具	724 剃齿、珩齿、磨齿、研齿机用夹具	725	726	727	728	729 其他
73 钻床、镗床用夹具	730	731 立式钻床用夹具	732 摇臂机床用夹具	733 立式镗床用夹具	734 卧式镗床用夹具	735 深孔加工机床用夹具	736	737	738	739 其他
74 铣、刨、插、平面磨床用夹具	740	741 立式、卧式铣床用夹具	742 万能铣、龙门铣床用夹具	743 牛头刨床用夹具	744 龙门刨床用夹具	745 插床用夹具	746 平面磨床用夹具	747	748	749 其他
75 花键机床、拉床用夹具	750	751 花键铣床用夹具	752 花键机床用夹具	753 拉床用夹具	754	755	756	757	758	759 其他
76 其他机床用夹具	760	761 研磨机床用夹具	762 抛光磨床用夹具	763 电加工机床用夹具	764 刻字机用夹具	765	766	767	768	769 其他
77	770	771	772	773	774	775	776	777	778	779
78	780	781	782	783	784	785	786	787	788	789
79	790	791	792	793	794	795	796	797	798	799

6）计量器具的类、组、分组及代号见表 2-2-8。

表 2-2-8 计量器具的类、组、分组及代号

类、组	分组									
	0	1	2	3	4	5	6	7	8	9
80	800	801	802	803	804	805	806	807	808	809
81 光滑极限量规	810 长度、高度、深度量规	811 孔用塞规	812 轴用卡规	813 气动测量用塞规	814 气动测量用卡规	815	816 槽用量规	817	818	819 其他
82 螺纹量规	820	821	822 螺纹塞规	823	824 螺纹环规	825 校对量规	826	827	828	829 其他
83 位置、综合和成形量规	830 槽、键位置量规	831 花键用量规	832 圆锥量规	833	834 位置量规	835	836 气动测量用综合量规及成形量规	837 角度量规	838 成形量规	839 其他
84 样板、样件	840	841 对刀样板及对刀装置	842 螺纹样板	843 齿形样板	844 锥度和角度样板	845	846 样件	847	848	849 其他
85	850	851	852	853	854	855	856	857	858	859
86 检验夹具和装置	860 检查夹具	861 自动测量装置	862	863	864	865	866	867	868	869 其他
87 检验仪器和试验台	870	871 检验仪器	872	873 耐压试验台	874 密封性试验台	875 物理性能试验台	876	877	878	879 其他
88	880	881	882	883	884	885	886	887	888	889
89 其他	890 V形块	891 平尺、卡尺	892 方箱	893 平板	894 对表件	895	896 量仪附件支架、拉线工具	897	898	899 其他

7）其他工装的类、组、分组及代号见表2-2-9。

表2-2-9　其他工装的类、组、分组及代号

类、组	分组									
	0	1	2	3	4	5	6	7	8	9
90 工位器具	900 零件箱	901 托盘	902 零件架	903 工作台	904 容器	905 柜	906 盒	907	908	909 其他
91 起重运输装置	910 手推车	911 吊钩	912 悬挂装置	913	914	915	916	917	918	919 其他
92 钳工和装配工具	920 铆接工具	921 粘接工具、压合工具和夹具	922 调整、装配、拆卸用工具和夹具	923 装配用手工具	924	925 钳工工具	926	927	928	929 其他
93 非金属加工用工具	930 木材加工用工具	931 橡胶加工用工具	932 玻璃加工用工具	933 塑料加工用工具	934	935	936	937	938	939 其他
94 表面处理用工具	940 洗涤工具	941 涂漆工具	942 电镀工具	943 发蓝工具（发黑）	944 喷砂工具	945 喷丸工具	946 阳极氧化工具	947	948	949 其他
95 制造弹簧用工具	950	951 缠绕工具	952 弯曲、压缩工具	953 弹簧检验工具	954 弹簧装配工具	955	956	957	958	959 其他
96	960	961	962	963	964	965	966	967	968	969
97 电工专用工具	970 绕线工装	971 嵌线工具	972 电线成形工具	973	974	975	976	977	978	979 其他
98	980	981	982	983	984	985	986	987	988	989
99 其他	990	991	992	993	994	995	996	997	998	999

2.1.1.4 工艺装备编号登记表（见表2-2-10）

表2-2-10 工艺装备编号登记表

(1)		工装编号登记表		工装类、组、分组名称		(2)	工装类、组、分组代号		(3)
序号	工装编号	工装名称	使用对象		工序	使用车间	设计者	登记日期	备注
			图号	名称					
	(4)	(5)	(6)	(7)	(8)	(9)	(10)	(11)	(12)

注：1. 登记表各栏填写内容：(1) 企业名称（可印出）；(2) 在本表上登记的工装类、组与分组名称；(3) 在本表上登记的工装类、组与分组代号；(4) 由 (3) 中的代号加设计顺序号后构成；(5) 编号的工装详细名称，如45°外圆车刀、滚齿心轴等；(6) 使用该工装的零件图号；(7) 使用该工装的零件名称；(8) 使用该工装的工序名称；(9) 使用该工装的分厂、车间或工段的名称或代号；(10) 该工装的设计者（签字）；(11) 登记该工装编号的日期；(12) 根据需要填写。

2. 表格尺寸由各企业自定。

2.1.2 专用工艺装备设计图样及设计文件格式

2.1.2.1 专用工艺装备设计任务书（格式1）（见表2-2-11）

表2-2-11 专用工艺装备设计任务书（格式1）

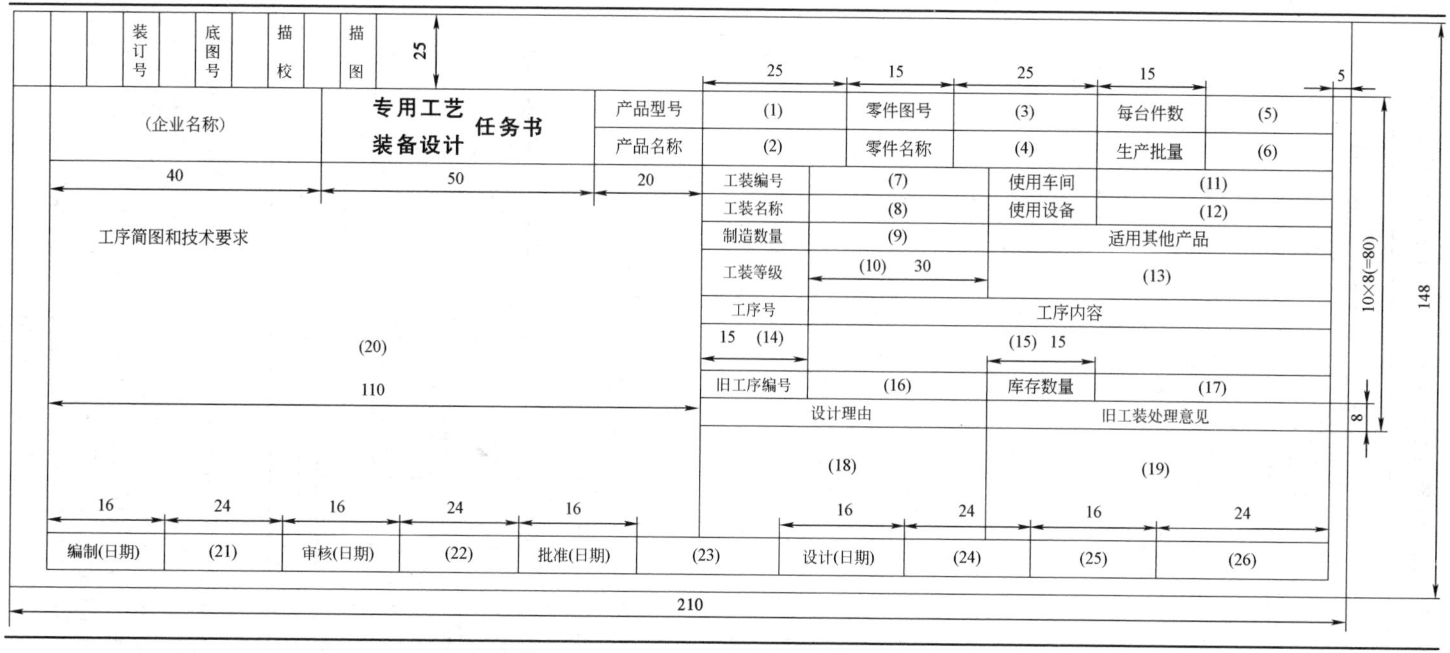

注：1. 空格填写内容：(1)~(4) 按设计文件填写使用该工装的产品型号、名称和零件的图号、名称；(5)、(6) 分别填写使用该工装的零件在每台产品中的数量和生产批量；(7) 工装编号；(8) 工装名称；(9) 提出第一次制造数量；(10) 工装复杂程度等级（按企业标准填写）；(11) 该工装在哪个车间使用；(12) 该工装在何设备上使用，一般只填写设备型号的名称，如工艺有特殊要求时，填写设备型号和本厂设备编号；(13) 该工装还适用于哪个产品，只写产品型号及件号；(14) 工序号表明该工装在此工序中使用；(15) 工序内容，表明使用该工装在此工序中需加工的内容；(16) 旧工序编号；(17) 旧工装库存数量；(18) 工装的设计原因；(19) 工艺人员提出对旧工装的处理意见；(20) 绘制工序简图，说明定位基准和装夹方法；(21) ~ (24) 责任者签字并注明日期；(25)、(26) 根据需要自定。

2. 可根据需要复印成软硬多页的复写形式。

2.1.2.2 专用工艺装备装配图样标题栏、附加栏及代号栏（格式2）（见表2-2-12）

表2-2-12 专用工艺装备装配图样标题栏、附加栏及代号栏（格式2）

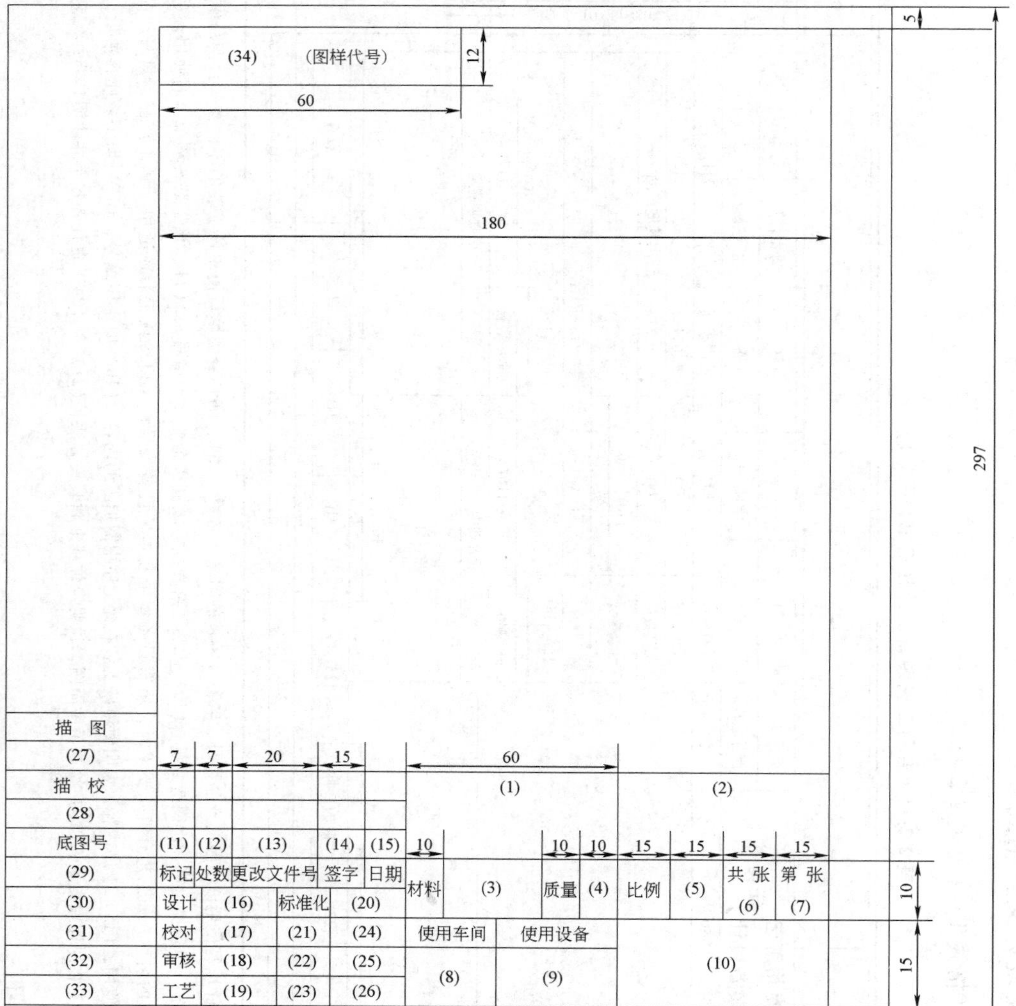

注：空格填写内容：（1）工装名称；（2）为分数形式：分子为工装编号，分母为使用对象；（3）填写材料牌号（工装只有一个零件时）；（4）质量（工装只有一个零件时）；（5）填写图样的比例；（6）用阿拉伯数字按顺序填写；（7）用阿拉伯数字填写同一个编号工装的图样张数；（8）使用该工装车间的名称；（9）使用该工装的设备；（10）填写企业名称；（11）更改标记的符号；（12）用阿拉伯数字填写同一种标记符号的数量；（13）工艺文件更改通知单编号；（14）更改人员签字；（15）更改人员签字日期；（16）~（23）各职能人员签字及日期；（24）~（26）为备用栏，由各企业自定；（27）描图员签字；（28）描校者签字；（29）底图号；（30）~（33）根据需要自定；（34）填写专用工装装配图样代号。

2.1.2.3　专用工艺装备零件明细栏（格式 3）（见表 2-2-13）

表 2-2-13　专用工艺装备零件明细栏（格式 3）

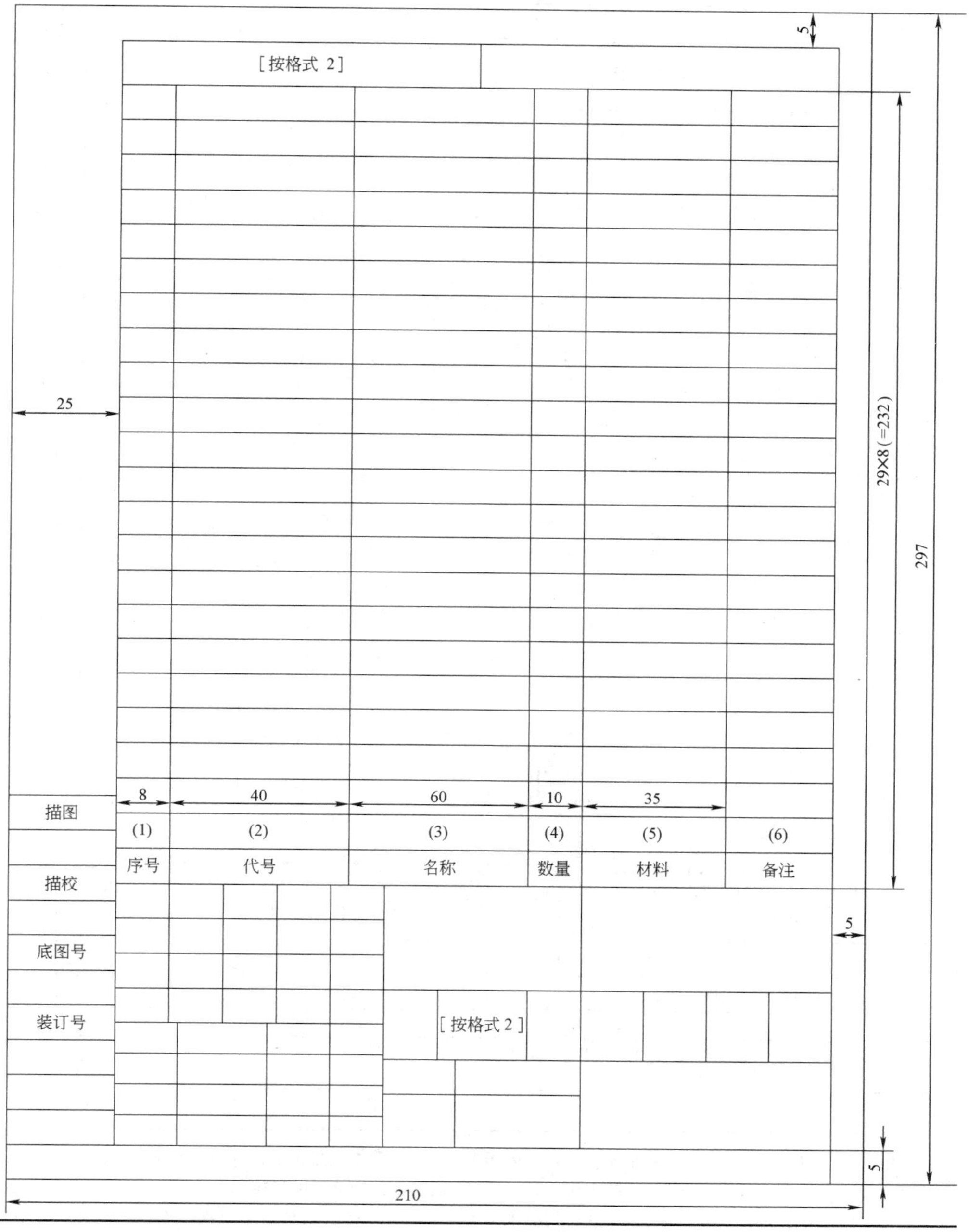

注：空格填写内容：（1）零件顺序；（2）工装零件代号；（3）零件名称；（4）零件数量；（5）材料牌号；（6）备注。

2.1.2.4 专用工艺装备零件图样标题栏（格式4）（见表2-2-14）

表2-2-14 专用工艺装备零件图样标题栏（格式4）

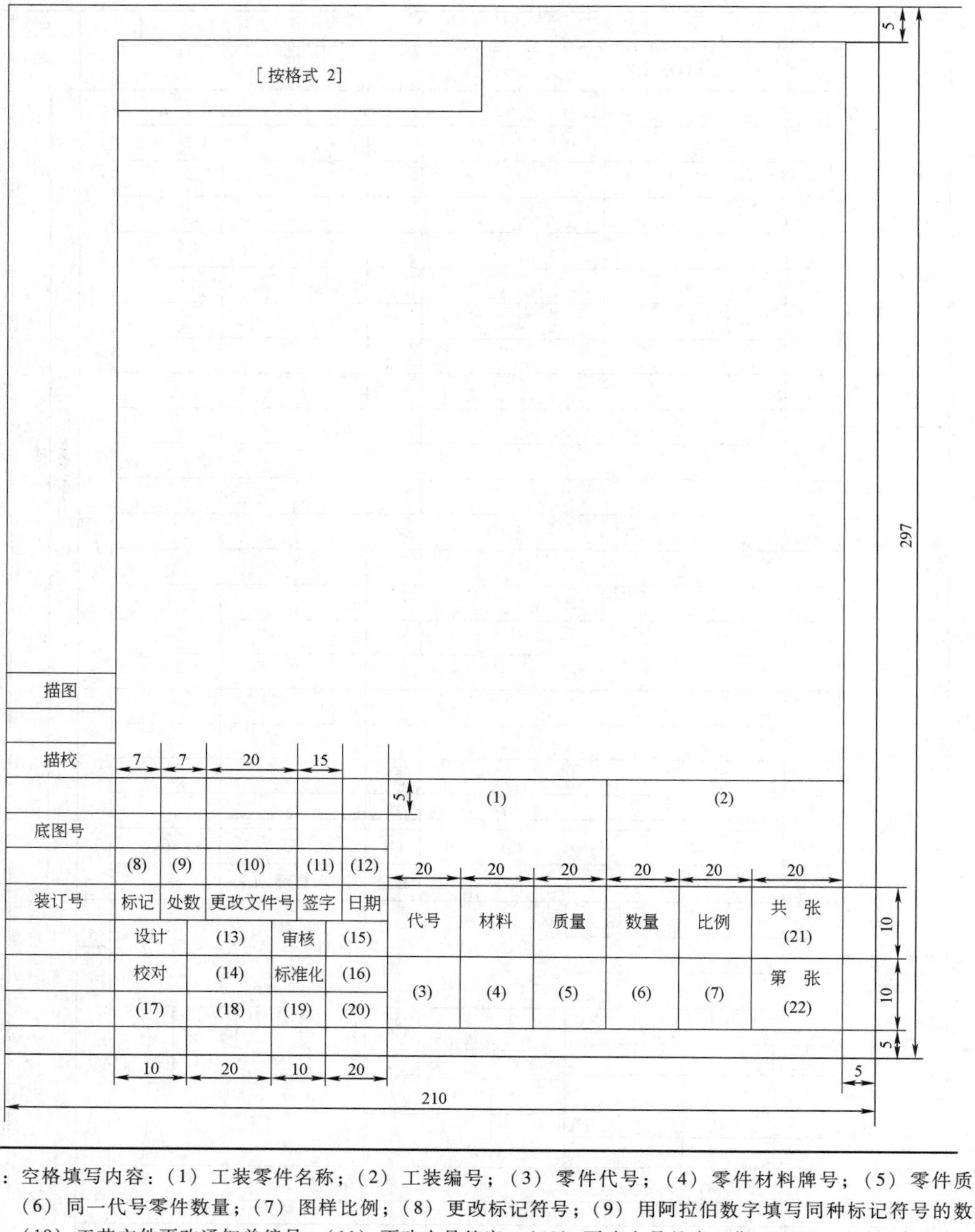

注：空格填写内容：(1) 工装零件名称；(2) 工装编号；(3) 零件代号；(4) 零件材料牌号；(5) 零件质量；(6) 同一代号零件数量；(7) 图样比例；(8) 更改标记符号；(9) 用阿拉伯数字填写同种标记符号的数量；(10) 工艺文件更改通知单编号；(11) 更改人员签字；(12) 更改人员签字日期；(13)~(16) 各职能人员签字；(17)~(20) 备用栏，各企业自定；(21)、(22) 用阿拉伯数字分别填写每个零件图样的总张数和顺序数。

2.1.2.5　专用工艺装备零件明细表（格式 5）（见表 2-2-15）

表 2-2-15　专用工艺装备零件明细表（格式 5）

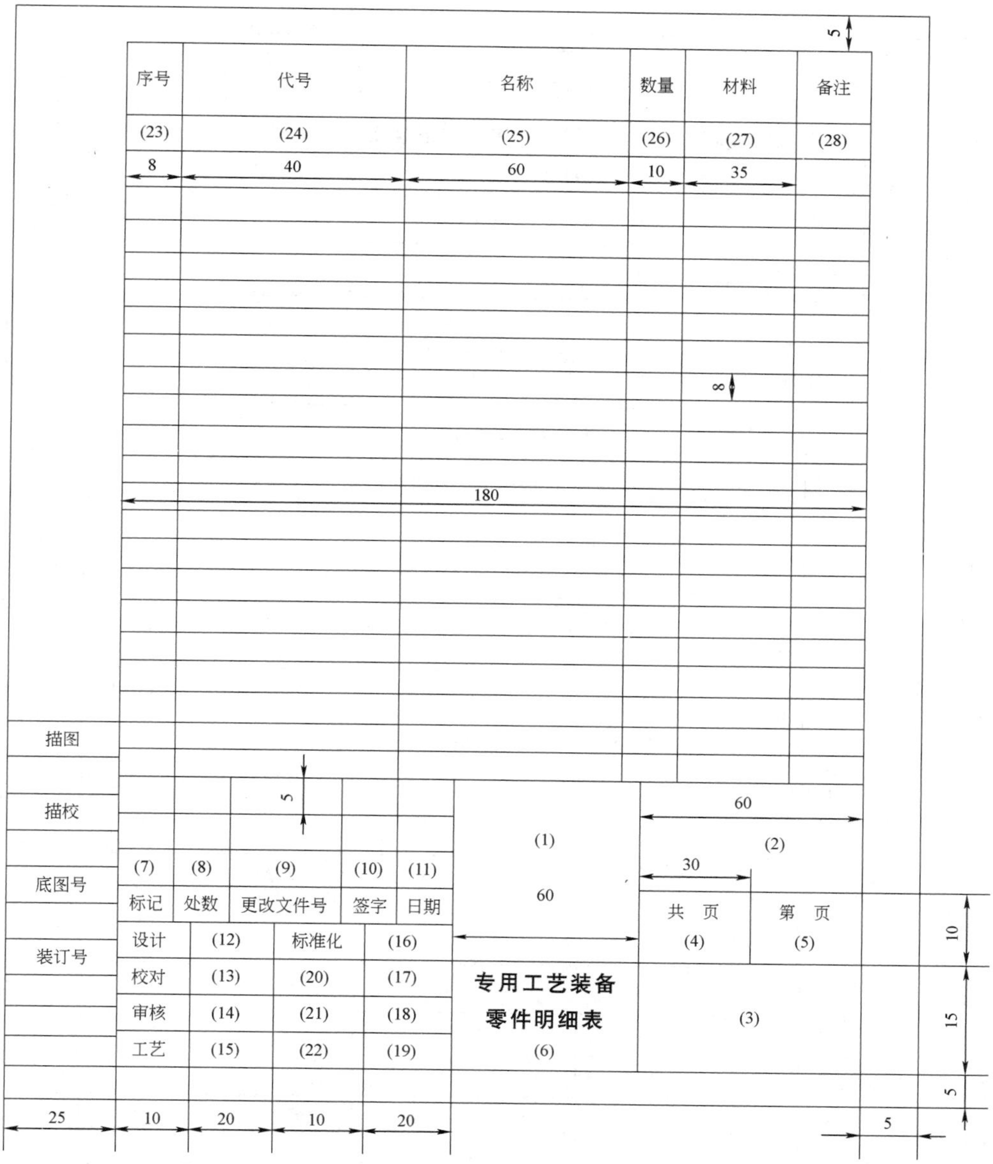

注：空格填写内容：(1) 专用工装名称；(2) 以分数形式填写：分子为工装编号，分母为使用的对象；(3) 填写企业名称；(4)、(5) 同一套专用工艺装备零件明细表的总页数和顺序数；(6) 填写“专用工艺装备零件明细表”；(7)~(22) 按格式 2 的 (11)~(26) 说明填写；(23) 零件顺序号；(24) 工装零件代号；(25) 零件名称；(26) 同一代号零件数量；(27) 材料的牌号；(28) 备注。

2.1.2.6　专用工艺装备验证书（格式6）（见表2-2-16）

表2-2-16　专用工艺装备验证书（格式6）

<table>
<tr><td colspan="3" rowspan="2">(企业名称)</td><td colspan="2" rowspan="2">**工艺装备验证书**</td><td colspan="2">(文件编号)</td></tr>
<tr><td>共　页</td><td>第　页</td></tr>
<tr><td>产品型号</td><td colspan="2">(1)</td><td colspan="2">产品名称</td><td colspan="2">(2)</td></tr>
<tr><td>零件图号</td><td colspan="2">(3)</td><td colspan="2">零件名称</td><td colspan="2">(4)</td></tr>
<tr><td>工装编号</td><td colspan="2">(5)</td><td colspan="2">工装名称</td><td colspan="2">(6)</td></tr>
<tr><td>使用单位</td><td colspan="2">(7)</td><td colspan="2">使用设备</td><td colspan="2">(8)</td></tr>
<tr><td>工序号</td><td colspan="2">(9)</td><td colspan="2">工序名称</td><td colspan="2">(10)</td></tr>
<tr><td>验证记录</td><td colspan="6">(11)</td></tr>
<tr><td>修改意见</td><td colspan="6">(12)</td></tr>
<tr><td>结论</td><td colspan="6">(13)</td></tr>
<tr><td rowspan="3">会签</td><td>(14)</td><td>(15)</td><td>(16)</td><td>(17)</td><td>(18)</td><td>(19)</td></tr>
<tr><td></td><td></td><td></td><td></td><td></td><td></td></tr>
<tr><td></td><td></td><td></td><td></td><td></td><td></td></tr>
</table>

注：空格填写内容：(1)~(4) 一律按产品图样的规定填写；(5)~(10) 与工装设计任务书的内容一致；(11) 按规定的验证项目逐项填写验证后的实际精度或验证简图；(12) 填写验证后的返修内容与意见；(13) 验证后填写合格、基本合格、不合格、报废的验证结论；(14)~(19) 验证组织者与参加者的单位和签字，并注明日期。

2.1.2.7　专用工艺装备使用说明书

专用工艺装备使用说明书的格式同 JB/T 9165.3 附录 B 中（格式 B）工艺文件用纸。

2.1.3　定位、夹紧符号应用及相对应的夹具结构示例[⊖]（见表 2-2-17）

表 2-2-17　定位、夹紧符号应用及相对应的夹具结构示例

序号	说明	定位、夹紧符号应用示例	夹具结构示例
1	安装在 V 形夹具体内的销轴（铣槽）	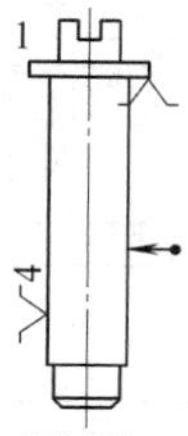（三件同加工）	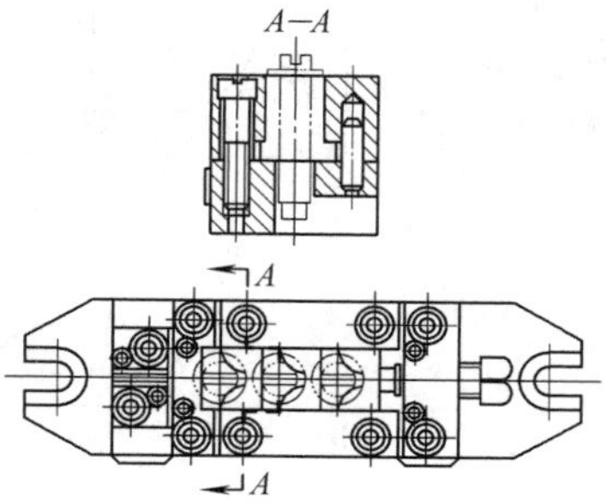
2	安装在铣齿底座上的齿轮（齿形加工）	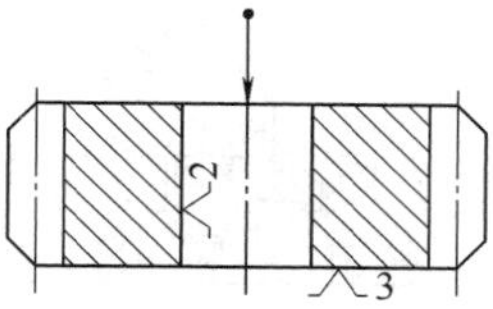	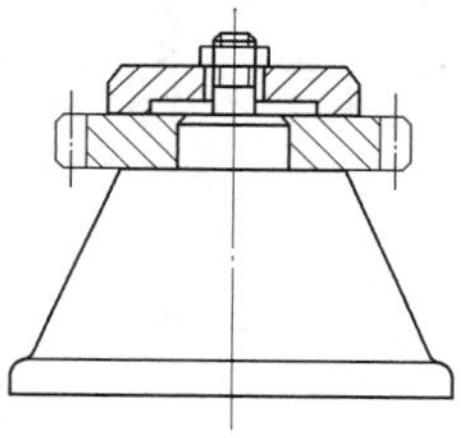
3	安装在一圆柱销和一菱形销夹具上的箱体（箱体镗孔）	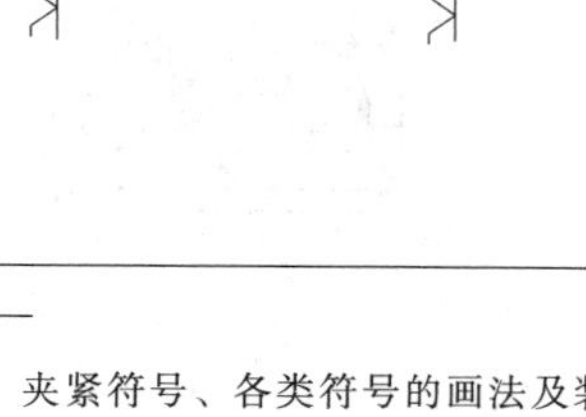	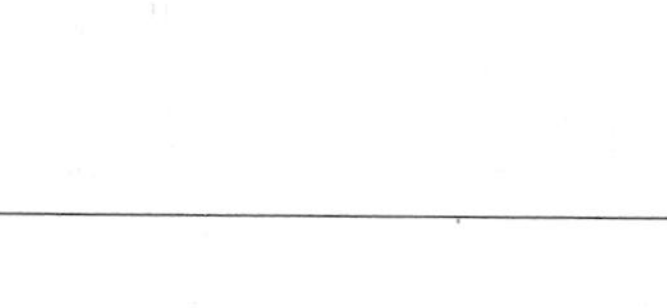

⊖　机械加工定位、夹紧符号、各类符号的画法及装置符号的使用见第 2 卷第 1.1.2 节。

（续）

序号	说明	定位、夹紧符号应用示例	夹具结构示例
4	安装在三面定位夹具上的箱体（箱体镗孔）	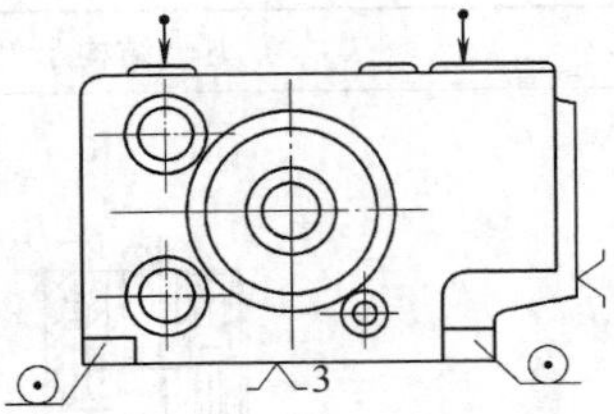	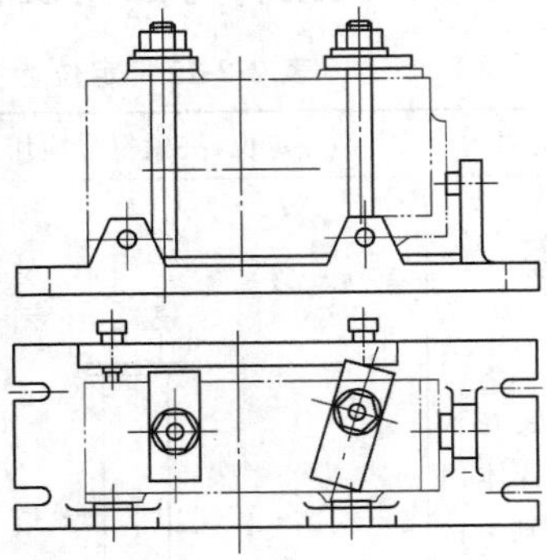
5	安装在钻模上的支架（钻孔）	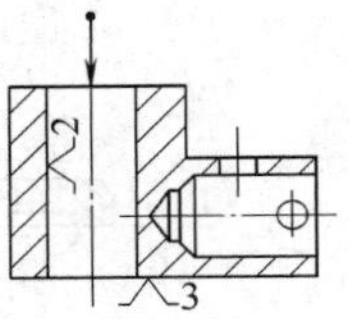	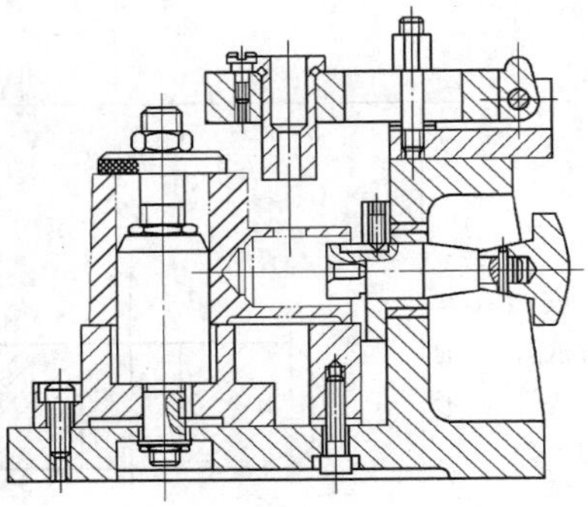
6	安装在专用曲轴夹具上的曲轴（铣曲轴侧面）	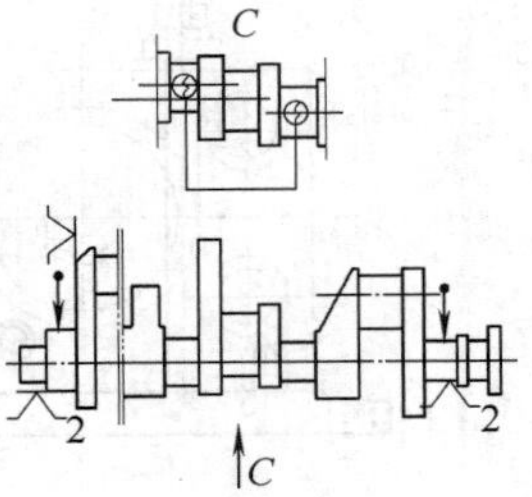	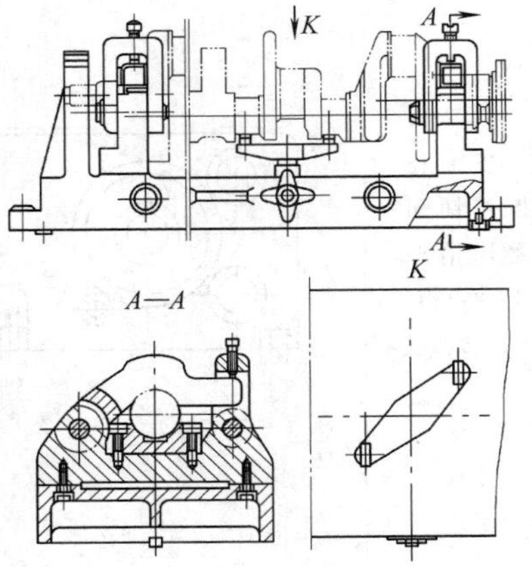

（续）

序号	说明	定位、夹紧符号应用示例	夹具结构示例
7	安装在联动夹紧夹具上的垫块（加工端面）	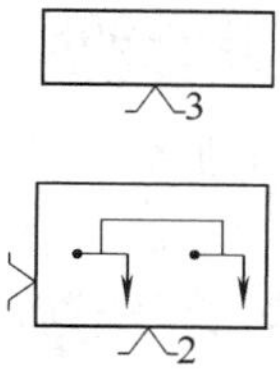	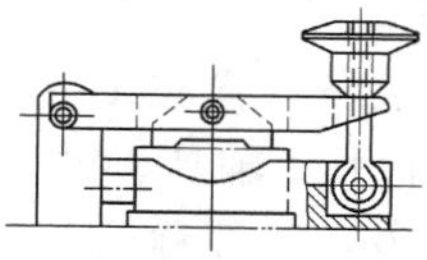
8	安装在联动夹紧夹具上的多件短轴（加工端面）	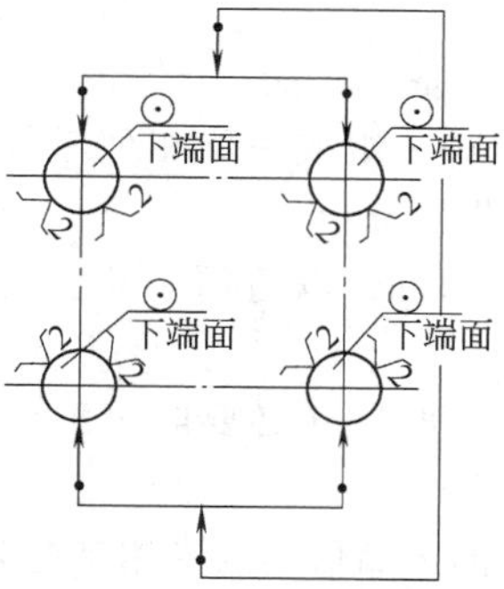	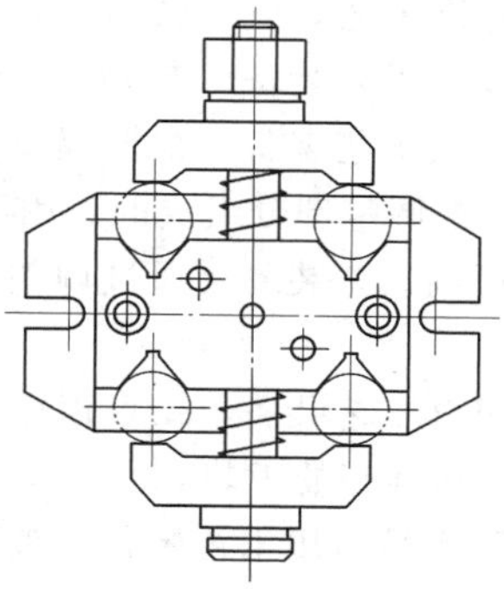
9	安装在液压杠杆平紧夹具上的垫块（加工侧面）	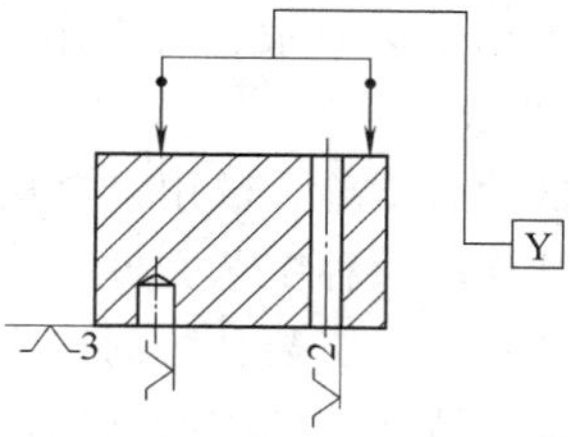	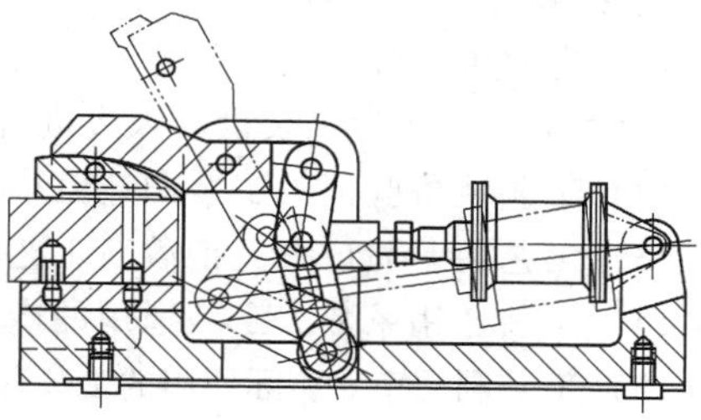
10	安装在气动铰链杠杆夹紧夹具上的圆盘（加工上平面）	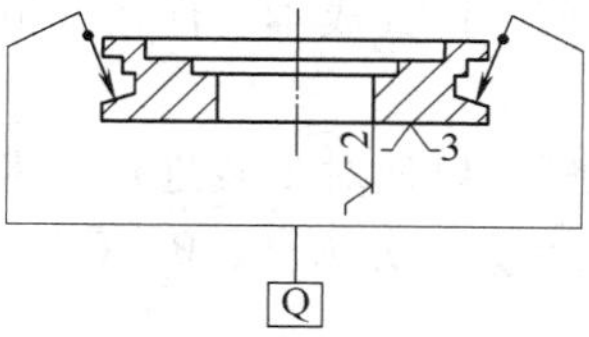	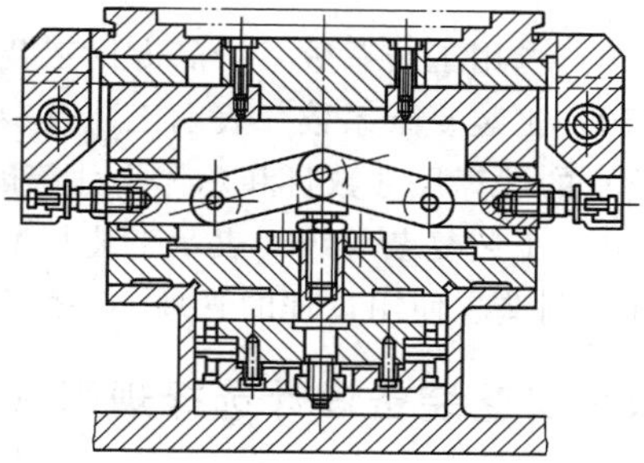

2.2 工艺装备设计规则

2.2.1 工艺装备设计及管理术语（JB/T 9167.1—1998）

（1）工艺装备（简称工装） 产品制造过程中所用的各种工具总体，包括刀具、夹具、模具、量具、检具、辅具、钳工工具和工位器具等。

（2）工艺设备（简称设备） 完成工艺过程的主要生产装置，如各种机床、加热炉、电镀槽等。

（3）通用工艺装备 能为几种产品所共用的工艺装备。

（4）标准工艺装备 已纳入标准的工艺装备。

（5）专用工艺装备 专为某一产品所用的工艺装备。

（6）成组工艺装备 根据成组技术的原理，专对一组或一族相似零件进行设计的，由基础部分和可换调整部分组成的、用于成组加工的工艺装备。

（7）可调工艺装备 通过调整或更换工装零、部件，以适用于几种产品零、部件加工的工艺装备。

（8）组合工艺装备 由可以循环使用的标准零、部件（必要时可配用部分专用件）组装成易于连接和拆卸的工装。

（9）跨产品借用工艺装备 被同品种不同型号的产品借用的专用工艺装备。

（10）组合夹具 由可以循环使用的标准夹具元件、合件配套组成；根据工艺要求能组装成容易连接和拆卸的夹具。

（11）专用工艺装备设计任务书 由工艺人员根据工艺要求，对专用工艺装备设计提出的一种指示性文件，作为工装设计人员进行工装设计的依据。

（12）工艺装备验证 工装制造完毕后，通过试验、检验、试用，考核其合理性的过程。

（13）工艺装备验证书 记载新工艺装备验证结果的一种工艺文件。

（14）工装通用系数 工装通用的产品零、部件种数与工装种数的比值。

（15）工装利用率 实际使用的工装种数与为保证产品生产大纲所必需的工装设计种数的比值。

（16）工装负荷率 在产品生产计划期内，工装实际工作时间与总的有效时间的比值。

（17）工装计算消耗费用 按工装设计、制造定额计算的成本费用。

（18）工装额定消耗费用 在产品的试制阶段和正式生产阶段所规定的工装设计、制造费用。

（19）专用工装系数 产品专用工装种数与产品专用件种数的比值。

（20）工装复杂系数 表示工装复杂程度的数值，以其成本、件数、精度，以及保证产品尺寸要求的计算尺寸数目和总体尺寸等因素来确定。

（21）工装复杂等级 表示工装复杂程度的级别，以便对工装进行技术经济评价，完善工装设计、制造、使用过程的管理。一般可依据复杂系数划分为A、B、C等级别。

2.2.2 工艺装备设计选择规则（JB/T 9167.2—1998）

2.2.2.1 工装设计选择基本规则

1. 工装设计选择的一般规则

1）生产纲领、生产类型及生产组织结构。

2）产品通用化程度及其产品寿命周期。
3）工艺方案的特点。
4）专业化分工的可能性。
5）标准工装的应用程度。
6）现有设备负荷的均衡情况。
7）成组技术的应用。
8）安全技术要求。

2. 工装设计选择的经济原则

在保证产品质量的条件下，用完成工艺过程所需工装的费用作为选择分析的基础。
1）选择不同工装方案进行比较。
2）产品数量和生产周期。
3）提高产品质量和效率的程度。
4）工装的制造费用及其使用维护费用。

3. 确定工装复杂系数

以便对其进行技术经济评价；完善工装的设计、制造、使用过程的管理。

4. 分析工装选择后的效益

主要用计算消耗费用与额定消耗费用之间的比较，进行评价，并纳入企业考核的技术指标。

2.2.2.2　工装设计的选择程序

1. 调研分析

1）产品结构特点、精度要求。
2）产品生产计划、生产组织形式和工艺条件。
3）工艺工序分类情况。
4）对工装的基本要求。
5）采用典型工装结构的可行性。
6）选择符合要求的用于设计和制造工装的基本计算资料。
7）有关工装的合理化建议纳入工艺的可能性。

2. 确定采用最佳工装系统

1）标准工装。
2）通用工装。
3）组合工装。
4）可调工装。
5）成组工装。
6）专用工装。

3. 根据工艺工序的分类，考虑工装的合理负荷，确定其总工作量

4. 根据以下因素确定工装的结构原则

1）毛坯类型。
2）材料特点。
3）结构特点和精度。
4）定位基准。
5）设备型号。

6）生产批量。

7）生产条件。

5. 编制工装设计任务书（按 JB/T 9167.3）

2.2.2.3 工装设计选择需用的技术文件

1）JB/T 9167.2—1998《工艺装备设计管理导则 工艺装备设计选择规则》。

2）工装标准。

3）工装手册、样本及使用说明书。

4）典型工装结构。

5）专用工装明细表及图册。

2.2.2.4 工装设计选择的技术经济指标

1）专用工装标准化系数。

2）工装通用系数。

3）工装利用率。

4）工装负荷率。

5）工装成本。

6）工装复杂系数（见表 2-2-18）。

表 2-2-18 专用工装复杂系数的计算及等级的划分

复杂系数 K 的计算公式为

$$K = \frac{C}{T_b C_n} + \frac{N_j}{N_{jb}} + \frac{G_b}{G} + \frac{N_c}{N_{cb}} + \frac{L}{L_b}$$

式中 C—工装设计、制造、维护费用

N_j—工装专用件件数

G_b—企业工装精度等级的平均值

N_c—保证产品尺寸要求的工装计算尺寸数目

T_b—企业日工时

L—工装最大尺寸

C_n—企业工装设计、制造、费用维护费的平均值(元/h)

N_{jb}—企业工装专用件件数的平均值

G—工装最高精度等级

N_{cb}—企业工装计算尺寸数目的平均值

L_b—企业工装最大尺寸的平均值

项目	示　例	计算及等级划分
复杂系数的计算	一铣床夹具,有5个专用件;最高精度等级为6级,保证产品尺寸要求的有 x、y、z 三个尺寸;最大底座尺寸为500mm;计算成本为400元(即 $C=400$ 元;$N_j=5$ 件;$G=6$ 级,$N_c=3$ 个;$L=500$mm),求夹具复杂系数 K	设:$C_n=5$ 元/h;$T_b=8$h;$N_{jb}=3$ 件;$G_b=7$ 级;$N_{cb}=3$ 个;$L_b=100$mm。依上式代入各值,则 $$K=\frac{400}{8\times5}+\frac{5}{3}+\frac{7}{6}+\frac{3}{3}+\frac{500}{100}\approx 18.84$$ 取 $K=19$,即该夹具的复杂系数为19

（续）

<table>
<tr><th>项目</th><th>示　　例</th><th colspan="3">计算及等级划分</th></tr>
<tr><td>复杂系数的应用</td><td>某厂具有每日完成设计、制造相当于 100 个复杂系数的工具的能力，试算 500 种自然套[①]新产品工装的设计与制造周期和月成本</td><td colspan="3">设：一个自然套工装折合 2.5 个标准套，一个标准套为 5 个复杂系数；一个复杂系数成本为 8 元
1）将 500 个自然套换算成标准套，有
2.5×500＝1250（标准套）
2）再换算成标准套的复杂系数，有
5×1250＝6250（个系数）
3）计算设计与制造周期：
已知：每日完成 100 个复杂系数，则
（6250/100）天＝62.5 天
设：每月有效工作日为 25 天，则
（62.5/25）月＝2.5 月
即设计、制造周期 2.5 月
4）计算每月设计、制造成本：
8 元（一个复杂系数成本）×100（日完成复杂系数）×25（月工作日）＝2000 元
即设计、制造月成本为 2000 元</td></tr>
<tr><td rowspan="2">工装复杂等级的划分</td><td>复杂等级</td><td>A</td><td>B</td><td>C</td></tr>
<tr><td>复杂系数</td><td>>120</td><td>80～120</td><td><80</td></tr>
</table>

① 自然套：以组装好的一套组合夹具作为计套单位，见 JB/T 3624《组合夹具　基本术语》。

7）工装系数。

8）工装验证结论。

2.2.2.5　工装设计经济效果的评价

1. 评价原则

1）在保证产品质量、提高生产率、降低成本、缩短生产周期和提高经济效益的基础上，对工装系统的选择、设计、制造和使用的各个环节进行综合评价。

2）工装设计经济效果的评价必须结合现实的经济管理和核算制度。

3）评价方法力求简便适用。

2. 评价作用

1）优化工装设计选择方案。

2）提高工装设计水平。

3）保证最佳经济效果。

4）缩短工装准备周期。

3. 评价依据

1）工装设计定额。

2）工装制造定额。

3）工装维修定额。

4）原材料成本标准。

5）工装管理费标准。

6）工装费用摊销的财务管理规定。

4. 评价指标

1）工装年度计划费用投资总额。

2）预期的经济效果总和。

3）工装选择、设计、制造核算期内的节约额。

5. 评价内容

1）工装设计费用的节约。

2）材料费的节约。

3）提高产品质量的节约。

4）提高生产率的节约。

5）标准化的节约。

6）制造费的节约。

7）管理费的节约。

8）最佳工装方案的评定：

$$工装投资回收期=\frac{投资增加额}{降低成本节约额}\to \min（最小）。$$

2.2.2.6 选择工装设计时的经济评价方法（见表2-2-19）

2.2.2.7 工装经济效果评价方法（见表2-2-20）

2.2.2.8 专用工装设计定额示例（见表2-2-21）

表2-2-19 选择工装设计时的经济评价方法

项目	计算公式	公式符号注释
单项工艺装备的负荷系数 K_h	$K_h=\frac{tN_{dc}}{T}$	t—完成工艺工序的时间 N_{dc}—单项工装每月执行工序的重复次数 T—工装每月的有效工作时间总额
专用工装的工艺工序费用	在分析周期内，专用工装的工艺工序费用等于专用工装的成本	
在分析周期内，可调夹具工艺工序的费用 C_k	$C_k=C_h+C_zN+\frac{C_g}{n}$	C_h—更换部分的制造成本 C_z—调整费 N—投入生产的数量 C_g—固定部分的折旧费 n—工装的工序数量
在分析周期内，组合工装工艺工序的费用 C_z	$C_z=C_aN+C_w$	C_a—组装的成本 N—投入生产的数量 C_w—维护费
在分析周期内，成组工装工艺工序的费用 C_c	$C_c=C_h+\frac{C_a+C_g}{N_c}$	C_h—可调换件的成本 C_a—组装的成本 C_g—固定部分的折旧费 N_c—成组零件种数
在分析周期内，通用工装工艺工序费用 C_t	$C_t=\frac{C_g}{n}$	C_g—折旧费 n—使用工装的工序数量

表 2-2-20　工装经济效果评价方法

<table>
<tr><th>项目</th><th colspan="3">内　容</th></tr>
<tr><td>工装经济分析时的几个指标</td><td colspan="3">1)产品试制阶段工装费用成本占试制产品成本的10%~15%,产品正式生产阶段工装费用成本占产品成本的5%以下
2)外购工装、自制通用工装、专用工装三者年消耗费用的比例关系一般应是 2:1:3
3)在库存储备合理的情况下,工装的投资额即是当年的消耗量
4)费用摊销方法。计算成本一般按每年度均摊进行预算。在实际核算时可按下列方法摊销:
① 专用工装按产品一次摊入成本
② 外购工装采用“5:5”摊销,即发出库时摊入成本50%,报废时再摊入50%
③ 自制通用工装,其中一部分是外购工装的按“5:5”摊销,另一部分是按专用工装一次摊入,组合夹具也是一次摊入</td></tr>
<tr><td>缩短工装投资回收期的途径</td><td colspan="3">1)尽量减少专用工装,改变其与标准工装之间的比例
2)提高工装的使用寿命
3)提高工装的质量和加工效率,降低产品成本</td></tr>
<tr><td rowspan="6">计算工装年耗费用</td><td>费用项目</td><td>计算公式</td><td>公式符号注释</td></tr>
<tr><td>专用工装的年耗费用 F</td><td>$F=\left(\dfrac{1+K_s}{T_s}+K_w\right)C_a$</td><td>$K_s$—设计成本系数(工装设计和调整费用与制造费用之比),一般取 0.5
K_w—维修成本系数(工装维修管理费用与制造费用之比),一般取 0.2~0.3
T_s—使用寿命,以年为单位,一般 3~5 年,当转产时工装即报废
C_a—工装制造费用</td></tr>
<tr><td>组合夹具的年耗费用 F_h</td><td>$F_h=C_1+C_2/N_z+C_3P$
$C_2=A_1C_4+A_2C_5+Z(1+H)$
$C_3=Z_ht(1+H_o)$
$N_z=Pn$</td><td>C_1—组合夹具的专用件成本
C_2—夹具零部件和辅助设备的折旧费+工装设计费
A_1—夹具零部件折旧率
C_4—夹具零部件预计成本
A_2—辅助设备折旧率
C_5—辅助设备预计成本
Z—工装设计者的年工资额
H—工装设计的管理成本系数
C_3—每套工装一次装配、调整费与管理费
Z_h—组装工人 1h 工资额
t—组装调整时间(h)
H_o—管理成本系数
N_z—年组装数量
P—年组装批次
n—平均每批组装的数量</td></tr>
<tr><td>组合工装的年耗费用 F_z</td><td>$F_z=\left(\dfrac{K_s}{T_s}+K_g+K_w\right)C_{az}$</td><td>$K_s$—设计成本系数(设计费与制造费之比)
K_g—折旧系数
K_w—维护、管理成本系数
T_s—使用寿命(年)
C_{az}—制造和装配成本</td></tr>
<tr><td>可调工装年耗费用 F_k</td><td>$F_k=\left(\dfrac{K_g+K_w}{M}\right)C_{ag}+\left(\dfrac{1+K_s}{T_s}+K_{us}\right)C_{ak}$</td><td>$K_g$—折旧系数
K_w—维护管理成本系数
M—一套工装的可调装置数量
C_{ag}—一套工装的固定部分制造成本
K_s—设计成本系数
T_s—使用寿命(年)
K_{us}—可调部分维修成本系数
C_{ak}—可调部分制造成本</td></tr>
<tr><td>通用工装的年耗费用 F_t</td><td>$F_t=\left(\dfrac{1}{T_s}+K_w\right)C$</td><td>$T_s$—使用寿命(年)
K_w—维修、管理成本系数(一般取 0.1)
C—通用工装成本</td></tr>
</table>

表 2-2-21 专用工装设计定额示例

类号	工装种类	工时定额/h			备注
		每套	每张	每孔	
1	定位轴、套、垫、销等	2~3			—
	偏心套、靠模板、心轴、刀杆	4~6			包括总图
	车、铣、刨、磨、镗、平衡工具	10~20			
	专用件多于10件以上的工具		3~4		
2	一般钻模	3~4			
	墙板钻模 80孔以下			0.5	不包括非钻孔
	墙板钻模 81孔以上			0.4	
3	丝锥、铰刀、钻头、铣刀等	8~16			用哑图[①]，为原工时的1/2
	成形铣刀、齿轮刀具	20~32			
4	光滑量规	4~6			
	标准量规	8			
	螺纹量规	12			
5	圆弧、齿形样板	3~6			
	划线号孔样板 20孔以上			0.3~0.4	不包括定位孔
	划线号孔样板 19孔以下		2~3		—
6	简单冲模	8~12			—
	复合模、连续模、精冲模		3~4		包括总图在内
7	装配工具、焊接工具		2~3		
8	检测工具		3~4		
9	工位器具		3~4		

注：1. 有总图的工装，带标准件时每种另加0.3h。

2. 审核工时为设计工时的1/5。

3. 标准化审核工时为设计工时的1/9。

4. 凡属结构、图形视差错误，一律由设计者返工（不计工时）。

5. 当图形较复杂时，可乘以1.2~1.5的系数。

6. 通用工装可参照该表执行，如果是表格图，则每种规格或每个计算尺寸另加0.2~1h。

7. 编制一种工装标准，其定额为16~48h，需调研时可另加。

① 哑图是只有图形而无设计尺寸的图样。设计时只需填入尺寸，以节省设计时间。

2.2.3 工艺装备设计任务书的编制规则（JB/T 9167.3—1998）

2.2.3.1 编制工艺装备任务书的依据

1）工艺方案。

2）工艺装备设计选择规则（JB/T 9167.2）

3）工艺规程。

4）产品图样。

5）工厂设备手册。

6）生产技术条件。

7）有关技术资料和标准。

2.2.3.2　工艺装备任务书的编制

1）编制工装任务书时要贯彻国家各项技术经济政策，采用现行国家标准和行业标准，遵守本企业内制订的有关各项标准，使设计的工装能最大限度地提高标准化、通用化、系列化水平。

2）工艺装备设计任务书的格式应按相关规定，填写示例见表 2-2-22。

表 2-2-22　工艺装备设计任务书填写示例

文件编号：9140-15

<table>
<tr><td rowspan="2">（厂　名）</td><td rowspan="2">专用工艺装备
设计任务书</td><td>产品型号</td><td>CW6163B</td><td>零件图号</td><td>16C06099</td><td>每台件数</td><td colspan="3">2</td></tr>
<tr><td>产品名称</td><td>卧式车床</td><td>零件名称</td><td>拨　叉</td><td>生产批量</td><td colspan="3">10</td></tr>
<tr><td colspan="4" rowspan="9">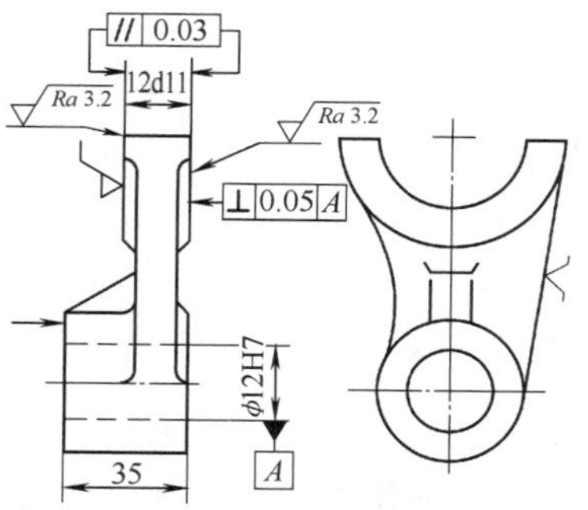

工序简图</td><td>工装编号</td><td>7534-0021</td><td>使用车间</td><td colspan="3">5</td></tr>
<tr><td>工装名称</td><td>铣床夹具</td><td>使用设备</td><td colspan="3">X6132</td></tr>
<tr><td>制造数量</td><td>1</td><td colspan="4">适用其他产品</td></tr>
<tr><td>工装等级</td><td>B</td><td colspan="4"></td></tr>
<tr><td>工序号</td><td colspan="5">工序内容</td></tr>
<tr><td>7</td><td colspan="5">精铣 12d11 两面 $\sqrt{Ra\ 3.2}$ 至尺寸达技术要求</td></tr>
<tr><td>旧工装编号</td><td></td><td colspan="2">库存数量</td><td colspan="2"></td></tr>
<tr><td colspan="3">设计理由</td><td colspan="3">旧工装处理意见</td></tr>
<tr><td colspan="6">①保证 $\sqrt{Ra\ 3.2}$ 两面与孔垂直度
②保证 $\sqrt{Ra\ 3.2}$ 两面的平行度</td></tr>
<tr><td>编制
（日期）</td><td>××（日）
/（月）</td><td>审核
（日期）</td><td>××（日）
/（月）</td><td>批准
（日期）</td><td>××（日）
/（月）</td><td>设计
（日期）</td><td>××（日）
/（月）</td><td></td><td></td></tr>
</table>

3）工装任务书应由工艺人员（包括车间、检查部门等）填写。

4）编制工装任务书时必须绘制工序简图。在工序简图中应：

① 标注定位基准，尽量考虑其与设计基准、测量基准的统一。

② 标明夹紧力的作用点和方向。

③ 定位夹紧符号的标注应符合 JB/T 5061 的规定。

④ 加工部位用粗实线表示清楚。

⑤ 写明加工精度、表面粗糙度等技术要求。

⑥ 冲模应给出排料简图等。

⑦ 有关其他特殊要求。

⑧ 配套使用工装。

5）配套工装的设计任务书应说明相互装配件，以及关联件的件号、配合精度、装配要求和示意图。

6）改制工装应明确填写旧工装编号及其库存数量，并写明对旧工装处理意见。

7）工装的编号按 JB/T 9164 的规定。

8）工装任务书应根据企业标准注明工装等级或验证类别。

9）工装任务书的简图、字迹、符号等必须清晰、工整。

10）工装任务书的编号按 JB/T 9166 的规定。

2.2.3.3　工艺装备任务书的审批、修改和存档

1）工装任务书必须经过审核和有关负责人批准后方能生效。对重大、关键工装的任务

书，必须经过主管工艺师审核、车间会签、总工艺师批准方可投入设计。

2）凡经批准实施后的工装任务书需要修改时，工艺人员需填写工艺文件更改通知单，经批准后方可修改。

3）凡经实施的工装任务书需要报废时，由工艺人员填写工艺文件更改通知单，经批准后由计划人员废除旧工装任务书，并另下新工装任务书的编制计划。

4）工艺文件更改通知单的格式应参照JB/T 9165.3的规定。

5）工装任务书经审查批准后由工艺主管部门统一归档存查。

2.2.4 工艺装备设计程序（JB/T 9167.4—1998）

2.2.4.1 工艺装备设计依据

1）工装设计任务书。

2）工艺规程。

3）产品图样和技术条件等。

4）有关现行国家标准、行业标准和企业标准。

5）国内外典型工装图样和有关资料。

6）工厂设备手册。

7）生产技术条件。

2.2.4.2 工艺装备设计原则

1）工装设计必须满足工艺要求，结构性能可靠，使用安全，操作方便，有利于实现优质、高产、低耗，改善劳动条件，提高工装标准化、通用化、系列化水平。

2）工装设计要深入现场，联系实际。对重大、关键工装确定设计方案时，应广泛征求意见，并经会审批准后方可进行设计。

3）工装设计必须保证图样清晰、完整、正确、统一。

4）对精密、重大、特殊的工装，应附有使用说明书和设计计算书。

2.2.4.3 工艺装备设计的程序（见图2-2-1）

1）接受工装设计任务书后，应对其进行分析、研究并提出修改意见。

2）熟悉被加工件图样：

① 被加工件在产品中的作用，被加工件的结构特点、主要精度和技术条件。

② 被加工件的材料、毛坯种类、质量和外形尺寸等。

3）熟悉被加工件的工艺方案、工艺规程：

① 熟悉被加工件的工艺路线。

② 熟悉设备的型号、规格、主要参数和完好状态等。

③ 熟悉被加工件的热处理情况。

4）核对工装任务书。

5）收集企业内外有关资料，并进行必要的工艺试验；同时征求有关人员意见，根据需要组织调研。

6）确定设计方案：

① 提出借用工装的建议和对下场工装的利用。

② 绘制方案结构示意图，对已确定的基础件的几何尺寸进行必要的刚度、强度、夹紧力的计算。

③ 对复杂工装须绘制联系尺寸和刀具布置图。

④ 选择定位元件、夹紧元件或机构。定位基准的选择应考虑与设计基准、测量基准的统一。

⑤ 对工装轮廓尺寸、总质量、承载能力及设备规格进行校核。

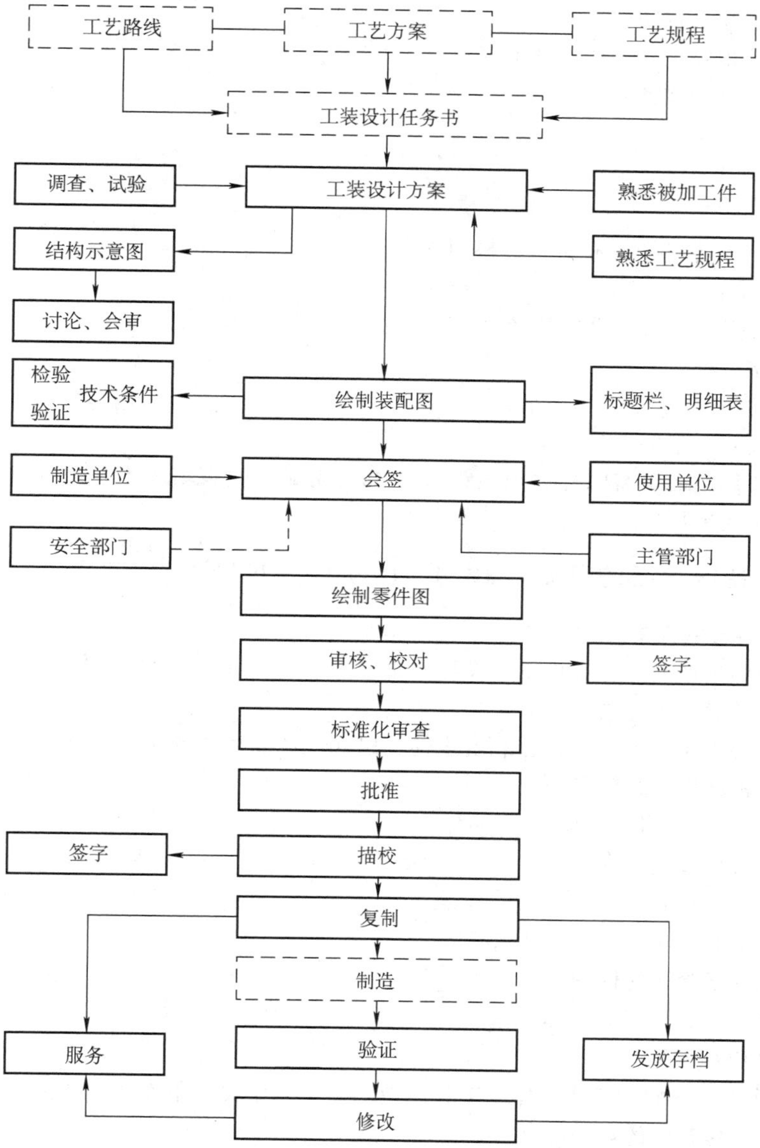

图 2-2-1　工艺装备设计的程序

注：1. 虚线框图表示不属工装设计工作。
2. 虚线箭头表示可酌情选用。
3. 会签也可酌情安排在标准化审查后进行。

⑥ 对设计方案进行全面分析讨论、会审，确定总体设计。

7）绘制装配图：

① 工装图样应符合 JB/T 9165.4 的规定和机械制图、技术制图标准的有关规定。

② 绘出被加工零件的外形轮廓、定位、夹紧部位及加工部位和余量。

③ 装配图上应注明定位面（点）、夹紧面（点）、主要活动件的装配尺寸、配合代号及外形（长、宽、高）尺寸。

④ 注明被加工件在工装中的相关尺寸和主要参数，以及工装总重等。

⑤ 需要时应绘出夹紧、装拆活动部位的轨迹。

⑥ 标明工装编号打印位置。

⑦ 注明总装检验尺寸和验证技术要求。

⑧ 填写标题栏和零件明细表。

⑨ 进行审核、会签。

8）绘制零件图。

9）审核：

① 装配图样、零件图样和有关资料均须审核。

② 送审的图样和资料必须齐全、完整。

③ 对送审的图样按规定进行全面审核，并签字。

10）标准化审查。

11）批准。

12）描后校对及有关人员签字。

13）凡需要修改的工装图样，须经设计员本人或服务人员填写工艺文件修改通知单，经批准后送蓝图发放单位进行更改，并修改底图。

2.2.5 工艺装备验证的规则（JB/T 9167.5—1998）

2.2.5.1 工艺装备验证的目的

1）保证被制造产品零、部件符合设计质量要求。

2）保证工装满足工艺要求。

3）验证工装的可靠性、合理性和安全性，以保证产品生产的顺利进行。

2.2.5.2 工艺装备验证的范围

凡属下列情况之一者均须验证：

1）首次设计制造的工装。

2）经重大修改设计的工装。

3）复制的大型、复杂、精密工装。

2.2.5.3 工艺装备验证的依据

1）产品零、部件图样及技术要求。

2）工艺规程。

3）工装设计任务书、工装图样、工装制造工艺、通用技术条件及工装使用说明书。

2.2.5.4 工艺装备验证的类别

1. 按场地分：固定场地验证和现场验证

1）固定场地验证是按图样和工艺要求事先准备产品零、部件，然后在固定的设备上进行模拟验证。一般适用于各种模具的验证。固定场地验证可在工装制造部门进行。

2）现场验证是工装在使用现场进行试验加工。现场验证必须在工装使用车间进行。现场验证分为两种情况：

① 按产品零、部件图样和工艺要求预先进行试验加工。

② 工装验证与工艺验证同时进行。

2. 按工装复杂程度分：重点验证、一般验证和简单验证

1）重点验证用于大型、复杂、精密工装和关键工装的验证。重点验证工装验证合格后，方可纳入工艺规程和有关工艺文件。

2）一般验证用于一般复杂程度的工装。一般验证的工装可在工装验证之前纳入工艺规程和有关工艺文件。

3）简单验证用于简单工装。在工装设计和制造的经验与技术条件均能保证工艺要求的情况下，一般可以不用产品零、部件作为实物进行单独验证，可通过生产中首件检查等方法进行简单验证。

2.2.5.5 工艺装备验证的内容

1）工装与设备的关系：工装的总体尺寸，总质量，连接部位，结构尺寸，精度，装夹位置，装卸，操作方便，使用安全等。

2）工装与被加工件关系：工装的精度，装夹定位状况，影响被加工件质量的因素等。

3）工装与工艺的关系：测试基准，加工余量，切削用量等。

2.2.5.6 工艺装备验证的程序

验证计划⟶验证准备⟶验证过程⟶验证判断⟶验证处理⟶验证结论

1. 验证计划

1）编制工装验证计划的依据：

① 工艺文件中有关工装验证的要求。

② 工装制造完工情况。

③ 产品零件生产进度。

④ 生产计划内工装验证计划。

2）工装验证计划由生产部门确定并组织落实。

2. 验证准备

1）工艺部门提供验证用工艺文件及其有关资料，提出验证所需的材料及其定额。

2）生产部门负责验证计划的下达。

3）供应部门或生产部门负责验证用料计划的准备。

4）工装制造部门负责需验证工装的准备及工具的准备。

5）验证单位负责领取验证用料和验证设备，安排操作人员。

6）检验单位负责验证工装检查的准备。

3. 验证过程

1）验证由生产部门负责组织、协调、落实。

2）验证所需的费用一次摊入工装成本。

3）验证所耗均不纳入考核企业的各项经济指标。

4. 验证判断

1）被验证的工装在工艺工序中按事先规定的试用次数使用后，判断其可靠性、安全性，以及使用是否方便等。

2）产品零、部件按规定的件数验证，判断其合格率。

5. 验证处理

1）验证合格的工装，由检验员填写“工装验证书”，经参加单位会签后入库。

2）验证不合格的工装，由检验员填写“工装验证书”经会签后返修，并须注明“返修后验证”或“返修后不验证”字样。

3）工装验证书见表2-2-16。

2.2.5.7 工艺装备验证的结论

1）验证合格：完全符合产品设计、工艺文件的要求，工装可以投产使用。

2）验证基本合格：工装虽然不完全符合产品设计、工艺文件要求，但不影响使用或待改进，仍允许投产使用。

3）验证不合格：工装需返修，再经验证合格后方可投产使用。

4）验证报废：因工装设计或制造问题不能保证产品质量，工装不得投产使用。

2.2.5.8 工艺装备的修改

1）设计不合理，工装设计人员接到“工装验证书”后修改设计。

2）制造不合格，工装制造部门接到“工装验证书”后返修或复制。

2.3 专用夹具设计

专用夹具是为某一工件的某一道工序专门设计、制造的夹具。这类夹具的特点是针对性强，结构紧凑，操作简便，生产率高。其缺点是设计制造周期长，产品更新换代后，只要该零件尺寸、形状变化，夹具即报废。

2.3.1 机床夹具设计基本要求

2.3.1.1 工件定位原理及其应用

使工件在夹具上迅速得到正确位置的方法称为定位。工件用来定位的各表面称为定位基准面。在夹具上用来支持工件定位基准面的表面称为支承面。基准面的选定应尽可能与工件的原始基准重合，以减少定位误差。工件的定位要符合六点定位原理。

1. 六点定位原理

一个位于任意空间的自由物体，相对于三个互相垂直的坐标平面，都可以分解成六个方向的运动，即沿坐标轴 Ox、Oy、Oz 的移动和绕这三个轴的转动（见图 2-2-2）。

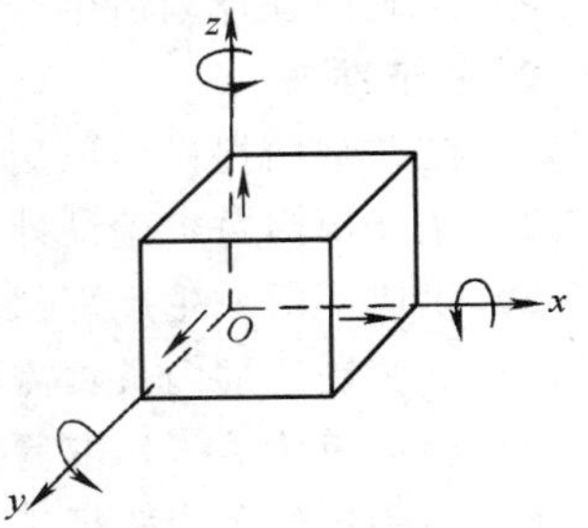

图 2-2-2 物体在空间具有的六个自由度

要使工件在夹具的某个方向上有确定的位置，必须要限制该方向的自由度。要使工件在夹具上处于稳定不变的位置，就必须限制工件的六个自由度。所以，定位就是限制自由度。

在图 2-2-3 中，xOy 平面为主基准面，上面分布三个支承点，限制工件的三个自由度，即沿 Oz 轴平移和绕 Ox、Oy 轴转动。如果把三个支承点连成三角形，那么三角形面积越大，工件就越稳固，也越能保证工件的相对位置精度。因此，通常选取工件上最大的表面作为主基准面。yOz 平面为导向基准面，上面分布两个支承点，限制工件沿 Ox 轴平移及绕 Oz 轴转动。两点相距越远，定位就越准确。通常选取工件上最长的表面作为导向基准面。zOx 平面为支承基准面，上面分布一个支承点，限制工件最后一个自由度，即沿 Oy 轴平移。这一支承点，通常选取在工件的最短、最狭窄的表面上。

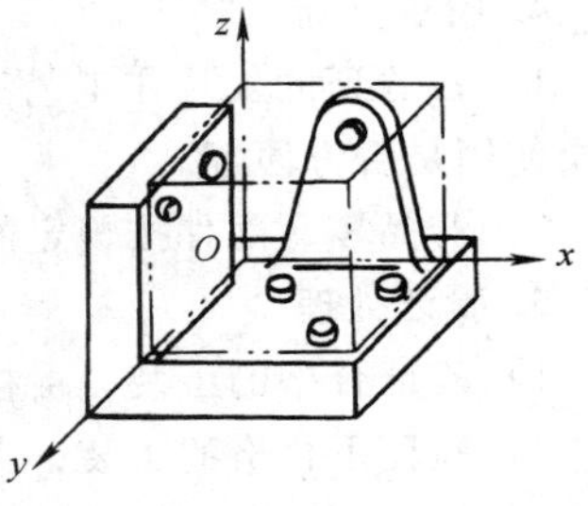

图 2-2-3 工件的六点定位

这种正确选取和分布六个支承点来限制工件在夹具中的位置的规律，称为六点定位原理。

2. 工件的定位要求

在实际工作中，工件的定位不一定都要把六个自由度完全加以限制，而应根据工序的要求、定位的形式及布置的情况来决定限制自由度的数量。

（1）完全定位　工件定位时，其六个自由度全部被限制的定位称为完全定位。

（2）不完全定位　工件根据该工序加工要求只需限制其部分自由度，但不影响该工序加工要求时称为不完全定位。

（3）欠定位　工件实际定位所限制的自由度数目，少于按该工序加工要求必须限制的自由度数目称为欠定位。欠定位的结果将导致出现应该限制的自由度未予限制，从而无法保证加工要求。

（4）过定位　工件定位时，如果出现两个或两个以上的定位支承点重复限制工件上的同一个自由度则称为过定位。过定位会导致重复限制同一个自由度的定位支承点之间产生干涉现象，从而导致定位不稳定，破坏定位精度。

实际生产应用中，过定位并不是完全不允许的。有时，因为要加强工件刚度，或者特殊原因，必须使用相当于比六个支承点多的定位元件或采用辅助的活动支承点。

3. 常用定位方法和定位元件所能限制的自由度（见表 2-2-23）

表 2-2-23　常用定位方法和定位元件所能限制的自由度

工件定位基面	定位元件	工件定位简图	定位元件特点	能限制的工件自由度
平面	支承钉	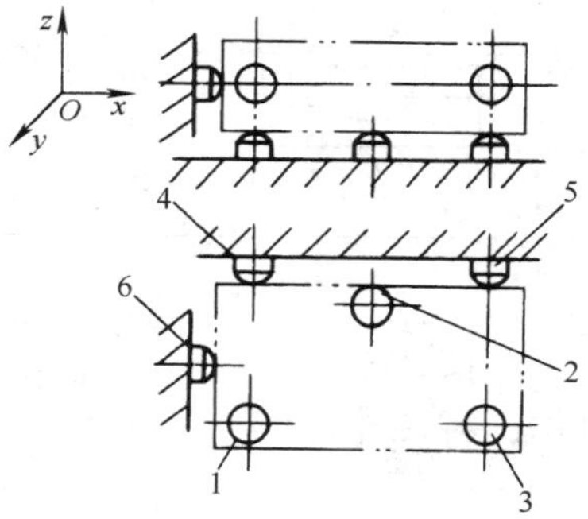		1、2、3—$\overleftrightarrow{z}$、$\overset{\frown}{x}$、$\overset{\frown}{y}$ 4、5—$\overleftrightarrow{y}$、$\overset{\frown}{z}$ 6—$\overleftrightarrow{x}$
	支承板	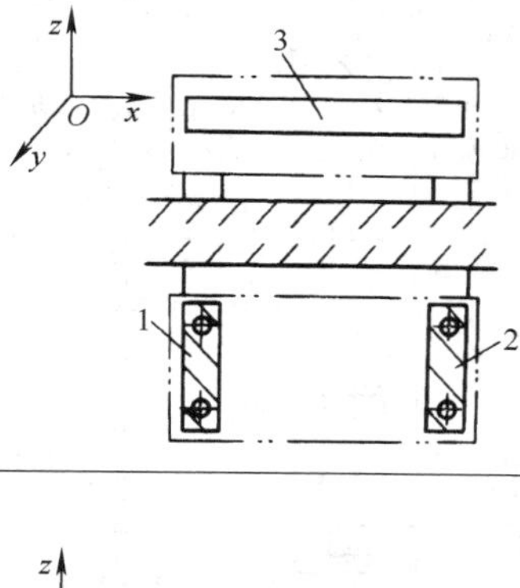		1、2—$\overleftrightarrow{z}$、$\overset{\frown}{x}$、$\overset{\frown}{y}$ 3—$\overleftrightarrow{y}$、$\overset{\frown}{z}$
外圆柱面	支承板	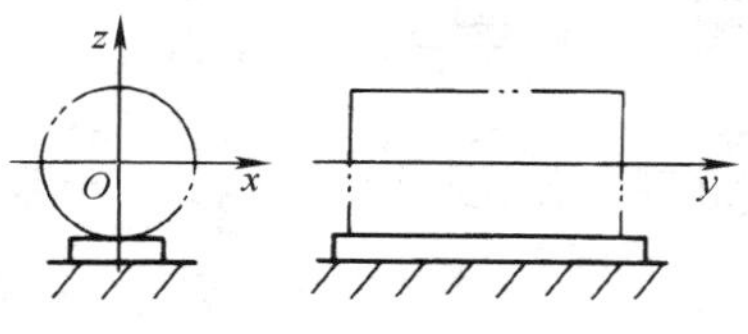		$\overleftrightarrow{z}$、$\overset{\frown}{x}$

（续）

工件定位基面	定位元件	工件定位简图	定位元件特点	能限制的工件自由度
外圆柱面	定位套	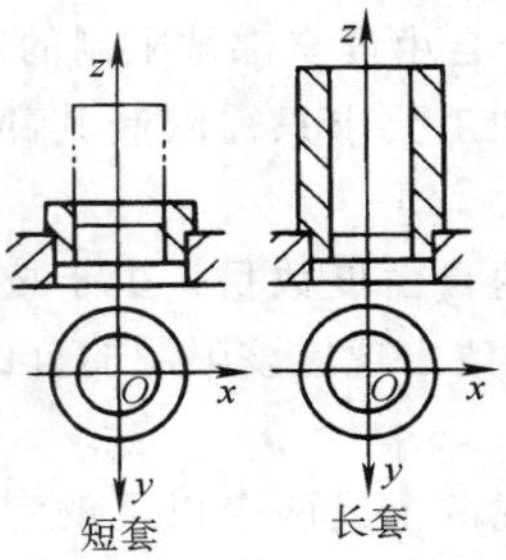	短套	$\overleftrightarrow{x}$、$\overleftrightarrow{y}$
			长套	$\overleftrightarrow{x}$、$\overleftrightarrow{y}$ $\overset{\curvearrowright}{x}$、$\overset{\curvearrowright}{y}$
	V形块	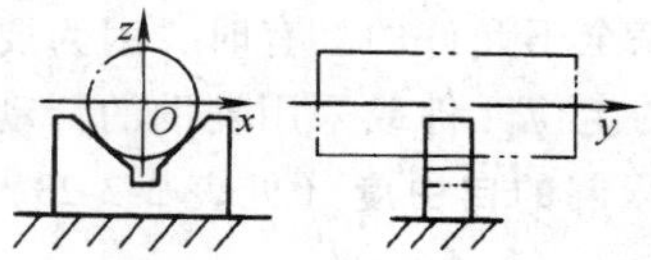	短V形块	$\overleftrightarrow{x}$、$\overleftrightarrow{z}$
		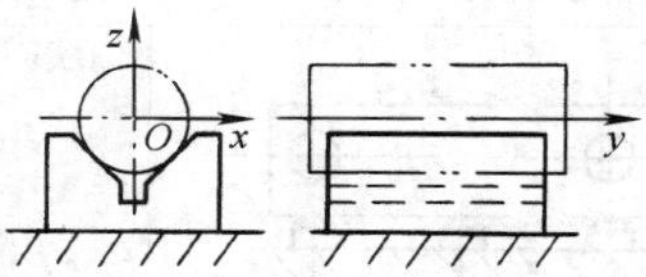	长V形块	$\overleftrightarrow{x}$、$\overleftrightarrow{z}$ $\overset{\curvearrowright}{x}$、$\overset{\curvearrowright}{z}$
	锥套	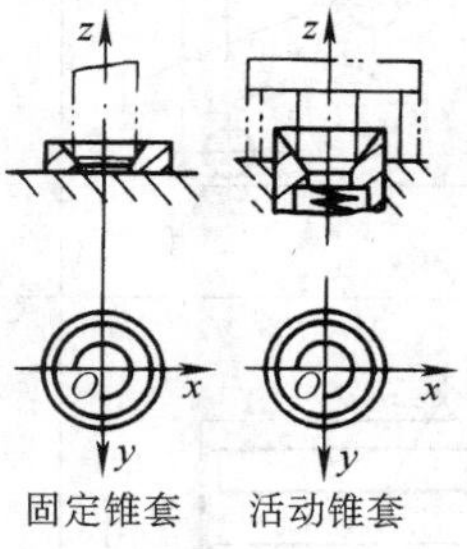	固定锥套	$\overleftrightarrow{x}$、$\overleftrightarrow{y}$、$\overleftrightarrow{z}$
			活动锥套	$\overleftrightarrow{x}$、$\overleftrightarrow{y}$
圆孔	定位销	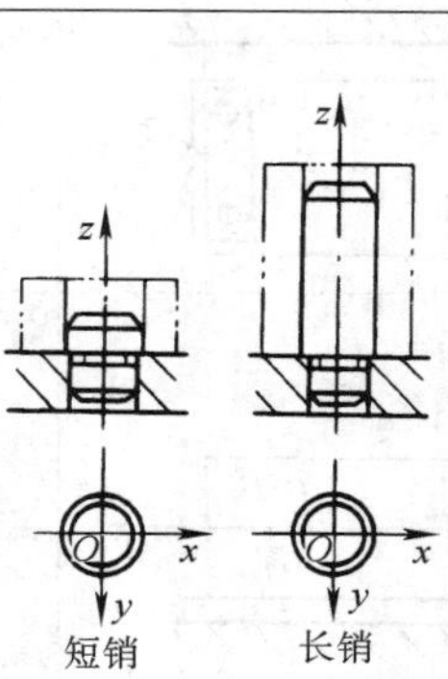	短销	$\overleftrightarrow{x}$、$\overleftrightarrow{y}$
			长销	$\overleftrightarrow{x}$、$\overleftrightarrow{y}$ $\overset{\curvearrowright}{x}$、$\overset{\curvearrowright}{y}$

（续）

工件定位基面	定位元件	工件定位简图	定位元件特点	能限制的工件自由度
圆孔	心轴	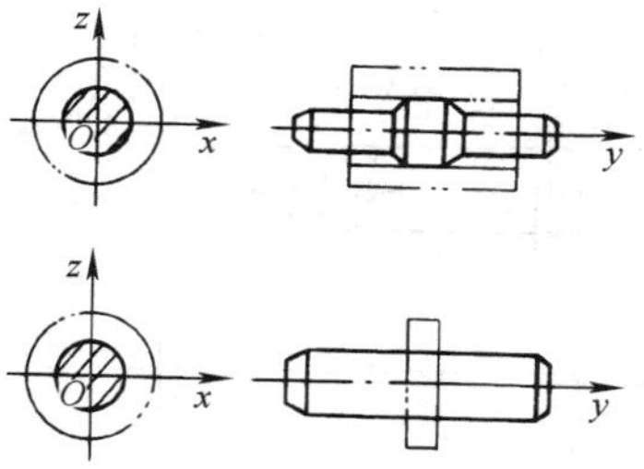	短心轴	$\overset{\leftrightarrow}{x}$、$\overset{\leftrightarrow}{z}$
		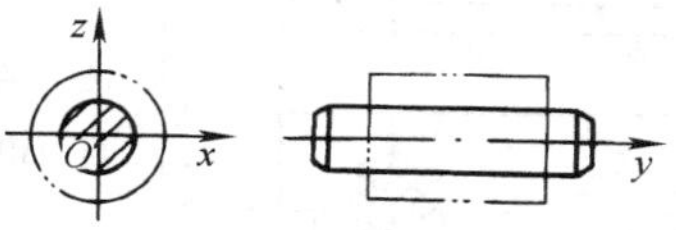	长心轴	$\overset{\leftrightarrow}{x}$、$\overset{\leftrightarrow}{z}$ $\overset{\frown}{x}$、$\overset{\frown}{z}$
	锥销	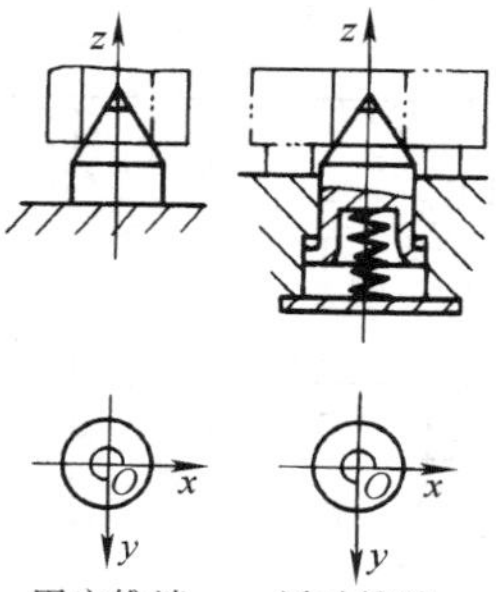	固定锥销	$\overset{\leftrightarrow}{x}$、$\overset{\leftrightarrow}{y}$、$\overset{\leftrightarrow}{z}$
			活动锥销	$\overset{\leftrightarrow}{x}$、$\overset{\leftrightarrow}{y}$
	锥形心轴	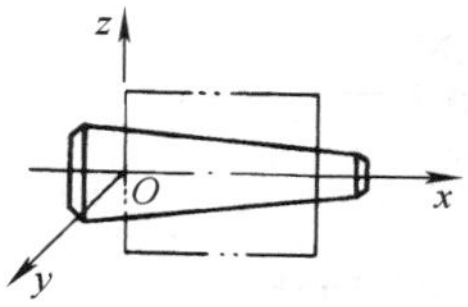	小锥度	$\overset{\leftrightarrow}{x}$、$\overset{\leftrightarrow}{y}$、$\overset{\leftrightarrow}{z}$ $\overset{\frown}{y}$、$\overset{\frown}{z}$
	削边销	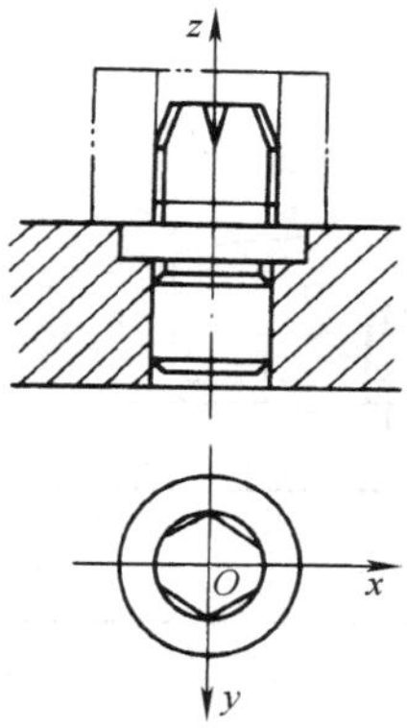	削边销	$\overset{\leftrightarrow}{x}$

（续）

工件定位基面	定位元件	工件定位简图	定位元件特点	能限制的工件自由度
二锥孔组合	顶尖	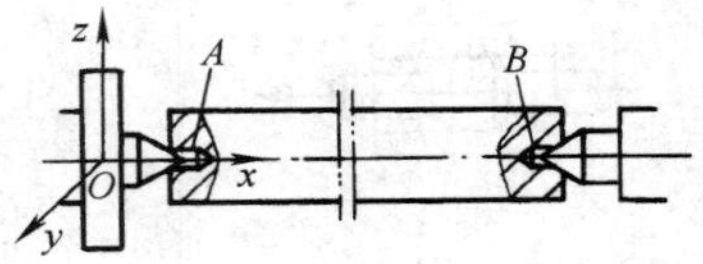	一个固定一个活动顶尖组合	$\overleftrightarrow{x}$、$\overleftrightarrow{y}$、$\overleftrightarrow{z}$ $\overset{\curvearrowright}{y}$、$\overset{\curvearrowright}{z}$
平面和孔组合	支承板短销和挡销	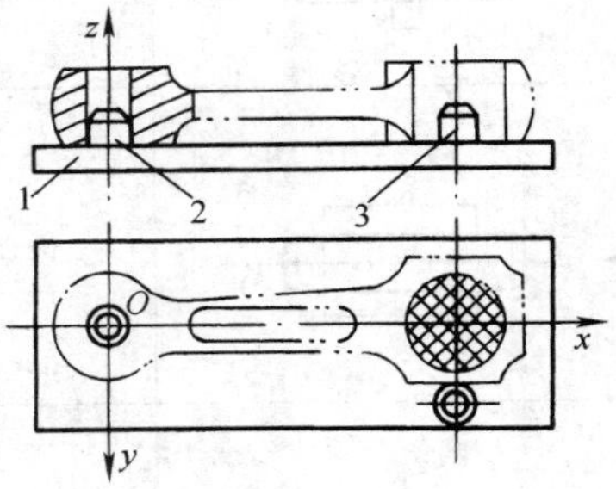	支承板、短销和挡销的组合	$\overleftrightarrow{x}$、$\overleftrightarrow{y}$、$\overleftrightarrow{z}$ $\overset{\curvearrowright}{x}$、$\overset{\curvearrowright}{y}$、$\overset{\curvearrowright}{z}$
	支承板和削边销	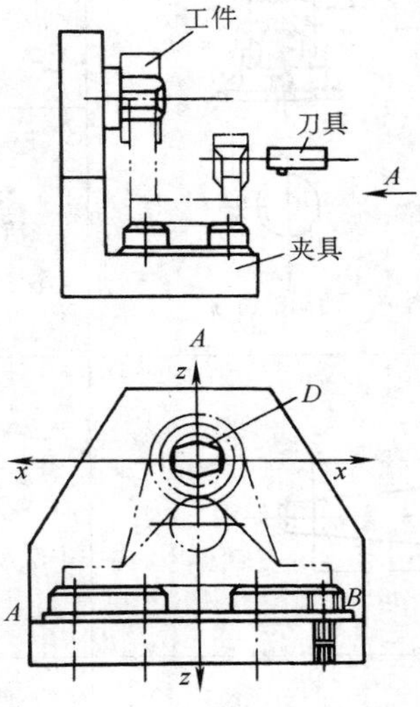	支承板和削边销的组合	$\overleftrightarrow{x}$、$\overleftrightarrow{y}$、$\overleftrightarrow{z}$ $\overset{\curvearrowright}{x}$、$\overset{\curvearrowright}{y}$、$\overset{\curvearrowright}{z}$
V形面和平面组合	定位圆柱、支承板和支承钉	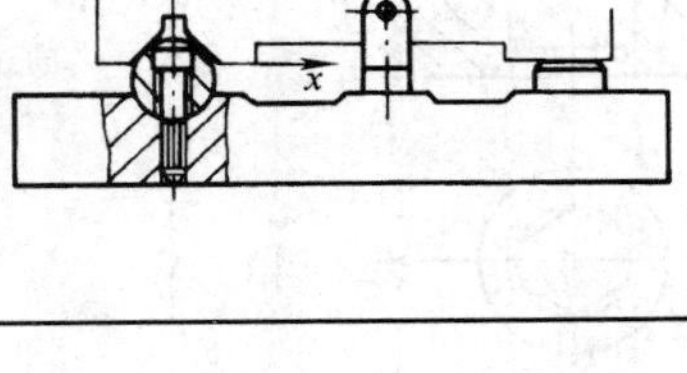	定位圆柱、支承板和支承钉的组合	定位圆柱—$\overleftrightarrow{x}$、$\overleftrightarrow{z}$、$\overset{\curvearrowright}{x}$、$\overset{\curvearrowright}{z}$ 支承板—$\overset{\curvearrowright}{x}$、$\overset{\curvearrowright}{y}$ 挡销—$\overleftrightarrow{y}$ $\overset{\curvearrowright}{x}$—定位圆柱和支承板重复限制

4. 常见加工方式中应限制的自由度(见表 2-2-24)

表 2-2-24　常见加工方式中应限制的自由度

工序简图	加工要求	必须限制的自由度
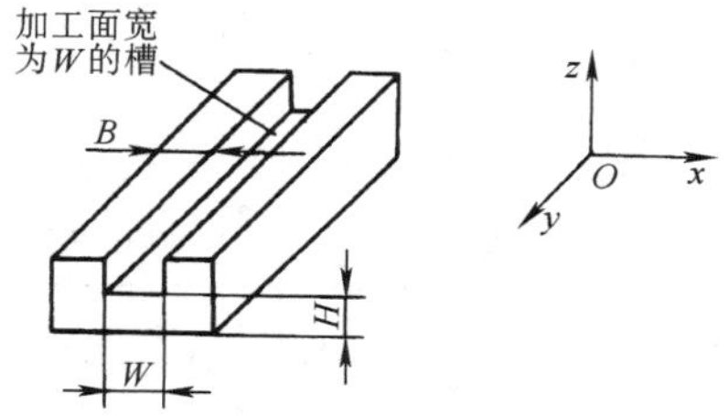	1)尺寸 B 2)尺寸 H	$\overleftrightarrow{x}$、$\overleftrightarrow{z}$ $\overset{\frown}{x}$、$\overset{\frown}{y}$、$\overset{\frown}{z}$
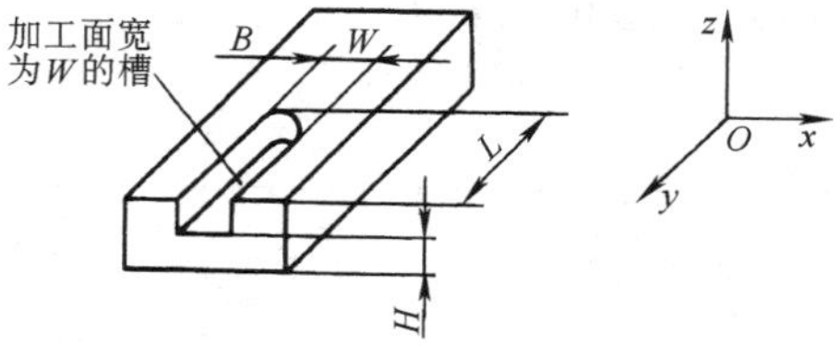	1)尺寸 B 2)尺寸 H 3)尺寸 L	$\overleftrightarrow{x}$、$\overleftrightarrow{y}$、$\overleftrightarrow{z}$ $\overset{\frown}{x}$、$\overset{\frown}{y}$、$\overset{\frown}{z}$
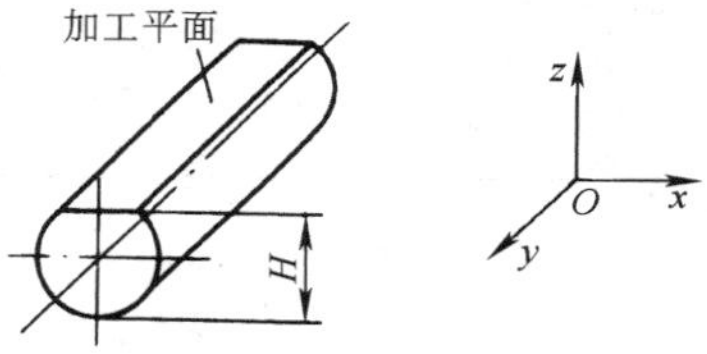	尺寸 H	$\overleftrightarrow{z}$ $\overset{\frown}{x}$
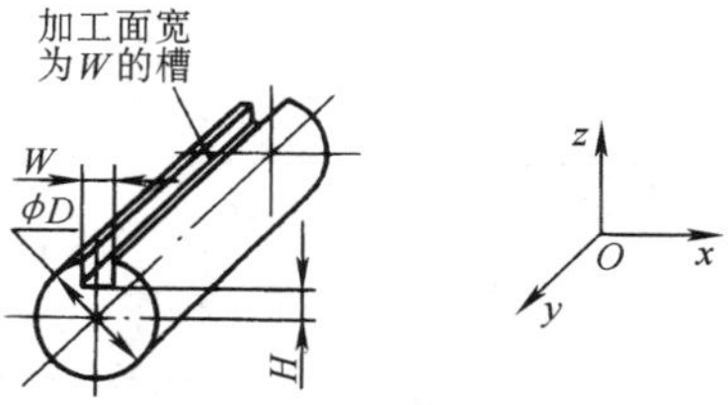	1)尺寸 H 2) W 中心对 ϕD 中心的对称度	$\overleftrightarrow{x}$、$\overleftrightarrow{z}$ $\overset{\frown}{x}$、$\overset{\frown}{z}$
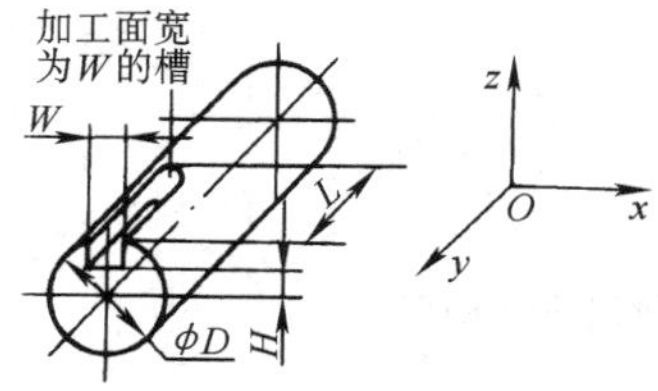	1)尺寸 H 2)尺寸 L 3) W 中心对 ϕD 中心的对称度	$\overleftrightarrow{x}$、$\overleftrightarrow{y}$、$\overleftrightarrow{z}$ $\overset{\frown}{x}$、$\overset{\frown}{z}$
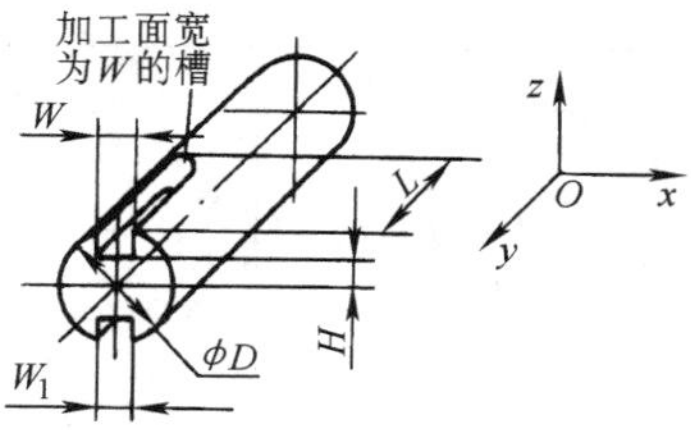	1)尺寸 H 2)尺寸 L 3) W 中心对 ϕD 中心的对称度 4) W_1 中心对 ϕD 中心的对称度	$\overleftrightarrow{x}$、$\overleftrightarrow{y}$、$\overleftrightarrow{z}$ $\overset{\frown}{x}$、$\overset{\frown}{y}$、$\overset{\frown}{z}$

（续）

工序简图		加工要求	必须限制的自由度
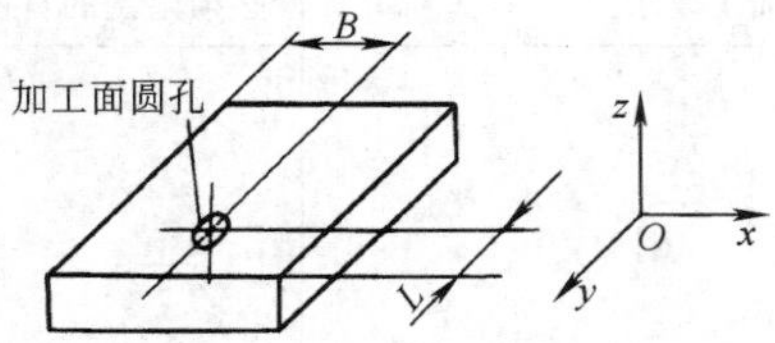	通孔	1)尺寸 B 2)尺寸 L	$\overleftrightarrow{x}$、$\overleftrightarrow{y}$ $\overset{\curvearrowleft}{x}$、$\overset{\curvearrowleft}{y}$、$\overset{\curvearrowleft}{z}$
	不通孔		$\overleftrightarrow{x}$、$\overleftrightarrow{y}$、$\overleftrightarrow{z}$ $\overset{\curvearrowleft}{x}$、$\overset{\curvearrowleft}{y}$、$\overset{\curvearrowleft}{z}$
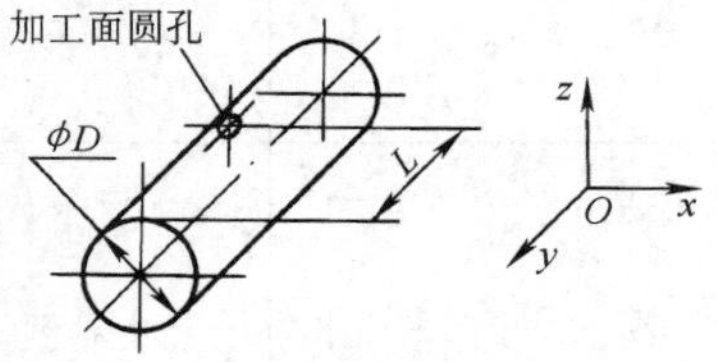	通孔	1)尺寸 L 2)加工孔轴线对 ϕD 轴线的位置度	$\overleftrightarrow{x}$、$\overleftrightarrow{y}$ $\overset{\curvearrowleft}{x}$、$\overset{\curvearrowleft}{z}$
	不通孔		$\overleftrightarrow{x}$、$\overleftrightarrow{y}$、$\overleftrightarrow{z}$ $\overset{\curvearrowleft}{x}$、$\overset{\curvearrowleft}{z}$
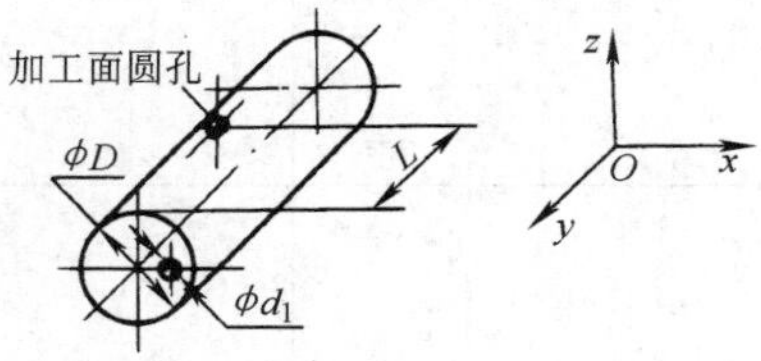	通孔	1)尺寸 L 2)加工孔轴线对 ϕD 轴线的位置度 3)加工孔轴线对 ϕd_1 的位置度	$\overleftrightarrow{x}$、$\overleftrightarrow{y}$ $\overset{\curvearrowleft}{x}$、$\overset{\curvearrowleft}{y}$、$\overset{\curvearrowleft}{z}$
	不通孔		$\overleftrightarrow{x}$、$\overleftrightarrow{y}$、$\overleftrightarrow{z}$ $\overset{\curvearrowleft}{x}$、$\overset{\curvearrowleft}{y}$、$\overset{\curvearrowleft}{z}$
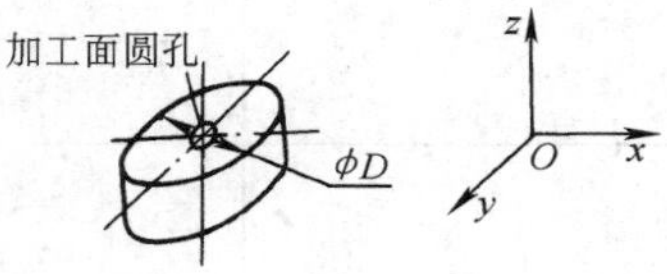	通孔	加工孔轴线对 ϕD 轴线的同轴度	$\overleftrightarrow{x}$、$\overleftrightarrow{y}$ $\overset{\curvearrowleft}{x}$、$\overset{\curvearrowleft}{y}$
	不通孔		$\overleftrightarrow{x}$、$\overleftrightarrow{y}$、$\overleftrightarrow{z}$ $\overset{\curvearrowleft}{x}$、$\overset{\curvearrowleft}{y}$
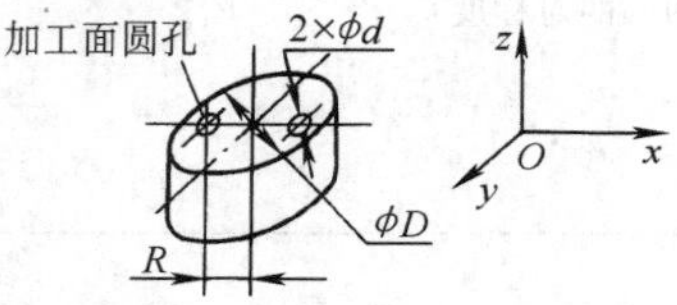	通孔	1)尺寸 R 2)加工孔轴线对 ϕd 轴线的位置度	$\overleftrightarrow{x}$、$\overleftrightarrow{y}$ $\overset{\curvearrowleft}{x}$、$\overset{\curvearrowleft}{y}$、$\overset{\curvearrowleft}{z}$
	不通孔		$\overleftrightarrow{x}$、$\overleftrightarrow{y}$、$\overleftrightarrow{z}$ $\overset{\curvearrowleft}{x}$、$\overset{\curvearrowleft}{y}$、$\overset{\curvearrowleft}{z}$
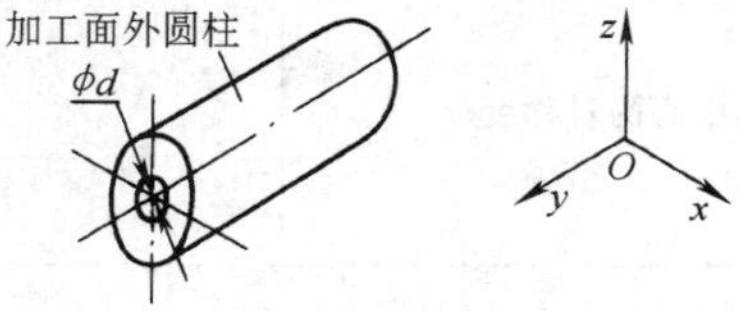		加工面轴线对 ϕd 轴线的同轴度	$\overleftrightarrow{x}$、$\overleftrightarrow{z}$ $\overset{\curvearrowleft}{x}$、$\overset{\curvearrowleft}{z}$
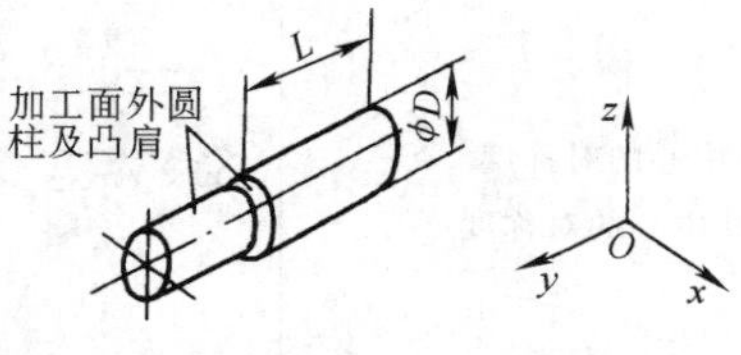		1)加工面轴线对 ϕD 轴线的同轴度 2)尺寸 L	$\overleftrightarrow{x}$、$\overleftrightarrow{y}$、$\overleftrightarrow{z}$ $\overset{\curvearrowleft}{x}$、$\overset{\curvearrowleft}{z}$

2.3.1.2　对夹紧装置的基本要求

工件在定位元件的支承下，获得了正确位置。但是，在加工过程中，由于切削力、重力、离心力和惯性力等各种力的影响，为了保证将工件牢固地夹紧在定位元件上，并防止工件产生振动和移动，就必须依靠夹紧结构。定位和夹紧是工件安装在夹具中的两个紧密联系着的过程，因此设计夹具时要同时考虑。合理地选择夹紧力的作用点、方向和大小，关系着夹具的夹紧结构和工作精度。

对夹紧装置的基本要求：

1）在夹紧过程中，夹紧力不应使已经获得正确定位的工件脱离其正确的位置，并应保证加工过程中工件在夹具上的位置不发生变化，同时又不能使工件的夹紧变形和受压表面损伤。

2）主要夹紧力一般应垂直于工件的主要定位基准，有利于减少工件的变形和保证工件安装稳定性。

3）夹紧力的方向最好选择和切削力方向一致(见图 2-2-4)，这时所需的夹紧力最小。如果夹紧力方向和切削力方向相反(见图 2-2-5)，那么在同样的加工情况下，夹紧力就要大于切削力。如果夹紧力方向和切削力方向相互垂直(见图 2-2-6)，那么夹紧力必须达到由此夹紧力所产生的摩擦力大于切削力。

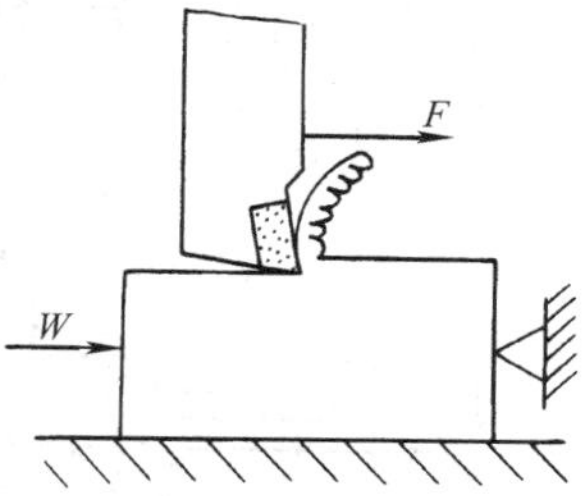

图 2-2-4　夹紧力方向和切削力方向一致

F—切削力　W—夹紧力（下同）

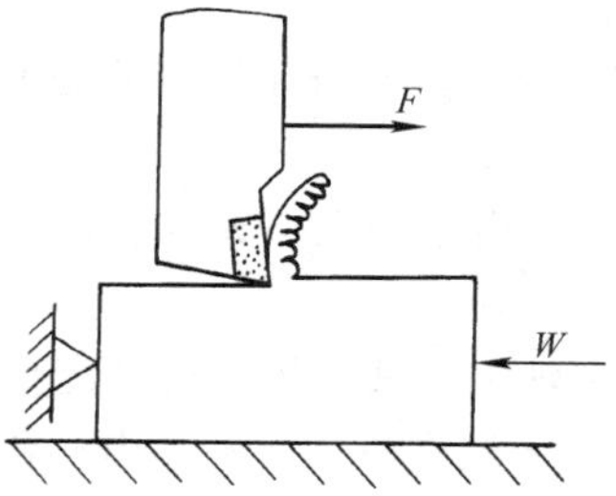

图 2-2-5　夹紧力方向和切削力方向相反

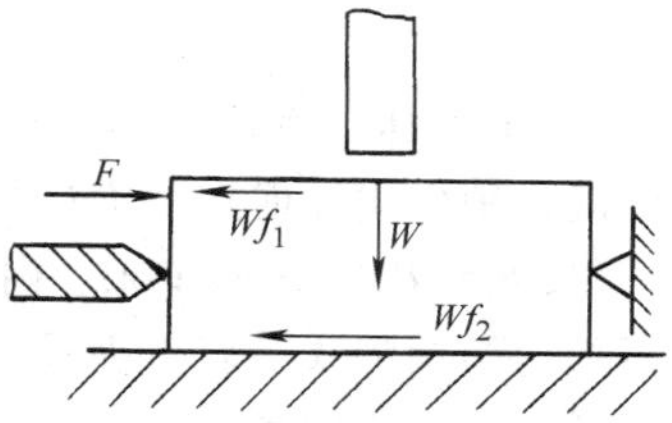

图 2-2-6　夹紧力方向和切削力方向相互垂直

f_1，f_2—两个表面的摩擦因数

4）夹紧力作用点应落在夹具支承件上或几个支承件所组成的平面内，有利于工件安装的稳定性（见图 2-2-7）。

5）夹紧力作用点应落在工件刚度最大的部位，有利于减少工件的夹紧变形（见图 2-2-8）。

6）夹紧力作用点应力求靠近切削部位，有利于防止工件产生切削振动（见图 2-2-9）。

7）夹具结构力求紧凑、操作方便，安全可靠。

2.3.1.3　夹具的对定

工件在夹具中的位置是由与工件接触的定位元件的定位表面(元件定位面)所确定的。为了保证工件对刀具及切削成形运动有正确位置，还需要使夹具与机床连接和配合时用的夹具定位面相对刀具及切削成形运动处于理想的位置。这种过程称为夹具的对定。机床夹具的对定包括三个方面：一是夹具对切削运动的

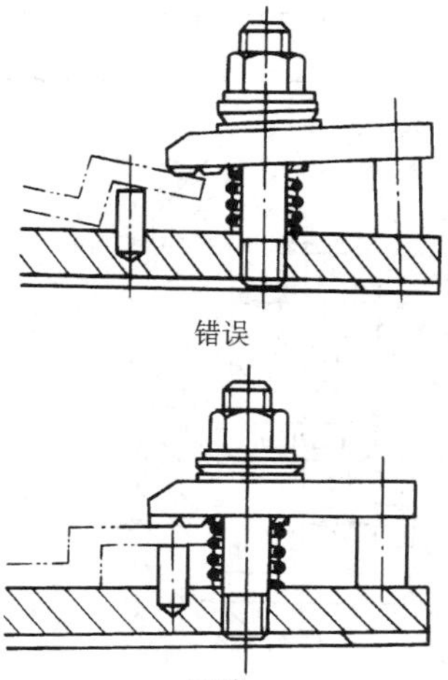

图 2-2-7　夹紧力作用点与工件定位关系

定位，即夹具对机床的定位；二是夹具对刀具的定位，即所谓对刀、导向；三是夹具的分度和转位定位，这方面只有对分度和转位夹具才考虑。

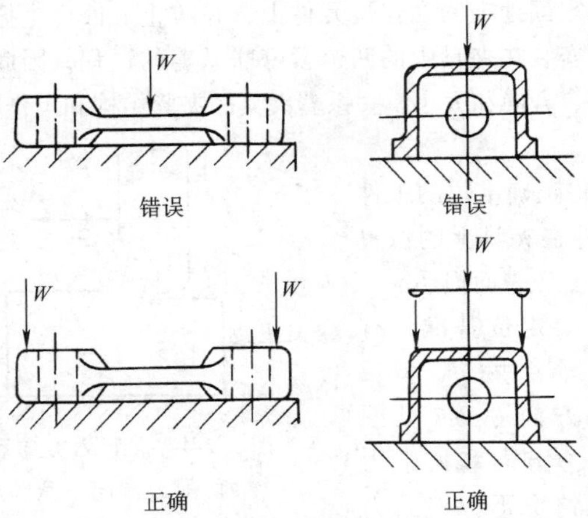

图 2-2-8 夹紧力作用点落在工件刚度最大的部位

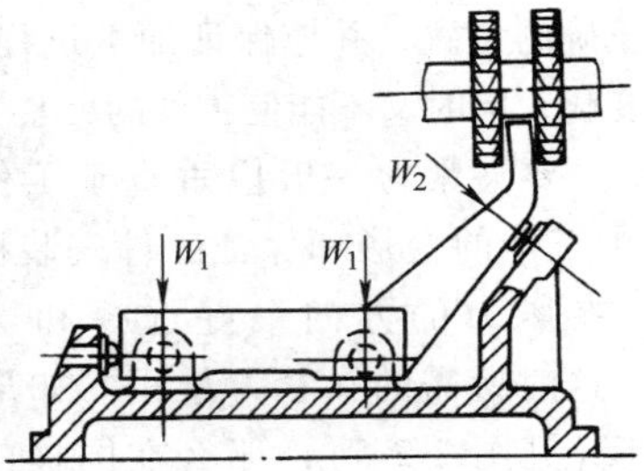

图 2-2-9 夹紧力作用点靠近切削部位

1. 夹具对切削运动的定位

夹具对切削运动的定位，实质上就是夹具对机床的定位。夹具与机床连接的基本方式主要有两大类：

1）夹具（如铣床、刨床、镗床夹具等）安装在机床工作台平面上。夹具底面作为主定位面，用定位键或销作为导向定位面(见表 2-2-25)。

2）夹具安装在机床（如车床、内圆磨床等）的回转主轴上，其连接方式和定位面取决于机床主轴端部的结构型式。若以夹具莫氏锥体作为定位面，安装在机床主轴孔内；若以夹具的短圆柱孔及其端面作为定位面，通过连接盘安装在机床主轴上(见表 2-2-26)。

3）几种常见元件定位面与夹具定位的技术要求见表 2-2-27。

表 2-2-25 夹具与机床工作台相连接的方式

连接元件	连接方式简图	说　明	连接元件	连接方式简图	说　明
定位键	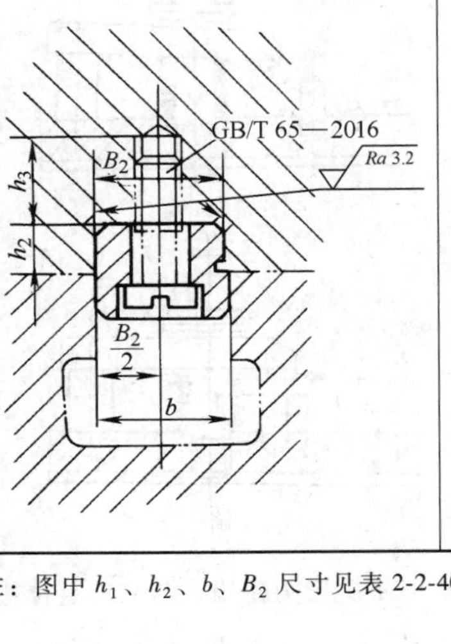	夹具采用两个定位键与机床工作台上的T形槽配合	定向键	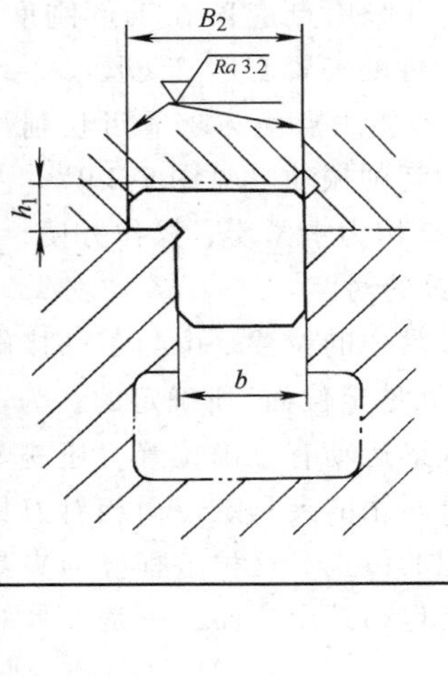	在连接过程中，定向键是活动的，并未紧固

注：图中 h_1、h_2、b、B_2 尺寸见表 2-2-40、表 2-2-41。

表 2-2-26　夹具与机床回转轴相连接的方式

连接方式简图	简要说明
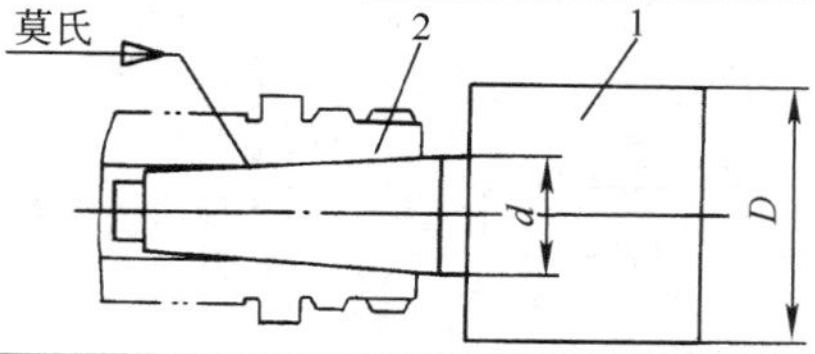	夹具体 1 以长锥体尾柄装在机床主轴 2 的锥孔内。此种连接方式装拆方便，但刚度较差，适用于小型夹具。一般取 $D<140$mm 或 $D\leqslant(2\sim3)d$
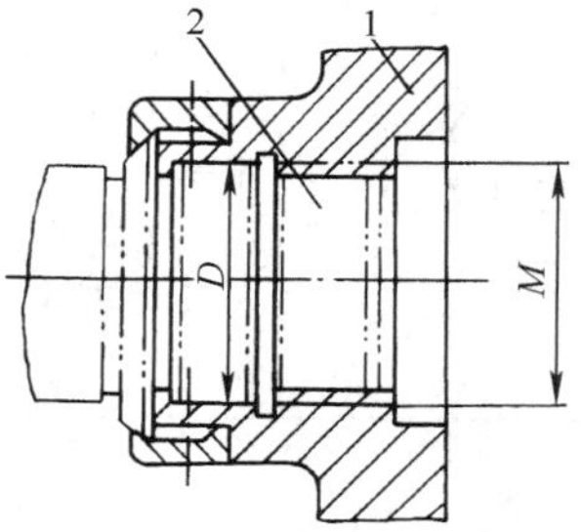 D — 机床主轴端部定位圆柱直径 M — 机床主轴端部连接用螺纹直径	夹具体 1 以端面及短圆孔在机床主轴 2 上定位，依靠螺纹进行紧固。此种连接方式易于制造，但定心精度较低
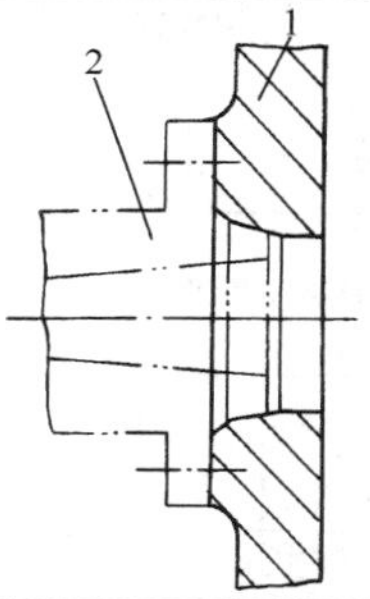	夹具体 1 由短锥及端面在机床主轴 2 上定位，另用螺钉进行紧固。此种连接方式定心精度高，连接刚度也较好，但制造比较困难
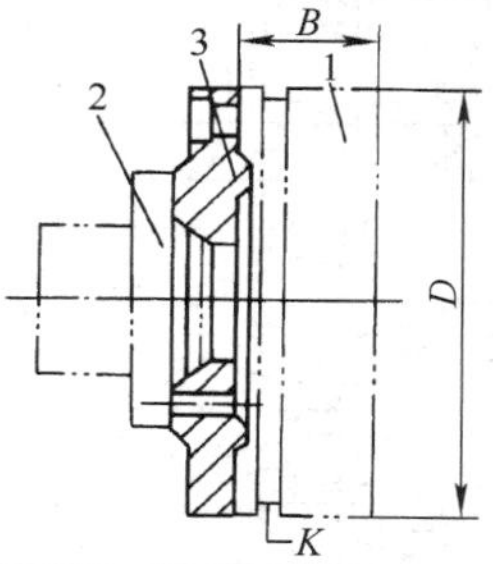	夹具体 1 通过过渡盘 3 安装在机床主轴 2 上。夹具上设有校正基面 K 以提高夹具的安装精度。夹具的轮廓尺寸可参照以下数据： $D<150$mm 时，$B/D\leqslant1.25$ $D=150\sim300$mm 时，$B/D\leqslant0.9$ $D>300$mm 时，$B/D\leqslant0.6$

注：自定心卡盘用过渡盘、单动卡盘用过渡盘尺寸见表 2-2-132～表 2-2-135。

表 2-2-27　几种常见元件定位面与夹具定位的技术要求

元件定位面	技术要求	元件定位面	技术要求
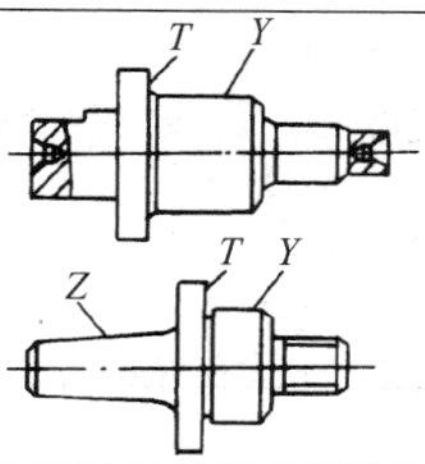	1）表面 Y 对表面 Z（或顶针孔中心）的圆跳动 2）表面 T 对表面 Z（或顶针孔中心）的圆跳动	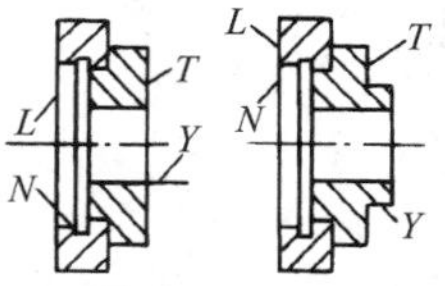	1）表面 T 对表面 L 的平行度偏差 2）表面 Y 对表面 L 的垂直度偏差 3）表面 Y 对表面 N 的圆跳动

（续）

元件定位面	技术要求	元件定位面	技术要求
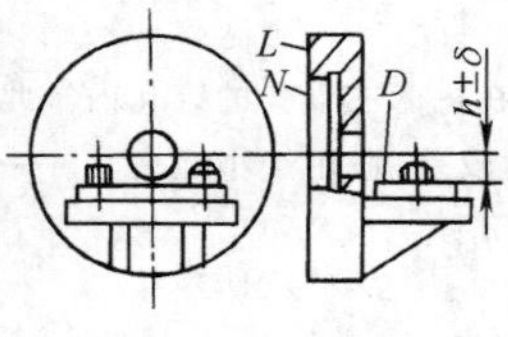	1）表面 D 对表面 L 的垂直度偏差 2）两定位销的中心连线与表面 L 的平行度偏差	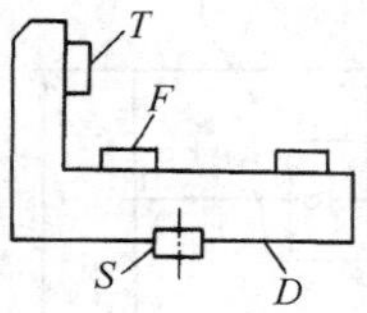	1）表面 F 对表面 D 的平行度偏差 2）表面 T 对表面 S 的平行度偏差
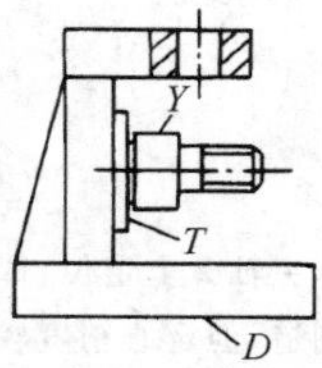	1）表面 T 对表面 D 的垂直度偏差 2）表面 Y 的轴线对表面 D 的平行度偏差	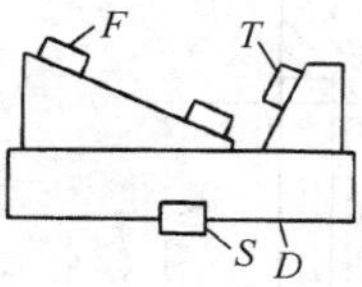	1）平面 T 上平行于 D 的母线对表面 S 的平行度偏差 2）平面 F 上平行于 S 的母线对表面 D 的平行度偏差

2. 夹具对刀具的定位

（1）对刀装置　对刀装置是用来确定夹具与刀具相对位置的装置。对刀装置由对刀块和塞尺等元件组成。有了对刀装置，就可迅速而准确地调整刀具与夹具之间的相对位置。常用对刀装置的基本类型见表 2-2-28。

表 2-2-28　常用对刀装置的基本类型

基本类型	对刀装置简图	使用说明	基本类型	对刀装置简图	使用说明
高度对刀装置	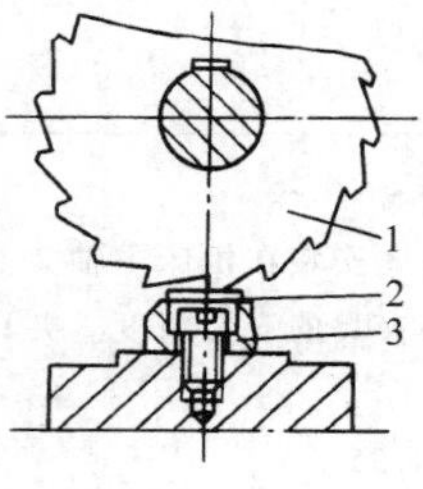	主要用于加工平面，选用圆形对刀块	成形刀具对刀装置	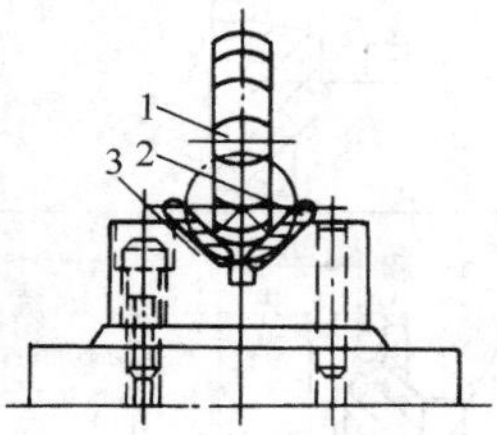	主要用于加工成形槽
				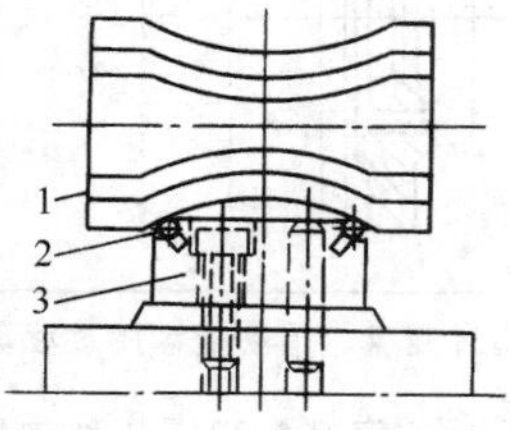	主要用于加工成形表面
直角对刀装置	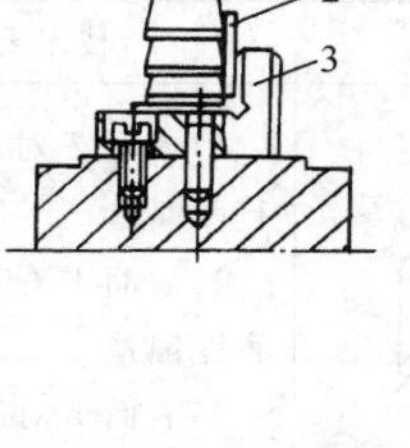	主要供盘状铣刀、圆柱铣刀和立铣刀铣槽或铣直角面时对刀用	组合刀具对定装置	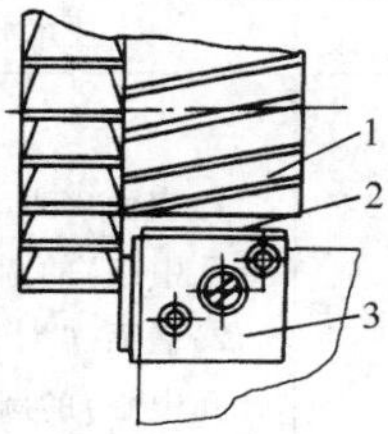	主要供组合铣刀用

注：1—刀具；2—塞尺；3—对刀块。

（2）导向元件　刀具导向元件也称为导套，多用在钻床和镗床夹具中，前者称为钻套，后者称为镗套。利用导向元件可保证被加工孔的位置精度，以及尺寸精度和形状精度。

1）钻套的基本类型及使用说明见表 2-2-29。

2）钻套高度和钻套端部与工件表面的距离见表 2-2-30。

表 2-2-29　钻套的基本类型及使用说明

钻套名称	结构简图	使用说明
固定钻套	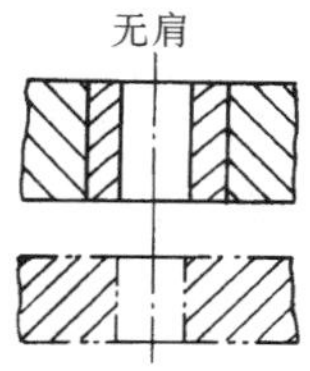 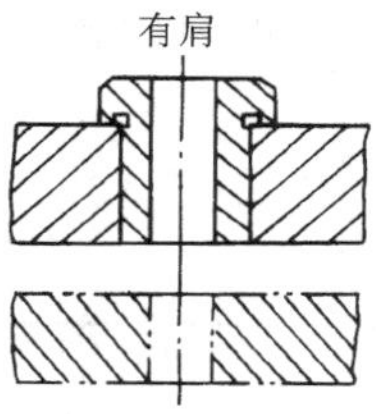	钻套直接压入钻模板或夹具体上，其外圆与钻模板采用$\frac{H7}{n6}$或$\frac{H7}{r6}$配合，磨损后不易更换。适用于中、小批生产的钻模或用来加工孔距很小及孔距精度要求较高的孔。为了防止切屑进入钻套孔内，钻套的上、下端以稍凸出钻模板为宜，一般不能低于钻模板 带肩固定钻套主要用于钻模板较薄时，用以保持必须的引导长度，也可作为主轴头进给时轴向定程挡块用
可换钻套	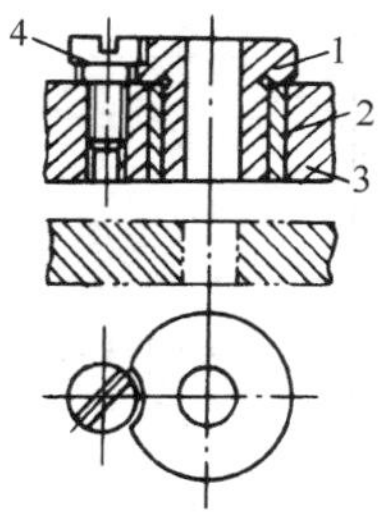	钻套 1 装在衬套 2 中，而衬套则是压配在夹具体或钻模板 3 中。钻套由螺钉 4 固定，以防止它转动。钻套与衬套间采用$\frac{F7}{m6}$或$\frac{F7}{k6}$配合，便于钻套磨损后可以迅速更换。适于大批量生产
快换钻套	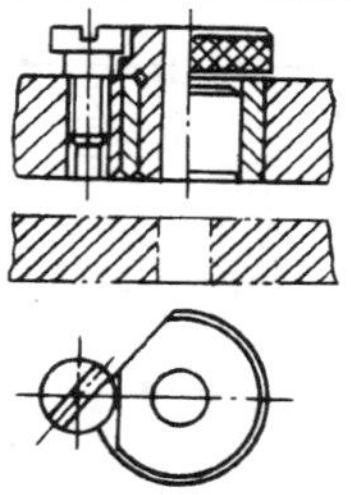	当要取出钻套时，只要将钻套朝逆时针方向转动，使螺钉头部刚好对准钻套上的削边平面，即可取出钻套。适用于同一个孔须经多种工步加工的工序中
特殊钻套	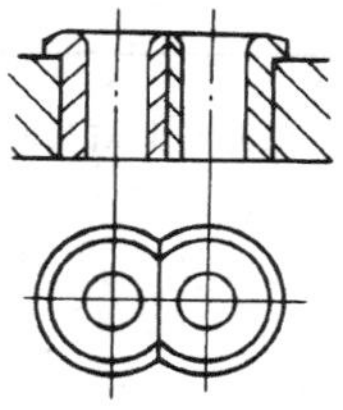	加工距离较近的两个孔时用的削边钻套
特殊钻套	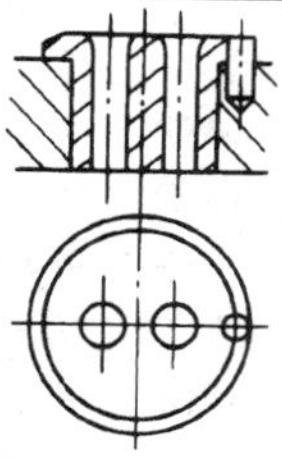	加工距离很近的两个孔时，可把两个孔做在一个钻套上，用定位销确定位置
	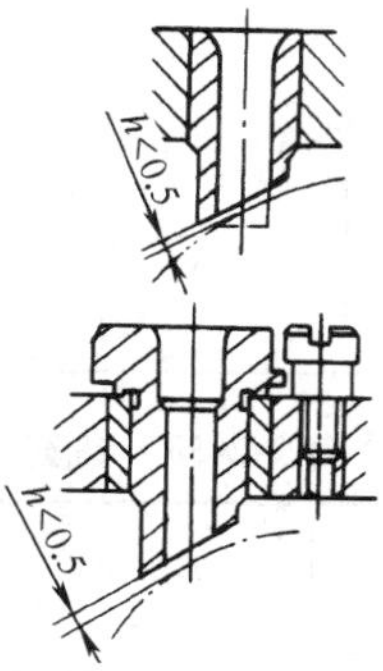	用于在斜面上钻孔。钻套的下端做成斜面，距离小于 0.5mm，以保证切屑不会塞在工件和钻套之间，而从钻套中排出。用这种钻套钻孔时，应先在工件上刮出一个平面，使钻头在垂直平面上钻孔，以避免钻头折断
	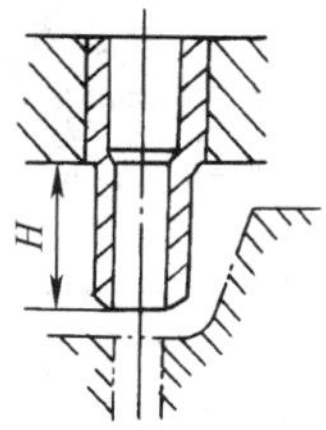	用于凹形表面上钻孔
	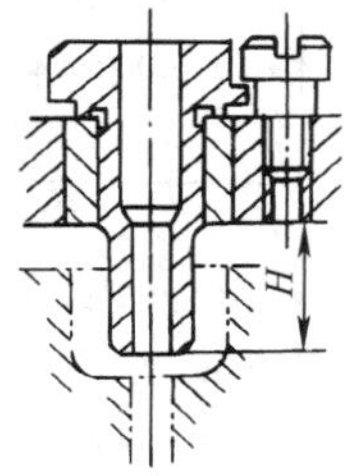	用于凹形表面上钻孔
	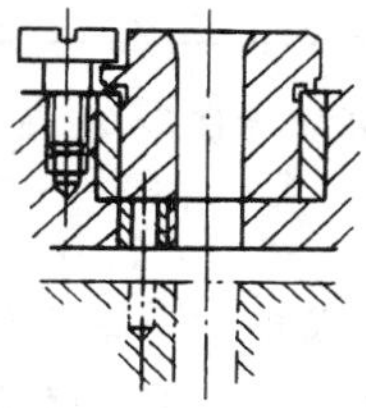	在一个大孔附近加工几个小孔时，可采用双层钻套。上层是钻大孔的快换钻套，小钻套直接安装在钻模板上

（续）

钻套名称	结构简图	使用说明	钻套名称	结构简图	使用说明
特殊钻套	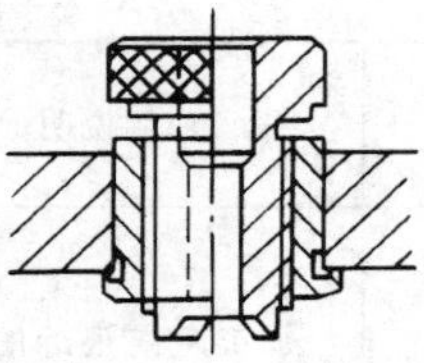	利用钻套下端内(外)锥面定位并夹紧工件。这种钻套与衬套用螺纹连接,衬套的圆肩在下,因为这种结构必须承受夹紧力	回转导套	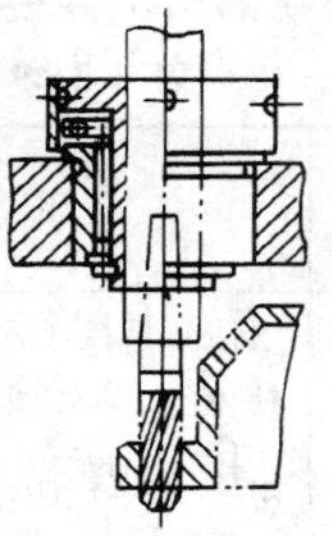	用于铰孔时刀具的导向
	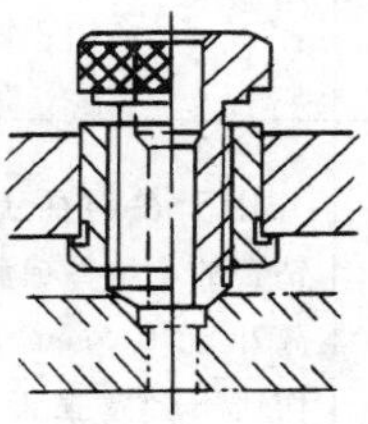			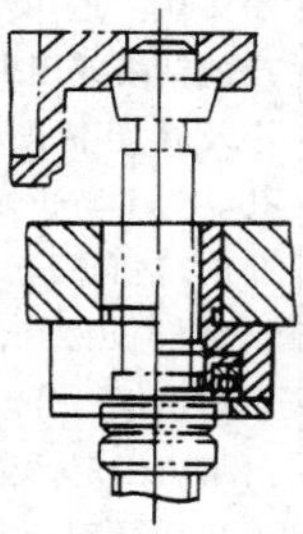	作为钻模轴向定位用

表 2-2-30 钻套高度和钻套端部与工件表面的距离

简图	加工条件	钻套高度	加工材料	钻套与工件间的距离
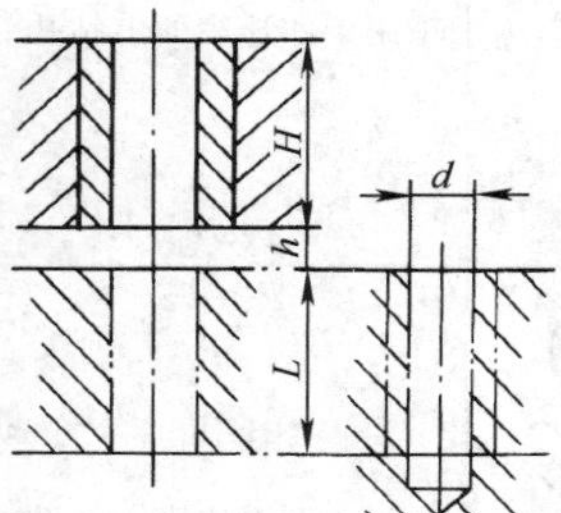	一般螺孔、销孔,孔距极限偏差为±0.25mm	$H=(1.5\sim2)d$	铸铁	$h=(0.3\sim0.7)d$
	H7以上的孔,孔距极限偏差为±0.1~±0.15mm	$H=(2.5\sim3.5)d$		
	H8以下的孔,孔距极限偏差为±0.06~±0.10mm	$H=(1.25\sim1.5)\cdot(h+L)$	钢 青铜 铝合金	$h=(0.7\sim1.5)d$

注：孔的位置精度要求高时，允许 $h=0$；钻深孔$\left(\frac{L}{D}>5\right)$时，$h$ 一般取 $1.5d$；钻斜孔或在斜面上钻孔时，h 尽量取小一些。

3）镗套的基本类型及应用（表 2-2-31）。

4）镗套的配合（见表 2-2-32、表 2-2-33）。

表 2-2-31　镗套的基本类型及应用

基本类型	结构简图	应　用
固定式镗套	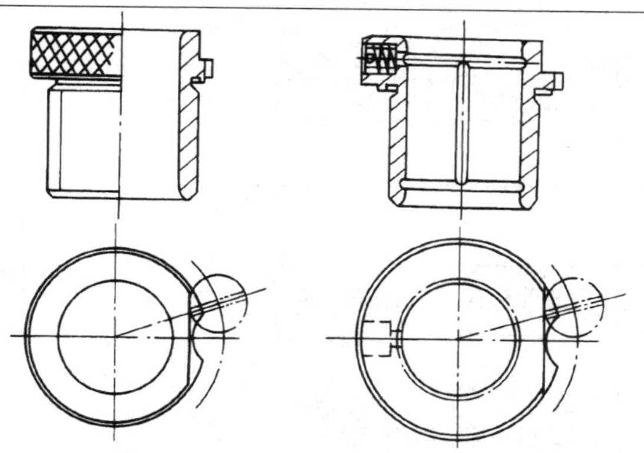 A型　B型	外形尺寸小,结构简单,中心位置准确。适用于低速扩孔、镗孔(镗杆回转线速度不超过 25m/min) B 型为带润滑结构的固定式镗套
立式滚动镗套	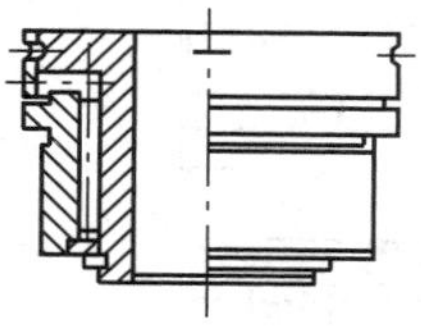	径向尺寸小,刚度好,回转精度略差,除作为回转引导,还可用作刀具轴向定位
立式滚动下镗套	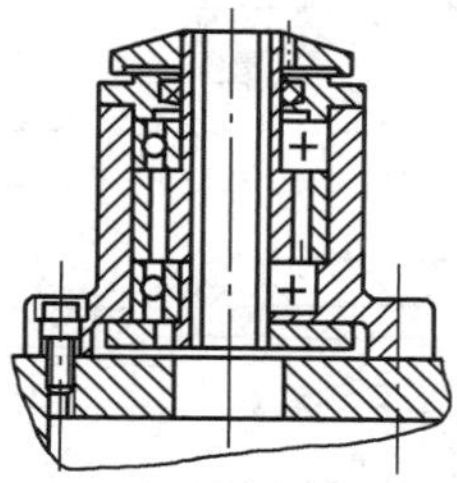	回转精度稍低,但刚度较好。专用于立式机床,因下镗套工作条件差,故在套上加设防护装置
外滚式滑动镗套	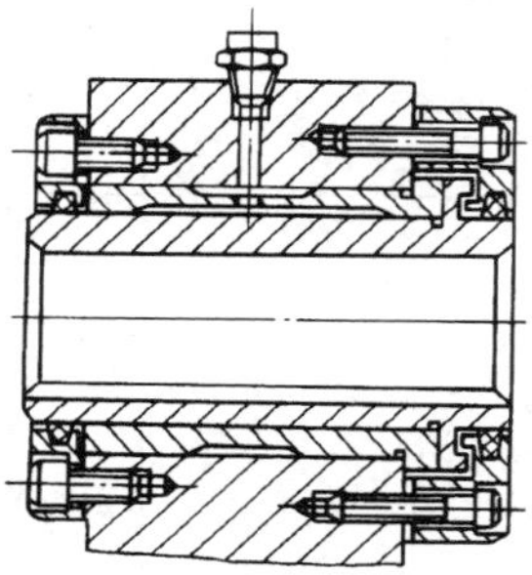 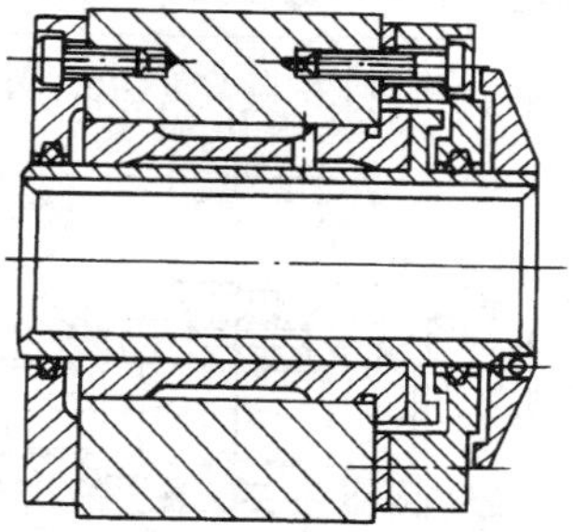	径向尺寸较小,抗振性好,承载能力大,回转线速度不超过 25m/min,适用于精加工。若采用多楔式油膜轴承,可用于高速精细镗孔
外滚式滚动镗套	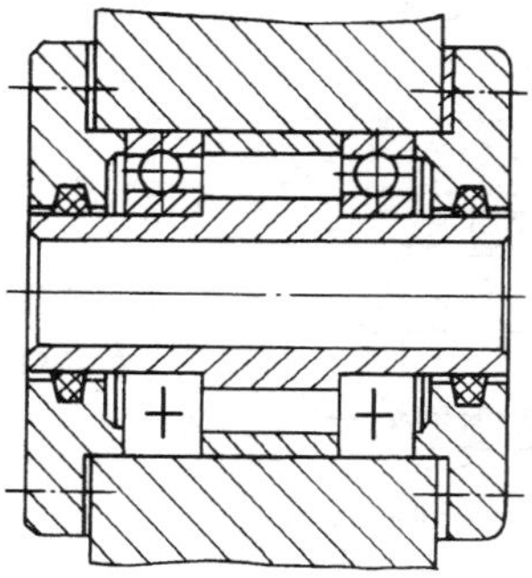 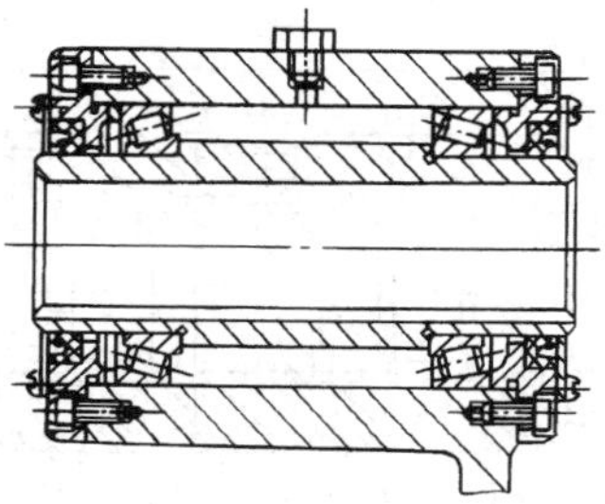	径向尺寸较大,回转精度不高,适用于粗加工或半精加工。当镗孔轴线间距很小或径向负荷很大时,可选用滚针轴承

（续）

基本类型	结构简图	应用
外滚式滚动镗套	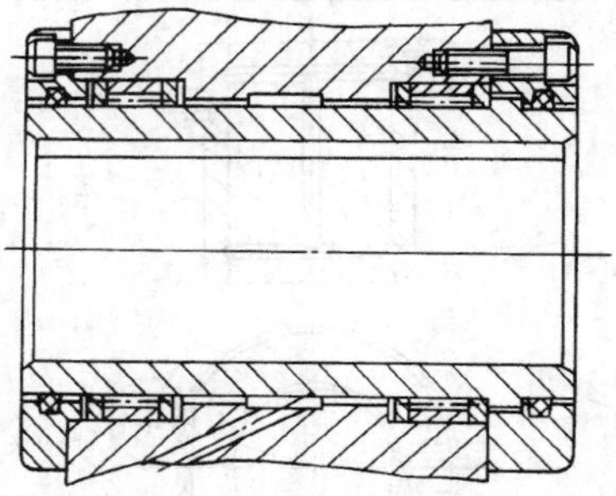	径向尺寸较大，回转精度不高，适用于粗加工或半精加工。当镗孔轴线间距很小或径向负荷很大时，可选用滚针轴承
	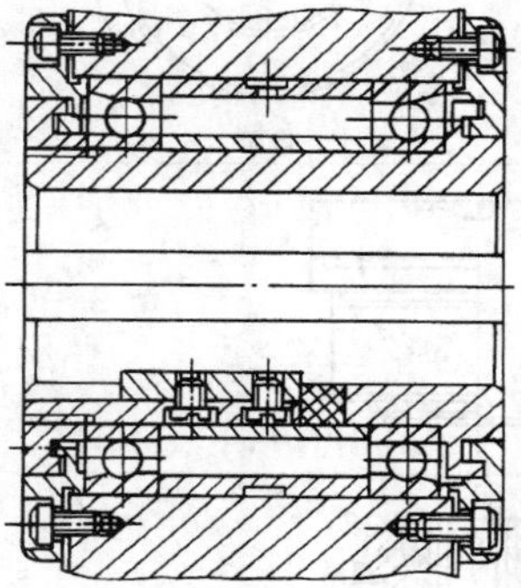	用于机床主轴有定位装置，以保证工作过程中镗刀与引刀槽的位置关系正确
内滚式滑动镗套	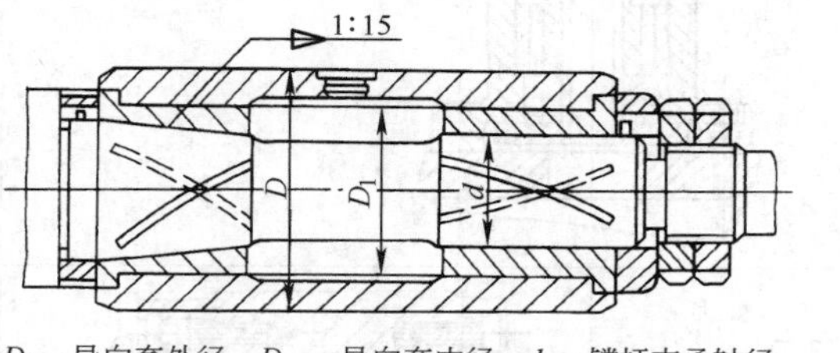 D—导向套外径 D_1—导向套内径 d—镗杆支承轴径	抗振性较好，一般用于铰孔、半精镗或精镗孔
内滚式滚动镗套	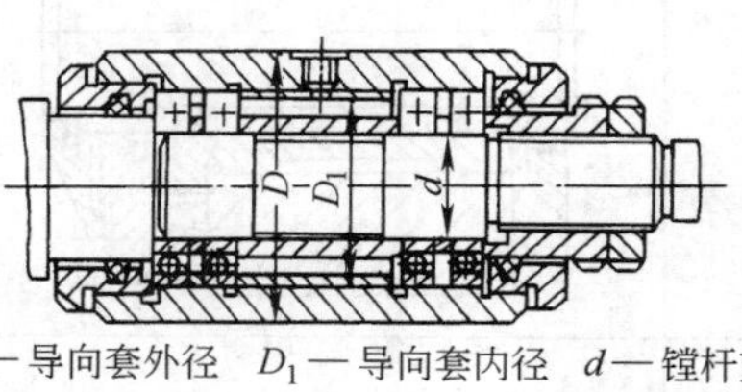 D—导向套外径 D_1—导向套内径 d—镗杆支承轴径	适用于切削负荷较重的场合
	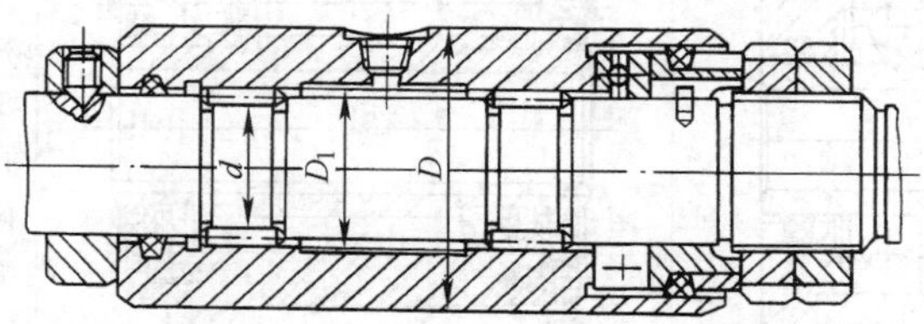 D—导向套外径 D_1—导向套内径 d—镗杆支承轴径	刚度和精度不高，只是在尺寸受到限制的情况下才采用

表 2-2-32　固定式镗套的配合

结构简图	工艺方法		配合尺寸		
			d	D	D_1
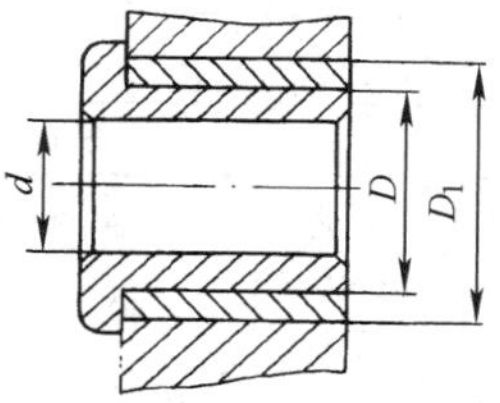	钻孔	刀具切削部分引导	$\frac{F8}{h6}$,$\frac{G7}{h6}$	$\frac{H7}{g6}$,$\frac{H7}{f7}$	$\frac{H7}{r6}$,$\frac{H7}{s6}$,$\frac{H7}{n6}$
		刀具柄部或刀杆引导	$\frac{H7}{f7}$,$\frac{H7}{g6}$		
	铰孔	粗铰	$\frac{G7}{h6}$,$\frac{H7}{h6}$	$\frac{H7}{g6}$,$\frac{H7}{h6}$	$\frac{H7}{r6}$,$\frac{H7}{n6}$
		精铰	$\frac{G6}{h5}$,$\frac{H6}{h5}$	$\frac{H6}{g5}$,$\frac{H6}{h5}$	
	镗孔	粗镗	$\frac{H7}{h6}$	$\frac{H7}{g6}$,$\frac{H7}{h6}$	
		精镗	$\frac{H6}{h5}$	$\frac{H6}{g5}$,$\frac{H6}{h5}$	

表 2-2-33　外滚式镗套的配合

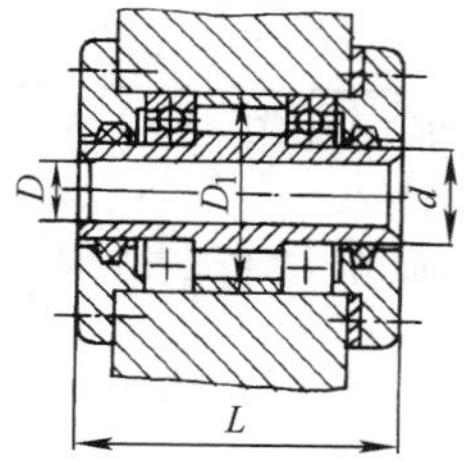

加工要求	镗套长度 L	轴承型式	轴承精度	镗套的配合			
				D	D_1	d	镗杆导向部分的外径
粗加工	$(2.5\sim3.5)D$	单列深沟球轴承 圆锥滚子轴承 滚针轴承	F、G	H7	J7	K6	g6 或 h6
半精加工		单列深沟球轴承 角接触球轴承	D、E	H7	J7	K6	g5 或 h6
精加工		角接触球轴承	C、D	H6	K6	j5 或 K5	h5

注：1. 当精镗孔的位置精度要求很高时，建议镗杆外径的公差取为 0.4h5，镗套内孔直径的公差取为 H6 的 1/3，或配研至其间隙不大于 0.01mm。

2. 精加工时，镗套内孔的圆度公差取为镗孔圆度公差的 1/6～1/5。

5）内滚式镗套的结构型式及配合（见表 2-2-34）。

表 2-2-34　内滚式镗套的结构型式及配合

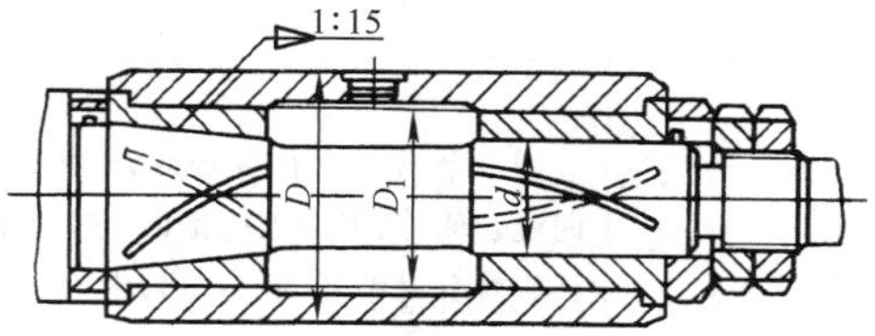

a)

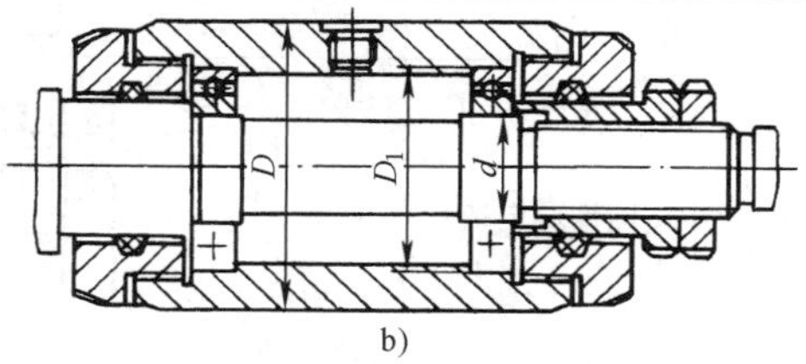

b)

（续）

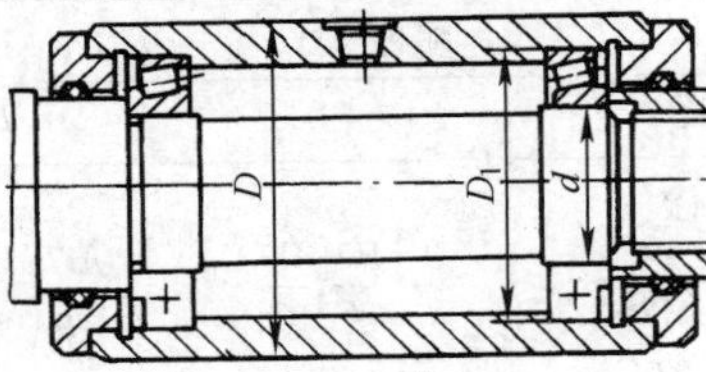

c)

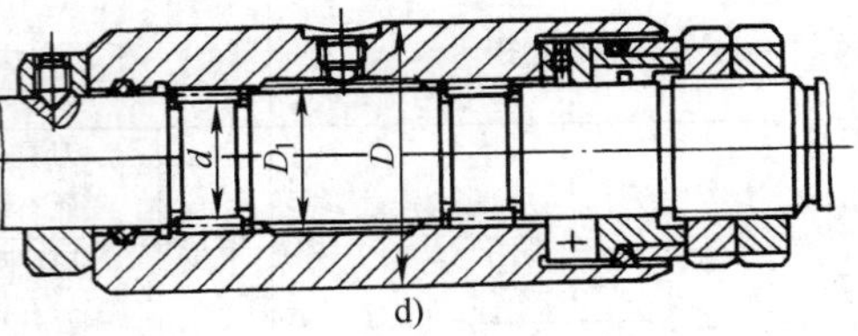

d)

结构		图 a		图 b			图 c			图 d	
常用于		精镗、铰		半精镗　半精、精扩			粗、半精镗　粗、半精扩			扩锪	
D	基本尺寸/mm	≤80	>80~120	>80~120	>120~180	>180~260	>80~120	>120~180	>180~260	≤80	>80~120
	极限偏差/mm	-0.003 -0.016	-0.003 -0.018	-0.007 -0.030	-0.008 -0.035	-0.01 -0.04	-0.007 -0.030	-0.008 -0.035	-0.01 -0.04	-0.006 -0.026	-0.007 -0.030
D_1	配合	H7/f6		K7			K7			H7	
d	配合	H6/g5		js6			js6			h6	
装配后，固定滑动套、刀杆的径向圆跳动/mm		0.015~0.025		0.025~0.04			—			—	

注：1. 结构 a 前端 1∶15 圆锥部分铜套应与刀杆配研。

2. 结构 b 用于精镗时，配合精度可适当提高。

3. D 的公差应保证滑动套与夹具镗套有间隙，其最大极限尺寸等于或略小于基本尺寸，其公差值分别等于 h5 或 h6。

3. 夹具分度与转位的对定

夹具的分度与转位的对定装置，用于保证回转夹具的回转部分在分度与转位后的定位精度。对定装置的基本结构见表 2-2-35。

表 2-2-35　对定装置的基本结构

类型	对定销结构	对定装置简图	结构特点及使用说明
轴向分度	钢球（球头销）对定销	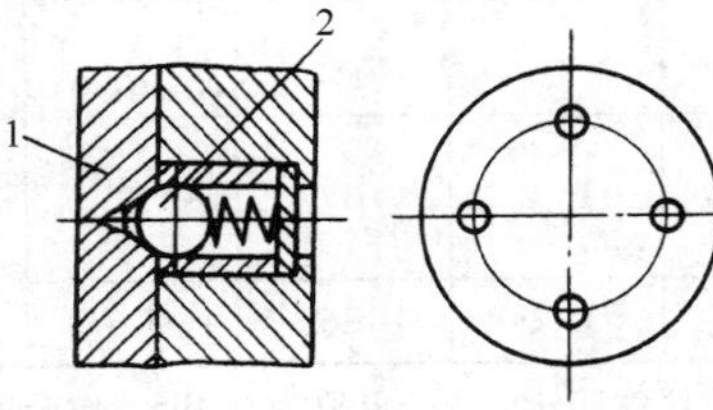	结构简单，操作方便。锥坑较浅，其深度不大于钢球的半径，因而定位不大可靠。仅适用于切削负荷很小而分度精度要求不高的场合，或者作为精密分度装置的预定位
	圆柱对定销	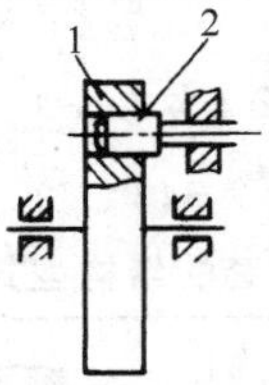	结构简单，制造容易。对定副间有污物时，不直接影响对定副的接触。缺点是无法补偿对定副间的配合间隙对分度精度的影响。分度盘孔中一般压入耐磨衬套，与对定销配合采用 H7/g6
	圆锥对定销	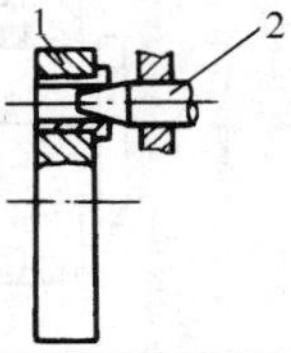	圆锥销与分度孔接触时，能消除两者间配合间隙，但圆锥销锥面上有污物时，将影响分度精度，制造也较困难

（续）

类型	对定销结构	对定装置简图	结构特点及使用说明
径向分度	单斜面对定销	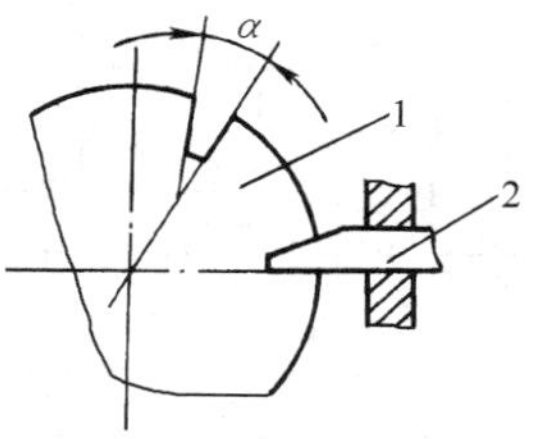	能将分度的转角误差始终分布在斜面一侧，分度槽的直边始终与楔角 α 的直边保持接触，故分度精度较高。多用于精度要求较高的分度装置中
	双斜面对定销	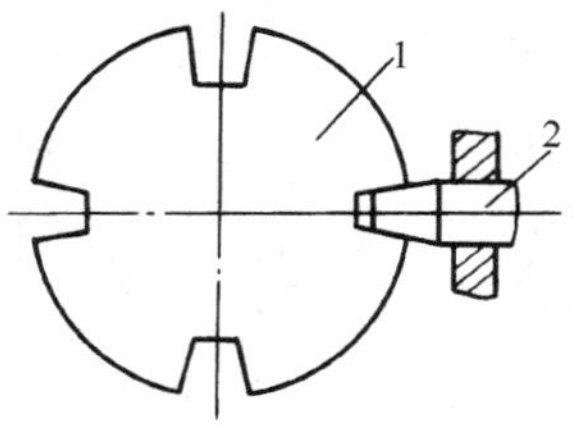	同圆锥销。在结构上应考虑必要的防屑和防尘装置

注：1—分度板，2—对定销。

2.3.2　机床夹具常用标准零部件

2.3.2.1　定位件的型式和尺寸（见表 2-2-36～表 2-2-47）

表 2-2-36　固定式定位销的型式和尺寸　（单位：mm）

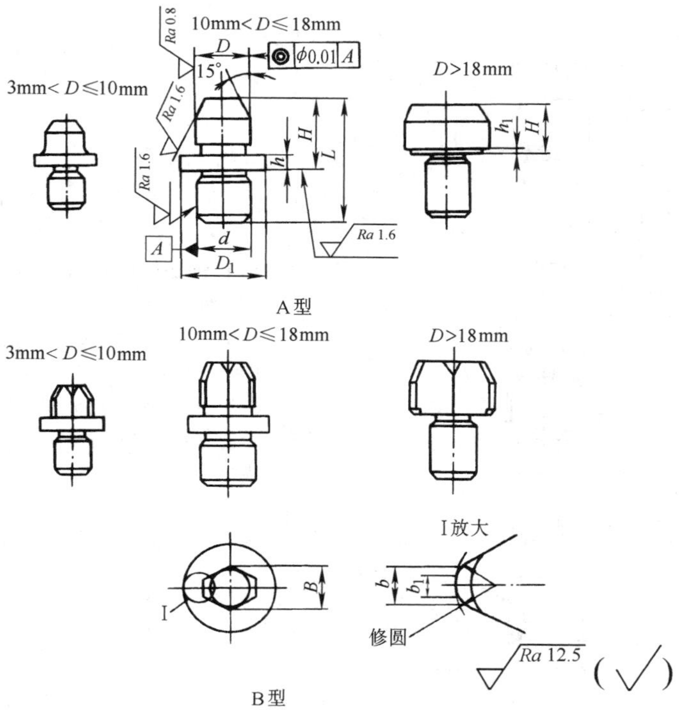

技术条件

1. 材料：D≤18mm，T8 钢；D>18mm，20 钢。

2. 热处理：T8 钢，硬度为 55～60HRC；20 钢，渗碳层深度为 0.8～1.2mm，硬度为 55～60HRC。

3. 其他技术条件按 JB/T 8044 的规定。

（续）

D	H	d 公称尺寸	d 极限偏差 r6	D_1	L	h	h_1	B	b	b_1
>6~8	10	8	+0.028 +0.019	14	20	3	—	D-1	3	2
	18				28	7				
>8~10	12	10		16	24	4		D-2	4	3
	22				34	8				
>10~14	14	12	+0.034 +0.023	18	26	4				
	24				36	9				
>14~18	16	15		22	30	5				
	26				40	10				
>18~20	12	12		—	26	—	1			
	18				32					
	28				42					
>20~24	14	15			30		2	D-3	5	
	22				38					
	32				48					
>24~30	16				36			D-4		
	25				45					
	34				54					
>30~40	18	18	+0.041 +0.028		42		3	D-5	6	4
	30				54					
	38				62					

注：D 的公差带按设计要求决定。

表 2-2-37　可换定位销的型式和尺寸（JB/T 8014.3—1999）　　（单位：mm）

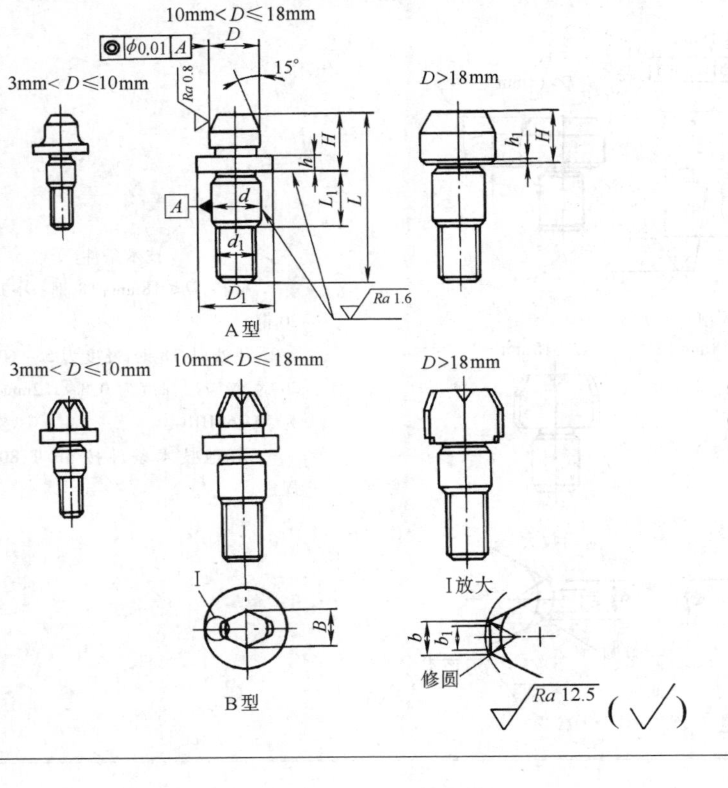

技术条件

1. 材料：$D\leqslant18$mm，T8 钢；$D>18$mm，20 钢。

2. 热处理：T8 钢，硬度为 55~60HRC；20 钢，渗碳层深度为 0.8~1.2mm，硬度为 55~60HRC。

3. 其他技术条件按 JB/T 8044 的规定。

（续）

D	H	d 公称尺寸	d 极限偏差 h6	d_1	D_1	L	L_1	h	h_1	B	b	b_1
>6~8	10	8	0 -0.009	M6	14	28	8	3	—	D-1	3	2
	18					36		7				
>8~10	12	10		M8	16	35	10	4		D-2	4	3
	22					45		8				
>10~14	14	12	0 -0.011	M10	18	40	12	4				
	24					50		9				
>14~18	16	15		M12	22	46	14	5				
	26					56		10				
>18~20	12	12	0 -0.011	M10	—	40	12	—	1			
	18					46						
	28					55						
>20~24	14	15		M12		45	14		2	D-3	5	
	22					53						
	32					63						
>24~30	16					50	16			D-4		
	25					60						
	34					68						
>30~40	18	18	0 -0.013	M16		60	20		3	D-5	6	4
	30					72						
	38					80						

注：D 的公差带按设计要求决定。

表 2-2-38　小定位销的型式和尺寸　　（单位：mm）

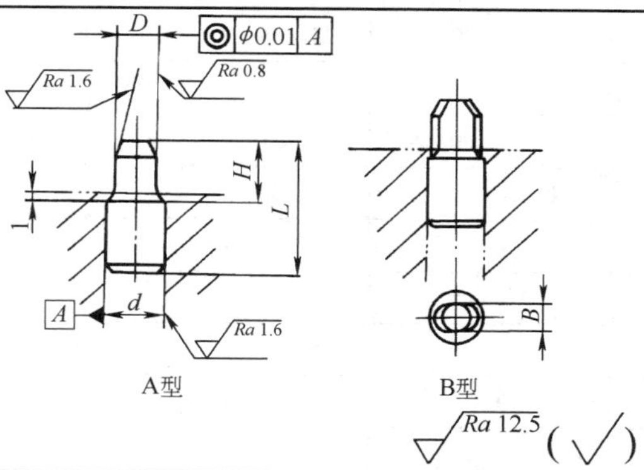

技术条件

1. 材料：T8 钢，按 GB/T 1299 的规定。
2. 热处理：硬度为 55~60HRC。
3. 其他技术条件按 JB/T 8044 的规定。

D	H	d 公称尺寸	d 极限偏差 r6	L	B
1~2	4	3	+0.016 +0.010	10	D-0.3
>2~3	5	6	+0.023 +0.015	12	D-0.6

注：D 的公差按设计要求决定。

表 2-2-39　定位插销的型式和尺寸　　（单位：mm）

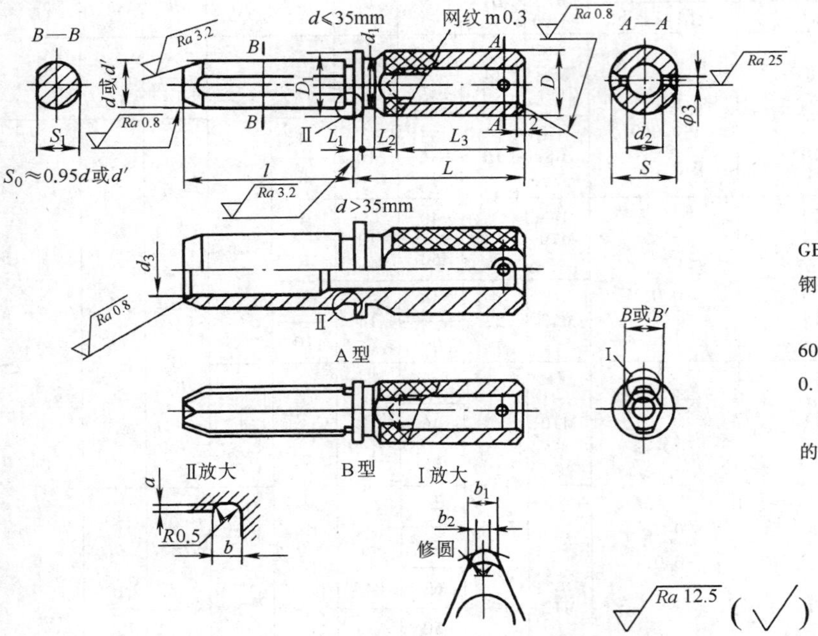

技术条件

1. 材料：$d \leqslant 10$mm，T8 钢，按 GB/T 1299 的规定；$d > 10$mm，20 钢，按 GB/T 699 的规定。

2. 热处理：T8 钢，硬度为 55~60HRC；20 钢，渗碳层深度为 0.8~1.2mm，硬度为 55~60HRC。

3. 其他技术条件按 JB/T 8044 的规定。

d	公称尺寸	6	8	10	12	15	18	22	26	30	35	42	48	55
	极限偏差 f7	-0.010 -0.022	-0.013 -0.028		-0.016 -0.034			-0.020 -0.041			-0.025 -0.050			-0.030 -0.060
d'		>4~6	>6~8	>8~10	>10~12	>12~15	>15~18	>18~22	>22~26	>26~30	>30~35	>35~42	>42~48	>48~55
D(滚花前)		10	12	14	16	19	22	36		36	40			
D_1		10	12	14	16	19	22	30		36	40	47	53	60
d_1		7	8	10	12	15	18	26		32	36			
d_2		—					14	20		25	28			
d_3		—										25	30	35
L		30		40		50		60		80		90		
L_1		2		3		4				5		6		
L_2		3		4		6				8				
L_3		—					35	45		60		—		
S		9	11	13	15	18	21	29		35	39			
B		5.5	7	9	10	13	16	19	23	26	30	—		
B'		d'-0.5	d'-1		d'-2			d'-3		d'-4	d'-5			
a		0.25	0.5							1				
b		2								3				4
b_1		2	3		4			5				—		
b_2		1	2		3									

（续）

d	公称尺寸	6	8	10	12	15	18	22	26	30	35	42	48	55
	极限偏差 f7	-0.010 -0.022	-0.013 -0.028		-0.016 -0.034			-0.020 -0.041			-0.025 -0.050			-0.030 -0.060
l		20	20											
		25	25											
		30	30											
		35	35	35	35									
		40	40	40	40	40								
		45	45	45	45	45								
		50	50	50	50	50	50							
		60	60	60	60	60	60	60	60					
		70	70	70	70	70	70	70	70	70				
			80	80	80	80	80	80	80	80				
				90	90	90	90	90	90	90	90			
				100	100	100	100	100	100	100	100	100		
					120	120	120	120	120	120	120	120		
						140	140	140	140	140	140	140	140	
							160	160	160	160	160	160	160	160
								180	180	180	180	180	180	180
									200	200	200	200	200	200
									220	220	220	220	220	220
									250	250	250	250	250	250

注：d′的公差带按设计要求确定。

表 2-2-40　定位键的型式和尺寸（JB/T 8016—1999）　（单位：mm）

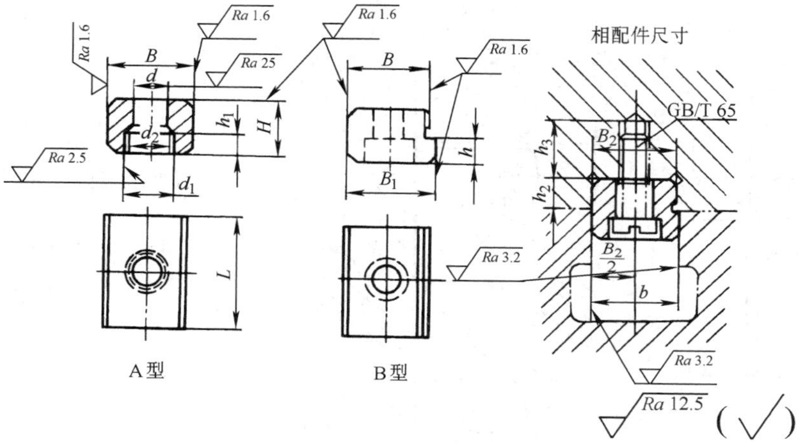

技术条件

1. 材料：45 钢，按 GB/T 699 的规定。

2. 热处理：硬度为 40～45HRC。

3. 其他技术条件按 JB/T 8044 的规定。

（续）

B			B_1	L	H	h	h_1	d	d_1	d_2	相配件						
											T形槽宽度	B_2			h_2	h_3	螺钉 GB/T 65—2000
公称尺寸	极限偏差 h6	极限偏差 h8									b	公称尺寸	极限偏差 H7	极限偏差 Js6			
8	0 -0.009	0 -0.022	8	14	8	3	3.4	3.4	6	—	8	8	+0.015 0	±0.0045	4	8	M3×10
10			10	16			4.6	4.5	8		10	10					M4×10
12	0 -0.011	0 -0.027	12	20			5.7	5.5	10		12	12	+0.018 0	±0.0055		10	M5×12
14			14								14	14					
16			16	25	10	4	6.8	6.6	11		(16)	16			5	13	M6×16
18			18		12	5					18	18			6		
20	0 -0.013	0 -0.033	20	32							(20)	20	+0.021 0	±0.0065			
22			22								22	22					
24			24	40	14	6	9	9	15		(24)	24			7	15	M8×20
28			28		16	7					28	28			8		
36	0 -0.016	0 -0.039	36	50	20	9	13	13.5	20	16	36	36	+0.025 0	±0.008	10	18	M12×25
42			42	60	24	10					42	42			12		M12×30
48			48	70	28	12					48	48			14	22	M16×35
54	0 -0.019	0 -0.046	54	80	32	14	17.5	17.5	26	18	54	54	+0.030 0	±0.0095	16		M16×40

注：1. 尺寸 B_1 留磨量 0.5mm 按机床T形槽宽度配作，公差带为 h6 或 h8。

2. 括号内尺寸尽量不采用。

表 2-2-41 定向键的型式和尺寸（JB/T 8017—1999） （单位：mm）

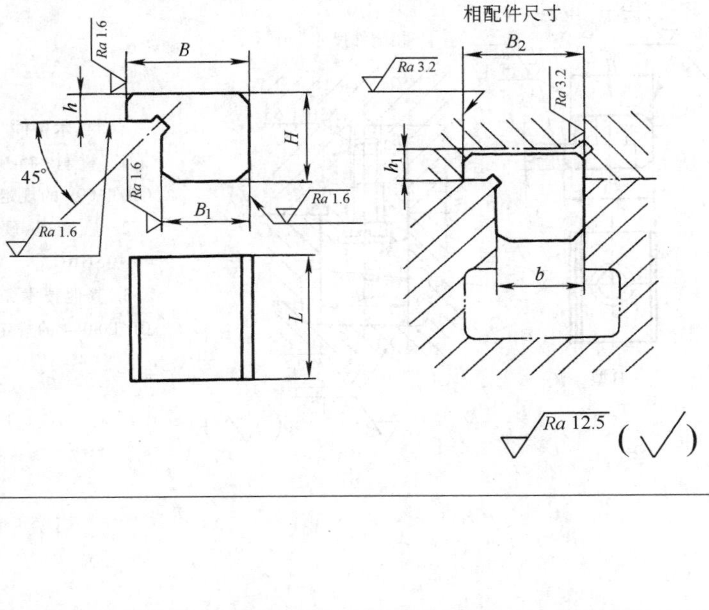

技术条件

1. 材料：45 钢，按 GB/T 699 的规定。

2. 热处理：硬度为 40~45HRC。

3. 其他技术条件按 JB/T 8044 的规定。

（续）

B 公称尺寸	B 极限偏差 h6	B_1	L	H	h	相配件 T 形槽宽度 b	相配件 B_2 公称尺寸	相配件 B_2 极限偏差 H7	相配件 h_1
18	0 -0.011	8	20	12	4	8	10	+0.018 0	6
		10				10			
		12				12			
		14				14			
24	0 -0.013	16	25	18	5.5	(16)	24	+0.021 0	7
		18				18			
		20				(20)			
28		22	40	22	7	22	28		9
		24				(24)			
36	0 -0.016	28				28	36	+0.025 0	
48		36	50	35	10	36	48		12
		42				42			
60	0 -0.019	48	65	50	12	48	60	+0.030 0	14
		54				54			

注：1. 尺寸 B_1 留磨量 0.5mm 按机床 T 形槽宽度配作，公差带为 h6 或 h8。

2. 括号内尺寸尽量不采用。

表 2-2-42　V 形块的型式和尺寸（JB/T 8018.1—1999）　　（单位：mm）

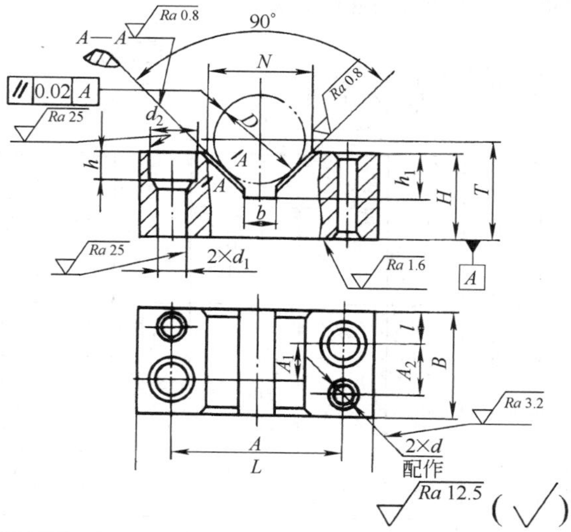

技术条件

1. 材料：20 钢。

2. 热处理：渗碳层深度为 0.8~1.2mm，硬度为 58~64HRC。

3. 其他技术条件按 JB/T 8044 的规定。

N	D	L	B	H	A	A_1	A_2	b	l	d 公称尺寸	d 极限偏差 H7	d_1	d_2	h	h_1
14	>10~15	38	20	12	26	6	9	4	7	4	+0.012 0	5.5	10	5.7	7
18	>15~20	46	25	16	32	9	12	6	8	5		6.6	11	6.8	9
24	>20~25	55		20	40			8							11
32	>25~35	70	32	25	50	12	15	12	10	6		9	15	9	14

（续）

N	D	L	B	H	A	A_1	A_2	b	l	d 公称尺寸	d 极限偏差 H7	d_1	d_2	h	h_1
42	>35~45	85	40	32	64	16	19	16	12	8	+0.015 0	11	18	11	18
55	>45~60	100		35	76			20							22
70	>60~80	125	50	42	96	20	25	30	15	10		13.5	20	13	25
85	>80~100	140		50	110			40							30

注：尺寸 T 按公式 $T=H+0.707D-0.5N$ 计算。

表 2-2-43　固定 V 形块的型式和尺寸（JB/T 8018.2—1999）　　（单位：mm）

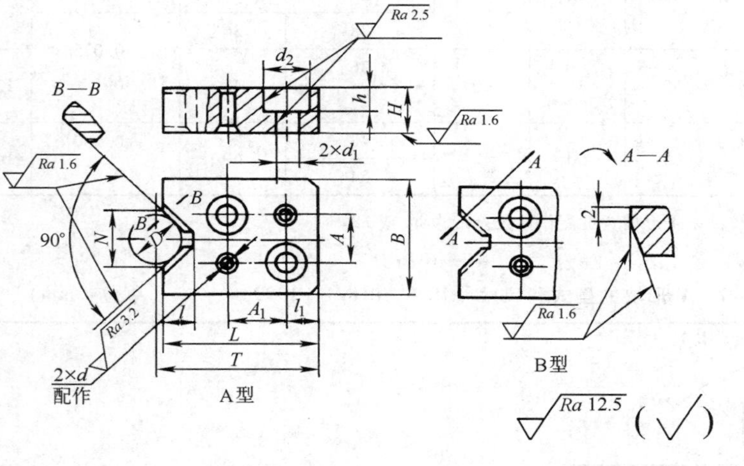

技术条件

1. 材料：20 钢，按 GB/T 699 的规定。

2. 热处理：渗碳层深度为 0.8~1.2mm，硬度为 58~64HRC。

3. 其他技术条件按 JB/T 8044 的规定。

N	D	B	H	L	l	l_1	A	A_1	d 公称尺寸	d 极限偏差 H7	d_1	d_2	h
9	5~10	22	10	32	5	6	10	13	4	+0.012 0	4.5	8	4
14	>10~15	24	12	35	7	7		14	5		5.5	10	5
18	>15~20	28	14	40	10	8	12				6.6	11	6
24	>20~25	34	16	45	12	10	15	15	6				
32	>25~35	42		55	16	12	20	18	8	+0.015 0	9	15	8
42	>35~45	52	20	68	20	14	26	22	10		11	18	10
55	>45~60	65		80	25	15	35	28					
70	>60~80	80	25	90	32	18	45	35	12	+0.018 0	13.5	20	12

注：尺寸 T 按公式 $T=L+0.707D-0.5N$ 计算。

表 2-2-44　调整 V 形块的型式和尺寸　（单位：mm）

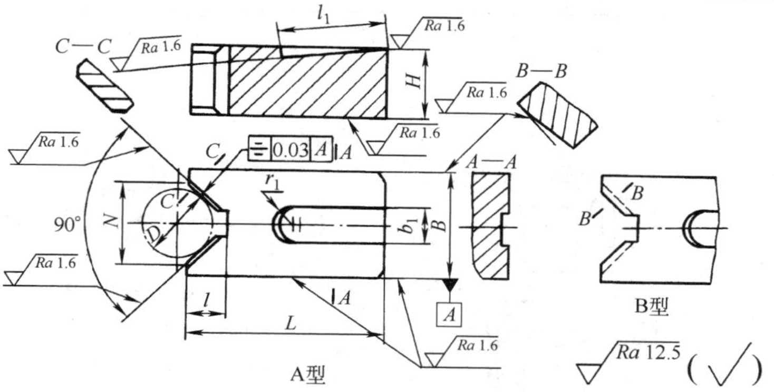

技术条件

1. 材料：20 钢。
2. 热处理：渗碳层深度为 0.8～1.2mm，硬度为 58～64HRC。
3. 其他技术条件按 JB/T 8044 的规定。

N	D	B		H		L	l	l_1	b_1	r_1
		公称尺寸	极限偏差 f7	公称尺寸	极限偏差 f9					
14	>10～15	20	-0.020 -0.041	12	-0.016 -0.059	35	7	22	9	4.5
18	>15～20	25		14		40	10	26		
24	>20～25	34	-0.025 -0.050	16		45	12	28	11	5.5
32	>25～35	42				55	16	32		
42	>35～45	52	-0.030 -0.060	20	-0.020 -0.072	70	20	40	13	6.5
55	>45～60	65				85	25	46		
70	>60～80	80		25		105	32	60		

表 2-2-45　活动 V 形块的型式和尺寸（JB/T 8018.4—1999）　（单位：mm）

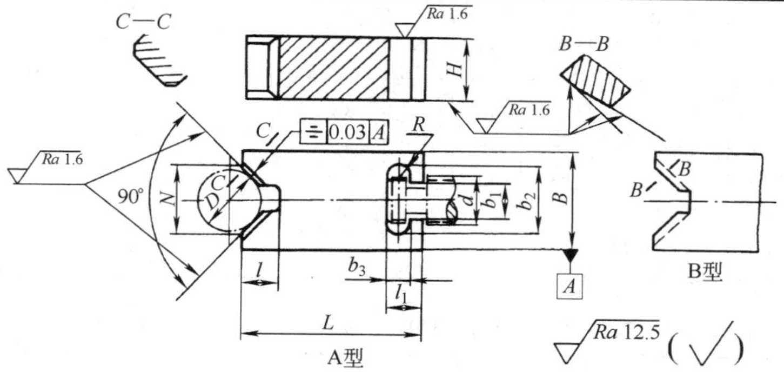

技术条件

1. 材料：20 钢，按 GB/T 699 的规定。
2. 热处理：渗碳层深度为 0.8～1.2mm，硬度为 58～64HRC。
3. 其他技术条件按 JB/T 8044 的规定。

N	D	B		H		L	l	l_1	b_1	b_2	b_3	相配件 d
		公称尺寸	极限偏差 f7	公称尺寸	极限偏差 f9							
14	>10～15	20	-0.020 -0.041	12	-0.016 -0.059	35	7	8	6.5	12	5	M8
18	>15～20	25		14		40	10	10	8	15	6	M10
24	>20～25	34	-0.025 -0.050	16		45	12	12	10	18	8	M12
32	>25～35	42				55	16	13	13	24	10	M16
42	>35～45	52	-0.030 -0.060	20	-0.020 -0.072	70	20					
55	>45～60	65				85	25	15	17	28	11	M20
70	>60～80	80		25		105	32					

表 2-2-46 导板的型式和尺寸（JB/T 8019—1999） （单位：mm）

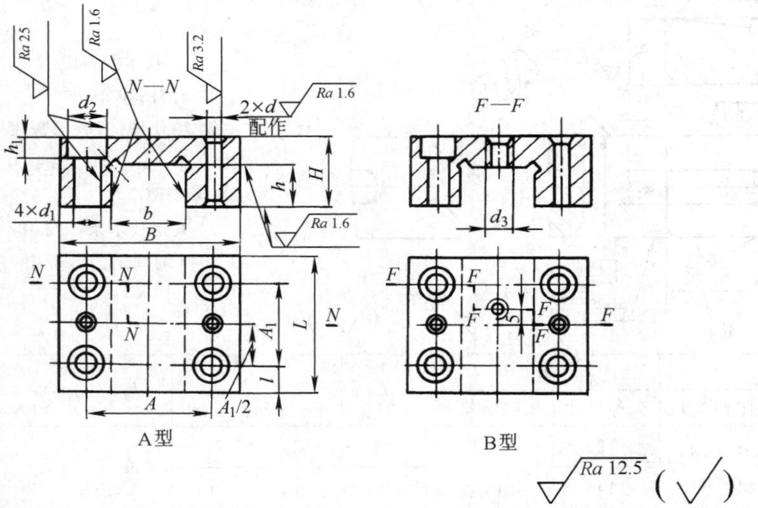

技术条件

1. 材料：20 钢，按 GB/T 699 的规定。

2. 热处理：渗碳层深度为 0.8～1.2mm，硬度为 58～64HRC。

3. 其他技术条件按 JB/T 8044 的规定。

b 公称尺寸	b 极限偏差 H7	h 公称尺寸	h 极限偏差 H8	B	L	H	A	A_1	l	h_1	d 公称尺寸	d 极限偏差 H7	d_1	d_2	d_3
20	+0.021 0	12	+0.027 0	52	40	20	35	22	9	6	5	+0.012 0	6.6	11	M8
25		14		60	42	25	42	24			6				
34	+0.025 0	16		72	50	28	52	28	11	8			9	15	M10
42				90	60	32	65	34	13	10	8	+0.015 0	11	18	
52	+0.030 0	20	+0.033 0	104	70	35	78	40	15		10				M12
65				120	80		90	48	15.5	12			13.5	20	

表 2-2-47 定位衬套的型式和尺寸 （单位：mm）

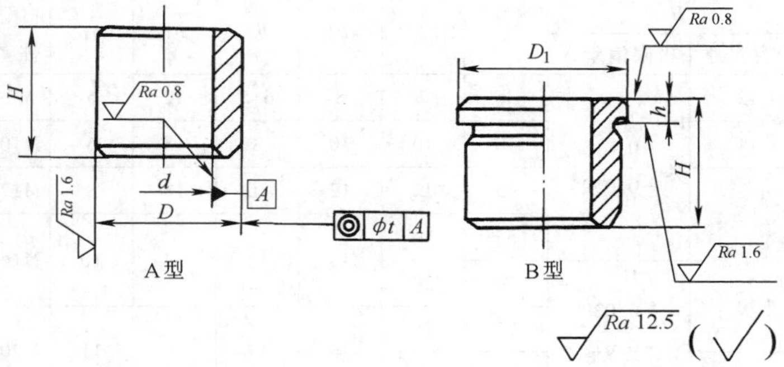

技术条件

1. 材料：d≤25mm，T8 钢，按 GB/T 1299 的规定；d>25mm，20 钢，按 GB/T 699 的规定。

2. 热处理：T8 钢，硬度为 55～60HRC；20 钢，渗碳层深度为 0.8～1.2mm，硬度为 55～60HRC。

3. 其他技术条件按 JB/T 8044 的规定。

（续）

d 公称尺寸	d 极限偏差 H6	d 极限偏差 H7	H	D 公称尺寸	D 极限偏差 n6	D_1	h	t 用于 H6	t 用于 H7
3	+0.006 0	+0.010 0	8	8	+0.019 +0.010	11	3	0.005	0.008
4	+0.008 0	+0.012 0	10						
6				10		13			
8	+0.009 0	+0.015 0		12	+0.023 +0.012	15			
10			12	15		18			
12	+0.011 0	+0.018 0		18		22	4		
15			16	22	+0.028 +0.015	26			
18				26		30		0.008	0.012
22	+0.013 0	+0.021 0	20	30		34			
26				35	+0.033 +0.017	39	5		
30			25	42		46			
			45						
35	+0.016 0	+0.025 0	25	48		52			
			45						
42			30	55	+0.039 +0.020	59			
			56						
48			30	62		66	6		
			56						
55	+0.019 0	+0.030 0	30	70		74		0.025	0.040
			56						
62			35	78		82			
			67						
70			35	85	+0.045 +0.023	90			
			67						
78			40	95		100			
			78						

2.3.2.2　导向件的型式和尺寸（见表 2-2-48～表 2-2-56）

表 2-2-48　固定钻套的型式和尺寸　（单位：mm）

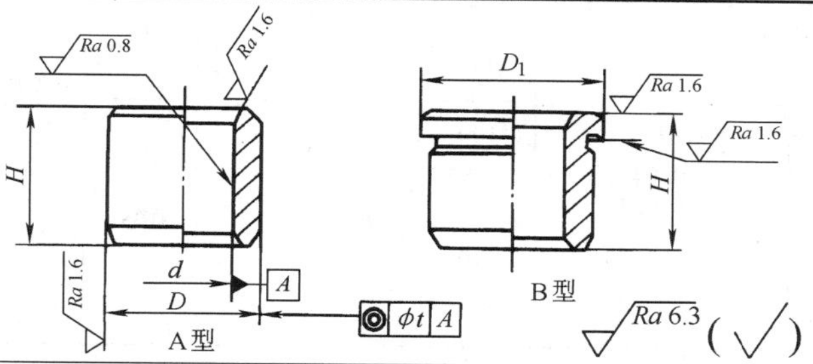

技术条件

1. 材料：$d \leqslant 26$mm，T10A 钢，按 GB/T 1299 的规定；$d>26$mm，20 钢，按 GB/T 699 的规定。
2. 热处理：T10A 钢，硬度为 58～64HRC；20 钢，渗碳层深度为 0.8～1.2mm，硬度为 58～64HRC。
3. 其他技术条件按 JB/T 8044 的规定。

（续）

<table>
<tr><th colspan="2">d</th><th colspan="2">D</th><th rowspan="2">D_1</th><th colspan="3" rowspan="2">H</th><th rowspan="2">t</th></tr>
<tr><th>公称尺寸</th><th>极限偏差 F7</th><th>公称尺寸</th><th>极限偏差 n6</th></tr>
<tr><td>>0~1</td><td rowspan="4">+0.016
+0.006</td><td>3</td><td>+0.010
+0.004</td><td>6</td><td rowspan="3">6</td><td rowspan="3">9</td><td rowspan="3">—</td><td rowspan="12">0.008</td></tr>
<tr><td>>1~1.8</td><td>4</td><td rowspan="4">+0.016
+0.008</td><td>7</td></tr>
<tr><td>>1.8~2.6</td><td>5</td><td>8</td></tr>
<tr><td>>2.6~3</td><td rowspan="2">6</td><td rowspan="2">9</td><td rowspan="4">8</td><td rowspan="4">12</td><td rowspan="4">16</td></tr>
<tr><td>>3~3.3</td><td rowspan="4">+0.022
+0.010</td></tr>
<tr><td>>3.3~4</td><td>7</td><td rowspan="3">+0.019
+0.010</td><td>10</td></tr>
<tr><td>>4~5</td><td>8</td><td>11</td></tr>
<tr><td>>5~6</td><td>10</td><td>13</td><td rowspan="2">10</td><td rowspan="2">16</td><td rowspan="2">20</td></tr>
<tr><td>>6~8</td><td rowspan="2">+0.028
+0.013</td><td>12</td><td rowspan="3">+0.023
+0.012</td><td>15</td></tr>
<tr><td>>8~10</td><td>15</td><td>18</td><td rowspan="2">12</td><td rowspan="2">20</td><td rowspan="2">25</td></tr>
<tr><td>>10~12</td><td rowspan="3">+0.034
+0.016</td><td>18</td><td>22</td></tr>
<tr><td>>12~15</td><td>22</td><td rowspan="2">+0.028
+0.015</td><td>26</td><td rowspan="2">16</td><td rowspan="2">28</td><td rowspan="2">36</td></tr>
<tr><td>>15~18</td><td>26</td><td>30</td><td rowspan="7">0.012</td></tr>
<tr><td>>18~22</td><td rowspan="3">+0.041
+0.020</td><td>30</td><td rowspan="4">+0.033
+0.017</td><td>34</td><td rowspan="2">20</td><td rowspan="2">36</td><td rowspan="2">45</td></tr>
<tr><td>>22~26</td><td>35</td><td>39</td></tr>
<tr><td>>26~30</td><td>42</td><td>46</td><td rowspan="2">25</td><td rowspan="2">45</td><td rowspan="2">56</td></tr>
<tr><td>>30~35</td><td rowspan="4">+0.050
+0.025</td><td>48</td><td>52</td></tr>
<tr><td>>35~42</td><td>55</td><td rowspan="5">+0.039
+0.020</td><td>59</td><td rowspan="4">30</td><td rowspan="4">56</td><td rowspan="4">67</td></tr>
<tr><td>>42~48</td><td>62</td><td>66</td></tr>
<tr><td>>48~50</td><td rowspan="2">70</td><td rowspan="2">74</td><td rowspan="7">0.040</td></tr>
<tr><td>>50~55</td><td rowspan="5">+0.060
+0.030</td></tr>
<tr><td>>55~62</td><td>78</td><td>82</td><td rowspan="2">35</td><td rowspan="2">67</td><td rowspan="2">78</td></tr>
<tr><td>>62~70</td><td>85</td><td rowspan="4">+0.045
+0.023</td><td>90</td></tr>
<tr><td>>70~78</td><td>95</td><td>100</td><td rowspan="3">40</td><td rowspan="3">78</td><td rowspan="3">105</td></tr>
<tr><td>>78~80</td><td rowspan="2">105</td><td rowspan="2">110</td></tr>
<tr><td>>80~85</td><td>+0.071
+0.036</td></tr>
</table>

表 2-2-49　钻套用衬套的型式和尺寸（JB/T 8045.4—1999）　（单位：mm）

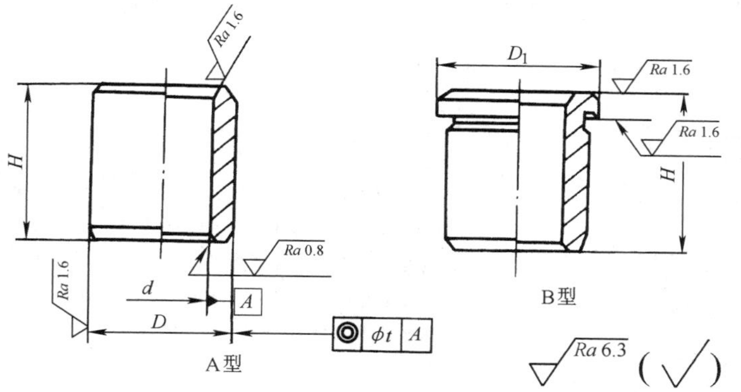

技术条件

1. 材料：$d \leqslant 26$mm，T10A 钢，按 GB/T 1299 的规定；$d > 26$mm，20 钢，按 GB/T 699 的规定。

2. 热处理：T10A 钢，硬度为 58～64HRC；20 钢，渗碳层深度为 0.8～1.2mm，硬度为 58～64HRC。

3. 其他技术条件按 JB/T 8044 的规定。

<table>
<tr><th colspan="2">d</th><th colspan="2">D</th><th rowspan="2">D₁</th><th colspan="3" rowspan="2">H</th><th rowspan="2">t</th></tr>
<tr><th>公称尺寸</th><th>极限偏差 F7</th><th>公称尺寸</th><th>极限偏差 n6</th></tr>
<tr><td>8</td><td rowspan="2">+0.028
+0.013</td><td>12</td><td rowspan="3">+0.023
+0.012</td><td>15</td><td>10</td><td>16</td><td>—</td><td rowspan="4">0.008</td></tr>
<tr><td>10</td><td>15</td><td>18</td><td rowspan="2">12</td><td rowspan="2">20</td><td rowspan="2">25</td></tr>
<tr><td>12</td><td rowspan="3">+0.034
+0.016</td><td>18</td><td>22</td></tr>
<tr><td>(15)</td><td>22</td><td rowspan="3">+0.028
+0.015</td><td>26</td><td rowspan="2">16</td><td rowspan="2">28</td><td rowspan="2">36</td></tr>
<tr><td>18</td><td>26</td><td>30</td><td rowspan="7">0.012</td></tr>
<tr><td>22</td><td rowspan="3">+0.041
+0.020</td><td>30</td><td>34</td><td rowspan="2">20</td><td rowspan="2">36</td><td rowspan="2">45</td></tr>
<tr><td>(26)</td><td>35</td><td rowspan="3">+0.033
+0.017</td><td>39</td></tr>
<tr><td>30</td><td>42</td><td>46</td><td rowspan="2">25</td><td rowspan="2">45</td><td rowspan="2">56</td></tr>
<tr><td>35</td><td rowspan="3">+0.050
+0.025</td><td>48</td><td>52</td></tr>
<tr><td>(42)</td><td>55</td><td rowspan="4">+0.039
+0.020</td><td>59</td><td rowspan="3">30</td><td rowspan="3">56</td><td rowspan="3">67</td></tr>
<tr><td>(48)</td><td>62</td><td>66</td></tr>
<tr><td>55</td><td rowspan="4">+0.060
+0.030</td><td>70</td><td>74</td><td rowspan="7">0.040</td></tr>
<tr><td>62</td><td>78</td><td>82</td><td rowspan="2">35</td><td rowspan="2">67</td><td rowspan="2">78</td></tr>
<tr><td>70</td><td>85</td><td rowspan="4">+0.045
+0.023</td><td>90</td></tr>
<tr><td>78</td><td>95</td><td>100</td><td rowspan="2">40</td><td rowspan="2">78</td><td rowspan="2">105</td></tr>
<tr><td>(85)</td><td rowspan="3">+0.071
+0.036</td><td>105</td><td>110</td></tr>
<tr><td>95</td><td>115</td><td>120</td><td rowspan="2">45</td><td rowspan="2">89</td><td rowspan="2">112</td></tr>
<tr><td>105</td><td>125</td><td>+0.052
+0.027</td><td>130</td></tr>
</table>

注：1. 因 F7 为装配后公差带，零件加工尺寸需由工艺决定（需要预留收缩量时，推荐为 0.006～0.012mm）。

2. 括号内尺寸尽量不采用。

表 2-2-50　可换钻套的型式和尺寸　　（单位：mm）

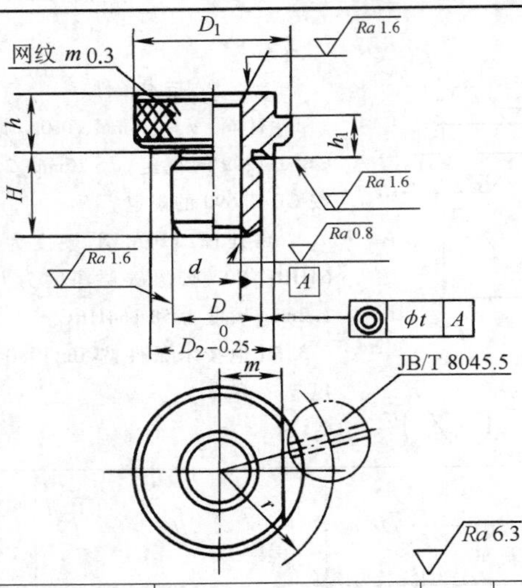

技术条件

1. 材料：$d \leqslant 26$mm，T10A 钢，按 GB/T 1299 的规定；$d>26$mm，20 钢，按 GB/T 699 的规定。

2. 热处理：T10A 钢，硬度为 58～64HRC；20 钢，渗碳层深度为 0.8～1.2mm，硬度为 58～64HRC。

3. 其他技术条件按 JB/T 8044 的规定。

d 公称尺寸	d 极限偏差 F7	D 公称尺寸	D 极限偏差 m6	D 极限偏差 k6	D_1 滚花前	D_2	H			h	h_1	r	m	t	配用螺钉 JB/T 8045.5
>0～3	+0.016 +0.006	8	+0.015 +0.006	+0.010 +0.001	15	12	10	16	—	8	3	11.5	4.2	0.008	M5
>3～4	+0.022 +0.010														
>4～6		10			18	15	12	20	25			13	5.5		
>6～8	+0.028 +0.013	12	+0.018 +0.007	+0.012 +0.001	22	18				10	4	16	7		M6
>8～10		15			26	22	16	28	36			18	9		
>10～12	+0.034 +0.016	18			30	26						20	11		
>12～15		22	+0.021 +0.008	+0.015 +0.002	34	30	20	36	45	12	5.5	23.5	12		M8
>15～18		26			39	35						26	14.5	0.012	
>18～22	+0.041 +0.020	30			46	42	25	45	56			29.5	18		
>22～26		35	+0.025 +0.009	+0.018 +0.002	52	46						32.5	21		
>26～30		42			59	53	30	56	67			36	24.5		
>30～35	+0.050 +0.025	48			66	60				16	7	41	27		M10
>35～42		55	+0.030 +0.011	+0.021 +0.002	74	68	35	67	78			45	31		
>42～48		62			82	76						49	35		
>48～50		70			90	84						53	39	0.040	
>50～55	+0.060 +0.030														
>55～62		78			100	94	40	78	105			58	44		
>62～70		85	+0.035 +0.013	+0.025 +0.003	110	104						63	49		
>70～78		95			120	114	45	89	112			68	54		
>78～80		105			130	124						73	59		
>80～85	+0.071 +0.036														

注：当作铰（扩）套使用时，d 的公差带推荐如下：采用 GB/T 1132 铰刀铰 H7 孔时取 F7，铰 H9 孔时取 E7；铰（扩）其他精度孔时，公差带由设计选定。

表 2-2-51 快换钻套的型式和尺寸（JB/T 8045.3—1999） （单位：mm）

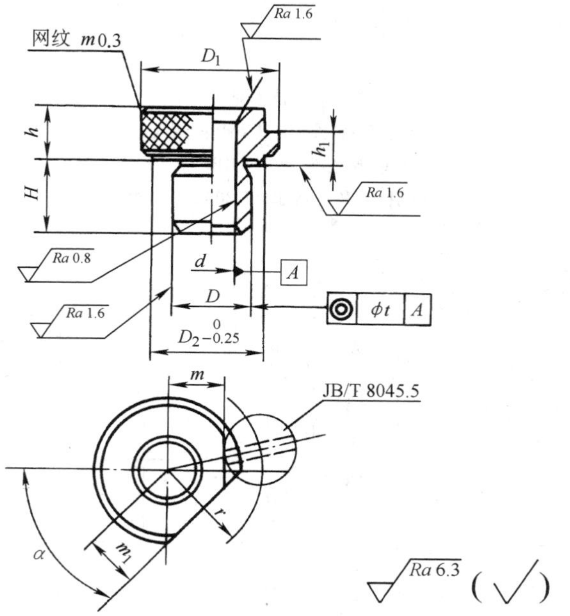

技术条件

1. 材料：$d \leqslant 26$mm，T10A 钢，按 GB/T 1299 的规定；$d > 26$mm，20 钢，按 GB/T 699 的规定。

2. 热处理：T10A 钢，硬度为 58～64HRC；20 钢，渗碳层深度为 0.8～1.2mm，硬度为 58～64HRC。

3. 其他技术条件按 JB/T 8044 的规定。

d 公称尺寸	d 极限偏差 F7	D 公称尺寸	D 极限偏差 m6	D 极限偏差 k6	D_1 滚花前	D_2	H			h	h_1	r	m	m_1	α	t	配用螺钉 JB/T 8045.5
>0～3	+0.016 +0.006	8	+0.015 +0.006	+0.010 +0.001	15	12	10	16	—	8	3	11.5	4.2	4.2	50°	0.008	M5
>3～4	+0.022 +0.010																
>4～6		10			18	15	12	20	25			13	6.5	5.5			
>6～8	+0.028 +0.013	12	+0.018 +0.007	+0.012 +0.001	22	18				10	4	16	7	7			M6
>8～10		15			26	22	16	28	36			18	9	9	55°		
>10～12	+0.024 +0.016	18			30	26						20	11	11			
>12～15		22	+0.021 +0.008	+0.016 +0.002	34	30	20	36	45	12	5.5	23.5	12	12			M8
>15～18		26			39	35						26	14.5	14.5		0.012	
>18～22	+0.041 +0.020	30			46	42	25	45	56			29.5	18	18			
>22～26		35	+0.025 +0.009	+0.018 +0.002	52	46						32.5	21	21			
>26～30		42			59	53	30	56	67			36	24.5	25	65°		
>30～35	+0.050 +0.025	48			66	60				16	7	41	27	28			M10
>35～42		55	+0.030 +0.011	+0.021 +0.002	74	68						45	31	32			
>42～48		62			82	76	35	67	78			49	35	36	70°		
>48～50		70			90	84						53	39	40		0.040	
>50～55	+0.060 +0.030																
>55～62		78			100	94	40	78	105			58	44	45			
>62～70		85	+0.035 +0.013	+0.025 +0.003	110	104						63	49	50			
>70～78		95			120	114	45	89	112			68	54	55	75°		
>78～80		105			130	124						73	59	60			
>80～85	+0.071 +0.036																

注：当作铰（扩）套使用时，d 的公差带推荐如下：采用 GB/T 1132 铰刀铰 H7 孔时取 F7，铰 H9 孔时取 E7；铰（扩）其他精度孔时，公差带由设计选定。

表 2-2-52 钻套螺钉的型式和尺寸（JB/T 8045.5—1999） （单位：mm）

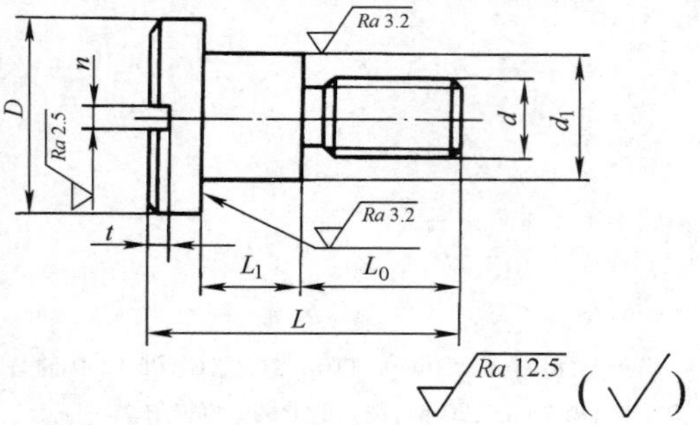

技术条件

1. 材料:45 钢,按 GB/T 699 的规定。
2. 热处理:硬度为 35~40HRC。
3. 其他技术条件按 JB/T 8045.5 的规定。

d	L_1 公称尺寸	L_1 极限偏差	d_1 公称尺寸	d_1 极限偏差 d11	D	L	L_0	n	t	钻套内径
M5	3	+0.200 +0.050	7.5	-0.040 -0.130	13	15	9	1.2	1.7	>0~6
	6					18				
M6	4		9.5		16	18	10	1.5	2	>6~12
	8					22				
M8	5.5		12	-0.050 -0.160	20	22	11.5	2	2.5	>12~30
	10.5					27				
M10	7		15		24	32	18.5	2.5	3	>30~85
	13					38				

表 2-2-53 薄壁钻套的型式和尺寸（JB/T 8013.2—1999） （单位：mm）

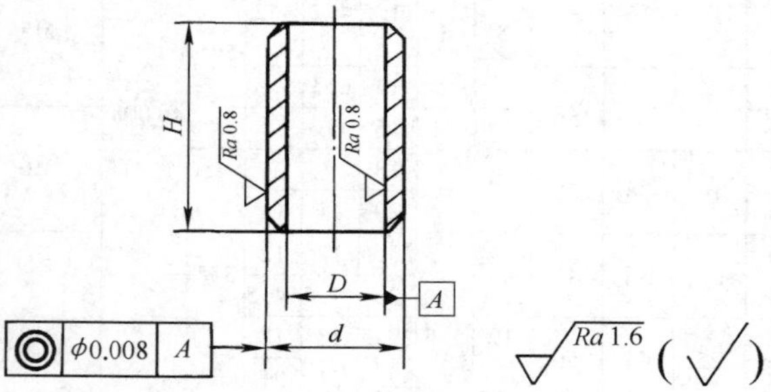

技术条件

1. 材料:CrMn 钢,按 GB/T 3077 的规定。
2. 热处理:硬度为 58~62HRC。
3. 其他技术条件按 JB/T 8044 的规定。

D	d 公称尺寸	d 极限偏差 n6	H	D	d 公称尺寸	d 极限偏差 n6	H
0.5~1	2	+0.010 +0.004	6	>2.5~3	5	+0.016 +0.008	6
			8				8
>1~1.2	2.5		6	>3~4	6		8
			8				12
>1.2~1.5	3		6	>4~5	7	+0.019 +0.010	8
			8				12
>1.5~2	3.5	+0.016 +0.008	6	>5~6	8		8
			8				12
>2~2.5	4		6	>6~7	9		8
			8				12

注：D 的公差带按设计要求决定。

表 2-2-54　镗套的型式和尺寸（JB/T 8046.1—1999）　（单位：mm）

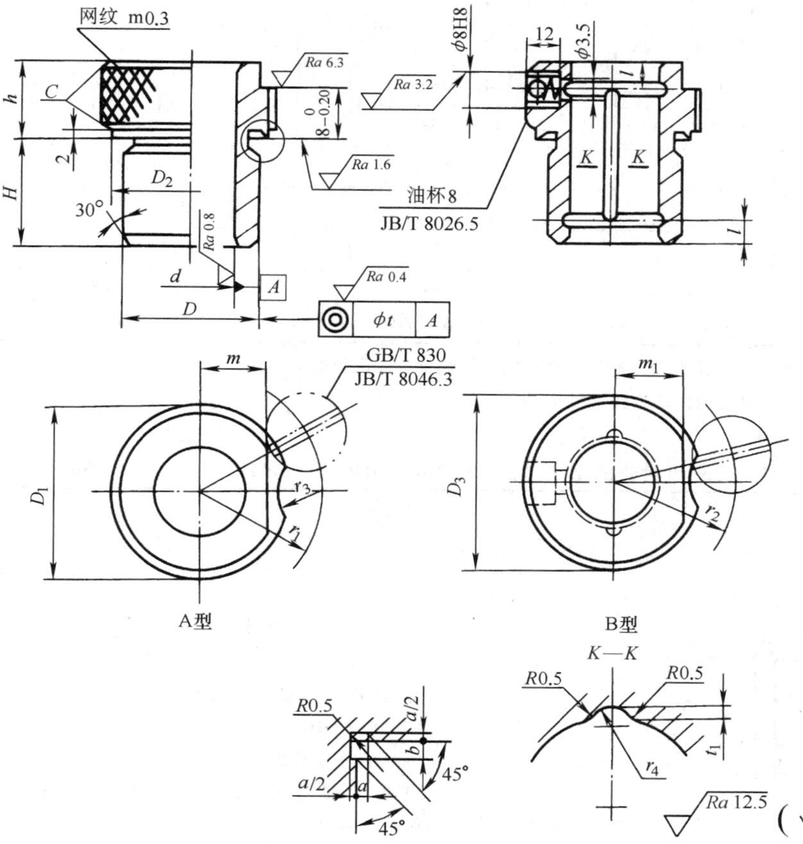

技术条件

1. 材料：20 钢，按 GB/T 699 的规定；HT200，按 GB/T 9439 的规定。

2. 热处理：20 钢，渗碳层深度为 0.8～1.2mm，硬度为 55～60HRC；HT200，粗加工后进行时效处理。

3. d 的公差带为 H7 时，t=0.010mm；d 的公差带为 H6 时，$D<85$mm，$t=0.005$mm；$D\geqslant85$mm，t=0.01mm。

4. 油槽锐角磨后倒钝。

5. 其他技术条件按 JB/T 8044 的规定。

d	公称尺寸	20	22	25	28	32	35	40	45	50	55	60	70	80	90	100	120	160
	极限偏差 H6	+0.013 0				+0.016 0					+0.019 0				+0.022 0			+0.025 0
	极限偏差 H7	+0.021 0				+0.025 0					+0.030 0				+0.035 0			+0.040 0
D	公称尺寸	25	28	32	35	40	45	50	55	60	65	75	85	100	110	120	145	185
	极限偏差 g5	−0.007 −0.016		−0.009 −0.020					−0.010 −0.023				−0.012 −0.027				−0.014 −0.032	−0.015 −0.035
	极限偏差 g6	−0.007 −0.020		−0.009 −0.025					−0.010 −0.029				−0.012 −0.054				−0.014 −0.039	−0.015 −0.044
H		20		25		35				45			60		80		100	125
		25		35		45				60			80		100		125	160
		35		45		55		60		80			100		125		160	200
l		—			6			8										
D_1 滚花前		34	38	42	46	52	56	62	70	75	80	90	105	120	130	140	165	220
D_2		32	36	40	44	50	54	60	65	70	75	85	100	115	125	135	160	210
D_3 滚花前		—			56	60	65	70	75	80	85	90	105	120	130	140	165	220
h		15						18										

（续）

<table>
<tr><td>m</td><td>13</td><td>15</td><td>17</td><td>18</td><td>21</td><td>23</td><td>26</td><td>30</td><td>32</td><td>35</td><td rowspan="2">40</td><td rowspan="2">47</td><td rowspan="2">54</td><td rowspan="2">58</td><td rowspan="2">65</td><td rowspan="2">75</td><td rowspan="2">105</td></tr>
<tr><td>m_1</td><td colspan="3">—</td><td>23</td><td>25</td><td>28</td><td>30</td><td>33</td><td>35</td><td>38</td></tr>
<tr><td>r_1</td><td>22.5</td><td>24.5</td><td>26.5</td><td>30</td><td>33</td><td>35</td><td>38</td><td>45.5</td><td>46</td><td>48.5</td><td rowspan="2">53.5</td><td rowspan="2">61</td><td rowspan="2">68.5</td><td rowspan="2">75.5</td><td rowspan="2">81</td><td rowspan="2">93</td><td rowspan="2">121</td></tr>
<tr><td>r_2</td><td colspan="3">—</td><td>35</td><td>37</td><td>39.5</td><td>42</td><td>46</td><td>48.5</td><td>51</td></tr>
<tr><td>r_3</td><td colspan="3">9</td><td colspan="4">11</td><td colspan="6">12.5</td><td colspan="4">16</td></tr>
<tr><td>r_4</td><td colspan="3" rowspan="2">—</td><td colspan="8">2</td><td colspan="6">2.5</td></tr>
<tr><td>t_1</td><td colspan="8">1.5</td><td colspan="6">2</td></tr>
<tr><td>配用螺钉</td><td colspan="3">M8×8
GB/T 830</td><td colspan="4">M10×8
GB/T 830</td><td colspan="6">M12×8
JB/T 8046.3</td><td colspan="4">M16×8
JB/T 8046.3</td></tr>
</table>

注：1. d 或 D 的公差带，d 与镗杆外径或 D 与衬套内径的配合间隙也可由设计确定。

2. 当 d 的公差带为 H7 时，d 孔表面的表面粗糙度 Ra 为 0.8μm。

表 2-2-55　镗套用衬套的型式和尺寸（JB/T 8046.2—1999）　　（单位：mm）

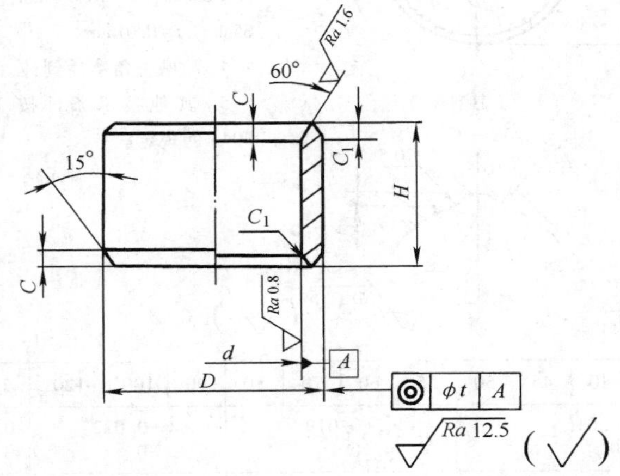

技术条件

1. 材料：20 钢，按 GB/T 699 的规定。

2. 热处理：渗碳层深度为 0.8~1.2mm，硬度为 58~64HRC。

3. d 的公差带为 H7 时，t = 0.010mm；d 的公差带为 H6 时，D<52mm，t = 0.005mm；$D \geqslant$ 52mm，t = 0.010mm。

4. 其他技术条件按 JB/T 8044 的规定。

<table>
<tr><td rowspan="3">d</td><td>公称尺寸</td><td>25</td><td>28</td><td>32</td><td>35</td><td>40</td><td>45</td><td>50</td><td>55</td><td>60</td><td>65</td><td>75</td><td>85</td><td>100</td><td>110</td><td>120</td><td>145</td><td>185</td></tr>
<tr><td>极限偏差 H6</td><td colspan="2">+0.013
0</td><td colspan="5">+0.016
0</td><td colspan="4">+0.019
0</td><td colspan="4">+0.022
0</td><td>+0.025
0</td><td>+0.029
0</td></tr>
<tr><td>极限偏差 H7</td><td colspan="2">+0.021
0</td><td colspan="5">+0.025
0</td><td colspan="4">+0.030
0</td><td colspan="4">+0.035
0</td><td>+0.040
0</td><td>+0.046
0</td></tr>
<tr><td rowspan="2">D</td><td>公称尺寸</td><td>30</td><td>34</td><td>38</td><td>42</td><td>48</td><td>52</td><td>58</td><td>65</td><td>70</td><td>75</td><td>85</td><td>100</td><td>115</td><td>125</td><td>135</td><td>160</td><td>210</td></tr>
<tr><td>极限偏差 n6</td><td>+0.028
+0.015</td><td colspan="4">+0.033
+0.017</td><td colspan="5">+0.039
+0.020</td><td colspan="3">+0.045
+0.023</td><td colspan="3">+0.052
+0.027</td><td>+0.060
+0.031</td></tr>
<tr><td colspan="2" rowspan="3">H</td><td colspan="2">20</td><td colspan="2">25</td><td colspan="4">35</td><td colspan="3">45</td><td colspan="2">60</td><td colspan="2">80</td><td>100</td><td>125</td></tr>
<tr><td colspan="2">25</td><td colspan="2">35</td><td colspan="4">45</td><td colspan="3">60</td><td colspan="2">80</td><td colspan="2">100</td><td>125</td><td>160</td></tr>
<tr><td colspan="2">35</td><td colspan="2">45</td><td colspan="2">55</td><td colspan="2">60</td><td colspan="3">80</td><td colspan="2">100</td><td colspan="2">125</td><td>160</td><td>200</td></tr>
</table>

注：因 H6 或 H7 为装配后公差带，零件加工尺寸由工艺决定。

表 2-2-56　镗套螺钉的型式和尺寸（JB/T 8046.3—1999）　（单位：mm）

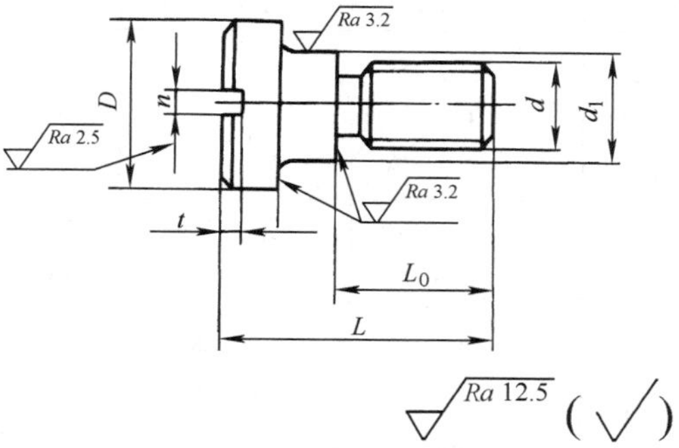

技术条件

1. 材料：45 钢，按 GB/T 699 的规定。
2. 热处理：硬度为 35~40HRC。
3. 其他技术条件按 JB/T 8044 的规定。

d	d_1 公称尺寸	d_1 极限偏差 d11	D	L	L_0	n	t	镗套内径
M12	16	-0.050 -0.160	24	30	15	3	3.5	>45~80
M16	20	-0.065 -0.195	28	37	20	3.5	4	>80~160

2.3.2.3　支承件的型式和尺寸（见表 2-2-57~表 2-2-66）

表 2-2-57　支承钉的型式和尺寸（JB/T 8029.2—1999）　（单位：mm）

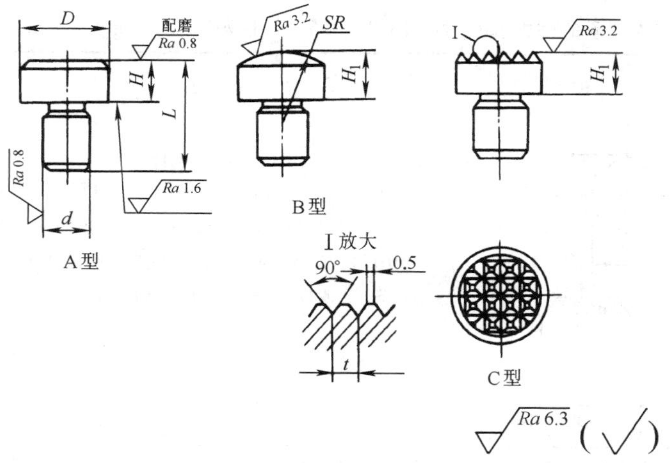

技术条件

1. 材料：T8 钢，按 GB/T 1299 的规定。
2. 热处理：硬度为 55~60HRC。
3. 其他技术条件按 JB/T 8044 的规定。

（续）

D	H	H_1		L	d		SR	t
		公称尺寸	极限偏差 h11		公称尺寸	极限偏差 r6		
8	4	4	0 -0.075	12	6	+0.023 +0.015	8	1.2
	8	8	0 -0.090	16				
12	6	6	0 -0.075		8	+0.028 +0.019	12	
	12	12	0 -0.110	22				
16	8	8	0 -0.090	20	10		16	1.5
	16	16	0 -0.110	28				
20	10	10	0 -0.090	25	12	+0.034 +0.023	20	
	20	20	0 -0.130	35				
25	12	12	0 -0.110	32	16	+0.034 +0.023	25	2
	25	25	0 -0.130	45				
30	16	16	0 -0.110	42	20	+0.041 +0.028	32	
	30	30	0 -0.130	55				
40	20	20		50	24		40	
	40	40	0 -0.160	70				

表 2-2-58 六角头支承的型式和尺寸（JB/T 8026.1—1999） （单位：mm）

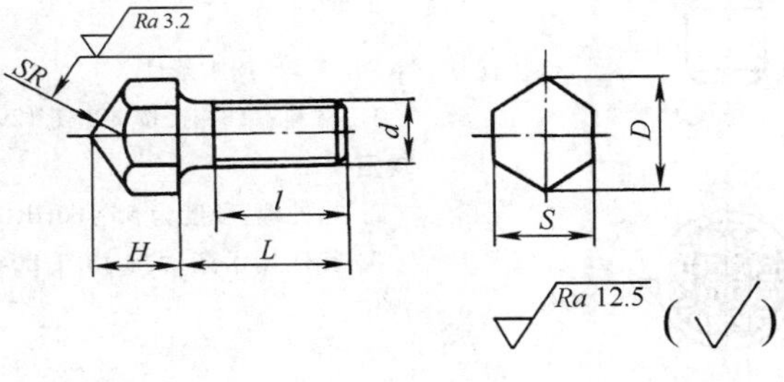

技术条件

1. 材料：45 钢，按 GB/T 699 的规定。

2. 热处理：$L \leqslant 50$mm，全部，硬度为 40～50HRC；$L>50$mm，头部，硬度为 40～50HRC。

3. 其他技术条件按 JB/T 8044 的规定。

d	M5	M6	M8	M10	M12	M16	M20	M24	M30
D≈	8.63	10.89	12.7	14.2	17.59	23.35	31.2	37.29	47.3
H	6	8	10	12	14	16	20	24	30
SR	5						12		

（续）

d		M5	M6	M8	M10	M12	M16	M20	M24	M30
S	公称尺寸	8	10	11	13	17	21	27	34	41
	极限偏差	0 -0.220		0 -0.270			0 -0.330		0 -0.620	
L		l								
15		12	12							
20		15	15	15						
25		20	20	20	20					
30			25	25	25	25				
35				30	30	30	30			
40				35	35	35	35	30		
45								35	30	
50					40	40	40		35	
60						45	45	40	40	35
70							50	50	50	45
80							60	60	55	50
90									60	60
100								70	70	
120									80	70

表 2-2-59　顶压支承的型式和尺寸（JB/T 8026.2—1999）　（单位：mm）

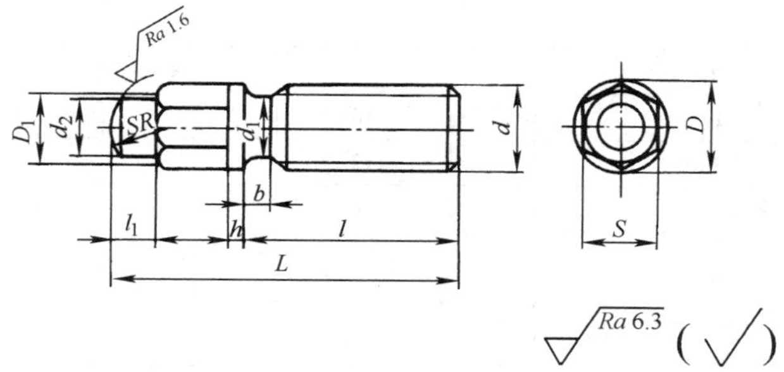

技术条件

1. 材料：45 钢，按 GB/T 699 的规定。
2. 热处理：硬度为 40～45HRC。
3. 其他技术条件按 JB/T 8044 的规定。

d	D ≈	L	S 公称尺寸	S 极限偏差	l	l_1	D_1 ≈	d_1	d_2	b	h	SR
Tr16×4 左	16.2	55	13	0 -0.270	30	8	13.5	10.9	10	5	3	10
		65			40							
		80			55							
Tr20×4 左	19.6	70	17		40	10	16.5	14.9	12			12
		85			55							
		100			70							

（续）

d	D ≈	L	S 公称尺寸	S 极限偏差	l	l_1	D_1 ≈	d_1	d_2	b	h	SR
Tr24×5左	25.4	85	21	0 -0.330	50	12	21	17.4	16	6.5	4	16
		100			65							
		120			85							
Tr30×6左	31.2	100	27		65	15	26	22.2	20	7.5	5	20
		120			75							
		140			95							
Tr36×6左	36.9	120	34	0 -0.620	65	18	31	28.2	24			24
		140			85							
		160			105							

表2-2-60 圆柱头调节支承的型式和尺寸 （单位：mm）

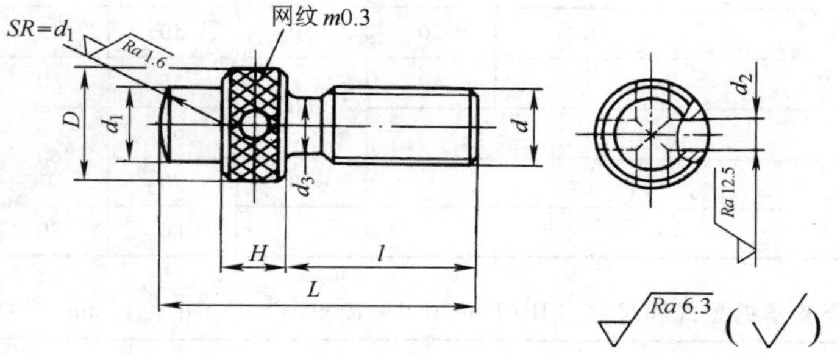

技术条件

1. 材料：45钢，按GB/T 699的规定。
2. 热处理：L≤50mm，全部，硬度为40~45HRC；L>50mm，头部，硬度为40~45HRC。
3. 其他技术条件按JB/T 8044的规定。

d	M5	M6	M8	M10	M12	M16	M20
D（滚花前）	10	12	14	16	18	22	28
d_1	5	6	8	10	12	16	20
d_2		3		4	5	6	8
d_3	3.7	4.4	6	7.7	9.4	13	16.4
H		6		8	10	12	14
L				l			
25	15						
30	20	20					
35	25	25	25				
40	30	30	30	25			
45	35	35	35	30			
50		40	40	35	30		
60			50	45	40		
70				55	50	45	
80					60	55	50
90						65	60
100						75	70
120							90

表 2-2-61　调节支承的型式和尺寸（JB/T 8026.4—1999）　（单位：mm）

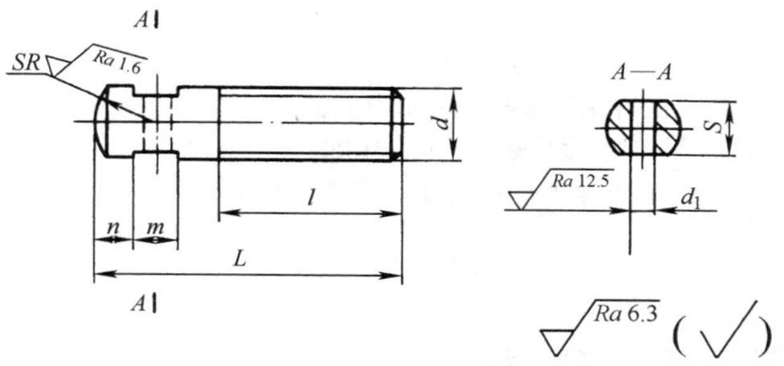

技术条件

1. 材料：45 钢，按 GB/T 699 的规定。
2. 热处理：$L \leqslant 50$mm，全部，硬度为 40～45HRC；$L>50$mm，头部，硬度为 40～45HRC。
3. 其他技术条件按 JB/T 8044 的规定。

<table>
<tr><td colspan="2">d</td><td>M5</td><td>M6</td><td>M8</td><td>M10</td><td>M12</td><td>M16</td><td>M20</td><td>M24</td><td>M30</td></tr>
<tr><td colspan="2">n</td><td>2</td><td colspan="2">3</td><td>4</td><td>5</td><td>6</td><td>8</td><td>10</td><td>12</td></tr>
<tr><td colspan="2">m</td><td colspan="2">4</td><td>5</td><td colspan="2">8</td><td>10</td><td>12</td><td>14</td><td>16</td></tr>
<tr><td rowspan="2">S</td><td>公称尺寸</td><td>3.2</td><td>4</td><td>5.5</td><td>8</td><td>10</td><td>13</td><td>16</td><td>18</td><td>27</td></tr>
<tr><td>极限偏差</td><td colspan="3">0
−0.180</td><td colspan="2">0
−0.220</td><td colspan="2">0
−0.270</td><td colspan="2">0
−0.330</td></tr>
<tr><td colspan="2">d_1</td><td>2</td><td>2.5</td><td>3</td><td>3.5</td><td>4</td><td>5</td><td colspan="3">—</td></tr>
<tr><td colspan="2">SR</td><td>5</td><td>6</td><td>8</td><td>10</td><td>12</td><td>16</td><td>20</td><td>24</td><td>30</td></tr>
<tr><td colspan="2">L</td><td colspan="9">l</td></tr>
<tr><td colspan="2">35</td><td></td><td rowspan="2">18</td><td>18</td><td>16</td><td></td><td></td><td></td><td></td><td></td></tr>
<tr><td colspan="2">40</td><td></td><td>20</td><td>20</td><td>18</td><td></td><td></td><td></td><td></td></tr>
<tr><td colspan="2">45</td><td></td><td></td><td>25</td><td>25</td><td>20</td><td></td><td></td><td></td><td></td></tr>
<tr><td colspan="2">50</td><td></td><td></td><td>30</td><td rowspan="2">30</td><td>25</td><td>25</td><td></td><td></td><td></td></tr>
<tr><td colspan="2">60</td><td></td><td></td><td></td><td>30</td><td>30</td><td></td><td></td><td></td></tr>
<tr><td colspan="2">70</td><td></td><td></td><td></td><td></td><td rowspan="2">35</td><td>40</td><td>35</td><td></td><td></td></tr>
<tr><td colspan="2">80</td><td></td><td></td><td></td><td></td><td rowspan="2">50</td><td>45</td><td>40</td><td></td></tr>
<tr><td colspan="2">100</td><td></td><td></td><td></td><td></td><td></td><td rowspan="2">50</td><td rowspan="2">60</td><td>50</td></tr>
<tr><td colspan="2">120</td><td></td><td></td><td></td><td></td><td></td><td></td><td>70</td></tr>
<tr><td colspan="2">140</td><td></td><td></td><td></td><td></td><td></td><td></td><td rowspan="2">80</td><td rowspan="4">90</td><td rowspan="2">90</td></tr>
<tr><td colspan="2">160</td><td></td><td></td><td></td><td></td><td></td><td></td></tr>
<tr><td colspan="2">180</td><td></td><td></td><td></td><td></td><td></td><td></td><td></td><td rowspan="4">100</td></tr>
<tr><td colspan="2">200</td><td></td><td></td><td></td><td></td><td></td><td></td><td></td></tr>
<tr><td colspan="2">220</td><td></td><td></td><td></td><td></td><td></td><td></td><td></td><td></td></tr>
<tr><td colspan="2">250</td><td></td><td></td><td></td><td></td><td></td><td></td><td></td><td></td></tr>
</table>

表 2-2-62　球头支承的型式和尺寸　　（单位：mm）

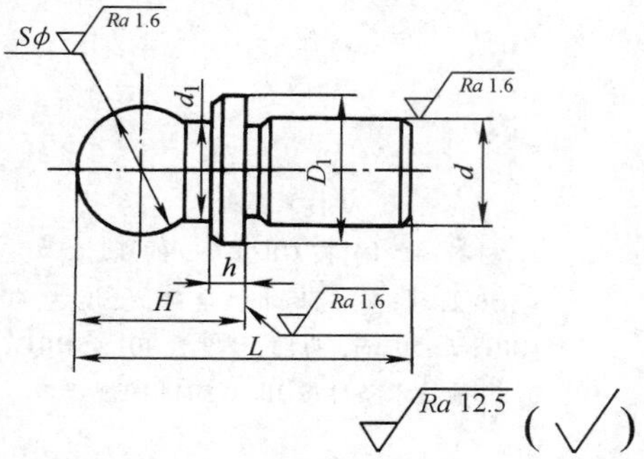

技术条件

1. 材料：45 钢，按 GB/T 699 的规定。
2. 热处理：硬度为 40~45HRC。
3. 其他技术条件按 JB/T 8026.5 的规定。

Sφ 公称尺寸	Sφ 极限偏差 h11	D_1	d 公称尺寸	d 极限偏差 r6	d_1	L	H	h
10	0 −0.090	12	8	+0.028 +0.019	8	25	15	3
12	0 −0.110	15	10		10	30	16	4
16		18	12	+0.034 +0.023	12	40	20	5
20	0 −0.130	22	16		16	50	25	
25		28	20	+0.041 +0.028	20	60	30	6
32	0 −0.160	36	25		25	70	38	

注：螺钉支承见 JB/T 8026.6—1999，自动调节支承见 JB/T 8026.7—1999。

表 2-2-63　支柱的型式和尺寸（JB/T 8027.1—1999）　　（单位：mm）

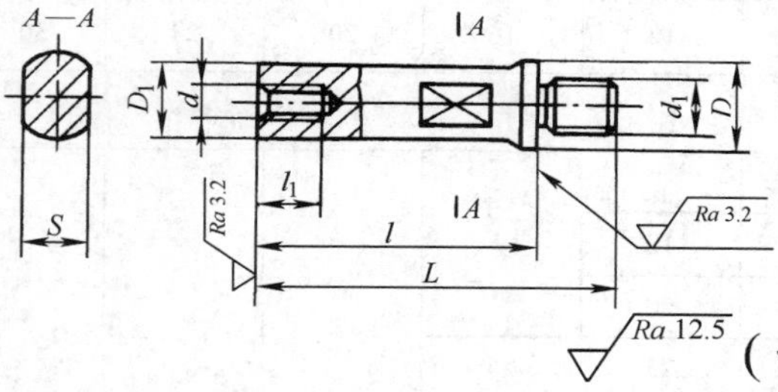

技术条件

1. 材料：45 钢，按 GB/T 699 的规定。
2. 热处理：硬度为 35~40HRC。
3. 其他技术条件按 JB/T 8044 的规定。

d	L	d_1	D	D_1	S 公称尺寸	S 极限偏差	l	l_1
M5	35	M6	12	10	8	0 −0.220	25	10
	40						28	
M6	45	M8	14	12	10		32	12
	60						45	
	75	M10	16	14	11	0 −0.270	58	
M8	90	M12	22	16	13		70	16
	110						90	
M10	140	M16	30	20	16		115	20

注：万能支柱见 JB/T 8027.2—1999。

表 2-2-64 低支脚的型式和尺寸（JB/T 8028.1—1999） （单位：mm）

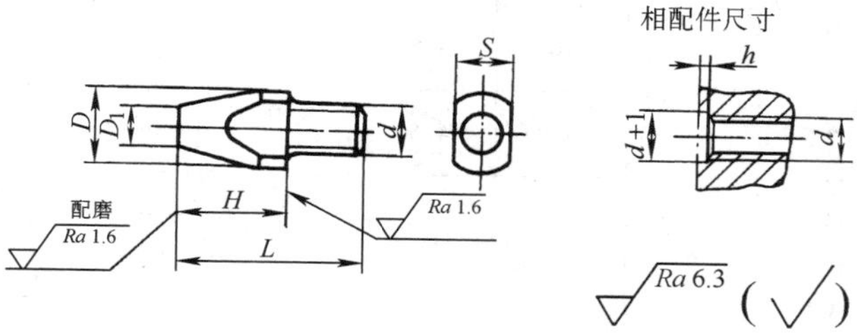

技术条件
1. 材料：45 钢，按 GB/T 699 的规定。
2. 热处理：硬度为 40~45HRC。
3. 其他技术条件按 JB/T 8044 的规定。

d	*H*	*L*	*D*	D_1	*S* 公称尺寸	*S* 极限偏差	相配件 *h*
M5	12	20	8	5	5.5	0 −0.180	1
	25	34					
M6	16	25	10	6	8	0 −0.220	1.5
	32	42					
M8	20	32	12	8	10		2
	40	52					
M10	25	40	16	10	13	0 −0.270	2.5
	50	65					
M12	30	50	20	12	16		3
	60	80					
M16	40	60	25	16	21	0 −0.330	3.5
M20	50	80	32	20	27		4

注：高支脚见 JB/T 8028.2—1999。

表 2-2-65 支承板的型式和尺寸（JB/T 8029.1—1999） （单位：mm）

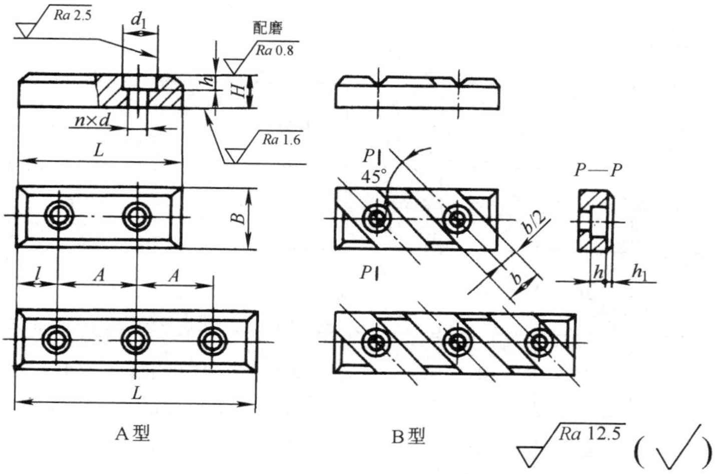

技术条件
1. 材料：T8 钢，按 GB/T 1299 的规定。
2. 热处理：硬度为 55~60HRC。
3. 其他技术条件按 JB/T 8044 的规定。

（续）

H	L	B	b	l	A	d	d_1	h	h_1	孔数 n
8	40	14	—	10	20	5.5	10	3.5	—	2
	60									3
10	60	16	14	15	30	6.6	11	4.5	1.5	2
	90									3
12	80	20	17	20	40	9	15	6		2
	120									3
16	100	25			60					2
	160									3
20	120	32	20	30	60	11	18	7	2.5	2
	180									3
25	140	40			80					2
	220									3

表 2-2-66 支板的型式和尺寸 （单位：mm）

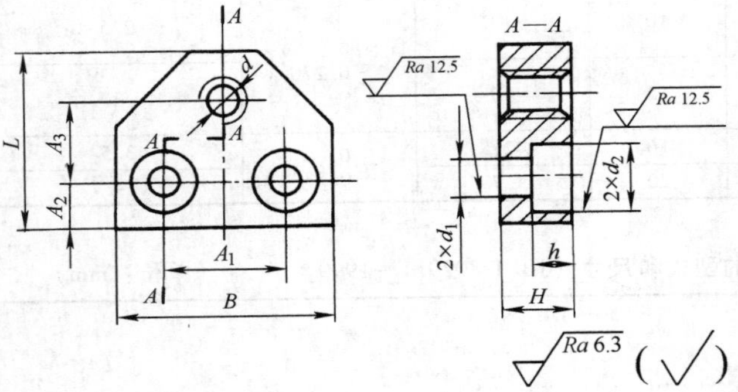

技术条件

1. 材料：45 钢，按 GB/T 699 的规定。
2. 热处理：硬度为 35~40HRC。
3. 其他技术条件按 JB/T 8044 的规定。

d	L	B	H	A_1	A_2	A_3	d_1	d_2	h
M5	18	22	8	11	5.5	8	4.5	8	5
	24					14			
M6	24	28	10	15	6.5	12	5.5	10	6
	30					18			
M8	30	35	12	20	8	14	6.6	11	7
	38					22			
M10	38	45	15	25	10	18	9	15	9
	48					28			
M12	44	55	18	32	12	18	11	18	11
	58					32			
M16	52	75	22	48	14	22	13.5	20	13
	68					38			

2.3.2.4　夹紧件的型式和尺寸（见表 2-2-67～表 2-2-83）

表 2-2-67　光面压块的型式和尺寸（JB/T 8009.1—1999）　（单位：mm）

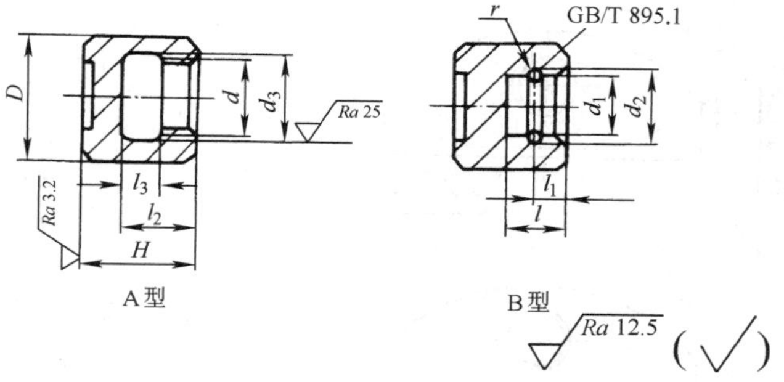

技术条件

1. 材料：45 钢，按 GB/T 699 的规定。
2. 热处理：硬度为 35～40HRC。
3. 其他技术条件按 JB/T 8044 的规定。

公称直径（螺纹直径）	D	H	d	d_1	d_2 公称尺寸	d_2 极限偏差	d_3	l	l_1	l_2	l_3	r	挡圈 GB/T 895.1
4	8	7	M4	—	—	—	4.5	—	—	4.5	2.5	—	—
5	10	9	M5				6			6	3.5		
6	12		M6	4.8	5.3	+0.100 0	7	6	2.4			0.4	5
8	16	12	M8	6.3	6.9		10	7.5	3.1	8	5		6
10	18	15	M10	7.4	7.9		12	8.5	3.5	9	6		7
12	20	18	M12	9.5	10		14	10.5	4.2	11.5	7.5		9
16	25	20	M16	12.5	13.1	+0.120 0	18	13	4.4	13	9	0.6	12
20	30	25	M20	16.5	17.5		22	16	5.4	15	10.5	1	16
24	36	28	M24	18.5	19.5	+0.280 0	26	18	6.4	17.5	12.5		18

表 2-2-68　槽面压块的型式和尺寸（JB/T 8009.2—1999）　（单位：mm）

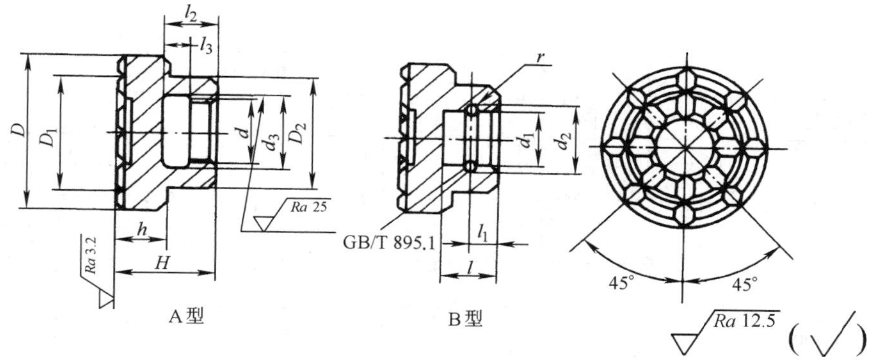

技术条件

1. 材料：45 钢，按 GB/T 699 的规定。
2. 热处理：硬度为 35～40HRC。
3. 其他技术条件按 JB/T 8044 的规定。

d	D	D_1	D_2	H	h	d_1	d_2 公称尺寸	d_2 极限偏差	d_3	l	l_1	l_2	l_3	r	挡圈 GB/T 895.1
M8	20	14	16	12	6	6.3	6.9	+0.100 0	10	7.5	3.1	8	5	0.4	6
M10	25	18	18	15	8	7.4	7.9		12	8.5	3.5	9	6		7
M12	30	21	20	18	10	9.5	10		14	10.5	4.2	11.5	7.5		9
M16	35	25	25	20	12	12.5	13.1	+0.120 0	18	13	4.4	13	9	0.6	12
M20	45	30	30	25		16.5	17.5		22	16	5.4	15	10.5	1	16
M24	55	38	36	28	14	18.5	19.5	+0.230 0	26	18	6.4	17.5	12.5		18

注：圆压块见 JB/T 8009.3—1999。

表 2-2-69　弧形压块的型式和尺寸（JB/T 8009.4—1999）　　（单位：mm）

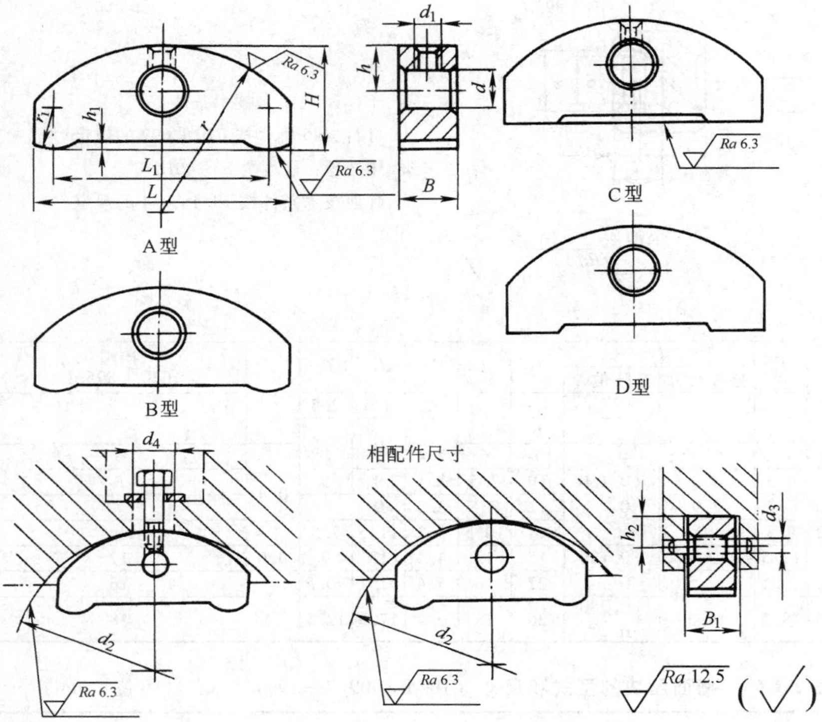

技术条件

1. 材料：45钢，按GB/T 699的规定。

2. 热处理：硬度为35~40HRC。

3. 其他技术条件按JB/T 8044的规定。

L	B 公称尺寸	B 极限偏差 a11	H	h	d	d_1	L_1	r	r_1	相配件 d_2	相配件 d_3	相配件 d_4	相配件 h_2	B_1
32	10	-0.290 -0.400	14	6.5	6	M4	25	25	5	6.3	3	7	6.2	10
	14													14
40	10		16				32		6					10
	14													14
50	10		20	8.2	8	M5	40	32	8	80	4	8	7.5	10
	14													14
	18													18
60	10		25	10.5	10	M6	50	40	10	100	5	10	9.5	10
	14													14
	18													18
80	14		32	11.5	12	M8	60	50	12	125	6	13	10.5	14
	16													16
	20	-0.300 -0.430												20
100	14	-0.290 -0.400	40	14	16		80	60	16	160	8		12.5	14
	16													16
	20	-0.300 -0.430												20

表 2-2-70　移动压板的型式和尺寸　（单位：mm）

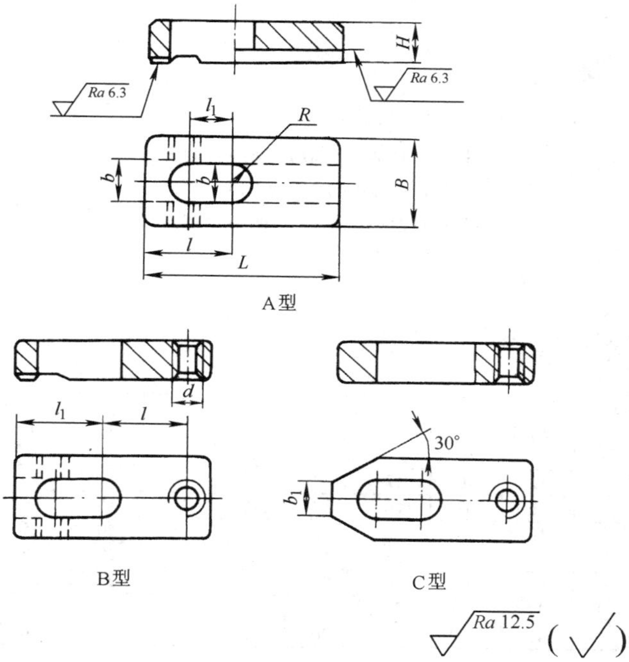

技术条件

1. 材料：45 钢，按 GB/T 699 的规定。
2. 热处理：硬度为 35~40HRC。
3. 其他技术条件按 JB/T 8044 的规定。

公称直径（螺纹直径）	L A 型	L B 型	L C 型	B	H	l	l_1	b	b_1	d
8	45	—	—	20	8	18	8	8	9	M8
8	50	50	50	22	10	22	12	8	9	M8
8	60	60	60	25	14	27	17	8	9	M8
10	60	—	—	25	10	27	14	11	10	M10
10	70	70	70	28	12	30	17	11	10	M10
10	80	80	80	30	16	36	23	11	10	M10
12	70	—	—	32	14	30	15	14	12	M12
12	80	80	80	32	16	35	20	14	12	M12
12	100	100	100	36	18	45	30	14	12	M12
12	120	120	120	36	22	55	43	14	12	M12
16	80	—	—	36	18	35	15	18	16	M16
16	100	100	100	40	22	44	24	18	16	M16
16	120	120	120	45	25	54	36	18	16	M16
16	160	160	160	45	30	74	54	18	16	M16
20	100	—	—	45	22	42	18	22	20	M20
20	120	120	120	50	25	52	30	22	20	M20
20	160	160	160	50	30	72	48	22	20	M20
20	200	200	200	55	35	92	68	22	20	M20
24	120	—	—	50	28	52	22	26	24	M24
24	160	160	160	55	30	70	40	26	24	M24
24	200	200	200	60	35	90	60	26	24	M24
24	250	250	250	60	40	115	85	26	24	M24

表 2-2-71 移动弯压板的型式和尺寸（JB/T 8010.3—1999） （单位：mm）

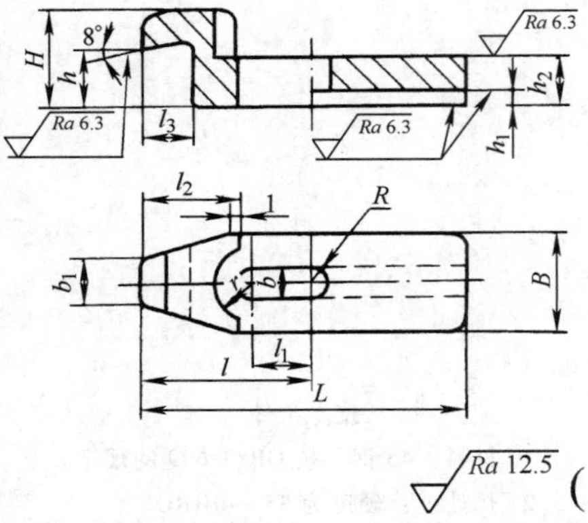

技术条件

1. 材料：45 钢，按 GB/T 699 的规定。
2. 热处理：硬度为 35～40HRC。
3. 其他技术条件按 JB/T 8044 的规定。

公称直径（螺纹直径）	L	B	H	h	h_1	h_2	l	l_1	l_2	l_3	b	b_1	r
8	80	25	25	15	3	12	40	12	22	12	9	12	10
10	100	32	32	20		16	52	16	30	16	11	15	13
12	120	40	40	25	5	18	65	20	38	20	14	20	15
16	160	45	50	30		23	80	25	45	25	18	22	18
20	200	55	60	36	6	30	100	30	56	30	22	25	22
24	250	65	70	44	8	32	125	35	75	35	26	28	26
30	320	75	100	60		40	160	45	90	45	33	32	30

表 2-2-72 转动压板的型式和尺寸 （单位：mm）

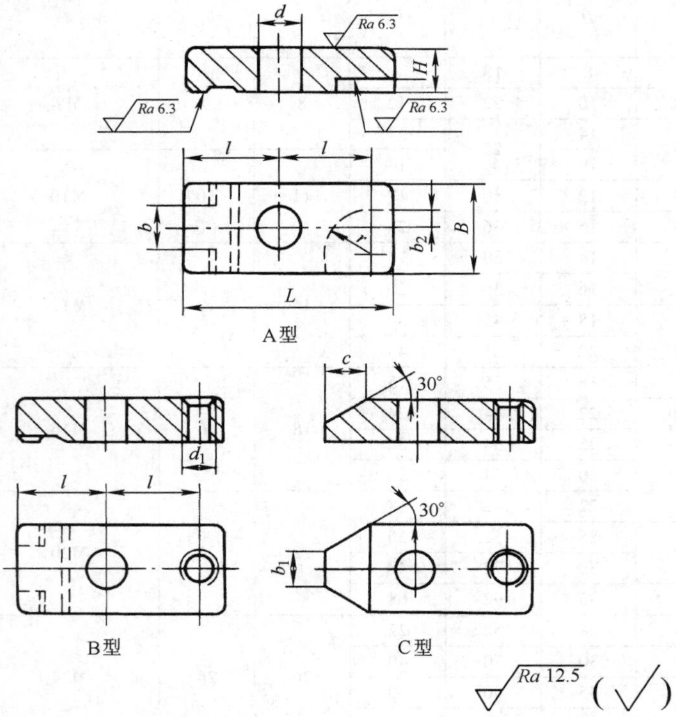

技术条件

1. 材料：45 钢，按 GB/T 699 的规定。
2. 热处理：硬度为 35～40HRC。
3. 其他技术条件按 JB/T 8044 的规定。

（续）

公称直径（螺纹直径）	L A型	L B型	L C型	B	H	l	d	d_1	b	b_1	b_2	r	c
8	45	—	—	20	8	18	9	M8	9	8	4	10	—
8	50			22	10	22	9	M8	9	8	4	10	7
8	60			25	14	27	9	M8	9	8	4	10	14
10	60	—	—	25	10	27	11	M10	11	10	5	12.5	—
10	70			28	12	30	11	M10	11	10	5	12.5	10
10	80			30	16	36	11	M10	11	10	5	12.5	14
12	70	—	—	32	14	30	14	M12	14	12	6	16	—
12	80			32	16	35	14	M12	14	12	6	16	14
12	100			36	20	45	14	M12	14	12	6	16	17
12	120			36	22	55	14	M12	14	12	6	16	21
16	80	—	—	36	18	35	18	M16	18	16	8	17.5	—
16	100			40	22	44	18	M16	18	16	8	17.5	14
16	120			45	25	54	18	M16	18	16	8	17.5	17
16	160			45	30	74	18	M16	18	16	8	17.5	21
20	100	—	—	45	22	42	22	M20	22	20	10	20	—
20	120			50	25	52	22	M20	22	20	10	20	12
20	160			50	30	72	22	M20	22	20	10	20	17
20	200			55	35	92	22	M20	22	20	10	20	26
24	120	—	—	50	28	52	26	M24	26	24	12	22.5	—
24	160			55	30	70	26	M24	26	24	12	22.5	17
24	200			60	35	90	26	M24	26	24	12	22.5	17
24	250			60	40	115	26	M24	26	24	12	22.5	26

注：转动弯压板见 JB/T 8010.4—1999。

表 2-2-73　移动宽头压板的型式和尺寸（JB/T 8010.5—1999）　（单位：mm）

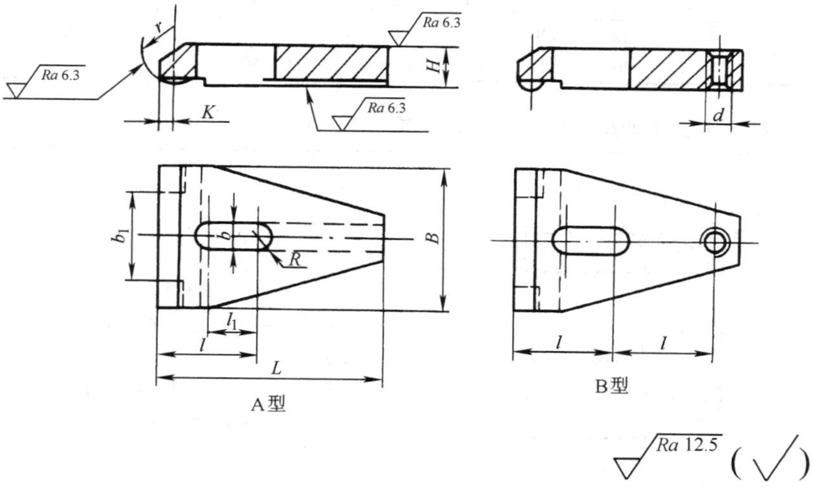

技术条件

1. 材料：45 钢，按 GB/T 699 的规定。

2. 热处理：硬度为 35~40HRC。

3. 其他技术条件按 JB/T 8044 的规定。

（续）

公称尺寸（螺纹直径）	L	B	H	d	l	l_1	b	b_1	r	K
8	80	50	12	M8	36	18	9	30	15	6
10	100	60	16	M10	45	22	11	40		
12	120	80	20	M12	54	28	14	50		
16	160	100	25	M16	74	36	18	60	25	10
20	200	120	32	M20	92	45	22	70		
24	250	160		M24	115	56	26	90		

表 2-2-74　转动宽头压板的型式和尺寸（JB/T 8010.6—1999）　（单位：mm）

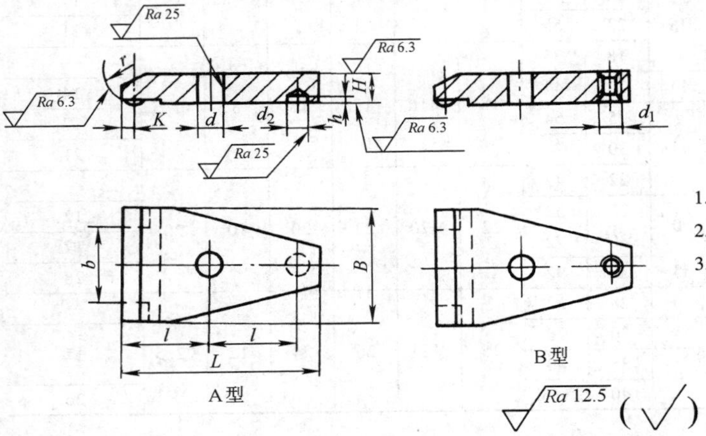

技术条件

1. 材料：45 钢，按 GB/T 699 的规定。
2. 热处理：硬度为 35～40HRC。
3. 其他技术条件按 JB/T 8044 的规定。

公称直径（螺纹直径）	L	B	H	d	d_1	d_2	l	h	b	r	K
8	80	50	12	9	M8	9	36	3	30	15	6
10	100	60	16	11	M10	11	45		40		
12	120	80	20	14	M12	13	54	4	50		
16	160	100	25	18	M16	17	74	5	60	25	10
20	200	120	32	22	M20	21	90	6	70		
24	250	160		26	M24	25	110		90		

表 2-2-75　平压板的型式和尺寸（JB/T 8010.9—1999）　（单位：mm）

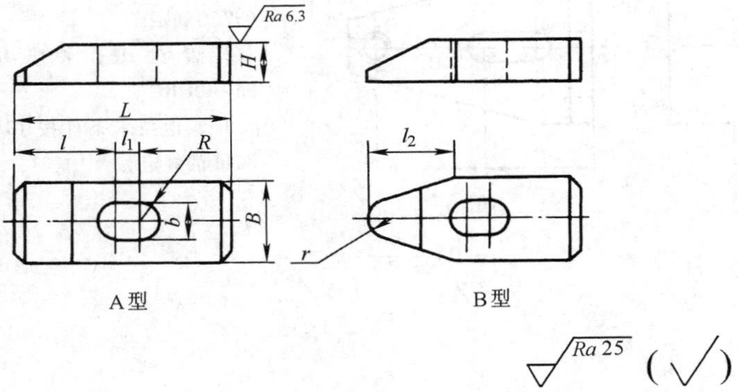

技术条件

1. 材料：45 钢，按 GB/T 699 的规定。

2. 热处理：硬度为 35～40HRC。

3. 其他技术条件按 JB/T 8044 的规定。

（续）

<table>
<tr><th>公称直径
（螺纹直径）</th><th>L</th><th>B</th><th>H</th><th>b</th><th>l</th><th>l1</th><th>l2</th><th>r</th></tr>
<tr><td rowspan="2">6</td><td>40</td><td>18</td><td>8</td><td rowspan="2">7</td><td>18</td><td rowspan="8">7</td><td>16</td><td rowspan="2">4</td></tr>
<tr><td>50</td><td rowspan="2">22</td><td>12</td><td>23</td><td>21</td></tr>
<tr><td rowspan="2">8</td><td>45</td><td>10</td><td rowspan="2">10</td><td>21</td><td>19</td><td rowspan="2">5</td></tr>
<tr><td rowspan="2">60</td><td rowspan="2">25</td><td rowspan="2">12</td><td rowspan="2">28</td><td rowspan="2">26</td></tr>
<tr><td rowspan="2">10</td><td rowspan="2">12</td><td rowspan="2">6</td></tr>
<tr><td rowspan="2">80</td><td>30</td><td rowspan="2">16</td><td rowspan="2">38</td><td rowspan="2">35</td></tr>
<tr><td rowspan="2">12</td><td>32</td><td rowspan="2">15</td><td rowspan="2">8</td></tr>
<tr><td>100</td><td>40</td><td>20</td><td>48</td><td>45</td></tr>
<tr><td rowspan="2">16</td><td>120</td><td rowspan="2">50</td><td rowspan="2">25</td><td rowspan="2">19</td><td>52</td><td>15</td><td>55</td><td rowspan="2">10</td></tr>
<tr><td>160</td><td>70</td><td rowspan="3">20</td><td>60</td></tr>
<tr><td rowspan="2">20</td><td>200</td><td>60</td><td>28</td><td rowspan="2">24</td><td>90</td><td>75</td><td rowspan="2">12</td></tr>
<tr><td rowspan="2">250</td><td>70</td><td>32</td><td rowspan="2">110</td><td>85</td></tr>
<tr><td rowspan="2">24</td><td rowspan="2">80</td><td rowspan="2">35</td><td rowspan="2">28</td><td rowspan="2">30</td><td>100</td><td rowspan="2">16</td></tr>
<tr><td rowspan="2">320</td><td rowspan="2">130</td><td rowspan="2">110</td></tr>
<tr><td rowspan="2">30</td><td rowspan="4">100</td><td rowspan="2">40</td><td rowspan="2">35</td><td rowspan="2">40</td><td rowspan="4">20</td></tr>
<tr><td>360</td><td>150</td><td>130</td></tr>
<tr><td rowspan="2">36</td><td>320</td><td rowspan="2">45</td><td rowspan="2">42</td><td>130</td><td rowspan="2">50</td><td>110</td></tr>
<tr><td>360</td><td>150</td><td>130</td></tr>
</table>

表 2-2-76　弯头压板的型式和尺寸　（单位：mm）

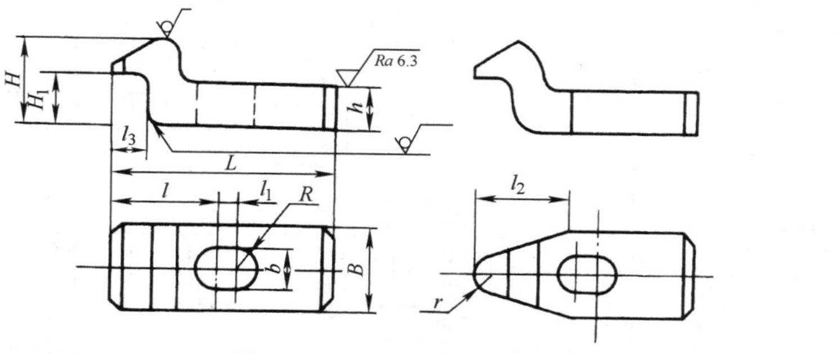

A型　　B型

$\sqrt{Ra\ 25}$ ($\sqrt{}$)

技术条件

1. 材料：45 钢，按 GB/T 699 的规定。

2. 热处理：硬度为 35～40HRC。

3. 其他技术条件按 JB/T 8044 的规定。

（续）

<table>
<tr><th>公称直径
（螺纹直径）</th><th>L</th><th>B</th><th>h</th><th>b</th><th>l</th><th>l_1</th><th>l_2</th><th>l_3</th><th>H</th><th>H_1</th><th>r</th></tr>
<tr><td rowspan="2">12</td><td>80</td><td>32</td><td>16</td><td rowspan="2">15</td><td>38</td><td rowspan="2">7</td><td>35</td><td>12</td><td>32</td><td>20</td><td rowspan="2">8</td></tr>
<tr><td>100</td><td>40</td><td>20</td><td>48</td><td>45</td><td>16</td><td>40</td><td>25</td></tr>
<tr><td rowspan="2">16</td><td>120</td><td rowspan="2">50</td><td rowspan="2">25</td><td rowspan="2">19</td><td>52</td><td>15</td><td>55</td><td rowspan="2">20</td><td rowspan="2">50</td><td rowspan="2">32</td><td rowspan="2">10</td></tr>
<tr><td>160</td><td>70</td><td rowspan="3">20</td><td>60</td></tr>
<tr><td rowspan="2">20</td><td>200</td><td>60</td><td>28</td><td rowspan="2">24</td><td>90</td><td>75</td><td rowspan="2">25</td><td>60</td><td>40</td><td rowspan="2">12</td></tr>
<tr><td rowspan="2">250</td><td>70</td><td>32</td><td rowspan="2">110</td><td>85</td><td>70</td><td>45</td></tr>
<tr><td rowspan="2">24</td><td rowspan="2">80</td><td rowspan="2">35</td><td rowspan="2">28</td><td rowspan="2">30</td><td>100</td><td rowspan="2">32</td><td rowspan="2">80</td><td rowspan="2">50</td><td rowspan="2">16</td></tr>
<tr><td rowspan="2">320</td><td rowspan="2">130</td><td rowspan="2">110</td></tr>
<tr><td rowspan="2">30</td><td rowspan="4">100</td><td rowspan="2">40</td><td rowspan="2">35</td><td rowspan="2">40</td><td rowspan="4">40</td><td rowspan="4">100</td><td rowspan="4">60</td><td rowspan="4">20</td></tr>
<tr><td>360</td><td>150</td><td>130</td></tr>
<tr><td rowspan="2">36</td><td>320</td><td rowspan="2">45</td><td rowspan="2">42</td><td>130</td><td rowspan="2">50</td><td>110</td></tr>
<tr><td>360</td><td>150</td><td>130</td></tr>
</table>

表 2-2-77　U 形压板的型式和尺寸　（单位：mm）

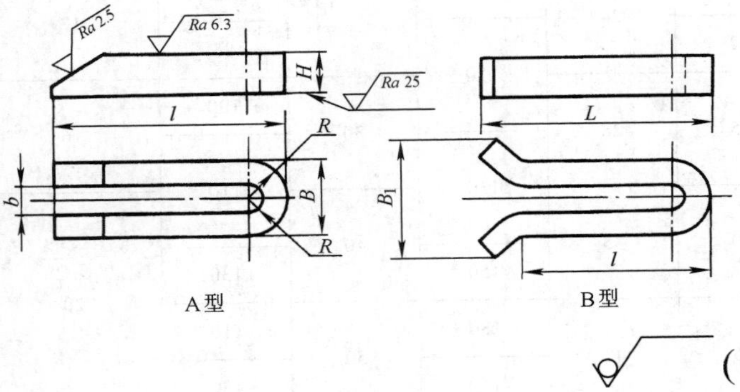

技术条件

1. 材料：45 钢，按 GB/T 699 的规定。

2. 热处理：硬度为 35~40HRC。

3. 其他技术条件按 JB/T 8044 的规定。

<table>
<tr><th rowspan="2">公称直径
（螺纹直径）</th><th rowspan="2">L</th><th rowspan="2">B</th><th rowspan="2">H</th><th rowspan="2">b</th><th rowspan="2">l</th><th rowspan="2">$B_1 \approx$</th><th colspan="2">展开长 $L_1 \approx$</th></tr>
<tr><th>A 型</th><th>B 型</th></tr>
<tr><td rowspan="2">12</td><td>100</td><td rowspan="2">42</td><td rowspan="2">22</td><td rowspan="2">14</td><td>65</td><td>93</td><td>202</td><td>221</td></tr>
<tr><td>120</td><td>70</td><td>117</td><td>242</td><td>265</td></tr>
<tr><td rowspan="2">16</td><td>160</td><td rowspan="2">54</td><td rowspan="2">28</td><td rowspan="2">18</td><td>105</td><td>138</td><td>323</td><td>351</td></tr>
<tr><td rowspan="2">200</td><td rowspan="2">130</td><td>168</td><td rowspan="2">403</td><td rowspan="2">444</td></tr>
<tr><td rowspan="3">20</td><td rowspan="3">66</td><td rowspan="3">35</td><td rowspan="3">22</td><td>177</td></tr>
<tr><td>250</td><td>170</td><td>197</td><td>503</td><td>553</td></tr>
<tr><td>320</td><td>220</td><td>237</td><td>643</td><td>709</td></tr>
<tr><td rowspan="3">24</td><td>250</td><td rowspan="3">84</td><td rowspan="3">42</td><td rowspan="3">28</td><td>170</td><td>198</td><td>504</td><td>534</td></tr>
<tr><td>320</td><td>220</td><td>238</td><td>644</td><td>690</td></tr>
<tr><td>400</td><td>270</td><td>303</td><td>804</td><td>872</td></tr>
<tr><td rowspan="3">30</td><td>320</td><td rowspan="3">105</td><td rowspan="3">50</td><td rowspan="3">35</td><td>220</td><td>260</td><td>645</td><td>696</td></tr>
<tr><td>400</td><td>265</td><td>325</td><td>805</td><td>878</td></tr>
<tr><td>500</td><td>335</td><td>390</td><td>1005</td><td>1110</td></tr>
</table>

（续）

公称直径（螺纹直径）	L	B	H	b	l	$B_1\approx$	展开长 $L_1\approx$ A 型	展开长 $L_1\approx$ B 型
36	400	120	60	40	—	—	846	—
	500						1046	
	630						1306	
42	500	138	70	46			1007	
	630						1267	
	800						1607	
48	630	156	80	52			1268	
	800						1608	
	1000						2008	

表 2-2-78　鞍形压板的型式和尺寸　（单位：mm）

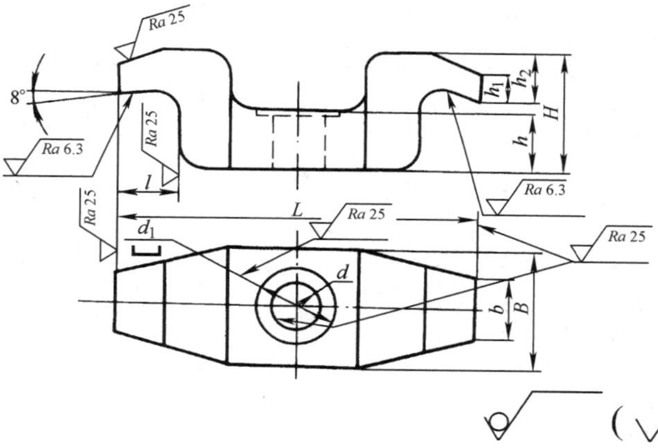

技术条件

1. 材料：45 钢，按 GB/T 699 的规定。
2. 热处理：硬度为 35～40HRC。
3. 其他技术条件按 JB/T 8044 的规定。

公称直径（螺纹直径）	L	B	H	b	d	d_1	h	h_1	h_2	l
8	70	25	25	13	10	18	12	6	10	12
10	90	32	32	16	12	22	15	8	12	16
12	120	40	40	20	15	25	20	10	15	20
16	140	50	50	25	19	32	25	12	20	25
	180	60		30						
20	200	70	60	35	24	40	30	16	25	35
	250	80		40						
24	250	90	70	45	28	48	35	20	30	40
	300	100		50						

表 2-2-79 直压板的型式和尺寸（JB/T 8010.13—1999） （单位：mm）

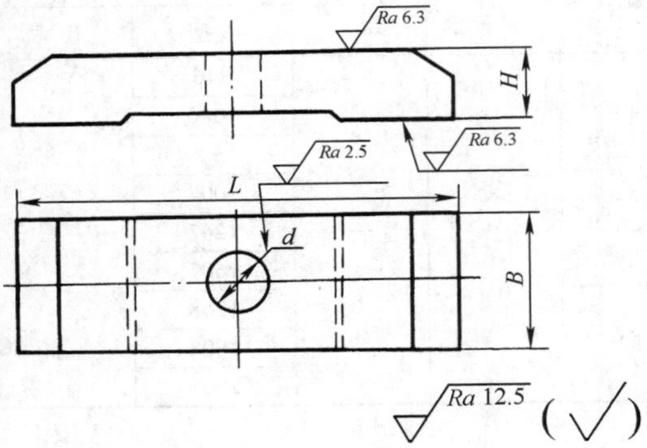

技术条件

1. 材料：45 钢，按 GB/T 699 的规定。
2. 热处理：硬度为 35~40HRC。
3. 其他技术条件按 JB/T 8044 的规定。

公称直径（螺纹直径）	*L*	*B*	*H*	*d*
8	50	25	12	9
	60			
	80			
10	60	32	16	11
	80			
	100		20	
12	80			14
	100			
	120		25	
16	100	40		18
	120			
	160			
20	120	50		22
	160		32	
	200			

表 2-2-80 铰链压板的型式和尺寸 （单位：mm）

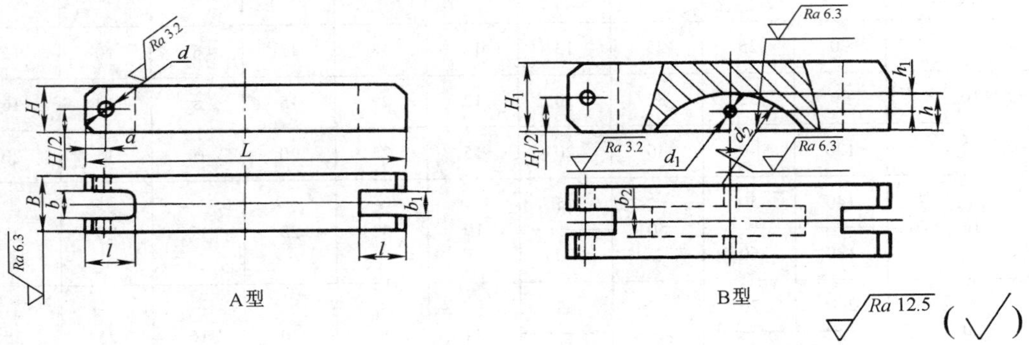

技术条件

1. 材料：45 钢，按 GB/T 699 的规定。
2. 热处理：A 型 T215，B 型硬度为 35~40HRC。
3. 其他技术条件按 JB/T 8044 的规定。

（续）

b 公称尺寸	b 极限偏差 H11	L	B	H	H_1	b_1	b_2	d 公称尺寸	d 极限偏差 H7	d_1 公称尺寸	d_1 极限偏差 H7	d_2	a	l	h	h_1
8	+0.090 0	100	18	15	20	8	10	5	+0.012 0	3	+0.010 0	63	6	15	10	6.2
		120	24				14									
10				18		10	10	6					7	18		
	+0.110 0	140					14									
12			32	22	26	12	10	8	+0.015 0	4	+0.012 0	80	9	22	14	7.5
		160					14									
		180					18									
14				26	32	14	10	10		5		100	10	25	18	9.5
		200					14									
		220					18									
18			40	32	38	18	14	12	+0.018 0	6		125	14	32	22	10.5
		250					16									
	+0.130 0	280					20									

表 2-2-81 回转压板的型式和尺寸 （单位：mm）

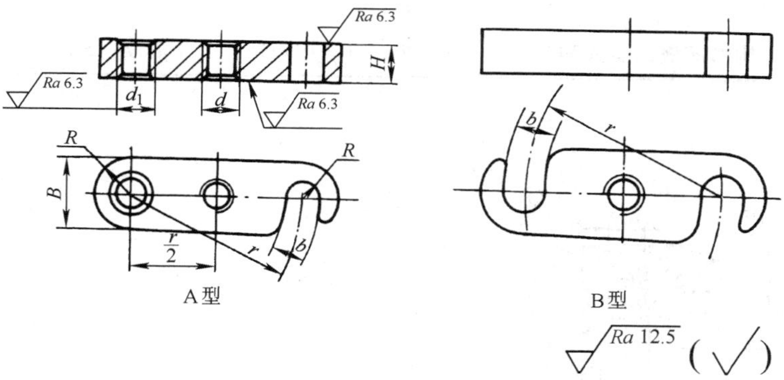

技术条件

1. 材料：45 钢，按 GB/T 699 的规定。

2. 热处理：硬度为 35~40HRC。

3. 其他技术条件按 JB/T 8044 的规定。

d		M5	M6	M8	M10	M12	M16
B		14	18	20	20	25	32
H	公称尺寸	6	8	10	12	16	20
	极限偏差 h11	0 −0.075	0 −0.090		0 −0.110		0 −0.130
b		5.5	6.6	9	11	14	18
d_1	公称尺寸	6	8	10	12	14	18
	极限偏差 H11	+0.075 0	+0.090 0		+0.110 0		

（续）

d	M5	M6	M8	M10	M12	M16
r	35	35				
	40	40	40			
		45	45			
		50	50	50		
			55	55		
			60	60	60	
			65	65	65	
			70	70	70	
				75	75	
				80	80	80
				85	85	85
				90	90	90
					100	100
						110
						120
配用螺钉（GB/T 830—1988）	M5×6	M6×8	M8×10	M10×12	M12×16①	M16×20①

注：双向压板见 JB/T 8010.16—1999。

① 按使用需要自行设计。

表 2-2-82 钩形压板的型式和尺寸（JB/T 8012.1—1999）（单位：mm）

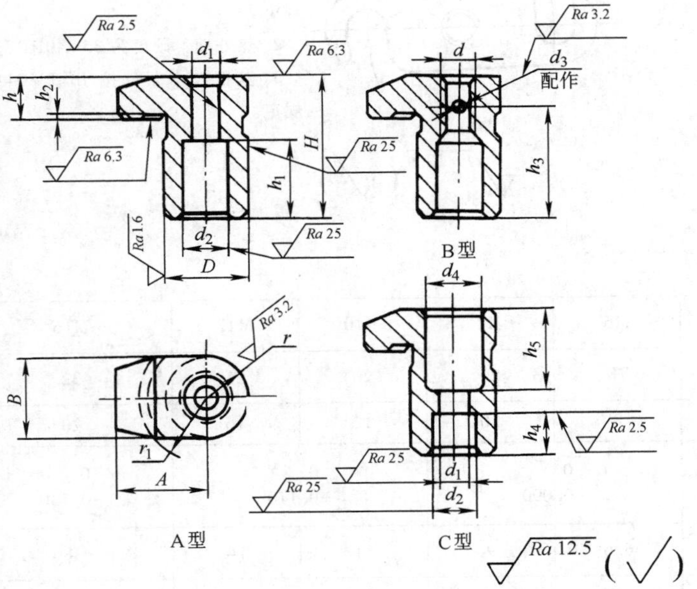

技术条件

1. 材料：45 钢，按 GB/T 699 的规定。

2. 热处理：硬度为 35~40HRC。

3. 其他技术条件按 JB/T 8044 的规定。

（续）

<table>
<tr><td>A 型
C 型</td><td>d_1</td><td colspan="2">6.6</td><td colspan="2">9</td><td colspan="2">11</td><td colspan="2">13</td><td colspan="2">17</td><td colspan="2">21</td><td colspan="2">25</td></tr>
<tr><td>B 型</td><td>d</td><td colspan="2">M6</td><td colspan="2">M8</td><td colspan="2">M10</td><td colspan="2">M12</td><td colspan="2">M16</td><td colspan="2">M20</td><td colspan="2">M24</td></tr>
<tr><td colspan="2">A</td><td>18</td><td colspan="2">24</td><td colspan="2">28</td><td colspan="2">35</td><td colspan="2">45</td><td colspan="2">55</td><td colspan="2">65</td><td>75</td></tr>
<tr><td colspan="2">B</td><td colspan="2">16</td><td colspan="2">20</td><td colspan="2">25</td><td colspan="2">30</td><td colspan="2">35</td><td colspan="2">40</td><td colspan="2">50</td></tr>
<tr><td rowspan="2">D</td><td>公称尺寸</td><td colspan="2">16</td><td colspan="2">20</td><td colspan="2">25</td><td colspan="2">30</td><td colspan="2">35</td><td colspan="2">40</td><td colspan="2">50</td></tr>
<tr><td>极限偏差 f9</td><td colspan="2">−0.016
−0.059</td><td colspan="6">−0.020
−0.072</td><td colspan="6">−0.025
−0.087</td></tr>
<tr><td colspan="2">H</td><td>28</td><td colspan="2">35</td><td colspan="2">45</td><td>58</td><td>55</td><td colspan="2">70</td><td>90</td><td>80</td><td>100</td><td>95</td><td>120</td></tr>
<tr><td colspan="2">h</td><td>8</td><td>10</td><td>11</td><td colspan="2">13</td><td colspan="2">16</td><td>20</td><td>22</td><td>25</td><td>28</td><td>30</td><td>32</td><td>35</td></tr>
<tr><td rowspan="2">r</td><td>公称尺寸</td><td colspan="2">8</td><td colspan="2">10</td><td colspan="2">12.5</td><td colspan="2">15</td><td colspan="2">17.5</td><td colspan="2">20</td><td colspan="2">25</td></tr>
<tr><td>极限偏差 h11</td><td colspan="4">0
−0.090</td><td colspan="6">0
−0.110</td><td colspan="4">0
−0.130</td></tr>
<tr><td colspan="2">r_1</td><td>14</td><td>20</td><td>18</td><td>24</td><td>22</td><td>30</td><td>26</td><td>36</td><td>35</td><td>45</td><td>42</td><td>52</td><td>50</td><td>60</td></tr>
<tr><td colspan="2">d_2</td><td colspan="2">10</td><td colspan="2">14</td><td colspan="2">16</td><td colspan="2">18</td><td colspan="2">23</td><td colspan="2">28</td><td colspan="2">34</td></tr>
<tr><td rowspan="2">d_3</td><td>公称尺寸</td><td colspan="2">2</td><td colspan="2">3</td><td colspan="4">4</td><td colspan="2">5</td><td colspan="4">6</td></tr>
<tr><td>极限偏差 H7</td><td colspan="4">+0.010
0</td><td colspan="10">+0.012
0</td></tr>
<tr><td colspan="2">d_4</td><td colspan="2">10.5</td><td colspan="2">14.5</td><td colspan="2">18.5</td><td colspan="2">22.5</td><td colspan="2">25.5</td><td colspan="2">30.5</td><td colspan="2">35</td></tr>
<tr><td colspan="2">h_1</td><td>16</td><td>21</td><td>20</td><td>28</td><td>25</td><td>36</td><td>30</td><td>42</td><td>40</td><td>60</td><td>45</td><td>60</td><td>50</td><td>75</td></tr>
<tr><td colspan="2">h_2</td><td colspan="8">1</td><td colspan="4">1.5</td><td colspan="2">2</td></tr>
<tr><td colspan="2">h_3</td><td>22</td><td colspan="2">28</td><td colspan="2">35</td><td>45</td><td>42</td><td colspan="2">55</td><td>75</td><td>60</td><td>75</td><td>70</td><td>95</td></tr>
<tr><td colspan="2">h_4</td><td>8</td><td>14</td><td>11</td><td>20</td><td>16</td><td>25</td><td>20</td><td>30</td><td>24</td><td>40</td><td>24</td><td>40</td><td>28</td><td>50</td></tr>
<tr><td colspan="2">h_5</td><td colspan="2">16</td><td colspan="2">20</td><td colspan="2">25</td><td colspan="2">30</td><td colspan="2">40</td><td colspan="2">50</td><td colspan="2">60</td></tr>
<tr><td colspan="2">配用螺钉</td><td colspan="2">M6</td><td colspan="2">M8</td><td colspan="2">M10</td><td colspan="2">M12</td><td colspan="2">M16</td><td colspan="2">M20</td><td colspan="2">M24</td></tr>
</table>

注：钩形压板（组合）见 JB/T 8012.2—1999。

表 2-2-83 自调式压板的型式和尺寸（JB/T 8010.17—1999） （单位：mm）

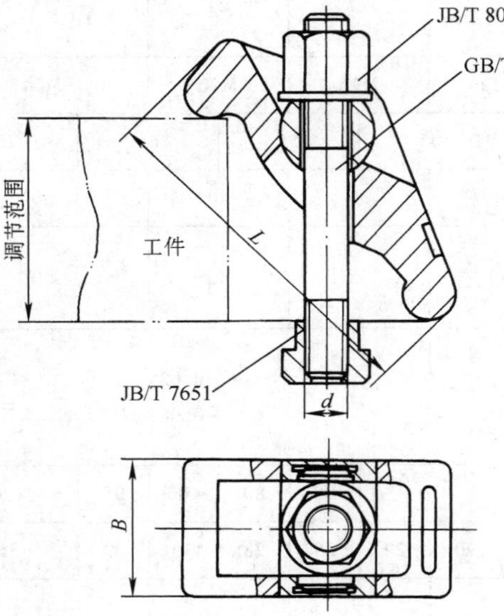

技术条件

1. 材料：45 钢，按 GB/T 699 的规定。
2. 热处理：硬度为 35~40HRC。
3. 其他技术条件按 JB/T 8044 的规定。

调节范围	d	L	B	调节范围	d	L	B
0~70	M12	115	40	0~140	M20	210	63
0~100	M16	160	50	0~200	M24	292	80

注：双头螺柱的长度可根据其调节范围，按 GB/T 898 选取。

2.3.2.5 对刀件的型式和尺寸（见表 2-2-84~表 2-2-86）

表 2-2-84 常用对刀块的结构型式及标准代号 （单位：mm）

名 称	结构型式	标准代号
圆形对刀块	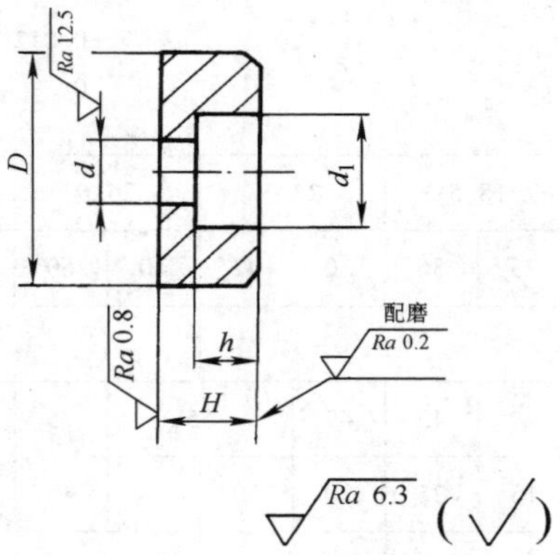	JB/T 8031.1—1999

D	H	h	d	d_1
16	10	6	5.5	10
25		7	6.6	11

（续）

名　　称	结构型式	标准代号
方形对刀块	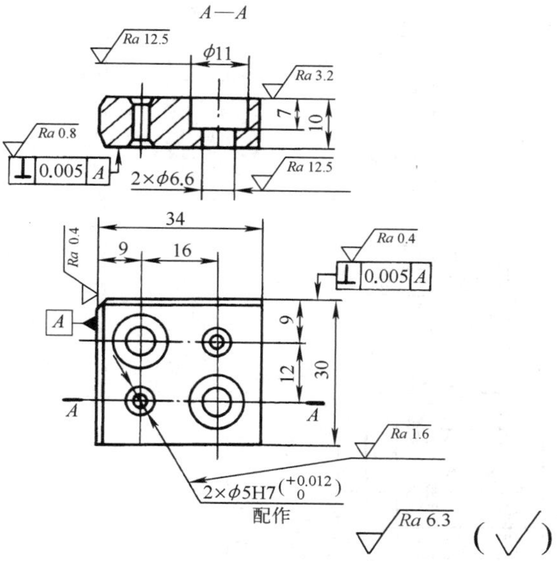	JB/T 8031.2—1999
直角对刀块	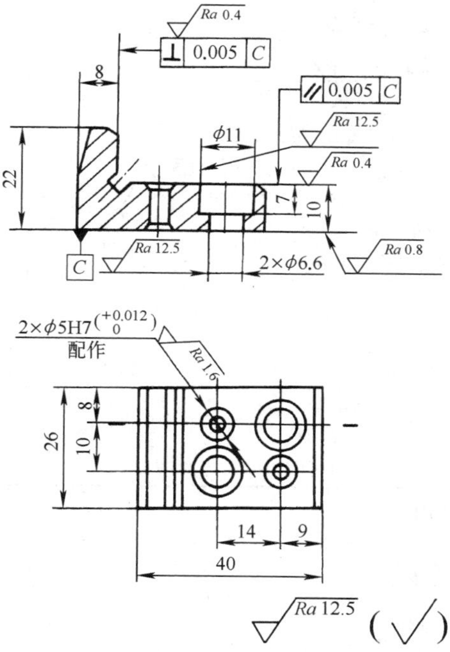	JB/T 8031.3—1999（已作废，供参考）

（续）

名　称	结构型式	标准代号
侧装对刀块	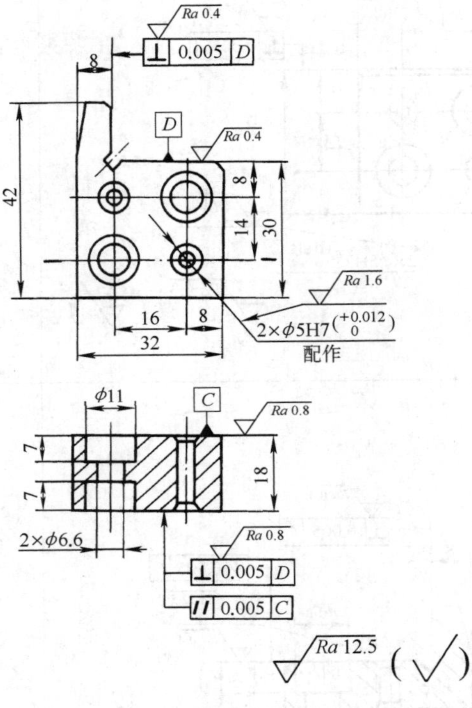	JB/T 8031.4—1999（已作废，供参考）

注：1. 材料：20钢，按GB/T 699的规定。

2. 热处理：渗碳层深度为0.8~1.2mm，硬度为58~64HRC。

3. 其他技术条件按JB/T 8044的规定。

表 2-2-85　对刀平塞尺的型式和尺寸（JB/T 8032.1—1999）　（单位：mm）

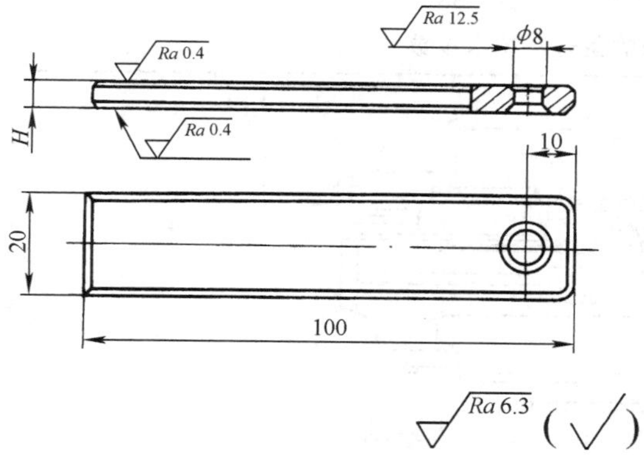

技术条件

1. 材料：T8 钢，按 GB/T 1299 的规定。
2. 热处理：硬度为 55~60HRC。
3. 其他技术条件按 JB/T 8044 的规定。

H	
公称尺寸	极限偏差 h8
1	0 -0.014
2	
3	
4	0 -0.018
5	

表 2-2-86　对刀圆柱塞尺的型式和尺寸　（单位：mm）

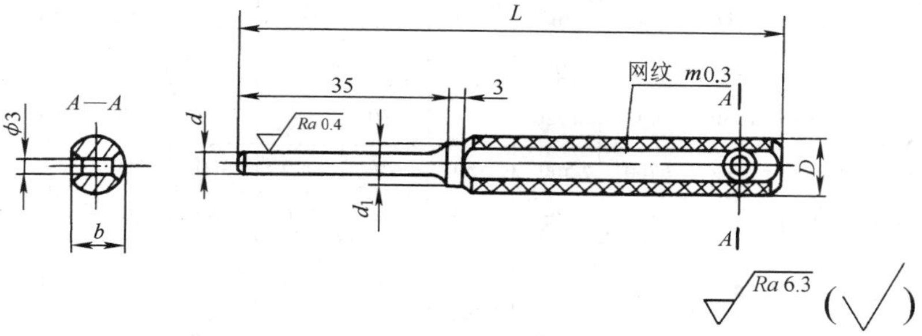

d		D	L	d_1	b
公称尺寸	极限偏差 h8	（滚花前）			
3	0 -0.014	7	90	5	6
5	0 -0.018	10	100	8	9

注：技术条件与对刀平塞尺相同。

2.3.3 常见通用机床技术参数⊖

2.3.3.1 卧式车床的型号及技术参数（见表2-2-87、表2-2-88）

表2-2-87 卧式车床的型号及技术参数

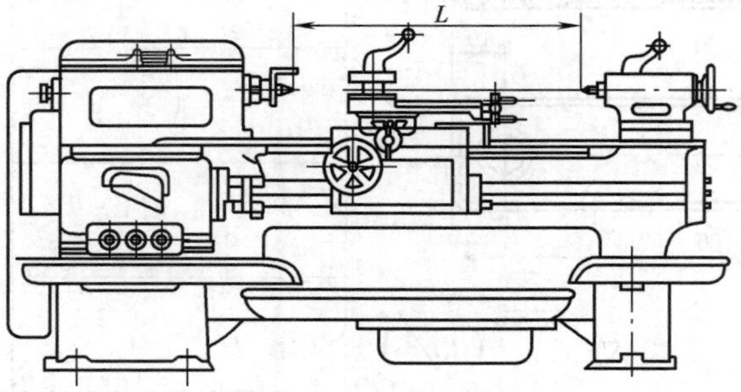

主要技术参数		机床型号											
		C0618	CGM6125	C615	C616	CM6132	C618-1	C620	C620-1	CA6140	C630	C640	C650
加工最大直径/mm	在刀架上	90	140	150	175	160	200	210	210	210	345	450	645
	在床身上	180	250	310	320	320	360	410	400	400	615	800	1020
加工最大长度 L/mm		220	350	700	500	750	650	1000	1000	900	1210	2800	3000
主轴孔直径/mm		11	26	35	30	33	38	38	38	48	70	85	100
主轴孔锥度		2号	莫氏4号	莫氏5号	莫氏5号	莫氏5号	莫氏5号	莫氏5号	莫氏5号	莫氏6号	1：20	1：20	1：20
主轴转速范围/(r/min)	正转	120~1400	63~1250	44~1000	45~1980	—	42~980	12~600	12~1200	10~1400	14~750	—	4.25~192
	反转	—	63~1250	244~993	45~1980	—	42~980	—	18~1520	14~1580	22~945	—	4.25~192
刀架最大行程/mm	纵向	220	—	700	500	750	650	900	900	900	1310	2800	2410
	横向	60	—	190	195	280	180	250	260	260	390	620	710
	小刀架	—	80	85	100	100	95	100	100	100	180	240	横200 纵500
小刀架最大回转角度		±45°	±60°	±45°	±45°	±45°	±45°	±45°	±45°	±90°	±60°	±90°	±60°
刀架进给量/(mm/r)	纵向	—	0.01~0.2	—	0.06~3.34	—	0.084~4.74	0.082~1.59	0.082~1.59	0.08~1.95	0.15~2.65	—	0.225~3.15
	横向	—	0.005~0.1	—	0.04~2.45	—	0.075~4.2	0.027~0.522	0.027~0.522	0.04~0.79	0.05~0.9	—	0.114~1.6
加工螺纹范围	米制螺纹/mm	0.2~3	0.5~5	0.5~12	0.5~9	—	0.3~20	1~192	1~192	1~192	1~224	—	1~244

⊖ 通用机床的技术参数可供设计工艺装备时参考，但在确定夹具与机床的连接尺寸时，还应根据实际使用设备核实确定。

（续）

主要技术参数		机床型号											
		C0618	CGM6125	C615	C616	CM6132	C618-1	C620	C620-1	CA6140	C630	C640	C650
加工螺纹范围	寸制螺纹/in	40~8	5~28	0.5~60	38~2	—	24~1$\frac{1}{2}$	2~24	2~24	2~24	2~28	—	2~28
	模数螺纹/mm	—	0.3~2	0.5~6	0.5~9	—	—	0.5~48	0.5~48	0.5~48	0.25~56	—	0.25~14
	径节螺纹	—	—	—	—	—	—	1~96	1~96	96~1	1~112	—	—
尾座套筒最大移动量/mm		40	80	85	95	100	100	150	150	200	205	300	250
尾座最大横向移动量/mm		—	±10	±10	±10	±6	±10	±15	±15	±15	±15	±15	±25
尾座套孔莫氏锥度		1号	3号	3号	4号	3号	4号	4号	4号	5号	5号	5号	6号
主电动机功率/kW		0.25	0.9/1.5	3	4.5	—	3	4	7.5	7.5	10	—	20

表 2-2-88 卧式车床主轴尺寸 （单位：mm）

型号	主轴尺寸

C615

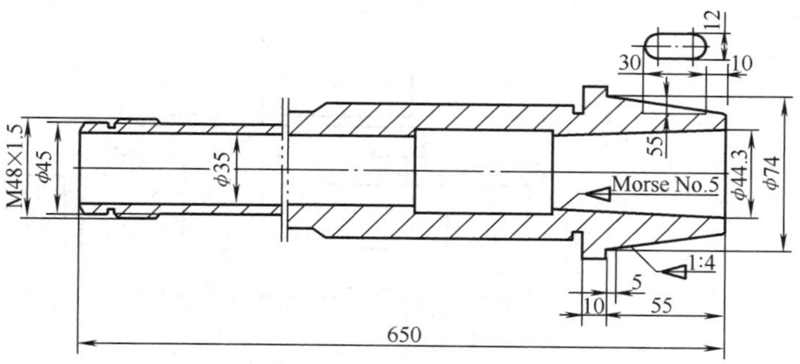

C616

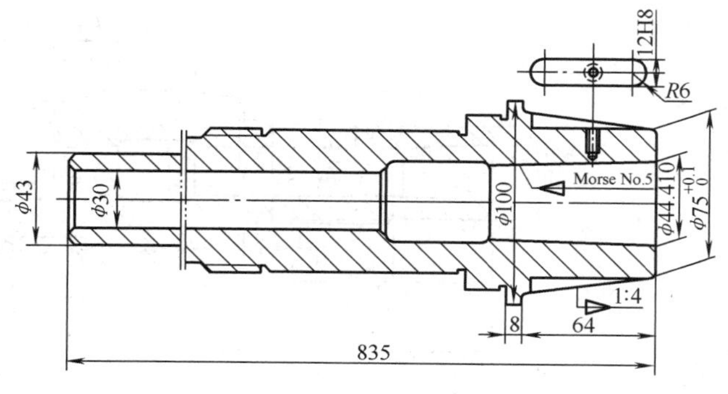

（续）

型号	主轴尺寸
CM6132	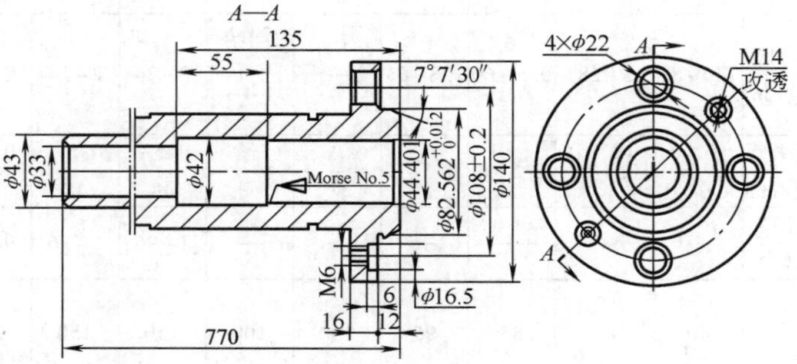
C618-1	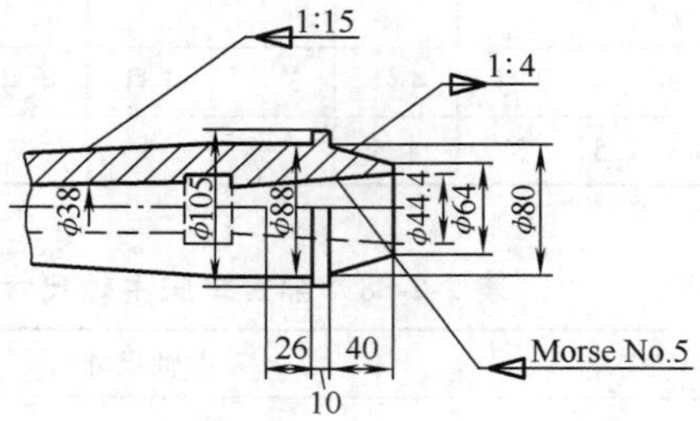
CA6140	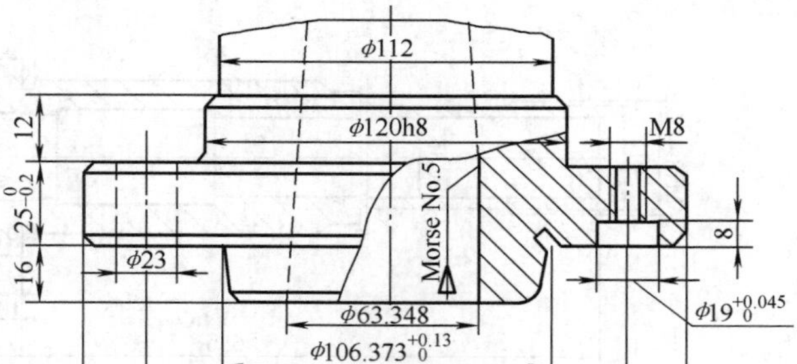
C620	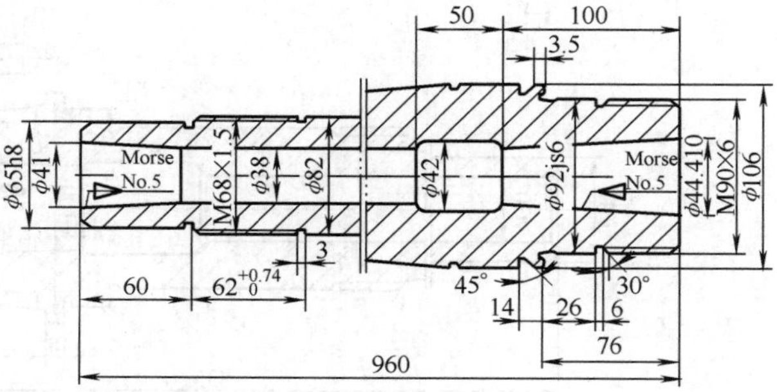

（续）

型号	主轴尺寸
C620-1	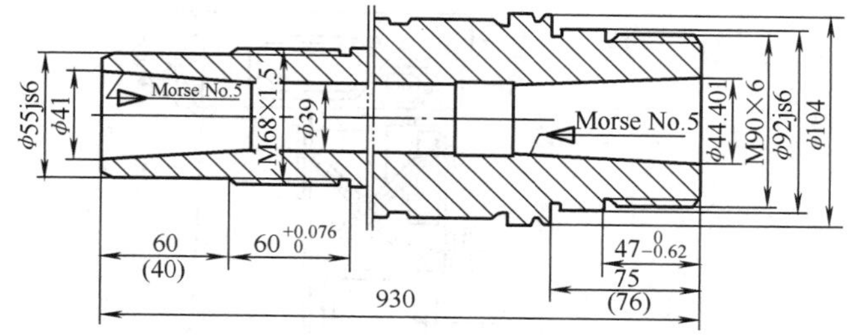
C630	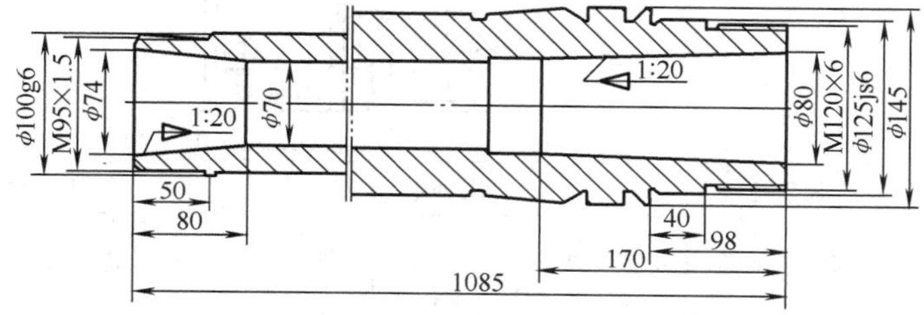
C640	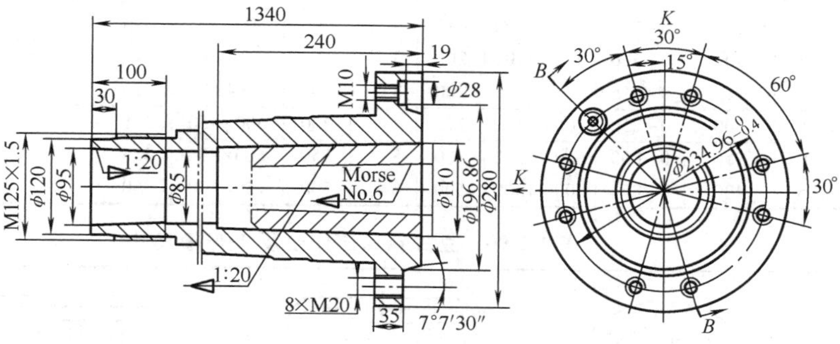
C650	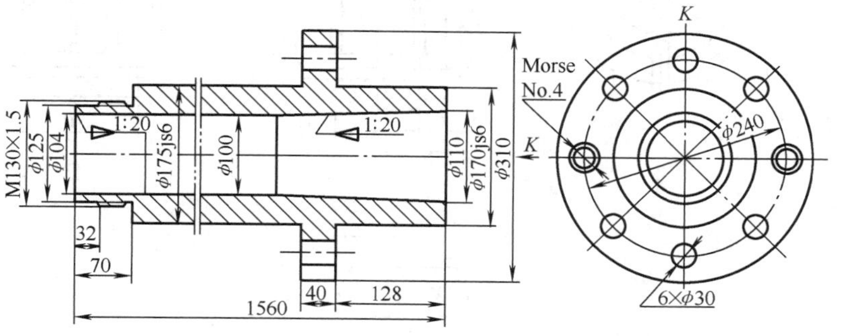

2.3.3.2　立式钻床的型号及技术参数（见表 2-2-89、表 2-2-90）

表 2-2-89　立式钻床的型号及技术参数

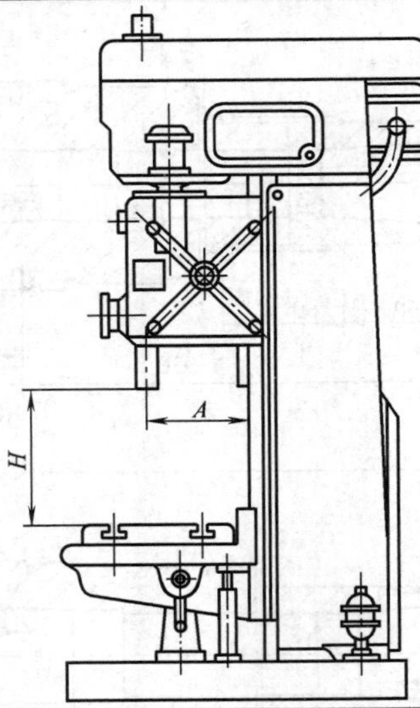

机床型号	加工范围				主轴		主轴箱行程/mm	工作台					底座面积 $\left(\frac{长}{mm}\times\frac{宽}{mm}\right)$
	最大钻孔直径/mm	主轴轴线至立柱导轨距离 A/mm	主轴端面至工作台面距离 H/mm	主轴端面至底座工作面距离/mm	最大行程/mm	主轴孔莫氏锥度		工作台面积 $\left(\frac{长}{mm}\times\frac{宽}{mm}\right)$	最大升降距离/mm	T形槽 槽数	槽宽/mm	槽距/mm	
Z525	25	250	0~700	725~1100	175	3号	200	500×375	325	2	14	200	600×400
Z525-1	25	300	0~500	902~1102	200	3号	0	ϕ410	710		14		495×460
Z525B	25	315	0~415	965	200	3号	0	ϕ400	385		14		440×500
Z535	35	300	0~750	705~1130	225	4号	200	500×450	325	2	18	240	650×745
Z550	50	350	0~800	650~1200	300	5号	250	600×500	325	3	22	150	1245×755
Z575	75	400	0~850	800~1300	500	6号	500	750×600	350	3	22	200	660×714

表 2-2-90　立式钻床工作台及 T 形槽尺寸　　（单位：mm）

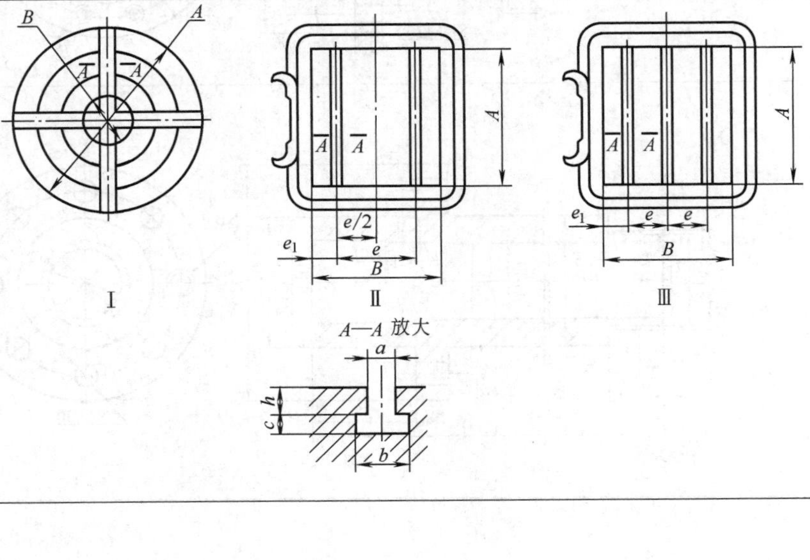

（续）

机床型号	Z525	Z525-1	Z525B	Z535	Z550	Z575
工作台型式	Ⅱ	Ⅰ	Ⅰ	Ⅱ	Ⅲ	Ⅲ
A	500	$\phi410$	$\phi400$	500	600	750
B	375		$\phi55$	450	500	600
e	200			240	150	200
e_1	875			105	100	100
a	14	14	14	18H11	22H11	22H11
b	24	24	24	30	36	36
c	11	11	11	14	16	16
h	15	15	15	18	19	22

Z525B 工作台及底座尺寸

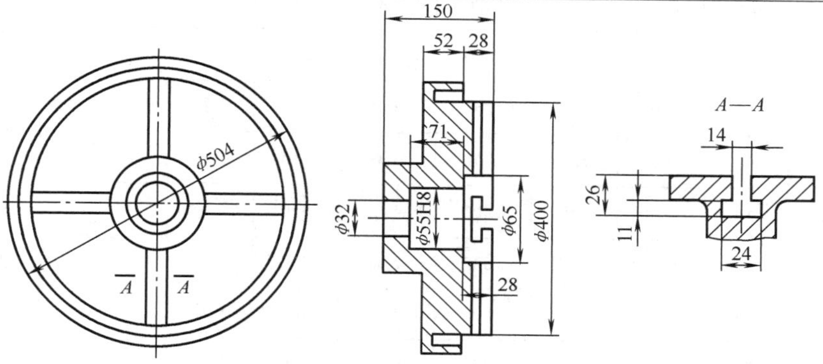

a) 工作台尺寸

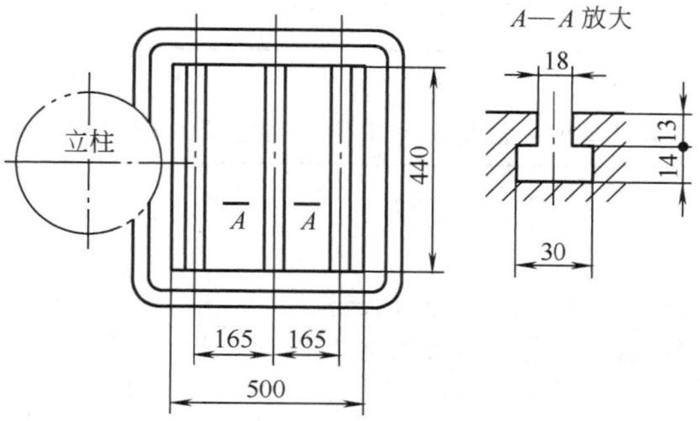

b) 底座尺寸

2.3.3.3　摇臂钻床的型号及技术参数（见表 2-2-91、表 2-2-92）

表 2-2-91　摇臂钻床的型号及技术参数

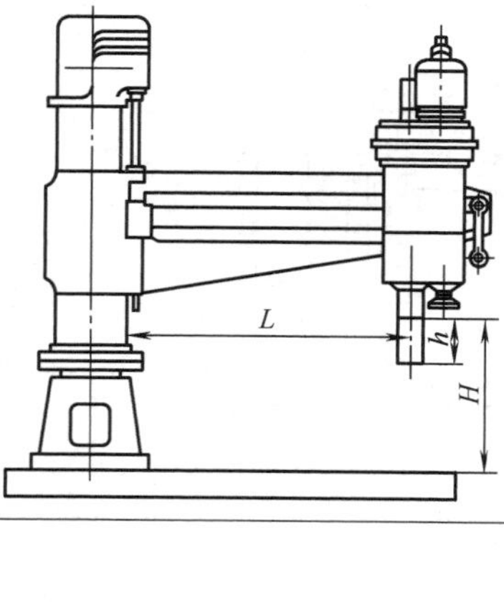

（续）

机床型号	加工范围					主轴		主轴箱最大水平移动量/mm	横臂	
	最大钻孔直径/mm	主轴轴线至立柱母线的距离 L/mm		主轴下端面至底座工作面的距离 H/mm		最大行程 h/mm	主轴莫氏锥度		最大升降距离/mm	回转角
		最大	最小	最大	最小					
Z32K	25	830	340	870	25	130	2号	500	830	360°
Z3025	25	900	280	1000	250	250	3号	630	525	
Z3025×10	25	1000	300	1000	250	250	3号	700	500	
Z33-1	35	1200	350	1500	500	300	4号	850	700	
Z3035B	35	1300	350	1250	350	300	4号	950(手动)	600	
Z3040×16	40	1600	350	1250	350	315	4号	1250	600	
Z35	50	1600	450	1500	470	350	5号	1150	630	
ZP3350	50	1600	450	1632	290	350	5号	1150	1000	
Z3063×20	63	2050	450	1600	400	400	5号	1600	800	
Z37	75	2000	500	1750	600	450	6号	1500	700	
Z310	100	3150	500	2580	730	500	6号	2650	1343	

表 2-2-92　摇臂钻床工作台底座及T形槽尺寸　　（单位：mm）

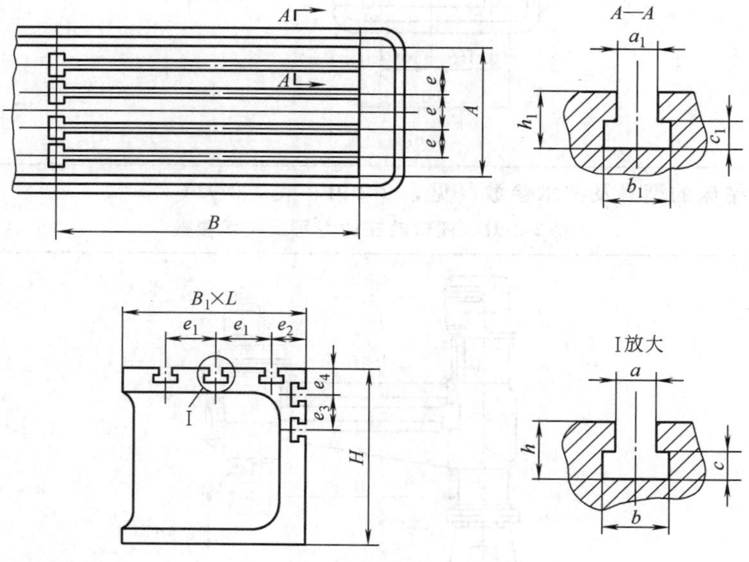

（续）

机床型号	Z3025	Z3025×10	Z33-1	Z3035B	Z3040×16	Z35	Z3063×20	Z37	Z310
A	694	654	750	740	840	780	1080	1300	1480
B	942	1057	1220	1270	1590	1545	1985	2000	3255
e	200	200	180	190	200	180	250	300	300
$B_1 \times L$	450×450	450×450	500×500	500×600	500×630	550×630	630×800	590×750	1000×960
H	450	450	500	500	500	500	500	500	600
e_1	140 三槽	150 三槽	150 三槽	150 三槽	150 三槽	150 三槽	150 四槽	150 四槽	200 五槽
e_2	85	75	100	100	100	100	90	50	100
e_3	140 二槽	150 二槽	150 二槽	150 二槽	150 二槽	150 二槽	150 三槽	150 三槽	200 三槽
e_4	85	75	100	75	100	100	105	100	100
a	18	18	22	24	22	22	22	22	22
b	30	30	36	42	36	36	36	36	36
c	14	14	16	20	16	16	16	16	16
h	32	32	43	41	43	43	43	43	43
a_1	22	22	28	24	28	28	28	28	28
b_1	36	36	46	42	46	46	46	46	46
c_1	16	16	20	20	20	20	20	20	20
h_1	38	38	48	45	48	48	48	48	48

2.3.3.4　卧式铣床的型号及技术参数（见表 2-2-93）

表 2-2-93　卧式铣床的型号及技术参数

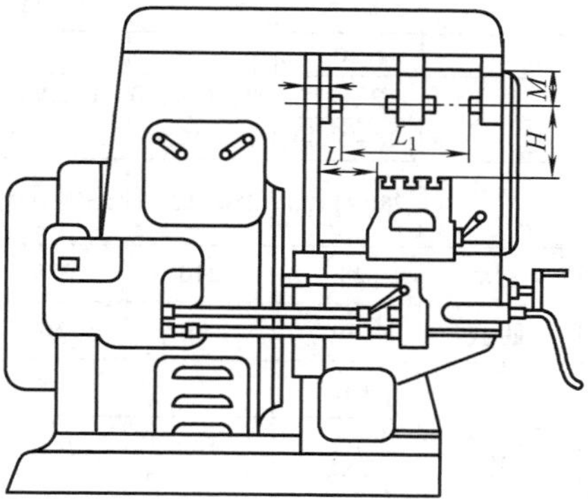

卧式铣床							
主要技术参数		机床型号					
		X6012	XQ6022	X6022	X6030	X62	X63
主轴中心线至工作台面的高度 H/mm	最大	250	330	350	420	390	420
	最小	0	30	0	30	30	30
主轴中心线至悬梁面距离 M/mm		106	125	120	150	155	190

（续）

卧式铣床								
主要技术参数		机床型号					
		X6012	XQ6022	X6022	X6030	X62	X63
主轴端面至支臂端面最大距离 L_1/mm		202	300	430	515	700	
主轴孔锥度		莫氏3号	7∶24	7∶24	7∶24	7∶24	7∶24
主轴孔径/mm		14	24	18		29	29
刀杆直径/mm		13、16、22	27	22、27	16、22、27	22、27、32	32、50
主轴转速范围/(r/min)		120～1830	47.5～530	40～1200	30～1200	30～1500	30～1500
工作台工作面尺寸$\left(\frac{宽}{mm}\times\frac{长}{mm}\right)$		125×500	225×750	220×900	300×1000	320×1250	400×1600
工作台后边至垂直导轨面距离 L/mm	最大	145	195		275	310	370
	最小	45	45		25	55	55
工作台最大行程/mm	纵向	250	450	550	650	700	900
	横向	100	150	180	250	255	315
	垂直	250	300	350	390	360	390
工作台进给量范围/(mm/min)	纵向	手动	19～420	15～1000	15～765	23.5～1180	23.5～1180
	横向	手动	手动	手动	15～765	23.5～1180	23.5～1180
	垂直	手动	手动	5～330	5～255	8～394	8～394
电动机功率/kW	主电动机	1.5	2.8	2.2	4	7.5	10
	进给电动机	—	—	0.75	0.8	1.5	3

卧式万能铣床							
主要技术参数		机床型号					
		X6128	X6125	X61W	X62W	X63W	X6130
主轴中心线至工作台面的高度 H/mm	最大	450	400	340	350	380	370
	最小	30	30	30	30	30	30
主轴中心线至悬梁面距离 M/mm		160	160	150	155	190	150
主轴端面至支臂端面最大距离 L_1/mm		520	550	470	700		515
主轴孔锥度		7∶24	7∶24	7∶24	7∶24	7∶24	7∶24
主轴孔径/mm		20			29	29	18
刀杆直径/mm		22、27	22、27、32、40	16、22、32	22、27、32	32、50	16、22、27
主轴转速范围/(r/min)		28～1300	50～1250	65～1800	30～1500	30～1500	30～1200
工作台工作面尺寸$\left(\frac{宽}{mm}\times\frac{长}{mm}\right)$		280×1120	250×1200	250×1000	320×1250	400×1600	300×1000
工作台后边至垂直导轨面距离 L/mm	最大	280	210	235	310	370	275
	最小	30	35	50	50	55	25
工作台最大回转角度		±45°		±45°	±45°	±45°	±45°
工作台最大行程/mm	纵向	700	720	620	700	900	650
	横向	250	275	185	260	315	250
	垂直	420	420	310	320	390	340
工作台进给量范围/(mm/min)	纵向	15～660	10～250	35～980	23.5～1180	23.5～1180	15～765
	横向	15～660	10～250	25～765	23.5～1180	23.5～1180	15～765
	垂直	5～226	40～100	12～380	8～394	8～394	5～255
电动机功率/kW	主电动机	4	3	4	7.5	10	4
	进给电动机	0.8	0.8	1.1	2.2	3	0.8

2.3.3.5　立式铣床的型号及技术参数（见表 2-2-94）

表 2-2-94　立式铣床的型号及技术参数

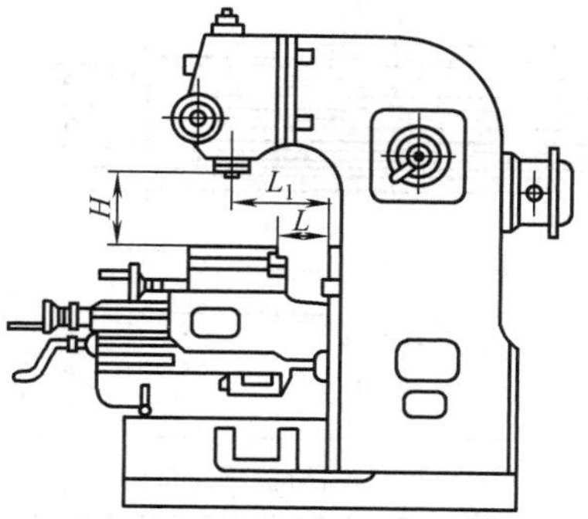

技术性能和规格尺寸		机床型号					
		X5025	X5028	X51	X52	X52K	X53K
主轴端面至工作台的距离 H/mm	最大	480	—	380	450	400	500
	最小	50	—	30	30	30	30
主轴中心至床身导轨面距离 L_1/mm		280	250	270	320	350	450
立铣头回转角度		±45°	±45°	—	—	±45°	±45°
主轴孔锥度		7∶24	7∶24	7∶24	7∶24	7∶24	7∶24
主轴孔径/mm		44.45	20	24	29	29	29
主轴转速范围/(r/min)		50~1600	35~1600	—	—	30~1500	30~1500
工作台工作面尺寸$\left(\frac{宽}{mm}\times\frac{长}{mm}\right)$		250×1120	280×1120	260×940	320×1250	320×1250	400×1600
工作台到床身导轨面距离 L/mm	最大	—	260	230	290	300	370
	最小	—	10	40	45	55	50
工作台最大行程/mm	纵向	600	700	620	700	700	900
	横向	230	250	170	230	255	315
	垂直	425	450	350	400	370	385
工作台进给量范围/(mm/min)	纵向	22.4~560	15~660	—	—	23.5~1180	23.5~1180
	横向	22.4~560	15~660	—	—	15~786	15~786
	垂直	25~190	5~226	—	—	8~394	8~394
电动机功率/kW	主电动机	4	4	—	—	7.5	10
	进给电动机	0.55	0.8	—	—	1.5	3
刀杆直径/mm		—	22、27	—	—	32、50	32、50

2.3.3.6 铣床工作台及T形槽尺寸（见表2-2-95）

表2-2-95 铣床工作台及T形槽尺寸

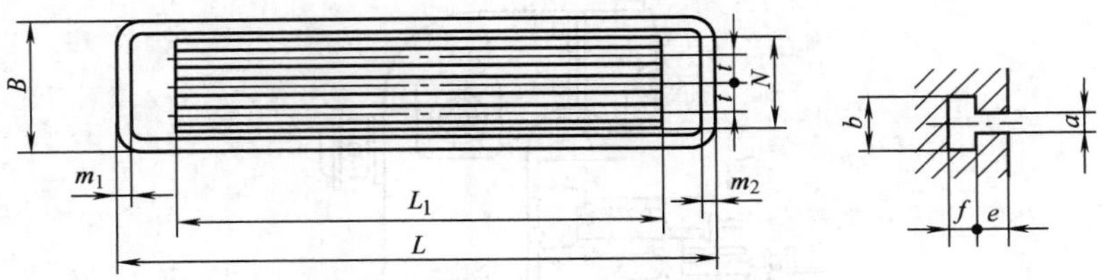

机床型号	结构参数/mm											
	L	L_1	B	N	t	b	a	f	e	m_1	m_2	T形槽数
X6012		500	125		35	20	12	9	8~15			3
XQ6022		750	225		50	24	14	11	10~18			3
X6022		900	220		45	24	14	11	10~18			3
X6030		1000	300		70	30	18	14	18			3
X62	1325	1250	320	225	70	30	18	14	18	25	50	3
X63		1600	400		90	30	18	14	13~23			3
X6128		1120	280		60	24	14	11	10~18			3
X6125		1200	250		55	24	14	11	10~18			3
X61W	1120	1000	250	185	50	24	14	11	14	53	50	3
X62W	1325	1250	320	220	70	30	18	14	18	25	50	3
X63W		1600	400		90	30	18	14	13~23			3
X6130		1000	300		70	30	18	14	13~23			3
X5025		1120	250		50	24	14	11	10~18			3
X5028		1120	280		60	24	14	11	10~18			3
X51	1120	940	260	180	50	24	14	11	14	48	50	3
X52	1320	1250	320	225	70	32	18	15	19	30	50	3
X52K	1325	1250	320	225	70	30	18	14	18	30	50	3
X53K	1700	1600	400	285	90	32	18	17	16	30	50	3
X8140		800	480		63	24	14	11	10~18			5

2.3.3.7　龙门铣床的型号及技术参数（见表 2-2-96）

表 2-2-96　龙门铣床的型号及技术参数　（单位：mm）

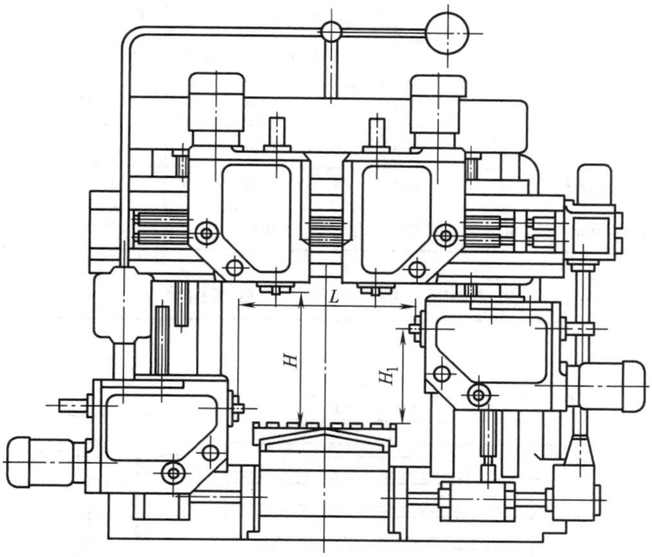

型　号	加工范围（长×宽×高）	垂直主轴端面至工作台面的距离 H	水平主轴轴线至工作台面距离 H_1	两水平主轴端面距离 L	工作台		
					台面尺寸（长×宽）	T 形槽尺寸（槽数×槽宽×槽距）	最大行程
X208	2500×900×800	125～900	75～650	630～1030	2500×800	5×22×160	2500
X209	3000×1000×800	150～1000	75～800	675～1075	3000×900	5×28×160	3000
X2010	3000×1000×800	125～900	75～650	760～1160	3000×950	5×28×160	3000
X2012	4250×1250×1250	200～1400	155～1070	900～1450	4500×1250	7×28×160	4500

2.3.3.8　牛头刨床的型号及技术参数（见表 2-2-97 和表 2-2-98）

表 2-2-97　牛头刨床的型号及技术参数　（单位：mm）

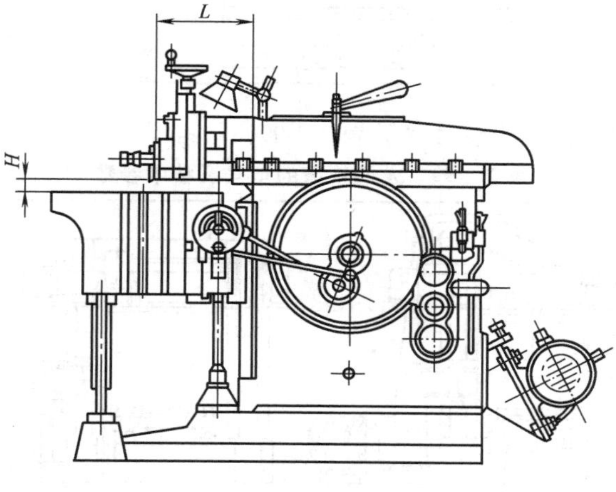

（续）

型号	滑枕		工作台最大行程		刀架			
	滑枕底面至工作台面距离 *H*	滑枕行程	纵向	垂直	刀架支持面至床身直导轨面最大距离 *L*	刀架最大垂直行程	刀架最大回转角度	刀具最大尺寸（宽×高）
B635	20～320	350	350	300	500	100	±60°	20×25
B650	100～400	500	500	300	600	110	±60°	20×30
B665	65～370	95～650	600	305	700	175	±60°	20×30
B690	80～400	150～900	750	320	900	200	±60°	30×45

表 2-2-98 牛头刨床工作台结构尺寸 （单位：mm）

型号	图示
B665	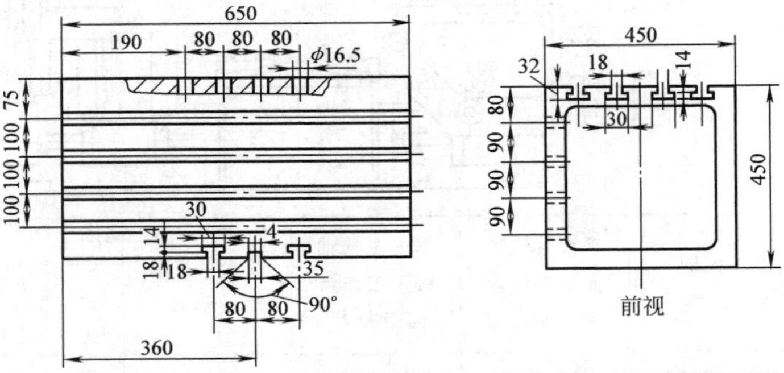
B690	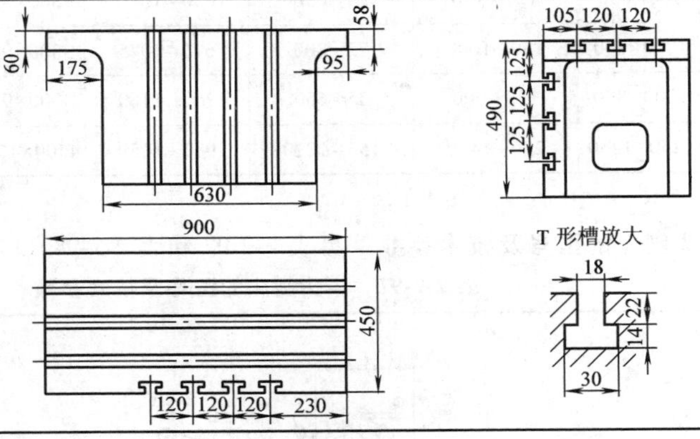

2.3.3.9 龙门刨床的型号及技术参数（见表 2-2-99）

表 2-2-99 龙门刨床的型号及技术参数 （单位：mm）

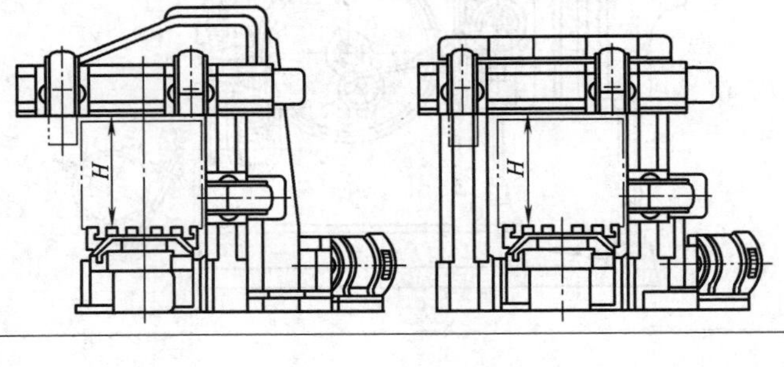

（续）

型号	加工范围（长×宽×高）	横梁下端面至工作台面距离 H	两立柱间净空距离	工作台			垂直刀架				侧刀架		
				工作台面积（长×宽）	工作台行程	工作台 T 形槽（槽数×槽宽×槽距）	个数	中心线间距离	最大行程		个数	水平行程	垂直行程（台面以上）
									水平	垂直			
B1010A	3000×1000×800	100~830	—	3000×900	530~3150	5×28×170	2	400~1860		250	1	250	560
B1012A	4000×1250×1000	100~1050	—	4000×1120	530~4150	5×28×210	2	400~2050		250	1	250	750
B1016A	4000 6000 ×1600 ×1250	100~1300	—	4000 6000 ×1400	530~4150 6150	7×28×200	2	400~2600		250	1	250	1000
B2010A	3000×1000×800	100~830	1060	3000×900	530~150	5×28×170	2	400~1860	1460	250	1	250	560
B2012A	4000×1250×1000	100~1050	1350	4000×1120	530~4150	5×28×210	2	400~2050	1700	250	1	250	750
B2016A	4000 6000 ×1600 ×1250	100~1300	1700	4000 6000 ×1400	530~4150 6150	7×28×200	2	440~2600	2150	250	1	250	1000
B2151	6000×1500×1230	100~1250	1550	6000×1250	300~6200	5×28×210	2		1890	300	2	300	1000
B220	6000×2000×1500	1600	2100	6000×1800	540~3050	7×28×210	2	540~3050	2700	320	1	320	1250
B228	8000×2800×2450	2500	2985	8000×2500	760~4310	9×36×250	2	760~4310	3550	550	2	550	2500

2.3.3.10　外圆磨床的型号及技术参数（见表 2-2-100）

表 2-2-100　外圆磨床的型号及技术参数　　（单位：mm）

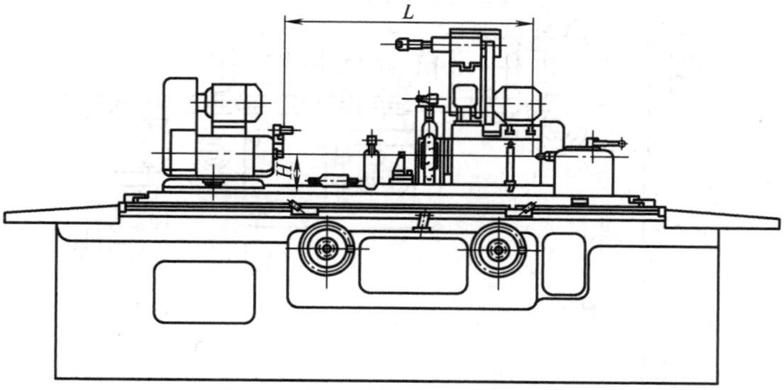

（续）

机床型号	加工范围				砂轮架		头架		尾架		工作台	
	磨削最大直径×长度		中心高 H	顶尖距 L	最大移动量	最大回转角	顶尖孔莫氏锥度	回转角度	顶尖孔莫氏锥度	尾架套筒移动量	纵向最大行程	最大回转角度
	外圆	内孔										
MQ1312	ϕ125×350	—	110	350	215	—	3号	—	3号	20	400	±7°
M1313B	ϕ130×500	—	70	500	130	—	3号	—	3号	20	590	±7°
M115A	ϕ150×700	—	125	750	150	—	4号	—	4号	55	780	±5°
M115K	ϕ150×500	—	125	500	150	—	4号	—	4号	35	780	6°
M125K	ϕ250×1000	—	155	1000	200	—	4号	—	4号	35	1040	6°
M131A	ϕ315×1000	—	170	1000	235	—	4号	—	4号	30	1100	+3° −9°
M114W	ϕ140×350	ϕ140×180	80	370	125	±180°	4号	+30° −90°	2号	15	400	+7° −5°
M115W	ϕ150×650	ϕ50×75	100	650	165	±180°	4号	90°	3号	20	740	±5°
M120W	ϕ200×500	ϕ50×75	110	500	215	±180°	3号	+30° −90°	3号	20	590	+7° −6°
MQ1420	ϕ200×750	ϕ100×100	135	750	185	+180°	4号	+90°	4号	25	870	+3° −9°
M1420A	ϕ200×500	ϕ50×75	115	500	215	±180°	4号	+90° −30°	3号	20	600	±7°
M131W	ϕ315×1000	ϕ125×125	170	1000	270	±30°	4号	+90° −30°	4号	25	1100	+3° −9°
MM1431	ϕ315×1000	ϕ125×125	170	1000	270	±30°	4号	+90° −30°	4号	25	1100	+3° −9°
MG1432A	ϕ320×1500	ϕ125×125	180	1500	220	±30°	4号	+90°	4号	30	1540	+3° −6°

2.3.3.11 内圆磨床的型号及技术参数（见表 2-2-101）

表 2-2-101 内圆磨床的型号及技术参数 （单位：mm）

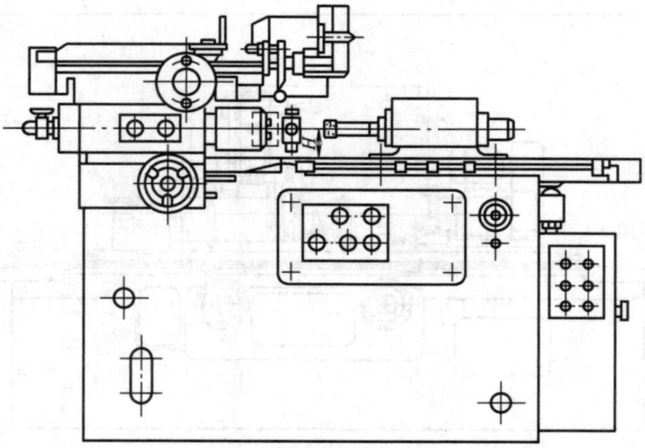

（续）

机床型号	加工范围						主轴						砂轮架				工作台最大行程
	磨孔直径范围	磨孔最大深度/孔径范围			安装工件最大尺寸		最大回转角度	主轴轴线至床身底面距离 H	最大横向移动量	主轴锥孔大端直径	主轴孔锥度	主轴孔内径	最大横向移动量	砂轮尺寸			
					在罩内	不用罩								外径	宽度	内径	
M2110	12～100	24/12	130/100	—	210	500	8°	1100	—	40	1∶20	32	100	—	—	—	320
M2120	50～200	120/50～80	160/80～160	200/160～200	400	650	30°	1200	200	60	1∶20	45	60	150	50	65	600
M250A	150～500	120/50～80	160/80～160	200/160～200	510	725	20°	1200	250	40	1∶20	34	100	150	50	65	725

2.3.3.12　卧式镗床的型号及技术参数（见表 2-2-102、表 2-2-103）

表 2-2-102　卧式镗床的型号及技术参数　（单位：mm）

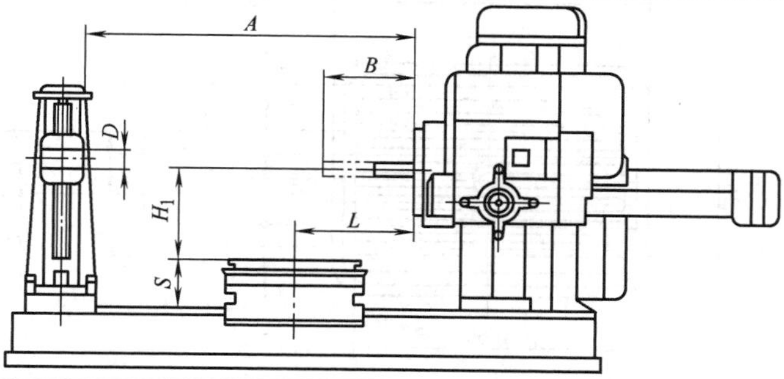

型　号	镗头和立架间最大距离 A	主轴最大轴向移动量 B	主轴箱升降行程	镗头到工作台中心距离 L		主轴轴线到工作台距离 H_1		立架上孔径 D	工作台离导轨高度 S	工作台移动距离		最大镗孔直径
				最大	最小	最大	最小			纵向	横向	
T68	2335 2325	600	755	1660	520	800	30	85	366 345	1140	850	240
T611	2360	600	755	1740 1745	520	800	30	110	345	1225	850 800	240
T612	3300	1000	1400	2430	830	1400	0	125		1600	1400	550

表 2-2-103　卧式镗床工作台结构尺寸　（单位：mm）

型　号	图　示
T68	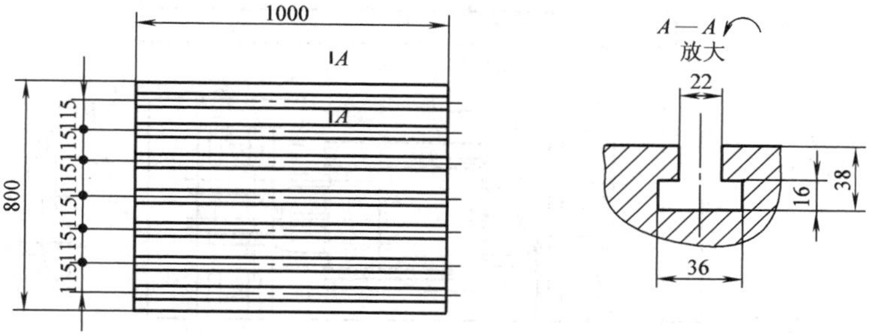

（续）

型号	图示
T611	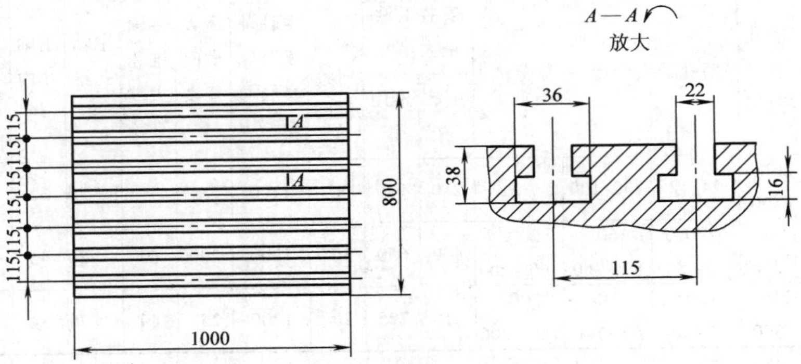
T612	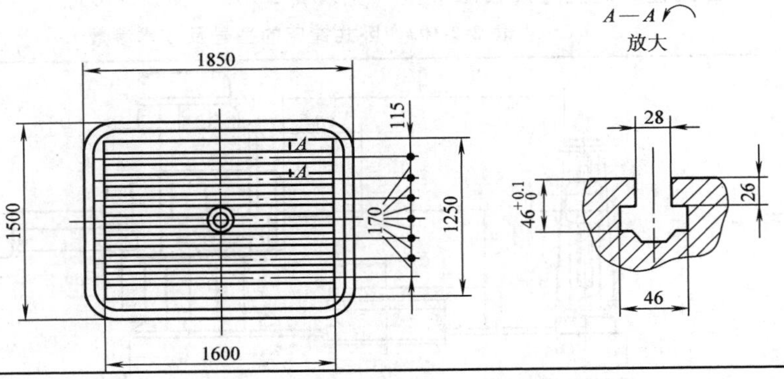

2.3.3.13 卧式双面金刚镗床的型号及技术参数（见表 2-2-104 和表 2-2-105）

表 2-2-104 卧式双面金刚镗床的型号及技术参数 （单位：mm）

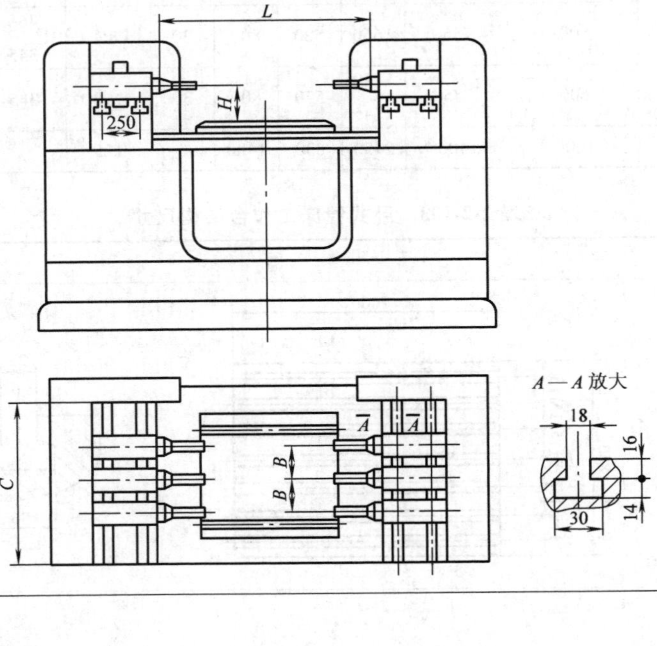

（续）

机床型号	镗孔直径		镗头主轴	每个过桥上主轴头的最大数量	由主轴轴线到工作台距离 H	过桥上各主轴之间的最小中心距离 B	两过桥至轴端面之间距离 L	过桥长度 C	工作台的夹持面积（宽×长）	工作台的最大行程
	最大	最小								
T740	200	10	AP-0	4 个	230	100	600	700	400×600	400
			AP-1	4 个	230	125				
			AP-2	3 个	240	155				
			AP-3	3 个	250	190				
			AP-4	2 个	270	245				
T760	200	10	AP-0	6 个	260	100	1160	920	600×800	700
			AP-1	5 个	260	125				
			AP-2	4 个	270	155				
			AP-3	4 个	280	190				
			AP-4	3 个	300	245				

表 2-2-105　卧式双面金刚镗床工作台尺寸　（单位：mm）

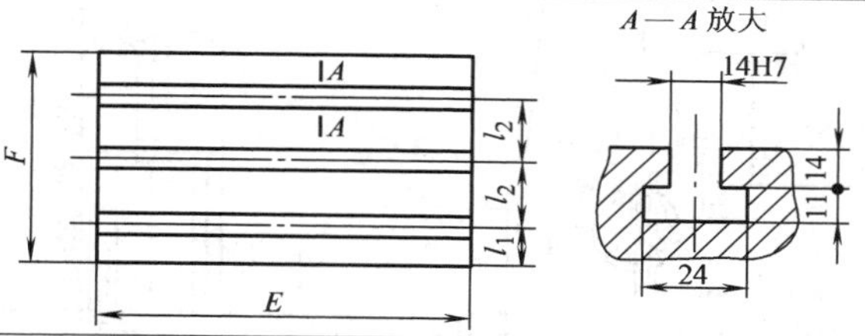

型　号	E	F	l_1	l_2
T740	600	400	50	150±0.3
T760	800	600	100	200±0.3

2.3.3.14　卧式单面金刚镗床的型号及技术参数（见表 2-2-106）

表 2-2-106　卧式单面金刚镗床的型号及技术参数　（单位：mm）

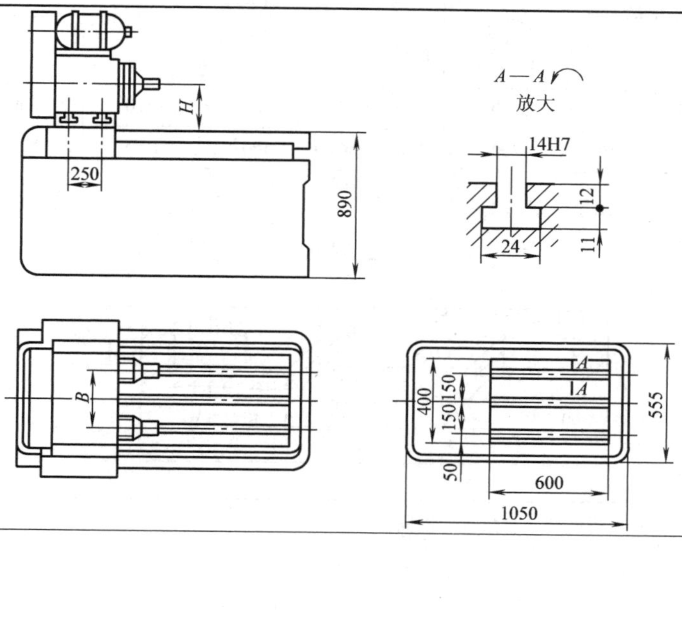

（续）

<table>
<tr><td rowspan="2">机床型号</td><td colspan="2">镗孔直径</td><td rowspan="2">镗头主轴种类</td><td rowspan="2">每个过桥上主轴头的最大数量</td><td rowspan="2">由主轴轴线到工作台面的距离 H</td><td rowspan="2">过桥上各主轴之间的最小中心距离 B</td><td rowspan="2">工作台的夹持面积（宽×长）</td><td rowspan="2">工作台的最大行程</td><td rowspan="2">由机床底面到工作台夹持面的距离</td><td rowspan="2">油路中的工作压力</td></tr>
<tr><td>最大</td><td>最小</td></tr>
<tr><td rowspan="5">T740K</td><td rowspan="5">200</td><td rowspan="5">10</td><td>AP-0</td><td>4个</td><td>230</td><td>100</td><td rowspan="5">400×600</td><td rowspan="5">275</td><td rowspan="5">890</td><td rowspan="5">1.2~1.5MPa</td></tr>
<tr><td>AP-1</td><td>4个</td><td>230</td><td>125</td></tr>
<tr><td>AP-2</td><td>3个</td><td>240</td><td>155</td></tr>
<tr><td>AP-3</td><td>3个</td><td>250</td><td>190</td></tr>
<tr><td>AP-4</td><td>2个</td><td>270</td><td>245</td></tr>
</table>

2.3.3.15 立式金刚镗床的型号及技术参数（见表2-2-107）

表 2-2-107 立式金刚镗床的型号及技术参数 （单位：mm）

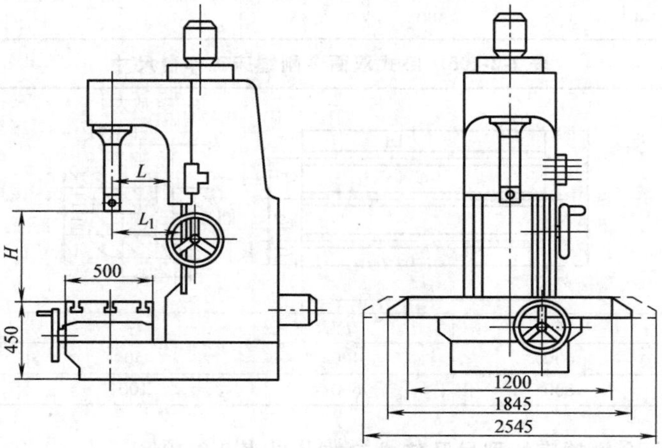

<table>
<tr><td rowspan="2">机床型号</td><td colspan="2">镗孔直径</td><td rowspan="2">最大镗孔深度</td><td rowspan="2">工作台最大纵向移动量</td><td colspan="2">主轴直径</td><td rowspan="2">主轴最大垂直移动量</td><td rowspan="2">主轴轴线至滑座距离 L</td><td rowspan="2">主轴轴线至导轨距离 L_1</td><td colspan="2">主轴端面到工作台距离 H</td></tr>
<tr><td>最大</td><td>最小</td><td>最大</td><td>最小</td><td>最大</td><td>最小</td></tr>
<tr><td>T716</td><td>165</td><td>76</td><td>410</td><td>700</td><td>110</td><td>75</td><td>550</td><td>310</td><td>360</td><td>580</td><td>30</td></tr>
<tr><td>T716</td><td>165</td><td>57</td><td>410</td><td>700</td><td>110</td><td>56</td><td>550</td><td>310</td><td>360</td><td>580</td><td>30</td></tr>
</table>

立式金刚镗床工作台T形槽尺寸

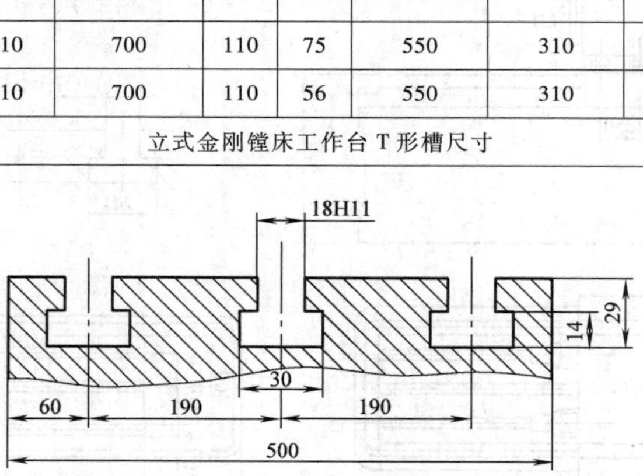

注：T716生产厂家不同，所以部分参数有所不同。

2.3.4　专用夹具典型结构的技术要求及示例

2.3.4.1　车床夹具

1. 车床夹具的特点及设计要求

1）车床主要用于加工零件的内、外圆柱面、圆锥面，回转成形面、螺纹表面及相应的端平面等，上述各种表面都是围绕机床主轴的旋转轴线而形成的。根据这一加工特点，夹具的定位基准必须保证工件被加工孔或外圆的轴线与机床主轴的回转轴线重合。

2）夹紧力的大小、方向和作用点除应按本节“对夹紧装置的基本要求”所述要点，还应保证夹具体和夹紧机构应有足够的刚度，使在承受夹紧力和切削力时不致变形，或者使夹具上的作用力和反作用力形成封闭系统（也称自身夹紧）。

3）对夹具结构的要求如下。

① 夹具结构力求简单、紧凑、轻便。夹具体最好为圆柱形，其轮廓尺寸、悬伸长度和质量要求尽量减小，并应便于装卸及测量工件，操作方便。

② 夹具结构应保证切屑能顺利排出，并便于清理。

③ 夹具体的最大外圆应具有校准回转中心的环槽基面，以备重新安装时找正用。

④ 车床夹具工作时应保证在平衡状态下回转，以免机床主轴轴承磨损和加工时产生振动。夹具平衡一般采用配重装置，其配重最好不伸出圆柱形夹具体，不高出加工部位。

⑤ 为保证安全，夹具与机床主轴的连接应有防松装置（见图 2-2-10）。

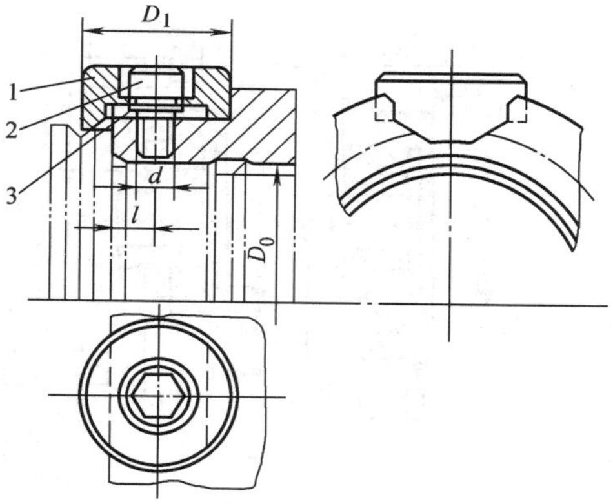

图 2-2-10　机床主轴与过渡盘保险装置

1—保险垫圈　2—螺钉　3—轴用钢丝挡圈

2. 车床（圆磨床）夹具典型结构的技术要求（见表 2-2-108）

表 2-2-108　车床（圆磨床）夹具典型结构的技术要求

符号表示	文字表示
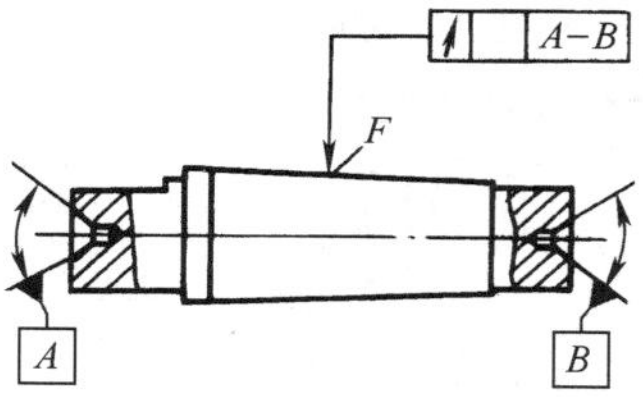	表面 F 对中心孔轴线的径向圆跳动不大于……
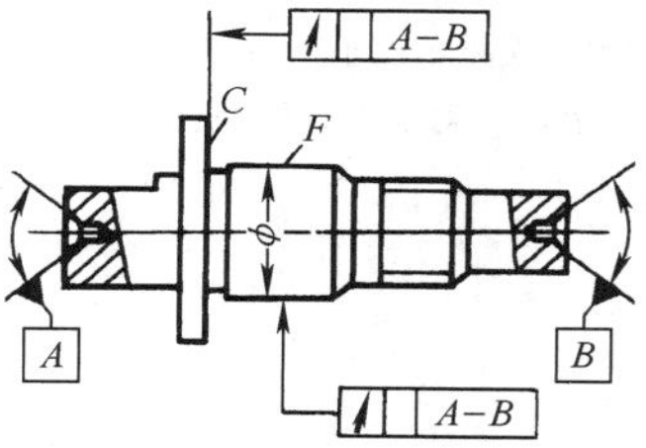	1）表面 F 对中心孔轴线的径向圆跳动不大于…… 2）端面 C 在 ϕ……处对中心孔轴线的端面圆跳动不大于……

（续）

<table>
<tr><th>符号表示</th><th>文字表示</th></tr>
<tr><td>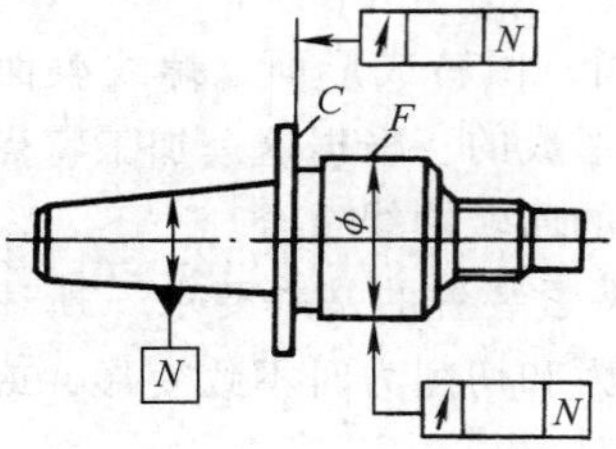
</td><td>1）表面 F 对锥面 N 的径向圆跳动不大于……
2）端面 C 在 ϕ……处对锥面 N 的端面圆跳动不大于……</td></tr>
<tr><td>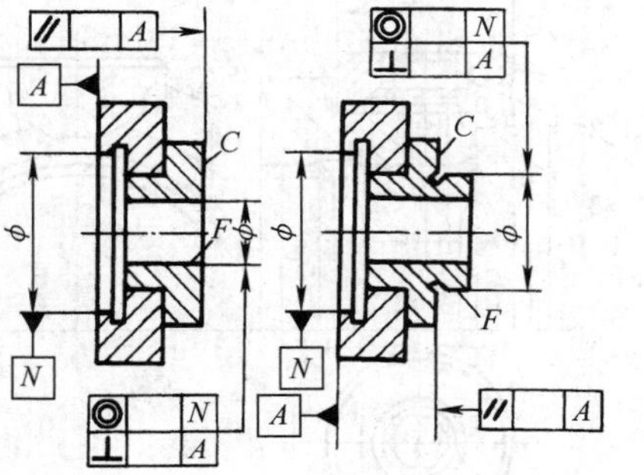
</td><td>1）表面 F 对平面 A 的垂直度误差不大于……
2）表面 F 对表面 N 的同轴度误差不大于……
3）表面 C 对平面 A 的平行度误差不大于……</td></tr>
<tr><td>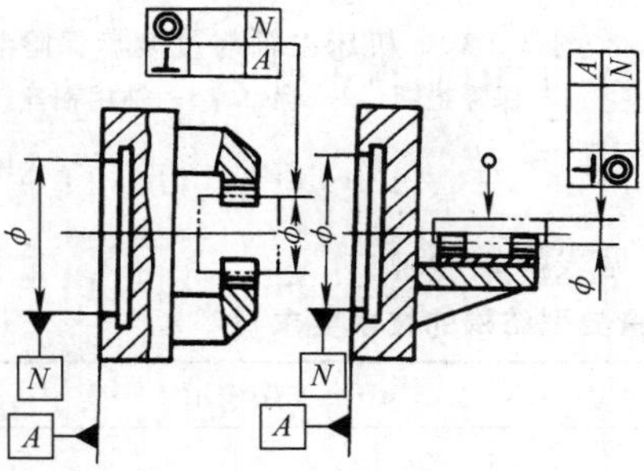
</td><td>1）V 形块的轴线对表面 N 的轴线的同轴度误差不大于……
2）V 形块的轴线对表面 A 的垂直度误差不大于……</td></tr>
<tr><td>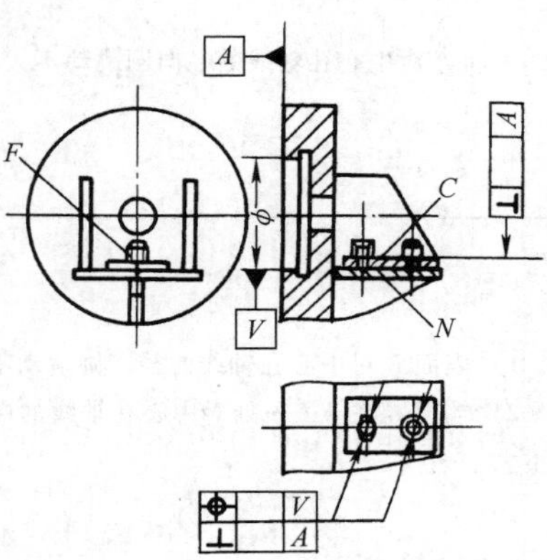
</td><td>1）通过表面 F 和 N 的轴线之平面对表面 V 的轴线的位置度误差不大于……
2）表面 C 对端面 A 的垂直度误差不大于……</td></tr>
</table>

（续）

符号表示	文字表示
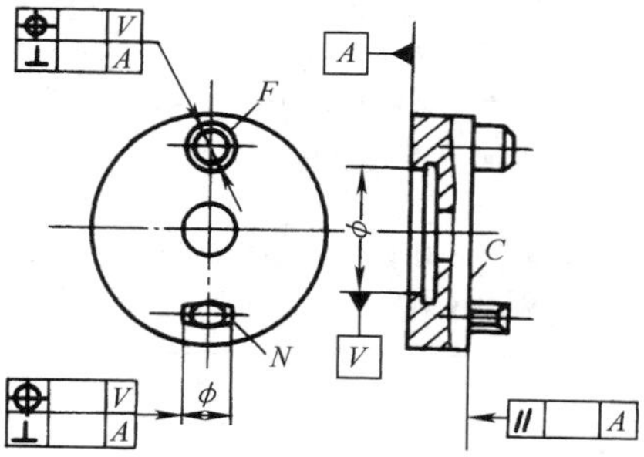	1）表面 *C* 对端面 *A* 的平行度误差不大于…… 2）通过表面 *F* 和 *N* 的轴线之平面对表面 *V* 的轴线的位置度误差不大于…… 3）表面 *N* 的轴线对端面 *A* 的垂直度误差不大于……
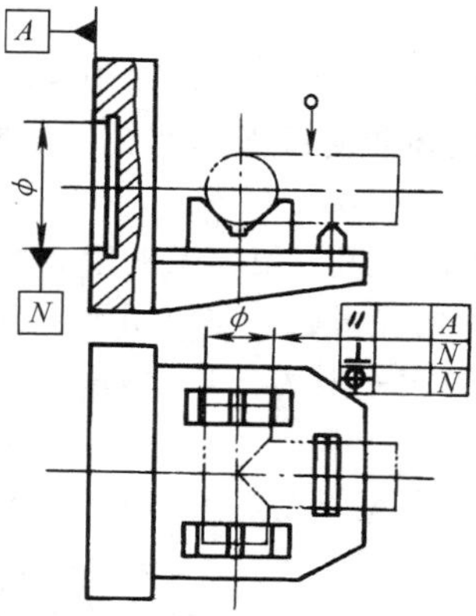	1）V 形块的轴线与表面 *N* 的轴线共面且垂直，位置度误差不大于…… 2）V 形块的轴线对端面 *A* 的平行度误差不大于…… 3）V 形块的轴线对表面 *N* 的轴线的垂直度误差不大于……
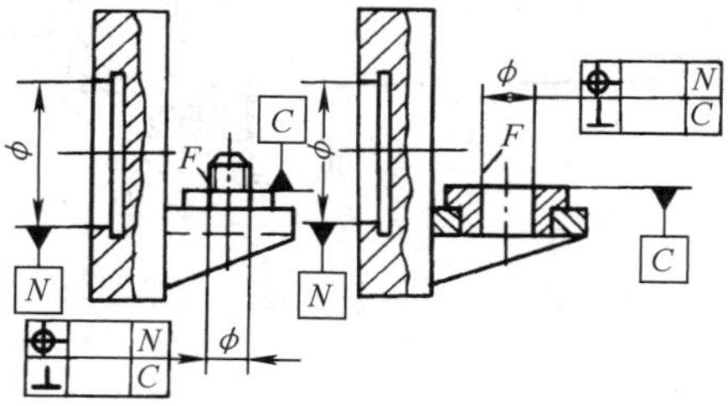	1）表面 *F* 对表面 *C* 的垂直度误差不大于…… 2）表面 *F* 的轴线与表面 *N* 的轴线共面且垂直，位置度误差不大于……
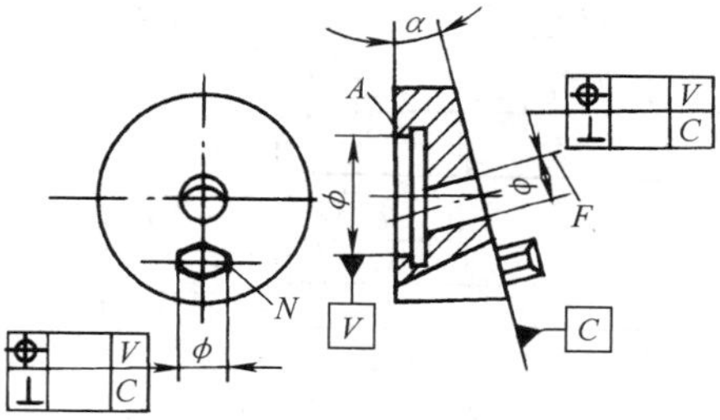	1）通过表面 *F* 和 *N* 的轴线之平面，对表面 *V* 的轴线位置度误差不大于…… 2）表面 *F*（表面 *F* 的轴线）对表面 *R* 的垂直度误差不大于…… 3）表面 *N* 对表面 *C* 的垂直度误差不大于…… 4）在通过表面 *F* 和 *N* 的轴线之平面相垂直的平面上，表面 *C* 和 *A* 与其相交的两直线的平行度误差不大于……

（续）

符号表示	文字表示
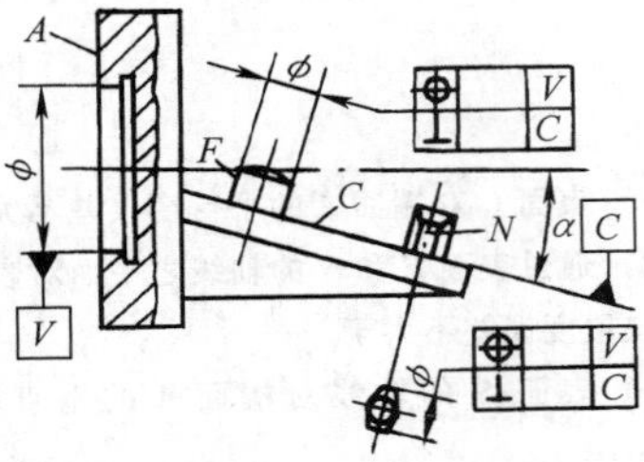	1）通过表面 F 和 N 的轴线之平面对表面 V 的轴线位置度误差不大于…… 2）在通过表面 F 和 N 的轴线之平面相垂直的平面上，表面 C 和 A 与其相交的两直线的平行度误差不大于…… 3）表面 F 对平面 C 的垂直度误差不大于…… 4）表面 N 对平面 C 的垂直度误差不大于……

注：表中“不大于……”表示其具体值要根据设计要求而定。

3. 车床夹具类型结构举例

（1）心轴类

1）可胀心轴（见图 2-2-11）。

2）弹性定心夹紧心轴（见图 2-2-12）。莫氏锥柄装于主轴锥孔内，可车削外圆及端面。工件以内孔和端面在心轴 1 上预定位。拧动螺母 4，通过压环 3 使碟形弹簧 2 受压变形而外胀，将工件定心、夹紧。结构简单，装卸工件方便。

3）锥度心轴。锥度心轴具有定心精度高，结构简单，使用方便，无夹紧装置和工件变形小的特点。适用于工件的基准孔公差等级高于 IT7 级精度的光滑孔。主要用于工件孔长度为其孔径的 1~1.5 倍的薄壁套筒定心夹紧精加工。心轴的圆锥度一般为（1：3000）~（1：1500）。

标准锥度心轴的型式和尺寸见表 2-2-109。

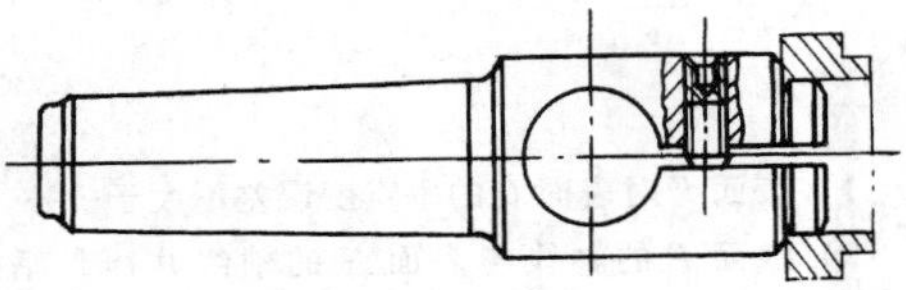

图 2-2-11 可胀心轴

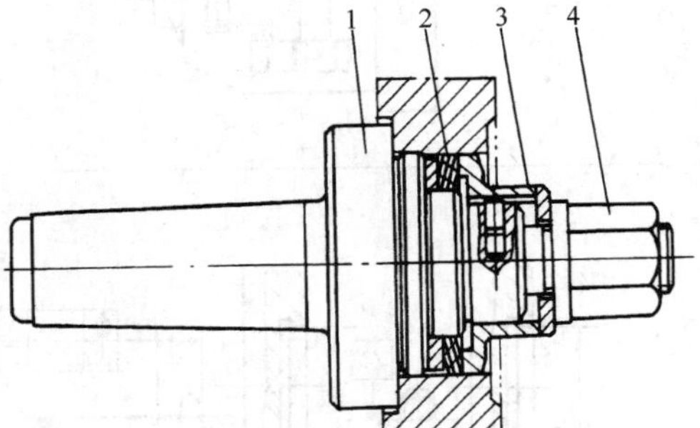

图 2-2-12 弹性定心夹紧心轴

1—心轴 2—碟形弹簧 3—压环 4—螺母

表 2-2-109 标准锥度心轴的型式和尺寸（JB/T 10116—1999） （单位：mm）

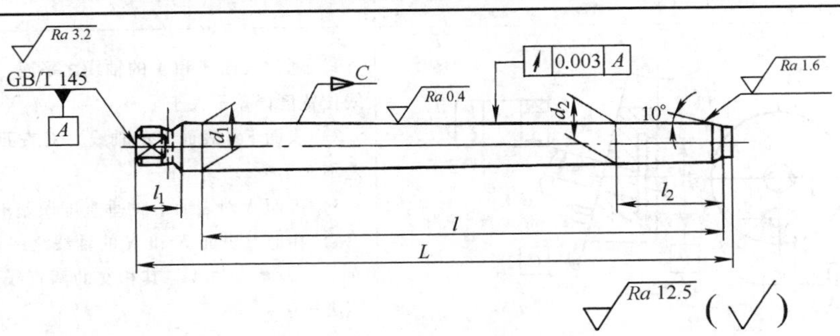

（续）

工件孔径（公称直径）	C	支号	d_1	d_2	L	l	l_1	l_2
8	1 : 3000	Ⅰ	8.002	7.982	95	80	10	20
		Ⅱ	8.022	8.002				
		Ⅲ	8.042	8.022				
10	1 : 3000	Ⅰ	10.002	9.982	105	85	12	25
		Ⅱ	10.022	10.002				
		Ⅲ	10.042	10.022				
11	1 : 3000	Ⅰ	11.002	10.978	125	99.5	14	27.5
		Ⅱ	11.026	11.002				
		Ⅲ	11.050	11.026				
	1 : 5000	Ⅰ	10.996	10.978	140	117.5		
		Ⅱ	11.014	10.996				
		Ⅲ	11.032	11.014				
		Ⅳ	11.050	11.032				
12	1 : 3000	Ⅰ	12.002	11.978	125	102		30
		Ⅱ	12.026	12.002				
		Ⅲ	12.050	12.026				
	1 : 5000	Ⅰ	11.996	11.978	145	120		
		Ⅱ	12.014	11.996				
		Ⅲ	12.032	12.014				
		Ⅳ	12.050	12.032				
13	1 : 3000	Ⅰ	13.002	12.978	130	104.5		32.5
		Ⅱ	13.026	13.002				
		Ⅲ	13.050	13.026				
	1 : 5000	Ⅰ	12.996	12.978	145	122.5		
		Ⅱ	13.014	12.996				
		Ⅲ	13.032	13.014				
		Ⅳ	13.050	13.032				
14	1 : 3000	Ⅰ	14.013	13.976	170	146		35
		Ⅱ	14.050	14.013				
	1 : 5000	Ⅰ	13.996	13.978	150	125		
		Ⅱ	14.014	13.996				
		Ⅲ	14.032	14.014				
		Ⅳ	14.050	14.032				
15	1 : 3000	Ⅰ	15.013	14.976	175	148.5	16	37.5
		Ⅱ	15.050	15.013				

（续）

工件孔径（公称直径）	C	支号	d_1	d_2	L	l	l_1	l_2
15	1∶5000	Ⅰ	14.996	14.978	155	127.5	16	37.5
		Ⅱ	15.014	14.996				
		Ⅲ	15.032	15.014				
		Ⅳ	15.050	15.032				
16	1∶3000	Ⅰ	16.013	15.976	175	151		40
		Ⅱ	16.050	16.013				
	1∶5000	Ⅰ	15.996	15.978	155	130		
		Ⅱ	16.014	15.996				
		Ⅲ	16.032	16.014				
		Ⅳ	16.050	16.032				
17	1∶3000	Ⅰ	17.013	16.976	180	153.5		42
		Ⅱ	17.050	17.013				
	1∶5000	Ⅰ	16.996	16.978	160	132.5		
		Ⅱ	17.014	16.996				
		Ⅲ	17.032	17.014				
		Ⅳ	17.050	17.032				
18	1∶3000	Ⅰ	18.013	17.976	185	156		45
		Ⅱ	18.050	18.013				
	1∶5000	Ⅰ	17.996	17.978	160	135		
		Ⅱ	18.014	17.996				
		Ⅲ	18.032	18.014				
		Ⅳ	18.050	18.032				
19	1∶3000	Ⅰ	19.017	18.972	210	182.5	18	47.5
		Ⅱ	19.062	19.017				
	1∶5000	Ⅰ	19.002	18.972	225	197.5		
		Ⅱ	19.032	19.002				
		Ⅲ	19.062	19.032				
20	1∶3000	Ⅰ	20.017	19.972	215	185		50
		Ⅱ	20.062	20.017				
	1∶5000	Ⅰ	20.002	19.972	230	200		
		Ⅱ	20.032	20.002				
		Ⅲ	20.062	20.032				
21	1∶3000	Ⅰ	21.017	20.972	215	187.5		52.5
		Ⅱ	21.062	21.017				
	1∶5000	Ⅰ	21.002	20.972	230	202.5		
		Ⅱ	21.032	21.002				
		Ⅲ	21.062	21.032				
22	1∶3000	Ⅰ	20.017	21.972	220	190		55
		Ⅱ	22.062	22.017				
	1∶5000	Ⅰ	22.002	21.972	235	205		
		Ⅱ	22.032	22.002				
		Ⅲ	22.062	22.032				
24	1∶3000	Ⅰ	24.017	23.972	225	195		60
		Ⅱ	24.062	24.017				
	1∶5000	Ⅰ	24.002	23.972	240	210		
		Ⅱ	24.032	24.002				
		Ⅲ	24.062	24.032				

（续）

工件孔径（公称直径）	C	支号	d_1	d_2	L	l	l_1	l_2
25	1 : 3000	Ⅰ	25. 017	24. 972	225	197. 5	18	62. 5
		Ⅱ	25. 062	25. 017				
	1 : 5000	Ⅰ	25. 002	24. 972	240	212. 5		
		Ⅱ	25. 032	25. 002				
		Ⅲ	25. 062	25. 032				
26	1 : 3000	Ⅰ	26. 017	25. 972	215	187		52
		Ⅱ	26. 062	26. 017				
	1 : 5000	Ⅰ	26. 002	25. 972	230	202		
		Ⅱ	26. 032	26. 002				
		Ⅲ	26. 062	26. 032				
28	1 : 3000	Ⅰ	28. 017	27. 972	225	191	22	56
		Ⅱ	28. 062	28. 017				
	1 : 5000	Ⅰ	28. 002	27. 972	240	206		
		Ⅱ	28. 032	28. 002				
		Ⅲ	28. 062	28. 032				
30	1 : 3000	Ⅰ	30. 017	29. 922	230	195		60
		Ⅱ	30. 062	30. 017				
	1 : 5000	Ⅰ	30. 002	29. 972	245	210		
		Ⅱ	30. 032	30. 002				
		Ⅲ	30. 062	30. 032				
32	1 : 3000	Ⅰ	32. 020	31. 966	260	226		64
		Ⅱ	32. 074	32. 020				
	1 : 5000	Ⅰ	32. 002	31. 966	275	244		
		Ⅱ	32. 038	32. 002				
		Ⅲ	32. 074	32. 038				
	1 : 8000	Ⅰ	31. 993	31. 966	315	280		
		Ⅱ	32. 020	31. 993				
		Ⅲ	32. 047	32. 020				
		Ⅳ	32. 074	32. 047				
35	1 : 3000	Ⅰ	35. 020	34. 966	270	232	25	70
		Ⅱ	35. 074	35. 020				
	1 : 5000	Ⅰ	35. 002	34. 966	285	250		
		Ⅱ	35. 038	35. 002				
		Ⅲ	35. 074	35. 038				
	1 : 8000	Ⅰ	34. 993	34. 966	320	286		
		Ⅱ	35. 020	34. 993				
		Ⅲ	35. 047	35. 020				
		Ⅳ	35. 074	35. 047				
37	1 : 3000	Ⅰ	37. 020	36. 966	275	236		74
		Ⅱ	37. 074	37. 020				
	1 : 5000	Ⅰ	37. 002	36. 966	290	254		
		Ⅱ	37. 038	37. 002				
		Ⅲ	37. 074	37. 038				
	1 : 8000	Ⅰ	36. 993	36. 966	325	290		
		Ⅱ	37. 020	36. 993				
		Ⅲ	37. 047	37. 020				
		Ⅳ	37. 074	37. 047				

（续）

工件孔径（公称直径）	C	支号	d_1	d_2	L	l	l_1	l_2
38	1∶3000	Ⅰ	38.020	37.966	275	238	25	76
		Ⅱ	38.074	38.020				
	1∶5000	Ⅰ	38.002	37.966	290	256		
		Ⅱ	38.038	38.002				
		Ⅲ	38.074	38.038				
	1∶8000	Ⅰ	37.993	37.966	330	292		
		Ⅱ	38.020	37.993				
		Ⅲ	38.047	38.020				
		Ⅳ	38.074	38.047				
40	1∶3000	Ⅰ	40.020	39.966	280	242	28	80
		Ⅱ	40.074	40.020				
	1∶5000	Ⅰ	40.002	39.966	300	260		
		Ⅱ	40.038	40.002				
		Ⅲ	40.074	40.038				
	1∶8000	Ⅰ	39.993	39.966	335	296		
		Ⅱ	40.020	39.993				
		Ⅲ	40.047	40.020				
		Ⅳ	40.074	40.047				
42	1∶3000	Ⅰ	42.020	41.966	285	246		84
		Ⅱ	42.074	42.020				
	1∶5000	Ⅰ	42.002	41.966	305	264		
		Ⅱ	42.038	42.002				
		Ⅲ	42.074	42.038				
	1∶8000	Ⅰ	41.993	41.966	340	300		
		Ⅱ	42.020	41.993				
		Ⅲ	42.047	42.020				
		Ⅳ	42.074	42.047				
45	1∶3000	Ⅰ	45.020	44.966	295	252	32	90
		Ⅱ	45.074	45.020				
	1∶5000	Ⅰ	45.002	44.966	315	270		
		Ⅱ	45.038	45.002				
		Ⅲ	45.074	45.038				
	1∶8000	Ⅰ	44.993	44.966	350	306		
		Ⅱ	45.020	44.993				
		Ⅲ	45.047	45.020				
		Ⅳ	45.074	45.047				
50	1∶3000	Ⅰ	50.020	49.966	305	262		100
		Ⅱ	50.074	50.020				
	1∶5000	Ⅰ	50.002	49.966	325	280		
		Ⅱ	50.038	50.002				
		Ⅲ	50.074	50.038				
	1∶8000	Ⅰ	49.993	49.966	360	316		
		Ⅱ	50.020	49.993				
		Ⅲ	50.047	50.020				
		Ⅳ	50.074	50.047				

注：1. 心轴可成组使用，也可按工件孔公差带分布及心轴尺寸分布对心轴、支号对应选用。
2. 心轴 C 值应按工件孔的直径、长度及同轴度要求的公差等级选用。
3. 工件孔公差带为：F7～F9、G6、G7、H6～H9、J6～J8、Js6、K6～K8、M6、M7、N6、N7。
4. 材料：T10A 钢，热处理硬度为 58～64HRC。

（2）卡盘类

1）手动两爪卡盘（见图 2-2-13）用以加工非回转体形状的工件。两端为左右旋螺纹的螺杆 2 与装在夹具体 1 滑槽中的卡爪座 3 和 5 相配合，凹形块 4 与螺杆 2 的颈部相配合，以防止螺杆 2 的轴向移动。根据工件的形状不同，可在卡爪座 3 和 5 上配置两个专用卡爪。卡盘外径 D 可根据加工件的需要和所用机床的回转直径确定。

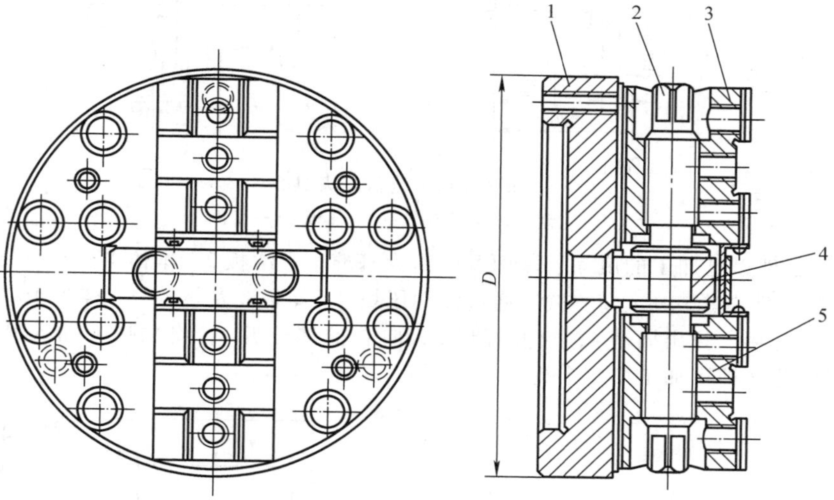

图 2-2-13　手动两爪卡盘

1—夹具体　2—螺杆　3、5—卡爪座　4—凹形块

2）法兰式偏心卡盘（见图 2-2-14）。花盘 1 有 0~10 的标尺线，表示偏心距范围为 0~10mm，法兰 2 有“0”标尺线，松开螺母 3，根据工件偏心距尺寸，将法兰 2 的“0”标尺线对准花盘 1 上所需的标尺线，然后拧紧螺母 3，调整好配重块 4。工件以标准自定心卡盘定心和夹紧。

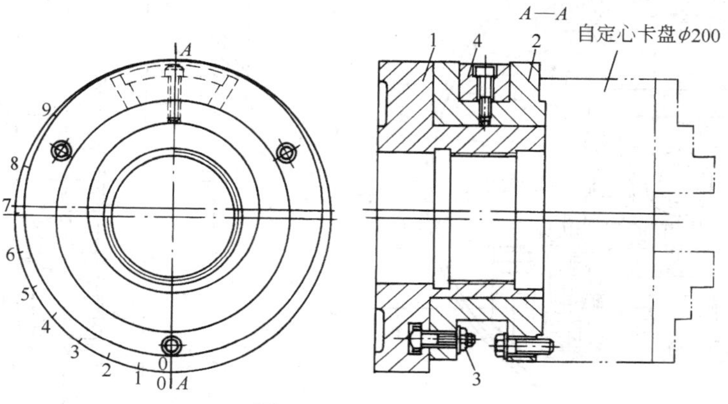

图 2-2-14　法兰式偏心卡盘

1—花盘　2—法兰　3—螺母　4—配重块

3）花盘式夹具（见图 2-2-15）。在加工零件上 $\phi120^{+0.038}_{+0.003}$mm 及内孔时，选用 $\phi500$mm 端面及 $\phi400^{\ 0}_{-0.002}$mm 外径为定位基准，采用花盘并辅以定位元件（如图 2-2-15 中的环形垫铁）组合成夹具。

4）弯板式夹具（见图 2-2-16）用于加工零件上两个 $\phi26^{+0.052}_{\ 0}$mm 平行孔，中心距为（56±

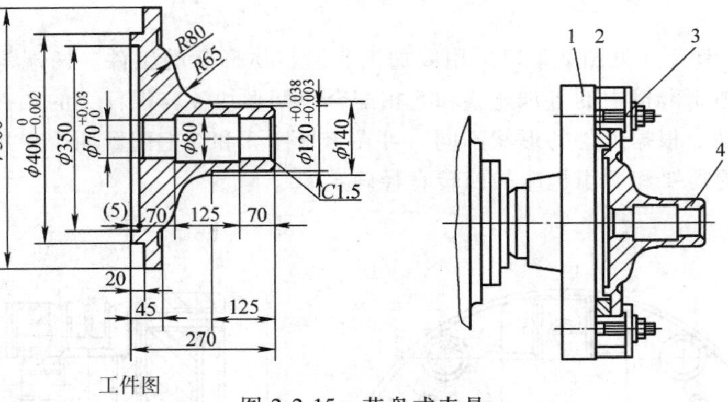

图 2-2-15 花盘式夹具

1—花盘 2—环形垫铁 3—压板 4—工件

0.05）mm。工件以已加工的底面、端面及侧面为基准，以滑板2、本体1及支承钉5定位。旋动螺钉6，使工件靠紧支承钉5，然后通过浮动压块7、压板8及螺栓9、螺母10将工件夹紧。当加工完一个孔后，拔出插销4，松开螺母3，向右推移滑板2，将插销4插入另一个定位孔中，再拧紧螺母3即可加工第2个孔。

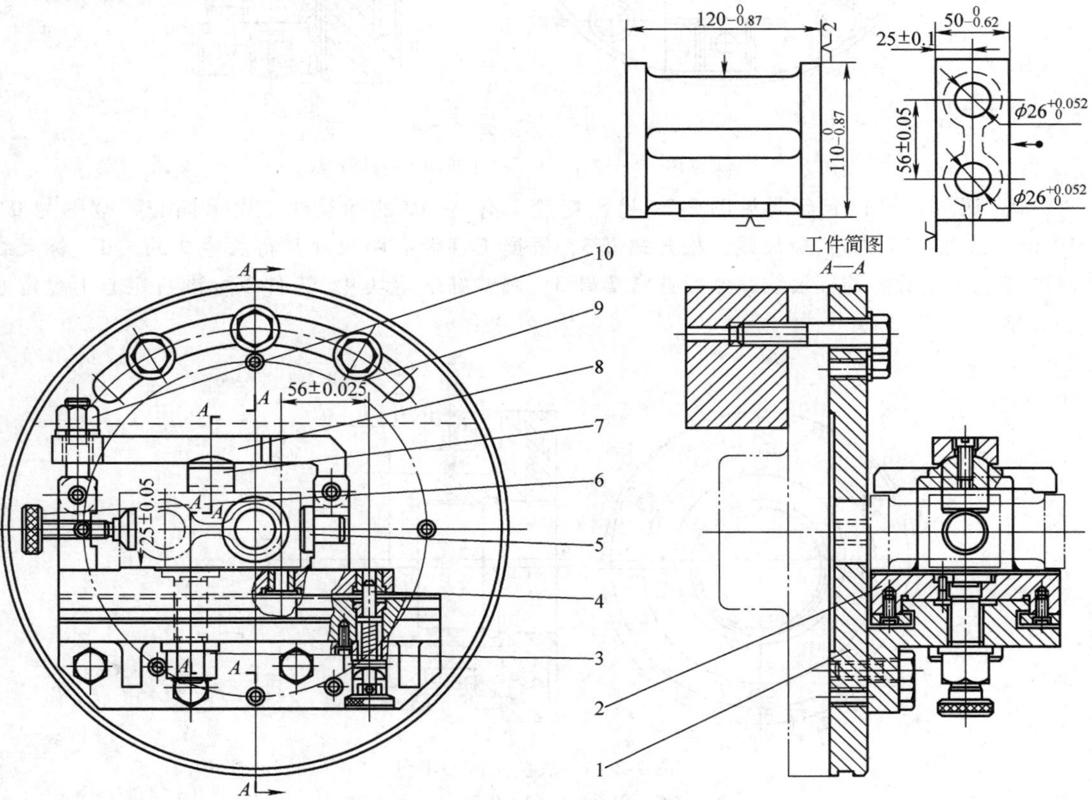

图 2-2-16 弯板式夹具

1—本体 2—滑板 3、10—螺母 4—插销 5—支承钉 6—螺钉

7—浮动压块 8—压板 9—螺栓

5）回转式夹具(见图2-2-17)。工件由夹具上两支承板3、两导向支承钉和一止推支承钉2定位。通过两螺钉和钩形压板1夹紧。

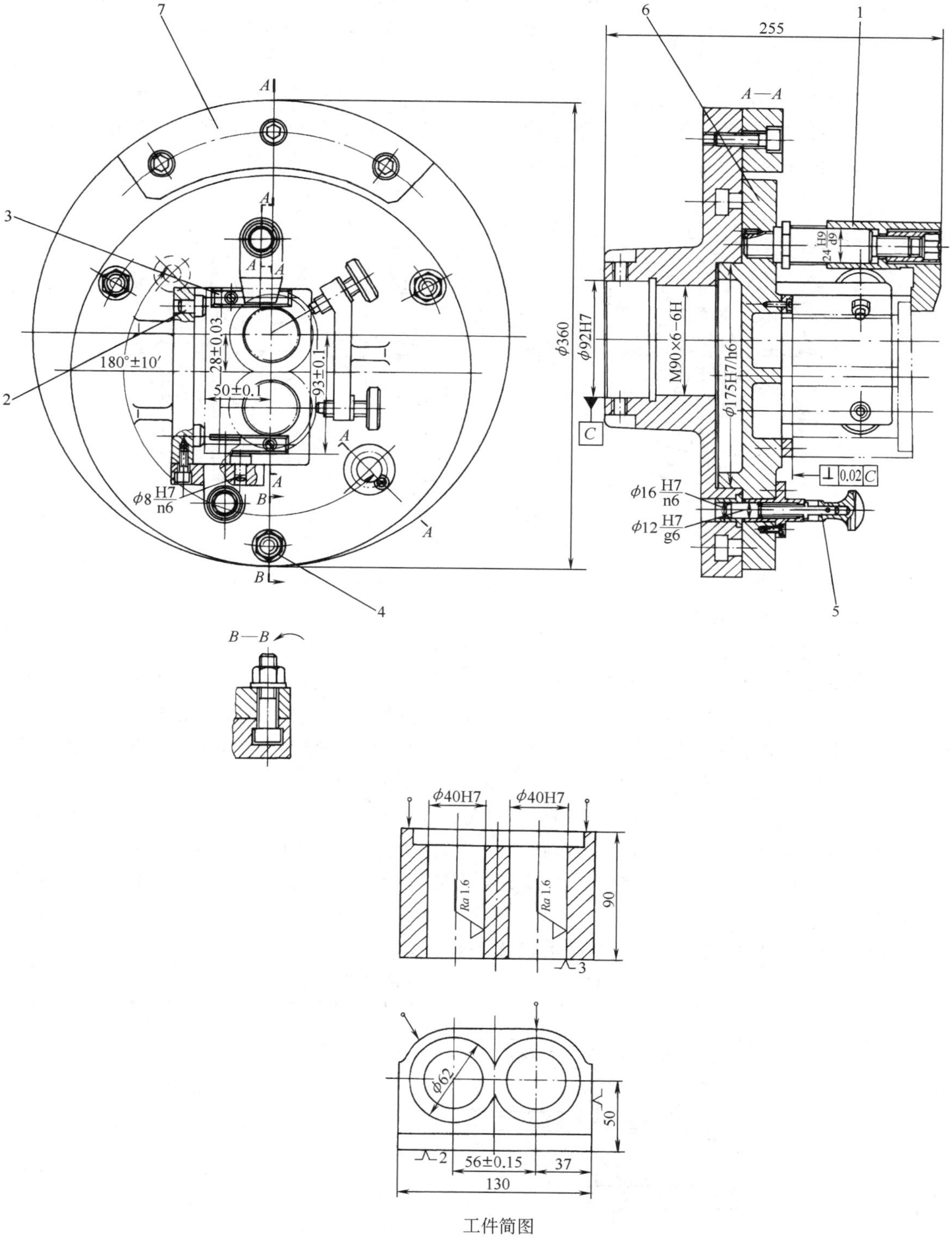

工件简图

图 2-2-17　回转式夹具

1—钩形压板　2—支承钉　3—支承板　4—螺母　5—对定销　6—分度盘　7—配重装置

车完一个孔后，松开三个螺母4，拔出对定销5，使分度盘6回转180°。当对定销5进入另一对定孔后，拧紧螺母4，使分度盘锁紧，即可加工另一个孔。7为配重装置。

6）弹性薄板卡盘(见图2-2-18)。此类卡盘用于车环形工件的内（外）圆及端面。使用时，将莫氏锥柄1装入机床主轴，如图2-2-18a所示。放入工件后，拧紧螺钉3，弹性盘2受力张开，从内孔夹紧工件。图2-2-18b所示的结构与图2-2-18a相类似，弹性盘受力收缩，从外圆夹紧工件。此类卡盘定心精度高，结构简单。

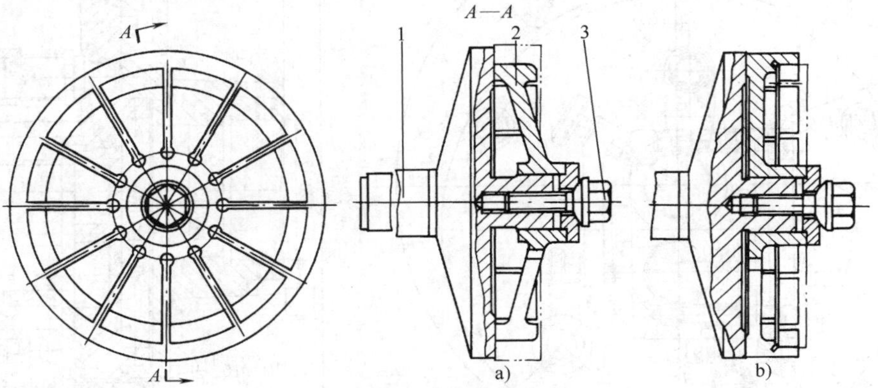

图2-2-18 弹性薄板卡盘

1—莫氏锥柄 2—弹性盘 3—螺钉

2.3.4.2 钻床夹具

1. 钻床夹具的特点和主要类型

各类钻床上进行钻、扩、铰孔的夹具统称为钻床夹具。

钻床夹具上一般都装有距定位元件一定距离的钻套[㊀]（因此钻床夹具习惯上又称钻模），通过钻套引导刀具就可以保证被加工孔的坐标位置，并防止钻头在切入后的偏斜。

钻模能够保证并提高被加工孔的位置精度、尺寸精度及降低表面粗糙度值，并大大缩短工序时间(可不用划线和找正工序)，提高生产率，所以钻模应用较为广泛。

在钻削加工中，工件上被加工孔的分布情况，如分布在工件同一表面有共同回转轴线的平行孔系，排列成直线的平行多孔，分布在工件不同表面或圆周上的径向孔等，一般可决定夹具的结构类型。因此，钻床夹具的基本结构类型有固定式、移动式、翻转式、盖板式、回转式（分度式）等。

2. 钻（镗）床夹具典型结构的技术要求（见表2-2-110）

表2-2-110 钻(镗)床夹具典型结构的技术要求

符号表示	文字表示
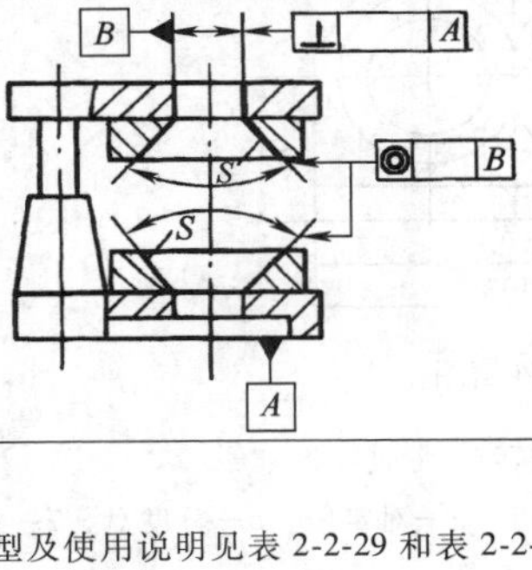	1）表面B的轴线(或钻套的轴线)对表面A的垂直度误差不大于…… 2）表面S的轴线对表面B的轴线的同轴度误差不大于……

㊀ 钻套的基本类型及使用说明见表2-2-29和表2-2-30。

（续）

符号表示	文字表示
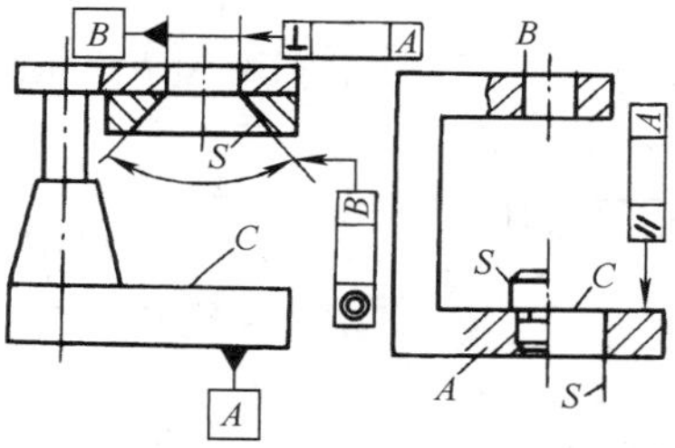	1）表面 *B* 的轴线（或钻套的轴线）对表面 *A* 的垂直度误差不大于…… 2）表面 *S* 的轴线对表面 *B* 的轴线的同轴度误差不大于…… 3）表面 *C* 对表面 *A* 的平行度误差不大于……
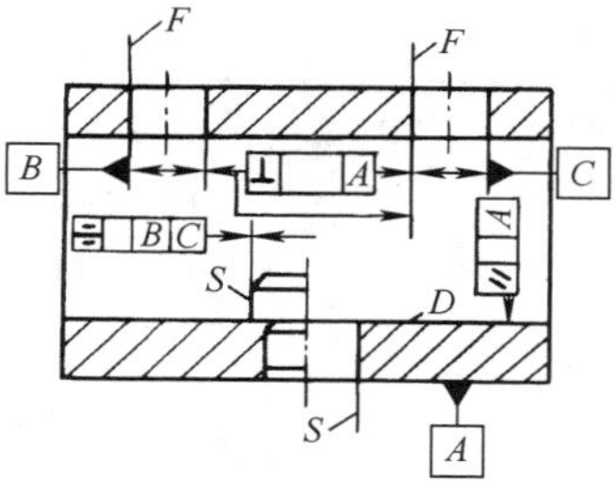	1）表面 *F* 的轴线（或钻套的轴线）对表面 *A* 的垂直度误差不大于…… 2）表面 *D* 对表面 *A* 的平行度误差不大于…… 3）表面 *S* 的轴线对通过两表面 *F* 的轴线之平面的对称度误差不大于……
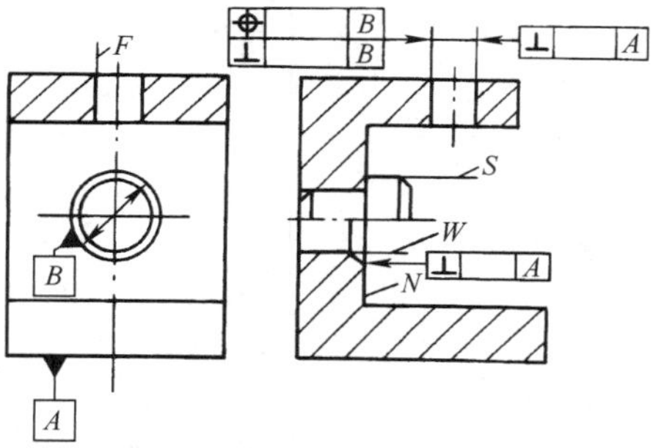	1）表面 *F* 的轴线（或钻套的轴线）对表面 *A* 的垂直度误差不大于…… 2）表面 *F* 的轴线对表面 *S* 的轴线的对称度与垂直度误差不大于…… 3）表面 *N* 对表面 *A* 的垂直度误差不大于……
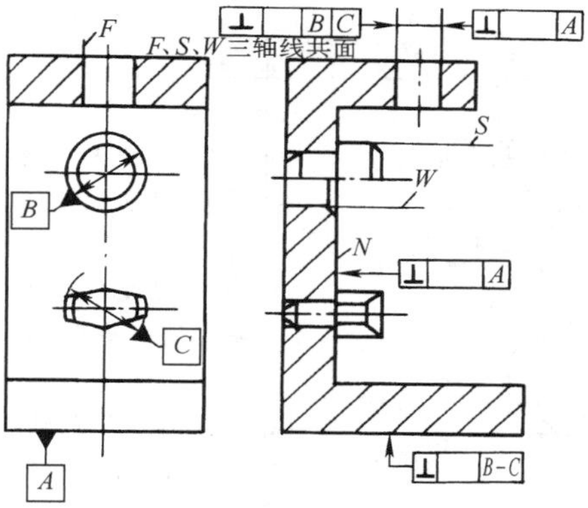	1）表面 *F* 的轴线（或钻套的轴线）对表面 *A* 的垂直度误差不大于…… 2）表面 *F* 的轴线与表面 *S* 和 *C* 的轴线共面且垂直，垂直度误差不大于…… 3）表面 *N* 对表面 *A* 的垂直度误差不大于…… 4）表面 *A* 对通过表面 *S* 和 *C* 的轴线之平面的垂直度误差不大于……

（续）

符号表示	文字表示
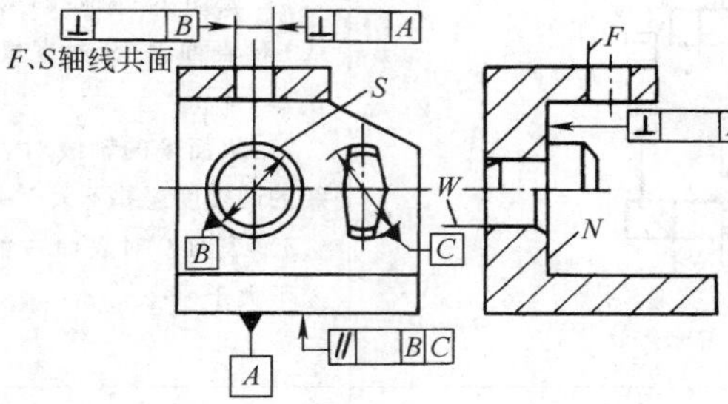	1）表面 *F* 的轴线（或钻套的轴线）对表面 *A* 的垂直度误差不大于…… 2）表面 *F* 的轴线与表面 *S*（或 *B*）的轴线共面且垂直，垂直度误差不大于…… 3）表面 *N* 对表面 *A* 的垂直度误差不大于…… 4）表面 *A* 对通过表面 *S*（或 *B*）和 *C* 的轴线之平面的平行度误差不大于……
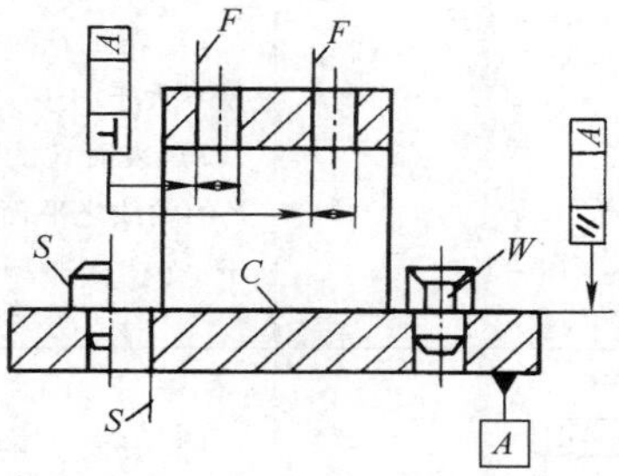	1）表面 *F* 的轴线（或钻套的轴线）对表面 *A* 的垂直度误差不大于…… 2）表面 *C* 对表面 *A* 的平行度误差不大于…… 3）通过两表面 *F* 的轴线之平面对通过表面 *S* 的轴线和表面 *W* 的轴线之平面的位置度误差不大于……
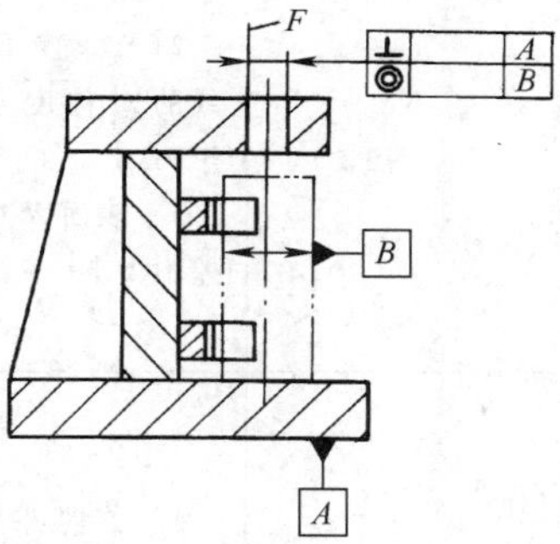	1）表面 *F* 的轴线（或钻套的轴线）对表面 *A* 的垂直度误差不大于…… 2）表面 *F* 的轴线对表面 *B* 的轴线的同轴度误差不大于……
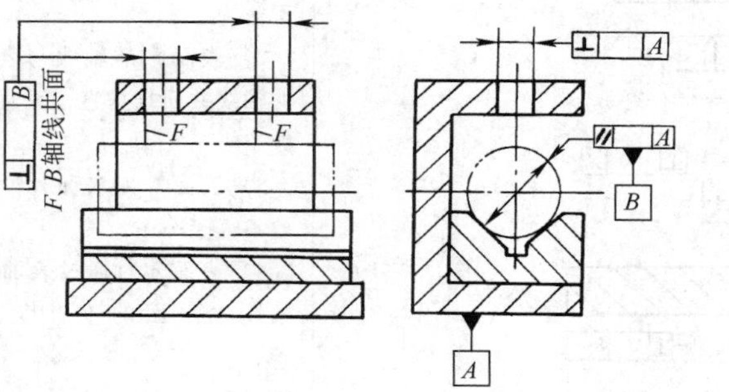	1）表面 *F* 的轴线（或钻套的轴线）对表面 *A* 的垂直度误差不大于…… 2）表面 *F* 的轴线与表面 *B* 的轴线共面且垂直，垂直度误差不大于…… 3）表面 *B* 的轴线对表面 *A* 的平行度误差不大于……

（续）

符号表示	文字表示
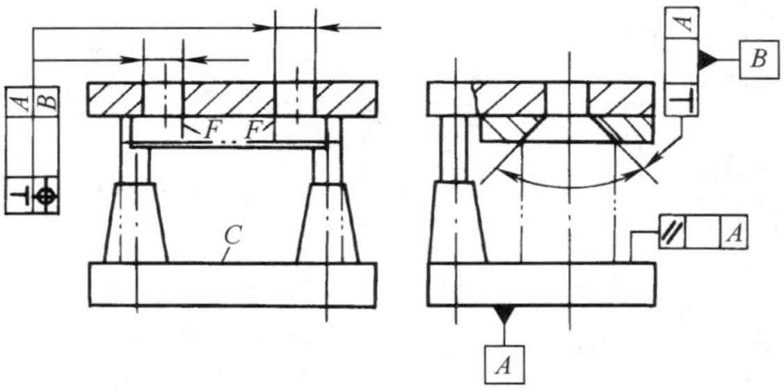	1）表面 *F* 的轴线（或钻套的轴线）对表面 *A* 的垂直度误差不大于…… 2）表面 *C* 对表面 *A* 的平行度误差不大于…… 3）表面 *F* 的轴线与 V 形块的对称面共面，位置度误差不大于…… 4）V 形块的对称面对表面 *A* 的垂直度误差不大于……
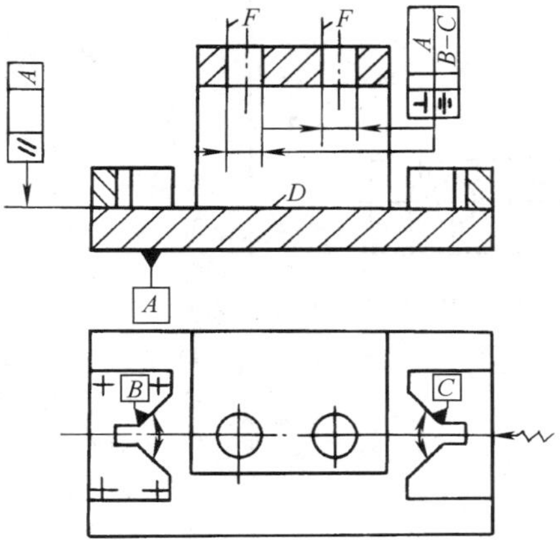	1）表面 *F* 的轴线（或钻套的轴线）对表面 *A* 的垂直度误差不大于…… 2）表面 *D* 对表面 *A* 的平行度误差不大于…… 3）表面 *F* 的轴线（或钻套的轴线）对 V 形块对称面的对称度误差不大于……
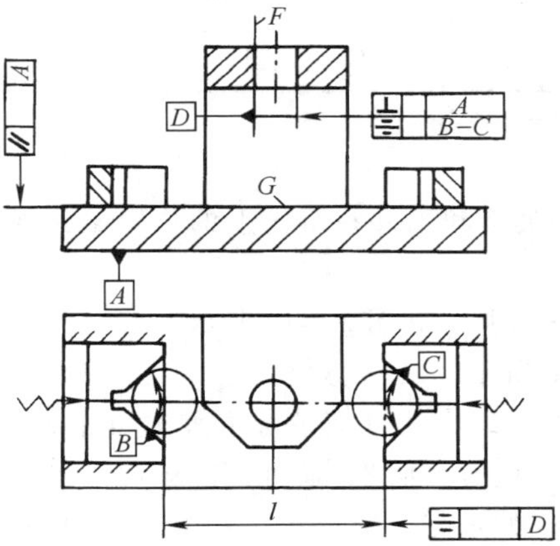	1）表面 *F* 的轴线（或钻套的轴线）对表面 *A* 的垂直度误差不大于…… 2）表面 *G* 对表面 *A* 的平行度误差不大于…… 3）表面 *F* 的轴线（或钻套的轴线）对 V 形块对称面的对称度误差不大于…… 4）两 V 形块的 V 形面（以测量圆柱轴线代表）对工件孔轴线的对称度误差在 V 形块的行程长度 *l* 上不大于……

（续）

符号表示	文字表示
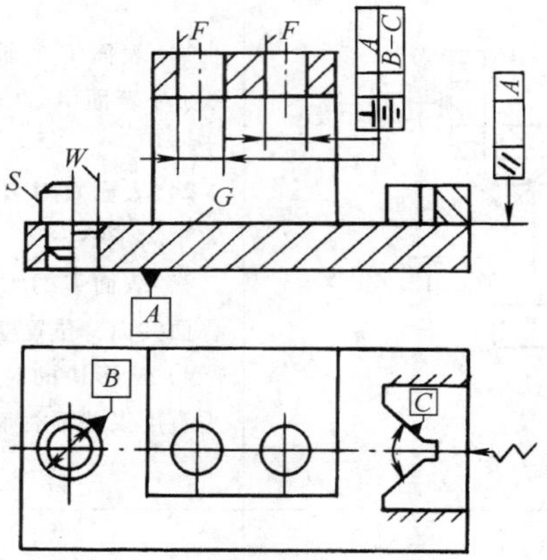	1）表面 *F* 的轴线（或钻套的轴线）对表面 *A* 的垂直度误差不大于…… 2）表面 *G* 对表面 *A* 的平行度不大于…… 3）表面 *F* 的轴线（或各表面 *F* 的轴线）对通过表面 *S* 的轴线和V形块对称面之平面的对称度误差不大于……
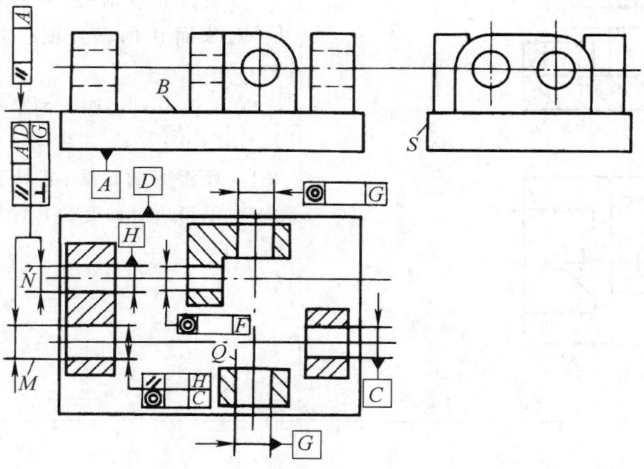	1）表面 *B* 对表面 *A* 的平行度误差不大于…… 2）表面 *S* 对表面 *G*（或 *Q*）的垂直度误差不大于…… 3）表面 *M*、*N* 的轴线（或钻套的轴线）对表面 *A* 和 *D* 的平行度误差不大于…… 4）表面 *M* 的轴线对表面 *N* 的轴线的平行度误差不大于…… 5）表面 *M* 的轴线和表面 *N* 的轴线对表面 *G*（或 *Q*）的轴线的垂直度误差不大于…… 6）同轴孔轴线的同轴度误差不大于…… 7）表面 *M* 的轴线和表面 *N* 的轴线对表面 *S* 的平行度误差不大于……

注：表中“不大于……”表示其具体值要根据设计要求而定。

3. 钻床夹具类型结构举例

（1）固定式钻床夹具　在加工过程中，夹具和工件在机床上的位置始终保持不变，用于加工同一方向的直孔或斜孔。

1）在套筒上加工一径向孔的固定式钻床夹具，如图2-2-19所示。

2）钻斜孔的固定式钻床夹具如图2-2-20所示。

3）轴承座孔加工固定式钻床夹具（见图2-2-21）。工件在定位角铁4的垂直平面上定位，其水平面为导向基面。菱形销3作横向定位。旋转手柄8，通过铰链板6、1由压板2将工件压紧，同时两钩形压板7将工件压紧在定位角铁的垂直定位面上。下导套5在精加工孔时用以引导刀杆。

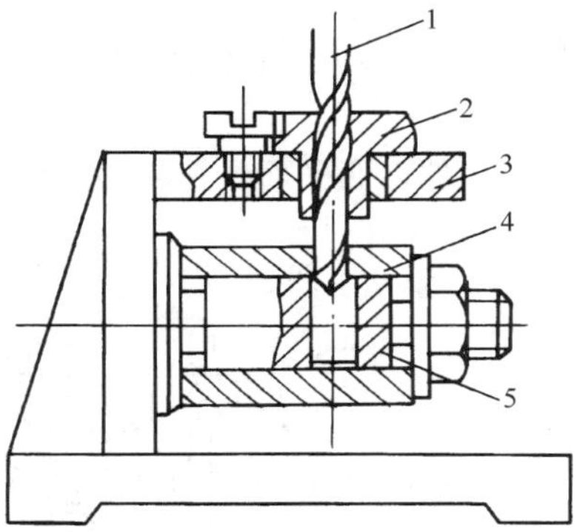

图 2-2-19　加工径向孔的固定式钻床夹具

1—钻头　2—钻套　3—钻模板

4—工件　5—心轴

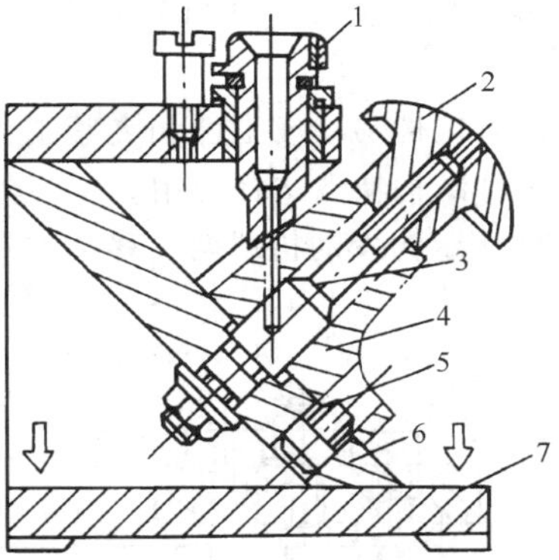

图 2-2-20　钻斜孔的固定式钻床夹具

1—钻套　2—夹紧螺母　3—心轴

4—工件　5—菱形销　6—支承板

7—夹具体

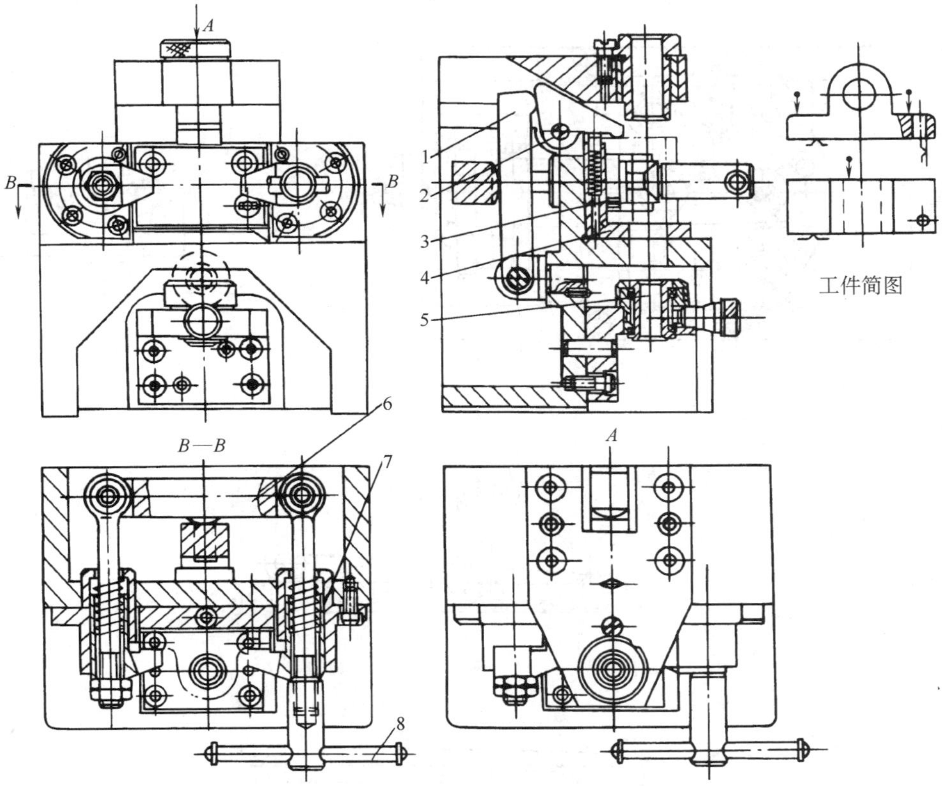

图 2-2-21　轴承座孔加工固定式钻床夹具

1、6—铰链板　2—压板　3—菱形销　4—定位角铁　5—下导套　7—钩形压板　8—手柄

（2）移动式钻床夹具　被加工工件在同一平面一条直线上具有多而密的孔时采用移动式钻床夹具。

移动方式有工件移动或工件和夹紧工件的夹具体一起移动工件不动钻床夹具板移动等几种，可根据工件结构特点选择使用。

图 2-2-22 所示为发动机罩两孔移动式钻床夹具。工件以底平面、一端圆弧和另一端侧面

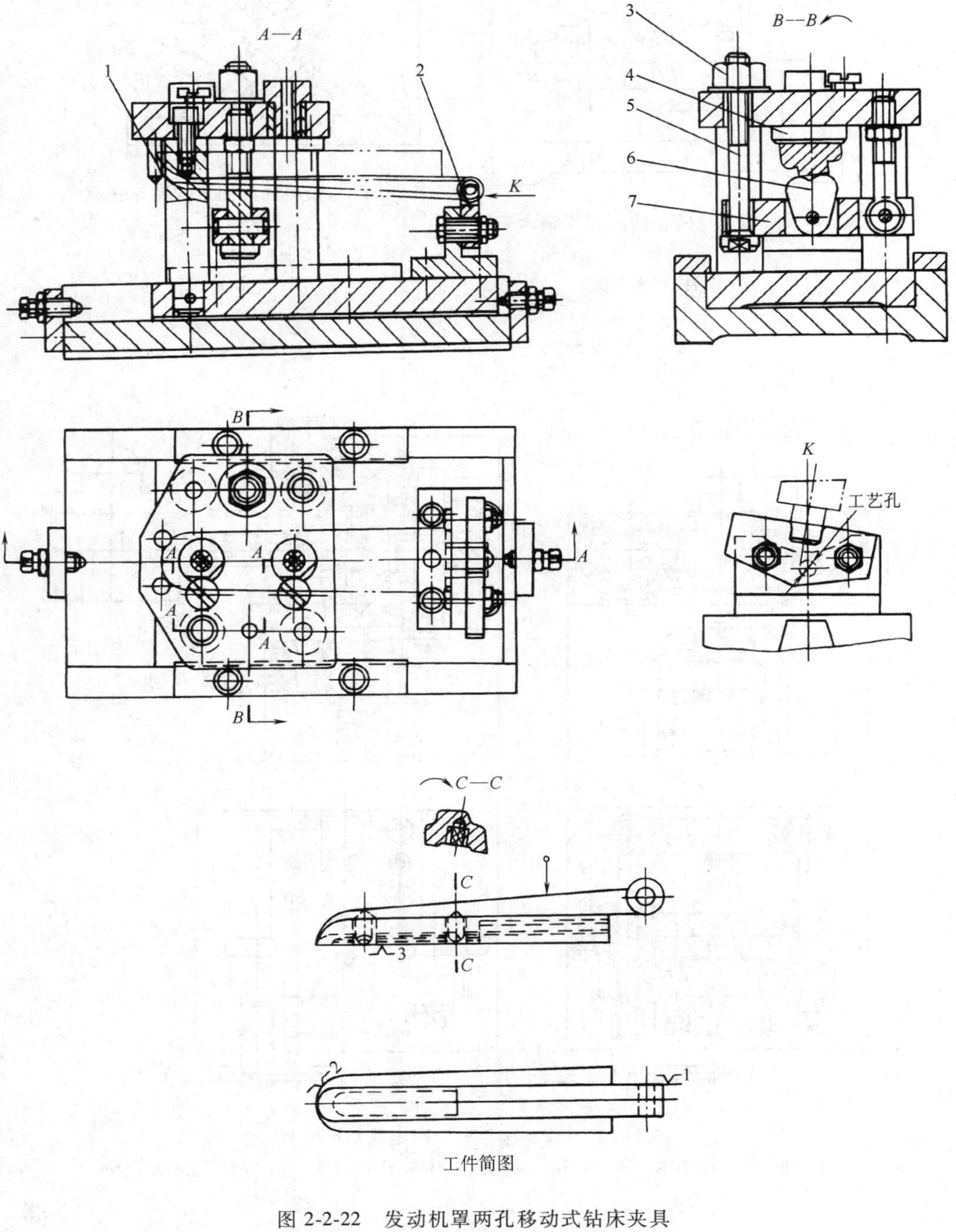

图 2-2-22　发动机罩两孔移动式钻床夹具

1—圆柱销　2—支承块　3—螺母　4—支承板　5—螺栓　6—浮动压块　7—铰链压板

在支承板 4、两个圆柱销 1 和支承块 2 上定位。拧动螺母 3，通过螺栓 5 和铰链压板 7 由浮动压块 6 将工件由下向上夹紧。钻完左孔后，移动钻床夹具至左端钻右孔。

(3) 翻转式钻床夹具　工件一次装夹后，工件随同整个夹具在加工中进行 180°、90°或其他特殊角度的翻转，完成几个方向孔加工的钻床夹具。工件孔与孔之间的几何精度由钻床夹具本身的精度保证(如一般精度要求的不通孔同轴度)。因加工中要将整个钻床夹具进行翻转，所以夹具力求轻便，翻转的底面要保证平整、稳固并与钻套中心线相垂直。

1) 图 2-2-23 所示为 60°翻转式钻床夹具，用于加工套筒上两个方向的四个径向孔。当一个方向上的两个孔钻削完成后，将钻床夹具翻转 60°就可钻另一方向上的两个孔。

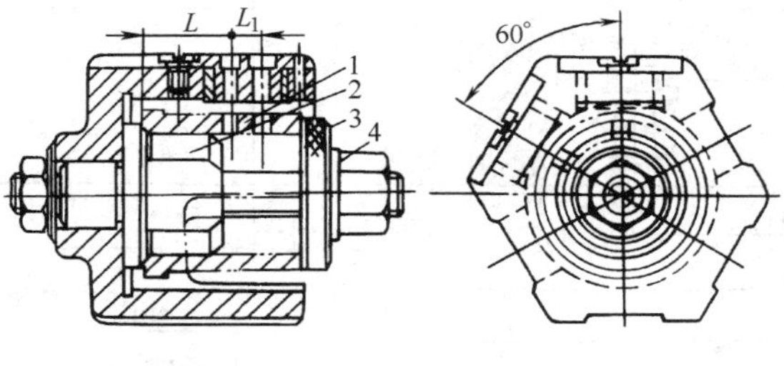

图 2-2-23　60°翻转式钻床夹具

1—工件　2—心轴　3—开口垫圈　4—螺母

2) 图 2-2-24 所示为 90°翻转式钻床夹具。杠杆工件以 $\phi22^{+0.28}_{0}$mm 孔及其端面、R12mm 处侧面在定位销 3、可调支承 5 上定位，用螺母 2 夹紧，加工 $\phi10^{+0.10}_{0}$mm 和 ϕ13mm 两互相垂直的孔。夹具体 4 上有 B、C 两基准面分别对应两钻模板 6 和 7，以便于翻转加工。

(4) 盖板式钻床夹具　盖板式钻床夹具是根据被加工工件的技术要求，按其坐标组成的钻床夹具，并将它放在工件上直接进行加工的一种结构形式。

这种钻床夹具一般用于加工尺寸较大工件上的孔或较大工件上某一部位的孔（即局部的孔）。其形式可分直线和圆周等分等。这类钻床夹具本身既有导向装置，又有定位结构及夹紧装置，所以钻床夹具应在保证刚度的基础上尽量减轻其结构质量。这种钻床夹具通常利用工件底面作为安装基准面，因此钻孔精度取决于工件本身精度及工件和钻床夹具的安装精度。

1) 图 2-2-25 所示为盖板式钻床夹具在一小型连杆上加工小头孔。夹具本身就是一块钻模板 1。利用自身的定位销 2 和由两块摆动压块 3 组成的 V 形槽对中夹紧机构，在工件上实现定位和夹紧，进行钻削加工。

2) 图 2-2-26 所示为真空室四孔盖板式钻床夹具。工件以止口和底面在底座 5 上定位，而钻模板 4 以外圆、端面及一槽在工件的相应内孔、端面及销 3 上定位，再转动工件，使其上的扇形槽与钻模板的槽对齐。拧动螺母 1，通过开口垫圈 2、钻模板 4 将工件压紧。钻斜孔时，放下支承板 6，支撑于机床工作台上。工件一次安装，即可钻削三个直孔和一个斜孔。

(5) 回转式（分度式）钻床夹具　这是用于加工同心圆周上的平行孔系或分布在几个不同表面上的径向孔的钻床夹具。有立轴类、卧轴类、斜轴类三个类型。其分度方法可采用标准的分度机构(回转分度台)，也可利用加工工件自身的特点进行分度。

图 2-2-27 所示为标准立轴回转分度台。工件以内孔及端面在定位环 1 和心轴 2 上定位，用螺母 3 经开口垫圈 4 夹紧。铰链式钻模板及基座 5 紧固在立轴回转台底座 6 上，手柄 7 使转盘松开或锁紧，手柄 8 用来升降回转盘分度用的定位销。

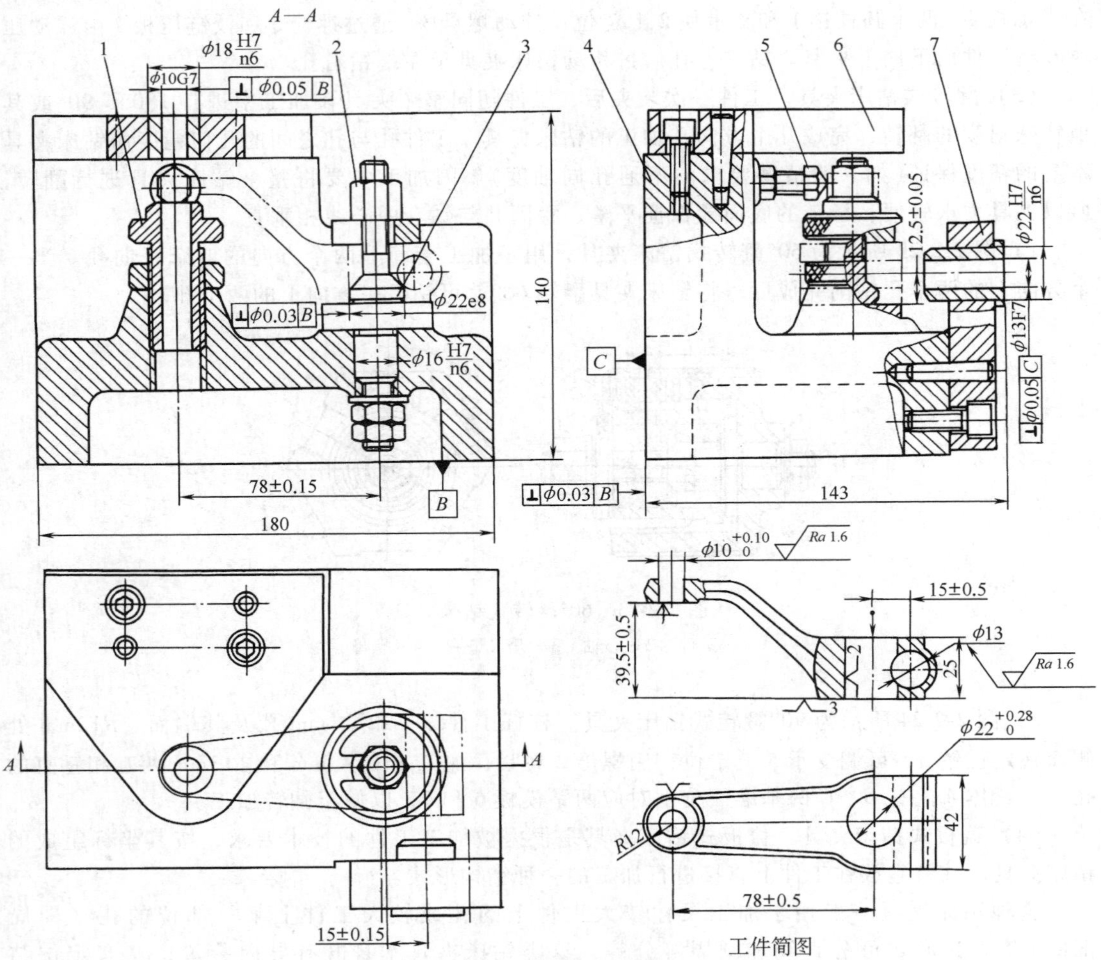

图 2-2-24 90°翻转式钻床夹具

1—辅助支承 2—螺母 3—定位销 4—夹具体 5—可调支承 6、7—钻模板

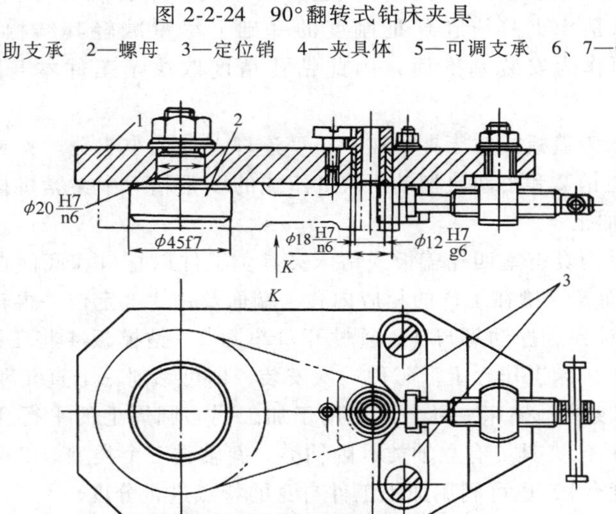

图 2-2-25 盖板式钻床夹具

1—钻模板 2—定位销 3—摆动压块

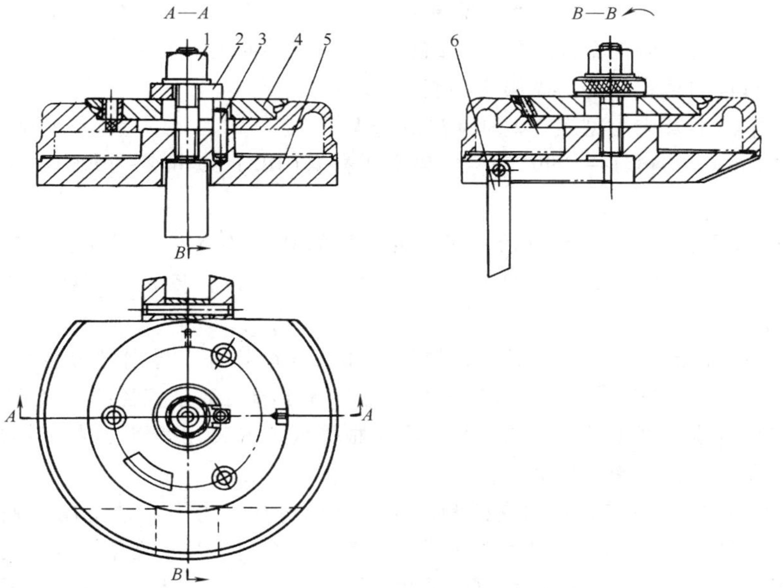

图 2-2-26　真空室四孔盖板式钻床夹具

1—螺母　2—开口垫圈　3—销　4—钻模板　5—底座　6—支承板

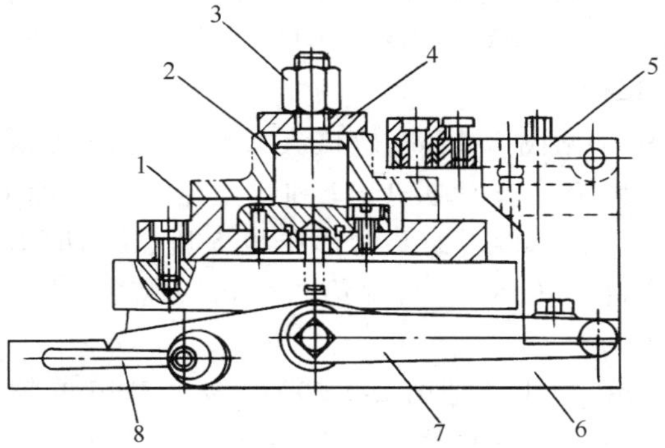

图 2-2-27　标准立轴回转分度台

1—定位环　2—心轴　3—螺母　4—开口垫圈　5—基座　6—底座　7、8—手柄

2.3.4.3　镗床夹具

镗床夹具主要用于加工箱体、支座等零件上的孔或孔系。其加工过程是刀具随镗杆在工件的孔中做旋转运动，工件随工作台相对于刀具做慢速的进给运动，连续切削比较稳定，适用于精加工。由于镗床夹具的精度直接影响工件的加工精度，所以工件的定位精度、刀具支承的刚度、夹具体的稳定可靠、对刀和测量的方便程度等都是设计镗床夹具时必须注意的问题。

1. 镗床夹具设计要点

（1）导向装置的形式与特点　镗床夹具的加工精度主要依靠导向结构及导向件与镗杆的配合尺寸精度来保证，导向结构的作用在于确定刀具对工件的正确位置和防止刀具的引偏。所以，设计镗床夹具时，应根据加工零件的结构，选用其导向装置的型式。

导向装置布置的型式与特点见第3卷表3-2-217。

镗套的基本类型及应用见表2-2-31～表2-2-34。

标准镗套（JB/T 8046.1—1999）和标准镗套用衬套（JB/T 8046.2—1999）见表2-2-54和表2-2-55。

（2）镗杆直径与长度　镗杆直径 d 一般为孔径的0.7～0.8倍，但还应根据具体情况来决定，若加工中不卸刀杆测量，其刀杆直径应选用下限；若镗杆较长，为增加镗杆刚度，可选上限。

采用前后双导向或后双导向的结构，镗杆工作长度最好等于导向部分直径的10倍，最大不超过20倍。若采用单面导向镗杆，工作长度最好等于导向部分直径的4～5倍。

镗杆装刀位置应根据零件图确定，如果在一根镗杆上安装几把镗刀时，其镗刀位置应对称分布，使刀杆径向分力平衡，以减少变形。

（3）支架和底座　镗床夹具的支架和底座多采用铸件。为了制造上的方便，一般多分开制造，这对于夹具的加工、装配和铸件的时效处理等都有利。对于支架和底座的共同要求，是有足够的强度和刚度以保持尺寸精度的稳定性。设计镗床夹具时还应注意以下几点：

1）为了增强支架的刚度，支架和底座的连接要牢固，一般用圆销和螺钉紧固，应避免采用焊接结构。

2）支架上应避免承受夹紧力。

3）底座上应有找正基面，便于制造、装配和检测及在机床上安装时找正。

4）为增强镗模底座的刚度，除了保证适当的壁厚，还应合理地设置十字形加强肋。

2. 镗床夹具典型结构的技术要求（见表2-2-110）

3. 镗床夹具类型结构举例

（1）镗削泵体用夹具（见图2-2-28）。该夹具用于镗削泵体两个相互垂直的孔及端面。工件以法兰面 A 和底面 B 在支承板1、2和3上定位，侧面 C 在定位挡铁4上定位，先用螺钉6将工件预压定位后，再用四个钩形压板5压紧。两镗杆的两端均有镗套支承，镗好一个孔后，镗床工作台回转90°，再镗第二个孔。镗刀块的装卸在镗套和工件间的空当内进行。

（2）镗削连杆小头孔用夹具（见图2-2-29）。该夹具用于卧式金刚镗床镗连杆小头孔。先将心轴4插入工件大头孔中并放在V形块5上，工件又以小头侧面靠在螺钉1上定位，然后分别拧螺钉2和3将工件夹紧。该夹具可左右安装工件，一侧镗孔时，另一侧装卸工件。

2.3.4.4　铣床夹具

在加工过程中，工件和铣床夹具固定在工作台上，一起做送进运动。一般切削用量较大且不均匀（铣刀刀齿多是断续切削），易产生振动。因此，在设计这类夹具时，除应尽量降低夹具的重心，还应注意夹具的刚度和强度、定位的稳定及夹紧力的可靠等。

另外，铣床夹具多采用定向键和对刀装置来确定夹具与机床、刀具之间的相对位置。

常用对刀装置的基本类型见表2-2-28。

定位键、定向键的型式和尺寸见表2-2-40、表2-2-41。

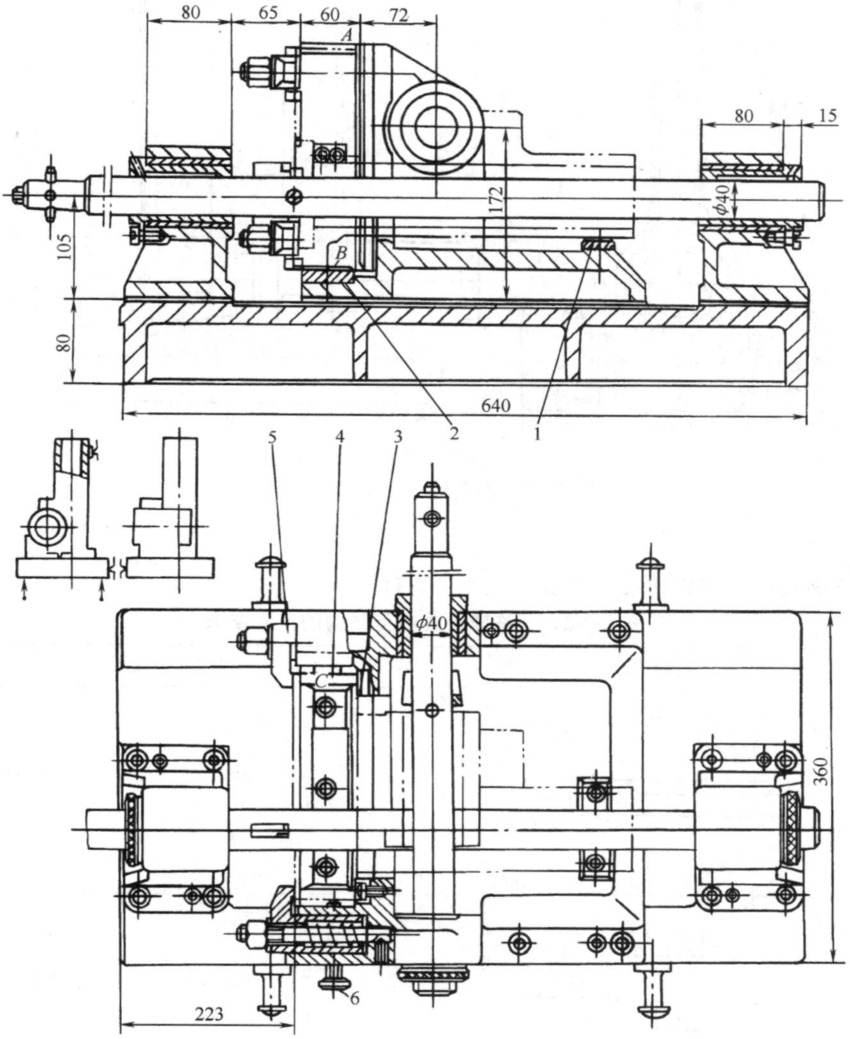

图 2-2-28　镗削泵体用夹具

1、2、3—支承板　4—定位挡铁　5—钩形压板　6—螺钉

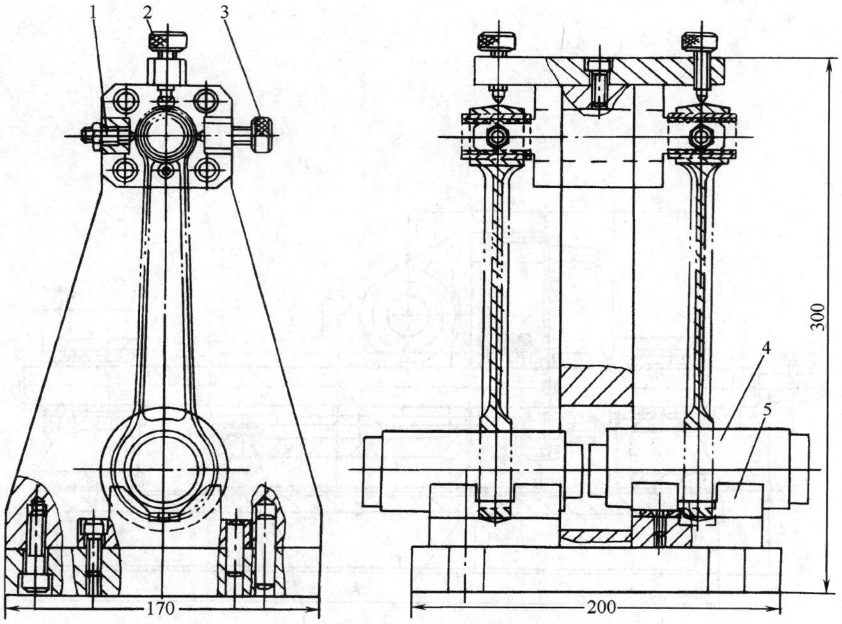

图 2-2-29 镗削连杆小头孔用夹具

1、2、3—螺钉 4—心轴 5—V形块

1. 铣床夹具典型结构的技术要求（见表 2-2-111）

表 2-2-111 铣床夹具典型结构的技术要求

符号表示	文字表示
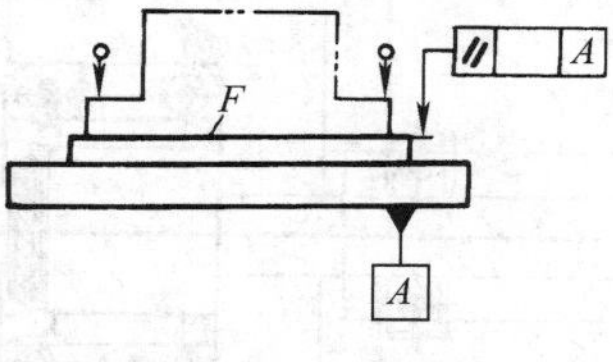	定位面 *F* 对底平面 *A* 的平行度误差不大于……
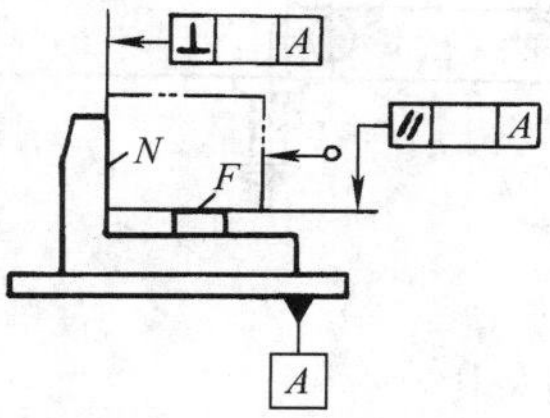	1）定位面 *F* 对底平面 *A* 的平行度误差不大于…… 2）侧平面 *N* 对底平面 *A* 的垂直度误差不大于……
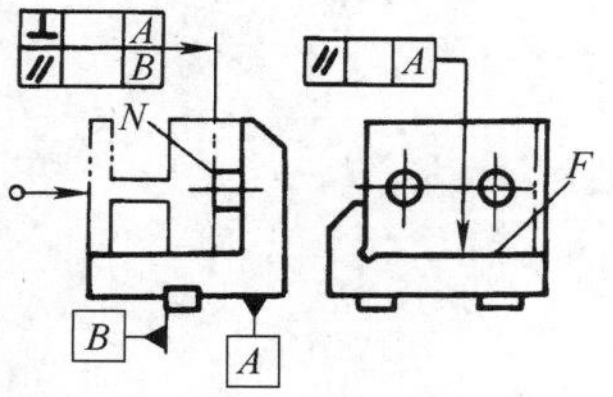	1）定位面 *F* 对底平面 *A* 的平行度误差不大于…… 2）侧平面 *N* 对底平面 *A* 的垂直度误差不大于…… 3）侧平面 *N* 对两定位键基准面 *B* 的平行度误差不大于……

（续）

符号表示	文字表示
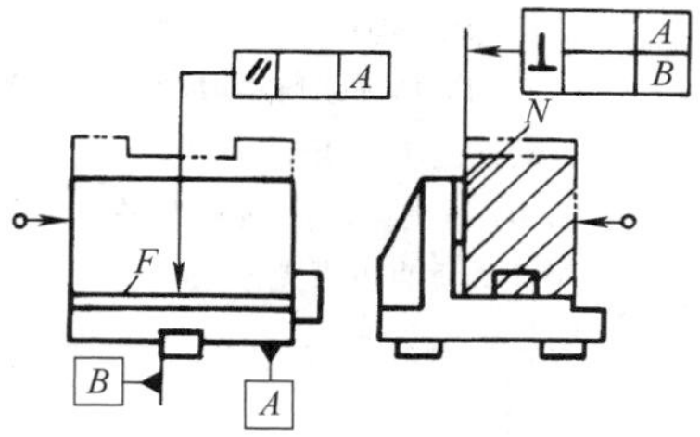	1）定位面 F 对底平面 A 的平行度误差不大于…… 2）侧平面 N 对底平面 A 的垂直度误差不大于…… 3）侧平面 N 对两定位键基准面 B 的垂直度误差不大于……
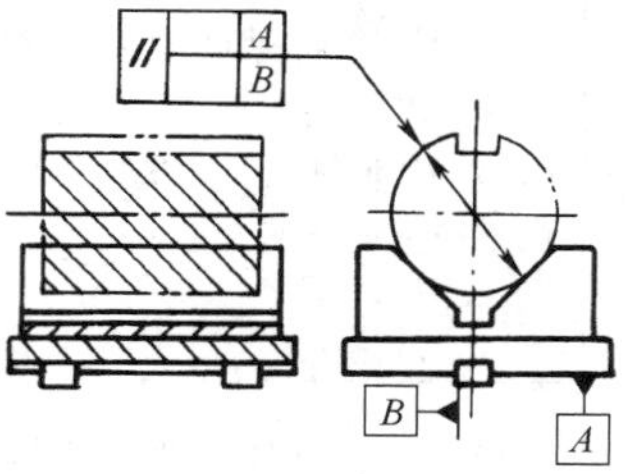	1）V 形轴线对底平面 A 的平行度误差不大于…… 2）V 形轴线对两定位键基准面 B 的平行度误差不大于……
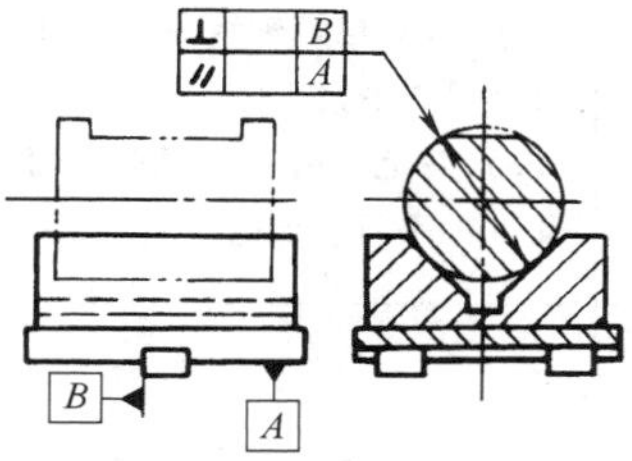	1）V 形轴线对底平面 A 的平行度误差不大于…… 2）V 形轴线对两定位键基准面 B 的垂直度误差不大于……
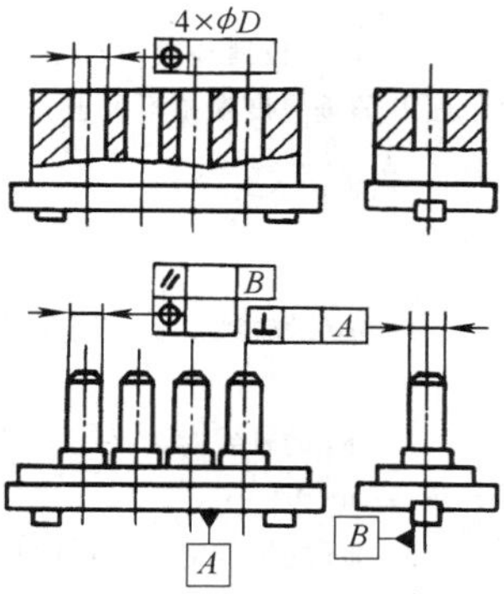	1）4×ϕD 轴线的相互位置度误差不大于…… 2）4×ϕD 轴线所在平面对底平面 A 的垂直度误差不大于…… 3）4×ϕD 轴线对两定位键基准面 B 的平行度误差不大于……
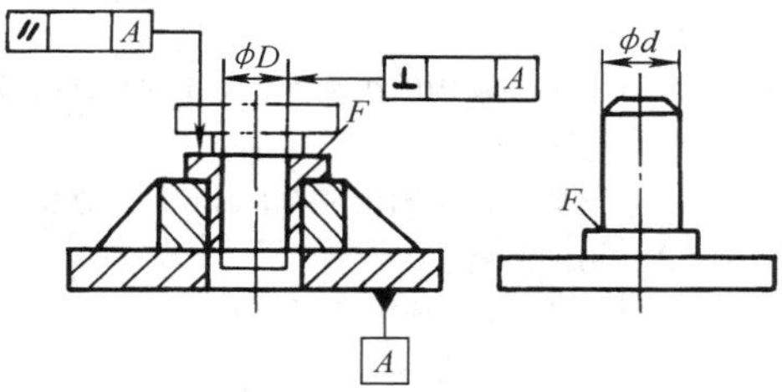	1）定位面 F 对底平面 A 的平行度误差不大于…… 2）定位孔 ϕD（定位轴 ϕd）的母线对底平面 A 的垂直度误差不大于……

（续）

符号表示	文字表示
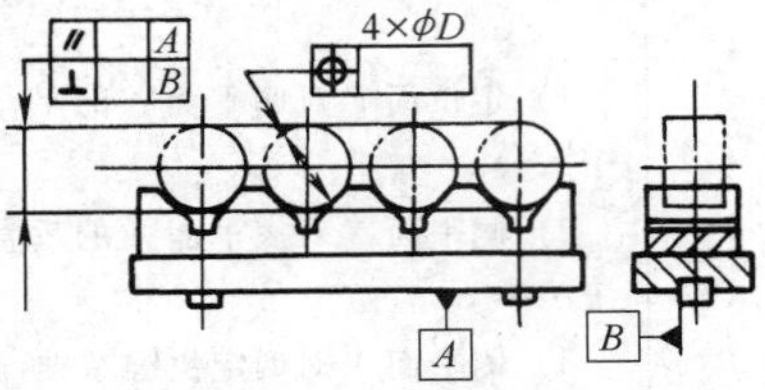	1）4V形轴线的位置度误差不大于…… 2）4V形轴线所构成的平面对底平面 *A* 的平行度误差不大于…… 3）4V形轴线所构成的平面对两定位键基准面 *B* 的垂直度误差不大于……
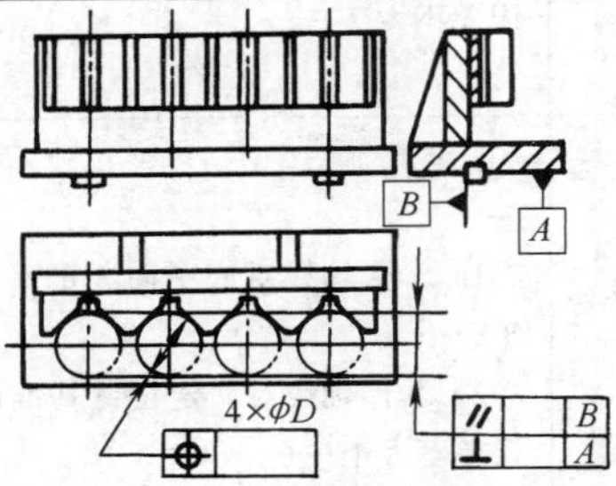	1）4V形轴线的位置度误差不大于…… 2）4V形轴线所在平面对底平面 *A* 的垂直度误差不大于…… 3）4V形轴线所在平面对两定位键基准面 *B* 的平行度误差不大于……
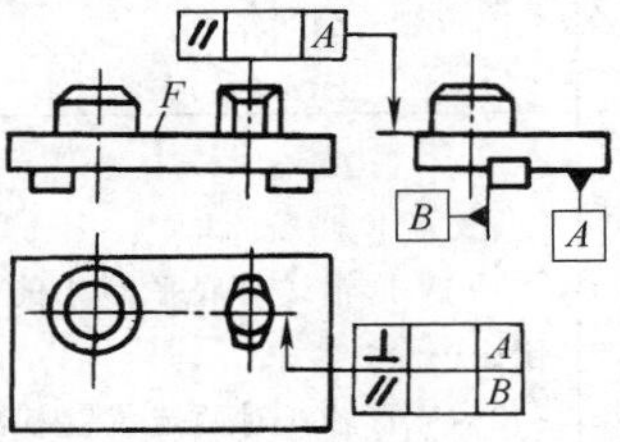	1）定位面 *F* 对底平面 *A* 的平行度误差不大于…… 2）两定位销轴线所在平面对底平面 *A* 的垂直度误差不大于…… 3）两定位销轴线所在平面对两定位键基准面 *B* 的平行度误差不大于……
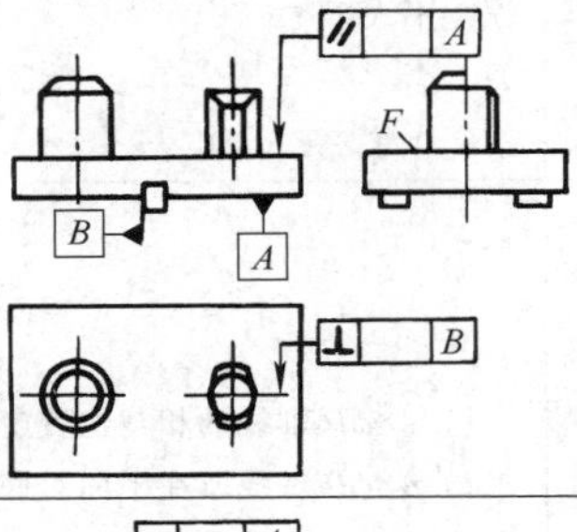	1）定位面 *F* 对底平面 *A* 的平行度误差不大于…… 2）两定位销轴线所在平面对两定位键基准面 *B* 的垂直度误差不大于……
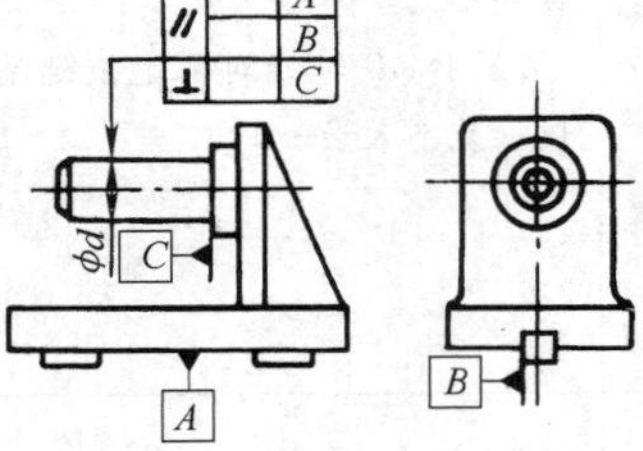	1）ϕd 的轴线对底平面 *A* 的平行度误差不大于…… 2）ϕd 的轴线对侧平面 *C* 的垂直度误差不大于…… 3）ϕd 的轴线对两定位键基准面 *B* 的平行度误差不大于
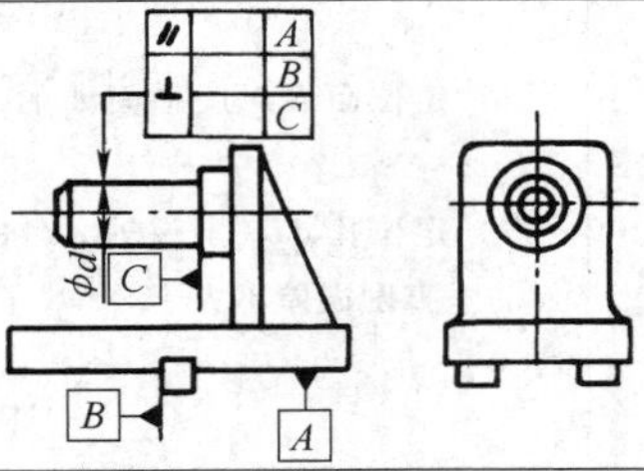	1）ϕd 的轴线对底平面 *A* 的平行度误差不大于…… 2）ϕd 的轴线对侧平面 *C* 的垂直度误差不大于…… 3）ϕd 的轴线对两定位键基准面 *B* 的垂直度误差不大于……

（续）

符号表示	文字表示
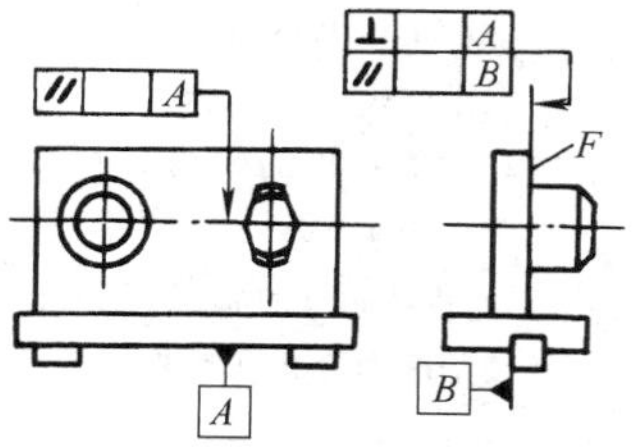	1）定位面 F 对底平面 A 的垂直度误差不大于…… 2）两定位销轴线所在平面对底平面 A 的平行度误差不大于…… 3）定位面 F 对两定位键基准面 B 的平行度误差不大于……
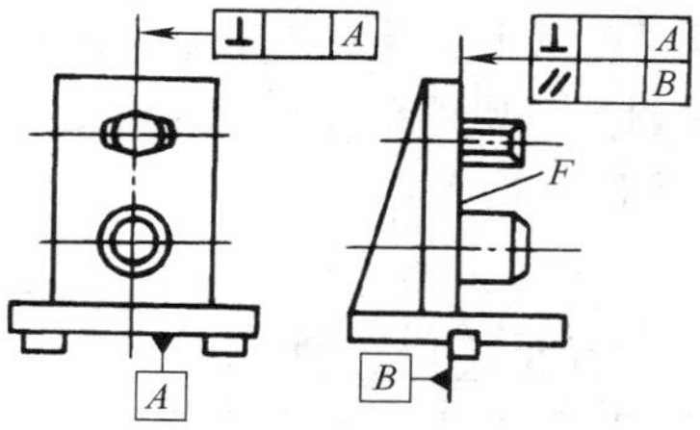	1）定位面 F 对底平面 A 的垂直度误差不大于…… 2）两定位销轴线所在平面对底平面 A 的垂直度误差不大于…… 3）定位面 F 对两定位键基准面 B 的平行度误差不大于……
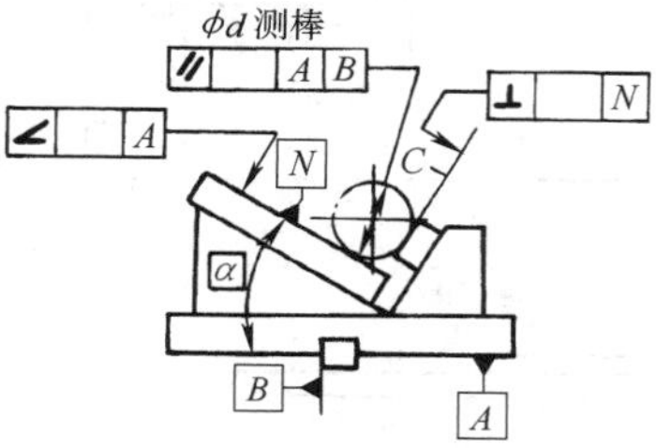	1）斜面 N 对底平面 A 的倾斜度误差不大于…… 2）斜面 C 对斜面 N 的垂直度误差不大于…… 3）测棒 ϕd 的轴线对底平面 A、两定位键基准面 B 的平行度误差不大于……
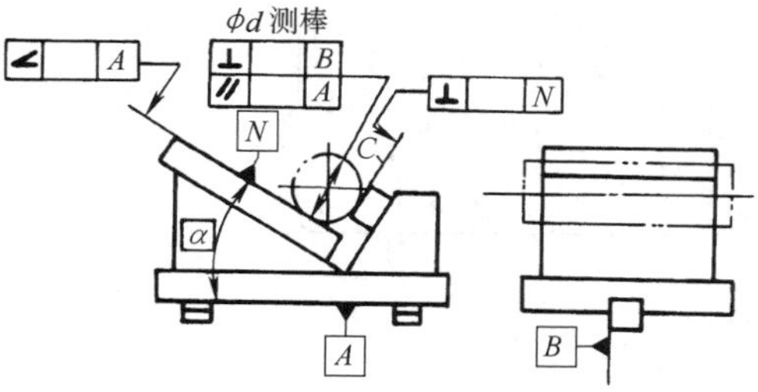	1）斜面 N 对底平面 A 的倾斜度误差不大于…… 2）斜面 C 对斜面 N 的垂直度误差不大于…… 3）测棒 ϕd 的轴线对底平面 A 的平行度误差不大于…… 4）测棒 ϕd 的轴线对两定位键基准面 B 的垂直度误差不大于……
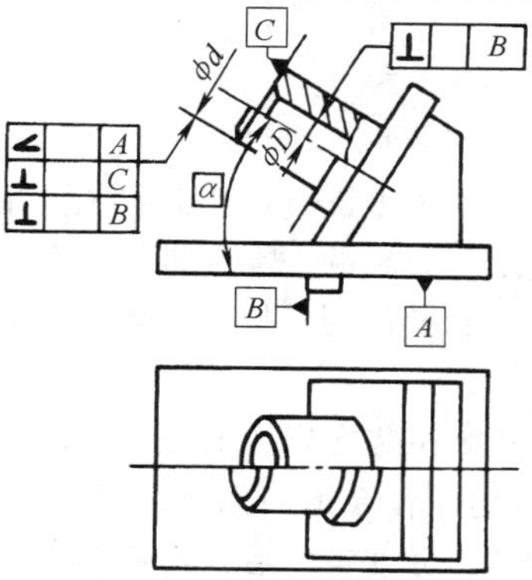	1）$\phi d(\phi D)$ 的轴线对底平面 A 的倾斜度误差不大于…… 2）$\phi d(\phi D)$ 的轴线对 C 面的垂直度误差不大于…… 3）$\phi d(\phi D)$ 的轴线（投影在 A 面上）对两定位键基准面 B 的倾斜度误差不大于……

（续）

符号表示	文字表示
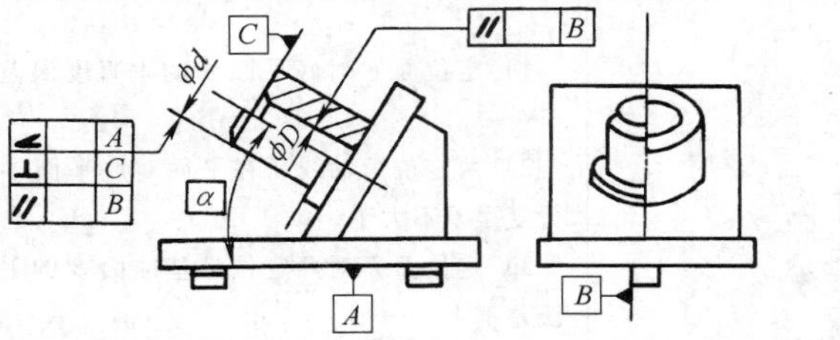	1）$\phi d(\phi D)$的轴线对底平面A的倾斜度误差不大于…… 2）$\phi d(\phi D)$的轴线对C面的垂直度误差不大于…… 3）$\phi d(\phi D)$的轴线（投影在A面上）对两定位键基准面B的平行度误差不大于……

2. 铣床夹具类型结构举例

（1）铣削盖板平面用夹具（见图2-2-30）。盖板置于三个支承钉1上以周边定位。推动手柄5使浮动支承4接触工件，旋转手柄通过钢球锁紧斜楔，使浮动支承变为固定支承；然后旋紧螺母3使压板带齿槽的15°斜面压紧工件，工件不致向上抬起。

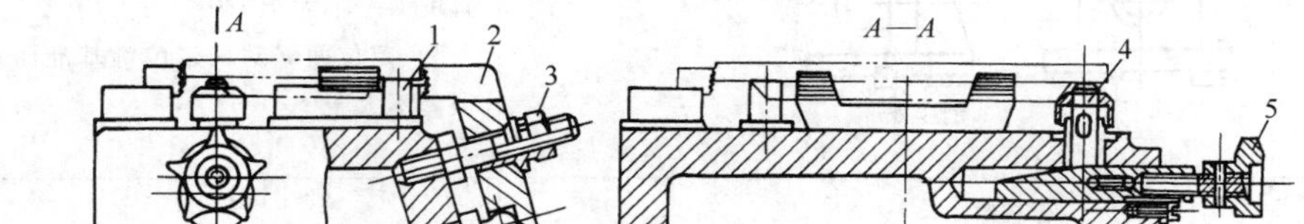

图2-2-30 铣削盖板平面用夹具

1—支承钉 2—压板 3—螺母 4—浮动支承 5—手柄

（2）铣削环形工件槽用夹具（见图2-2-31）。工件以内孔在心轴2上定位，用螺母4和开口垫圈3夹紧。心轴在夹具底座1上依靠孔和顶尖固定。心轴的一端为带分度孔的法兰盘，通过手柄5操纵定位销6进行对定。心轴可以制造两件，轮换使用，提高工效。不同等分和尺寸的工件可调换心轴，适于中小批量生产。

（3）连杆切开用夹具（见图2-2-32）。将四根连杆顺序装在定位心轴1、4、5上，插上开口垫圈2，拧紧螺母3，将连杆夹紧；切开一侧面后，将工作台退回原位，扳动手柄6使插销7脱开分度盘8，用手轮9将心轴连同工件一起回转180°，分度定位后，再铣切另一侧。

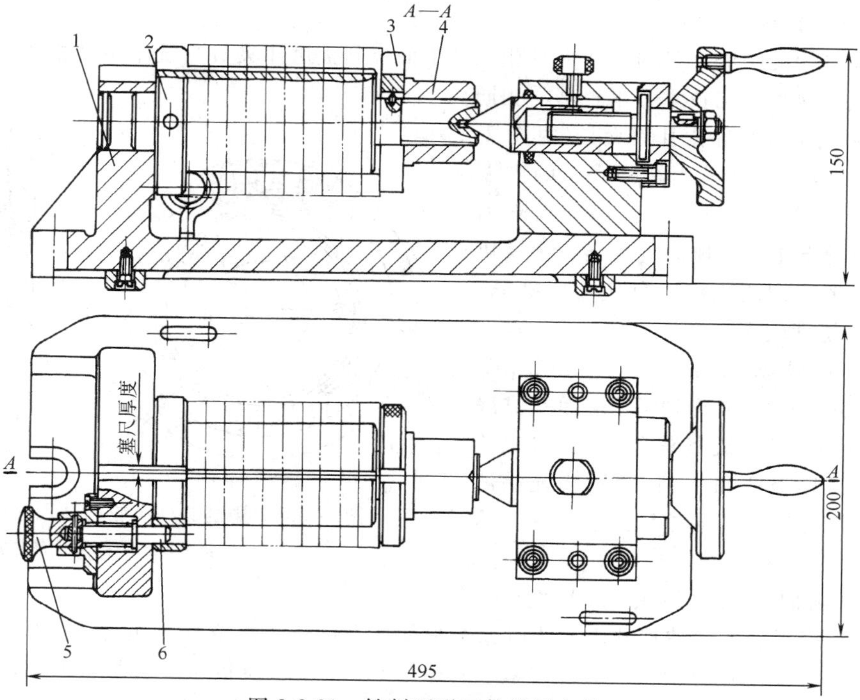

图 2-2-31　铣削环形工件槽用夹具

1—底座　2—心轴　3—开口垫圈　4—螺母　5—手柄　6—定位销

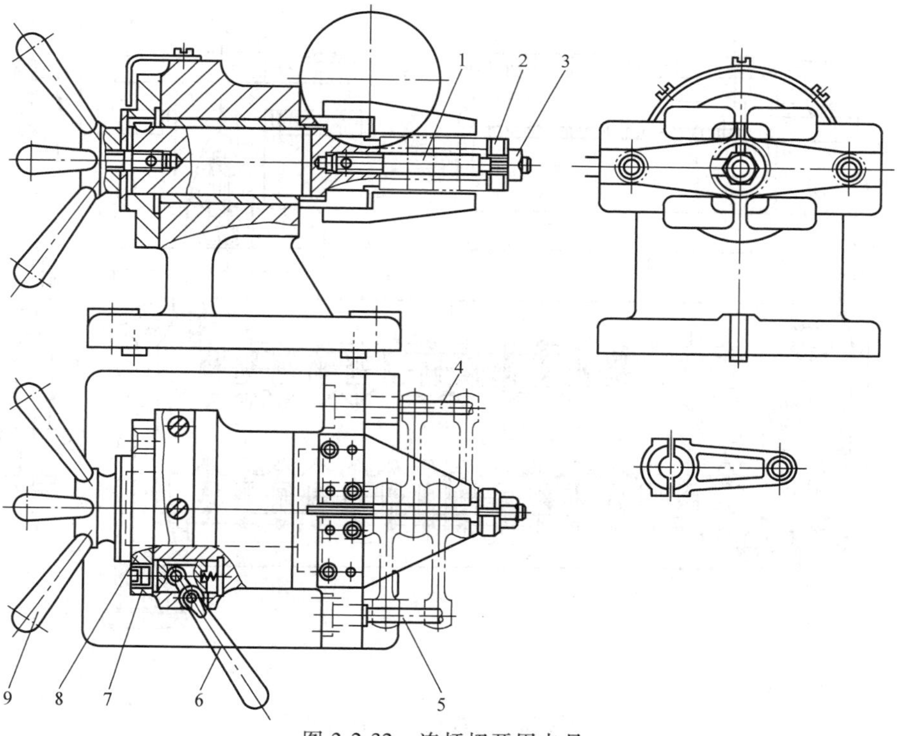

图 2-2-32　连杆切开用夹具

1、4、5—心轴　2—开口垫圈　3—螺母　6—手柄　7—插销　8—分度盘　9—手轮

2.3.4.5　磨床夹具

磨床夹具中的圆磨夹具与车床夹具相似，平面、斜面磨床夹具与铣床夹具相似。因此，夹具设计要点、典型结构技术要求也基本相同。

（1）磨削圆柱齿轮内孔用夹具（见图2-2-33）　工件以齿面和端面在外壳1的内端面和三个钢球3上定位。将工件套入隔离罩4内的钢球3上后，顺时针旋转，由楔块2上的阿基米德螺旋面将工件定心、夹紧。该夹具定心精度较高。

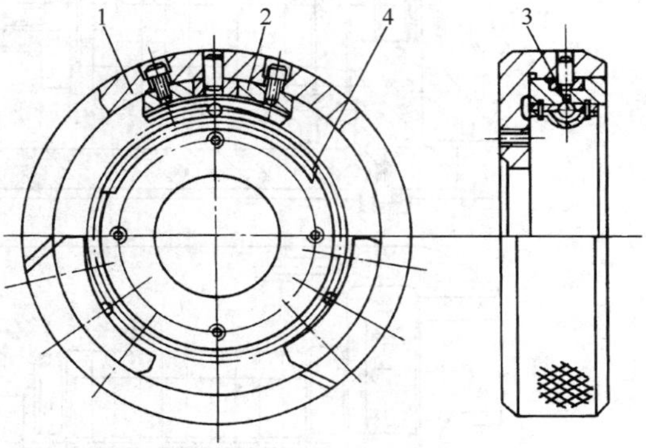

图2-2-33　磨削圆柱齿轮内孔用夹具

1—外壳　2—楔块　3—钢球　4—隔离罩

（2）磨削柱塞端面用夹具（见图2-2-34）　工件分别放入V形块6，端面紧靠底板2进行轴向定位。旋紧螺母1，通过螺栓7拉紧两铰链压板3和4。因压板内充满液性塑料，可以使每个压块5压紧工件，达到多件夹紧的目的。

（3）磨削曲轴拐颈用夹具（见图2-2-35）　该夹具用于磨削曲轴拐颈，工件通过V形架3上的支承板6作为主定位支承，由防转块1或4作为防转支承进行定位。通过拧紧带肩螺母5，经U形压板9带动摆动压块8夹紧工件。

磨削完下面两拐颈后，将工件转180°，即可磨削上面两拐颈。

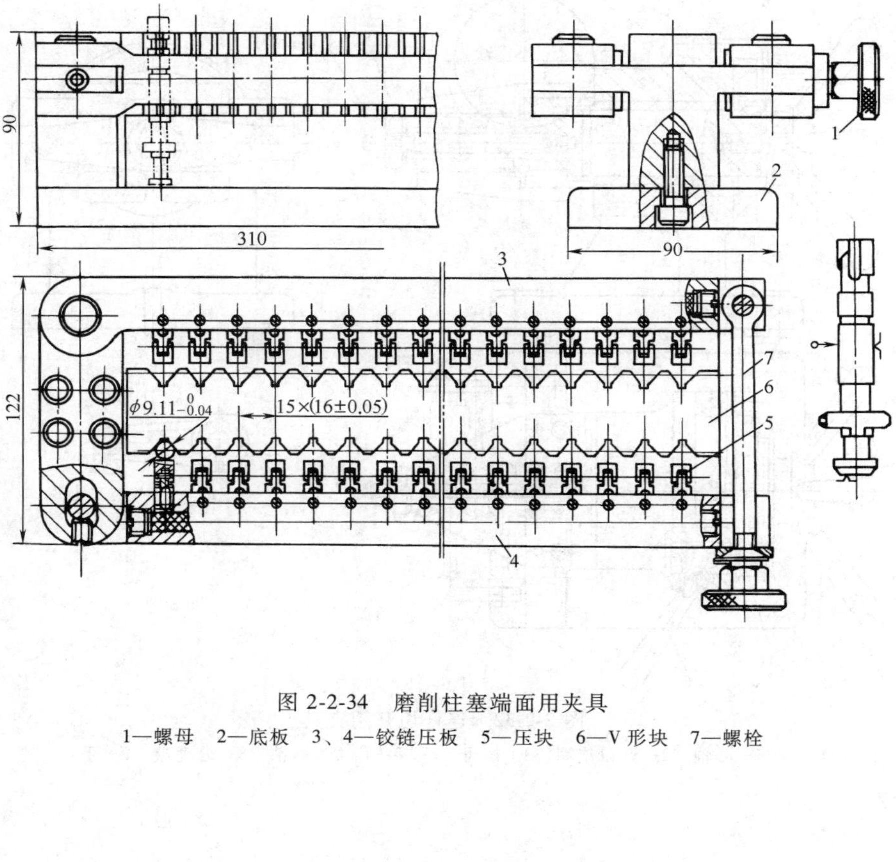

图2-2-34　磨削柱塞端面用夹具

1—螺母　2—底板　3、4—铰链压板　5—压块　6—V形块　7—螺栓

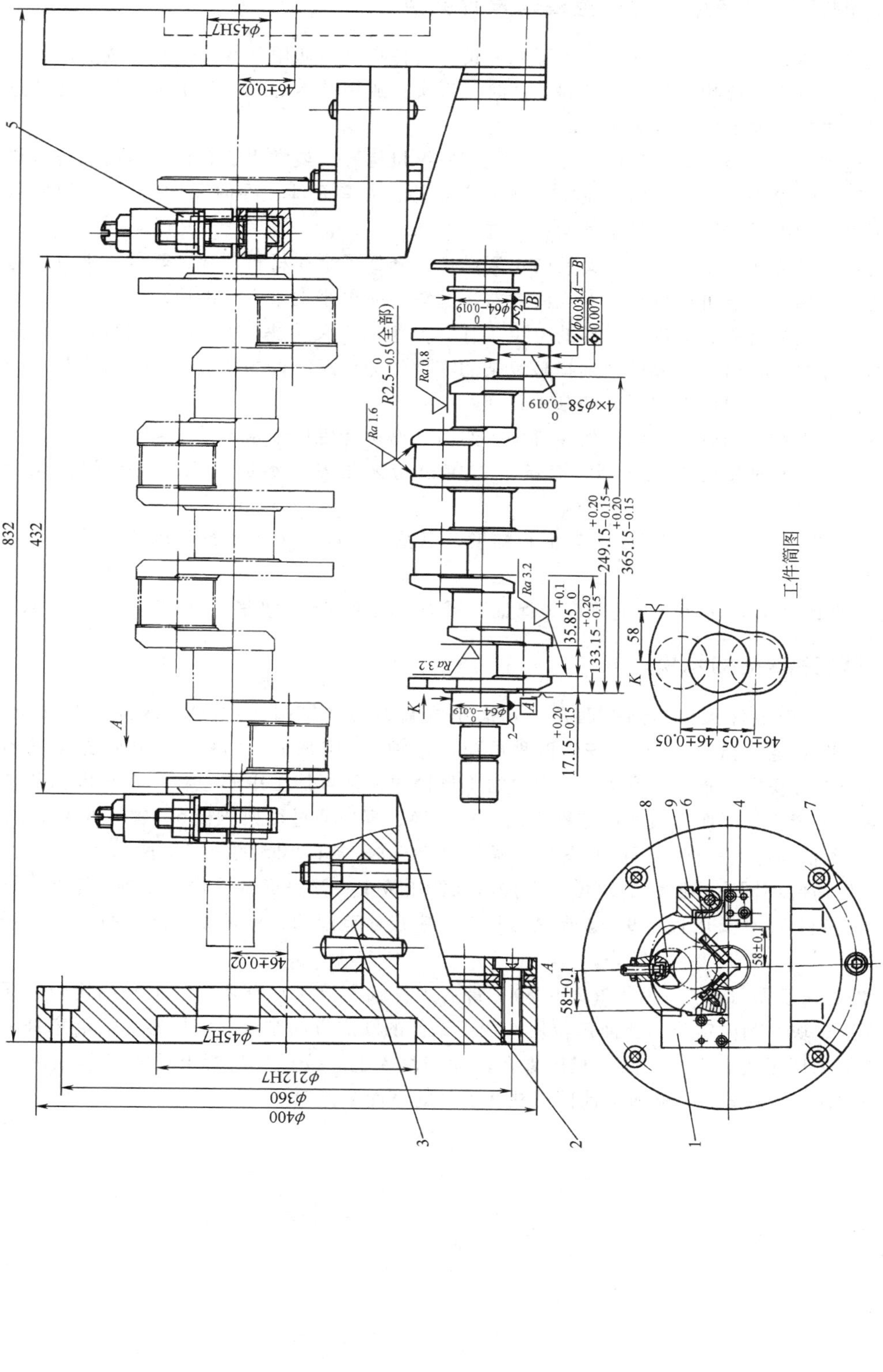

图 2-2-35　磨削曲轴拐颈用夹具

1、4—防转块　2—过渡块　3—V 形架　5—带肩螺母　6—支承板　7—配重块　8—摆动压块　9—U 形压板

2.4 可调夹具

2.4.1 可调夹具的特点、适用范围与设计要点

通用可调夹具和成组加工夹具都属于可调夹具，其特点是由通用基本部分和可调整部分组成的，当加工一组不同形状及加工要求的工件时，每次在通用基本部分的基础上对某些元件进行更换、调整或附加加工，以组成所需的夹具。

夹具的通用基本部分包括夹具体、传动装置、操纵机构等，最常用的有各类卡盘、各种机用台虎钳、滑柱钻模等，可调整部分主要包括定位元件、夹紧元件、导向元件和对刀元件等，这些元件可以是标准元件，也可以是外购成品件。

可调夹具可以多次使用，减少了夹具的重复设计，降低了金属材料消耗，降低了夹具制造劳动量和制造费用，因此可获得较高的经济效益，适宜多品种小批量生产的应用。

在设计可调夹具之前，应进行零件的分组工作。分组时，要考虑零件的定位和加工特点，以及它们的尺寸参数。由一组零件中选择最复杂的零件作为该组零件的代表件，或者设计一个复合零件，用以代表一组内全部零件的基本特征。

在形成工艺上和生产管理上稳定的零件加工组时，必须考虑以下基本要求：

1）应保证毛坯的几何形状相似，有统一的定位与夹紧方案和加工部位在空间的位置相似。

2）各工件应有相近的加工精度和表面粗糙度，以及刀具在一个工作行程内所切除的余量大致相同。

3）各工件的结构应具有相近的刚度，保证夹紧力的大小和作用点稳定不变。

2.4.2 可调夹具结构示例

1）加工拨叉类零件叉口的圆弧面及一端面用可调夹具（见图2-2-36）。两件同时加工，夹具体1上有四对定位套2，可用于安装四种可换定位轴3，用来加工四种不同中心距L的不同的零件。若将可换定位轴安装在C—C剖面的T形槽内，则可加工中心距在一定范围内的各种零件。可换垫套4及可换压板5按零件不同选用更换，零件通过可换压板5、螺母6夹紧。

2）加工短轴零件上径向孔用可调夹具（见图2-2-37）。夹具体2的上、下两面均设有大、小V形槽，以适应不同直径工件的定位。工件由杠杆压板1夹紧，可调元件为快换钻套5、支承钉板6、钻模板7、8及压板座9。该夹具可加工一定尺寸范围的各种轴类工件上的1~2个径向孔。

3）多件液压铣用可调夹具(见图2-2-38)。带肩工件轴向以T形压块1的上平面定位，无肩工件则以定位块5轴向定位，侧面定位块6用于工件的圆周方向定位。液压缸2的活塞杆经摆动压板3将T形压块1连同工件一起压紧在转动挡块4上。按工件的要求更换T形压块1、定位块5和侧面定位块6，即可加工各种圆柱状工件的平面或槽等。

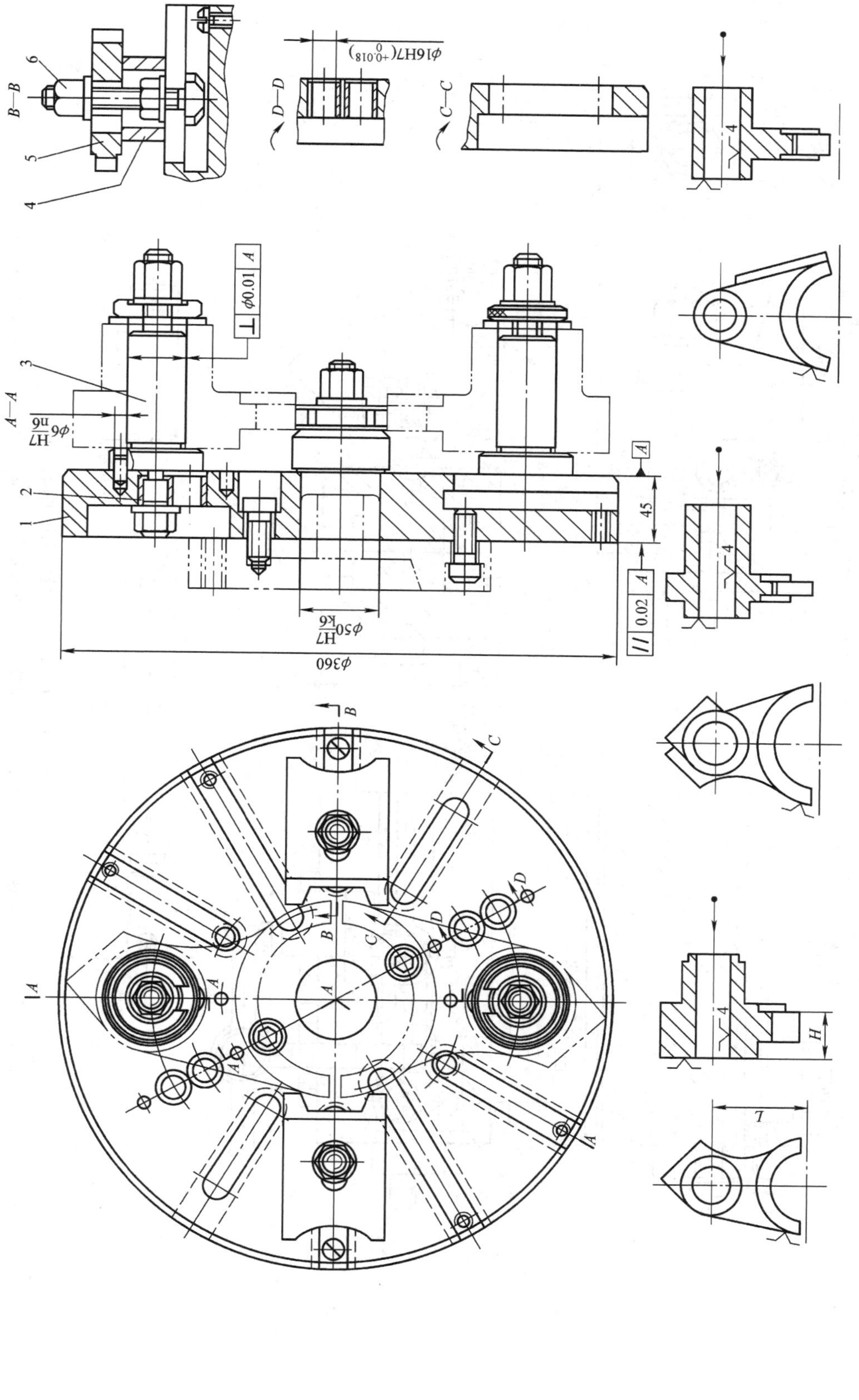

图 2-2-36　加工拨叉类零件用可调夹具

1—夹具体　2—定位套　3—可换定位轴　4—可换垫套　5—可换压板　6—螺母

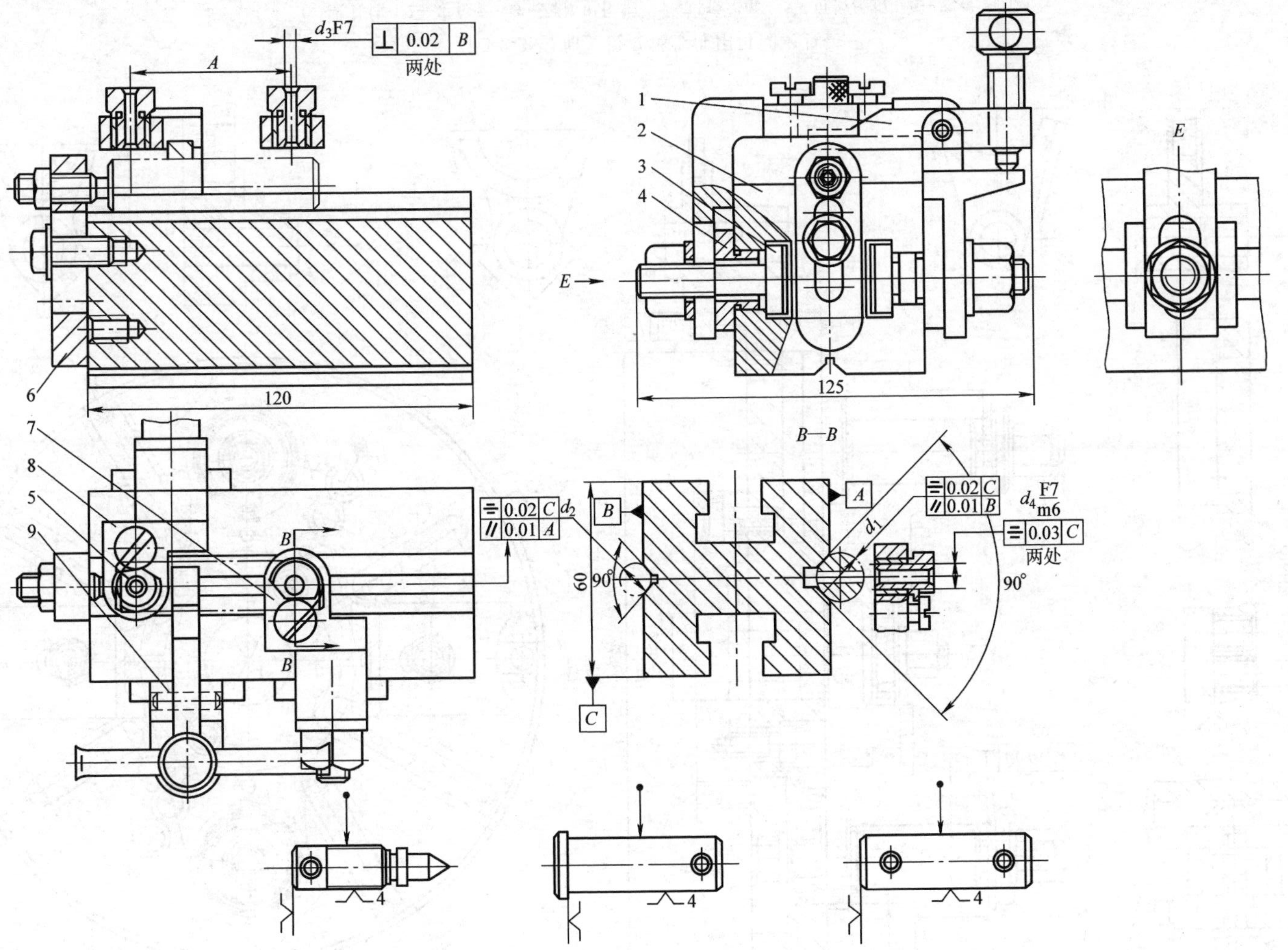

图 2-2-37 加工短轴零件上径向孔用可调夹具

1—杠杆压板 2—夹具体 3—T形螺栓 4—十字滑块 5—快换钻套 6—支承钉板 7、8—钻模板 9—压板座

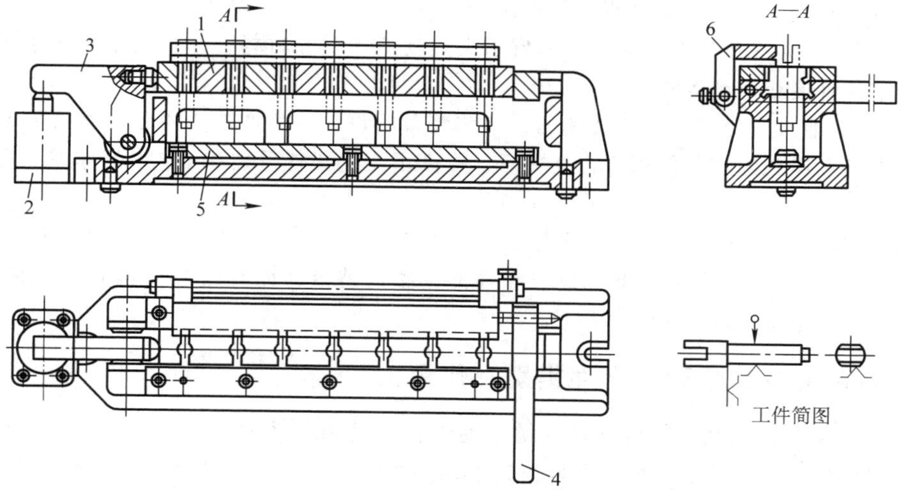

图 2-2-38　多件液压铣用可调夹具

1—T 形压块　2—液压缸　3—摆动压板　4—转动挡块　5—定位块　6—侧面定位块

2.5　组合夹具

2.5.1　组合夹具的使用范围与经济效果

（1）组合夹具的使用范围　组合夹具的使用范围十分广泛。由于组合夹具灵活多变和使用方便，最适宜多品种小批量生产和新产品试制使用。对于成批生产，可利用组合夹具代替临时短缺的专用夹具，以满足急需。随着组合夹具组装技术的提高，成批生产中使用组合夹具也取得较好效果，其代替专用夹具率可达 30%左右。

从使用的设备和工艺方法看，组合夹具元件可以组装成车、钻、镗、铣、刨等加工用的机床夹具，也可组装成检验、装配和焊接等用的夹具。组合夹具可达到的加工精度见表 2-2-112。

表 2-2-112　组合夹具可达到的加工精度

夹具类型	精度项目	可达到的加工精度/mm
钻床组合夹具	钻铰两孔的位置度	0.05
	钻铰两孔的平行度	0.05/100
	钻铰两孔的垂直度	0.05/100
	钻铰圆周孔的位置度	0.03
	钻铰上、下两孔的同轴度	0.03
	钻铰孔与底面的垂直度	0.05/100
	钻铰斜孔的角度误差	±2′
镗床组合夹具	镗两孔的位置度	0.02
	镗两孔的平行度	0.01/200
	镗两孔的垂直度	0.01/200
	镗前后两孔的同轴度	0.01
铣、刨床组合夹具	加工平面的平行度	0.03/100
	加工斜面及斜孔的角度误差	2′

（2）使用组合夹具的经济效果　使用组合夹具的经济效果主要体现在以下四个方面。

1）使用组合夹具代替专用夹具，节省了夹具制造工时和材料，并且由于省去了划线而提高了生产率，直接获得经济效益。

2）中小企业技术力量一般比较薄弱，工艺装备的设计、生产能力不足，在开发新产品和正常生产中经常遇到困难。使用组合夹具后，提高了工艺装备系数和工艺装备水平，促进了生产的发展。

3）在开发新产品中，由于不需重新设计、制造夹具，生产准备周期大幅度缩短。

4）由于组合夹具具有可以重新组装和局部调整的特点，而且组合夹具的元件精度较高，容易满足加工要求，可以保证产品质量。

2.5.2　组合夹具的系列、元件类别及作用

（1）组合夹具的系列　组合夹具分槽系列组合夹具和孔系列组合夹具，我国广泛使用的多是槽系列组合夹具。槽系列组合夹具按其承载能力的大小分为三种系列：16mm 槽系列，俗称大型组合夹具；12mm 槽系列，俗称中型组合夹具；8mm、6mm 槽系列，俗称小型组合夹具。其划分的依据主要是连接螺栓的直径、定位键槽尺寸和支承件截面尺寸。

（2）槽系列组合夹具元件的类别及作用（见表 2-2-113）

表 2-2-113　槽系列组合夹具元件的类别及作用

类　别	部分元件简图	作　用
基础件	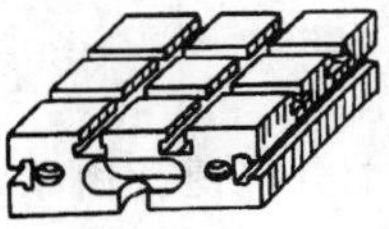 方基础板 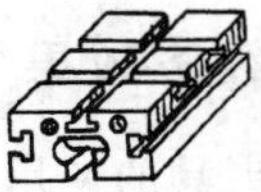 长方基础板 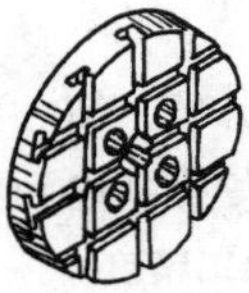 圆基础板  基础角铁	夹具的基础元件
支承件	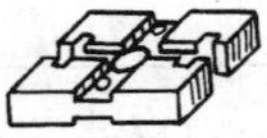 方支承 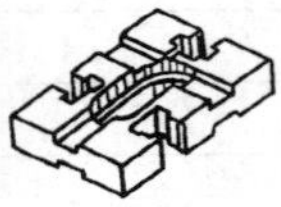 长方支承 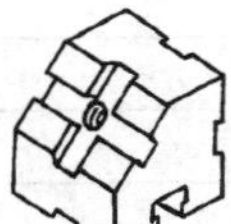 角度支承  加肋角铁	夹具骨架的元件

（续）

类　　别	部分元件简图	作　　用
定位件	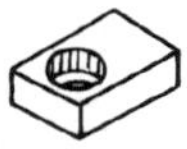 平键 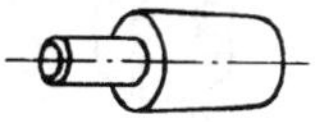 圆定位销 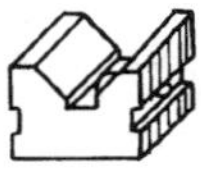 V形支承  方定位支座	元件间定位和工件正确安装用的元件
导向件	 快换钻套 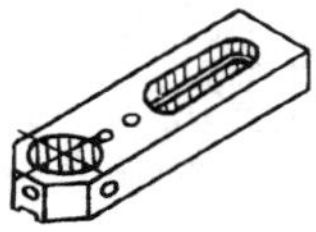 钻模板 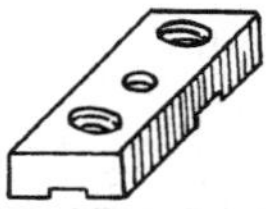 中孔钻模板 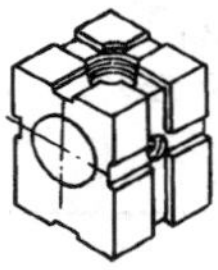 镗孔支承	在夹具上确定切削工具位置的元件
压紧件	 平压板 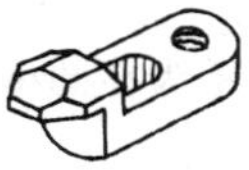 弯压板 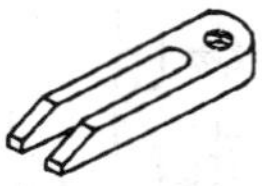 U形压板 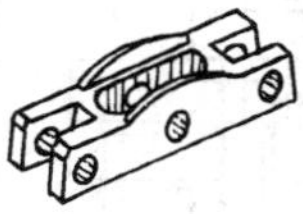 关节压板	压紧元件
紧固件	 圆螺母 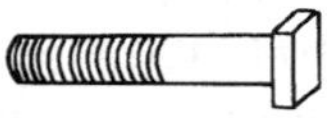 槽用螺栓  定位螺钉 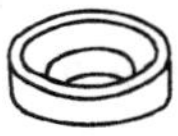 凹球面垫圈	紧固元件

（续）

类　别	部分元件简图	作　用
其他件	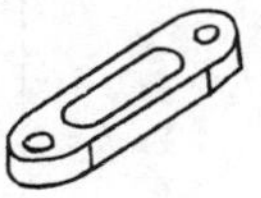 连接板 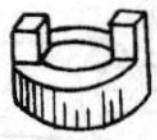 二爪支承  顶尖  平衡块	在夹具中起辅助作用的元件
合件	 顶尖座 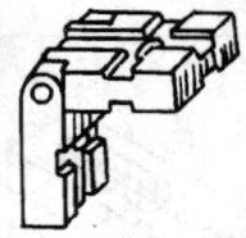 折合板  侧支钉  关节叉头	用于分度、导向、支承等的组合件

2.5.3 组合夹具典型结构举例

2.5.3.1 钻床组合夹具

（1）固定式钻床组合夹具　图2-2-39所示为在圆柱轴上钻削一径向孔用固定式钻床组合夹具。

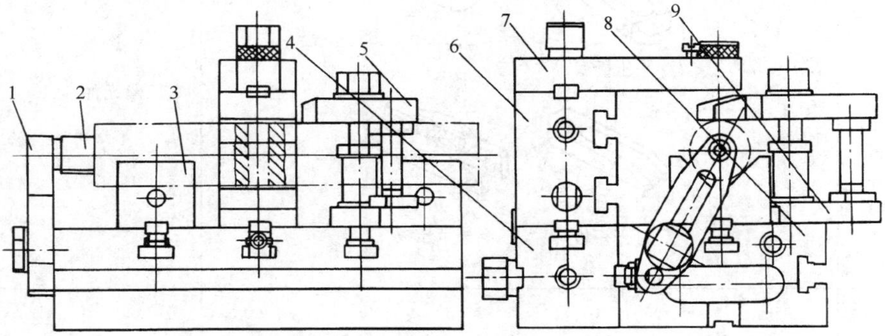

图2-2-39　固定式钻床组合夹具

1—连接板　2—平面支钉帽　3—V形支承　4、6—长方支承　5—伸长压板　7—钻模板　8—基础板　9—平压板

（2）移动式钻床组合夹具　如图2-2-40所示，钻床组合夹具中的方形支承在基础板上可平行移动，将工件装夹在方支承上紧固，并利用方支承的槽距40mm，通过定位心轴进行尺寸控制，加工6×ϕ9mm通孔。

（3）翻转式钻床组合夹具　图2-2-41所示为180°翻转式钻床组合夹具，用于加工支架上180°方向上相对的$\phi12^{+0.05}_{0}$mm孔，当一个方向上的两孔钻削完成后，将钻床组合夹具翻转180°就可钻另一方向上的两个孔。

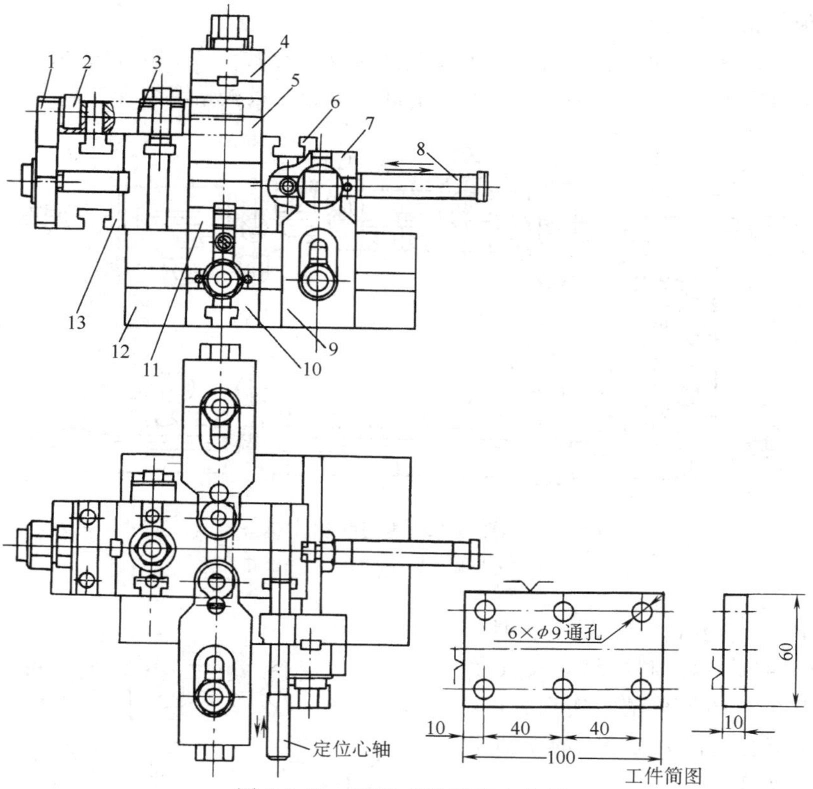

图 2-2-40　移动式钻床组合夹具

1—连接板　2—平面支钉帽　3—平压板　4、7、9—钻模板　5、10、11—长方支承　6、13—方支承　8—滚花手柄　12—基础板

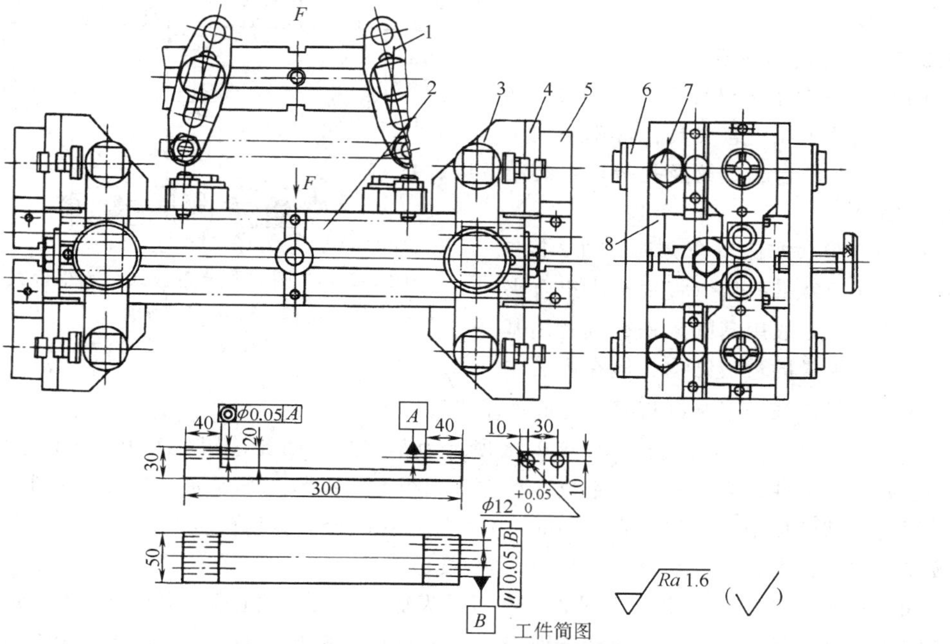

图 2-2-41　180°翻转式钻床组合夹具

1—连接板　2—伸长板　3—加肋角铁　4—长方支承　5—钻模板　6—回转压板　7—平面支钉帽　8—方支承

(4) 盖板式钻床组合夹具

1) 图 2-2-42 所示为用组合夹具元件组装的直线坐标盖板式钻床组合夹具。

2) 图 2-2-43 所示为用组合夹具元件组装的圆周等分盖板式钻床组合夹具。

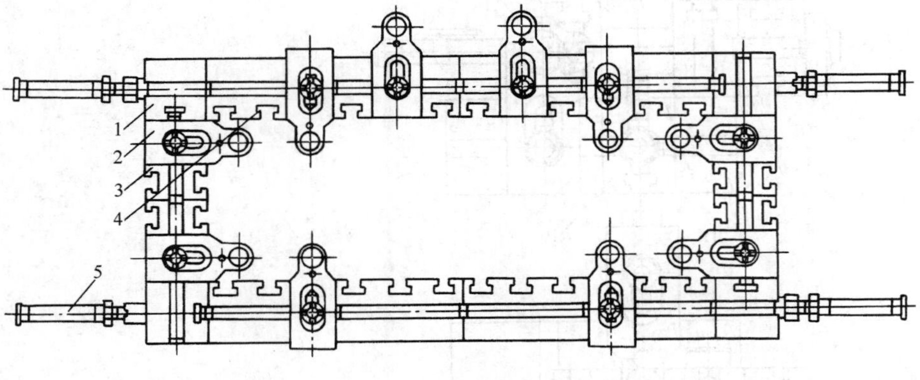

图 2-2-42 直线坐标盖板式钻床组合夹具

1、3、4—方支承 2—钻模板 5—滚花手柄

(5) 回转式(分度式)钻床组合夹具

1) 图 2-2-44 所示为利用组合夹具元件中的圆形基础板的等分槽来实现分度,对工件端面圆周孔进行钻削加工的立轴回转式钻床组合夹具。

2) 图 2-2-45 所示为利用工件已加工的孔自行定位分度,钻削径向等分孔的钻床组合夹具。

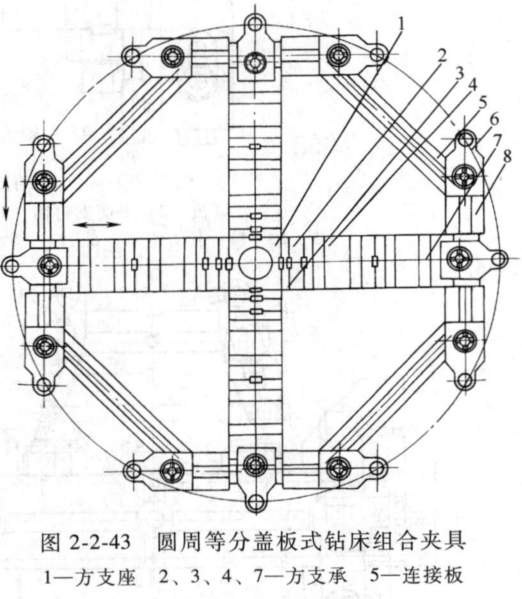

图 2-2-43 圆周等分盖板式钻床组合夹具

1—方支座 2、3、4、7—方支承 5—连接板 6—钻模板 8—长方支承

2.5.3.2 车床组合夹具

(1) 一般性车床组合夹具 图 2-2-46 所示为一般性车床组合夹具,常用来加工工件的平面、凸台、螺纹及孔等。组装结构比较简单。

(2) 弯板式车床组合夹具 图 2-2-47 所示为车削活塞横孔用弯板式车床组合夹具。组装时,一般用基础角铁,或者用基础板与支承组成的弯板结构,但在组装中应注意弯板平面与圆形基础板平面之间的垂直度。

(3) 移动式车床组合夹具 图 2-2-48 所示为车削泵体两孔(孔距为 $30^{+0.02}_{0}$mm)用移动式车床组合夹具。工件以底面和外圆定位在长方基础板上并夹紧。车削完一孔后,工件与长方基础板一同沿圆基础板中间槽移动距离 30mm(用长方基础板上的钻模板与固定在圆基础板上的钻模板和一偏心钻模板控制尺寸),再车削另一孔。

(4) 回转式车床组合夹具 图 2-2-49 所示为加工一泵体偏心孔(偏心距为 45mm±0.01mm)用回转式组合夹具。工件以凸台和端面定位在小圆基础板上并夹紧,小圆基础板与大圆基础板有 (22.5±0.01) mm 的偏心组合,即形成距工件旋转中心为 (22.5±0.01) mm 的偏心距。这样加工完一孔后，将夹持工件的圆基础板回转 180°，定位夹紧后，即可加工另一孔。

（5）角度式车床组合夹具　图 2-2-50 所示为角度式车床组合夹具。当被加工工件的主基准面与凸台或孔成一夹角时，常采用这种组装结构。

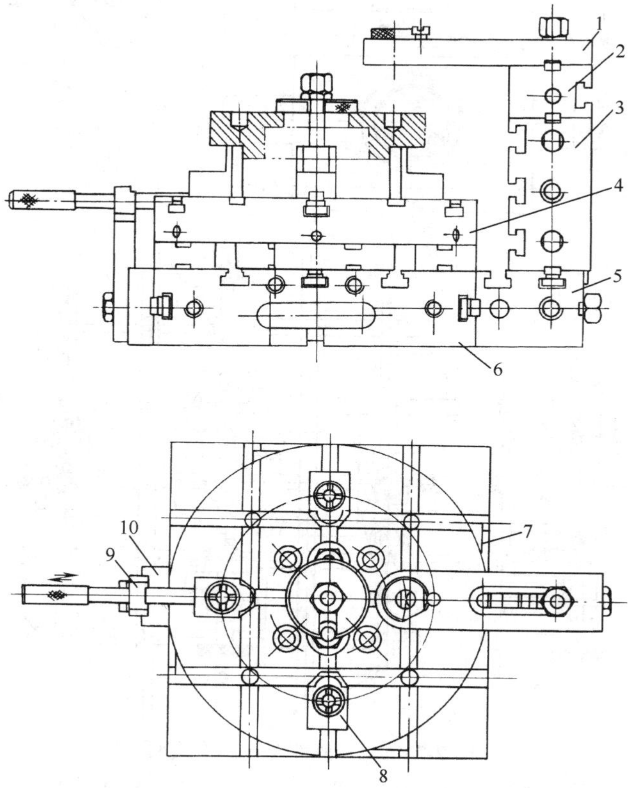

图 2-2-44　立轴回转式钻床组合夹具

1、9—钻模板　2、3、5—长方支承　4—圆基础板　6—基础板

7—紧固支承　8—可调定位支承　10—导向支承

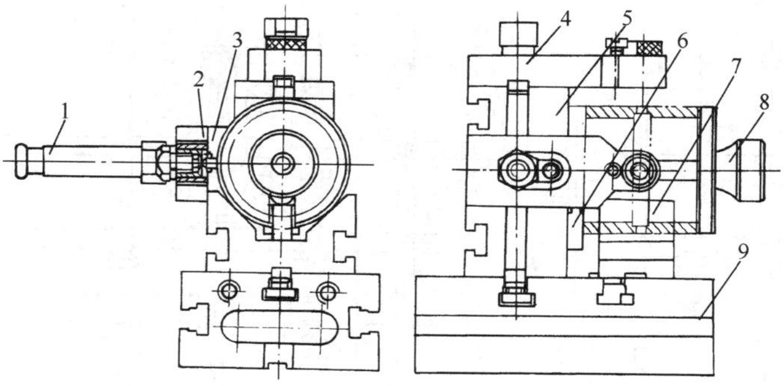

图 2-2-45　分度式钻床组合夹具

1、8—滚花手柄　2、4—钻模板　3—长方支承　5—方支承

6—紧固支承　7—V 形支承　9—长方基础板

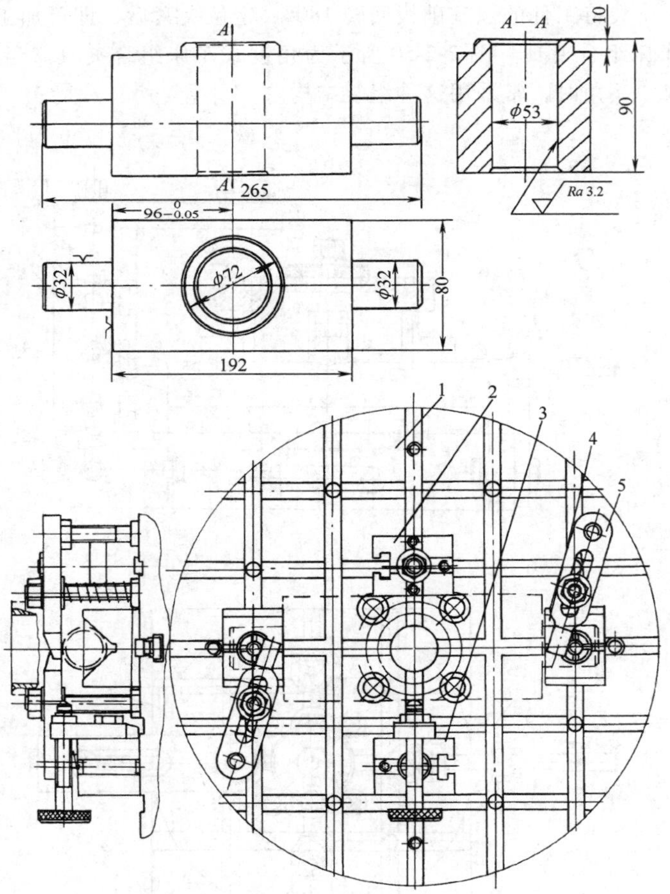

图 2-2-46　一般性车床组合夹具

1—圆基础板　2、3—长方支承　4—V 形支承　5—伸长压板

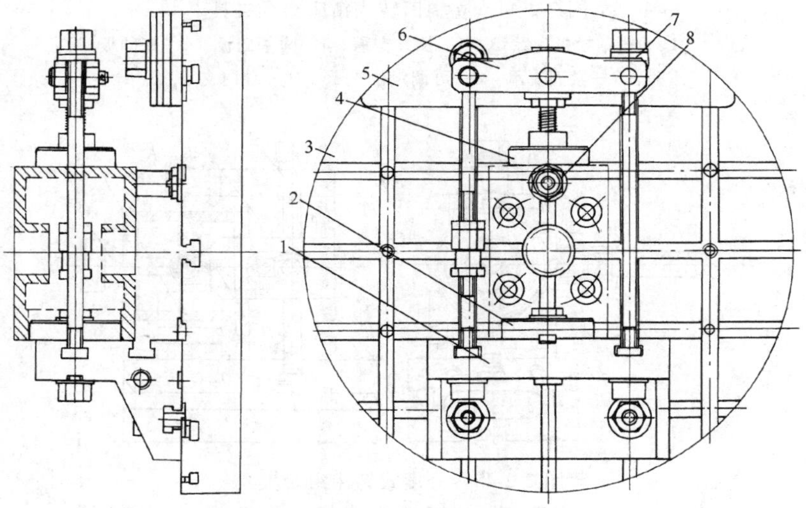

图 2-2-47　弯板式车床组合夹具

1—宽角铁　2—圆定位盘　3—圆基础板　4—摆动头　5—平衡铁　6—铰链压板　7—球面垫圈　8—厚圆螺母

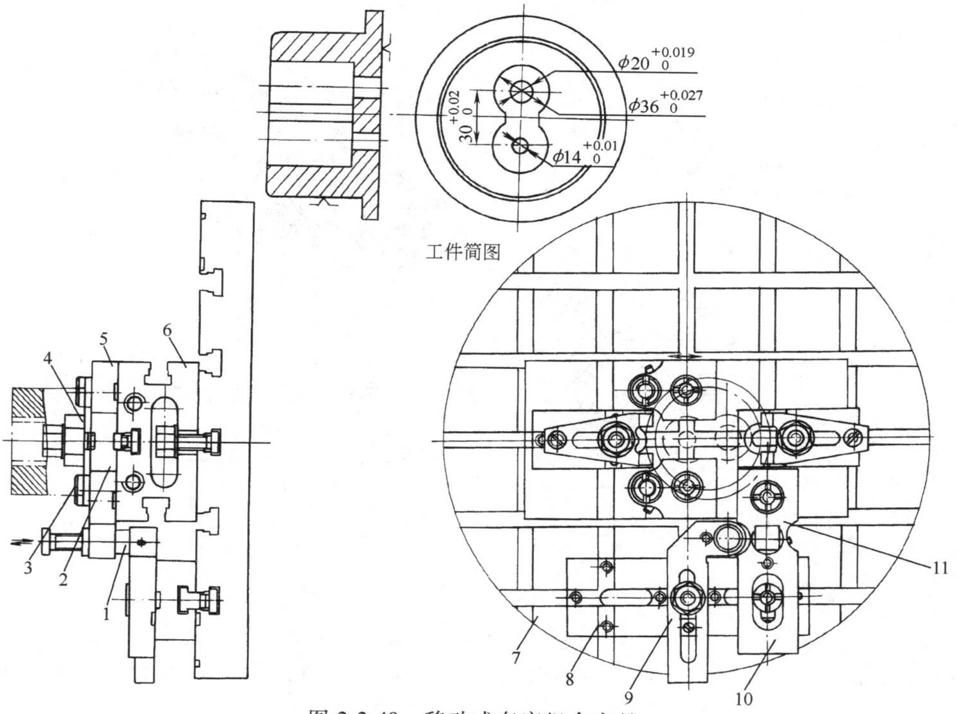

图 2-2-48　移动式车床组合夹具

1、3—圆定位销　2—紧固支承　4—叉压板　5、10、11—钻模板　6—长方基础板　7—圆基础板　8—伸长板　9—偏心钻模板

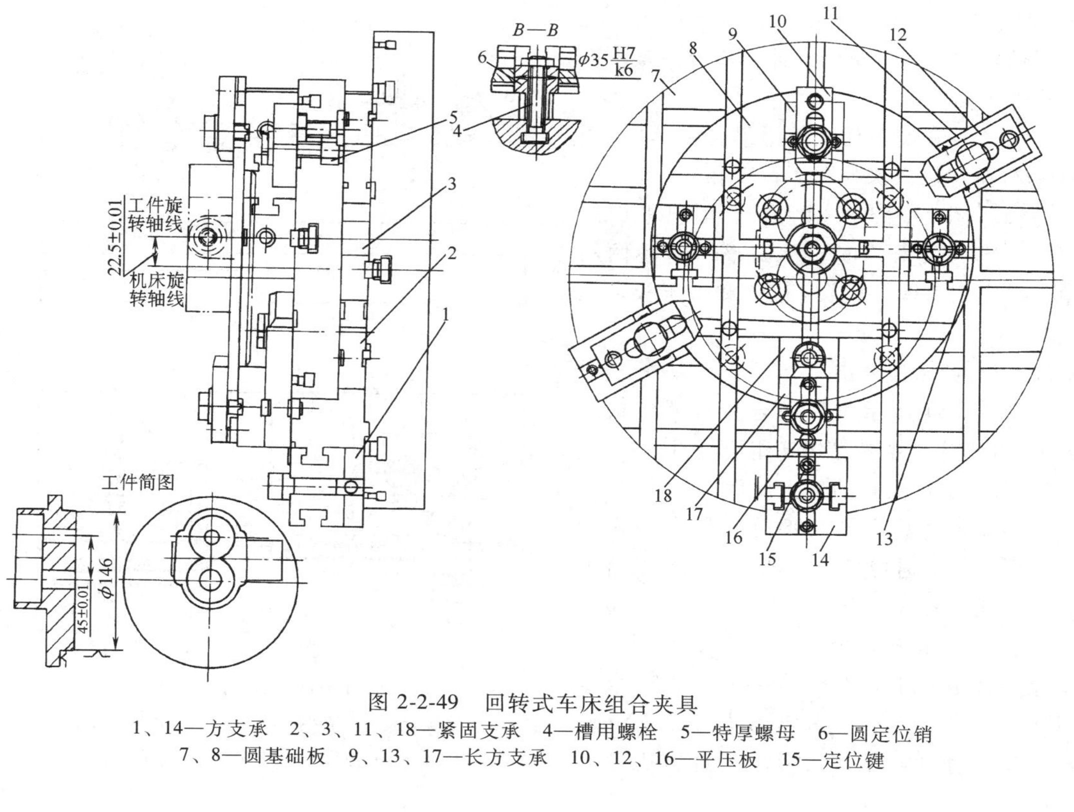

图 2-2-49　回转式车床组合夹具

1、14—方支承　2、3、11、18—紧固支承　4—槽用螺栓　5—特厚螺母　6—圆定位销　7、8—圆基础板　9、13、17—长方支承　10、12、16—平压板　15—定位键

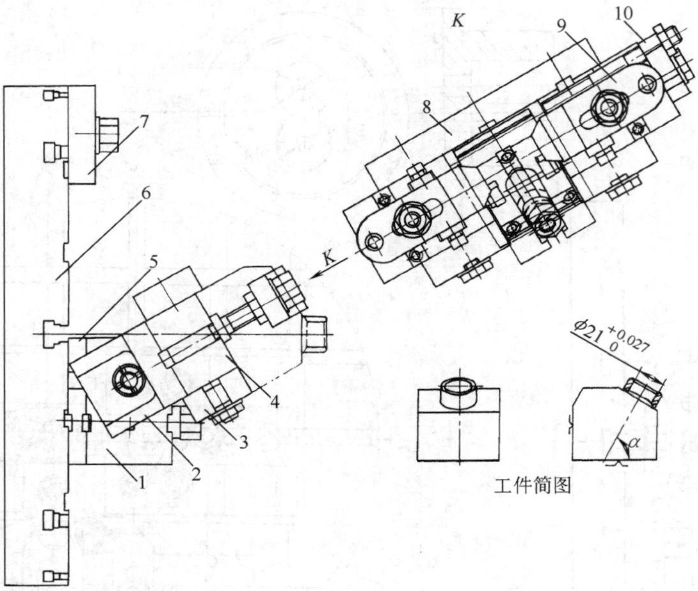

图 2-2-50　角度式车床组合夹具

1、3~5—长方支承　2—加肋角铁　6—圆基础板　7—平衡铁　8—中孔钻模板　9—弯压板　10—连接板

2.5.3.3　铣、刨床组合夹具

（1）杠杆类工件铣平面用组合夹具（见图 2-2-51）　工件以一平面和一圆柱销、一菱形销定位，开口垫圈或伸长压板夹紧，铣削耳部平面。

（2）杠杆类工件铣槽用组合夹具（见图 2-2-52）　定位方法与图 2-2-51 相同。

（3）图 2-2-53 所示为铣、刨斜平面用组合夹具。采用角度支承调整所需的倾斜角，以支承角铁、T 形定位键和平压板定位夹紧。

2.5.3.4　镗床组合夹具

图 2-2-54 所示为用组合夹具元件组装的 C618 车床、主轴箱镗床组合夹具。

2.5.3.5　组合夹具的扩大使用

用组合夹具元件与部分自制专用件结合，可组装出通用可调夹具，这也是组合夹具扩大使用的一个方面。

（1）三爪分度合件　图 2-2-55 所示为由通用自定心卡盘和组合夹具元件结合组成的三爪分度合件。只需参考图 2-2-56 制作一专用分度心轴，然后用元件方支座和

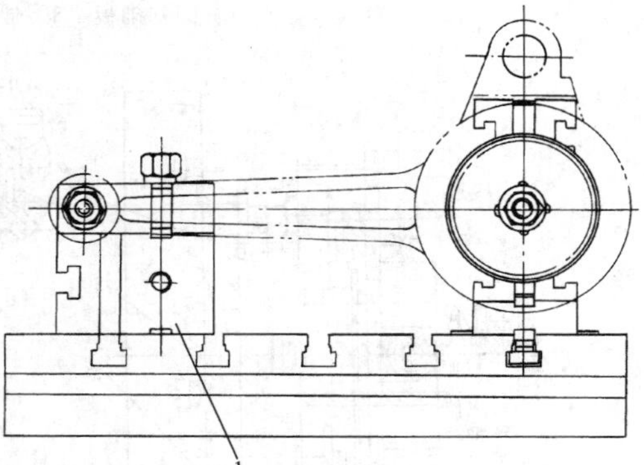

图 2-2-51　铣平面用组合夹具

1—长方支承　2—菱形定位销　3—长方基础板　4—定位支承　5—方支承　6—圆定位盘

支承件组装起来即可。心轴分度部分可根据需要加工成 5、6、8、10 等各种不同等分孔距或不同角度孔距；孔的分布位置可根据需要制成单排或双排，使用时只需调整导向部分即可。按自定心卡盘的不同规格，可制成大、小不同几种合件。这类合件适用于轴、套、盘类零件端面孔或槽等的加工。

（2）简易分度圈合件　图 2-2-57 所示为用自制简易分度圈（见图 2-2-58）与组合夹具圆基础板结合组成的简易分度结构。其特点是克服了组合夹具分度元件的局限性（组合夹具圆基础板只有 4、6、8 等分），并无须调整分度坐标，简化了组装结构，节省了组装时间。加工不同零件时可在圆基础板上布置不同的定位、夹紧装置。与圆基础板配合的分度圈，可根据需要制成不同等分进行分度。这类合件适用于较大盘、盖类零件端面孔的加工。

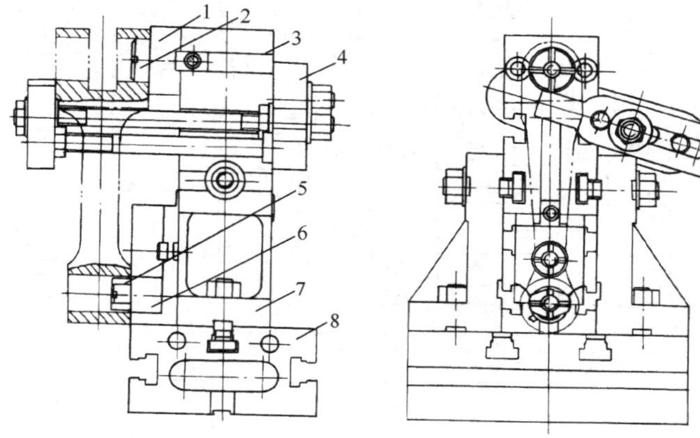

图 2-2-52　铣槽用组合夹具

1—中孔钻模板　2—圆定位销　3—方支承　4—伸长压板　5—菱形销
6—钻模板　7—支撑角铁　8—长方基础板

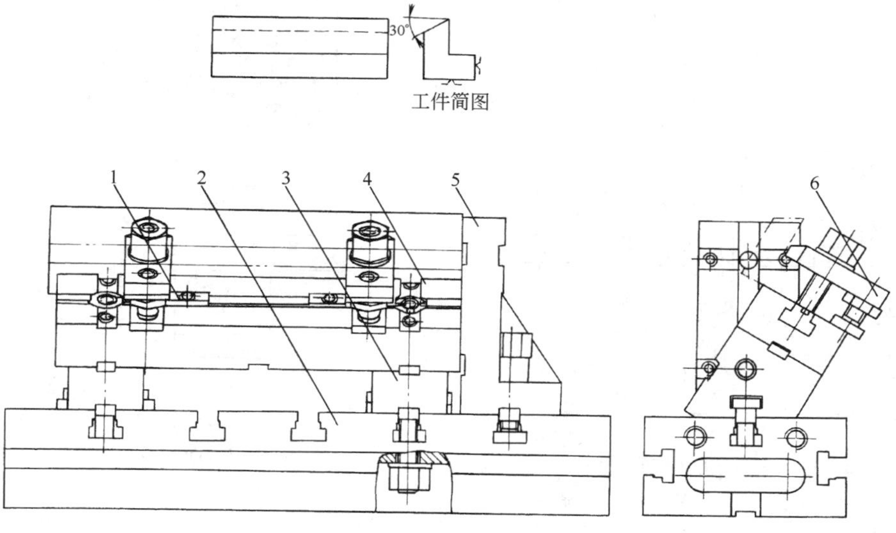

图 2-2-53　铣、刨斜平面用组合夹具

1—T 形定位键　2—长方基础板　3—角度支承　4—伸长板　5—支撑角铁　6—平压板

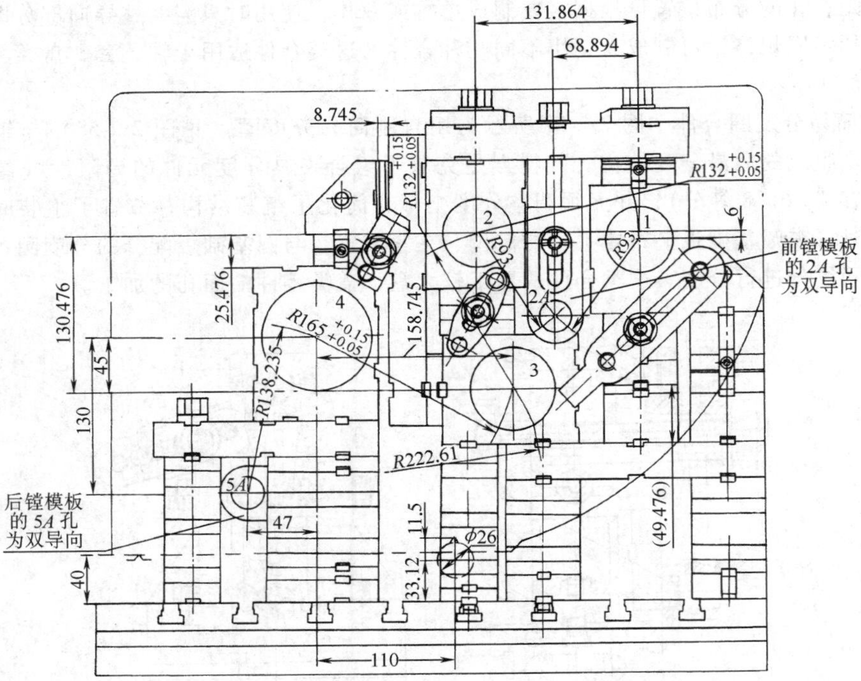

图 2-2-54　C618 车床、主轴箱镗床组合夹具

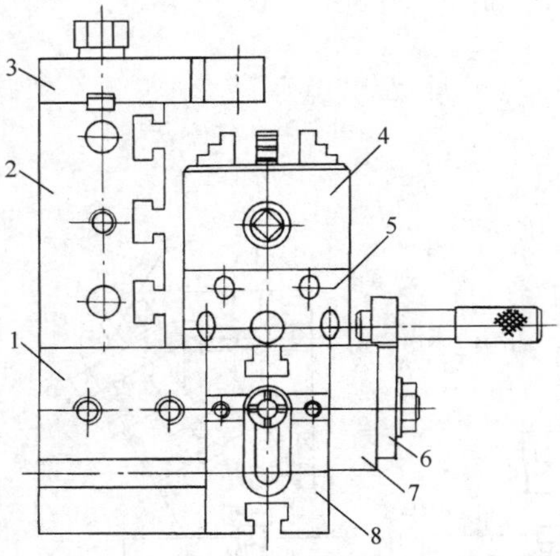

图 2-2-55　三爪分度合件

1、2、8—支承　3、6—钻模板　4—通用自定心卡盘　5—分度心轴　7—导向支承

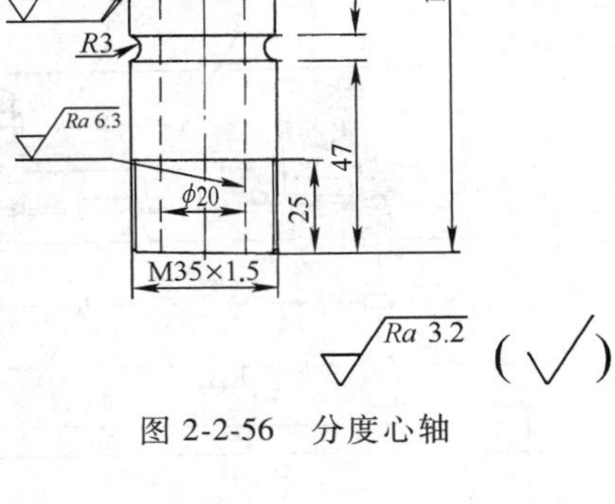

图 2-2-56　分度心轴

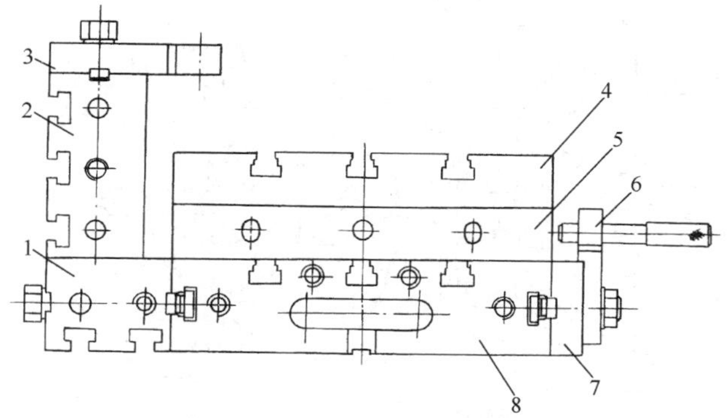

图 2-2-57　简易分度圈合件

1、2—支承　3、6—钻模板　4—圆基础板　5—分度圈　7—导向支承　8—基础板

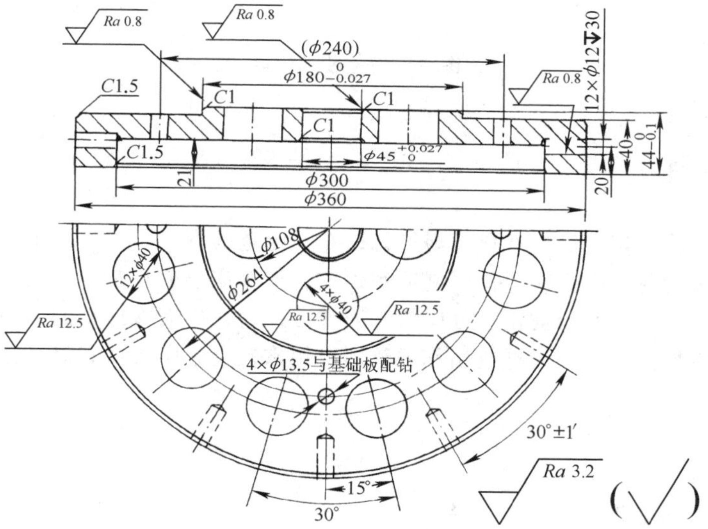

图 2-2-58　分度圈

（3）分度头分度合件　图 2-2-59 所示为用分度头和组合夹具元件结合组装成的分度头分度合件。其特点是只需根据不同分度头规格和圆基板“止口”尺寸配制一过渡接盘（见图 2-2-60）即可。加工不同零件时可在圆基础板上布置不同的定位、夹紧装置。它可以解决各种精度较高，角度特殊的分度问题，并可根据需要用于垂直、水平或任意角度的分度。

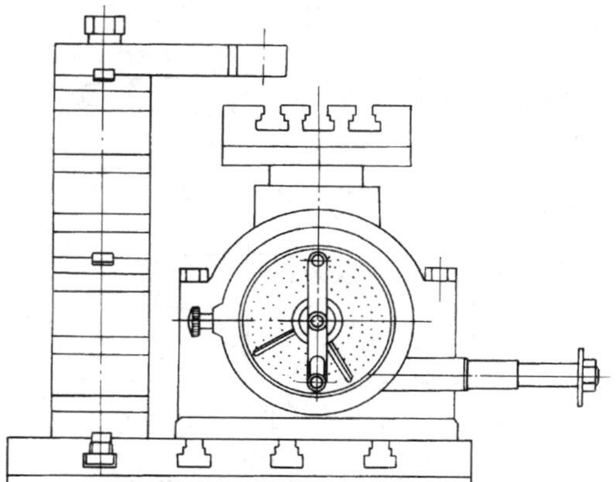

图 2-2-59　分度头分度合件

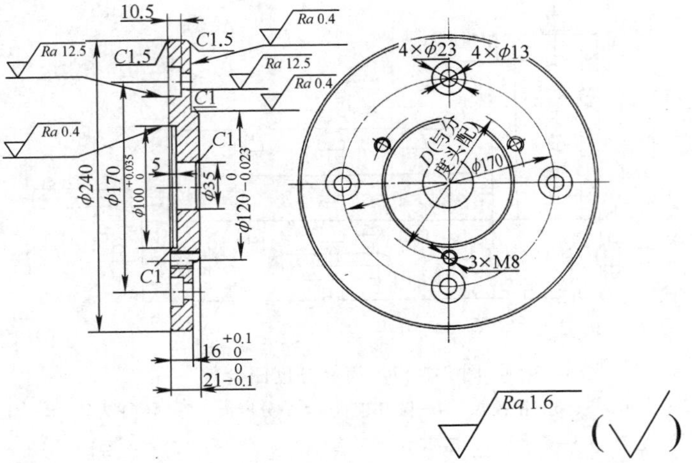

图 2-2-60　过渡接盘

2.6　通用夹具

通用夹具指结构、尺寸已标准化、规格化，在一定范围内可用于加工不同工件的夹具。这类夹具已作为机床的附件由机床附件厂制造和供应，如车床上的自定心卡盘、单动卡盘、顶尖和鸡心夹头；铣床上的平口台虎钳、分度头和回转工作台；平面磨床上的磁力工作台等。这类夹具的特点是适应性强，无须调整或稍作调整即可用来装夹一定形状和尺寸范围的工件。

2.6.1　顶尖

2.6.1.1　固定顶尖

（1）固定顶尖的型式（见表 2-2-114）

表 2-2-114　固定顶尖的型式

顶尖型式	图　　示	顶尖型式	图　　示
固定顶尖	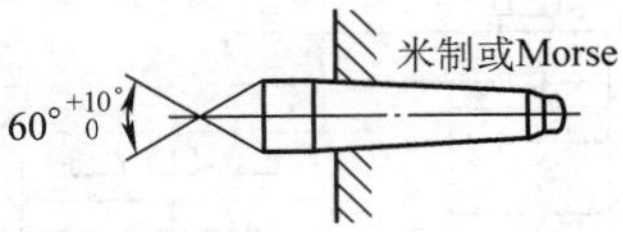	镶硬质合金半缺顶尖	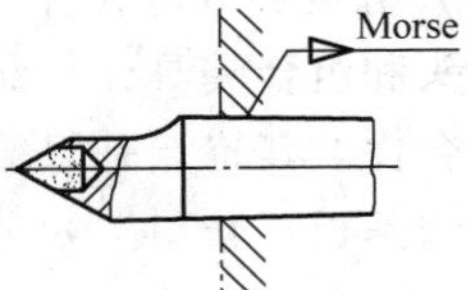
镶硬质合金顶尖	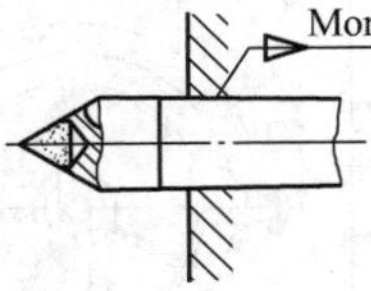	带压出六角螺母顶尖	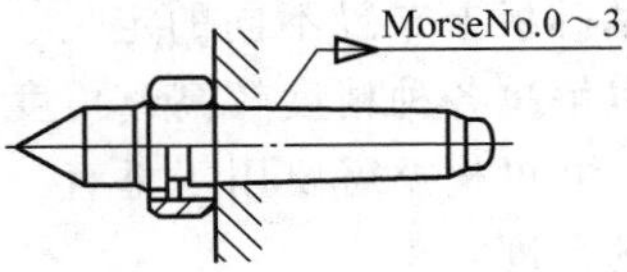
半缺顶尖	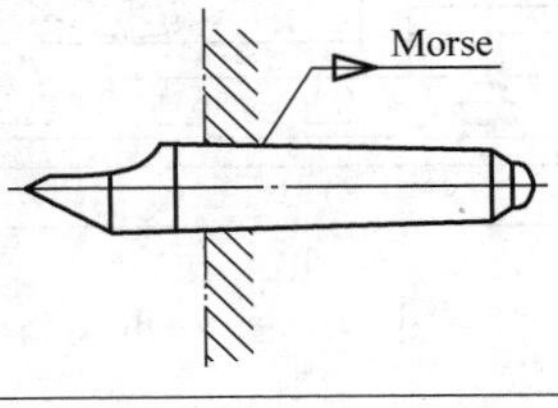	镶硬质合金带压出六角螺母顶尖	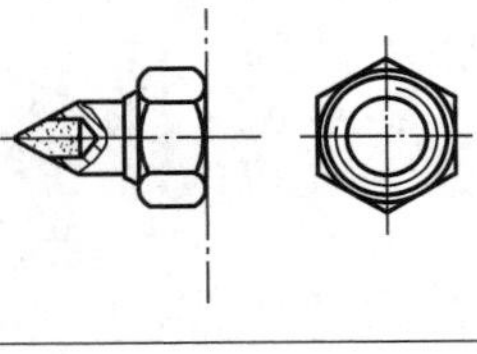

（续）

顶尖型式	图　示	顶尖型式	图　示
带压出圆螺母顶尖	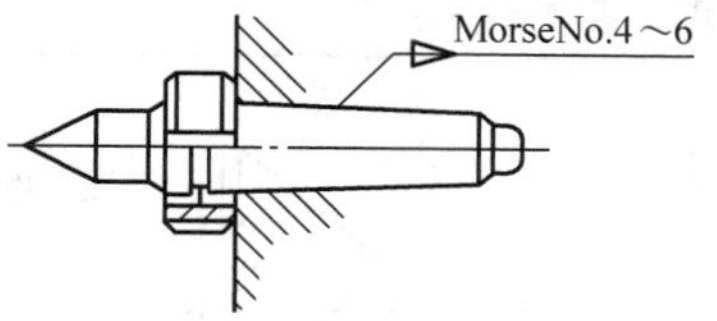	镶硬质合金带压出圆螺母顶尖	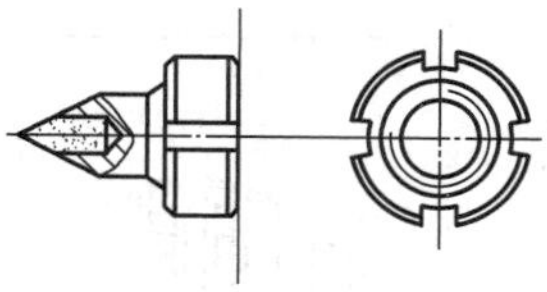

（2）固定顶尖的规格尺寸（见表 2-2-115）

表 2-2-115　固定顶尖的规格尺寸

产品名称	型　号	顶尖尾锥号数（莫氏）	外形尺寸（尾锥大端直径/mm × 总长/mm）
固定顶尖	D110	0	ϕ9. 045×70
	D111	1	ϕ12. 065×80
	D112	2	ϕ17. 780×100
	D113	3	ϕ23. 825×125
	D114	4	ϕ31. 267×160
	D115	5	ϕ44. 399×200
	D116	6	ϕ63. 348×280
镶硬质合金顶尖	D120	0	ϕ9. 045×70
	D121	1	ϕ12. 065×80
	D122	2	ϕ17. 780×100
	D123	3	ϕ23. 825×125
	D124	4	ϕ31. 267×160
	D125	5	ϕ44. 399×200
	D126	6	ϕ63. 348×280
半缺顶尖	D130	0	ϕ9. 045×70
	D131	1	ϕ12. 065×80
	D132	2	ϕ17. 780×100
	D133	3	ϕ23. 825×125
	D134	4	ϕ31. 267×160
	D135	5	ϕ44. 399×200
	D136	6	ϕ63. 348×280
镶硬质合金半缺顶尖	D141	1	ϕ12. 065×80
	D142	2	ϕ17. 780×100
	D143	3	ϕ23. 825×125
	D144	4	ϕ31. 267×160
	D145	5	ϕ44. 399×200
	D146	6	ϕ63. 348×280
带压出螺母顶尖	D151	1	ϕ12. 065×85
	D152	2	ϕ17. 780×105
	D153	3	ϕ23. 825×130
	D154	4	ϕ31. 267×170
	D155	5	ϕ44. 399×210
	D156	6	ϕ63. 348×290
镶硬质合金带压出螺母顶尖	D160	0	ϕ9. 045×75
	D161	1	ϕ12. 065×85
	D162	2	ϕ17. 780×105
	D163	3	ϕ23. 825×125
	D164	4	ϕ31. 267×160
	D165	5	ϕ44. 399×200
	D166	6	ϕ63. 348×280

注：1. 60°圆锥表面的径向圆跳动公差，普通级，0. 01mm，精密级，0. 005mm，高精度级，0. 003mm。

2. 莫氏圆锥与标准莫氏量规的接触面积，普通级>75%，精密级>80%，高精度级>85%。

2.6.1.2　回转顶尖

回转顶尖的型式及技术规格见表 2-2-116。

表 2-2-116　回转顶尖的型式及技术规格

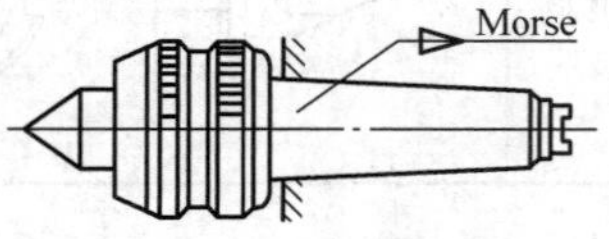

a) 重型弹性回转顶尖

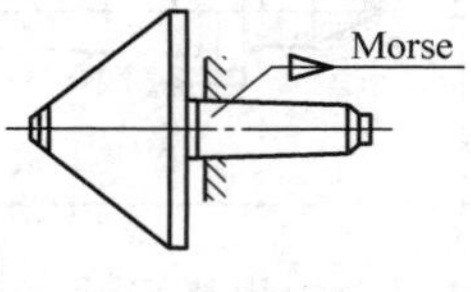

c) 伞型回转顶尖

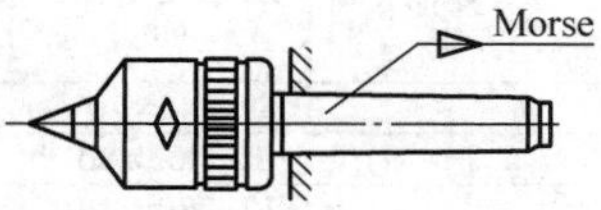

b) 轻型回转顶尖

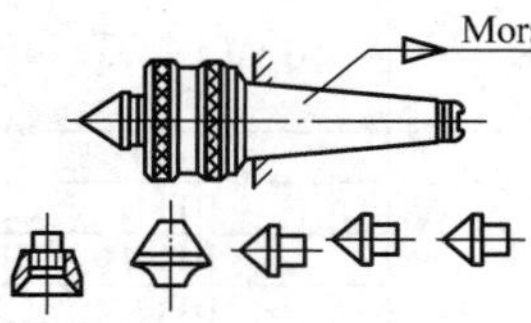

d) 插入型回转顶尖

产品名称	型号	技术规格				外形尺寸 $\left(\frac{顶尖外径}{mm}\times\frac{总长}{mm}\right)$
		顶尖尾锥号数（莫氏）	径向载荷/N	极限转速/(r/min)	60°圆锥表面对莫氏圆锥轴线的径向圆跳动/mm	
轻型回转顶尖	D311	1	800	5000	0.010	ϕ35×114
	D312	2	1000	5000		ϕ42×134
	D313	3	1500	4200		ϕ52×170
	D314	4	2500	3200		ϕ62×205
	D315	5	2800	1200	0.015	ϕ79×265
精密轻型回转顶尖	DM311	1	800	5000	0.005	ϕ34×125
	DM312	2	1000	—	—	ϕ36×135
（中型）回转顶尖	D412	2	700	2000	0.020	ϕ42×142
	D413	3	1800	1200	—	ϕ57×160
	D414	4	2800	—	—	ϕ67×195
	D415	5	4500	800	0.030	ϕ90×255
精密回转顶尖	DM413	3	1500	3000	0.005	ϕ58×160
	DM414	4	2500	3000		ϕ68×202
	DM415	5	7000	1500	0.010	ϕ88×255
镶硬质合金回转顶尖	D411-1	1	1500	2000	0.020	ϕ40×125
	D412-1	2	1800	1400		ϕ46×145
	D413-1	3	2000	1400		ϕ55×170
	D414-1	4	3000	1500		ϕ67×195
	D415-1	5	4800	1200		ϕ82×255
	D416-1	6	6200	1000		ϕ125×365

（续）

产品名称	型　号	技术规格				外形尺寸
		顶尖尾锥号数（莫氏）	径向载荷/N	极限转速/(r/min)	60°圆锥表面对莫氏圆锥轴线的径向圆跳动/mm	$\left(\frac{顶尖外径}{mm}\times\frac{总长}{mm}\right)$
伞形回转顶尖	D422	2	1200	1200	0.020	ϕ85×125
	D423	3	1800	1000		ϕ100×160
	D424	4	3000			ϕ160×210
	D425	5	4500	800		ϕ200×252
	D426	6	6000	600		ϕ250×335
插入式回转顶尖	D432	2	1400	—	0.025	ϕ45×135
	D433	3	1800	1500		ϕ57×168
	D434	4	2800	1200		ϕ65×197
	D435	5	4500	800		ϕ90×255
	D436	6	6000	600		ϕ110×328
强力回转顶尖	D444	4	2200	1400	0.024	ϕ62×210
	D445	5	3000	1200	0.030	ϕ92×272
长轴回转顶尖	D463	3	1800	1200	0.015	ϕ59×158
	D464	4	2800			ϕ67×194
	D465	5	4500	800		ϕ90×250
	D466	6	6000	600		ϕ130×365
重型弹性回转顶尖	D565	5	1500	2000	0.025	ϕ95×265
	D566	6	2000	1500		ϕ140×380

2.6.1.3　内拨顶尖

内拨顶尖的规格尺寸见表 2-2-117。

表 2-2-117　内拨顶尖的规格尺寸（JB/T 10117.1—1999）　（单位：mm）

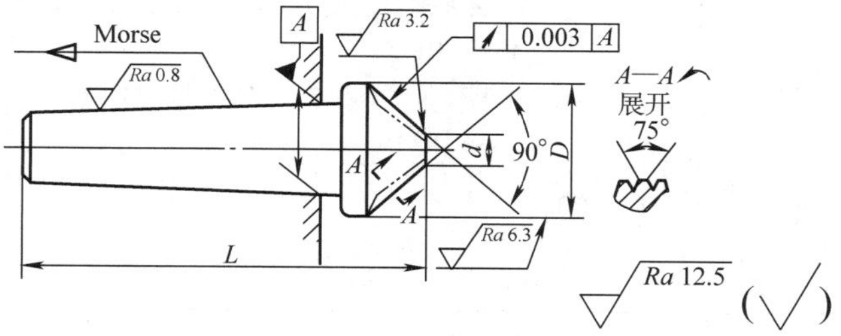

技术条件

1. 材料：T8 钢，按 GB/T 1299 的规定。
2. 热处理：硬度为 55～60HRC，锥柄部硬度为 40～45HRC。
3. 其他技术条件按 JB/T 8044 的规定。

规　格	莫氏圆锥				
	2	3	4	5	6
D	30	50	75	95	120
L	85	110	150	190	250
d	6	15	20	30	50

2.6.1.4 夹持式内拨顶尖

夹持式内拨顶尖的规格尺寸见表 2-2-118。

2.6.1.5 外拨顶尖

外拨顶尖的规格尺寸见表 2-2-119。

表 2-2-118 夹持式内拨顶尖的规格尺寸（JB/T 10117.2—1999） （单位：mm）

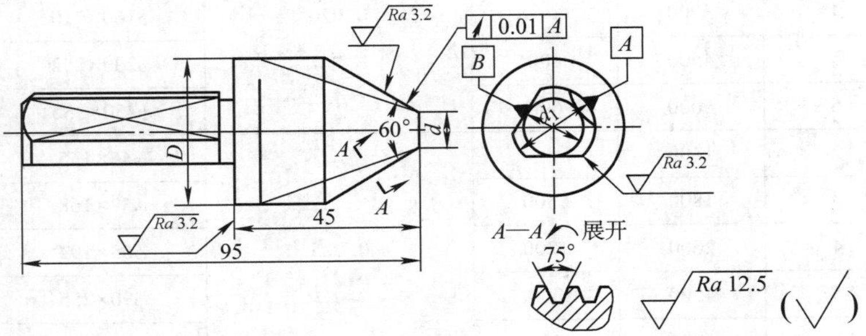

技术条件

1. 材料：T8 钢，按 GB/T 1299 的规定。
2. 热处理：硬度为 55～60HRC。
3. 其他技术条件按 JB/T 8044 的规定。

d	公称尺寸	12	16	20	25	32	40	50	63	80	100
	极限偏差	0 -0.5									
D		35	40	45	50	55	63	75	90	110	125
d_1		20		25	30		45		50		60

表 2-2-119 外拨顶尖的规格尺寸（JB/T 10117.3—1999） （单位：mm）

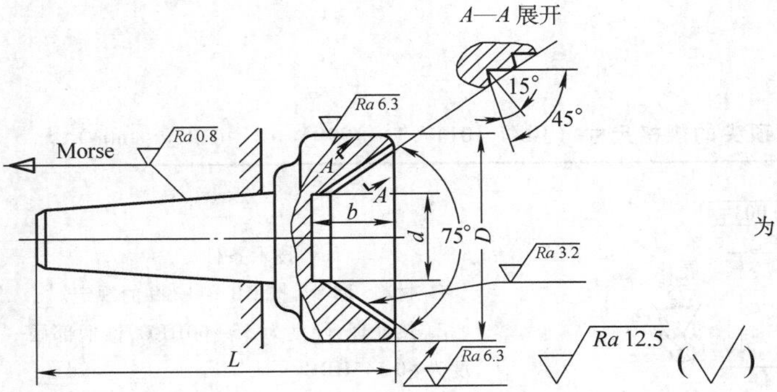

技术条件

1. 材料：T8 钢，按 GB/T 1299 的规定。
2. 热处理：硬度为 55～60HRC，锥柄部硬度为 40～45HRC。
3. 其他技术条件按 JB/T 8044 的规定。

规 格	莫氏圆锥				
	2	3	4	5	6
D	34	64	100	110	140
d	8	12	40		70
L	86	120	160	190	250
b	16	30	36	39	42

2.6.1.6　内锥孔顶尖

内锥孔顶尖的规格尺寸见表 2-2-120。

2.6.1.7　夹持式内锥孔顶尖

夹持式内锥孔顶尖的规格尺寸见表 2-2-121。

表 2-2-120　内锥孔顶尖的规格尺寸（JB/T 10117.4—1999）　（单位：mm）

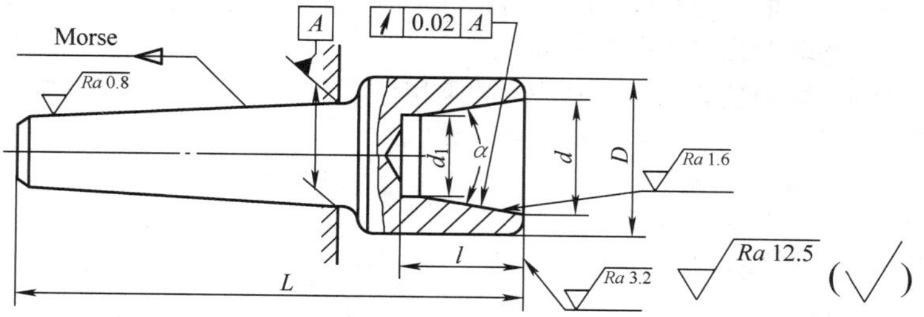

技术条件

1. 材料：T8 钢，按 GB/T 1299 的规定。
2. 热处理：硬度为 55～60HRC，锥柄部硬度为 40～45HRC。
3. 其他技术条件按 JB/T 8044 的规定。

公称直径（适用工件直径）	莫氏圆锥	d	D	d_1	α	L	l
8～16	4	18	30	6	16°	140	48
14～24		26	39	12		160	55
22～32		34	48	20			
30～40	5	42	56	28		200	
38～48		50	65	36			
46～56		58	74	44		210	
50～65		67	84	48	24°	220	60
60～75		77	95	58			
70～85		87	105	68			
80～95		97	116	78			

表 2-2-121　夹持式内锥孔顶尖的规格尺寸（JB/T 10117.5—1999）　（单位：mm）

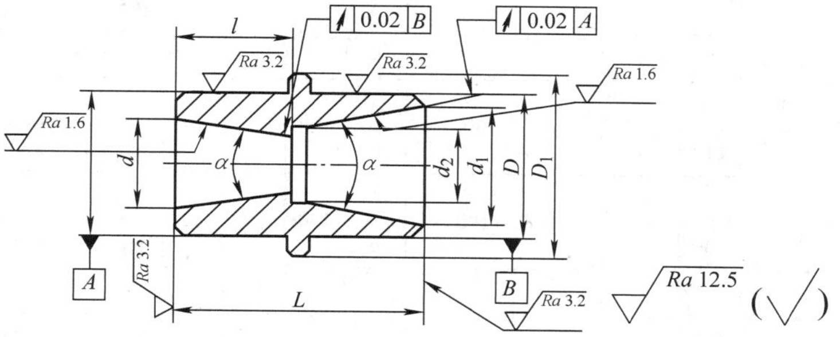

技术条件

1. 材料：T8 钢，按 GB/T 1299 的规定。
2. 热处理：硬度为 55～60HRC。
3. 其他技术条件按 JB/T 8044 的规定。

（续）

公称直径（适用工件直径）	d	d_1	d_2	D	D_1	L	l	α
4~10	10	12	4	24	34	60	28.5	16°
8~24	18	26	12	38	48	96	43	
22~40	34	42	28	54	61	104	50	
38~56	50	58	44	70	80			
50~75	67	77	58	90	100	96	45	24°
70~95	87	97	78	110	120			

注：1. 内拨顶尖和夹持式内拨顶尖主要用于粗车、半精车管状、套类零件的外圆。顶尖工作面为齿纹式，使用时装卸迅速，卡紧牢固可靠，节省辅助时间，适用孔径范围较广。

2. 外拨顶尖和内锥孔顶尖及夹持式内锥孔顶尖主要用于车床气压或液压尾座的顶尖。适用于外圆切削加工，可用于半精车，背吃刀量可达3~4mm。

2.6.2 夹头

2.6.2.1 鸡心卡头

鸡心卡头的规格尺寸见表2-2-122。

2.6.2.2 卡环

卡环的规格尺寸见表2-2-123。

表2-2-122 鸡心卡头的规格尺寸 （单位：mm）

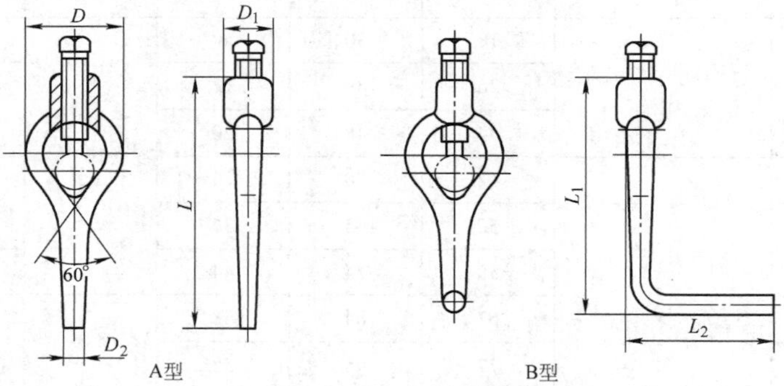

A型 B型

公称直径（适用工件直径）	型号	D	D_1	D_2	L	L_1	L_2	公称直径（适用工件直径）	型号	D	D_1	D_2	L	L_1	L_2
3~16	A	22	12	6	75	—	—	>35~50	A	85	28	14	180	—	—
	B				—	70	40		B				—	170	80
>6~12	A	28	16	8	95	—	—	>50~65	A	100		16	205	—	—
	B				—	90	50		B				—	190	85
>12~18	A	36	18		115	—	—	>65~80	A	120	34	18	230	—	—
	B				—	110	60		B				—	210	90
>18~25	A	50	22	10	135	—	—	>80~100	A	150		22	260	—	—
	B				—	130	70		B				—	240	95
>25~35	A	65	28	12	155	—	—	>100~130	A	180	40	25	290	—	—
	B				—	150	75		B				—	270	100

表 2-2-123　卡环的规格尺寸（JB/T 10119—1999）　（单位：mm）

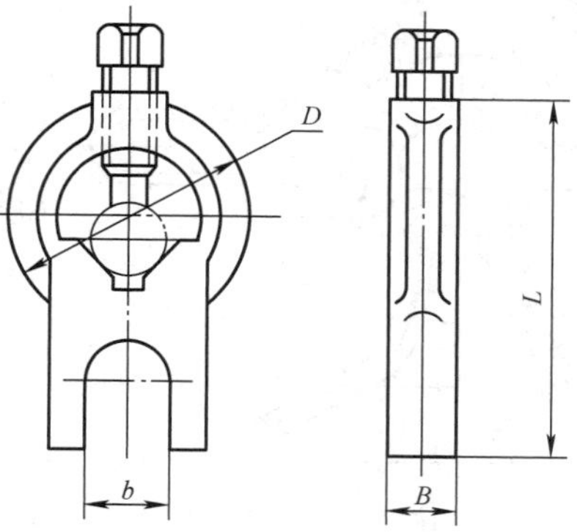

公称直径（适用工件直径）	D	L	B	b	公称直径（适用工件直径）	D	L	B	b
5~10	26	40	10	12	>50~60	95	110	18	16
>10~15	30	50			>60~70	105	125		
>15~20	45	60	13		>70~80	115	140	20	
>20~25	50	67			>80~90	125	150		
>25~32	56	71			>90~100	135	160		
>32~40	67	90	18	16	>100~110	150	165		
>40~50	80	100			>110~125	170	190		

2.6.2.3　夹板

夹板的规格尺寸见表 2-2-124。

表 2-2-124　夹板的规格尺寸（JB/T 10120—1999）　（单位：mm）

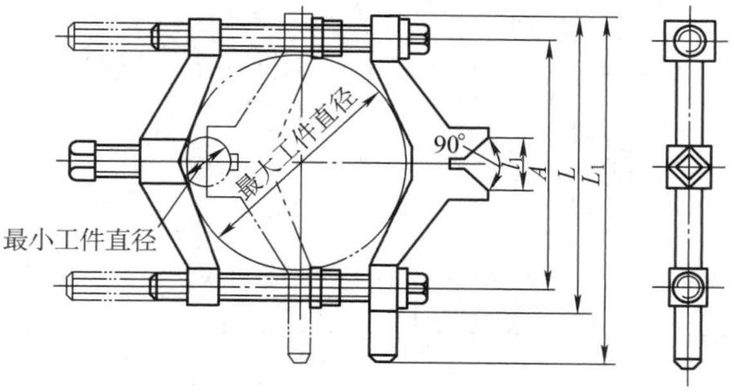

公称直径（适用工件直径）	L	L_1	A	l_1	公称直径（适用工件直径）	L	L_1	A	l_1
20~100	140	170	120	30	30~150	200	270	172	42

2.6.2.4　车床用快换卡头

车床用快换卡头的规格尺寸见表 2-2-125。

表 2-2-125 车床用快换卡头的规格尺寸（JB/T 10121—1999） （单位：mm）

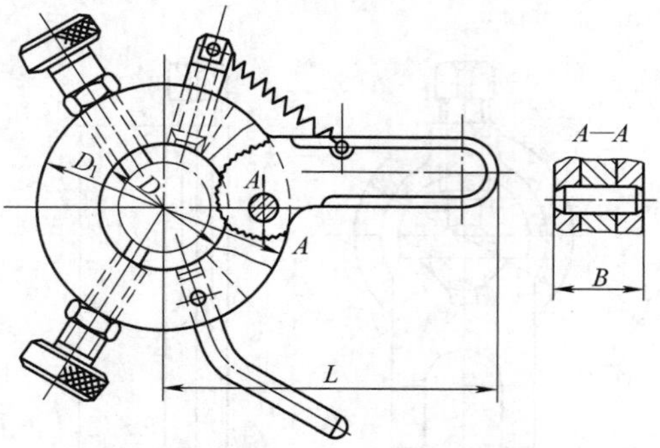

公称直径（适用工件直径）	8~14	14~18	18~25	25~35	35~50	50~65	65~80	80~100
D	22	25	32	45	60	75	90	110
D_1	45	50	65	80	95	115	140	170
B	15	18	20		24			28
L	77	79	85	91	120	130	138	150

2.6.3 拨盘（JB/T 10124—1999）

2.6.3.1 C型拨盘

C型拨盘的规格尺寸见表 2-2-126。

表 2-2-126 C型拨盘的规格尺寸 （单位：mm）

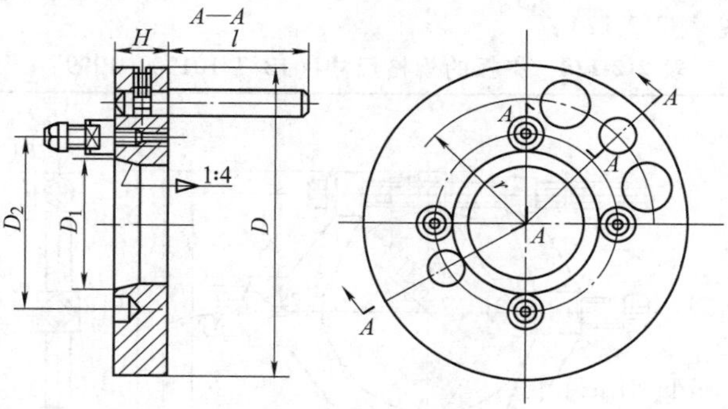

主轴端部代号		3	4	5	6	8	11
D		125	160	200	250	315	400
D_1	公称尺寸	53.975	63.513	82.563	106.375	139.719	196.869
	极限偏差	$^{+0.008}_{0}$		$^{+0.010}_{0}$		$^{+0.012}_{0}$	$^{+0.014}_{0}$
D_2		75.0	85.0	104.8	133.4	171.4	235.0
H		20		25	30		35
r		45	60	72	90	125	165
l		60		75	85		90

2.6.3.2　D 型拨盘

D 型拨盘的规格尺寸见表 2-2-127。

表 2-2-127　D 型拨盘的规格尺寸　　（单位：mm）

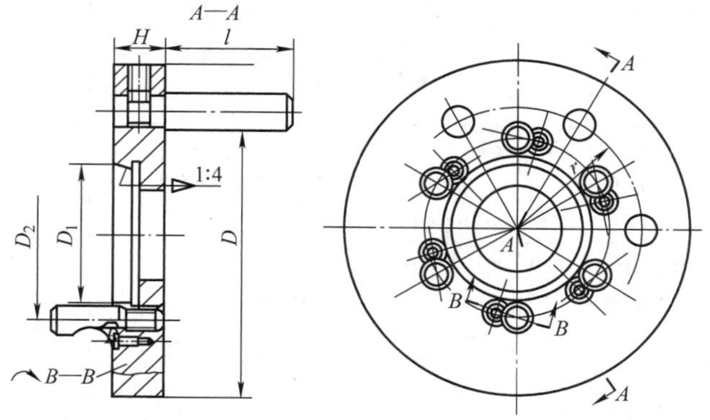

主轴端部代号		3	4	5	6	8	11
D		125	160	200	250	315	400
D_1	公称尺寸	53.975	63.513	82.563	106.375	139.719	196.869
	极限偏差	+0.003 -0.005		+0.004 -0.006		+0.004 -0.008	+0.004 -0.010
D_2		70.6	82.6	104.8	133.4	171.4	235.0
H		25		28	35	38	45
r		45	60	72	90	125	165
l		50		65	80		90

注：拨盘尺寸按 GB/T 5900.1～4 的规定，选用时，应注意新老机床主轴端部尺寸是否一致。

2.6.4　卡盘

2.6.4.1　自定心卡盘

（1）短圆柱型自定心卡盘的规格尺寸（见表 2-2-128）

（2）短圆锥型自定心卡盘的规格尺寸（见表 2-2-129）

2.6.4.2　单动卡盘

（1）短圆柱型单动卡盘的规格尺寸（见表 2-2-130）

（2）短圆锥型单动卡盘的规格尺寸（见表 2-2-131）

表 2-2-128　短圆柱型自定心卡盘的规格尺寸

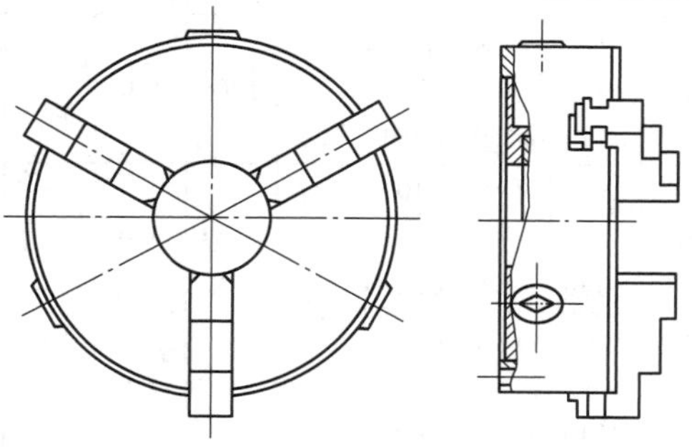

（续）

产品名称	型号	规格尺寸/mm 卡盘直径	卡盘孔径	正爪夹紧范围	正爪撑紧范围	反爪夹紧范围	定心精度	止口孔径	止口深度	螺钉个数×直径	螺孔定位直径	活爪两螺孔中心距	外形尺寸（卡盘直径/mm×高度/mm）	净重/kg
短圆柱型自定心卡盘（连身爪）	K11125	φ125	φ30	φ2.5~φ40	φ38~φ125	φ38~φ110	0.080	φ95	3.5	3×M8	φ108	—	φ125×78.0	4.7
	K11130	φ130	φ30	φ3.0~φ40	φ40~φ130	φ42~φ120		φ100	3.5		φ115		φ130×86.0	5.6
	K11160	φ160	φ40	φ3~φ55	φ50~φ160	φ55~φ145		φ130	6.0		φ142		φ160×95.0	8.8
			φ45										φ160×95.0	9.0
			φ40										φ160×97.5	9.0
	K11200	φ200	φ65	φ4~φ85	φ65~φ200	φ65~φ200		φ165	5.0	3×M10	φ180		φ200×109.0	15.5
			φ60							—			φ200×109.0	15.9
	K11250	φ250	φ80	φ6~φ110	φ80~φ250	φ90~φ250		φ206		3×M12	φ226		φ250×120.0	24.9
	K11320	φ320	φ100	φ10~φ140	φ95~φ320	φ100~φ320	0.125	φ265		3×M16	φ290		φ320×144.0	43.1
								φ270					φ320×154.5	45.0
短圆柱型自定心卡盘（活爪）	K11200A	φ200	φ65	φ4~φ85	φ65~φ200	φ65~φ200	0.100	φ165	5.0	3×M10	φ180	44.4	φ200×122.0	16.0
			φ60						6.0				φ200×124.0	17.0
	K11250A	φ250	φ80	φ6~φ110	φ80~φ250	φ90~φ250		φ206	5.0	3×M12	φ226	54.0	φ250×136.0	28.5
	K11320A	φ320	φ100	φ10~φ140	φ95~φ320	φ100~φ320	0.125	φ265	5.0	3×M16	φ290	63.5	φ320×154.0	43.0
	K11400A	φ400	φ130	φ15~φ210	φ120~φ400	φ120~φ400		φ340	5.0		φ368	76.2	φ400×164.0	71.5

表 2-2-129　短圆锥型自定心卡盘的规格尺寸

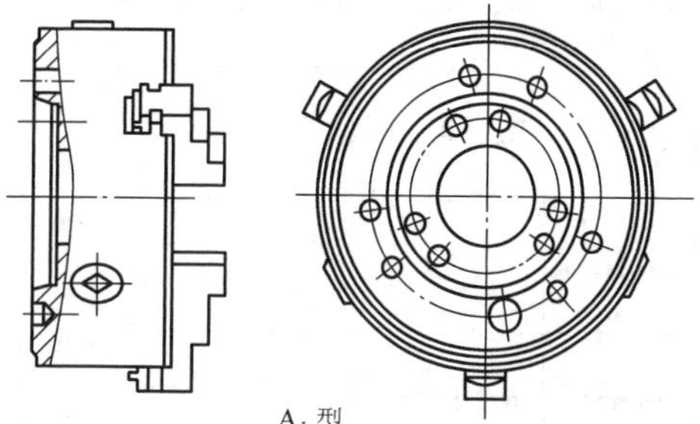
A₁型

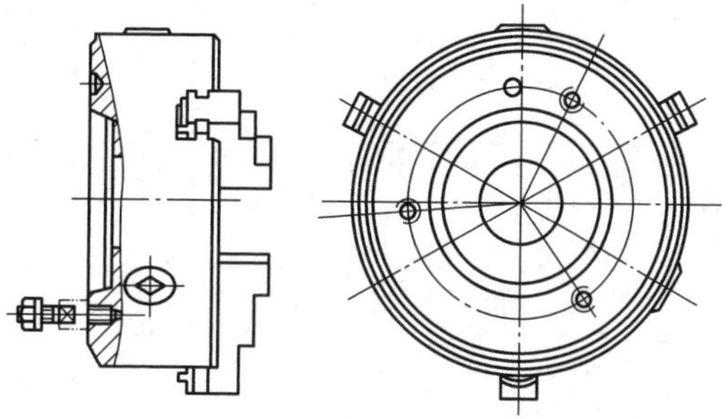
C型

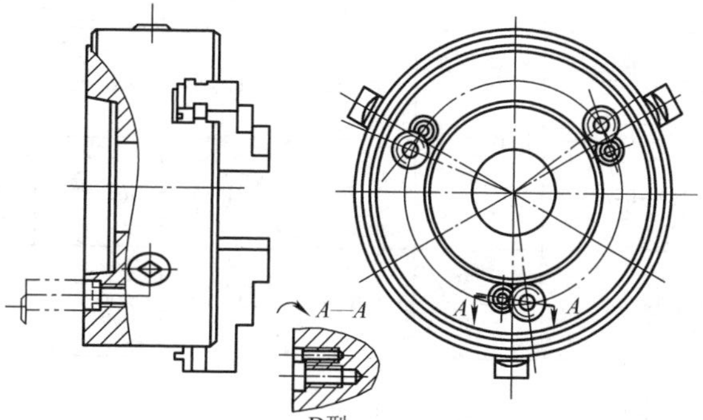

D型

型号	规格尺寸/mm											外形尺寸 (卡盘直径/mm × 高度/mm)	净重/kg
	卡盘直径	卡盘孔径	正爪夹紧范围	正爪撑紧范围	反爪夹紧范围	定心精度	配套主轴头号	短圆锥大端直径	螺钉个数×直径	螺孔定位直径	活爪两螺孔中心距		
K11200/$A_1$4	200	60	ϕ4 ~ ϕ85	ϕ65 ~ ϕ200	ϕ65 ~ ϕ200	0.100	$A_1$4	63.513	3×M10	82.6	—	200×128.0 200×101.0	18.0 16.6
K11200C/$A_2$4		40					$A_2$4	—	—	—	56.0	200×133.0	18.5

（续）

型号	规格尺寸/mm											外形尺寸（卡盘直径/mm × 高度/mm）	净重/kg
	卡盘直径	卡盘孔径	正爪夹紧范围	正爪撑紧范围	反爪夹紧范围	定心精度	配套主轴头号	短圆锥大端直径	螺钉个数×直径	螺孔定位直径	活爪两螺孔中心距		
K11250/$A_1$6	250	55	ϕ6 ~ ϕ110	ϕ8 ~ ϕ250	ϕ90 ~ ϕ250	0.100	$A_1$6	106.375	6×M12	133.4	—	250×149.0	32.0
K11205/$A_1$6											54.0	250×143.0	28.0
K11250C/$A_1$6											70.0		
K11400A/$A_1$11	400	130	ϕ15.0 ~ ϕ210	ϕ120 ~ ϕ400	ϕ120 ~ ϕ400	0.125	$A_1$11	196.869	6×M18	235.0	76.0	400×193.5	117.0
K11200/C5	200	50	ϕ4 ~ ϕ85	ϕ65 ~ ϕ200	ϕ65 ~ ϕ200	0.100	C5	82.563	4×M10	104.8	—	200×118.0	18.5
K11250A/C6	250	70	ϕ6 ~ ϕ110	ϕ80 ~ ϕ250	ϕ90 ~ ϕ250		C6	106.375	4×M12	133.4	54.0	250×151.0	20.0
K11250A/C8		80	—	—	—		C8	139.719	4×M16	717.4		250×151.0	20.0
K11315A/C11	315	100	ϕ10 ~ ϕ140	ϕ95 ~ ϕ315	ϕ100 ~ ϕ315	0.125	C11	196.869	6×M20	235.0	63.5	315×170.0	43.0
K11200A/D4	200	40	ϕ4 ~ ϕ85	ϕ65 ~ ϕ200	ϕ65 ~ ϕ200	0.100	D4	63.513	3×M10×1	82.6	44.4	200×133.0	20.0
K11250A/D6	250	70	ϕ6 ~ ϕ110	ϕ80 ~ ϕ250	ϕ90 ~ ϕ250		D6	106.375	M16×1.5	133.4	54.0	250×154.0	32.0
K11325C/D8	325	100	ϕ11.5 ~ ϕ165	ϕ90 ~ ϕ350	ϕ195 ~ ϕ340	0.125	D8	139.719	6×M20×1.5	171.4	88.0	325×164.5	53.0

表 2-2-130　短圆柱型单动卡盘的规格尺寸

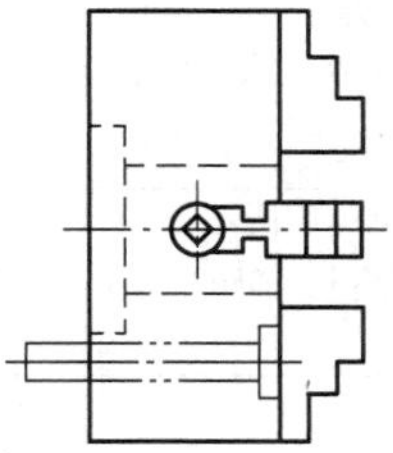

型号	规格尺寸/mm									外形尺寸 $\left(\frac{卡盘直径}{mm}\times\frac{高度}{mm}\right)$	净重/kg
	卡盘直径	卡盘孔径	正爪夹持范围	反爪夹持范围	止口孔径	止口深度	螺钉个数×直径	螺孔定位直径	卡盘外圆径向圆跳动		
K72200	φ200	φ50 φ55	φ10～φ100	φ63～φ200	φ80	6	4×M10	φ95 φ112	0.060	φ200×106.0	15.0
K72250	φ250	φ65 φ75	φ15～φ130	φ80～φ250	φ110	6	4×M12	φ120 φ130		φ200×106.0	12.5
K72300	φ300	φ75	φ18～φ160	φ90～φ300	φ152 φ140			φ130 φ165			
K72320	φ320	φ95	φ20～φ170	φ100～φ320	φ140	6	4×M16	φ165	0.075	φ250×120.0 φ250×117.5 φ300×128.5 φ300×132.0 φ320×134.0 φ400×143.0	21.5 22.0 30.0 30.0 39.3 55.5
K72400	φ400	φ125	φ25～φ250	φ118～φ400	φ160	8		φ185			

表 2-2-131　短圆锥型单动卡盘的规格尺寸

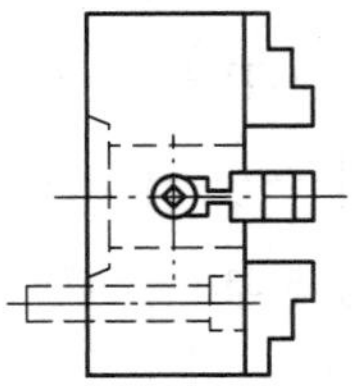

A_2型

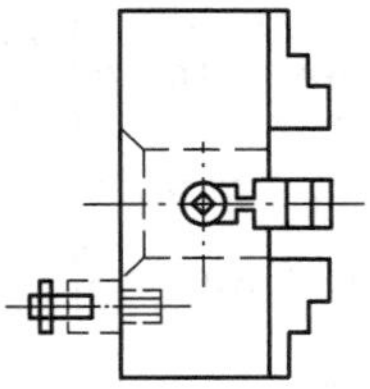

C型

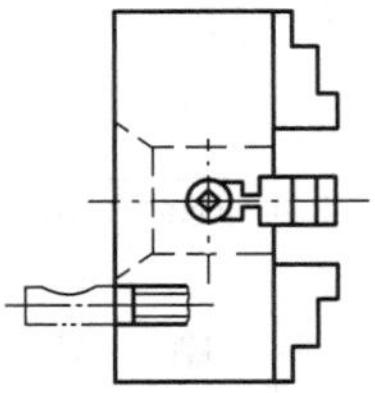

D型

（续）

型号	规格尺寸/mm									外形尺寸 $\left(\frac{卡盘直径}{mm}\times\frac{高度}{mm}\right)$	净重/kg
	卡盘直径	卡盘孔径	正爪夹持范围	反爪夹持范围	配套主轴头号（1:4锥度）	短圆锥大端孔径(锥角: 7°7′30″)	螺钉个数×直径	螺孔定位直径	卡盘外圆径向圆跳动		
K72200/$A_2$4	ϕ200	ϕ55	ϕ10 ~ ϕ100	ϕ63 ~ ϕ200	$A_2$4	ϕ63.513	4×M10	ϕ85.0		ϕ200×107	13.5
K72250/$A_1$6	ϕ250	ϕ75	ϕ15 ~ ϕ130	ϕ80 ~ ϕ250	$A_1$6	ϕ106.375	4×M12	ϕ133.4		ϕ250×120	21.5
K72320/$A_2$6	ϕ320	ϕ95	ϕ20 ~ ϕ170	ϕ110 ~ ϕ320	$A_2$6	—	—	—		ϕ320×134	40.0
K72400/$A_1$6	ϕ400	ϕ95	ϕ25 ~ ϕ250	ϕ118 ~ ϕ400	$A_1$6	ϕ106.375	8×M12	ϕ133.4	0.060	ϕ400×149	40.0
K72200/C4	ϕ200	ϕ55	ϕ10 ~ ϕ100	ϕ63 ~ ϕ200	C4	ϕ63.513	4×M10	ϕ85.0		ϕ200×113	35.9
K72250/C5	ϕ250	ϕ75	ϕ15 ~ ϕ130	ϕ80 ~ ϕ250	C5	ϕ82.563	4×M10	ϕ104.8		ϕ250×120	28.7
K72350/C8	ϕ350	ϕ95	ϕ20 ~ ϕ260	ϕ100 ~ ϕ350	C8	ϕ139.719	4×M16	ϕ171.4		ϕ350×143	51.8
K72400/C8	—	ϕ125	—	—	C8	ϕ139.719	4×M16	ϕ171.4		ϕ400×143	61.3
K72500/C8	ϕ500	ϕ125	ϕ35 ~ ϕ300	ϕ125 ~ ϕ500	C8	ϕ139.719	4×M16	ϕ171.4	0.100	ϕ500×160	100.0
K72200/D4	ϕ200	ϕ55	ϕ10 ~ ϕ100	ϕ63 ~ ϕ200	D4	ϕ63.513	3×M10 ×1	ϕ85.0	—	ϕ200×107	13.5
K72250/D5	ϕ250	ϕ75	ϕ15 ~ ϕ130	ϕ80 ~ ϕ250	D5	ϕ82.563	6×M12 ×1	ϕ104.8	—	ϕ250×120	25.0
K72250/D6	ϕ250	—	—	—	D6	ϕ106.375	6×M16 ×1.5	ϕ133.4	—	ϕ250×125	36.6
K72315/D6	ϕ315	ϕ95	ϕ20 ~ ϕ170	ϕ100 ~ ϕ315	D6	ϕ106.375	6×M16 ×1.5	ϕ133.4	0.075	ϕ315×134	36.6
K72400/D8	ϕ400	ϕ125	ϕ25 ~ ϕ250	ϕ120 ~ ϕ400	D8	ϕ139.719	6×M20 ×1.5	ϕ171.4	—	ϕ400×143	56.0

2.6.5　过渡盘

2.6.5.1　C 型自定心卡盘用过渡盘

C 型自定心卡盘用过渡盘的规格尺寸见表 2-2-132。

表 2-2-132　C 型自定心卡盘用过渡盘的规格尺寸（JB/T 10126.1—1999）

（单位：mm）

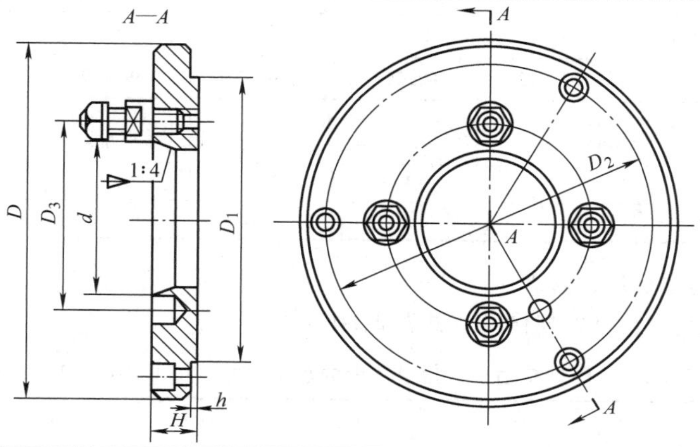

主轴端部代号		3	4	5	6	8	11	
D		125	160	200	250	315	400	500
D_1	公称尺寸	95	130	165	206	260	340	440
	极限偏差 n6	$^{+0.045}_{+0.023}$	$^{+0.052}_{+0.027}$		$^{+0.060}_{+0.031}$	$^{+0.066}_{+0.034}$	$^{+0.073}_{+0.037}$	$^{+0.080}_{+0.040}$
D_2		108	142	180	226	290	368	465
D_3		75.0	85.0	104.8	133.4	171.4	235.0	
d	公称尺寸	53.975	63.513	82.563	106.375	139.719	196.869	
	极限偏差	$^{+0.003}_{0}$		$^{+0.010}_{0}$		$^{+0.012}_{0}$	$^{+0.004}_{0}$	
H		20	25	30		38	40	
h_{max}		2.5	4.0					5.0

2.6.5.2　D 型自定心卡盘用过渡盘

D 型自定心卡盘用过渡盘的规格尺寸见表 2-2-133。

表 2-2-133　D 型自定心卡盘用过渡盘的规格尺寸（JB/T 10126.1—1999）　（单位：mm）

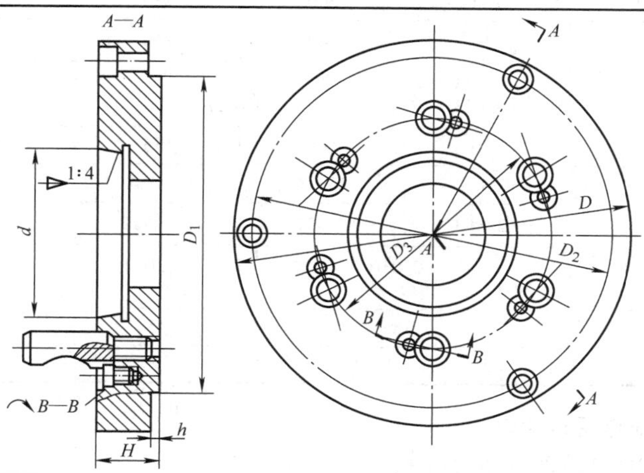

（续）

主轴端部代号		3	4	5	6	8	11	
D		125	160	200	250	315	400	500
D_1	公称尺寸	95	130	165	206	260	340	440
	极限偏差 n6	+0.045 +0.023	+0.052 +0.027		+0.060 +0.031	+0.066 +0.034	+0.073 +0.037	+0.080 +0.040
D_2		108	142	180	226	290	368	465
D_3		70.6	82.6	104.8	133.4	171.4	235.0	
d	公称尺寸	53.975	63.513	82.563	106.375	139.719	196.869	
	极限偏差	+0.003 −0.005		+0.004 −0.006		+0.004 −0.008	+0.004 −0.010	
H		25		30	35	38	45	
h_{max}		2.5	4.0					5.0

2.6.5.3 C型单动卡盘用过渡盘

C型单动卡盘用过渡盘的规格尺寸见表2-2-134。

表2-2-134 C型单动卡盘用过渡盘的规格尺寸（JB/T 10126.2—1999）（单位：mm）

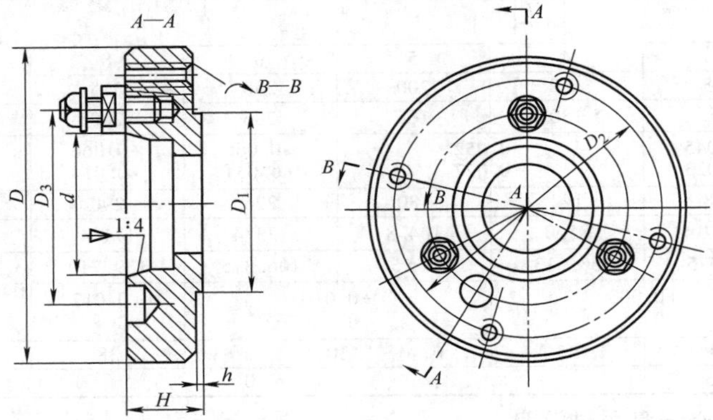

主轴端部代号		4	5	6	8	11	
卡盘直径		200	250	315	400	500	630
D		140	160	200	230	280	320
D_1	公称尺寸	75	110	140	160	200	220
	极限偏差 n6	+0.039 +0.020	+0.045 +0.023	+0.052 +0.027		+0.060 +0.031	
D_2		95	130	165	185	236	258
D_3		85.0	104.8	133.4	171.4	235.0	
d	公称尺寸	63.513	82.563	106.375	139.719	196.869	
	极限偏差	+0.008 0	+0.010 0		+0.012 0	+0.014 0	
H		30	35		45	50	60
h_{max}		5			7		9

2.6.5.4 D型单动卡盘用过渡盘

D型单动卡盘用过渡盘的规格尺寸见表2-2-135。

表 2-2-135　D 型单动卡盘用过渡盘的规格尺寸（JB/T 10126.2—1999）

（单位：mm）

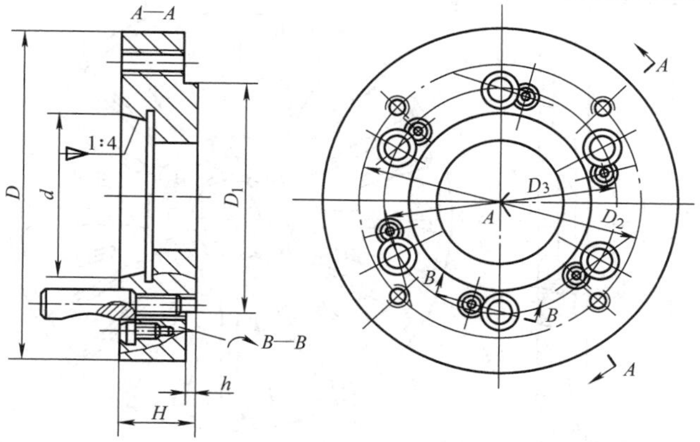

主轴端部代号		4	5	6	8	11	
卡盘直径		200	250	315	400	500	630
D		140	160	200	230	280	320
D_1	公称尺寸	75	110	140	160	200	220
	极限偏差 n6	+0.039 +0.020	+0.045 +0.023	+0.052 +0.027		+0.060 +0.031	
D_2		95	130	165	185	236	258
D_3		82.6	104.8	133.4	171.4	235.0	
d	公称尺寸	63.513	82.563	106.375	139.719	196.869	
	极限偏差	+0.003 −0.005	+0.004 −0.006		+0.004 −0.008	+0.004 −0.010	
H		30	35		45	50	60
h_{max}		5			7		9

注：自定心卡盘和单动卡盘过渡盘用于卡盘与车床主轴连接，适用于 GB/T 4346 规定的自定心卡盘和 JB/T 6566 规定的单动卡盘，适用于 GB/T 5900.1～5900.4 规定的主轴端部尺寸。

2.6.6　花盘

花盘的规格尺寸见表 2-2-136。

表 2-2-136　花盘的规格尺寸　　（单位：mm）

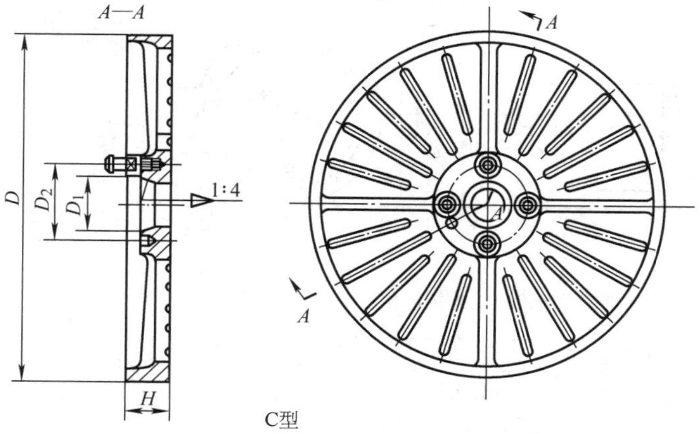

C型

（续）

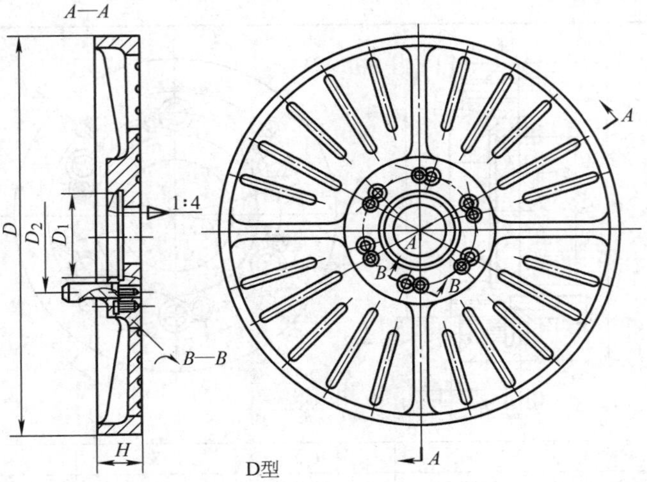

D型

<table>
<tr><th colspan="2">车床</th><th rowspan="2">D</th><th colspan="3">D_1</th><th rowspan="2">D_2</th><th rowspan="2">H</th></tr>
<tr><th>规格</th><th>主轴端部代号</th><th>公称尺寸</th><th>极限偏差 C型</th><th>极限偏差 D型</th></tr>
<tr><td>320</td><td>5</td><td>500</td><td>82.563</td><td rowspan="2">+0.010
0</td><td rowspan="2">+0.004
-0.006</td><td>104.8</td><td>50</td></tr>
<tr><td>400</td><td>6</td><td>630</td><td>106.375</td><td>133.4</td><td>60</td></tr>
<tr><td>500</td><td>8</td><td>710</td><td>139.719</td><td>+0.012
0</td><td>+0.004
-0.008</td><td>171.4</td><td>70</td></tr>
<tr><td>630</td><td>11</td><td>800</td><td>196.869</td><td>+0.014
0</td><td>+0.004
-0.010</td><td>235.0</td><td>80</td></tr>
</table>

注：车床规格为床身上最大工件回转直径。

2.6.7 分度头

2.6.7.1 机械分度头

机械分度头的规格尺寸见表2-2-137。

表2-2-137 机械分度头的规格尺寸（GB/T 2554—2008）

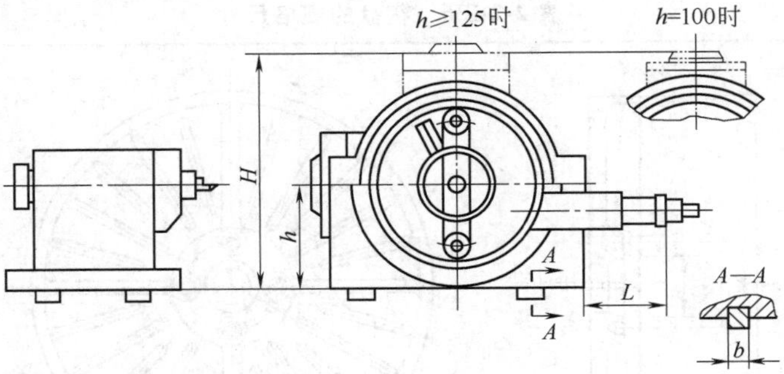

注：半万能型比万能型缺少差动分度挂轮连接部分

<table>
<tr><td colspan="3">中心高 h/mm</td><td>100</td><td>125</td><td>160</td><td>200</td><td>250</td></tr>
<tr><td>主轴端部</td><td>法兰式</td><td>端部代号
（GB/T 5900.1—1997）</td><td>$A_0 2$</td><td colspan="2">$A_2 3$</td><td colspan="2">$A_1 5$</td></tr>
</table>

（续）

中心高 h/mm			100	125	160	200	250
主轴端部	法兰式	莫氏锥孔号（GB/T 1443—1996）	3	4		5	
	7∶24 圆锥	端部锥度号（GB/T 3837—2001）	30	40		50	
定位键宽 b/mm			14	18		22	
主轴直立时，支承面到底面高度 H/mm			200	250	315	400	500
连接尺寸 L/mm			93	103		—	
主轴下倾角度/(°)			≥5				
主轴上倾角度/(°)			≥95				
传动比			40∶1				
手轮刻度环示值/(′)			1				
手轮游标分划示值/(″)			10				

2.6.7.2　等分分度头

等分分度头的规格尺寸见表 2-2-138。

表 2-2-138　等分分度头的规格尺寸（JB/T 3853—2013）

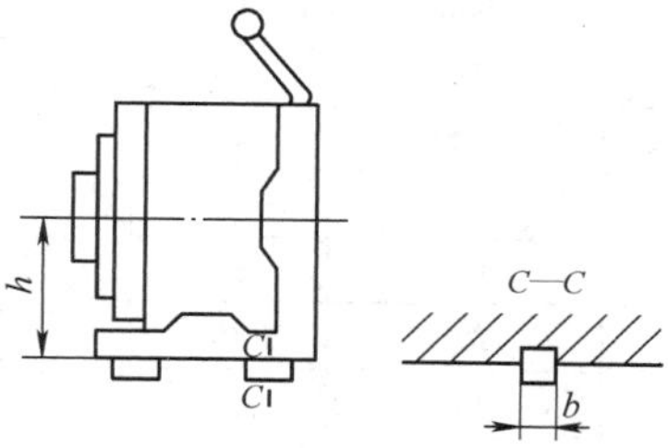

等分分度头以中心高 h 为主参数，中心高 h 和定位键宽度 b 由制造商自行确定

2.6.8　机床用平口台虎钳

2.6.8.1　机床用平口台虎钳的规格尺寸（见表 2-2-139）

表 2-2-139　机床用平口台虎钳的规格尺寸　（单位：mm）

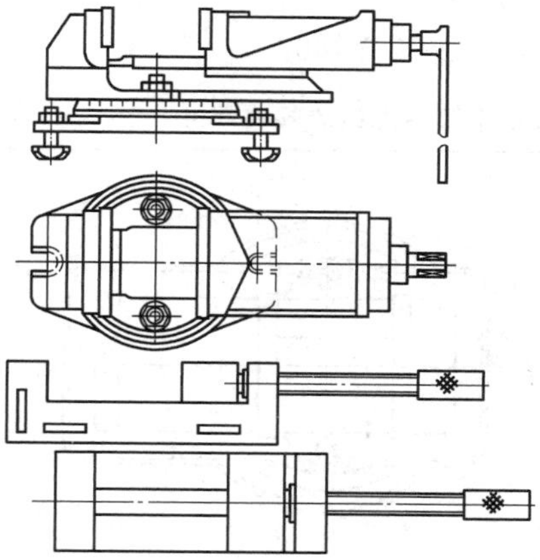

型式Ⅰ

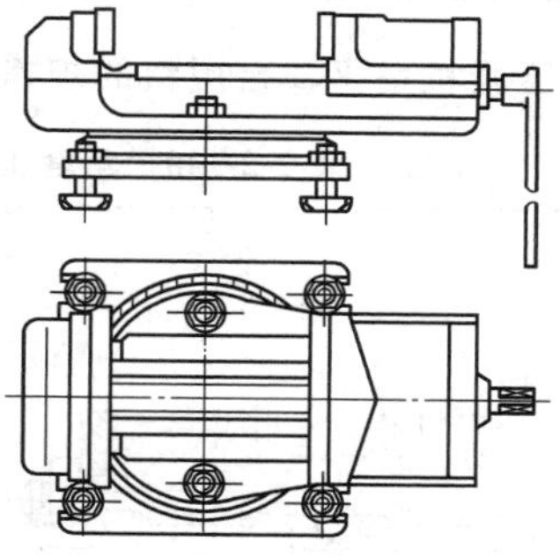

型式Ⅱ

（续）

产品名称	型　号	技术规格					外形尺寸（长×宽×高）
		钳口宽度	钳口最大张开度	钳口高度	定位键宽度	紧固螺栓	
铣床用平口台虎钳	Q1280	80	65	35	—	—	259×130×105
	Q12100	100	80	40	14	M12	310×160×120
	Q12125	125	100	45			343×180×125
	Q12160	160	125	50	18		404×230×155
	Q12200	200	160	63		M16	468×270×175
	Q12250	250	200	56	22		640×340×250
刨床用平口台虎钳	Q13125I	125	140	40	14	M12	325×123×94
	Q13160I	160	180	50	18	M16	470×230×155
	Q13160						470×260×155
	Q13200I	200	220	63			558×270×175
	Q13200						558×330×175
	Q13250	250	280	70			642×330×195
	Q13320	320	360	80	22	M20	740×400×220
钻床用平口台虎钳	Q1975	75	50	20	—	—	204×124×48
	Q19100	100	75	25			254×164×56
	Q19125	125	100	28			325×185×61
	Q19150	150	125	32			338×210×66
精密机床用平口台虎钳	QM1180	80	70	30	—	M14	169×80×55
	QM11100	100	90	36		M16	206×100×65
	QM11125	125	100	43		M18	234×125×80
	QM11160	160	130	45	17.5	M12	425×325×159
精密磨床用平口台虎钳	QM1885	85	100	28	—	M8	209×85×60
	QM18120	120	140	40		M10	287×120×85
高精度磨床用平口台虎钳	QG1860	60	80	30	—	—	268×60×63
	QG1880	80	100	35			298×80×70
	QG18100	100	125	40			335×100×80

2.6.8.2　角度压紧机用平口台虎钳的规格尺寸（见表 2-2-140）

表 2-2-140　角度压紧机用平口台虎钳的规格尺寸　（单位：mm）

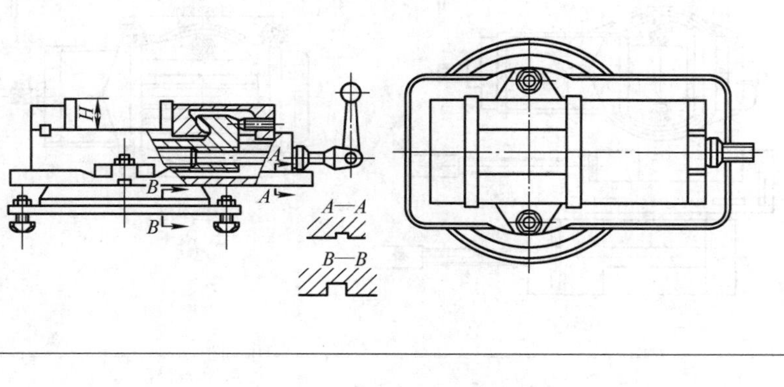

（续）

产品名称	型　号	技术规格					外形尺寸（长×宽×高）
		钳口宽度	钳口最大张开度	钳口高度	定位键宽度	紧固螺栓	
精密角度压紧机用平口台虎钳	QM16100	100	90、149、216、270	32	14	M12	330×216×120
	QM16125	125	112、165、250、305	38			384×270×139
	QM16160	160	140、210、300、370	45	18	M16	446×315×165
	QN16200	200	190、275、385、470	56			547×365×186
	QM16250	250	250、355、500、605	75	22	M20	694×452×223

2.6.8.3　可倾机用平口台虎钳的规格尺寸（见表 2-2-141）

表 2-2-141　可倾机用平口台虎钳的规格尺寸

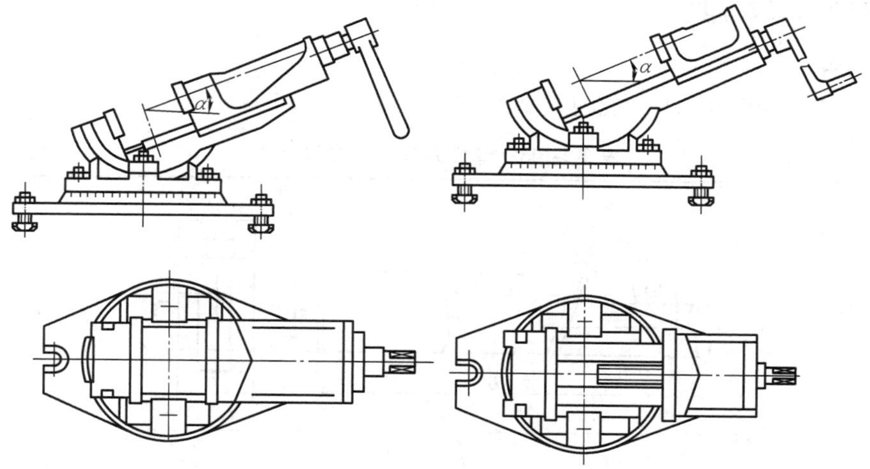

型式Ⅰ　　型式Ⅱ

型号	技术规格										外形尺寸 $\left(\frac{长}{mm}\times\frac{宽}{mm}\times\frac{高}{mm}\right)$
	钳口宽度/mm	钳口最大张开度/mm	钳口高度/mm	丝杆方头对边宽度/mm	定位键宽度/mm	紧固螺栓/mm	水平回转角度/(°)	前倾最大角度/(°)	度盘刻划值/(°)	夹紧力/N	
Q41100	100	80	40	17	14	M12	360	90	1	20000	319×180×147
Q41125	125	100	45							25000	383×226×159
Q41160	160	125	50		18	M16				30000	442.5×250×196

2.6.8.4　正弦机用平口台虎钳的规格尺寸（见表 2-2-142）

表 2-2-142　正弦机用平口台虎钳的规格尺寸

产品名称	型　号	技术规格								外形尺寸 $\left(\frac{长}{mm}\times\frac{宽}{mm}\times\frac{高}{mm}\right)$
		钳口宽度/mm	钳口最大张开度/mm	钳口高度/mm	丝杆直径/mm	水平回转角度/(°)	前倾角度范围/(°)	两圆柱中心距/mm	正弦圆柱直径/mm	
正弦机用平口台虎钳	Q4680	80	100	35	—	—	0～45	150	—	285×110×126
精密正弦机用平口台虎钳	QM4660	60	50	23	M12	—	0～90	100	—	170×97×80
	QM4680	80	70	30	M14			120		210×124×93
	QM4685	85	100	28	—		0～45	150	ϕ20	214×133×108
	QM46100	100	90	36	M16		0～90		—	242×148×108

（续）

产品名称	型　号	技术规格								外形尺寸 $\left(\frac{长}{mm}\times\frac{宽}{mm}\times\frac{高}{mm}\right)$
		钳口宽度/mm	钳口最大张开度/mm	钳口高度/mm	丝杆直径/mm	水平回转角度/(°)	前倾角度范围/(°)	两圆柱中心距/mm	正弦圆柱直径/mm	
精密正弦回转机用平口台虎钳	QM4760	60	50	23	M12	360	0~90	100	—	100×60×150
	QM4780	80	70	30	M14			120		120×80×200
	QM47100	100	90	36	M16			150		150×100×250

2.7　机床辅具

2.7.1　普通车床辅具

2.7.1.1　刀杆

（1）弹性刀杆的型式和尺寸（见表2-2-143）

表2-2-143　弹性刀杆的型式和尺寸　（单位：mm）

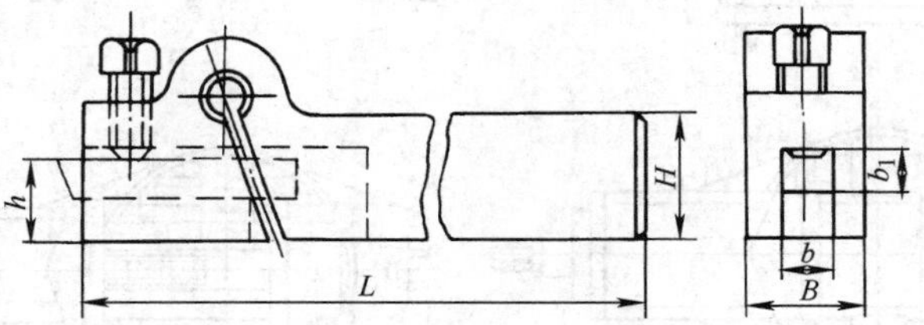

h	H	B	L	b 公称尺寸	b 极限偏差D11	b_1
16	20	16	120	8	+0.130 +0.040	8.5
20	25	20	140	10		10.5
25	32	25	160	12	+0.160 +0.050	12.5
32	40	32	180	16		16.5
40	50	40	210	20	+0.195 +0.065	21

（2）多用刀杆的型式和尺寸（见表2-2-144）

表2-2-144　多用刀杆的型式和尺寸（JB/T 3411.2—1999）　（单位：mm）

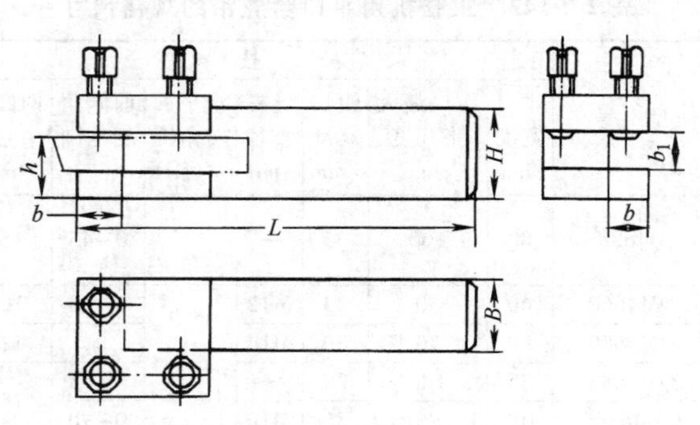

（续）

h	H	B	L	b	b_1
16	20	16	120	8	8.5
20	25	20	140	10	10.5
25	32	25	160	12	12.5
32	40	32	180	16	16.5
40	50	40	210	20	21

（3）弹性转动刀杆的型式和尺寸（见表 2-2-145）

表 2-2-145　弹性转动刀杆的型式和尺寸（JB/T 3411.3—1999）　（单位：mm）

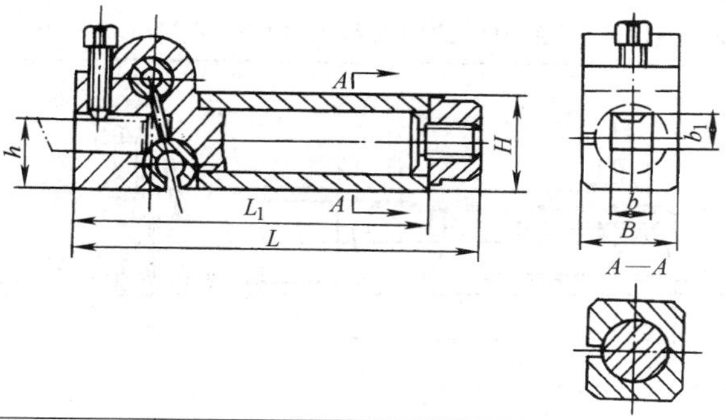

h	H	B	L≈	L_1	b 公称尺寸	b 极限偏差 D11	b_1
20	25	20	140	124	10	+0.130 +0.040	10.5
25	32	25	160	140	12	+0.160 +0.050	12.5
32	40	32	180	155	16		16.5
40	50	40	205	173	20	+0.195 +0.065	21

注：使用时可根据需要取下下方弹性套。

（4）微调圆盘车刀刀杆的型式和尺寸（见表 2-2-146）

表 2-2-146　微调圆盘车刀刀杆的型式和尺寸（JB/T 3411.4—1999）（单位：mm）

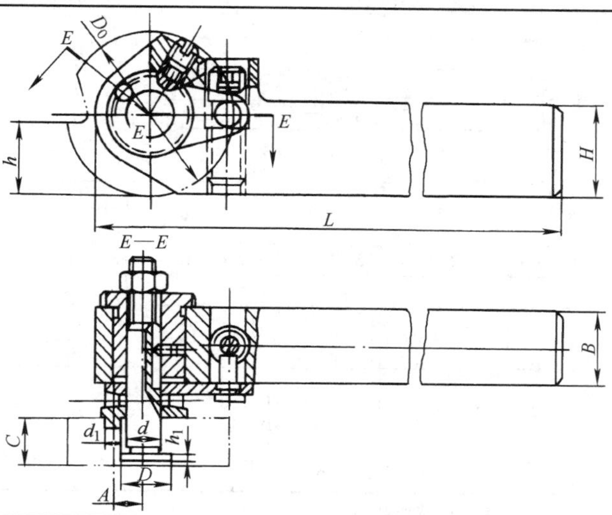

（续）

h	H	B	L	D_0	D	C	h_1	d 公称尺寸	d 极限偏差 h6	d_1 公称尺寸	d_1 极限偏差 h12	A 公称尺寸	A 极限偏差 Js12
16	20	20	140	52	18	10~20	3	12	0 −0.011	6	0 −0.120	11	±0.090
20	25												
25	32	25	180	68	22	15~30	4	16		8	0 −0.150	14	
32	40	32	200										
40	50		250										

（5）切断刀杆的型式和尺寸（见表2-2-147）

表2-2-147　切断刀杆的型式和尺寸（JB/T 3411.5—1999）　（单位：mm）

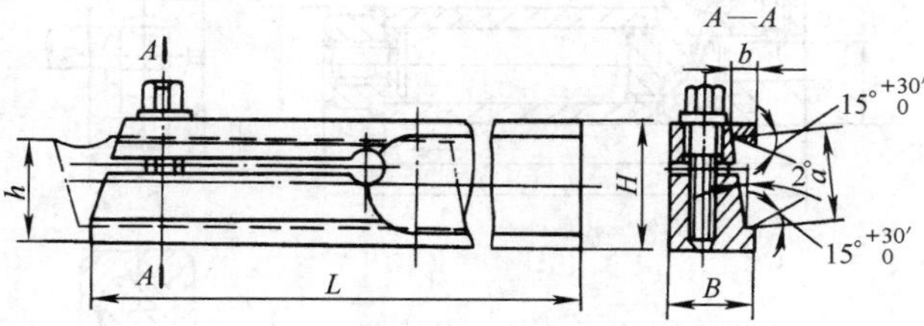

h	H	B	L	a 公称尺寸	a 极限偏差 C11	b
16	20	15	120	12.6	+0.205 +0.095	3
20	25	16	140	16.7		
25	32	20	160	20.7	+0.240 +0.110	4

（6）90°车内孔方刀杆的型式和尺寸（见表2-2-148）

表2-2-148　90°车内孔方刀杆的型式和尺寸（JB/T 3411.6—1999）（单位：mm）

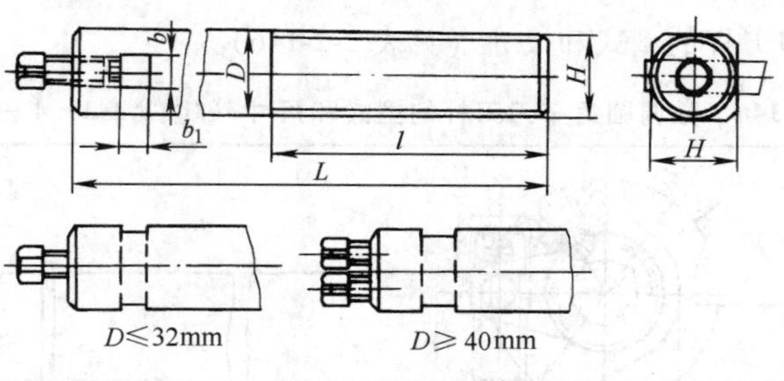

H / D	16	20	25	32	40	50	63	80
L	125　160　200	160　200　250	200　250　315	250　315　400	250　315　400	315　400　500	400　500　630	500　630　800
l	80	100		120		150		200
b 公称尺寸	6	8	10	12	16	20	25	32
b 极限偏差 D11	+0.105 +0.030	+0.130 +0.040		+0.160 +0.050		+0.195 +0.065		+0.240 +0.080
b_1	6.5	8.5	10.5	12.5	16.5	21	26	33

注：$D \leqslant 20$mm时，刀杆方孔根据需要可做成圆形。

（7）45°车内孔方刀杆的型式和尺寸（见表 2-2-149）

表 2-2-149　45°车内孔方刀杆的型式和尺寸（JB/T 3411.7—1999）（单位：mm）

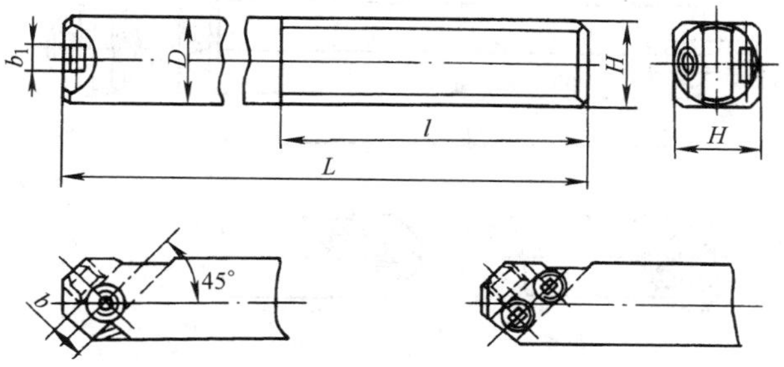

D≤32mm　　D≥40mm

H / D		16			20			25			32			40			50			63			80		
L		125	160	200	160	200	250	200	250	315	250	315	400	250	315	400	315	400	500	400	500	630	500	630	800
l		80			100						120						150						200		
b	公称尺寸	6			8			10			12			16			20			25			32		
	极限偏差 D11	+0.105 +0.030			+0.130 +0.040						+0.160 +0.050						+0.195 +0.065						+0.240 +0.080		
b_1		≤6.5			8.5			10.5			12.5			16.5			21			26			33		

注：D≤20mm 时，刀方孔根据需要可做成圆形。

（8）90°车内孔圆刀杆的型式和尺寸（见表 2-2-150）

表 2-2-150　90°车内孔圆刀杆的型式和尺寸（JB/T 3411.8—1999）（单位：mm）

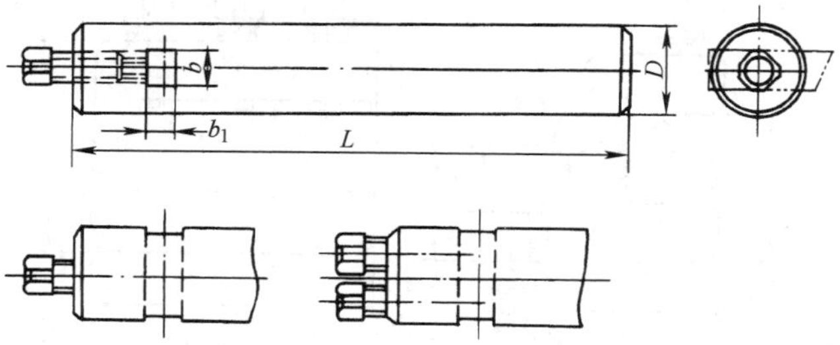

D≤32mm　　D≥40mm

D		16			20			25			32			40			50			63		
L		125	160	200	160	200	250	200	250	315	250	315	400	250	315	400	315	400	500	400	500	630
b	公称尺寸	6			8			10			12			16			20			25		
	极限偏差 D11	+0.105 +0.030			+0.130 +0.040						+0.160 +0.050						+0.195 +0.065					
b_1		6.5			8.5			10.5			12.5			16.5			21			26		

注：D≤20mm 时，刀方孔根据需要可做成圆形。

（9）45°车内孔圆刀杆的型式和尺寸（见表2-2-151）

表2-2-151 45°车内孔圆刀杆的型式和尺寸（JB/T 3411.9—1999）（单位：mm）

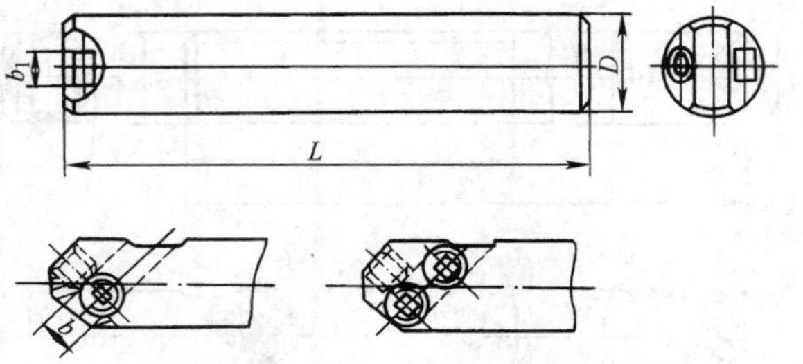

$D \leqslant 32$mm　　$D \geqslant 40$mm

D		16			20			25			32			40			50			63		
L		125	160	200	160	200	250	200	250	315	250	315	400	250	315	400	315	400	500	400	500	630
b	基本尺寸	6			8			10			12			16			20			25		
	极限偏差 D11	+0.105 +0.030			+0.130 +0.040						+0.160 +0.050						+0.195 +0.065					
b_1		6.5			8.5			10.5			12.5			16.5			21			26		

注：$D \leqslant 20$mm时，刀方孔根据需要可做成圆形。

2.7.1.2 刀杆夹

（1）方刀杆夹的型式和尺寸（见表2-2-152）

表2-2-152 方刀杆夹的型式和尺寸（单位：mm）

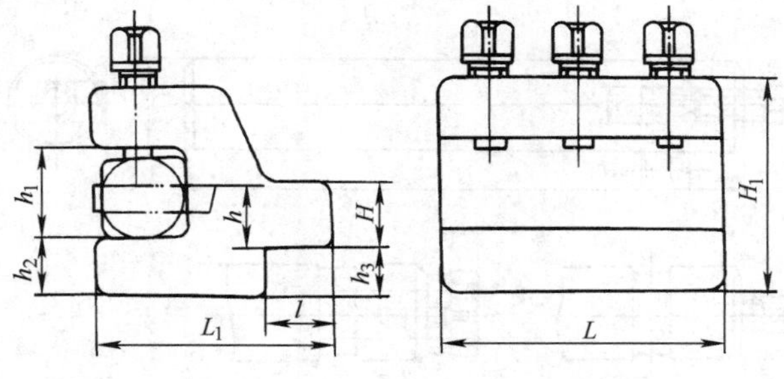

h	H	H_1	L	L_1	l	h_1	h_2	h_3	适用车床型号
16	20	55	100	55	16	23	16	14	C250
20	25	70		70	20	30	20	17.5	C320
25	32	85	120	85	25	35	25	22	C400
32	40	105		100	32	45	30	26	C500、C630
40	50	150	140	150	40	70	40	44	C800
50	63	185		180	50	85	50	56	C1000、C1250

注：适用于装夹JB/T 3411.6—1999《90°车内孔方刀杆》及JB/T 3411.7—1999《45°车内孔方刀杆》。

（2）圆刀杆夹的型式和尺寸（见表 2-2-153）

表 2-2-153　圆刀杆夹的型式和尺寸（JB/T 3411. 11—1999）　（单位：mm）

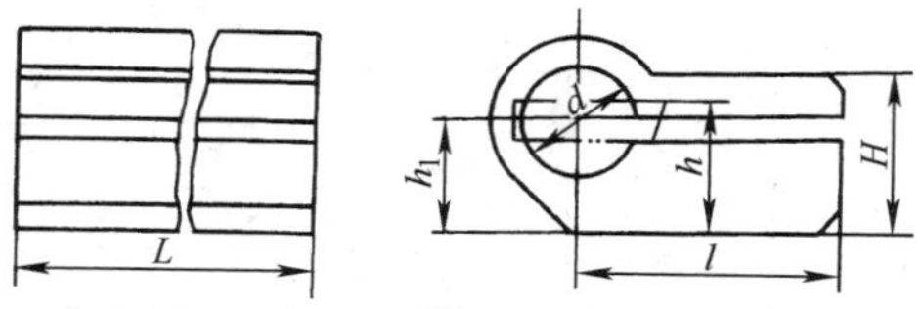

A型

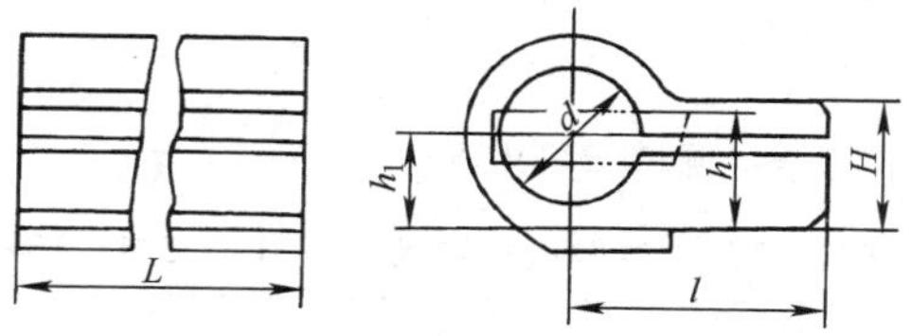

B型

型式	h	d	h_1	H	l	L	适用车床型号
A	20	16	17	25	40	80	C320
		20	16			100	
B		25	15				
A	25		20	32	45		C400
B		32	19		55	120	
A	32		26	40			C500 C630
B		40	24		65		
A	40		32	50			C800
B		50	30		70	150	
		63	28				
A	50	50	40	63	80		C1000 C1250
B		63	38		85		

注：适用于装夹 JB/T 3411. 8—1999《90°车内孔圆刀杆》及 JB/T 3411. 9—1999《45°车内孔圆刀杆》。

（3）莫氏锥柄工具用夹持器的型式和尺寸（见表 2-2-154）

表 2-2-154　莫氏锥柄工具用夹持器的型式和尺寸（JB/T 3411. 12—1999）

（单位：mm）

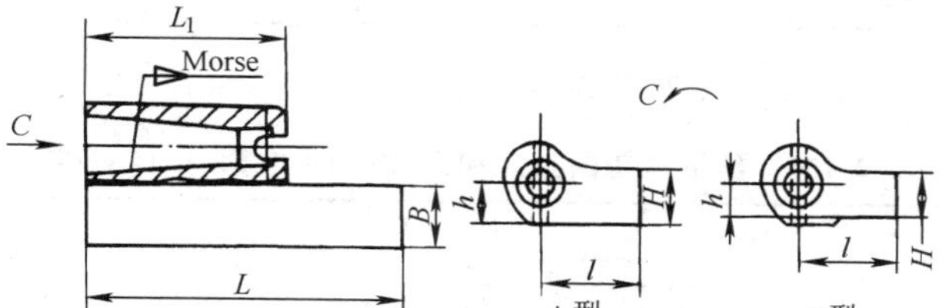

A型　B型

型　式	莫氏圆锥	h	H	B	L	L_1	l	适用车床型号
A	1 号	16	20	16	90	60	26	C250
	2 号				100	72	32	
B	3 号					92	35	
A	2 号	20	25	20	110	72		C320
	3 号					92	40	
B	4 号				120	115	45	

（续）

型 式	莫氏圆锥	h	H	B	L	L_1	l	适用车床型号
A	3号	25	32	25	120	92	45	C400
	4号					115	50	
B	5号				155	145	60	
A	3号	32	40	32	130	92	50	C500 C630
	4号					115	55	
	5号				155	145	65	
		40	50	40	175		70	C800、C1000

注：莫氏圆锥的尺寸和极限偏差按 GB/T 1443 的规定。

2.7.1.3 加工螺纹用辅具

（1）板牙夹套的型式和尺寸（见表 2-2-155）

表 2-2-155 板牙夹套的型式和尺寸（JB/T 3411.13—1999） （单位：mm）

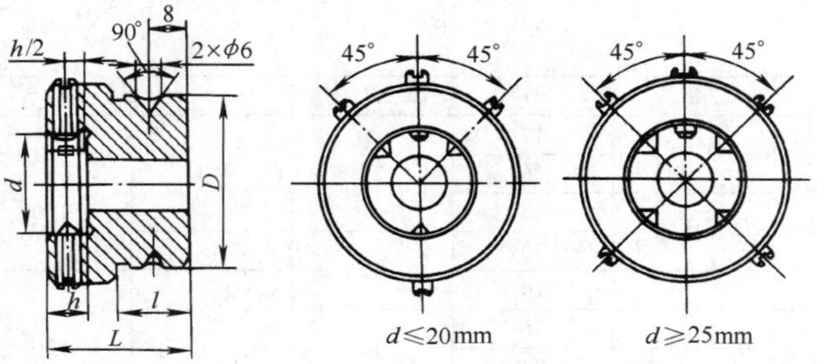

d		h	D		L	l
公称尺寸	极限偏差 H9		公称尺寸	极限偏差 f7		
20	+0.052 0	5	36	−0.025 −0.050	26	15.5
		7			28	
25		9			30	
30		11			35	
38	+0.062 0	10				
		14			40	
45		18	50		45	16.5
55	+0.074 0	16			42	
		22			48	

（2）丝锥夹套的型式和尺寸（见表 2-2-156）

表 2-2-156 丝锥夹套的型式和尺寸（JB/T 3411.14—1999） （单位：mm）

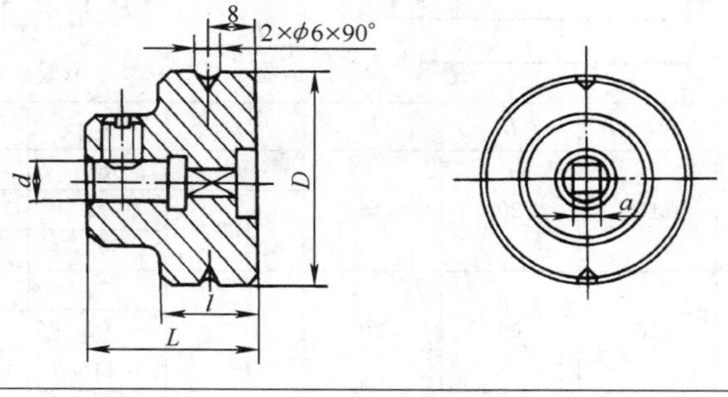

（续）

a		*D*		*d*		*L*	*l*
公称尺寸	极限偏差 D11	公称尺寸	极限偏差 f7	公称尺寸	极限偏差 H9		
2.50	+0.080 +0.020	36	−0.025 −0.050	3.15	+0.030 0	20	15.5
3.15	+0.105 +0.030			4.00			
3.55				4.50			
4.00				5.00		22	
4.50				5.60			
5.00				6.30	+0.036 0		
6.30	+0.130 +0.040			8.00			
7.10				9.00		30	
8.00				10.00	+0.043 0		
10.00				12.50			
11.20	+0.160 +0.050	50		14.00		38	16.5
12.50				16.00			
14.00				18.00	+0.052 0		
16.00				20.00			
18.00				22.40		50	
20.00	+0.195 +0.065			25.00			

（3）切制螺纹夹头的型式和尺寸（见表 2-2-157）

表 2-2-157　切制螺纹夹头的型式和尺寸　（单位：mm）

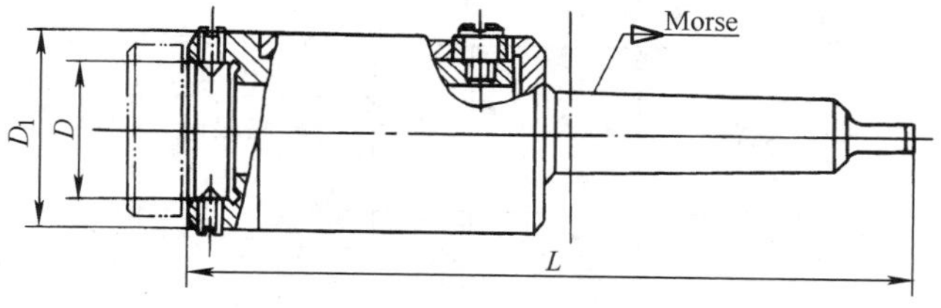

莫氏圆锥号	*D*		D_1	*L*
	公称尺寸	极限偏差 H7		
3	36	+0.025 0	55	215
4	50		70	255

注：1. 适用于装夹 JB/T 3411.13—1999《板牙夹套》及 JB/T 3411.14—1999《丝锥夹套》。

2. 莫氏圆锥的尺寸和偏差按 GB/T 1443 的规定。

2.7.2　铣床辅具

2.7.2.1　中间套

（1）7∶24 圆锥中间套的型式和尺寸（见表 2-2-158）

表 2-2-158 7∶24 圆锥中间套的型式和尺寸（JB/T 3411.108—1999）（单位：mm）

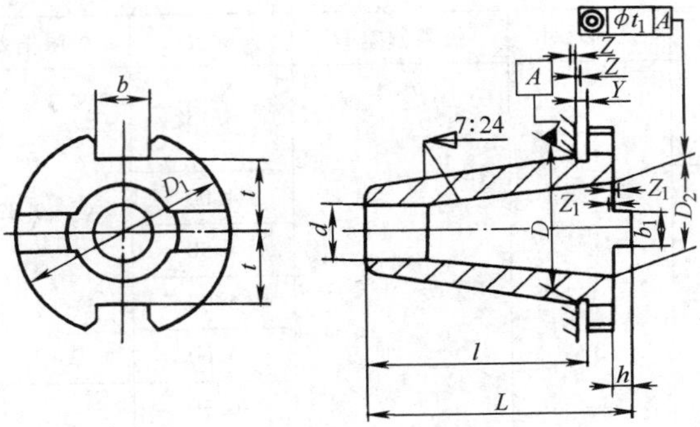

标记示例

外锥为 50 号、内锥为 40 号的 7∶24 圆锥中间套标记为：

中间套 50-40 JB/T 3411.108—1999

7∶24 圆锥号 外锥	7∶24 圆锥号 内锥	内锥 D	D_1	L_{max}	l_{max}	Y	Z	b 公称尺寸	b 极限偏差 H12	t_{max}
40	30	44.45	63	85.0	67	1.6	±0.4	16.1	+0.180 0	22.5
45	30 40	57.15	80	104.0	86	3.2		19.3	+0.210 0	29.0
50	30	69.85	100	125.0	105			25.7		35.3
	40									
	45			126.5						

外锥 D_2	d 公称尺寸	d 极限偏差 H12	b_1 公称尺寸	b_1 极限偏差 h9	h_{max}	Z_1	t_1
31.75	17.4	+0.180 0	15.9	0 −0.043	8.0	±0.4	0.016
44.45	25.3	+0.210 0					
31.75	17.4	+0.180 0					0.020
44.45	25.3	+0.210 0					
57.15	32.4	+0.250 0	19.0	0 −0.052	9.5		

7∶24 圆锥号 外锥	7∶24 圆锥号 内锥	内锥 D	D_1	L_{max}	l_{max}	Y	Z	b 公称尺寸	b 极限偏差 H12	t_{max}
55	40	88.90	130	152.0	130	3.2	±0.4	25.7	+0.210 0	45.0
	45			153.5						
	50			156.5						
60	40	107.95	160	189.0	165					60.0
	45			190.5						
	50			193.5						

外锥 D_2	d 公称尺寸	d 极限偏差 H12	b_1 公称尺寸	b_1 极限偏差 h9	h_{max}	Z_1	t_1
44.45	25.3	+0.210 0	15.9	0 −0.043	8.0	±0.4	0.020
57.15	32.4	+0.250 0	19.0	0 −0.052	9.5		
69.85	39.6		25.4	0 −0.043	12.5		
44.45	25.3	+0.210 0	15.9	0 −0.052	8.0		
57.15	32.4	+0.250 0	19.0		9.5		
69.85	39.6		25.4		12.5		

注：1. Z 等于圆锥的大端和通过公称直径 D 的平面之间的最大允许偏差，适用于该平面的两侧面。

2. Z_1 等于在前端面的任何一边，基准平面 D_2 对前端面公称重合位置的最大允许偏差。

（2）莫氏圆锥中间套的型式和尺寸（见表 2-2-159）

表 2-2-159　莫氏圆锥中间套的型式和尺寸（JB/T 3411.109—1999）（单位：mm）

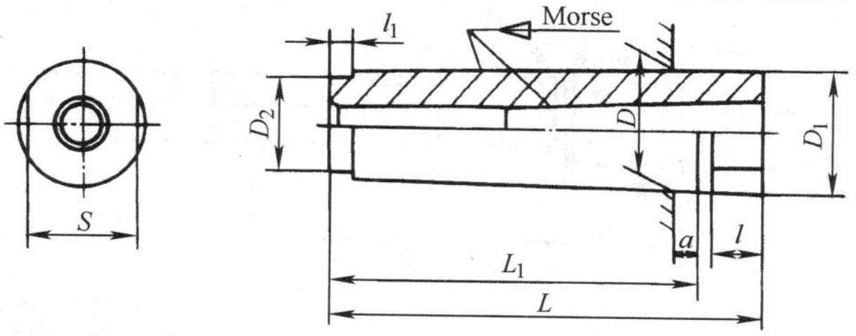

标记示例

外锥为 3 号、内锥为 1 号的莫氏圆锥中间套标记为：

中间套　3-1　JB/T 3411.109—1999

莫氏圆锥号 外锥	莫氏圆锥号 内锥	D	$D_1\approx$	D_{2max}	L_{max}	L_1	a	l	l_{1max}	S
3	1	23.825	24.1	19.0	80	65	5	12	7	21
3	2	23.825	24.1	19.0	80	65	5	12	7	21
4	2	31.267	31.6	25.0	90	70	6.5	12	9	27
4	3	31.267	31.6	25.0	90	70	6.5	12	9	27
5	2	44.399	44.7	35.7	110	85	6.5	12	10	36
5	3	44.399	44.7	35.7	110	85	6.5	12	10	36
5	4	44.399	44.7	35.7	110	85	6.5	12	10	36
6	4	63.348	63.8	51.0	130	105	8	15	16	55
6	5	63.348	63.8	51.0	130	105	8	15	16	55

（3）快换中间套的型式和尺寸（见表 2-2-160）

表 2-2-160　快换中间套的型式和尺寸（JB/T 3411.121—1999）　（单位：mm）

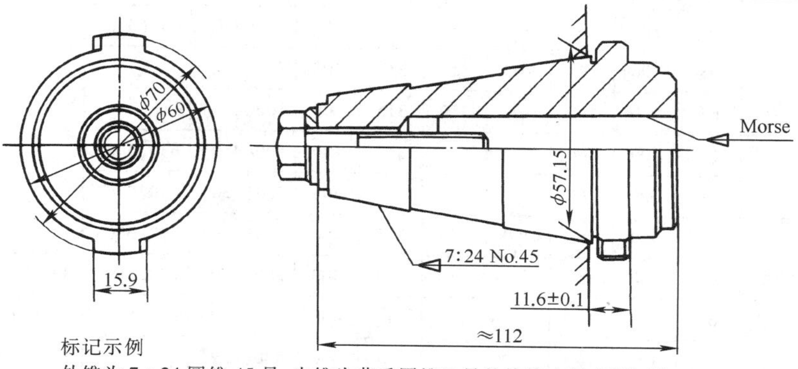

标记示例

外锥为 7：24 圆锥 45 号、内锥为莫氏圆锥 3 号的快换中间套标记为：

中间套　45-3　JB/T 3411.121—1999

外　锥 7：24 圆锥号	内　锥 莫氏圆锥号
45	2
45	3
45	4

2.7.2.2　铣刀杆

（1）7：24 锥柄铣刀杆的型式和尺寸（见表 2-2-161）

表 2-2-161 7∶24 锥柄铣刀杆的型式和尺寸（JB/T 3411.110—1999）（单位：mm）

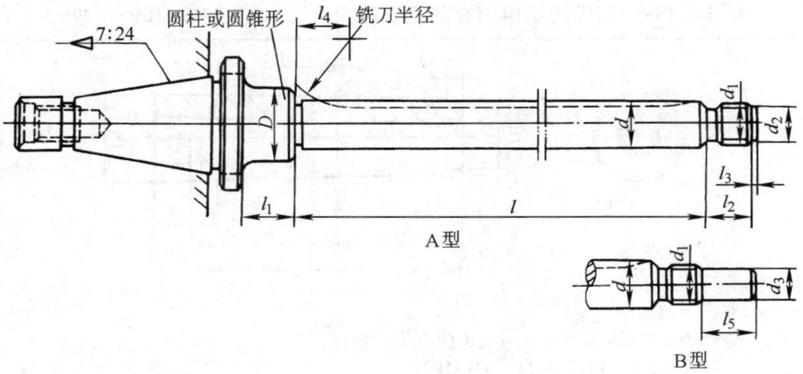

标记示例

7∶24 圆锥为 40 号，d=22mm，l=315mm 的 A 型 7∶24 锥柄铣刀杆标记为：

刀杆 A40-22×315 JB/T 3411.110—1999

7∶24圆锥号	d 公称尺寸	d 极限偏差 h6	有效长度 l A型			有效长度 l A型、B型							
30	16	0 −0.011	63	100	160	200	250	315					
	22	0 −0.013	63	100	160	200	250	315	400				
	27		63	100	160	200	250	315	400				
40	16	0 −0.011	63	100	160	200	250	315	400				
	22	0 −0.013	63	100	160	200	250	315	400	500(450)			
	27		63	100	160	—	250	315	400	500(450)	630(560)		
	32	0 −0.016	63	100	160	—	250	315	400	500(450)	630(560)		
	40		—	100	160	—	—	315	400	500(450)	630(560)		
45	22	0 −0.013	63	100	160	200	250	315	400				
	27		63	100	160	—	250	315	400	500(450)			
	32	0 −0.016	63	100	160	—	—	315	400	500(450)	630(560)		
	40		—	100	160	—	—	—	400	500(450)	630(560)		
50	22	0 −0.013	63	100	160	200	250	315	400	500(450)	630(560)		
	27		63	100	160			315	400	500(450)	630(560)	800(710)	
	32	0 −0.016	63	100	160			315	400	500(450)	630(560)	800(710)	1000(900)
	40			100	160				400	500(450)	630(560)	800(710)	1000(900)
	50								400	500(450)	630(560)	800(710)	1000(900)
	60	0 −0.019							400	500(450)	630(560)	800(710)	1000(900)
60	50	0 −0.016									630(560)	800(710)	1000(900)
	60	0 −0.019									630(560)	800(710)	1000(900)
	80											800(710)	1000(900)
	100	0 −0.022										800(710)	1000(900)

（续）

7:24圆锥号	D_{min}	d_1	d_2	d_3 公称尺寸	d_3 极限偏差 g6	l_1	l_2	l_{3min}	l_4	l_5
30	27	M16×1.5	13	13	-0.006 -0.017	20	(1~1.25)d_1+2	2	23	20
	34	M20×2	16	16					25	25
	41	M24×2	20	20	-0.007 -0.020				26	32
40	27	M16×1.5	13	13	-0.006 -0.017	25			23	20
	34	M20×2	16	16					25	25
	41	M24×2	20	20	-0.007 -0.020				26	32
	47	M27×2	23	23					27	
	55	M33×2	29	29					28	
45	34	M20×2	16	16	-0.006 -0.017	30			25	25
	41	M24×2	20	20	-0.007 -0.020				26	32
	47	M27×2	23	23					27	
	55	M33×2	29	29					28	
50	34	M20×2	16	16	-0.006 -0.017				25	25
	41	M24×2	20	20	-0.007 -0.020				26	32
	47	M27×2	23	23					27	
	55	M33×2	29	29					28	
	69	M39×3	34	34	-0.009 -0.025			3	29	56
	84	M45×3	40	40					30	
60	69	M39×3	34	34		40			29	
	84	M45×3	40	40					30	
	109	M56×4	49	—	—			5	31	—
	134	M68×4	61	—	—				33	—

注：括号中的有效长度 l 尽可能不采用。

（2）莫氏锥柄铣刀杆的型式和尺寸（见表 2-2-162）

表 2-2-162　莫氏锥柄铣刀杆的型式和尺寸（JB/T 3411.111—1999）（单位：mm）

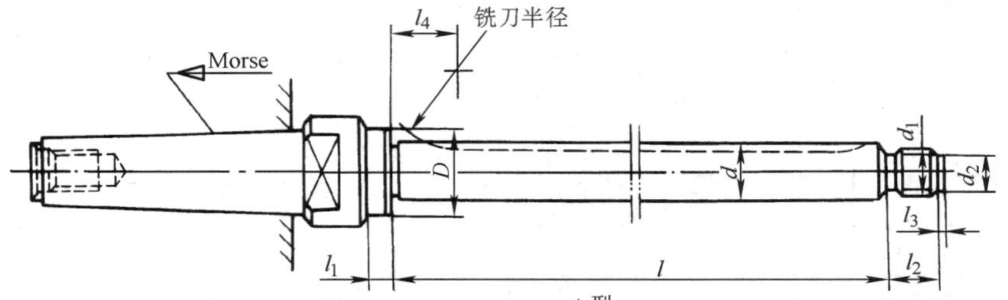

A型

标记示例

莫氏圆锥为 4 号，d=22mm，l=315mm 的 B 型莫氏锥柄铣刀杆标记为：

刀杆　B4-22×315　JB/T 3411.111—1999

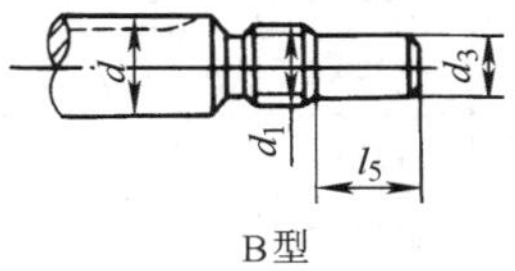

B型

莫氏圆锥号	d 公称尺寸	d 极限偏差 h6	有效长度 l										
			A 型			A 型、B 型							
3	16	0 -0.011	63	—	—	200	250	315					
	22	0 -0.013	63	100	—	200	250	315	400				
	27		63	100	160	200	250	315	400				

（续）

莫氏圆锥号	d 公称尺寸	d 极限偏差 h6	有效长度 l A型			A型、B型							
4	16	0 -0.011	63	—	—	200	250	315	400				
	22	0 -0.013	63	100	—	200	250	315	400	500(450)			
	27		63	100	160	—	250	315	400	500(450)	630(560)		
	32	0 -0.016	63	100	160	—	250	315	400	500(450)	630(560)		
	40		—	100	160	—	—	315	400	500(450)	630(560)		
5	22	0 -0.013	63	100	—	200	250	315	400	500(450)	630(560)		
	27		63	100	160			315	400	500(450)	630(560)	800(710)	
	32		63	100	160			315	400	500(450)	630(560)	800(710)	1000(900)
	40	0 -0.016		100	160				400	500(450)	630(560)	800(710)	1000(900)
	50				160				400	500(450)	630(560)	800(710)	1000(900)
6	50				160						630(560)	800(710)	1000(900)
	60	0 -0.019			160						630(560)	800(710)	1000(900)
	80				160							800(710)	1000(900)
	100	0 -0.022			160							800(710)	1000(900)

莫氏圆锥号	D_{min}	d_1	d_2	d_3 公称尺寸	d_3 极限偏差 g6	l_1	l_2	l_{3min}	l_4	l_5
3	27	M16×1.5	13	13	-0.006 -0.017	10	$(1 \sim 1.25)\ d_1+2$	2	27	20
	34	M20×12	16	16						25
	41	M24×12	20	20	-0.007 -0.020					32
4	27	M16×1.5	13	13	-0.006 -0.017					20
	34	M20×2	16	16						25
	41	M24×2	20	20	-0.007 -0.020					32
	47	M27×2	23	23					29	
	55	M33×2	29	—	—	20			30	—
5	34	M20×2	16	16	-0.006 -0.017	10			27	25
	41	M24×2	20	20	-0.007 -0.026					32
	47	M27×2	23	23					29	
	55	M33×2	29	—	—	20			30	—
	69	M39×3	34	—	—			3	31	—
6	69	M39×3	34	—	—					—
	84	M45×3	40	—	—					—
	109	M56×4	49	—	—	30		5	32	—
	134	M68×4	61	—	—					—

注：括号中的有效长度 l 尽可能不采用。

（3）调整垫圈的型式和尺寸（见表 2-2-163）

表 2-2-163　调整垫圈的型式和尺寸（JB/T 3411.112—1999）　（单位：mm）

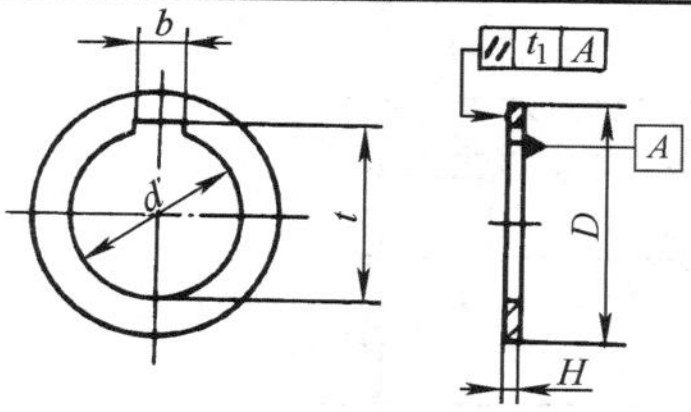

$H \leqslant 1$mm

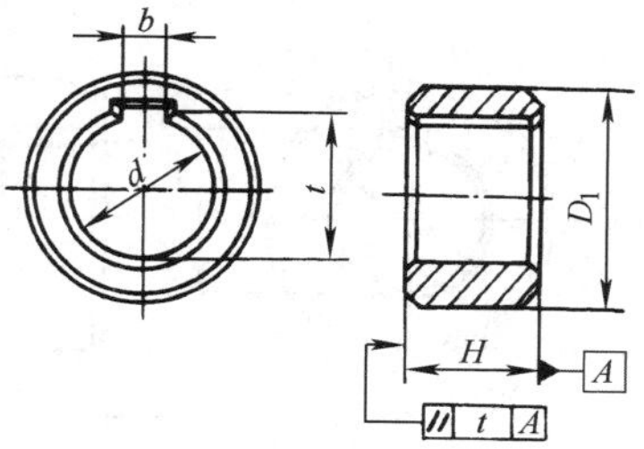

$H \geqslant 2$mm

注：对于厚垫圈，可以有一个直径等于 $d+1$mm、长度等于$\frac{H}{2}$mm 的空刀

标记示例

$d=22$mm，$H=20$mm 的调整垫圈标记为：

垫圈　22×20　JB/T 3411.112—1999

d	公称尺寸	16	22	27	32	40	50	60	80	100
	极限偏差 C11	+0.205 +0.095	+0.240 +0.110		+0.280 +0.120		+0.290 +0.130	+0.330 +0.140	+0.340 +0.150	+0.390 +0.170
D	公称尺寸	26	33	40	46	54	68	83	—	—
	极限偏差 h11	0 −0.130	0 −0.160			0 −0.190		0 −0.220	—	—
D_1	公称尺寸	27	34	41	47	55	69	84	109	134
	极限偏差 h11	0 −0.130	0 −0.160			0 −0.190		0 −0.220		0 −0.250
b	公称尺寸	4	6	7	8	10	12	14	18	25
	极限偏差	+0.145 +0.070		+0.170 +0.080			+0.205 +0.095			+0.240 +0.110
t	公称尺寸	17.7	24.1	29.8	34.8	43.5	53.5	64.2	85.5	107.0
	极限偏差	+0.1 0		+0.2 0						
H		(0.03)；(0.04)；0.05；0.1；0.2；0.3；0.6；1								
		2；3；6								
		10								
									(12)(13)(16)	
		20								
		30								
			60							
				100						
t_1		0.004					0.005			0.006

注：1. 括号内的尺寸尽可能不采用。

2. 厚度 $H \geqslant 2$mm 时，其极限偏差为±0.1mm。

3. 厚度 $H \leqslant 1$mm 时，可采用钢带 65Mn，YB/T 5063，冲压制造。

（4）铣刀杆轴套的型式和尺寸（见表 2-2-164）

表 2-2-164　铣刀杆轴套的型式和尺寸（JB/T 3411.113—1999）　（单位：mm）

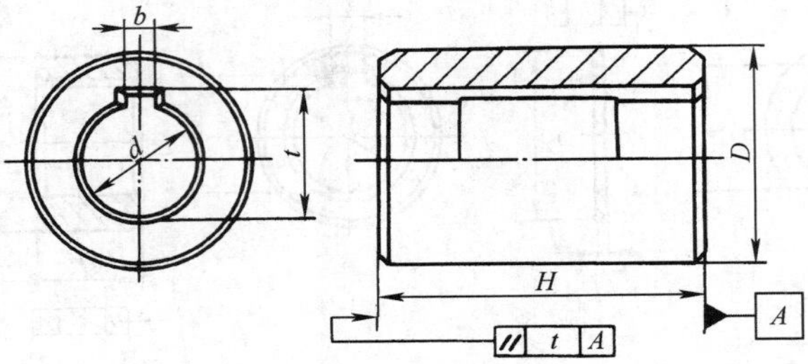

注：如要空刀，其尺寸为：直径等于 d+1mm，长度等于$\frac{H}{2}$mm

标记示例

d=22mm，D=42mm 的铣刀杆轴套标记为：

轴套　22×42　JB/T 3411.113—1999

<table>
<tr><th colspan="2">d</th><th colspan="2">b</th><th colspan="2">t</th><th colspan="7">D</th></tr>
<tr><th rowspan="2">公称尺寸</th><th rowspan="2">极限偏差 H7</th><th rowspan="2">公称尺寸</th><th rowspan="2">极限偏差 C11</th><th rowspan="2">公称尺寸</th><th rowspan="2">极限偏差</th><th>42</th><th>48</th><th>56</th><th>70</th><th>85</th><th>110</th><th>140</th></tr>
<tr><th colspan="7">H</th></tr>
<tr><td>16</td><td>+0.018
0</td><td>4</td><td rowspan="2">+0.145
+0.070</td><td>17.7</td><td rowspan="2">+0.1
0</td><td rowspan="3">60</td><td rowspan="4">70</td><td rowspan="5">80</td><td></td><td></td><td></td><td></td></tr>
<tr><td>22</td><td rowspan="2">+0.021
0</td><td>6</td><td>24.1</td><td rowspan="5">100</td><td></td><td></td><td></td></tr>
<tr><td>27</td><td>7</td><td rowspan="3">+0.170
+0.080</td><td>29.8</td><td rowspan="7">+0.2
0</td><td rowspan="4">120</td><td></td><td></td></tr>
<tr><td>32</td><td rowspan="3">+0.025
0</td><td>8</td><td>34.8</td><td></td><td></td><td></td></tr>
<tr><td>40</td><td>10</td><td>43.5</td><td></td><td></td><td></td><td></td></tr>
<tr><td>50</td><td>12</td><td rowspan="3">+0.205
+0.095</td><td>53.5</td><td></td><td></td><td></td><td rowspan="3">140</td><td></td></tr>
<tr><td>60</td><td rowspan="2">+0.030
0</td><td>14</td><td>64.2</td><td></td><td></td><td></td><td></td><td></td><td></td></tr>
<tr><td>80</td><td>18</td><td>85.5</td><td></td><td></td><td></td><td></td><td></td><td></td></tr>
<tr><td>100</td><td>+0.035
0</td><td>25</td><td>+0.240
+0.110</td><td>107.0</td><td></td><td></td><td></td><td></td><td></td><td></td><td>160</td></tr>
<tr><td colspan="6">t_1</td><td colspan="3">0.004</td><td colspan="2">0.005</td><td colspan="2">0.006</td></tr>
</table>

注：1. 尺寸 D 的极限偏差为 g6。

2. 尺寸 H 的极限偏差为±0.1mm。

（5）螺母的型式和尺寸（见表 2-2-165）

表 2-2-165　螺母的型式和尺寸（JB/T 3411.114—1999）　（单位：mm）

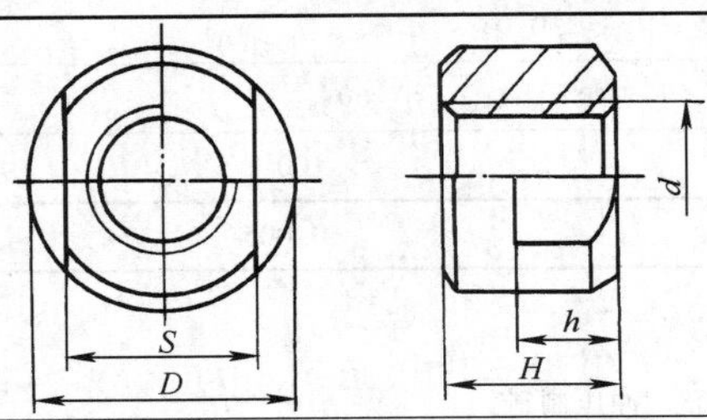

标记示例

d=M20×2 的螺母标记为：

螺母　M20×2　JB/T 3411.114—1999

（续）

d			M16×1.5	M20×2	M24×2	M27×2	M33×2	M39×3	M45×3	M56×4	M68×4
D≈			27	34	41	47	55	69	84	109	134
H			(1~1.25)d								
S	公称尺寸		22	27	32	41	46	55	70	85	105
	极限偏差	h13	0 −0.33			—					
		h14	—			0 −0.62		0 −0.74		0 −0.87	
h			大于相应扳手的宽度								
适用刀杆直径			16	22	27	32	40	50	60	80	100

（6） 铣床用拉杆的型式和尺寸(见表 2-2-166)

表 2-2-166　铣床用拉杆的型式和尺寸（JB/T 3411.125—1999）　（单位：mm）

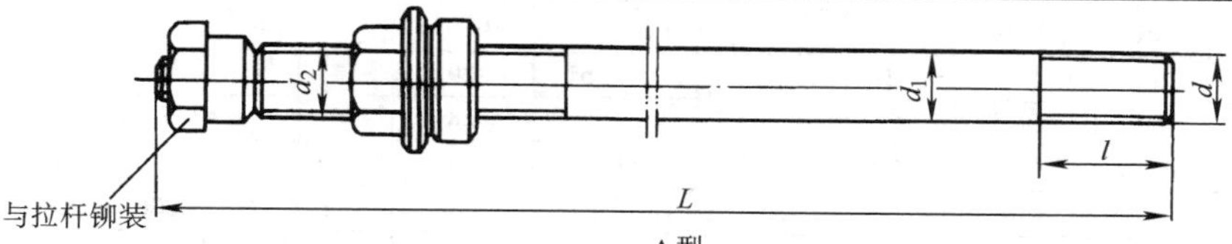

A型

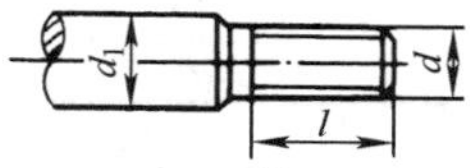

B型

标记示例

d=M12，d_1=25mm，L=700mm 的铣床用 B 型拉杆标记为：

拉杆　B　M12×25×700　JB/T 3411.125—1999

型号	d	d_1	d_2	l	L
B	M10	16	M16	25	l≤50 时，L 可从 400、500、550、575、600、625、650、700、720、750、775、800、850、875、900、950、975、1000、1050、1100、1150、1200、1250、1300、1350、1400、1450、1500、1550、1600、1650、1700 中选取 l>50 时，L 可从 700、720、750、775、800、850、875、900、950、975、1000、1050、1100、1150、1200、1250、1300、1350、1400、1450、1550、1600、1650、1700、1800、1900 中选取
	M12				
		25	M24		
A	M16	16	M16	32	
B		25	M24		
A	M20	20	M20	40	
B		25	M24		
	M24			50	
		32	M32		
	M30			63	
	M36	40	M40	80	
	M48	52	M52	100	

注：铣床用拉杆的长度 L 可根据机床规格按需在表中选取。

（7）7∶24锥柄带纵键端铣刀杆的型式和尺寸（见表2-2-167）

表2-2-167　7∶24锥柄带纵键端铣刀杆的型式和尺寸（JB/T 3411.115—1999）

（单位：mm）

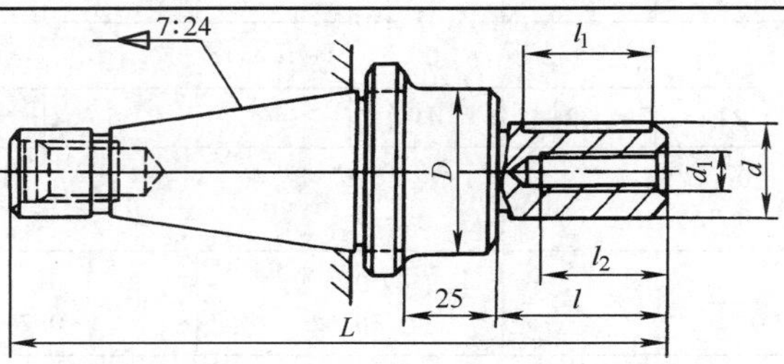

标记示例

7∶24圆锥40号，$d=27$mm，$L=61$mm的7∶24锥柄带纵键端铣刀杆标记为：

刀杆　40-27×61　JB/T 3411.115—1999

7∶24圆锥号		30		40				45				50		
d	公称尺寸	16	22	16	22	27		16	22	27		22	27	
	极限偏差 h6	0 -0.011	0 -0.013	0 -0.011	0 -0.013			0 -0.011	0 -0.013					
l_{max}		29	37	29	37	21	61	29	37	21	61	37	21	61
D_{min}		28	36	28	36	43		28	36	43		36	43	
d_1		M8	M10	M8	M10	M12		M8	M10	M12		M10	M12	
L		132	140	159	167	151	191	174	182	166	206	204	188	228
l_1		22	32	22	32	14	50	22	32	14	50	32	14	50
l_2			28		28	32			28	32		28	32	

（8）莫氏锥柄带纵键端铣刀杆的型式和尺寸（见表2-2-168）

表2-2-168　莫氏锥柄带纵键端铣刀杆的型式和尺寸（JB/T 3411.116—1999）

（单位：mm）

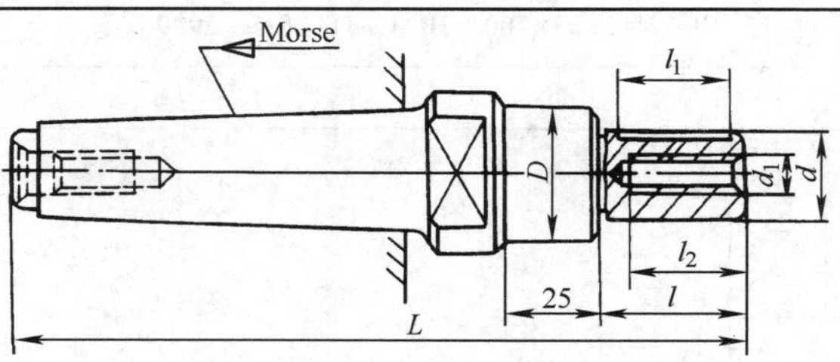

标记示例

莫氏圆锥4号，$d=22$mm，$l=37$mm的莫氏锥柄带纵键端铣刀杆标记为：

刀杆　4-22×37　JB/T 3411.116—1999

莫氏圆锥号		3		4				5			
d	公称尺寸	16	22	16	22	27		16	22	27	
	极限偏差 h6	0 -0.011	0 -0.013	0 -0.011	0 -0.013			0 -0.011	0 -0.013		
l_{max}		29	37	29	37	21	61	29	37	21	61
D_{min}		28	36	28	36	43		28	36	43	
d_1		M8	M10	M8	M10	M12		M8	M10	M12	
L		158	166	186	194	178	218	218	226	210	250
l_1		22	32	22	32	14	50	22	32	16	50
l_2			28		28	32			28	38	

（9）7∶24 锥柄带端键端铣刀杆的型式和尺寸（见表 2-2-169）

表 2-2-169　7∶24 锥柄带端键端铣刀杆的型式和尺寸（JB/T 3411.117—1999）

（单位：mm）

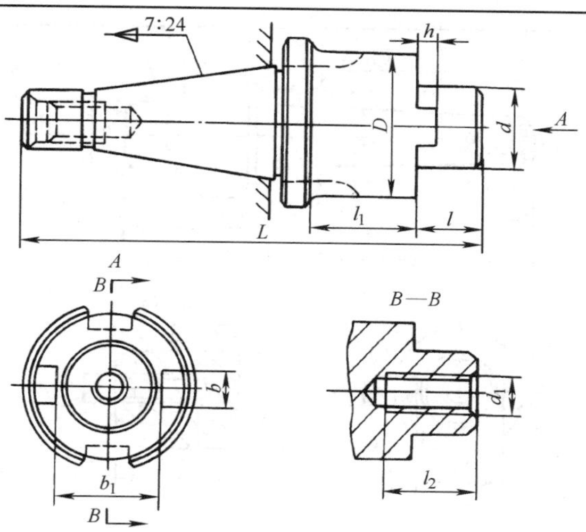

注：端键的具体结构由设计决定

标记示例

7∶24 圆锥 40 号，d=32mm 的 7∶24 锥柄带端键端铣刀杆标记为：

刀杆　40-32　JB/T 3411.117—1999

7∶24 圆锥号	d		l_{max}	D_{min}	l_1	b		h		b_{1min}	l_2	d_1	L_{max}
	公称尺寸	极限偏差 h6				公称尺寸	极限偏差 h11	公称尺寸	极限偏差 h11				
30	16	0 −0.011	17	32	25	8	0 −0.090	5.0	0 −0.075	17.0	22	M8	120
	22	0 −0.013	19	40		10		5.6		22.5	28	M10	122
	27		21	48		12	0 −0.110	6.3	0 −0.090	28.5	32	M12	124
40	16	0 −0.011	17	32		8	0 −0.090	5.0	0 −0.075	17.0	22	M8	147
	22	0 −0.013	19	40		10		5.6		22.5	28	M10	149
	27		21	48		12	0 −0.110	6.3	0 −0.090	28.5	32	M12	151
	32	0 −0.016	24	58	40	14		7.0		33.5	36	M16	169
	40		27	70		16		8.0		44.5	45	M20	172
45	22	0 −0.013	19	40		10	0 −0.090	5.6	0 −0.075	22.5	28	M10	179
	27		21	48		12	0 −0.110	6.3	0 −0.090	28.5	32	M12	181
	32	0 −0.016	24	58		14		7.0		33.5	36	M16	184
	40		27	70		16		8.0		44.5	45	M20	187
50	27	0 −0.013	21	48		12		6.3		28.5	32	M12	203
	32	0 −0.016	24	58		14		7.0		33.5	36	M16	206
	40		27	70		16		8.0		44.5	45	M20	209
	50		30	90		18		9.0		55.0	50	M24	212

（10）莫氏锥柄带端键端铣刀杆的型式和尺寸（见表 2-2-170）

表 2-2-170　莫氏锥柄带端键端铣刀杆的型式和尺寸（JB/T 3411.118—1999）

（单位：mm）

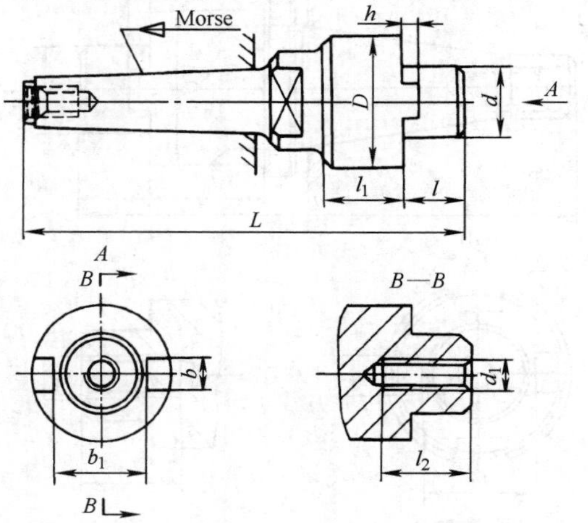

注：端键的具体结构由设计决定

标记示例

莫氏圆锥 3 号，d=27mm 的莫氏锥柄带端键端铣刀杆标记为：

刀杆　3-27　JB/T 3411.118—1999

莫氏圆锥号	d 公称尺寸	d 极限偏差 h6	l_{max}	D_{min}	l_1	b 公称尺寸	b 极限偏差 h11	h 公称尺寸	h 极限偏差 h11	b_{1min}	l_2	d_1	L_{max}
3	16	0 -0.011	17	32	25	8	0 -0.090	5.0	0 -0.075	17.0	22	M8	146
	22	0 -0.013	19	40		10		5.6		22.5	28	M10	148
	27		21	48		12	0 -0.110	6.3	0 -0.090	28.5	32	M12	150
4	22		19	40		10	0 -0.090	5.6	0 -0.075	22.5	28	M10	176
	27		21	48		12	0 -0.110	6.3	0 -0.090	28.5	32	M12	178
	32	0 -0.016	24	58	40	14		7.0		33.5	36	M16	196
	40		27	70		16		8.0		44.5	45	M20	199
5	27	0 -0.013	21	48		12		6.3		28.5	32	M12	225
	32	0 -0.016	24	58		14		7.0		33.5	36	M16	228
	40		27	70		16		8.0		44.5	45	M20	231
	50		30	90		18		9.0		55.0	50	M24	234

（11）快换端铣刀杆的型式和尺寸（见表 2-2-171）

表 2-2-171 快换端铣刀杆的型式和尺寸（JB/T 3411.123—1999） （单位：mm）

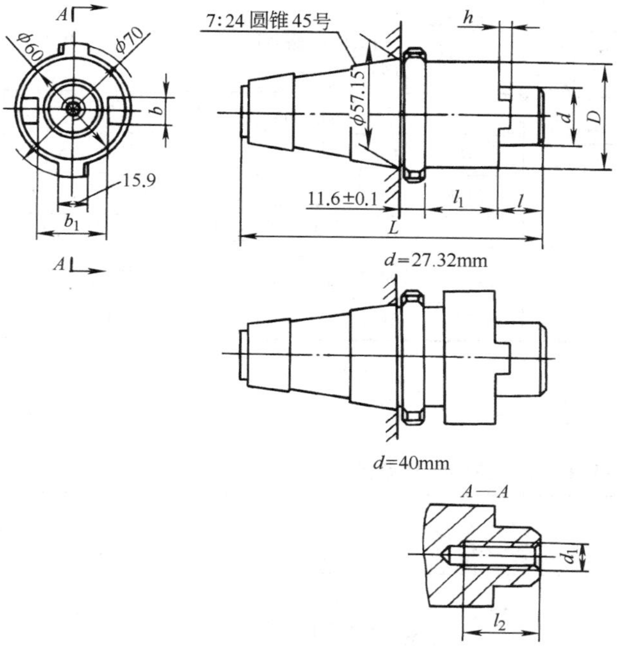

注：端键的具体结构由设计决定

标记示例

锥柄为 7∶24 圆锥 45 号，d=27mm 的快换端铣刀杆标记为：

刀杆 45-27 JB/T 3411.123—1999

d 公称尺寸	d 极限偏差 h6	l_{max}	b 公称尺寸	b 极限偏差 h11	b_{1min}	h 公称尺寸	h 极限偏差 h11	D_{min}	d_1	L_{max}	l_1	l_2
27	0 −0.013	21	12	0 −0.110	28.5	6.3	0 −0.090	48	M12	142	25	32
32	0 −0.016	24	14		33.5	7.0		58	M16	160	40	36
40		27	16		44.5	8.0		70	M20	163		45

（12）端铣刀杆螺钉的型式和尺寸（见表 2-2-172）

表 2-2-172 端铣刀杆螺钉的型式和尺寸（JB/T 3411.126—1999） （单位：mm）

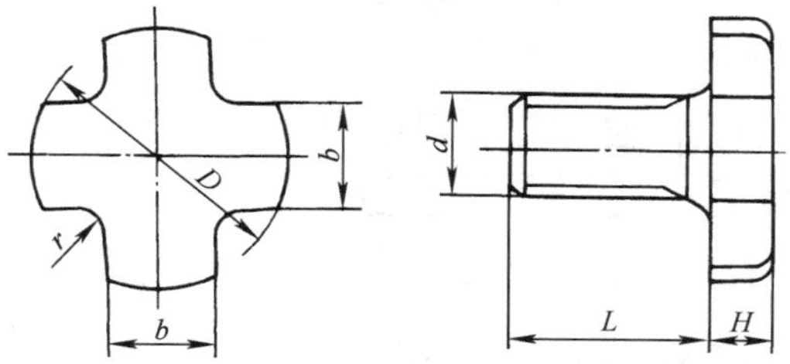

标记示例

d=M16 的端铣刀杆螺钉标记为：

螺钉 M16 JB/T 3411.126—1999

d	b	D_{max}	L_{min}	H	r	适用刀杆直径	d	b	D_{max}	L_{min}	H	r	适用刀杆直径
M8	8	20	16	6	2	16	M16	16	42	26	9	3	32
M10	10	28	18	7	3	22	M20	20	52	30	10	4	40
M12	12	35	22	8		27	M24	24	63	36			50

（13）端铣刀杆螺钉扳手（见表 2-2-173）

表 2-2-173　端铣刀杆螺钉扳手（JB/T 3411.127—1999）　　　（单位：mm）

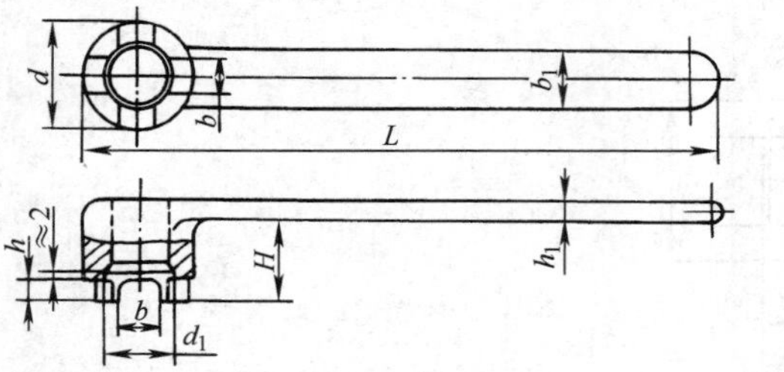

公称直径（螺纹直径）	b 公称尺寸	b 极限偏差 H11	b_1 ≈	d	d_1	L	H	h	h_1 ≈
8	8.1	+0.090 0	12	20	15	180	20	6.2	5
10	10.1		16	28	19	200	25	7.2	6
12	12.1	+0.110 0	20	35	22	225	32	8.5	8
16	16.2		25	40	28	250	36	9.5	
20	20.2	+0.130 0	30	52	35	280	40	11.0	
24	24.2			63	41	315	45		

标记示例

公称直径为 16mm 的端铣刀杆螺钉扳手标记为：

扳手　16　JB/T 3411.127—1999

2.7.2.3　铣夹头（JB/T 6350—2008）

（1）铣夹头圆锥柄参数（见表 2-2-174）

表 2-2-174　铣夹头圆锥柄参数　　　（单位：mm）

圆锥柄 锥度	型号		标准号	简图	尺寸 l_1	l_2
7∶24	XT	30	GB/T 3837—2001	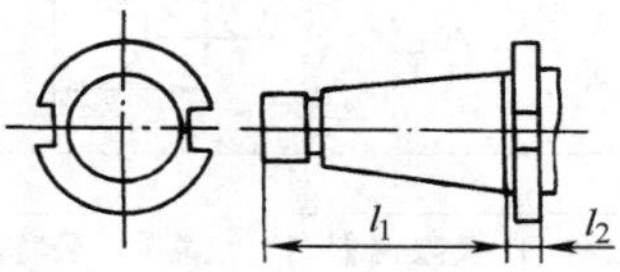	68.4	9.6
		40			93.4	11.6
		45			106.8	13.2
		50			126.8	15.2
	JT	40	GB/T 10944.1～2—2013	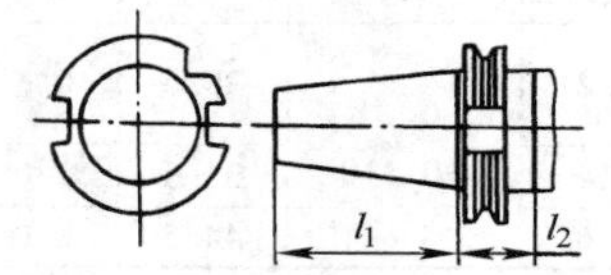	68.40	35
		45			82.70	
		50			101.75	
	KT①	30	—	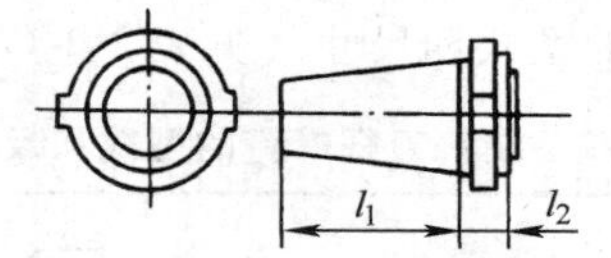	48.4	—
		40			65.4	
		45			82.8	
莫氏	MS	3	GB/T 1443—2016	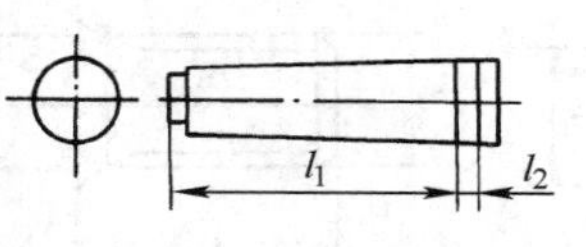	81	5
		4			102.5	6.5
		5			129.5	
	QMS	3	GB/T 4133—1984	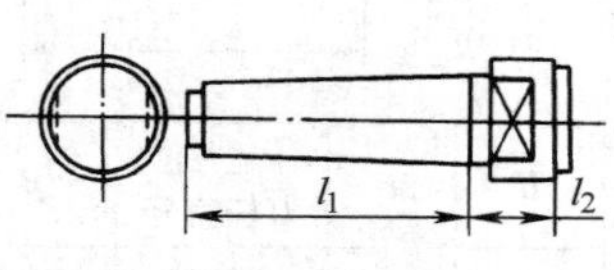	81	23
		4			102.5	29.5
		5			129.5	34.5

注：XT 表示机床用 7∶24 锥柄；JT 表示自动换刀机床用 7∶24 锥柄；KT 表示快换夹头用 7∶24 锥柄；MS 表示工具柄自锁圆锥莫氏锥柄；QMS 表示强制传动莫氏锥柄。

① KT 型圆锥柄只限于与快换铣夹头主体配套使用。

（2）滚针铣夹头参数（见表 2-2-175）

表 2-2-175　滚针铣夹头参数　（单位：mm）

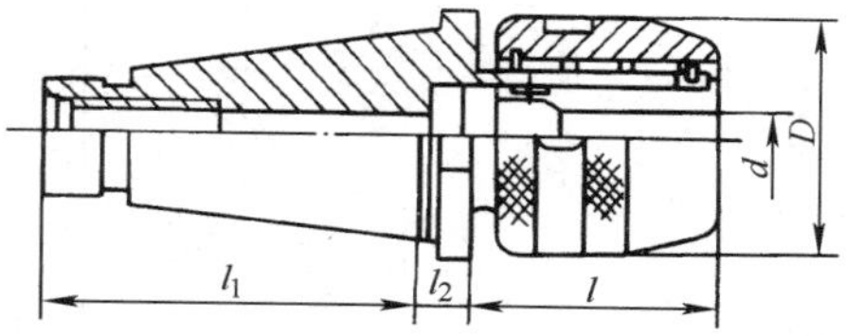

最大夹持孔直径 d	夹持范围	D	l	l_1	l_2	圆锥柄型号					
						7∶24				莫氏	
16	4~16	54	56	见表 2-2-174		XT	30	KT	30	MS QMS	3
25	6~25	70	70			XT JT	40 45 50		40 45		4 5
32	10~32	90	100				50				5

（3）弹性铣夹头参数（见表 2-2-176）

表 2-2-176　弹性铣夹头参数　（单位：mm）

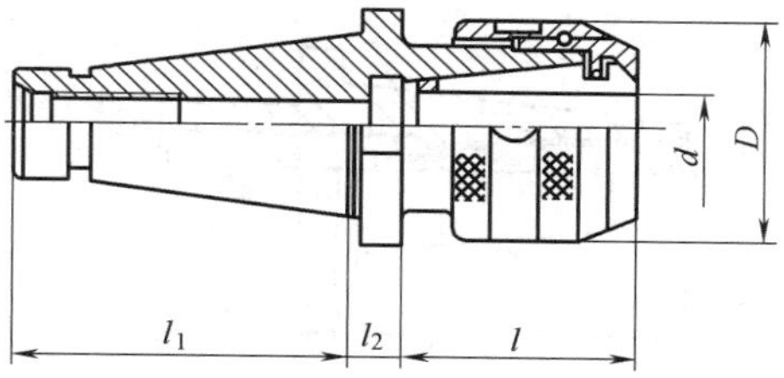

最大夹持孔直径 d	夹持范围	D	l	l_1	l_2	圆锥柄型号					
						7∶24				莫氏	
16	4~16	42	50	见表 2-2-174		XT	30	KT	30	MS QMS	3
32	6~32	70	65			XT JT	40 45		40 45		4
40	6~40	94	80				50				5

（4）削平柄铣刀铣夹头参数（见表 2-2-177）

表 2-2-177　削平柄铣刀铣夹头参数　（单位：mm）

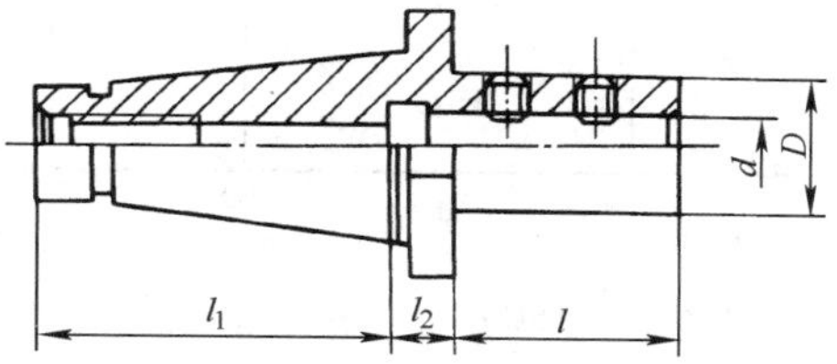

注：d≤20mm 时，只有一个紧固螺钉

（续）

<table>
<tr><th rowspan="2">夹持孔直径 d</th><th rowspan="2">D</th><th rowspan="2">l</th><th rowspan="2">l_1</th><th rowspan="2">l_2</th><th colspan="5">圆锥柄型号</th></tr>
<tr><th colspan="3">7：24</th><th colspan="2">莫氏</th></tr>
<tr><td>6</td><td>25</td><td rowspan="4">30</td><td colspan="2" rowspan="11">见表
2-2-174</td><td rowspan="11">XT
JT</td><td rowspan="6">40
45
50</td><td rowspan="8">XT
KT</td><td rowspan="6">30
40
45</td><td rowspan="8">QMS</td><td rowspan="5">3
4
5</td></tr>
<tr><td>8</td><td>28</td></tr>
<tr><td>10</td><td>35</td></tr>
<tr><td>12</td><td>42</td></tr>
<tr><td>16</td><td>48</td><td>40</td></tr>
<tr><td>20</td><td>52</td><td>50</td><td rowspan="3">4
5</td></tr>
<tr><td>25</td><td>65</td><td rowspan="2">60</td><td rowspan="2">40
45
50</td><td rowspan="2">40
45</td></tr>
<tr><td>32</td><td>72</td></tr>
<tr><td>40</td><td>90</td><td>70</td><td rowspan="2">45
50</td><td rowspan="3"></td><td rowspan="3"></td><td rowspan="3"></td><td rowspan="3"></td></tr>
<tr><td>50</td><td>100</td><td>80</td></tr>
<tr><td>63</td><td>130</td><td>90</td><td>50</td></tr>
</table>

（5）锥柄铣刀铣夹头参数（见表 2-2-178）

表 2-2-178 锥柄铣刀铣夹头参数 （单位：mm）

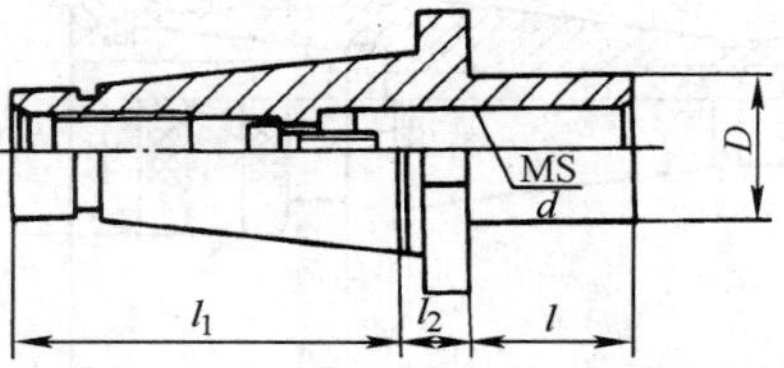

<table>
<tr><th colspan="2">夹持孔圆
锥号 d</th><th>D</th><th>l</th><th>l_1</th><th>l_2</th><th colspan="4">圆锥柄型号
（7：24）</th></tr>
<tr><td rowspan="5">MS</td><td>1</td><td>25</td><td>35</td><td colspan="2" rowspan="5">见表
2-2-174</td><td rowspan="5">XT
JT</td><td rowspan="3">40
45
50</td><td rowspan="5">XT
KT</td><td rowspan="3">30
40
45</td></tr>
<tr><td>2</td><td>32</td><td>50</td></tr>
<tr><td>3</td><td>40</td><td rowspan="2">70</td></tr>
<tr><td>4</td><td>50</td><td>40
45
50</td><td>40
45</td></tr>
<tr><td>5</td><td>63</td><td>85</td><td>45
50</td><td>45</td></tr>
</table>

（6）快换铣夹头参数（见表 2-2-179）

（7）铣床用钻夹头接杆（见表 2-2-180）

（8）快换钻夹头接杆（见表 2-2-181）

表 2-2-179　快换铣夹头参数　（单位：mm）

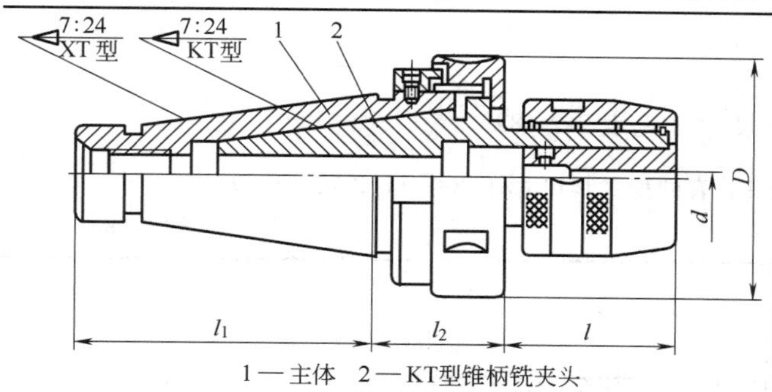

1—主体　2—KT型锥柄铣夹头

主轴夹持孔圆锥号		d	l	D	l_1	l_2	圆锥柄型号（7∶24）	
KT	30	见表 2-2-175～表 2-2-178		80	见表 2-2-174	35	XT	40
	40			108		45		50
	45							

注：快换铣夹头由主体与各种形式的带 KT 型锥柄的铣夹头配套组成，如滚针快换铣夹头、弹性快换铣夹头、削平柄铣刀快换铣夹头、锥柄铣刀快换铣夹头、短锥柄铣刀快换铣夹头等。

表 2-2-180　铣床用钻夹头接杆（JB/T 3411.120—1999）　（单位：mm）

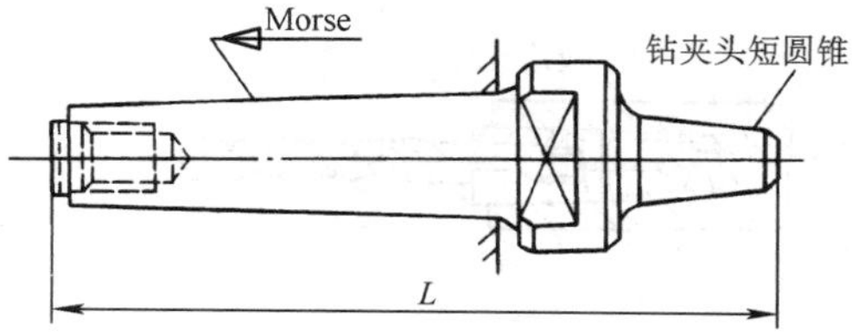

标记示例

锥柄为莫氏圆锥 3 号、钻夹头短圆锥为 D4 的铣床用钻夹头接杆标记为：

接杆　3-D4　JB/T 3411.120—1999

莫氏圆锥号	钻夹头短圆锥号	L
3	D3	129
	D4	136
	D5	144
	D6	153
4	D3	157
	D4	164
	D5	172
	D6	181
5	D3	189
	D4	196
	D5	204
	D6	213

表 2-2-181　快换钻夹头接杆（JB/T 3411.122—1999）　（单位：mm）

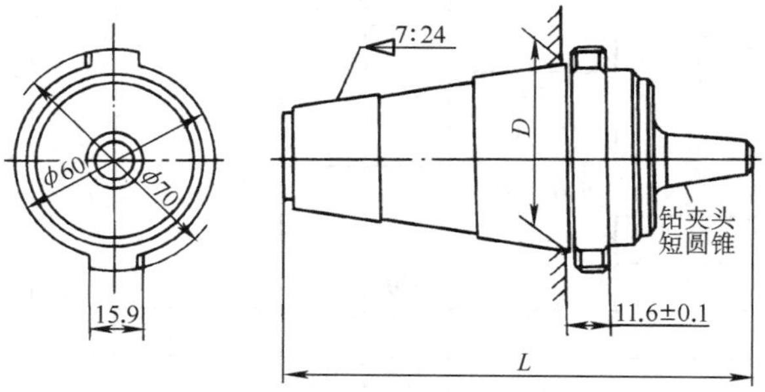

标记示例

锥柄为 7∶24 圆锥 45 号、钻夹头短圆锥为 D4 的快换钻夹头接杆标记为：

接杆　45-D4　JB/T 3411.122—1999

7∶24 圆锥号	钻夹头短圆锥号	D	$L\approx$
45	D4	57.15	144

2.7.3 钻床辅具

2.7.3.1 夹紧套

（1）直柄工具弹性夹紧套的型式和尺寸（见表2-2-182）

表2-2-182 直柄工具弹性夹紧套的型式和尺寸（JB/T 3411.70—1999）

（单位：mm）

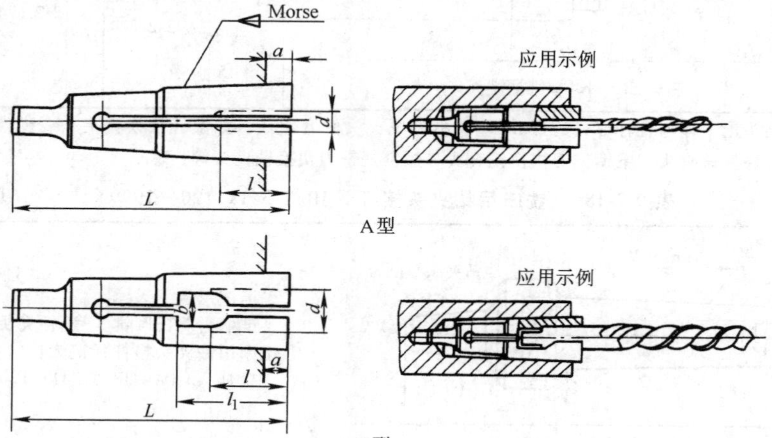

B型

标记示例

莫氏圆锥1号，$d=5.80$mm的A型直柄工具弹性夹紧套标记为：

夹紧套 1—A5.80 JB/T 3411.70—1999

莫氏圆锥2号，$d=10.80$mm的B型直柄工具弹性夹紧套标记为：

夹紧套 2—B10.80 JB/T 3411.70—1999

<table>
<tr><td rowspan="3">型式</td><td rowspan="3">d</td><td rowspan="3">b_{min}</td><td rowspan="3">l</td><td rowspan="3">l₁</td><td colspan="10">莫氏圆锥</td></tr>
<tr><td colspan="2">1</td><td colspan="2">2</td><td colspan="2">3</td><td colspan="2">4</td><td colspan="2">5</td></tr>
<tr><td>a</td><td>L</td><td>a</td><td>L</td><td>a</td><td>L</td><td>a</td><td>L</td><td>a</td><td>L</td></tr>
<tr><td rowspan="6">A</td><td>>1.50~2.00</td><td rowspan="6">—</td><td>11</td><td rowspan="6">—</td><td rowspan="11">4.5</td><td rowspan="11">66.5</td><td></td><td></td><td></td><td></td><td></td><td></td><td></td><td></td></tr>
<tr><td>>2.00~2.50</td><td>12</td><td></td><td></td><td></td><td></td><td></td><td></td><td></td><td></td></tr>
<tr><td>>2.50~3.00</td><td>14</td><td></td><td></td><td></td><td></td><td></td><td></td><td></td><td></td></tr>
<tr><td>>3.00~3.75</td><td>15</td><td></td><td></td><td></td><td></td><td></td><td></td><td></td><td></td></tr>
<tr><td>>3.75~4.75</td><td>16</td><td></td><td></td><td></td><td></td><td></td><td></td><td></td><td></td></tr>
<tr><td>>4.75~6.00</td><td>17</td><td></td><td></td><td></td><td></td><td></td><td></td><td></td><td></td></tr>
<tr><td rowspan="11">B</td><td>>3.00~3.75</td><td>2.30</td><td>15</td><td>18</td><td></td><td></td><td></td><td></td><td></td><td></td><td></td><td></td></tr>
<tr><td>>3.75~4.75</td><td>2.90</td><td>16</td><td>20</td><td></td><td></td><td></td><td></td><td></td><td></td><td></td><td></td></tr>
<tr><td>>4.75~6.00</td><td>3.60</td><td>17</td><td>22</td><td rowspan="5">6.0</td><td rowspan="5">81.0</td><td></td><td></td><td></td><td></td><td></td><td></td></tr>
<tr><td>>6.00~7.50</td><td>4.50</td><td>19</td><td>25</td><td></td><td></td><td></td><td></td><td></td><td></td></tr>
<tr><td>>7.50~9.50</td><td>5.60</td><td>21</td><td>28</td><td rowspan="4">6.0</td><td rowspan="4">100</td><td></td><td></td><td></td><td></td></tr>
<tr><td>>9.50~11.80</td><td>7.00</td><td>23.5</td><td>32</td><td></td><td></td><td></td><td></td><td></td><td></td></tr>
<tr><td>>11.80~13.20</td><td rowspan="2">8.90</td><td rowspan="2">25</td><td rowspan="2">35</td><td></td><td></td><td></td><td></td><td></td><td></td></tr>
<tr><td>>13.20~15.00</td><td></td><td></td><td></td><td></td><td>9.5</td><td>127</td><td></td><td></td></tr>
<tr><td>>15.00~19.00</td><td>11.00</td><td>28</td><td>40</td><td></td><td></td><td></td><td></td><td>6.0</td><td>100</td><td rowspan="2">9.5</td><td rowspan="2">127</td><td></td><td></td></tr>
<tr><td>>19.00~23.60</td><td>13.60</td><td>31</td><td>45</td><td></td><td></td><td></td><td></td><td></td><td></td><td rowspan="2">11</td><td rowspan="2">160.5</td></tr>
<tr><td>>23.60~30.00</td><td>17.50</td><td>33</td><td>50</td><td></td><td></td><td></td><td></td><td></td><td></td><td></td><td></td></tr>
</table>

（2）丝锥用弹性夹紧套的型式和尺寸（见表 2-2-183）

表 2-2-183　丝锥用弹性夹紧套的型式和尺寸（JB/T 3411.71—1999）（单位：mm）

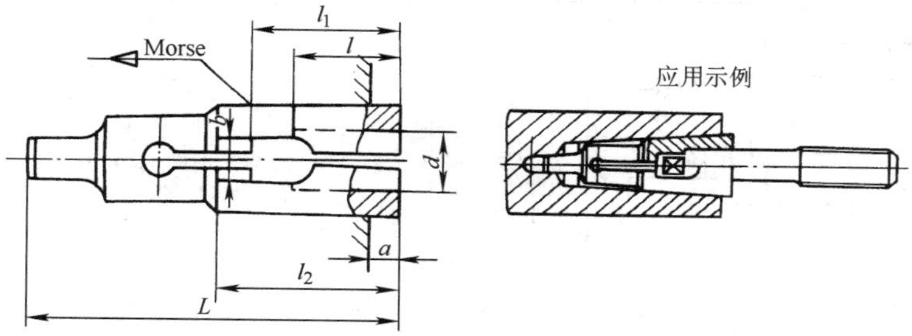

标记示例

莫氏圆锥 2 号，d = 8mm 的丝锥用弹性夹紧套标记为：

夹紧套　2-8　JB/T 3411.71—1999

d H7	b	莫氏圆锥 1 a	1 L	1 l_2	2 a	2 L	2 l_2	3 a	3 L	3 l_2	4 a	4 L	4 l_2	5 a	5 L	5 l_2	l	l_1
>2.36~2.65	2.05																15	19
>2.65~3	2.3																17	21
>3~3.35	2.6																18	22
>3.35~3.75	2.9																	
>3.75~4.25	3.3																19	24
>4.25~4.75	3.7	3.5	65.5	36														
>4.75~5.3	4.2																	25
>5.3~6	4.7																	
>6~6.7	5.2																22	28
>6.7~7.5	5.8																	
>7.5~8.5	6.5				5	80	42										23	30
>8.5~9.5	7.4																24	32
>9.5~10.6	8.3																23	32
>10.6~11.8	9.3																26	36
>11.8~13.2	10.3							5	99	50								
>13.2~15	11.5																29	40
>15~17	12.8										6.5	124	63				32	45
>17~19	14.4																34	50
>19~21.2	16.4													6.5	156	80	36	
>21.2~23.6	18.4																38	56
>23.6~26.5	20.4																41	60
>26.5~30	22.8																46	67

2.7.3.2 接杆

（1）钻夹头接杆的型式和尺寸（见表 2-2-184）

表 2-2-184 钻夹头接杆的型式和尺寸（JB/T 3411.73—1999） （单位：mm）

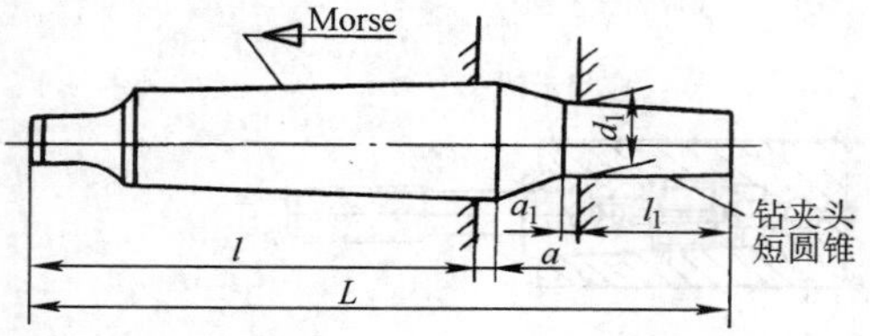

标记示例

莫氏圆锥 2 号，短圆锥锥度 D2 的钻夹头接杆标记为：

接杆 2-D2 JB/T 3411.73—1999

莫氏圆锥号	钻夹头短圆锥符号	钻夹头短圆锥			L	l	a
		d_1	l_1	a_1			
1	D1	6.350	9.5	3.0	82	62.0	3.5
	D2	10.094	14.5	3.5	88		
	D3	12.065	18.5		92		
2	D2	10.094	14.5		102	75.0	5.0
	D3	12.065	18.5		106		
	D4	15.733	24.0	5.0	114		
	D5	17.780	32.0		122		
3	D4	15.733	24.0		134	94.0	
	D5	17.780	32.0		142		
	D6	21.793	40.5		152		
4	D5	17.780	32.0		170	117.5	6.5
	D6	21.793	40.5		180		
	D7	23.825	50.5		190		

（2）直柄钻头接杆的型式和尺寸（见表 2-2-185）

表 2-2-185 直柄钻头接杆的型式和尺寸（JB/T 3411.74—1999） （单位：mm）

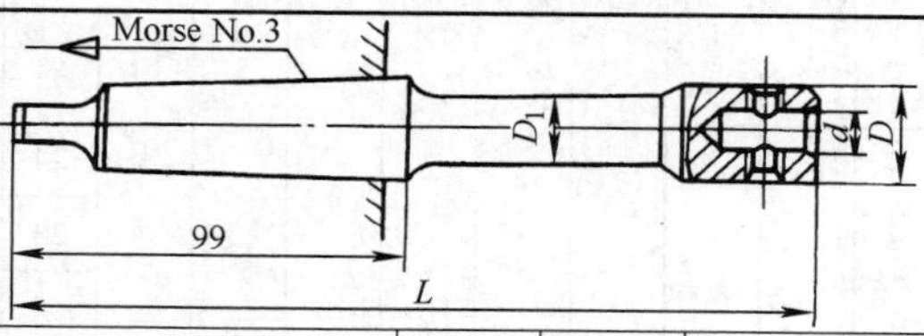

标记示例

d=7mm，L=280mm 的直柄钻头接杆标记为：

接杆 7×280 JB/T 3411.74—1999

d		D	D_1	L							
公称尺寸	极限偏差 F9										
4.0~4.5	+0.040 +0.010	18	14	200							
>4.5~5.0					220	250					
>5.0~6.0											
>6.0~8.0	+0.049 +0.013	22	16								
>8.0~10.0							280	320	360		
>10.0~12.0	+0.059 +0.016									420	500

（3）丝锥用莫氏锥柄接杆的型式和尺寸（见表 2-2-186）

表 2-2-186　丝锥用莫氏锥柄接杆的型式和尺寸（JB/T 3411.75—1999）

（单位：mm）

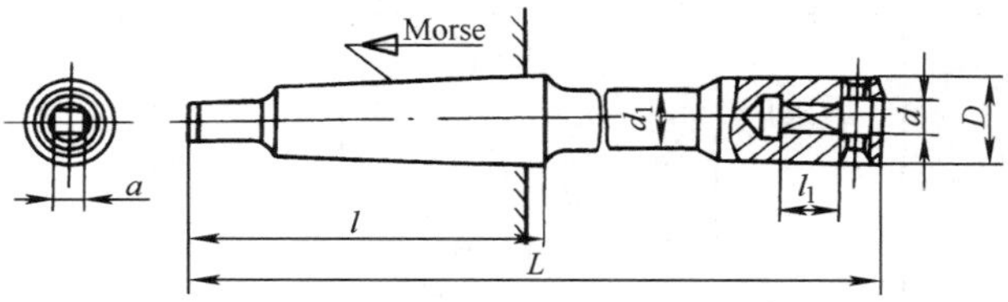

标记示例

莫氏圆锥 2 号，a = 6.3mm、L = 250mm 丝锥用莫氏锥柄接杆标记为：

接杆　2-6.3×250　JB/T 3411.75—1999

莫氏圆锥号	a		L	D	d		d_1	l	l_1
	公称尺寸	极限偏差 D11			公称尺寸	极限偏差 H9			
1	3.15	+0.105 +0.030	160	10	4.00	+0.030 0	8	65.5	8
			200						
			250						
	3.55		200		4.50				
			280						
			400						
2	4.00		200	12	5.00			80	
			280						
			400						
	4.50		200		5.60				
			280						
			400						
	5.00		200	14	6.30	+0.036 0	14		10
			280						
			400						
	5.60		200		7.10				
			280						
			400						
	6.30	+0.130 +0.040	250	16	8.00				
			360						
			500						
	7.10		250		9.00				
			360						
			500						
3	8.00		250	20	10.00		20	99	14
			360						
			500						

（续）

莫氏圆锥号	a 公称尺寸	a 极限偏差 D11	L	D	d 公称尺寸	d 极限偏差 H9	d_1	l	l_1
3	9.00	+0.130 +0.040	250	20	11.20	+0.043 0	20	99	14
			360						
			500						
	10.00		250		12.50				
			360						
			500						
	11.20	+0.160 +0.050	250		14.00				
			360						
			500						
	12.50		280	24	16.00		24		
			400						
			550						
	14.00		280	28	18.00				22
			400						
			550						
	16.00		280	30	20.00	+0.052 0			
			400						
			550						
	18.00		280	30	22.40		30		
			400						
			550						
4	20.00	+0.195 +0.065	300	32	25.00			124	
			450						
			600						
	22.40		300	36	28.00				28
			450						
			600						

（4）丝锥用直柄接杆的型式和尺寸（见表 2-2-187）

表 2-2-187 丝锥用直柄接杆的型式和尺寸（JB/T 3411.76—1999）（单位：mm）

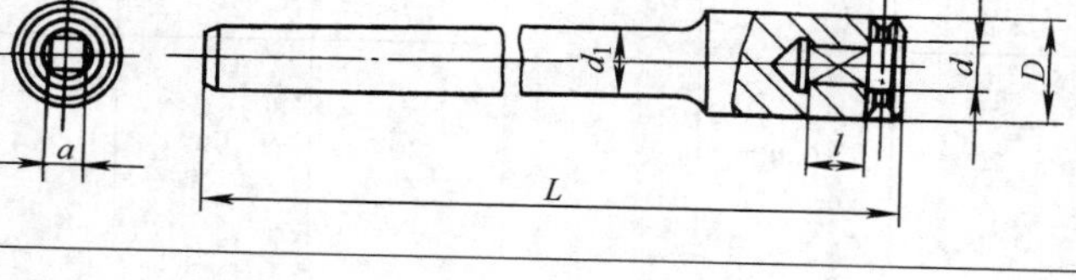

标记示例

$a=2.80\text{mm}$，$d_1=6\text{mm}$，$L=160\text{mm}$ 的丝锥用直柄接杆标记为：

接杆 2.80×6×160 JB/T 3411.76—1999

（续）

a		d_1	L	D	d		l
公称尺寸	极限偏差 D11				公称尺寸	极限偏差 H9	
1.80	+0.080 +0.020	6	120	10	2.24	+0.025 0	5
			160				
2.00			120		2.50		
			160				
2.50			120		3.15	+0.030 0	
			160				
2.80			160		3.55		
			200				
3.15	+0.105 +0.030		160		4.00		8
			200				
3.55		8	160	12	4.50		
			200				
4.00			200		5.00	+0.030 0	
			280				
4.50			200		5.60		
			280				
5.00			200		6.30	+0.036 0	
			280				
5.60		12	200	16	7.10		10
			280				
6.30	+0.130 +0.040		250		8.00		
			360				
7.10			250		9.00		
			360				
8.00		16	250	20	10.00		14
			360				
9.00			250		11.20	+0.043 0	
			360				
10.00			250		12.50		
			360				

2.7.3.3　刀杆

（1）片式沉孔钻用刀杆和刀头的型式和尺寸（见表 2-2-188 和表 2-2-189）

表 2-2-188 片式沉孔钻用刀杆的型式和尺寸（JB/T 3411.77—1999）（单位：mm）

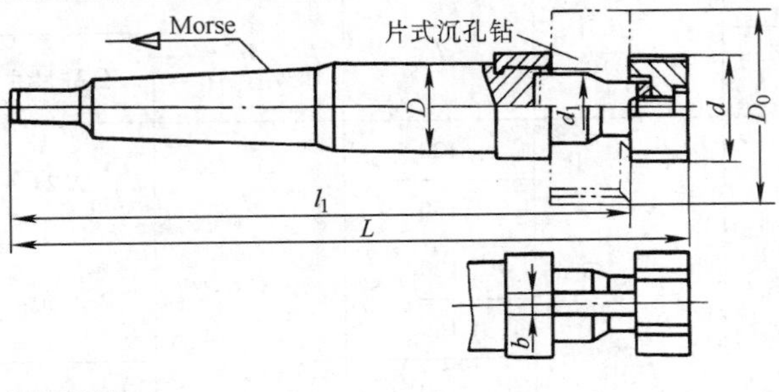

标记示例

莫氏圆锥 4 号，$b=8$mm，$d=28$mm 的片式沉孔钻用刀杆标记为：

刀杆　4-8×28　JB/T 3411.77—1999

莫氏圆锥号	b	导柱 d	D	d_1	L	l_1	片式沉孔钻 D_0
4	8	28、30、32	35	32	231	205	54、55
		37、39、42					58
		31、33、35					54
	10		45	40	263	233	60、62
		37、39、42					65
5	12		55	50	317	281	72
		43、45、48					66、72、84
		50、52、56					84、96、98

表 2-2-189 片式沉孔钻用刀头的型式和尺寸（单位：mm）

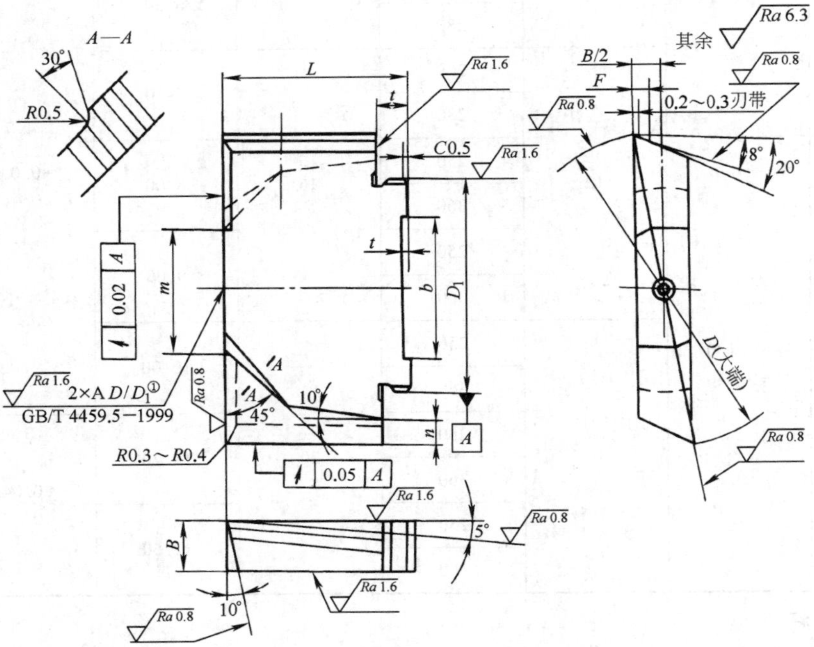

（续）

D 公称尺寸	D 极限偏差 t7	L	B 公称尺寸	B 极限偏差 h9	D_1 公称尺寸	D_1 极限偏差 g6	t	m	n	F	b
54	+0.105 +0.075	30	8	0 -0.036	32	-0.009 -0.025	5.5	28	4	2.0	14
55											
58											
60		35	10		40		6.5		5	2.5	34
62											
65								30			
66		40	12	0 -0.043	50		8.0		6	3.0	34
72											
84	+0.126 +0.091							40			
96								45			
98											

注：刃部成倒锥 0.06~0.07mm。

① 此处 D/D_1 是中心孔尺寸代号。

（2）反沉孔钻用刀杆和刀头的型式和尺寸（见表 2-2-190 和表 2-2-191）

表 2-2-190　反沉孔钻用刀杆的型式和尺寸（JB/T 3411.78—1999）（单位：mm）

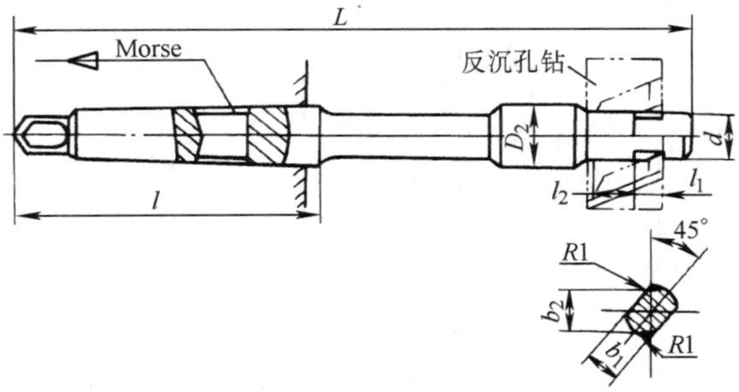

标记示例

莫氏圆锥 3 号，d = 13mm，D_2 = 15mm 的反沉孔钻刀杆标记为：

刀杆　3-13×15　JB/T 3411.78—1999

莫氏圆锥号	d 公称尺寸	d 极限偏差 f6	D_2 公称尺寸	D_2 极限偏差 f9	L	l_1	l_2	b_1 公称尺寸	b_1 极限偏差 b12	b_2 公称尺寸	b_2 极限偏差 d11	l
3	8	-0.013 -0.022	8.4	-0.013 -0.049	250	8.5	18	6	-0.140 -0.260	6	-0.030 -0.105	99
			9									
			10									
			10.5	-0.016 -0.059								
			11									
			12									
	10		10.5				22	8	-0.150 -0.300	8	-0.040 -0.130	
			11									
			12									
			13									
			13.5									

（续）

莫氏圆锥号	d 公称尺寸	d 极限偏差 f6	D_2 公称尺寸	D_2 极限偏差 f9	L	l_1	l_2	b_1 公称尺寸	b_1 极限偏差 b12	b_2 公称尺寸	b_2 极限偏差 d11	l
			14									
	10	-0.013 -0.022	14.5		280			8		8		
			15									
			13		250							
			13.5									
			14.5									
			15	-0.016 -0.059								
			15.5		280							
			16						-0.150 -0.300		-0.040 -0.130	
	13		16.5					10		10		
			17									
			17.5			8.5	22					
		-0.016 -0.027	18									
			18.5									
			19									
3			20									99
			21									
			17									
			17.5									
	16		18.5					12		12		
			21									
			22									
			24									
			19									
			20		320							
			21	-0.020 -0.072								
			22									
	19		23					14		14		
			24									
			25						-0.150 -0.330		-0.050 -0.160	
			26									
			28									
		-0.022 -0.033	23			10.5	25					
			24									
			25									
			26									
4	22		28					17		17		124
			30									
			31									
			32	-0.025 -0.087								
			33									
			35		350							

（续）

莫氏圆锥号	d 公称尺寸	d 极限偏差 f6	D_2 公称尺寸	D_2 极限偏差 f9	L	l_1	l_2	b_1 公称尺寸	b_1 极限偏差 b12	b_2 公称尺寸	b_2 极限偏差 d11	l
4	27	-0.022 -0.033	28	-0.025 -0.087	320	10.5	30	19	-0.160 -0.370	19	-0.065 -0.195	124
			30									
			31									
			32									
			33		350							
			35									
			37									
			39									
			42									
			43									
			45									
			48									

表 2-2-191　反沉孔钻用刀头的型式和尺寸　（单位：mm）

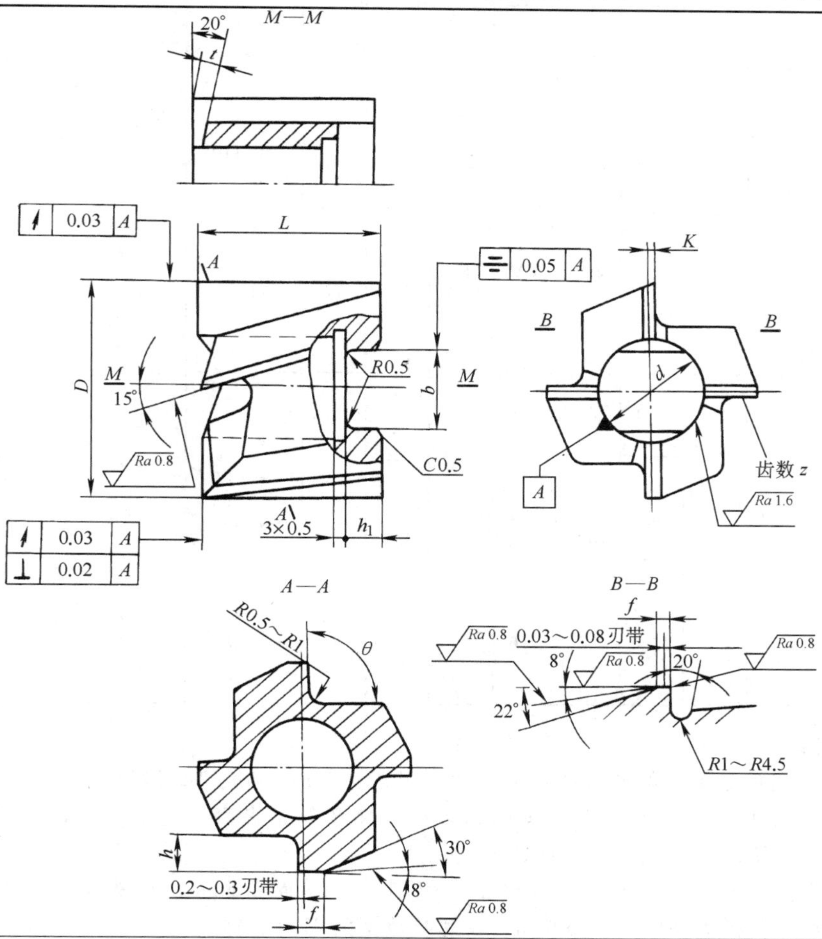

（续）

D	d		L	h	t	K	f	齿数 z	b		h_1		θ	导 程
	公称尺寸	极限偏差 H7							公称尺寸	极限偏差 H11	公称尺寸	极限偏差 h13		
15	8	+0.015 0	26	1.8	2.5	0.5	1.0	4	6	+0.075 0	8	0 -0.220	105°	175.86
17				2.0	3.0									199.32
18														211.04
20				2.5	4.0									234.49
22	10		30	4.0	5.5	0.7	1.5		8	+0.090 0			90°	257.94
24														281.38
25	13	+0.018 0							10					293.11
26														304.84
28														328.29
30				5.0	6.0	0.8								351.74
32														375.19
34	16								12					398.63
35				6.0	7.0	1.0								410.36
36	19	+0.021 0	35						14	+0.110 0	10			422.08
38														445.53
40														468.96
42				7.0	8.0	1.2	1.7		17					492.43
44	22							6						515.88
46														539.32
48														562.79
50														586.23
54	27		40	8.0	10.0	1.5			19	+0.130 0				633.14
55														644.68
58				10.0		1.8								680.02
60														703.48
62														726.92
65				12.0		2.0								762.08
66														773.82
72														844.17

2.7.3.4 夹头

（1）扳手三爪钻夹头的型式和规格尺寸（见表2-2-192和表2-2-193）

（2）快换夹头　快换夹头由夹头体和多种心体及丝锥夹套等组成，其部件可分、可合、可独立形成钻孔使用形式或攻螺纹使用形式。

快换夹头分两种规格，第一种规格钻孔范围为ϕ1～ϕ31.5mm，攻螺纹范围为M3～M24；第二种规格钻孔范围为ϕ14.5～ϕ50mm，攻螺纹范围为M24～M42。

表 2-2-192　锥孔连接形式的扳手三爪钻夹头的型式和规格尺寸（GB/T 6087—2003）

（单位：mm）

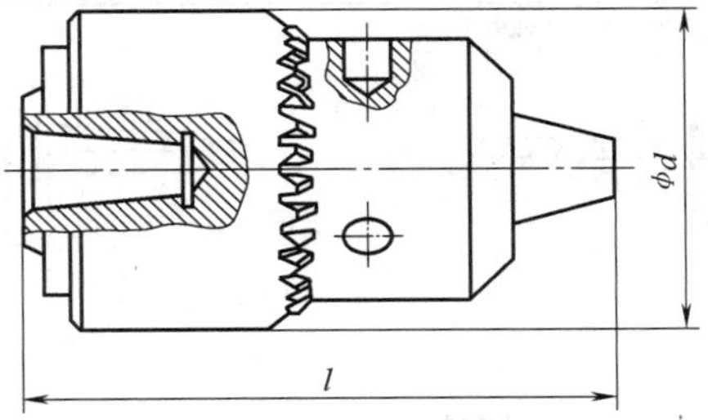

型式		4H	6.5H	8H	10H	13H	16H	20H	26H
H 型	夹持范围	0.5~4	0.8~6.5	0.8~8	1~10	1~13	1~16 (3~16)②	5~20	5~26
	l① max	50	60	62	80	93	106	120	148
	d max	26	38	38	46	55	60	65	93
型式		—	6.5M	8M	10M	13M	16M	—	—
M 型	夹持范围	—	0.8~6.5	0.8~8	1~10	1.5~13	3~16	—	—
	l① max	—	58	58	65	82	93	—	—
	d max		35	35	42.9	47	52		
型式		—	6.5L	8L	10L	13L	16L	—	—
L 型	夹持范围	—	0.8~6.5	1~8	1.5~10	2.5~13	3~16	—	—
	l① max	—	56	56	65	82	88	—	—
	d max		30	30	34	42.9	51		

注：H—重型钻夹头，用于机床和重负荷加工；M—中型钻夹头，主要用于轻负荷加工和便携式工具；L—轻型钻夹头，用于轻负荷加工和家用钻具。

① 钻夹头夹爪闭合后尺寸。

② 尽可能不采用。

表 2-2-193　螺纹孔连接形式的扳手三爪钻夹头的型式和规格尺寸（GB/T 6087—2003）

（单位：mm）

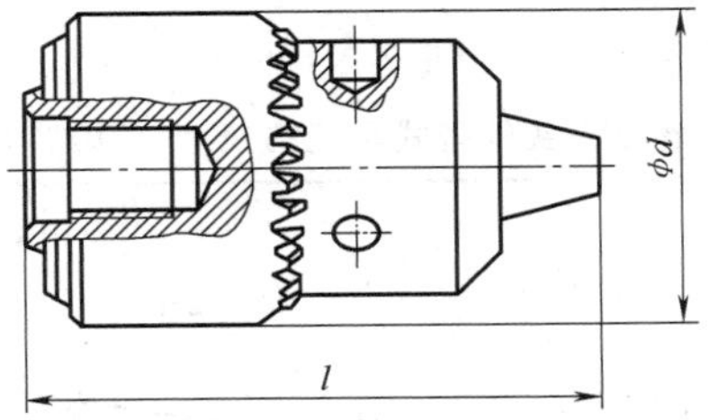

型式		4H	6.5H	8H	10H	13H	16H	20H
H 型	夹持范围	0.5~4	0.8~6.5	0.8~8	1~10	1~13	1~16 (3~16)②	5~20
	l① max	50	60	62	80	90	100	110
	d max	26	34	38	46	55	60	65
型式		—	6.5M	8M	10M	13M	16M	—
M 型	夹持范围	—	0.8~6.5	0.8~8	1~10	1.5~13	3~16	—
	l① max	—	56	56	65	82	90	—
	d max		35	35	42.9	46	52	
型式		—	6.5L	8L	10L	13L	—	—
L 型	夹持范围	—	0.8~6.5	1~8	1.5~10	2.5~13	—	—
	l① max	—	56	56	65	82	—	—
	d max		30	30	34	42.9		

① 钻夹头夹爪闭合后尺寸。

② 尽可能不采用。

快换夹头的型式及规格尺寸见表2-2-194。

表2-2-194　快换夹头的型式及规格尺寸（JB/T 3489—2007）　　（单位：mm）

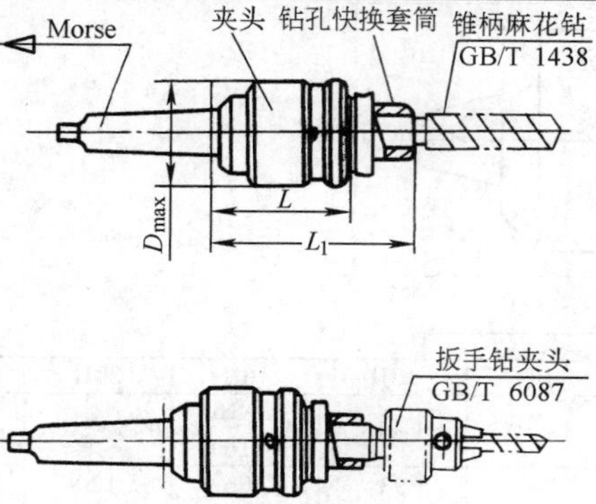

型式Ⅰ(钻孔用)

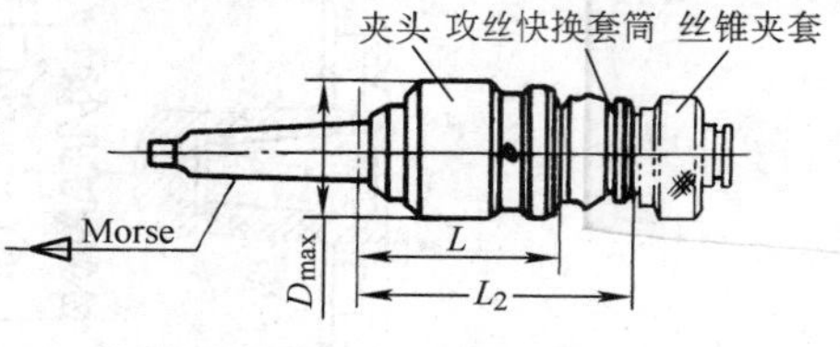

型式Ⅱ(攻丝用)

型式Ⅰ（钻孔用）														
莫氏圆锥柄		2		3			4				5			
钻孔范围		3～23		3～31.5			3～50.5				14.5～75			
钻孔快速套筒莫氏锥孔		1	2	1	2	3	1	2	3	4	2	3	4	5
D		52		66			78				90			
参考尺寸	L_{max}	90		103			129				159			
	$L_{1\ max}$	127	142	134	145	160	159	159	179	204	189	189	213	243

型式Ⅱ（攻丝用）				
莫氏圆锥柄		3	4	5
攻丝范围		M3～M12	M12～M24	M12～M24
ϕD		66	78	90
参考尺寸	L_{max}	103	129	159
	$L_{2\ max}$	172	200	249

注：括号内锥柄根据订货生产。

（3）丝锥夹头的型式和规格尺寸（见表2-2-195）

表2-2-195　丝锥夹头的型式和规格尺寸（JB/T 9939—2013）　　（单位：mm）

丝锥夹头

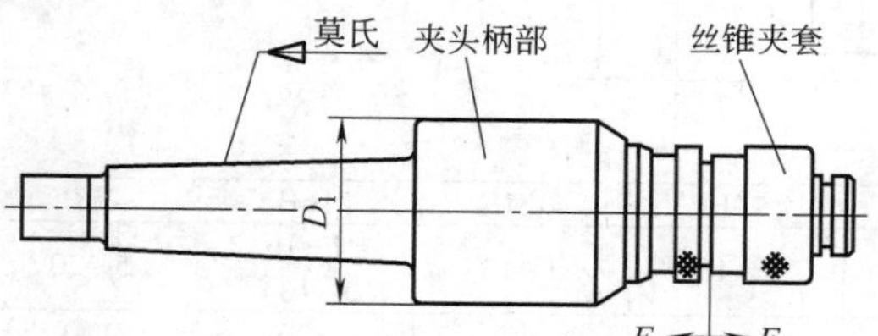

型式Ⅰ(莫氏锥柄丝锥夹头)

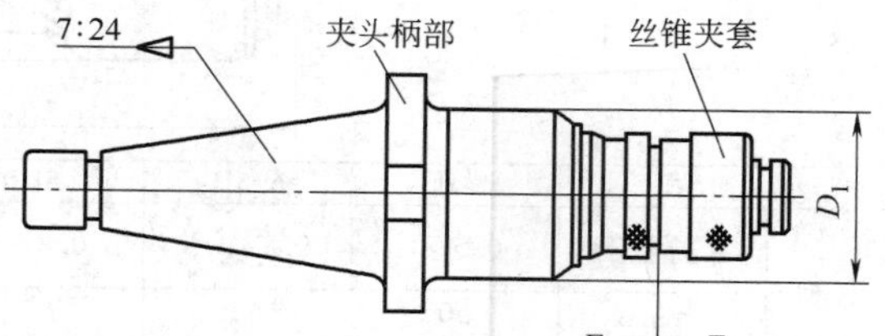

型式Ⅱ(7:24锥柄丝锥夹头)

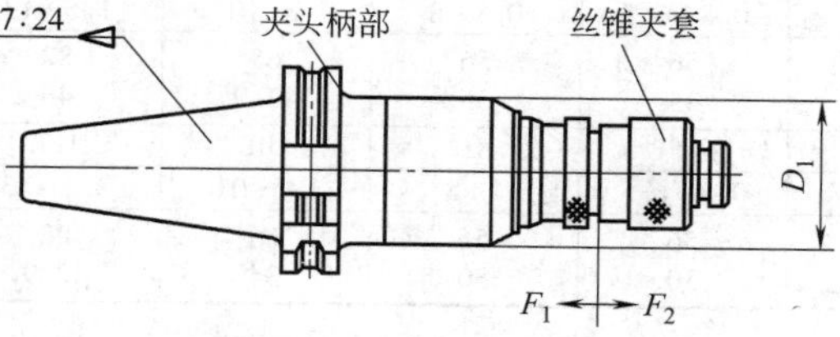

型式Ⅲ(自动换刀机床用7:24锥柄丝锥夹头)

（续）

最大攻丝直径		M8	M12	M16	M24	M33	M42	M64	M80
攻丝范围		M2～M8	M3～M12	M5～M16	M12～M24	M14～M33	M24～M42	M42～M64	M64～M80
D_{1max}		40	45	55	65	80	95	115	135
螺距	F_1(压)方向	5		8	10		15		
补偿量	F_2(拉)方向	12	15	20		25		30	

丝锥夹套

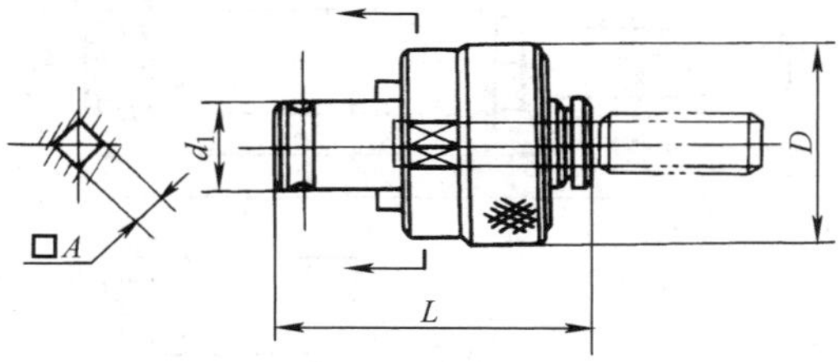

攻丝直径		M1	M2	M3	M4	M5	M6	M8	M10	M12	M14	M16	M18	M20	M22	M24	M27	M30	M33
d_1		13							19		25		30				45		
方孔□A	公称尺寸	2.00		1.80	2.50	3.15	4.00	5.00	6.30	8.00	7.10	9.00	10.00	11.20		12.50	14.00	16.00	18.00
方孔□A	极限偏差 B12	+0.24 +0.14			+0.26 +0.14			+0.30 +0.15					+0.33 +0.15						
D_{max}		30							38		48		58				78		
L_{min}		38							54		68		80				100		

攻丝直径		M36	M39	M42	M45	M48	M52	M56	M60	M64	M68	M72	M76	M80
d_1		45			63						78			
方孔□A	公称尺寸	20.00	22.40		25.00		28.00		31.50		33.50		40.00	
方孔□A	极限偏差 B12	+0.37 +0.16							+0.42 +0.17					
D_{max}		85			125						135			
L_{min}		117			180						220			

注：d_1、D、L 尺寸按最大攻螺纹直径选取。

2.7.3.5 扁尾锥柄用楔

扁尾锥柄用楔的型式和尺寸见表 2-2-196。

表 2-2-196 扁尾锥柄用楔的型式和尺寸（JB/T 3411.72—1999） （单位：mm）

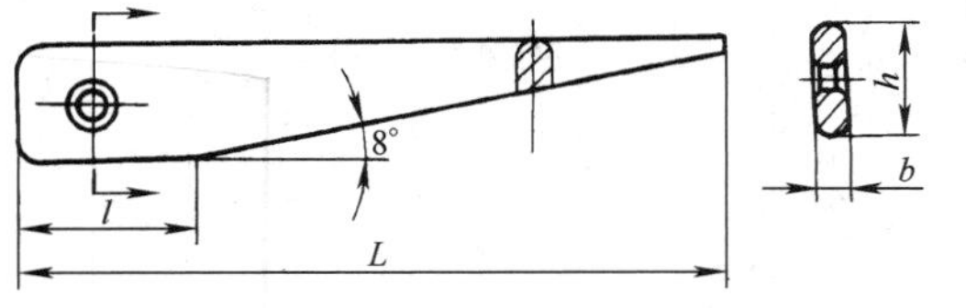

标记示例

用于莫氏圆锥 3 号的锥柄工具用楔标记为：

楔 3 JB/T 3411.72—1999

圆锥号	b		h	l	L
莫氏	公称尺寸	极限偏差			
0	3	±0.2	12	18	90
1	5	±0.5	20	25	140
3	7		25	40	190
4	10		30		225
5	15		35	56	265

注：莫氏圆锥 1 号用楔可用于莫氏圆锥 2 号，莫氏圆锥 5 号用楔可用于莫氏圆锥 6 号。

2.7.4　镗床辅具

2.7.4.1　镗刀杆

（1）锥柄90°镗刀杆的型式和尺寸（见表2-2-197～表2-2-199）

表2-2-197　锥柄90°镗刀杆的型式和尺寸（JB/T 3411.83—1999）（单位：mm）

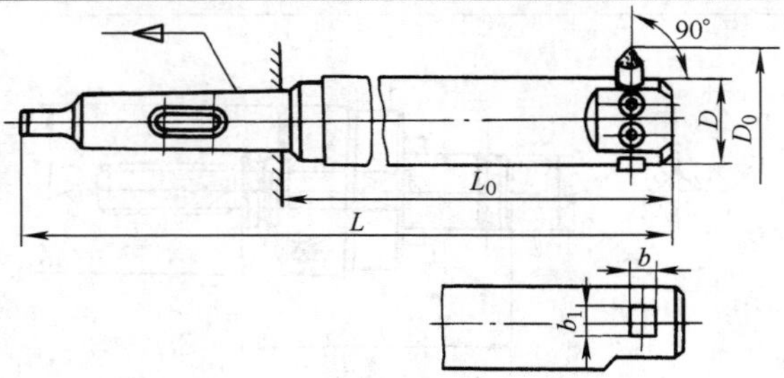

标记示例

莫氏圆锥5号，$D=50$mm，$L=450$mm的锥柄90°镗刀杆标记为：

镗刀杆　5-50×450　JB/T 3411.83—1999

圆锥号		D	D_0	b		b_1	L										
莫氏	米制			公称尺寸	极限偏差 D11		280	315	355	400	450	500	560	630	710	800	900
							L_0										
3		25	32～48	8	+0.130	8.5	186.0			306.0							
		32	40～60	10	+0.040	10.5		221.0			356.0						
		40	48～75	12	+0.160 +0.050	12.5	186.0			306.0		406.0					
4		25	32～48	8	+0.130	8.5	162.5			282.5							
		32	40～60	10	+0.040	10.5		197.5			332.5						
		40	48～75	12	+0.160	12.5	162.5			282.5		382.5					
	—	50	60～95	16	+0.050	16.5			237.5		332.5			512.5			
5		32	40～60	10	+0.130 +0.040	10.5						350.5		480.5			
		40	48～75	12	+0.160	12.5			205.5				410.5		560.5		
		50	60～95	16	+0.050	16.5					300.5			480.5		650.5	
		60	72～115	20	+0.195	21.0											
		80	95～150		+0.065			165.5									
		100	120～190	25		26.0			205.5								
6		32	40～60	10	+0.130 +0.040	10.5				190.0	—		350.0				
		40	48～75	12	+0.160	12.5					240.0				500.0		
	—	50	60～95	16	+0.050	16.5				190.0	—	290.0		420.0		590.0	
		60	72～115	20	+0.195	21.0					240.0		350.0		500.0		690.0
		80	95～150		+0.065												
		100	120～190	25		26.0				190.0							

（续）

圆锥号 莫氏	圆锥号 米制	D	D_0	b 公称尺寸	b 极限偏差 D11	b_1	L=280	315	355	400	450	500	560	630	710	800	900
							L_0										
—	80	40	48~75	12	+0.160 +0.050	12.0								410.0			
		50	60~95	16		16.0					230.0		340.0		490.0		
		60	72~115	20	+0.195 +0.065	21.0								410.0	—	580.0	
		80	95~150										340.0		490.0		
		100	120~190	25		26.0				180.0							
		120	150~230	32	+0.240 +0.080	33.0											
	100	50	60~95	16	+0.160 +0.050	16.5							300.0		450.0		
		60	72~115	20	+0.195 +0.065	21.0					190.0			370.0		560.0	
		80	95~150										300.0		450.0		640.0
		100	120~190	25		26.0											
		120	150~230	32	+0.240 +0.080	33.0				140.0							
		160	200~300								190.0						

注：1. 当刀孔尺寸 $b \leqslant 10$mm、$b_1 \leqslant 10.5$mm 时，方刀孔允许改为圆刀孔。

2. 当 $D \geqslant 60$mm、$L \geqslant 560$mm 时，杆部允许制成“中空”型。

表 2-2-198 镗刀杆锁紧槽的型式和尺寸（JB/T 3411.83—1999）（单位：mm）

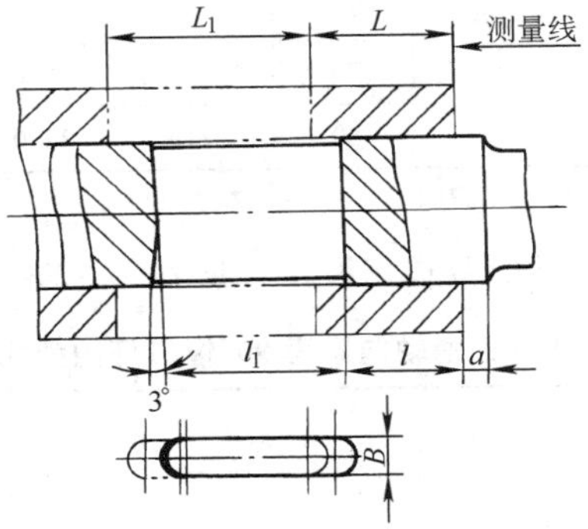

外锥

代号	圆锥号 莫氏 3	4	5	6	—		
米制	—				80	100	120
a	5.0	6.5	6.5	8.0	8.0	10.0	12.0
l	25.0	25.0	35.0	45.0	55.0	60.0	70.0
l_1	30.0	35.0	40.0	40.0	45.0	52.0	60.0
B	6.6	8.2	12.2	16.2	19.2	26.3	32.3

内锥

代号	圆锥号 莫氏 3	4	5	6	—		
米制	—				80	100	120
L	30.0	30.0	40.0	50.0	60.0	70.0	80.0
L_1	30.0	35.0	40.0	40.0	45.0	52.0	60.0
B	6.6	8.2	12.2	16.2	19.3	26.3	32.3

表 2-2-199 镗刀杆锁紧楔的型式和尺寸（JB/T 3411.83—1999） （单位：mm）

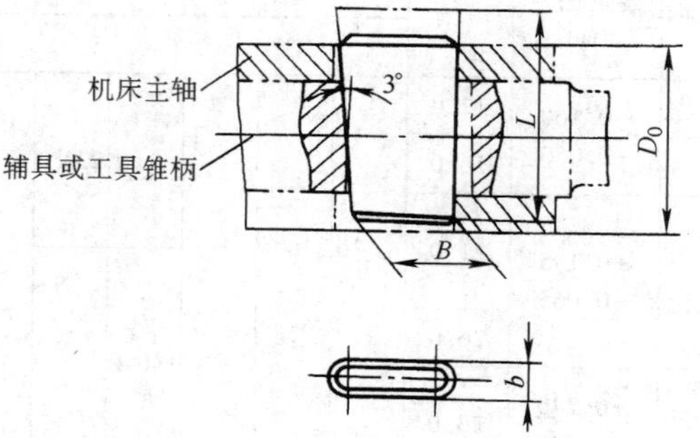

L	b	B	适用机床主轴			L	b	B	适用机床主轴		
			主轴锥孔圆锥号		D_0				主轴锥孔圆锥号		D_0
			莫氏	米制					莫氏	米制	
55	6.6	24.08	3	—	45	95	12.0	33.00	5	—	85
60		23.96			50	100		32.90			90
65		23.82			55	110	16.0	32.65	6		100
65	8.0	28.82	4		55	120		32.38			110
70		28.69			60	130		32.12			120
75		28.59			63	140	20	36.96	—	80	125
75		28.53			65	160		36.33			160
80	12.0	33.43	5		70	170		36.07			160
85		33.27			75	190	26.0	37.68		100	175
90		33.17			80	215	32.0	45.33		120	200

注：锁紧楔在锁紧位置时，露出主轴外圆表面修正后不得大于5mm。

（2）锥柄轴向紧固90°镗刀杆的型式和尺寸（见表2-2-200）

表 2-2-200 锥柄轴向紧固90°镗刀杆的型式和尺寸 （单位：mm）

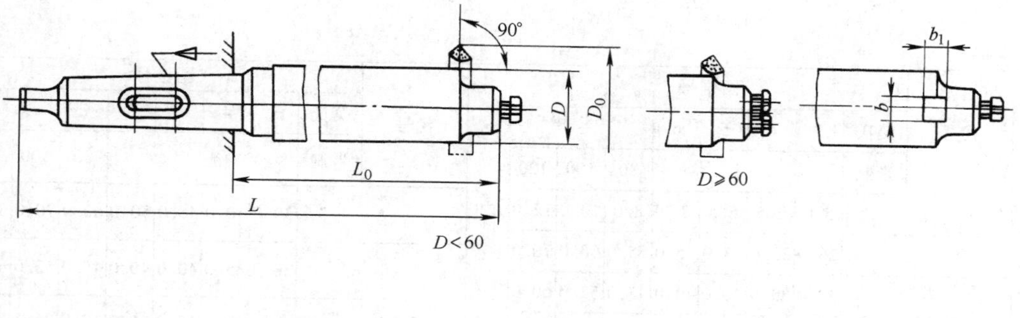

（续）

圆锥号 莫氏	圆锥号 米制	D	D_0	b 公称尺寸	b 极限偏差 D11	b_1	L 240	280	315	355	400	450	500	560	630	710	800	900
							L_0											
3	—	16	20~30	5	+0.105 +0.030	5.5	146											
		20	24~38	6		6.5			221.0									
		25	32~48	8	+0.130 +0.040	8.5		186.0	—		306.0							
		32	40~60	10		10.5		—	221.0		—	356.0						
		40	48~75	12	+0.160 +0.050	12.5		186.0	—		306.0	—	406.0					
4		25	32~48	8	+0.130 +0.040	8.5		162.5			282.5							
		32	40~60	10		10.5		—	197.5		—	332.5						
		40	48~75	12	+0.160 +0.050	12.5		162.5	—		282.5	—	382.5					
		50	60~95	16		16.5				237.5		332.5	—		512.5			
5		32	40~60	10	+0.130 +0.040	10.5						—	350.5		480.5			
		40	48~75	12	+0.160 +0.050	12.5				205.5				410.5		560.5		
		50	60~95	16		16.5						300.5			480.5		650.5	
		60	72~115	20	+0.195 +0.065	21.0												
		80	95~150						165.5									
		100	120~190	25		26.0				205.5								
6		32	40~60	10	+0.130 +0.040	10.5					190.0			350.0				
		40	48~75	12	+0.160 +0.050	12.5						240.0				500.0		
		50	60~95	16		16.5					190.0	—	290.0	—	420.0	—	590.0	
		60	72~115	20	+0.195 +0.065	21.0						240.0		350.0		500.0		690.0
		80	95~150															
		100	120~190	25		26.0					190.0							
—	80	40	48~75	12	+0.160 +0.050	12.5								—	410.0	—		
		50	60~95	16		16.5						230.0		340.0	—	490.0		
		60	72~115	20	+0.195 +0.065	21.0								—	410.0	—	580.0	
		80	95~150											340.0		490.0		
		100	120~190	25		26.0					180.0							
		120	150~230	32	+0.240 +0.080	33.0												
	100	50	60~95	16	+0.160 +0.050	16.5								300.0		450.0		
		60	72~115	20	+0.195 +0.065	21.0						190.0		—	370.0	—	560.0	

（续）

圆锥号		D	D_0	b		b_1	L											
莫氏	米制			公称尺寸	极限偏差 D11		240	280	315	355	400	450	500	560	630	710	800	900
							L_0											
—	100	80	95~150	20	+0.195 +0.065	21.0								300.0		450.0		640.0
		100	120~190	25		26.0												
		120	150~230	32	+0.240 +0.080	33.0					140.0							
		160	200~300									190.0						
	120	60	72~115	20	+0.195 +0.065	21.0									330.0		500.0	
		80	95~150									150.0		260.0		410.0		600.0
		100	120~190	25		26.0												
		120	150~230	32	+0.240 +0.080	33.0												
		160	200~300										200.0					
		180	230~350	40		41.0												
		200	240~380															

注：1. 当刀口尺寸 $b \leqslant 10$mm、$b_1 \leqslant 10.5$mm 时，方刀孔允许改为圆刀孔。

2. 当 $D \geqslant 60$mm，$L \geqslant 560$mm 时，杆部允许制成“中空”型。

（3）锥柄45°镗刀杆的型式和尺寸（见表2-2-201）

表2-2-201　锥柄45°镗刀杆的型式和尺寸（JB/T 3411.85—1999）　（单位：mm）

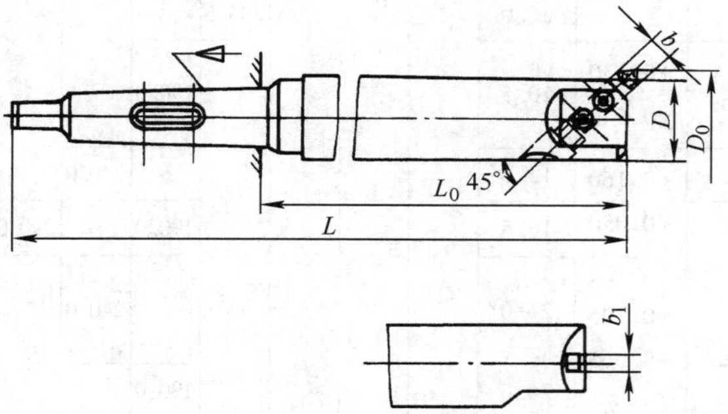

标记示例

莫氏圆锥5号，D=50mm，L=450mm的锥柄45°镗刀杆标记为：

镗刀杆　5-50×450　JB/T 3411.85—1999

圆锥号		D	D_0	b		b_1	L										
莫氏	米制			公称尺寸	极限偏差 D11		280	315	355	400	450	500	560	630	710	800	900
							L_0										
3		25	30~45	8	+0.130 +0.040	8.5	186.0			306.0							
		32	40~55	10		10.5		221.0			356.0						
		40	50~65	12	+0.160 +0.050	12.5	186.0			306.0		406.0					

（续）

圆锥号		D	D_0	b		b_1	L										
莫氏	米制			公称尺寸	极限偏差 D11		280	315	355	400	450	500	560	630	710	800	900
							L_0										
4	—	25	30~45	8	+0.130 +0.040	8.5	162.5			282.5							
		32	40~55	10		10.5		197.5			332.5						
		40	50~65	12	+0.160 +0.050	12.5	162.5			282.5		382.5					
		50	60~85	16		16.5			237.5		332.5			512.5			
5		32	40~55	10	+0.130 +0.040	10.5						350.5		480.5			
		40	50~65	12	+0.160 +0.050	12.5			205.5		300.5		410.5		560.5		
		50	60~85	16		16.5								480.5		650.0	
6		32	40~55	10	+0.130 +0.040	10.5							350.0				
		40	50~65	12	+0.160 +0.050	12.5				190.0	240.0				500.5		
		50	60~85	16		16.5						290.0		420.0		590.0	
—	80	40	50~65	12	+0.160 +0.050	12.5					230.0			410.0			
		50	60~85	16		16.5							340.0		490.0		
	100	40	50~65	12	+0.160 +0.050	12.5					190.0		300.0		450.0		
		50	60~85	16		16.5											

注：1. 当刀孔尺寸 $b \leqslant 10mm$、$b_1 \leqslant 10.5mm$ 时，方刀孔允许改为圆刀孔。

2. 根据使用情况，锥柄上不允许制出锁紧槽。

（4）锥柄 60°镗刀杆的型式和尺寸（见表 2-2-202）

表 2-2-202　锥柄 60°镗刀杆的型式和尺寸（JB/T 3411.86—1999）　（单位：mm）

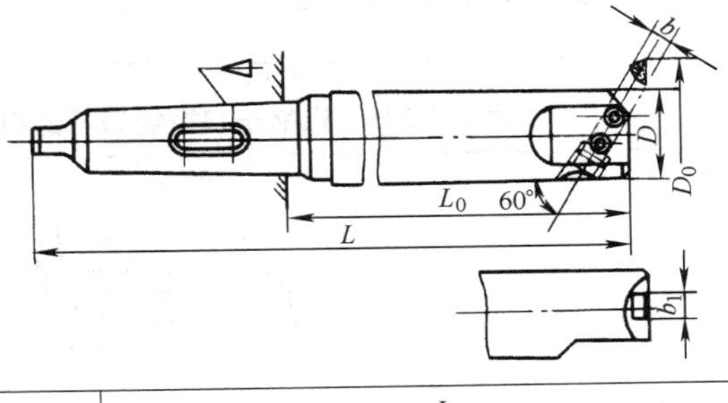

标记示例

莫氏圆锥 5 号，$D=50mm$，$L=450mm$ 的锥柄 60°镗刀杆标记为：

镗刀杆　5-50×450　JB/T 3411.86—1999

圆锥号		D	D_0	b		b_1	L								
莫氏	米制			公称尺寸	极限偏差 D11		355	400	450	500	560	630	710	800	900
							L_0								
5	—	50	60~90	16	+0.160 +0.050	16.5			300.5			480.5		650.5	
		60	72~110	20	+0.195 +0.065	21.0	205.5								
		80	105~140												
		100	120~160	25		26.0									

（续）

圆锥号 莫氏	圆锥号 米制	D	D_0	b 公称尺寸	b 极限偏差 D11	b_1	L=355 (L_0)	400	450	500	560	630	710	800	900
		50	60~90	16	+0.160 +0.050	16.5		190.0		290.0		420.0		590.0	
6	—	60	72~110	20	+0.195 +0.065	21.0			240.0		350.0		500.0		690.0
		80	105~140												
		100	120~160	25		26.0		190.0							
		50	60~90	16	+0.160 +0.050	16.5			230.0		340.0		490.0		
		60	72~110	20	+0.195 +0.065	21.0						410.0		580.0	
	80	80	105~140								340.0		490.0		
		100	120~160	25		26.0		180.0							
		120	150~225	32	+0.240 +0.080	33.0									
—		50	60~90	16	+0.160 +0.050	16.5					300.0		450.0		
		60	72~110	20	+0.195 +0.065	21.0			190.0			370.0		540.0	
	100	80	105~140								300.0		450.0		640.0
		100	120~160	25		26.0									
		120	150~225	32	+0.240 +0.080	33.0		140.0							
		160	200~290						190.0						

注：1. 当刀孔尺寸 $b \leq 10$mm，$b_1 \leq 10.5$mm 时，方刀孔允许改为圆刀孔。

2. 当 $D>60$mm、$L \geq 560$mm 时，杆部允许制成“中空”型。

3. 根据使用情况，锥柄上允许不制出锁紧槽。

（5）锥柄卡口镗铰刀杆的型式和尺寸（见表 2-2-203）

表 2-2-203　锥柄卡口镗铰刀杆的型式和尺寸（JB/T 3411.87—1999）（单位：mm）

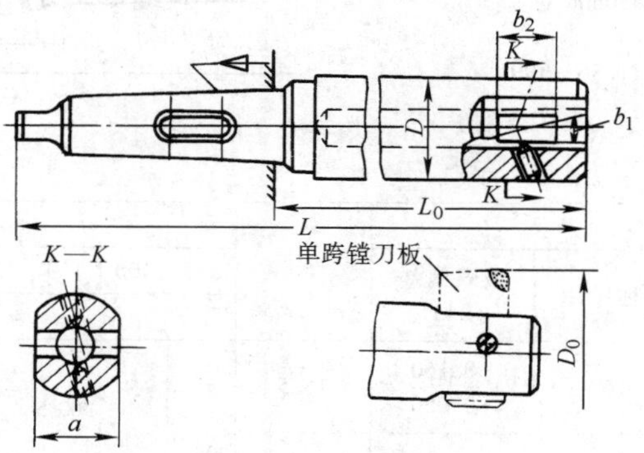

标记示例

莫氏圆锥 5 号，$D=50$mm，$L=450$mm 的锥柄卡口镗铰刀杆标记为：

镗刀杆　5-50×450　JB/T 3411.87—1999

（续）

圆锥号 莫氏	圆锥号 米制	D	D_0	a	b_1	b_2	L=240	280	315	355	400	450	500	560	630	710	800	900
							L_0											
4	—	20	24~36	18	8	20	122.5		197.5									
		25	30~45	22				162.5			282.5							
		32	38~58	28	12	25			197.5			332.5						
		40	48~72	36				162.5			282.5		382.5					
		50	60~90	44	16	30				237.5		332.5			512.5			
5		32	38~58	28	12	25							350.5		480.5			
		40	48~72	36						205.5		300.5		410.5		560.5		
		50	60~90	44	16	30									480.5		650.5	
		60	72~110	56	20	35			165.5									
		80	90~145	74														
		100	120~180	92	25	40				205.5								
6		32	38~58	28	12	25					190.0			350.0				
		40	48~72	36								240.0				500.0		
		50	60~90	44	16	30					190.0		290.5		420.0		590.0	
		60	72~110	56	20	35						240.0		350.0		500.0		690.0
		80	90~145	74														
		100	120~180	92	25	40					190.0							
—	80	40	48~72	36	12	25						230.0			410.0			
		50	60~90	44	16	30								340.0		490.0		
		60	72~110	56	20	35									410.0		580.0	
		80	90~145	74										340.0		490.0		
		100	120~180	92	25	40					180.0							
		120	150~230	112														

注：当 $D\geqslant60$mm、$L\geqslant560$mm 时，杆部允许制成"中空"型，或者钻孔以减轻镗杆重量。

（6）不通孔用锥柄卡口镗铰刀杆的型式和尺寸（见表 2-2-204）

表 2-2-204　不通孔用锥柄卡口镗铰刀杆的型式和尺寸　（单位：mm）

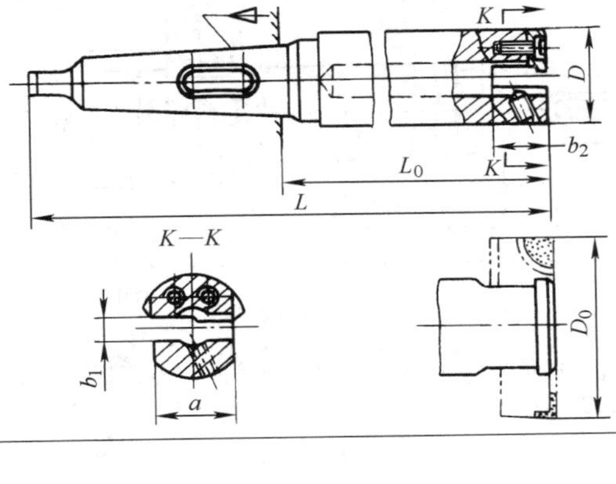

（续）

圆锥号		D	D_0	a	b_1	b_2	L										
莫氏	米制						280	315	355	400	450	500	560	630	710	800	900
							L_0										
4	—	32	38~58	28	12	25	—	197.5	—	—	332.5	—					
		40	48~72	36			162.5	—		282.5	—	382.5					
		50	60~90	44	16	30			237.5	—	332.5	—	—	512.5			
5		32	38~58	28	12	25			205.3		—	350.5		480.5			
		40	48~72	36							300.5		410.5	—	560.5		
		50	60~90	44	16	30								480.5	—	650.5	
		60	72~110	56	20	35											
		80	95~145	72				165.5	—								
		100	120~180	92	25	40			205.3								
6		32	38~58	28	12	25				190.5	—	—	350.0				
		40	48~72	36						—	240.0	—		—	500.0		
		50	60~90	44	16	30				190.5	—	290.5	—	420.0	—	590.0	
		60	72~110	56	20	35				—	240.0		350.0		500.0	—	690.0
		80	95~145	72						—							
		100	120~180	92	25	40				190.5	—						
—	80	40	48~72	36	12	25							—	410.0	—		
		50	60~90	44	16	30					230.0	—	340.0	—	490.0		
		60	72~110	56	20	35							—	410.0	—	580.0	
		80	95~145	72									340.0		490.0		
		100	120~180	92	25	40				180.0							
		120	150~230	112													

注：1. 当 $D\geqslant60$mm、$L\geqslant560$mm 时，杆部允许制成“中空”型，或者钻孔以减轻重量。

2. 根据使用情况，锥柄上允许不制出锁紧槽。

（7）锥柄镗铰刀杆的型式和尺寸（见表 2-2-205）

表 2-2-205　锥柄镗铰刀杆的型式和尺寸（JB/T 3411.89—1999）（单位：mm）

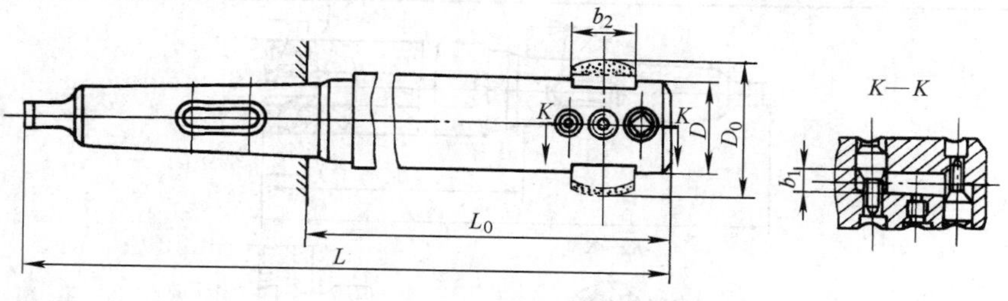

标记示例

莫氏圆锥 6 号，刀孔尺寸 $b_1\times b_2$ 为 I 系列，$D=80$mm，$L=560$mm 的锥柄镗铰刀杆标记为：

镗刀杆　6-I80×560　JB/T 3411.89—1999

（续）

圆锥号 莫氏	圆锥号 米制	D	D_0	刀孔尺寸 I b_1	刀孔尺寸 I b_2	刀孔尺寸 II b_1	刀孔尺寸 II b_2	L=280	315	355	400	450	500	560	630	710	800	900
								L_0										
4	—	25	30～50	8	20	8	20	162.5	—		282.5	—						
		32	40～65	12	25	10	25	—	197.5	—	—	332.5						
		40	50～80			12	35	162.5			282.5	—	382.5					
		50	60～100							237.5	—	332.5	—	—	512.5			
5		32	40～65			10	25					—	350.5		480.5			
		40	50～80			12	35			205.5				410.5	—	560.5		
		50	60～100									300.5			480.5	—	650.5	
		60	72～120	16	30	16	45											
		80	95～160	20	35	22	60		165.5									
		100	120～200															
6		32	40～65	12	25	10	25				190.0			350.5				
		40	50～80			12	35				—	240.0				500.0		
		50	60～100								190.0	—	290.0	—	420.0	—	590.0	
		60	72～120	16	30	16	45				—	240.0		350.0		500.0		690.0
		80	95～160	20	35	22	60											
		100	120～200								190.0	—		—		—		
—	80	40	50～80	12	25	12	35								410.0			
		50	60～100							205.5	—	230.0		340.0	—	490.0		
		60	72～120	16	30	16	45							—	410.0	—	580.0	
		80	95～160	20	35	22	60							340.0		490.0		
		100	120～200								180.0	—		—		—		
		120	150～250	25	40	25	75											
	100	50	60～100	12	25	12	35							300.0	—	450.0		
		60	72～120	16	30	16	45					190.0		—	370.0	—	560.0	
		80	95～160	20	35	22	60							300.0		450.0	—	640.0
		100	120～200															
		120	150～250	25	40	25	75				140.0	—		—		—		

注：当 $D \geqslant 60$mm，$L \geqslant 560$mm 时，杆部允许制成“中空”型。

（8）切槽刀杆的型式和尺寸（见表 2-2-206）

表 2-2-206　切槽刀杆的型式和尺寸（JB/T 3411.96—1999）　（单位：mm）

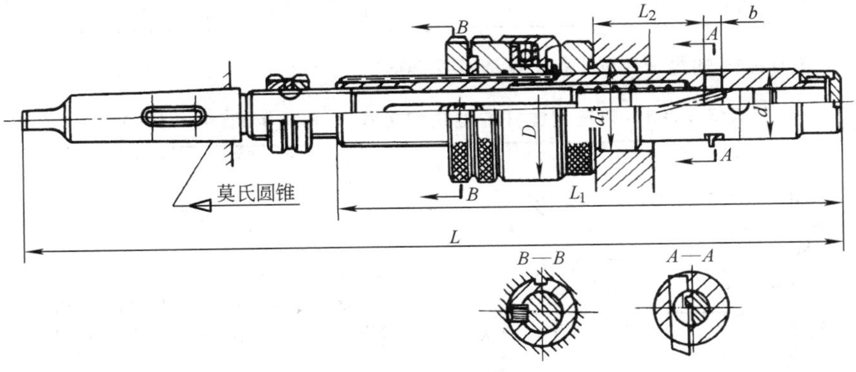

标记示例

$d=32$mm，$L_2=20～100$mm 的切槽刀杆标记为：

刀杆　32×(20～100)　JB/T 3411.96—1999

（续）

莫氏圆锥号	d	d_1	L_2	$L\approx$	L_1	D	b
3	32	42~47	20~100	370~395	238	68	8
4	42	50~78	20~125	436~470	278	80	10
			110~250	565~600	408		
5	60	80~120	20~160	540~585	350	106	12
			140~320	700~745	510		

（9）镗床用端铣刀杆的型式和尺寸（见表2-2-207）

表2-2-207 镗床用端铣刀杆的型式和尺寸（JB/T 3411.97—1999） （单位：mm）

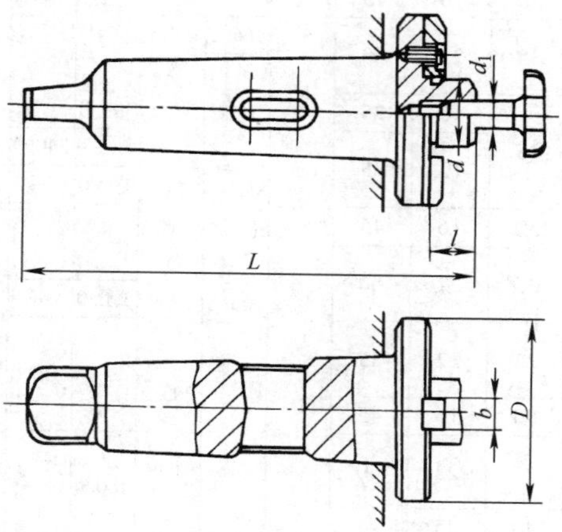

标记示例

莫氏6号锥柄，d=40mm的镗床用端铣刀杆标记为：

刀杆 6-40 JB/T 3411.97—1999

圆锥号	莫氏	4			5				6				—	
	米制	—											80	
d		27	32	40	27	32	40	50	27	32	40	50	40	50
D_{max}		55	75	100	55	75	100	120	55	75	100	120	100	120
d_1		M12	M16	M20	M12	M16	M20	M24	M12	M16	M20	M24	M20	M24
b		12	14	16	12	14	16	18	12	14	16	18	16	18
L		164	168	172	196	200	204	208	258	262	266	270	276	280
l		21	24	27	21	24	27	30	21	24	27	30	27	30

（10）刀座用镗杆的型式和尺寸（见表2-2-208）

表2-2-208 刀座用镗杆的型式和尺寸（JB/T 3411.99—1999） （单位：mm）

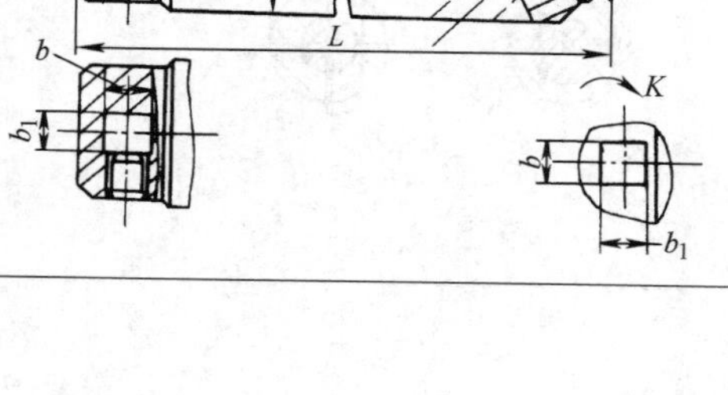

标记示例

D=63mm，L=400mm的刀座用镗杆标记为：

镗杆 63×400 JB/T 3411.99—1999

（续）

D	L	b		b_1	D	L	b		b_1
		公称尺寸	极限偏差 D11				公称尺寸	极限偏差 D11	
63	280	20	+0.195	21	80	320	25	+0.195	26
	400		+0.065			450		+0.065	

（11）镗大孔用刀杆的型式和尺寸（见表 2-2-209）

表 2-2-209　镗大孔用刀杆的型式和尺寸　（单位：mm）

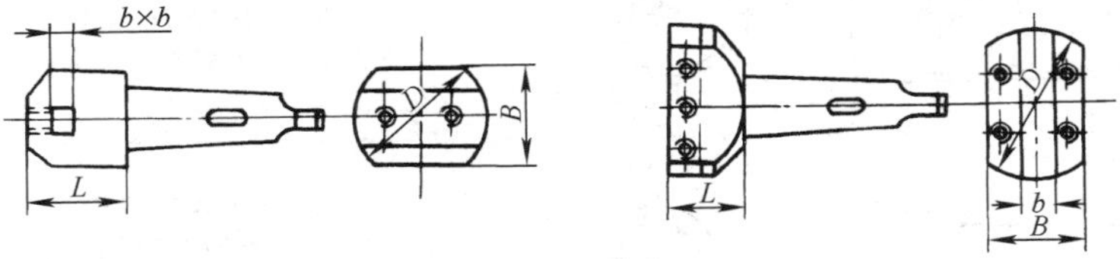

莫氏锥柄	D	L	B	b	镗孔直径范围	莫氏锥柄	D	L	B	b	镗孔直径范围
5	75	75	—	20	85~150	5	140	60	90	25	150~240
	90		—	25	102~190		220	70			230~320
6	110	80	85		122~210	6	200				210~300
	130		100		142~230		280	80			290~380

2.7.4.2　镗杆（见表 2-2-210~表 2-2-213）

表 2-2-210　镗杆结构要素

图　　示	说　　明
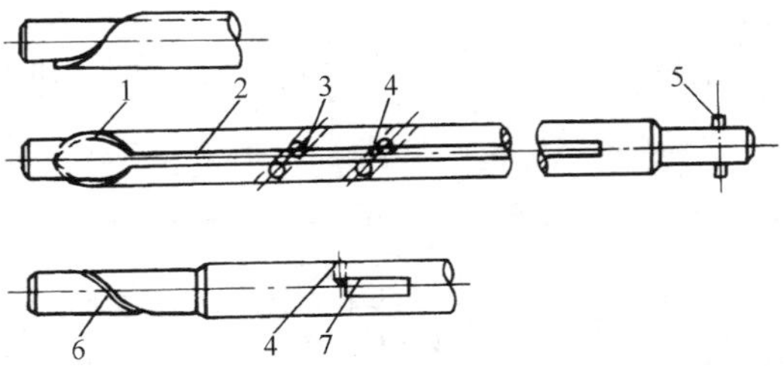1—螺旋导向　2—键槽　3—刀孔　4—螺孔　5—拨销　6—导向部分　7—矩形槽	与镗模配合一般为专用镗杆，镗杆为适用镗刀安装，在镗杆上开方孔或圆孔，安装单刃镗刀；在镗杆上开矩形槽，安装镗刀块。采用单刃镗刀时，因刀头要通过镗套上的引刀槽，故在镗杆上开一条长键槽。端部的螺旋导向结构可使镗套上的定向键顺利地进入键槽。拨销与浮动夹头连接，当安装在镗床主轴孔中时，即可带动镗杆回转

表 2-2-211　镗杆端部导向结构型式

图　　示	特点和主要用途
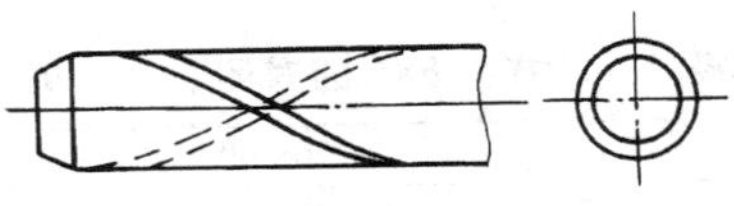	结构简单，镗杆与导套接触面积大，润滑条件差，工作时镗杆与套易“咬死”，适用于低速回转。工作时注意润滑
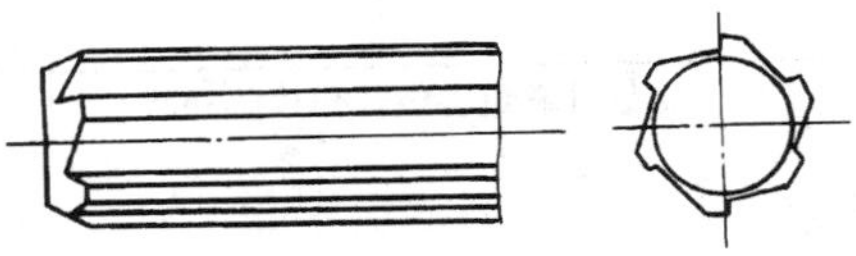	导向部分开有直沟槽和螺旋沟槽，前者制造较简单，均可减少与套的接触面积，沟槽中能存屑，但仍不能完全避免“咬死”。在直径小于 60mm 的镗杆上用，切削速度不宜大于 20m/min

（续）

图　　示	特点和主要用途
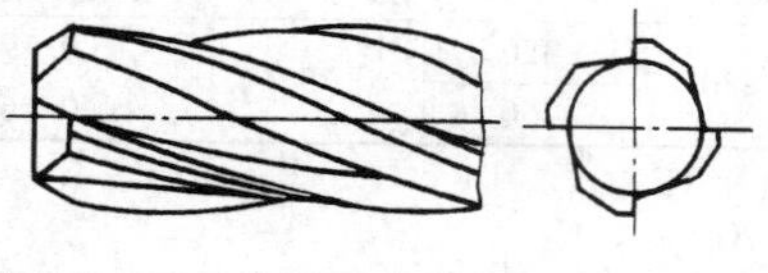	导向部分开有直沟槽和螺旋沟槽，前者制造较简单，均可减少与套的接触面积，沟槽中能存屑，但仍不能完全避免“咬死”。在直径小于 60mm 的镗杆上用，切削速度不宜大于 20m/min
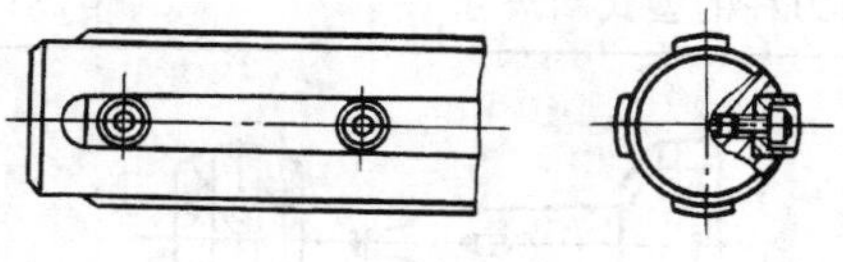	导向部分装有镶块，与套的接触面积小，转速可比开沟槽的高，但镶块磨损较快，钢镶块比铜镶块耐用，但摩擦因数较大
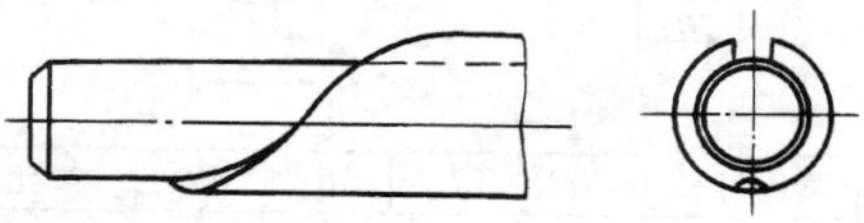	导向部分制出螺旋角小于 45°的螺旋导向，并与镗杆上的长键槽相连，使套上的定向键顺利地进入键槽，从而保证镗刀准确地进入导套的引刀槽中

表 2-2-212　镗杆柄部连接形式（包括浮动夹头）

简　　图	特点和主要用途
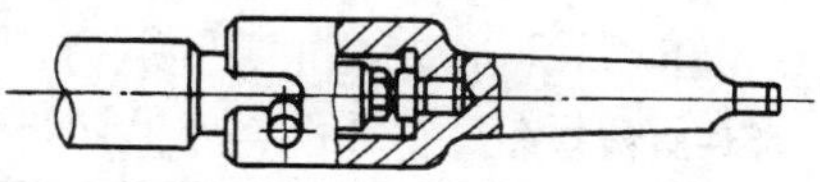	结构简单，装拆方便，常用于批量生产
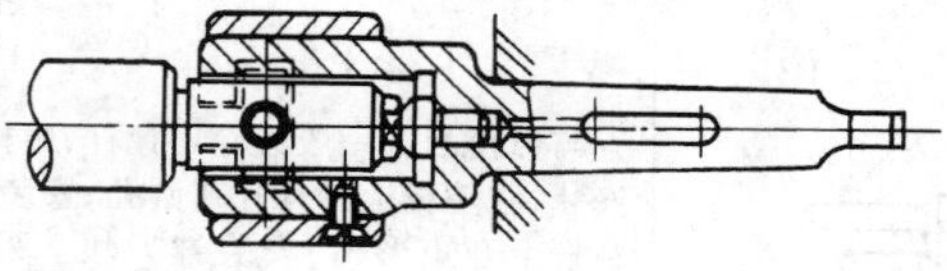	结构与上图基本类似，常用于批量生产
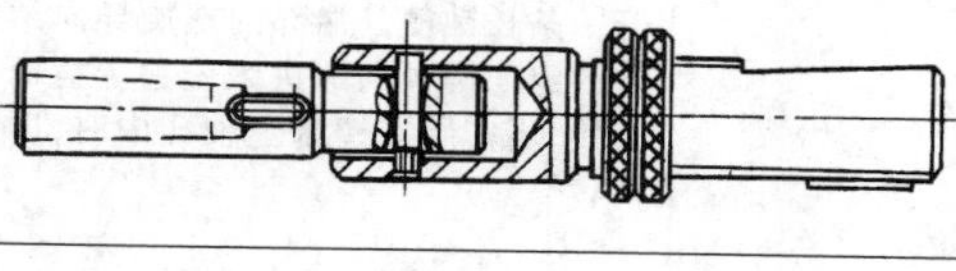	结构简单，浮动效果不如下图，常用于大量生产
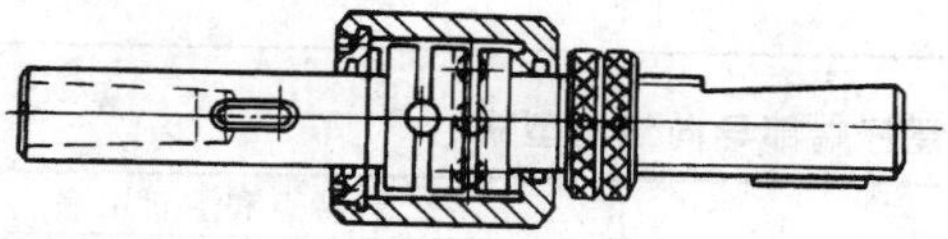	结构较复杂，浮动效果较好，常用于大量生产

表 2-2-213　镗孔直径 *D*、镗杆直径 *d*、刀方孔 *b*×*b* 的对照　　（单位：mm）

D	30～40	40～50	50～70	70～90	90～100
d	20～30	30～40	40～50	50～65	65～90
b	8×8	10×10	12×12	16×16	16×16、20×20

注：镗杆有足够刚度或切削载荷重的取大值，一般取 $d=0.7071D$。尽量避免将镗杆作成阶梯状。

2.7.4.3　镗刀架

（1）锥柄可调镗刀架的型式和尺寸（见表 2-2-214）

表 2-2-214　锥柄可调镗刀架的型式和尺寸　　（单位:mm）

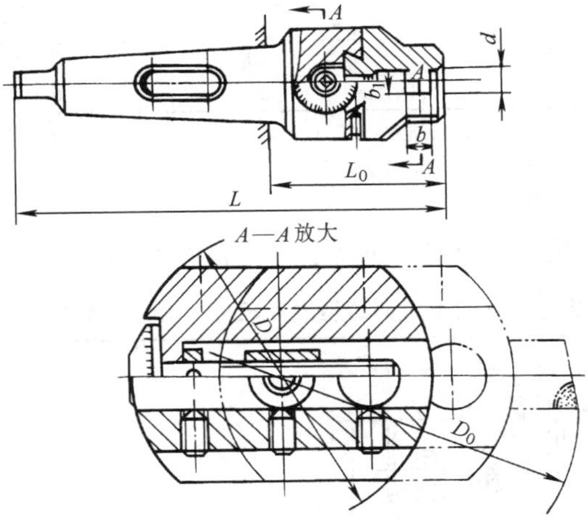

圆锥号 莫氏	圆锥号 米制	D	D_0	d	b 公称尺寸	b 极限偏差 D11	b_1	L	L_0
5	—	80	25～150	16	12	+0.160 +0.050	12.5	240	90.5
6		120	35～220	25	20	+0.195 +0.065	21.0	355	145.0
—	80	150	40～280	30	25		26.0	380	160.0

注：1. 调节丝杆的刻度值，每格调节量不大于 0.02mm。

2. 径向方刀孔允许制成圆孔。

（2）7∶24 锥柄式可调镗刀架的型式和尺寸（见表 2-2-215）

表 2-2-215　7∶24 锥柄式可调镗刀架的型式和尺寸（JB/T 3411.92—1999）

（单位：mm）

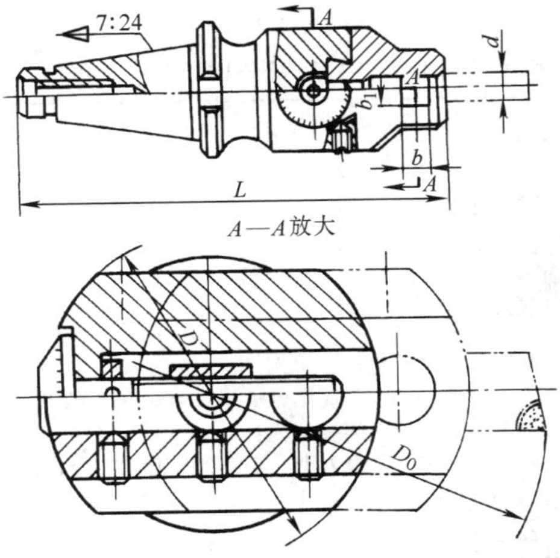

标记示例

7∶24 圆锥 50 号，$D=120$mm 的 7∶24 锥柄可调镗刀架标记为：

镗刀架　50-120　JB/T 3411.92—1999

7∶24 圆锥号	D	D_0	d	b 公称尺寸	b 极限偏差 D11	b_1	L
40	80	25～150	16	12	+0.160 +0.050	12.5	207

（续）

7：24 圆锥号	D	D_0	d	b		b_1	L
				公称尺寸	极限偏差 D11		
50	120	35~220	25	20	+0.195	21.0	285
	150	40~280	30	25	+0.065	26.0	330

注：1. 7：24 圆锥的尺寸和偏差按 GB/T 3837—2001《7：24 手动换刀刀柄圆锥》的规定。
2. 调节丝杆的刻度值，每格调节量不大于 0.02mm。
3. 径向方刀孔允许制成圆孔。

（3）可换锥柄式可调镗刀架的型式和尺寸（见表 2-2-216 和表 2-2-217）

表 2-2-216　A 型可换锥柄式可调镗刀架的型式和尺寸（JB/T 3411.93—1999）　（单位：mm）

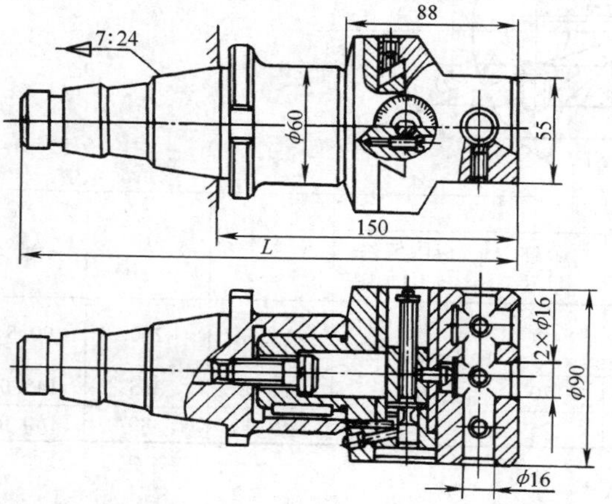

标记示例
7：24 圆锥 50 号，L=276mm 的 A 型 7：24 锥柄可调镗刀架标记为：
镗刀架　50-A276　JB/T 3411.93—1999

7：24 圆锥号	镗孔范围	L
40	5~165	244
45		256
50		276

注：1. 7：24 圆锥的尺寸和偏差按 GB/T 3837—2001《7：24 手动换刀刀柄圆锥》。
2. 对调节丝杆的刻度值，每格调节量不大于 0.02mm。

表 2-2-217　B 型可换锥柄式可调镗刀架的型式和尺寸（JB/T 3411.93—1999）　（单位：mm）

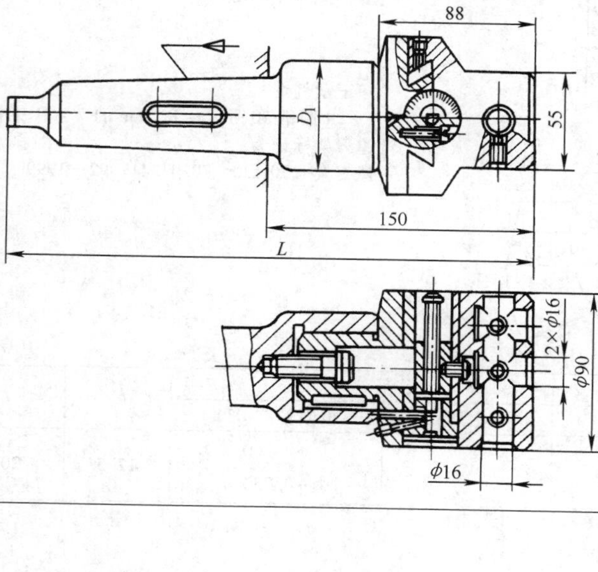

标记示例
莫氏圆锥 5 号，L=300mm 的 B 型可调镗刀架标记为：
镗刀架　5-B300　JB/T 3411.93—1999

（续）

圆锥号			镗孔范围	D_1		L	
莫氏	米制						
4	—		5~165	60		270	
5						300	
6				65		360	
—	80			80		370	

注：1. 莫氏圆锥与米制圆锥的尺寸和偏差按 GB/T 1443 的规定。

2. 调节丝杆的刻度值，每格调节量不大于 0.02mm。

2.7.4.4　接杆

（1）浮动接杆的型式和尺寸（见表 2-2-218）

表 2-2-218　浮动接杆的型式和尺寸（JB/T 3411.94—1999）　（单位：mm）

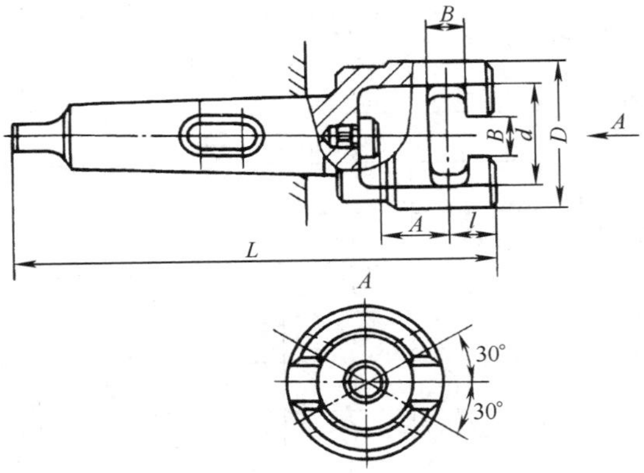

标记示例

莫氏圆锥 6 号，用于镗杆柄部直径为 60mm 的浮动接杆标记为：

接杆　6-60　JB/T 3411.94—1999

圆锥号		镗杆柄部直径	d	A	B	D	L	l
莫氏	米制							
4	—	25	27	38	11	45	200	15
		32	35	43	13	55	215	17
5		25	27	38	11	45	235	15
		32	25	43	13	55	250	17
		45	48	48	17	70	265	22
		60	63	55	22	90	285	30
6							350	
		70	75	62	27	100	370	36
—	80	60	63	55	22	90	360	30
		70	75	62	27	100	380	36
		80	85	75		120	400	

注：1. 莫氏圆锥与米制圆锥的尺寸和偏差按 GB/T 1443 的规定。

2. 镗杆与浮动接杆相连接的柄部主要尺寸参见表 2-2-220。

（2）变径接杆的型式和尺寸（见表2-2-219）

表 2-2-219 变径接杆的型式和尺寸（JB/T 3411.95—1999） （单位：mm）

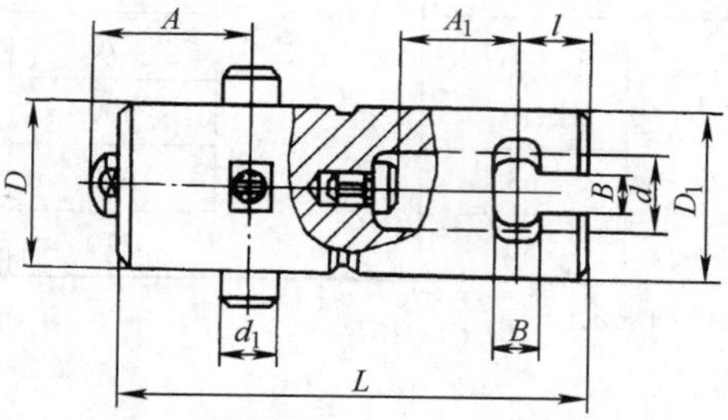

标记示例

D=45mm、镗杆柄部直径为32mm的变径接杆标记为：

变径接杆 45×32 JB/T 3411.95—1999

D	镗杆柄部直径	d	D_1	A	A_1	B	l	d_1	L
32	25	27	45	43	38	11	15	12	130
45				48				16	140
	32	35	55		43	13	17		150
60	25	27	45	55	38	11	15	20	145
	32	35	55		43	13	17		160
	45	48	70		48	17	22		180
70	25	27	45	62	38	11	15	25	160
	32	35	55		43	13	17		175
	45	48	70		48	17	22		190
80	25	27	45	75	38	11	15		170
	32	35	55		43	13	17		180
	45	48	70		48	17	22		200
	60	63	90		55	22	30		220

（3）镗杆与浮动接杆连接柄部主要尺寸（见表2-2-220）

表 2-2-220 镗杆与浮动接杆连接柄部主要尺寸 （单位：mm）

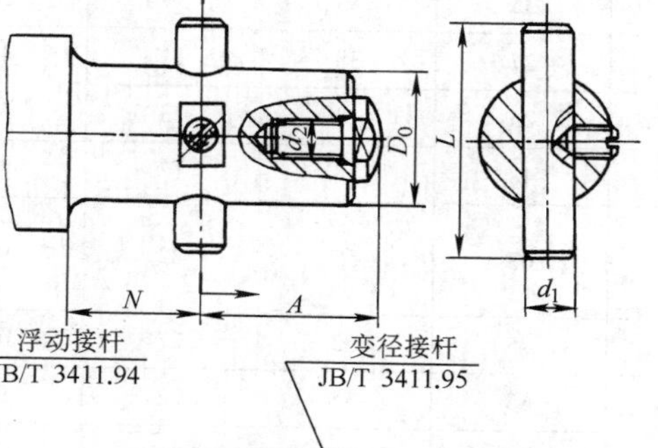

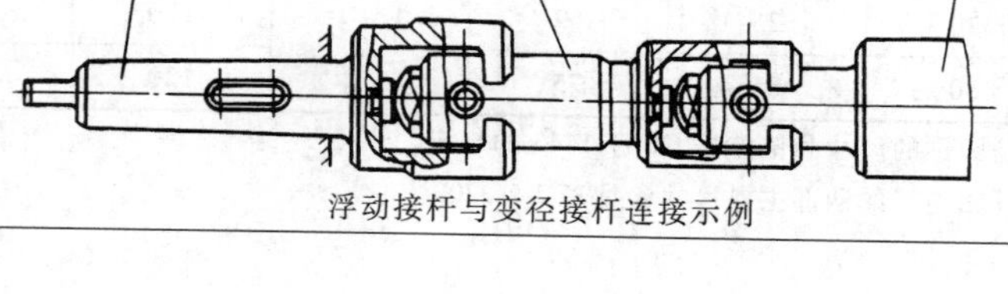

浮动接杆与变径接杆连接示例

（续）

<table>
<tr><th>D_0</th><th>A</th><th>d_1</th><th>d_2</th><th>L</th><th>N_{min}</th></tr>
<tr><td>25</td><td>38</td><td>10</td><td rowspan="2">M10×1</td><td>45</td><td>18</td></tr>
<tr><td>32</td><td>43</td><td>12</td><td>55</td><td>21</td></tr>
<tr><td>45</td><td>48</td><td>16</td><td rowspan="3">M12×1. 25</td><td>70</td><td>26</td></tr>
<tr><td>60</td><td>55</td><td>20</td><td>90</td><td>35</td></tr>
<tr><td>70</td><td>62</td><td rowspan="2">25</td><td>100</td><td rowspan="2">42</td></tr>
<tr><td>80</td><td>75</td><td>M16×1. 5</td><td>120</td></tr>
</table>

2.7.4.5　镗套与衬套

（1）镗套的型式和尺寸（见表 2-2-221）

表 2-2-221　镗套的型式和尺寸（JB/T 8046. 1—1999）　　（单位：mm）

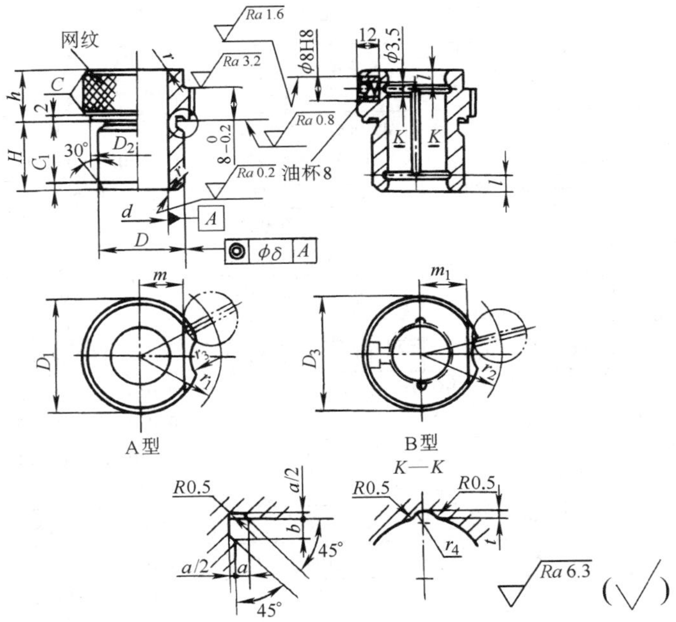

标记示例

d=40mm、公差带为 H7，D=50mm，公差带为 g5，H=60mm 的 A 型镗套标记为：

镗套　A40H7×50g5×60　JB/T 8046. 1—1999

<table>
<tr><td rowspan="3">d</td><td>公称尺寸</td><td>20</td><td>22</td><td>25</td><td>28</td><td>32</td><td>35</td><td>40</td><td>45</td><td>50</td></tr>
<tr><td>极限偏差 H6</td><td colspan="4">+0. 013
0</td><td colspan="5">+0. 016
0</td></tr>
<tr><td>极限偏差 H7</td><td colspan="4">+0. 021
0</td><td colspan="5">+0. 025
0</td></tr>
<tr><td rowspan="3">D</td><td>公称尺寸</td><td>25</td><td>28</td><td>32</td><td>35</td><td>40</td><td>45</td><td>50</td><td>55</td><td>60</td></tr>
<tr><td>极限偏差 g5</td><td colspan="2">-0. 007
-0. 016</td><td colspan="5">-0. 009
-0. 020</td><td colspan="2">-0. 010
-0. 023</td></tr>
<tr><td>极限偏差 g6</td><td colspan="2">-0. 007
-0. 020</td><td colspan="5">-0. 009
-0. 025</td><td colspan="2">-0. 010
-0. 029</td></tr>
<tr><td colspan="2" rowspan="3">H</td><td colspan="2">20</td><td colspan="2">25</td><td colspan="4">35</td><td>45</td></tr>
<tr><td colspan="2">25</td><td colspan="2">35</td><td colspan="4">45</td><td>60</td></tr>
<tr><td colspan="2">35</td><td colspan="2">45</td><td colspan="2">55</td><td colspan="2">60</td><td>80</td></tr>
<tr><td colspan="2">l</td><td colspan="3">—</td><td colspan="3">6</td><td colspan="3">8</td></tr>
</table>

（续）

D_1（滚花前）	34	38	42	46	52	56	62	70	75
D_2	32	36	40	44	50	54	60	65	70
D_3（滚花前）	—			56	60	65	70	75	80
h	15						18		
m	13	15	17	18	21	23	26	30	32
m_1	—			23	25	28	30	33	35
r	1		1.5			2			
r_1	22.5	24.5	26.5	30	33	35	38	43.5	46
r_2	—			35	37	39.5	42	46	48.5
r_3	9			11				12.5	
r_4	—			2					
t	—			1.5					
a	0.5		1						
b	2		3					4	
C	1						1.5		
C_1	1.5		2					2.5	
配用螺钉	M8×8 GB/T 830			M10×8 GB/T 830				M12×8 JB/T 8046.3	

d	公称尺寸	55	60	70	80	90	100	120	160
	极限偏差 H6	+0.019 0				+0.022 0			+0.025 0
	极限偏差 H7	+0.030 0				+0.035 0			+0.040 0
D	公称尺寸	65	75	85	100	110	120	145	185
	极限偏差 g5	−0.010 −0.023		−0.012 −0.027				−0.014 −0.032	−0.015 −0.035
	极限偏差 g6	−0.010 −0.029		−0.012 −0.034				−0.014 −0.039	−0.015 −0.044
H		45		60		80		100	125
		60		80		100		125	160
		80		100		125		160	200
l		8							
D_1（滚花前）		80	90	105	120	130	140	165	220
D_2		75	85	100	115	125	135	160	210
D_3（滚花前）		85	90	105	120	130	140	165	220
h		18							
m		35	40	47	54	58	65	75	105
m_1		38							
r		2	3					4	
r_1		48.5	53.5	61	68.5	75.5	81	93	121
r_2		51							
r_3		12.5				16			
r_4		2		2.5					
t		15		2					
a		1							

（续）

b	4	
C	1.5	
C_1	2.5	3
配用螺钉	M12×8 JB/T 8046.3	M16×8 JB/T 8046.3

注：1. d 或 D 的公差带，d 与镗杆外径或 D 与衬套内径的配合间隙也可由设计确定。

2. 当 d 的公差带为 H7 时，d 孔的表面粗糙度为 Ra0.4μm。

3. 材料：20 钢，按 GB/T 699 的规定；HT200，按 GB/T 9439 的规定。

4. 热处理：20 钢，渗碳层深度为 0.8～1.2mm，硬度为 55～60HRC；HT200 粗加工后进行时效处理。

5. d 的公差带为 H6 时，当 $D<85$mm，$\delta=0.005$mm；$D\geqslant85$mm，$\delta=0.01$mm；d 的公差带为 H7 时，$\delta=0.010$mm。

6. 油槽锐角磨后倒钝。

7. 其他技术条件按 JB/T 8044 的规定。

（2）镗套用衬套的型式和尺寸（见表 2-2-222）

表 2-2-222 镗套用衬套的型式和尺寸（JB/T 8046.2—1999）

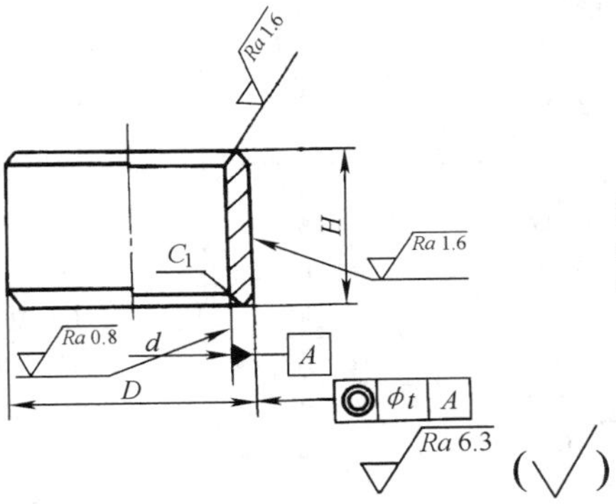

标记示例

$d=32$mm、公差带为 H6、$H=25$mm 的镗套用衬套标记为：

衬套 32H6×25 JB/T 8046.2—1999

d	公称尺寸	25	28	32	35	40	45	50	55	60
	极限偏差 H6①	+0.013 0		+0.016 0					+0.019 0	
	极限偏差 H7①	+0.021 0		+0.025 0					+0.030 0	
D	公称尺寸	30	34	38	42	48	52	58	65	70
	极限偏差 n6	+0.028 +0.015	+0.033 +0.017				+0.039 +0.020			
H		20		25		35				45
		25		35		45				60
		35		45		55		60		80

（续）

d	公称尺寸	65	75	85	100	110	120	145	185
	极限偏差 H6①	+0.019 0		+0.022 0				+0.025 0	+0.029 0
	极限偏差 H7①	+0.030 0		+0.035 0				+0.040 0	+0.046 0
D	公称尺寸	75	85	100	115	125	135	160	210
	极限偏差 n6	+0.039 +0.020	+0.045 +0.023			+0.052 +0.027			+0.060 +0.031
H		45		60		80		100	125
		60		80		100		125	160
		80		100		125		160	200

注：1. 材料：20钢，按GB/T 699的规定。
2. 热处理：渗碳层深度为0.8~1.2mm，硬度为58~64HRC。
3. *d*的公差带为H6时，当$D<52\text{mm}$，$t=0.005\text{mm}$；当$D\geqslant 52\text{mm}$，$t=0.010\text{mm}$。*d*的公差带为H7时，$t=0.010\text{mm}$。
4. 其他技术条件按JB/T 8044的规定。

① H6或H7为装配后公差带，零件加工尺寸需由工艺决定。

（3）固定衬套、镗套等的配合公差（见表2-2-223）

表2-2-223　固定衬套、镗套等配合公差

结构简图	工艺方法		配合公差代号 *d*	*D*	D_1
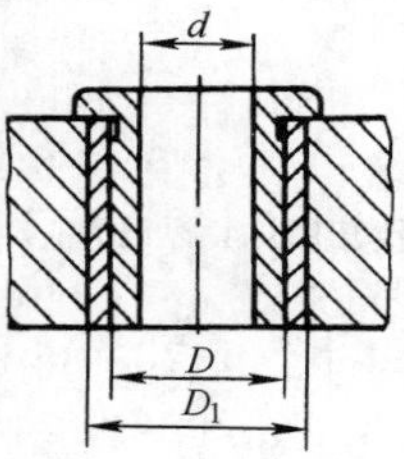	钻孔	刀具切削部分引导	$\frac{F8}{h6}$、$\frac{G7}{h6}$	$\frac{H7}{g6}$、$\frac{H7}{f7}$	$\frac{H7}{s6}$、$\frac{H7}{r6}$、$\frac{H7}{n6}$
		刀具柄部或接杆引导	$\frac{H7}{f7}$、$\frac{H7}{g6}$		
	铰孔	粗铰	$\frac{G7}{h6}$、$\frac{H7}{h6}$	$\frac{H7}{g6}$、$\frac{H7}{h6}$	$\frac{H7}{r6}$、$\frac{H7}{n6}$
		精铰	$\frac{G6}{h5}$、$\frac{H6}{h5}$	$\frac{H6}{g5}$、$\frac{H6}{h5}$	
	镗孔	粗镗	$\frac{H7}{h6}$	$\frac{H7}{g6}$、$\frac{H7}{h6}$	
		精镗	$\frac{H6}{h5}$	$\frac{H6}{g5}$、$\frac{H6}{h5}$	

（4）镗套螺钉的型式和尺寸（见表2-2-224）

表2-2-224　镗套螺钉的型式和尺寸（JB/T 8046.3—1999）　　（单位：mm）

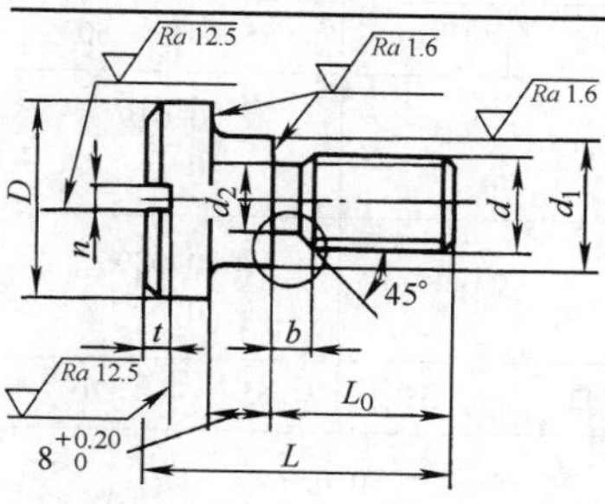

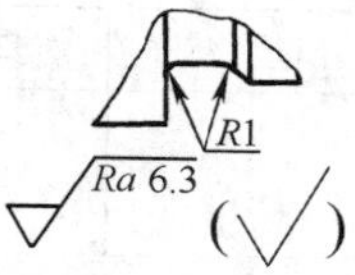

标记示例
d=M12的镗套螺钉标记为：
螺钉　M12×8　JB/T 8046.3—1999

d	d_1 公称尺寸	d_1 极限偏差 d11	*D*	d_2	*L*	L_0	*n*	*t*	*b*	镗套内径
M12	16	−0.050 −0.160	24	9.4	30	15	3	3.5	2.5	>45~80
M16	20	−0.065 −0.195	28	13	37	20	3.5	4	3.5	>80~160

注：1. 材料：45钢，按GB/T 699的规定。
2. 热处理：硬度为35~40HRC。
3. 其他技术条件按JB/T 8044的规定。

2.7.4.6　其他

（1）径向刀架用刀座的型式和尺寸（见表 2-2-225）

表 2-2-225　径向刀架用刀座的型式和尺寸（JB/T 3411.98—1999）（单位：mm）

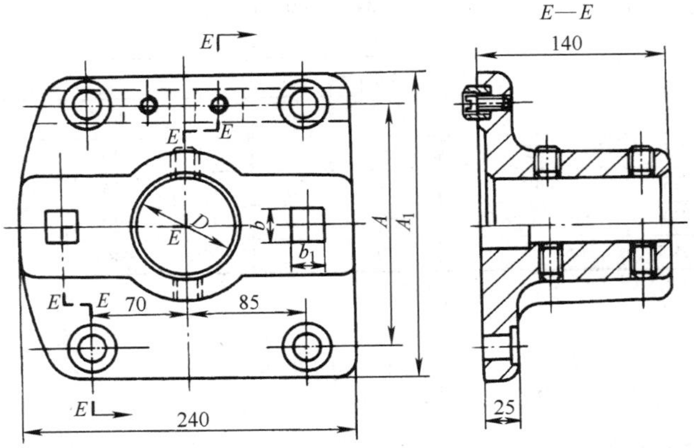

标记示例

D = 63mm、A = 185mm 的径向刀架用刀座标记为：

刀座　63×185　JB/T 3411.98—1999

D	A	A_1	b 公称尺寸	b 极限偏差 D11	b_1
63	146	200	20	+0.195 +0.065	21
	185	230			
	210	260			
80	146	200	25		26
	185	230			
	210	260			

（2）定心圆锥螺钉的型式和尺寸（见表 2-2-226）

表 2-2-226　定心圆锥螺钉的型式和尺寸（JB/T 3411.90—1999）（单位：mm）

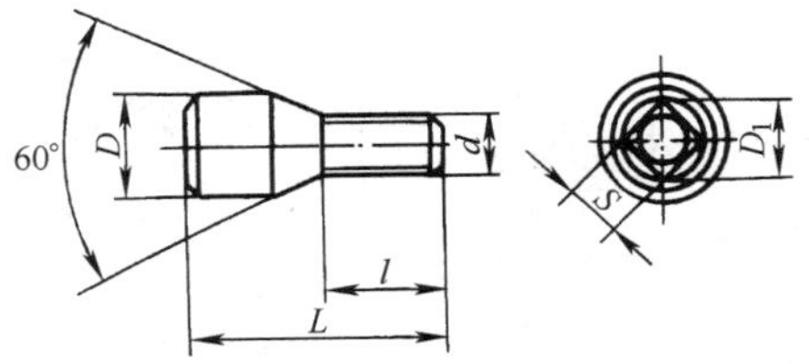

标记示例

d = M16，L = 60mm 的定心圆锥螺钉标记为：

螺钉　M16×60　JB/T 3411.90—1999

d	D 公称尺寸	D 极限偏差 h6	D_1	L	l	S	适用于镗杆直径
M5	10	0 −0.009	5.6	20	10	4	25
M6	12	0 −0.011	7.0	24	12	5	32
M8	16		8.4	32	16	6	40
				40	20		50
M12	20	0 −0.013	11.3	48	25	8	60
M16	28		14.1	60	32	10	80
				70			100
				85	40		120
M20	40	0 −0.016	16.9	110	50	12	160
				130			200

（3）找正棒的型式和尺寸（见表 2-2-227）

表 2-2-227　找正棒的型式和尺寸（JB/T 3411.100—1999）　（单位：mm）

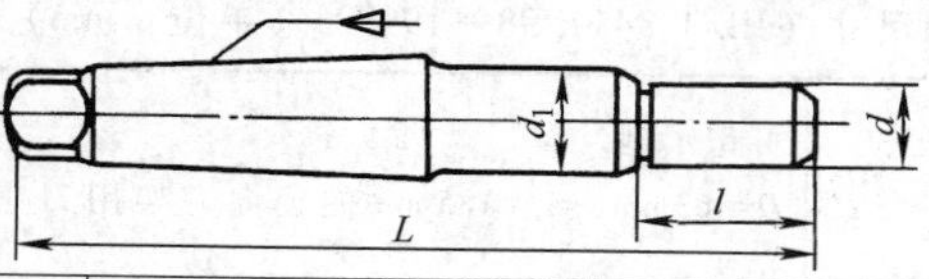

标记示例

莫氏圆锥 5 号，d＝32mm 的找正棒标记为：

找正棒　5-32　JB/T 3411.100—1999

圆锥号	莫氏	4			5			6			—	
	米制	—									80	
d		16	18	22		25	32		35	45	35	40	50
d_1		20	25	28		35	40		50	55	45	55	60
l		60	70	80	60	70	80	60	70	80	60	70	80
L		255	265	275	285	295	305	360	370	380	370	380	390

2.7.5　磨床辅具

2.7.5.1　外圆磨床顶尖的型式和尺寸（见表 2-2-228 和表 2-2-229）

表 2-2-228　外圆磨床顶尖的型式和尺寸（JB/T 9161.1—1999）　（单位：mm）

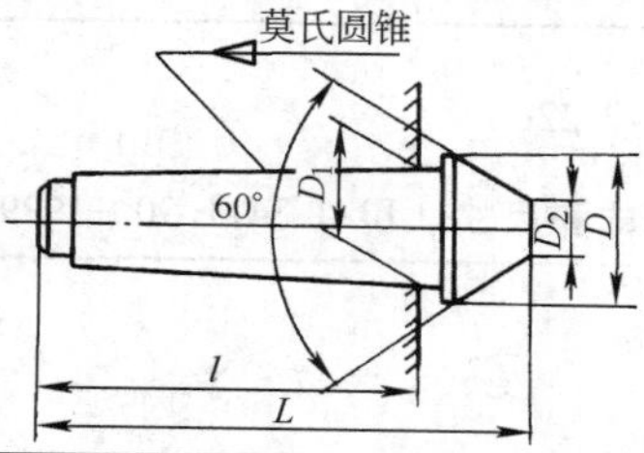

标记示例

D＝34mm 的顶尖标记为：

顶尖　34　JB/T 9161.1—1999

D	D_1	D_2	l	L	莫氏圆锥号
34	23.825	15.5	80.5	105	3
36		15.2		107	
40		16.9		109	
42	31.267	18.9	102.7	132	4

表 2-2-229　外圆磨床平顶尖的型式和尺寸（JB/T 9161.2—1999）　（单位：mm）

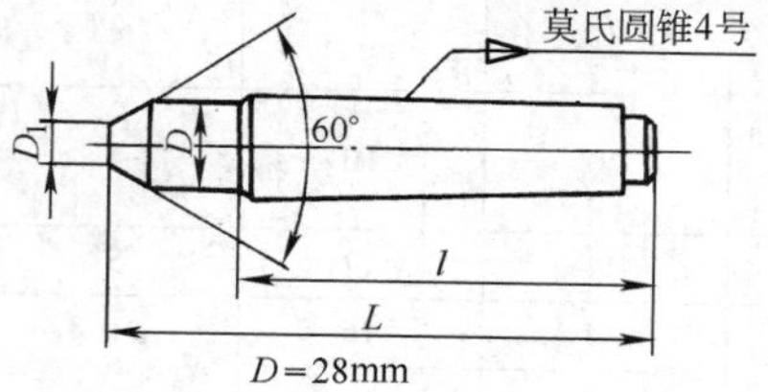

D＝28mm

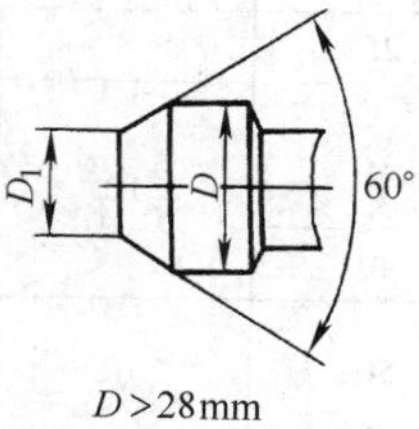

D>28mm

标记示例

D＝28mm 的平顶尖标记为：

顶尖　28　JB/T 9161.2—1999

（续）

D	D_1	l	L
28	13	114	155
38	20	120	160
50	35		
65	45		

2.7.5.2　内圆磨床接杆及螺钉的型式和尺寸（见表 2-2-230～表 2-2-237）

表 2-2-230　内圆磨床接杆 A 型的型式和尺寸（JB/T 9161.3—1999）（单位：mm）

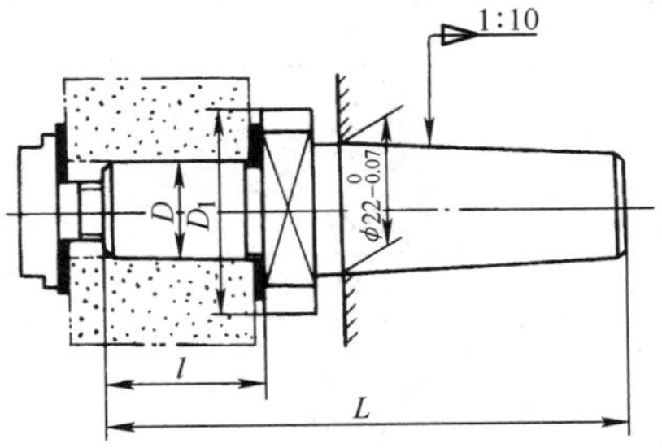

标记示例

$D=20$mm，$l=30$mm，$D_1=35$mm 的 A 型内圆磨床接杆标记为：

接杆　A20×30×35　JB/T 9161.3—1999

D		l	D_1	L	适用机床
公称尺寸	极限偏差 f7				
16	−0.016 −0.024	30	25	92	M2110 M2120
		38		100	
		45		108	
20	−0.020 −0.041	30	35	92	
		38		100	
		45		108	
		30	40	92	
		38		100	
		45		108	

表 2-2-231　内圆磨床接杆 B 型的型式和尺寸（JB/T 9161.4—1999）（单位：mm）

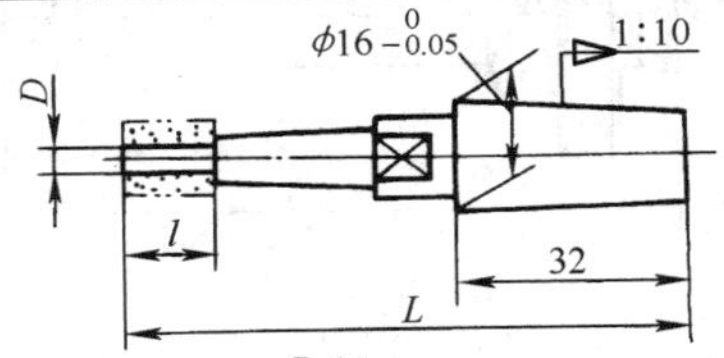

$D\leqslant4$mm

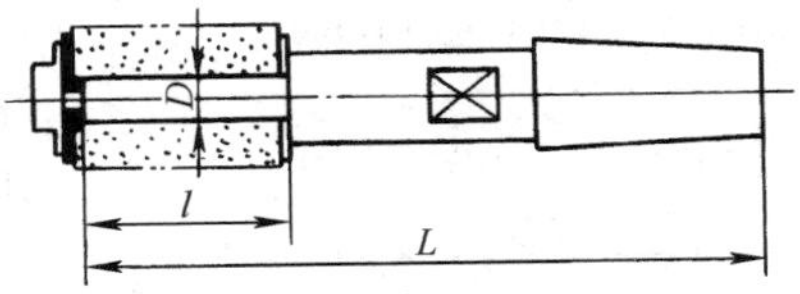

$D>4$mm

标记示例

$D=6$mm，$l=22$mm，$L=180$mm 的 B 型内圆磨床接杆标记为：

接杆　B6×22×180　JB/T 9161.4—1999

（续）

D 公称尺寸	D 极限偏差 f7	l	L	适用机床
1	−0.006 −0.016	4	80	M2110
		6		
1.5		4		
		6		
2		8		
		13		
3		6		
		8		
		13		
4	−0.010 −0.022	6	80	
		10		
		13		
		16		
6		14	100 140	
		18		
10	−0.013 −0.028	22	140 180	
		30		
		38		
		45		

表 2-2-232　内圆磨床接杆 C 型的型式和尺寸（JB/T 9161.5—1999）（单位：mm）

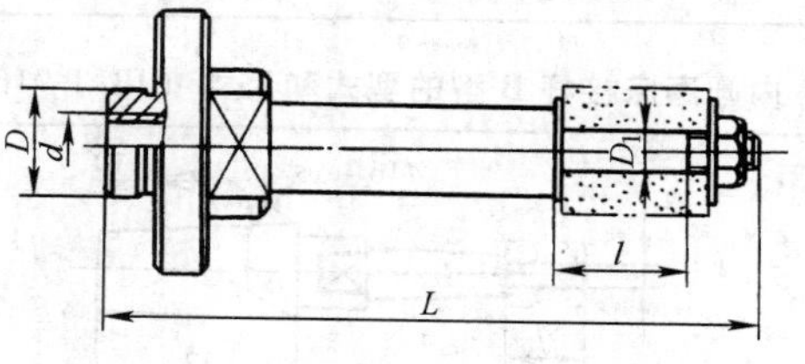

标记示例

D=18mm，D_1=6mm，l=14mm，L=130mm 的 C 型内圆磨床接杆标记为：

接杆　C18×6×14×130　JB/T 9161.5—1999

D 公称尺寸	D 极限偏差	D_1	l	L	d-6H	适用机床
18	0 −0.003	6	14 18 22	115	M8	MD2110
				130		
				160		

（续）

D 公称尺寸	D 极限偏差	D_1	l	L	d-6H	适用机床
18	0 -0.003	10	22	125	M8	MD2110
			30			
			38	150		
24	0 -0.005	6	14	115	M10×1.5	
			18	130		
			22	160		
		10	22	125		
			30			
			38	150		
30		6	14	115	M12	
			18	130		
			22	160		
		10	22	125		
			30			
			38	155		

表 2-2-233　内圆磨床接杆 D 型的型式和尺寸（JB/T 9161.6—1999）（单位：mm）

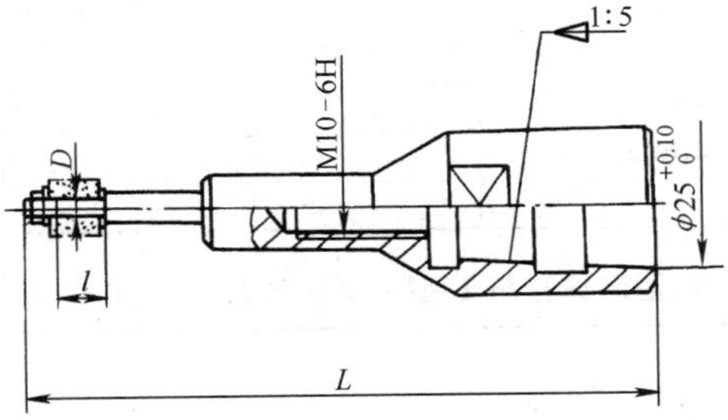

标记示例

$D=4$mm，$l=10$mm，$L=115$mm 的 D 型内圆磨床接杆标记为：

接杆　D4×10×115　JB/T 9161.6—1999

D 公称尺寸	D 极限偏差 f7	l	L	适用机床
3	-0.006 -0.016	6	115 130	M2110
		8		
		13		
4	-0.010 -0.022	6		
		10		
		13		
		16		
6		14	120 140	
		18		
		22		

表 2-2-234 内圆磨床接杆 E 型的型式和尺寸（JB/T 9161.7—1999）（单位：mm）

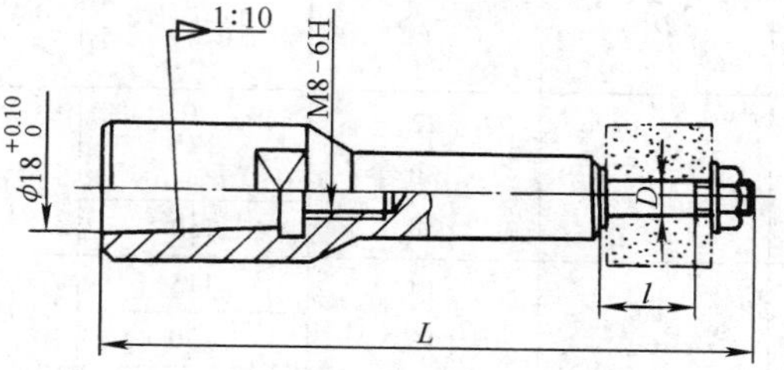

标记示例

D=6mm，l=14mm，L=120mm 的 E 型内圆磨床接杆标记为：

接杆 E6×14×120 JB/T 9161.7—1999

D 公称尺寸	D 极限偏差 f7	l	L	适用机床
3	−0.006 −0.016	6	85	M2110
		8		
		13		
4	−0.010 −0.022	6	100	
		10		
		13		
		16		
6		14	100 120 140	
		18		
		22		
10	−0.013 −0.028	30	120 140 160	
		38		
		45		

表 2-2-235 内圆磨床接杆 F 型的型式和尺寸（JB/T 9161.8—1999）（单位：mm）

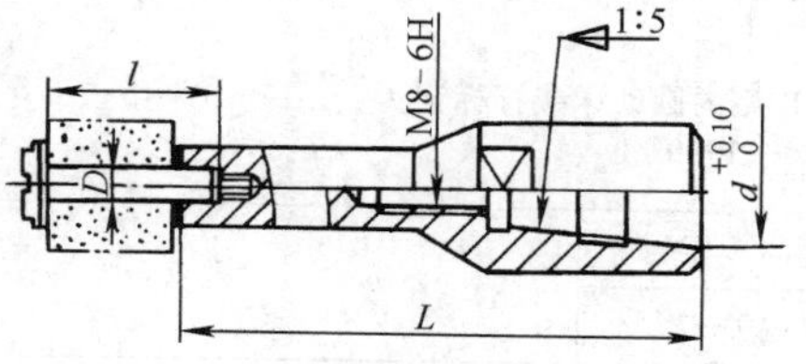

D=6mm

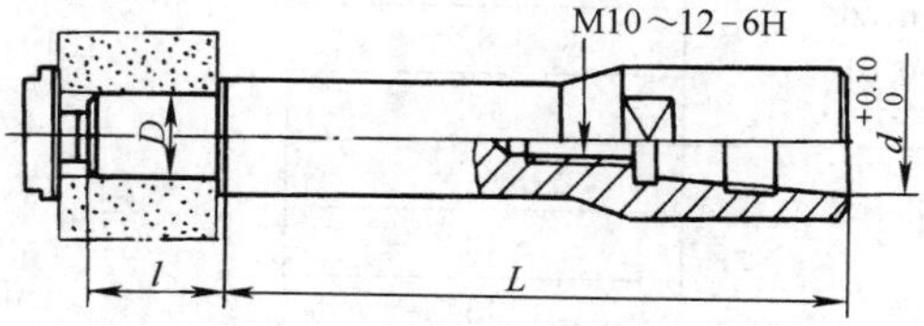

D>6mm

标记示例

D=20mm，d=25mm，l=30mm，L=140mm 的 F 型内圆磨床接杆标记为：

接杆 F20×25×30×140 JB/T 9161.8—1999

（续）

D		d	l	L	适用机床
公称尺寸	极限偏差 f7				
6	-0.010 -0.022	20	24、28、32	100 120 140	3A228
10	-0.013 -0.028		22、30、38		
16	-0.016 -0.034		30、38、45	120 140 160	
20	-0.020 -0.041				
6	-0.010 -0.022	25	24、28、32	100 120 140	M2110 3A228
10	-0.013 -0.028		22、30、38		
16	-0.016 -0.034		30、38、45	120 140 160	
20	-0.020 -0.041				
6	-0.010 -0.022	28	24、28、32	100 120 140	M2120
10	-0.013 -0.028		22、30、38		
16	-0.016 -0.034		30、38、45	120 140 160	
20	-0.020 -0.041				
6	-0.010 -0.022	32	24、28、32	100 120 140	3A228
10	-0.013 -0.028		22、30、38		
16	-0.016 -0.034		30、38、45	120 140 160	
20	-0.020 -0.041				

表 2-2-236　内圆磨床接杆 G 型的型式和尺寸（JB/T 9161.9—1999）（单位：mm）

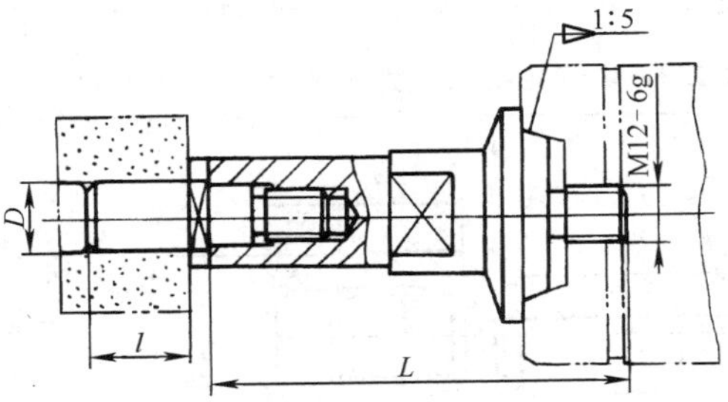

标记示例

D=16mm，L=22mm，L=98mm 的 G 型内圆磨床接杆标记为：

接杆　G16×22×98　JB/T 9161.9—1999

（续）

D 公称尺寸	D 极限偏差 f7	l	L	适用机床
4	−0.010 −0.022	10	75	M1432
		12		
		16		
6		10		
		12		
		16		
10	−0.013 −0.028		92	
		22		
		28		
16	−0.016 −0.034	22	98 128 168	
		28		
		38		

表 2-2-237 内圆磨床用螺钉的型式和尺寸（JB/T 9161.10—1999）（单位：mm）

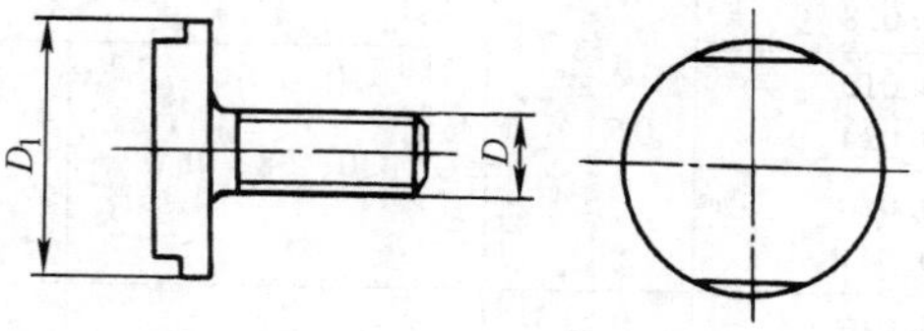

标记示例

D = M8，D_1 = 25mm 的螺钉标记为：

螺钉 M8×25 JB/T 9161.10—1999

D	M3		M6	M8	M10	
D_1	14	16	22	25	32	40

2.7.6 拉床辅具

2.7.6.1 接头的型式和尺寸（见表 2-2-238 和表 2-2-239）

表 2-2-238 中间接头的型式和尺寸（JB/T 3411.17—1999） （单位：mm）

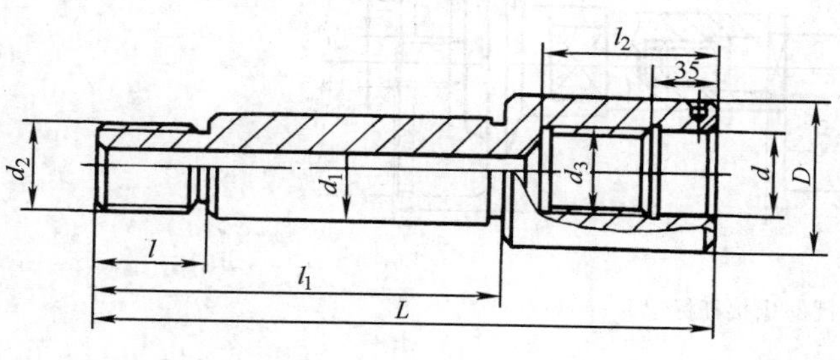

标记示例

d = 50mm，d_1 = 75mm 的中间接头标记为：

接头 50×75 JB/T 3411.17—1999

（续）

d	公称尺寸	50			65	
	极限偏差 H7	+0.025 0			+0.030 0	
d_1	公称尺寸	55	75	90	75	90
	极限偏差 g6	-0.010 -0.029		-0.012 -0.034	-0.010 -0.029	-0.012 -0.034
d_2		M48×3	M72×4	M80×4	M72×4	M80×4
d_3		M48×3			M64×4	
D		85		100		
L		320	310		365	315
l		60	80			
l_1		220	255			
l_2		90			100	

表 2-2-239　可调中心接头的型式和尺寸（JB/T 3411.21—1999）　（单位：mm）

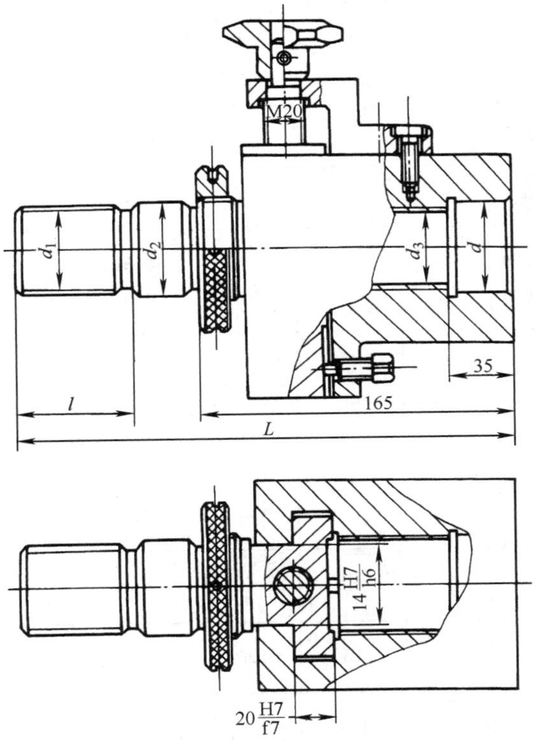

标记示例

d=50mm 的可调中心接头标记为：

接头　50　JB/T 3411.21—1999

d		d_1	d_2		d_3	l	L
公称尺寸	极限偏差 H7		公称尺寸	极限偏差 g6			
50	+0.025 0	M48×3	50	-0.009 -0.025	M48×3	55	250
65	+0.030 0	M64×4	65	-0.010 -0.029	M64×4	65	260

2.7.6.2　夹头、扳手的型式和尺寸（见表2-2-240~表2-2-243）

表2-2-240　滑块式手动圆柱柄拉刀夹头的型式和尺寸　（单位：mm）

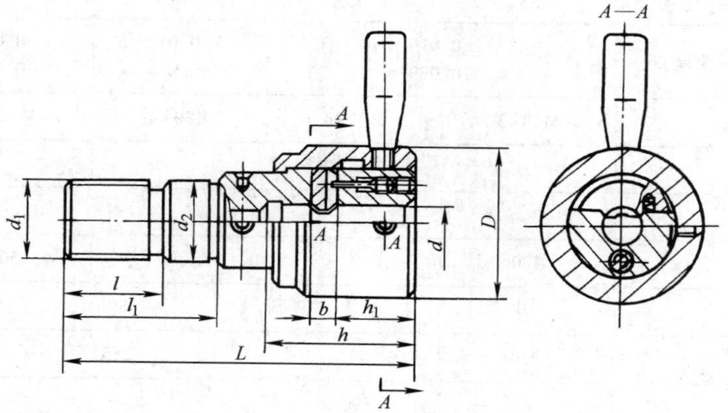

<table>
<tr><td rowspan="2">d</td><td>公称尺寸</td><td>12</td><td>14</td><td>16</td><td>18</td><td>20</td><td>22</td><td>25</td><td>28</td><td>32</td><td>36</td><td>40</td><td>45</td><td>50</td><td>56</td><td>63</td></tr>
<tr><td>极限偏差 H7</td><td colspan="4">+0.018
0</td><td colspan="4">+0.021
0</td><td colspan="5">+0.025
0</td><td colspan="2">+0.030
0</td></tr>
<tr><td colspan="2">d_1</td><td colspan="9">M48×3</td><td colspan="6">M64×4</td></tr>
<tr><td rowspan="2">d_2</td><td>公称尺寸</td><td colspan="9">50</td><td colspan="6">65</td></tr>
<tr><td>极限偏差 g6</td><td colspan="9">-0.009
-0.025</td><td colspan="6">-0.010
-0.029</td></tr>
<tr><td colspan="2">D</td><td colspan="7">85</td><td colspan="2">100</td><td colspan="2">125</td><td colspan="4">150</td></tr>
<tr><td colspan="2">L</td><td colspan="7">190</td><td colspan="2">210</td><td colspan="2">230</td><td colspan="4">260</td></tr>
<tr><td colspan="2">l</td><td colspan="9">55</td><td colspan="6">65</td></tr>
<tr><td colspan="2">l_1</td><td colspan="9">85</td><td colspan="6">95</td></tr>
<tr><td colspan="2">b</td><td colspan="7">12</td><td colspan="2">16</td><td colspan="2">20</td><td colspan="4">25</td></tr>
<tr><td colspan="2">h</td><td colspan="4">85</td><td colspan="3">95</td><td colspan="2">115</td><td colspan="2">125</td><td colspan="2">135</td><td colspan="2">140</td></tr>
<tr><td colspan="2">h_1</td><td colspan="7">40</td><td colspan="8">50</td></tr>
</table>

表 2-2-241　滑块式自动圆柱柄拉刀夹头的型式和尺寸（JB/T 3411.19—1999）

（单位：mm）

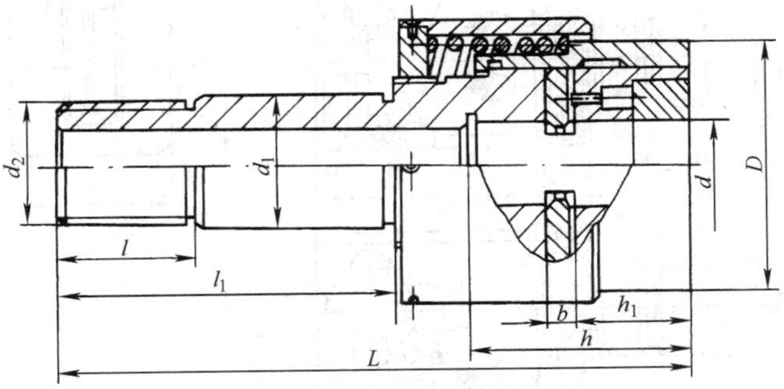

标记示例

$d=40$mm，$d_1=75$mm 的滑块式自动圆柱柄拉刀夹头标记为：

夹头　40×75　JB/T 3411.19—1999

<table>
<tr><th colspan="2">d</th><th colspan="2">d1</th><th rowspan="2">d2</th><th rowspan="2">D</th><th rowspan="2">L</th><th rowspan="2">l</th><th rowspan="2">l1</th><th rowspan="2">h</th><th rowspan="2">h1</th><th rowspan="2">b</th></tr>
<tr><th>公称尺寸</th><th>极限偏差 H7</th><th>基本尺寸</th><th>极限偏差 g6</th></tr>
<tr><td>12</td><td rowspan="4">+0.018
0</td><td rowspan="7">50</td><td rowspan="7">-0.009
-0.025</td><td rowspan="9">M48×3</td><td rowspan="9">120</td><td rowspan="7">215</td><td rowspan="7">55</td><td rowspan="7">85</td><td rowspan="4">85</td><td rowspan="10">40</td><td rowspan="7">12</td></tr>
<tr><td>14</td></tr>
<tr><td>16</td></tr>
<tr><td>18</td></tr>
<tr><td>20</td><td rowspan="4">+0.021
0</td><td rowspan="3">95</td></tr>
<tr><td>22</td></tr>
<tr><td>25</td></tr>
<tr><td>28</td><td rowspan="2">55</td><td rowspan="6">-0.010
-0.029</td><td rowspan="2">375</td><td rowspan="2">65</td><td rowspan="2">225</td><td rowspan="4">115</td><td rowspan="4">16</td></tr>
<tr><td>32</td><td>+0.025
0</td></tr>
<tr><td>28</td><td>+0.021
0</td><td rowspan="4">75</td><td rowspan="4">M72×4</td><td rowspan="4">135</td><td rowspan="4">448</td><td rowspan="4">92</td><td rowspan="4">263</td></tr>
<tr><td>32</td><td rowspan="3">+0.025
0</td><td rowspan="10">50</td></tr>
<tr><td>36</td><td rowspan="5">120</td><td rowspan="5">20</td></tr>
<tr><td>40</td></tr>
<tr><td>32</td><td rowspan="7">+0.025
0</td><td rowspan="7">90</td><td rowspan="7">-0.012
-0.034</td><td rowspan="7">M80×4</td><td rowspan="3">145</td><td rowspan="7">470</td><td rowspan="7">95</td><td rowspan="7">270</td></tr>
<tr><td>36</td></tr>
<tr><td>40</td></tr>
<tr><td>45</td><td rowspan="4">160</td><td rowspan="2">125</td><td rowspan="4">25</td></tr>
<tr><td>50</td></tr>
<tr><td>56</td><td rowspan="2">140</td></tr>
<tr><td>63</td></tr>
</table>

表 2-2-242　键槽拉刀夹头的型式和尺寸　（单位：mm）

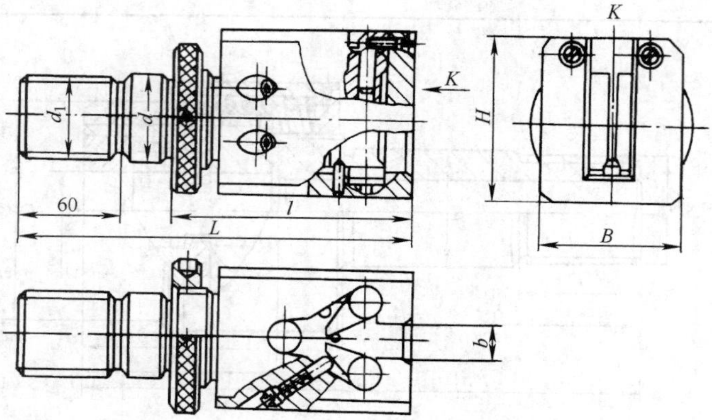

b	d 公称尺寸	d 极限偏差 g6	d_1	l	L	H	B	适用拉刀宽度
22	50	-0.009 -0.025	M48×3	130	220	95	80	3～18
35	65	-0.010 -0.029	M64×4	150	240	120	110	12～32

表 2-2-243　圆柱柄拉刀夹头用扳手的型式和尺寸（JB/T 3411.20—1999）

（单位：mm）

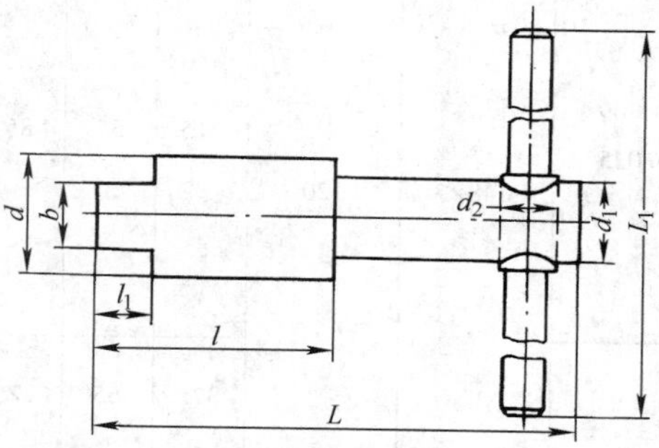

标记示例

d=45mm 的圆柱柄拉刀夹头用扳手标记为：

扳手　45　JB/T 3411.20—1999

d	公称尺寸	12	14	16	18	20	22	25	28	32	36	40	45	50	56	63
	极限偏差 e8	-0.032 -0.059				-0.040 -0.073				-0.050 -0.089					-0.060 -0.106	
d_1		12			18		20			25			30		40	
d_2		6			8		10			12			16			
L		105					130			140			160		175	
L_1		100			120		160			200					250	
l		55							65		80		85			
l_1		12							16		20		25			
b	公称尺寸	5	6	8	9	10	11	13	15	17	22	25	26	28	30	36
	极限偏差 h11	0 -0.075		0 -0.090			0 -0.110				0 -0.130					0 -0.160

2.7.6.3 导套、垫片及支座的型式和尺寸（见表 2-2-244～表 2-2-247）

表 2-2-244 单键拉刀导套的型式和尺寸（JB/T 3411.23—1999）

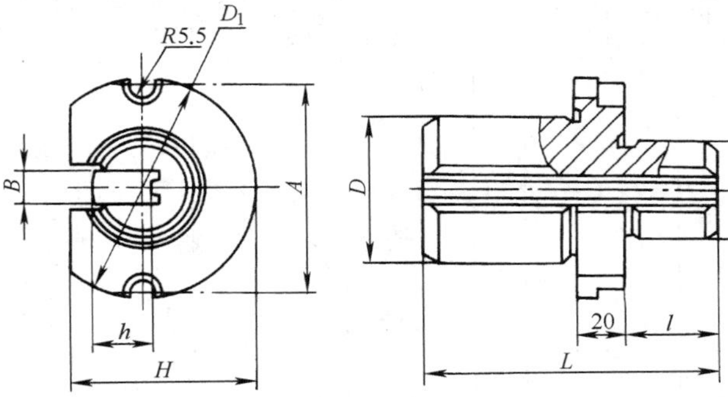

标记示例

键槽宽为 12JS9，d=40mm、l=50mm 的单键拉刀导套标记为：

导套 12JS9×40×50 JB/T 3411.23—1999

主要尺寸/mm														拉削次数	相配件	
键槽宽		d	l	B		L	D		D_1	A	H	h			拉削序号	垫片（JB/T 3411.24）
公称尺寸	极限偏差			公称尺寸	极限偏差 G7		公称尺寸	极限偏差 g6				公称尺寸	极限偏差 H9			
3	P9 JS9 D10	>8～10	30	4	+0.016 +0.004	105	20	-0.007 -0.020	50	46	36	6.29	+0.036 0	1	1	—
			50			125										
4	P9 JS9 D10	>10～12	30	6		105						7.43				
			50			125										
5	P9 JS9 D10	>12～15	30	8	+0.020 +0.005	105						9.07				
			50			125										
		>15～17	30			105						10.57	+0.043 0			
			50			125										
6	P9 JS9 D10	>17～19	30	10		105	40	-0.009 -0.025	70	66	55	13.57				
			50			125										
			80			155										
		>19～22	30			105						15.57				
			50			125										
			80			155										
8	P9 JS9 D10	>22～25	30	12	+0.024 +0.006	105						16.75				
			50			125										
			80			155										
		>25～30	30			105						18.75	+0.052 0			
			50			125										
			80			155										
10	P9 JS9 D10	>30～38	50	15		125	60	-0.010 -0.029	90	86	75	22.86				
			80			155										
			120			195										
12	P9	>38～44	50	11.973		125						28.98				
			80			155										

（续）

主要尺寸/mm														拉削次数	相配件	
键槽宽		d	l	B		L	D		D_1	A	H	h			拉削序号	垫片(JB/T 3411.24)
公称尺寸	极限偏差			公称尺寸	极限偏差G7		公称尺寸	极限偏差g6				公称尺寸	极限偏差H9			
	P9		120	11.973		195										
			50			125										
	JS9		80	12.012		155										
12		>38~44	120			195						28.98	+0.052 0	1		
			50			125										
	D10		80	12.108		155									1	—
			120			195										
			80			155	60		90	86	75					
	P9		120	13.973		195										
			180			255										
			80			155										
14	JS9	>44~50	120	14.012		195						31.15			2	2.55×13.5
			180			255										
			80			155										
	D10		120	14.108		195									1	—
			180			255									2	2.5×13.5
			80		+0.024 +0.006	155										
	P9		120	15.973		195		−0.010 −0.029								
			180			255									1	—
			80			155										
16	JS9	>50~58	120	16.012		195							+0.062 0	2		
			180			255						36.31				
			80			155										
	D10		120	16.108		195									2	2.89×15.5
			180			255										
			80			155	80		120	116	105					
	P9		120	17.973		195										
			180			255									1	—
			80			155										
18	JS9	>58~65	120	18.012		195										
			180			255						41.43				
			80			155										
	D10		120	18.108		195									2	3.01×17.5
			180			255										
20	P9	>65~75	80	19.969	+0.028 +0.007	155						46.58			1	—

（续）

主要尺寸/mm														拉削次数	相配件	
键槽宽		*d*	*l*	*B*		*L*	*D*		D_1	*A*	*H*	*h*			拉削序号	垫片（JB/T 3411.24）
公称尺寸	极限偏差			公称尺寸	极限偏差 G7		公称尺寸	极限偏差 g6				公称尺寸	极限偏差 H9			
20	P9	>65~75	120	19.969	+0.028 +0.007	195	100	−0.010 −0.029	120	116	105	46.58	+0.062 0	2	1	—
			180			255										
	JS9		80	20.017		155										
			120			195										
			180			255									2	2.96×19.5
	D10		80	20.137		155										
			120			195										
			180			255										
22	P9	>75~85	120	21.969		195		−0.012 −0.034	140	136	125	46.65		3	1	—
			180			255										
			260			335										
	JS9		120	22.017		195									2	2.40×21.5
			180			255										
			260			335										
	D10		120	22.137		195									3	4.80×21.5
			180			255										
			260			335										
25	P9	>85~95	120	24.969		195						51.88	+0.074 0		1	—
			180			255										
			260			335										
	JS9		120	25.017		195									2	2.48×24.5
			180			255										
			260			335										
	D10		120	25.137		195									3	4.96×24.5
			180			255										
			260			335										
28	P9	>95~110	120	27.969		195	120		160	156	140	57.11			1	—
			180			255										
			260			335										
	JS9		120	28.017		195									2	2.89×27.5
			180			255										
			260			335										
	D10		120	28.137		195									3	5.78×27.5
			180			255										
			260			335										
32	P9	>110~130	180	31.962	+0.034 +0.009	255	130	−0.014 −0.039	170	166	150	62.38		4	1	—
			260			335										
	JS9		180	32.019		255									2	2.48×31.5
			260			335									3	4.96×31.5
	D10		180	32.168		255										
			260			335									4	7.44×31.5
	P9		360	31.962		435								5	1	—
															2	1.99×31.5
	JS9			32.019											3	3.98×31.5
															4	5.97×31.5
	D1			32.168											5	7.96×31.5

注：*d* 的极限偏差按 g6。

表 2-2-245　键槽拉削用垫片的型式和尺寸（JB/T 3411.24—1999）　（单位：mm）

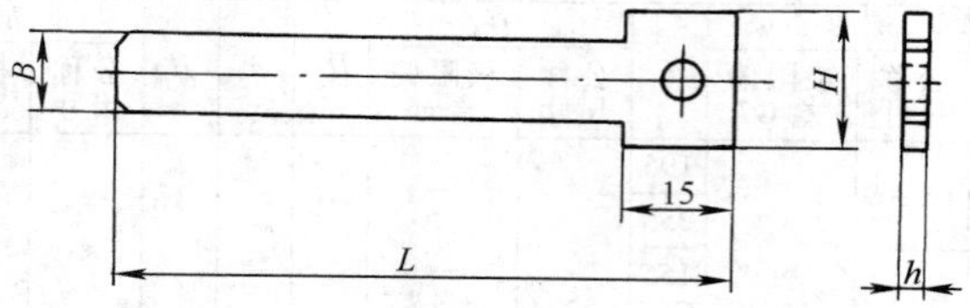

标记示例

$h=2$mm，$B=13.5$mm 的键槽拉削用垫片标记为：

垫片　2×13.5　JB/T 3411.24—1999

h 公称尺寸	h 极限偏差	B 公称尺寸	B 极限偏差	H	L
0.10	0 −0.005	3.5	0 −0.10	12	65
0.20					
0.30					
0.50					
1.00					
2.00					
3.00					
0.10		5.5		16	
0.20					
0.30					
0.50					
1.00					
2.00					
3.00					
0.10		7.5		18	
0.20					
0.30					
0.50					
1.00					
2.00					
3.00					
0.10		9.5		20	95
0.20					
0.30					
0.50					
1.00					
2.00					
3.00					
0.10		11.5		22	
0.20					
0.30					
0.50					
1.00					
2.00					
3.00					
0.10		13.5		24	
0.20					
0.30	0 −0.005	13.5	0 −0.10	24	95
0.50					
1.00					
2.00					
2.55①					
3.00					
0.10		15.5		26	200
0.20					
0.30					
0.50					
1.00					
2.00					
2.89①					
3.00					
0.10		17.5		28	
0.20					
0.30					
0.50					
1.00					
2.00					
3.01①					
0.10		19.5		30	
0.20					
0.30					
0.50					
1.00					
2.00					
2.96①					
3.00					
0.10		21.5		32	275
0.20					
0.30					
0.50					
1.00					
2.00					
2.40①					
3.00					

（续）

h 公称尺寸	h 极限偏差	B 公称尺寸	B 极限偏差	H	L
4.80①	0 -0.005	21.5	0 -0.10	32	275
0.10		24.5		35	
0.20					
0.30					
0.50					
1.00					
2.00					
2.48①					
3.00					
4.96①					
0.10		27.5		38	
0.20					
0.30					
0.50					
1.00					
2.00					
2.89①					

h 公称尺寸	h 极限偏差	B 公称尺寸	B 极限偏差	H	L
3.00	0 -0.005	27.5	0 -0.10	38	275
5.78①					
0.10		31.5		42	
0.20					
0.30					
0.50					
1.00					
1.99①					
2.00					
2.48①					
3.00					
3.98①					
4.96①					
5.97①					
7.44①					
7.96①					

① 与键槽拉刀配套的垫片。

表 2-2-246　单键拉刀导套用支座的型式和尺寸（JB/T 3411.25—1999）（单位：mm）

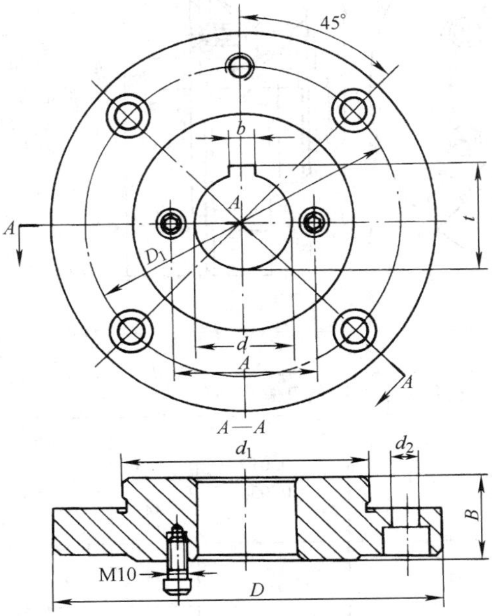

标记示例

$d=60$mm，$d_1=150$mm 的单键拉刀导套用支座标记为：

支座　60×150　JB/T 3411.25—1999

（续）

d 公称尺寸	d 极限偏差 H7	d_1 公称尺寸	d_1 极限偏差 g6	d_2	D	D_1	B	b	t	A	拉床型号
20	+0.021 0	150	-0.014 -0.039	17.5	240	200	52	8	24	46	L6110
40	+0.025 0							14	44	66	
60	+0.030 0							20	64	86	
80								26	88	116	
100	+0.035 0							32	108	136	
60	+0.030 0	200	-0.015 -0.044	22	320	260	60	20	64	86	L6120
80								26	88	116	
100	+0.035 0							32	108	136	
120								35	130	156	
130	+0.040 0								140	166	

表 2-2-247　拉床用球面支座的型式和尺寸（JB/T 3411.26—1999）　（单位：mm）

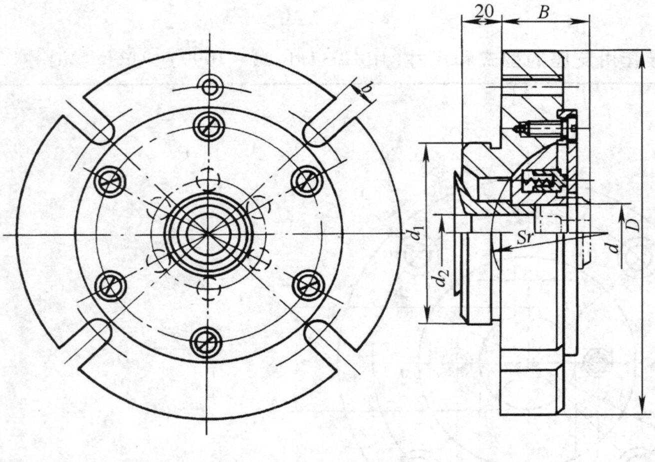

标记示例

$d=50$mm，$d_1=100$mm 的拉床用球面支座

标记为：

支座　50×100　JB/T 3411.26—1999

d 公称尺寸	d 极限偏差 H7	d_1 公称尺寸	d_1 极限偏差 g6	d_2	D	B	b	r	拉床型号
30	+0.021 0	100	-0.012 -0.034	23	200	40	14	50	L6110
50	+0.025 0			44	240	48		60	
40	+0.025 0	130	-0.014 -0.039	34	240	40		60	L6120
80	+0.030 0			73	270	52		78	
50	+0.025 0	150		44	240	40	18	60	L6140A
80	+0.030 0			73	270	44		78	

2.7.7　齿轮加工机床辅具

2.7.7.1　滚齿刀杆的型式和尺寸(见表 2-2-248)

表 2-2-248　滚齿刀杆的型式和尺寸（JB/T 9163.4—1999）　　(单位:mm)

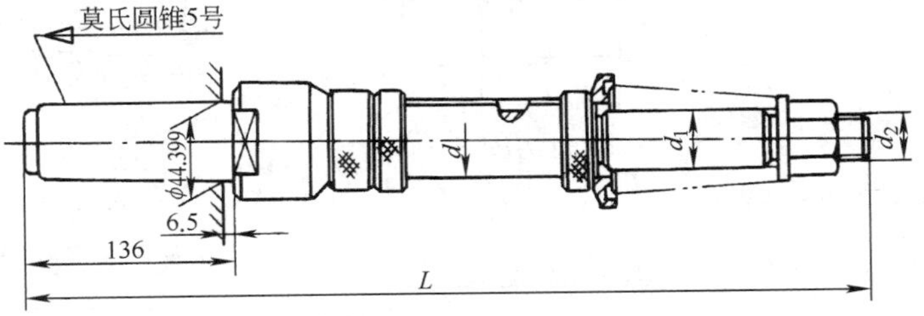

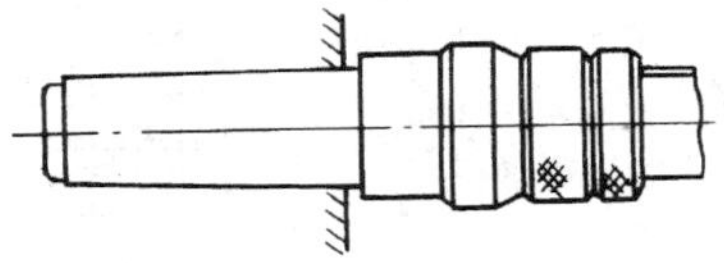

标记示例

d=22mm,L=440mm 的 A 型滚齿刀杆标记为:

刀杆　22×440　JB/T 9163.4—1999

d=27mm,L=440mm 的 B 型滚齿刀杆标记为:

刀杆　27×440　JB/T 9163.4—1999

d	L	d_1	d_2	适用机床
22	440	22	M20	Y38
	495			Y3150E、Y3180
	540			Y3180H
27	440	27		Y38
	495			Y3150E、Y3180
	540			Y3180H
32	440		M24	Y38
	495			Y3150E、Y3180
	540	32		Y3180H
40	440			Y38
	495			Y3150E、Y3180
	540			Y3180H
	440			Y38
	495			Y3150E、Y3180
	540			Y3180H
50	440			Y38
	495			Y3150E、Y3180
	540			Y3180H

2.7.7.2 插齿刀垫的型式和尺寸（见表 2-2-249）

表 2-2-249 插齿刀垫的型式和尺寸（JB/T 9163.7—1999） （单位：mm）

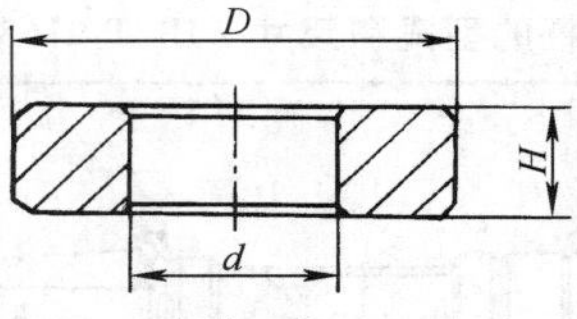

a) 插齿刀垫

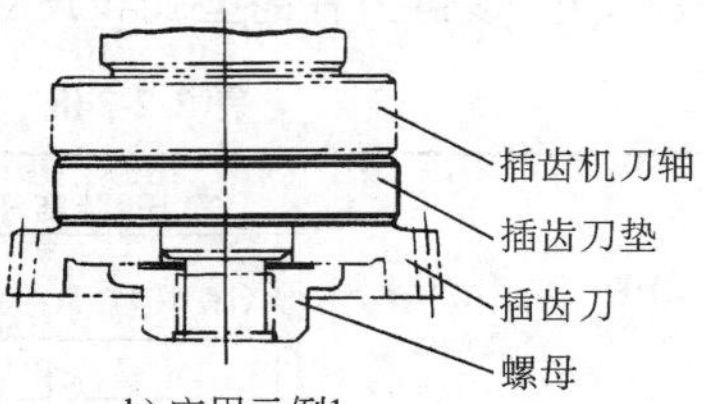

b) 应用示例1

标记示例

D = 67mm，H = 15mm 的插齿刀垫标记为：

刀垫 67×15 JB/T 9163.7—1999

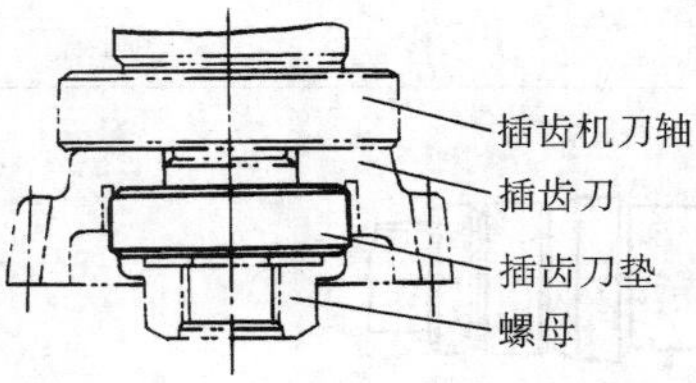

c) 应用示例2

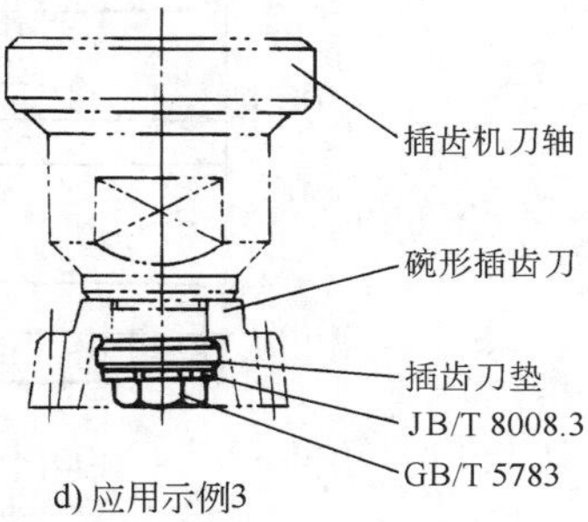

d) 应用示例3

D	H		d	
	公称尺寸	极限偏差	公称尺寸	极限偏差 h7
28	7	±0.10	20.00	+0.021 0
48	17		31.75	+0.025 0
62				
67	15			
80				
85	17			
	20			

2.7.7.3 接套的型式和尺寸（见表 2-2-250 和表 2-2-251）

表 2-2-250 锥柄插齿刀接套的型式和尺寸 （单位：mm）

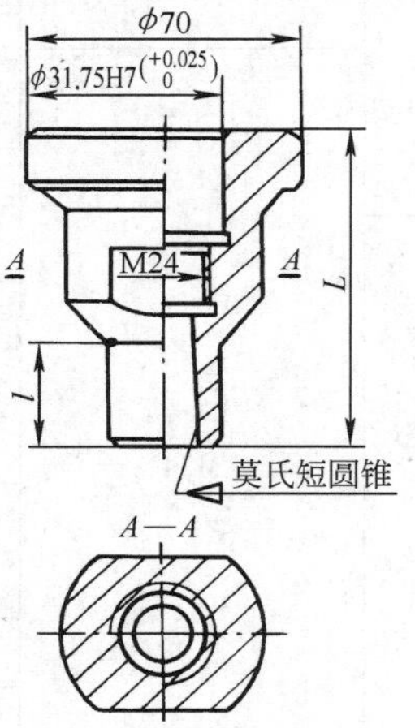

a) 接套

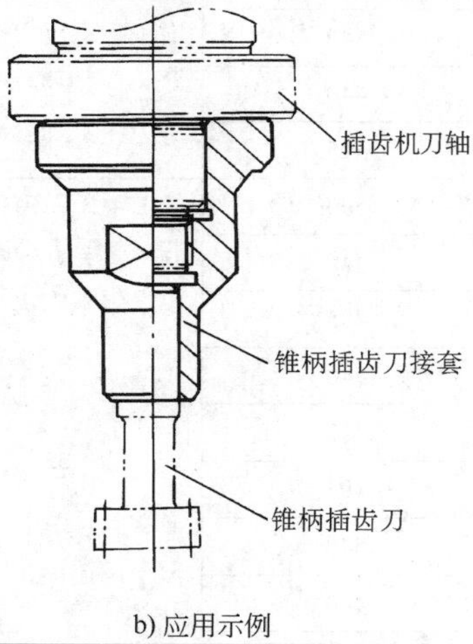

b) 应用示例

莫氏短圆锥号	L	l
B18	85	28
B24	95	38

表 2-2-251　插齿刀接套的型式和尺寸（JB/T 9163.9—1999）　（单位：mm）

标记示例
ϕ20 的插齿刀接套标记为：
接套　20　JB/T 9163.9—1999

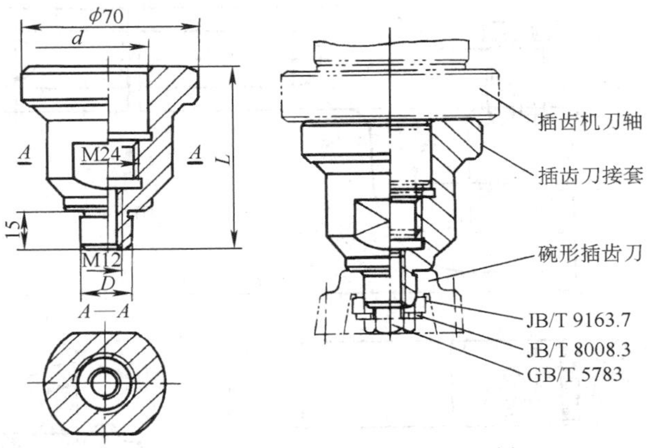

a) 接套　　b) 应用示例

d 公称尺寸	d 偏差 H7	D 公称尺寸	D 偏差	L
31.75	+0.025 0	20	0 -0.005	75

2.7.8　刨床辅具

2.7.8.1　槽刨刀刀杆的型式和尺寸（见表 2-2-252）

2.7.8.2　刨刀刀杆的型式和尺寸（见表 2-2-253）

表 2-2-252　槽刨刀刀杆的型式和尺寸（JB/T 3411.27—1999）　（单位：mm）

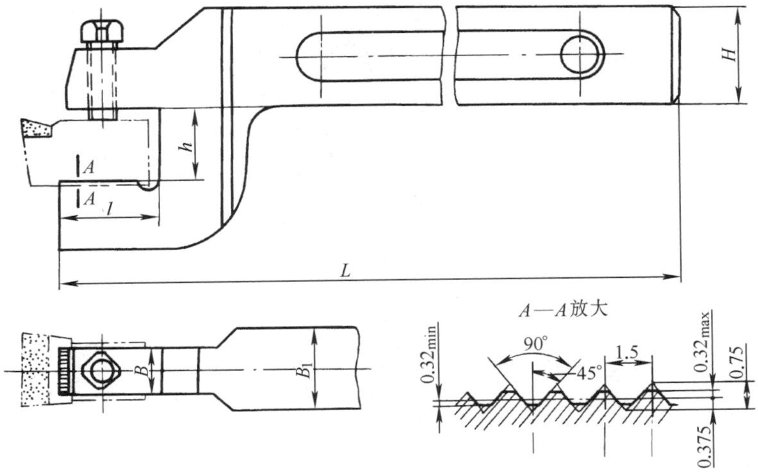

标记示例
H=50mm，B=25mm，L=550mm 的槽刨刀刀杆标记为：
刀杆　50×25×550
JB/T 3411.27—1999

H	32		40		50			63					
B	10	12	16	20			25			30		35	
B_1	20		25		32			40					
L	300		400		450	550	450	550	650	550	650	550	650
l	30		35		45			55					
h	20		25		30			35					

表 2-2-253 刨刀刀杆的型式和尺寸（JB/T 3411.28—1999） （单位:mm）

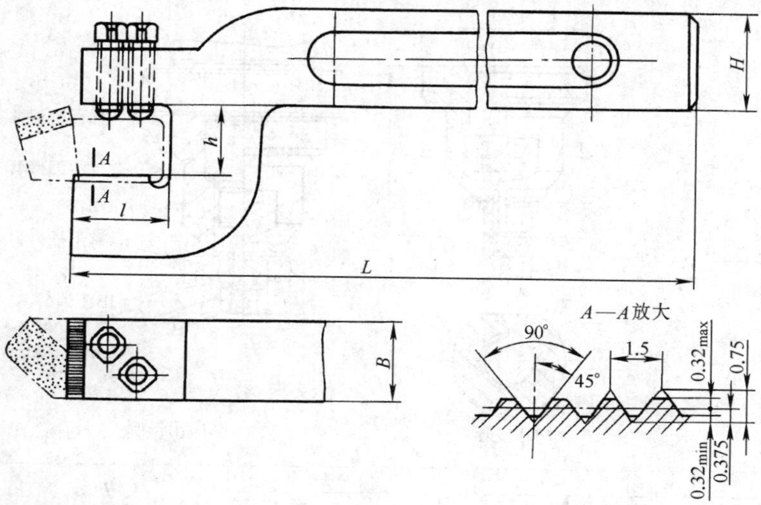

标记示例

H=40mm,B=32mm,L=400mm 的刨刀刀杆标记为:

刀杆 40×32×400 JB/T 3411.28—1999

<table>
<tr><td>H</td><td>25</td><td>32</td><td colspan="2">40</td><td colspan="4">50</td><td colspan="4">63</td></tr>
<tr><td>B</td><td>16</td><td>20</td><td>25</td><td colspan="3">32</td><td colspan="4">40</td><td colspan="2">50</td></tr>
<tr><td>L</td><td>200</td><td>300</td><td colspan="3">400</td><td>500</td><td>400</td><td colspan="2">500</td><td>600</td><td>500</td><td>600</td></tr>
<tr><td>l</td><td>25</td><td>30</td><td>35</td><td>40</td><td colspan="2">45</td><td colspan="2">50</td><td colspan="4">55</td></tr>
<tr><td>h</td><td colspan="2">20</td><td>25</td><td colspan="3">30</td><td colspan="6">35</td></tr>
</table>

第3章　工艺管理及工艺纪律

工艺管理：科学地计划、组织和控制各项工艺工作的全过程。

工艺纪律：在生产过程中，有关人员应遵守的工艺秩序。

3.1　机械制造工艺管理名词术语

3.1.1　工艺管理术语（见表2-3-1）

表2-3-1　工艺管理术语

术语	定　义	术语	定　义
负荷平衡	在预定的时间范围内，恰当地安排有关生产作业，以减少设备负荷和班组任务的波动性	工艺一级管理	工艺工作的计划、实施与考核由厂级职能部门归口负责的管理方式
		工艺二级管理	工艺工作的计划、实施与考核由厂级及车间部门分工负责的管理方式
重叠安排	在同一批零件中，在还有一部分零件的前道工序尚未完成之前便对该批其中的一部分安排下一道工序，但数量上达不到拆批的程度	工艺委托	企业内跨部门之间的工艺性协作活动
		工艺信息反馈	把市场调查、设计、制造、检验、包装、运输、使用维修、销售服务过程中得到的有关工艺及工艺工作质量的信息按制度及时反映给有关部门和人员
批	在假定的一致条件下制造或生产的一定数量的并在生产控制中作为一个整体，经过一系列相同工序的产品	工作质量	单位或个人的各项工作为保证产品质量所具备的特性
拆批	生产中，第一批零件拆成两批或几个小批的方法，以促使该批有一部分提早完成加工	工作标准	对工作的内容、方法和质量所做的规定
工艺攻关	解决技术要求高、难度大的工艺关键	批量	批中单位产品的数量
工艺整质	整顿工艺技术等方面的质量	检查批	在一致条件下生产的并提交检查的一定数量的单位产品
工序质量控制	与保持工序稳定性有关的质量控制		
正向安排	从假定的开始日期向后推算出它的完成日期，是生产安排的一种常用办法	交付批	一次交付的产品量。交付批可以由一个、多个或部分合格的检查批组成
反向安排	从要求的交货日期向前推算出其最迟的开始日期，也是生产安排的一种常用办法	试生产批	在批量生产前，为验证全部设计和工艺文件的适用性，采用批量生产流程制造出来的少量产品

3.1.2　工艺装备管理术语（见表2-3-2）

表2-3-2　工艺装备管理术语

术语	定　义	术语	定　义
专用工艺装备使用说明书	用以说明专用工艺装备的使用、保养、维修及安全等注意事项的技术文件	专用工艺装备设计任务书	由工艺人员根据工艺要求，对专用工艺装备设计提出的一种指示性文件，作为工装设计人员进行工装设计的依据
工艺装备返修通知单	不合格的工艺装备返修时所用的联系单或凭证	工艺装备档案	用以记载工艺装备从入库到报废，每次使用、修理等情况的技术资料
工艺装备事故报告单	在使用工艺装备过程中，发生事故时所填写的凭证	工艺装备报损单	工艺装备损坏、报废时所填写的凭证

（续）

术语	定　义	术语	定　义
工艺装备验证	工装制造完毕后，通过试验、检验、试用，考核其合理性的过程	工艺装备折旧率	工艺装备的折旧费与其成本的比值
工艺装备验证书	记载对新工艺装备验证结果的一种工艺文件	工艺装备设计费用系数	工艺装备设计费用与其成本的比值
工艺装备计算成本	按工艺装备设计、制造定额计算的费用	工艺装备维修管理费用系数	工艺装备维修管理费用与其成本的比值
工艺装备额定费用	在产品的试制阶段和正式生产阶段所规定的工艺装备费用		
工艺装备周期检定	按规定周期对工艺装备进行的检定	工艺装备准备周期	工艺装备从设计（包括外购）到入库所经过的日历时间
工艺装备返库检定	工艺装备使用后，返还工具库时进行的检定	专用工艺装备设计定额	设计专用工艺装备所规定的工时定额
工艺装备负荷率	在产品生产计划期内，工艺装备实际工作时间与总的有效时间的比值	工艺装备储备定额	对工艺装备所规定的最高和最低储备量

3.1.3　质量管理和质量保证术语（见表2-3-3）

表2-3-3　质量管理和质量保证术语

术语	定　义	术语	定　义
质量	产品、过程或服务满足规定或潜在要求（或需要）的特征和特性总和	经济质量	经济的质量水平。如果要取得高于这一水平所支付的费用，将超过由于提高质量所带来的利益
相对质量	同类产品、过程或服务的特征和特性相互比较的优劣程度		
质量度量	对产品、过程或服务的特征和特性的定量测量	供应方鉴别	在订货之前，对可能的几个供应方的质量控制能力所做的估计、预测
		供应方评价	在订货之后，对该供应方质量控制能力的评定
质量环（质量螺旋）	从识别需要直到评定能否满足这些需要为止的各个阶段中，影响产品、过程或服务质量的相互作用活动的理论模式	质量体系	为保证产品、过程或服务满足质量要求，把组织机构、职责和权限、工作方法和程序、技术力量和业务活动、资金和资源、信息等协调统一起来，形成的一个有机整体
质量方针	由某机构的最高管理者正式颁布的总质量宗旨和目标		
质量保证	为使人们确信某一产品、过程或服务质量能满足规定的质量要求所必需的有计划、有系统的全部活动	质量体系要素	质量体系的基本组成部分
质量控制	为保持某一产品、过程或服务质量满足规定的质量要求所采取的作业技术和活动	质量管理体系	为生产符合市场需要的产品，企业内部建立的质量体系
质量管理	对确定和达到质量要求所必需的职能和活动的管理	质量保证体系	为生产符合合同要求的产品，满足用户或第三方监督、审核和认证工作的要求，企业对外确立的质量体系
质量特性	在产品、过程或服务的一定总体中，区分各个体之间质量差别的性质、性能和特点	质量保证体系需要的水平	质量保证体系所包含的体系要素的多少及需要执行的深度
经济性	产品在规定条件下和寿命周期内支付的总费用的多少	质量大纲	把实施质量体系时的有关活动、资源分配和重要事项的安排按进度编制成的文件
工作规范	对工作的程序、内容、方法和质量要求所做的书面规定	质量手册	阐述企业总的（或只限定于一种产品、一个生产领域、一个工作区的）质量方针、组织机构、工作程序、职责范围等规定的文件汇编
人员素质	职工的文化程度、技术水平、工作能力、责任心、进取心和职业道德等的总和	产品责任	企业对其生产的产品因质量问题所造成的人身伤亡、财产损失等危害应负的责任

（续）

术语	定　义	术语	定　义
控制点	在质量管理和质量保证活动中，对质量循环中需要重点控制的质量特性、关键（主要）部位或薄弱环节	使用寿命	产品在规定的使用条件下完成规定功能的工作总时间
PDCA循环	按计划（P）、实施（D）、检查（C）、处理（A）四个阶段顺序进行的质量工作循环，是开展生产活动应遵循的科学程序	贮存寿命	在规定贮存条件下，产品从开始贮存到规定的失效的时间
质量目标	在一定时间内，产品、过程或服务预定要达到的质量指标	让步	在特殊情况下，对在数量上或期限上不符合规定要求的原材料、零部件或库存品，以文件的形式批准放行或使用
质量计划	针对某项产品、过程、服务、合同或任务，专门规定的质量措施、资源和活动的文件	偏离许可	生产前或提供服务前，对在数量上或期限上偏离规定要求的书面认可
质量信息	质量活动中的各种数据、报表、资料和文件	合格	满足规定的要求
质量信息反馈	将产品、过程或服务的质量信息及时地按规定的程序返回给有关部门	不合格	不满足规定的要求（此定义指一种或多种质量特性偏离了规定的要求或没有这些特性，也可指质量体系某要素偏离了规定要求或没有这些要素）
质量监督	为保证满足质量要求，由用户或第三方对程序、方法、条件、产品、过程和服务进行连续评价，并按规定标准或合同要求对记录进行分析	合格品	满足全部规定要求的产品
质量审核	由具备一定资格且与被审核部门的工作无直接责任的人员，为确定质量活动是否遵守了计划安排，以及结果是否达到了预期目的所做的系统、独立的检查和评定。质量审核一般指对产品、过程、服务、体系和要素等方面进行的审核	不合格品	不满足规定要求的产品
质量体系复审	管理部门对质量体系的现状是否适应质量方针，以及情况变化后确定的新目标所做的正式评价	缺陷	不满足预期的使用要求（此定义指一种或多种质量特性偏离了预期的使用要求或没有这些特性）
质量成本	将产品质量保持在规定的水平上所需的费用，包括预防成本、鉴定成本、内部损失成本和外部损失成本	故障	产品不能在预定的性能范围内工作
预防成本	用于预防不合格品与故障等所需的各项费用	失效	产品丧失规定的功能
鉴定成本	评定产品是否满足规定的质量要求所需的费用	市场调查	对市场供需现状、发展动向等方面所进行的调查研究
内部损失成本	产品出厂前因不满足规定的质量要求而支付的费用	等级	将相同功能用途的产品、过程或服务按照各种不同的需要划分的类型或顺序的标识
外部损失成本	产品出厂后因不满足规定的质量要求，导致索赔、修理、更换或信誉损失等而支付的费用	规范	详细阐述产品、过程或服务应遵循哪些要求的文件。它是标准的一种形式
可靠性	某物项在规定条件下和规定的时间内完成规定功能的能力	设计评审	由各有关方面具备资格的代表对设计所做的正式的、全面的与系统的检查，并把检查结果写成文件。其目的是评定设计要求和设计能力是否符合规定的要求，从而发现问题并提出解决的办法
安全性	产品在制造、贮存和使用过程中保证人身与环境免遭危害的程度	（产品、过程或服务）责任	生产方或有关方面对其提供的产品、过程或服务，因质量原因造成的人身伤亡或损害等危害应负的责任
可用性	产品在规定条件下完成规定功能的能力	追踪能力（可追溯性）	根据质量记录追查某项目（活动）或与其类似的项目（活动）的历史、应用情况或位置的能力
维修性	在规定条件下使用的产品在规定的时间内，按规定的程序和方法进行维修时，保持或恢复到能完成规定功能的能力	合同复核	为发现和补救合同中在确定要求方面的不足，并落实执行合同所需要的人员、装备和资源，由供应方对合同的正规检查
		功能规格	对产品的用途、技术指标和基本特性所做的详细规定
		目标规范	叙述产品的主要目标和某些技术经济指标的基本指导文件，包括产品的式样、等级、功能、外观、使用条件（包括安全因素）、特性、包装、价格、可靠性和维修性等

（续）

术语	定义
环境条件	产品要求的环境特性，如温度、湿度、压力、灰尘、振动等
设计质量	通过产品设计，将规定要求和需要转化为产品特征和特性的程度，以及易于制造、使用、维修、外观造型和经济性等的综合体现
设计控制	为确立和保持必要的设计功能所采取的措施
内部鉴定	对完全满足规定要求的设计，在正式鉴定前所做的评定
更改控制	为确保产品、过程或服务的任何更改均按照正规程序进行所制订的更改规则
工序	生产和检验原材料、零部件、整机的具体阶段
关键工序	对产品质量起决定性作用的工序
特殊工序	难以准确评定其质量的关键工序
控制点	为保证工序处于受控状态，在一定的时间和一定的条件下，在产品制造过程中需重点控制的质量特性、关键部件或薄弱环节
材料规范	对用于制造产品的原材料、外购件和其他所有供应品的技术指标、质量要求所做的规定
制造质量计划	为保证产品按照图样、设计要求和工艺规范进行加工制造所需的各种计划，包括工装、制造图样、工艺文件、复查计划、装备计划，操作培训计划等
制造工艺文件复查计划	为保证工艺文件满足制造过程所必需的完整信息和恰当的质量要求而制订的检查、复核计划
装备计划	为正常生产提供规定的和满足工艺规范要求的机床和工艺装备而制订的计划
操作培训计划	为保证操作者能按照规程完成技术操作而制订的专业知识培训计划（包括培训大纲和考核办法）
制造质量控制	为保证达到图样和规范中所要求的制造质量而采用的有效的操作技术和作业活动
工序质量	给定工序满足制品质量规定要求的特征和特性的总和
工序质量控制	为把工序质量的波动限制在要求的界限内所进行的质量控制活动
工序质量控制点	为保证工序处于受控状态，在一定时期和条件下，产品制造过程中必须重点控制的质量特性、关键部位或薄弱环节
工序质量表	对工序质量控制点按质量波动因素进行分析、控制的图表
操作指导卡片	指导工序质量控制点上的工人生产操作的文件
操作合格证	经过专业技术培训并经考试合格后，由上级发给的允许操作的证件
工序失控	工序质量的波动（产品质量特性的均值、方差、不合格品率、每百单位缺陷数或平均缺陷数不稳定）不能保持在要求的界限内
工序受控	工序质量的波动（产品质量特性的均值、方差、不合格品率、每百单位缺陷数或平均缺陷数保持稳定）能够保持在要求的界限内
统计质量控制	应用统计技术的质量控制，包括频数分布、方差、控制图、抽样检验、回归分析、显著性检验等
质量控制监督	用户、上级监督机构或第三方对生产厂的制造质量控制能力和方法的检查、督促和评定
检验	对产品、过程或服务的一种或多种特性进行测量、检查、试验、计量，并将这些特性与规定的要求进行比较的活动
验收检验	为判断受检批能否被接收而进行的检验
首件检验	对生产开始时和工序要素变化后的首件产品质量所进行的检验
工序间检验	为判断半成品能否由上一道工序转入下一道工序所进行的检验
最终检验	产品制造、返修或调试完成后所进行的检验
定型试验	指设计定型或批量生产前的试验。其目的是确定设计或生产能否定型（即满足产品规范的要求）
校准	校正测定仪器或计量装置误差值的各种活动
真值	在观测的瞬时条件下，质量特性的确切数值
准确度	多次测量值的平均值与真值的接近程度
精密度	重复测量所得数值之间相互接近的程度
误差	观测值与真值之差
检验规范	描述检验内容、要求和方法的文件
试验	在一定条件下，对材料、产品或一组观测值的性能或特性的测试与验证
试验规范	描述实施试验内容、要求和方法的文件
初审	认证机构派出审查人员对自愿认证或强制认证的企业进行的首次审核，包括文件审核、质量计划和质量体系审核，以及对产品进行（或委托检验室进行）的鉴定等
文件审核	对企业的质量手册、质量大纲、标准、规范、设计工艺等技术文件进行的检查核对

（续）

术语	定　义	术语	定　义
现场审核	对企业的实际质量体系和生产状况进行的检查核对	末件检验	对一批产品制造完了的最后一件（或几件）的检验
测试检验室	经认证合格的、由上级认证机构认可委托的测试检验机构，它为认证工作提供证据	接收规范	说明产品接收条件的文件
		接收检验	根据接收规范确定所提交的一批产品是否合格的检验
测试检验室认证	由上级认证机构对执行产品形式试验的测试检验室的试验人员、组织、测试条件及设备、权威、公正和可靠程度的认证	校准	测定和校正计量器具误差值的各种作业
		可追查性	发现或产生质量问题后，追踪查明发生的时间、地点、起因和责任者的能力
监督控制协议	在初审评定合格后，认证机构和企业双方签订的包括事后监督、质量控制、质量保证、质量改进措施、标志使用、中止认证和申诉等内容的具有法律责任的协议文件	认证	由一个公正的权威机构对企业的质量保证体系、产品、过程或服务是否符合质量要求、标准、规范和有关政府法规的鉴别，并提供文件证明的活动
事后监督	在产品上佩戴认证合格标志后，认证机构按监督控制协议对企业的质量体系和产品质量的继续监督，包括事先不通知的复查等	认证机构	能使认证体系发挥作用的、公正的和权威性的（政府或非政府的）机构，它必须能代表各方的利益
复查	由认证机构对获得合格认证企业的质量保证和质量控制手段、改进措施、产品形式试验等按监督控制协议进行的抽查	强制认证	某些产品（如锅炉、压力容器等）必须根据法律的规定，向规定的认证机构申请的认证
		自愿认证	法律没有规定强制认证的产品，由生产厂自愿向认证机构申请的认证
安全认证	对产品、过程安全性的认证，包括对劳动保护、环境保护（污染）、压力容器等进行的强制性的安全认证	资格鉴定	对经资格检查后证明具有生产符合规定要求产品能力的生产厂给予生产资格认可
资格检查	为确定生产厂或协作厂制造（或批量生产）产品的能力，由认证机构进行的一次或一系列检查，包括评定设计文件、工艺文件、工艺装备、工序能力、生产率相对于正常生产的适用性，检查从试制批中抽取的产品质量的符合性等	许可证	经资格鉴定和认证合格后，允许企业生产某种产品的证明文件
		成品仓库	一个安全的、仅保存符合规定要求的供货品的地方
		包装质量	由于包装原因对产品质量的影响和损坏的程度
进货检验	由接收者对原材料、半成品、外购外协件等进行的检验	贮运质量	由于贮存、装卸和运输等原因对产品质量的影响和损坏的程度
巡回检验	对制造过程中进行的定期或随机流动性的检验	用户服务	协助用户安装、调试、维修、供应配件、技术咨询、培训和办理索赔等业务活动

3.1.4　定置管理术语（见表2-3-4）

表2-3-4　定置管理术语

术语	定　义	术语	定　义
定置	凡物品都应根据需要科学地确定其固定位置	整理	在定置管理过程中清除与生产计划无关的物品
定置率	已定置的物品数量和应定置物品数量之比率	整顿	在定置管理中将物品按人、物和场地之间的关系科学地进行安置，并建立必要的存放信息，以便于随时取用
定置图	在定置管理中用于表明物品与场地关系的布置图	清扫	清除已定置物品周围的脏物和废弃物，保证生产环境的整洁

3.2 工艺管理总则（JB/T 9169.1~2—1998）

3.2.1 工艺管理的基本任务

1）工艺工作是机械制造业的基础工作，贯穿于企业生产的全过程。是实现产品设计、保证产品质量、发展生产、降低消耗、提高生产率的重要手段。为了更好地发挥工艺工作的作用，增强企业应变能力，企业必须加强工艺管理。

2）工艺管理的基本任务是在一定生产条件下，应用现代管理科学理论，对各项工艺工作进行计划、组织和控制，使之按一定的原则、程序和方法协调有效地进行。

3.2.2 工艺工作的主要内容

（1）编制工艺发展规划

1）编制工艺发展规划的原则与要求：

① 为了提高企业的工艺水平，适应产品发展需要，各企业都要结合本企业的情况编制工艺发展规划，并应纳入企业总体发展规划。

② 编制工艺发展规划应贯彻远近结合、先进与适应结合、技术与经济结合的方针。

③ 编制工艺发展规划必须有相应的配套措施和实施计划。

2）工艺发展规划的种类：

① 工艺技术措施规划，如新工艺、新装备研究开发规划，技术攻关规划等。

② 工艺组织措施规划，如工艺路线调整规划，工艺技术改造规划等。

3）工艺发展规划的编制程序：工艺发展规划由企业的技术总负责人组织有关部门参加，且以工艺部门为主进行编制。编制完成后需经归口部门协调和企业领导批准。

（2）工艺试验研究与开发（JB/T 9169.12）

（3）产品生产工艺准备

1）新产品开发和老产品改进工艺调研及改进产品的工艺考察，见 JB/T 9169.2。

2）分析与审查产品结构工艺性，见 JB/T 9169.3。

3）设计工艺方案，见 JB/T 9169.4。

4）设计工艺路线，见 JB/T 9169.2。

5）设计工艺规程和其他有关工艺文件，见 JB/T 9169.5。

6）编制工艺定额，见 JB/T 9169.6。

7）设计制造专用工艺装备，见 JB/T 9167。

8）进行工艺验证，见 JB/T 9169.9。

9）进行工艺总结，见 JB/T 9169.2。

10）进行工艺整顿，见 JB/T 9169.2。

（4）生产现场工艺管理（JB/T 9169.10）

（5）工艺纪律管理（JB/T 9169.11）

（6）工艺情报管理（JB/T 9169.13）

（7）开展工艺标准化（JB/T 9169.14）

（8）制定各种工艺管理制度 明确各类工艺人员的职责与权限。

3.2.3　产品工艺工作程序和内容

产品工艺工作应由新产品技术开发阶段的设计调研开始，直到产品包装入库结束，贯穿于产品生产的全过程。

（1）产品工艺工作程序（见图2-3-1）

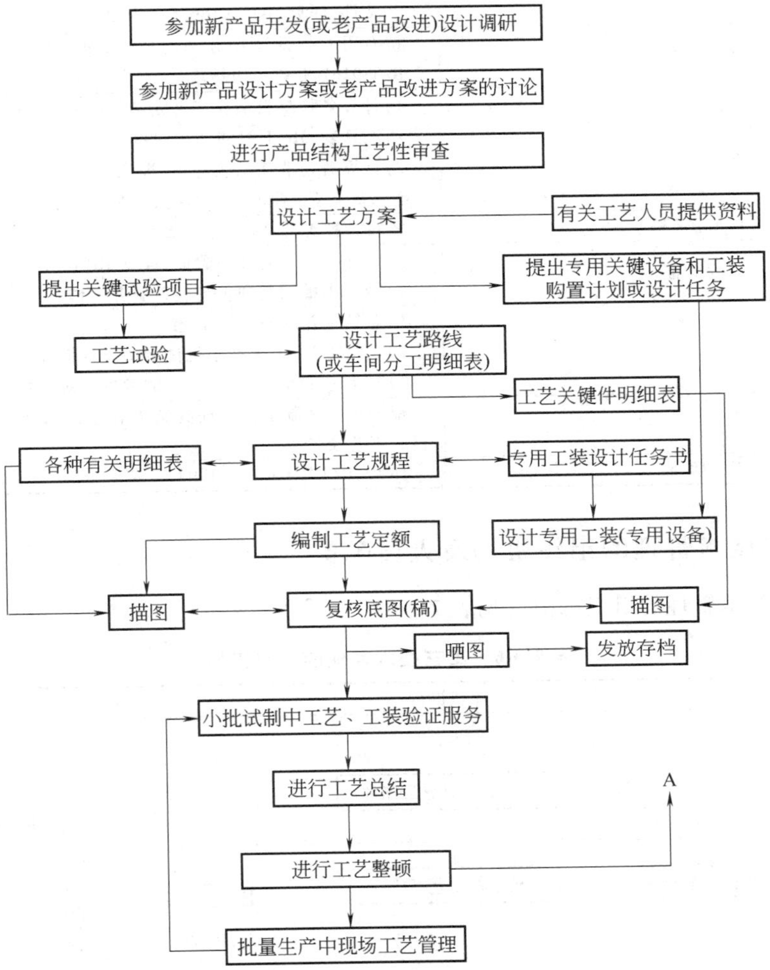

图2-3-1　产品工艺工作程序

注：可根据需要反馈到设计工艺方案、设计工艺路线、设计工艺规程或（和）设计专用工装。

（2）各工作程序段的主要工作内容（见表2-3-5）

表2-3-5　各工作程序段的主要工作内容

工作程序	主要工作内容
参加新产品开发（或老产品改进）设计调研，包括引进产品（或技术）的出国考察	1）了解用户（或市场）对该产品的使用要求 2）了解该产品的使用条件 3）了解国内外同类产品或类似产品的工艺水平 4）收集有关工艺标准和资料
参加新产品设计方案或老产品改进方案的讨论	从制造观点分析结构方案的合理性、可行性
进行产品结构工艺性审查	见JB/T 9169.3—1998

（续）

工作程序	主要工作内容
设计工艺方案	见 JB/T 9169.4—1998
设计工艺路线	编制工艺路线表（或车间分工明细表）、工艺关键明细表、外协件明细表，必要时须提出铸件明细表、锻件明细表等
设计工艺规程	根据工艺方案要求，设计各专业工种的工艺规程和其他有关工艺文件，详见 JB/T 9169.5—1998
设计专用工艺装备	按专用工装设计任务书的要求，设计出全部专用工艺装备（JB/T 9167.1~5—1998）
编制工艺定额	1）计算各种材料消耗工艺定额，编制材料消耗工艺定额明细表和汇总表（JB/T 9169.6—1998） 2）计算劳动消耗工艺定额（即工时定额） 注：根据各企业的实际情况，工时定额也可由劳动部门制定
复核各种工艺文件底图（稿）	核对各种工艺文件底图（稿）有无描错之处
工艺装备与工艺规程验证	1）参加专用工艺装备验证，详见 JB/T 9167.1~5—1998 2）做好小批试制中工艺验证服务工作
进行工艺总结	1）总结工艺准备阶段工艺 2）总结工艺、工装在小批试制中验证情况 3）对下一步改进工艺、工装的意见和对批量生产的建议
进行工艺整顿	根据小批试制工艺验证的结果和工艺总结，修改有关工艺规程和工艺装备
批量生产中现场工艺管理	详见 JB/T 9169.10—1998

3.2.4 工艺技术管理的组织机构及人员配备

（1）工艺技术管理的组织机构（见表 2-3-6）

表 2-3-6 工艺技术管理的组织机构

管理机构分级	管理机构	说　明
Ⅰ级管理机构	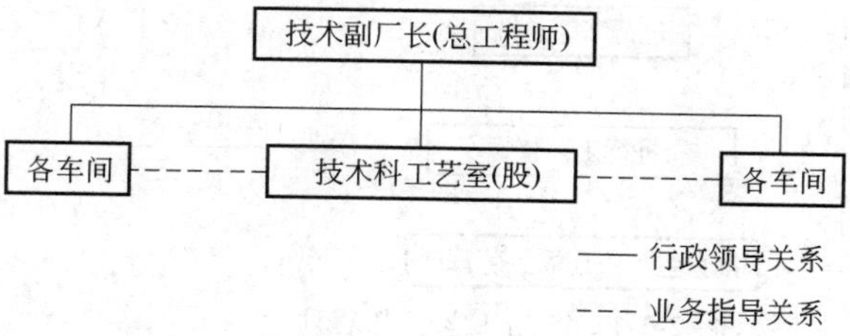	技术科内的工艺室（股）负责全厂工艺管理与工艺技术工作。该机构适用于直线职能制管理的小型企业
	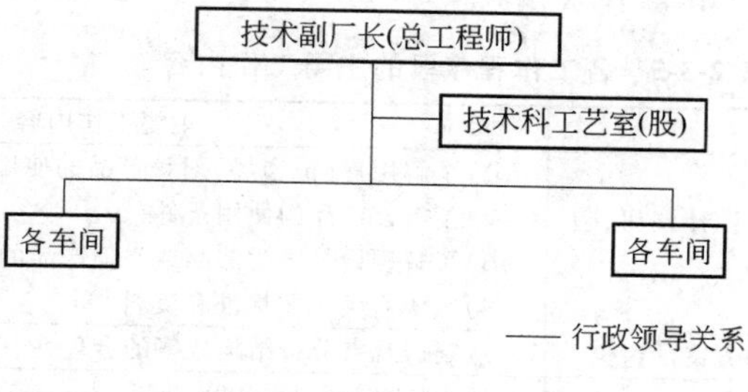	适用于少数实行直线制管理的小型企业

（续）

管理机构分级	管理机构	说　　明
Ⅱ级管理机构	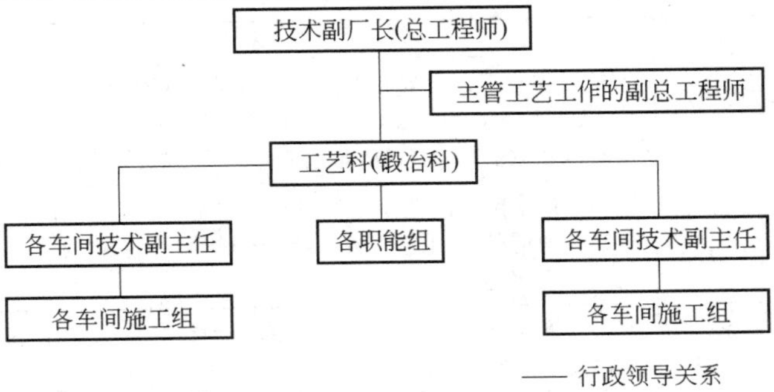	工艺科统管全厂的工艺管理与工艺技术；科下的各职能组，分别负责基础性、方向性工艺工作和生产准备工作；车间施工组负责现场工艺管理和工艺贯彻工作
	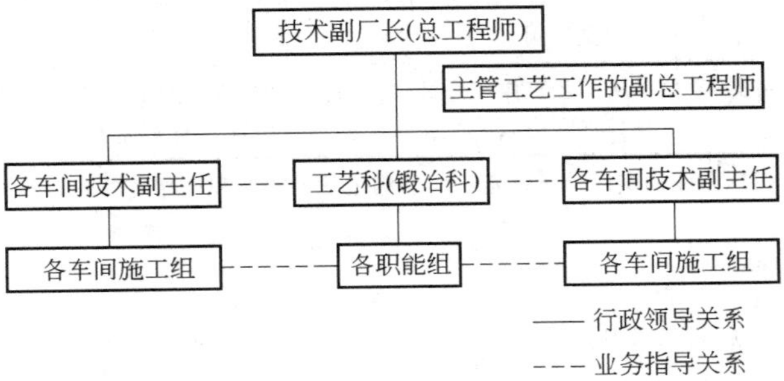	适用于少数实行职能制管理的中、小型企业
Ⅲ级管理机构	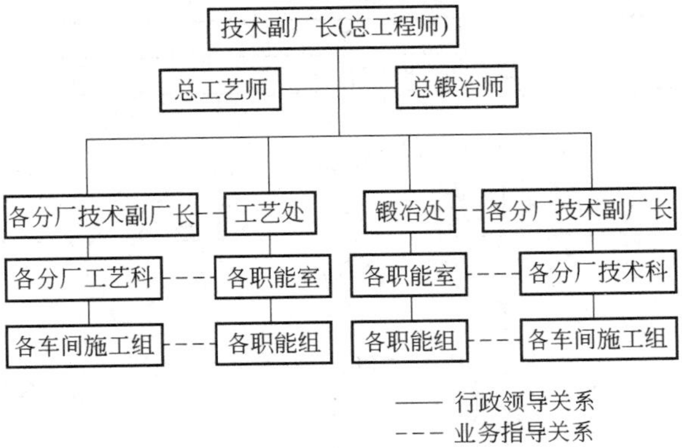	工艺处、锻冶处统管全厂的工艺管理和工艺技术；各职能室（科）分别负责基础性、方向性工艺工作和产品生产准备工作；室（科）下的各职能组负责各专业的工艺工作。分厂工艺科（技术科）负责分厂的工艺管理和工艺技术工作。车间施工组负责现场工艺管理和工艺贯彻工作

（2）工艺人员的配备

1）工艺人员的构成见表 2-3-7。

表 2-3-7　工艺人员的构成

各级负责人	各类专业人员
总工艺师、总锻冶师、正副处长、正副科长、正副室主任、正副组长、分厂技术副厂长、车间技术副主任、工段技术副段长、施工组正副组长等	工艺规划员、工艺标准化员、工艺情报员、工艺研究员、工艺试验员、主任工艺员（师）、装配工艺员、电气工艺员、机械加工工艺员、数控编程员、铸造工艺员、金属熔炼工艺员、型砂工艺员、压力加工工艺员、焊接工艺员、热处理工艺员、表面处理工艺员、涂装工艺员、工程塑料工艺员、夹具设计员、刀具设计员、模具设计员、专机设计员、计算机软件开发员、计算机操作员。材料定额员、工时定额员、物理试验员、化学试验员、金相试验员、力学性能试验员、无损检测人员、计划调度员（工艺）、质量管理员（工艺）生产准备员、施工员等

2）工艺人员的配备原则见表2-3-8。

表2-3-8 工艺人员的配备原则

配备原则	说　明
按工艺机构的定岗、定员编制，注意工艺人员配备的成套性	1)应注意工艺管理和工艺技术的岗位成套，从事基础性工作、方向性工作、技术准备工作与施工工作岗位的成套 2)既注意上岗人员的数量成套，又要注意人员的素质成套
合理确定工艺人员的数量以及工艺人员与设计人员的比例①	1)一般情况下，工艺人员的数量应占企业职工总数的3%以上 2)一般情况下，工艺人员与设计人员的比例按工艺工作量是设计工作量的4~5倍考虑
在技术素质上，要考虑技术职务（职称）的高、中、初三个层次的构成、配备	工艺管理岗位和工艺技术岗位都应制订岗位职责、岗位技能、岗位权限，不同技术职务（职称）的人员按档次上岗，以使他们的水平得到充分的发挥
企业主导产品的主任工艺员（师）应由素质高的工艺人员担任	产品主任工艺员（师）是产品工艺工作的技术核心，起着纵横协调与统一的重要作用
注意工人出身的工艺人员的培养与选拔	从工艺工作实践性强的特点出发，应注意从实践经验丰富、经过专业培训并具有高中以上文化水平的工人中培养与选拔工艺人员到工艺工作岗位

① 工艺人员的数量与配比应根据企业的实际情况确定，应能满足技术开发和产品发展的需要。

3.2.5 工艺管理责任制

（1）工艺管理的责任（见表2-3-9）

表2-3-9 工艺管理的责任

责　任	涉及部门	活动类别
1)工艺调研	设计、工艺	市场调研
2)工艺发展规划 3)工艺试验与研究 4)工艺情报与工艺标准 5)分析与审查产品结构工艺性	工艺、总师办、有关车间、设计	开发设计
6)设计工艺方案 7)设计工艺路线 8)设计工艺规程 9)设计、制造工艺装备 10)制订材料消耗工艺定额 11)制订工时消耗工艺定额（有的企业工时定额由劳动部门制订） 12)制订管理性工艺文件	工艺、工具、计量、检验及有关车间	生产技术准备
13)工艺装备明细表 14)材料消耗工艺定额明细表 15)主要辅助消耗工艺定额明细表 16)油漆消耗工艺定额明细表	工具、设备、供应、工艺	采购
17)定人、定机、定工种 18)按图样、工艺和标准进行生产 19)进行工艺验证 20)进行工艺装备验证 21)现场工艺过程管理 22)执行工艺纪律 23)均衡生产 24)进行工艺总结	生产车间、生产调度、劳动人事、工艺、质量管理、设备、工具、计量	生产制造

（续）

责　　任	涉及部门	活动类别
25)按图样、工艺、标准检验 26)监督生产现场的工艺纪律 27)新产品样品试制鉴定 28)新产品小批试制鉴定	技术检验、质量管理、总工程师、设计、工艺、有关部门	检验
29)向用户提供工艺参数	工艺	销售
30)用户访问、市场研究、对新产品提供最佳工艺决策	工艺、设计、销售	服务

（2）各类人员及部门的岗位责任制

1）厂级领导岗位责任见表2-3-10。

表2-3-10　厂级领导岗位责任

厂级领导	岗位责任
厂长	1)加深工艺意识及工艺质量意识 2)正确处理工艺管理与企业的各项管理的关系,并负责统一与协调 3)负责建立健全、统一的企业工艺管理体系 4)负责设立厂一级的工艺管理部门 5)审批企业技术发展规划、工艺发展规划、技术改造规划、重大工艺技术装备的引进及基建项目 6)对企业贯彻执行国家及上级主管部门的工艺技术政策、法规负责
技术副厂长(总工程师)	1)领导工艺管理工作,包括建立健全以总工程师为首的工艺管理和工艺技术责任制;建立健全工艺技术范围内的各项工作制度;建立工艺技术方面的工作程序 2)组织领导工艺调查,制订中、长期工艺发展规划,提高本企业的工艺水平 3)领导新产品开发工作 4)领导工艺科研工作 5)审批合理化建议、技术革新与推广计划 6)组织领导重大技术关键和薄弱环节的工艺攻关工作 7)负责组织领导工艺技术与装备的引进与消化吸收,保证产品技术改进和新产品开发同步配套 8)建立健全工艺标准、工艺情报的专职机构,积极采用、贯彻现行国家标准,并积极采用国际标准和国外先进标准 9)负责生产技术准备工作 10)审批各类工艺技术文件、工艺规划与工艺制度 11)负责工艺技术档案与工艺技术保密工作 12)审批工厂总平面图布置及工艺布局 13)负责组织领导工艺人员的技术培训、考核、晋升工作 14)完成厂长交给的其他工艺性工作
总工艺师(总锻冶师)	1)负责组织工艺管理工作:组织制订、审查、签署工艺管理制度、工艺责任制、各项工作制度和工艺工作程序 2)组织制订工艺发展规划 3)负责组织新产品开发工作:对新产品开发的有关人选提出建议;组织新、老产品工艺方案和关键零部件工艺方案的讨论 4)具体组织工艺科研工作的实施,及时解决和协调工艺科研过程中出现的技术问题,确保工艺科研工作顺利完成 5)编制或审查重大工艺技术改造项目的可行性分析报告 6)组织领导新技术、新工艺、新材料、新装备的推广应用 7)组织审查工厂总平面布置图,分厂(车间)平面布置图 8)组织工艺标准、工装标准的贯彻与实施。对工艺文件的标准化、工艺要素的标准化、工艺装备的标准化负责。审查工艺标准的先进性、科学性和可行性 9)负责组织和协调生产过程中发生的工艺技术问题 10)负责组织工艺信息的反馈工作 11)完成总工程师部署的其他工作

2）工艺部门岗位责任（见表2-3-11）。

表 2-3-11 工艺部门岗位责任

岗位责任	内　容
制订工艺管理制度	1)制订有效的工艺管理制度,并认真贯彻执行 2)按质量管理思想建立工艺工作程序 3)制订工艺部门各类人员的工作标准 4)制订企业工艺纪律检查、考核细则
负责工艺管理工作	1)组织有关部门贯彻执行工艺规程和工艺守则 2)组织工艺验证工作 3)参加工艺装备(包括工位器具)的验证工作 4)组织工艺总结工作 5)组织工艺整顿工作 6)组织工艺工作中的质量管理活动,加强工序质量控制 7)负责将经验证、鉴定合格后的新工艺、新技术、新材料、新装备纳入工艺文件的工作 8)参加工艺纪律检查工作 9)对工艺文件的正确性、完整性、统一性负责 10)对工艺装备设计的结构合理性、安全性、可靠性、经济性负责
制订工艺发展规划	1)依据企业产品发展规划,制订企业中、长期工艺技术发展规划 2)根据企业发展规划,制订、修订企业工艺技术能力改造规划 3)制订为扩大生产能力或改进工艺流程的工艺路线调整规划 4)制订基础件攻关规划 5)制订技术关键攻关规划 6)制订采用新技术、新工艺、新材料、新装备的四新规划 7)为提高企业工艺素质,加速工艺技术发展,提高工艺管理水平,制订工艺发展规划 8)制订采用国际标准、国外先进标准而采取的工艺措施规划 9)根据新产品投产、老产品改进及产品质量创优、贯标等工作,制订企业年度工艺技术措施计划 10)根据企业近期在生产中所暴露的工艺薄弱环节,制订年度工艺技术措施改造计划,积极采用先进工艺及工艺装备,充实检测装备 11)制订总厂平面布置、分厂(车间)平面布置或调整的总体规划 12)对规划、计划制订与修订的及时性、正确性、可靠性、先进性、可行性负责 13)参加技术部门制订、修订企业的有关技术发展规划和计划工作,承担分工部分的工作内容,并认真组织实施
组织工艺技术的试验研究和开发工作	1)根据企业产品开发和工艺技术发展的需要,负责制订工艺试验研究计划 2)负责本企业主导产品的工艺技术现状及合理与先进程度的分析研究,并确定开展工艺试验研究的课题和方法 3)根据企业技术引进的规划,负责制订工艺试验研究规划,做好工艺技术与装备的引进、消化、吸收、创新工作 4)负责解决本企业工艺技术薄弱环节的工艺试验研究工作 5)负责新工艺、新材料、新技术、新装备的试验研究和推广使用。加强工艺材料的开发和研究工作 6)要加强基础工艺,负责典型工艺、成组技术与计算机辅助工艺设计的研究,推广工作 7)负责工艺试验研究课题(或规划)的实施总结,并组织鉴定 8)负责将工艺试验研究成果纳入有关工艺文件,做好存档及保密工作

（续）

岗位责任	内　　容
产品工艺工作	1)参加新产品开发、调研和老产品改进的用户访问,以及产品开发过程中各阶段的评价 2)组织实施新产品试制(包括老产品改进)及定型产品的工艺工作,包括结构工艺性审查,设计并审定工艺方案及工艺路线方案,设计工艺规程和其他有关工艺文件,组织编制材料消耗工艺定额和劳动消耗工艺定额 3)负责设计专用工艺装备,对其结构合理性、安全性、可靠性、经济性负责 4)负责组织重要工艺装备及专机的方案讨论工作,对设计专机的适用性负责
负责对生产过程进行工艺技术服务	1)及时组织实施工艺文件的指令性修改 2)及时处理工艺文件在实施过程中发现的问题 3)负责解答与工艺技术有关的咨询 4)负责组织工艺攻关和工艺技术改造工作 5)支持合理化建议和技术革新工作,并将其成果纳入有关工艺文件 6)参加工艺纪律的检查与考核工作
组织制订工艺标准。对逐步实现工艺文件的标准化、工艺要素的标准化、工艺典型化、工艺装备的标准化负责。对工艺标准的先进性、科学性、可靠性负责	
负责工艺情报的收集、加工和传递	
负责保证有关指标的兑现	1)产品工艺准备工作进度 2)材料利用率的有关指标 3)工时利用率的有关指标 4)工艺文件正确率、完整率、统一率的有关指标 5)工艺文件贯彻率的有关指标 6)工艺部门分担的其他指标
有组织、有计划、有目的地培养和提高工艺人员的素质	
负责完成总工程师或总工艺师(总锻冶师)临时交办的工艺工作任务	

3）工艺人员岗位责任（见表2-3-12）。

表2-3-12　工艺人员岗位责任

工艺人员	岗位责任
主任工艺员(主管工艺员)	1)参加主管产品技术任务书的讨论,新产品的开发调研和用户访问工作。了解国内外同类产品的制造技术 2)负责组织专业工艺人员对主管产品的方案设计阶段、技术设计阶段,工作图设计阶段的方案评价及工艺性审查并会签 3)制订工艺方案,对工艺方案的科学性、经济性、正确性、可行性负责 4)指导主管产品工艺文件的设计,并负责制订管理性工艺文件 5)负责审查主管产品的工艺装备设计订货任务书 6)负责审查主管产品的工艺文件,对主管产品工艺文件的正确性、完整性、统一性负责。编制工艺文件目录 7)在新产品投产前,协助分厂(车间)技术厂长(主任)组织好技术交底工作 8)协助并参加分厂(车间)组织专业工艺人员、工艺装备设计人员、施工员等对主管产品进行工艺验证和工艺装备的验证工作 9)负责新产品试制或小批试制的工艺总结,提出改进工艺、工艺装备或整顿意见 10)经常深入车间,做好生产现场技术服务工作。对影响产品质量的薄弱环节进行调查研究,查明原因并提出解决措施 11)协调冷、热加工工序之间的工艺要求,协调科内、外业务工作 12)参加工艺攻关和工艺技术改造工作 13)参加主管产品的质量检验工作和质量会议及引进活动 14)参加工艺纪律检查工作,掌握主管产品的工艺贯彻情况 15)负责主管产品工艺文件的修改工作。对修改后工艺文件的正确性、完整性、统一性负责

（续）

工艺人员	岗位责任
专业工艺员	1）负责分管产品零、部件的工艺性审查（审查内容同主任工艺员部分） 2）参加新产品工艺方案的制订工作，对分管的主要件、关键件工艺规程的设计提出意见 3）按专业分工负责分管产品的冷加工工艺、装配工艺、热加工工艺等工艺规程的设计和有关管理性工艺文件的设计。确保工艺文件的正确性、完整性、统一性 4）提出所负责零部件的工艺装备设计订货任务书，会签工艺装备图样 5）协助主任工艺员做好新产品投产前的技术交底工作，向有关人员详细介绍保证零部件质量的工艺措施 6）指导生产工人严格贯彻工艺规程。对已经实施并验证的生产工人的合理化建议应纳入有关工艺文件 7）负责对分管产品的零部件进行工艺验证和工艺装备的验证工作 8）参加分管产品的工序质量审核和产品质量审核工作，对质量审核中提出的工艺问题要积极采取措施、妥善解决 9）不断采用新材料、新工艺、新技术、新装备，积极参加工艺试验研究，不断提高工艺水平 10）深入车间做好现场的服务工作，及时处理生产中出现的技术问题，保证生产顺利进行 11）审批材料规格和材料的代用 12）参加工艺攻关和工艺技术改造工作。工艺攻关成果要纳入有关工艺文件 13）参加工艺纪律检查工作，掌握分管产品零部件的工艺贯彻情况 14）负责主管产品工艺文件的修改工作，对修改后的工艺文件的正确性、完整性、统一性负责
工艺装备设计员	1）工艺装备设计要严格贯彻现行国家标准、行业标准和企业标准，设计思想要符合工艺装备设计订货任务书中提出的技术要求 2）积极采用现代夹具设计技术，严格按照设计程序进行设计。对设计工艺装备的结构合理性、安全性、可靠性、经济性负责，并规定合理的检定周期和磨损极限 3）对重大工艺装备、复杂工艺装备要提出详细设计方案，进行方案审查，并经总工艺师或主管科长批准后方可进行设计 4）对重大工艺装备、复杂工艺装备要编制使用说明书，以指导工人操作 5）参加工艺装备验证工作，对工艺装备验证中出现的问题要及时解决 6）经常深入生产现场，做好技术服务工作，指导工人正确使用工艺装备 7）掌握国内、外工艺装备设计动态和本行业工艺装备发展情况。积极参加技术开发的研究工作，参加必要的工艺攻关，不断推广和应用新技术、新工艺、新材料，提高工装设计水平 8）负责工装图样的修改工作，保证修改后的工装图样正确、完整、统一
施工员	1）在主任工艺员组织下参加分管产品的结构工艺性审查，结合本车间的工艺能力，提出意见或建议 2）参加产品工艺方案的试验，对工艺方案所涉及的有关内容提出意见或建议 3）会签有关工艺文件、工艺规程、工艺装备设计图样等。对主要零部件和总装配的工艺规程进行会审 4）会同有关人员组织新产品（或老产品改进）投产前的设计、工艺的技术交底工作 5）负责熟悉分管产品的技术标准、设计图样、工艺规程，并按上述要求指导工人操作，严格贯彻执行 6）对生产中发生的技术、质量问题的处理及时性负责，对涉及有关部门的问题及时进行反馈 7）参加工艺验证，工艺装备验证，负责撰写新产品的试制施工总结，参加新产品鉴定

（续）

工艺人员	岗位责任
施工员	8)参加工序质量控制工作,经常检查工序质量控制点,使特性值处于受控状态。当出现问题时,及时分析原因,采取措施,并参加工序质量审核 9)负责因毛坯、设备、工艺装备、生产能力平衡等因素影响工艺贯彻时,按制度办理临时脱离工艺手续 10)负责对不良品提出处理意见,按制度办理回用手续 11)负责对生产中贯彻工艺的信息和质量信息及时向有关部门进行反馈 12)参加新工艺、新材料、新装备、新技术的试验工作和技术革新、技术攻关活动,并对其成果建议技术部门纳入有关技术文件 13)参加工艺纪律检查和现场工艺管理 14)完成上级领导交办的临时任务

4）有关职能部门岗位责任（见表 2-3-13）。

表 2-3-13 有关职能部门岗位责任

职能部门	岗位责任
设计部门	1)对所提供的产品设计图样和技术文件的正确性、完整性、统一性负责 2)负责组织工艺部门参加产品设计、方案设计、工作图设计的讨论和产品设计结构工艺性的审查工作。对工艺部门提出的意见要责成主管设计人员认真研究,对产品工艺性严重不足之处应改变设计,对工艺性较差的应改进设计 3)对产品设计的标准化、通用化、系列化水平负责
总工程师办公室	1)组织工艺部门编制工艺发展规划、技术改造规划并进行管理。对年度工艺技术措施计划和工艺组织措施计划负责组织实施 2)组织新产品开发各个阶段的评审鉴定工作 3)组织新产品样机试制与小批试制的鉴定工作 4)负责提出工艺技术和工艺管理的重点任务 5)负责科研、攻关、技术革新、合理化建议的综合管理工作 6)完成总工程师或总工艺师(总锻冶师)交办的临时工艺工作任务
质量管理部门	1)认真贯彻执行国家和上级部门有关加强工艺管理、严格工艺纪律的方针、政策和指示,推动工艺工作 2)负责组织检查工艺纪律贯彻情况,对各部门执行情况做出评价 3)负责组织整理和综合分析厂内外工艺质量信息,并向工艺部门反馈及进行监督 4)参与工序质量控制点的建立和组织产品质量、工序质量的审核工作 5)负责工序质量控制点采取的控制方式的咨询 6)负责产品质量保证体系的建立
技术检验部门	1)负责生产现场工艺纪律的监督 2)负责按图样、按工艺、按标准检验产品质量、零部件质量 3)参加工艺纪律的检查工作 4)负责将生产现场出现的工艺质量信息反馈至工艺部门,对工艺质量问题提出建议或修改意见 5)有组织、有计划地培养技术检验人员,不断提高他们的检测技能

（续）

职能部门	岗位责任
计量部门	1）按工艺要求负责配置计量器具 2）编制计量器具周期检定、校正和维修规范 3）负责计量器具、专用工艺装备的周期检定、返还检定工作，保证量值传递准确、可靠。对周检制度实施不力而造成的质量事故负责 4）负责建立工艺装备，特别是质量控制点的工艺装备的检测档案 5）计量检定人员必须经过严格考核，凭操作证操作。对因计量人员未进行业务培训和考核发证而出现的质量事故负责 6）加强技术培训，不断提高计量检定人员的技术水平
工具部门	1）负责依据工艺装备图样，按计划保质、保量、保品种、保规格地完成工艺装备的制造 2）编制工艺装备检查、维修计划 3）外购的工具、量具、刃具应满足工艺要求。购入后必须经专职检验人员或计量检定人员检验合格后才能办理入库手续 4）工具部门对因由其外购和提供的工艺装备及外购工具质量问题而造成的质量事故和其他事故负责 5）对工艺装备及外购工具进行管理，对管理不善造成的质量事故和其他事故负责
设备部门	1）编制设备“点检卡”和设备检查维修规范 2）保证设备经常处于完好状态，对因设备不完好而造成的质量事故负责 3）保证经大修后的设备质量达到标准规定，对大修后设备不符合有关标准规定而造成的质量事故负责 4）负责对生产工人进行正确使用设备和做好日常维护保养的教育，经常监督、检查各车间生产设备的使用情况
生产部门	1）根据企业的具体情况合理地选择生产过程的组织形式 2）按产品零部件工艺规程合理地规定投产期。加强毛坯、零件和组件在各个工艺阶段的进度管理 3）经常了解和掌握各种物资储备、采购情况。对因备料不足或不及时而影响均衡生产负有一定的责任 4）按工艺要求组织均衡生产，使品种、质量、数量和期限均达到要求，对于因均衡生产不力而造成的质量事故负责 5）按工艺要求组织供应外协件，对外协件不符合工艺要求负责
企业管理部门	1）负责组织工艺部门各项管理制度、工作标准、工作程序的制订与修订工作 2）负责建立和协调工艺管理体系中各部门的工艺职能 3）将“加强工艺管理，严格工艺纪律，提高工艺水平”有关内容纳入工厂方针目标管理
生产技术准备部门	1）根据企业的长远规划与年度生产大纲，负责编制及下达年度、季度、月生产技术准备计划，保证合理的工艺技术准备周期 2）根据工艺要求负责组织好产前生产技术准备，确保生产的正常进行 3）负责制订工艺文件的发放单位和发放份数的有关文件
技术档案部门	1）负责工艺文件、工艺装备、工艺标准、工艺情报、自制设备等工艺资料的归档、管理工作 2）负责工艺文件的发放工作 3）负责工艺文件、工艺装备、工艺标准、工艺情报、自制设备等工艺资料的复制工作 4）负责工艺文件的保密工作

（续）

职能部门	岗位责任
劳动部门	1)按生产需要配备各类生产人员,保证定人、定机、定工种 2)负责制订劳动工艺定额(也可在工艺部门制订)。各工种、工序定额注意保持相对平衡。工艺规程发生变化时要及时修订劳动定额。保持定额的合理性、现实性和先进性
各生产车间(分厂)	1)做好生产前的工艺技术准备工作。新产品投产前应组织对工艺文件的消化和交底工作 2)根据工艺流程合理地组织生产 3)认真执行“三按”“三检”“三定”,严肃工艺纪律,按质、按量、按期完成生产任务 4)负责组织车间验证工艺和工艺装备,对生产中出现的工艺、工艺装备问题应提出改进的建议 5)认真做好工序质量控制点的管理工作。要分析或测定工序能力,当工序能力不足时,应及时采取措施加以调整,并参加工序质量、产品质量审核工作 6)根据生产关键和薄弱环节组织攻关和技术革新,并确保规划的实现。对实现的项目,要及时申请组织鉴定,对鉴定后的项目要及时采用和推广 7)加强设备的保养与维修,使车间设备经常处于完好状态

3.3　生产现场工艺管理（JB/T 9169.10—1998）

3.3.1　生产现场工艺管理的主要任务及内容

（1）生产现场工艺管理的基本任务

1）确保产品质量。

2）提高劳动生产率。

3）节约材料和能源消耗。

4）改善劳动条件和文明生产。

（2）生产现场工艺管理的基本要求

1）生产现场工艺管理应在传统管理方法的基础上，积极采用现代化的组织、管理方法。

2）必须强化质量意识。

3）在生产现场工艺管理中，工艺、生产、质量管理、检验、计量、设备、工具和车间等各有关部门都应有机地配合，以保证生产现场的物流和信息流的顺利畅通。

（3）生产现场工艺管理的主要内容

1）科学地分析产品零、部件的工艺流程，合理地规定投产批次和期量。

2）做好毛坯、原材料、辅助材料和工艺装备的及时供应，并要符合工艺文件要求。

3）指导和监督工艺规程的正确实施。

4）进行工序质量控制。

① 确定工序质量控制点：

a）对产品精度、性能、安全、寿命等有重要影响的项目和部位。

b）工艺上有特殊要求，或对下道工序有较大影响的部位。

c）质量信息反馈中发现不合格品较多的项目或部位。

② 工序质量控制点的管理内容：

a）分析或测定工序能力，当工序能力不足时应及时采取措施加以调整。

工序能力指数的计算与判定按 JB/T 3736.7 的规定。

b）编制《工序质量表》和《操作指导卡片（作业指导书）》，其格式按 JB/T 9165.3 和 JB/T 9165.2 的规定。

c）编制设备“点检卡”和设备检查维修规范（由设备部门负责）。

d）编制工艺装备检查维修规范（由工具部门负责）。

e）编制计量器具周期检查卡片和量仪校正、维修规范（由计量部门负责）。

f）根据需要设置工序控制图，常用控制图的类型见 GB/T 17989.2—2020。

g）做好工序质量的信息反馈及处理。

5）建立现场施工技术档案，做好各种数据的记录和管理。

6）不断总结工艺过程中的各种合理化建议和先进经验，并及时加以实施和推广。

7）搞好文明生产和现场定置管理。

① 生产现场必须符合工艺要求，并要做到清洁、整齐，物归其位、道路畅通。

② 保证产品的清洁度要求。

8）搞好现场工艺纪律管理，具体要求见 JB/T 9169.11。

9）做好外协件的质量控制。

① 外协件的选点应保证工艺要求。

② 重要的外协件在加工过程中应进行技术监督。

③ 外协件在进厂前一定要认真进行检查，不合格不能验收。

3.3.2 生产现场定置管理方法及考核

（1）有关术语（见表 2-3-4）

（2）定置管理的原则 通过工艺路线分析和方法研究，对生产现场中人与物的结合状态加以改善，使之尽可能处于紧密结合状态，以清除或减少人的无效劳动和避免生产中的不安全因素，从而达到提高生产率和产品质量的目的。

（3）定置管理的目标

1）建立文明生产秩序，稳定和提高产品质量。

2）创造良好的生产环境，消除事故隐患，提高生产率。

3）控制生产现场的物流量，减少积压浪费，加快生产资金流转。

4）建立物流信息，严格期量标准，实现均衡生产。

5）有效地利用生产面积，增加生产能力。

（4）定置管理方法

1）分析产品工艺路线及批量。

2）分析工序操作。

3）分析生产现场人、物与场地之间的结合状态（见表 2-3-14），划分定置区域。

4）设计定置图。

5）整理、整顿、清扫。

6）采用工位器具。

7）建立责任制及标准。

8）建立定置管理信息系统。

（5）定置管理的考核

1）定置管理应按定置率进行考核。

$$定置律=\frac{已定置的物品数量}{应定置的物品数量}\times 100\%$$

2）定置管理考核细则由各企业自定。

表 2-3-14　生产现场人、物与场地之间的结合状态

代　　号	结合状态名称与含义	标　　志	颜　　色
A	紧密结合状态 正在加工或刚加工完的工件	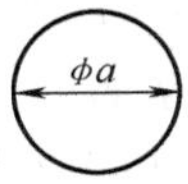	果绿色
B	松弛结合状态 暂存放于生产现场不能马上进行加工或转运到下工序的工件	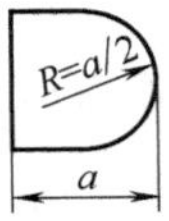	浅红色
C	相对固定状态 非加工对象，如设备、工艺装备、生产中所用的辅助材料等	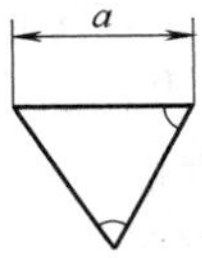	橘黄色
D	废弃状态 各种废弃物品，如废料、废品、铁屑、垃圾及与生产无关的物品	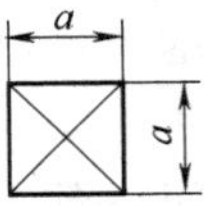	乳白色

注：尺寸由各单位自定。

3.4　工艺纪律管理（JB/T 9169.11—1998）

3.4.1　基本要求

严格工艺纪律是加强工艺管理的重要内容，是建立企业正常生产秩序、确保产品质量、安全生产、降低消耗、提高效益的保证。企业各级领导和有关人员都应严格执行工艺纪律。

3.4.2　工艺纪律的主要内容

（1）企业领导及职能部门的工艺纪律

1）企业要有健全、统一、有效的工艺管理体系和完整、有效的工艺管理制度及各类人员岗位责任制。

2）工艺文件必须做到正确、完整（JB/T 9165.1）、统一、清晰。

3）生产安排必须以工艺文件为依据，并要做到均衡生产。

4）凡投入生产的材料、毛坯和外购件、外协件必须符合设计和工艺要求。

5）设备必须确保正常运转、安全、可靠。

6）所有工艺装备应经常保持良好的技术状态，计量器具应坚持周期检定，以保证量值正确、统一。

7）要有专业培训制度，做到工人初次上岗前必须经过专业培训。做到定人、定机、定工种。

（2）生产现场工艺纪律

1）操作者要认真做好生产前的准备工作，生产中必须严格按设计图样、工艺规程和有关标准的要求进行加工、装配。对有关时间、温度、压力、真空度、电流、电压、材料配方等工艺参数、除严格按规定执行，还应做好记录，以便存档备查。

2）精密、大型、稀有设备的操作者和焊工、锅炉工、电工及无损检测人员等必须经过严格考核，合格后发给操作证，凭操作证操作。

3）新工艺、新技术、新材料和新装备必须经验证、鉴定合格后纳入工艺文件方可正式使用。

4）生产现场应做好定置管理和文明生产。

3.4.3　工艺纪律的考核

1）各企业都应有严格的工艺纪律检查、考核制度与办法。

2）全厂性的工艺纪律应由厂长和总工程师（或总工艺师）组织工艺、质量管理、检验、生产等有关职能部门进行检查评定；生产现场的工艺纪律应由检查部门负责日常监督；车间、工段领导负责进行定期检查考核。

3）工艺纪律主要考核内容。

① 工艺管理机构、职能落实和人员的配备。

② 工艺管理制度是否完备。

③ 技术文件和正确率、完整率与统一率。

④ 工艺文件的贯彻率。

⑤ 设备和工艺装备的完好率。

⑥ 计量器具的周期检定率。

⑦ 生产的均衡率。

⑧ 定人、定机、定工种的符合率。

⑨ 定置管理和文明生产情况。

4）工艺纪律考核细则由各企业自定。

3.5　工艺试验研究与开发（JB/T 9169.12—1998）

3.5.1　基本要求

1）工艺试验研究与开发是提高企业工艺水平的主要途径，是加速新产品开发、稳定提高产品质量、降低消耗、提高效益的基础，各企业都应根据本企业的条件积极开展工艺试验研究与开发。

2）为了搞好工艺试验研究，企业应给工艺部门配备相应的技术力量，提供必要的试验研究条件。

3）企业在进行工艺研究与开发中应积极与大专院校和科研院所合作，充分利用企业外部技术力量。与此同时，还应积极采用他们已有的成果。

3.5.2　工艺试验研究范围

1）工艺发展规划中的研究开发项目。

2）生产工艺准备中新技术、新工艺、新材料、新装备的试验研究。

3）为解决现场生产中重大产品质量问题或有关技术问题而需要进行的攻关性试验研究。

4）消化引进项目的验证性试验研究。

3.5.3　立项原则

1）根据工艺发展规划的要求。

2）有针对性地解决现场生产中突出的质量问题和生产能力薄弱环节。

3）项目完成后要有明显的技术、经济效益或社会效益。

4）根据本企业的能力。

3.5.4　试验研究程序

1）确定试验研究课题。

2）规划课题费用。

3）确定课题参加人员。

4）编写试验研究课题任务书。试验研究课题任务书应包括以下内容：

① 项目名称。

② 试验研究目的。

③ 主要工作内容。

④ 预期的技术、经济效果。

⑤ 本项目的国内外状况。

⑥ 准备工作情况、现有条件和将要采取的措施。

⑦ 完成时间。

⑧ 经费概算。

⑨ 项目负责人和主要参加人员。

⑩ 审批意见。

5）进行调研。

6）编制试验研究实施方案。实施方案应包括以下内容：

① 试验目标。

② 试验方法和步骤。

③ 技术组织措施和安全措施。

④ 所需的仪器、仪表和设备目次。

⑤ 人员分工及进度计划。

7）组织实施。

8）阶段检查。

① 主管部门和有关领导要及时了解和解决实施中存在的问题。

② 在试验过程中，发现技术经济上不可取的项目应及时停止，并申报撤销该项目，以免造成更大浪费。

9）编写试验研究总结报告。试验研究总结报告应包括以下主要内容：

① 课题名称和项目编号。

② 目的及要求。

③ 试验条件。

④ 实际试验程序。

⑤ 试验结果分析，包括与国内外资料对比、使用价值与经济效果等。

⑥ 结论，包括对今后推广使用的意见和建议。

⑦ 附录，包括全部有用试验数据。

10）组织鉴定。

11）立卷存档。课题成果经过鉴定后，应将全部有关试验研究资料编号存档。

3.5.5 研究成果的使用与推广

1）经过鉴定的研究成果需经过一段试用验证期，然后再纳入工艺文件正式使用。

2）对全行业有指导意义的研究成果，应在全行业内加以推广，以提高全行业的水平。

3.6 工艺情报（JB/T 9169.13—1998）

3.6.1 基本要求

工艺情报是进行工艺研究与开发、提高企业工艺水平的重要手段，各企业都应重视和加强工艺情报工作。

3.6.2 工艺情报的主要内容

1）国内外新技术、新工艺、新材料、新装备的研究与使用情况。

2）有关新的工艺标准、手册、图册。

3）有关的先进工艺规程或规范。

4）有关工艺研究报告、论文和革新成果。

5）其他有参考价值的资料和信息。

3.6.3 工艺情报的收集

工艺情报可以由专职工艺情报人员和各专业人员通过以下途径进行收集：

1）查阅资料。

2）进行调研。

3）专业情报网。

4）出国学习或考察等。

3.6.4 工艺情报的加工

工艺情报收集后，应由专人进行认真分析、整理、分类、编号，对国外原文资料应组织翻译与校审后再进行分类、编号。编号要便于计算机存储与检索。

3.6.5　工艺情报的管理

1）工艺情报加工完毕后，应送资料部门统一登记保管。专业人员需用时应按规定手续由资料室提取。

2）资料室应有完备的保管、借阅制度。

3）有条件的企业应尽可能采用计算机管理。

4）为了充分发挥工艺情报资料作用，资料应不断更新，并将新资料目次经常通报各有关工艺专业部门。

5）加强工艺情报交流。企业内部各工艺专业之间和厂际同行业间都应加强工业情报交流，互通信息，以促进工艺水平不断提高。

3.7　工艺标准化（JB/T 9169.14—1998）

3.7.1　基本要求

工艺标准化是加强工艺科学管理、提高工艺技术水平、缩短生产工艺准备周期的重要手段，各企业都应重视工艺标准化工作。有条件的企业都应设置工艺标准化机构或专职工艺标准化员。

3.7.2　工艺标准化主要范围

1）工艺术语、符号、代号标准化。

2）工艺文件标准化。

3）工艺要素与工艺参数标准化。

4）工艺操作方法的典型化与标准化。

5）工艺装备标准化。

6）工艺管理标准化。

3.7.3　工艺标准的主要类型

1）工艺基础标准：

① 工艺术语标准。

② 工艺符号、代号标准。

③ 工艺分类、编码标准。

④ 工艺文件标准。

⑤ 工艺余量标准。

2）专业工艺技术标准：

① 工艺材料标准。

② 工艺技术条件与工艺参数标准。

③ 工艺操作方法标准。

④ 工艺试验与检测标准。

3）工艺装备标准：

① 切削与磨削工具标准。

② 夹具标准。

③ 模具标准。

④ 辅具标准。

⑤ 钳工与手工工具标准。

⑥ 计量器具标准。

4）工艺管理标准。

3.7.4 工艺标准的制订

1）根据工艺灵活多变的特点，工艺标准除少数通用性强的可制订为国家标准或行业标准，多数应结合企业特点制订为企业标准。

2）企业应重点制订的工艺标准。

① 制订工艺操作方法标准，如典型工艺、工艺守则、标准工艺等，以缩短新产品工艺设计时间，提高工艺水平。

② 制订工序间加工余量标准，以提高材料利用率，减少加工劳动量。

③ 制订工艺装备标准，以减少专用工装，提高专用工装中标准化系数。

④ 制订工艺管理标准，使工艺管理科学化、规范化。

⑤ 有引进项目或与国外有合作项目的企业，要积极引进和转化国外企业有关工艺标准或规范，以提高企业工艺水平。

3）工艺标准的制订程序。

① 合理选题。选题时应考虑该标准的适用范围，贯彻实施后可能给企业带来的技术、经济效益，制订的条件是否具备等。

② 收集、消化与本标准有关的资料。

③ 编写标准草案。在编写草案时，除应根据本企业条件积极采用国内外有关先进标准，还应将本企业比较成熟的先进工艺、先进技术及好的管理方法纳入其中。

④ 征求意见。标准草案完成后，应发到有关科（室）、车间（分厂）广泛征求意见，对一些有争议的问题应进行充分协商，尽量达到统一。

⑤ 修改定稿。标准草案征求意见后，应根据各方面意见进行综合分析，对标准草案进行修改。对征求意见中分歧意见较大的标准草案，修改后应由总工程师或总工艺师组织审查会，审查定稿。一般意见分歧不大的，修改后经有关部门会签后即可定稿。

⑥ 批准发布。经审查或会签后的工艺标准报批稿，须经总工程师或技术副厂长批准，并经企业标准化主管部门登记、编号后予以正式发布。

3.7.5 工艺标准的贯彻

1）企业在贯彻工艺方面的现行国家标准和行业标准时，首先应结合企业的具体条件，将其转化为企业标准，但在转化时水平不应降低。

2）企业工艺标准，包括由现行国家标准、行业标准或国外标准转化的和本企业自己制订的，都要强制执行。

3）标准贯彻前，工艺部门要规定具体贯彻措施，在贯彻中要进行督促和检查。

3.8 管理用工艺文件格式的名称、编号和填写说明（JB/T 9165.3—1998）

按工艺文件完整性（JB/T 9165.1）的要求，规定了以下管理用工艺文件格式。

3.8.1　文件的幅面及表头、表尾、附加栏（格式 1）（见表 2-3-15）

表 2-3-15　文件的幅面及表头、表尾、附加栏（格式 1）

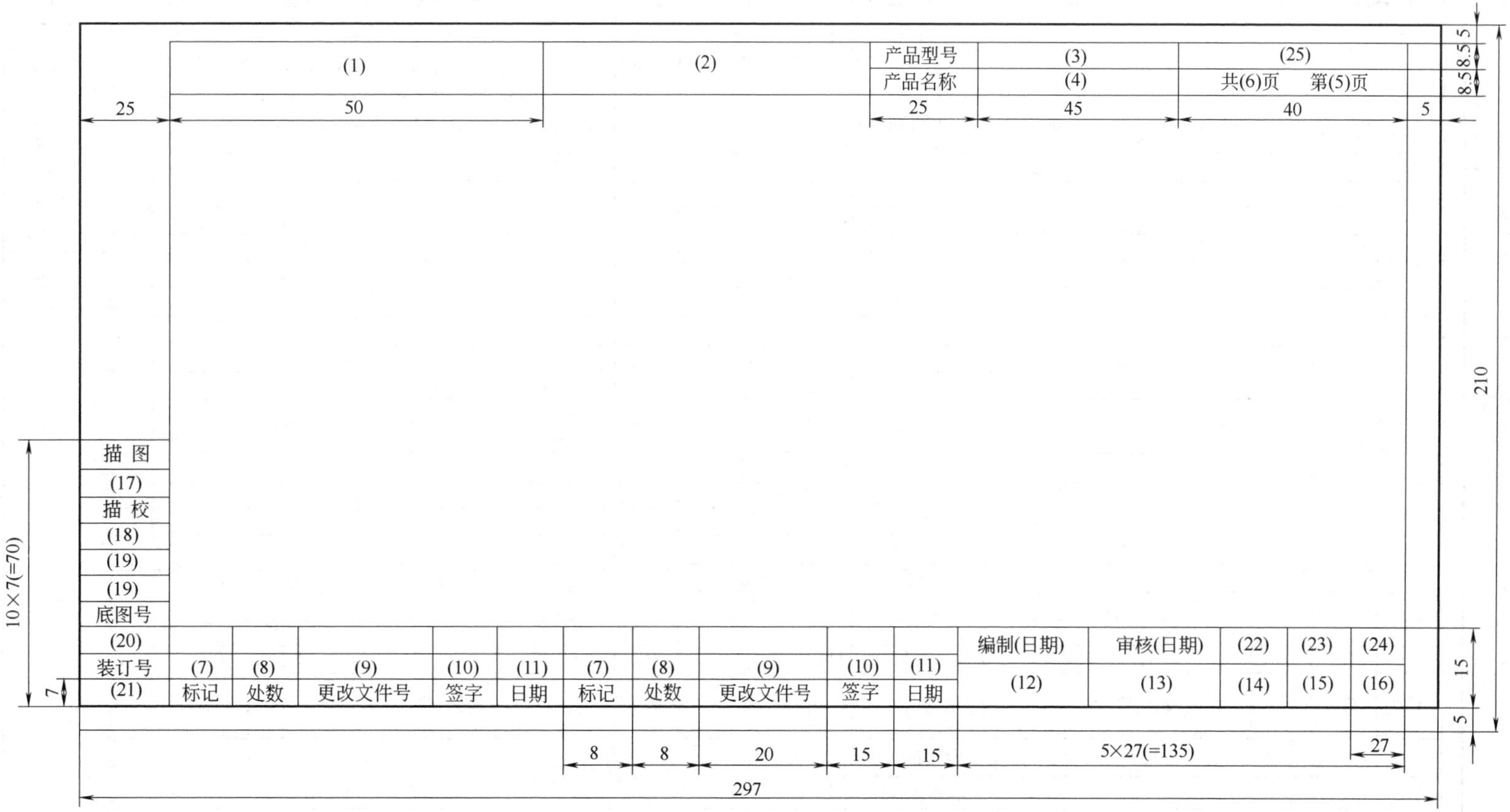

注：空格填写内容：(1) 填写企业名称；(2) 填写文件名称；(3)、(4) 按设计文件填写产品的型号名称；(5) 用阿拉伯数字填写顺序号，如 1、2、3 等；(6) 填写同一种文件的总页数；(7) 填写更改部位使用的标记，如ⓐ、ⓑ、ⓒ等；(8) 同一次更改的处数；(9) 通知单的编号；(10) 更改人员签字；(11) 更改日期；(12)、(13) 分别为编制与审核人员签字处并填写签字日期；(14)~(16) 根据 (22)~(24) 的要求填写；(17)、(18) 描图、描校人员签字；(19) 备用，可根据需要填写整顿标记等；(20) 填写底图编号；(21) 装订成册的顺序号；(22)~(24) 可印刷会签、审定、标准化等有关人员签字及日期；(25) 按 JB/T 9166 填写文件编号。

3.8.2 工艺文件目录（格式2）（见表2-3-16）

表2-3-16 工艺文件目录（格式2）

		工艺文件目录			产品型号				
					产品名称			共 页	第 页
序号	文件编号	文件名称	页数	备注	序号	文件编号	文件名称	页数	备注
(1)	(2)	(3)	(4)		(1)	(2)	(3)	(4)	
8	20	75	10	20	8	20	75	10	

描图											
描校											
底图号										编制(日期)	审核(日期)
装订号	标记	处数	更改文件号	签字	日期	标记	处数	更改文件号	签字	日期	

19×8(=152)

8

注：空格填写内容：（1）用阿拉伯数字填写顺序号，如1、2、3等；（2）工艺文件编号；（3）工艺文件名称的全称，如产品零（部）件工艺路线表、机械加工工艺过程卡片等；（4）该类工艺文件的总页数。

3.8.3 产品结构工艺性审查记录和工艺文件标准化审查记录（格式3）（见表2-3-17）

表2-3-17　产品结构工艺性审查记录和工艺文件标准化审查记录（格式3）

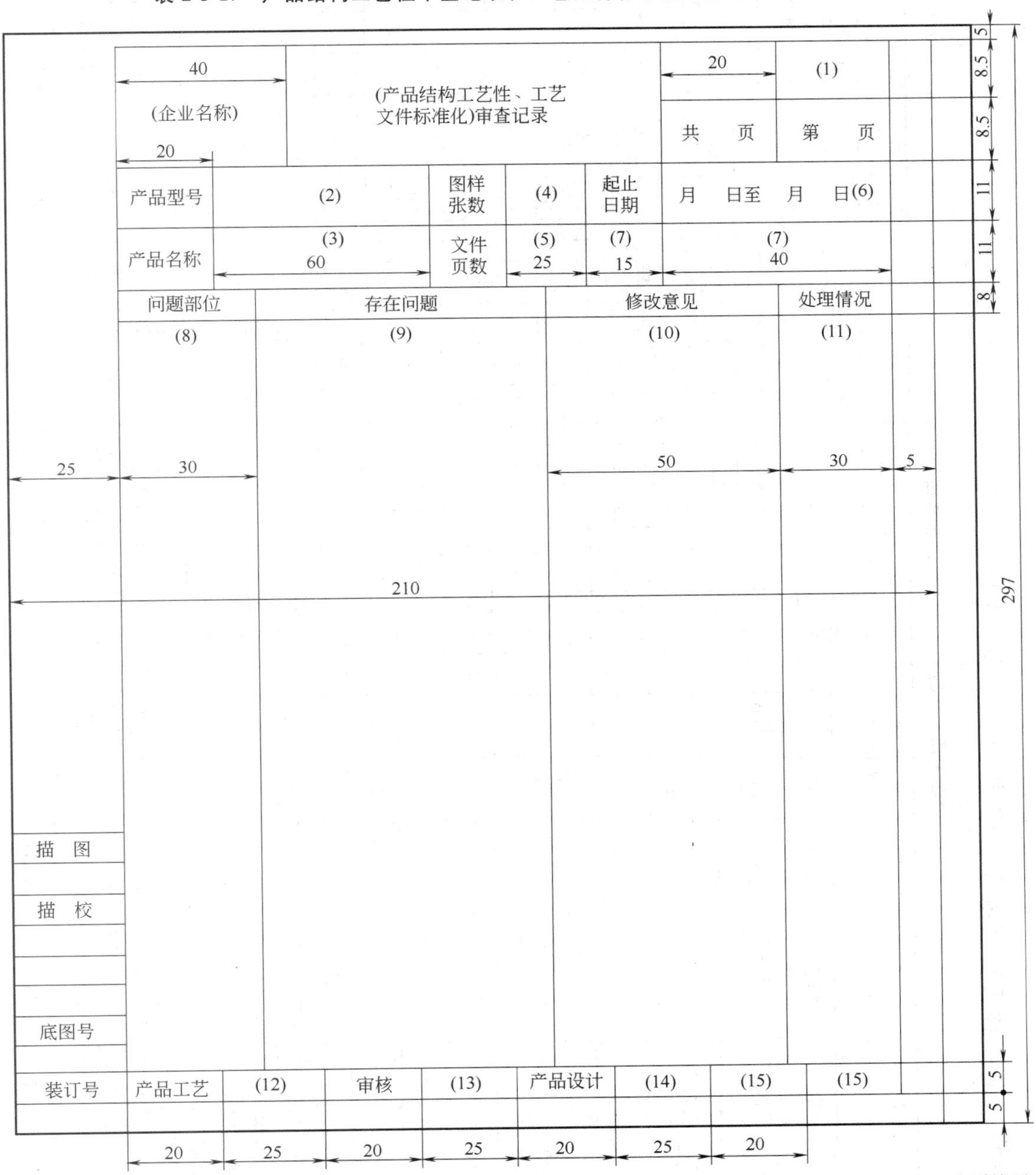

注：空格填写内容：(1) 按JB/T 9166填写文件编号；(2)、(3) 按产品图样的规定填写；(4)、(5) 分别填写产品图样张数和工艺文件页数；(6) 审查期限；(7) 自定；(8) 问题在图样或工艺文件中的位置；(9) 图样或工艺文件中存在的问题；(10) 审查人员提出的修改意见；(11) 产品或工艺设计人员处理情况的记录；(12)~(15) 工艺、审核、设计等人员的签字及日期。

3.8.4 产品零（部）件工艺路线表（格式4）（见表2-3-18）

表2-3-18 产品零（部）件工艺路线表（格式4）

	产品零(部)件工艺路线表				产品型号			
					产品名称		共 页	第 页
序号	零(部)件图号	零(部)件名称	材料	每台件数 (9)	(1) (2)	8	(3)	(3) 备注
(5)	(6)	(7)	(8)	(10)	(4)			
8	25	25	20	5	35×5(=175)			

18×8(=144)

8

描图	
描校	

底图号											编制(日期)	审核(日期)		
装订号	标记	处数	更改文件号	签字	日期	标记	处数	更改文件号	签字	日期				

注：空格填写内容：（1）生产部门名称。如一车间、铸造车间；（2）填写各生产部门所包括的工段、班组或工种的名称。如大件工段、刻度组；冲压、电镀、油漆等（可根据本厂情况印刷在空格内）；（3）外协件（可根据本厂情况印刷在空格内）；（4）按零（部）件工艺过程的先后顺序，在该工种下面的空格中用阿拉伯数字填写。若遇一个生产部门的同一工种两次或两次以上出现时，可以下面的空格中填写；（5）用阿拉伯数字填写顺序号，如1、2、3等；（6）~（8）按设计文件分别填写零（部）件的图号、名称和材料的牌号；（9）考虑零件的借用范围，在填写时，产品型号相同填写规格；产品型号不同填写型号。无借用产品时不填，格数不够时可增加；（10）每台产品所需该零件的数量。

说明：1. 本表中的空格（1）或空格（2）不够用时，幅面允许向翻开方向按二分之一的倍数加长，表头也相应加长，但只加长文件名称栏，表尾相应地向右位移。

2. 空格（9）、空格（10）可根据本厂产品情况增减。

3.8.5　工艺关键件明细表（格式 5）（见表 2-3-19）

表 2-3-19　工艺关键件明细表（格式 5）

			工艺关键件明细表				产品型号		
							产品名称	共　页	第　页
	序号	零件图号	零件名称	材料	每台件数		关　键　内　容		备注
					(6)				
	(2)	(3)	(4)	(5)	(7)		(1)		
					6				
	8	30	30	20	3×6(=18)		136		
描图									
描校									
									8
									19×8(=152)
底图号							编制(日期)	审核(日期)	
装订号	标记	处数	更改文件号	签字	日期	标记	处数	更改文件号	签字	日期

注：空格填写内容：（1）主管工艺人员填写工艺的关键内容；（2）用阿拉伯数字填写顺序号，如 1、2、3 等；（3）~（5）按设计文件填写零件的图号、名称和材料牌号；（6）考虑零件的借用范围，在填写时，产品型号相同时填写规格；型号不同时填写型号。无借用产品时不填，格数不够时可增加；（7）每台产品所需零件的数量。

说明：空格（6）、空格（7）可根据本厂产品情况增减。

3.8.6 工序质量分析表（格式6）（见表2-3-20）

表2-3-20 工序质量分析表（格式6）

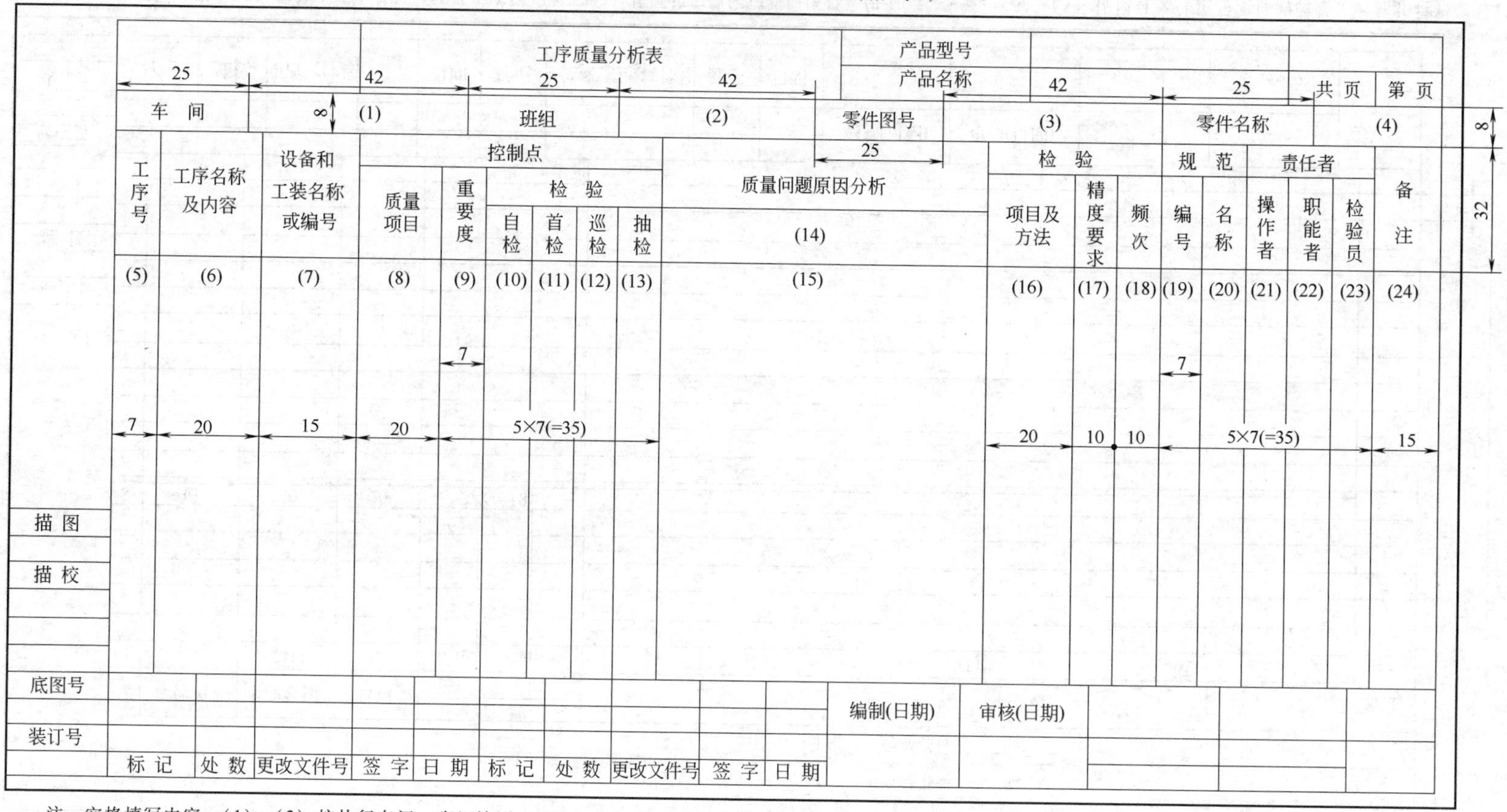

注：空格填写内容：(1)、(2) 按执行车间、班组填写；(3)、(4) 按工艺规程填写；(5)、(6) 按工艺规程及操作要求填写；(7) 按用设备和工装名称或编号填写；(8) 按工序质量控制内容项目填写；(9) 按关键、重要或一般填写；(10)~(13) 按检验性质及执行标记填写；(14) 按质量原因、影响因素分层次展开填写；(15) 按质量影响因素、机床、工装、量具、材料分别填写；(16)、(17) 按质量影响原因的检查项目、方法及数值公差分别填写；(18) 按全数检验、日检 N 件、月检 N 件或几件检一件填写；(19)、(20) 按操作指导卡片和设备检修规程、量具等工装检修规程名称与编号填写；(21)~(23) 按责任者执行标记填写；(24) 按有关要求与规定填写。

3.8.7　产品质量控制点明细表（格式 7）（见表 2-3-21）

表 2-3-21　产品质量控制点明细表（格式 7）

		产品质量控制点明细表	产品型号			
			产品名称		共　页	第　页
序号	零部件图号	零部件名称	质量控制点内容		负责单位	备 注
(1)	(2)	(3)	(4)		(5)	(6)
15	30	30	135		30	

描 图
描 校
底图号
装订号

										编制(日期)	审查(日期)			
标 记	处 数	更改文件号	签 字	日 期	标 记	处 数	更改文件号	签 字	日 期					

21×8(=168)

8

注：空格填写内容：(1) 按零件排列次序号填写；(2)、(3) 按产品图样、工艺规程要求填写；(4) 按质量控制点主要内容填写；(5) 按执行责任单位填写；(6) 按工艺及附加要求填写。

3.8.8 零部件质量控制点明细表（格式8）（见表2-3-22）

表2-3-22 零件质量控制点明细表（格式8）

零件质量控制点明细表	产品型号		零件图号			
	产品名称		零件名称		共 页	第 页

序 号	控制点名称	控制项目	技术要求	控制标准	备 注
(1)	(2)	(3)	(4)	(5)	(6)

尺寸：25，15，40，65，65，65；21×8(=168)；8

描 图
描 校
底图号
装订号

										编制(日期)	审核(日期)		
标记	处数	更改文件号	签字	日期	标记	处数	更改文件号	签 字	日 期				

注：空格填写内容：(1) 按控制点排列序号填写；(2) 按工艺要求控制点主项名称填写；(3) 按尺寸、形状与位置、表面粗糙度要求填写；(4) 按尺寸公差、几何公差及工艺特殊要求数值填写；(5) 按工艺内控要求填写；(6) 按关键、重要或一般要求填写。

3.8.9　外协件明细表（格式 9）（见表 2-3-23）

表 2-3-23　外协件明细表（格式 9）

		外协件明细表					产品型号		
							产品名称	共　页	第　页
序 号	零件图号	零件名称	材 料	每台件数			协作内容及技术要求	专用工艺装备	备注
				(8)					
(3)	(4)	(5)	(6)	(7)			(1)	(2)	
8	30	30	25	6	3×6(=18)		106	30	19×8(=152)

描 图														
描 校														
底图号											编制(日期)	审核(日期)		
装订号	标 记	处 数	更改文件号	签 字	日 期	标 记	处 数	更改文件号	签 字	日 期				

注：空格填写内容：(1) 外协件的协作内容及技术要求；(2) 外协件需要本厂准备的专用工艺装备（不填写外制、外协单位自制的工艺装备）；(3) 用阿拉伯数字填写顺序号，如 1、2、3 等；(4)~(7) 按设计文件填写零件的图号、名称、材料牌号和每台件数；(8) 考虑零件借用范围，在填写时，型号相同时填写规格；型号不同时填写型号。无借用产品时不填，格数不够时可增加。

说明：1. 空格（7）、空格（8）可根据本厂产品情况增减。

2. 外协件明细表，在填写时可把不用的名称划掉。

3.8.10 配作件明细表（格式10）（见表2-3-24）

表2-3-24 配作件明细表（格式10）

配作件明细表								产品型号				
								产品名称		共 页		第 页
序 号	主 件			部 门	配 件			配作内容及技术要求	使用标准件			备 注
	零件图号	零件名称	每台件数		零件图号	零件名称	每台件数		规格、代号	名 称	件 数	
(1)	(2)	(3)	(4)	(5)	(6)	(7)	(12)	(8)	(9)	(10)	(11)	
8	25	25	8	12	25	25	8	62	20	20	8	19×8(=152)
												8
描 图												
描 校												
底图号												
装订号												
	标 记	处 数	更改文件号	签 字	日 期	标 记	处 数	更改文件号	签 字	日 期	编制(日期)	审核(日期)

注：空格填写内容：（1）用阿拉伯数字填写顺序号，如1、2、3等；（2）~（4）按设计文件填写先做零件的图号、名称和每台件数；（5）车间、工段等；（6）、（7）、（12）按设计文件填写配作零件的图号、名称和每台件数；（8）配作内容及技术要求；（9）~（11）使用标准件的型号、规格和名称。

3.8.11 (　) 零件明细表（格式11）（见表2-3-25）

表2-3-25 (　) 零件明细表（格式11）

		[(1)]零件明细表				产品型号		
						产品名称	共　页	第　页
序号	零件图号	零件名称	材料	每台件数 (8)			工序内容或技术要求	备注
(3)	(4)	(5)	(6)	(7)			(2)	
				6				
8	35	30	20	3×6(=18)			122	19×8(=152)；8

描图	描校	底图号	装订号

标记	处数	更改文件号	签字	日期	标记	处数	更改文件号	签字	日期	编制(日期)	审核(日期)		

注：空格填写内容：(1) 工种的名称或某类零件的名称，如“铸造”“锻造”“油漆”“电镀”“热处理”“塑料”“光学”等；(2) 根据某零件的情况填写工序内容或技术要求；(3) 用阿拉伯数字填写顺序号，如1、2、3等；(4)~(7) 按设计文件填写零件的图号、名称、材料牌号和每台件数；(8) 考虑零件的借用范围，在填写时，型号相同时填写规格；型号不同时填写型号。无借用产品时不填，格数不够时可增加。

3.8.12 （外购、企业标准）工具明细表（格式12）（见表2-3-26）

表2-3-26 （外购、企业标准）**工具明细表**（格式12）

(外购、企业标准)工具明细表					产品型号			共 页	第 页
					产品名称				
序号	名称	规格与精度	使用零(部)件图号	备注	序号	名称	规格与精度	使用零(部)件图号	备注
(1)	(2)	(3)	(4)	(5)					
8	35	42	30	18	8	35	42	30	19×8(=152)；8
标记	处数	更改文件号	签字	日期	标记	处数	更改文件号	签字	日期
编制(日期)	审核(日期)								

描图　描校　底图号　装订号

注：空格填写内容：（1）用阿拉伯数字填写顺序号，如1、2、3等；（2）按样本分类填写标准工具的名称，或填写企业标准工具名称；（3）按样本填写标准工具的规格与精度，如铰刀 $\phi25H7$，$\phi30H9$ 等，或填写企业标准工具的规格与精度；（4）本企业用量不多的标准工具，填写主要使用零件的图号，一般用量较多的工具，不填写使用零件的图号；（5）用企业标准工具明细表时，可以填写编号。

3.8.13 （专用工艺装备、组合夹具）明细表（格式 13）（见表 2-3-27）

表 2-3-27 （专用工艺装备、组合夹具）**明细表**（格式 13）

	(专用工艺装备、组合夹具)明细表				产品型号				
					产品名称			共 页	第 页
序号	编号	名称	使用零(部)件图号	备注	序号	编号	名称	使用零(部)件图号	备注
(1)	(2)	(3)	(4)	(5)					
8	30	30	40	20	8	30	30	40	19×8(=152)；8

描图											
描校											
底图号										编制(日期)	审核(日期)
装订号	标记	处数	更改文件号	签字	日期	标记	处数	更改文件号	签字	日期	

注：空格填写内容：（1）用阿拉伯数字填写顺序号，如 1、2、3 等；（2）按工装编号类别和顺序填写；（3）工装的名称；（4）工装用于零（部）件的图号和名称；（5）自定。

3.8.14 专用工艺装备明细表（格式13a）（见表2-3-28）

表2-3-28 专用工艺装备明细表（格式13a）

	专用工艺装备明细表					产品型号					
						产品名称				共 页	第 页
序号	零(部)件图号	零(部)件名称	(1) 编号	名称	使用部门	(1) 编号	名称	使用部门	(1) 编号	名称	使用部门
(4)	(5)	(6)	(2)	(3)		(2)	(3)		(2)	(3)	
8	30	25	30	25	13	30	25	13	30	25	19×8(=152)
											8

底图号										编制(日期)	审核(日期)
装订号	标记	处数	更改文件号	签字	日期	标记	处数	更改文件号	签字	日期	

（左侧栏：描图、描校）

注：空格填写内容：（1）根据本厂情况印刷工艺装备类别，如刀具、量具、夹具、模具、辅助夹具等，空格内可印刷一类，也可几类一起印刷在一个空格内；（2）填写工装编号，并按工装编号的顺序由小到大填写；（3）填写工装名称全称；（4）用阿拉伯数字填写顺序号，如1、2、3等；（5）、（6）只填写使用专用工艺装备的零（部）件的图号和名称。

说明：专用工艺装备明细表有格式13和格式13a两种，可根据本厂情况选用一种。

3.8.15 工位器具明细表（格式 14）（见表 2-3-29）

表 2-3-29 工位器具明细表（格式 14）

	工位器具明细表	产品型号		
		产品名称	共 页	第 页

序号	编号	名称	每个器具可装件数	使用零(部)件图号	周转路线	备注
(1)	(2)	(3)	(4)	(5)	(6)	
8	30	30	20	45	8 / 118	

19×8(=152)　　8

25

描图
描校
底图号
装订号

标记	处数	更改文件号	签字	日期	标记	处数	更改文件号	签字	日期	编制(日期)	审核(日期)			

注：空格填写内容：（1）用阿拉伯数字填写顺序号，如 1、2、3 等；（2）按本单位的编号填写；（3）工位器具的名称；（4）每个工位器具能容纳的零（部）件或产品的数量；（5）工位器具所装零（部）件的图号；（6）按工艺路线表填写该工位器具随零（部）件所经过的车间、工段（班、组）的名称。

3.8.16 （ ）材料消耗工艺定额明细表（格式15）（见表2-3-30）

表2-3-30 （ ）材料消耗工艺定额明细表（格式15）

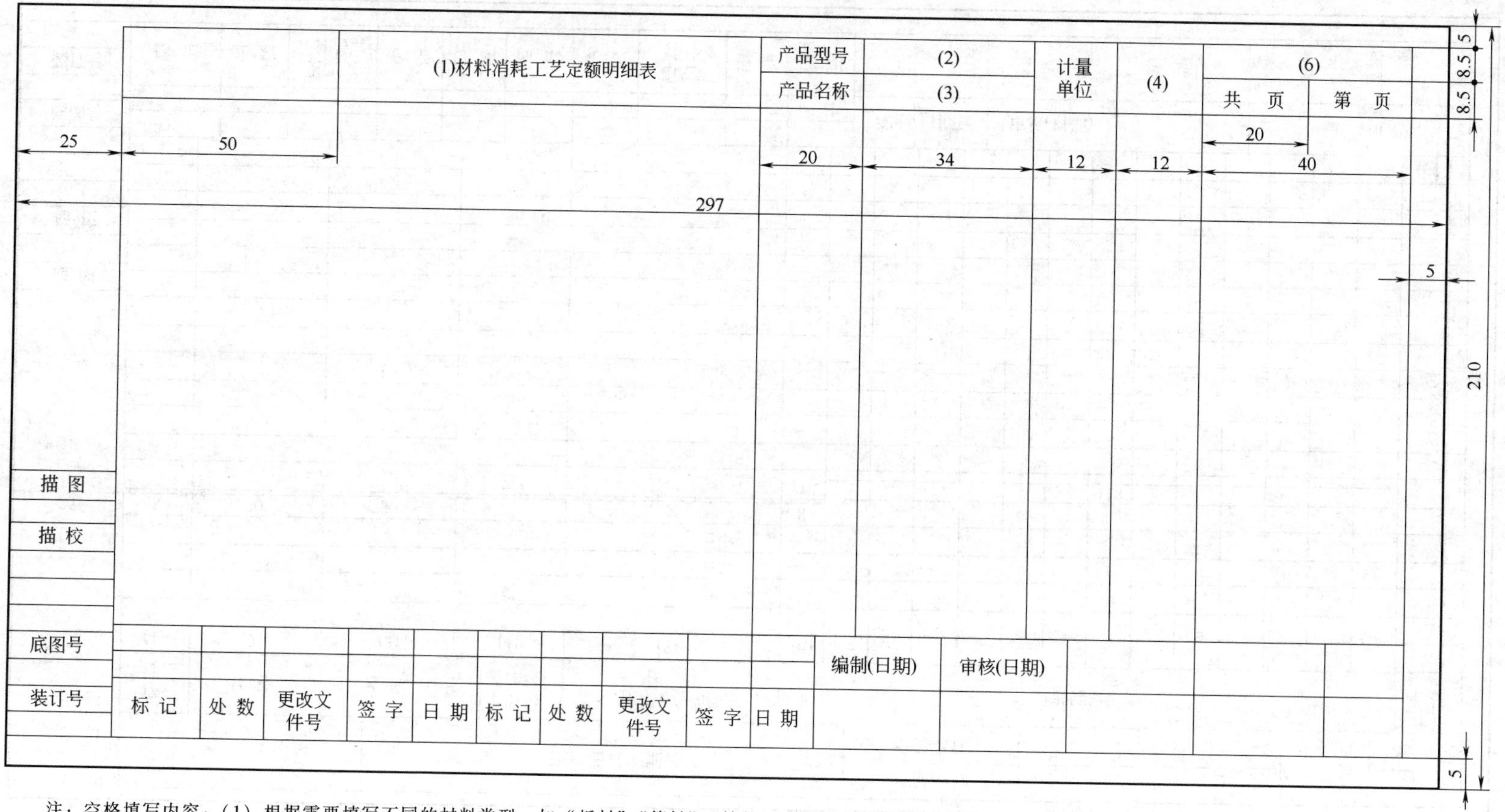

注：空格填写内容：(1) 根据需要填写不同的材料类型，如“板材”“管材”“铸件”“锻件”“木材”“油漆”等；(2)、(3) 按设计文件填写产品的型号、名称；(4) 该表所使用的计量单位，如kg等；(5) 表的具体内容按“机电产品材料消耗工艺定额制定方法”中的有关规定；(6) 按JB/T 9166填写文件编号。

3.8.17 单位产品材料消耗工艺定额汇总表（格式16）（见表2-3-31）

表2-3-31 单位产品材料消耗工艺定额汇总表（格式16）

(企业名称) 50				单位产品材料消耗工艺定额汇总表					产品型号				产品质量/kg		(4)	(9)	
									产品名称							共 页	第 页
序号	材料			单位产品/kg			材料利用率(%)	备注	序号	材料			单位产品/kg			材料利用率(%)	备注
	名称	牌号	规格	净重	毛重	定额				名称	牌号	规格	净重	毛重	定额		
(1)	(2)	(3)	(4)	(5)	(6)	(7)	(8)										
8	20	15	15	12	12	12	15										

尺寸：133.5；20、34、17、17、40；8.5、8.5、8.5；19×8(=152)；8

描图														
描校														
底图号											编制(日期)	审核(日期)		
装订号	标记	处数	更改文件号	签字	日期	标记	处数	更改文件号	签字	日期				

注：空格填写内容：(1) 用阿拉伯数字填写顺序号，如1、2、3等；(2)~(7) 将“（ ）材料消耗工艺定额明细表”中的相同材料名称、牌号、规格、净重、毛重、定额等按规格由小到大汇总填列，并按每类材料结出小计、合计、共计、总计；(8) 材料利用率=空格(5)/(7)；(9) 按JB/T 9166填写文件编号。

说明：1. 材料排列次序按材料目录的次序规定填列，铸件按牌号填列。

2. 本表应把随机应带的附件、备件的材料消耗定额包括在内。如果出口也内销所带的附件、备件项目不同，则须分别编制，并注明。

3.8.18 工艺验证书（格式17）（见表2-3-32）

表2-3-32 工艺验证书

企业名称 40	工艺验证书			(文件编号) 35		
				共 页		第 页
产品型号	(1)		产品名称	(2)		
零件图号	(3)		零件名称	(4)		
验证记录	(5)					
修改意见	(6)					
结论建议	(7)					
签字	(8)	(9)	(10)	(11)	(12)	(13)

尺寸：5、8、4×8(=32)、60、64、8、10、5、210；15、8、20、20、20、20、20、5、148

注：空格填写内容：(1)～(4) 按产品图样的规定填写；(5) 根据 JB/T 9167.5 的要求和规定的验证项目填写验证时的实际情况；(6) 填写验证后工艺、工装需要修改的内容和意见；(7) 验证后结论和对批量生产的建议；(8)～(13) 验证组织者与参加者的单位和签字，并注明日期。

3.8.19 工艺文件更改通知单

工艺文件更改通知单的格式有两种：

(1) 用于更改单件（格式A1）（见表2-3-33）

(2) 用于更改多件（格式A2）（见表2-3-34）

格式A1、格式A2均印成软纸的复写形式，复写分数可根据各厂情况自定。

表 2-3-33　工艺文件更改通知单（格式 A1）

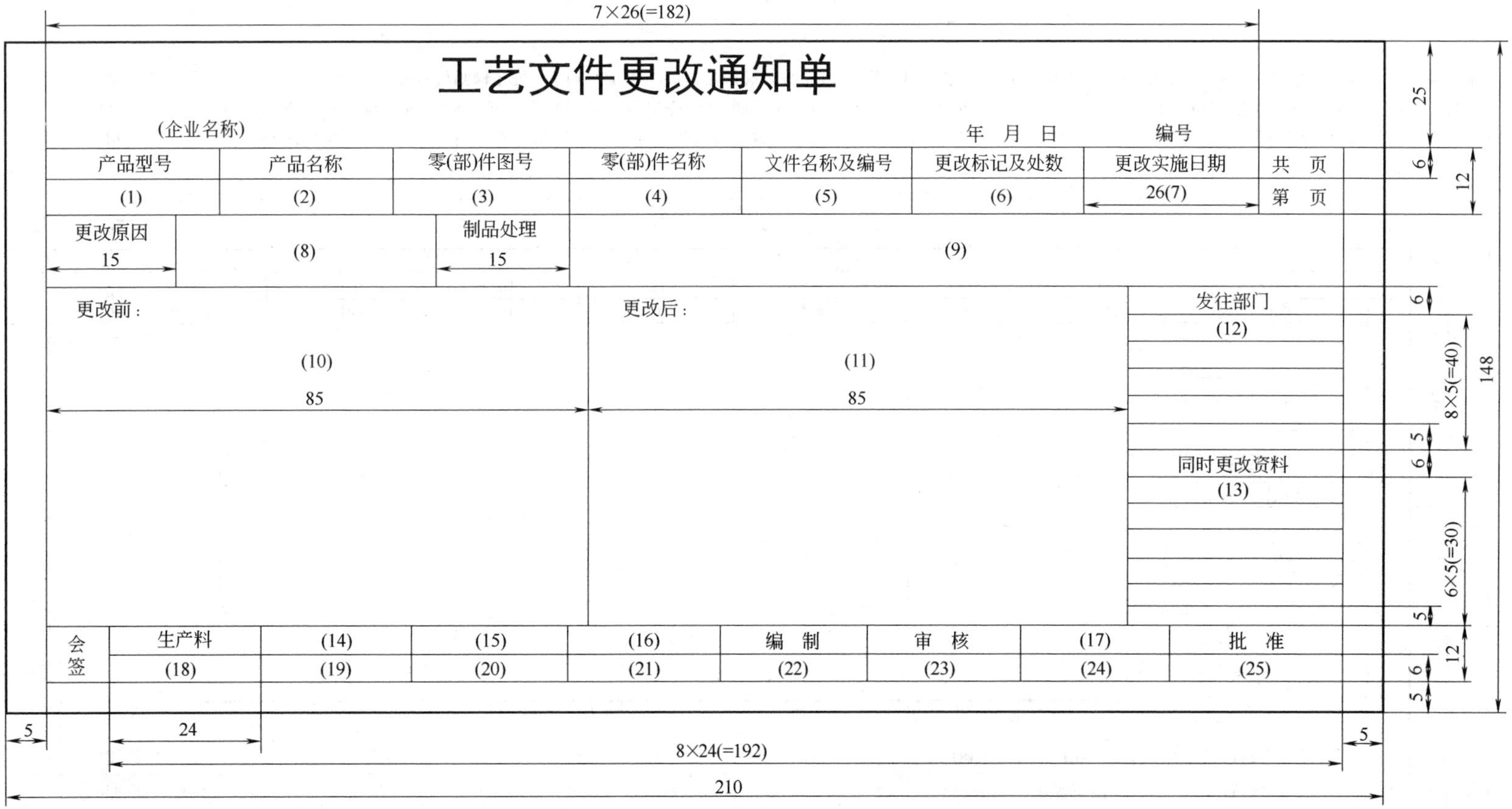

注：空格填写内容：(1)~(4) 产品的型号、名称，零部件的图号、名称均按被更改的文件填写；(5) 被更改文件的名称及编号；(6) 更改标记及更改处数同格式 1 的空格 (8)、空格 (9)；(7) 更改后实施日期；(8) 更改理由；(9) 更改前的制品处理意见；(10) 更改前的文件内容或简图；(11) 更改后的文件内容或简图；(12) 更改通知单发往的部门；(13) 需同时更改的资料名称；(14)~(16) 会签部门的名称；(17) 备用；(18)~(25) 各职能人员签名。

表 2-3-34 工艺文件更改通知单（格式 A2）

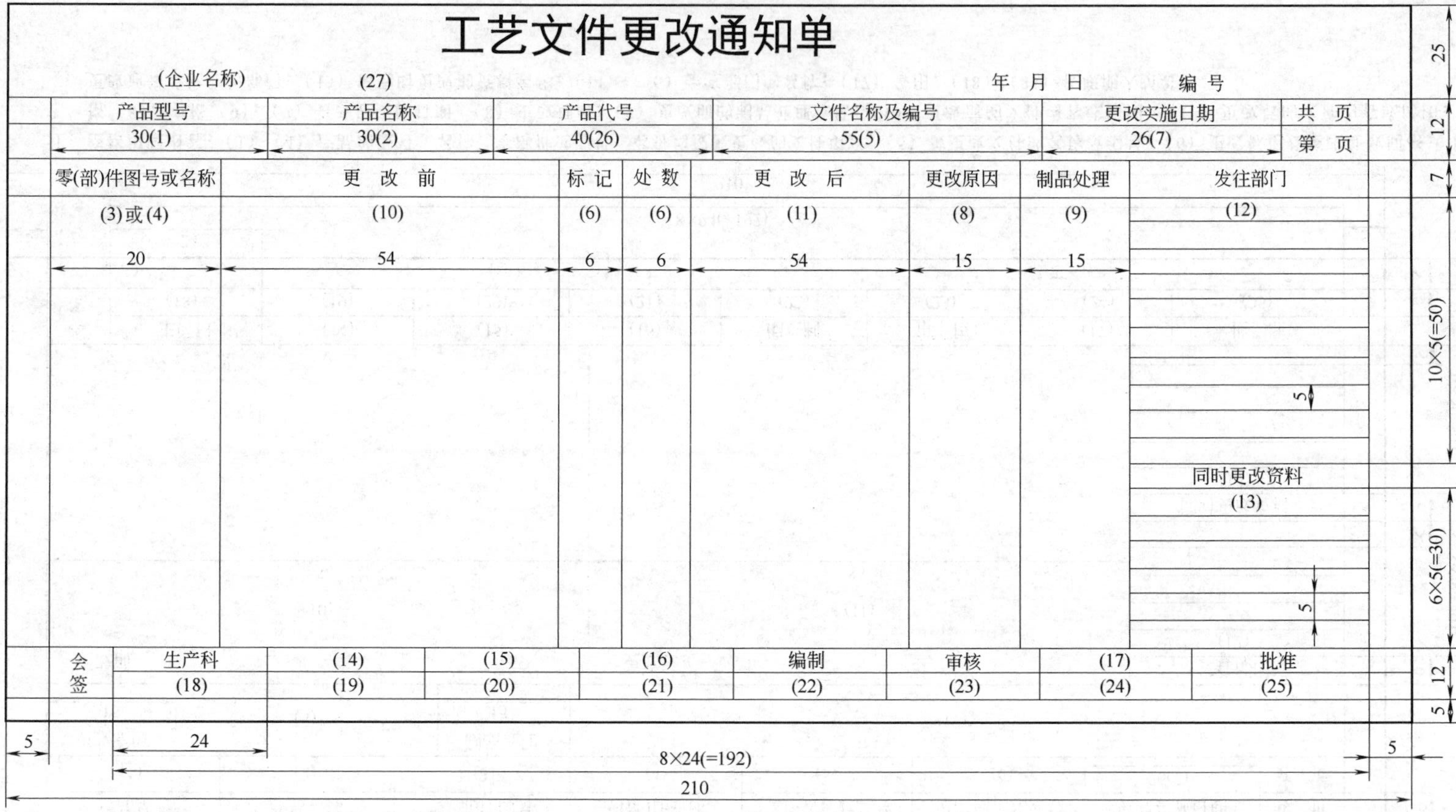

注：空格填写内容：(1)~(4) 产品的型号、名称、零部件图号、名称均按被更改的文件填写；(5) 被更改文件的名称及编号；(6) 更改标记及更改处数同格式 1 的空格 (8)、空格 (9)；(7) 更改后实施日期；(8) 更改理由；(9) 更改前的制品处理意见；(10) 更改前的文件内容或简图；(11) 更改后的文件内容或简图；(12) 更改通知单发往的部门；(13) 需同时更改的资料名称；(14)~(16) 会签部门的名称；(17) 备用；(18)~(25) 各职能人员签名；(26) 产品代号；(27) 专业工种。

3.8.20 封面和文件用纸

（1）封面格式种类。

1）用于横式装订工艺文件（格式B1），见表2-3-35。

表2-3-35 封面格式（格式B1）

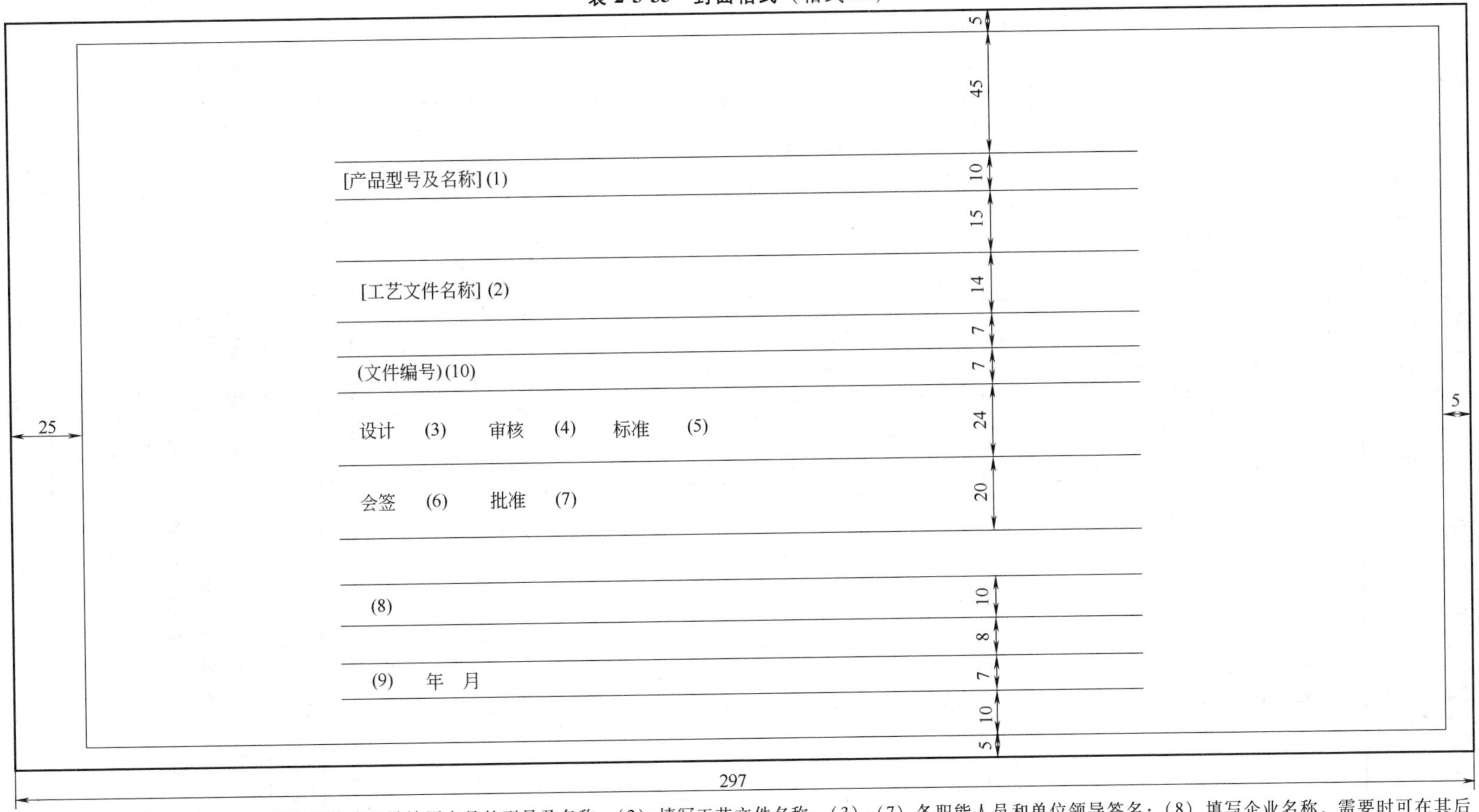

注：空格填写内容：（1）用仿宋体或正楷填写产品的型号及名称；（2）填写工艺文件名称；（3）~（7）各职能人员和单位领导签名；（8）填写企业名称，需要时可在其后填写使用该文件的车间名称；（9）填写该文件的批准日期；（10）按JB/T 9166填写文件编号。

2）用于竖式装订工艺文件（格式 B2），见表 2-3-36。

表 2-3-36　封面格式（格式 B2）

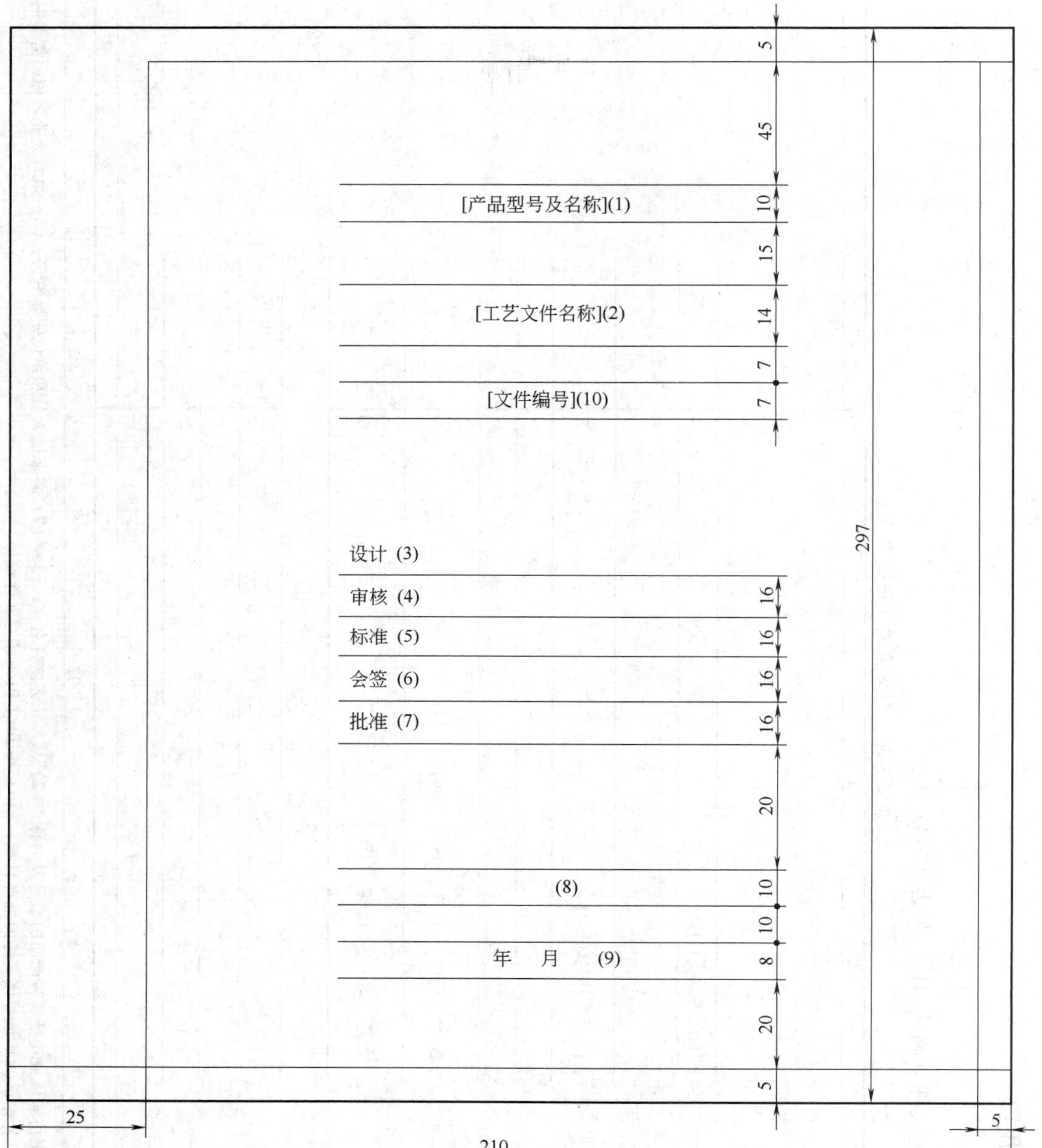

注：空格填写内容：（1）用仿宋体或正楷填写产品的型号及名称；（2）填写工艺文件名称；（3）~（7）各职能人员和单位领导签名；（8）填写企业名称，需要时可在其后填写使用该文件的车间名称；（9）填写该文件的批准日期；（10）按 JB/T 9166 填写文件编号。

（2）工艺文件用纸（格式 B3）（见表 2-3-37）

表 2-3-37　工艺文件用纸（格式 B3）

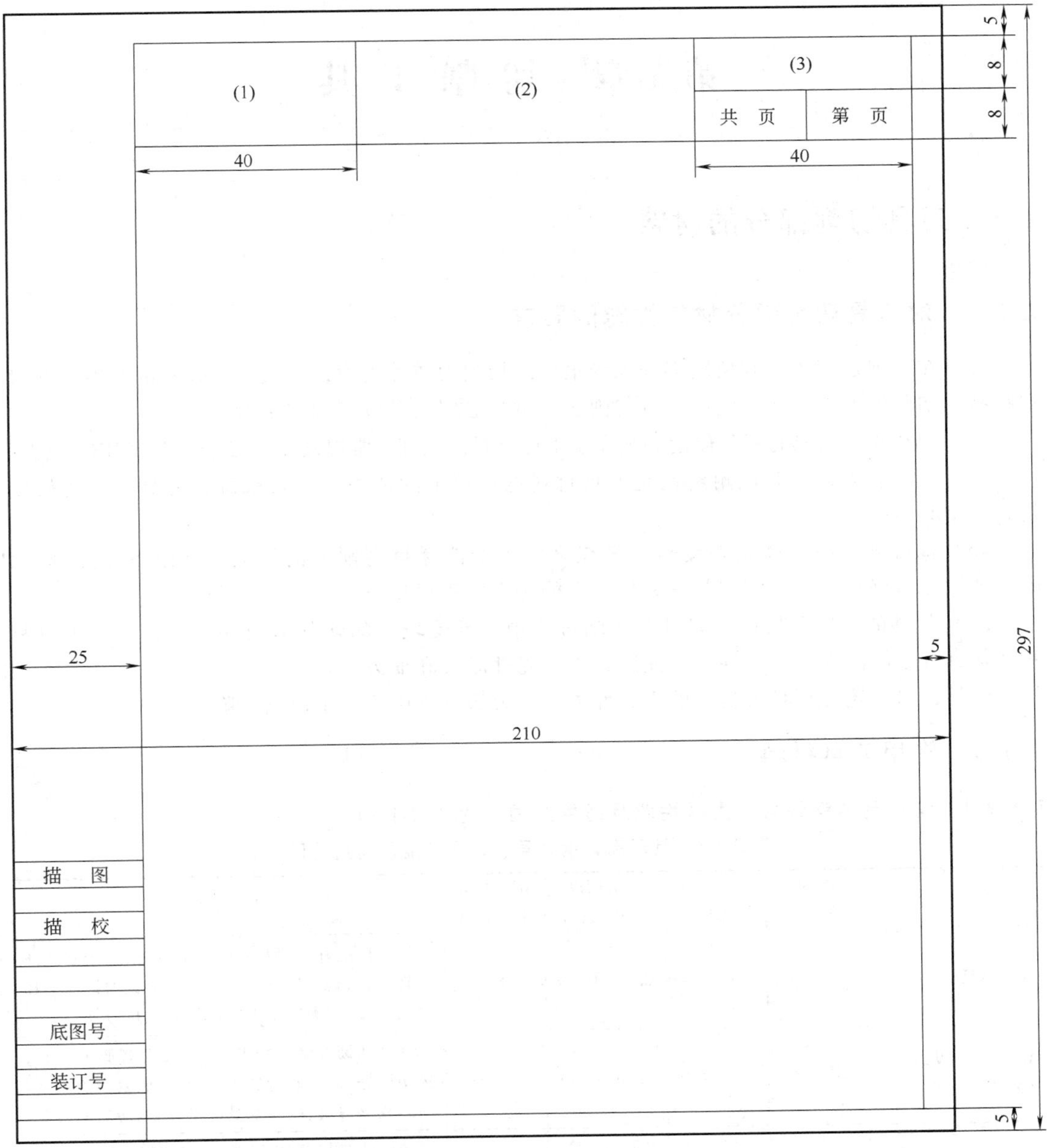

注：空格填写内容：（1）填写企业名称；（2）填写产品型号、名称及文件名称；（3）按 JB/T 9166 填写文件编号。

第3卷　切削加工技术及技术测量

第1章　切 削 工 具

1.1　刀具切削部分的材料

1.1.1　对刀具切削部分材料性能的要求

刀具在切削过程中，其切削部分承受很大的切削力或冲击力，连续经受强烈的摩擦，并且在很高的切削温度下工作，因此刀具切削部分材料必须具备以下的基本性能。

（1）高硬度　刀具材料的硬度必须高于工件材料的硬度。常温硬度一般要求在60HRC以上。

（2）耐磨性好　刀具的耐磨性是刀具材料抵抗磨损的能力。一般来说，刀具材料的硬度越高，耐磨性越好。

（3）高温硬度高　高温硬度是刀具在高温下仍能保持高硬度的性能。高温下硬度越高，则切削性能越好。它是评定刀具材料切削性能好坏的重要标志。

（4）足够的强度和韧性　刀具在切削过程中，承受较大的切削力或冲击力，因此刀具材料必须具有足够的强度和韧性，才能防止刀具脆性断裂和崩刃。

此外，刀具还必须具备良好的刃磨性能，在刃磨过程中不至于退火、脆裂、崩刃等。

1.1.2　常用刀具材料

1.1.2.1　常用高速钢牌号、力学性能及适用范围（见表3-1-1）

表3-1-1　常用高速钢牌号、力学性能及适用范围

牌　　号	硬度 HRC	抗弯强度 /GPa	冲击韧度 /(MJ/m^2)	600℃时的硬度HRC	适用范围
W18Cr4V(W18)	63~66	3.0~3.4	0.18~0.32	48.5	综合性能好,通用性强,可磨性好,适于制造加工轻合金、碳素钢、合金钢、普通铸铁的精加工和复杂刀具,如螺纹车刀、成形车刀、拉刀等
W6Mo5Cr4V2 (M2)	63~66	3.5~4.0	0.30~0.40	47~48	强度和韧性略高于W18,热硬性略低于W18,热塑性好,适于制造加工轻合金、碳素钢、合金钢的热成形刀具,以及承受冲击、结构薄弱的刀具
W14Cr4VMnRE①	64~66	≈4.0	0.31	50.5	切削性能与W18相当,热塑性好,适于制造热轧刀具
W9Mo3Cr4V(W9)	65~66.5	4.0~4.5	0.35~0.40		刀具寿命比W18和M2有一定程度提高,适于加工普通轻合金、钢材和铸铁
9W18Cr4V① (9W18)	66~68	3.0~3.4	0.17~0.22	51	属高碳高速钢,常温硬度和高温硬度有所提高,适于制造加工普通钢材和铸铁、耐磨性要求较高的钻头、铰刀、丝锥、铣刀和车刀等或加工较硬材料(220~250HBW)的刀具,但不宜承受大的冲击

（续）

牌　　号	硬度 HRC	抗弯强度 /GPa	冲击韧度 /(MJ/m^2)	600℃时的硬度 HRC	适用范围
W12Cr4V4Mo①(EV4)	66~67	~3.2	~0.1	52	属高钒高速钢，耐磨性很好，适合切削对刀具磨损极大的材料，如纤维、硬橡胶、塑料等。用于加工不锈钢、高强度钢和高温合金等，效果也很好
W6Mo5Cr4V3(M3)	65~67	~3.2	~0.25	51.7	
W2Mo9Cr4VCo8(M42)	67~69	2.7~3.8	0.23~0.30	55	属含钴超硬高速钢，有很高的常温和高温硬度，适合加工高强度耐热钢、高温合金、钛合金等难加工材料。M42可磨性好，适于制造精密复杂刀具，但不宜在冲击切削条件下工作
W10Mo4Cr4V3Co10(HSP-15)	67~69	~2.35	~0.1	55.5	
W7Mo4Cr4V2Co5①(M41)	67~69	2.5~3.0	0.23~0.30	54	属美国生产的M40系列，使用范围与M42类同
W12Cr4V5Co5(T15)	66~6	~3.0	~0.25	54	常温硬度和耐磨性都很好，600℃高温硬度接近M42钢，适于制造钻头、滚刀、拉刀、铣刀等，用于加工耐热不锈钢、高温合金、高强度钢等难加工材料
W12Mo3Cr4V3Co5Si①(Co5Si)	67~69	2.4~3.3	0.11~0.22	54	
W6Mo5Cr4V2Al(501)	67~69	2.9~3.9	0.23~0.3	55	属含铝超硬高速钢，切削性能相当于M42，适于制造铣刀、钻头、铰刀、齿轮刀具和拉刀等，用于加工合金钢、不锈钢、高强度钢和高温合金等
W10Mo4Cr4V3Al①(5F-6)	67~69	3.1~3.5	0.20~0.28	54	
W6Mo5Cr4V5SiNbAl①(B201)	66~68	3.6~3.9	0.26~0.27	51	属含SiNbAl超硬高速钢，B201的强度和韧性较好，用于加工不锈钢，耐热钢、高强钢

注：1. 本表由于资料来源并非在同一条件下试验，数字仅作参考。
2. 表中所列性能参数，均指淬火处理以后。
① 曾用牌号。

1.1.2.2　硬质合金

1）硬质合金的类别和使用领域见表3-1-2。

2）切削工具用硬质合金的基本成分及力学性能见表3-1-3。

3）切削工具用硬质合金作业条件推荐见表3-1-4。

4）涂层硬质合金刀片。涂层硬质合金刀片是在普通硬质合金刀片表面，采用化学气相沉积（CVD）或物理气相沉积（PVD）的工艺方法，涂覆一薄层（5~12μm）高硬度难熔金属化合物（TiC、TiN、Al_2O_3等）。这样，可使刀片既保持了普通硬质合金基体的强度和韧性，又使表面有更高的硬度（1500~3000HV）和耐磨性，更小的摩擦因数和高的耐热性（800~1200℃）。涂层刀片可获得良好的切削效果，其刀具寿命比无涂层刀片提高1~3倍，高者为5~10倍。国产涂层刀片的部分牌号及推荐用途见表3-1-5。

表3-1-2　硬质合金的类别和使用领域（GB/T 18376.1—2008）

类　　别	使用领域
P	长切屑材料的加工，如钢、铸钢、长切屑可锻铸铁等的加工
M	通用合金，用于不锈钢、铸钢、锰钢、可锻铸铁、合金钢、合金铸铁等的加工
K	短切屑材料的加工，如铸铁、冷硬铸铁、短切屑可锻铸铁、灰铸铁等的加工

（续）

类　别	使用领域
N	有色金属、非金属材料的加工，如铝、镁、塑料、木材等的加工
S	耐热和优质合金材料的加工，如耐热钢，含镍、钴、钛的各类合金材料的加工
H	硬切削材料的加工，如淬硬钢、冷硬铸铁等材料的加工

表 3-1-3　切削工具用硬质合金的基本成分及力学性能（GB/T 18376.1—2008）

组别		基本成分	力学性能		
类　别	分组号		洛氏硬度 HRA　≥	维氏硬度 HV3　≥	抗弯强度 /MPa　≥
P	01	以 TiC、WC 为基，以 Co(Ni+Mo、Ni+Co)作黏结剂的合金/涂层合金	92.3	1750	700
	10		91.7	1680	1200
	20		91.0	1600	1400
	30		90.2	1500	1550
	40		89.5	1400	1750
M	01	以 WC 为基，以 Co 作黏结剂，添加少量 TiC(TaC、NbC)的合金/涂层合金	92.3	1730	1200
	10		91.0	1600	1350
	20		90.2	1500	1500
	30		89.9	1450	1650
	40		88.9	1300	1800
K	01	以 WC 为基，以 Co 作黏结剂，或添加少量 TaC、NbC 的合金/涂层合金	92.3	1750	1350
	10		91.7	1680	1460
	20		91.0	1600	1550
	30		89.5	1400	1650
	40		88.5	1250	1800
N	01	以 WC 为基，以 Co 作黏结剂，或添加少量 TaC、NbC 或 CrC 的合金/涂层合金	92.3	1750	1450
	10		91.7	1680	1560
	20		91.0	1600	1650
	30		90.0	1450	1700
S	01	以 WC 为基，以 Co 作黏结剂，或添加少量 TaC、NbC 或 TiC 的合金/涂层合金	92.3	1730	1500
	10		91.5	1650	1580
	20		91.0	1600	1650
	30		90.5	1550	1750
H	01	以 WC 为基，以 Co 作黏结剂，或添加少量 TaC、NbC 或 TiC 的合金/涂层合金	92.3	1730	1000
	10		91.7	1680	1300
	20		91.0	1600	1650
	30		90.5	1520	1500

注：1. 洛氏硬度和维氏硬度中任选一项。

2. 以上数据为非涂层硬质合金要求，涂层产品可按对应的维氏硬度下降 30~50。

表 3-1-4　切削工具用硬质合金作业条件推荐（GB/T 18376.1—2008）

组　别	作业条件		性能提高方向	
	被加工材料	适应的加工条件	切削性能	合金性能
P01	钢、铸钢	高切削速度、小切屑截面，无振动条件下的精车、精镗	↑切削速度　进给量↓	↑耐磨性　韧性↓
P10		高切削速度，中、小切屑截面条件下的车削、仿形车削、车螺纹和铣削		
P20	钢、铸钢、长切屑可锻铸铁	中等切削速度、中等切屑截面条件下的车削、仿形车削和铣削，小切削截面的刨削		

（续）

组别	作业条件		性能提高方向	
	被加工材料	适应的加工条件	切削性能	合金性能
P30	钢、铸钢、长切屑可锻铸铁	中或低等切削速度、中等或大切屑截面条件下的车削、铣削、刨削和不利条件下①的加工	↑切削速度—　—进给量↓	↑耐磨性—　—韧性↓
P40	钢及含砂眼和气孔的铸钢件	低切削速度、大切屑角、大切屑截面及不利条件下①的车削、刨削、切槽和自动机床上加工		
M01	不锈钢、铁素体钢、铸钢	高切削速度、小载荷、无振动条件下的精车、精镗	↑切削速度—　—进给量↓	↑耐磨性—　—韧性↓
M10	不锈钢、铸钢、锰钢、合金钢、合金铸铁、可锻铸铁	中和高等切削速度、中小切屑截面条件下的车削		
M20		中等切削速度、中等切屑截面条件下车削、铣削		
M30		中和高等切削速度、中等或大切屑截面条件下的车削、铣削、刨削		
M40		车削、切断、强力铣削加工		
K01	铸铁、冷硬铸铁、短切屑可锻铸铁	车削、精车、铣削、镗削、刮削	↑切削速度—　—进给量↓	↑耐磨性—　—韧性↓
K10	布氏硬度高于220HBW的铸铁、短切屑的可锻铸铁	车削、铣削、镗削、刮削、拉削		
K20	布氏硬度低于220HBW的灰铸铁、短切屑的可锻铸铁	用于中等切削速度下、轻载荷粗加工、半精加工的车削、铣削、镗削等		
K30	铸铁、短切屑的可锻铸铁	用于在不利条件下①可能采用大切削角的车削、铣削、刨削、切槽加工，对刀片的韧性有一定的要求		
K40		用于在不利条件下①的粗加工，采用较低的切削速度，大的进给量		
N01	有色金色、塑料、木材、玻璃	高切削速度下，有色金属铝、铜、镁，以及塑料、木材等非金属材料的精加工	↑切削速度—　—进给量↓	↑耐磨性—　—韧性↓
N10		较高切削速度下，有色金属铝、铜、镁，以及塑料、木材等非金属材料的精加工或半精加工		
N20	有色金色、塑料	中等切削速度下，有色金属铝、铜、镁及塑料等的半精加工或粗加工		
N30		中等切削速度下，有色金属铝、铜、镁及塑料等的粗加工		

（续）

组别	作业条件		性能提高方向	
	被加工材料	适应的加工条件	切削性能	合金性能
S01	耐热和优质合金：含镍、钴、钛的各类合金材料	中等切削速度下，耐热钢和钛合金的精加工	↑切削速度—　—进给量↓	↑耐磨性—　—韧性↓
S10		低切削速度下，耐热钢和钛合金的半精加工或粗加工		
S20		较低切削速度下，耐热钢和钛合金的半精加工或粗加工		
S30		较低切削速度下，耐热钢和钛合金的断续切削，适于半精加工或粗加工		
H01	淬硬钢、冷硬铸铁	低切削速度下，淬硬钢、冷硬铸铁的连续轻载精加工	↑切削速度—　—进给量↓	↑耐磨性—　—韧性↓
H10		低切削速度下，淬硬钢、冷硬铸铁的连续轻载精加工、半精加工		
H20		较低切削速度下，淬硬钢、冷硬铸铁的连续轻载半精加工、粗加工		
H30		较低切削速度下，淬硬钢、冷硬铸铁的半精加工、粗加工		

① 不利条件系指原材料或铸造、锻造的零件表面硬度不匀，加工时的切削深度不匀，间断切削以及振动等情况。

表 3-1-5　国产涂层刀片的部分牌号及推荐用途

牌　号	基体材料①	涂层厚度/μm	相当ISO	性能及推荐用途	生产厂
CN15	YW1	4~9	M10~M20 P05~P20 K05~K20	基体耐磨性好，韧性稍差，适用于各种钢的连续切削和精加工，也可用于铸铁及有色金属的精加工	株洲硬质合金集团有限公司
CN25	YW2	4~9	M10~M20 K10~K30	基体韧性适中，适用于钢件精加工及半精加工，也可用于加工铸铁和有色金属	
CN35	YT5	4~9	P20~P40 K20~K40	基体韧性较好，适用于钢材粗加工，间断切削和强力切削	
CN16	YG6	4~9	M05~M20 K05~K20	适用于铸铁、有色金属及其合金的精加工	
CN26	YG8	4~9	M10~M20 K20~K30	适用于铸铁、有色金属及其合金的半精加工及粗加工	
CA15	特制专用基体	4~8	M05~M20 K05~K20	适用于铸铁、有色金属及其合金的精加工和半精加工	

（续）

牌号	基体材料①	涂层厚度/μm	相当ISO	性能及推荐用途	生产厂
CA25	特制专用基体	4~8	M10~M30 K20~K30	适用于铸铁、有色金属及其合金的半精加工及粗加工	株洲硬质合金集团有限公司
YB115	特制专用基体	5~8	K05~K25	适用于铸铁和其他短切屑材料的粗加工	
YB125	特制专用基体	5~8	K05~K20 P10~P40	具有很好的耐磨性和抗塑性变形能力，宜在高速下精加工、半精加工钢、铸钢、锻造不锈钢及铸铁	
YB135	特制专用基体	5~8	P25~P45 M15~M30	粗车钢和铸钢，钻削钢、铸钢、可锻铸铁、球墨铸铁、锻造奥氏体不锈钢等	
YB215	特制专用基体	4~9	P05~P35 M10~M25 K05~K20	耐磨性和通用性很好，主要用于精加工和半精加工各种工程材料	
YB415	特制专用基体	4~9	P05~P30 M05~M25 K05~K20	耐磨性和通用性很好，适于高速切削铸铁、钢和铸钢及锻造不锈钢等	
YB435	特制专用基体	4~9	P15~P45 M10~M30 K05~K25	适用于粗加工和半精加工钢和铸钢等材料，在不良条件下宜采用中等切削速度和进给量	
ZC01	YT15	5~10	P10~P20 K05~K20	涂层为TiN，抗月牙洼磨损好，适用于碳素钢、合金钢、铸铁等材料的精加工和半精加工	自贡硬质合金有限责任公司
ZC02	YT14	5~10	P05~P20 M10~M20 K05~K20	TiC/TiN复合涂层，具有TiN涂层抗月牙洼磨损好和TiC涂层抗后面磨损好的优点，适用于碳素钢、合金钢的精加工和半精加工	
ZC05	YT5	5~10	P05~P25 M05~M20	TiC/Al_2O_3复合涂层，与基体结合牢固，抗氧化能力强，耐磨耐腐，适用于多种钢材、铸铁的精加工和半精加工	
ZC08	YG6 YG8	5~10	P20~P35 K15~K30	HfN涂层，寿命长，通用性好，适用于各种钢材、铸铁在高、中、低速下的精加工和半精加工	

① Y—硬质合金；W—通用合金；T—碳化钛；G—钴；其后数字表示相应合金或元素含量。

1.1.2.3 陶瓷刀具材料

陶瓷材料是以氧化铝为主要成分，冷压或热压成形，在高温下烧结而成的一种刀具材料。与硬质合金相比，陶瓷刀具材料具有很高的硬度和耐磨性，很好的高温性能，很好的化学稳定性和抗粘接性能，摩擦因数低，但它的强度和韧性差，热导率低。表3-1-6列出了部分国产陶瓷刀具的牌号及性能。

表 3-1-6　部分国产陶瓷刀具的牌号及性能

牌号	成　分	平均晶粒尺寸/μm	制造方法	密度/(g/cm³)	硬度 HRA (HRN15)	抗弯强度/MPa	断裂韧度/(kJ/m²)
P_1	Al_2O_3	2~3	冷压	≥3.95	(≥96.5)	500~550	—
P_2	Al_2O_3	1~2	—	4.35	(≥96.5)	700~800	—
M16	Al_2O_3-TiC	<1.5	热压	4.50	(≥97)	700~850	4.830
M4	Al_2O_3-碳化物-金属	—	热压	5.00	(≥96.5~97)	800~900	6.616
M5	Al_2O_3-碳化物-金属	<1.5	热压	4.94	(≥96.5~97)	900~1150	—
M6	Al_2O_3-碳化物-金属	—	热压	—	(≥96.5~97)	800~950	4.947
M8-1	Al_2O_3-碳化物-金属	—	热压	5.20	(>96.5~97)	800~1050	7.403
SG3	Al_2O_3-(W、Ti)C	<1	热压	5.55	94.5~94.8	825	(15)
SG4	Al_2O_3-(W、Ti)C	≤0.5	热压	≥6.65	94.7~95.3	800~1180	(15)
SG5	Al_2O_3-SiC	—	热压	—	94	700	(15)
LT35	Al_2O_3-TiC-Mo-Ni	≤1	热压	≥4.75	93.5~94.5	900~1100	(8.5)
LT55	Al_2O_3-TiC-Mo-Ni	≤1	热压	≥4.96	93.7~94.8	1000~1200	(20)
AT6	Al_2O_3-TiC	≤1	热压	4.75~4.78	93.5~94.5	900	(8.5)
AG2	Al_2O_3-TiC	≤1.5	热压	4.55	93.5~95	800	—
SM	Si_3N_4	—	热压	3.26	91~93	750~850	(4)
HS78	Si_3N_4	2~3	热压	3.14	91~92	600~800	4.7~6.609(4)
FT80	Si_3N_4-TiC-Co	—	热压	3.41	93~94	600~800	7.21(4.4~5.5)
F85	Si_3N_4-TiC-其他	—	热压	3.41	93.5	700~800	6~7(5~7)

注：1. 资料来源不同，数据仅供参考。
2. HRN15 是指载荷为 150N（即 15kgf）的表面洛氏硬度。
3. 陶瓷韧性用断裂韧度表示。

1.1.2.4　超硬刀具材料

超硬刀具材料主要指金刚石及立方氮化硼。

金刚石是碳的许多异形体中的一种，是自然界中已经发现的最硬物质，分天然金刚石和人造金刚石两种。用于制作刀具的金刚石材料主要分为两类：天然单晶金刚石和人造聚晶金刚石（包括聚晶金刚石复合片）。金刚石刀具材料的主要特点：硬度高和耐磨性好（硬度高达10000HV），刀刃锋利，导热性优良，但耐热性差，强度低。金刚石刀具可用来加工硬质合金、陶瓷、高硅铝合金及耐磨等高硬度材料。

立方氮化硼（CBN）是用六方氮化硼在高温高压下加入催化剂转变而成的。它是继人造金刚石之后出现的又一种新型无机超硬材料。

立方氮化硼刀具材料的主要特点：硬度高和耐磨性好（硬度为8000~9000HV），热稳定性好（耐热性为1400~1500℃）及良好的导热性。立方氮化硼刀具主要用于加工淬火钢、冷硬铸铁、耐热合金等材料。

国产超硬材料的牌号与性能见表 3-1-7。

表 3-1-7　国产超硬材料的牌号与性能

类　别	牌　号	硬度 HV	抗弯强度/GPa	热稳定性/℃	适用加工范围
金刚石复合刀片	FJ	≥7000	≥1.5	<800	各种耐磨非金属，如玻璃钢、粉末冶金毛坯、陶瓷材料等；各种耐磨有色金属，如各种硅铝合金；各种有色金属光加工
	JRS-F	7200		950（开始氧化）	

（续）

类　别	牌　号	硬度 HV	抗弯强度 /GPa	热稳定性 /℃	适用加工范围
立方氮化硼复合刀片	FD	≥5000	≥1.5	≥1000	各种淬硬钢（硬度小于65HRC）的粗精加工；各种高硬度铸铁；各种喷涂、堆焊材料；含钴量大于10%的硬质合金
	LDP-CFⅡ	7000～8000	0.46～0.53	1000～1200	精车、半精车淬硬钢、热喷涂零件、耐磨铸铁、部分高温合金等
	LDP-J-XF				适用于异形和多刃（铣刀等）刀具
	DLS-F	5800	0.35～0.58	1057～1121	—

1.2　刀片

1.2.1　硬质合金焊接刀片

1.2.1.1　常用焊接车刀片（见表 3-1-8）

表 3-1-8　常用焊接车刀片（YS/T 253—1994）　（单位：mm）

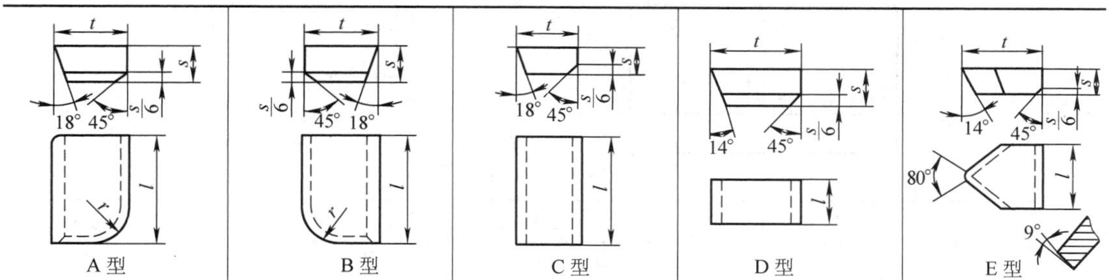

A 型　B 型　C 型　D 型　E 型

型号	l	t	s	r
A5	5	3	2	2
A6	6	4	2.5	2.5
A8	8	5	3	3
A10	10	6	4	4
A12	12	8	5	5
A16	16	10	6	6
A20	20	12	7	7
A25	25	14	8	8
A32	32	18	10	10
A40	40	22	12	12
A50	50	25	14	14

型号	l	t	s	r
B5	5	3	2	2
B6	6	4	2.5	2.5
B8	8	5	3	3
B10	10	6	4	4
B12	12	8	5	5
B16	16	10	6	6
B20	20	12	7	7
B25	25	14	8	8
B32	32	18	10	10
B40	40	22	12	12
B50	50	25	14	14

型号	l	t	s	r
C5	5	3	2	—
C6	6	4	2.5	—
C8	8	5	3	—
C10	10	6	4	—
C12	12	8	5	—
C16	16	10	6	—
C20	20	12	7	—
C25	25	14	8	—
C32	32	18	10	—
C40	40	22	12	—
C50	50	25	14	—

型号	l	t	s	r
D3	3.5	8	3	—
D4	4.5	10	4	—
D5	5.5	12	5	—
D6	6.5	14	6	—
D8	8.5	16	8	—
D10	10.5	18	10	—
D12	12.5	20	12	—

型号	l	t	s	r
E4	4	10	2.5	—
E5	5	12	3	—
E6	6	14	3.5	—
E8	8	16	4	—
E10	10	18	5	—
E12	12	20	6	—
E16	16	22	7	—
E20	20	25	8	—
E25	25	28	9	—
E32	32	32	10	—

1.2.1.2　基本型硬质合金焊接刀片（YS/T 79—2018）

1）硬质合金焊接刀片分类。

A 型——车刀片。

B 型——成形刀片。

C 型——螺纹、切断、切槽刀片。

D 型——铣刀片。

E 型——孔加工刀片。

2）硬质合金焊接刀片型号表示规则。刀片型号由表示焊接刀片型式的大写英文字母（A、B、C、D、E）和数字（1、2、3……）及长度（由两位整数构成，不足两位整数时前面加“0”）组成。

当焊接刀片长度相同，其他参数如宽度、厚度不同时，则在型号后分别加 A、B、C……以示区别；当刀片分左、右向切削时，左向切削刀片在型号后加 Z，右向切削刀片不加；对于厚度较薄的产品，在型号后加 JB。

示例

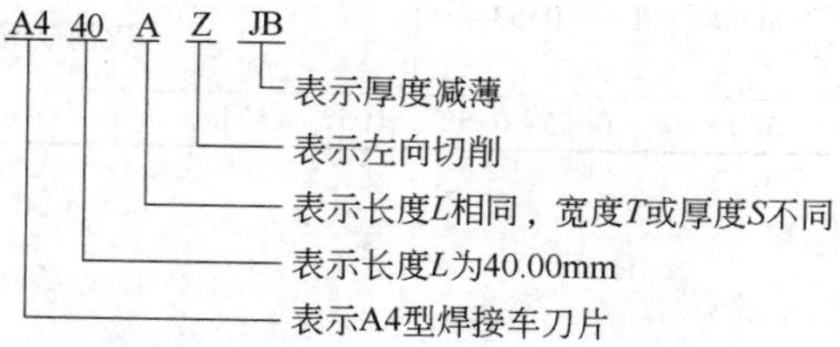

3）硬质合金焊接刀片的型号及尺寸见表 3-1-9。

表 3-1-9 硬质合金焊接刀片的型号及尺寸 （单位：mm）

A1 型刀片

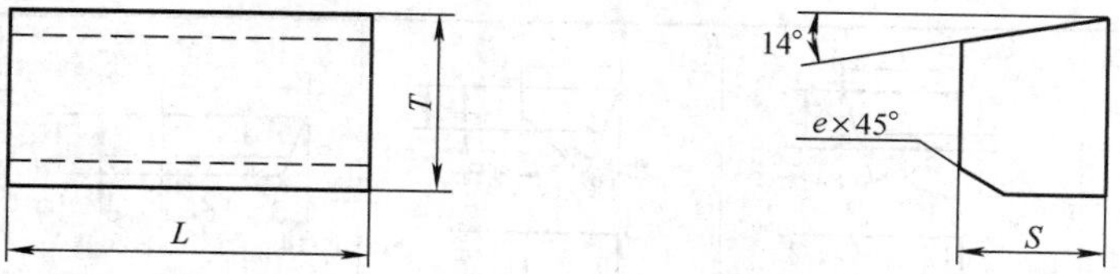

型号	公称尺寸			参考尺寸
	L	*T*	*S*	*e*
A106	6.00	5.00	2.50	—
A108	8.00	7.00	3.00	
A110	10.00	6.00	3.50	0.8
A112	12.00	10.00	4.00	
A114	14.00	12.00	4.50	
A116	16.00	10.00	5.50	
A118	18.00	12.00	7.00	
A118A	18.00	16.00	6.00	
A120	20.00	12.00	7.00	
A122	22.00	15.00	8.50	
A122A	22.00	18.00	7.00	
A125	25.00	15.00	8.50	
A125A	25.00	20.00	10.00	
A130	30.00	16.00	10.00	
A136	36.00	20.00	10.00	
A140	40.00	18.00	10.50	1.2
A150	50.00	20.00	10.50	
A160	60.00	22.00	10.50	
A170	70.00	25.00	12.00	

（续）

A2 型刀片

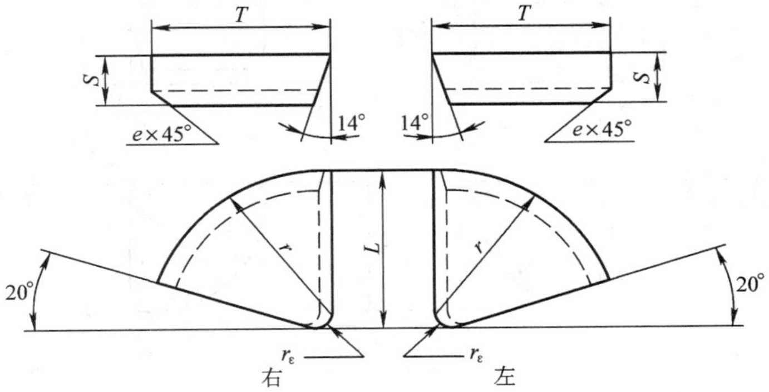

型号		公称尺寸				参考尺寸	
右	左	L	T	S	r	$r_ε$	e
A208	—	8.00	7.00	2.50	7.00	0.5	—
A210	—	10.00	8.00	3.00	8.00	1.0	
A212	A212Z	12.00	10.00	4.50	10.00		0.8
A216	A216Z	16.00	14.00	6.00	14.00		
A220	A220Z	20.00	18.00	7.00	18.00		
A225	A225Z	25.00	20.00	8.00	20.00		

A3 型刀片

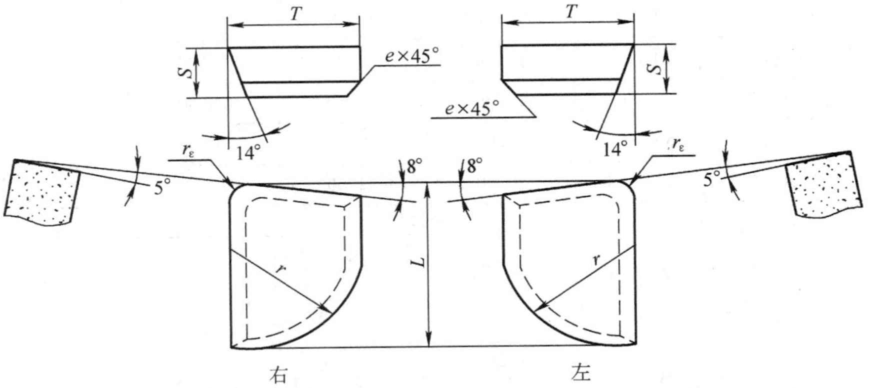

型号		公称尺寸				参考尺寸	
右	左	L	T	S	r	$r_ε$	e
A310	—	10.00	6.00	3.00	6.00	1.0	—
A312	A312Z	12.00	7.00	4.00	7.00		0.8
A315	A315Z	15.00	9.00	6.00	9.00		
A320	A320Z	20.00	11.00	7.00	11.00		
A320JB	A320ZJB			6.30			
A325	A325Z	25.00	14.00	8.00	14.00		
A330	A330Z	30.00	16.00	9.50	16.00		
A340	A340Z	40.00	18.00	10.50	18.00		1.2

（续）

A4 型刀片

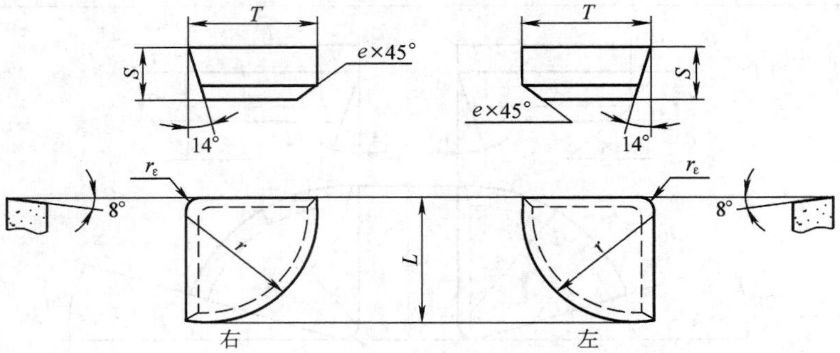

型号		公称尺寸				参考尺寸	
右	左	L	T	S	r	$r_ε$	e
A406	—	6.00	5.00	2.50	5.00	0.5	—
A408	—	8.00	6.00	3.00	6.00		
A410	A410Z	10.00	6.00	3.50	6.00	1.0	0.8
A412	A412Z	12.00	8.00	4.50	8.00		
A416	A416Z	16.00	10.00	5.50	10.00		
A420	A420Z	20.00	12.00	7.00	12.00		
A425	A425Z	25.00	15.00	8.50	16.00		
A430	A430Z	30.00	16.00	6.00	16.00		
A430A	A430AZ	30.00	16.00	9.50	16.00		
A440	A440Z	40.00	18.00	8.00	18.00		
A440A	A440AZ	40.00	18.00	10.50	18.00		1.2
A450	A450Z	50.00	20.00	8.00	20.00	1.5	0.8
A450A	A450AZ	50.00	20.00	12.00	20.00		1.2

A5 型刀片

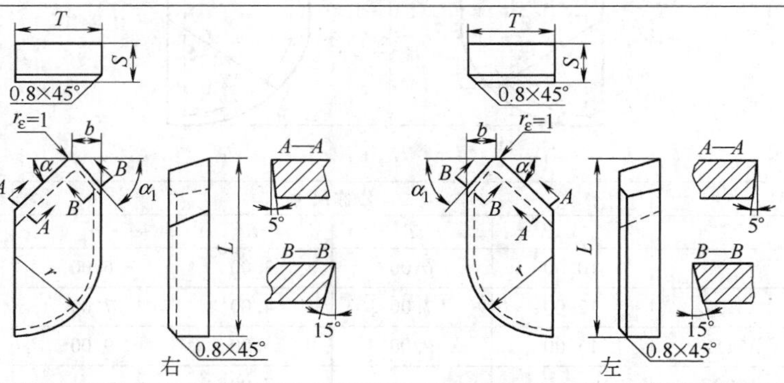

型号		公称尺寸						
右	左	L	T	S	b	r	$α$	$α_1$
A515	A515Z	15.00	10.00	4.50	5.00	10.00	45°	40°
A518	A518Z	18.00	12.00	5.50	4.00	12.00	45°	50°

（续）

A6型刀片

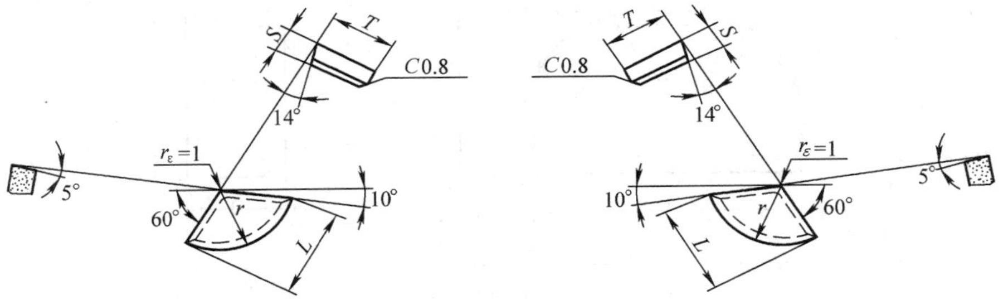

右 左

型	号	公称尺寸			
右	左	L	T	S	r
A612	A612Z	12.00	8.00	3.00	8.00
A615	A615Z	15.00	10.00	4.00	10.00
A618	A618Z	18.00	12.00	4.50	12.00

B1型刀片

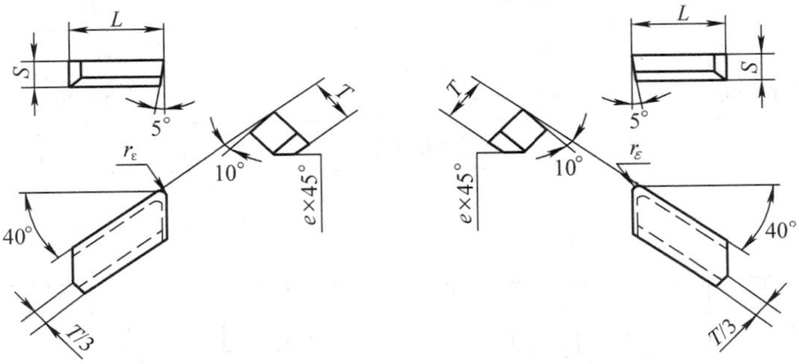

右 左

型	号	公称尺寸			参考尺寸	
右	左	L	T	S	r_ε	e
B108	—	8.00	6.00	3.00		—
B112	B112Z	12.00	8.00	4.00		
B116	B116Z	16.00	10.00	5.00		1.00
B120	B120Z	20.00	14.00	5.00	1.50	
B120A	B120AZ	20.00	16.00	7.00		
B125	B125Z	25.00	14.00	5.00		1.50
B125A	B125AZ	25.00	18.00	8.00		
B130	B130Z	30.00	20.00	8.00		

（续）

B2 型刀片

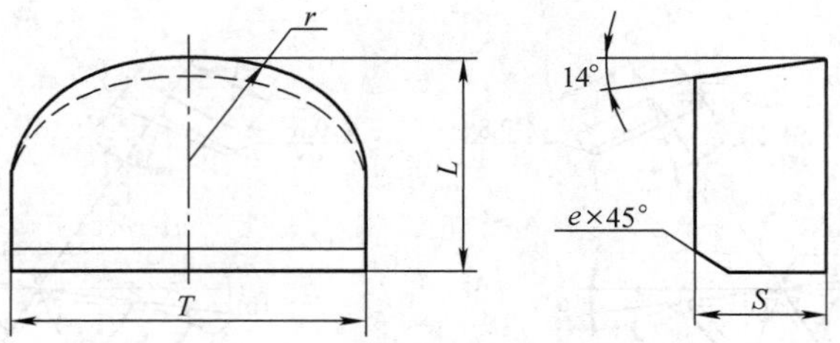

型　号	公称尺寸				参考尺寸
	L	T	S	r	e
B208	8.00	8.00	3.00	4.00	—
B210	10.00	10.00	3.50	5.00	0.80
B212	12.00	12.00	4.50	6.00	
B214	14.00	16.00	5.00	8.00	
B216	16.00	20.00	6.00	10.00	
B220	20.00	25.00	7.00	12.50	
B225	25.00	30.00	8.00	15.00	
B228	28.00	35.00	9.00	17.50	
B265	65.00	80.00	15.00	40.00	—
B265A	65.00	90.00	15.00	47.00	

B3 型刀片

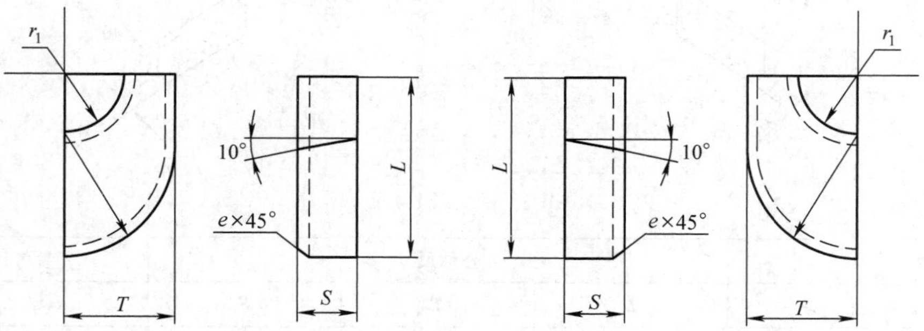

右　　　　左

型　号		公称尺寸					参考尺寸
右	左	L	T	S	r	r_1	e
B312	B312Z	12.00	8.00	4.00	8.00	3.00	0.80
B315	B315Z	15.00	10.00	5.00	10.00	5.00	
B318	B318Z	18.00	12.00	6.00	12.00	6.00	
B322	B322Z	22.00	16.00	7.00	16.00	10.00	

（续）

B4 型刀片

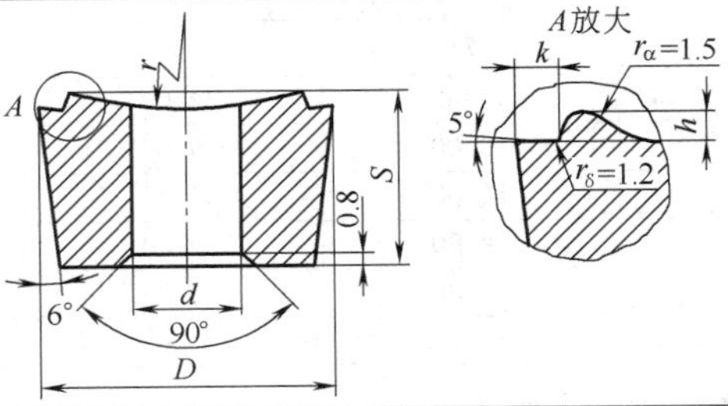

型　　号	公称尺寸				参考尺寸	
	D	d	S	r	h	k
B428	28.60	10.20	10.00	35.00	1.50	3.00
B433	33.00	12.20	10.00	35.00	1.50	3.50
B446	46.50	15.20	12.00	41.50	2.50	4.00

C1 型刀片

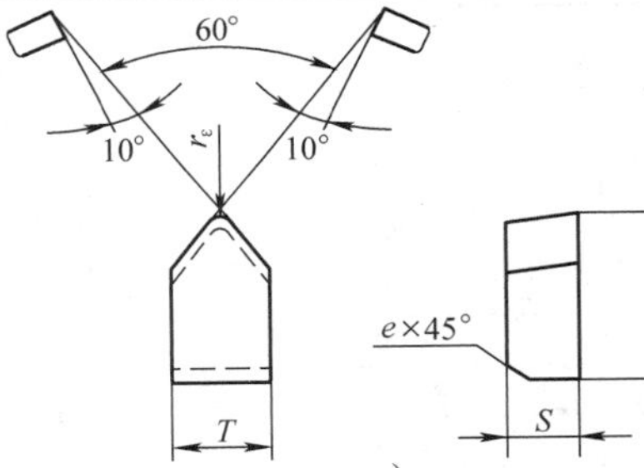

a)

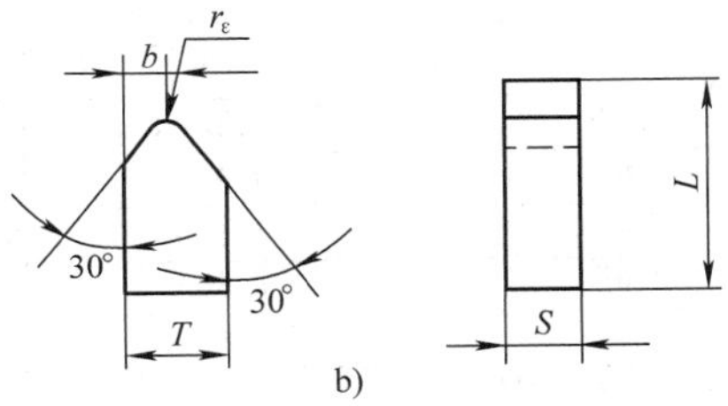

b)

型　　号		公称尺寸				参考尺寸	
		L	T	S	b	$r_ε$	e
图 a	C110	10.00	4.00	3.00	—	0.50	—
	C116	16.00	6.00	4.00			0.80
	C120	20.00	8.00	5.00			
	C122	22.00	10.00	6.00			
	C125	25.00	12.00	7.00			
图 b	C110A	10.00	6.50	2.50	1.60	0.50	—
	C116A	16.00	8.00	3.00	2.50		
	C120A	20.00	10.00	4.00	3.50		

C2 型刀片

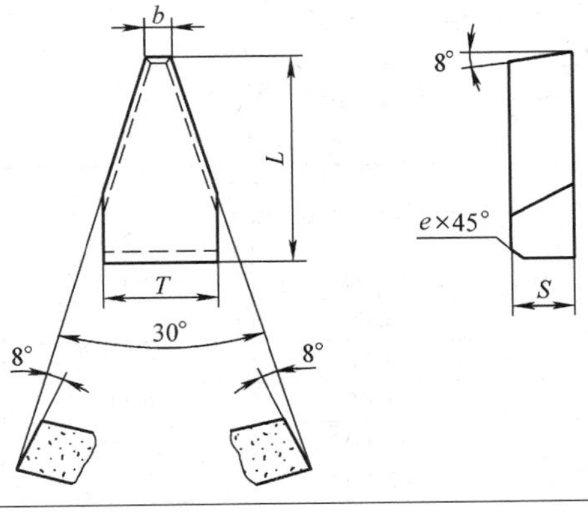

（续）

C2 型刀片

型 号	公称尺寸				参考尺寸
	L	*T*	*S*	*b*	*e*
C215	15.00	7.00	4.00	1.80	0.80
C218	18.00	10.00	5.00	3.10	
C223	23.00	14.00	5.00	4.90	
C228	28.00	18.00	6.00	7.70	
C236	36.00	28.00	7.00	13.10	

C3 型刀片

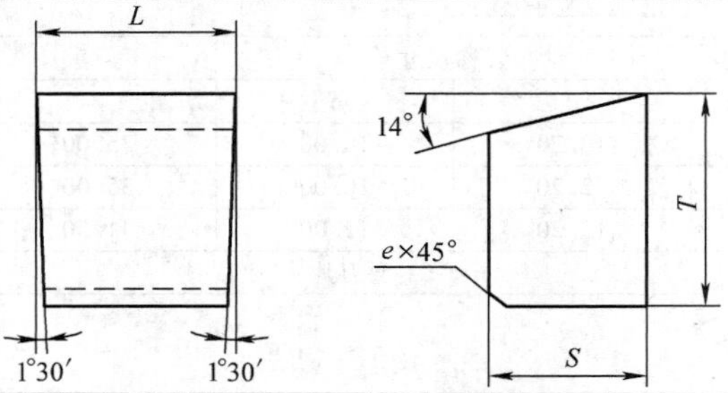

型 号	公称尺寸			参考尺寸
	L	*T*	*S*	*e*
C303	3.50	12.00	3.00	—
C304	4.50	14.00	4.00	0.80
C305	5.50	17.00	5.00	
C306	6.50	17.00	6.00	
C308	8.50	20.00	7.00	
C310	10.50	22.00	8.00	
C312	12.50	22.00	10.00	
C316	16.50	25.00	11.00	1.20

C4 型刀片

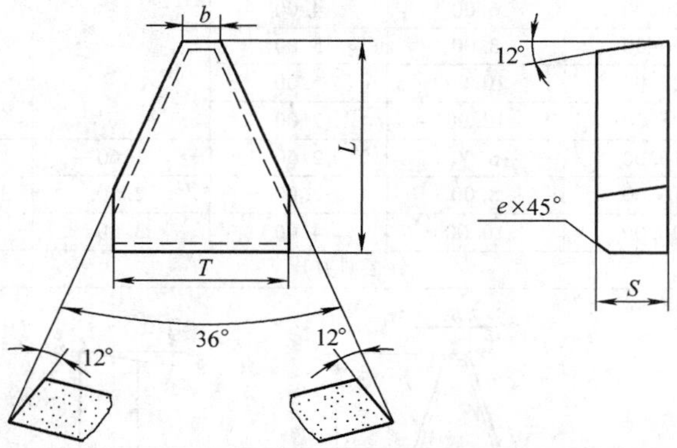

型 号	公称尺寸				参考尺寸
	L	*T*	*S*	*b*	*e*
C420	20.00	12.00	5.00	3.00	0.80
C425	25.00	16.00	5.00	4.00	
C430	30.00	20.00	6.00	5.50	
C435	35.00	25.00	6.00	7.50	
C442	42.00	35.00	8.00	12.50	
C450	50.00	42.00	8.00	15.00	

（续）

C5 型刀片

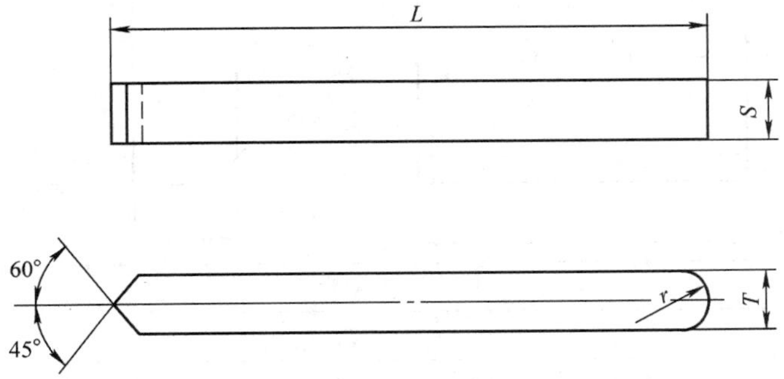

型号	公称尺寸			
	L	T	S	r
C539	39.00	4.00	4.00	2.00
C545	45.00	6.00	4.00	3.00

D1 型刀片

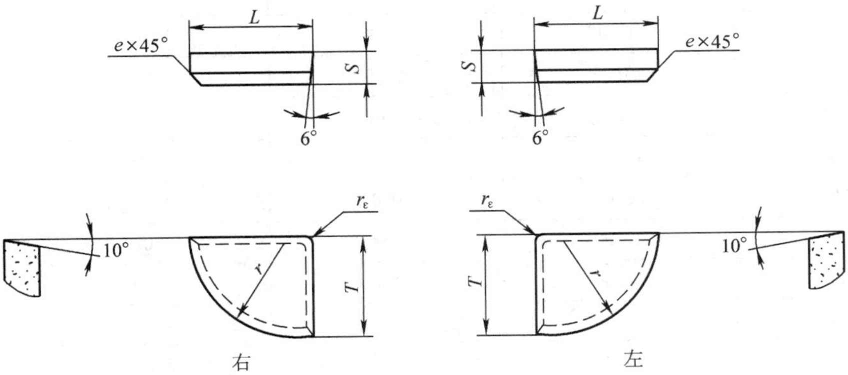

型号		公称尺寸				参考尺寸	
右	左	L	T	S	r	$r_ε$	e
D110	—	10.00	8.00	2.50	8.00	0.50	—
D112	—	12.00	10.00	3.00	10.00		
D115	D115Z	15.00	12.00	3.50	12.50	1.00	0.80
D120	D120Z	20.00	16.00	4.00	16.00		
D125	D125Z	25.00	20.00	5.00	20.00		
D130	D130Z	30.00	20.00	6.00	20.00		

（续）

D2 型刀片

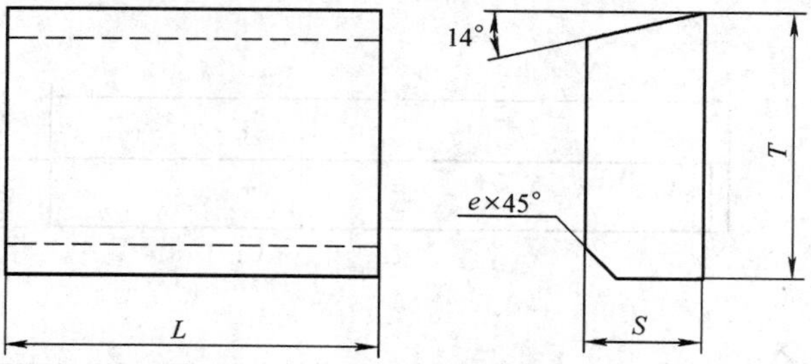

型号	公称尺寸			参考尺寸
	L	T	S	e
D206	6.00	7.00	3.00	—
D208	8.00	4.00	3.00	
D210	10.00	5.00	3.00	
D210A	10.00	10.00	3.00	
D212	12.00	6.00	3.00	
D212A	12.00	12.00	3.50	0.80
D214	14.00	7.00	3.50	
D214A	14.00	12.00	3.50	
D216	16.00	7.00	3.50	
D216A	16.00	12.00	3.50	
D218	18.00	5.00	3.00	—
D218A	18.00	7.00	3.50	0.80
D218B	18.00	12.00	3.50	
D220	20.00	10.00	4.00	
D222	22.00	6.00	3.00	—
D222A	22.00	14.00	4.00	0.80
D224	24.00	14.00	4.00	
D226	26.00	10.00	5.00	
D226A	26.00	14.00	5.00	
D228	28.00	10.00	4.00	
D228A	28.00	14.00	4.00	
D230	30.00	14.00	5.00	
D232	32.00	12.00	5.00	
D232A	32.00	14.00	4.00	
D236	36.00	14.00	4.00	
D238	38.00	12.00	5.00	
D240	40.00	14.00	5.00	
D246	46.00	14.00	5.00	

（续）

E1 型刀片

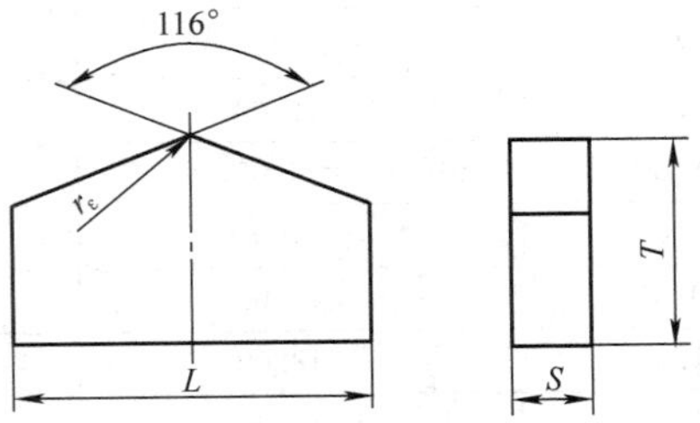

型　　号	公称尺寸			参考尺寸
	L	T	S	r_ε
E105	5.00	5.00	1.50	1.00
E106	6.00	6.00	1.50	
E107	7.00	6.00	1.50	
E108	8.00	7.00	1.80	
E109	9.00	8.00	2.00	
E110	10.00	9.00	2.00	

E2 型刀片

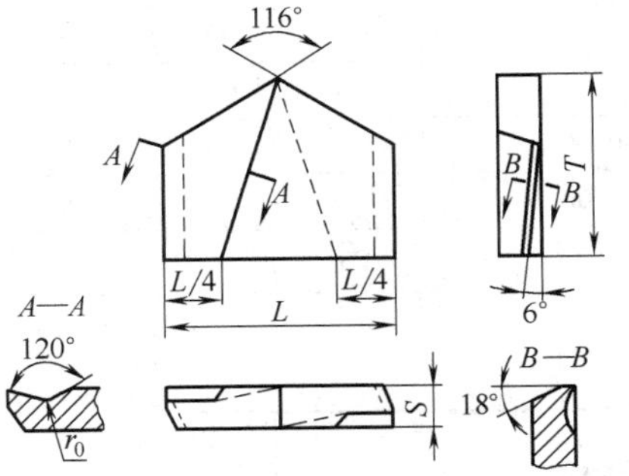

型　　号	公称尺寸			参考尺寸
	L	T	S	r_0
E210	10.80	9.00	2.00	1.00
E211	11.80	10.00	2.50	
E213	13.00	11.00	2.50	
E214	14.00	12.00	2.50	
E215	15.00	13.00	2.50	
E216	16.00	14.00	3.00	

（续）

E2 型刀片

型号	公称尺寸			参考尺寸
	L	T	S	r_0
E217	17.00	15.00	3.00	
E218	18.00	16.00	3.00	
E219	19.00	17.00	3.00	
E220	20.00	18.00	3.50	
E221	21.00	18.00	3.50	1.50
E222	22.00	18.00	3.50	
E223	23.00	18.00	4.00	
E224	24.00	18.00	4.00	
E225	25.00	22.00	4.50	
E226	26.00	22.00	4.50	
E227	27.50	22.00	4.50	
E228	28.50	22.00	4.50	
E229	29.50	24.00	5.00	
E230	30.50	24.00	5.00	
E231	31.50	24.00	5.00	
E233	33.50	26.00	5.00	2.00
E236	36.50	26.00	5.00	
E239	39.50	26.00	5.00	
E242	42.00	28.00	6.00	
E244	44.00	28.00	6.00	
E247	47.00	28.00	6.00	
E250	50.00	30.00	6.00	
E252	52.00	30.00	6.00	

E3 型刀片

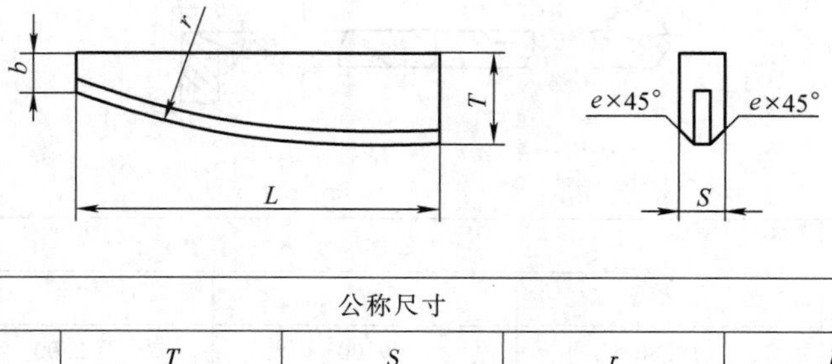

型号	公称尺寸					参考尺寸
	L	T	S	r	b	e
E312	12.00	6.00	1.50	20.00	1.50	
E315	15.00	3.50	2.00	20.00		
E315A	15.00	7.00	2.00	20.00		—
E320	20.00	4.50	2.50	25.00	2.50	
E320A	20.00	6.00	3.50	25.00		0.50

（续）

E3 型刀片

型号	公称尺寸					参考尺寸
	L	T	S	r	b	e
E320B	20.00	9.00	2.50	25.00	3.50	—
E325	25.00	8.00	3.00	30.00		0.50
E325A	25.00	15.00	3.00	30.00		0.50
E330	30.00	10.00	4.00	30.00		0.50
E330A	30.00	21.00	4.00	30.00		0.50
E335	35.00	10.00	5.00	30.00		0.80
E340	40.00	12.00	5.00	30.00		0.80
E345	45.00	12.00	6.00	30.00		0.80

E4 型刀片

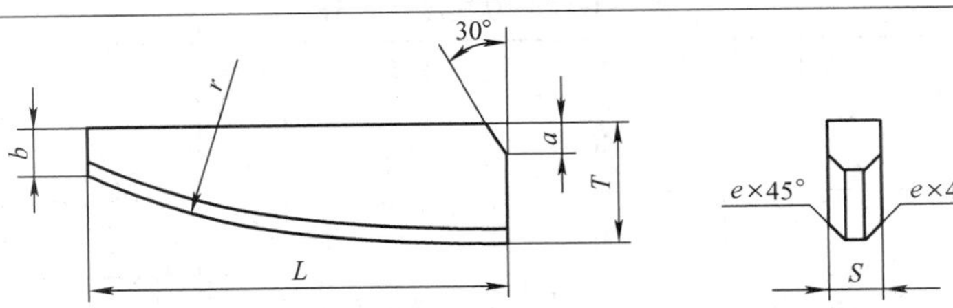

型号	公称尺寸						参考尺寸
	L	T	S	r	a	b	e
E415	15.00	4.00	2.00	15.00	2.50	1.50	—
E418	18.00	5.00	2.50	20.00	3.50		
E420	20.00	6.00	3.00	25.00	5.00		
E425	25.00	8.00	3.50	25.00	6.00	2.00	0.50
E430	30.00	10.00	4.00	30.00	8.00		

E5 型刀片

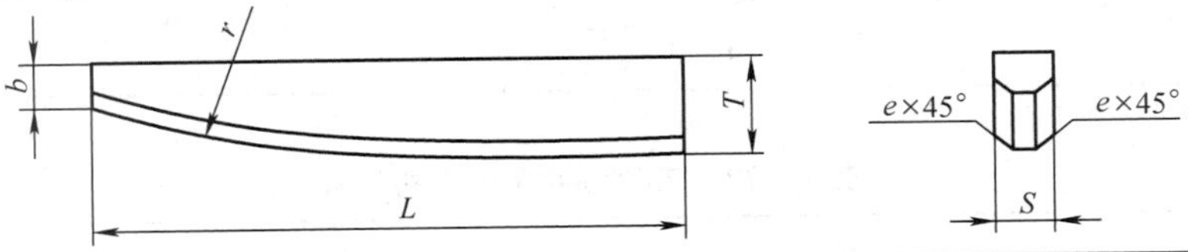

型号	公称尺寸					参考尺寸
	L	T	S	r	b	e
E515	15.00	2.50	1.30	20.00	1.50	—
E518	18.00	3.00	1.50	25.00		
E522	22.00	3.50	2.00	25.00		
E525	25.00	4.00	2.50	30.00	2.00	
E530	30.00	5.00	3.00	30.00		0.50
E540	40.00	6.00	3.50	30.00		

1.2.2　硬质合金可转位刀片

1.2.2.1　可转位刀片的标记方法（GB/T 2076—2021）

可转位刀片的型号标记由9个代号组成，用于表示刀片的尺寸和基本特征。其中，代号①~⑦是必需的，代号⑧和⑨在需要时使用，见表3-1-10~表3-1-19。

按照ISO 16462或ISO 16463的规定，镶片式刀片的型号表示规则用12个代号表征刀片的尺寸及其他特性。代号①~⑦和⑪（镶嵌或整体切削刃类型及镶嵌角数量，用字母代号表示）、⑫（镶刃长度，用字母或数字表示）是必需的，代号⑧、⑨和⑩（切削刃截面尺寸、数字代号表示、镶片式刀片可选代号）在需要时添加，代号⑪、⑫用短横线“-”隔开。

表3-1-10　可转位刀片型号表示规则

编号	①	②	③	④	⑤	⑥	⑦	⑧	⑨
意义	刀片形状	刀片法后角	尺寸允许偏差等级	夹固形式及有无断屑槽	刀片长度	刀片厚度	刀尖形状	切削刃截面形状	切削方向

表3-1-11　刀片形状代号

刀片形状类别	代号	刀片形状	刀尖角 ε_r/(°)	刀片形状类别	代号	刀片形状	刀尖角 ε_r/(°)
等边等角	H		120	等边不等角	W		80①
	O	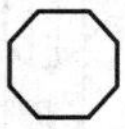	135	等角不等边	L	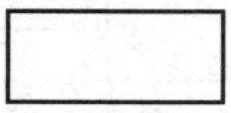	90
	P	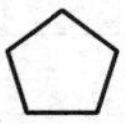	108	不等边不等角	A	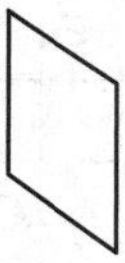	85①
	S		90		B		82①
	T	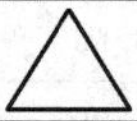	60		K		55①
等边不等角	C		80①	圆形	R	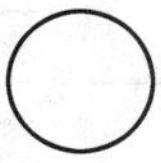	—
	D		55①				
	E		75①				
	M		86①				
	V		35①				

① 所示角度指较小的角度。

表3-1-12　刀片法后角大小的代号

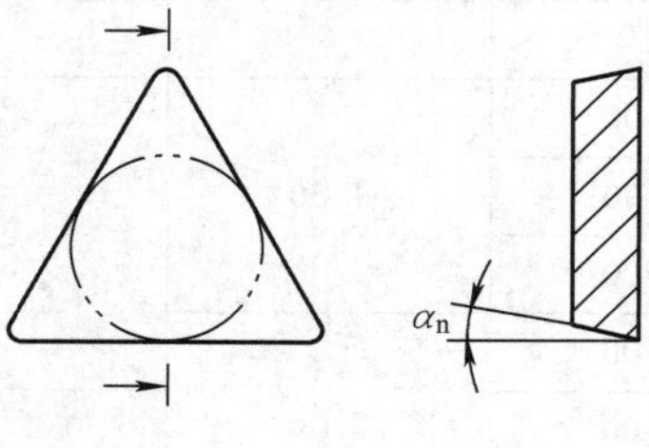

代号	法后角/(°)
A	3
B	5
C	7
D	15
E	20
F	25
G	30
N	0
P	11
O	其他需要专门说明的法后角

表 3-1-13　刀片主要尺寸允许偏差等级代号　（单位：mm）

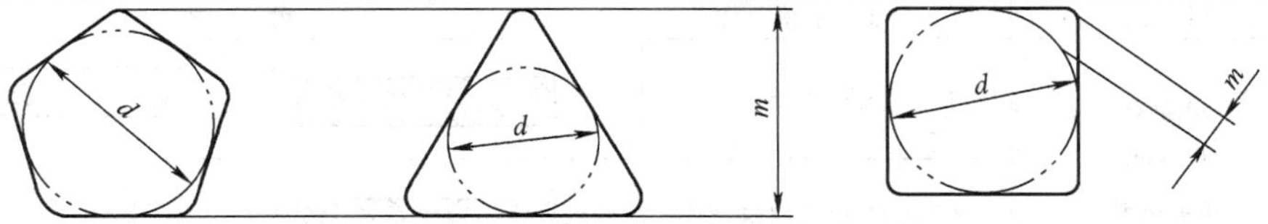

a) 刀片边为奇数，刀尖为圆角　　b) 刀片边为偶数，刀尖为圆角

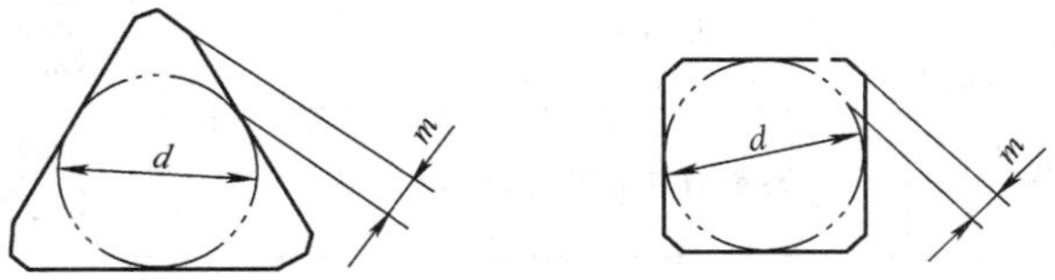

c) 带修光刃刀处

代号	刀片内切圆直径 *d*	刀尖位置尺寸 *m*	刀片厚 *s*
A①	±0.025	±0.005	±0.025
F①	±0.013	±0.005	±0.025
C①	±0.025	±0.013	±0.025
H	±0.013	±0.013	±0.025
E	±0.025	±0.025	±0.025
G	±0.025	±0.025	±0.13
J①	±0.05～±0.15②	±0.005	±0.025
K①	±0.05～±0.15②	±0.013	±0.025
L①	±0.05～±0.15②	±0.025	±0.025
M	±0.05～±0.15②	±0.08～±0.2②	±0.13
N	±0.05～±0.15②	±0.08～±0.2②	±0.025
U	±0.08～±0.25②	±0.13～±0.38②	±0.13

① 通常用于具有修光刃的可转位刀片。

② 允许偏差取决于刀片尺寸的大小。

表 3-1-14　夹固方式及有无断屑槽代号

代号	夹固方式	断屑槽	示意图
N	无固定孔	无断屑槽	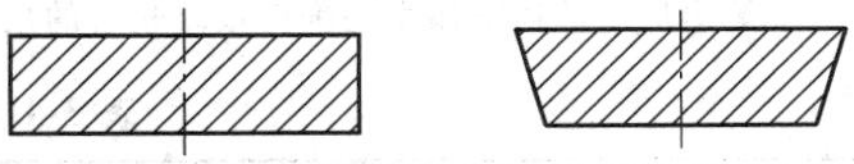
R		单面有断屑槽	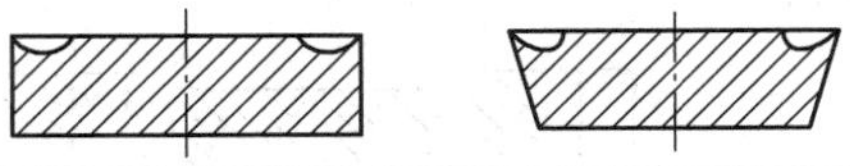
F		双面有断屑槽	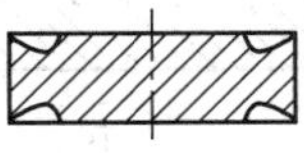
A	有圆形固定孔	无断屑槽	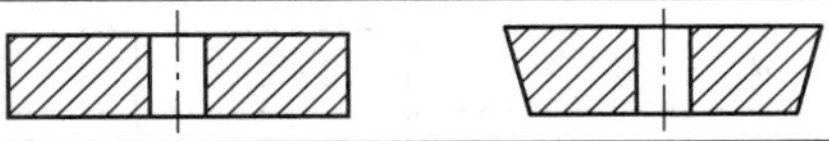
M		单面有断屑槽	
G		双面有断屑槽	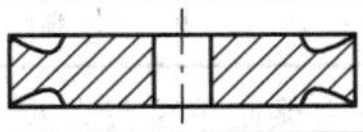

（续）

代号	夹固方式	断屑槽	示意图
W	单面有 40°~60° 固定沉孔	无断屑槽	
T		单面有断屑槽	
Q	双面有 40°~60° 固定沉孔	无断屑槽	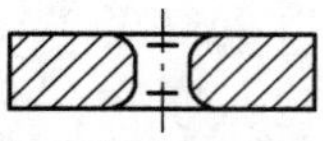
U		双面有断屑槽	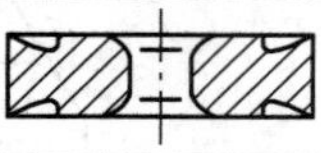
B	单面有 70°~90° 固定沉孔	无断屑槽	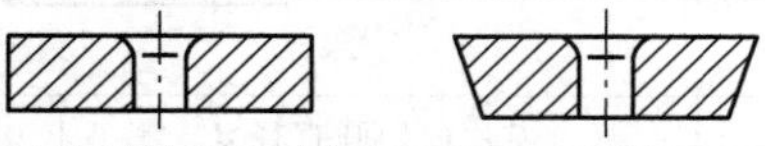
H		单面有断屑槽	
C	双面有 70°~90° 固定沉孔	无断屑槽	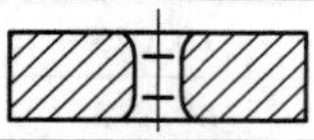
J		双面有断屑槽	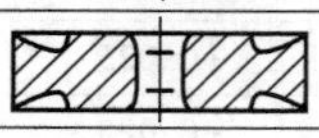
X①	需要详细说明的尺寸或细节，附图形或加以说明		

注：没有列入代号①，表示规则的刀片形状不应用字母代号 X 表示。

① 不等边刀片通常在④号位用符号 X 表示，刀片宽度的测定（垂直于主切削刃或较长的边）及刀片结构的特征需要予以说明。

表 3-1-15　刀片长度代号　　（单位：mm）

刀片形状类别	举例		说明
	长度	代号	
等边形刀片	9.525	09	用整数表示，不计小数
	15.5	15	
不等边形刀片	19.5	19	
圆形刀片	15.875	15	

注：不等边形刀片通常用主切削刃或较长边的尺寸值作为长度代号。

表 3-1-16　刀片厚度代号　　（单位：mm）

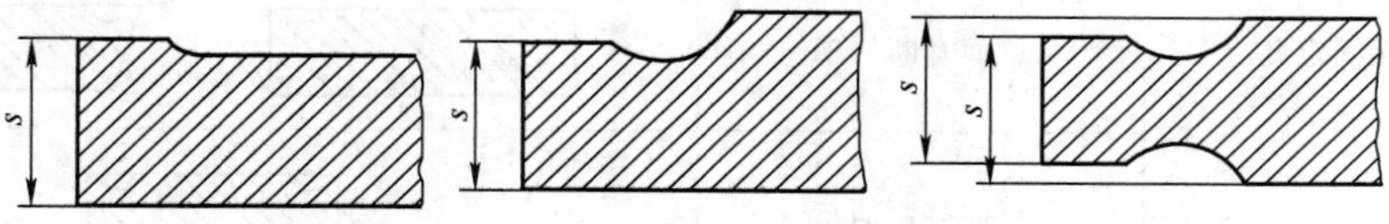

a)　　　b)　　　c)

代号	s	代号	s	代号	s	代号	s
01	1.59	03	3.18	05	5.56	09	9.52
T1	1.98	T3	3.97	06	6.35	12.7	12
02	2.38	04	4.76	07	7.94		

注：当刀片厚度用英制单位时，按 1/6in 为单位测量得到的分数的分子表示，见 GB/T 2076—2021。

表 3-1-17　刀尖形状的代号

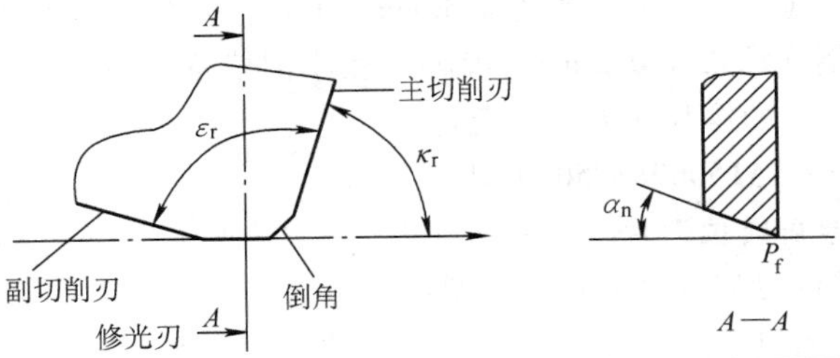

注：修光刃是副切削刃的一部分

刀尖圆弧半径	切削刃主偏角		修光刃法后角	
	代号	$\kappa_r/(°)$	代号	$\alpha'_n/(°)$
1）若刀尖角为圆角，其按 0.1mm 为单位测量得到的圆弧半径值表示，如果数值小于 10，则在数字前加“0”。例如，刀尖圆弧半径为 0.8mm，其代号为 08；刀尖圆弧半径为 1.6mm，其代号为 16 2）若刀尖角不是圆角，则代号为 00	A	45	A	3
	D	60	B	5
	E	75	C	7
	F	85	D	15
	P	90	E	20
	Z	其他角度	F	25
			G	30
			N	0
			P	11
			Z	其他角度

表 3-1-18　刀片切削刃截面形状的代号（可转位及镶片式刀片可选代号）

代号	刀片切削刃截面形状	示 意 图	代号	刀片切削刃截面形状	示 意 图
F	尖锐切削刃	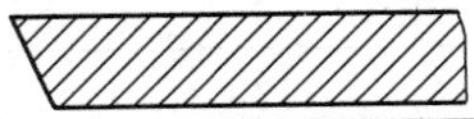	S	倒棱倒圆切削刃	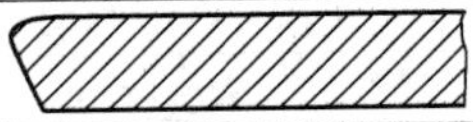
E	倒圆切削刃	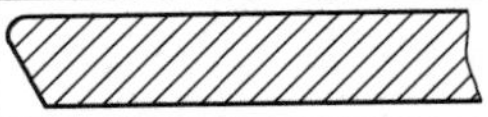	Q	双倒棱切削刃	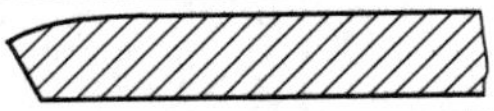
T	倒棱切削刃	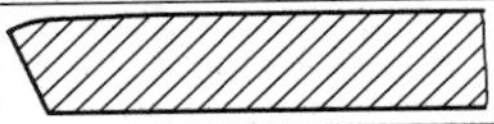	P	双倒棱倒圆切削刃	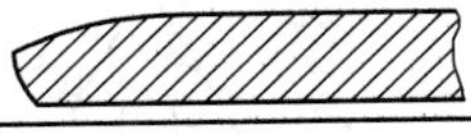

表 3-1-19　刀片切削方向的代号（可转位及镶片式刀片可选代号）

代号	切削方向	刀片的应用	示 意 图
R	右切	适用于非等边、非对称角、非对称刀尖、有或没有非对称断屑槽刀片，只能用该进给方向	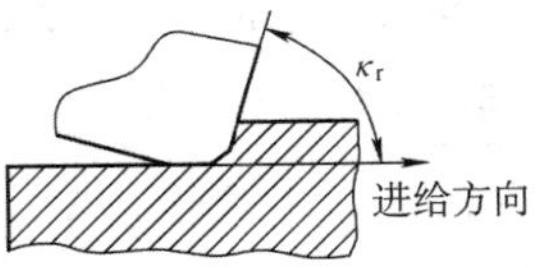 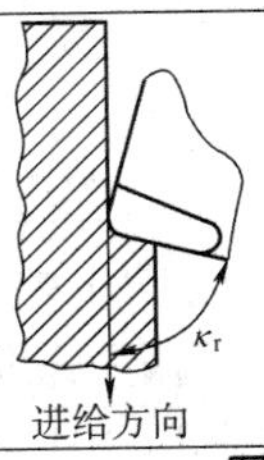
L	左切	适用于非等边、非对称角、非对称刀尖、有或没有非对称断屑槽刀片，只能用该进给方向	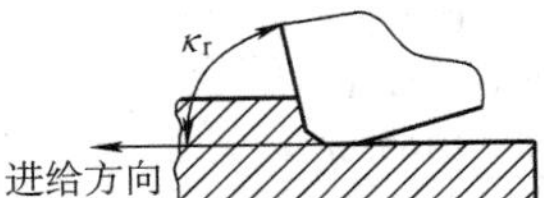 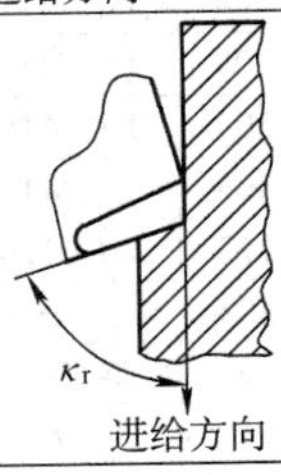
N	双向	适用于有对称刀尖、对称角、对称边和对称断屑槽的刀片，可能采用两个进给方向	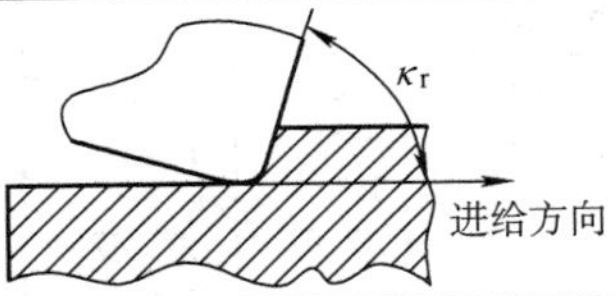 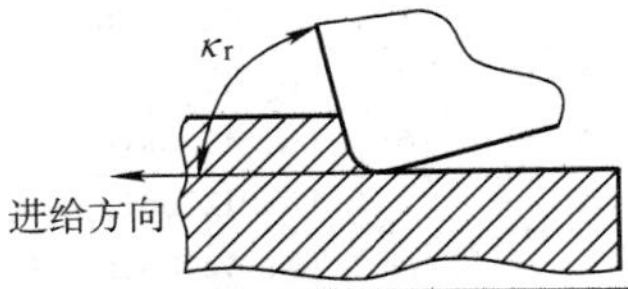

型号标记示例正方形（S），0°法后角（N），尺寸允许偏差M级（M），有圆形固定孔无断屑槽（A），切削刃长度15.875mm（15），刀片厚度6.35mm（06），刀尖圆弧半径0.8mm（08），倒棱倒圆切削刃（S），倒棱倒圆总长度0.5mm（050），较小倒棱角度20°（20），单面对角镶嵌（B），镶刃长度 $l_1=3.0$（L）的镶片式刀片标记为

SNMA150608S05020-BL

1.2.2.2　带圆角圆孔固定的硬质合金可转位刀片

带圆角圆孔固定的硬质合金可转位刀片有以下几种类型：

1）TN：带有0°法后角的正三角形刀片。

2）SN：带有0°法后角的正方形刀片。

3）CN：带有0°法后角、80°刀尖角的菱形刀片。

4）DN：带有0°法后角、55°刀尖角的菱形刀片。

5）WN：带有0°法后角、80°刀尖角的六边形刀片。

6）VN：带有0°法后角、35°刀尖角的菱形刀片。

带圆角圆孔固定的硬质合金可转位刀片适用于通过顶部和孔夹固方式或只用孔夹固的方式安装在切削、钻削工具上，其形状和尺寸见表3-1-20。

表3-1-20　带圆角圆孔固定硬质合金可转位刀片的形状和尺寸（GB/T 2078——2019）

（单位：mm）

正三角形刀片

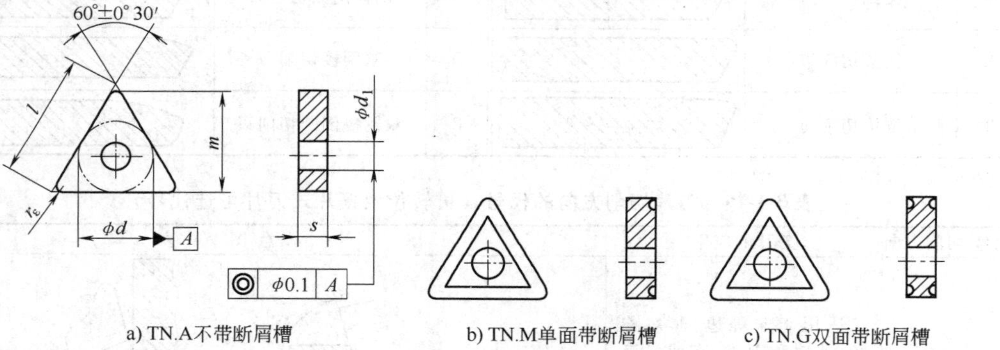

a) TN.A不带断屑槽　　b) TN.M单面带断屑槽　　c) TN.G双面带断屑槽

刀片型号			l ≈	d①	s①	m①	r_ε ±0.1	d_1 ±0.08
TN. A110202	TN. M110202	TN. G110202	11	6.35	2.38	9.322	0.2	2.26
TN. A110204	TN. M110204	TN. G110204				9.128	0.4	
TN. A110208	TN. M110208	TN. G110208				8.731	0.8	
TN. A160304	TN. M160304	TN. G160304	16.5	9.525	3.18	13.891	0.4	3.81
TN. A160308	TN. M160308	TN. G160308				13.494	0.8	
TN. A160312	TN. M160312	TN. G160312				13.097	1.2	
TN. A160404	—	TN. G160404			4.76	13.891	0.4	
TN. A160408	TN. M160408	TN. G160408				13.494	0.8	
TN. A160412	TN. M160412	TN. G160412				13.097	1.2	
TN. A220408	TN. M220408	TN. G220408	22	12.7	4.76	18.256	0.8	5.16
TN. A220412	TN. M220412	TN. G220412				17.859	1.2	
TN. A220416	TN. M220416	TN. G220416				17.463	1.6	
—	TN. M270612	—	27.5	15.875	6.35	22.622	1.2	6.35
—	TN. M270616	—				22.225	1.6	

（续）

正方形刀片

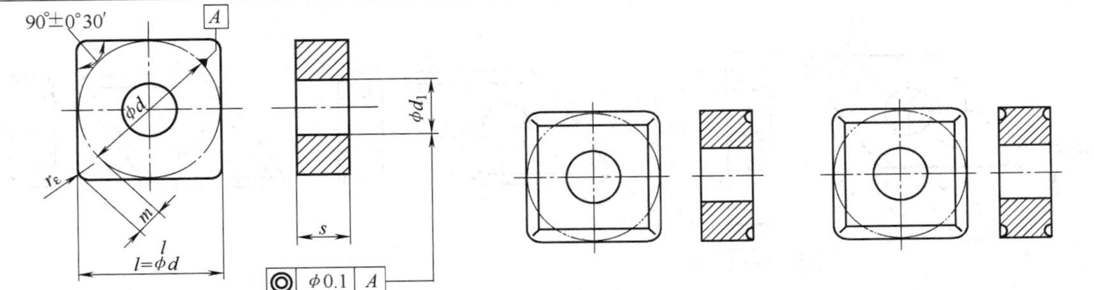

a) SN.A不带断屑槽　b) SN.M单面带断屑槽　c) SN.G双面带断屑槽

刀片型号			$d^{①}$（$d=l$）	$s^{①}$	$m^{①}$	r_{ε} ±0.1	d_1 ±0.08
—	SN. M090304	SN. G090304	9.525	3.18	1.808	0.4	3.81
—	SN. M090308	SN. G090308			1.644	0.8	
—	—	SN. G120404	12.7	4.76	2.466	0.4	5.16
SN. A120408	SN. M120408	SN. G120408			2.301	0.8	
SN. A120412	SN. M120412	SN. G120412			2.137	1.2	
SN. A120416	SN. M120416	SN. G120416			1.972	1.6	
—	SN. M150608	SN. G150608	15.875	6.35	2.959	0.8	6.35
—	SN. M150612	SN. G150612			2.795	1.2	
SN. A190612	SN. M190612	SN. G190612	19.05	6.35	3.452	1.2	7.94
SN. A190616	SN. M190616	SN. G190616			3.288	1.6	
SN. A250724	SN. M250724	SN. G250724	25.4	7.94	4.274	2.4	9.12

带 80°刀尖角的菱形刀片

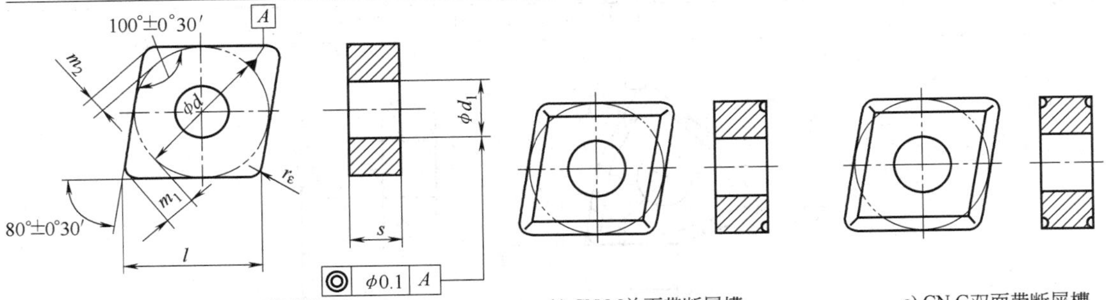

a) CN.A不带断屑槽　b) CN.M单面带断屑槽　c) CN.G双面带断屑槽

刀片型号			l ≈	$d^{①}$	$s^{①}$	m_1 ①	m_1 ①	r_{ε} ±0.1	d_1 ±0.08
CN. A090304	CN. M090304	CN. G090304	9.7	9.525	3.18	2.426	1.333	0.4	3.81
CN. A090308	CN. M090308	CN. G090308				2.206	1.212	0.8	
—	—	CN. G120404	12.9	12.7	4.76	3.308	1.818	0.4	5.16
CN. A120408	CN. M120408	CN. G120408				3.088	1.697	0.8	
CN. A120412	CN. M120412	CN. G120412				2.867	1.576	1.2	
CN. A120416	CN. M120416	CN. G120416				2.647	1.455	1.6	
—	CN. M160608	CN. G160608	16.1	15.875	6.35	3.97	2.182	0.8	6.35
—	CN. M160612	CN. G160612				3.744	2.061	1.2	
—	—	CN. G190608	19.3	19.05	6.35	4.852	2.667	0.8	7.94
CN. A190612	CN. M190612	CN. G190612				4.632	2.545	1.2	
CN. A190616	CN. M190616	CN. G190616				4.411	2.424	1.6	

（续）

带 55°刀尖角的菱形刀片

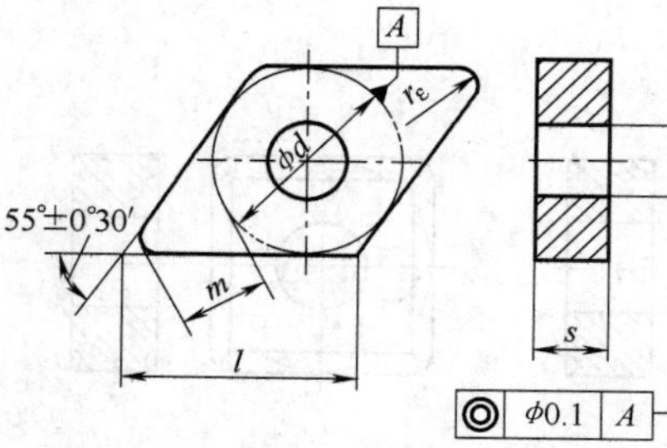

a) DN.A不带断屑槽

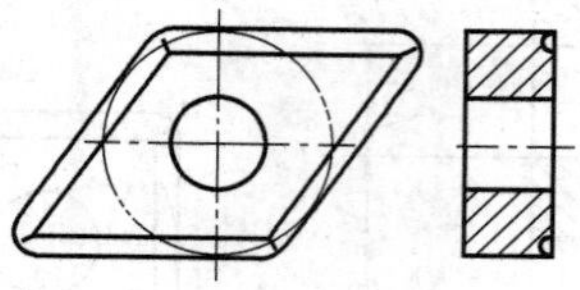

b) DN.M单面带断屑槽

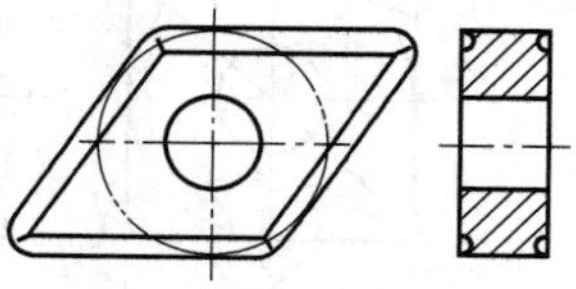

c) DN.G双面带断屑槽

刀片型号			l ≈	d①	s①	m①	r_ε ±0.1	d_1 ±0.08
DN. A110304	DN. M110304	DN. G110304	11.6	9.525	3.18	5.089	0.4	3.81
DN. A110308	DN. M110308	DN. G110308				4.626	0.8	
DN. A110312	DN. M110312	DN. G110312				4.164	1.2	
DN. A150408	DN. M150408	DN. G150408	15.4	12.7	4.76	6.478	0.8	5.16
DN. A150412	DN. M150412	DN. G150412				6.015	1.2	
DN. A150604	—	DN. G150604	15.5		6.35	6.939	0.4	
DN. A150608	DN. M150608	DN. G150608				6.478	0.8	
DN. A150612	DN. M150612	DN. G150612				6.015	1.2	
DN. A150616	DN. M150616	DN. G150616				5.552	1.6	

带 80°刀尖角的六边形刀片

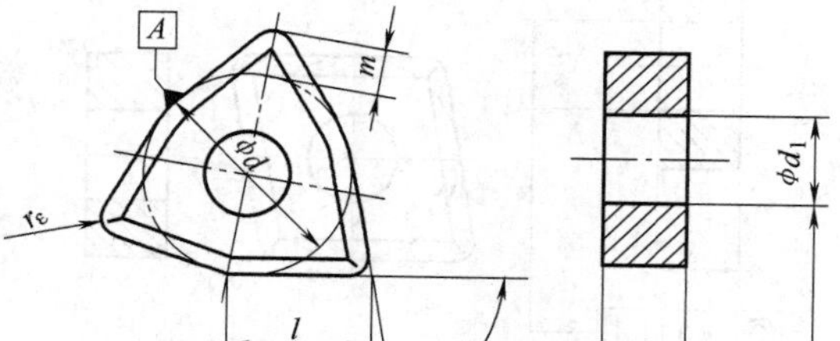

WN.G双面带断屑槽

刀片型号	l ≈	d①	s①	m①	r_ε ±0.1	d_1 ±0.08
WN. G060404	6.5	9.525	4.76	2.426	0.4	3.81
WN. G060408				2.205	0.8	
WN. G080404	8.7	12.7	4.76	3.308	0.4	5.16
WN. G080408				3.087	0.8	
WN. G080412				2.867	1.2	

（续）

带35°刀尖角的菱形刀片

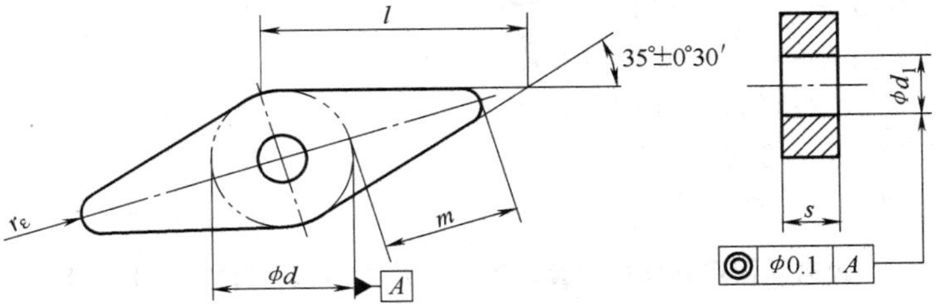

a) VN.A不带断屑槽

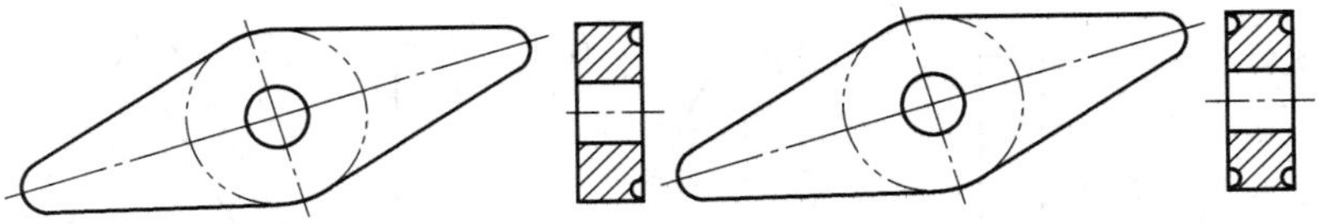

b) VN.M单面带断屑槽　　c) VN.G双面带断屑槽

刀片型号			l ≈	d	s	m	r_ε ±0.1	d_1 ±0.08
—	—	VN. G160402	16.6	9.525	4.76	10.610	0.2	3.81
VN. A160404	VN. M160404	VN. G160404				10.145	0.4	
VN. A160408	VN. M160408	VN. G160408				9.215	0.8	
VN. A160412	—	VN. G160412				8.285	1.2	
—	—	VN. G220404	22.1	12.7		13.837	0.4	5.16
VN. A220408	—	VN. G220408				12.907	0.8	
VN. A220412	—	VN. G220412				11.976	1.2	
VN. A220416	—	VN. G220416				11.046	1.6	

圆形刀片

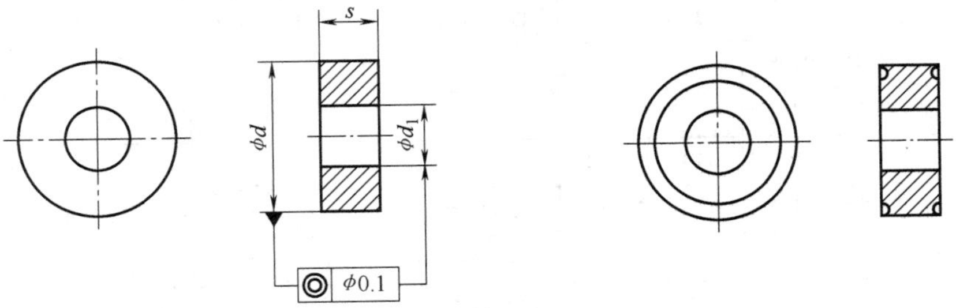

a) RN.A不带断屑槽(A)　　b) RN.G双面带断屑槽(G)

刀片型号		d		s ±0.13	d_1 ±0.08
RN. A090300	RN. G090300	9.525	±0.05	3.18	3.81
RN. A120400	RN. G120400	12.7	±0.08	4.76	5.16
RN. A150600	RN. G150600	15.875	±0.10	6.35	6.35
RN. A190600	RN. G190600	19.05			7.94
RN. A250900	RN. G250900	25.4	±0.13	9.52	9.12

① 允许偏差应符合 ISO 1832 的规定，见 GB/T 2078—2019 附录 A。

1.2.2.3　带圆角无固定孔的硬质合金可转位刀片

带圆角无固定孔的硬质合金可转位刀片有以下几种类型：

1）TN：带有0°法后角的正三角形刀片。

2）TP：带有11°法后角的正三角形刀片。

3）SN：带有0°法后角的正方形刀片。

4）SP：带有11°法后角的正方形刀片。

其形状和尺寸见表3-1-21。

表3-1-21　带圆角无固定孔硬质合金可转位刀片的形状和尺寸（GB/T 2079—2015）

（单位：mm）

正三角形刀片

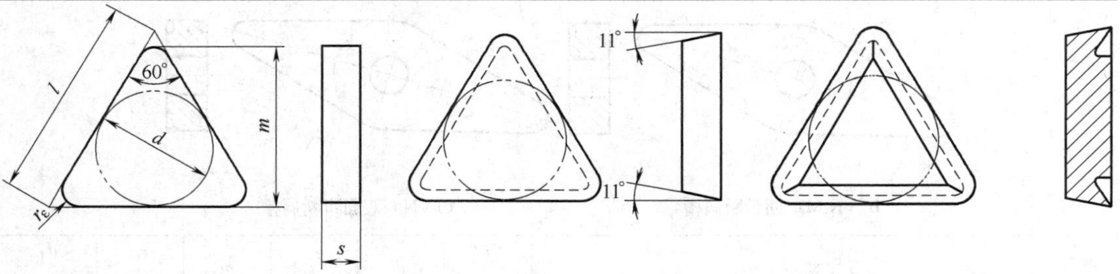

a) 正三角形、0°法后角、不带断屑槽刀片(TNUN、TNGN)　　b) 正三角形、11°法后角、不带断屑槽刀片(TPUN、TPGN)　　c) 正三角形、11°法后角、带断屑槽刀片(TPMR)

刀片型号					l ≈	d①	S①	m①	r_ε ±0.1
TNUN110304	TNGN110304	TPUN110304	TPGN110304	TPMR110304	11.0	6.350	3.18	9.128	0.4
TNUN110308	—	TPUN110308	—	TPMR110308				8.731	0.8
—	—	TPUN160304	—	TPMR160304	16.5	9.525		13.891	0.4
—	—	TPUN160308	TPGN160308	TPMR160308				13.494	0.8
—	—	TPUN160312	TPGN160312	TPMR160312				13.097	1.2
TNUN160408	TNGN160408	—	—	—			4.76	13.494	0.8
TNUN160412	TNGN160412	—						13.097	1.2
—	—	TPUN220408	—	—	22.0	12.700		18.256	0.8
TNUN220412	TNGN220412	TPUN220412	TPGN220412	—				17.859	1.2
TNUN220416	—	TPUN220416	—	—				17.463	1.6

正方形刀片

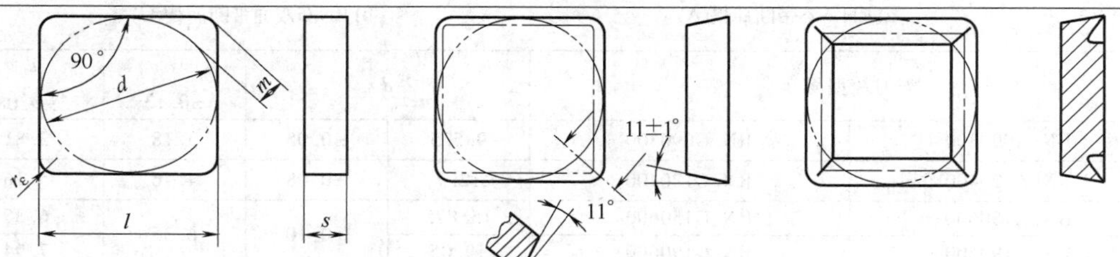

a) 正方形、0°法后角、不带断屑槽刀片(SNUN、SNGN)　　b) 正方形、11°法后角、不带断屑槽刀片(SPUN、SPGN)　　c) 正方形、11°法后角、带断屑槽刀片(SPMR)

（续）

正方形刀片								
刀片型号					d① ($d=l$)	S①	m①	r_ε ±0.1
SNUN090304	—	SPUN090304	—	SPMR090304	9.525	3.18	1.808	0.4
SNUN090308	SNGN090308	SPUN090308	—	SPMR090308			1.644	0.8
—	—	SPUN120304	—	SPMR120304	12.700		2.466	0.4
—	—	SPUN120308	SPGN120308	SPMR120308			2.301	0.8
—	—	SPUN120312	SPGN120312	SPMR120312			2.137	1.2
SNUN120408	SNGN120408	—	—	—		4.76	2.301	0.8
SNUN120412	SNGN120412	—	—	—			2.137	1.2
SNUN150412	—	—	—	—	15.875		2.795	1.2
SNUN150416	—	—	—	—			2.630	1.6
SNUN190412	—	—	—	—	19.050		3.452	1.2
SNUN190416	—	SPUN190416	—	—			3.288	1.6

① 偏差按 ISO 1832 的规定，见 GB/T 2079—2015 附录 A。

1.2.2.4 带圆角沉孔固定的硬质合金可转位刀片

带圆角沉孔固定的硬质合金可转位刀片有以下几种类型：

1）TC：带有7°法后角的正三角形刀片。

2）TP：带有11°法后角的正三角形刀片。

3）SC：带有7°法后角的正方形刀片。

4）SP：带有11°法后角的正方形刀片。

5）CC：带有7°法后角、80°刀尖角的菱形刀片。

6）CP：带有11°法后角、80°刀尖角的菱形刀片。

7）DC：带有7°法后角、55°刀尖角的菱形刀片。

8）VB：带有5°法后角、35°刀尖角的菱形刀片。

9）VC：带有7°法后角、35°刀尖角的菱形刀片。

10）RC：带有7°法后角的圆形刀片。

11）RP：带有11°法后角的圆形刀片。

12）WC：带有7°法后角、80°刀尖角的六边形刀片。

其形状和尺寸见表3-1-22。

表3-1-22 带圆角沉孔固定硬质合金可转位刀片的形状和尺寸（GB/T 2080—2007）

（单位：mm）

带有7°法后角的正三角形刀片(TC)

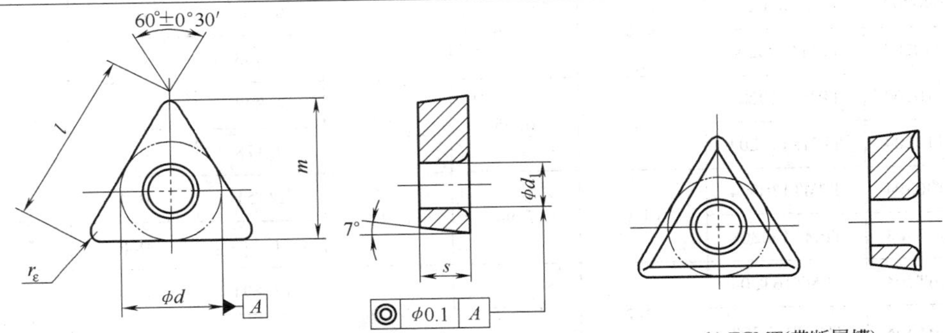

a) TCMW(不带断屑槽)　　b) TCMT(带断屑槽)

（续）

带有7°法后角的正三角形刀片（TC）

刀片型号		l ≈	d①	s①	m①	$r_ε$ ±0.1	d_1 JS13
TCMW090204	TCMT090204	9.6	5.56	2.38	7.943	0.4	2.5
TCMW110202	TCMT110202	11	6.35		9.322	0.2	2.8
TCMW110204	TCMT110204				9.128	0.4	
TCMW130304	TCMT130304	13.6	7.94	3.18	11.51	0.4	3.4
TCMW130308	TCMT130308				11.113	0.8	
TCMW16T304	TCMT16T304	16.5	9.525	3.97	13.891	0.4	4.4
TCMW16T308	TCMT16T308				13.494	0.8	
TCMW16T312	TCMT16T312				13.097	1.2	
TCMW220404	TCMT220404	22	12.7	4.76	18.653	0.4	5.5
TCMW220408	TCMT220408				18.256	0.8	
TCMW220412	TCMT220412				17.859	1.2	
TCMW220416	TCMT220416				17.463	1.6	

带有11°法后角的正三角形刀片（TP）

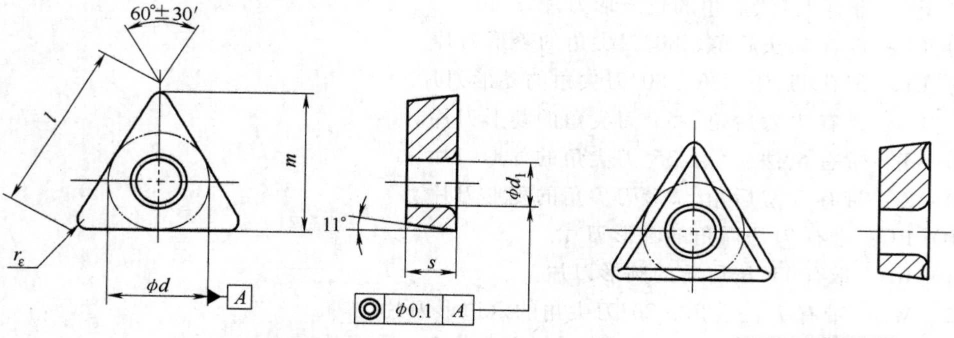

a) TPMW(不带断屑槽)　　b) TPMT(带断屑槽)

刀片型号		l ≈	d①	s①	m①	$r_ε$ ±0.1	d_1 JS13
TPMW090202	TPMT090202	9.6	5.56	2.38	8.131	0.2	2.5
TPMW090204	TPMT090204				7.943	0.4	
TPMW110202	TPMT110202	11	6.35		9.322	0.2	2.8
TPMW110204	TPMT110204				9.128	0.4	
TPMW130304	TPMT130304	13.6	7.94	3.18	11.51	0.4	3.4
TPMW130308	TPMT130308				11.113	0.8	
TPMW16T304	TPMT16T304	16.5	9.525	3.97	13.891	0.4	4.4
TPMW16T308	TPMT16T308				13.494	0.8	

（续）

带有7°法后角的正方形刀片(SC)

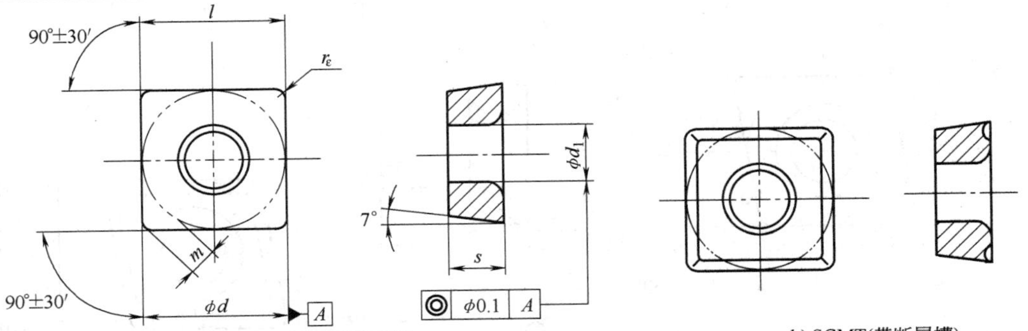

a) SCMW(不带断屑槽)　　b) SCMT(带断屑槽)

刀片型号		d①	s①	m①	r_ε ±0.1	d_1 JS13
SCMW09T304	SCMT09T304	9.525	3.97	1.808	0.4	4.4
SCMW09T308	SCMT09T308			1.644	0.8	
SCMW120404	SCMT120404	12.7	4.76	2.466	0.4	5.5
SCMW120408	SCMT120408			2.301	0.8	
SCMW120412	SCMT120412			2.137	1.2	
SCMW150512	SCMT150512	15.875	5.56	2.795	1.2	5.5
SCMW150516	SCMT150516			2.63	1.6	
SCMW190612	SCMT190612	19.05	6.35	3.452	1.2	6.5
SCMW190616	SCMT190616			3.288	1.6	
SCMW190624	SCMT190624			2.959	2.4	

带有11°法后角的正方形刀片(SP)

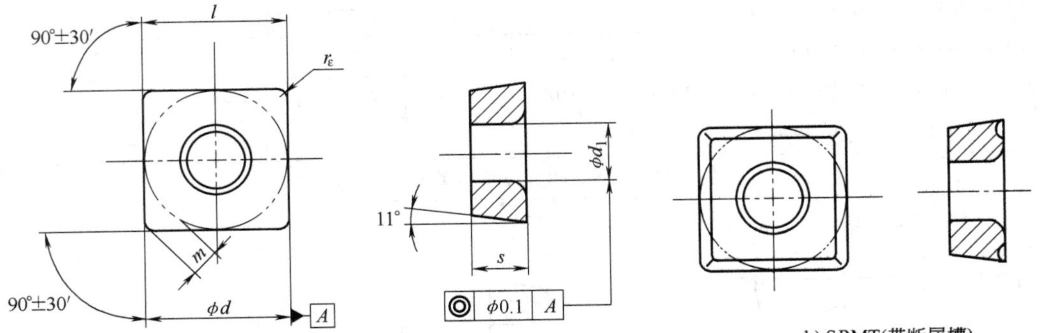

a) SPMW(不带断屑槽)　　b) SPMT(带断屑槽)

刀片型号		d①	s①	m①	r_ε ±0.1	d_1 JS13
SPMW090304	SPMT090304	9.525	3.97	1.808	0.4	4.4
SPMW090308	SPMT090308			1.644	0.8	
SPMW09T304	SPMT09T304	9.525	3.97	1.808	0.4	4.4
SPMW09T308	SPMT09T308			1.644	0.8	

（续）

带有7°法后角、80°刀尖角的菱形刀片（CC）

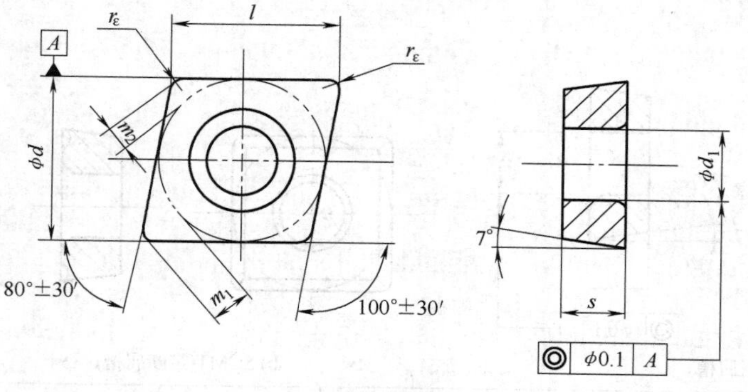

a) CCMW(不带断屑槽)

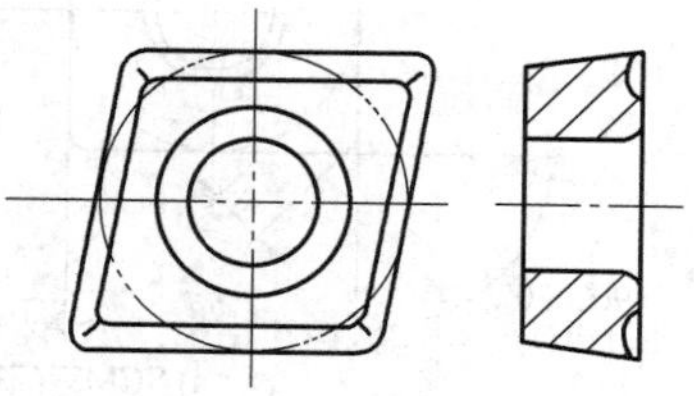

b) CCMT(带断屑槽)

刀片型号		l ≈	d①	s①	$m_1$①	$m_2$①	r_ε ±0.1	d_1 JS13
CCMW060202	CCMT060202	6.4	6.35	2.38	1.652	0.908	0.2	2.8
CCMW060204	CCMT060204				1.544	0.848	0.4	
CCMW080304	CCMT080304	8.1	7.94	3.18	1.986	1.091	0.4	3.4
CCMW080308	CCMT080308				1.765	0.97	0.8	
CCMW09T304	CCMT09T304	9.7	9.525	3.97	2.426	1.333	0.4	4.4
CCMW09T308	CCMT09T308				2.206	1.212	0.8	
CCMW120404	CCMT120404	12.9	12.7	4.76	3.308	1.818	0.4	5.5
CCMW120408	CCMT120408				3.088	1.697	0.8	
CCMW120412	CCMT120412				2.867	1.576	1.2	
CCMW160512	CCMT160512	16.1	15.875	5.56	3.749	2.061	1.2	5.5
CCMW160516	CCMT160516				3.529	1.939	1.6	
CCMW190612	CCMT190612	19.3	19.05	6.35	4.632	2.545	1.2	6.5
CCMW190616	CCMT190616				4.411	2.424	1.6	
CCMW190624	CCMT190624				3.97	2.182	2.4	

带有11°法后角、80°刀尖角的菱形刀片（CP）

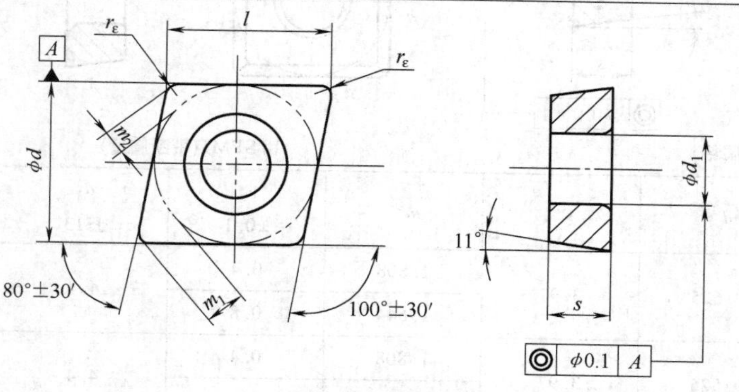

a) CPMW(不带断屑槽)

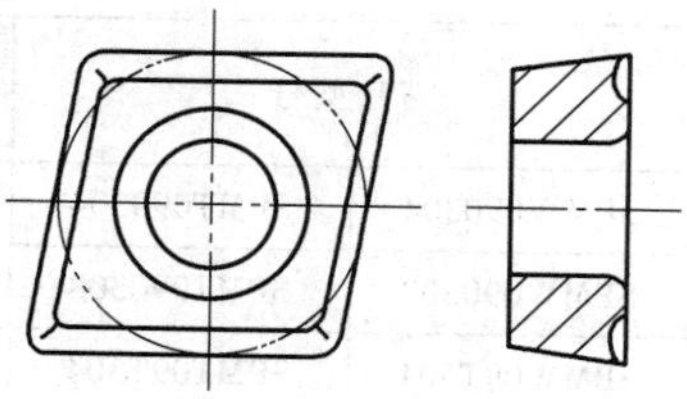

b) CPMT(带断屑槽)

（续）

带有 11°法后角、80°刀尖角的菱形刀片（CP）								
刀片型号		l ≈	d①	s①	$m_1$①	$m_2$①	$r_ε$ ±0.1	d_1 JS13
CPMW04T102	CPMT04T102	4.8	4.76	1.98	1.21	0.665	0.2	2.15
CPMW04T104	CPMT04T104				1.102	0.606	0.4	
CPMW050202	CPMT050202	5.6	5.56	2.38	1.432	0.787	0.2	2.5
CPMW050204	CPMT050204				1.324	0.728	0.4	
CPMW060202	CPMT060202	6.4	6.35	2.38	1.652	0.908	0.2	2.8
CPMW060204	CPMT060204				1.544	0.848	0.4	
CPMW080304	CPMT080304	8.1	7.94	3.18	1.986	1.091	0.4	3.4
CPMW080308	CPMT080308				1.765	0.97	0.8	
CPMW090304	CPMT090304	9.7	9.525	3.18	2.426	1.333	0.4	4.4
CPMW090308	CPMT090308				2.206	1.212	0.8	
CPMW09T304	CPMT09T304	9.7	9.525	3.97	2.426	1.333	0.4	4.4
CPMW09T308	CPMT09T308				2.206	1.212	0.8	

带有 7°法后角、55°刀尖角的菱形刀片（DC）

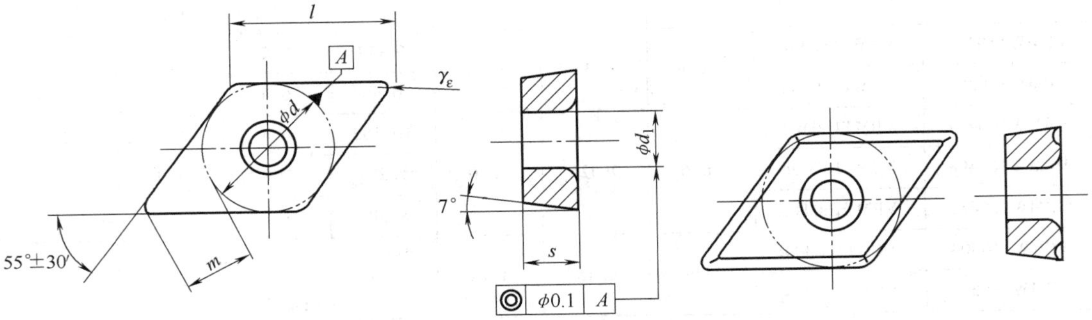

a) DCMW(不带断屑槽) b) DCMT(带断屑槽)

刀片型号		l ≈	d①	s①	m①	$r_ε$ ±0.1	d_1 JS13
DCMW070202	DCMT070202	7.75	6.35	2.38	3.464	0.2	2.8
DCMW070204	DCMT070204				3.238	0.4	
DCMW11T304	DCMT11T304	11.6	9.525	3.97	5.089	0.4	4.4
DCMW11T308	DCMT11T308				4.626	0.8	
DCMW11T312	DCMT11T312				4.164	1.2	
DCMW150404	DCMT150404	15.5	12.7	4.76	6.939	0.4	5.5
DCMW150408	DCMT150408				6.477	0.8	
DCMW150412	DCMT150412				6.014	1.2	
DCMW150416	DCMT150416				5.552	1.6	

（续）

带有35°刀尖角的菱形刀片（VB和VC）

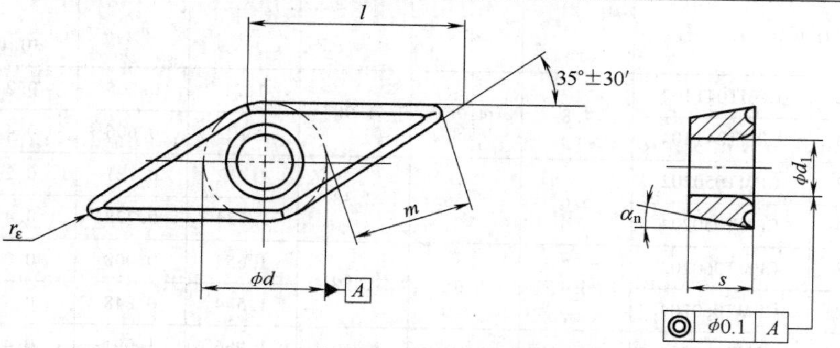

a) VBMT、VCGT、VCMT(带断屑槽)

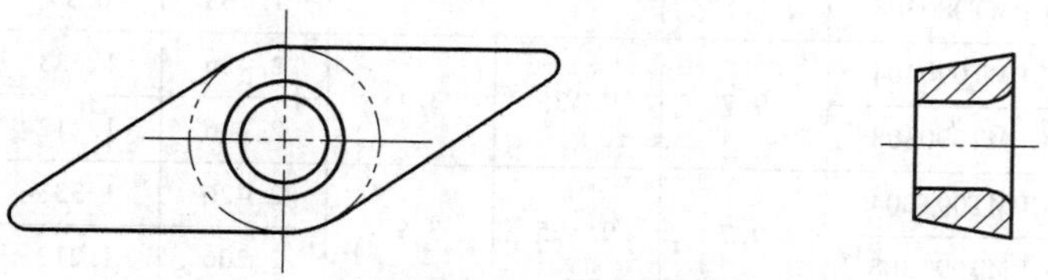

b) VBMW、VCGW、VCMW(不带断屑槽)

刀片型号		l ≈	d①	s①	m①	r_ε ±0.1	d_1 JS13	α_n ±1°
VBMW110302	VBMT110302	11.1	6.35	3.18	6.911	0.2	2.8	5°
VBMW110304	VBMT110304				6.46	0.4		
VBMW160404	VBMT160404	16.6	9.525	4.76	10.152	0.4	4.4	
VBMW160408	VBMT160408				9.229	0.8		
VBMW160412	VBMT160412				8.306	1.2		
VCGW110304	VCGT110304	11.1	6.35	3.18	6.46	0.4	2.8	7°
VCMW110304	VCMT110304							
VCGW160404	VCGT160404	16.6	9.525	4.76	10.152	0.4	4.4	
VCMW160404	VCMT160404				9.229	0.8		
VCGW160408	VCGT160408				10.152	0.4		
VCMW160408	VCMT160408				9.229	0.8		

带有7°法后角的圆形刀片（RC）

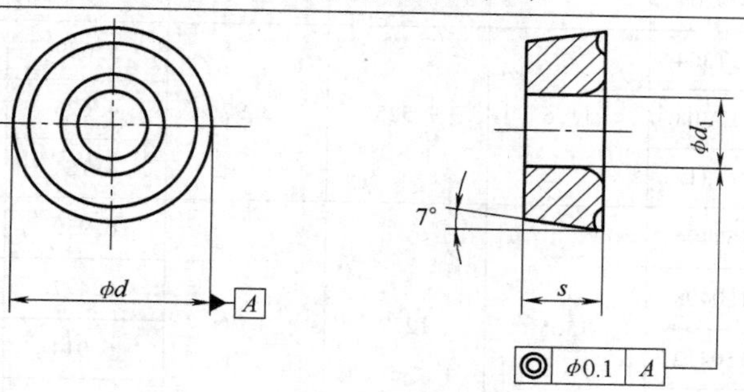

RCMT(带断屑槽)

（续）

带有7°法后角的圆形刀片(RC)			
刀片型号	d①	s①	d_1 JS13
RCMT0602M0	6	2.38	2.8
RCMT0803M0	8	3.18	3.4
RCMT10T3M0	10	3.97	4.4
RCMT1204M0	12	4.76	4.4
RCMT1605M0	16	5.56	5.5
RCMT2006M0	20	6.35	6.5
RCMT2507M0	25	7.94	8.6
RCMT3209M0	32	9.52	8.6

带有11°法后角的圆形刀片(RP)

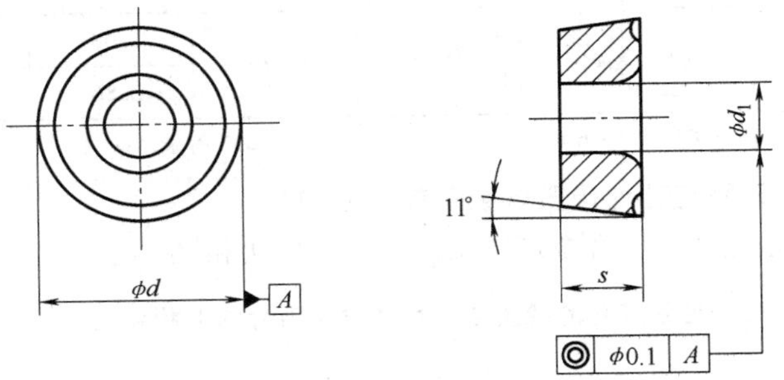

RPMT(带断屑槽)

刀片型号	d①	s①	d_1 JS13
RPMT0803M0	8	3.18	3.4
RPMT10T3M0	10	3.97	4.4

带有7°法后角、80°刀尖角的六边形刀片(WC)

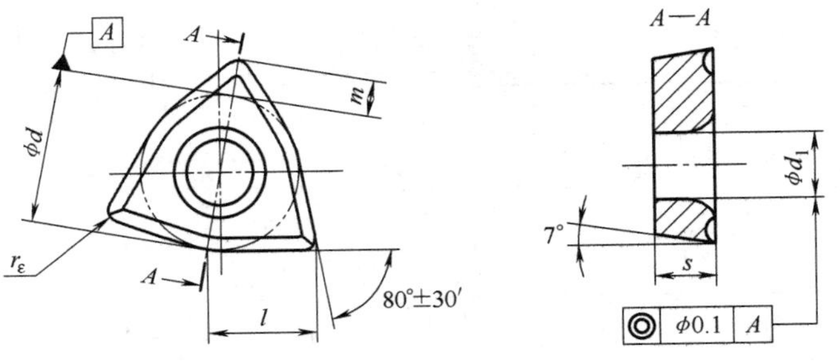

WCMT(带断屑槽)

（续）

带有7°法后角、80°刀尖角的六边形刀片(WC)						
刀片型号	l ≈	d①	s①	m①	$r_ε$ ±0.1	d_1 JS13
WCMTL3T102	3.26	4.76	1.98	1.21	0.2	2.15
WCMTL3T104				1.102	0.4	
WCMT030202	3.8	5.56	2.38	1.432	0.2	2.5
WCMT030204				1.324	0.4	
WCMT040202	4.34	6.35	2.38	1.651	0.2	2.8
WCMT040204				1.544	0.4	
WCMT050304	5.43	7.94	3.18	1.986	0.4	3.4
WCMT050308				1.765	0.8	
WCMT06T304	6.52	9.525	3.97	2.426	0.4	4.4
WCMT06T308				2.205	0.8	
WCMT080408	8.69	12.7	4.76	3.087	0.8	5.5
WCMT080412				2.867	1.2	

① d、s、m 的允许偏差符合 GB/T 2076 的规定，见 GB/T 2080—2007 附录 A。

1.2.2.5 带修光刃、无固定孔的硬质合金可转位铣刀片

带修光刃、无固定孔的硬质合金可转位铣刀片的形状和尺寸见表 3-1-23。

表 3-1-23 带修光刃、无固定孔的硬质合金可转位铣刀片的形状和尺寸（GB/T 2081—2018）

（单位：mm）

90°主偏角、11°后角、11°修光刃后角的正三角形刀片

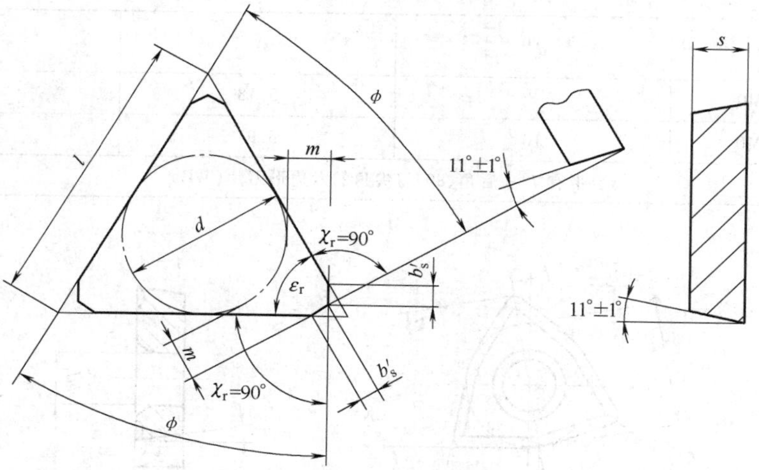

刀片型号			l ≈	d①	s①	m①	b'_s ≈	$ε_r$	ϕ
TPAN1103PPN	TPCN1103PPN	TPKN1103PPN	11.0	6.35	3.175	1.72	0.7	60°	30°
TPAN1603PPN	TPCN1603PPN	TPKN1603PPN	16.5	9.525		2.45	1.2		
TPAN2204PPN	TPCN2204PPN	TPKN2204PPN	22.0	12.70	4.76	3.55	1.3		

（续）

有倒角、90°主偏角、11°后角、15°修光刃后角的非对称三角形刀片

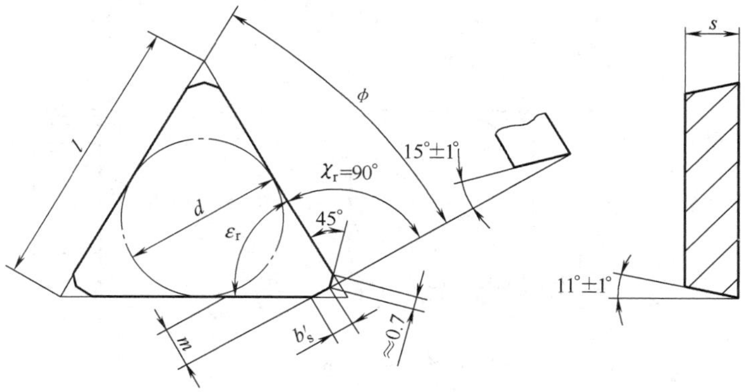

刀片型号			l ≈	d①	s①	m①	b'_s ≈	ε_r	ϕ
TPAN1603PDR	TPCN1603PDR	TPKN1603PDR	16.5	9.525	3.175	2.45	1.3	60°	30°
TPAN1603PDL	TPCN1603PDL	TPKN1603PDL							
TPAN2204PDR	TPCN2204PDR	TPKN2204PDR	22.0	12.70	4.76	3.55	1.4		
TPAN2204PDL	TPCN2204PDL	TPKN2204PDL							

有倒角、90°主偏角、20°后角、20°修光刃后角的非对称三角形刀片

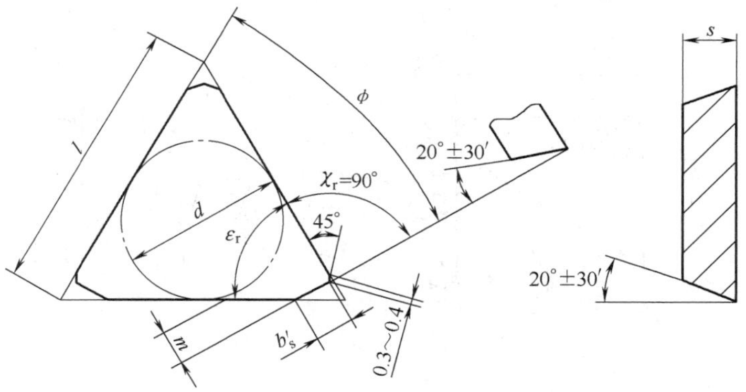

刀片型号	l ≈	d①	s①	m①	b'_s ≈	ε_r ±8′	ϕ $^{+15'}_{0}$
TECN1603PER	16.5	9.525	3.175	2.19	2.0	60°	30°
TECN1603PEL							

（续）

有倒角、75°主偏角、0°后角、0°修光刃后角的正方形刀片

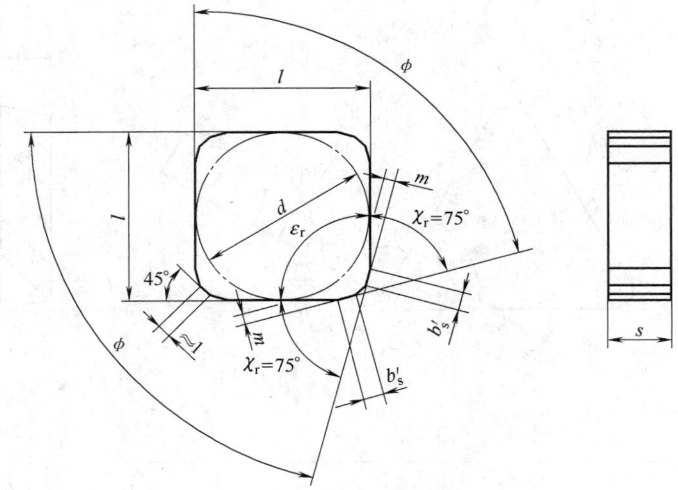

刀片型号			d①	s①	m①	b'_s ≈	ε_r	ϕ
SNAN1204ENN	SNCN1204ENN	SNKN1204ENN	12.70	4.76	0.8	1.4	90°	75°
SNAN1504ENN	SNCN1504ENN	SNKN1504ENN	15.875		1.5			
SNAN1904ENN	SNCN1904ENN	SNKN1904ENN	19.05	4.76②	1.3	2.0		

有倒角、75°主偏角、11°后角、15°修光刃后角的非对称方形刀片

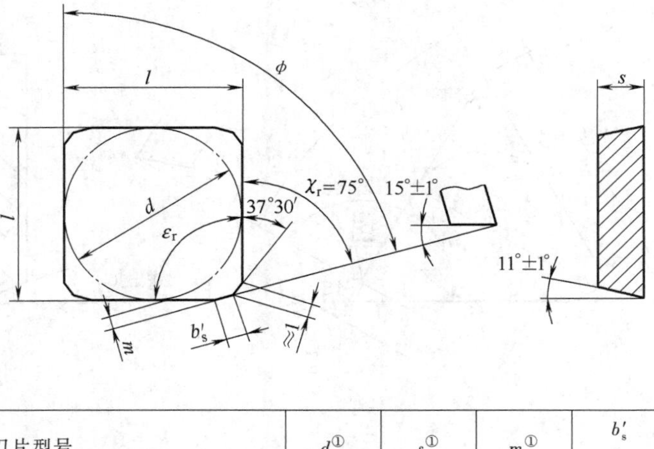

刀片型号			d①	s①	m①	b'_s ≈	ε_r	ϕ
SPAN1203EDR	SPCN1203EDR	SPKN1203EDR	12.70	3.175	0.90	1.4	90°	75°
SPAN1203EDL	SPCN1203EDL	SPKN1203EDL						
SPAN1504EDR	SPCN1504EDR	SPKN1504EDR	15.875	4.76	1.25			
SPAN1504EDL	SPCN1504EDL	SPKN1504EDL						

（续）

45°主偏角、0°后角、0°修光刃后角的正方形刀片

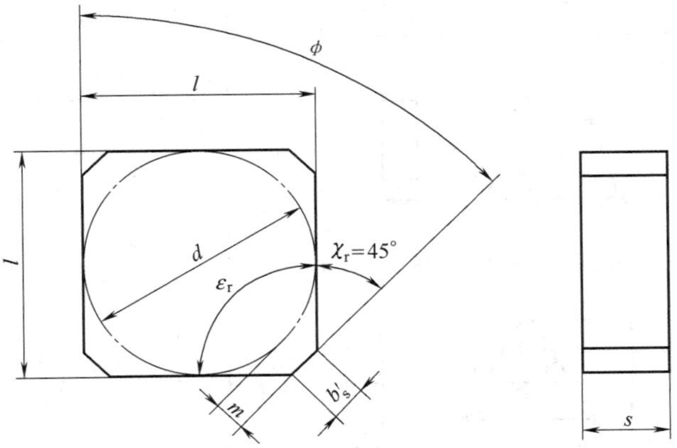

刀片型号			d①	s①	m①	b_s' ≈	ε_r	ϕ
SNAN1204ANN	SNCN1204ANN	SNKN1204ANN	12.70	4.76	1.60	2.0	90°	45°
SNAN1504ANN	SNCN1504ANN	SNKN1504ANN	15.875		2.00	2.5		
SNAN1904ANN	SNCN1904ANN	SNKN1904ANN	19.05	4.76②	2.50	3.0		

无倒角、75°主偏角、20°后角、20°修光刃后角的非对称方形刀片

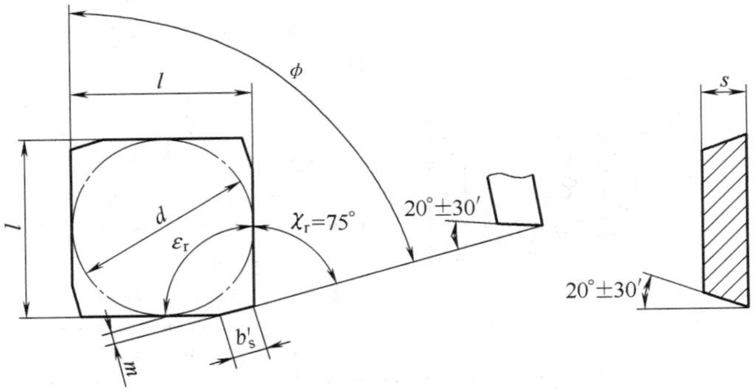

刀片型号	d①	s①	m①	b_s' ≈	ε_r ±8′	ϕ $^{+15'}_{0}$
SECN1203EER	12.70	3.175	0.8	2.5	90°	75°
SECN1203EEL						

① d、s、m 公差符合 ISO 1832，详见 GB/T 2081—2018 附录 A。

② 在一些国家标准中，5.56mm 厚度（SN.N1905 ENN 或 ANN）可能会代替 4.76mm 厚度。

1.2.3 陶瓷可转位刀片的型号与基本参数（见表3-1-24）

表3-1-24 陶瓷可转位刀片的型号与基本参数 （单位：mm）

型号	图形	L	d	S	m	r_ε	材料牌号
EN-N130712	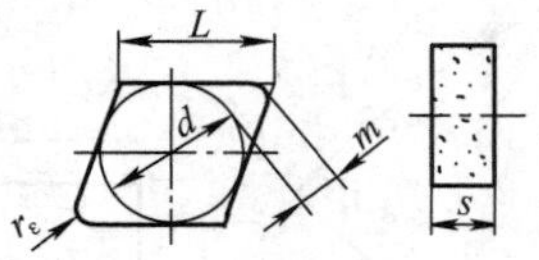	13.2	12.70	7.93	3.48	1.2	P_1、P_2
EN-N130716		13.2	12.70	7.93	3.48	1.6	P_1、P_2
TNUN16012	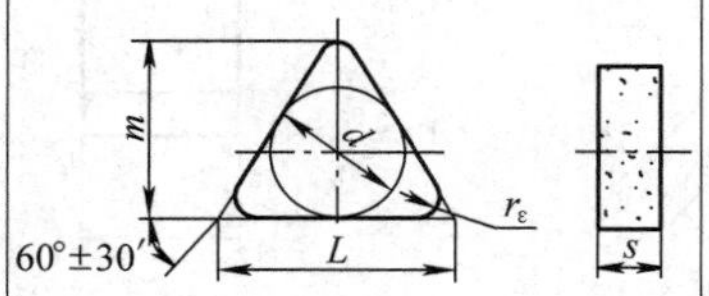	16.5	9.525	13.079	6.35	1.2	M_{16}、M_4
WN-N080402	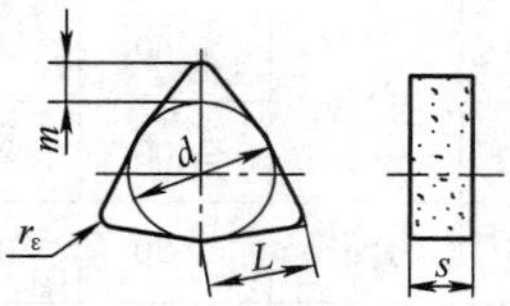	8.69	12.70	4.76	3.8	0.2	P_1、P_2
WN-N080412		8.69	12.70	4.76	2.83	1.2	
WN-N080612		8.69	12.70	6.35	2.83	1.2	
WN-N080721		8.69	12.70	7.93	2.83	1.2	
WN-N080416		8.69	12.70	4.76	2.61	1.6	
WN-N080616		8.69	12.70	6.35	2.61	1.6	
WN-N080716		8.69	12.70	7.93	2.61	1.6	
WN-R080402-A3	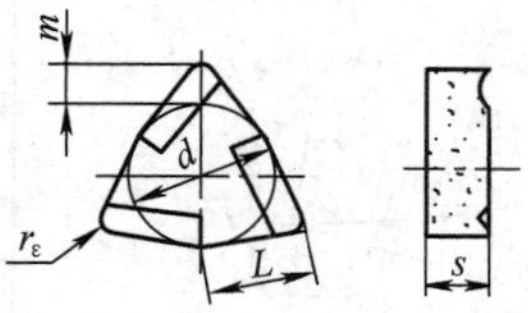	8.69	12.70	4.76	3.38	0.2	P_1、P_2
WN-R080404-A3		8.69	12.70	4.76	3.27	0.4	
WN-R080416-A3		8.69	12.70	4.76	2.61	1.6	
WN-R080616-A3		8.69	12.70	6.35	2.61	1.6	
WN-R080716-A3		8.69	12.70	7.93	2.61	1.6	
WN-R080402-V3		8.69	12.70	4.76	3.38	0.2	
WN-R080412-V3	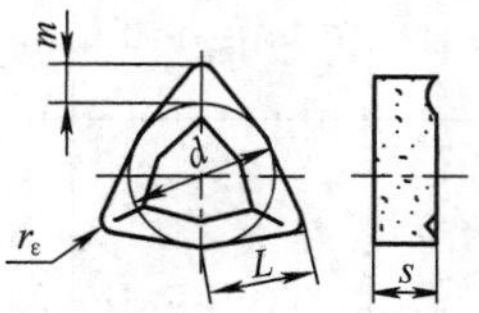	8.69	12.70	4.76	2.83	1.2	P_1、P_2
WN-R080612-V3		8.69	12.70	6.35	2.83	1.2	
WN-R080712-V3		8.69	12.70	7.93	2.83	1.2	
WN-R080416-V3		8.69	12.70	4.76	2.61	1.6	
WN-R080616-V3		8.69	12.70	6.35	2.61	1.6	
WN-R080716-V3		8.69	12.70	7.93	2.61	1.6	

（续）

型 号	图 形	L	d	S	m	r_ε	材料牌号
SNUN090304	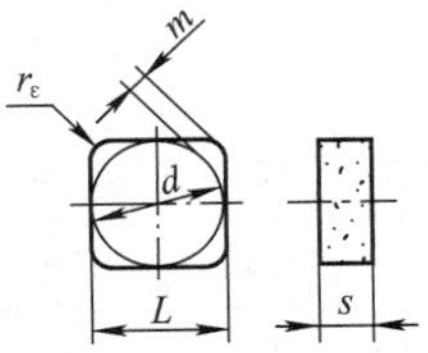	9.525	—	3.180	1.807	0.4	P_1、P_2、M_4、M_5、M_6、M_{8-1}、M_{16}
SNUN090308		9.525	—	3.180	1.641	0.8	
SNUN090404		9.525	—	4.760	1.807	0.4	
SNUN090408		9.525	—	4.760	1.641	0.8	
SNUN090412		9.525	—	4.760	1.476	1.2	
SNUN090416		9.525	—	4.760	1.311	1.6	
SNUN120404		12.700	—	4.760	2.464	0.4	
SNUN120408		12.700	—	4.760	2.299	0.8	
SNUN120412		12.700	—	4.760	2.133	1.2	
SNUN120416		12.700	—	4.760	1.967	1.6	
SNUN120420		12.700	—	4.760	1.802	2.0	
SNUN120424		12.700	—	4.760	1.636	2.4	
SNUN120608		12.700	—	6.350	2.299	0.8	
SNUN120612		12.700	—	6.350	2.133	1.2	
SNUN120616		12.700	—	6.350	1.967	1.6	
SNUN120620		12.700	—	6.350	1.802	2.0	
SNUN120624		12.700	—	6.350	1.636	2.4	
SNUN120708		12.700	—	—	2.299	0.8	
SNUN120712		12.700	—	7.937	2.133	1.2	
SNUN120716		12.700	—		1.967	1.6	
SNUN120720		12.700	—		1.802	2.0	
SNUN120724		12.700	—		1.636	2.4	
SNUN150608		15.857	—	7.937	2.953	0.8	
SNUN150612		15.857	—	6.350	2.787	1.2	
SNUN150616		15.857	—		2.621	1.6	
SNUN150620		15.857	—		2.456	2.0	
SNUN150624		15.857	—		2.290	2.4	
SNUN150708		15.857	—	7.937	2.953	0.8	
SNUN150712		15.857	—		2.787	1.2	
SNUN150716		15.857	—		2.621	1.6	

（续）

型号	图形	L	d	S	m	r_{ε}	材料牌号
SNUN150720	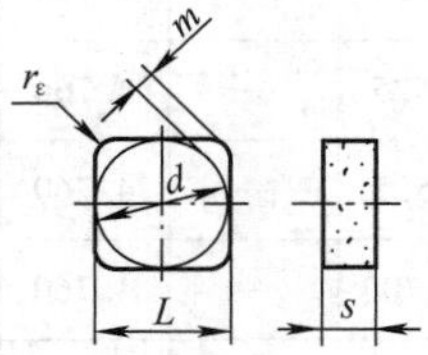	15.857	—	7.937	2.456	2.0	P_1、P_2、M_4、M_5、M_6、M_{8-1}、M_{16}
SNUN150724		15.857	—		2.290	2.4	
SNUN190608		15.050	—	6.350	3.614	0.8	
SNUN190612		19.050	—		3.448	1.2	
SNUN190616		19.050	—		3.283	1.6	
SNUN190620		19.050	—		3.117	2.0	
SNUN190624		19.050	—		2.951	2.4	
SNUN190708		19.050	—	7.937	3.614	0.8	
SNUN190712		19.050	—		3.448	1.2	
SNUN190716		19.050	—		3.283	1.6	
SNUN190720		19.050	—		3.117	2.0	
SNUN190724		19.050	—		2.951	2.4	
SN-R120402-A3	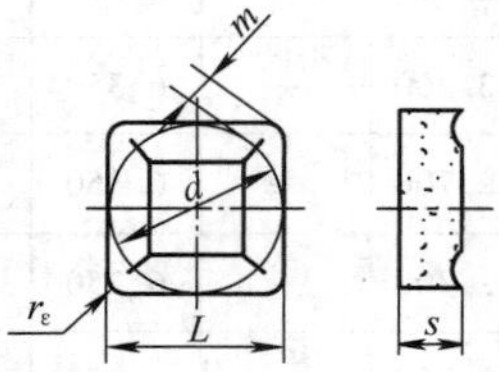	12.7	12.7	4.76	2.55	0.2	P、P_2
SN-R120404-A3		12.7	12.7		2.47	0.4	
SN-R120412-A3		12.7	12.7		2.13	1.2	
SN-R120612-A3		12.7	12.7	6.35	2.13	1.2	P_1、P_2
SN-R120712-A3		12.7	12.7	7.93	2.13	1.2	
SN-R150412-A3		15.86	15.86	4.76	2.79	1.2	
SN-R150612-A3		15.86	15.86	6.35	2.79	1.2	
SN-R150712-A3		15.86	15.86	7.93	2.79	1.2	
RN-N150700	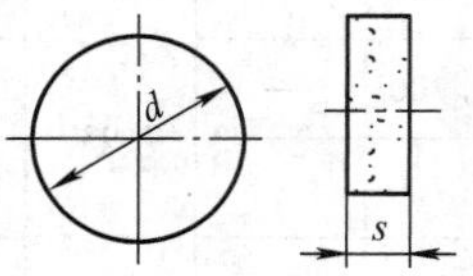	—	15.875	7.94	—	—	P_2、M_4、M_5、M_6、M_{8-1}、M_{18}
RN-N190700		—	19.050	7.94	—	—	
RN-N250700		—	25.400	7.94	—	—	
SN-R120402-V3	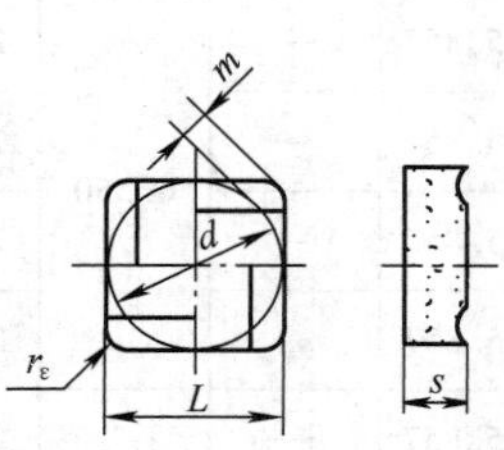	12.7	12.7	4.76	2.55	0.2	P_1、P_2
SN-R120404-V3		12.7	12.7	4.76	2.47	0.4	
SN-R120412-V3		12.7	12.7	4.76	2.13	1.2	
SN-R120612-V3		12.7	12.7	6.35	2.13	1.2	
SN-R120712-V3		12.7	12.7	7.93	2.13	1.2	
SN-R150412-V3		15.86	15.86	4.76	2.79	1.2	
SN-R150612-V3		15.86	15.86	6.35	2.79	1.2	
SN-R150712-V3		15.86	15.86	7.93	2.79	1.2	

注：陶瓷刀片的基本参数可参考 GB/T 2079—2015《带圆角无固定孔的硬质合金可转位刀片 尺寸》的基本参数。

1.3　车刀

1.3.1　刀具切削部分的几何角度

1.3.1.1　刀具切削部分的组成（见图3-1-1）

1）前面——切削时刀具上切屑流过的表面。

2）后面——切削时刀头上与工件已加工表面相对的表面。

3）主后面——刀具上与前面相交形成主切削刃的后面。

4）副后面——刀具上与前面相应形成副切削刃的后面。

5）主切削刃——起始于切削刃上主偏角为零的点，并至少有一段切削刃拟用来在工件上切出过渡表面的那个整段切削刃。

6）副切削刃——切削刃上除主切削刃以外的刃，亦起始于主偏角为零的点，但它向背离主切削刃的方向延伸。

7）刀尖——沿主切削刃与副切削刃的连接处相当少的一部分切削刃。

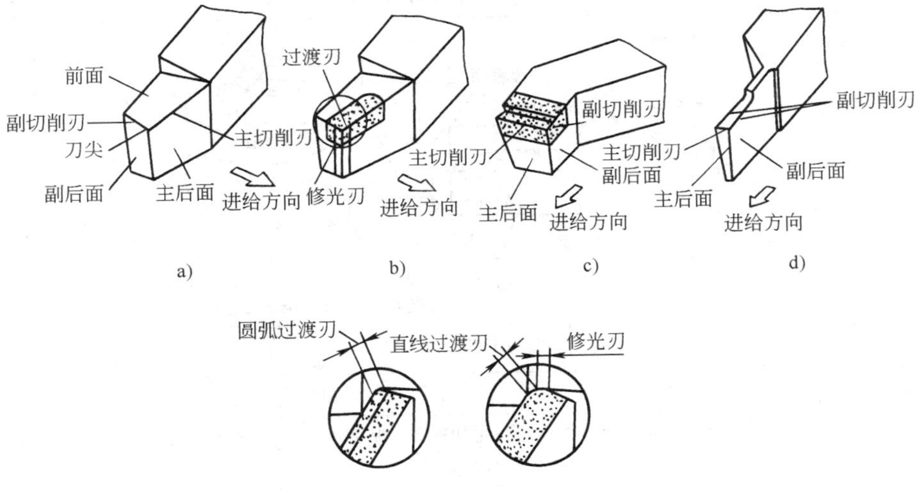

图3-1-1　车刀切削部分的组成

1.3.1.2　确定刀具角度的三个辅助平面名称和定义

（1）切削平面　通过切削刃选定点与切削刃相切并垂直于基面的平面（见图3-1-2）。

（2）基面　过切削刃选定点的平面，它平行或垂直于刀具在制造、刃磨及测量时适于安装或定位的一个平面或轴线（见图3-1-2）。切削刃上同一点的基面与切削平面一定是互相垂直的。

（3）正交平面　通过切削刃选定点并同时垂直于基面和切削平面的平面（见图3-1-3）。

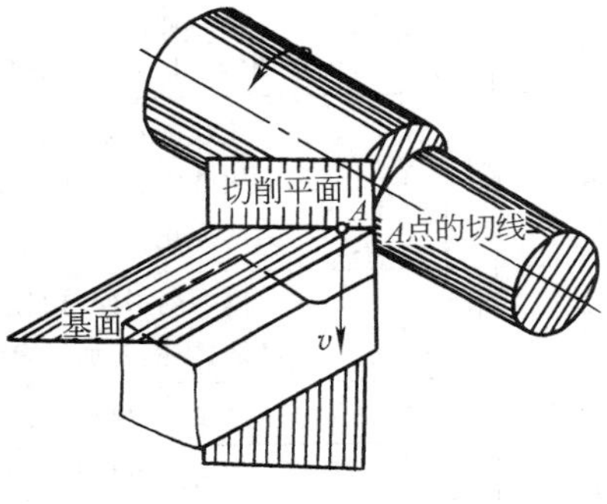

图3-1-2　切削平面和基面

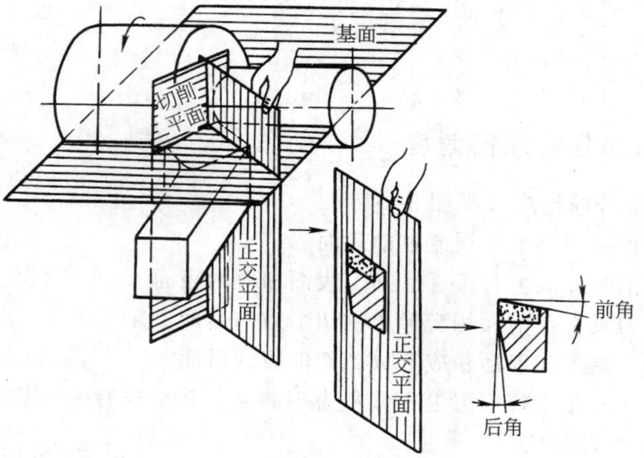

图 3-1-3 正交平面

1.3.1.3 刀具的切削角度及其作用（见表 3-1-25）

表 3-1-25 刀具的切削角度及其作用

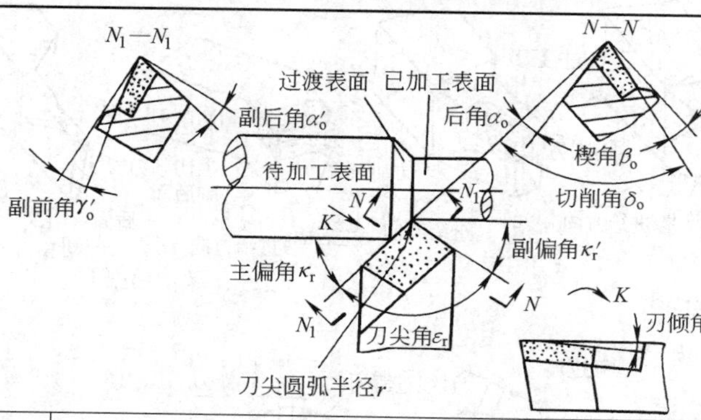

名　称	代　号	位置和作用
前角	γ_o	前面（前刀面，后同）经过主切削刃与基面的夹角，在正交平面中测量。它影响切屑变形和切屑与前面的摩擦及刀具强度
副前角	γ_o'	前面经过副切削刃与基面的夹角，在副截面中测量
后角	α_o	后面（后刀面，后同）与切削平面间的夹角，在正交平面中测量。用来减少后面与工件的摩擦
副后角	α_o'	副后面（副后刀面，后同）与通过副切削刃并垂直于基面的平面之间的夹角，在副截面中测量。用来减少副后面与已加工表面的摩擦
主偏角	κ_r	主切削平面与假定工作平面间的夹角，在基面中测量 当背吃刀量和进给量一定时，改变主偏角可以使切屑变薄或变厚，影响散热情况和切削力的变化
副偏角	κ_r'	副切削平面与假定工作平面间的夹角，在基面中测量它可以避免副切削刃与已加工表面摩擦，影响已加工表面的表面粗糙度值
过渡偏角	κ_o	过渡刀刃与被加工表面（走刀方向）之间的夹角，用来增加刀尖强度
刃倾角	λ_s	主切削刃与基面之间的夹角，在主切削平面中测量。它可以控制切屑流出方向，增加切削刃强度并能使切削力均匀

（续）

名　称	代　号	位置和作用
楔　角	β_o	前面与后面间的夹角，在正交平面中测量。它影响刀头截面的大小
切削角	δ_o	前面和切削平面间的夹角，在正交平面中测量
刀尖角	ε_r	主切削平面与副切削平面间的夹角，在基面中测量。它影响刀头强度和导热能力
倒棱宽	b_γ	第一前面的宽度，用来增加切削刃强度

1.3.1.4 车刀的工作角度

前面介绍的是车刀静止状态的几何角度（即标注角度），它们是假定刀尖对准工件中心、进给量为零的条件下规定的角度。刀具工作时，由于受刀具安装、进给运动和工件形状的影响，它的工作角度不等于标注角度。在一般情况下，两者相差较小，可以忽略不计，但如果两者相差较大，就应加以考虑。

（1）车刀安装位置对车刀角度的影响

1）车刀装得高于或低于工件中心时对车刀角度的影响。图 3-1-4 所示为车削外圆时刀尖的三种安装位置：当刀尖对准工件中心安装时，前角与后角不改变（见图 3-1-4a）；当刀尖装得高于工件中心时，前角增大，后角减小（见图 3-1-4b）；当刀尖装得低于工件中心时，前角减小，后角增大（见图 3-1-4c）。

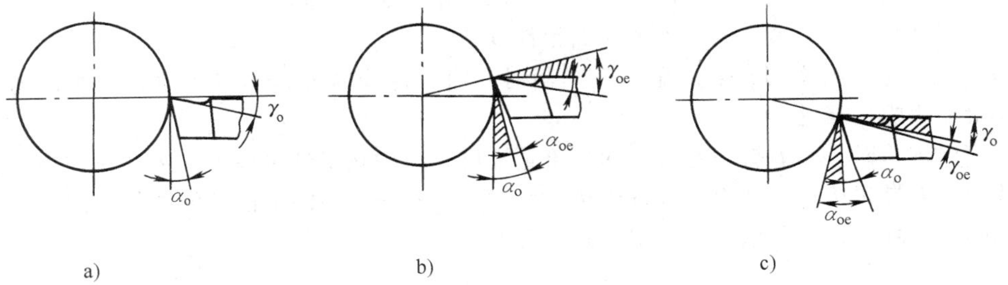

图 3-1-4　车削外圆时刀尖的三种安装位置

a）刀尖对准工件中心　b）刀尖高于工件中心　c）刀尖低于工件中心

图 3-1-5 所示为车削内孔时刀尖的三种安装位置。除当刀尖对准工件中心安装时，前角与后角不改变，其余两种情况，对车刀前角和后角的影响均与车外圆时相反。

2）车刀装得歪斜对车刀偏角的影响。车刀装得歪斜会使主偏角和副偏角的数值发生如下变化（见图 3-1-6）：当刀杆装得与工件轴线垂直时，主偏角与副偏角不改变（见图 3-1-6a）；当刀杆装得向右歪斜时，则主偏角增大，副偏角减小（见图 3-1-6b）；当刀杆装得向左歪斜时，则主偏角减小，副偏角增大（见图 3-1-6c）。

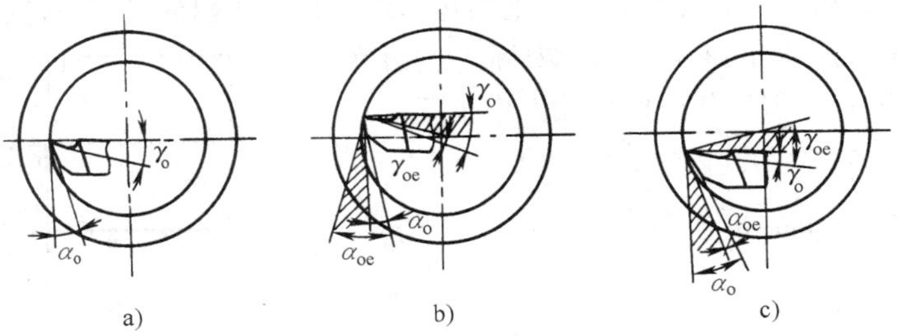

图 3-1-5　车削内孔时刀尖的三种安装位置

a）刀尖对准工件中心　b）刀尖高于工件中心　c）刀尖低于工件中心

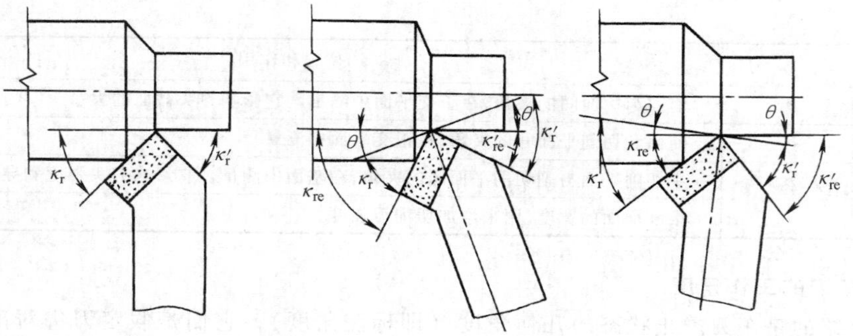

a)　　　b)　　　c)

图 3-1-6　车刀装得歪斜对车刀偏角的影响

a）对正 κ_r 不变，κ'_r 不变　b）偏右 $\kappa_{re}=\kappa_r+\theta$，$\kappa'_{re}=\kappa'_r-\theta$　c）偏左 $\kappa_{re}=\kappa_r-\theta$，$\kappa'_{re}=\kappa'_r+\theta$

车削圆锥面时，刀杆应装得与工件圆锥母线垂直，否则主、副偏角也会发生变化，影响加工质量。

如果螺纹车刀装得不正，就会引起螺纹牙型半角误差。

切断刀装得不正，会使工件的切断面出现凹凸不平，甚至断刀。

精车刀装得不正，会影响工件的表面粗糙度值。

（2）进给运动对车刀角度的影响　车削时，除工件旋转外，车刀还须做直线运动，这两个运动合成为螺旋运动。

在横向进给时，车刀按一定大小的进给量进给，刀尖在工件端面上的运动轨迹是一条阿基米德螺线。刀具越接近工件中心或进给量越大时，与螺线相切的平面越倾斜。因此，车刀工作时的实际后角减小，前角增大，如图 3-1-7 所示。

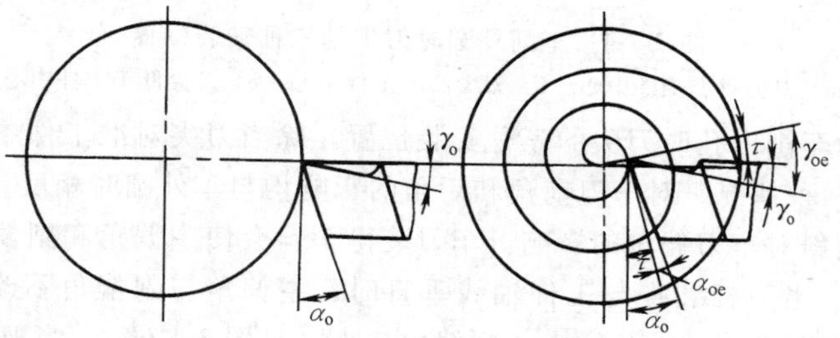

图 3-1-7　横向进给对车刀角度的影响

在纵向进给时，由于车刀刀尖在工件上的运动轨迹是一条螺旋线，与螺旋线相切的切削平面位置也随之倾斜，所以也影响刀具的实际工作角度（见图 3-1-8）。因此，车刀工作时的实际工作角度：

$$\gamma_{oe}=\gamma_o+\tau;\ \alpha_{oe}=\alpha_o-\tau$$

$$\tan\tau=\frac{f}{\pi D}$$

式中　τ——螺旋角（°）；

f——进给量（mm/r）；

D——工件直径（mm）。

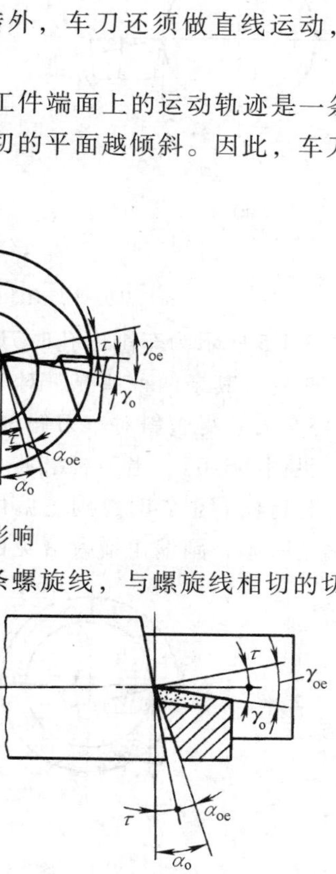

图 3-1-8　纵向进给对车刀角度的影响

一般车削时，进给量较小，由于进给运动所引起的 τ 值可忽略不计；但当车削大螺距螺纹或多线螺杆时，τ 值较大，在刃磨刀具时，应考虑它对工作角度的影响。

1.3.2 刀具切削部分几何参数的选择

车刀切削部分的几何参数指车刀的角度、刀面和切削刃的形状和数值。所谓合理的几何参数，就是在保证加工质量和一定的刀具寿命的前提下，能提高生产率的几何形状和角度。

1.3.2.1 前角的选择

（1）前角的作用

1）加大前角，刀具锋利，减少切屑变形（见图 3-1-9），降低切削力和减少切削热，但前角过大会影响刀具强度。

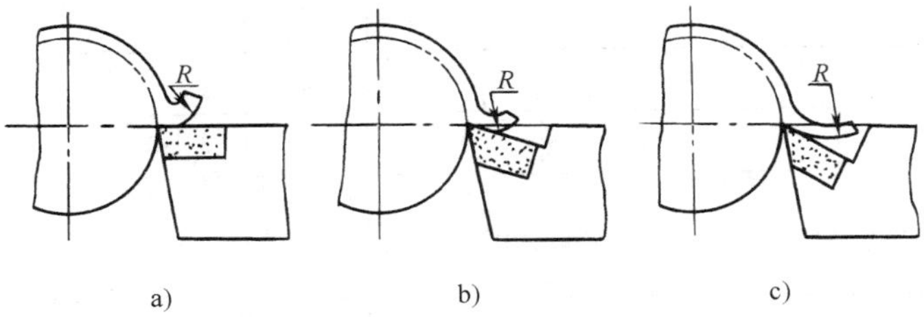

图 3-1-9 前角变化与切屑变形情况

a）$\gamma_o=0°$ b）$\gamma_o=15°$ c）$\gamma_o=30°$

2）减小前角可增强刀尖强度，但切屑变形和切削力增大。

3）增大前角可抑制积屑瘤的产生。

（2）前角的选择原则

1）加工塑性材料时，前角应取较大值；加工脆性材料时，应选用较小的前角。

2）工件材料的强度、硬度较低时，选用较大的前角；反之，选用较小的前角。

3）刀具材料强韧性好时，前角应选大些（如高速钢车刀）；刀具材料强韧性差时，前角应选小些（如硬质合金车刀）。

4）粗加工和断续切削时应选较小的前角，精加工时应选较大的前角。

5）机床、夹具、工件、刀具系统刚度低，应选较大的前角。

（3）硬质合金车刀前角参考值（见表 3-1-26）

表 3-1-26 硬质合金车刀前角参考值

工件材料	前角 γ_o/(°)	
	粗 车	精 车
Q235 钢	18~20	20~25
45 钢(正火)	15~18	18~20
45 钢(调质)	10~15	13~18
45 钢、40Cr 铸钢件或锻件断续切削	10~15	5~10
HT150、HT200、ZCuSn10Pb1、HPb59-1	10~15	5~10
1050A 及 2A12	30~35	35~40

（续）

工件材料	前角 γ_o/(°)	
	粗 车	精 车
T1～T4	25～30	30～35
奥氏体不锈钢(185HBW 以下)	15～25	
马氏体不锈钢(250HBW 以下)	15～25	
马氏体不锈钢(250HBW 以上)	−5	
40Cr 钢(正火)	13～18	15～20
40Cr 钢(调质)	10～15	13～18
40 钢、40Cr 钢锻件	10～15	
淬硬钢(40～50HRC)	−15～−5	
灰铸铁断续切削	5～10	0～5
锻造高温合金	5～10	
铸造高温合金	0～5	
钛及钛合金	5～10	
铸造碳化钨	−15～−10	

1.3.2.2 车刀前面切削刃和刀尖形状的选择

1. 平面型（γ_o>0°）（见图 3-1-10）

（1）切削特点 切削作用强，切屑变形小，切削刃强度较差，不易断屑。

（2）应用范围 各种高速钢刀具，切削刃形状复杂的样板刀。加工铸铁、青铜、脆黄铜用的硬质合金车刀。

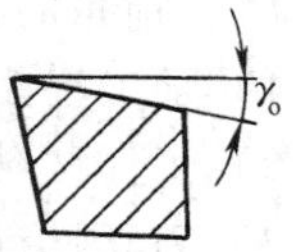

图 3-1-10 平面型（γ_o>0°）

2. 曲面型（γ_o>0°）（见图 3-1-11）

（1）切削特点 切削作用强，切屑变形小，切削刃强度较差，容易卷屑和断屑。

（2）应用范围 各种高速钢刀具。加工纯铜、铝合金及低碳钢用的硬质合金车刀。

3. 平面带倒棱型（γ_o>0°，γ_{o1}<0°）（见图 3-1-12）

（1）切削特点 切削刃强度好，切屑变形较小，不易断屑。

（2）应用范围 加工铸铁用的硬质合金车刀。

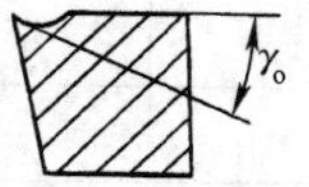

图 3-1-11 曲面型（γ_o>0°）

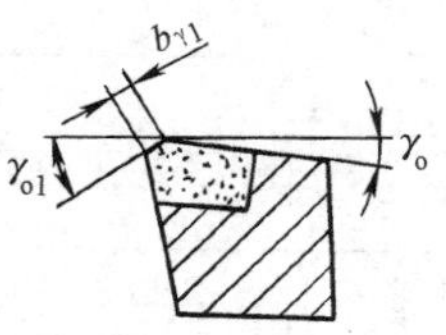

图 3-1-12 平面带倒棱型（γ_o>0°，γ_{o1}<0°）

4. 阶台和曲面倒棱型（γ_o>0°，γ_{o1}<0°）（见图 3-1-13）

（1）切削特点 切削作用较强，切削刃强度好，切屑变形较小，容易断屑。

（2）应用范围 加工各种钢材用的硬质合金车刀。

5. 平面型（$\gamma_o<0°$）（见图 3-1-14）

（1）切削特点　切削作用减弱，切削刃强度好，切屑变形大。

（2）应用范围　加工淬硬钢和高锰钢用的硬质合金车刀。

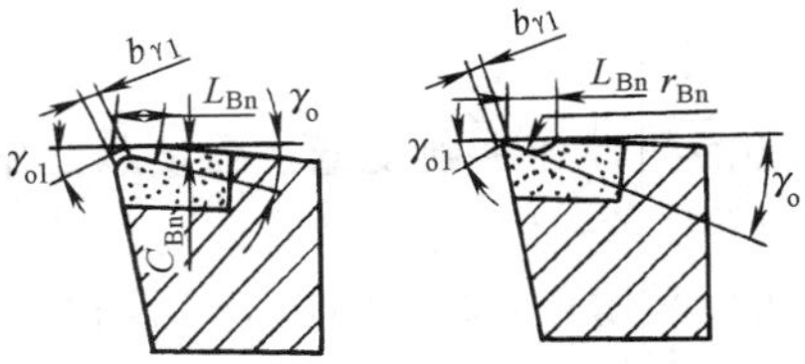

图 3-1-13　阶台和曲面倒棱型（$\gamma_o>0°$，$\gamma_{o1}<0°$）

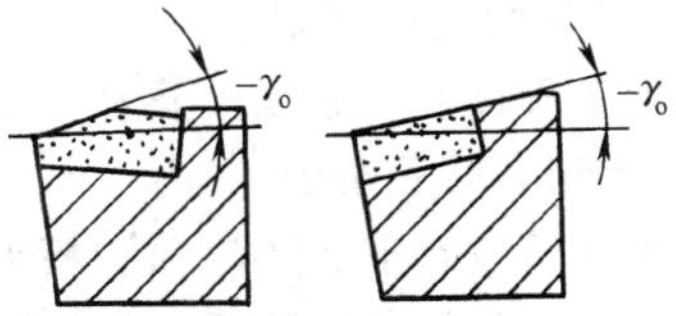

图 3-1-14　平面型（$\gamma_o<0°$）

6. 直线型硬质合金车刀断屑槽尺寸（见表 3-1-27）

在车刀前面上磨出断屑槽（前面为平面型），并沿主切削刃进行倒棱，可以在强化切削刃的同时得到较大的前角，并使切屑容易卷曲折断。断屑槽的尺寸可根据加工条件试切削后确定。

表 3-1-27　直线型硬质合金车刀断屑槽尺寸　（单位：mm）

	背吃刀量 a_p	进给量 f			
		0.15～0.3	0.3～0.45	0.45～0.7	0.7～0.9
		$b\times a$			
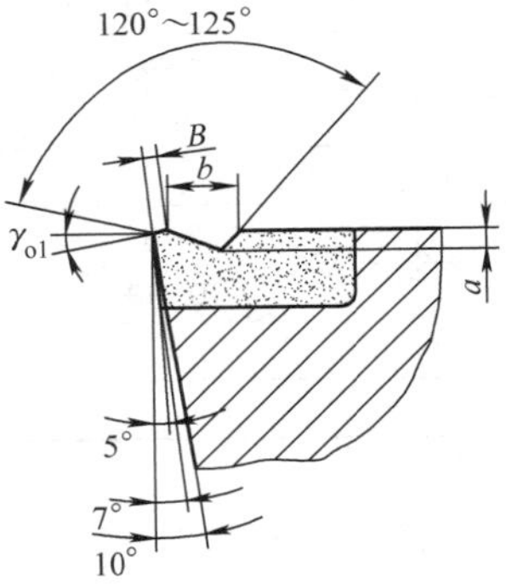 $B=(0.5\sim0.8)f$ $\gamma_{o1}=-10°\sim-5°$	≈1	1.5×0.3	2×0.4	3×0.5	3.25×0.5
	1～4	2.5×0.5	3×0.5	4×0.6	4.5×0.6
	4～9	3×0.5	4×0.6	4.5×0.6	5×0.6

7. 圆弧型硬质合金车刀断屑槽尺寸（见表 3-1-28）

表 3-1-28　圆弧型硬质合金车刀断屑槽尺寸　（单位：mm）

	背吃刀量 a_p	进给量 f				
		0.3	0.4	0.5～0.6	0.7～0.8	0.9～1.2
		R				
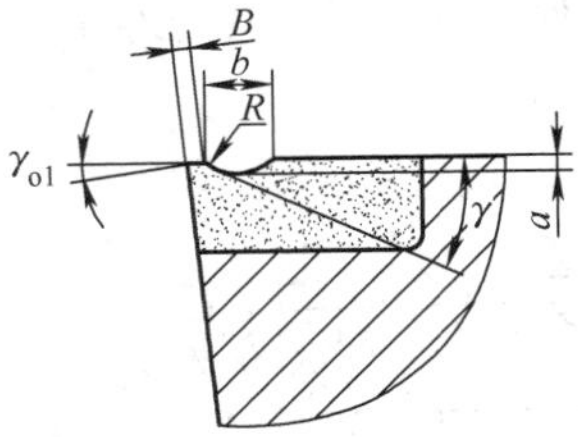	2～4	3	3	4	5	6
a 为 0.5～1.3mm（由所取前角值决定）；R 在 b 的宽度和 a 的深度下成一自然圆弧	5～7	4	5	6	8	9
	7～12	5	8	10	12	14

1.3.2.3　后角的选择

（1）后角的作用

1）减小刀具后面与工件的切削表面和已加工表面间的摩擦，提高已加工表面质量，延长刀具寿命。

2）当前角确定之后，后角越大、刃口越锋利，但相应减小了刀具楔角，影响刀具强度和散热面积。

3）小后角的车刀在特定的条件下可抑制切削时的振动。

（2）后角的选择原则

1）加工硬度高、强度大及脆性材料时，应选较小的后角；加工硬度低、强度小及塑性材料时，应选较大的后角。

2）粗加工应选取较小后角，精加工应选取较大后角。采用负前角车刀，后角应选大些。

3）工件与车刀的刚度低时应选较小的后角。

（3）硬质合金车刀后角和副后角　硬质合金车刀后角参考值（见表3-1-29）。副后角一般取和后角相同的数值，但切断刀受刀头强度限制，应把副后角磨得很小（$\alpha_o'=1°\sim2°$）。

表3-1-29　硬质合金车刀后角参考值

工件材料	后角 α_o/(°)	
	粗车	精车
低碳钢	8~10	10~12
中碳钢及合金结构钢	5~7	6~8
不锈钢	6~8	8~10
淬硬钢	12~15	
灰铸铁	4~6	6~8
铝及铝合金、纯铜	8~10	10~12
钛合金	10~15	
高强度钢	10	

1.3.2.4　主偏角的选择

1. 主偏角的作用

1）改变主偏角的大小，可改变径向力 F_y 和轴向力 F_x 的大小。主偏角增大时，F_y 减小，F_x 增大（见图3-1-15），不易产生振动。

2）主偏角的变化会影响切削厚度 a_c 与切削宽度 a_w 的大小（见图3-1-16）。增大主偏角，切削厚度增大，切削宽度减小，切屑容易折断。相反，减小主偏角时，切削刃单位长度上的负荷减轻，由于主切削刃工作长度增长，刀尖角增大，改善了刀具的散热条件，延长了刀具的寿命。

2. 主偏角选择的原则

1）工件材料硬，应选取较小的主偏角。

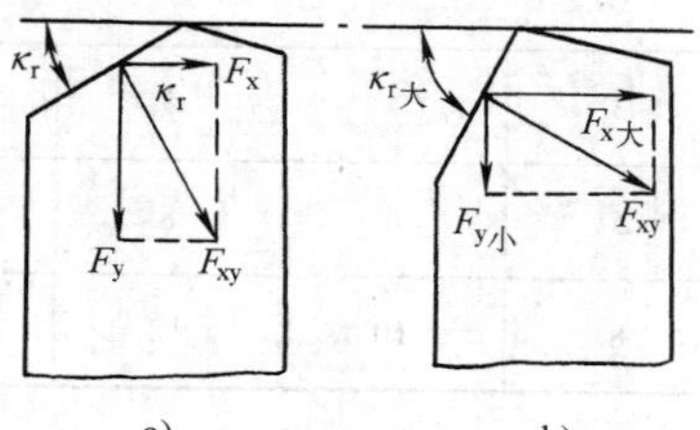

a)　b)

图3-1-15　主偏角变化对力 F_y 和 F_x 的影响

a）主偏角小　b）主偏角大

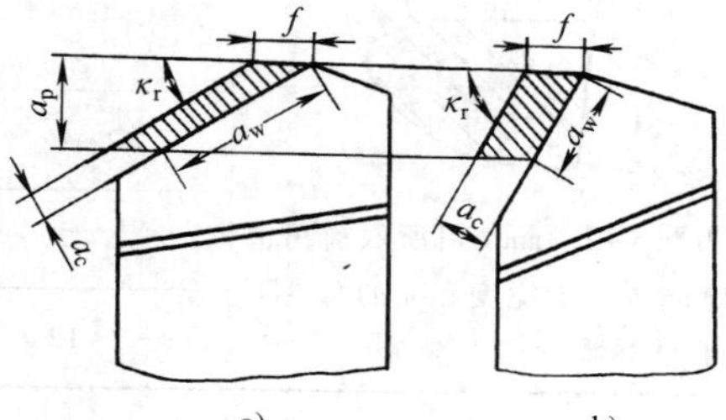

a)　b)

图3-1-16　主偏角与切削厚度和切削宽度的关系

a）主偏角小　b）主偏角大

2）刚度低的工件（如细长轴），应增大主偏角，减小径向切削分力。

3）在机床、夹具、工件、刀具系统刚度较高的情况下，主偏角应尽可能选小些。

4）主偏角应根据工件形状选取，台阶轴 $\kappa_r=90°$，中间切入工件 $\kappa_r=60°$。

3. 硬质合金车刀主偏角参考值（见表 3-1-30）

表 3-1-30 硬质合金车刀主偏角参考值

加工条件	主偏角 κ_r/(°)
在工艺系统刚度很高的条件下，以小背吃刀量车削冷硬铸铁及淬硬钢	10~30
在工艺系统刚度高的条件下车削	45
在工艺系统刚度较低的条件下车削钢件的内孔	60
在工艺系统刚度低的条件下，车削铸铁件的内孔	70~75
细长轴或薄壁工件的车削，台阶轴及台阶孔	90~93

1.3.2.5 副偏角的选择

1. 副偏角的作用

1）减少副后面与工件已加工表面之间的摩擦。

2）改善工件表面质量（见图 3-1-17），增加刀具的散热面积，延长刀具的寿命。

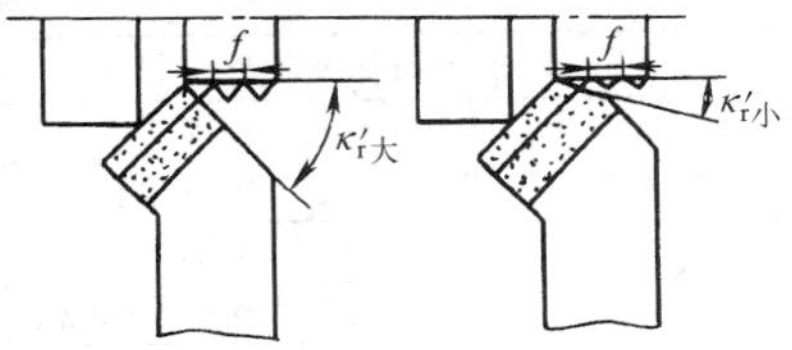

图 3-1-17 副偏角对工件表面质量的影响

2. 副偏角选择的原则

1）机床夹具、工件、刀具系统刚度高，可选取较小的副偏角。

2）精加工刀具应选取较小的副偏角。

3）加工高硬度材料或断续切削时，应选取较小的副偏角，以提高刀尖强度。

4）加工中间切入工件 $\kappa_r'=60°$。

3. 硬质合金车刀副偏角参考值（见表 3-1-31）

表 3-1-31 硬质合金车刀副偏角参考值

加工条件	副偏角 κ_r'/(°)	加工条件	副偏角 κ_r'/(°)
大进给强力切削	0	粗车	10~15
车槽及切断	1~2	粗车孔	15~20
精车	5~10	须中间切入或双向进给的车削	30~45

1.3.2.6 刃倾角的选择

1. 刃倾角的作用

1）当 λ_s 为正值时（见图 3-1-18b），切屑流向工件待加工表面；当 λ_s 为负值时（见图 3-1-18c），切屑流向工件已加工表面；当 $\lambda_s=0°$时（见图 3-1-18a），切屑基本上垂直于主切削刃方向卷曲流出或呈直线状排出。

2）当 λ_s 为负值时，刀尖位于主切削刃的最低点。切削时，离刀尖较远的切削刃先接触工件，而后逐渐切入，这样可使刀尖免受冲击（见图 3-1-19），延长刀具的寿命。

3）可增大实际切削前角，减小切屑变形，减小切削力。

2. 刃倾角选择的原则

1）精加工时刃倾角应取正值，粗加工时刃倾角应取负值。

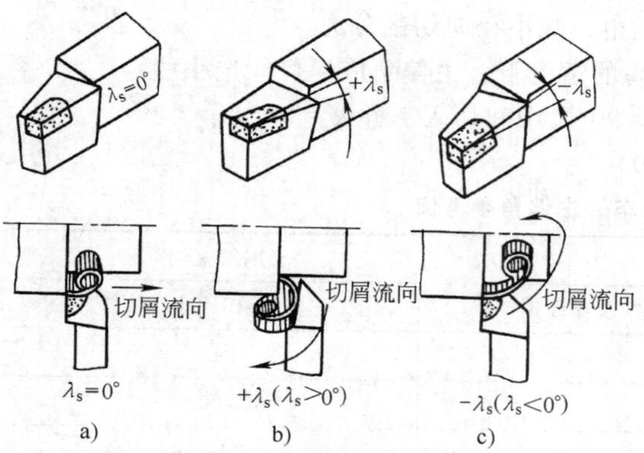

图 3-1-18 刃倾角的作用

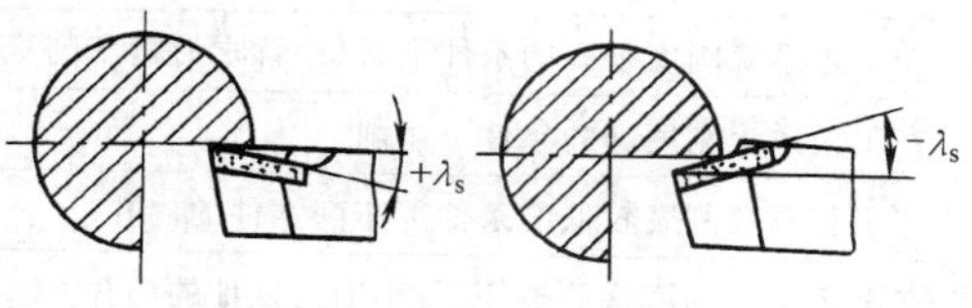

图 3-1-19 正、负刃倾角切削时的状态

2）冲击负荷较大的断续切削，应取较大负值的刃倾角。

3）加工高硬材料时，应取负值刃倾角，提高刀具强度。

3. 硬质合金车刀刃倾角参考值（见表 3-1-32）

表 3-1-32 硬质合金车刀刃倾角参考值

加工条件及工件材料		刃倾角 λ_s/(°)
精车孔	钢件	0~5
	铝及铝合金	5~10
	纯铜	5~10
粗车、余量均匀	钢件、灰铸铁	-5~0
	铝及铝合金	5~10
	纯铜	5~10
车削淬硬钢件		-12~-5
断续切削钢件、灰铸铁件		-15~-10
断续切削余量不均匀的铸铁件、锻件		-45~-10
微量精车、精车孔		45~75

1.3.2.7 过渡刃的选择

过渡刃的主要作用是提高刀尖强度，改善散热条件。可在刀尖处磨出过渡切削刃，过渡刃有直线形和圆弧形两种（见图 3-1-20）。采用直线形过渡刃时，过渡刃偏角 $\kappa_{r\varepsilon}=\kappa_r'/2$，过渡刃长度 $b_\varepsilon=0.5\sim2mm$。采用圆弧形过渡刃，可减少切削时的残留面积高度，但 r_ε 不能太大，否则会引起振动。

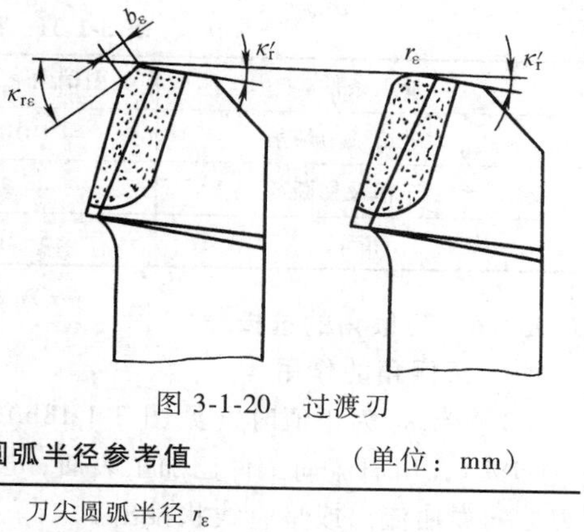

图 3-1-20 过渡刃

硬质合金车刀刀尖圆弧半径参考值见表 3-1-33。

表 3-1-33 硬质合金车刀刀尖圆弧半径参考值（单位：mm）

背吃刀量	刀尖圆弧半径 r_ε	
	钢、铜	铸铁、非金属
3	0.6	0.8
4~9	0.8	1.6
10~19	1.6	2.4
20~30	2.4	3.2

1.3.3　高速钢车刀条（GB/T 4211.1—2004）（见表3-1-34~表3-1-37）

表3-1-34　正方形截面车刀条的型式和尺寸　（单位：mm）

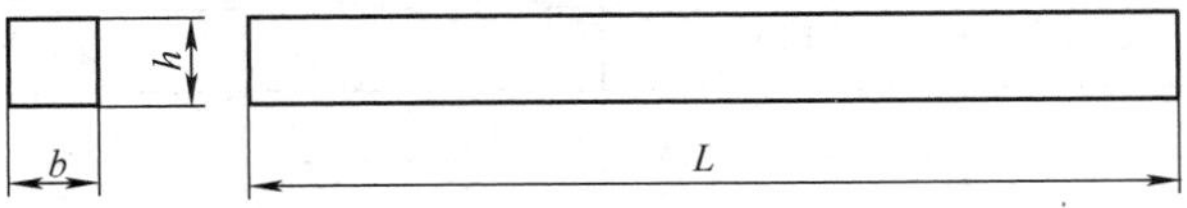

h h13	*b* h13	*L*±2				
		63	80	100	160	200
4	4	×	×			
5	5	×	×			
6	6	×	×	×	×	×
8	8	×	×	×	×	×
10	10	×	×	×	×	×
12	12	×	×	×	×	×
16	16			×	×	×
20	20				×	×
25	25				×	×

表3-1-35　矩形截面车刀条的型式和尺寸　（单位：mm）

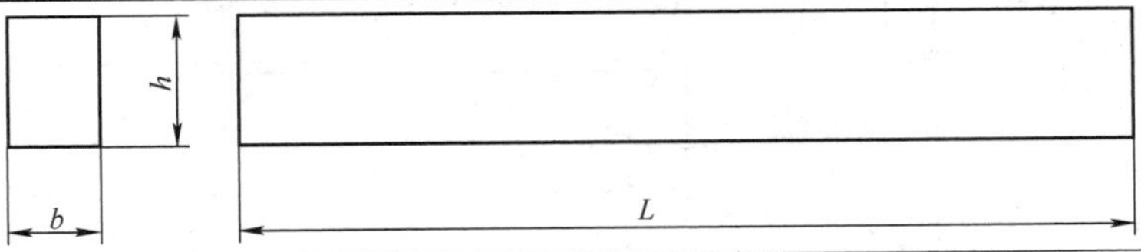

第一种选择尺寸					
比例 *h*/*b*≈	*h* h13	*b* h13	*L*±2		
			100	160	200
1.6	6	4	×		
	8	5	×		
	10	6	×	×	×
	12	8	×	×	×
	16	10	×	×	×
	20	12		×	×
	25	16		×	×
2	8	4	×		
	10	5	×		
	12	6	×	×	×
	16	8	×	×	×
	20	10		×	×
	25	12		×	×
4	12	3	×		
	16	4	×		×
	20	5		×	×
	25	6		×	×

（续）

第一种选择尺寸					
比例 h/b≈	h h13	b h13	L±2		
			100	160	200
5	16	3	×	×	
	20	4	×	×	×
	25	5		×	×

第二种选择尺寸			
比例 h/b≈	h h13	b h13	L±2
2.33	14	6	140
2.5	10	4	120

表 3-1-36 不规则四边形截面车刀条的型式和尺寸 （单位：mm）

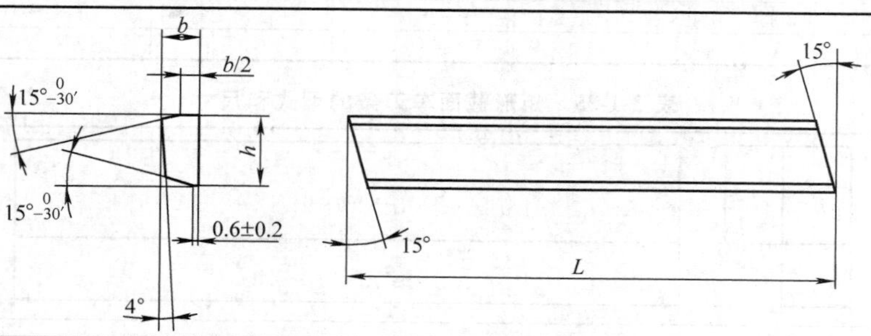

h h13	b h13	L±2				
		85	120	140	200	250
12	3	×	×			
12	5	×	×			
16	3			×	×	
16	4			×		
16	6			×		
18	4			×		
20	3			×		
20	4			×		×
25	4					×
25	6					×

表 3-1-37 圆形截面车刀条的型式和尺寸 （单位：mm）

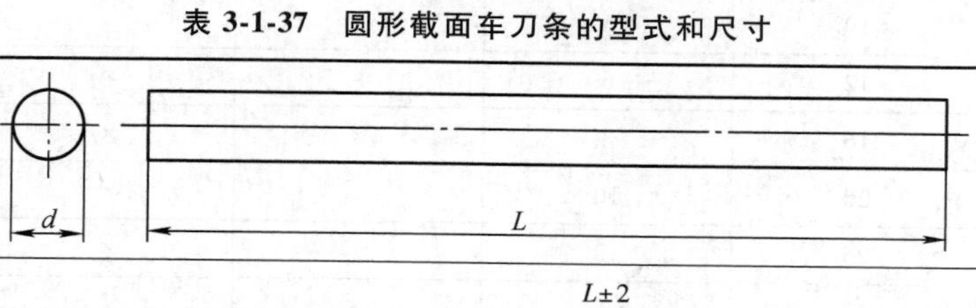

d h9	L±2				
	63	80	100	160	200
4	×	×	×		
5	×	×	×		
6	×	×	×	×	

（续）

d h9	L±2				
	63	80	100	160	200
8		×	×	×	
10		×	×	×	×
12			×	×	×
16			×	×	×
20					×

注：“×”号表示有这个尺寸。

1.3.4 硬质合金车刀

1.3.4.1 硬质合金车刀表示规则（GB/T 17985.1—2000）

硬质合金车刀代号由规定顺序排列的一组字母和数字组成，共有六个符号，分别表示其各项特征。

1）第一个符号是用两位数字表示车刀头部的型式（见表 3-1-38）。

2）第二个符号是用一个字母表示车刀的切削方向。其中，R 为右切削车刀，L 为左切削车刀。

3）第三个符号是用两位数字表示车刀的刀杆高度，如果高度不足两位数字时，则在该数前面加“0”。

4）第四个符号是用两位数字表示车刀的刀杆宽度，如果宽度不足两位数字时，则在该数前面加“0”。

5）第五个符号是用“-”表示该车刀的长度（按 GB/T 17985.2—2000 或 GB/T 17985.3—2000 的规定）。

6）第六个符号是用一个字母和两位数字表示车刀所焊刀片材料的用途小组代号（按 GB/T 2075—2007 的规定）

示例：

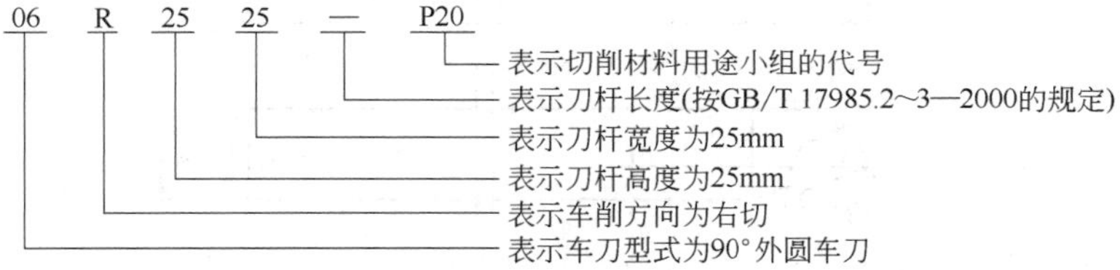

表 3-1-38 硬质合金车刀头部型式的符号

符号	车刀头部型式	名称	符号	车刀头部型式	名称
01	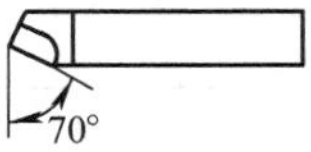	70° 外圆车刀	05		90° 端面车刀
02	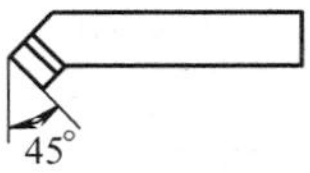	45° 端面车刀	06	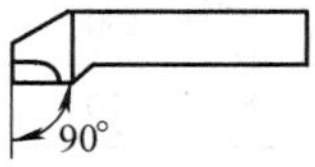	90° 外圆车刀
03	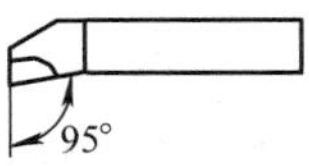	95° 外圆车刀	07	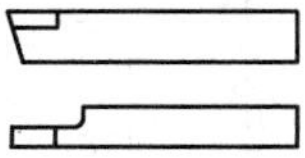	A 型 切断车刀
04	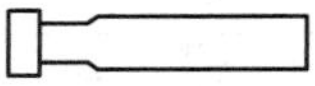	切槽车刀	08	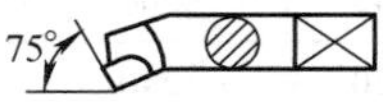	75° 内孔车刀

（续）

符号	车刀头部型式	名称	符号	车刀头部型式	名称
09	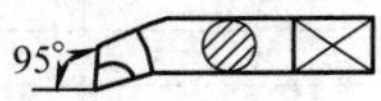	95° 内孔车刀	14		75° 外圆车刀
10	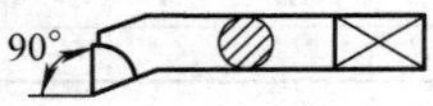	90° 内孔车刀	15	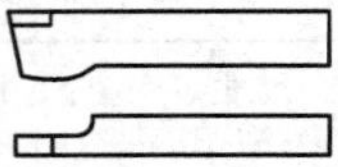	B型 切断车刀
11	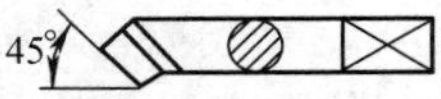	45° 内孔车刀	16	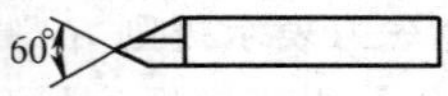	外螺纹 车刀
12	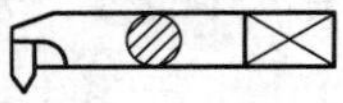	内螺纹 车刀	17	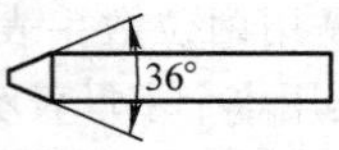	带轮 车刀
13	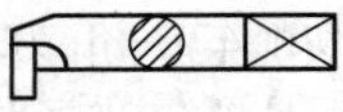	内切槽 车刀			

1.3.4.2 硬质合金外表面车刀（GB/T 17985.2—2000）

硬质合金外表面车刀共有11种型式，其尺寸见表3-1-39~表3-1-49。

表3-1-39 70°外圆车刀的型式和尺寸 （单位：mm）

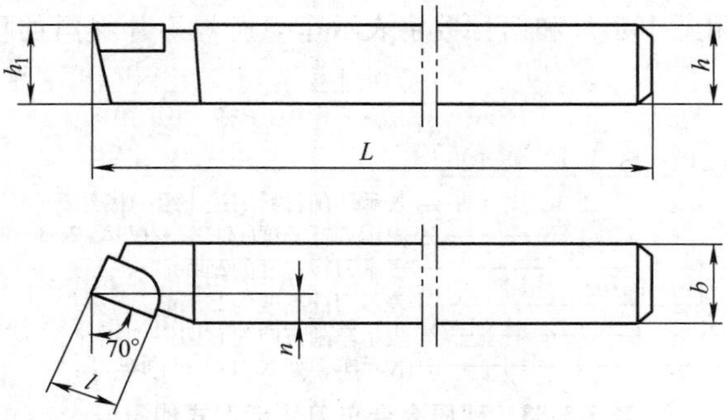

车刀代号		主要尺寸				参考尺寸	
右切车刀	左切车刀	L	h	b	h_1	l	n
01R1010	01L1010	90	10	10	10	8	4
01R1212	01L1212	100	12	12	12	10	5
01R1616	01L1616	110	16	16	16	12	6
01R2020	01L2020	125	20	20	20	16	8
01R2525	01L2525	140	25	25	25	20	10
01R3232	01L3232	170	32	32	32	25	12
01R4040	01L4040	200	40	40	40	32	16
01R5050	01L5050	240	50	50	50	40	20

表 3-1-40　45°端面车刀的型式和尺寸　（单位：mm）

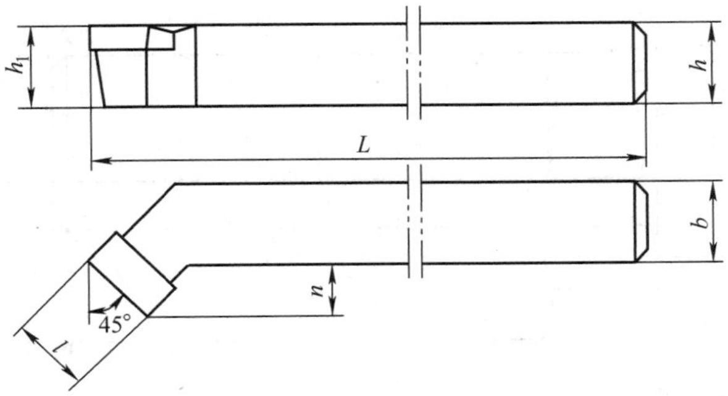

车刀代号		主要尺寸				参考尺寸	
右切车刀	左切车刀	L	h	b	h_1	l	n
02R1010	02L1010	90	10	10	10	8	6
02R1212	02L1212	100	12	12	12	10	7
02R1616	02L1616	110	16	16	16	12	8
02R2020	02L2020	125	20	20	20	16	10
02R2525	02L2525	140	25	25	25	20	12
02R3232	02L3232	170	32	32	32	25	14
02R4040	02L4040	200	40	40	40	32	18
02R5050	02L5050	240	50	50	50	40	22

表 3-1-41　95°外圆车刀的型式和尺寸　（单位：mm）

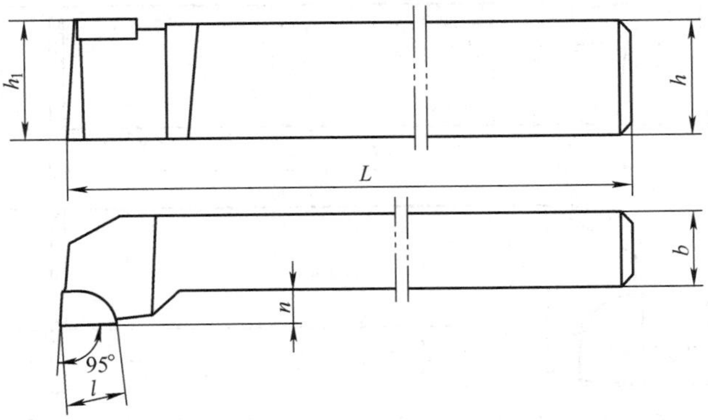

车刀代号		主要尺寸				参考尺寸	
右切车刀	左切车刀	L	h	b	h_1	l	n
03R1610	03L1610	110	16	10	16	8	5
03R2012	03L2012	125	20	12	20	10	6
03R2516	03L2516	140	25	16	25	12	8
03R3220	03L3220	170	32	20	32	16	10
03R4025	03L4025	200	40	25	40	20	12
03R5032	03L5032	240	50	32	50	25	14

表 3-1-42 切槽车刀的型式和尺寸 (单位：mm)

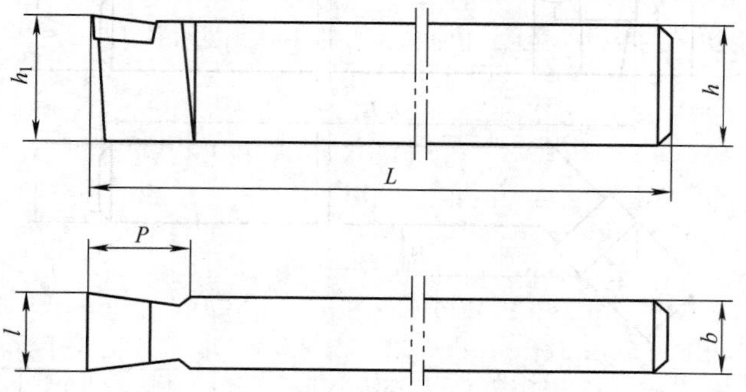

车刀代号	主要尺寸				参考尺寸	
	L	h	b	h_1	l	P
04R2012	125	20	12	20	12	20
04R2516	140	25	16	25	16	25
04R3220	170	32	20	32	20	32
04R4025	200	40	25	40	25	40
04R5032	240	50	32	50	32	50

表 3-1-43 90°端面车刀的型式和尺寸 (单位：mm)

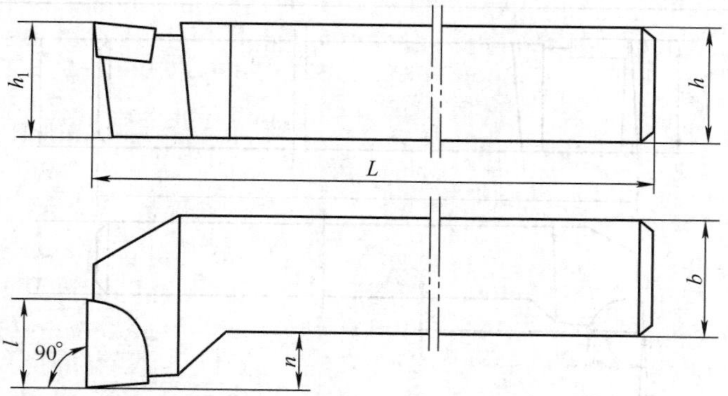

车刀代号		主要尺寸				参考尺寸	
右切车刀	左切车刀	L	h	b	h_1	l	n
05R2020	05L2020	125	20	20	20	16	10
05R2525	05L2525	140	25	25	25	20	12
05R3232	05L3232	170	32	32	32	25	16
05R4040	05L4040	200	40	40	40	32	20
05R5050	05L5050	240	50	50	50	40	25

表 3-1-44 90°外圆车刀的型式和尺寸 （单位：mm）

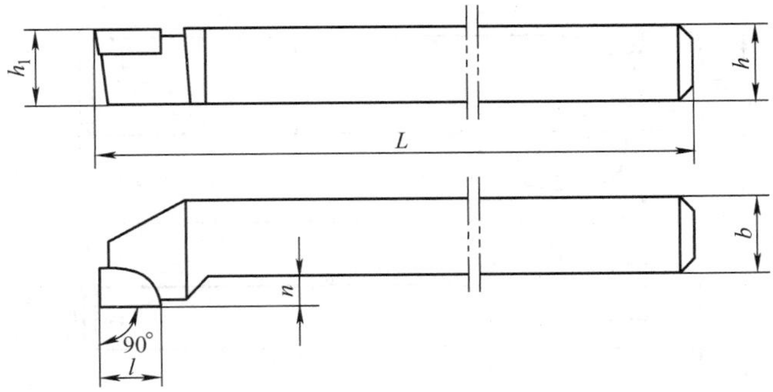

车刀代号		主要尺寸				参考尺寸	
右切车刀	左切车刀	L	h	b	h_1	l	n
06R1010	06L1010	90	10	10	10	8	4
06R1212	06L1212	100	12	12	12	10	5
06R1616	06L1616	110	16	16	16	12	6
06R2020	06L2020	125	20	20	20	16	8
06R2525	06L2525	140	25	25	25	20	10
06R3232	06L3232	170	32	32	32	25	12
06R4040	06L4040	200	40	40	40	32	14
06R5050	06L5050	240	50	50	50	40	18

表 3-1-45 A型切断车刀的型式和尺寸 （单位：mm）

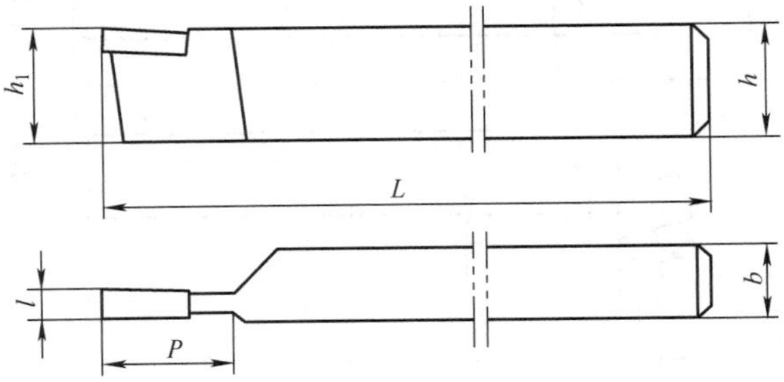

车刀代号		主要尺寸				参考尺寸	
右切车刀	左切车刀	L	h	b	h_1	l	P
07R1208	07L1208	100	12	8	12	3	12
07R1610	07L1610	110	16	10	16	4	14
07R2012	07L2012	125	20	12	20	5	16
07R2516	07L2516	140	25	16	25	6	20
07R3220	07L3220	170	32	20	32	8	25
07R4025	07L4025	200	40	25	40	10	32
07R5032	07L5032	240	50	32	50	12	40

表 3-1-46　B 型切断车刀的型式和尺寸　（单位：mm）

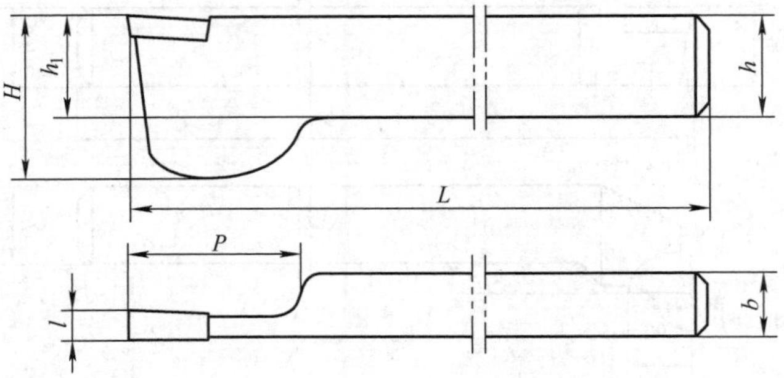

车刀代号		主要尺寸				参考尺寸		
右切车刀	左切车刀	L	h	b	h_1	l	P	H
15R1208	15L1208	100	12	8	12	3	12	20
15R1610	15L1610	110	16	10	16	4	14	26
15R2012	15L2012	125	20	12	20	5	16	30
15R2516	15L2516	140	25	16	25	6	20	40
15R3220	15L3220	170	32	20	32	8	25	47
15R4025	15L4025	200	40	25	40	10	32	45

表 3-1-47　75°外圆车刀的型式和尺寸　（单位：mm）

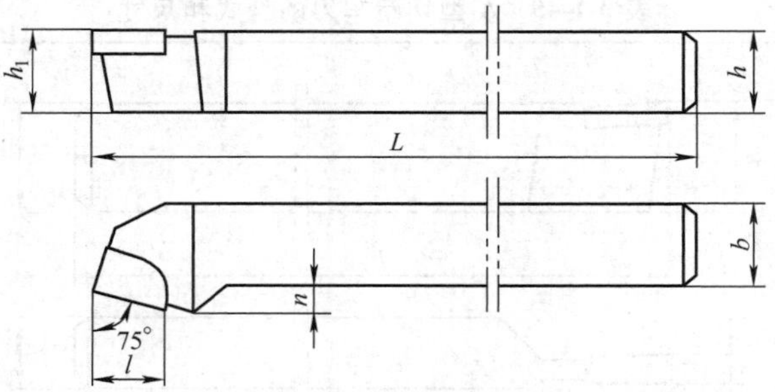

车刀代号		主要尺寸				参考尺寸	
右切车刀	左切车刀	L	h	b	h_1	l	n
14R1010	14L1010	90	10	10	10	8	4
14R1212	14L1212	100	12	12	12	10	
14R1616	14L1616	110	16	16	16	12	5
14R2020	14L2020	125	20	20	20	16	
14R2525	14L2525	140	25	25	25	20	6
14R3232	14L3232	170	32	32	32	25	7
14R4040	14L4040	200	40	40	40	32	9
14R5050	14L5050	240	50	50	50	40	10

表 3-1-48 外螺纹车刀的型式和尺寸 （单位：mm）

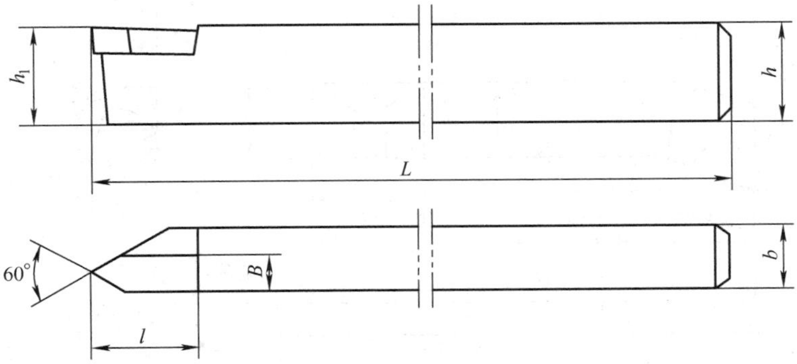

车刀代号	主要尺寸				参考尺寸	
	L	h	b	h_1	l	B
16R1208	100	12	8	12	10	4
16R1610	110	16	10	16	16	6
16R2012	125	20	12	20		8
16R2516	140	25	16	25	20	
16R3220	170	32	20	32	22	10

表 3-1-49 带轮车刀的型式和尺寸 （单位：mm）

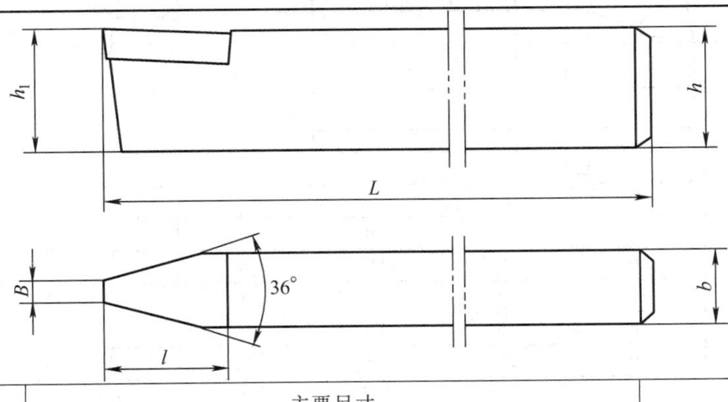

车刀代号	主要尺寸				参考尺寸	
	L	h	b	h_1	l	B
17R1212	100	12	12	12	20	3
17R1610	110	16	10	16		
17R2012	125	20	12	20		
17R2516	140	25	16	25	25	4
17R3220	170	32	20	32	30	5.5

1.3.4.3 硬质合金内表面车刀（GB/T 17985.3—2000）

硬质合金内表面车刀共有6种型式，其尺寸见表3-1-50~表3-1-55。

表 3-1-50 75°内孔车刀的型式和尺寸 （单位：mm）

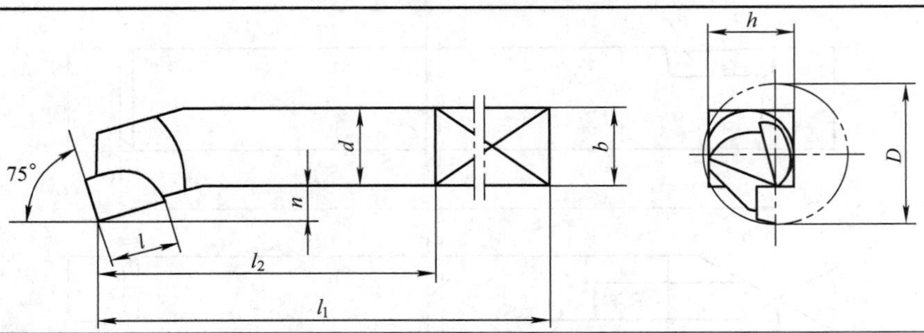

车刀代号	主要尺寸				参考尺寸			
	l_1	h	b	l_2	l	n	d	D_{min}
08R0808	125	8	8	40	5	3	8	14
08R1010	150	10	10	50	6	4	10	18
08R1212	180	12	12	63	8	5	12	21
08R1616	210	16	16	80	10	6	16	27
08R2020	250	20	20	100	12	8	20	34
08R2525	300	25	25	125	16	10	25	43
08R3232	355	32	32	160	20	12	32	52

表 3-1-51 95°内孔车刀的型式和尺寸 （单位：mm）

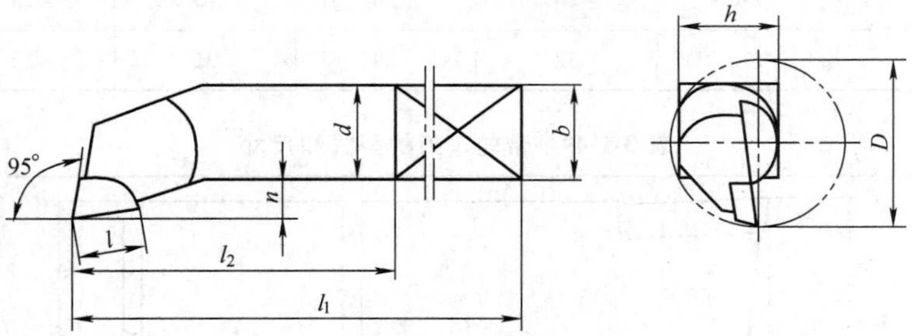

车刀代号	主要尺寸				参考尺寸			
	l_1	h	b	l_2	l	n	d	D_{min}
09R0808	125	8	8	40	5	3	8	14
09R1010	150	10	10	50	6	4	10	16
09R1212	180	12	12	63	8	5	12	21
09R1616	210	16	16	80	10	6	16	27
09R2020	250	20	20	100	12	8	20	34
09R2525	300	25	25	125	16	10	25	43
09R3232	355	32	32	160	20	12	32	52

表 3-1-52 90°内孔车刀的型式和尺寸 （单位：mm）

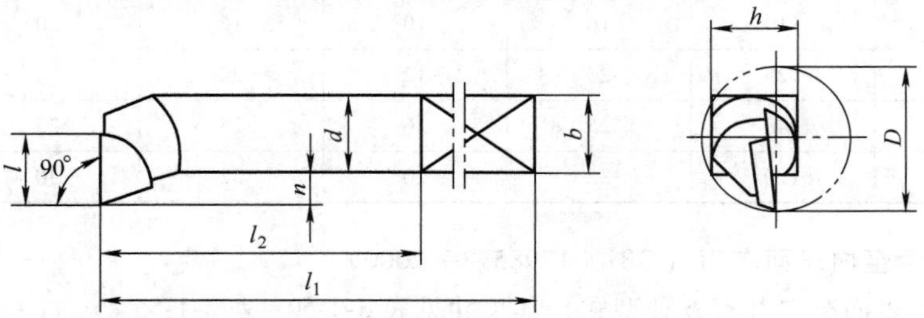

（续）

车刀代号	主要尺寸				参考尺寸			
	l_1	h	b	l_2	l	n	d	D_{min}
10R0808	125	8	8	40	5	3	8	14
10R1010	150	10	10	50	6	4	10	16
10R1212	180	12	12	63	8	5	12	21
10R1616	210	16	16	80	10	6	16	27
10R2020	250	20	20	100	12	8	20	34
10R2525	300	25	25	125	16	10	25	43
10R3232	355	32	32	160	20	12	32	52

表 3-1-53 45°内孔车刀的型式和尺寸 （单位：mm）

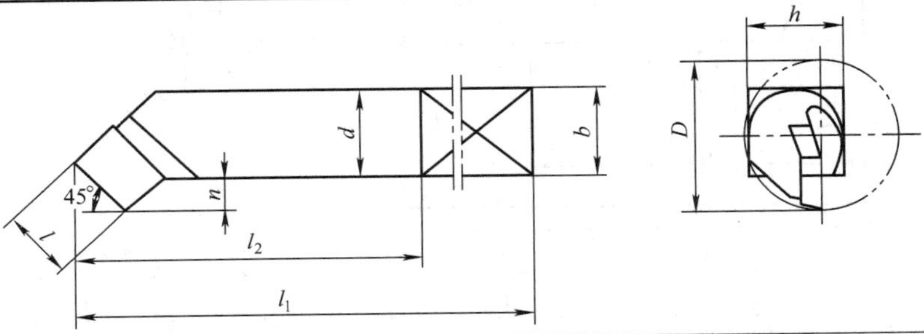

车刀代号	主要尺寸				参考尺寸			
	l_1	h	b	l_2	l	n	d	D_{min}
11R0808	125	8	8	40	5	3	8	14
11R1010	150	10	10	50	6	4	10	18
11R1212	180	12	12	63	8	5	12	21
11R1616	210	16	16	80	10	6	16	27
11R2020	250	20	20	100	12	8	20	34
11R2525	300	25	25	125	16	10	25	43
11R3232	355	32	32	160	20	12	32	52

表 3-1-54 内螺纹车刀的型式和尺寸 （单位：mm）

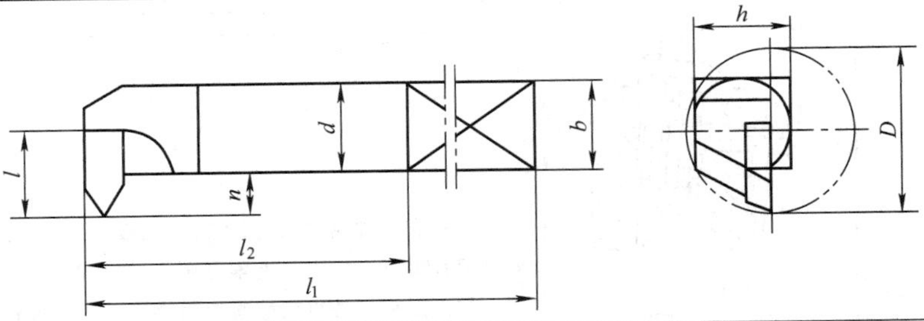

车刀代号	主要尺寸				参考尺寸			
	l_1	h	b	l_2	l	n	d	D_{min}
12R0808	125	8	8	40	5	4	8	15
12R1010	150	10	10	50	6	5	10	19
12R1212	180	12	12	63	8	6	12	22

（续）

车刀代号	主要尺寸				参考尺寸			
	l_1	h	b	l_2	l	n	d	D_{min}
12R1616	210	16	16	80	10	8	16	29
12R2020	250	20	20	100	12	10	20	36
12R2525	300	25	25	125	16	12	25	45
12R3232	355	32	32	160	20	14	32	54

表 3-1-55　内切槽车刀的型式和尺寸　（单位：mm）

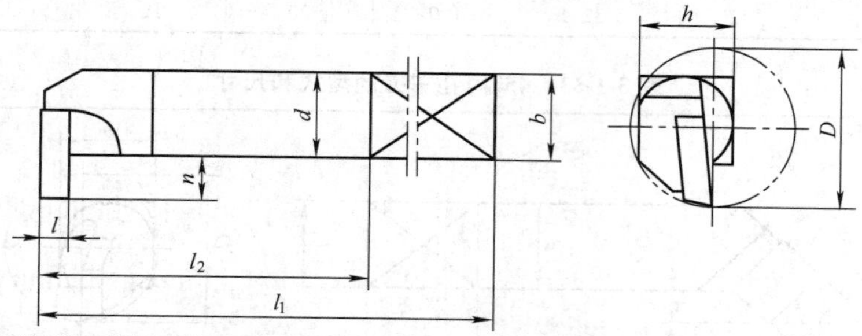

车刀代号	主要尺寸				参考尺寸			
	l_1	h	b	l_2	l	n	d	D_{min}
13R0808	125	8	8	40	3.5	6	8	17
13R1010	150	10	10	50		8	10	22
13R1212	180	12	12	63	4.5	10	12	26
13R1616	210	16	16	80	5.5	12	16	33
13R2020	250	20	20	100	6.5	16	20	42
13R2525	300	25	25	125	8.5	20	25	53
13R3232	355	32	32	160	10.5	25	32	65

1.3.5　可转位车刀

1.3.5.1　可转位车刀刀片的夹固方式（见表 3-1-56）

表 3-1-56　可转位车刀刀片的夹固方式

方　式	简　图	说　明
上压式	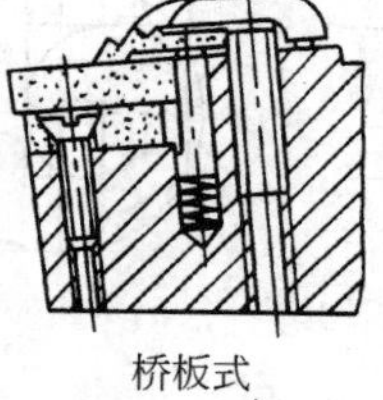 桥板式 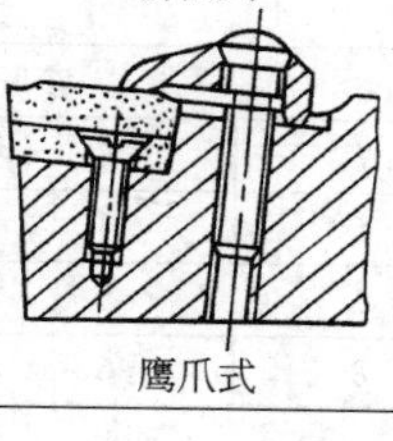 鹰爪式	上压式有两种典型结构，用桥形压板或鹰爪形压板和螺钉从上面将刀片夹紧。优点是夹紧可靠，定位精度高，结构简单，使用方便。缺点是夹紧件可能妨碍切屑的流出。桥板式适用于中、重负荷的切削；鹰爪式主要用于半精加工、精加工和镗孔刀具

（续）

方　　式	简　　图	说　　明
楔块式	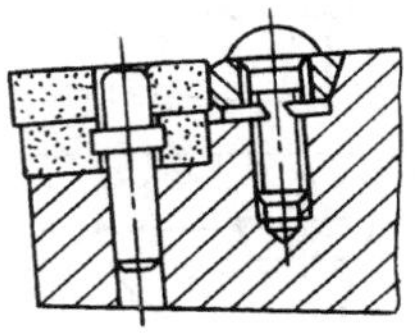	刀片经圆柱销定位后拧紧螺钉，依靠楔块侧面将刀片夹紧。弹簧垫片的作用是松开螺母时弹起楔块，不使楔块与刀片卡死。这种结构制造方便，夹紧可靠，但定位精度不易保证
偏心式	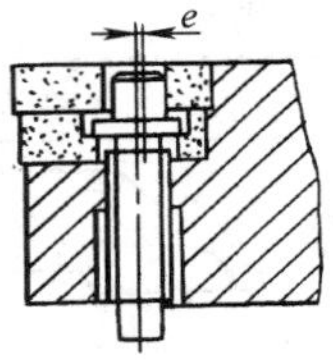	利用螺钉上端的偏心将刀片夹紧在刀杆上，螺纹可防止切削过程中夹紧机构的松动。优点是结构简单，装卸方便，切屑流出顺利，不会刮伤工件，但定位精度不高，夹紧力较小，适用于中、小机床上连续切削时的车削
杠杆式	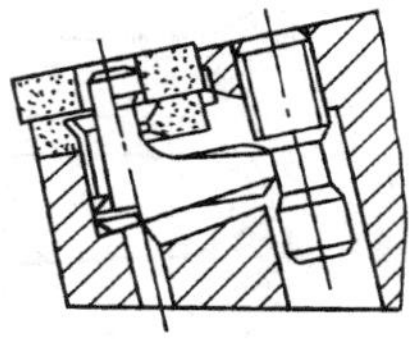	可转位刀片安装在杠杆的一端圆柱上，杠杆的另一端固定在夹紧螺钉的凹槽内。当拧转螺钉往下移动时，杠杆摆动使刀片夹紧。这种结构夹紧力大、稳定可靠，使用方便，但制造比较复杂
综合式	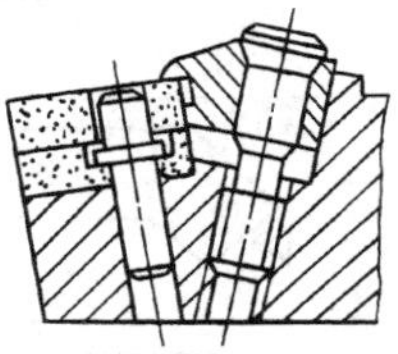	这是一种上压和侧压相结合的夹紧机构。当楔块下压时，一方面将刀片推向刀片中间孔的圆柱销上，同时从上面将刀片压紧，因而夹紧力大，适用于切削力大或有冲击载荷的场合
立装式	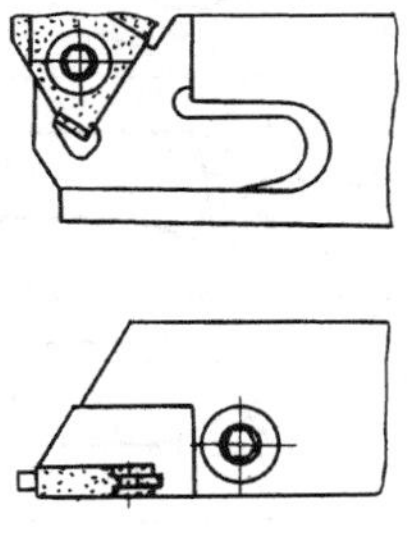	刀片立装能提高刀具的刚度和抗弯曲变形能力。立装式的结构常用于切槽刀和切削载荷大的螺纹车刀，也用于其他类型的普通车刀

1.3.5.2　可转位车刀型号表示规则（GB/T 5343.1—2007）

（1）表示规则　可转位车刀的型号由顺序排列的一组字母和数字代号组成，共有10位代号，分别表示车刀的各项特征。

1）第一位代号用一个字母表示可转位车刀刀片的夹紧方式，见表3-1-57。

2）第二位代号用一个字母表示可转位车刀上刀片的形状，表示刀片形状的代号见表3-1-11。

3）第三位代号用一个字母表示可转位车刀的头部型式，见表3-1-58。

表 3-1-57 可转位车刀刀片夹紧方式代号

代号	夹紧方式		代号	夹紧方式	
C	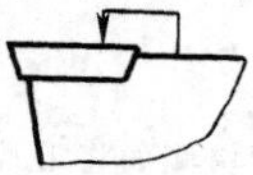	顶面夹紧（无孔刀片）	P	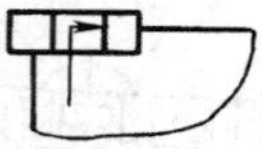	孔夹紧（有孔刀片）
M	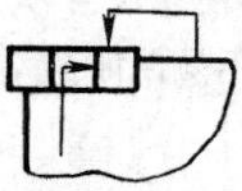	顶面和孔夹紧（有孔刀片）	S	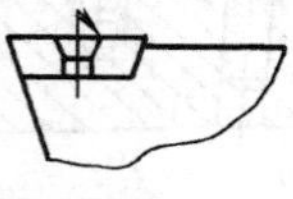	螺钉通孔夹紧（有孔刀片）

表 3-1-58 可转位车刀头部型式代号

代号	车刀头部型式		代号	车刀头部型式	
A	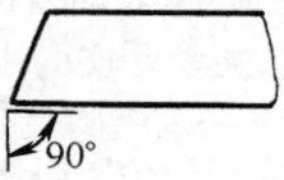	90° 直头侧切	L	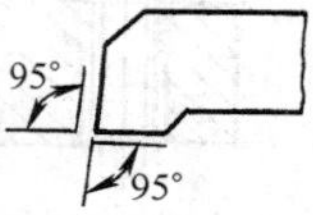	95° 偏头侧切及端切
B	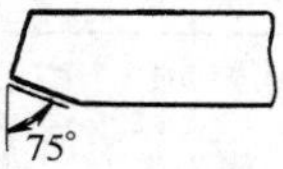	75° 直头侧切	M		50° 直头侧切
C		90° 直头端切	N	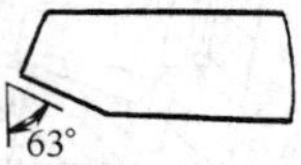	63° 直头侧切
D	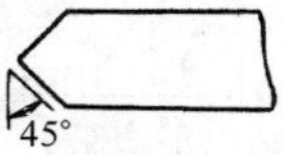	45° 直头侧切	R	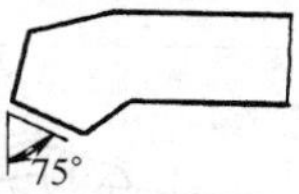	75° 偏头侧切
E	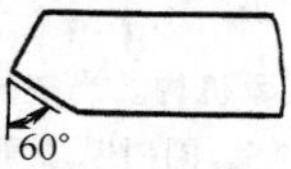	60° 直头侧切	S	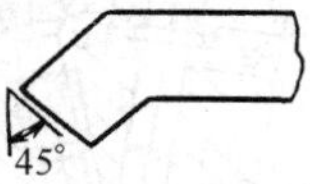	45° 偏头侧切
F	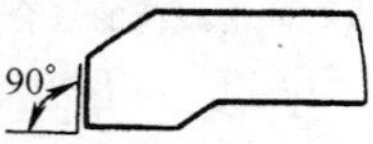	90° 偏头端切	T	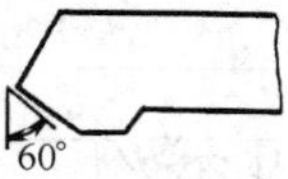	60° 偏头侧切
G	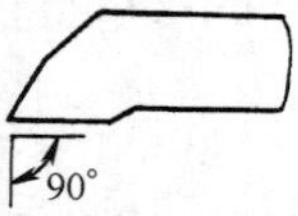	90° 偏头侧切	U		93° 偏头端切
H	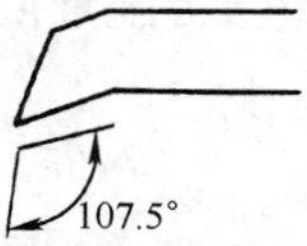	107.5° 偏头侧切	V	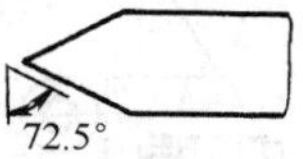	72.5° 直头侧切
J	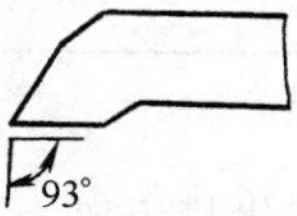	93° 偏头侧切	W	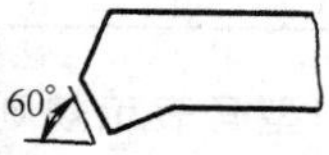	60° 偏头端切
K		75° 偏头端切	Y	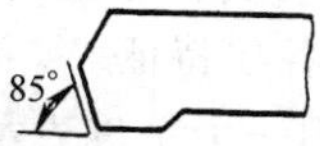	85° 偏头端切

注：1. D 型和 S 型车刀也可以安装圆形（R 型）刀片。

2. 表中所示角度均为主偏角 κ_r。

4）第四位代号用一字母表示可转位车刀上刀片法后角的大小。表示刀片法后角大小的代号按 GB/T 2076 的规定。

5）第五位代号用一字母表示可转位车刀的切削方向，见表 3-1-59。

表 3-1-59　可转位车刀切削方向代号

代　　号	R	L	N
切削方向	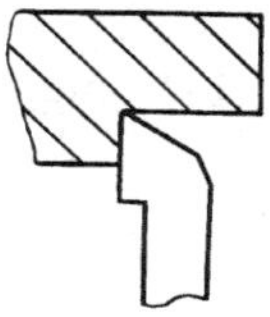 右切车刀	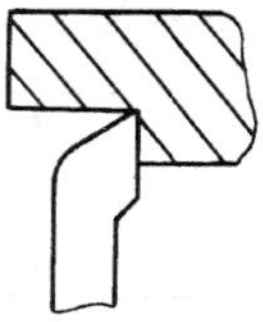 左切车刀	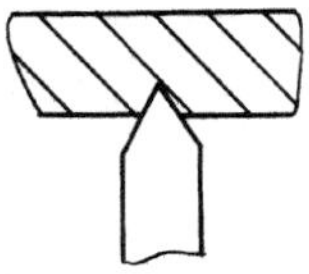 左、右切通用车刀

6）第六位代号用两位数字表示可转位车刀的高度。对于矩形柄车刀，当刀尖高度与刀杆高度相等时，以刀杆高度的数值为代号。例如，刀杆高度为 25mm 的车刀，则第六位代号为 25。如果高度的数值不足两位数，则在该数前加“0”。例如，刀杆高度为 8mm 时，则第六位代号为 08。

对于刀夹，当刀尖高度与刀杆高度不相等时，以刀尖高度的数值为代号。如果高度的数值不足两位时，则在该数前加“0”。

7）第七位代号用两位数字表示可转位车刀的宽度。对于矩形柄车刀，用刀杆宽度表示，如刀杆宽度为 20mm 的车刀，则第七位代号为 20。如果宽度的数值不足两位数，则在该数前加“0”，如刀杆宽度为 8mm，则第七位代号为 08。

对于刀夹，当宽度没有给出时，用两个字母组成的符号表示类型，第一个字母总是 C（刀夹），第二个字母表示刀夹的类型，如对于符合 GB/T 14661 规定的刀夹，第二个字母为 A。

8）第八位代号用符号“—”或用一字母表示可转位车刀的长度。对于长度符合 GB/T 5343.2 的标准车刀，其第八位代号以一字线“—”表示。对于符合 GB/T 14661 用标准刀夹，如果表 3-1-60 中没有对应的 l_1 符号（如 l_1 = 44mm），则该位代号用一字线“—”表示。

表 3-1-60　可转位车刀长度代号

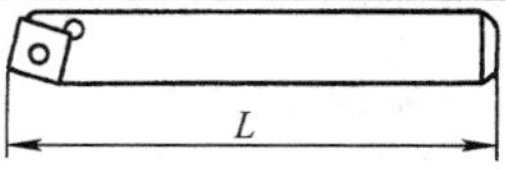

代　　号	A	B	C	D	E	F	G	H	J	K	L	M
l_1/mm	32	40	50	60	70	80	90	100	110	125	140	150
代　　号	N	P	Q	R	S	T	U	V	W	X		Y
l_1/mm	160	170	180	200	250	300	350	400	450	特殊长度，待定		500

9）第九位代号用两位数字表示可转位刀片的长度。表示可转位刀片长度的代号按 GB/T 2076 的规定。

10）第十位为可选代号，用一字母表示不同测量基准的精密级车刀，见表 3-1-61。

表 3-1-61　可转位车刀测量基准代号

代　　号	图　　示
Q	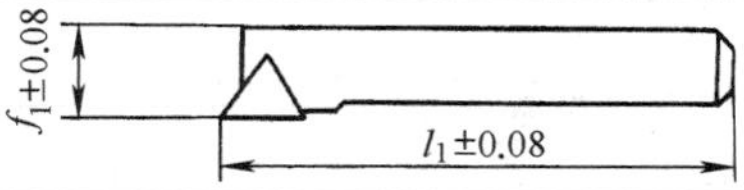 外侧面和后端面为测量基准面

（续）

代 号	图 示
F	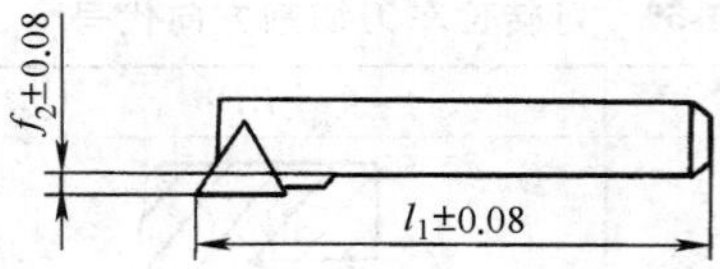 内侧面和后端面为测量基准面
B	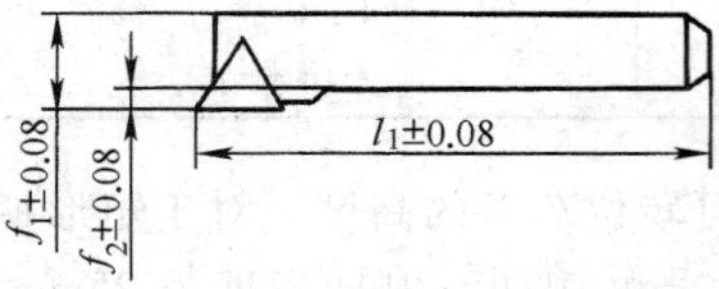 内、外侧面和后端面为测量基准面

（2）标记示例

示例1：

P T G N R 20 20 — 16 Q

- P：车刀刀片夹紧方式为孔夹紧
- T：车刀刀片形状为正三角形
- G：车刀头部型式为G(90°偏头侧切)
- N：车刀刀片法后角为0°
- R：车刀切削方向为右切
- 20：车刀的高度为20mm
- 20：车刀的宽度为20mm
- —：车刀长度为标准长度(L=125mm)
- 16：车刀刀片长度为16.5mm
- Q：表示以车刀的外侧面和后端面为测量基准的精密级车刀

示例2：

M S R N L 25 20 L 15

- M：车刀刀片夹紧方式为顶面和孔夹紧
- S：车刀刀片形状为正方形
- R：车刀头部形式为R型(75°偏头侧切)
- N：车刀刀片法后角为0°
- L：车刀切削方向为左切
- 25：车刀的高度为25mm
- 20：车刀的宽度为20mm
- L：车刀长度为140mm(标准长度为150mm)
- 15：车刀刀片长度为15.875mm

1.3.5.3　可转位车刀的型式和尺寸（GB/T 5343.2—2007）

1. 可转位车刀的柄部型式和尺寸（见表 3-1-62）

表 3-1-62　可转位车刀的柄部型式和尺寸　（单位：mm）

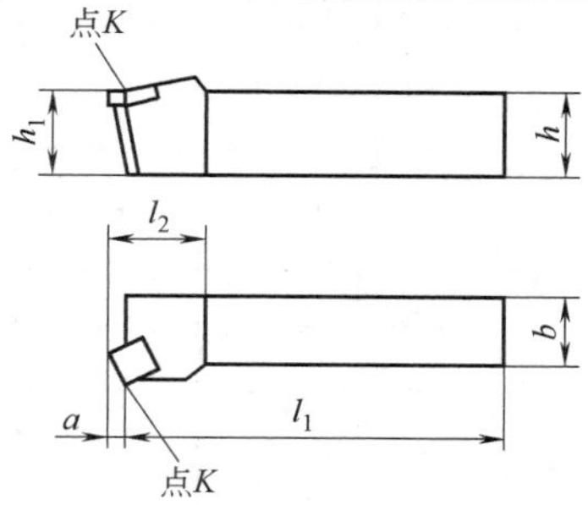

h h13		8	10	12	16	20	25	32	40	50
b h13	$b=h$	8	10	12	16	20	25	32	40	50
	$b=0.8h$	—	8	10	12	16	20	25	32	40
l_1 k16	长刀杆	60	70	80	100	125	150	170	200	250
	短刀杆	40	50	60	70	80	100	125	150	—
h_1 js14		$h_1=h$								

刀片的内切圆直径	l_{2max}①
6.35	25
9.525	32
12.7	36
15.875	40
19.05	45
25.4	50

① 此刀头长度尺寸不适用于安装形状代号为 D 和 V 的菱形刀片（GB/T 5343.1）可转位车刀。

2. 可转位车刀刀头尺寸 *f*（见表 3-1-63）

表 3-1-63　可转位车刀刀头尺寸 *f*

b	f				
	系列 1①	系列 2 $^{+0.5}_{0}$	系列 3 $^{+0.5}_{0}$	系列 4 $^{+0.5}_{0}$	系列 5 $^{+0.5}_{0}$
8	4	7	8.5	9	10
10	5	9	10.5	11	12
12	6	11	12.5	13	16
16	8	13	16.5	17	20
20	10	17	20.5	22	25
25	12.5	22	25.5	27	32
32	16	27	33	35	40
40	20	35	41	43	50
50	25	43	51	53	60
车刀头部型式代号	D、N、V	B、T	A	R	F、G、H、J、K、L、S

注：可转位车刀刀头尺寸 *f* 见表 3-1-64。

① 对称刀杆（形状 D 和 V）的公差±0.25。非对称刀杆（形状 N）的公差 $^{+0.5}_{0}$。

3. 优先采用的推荐刀杆（见表3-1-64）

表 3-1-64　优先采用的推荐刀杆　（单位：mm）

代号	图	参数	0808	1010	1212	1616	2020	2525	3225	3232	4032	4032	4040	5050
代号	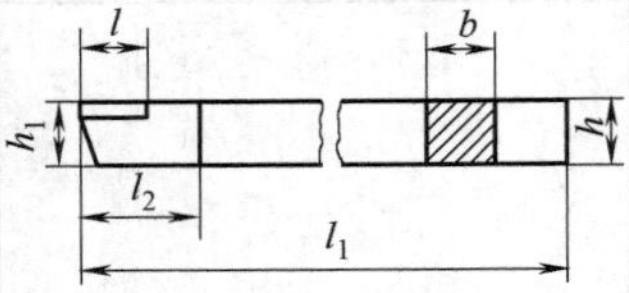	$h \times b$	0808	1010	1212	1616	2020	2525	3225	3232	4032	4032	4040	5050
		l_1 k16	60	70	80	100	125	150	170	170	150	200	200	250
		h_1 js14	8	10	12	16	20	25	32	32	40	40	40	50
A	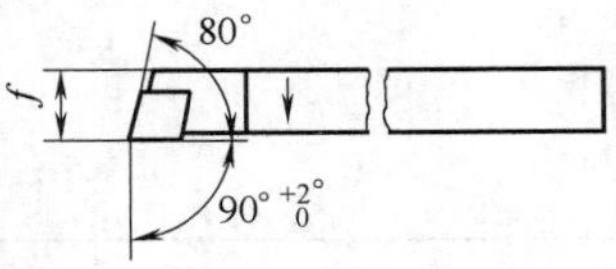	$f^{+0.5}_{0}$ 系列3	8.5	10.5										
		l（代号）	06	06										
		l_{2max}	25	25										
	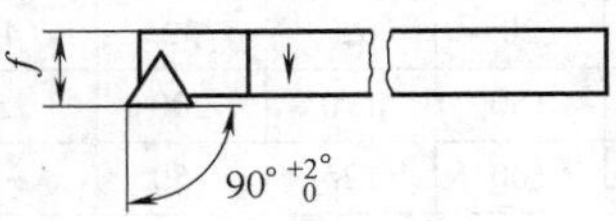	$f^{+0.5}_{0}$ 系列3			12.5	16.5	20.5	25.5	25.5	33			41	
		l（代号）			11	11	16	16	16	22			22	
		l_{2max}			25	25	32	32	32	36			36	
B	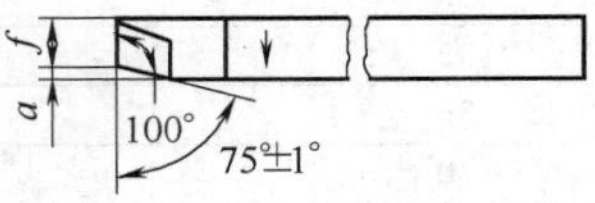	$f^{+0.5}_{0}$ 系列2	7	9	11									
		l（代号）	06	06	06									
		l_{2max}	25	25	25									
		a①	1.6	1.6	1.6									
	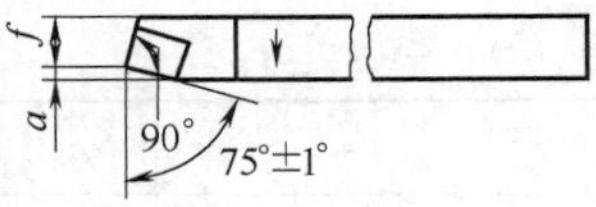	$f^{+0.5}_{0}$ 系列2				13	17	22	22	27			35	43
		l（代号）				09	12	12	12	19			19	25
		l_{2max}				32	36	36	36	45			45	50
		a①				2.2	3.1	3.1	3.1	4.6			4.6	5.9
D②	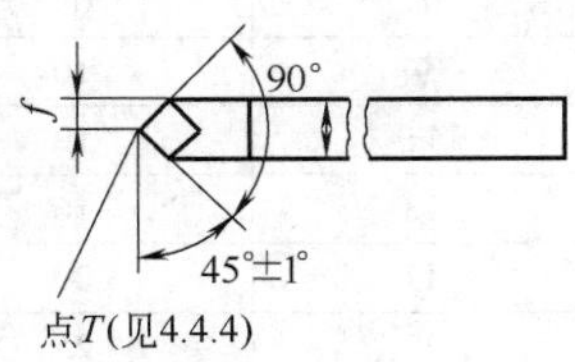	$f \pm 0.25$ 系列1			6	8	10	12.5	12.5	16				
		l（代号）			09	09	12	12	12	19				
		l_{2max}			32	32	36	36	36	45				
	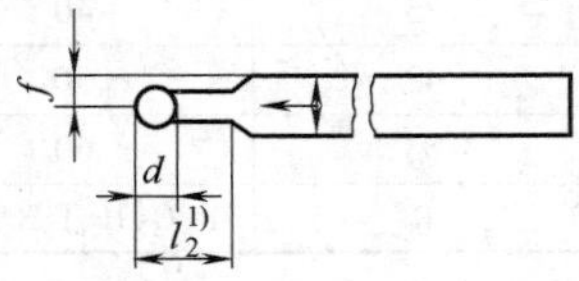 1)　$l_{2min}=1.5d$	$f \pm 0.25$ 系列1	4	5	6	8	10	12.5	12.5	16			20	
		d（代号）	06	06/08	06/08	06/08/10	06/08/10/12	06/08/10/12/16	12/16	20			25	

（续）

代号	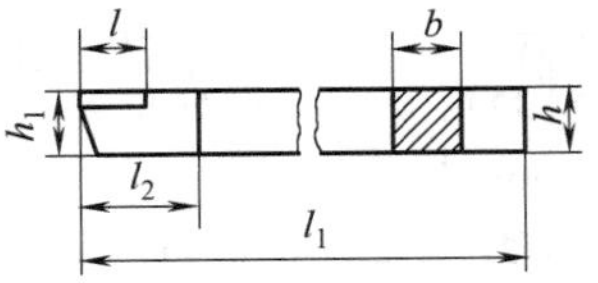	$h \times b$	0808	1010	1212	1616	2020	2525	3225	3232	4032	4032	4040	5050
		l_1 k16	60	70	80	100	125	150	170	170	150	200	200	250
		h_1 js14	8	10	12	16	20	25	32	32	40	40	40	50
F	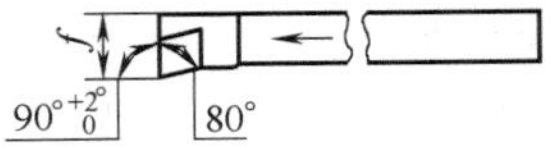	$f^{+0.5}_{0}$ 系列5	10	12										
		l（代号）	06	06										
		l_{2max}	25	25										
	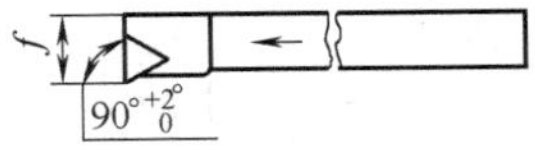	$f^{+0.5}_{0}$ 系列5			16	20	25	32	32	40			50	
		l（代号）			11	11/16	16	16/22	16/22	22			22/27	
		l_{2max}			25	25/32	32	32/36	32/36	36			36/40	
G	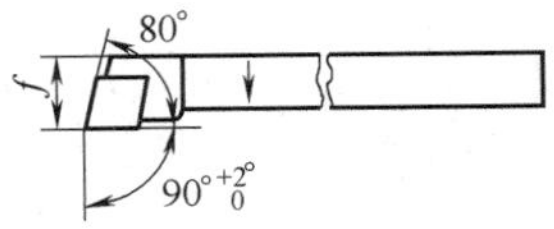	$f^{+0.5}_{0}$ 系列5	10	12										
		l（代号）	05	06										
		l_{2max}	25	25										
	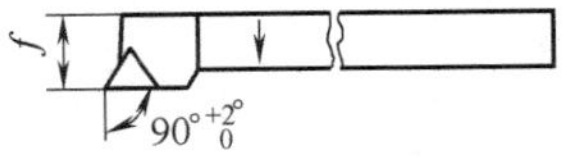	$f^{+0.5}_{0}$ 系列5			16	20	25	32	32	40			50	60
		l（代号）			11	11/16	16	16/22	16/22	22			22/27	27
		l_{2max}			25	25/32	32	32/36	32/36	36			36/40	40
H	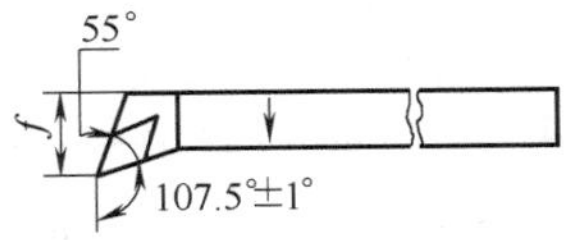	$f^{+0.5}_{0}$ 系列5		12	16	20	25	32	32					
		l（代号）		07	07/11	11	11/15	15	15					
		l_{2max}		25	25/32	32	32/40	40	40					
	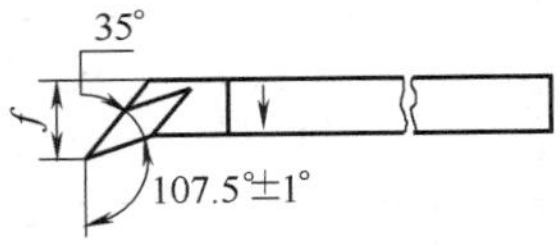	$f^{+0.5}_{0}$ 系列5			16	20	25	32	32					
		l（代号）			11/13	11/13	13/16	16	16					
		l_{2max}			25/32	25/32	32/40	40	40					

（续）

		$h \times b$	0808	1010	1212	1616	2020	2525	3225	3232	4032	4032	4040	5050
代号	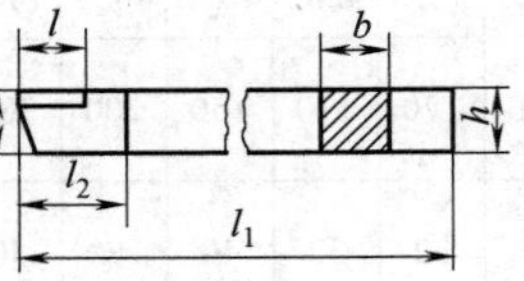	l_1 k16	60	70	80	100	125	150	170	170	150	200	200	250
		h_1 js14	8	10	12	16	20	25	32	32	40	40	40	50
	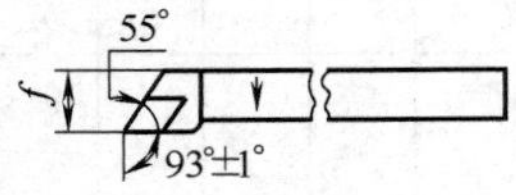	$f^{+0.5}_{0}$ 系列5	10	12	16	20	25	32	32			40		
		l（代号）	07	07	11	11	15	15	15			15		
		l_{2max}	25	25	32	32	40	40	40			40		
J	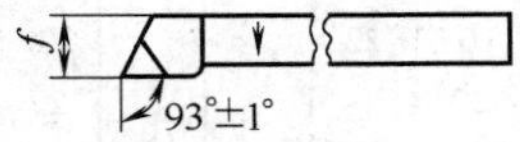	$f^{+0.5}_{0}$ 系列5					25	32	32			40		
		l（代号）					16	16/22	16/22			22/27		
		l_{2max}					32	32/36	32/36			36/40		
	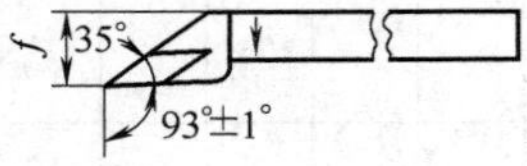	$f^{+0.5}_{0}$ 系列5			16	20	25	32	32					
		l（代号）			11/13	11/13	13/16	16	16					
		l_{2max}			25/32	25/32	32/40	40	40					
	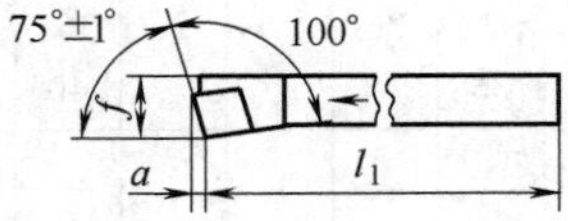	$f^{+0.5}_{0}$ 系列5	10	12										
		l（代号）	06	06										
		l_{2max}	25	25										
		a①	1.6	1.6										
K	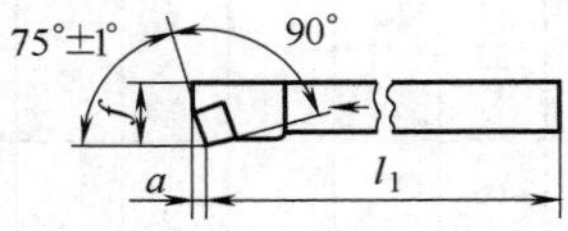	$f^{+0.5}_{0}$ 系列5			16	20	25	32	32	40			50	
		l（代号）			09	09/12	12	12/19	12/19	19			19/25	
		l_{2max}			32	32/36	36	36/45	36/45	45			45/50	
		a①			2.2	2.2/3.1	3.1	3.1/4.6	3.1/4.6	4.6			4.6/5.9	

（续）

代号		$h \times b$	0808	1010	1212	1616	2020	2525	3225	3232	4032	4032	4040	5050
代号	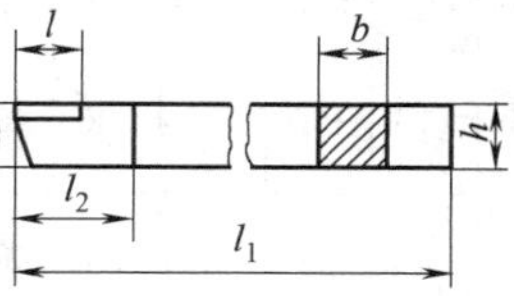	l_1 k16	60	70	80	100	125	150	170	170	150	200	200	250
		h_1 js14	8	10	12	16	20	25	32	32	40	40	40	50
L	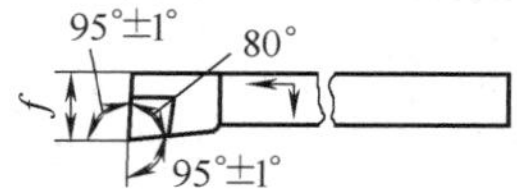	$f^{+0.5}_{0}$ 系列 5	10	12	16	20	25	32	32	40			50	
		l（代号）	06	06	09	09/19	12	12/19	12/19	19			19	
		l_{2max}	25	25	32	32/36	36	36/45	36/45	40			45	
	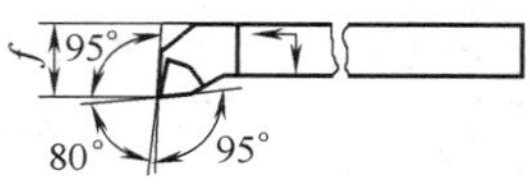	$f^{+0.5}_{0}$ 系列 5	10	12	16	20	25	32	32	40				
		l（代号）	04	04	04	06	06/08	06/08	06/08	08				
		l_{2max}	25	25	25	36	36/45	36/45	36/45	45				
N	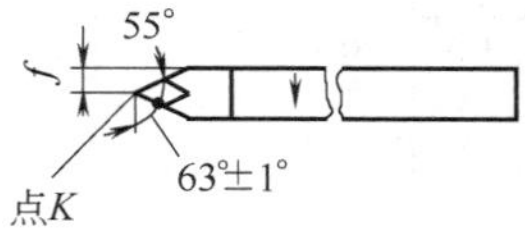	$f^{+0.5}_{0}$ 系列 1	4	5	6	8	10	12.5	12.5		16			
		l（代号）	07	07	11	11	11/15	15	15		15			
		l_{2max}	25	25	32	32	32/36	45	45		45			
	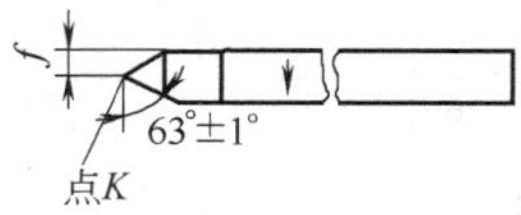	$f^{+0.5}_{0}$ 系列 1						12.5	12.5		16			
		l（代号）						16/22	16/22		16/22			
		l_{2max}						32/36	32/36		32/36			
R	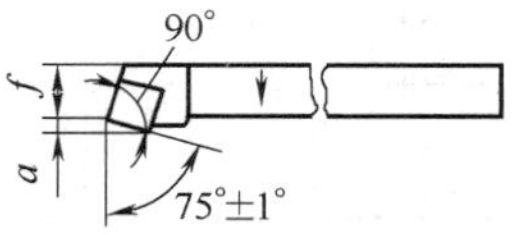	$f^{+0.5}_{0}$ 系列 4			13	17	22	27	27	35			43	53
		l（代号）			09	09/12	12	12/19	12/19	19			19/25	25
		l_{2max}			32	32/36	36	36/45	36/45	45			45/50	50
		a①			2.2	2.2/3.1	3.1	3.1/4.6	3.1/4.6	4.6			4.6/5.9	5.9

（续）

代号	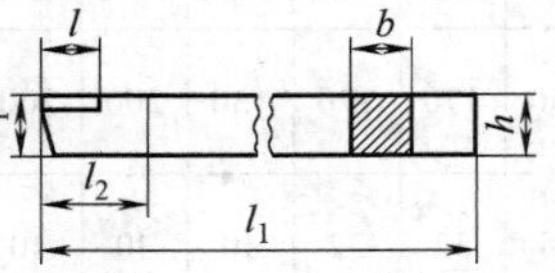	h×b	0808	1010	1212	1616	2020	2525	3225	3232	4032	4032	4040	5050
		l_1 k16	60	70	80	100	125	150	170	170	150	200	200	250
		h_1 js14	8	10	12	16	20	25	32	32	40	40	40	50
	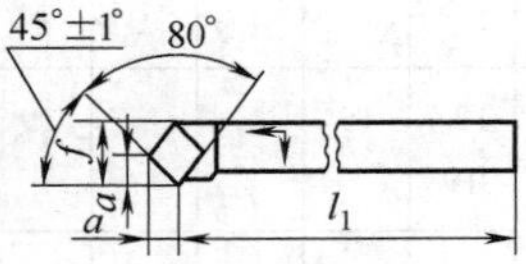	$f_{0}^{+0.5}$ 系列 5	10	12										
		l （代号）	06	06										
		$l_{2\max}$	25	25										
		a①	4.2	4.2										
S②	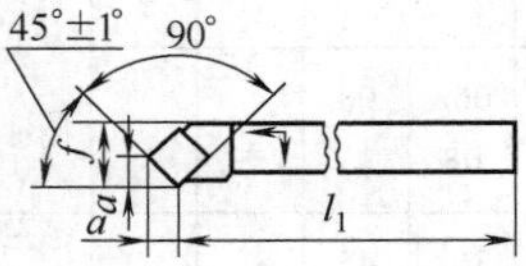	$f_{0}^{+0.5}$ 系列 5			16	20	25	32	32	40			50	50
		l （代号）			09	09/12	12	12/19	12/19	19			19/25	25
		$l_{2\max}$			32	32/36	36	36/45	36/45	45			45/50	50
		a①			6.1	6.1/8.3	8.3	8.3/12.5	8.3/12.5	12.5			12.5/16	16
	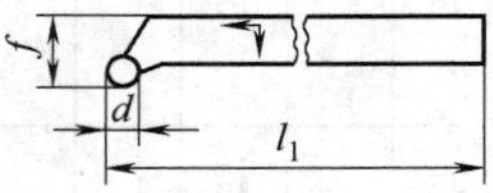	$f_{0}^{+0.5}$ 系列 5	10	12	16	20	25	32	32	40			50	
		l （代号）	06	06/08	06/08	06/08/10	06/08/10/12	06/08/10/12/16	12/16	20			25	
		$l_{2\max}$	25	25	32	32	36	40	40	45			50	
T	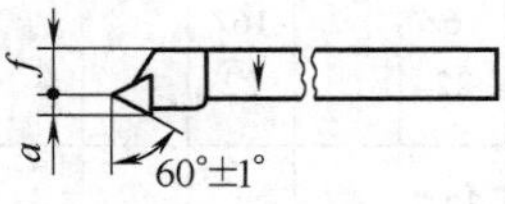	$f_{0}^{+0.5}$ 系列 2			11	13	17	22	22	27			35	
		l （代号）			11	11	16	16	16	22			27	
		$l_{2\max}$			25	25	32	32	32	36			40	
		a①			5	5	7.2	7.2	7.2	10			12.2	
V	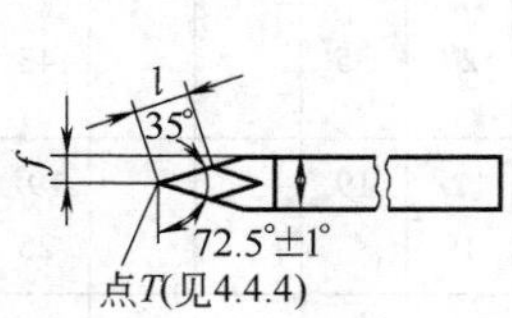	f±0.25 系列 1			6	8	10	12.5	12.5					
		l （代号）			11/13	11/13	13/16	16	16					
		$l_{2\max}$			25/32	25/32	32/40	40	40					

① 尺寸 a 是按前角 $\gamma_o=0°$，切削刃倾角 $\lambda_s=0°$ 及刀片刀尖圆弧半径 r_ε 按 GB/T 5343.2—2007 4.4.3 的相应基准刀片刀尖圆弧半径 r_ε 的计算值计算出来。

② 带圆刀片的刀具，没有给出主偏角。

1.3.6 机夹车刀

1.3.6.1 机夹切断车刀（GB/T 10953—2006）

（1）代号表示规则 机夹切断车刀的代号由按规定顺序排列的一组字母和数字代号组成，共有六位代号，分别表示车刀的各项特征。其中，第五位与第六位代号之间用短横线（-）将其分开。

1）第一位代号用字母 Q 表示切断车刀。

2）第二位代号用字母 A 或 B 表示 A 型或 B 型切断刀。

3）第三位代号用两位数字表示车刀的刀尖高度。

4）第四位代号用两位数字表示车刀的刀杆宽度。

5）第五位代号用字母 R 表示右切刀，用字母 L 表示左切刀。

6）第六位代号用两位数字表示车刀刀片宽度不计小数。如果不足两位数字，则在该数前面加“0”。

（2）A 型机夹切断车刀 其型式和尺寸见表 3-1-65。

表 3-1-65 A 型机夹切断车刀的型式和尺寸 （单位：mm）

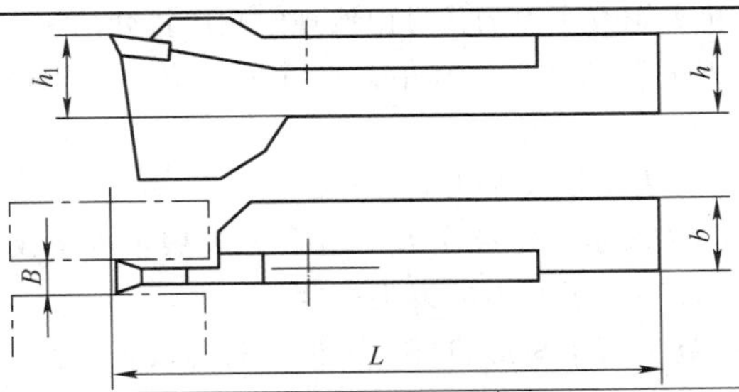

车刀代号		h_1	h	b	L		B	最大加工
右切刀	左切刀		h13	h13	公称尺寸	极限偏差		直径 D_{max}
QA2022R-03	QA2022L-03	20	20	22	125	0 -2.5	3.2	40
QA2022R-04	QA2022L-04						4.2	
QA2525R-04	QA2525L-04	25	25	25	150			60
QA2525R-05	QA2525L-05						5.3	
QA3232R-05	QA3232L-05	32	32	32	170	0 -2.9	5.3	80
QA3232R-06	QA3232L-06						6.5	

（3）B 型机夹切断车刀 其型式和尺寸见表 3-1-66。

表 3-1-66 B 型机夹切断车刀的型式和尺寸 （单位：mm）

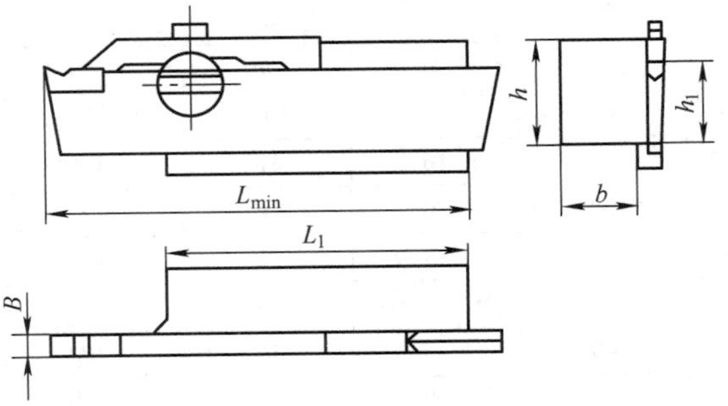

（续）

车刀代号		h_1	h h13	b	L_{min}	B	L_1	最大加工直径 D_{max}
右切刀	左切刀							
QB2020R-04	QB2020L-04	20	25	20	125	4.2	100	100
QB2020R-05	QB2020L-05					5.3		
QB2525R-05	QB2525L-05	25	32	25	150		125	125
QB2525R-06	QB2525L-06					6.5		
QB3232R-06	QB3232L-06	32	40	32	170		140	150
QB3232R-08	QB3232L-08					8.5		
QB4040R-08	QB4040L-08	40	50	40	200		160	175
QB4040R-10	QB4040L-10					10.5		
QB5050R-10	QB5050L-10	50	63	50	250		200	200
QB5050R-12	QB5050L-12					12.5		

1.3.6.2 机夹螺纹车刀（GB/T 10954—2006）

（1）代号表示规则　机夹螺纹车刀的代号由按规定顺序排列的一组字母和数字代号组成，共有六位代号，分别表示车刀的各项特征。其中，每五位与第六位代号之间用短横线（-）将其分开。

1）第一位代号用字母 L 表示螺纹车刀。

2）第二位代号用字母 W 表示外螺纹车刀，用字母 N 表示内螺纹车刀。

3）第三位代号用两位数字表示车刀的刀尖高度。

4）第四位代号用两位数字表示矩形刀杆车刀的刀杆宽度或圆形刀杆车刀的刀杆直径。

5）第五位代号用字母 R 表示右切刀，用字母 L 表示左切刀。

6）第六位代号用两位数字表示车刀刀片宽度。如果不足两位数字时，则在该数前面加“0”。

（2）机夹外螺纹车刀　其型式和尺寸见表 3-1-67。

表 3-1-67　机夹外螺纹车刀的型式和尺寸　（单位：mm）

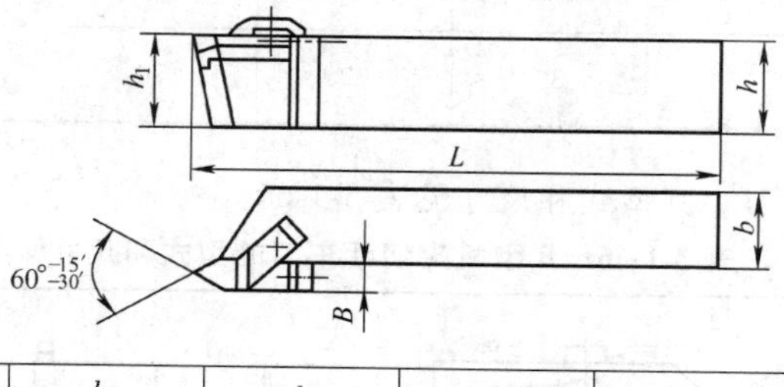

车刀代号		h_1 js14	h h13	b h13	L 公称尺寸	L 极限偏差	B
右切刀	左切刀						
LW1616R-03	LW1616L-03	16	16	16	110	$^{0}_{-2.5}$	3
LW2016R-04	LW2016L-04	20	20	16	125		4
LW2520R-06	LW2520L-06	25	25	20	150		6
LW3225R-08	LW3225L-08	32	32	25	170	$^{0}_{-2.9}$	8
LW4032R-10	LW4032L-10	40	40	32	200		10
LW5040R-12	LW5040L-12	50	50	40	250		12

（3）机夹内螺纹车刀（矩形刀杆） 其型式和尺寸见表3-1-68。

（4）机夹内螺纹车刀（圆形刀杆） 其型式和尺寸见表3-1-69。

表3-1-68 机夹内螺纹车刀（矩形刀杆）的型式和尺寸 （单位：mm）

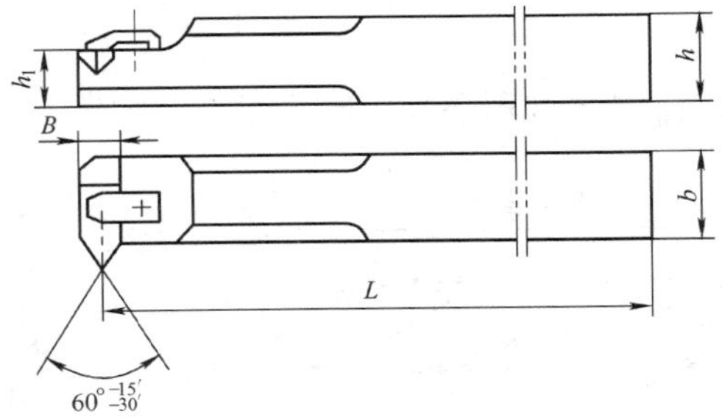

车刀代号		h_1	h	b	L		B
右切刀	左切刀	js14	h13	h13	公称尺寸	极限偏差	
LN1216R-03	LN1216L-03	12	16	16	150	0 -2.5	3
LN1620R-04	LN1620L-04	16	20	20	180		4
LN2025R-06	LN2025L-06	20	25	25	200		6
LN2532R-08	LN2532L-08	25	32	32	250	0 -2.9	8
LN3240R-10	LN3240L-10	32	40	40	300		10

表3-1-69 机夹内螺纹车刀（圆形刀杆）的型式和尺寸 （单位：mm）

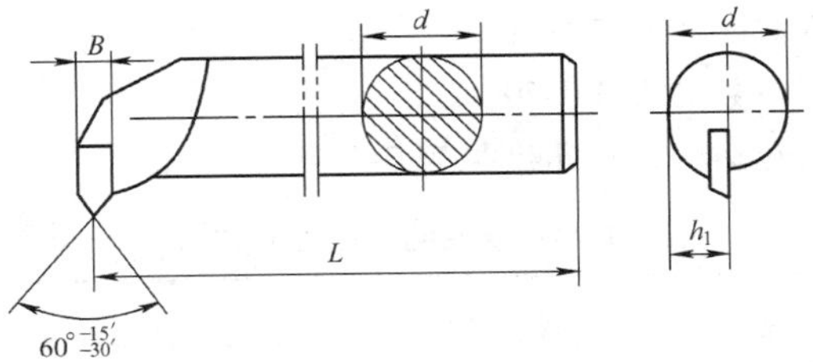

车刀代号		h_1	d		L		B
右切刀	左切刀	js14	公称尺寸	极限偏差	公称尺寸	极限偏差	
LN1020R-03	LN1020L-03	10	20	0 -0.052	180	0 -2.5	3
LN1225R-03	LN1225L-03	12.5	25		200		3
LN1632R-04	LN1632L-04	16	32	0 -0.062	250		4
LN2040R-08	LN2040L-08	20	40		300	0 -2.9	6
LN2550R-08	LN2550L-08	25	50	0 -0.074	350		8
LN3060R-10	LN3060L-10	30	60		400		10

1.4　孔加工刀具

1.4.1　麻花钻

1.4.1.1　麻花钻的切削角度

1）麻花钻切削部分的结构要素如图 3-1-21 所示。

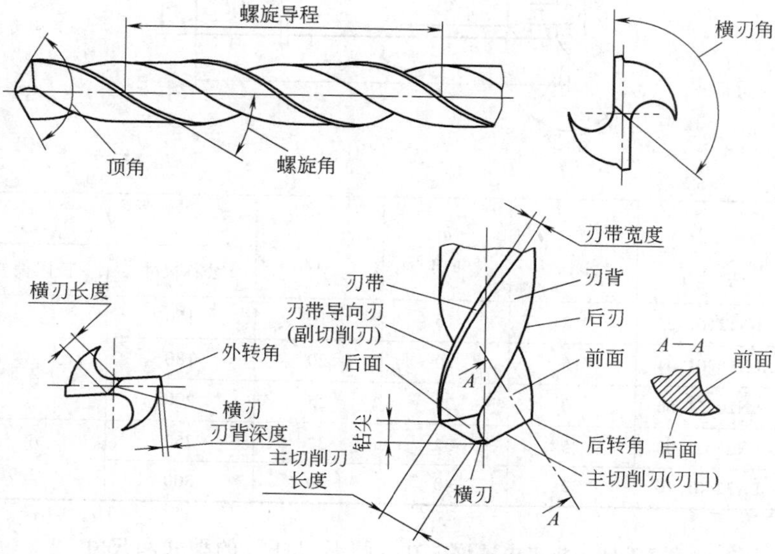

图 3-1-21　麻花钻切削部分的结构要素

2）麻花钻的刀具角度如图 3-1-22 所示。

3）麻花钻的主要几何参数见表 3-1-70。

4）加工不同材料时麻花钻的几何角度见表 3-1-71。

表 3-1-70　麻花钻的主要几何参数

钻头直径 d/mm	螺旋角 β/(°)	顶角 $2\kappa_r$/(°)	后角 α_o/(°)	横刃斜角 ψ/(°)	钻头直径 d/mm	螺旋角 β/(°)	顶角 $2\kappa_r$/(°)	后角 α_o/(°)	横刃斜角 ψ/(°)
0.10~0.28	19	118	28	40~60	3.40~4.70	27	118	16	40~60
0.29~0.35	20				4.80~6.70	28			
0.36~0.49			26		6.80~7.50	29			
0.50~0.70	22		24		7.60~8.50			14	
0.72~0.98	23				8.60~18.00	30		12	
1.00~1.95	24		22		18.25~23.00			10	
2.00~2.65	25		20		23.25~100			8	
2.70~3.30	26		18						

注：横刃斜角是横刃角的补角。

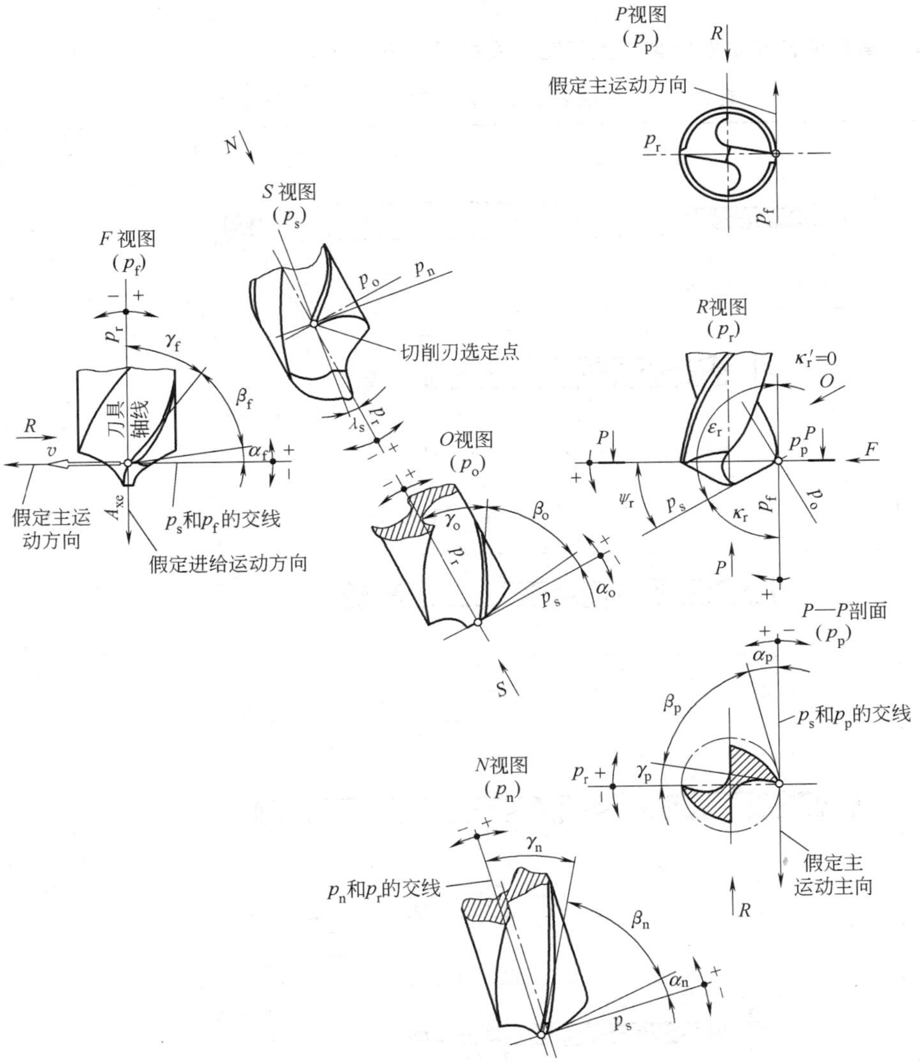

图 3-1-22　麻花钻的刀具角度

p_r—基面　p_f—假定工作平面　p_p—背平面　p_s—主切削平面　p_n—法平面　p_o—正交平面　κ_r—主偏角　κ_r'—副偏角　ψ_r—余偏角　λ_s—刃倾角　ε_r—刀尖角　γ_n—法前角　γ_o—前角　α_n—法后角　α_f—侧后角　α_p—背后角　α_o—后角　β_f—侧楔角　β_o—正交楔角　β_n——法楔角　β_p—背楔角

表 3-1-71　加工不同材料时麻花钻的几何角度

工件材料	顶角 /(°)	后角 /(°)	横刃斜角 /(°)	螺旋角 /(°)	工件材料	顶角 /(°)	后角 /(°)	横刃斜角 /(°)	螺旋角 /(°)
一般材料	116~118	12~15	35~45	20~32	冷（硬）铸铁	118~135	5~7	25~35	20~32
一般硬材料	116~118	6~9	25~35	20~32	淬火钢	118~125	12~15	35~45	20~32
铝合金（通孔）	90~120	12	35~45	17~20	铸钢	118	12~15	35~45	20~32
铝合金（深孔）	118~130	12	35~45	32~45	锰钢(7%~13%锰)	150	10	25~35	20~32
软黄铜和青铜	118	12~15	35~45	10~30	高速钢	135	5~7	25~35	20~32
硬青铜	118	5~7	25~35	10~30	镍钢(250~400HBW)	130~150	5~7	25~35	20~32
铜和铜合金	110~130	10~15	35~45	30~40	木料	70	12	35~45	30~40
软铸铁	90~118	12~15	30~45	20~32	硬橡胶	60~90	12~15	35~45	10~20

1.4.1.2 高速钢麻花钻的类型、直径范围及标准代号（见表 3-1-72）

表 3-1-72 高速钢麻花钻的类型、直径范围及标准代号

类　型	简　图	直径范围 d/mm	标准代号
粗直柄小麻花钻	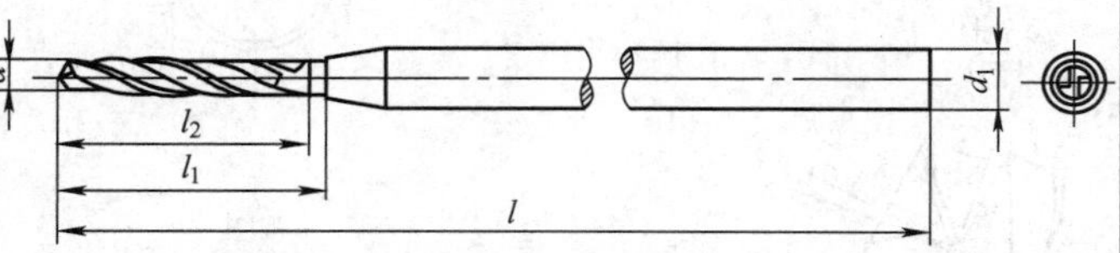	0.10～0.35	GB/T 6135.1—2008
直柄短麻花钻	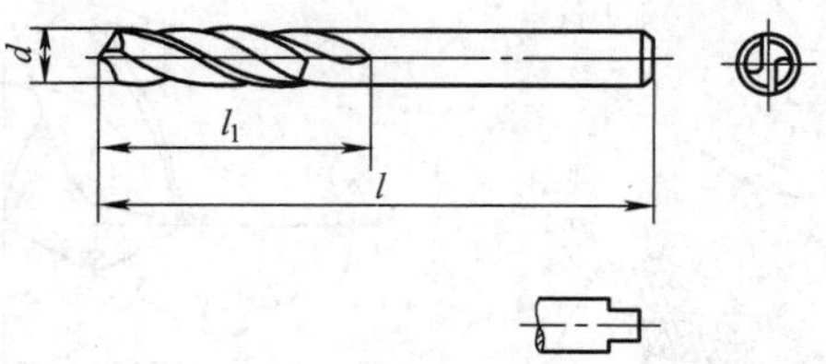	0.2～40.0	GB/T 6135.2—2008
直柄麻花钻	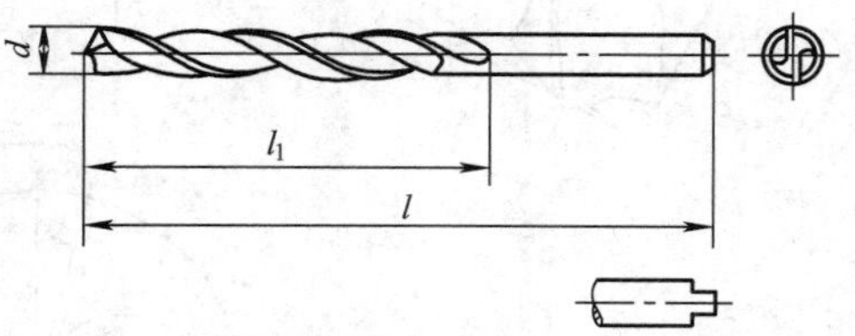	0.2～40.0	GB/T 6135.2—2008
直柄长麻花钻	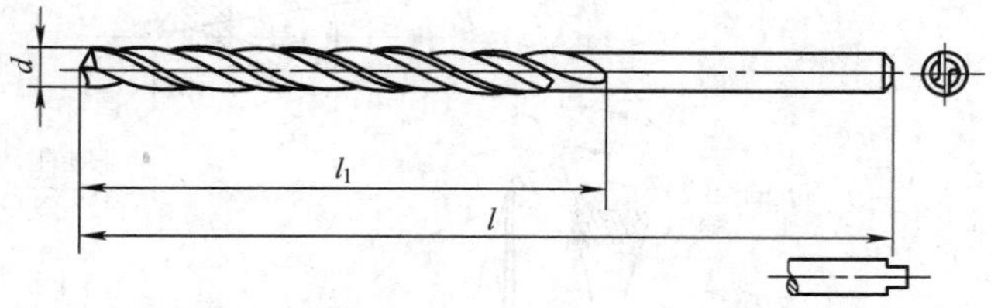	1.0～31.5	GB/T 6135.3—2008
莫氏锥柄麻花钻	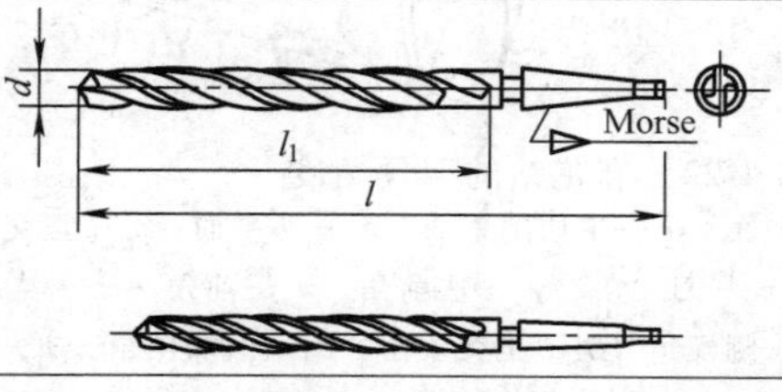	3.0～100.0	GB/T 1438.1—2008
莫氏锥柄长麻花钻	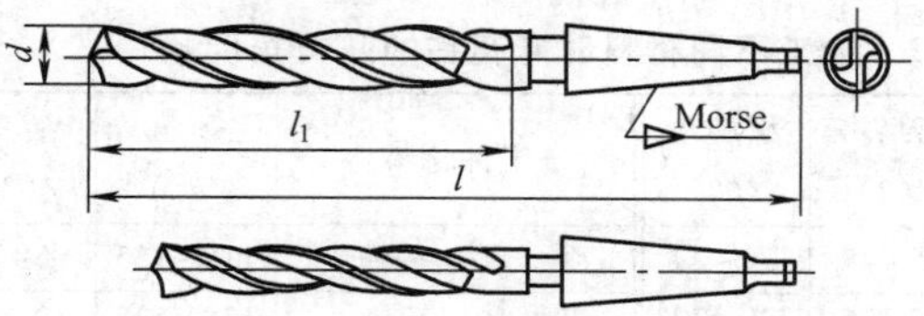	5.0～50.0	GB/T 1438.2—2008
莫氏锥柄加长麻花钻	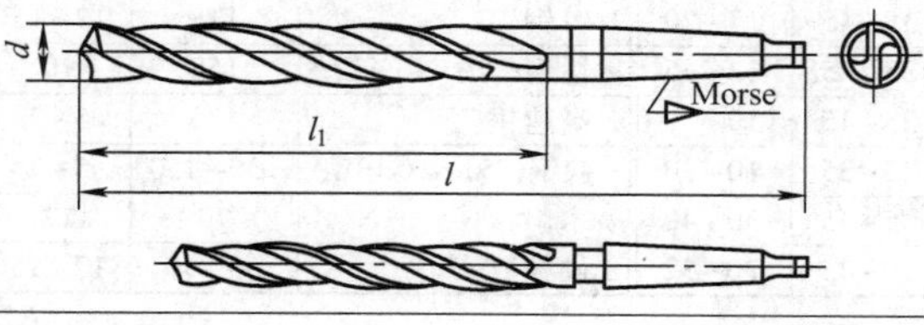	6.0～30.0	GB/T 1438.3—2008

（续）

类 型	简 图	直径范围 d/mm	标准代号
直柄超长麻花钻	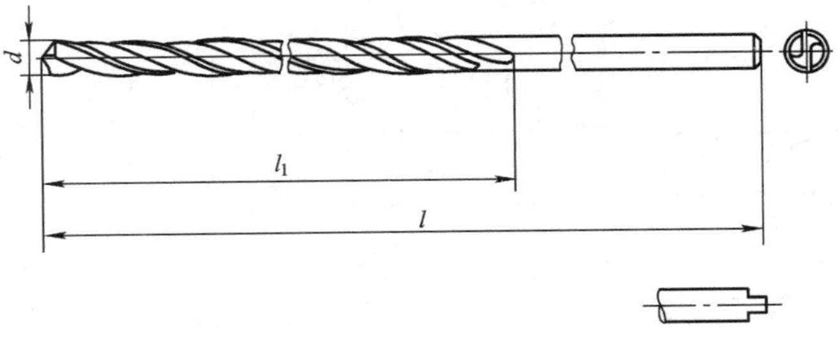	2.0~14.0	GB/T 6135.4—2008
莫氏锥柄超长麻花钻	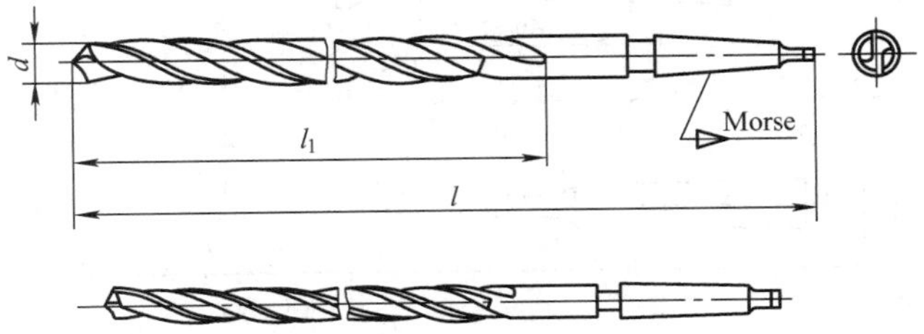	6.0~50.0	GB/T 1438.4—2008

1.4.1.3 硬质合金麻花钻的类型、直径范围及标准代号（见表 3-1-73）

表 3-1-73 硬质合金麻花钻的类型、直径范围及标准代号

类 型	简 图	直径范围 d/mm	标准代号
硬质合金麻花钻	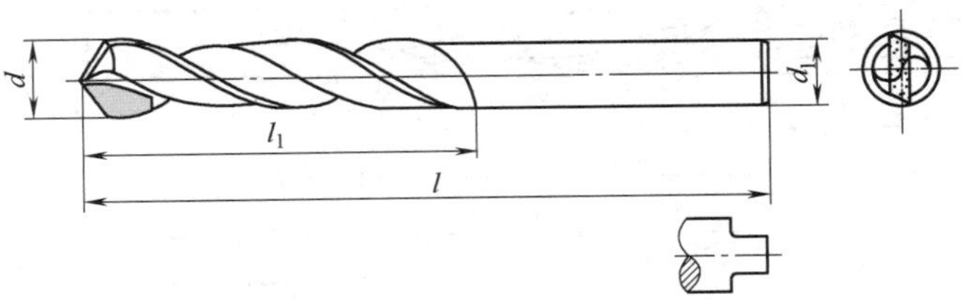	5.0~20.0	GB/T 25666—2010
整体硬质合金直柄麻花钻	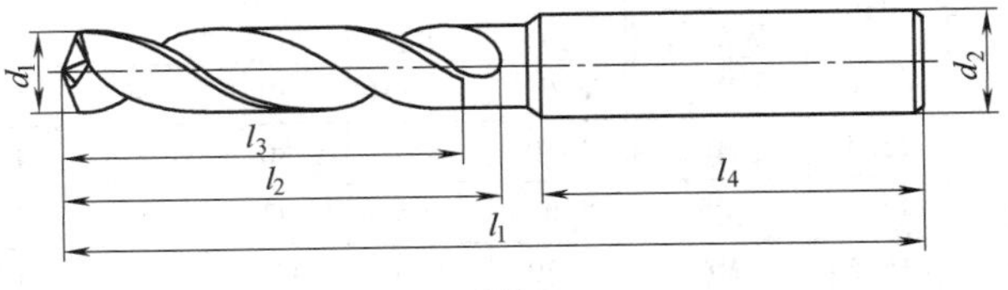 A型 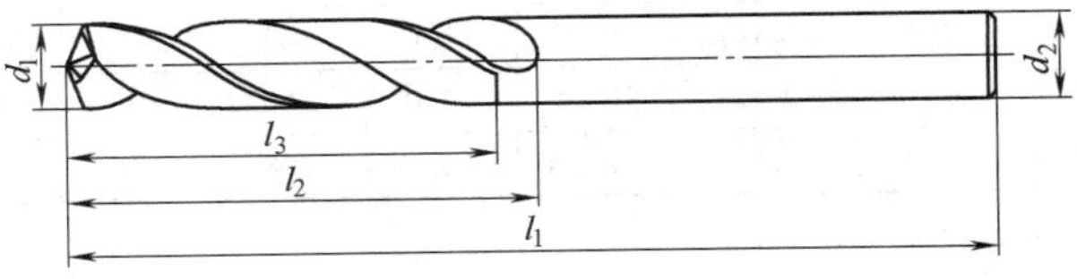 B型	1.9~20.0	GB/T 25667.1—2010

（续）

类 型	简 图	直径范围 d/mm	标准代号
2°斜削平整体硬质合金直柄麻花钻	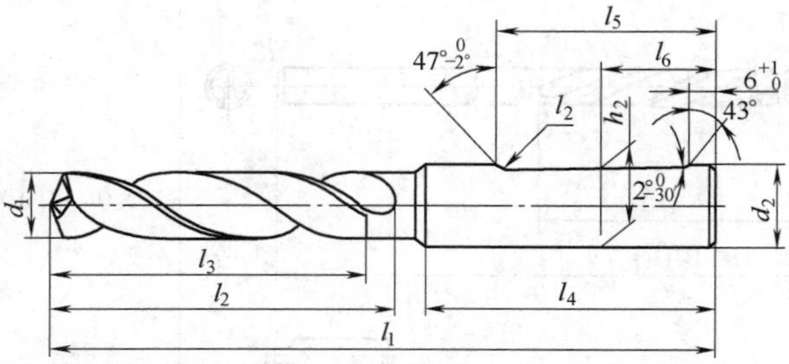	2.9～20.0	GB/T 25667.2—2010
硬质合金锥柄麻花钻	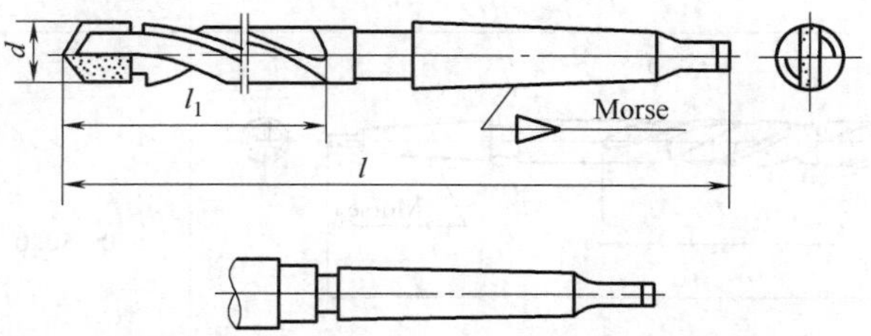	10.0～30.0	GB/T 10947—2006

注：表图中的具体数据见相应标准。

1.4.1.4 攻丝前钻孔用阶梯麻花钻的型式和尺寸（见表3-1-74和表3-1-75）

表 3-1-74 攻丝前钻孔用直柄阶梯麻花钻的型式和尺寸（GB/T 6138.1—2007）

（单位：mm）

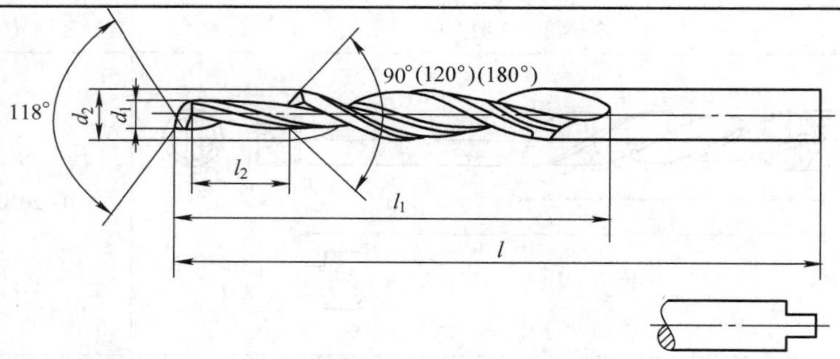

$d_1$① (h9)	$d_2$① (h8)	l	l_1	l_2	适用的螺纹孔	$d_1$① (h9)	$d_2$① (h8)	l	l_1	l_2	适用的螺纹孔
2.5	3.4	70	39	8.8	M3	2.65	3.4	70	39	8.8	M3×0.35
3.3	4.5	80	47	11.4	M4	3.50	4.5	80	47	11.4	M4×0.5
4.2	5.5	93	57	13.6	M5	4.50	5.5	93	57	13.6	M5×0.5
5.0	6.6	101	63	16.5	M6	5.20	6.6	101	63	16.5	M6×0.75
6.8	9.0	125	81	21.0	M8	7.00	9.0	125	81	21.0	M8×1
8.5	11.0	142	94	25.5	M10	8.80	11.0	142	94	25.5	M10×1.25
10.2	13.5(14.0)	160	108	30.0	M12	10.50	14.0	160	108	30.0	M12×1.5
12.0	15.5(16.0)	178	120	34.5	M14	12.50	16.0	178	120	34.5	M14×1.5

注：根据需要选择括号内的角度和直径。

① 阶梯麻花钻钻孔部分直径（d_1）公差为：普通级 h9，精密级 h8；锪孔部分直径（d_2）公差为：普通级 h9，精密级 h8。

表 3-1-75　攻丝前钻孔用莫氏锥柄阶梯麻花钻的型式和尺寸（GB/T 6138.2—2007）

（单位：mm）

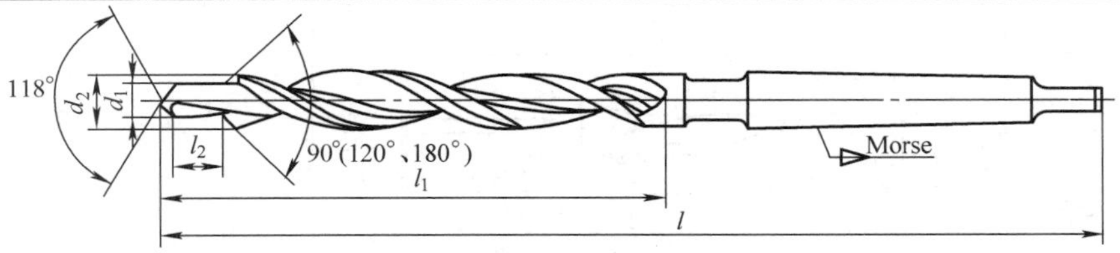

$d_1$①	$d_2$①	l	l_1	l_2 (js16)	莫氏圆锥号	适用的螺纹孔	$d_1$①	$d_2$①	l	l_1	l_2 (js16)	莫氏圆锥号	适用的螺纹孔
6.8	9.0	162	81	21.0	1	M8	16.0	20.0	238	140	43.5	2	M18×2
7.0	9.0	162	81	21.0		M8×1	17.5	22.0	248	150	47.5		M20
8.5	11.0	175	94	25.5		M10	18.0	22.0	248	150	47.5		M20×2
8.8	11.0	175	94	25.5		M10×1.25	19.5	24.0	281	160	51.5	3	M22
10.2	13.5(14.0)	189	108	30.0		M12	20.0	24.0	281	160	51.5		M22×2
10.5	14.0	189	108	30.0		M12×15	21.0	26.0	286	165	56.5		M24
12.0	15.5(16.0)	218	120	34.5	2	M14	22.0	26.0	286	165	56.5		M24×2
12.5	16.0	218	120	34.5		M14×1.5	24.0	30.0	296	175	62.5		M27
14.0	17.5(18.0)	225	130	38.5		M16	25.0	30.0	296	175	62.5		M27×2
14.5	18.0	228	130	38.5		M16×1.5	26.5	33.0	334	185	70.0	4	M30
15.5	20.0	238	140	43.5		M18	28.0	33.0	334	185	70.0		M30×2

注：根据用户需要选择括号内的角度和直径。

① 阶梯麻花钻钻孔部分直径（d_1）公差为：普通级 h9，精密级 h8；锪孔部分直径（d_2）公差为：普通级 h9，精密级 h8。

1.4.2　可转位浅孔钻

可转位浅孔钻的类型、直径范围及标准代号（见表 3-1-76）

表 3-1-76　可转位浅孔钻的类型、直径范围及标准代号

类　型	简　图	直径范围 d/mm	标准代号
可转位直沟削平型直柄浅孔钻	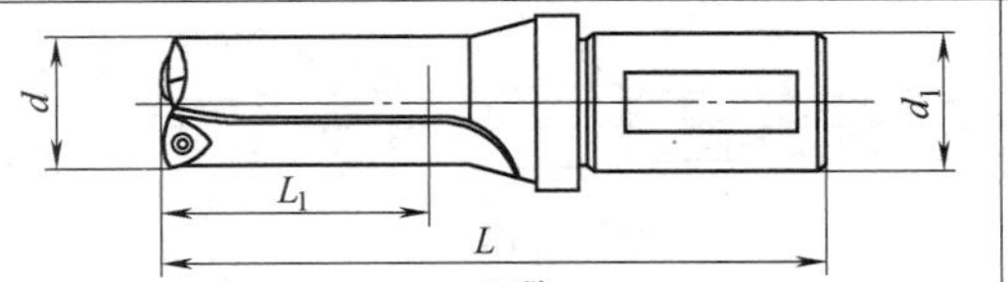 Ⅰ型 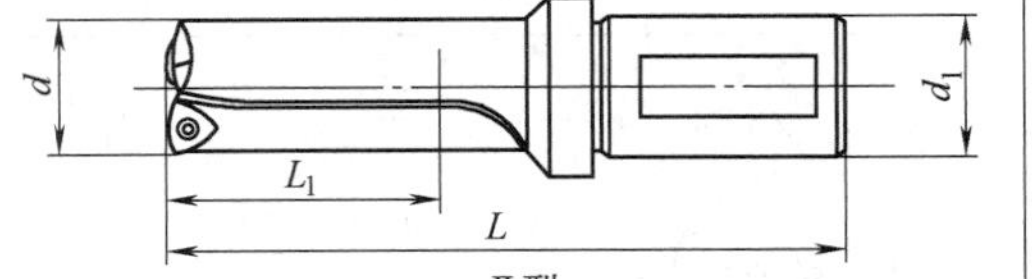 Ⅱ型	16~82	GB/T 14300—2007
可转位直沟莫氏圆锥柄浅孔钻	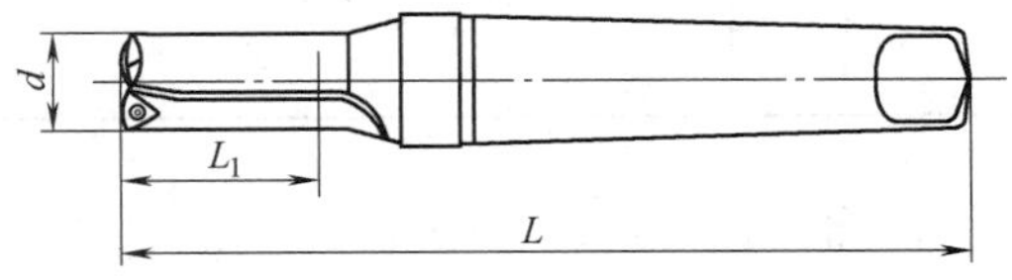	16~82	

（续）

类　型	简　图	直径范围 d/mm	标准代号
可转位螺旋沟削平型直柄浅孔钻	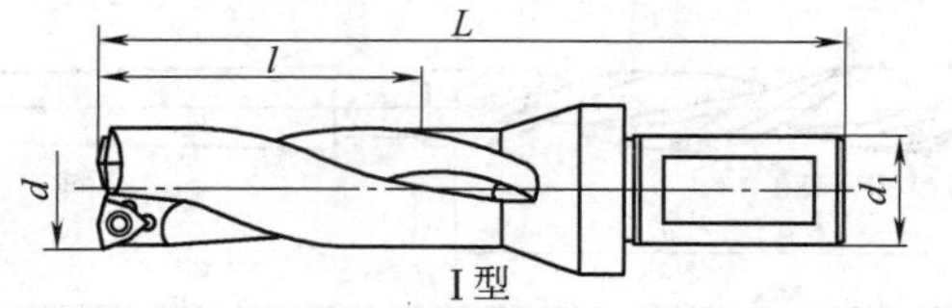 Ⅰ型 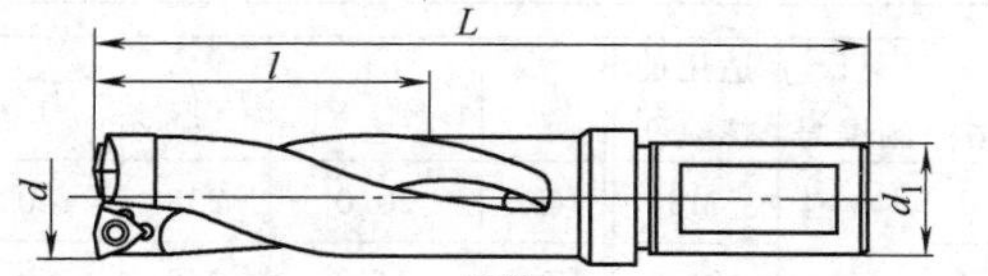 Ⅱ型	16~82	GB/T 14299—2007
可转位螺旋沟莫氏圆锥柄浅孔钻	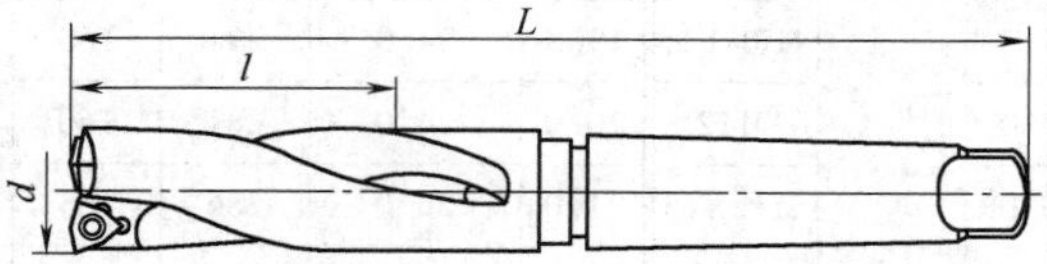	16~82	

注：表图中的具体尺寸数据见相应标准。

1.4.3 扩孔钻

扩孔钻的类型、规格范围及标准代号见表3-1-77。

表3-1-77 扩孔钻的类型、规格范围及标准代号

类　型	简　图	规格范围 d /mm（优先）①	标准代号
直柄扩孔钻	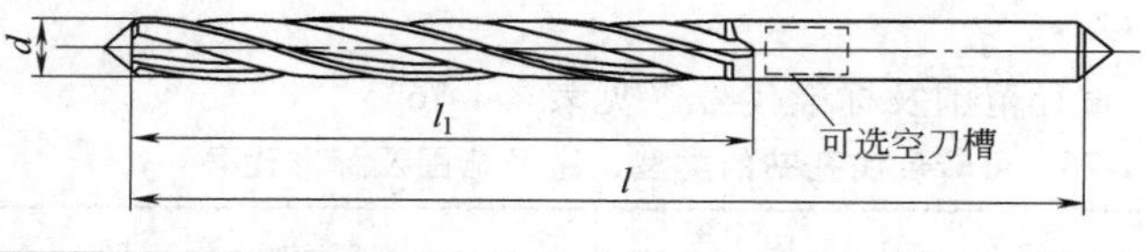	3.0~19.7	GB/T 4256—2022
莫氏锥柄扩孔钻	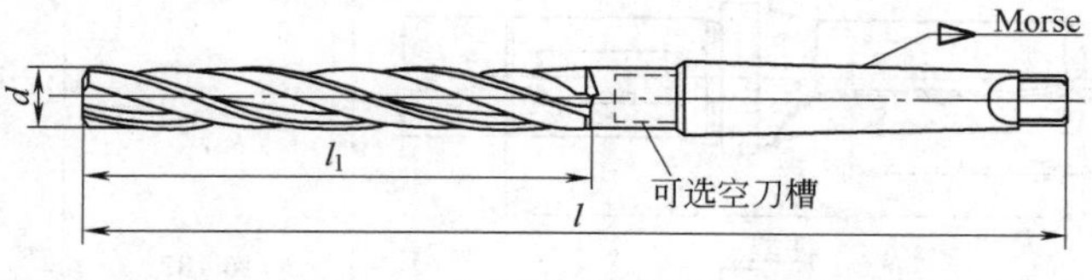	7.8~50.0	GB/T 4256—2022
套式扩孔钻	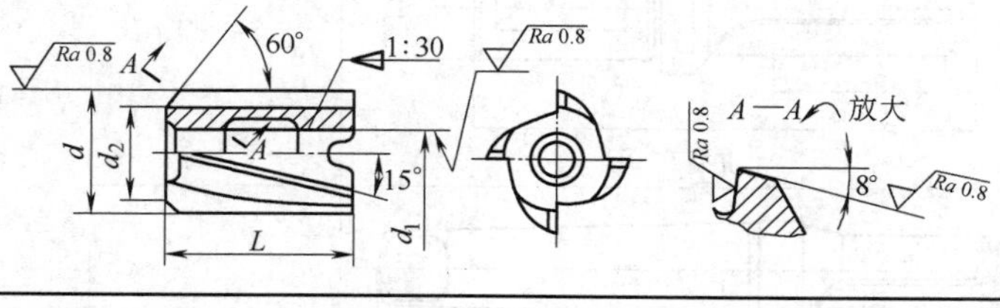	>23.6~101.6	GB/T 1142—2004

注：表图中的具体尺寸数据见相应标准。

① 直径 d“优先”系常备的扩孔钻尺寸，用户有特殊需要时也可供应“分级范围”内的任一直径的扩孔钻。直径 d≤6mm 的扩孔钻可制成反顶尖。

1.4.4 锪钻

锪钻的类型、规格范围及标准代号见表 3-1-78、表 3-1-79。

表 3-1-78 锪钻的类型、规格范围及标准代号

类型	简图	规格范围/mm	标准代号
60°、90°、120° 直柄锥面锪钻	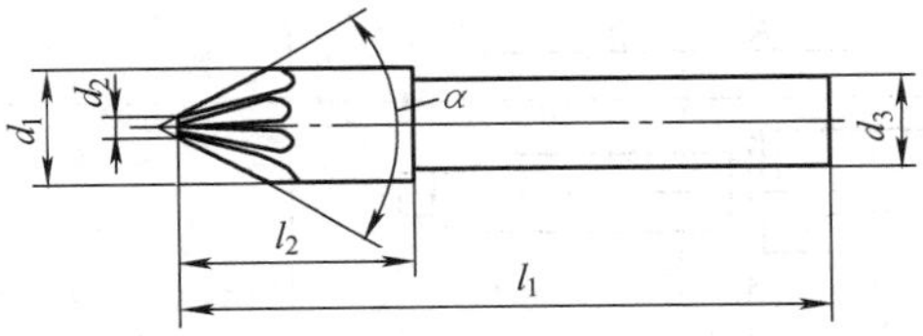	d_1 8~25	GB/T 4258—2004
60°、90°、120° 莫氏锥柄锥面锪钻	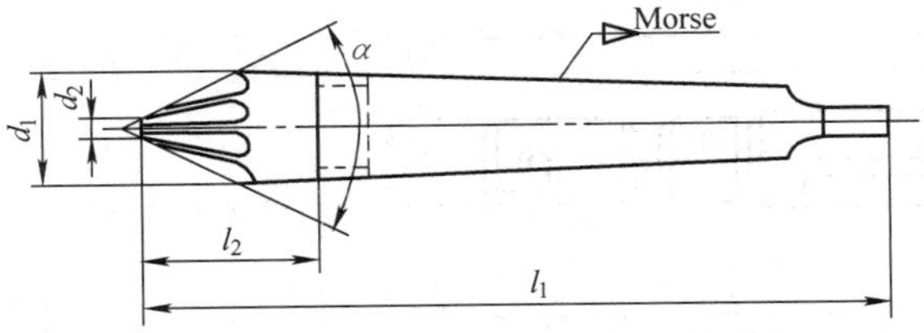	d_1 16~80	GB/T 1143—2004
带整体导柱的直柄平底锪钻	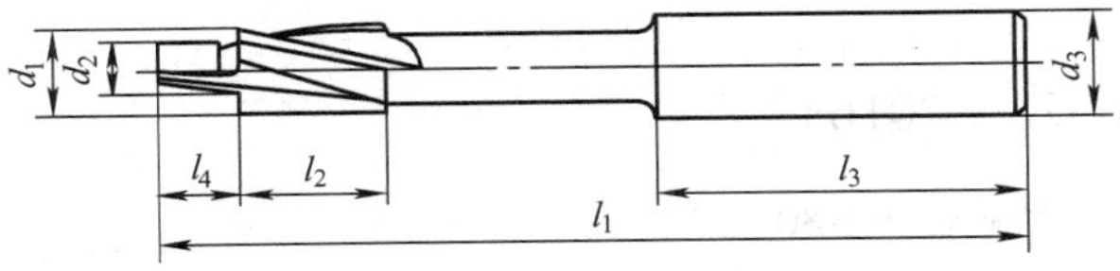	$(d_1 \times d_2)$ 3.3×1.8~20×13.5	GB/T 4260—2004
带可换导柱的莫氏锥柄平底锪钻	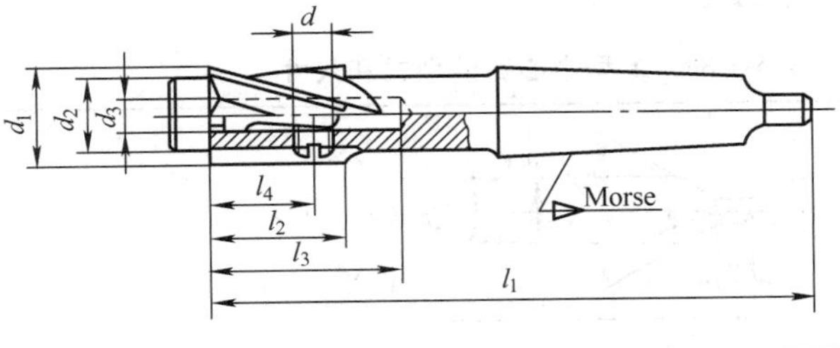	$(d_1 \times d_2)$ 13×6.6~61×33	GB/T 4261—2004
带整体导柱的直柄 90° 锥面锪钻	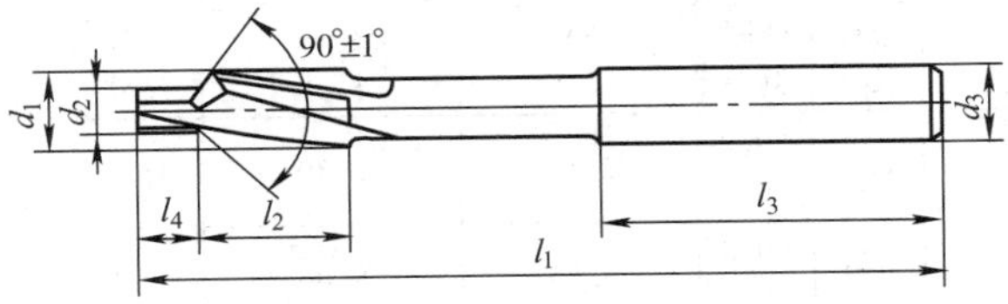	$(d_1 \times d_2)$ 3.7×1.8~17.6×9	GB/T 4263—2004
带可换导柱的莫氏锥柄 90° 锥面锪钻	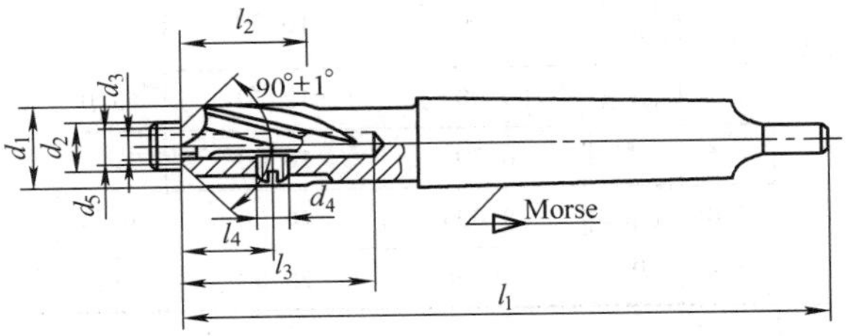	$(d_1 \times d_2)$ 13.8×6.6~40.4×22	GB/T 4264—2004

表 3-1-79 带可换导柱可转位平底锪钻的类型、规格范围及标准代号

类　型	简　图	规格范围/mm	标准代号
带可换导柱削平型直柄可转位平底锪钻	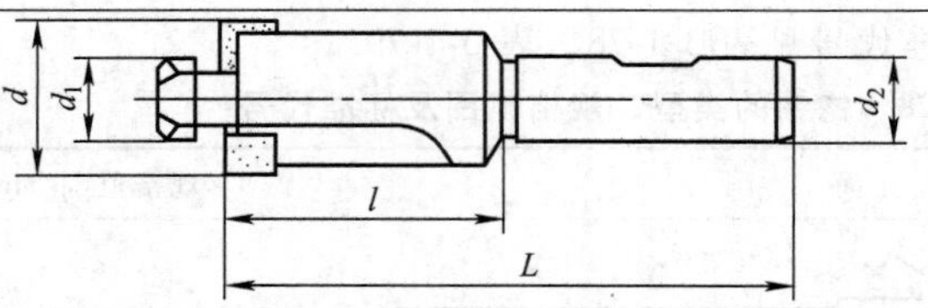	$d\times d_1$ 15×6.6~60×33	JB/T 6358—2006
带可换导柱莫氏锥柄可转位平底锪钻	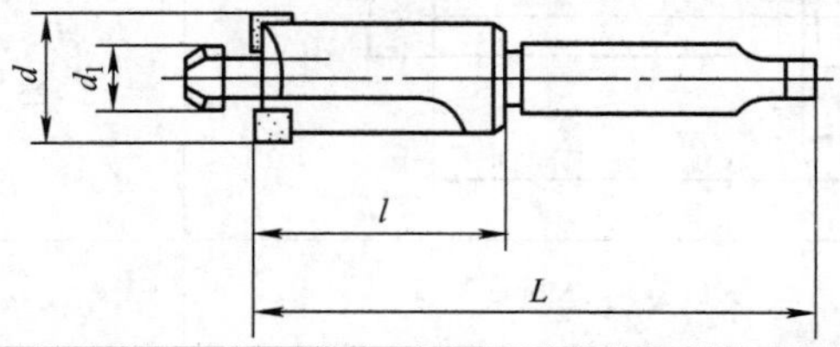	15×6.6~60×33	
带可换导柱圆柱快换柄可转位平底锪钻	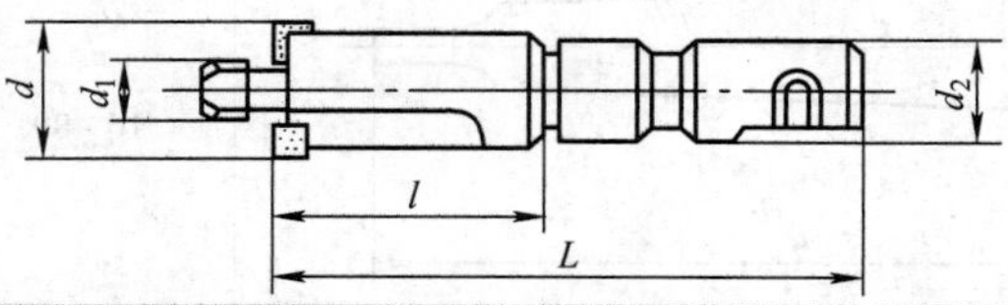	15×6.6~60×33	

注：表图中的具体尺寸数据见相应标准。

1.4.5 中心钻（GB/T 6078—2016）

1）A型中心钻的型式和尺寸见表3-1-80。

2）B型中心钻的型式和尺寸见表3-1-81。

3）R型中心钻的型式和尺寸见表3-1-82。

表 3-1-80 A型中心钻的型式和尺寸　（单位：mm）

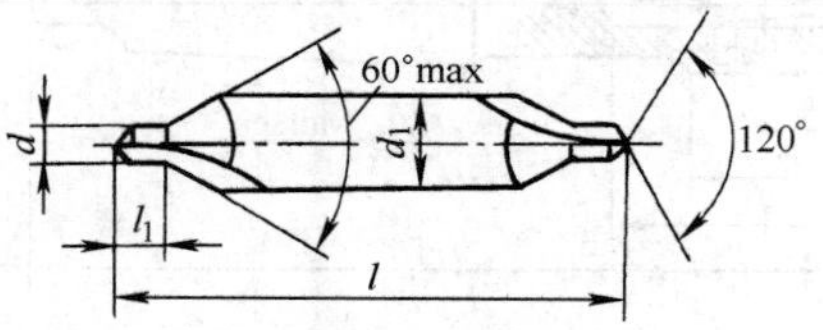

d k12	d_1 h9	l		l_1		d k12	d_1 h9	l		l_1	
公称尺寸	公称尺寸	公称尺寸	极限偏差	公称尺寸	极限偏差	公称尺寸	公称尺寸	公称尺寸	极限偏差	公称尺寸	极限偏差
(0.50)	3.15	31.5	±2	0.8	$^{+0.2}_{0}$	2.50	6.30	45.0	±2	3.1	$^{+1.0}_{0}$
(0.63)				0.9	$^{+0.3}_{0}$	3.15	8.00	50.0		3.9	
(0.80)				1.1	$^{+0.4}_{0}$	4.00	10.00	56.0	±3	5.0	$^{+1.2}_{0}$
1.00				1.3	$^{+0.6}_{0}$	(5.00)	12.50	63.0		6.3	
(1.25)				1.6		6.30	16.00	71.0		8.0	
1.60	4.00	35.5		2.0	$^{+0.8}_{0}$	(8.00)	20.00	80.0		10.1	$^{+1.4}_{0}$
2.00	5.00	40.0		2.5		10.00	25.00	100.0		12.8	

注：括号内的尺寸尽量不采用。

表 3-1-81　B 型中心钻的型式和尺寸　（单位：mm）

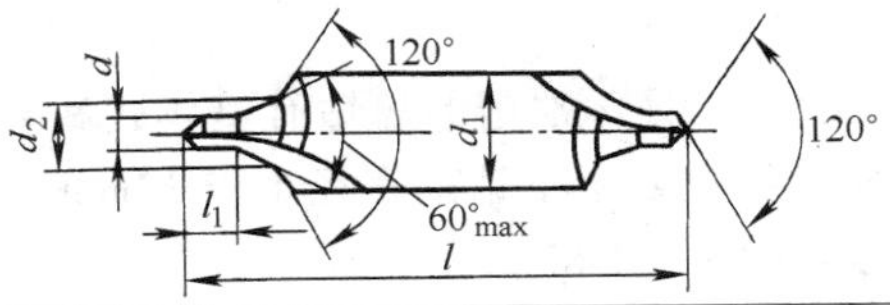

d　k12	d_1　h9	d_2　k12	l		l_1	
公称尺寸	公称尺寸	公称尺寸	公称尺寸	极限偏差	公称尺寸	极限偏差
1.00	4.0	2.12	35.5	±2	1.3	+0.6 0
(1.25)	5.0	2.65	40.0		1.6	
1.60	6.3	3.35	45.0		2.0	+0.8 0
2.00	8.0	4.25	50.0		2.5	
2.50	10.0	5.30	56.0	±3	3.1	+1.0 0
3.15	11.2	6.70	60.0		3.9	
4.00	14.0	8.50	67.0		5.0	+1.2 0
(5.00)	18.0	10.60	75.0		6.3	
6.30	20.0	13.20	80.0		8.0	
(8.00)	25.0	17.00	100.0		10.1	+1.4 0
10.00	31.5	21.20	125.0		12.8	

注：括号内的尺寸尽量不采用。

表 3-1-82　R 型中心钻的型式和尺寸　（单位：mm）

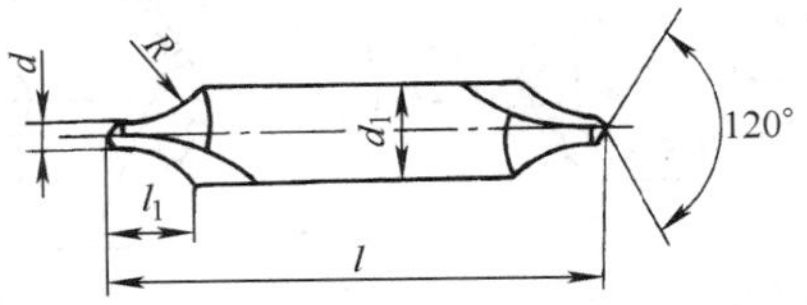

d　k12	d_1　h9	l		l_1	R	
公称尺寸	公称尺寸	公称尺寸	极限偏差	公称尺寸	max	min
1.00	3.15	31.5	±2	3.00	3.15	2.50
(1.25)				3.35	4.00	3.15
1.60	4.00	35.5		4.25	5.00	4.00
2.00	5.00	40.0		5.30	6.30	5.00
2.50	6.30	45.0		6.70	8.00	6.30
3.15	8.00	50.0		8.50	10.00	8.00
4.00	10.00	56.0	±3	10.60	12.50	10.00
(5.00)	12.50	63.0		13.20	16.00	12.50
6.30	16.00	71.0		17.00	20.00	16.00
(8.00)	20.00	80.0		21.20	25.00	20.00
10.00	25.00	100.0		26.50	31.50	25.00

注：括号内的尺寸尽量不采用。

1.4.6 扁钻

扁钻是一种结构简单的孔加工工具。常用的扁钻有整体式和装配式两种。

（1）整体式扁钻　整体式扁钻主要用于钻削直径小于12mm的孔。切削部分材料为硬质合金或高速钢，其型式及几何参数见表3-1-83。

（2）装配式扁钻　装配式扁钻的结构由钻杆和可换刀片两部分组成，主要用于钻削直径为25~150mm的孔。深孔用的钻杆中心有轴向通孔供导入切削液。刀片材料为硬质合金或高速钢，其型式及刀片几何参数见表3-1-84。

表 3-1-83　整体式扁钻（高速钢）的型式及几何参数

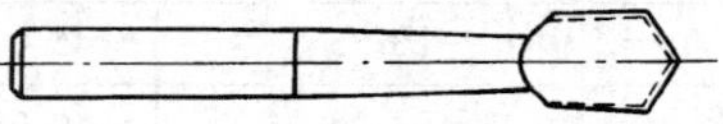

几何参数	数值	几何参数	数值
顶角 $2\kappa_r$/(°)	120	横刃斜角 ψ/(°)	≈55
前角 γ_o/(°)	0~10	后角 α_o/(°)	2~10
棱边宽度 $b_{\alpha1}$/mm	0.2~1.5	副后角 α_o'/(°)	3~10
副偏角 κ_r'/(°)	2~5		

表 3-1-84　装配式扁钻的型式及刀片几何参数

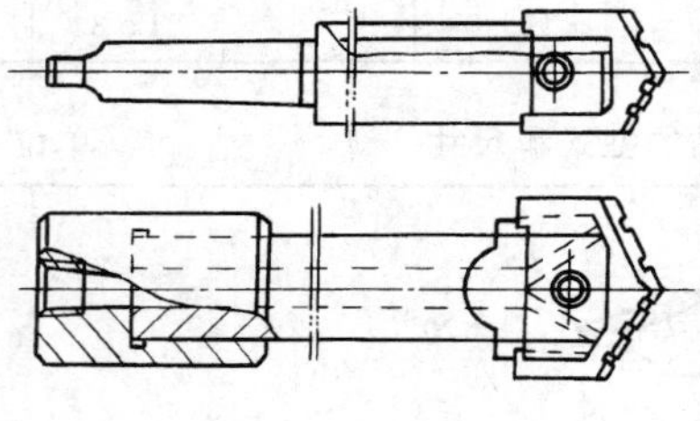

轴向带通孔扁钻

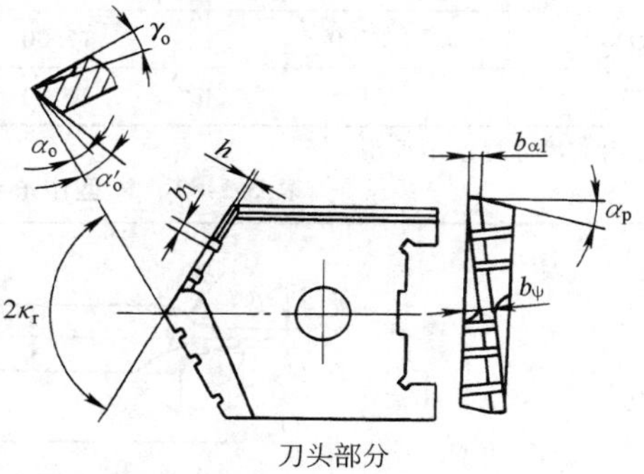

刀头部分

几何参数	数值	几何参数	数值
α_o/(°)	6~8	$b_{\alpha1}$/mm	1.6~4.8
α'_o/(°)	12~14	b_ψ/mm	2~5.5
γ_o/(°)	12	b_1/mm	0.8~1.3
$2\kappa_r$/(°)	118~135（一般取130）	h/mm	0.5~0.8
α_p/(°)	7~10		

1.4.7 深孔钻

深孔加工常采用的深孔钻按工艺的不同分为钻孔、扩孔、套料三种；按切削刃多少分为单刃和多刃；按排屑方式分为外排屑和内排屑两种。深孔钻的工作原理如图3-1-23所示。

1.4.7.1 单刃外排屑深孔钻（枪钻）

枪钻由带有V形切削刃和切削液孔的钻头、钻杆和柄部组成。枪钻适用于加工直径为2~20mm，深径比 L/D 大于100的深孔。单刃外排屑深孔钻（枪钻）的型式和尺寸见表3-1-85。

1.4.7.2 双刃外排屑深孔钻

双刃外排屑深孔钻（见图3-1-24），采用硬质合金刀片或整体硬质合金刀头焊接而成。它有四条或两条对称的导向块，起导向定位作用；有2~4条排屑槽，高压油通过该槽将切屑排出。双刃外排屑深孔钻适用于加工直径为14~30mm的孔。

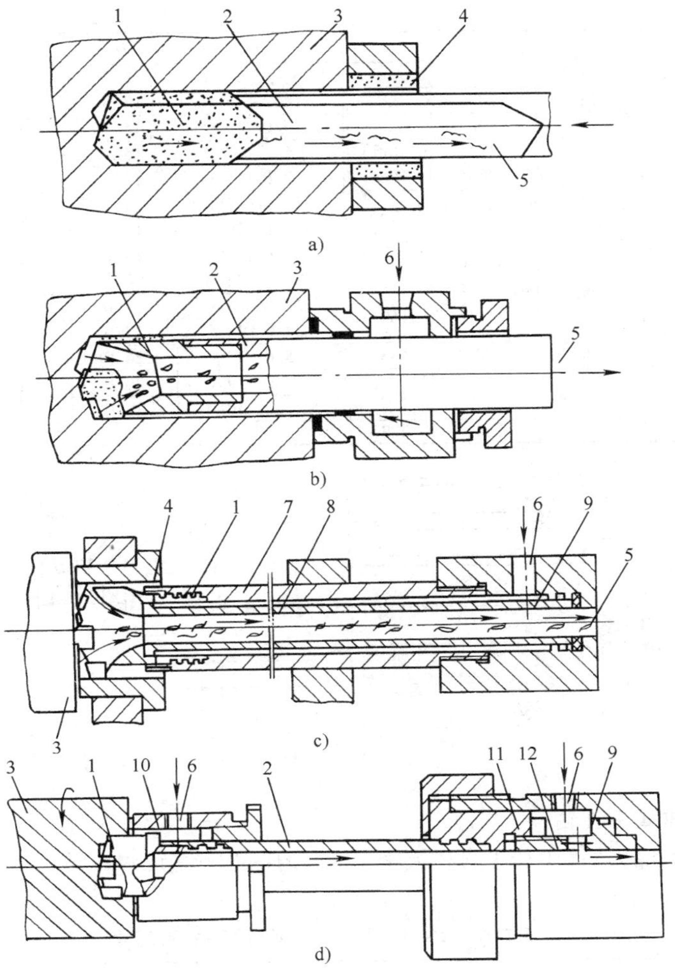

图 3-1-23 深孔钻的工作原理

a）外排屑深孔钻（枪钻） b）BTA 内排屑深孔钻 c）喷吸钻 d）DF 内排屑深孔钻

1—钻头 2—钻杆 3—工件 4—导套 5—切屑 6—进油口

7—外管 8—内管 9—喷嘴 10—引导装置 11—钻杆座 12—密封套

表 3-1-85 单刃外排屑深孔钻（枪钻）的型式和尺寸 （单位：mm）

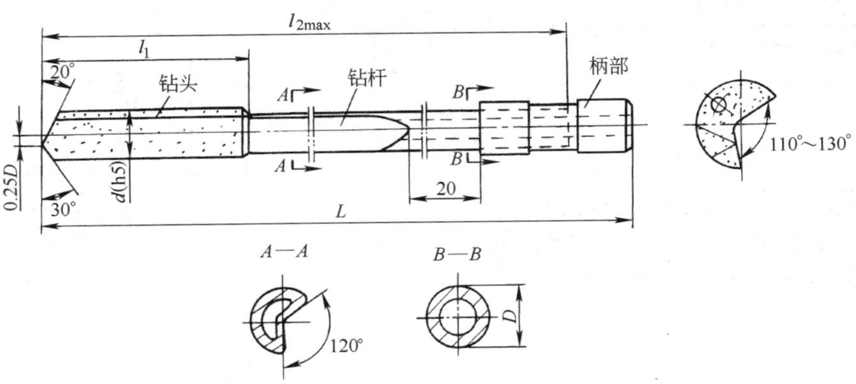

（续）

d	D	l_1	$l_{2\max}$	L	d	D	l_1	$l_{2\max}$	L
3.0~3.5	2.8	15	600	635	>13.0~14.0	12.3	40	2200	2235
>3.5~4.0	3.2	18	700	735	>14.0~15.0	13.3			
>4.0~4.5	3.6	20	800	835	>15.0~16.0	14.3			
>4.5~5.0	4.1		900	935	>16.0~17.0	15.2		2500	2535
>5.0~5.5	4.6		1000	1035	>17.0~18.0	16.2			
>5.5~6.0	5.0	25	1200	1235	>18.0~19.0	17.2	45		
>6.0~6.5	5.5				>19.0~20.0	18.2			
>6.5~7.0	6.0	30	1400	1435	>20.0~21.0	19.0	50	2800	2835
>7.0~7.5	6.5				>21.0~23.0	20.0			
>7.5~8.0	7.0		1600	1635	>23.0~24.0	22.0	55		
>8.0~9.0	7.5				>24.0~25.0	23.0			
>9.0~10.0	8.0	30	1800	1835	>25.0~27.0	24.0			
>10.0~11.0	9.4	35	2000	2035	>27.0~29.0	26.0	60		
>11.0~12.0	10.3				>29.0~30.0	28.0			
>12.0~13.0	11.3		2200	2235					

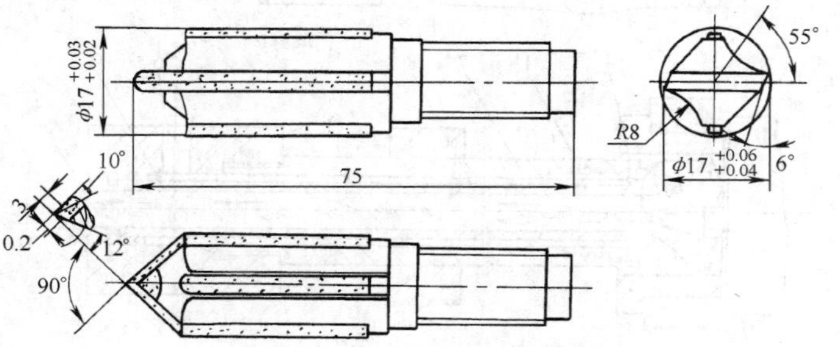

图 3-1-24　双刃外排屑深孔钻

1.4.7.3　单刃内排屑深孔钻

单刃内排屑深孔钻适用于加工直径大于12mm的深孔，采用焊接结构。单刃内排屑深孔钻的型式和尺寸见表3-1-86。

表 3-1-86　单刃内排屑深孔钻的型式和尺寸　　（单位：mm）

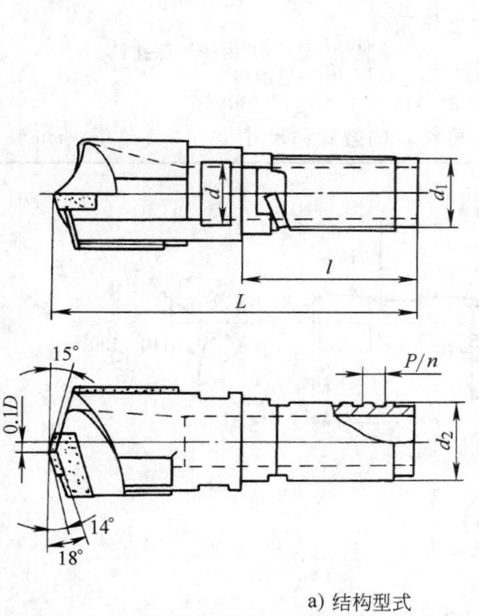

a) 结构型式

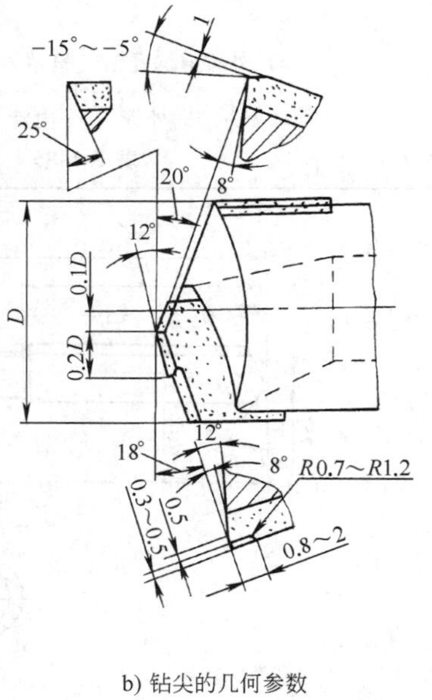

b) 钻尖的几何参数

（续）

钻头直径 D	d		d_1		L	l	d_2	a	螺纹线数 n	P
	直径	极限偏差	直径	极限偏差						
15	10	0 -0.01	8.8	-0.05 -0.15	65	30	9.8	3	2	8
18	12.5	0 -0.012	11.3	-0.06 -0.18	77	35	12.3			
20	14		12.3		85	40	13.8			12
22										
24	18	0 -0.014	15.5		100	45	17.5	4		
25										
30	23		20	-0.07 -0.21	105	50	22			
32										
35	26		23		115		25	5		14
40	29		26				28			
45	34	0 -0.017	29		122		33	6		16
50										
55	45		39	-0.08 -0.25	142	75	44			20

1.4.7.4 多刃错齿内排屑深孔钻

多刃错齿内排屑深孔钻的刀齿分别位于轴线的两侧，刀齿数有2~5个不等，各齿交错排列，便于分屑和排屑。其型式和尺寸见表3-1-87。

表3-1-87 多刃错齿内排屑深孔钻的型式和尺寸 （单位：mm）

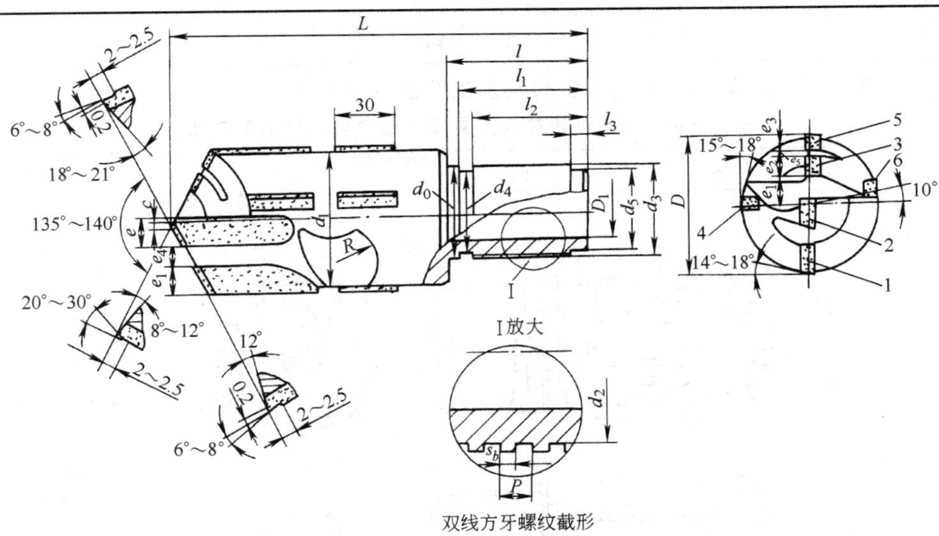

1~3—刀齿 4~6—导向块

钻头直径 D	24	34	38	44	51	53
d_0	$18^{-0.016}_{-0.034}$	$27^{-0.020}_{-0.041}$	$30^{-0.020}_{-0.041}$	$34^{-0.025}_{-0.050}$	$40^{-0.025}_{-0.050}$	$44^{-0.025}_{-0.050}$
d_1	21.2	32	35	40	46	49

（续）

钻头直径 D	24	34	38	44	51	53
d_2	17	25.5	28.5	32.5	38.5	41
d_3	$18^{-0.020}_{-0.072}$	$27^{-0.020}_{-0.072}$	$30^{-0.020}_{-0.072}$	$34^{-0.025}_{-0.087}$	$40^{-0.025}_{-0.087}$	$44^{-0.025}_{-0.087}$
d_4	17	25.5	28.5	32.5	38.5	—
d_5	$17^{-0.016}_{-0.059}$	$25.5^{-0.020}_{-0.072}$	$28.5^{-0.020}_{-0.072}$	$32.5^{-0.025}_{-0.087}$	$38.5^{-0.025}_{-0.087}$	—
$l^{0}_{-0.1}$	30	45	45	50	50	53
$l_1{}^{+0.1}_{0}$	26	38	38	42	42	45
l_2	22	34	34	38	38	—
$l_3{}^{+0.1}_{0}$	4	5	5	5	5	5
e	4.5	9	9	9	13	12
e_1	4.5	4.5	4.5	7	7	9.5
e_2	5	5	8	10	10	8
e_3	3.5	3.75	3.75	4.5	4.5	4.5
e_4	3	3.5	5.5	5.5	8	8
e_5	0	0	0	2	3.25	6
D_1	14	22	22	24	30	34
R	6	9	10	11	12.5	12.5
c	2	2.5	3	4	4.5	5
c_1	3.5	4.25	5.75	6	8	10
P	3	6	6	12×2	12×2	12×2
s_b	$1.5^{0}_{-0.1}$	$3^{0}_{-0.12}$	$3^{0}_{-0.12}$	$3^{0}_{-0.12}$	$3^{0}_{-0.12}$	$3^{0}_{-0.12}$
L	105	140	140	150	160	192

1.4.7.5　机夹可转位内排屑深孔钻的型式及加工范围（见表3-1-88）

表3-1-88　机夹可转位内排屑深孔钻的型式及加工范围

型　式	简　图	加工范围
机夹小刀头式	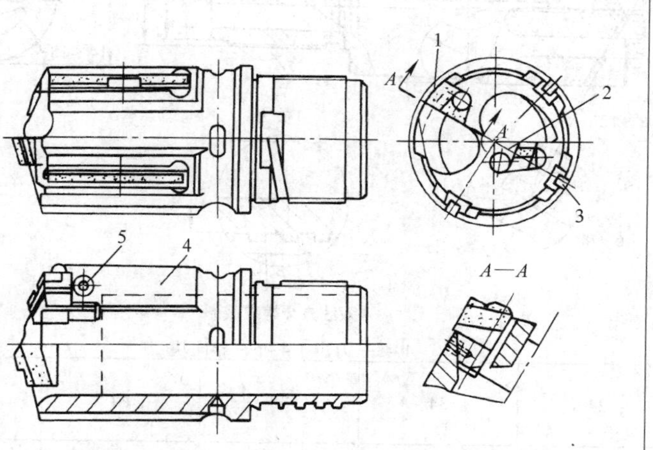 1—外刃刀头　2—内刃刀头　3—导向块　4—刀体　5—紧固螺钉	适用于加工直径为50~95mm的深孔，装有两个或两个以上的硬质合金小刀头及导向块

（续）

型　　式	简　　图	加工范围
机夹可转位刀片式	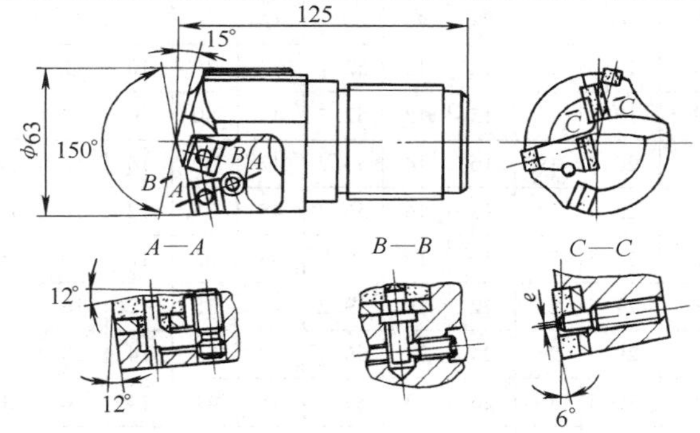	适用于加工直径为50～120mm的深孔。钻头材料为35CrMo，外刃可选M10、M20，中心刃可选P30

1.4.7.6 BTA内排屑深孔钻的型式及加工范围（见表3-1-89）

表3-1-89 BTA内排屑深孔钻的型式及加工范围

型　　式	加工范围/mm	加工孔深	加工表面粗糙度 Ra/μm
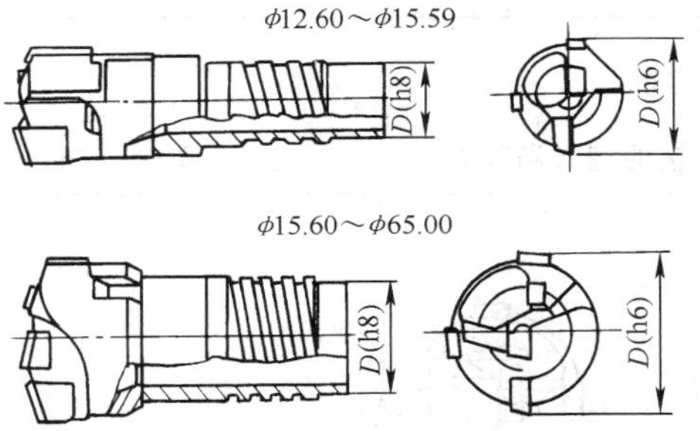焊接式	12.6～65	≈100d	2
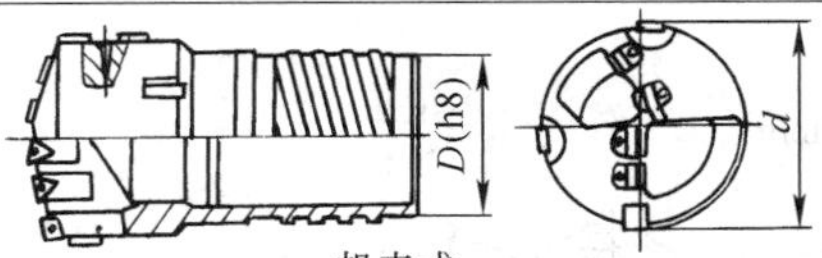机夹式	≥65	≈100d	3

1.4.7.7 喷吸钻的型式和尺寸（见表3-1-90）

表3-1-90 喷吸钻的型式和尺寸　　（单位：mm）

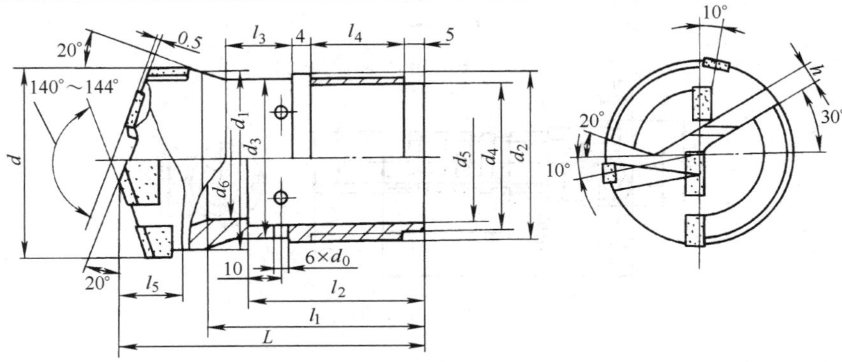

（续）

钻头直径	各部尺寸													
d	d_1	d_2	d_3	d_4	d_5	d_6	L	l_1	l_2	l_3	l_4	l_5	d_0	h	矩形螺纹
>20~22	18.5~20	18	17.5	16	14	12	52.7	42	30	10	12	12	2	2	17×3-4
>22~24	21~22	19.5	19	17	15	13	52.7	42	30	10	12	12	2	2	19×3-4
>24~26.5	22~24.5	21	20.5	19	16	14	53.7	42	30	10	12	12	2	2.5	20×3-4
>26.5~28.5	24.5~26	23.5	23.0	21	18	16	56.7	45	35	12	16	16	2.5	2.5	23×4-4
>28.5~31	26~29	26	25.5	23	19	17	59.2	45	35	12	16	16	2.5	3	25×4-4
>31~33.5	29~31	28	27.5	25	22	19	59.2	45	35	12	16	16	2.5	3	27×4-4
>33.5~36	31~34	30	29.5	26	24	21	66.4	50	35	14	20	20	2.5	3.5	29×5-4
>36~39.5	34~37	33	32.5	30	26	23	69.4	55	41	14	20	20	2.5	3.5	32×5-4
>39.5~43	37~40	36	35.5	33	29	26	69.4	55	41	14	20	20	3	4	35×5-4
>43~47	40~44	39	38.4	36	32	29	71.3	55	41	14	20	20	3	4	38×5-4
>47~51.5	44~48.5	43	42.4	39	35	32	75.3	58	45	16	24	24	3	4.5	42×6-4
>51.5~56	48.5~53	47	46.2	43	39	35	78.3	60	45	16	24	24	3	4.5	46×6-4
>56~65	53~59	51	50.2	47	43	39	80.3	60	45	16	24	24	3	5	50×6-4

1.4.7.8 DF系列深孔钻的型式和尺寸（见表3-1-91）

表3-1-91 DF系列深孔钻的型式和尺寸 （单位：mm）

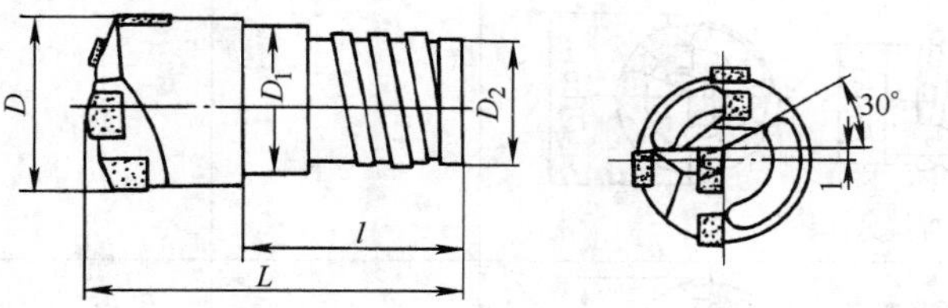

a) $D\geqslant 25$mm

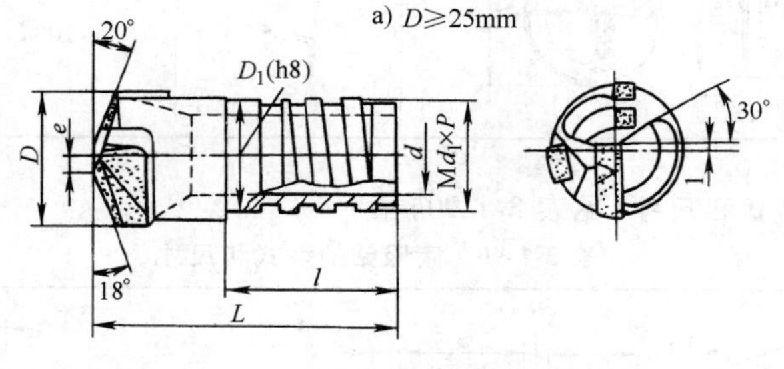

b) 15mm < D < 25mm

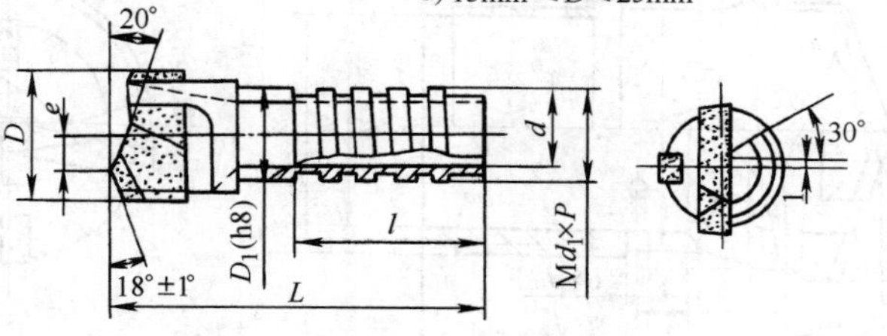

c) $D\leqslant 15$mm

（续）

DF 钻头第一类型主要尺寸（见表图 a）

D	D_1	D_2	L	l	D	D_1	D_2	L	l
15.5~16.7	12.4	10.8	36	22	31.26~33.25	25.5	23	56	35
16.71~17.7	13.4	11.8			33.26~36.25	27.5	25	60	
17.71~18.75	14.4	12.8	38	23	36.26~39.75	28.5	25.5	68	38
18.76~20.00	15.4	13.8	43	24	39.76~43.25	32.5	29.5	75	44
20.01~21.75	16.4	14.8			43.26~47.25	34.5	31.5	78	46
21.76~24.25	17.4	15.8	47		47.26~51.75	37.5	34.5	80	
24.26~26.25	19.5	17.8	48	29	51.76~56.25	41.5	38.5	90	50
26.26~28.75	22.5	20.5	55	32	56.26~60.50	45.5	42.5	95	52
28.76~31.25	23.5	21.5	58	35	60.51~65.00	50.5	47.0	96	55

DF 钻头小直径系列主要尺寸（见表图 b、图 c）

D	D_1	d	$Md_1 \times P$	L	l	e	D	D_1	d	$Md_1 \times P$	L	l	e
6	4.5	3	4.5×2	25	15	1.5	13	10	7	10×4	40	23	1.3
7	5.5	4	5.5×2			1.7	14	11	8	11×5			1.4
8	6.0	4.6	6.0×3			2.0	15	12	9	12×5			1.5
9	6.5	5	6.5×3	30	20	2.2	16	13	9.5	13×5			1.6
10	7.0	5.3	7.0×3			2.5	17	14	10.5	14×5			2
11	7.5	5.5	7.5×4			2.7	18	15	11.5	15×5			
12	8.0	6.5	8.0×4			3.0							

1.4.7.9 常用深孔套料钻的类型及特点（见表 3-1-92）

表 3-1-92 常用深孔套料钻的类型及特点

<table>
<tr><th>类型</th><th>图示</th><th>特点</th></tr>
<tr><td>机械夹固式外排屑套料钻</td><td>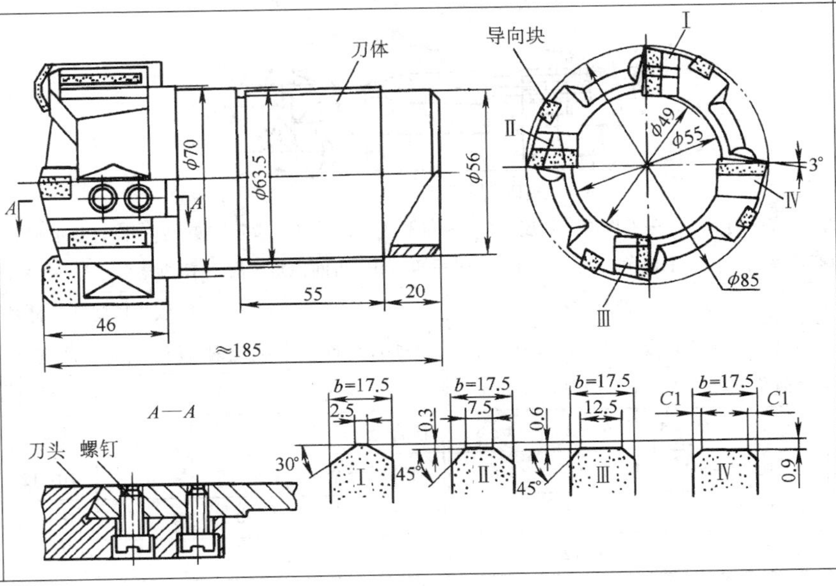
</td><td>钻头切削部分由四个刀头和四个导向块组成，刀头焊有 M20 硬质合金刀片，用螺钉装在刀体上，导向块用 K30 刀片磨成斜楔式，磨损后可拆下更换。该钻适用于加工直径大而深的孔</td></tr>
</table>

（续）

类　型	图　示	特　点
装硬质合金可转位刀片的套料钻	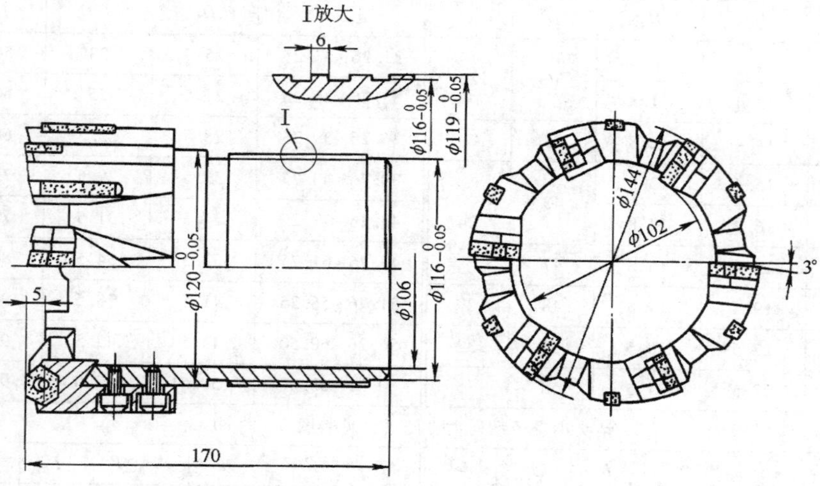	套料钻有六个刀头，分成三组，前角均为6°，各组刀头对称地安装在刀体上，采用偏心夹紧

1.4.8　铰刀

1.4.8.1　铰刀的主要几何参数(见表3-1-93)

1.4.8.2　常用铰刀的类型及规格范围（见表3-1-94)

表3-1-93　铰刀的主要几何参数

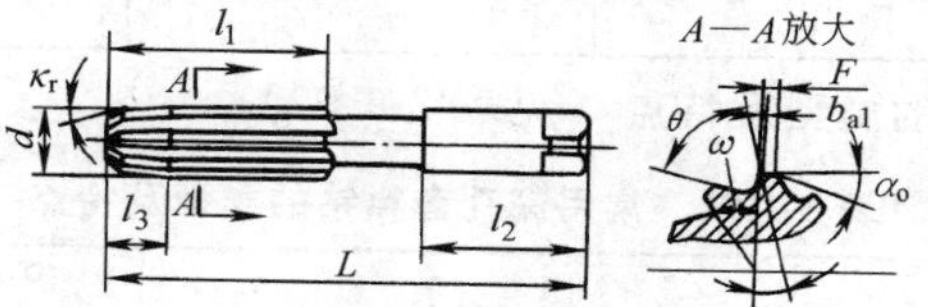

直柄手用铰刀

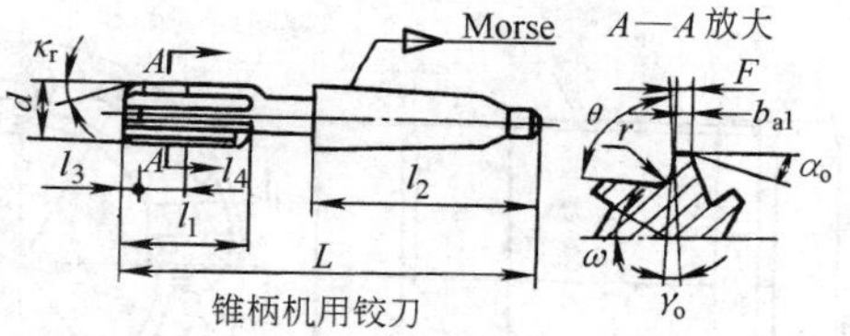

锥柄机用铰刀

d—铰刀直径　L—总长　l_1—工作部分长度　l_2—柄部长度　l_3—切削部分长度　l_4—圆柱校准部分长度

θ—齿槽截形夹角　κ_r—主偏角　γ_o—前角　α_o—后角　ω—齿间夹角　b_{a1}—棱边宽度　F—齿背宽度

工件材料	铰刀切削部分材料				工件材料	铰刀切削部分材料			
	高速钢	硬质合金	高速钢	硬质合金		高速钢	硬质合金	高速钢	硬质合金
	前角 γ_o/(°)		后角 α_o/(°)			前角 γ_o/(°)		后角 α_o/(°)	
未淬硬钢	0~4	0~-5	6~12	6~8	镁合金	5~8	—	10~12	—
中硬钢	5~10	-5~-10	6~12	6	铝和铝合金	5~10	—	10~12	—
不锈钢、耐热钢	8~12	—	5~8	—	铸铁	0	5	6~8	8~10
铜合金	0~5	—	10~12	—					

表 3-1-94 常用铰刀的类型及规格范围 （单位：mm）

类型(标准代号)	图 示	规格范围
手用铰刀(GB/T 1131.1～2)	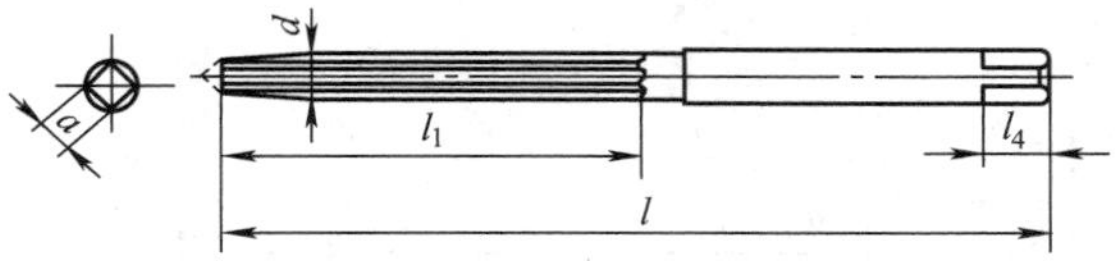	$d \times l \times l_1$ 1.5×41×20 71×406×203
直柄机用铰刀(GB/T 1132)	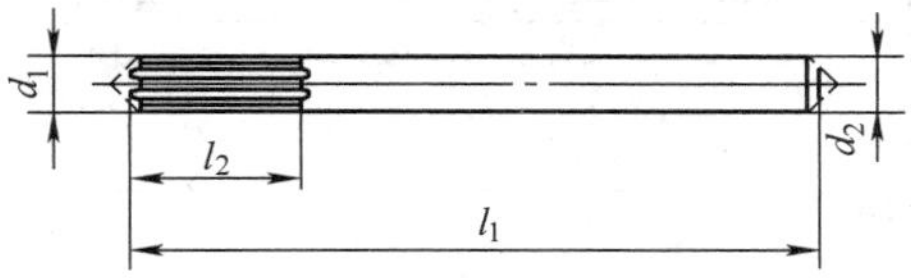 a) $d_1 \leqslant 3.75$mm 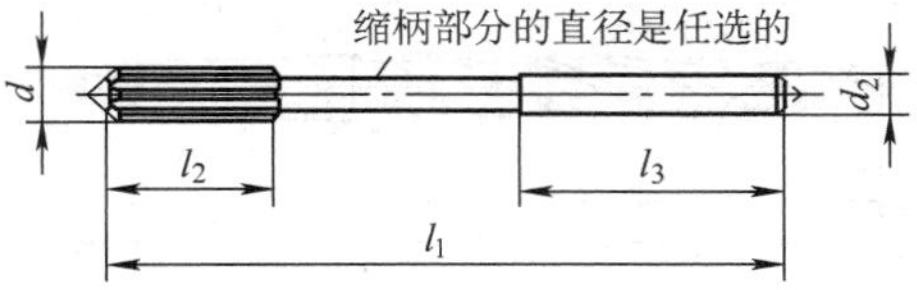 b) $d_1 > 3.75$mm	$d_1 \times l_1 \times l_2$ 1.4×40×8～ 20×195×60
莫氏锥柄机用铰刀(GB/T 1132)	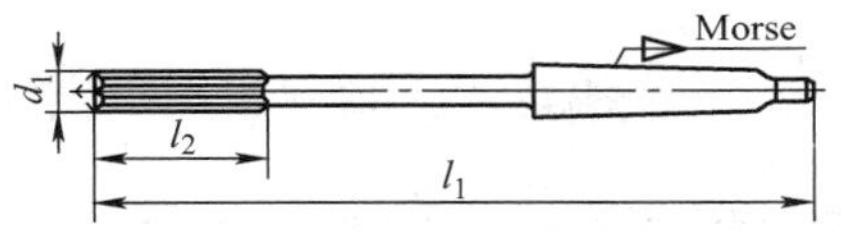	$d_1 \times l_1 \times l_2$ 5.5×138×26～ 50×344×86
硬质合金直柄机用铰刀(GB/T 4251)	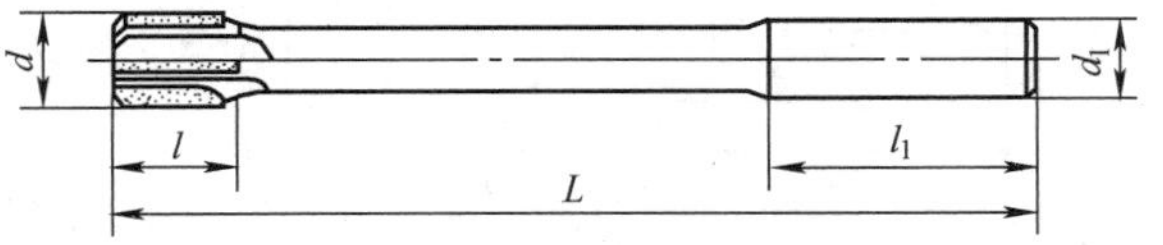 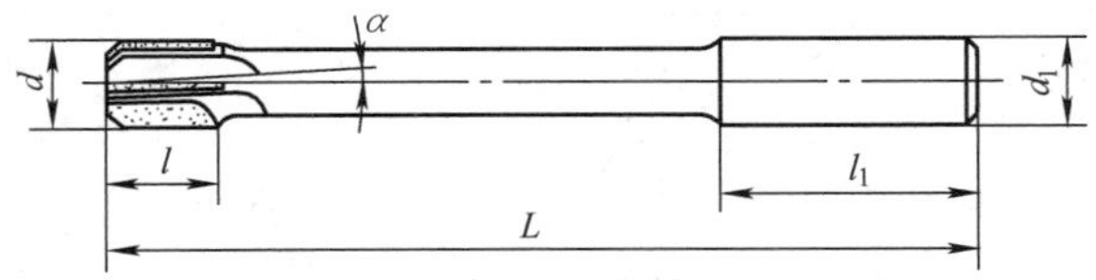	$d \times d_1 \times L \times l$ 6×5.6×93×17～ 20×16×195×25
硬质合金莫氏锥柄机用铰刀(GB/T 4251)	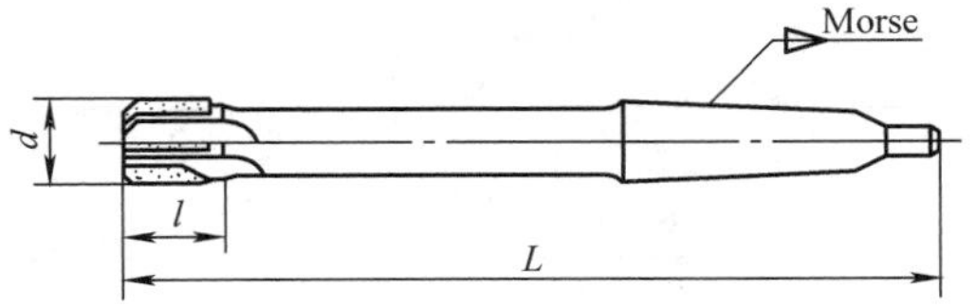 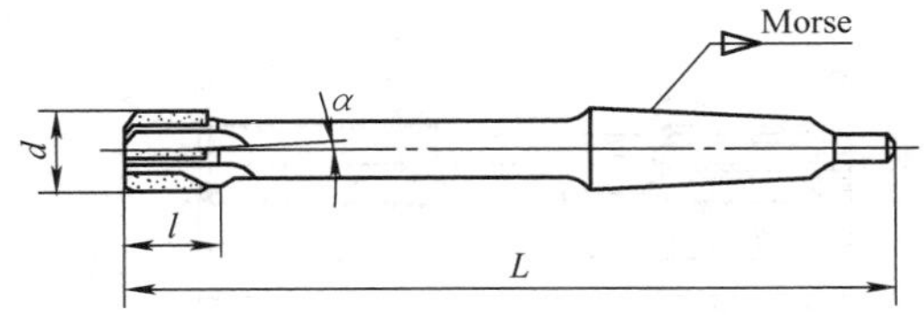	$d \times L \times l$ 8×156×17～ 40×329×34

（续）

类型（标准代号）	图　示	规格范围
手用1∶50锥度销子铰刀（GB/T 20774）	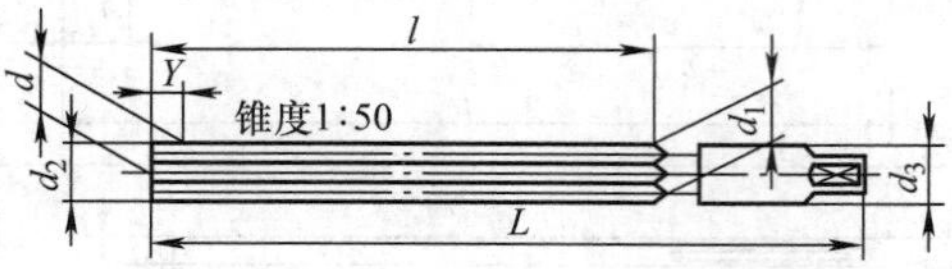	$d \times L \times l \times d_1$ 0.6×35×10×0.7～50×300×220×54.1
锥柄机用1∶50锥度销子铰刀（GB/T 20332）	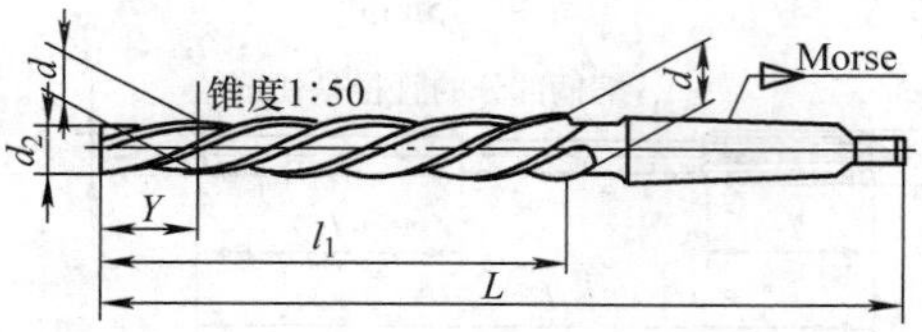	$d \times L \times l_1 \times d_1$ 5×155×73×6.36～50×550×360×56.90
直柄莫氏圆锥和米制圆锥铰刀（GB/T 1139）	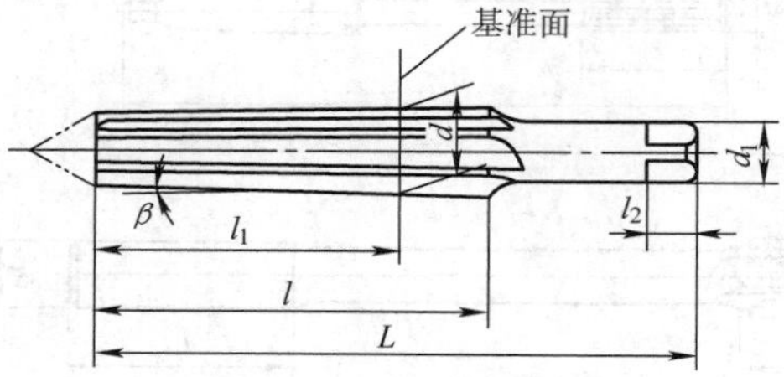	圆锥号 米制：4、6 莫氏：0～6
锥柄莫氏圆锥和米制圆锥铰刀（GB/T 1139）	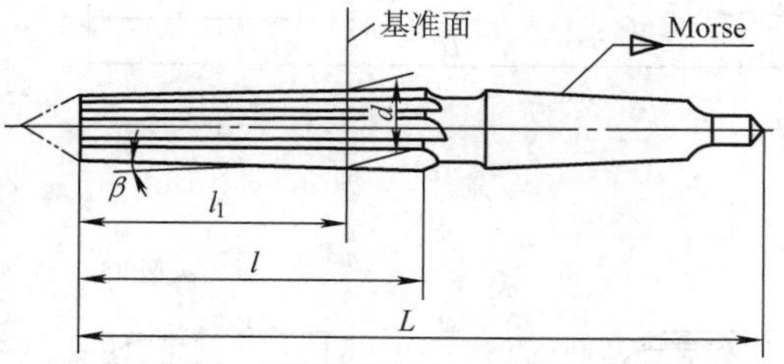	圆锥号 米制：4、6 莫氏：0～6
带刃倾角直柄机用铰刀（GB/T 1134）	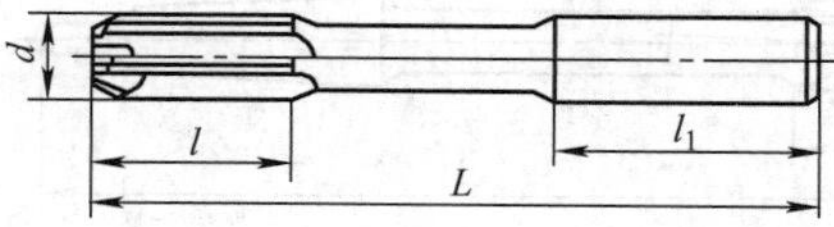	$d \times L \times l$ 5.5×93×26～20×195×60

（续）

类型(标准代号)	图　示	规格范围
带刃倾角莫氏锥柄机用铰刀（GB/T 1134）	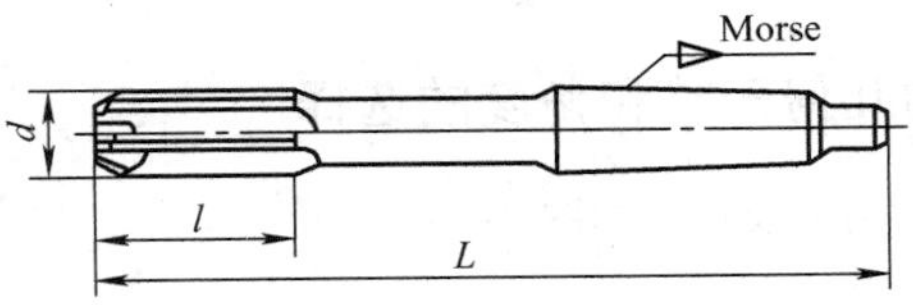	$d \times L \times l$ 8×156×33~ 40×329×81
套式机用铰刀(GB/T 1135)	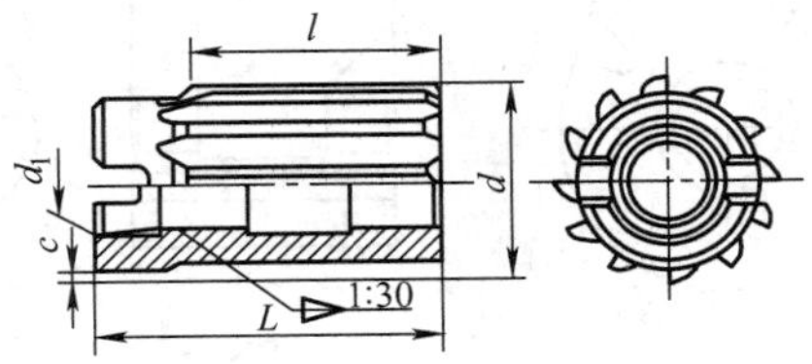	$d \times L \times l$ 20×40×28~ 101.6×100×71
可调节手用铰刀(JB/T 3869)	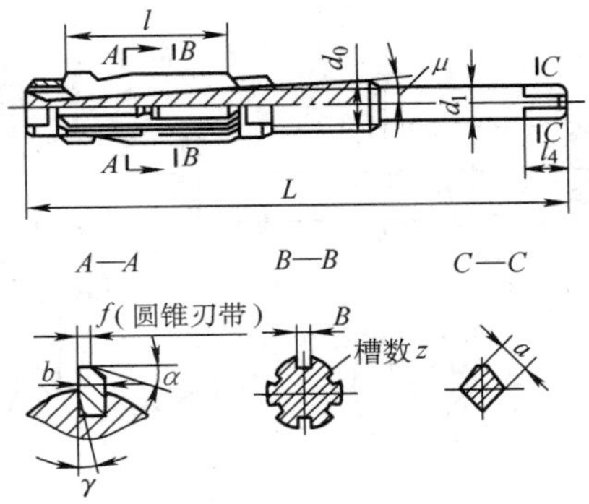	调节范围(直径) (6.5~7.0)~ (84~100)
硬质合金可调节浮动铰刀(JB/T 7426)	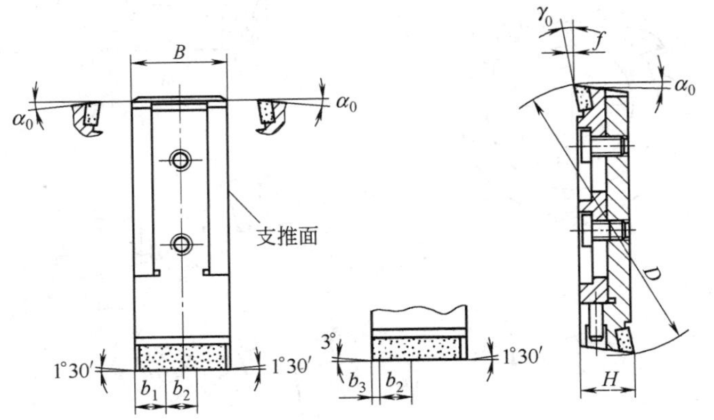 A、AC型　　B、BC型 A型 一用于加工通孔铸铁件 B型 一用于加工盲孔铸铁件 AC型 一用于加工通孔钢件 BC型 一用于加工盲孔钢件	调节范围×D (20~22)×20~ (210~230)×210

注：表图中的具体尺寸数值见相应的标准。

1.5 铣刀

1.5.1 铣刀切削部分的几何形状和角度的选择

1）铣刀切削部分的几何角度及代号如图 3-1-25 所示。

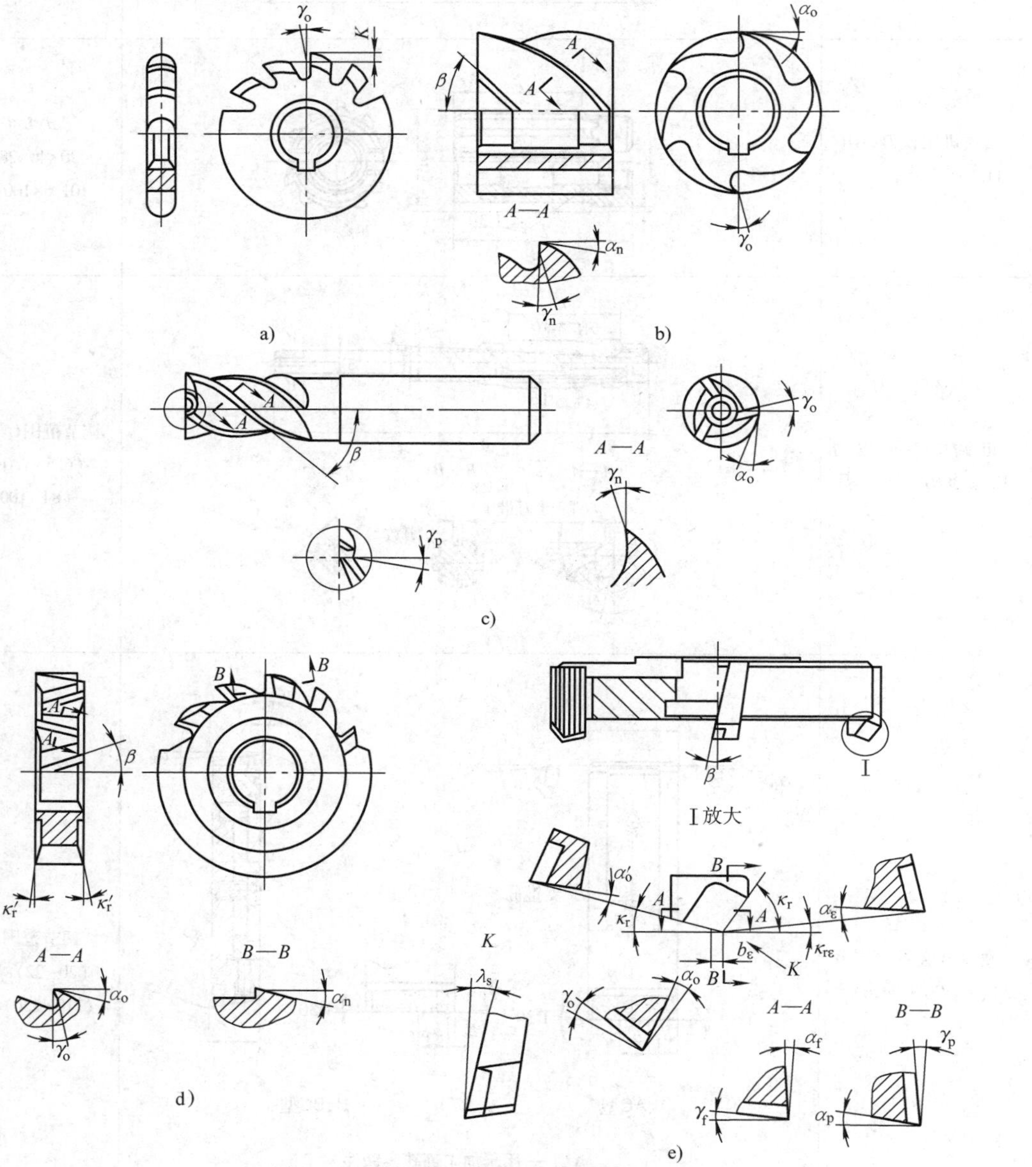

图 3-1-25　铣刀切削部分的几何角度及代号

a）凸半圆铣刀　b）圆柱形铣刀　c）立铣刀　d）错齿三面刃铣刀　e）面铣刀

γ_o—前角　γ_p—背前角　γ_f—侧前角　γ_n—法前角　α_o—后角

α_o'—副后角　α_p—背后角　α_f—侧后角　α_n—法后角　α_ε—过渡刃后角

κ_r—主偏角　κ_r'—副偏角　$\kappa_{r\varepsilon}$—过渡刃偏角　λ_s—刃倾角　β—刀体上刀齿槽斜角

b_ε—倒角刀尖长度　K—铲背量

2）铣刀角度及选用见表3-1-95。

表3-1-95 铣刀角度及选用

高速钢铣刀角度及选用

1）前角 γ_o/(°)

工件材料		面铣刀、圆柱形铣刀、盘铣刀、立铣刀	切槽铣刀、切断铣刀		成形铣刀、角度铣刀		说　明
			≤3mm	>3mm	粗铣	精铣	
碳素钢及合金钢 R_m/MPa	≤600	20			15	10	1）用圆柱形铣刀铣削 R_m<600MPa 钢件，当刀齿楔角 β>30°时，取 γ_o=15° 2）当 γ_o>0°的成形铣刀铣削精密轮廓时，铣刀外形需要修正 3）用面铣刀铣削耐热钢时，前角取表中较大值；用圆柱形铣刀铣削时，则取较小值
	600~1000	15	5	10		5	
	>1000	10			10		
耐热钢		10~15	—	10~15	5	—	
铸铁 HBW	≤150	15			15		
	150~220	10	5	10	10	5	
	>220	5					
铜合金		10	5	10	10	5	
铝合金		25	25	25	—	—	
塑料		6~10	8	10	—	—	

2）后角、偏角及过渡刃长度

铣刀类型		α_o/(°)	α'_o/(°)	κ_r/(°)	κ'_r/(°)	$\kappa_{r\varepsilon}$/(°)	b_ε/mm	说　明
面铣刀	细齿	16	8	90	1~2	45	1~2	1）面铣刀 κ_r 主要按工艺系统刚度选取。系统刚度较高，铣削余量较小时，取 κ_r=30°~45°；中等刚度而余量较大时，取 κ_r=60°~75°；铣削相互垂直表面的面铣刀，取 κ_r=90° 2）用面铣刀铣削耐热钢时，取 κ_r=30°~60° 3）刃磨铣刀时，在后面上可沿切削刃留一刃带，其宽度不得超过0.1mm，但槽铣刀和切断铣刀（圆锯）不留刃带
	粗齿	12		30~90		15~45		
圆柱形铣刀	整体细齿	16	8	—	—	—	—	
	粗齿及镶齿	12						
两面刃及三面刃铣刀	整体	20	6	—	1~2	45	1~2	
	镶齿	16						
切槽铣刀		20	—	—	1~2	—	—	
切断铣刀（L>3mm）		20	—	—	0.25~1	45	0.5	
立铣刀		14	18	—	3	45	0.5~1.0	
成形铣刀及角度铣刀	尖齿	16	8	—	—	—	—	
	铲齿	12						
键槽铣刀	d_0≤16mm	20	8	—	1.5~2	—	—	
	d_0>16mm	16						

（续）

3）螺旋角

铣刀类型		$\beta/(^\circ)$	铣刀类型			$\beta/(^\circ)$
面铣刀	整体	25~40	盘铣刀	两面刃		15
	镶齿	10		三面刃		8~15
圆柱形铣刀	细齿	30~45		错齿三面刃		10~15
	粗齿	40		镶齿三面刃	$L>15\text{mm}$	12~15
	镶齿	20~45			$L<15\text{mm}$	8~10
立铣刀		30~45		组合齿三面刃		15
键槽铣刀		15~25				

硬质合金铣刀角度及选用

铣刀类型	工件材料		γ_o	$\alpha_o/(^\circ)$ $a_f<0.25\text{mm}/z$	$\alpha_o/(^\circ)$ $a_f>0.25\text{mm}/z$	$\alpha_o'/(^\circ)$	$\alpha_\varepsilon/(^\circ)$	$\beta(\lambda_\beta)/(^\circ)$	$\kappa_r/(^\circ)$	$\kappa_r'/(^\circ)$	$\kappa_{r\varepsilon}/(^\circ)$	b_ε/mm	说明
面铣刀	钢 R_m/MPa	<650	+5	12~16	6~8	8~10	$=\alpha_o$	$\lambda_s=-12\sim-15$	20~75	5	$\kappa_r/2$	1~1.5	1）半精铣和精铣钢件（$R_m=600\sim800\text{MPa}$）时，$\gamma_o=-5^\circ$，$\alpha_o=5^\circ\sim10^\circ$ 2）在高的工艺系统刚度下，铣削余量<3mm时，取$\kappa_r=20^\circ\sim30^\circ$；在中等刚度下，余量为3~6mm时，取$\kappa_r=45^\circ\sim75^\circ$ 3）面铣刀对称铣削，初始铣削深度$a_\varepsilon=0.05\text{mm}$时，$\lambda_s=-15^\circ$；非对称铣削（$a_\varepsilon<0.45\text{mm}$）时，取$\lambda_s=-5^\circ$。当以$\kappa_r=45^\circ$的面铣刀铣削铸铁件时，取$\lambda_s=-20^\circ$；当$\kappa_r=60^\circ\sim75^\circ$时，取$\lambda_s=-10^\circ$
		650~950	-5										
		1000~1200	-10										
	耐热钢		+8	10	10	8~10	10	$\lambda_s=0$	20~75	10	$\lambda_s=1\text{mm}$	—	
	灰铸铁 HBW	<200	+5	12~15	6~8	8~10	$=\alpha_o$	$\lambda_s=-12\sim-15$	20~75	5	$\kappa_r/2$	1~1.5	
		200~250	0										
	可锻铸铁		+7	6~8	6~8	8~10	6~8	$\lambda_s=-12\sim-15$	60	2	$\kappa_r/2$	1~1.5	

（续）

硬质合金铣刀角度及选用

铣刀类型	工件材料		γ_o	$\alpha_o/(°)$ $a_f<0.25$ mm/z	$\alpha_o/(°)$ $a_f>0.25$ mm/z	α_o'/(°)	α_ε/(°)	β (λ_β) /(°)	κ_r/(°)	κ_r'/(°)	$\kappa_{r\varepsilon}$/(°)	b_ε/mm	说明
圆柱形铣刀	碳素钢和合金钢 R_m<750MPa		+5	17		—	—	24~30	—	—	—	—	后面上可允许沿切削刃有宽度不大于0.1mm的刃带
	铸铁<200HBW												
	青铜<140HBW												
	碳素钢和合金钢 R_m=750~1100MPa		0	17									
	铸铁>200HBW												
	青铜>140HBW												
	碳素钢和合金钢 R_m>1100MPa		-5	15		—	—	20	—	—	—	—	
	耐热钢、钛合金		6~15	15		—							
圆盘铣刀	钢 R_m/MPa	≤800	-5	20		4	20	8~15	—	2~5	45	1	
		>800	-10	20~25			20~25						
	灰铸铁		+5	10~15		4	10~15	8~15	—	2~5	45	1	
	耐热钢、钛合金		10~15	15		—	—	—	—	—	—	—	
立铣刀	碳素钢和合金钢 R_m<750MPa		+5	17		6	17	22~40	—	3~4	45	0.8~1.3	1）当工艺系统刚度低及铣削截面大时（$a_p\geqslant d_0$，$a_w\geqslant 0.5d_0$）①，以及 $v<$100m/min时，$\gamma_o=5°\sim8°$ 2）立铣刀端齿前角取$-3°\sim3°$，铣削硬度低的钢时用大值，铣削硬度高的钢时用小值
	铸铁<200HBW												
	青铜<140HBW												
	碳素钢和合金钢 R_m=750~1100MPa		0	17		6	17	22~40	—	3~4	45	0.8~1.3	
	铸铁>200HBW												
	青铜>140HBW												
	碳素钢和合金钢 R_m>1100MPa		-6	15		6	17	22~40	—	3~4	45	0.8~1.3	
	耐热钢、钛合金		10~15	15		—	—	—	—	—	—	—	

① a_p—背吃刀量；a_w—铣削宽度；d_0—铣刀直径。

1.5.2　常用铣刀的类型、规格范围及标准代号

（1）立铣刀　立铣刀的类型、规格范围及标准代号见表 3-1-96。

表 3-1-96　立铣刀的类型、规格范围及标准代号

类型	简　图	规格范围/mm	标准代号
直柄立铣刀	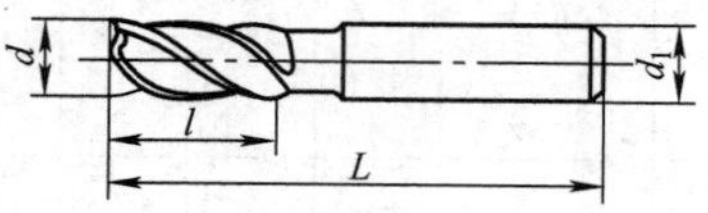	$d \times l$ 2×7～ 71×90	GB/T 6117.1—2010
莫氏锥柄立铣刀	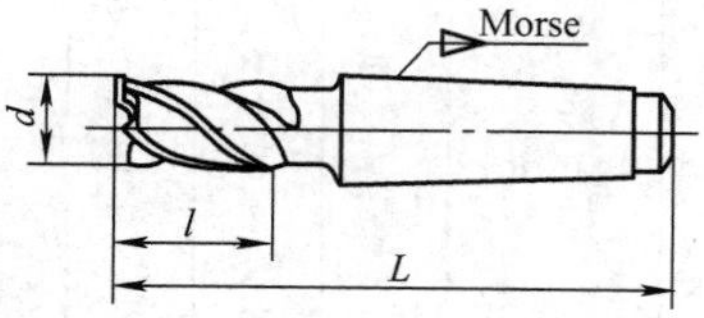	$d \times l$ 6×13～ 71×90	GB/T 6117.2—2010
套式立铣刀	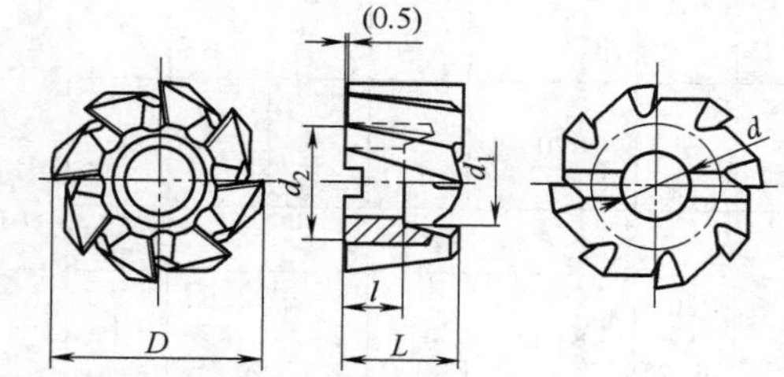 背面上0.5mm不作硬性的规定	$D \times L$ 40×32～ 160×63	GB/T 1114—2016
整体硬质合金直柄立铣刀	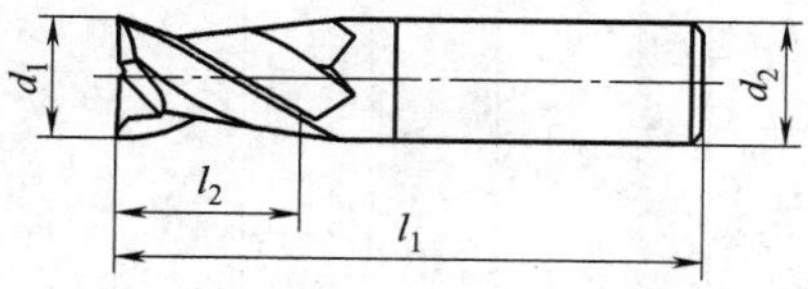	$d_1 \times l_2$ 1×3～ 20×38	GB/T 16770.1—2008
硬质合金螺旋齿直柄立铣刀	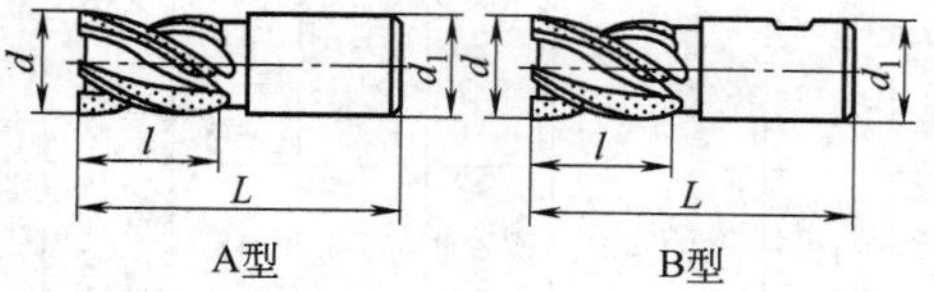 A型　B型	$d \times l$ 12×20～ 40×63	GB/T 16456.1—2008

续表

类型	简　图	规格范围/mm	标准代号
莫氏锥柄硬质合金螺旋齿立铣刀	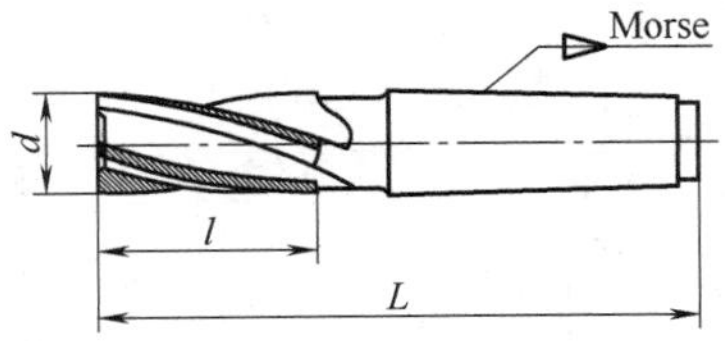	$d \times l$ 16×25～63×100	GB/T 16456.3—2008
7：24锥柄硬质合金螺旋齿立铣刀	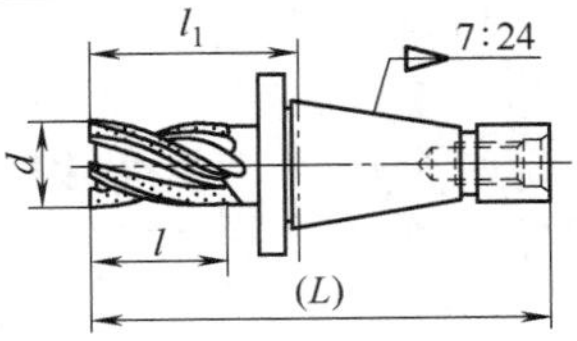 A型 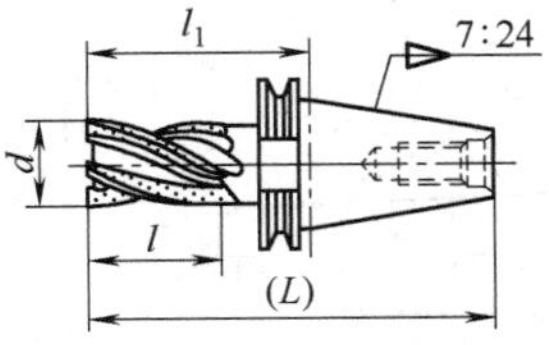 B型	$d \times l$ 32×40～63×100	GB/T 16456.2—2008

注：表图中的具体尺寸数据见相应的标准，下同。

（2）键槽铣刀　键槽铣刀的类型、规格范围及标准代号见表3-1-97。

表3-1-97　键槽铣刀的类型、规格范围及标准代号

类型	简　图	规格范围/mm	标准代号
直柄键槽铣刀	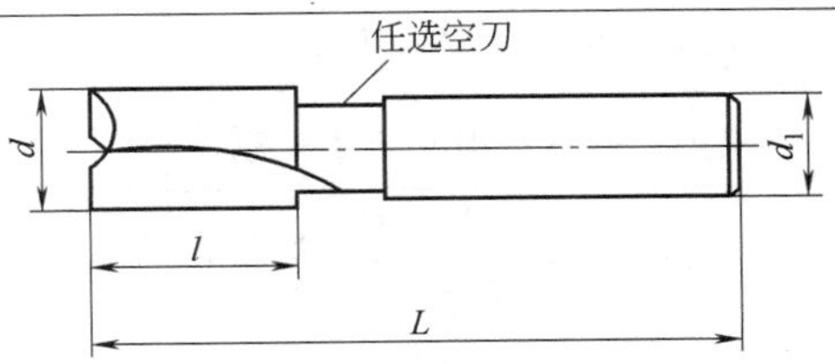 a) 普通直柄键槽铣刀 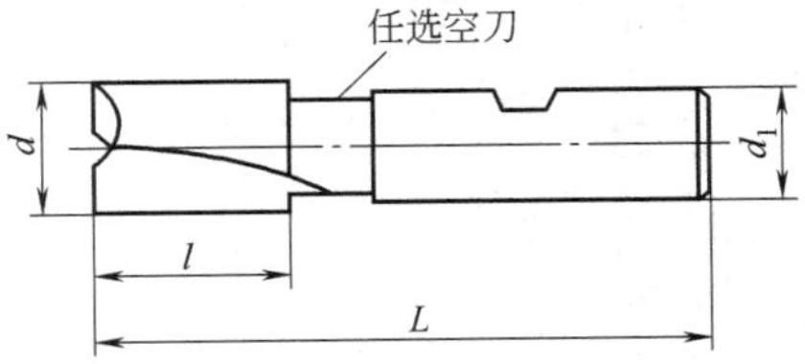 b) 削平直柄键槽铣刀 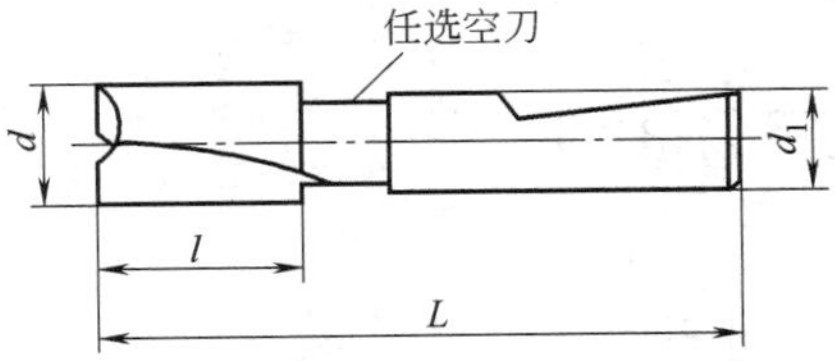 c) 2°斜削平直柄键槽铣刀 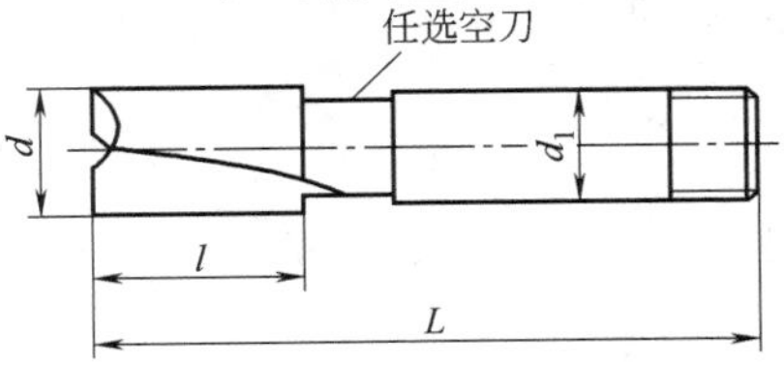 d) 螺纹柄键槽铣刀	$d \times l$ 2×4～20×22 （短系列） 2×7～20×38 （标准系列）	GB/T 1112—2012

（续）

类型	简 图	规格范围/mm	标准代号
莫氏锥柄键槽铣刀	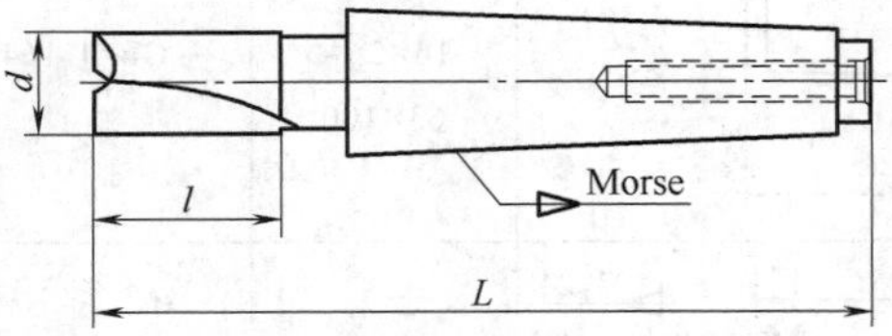 a) 锥柄键槽铣刀Ⅰ型 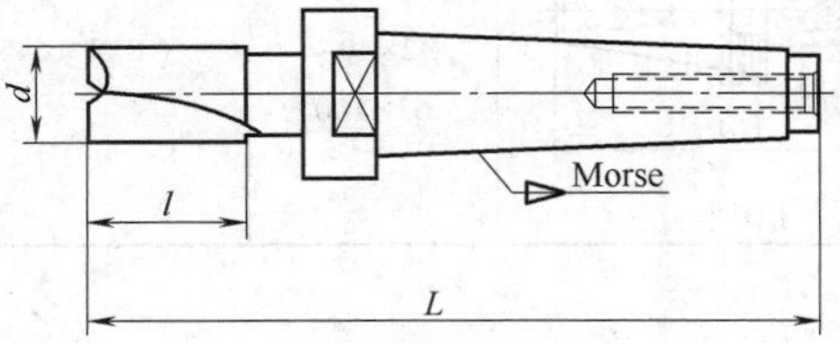 b) 锥柄键槽铣刀Ⅱ型	$d\times l$ 6×8～63×53 （短系列） 6×13～63×90 （标准系列）	GB/T 1112—2012

（3）T形槽铣刀　T形槽铣刀的类型、规格范围及标准代号见表3-1-98。

表3-1-98　T形槽铣刀的类型、规格范围及标准代号

类型	简 图	规格范围/mm	标准代号
直柄T形槽铣刀	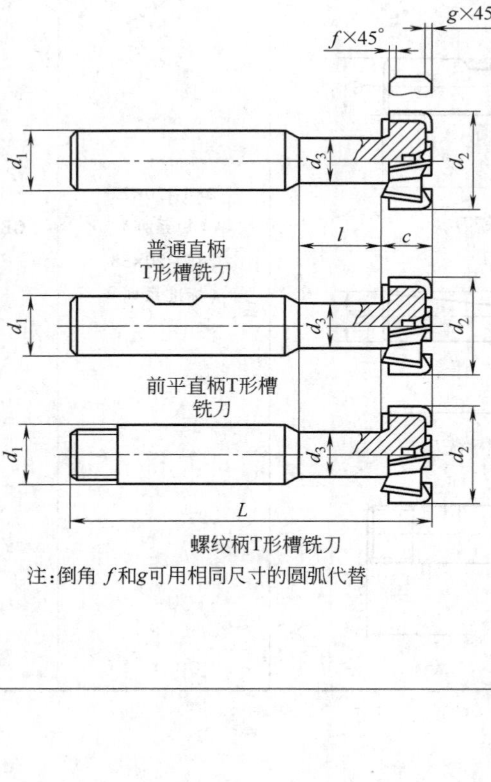 注：倒角 f 和 g 可用相同尺寸的圆弧代替	$d_2\times c$ 11×3.5～ 60×28	GB/T 6124—2007

（续）

类型	简图	规格范围/mm	标准代号
带螺纹孔的莫氏锥柄T形槽铣刀	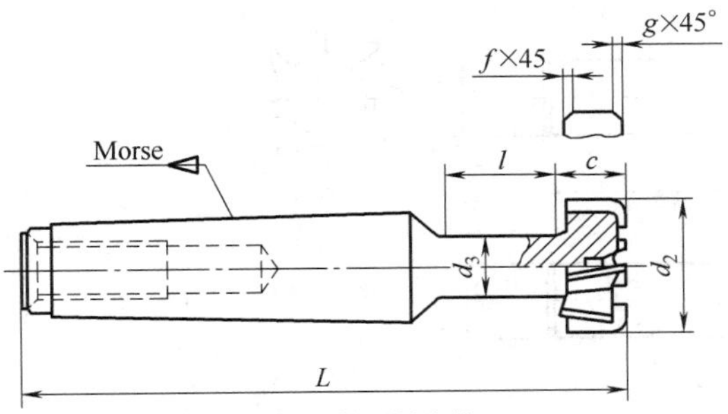 注：倒角 f 和g可用相同尺寸的圆弧代替	$d_2 \times c$ 18×8～ 95×44	GB/T 6124—2007

（4）半圆键槽铣刀　半圆键槽铣刀的类型、规格范围及标准代号见表3-1-99。

表3-1-99　半圆键槽铣刀的类型、规格范围及标准代号

类型	简图	规格范围/mm	标准代号
半圆键槽铣刀	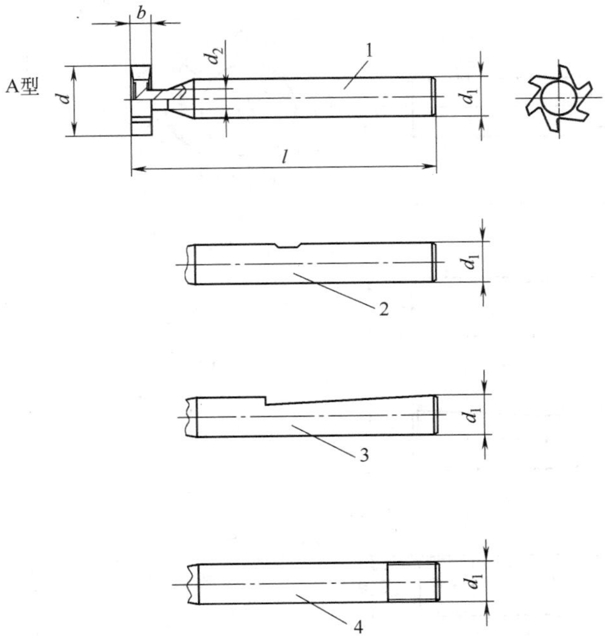	$d \times b$ 4.5×1.0 ～ 32.5× 10.0	GB/T 1127—2023

（续）

类型	简 图	规格范围 /mm	标准代号
半圆键槽铣刀	B型 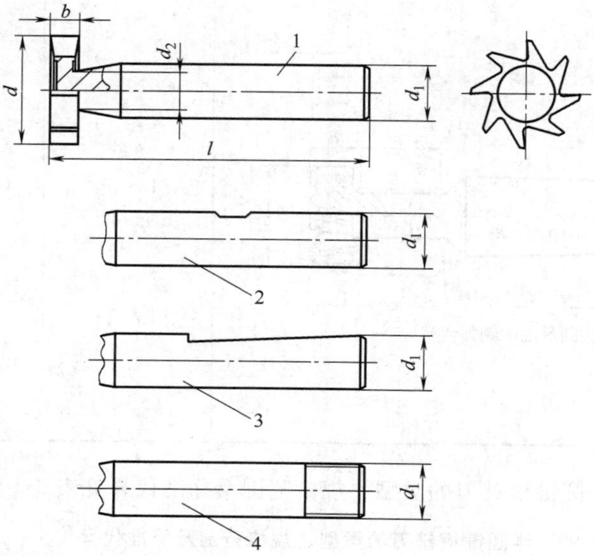 C型 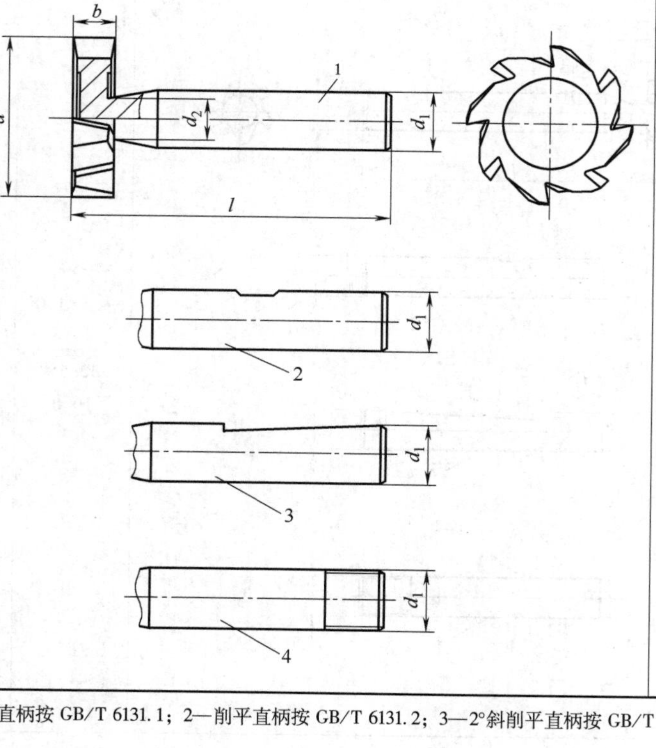	$d \times b$ 4.5×1.0 ~ 32.5×10.0	GB/T 1127—2023

注：1—普通直柄按 GB/T 6131.1；2—削平直柄按 GB/T 6131.2；3—2°斜削平直柄按 GB/T 6131.3；螺纹柄按 GB/T 6131.4。

（5）燕尾槽铣刀 燕尾槽铣刀的类型、规格范围及标准代号见表3-1-100。

表3-1-100 燕尾槽铣刀的类型、规格范围及标准代号

<table>
<tr><th>类型</th><th>简 图</th><th>规格范围/mm</th><th>标准代号</th></tr>
<tr><td>燕尾槽铣刀</td><td>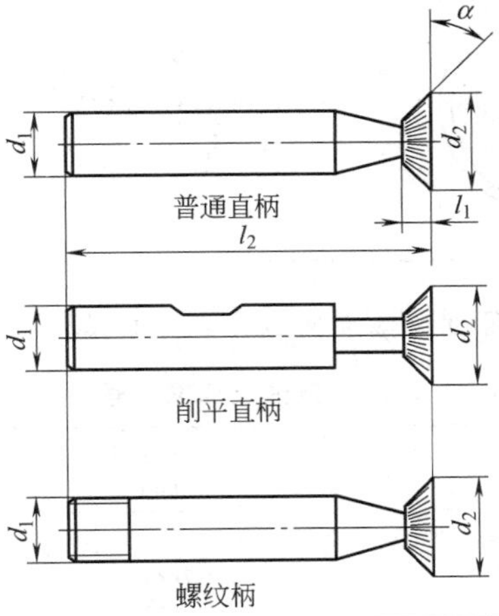
</td><td rowspan="2">$d_2 \times l_1$
16×4～31.5×12.5</td><td rowspan="2">GB/T 6338—2004</td></tr>
<tr><td>反燕尾槽铣刀</td><td>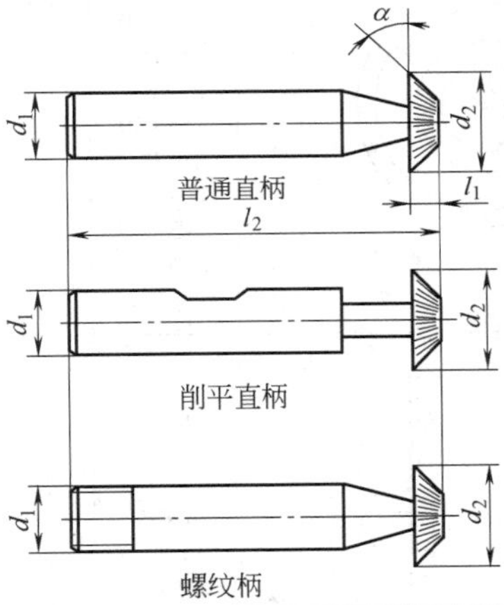
</td></tr>
</table>

注：α为45°和60°两种。

（6）槽铣刀 槽铣刀的类型、规格范围及标准代号见表3-1-101。

表3-1-101 槽铣刀的类型、规格范围及标准代号

<table>
<tr><th>类型</th><th>简 图</th><th>规格范围/mm</th><th>标准代号</th></tr>
<tr><td>尖齿槽铣刀</td><td>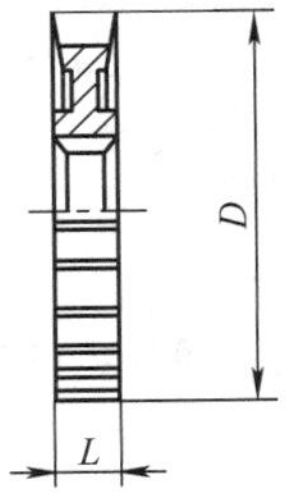

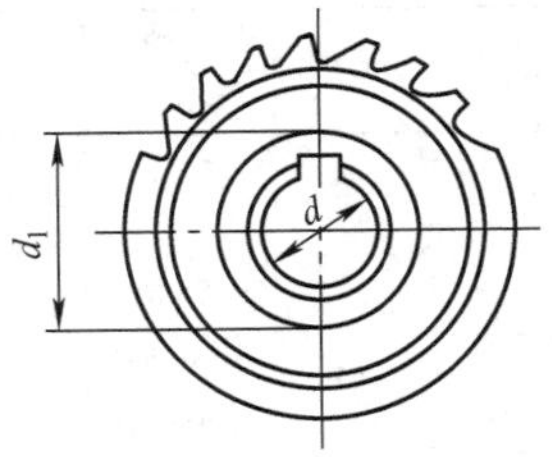
</td><td>$D \times d$
50×16～200×40</td><td>GB/T 1119.1—2002</td></tr>
</table>

（续）

类型	简　图	规格范围/mm	标准代号
螺钉槽铣刀	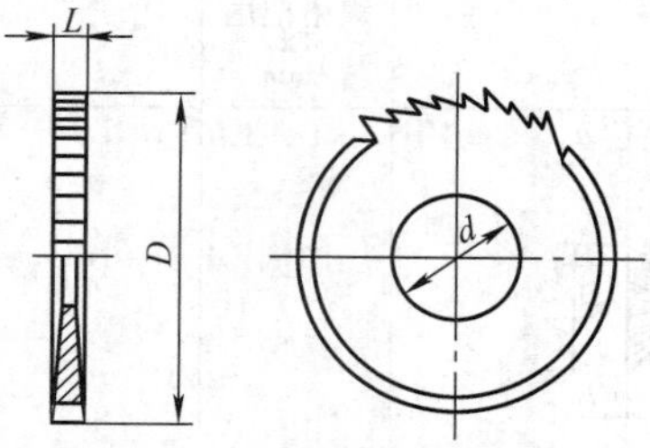	$D\times d$ 40×13～75×22	JB/T 8366—1996

（7）锯片铣刀　锯片铣刀的类型、规格范围及标准代号见表3-1-102。

表3-1-102　锯片铣刀的类型、规格范围及标准代号

类型	简　图	规格范围/mm	标准代号
锯片铣刀	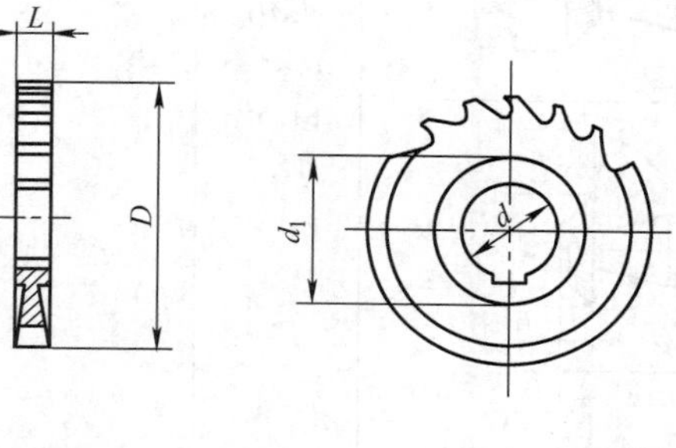	$D\times d$ 50×13～315×40（粗齿） 32×8～315×40（中齿） 20×5～315×40（细齿）	GB/T 6120—2012
整体硬质合金锯片铣刀	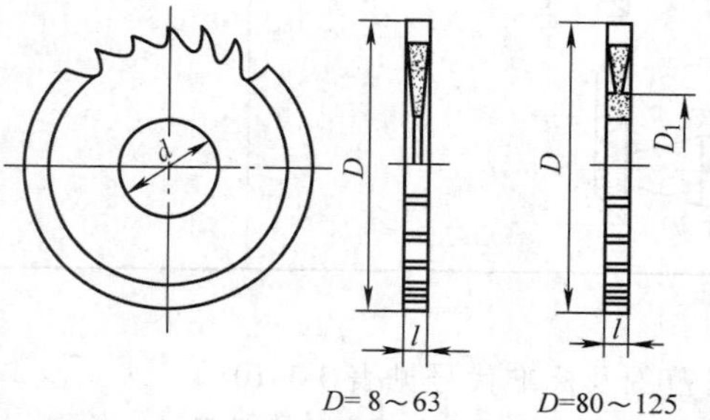	$D\times d$ 8×3～125×22	GB/T 14301—2008

（8）三面刃铣刀　三面刃铣刀的类型、规格范围及标准代号见表3-1-103。

表3-1-103　三面刃铣刀的类型、规格范围及标准代号

类型	简　图	规格范围/mm	标准代号
直齿三面刃铣刀	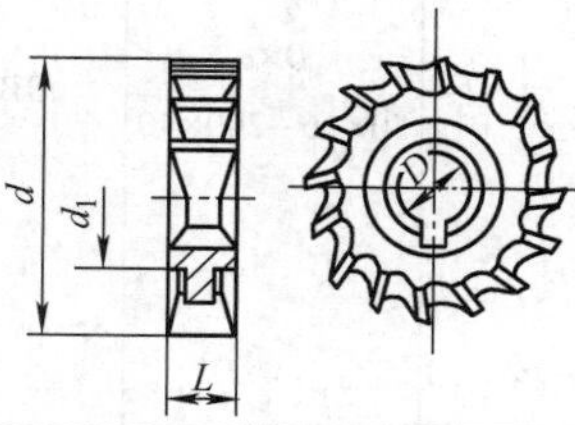	$d\times D$ 50×16～200×40	GB/T 6119—2012

（续）

类型	简　　图	规格范围/mm	标准代号
错齿三面刃铣刀	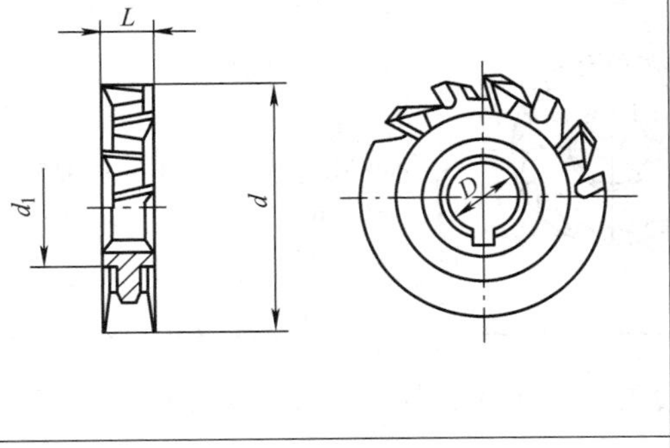	d×D 50×16～ 200×40	GB/T 6119—2012
镶齿三面刃铣刀	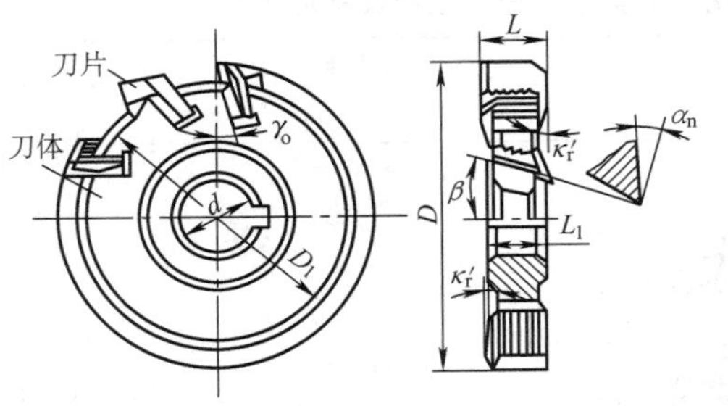	D×d 80×22～ 315×50	JB/T 7953—2010
硬质合金错齿三面刃铣刀	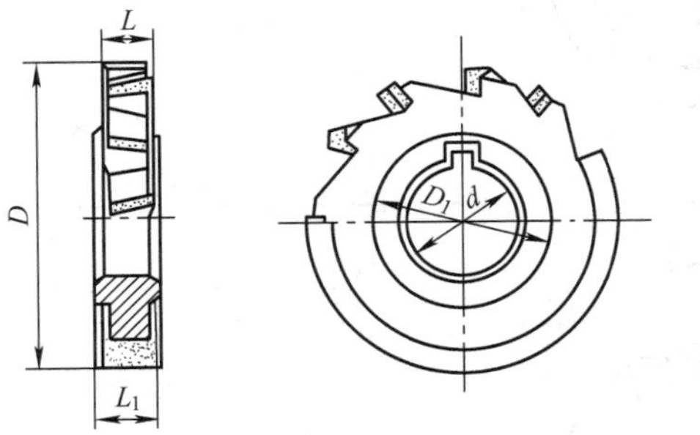	D×d 63×22～ 250×50	GB/T 9062—2006

（9）圆柱形铣刀　圆柱形铣刀的类型、规格范围及标准代号见表3-1-104。

表3-1-104　圆柱形铣刀的类型、规格范围及标准代号

类型	简　　图	规格范围/mm	标准代号
整体圆柱形铣刀	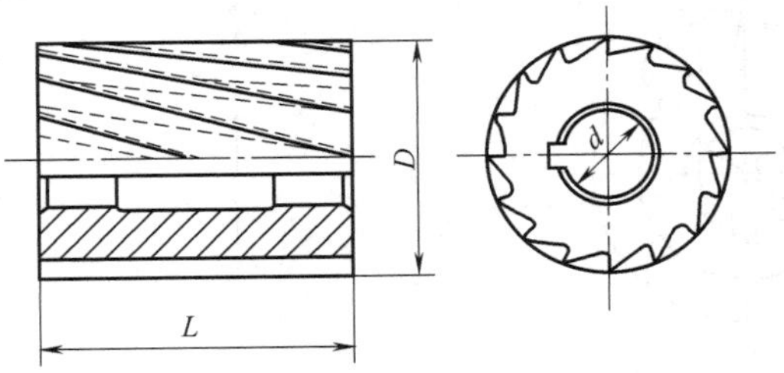	D×d 50×22～ 100×40	GB/T 1115—2022

（续）

类型	简　图	规格范围/mm	标准代号
组合圆柱形铣刀	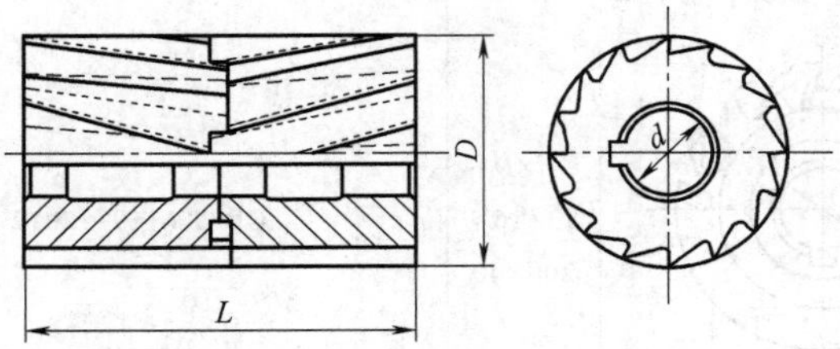	$D \times d$ 80×32～160×60	GB/T 1115—2022

（10）铲背成形铣刀　铲背成形铣刀的类型、规格范围及标准代号见表3-1-105。

表3-1-105　铲背成形铣刀的类型、规格范围及标准代号

类型	简　图	规格范围/mm	标准代号
圆角铣刀	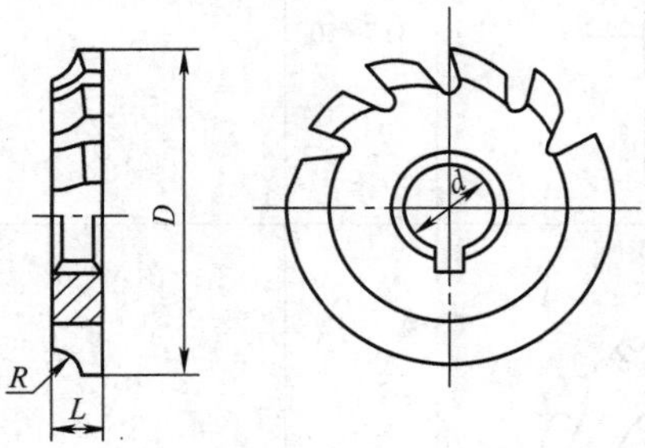	$R \times D \times d$ 1×50×16～20×125×32	GB/T 6122—2017
凸半圆铣刀	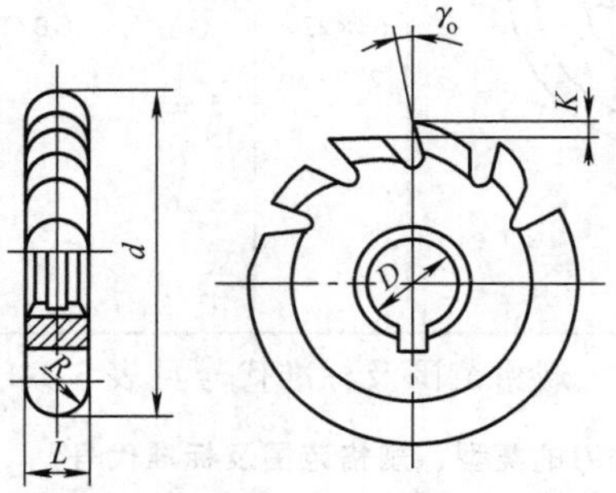	$R \times d \times D$ 1×50×16～20×125×32	GB/T 1124.1—2007
凹半圆铣刀	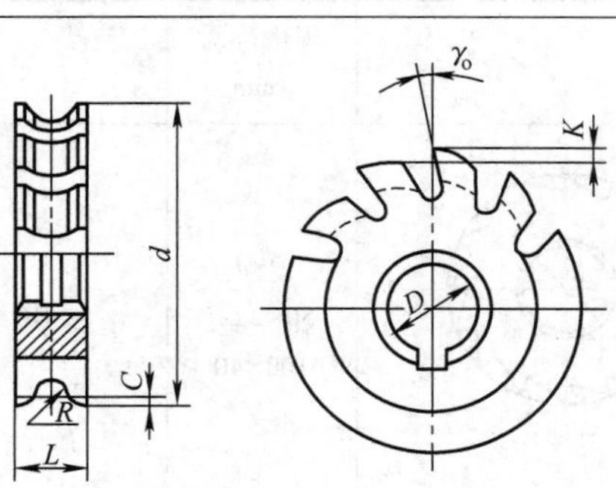		

(11) 角度铣刀 角度铣刀的类型、规格范围及标准代号见表 3-1-106。

表 3-1-106 角度铣刀的类型、规格范围及标准代号

类型	简 图	规格范围 /mm	标准代号
单角铣刀(θ 为 18°~90°)	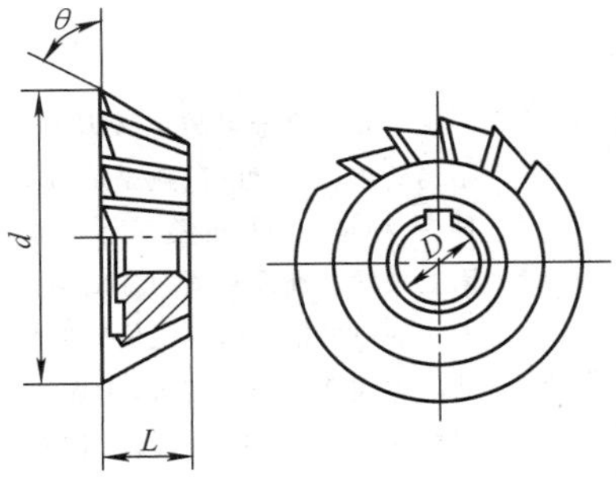	$d\times D$ 40×13~100×32	GB/T 6128.1—2007
对称双角铣刀(θ 为 18°~90°)	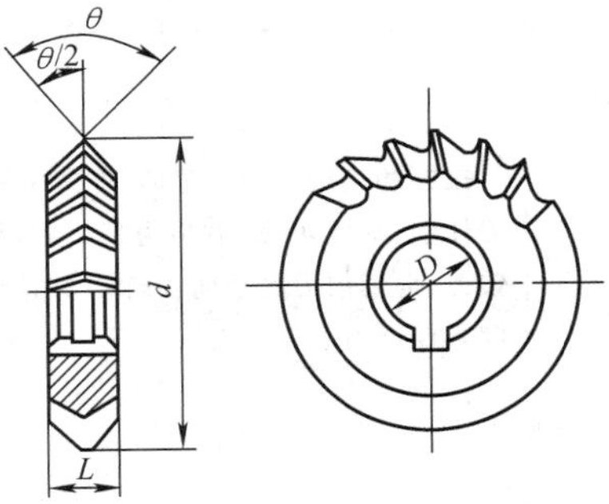	$d\times D$ 50×16~100×32	GB/T 6128.2—2007
不对称双角铣刀(θ 为 18°~90°)(δ 为 15°~25°)	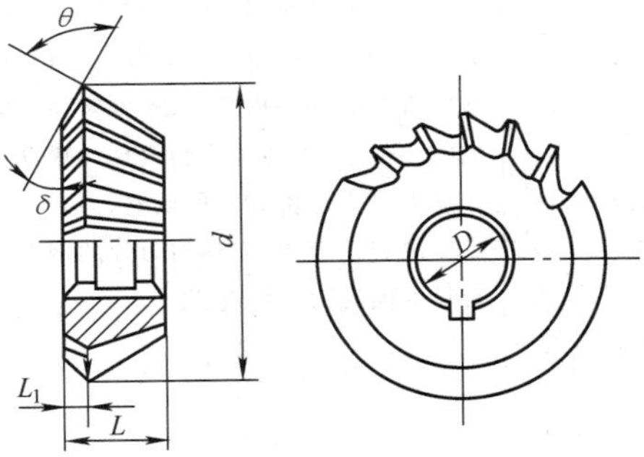	$d\times D$ 50×16~100×32	GB/T 6128.1—2007

1.5.3 可转位铣刀

1.5.3.1 可转位铣刀片的定位及夹紧方式（见表3-1-107）

表 3-1-107 可转位铣刀片的定位及夹紧方式

夹紧方式	结构简图	说明
螺钉楔块夹紧	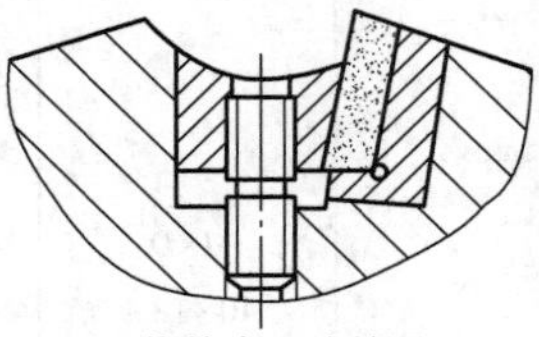 a) 楔块在刀片前面 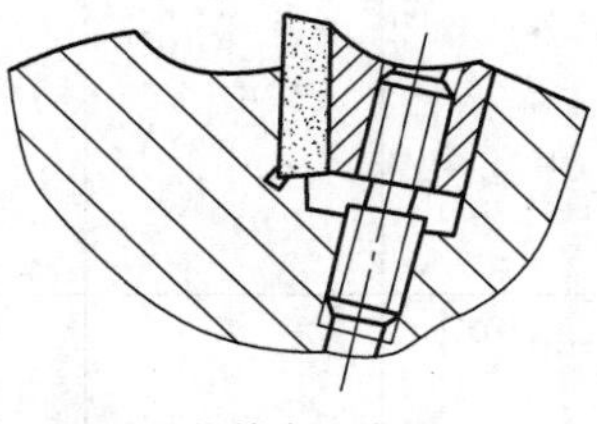 b) 楔块在刀片后面	这是硬质合金可转位铣刀刀片的基本夹紧方式。其结构简单，工艺性好，制造容易。楔块式夹紧结构有两种：一种是在刀片的前面上夹紧；另一种是在刀片的后面上夹紧。前面夹紧刀片的结构，夹紧可靠，刚度高，但刀片的厚度偏差影响定位精度，会引起铣刀的径向圆跳动。后面夹紧的结构，由于楔块同时起到刀垫的作用，刀片和楔块、刀体上的刀片槽和楔块的贴合必须良好，因此对刀体上的刀片槽和楔块的制造精度要求较高。后面夹紧结构的优点是，刀片的厚度尺寸不会影响铣刀的径向圆跳动
拉杆楔块夹紧	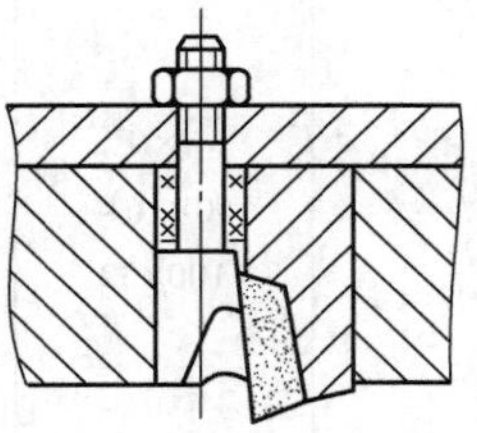	拉杆和楔块为一个整体，拧紧螺母即可将刀片夹紧在刀体上，夹紧可靠，制造方便，结构紧凑，适用于密齿面铣刀，但切削刃的轴向圆跳动要由刀片和刀垫的制造精度来保证
用压板压紧刀片	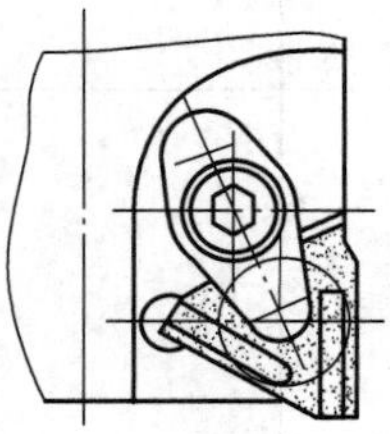 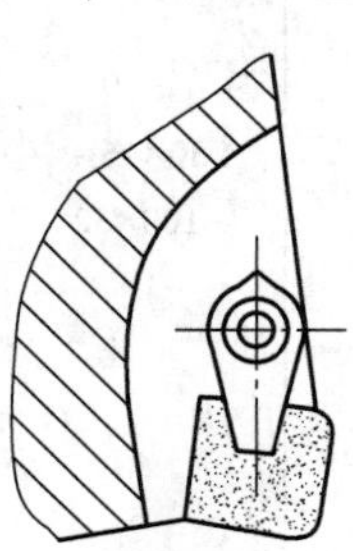	用夹紧元件从刀片的上面直接将刀片压紧在铣刀体的刀片槽内。夹紧元件有蘑菇头形螺钉、爪形压板和桥形压板等。其结构简单，夹紧牢靠，制造方便，可承受很大的切削力，刀片也不会松动和窜动 缺点是刀片位置不可调整，刀片的径向和端面圆跳动完全决定于刀槽、刀垫与刀片的制造精度。一般用于小直径的面铣刀和立铣刀

（续）

夹紧方式	结构简图	说　　明
用螺钉夹紧刀片	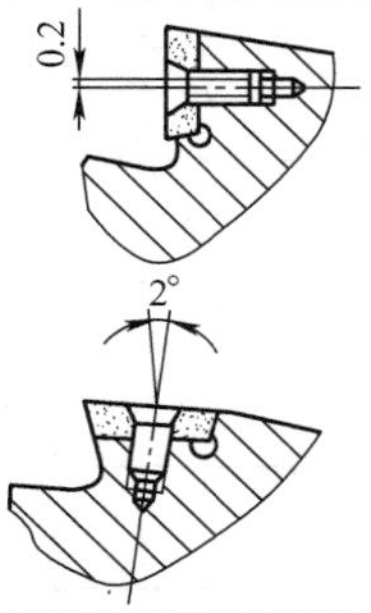	采用带锥孔的可转位刀片，锥头螺钉的轴线对刀片锥孔轴线应向压紧贴合面偏移0.2mm。当螺钉向下移动时，螺钉的锥面推动刀片靠紧定位面并夹紧。其结构简单、紧凑，夹紧元件不阻碍切屑流出 缺点是刀片位置精度不能调整，要求制造精度高

1.5.3.2　可转位铣刀的型式和尺寸

（1）可转位立铣刀　可转位立铣刀的型式和尺寸见表3-1-108。

表3-1-108　可转位立铣刀的型式和尺寸（GB/T 5340.1～2—2006）（单位：mm）

削平直柄立铣刀

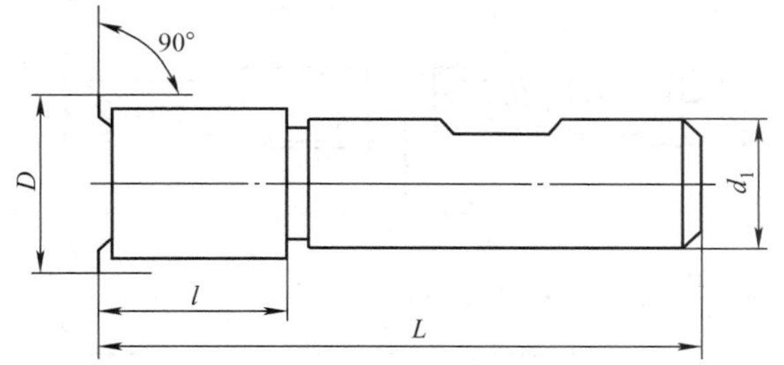

D js14	d_1 h6	l 最大	L
12	12	20	70
14			
16	16	25	75
18			
20	20	30	82
25	25	38	96
32	32		100
40		48	110
50			

莫氏锥柄立铣刀

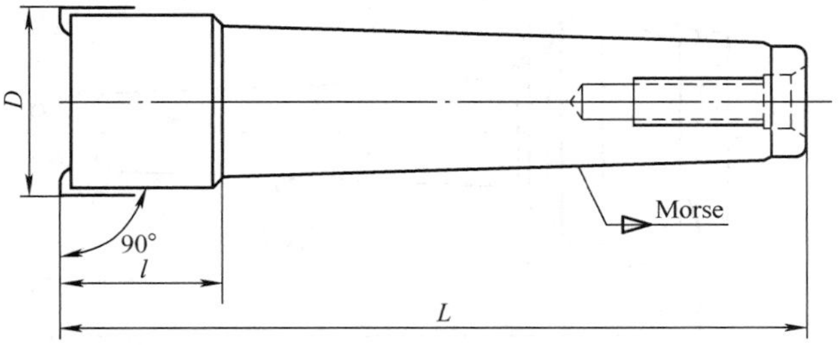

（续）

D js14	莫氏锥柄号	l 最大	L
12	2	20	90
14			
16		25	94
18			
20	3	30	116
25			
32		38	124
40	4	48	157
50			

（2）可转位三面刃铣刀　可转位三面刃铣刀的型式和尺寸见表3-1-109。

表3-1-109　可转位三面刃铣刀的型式和尺寸（GB/T 5341.1—2006）（单位：mm）

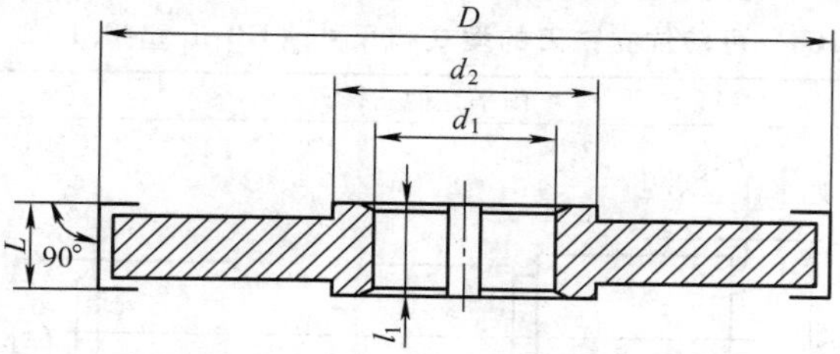

D js16	d_1 H7	d_2 min	L	$l_1{}^{+2}_{0}$
80	27	41	10	10
100	32	47	10	10
			12	12
125	40	55	12	12
			16	16
160	40	55	16	16
			20	20
200	50	69	20	20
			25	25

（3）可转位莫氏锥柄面铣刀　可转位莫氏锥柄面铣刀的型式和尺寸见表3-1-110。

表3-1-110　可转位莫氏锥柄面铣刀的型式和尺寸（GB/T 5342.2—2006）

（单位：mm）

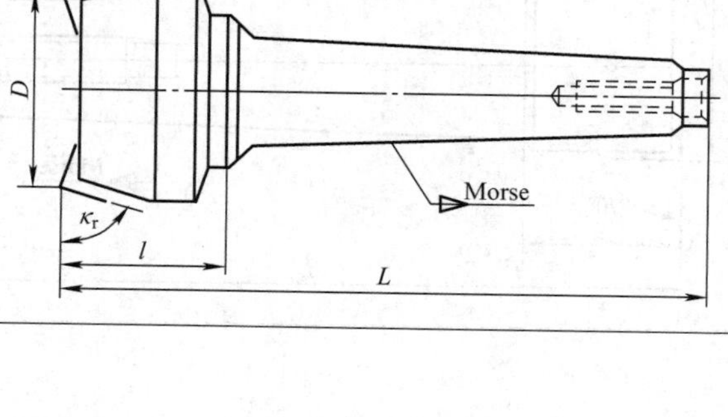

（续）

D js14	L h16	莫氏锥柄号	l(参考)
63	157	4	48
80			

（4）可转位套式面铣刀 可转位套式面铣刀的型式和尺寸见表3-1-111。

表3-1-111 可转位套式面铣刀的型式和尺寸（GB/T 5342.1—2006）（单位：mm）

A型面铣刀（端键传动，内六角沉头螺钉紧固）

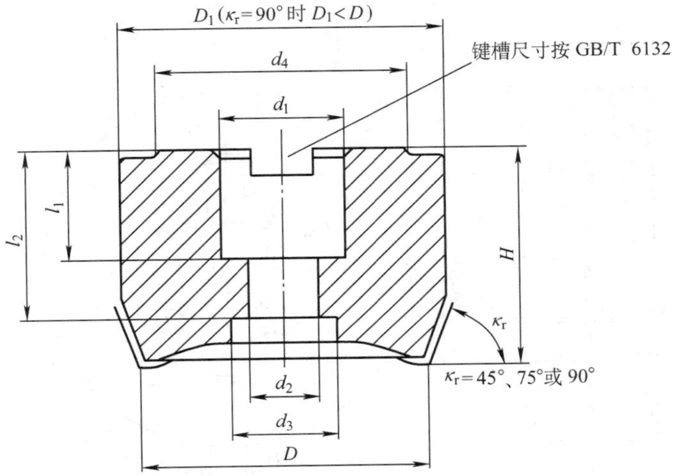

D js16	d_1 H7	d_2	d_3	d_4 最小	H ±0.37	l_1	l_2 最大	紧固螺钉
50	22	11	18	41	40	20	33	M10
63								
80	27	13.5	20	49	50	22	37	M12
100	32	17.5	27	59		25	33	M16

B型面铣刀（端键传动，铣刀类持螺钉紧固）

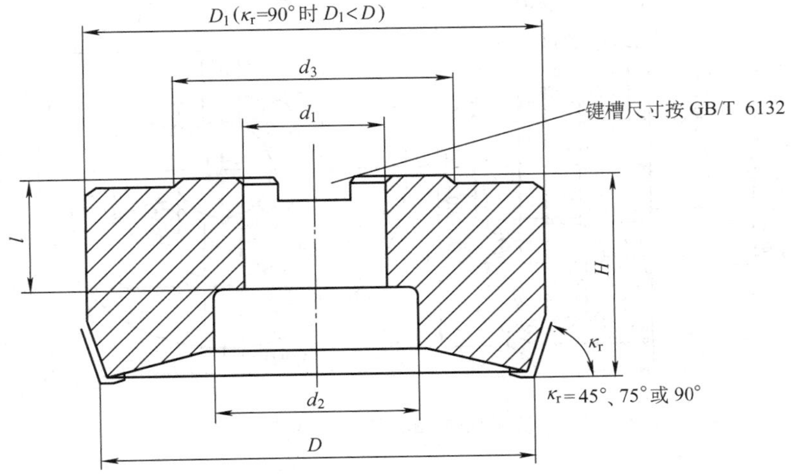

（续）

D js16	d_1 H7	d_2	d_3 最小	H ±0.37	l 最小	l 最大	紧固螺钉
80	27	38	49	50	22	30	M12
100	32	45	59		25	32	M16
125	40	56	71	63	28	35	M20

C型面铣刀（安装在带有7∶24锥柄的 D=160mm、40号定心刀杆上）

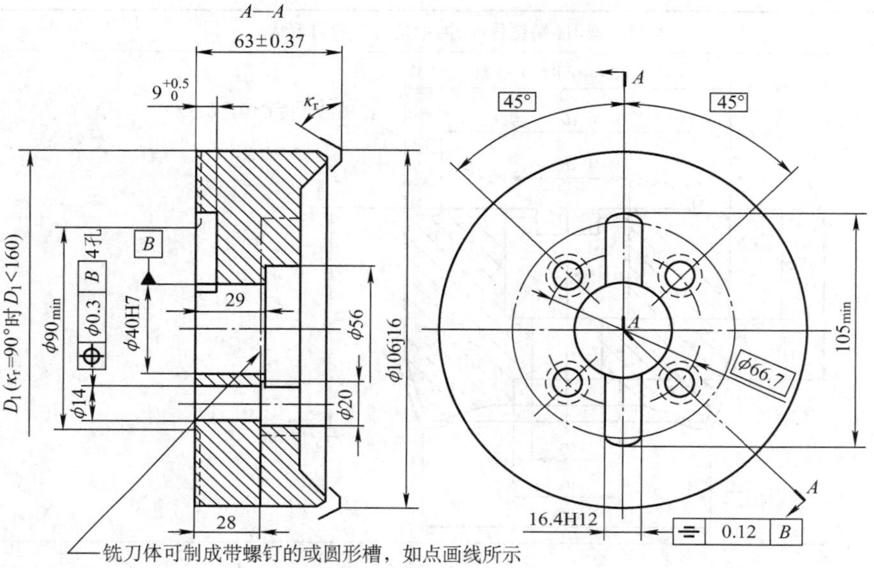

C型面铣刀（安装在带有7∶24锥柄的 D=200mm和250mm、50号定心刀杆上）

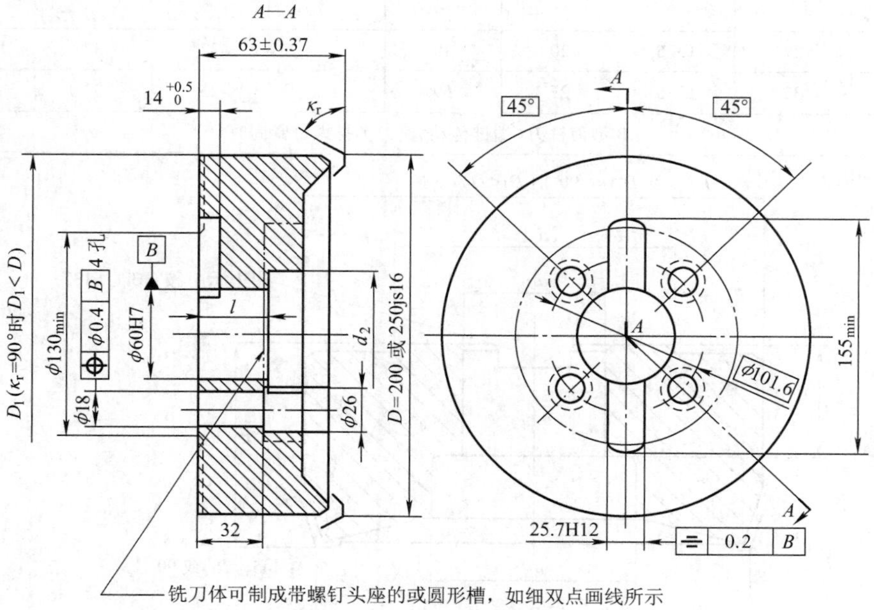

（续）

C 型面铣刀（安装在带有 7：24 锥柄的 D=315mm、400mm 和 500mm，50 号和 60 号定心刀杆上）
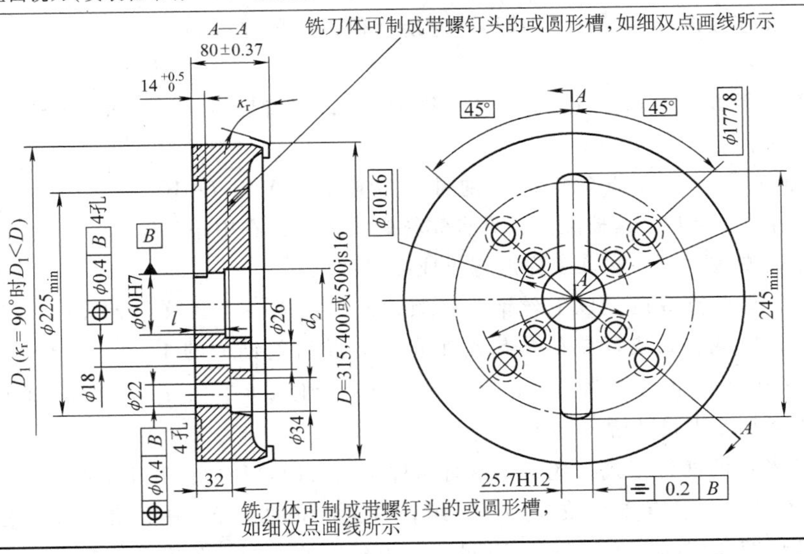

注：C 型面铣刀 κ_r = 45°、75°或 90°。

1.6　螺纹刀具

1.6.1　丝锥

1.6.1.1　丝锥的结构和几何参数

机用和手用丝锥是切削普通螺纹的常用标准丝锥。在国家工具标准中，将高速钢磨牙丝锥定名为机用丝锥，将碳素工具钢或合金工具钢（少量高速钢）滚牙（或切牙）丝锥定名为手用丝锥。实质上，它们的工作原理和结构特点完全相同。

（1）丝锥各部分名称和代号（见图 3-1-26）

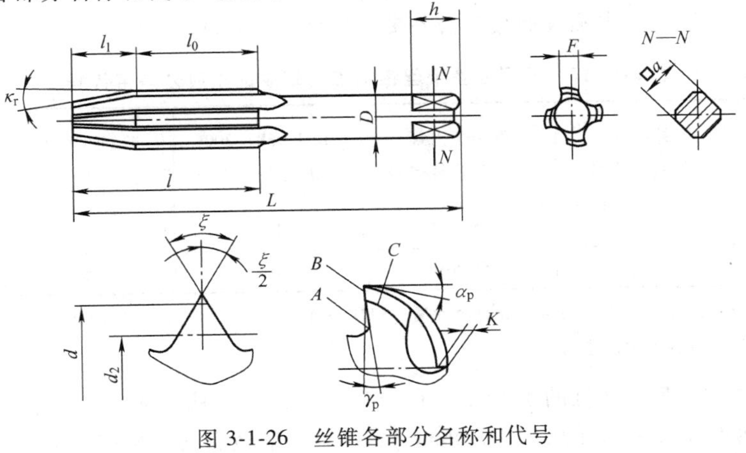

图 3-1-26　丝锥各部分名称和代号

L—丝锥总长　l—螺纹部分长度　l_1—切削锥长度　l_0—校准部分长度　d—大径　d_2—基本中径　D—柄部直径　h—方头长度　a—方头尺寸　F—刃背宽度　κ_r—切削锥角　γ_p—前角　α_p—后角　K—后面铲背量　ξ—牙型角　A—沟槽　B—前面　C—后面

（2）丝锥容屑槽（z）　丝锥容屑槽数的多少，取决于丝锥的类型、直径及加工条件等。标准丝锥的容屑槽数常取3~4个，而槽的形状常用双圆弧连接图形（见图3-1-27），它能获得正前角并有利于切屑的卷曲。

丝锥芯部直径 D_0 =（0.4~0.5）d（丝锥大径）；刃背宽度 F =（0.36~0.28）d。

（3）主偏角（κ_r）　单支丝锥的切削锥长度较长，多为7~10牙，主偏角较小，$\kappa_r=4°$，其校准部分具有完整螺纹牙型，在中小尺寸规格通孔中攻螺纹，可一次加工完成螺纹成品尺寸。

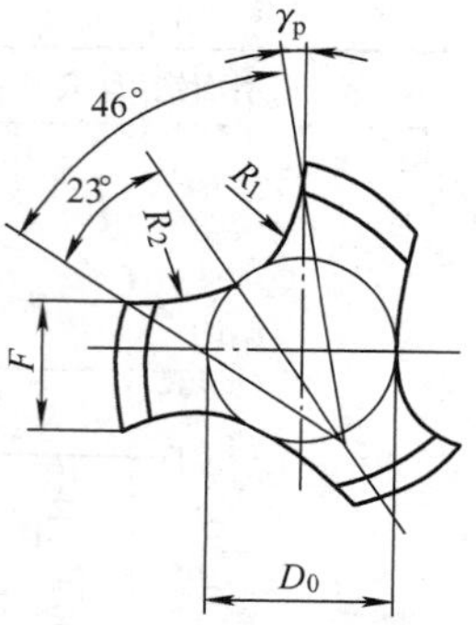

图3-1-27　丝锥的槽形

成组丝锥，即两支或两支以上丝锥为一组，依次完成一个螺纹孔的切削工作，以减轻每支丝锥的单齿切削负荷。成组丝锥中的1锥 $\kappa_r=4°$，$l_1=9P$（螺距）；2锥 $\kappa_r=6°30'$，$l_1=5P$；3锥 $\kappa_r=20°$，$l_1=1.5P$。这种丝锥适用于较硬材料、不通孔及大尺寸螺孔加工。

（4）成组丝锥的两种型式　成组丝锥有两种型式，即等径丝锥和不等径丝锥。

1）等径丝锥。一般有2~3支丝锥为一组，每支丝锥的大径、中径和小径都相同，所不同的只是切削锥长度和切削锥角（$2\kappa_r$）不同［一组丝锥的切削锥长度和切削锥角（$2\kappa_r$），可见上述1锥、2锥和3锥的参数］。在加工通孔螺纹时，只需使用1锥就可一次加工完成螺纹成品尺寸，所以效率较高。但是，这种丝锥所承受的负荷较大，丝锥易磨损，而且加工的螺纹精度和表面粗糙度都较差。

2）不等径丝锥。一组丝锥中，每支丝锥的大径、中径和小径都不相同，只有3锥才具有螺纹要求的廓形和尺寸。此外，每支丝锥的切削锥长度和切削锥角（$2\kappa_r$）也各不相同。这种丝锥可以保证各个锥的切削负荷分配合理。因此，加工螺纹省力，丝锥磨损均匀，加工的螺纹精度和表面粗糙度都较好。但是，它的1锥、2锥不能单独使用，只有通过3锥加工才能符合螺纹参数的要求。

（5）丝锥螺纹公差带　丝锥螺纹公差带有机用丝锥为H1、H2和H3三种，手用丝锥为H4一种。

不同公差带丝锥加工内螺纹的相应公差带代号见表3-1-112。

表3-1-112　不同公差带丝锥加工内螺纹的相应公差带代号

GB/T 968—2007 丝锥公差带代号	旧标准丝锥公差带代号	适用于内螺纹的公差带代号	GB/T 968—2007 丝锥公差带代号	旧标准丝锥公差带代号	适用于内螺纹的公差带代号
H1	2级	4H、5H	H3	—	6G、7H、7G
H2	2a级	5G、6H	H4	3级	6H、7H

注：由于影响攻螺纹尺寸的因素很多，如材料性质、机床条件、丝锥装夹方法、切削速度、冷却润滑液等，因此此表只能作为选择丝锥时参考。

（6）丝锥螺纹牙型　丝锥的螺纹牙型有铲背和不铲背两种。磨牙丝锥通常是铲背螺纹牙型，铲背量虽然不大（一般在0.01~0.06mm），但能显著改善切削性能。不铲背螺纹牙型，通常为滚牙或切牙丝锥，在丝锥整个螺纹部分长度上还应有倒锥，铲背丝锥每100mm长度上为0.05~0.12mm，不铲背丝锥每100mm长度上为0.12~0.20mm。

（7）丝锥切削部分的几何参数

1）前角 γ_p 的选择。丝锥前角 γ_p 主要根据被加工材料选择。集中生产的丝锥公称切削前角 γ_p 为 8°~10°。在实际使用时，丝锥前角的选择见表 3-1-113。

表 3-1-113 丝锥前角的选择

被加工材料	前角 γ_p/(°)	被加工材料	前角 γ_p/(°)
铸青铜	0	中碳钢	10
铸铁	5	低碳钢	15
高碳钢	5	不锈钢	15~20
黄铜	10	铝、铝合金	20~30

2）后角 α_p 的选择。丝锥后角 α_p 是通过铲磨而获得的。集中生产的丝锥公称切削后角 α_p 为 4°~6°，机用丝锥的切削后角 α_p 为 8°~12°。

1.6.1.2 常用丝锥的类型、规格范围及标准代号（见表 3-1-114）

表 3-1-114 常用丝锥的类型、规格范围及标准代号

<table>
<tr><th>类型</th><th>简 图</th><th>规格范围</th><th>标准代号</th></tr>
<tr><td>粗柄机用和手用丝锥</td><td>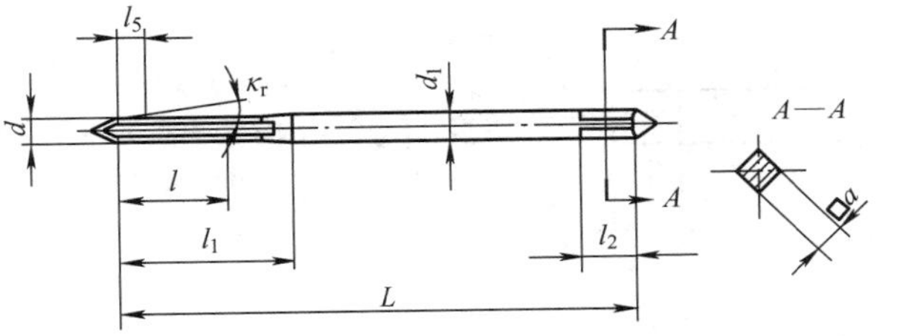
</td><td>粗牙为 M1~M2.5
细牙为 M1×0.2~M2.5×0.35</td><td rowspan="3">GB/T 3464.1—2007</td></tr>
<tr><td>粗柄带颈机用和手用丝锥</td><td>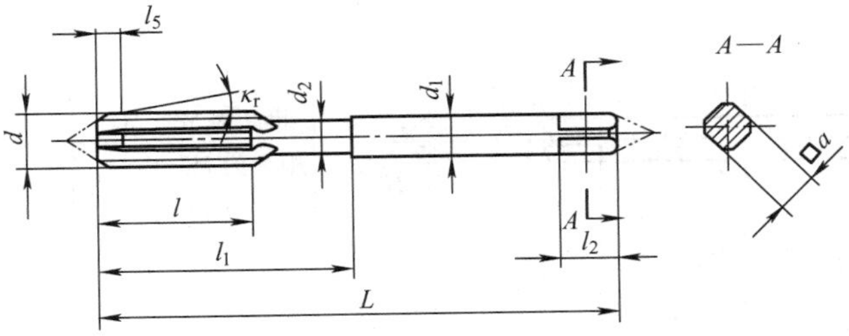
</td><td>粗牙为M3~M10
细牙为 M3×0.35~M10×1.25</td></tr>
<tr><td>细柄机用和手用丝锥</td><td>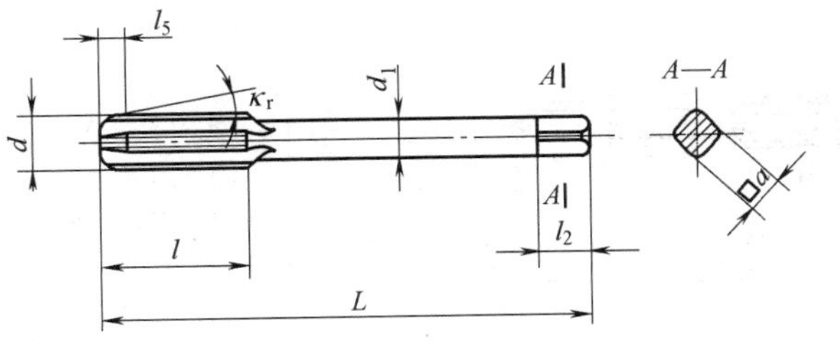
</td><td>粗牙为M3~M68
细牙为 M3×0.35~M100×6</td></tr>
</table>

（续）

类型	简　　图	规格范围	标准代号
细长柄机用丝锥	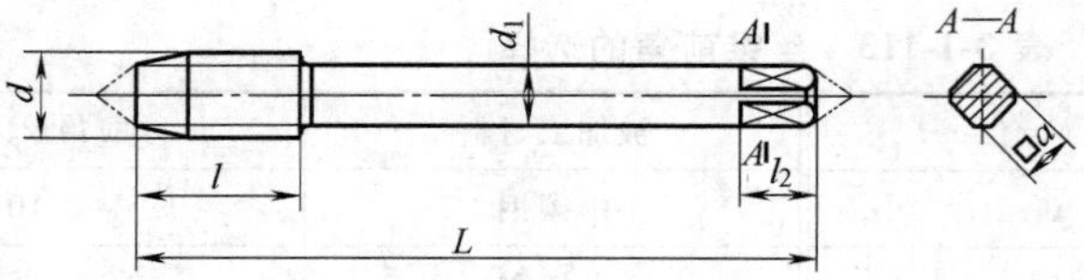	粗牙为 M3～M24 细牙为 M3×0.35～M24×2	GB/T 3464.2—2003
粗短柄机用和手用丝锥	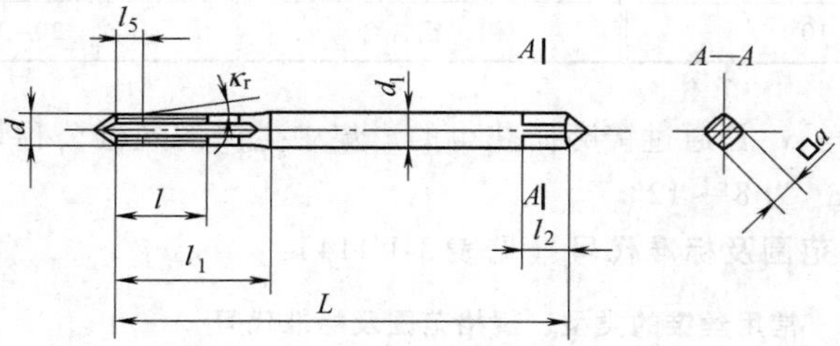	粗牙为M1～M2.5 细牙为 M1×0.2～M2.5×0.35	
粗柄带颈短柄机用和手用丝锥	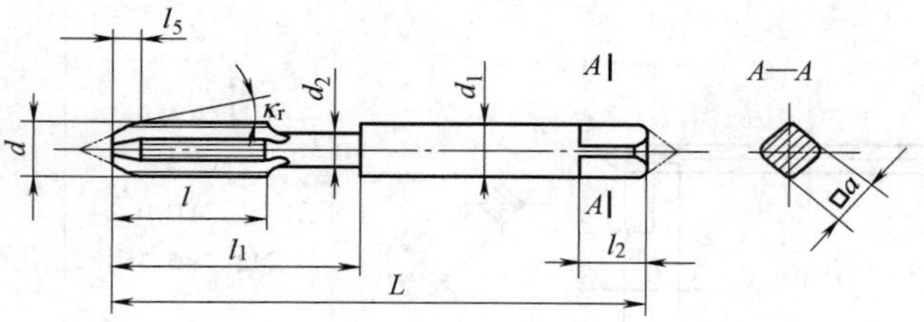	粗牙为 M3～M10 细牙为 M3×0.35～M10×1.25	GB/T 3464.3—2007
细短柄机用和手用丝锥	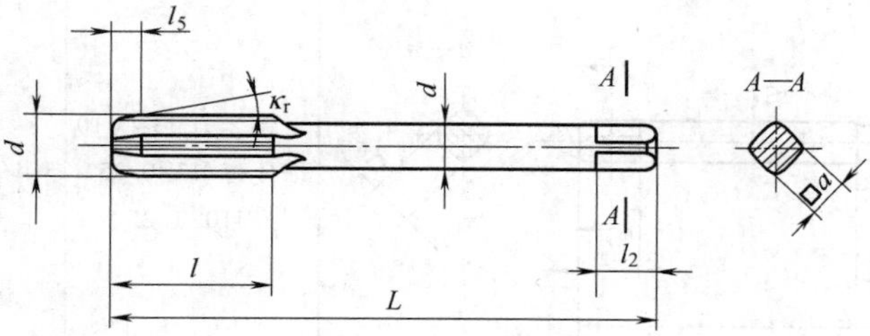	粗牙为 M3～M52 细牙为 M3×0.35～M52×4	
螺母丝锥（d≤5mm）	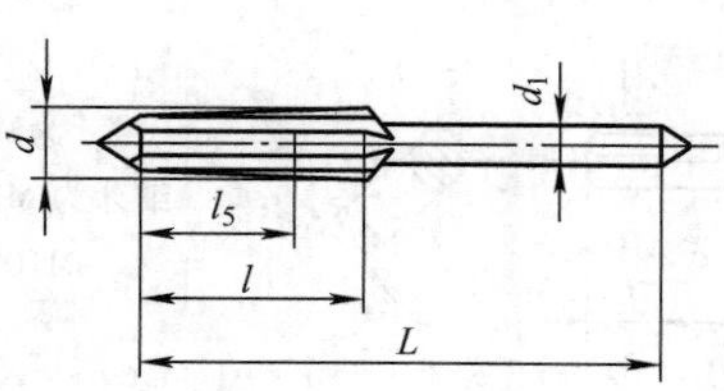	粗牙为 M2～M5 细牙为 M3×0.35～M5×0.5	GB/T 967—2008

（续）

类型	简图	规格范围	标准代号
圆柄（无方头）螺母丝锥（$d>5$～30mm）	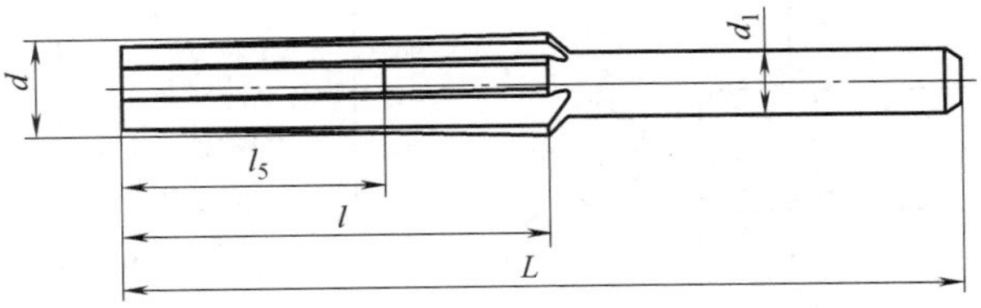	粗牙为M6～M30 细牙为M6×0.75～M30×1.5	GB/T 967—2008
螺母丝锥带方头（$d>5$mm）	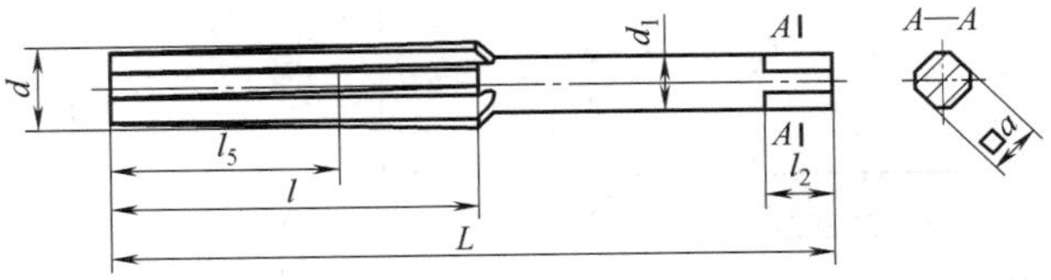	粗牙为M6～M52 细牙为M6×0.75～M52×2	GB/T 967—2008
长柄螺母丝锥	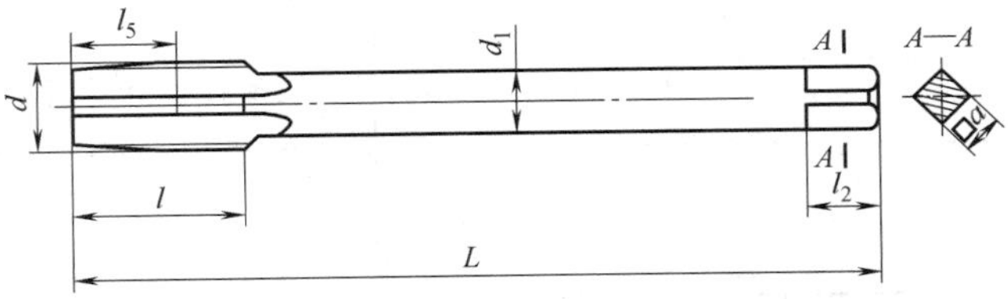	粗牙为M3～M33 细牙为M3×0.35～M52×4	GB/T 28257—2012
螺旋槽丝锥	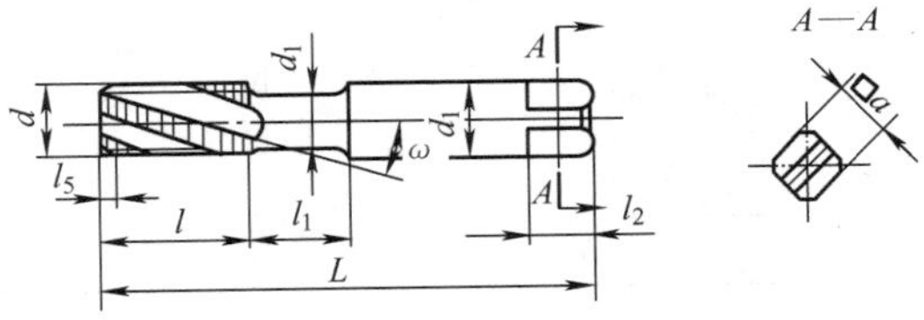a）适用于M3～M6 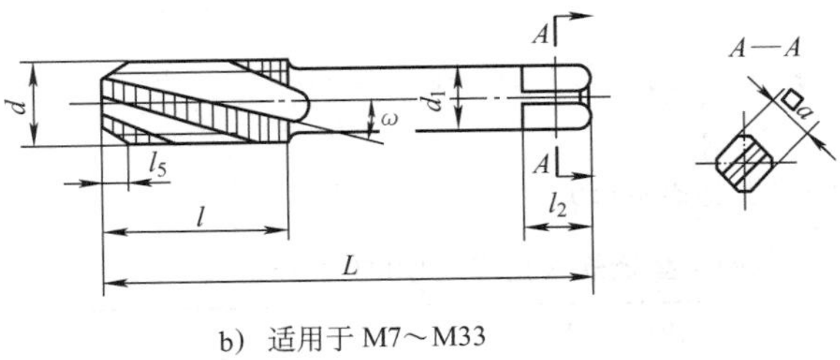b）适用于M7～M33	粗牙为M3～M27 细牙为M3×0.35～M33×3	GB/T 3506—2008
梯形螺纹丝锥	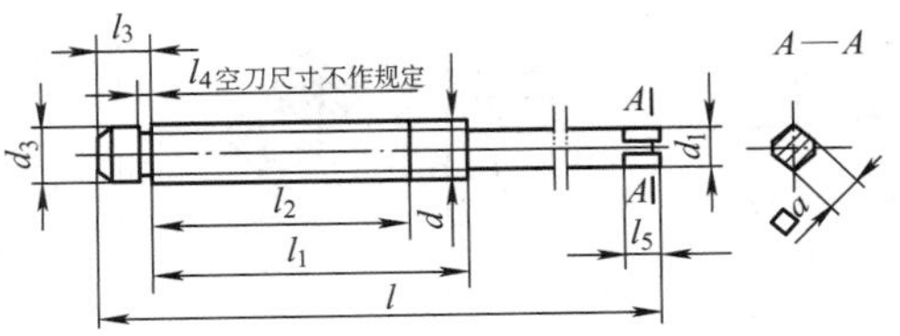	Tr8×1.5～Tr52×8	GB/T 28256—2012

（续）

类型	简图	规格范围	标准代号
圆柱管螺纹丝锥	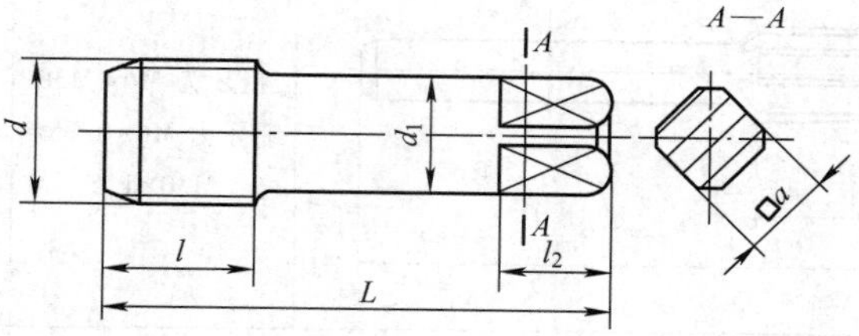	G 系列：G1/16～G4 Rp 系列：Rp1/16～Rp4	GB/T 20333—2023
圆锥管螺纹丝锥	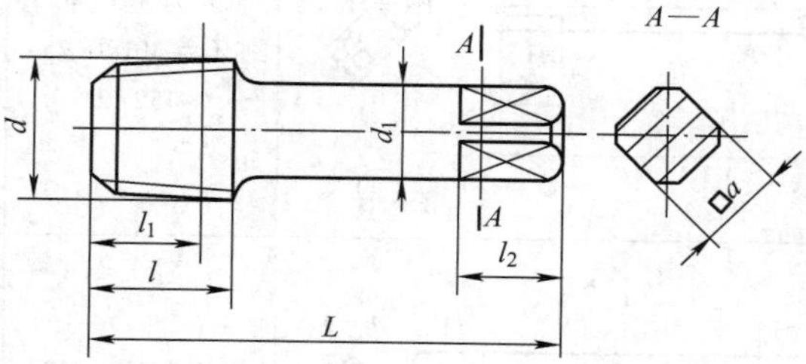	Rc1/16～Rc4	GB/T 20333—2023
60°圆锥管螺纹丝锥	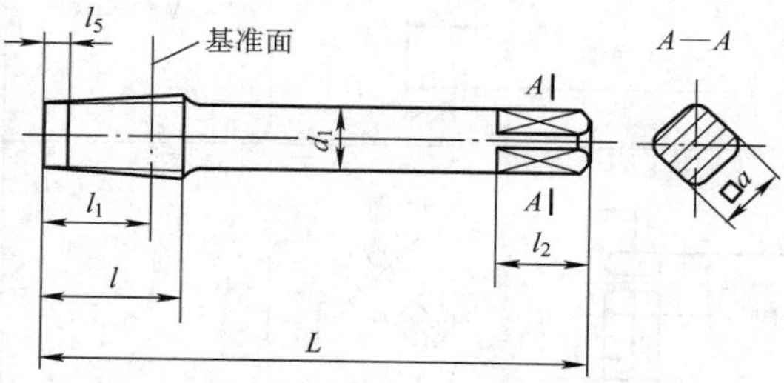	NPT1/16～NPT2	JB/T 8364.2—2010

注：表图中的具体尺寸数据见相应的标准。

1.6.1.3 挤压丝锥

挤压丝锥的类型及规格范围见表 3-1-115。

1.6.1.4 惠氏螺纹丝锥

惠氏螺纹丝锥的类型及规格范围见表 3-1-116。

表 3-1-115 挤压丝锥的类型及规格范围（GB/T 28253—2012）

类　型	简　图	规格范围
粗柄挤压丝锥	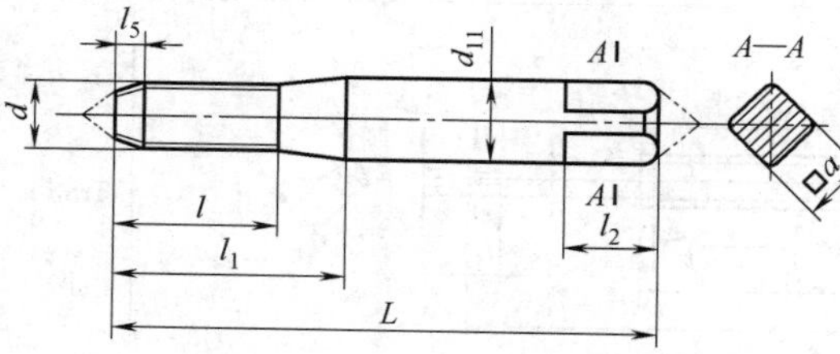	粗牙为 M1～M2.5 细牙为 M1×0.2～M2.5×0.35

（续）

类　　型	简　　图	规格范围
粗柄带颈挤压丝锥	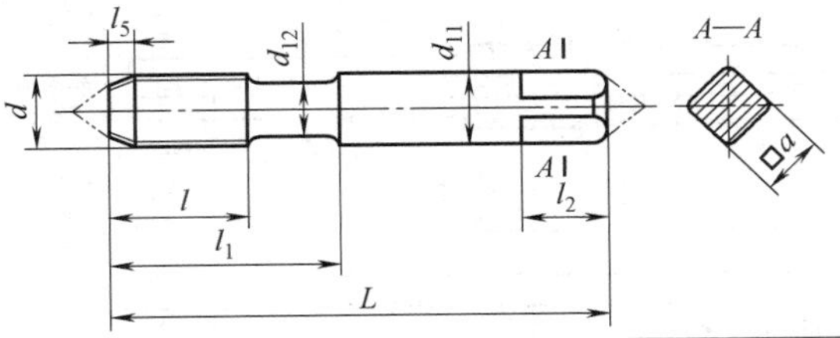	粗牙为 M3～M10 细牙为 M3×0.35～M10×1.25
细柄挤压丝锥	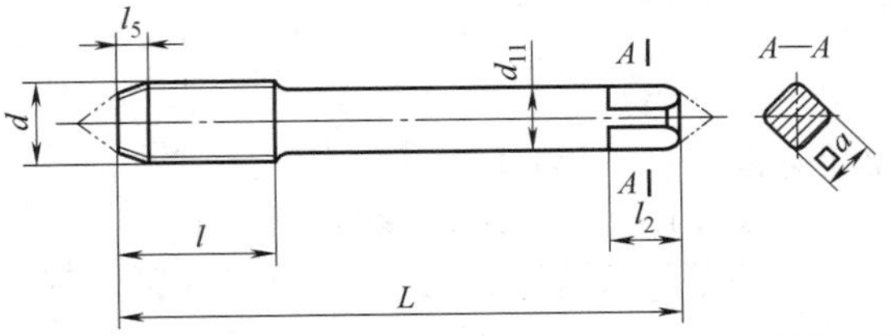	粗牙为 M3～M27 细牙为 M3×0.35～M27×2

注：1. 挤压丝锥螺纹公差带分为 H1、H2、H3 和 H4 四种。

2. 表图中的具体尺寸数据见相应的标准。

表 3-1-116　惠氏螺纹丝锥的类型及规格范围

类　　型	简　　图	规格范围
粗柄带颈惠氏螺纹丝锥（JB/T 8825.1—2011）	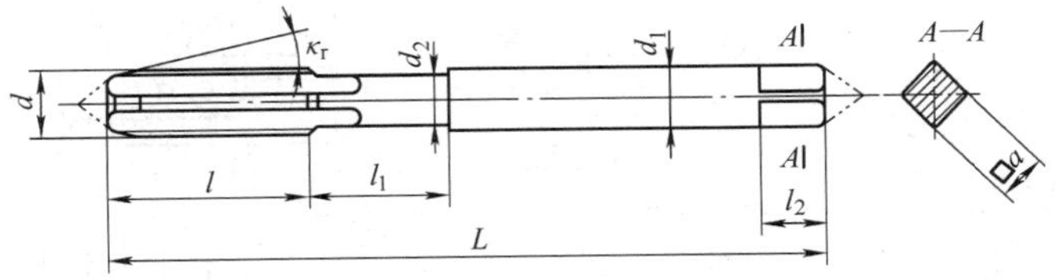	粗牙为 1/8-40BSW～3/8-16BSW 细牙为 3/16-32BSF～3/8-20BSF
细柄惠氏螺纹丝锥（JB/T 8825.1—2011）	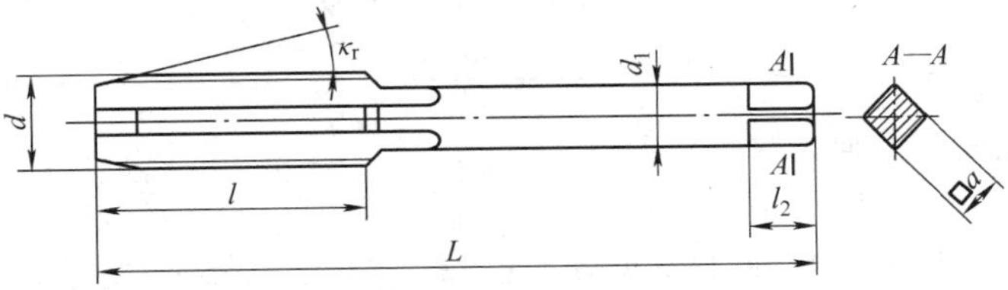	粗牙为 1/8-40BSW～4-3BSW 细牙为 3/16-32BSF～$4\text{-}4\frac{1}{2}$BSF
惠氏螺纹螺母丝锥（JB/T 8825.4—2011）$d<6.35$mm	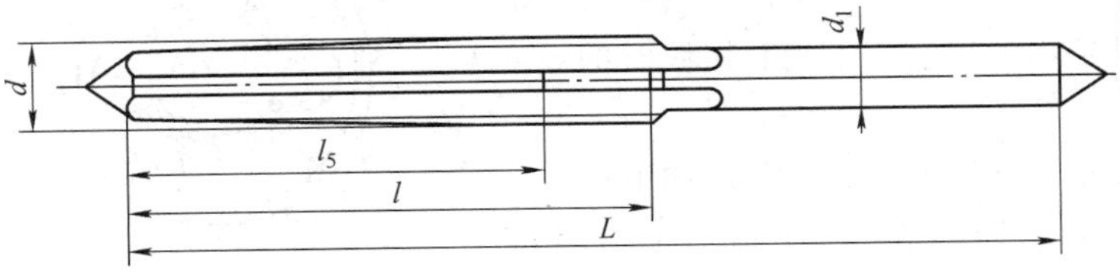	粗牙为 1/8-40BSW、3/16-24BSW 细牙为 3/16-32BSF、7/32-28BSF
惠氏螺纹螺母丝锥（圆柄）（JB/T 8825.4—2011）$d=6.35$～25.4mm	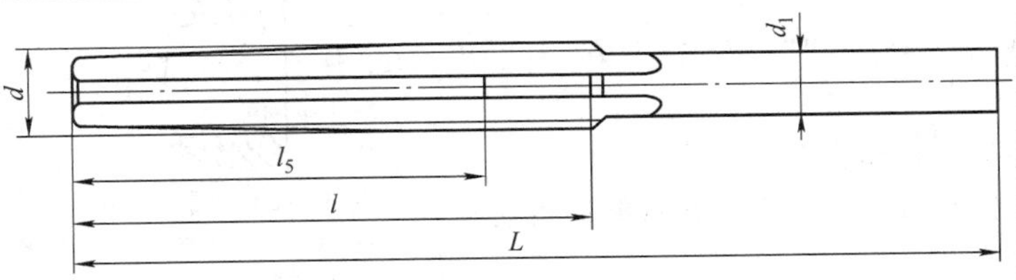	粗牙为 1/4-20BSW～1-8BSW 细牙为 1/4-26BSF～1-10BSF

（续）

类　型	简　图	规格范围
$d \geq 6.35$mm 柄部为方头的惠氏螺纹螺母丝锥 （JB/T 8825.4—2011）	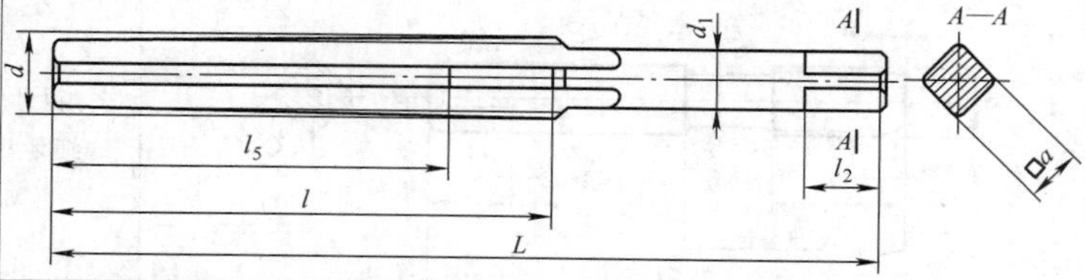	粗牙为 1/4-20BSW～2-4 $\frac{1}{2}$BSW 细牙为 1/4-26BSF～2-7BSF

注：表图中的具体尺寸数据见相应的标准。

1.6.2 板牙

1.6.2.1 板牙的类型和使用范围（见表 3-1-117）

表 3-1-117 板牙的类型和使用范围

类型	简　图	使用范围
固定式圆板牙	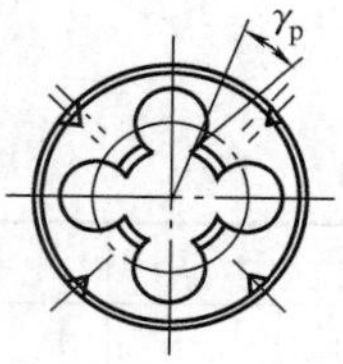	用于普通螺纹和锥形螺纹，手动也可以在机床上套螺纹
四方板牙	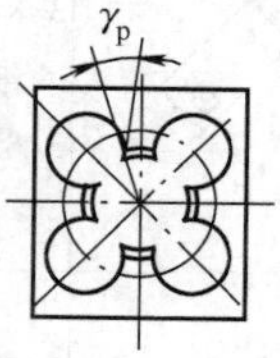	用方扳手手动套螺纹
六方板牙	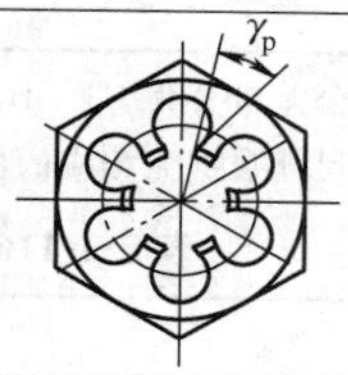	用六方扳手手动套螺纹
管形板牙	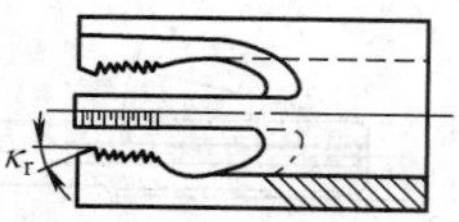	用于转塔车床和自动车床上
钳工板牙	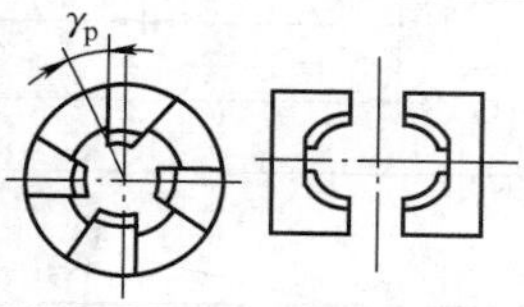	这种板牙由两块拼成，用于钳工修配工作

1.6.2.2 圆板牙的结构和几何参数

圆板牙的结构和几何参数（见图 3-1-28），其螺纹部分由切削锥和校准部分组成。圆板牙两端面处都有切削锥，板牙螺纹中间一段是校准部，具有完整的齿形，用来校准已切出的螺纹，也是套螺纹时的导向部分。

常用的切削锥角 $2\kappa_r$ 和切削锥长度 l_1 如下：

M1～M6 的板牙：$2\kappa_r = 50°$，$l_1 = (1.3 \sim 1.5)P$（螺距）。

M6 以上的板牙：$2\kappa_r = 40°$，$l_1 = (1.7 \sim 1.9)P$（螺距）。

加工非金属的板牙：$2\kappa_r = 75°$。

板牙切削锥经铲磨以形成后角，在端截面上后角 $\alpha_p = 5° \sim 7°$。

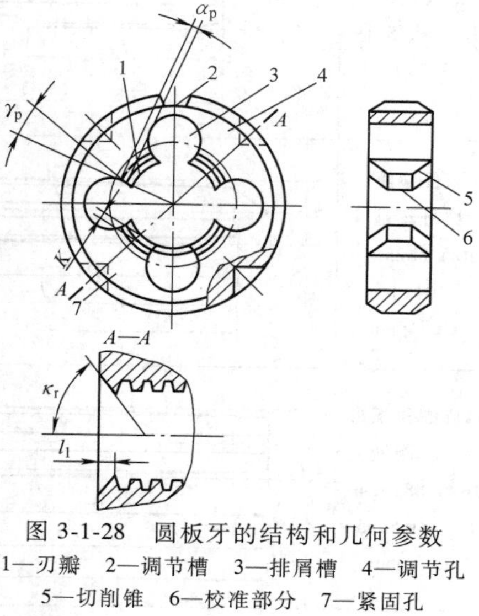

图 3-1-28 圆板牙的结构和几何参数
1—刃瓣 2—调节槽 3—排屑槽 4—调节孔 5—切削锥 6—校准部分 7—紧固孔

圆板牙的前面是容屑孔的一部分，为简化容屑孔加工和刃磨，板牙的前面一般均制成圆弧形（曲面），因此前角的大小沿着切削刃变化（见图3-1-29），在螺纹小径处前角 γ_{p1} 最大，大径处前角 γ_p 最小。一般选取 $\gamma_p=8°\sim12°$；粗牙板牙 $\gamma_{p1}=30°\sim35°$；细牙板牙 $\gamma_{p1}=25°\sim30°$。

M3.5以上的圆板牙，其外圆上有四个紧定螺钉坑和一条V形槽。其中两个螺钉坑的轴线通过板牙中心，板牙绞杠上的两个紧定螺钉旋入后传递转矩。新的圆板牙V形槽与容屑孔是不通的，校准部分磨损后，套出的螺纹直径变大，以致超出公差范围时，可用锯片砂轮沿V形槽中心割出一条通槽，此时V形槽就成了调整槽。调节板牙绞杠上另两个紧定螺钉，顶入圆板牙上两个偏心锥坑内，使圆板牙的螺纹孔径缩小。调节时，应使用试切来确定调整是否合格（这种方法很少采用，即使采用也只适用于没有精度要求的螺纹）。

1.6.2.3 管螺纹板牙的结构

管螺纹板牙分圆柱管螺纹板牙和圆锥管螺纹板牙（见图3-1-30）两种。

圆柱管螺纹板牙的结构与圆板牙相似。圆锥螺纹板牙只在单面制成切削部分，因此只能单面套螺纹，而且所有的切削刃都参加切削，所以切削力较大。

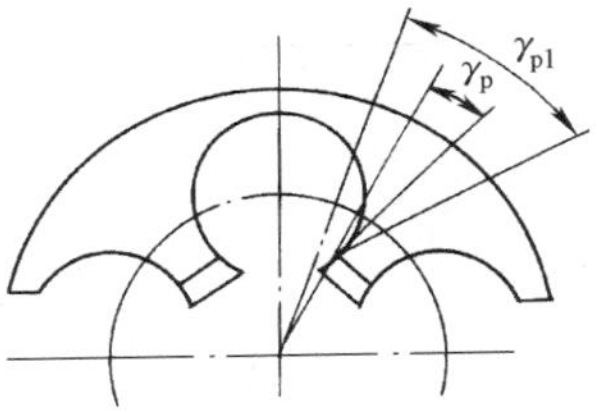

图3-1-29 圆板牙前角的变化

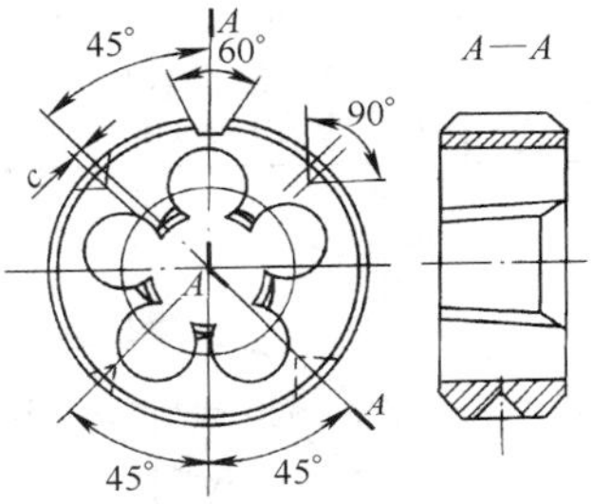

图3-1-30 圆锥管螺纹板牙

1.6.2.4 常用板牙的类型、规格范围及标准代号（见表3-1-118）。

表3-1-118 常用板牙的类型、规格范围及标准代号

类型	简图	规格范围	标准代号
圆板牙	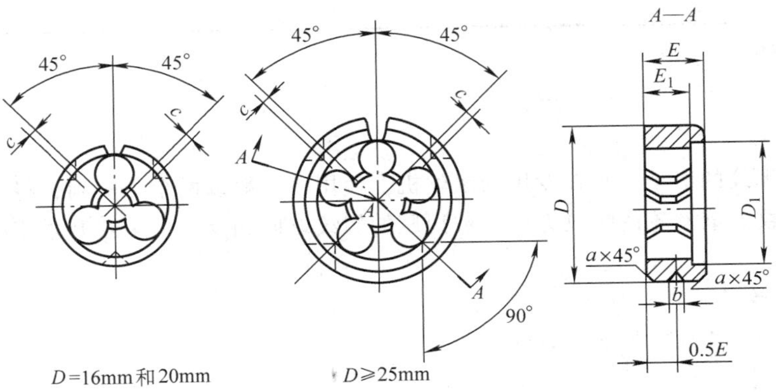	粗牙为M1~M68 细牙为M1×0.2~M56×4	GB/T 970.1—2008

（续）

类型	简　图	规格范围	标准代号
G系列圆柱管螺纹圆板牙	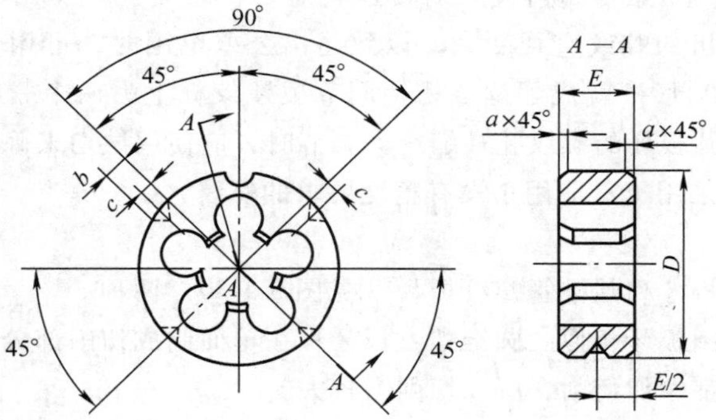	G$1\frac{1}{16}$~G$2\frac{1}{4}$	GB/T 20324—2006
R系列圆锥管螺纹圆板牙	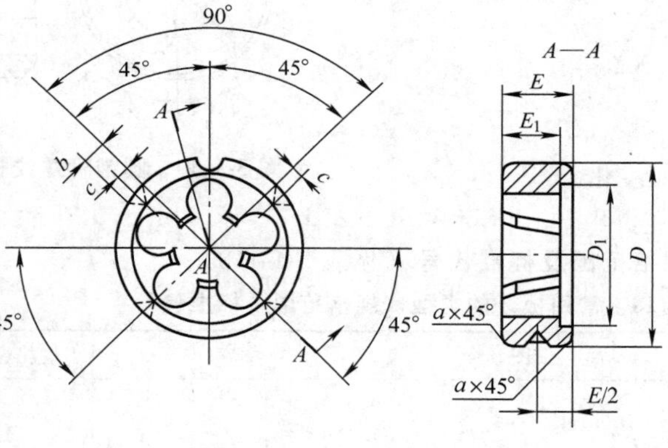	R$\frac{1}{16}$~R2	GB/T 20328—2006

注：表图中的具体尺寸数据见相应的标准。

1.6.3　滚丝轮

滚丝轮是一个多线螺纹的滚子，装在专用的滚丝机上使用，一般以两个为一副，将工件夹在两轮中间挤压形成螺纹。滚丝轮的螺纹方向与被滚压的螺纹方向相反，但螺纹升角相同。滚丝轮分三个公差等级。

1.6.3.1　普通螺纹滚丝轮

普通螺纹滚丝轮的型式和尺寸见表3-1-119。

1.6.3.2　锥形螺纹滚丝轮

1）60°圆锥管螺纹滚丝轮的型式和尺寸见表3-1-120。

2）55°圆锥管螺纹滚丝轮的型式和尺寸见表3-1-121。

表 3-1-119 普通螺纹滚丝轮的型式和尺寸（GB/T 971—2008） （单位：mm）

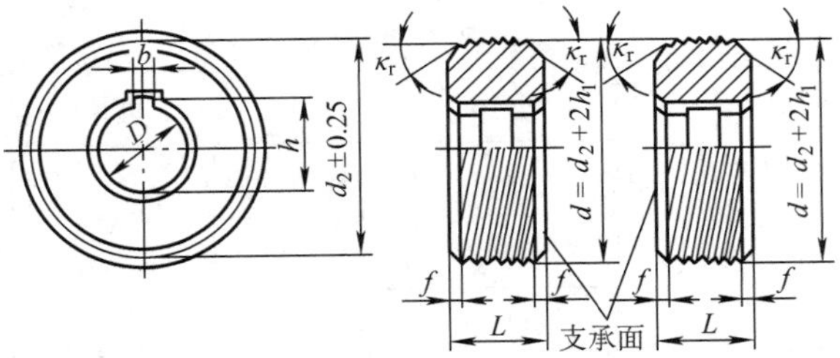

（图中滚丝轮分为带凸台的和不带凸台的两种，由制造厂按工艺需要选用）

标记示例

粗牙普通螺纹、被加工螺纹公称直径 8mm、螺距 1.25mm、宽度 40mm、2 级精度、螺纹牙型 A、45 型滚丝轮：

滚丝轮 45 型 A M8×40-2 GB/T 971—2008

标记中细牙螺纹的规格应以直径×螺距表示，如 M8×1。其余标注方法与粗牙相同

型式	内孔	键槽	
	D	b	h
45 型	$45^{+0.025}_{0}$	$12^{+0.36}_{+0.12}$	$47.9^{+0.62}_{0}$
54 型	$54^{+0.03}_{0}$	$12^{+0.36}_{+0.12}$	$57.5^{+0.74}_{0}$

用于 45 型粗牙普通螺纹的滚丝轮

被加工螺纹公称直径 d		螺距	滚丝轮螺纹	中径	宽度	倒角	
第一系列	第二系列	P	头数 z	d_2	L(推荐)	κ_r	f
3		0.5	54	144.450	30	45°	0.5
	3.5	0.6	46	143.060			0.6
4		0.7	40	141.800			0.7
	4.5	0.75	35	140.455			0.75
5		0.8	32	143.360			0.8
6		1.0	27	144.450	30、40	25°	1.5
8		1.25	20	143.760			2.0
10		1.5	16	144.416	40、50		2.5
12		1.75	13	141.219			
	14	2.0	11	139.711	40、60		3.0
16			10	147.010			
	18	2.5	9	147.384			4.0
20			8	147.008			
	22		7	142.632			

（续）

用于45型细牙普通螺纹的滚丝轮

被加工螺纹公称直径 d		螺距	滚丝轮螺纹	中径	宽度	倒角	
第一系列	第二系列	P	头数 z	d_2	L（推荐）	κ_r	f
8		1.0	20	147.000	30、40	25°	1.5
10			16	149.600	40、50		
12			13	147.550			
	14		11	146.850	50、70		
16			9	138.150			
10		1.25	16	147.008	40、50		2.0
12			13	145.444			
	14		11	145.068	50、70		
12		1.5	13	143.338	40、50		2.5
	14		11	143.286	50、70		
16			10	150.260			
	18		8	136.208			
20			7	133.182			
	22			147.182			
24			6	138.156			
	27		5	130.130			
30				145.130			
	33		4	128.104			
36				140.104			
	39		3	114.078			
	18	2.0	9	150.309	40、60		3.0
20			8	149.608			
	22		7	144.907			
24			6	136.206			
	27		5	128.505			
30				143.505			
	33		4	126.804			
36				138.804			
	39		3	113.103			

（续）

用于54型粗牙普通螺纹的滚丝轮

被加工螺纹公称直径 *d* 第一系列	被加工螺纹公称直径 *d* 第二系列	螺距 *P*	滚丝轮螺纹头数 *z*	中径 d_2	宽度 *L*(推荐)	倒角 κ_r	倒角 *f*
3		0.5	54	144.450	30	25°	0.5
	3.5	0.6	46	143.060			0.6
4		0.7	40	141.800			0.7
	4.5	0.75	35	140.455			0.75
5		0.8	32	143.360			0.8
6		1.0	27	144.450	30、40		1.5
8		1.25	20	143.760			2.0
10		1.5	16	144.416	40、50		2.5
12		1.75	13	141.219			
	14	2.0	12	152.412	50、70		3.0
16			10	147.010			
	18	2.5	9	147.384	60、80		4.0
20			8	147.008			
	22		7	142.632			
24		3.0		154.364	70、90		4.5
	27		6	150.312			
30		3.5	5	138.635	80、100		5.5
	33			153.635			
36		4.0	4	133.608			6.0
	39			145.608			

用于54型细牙普通螺纹的滚丝轮

被加工螺纹公称直径 *d* 第一系列	被加工螺纹公称直径 *d* 第二系列	螺距 *P*	滚丝轮螺纹头数 *z*	中径 d_2	宽度 *L*(推荐)	倒角 κ_r	倒角 *f*
8		1.0	20	147.000	30、40	25°	1.5
10			16	149.600	40、50		
12			13	147.550			
	14		11	146.850	50、70		
16			10	153.500			
10		1.25	16	147.008	40、50		2.0
12			13	145.444			
	14		11	145.068	50、70		
12		1.5	13	143.338	40、50		2.5
	14		11	143.286	50、70		
16			10	150.260			
	18		8	136.208	60、80		

（续）

用于54型细牙普通螺纹的滚丝轮							
被加工螺纹公称直径 d		螺 距	滚丝轮螺纹	中 径	宽 度	倒 角	
第一系列	第二系列	P	头数 z	d_2	L（推荐）	κ_r	f
20		1.5	8	152.208	60、80	25°	2.5
	22		7	147.182			
24			6	138.156	70、90		
	27		5	130.130			
30				145.130	80、100		
	33		4	128.104			
36				140.104			
	39		4	152.104	80、100		
42			3	123.078			
	45			132.078			3.0
	18	2.0	9	150.309	60、80		
20			8	149.608			
	22		7	144.907			
24			6	136.206	70、90		
	27		5	128.505			
30				143.505	80、100		
	33		4	126.804			
36				138.804			
	39			150.804			
42			3	122.103			
	45			131.103			
36		3.0	4	136.208			4.5
	39			148.208			
42			3	120.153			
	45			129.153			

注：1. 用于75型普通螺纹的滚丝轮尺寸见GB/T 971—2008。

2. 滚丝轮分三种精度等级：1级、2级和3级。1级适用于加工公差等级为4级、5级的外螺纹；2级适用于加工公差等级为5级、6级的外螺纹；3级适用于加工公差等级为6级、7级的外螺纹。

表3-1-120 60°圆锥管螺纹滚丝轮的型式和尺寸（JB/T 8364.5—2010）（单位：mm）

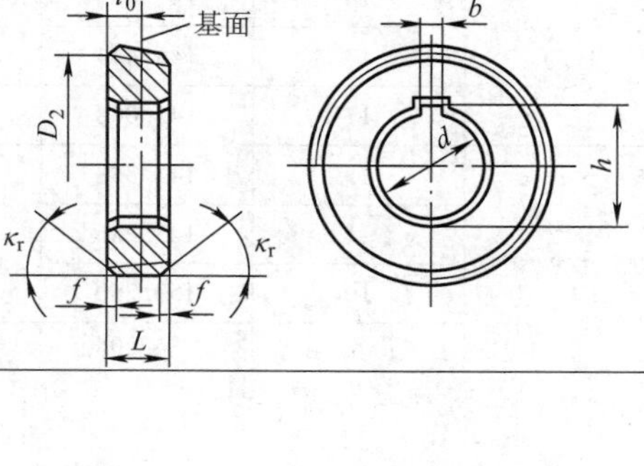

（续）

代号 NPT	每25.4mm内的牙数	螺距 P	滚丝轮头数 n	测量平面 中径 D_2	测量平面 距离 l_0	L	(f)	(κ_r)	d 公称尺寸	d 极限偏差	b 公称尺寸	b 极限偏差	h 公称尺寸	h 极限偏差
1/16	27	0.941	20	142.840	10	20	15	25°	54	$^{+0.03}_{0}$	12	$^{+0.36}_{+0.12}$	57.5	$^{+0.74}_{0}$
1/8			16	151.824										
1/4	18	1.411	12	149.844	15	30	20							
3/8			9	143.334										
1/2	14	1.814	7	138.304	15	35	25							
3/4			6	150.702										

注：根据工艺需要，滚丝轮两端允许有凸台。

表 3-1-121 55°圆锥管螺纹滚丝轮的型式和尺寸（JB/T 10000—2013） （单位：mm）

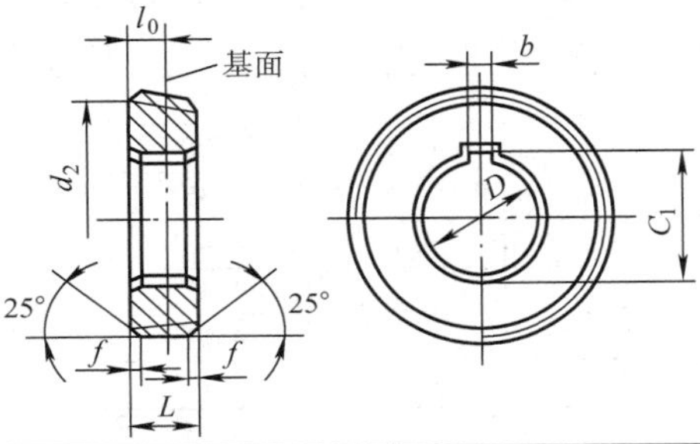

型式	D	b	C_1
45型	$45^{+0.025}_{0}$	$12^{+0.205}_{+0.095}$	$47.9^{+0.62}_{0}$
54型	$54^{+0.030}_{0}$		$57.5^{+0.74}_{0}$
75型	$75^{+0.030}_{0}$	$20^{+0.240}_{+0.110}$	$79.3^{+0.74}_{0}$

代号	25.4mm牙数	螺距 P	滚丝轮螺纹线数 n	基面上螺纹中径 d_2	L	l_0	f
R1/16	28	0.907	20	142.840	20	14	1.2
R1/8			15	137.205			
R1/4	19	1.337	11	135.311	25	16	2.0
R3/8			9	142.254			
R1/2	14	1.814	7	138.551	30	18	2.5
R3/4			6	151.676			
R1	11	2.309	5	158.850	35	20	3.5
R1¼			4	161.724			
R1½				165.296	40	25	
R2			3	174.405	45	29	

注：1. 45型适用于滚压直径 ϕ40mm以下，54型适用于滚压直径 ϕ60mm以下，75型适用于滚压直径 ϕ80mm以下。
2. 根据工艺需要，滚丝轮两端允许带凸台。

1.6.4 搓丝板

搓丝板的齿面是展开的螺纹。在滚压螺纹时，搓丝板由动板和静板组成一副，动板做往复运动，工件在两搓丝板之间的滚动压出螺纹。

1.6.4.1　普通螺纹用搓丝板的型式和尺寸（见表 3-1-122）

表 3-1-122　普通螺纹用搓丝板的型式和尺寸（GB/T 972—2008）　（单位：mm）

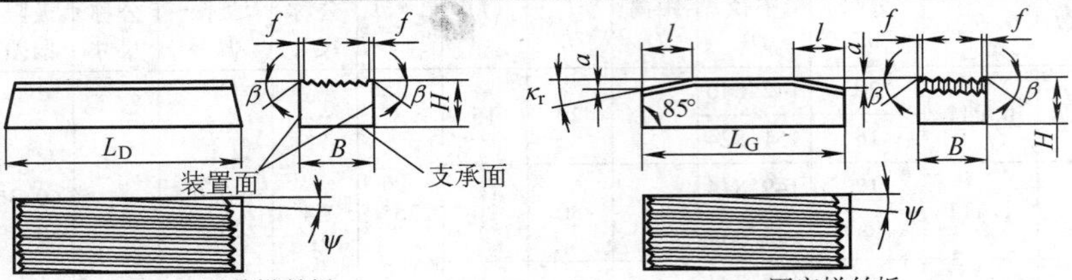

活动搓丝板　　　　固定搓丝板

标记示例

粗牙普通螺纹、被加工螺纹公称直径 8mm、螺距 1.25mm、宽度 50mm，固定搓丝板长度 110mm、2 级精度、螺纹牙型 A 的搓丝板标记为：搓丝板　AM8×50/110-2　GB/T 972—2008

标记中细牙螺纹的规格应以直径×螺距表示，如 M8×1，其余标记方法与粗牙相同

用于粗牙普通螺纹

被加工螺纹公称直径 d	螺距 P	l	a	$ψ$	$κ_r$	f	$β$
1	0.25	6.1	0.16	5°44′	1°30′	0.11	25°
1.1				5°5′			
1.2				4°35′			
1.4	0.30	7.3	0.19	4°43′		0.50	
1.6	0.35	8.8	0.23	4°49′			
1.8				4°11′			
2	0.40	9.9	0.26	4°19′		0.60	
2.2	0.45	11.0	0.29	4°25′		0.70	
2.5				3°48′			
3	0.50	12.2	0.32	3°29′		0.80	
4	0.70	18.7	0.49	3°40′		1.0	
5	0.80	21.4	0.56	3°18′		1.2	
6	1.00	26.7	0.70	3°27′		1.5	
8	1.25	33.6	0.88	3°12′		2.0	
10	1.50	40.1	1.05	3°4′		2.5	
12	1.75	47.0	1.23	2°58′			
14	2.00	53.5	1.40	2°54′		3.0	
16				2°30′			
18	2.50	66.8	1.75	2°48′		4.0	
20				2°30′			
22				2°15′			
24	3.00	80.2	2.10	2°30′		4.5	

用于细牙普通螺纹

被加工螺纹公称直径 d	螺距 P	l	a	$ψ$	$κ_r$	f≤	$β$
1	0.2	7.4	0.13	4°23′	1°	0.3	45°
1.1				3°55′			
1.2				3°32′			
1.4				2°58′			
1.6				2°33′			
1.8				2°14′			
2	0.25	9.2	0.16	2°33′		0.4	
2.2				2°17′			
2.5	0.35	13.2	0.23	2°52′		0.5	
3				2°21′			
3.5		14.3	0.25	1°59′			

（续）

被加工螺纹公称直径 d	螺距 P	l	a	ψ	κ_r	$f\leqslant$	β
用于细牙普通螺纹							
4	0.5	20.1	0.35	2°31′	1°	0.8	45°
5				1°58′			
6	0.75	30.4	0.53	2°31′		1.2	
8	1	40.1	0.7	2°30′		1.5	
10				1°58′			
12	1.25	50.4	0.88	2°3′		2	25°
	1.5	60.2	1.05	2°30′		2.5	
14				2°7′			
16				1°50′			
18				1°37′			
20				1°27′			
22				1°18′			
24	2	80.2	1.4	1°37′		3	

注：1. 表图中其他尺寸数据见 GB/T 972—2008。
2. 搓丝板分为三种精度等级：1级、2级、3级。1级适用于加工公差等级为4级、5级的外螺纹；2级适用于加工公差等级为5级、6级的外螺纹；3级适用于加工公差等级为6级、7级的外螺纹。

1.6.4.2　60°圆锥管螺纹和55°圆锥管螺纹搓丝板的型式和尺寸（见表 3-1-123）

表 3-1-123　60°圆锥管螺纹和55°圆锥管螺纹搓丝板的型式和尺寸　（单位：mm）

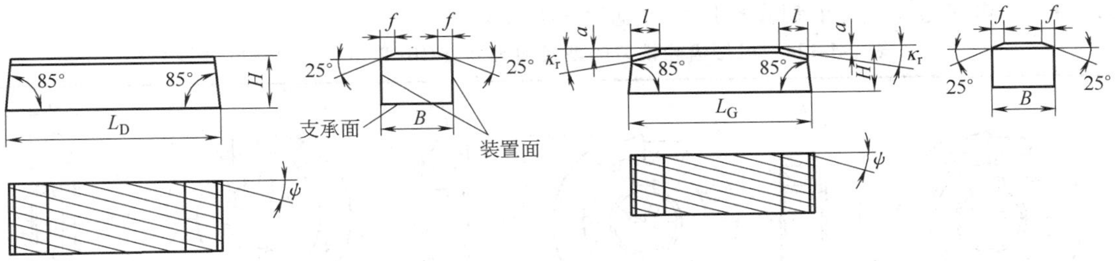

活动搓丝板　　　　固定搓丝板

代号	每25.4mm内的牙数	螺距 P	L_D 公称尺寸	L_D 极限偏差	L_G 公称尺寸	L_G 极限偏差	B 公称尺寸	B 极限偏差	H 公称尺寸	H 极限偏差	参考值 ψ	参考值 f	参考值 l	参考值 a	参考值 κ_r
60°圆锥管螺纹搓丝板（JB/T 8364.4—2010）															
NPT1/16	27	0.941	170	0	150	0	50	0	30	0	2°24′5″	1.5	25.2	0.66	1°33′
NPT1/8			210	−1.00	190	−1.00	55	−0.62		−0.52	1°48′29″				
NPT1/4	18	1.411	220	0	200	0	60		40		2°3′30″	2.0	37.8	0.99	
NPT3/8			250	−1.15	230	−1.15		0		0	1°55′5″				
NPT1/2	14	1.814	310	0	285	0	70	−0.74	45	−0.62	1°40′37″	2.5	48.5	1.27	
NPT3/4			400	−1.30	375	−1.30	80				1°19′1″				

（续）

55°圆锥管螺纹搓丝板(JB/T 9999—2013)														
代号	每25.4mm内的牙数	螺距 P	L_D		L_G		B		H	参考值				
			公称尺寸	极限偏差	公称尺寸	极限偏差	公称尺寸	极限偏差	参考尺寸	ψ	f	l	a	κ_r
R1/16	28	0.907	170	0 -1.00	150	0 -1.00	50 55	0 -0.62	30	2°18′	1.5	24.4	0.64	1°～1°30′
R1/8										1°48′		31.6		
R1/4	19	1.337	210	0 -1.15	190	0 -1.15	60 70	0 -0.74	40	1°58′	2	42.5	0.94	
R3/8			220		200					1°32′		53.8		
R1/2	14	1.814	250		230		60 70 80		45	1°40′	2.5	68	1.45	
R3/4			310	0 -1.30	285	0 -1.30				1°18′		83		
R1	11	2.309	400	0 -1.40	375	0 -1.40	80 100		50	1°19′	3	110	2.24	
R1¼			420	0 -1.55	400			0 -0.87		1°2′		128		

1.7 齿轮刀具

1.7.1 盘形齿轮铣刀

1.7.1.1 盘形齿轮铣刀的型式和尺寸（见表3-1-124）

表3-1-124 盘形齿轮铣刀的型式和尺寸（GB/T 28247—2012） （单位：mm）

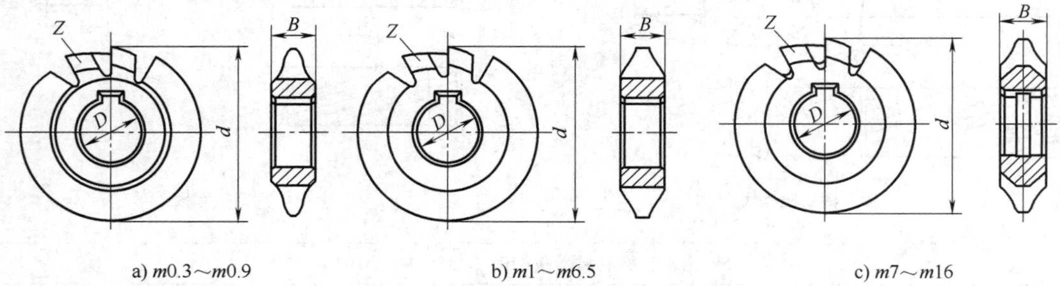

a) $m0.3 \sim m0.9$　　b) $m1 \sim m6.5$　　c) $m7 \sim m16$

标记示例

模数 m=10mm、3号的盘形齿轮铣刀标记为：盘形齿轮铣刀 m10-3 GB/T 28247—2012

模数系列 m		d	D	B															齿数 Z	铣刀深度
				铣刀号																
1	2			1	$1\frac{1}{2}$	2	$2\frac{1}{2}$	3	$3\frac{1}{2}$	4	$4\frac{1}{2}$	5	$5\frac{1}{2}$	6	$6\frac{1}{2}$	7	$7\frac{1}{2}$	8		
0.30		40	16	4	—	4	—	4	—	4	—	4	—	4	—	4	—	4	20	0.66
	0.35																			0.77
0.40																				0.88
0.50																			18	1.10
0.60																				1.32

（续）

模数系列m 1	模数系列m 2	d	D	B 铣刀号 1	$1\frac{1}{2}$	2	$2\frac{1}{2}$	3	$3\frac{1}{2}$	4	$4\frac{1}{2}$	5	$5\frac{1}{2}$	6	$6\frac{1}{2}$	7	$7\frac{1}{2}$	8	齿数Z	铣切深度
	0.70		16	4		4		4		4		4		4		4		4	16	1.54
0.80																				1.76
	0.90																			1.98
1.00		50	22																14	2.20
1.25				4.8		4.6		4.4		4.2		4.1		4.0		4.0		4.0		2.75
1.50		55		5.6		5.4		5.2		5.1		4.9		4.7		4.5		4.2		3.30
	1.75	60		6.5		6.3		6.0		5.8		5.6		5.4		5.2		4.9	12	3.85
2.00				7.3		7.1		6.8		6.6		6.3		6.1		5.9		5.5		4.40
	2.25			8.2		7.9		7.6		7.3		7.1		6.8		6.5		6.1		4.95
2.50		65		9.0		8.7		8.4		8.1		7.8		7.5		7.2		6.8		5.50
	2.75	70	27	9.9		9.6		9.2		8.8		8.5		8.2		7.9		7.4		6.05
3.00				10.7	—	10.4	—	10.0	—	9.6	—	9.2	—	8.9	—	8.5	—	8.1		6.60
	3.25	75		11.5		11.2		10.7		10.3		9.9		9.6		9.3		8.8		7.15
	3.50			12.4		12.0		11.5		11.1		10.7		10.3		9.9		9.4		7.70
	3.75	80		13.3		12.8		12.3		11.9		11.4		11.0		10.5		10.0		8.25
4.00				14.1		13.7		13.1		12.6		12.2		11.7		11.2		10.7		8.80
	4.50			15.3		14.9		14.4		13.9		13.6		13.1		12.6		12.0		9.90
5.00		90	32	16.8		16.3		15.8		15.4		14.9		14.5		13.9		13.2	11	11.00
	5.50	95		18.4		17.9		17.3		16.7		16.3		15.8		15.3		14.5		12.10
6.00		100		19.9		19.4		18.8		18.1		17.6		17.1		16.4		15.7		13.20
	6.50	105		21.4		20.8		20.2		19.4		19.0		18.4		17.8		17.0		14.30
	7.00			22.9		22.3		21.6		20.9		20.3		19.7		19.0		18.2		15.40
8.00		110		26.1		25.3		24.4		23.7		23.0		22.3		21.5		20.7		17.60
	9.00	115		29.2	28.7	28.3	28.1	27.6	27.0	26.6	26.1	25.9	25.4	25.1	24.7	24.3	23.9	23.3	10	19.80
10		120		32.2	31.7	31.2	31.0	30.4	29.8	29.3	28.7	28.5	28.0	27.6	27.2	26.7	26.3	25.7		22.00
	11	135	40	35.3	34.8	34.3	34.0	33.3	32.7	32.1	31.5	31.3	30.7	30.3	29.9	29.3	28.9	28.2		24.20
12		145		38.3	37.7	37.2	36.9	36.1	35.5	35.0	34.3	34.0	33.4	33.0	32.4	31.7	31.3	30.6		26.40
	14	160		44.7	44.0	43.4	43.0	42.1	41.3	40.6	39.8	39.5	38.8	38.4	37.7	37.0	36.3	35.5		30.80
16		170		50.7	49.9	49.3	48.7	47.8	46.8	46.1	45.1	44.8	44.0	43.5	42.8	41.9	41.3	40.3		35.20

1.7.1.2 指形齿轮铣刀的型式和尺寸（见表 3-1-125）

表 3-1-125 指形齿轮铣刀的型式和尺寸（JB/T 11749—2013） （单位：mm）

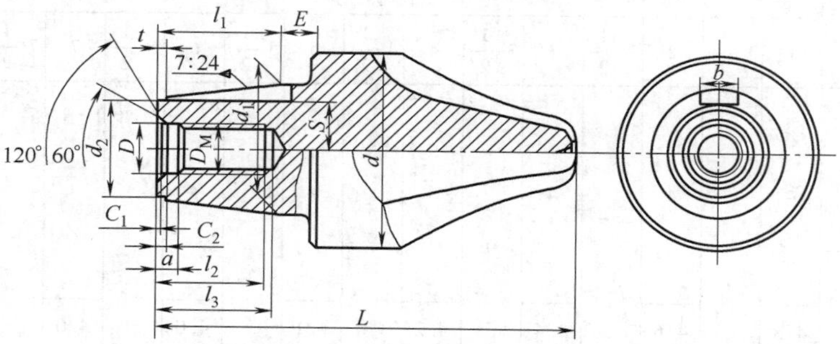

a) 7:24短锥柄定位的指形齿轮铣刀(A型)

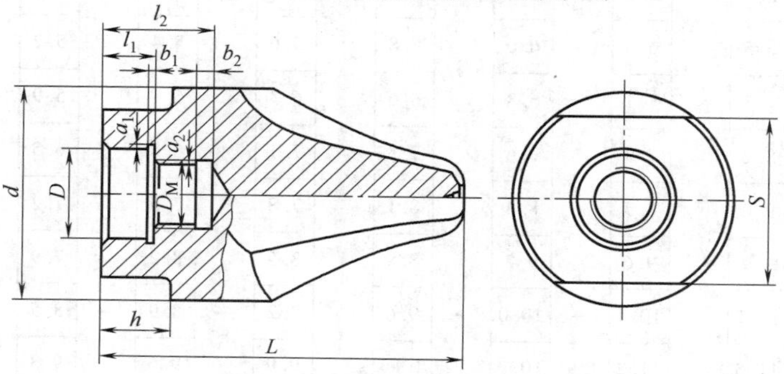

b) 圆柱孔和端面定位的指形齿轮铣刀(B型)

模数系列 m		d															齿数 Z	铣切深度
		铣刀号																
1	2	1	$1\frac{1}{2}$	2	$2\frac{1}{2}$	3	$3\frac{1}{2}$	4	$4\frac{1}{2}$	5	$5\frac{1}{2}$	6	$6\frac{1}{2}$	7	$7\frac{1}{2}$	8		
10			38			35			32			30			28		4	22.50
	(11)		42			38			35			34			32			24.75
12			45			42			38			35			34			27.00
	14		52			48			45			42			40			31.50
16			60			55			50			48			45			36.00
	18		65			60			55			52			50			40.50
20			75			70			65			60			55			45.00
	22		80			75			70			65			60		6	49.50
25		90		85				80				75			70			56.25
	28	100		95		90			85			80			75			63.00
	(30)	110		105		95			90			85			80			67.50
32		120	115		110	105		100		95			90		85			72.00
	36	130		125		115		110		105		100			95			81.00
40		145		135		130			120			115			110			90.00

（续）

7∶24短锥柄定位的指形齿轮铣刀（A型）定位尺寸															
d	锥柄号	d_1	D	D_M	l_1	l_2	l_3	E	C_1	C_2	a	t	b 基本尺寸	b 极限偏差	S	d_2
28~45	1	31.75	12.5	M12	30	28	30	6	0.5	2.5	6	7	8	+0.3 +0.1	10	22
48~70	2	44.45	17	M16	40	35	38	6	1	3.5	7	7	8	+0.3 +0.1	16.5	30
75~90	3	69.85	25	M24	50	45	48	10	1.5	6	11	8	14	+0.36 +0.12	28	54
95~145	4	88.9	31	M30	70	62	65	16	1.5	7	15	8	25.4	+0.42 +0.14	88.9/2	65

圆柱孔和端面定位的指形齿轮铣刀（B型）定位尺寸

d	D(H7)	D_M	l_1(H13)	l_2	$a_1 \times b_1$	$a_2 \times b_2$	S(h14)	h(h13)
28~30	16	M14	6	22	1×1	0.5×3	24	12
32~35							27	
38~40	20	M16					32	15
42~45	25	M20	8	30	1×1.5	0.5×4	36	16
48~52							41	18
55	30	M24	10	36		1×5	46	20
60	30	M24	10	36	1×1.5	1×5	50	20
65~70	40	M30	12	42		1×6	55	23
75							60	
80	50	M36	15	52	1×2	1×8	65	30
85							70	
90							75	33
95	55	M42	16	58		1×10	80	
100							85	
105							90	
110~115	62	M48		64		1×11	95	42
120							100	
125							110	
130	75	M64	17	72		1×14	115	
135~145							120	

1.7.2 渐开线齿轮滚刀

1.7.2.1 小模数齿轮滚刀的型式和尺寸（见表3-1-126）

表3-1-126 小模数齿轮滚刀的型式和尺寸（JB/T 2494—2006） （单位：mm）

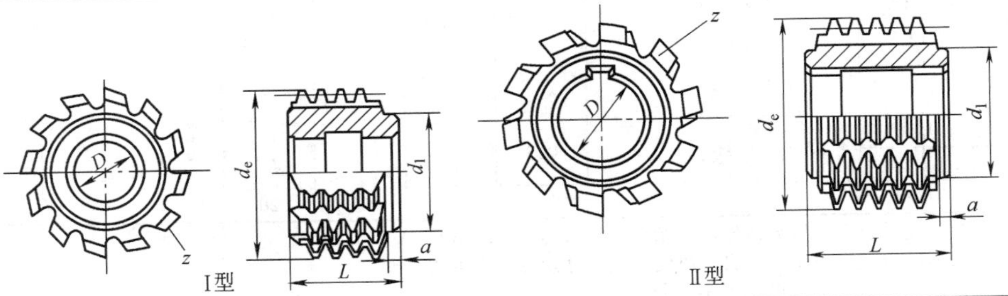

Ⅰ型 Ⅱ型

（续）

<table>
<tr><th colspan="2" rowspan="2">模数系列 m</th><th colspan="12">Ⅰ型</th><th colspan="6">Ⅱ型</th></tr>
<tr><th colspan="6">φ25</th><th colspan="6">φ32</th><th colspan="6">φ40</th></tr>
<tr><th>Ⅰ</th><th>Ⅱ</th><th>d_e</th><th>L</th><th>D</th><th>d_1</th><th>a_{min}</th><th>齿数 z</th><th>d_e</th><th>L</th><th>D</th><th>d_1</th><th>a_{min}</th><th>齿数 z</th><th>d_e</th><th>L</th><th>D</th><th>d_1</th><th>a_{min}</th><th>齿数 z</th></tr>
<tr><td>0.10</td><td></td><td rowspan="12">25</td><td rowspan="5">10</td><td rowspan="12">8</td><td rowspan="12">15</td><td rowspan="12">2.5</td><td rowspan="5">15</td><td rowspan="5">—</td><td rowspan="5">—</td><td rowspan="5">—</td><td rowspan="5">—</td><td rowspan="5">—</td><td rowspan="5">—</td><td rowspan="5">—</td><td rowspan="5">—</td><td rowspan="5">—</td><td rowspan="5">—</td><td rowspan="5">—</td><td rowspan="5">—</td></tr>
<tr><td>0.12</td><td></td></tr>
<tr><td>0.15</td><td></td></tr>
<tr><td>0.20</td><td></td></tr>
<tr><td>0.25</td><td></td></tr>
<tr><td>0.30</td><td></td><td rowspan="5">15</td><td rowspan="5">12</td><td rowspan="8">32</td><td rowspan="4">15</td><td rowspan="8">13</td><td rowspan="8">22</td><td rowspan="8">2.5</td><td rowspan="5">12</td><td rowspan="8">40</td><td rowspan="3">25</td><td rowspan="8">16</td><td rowspan="8">25</td><td rowspan="8">4</td><td rowspan="8">15</td></tr>
<tr><td></td><td>0.35</td></tr>
<tr><td>0.40</td><td></td></tr>
<tr><td>0.50</td><td></td><td rowspan="3">30</td></tr>
<tr><td>0.60</td><td></td><td rowspan="4">20</td></tr>
<tr><td></td><td>0.70</td><td rowspan="2">20</td><td rowspan="2">10</td><td rowspan="3">10</td></tr>
<tr><td>0.80</td><td></td><td rowspan="2">40</td></tr>
<tr><td></td><td>0.90</td><td>—</td><td>—</td><td>—</td><td>—</td><td>—</td><td>—</td></tr>
</table>

注：小模数齿轮滚刀的模数为0.1~0.9，压力角为20°，滚刀直径分为25mm、32mm、40mm三种。其精度等级分为AAA、AA、A和B四级。滚刀作成单头、右旋，容屑槽为平行于轴线的直槽。

1.7.2.2 整体硬质合金小模数齿轮滚刀的型式和尺寸（见表3-1-127）

表3-1-127 整体硬质合金小模数齿轮滚刀的型式和尺寸（JB/T 7654—2006）

（单位：mm）

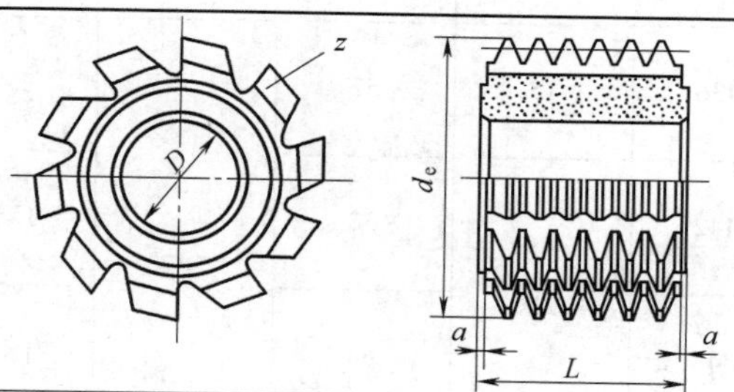

<table>
<tr><th colspan="2">模数系列</th><th colspan="5">φ25</th><th colspan="5">φ32</th></tr>
<tr><th>Ⅰ</th><th>Ⅱ</th><th>d_e</th><th>L</th><th>D</th><th>a_{min}</th><th>齿数 z</th><th>d_e</th><th>L</th><th>D</th><th>a_{min}</th><th>齿数 z</th></tr>
<tr><td>0.10</td><td rowspan="6">—</td><td rowspan="10">25</td><td rowspan="5">8</td><td rowspan="10">8</td><td rowspan="10">0.3</td><td rowspan="10">12</td><td rowspan="5">—</td><td rowspan="5">—</td><td rowspan="5">—</td><td rowspan="5">—</td><td rowspan="5">—</td></tr>
<tr><td>0.12</td></tr>
<tr><td>0.15</td></tr>
<tr><td>0.20</td></tr>
<tr><td>0.25</td></tr>
<tr><td>0.30</td><td rowspan="3">10</td><td rowspan="8">32</td><td rowspan="4">12</td><td rowspan="8">13</td><td rowspan="8">0.4</td><td rowspan="8">12</td></tr>
<tr><td></td><td>0.35</td></tr>
<tr><td>0.40</td><td rowspan="3">—</td></tr>
<tr><td>0.50</td><td rowspan="2">12</td></tr>
<tr><td>0.60</td><td rowspan="3">16</td></tr>
<tr><td></td><td>0.70</td><td rowspan="2">25</td><td rowspan="2">16</td><td rowspan="2">8</td><td rowspan="2">0.3</td><td rowspan="2">12</td></tr>
<tr><td>0.80</td><td></td></tr>
<tr><td></td><td>0.90</td><td>—</td><td>—</td><td>—</td><td>—</td><td>—</td><td>20</td></tr>
</table>

注：1. 整体硬质合金小模数齿轮滚刀精度等级分为AAA、AA、A和B四级。
2. 滚刀轴台直径由工具厂自行决定，其尺寸应尽可能取得大些。
3. 按用户要求，滚刀可做成左旋。

1.7.2.3 齿轮滚刀的型式和尺寸（见表 3-1-128）

表 3-1-128 齿轮滚刀的型式和尺寸（GB/T 6083—2016） （单位：mm）

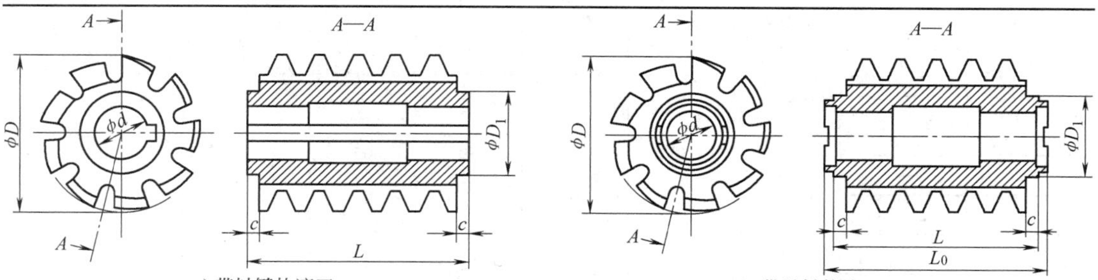

a) 带轴键的滚刀　　b) 带端键的滚刀

小孔径单头齿轮滚刀

类型②	模数系列 m		轴台直径 D_1	外径 D①	孔径 d②	参考			
	Ⅰ	Ⅱ				总长 L①	总长 $L_0$①	最小轴台长度 c	常用容屑槽数量
1	0.5	—	由制造商自行定制	24	8	10	—	1	12
	—	0.55							
	0.6	—							
	—	0.7							
	—	0.75				12			
	0.8	—							
	—	0.9							
	1.0	—							
2	0.5	—		32	10	20	30	2	
	—	0.55							
	0.6	—							
	—	0.7							
	—	0.75							
	0.8	—							
	—	0.9							
	1.0	—							
	—	1.125							
	1.25	—		40		25	35		10
	—	1.375							
	1.50	—							
	—	1.75				30	40		
	2.0	—							
3	0.5	—		32	13	20	30		12
	—	0.55							
	0.6	—							
	—	0.7							
	—	0.75							
	0.8	—							
	—	0.9							
	1.0	—							
	—	1.125							
	1.25	—		40		25	35		10
	—	1.375							
	1.5	—							
	—	1.75				30	40		
	2.0	—							

（续）

单头齿轮滚刀								
模数系列 m		轴台直径 D_1	外径 D①	孔径 d③	参考			
					总长 L①	总长 $L_0$①	最小轴台长度 c	常用容屑槽数量
Ⅰ	Ⅱ							
1	—	由制造商自行定制	50	22	50	65	4	14
—	1.125							
1.25	—							
—	1.375							
1.5	—		55		55	70		
—	1.75							
2	—		65	27	60	75		
—	2.25							
2.5	—		70		65	80		
—	2.75							
3	—		75	32	70	85		
—	3.5		80		75	90		
4	—		85		80	95		
—	4.5		90		85	100		
5	—		95		90	105		
—	5.5		100		95	110	5	12
6	—		105		100	115		
—	6.5		110		110	125		
—	7		115		115	130		
8	—		120		140	160		10
—	9		125					
10	—		130		170	190		
—	11		150	40			6	9
12	—		160		200	220		
—	14		180					
16	—		200	50	250	275		
—	18		220					
20	—		240	60	300	325		
—	22		250					
25	—		280		360	385		
—	28		320	80	400	430		
32	—		350		450	480		
—	36		380					
40	—		400		480	510		

注：对小孔径单头齿轮滚刀，根据用户需要，可以不做键槽。

① 外径公差、总长度公差按 GB/T 1804 应为粗糙级。

② 类型是基于孔径划分的。

③ GB/T 20329（联结尺寸）孔径最大为50mm。

1.7.2.4　镶片齿轮滚刀的型式和尺寸（见表3-1-129）

表3-1-129　镶片齿轮滚刀的型式和尺寸（GB/T 9205—2005）　（单位：mm）

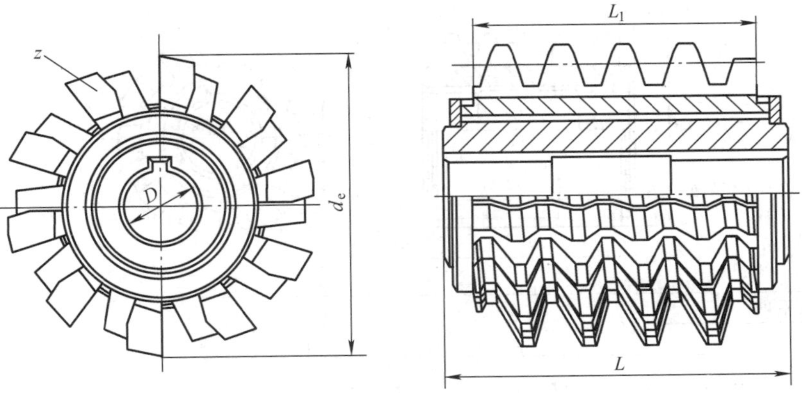

a) 轴向键槽型镶片齿轮滚刀

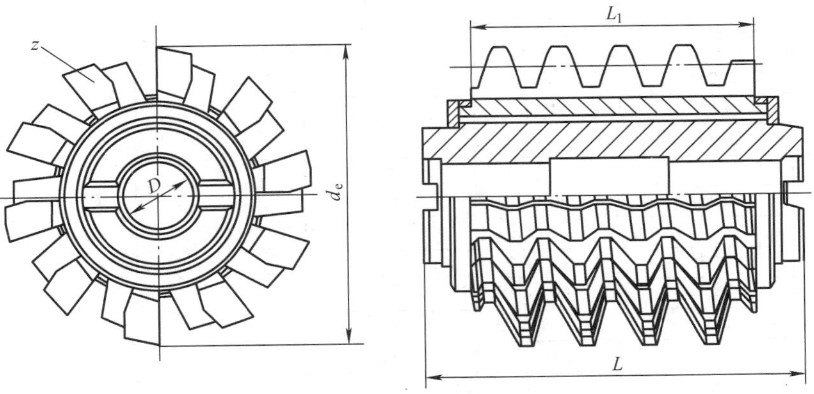

b) 端面键槽型镶片齿轮滚刀

模数系列		轴向键槽型					端面键槽型				
Ⅰ	Ⅱ	d_e	L	D	L_1	齿数 z	d_e	L	D	L_1	齿数 z
10		205	220		175		205	245		175	
	11	215	235		190		215	260		190	
12		220	240		195		220	265		195	
	14	235	260	60	215		235	285	60	215	
16		250	280		235		250	305		235	
	18	265	300		255	10	265	325		255	10
20		280	320		275		280	345		275	
	22	315	335		285		315	365		285	
25		330	350		300		330	380		300	
	28	345	365	80	315		345	395	80	315	
	30	360	385		335		360	415		335	
32		375	405		355		375	435		355	

1.7.2.5 剃前齿轮滚刀的型式和尺寸（见表3-1-130）

表3-1-130 剃前齿轮滚刀的型式和尺寸（JB/T 4103—2006） （单位：mm）

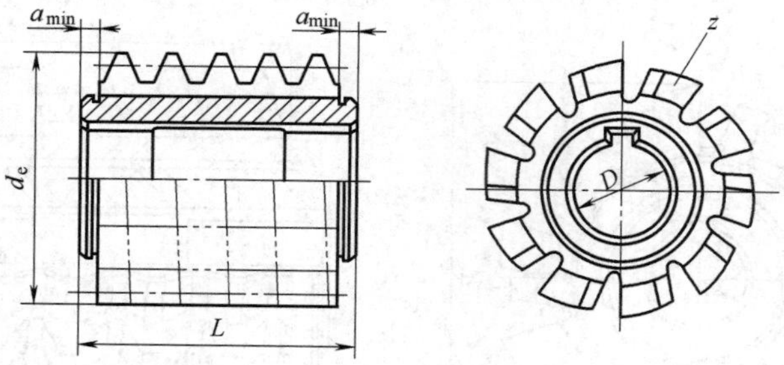

模数系列 I	模数系列 II	d_e	L	D	a_{min}	齿数 z
1		50	32	22	5	12
1.25			40			
1.5		63	50	27		
	1.75					
2						
	2.25	71	56			
2.5			63			
	2.75					
3		80	71	32		
	3.25					
	3.5					
	3.75	90	80			10
4						
	4.5		90			
5		100	100			
	5.5	112	112	40		
6						
	6.5	118	118			
	7		125			
8		125	132			

1.7.2.6 磨前齿轮滚刀的型式和尺寸（见表3-1-131）

表3-1-131 磨前齿轮滚刀的型式和尺寸（GB/T 28252—2012） （单位：mm）

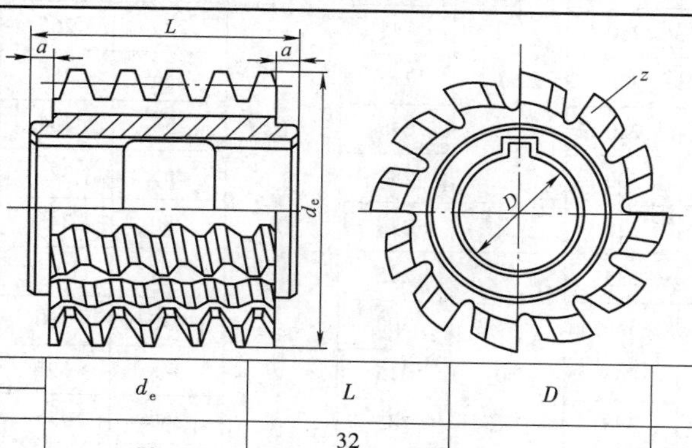

模数系列 I	模数系列 II	d_e	L	D	a	齿数 z
1		50	32	22	5	12
1.25			40			

（续）

模数系列 I	模数系列 II	d_e	L	D	a	齿数 z
1.5		63	50	27	5	12
	1.75					
2						
	2.25	71	56			
2.5			63			
	2.75					
3		80	71	32		
	3.25					
	3.5					
	3.75	90	80			10
4						
	4.5		90			
5		100	100			
	5.5	112	112	40		
6						
	6.5	118	118			
	7		125			
8		125	132			
	9	140	152			
10		150	170	50		

1.7.2.7 双圆弧齿轮滚刀的型式和尺寸（见表3-1-132）

表3-1-132 双圆弧齿轮滚刀的型式和尺寸（GB/T 14348—2007） （单位：mm）

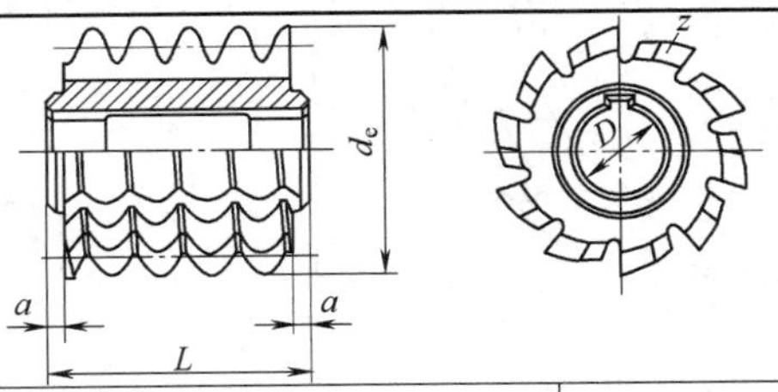

模数系列 I	模数系列 II	I型 d_e	I型 L	I型 D	I型 a_{min}	I型 齿数 z	II型 d_e	II型 L	II型 D	II型 a_{min}	II型 齿数 z
1.5		63	63	27	5	12	50	40	22	5	12
2		71	71	32			63	50	27		
	2.25	80	80				71	63			
2.5											
	2.75	90	90	40		10	80	71	32		10
3											
	3.5	100	100								
4		112	112				90	80			
	4.5							90			
5		125	125	50			100	100			
	5.5						112	112	40		
6		140	140								
	7						118	125			
8		160	160	60			125	132			
	9	180	180				140	150	50		
10		200	200				150	170			

1.7.3　盘形剃齿刀

（1）盘形轴向剃齿刀的型式和主要尺寸（见表3-1-133）

表3-1-133　盘形轴向剃齿刀的型式和主要尺寸（GB/T 14333—2008）（单位：mm）

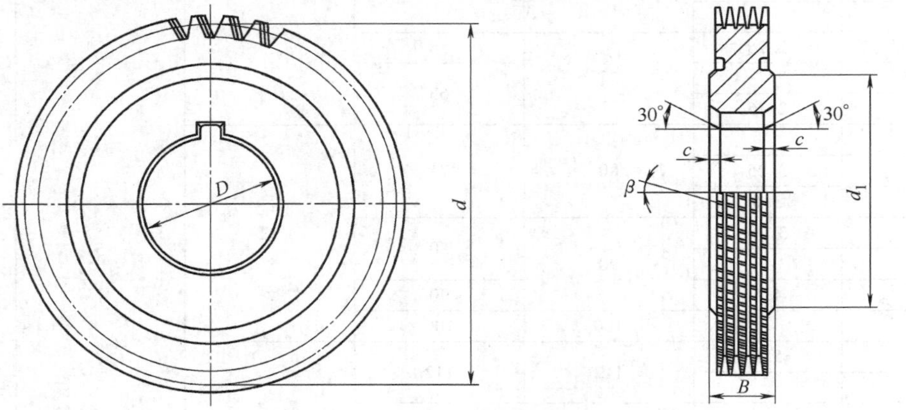

Ⅰ型

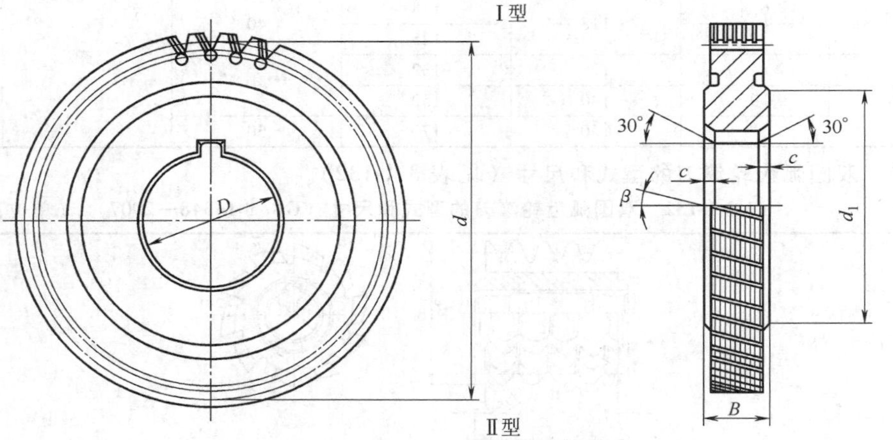

Ⅱ型

注：β通常采用5°和15°；c尺寸由各制造厂家自行决定

公称分度圆直径 d=85mm 的剃齿刀

法向模数 m_n		齿数 z	B	D	d_1
第一系列	第二系列				
1		86	16	31.743	60
1.25		67			
1.5		58			

公称分度圆直径 d=180mm 的剃齿刀

法向模数 m_n		齿数 z	B	D	d_1
第一系列	第二系列				
1.25		115	20	63.5	120
1.5		115			
	1.75	100			
2		83			
	2.25	73			
2.5		67			
	2.75	61			
		53			
	(3.25)	53			
	3.5	47			
	(3.75)	43			

（续）

公称分度圆直径 d=180mm 的剃齿刀					
法向模数 m_n		齿数 z	B	D	d_1
第一系列	第二系列				
4		41	20	63.5	120
	4.5	37			
5		31			
	5.5	29			
6		27			
公称分度圆直径 d=240mm 的剃齿刀					
法向模数 m_n		齿数 z	B	D	d_1
第一系列	第二系列				
2		115	25	63.5	120
	2.25	103			
2.5		91			
	2.75	83			
3		73			
	(3.25)	67			
	3.5	61			
	(3.75)	61			
4		53			
	4.5	51			
5		43			
	5.5	41			
6		37			
	(6.5)	35			
	7	31			
8		27			

注：1. 盘形轴剃齿刀的型式分Ⅰ型和Ⅱ型两种。Ⅰ型—切削刃的沟槽为环形通槽，Ⅱ型—切削刃的沟槽为不通槽。
2. 带括号的模数尽量不采用。

（2）盘形径向剃齿刀的型式和主要尺寸（见表3-1-134）

表3-1-134　盘形径向剃齿刀的型式和主要尺寸（GB/T 21950—2008）

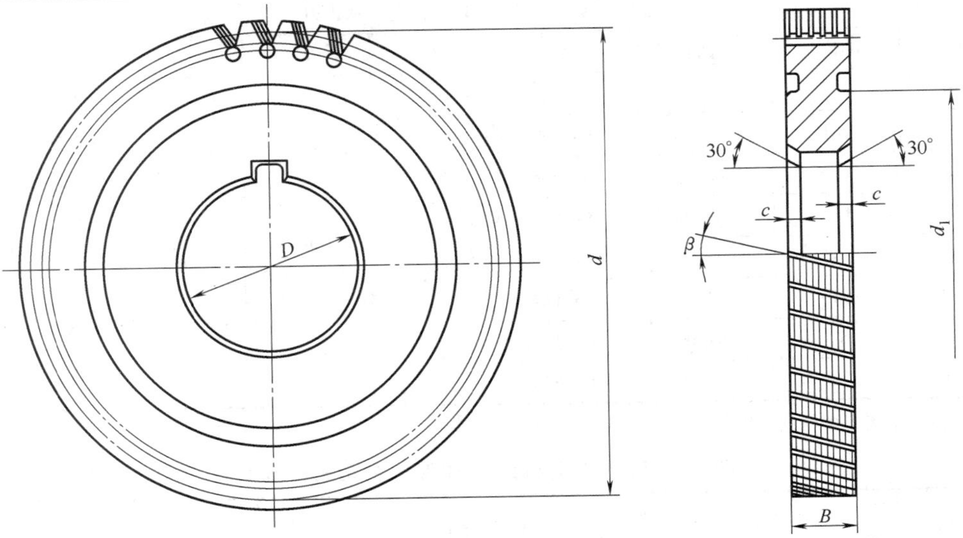

注：1. 盘形径向剃齿刀按其公称分圆直径分为 d=180mm 和 d=240mm 两种。
2. 盘形径向剃齿刀内孔直径 D=63.5mm，按用户要求可做成 D=100mm，此时内孔可不做键槽。
3. 盘形径向剃齿刀分圆螺旋角 β、旋向、齿数 Z 和剃齿刀齿宽 B 根据被剃齿轮分圆螺旋角、旋向、齿数、齿宽设计决定。
4. c 尺寸及是否加轴台由各制造厂家自行决定。
5. 盘形径向剃齿刀 $d_1 \geqslant \phi 140$mm。

1.7.4 插齿刀

1.7.4.1 小模数直齿插齿刀的型式和尺寸（JB/T 3095—2006）（见表 3-1-135~表 3-1-137）

表 3-1-135 盘形插齿刀（Ⅰ型）的型式和尺寸 （单位：mm）

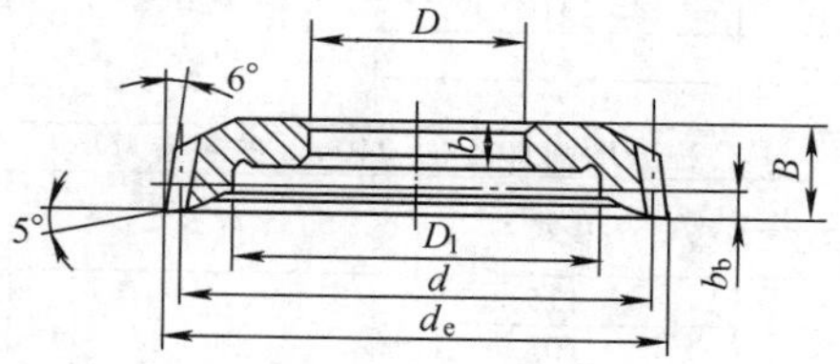

公称分度圆直径为 40mm 的盘形插齿刀

模数 m	齿数 z	分度圆直径 d	d_e	D	D_1	b	b_b	B
0.20	199	39.80	40.424	15.875	28	6	0.40	10
0.25	159	39.75	40.530				0.50	
0.30	131	39.30	40.236				0.60	
0.35	113	39.55	40.642				0.70	
0.40	99	39.6	40.848				0.80	
0.50	80	40	41.560				1.00	
0.60	66	39.6	41.472				1.20	
0.70	56	39.2	41.384			7	1.40	12
0.80	50	40	42.496				1.60	
0.90	44	39.6	42.408				1.80	

公称分度圆直径为 63mm 的盘形插齿刀

模数 m	齿数 z	分度圆直径 d	d_e	D	D_1	b	b_b	B
0.30	209	62.70	63.636	31.743	50	6	0.60	10
0.35	181	63.35	64.442				0.70	
0.40	159	63.60	64.848				0.80	
0.50	126	63.00	64.560				1.00	
0.60	105	63.00	64.872				1.20	
0.70	90	63.00	65.184			7	1.40	12
0.80	80	64.00	66.496				1.60	
0.90	72	64.80	67.608				1.80	

注：盘形插齿刀的精度等级分为 AA、A 和 B 三级。

表 3-1-136 碗形插齿刀（Ⅱ型）的型式和尺寸 （单位：mm）

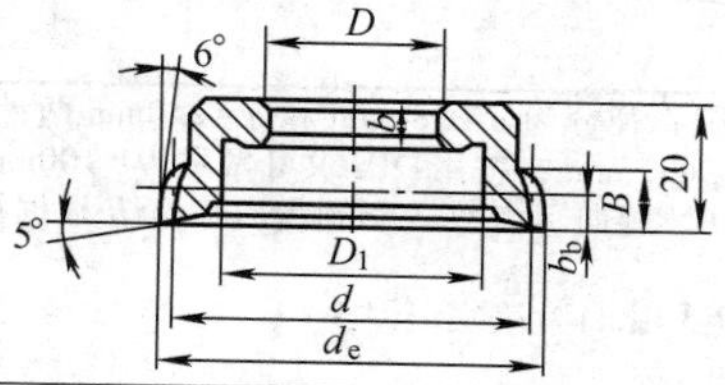

（续）

公称分度圆直径为63mm的碗形插齿刀								
模数 m	齿数 z	分度圆直径 d	d_e	D	D_1	b	b_b	B
0.30	209	62.70	63.636	31.743	48	7	0.60	10
0.35	181	63.35	64.442				0.70	
0.40	159	63.60	64.848				0.80	
0.50	126	63.00	64.560				1.00	
0.60	105	63.00	64.872				1.20	
0.70	90	63.00	65.184				1.40	12
0.80	80	64.00	66.496				1.60	
0.90	72	64.80	67.608				1.80	

注：碗形插齿刀的精度等级分为AA、A和B三级。

表3-1-137　锥柄插齿刀（Ⅲ型）的型式和尺寸　（单位：mm）

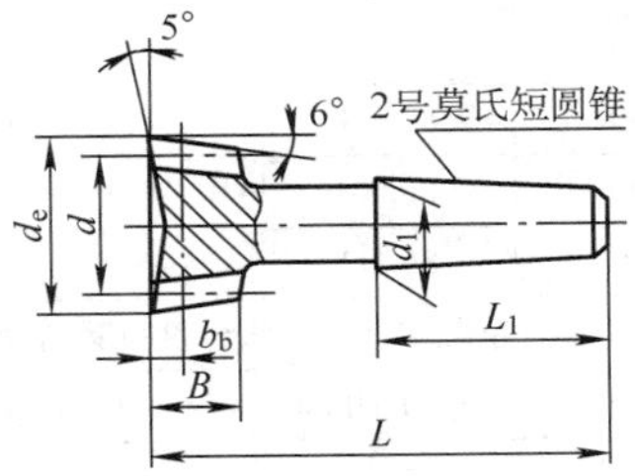

公称分度圆直径为25mm的锥柄插齿刀								
模数 m	齿数 z	分度圆直径 d	d_e	d_1	b_b	B	L	L_1
0.10	249	24.90	25.212	17.981	0.20	4.5	70	40
0.12	207	24.84	25.214		0.24			
0.15	165	24.75	25.218		0.30			
0.20	125	25.00	25.624		0.40			
0.25	99	24.75	25.530		0.50	6		
0.30	83	24.90	25.836		0.60			
0.35	71	24.85	25.942		0.70			
0.40	63	25.20	26.448		0.80			
0.50	50	25.00	26.560		1.00	8		
0.60	40	24.00	26.872		1.20			
0.70	36	25.20	27.384		1.40			
0.80	32	25.60	28.096		1.60			
0.90	28	25.20	28.008		1.80			

注：锥柄插齿刀的精度等级分为A和B两级。

1.7.4.2 直齿插齿刀的型式和尺寸（GB/T 6081—2001）（见表 3-1-138～表 3-1-140）

表 3-1-138 盘形直齿插齿刀的型式和尺寸 （单位：mm）

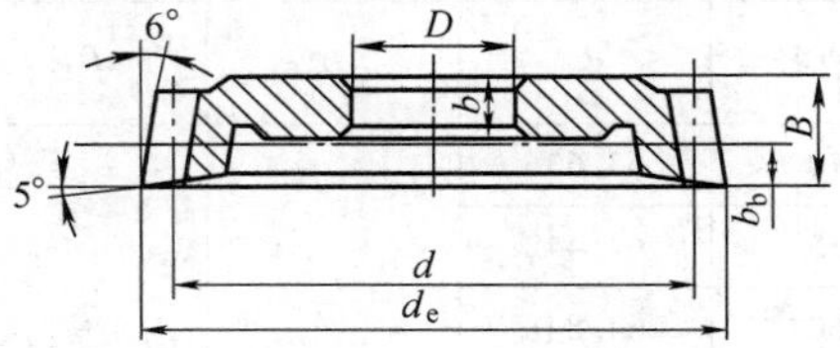

公称分度圆直径为 75mm、$m=1\sim4$mm、$\alpha=20°$

模数 m	齿数 z	分度圆直径 d	d_e	D	b	b_b	B
1.00	76	76.00	78.50			0	
1.25	60	75.00	78.56			2.1	15
1.50	50	75.00	79.56			3.9	
1.75	43	75.25	80.67			5.0	
2.00	38	76.00	82.24			5.9	
2.25	34	76.50	83.48	31.743	10	6.4	17
2.50	30	75.00	82.34			5.2	
2.75	28	77.00	84.92			5.0	
3.00	25	75.00	83.34			4.0	
3.50	22	77.00	86.44			3.3	20
4.00	19	76.00	86.32			1.5	
说明	在插齿刀的原始截面中，齿顶高系数等于 1.25，分度圆齿厚等于 $\pi m/2$						

公称分度圆直径为 100mm、$m=1\sim6$mm、$\alpha=20°$

模数 m	齿数 z	分度圆直径 d	d_e	D	b	b_b	B
1.00	100	100.00	102.62			0.6	
1.25	80	100.00	103.94		10	3.9	18
1.50	68	102.00	107.14			6.6	
1.75	58	101.50	107.62			8.3	
2.00	50	100.00	107.00			9.5	
2.25	45	101.25	109.09			10.5	22
2.50	40	100.00	108.36			10.0	
2.75	36	99.00	107.86	31.743		9.4	
3.00	34	102.00	111.54		12	9.7	
3.50	29	101.50	112.08			8.7	
4.00	25	100.00	11.46			6.9	
4.50	22	99.00	111.78			5.1	24
5.00	20	100.00	113.90			4.3	
5.50	19	104.50	119.68			4.2	
6.00	18	108.00	124.56			4.6	
说明	1）在插齿刀的原始截面中，$m\leqslant4$mm 时，齿顶高系数为 1.25；$m>4$mm 时，齿顶高系数为 1.3；分度圆齿厚为 $\pi m/2$ 2）按用户需要，直齿插齿刀的内孔直径可做成 44.443mm 或 44.45mm						

（续）

模数 m	齿数 z	分度圆直径 d	d_e	D	b	b_b	B
公称分度圆直径为 125mm、$m=4\sim8$mm、$\alpha=20°$							
4.0	31	124.00	136.80	31.743	13	11.4	30
4.5	28	126.00	140.14			11.6	
5.0	25	125.00	140.20			10.5	
5.5	23	126.50	143.00			10.5	
6.0	21	126.00	143.52			9.1	
6.5	19	123.50	141.96			7.4	
7.0	18	126.00	145.74			7.3	
8.0	16	128.00	149.92			5.3	
说明	1）在插齿刀的原始截面中，齿顶高系数为 1.3，分度圆齿厚为 $\pi m/2$ 2）按用户需要，直齿插齿刀的内孔直径可做成 44.443mm 或 44.45mm						
公称分度圆直径为 160mm、$m=6\sim10$mm、$\alpha=20°$							
模数 m	齿数 z	分度圆直径 d	d_e	D	b	b_b	B
6	27	162.00	178.20	88.9	18	5.7	35
7	23	161.00	179.90			6.7	
8	20	160.00	181.60			7.6	
9	18	162.00	186.30			8.6	
10	16	160.00	187.00			9.5	
说明	在插齿刀原始截面中，齿顶高系数为 1.25，分度圆齿厚为 $\pi m/2$						
公称分度圆直径为 200mm、$m=8\sim12$mm、$\alpha=20°$							
模数 m	齿数 z	分度圆直径 d	d_e	D	b	b_b	B
8	25	200.00	221.60	101.6	20	7.6	40
9	22	198.00	222.30			8.6	
10	20	200.00	227.00			9.5	
11	18	198.00	227.70			10.5	
12	17	204.00	236.40			11.4	
说明	在插齿刀的原始截面中，齿顶高系数为 1.25，分度圆齿厚为 $\pi m/2$						

注：盘形直齿插齿刀的公称分度圆直径（mm）为 75、100、125、160、200 五种，精度等级分为 AA、A、B 三级。

表 3-1-139 碗形直齿插齿刀的型式和尺寸 （单位：mm）

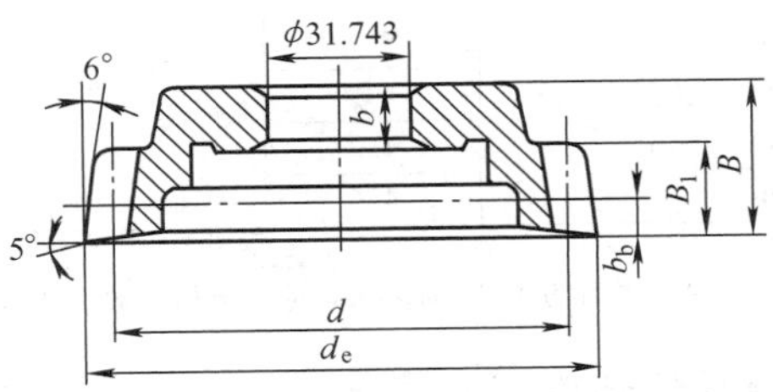

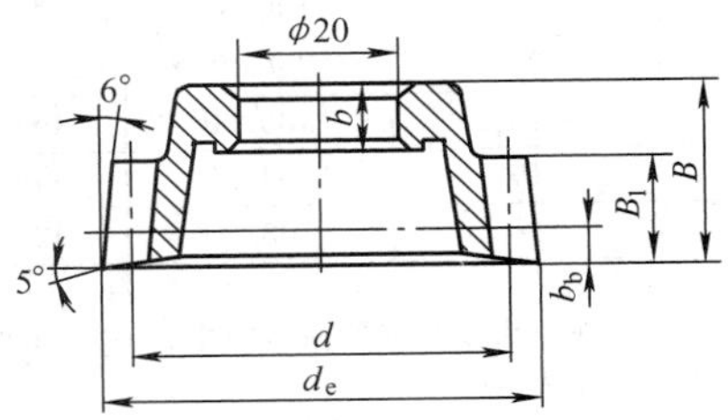

（续）

公称分度圆直径为 50mm、$m=1\sim3.5$mm、$\alpha=20°$

模数 m	齿数 z	分度圆直径 d	d_e	b	b_b	B	B_1
1.00	50	50.00	52.72	10	1.0	25	14
1.25	40	50.00	53.38		1.2		
1.50	34	51.00	55.04		1.4		
1.75	29	50.75	55.49		1.7		
2.00	25	50.00	55.40		1.9		17
2.25	22	49.50	55.56		2.1		
2.50	20	50.00	56.76		2.4		
2.75	18	49.50	56.92		2.6		
3.00	17	51.00	59.10		3.1	27	20
3.50	14	49.00	58.44				
说明	在直齿插齿刀的原始截面中，齿顶高系数为 1.25，分度圆齿厚为 $\pi m/2$						

公称分度圆直径为 75mm、$m=1\sim4$mm、$\alpha=20°$

模数 m	齿数 z	分度圆直径 d	d_e	b	b_b	B	B_1
1.00	76	76.00	78.72	10	1.0	30	15
1.25	60	75.00	78.38		1.2		
1.50	50	75.00	79.04		1.4		
1.75	43	75.25	79.99		1.7		17
2.00	38	76.00	81.40		1.9		
2.25	34	76.50	82.56		2.1		
2.50	30	75.00	81.76		2.4		
2.75	28	77.00	84.42		2.6		
3.00	25	75.00	83.10		2.9	32	20
3.50	22	77.00	86.44		3.3		
4.00	19	76.00	86.80		3.8		
说明	在直齿插齿刀的原始截面中，齿顶高系数为 1.25，分度圆齿厚为 $\pi m/2$						

公称分度圆直径为 100mm、$m=1\sim6$mm、$\alpha=20°$

模数 m	齿数 z	分度圆直径 d	d_e	b	b_b	B	B_1
1.00	100	100.00	102.62	10	0.6	32	18
1.25	80	100.00	103.94		3.9		
1.50	68	102.00	107.14		6.6		
1.75	58	101.50	107.62		8.3	34	22
2.00	50	100.00	107.00		9.5		
2.25	45	101.25	109.09		10.5		
2.50	40	100.00	108.36		10.0		
2.75	36	99.00	107.86		9.4		
3.00	34	102.00	111.54		9.7		
3.50	29	101.50	112.08		8.7	36	24
4.00	25	100.00	111.46		6.9		
4.50	22	99.00	111.78		5.1		
5.00	20	100.00	113.90		4.3		
5.50	19	104.50	119.68		4.2		
6.00	18	108.00	124.56		4.6		
说明	1）在直齿插齿刀原始截面中，$m\leqslant4$mm 时，齿顶高系数为 1.25；$m>4$mm 时齿顶高系数为 1.3；分度圆齿厚为 $\pi m/2$ 2）按用户需要，直齿插齿刀的内孔直径可做成 44.443mm 或 44.45mm						

（续）

公称分度圆直径为125mm、$m=4\sim8$mm、$\alpha=20°$							
模数 m	齿数 z	分度圆直径 d	d_e	b	b_b	B	B_1
4.0	31	124.00	136.80	13	11.4	40	28
4.5	28	126.00	140.14		11.6		
5.0	25	125.00	140.20		10.5		
5.5	23	126.50	143.00		10.5		
6.0	21	126.00	143.52		9.1		
7.0	18	126.00	145.74		7.3		
8.0	16	128.00	149.92		5.3		
说明	1)在直齿插齿刀的原始截面中,齿顶高系数为1.3,分度圆齿厚为 $\pi m/2$ 2)按用户需要,直齿插齿刀的内孔直径可做成44.443mm或44.45mm						

注:碗形直齿插齿刀的公称分度圆直径(mm)为50、75、100、125四种，精度等级分为AA、A、B三级。

表3-1-140　锥柄直齿插齿刀的型式和尺寸　（单位：mm）

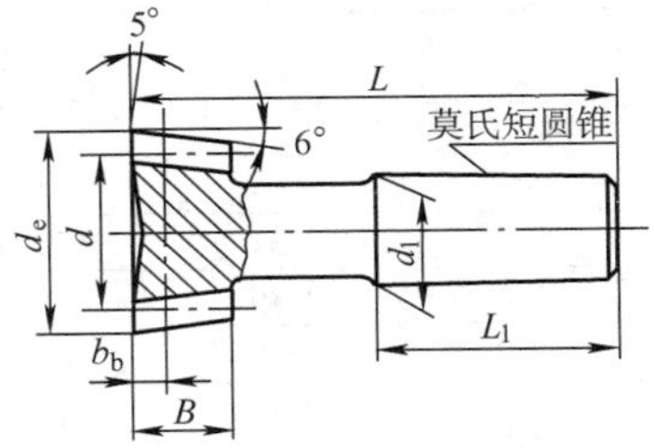

公称分度圆直径为25mm、$m=1\sim2.75$mm、$\alpha=20°$									
模数 m	齿数 z	分度圆直径 d	d_e	B	b_b	d_1	L_1	L	莫氏短圆锥号
1.00	26	26.00	28.72	10	1.0	17.981	40	75	2
1.25	20	25.00	28.38		1.2				
1.50	18	27.00	31.04		1.4				
1.75	15	26.25	30.89	12	1.3			80	
2.00	13	26.00	31.24		1.1				
2.25	12	27.00	32.90		1.3				
2.50	10	25.00	31.26		0				
2.75	10	27.50	34.48	15	0.5				
说明	在插齿刀的原始截面中，齿顶高系数为1.25，分度圆齿厚为 $\pi m/2$								

公称分度圆直径为38mm、$m=1\sim3.75$mm、$\alpha=20°$									
模数 m	齿数 z	分度圆直径 d	d_e	B	b_b	d_1	L_1	L	莫氏短圆锥号
1.00	38	38.00	40.72	12	1.0	24.051	50	90	3
1.25	30	37.5	40.88		1.2				
1.50	25	37.5	41.54		1.4				
1.75	22	38.5	43.24		1.7				
2.00	19	38.0	43.40	15	1.9				
2.25	16	36.0	41.98		1.7				
2.50	15	37.5	44.26		2.4				
2.75	14	38.5	45.88		2.4				
3.00	12	36.0	43.74		1.1				
3.50	11	38.5	47.52		1.3				
说明	在插齿刀的原始截面中,齿顶高系数为1.25,分度圆齿厚为 $\pi m/2$								

注：锥柄直齿插齿刀的公称分度圆直径（mm）为25、38两种，精度等级分为A、B两级。

1.7.5 直齿锥齿轮精刨刀（JB/T 9990.1—2011）

直齿锥齿轮精刨刀的型式和尺寸分为四种：Ⅰ型（27×40）、Ⅱ型（33×75）、Ⅲ型（43×100）、Ⅳ型（60×125，75×125），见表3-1-141。

表3-1-141 直齿锥齿轮精刨刀的型式和尺寸 （单位：mm）

Ⅰ型

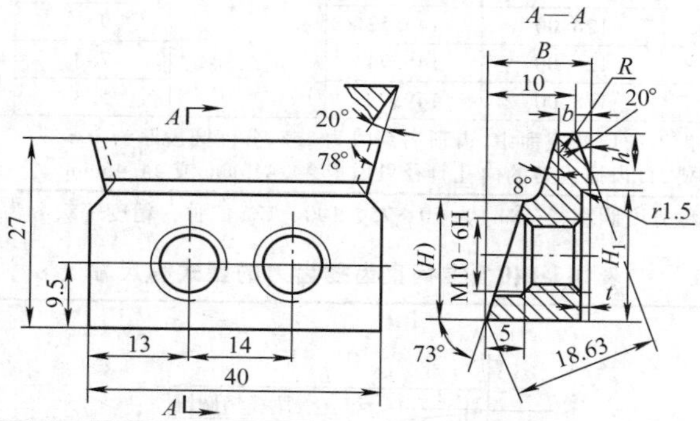

模数范围	B	h	b	(H)	t	H_1	R
0.3~0.4	10.36	1.0	0.12	25	0.5	21	0.10
0.5~0.6	10.54	1.5	0.20	24			0.15
0.7~0.8	10.73	2.0	0.28				0.21
1~1.25	11.16	3.2	0.40	23	1.0	18	0.30
1.375~1.75	11.53	4.2	0.60	22			0.40
2~2.25	11.93	5.3	0.80	20	1.5		0.60
2.5~2.75	12.35	6.5	1.00		2.0		0.75
3~(3.25)	12.76	7.6	1.20	18	2.5	16	0.90

Ⅱ型

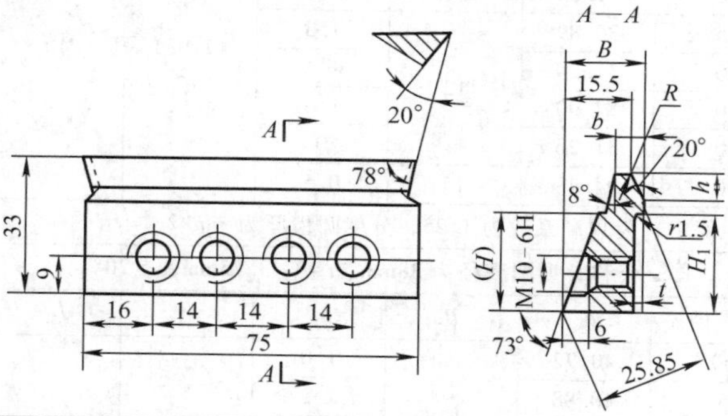

模数范围	B	h	b	(H)	t	H_1	R
0.5~0.6	16.04	1.5	0.20	29	0.5	27	0.15
0.7~0.8	16.23	2.0	0.28				0.21
1~1.25	16.66	3.2	0.40		1.0	26	0.30
1.375~1.75	17.03	4.2	0.60	23		24	0.40
2~2.25	17.43	5.3	0.80		1.5	23	0.60
2.5~2.75	17.86	6.5	1.00			22	0.75
3~(3.25)	18.26	7.6	1.20			21	0.90
3.5~(3.75)	18.70	8.8	1.40			19	1.00
4~4.5	19.36	10.6	1.60	18		18	1.20
5~5.5	20.05	12.5	2.00			16.5	1.50

（续）

Ⅲ型

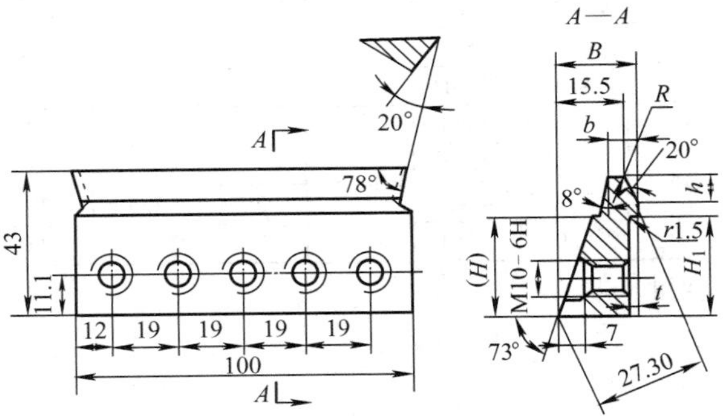

模数范围	B	h	b	(H)	t	H_1	R
1~1.25	14.70	3.3	0.4	35	1.0	36	0.30
1.375~1.75	15.03	4.2	0.6			35	0.40
2~2.25	15.43	5.3	0.8		1.5	33	0.60
2.5~2.75	15.86	6.5	1.0				0.75
3~(3.25)	16.26	7.6	1.2	30		31	0.90
3.5~(3.75)	16.70	8.8	1.4			30	1.00
4~4.5	17.36	10.6	1.6			28	1.20
5~5.5	18.05	12.5	2.0	22.5		27	1.50
6~6.5	18.96	15.0	2.4			24	1.8
7	19.50	16.5	2.8			22	2.10
8	20.41	19.0	3.2			19	2.40
9	21.32	21.5	3.6	20	1.5	18	2.70
10	22.23	24.0	4.0	19		17	3.00

Ⅳ型

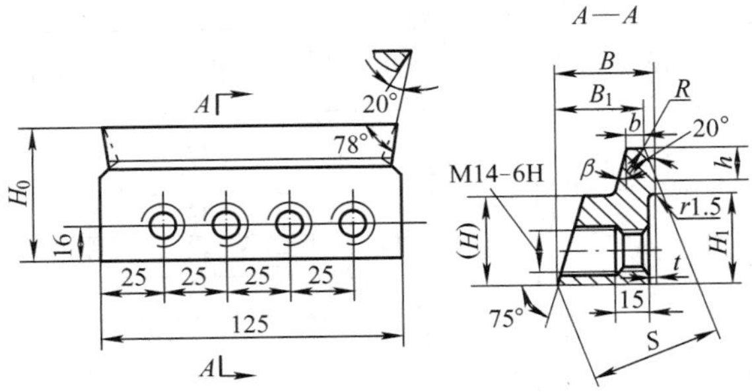

模数范围	B	H_0	b	h	B_1	(H)	t	H_1	β	S	R
3~(3.25)	23.26	60	1.2	7.6	20.5	48	1.5	48	8°	39.78	0.90
3.5~(3.75)	23.70		1.4	8.8				47			1.00
4~4.5	24.35		1.6	10.6				45			1.20
5~5.5	25.04		2.0	12.5		42		44			1.50
6~6.5	25.94		2.4	15.0				41			1.80
7	26.50		2.8	16.5				39			2.10
8	27.41		3.2	19.0		38		36			2.40
9	28.32		3.6	21.5				34			2.70

（续）

模数范围	B	H_0	b	h	B_1	(H)	t	H_1	β	S	R
10	29.23	60	4.0	24.0	20.5	32	1.5	31	8°	39.78	3.00
11	29.89		4.4	25.8			2.0	29			3.30
12	30.72		4.8	28.1		30		26			3.60
14	42.44	75	5.6	32.8	30.5	34		38	12°	54.31	4.20
16	44.15		6.4	37.5			2.5	33			4.80
18	45.86		7.2	42.2		30		28			5.40
20	47.60		8.0	47.0		28		25			6.00

注：1. 括号内模数尽量不采用。

2. (H) 的数值为参考值。

1.8 花键和链轮刀具

1.8.1 花键滚刀

1.8.1.1 30°压力角渐开线花键滚刀的型式和尺寸（见表 3-1-142）

表 3-1-142 30°压力角渐开线花键滚刀的型式和尺寸（GB/T 5104—2008）

（单位：mm）

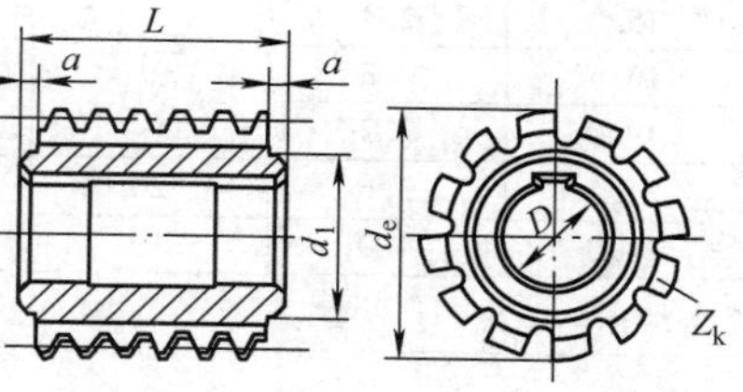

模数 m		外径 d_e	孔径 D	全长 L	轴台最小长度 a	槽数 Z_k
第一系列	第二系列					
0.50	—	45	22	32	4	15
—	0.75					
1.00	—	50		35		
—	1.25			40		
1.50	—			50		
—	1.75	63	27	63		
2.00	—					
2.50	—					12
3.00	—	71		71	5	
—	4.00	80	32	80		
5.00	—	90		90		
—	6.00	100		100		10
—	8.00	112	40	112		
10.00	—	125		125		

注：1. 滚刀为单头、右旋，容屑槽为平行于滚刀轴线的直槽，分 A、B、C 三种精度等级。

2. 滚刀分Ⅰ型、Ⅱ型两种型式。Ⅰ型为平齿顶滚刀，用于加工平齿根的花键轴；Ⅱ型为圆齿顶滚刀，用于加工圆齿根的花键轴。优先采用第一系列，模数 3.5mm 尽量不采用。

1.8.1.2 45°压力角渐开线花键滚刀的型式和尺寸（见表3-1-143）

表3-1-143 45°压力角渐开线花键滚刀的型式和尺寸 （单位：mm）

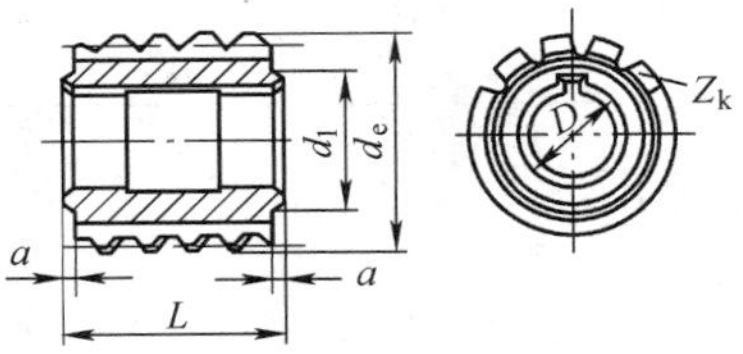

模数系列 m		外径 d_e	全长 L	孔径 D	轴台长度 a	槽数 Z_k
第一系列	第二系列					
0.25	—	32	20	13	3	12
0.50	—					
—	0.75	40	35	16	4	14
1.00	—					
—	1.25					
1.50	—	50	40	22	5	
—	1.75					
2.00	—					
2.50	—	55	45			

注：1. 滚刀为单头、右旋，容屑槽为平行于滚刀轴线的直槽，规定为C级一种精度。

2. 滚刀分Ⅰ型、Ⅱ型两种型式。优先采用第一系列。

1.8.1.3 矩形花键滚刀的型式和尺寸（见表3-1-144）

表3-1-144 矩形花键滚刀的型式和尺寸（GB/T 10952—2005） （单位：mm）

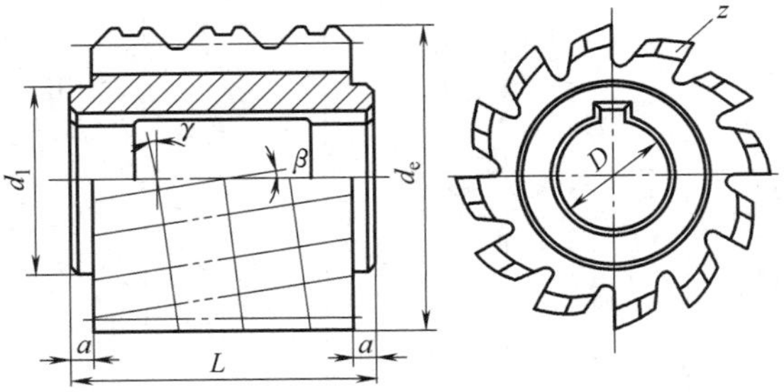

标记示例

用于加工8×32×38×6矩形花键的A级滚刀标记为：

滚刀 8×32×38×6A GB/T 10952—2005

用于轻系列							
花键规格	d_e	L	D	a	齿数 z	γ[①] $=\beta$[②]	
						滚刀精度等级	
$N\times d\times D\times B$						A	B
6×23×26×6	63	56	22	4	12	3°53′39″	3°50′00″
6×26×30×6	71	63	27			4°03′17″	3°59′55″
6×28×32×7						4°18′04″	4°14′36″
8×32×36×6		56				3°41′49″	3°39′06″
8×36×40×7	80	63	32	5		3°37′10″	3°34′48″

（续）

用于轻系列							
花键规格 $N \times d \times D \times B$	d_e	L	D	a	齿数 z	γ①$=\beta$② 滚刀精度等级 A	γ①$=\beta$② 滚刀精度等级 B
8×42×46×8	80	63	32	5	12	4°10′05″	4°06′23″
8×46×50×9	90				14	4°00′07″	3°56′57″
8×52×58×10		71			12	4°46′49″	4°43′10″
8×56×62×10						5°07′59″	5°04′11″
8×62×68×12	100	80	40		14	5°00′12″	4°56′53″
10×72×78×12		71				4°37′40″	4°34′48″
10×82×88×12		80				5°15′07″	5°12′02″
10×92×98×14	112					5°10′30″	5°06′59″
10×102×108×16						5°41′14″	5°37′34″
10×112×120×18	118	90				6°06′30″	6°02′43″

用于中系列							
花键规格 $N \times d \times D \times B$	d_e	L	D	a	齿数 z	γ①$=\beta$② 滚刀精度等级 A	γ①$=\beta$② 滚刀精度等级 B
6×16×20×4	63	50	22	4	12	3°01′52″	2°58′21″
6×18×22×5						3°18′56″	3°15′19″
6×21×25×5	71	56	27			3°21′50″	3°18′39″
6×23×28×6		63				3°50′23″	3°46′58″
6×26×32×6	80		32	5		3°56′23″	3°53′18″
6×28×34×7						4°09′57″	4°06′46″
8×32×38×6						3°33′31″	3°31′02″
8×36×42×7	90					3°27′29″	3°25′19″
8×42×48×8						3°57′37″	3°54′13″
8×46×54×9		71				4°35′04″	4°31′15″
8×52×60×10						5°05′59″	5°02′00″
8×56×65×10	100	80	40			5°01′52″	4°58′15″
8×62×72×12	112					4°56′05″	4°52′53″
10×72×82×12						4°32′03″	4°29′17″
10×82×92×12						5°07′30″	5°04′32″
10×92×102×14	118					5°20′38″	5°16′53″
10×102×112×16						5°51′13″	5°47′17″
10×112×125×18	125	90				6°22′28″	6°18′22″

注：中系列中 6×11×14×3、6×13×16×3.5 两个规格的花键轴不宜采用展成滚切加工，因此未列入。

① γ 为滚刀节圆柱上的螺旋升角（右旋）。

② β 为滚刀容屑槽螺旋角（左旋）。

1.8.1.4　渐开线内花键插齿刀的型式和尺寸（见表 3-1-145）

表 3-1-145　渐开线内花键插齿刀的型式和尺寸（JB/T 7967—2010）（单位：mm）

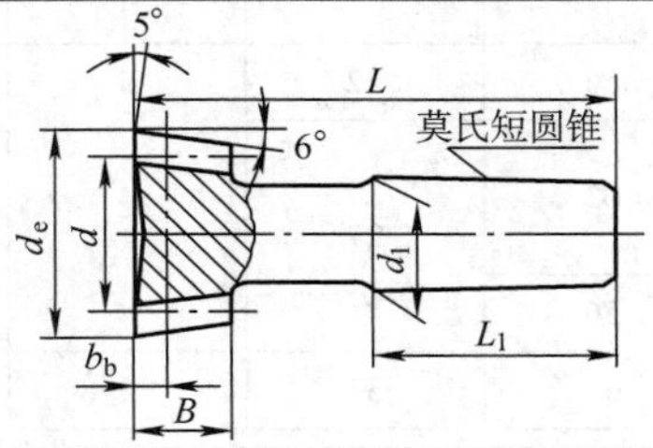

（续）

公称分圆直径为 25mm $m=1\sim3$ $\alpha=30°$									
m	z	d	d_e	B	b_b	d_1	L_1	L	莫氏短圆锥号
1	25	25.00	26.48	10	-0.5	17.981	40	75	2
1.25	20	25.00	26.84		-0.6				
1.5	16	24.00	26.22		-0.7				
1.75	14	24.50	27.48	12	1.0			80	
2	12	24.00	27.40		1.1				
2.5	10	25.00	29.22		1.4				
3	10	30.00	35.06		1.7				
公称分圆直径为 38mm $m=1.75\sim4$ $\alpha=30°$									
m	z	d	d_e	B	b_b	d_1	L_1	L	莫氏短圆锥号
1.75	22	38.50	41.48	15	1.0	24.051	50	90	3
2	19	38.00	41.80		3.0				
2.5	15	37.50	42.22		3.8				
3	13	39.00	44.68		4.6				
3.5	11	38.50	43.64		-1.7				
4	10	40.00	46.72		2.3				

1.8.2 滚子链和套筒链链轮滚刀

滚子链和套筒链链轮滚刀的型式和尺寸见表 3-1-146。

表 3-1-146 滚子链和套筒链链轮滚刀的型式和尺寸（JB/T 7427—2006）

（单位：mm）

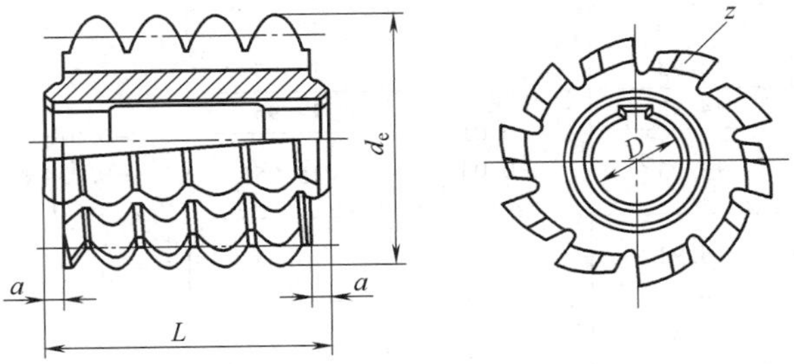

规格 节距×滚子直径	d_e	L	D	a_{min}	齿数 z
6.35×3.3	60	50	27	5	12
8×5	71	63			
9.525×5.08					
9.525×6.35					
12.7×7.95	80	71	32		
12.7×8.51					
15.875×10.16	90	80			10
19.05×11.91	100	100			
19.05×12.07					
25.4×15.88	112	112	40		
31.75×19.05	125	132			
38.1×22.23	140	150			
38.1×25.4					
44.45×25.4	160	180	50		
44.45×25.4					
50.8×28.58	180	200			
50.8×29.21					
63.5×39.37	200	240			9
63.5×39.68					

1.9　拉刀

1.9.1　圆推刀

圆推刀的型式和尺寸见表 3-1-147。

表 3-1-147　圆推刀的型式和

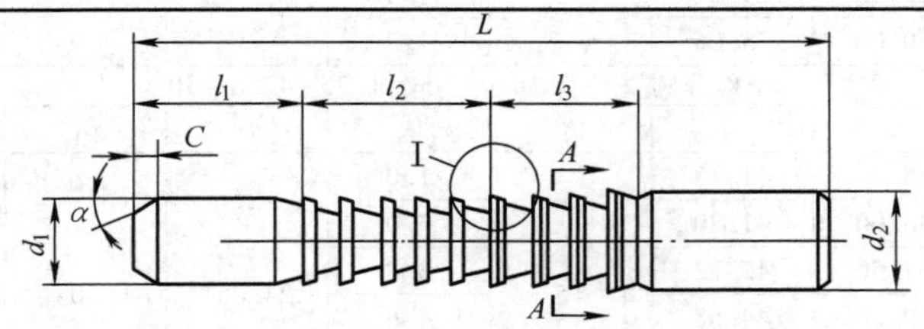

基本直径 10mm，校正公差带为 H7 的孔，推削长度为 10~30mm 的圆推刀标记为：

圆推刀　10H7　10~30　JB/T 6357—2006

公称直径		推削长度	d_1				d_2	
			H7、H8		H9		公称尺寸	极限偏差（f7）
第一系列	第二系列		公称尺寸	极限偏差（f7）	公称尺寸	极限偏差（f7）		
10		10~30	9.92	-0.013 -0.028	9.94	-0.013 -0.028	10	-0.013 -0.028
11			10.93	-0.016 -0.034	10.95	-0.016 -0.034	11	-0.016 -0.034
12			11.93		11.95		12	
13			12.93		12.95		13	
14			13.93		13.95		14	
15			14.93		14.95		15	
16		14~30	15.93		15.95		16	
		>30~50						
17		14~30	16.93		16.95		17	
		>30~50						
18		14~30	17.93		17.95		18	
		>30~50						
19	—	14~30	18.94	-0.020 -0.041	18.96	-0.020 -0.041	19	-0.020 -0.041
		>30~50						
20		14~30	19.94		19.96		20	
		>30~50						
21		14~30	20.94		20.96		21	
		>30~50						
22		18~30	21.94		21.96		22	
		>30~50						
		>50~80						
24		18~30	23.94		23.96		24	
		>30~50						
		>50~80						
25		18~30	24.94		24.96		25	
		>30~50						
		>50~80						
26		18~30	25.94		25.96		26	
		>30~50						

尺寸（JB/T 6357—2006）　　（单位：mm）

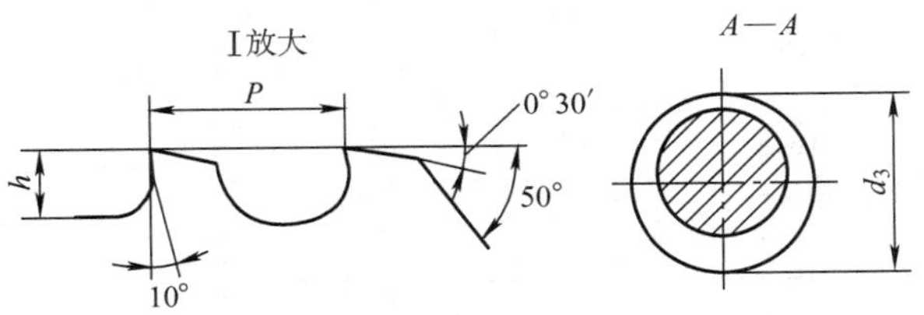

d_3 H7 公称尺寸	H7 极限偏差	H8 公称尺寸	H8 极限偏差	H9 公称尺寸	H9 极限偏差	L	参考值 l_1	l_2	l_3	P	h	C	α
10.015	0 -0.005	10.022	0 -0.007	10.036	0 -0.008	130	30	30	30	6	1.8	5	15°
11.018		11.027		11.043	0 -0.012								
12.018		12.027		12.043									
13.018		13.027		13.043							2.2		
14.018		14.027		14.043									
15.018		15.027		15.043									
16.018		16.027		16.043									
						170	40	35	35	7	2.5		
17.018		17.027		17.043		130	30	30	30	6	2.2		
						170	40	35	35	7	2.5		
18.018		18.027		18.043		130	30	30	30	6	2.2		
						170	40	35	35	7	2.5		
19.021	0 -0.007	19.033	0 -0.009	19.052	0 -0.015	130	30	30	30	6	2.2	8	
						170	40	35	35	7	2.5		
20.021		20.033		20.052		130	30	30	30	6	2.2		
						170	40	35	35	7	2.5		
21.021		21.033		21.052		130	30	30	30	6	2.2		
						170	40	35	35	7	2.5		
22.021		22.033		22.052		130	30	30	30	6	2.2		
						170	40	35	35	7	3.0		
						240	60	45	45	9	3.5		
24.021		24.033		24.052		130	30	30	30	6	2.2		
						170	40	35	35	7	3.0		
						240	60	45	45	9	3.5		
25.021		25.033		25.052		130	30	30	30	6	2.2		
						170	40	35	35	7	3.0		
						240	60	45	45	9	3.5		
26.021		26.033		26.052		130	30	30	30	6	2.2		
						170	40	35	35	7	3.0		

公称直径		推削长度	d_1				d_2	
第一系列	第二系列		H7、H8		H9		公称尺寸	极限偏差（f7）
			公称尺寸	极限偏差（f7）	公称尺寸	极限偏差（f7）		
26	—	>50～80	25.94	-0.020 -0.041	25.96	-0.020 -0.041	26	-0.020 -0.041
—	27	30～50	26.94		26.96		27	
		>50～80						
		>80～120						
28	—	30～50	27.94		27.96		28	
		>50～80						
		>80～120						
30		30～50	29.94		28.96		30	
		>50～80						
		>80～120						
—	31	30～50	30.94	-0.025 -0.050	30.97	-0.025 -0.050	31	-0.025 -0.050
		>50～80						
		>80～120						
32	—	30～50	31.94		31.97		32	
		>50～80						
		>80～120						
34	—	30～50	33.94		33.97		34	
		>50～80						
		>80～120						
—	35	30～50	34.94		34.97		35	
		>50～80						
		>80～120						
36	—	30～50	35.94		35.97		36	
		>50～80						
		>80～120						
—	37	30～50	36.94		36.97		37	
		>50～80						
		>80～120						
38	—	30～50	37.94		37.97		38	
		>50～80						
		>80～120						
40		30～50	39.94		39.97		40	
		>50～80						
		>80～120						
42	—	30～50	41.94		41.97		42	
		>50～80						
		>80～120						
45		30～50	44.94		44.97		45	
		>50～80						
		>80～120						
—	47	30～50	46.94		46.97		47	
		>50～80						
		>80～120						

（续）

d_3						L	参考值						
H7		H8		H9			l_1	l_2	l_3	P	h	C	α
公称尺寸	极限偏差	公称尺寸	极限偏差	公称尺寸	极限偏差								
26.021	0 -0.007	26.033	0 -0.009	26.052	0 -0.015	240	60	45	45	9	3.5	8	15°
27.021		27.033		27.052		170	40	35	35	7	3.0		
						240	60	45	45	9	3.5		
						340	90	60	60	12	4.5		
28.021		28.033		28.052		170	40	35	35	7	3.0		
						240	60	45	45	9	3.5		
						340	90	60	60	12	4.5		
30.021		30.033		30.052		170	40	35	35	7	3.0		
						240	60	45	45	9	3.5		
						340	90	60	60	12	4.5		
31.025		31.039	0 -0.012	31.062		170	40	35	35	7	3.0	10	
						240	60	45	45	9	3.5		
						340	90	60	60	12	4.5		
32.025		32.039		32.062		170	40	35	35	7	3.0		
						240	60	45	45	9	3.5		
						340	90	60	60	12	4.5		
34.025		34.039		34.062		170	40	35	35	7	3.0		
						240	60	45	45	9	3.5		
						340	90	60	60	12	4.5		
35.025		35.039		35.062		170	40	35	35	7	3.0		
						240	60	45	45	9	3.5		
						340	90	60	60	12	4.5		
36.025		36.039		36.062		170	40	35	35	7	3.0		
						240	60	45	45	9	3.5		
						340	90	60	60	12	4.5		
37.025		37.039		37.062		170	40	35	35	7	3.0		
						240	60	45	45	9	3.5		
						340	90	60	60	12	4.5		
38.025		38.039		38.062		170	40	35	35	7	3.0		
						240	60	45	45	9	3.5		
						340	90	60	60	12	4.5		
40.025		40.039		40.062		170	40	35	35	7	3.0		
						240	60	45	45	9	3.5		
						340	90	60	60	12	4.5		
42.025		42.039		42.062		170	40	35	35	7	3.0		
						240	60	45	45	9	3.5		
						340	90	60	60	12	4.5		
45.025		45.039		45.062		170	40	35	35	7	3.0		
						240	60	45	45	9	3.5		
						340	90	60	60	12	4.5		
47.025		47.039		47.062		170	40	35	35	7	3.0		
						240	60	45	45	9	3.5		
						340	90	60	60	12	4.5		

公称直径		推削长度	d_1				d_2	
			H7、H8		H9			
第一系列	第二系列		公称尺寸	极限偏差(f7)	公称尺寸	极限偏差（f7）	公称尺寸	极限偏差（f7）
48	—	30~50	47.94	-0.025 -0.050	47.97	-0.025 -0.050	48	-0.025 -0.050
		>50~80						
		>80~120						
50		30~50	49.94		49.97		50	
		>50~80						
		>80~120						
—	52	30~50	51.95	-0.030 -0.060	51.98	-0.030 -0.060	52	-0.030 -0.060
		>50~80						
		>80~120						
53	—	30~50	52.95		52.98		53	
		>50~80						
		>80~120						
—	54	30~50	53.95		53.98		54	
		>50~80						
		>80~120						
—	55	30~50	54.95		54.98		55	
		>50~80						
		>80~120						
56	—	30~50	55.95		55.98		56	
		>50~80						
		>80~120						
—	58	30~50	57.95		57.98		58	
		>50~80						
		>80~120						
60	—	30~50	59.95		59.98		60	
		>50~80						
		>80~120						
—	62	30~50	61.95		61.98		62	
		>50~80						
		>80~120						
63	—	30~50	62.95		62.98		63	
		>50~80						
		>80~120						

（续）

d_3						L	参考值						
H7		H8		H9			l_1	l_2	l_3	P	h	C	α
公称尺寸	极限偏差	公称尺寸	极限偏差	公称尺寸	极限偏差								
48.025	0 -0.007	48.039	0 -0.012	48.062	0 -0.015	170	40	35	35	7	3.0	10	15°
						240	60	45	45	9	3.5		
						340	90	60	60	12	4.5		
50.025		50.039		50.062		170	40	35	35	7	3.0		
						240	60	45	45	9	3.5		
						340	90	60	60	12	4.5		
52.030	0 -0.009	52.046		52.074		170	40	35	35	7	3.0	12	
						240	60	45	45	9	3.5		
						340	90	60	60	12	4.5		
53.030		53.046		53.074		170	40	35	35	7	3.0		
						240	60	45	45	9	3.5		
						340	90	60	60	12	4.5		
54.030		54.046		54.074		170	40	35	35	7	3.0		
						240	60	45	45	9	3.5		
						340	90	60	60	12	4.5		
55.030		55.046		55.074		170	40	35	35	7	3.0		
						240	60	45	45	9	3.5		
						340	90	60	60	12	4.5		
56.030		56.046		56.074		170	40	35	35	7	3.0		
						240	60	45	45	9	3.5		
						340	90	60	60	12	4.5		
58.030		58.046		58.074		170	40	35	35	7	3.0		
						240	60	45	45	9	3.5		
						340	90	60	60	12	4.5		
60.03		60.046		60.074		170	40	35	35	7	3.0		
						240	60	45	45	9	3.5		
						340	90	60	60	12	4.5		
62.030		62.046		62.074		170	40	35	35	7	3.0		
						240	60	45	45	9	3.5		
						340	90	60	60	12	4.5		
63.030		63.046		63.074		170	40	35	35	7	3.0		
						240	60	45	45	9	3.5		
						340	90	60	60	12	4.5		

公称直径		推削长度	d_1				d_2	
			H7、H8		H9		公称尺寸	极限偏差(f7)
第一系列	第二系列		公称尺寸	极限偏差(f7)	公称尺寸	极限偏差 (f7)		
—	65	30~50	64.95	-0.030 -0.060	64.98	-0.030 -0.060	65	-0.030 -0.060
		>50~80						
		>80~120						
67	—	30~50	66.95		66.98		67	
		>50~80						
		>80~120						
—	70	30~50	69.95		69.98		70	
		>50~80						
		>80~120						
71	—	30~50	70.95		70.98		71	
		>50~80						
		>80~120						
75		30~50	74.95		74.98		75	
		>50~80						
		>80~120						
80		30~50	79.95		79.98		80	
		>50~80						
		>80~120						
85		30~50	84.96	-0.036 -0.071	84.98	-0.036 -0.071	85	-0.036 -0.071
		>50~80						
		>80~120						
90		30~50	89.96		89.98		90	
		>50~80						
		>80~120						

注：1. 优先选用第一系列。

2. d_3 为校准齿直径。

（续）

d_3						L	参考值						
H7		H8		H9			l_1	l_2	l_3	P	h	C	α
公称尺寸	极限偏差	公称尺寸	极限偏差	公称尺寸	极限偏差								
65.030	0 -0.009	65.046	0 -0.012	65.074	0 -0.015	170	40	35	35	7	3.0	12	15°
						240	60	45	45	9	3.5		
						340	90	60	60	12	4.5		
67.030		67.046		67.074		170	40	35	35	7	3.0		
						240	60	45	45	9	3.5		
						340	90	60	60	12	4.5		
70.030		70.046		70.074		170	40	35	35	7	3.0		
						240	60	45	45	9	3.5		
						340	90	60	60	12	4.5		
71.030		71.046		71.074		170	40	35	35	7	3.0		
						240	60	45	45	9	3.5		
						340	90	60	60	12	4.5		
75.030		75.046		75.074		170	40	35	35	7	3.0		
						240	60	45	45	9	3.5		
						340	90	60	60	12	4.5		
80.030		80.046		80.074		170	40	35	35	7	3.0		
						240	60	45	45	9	3.5		
						340	90	60	60	12	4.5		
85.035		85.054	0 -0.015	85.087		170	40	35	35	7	3.0		
						240	60	45	45	9	3.5		
						340	90	60	60	12	4.5		
90.035		90.054		90.087		170	40	35	35	7	3.0		
						240	60	45	45	9	3.5		
						340	90	60	60	12	4.5		

1.9.2 键槽拉刀(GB/T 14329—2008)

1.9.2.1 平刀体键槽拉刀的型式和尺寸 (见表 3-1-148)

1.9.2.2 宽刀体键槽拉刀的型式和尺寸 (见表 3-1-149)

表 3-1-148 平刀体键槽拉刀的型式和尺寸 (单位: mm)

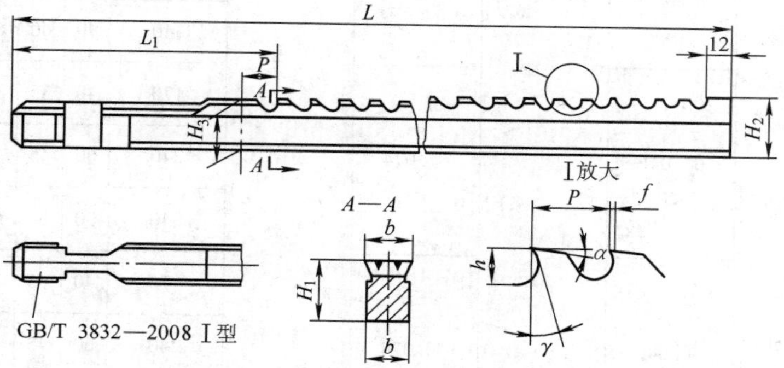

标记示例

键槽宽度公称尺寸为20mm，公差带为P9，拉削长度为50~80mm，前角为15°的平刀体键槽拉刀标记为：

平刀体键槽拉刀 20P9 15° 50~80 GB/T 14329—2008

主要结构尺寸										
工件规格与拉削参数					拉刀主要结构尺寸					
键槽宽度公称尺寸	拉削长度 L_0	拉削余量 A	垫片厚度 S	拉削次数	b			H_1	H_2	L①
					键槽宽公差带					
					P9	JS9	D10			
12	30~50	4.48	—	1	11.973	12.012	12.108	28	32.48	930
	>50~80									1220
	>80~120									1385
14	50~80	5.15	2.55	2	13.973	14.012	14.108	30	32.60	880
	>80~120									1000
	>120~180									1220
16	50~80	5.81	2.89		15.973	16.012	16.108	35	37.92	940
	>80~120									1065
	>120~180									1300
18	50~80	6.03	3.01		17.973	18.012	18.108	40	43.02	950
	>80~120									1080
	>120~180									1320

（续）

主要结构尺寸										
工件规格与拉削参数					拉刀主要结构尺寸					
键槽宽度公称尺寸	拉削长度 L_0	拉削余量 A	垫片厚度 S	拉削次数	b			H_1	H_2	L①
					键槽宽公差带					
					P9	JS9	D10			
20	50~80	6.68	3.32	2	19.969	20.017	20.137	45	48.36	1030
	>80~120									1185
	>120~180									1450
22	80~120	7.25	2.40	3	21.969	22.017	22.137		47.45	975
	>120~180									1190
	>180~260									1495
25	80~120	7.48	2.48		24.969	25.017	25.137	50	52.52	990
	>120~180									1210
	>180~260									1520
28	80~120	8.71	2.89		27.969	28.017	28.137	55	57.93	1070
	>120~180									1310
	>180~260									1650
32	120~180	9.98	2.48	4	31.962	32.019	32.168	60	62.54	1215
	>180~260									1530
	>260~360		1.99	5					62.02	1625
36	120~180	11.24	2.24		35.962	36.019	36.168		62.28	1035
	>180~260									1295
	>260~360									1695
40	120~180	12.42	2.06	6	39.962	40.019	40.168		62.12	1015
	>180~260									1270
	>260~360									1660

（续）

参考尺寸												
工件参数		拉刀尺寸										
键槽宽度公称尺寸	拉削长度 L_0	L_1	H_3	P	h	γ		α		f		齿升量 f_z
						拉削钢	拉削铸铁	切削齿	校准齿	切削齿	校准齿	
12	30~50	278	27.92	10	4.0	10°~20°	5°~10°	3°	1°30′	0.05~0.15	第一校准齿0.2,其后各齿递增0.2	0.08
	>50~80	312		14	5.5							
	>80~120	349		16	6.0							
14	50~80	308	29.92	14	5.5							
	>80~120	348		16	6.0							
	>120~180	408		20	8.0							
16	50~80	312	34.92	14	5.5							
	>80~120	349		16	6.0							
	>120~180	408		20	8.0							
18	50~80	308	39.92	14	5.5							
	>80~120	348		16	6.0							
	>120~180	408		20	8.0							
20	50~80	318	44.92	14	5.5							
	>80~120	357		16	6.0							
	>120~180	418		20	8.0							
22	80~120	355		16	7.0							
	>120~180	418		20	8.0							
	>180~260	494		26	10.0							
25	80~120	354	49.92	16	7.0							
	>120~180	418		20	8.0							
	>180~260	494		26	10.0							

（续）

参考尺寸												
工件参数		拉刀尺寸										
键槽宽度公称尺寸	拉削长度 L_0	L_1	H_3	P	h	γ		α		f		齿升量 f_z
						拉削钢	拉削铸铁	切削齿	校准齿	切削齿	校准齿	
28	80~120	354	54.92	16	7.0	10°~20°	5°~10°	3°	1°30′	0.05~0.15	第一校准齿0.2，其后各齿递增0.2	0.08
	>120~180	418		20	8.0							
	>180~260	494		26	10.0							
32	120~180	423	59.92	20	8.0							
	>180~260	504		26	10.0							
	>260~360	605	59.90	36	12.0							
36	120~180	423	59.90	20	9.0							
	>180~260	503		26	10.0							
	>260~360	603		36	12.0							0.10
40	120~180	423		20	9.0							
	>180~260	504		26	10.0							
	>260~360	604		36	12.0							

① L 值为参考值。

表 3-1-149 宽刀体键槽拉刀的型式和尺寸 （单位：mm）

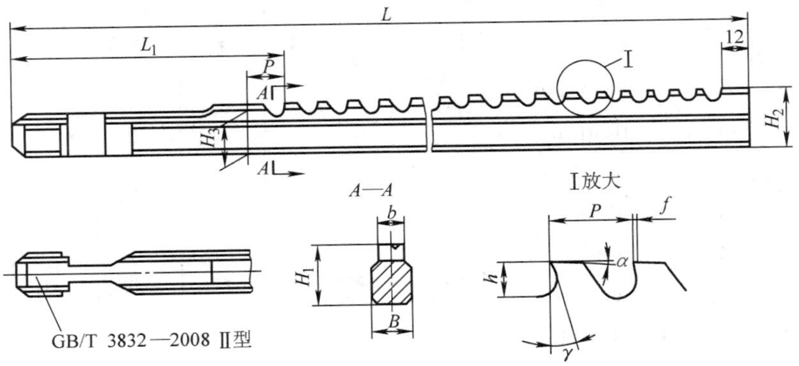

标记示例

键槽宽度公称尺寸为5mm，公差带为P9，拉削长度为10~18mm，前角为10°的宽刀体键槽拉刀标记为：

宽刀体键槽拉刀 5P9 10° 10~18 GB/T 14329—2008

（续）

主要结构尺寸

工件规格与拉削参数			拉刀主要结构尺寸						
键槽宽度公称尺寸	拉削长度 L_0	拉削余量 A	b 键槽宽公差带 P9	JS9	D10	B	H_1	H_2	L①
3	10~18	1.79	2.991	3.009	3.055	4	6.5	8.29	475
	>18~30								565
4	10~18	2.33	3.984	4.011	4.074	6	7.0	9.33	485
	>18~30								580
	>30~50								760
5	10~18	2.97	4.984	5.011	5.074	8	8.5	11.47	585
	>18~30								710
	>30~50								845
6	18~30	3.47	5.984	6.011	6.074	10	13.0	16.47	720
	>30~50								850
	>50~80								1055
8	18~30	4.25	7.978	8.011	8.090	12	16.0	20.25	805
	>30~50								960
	>50~80								1265
10	30~50	4.36	9.978	10.011	10.090	15	22.0	26.36	900
	>50~80								1180
	>80~120								1345

参考尺寸

工件参数		拉刀尺寸										
键槽宽度公称尺寸	拉削长度 L_0	L_1	H_3	P	h	γ 拉削钢	γ 拉削铸铁	α 切削齿	α 校准齿	f 切削齿	f 校准齿	齿升量 f_z
3	10~18	229	6.46	4.5	2.0	10°~20°	5°~10°	3°	1°30′	0.05~0.15	第一校准齿0.2，其后各齿递增0.2	0.04
	>18~30	241		6.0	2.2							
4	10~18	230	6.95	4.5	2.0							0.05
	>18~30	244		6.0	2.5							
	>30~50	262		9.0	3.2							
5	10~18	231	8.44	6.0	2.2							0.06
	>18~30	242		8.0	2.8							
	>30~50	263		10.0	3.6							
6	18~30	252	12.93	8.0	3.2							0.07
	>30~50	268		10.0	4.0							

（续）

参考尺寸												
工件参数		拉刀尺寸										
键槽宽度公称尺寸	拉削长度 L_0	L_1	H_3	P	h	γ 拉削钢	γ 拉削铸铁	α 切削齿	α 校准齿	f 切削齿	f 校准齿	齿升量 f_z
6	>50~80	302	12.93	13.0	5.0	10°~20°	5°~10°	3°	1°30′	0.05~0.15	第一校准齿0.2,其后各齿递增0.2	0.07
8	18~30	249	15.93	8.0	3.5							
	>30~50	268		10.0	4.0							
	>50~80	301		14.0	5.5							
10	30~50	268	21.93	10.0	4.0							0.08
	>50~80	300		14.0	5.5							
	>80~120	341		16.0	6.0							

① L 值为参考值。

1.9.2.3　带倒角齿键槽拉刀的型式和尺寸（见表 3-1-150）

表 3-1-150　带倒角齿键槽拉刀的型式和尺寸　（单位：mm）

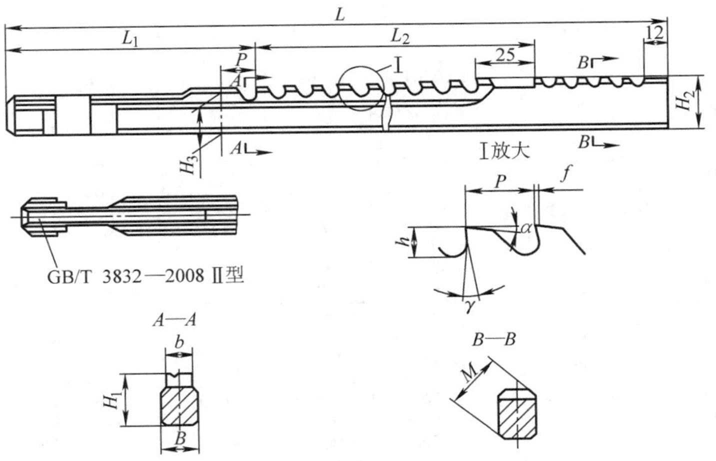

标记示例

键槽宽度公称尺寸为5mm，公差带为P9，拉削长度为10~18mm，前角为10°的带倒角齿键槽拉刀标记为：

带倒角齿键槽拉刀　5P9　10°　10~18　GB/T 14329—2008

主要结构尺寸									
工件规格与拉削参数			拉刀主要结构尺寸						
键槽宽度公称尺寸	拉削长度 L_0	拉削余量 A	b 键槽宽公差带 P9	JS9	D10	B	H_1	H_2	L①
3	10~18	1.79	2.991	3.009	3.055	4	6.5	8.29	515
	>18~30								610

（续）

主要结构尺寸										
工件规格与拉削参数			拉刀主要结构尺寸							
键槽宽度公称尺寸	拉削长度 L_0	拉削余量 A	b 键槽宽公差带 P9	b 键槽宽公差带 JS9	b 键槽宽公差带 D10	B	H_1	H_2	L[①]
4	10~18	2.33	3.984	4.011	4.074	6	7.0	9.33	525
	>18~30								620
	>30~50								810
5	10~18	2.97	4.984	5.011	5.074	8	8.5	11.47	625
	>18~30								760
	>30~50								900
6	18~30	3.47	5.984	6.011	6.074	10	13.0	16.47	765
	>30~50								905
	>50~80								1115
8	18~30	4.25	7.978	8.011	8.090	12	16.0	20.25	855
	>30~50								1015
	>50~80								1330
10	30~50	4.36	9.978	10.011	10.090	15	22.0	26.36	955
	>50~80								1245
	>80~120								1415

参考尺寸									
工件参数				拉刀尺寸					
键槽宽度公称尺寸	拉削长度 L_0	倒角值 C	倒角齿测值 M	L_1	L_2	P	h	H_3	齿升量 f_z
3	10~18	0.2	7.18	230	254.5	4.5	2.0	6.46	0.04
	>18~30			243	331.0	6.0	2.2		
4	10~18	0.3	8.65	232	263.5	4.5	2.0	6.95	0.05
	>18~30			241	343.0	6.0	2.5		
	>30~50			260	502.0	9.0	3.2		
5	10~18		10.77	228	361.0	6.0	2.2	8.44	0.06
	>18~30			243	473.0	8.0	2.8		
	>30~50			263	585.0	10.0	3.6		
6	18~30	0.5	15.10	248	473.0	8.0	3.2	12.93	0.07
	>30~50			268	585.0	10.0	4.0		
	>50~80			298	753.0	13.0	5.0		
8	18~30	0.6	18.66	250	561.0	8.0	3.5	15.93	
	>30~50			268	695.0	10.0	4.0		
	>50~80			299	963.0	14.0	5.5		
10	30~50		24.69	268	635.0	10.0	4.0	21.93	0.08
	>50~80			298	879.0	14.0	5.5		
	>80~120			338	1001.0	16.0	6.0		

① L 值为参考值。

1.9.2.4 带侧面齿键槽拉刀的型式和尺寸(见表3-1-151)

表3-1-151 带侧面齿键槽拉刀的型式和尺寸(JB/T 9993—2011) (单位:mm)

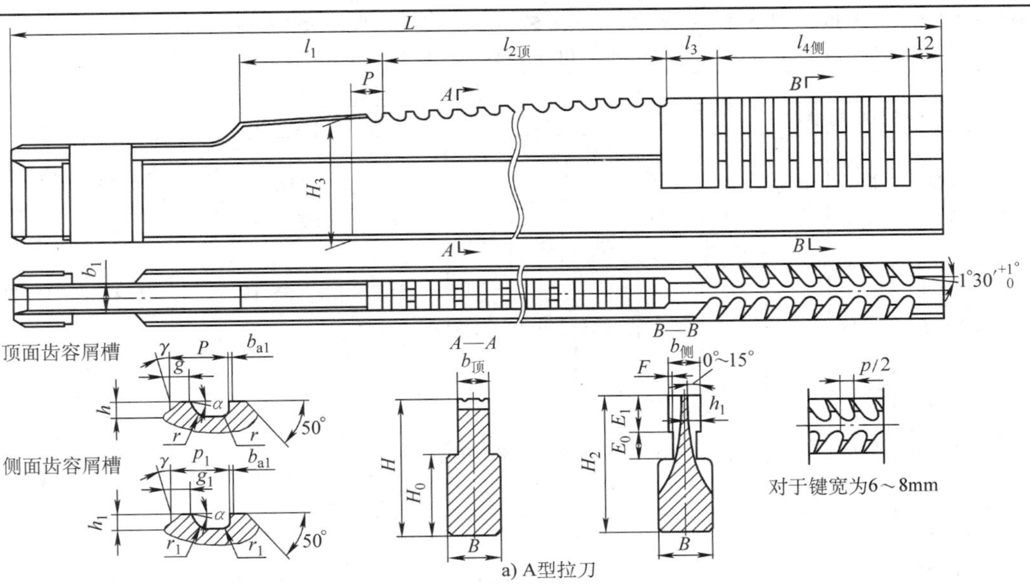

a) A型拉刀

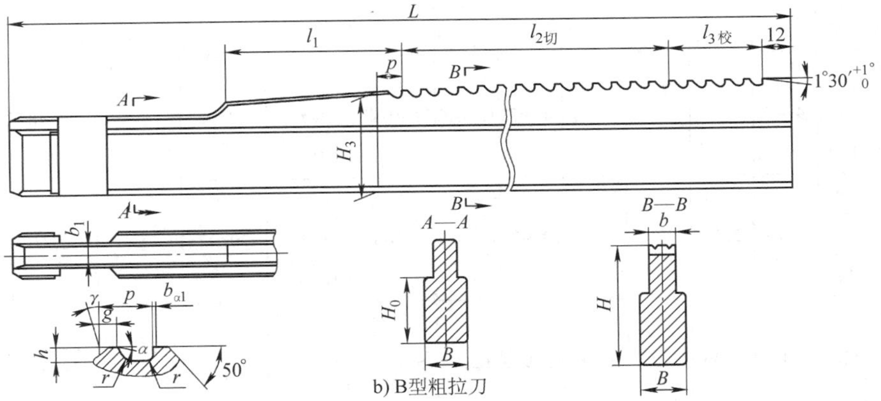

b) B型粗拉刀

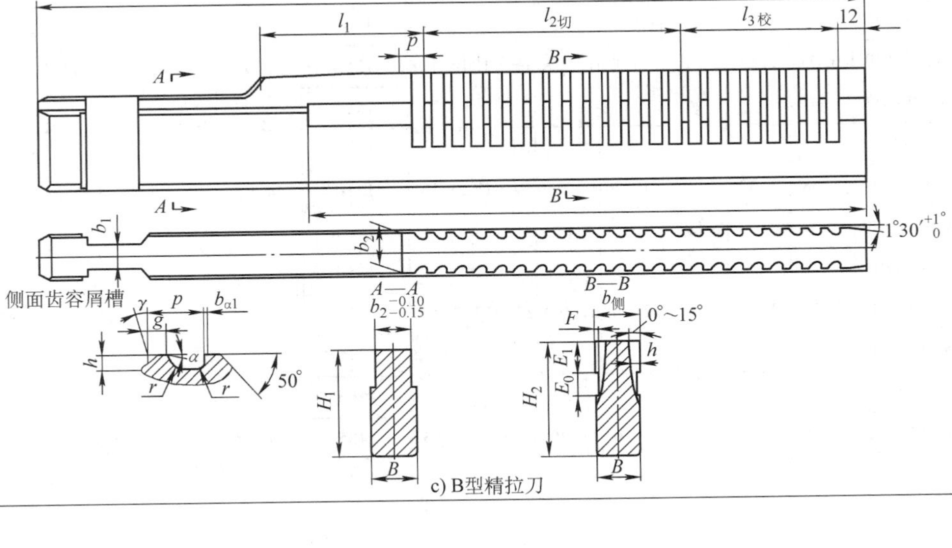

c) B型精拉刀

（续）

标记示例

键槽宽度公称尺寸为10mm、极限偏差为JS9、拉削长度为50~80mm、前角为15°的A型带侧面齿键槽拉刀，其标记为：

带侧面齿键槽拉刀　A　10　JS9　15°　50~80　JB/T 9993—2011（对于B型粗拉刀标注B1；B型精拉刀标注B2）

A型拉刀

工件规格与拉削参数					拉刀主要结构尺寸								
键槽宽度公称尺寸	拉削长度	拉削余量	垫片厚度	拉削次数	校准齿宽度公称尺寸				拉刀全长 L	前导部高度 H_3	刀体宽度 B	顶齿面校准齿高度	侧面齿顶面高度 H_2
					$b_{顶}$	$b_{侧}$ 配合							
						P9	JS9	D10					
6	18~30	3.47	—	1	5.6	5.984	6.011	6.074	815	12.93	10	16.47	16.42
	>30~50								955	14.93		18.47	18.42
	>50~80								1180				
8	18~30	4.25			7.6	7.978	8.011	8.090	900	15.93	12	20.25	20.20
	>30~50								1070	17.93		22.25	22.20
	>50~80								1390				
10	30~50	4.36			9.6	9.978	10.011	10.090	1010	21.92	15	26.36	26.31
	>50~80								1305				
	>80~120								1515				
12	30~50	4.48			11.6	11.973	12.012	12.108	1040	27.92	$B=b_{侧}$	32.48	32.43
	>50~80								1345				
	>80~120								1560				
14	50~80	5.15	2.55	2	13.6	13.973	14.012	14.108	1010	29.92		32.60	32.55
	>80~120								1175				
	>120~180								1420				
16	50~80	5.81	2.89		15.6	15.973	16.012	16.108	1065	34.92		37.92	37.87
	>80~120								1240				
	>120~180								1500				
18	50~80	6.03	3.01		17.6	17.973	18.012	18.108	1080	39.92		43.02	42.97
	>80~120								1255				
	>120~180								1520				
20	50~80	6.68	3.32		19.6	19.969	20.017	20.137	1125	44.92		48.36	48.31
	>80~120								1310				
	>120~180								1585				
22	80~120	7.25	2.40	3	21.6	21.969	22.017	22.137	1150	44.92		47.45	47.40
	>120~180								1385				
	>180~260								1710				
25	80~120	7.48	2.48		24.6	24.969	25.017	25.137	1165	49.92		52.52	52.47
	>120~180								1405				
	>180~260								1735				

（续）

B型粗拉刀											
工件规格与拉削参数					拉刀主要结构尺寸						
键槽宽度公称尺寸	拉削长度	拉削余量	垫片厚度	拉削次数	刀齿宽度公称尺寸 b	拉刀全长 L	前导部高度 H_3	刀体宽度 B			校准齿高度
								P9	JS9	D10	
14	50～80	5.15	2.55	2	13.3	870	29.92	13.973	14.012	14.108	32.60
	>80～120					985					
	>120～180					1200					
16	50～80	5.81	2.89		15.3	925	34.92	15.973	16.012	16.108	37.92
	>80～120					1050					
	>120～180					1285					
18	50～80	6.03	3.01		17.3	940	39.92	17.973	18.012	18.108	43.02
	>80～120					1065					
	>120～180					1300					
20	50～80	6.68	3.32		19	1015	44.92	19.969	20.017	20.137	48.36
	>80～120					1155					
	>120～180					1410					
22	80～120	7.25	2.40	3	21	960	44.92	21.969	22.017	22.137	47.45
	>120～180					1170					
	>180～260					1475					
25	80～120	7.48	2.48		24	980	49.92	24.969	25.017	25.137	52.52
	>120～180					1190					
	>180～260					1500					
28	80～120	8.71	2.89		27	1055	54.92	27.969	28.017	28.137	57.93
	>120～180					1290					
	>180～260					1625					
32	120～180	9.98	2.48	4	30.9	1195	59.92	31.962	32.019	32.168	62.54
	>180～260					1505					
	>260～360		1.99	5		1590					62.02
36	120～180	11.24	2.24		34.9	1015	59.90	35.962	36.019	36.168	62.28
	>180～260					1270					
	>260～360					1650					
40	120～180	12.42	2.06	6	38.9	995	59.90	39.962	40.019	40.168	62.12
	>180～260					1245					
	>260～360					1595					

（续）

C型精拉刀								
工件规格		拉刀主要结构尺寸						
键槽宽度公称尺寸	拉削长度	校准齿宽度公称尺寸 $b_{侧}$			拉刀全长 L	前导宽度 b_2	刀体宽度 B	侧面齿顶面高度 H_2
		P9	JS9	D10				
14	50~80	13.973	14.012	14.108	515	13.28	$B=b_{侧}$	35.10
	>80~180				730			
16	50~80	15.973	16.012	16.108	515	15.28		40.76
	>80~180				730			
18	50~80	17.973	18.012	18.108	515	17.28		45.97
	>80~180				730			
20	50~80	19.969	20.017	20.137	540	18.98		51.62
	>80~180				765			
22	80~180	21.969	22.017	22.137	705	20.97		52.19
	>180~260				890			
25	80~180	24.969	25.017	25.137	690	23.97		57.42
	>180~260				870			
28	80~180	27.969	28.017	28.137	690	26.97		63.65
	>180~260				870			
32	120~260	31.962	32.019	32.168	860	30.87		69.90
	>260~360				1040			
36	120~260	35.962	36.019	36.168	860	34.87		71.16
	>260~360				1040			
40	120~260	39.962	40.019	40.168	860	38.87		72.34
	>260~360				1040			

第 2 章　切削加工技术

2.1　车削加工

2.1.1　车床加工范围及装夹方法

2.1.1.1　卧式车床加工

1）卧式车床加工范围见表 3-2-1。

表 3-2-1　卧式车床加工范围

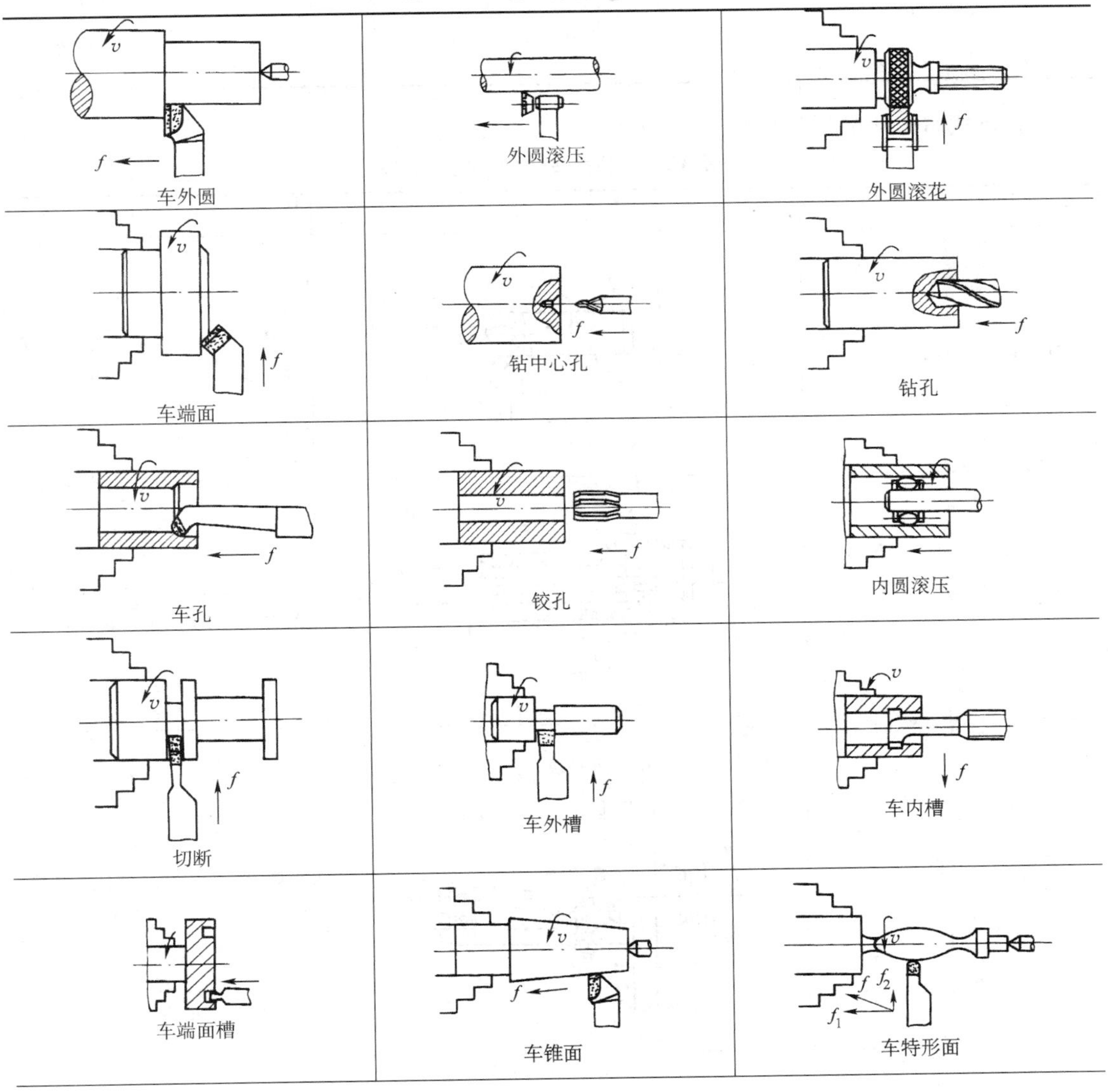

（续）

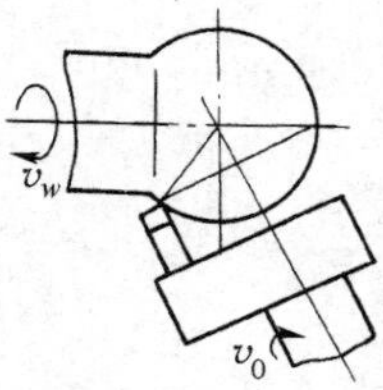 车外球面	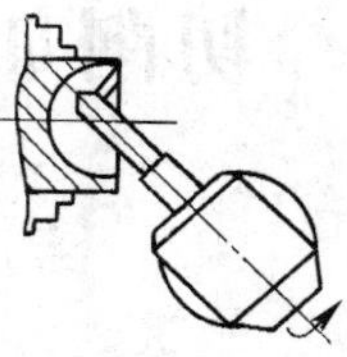 车内球面	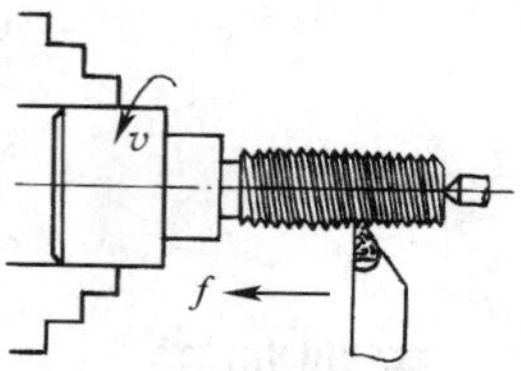 车外螺纹
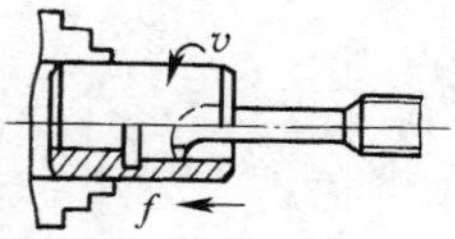 车内螺纹	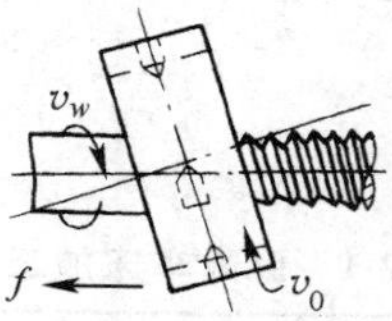 旋风切螺纹	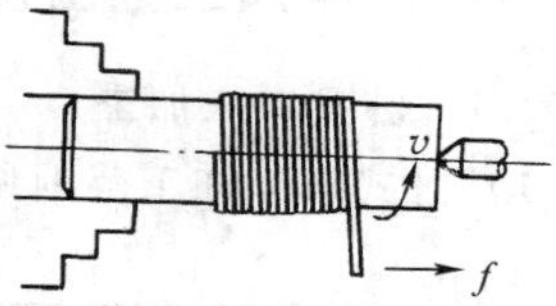 绕弹簧

2）卧式车床常用装夹方法见表3-2-2。

表3-2-2 卧式车床常用装夹方法

方 法	简 图	应 用
自定心卡盘装夹	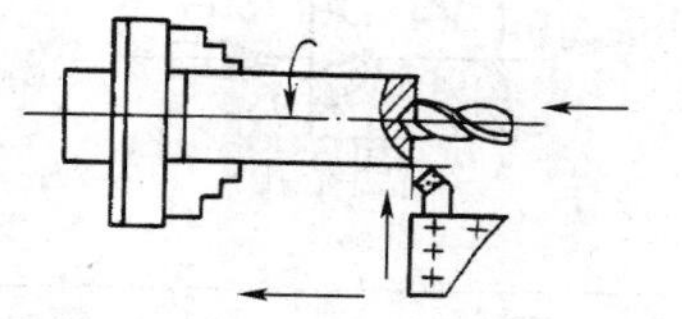	装夹方便，自定心好，精度高，适于车削短小工件
单动卡盘装夹	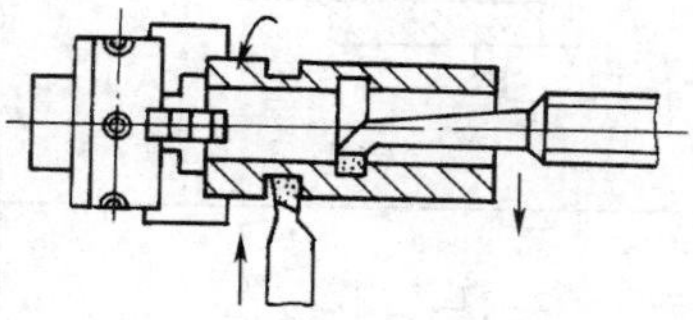	夹紧力大，须找正，适于车削方形或不规则形状的工件
花盘角铁装夹	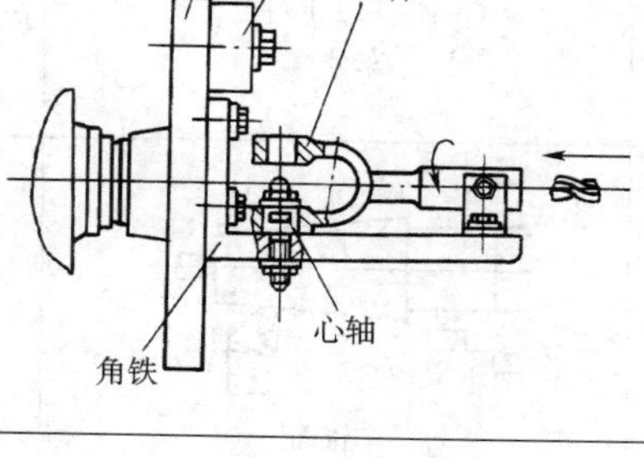	适于车削形状复杂和不规则的工件

（续）

方　法	简　图	应　用
夹顶或拨顶	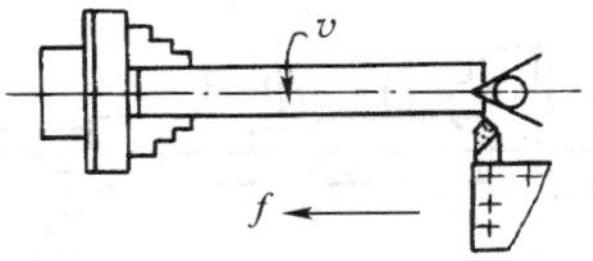 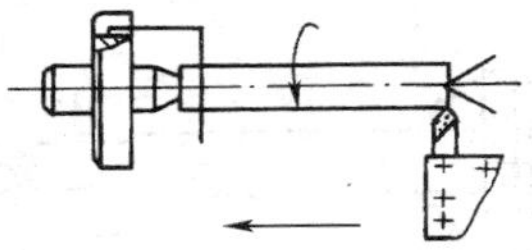 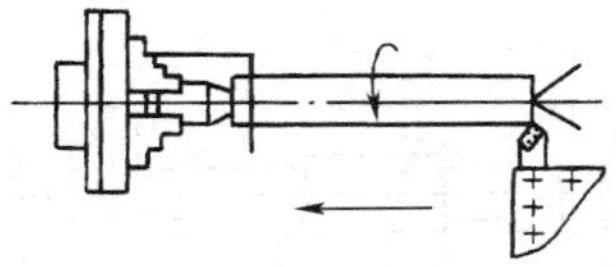	长径比大于 8 的轴类工件的粗、精车
内梅花顶尖拨顶	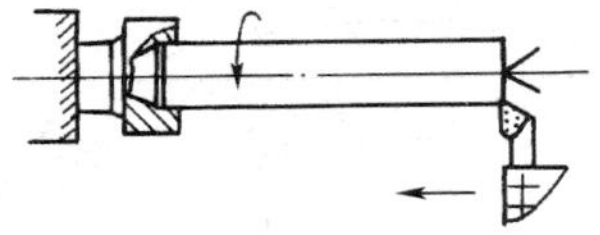 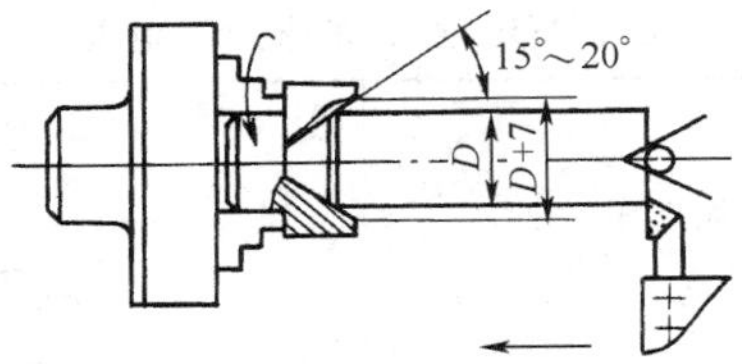	适于车削一端有中心孔且余量较小的轴类工件
外梅花顶尖拨顶	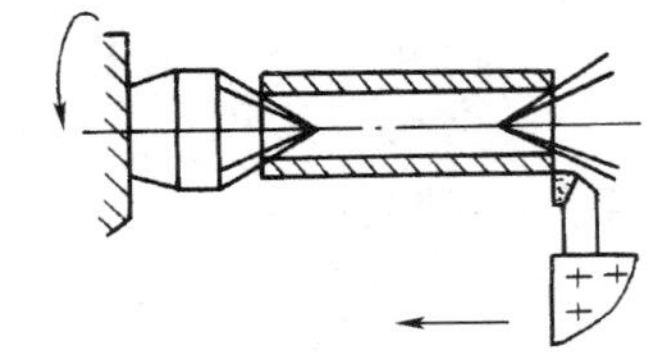	适于车削两端有孔的轴类工件
光面顶尖拨顶	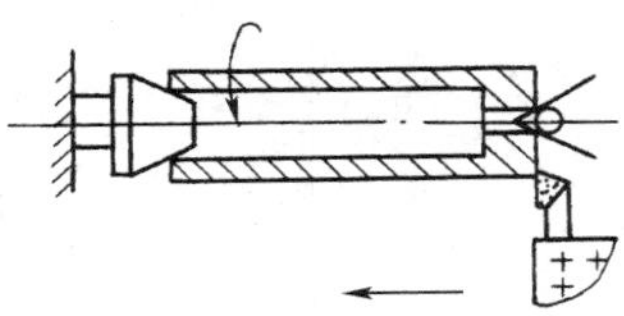 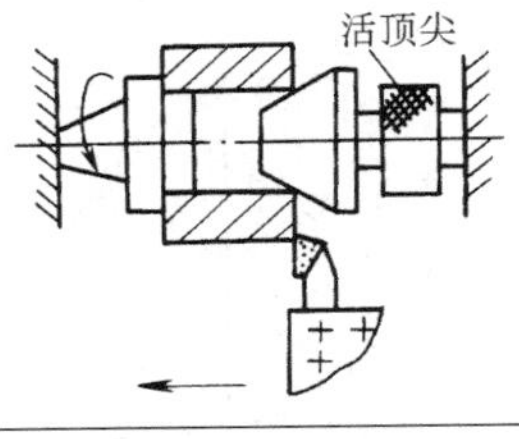	适于车削余量较小，两端有孔的轴类工件

（续）

方　　法	简　　图	应　　用
中心架装夹	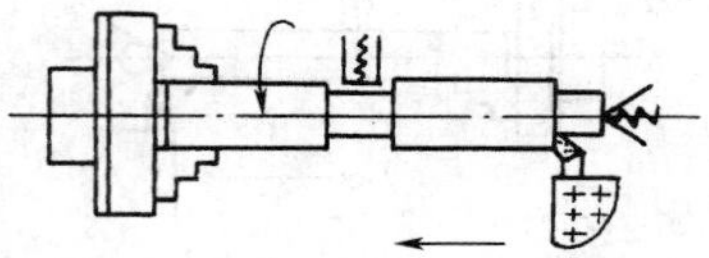	适于车削长径比较大的阶梯轴和光轴类工件
跟刀架装夹	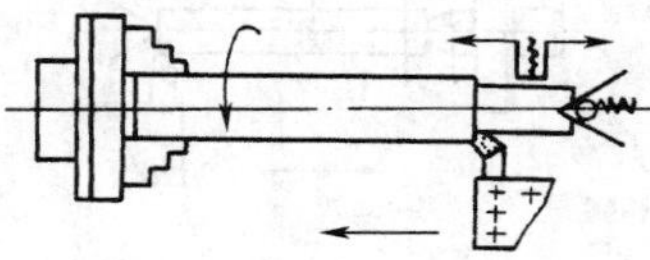	适于车削长径比较大的工件
尾座卡盘装夹	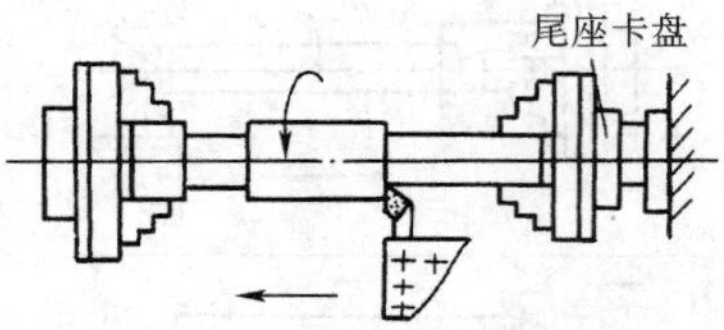	除装夹轴类工件，还可夹持形状各异的顶尖，以适用各种工件的装夹

2.1.1.2　立式车床加工

1）立式车床加工范围见表 3-2-3。

表 3-2-3　立式车床加工范围

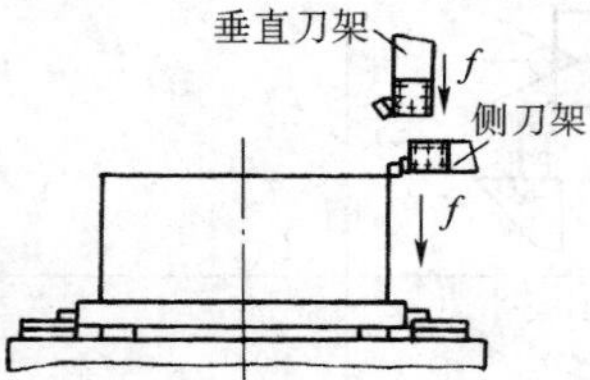 车外圆	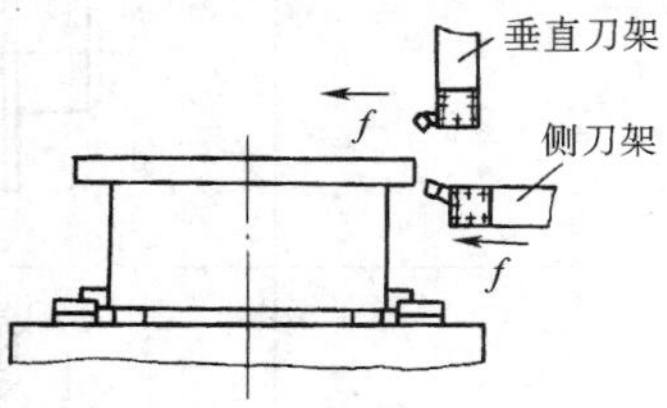 车平面
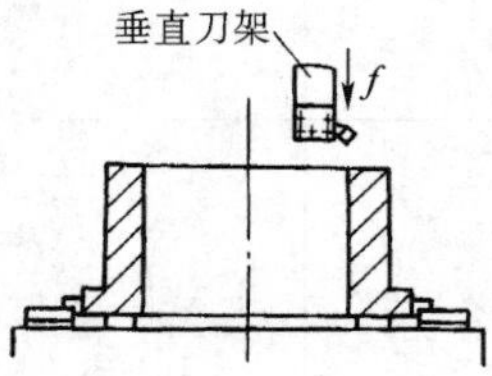 车内孔	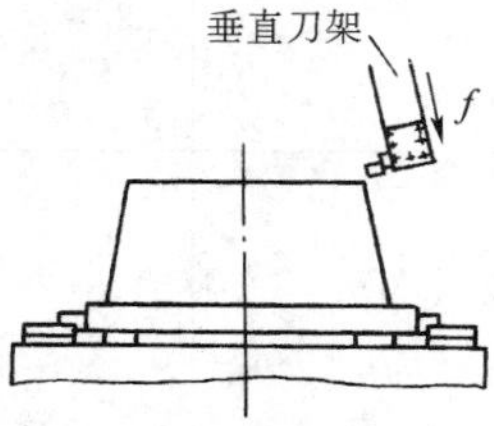 车外圆锥面
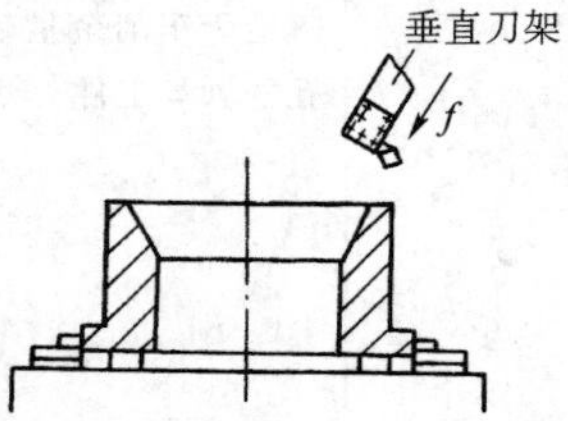 车内圆锥面	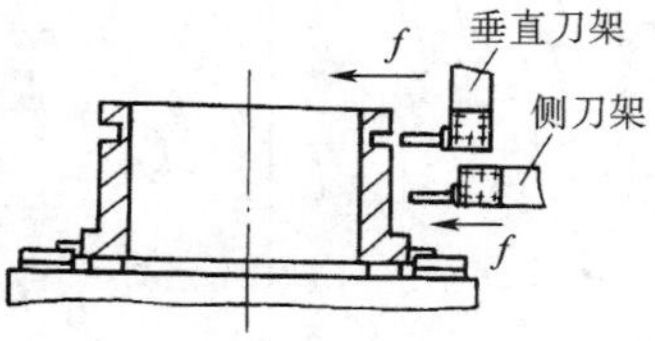 切断

（续）

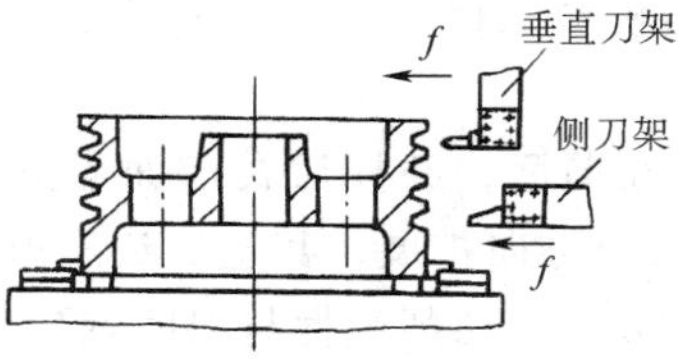 切槽	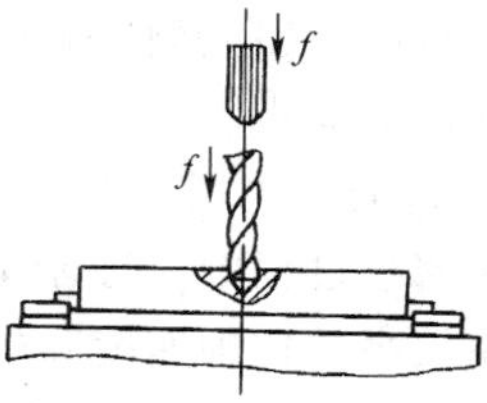 钻、铰孔

2）立式车床常用装夹方法见表3-2-4。

表3-2-4 立式车床常用装夹方法

装夹方式	简　　图	适用范围	注意事项
卡盘夹紧	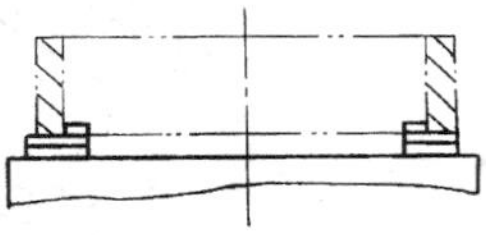	适于加工刚度较大的工件	夹紧力大，工件易受力变形，大型工件在卡盘卡爪之间要加千斤顶
压板顶紧	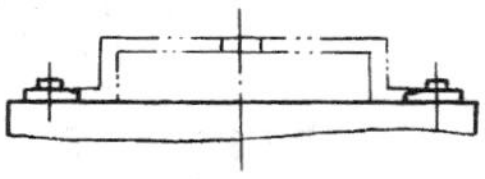	适于加工环状、盘类工件	压板顶紧位置要对称、均匀，安装高度合适，顶紧力位于同一平面内。对厚度较薄的工件，顶紧力不宜过大，否则会引起变形
压板压紧	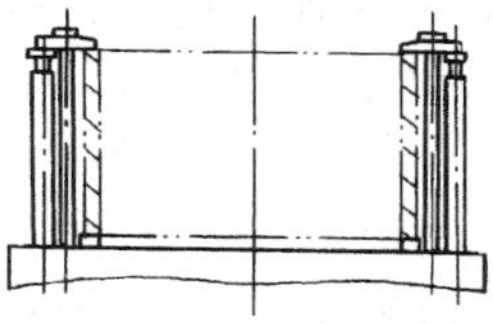	适于加工套类工件、带台阶工件、不对称工件及块状工件	基准面要精加工，压板布置均匀、对称，压紧力大小一致，压板的支承要高于工件被压紧面1mm左右
压夹联合装夹	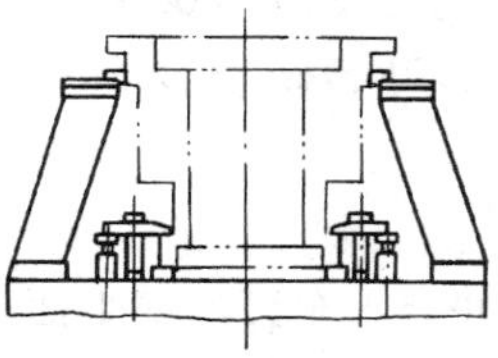	适于加工支承面小且较高的工件	夹和压要分别对称布置，防止工件倾倒

2.1.2 典型零件车削加工实例

2.1.2.1 车刀的磨损和刃磨㊀

1. 刀具磨损的形式

由于加工材料不同，切削用量不同，刀具磨损的形式也不同。刀具磨损主要有以下三种形式：

㊀ 车刀的切削角度及几何参数的选择见第3卷第1.3节。

（1）后面磨损（见图3-2-1）　指磨损部位主要发生在后面，磨损后形成 $\alpha_o=0°$ 的磨损带，用宽度 V_B 表示磨损量。这种磨损一般是在切削脆性材料，或用较低的切削速度和较小的背吃刀量（$a_p<0.1$mm）切削塑性材料时发生的。此时前面的机械摩擦较小，温度较低，所以后面的磨损大于前面的磨损。

（2）前面磨损（见图3-2-2）　指磨损部位主要发生在前面，磨损后在前面靠近刃口处出现月牙洼。在磨损过程中，月牙洼逐渐加深加宽，并向刃口方向扩展，甚至导致崩刃。这种磨损一般是在用较高的切削速度和较大的背吃刀量（$a_p>0.5$mm）切削塑性材料时发生的。

（3）前、后面同时磨损（见图3-2-3）　指前面的月牙洼和后面的棱面同时出现的磨损。这种磨损发生的条件介于以上两种磨损之间，即发生在背吃刀量 $a_p=0.1\sim0.5$mm 时切削塑性材料的情况下。

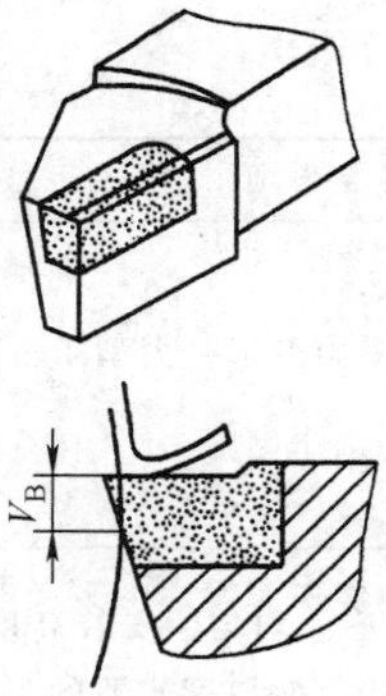

图3-2-1　后面磨损

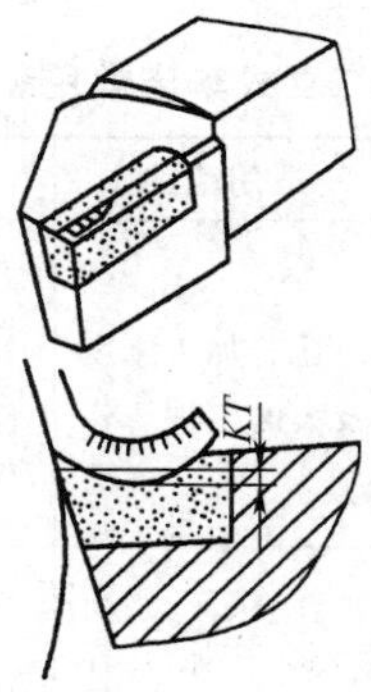

图3-2-2　前面磨损

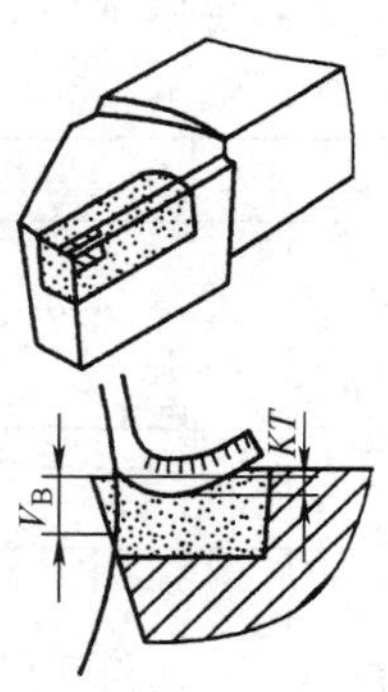

图3-2-3　前、后面同时磨损

在大多数情况下，后面都有磨损，V_B 的大小对加工精度和表面粗糙度影响较大，而且对 V_B 的测量比较方便，所以车刀的磨钝标准以测出的 V_B 大小为准。

2. 车刀磨钝标准及寿命（见表3-2-5）

3. 车刀的手工刃磨

（1）砂轮的选择　刃磨车刀常用的砂轮有两种：一种是白刚玉（WA）砂轮，其砂粒韧性较好，比较锋利，硬度稍低，适用于刃磨高速钢车刀（一般选用F46~F60粒度）；另一种是绿碳化硅（GC）砂轮，其砂粒硬度高，切削性能好，适用于刃磨硬质合金车刀（一般选用F46~F60粒度）。

（2）刃磨步骤

1）先把车刀前面、主后面和副后面等处的焊渣磨去，并磨平车刀的底平面。

2）粗磨主后面和副后面的刀杆部分，其后角应比刀片的后角大2°~3°，以便刃磨刀片的后角。

3）粗磨刀片上的主后面、副后面和前面，粗磨出来的主后角、副后角应比所要求的后角大2°左右（见图3-2-4）。

4）精磨前面及断屑槽。断屑槽一般有两种形状，即直线形和圆弧形。刃磨圆弧形断屑槽时，必须把砂轮的外圆与平面的交接处修整成相应的圆弧；刃磨直线形断屑槽时，砂轮的外圆与平面的交接处应修整得尖锐。刃磨时，刀尖可向上或向下磨削（见图3-2-5），应注意断屑槽形状、位置及前角大小。

5）精磨主后面和副后面。刃磨时，将车刀底平面靠在调整好角度的台板上，使切削刃轻轻靠住砂轮端面进行刃磨，刃磨后的刃口应平直。精磨时，应注意主、副后角的角度（见图3-2-6）。

表 3-2-5　车刀磨钝标准及寿命

	车刀类型	刀具材料	工件材料	加工性质	后面磨损量 V_B/mm
磨钝标准	外圆车刀、端面车刀、镗刀	高速钢	碳素钢、合金钢、铸钢、有色金属	粗车	1.5~2.0
				精车	≤1.0
			灰铸铁、可锻铸铁	粗车	2.0~3.0
				半精车	1.5~2.0
			耐热钢、不锈钢	粗、精车	≤1.0
		硬质合金	碳素钢、合金钢	粗车	1.0~1.4
				精车	0.4~0.6
			铸铁	粗车	0.8~1.0
				精车	0.6~0.8
			耐热钢、不锈钢	粗、精车	0.8~1.0
			钛合金	精、半精车	0.4~0.5
			淬硬钢	精车	0.8~1.0
	切槽及切断刀	高速钢	钢、铸钢	—	0.8~1.0
			灰铸铁		1.5~2.0
		硬质合金	钢、铸钢		0.4~0.6
			灰铸铁		0.6~0.8
	成形车刀	高速钢	碳素钢		0.4~0.5

车刀寿命	刀具材料	硬质合金	高速钢	
		普通车刀	普通车刀	成形车刀
	车刀寿命 T/min	60	60	120

注：以上为焊接车刀的寿命，机夹可转位车刀的寿命可适当缩短，一般选为 30min。

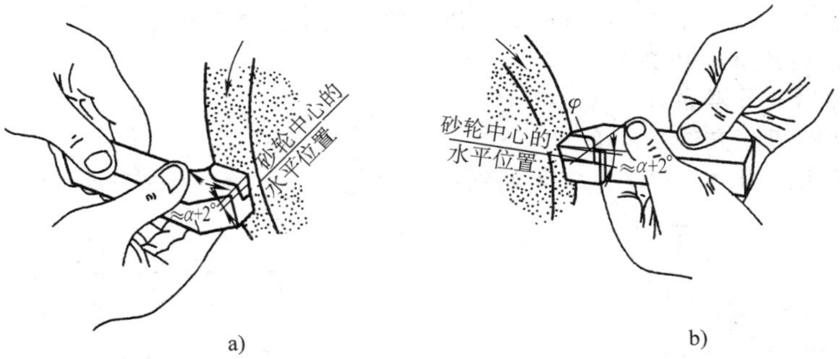

图 3-2-4　粗磨主后角、副后角

a）粗磨主后角　b）粗磨副后角

6）刃磨负倒棱。刃磨时，用力要轻，车刀要沿主切削刃的后端向刀尖方向摆动。磨削时可以用直磨法和横磨法（见图 3-2-7）。

7）刃磨过渡刃。过渡刃有直线形和圆弧形两种，刃磨方法和精磨后面时基本相同（见图 3-2-8）。

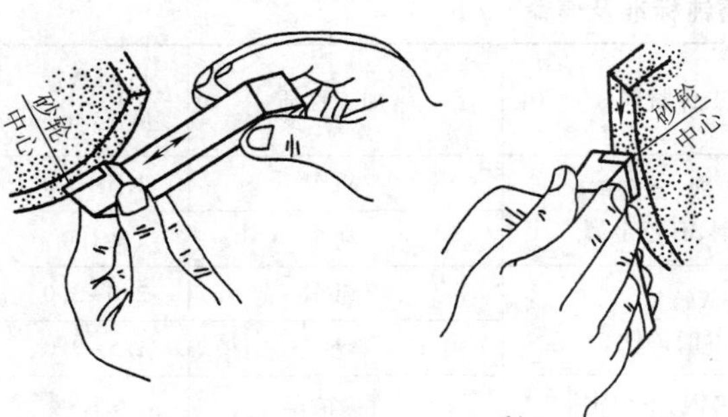

a)　　b)

图 3-2-5　刃磨断屑槽

a）在砂轮右角上刃磨　b）在砂轮左角上刃磨

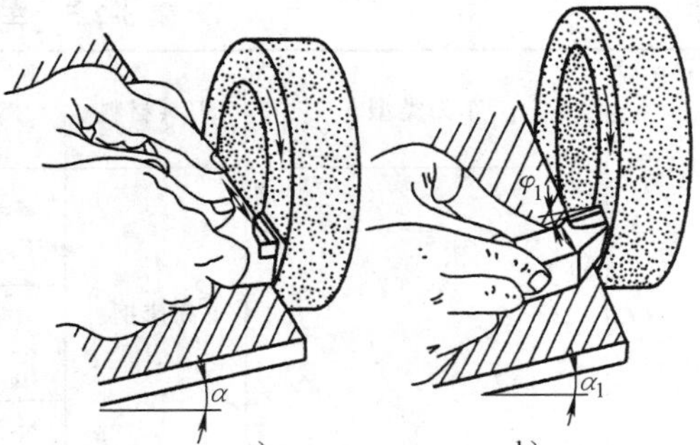

a)　　b)

图 3-2-6　精磨主、副后面

a）精磨主后面　b）精磨副后面

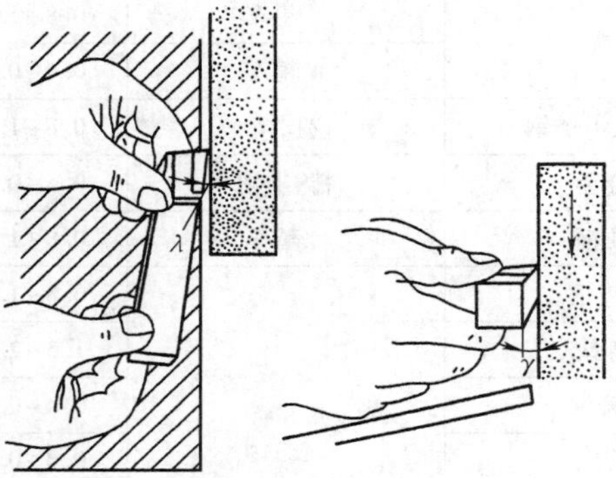

a)　　b)

图 3-2-7　刃磨负倒棱

a）直磨法　b）横磨法

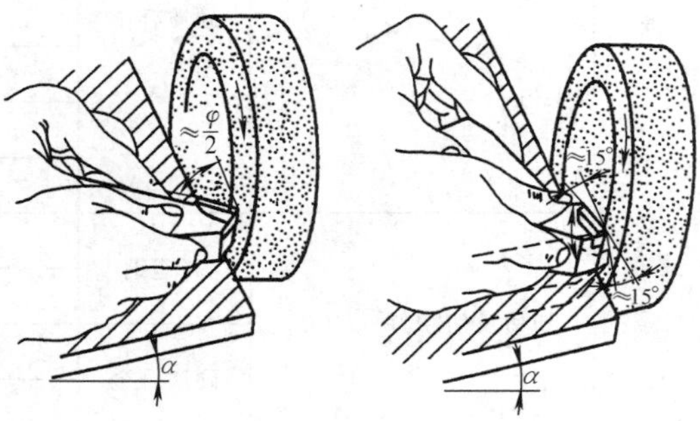

a)　　b)

图 3-2-8　刃磨过渡刃

a）刃磨直线形过渡刃　b）刃磨圆弧形过渡刃

对于车削较硬材料的车刀，也可以在过渡刃上磨出负倒棱。对于大进给量车刀，可用相同方法在副切削刃上磨出修光刃（见图 3-2-9）。

刃磨后的切削刃一般不够平滑光洁，刃口呈锯齿形，切削时会影响工件的表面粗糙度，所以手工刃磨后的车刀，应用磨石进行研磨，以消除刃磨后的残留痕迹。

2.1.2.2　麻花钻头的磨钝和刃磨[㊀]

1. 钻头磨钝标准及寿命（见表 3-2-6）

2. 麻花钻头的刃磨方法及修磨

（1）麻花钻头的刃磨　刃磨钻头主切削刃时（见图 3-2-10）右手握住钻头的工作部分，食

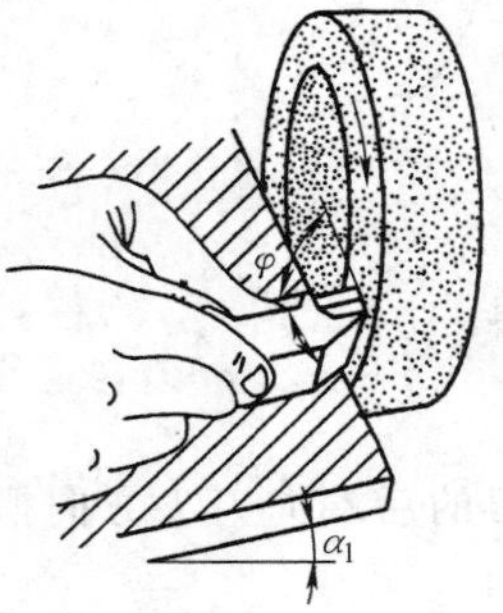

图 3-2-9　刃磨修光刃

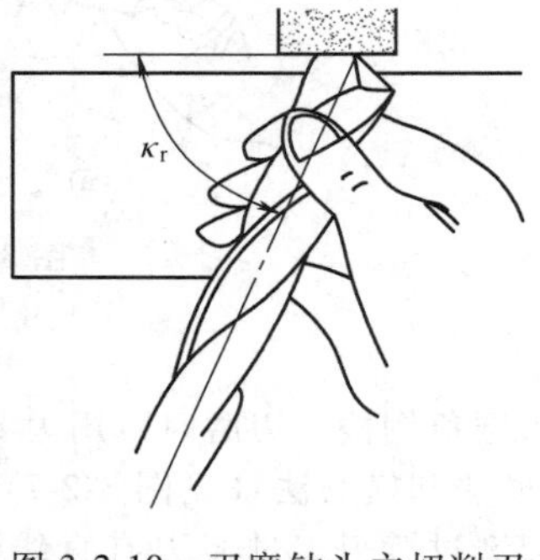

图 3-2-10　刃磨钻头主切削刃

㊀　麻花钻头的切削角度及几何参数的选择见第 3 卷第 1.4.1 节。

指尽可能靠近切削部分作钻头摆动的支点，并掌握好钻头绕轴线的转动和施加在砂轮上的压力。将主切削刃与砂轮中心平面放置在一个水平面内，而且使钻头的轴线与砂轮圆柱面母线在水平面内的夹角为κ_r。左手握住钻柄做上下摆动。钻头转动的目的是使整个后面都能磨到，上下摆动磨出不同后角（钻头的后角在钻头的不同半径处是不相等的）。两手的动作必须稳定、协调一致，转动的同时上下摆动。刃磨好一个主切削刃后，翻转180°刃磨另一个主切削刃。

粗磨时，一般后刀面的下部先接触砂轮，左手上摆进行刃磨。精磨时，一般主切削刃先接触砂轮，左手下摆进行刃磨，而且磨削量要小，刃磨时间要短。在刃磨过程中，要随时检查角度的正确性和对称性，同时还要随时将钻头浸入水中冷却以免退火。

主切削刃刃磨后，应进行以下检查：

表3-2-6　钻头磨钝标准及寿命

钻头磨钝标准			
刀具材料	工件材料	钻头直径/mm	
		≤20	>20
		后面磨损量/mm	
高速钢	钢	0.4~0.8	0.8~1.0
	不锈钢、耐热钢	0.3~0.8	
	钛合金	0.4~0.5	
	铸铁	0.5~0.8	0.8~1.2
硬质合金	钢（扩钻）、铸铁	0.4~0.8	0.8~1.2
	淬硬钢	—	

钻头的寿命										
刀具类型	工件材料	刀具材料	钻头直径 d_0/mm							
			<6	6~10	11~20	21~30	31~40	41~50	51~60	61~80
			刀具寿命 T/min							
钻头	结构钢及铸钢件	高速钢	15	25	45	50	70	90	110	—
	不锈钢及耐热钢	高速钢	6	8	15	25	—	—	—	—
	铸铁、铜合金、铝合金	高速钢	20	35	60	75	110	140	170	—
		硬质合金								

1）检查锋角$2\kappa_r$的大小是否正确，是否对称于钻头轴线。

2）检查两主切削刃是否长短、高低一致。

进行以上两项检查时，把钻头切削部分向上竖立，两眼平视，观察两切削刃，并反复多次旋转180°进行观察，若结果一样，就说明对称了。

3）钻头外缘处的后角可直接用目测检查，近中心处的后角可以通过检查横刃斜角ψ是否正确来确定。

（2）麻花钻头的修磨

1）麻花钻头几何形状的分析。麻花钻头由于结构上的原因，其切削部分的几何形状不尽合理。主要有以下几个方面。

① 钻头横刃较长，横刃前角为负值。钻削时，实际上不是切削，而是刮削和挤压，轴向抗力增大。同时，横刃过长，钻头的定心作用较差，钻削时容易产生振动。

② 主切削刃上各点的前角大小不一样，使切削性能不同，尤其靠近横刃处前角为负值时，切削条件很差，实际处于刮削状态。

③ 主切削刃外缘处的刀尖角较小，前角很大，刀齿强度很低，而钻削时，此处的切削速度又最高，故容易磨损。

④ 主切削刃长，而且全部参加切削，各处切屑排出的速度相差较大，使切屑卷曲成螺旋卷，容易在螺旋槽内堵塞，影响排屑和切削液的注入。

⑤ 钻头导向部分棱边较宽，而且副后角为0°，所以靠近切削部分的一段棱边与孔壁的摩擦比较严重，故容易发热和磨损。

综合以上分析，麻花钻头的几何形状不能适应加工各种不同材料和加工条件的要求，所以通常要对麻花钻头的几何形状进行适当的修磨。

2）麻花钻头的修磨方法。

① 修磨主切削刃（修磨锋角 $2\kappa_r$）。麻花钻头的锋角 $2\kappa_r$ 为118°，修磨时应根据被加工材料的不同进行修磨。

修磨主切削刃（见图3-2-11）时，可磨出第二锋角 $2\kappa_{ro}$，即在外缘处磨出过渡刃。一般 $2\kappa_{ro}=70°\sim75°$，$f_0=0.2d$。其目的是增加切削刃的总长度和增大刀尖角 ε_r，从而增加刀齿强度，使切削刃与棱边交角处的耐磨性提高，延长钻头的使用寿命，同时也有利于减小孔壁的表面粗糙度。

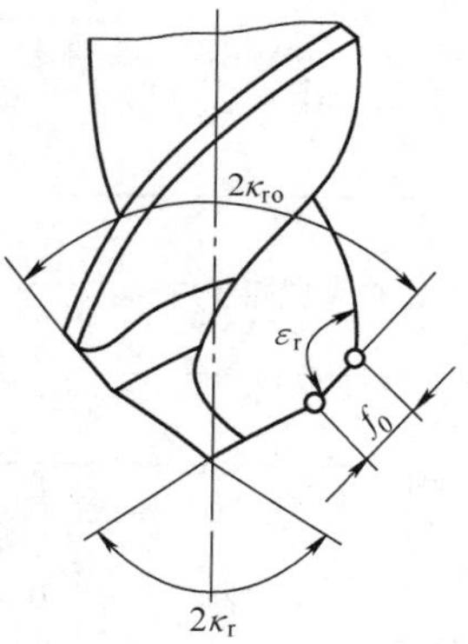

图3-2-11 修磨主切削刃

② 修磨横刃（见图3-2-12）。修磨横刃的目的是减小横刃长度，并使靠近钻心处的前角增大，以减小切削时的进给力和挤刮现象，并改善定心作用。修磨后，横刃长度为原来的1/5~1/3，并形成内刃。内刃斜角 $\tau=20°\sim30°$，内刃前角 $\gamma_{or}=-15°\sim0°$。一般直径大于5mm的钻头均须修磨横刃。

③ 修磨分屑槽（见图3-2-13）。对于直径大于15mm的钻头，当用于钻削钢件时，都应在钻头的主后面修磨出几条相互错开的分屑槽，以使切屑变窄，排屑顺利。

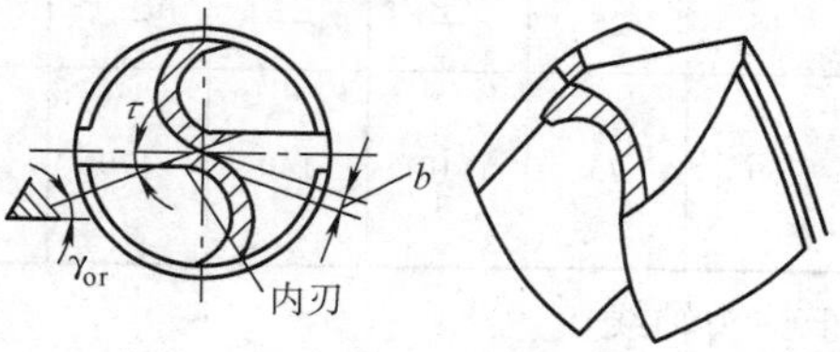

图3-2-12 修磨横刃

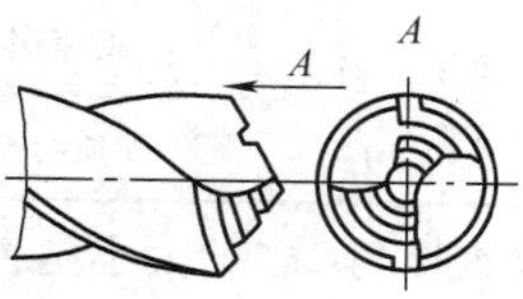

图3-2-13 修磨分屑槽

④ 修磨前面（见图3-2-14）。修磨时，将钻头主切削刃和副切削刃交角处的前面磨去一块，以减小此处的前角，提高刀齿的强度。

⑤ 修磨棱边（见图3-2-15）。修磨棱边的目的是为减少棱边与孔壁的摩擦，延长钻头的使用寿命。修磨后的副后角 $\alpha_o'=6°\sim8°$，但必须保留0.2~0.4mm宽的未经修磨的棱边。副后角修磨长度 $L=(0.1\sim0.2)d$。

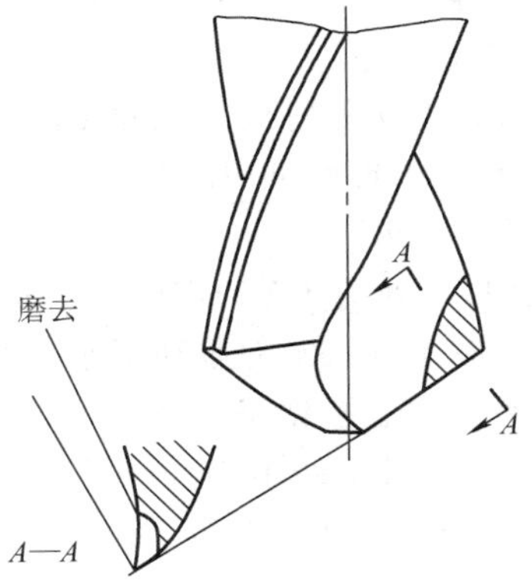

图 3-2-14　修磨前面

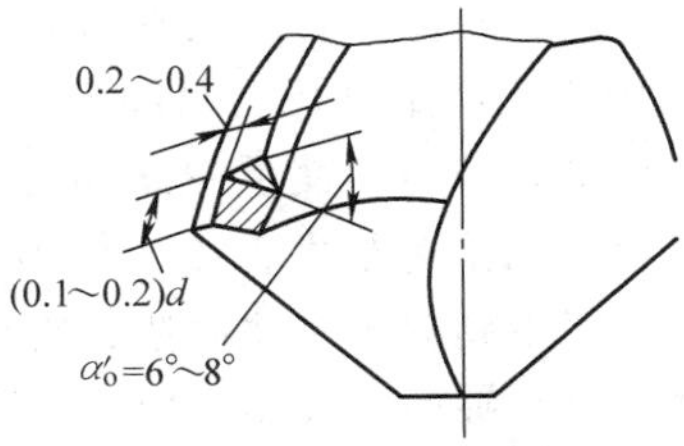

图 3-2-15　修磨棱边

2.1.2.3　中心孔的加工与修研

中心孔是轴类零件常用的定位基面，中心孔的质量直接影响轴的加工精度，所以对中心孔的加工有如下要求：

1）两端中心孔应在同一轴线上且深度一致。

2）保护中心孔的圆度。

3）中心孔位置应保证工件加工余量均匀。

4）中心孔的尺寸应与工件的直径尺寸相适应。

1. 中心孔的加工及质量分析

在车床上钻中心孔前，必须将尾座严格地校正，使其对准主轴中心线（见图 3-2-16）。直径小于 6mm 的中心孔通常用中心钻直接钻出。

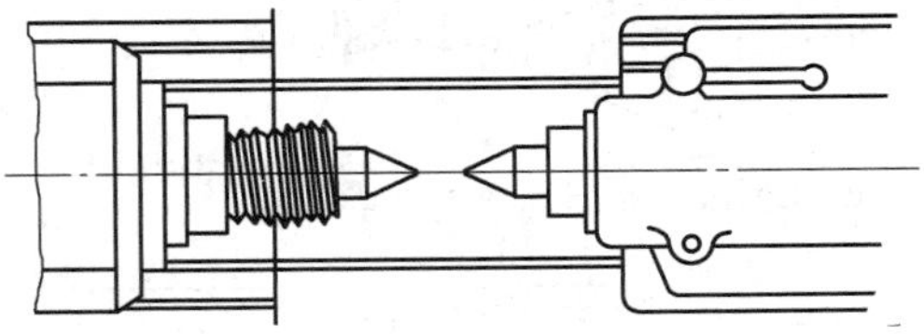

图 3-2-16　校正尾座使其对准主轴中心线

（1）在直径较小的工件上钻中心孔　把工件夹紧在卡盘上，尽可能伸出短些。校正后车平端面，不允许留有凸头。把中心钻装在钻夹头中夹紧，并直接或用锥形套柄过渡插入车床尾座套筒的锥孔中，然后缓慢均匀地摇动尾座手轮。当中心钻钻入工件端面时（见图 3-2-17），速度要减慢并保持均匀，加切削液，还应勤退刀，及时清除切屑。当中心孔钻到要求的尺寸时，先停止进给再停机，利用主轴惯性使中心孔表面修圆整后再退出中心钻。

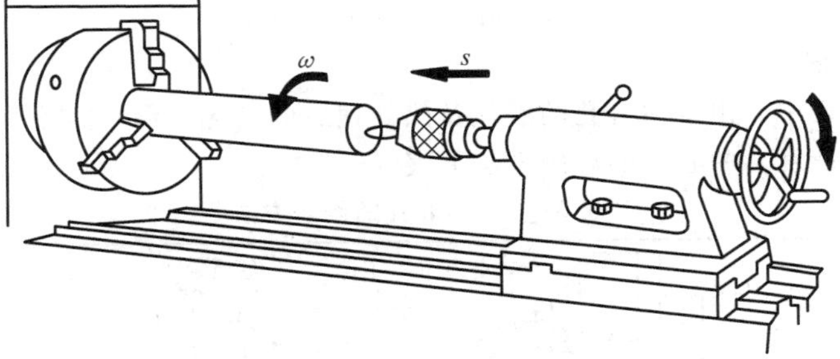

图 3-2-17　在车床上钻中心孔

（2）在直径大而又长的工件上钻中心孔 如果工件直径较大且长，不能通过车床主轴孔时，采用卡盘夹持及中心架支承的方法钻中心孔（见图 3-2-18）。

（3）钻 C 型中心孔（见图 3-2-19） 用两个不同直径的钻头钻螺纹底孔和短圆柱孔（见图 3-2-19a、b），内螺纹用丝锥攻出（见图 3-2-19c），60°及 120°锥面可用 60°及 120°锪钻锪出（见图 3-2-19d、e），或者用改制的 B 型中心钻钻出（见图 3-2-19f）。

（4）中心孔质量分析（见图 3-2-20） 正确的中心孔形状如图 3-2-20a 所示。中心孔钻得过深（见图 3-2-20b），使顶尖跟中心孔锥面不能配合，接触不好；工件直径很小（见图 3-2-20c），但中心孔钻得很大，使工件因没有端面而形成废品；中心孔钻偏（见图 3-2-20d、e），使工件毛坯车不到规定尺寸而造成废品；两端中心孔连线与工件轴线不重合（见图 3-2-20f），造成工件余量不够而成废品；中心钻磨损以后，圆柱部分修磨得太短（见图 3-2-20g），造成顶尖与中心孔底相碰，使 60°锥面不接触而影响加工精度。

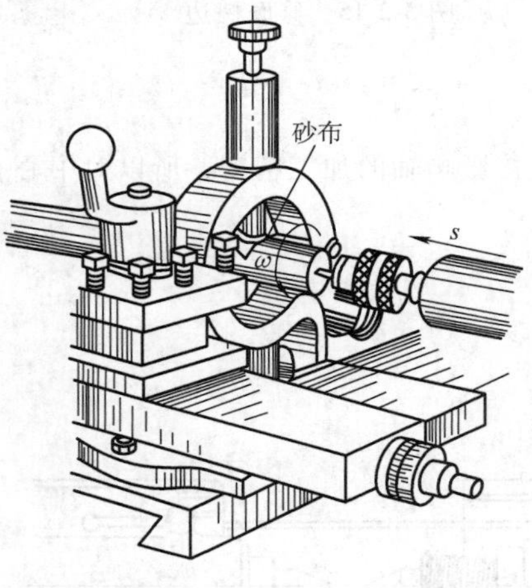

图 3-2-18 在中心架上钻中心孔

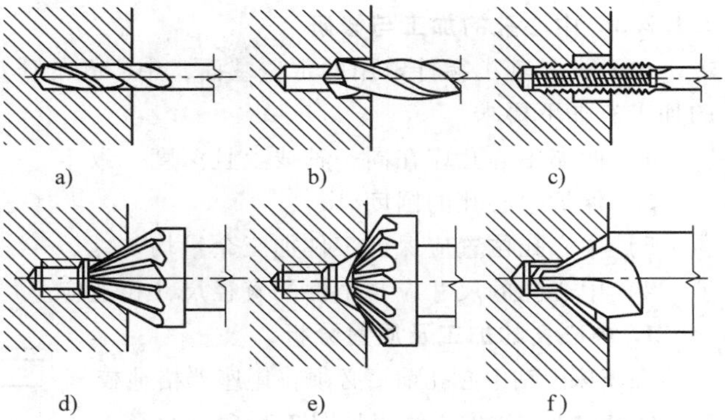

图 3-2-19 C 型中心孔的加工

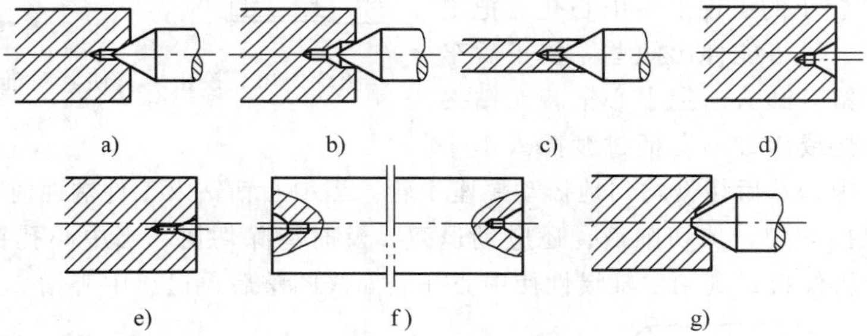

图 3-2-20 中心孔质量分析

2. 中心孔的修研

在加工零件过程中，由于中心孔的磨损及热处理后的氧化变形，因此有必要对中心孔进行修研，以保证定位精度。中心孔的修研方法见表 3-2-7。

表 3-2-7 中心孔的修研方法

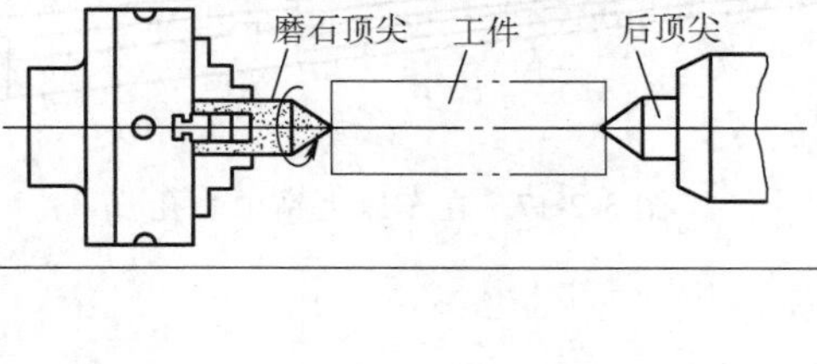

（续）

方　法	修研要点
用铸铁顶尖修研	将铸铁顶尖夹在车床卡盘上，将工件顶在铸铁顶尖和尾座顶尖之间研磨。修研时加研磨剂
用磨石或橡胶砂轮修研	方法同上，磨石或橡胶砂轮代替铸铁顶尖。修研时加少量润滑剂(如用低运动黏度的全损耗系统用油)
用成形内圆砂轮修磨	主要用于修研淬火变形和尺寸较大的中心孔。将工件夹在内圆磨床卡盘上，校正外圆后，用成形内圆砂轮修磨
用硬质合金顶尖刮研	在立式中心孔研磨机上，用四棱硬质合金顶尖进行。刮研时，加入氧化铬研磨剂
用中心孔磨床修磨	修磨时，砂轮做行星运动，并沿 30°方向进给。适于修磨淬硬的精密零件中心孔，圆度可达 0.8μm

2.1.2.4　车削圆锥面

1. 锥体各部尺寸名称和代号及尺寸计算（见表 3-2-8）

表 3-2-8　锥体各部尺寸名称和代号及尺寸计算

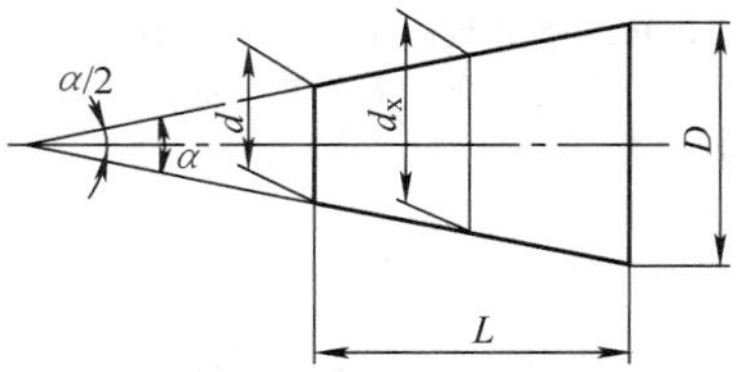

D—最大圆锥直径　d—最小圆锥直径
d_x—给定横截面处圆锥直径　L—圆锥长度
α—圆锥角　$\alpha/2$—圆锥半角

尺寸名称和代号	计算公式
斜度 S	$S=\tan\dfrac{\alpha}{2}$　$S=\dfrac{D-d}{2L}$　$S=\dfrac{C}{2}$
锥度 C	$C=2S$　$C=2\tan\dfrac{\alpha}{2}$　$C=\dfrac{D-d}{L}$
大头直径 D	$D=d+2L\tan\dfrac{\alpha}{2}$　$D=d+CL$ $D=d+2LS$
小头直径 d	$d=D-2L\tan\dfrac{\alpha}{2}$ $d=D-CL$ $d=D-2LS$

2. 车削圆锥面的方法（见表 3-2-9）

表 3-2-9　车削圆锥面的方法

方法	简　图	应用及有关计算
转动小刀架车削锥体	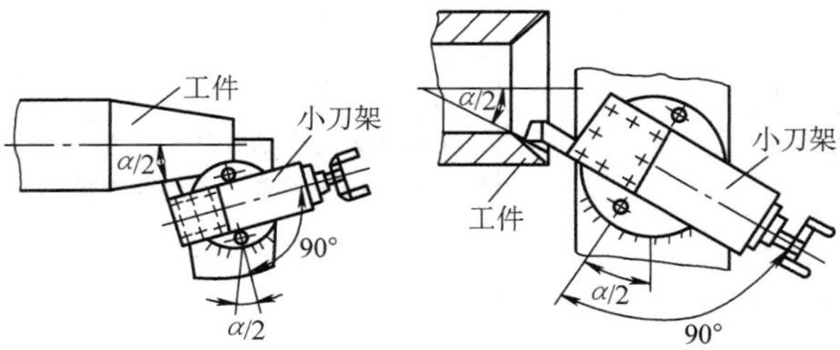 a) 车削外锥面　b) 车削内锥面	圆锥长度较短、斜角 $\alpha/2$ 较大时采用。车削时，把小刀架按零件要求转动一个圆锥半角 $\alpha/2$ $\tan\dfrac{\alpha}{2}=\dfrac{C}{2}$ $\tan\dfrac{\alpha}{2}=\dfrac{D-d}{2L}$

（续）

<table>
<tr><th>方法</th><th>简 图</th><th>应用及有关计算</th></tr>
<tr><td>用靠模板车削锥体</td><td>
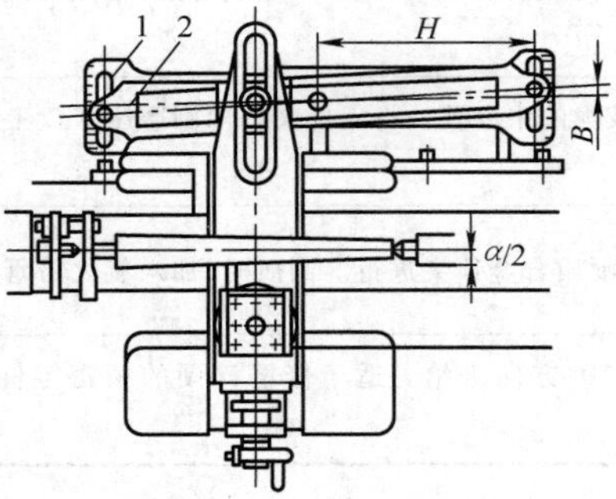

1 — 靠尺 2 — 靠模板
</td><td>
圆锥精度高、圆锥角小、尺寸相同和数量较多时采用

$$B=H\times\frac{D-d}{2L}=H\tan\frac{\alpha}{2}$$

$$B=\frac{H}{2}\times C(\text{锥度})$$

式中 H—靠模板转动中心到刻线处的距离，称为支距

$\frac{\alpha}{2}$—靠模板旋转角度，它等于圆锥体的圆锥半角，计算公式与小刀架转动角度相同

B—靠模板的偏移量
</td></tr>
<tr><td>用偏移尾座车削锥体</td><td>
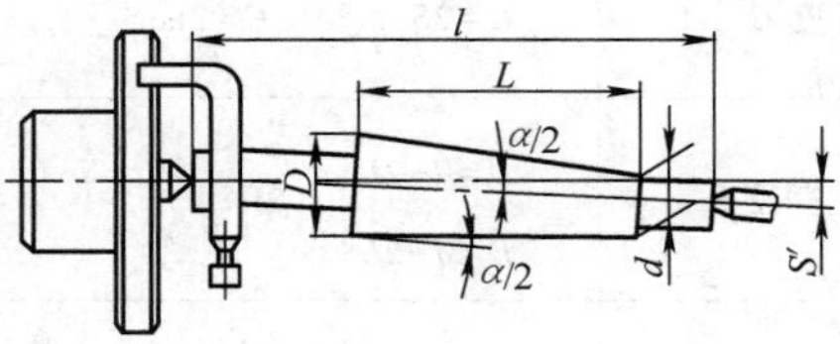

</td><td>
圆锥精度要求不高，锥体较长而锥度又较小时采用。当工件全长 l 不等于锥形部分长度 L 时

$$S'=\frac{l}{2}\times\frac{D-d}{L}$$

$$S'=\frac{l}{2}C \text{ 或 } S'=lS$$

当工件全长 l 等于锥形部分长度 L 时：

$$S'=\frac{D-d}{2}$$

式中 S'—偏移量
</td></tr>
<tr><td>用宽刃刀车削锥体</td><td>
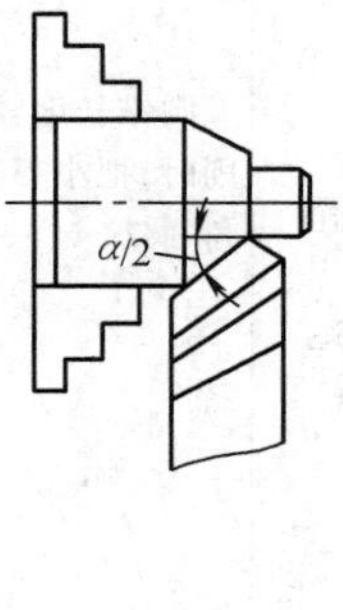

</td><td>
用切削刃与主轴轴线的夹角等于工件圆锥半角 $\alpha/2$ 的车刀直接车出圆锥面
</td></tr>
</table>

3. 车削标准锥度和常用锥度时小刀架和靠模板的转动角度（见表3-2-10）

表3-2-10　车削标准锥度和常用锥度时小刀架和靠模板的转动角度

锥体名称		锥　度	小刀架和靠模板转动角度（圆锥半角）	锥体名称	锥　度	小刀架和靠模板转动角度（圆锥半角）
莫氏圆锥	0	1 : 19.212	1°29′27″	常用锥度	1 : 200	0°08′36″
	1	1 : 20.047	1°25′43″		1 : 100	0°17′11″
	2	1 : 20.020	1°25′50″		1 : 50	0°34′23″
	3	1 : 19.922	1°26′16″		1 : 30	0°57′17″
	4	1 : 19.254	1°29′15″		1 : 20	1°25′56″
	5	1 : 19.002	1°30′26″		1 : 15	1°54′33″
	6	1 : 19.180	1°29′36″		1 : 12	2°23′09″
30°		1 : 1.866	15°		1 : 10	2°51′45″
45°		1 : 1.207	22°30′		1 : 8	3°34′35″
60°		1 : 0.866	30°		1 : 7	4°05′08″
75°		1 : 0.652	37°30′		1 : 5	5°42′38″
90°		1 : 0.5	45°		1 : 3	9°27′44″
120°		1 : 0.289	60°		7 : 24	8°17′46″

4. 车削圆锥面时的尺寸控制方法

在车削圆锥工件时，一般是用套规或塞尺检验工件的锥度和尺寸。当锥度已车准而尺寸未达到要求时，必须再进给车削。当用量规测量出长度 a 后（见图3-2-21），可用以下方法确定横向进给量。

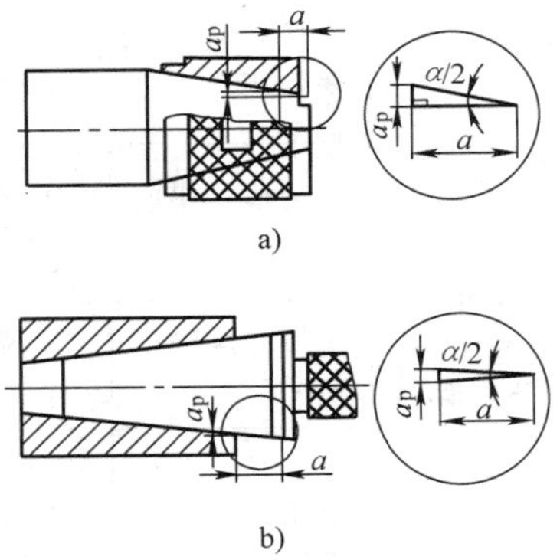

图3-2-21　圆锥尺寸控制方法

a）车圆锥体　b）车圆锥孔

（1）计算法　计算公式为

$$a_p = a\tan\frac{\alpha}{2} \quad 或 \quad a_p = a\,\frac{C}{2}$$

式中　a_p——当界限量规刻线或台阶中心离开工件端面的距离为 a 时的背吃刀量（mm）；

$\frac{\alpha}{2}$——圆锥半角（°）；

C——锥度。

［例］　已知工件的圆锥半角 $\frac{\alpha}{2}=1°30'$，用套规测量时，工件小端离开套规台阶中心的距离为4mm，问背吃刀量多少才能使小端直径尺寸合格。

解： $a_p = a\tan\frac{\alpha}{2} = 4\text{mm}\times\tan1°30'$

$= 4\text{mm}\times0.02619 = 0.105\text{mm}$

［例］　已知工件锥度为1 : 20，用套规测量工件小端时，小端离开套规台阶中心的距离为2mm，问背吃刀量多少才能使小端直径尺寸合格。

解： $a_p = a\,\frac{C}{2} = 2\text{mm}\times\frac{\frac{1}{20}}{2} = 2\text{mm}\times\frac{1}{40} = 0.05\text{mm}$

（2）移动床鞍法（见图3-2-22）　当用界限量规量出长度 a 后取下量规，使车刀轻轻接触工件小端面；然后移动小滑板，使车刀离开工件端面一段 a 的距离；最后移动床鞍，使车刀同工件端面接触后即可进行车削。

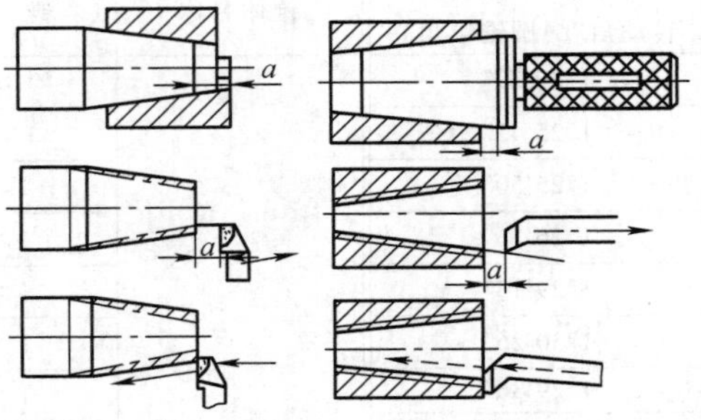

图 3-2-22 移动床鞍法
a）车圆锥体 b）车圆锥孔

5. 车削圆锥面时的主要问题、产生原因及预防方法（见表 3-2-11）

表 3-2-11 车削圆锥面时的主要问题、产生原因及预防方法

主要问题		产生原因	预防方法
锥度（角度）不正确	用转动小刀架车削时	1)小刀架转动角度计算错误 2)小刀架移动时松紧不匀	1)仔细计算小刀架应转动的角度和方向，并反复试车校正 2)调整塞铁使小刀架移动均匀
	用偏移尾座法车削时	1)尾座偏移位置不正确 2)工件长度不一致	1)重新计算和调整尾座偏移量 2)若工件数量较多，各件的长度必须一致
	用靠模法车削时	1)靠模板角度调整不正确 2)滑块与靠模板配合不良	1)重新调整靠模板角度 2)调整滑块和靠模板之间的间隙
	用宽刃刀车削时	1)装刀不正确 2)切削刃不直	1)调整切削刃的角度和对准中心 2)修磨切削刃的平直度
	铰削锥孔时	1)铰刀锥度不正确 2)铰刀的安装轴线与工件旋转轴线不同轴	1)修磨铰刀 2)用百分表和试棒调整尾座中心
大、小端尺寸不正确		没有经常测量大、小端直径	经常测量大、小端直径，并按计算尺寸控制背吃刀量
双曲线误差		车刀没有对准工件中心	车刀必须严格对准工件中心

2.1.2.5 车削偏心工件及曲轴

在机械传动中，回转运动变为往复直线运动或直线运动变为回转运动，一般都是用偏心轴或曲轴（曲轴是形状比较复杂的偏心轴）来完成的。偏心轴，即工件的外圆和外圆之间的轴线平行而不重合；偏心套，即工件的外圆和内孔的轴线平行而不重合。这两条轴线之间的距离称为“偏心距”。

车削偏心工件时，应按工件的不同数量、形状和精度要求，相应地采取不同的装夹方法，但最终应保证所要加工的偏心部分轴线与车床主轴旋转轴线重合。

1. 车削偏心工件的装夹方法（见表 3-2-12）

表 3-2-12　车削偏心工件的装夹方法

方法	简　　图	应用说明
用顶尖拨顶	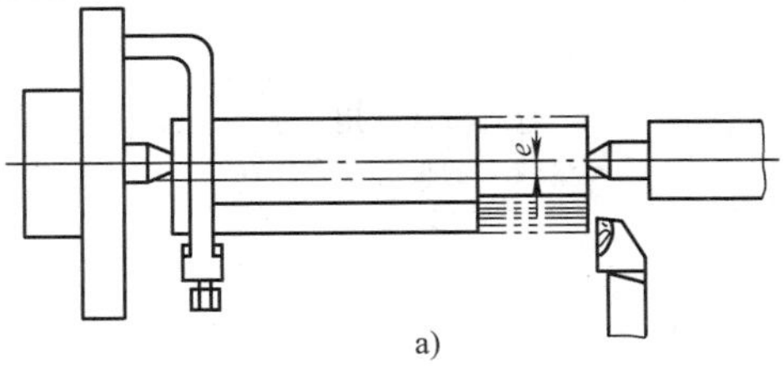 a) 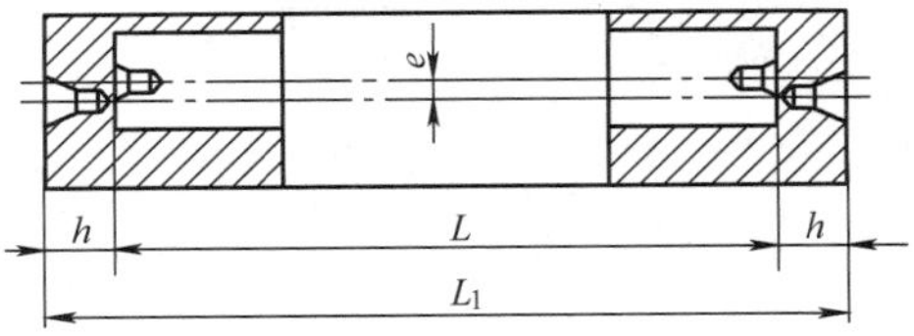 b) 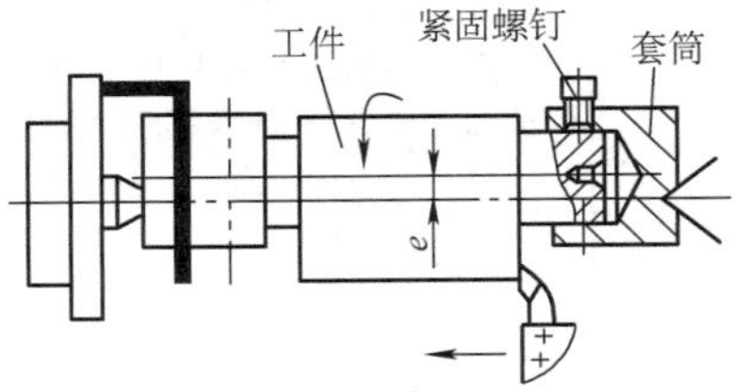 c)	这种方法适用于加工较长的偏心工件。在加工前，应在工件两端划出并加工出中心点的中心孔和偏心点的中心孔；然后用前、后顶尖顶住便可进行加工（见图 a） 若偏心轴的偏心距较小，在钻偏心中心孔时，可能会与主轴中心孔发生干涉，这时可按图 b 增加工艺凸台，即把工件的长度放长两个中心孔的深度。加工时，可先把毛坯车成光轴，然后车去两端中心孔至工件长度，再划线，钻偏心中心孔、车偏心轴 图 c 所示为采用套筒装夹工件后再用顶尖拨顶的方法
单动卡盘装夹	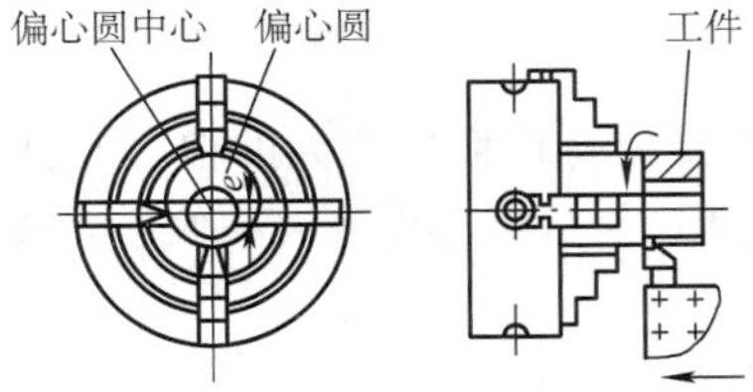	这种方法适用于加工偏心距较小、精度要求不高、长度较短、数量较少的偏心工件
自定心卡盘装夹	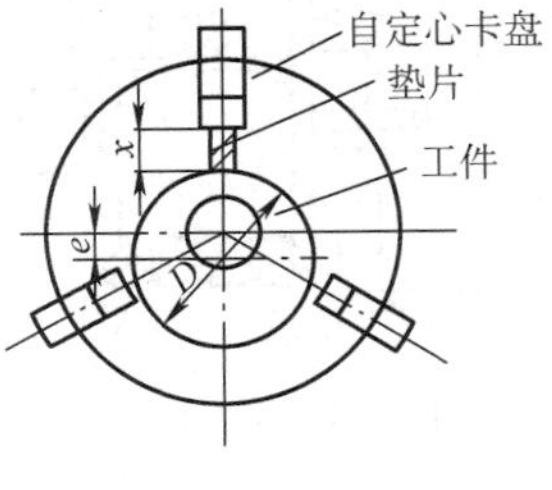	这种方法适用于加工批量较大、长度较短、偏心距较小、精度要求不高的偏心工件。其垫片厚度可用计算如下 $x=1.5e\pm K$ 式中　K—修正系数，$K=1.5\Delta e$ Δe—实测偏心距误差 +—用于实测偏心距 $e'<e$ -—用于实测偏心距 $e'>e$
花盘装夹	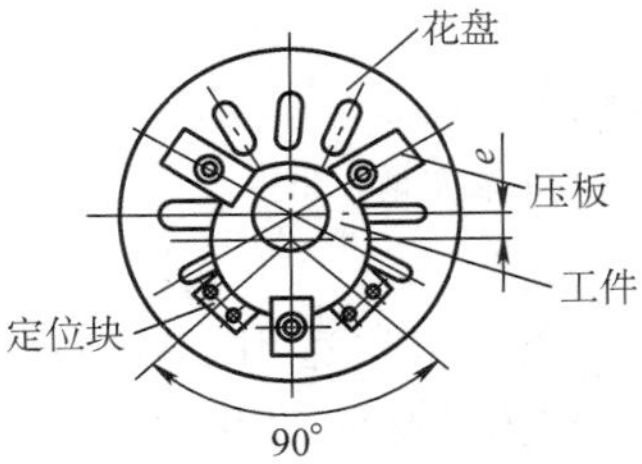	这种方法适用于加工工件长度较短、直径大、精度要求不高的偏心孔工件

（续）

方法	简　图	应用说明
双卡盘装夹	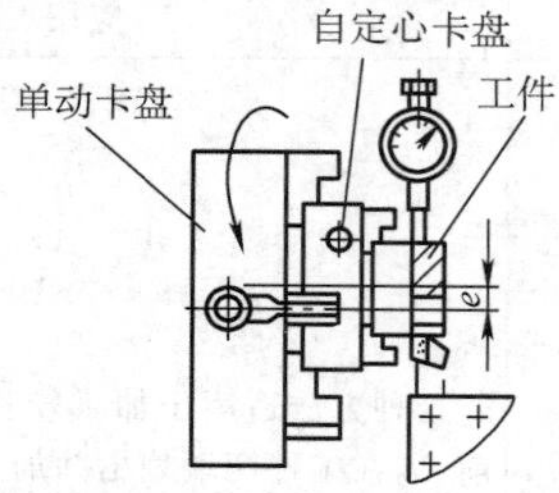	这种方法适用于加工长度较短、偏心距较小、批量较大的偏心工件
偏心卡盘装夹	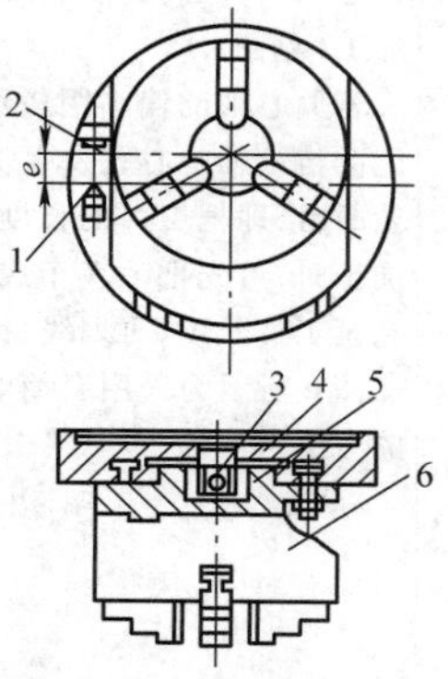 1—固定测头　2—活动测头　3—丝杆　4—滑座　5—滑块　6—自定心卡盘	这种方法适用于加工短轴、盘、套类较精密的偏心工件。其优点是装夹方便，偏心距可以调整，能保证加工质量，并能获得较高的精度，通用性强

2. 用专用夹具车削偏心工件

图3-2-23所示的专用夹具适用于对加工精度要求高且批量较大的偏心工件。加工前，应根据工件上的偏心距加工出相应的偏心轴或偏心套，然后将工件装夹在偏心套或偏心轴上进行加工。

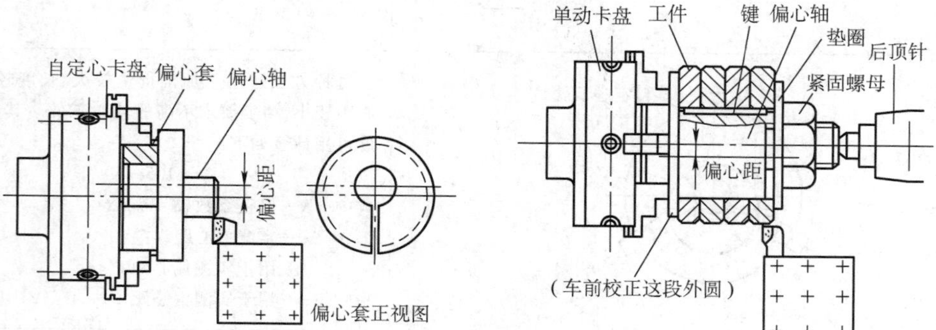

a)　　b)

图3-2-23　车削偏心用专用夹具

a）用偏心套车偏心轴　b）用偏心轴车偏心套

3. 测量偏心距的方法

（1）用心轴和百分表测量（见图3-2-24）　这种测量方法适用于对精度要求较高而偏心距较小的偏心工件。用百分表测量偏心工件，是以孔作为基准面，用一个夹在自定心卡盘上的心轴支承工件。百分表的测头指在偏心工件的外圆上，将偏心工件的一个端面靠在卡爪上，缓慢转动。百分表上的读数应该是两倍的偏心距，否则工件的偏心距就不合格。

（2）用等高V形架和百分表测量（见图3-2-25）　用百分表测量偏心轴时，可将偏心轴放在平板上的两个等高V形架上。百分表测头指在偏心外圆上，缓慢转动偏心轴。百分表上的读数也应该等于偏心距的两倍。

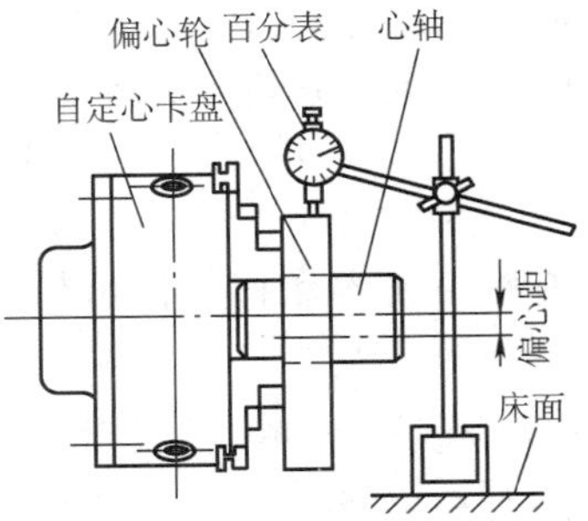

图3-2-24　用心轴和百分表测量

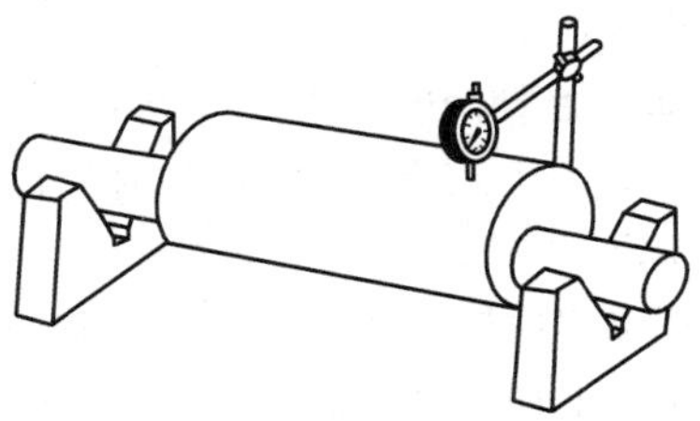
图3-2-25　用等高V形架和百分表测量

以上两种方法中，百分表也可装在游标高度卡尺上使用（见图3-2-26），以扩大测量范围。

（3）用两顶尖孔和百分表测量（见图3-2-27）　这种方法适用于两端有中心孔、偏心距较小的偏心轴的测量。其测量方法是将工件装夹在两顶尖之间，百分表的测头指在偏心工件的外圆上。用手转动偏心轴，百分表上的读数应是偏心距的两倍。

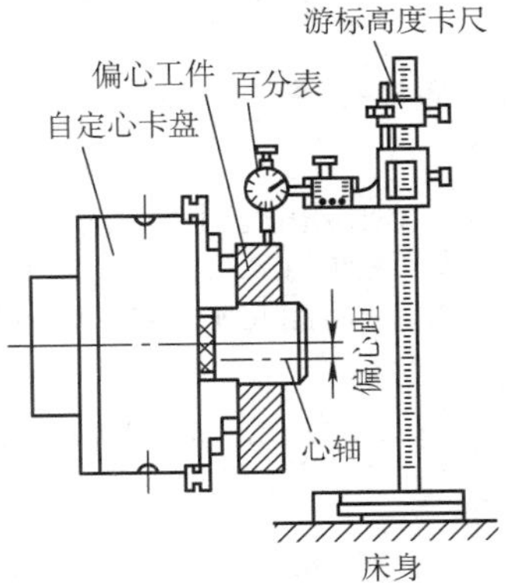

图3-2-26　百分表与游标高度卡尺配合测量

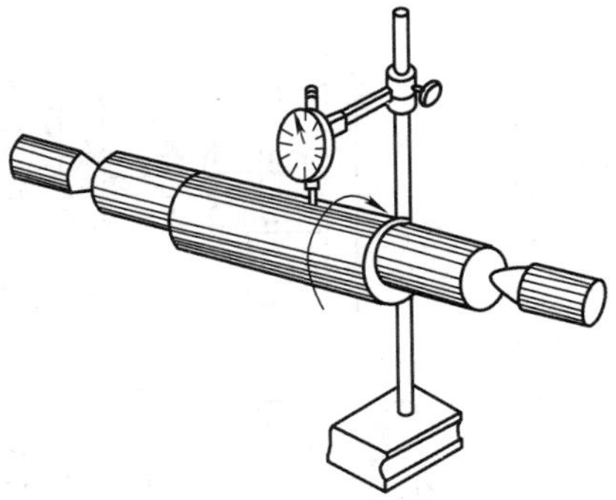
图3-2-27　用两顶尖孔和百分表测量

偏心套的偏心距也可用上述方法来测量，但必须将偏心套装在心轴上。

（4）用V形块间接测量（见图3-2-28）　因受百分表测量范围的限制，偏心距较大的工件可采用间接测量的方法。把工件放在平板上的V形块上，转动偏心轴，用百分表量出偏心轴的最高点。工件固定不动，水平移动百分表，测出偏心轴外圆到基准轴外圆之间的距离 a，然后用

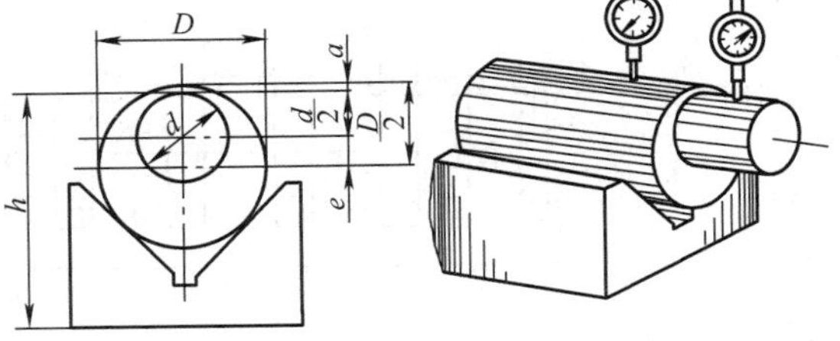

图3-2-28　用V形块间接测量

下式计算出偏心距 e：

$$e=D/2-d/2-a$$

式中　e——偏心距（mm）；

D——基准轴直径（mm）；

d——偏心轴直径（mm）；

a——基准轴外圆到偏心轴外圆之间的最小距离（mm）。

采用这种方法时，必须用千分尺测量出基准轴直径和偏心轴直径正确的实际尺寸，否则计算时会产生误差。

4. 车削曲轴的装夹方法

曲轴实际上就是多拐偏心轴，其加工原理与加工偏心轴基本相同，常用的装夹方法见表 3-2-13。

大型多拐曲轴一般为锻件（锻钢）或铸件（铸钢或球墨铸铁）。一般在带有偏心卡盘的专用曲拐车床上加工这类曲轴，用大型卧式车床加工时，应设计制造专用工装，其中包括对机床尾座的改装，以提高装夹刚性。

表 3-2-13　车削曲轴常用的装夹方法

曲轴型式	装夹方法简图	说　明
单拐曲轴	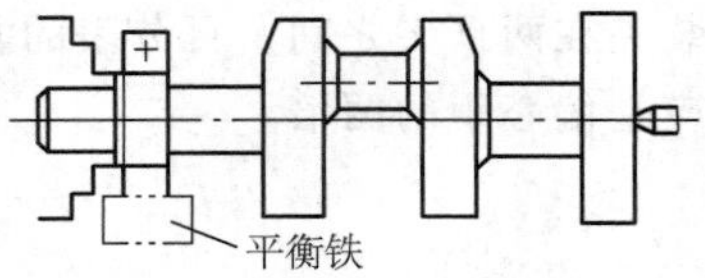	主轴一端用卡盘装夹轴颈，尾座一端用顶尖顶夹，法兰上配有配重，加工拐颈
双拐曲轴	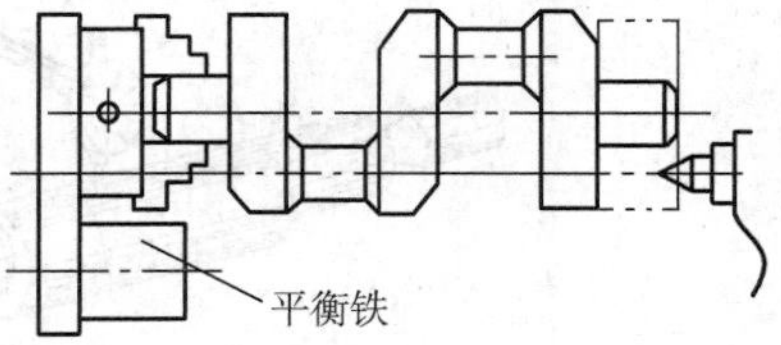	主轴一端花盘上安装卡盘，调整偏心距装夹轴颈，尾座一端的专用法兰上配有偏心的中心孔，用顶尖顶夹，加工拐颈
三拐曲轴	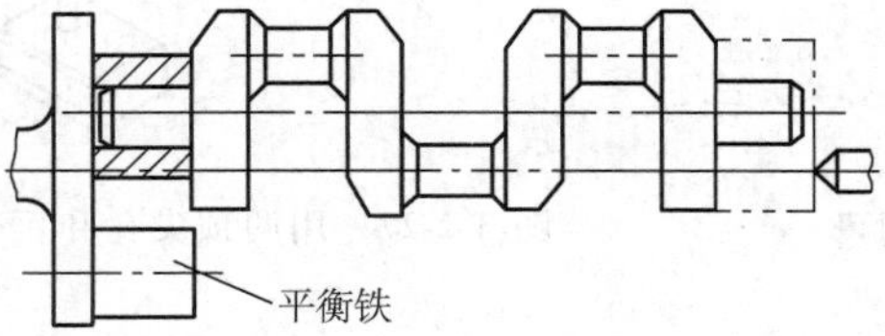	主轴一端按偏心距配做专用夹具装夹轴颈，尾座一端的专用法兰上配有偏心的中心孔，用顶尖顶夹，加工拐颈
多拐曲轴	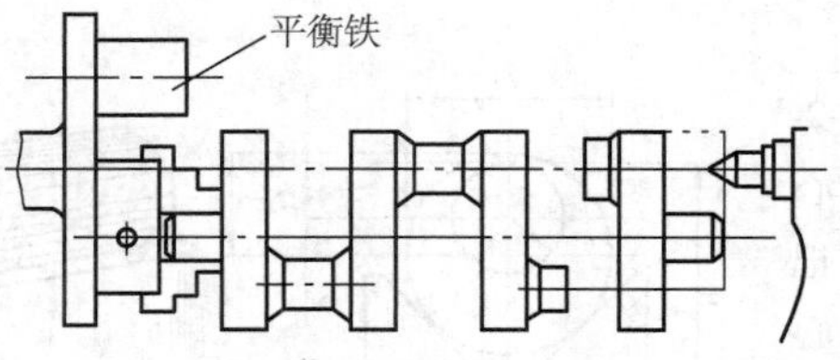	主轴一端花盘上安装卡盘，调整偏心距装夹轴颈，尾座一端的专用法兰上配有偏心的中心孔，用顶尖顶夹，加工拐颈

2.1.2.6　车削成形面

有些机器零件的表面不是平面，而是由若干个曲面组成，如手轮、手柄、圆球、凸轮等，这类表面称为成形面（也称特形面）。对于这类零件的加工，应根据零件的特点、精度要求及批量大小等不同情况，分别采用不同方法进行加工。

对数量较少或单个零件，可采用双手赶刀方法进行车削。用右手握住小滑板手柄，左手握住中滑板手柄，通过双手合成运动，车出成形面；或者采用床鞍和中滑板合成运动来进行车削。车削的要点是双手摇动手柄的速度配合要恰当。这种方法的优点是不需要其他特殊工具就能车出一般精度成形面零件。

1. 成形面车削方法（见表 3-2-14）

表 3-2-14　成形面车削方法

车削方法	示意图	特点
成形刀（样板刀）车削	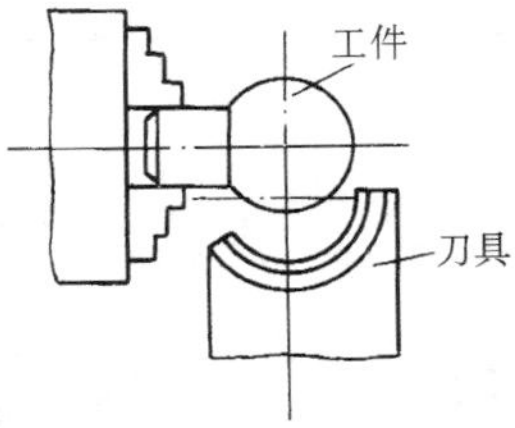	工件的精度主要靠刀具保证 适用于加工具有大圆角、圆弧槽，以及变化范围小但又比较复杂的成形面
液压仿形车削	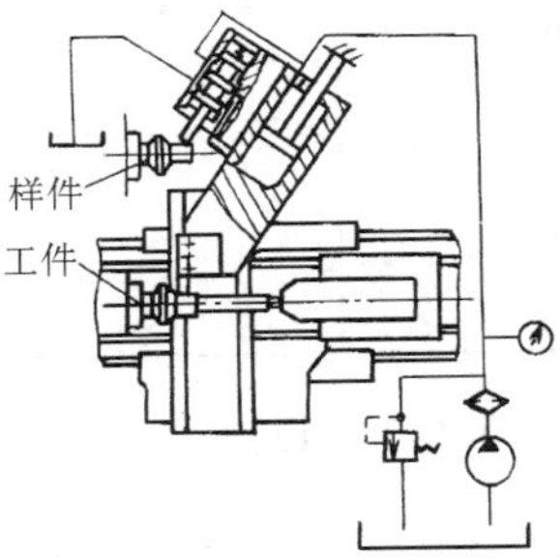	加工时运动平稳，惯性小，能获得较高的加工精度 适用于车削多台阶的长轴类工件
纵向靠模板车削	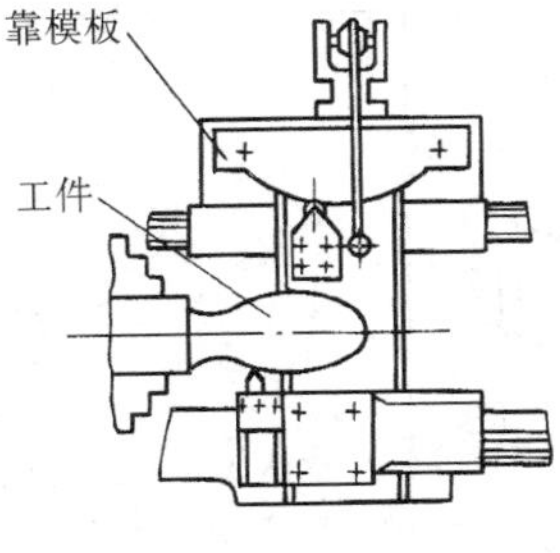	适用于加工切削力不大的短轴成形面
横向靠模板车削	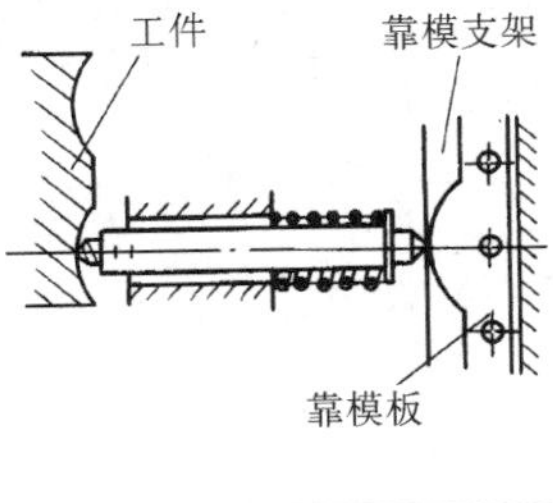	靠模板由靠模支架固定在车床尾座上。拆除小刀架，将装有刀杆的板架装于中滑板上。车削时，中滑板横向进给 适用于加工成形端面

（续）

车削方法	示意图	特　点
同轴摆动车削	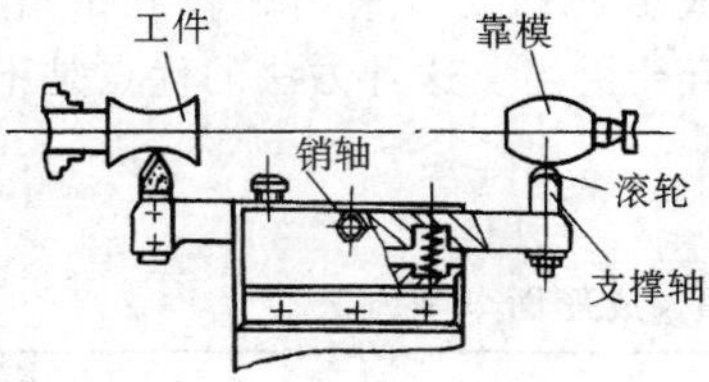	靠模与工件形状相反。车削时，床鞍纵向进给，车刀绕销轴摆动。制造和安装工具时，应使车刀刀尖至销轴的距离与支撑轴至销轴的距离一致，并使车刀伸出长度与滚轮伸出长度一致 适用于加工成形短轴
同轴推动车削	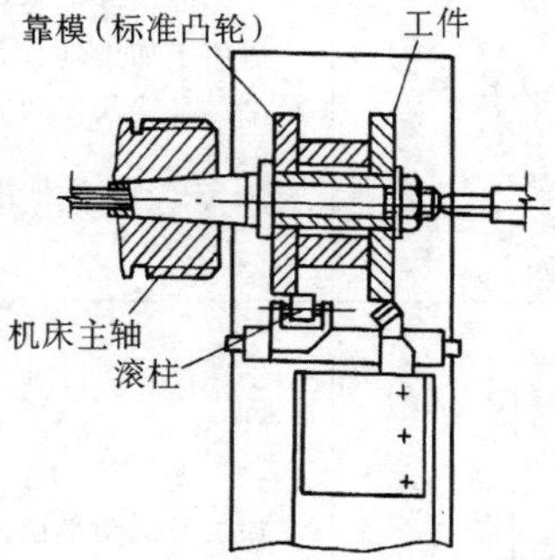	制造工具时，滚柱宜适当加长，以防纵向进给时滚柱和靠模脱开 适用于加工凸轮等盘类成形工件

2. 常用成形刀（样板刀）的类型及应用（见表3-2-15）

表3-2-15　常用成形刀（样板刀）的类型及应用

类型	简　图	特点及应用
整体成形刀	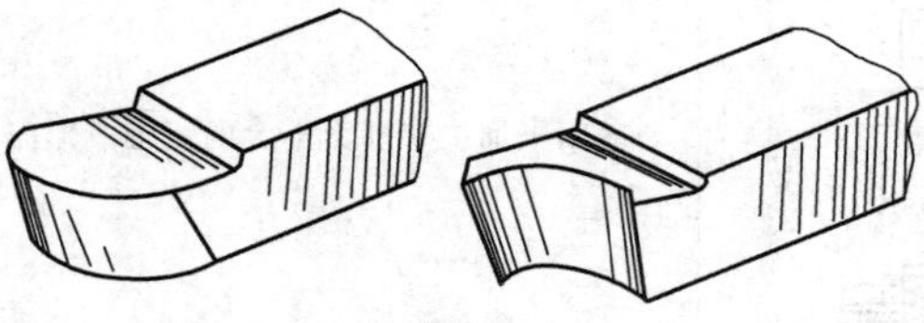 a) 整体成形 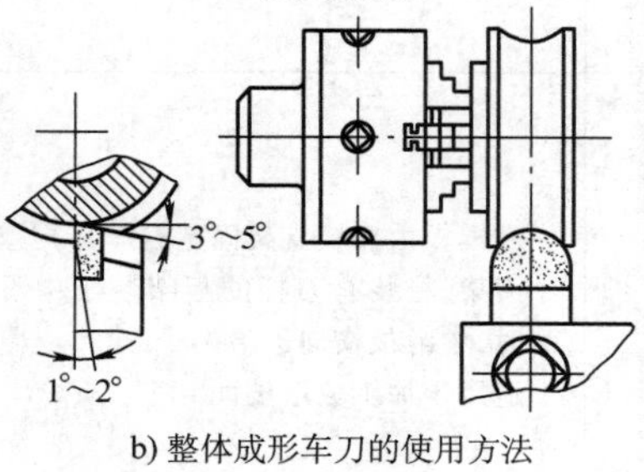 b) 整体成形车刀的使用方法	整体成形刀的切削刃廓形根据工件的成形表面刃磨，刀体结构和装夹与普通车刀相同。刀具制造方便，可用手工刃磨，但精度较低。若精度要求较高时，可在工具磨床上刃磨 常用于加工简单的成形面

（续）

类型	简　　图	特点及应用
分段成形刀	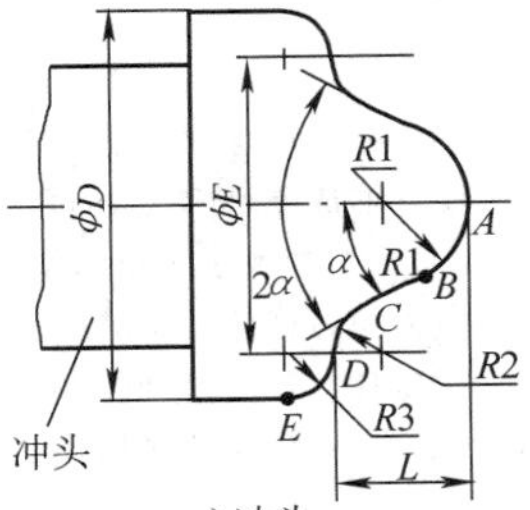 a) 冲头 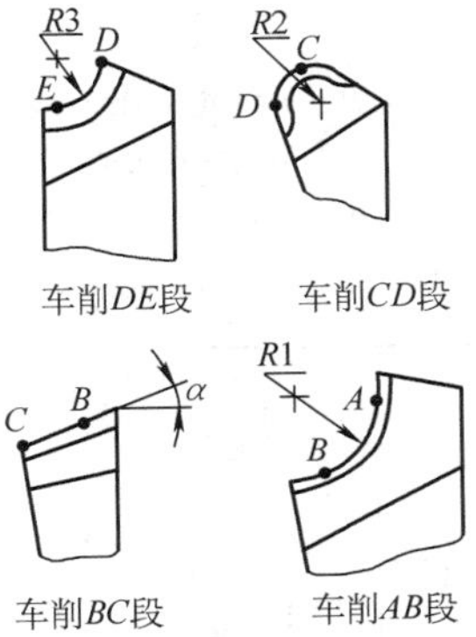 b) 分段切削的成形刀	分段成形刀是按加工零件的特殊形面分段制成的，然后分段加工型面 图 a 所示为一种冲模的冲头 由于特殊型面母线较长，若用一把成形车刀车削加工，进给力太大，所以将特殊形面分成 *AB*、*BC*、*CD*、*DE* 四段分别对应零件各段形状，制成分段的成形刀（见图 b）以进行切削 加工时，必须先粗车，然后再用成形刀精车连接。精车时，一般采用手动进给，机床转速取低速，进给速度也不宜太快
棱形成形刀	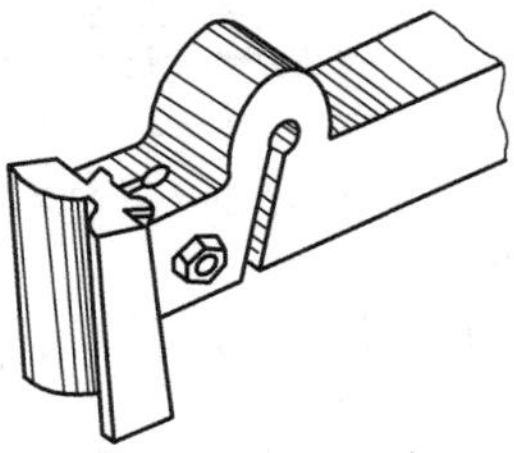 a) 棱形成形刀 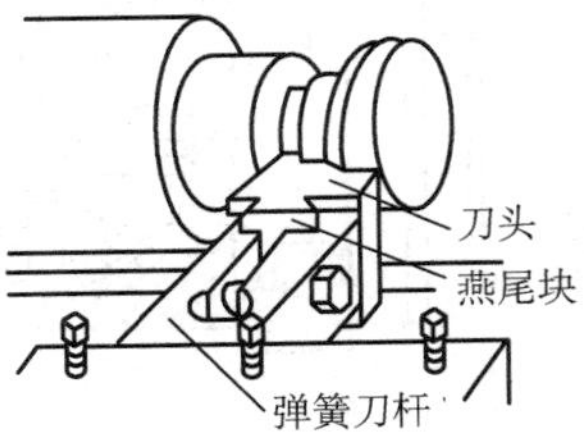 b) 棱形成形刀的使用方法	这种成形刀由刀头和刀杆两部分组成。刀头的切削刃按工件的形状在工具磨床上用成形砂轮磨削成形。刀头后部设有燕尾块，安装在弹性刀杆的燕尾槽中，用螺钉紧固。刀杆上的燕尾槽做成倾斜，这样成形刀就产生了后角，切削刃磨损后，只需刃磨刀头的前面。切削刃磨低后，可把刀头向上移动，直至刀头无法夹住为止 这种成形刀精度高，刀具寿命长，但制造比较复杂

（续）

类型	简　图	特点及应用
圆形成形刀	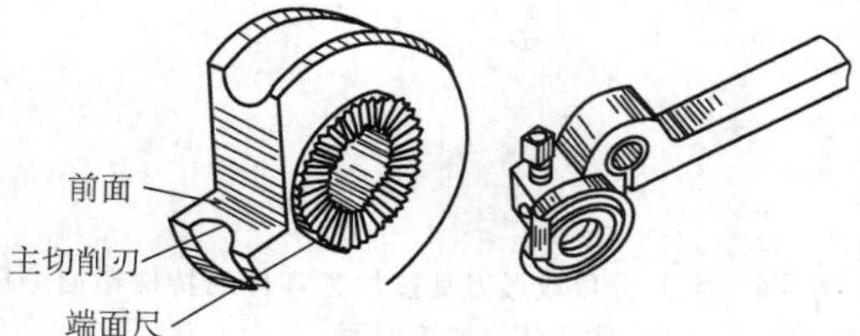 a) 圆形成形刀 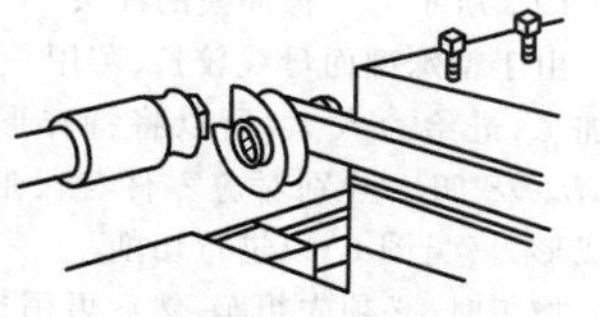 b) 圆形成形刀的使用方法	这种成形刀通常做成圆轮形，在圆轮上开有缺口，使它形成前面和主切削刃，使用时将它装夹在弹性刀杆上。为了防止圆轮转动，在侧面做出端面齿，使之与刀杆侧面上的端面齿相啮合。圆形成形刀的主切削刃必须比圆轮中心低一些，否则后角为0°。主切削刃低于圆轮中心的距离 H 可用下式计算 $H=\frac{D}{2}\sin\alpha$ 式中　H—刃口低于圆轮中心的距离(mm) D—圆形成形刀直径(mm) α—成形刀的后角，一般为6°~10°

2.1.2.7　车削球面

采用车削方法加工球面的原理是：一个旋转的刀具沿着一个旋转的物体运动，两轴线相交但不重合，这样刀尖在物体上形成的轨迹为一球面。车削时，工件中心线与刀具中心线要在同一平面上。

球面的加工方法是将卧式车床的小滑板卸去，在滑板上安装能进行回转运动的专用工具，以车削内、外圆弧和球面。这种方法称旋风铣[⊖]，也可采用专用工具手动方法铣削。

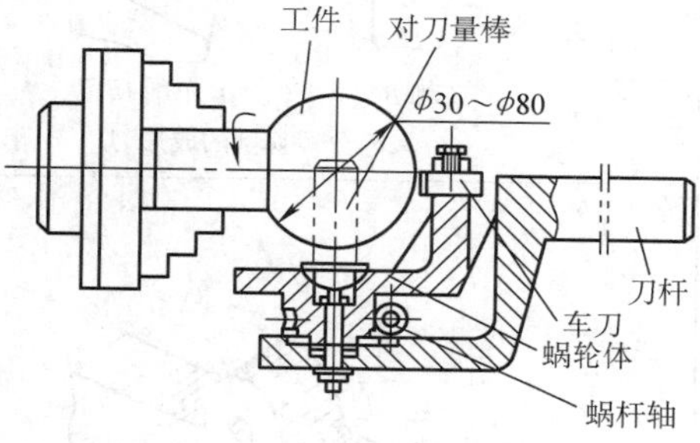

图 3-2-29　车削外球面

1. 用蜗杆副传动装置手动车削外球面（见图 3-2-29）

通过转动蜗杆轴上的手柄车出外球面的方法，适用于 $\phi30\sim\phi80$mm 的外球面车削，形状精度可达 0.02mm，表面粗糙度 Ra 小于 1.6μm。

2. 用蜗杆副传动装置手动车削内球面（见图 3-2-30）

通过转动蜗杆轴上的手柄车出内球面，适用于 $\phi30\sim\phi80$mm 的内球面车削，形状精度可达 0.02mm，表面粗糙度 Ra 小于 1.6μm。

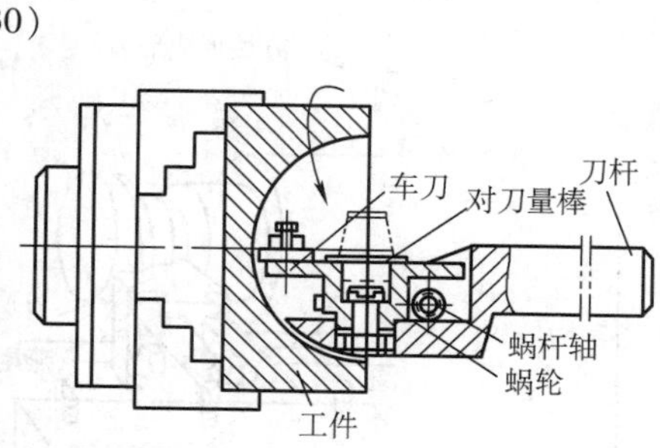

图 3-2-30　车削内球面

2.1.2.8　车削薄壁工件

车削薄壁工件时，由于工件的刚度低，工件在车削过程中受切削力和夹紧力的作用极易产生变形，影响工件的尺寸和形状精度。因此，合理选择装夹方法、刀具几何角度、切削用量及充分地进行冷却润滑，都是保证加工薄壁工件精度的关键。

⊖　用旋风铣方法车削球面，可参见本章 2.3.3.3 节。

1. 工件的装夹方法（见表3-2-16）

表3-2-16　工件的装夹方法

装夹方法	简　图	应用说明
增加工艺凸台	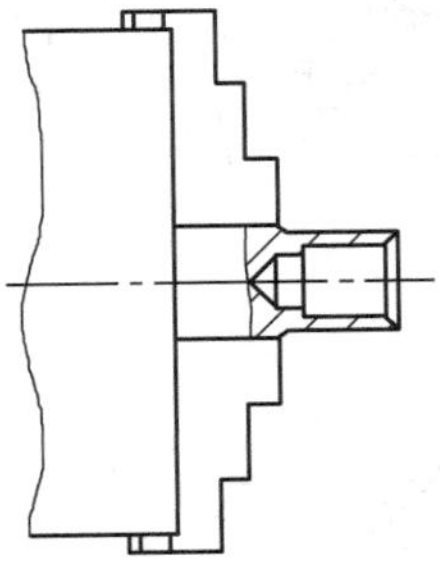	对薄壁套类工件，可在坯料上留有一定的夹持长度（工艺凸台）。在工件一次装夹中完成内、外圆和一端端面的加工后，切下工件，最后装夹在心轴上，车另一端面和倒角
开口套筒装夹	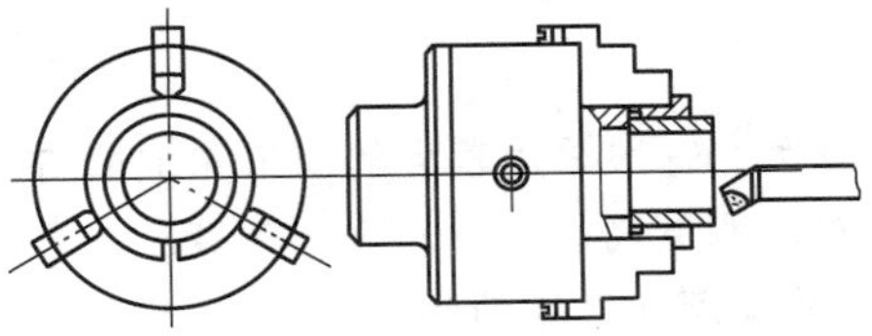	开口套筒接触面大，夹紧力均匀分布在工件外圆上，不易产生变形。这种方法还必须提高自定心卡盘的安装精度，以保证较高的同轴度
软卡爪装夹	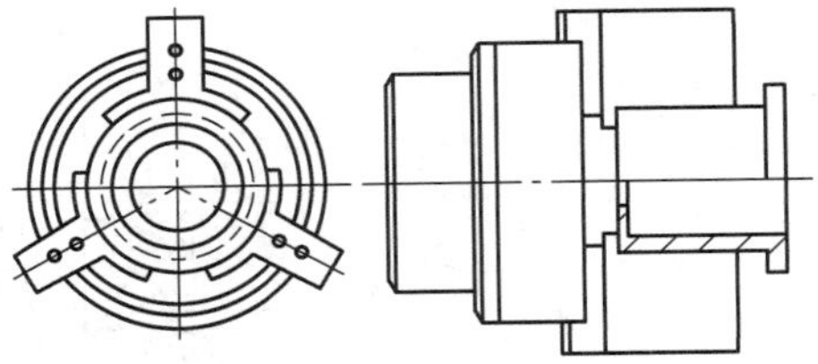	采用改装成扇形软卡爪的自定心卡盘，可按与加工工件的装夹基面间隙配合的要求，加工卡爪的工作面，使接触面增大，夹紧力均匀分布在工件上，不易产生变形
轴向夹紧夹具装夹	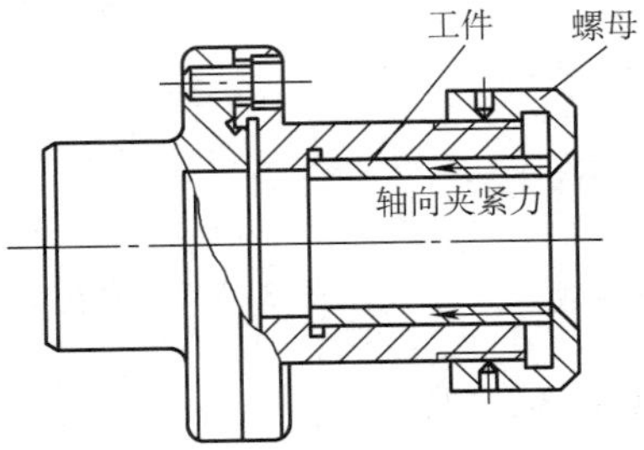	夹具用螺母的端面来夹紧工件。夹紧力是轴向的，可避免工件变形
小锥度心轴装夹	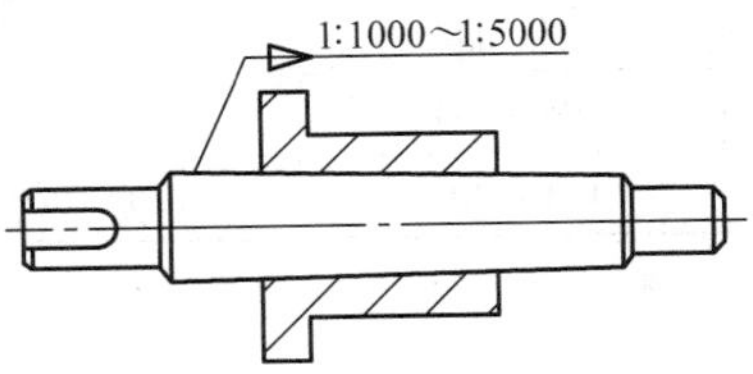	锥度一般为1∶1000～1∶5000，制造方便，加工精度高。缺点是在长度上无法定位，承受切削力小，装卸不太方便 适用于内孔定位加工外圆

（续）

装夹方法	简 图	应用说明
胀力心轴装夹	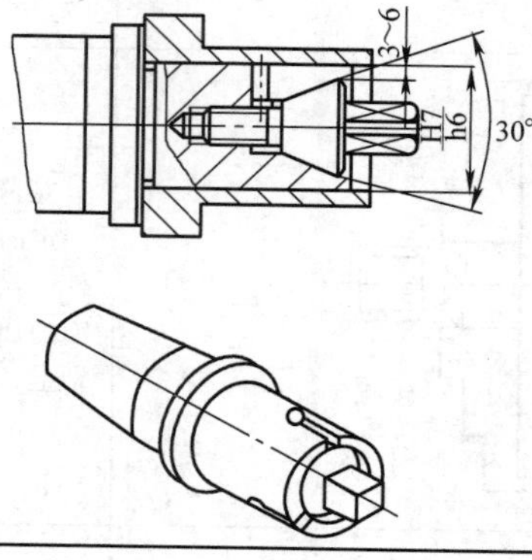	这种心轴依靠材料弹性变形所产生的胀力来固定工件，装卸方便，加工精度高，使用比较广泛 胀力心轴一般直接安装在机床主轴孔中。胀力心轴的旋塞锥角最好为30°左右，最薄部分壁厚为3~6mm，胀体上开有三等分槽，使胀力保持均匀 适用于内孔定位加工外圆

2. 刀具几何角度的选择

车削薄壁工件时，刀具刃口要锋利，一般采用较大的前角和主偏角，刀具的修光刃不宜过长（一般取0.2~0.3mm），要求刀柄的刚度高。

1）外圆精车刀的主要角度及参数如图3-2-31所示。

2）内孔精车刀的主要角度及参数如图3-2-32所示。

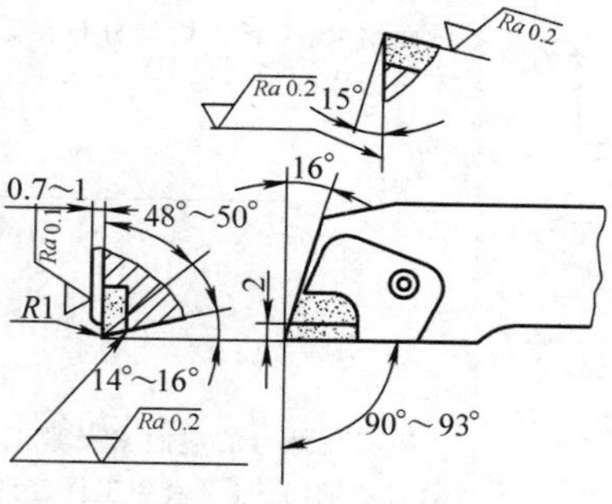

图3-2-31 外圆精车刀的主要角度及参数

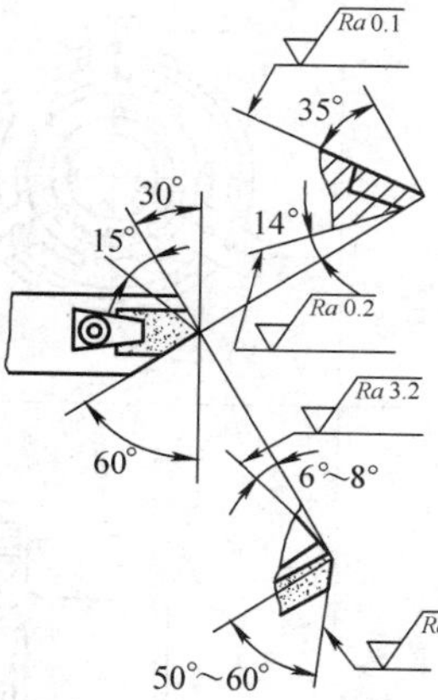

图3-2-32 内孔精车刀的主要角度及参数

3）精车薄壁工件的切削用量（见表3-2-17）。

表3-2-17 精车薄壁工件的切削用量

工件材料	刀片材料	切削用量		
		v/(m/min)	f/(mm/r)	a_p/mm
45、Q235	P10	100~130	0.08~0.16	0.05~0.5
铝合金	K10	400~700①	0.02~0.03	0.05~0.1

① 当机床精度低或刚度低时，应适当降低切削速度。

2.1.2.9 车削表面的滚压加工

滚压加工是一种对工件表面进行光整和强化加工的工艺。在车床上应用滚压工具在工件表面上做相对滚动，施加一定的压力来强行滚压，可使金属表层产生塑性变形，修正工件表面的微观几何形状，降低表面粗糙度值，同时提高工件的表面硬度、耐磨性和疲劳强度。这种方法主要用于大型轴类、套筒类零件的内、外旋转表面的加工，滚压螺钉、螺栓等零件的螺纹，以及滚压小模数齿轮和滚花加工等。

1. 滚压加工常用工具及其应用（见表 3-2-18）

表 3-2-18　滚压加工常用工具及应用

型式		示意图	特　点	注意事项
硬质合金滚轮式内、外圆滚压工具	滚压小尺寸外圆	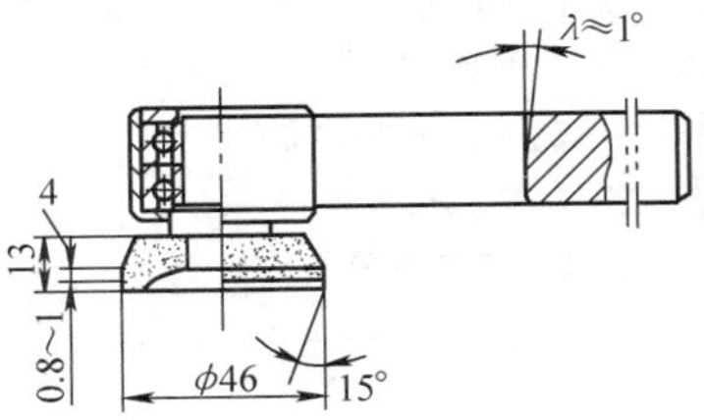	1）具有滚辗和滚研压两种效应，滚压效果较好 2）滚轮外径较大，降低了滚轮的转速，使滚轮寿命延长，且可采用较快的滚压速度 3）滚压时，无须加油润滑和冷却 4）能滚压带有台阶的轴、短孔、不通孔等塑性材料的工件	1）工具的滚轮轴线相对工件轴线应在垂直平面内，顺时针方向倾斜（$\lambda\approx1°$），使其具有楔入及滚研压效应 2）安装工具时，应使滚轮轴线相对工件轴线在水平面内，顺时针方向倾斜 1°左右（目测时，滚轮型面与工件的实际接触宽度为 3～4mm），以使工件表面的弹性变形区逐渐复原、挤光 3）滚轮的滚辗压角 $\gamma\approx10°\sim14°$，以保证顺利楔入工件进行滚辗 4）滚压前，工件表面和滚轮型面应保持清洁无油污。工件表面不应有局部缩孔或硬化现象
	滚压大尺寸外圆	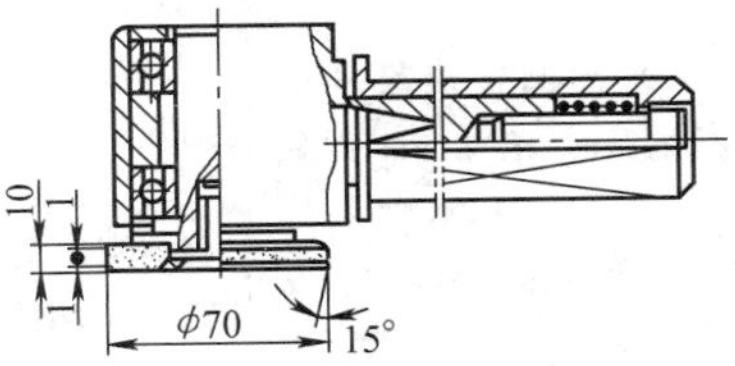		
	滚压内孔	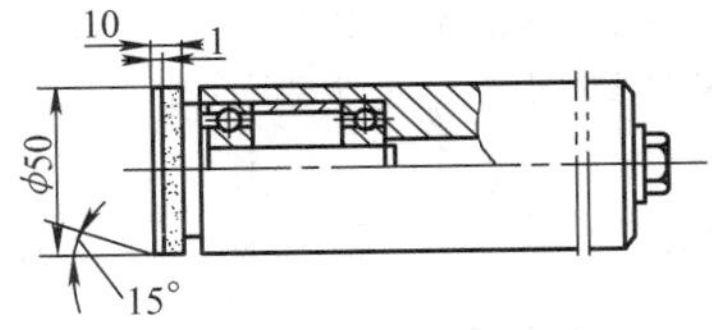		
滚柱式内、外圆滚压工具	滚压外圆	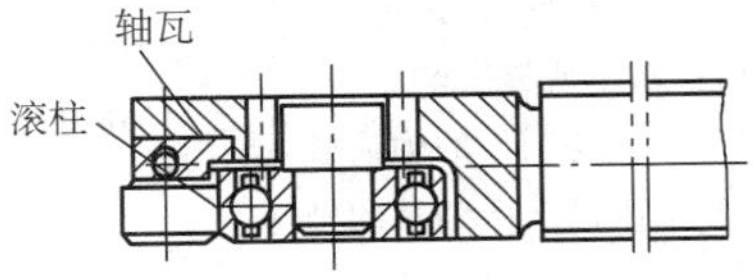	1）具有较大的滚研压效应 2）滚柱与工件的接触面小，滚压时无须施加很大的压力 3）不宜滚压经调质处理的硬度高的工件，对不通孔和有台阶的内孔，不能滚压到底	1）安装工具时，滚柱对准工件中心，并使滚柱轴线相对工件轴线在垂直平面上，顺时针方向倾斜一个角度 λ： 外圆滚压　$\lambda=15°\sim30°$ 内孔滚压　$\lambda=5°\sim25°$ 中小孔滚压　$\lambda=10°$ 2）滚柱与弹夹的配合间隙不宜过大，一般为 0.1mm 左右，否则工件表面会产生振动痕迹
	滚压大孔	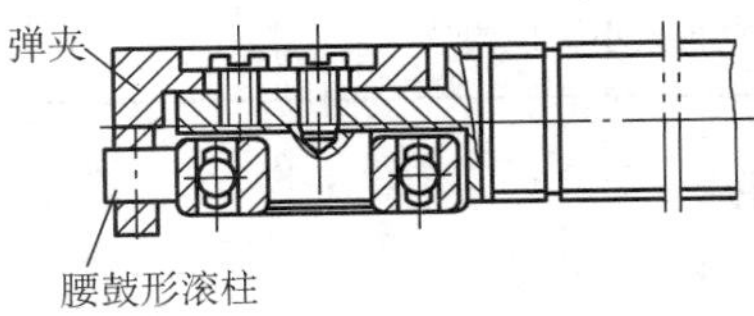		
	滚压小孔	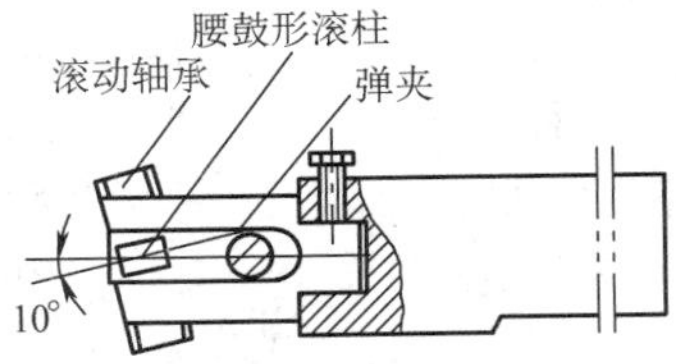		

（续）

型式		示意图	特　点	注意事项
硬质合金YZ型深孔滚压工具	滚压深孔	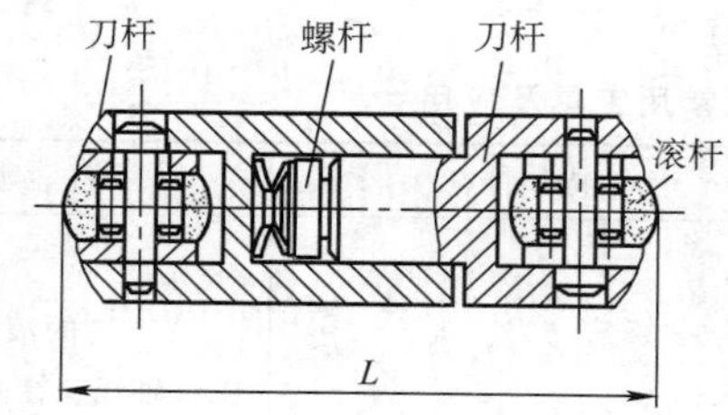	1）为加工不同尺寸范围的孔径，滚压工具可调节或改组成不同长度的规格（L=80~95mm，95~110mm，110~230mm） 2）采用弹性方式滚压，压力均匀，调整方便 3）在滚轮进给方向前面装有滚压导向部分，能保持滚压后的表面粗糙度值	1）成组碟形弹簧应采取面对面“《》”或背对背“》《”的装法 2）滚轮材料为YG6X，其型面可在工具磨床上用碗形砂轮磨出，然后用海绵蘸研磨膏研磨
圆锥滚柱深孔滚压工具	滚压深孔	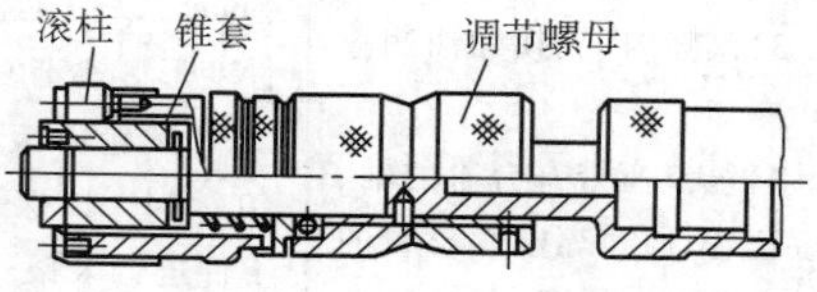	1）采用圆锥形滚柱型面。滚压时，滚柱与工件具有30′~1°的斜角，使工件的弹性变形区逐渐复原，以降低孔壁的表面粗糙度值 2）与钢珠型面相比，它与工件的接触面增大，从而可加大进给量	1）滚压时，应采用切削液。它可由质量分数为50%硫化切削液+50%柴油，或全损耗系统用油、煤油配制而成 2）滚柱的压入深度可由调节螺母调整，调节螺母旋转一圈，滚压头直径方向的增减量x为 $x=2\times1.5\text{mm}\times\tan30'$ $=0.0262\text{mm}$ 式中　1.5mm—调节螺母的螺距 30′—心轴锥套圆锥体斜角
滚珠式滚压工具	滚压外圆	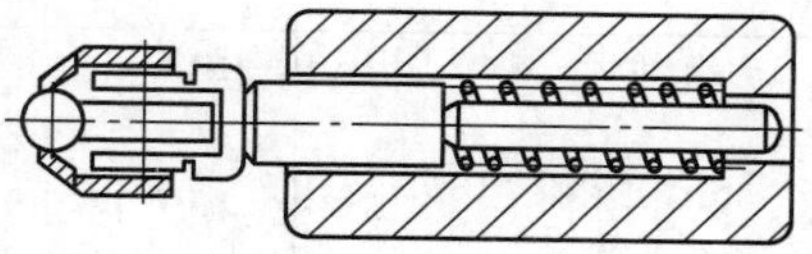	1）采用滚动轴承的滚珠，具有高精度、高硬度，低表面粗糙度值等优点 2）滚珠与工件的轴向摩擦力小，因而滚压工具的轴向载荷小 3）滚压内孔的滚压工具的直径大小可以调节	1）为使滚珠和工件之间的摩擦力大于滚珠和支承之间的摩擦力，滚珠应支承在一个或两个滚动轴承的外环上 2）弹性滚压工具用于滚压精度不太高的场合
	滚压内孔	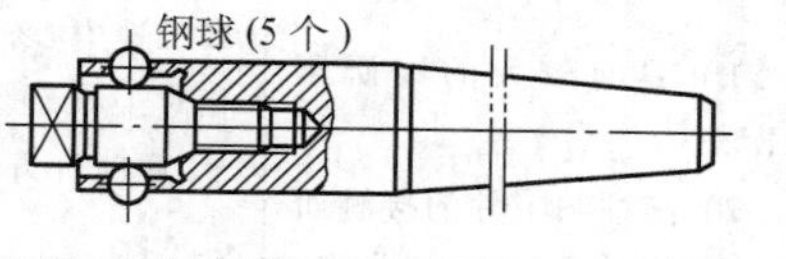		

2. 滚轮式滚压工具常用的滚轮外圆形状及应用

（1）带圆柱形部分（宽度为b）和斜角的滚轮（见图3-2-33）　这种滚轮适用于滚压长度不受限制的圆柱面或平面。滚压小零件时，b=2~5mm；滚压大零件时，b=12~15mm。

（2）具有半径R的球形面滚轮（见图3-2-34）　这种滚轮适用于滚压刚度较差的零件，圆柱面或平面的长度不受限制。

（3）凸出部分具有半径R的球形面滚轮（见图3-2-35）　这种滚轮适用于滚压零件上的凹槽或凹圆角。

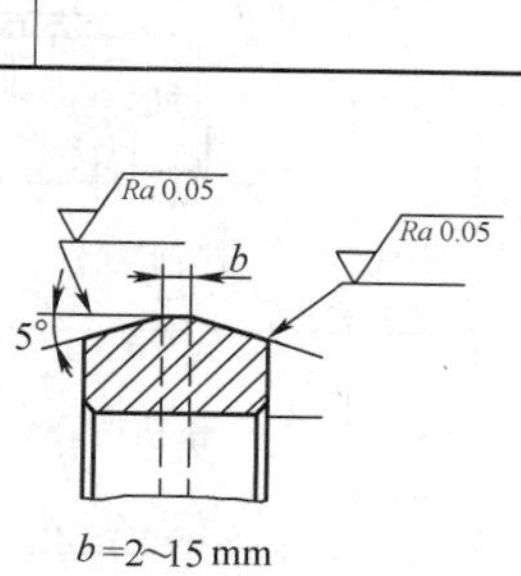

图3-2-33　带圆柱形部分（宽度为b）和斜角的滚轮

（4）具有综合形状的滚轮（见图 3-2-36）　这种滚轮适用于滚压零件上的端面（*a* 部分）、凹形面（*R* 部分）和圆柱面（*b* 部分）。

（5）滚压特殊形状表面的滚轮（见图 3-2-37）　这种滚轮适用于滚压特殊形状的零件。

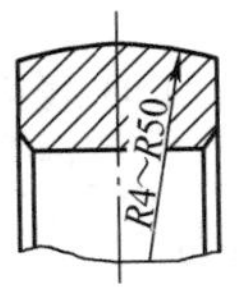

图 3-2-34　具有半径 *R* 的球形面滚轮

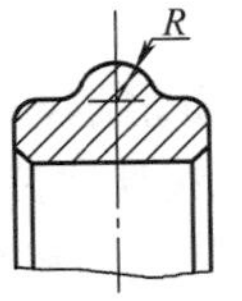

图 3-2-35　凸出部分具有半径 *R* 的球形面滚轮

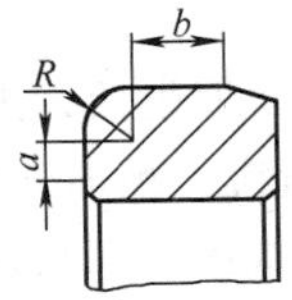

图 3-2-36　具有综合形状的滚轮

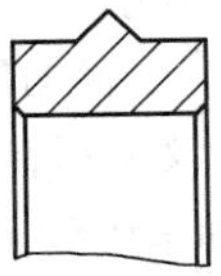

图 3-2-37　滚压特殊形状表面的滚轮

滚轮可用 T12A、CrWMn、Cr12、5CrNiMn 等材料制造，热处理硬度为 58~65HRC，也可采用硬质合金制造。

滚轮一般支承在滚动轴承上。滚轮的表面粗糙度 *Ra* 一般≤0.2μm。滚轮与相配合的心轴的同轴度误差应小于 0.01mm。

3. 滚轮滚压的加工方法

滚轮滚压可加工圆柱形或锥形的外表面和内表面，曲线旋转体的外表面、平面、端面、凹槽，台阶轴的过渡圆角等（见图 3-2-38）。

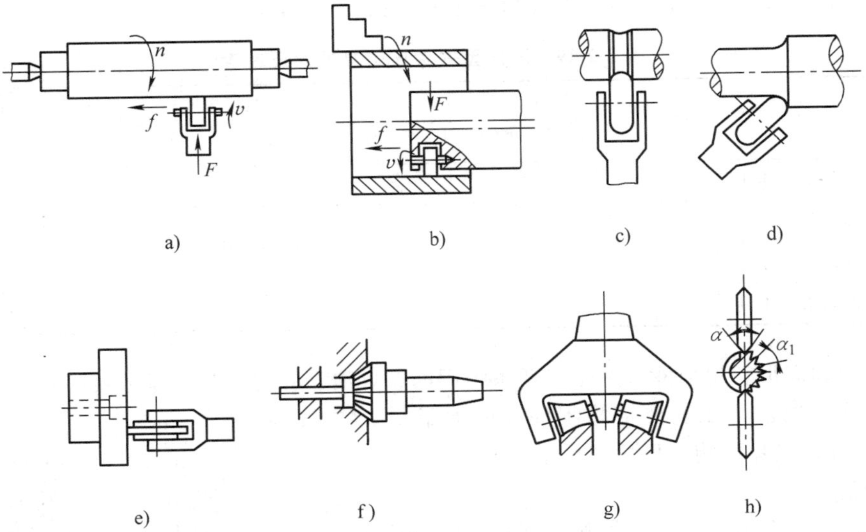

图 3-2-38　滚轮滚压示例

a）滚压圆柱形外表面　b）滚压圆柱形内表面　c）滚压圆柱凹槽
d）滚压过渡圆角　e）滚压端面　f）滚压锥形孔　g）滚压型面　h）滚压直槽

滚压用的滚轮数量有一个、两个或三个。单一滚轮滚压只能用于具有足够刚度的工件。若工件刚度较小，则须用两个或三个滚轮，在相对的方向上同时进行滚压，以免工件弯曲变形（见图 3-2-39）。

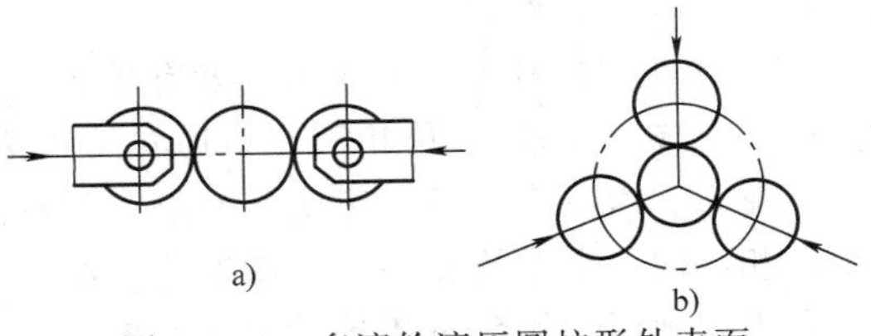

图 3-2-39　多滚轮滚压圆柱形外表面

a）双滚轮　b）三滚轮

4. 滚压质量分析

滚轮滚压加工的表面质量主要取决于下

列因素：

1）滚轮或滚柱制造精度越高，滚压后工件的质量越好。滚轮或滚柱的表面粗糙度一般要求 $Ra \leqslant 0.4\mu m$。此外，还应使它们与其他零件达到较高的配合精度，如滚轮与心轴的轴线间位置度应小于0.01mm。

2）工件的原始表面粗糙度值越低，滚压后的表面质量越好。一般滚压前，工件表面的预加工建议采用精车、精镗或精铣。预加工后工件，若用滚柱式滚压工具进行滚压，工件表面粗糙度 $Ra \leqslant 0.63\mu m$；若用滚轮式滚压工具进行滚压，工件表面粗糙度 $Ra \leqslant 12.5\mu m$。

3）选择滚压参数：

① 压入深度 a（即压入前后工件半径的变化值）。压入深度 a 过小，滚压后工件的表面粗糙度值大；压入深度 a 过大，容易使工件表面产生黏附、脱皮现象。压入深度由滚轮进给时的压力 F 控制。压力越大，压入深度也越大，两者大小均取决于工件直径尺寸、工件材料和滚压前工件的表面粗糙度等因素。较合理的数值，可根据具体情况，由试验比较确定。一般 $a=0.01\sim0.02$mm 时，$F=500\sim3000$N。

② 进给量 f。进给量 f 过大，工件的表面粗糙度值大；进给量 f 过小，工件表面因重复滚压而容易产生疲劳裂纹，也会降低滚压质量。一般 $f=0.1\sim0.25$mm/r。滚压次数应以一次为宜，如用滚柱式滚压工具也可滚压两次。

③ 滚压速度 v。在保证机床、滚压工具正常使用情况下，宜采用较高的滚压速度，以提高滚压质量和生产率。不同型式滚压工具的滚压速度见表3-2-19。

表3-2-19 不同型式滚压工具的滚压速度

型 式	滚压速度 v/(m/min)	
	外圆滚压	内孔滚压
硬质合金滚轮式滚压工具	80~150	
滚柱式滚压工具	<40	30~40
硬质合金YZ型深孔滚压工具	—	30~40
圆锥滚柱深孔滚压工具	—	60~80

4）冷却和润滑。切削液可用全损耗系统用油、煤油、乳化油等，但必须过滤，保证清洁。

5）清除杂物。滚压前要清除零件上的油脂、杂物和腐蚀痕迹等，以免影响滚压后的质量。

5. 滚花

（1）滚花的型式及其尺寸规格（GB/T 6403.3—2008）按标准规定，滚花有直纹和网纹两种。花纹的粗细由节距 p 来决定，滚花的型式及其尺寸规格见图3-2-40和表3-2-20。

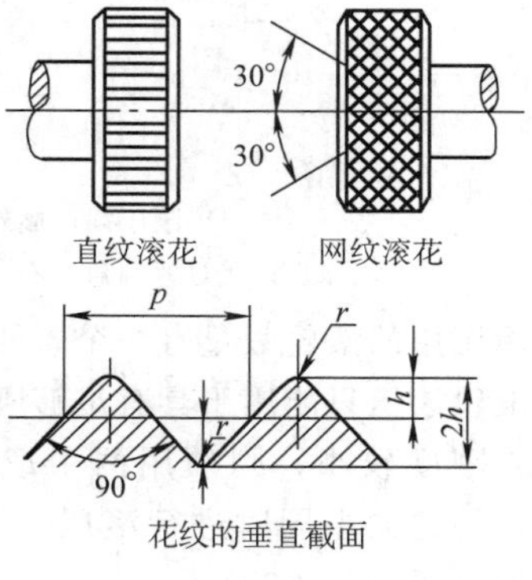

图3-2-40 滚花的型式

（2）滚花刀的种类 滚花刀一般有单轮、双轮及六轮三种（见图3-2-41）。单轮滚花刀通常用于滚压直纹，双轮滚花刀和六轮滚花刀用于滚压网纹。双轮滚花刀是由节距相同的一个左旋和一个右旋滚花刀组成一组，六轮滚花刀是把网纹模数 m 不等的三组双轮滚花刀装在同一特制的刀杆上。

表 3-2-20　滚花的尺寸规格　（单位：mm）

模数 m	h	r	节距 p
0.2	0.132	0.06	0.628
0.3	0.198	0.09	0.942
0.4	0.264	0.12	1.257
0.5	0.326	0.16	1.571

注：表中 $h=0.785m-0.414r$。

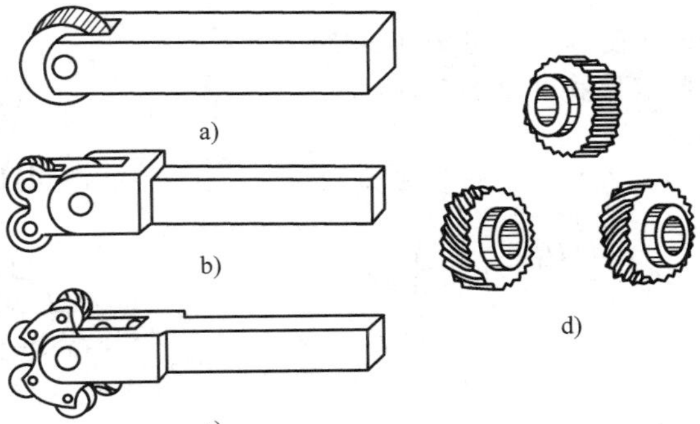

图 3-2-41　滚花刀的种类

a）单轮　b）双轮　c）六轮　d）滚轮

（3）滚花加工时的注意事项

1）滚花时产生的背向力较大，易使工件表面产生塑性变形。所以，在车削外径时，应根据工件材料的性质和滚花的节距 p 的大小，将滚花部位的外径车小（0.2~0.5）p。

2）滚花前，工件表面粗糙度 Ra 应为 12.5μm。

3）滚花刀的装夹应与工件表面平行。在滚花刀开始接触工件时，必须用较大的压力进给，使工件圆周上一开始就形成较深的花纹，不易产生乱纹。这样来回滚压 1~2 次，直到花纹凸出为止（见图 3-2-42）。

为了减少开始时的背向力，可用滚花刀宽度的 1/2 或 1/3 进行滚压，或者把滚轮刀尾部装得略向左偏一些，使滚花刀与工件表面有一很小的夹角（类似车刀的副偏角），这样滚花刀就容易切入工件表面。

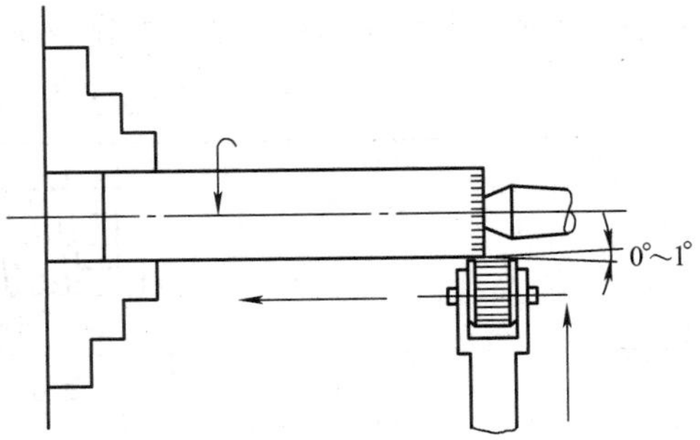

图 3-2-42　滚花刀的安装

4）滚花时应选择较低的切削速度。在滚花过程中，必须经常加切削液并清除切屑，以免损坏滚花刀，防止滚花刀被切屑滞塞而影响花纹的质量。

5）滚花后的工件直径大于滚花前的直径，其差值 $\Delta\approx(0.8\sim1.6)m$。

6）滚花一般在精车之前进行。

（4）滚花时产生乱纹的原因及预防方法（见表 3-2-21）

表 3-2-21　滚花时产生乱纹的原因及预防方法

产生原因	预防方法
工件外径周长不能被滚花刀节距 p 除尽	可把外圆略车小一些
滚花开始时,背向力太小,或滚花刀与工件表面接触面过大	开始滚花时就要使用较大的压力,把滚花刀偏转一个很小的角度
滚花刀转动不灵,或滚花刀与刀杆小轴配合间隙太大	检查原因或调换小轴
工件转速太高,滚花刀与工件表面产生滑动	降低转速
滚花前没有清除滚花刀中的细屑,或滚花刀齿部磨损	清除细屑或更换滚轮

2.1.2.10　冷绕弹簧

1. 卧式车床可绕制的弹簧种类（见图 3-2-43）

2. 绕制圆柱形螺旋压缩弹簧（见图 3-2-43a）

1）计算心轴的直径。

① 计算冷绕弹簧用心轴直径的经验公式为

$$D_0=\left[\left(1-0.0167\times\frac{d+D_1}{d}\right)\pm0.02\right]\times D_1$$

式中　D_0——心轴直径（mm）；

D_1——弹簧内径（mm）；

d——钢丝直径（mm）。

用中级弹簧钢丝，钢丝直径 $d<1$mm 时，心轴系数取 -0.02mm；$d>2.5$mm 时，取 $+0.02$mm。

用高级弹簧钢丝，钢丝直径 $d<2$mm 时，心轴系数取 -0.02mm；$d>3.5$mm 时，取 $+0.02$mm。钢丝直径为 2～3.5mm 时，此项系数可不考虑。

② 计算冷绕弹簧用心轴直径的近似公式为

$$D_0=(0.75\sim0.8)\ D_1$$

如果弹簧以内径与其他零件相配，近似计算公式中的系数应选用较大值；如果弹簧以外径与其他零件相配，近似计算公式中的系数应选用较小值。弹簧心轴直径也可由表 3-2-22 查得。

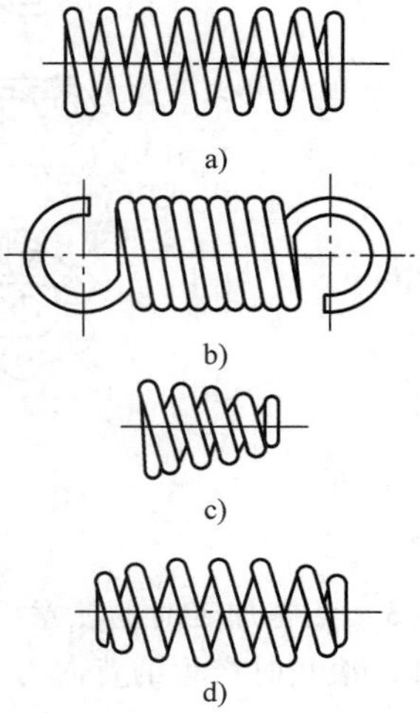

图 3-2-43　卧式车床可绕制的弹簧种类
a）压缩弹簧　b）拉伸弹簧
c）圆锥弹簧　d）橄榄形弹簧

表 3-2-22　弹簧心轴直径　　（单位：mm）

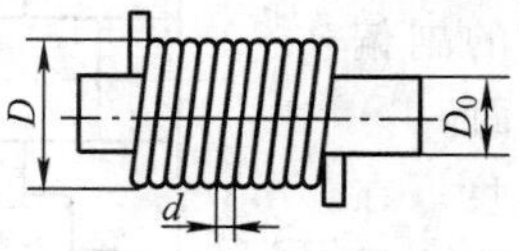

d	0.3	0.5	0.8	1.0	2.0	2.5	3.0	4.0	5.0	6.0	心轴极限偏差
D	心轴直径 D_0										
3	2.1										
4	3.1	2.5									
5	4.0	3.5	2.7	2.0							±0.1
6	5.0	4.5	3.6	2.9							
8		6.4	5.5	4.8							

（续）

d	0.3	0.5	0.8	1.0	2.0	2.5	3.0	4.0	5.0	6.0	心轴极限偏差
D	心轴直径 D_0										
10		8.4	7.4	6.7							±0.1
12			9.3	8.5	6.1	4.8					
14			11.1	10.4	8.0	6.6	5.2				
18				14.3	11.9	10.4	9.0				±0.2
20				16.2	13.8	12.2	10.8				
22					16.6	14.1	12.7	10.5			
32					25.5	24.0	22.5	20.2	17.2	16.1	
40							30.3	28.1	26.1	24.0	
50								37.9	35.8	33.5	
60								47.2	45.0	42.5	

注：1. 在车床上热绕弹簧，心轴直径应等于弹簧内径。

2. 冷绕弹簧用的心轴直径，按小于弹簧内径选定，其差值由经验决定。2 级和 3 级精度钢弹簧，可按本表的数据选用。

3. 表中，D—弹簧外径；d—钢丝直径。

计算和查得的心轴直径是近似的。正式绕制弹簧前，最好先进行试验，即先绕 2～3 圈，让其扩大；然后测量内径是否符合要求，再根据测量结果修正心轴直径。如果心轴直径偏差不大，也可以调整钢丝牵引力，使弹簧的直径稍微增大或减小。

2）根据弹簧节距，调整交换齿轮及进给箱各手柄位置。

3）用刀架夹住两块硬木块，并将钢丝夹在两硬木块之间。把钢丝插入心轴外端的小孔中（见图 3-2-44），使钢丝头部露出心轴外端小孔 15～20mm 后，锁紧刀架螺钉。将小刀架调整好一定距离后，即可开动车床，盘绕弹簧。

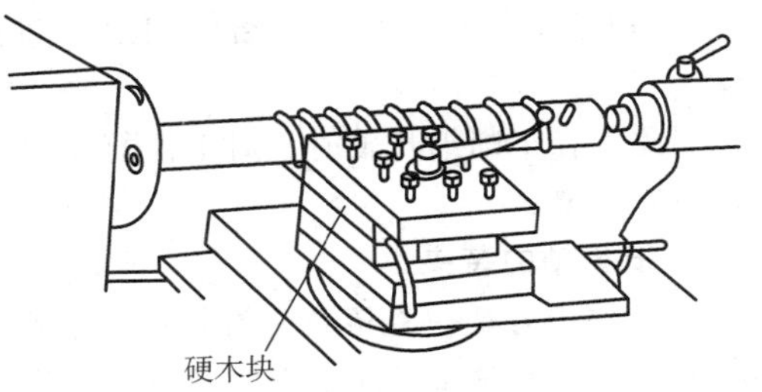

图 3-2-44　绕制圆柱形螺旋压缩弹簧

3. 绕制圆柱形螺旋拉伸弹簧（见图 3-2-43b）

1）心轴直径的计算与绕制圆柱形螺旋压缩弹簧相同。

2）拉伸弹簧的节距等于钢丝直径，所以应按所给定的钢丝直径调整交换齿轮和进给箱各手柄位置。

3）绕制方法与绕制圆柱形螺旋压缩弹簧相同。

4. 绕制圆锥形螺旋压缩弹簧（见图 3-2-45）

1）心轴直径的计算与绕制圆柱形螺旋压缩弹簧相同，但应按弹簧大、小端内径分别计算出心轴的直径。根据计算确定的心轴大、小端直径和弹簧长度，制作锥度心轴。为保证弹簧节距的均匀性，可将心轴制成带有圆弧槽。心轴的大、小端直径应是圆弧槽大、小端底径尺寸。

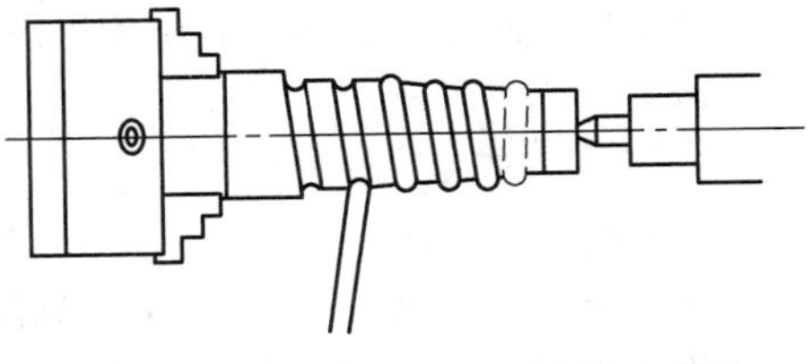

图 3-2-45　绕制圆锥形螺旋压缩弹簧

2）根据弹簧节距调整交换齿轮及进给箱各手柄位置。

3）绕制方法与绕制圆柱形螺旋压缩弹簧相同。其锥度心轴的大、小端直径，也应先进行试绕后再确定。

5. 绕制橄榄形弹簧（见图3-2-46）

1）心轴应制成可拆卸的，这样绕制后的橄榄形弹簧才能正常取下。心轴由轴1、垫圈2和挡圈3组成。轴1外圆与垫圈2的内孔通过相应的键槽和键相配。依据弹簧节距确定垫圈厚度；依据弹簧圈数确定垫圈数目；依据弹簧的最大和最小内径，计算出垫圈最大和最小外径。

2）根据弹簧节距调整交换齿轮和进给箱各手柄位置。

3）按图3-2-46所示装好心轴、垫圈和挡圈，即可绕制弹簧。

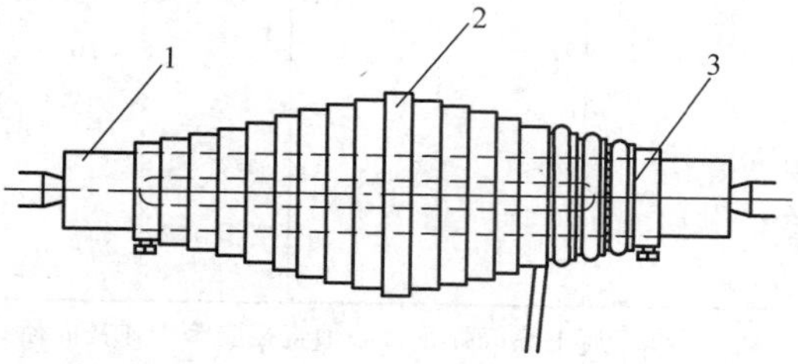

图3-2-46　绕制橄榄形弹簧
1—轴　2—垫圈　3—挡圈

2.1.2.11　车削细长轴

工件的长度与直径之比大于25（$L/d>25$）的轴类零件，称为细长轴。

1. 细长轴的加工特点

1）工件刚度低、拉弯力弱，并有因材料自身质量下垂的弯曲现象。

2）在切削过程中，工件受热伸长会产生弯曲变形，甚至会使工件卡死在顶尖间而无法加工。

3）工件受切削力作用易产生弯曲，从而引起振动，影响工件的精度和表面粗糙度。

4）采用跟刀架、中心架辅助工、夹具，操作技能要求高，与之配合的机床及工具、夹具、刀具等多方面的协调困难，也是产生振动的原因，会影响加工精度。

5）由于工件长，每次进给的切削时间长，刀具磨损和工件尺寸变化大，难以保证加工精度。

因此，在车削细长轴时，对工件的装夹、刀具、机床、辅助工夹具及切削用量等要合理选择，精心调整。

2. 细长轴的装夹

（1）钻中心孔　将棒料一端钻好中心孔。当毛坯直径小于机床主轴通孔时，按一般方法加工中心孔，但对棒料伸出床头后面的部分应加强安全措施；当棒料直径大于机床主轴通孔或弯曲较大时，则用卡盘夹持一端，另一端用中心架支承其外圆毛坯面，先钻好可供活顶尖顶住的不规则中心孔，然后车出一段完整的外圆柱面，再用中心架支承该圆柱面，修正原来的中心孔，达到圆度的要求。应注意，在开始架设中心架时，应使工件旋转中心与中心钻中心重合，否则将出现中心钻在工件端面上划圈，导致中心钻被折断。

中心孔是细长轴的主要定位基准。精加工时，中心孔要求更高。一般精加工前要修正中心孔，使两端中心孔同轴，角度、圆度、表面粗糙度符合要求。因此，在必要时还应将两端中心孔进行研磨。

（2）装夹方式

1）用中心架装夹。

① 中心架直接支承在工件中间（见图3-2-47）。这种方法适用于允许调头接刀车削，这样支承可改善细长轴的刚度。在工件装上中心架之前，必须在毛坯中间车一段安装中心架卡爪的沟槽。

车削时，卡爪与工件接触处应经常加润滑油。为了使卡爪与工件保持良好的接触，也可以在卡爪与工件之间加一层砂布或研磨剂，使接触更好。

② 用过渡套筒支承工件（见图3-2-48）。要在细长轴中间车削一条沟槽是比较困难的，为了解决这个问题，可采用过渡套筒装夹细长轴，使卡爪不直接与毛坯接触，而使卡爪与过渡套筒的外表面接触。过渡套筒的两端各装有四个螺钉，用这些螺钉夹住毛坯，但过渡套筒的外圆必须校正。

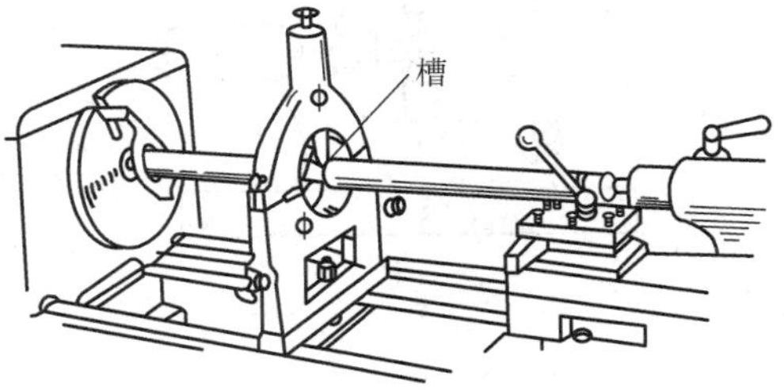

图3-2-47　中心架直接支承在工件中间

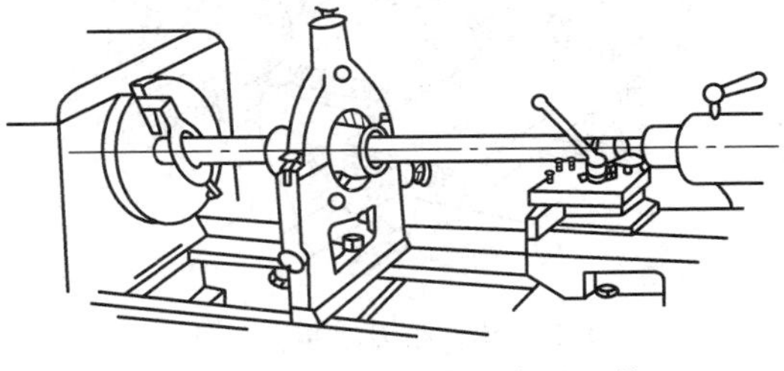

图3-2-48　用过渡套筒支承工件

③ 一端夹住、一端搭中心架（见图3-2-49）。除钻中孔，车削长轴的端面、较长套筒的内孔、内螺纹时，都可用一端夹住、一端搭中心架的方法。这种方法使用范围广泛。

图3-2-49　一端夹住、一端搭中心架

④ 对中心架支承卡爪的调整。在调整中心架卡爪前，应在卡盘和顶尖之间将工件两端支承好。中心架卡爪的调整，重点是注意两侧下方的卡爪，它决定工件中心位置是否能保持在主轴轴线的延长线上。因此，支承力应均等且适度，否则将因操作失误顶弯工件。位于工件上方的卡爪，起抗衡主切削力 F_x 的作用。按顺序，它应在下方两侧卡爪支承调整稳妥之后再进行支承调整，并注意不能顶压过紧。调整最后，应使中心架每个卡爪都能如精密配合的滑动轴承的内壁一样，保持相同的微小间隙能做自由滑动。应随时注意中心架各个卡爪的磨损情况，及时地调整和补偿。

中心架的三个卡爪在长期使用磨损后，可用青铜、球墨铸铁或尼龙1010等材料的卡爪更换。

2）用跟刀架装夹工件（见图3-2-50）。车削细长轴时最好采用三爪跟刀架（见图3-2-51），它有平衡主切削力 F_x、径向分力 F_y 和阻止工件自重下垂力 G 的作用。各支承卡爪的触头由可以更换的耐磨铸铁制成。支承爪圆弧可预先经镗削加工而成，也可以在车削时利用工件粗车后的粗糙表面进行磨合。在调整跟刀架各支承压力时，力度要适中，并要供给充分的切削液，才能保证跟刀架支承的稳定和工件的尺寸精度。

（3）装夹时的注意事项

1）当材料毛坯弯曲较大时，使用单动卡盘装夹为宜。因为单动卡盘具有可调整被夹工件圆心位置的特点。当毛坯加工余量充足时，利用它将弯曲过大的毛坯部分“借”正，保证外径能全部车圆，并应留有足够的半精加工余量。

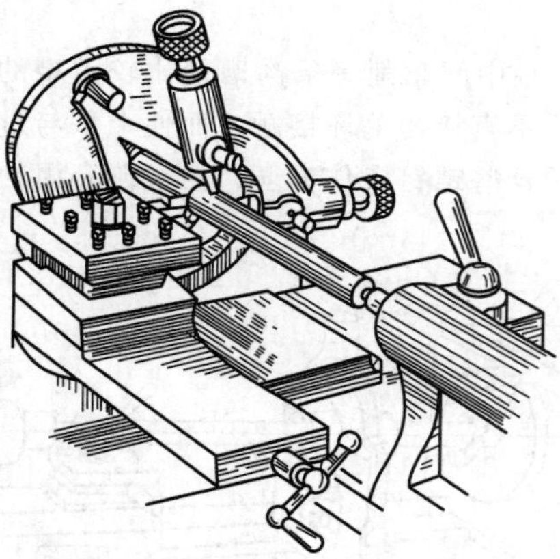

图 3-2-50 跟刀架装夹工件

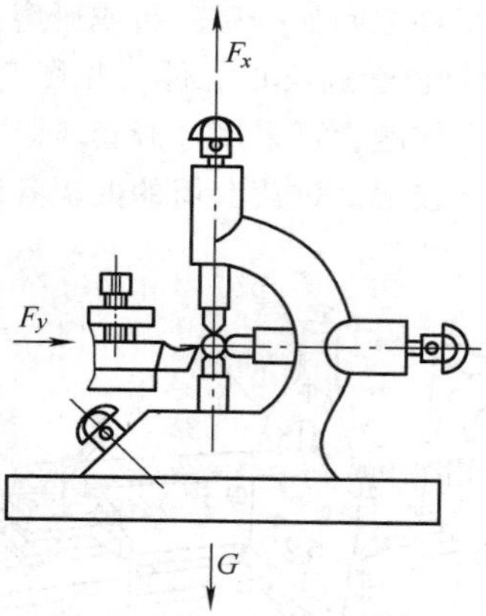

图 3-2-51 三爪跟刀架

2）卡爪夹持毛坯不宜过长，一般为 15~20mm，并且应加垫铜皮，或者用直径 ϕ4~ϕ6mm 的钢丝在夹头上绕一圈，充当垫块（见图 3-2-52），这样可以克服因材料尾端外圆不平，产生受力不均而迫使工件弯曲的情况产生。

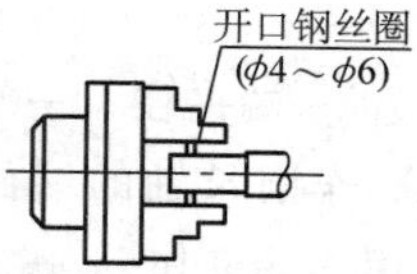

图 3-2-52 卡盘装夹工件

3）尾座端顶尖采用弹性回转顶尖（见图 3-2-53）。在加工过程中，由于切削热而使工件变形伸长时，工件推动顶尖 1 使碟形弹簧 3 压缩变形，可有效地补偿工件的热变形伸长，工件不易弯曲，使车削顺利。

调整顶尖对工件的压力大小时，一般在车床开动后，用手指能将顶尖头部捏住，使其不转动为合适。

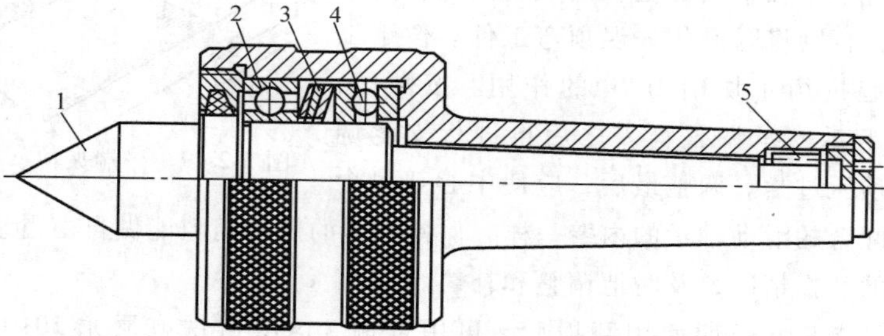

图 3-2-53 弹性回转顶尖

1—顶尖 2—圆柱滚子轴承 3—碟形弹簧 4—推力球轴承 5—滚针轴承

（4）装夹方法举例（见表 3-2-23）

表 3-2-23 车削细长轴的装夹方法举例

装夹方法	简 图	应用范围
一夹一顶，上中心架（用过渡套），正装车刀车削	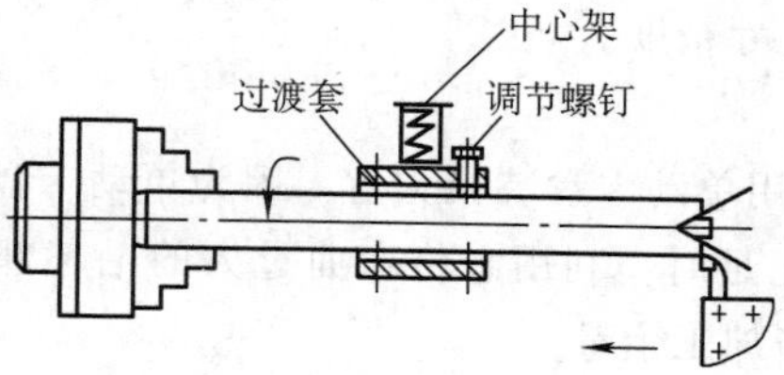	适用于允许调头接刀车削（过渡套外表面粗糙度值要低，精度要高，内孔要比工件直径大 20~30mm）

（续）

装夹方法	简　图	应用范围
用两顶尖拨顶，上中心架	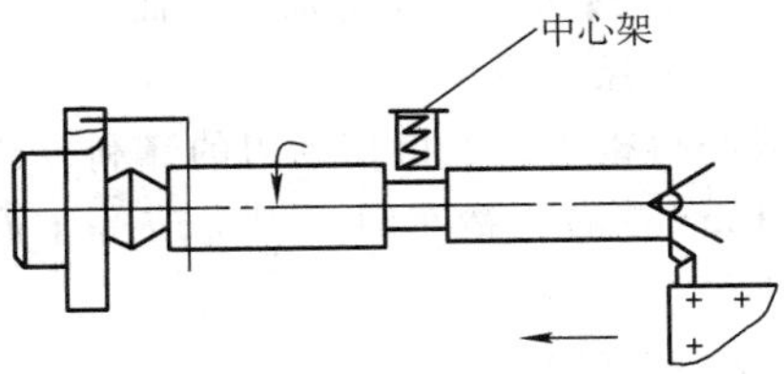	适用于允许调头接刀车削（工件凹槽尺寸：槽底径等于工件最后直径，槽宽比中心架支承宽度宽 10mm）
一夹一顶（用弹性活顶尖），上跟刀架，正装车刀车削	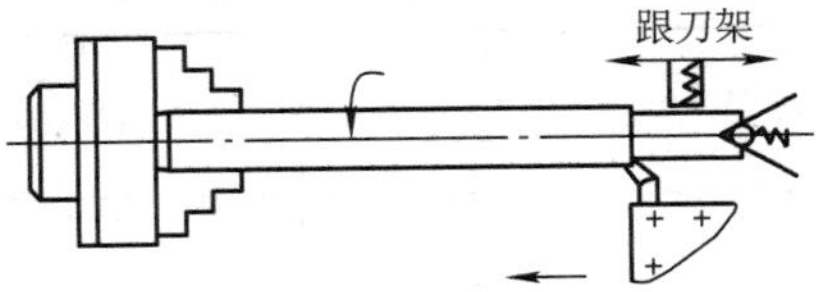	适用于不允许调头接刀车削的工件
一夹一顶（用弹性活顶尖），夹持面用开口钢丝圈，上跟刀架，反向进给	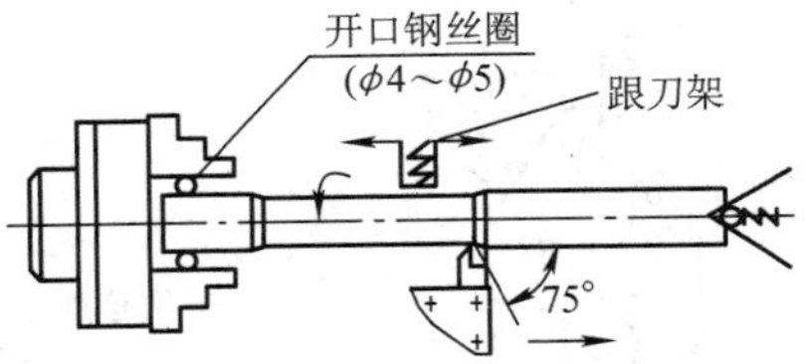	因反向进给，故变形小，加工精度高。精车时，使用可调宽刃弹性车刀
一夹一拉，上跟刀架，反向进给	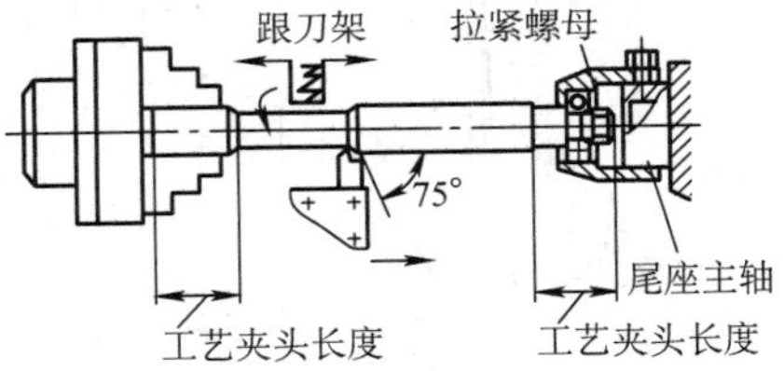	同上，适用于精车（尾座拉紧，增加了预拉应力，加工效果更为理想）
改装中滑板，设前、后刀架，用两把 45° 车刀同时切削，加工精度高	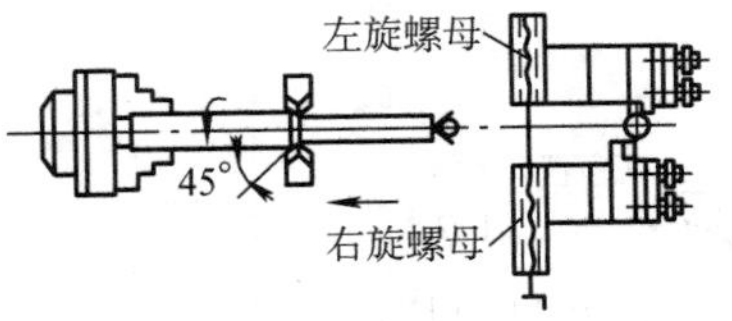	适用于批量生产

3. 车削细长轴常用的切削用量（见表 3-2-24）

表 3-2-24　车削细长轴常用的切削用量

切削用量	粗　车	精　车
v/(m/min)	32	1.5
f/(mm/r)	0.3～0.35	12～14
a_p/mm	2～4	0.02～0.05

4. 加工细长轴用车刀举例

（1）对车刀几何角度的综合要求

1）车刀的主偏角 $\kappa_r = 75° \sim 95°$，以减小切削径向分力，减少细长轴的弯曲。

2）选择较大的前角 $\gamma_o=15°\sim30°$，以减小切削力。

3）车刀前面应磨有 R（1.5~3）mm 的断屑槽，使切屑卷曲折断。

4）选择正值刃倾角，取 $\lambda_s=3°\sim10°$，使切屑流向待加工表面。

5）减小切削刃表面粗糙度值，切削刃保持锋利。

6）不磨刀尖圆弧过渡刃和倒棱或磨得很小，保持切削刃的锋利，减小径向切削力。

7）粗车时，刀尖要高于中心 0.1mm 左右；精车时，刀尖应等于或略低于中心，不要超过 0.1mm。

（2）车削细长轴用车刀举例（见表 3-2-25）

表 3-2-25 车削细长轴用车刀举例

刀具名称	刀具几何参数	主要特点
90°细长轴车刀	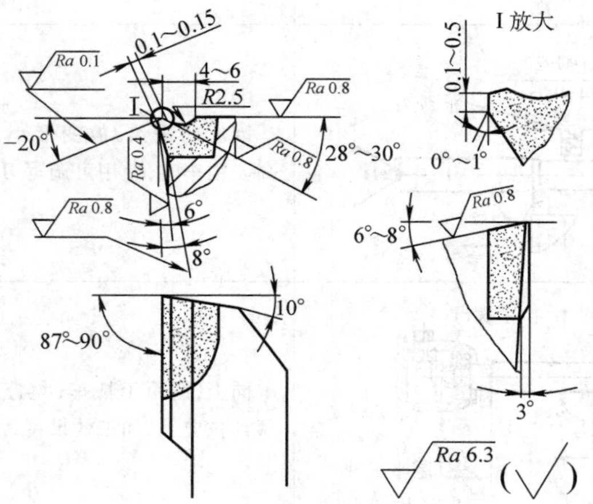	采用这种车刀车削时，背向力小，可一次完成多台阶轴加工，不用换刀 适用于正、反粗车，半精车、精车细长轴
75°反偏刀	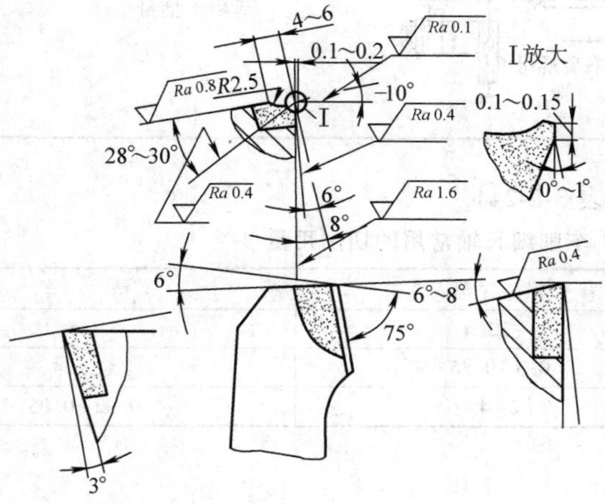	这种车刀的刃口强度高、耐磨，有利于消振抗弯。在反向进给时，轴向力指向尾座，使弯曲变形减小。装刀时，刀尖应高于工件轴线 0.1~0.15mm 适用于反向粗车细长轴

（续）

刀具名称	刀具几何参数	主要特点
宽刃低速大进给车刀	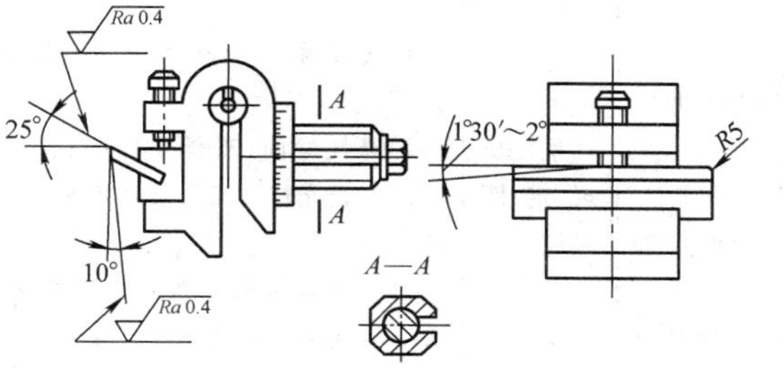	这种车刀的切削刃宽度比进给量大 1/3 以上，可进行大进给精车。刃口无倒棱，容易切入工件，并使切屑成薄片状，可修光工件表面 适用于反向精车细长轴 装刀时，刀尖应低于工件轴线 0.1～0.15mm。其切削用量可选：v=1～3m/min；f=12～14mm/r；a_p=0.02～0.05mm
机械夹固式 95°反偏精车刀	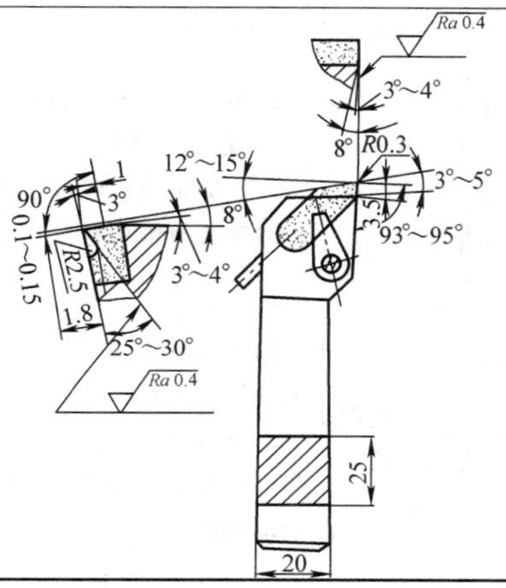	这种车刀前角和副偏角较大，摩擦小，消振散热好 适用于反向精车细长轴

5. 车削细长轴的质量分析（见表 3-2-26）

表 3-2-26　车削细长轴的质量分析

工件缺陷	产生原因及消除方法
弯曲	1）坯料自重和本身弯曲。应经矫直和热处理 2）工件装夹不良，尾座顶尖与工件中心孔顶得过紧 3）刀具几何参数和切削用量选择不当，造成切削力过大。可减小背吃刀量，增加进给次数 4）切削时产生热变形。应采用切削液 5）刀尖与支承块间距离过大。以不超过 2mm 为宜
竹节形	1）在调整和修磨跟刀架支承块后，接刀不良，使第二次和第一次进给的径向尺寸不一致，引起工件全长上出现与支承块宽度一致的周期性直径变化。当车削中出现轻度竹节形时，可调节上侧支承块的压紧力，也可调节中滑板手柄，改变背吃刀量或减少车床床鞍和中滑板间的间隙 2）跟刀架外侧支承块调整过紧，易在工件中段出现周期性直径变化。应调整压紧，使支承块与工件保持良好接触
多边形	1）跟刀架支承块与工件表面接触不良，留有间隙，使工件轴线偏离旋转轴线。应合理选用跟刀架结构，正确修磨支承块弧面，使其与工件良好接触 2）因装夹、发热等各种因素，造成的工件偏摆，导致背吃刀量变化。可利用托架并改善托架与工件的接触状态
锥度	1）尾座顶尖与主轴轴线对床身导轨不平行 2）刀具磨损。可采用 0°后角，磨出刀尖圆弧半径
表面粗糙	1）车削时振动 2）跟刀架支承块材料选用不当，与工件接触和摩擦不良 3）刀具几何参数选择不当。可磨出刀尖圆弧半径，当工件长度与直径比较大时，也可采用宽刃低速光车

2.1.2.12 卧式车床加工常见问题、产生原因和解决方法（见表3-2-27）

表3-2-27 卧式车床加工常见问题、产生原因和解决方法

问题	产生原因和解决方法
圆柱度超差	1)坯料弯曲。进行矫直 2)车床主轴轴线与床身导轨面在水平面内不平行 3)前后顶尖不等高或中心偏移 4)顶尖顶紧力不当。调整顶紧力或改用弹性顶尖 5)工件装夹刚度不够。由前后顶尖顶紧改为卡盘、顶尖夹顶，或者用跟刀架、托架支承等以增加工件加工刚度 6)刀具在一次进给中磨损或刀杆过细，造成让刀（对孔）。应降低车削速度，提高刀具耐磨性和刀杆刚度 7)由车削应力和车削热产生变形。消除应力，并尽可能提高车削速度和进给量，减小背吃刀量，多次调头加工，加强冷却润滑 8)刀尖离与刀架支承处距离过大，减小距离（一般为2mm）
圆度超差	1)卡盘法兰与主轴配合螺纹松动或卡盘定位面松动 2)主轴轴承间隙大，主轴轴套外径与箱体孔配合间隙大，或者主轴颈圆度超差。应重调间隙或修磨主轴颈 3)工件孔壁较薄，装夹变形。采用液性塑料夹具或留工艺夹头，以便装夹
端面垂直度和平面度超差	1)大滑板上下导轨不垂直而引起端面凹凸。修刮大滑板上导轨，调整中溜板镶条间隙 2)主轴轴向窜动。调整主轴轴承，消除轴肩端面圆跳动
重复出现定距波纹	1)进给系统传动齿轮啮合间隙不正常或损坏 2)光杠弯曲，支承光杠的孔与光杠的同轴度超差或光杠与床身导轨不平行。找正矫直，调平行 3)大滑板纵向两侧压板与床身导轨间隙过大。将间隙调整适当
出现有规律波纹	1)电动机、带轮及高速旋转零件的平稳性差，摆动大。消除机件偏重 2)主轴轴承钢球局部损坏。换轴承 3)顶尖与锥孔配合不好，尾座紧固不牢
出现混乱波纹	1)主轴轴向窜动大或主轴轴承磨损严重。换轴承 2)卡盘法兰与主轴配合松动，方刀架底面与刀架滑板接触不良，中、小滑板间隙过大。修刮调整
表面粗糙度太高	1)刀具刃磨不良或刀尖高于工件轴线。重新刃磨刀具，使刀尖位置与工件轴线等高或略低（对于孔应略高于工件轴线） 2)润滑不良，切削液过滤不好或选用不当 3)工件金相组织不好。粗加工后应进行改善金相组织的热处理
锥度和尺寸超差	1)刀架转角或尾座偏移有误差 2)背吃刀量控制不准 3)车刀刀尖与工件轴线没对准

2.1.3 车削用量的选择

2.1.3.1 硬质合金及高速钢车刀粗车外圆和端面的进给量（见表3-2-28）

表3-2-28 硬质合金及高速钢车刀粗车外圆和端面的进给量

工件材料	车刀刀杆尺寸 (B×H) /mm	工件直径/mm	背吃刀量 a_p/mm ≤3	>3~5	>5~8	>8~12	12以上
			进给量 f/(mm/r)				
碳素结构钢、合金结构钢、耐热钢	16×25	20	0.3~0.4	—	—	—	—
		40	0.4~0.5	0.3~0.4	—	—	—
		60	0.5~0.7	0.4~0.6	0.3~0.5	—	—
		100	0.6~0.9	0.5~0.7	0.5~0.6	0.4~0.5	—
		400	0.8~1.2	0.7~1.0	0.6~0.8	0.5~0.6	—

（续）

工件材料	车刀刀杆尺寸 (B×H) /mm	工件直径/mm	背吃刀量 a_p/mm				
			≤3	>3~5	>5~8	>8~12	12 以上
			进给量 f/(mm/r)				
碳素结构钢、合金结构钢、耐热钢	20×30 25×25	20	0.3~0.4	—	—	—	—
		40	0.4~0.5	0.3~0.4	—	—	—
		60	0.6~0.7	0.5~0.7	0.4~0.6	—	—
		100	0.8~1.0	0.7~0.9	0.5~0.7	0.4~0.7	—
		600	1.2~1.4	1.0~1.2	0.8~1.0	0.6~0.9	0.4~0.6
	25×40	60	0.6~0.9	0.5~0.8	0.4~0.7	—	—
		100	0.8~1.2	0.7~1.1	0.6~0.9	0.5~0.8	—
		1000	1.2~1.5	1.1~1.5	0.9~1.2	0.8~1.0	0.7~0.8
	30×45	500	1.1~1.4	1.1~1.4	1.0~1.2	0.8~1.2	0.7~1.1
	40×60	2500	1.3~2.0	1.3~1.8	1.2~1.6	1.1~1.5	1.0~1.5
铸铁、铜合金	16×25	40	0.4~0.5	—	—	—	—
		60	0.6~0.8	0.5~0.8	0.4~0.6	—	—
		100	0.8~1.2	0.7~1.0	0.6~0.8	0.5~0.7	—
		400	1.0~1.4	1.0~1.2	0.8~1.0	0.6~0.8	—
	20×30 25×25	40	0.4~0.5	—	—	—	—
		60	0.6~0.9	0.5~0.8	0.4~0.7	—	—
		100	0.9~1.3	0.8~1.2	0.7~1.0	0.5~0.8	—
		600	1.2~1.8	1.2~1.6	1.0~1.3	0.9~1.1	0.7~0.9
	25×40	60	0.6~0.8	0.5~0.8	0.4~0.7	—	—
		100	1.0~1.4	0.9~1.2	0.8~1.0	0.6~0.9	—
		1000	1.5~2.0	1.2~1.8	1.0~1.4	1.0~1.2	0.8~1.0
	30×45	500	1.4~1.8	1.2~1.6	1.0~1.4	1.0~1.3	0.9~1.2
	40×60	2500	1.6~2.4	1.6~2.0	1.4~1.8	1.3~1.7	1.2~1.7

注：1. 加工断续表面及有冲击的加工时，表内的进给量应乘系数 $k=0.75\sim0.85$。

2. 加工耐热钢及耐热合金时，不采用大于 1.0mm/r 的进给量。

3. 加工淬硬钢时，表内进给量应乘系数 $k=0.8$（当材料硬度为 44~56HRC 时）或 $k=0.5$（当硬度为 57~62HRC 时）。

4. 可转位刀片的允许最大进给量不应超过其刀尖圆弧半径数值的 80%。

2.1.3.2　硬质合金外圆车刀半精车的进给量（见表 3-2-29）

表 3-2-29　硬质合金外圆车刀半精车的进给量

工件材料	表面粗糙度 Ra /μm	切削速度范围 /(m/min)	刀尖圆弧半径 r_ε/mm		
			0.5	1.0	2.0
			进给量 f/(mm/r)		
铸铁、青铜、铝合金	6.3	不限	0.25~0.40	0.40~0.50	0.50~0.60
	3.2		0.15~0.25	0.25~0.40	0.40~0.60
	1.6		0.10~0.15	0.15~0.20	0.20~0.35
碳钢、合金钢	6.3	<50	0.30~0.50	0.45~0.60	0.55~0.70
		>50	0.40~0.55	0.55~0.65	0.65~0.70
	3.2	<50	0.18~0.25	0.25~0.30	0.3~0.40
		>50	0.25~0.30	0.30~0.35	0.35~0.50
	1.6	<50	0.10	0.11~0.15	0.15~0.22
		50~100	0.11~0.16	0.16~0.25	0.25~0.35
		>100	0.16~0.20	0.20~0.25	0.25~0.35

2.1.3.3 硬质合金及高速钢镗刀粗镗孔的进给量（见表3-2-30）

表3-2-30 硬质合金及高速钢镗刀粗镗孔的进给量

镗刀或镗杆		工件材料											
圆形镗刀直径或方形镗杆尺寸/mm	镗刀或镗杆伸出长度/mm	碳素结构钢、合金结构钢、耐热钢						铸铁、铜合金					
		背吃刀量 a_p/mm											
		2	3	5	8	12	20	2	3	5	8	12	20
		进给量 f/(mm/r)											
10	50	0.08	—	—	—	—	—	0.12~0.16	—	—	—	—	—
12	60	0.10	0.08	—	—	—	—	0.12~0.20	0.12~0.18	—	—	—	—
16	80	0.10~0.20	0.15	0.10	—	—	—	0.20~0.30	0.15~0.25	0.10~0.18	—	—	—
20	100	0.15~0.30	0.15~0.25	0.12	—	—	—	0.30~0.40	0.25~0.35	0.12~0.25	—	—	—
25	125	0.25~0.50	0.15~0.40	0.12~0.20	—	—	—	0.40~0.60	0.30~0.50	0.25~0.35	—	—	—
30	150	0.40~0.70	0.20~0.50	0.12~0.30	—	—	—	0.50~0.80	0.40~0.60	0.25~0.45	—	—	—
40	200	—	0.25~0.60	0.15~0.40	—	—	—	—	0.60~0.80	0.30~0.60	—	—	—
40×40	150	—	0.60~1.0	0.50~0.70	—	—	—	—	0.70~1.2	0.50~0.90	0.40~0.50	—	—
	300	—	0.40~0.70	0.30~0.60	—	—	—	—	0.60~0.90	0.40~0.70	0.30~0.40	—	—
60×60	150	—	0.90~1.2	0.80~1.0	0.60~0.80	—	—	—	1.0~1.5	0.80~1.2	0.60~0.90	—	—
	300	—	0.70~1.0	0.50~0.80	0.40~0.70	—	—	—	0.90~1.2	0.70~0.90	0.50~0.70	—	—
75×75	300	—	0.90~1.3	0.80~1.1	0.70~0.90	—	—	—	1.1~1.6	0.90~1.3	0.70~1.0	—	—
	500	—	0.70~1.0	0.60~0.90	0.50~0.70	—	—	—	—	0.70~1.1	0.60~0.80	—	—
	800	—	—	0.40~0.70	—	—	—	—	—	0.60~0.80	—	—	—

注：1. 背吃刀量较小、加工材料强度较低时，进给量取较大值；背吃刀量较大、加工材料强度较高时，进给量取较小值。

2. 加工耐热钢及其合金钢时，不采用大于1mm/r的进给量。

3. 加工断续表面及有冲击的加工时，表内进给量应乘系数 k=0.75~0.85。

4. 加工淬硬钢时，表内进给量应乘系数 k=0.8（当材料硬度为44~56HRC时）或 k=0.5（当硬度为57~62HRC时）。

5. 可转位刀片的允许最大进给量不应超过其刀尖圆弧半径数值的80%。

2.1.3.4　切断及切槽的进给量（见表 3-2-31）

表 3-2-31　切断及切槽的进给量

工件直径/mm	切刀宽度/mm	工件材料	
		碳素结构钢、合金结构钢及钢铸件	铸铁、铜合金及铝合金
		进给量 f/(mm/r)	
≤20	3	0.06～0.08	0.11～0.14
>20～40	3～4	0.10～0.12	0.16～0.19
>40～60	4～5	0.13～0.16	0.20～0.24
>60～100	5～8	0.16～0.23	0.24～0.32
>100～150	6～10	0.18～0.26	0.30～0.40
>150	10～15	0.28～0.36	0.40～0.55

注：1. 在直径大于 60mm 的实心材料上切断，当切刀接近零件轴线 0.5 倍半径时，表中进给量应减小 40%～50%。
2. 加工淬硬钢时，表内进给量应减小 30%（当硬度<50HRC 时）或 50%（当硬度>50HRC 时）。
3. 切刀安装在六角头上时，进给量应乘系数 0.3。

2.1.3.5　成形车削时的进给量（见表 3-2-32）

表 3-2-32　成形车削时的进给量

刀具宽度/mm	工件直径/mm		
	20	25	≥40
	进给量 f/(mm/r)		
8	0.03～0.08	0.04～0.09	0.040～0.090
10	0.03～0.07	0.04～0.085	0.040～0.085
15	0.02～0.055	0.035～0.075	0.040～0.080
20	—	0.03～0.060	0.040～0.080
30	—	—	0.035～0.070
40	—	—	0.030～0.060
≥50	—	—	(0.025～0.055)

注：1. 工件轮廓比较复杂且加工材料硬度较高时，取小的进给量；工件轮廓比较简单且加工材料硬度较低时，取大的进给量。
2. 括号内数值仅在加工直径≥60mm 时采用。

2.1.3.6 用 P10 硬质合金车刀车削碳素钢、铬钢、镍铬钢及铸钢时的切削用量（见表 3-2-33）

表 3-2-33 用 P10 硬质合金车刀车削碳素钢、铬钢、镍铬钢及铸钢时的切削用量

钢 R_m/MPa								进给量 f/(mm/r)															
440~490	500~550	560~620	630~700	710~790	800~890	900~1000	>1000																
背吃刀量 a_p/mm																							
1.4	—	—	—	—	—	—	—	0.25	0.38	0.54	0.75	0.97	1.27	1.65	2.15	—	—	—	—	—	—	—	—
3	1.4	—	—	—	—	—	—	0.14	0.25	0.38	0.54	0.75	0.97	1.27	1.65	2.15	—	—	—	—	—	—	—
7	3	1.4	—	—	—	—	—	—	0.14	0.25	0.38	0.54	0.75	0.97	1.27	1.65	2.15	—	—	—	—	—	—
15	7	3	1.4	—	—	—	—	—	—	0.14	0.25	0.38	0.54	0.75	0.97	1.27	1.65	2.15	—	—	—	—	—
—	15	7	3	1.4	—	—	—	—	—	—	0.14	0.25	0.38	0.54	0.75	0.97	1.27	1.65	2.15	—	—	—	—
—	—	15	7	3	1.4	—	—	—	—	—	—	0.14	0.25	0.38	0.54	0.75	0.97	1.27	1.65	2.15	—	—	—
—	—	—	15	7	3	1.4	—	—	—	—	—	—	0.14	0.25	0.38	0.54	0.75	0.97	1.27	1.65	2.15	—	—
—	—	—	—	15	7	3	1.4	—	—	—	—	—	—	0.14	0.25	0.38	0.54	0.75	0.97	1.27	1.65	2.15	—
—	—	—	—	—	15	7	3	—	—	—	—	—	—	—	0.14	0.25	0.38	0.54	0.75	0.97	1.27	1.65	2.15
—	—	—	—	—	—	15	7	—	—	—	—	—	—	—	—	0.14	0.25	0.38	0.54	0.75	0.97	1.27	1.65
—	—	—	—	—	—	—	15	—	—	—	—	—	—	—	—	—	0.14	0.25	0.38	0.54	0.75	0.97	1.27
加工性质								切削速度 v/(m/min)															
外圆纵车								250	222	198	176	156	138	123	109	97.0	86.4	76.8	68.4	60.6	54.0	48.0	42.6

2.1.3.7 用 K20 硬质合金车刀车削灰铸铁时的切削用量（见表 3-2-34）

表 3-2-34 用 K20 硬质合金车刀车削灰铸铁时的切削用量

灰铸铁硬度 HBW						进给量 f/(mm/r)																
150~164	165~181	182~199	200~219	220~241	242~265																	
背吃刀量 a_p/mm																						
0.8	—	—	—	—	—	0.23	0.42	0.56	0.75	1.0	—	—	—	—	—	—	—	—	—	—	—	—
1.8	0.8	—	—	—	—	0.14	0.23	0.42	0.56	0.75	1.0	1.34	1.8	—	—	—	—	—	—	—	—	—
4	1.8	0.8	—	—	—	—	0.14	0.23	0.42	0.56	0.75	1.0	1.34	1.8	2.5	3.3	—	—	—	—	—	—
9	4	1.8	0.8	—	—	—	—	0.14	0.23	0.42	0.56	0.75	1.0	1.34	1.8	2.5	3.3	—	—	—	—	—
20	9	4	1.8	0.8	—	—	—	—	0.14	0.23	0.42	0.56	0.75	1.0	1.34	1.8	2.5	3.3	—	—	—	—
—	20	9	4	1.8	0.8	—	—	—	—	0.14	0.23	0.42	0.56	0.75	1.0	1.34	1.8	2.5	3.3	—	—	—
—	—	20	9	4	1.8	—	—	—	—	—	0.14	0.23	0.42	0.56	0.75	1.0	1.34	1.8	2.5	3.3	—	—
—	—	—	20	9	4	—	—	—	—	—	—	0.14	0.23	0.42	0.56	0.75	1.0	1.34	1.8	2.5	3.3	—
—	—	—	—	20	9	—	—	—	—	—	—	—	0.14	0.23	0.42	0.56	0.75	1.0	1.34	1.8	2.5	3.3
—	—	—	—	—	20	—	—	—	—	—	—	—	—	0.14	0.23	0.42	0.56	0.75	1.0	1.34	1.8	2.5
加工性质						切削速度 v/(m/min)																
外圆纵车						163	144	128	114	101	90	80	71	63	57	50	44	40	35	31	28	25

2.1.3.8　涂层硬质合金车刀的切削用量（见表 3-2-35）

表 3-2-35　涂层硬质合金车刀的切削用量

工件材料		硬度 HBW	背吃刀量 a_p /mm	进给量 f /(mm/r)	切削速度 v /(m/min)	工件材料		硬度 HBW	背吃刀量 a_p /mm	进给量 f /(mm/r)	切削速度 v /(m/min)
碳素钢	低碳	125~225	1	0.18	260~290	高强度钢		225~350	1	0.18	150~185
			4	0.40	170~190				4	0.40	120~135
			8	0.50	135~150				8	0.50	90~105
	中碳	175~275	1	0.18	220~240	高速钢		200~275	1	0.18	115~160
			4	0.40	145~160				4	0.40	90~130
			8	0.50	115~125				8	0.50	69~100
	高碳	175~275	1	0.18	215~230	不锈钢	奥氏体	135~275	1	0.18	84~160
			4	0.40	145~150				4	0.40	76~135
			8	0.50	115~120				8	0.50	60~105
合金钢	低碳	125~225	1	0.18	220~235		马氏体	175~325	1	0.18	120~260
			4	0.40	175~190				4	0.40	100~170
			8	0.50	135~145				8	0.50	76~135
	中碳	175~275	1	0.18	185~200	灰铸铁		160~260	1	0.18	130~190
			4	0.40	135~160				4	0.40	105~160
			8	0.50	105~120				8	0.50	84~130
	高碳	175~275	1	0.18	175~190	可锻铸铁		160~240	1	0.25	185~235
			4	0.40	135~150				4	0.40	135~185
			8	0.50	105~120				8	0.50	105~145

2.1.3.9　陶瓷车刀的切削用量（见表 3-2-36）

表 3-2-36　陶瓷车刀的切削用量

工件材料		硬度 HBW	进给量 f/(mm/r)	车外圆		镗孔	
				背吃刀量 a_p/mm	切削速度 v/(m/min)	背吃刀量 a_p/mm	切削速度 v/(m/min)
碳素钢	低碳	125~275	0.13	1	460~580	0.5	395~520
			0.25	4	320~425	3	260~365
			0.40	8	230~365	6	185~305
	中碳	175~325	0.13	1	395~520	0.5	335~460
			0.25	4	230~365	3	185~305
			0.40	8	135~275	6	105~230
		325~425	0.10	1	305~365	0.5	245~305
			0.20	4	170~215	3	135~170
			0.30	8	105~135	6	76~105
	高碳	175~325	0.13	1	395~520	0.5	335~460
			0.25	4	245~335	3	200~275
			0.40	8	150~245	6	120~200
		325~425	0.10	1	305~365	0.5	245~305
			0.20	4	170~215	3	135~170
			0.30	8	105~135	6	76~105
合金钢	低碳	125~325	0.13	1	395~580	0.5	335~520
			0.25	4	245~395	3	200~335
			0.40	8	185~335	6	135~275

(续)

工件材料		硬度 HBW	进给量 $f/(mm/r)$	车外圆 背吃刀量 a_p/mm	车外圆 切削速度 $v/(m/min)$	镗孔 背吃刀量 a_p/mm	镗孔 切削速度 $v/(m/min)$
合金钢	低碳	325~425	0.10	1	305~365	0.5	245~305
			0.20	4	170~215	3	135~170
			0.30	8	105~135	6	76~105
	中碳	175~325	0.13	1	395~520	0.5	335~460
			0.25	4	235~360	3	185~295
			0.40	8	170~265	6	130~220
		325~425	0.10	1	305~365	0.5	245~305
			0.20	4	170~215	3	135~170
			0.30	8	105~135	6	76~105
		45~56HRC	0.075	1	120~275	0.5	90~230
			0.15	4	76~135	3	46~105
	高碳	175~325	0.13	1	395~520	0.5	335~460
			0.25	4	215~335	3	170~275
			0.40	8	150~245	6	120~200
		325~425	0.10	1	305~365	0.5	245~305
			0.20	4	170~215	3	135~170
			0.30	8	105~135	6	76~105
		45~56HRC	0.075	1	120~275	0.5	90~230
			0.15	4	76~135	3	46~105
高强度钢		225~350	0.13	1	380~440	0.5	320~380
			0.25	4	205~265	3	160~220
			0.40	8	145~205	6	115~160
		350~400	0.10	1	335	0.5	275
			0.20	4	190	3	145
			0.30	8	120	6	90
		43~52HRC	0.075	1	185~275	0.5	135~230
			0.15	4	105~135	3	76~105
		52~58HRC	0.075	1	90~150	0.5	60~120
			0.15	4	53~90	3	30~60
高速钢		200~275	0.13	1	420~460	0.5	360~395
			0.25	4	250~275	3	205~230
			0.40	8	190~215	6	145~170
不锈钢	奥氏体	135~275	0.13	1	365~425	0.5	305~365
			0.25	4	230~275	3	185~230
			0.40	8	135~185	6	105~135
		325~375	0.075	1	215	0.5	170
			0.15	4	120	3	90
			0.20	8	76	6	60

（续）

工件材料		硬度 HBW	进给量 $f/(\mathrm{mm/r})$	车外圆 背吃刀量 a_p/mm	车外圆 切削速度 $v/(\mathrm{m/min})$	镗孔 背吃刀量 a_p/mm	镗孔 切削速度 $v/(\mathrm{m/min})$
不锈钢	马氏体	175~325	0.13	1	350~490	0.5	290~425
			0.25	4	185~335	3	135~275
			0.40	8	120~245	6	90~200
		375~425	0.10	1	275	0.5	230
			0.20	4	135	3	105
			0.30	8	76	6	60
		48~56HRC	0.075	1	120~200	0.5	90~150
			0.15	4	76~105	3	46~76
灰铸铁		120~220	0.25	1	460~610	0.5	395~520
			0.40	4	305~460	3	245~395
			0.50	8	218~365	6	170~305
		220~320	0.13	1	305~395	0.5	245~335
			0.25	4	185~245	3	135~200
			0.40	8	120~185	6	90~135
可锻铸铁		110~200	0.25	1	365~460	0.5	305~395
			0.40	4	290~365	3	245~305
			0.50	8	230~275	6	185~230
		200~240	0.13	1	305	0.5	245
			0.25	4	230	3	185
			0.40	8	150	6	120
白口铸铁		400（退火）	0.075	1	120	0.5	90
			0.15	4	76	3	60
			0.23	8	53	6	38
		450~600（退火）	0.075	1	90	0.5	60
			0.15	4	60	3	46
			0.23	8	37	6	23

注：陶瓷刀具应选用强度较高的组合陶瓷。

2.1.3.10　立方氮化硼车刀的切削用量（见表 3-2-37）

表 3-2-37　立方氮化硼车刀的切削用量

组别	工件材料		背吃刀量 a_p/mm	进给量 $f/(\mathrm{mm/r})$	切削速度 $v/(\mathrm{m/min})$
A 组（CBN 质量分数为 40%~60%）	结构钢、合金钢、轴承钢、碳素工具钢 45~68HRC，合金工具钢 45~68HRC		≈0.5	≈0.2	60~140
			≈0.5	≈0.2	50~100
	冷硬铸铁轧辊可锻铸铁、铸锻钢等	50~75HS	≈2.0	≈1.0	70~150
		75~85HS	≈2.0	≈0.5	40~70
B 组（CBN 质量分数为 65%~95%）	高速钢 45~68HRC		≈0.5	≈0.2	40~100
	耐热合金	镍基	≈2.5	≈0.15	≈140
		钴基	≈2.5	≈0.15	≈140
		铁基	≈2.5	≈0.15	≈170
		其他	≈2.5	≈0.15	≈90
	硬质合金		≈1.0	≈0.25	≈30
	铁系烧结合金		≈2.5	≈0.25	≈150

2.1.3.11 金刚石车刀的切削用量（见表3-2-38）

表3-2-38 金刚石车刀的切削用量

工件材料		硬度 HBW	背吃刀量 a_p/mm	进给量 f/(mm/r)	切削速度 v/(m/min)	
					车外圆	镗孔
铝合金	变形	30~150	0.13~0.40	0.075~0.15	365~550	460
			0.40~1.25	0.15~0.30	245~365	305
			1.25~3.2	0.30~0.50	150~245	150
	铸造	40~100	0.13~0.40	0.075~0.15	915	760
			0.40~1.25	0.15~0.30	760	610
			1.25~3.2	0.30~0.50	460	305
镁合金		40~90	0.13~0.40	0.075~0.15	305~610	365
			0.40~1.25	0.15~0.30	150~305	245
			1.25~3.2	0.30~0.50	90~150	120
铜合金	变形	10~70HRB（退火）	0.13~0.40	0.075~0.15	460~1370	520~915
			0.40~1.25	0.15~0.30	245~760	275~520
			1.25~3.2	0.30~0.50	120~460	150~245
		60~100HRB（冷拉）	0.13~0.40	0.075~0.15	520~1460	670~1070
			0.40~1.25	0.15~0.30	305~855	365~670
			1.25~3.2	0.30~0.50	185~550	245~365
	铸造	40~150	0.13~0.40	0.075~0.15	305~1220	365~760
			0.40~1.25	0.15~0.30	150~610	215~460
			1.25~3.2	0.30~0.50	90~305	120~245
碳及石墨		40~100HS	0.13~0.40	0.075~0.15	915	610
玻璃及陶瓷		全部	0.13~0.40	0.075~0.15	760~1220	760
			0.40~1.25	0.15~0.30	460~760	460
			1.25~3.2	0.30~0.50	245~460	245
云母		全部	0.13~0.40	0.075~0.15	245~460	245
			0.40~1.25	0.15~0.30	150~245	185
			1.25~3.2	0.30~0.50	90~150	120
塑料		50~125RM	0.13~0.40	0.075~0.15	305~460	460
			0.40~1.25	0.15~0.30	150~305	245
			1.25~3.2	0.30~0.50	90~150	120
硬橡胶		60HS	0.13~0.40	0.075~0.15	610~760	550
			0.40~1.25	0.15~0.30	460~610	395
			1.25~3.2	0.30~0.50	305~460	245
碳纤维复合材料		—	0.13~0.40	0.075~0.15	200	200
			0.40~1.25	0.15~0.30	170	170
			1.25~3.2	0.30~0.50	135	135
玻璃纤维复合材料		—	0.13~0.40	0.075~0.15	200	200
			0.40~1.25	0.15~0.30	170	170
			1.25~3.2	0.30~0.50	135	135
硼纤维复合材料		—	0.13~0.40	0.075~0.15	170	185
			0.40~1.25	0.15~0.30	135	150
			1.25~3.2	0.30~0.50	120	120
金、银		全部	0.13~0.40	0.075~0.15	1525~2135	1220
			0.40~1.25	0.15~0.30	760~1525	610
			1.25~3.2	0.30~0.50	305~610	230
铂		全部	0.13~0.40	0.075~0.15	915~1065	760
			0.40~1.25	0.15~0.30	610~915	460
			1.25~3.2	0.30~0.50	305~610	245

2.2　螺纹加工

2.2.1　车螺纹

2.2.1.1　螺纹车刀的类型及安装

1. 螺纹车刀的类型及应用（见表 3-2-39）

表 3-2-39　螺纹车刀的类型及应用

类　型	图　示	特点及应用	类　型	图　示	特点及应用
高速钢平体螺纹车刀	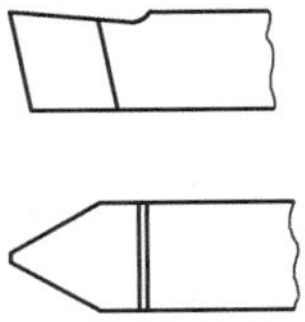 a) 单齿	结构简单，制造容易，刃磨方便，用于单件小批生产中车削 4～6 级的内、外螺纹	高速钢圆体螺纹车刀	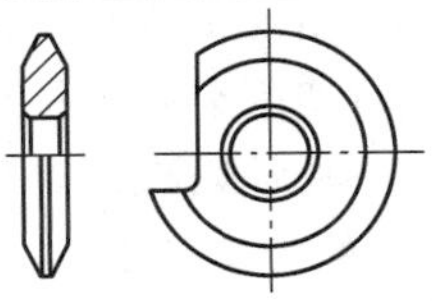 a) 单齿 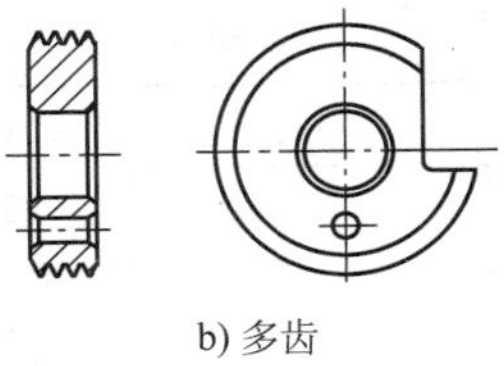 b) 多齿	刃磨简单，重磨次数比棱体车刀还要多，用于大批生产中车削 6 级精度的内、外螺纹
	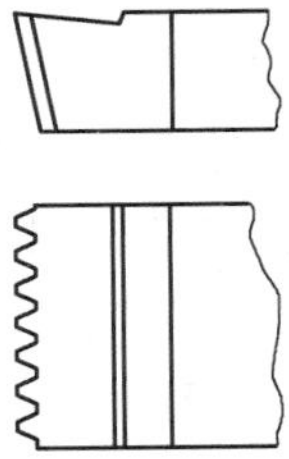 b) 多齿	用于大批生产中车削 6 级精度的单线、多线外螺纹	硬质合金焊接螺纹车刀	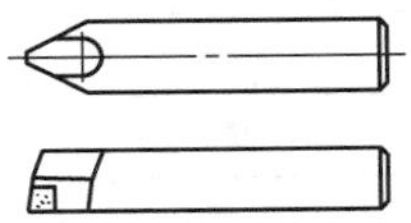	刀具特点与外螺纹车刀相同，制造简单，重磨方便，用于高速切削和强力车削普通螺纹、梯形螺纹
高速钢棱体螺纹车刀	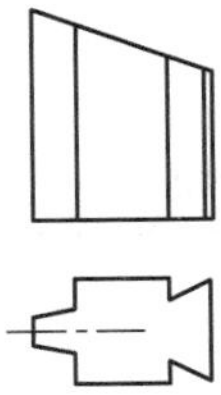 a) 单齿	重磨简单，重磨次数较多，用于成批生产中车削 4～6 级精度的外螺纹	硬质合金机械夹固式螺纹车刀	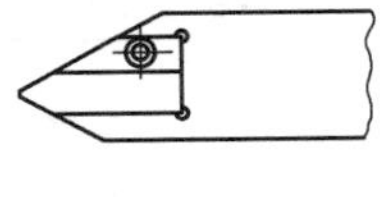	刀片未经加热焊接，寿命长，刀杆可多次使用，可重磨，但不能转位，用于高速车削螺纹
	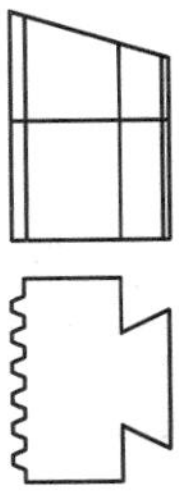 b) 多齿	重磨简单，重磨次数较多，用于成批生产中车削 6 级精度的外螺纹	硬质合金可转位螺纹车刀	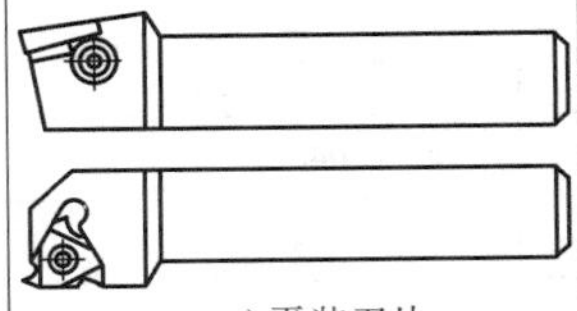 a) 平装刀片 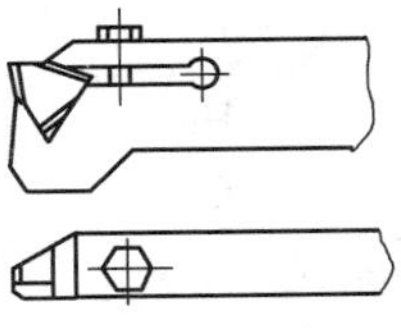 b) 立装刀片	刀具制造复杂，但刀具寿命长、换刃方便，无须对刀，生产率高。用于大批生产中高速车削普通螺纹

2. 对三角形螺纹车刀几何形状的要求

1）当车刀的径向前角 $\gamma=0°$ 时，车刀的刀尖角 ε 应等于牙型角 α，如 $\gamma\neq0°$ 应进行修正（见图3-2-54）。

$$\tan\frac{\varepsilon'}{2}=\tan\frac{\alpha}{2}\cos\gamma$$

式中 ε'——有径向前角的刀尖角；

α——牙型角；

γ——螺纹车刀的径向前角。

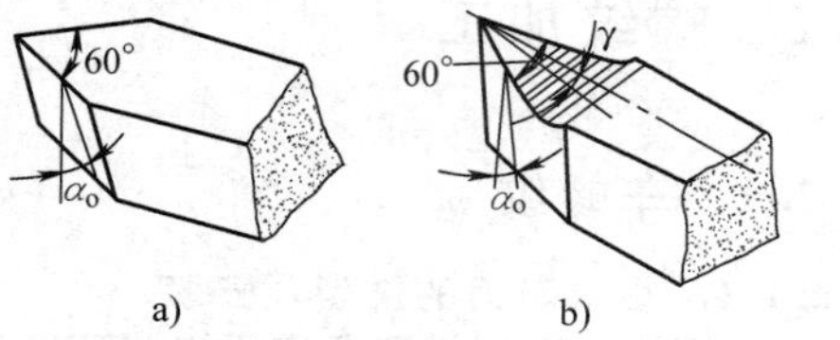

图 3-2-54 螺纹车刀前角与车刀几何形状关系
a）径向前角 $\gamma=0°$ b）径向前角 $\gamma\neq0°$

2）车刀进刀后角因螺旋角的影响应该磨得较大。

3）车刀的左右切削刃必须是直线。

4）刀尖角对刀具轴线必须对称。

3. 车螺纹车刀的刀尖宽度

1）车梯形螺纹车刀的刀尖宽度（牙型角=30°）见表3-2-40。

表 3-2-40 车梯形螺纹车刀的刀尖宽度（牙型角=30°） （单位：mm）

计算公式：刀尖宽度=0.366×螺距-0.536×间隙

螺距	刀尖宽度	螺距	刀尖宽度	螺距	刀尖宽度
2	0.598	8	2.660	24	8.248
3	0.964	10	3.292	32	11.176
4	1.330	12	4.124	40	14.104
5	1.562	16	5.320	48	17.032
6	1.928	20	6.784	—	—

注：间隙的数值可查梯形螺纹基本尺寸表。

2）车模数蜗杆车刀的刀尖宽度（牙型角=40°）见表3-2-41。

表 3-2-41 车模数蜗杆车刀的刀尖宽度（牙型角=40°） （单位：mm）

计算公式：刀尖宽度=0.843×模数-0.728×间隙
（若取间隙=0.2×模数，则刀尖宽度=0.697×模数）

模数	刀尖宽度	模数	刀尖宽度	模数	刀尖宽度
1	0.697	（4.5）	3.137	12	8.364
1.5	1.046	5	3.485	14	9.758
2	1.394	6	4.182	16	11.152
2.5	1.743	（7）	4.879	18	12.546
3	2.091	8	5.576	20	13.940
（3.5）	2.440	（9）	6.273	25	17.425
4	2.788	10	6.970	（30）	20.910

注：括号内的数值尽量不采用。

3）车径节蜗杆车刀的刀尖宽度（牙型角=29°）见表3-2-42。

表 3-2-42　车径节蜗杆车刀的刀尖宽度（牙型角 = 29°）　（单位：mm）

计算公式：刀尖宽度 $=\frac{25.4\times0.9723}{径节(P)}=\frac{24.6964}{P}$

径节 P	刀尖宽度	径节 P	刀尖宽度	径节 P	刀尖宽度
1	24.696	8	3.087	18	1.372
2	12.348	9	2.744	20	1.235
3	8.232	10	2.470	22	1.123
4	6.174	11	2.245	24	1.029
5	4.939	12	2.058	26	0.950
6	4.116	14	1.764	28	0.882
7	3.528	16	1.544	30	0.823

注：刀尖宽度 = 螺纹槽底宽度，通常采用这个尺寸制作磨刀样板（精车）。

4. 对螺纹车刀安装的要求

在装刀时，车刀刀尖的位置一般应对准工件轴线。为防止硬质合金车刀高速切削时振动，刀尖允许高于工件轴线百分之一螺纹大径；当用高速钢车刀低速车削螺纹时，则允许刀尖位置略低于工件轴线。

车刀牙型角的分角线应垂直于螺纹轴线。

车刀伸出刀座的长度不应超过刀杆截面高度的 1.5 倍。

螺纹车刀的对刀方式、安装方法及应用范围如下：

1）用中心规（螺纹角度卡板）安装外螺纹车刀。对刀精度低，适用于一般螺纹车削（见图 3-2-55）。

2）用中心规（螺纹角度卡板）安装内螺纹车刀。对刀精度低，适用于一般螺纹车削（见图 3-2-56）。

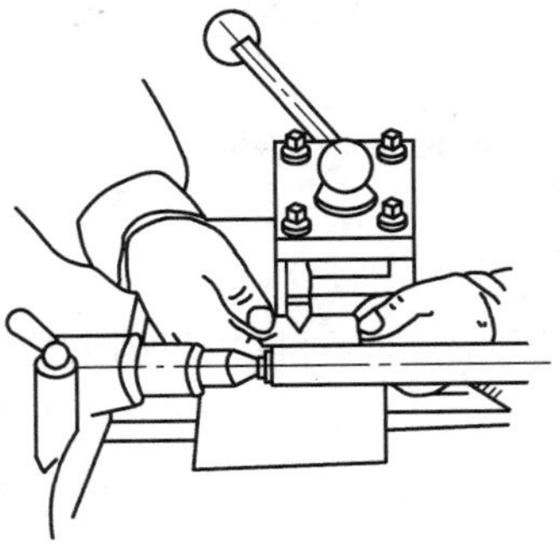

图 3-2-55　车外螺纹时的对刀

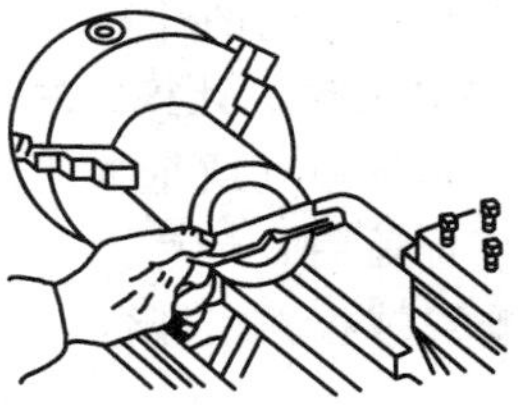

图 3-2-56　车内螺纹时的对刀

3）用带有 V 形块的特制螺纹角度卡板对刀（见图 3-2-57）。卡板后面做一 V 形角尺面，装刀时放在螺纹外圆上作为基准，以保证螺纹车刀的刀尖角对分线与螺纹工件的轴线垂直。这种方法对刀精度较高，适用于车削精度较高的螺纹工件。

4）选用刀杆上一个侧面作为刃磨和装刀的同一基准。在工具磨床上刃磨车刀刀尖和装刀时，同用百分表校正这个基准面的直线度（见图 3-2-58），这样可以保证装刀的偏差。这种方法对刀精度最高，适用于车削精密螺纹。

5）图 3-2-59 所示为法向安装螺纹车刀。这种安装方法可使车刀两侧刃的工作前、后角相

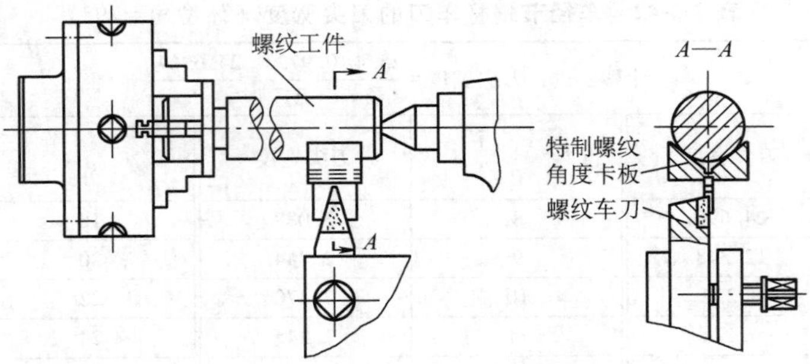

图 3-2-57　用带有 V 形块的特制螺纹角度卡板对刀

等，切削条件一致，切削顺利，但会使牙型产生误差。法向安装车刀主要用于粗车螺纹升角大于 3°的螺纹，以及车削法向直廓蜗杆。

6）图 3-2-60 所示为轴向安装螺纹车刀。车刀两侧刃的工作前、后角不等，一侧刃的工作前角变小，后角增大，而另一侧刃则相反。轴向安装车刀主要用于各种螺纹的精车，以及车削轴向直廓蜗杆。

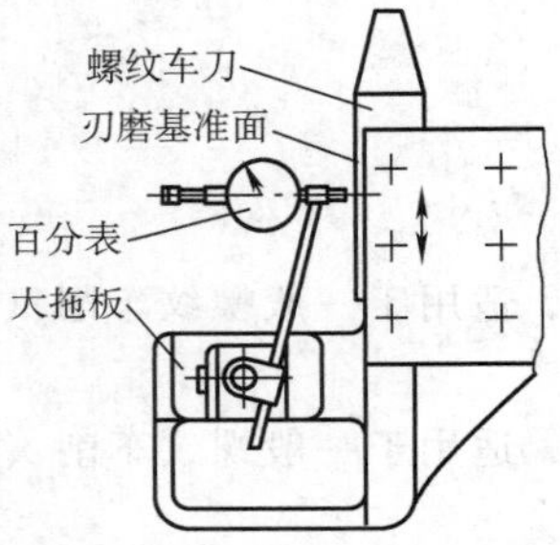

图 3-2-58　用同一基准面对刀

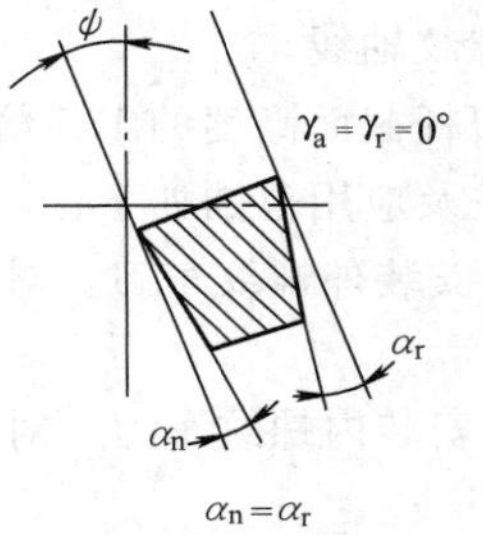

图 3-2-59　法向安装螺纹车刀

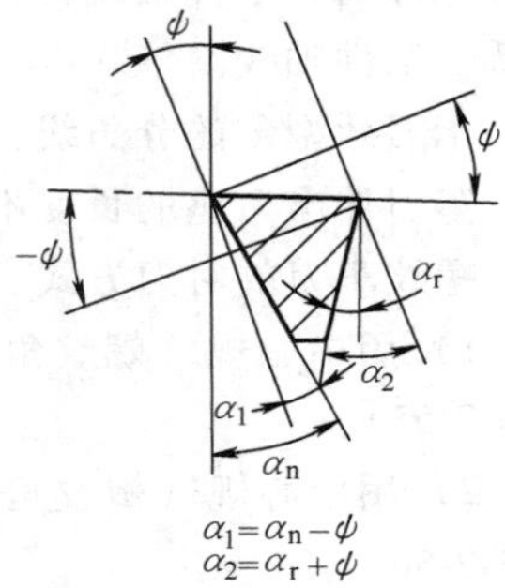

图 3-2-60　轴向安装螺纹车刀

2.2.1.2　卧式车床车螺纹交换齿轮计算

在卧式车床上车削标准螺距的螺纹时，一般不需要进行交换齿轮的计算，只有车削特殊螺距时，才进行交换齿轮的计算。

1. 车特殊螺距时的计算方法

特殊螺距指螺距（或每英寸牙数、模数等）在铭牌上找不到，可以用下列公式（寸制车床、米制车床都适用）计算。

车米制螺纹或模数蜗杆：

$$\frac{z_1}{z_2} \times \frac{z_3}{z_4} = \frac{a}{a_1} \times i_{原}$$

车寸制螺纹或径节蜗杆：

$$\frac{z_1}{z_2} \times \frac{z_3}{z_4} = \frac{b_1}{b} \times i_{原}$$

式中　a——工件螺纹的螺距或模数；

a_1——在铭牌上任意选取的螺距或模数，如果 a 是螺距，则 a_1 应该在铭牌螺距一栏中任意选取；如果 a 是模数，则 a_1 应该在铭牌模数一栏中任意选取；

b——工件螺纹的每英寸牙数或径节；

b_1——在铭牌上任意选取的每英寸牙数或径节，如果 b 是每英寸牙数，则 b_1 应在铭牌上每英寸牙数一行中任意选取；如果 b 是径节，则 b_1 应在铭牌上径节一栏中任意选取；

$i_{原}$——所选出来的 a_1 或 b_1 原来位置上的交换齿轮比，这个比值在铭牌上是注明的。

[例]　在 C620-1 型车床上车螺距 $P=0.9\text{mm}$ 的螺纹，试计算交换齿轮齿数和变换手柄位置？

解： 0.9mm 的螺距在铭牌上没有，可以在米制螺纹螺距一行中选 $a_1=0.8\text{mm}$，由铭牌查出 $i_{原}=\frac{22}{33}\times\frac{20}{25}$，手柄在 1 的位置，现在要车螺距 0.9mm 的螺纹，则

$$\text{传动比 } i=\frac{z_1}{z_2}\times\frac{z_3}{z_4}=\frac{a}{a_1}i_{原}$$
$$=\frac{0.9}{0.8}\times\frac{22}{33}\times\frac{20}{25}=\frac{40}{48}\times\frac{36}{50}$$

手柄仍放在 1 的位置。

[例]　在 C615 型车床上车每英寸 $10\frac{1}{2}$ 牙的英制螺纹，试计算交换齿轮和变换手柄位置？

解： 每英寸 $10\frac{1}{2}$ 牙的螺距在铭牌上没有，可在寸制螺纹每英寸牙数一栏中选取 $b_1=5.5$，查出 $i_{原}=\frac{25}{31}\times\frac{21}{22}$，手柄在 3 的位置。

现在要车每英寸牙数为 $10\frac{1}{2}$ 的螺纹，则

$$\text{传动比 } i=\frac{b_1}{b}i_{原}=\frac{5.5}{10.5}\times\frac{25}{31}\times\frac{21}{22}=\frac{21}{42}\times\frac{25}{31}$$

手柄放在 3 的位置上。

2. 车模数或径节蜗杆时的计算方法

车模数蜗杆：
$$\frac{z_1}{z_2}\times\frac{z_3}{z_4}=\frac{\text{工件模数}}{\text{铭牌所选螺距}}\times\frac{22}{7}\times i_{原}$$

车径节蜗杆：
$$\frac{z_1}{z_2}\times\frac{z_3}{z_4}=\frac{\text{铭牌所选每英寸牙数}}{\text{工件径节}}\times\frac{22}{7}\times i_{原}$$

应用以上公式时应注意，如果要车模数蜗杆，应在铭牌米制螺距一行中选取；如果要车径节蜗杆，应在铭牌上寸制螺纹（每英寸牙数）一行中选取，应尽可能使选出的数字与要车工件数字相同。

[例]　在一台带有进给箱的英制车床上车一个模数 $m=2.5\text{mm}$ 的蜗杆，试计算交换齿轮齿数和变换手柄位置？

解： 在铭牌米制螺距一行中选取 2.5，查出 $i_{原}=\frac{50}{127}$，手柄 A 在 8 的位置上，手柄 B 应放在 3 的位置上。

现在要车模数 2.5 的蜗杆，则

$$\frac{z_1}{z_2}\times\frac{z_3}{z_4}=\frac{\text{工件模数}}{\text{铭牌所选螺距}}\times\frac{22}{7}\times i_{原}$$

$$=\frac{2.5}{2.5}\times\frac{22}{7}\times\frac{50}{127}$$

$$=\frac{100}{35}\times\frac{55}{127}$$

手柄 A 在 8 的位置上，手柄 B 放在 3 的位置上。

[例]　在一台有进给箱的米制车床上车一径节为 12 的蜗杆螺纹，试计算交换齿轮齿数和手柄位置。

解： 在铭牌寸制螺纹一行中选取 12，查出

$$i_{原}=\frac{50}{60}\times\frac{70}{80}$$

现在要车径节为 12 的蜗杆，则

$$\frac{z_1}{z_2}\times\frac{z_3}{z_4}=\frac{铭牌所选每英寸牙数}{工件径节}\times\frac{22}{7}\times i_{原}$$

$$=\frac{12}{12}\times\frac{22}{7}\times\frac{50}{60}\times\frac{70}{80}=\frac{50}{30}\times\frac{55}{40}$$

手柄应放在车每英寸 12 牙时所规定的位置。

3. 车多线螺纹交换齿轮计算及分线方法

圆柱体上只有一条螺旋槽的螺纹称为单线螺纹。凡有两条或两条以上螺旋槽的螺纹，就是多线螺纹，如图 3-2-61 所示。

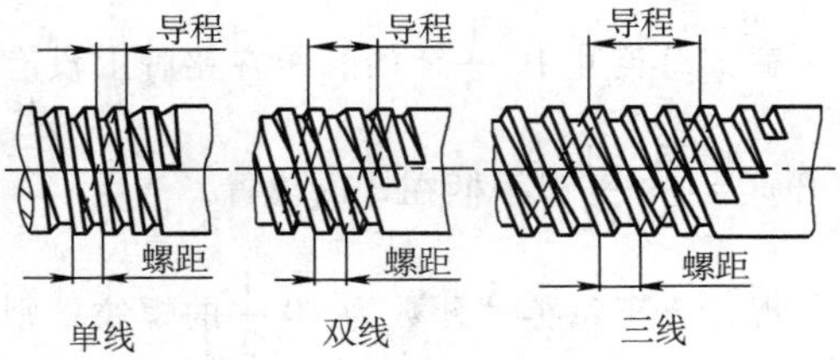

图 3-2-61　螺纹类型

（1）导程计算公式

$$P_h=Pn$$

式中　P_h——螺纹导程（mm）；

P——螺纹螺距（mm）；

n——螺纹线数。

（2）交换齿轮计算　车多线螺纹时的传动比是按螺纹导程来计算的。为了减少计算导程（或多线螺纹的每英寸牙数）的麻烦，只要在单线螺纹的公式后面乘上螺纹线数即可。

例如，米制车床车米制多线螺纹，计算公式为

$$\frac{z_1}{z_2}\times\frac{z_3}{z_4}=\frac{工件螺距}{丝杆螺距}\times线数$$

[例]　车床丝杆螺距 $P_{丝}=6$mm，车一螺距为 2.5mm 的双线螺纹，试计算交换齿轮。

解：

$$\frac{z_1}{z_2}\times\frac{z_3}{z_4}=\frac{2.5}{6}\times2=\frac{5}{6}=\frac{50}{60}$$

[例]　车床丝杆每英寸 4 牙，需车每英寸 10 牙的双线螺纹，试计算交换齿轮。

解：

$$\frac{z_1}{z_2}\times\frac{z_3}{z_4}=\frac{4}{10}\times2=\frac{4}{5}=\frac{40}{50}$$

（3）车多线螺纹的分线方法

1）用小刀架的丝杆分线（见图 3-2-62）。这种方法属于轴向分线法，即当车好一条螺旋线后，把车刀轴向移动一个螺距，就可车削第二条螺旋线。前移的距离可用千分表测出，也可以按小刀架摇过的格数来计算：

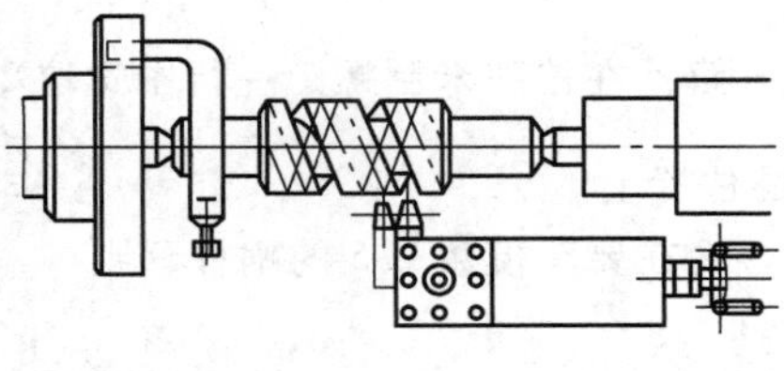
图 3-2-62　用小刀架的丝杆分线

$$\text{小刀架摇把摇过的格数}=\frac{\text{工件的螺距}}{\dfrac{\text{小刀架丝杆螺距}}{\text{刻度盘一圈的格数}}}=\frac{\text{工件的螺距}\times\text{刻度盘一圈的格数}}{\text{小刀架丝杆螺距}}$$

［例］　车床小刀架丝杆螺距为 5mm，小刀架刻度盘一圈 100 格，所车螺纹为 Tr20×6（P2），问如何用小刀架丝杆分线。

解：

$$\text{摇把应转的格数}=\frac{2\times100}{5}=40$$

即车完每一线后，将小刀架摇把摇过 40 格，使小刀架往前移一个螺距（2mm），就可车另一个头的螺纹。

2）用百分表分线（见图 3-2-63）。对精度要求高的多线螺纹，可利用百分表控制小滑板的移动距离，即每车好一条螺旋槽后，使车刀沿轴向移动一个螺距。

3）用交换齿轮齿数分线（见图 3-2-64）。这种方法属于圆周分线法，即当车好第一条螺旋线后，使工件从车刀的传动链中脱开，并把工件转过一定的齿数（双线螺纹转 $z_1/2$，三线螺纹转 $z_1/3$）后，再合上传动链，就可以车另一个螺旋线。这样依次分线，就可把螺旋线车好。

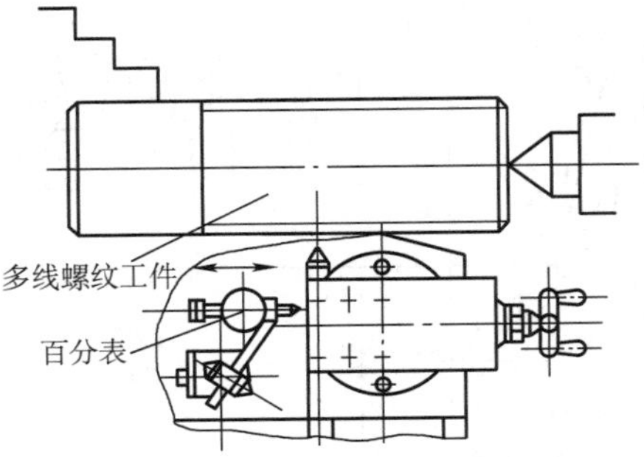

图 3-2-63　用百分表分线

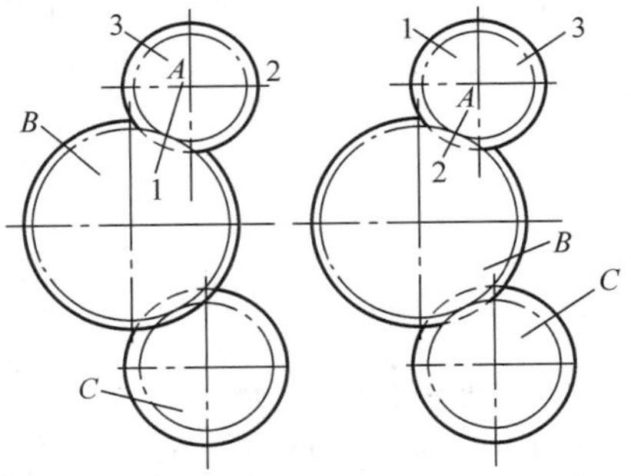

图 3-2-64　用交换齿轮齿数分线

当交换齿轮中的主动轮齿数是螺纹线数的倍数时，就可以按下列步骤进行分线：

① 车好第一条螺旋线后，停车。

② 在主轴交换齿轮 z_1（主动轮 A）上用粉笔做好三等分（或两等分），然后将中间轮 B 与主轴齿轮 A 脱开。

③ 用手转动卡盘，使记号 2 的一个齿转到原来 1 的位置上，这时再将中间轮 B 与主轴齿轮 A 啮合，即可车第二条螺旋线。

④ 第三条螺旋线的分线方法与第二条螺旋线的分线方法相同。

4）用分度盘分线（见图 3-2-65）。将特制的分度盘装在主轴箱主轴上，利用盘上定位孔进行分线（一般定位孔为 12 等分）。分度盘可与自定心卡盘相连，也可以装上拨块 7 的拨动夹头，用两顶尖装夹车削。其分线精度取决于分度盘定位孔的加工精度。这种方法适用于批量生产使用。

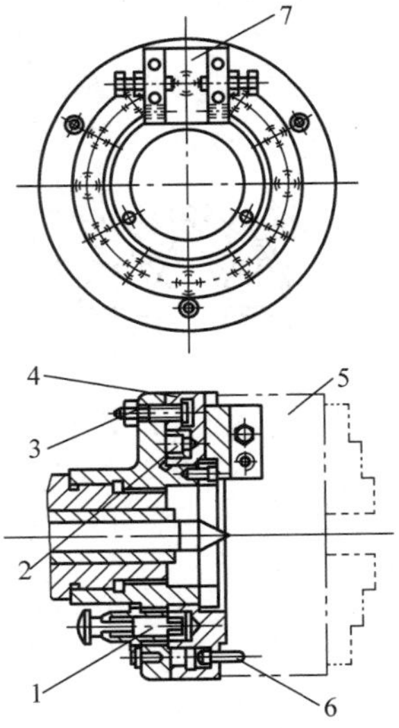

图 3-2-65　用分度盘分线

1—定位插销　2—定位孔　3—螺母　4—分度盘　5—卡盘　6—螺钉　7—拨块

2.2.1.3　螺纹车削方法（见表3-2-43）

表3-2-43　螺纹车削方法

三角形螺纹		梯形螺纹		方牙螺纹	
P /mm	车削方法	P /mm	车削方法	P /mm	车削方法
$P\leqslant3$	用一把硬质合金车刀，径向进刀车出螺纹 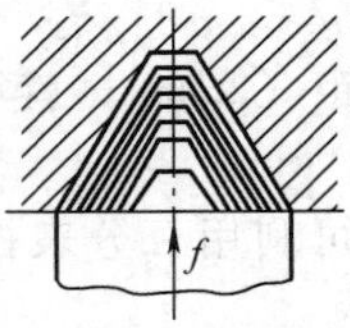	$P\leqslant3$	用一把车刀，径向进刀粗、精车成 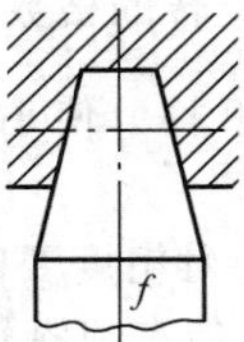	$P\leqslant4$	用一把车刀径向进刀车成。精密螺纹用两把刀，径向进刀，粗、精车成 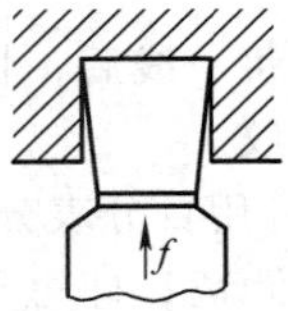
$P>3$	首先用粗车刀斜向进刀粗车，后用精车刀径向进刀精车。若为精密螺纹，精车时应用轴向进刀分别精车牙型两侧 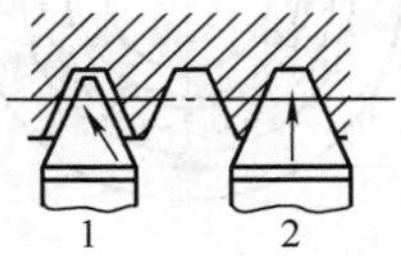	$P\leqslant8$	首先用比牙型角小2°的粗车刀径向进刀车至底径，而后用精车刀径向进刀精车 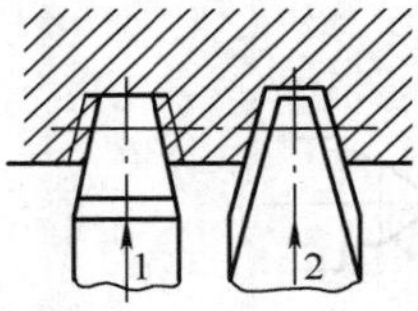	$P\leqslant12$	分别用粗、精车刀径向进刀粗、精车 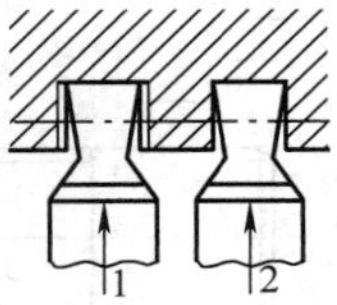
		$P<10$	首先用切槽车刀径向进刀车至底径，再用刃形角比牙型角小2°的粗车刀径向进刀粗车，最后用开有卷屑槽的精车刀径向进刀精车 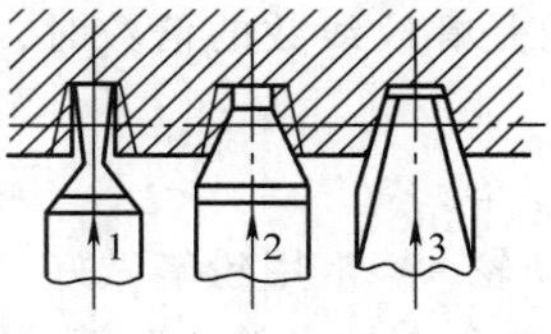	$P>12$	先用切刀径向进刀车至底径，后用左、右精车偏刀分别精车牙型两侧（轴向进刀） 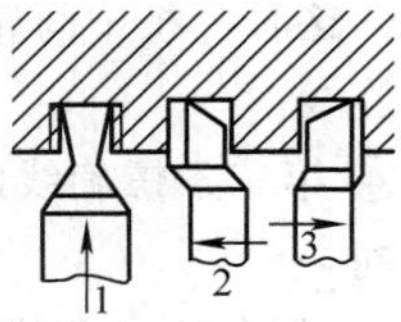
		$P\geqslant16$	先用切刀径向进刀粗车至底径，再用左、右偏刀轴向进刀粗车两侧，最后用精车刀径向进刀精车 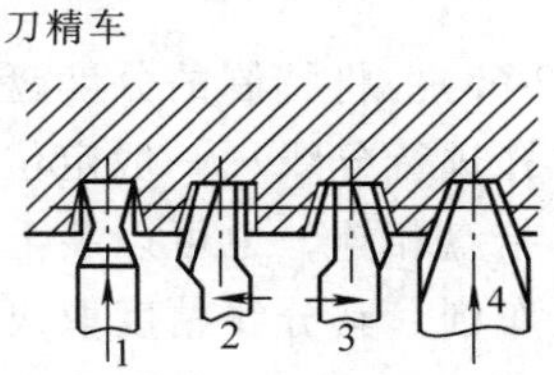		

2.2.1.4　常用螺纹车刀的特点与应用(见表3-2-44)

表3-2-44　常用螺纹车刀的特点与应用

名　　称	图　　示	特点与应用
车削铸铁螺纹用车刀	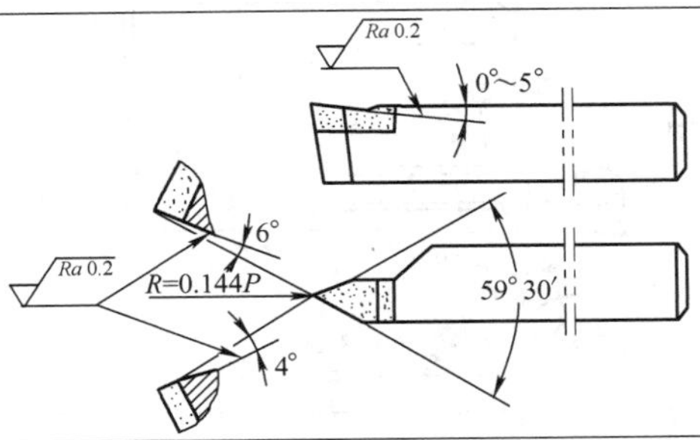	刀尖强度高,几何角度刃磨方便,切削阻力小,适用于粗精车螺纹(精车时应修正刀尖角)
车削钢件螺纹用车刀	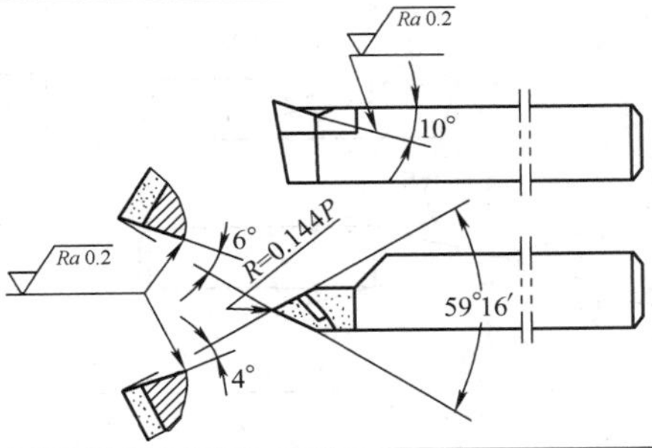	刀具前角大、切削阻力小，几何角度刃磨方便。适用于粗、精车螺纹(精车时应修正刀尖角)
高速钢外螺纹车刀	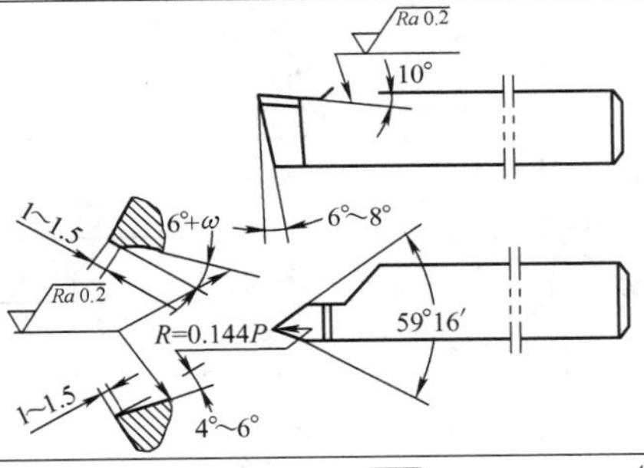	刀具两侧刃面磨有1~1.5mm宽的刃带作为精车螺纹的修光刃，因刀具前角大，应修正刀尖角。适用于精车螺纹
	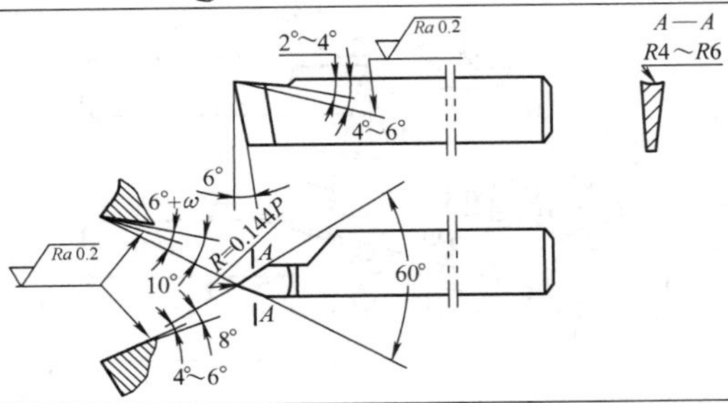	车刀有4°~6°的正前角，前面有圆弧形的排屑槽(半径$R=4\sim6$mm)。适用于精车大螺距的螺纹
硬质合金内螺纹车刀	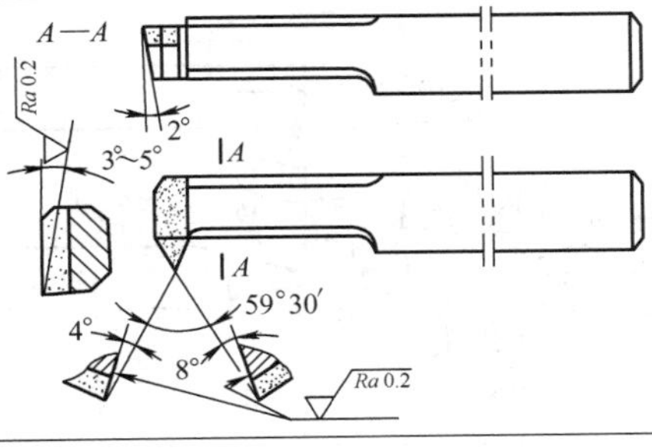	刀具特点与高速钢外螺纹车刀相同。其刀杆直径及刀杆长度根据工件孔径及长度而定

（续）

名　称	图　示	特点与应用
高速钢内螺纹车刀	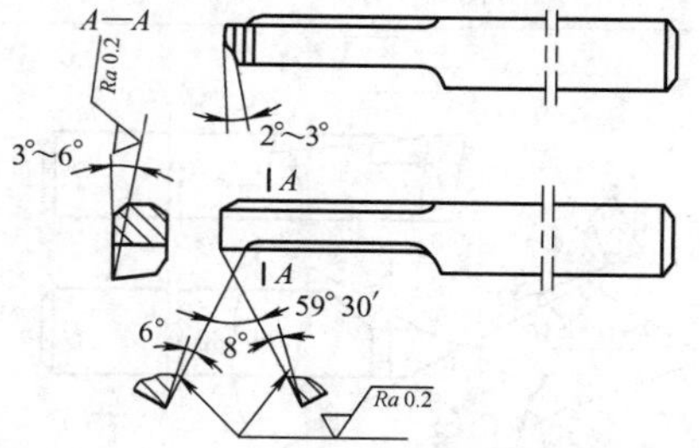	刀具特点与高速钢外螺纹车刀相同。其刀杆直径及刀杆长度根据工件孔径及长度而定
高速钢梯形螺纹粗车刀	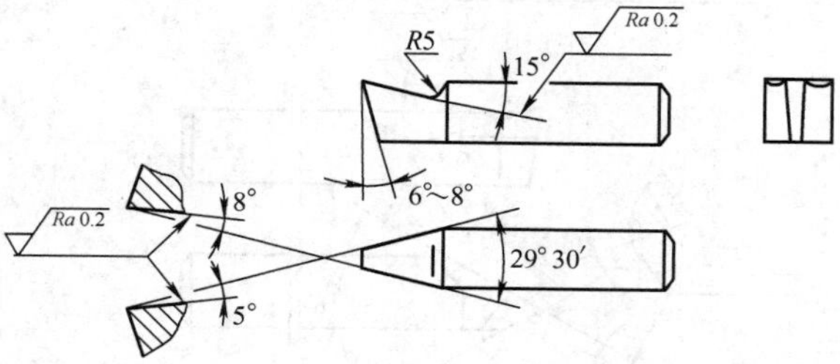	刀具有较大前角，便于排屑，刀具后角较小，可增强刀具刚性。适用于粗车螺纹
高速钢梯形螺纹精车刀	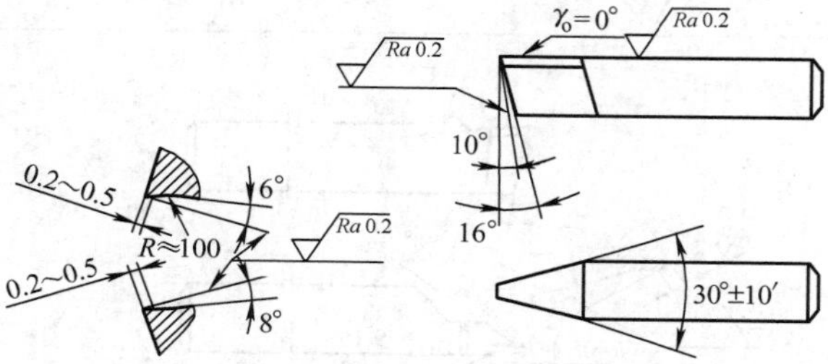	车刀前角等于0°，两侧刃后角具有0.3~0.5mm宽的切削刃带。适用于精车螺纹
带分屑槽的梯形螺纹精车刀	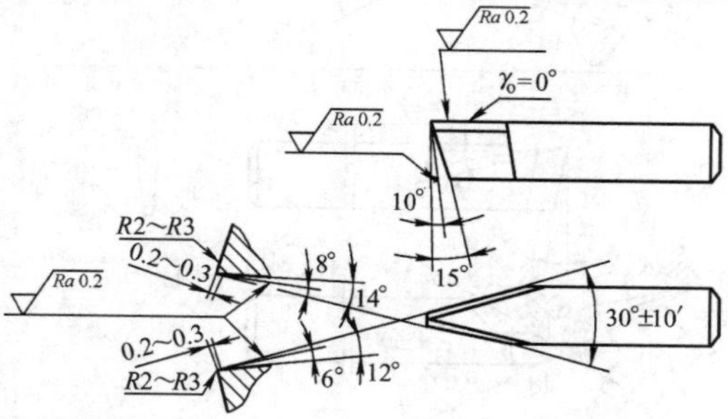	车刀前面沿两侧磨有 $R=2\sim3$mm 的分屑槽，两侧刃后角磨有0.2~0.3mm的切削刃带。适用于精车螺纹
硬质合金梯形螺纹车刀	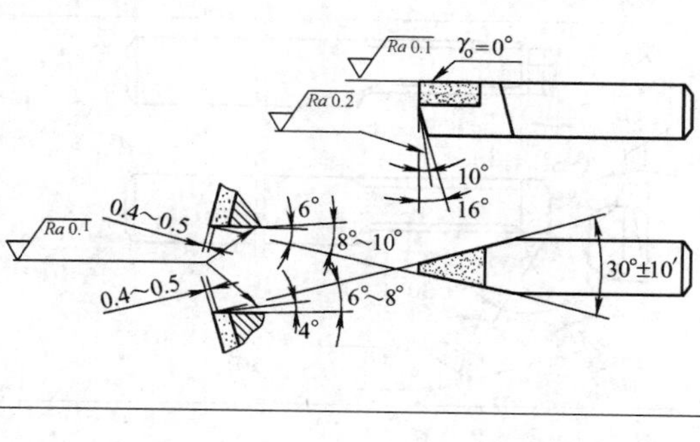	车刀前角等于0°，两侧刃后角磨有0.4~0.5mm的切削刃带。适用于精车螺纹

（续）

名　　称	图　　示	特点与应用
高速钢梯形内螺纹车刀	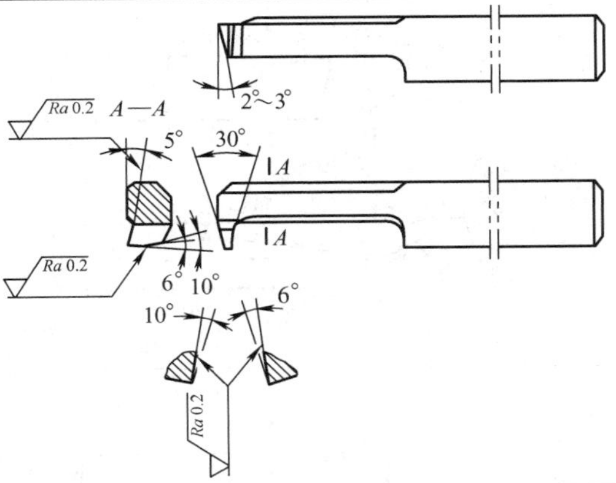	刀具特点与高速钢外螺纹车刀相同。刀杆的直径与长度根据工件的孔径与长度而定
高速钢蜗杆螺纹粗车刀	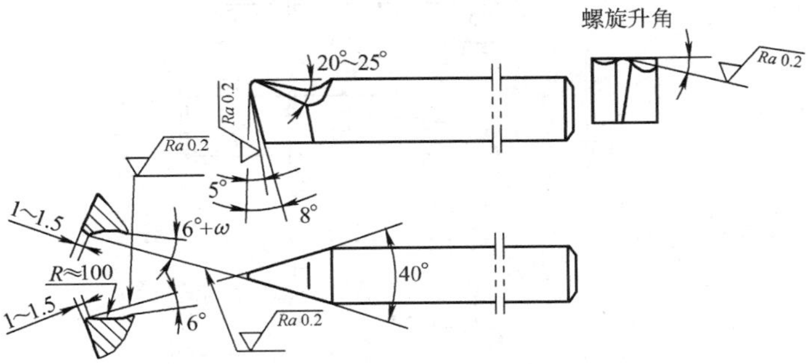	车刀有较大的前角，切削阻力小，切屑变形小。两侧刃后角磨有 1～1.5mm 的切削刃带，可用于增强刀具强度。适用于粗车螺纹
高速钢蜗杆螺纹精车刀	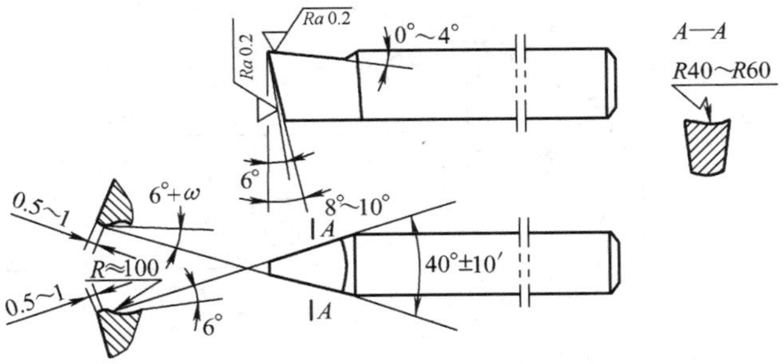	车刀前面为圆弧形（半径 R = 40～60mm），有较大的侧刃前角，便于排屑；两侧刃后角磨有 0.5～1mm 切削刃带，可提高刀具强度。前角大于 0°时应修正刀尖角
带分屑槽蜗杆精车刀	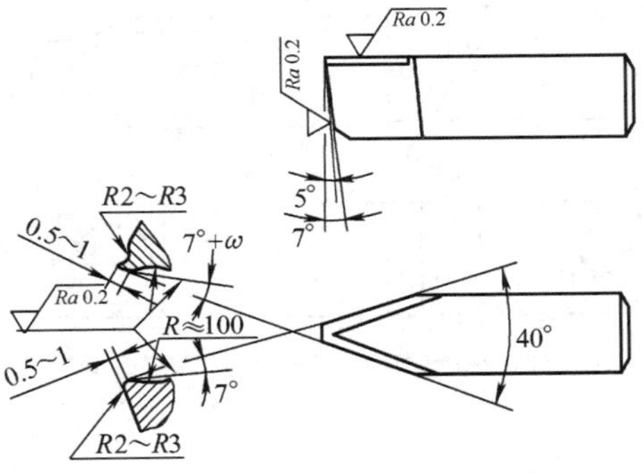	车刀前面沿两侧有 R = 2～3mm 的分屑槽，两侧刃后角磨有 0.5～1mm 的切削刃带。刀具刃磨后进行研磨两侧后角及前角，保证刃口平直光滑

（续）

名　称	图　示	特点与应用
高速钢锯齿形螺纹车刀	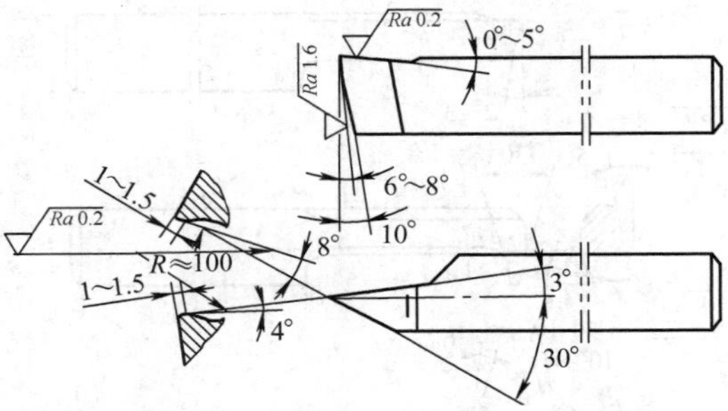	刀具两侧刃后角磨有1~1.5mm的切削刃带，用以增强刀具刚度。适用于粗、精车螺纹（若前角大于0°，精车时应修正刀尖角）
硬质合金锯齿形螺纹车刀	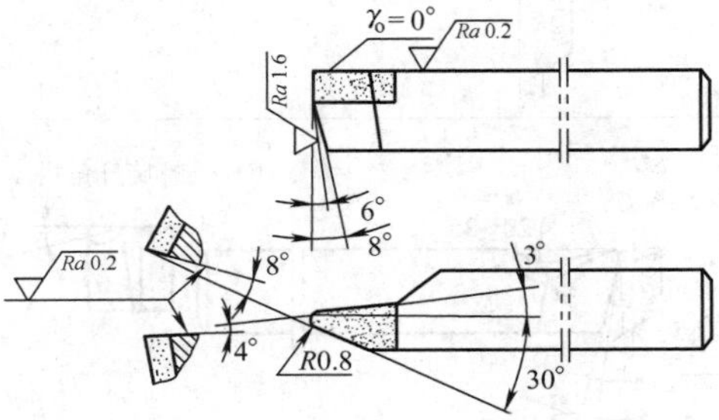	车刀前角等于0°，强度好，刃磨方便。适用于精车螺纹
高速钢带有刃带的方牙螺纹精车刀	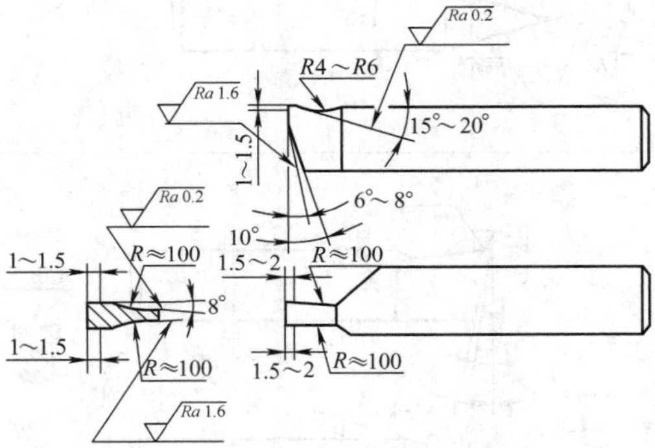	车刀前角大，两侧刃后角具有1~1.5mm的切削刃带。因前角大，切削阻力小，排屑方便，适用于精车螺纹
可旋转调节刀杆	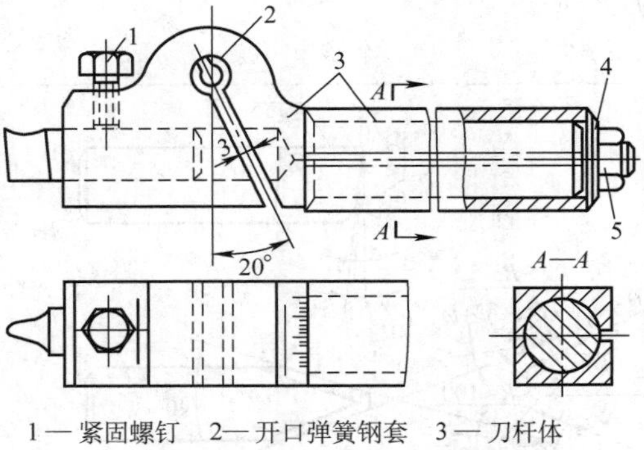 1—紧固螺钉　2—开口弹簧钢套　3—刀杆体 4—垫圈　5—紧固刀杆螺母	在使用中，车刀头刀杆可相对刀杆体3转动一螺旋升角，然后用紧固螺钉1锁紧。这种刀杆调节方便，而且刀杆有弹性，能消除振动，提高工件加工精度和降低表面粗糙度，还可延长刀具寿命 适用于加工螺纹升角很大的蜗杆工件

2.2.1.5　高速钢及硬质合金车刀车削不同材料螺纹时的切削用量（见表 3-2-45）

表 3-2-45　高速钢及硬质合金车刀车削不同材料螺纹时的切削用量

工件材料	硬度 HBW	螺纹直径 /mm	每一走刀的横向进给量 /mm		切削速度 /(m/min)	
			第一次走刀	最后一次走刀	高速钢车刀	硬质合金车刀
易切削钢 碳素钢、碳钢铸件 合金钢、合金钢铸件 高强度钢 马氏体时效钢 工具钢、工具钢铸件	100～225	≤25	0.50	0.013	12～15	18～60
		>25	0.50	0.013	12～15	60～90
	225～375	≤25	0.40	0.025	9～12	15～46
		>25	0.40	0.025	12～15	30～60
	375～535	≤25	0.25	0.05	1.5～4.5	12～30
		>25	0.25	0.05	4.5～7.5	24～40
易切不锈钢 不锈钢，不锈钢铸件	135～440	≤25	0.40	0.025	2～6	20～30
		>25	0.40	0.025	3～8	24～37
灰铸铁	100～320	≤25	0.40	0.013	8～15	26～43
		>25	0.40	0.013	10～18	49～73
可锻铸铁	100～400	≤25	0.40	0.013	8～15	26～43
		>25	0.40	0.013	10～18	49～73
铝合金及其铸件 镁合金及其铸件	30～150	≤25	0.50	0.025	25～45	30～60
		>25	0.50	0.025	45～60	60～90
钛合金及其铸件	110～440	≤25	0.50	0.013	1.8～3	12～20
		>25	0.50	0.013	2～3.5	17～26
铜合金及其铸件	40～200	≤25	0.25	0.025	9～30	30～60
		>25	0.25	0.025	15～45	60～90
镍合金及其铸件	80～360	≤25	0.40	0.025	6～8	12～30
		>25	0.40	0.025	7～9	14～52
高温合金及其铸件	140～230	≤25	0.25	0.025	1～4	20～26
		>25	0.25	0.025	1～6	24～29
	230～400	≤25	0.25	0.025	0.5～2	14～21
		>25	0.25	0.025	1～3.5	15～23

注：高速钢车刀使用含钴高速钢，如 W12Cr4V5Co5 及 W2Mo9Cr4VCo8 等。

2.2.1.6　高速钢车刀车削螺纹时常用的切削液（见表 3-2-46）

表 3-2-46　高速钢车刀车削螺纹时常用的切削液

加工性质	工件材料				
	碳素结构钢	合金结构钢	不锈钢、耐热钢	铸铁、黄铜	纯铜、铝及其合金
粗车	3%～5%乳化液	1）3%～5%乳化液 2）5%～10%极压乳化液	1）3%～5%乳化液 2）5%～10%极压乳化液 3）含硫、磷、氯的切削油	一般不加	1）3%～5%乳化液 2）煤油 3）煤油和矿物油的混合油
精车	1）10%～20%乳化液 2）10%～15%极压乳化液 3）硫化切削油 4）75%～90%2 号或 3 号锭子油+25%～10%菜籽油 5）70%～80%变压器油中氯化石蜡 30%～20%		1）10%～25%乳化液 2）15%～20%极压乳化液 3）煤油 4）食醋 5）60%煤油+20%松节油+20%油酸	铸铁通常不加切削液，需要时可加煤油 黄铜常不加切削液，必要时加菜籽油	铝及其合金一般不加切削液，必要时加煤油，但不可加乳化液

注：表中百分数为质量分数。

2.2.1.7　车削螺纹常见问题、产生原因和解决方法（见表3-2-47）

表3-2-47　车削螺纹常见问题、产生原因和解决方法

问　题	产生原因	解决方法
螺纹牙型角超差	1）刀具刃形角刃磨不准确 2）车刀安装不正确 3）车刀磨损严重	1）重新刃磨车刀 2）车刀刀尖对准工件轴线，校正车刀刃形平分角线使其与工件轴线垂直，正确选用法向或轴向安装车刀 3）及时换刀，用耐磨材料制造车刀，提高刃磨质量，降低切削用量
螺距超差	1）机床调整手柄扳错 2）交换齿轮挂错或计算错误	逐项检查，改正错误
螺距周期性误差超差	1）机床主轴或机床丝杠轴向窜动太大 2）交换齿轮间隙不当 3）交换齿轮磨损，齿形有毛刺 4）主轴、丝杠或挂轮轴轴颈径向圆跳动太大 5）中心孔圆度超差、孔深太浅或与顶尖接触不良 6）工件弯曲变形	1）调整机床主轴和丝杠，消除轴向窜动 2）调整交换齿轮啮合间隙，其值在0.1～0.15mm范围内 3）妥善保管交换齿轮，用前检查、清洗、去毛刺 4）按技术要求调节主轴、丝杠和交换齿轮轴轴颈径向圆跳动 5）中心孔锥面和标准顶尖接触面不少于85%且大头硬，机床顶尖不要太尖，以免和中心孔底部相碰；两端中心孔要研磨，使其同轴 6）合理安排工艺路线，降低切削用量，充分冷却
螺距积累误差超差	1）机床导轨对工件轴线的平行度超差或导轨的直线度超差 2）工件轴线对机床丝杠轴线的平行度超差 3）丝杠副磨损超差 4）环境温度变化太大 5）切削热、摩擦热使工件伸长，测量时缩短 6）刀具磨损太严重 7）顶尖顶力太大，使工件变形	1）调整尾座，使工件轴线和导轨平行，或者刮研机床导轨，使直线度合格 2）调整丝杠或机床尾座，使工件和丝杠平行 3）更换新的丝杠副 4）工作场地要保持温度在规定范围内变化 5）合理选择切削用量和切削液，切削时加大切削液流量和压力 6）选用耐磨性高的刀具材料，提高刃磨质量 7）车削过程中经常调整尾顶尖压力
螺纹中径几何形状超差	1）中心孔质量低 2）机床主轴圆柱度超差 3）工件外圆圆柱度超差，与跟刀架孔配合太松 4）刀具磨损大	1）提高中心孔质量，研或磨削中心孔，保证圆度和接触精度，两端中心孔要同轴 2）修理主轴，使其符合要求 3）提高工件外圆精度、减少配合间隙 4）提高刀具耐磨性，降低切削用量，充分冷却
螺纹牙型表面粗糙度参数值超差	1）刀具刃口质量差 2）精车时进给太小而产生刮挤现象 3）切削速度选择不当 4）切削液的润滑性不佳 5）机床振动大 6）刀具前、后角太小 7）工件切削性能差 8）切屑刮伤已加工面	1）降低各刃磨面的表面粗糙度值，减小切削刃钝圆半径，刃口不得有毛刺、缺口 2）使切屑厚度大于切削刃的圆角半径 3）合理选择切削速度，避免积屑瘤的产生 4）选用有极性添加剂的切削液，或者采用动（植）物油进行极化处理，以提高油膜的抗压强度 5）调整机床各部位间隙，采用弹性刀杆，硬质合金车刀刀尖适当装高，机床安在单独基础上，有防振沟 6）适当增加前、后角 7）车螺纹前增加调质工序 8）改为径向进刀

（续）

问　题	产生原因	解决方法
扎刀和打刀	1)刀杆刚度低 2)车刀安装高度不当 3)进给量太大 4)进刀方式不当 5)机床各部间隙太大 6)车刀前角太大,径向切削分力将车刀推向切削面 7)工件刚度低	1)刀头伸出刀架的长度应不大于1.5倍的刀杆高度,采用弹性刀杆,内螺纹车刀刀杆选较硬的材料,并淬火至35~45HRC 2)车刀刀尖应对准工件轴线;硬质合金车刀高速车螺纹时,刀尖应略高于轴线;高速钢车刀低速车螺纹时,刀尖应略低于工件轴线 3)减小进给量 4)改径向进刀为斜向或轴向进刀 5)调整车床各部间隙,特别是减少车床主轴和溜板间隙 6)减小车刀前角 7)采用跟刀架支承工件,采用轴向进刀切削,减小进给量
螺纹乱扣	机床丝杠螺距值不是工件螺距值的整倍数时,返回行程提起了开合螺母	当机床丝杠螺距不是工件螺距整倍数时,返回行程打反车,不得提起开合螺母
多线螺纹有大小牙	1)分线不准 2)中途改变了车刀径向或轴向位置	1)提高分线精度 2)当车刀的径(轴)向位置改变时,必须将多线螺纹都车削一遍

2.2.2　旋风铣削螺纹

旋风铣削螺纹的实质，是用硬质合金刀具高速铣削螺纹。加工时，工件由主轴带动慢速转动，旋风铣刀安装在车床横刀架上，由电动机经传动带驱动，做高速切削运动，同时床鞍纵向进给。工件转一转，旋风铣刀纵向进给量等于工件的一个导程（见图3-2-66）。加工内螺纹时，旋风铣刀换成刀杆。

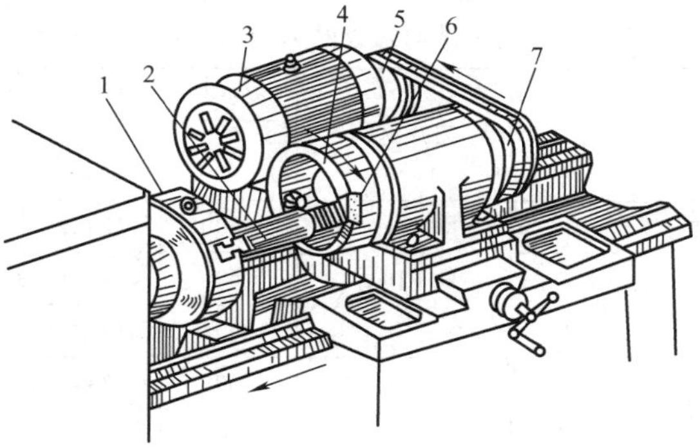

图3-2-66　旋风铣削螺纹装置

1—卡盘　2—工件　3—电动机　4—刀盘　5、7—带轮　6—刀头

旋风铣削螺纹时，要求尽量采用顺铣，并应设法消除传动间隙。旋风头旋转轴线对工件轴线倾斜角等于螺纹升角 λ。加工右旋螺纹时，旋风头逆时针方向转动；加工左旋螺纹时，旋风头顺时针方向转动。

用对刀规安装刀头，要求刀盘或刀杆上各刀头切削刃部的径向圆跳动≤0.02mm，轴向圆跳动≤0.005mm，各刀头的刃形角要严格一致，否则螺纹齿面会产生波纹度。

旋风铣削丝杠的精度可达7~8级，表面粗糙度 Ra=2.5~5μm。

2.2.2.1　旋风铣削螺纹的方式及适用范围（见表3-2-48）

表3-2-48　旋风铣削螺纹方式及适用范围

铣削方式	加工简图	特　点	适用范围
内切法加工外螺纹	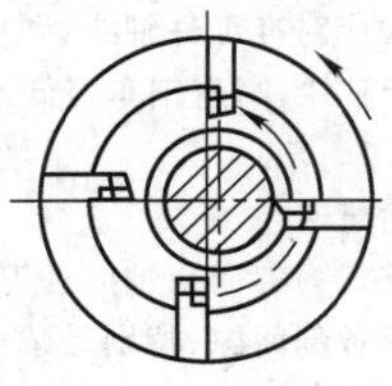	1)切削平稳 2)螺纹表面粗糙度参数值较小 3) 刀具寿命较长 4) 排屑较困难 5) 工件直径受机床和切头结构限制	1) 适于铣削螺纹导程角≤5°的螺纹 2) 螺纹直径小于100mm
外切法加工外螺纹	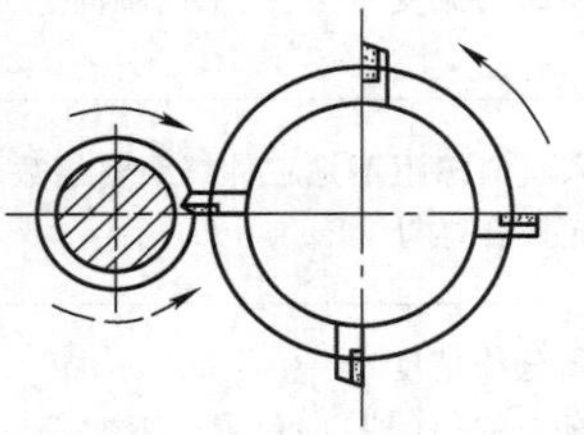	1) 切削振动较内切法大 2) 螺纹表面粗糙度参数值较内切法大 3) 刀具寿命短	1) 螺纹直径大于100mm 2) 螺纹导程角>5°的螺纹
内切法加工内螺纹	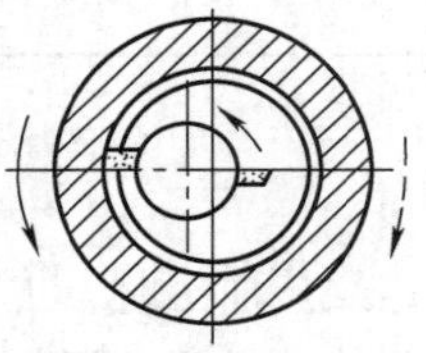	1) 切削平稳 2) 刀具回转直径与工件螺纹中径的比值一般为0.6~0.7	直径≥32mm的内螺纹

注：表图中实线所示的工件旋转方向为顺切削，虚线所示方向为逆切削。

2.2.2.2　旋风铣削螺纹的刀具材料和几何角度（见表3-2-49）

表3-2-49　旋风铣削螺纹的刀具材料和几何角度

螺纹种类	工件材料	螺纹牙形	螺距/mm	刀片材料	刀杆规格尺寸/mm		刀具主要角度		
					L	$B\times H$	后角 α_o	前角 γ_o	刀尖角 ε
外螺纹	碳素钢	三角形	<3	P10	60	12×12	6°	0°~4°	59°30′
			3~6		60	12×14	6°	0°~4°	59°30′
		梯形	4~12		60	12×16	6°~8°	0°	30°
	合金钢	三角形	<3	P10或P05	60	12×12	8°	0°~6°	59°30′
			3~6		60	12×14	8°	0°~4°	59°30′
		梯形	4~12		60	12×16	8°	0°	30°
	不锈钢	三角形	<3	K30、P10或P05	60	12×12	8°	3°~6°	59°30′
			3~6		60	12×14	8°	6°	59°30′
		梯形	4~12		60	12×16	8°	6°~8°	29°30′
	非铁金属	三角形	<4	K30	60	12×14	8°	10°	59°
			4~12		60	12×16	8°	10°	59°

（续）

螺纹种类	工件材料	螺纹牙形	螺距/mm	刀片材料	刀杆规格尺寸/mm		刀具主要角度		
					L	$B\times H$	后角 α_o	前角 γ_o	刀尖角 ε
内螺纹	碳素钢与合金钢	三角形	<3	P10	按内螺纹内径选择刀头和刀杆		8°	0°~5°	59°30′
			3~6				6°	0°~5°	59°30′
	不锈钢	三角形	<6	K30 或 P10			8°	6°	50°30′
	非铁金属		<6	K30			8°	10°	59°

2.2.2.3　旋风铣削螺纹常用切削用量（见表 3-2-50）

表 3-2-50　旋风铣削螺纹常用切削用量

工件材料	刀具材料	螺纹牙形	工件直径/mm	螺距/mm	装刀把数	转速/(r/min)		进给次数
						刀盘转速	主轴转速	
碳素钢或合金钢	P10	三角形	<30	<3	1~2	1400~1600	12~25	1
			<30		4	1000~1200	12~20	1
			30~50		1~2	1200~1400	12	1
			30~50		4	1000~1200	12	1
			50~68	3~6	1~2	1000~1200	4~12	1~2
			50~68	3~6	4	1000~1200	8~12	1~2
		梯形	24~40	4~8	1~2	1200~1400	4~8	2~3
			40~60	4~12	2~4	1000~1200	2~4	2~3
非铁金属	K30	三角形或梯形	<30	<3	1~2	1400~1600	12~16	1
			30~70	3~6	1~2	1200~1400	8~12	1~3
			<30	<3	4	1200~1400	12~16	1~2
			30~70	3~6	4	1000~1200	4~8	2~3
钢件或铜件	P10 或 K30	三角形或梯形内螺纹	20~30	<3	1	1600~2400	8~12	1
			30~60	3~6	1		4~8	1~3

注：切削不锈钢时，转速比表中加工相应钢件数值略低。

2.2.3　用板牙和丝锥切削螺纹

2.2.3.1　用板牙套螺纹[⊖]

1. 套螺纹工具

（1）圆板牙架的型式和尺寸（见表 3-2-51）

表 3-2-51　圆板牙架的型式和尺寸　（单位：mm）

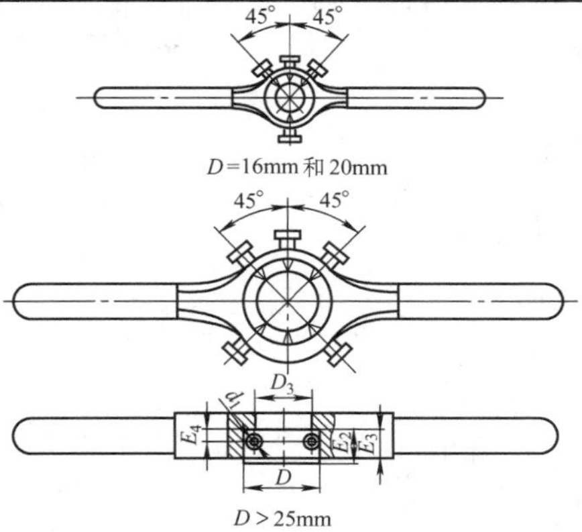

⊖　板牙类型、结构及规格尺寸见第 3 卷第 1 章“螺纹刀具”一节。

（续）

D	E_2	E_3	E_4 $\left(\begin{smallmatrix}0\\-0.2\end{smallmatrix}\right)$	D_3	d_1
16	5	4.8	2.4	11	M3
20	7	6.5	3.4	15	M4
25	9	8.5	4.4	20	M5
30	11	10	5.3	25	
38	10	9	4.8	32	M6
	14	13	6.8		
45	18	17	8.8	38	
55	16	15	7.8	48	M8
	22	20	10.7		
65	18	17	8.8	58	M8
	25	23	12.2		
75	20	18	9.7	68	
	30	28	14.7		
90	22	20	10.7	82	
	36	34	17.7		
105	22	20	10.7	95	M10
	36	34	17.7		
120	22	20	10.7	107	
	36	34	17.7		

（2）车床套螺纹用工具　图3-2-67所示为车床套螺纹用工具。先将套螺纹工具安装在尾座套筒内，在工具体2左端孔内装上板牙，并用螺钉1固定。套筒4上有一条长槽，长槽内由销钉3插入工具体2中，防止套螺纹时转动。

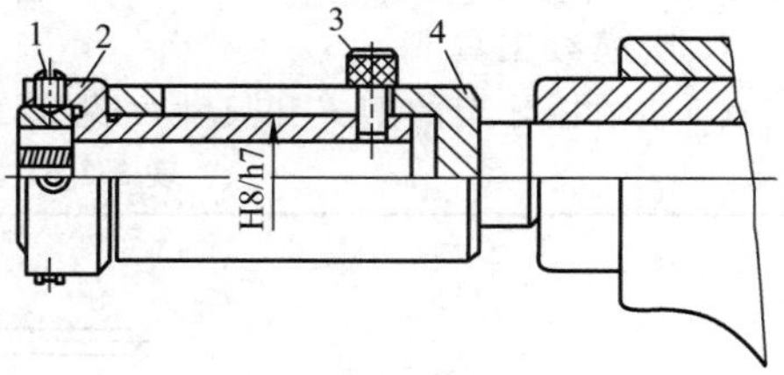

图3-2-67　车床套螺纹用工具

1—螺钉　2—工具体　3—销钉　4—套筒

2. 工件圆杆直径的确定

工件圆杆直径可按下式计算：

$$D = d - 0.13P$$

式中　D——工件圆杆直径（mm）；

d——螺纹公称直径（mm）；

P——螺距（mm）。

工件圆杆直径也可由表3-2-52查出。

3. 套螺纹时应注意的事项

1）为了便于板牙切削部分切入工件并做正确的引导，在工件圆杆端部应有15°~20°的倒角。

表 3-2-52 套螺纹前工件圆杆直径 （单位：mm）

粗牙普通螺纹				寸制螺纹			圆柱管螺纹		
螺纹直径 d	螺距 P	圆杆直径 D		螺纹直径 /in	圆杆直径 D		螺纹尺寸代号	管子外径 D	
		最小直径	最大直径		最小直径	最大直径		最小直径	最大直径
M6	1	5.8	5.9	1/4	5.9	6	1/8	9.4	9.5
M8	1.25	7.8	7.9	5/16	7.4	7.6	1/4	12.7	13
M10	1.50	9.75	9.85	3/8	9	9.2	3/8	16.2	16.5
M12	1.75	11.75	11.9	1/2	12	12.2	1/2	20.5	20.8
M14	2	13.7	13.85	—	—	—	5/8	22.5	22.8
M16	2	15.7	15.85	5/8	15.2	15.4	3/4	26	26.3
M18	2.5	17.7	17.85	—	—	—	7/8	29.8	30.1
M20	2.5	19.7	19.85	3/4	18.3	18.5	1	32.8	33.1
M22	2.5	21.7	21.85	7/8	21.4	21.6	1⅛	37.4	37.7
M24	3	23.65	23.8	1	24.5	24.8	1¼	41.4	41.7
M27	3	26.65	26.8	1¼	30.7	31	1⅜	43.8	44.1
M30	3.5	29.6	29.8	—	—	—	1½	47.3	47.6
M36	4	35.6	35.8	1½	37	37.3	—	—	—
M42	4.5	41.55	41.75	—	—	—	—	—	—
M48	5	47.5	47.7	—	—	—	—	—	—
M52	5	51.5	51.7	—	—	—	—	—	—
M60	5.5	59.45	59.7	—	—	—	—	—	—
M64	6	63.4	63.7	—	—	—	—	—	—
M68	6	67.4	67.7	—	—	—	—	—	—

2）板牙端面与圆杆轴线应保持垂直。为了防止圆杆夹持偏斜和夹出痕迹，圆杆应装夹在用硬木制成的 V 形钳口或软金属制成的衬垫中。

3）在开始起套螺纹时，用一只手掌按住圆板牙中心，沿圆杆轴线施加压力，并转动板牙绞杠，另一只手配合顺向切进，转动要慢，压力要大。

4）当圆板牙切入圆杆 1~2 圈时，应目测检查和校正圆板牙的位置。当圆板牙切入圆杆 3~4 圈时，应停止施加压力，让板牙依靠螺纹自然引进，以免损坏螺纹和板牙。

5）在套螺纹过程中也应经常倒转 1/4~1/2 圈，以防切屑过长。

6）套螺纹时应适当加注切削液，以降低切削阻力，提高螺纹质量和延长板牙寿命。切削液的选择可参照表 3-2-55。

4. 套螺纹常见问题、产生原因及防止方法（见表 3-2-53）

表 3-2-53 套螺纹常见问题、产生原因及防止方法

问　题	产生原因	防止方法
烂牙（乱扣）	1）低碳钢等塑性好的材料套螺纹时未加注切削液，板牙把工件上螺纹粘去一块 2）套螺纹时板牙一直不倒转，切屑堵塞而啃坏螺纹 3）圆杆直径太大 4）板牙歪斜太多，在借正时造成烂牙	1）对塑性材料套螺纹时，一定要加注合适的切削液 2）板牙一定要倒转，以断裂切屑 3）圆杆直径要确定合适 4）板牙端面要与圆杆轴线垂直，并经常检查，及时纠正
螺纹一边深一边浅	1）圆杆端部倒角不好，使板牙不能保持与圆杆轴线垂直 2）绞杠用力不均匀，左右晃动，不能保持板牙端面与圆杆轴线垂直	1）圆杆端部要按要求倒角，不能歪斜 2）套螺纹时，两手用力要均匀和平稳，并经常检查垂直情况，及时纠正

（续）

问 题	产生原因	防止方法
螺纹中径太小	1)绞杠经常摆动,多次借正而造成螺纹中径变小 2)板牙切入圆杆后还用力加压 3)调节不宜,尺寸变小	1)绞杠要握稳,不能晃动 2)板牙切入后,只要使板牙均匀旋转即可,不能再加力下压 3)应用标准螺杆调整尺寸,不要盲目调节
牙深不够	1)圆杆直径太小 2)板牙调节不宜,直径过大	1)圆杆直径应按要求确定控制尺寸公差 2)应用标准螺杆调整尺寸,不要盲目调节
螺纹表面粗糙	1)切削液未加注或选用不当 2)切削刃上粘有积屑瘤	1)应选用适当切削液,并经常加注 2)去除积屑瘤,使切削刃锋利

2.2.3.2 用丝锥攻螺纹㊀

1. 攻螺纹工具

（1）绞杠 绞杠是手工攻螺纹时用的一种辅助工具。绞杠分为普通绞杠和丁字绞杠两类。

1）普通绞杠。普通绞杠有固定绞杠和活绞杠两种（见图 3-2-68）。一般攻制 M5 以下的螺纹采用固定绞杠。活绞杠的方孔尺寸可以调节，因此应用的范围比较广。常用活绞杠的柄长有 150～600mm 六种规格，以适应各种不同尺寸的丝锥，见表 3-2-54。

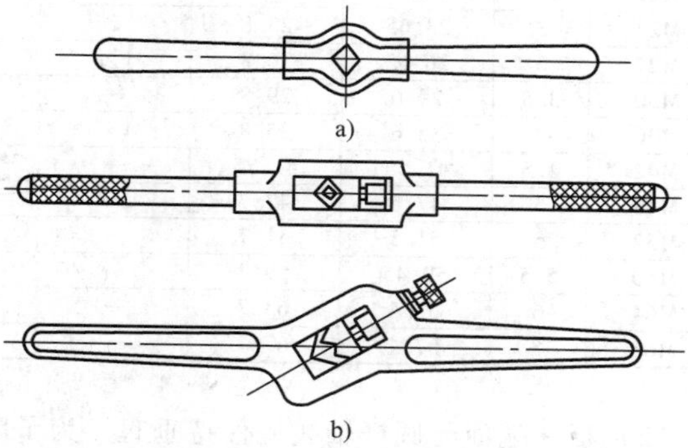

图 3-2-68 普通绞杠

a）固定绞杠 b）活绞杠

表 3-2-54 活绞杠的规格和适用范围 （单位：mm）

活绞杠规格	150	230	280	380	580	600
适用范围	M5～M8	M8～M12	M12～M14	M14～M16	M16～M22	M24以上

2）丁字绞杠。丁字形绞杠适用于攻制工件台阶旁边或攻制机体内部的螺孔。丁字绞杠有固定式和可调式两种（见图 3-2-69）。丁字可调式绞杠是通过一个四爪的弹簧夹头来夹持不同尺寸的丝锥，一般用于 M6 以下的丝锥。大尺寸的丝锥一般用固定式，通常按实际需要制作专用绞杠。

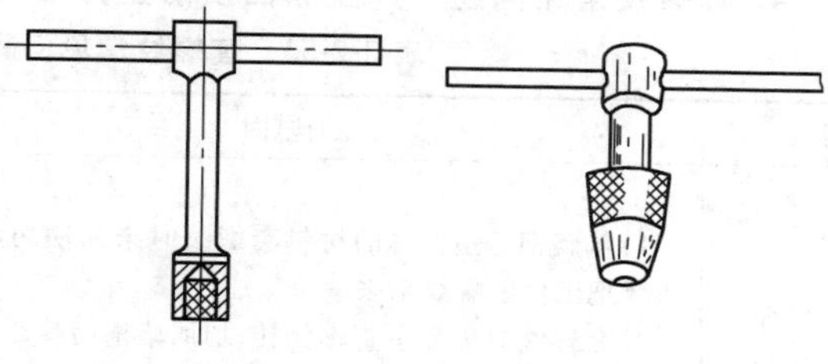

图 3-2-69 丁字绞杠

a）固定式 b）可调式

（2）丝锥夹头 在钻床上攻螺纹时，要用丝锥夹头来装夹丝锥和传递攻螺纹扭矩。常用丝锥夹头有以下两种：

㊀ 丝锥类型、结构及规格尺寸见第 3 卷第 1.6.1 节。

1）快换夹头（JB/T 3489—2007）。快换夹头分两种规格，第一种规格的钻孔范围为 $\phi1$～$\phi31.5$mm，攻螺纹范围为 M3～M24；第二种规格的钻孔范围为 $\phi14.5$～$\phi50$mm，攻螺纹范围为 M24～M42。

2）丝锥夹头（JB/T 9939—2013）。丝锥夹头攻丝范围为 M2～M8、M3～M12、M5～M16、M12～M24、M16～M30、M24～M42、M42～M64、M64～M80 共八种规格。

（3）车床攻螺纹用工具　图 3-2-70 所示为车床攻螺纹用工具。车床攻螺纹用工具与车床套螺纹用工具相似，只要将中间工具体改换成能装夹丝锥的工具体，即以方孔与丝锥柄配合即可。

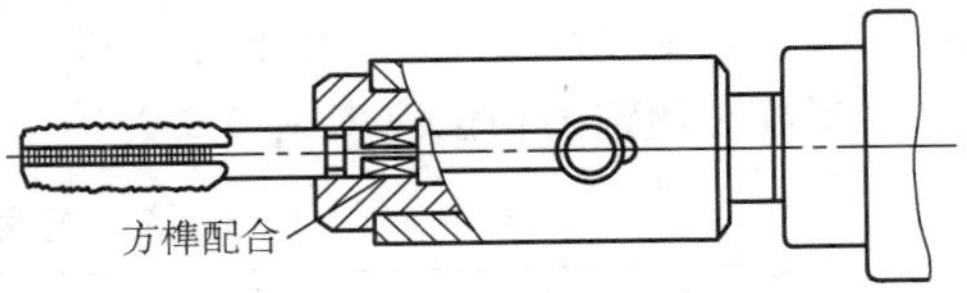

图 3-2-70　车床攻螺纹用工具

2. 攻螺纹用切削液的选择（见表 3-2-55）

表 3-2-55　攻螺纹用切削液的选择

工件材料	切削液
结构钢、合金钢	硫化油；乳化液
耐热钢	60%硫化油+25%煤油+15%脂肪酸 30%硫化油+13%煤油+8%脂肪酸+1%氯化钡+45%水 硫化油+15%～20%四氯化碳
灰铸铁	75%煤油+25%植物油；乳化液；煤油
铜合金	煤油+矿物油；全损耗系统用油；硫化油
铝及合金	85%煤油+15%亚麻油 50%煤油+50%全损耗系统用油 煤油；松节油；极压乳化液

注：表内含量百分数均为质量分数。

3. 攻螺纹时应注意的事项

（1）手工攻螺纹

1）攻螺纹前，工件的装夹位置要正确，应尽量使螺孔中心线置于水平或垂直位置，其目的是攻螺纹时便于判断丝锥是否垂直于工件平面。

2）攻螺纹前，螺纹底孔的孔口要倒角，通孔螺纹两端孔口都要倒角，这样可以使丝锥容易切入，并防止攻螺纹后螺纹出孔口处崩裂。

3）开始攻螺纹时，要尽量把丝锥放正，然后用手压住丝锥使其切入底孔，当切入 1～2 圈时，再仔细观察和校正丝锥位置。一般在切入 3～4 圈螺纹时，丝锥的位置应正确，这时应停止对丝锥施加压力，只须平稳地转动绞杠攻螺纹即可。

4）扳转绞杠要两手用力平衡，切忌用力过猛和左右晃动，防止牙型撕裂和螺孔扩大。

5）攻螺纹时，每扳转绞杠 1/2～1 圈，就应倒转 1/2 圈，使切屑碎断后容易排除。对塑性材料，攻螺纹时应经常保持有足够的切削液。攻不通孔螺纹时，要经常退出丝锥，清除孔中的切屑，尤其当即将攻到螺纹孔底时，更应及时清除切屑，以免丝锥被轧住。攻通孔螺纹时，丝锥校准部分不应全部攻出头，否则会扩大或损坏孔口螺纹。

6）在攻螺纹过程中，换用另一支丝锥时，应先用手旋入已攻出的螺孔中，直到用手旋不动时，再用绞杠攻螺纹。

7）丝锥退出时，应先用绞杠平稳地反向转动，当能用手直接旋动丝锥时，应停止使用绞杠，以防铰杠带动丝锥退出时产生摇摆和振动，损坏螺纹的表面粗糙度。

（2）机动攻螺纹　机动攻螺纹时要保持丝锥与螺孔的同轴度要求。当丝锥即将进入螺纹底孔时，进刀要慢，以防丝锥与螺孔发出撞击。在丝锥切削部分开始攻螺纹时，应在钻床进刀手柄上施加均匀的压力，帮助丝锥切入工件；当切削部分全部切入工件时，应立即停止对进刀手柄施加压力，而靠丝锥螺纹自然进给完成攻螺纹。机攻通孔螺纹时，丝锥的校准部分不能全部攻出头，否则在反转退出丝锥时，会使螺纹产生烂牙。

攻螺纹时丝锥的切削速度见表3-2-56。

表3-2-56　攻螺纹时丝锥的切削速度

螺孔材料	切削速度/(m/min)	螺孔材料	切削速度/(m/min)
一般钢材	6~15	不锈钢	2~7
调质钢或硬钢	5~10	铸铁	8~10

4. 攻螺纹前钻孔用麻花钻直径

1）普通螺纹攻螺纹前钻孔用麻花钻直径见表3-2-57。

表3-2-57　普通螺纹攻螺纹前钻孔用麻花钻直径（GB/T 20330—2006）　　（单位：mm）

公称直径 D	螺距 P		钻头直径 d
1.0	粗	0.25	0.75
2.0	粗	0.40	1.60
3.0	粗	0.50	2.50
	细	0.35	2.65
4.0	粗	0.70	3.30
	细	0.50	3.50
5.0	粗	0.80	4.20
	细	0.50	4.50
6.0	粗	1.0	5.00
	细	0.75	5.20
8.0	粗	1.25	6.80
	细	1.0	7.00
		0.75	7.20
10.0	粗	1.50	8.50
	细	1.25	8.80
		1.0	9.00
		0.75	9.20
12.0	粗	1.75	10.20
	细	1.50	10.50
		1.25	10.80
		1.0	11.00
14.0	粗	2.0	11.90
	细	1.50	12.50
		1.25	12.80
		1.0	13.00
16.0	粗	2.0	14.00
	细	1.50	14.50
		1.0	15.00
18.0	粗	2.50	15.40
	细	2.0	16.00
		1.50	16.50
		1.0	17.00
20.0	粗	2.50	17.40
	细	2.0	18.00
		1.50	18.50
		1.0	19.00
22.0	粗	2.50	19.50
	细	2.0	20.00
		1.50	20.50
		1.0	21.00
24.0	粗	3.0	21.00
	细	2.0	22.00
		1.50	22.50
		1.0	23.00
27.0	粗	3.0	24.00
	细	2.0	25.00
		1.50	25.50
		1.0	26.00
30.0	粗	3.50	26.50
	细	3.0	27.00
		2.0	28.00
		1.50	28.50
		1.0	29.00
33.0	粗	3.50	29.50
	细	3.0	30.00
		2.0	31.00
		1.50	31.50
36.0	粗	4.0	32.00
	细	3.0	33.00
		2.0	34.00
		1.50	34.50
39.0	粗	4.0	35.00
	细	3.0	36.00
		2.0	37.00
		1.50	37.50

（续）

公称直径 D	螺距 P		钻头直径 d	公称直径 D	螺距 P		钻头直径 d
42.0	粗	4.50	37.30	48.0	粗	5.0	43.00
	细	4.0	38.00		细	4.0	44.00
		3.0	39.00			3.0	45.00
		2.0	40.00			2.0	46.00
		1.50	40.50			1.50	46.50
45.0	粗	4.50	40.50	52.0	粗	5.0	47.00
	细	4.0	41.00		细	4.0	48.00
		3.0	42.00			3.0	49.00
		2.0	43.00			2.0	50.00
		1.50	43.50			1.50	50.50

2）寸制螺纹钻底孔用麻花钻直径见表 3-2-58。

表 3-2-58　寸制螺纹钻底孔用麻花钻直径（GB/T 20330—2006）

类　别	公称直径/in	每寸牙数	钻头直径/mm	类　别	公称直径/in	每寸牙数	钻头直径/mm
统一制粗牙螺纹（UNC）	1/4	20	5.10	统一制细牙螺纹（UNF）	1/4	28	5.50
	5/16	18	6.60		5/16	24	6.90
	3/8	16	8.00		3/8	24	8.50
	7/16	14	9.40		7/16	20	9.90
	1/2	13	10.80		1/2	20	11.50
	9/16	12	12.20		9/16	18	12.90
	5/8	11	13.50		5/8	18	14.50
	3/4	10	16.50		3/4	16	17.50
	7/8	9	19.50		7/8	14	20.40
	1	8	22.25		1	12	23.25
	1⅛	7	25.00		1⅛	12	26.50
	1¼	7	28.00		1¼	12	29.50
	1⅜	6	30.75		1⅜	12	32.75
	1½	6	34.00		1½	12	36.00
	1¾	5	39.50				
	2	4½	45.00				

3）管螺纹钻底孔用麻花钻直径见表 3-2-59。

表 3-2-59　管螺纹钻底孔用麻花钻直径（GB/T 20330—2006）

类别	螺纹尺寸代号	每寸牙数	钻头直径/mm	类别	螺纹尺寸代号	每寸牙数	钻头直径/mm
不用螺纹密封的管螺纹	1/16	28	6.80	不用螺纹密封的管螺纹	1¾	11	51.00
	1/8	28	8.80		2	11	57.00
	1/4	19	11.80	用螺纹密封的管螺纹	1/16	28	6.60
	3/8	19	15.25		1/8	28	8.60
	1/2	14	19.00		1/4	19	11.50
	5/8	14	21.00		3/8	19	15.00
	3/4	14	24.50		1/2	14	18.50
	7/8	14	28.25		3/4	14	24.00
	1	11	30.75		1	11	30.25
	1⅛	11	35.50		1¼	11	39.00
	1¼	11	39.50		1½	11	45.00
	1½	11	45.00		2	11	56.50

4）圆锥管螺纹钻底孔用钻头直径见表3-2-60。

表3-2-60 圆锥管螺纹钻底孔用钻头直径

55°圆锥管螺纹			60°圆锥管螺纹		
螺纹尺寸代号	每英寸牙数	钻头直径/mm	螺纹尺寸代号	每英寸牙数	钻头直径/mm
1/8	28	8.4	1/8	27	8.6
1/4	19	11.2	1/4	18	11.1
3/8	19	14.7	3/8	18	14.5
1/2	14	18.3	1/2	14	17.9
3/4	14	23.6	3/4	14	23.2
1	11	29.7	1	11½	29.2
1¼	11	38.3	1¼	11½	37.9
1½	11	44.1	1½	11½	43.9
2	11	55.8	2	11½	56

5. 攻螺纹中常见问题

1）攻螺纹常见问题、产生原因和防止方法见表3-2-61。

2）丝锥损坏形式、产生原因和防止方法见表3-2-62。

表3-2-61 攻螺纹常见问题、产生原因和防止方法

常见问题	产生原因	防止方法
烂牙（乱扣）	1）螺纹底孔直径太小，丝锥攻不进，孔口烂牙 2）手攻时，绞杠掌握不正，丝锥左右摇摆，造成孔口烂牙 3）机攻时，丝锥校准部分全部攻出头，退出时造成烂牙 4）一锥攻螺纹位置不正，中锥、底锥强行纠正 5）二锥、三锥与初锥不重合而强行攻制 6）丝锥没有经常倒转，切屑堵塞，把螺纹啃伤 7）攻不通孔螺纹时，丝锥到底后仍继续扳旋丝锥 8）用绞杠带着退出丝锥 9）丝锥刀齿上粘有积屑瘤 10）没有选用合适的切削液 11）丝锥切削部分全部切入后仍施加轴向压力	1）检查底孔直径，把底孔扩大后再攻螺纹 2）两手握住绞杠，用力要均匀，不得左右摇摆 3）机攻时，丝锥校准部分不能全部攻头 4）当初锥攻入1~2圈后，如有歪斜，应及时纠正 5）换用二锥、三锥时，应先用手将其旋入，再用绞杠攻制 6）丝锥每旋进1~2圈要倒转0.5圈，使切屑折断后排出 7）攻制不通孔螺纹时，要在丝锥上做出深度标记 8）能用手直接旋动丝锥时应停止使用绞杠 9）用油石进行修磨 10）重新选用合适的切削液 11）丝锥切削部分全部切入后应停止施加压力
螺纹歪斜	1）手攻时，丝锥位置不正 2）机攻时，丝锥与螺纹底孔不同轴	1）目测或用角尺等工具检查 2）钻底孔后不改变工件位置，直接攻制螺纹
螺纹牙深不够	1）攻螺纹前底孔直径过大 2）丝锥磨损	1）正确计算底孔直径并正确钻孔 2）修磨丝锥
螺纹表面粗糙度值过高	1）丝锥前、后面表面粗糙度值高 2）丝锥前、后角太小 3）丝锥磨钝 4）丝锥刀齿上粘有积屑瘤 5）没有选用合适的切削液 6）切屑拉伤螺纹表面	1）重新修磨丝锥 2）重新刃磨丝锥 3）修磨丝锥 4）用油石进行修磨 5）重新选用合适的切削液 6）经常倒转丝锥，折断切屑；采用左旋容屑槽

表 3-2-62　丝锥损坏形式、产生原因和防止方法

损坏形式	产生原因	防止方法
丝锥崩牙	1)工件材料硬度过高或有夹杂物 2)切屑堵塞,使丝锥在孔中挤死 3)丝锥在孔出口处单边受力过大	1)攻螺纹前,检查底孔表面质量和清理砂眼、夹渣、铁豆等杂物;攻螺纹速度要慢 2)攻螺纹时丝锥要经常倒转,保证断屑和退出清理切屑 3)先应清理出口处,使其完整;攻到出口处前,机攻要改为手攻,速度要慢,用力较小
丝锥断在孔中	1)绞杠选择不当,手柄太长或用力不匀,用力过大 2)丝锥位置不正,单边受力过大或强行纠正 3)材料过硬,丝锥又钝 4)切屑堵塞,断屑和排屑不良,使丝锥在孔中挤死 5)底孔直径太小 6)攻不通孔时,丝锥已攻到底了,仍用力攻制 7)工件材料过硬而又黏	1)正确选择绞杠,用力均匀而平稳,发现异常时要检查原因,不能蛮干 2)一定让丝锥和孔端面垂直;不宜强行攻螺纹 3)修磨丝锥,适应工件材料 4)经常倒转,保证断屑;修磨刃倾角,以利排屑;孔尽量深些 5)正确选择底孔直径 6)应根据深度在丝锥上做标记,或者机攻时采用安全卡头 7)对材料做适当处理,以改善其切削性能;采用锋利的丝锥

2.2.4　用挤压丝锥挤压螺纹

挤压丝锥主要用于加工延伸性较好的材料，特别适于加工强度和精度要求较高、表面质量较好、螺纹直径较小（M6 以下）的螺纹。挤压丝锥挤压螺纹可达到 4H 级精度，螺纹表面粗糙度 Ra 为 0.32~0.63μm。

2.2.4.1　挤压丝锥的结构、种类及适用范围[⊖]（见表 3-2-63）

表 3-2-63　挤压丝锥的结构、种类及适用范围

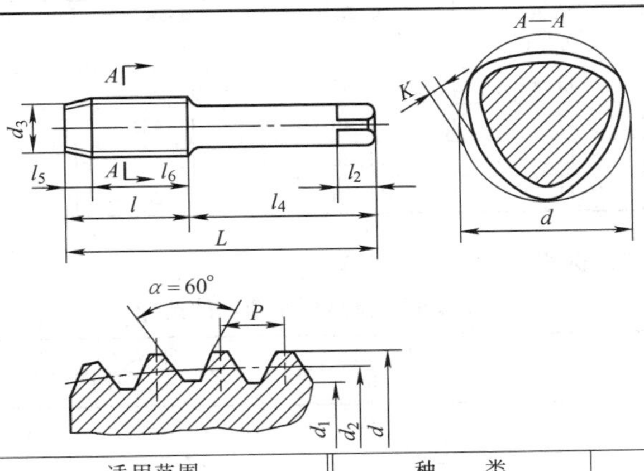

种　类	适用范围	种　类	适用范围
三棱边挤压丝锥	适用于 M6 以下的挤压丝锥	六棱边挤压丝锥	适用于 M6 以上的挤压丝锥
四棱边挤压丝锥	适用于 M6 左右的挤压丝锥	八棱边挤压丝锥	

2.2.4.2　挤压螺纹前底孔的确定

为了获得较高精度的螺纹，挤螺纹前的底孔要经过铰削工序。加工公差要控制在内螺纹内

⊖　挤压丝锥的规格尺寸见第 3 卷第 1.6.1.3 节。

径偏差的一半以下。底孔直径可根据下列经验公式计算：

$$d_{孔} = D - 0.6\sqrt{P}$$

式中 $d_{孔}$——挤螺纹前底孔直径（mm）；

D——内螺纹大径（mm）；

P——螺纹螺距（mm）。

按上述公式计算的孔径为粗略值，底孔的最后采用值必须经过生产实践来确定。

挤压螺纹前的螺纹底孔尺寸也可按表3-2-64选用。对于一般螺纹，牙型高度取70%~80%。

表3-2-64 挤压螺纹前的螺纹底孔尺寸

螺纹代号	牙型高度(%)				
	90	85	80	75	70
	底孔直径/mm				
M2	1.8	1.81	1.82	1.83	1.84
M2.5	2.27	2.28	2.30	2.31	2.32
M3×0.35	2.82	2.83	2.84	2.85	2.86
M3	2.75	2.76	2.77	2.79	2.80
M4×0.5	3.75	3.76	3.77	3.79	3.80
M4	3.64	3.66	3.68	3.70	3.72
M5×0.5	4.75	4.78	4.77	4.79	4.80
M5	4.59	4.61	4.64	4.66	4.68
M6×0.75	5.62	5.64	5.66	5.68	5.70
M6	5.49	5.52	5.55	5.57	5.60
M8×1	7.49	7.52	7.55	7.57	7.60
M8	7.36	7.43	7.47	7.49	7.50
M10×0.75	9.62	9.64	9.66	9.68	9.70
M10×1	9.49	9.52	9.55	9.57	9.60
M10×1.25	9.36	9.40	9.43	9.47	9.50
M10	9.23	9.28	9.32	9.36	9.40
M12×1	11.49	11.52	11.55	11.57	11.60
M12×1.25	11.36	11.40	11.43	11.47	11.50
M12×1.5	11.23	11.28	11.32	11.36	11.40
M12	11.11	11.16	11.20	11.25	11.30

2.2.4.3 挤压螺纹速度的选择（见表3-2-65）

表3-2-65 挤压螺纹速度的选择

工件材料	有色金属	低 碳 钢	不 锈 钢
挤压螺纹速度/（m/min）	24~30	5~6	3~5

2.2.5 磨螺纹

螺纹磨削是用螺纹磨床对淬硬工件的螺纹进行精加工的主要方法。通过螺纹磨削可提高螺纹精度，降低表面粗糙度值，并能提高螺纹的疲劳强度和工作寿命。螺纹磨削主要用于加工精密丝杠及各类螺纹工具、量具、量规等。

2.2.5.1 螺纹磨削方法（见图3-2-71）

（1）单线砂轮纵向磨削方法（见图3-2-71a） 这种磨削螺纹的方法，是利用形状相当于一个螺纹齿槽的单线砂轮作为工具，并相对于工件倾斜一个螺旋升角 λ。磨削时，砂轮对工件做横向进给运动，工件绕自身的轴线旋转，同时做纵向移动（每转一周，纵向移动一个螺距），这样就形成按纵向进给的方式来磨削螺纹。

这种磨削螺纹的方法，机床调整与砂轮修整均较方便，但磨削效率低，常用于单件、小批加工。

与在车床上车削螺纹一样，在螺纹磨床上可以通过变更交换齿轮（可在使用机床说明书中查得）来磨削各种螺距的螺纹。

（2）多线砂轮纵向磨削法（见图 3-2-71b）　这种磨削螺纹的方法与单线砂轮磨削螺纹方法相似，但砂轮相对工件不需要倾斜角度。螺纹不是由一个砂轮齿切削，而是将砂轮的齿修整成切削齿和精磨齿，这样在一次行程中可以将螺纹的粗、精磨全部完成。

这种磨削螺纹的方法，磨削效率高，适用于在批量生产中加工简单牙型、较低精度的螺纹工件。但因砂轮修整成形较困难，所以大螺距和大螺距升角的螺纹，以及对牙型精度要求高的螺纹不宜采用。

（3）多线砂轮切入磨削法（见图 3-2-71c）　这种磨削螺纹的方法，要求砂轮齿距应等于工件的螺距，砂轮宽度要大于螺纹长度（2~3 个螺距即可）。磨削时，工件旋转和轴向移动应同步，工件旋转与砂轮切入有一定的联系，故工件转速不能过高，砂轮切深至要求后，工件再旋转一周半左右，即将工件磨好。

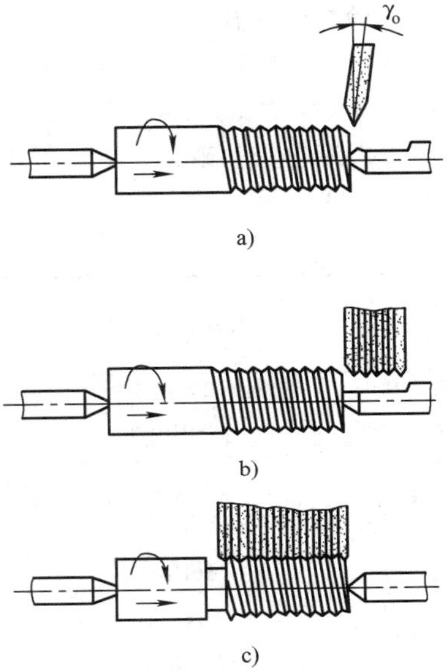

图 3-2-71　螺纹磨削方法

这种磨削螺纹的方法适用于加工小螺距、小螺旋角、低精度和短粗螺纹工件。使用这种方法，对螺纹磨床砂轮主轴和工件装夹定位系统的刚度要求较高。

多线砂轮纵向进给时，可根据需要修整成三种不同的截面形状（见表 3-2-66）。

表 3-2-66　采用多线砂轮纵向进给时砂轮的截面形状

砂轮型式	简　图	特点分析
带主偏角砂轮	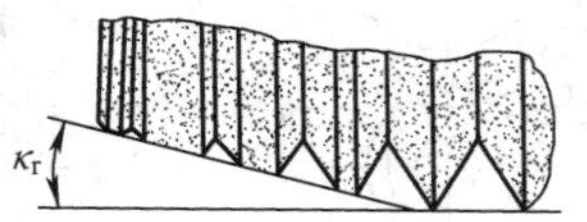	1）砂轮切入侧外圆修成 7°30′主偏角，宽度不大于砂轮宽度的 1/2。当螺距 $P \geqslant 1.75$mm 或磨削烧伤时，主偏角可修成 5°15′ 2）磨削时逐步切入、分层切削、修正齿多，精度易于保证
间隔去齿砂轮	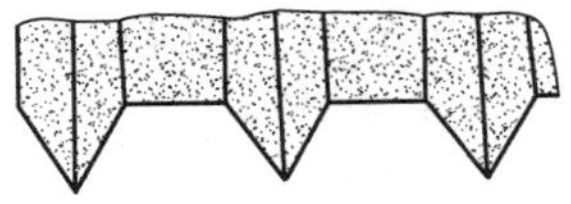	磨削效率高，切削液容易进入磨削区，散热快，可及时排出切屑
三线砂轮	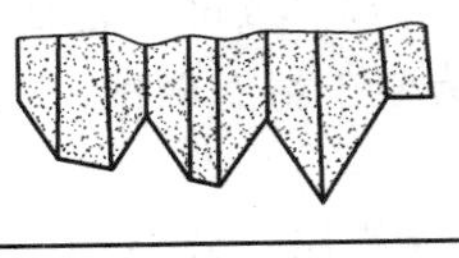	磨削量主要分布在第一粗切齿上，最后一齿为修正齿。砂轮可倾斜一个螺旋升角，以避免干涉

2.2.5.2　螺纹磨削用砂轮的选择和修整

1. 砂轮的选择

（1）磨料　常用砂轮选用白刚玉（WA）和铬刚玉（PA）。

（2）粒度 为了保证砂轮有准确的截形，砂轮的粒度一般为 F80~F180。

（3）硬度 为了保证砂轮在比较长的时间内保证截形的准确性，并希望砂轮的自锐性较差，所以砂轮硬度级别一般为 J（软）、K（软）、L（中）、M（中）。

（4）结合剂 多选用陶瓷结合剂，因其化学性能稳定、耐热、抗酸碱、强度高、气孔率大，能较好地保证牙型。

螺纹磨削单线砂轮的选用可参照表 3-2-67。

2. 砂轮的修整

（1）手动修整砂轮夹具 手动修整砂轮夹具如图 3-2-72 所示。螺纹半角由定位块 2 调整；由修整器 1 实现微进给。

（2）滚轮修整砂轮 滚轮可用高速钢、硬质合金或金刚石制成，修整时滚轮和砂轮对滚，如图 3-2-73 所示。

表 3-2-67 螺纹磨削单线砂轮的选用

工件名称	材料及热处理硬度	螺距 P/mm 或粗、精磨	齿形表面粗糙度 Ra/μm	砂轮
机床梯形螺纹丝杠	9Mn2V、CrWMn（56HRC）	粗磨	0.8	WA100~80F~G(V)
		精磨	0.4	WA120~100G~H(V)
精密滚珠丝杠	GCr15、GCr15SiMn（中频淬火 58~62HRC）	半精磨圆弧螺纹	0.8	VA80F(V)大气孔
		精磨圆弧螺纹	0.4	WA100~80F~G(V)大气孔
60°小螺距长丝杠	9Mn2V、T10A（56HRC）	粗磨	0.8	WA220G(V)
		精磨	0.8	WA500~150G~H(V)
丝锥	W18Cr4V（62~66HRC）	$P\leqslant0.8$	0.4	WA320~360~K(V)
		$0.8<P\leqslant1.5$	0.4	WA50~120H~J(V)
		$P>1.5$	0.4	WA180~120G~H(V)
螺纹塞规	CrMn、CrWMn（58~65HRC）	$P\leqslant0.8$	0.4~0.8	WA320~360J~L(V)
		$0.8>P\leqslant1.5$	0.4~0.8	WA240~320G~J(V)
		$P>1.5$	0.4~0.8	WA120~320F~G(V)

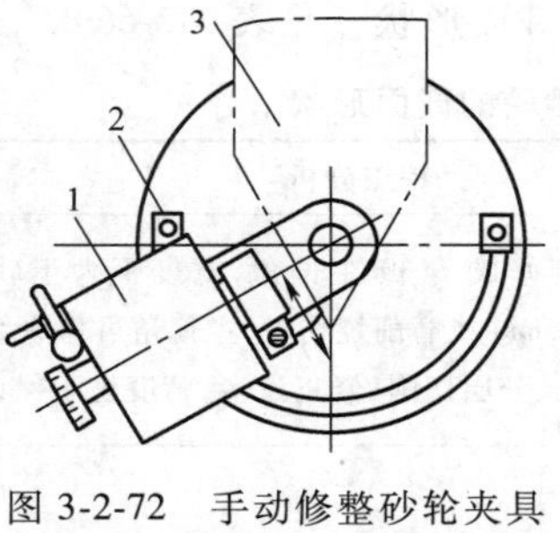

图 3-2-72 手动修整砂轮夹具
1—修整器 2—定位块 3—砂轮

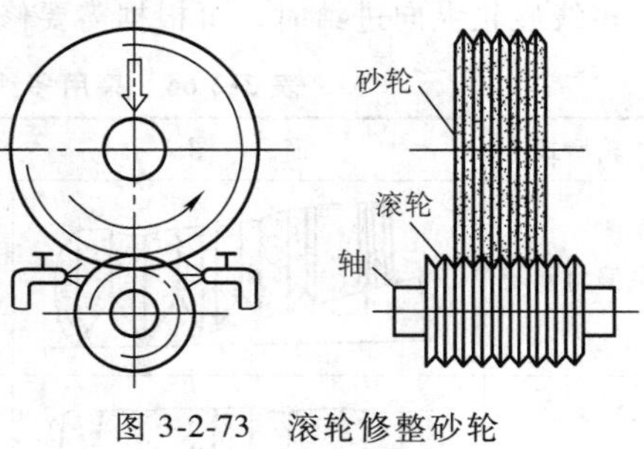

图 3-2-73 滚轮修整砂轮

2.2.5.3 螺纹磨削工艺要求

1）控制螺纹磨床的环境温度。标准恒温精度为 20℃ ±1℃，也可以将恒温基准温度 20℃ 上下调整 2~3℃，但在一天内的温度波动不能超过 1℃。为便于精磨调试，工件计量的温度应与加工时的环境温度一致。

2）螺纹磨床应安装在有防振沟的独立地基上，并远离铁路、公路和一切产生振动的机械。螺纹磨床使用的动力电源应有稳压装置和突然断电的保护装置。

3）在精磨螺纹前，机床须空运转一段时间，使砂轮主轴、机床螺母丝杠副及工件均处于热平衡状态，避免热变形对磨削精度的影响。

4）单线砂轮磨削所使用的片状砂轮直径为 400~500mm，厚度为 10mm。要十分小心地安装和平衡砂轮，砂轮孔与法兰的配合间隙要适当并分布均匀，经过多次平衡后应逐步对称拧紧螺钉，压紧砂轮的端面，应采用耐油橡胶或硬纸板作衬垫；经过平衡后的砂轮不要再拆下，应一直使用到砂轮磨损极限。

5）主轴顶尖安装后的径向圆跳动≤2μm，60°锥面应取正公差，工件中心孔与顶尖应为大端接触，接触面积为 70%~80%。尾座顶尖与工件的压力要适当，并在磨削过程中随时调整，以消除工件热变形对尾座顶尖所产生的附加压力。

6）螺纹磨削中工件外圆是辅助基面，借助中心架消除径向切削力和工件应力，以减少磨削时的弯曲。中心架宜采用三点受力的封闭式结构，中心架的数量 $n=l/(10d)$（l 为工件长度，d 为工件直径）。

7）螺纹磨削时，要求砂轮与工件的相对运动形成精确的螺旋面。传统的纯机械螺纹磨床是通过选择计算螺距交换齿轮或更换螺母丝杠来实现所要求的螺距。要十分注意交换齿轮的精度和啮合间隙，精度低、啮合间隙过大或过小均会引起传动链误差增大。

8）按照工件螺旋升角的大小和方向，精确调整砂轮主轴部件的倾角和方向，砂轮修整器的倾角和方向也必须与砂轮主轴部件一致。当倾角大于 5°时，驱动砂轮的电动机底座也必须做相应的调整。以上调整的精确度均影响砂轮与工件螺旋面的干涉程度，对于螺旋升角大的螺纹尤为重要。

9）精密螺纹的横向吃刀量一般为 0.005~0.015mm。为减小由于热变形所引起的螺距误差，宜采用由尾座至头架方向进行磨削。为了使磨削余量均匀，应在螺纹的中间部位进行动态对刀。

2.2.6 螺纹的检测

2.2.6.1 螺纹单项测量方法及测量误差（见表 3-2-68）

表 3-2-68　螺纹单项测量方法及测量误差

测量参数	测量方法及工具			测量误差/μm 中径 d_2 1~18mm	>18~50mm	>50~100mm
中径 d_2	螺纹千分尺			测量误差较大，一般为 0.1mm，因此不推荐使用螺纹千分尺测量		
	量针测量			用各种测微仪和光学计测量中径 1~100mm，用 0 级量针、1 级量块，测量误差为 1.4~2.0μm；用 1 级量针、2 级量块，测量误差为 2.6~3.8μm		
	万能工具显微镜	影像法	$\alpha=60°$	8.5	9.5	10
			$\alpha=30°$	12	13	14
		轴切法		2.5	3.5	4.5
	大型工具显微镜	轴切法		4.0	5.0	6.0
螺距 P	万能工具显微镜	影像法		3.0	4.0	5.0
		轴切法		1.5	2.5	3.0
		干涉法		1.5	2.0	3.0
		光学灵敏杠杆		2.0	2.5	3.0
	大型工具显微镜	影像法		4.0	5.0	6.0
		轴切法		2.5	3.5	4.0
牙型半角 $\alpha/2$	大型与万能工具显微镜	影像法	$l\leqslant0.5$mm	$\pm\left(3+\frac{5}{l}\right)$		
			$l>0.5$mm	$\pm\left(3+\frac{3}{l}\right)$		

注：l—被测牙廓长度。

2.2.6.2　三针测量方法

三针测量是测量外螺纹中径的一种比较精密的方法，适用于精度较高的普通螺纹、梯形螺纹及蜗杆等中径的测量。测量时，把三根直径相等的量针放置在螺纹相对应的螺旋槽中，用千分尺量出两边量针顶点之间的距离 M，如图 3-2-74 所示。

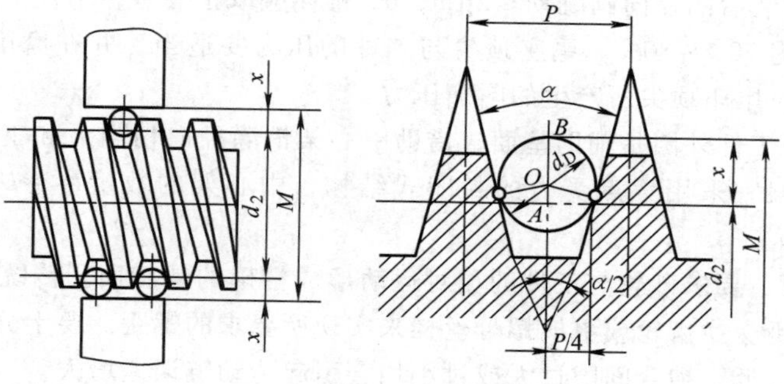

图 3-2-74　三针测量

1. 计算公式

$$M = d_2 + d_D\left(1 + \frac{1}{\sin\frac{\alpha}{2}}\right) - \frac{P}{2}\cot\frac{\alpha}{2}$$

式中　M——千分尺测得的尺寸（mm）；

d_2——螺纹中径（mm）；

d_D——量针直径（mm）；

α——工件牙型角（°）；

P——工件螺距（mm）。

如果已知螺纹牙型角，也可用表 3-2-69 所列简化公式进行计算。

表 3-2-69　三针测量 M 值计算的简化公式

螺纹牙型角 α/（°）	简化公式
60	$M=d_2+3d_D-0.866P$
55	$M=d_2+3.166d_D-0.960P$
30	$M=d_2+4.864d_D-1.866P$
40	$M=d_2+3.924d_D-1.374P$
29	$M=d_2+4.994d_D-1.933P$

2. 量针直径 d_D 的计算公式

$$d_D = \frac{P}{2\cos\frac{\alpha}{2}}$$

如果已知螺纹牙型角，也可用表 3-2-70 所列简化公式进行计算。

表 3-2-70　三针测量量针直径计算的简化公式

螺纹牙型角 α/（°）	简化公式
60	$d_D = 0.577P$
55	$d_D = 0.564P$
30	$d_D = 0.518P$
40	$d_D = 0.533P$
29	$d_D = 0.516P$

3. 测量普通螺纹时的 *M* 值（见表 3-2-71）

表 3-2-71　测量普通螺纹时的 *M* 值　（单位：mm）

螺纹直径 d	螺距 P	量针直径 d_D	三针测量值 M	螺纹直径 d	螺距 P	量针直径 d_D	三针测量值 M
1	0.2	0.118	1.051	5	0.8	0.461	5.171
1	0.25	0.142	1.047	6	0.75	0.433	6.162
1.2	0.2	0.118	1.251	6	1	0.572	6.200
1.2	0.25	0.142	1.247	8	0.5	0.291	8.115
1.4	0.2	0.118	1.451	8	1	0.572	8.200
1.4	0.3	0.170	1.455	8	1.25	0.724	8.278
1.7	0.2	0.118	1.751	9	0.35	0.201	9.073
1.7	0.35	0.201	1.773	9	0.5	0.291	9.116
2	0.25	0.142	2.047	10	0.35	0.204	10.073
2	0.4	0.232	2.090	10	0.5	0.291	10.115
2.3	0.25	0.142	2.347	10	1	0.572	10.200
2.3	0.4	0.232	2.390	10	1.5	0.866	10.325
2.6	0.35	0.201	2.673	11	0.35	0.201	11.073
2.6	0.45	0.260	2.698	11	0.5	0.291	11.115
3	0.35	0.201	3.073	12	0.5	0.291	12.115
3	0.5	0.291	3.115	12	0.75	0.433	12.162
3.5	0.35	0.201	3.573	12	1.25	0.724	12.278
4	0.5	0.291	4.115	12	1.75	1.008	12.372
4	0.7	0.402	4.145	14	0.5	0.291	14.115
5	0.5	0.291	5.115	14	0.75	0.443	14.162

（续）

螺纹直径 d	螺　距 P	量针直径 d_D	三针测量值 M	螺纹直径 d	螺　距 P	量针直径 d_D	三针测量值 M
14	1.5	0.866	14.325	39	1.5	0.866	39.325
14	2	1.157	14.440	39	2	1.157	39.440
16	0.5	0.291	16.115	39	3	1.732	39.649
16	0.75	0.433	16.162	42	0.75	0.433	42.162
16	1.5	0.866	16.325	42	1	0.572	42.200
16	2	1.157	16.440	42	1.5	0.866	42.325
18	0.5	0.291	18.115	42	2	1.157	42.440
18	0.75	0.433	18.162	42	3	1.732	42.649
18	1.5	0.866	18.325	42	4.5	2.595	42.966
18	2.5	1.441	18.534	45	0.75	0.433	45.162
20	0.5	0.291	20.115	45	1	0.572	45.200
20	0.75	0.433	20.162	45	1.5	0.866	45.325
20	1.5	0.866	20.325	45	2	1.157	45.440
20	2.5	1.441	20.534	45	3	1.732	45.649
22	0.5	0.291	22.115	48	0.75	0.433	48.162
22	0.75	0.433	22.162	48	1	0.572	48.200
22	1.5	0.866	22.325	48	1.5	0.866	48.325
22	2.5	1.441	22.534	48	2	1.157	48.440
24	0.75	0.433	24.162	48	3	1.732	48.649
24	1	0.572	24.200	48	5	2.866	49.080
24	1.5	0.866	24.325	52	0.75	0.433	52.162
24	2	1.157	24.440	52	1	0.572	52.200
24	3	1.732	24.649	52	1.5	0.866	52.325
27	0.75	0.433	27.162	52	2	1.157	52.440
27	1	0.572	27.200	52	3	1.732	52.649
27	1.5	0.866	27.325	56	1	0.572	56.200
27	2	1.157	27.440	56	1.5	0.866	56.325
27	3	1.732	27.649	56	2	1.157	56.440
30	0.75	0.433	30.162	56	3	1.732	56.649
30	1	0.572	30.200	56	4	2.311	56.871
30	1.5	0.866	30.325	56	5.5	3.177	57.196
30	2	1.157	30.440	60	1	0.572	60.200
30	3.5	2.020	30.756	60	1.5	0.866	60.325
33	0.75	0.433	33.162	60	2	1.157	60.440
33	1	0.572	33.200	60	3	1.732	60.649
33	1.5	0.866	33.325	60	4	2.311	60.871
33	2	1.157	33.440	64	1	0.572	64.200
36	1	0.572	36.200	64	1.5	0.866	64.325
36	1.5	0.866	36.325	64	2	1.157	64.440
36	2	1.157	36.440	64	3	1.732	64.649
36	3	1.732	36.649	64	4	2.311	64.871
36	4	2.311	36.871	64	6	3.468	65.311
39	1	0.572	39.200	68	1	0.572	68.200

（续）

螺纹直径 d	螺　距 P	量针直径 d_D	三针测量值 M	螺纹直径 d	螺　距 P	量针直径 d_D	三针测量值 M
68	1.5	0.866	68.325	85	1	0.572	85.200
68	2	1.157	68.440	85	1.5	0.866	85.325
68	3	1.732	68.649	85	2	1.157	85.440
68	4	2.311	68.871	85	3	1.732	85.649
72	1	0.572	72.200	85	4	2.311	85.871
72	1.5	0.866	72.325	85	6	3.468	86.311
72	2	1.157	72.440	90	1	0.572	90.200
72	3	1.732	72.649	90	1.5	0.866	90.325
72	4	2.311	72.871	90	2	1.157	90.440
72	6	3.468	73.311	90	3	1.732	90.649
76	1	0.572	76.200	90	4	2.311	90.871
76	1.5	0.866	76.325	90	6	3.468	91.311
76	2	1.157	76.440	95	1	0.572	95.200
76	3	1.732	76.649	95	1.5	0.866	95.325
76	4	2.311	76.871	95	2	1.157	95.440
76	6	3.468	77.311	95	3	1.732	95.649
80	1	0.572	80.200	95	4	2.311	95.871
80	1.5	0.866	80.325	95	6	3.468	96.311
80	2	1.157	80.440	100	1	0.572	100.200
80	3	1.732	80.649	100	1.5	0.866	100.325
80	4	2.311	80.871	100	2	1.157	100.440
80	6	3.468	81.311	100	3	1.732	100.649

注：当螺距 $P=1\text{mm}$ 时，计算得到的量针直径 $d_D=0.577\text{mm}$，但实际使用的量针直径为 0.572mm，下同。

4. 测量梯形螺纹时的 *M* 值（见表 3-2-72）

表 3-2-72　测量梯形螺纹时的 *M* 值　（单位：mm）

螺纹直径 d	螺　距 P	量针直径 d_D	三针测量值 M	螺纹直径 d	螺　距 P	量针直径 d_D	三针测量值 M
10	1.5	0.796	10.230	22	8	4.400	24.472
10	2	1.008	10.171	24	3	1.732	25.326
12	2	1.008	12.171	24	5	2.595	24.791
12	3	1.732	13.326	24	8	4.400	26.472
14	2	1.008	14.171	26	3	1.732	27.325
14	3	1.732	15.326	26	5	2.595	26.791
16	2	1.008	16.171	26	8	4.400	28.472
16	4	2.020	16.361	28	3	1.732	29.376
18	2	1.008	18.171	28	5	2.595	28.791
18	4	2.020	18.361	28	8	4.400	30.472
20	2	1.008	20.171	30	3	1.732	31.326
20	4	2.020	20.361	30	6	3.177	31.256
22	3	1.732	23.325	30	10	5.180	31.535
22	5	2.595	22.791	32	3	1.732	33.326

（续）

螺纹直径 d	螺　距 P	量针直径 d_D	三针测量值 M	螺纹直径 d	螺　距 P	量针直径 d_D	三针测量值 M
32	6	3.177	33.256	60	14	7.252	62.149
32	10	5.180	33.535	65	4	2.020	65.361
36	3	1.732	37.326	65	10	5.180	66.535
36	6	3.177	37.256	65	16	8.588	68.914
36	10	5.180	37.535	70	4	2.020	70.361
40	3	1.732	41.326	70	10	5.180	71.535
40	7	3.550	40.705	70	16	8.588	73.914
40	10	5.180	41.535	75	4	2.020	75.361
44	3	1.732	45.326	75	10	5.180	76.535
44	7	3.550	44.705	75	16	8.588	78.914
44	12	6.216	45.842	80	4	2.020	80.361
48	3	1.732	49.326	80	10	5.180	81.535
48	8	4.400	50.472	80	16	8.588	83.914
48	12	6.216	49.843	85	4	2.020	85.361
50	3	1.732	51.326	85	12	6.216	86.842
50	8	4.400	52.473	85	18	9.324	87.764
50	12	6.216	51.842	90	4	2.020	90.361
52	3	1.732	53.326	90	12	6.216	91.842
52	8	4.400	54.473	90	18	9.324	92.764
52	12	6.216	53.842	95	4	2.020	95.361
55	3	1.732	56.326	95	12	6.216	96.842
55	9	4.773	56.920	95	18	9.324	97.764
55	14	7.252	57.149	100	4	2.020	100.361
60	3	1.732	61.326	100	12	6.216	101.842
60	9	4.773	60.273	100	20	10.360	103.071

注：当 $P \geqslant 10$mm 时，表中所列的量针直径是指最佳直径。

5. 测量寸制螺纹时的 *M* 值（见表 3-2-73）

表 3-2-73　测量寸制螺纹时的 *M* 值

螺纹直径 d /in	每英寸的牙数	量针直径 d_D /mm	三针测量值 M /mm	螺纹直径 d /in	每英寸的牙数	量针直径 d_D /mm	三针测量值 M /mm
3/16	24	0.572	4.880	1½	6	2.311	38.640
1/4	20	0.724	6.609	1¾	5	2.886	45.455
5/16	18	0.796	8.194	2	4½	3.177	51.822
3/8	16	0.866	9.730	2¼	4	3.580	58.318
1/2	12	1.157	12.974	2½	4	3.468	64.668
5/8	11	1.302	16.301	2¾	3½	4.400	71.185
3/4	10	1.441	19.546	3	3½	4.091	77.535
7/8	9	1.591	22.741	3¼	3¼	4.400	83.969
1	8	1.732	25.800	3½	3¼	4.400	90.319
1⅛	7	2.020	29.161	3¾	3	4.773	96.806
1¼	7	2.020	32.336	4	3	4.773	103.153

2.2.6.3　单针测量方法

螺纹中径的测量，除三针测量方法，还有单针测量方法，如图 3-2-75 所示。其特点是用一根量针，测量比较简便。计算公式如下：

$$A=\frac{M+d_0}{2}$$

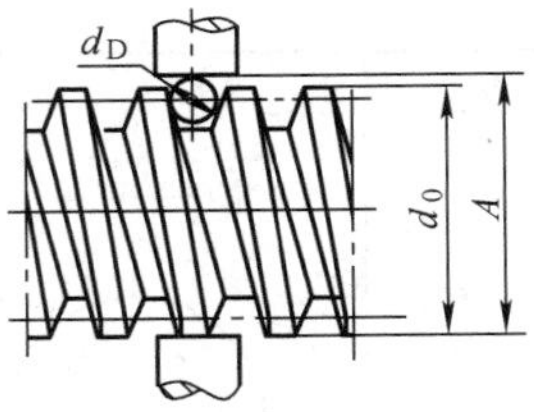

图 3-2-75 单针测量

式中 A——单针测量时千分尺上测得的尺寸（mm）；

d_0——螺纹外径的实际尺寸（mm）；

M——三针测量值（mm）。

2.2.6.4 综合测量方法

综合测量螺纹的方法是采用螺纹量规[㊀]。普通螺纹量规（GB/T 10920—2018）适用于检验 GB/T 196—2003《普通螺纹 基本尺寸》和 GB/T 197—2018《普通螺纹 公差》所规定的螺纹。根据使用性能分为工作螺纹量规、验收螺纹量规和校对螺纹量规。

螺纹量规的名称、代号、功能、特征及使用规则见表 3-2-74。

表 3-2-74 螺纹量规的名称、代号、功能、特征及使用规则（GB/T 3934—2003）

螺纹量规名称	代号	功 能	特 征	使用规则
通端螺纹塞规	T	检查工件内螺纹的作用中径和大径	完整的外螺纹牙型	应与工件内螺纹旋合通过
止端螺纹塞规	Z	检查工件内螺纹的单一中径	截短的外螺纹牙型	允许与工件内螺纹两端的螺纹部分旋合，旋合量应不超过两个螺距；对于三个或少于三个螺距的工件内螺纹，不应完全旋合通过
通端螺纹环规	T	检查工件外螺纹的作用中径和小径	完整的内螺纹牙型	应与工件外螺纹旋合通过
止端螺纹环规	Z	检查工件外螺纹的单一中径	截短的内螺纹牙型	允许与工件外螺纹两端的螺纹部分旋合，旋合量应不超过两个螺距；对于三个或少于三个螺距的工件外螺纹，不应完全旋合通过
“校通-通”螺纹塞规	TT	检查新的通端螺纹环规的作用中径	完整的外螺纹牙型	应与新的通端螺纹环规旋合通过
“校通-止”螺纹塞规	TZ	检查新的通端螺纹环规的单一中径	截短的外螺纹牙型	允许与新的通端螺纹环规两端的螺纹部分旋合，但旋合量应不超过一个螺距
“校通-损”螺纹塞规	TS	检查使用中通端螺纹环规的单一中径	截短的外螺纹牙型	允许与通端螺纹环规两端的螺纹部分旋合，但旋合量应不超过一个螺距
“校止-通”螺纹塞规	ZT	检查新的止端螺纹环规的单一中径	完整的外螺纹牙型	应与新的止端螺纹环规旋合通过
“校止-止”螺纹塞规	ZZ	检查新的止端螺纹环规的单一中径	完整的外螺纹牙型	允许与新的止端螺纹环规两端的螺纹部分旋合，但旋合量应不超过一个螺距
“校止-损”螺纹塞规	ZS	检查使用中止端螺纹环规的单一中径	完整的外螺纹牙型	允许与止端螺纹环规两端的螺纹部分旋合，但旋合量应不超过一个螺距

2.3 铣削加工

2.3.1 铣削方式、铣削范围和基本方法

2.3.1.1 铣削方式

1）圆柱形铣刀的铣削方式（圆周铣削）见表 3-2-75。

2）面铣刀的铣削方式（端面铣削）见表 3-2-76。

㊀ 普通螺纹量规的型式和尺寸见第 3 卷第 6.3.5.8 节。

表 3-2-75　圆柱形铣刀的铣削方式（圆周铣削）

方式	图示	特点
逆铣	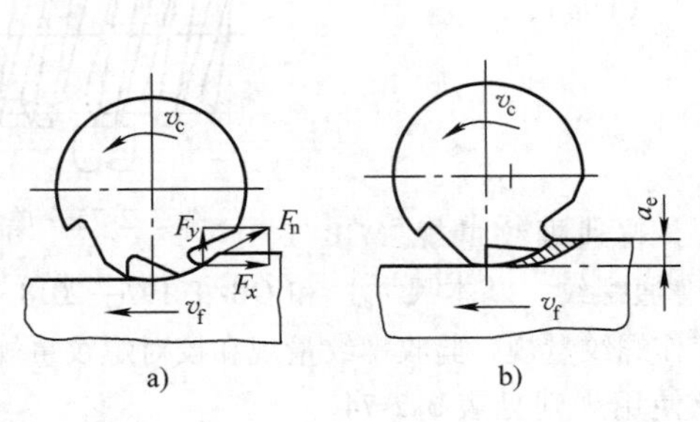	1）工件的进给方向与铣刀的旋转方向相反（图a） 2）铣削力的垂直分力向上，工件需要较大的夹紧力 3）铣削厚度由零开始逐渐增至最大（图b），当刀齿刚接触工件时，其铣削厚度为零，后面与工件产生挤压和摩擦会加速刀齿的磨损，缩短铣刀寿命，降低工件已加工表面的质量，造成加工硬化层
顺铣	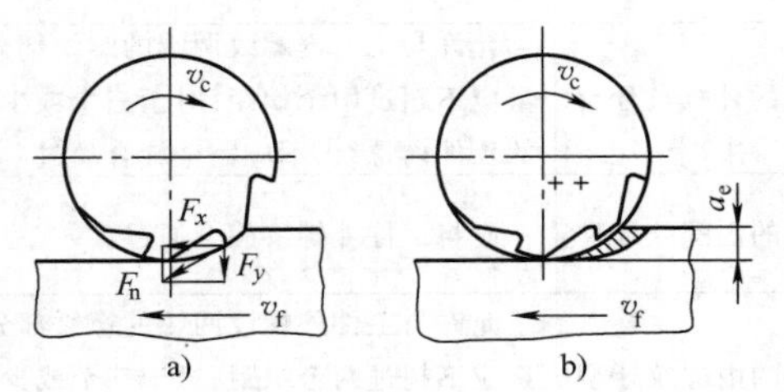	1）工件的进给方向与铣刀的旋转方向相同（图a） 2）铣削力的垂直分力向下，将工件压向工作台，铣削较平稳 3）刀齿以最大铣削厚度切入工件而逐渐减小至零（图b），后面与工件无挤压、摩擦现象，加工表面精度较高 4）因刀齿突然切入工件会加速刀齿的磨损，缩短铣刀寿命，故不适用于带硬皮的工件 5）铣削力的水平分力与工件进给方向相同，因此当机床工作台的进给丝杠与螺母有间隙，而又没有消除间隙的装置时，不宜采用顺铣

表 3-2-76　面铣刀的铣削方式（端面铣削）

方式	图示	特点
对称铣削	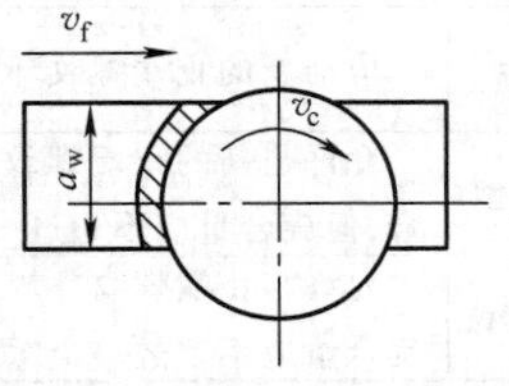	铣刀位于工件宽度的对称线上，切入和切出处背吃刀量最小又不为零，因此对铣削具有冷硬层的淬硬钢有利。其切入边为逆铣，切出边为顺铣
不对称逆铣	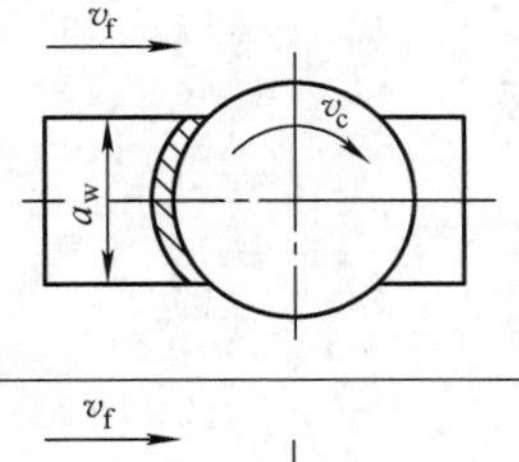	铣刀以最小背吃刀量（不为零）切入工件，以最大厚度切出工件。因切入厚度较小，减小了冲击，对延长铣刀寿命有利。适于铣削碳素钢和一般合金钢
不对称顺铣	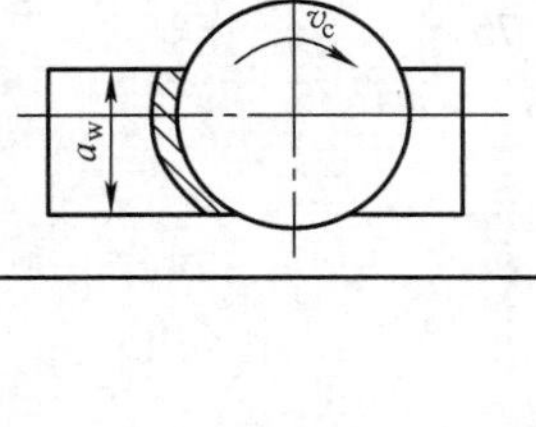	铣刀以较大背吃刀量切入工件，又以较小厚度切出工件。虽然铣削时具有一定冲击性，但可以避免切削刃切入冷硬层。适于铣削冷硬性材料与不锈钢、耐热钢等

2.3.1.2　铣削范围和基本方法（见表 3-2-77）

表 3-2-77　铣削范围和基本方法

铣削范围	简　图	说　明
平面铣削	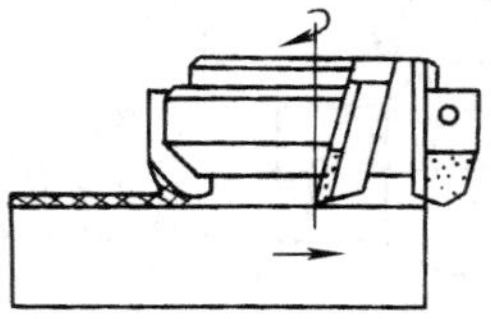	面铣刀用于铣削各种平面，刀杆刚度好，铣削厚度变化小，同时参加工作的刀齿数较多，切削平稳，加工表面质量较高，生产率较高
	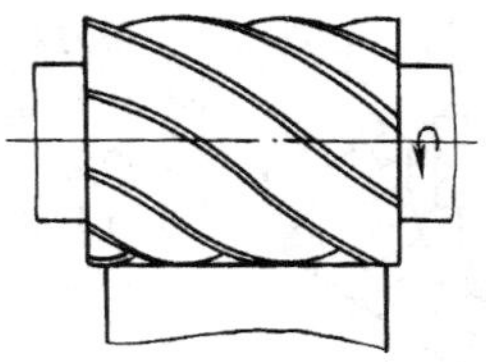	螺旋齿圆柱形铣刀仅用于铣削宽度不大的平面。当选用较大螺旋角的铣刀时，可以适当提高进给量
	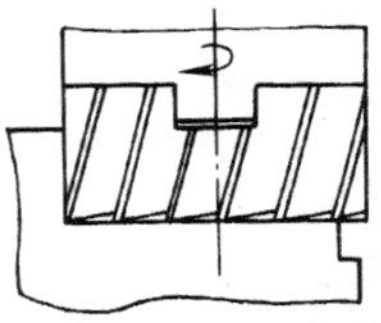	套式立铣刀用于铣削阶台平面
	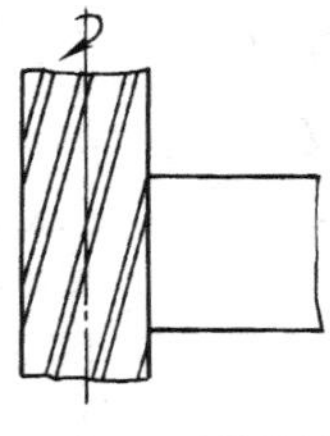	立铣刀用于铣削侧面（或凸台平面），当铣削宽度较大时，应选用较大直径的立铣刀，以提高铣削效率
	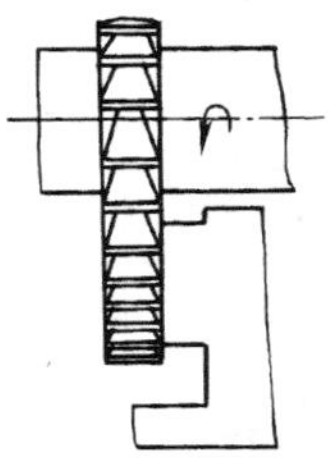	三面刃铣刀用于铣削侧面（或凸台平面），在满足工件的铣削要求及工件（或夹具）不碰刀杆套筒的条件下，应选用较小直径的铣刀
	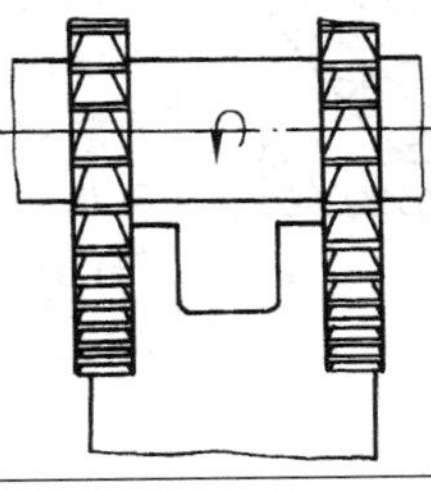	两把三面刃铣刀用于铣削平行阶台平面，铣刀的直径应相等。装刀时，两把铣刀的刀齿应错开半个齿，以减小振幅
沟槽铣削	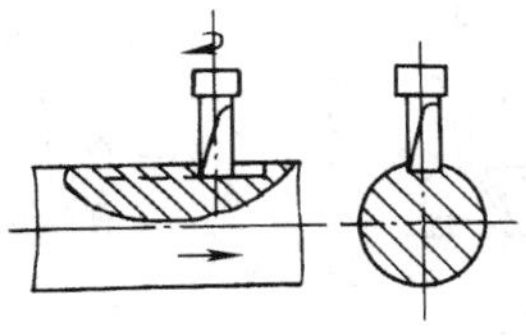	键槽铣刀用于铣削各种键槽，先在任一端钻一个直径略小于键宽的孔，铣削时铣刀轴线应与工件轴线重合
	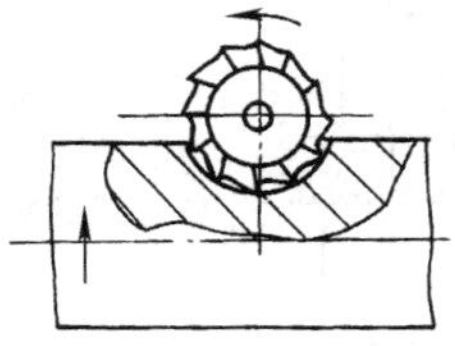	半圆键铣刀用于铣削半圆键槽，铣刀宽度方向的对称平面应通过工件轴线
	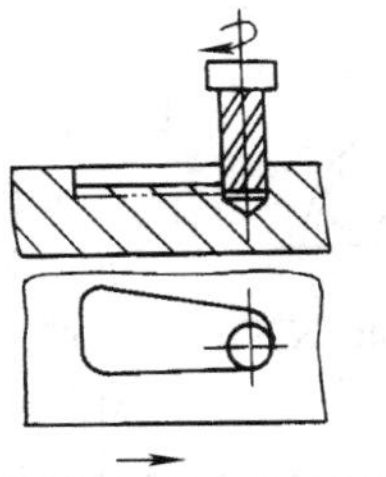	立铣刀用于铣削各种凹坑平面或各种形状的孔，先在任一边钻一个比铣刀直径略小的孔，便于轴向进刀
	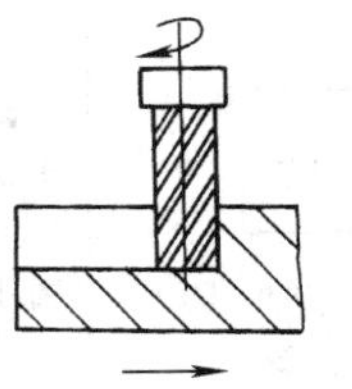	立铣刀用于铣削一端不通的槽，铣刀安装要牢固，避免因轴向铣削分力大而产生“掉刀”现象
	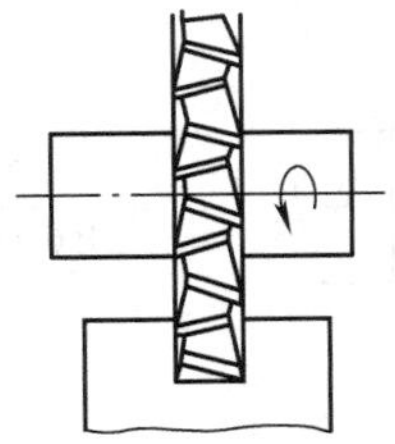	错齿（或镶齿）三面刃铣刀用于铣削各种直通槽或不通槽，排屑顺利，效率较高
	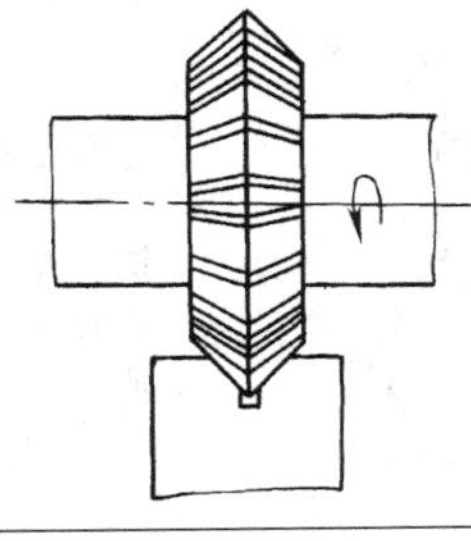	对称双角铣刀用于铣削各种 θ 角的 V 形槽，先用三面刃或锯片铣刀铣削直槽至要求深度

（续）

铣削范围	简图	说明
沟槽铣削	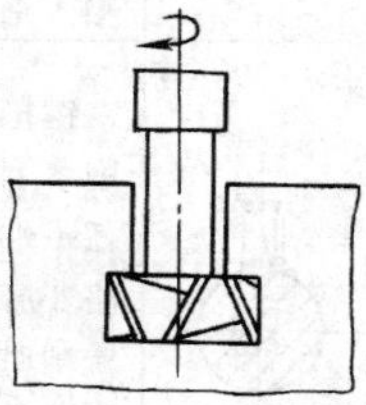	T形槽铣刀用于铣削各种T形槽，先用立铣刀或三面刃铣刀铣垂直槽至全槽深
	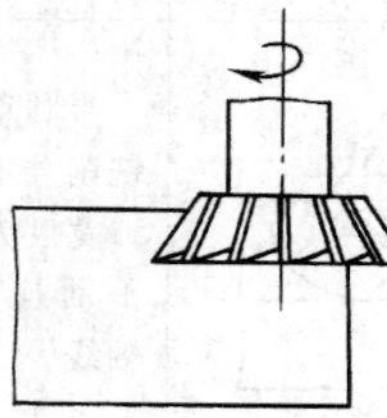	燕尾槽铣刀用于铣削燕尾槽，或者用单角铣刀
切断	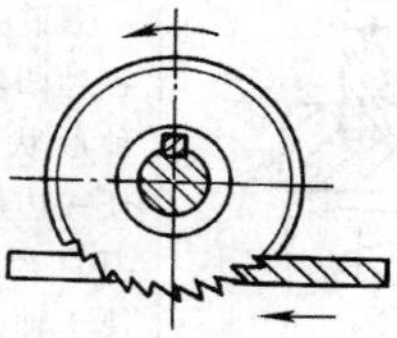	锯片铣刀用于切断板料或型材，被切断部分底面应支承好，避免切断时因掉落而引起打刀
成形面铣削	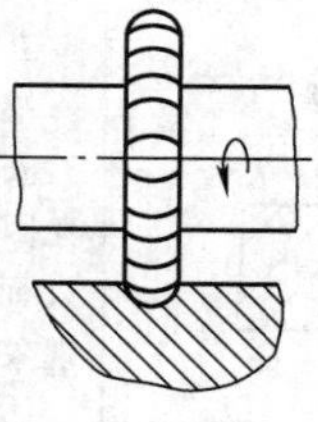	凸半圆铣刀用于铣削各种半径的凹形面或半圆槽
	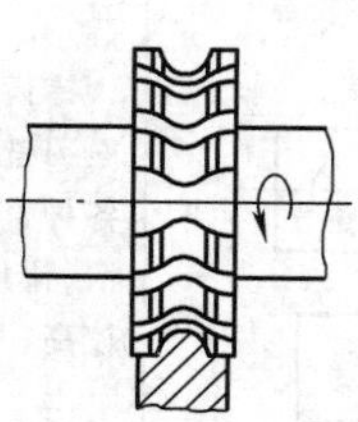	凹半圆铣刀用于铣削各种半径的凸半圆成形面
	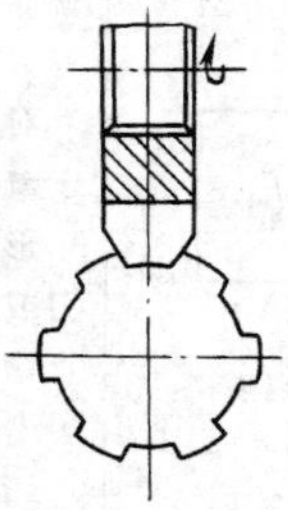	成形花键铣刀用于铣削花键轴，铣刀齿宽的对称平面应通过工件轴线

铣削范围	简图	说明
球面铣削	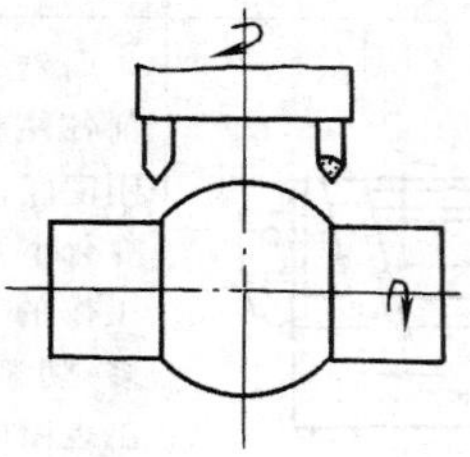	铣刀盘用于铣削外球面，刀尖旋转运动轨迹与球的截形圆重合。铣削时用于手摇分度头手柄，使工件绕自身轴线旋转
	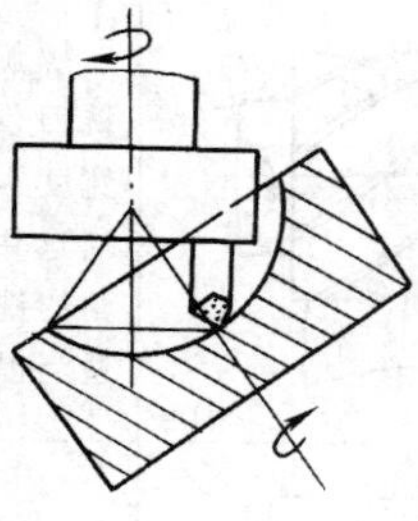	铣刀盘或立铣刀用于铣削内球面，先确定刀具直径及工件倾斜角，工件夹持在分度头上，与分度头主轴一起旋转
	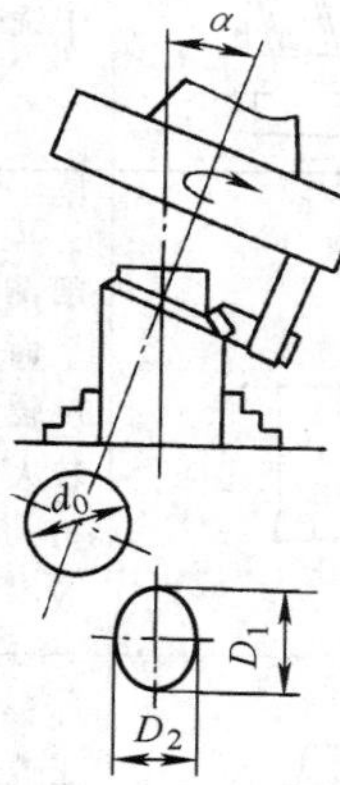	铣刀盘用于铣削椭圆柱，刀盘上刀尖的旋转直径 d_0 按长轴尺寸 D_1 决定，根据长轴及短轴尺寸 D_2 的大小计算立铣头的倾斜角 α
	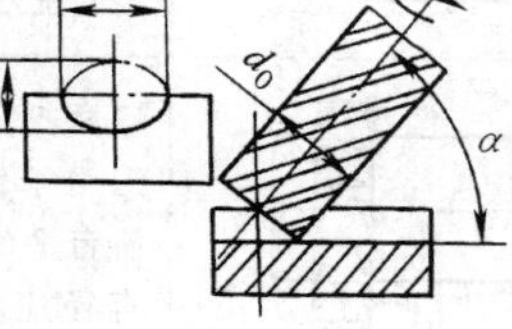	立铣刀或三面刃铣刀用于铣削椭圆槽，按长轴尺寸 D_1 选定铣刀直径 d_0，根据长轴及短轴尺寸 D_1、D_2 的大小计算立铣头倾斜角 α

（续）

铣削范围	简图	说明
离合器铣削	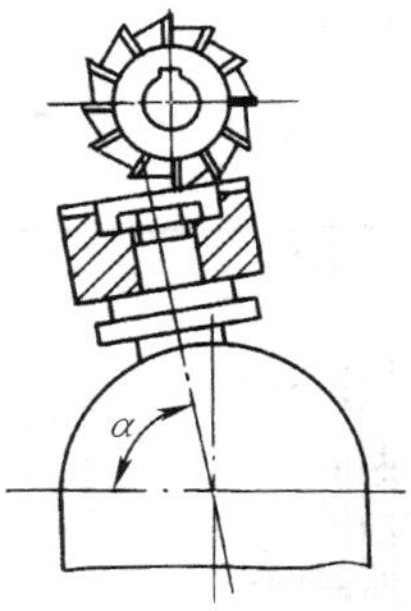	单角铣刀、对称双角铣刀、圆盘形铣刀等用于铣削各种端面齿离合器，根据齿形要求计算铣刀尺寸和分度头倾斜角 α
凸轮铣削	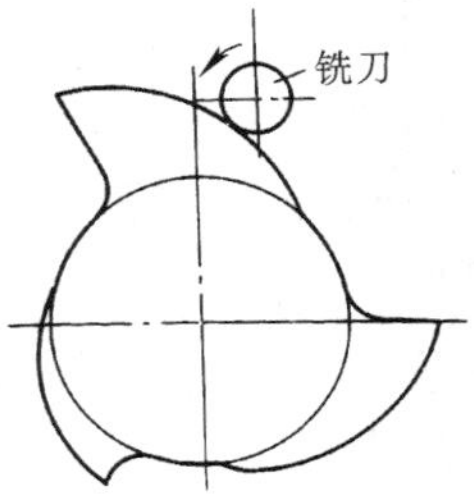	立铣刀用于铣削平板凸轮、圆柱凸轮，按凸轮曲线导程计算分度头与工作台丝杠之间的交换齿轮
螺旋槽铣削	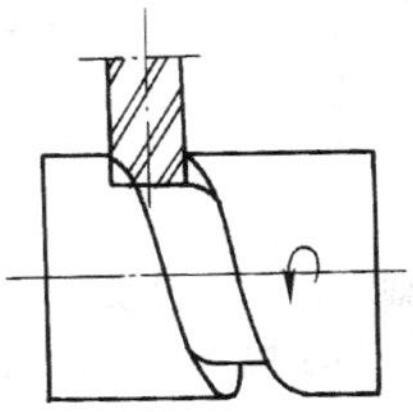	立铣刀用于铣削圆柱上各种螺旋槽，按导程计算分度头与工作台丝杠之间的交换齿轮
曲面铣削	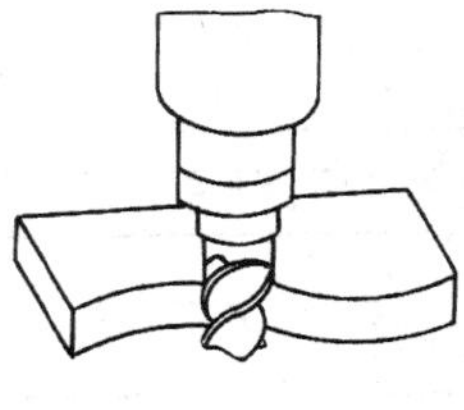	立铣刀用于铣削各种平面曲线（x、y 两向），按靠模外形（或编程）加工，铣刀直径与靠模滚轮直径应一致
	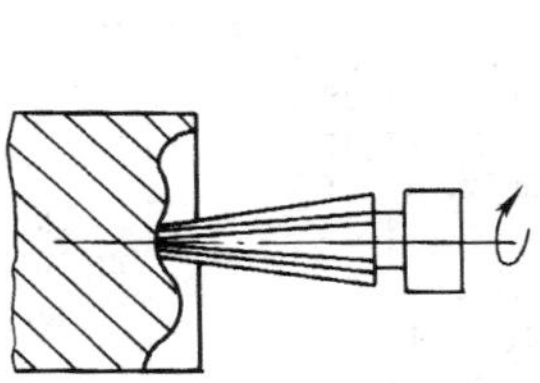	锥形立铣刀、球头立铣刀或立铣刀用于铣削空间曲面（x、y、z 三向），按靠模（或编程）加工，铣刀直径与靠模直径应一致
刀具开齿	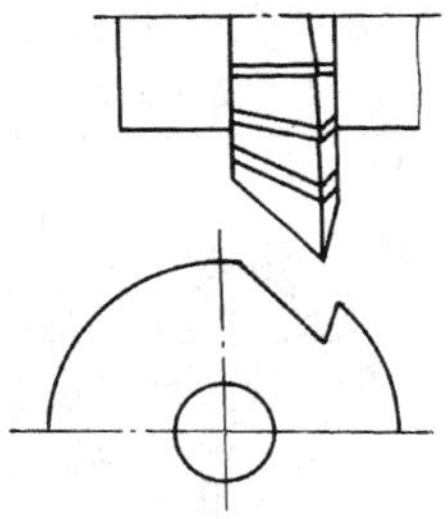	单角铣刀、不对称双角铣刀用于铣削圆盘形刀具的直齿槽
	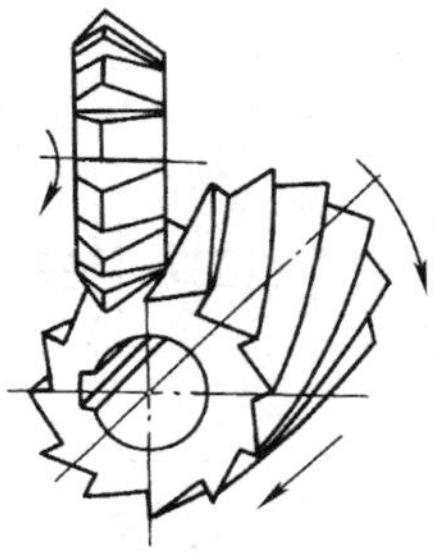	不对称双角铣刀用于铣削螺旋形刀具刀齿槽，按工件螺旋角将工作台扳一个相同的角度，并根据螺旋槽导程计算分度头与工作台丝杠之间的交换齿轮
齿形铣削	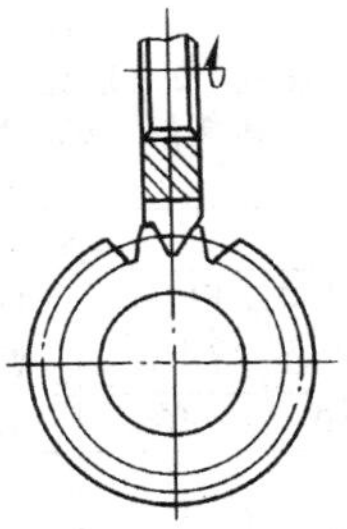	成形齿轮铣刀用于铣削直齿圆柱齿轮和斜齿圆柱齿轮。对于圆柱斜齿轮，铣削时按螺旋导程计算分度头与工作台丝杠之间的交换齿轮
	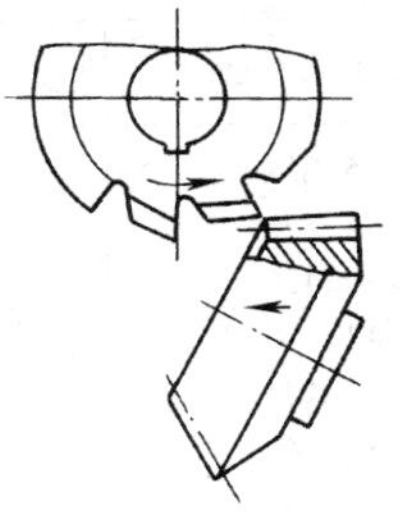	成形齿轮铣刀用于铣削直齿锥齿轮

2.3.2　分度头及分度方法

2.3.2.1　分度头传动系统及分度头定数

1）分度头传动系统及主要规格尺寸见表3-2-78。

2）分度头定数、分度盘孔数和交换齿轮齿数见表3-2-79。

表3-2-78　分度头传动系统及主要规格尺寸

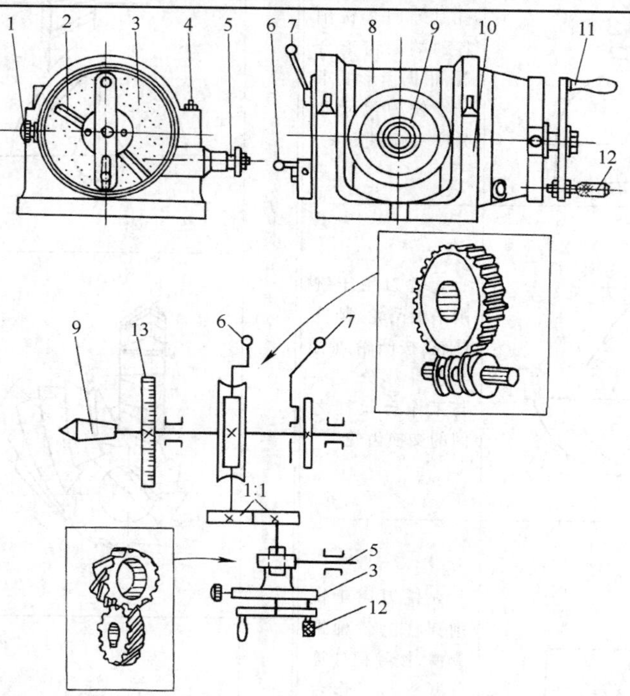

1—分度盘紧固螺钉　2—分度叉　3—分度盘　4—螺母　5—交换齿轮轴　6—蜗杆脱落手柄
7—主轴锁紧手柄　8—回转体　9—主轴　10—基座　11—分度手柄
12—分度定位销　13—刻度盘

规格尺寸	型号				规格尺寸	型号			
	F1180 (FW80)	F11100 (FW100)	F11125 (FW125)	F11160 (FW160)		F1180 (FW80)	F11100 (FW100)	F11125 (FW125)	F11160 (FW160)
中心高/mm	80	100	125	160	蜗杆副速比	1:40	1:40	1:40	1:40
主轴锥孔号(莫氏)	3	3	4	4	定位键宽度/mm	12	14	18	18
主轴倾斜角(水平方向)/(°)	-6~+90	-6~+90	-6~+90	-6~+90	主轴法兰定位短锥直径/mm	36.512	41.275	53.975	53.975

注:表中括号内型号为旧标准。

表3-2-79　分度头定数、分度盘孔数和交换齿轮齿数

分度头型式	定数	分度盘的孔数	交换齿轮齿数	分度头型式	定数	分度盘的孔数	交换齿轮齿数
带一块分度盘	40	正面:24、25、28、30、34、37、38、39、41、42、43 反面:46、47、49、51、53、54、57、58、59、62、66	25、30、35、40、50、55、60、70、80、90、100	带两块分度盘	40	第一块 正面:24、25、28、30、34、37 反面:38、39、41、42、43 第二块 正面:46、47、49、51、53、54 反面:57、58、59、62、66	25、30、35、40、50、55、60、70、80、90、100

2.3.2.2　分度方法及计算

1. 单式分度法计算及分度表(见表 3-2-80)

表 3-2-80　单式分度法计算及分度表

$$n(\text{手柄转数})=\frac{40(\text{分度头定数})}{z(\text{工件等分数})}$$

单式分度表(分度头定数 40)

工件等分数	分度盘孔数	手柄回转数	转过的孔距数	工件等分数	分度盘孔数	手柄回转数	转过的孔距数	工件等分数	分度盘孔数	手柄回转数	转过的孔距数	工件等分数	分度盘孔数	手柄回转数	转过的孔距数
2	任意	20	—	34	34	1	6	70	28	—	16	125	25	—	8
3	24	13	8	35	28	1	4	72	54	—	30	130	39	—	12
4	任意	10	—	36	54	1	6	74	37	—	20	132	66	—	20
5	任意	8	—	37	37	1	3	75	30	—	16	135	54	—	16
6	24	6	16	38	38	1	2	76	38	—	20	136	34	—	10
7	28	5	20	39	39	1	1	78	39	—	20	140	28	—	8
8	任意	5	—	40	任意	1	—	80	34	—	17	144	54	—	15
9	54	4	24	41	41	—	40	82	41	—	20	145	58	—	16
10	任意	4	—	42	42	—	40	84	42	—	20	148	37	—	10
11	66	3	42	43	43	—	40	85	34	—	16	150	30	—	8
12	24	3	8	44	66	—	60	86	43	—	20	152	38	—	10
13	39	3	3	45	54	—	48	88	66	—	30	155	62	—	16
14	28	2	24	46	46	—	40	90	54	—	24	156	39	—	10
15	24	2	16	47	47	—	40	92	46	—	20	160	28	—	7
16	24	2	12	48	24	—	20	94	47	—	20	164	41	—	10
17	34	2	12	49	49	—	40	95	38	—	16	165	66	—	16
18	54	2	12	50	25	—	20	96	24	—	10	168	42	—	10
19	38	2	4	51	51	—	40	98	49	—	20	170	34	—	8
20	任意	2	—	52	39	—	30	100	25	—	10	172	43	—	10
21	42	1	38	53	53	—	40	102	51	—	20	176	66	—	15
22	66	1	54	54	54	—	40	104	39	—	15	180	54	—	12
23	46	1	34	55	66	—	48	105	42	—	16	184	46	—	10
24	24	1	16	56	28	—	20	106	53	—	20	185	37	—	8
25	25	1	15	57	57	—	40	108	54	—	20	188	47	—	10
26	39	1	21	58	58	—	40	110	66	—	24	190	38	—	8
27	54	1	26	59	59	—	40	112	28	—	10	192	24	—	5
28	42	1	18	60	42	—	28	114	57	—	20	195	39	—	8
29	58	1	22	62	62	—	40	115	46	—	16	196	49	—	10
30	24	1	8	64	24	—	15	116	58	—	20	200	30	—	6
31	62	1	18	65	39	—	24	118	59	—	20	204	51	—	10
32	28	1	7	66	66	—	40	120	66	—	22	205	41	—	8
33	66	1	14	68	34	—	20	124	62	—	20	210	42	—	8

2. 角度分度法计算及分度表（见表3-2-81）

表3-2-81 角度分度法计算及分度表

工件角度以“度”为单位时：

$$n=\frac{\theta^{\circ}}{9^{\circ}}$$

工件角度以“分”为单位时：

$$n=\frac{\theta'}{9\times 60'}=\frac{\theta'}{540'}$$

工件角度以“秒”为单位时：

$$n=\frac{\theta''}{9\times 60\times 60''}=\frac{\theta''}{32400''}$$

式中 n—分度头手柄转数

θ—工件等分的角度

分度头主轴转角			分度盘孔数	转过的孔距数	折合手柄转数	分度头主轴转角			分度盘孔数	转过的孔距数	折合手柄转数
(°)	(′)	(″)				(°)	(′)	(″)			
0	10	0	54	1	0.0185	4	40	0	54	28	0.5200
0	20	0	54	2	0.0370	4	50	0	54	29	0.5370
0	30	0	54	3	0.0556	5	0	0	54	30	0.5556
0	40	0	54	4	0.0741	5	10	0	54	31	0.5741
0	50	0	54	5	0.0926	5	20	0	54	32	0.5926
1	0	0	54	6	0.1111	5	30	0	54	33	0.6111
1	10	0	54	7	0.1296	5	40	0	54	34	0.6296
1	20	0	54	8	0.1481	5	50	0	54	35	0.6481
1	30	0	30	5	0.1667	6	0	0	30	20	0.6667
1	40	0	54	10	0.1852	6	10	0	54	37	0.6852
1	50	0	54	11	0.2037	6	20	0	54	38	0.7037
2	0	0	54	12	0.2222	6	30	0	54	39	0.7222
2	10	0	54	13	0.2407	6	40	0	54	40	0.7407
2	20	0	54	14	0.2593	6	50	0	54	41	0.7593
2	30	0	54	15	0.2778	7	0	0	54	42	0.7778
2	40	0	54	16	0.2963	7	10	0	54	43	0.7963
2	50	0	54	17	0.3148	7	20	0	54	44	0.8148
3	0	0	30	10	0.3333	7	30	0	30	25	0.8333
3	10	0	54	19	0.3519	7	40	0	54	46	0.8519
3	20	0	54	20	0.3704	7	50	0	54	47	0.8704
3	30	0	54	21	0.3889	8	0	0	54	48	0.8889
3	40	0	54	22	0.4074	8	10	0	54	49	0.9074
3	50	0	54	23	0.4259	8	20	0	54	50	0.9259
4	0	0	54	24	0.4444	8	30	0	54	51	0.9444
4	10	0	54	25	0.4630	8	40	0	54	52	0.9630
4	20	0	54	26	0.4814	8	50	0	54	53	0.9815
4	30	0	66	33	0.5000	9	0	0	—	—	1.0000

3. 直线移距分度法

这种分度方法是把分度头主轴或侧轴与纵向工作台丝杠用交换齿轮连接起来，移距时只要转动分度手柄，通过齿轮传动，使工作台作精确地移距。这种方法适用于加工精度较高的齿条和直尺刻线等的等分移距分度。

常用的直线移距分度法有以下两种：

（1）主轴交换齿轮法　这种方法是先在分度头主轴后锥孔插入安装交换齿轮的心轴，然后在主轴与纵向丝杠之间装上交换齿轮（见图 3-2-76）。当转动分度手柄时，运动便会通过交换齿轮传至纵向丝杠，使工作台产生移距。

交换齿轮计算公式为

$$\frac{40S}{nP}=\frac{z_1z_3}{z_2z_4}$$

式中　40——分度头定数；

S——工件每格距离；

n——每次移距分度头手柄转数；

P——铣床纵向工作台丝杠螺距。

由于传动经过 1∶40 的蜗杆、蜗轮减速，所以适于刻线间隔较小的移距分度。

式中的 n 虽然可以任意选取，但为了保证计算交换齿轮的传动比合理，n 尽可能不要选得太大，应取为 1～10。

（2）侧轴交换齿轮法　这种方法是在分度头侧轴和工作台纵向传动丝杠之间装上交换齿轮（见图 3-2-77）。由于传动不经过 1∶40 的蜗杆、蜗轮，所以适用于间隔较大的移距。

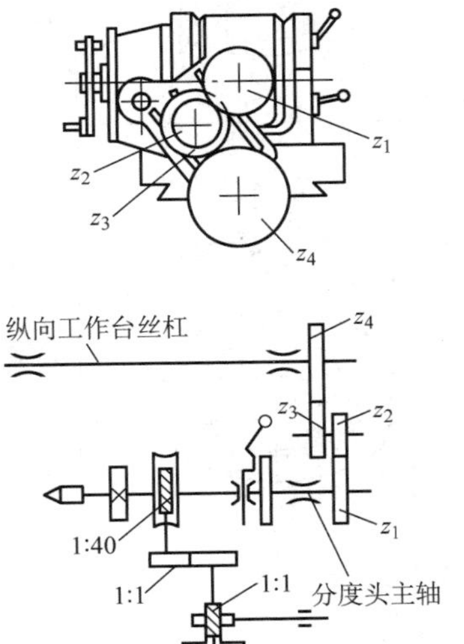

图 3-2-76　主轴交换齿轮法

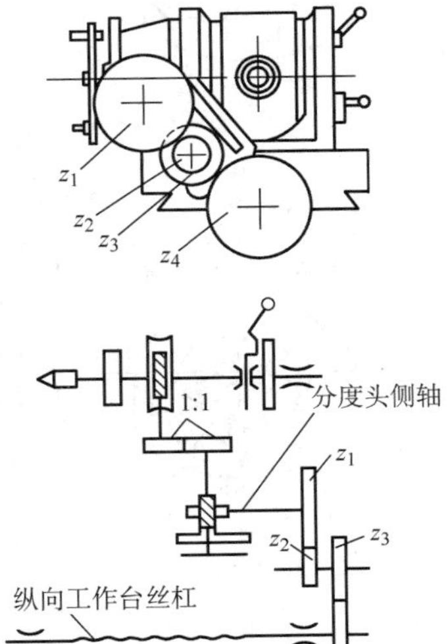

图 3-2-77　侧轴交换齿轮法

交换齿轮的计算公式为

$$\frac{S}{nP}=\frac{z_1z_3}{z_2z_4}$$

由于分度头传动结构的原因，采用侧轴交换齿轮法，在分度时不能将分度手柄的定位销拔出，应该松开分度盘的紧固螺钉连同分度盘一起转动。为了正确地控制分度手柄的转数，可将分度盘的紧固螺钉改装为侧面定位销（见图 3-2-78），并在分度盘外圆上钻一个定位孔，在分度时，左手拔出侧面定位销，右手将分度手柄连同分度盘一起转动。当摇到预定转数时，靠弹簧的作用，侧面定位销就自动弹入定位孔内。

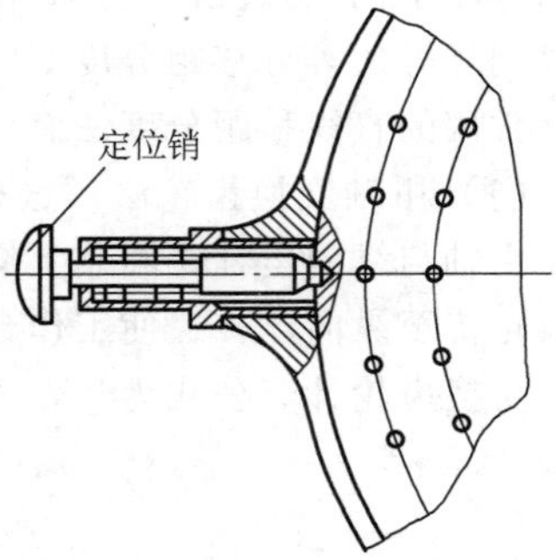

图 3-2-78 紧固螺孔改装为侧面定位销

2.3.3 典型零件的铣削加工

2.3.3.1 铣削离合器

离合器有齿式离合器（或称牙嵌式离合器）和摩擦离合器等，前者靠端面齿相互嵌入对方的齿槽传动，后者靠摩擦传动。

1. 齿式离合器的种类及特点（见表 3-2-82）

表 3-2-82 齿式离合器的种类及特点

种类	基本齿形	特 点	种类	基本齿形	特 点
矩形齿离合器	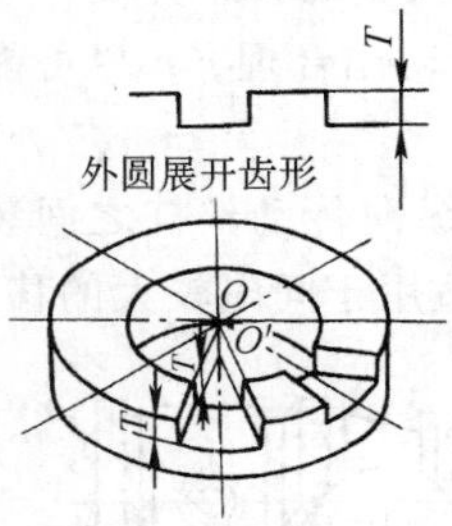	齿侧平面通过工件轴线	梯形收缩齿离合器	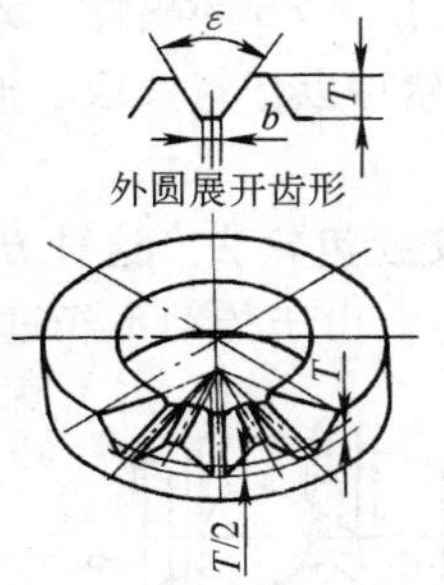	齿顶及槽底在齿长方向都等宽，而且中心线通过离合器轴线
尖齿离合器	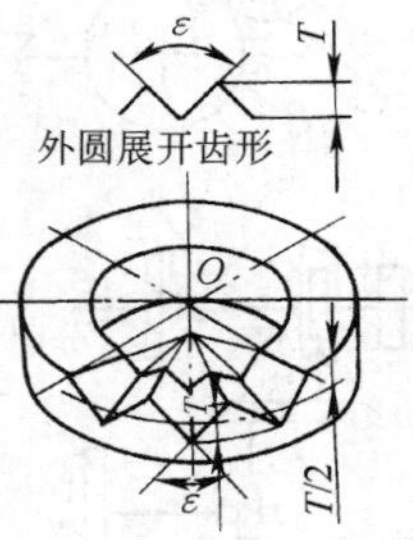	整个齿形向轴线上一点收缩	梯形等高齿离合器	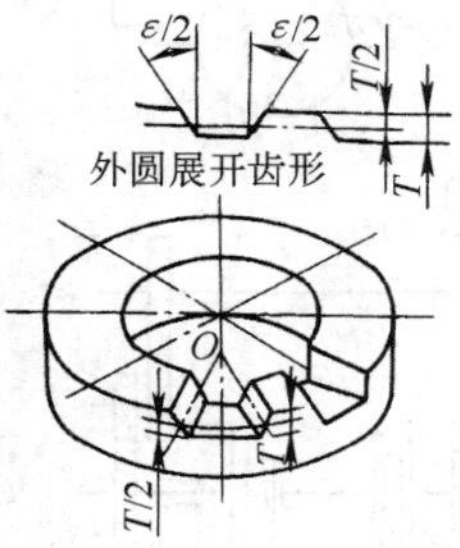	齿顶面与槽底面平行，并且垂直于离合器轴线。齿侧高度不变，齿侧中线汇交于离合器轴线
锯形齿离合器	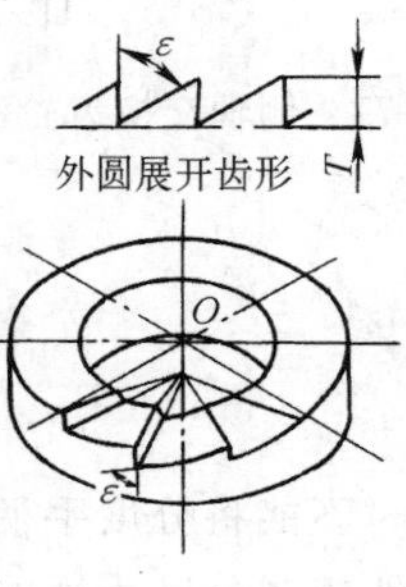	直齿面通过工件轴线，斜齿面向轴线上一点收缩	单向梯形齿离合器	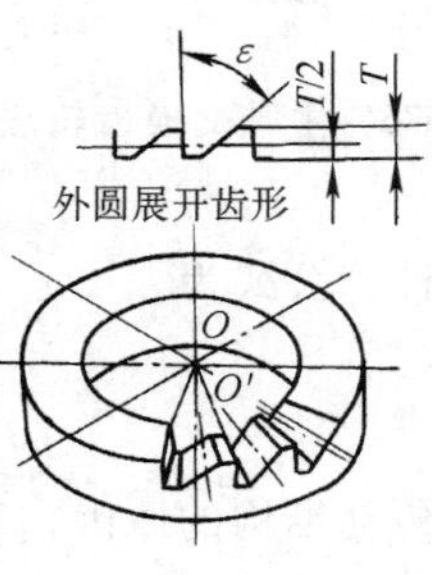	齿顶面与槽底平行，并且垂直于离合器轴线，故齿高不变。直齿面为通过轴线的径向平面，斜齿面的中线交于离合器轴线

（续）

种类	基本齿形	特　点	种类	基本齿形	特　点
双向螺旋齿离合器	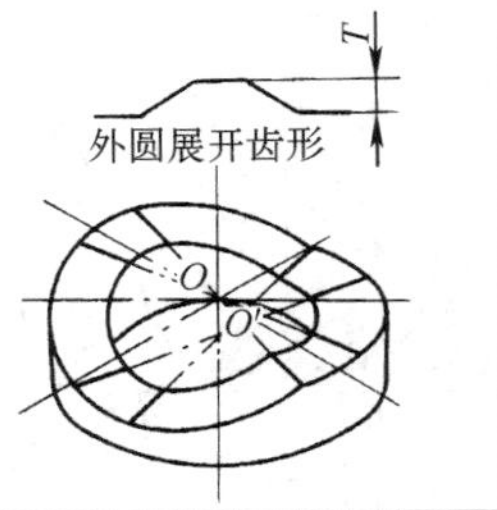	离合器结合面为螺旋面，其他特点与梯形等高齿离合器相同	单向螺旋齿离合器	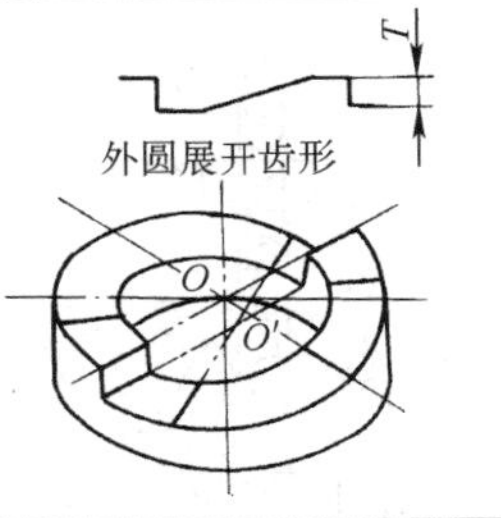	离合器结合面为螺旋面，其他特点与单向梯形齿离合器相同

2. 矩形齿离合器的铣削

（1）奇数齿离合器的铣削（见图 3-2-79）

1）计算铣刀最大宽度：

$$B=\frac{d}{2}\sin\frac{180°}{z}$$

式中　d——离合器孔径（mm）；

z——离合器齿数。

2）将铣刀一侧对准工件中心（见图 3-2-79a），铣削时，铣刀应铣过槽 1 和 3 的一侧，分度后再铣槽 2 和 4 的一侧（每次进给同时铣出两个齿的不同侧面），这样依次铣削即可。

3）加工离合器齿侧间隙的方法：

① 将离合器的各齿侧面都铣得偏过中心一个距离（见图 3-2-79b）。可在对刀时调整铣刀侧刃，使其超过中心 $e=0.1\sim0.5$mm 来达到。这种方法不增加铣削次数，但由于齿侧面不通过中心，离合器结合时，齿侧面只有外圆处接触，影响承载能力，所以这种方法只适用于要求不高的离合器。

② 将齿槽角铣得略大于齿面角（见图 3-2-79c）。这种方法是在离合器铣削之后，再使离合器转过一个角度 $\Delta\theta=1°\sim2°$，再铣一次，把所有齿的同名侧铣去一些即可。此法也适用于齿槽角大于齿面角的宽齿槽离合器，此时 $\Delta\theta=$(齿槽角－齿面角)/2。用这种方法铣削离合器，其齿侧面仍是通过轴心的径向平面，齿侧面贴合较好，所以一般用于要求较高的离合器加工。

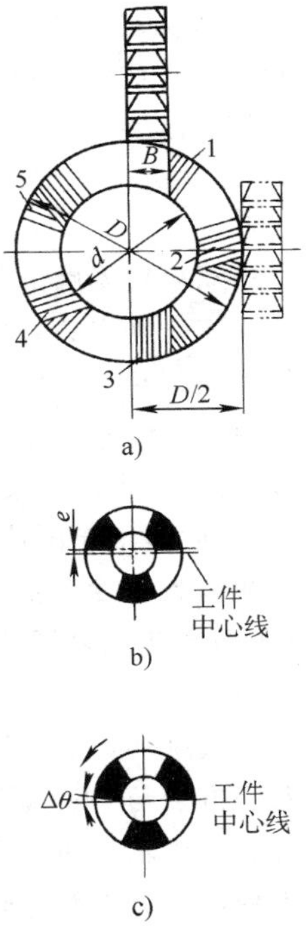

图 3-2-79　奇数齿离合器的铣削

（2）偶数齿离合器的铣削（见图 3-2-80）

1）矩形偶数齿离合器的对刀方法和铣刀宽度的选择与奇数齿相同。

2）铣削偶数齿离合器时，每次只能铣削一个槽的一侧，而不能通过整个端面，并且要防止切伤对面的齿。因此，用盘形铣刀铣削偶数齿离合器时，要注意盘形铣刀直径的选择。

3）当各齿的同一侧铣完后，将工件转过一个齿槽角$\left(\text{即分度头手柄转过}\frac{20}{z}\right)$，使齿的另一侧与铣刀侧刃平行，再将工作台横向移动一个铣刀宽度距离，使齿的另一侧对准铣刀的另一侧，这样依次进行铣削即可。

4）为确保偶数齿离合器的齿侧留有一定间隙，一般齿槽角比齿面角铣大2°~4°。

3. 尖齿（正三角形）**离合器的铣削**（见图3-2-81）

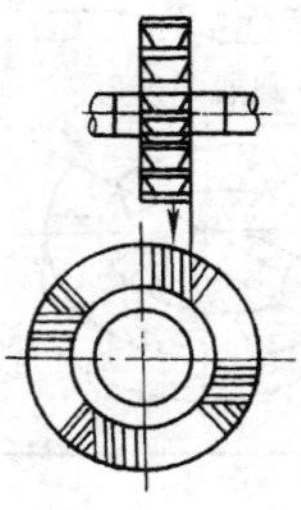

图3-2-80　偶数齿离合器的铣削

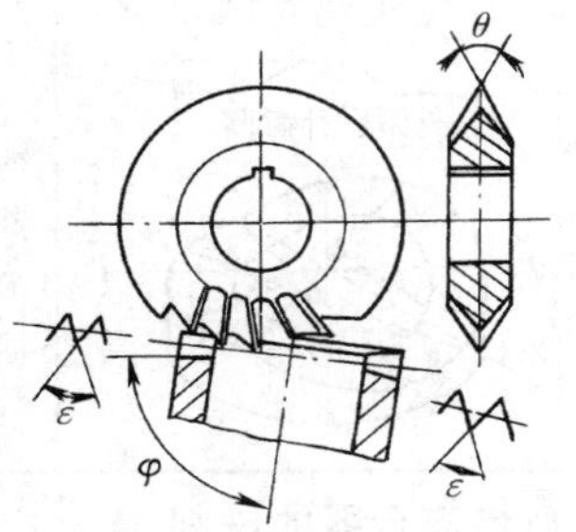

图3-2-81　尖齿离合器的铣削

1）选用对称双角铣刀，其廓形角 θ 与离合器齿形角 ε 相等。

2）对刀时，应使双角铣刀刀尖通过工件轴心。

3）计算分度头主轴扳角 φ：

$$\cos\varphi = \tan\frac{90°}{z}\cot\frac{\theta}{2}$$

式中　θ——双角铣刀廓形角；

z——离合器齿数。

4）铣削尖齿离合器时，不论其齿数是奇数还是偶数，每分度一次只能铣出一条齿槽。为保证离合器结合良好，一对离合器应使用同一把铣刀加工。调整背吃刀量，应按大端齿深在外径处进行。为防止齿形太尖，往往采用试切法调整背吃刀量，使齿顶宽度留有0.2~0.3mm的平面，以保证齿形工作面接触。

5）常用齿数分度头主轴的扳角 φ 可查表3-2-83。

4. 梯形收缩齿离合器的铣削（见图3-2-82）

1）选用专用铣刀。铣刀的廓形角 θ 等于离合器的齿形角 ε，齿顶宽 B 应等于离合器的槽底宽度，铣刀廓形的有效工作高度必须大于离合器外圆处的齿深。

2）对刀方法与尖齿离合器的铣削相同。

3）分度头主轴扳角 φ 的计算与尖齿离合器的铣削相同。

4）常用齿数分度头主轴的扳角 φ 可查表3-2-83。

5. 锯齿形离合器的铣削（见图3-2-83）

1）选用单角度铣刀，其廓形角 θ 与离合器齿形角 ε 相等。

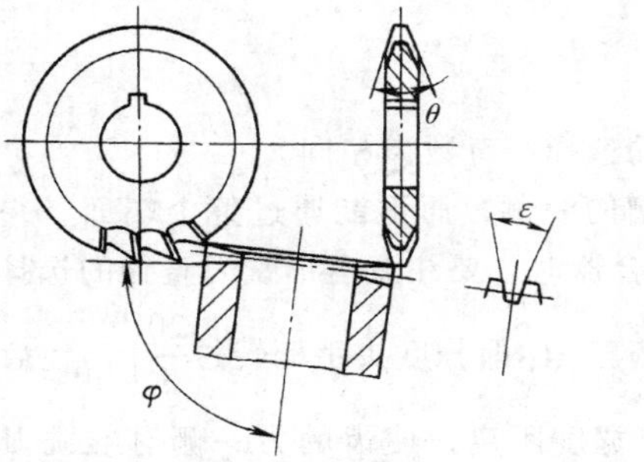

图3-2-82　梯形收缩齿离合器的铣削

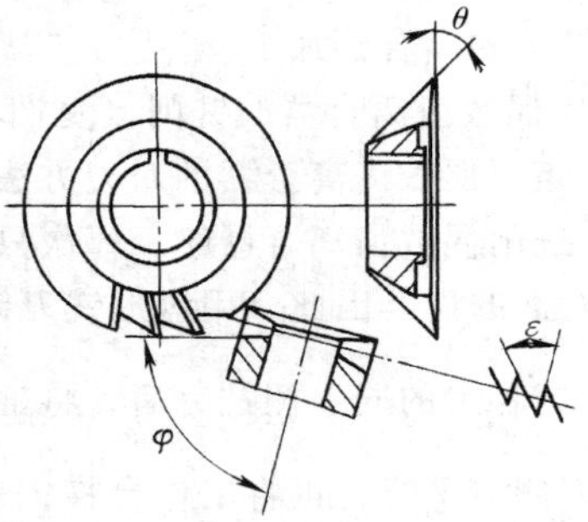

图3-2-83　锯齿形离合器的铣削

2）对刀时，应使单角度铣刀的端面侧刃通过工件轴心。

3）计算分度头主轴的扳角 φ：

$$\cos\varphi = \tan\frac{180°}{z}\cot\theta$$

式中　θ——单角铣刀廓形角；

z——离合器齿数。

4）铣削方法与尖齿离合器的基本相同。

5）常用齿数分度头主轴的扳角 φ 可查表 3-2-84。

表 3-2-83　铣削尖齿与梯形收缩齿离合器时分度头主轴的扳角 φ

齿数 z	双角铣刀廓形角 θ（即离合器齿形角 ε）				齿数 z	双角铣刀廓形角 θ（即离合器齿形角 ε）			
	40°	45°	60°	90°		40°	45°	60°	90°
	分度头主轴的扳角 φ					分度头主轴的扳角 φ			
8	26°22′	61°18′	69°50′	78°31′	35	82°55′	83°47′	85°32′	87°25′
9	61°01′	64°48′	72°13′	79°50′	36	83°07′	83°57′	85°40′	87°29′
10	64°12′	67°31′	74°04′	80°53′	37	83°18′	84°07′	85°47′	87°33′
11	66°44′	69°41′	75°35′	81°44′	38	83°29′	84°16′	85°53′	87°37′
12	68°48′	71°28′	76°49′	82°26′	39	83°39′	84°25′	85°59′	87°41′
13	70°31′	72°57′	77°51′	83°01′	40	83°48′	84°33′	86°05′	87°44′
14	71°58′	74°13′	78°44′	83°31′	41	83°57′	84°41′	86°11′	87°48′
15	73°13′	75°18′	79°30′	83°58′	42	84°06′	84°49′	86°17′	87°51′
16	74°18′	76°15′	80°10′	84°21′	43	84°14′	84°56′	86°22′	87°54′
17	75°15′	77°04′	80°46′	84°41′	44	84°22′	85°03′	86°27′	87°57′
18	76°05′	77°48′	81°17′	84°59′	45	84°30′	85°10′	86°32′	87°59′
19	76°50′	78°28′	81°44′	85°15′	46	84°37′	85°16′	86°36′	88°02′
20	77°31′	79°03′	82°10′	85°29′	47	84°44′	85°22′	86°41′	88°05′
21	78°07′	79°33′	82°32′	85°42′	48	84°50′	85°28′	86°44′	88°07′
22	78°40′	80°03′	82°53′	85°53′	49	84°57′	85°34′	86°49′	88°09′
23	79°10′	80°30′	83°11′	86°04′	50	85°03′	85°38′	86°52′	88°11′
24	79°38′	80°54′	83°29′	86°14′	51	85°09′	85°44′	86°56′	88°14′
25	80°03′	81°16′	83°45′	86°23′	52	85°14′	85°48′	86°59′	88°16′
26	80°26′	81°36′	83°59′	86°31′	53	85°20′	85°53′	87°03′	88°18′
27	80°48′	81°55′	84°12′	86°39′	54	85°25′	85°58′	87°06′	88°19′
28	81°07′	82°12′	84°25′	86°47′	55	85°30′	86°02′	87°09′	88°21′
29	81°26′	82°29′	84°36′	86°53′	56	85°35′	86°07′	87°13′	88°23′
30	81°43′	82°44′	84°47′	86°59′	57	85°40′	86°11′	87°15′	88°25′
31	81°59′	82°58′	84°57′	87°06′	58	85°44′	86°15′	87°18′	88°26′
32	82°15′	83°11′	85°07′	87°11′	59	85°48′	86°19′	87°21′	88°28′
33	82°29′	83°24′	85°16′	87°16′	60	85°53′	86°22′	87°24′	88°30′
34	82°42′	83°36′	85°24′	87°21′	—	—	—	—	—

表 3-2-84　铣削锯齿形离合器时分度头主轴的扳角 φ

齿数 z	单角铣刀廓形角 θ（即离合器齿形角 ε）						齿数 z	单角铣刀廓形角 θ（即离合器齿形角 ε）					
	45°	50°	60°	70°	75°	80°		45°	50°	60°	70°	75°	80°
	分度头主轴的扳角 φ							分度头主轴的扳角 φ					
10	71°02′	74°10′	79°11′	83°12′	85°40′	86°42′	24	82°26′	83°39′	85°38′	87°15′	87°58′	88°40′
11	72°55′	75°44′	80°14′	83°51′	85°29′	87°01′	25	82°44′	83°54′	85°49′	87°21′	88°03′	88°43′
12	74°27′	77°00′	81°06′	84°24′	85°53′	87°17′	26	83°01′	84°09′	85°58′	87°28′	88°08′	88°46′
13	75°43′	78°03′	81°49′	84°51′	86°12′	87°30′	27	83°17′	84°22′	86°07′	87°33′	88°12′	88°49′
14	76°48′	78°57′	82°25′	85°14′	86°20′	87°41′	28	83°31′	84°34′	86°16′	87°38′	88°16′	88°51′
15	77°43′	79°43′	82°57′	85°33′	86°44′	87°51′	29	83°45′	84°45′	86°24′	87°43′	88°19′	88°54′
16	78°31′	80°23′	83°24′	85°50′	86°56′	87°59′	30	83°58′	84°56′	86°31′	87°48′	88°23′	88°56′
17	79°13′	80°58′	83°48′	86°05′	87°07′	88°05′	31	84°09′	85°06′	86°38′	87°52′	88°26′	88°58′
18	79°50′	81°29′	84°09′	86°19′	87°17′	88°13′	32	84°20′	85°15′	86°44′	87°56′	88°29′	89°00′
19	80°23′	81°57′	84°28′	86°31′	87°26′	88°18′	33	84°31′	85°24′	86°50′	88°00′	88°32′	89°02′
20	80°53′	82°21′	84°45′	86°41′	87°34′	88°23′	34	84°40′	85°32′	86°55′	88°04′	88°34′	89°03′
21	81°19′	82°44′	85°00′	86°51′	87°41′	88°28′	35	84°50′	85°40′	87°01′	88°07′	88°37′	89°05′
22	81°44′	83°04′	85°14′	87°00′	87°47′	88°32′	36	84°58′	85°47′	87°06′	88°10′	88°39′	89°06′
23	82°05′	83°22′	85°26′	87°07′	87°53′	88°36′	37	85°07′	85°54′	87°11′	88°13′	88°41′	89°08′

（续）

齿数 z	单角铣刀廓形角 θ（即离合器齿形角 ε）						齿数 z	单角铣刀廓形角 θ（即离合器齿形角 ε）					
	45°	50°	60°	70°	75°	80°		45°	50°	60°	70°	75°	80°
	分度头主轴的扳角 φ							分度头主轴的扳角 φ					
38	85°14′	86°00′	87°15′	88°16′	88°43′	89°09′	50	86°23′	86°58′	87°55′	88°41′	89°02′	89°21′
39	85°22′	86°06′	87°19′	88°18′	88°45′	89°11′	51	86°27′	87°02′	87°57′	88°42′	89°03′	89°22′
40	85°29′	86°12′	87°23′	88°21′	88°47′	89°12′	52	86°31′	87°05′	87°59′	88°44′	89°04′	89°23′
41	85°35′	86°18′	87°27′	88°23′	88°49′	89°13′	53	86°35′	87°08′	88°02′	88°45′	89°05′	89°24′
42	85°42′	86°23′	87°31′	88°26′	88°50′	89°14′	54	86°39′	87°11′	88°04′	88°47′	89°06′	89°24′
43	85°48′	86°28′	87°34′	88°28′	88°52′	89°15′	55	86°43′	87°14′	88°06′	88°48′	89°07′	89°25′
44	85°53′	86°33′	87°38′	88°30′	88°54′	89°16′	56	86°46′	87°17′	88°08′	88°49′	89°08′	89°25′
45	85°59′	86°38′	87°41′	88°32′	88°55′	89°17′	57	86°50′	87°20′	88°10′	88°50′	89°09′	89°26′
46	86°04′	86°42′	87°44′	88°34′	88°56′	89°18′	58	86°53′	87°23′	88°12′	88°52′	89°10′	89°27′
47	86°09′	86°46′	87°47′	88°36′	88°58′	89°18′	59	86°56′	87°26′	88°14′	88°53′	89°11′	89°27′
48	86°14′	86°50′	87°49′	88°37′	88°59′	89°20′	60	86°59′	87°28′	88°15′	88°54′	89°11′	89°28′
49	86°19′	86°54′	87°52′	88°39′	89°00′	89°21′	—	—	—	—	—	—	—

6. 梯形等高齿离合器的铣削

1）选择专用铣刀（也可用三面刃铣刀改制），如图 3-2-84 所示。其铣刀的廓形角 θ 应等于离合器的齿形角 ε，铣刀廓形的有效工作高度 H 大于离合器齿高 T，铣刀的齿顶宽度应小于齿槽最小宽度，以免在铣削时碰伤齿槽的另一侧。

2）一般在卧式铣床上加工。分度头主轴与工作台处于垂直位置，铣削步骤和方法与铣削矩形齿离合器（奇数齿）基本相同，铣刀可通过整个齿面。

3）对刀时，应使铣刀侧刃上距顶刃 T/2 处的 K 点（见图 3-2-84）通过工件的中心。调整时，应先用试切方法使铣刀处于工件的中心位置，然后将工作台横向偏移一个距离 e（$e=B_K/2$，B_K 是铣刀在 K 点处的厚度），可用齿厚游标卡尺测量（见图 3-2-85）。

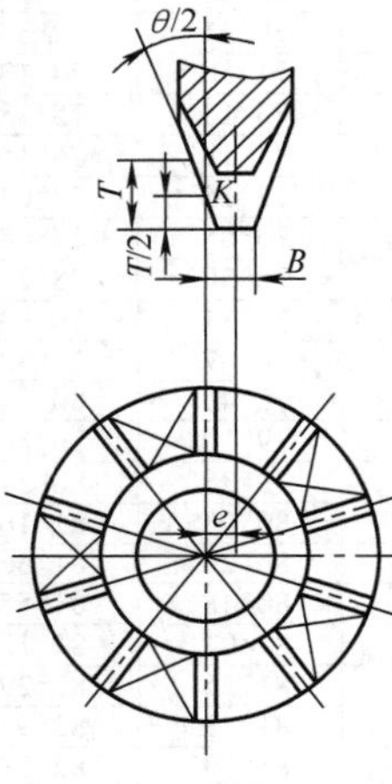

图 3-2-84 铣刀的选择及对刀

7. 螺旋齿离合器的铣削（见图 3-2-86）

螺旋齿离合器有双向作用和单向作用两种（见表 3-2-82），其齿形特点与梯形等高齿或单向梯形齿离合器基本相同，只是由螺旋面代替斜面而已。螺旋齿离合器一般在立式铣床上加工。

（1）划线 在工件端面按图样要求划线。图 3-2-86 中线 2—3 和 5—6 为齿顶平面范围线；线 3—4 和 6—1 为直齿槽范围线；线 1—2 和 4—5 为螺旋面齿槽范围线。

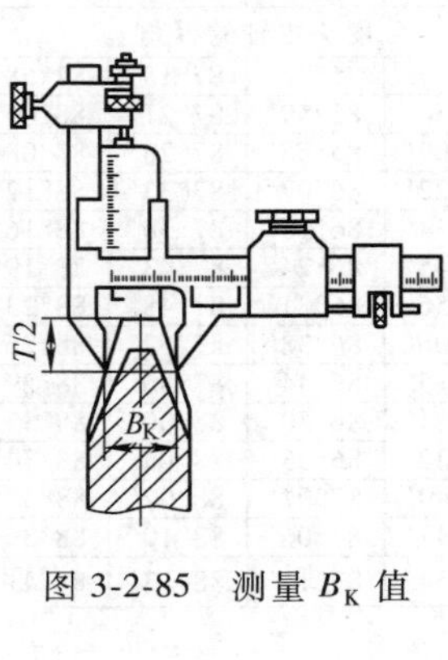

图 3-2-85 测量 B_K 值

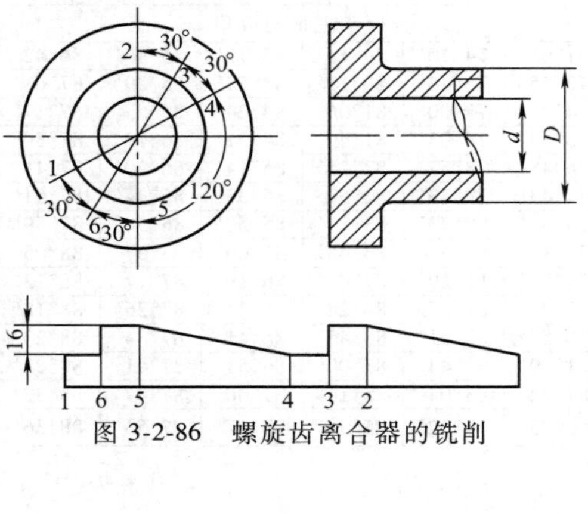

图 3-2-86 螺旋齿离合器的铣削

（2）铣削直齿槽　（参照图 3-2-86 中的线 3—4 和 6—1）在立铣床上可采用三面刃铣刀铣削直齿槽，分度头主轴与工作台应处于水平位置（见图 3-2-87），具体加工方法与铣削矩形齿离合器（偶数齿）相似，只是在选择刀具宽度和工件偏转一个齿槽角时，须由图 3-2-87 中所注的齿槽角 30°来代替：

$$B = \frac{d}{2}\sin 30°$$

式中　B——铣刀宽度（mm）；

d——离合器孔径（mm）。

（3）铣削螺旋面　按工件导程计算交换齿轮，轮挂好后，松开固定分度盘的装置，摇动分度手柄，带动分度盘一起转动，检查螺旋方向是否正确（螺旋方向可用中间轮进行调整）。换上直径等于或小于三面刃铣刀宽度的立铣刀。

加工时，将要铣削的槽的槽侧面调整至垂直位置（见图 3-2-88），立铣刀应进入已铣削出的齿槽处。调整好切削位置后，将分度手柄插入附近的孔圈中，这时摇动分度手柄就可以铣削螺旋面。

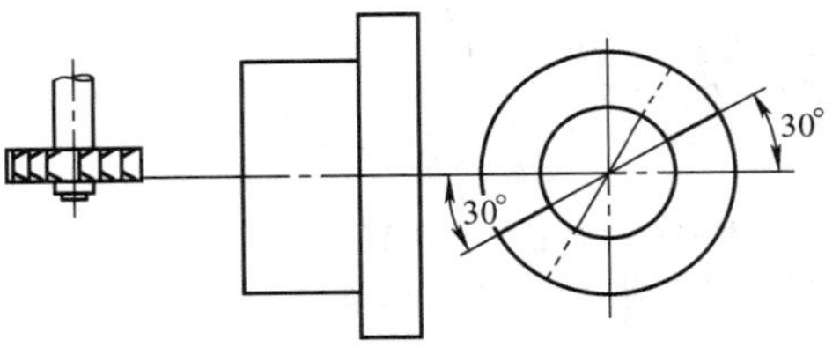

图 3-2-87　铣削直齿槽

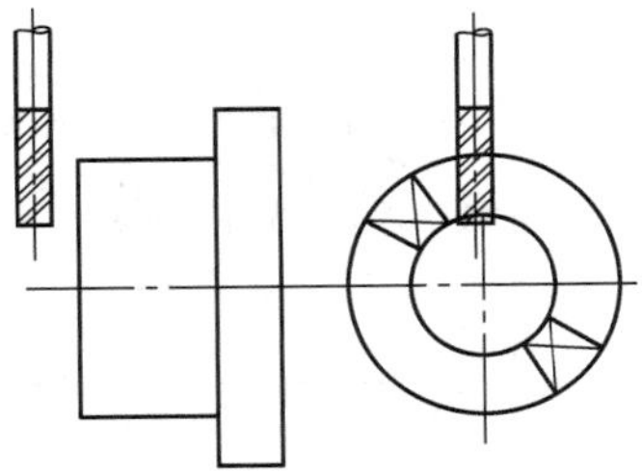
图 3-2-88　铣削螺旋面

第一个螺旋面铣削完以后，降低立铣床升降工作台，分度手柄做反方向转动回到螺旋面的起铣点，拔出定位销。分度后，将立铣床升降台升至原来位置，再以相同的方法铣削第二个螺旋面。

螺旋齿离合器的两个螺旋面要求等高，因此铣削时要分粗铣和精铣。精铣时，要求立铣刀的相对位置不再变动，即铣削位置与深度相同，这样可保持两个螺旋面对称。

2.3.3.2　铣削凸轮

凸轮的种类较多，常用的有圆盘凸轮（见图 3-2-89）和圆柱凸轮（见图 3-2-90）。

通常在铣床上铣削加工的是等速凸轮。等速凸轮指当凸轮周边上某一点转过相等的角度时，便在半径方向上（或轴线方向上）移动相等的距离。等速凸轮的工作型面一般都采用阿基米德螺旋面。

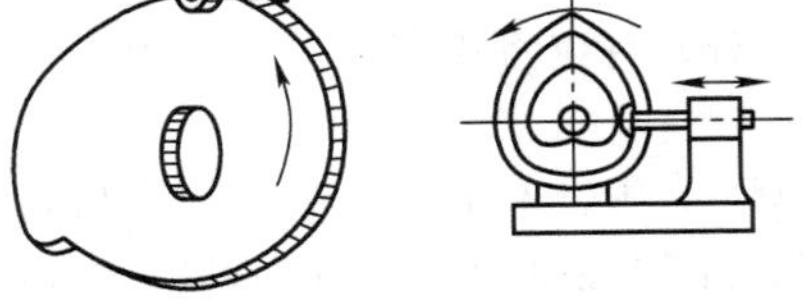
图 3-2-89　圆盘凸轮

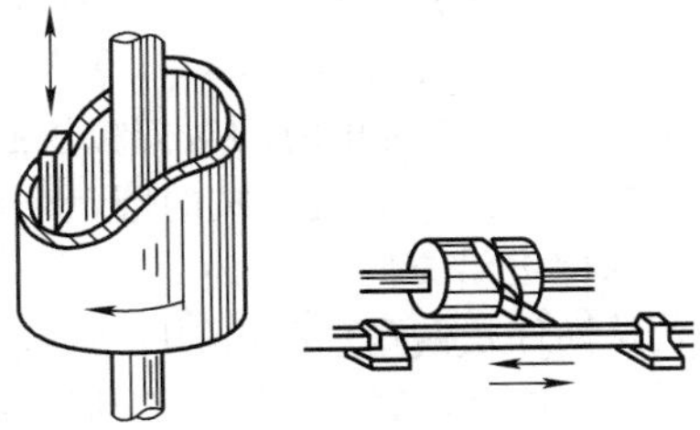
图 3-2-90　圆柱凸轮

1. 凸轮传动的三要素（见表 3-2-85）

表 3-2-85 凸轮传动的三要素

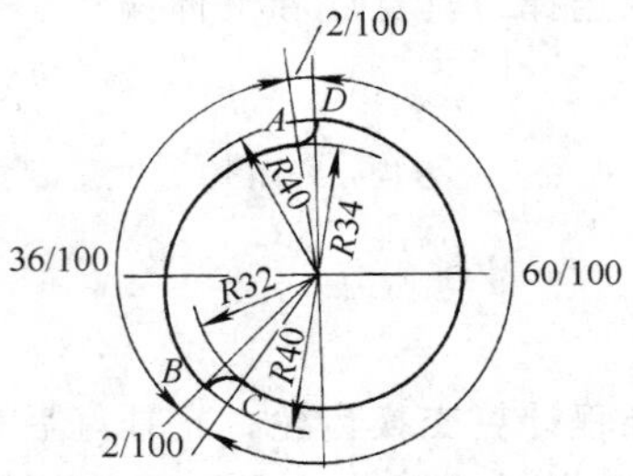

名　称	定　义	计算公式
升高量 H	凸轮工作曲线最高点半径和最低点半径之差	工作曲线 AB 的升高量为 $H=(40-34)\ \text{mm}=6\text{mm}$ 工作曲线 CD 的升高量为 $H=(40-32)\ \text{mm}=8\text{mm}$
升高率 h	凸轮工作曲线旋转一个单位角度或转过等分圆周的一等分时，被动件上升或下降的距离	凸轮圆周按 360°角等分时，升高率 h 为 $h=\dfrac{H}{\theta}$ 式中　θ—工作曲线在圆周上所占的度数 凸轮圆周按 100 格等分时，升高率 h 为 $h=\dfrac{H}{A}$ 式中　A—工作曲线在圆周上所占的百分格数
导程 P_h	工作曲线按一定的升高率旋转一周时的升高量	凸轮圆周按 360°角等分时，导程 P_h 为 $P_h=360°h=360°\times\dfrac{H}{\theta}=\dfrac{360°H}{\theta}$ 凸轮圆周按 100 格等分时，导程 P_h 为 $P_h=100h=100\times\dfrac{H}{A}=\dfrac{100H}{A}$

2. 等速圆盘凸轮的铣削

（1）垂直铣削法（见图 3-2-91）

1）这种方法用于仅有一条工作曲线，或者虽然有几条工作曲线，但它们的导程都相等，并且所铣凸轮外径较大，铣刀能靠近轮坯而顺利切削（见图 3-2-91a）。

2）立铣刀直径应与凸轮推杆上的小滚轮直径相同。

3）分度头交换齿轮轴与工作台丝杠的交换齿轮计算公式为

$$i=\frac{40P_{丝}}{P_h}$$

式中　40——分度头定数；

$P_{丝}$——工作台丝杠螺距（mm）；

P_h——凸轮导程（mm）。

4）圆盘凸轮铣削时的对刀位置必须根据从动件的位置来确定。

若从动件是对心直动式的圆盘凸轮（见图 3-2-91b），对刀时应将铣刀和工件的中心连线调整到与纵向进给方向一致。

若从动件是偏置直动式的圆盘凸轮（见图 3-2-91c），则应调整工作台，使铣刀对中后再偏移一个距离。这个距离必须等于从动件的偏距 e，并且偏移的方向也必须和从动件的偏置方向一致。

（2）扳角铣削法（见图 3-2-92）

1）这种方法适用于有几条工作曲线，各条曲线的导程不相等，或者凸轮导程是大质数、

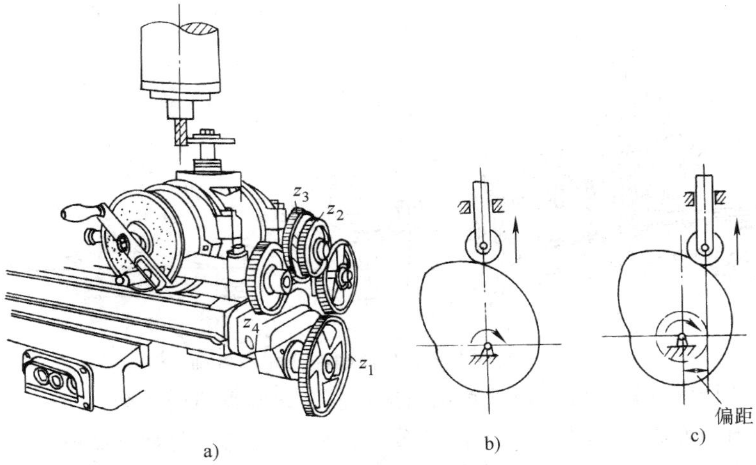

图 3-2-91　垂直铣削法

零星小数，选配齿轮困难等。

2）计算分度头主轴的扳角。

① 计算凸轮导程 P_h。选择 P'_h（P'_h 可以自行决定，但 P'_h 应大于 P_h 并能分解因子）。

② 计算分度头主轴转动角度 α：

$$\sin\alpha=\frac{P_h}{P'_h}$$

3）计算传动比（按选择的 P'_h 计算）：

$$i=\frac{40P_{丝}}{P'_h}$$

4）计算立铣头的转动角度 β：

$$\beta=90°-\alpha$$

5）计算铣刀长度：

$$l=a+H\cot\alpha+10\text{mm}$$

式中　a——凸轮厚度（mm）；

10——多留出的切削刃长度（mm）。

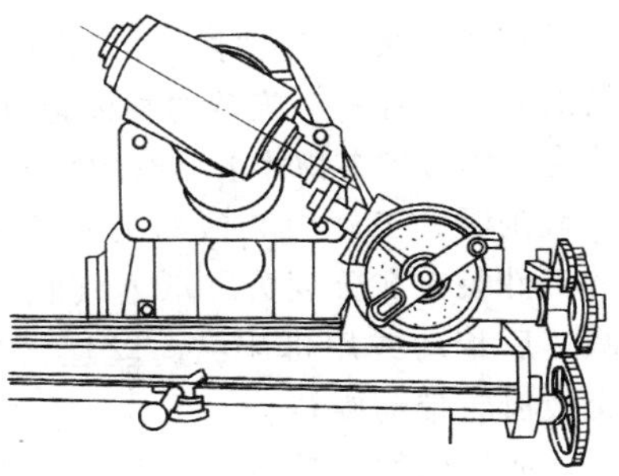

图 3-2-92　扳角铣削法

6）铣削加工工艺程序与垂直铣削法相似。

3. 等速圆柱凸轮的铣削

等速圆柱凸轮分螺旋槽凸轮和端面凸轮，其中螺旋槽凸轮的铣削方法和上述铣削螺旋面（螺旋槽）基本相同。所不同的是，圆柱螺旋槽凸轮的工作型面往往是由多个不同导程的螺旋面（螺旋槽）所组成的，它们各自所占的中心角是不同的，而且不同的螺旋面（螺旋槽）之间还常用圆弧进行连接，因此导程的计算就比较麻烦。在实际生产中，应根据图样给定的不同条件，采用不同的方法来计算凸轮曲线的导程。

计算等速圆柱螺旋槽凸轮导程时，若加工图样上给定了螺旋角 β，则导程的计算公式为

$$P_h=\pi d\cot\beta$$

式中　d——工件外径（mm）；

β——工件螺旋角（°）。

等速圆柱端面凸轮的铣削如图 3-2-93 所示。

1）铣削等速圆柱端面凸轮的原理与铣削等速圆盘凸轮相同，只是分度头主轴应平行于工作台（见图 3-2-93a）。

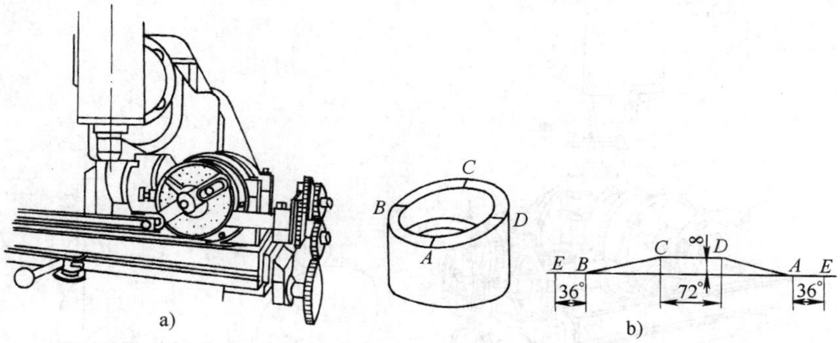

图 3-2-93　等速圆柱端面凸轮的铣削

2）铣削时的调整计算方法与用垂直铣削法铣削等速圆盘凸轮相同。

3）圆柱端面凸轮曲线的上升和下降部分需分两次铣削（见图 3-2-93b）。图 3-2-93b 中，*AD* 段右旋，*BC* 段左旋。铣削中以增减中间轮来改变分度头主轴的旋转方向，即可完成左、右工作曲线的加工。在增减中间轮时，应仔细操作，不能改变原来位置，否则会造成凸轮转角误差。

铣削等速圆柱端面凸轮时，若螺旋面为右旋方向，应使用左旋立铣刀；若螺旋面为左旋方向，应使用右旋铣刀。

2.3.3.3　铣削球面

采用铣削法加工圆球，可以在铣床上进行，也可以在车床上进行，其原理是一样的，即一个旋转的刀具沿着一个旋转的物体运动，两轴线相交但又不重合，则刀尖在物体上形成的轨迹就是一球面。

铣削时，工件中心线与刀盘中心线要在同一平面上。工件装夹在分度头三爪上（见图 3-2-94），由电动机减速后带动或用机床纵向丝杠（拿掉丝杠螺母）通过交换齿轮带动旋转。

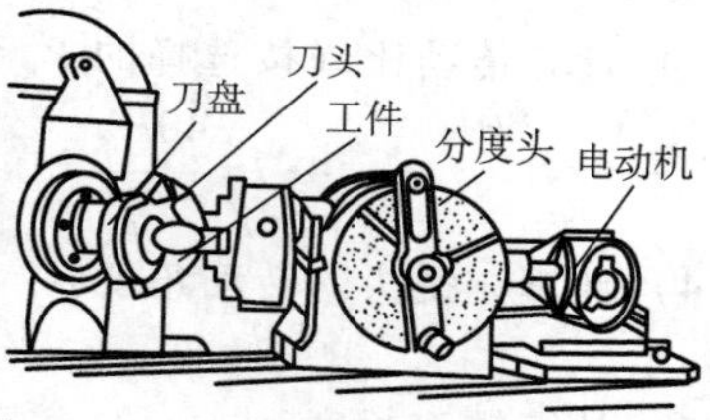

图 3-2-94　球面铣削装夹及传动机构

球面铣削的调整与计算见表 3-2-86。

表 3-2-86　球面铣削的调整与计算

加工类型	图　示	调整与计算
加工整球	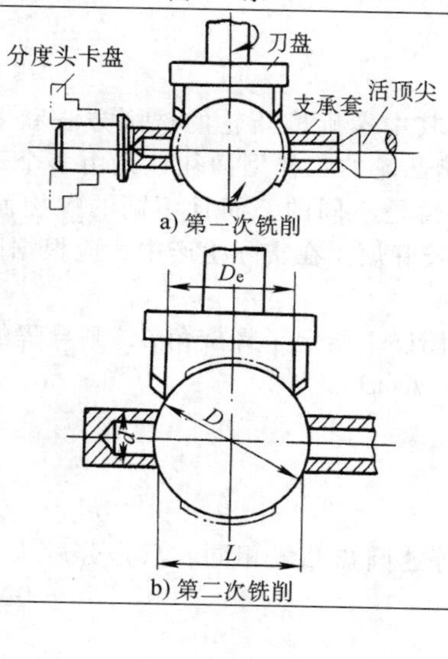 a) 第一次铣削 b) 第二次铣削	整圆球铣削一般要分两次完成（见图） 对刀直径 D_e 应控制在 $L>D_e>\sqrt{2}R$ 的范围内，即 $L=\sqrt{D^2-d^2}=2\sqrt{R^2-r^2}$ 式中　L—两支承套间的距离（mm） D、R—工件的直径和半径（mm） d、r—支承套的直径和半径（mm）

（续）

加工类型	图　示	调整与计算
加工带柄圆球	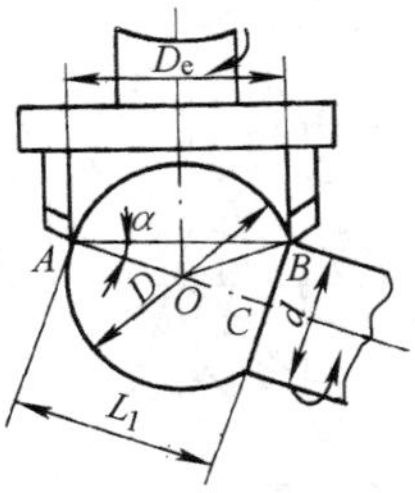	铣削带柄圆球时，应将分度头扳一角度 α 1）求分度头应扳角度 α： $\tan\alpha=\dfrac{BC}{AC}=\dfrac{\frac{d}{2}}{L_1}=\dfrac{d}{2L_1}$ $L_1=\dfrac{D+\sqrt{D^2-d^2}}{2}$ 2）求对刀直径 D_e： $D_e=\sqrt{\left(\dfrac{d}{2}\right)^2+L_1^2}$ 或　$\dfrac{D_e}{2}=OA\cos\alpha=R\cos\alpha$ 所以　$D_e=2R\cos\alpha=D\cos\alpha$
加工内球面	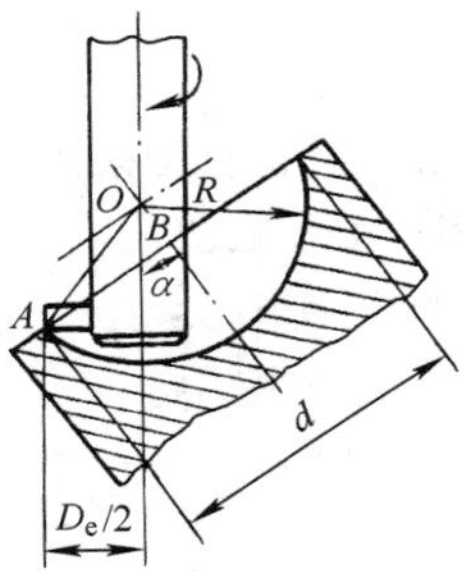	内球面铣削时应将分度头扳一角度 α 1）求分度头应扳角度 α： $\angle AOB=2\alpha$ $\sin 2\alpha=\dfrac{AB}{AO}=\dfrac{\frac{d}{2}}{R}=\dfrac{d}{2R}=\dfrac{d}{D}$ 2）求对刀半径$\dfrac{D_e}{2}$： $\dfrac{D_e}{2}=R\sin\alpha$

2.3.3.4　铣削刀具齿槽

1. 对前角 $\gamma_o=0°$的铣刀开齿

（1）用单角铣刀开齿

1）选择工作铣刀的角度必须与所要加工铣刀的齿槽角 θ 相等。

2）齿槽加工（见图 3-2-95a）。将铣刀的端面切削刃对准工件中心，然后切至所要求齿槽深度，依次将全部齿槽铣出即可。

3）齿背加工。齿槽加工后，可直接用单角铣刀加工齿背，但必须将分度头转过一个角度 ω（见图 3-2-95b）：

$$\omega=90°-\theta-\alpha_1$$

式中　ω——分度头主轴的回转角（°）；

θ——工件的齿槽角（°）；

α_1——工件的齿背角（°）。

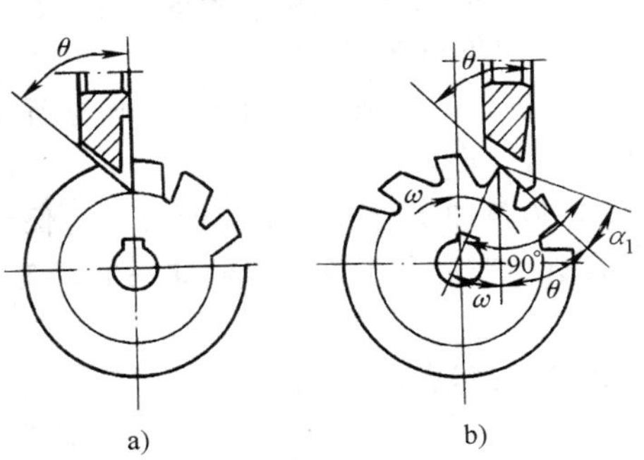

图 3-2-95　用单角铣刀开齿（$\gamma_o=0°$）

a）齿槽加工　b）齿背加工

然后可按下式计算出分度头手柄转数 n：

$$n=\frac{\omega}{9°}=\frac{90°-\theta-\alpha_1}{9°}$$

式中　α_1——工件的齿背角（°）。

（2）用双角铣刀开齿

1）选择工作铣刀的角度必须与所要加工铣刀的齿槽角 θ 相等。

2）齿槽加工。可以用双角铣刀加工，但必须使工作铣刀相对工件中心偏移一个距离 S（见图 3-2-96a）：

$$S=(R-h)\sin\theta_1$$

偏移后还应计算出升高量 H：

$$H=R-(R-h)\cos\theta_1$$

式中　R——工件半径（mm）；

h——工件齿槽深度（mm）；

θ_1——双角铣刀的小角度（°）。

3）齿背加工（见图 3-2-96b）。分度头主轴回转角 ω 的计算和分度方法与用单角铣刀开齿 $\gamma_o=0°$ 的齿背时相同，但公式中的 θ 是代表双角铣刀的角度（包括小角度 θ_1 在内）。

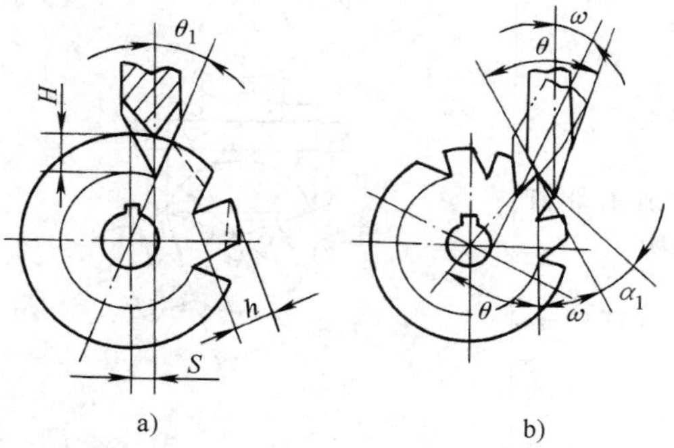

图 3-2-96　用双角铣刀开齿（$\gamma_o=0°$）

a）齿槽加工　b）齿背加工

（3）简易对刀方法　用双角铣刀铣前角 $\gamma_o=0°$ 的齿槽时，也可采用下面的简易对刀方法。

加工时，刀尖与工件中心线对正后，先铣出浅印 A（见图 3-2-97a）；然后将工件转过一个工作铣刀小角度 θ_1，并且使刀尖仍然对正浅印 A（见图 3-2-97b）；再降低工作台，使工件按图中箭头 B 的方向离开刀尖一个距离 S（见图 3-2-97c）。移动距离 S 用下式计算：

$$S=h\sin\theta_1$$

式中　θ_1——工件转过角度（即工作铣刀小角度）（°）；

h——工件齿槽深度（mm）。

工作台横向移动后，接着升高工作台进行铣削。当铣刀刀齿铣到浅印 A 后（见图 3-2-97d），背吃刀量就达到尺寸要求了。

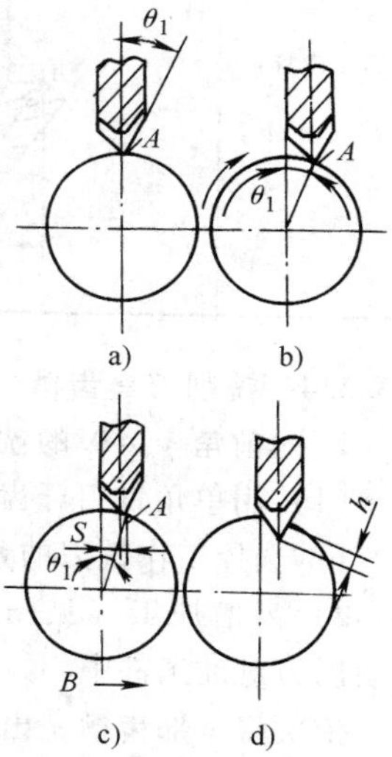

图 3-2-97　简易对刀方法（$\gamma_o=0°$）

2. 对前角 γ_o>0°的铣刀开齿

（1）用单角铣刀开齿

1）选择工作铣刀的角度必须与所要加工铣刀的齿槽角 θ 相等。

2）齿槽加工（见图 3-2-98a）。为保证前角 γ_o 的大小，工作铣刀在进给时应与工件中心偏移一个距离 S：

$$S=R\sin\gamma_o$$

计算升高量 H：

$$H=R(1-\cos\gamma_o)+h$$

式中　R——工件半径（mm）；

γ_o——工件前角（°）；

h——工件齿槽深度（mm）。

3）齿背加工（见图 3-2-98b）。齿槽加工后，可直接用单角铣刀加工齿背，但必须将分度头转过一个角度 ω：

过一个角度 ω：

$$\omega = 90° - \theta - \alpha_1 - \gamma_o$$

式中　ω——分度头主轴的回转角（°）；

θ——工件的齿槽角（°）；

α_1——工件的齿背角（°）；

γ_o——工件前角（°）。

然后再换算成分度头手柄转数 n。

4）简易对刀方法。用单角铣刀铣削前角 $\gamma_o>0°$ 齿槽的简易对刀方法如图 3-2-99 所示。先使单角铣刀端面切削刃对准工件中心，并铣出浅印 A；然后将工件按图中所示箭头方向转动一个 γ_o 角（刀坯前角），再重新使铣刀刀尖和浅印 A 对准，工作台升高一个齿槽深度 h 后，就可正式铣削。

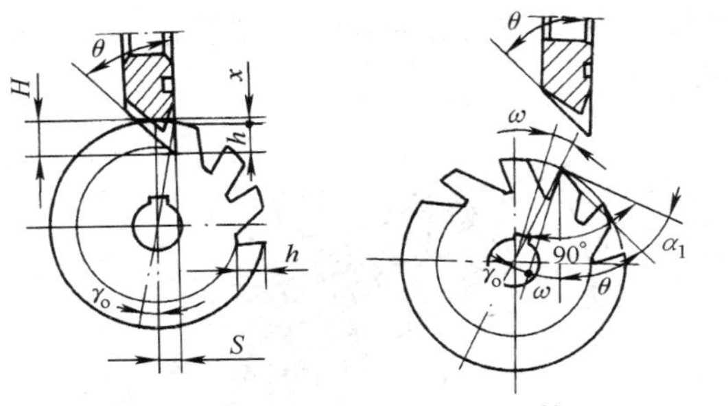

a)　　b)

图 3-2-98　用单角铣刀开齿（$\gamma_o>0°$）

a）齿槽加工　b）齿背加工

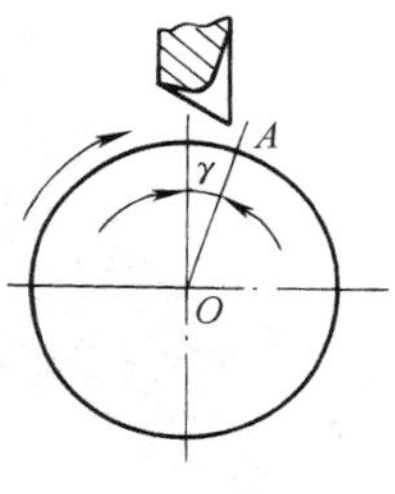

图 3-2-99　简易对刀方法（$\gamma_o>0°$）

（2）用双角铣刀开齿

1）选择工作铣刀的角度必须与所要加工铣刀的齿槽角 θ 相等。

2）齿槽加工。计算铣刀偏移距离 S（见图 3-2-100a）：

$$S = R\sin(\theta_1 + \gamma_o) - h\sin\theta_1$$

计算升高量 H：

$$H = R[1 - \cos(\theta_1 + \gamma_o)] + h\cos\theta_1$$

式中　R——工件半径（mm）；

γ_o——工件前角（°）；

θ_1——双角铣刀的小角度（°）；

h——工件齿槽深（mm）。

3）齿背加工（见图 3-2-100b）。ω 的计算和分度方法与用单角铣刀开齿 $\gamma_o>0°$ 的齿背时相同。

3. 圆柱螺旋齿铣刀的铣削

（1）刀具的选择　加工螺旋齿应选用双角铣刀。双角铣刀的角度和旋向应根据工件的齿槽角决定（见图 3-2-101）。如果工件的旋向为右旋，应选用左切双角铣刀；如果工件的旋向为左旋，应选用右切双角铣刀。

如果没有合适的刀具，用左切双角铣刀加工左旋齿槽或用右切双角铣刀加工右旋齿槽时，一般工作台角度应多扳 3°左右，以弥补可能发生的“内切”现象。

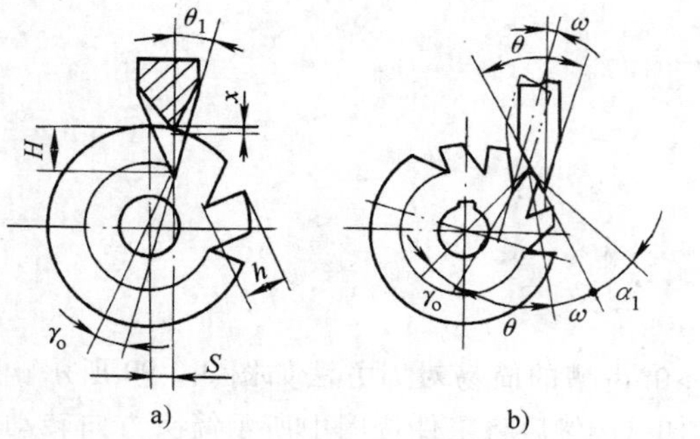

图 3-2-100 用双角铣刀开齿（$\gamma_o>0°$）

a）齿槽加工 b）齿背加工

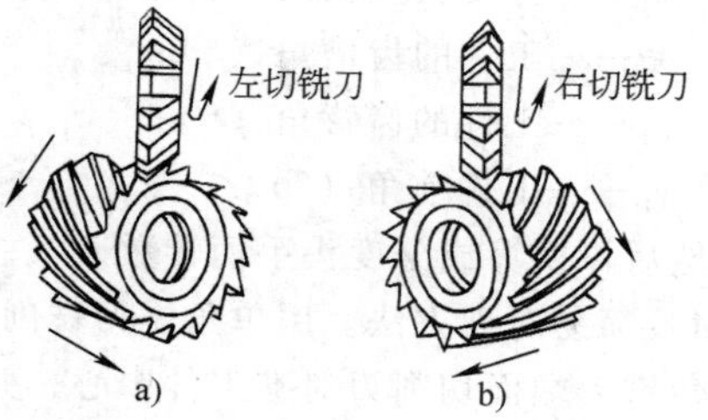

图 3-2-101 双角铣刀的选择

a）右旋开齿 b）左旋开齿

（2）工作台转角度的确定 铣右旋齿槽，工作台逆时针转动一个螺旋角；铣左旋齿槽，工作台顺时针转动一个螺旋角（见图 3-2-102）。

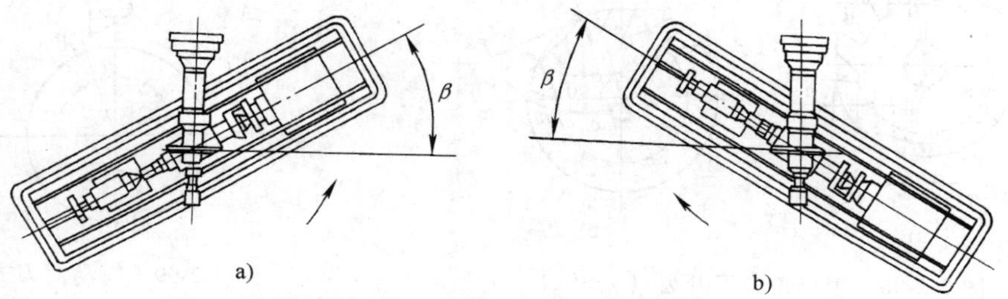

图 3-2-102 工作台转角度的确定

a）右旋铣刀开齿 b）左旋铣刀开齿

当工件螺旋角 $\beta<20°$ 时，工作台扳转角度等于工件螺旋角 β；当工件螺旋角 $\beta>20°$ 时，为了避免工作铣刀发生内切，工作台实际转动角度 β_1 应小于工件螺旋角 β：

$$\tan\beta_1=\tan\beta\cos(\theta_1+\gamma_{on})$$

式中 β——工件螺旋角（°）；

β_1——工作台实际转角（°）；

θ_1——工作铣刀的小角度（°）；

γ_{on}——工件的法向前角（°）。

（3）传动比的计算

$$传动比\ i=\frac{40P}{P_h}=\frac{40P}{\pi D\cot\beta}$$

式中 40——分度头定数；

P——铣床纵向工作台丝杠螺距（mm）；

P_h——工件导程（mm）；

D——工件外径（mm）。

（4）偏移量 S 和升高量 H 的计算

$$S=R\sin(\theta_1+\gamma_{on})-h\sin\theta_1$$

$$H=R[1-\cos(\theta_1+\gamma_{on})]+h\cos\theta_1$$

式中 R——工件半径（mm）；

γ_{on}——工件法向前角（°）；

θ_1——工作铣刀的小角度（°）；

h——工件的齿槽深（mm）。

4. 麻花钻头的铣削

常用的麻花钻头有两条螺旋形沟槽，其螺旋角为β（见图3-2-103）。

（1）刀具的选择 铣削钻头螺旋槽及齿背所用的铣刀是一组特形铣刀，其刀齿的几何形状根据钻头的直径来决定（见图3-2-104）。如果选择得不正确，就不能保证加工出的钻头钻槽截形符合要求。

（2）工件装夹 由于钻头工作部分的钻心直径是带锥度的，即从头部向柄部方向逐渐增大，所以在铣削时，还应将分度头主轴向上扳转一个角度α。α大小应根据钻心直径的增大量确定，一般每100mm的长度，钻头工作部分钻心直径的增大量为1.4~1.8mm。分度头校正后还应调整顶尖，然后夹好。

（3）参数计算 工作台转角大小、转动方向、传动比与铣削圆柱螺旋齿铣刀相同。

（4）对刀 对刀时一般采用试铣的方法。

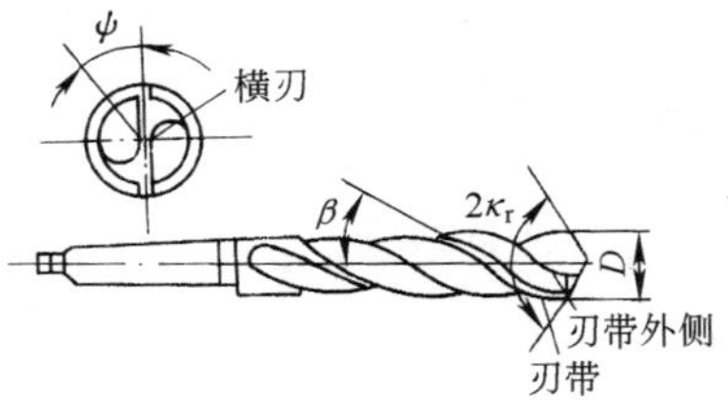

图3-2-103 麻花钻头

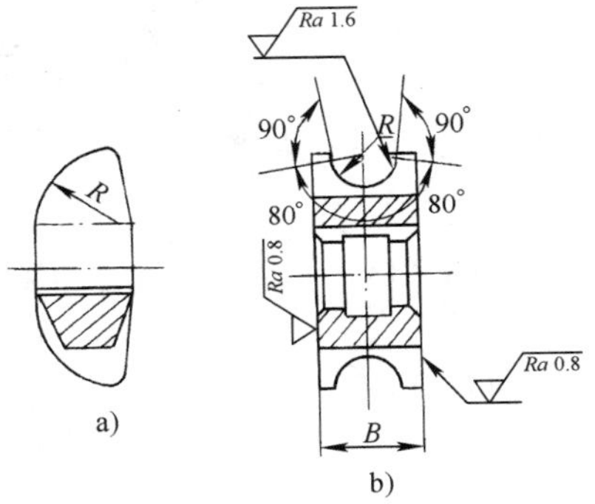

图3-2-104 铣削钻头用铣刀

a）铣槽刀 b）铣齿背刀

5. 端面齿的铣削

（1）刀具的选择 采用单角铣刀，其工作铣刀的角度必须与所要加工铣刀的齿槽角θ相等。

（2）分度头倾斜角φ的计算公式 三面刃铣刀、单角铣刀等都具有端面齿。为保证刀齿全长上刃口棱边的宽度相等，在开齿时应把分度头主轴倾斜一个角度φ（见图3-2-105）：

$$\cos\varphi = \tan\frac{360°}{z}\cot\theta$$

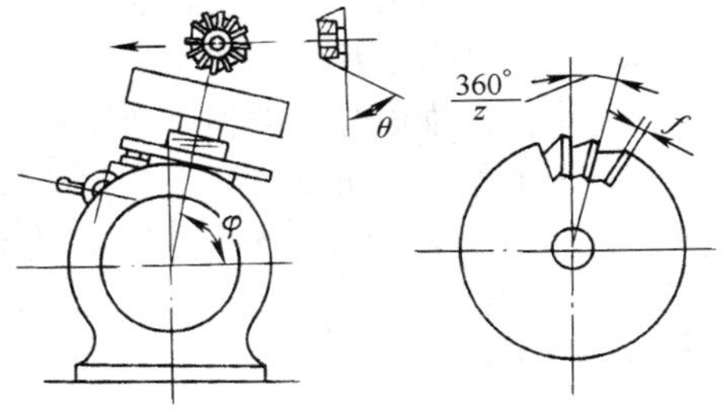

图3-2-105 端面齿的铣削

式中 z——刀坯齿数；

θ——工作铣刀截形角（°）。

（3）偏移量S的计算 当被加工工件前角等于0°时，单角工作铣刀的端面切削刃对准工件中心就可以进行铣削。

当被加工工件前角大于0°时，单角工作铣刀端面切削刃对正工件中心后还需将工作台横

向移动一个距离 S：

$$S = R\sin\gamma_{os}$$

式中 R——工件半径（mm）；

γ_{os}——工件刀齿端面前角（°）。

实际生产中，虽然计算出了偏移量 S 值，但为了保证端面刀刃和圆周切削刃互相对齐、平滑连接，往往采用试铣方法来对刀。

6. 锥面齿的铣削

1）工作铣刀的选用及横向偏移量 S 的计算与端面齿的铣削相同。

2）分度头倾斜角 φ 的计算。锥面刀齿也要求刀齿在全长上棱边宽度一致，所以齿槽应是大端深、小端浅，因此铣削时分度头也要扳起一个角度 φ（见图 3-2-106）：

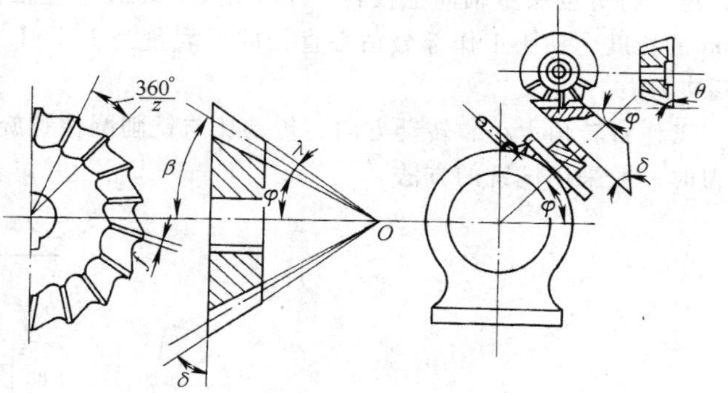

图 3-2-106 锥面齿的铣削

$$\varphi = \beta - \lambda$$

$$\tan\beta = \cos\frac{360°}{z}\cot\delta$$

$$\sin\lambda = \tan\frac{360°}{z}\cot\theta\sin\beta$$

式中 β——工件刀齿齿高中线与工件中心线间夹角（°）；

λ——工件刀齿中线与齿槽底线间夹角（°）；

z——工件刀齿数；

δ——工件锥面与大端端面的夹角（°）；

θ——工作铣刀角度（°）。

3）实际生产中，铣削背吃刀量 a_p 也采用试切方法来确定，主要应保证锥面上刀刃棱边宽度所规定的数值。

7. 铰刀的开齿

铰刀一般有圆柱铰刀和圆锥铰刀两种（见图 3-2-107）。圆柱铰刀的开齿方法与在圆盘形刀坯上开直齿时相同。

圆锥铰刀有等分齿和不等分齿之分，不等分齿较为常见，故须分度。为了保证全部刀齿的切削刃宽度一致，加工中各齿的背吃刀量不应完全一致。中心角大的刀齿铣得深些，中心角小的刀齿铣得浅些。

另外，铣削圆锥铰刀时，还要将分度头扳转一个角度，其计算公式与角铣刀开锥面齿时的公式相同。因一般锥铰刀的工作图中未给出刀齿角 δ，而是给出了铰刀大、小端直径及工作部

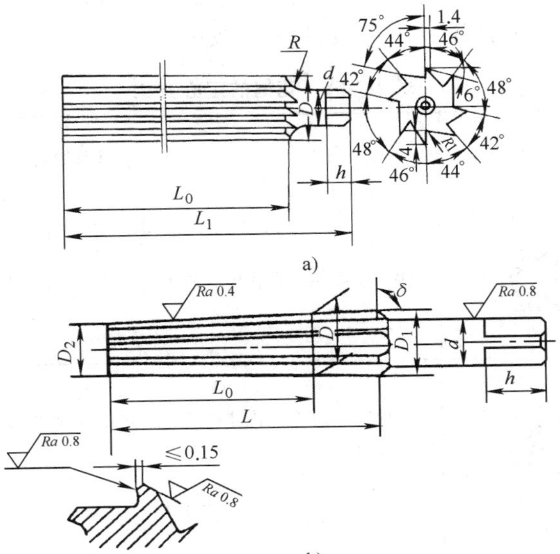

a)

b)

图 3-2-107　铰刀

a）圆柱铰刀　b）圆锥铰刀

分长度，这时可按下式求出 δ：

$$\tan\delta = \frac{D_1 - D_2}{2L}$$

式中　D_1——铰刀大端直径（mm）；

D_2——铰刀小端直径（mm）；

L——铰刀圆锥部分长度（mm）。

求出 δ 后，可代入铣锥面齿的有关公式，求出分度头主轴的扳角 φ 即可加工。铰刀刀齿的不等分分度可查表 3-2-87。

表 3-2-87　铰刀刀齿的不等分分度

（分度头定数 40，铣 6~16 齿铰刀时，选 49 孔分度盘）

铰刀齿数	第一个角度	转数	孔数	第二个角度	转数	孔数	第三个角度	转数	孔数	第四个角度	转数	孔数	第五个角度	转数	孔数	第六个角度	转数	孔数	第七个角度	转数	孔数	第八个角度	转数	孔数
6	58°2′	6	22	59°53′	6	32	62°5′	6	44															
8	42°	4	32	44°	4	44	46°	5	6	48°	5	16												
10	33°	3	34	34°30′	3	41	36°	4		37°30′	4	8	39°	4	15									
12	27°30′	3	3	28°30′	3	8	29°30′	3	14	30°30′	3	19	31°30′	3	24	32°30′	3	30						
14	23°30′	2	30	24°15′	2	34	25°	2	38	25°45′	2	43	26°30′	2	46	27°	3		28°	3	5			
16	20°30′	2	14	21°	2	17	21°30′	2	20	22°15′	2	23	22°45′	2	26	23°15′	2	29	24°	2	32	24°45′	2	35

2.3.3.5　铣削花键

1. 花键的定心方式及加工精度

（1）花键的定心方式　花键轴的种类较多，按齿廓的形状可分为矩形齿、梯形齿、渐开线齿和三角形齿等。

花键的定心方式有三种（见表3-2-88），但一般情况下，均按大径定心。矩形齿花键轴由于加工方便，强度较高，而且易于对正，所以应用较广。

表3-2-88 花键的定心方式

定心方式	图示	特点及用途
小径定心	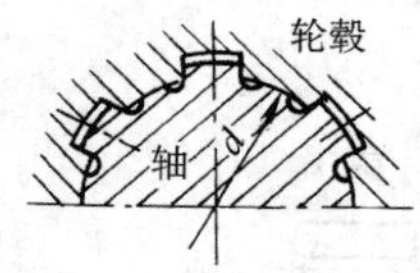	小径定心是矩形花键联接最精密的方法，定心精度高。多用于机床行业
大径定心	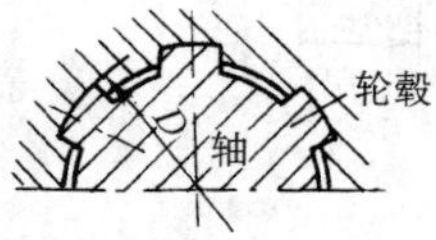	大径定心的矩形花键联接加工方便，定心精度较高，可用于汽车、拖拉机和机床等行业
齿形定心	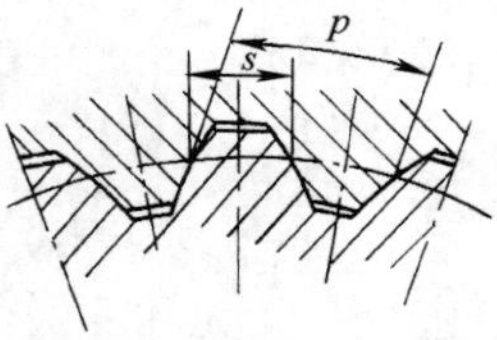	齿形定心方式用于渐开线花键。在受载情况下能自动定心，可使多数齿同时接触。有平齿根和圆齿根两种，圆齿根有利于降低齿根的应力集中。适用于载荷较大的汽车、拖拉机变速器轴等

（2）花键加工的精度（见表3-2-89）

表3-2-89 花键加工的精度

花键轴					
花键轴外径/mm	键数	加工方法			
		花键滚刀滚花键		成形磨削	
		精度/mm			
		花键宽	小圆直径	花键宽	小圆直径
18~30	6和4	0.025	0.05	0.013	0.027
>30~50		0.040	0.075	0.015	0.032
>50~80		0.050	0.10	0.017	0.042
>80~120	10和6	0.075	0.125	0.019	0.045
花键孔					
花键的最大直径/mm	键数	加工方法			
		拉削		推削	
		热处理前的精度/mm			
		花键宽	小圆直径	花键宽	小圆直径
18~30	10、6和4	0.013	0.018	0.008	0.012
>30~50		0.016	0.026	0.009	0.015
>50~80		0.016	0.030	0.012	0.019
>80~120		0.019	0.035	0.012	0.023

2. 在铣床上铣削矩形齿花键轴

花键轴可以在专用的花键铣床上采用滚切法进行加工，这种方法有较高的生产率和加工精度，但在没有专用花键铣床或修配较少数量零件时，也可以在普通卧式铣床上进行铣削。

（1）用单刀铣削矩形齿花键轴

1）工件的装夹与找正。先把工件的一端装夹在分度头的自定心卡盘内，另一端由尾座顶尖顶紧，然后用百分表从下列三个方面进行找正（见图3-2-108）。

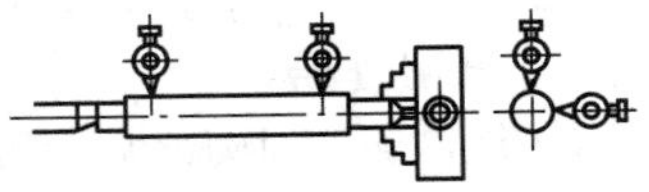

图3-2-108　花键轴铣削前的找正

① 工件两端的径向圆跳动量。

② 工件的上母线相对于工作台台面的平行度。

③ 工件的侧母线相对于纵向工作台移动方向的平行度。

2）铣刀的选择和安装。

① 铣削键侧用刀具。选用直齿三面刃铣刀，外径尽可能小些，以减少铣刀的端面圆跳动，使铣削平稳，保证键侧有较低的表面粗糙度值。铣刀宽度也应尽量小些，以免在铣削中伤及邻齿齿侧。

② 铣削小径用刀具。选用厚度为2~3mm的细齿锯片铣刀铣削，或者自制凹圆弧成形单刀头（用高速钢磨制）铣削（见图3-2-109）。

铣刀安装时，可将三面刃铣刀与锯片铣刀以适当的间隔距离安装在同一根刀杆上。这样在加工时，只要移动横向工作台，就可以将花键的键侧及槽底先后铣出，避免了装拆刀具的麻烦。

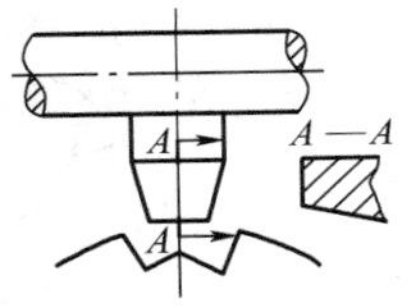

图3-2-109　铣削小径用成形单刀头

3）对刀。对刀时，必须使三面刃铣刀的侧面切削刃和花键键侧重合，这样才能保证花键的宽度和键侧的对称性。常用的对刀方法有以下几种：

① 侧面接触对刀。先使三面刃铣刀侧面切削刃微微接触工件外圆表面，然后垂直向下退出工件，再使横向工作台朝铣刀方向移动一个距离S：

$$S=\frac{D-b}{2}$$

式中　D——工件外径（mm）；

　　　b——花键键宽（mm）。

这种对刀方法简单，对刀时D应按实测的尺寸计算。但这种方法有一定的局限性，即当工件外径较大时，由于受铣刀直径的限制，刀杆可能会和工件相碰，此时就不能采用这种方法对刀。

② 用切痕法对刀。如图3-2-110所示，先由操作者目测使工件中心尽量对准三面刃铣刀中心；然后开动机床，并逐渐升高工作台，使铣刀圆周切削刃少量切着工件，再将横向工作台前后移动，就可以在工件上切出一个椭圆形痕迹，只要将工作台逐渐升高，痕迹的宽度也会加宽。当痕迹宽度等于花键键宽后，可移动横向工作台，使铣刀的侧面与痕迹边缘相切，即完成对刀目的。为了去掉这个痕迹，必须在对刀后将工件转过半个齿距，才能开始铣削。

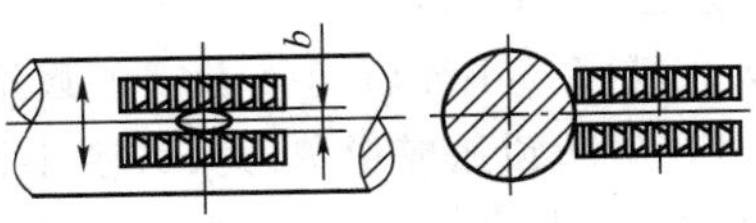

图3-2-110　用切痕法对刀

③ 用划线法对刀。如图3-2-111所示，采用这种方法对刀时，先要在工件上划线，划线顺序是，用高度尺先在工件外圆柱面的两侧各划一条中心线，然后通过分度头将工件转过180°，再用高度尺试划一次，两次所划的中心线重合即可；若不重合，应调整高度尺的高度重划，直到划出正确的中心线后为止。最后分别升高和降低半个花键键宽划出两条键侧线。

中心线和键侧线划好后，再通过分度头将工件转过 90°，使划线部分外圆朝上，并用高度尺在工件端面划出花键的铣切深度线。

铣削时，只要使三面刃铣刀的侧面切削刃对准所划的键侧线即可。

4）铣削过程。

① 铣键侧。对刀之后，可以先依次铣完花键的一侧（见图 3-2-112a），然后移动横向工作台，再依次铣完花键的另一侧（见图 3-2-112b）。工作台应向铣刀方向移动，移动的距离 S 可按下式计算：

$$S=B+b$$

式中　B——三面刃铣刀宽度（mm）；

　　　b——花键键宽（mm）。

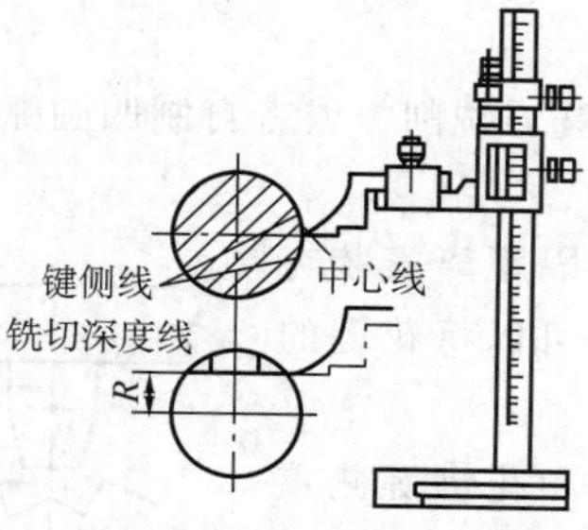

图 3-2-111　用划线法对刀

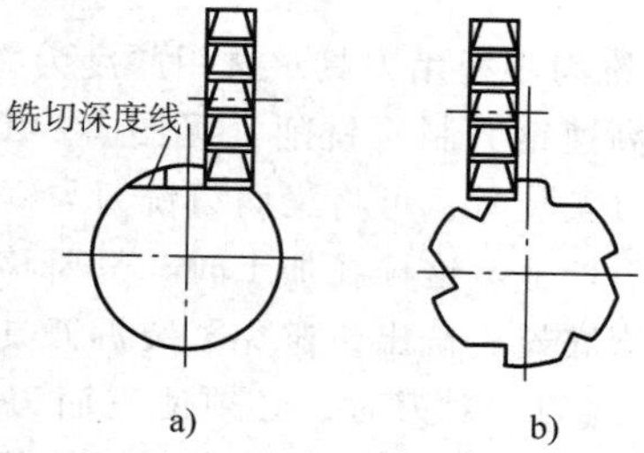

图 3-2-112　铣键侧

在铣削花键一侧时，应在铣第一条花键一段长度后，测量其键宽尺寸是否合格，否则应进行调整。

② 铣削小径圆弧面。键侧铣好以后，槽底的凸起余量就可用装在同一根刀杆上的锯片铣刀进行铣削。铣削前，应使锯片对准工件的中心线（见图 3-2-113a），摇动铣床升降工作台，使切削刃轻轻擦到或贴在齿顶表面的薄纸为止。摇动分度头手柄，使工件转过一定角度，从靠近键的一侧开始铣削（见图 3-2-113b）；然后将工作台升高到铣切深度，再摇动纵向进给工作台进行铣削。铣完一刀后，摇动分度头手柄，转过几个孔距，使工件稍转一些再铣第二刀，这样铣出的小径是呈多边形的。因此，每铣一刀后工件转过的角度越小，铣削次数越多，小径就越接近一个圆弧（见图 3-2-113c）。

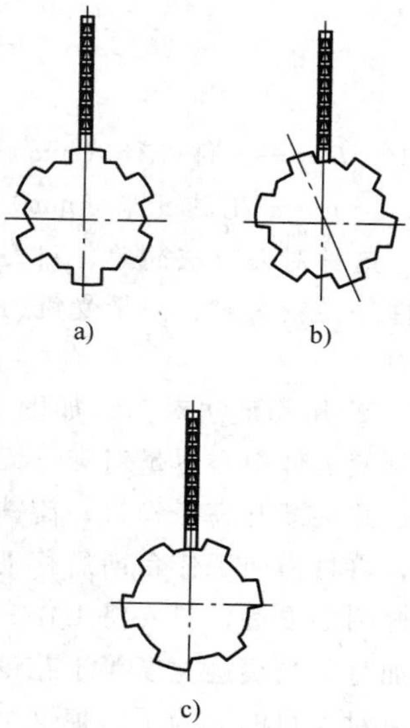

图 3-2-113　铣削槽底圆弧面

③ 用凹圆弧成形单刀头铣削小径圆弧面（见图 3-2-109）。用这种方法铣削小径圆弧可一次完成，但必须注意，使用这种方法对刀比较麻烦，若对刀不准会使铣出的小径圆弧中心和工件不同心。对刀的方法是先将单刀头装夹在专用的刀杆上，而在分度头自定心卡盘和尾座顶尖之间，装上一个与工件完全相同的试件，并要进行找正，然后开动机床，逐渐升高工作台及移动横向工作台，使凹圆弧形刀头两尖角同时擦着试件的表面即可。对刀完毕后，锁紧横向工作台，拆下试件，换上已铣好键侧的花键轴。重新找正后，摇动分度头手柄，使花键槽对准刀头凹圆弧后即可进行铣削加工。

（2）用组合铣刀铣削矩形齿花键轴　用组合铣刀铣削矩形齿花键时，工件的装夹、调整与用单刀铣削矩形齿花键时相同，但在选择和安装铣刀时应注意以下几点：

1）两把铣刀直径必须相同。

2）两把铣刀的间距应等于花键宽度，可用铣刀之间的垫圈或垫片的厚度来保证，并要经过试切，确定齿宽在公差范围内。

3）对刀方法如图 3-2-114 所示。与用单刀铣削花键时“用侧面接触对刀”基本相同，但工作台横向移动距离 S 计算有所不同：

$$S=\frac{D}{2}+B+\frac{b}{2}$$

式中　D——工件外径（mm）；

B——一把铣刀的宽度（mm）；

b——花键键宽（mm）。

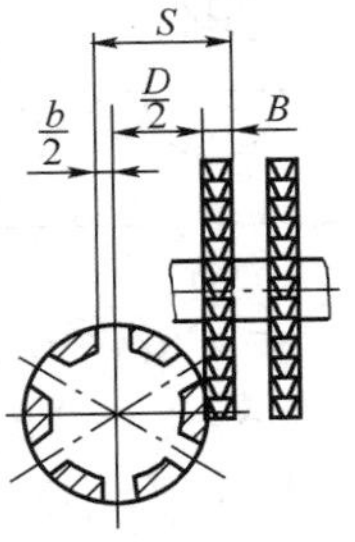

图 3-2-114　用组合铣刀时的对刀方法

对刀结束后，紧固横向工作台，调整好背吃刀量，即可开始铣削。采用组合铣刀铣削花键键侧和槽底时，可将工件经过两次装夹分别铣削，这样可以避免铣削一根花键轴就要移动横向工作台和调整背吃刀量的麻烦。

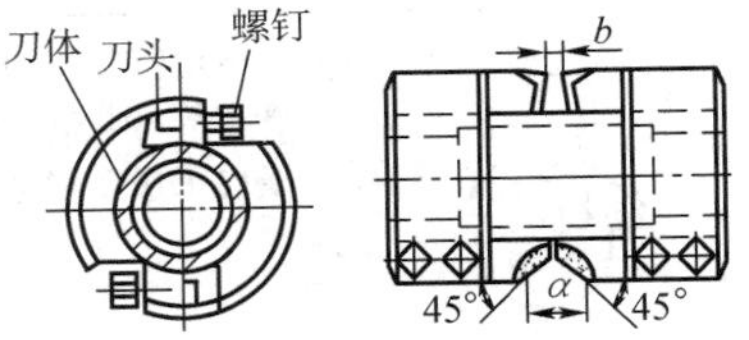

图 3-2-115　硬质合金组合刀盘

（3）用硬质合金组合刀盘精铣花键轴　采用高速钢三面刃铣刀铣削花键时，其键侧表面粗糙度 Ra 一般为 3.2~6.3μm，而且效率较低。也有在加工批量较大的花键轴时，先用高速钢成形铣刀将花键轴小径加工好，而键侧留有精铣余量，然后用硬质合金组合刀盘（见图 3-2-115）精铣键侧。刀盘上共有两组刀，其中一组刀（共两把）为铣花键两铡用，另一组刀（也是两把）为加工花键两侧倒角用，每组刀的左右刀齿间的距离均可根据键宽或花键倒角的尺寸需要进行调整。使用这种刀盘精铣花键，不但效率高，而且表面粗糙度 Ra 可达 0.8μm。

（4）用成形铣刀铣削花键轴

1）花键成形铣刀的种类见表 3-2-90。

表 3-2-90　花键成形铣刀的种类

名　称	图　示	名　称	图　示
铲齿成形铣刀	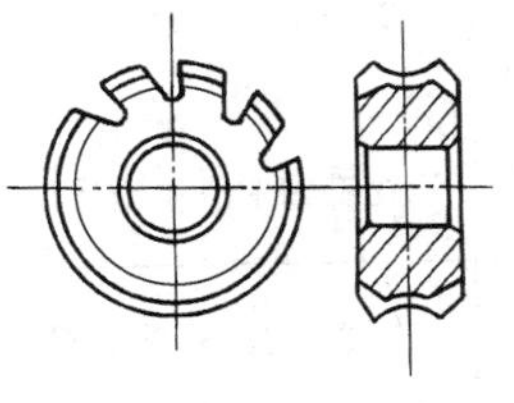	焊接硬质合金成形铣刀	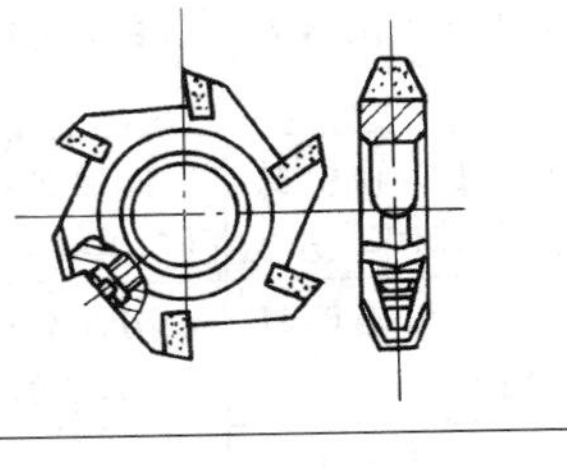
尖齿成形铣刀	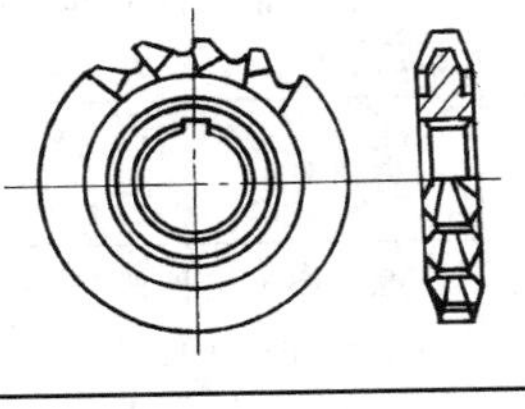	机夹式硬质合金成形铣刀	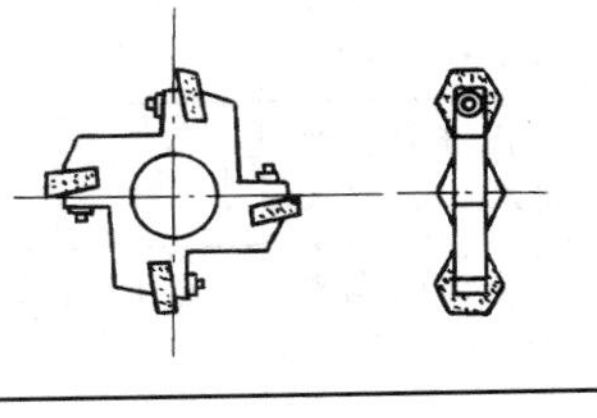

2）用成形铣刀铣削花键轴的对刀方法见表 3-2-91。

表 3-2-91　用成形铣刀铣削花键轴的对刀方法

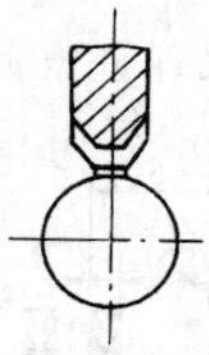	先用目测法使铣刀对准工件中心，开动机床，升高工作台，使成形铣刀的两尖角同时接触工件外圆表面
	按花键深度的 3/4 铣削一刀，退出工件，检查花键的对称性
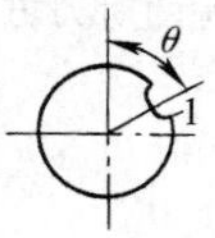	工件沿顺时针方向转动 θ 角，θ 按下式计算： $$\theta=90°-\frac{180°}{z}$$ 式中　z—花键轴键数 用杠杆百分表测量键侧 1 的高度
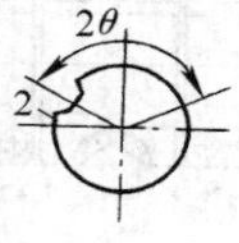	沿逆时针方向将工件转过 2θ 角，用杠杆百分表测量键侧 2 的高度。若键侧 1、键侧 2 的高度相等，则说明花键的对称性很好；若高度不等，应做微调。当键侧 1 比键侧 2 高 Δx 时，应将横向工作台移动距离 S。键侧 1 靠向铣刀。S 可用下式计算： $$S=\frac{\Delta x}{2\cos\frac{180°}{z}}$$ 按花键深度调整好机床，即可铣削花键

3. 铣削花键轴时加工误差的产生原因及解决方法（见表 3-2-92）

表 3-2-92　铣削花键轴时加工误差的产生原因及解决方法

加工误差		产生原因	解决方法
用成形铣刀加工时，键侧产生波纹		刀杆与挂架配合间隙过大，并缺少润滑油，铣削时有不正常声音发生	调整间隙，加注润滑油或改装滚动轴承挂轮架
用成形铣刀加工时，键侧及槽底均有深啃现象		铣削过程中中途停刀	铣削中途不能停止进给运动
用成形铣刀或三面刃铣刀加工时	花键轴中段产生波纹	花键轴太细太长，刚度差，铣至轴的中段时，工件发生振动	花键轴中段用千斤顶托住
	键侧表面粗糙度值高	刀杆弯曲或刀杆垫圈不平，引起铣刀轴向跳动，切削不平稳	矫直刀杆，修整垫圈
	花键的两端内径不一致	工件上母线与工作台不平行	重新校正工件上母线相对于工作台面的平行度
	花键对称性超差	对刀不准	重新对刀
	花键两端对称性不一致	工件侧母线与纵向工作台移动方向不平行	重新校正工件侧母线相对于纵向工作台移动方向的平行度

2.3.3.6　铣削链轮

1. 铣削滚子链链轮

对于精度要求较高或生产数量较多的标准链轮，一般用链轮滚刀在滚齿机上滚切加工。对于数量不多的链轮，常用专用的链轮铣刀加工。铣削同一个节距和滚子直径的链轮铣刀，根据工件齿数不同分为五个刀号数（见表 3-2-93）。其铣削方法和铣削直齿圆柱齿轮基本相同。

表 3-2-93　滚子链链轮铣刀号数

铣刀号数	1	2	3	4	5
铣齿范围/齿	7~8	9~11	12~17	18~35	35 以上

铣削滚子链链轮时，一般应保证下列几点工艺要求：

1）齿根圆直径尺寸准确。

2）链轮端面圆跳动量和齿根圆径向圆跳动量在允许范围内。

3）分度圆齿距准确。

4）齿形准确。

5）齿沟圆弧半径应符合图样要求。

6）表面粗糙度 Ra 一般应达到 3.2μm。

在传动要求不高，单件生产、修配或无标准链轮刀具，当齿数大于 20 齿时，常采用直线端面齿形。在铣床上加工的滚子链链轮，常见的就是这种齿形。

（1）直线端面齿形滚子链链轮的主要尺寸及计算公式（见表 3-2-94）

表 3-2-94　直线端面齿形滚子链链轮的主要尺寸及计算公式

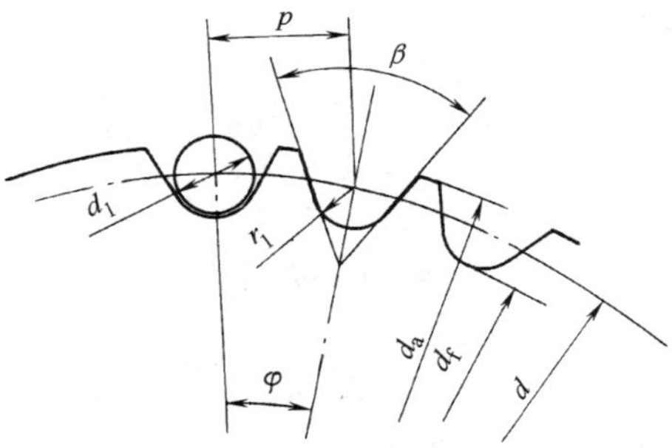

名　　称	代　　号	计算公式
节距	p	链条节距
滚子直径	d_1	设计参数
链轮齿数	z	设计参数
分度圆直径	d	$d=\dfrac{\rho}{\sin\dfrac{180°}{z}}$
齿顶圆直径	d_a	$d_a=d+0.8d_1$
齿根圆直径	d_f	$d_f=d-2r_1$
齿槽半径	r_1	$r_1=0.505d_1$

（续）

名　　称	代　　号	计算公式	
链轮转角	φ	$\varphi=\dfrac{360°}{z}$	
齿槽角	β	$p/d_1<1.6$	$\beta=58°$
		$p/d_1=1.6\sim1.7$	$\beta=60°$
		$p/d_1>1.7$	$\beta=62°$

（2）直线端面齿形滚子链链轮铣削方法

1）工件装夹与找正。当链轮直径和滚子直径较小时，可用分度头装夹；当链轮直径和滚子直径较大时，则采用回转工作台装夹工件。装夹时，应校正链轮外径和端面圆的跳动量，使其在允许范围内。

2）铣削链轮齿沟圆弧。

① 在立式铣床上用立铣刀铣削链轮齿沟圆弧，如图3-2-116所示。

② 在卧式铣床上用凸半圆铣刀铣削链轮齿沟圆弧，如图3-2-117所示。

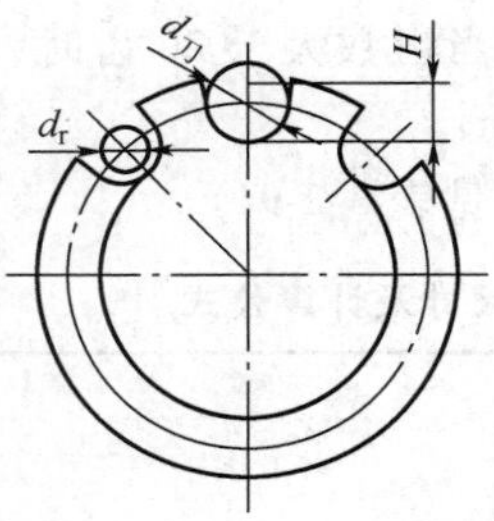

图3-2-116　用立铣刀铣削链轮齿沟圆弧

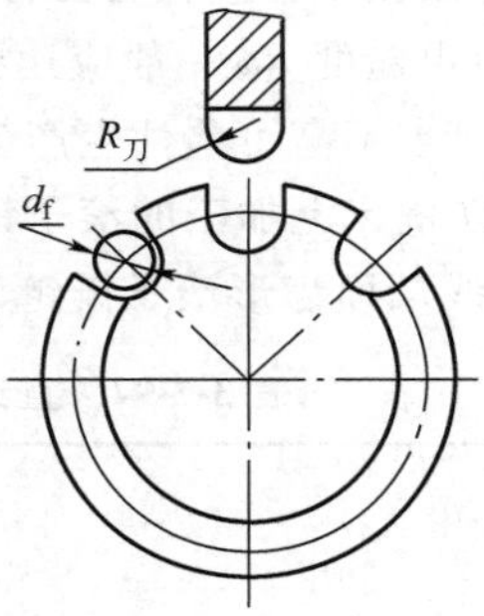

图3-2-117　用凸半圆铣刀铣削链轮齿沟圆弧

铣刀直径和背吃刀量：

$$d_刀=1.005d_1+0.10$$

$$H=\frac{d_a-d_f}{2}$$

式中　$d_刀$——立铣刀直径或R盘铣刀宽度（mm）；

H——背吃刀量（mm）；

d_1——最大滚子直径（mm）；

d_a——齿顶圆直径（mm）；

d_f——齿根圆直径（mm）。

3）在卧式铣床上用三面刃铣刀铣削齿槽两侧。

① 选择并安装铣刀，使三面刃铣刀宽度B小于滚子直径d_1。

② 校准已铣好齿沟圆弧的工件的一条槽，使其处于居中位置，并把三面刃铣刀的一侧对准工件中心（见图3-2-118）；然后按齿槽角β的要求把工件偏转一个φ角（$\beta/2$），工作台横向移动距离S、工作台上升距离H随齿

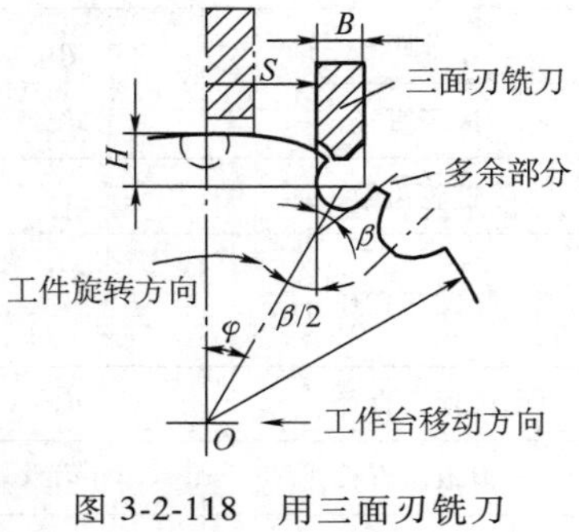

图3-2-118　用三面刃铣刀铣削链轮齿槽齿侧

数不同而变化，一般目测铣至与齿沟圆弧相切即可。S 值按下式计算：

当 $\beta=58°$ 时，$S=0.242d-0.5d_1$

当 $\beta=60°$ 时，$S=0.25d-0.5d_1$

当 $\beta=62°$ 时，$S=0.258d-0.5d_1$

式中　d——链轮分度圆直径（mm）；

d_1——滚子直径（mm）。

③ 铣削齿槽另一侧时，工作台高度不变，分度头反向回转 2φ（β）角，横向工作台反向移动 $2S+B$ 距离即可。

4）用立铣刀铣削齿槽两侧　用铣齿沟圆弧的立铣刀铣完齿沟圆弧后，把齿坯转过 $\beta/2$ 角，并将工作台偏移一个距离 S（见图 3-2-119），将链轮的一侧余量铣去。

偏移量 S 按下式计算：

$$S=\frac{d}{2}\sin\frac{\beta}{2}$$

式中　d——链轮分度圆直径（mm）；

β——链轮齿槽角（°）。

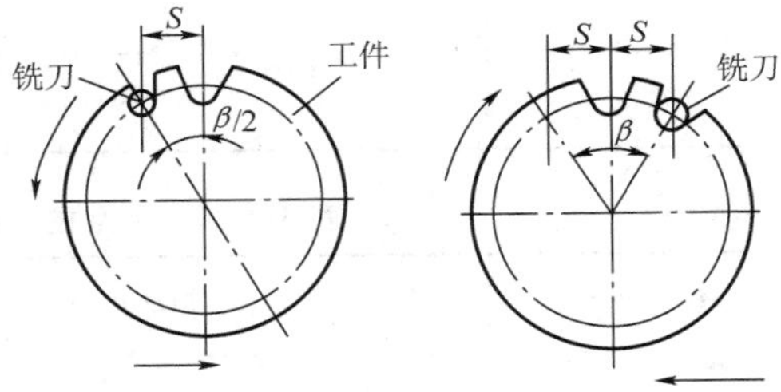

图 3-2-119　用立铣刀铣削链轮齿侧

铣削齿槽另一侧时，使齿坯反向旋转 β 角，工作台反向移动距离 $2S$ 即可。

5）用立铣刀分两次进刀，将链轮沟槽圆弧和齿槽两侧同时铣出的方法。

① 使立铣刀中心对准轮坯中心，然后工作台横向移动一个距离 S，纵向移动一个距离 H，此坐标即链轮齿沟底部圆弧。此时，必须记住纵向刻度盘刻度并做好记号，然后纵向移动工作台，使轮坯退离铣刀，这时齿槽的一个侧面与工作台纵向进给方向平行（见图 3-2-120a）。

② 横向移动距离 S 和纵向移动距离 H 按下式计算：

$$S=\frac{d}{2}\sin\frac{\beta}{2}$$

$$H=\frac{d}{2}\cos\frac{\beta}{2}$$

式中　d——链轮分度圆直径（mm）；

β——链轮齿槽角（°）。

③ 升高工作台后做纵向进给，铣削至链轮槽底，然后分度依次铣完同一侧面。

④ 铣削另一侧齿槽侧面时，工件转过 β 角，工作台横向移动 $2S$ 距离，使另一侧面与纵向进给方向平行，然后依次铣完另一侧（见图 3-2-120b）。

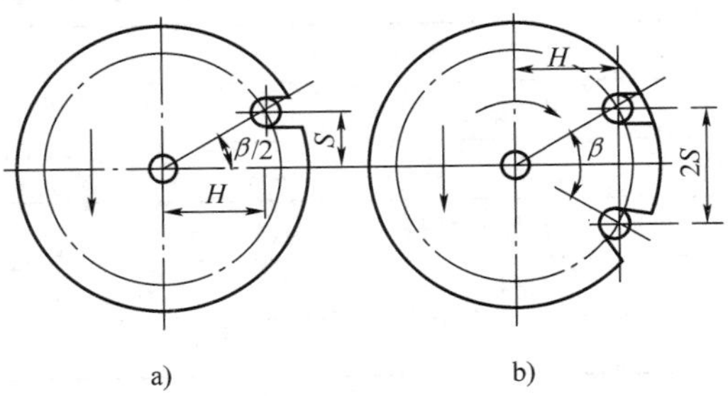

图 3-2-120　用立铣刀两次进刀铣削链轮齿槽

a）铣削齿槽的一侧面

b）铣削齿槽的另一侧面

（3）滚子链链轮的测量　为使链条能在链轮上实现盘啮，链轮齿根圆直径的极限偏差均规定为负值。可以用标准量具直接测量最大齿根距离 L_x（见表 3-2-95），或者用量柱间接测量跨柱测量距 M_R（见表 3-2-96）。

表 3-2-95 直接测量最大齿根距离 L_x

链轮齿数	偶数齿	奇数齿
简 图	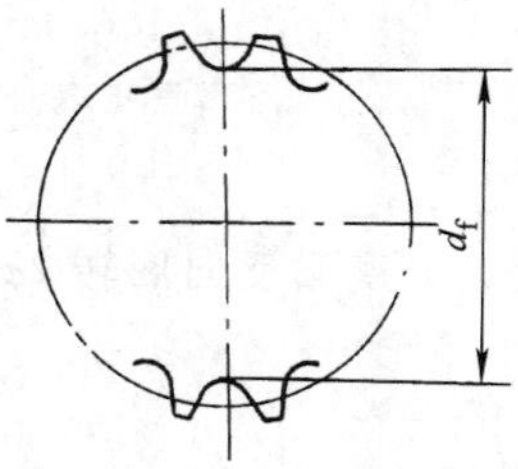	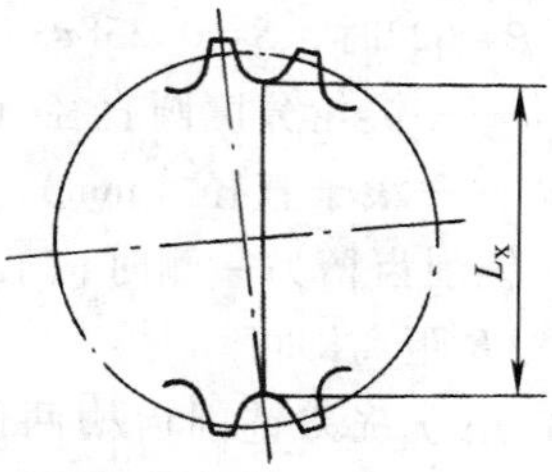
计算公式	$L_x=d_f=d-d_1$	$L_x=d\cos\dfrac{90°}{z}-d_1$

表 3-2-96 用量柱间接测量跨柱测量距 M_R

链轮齿数	偶数齿	奇数齿
简 图	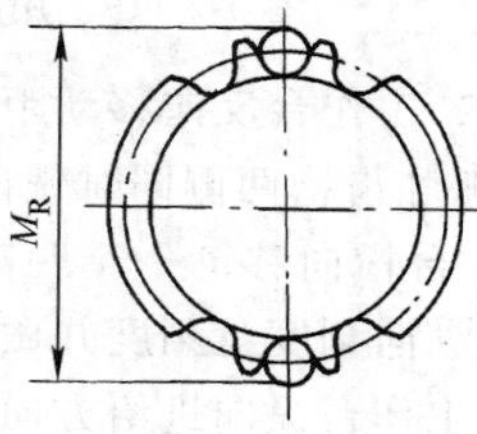	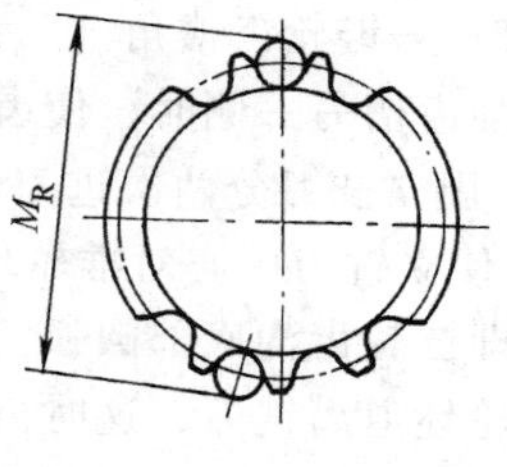
计算公式	$M_R=d+d_R$	$M_R=d\cos\dfrac{90°}{z}+d_R$

注：量柱直径 $d_R=d_1$。量柱技术要求：极限偏差为 $^{+0.01}_{0}$ mm；圆度、圆柱度等公差不超过直径公差之半；表面粗糙度 Ra 为 1.6μm；表面硬度为 55~60HRC。

（4）链轮工作图标注要求 链轮工作图上应列表注明基本参数和齿形等（见表 3-2-97）。

表 3-2-97 链轮工作图标注要求 （单位：mm）

节 距	p	15.875
最大滚子直径	d_1	10.16
齿 数	z	25 齿
量柱测量距	M_R	$136.57^{0}_{-0.25}$
量柱直径	d_R	$10.16^{+0.01}_{0}$
齿 形	按 GB/T 1243—2006	

2. 铣削齿形链链轮

铣削齿形链链轮时，一般应保证下列工艺要求：

1） 节距误差在允许范围内（节距误差是轮齿上部的任意圆上同侧齿面间弦线距离的差）。

2） 齿圈跳动在允许范围内。

3）齿楔角偏差为 $-30'$。

齿形链链轮在没有专用链轮滚刀和专用成形铣刀时可采用下面的方法加工。

（1）用单角度铣刀铣削　用两把单角度铣刀组合铣削齿形链链轮（见图 3-2-121）时，两把单角度铣刀间的垫圈厚度 S 为

$$S=1.273p-1.155$$

式中　p——链轮节距（mm）。

这种方法铣削加工后，齿槽底部留有较多的剩余部分要用锉刀进行修锉（或铣去）。

（2）用三面刃铣刀铣削　用三面刃铣刀（所选用的三面刃铣刀宽度应小于链轮槽底宽度）铣削齿形链链轮（见图 3-2-122）时，铣刀先对正中心，然后工作台偏移一个距离 S，同时工作台上升一个距离 H，即可对链轮一侧进行铣削。

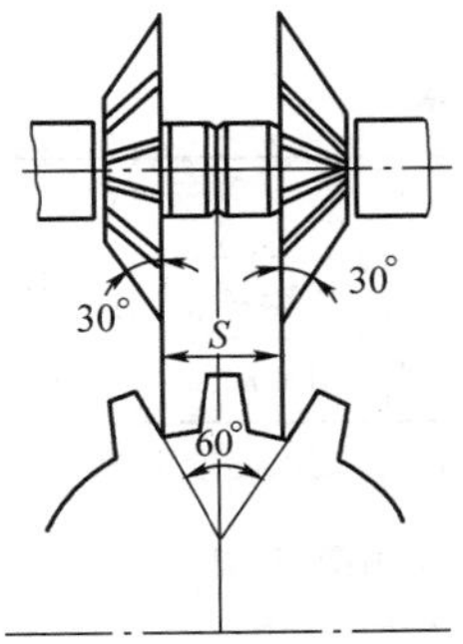

图 3-2-121　用两把单角度铣刀组合铣削齿形链链轮

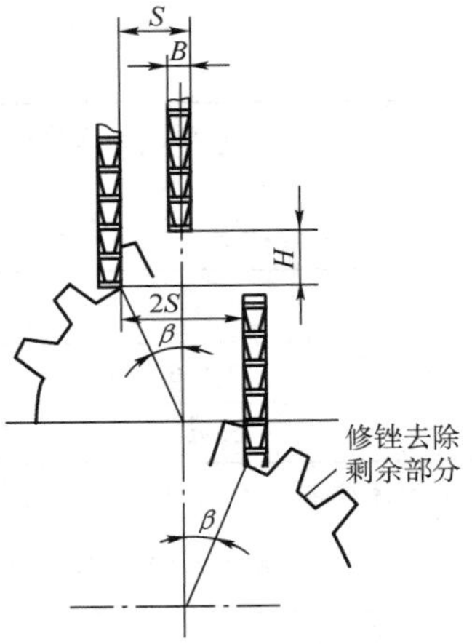

图 3-2-122　用三面刃铣刀铣削齿形链链轮

工作台偏移量 S（mm）和升高量 H（mm）按下式计算：

$$S=\frac{d_f}{2}\sin\beta+\frac{B}{2}$$

$$H=\frac{d_a}{2}-\frac{d_f}{2}\cos\beta$$

式中　d_f——链轮齿根圆直径（mm）；

β——链轮齿槽角（°）；

d_a——链轮顶圆直径（mm）；

B——三面刃铣刀宽度（mm）。

铣削另一侧时，工作台高度不变，只需将工件回转 2β 角，工作台反向移动距离 $2S$ 即可。用三面刃铣刀铣削后，槽底部分也有少量的剩余部分必须用锉刀进行修锉（或铣去）。

（3）齿形链链轮的测量

1）齿形链链轮用量柱测量时 M_R 的计算见表 3-2-98。

2）量柱直径 d_R 和技术要求见表 3-2-99。

3）节距 $p=1$mm 时的齿形链链轮量柱测量距 M_R 见表 3-2-100。

表 3-2-98　齿形链链轮用量柱测量时 M_R 的计算

链轮齿数	偶数齿	奇数齿
简　　图	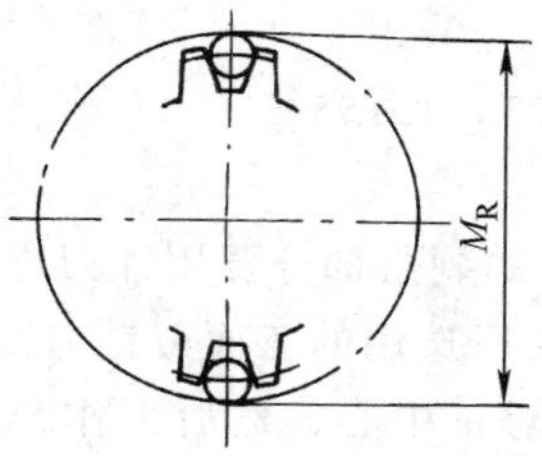	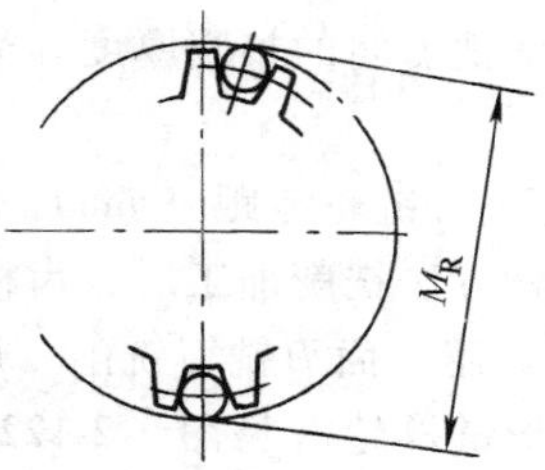
计算公式	$M_R = d - 0.125p\csc\left(30° - \frac{180°}{z}\right) + d_R$	$M_R = \cos\frac{90°}{z}\left[d - 0.125p\csc\left(30° - \frac{180°}{z}\right)\right] + d_R$

注：d—分度圆直径；p—节距；z—齿数；d_R—量柱直径。

表 3-2-99　量柱直径 d_R 和技术要求　　（单位：mm）

$d_R = 0.625p$							
节距 p	9.525	12.7	15.875	19.05	25.4	31.75	38.1
量柱直径 d_R	5.953	7.938	9.922	11.906	15.875	19.844	23.813

注：量柱的技术要求，直径的极限偏差为 $^{+0.01}_{0}$ mm；表面粗糙度 Ra 为 0.8μm；表面硬度为 55~60HRC。

表 3-2-100　节距 p=1mm 时的齿形链链轮量柱测量距 M_R　　（单位：mm）

齿数 z	测量距 M_R	齿数 z	测量距 M_R	齿数 z	测量距 M_R	齿数 z	测量距 M_R	齿数 z	测量距 M_R	齿数 z	测量距 M_R
15	5.006	30	9.884	45	14.667	60	19.457	75	24.230	90	29.012
16	5.362	31	10.192	46	14.994	61	19.769	76	24.554	91	29.327
17	5.669	32	10.524	47	15.305	62	20.094	77	24.867	92	29.649
18	6.018	33	10.833	48	15.632	63	20.407	78	25.191	93	29.964
19	6.325	34	11.164	49	15.943	64	20.731	79	25.504	94	30.286
20	6.669	35	11.473	50	16.270	65	21.044	80	25.828	95	30.601
21	6.975	36	11.803	51	16.581	66	21.369	81	26.142	96	30.923
22	7.315	37	12.112	52	16.907	67	21.681	82	26.465	97	31.237
23	7.621	38	12.442	53	17.219	68	22.006	83	26.779	98	31.560
24	7.960	39	12.751	54	17.545	69	22.319	84	27.102	99	31.874
25	8.266	40	13.080	55	17.857	70	22.643	85	27.416	100	32.197
26	8.602	41	13.390	56	18.182	71	22.956	86	27.739	101	32.511
27	8.909	42	13.718	57	18.494	72	23.280	87	28.053	102	32.834
28	9.244	43	14.029	58	18.820	73	23.593	88	28.376	103	33.148
29	9.551	44	14.356	59	19.132	74	23.917	89	28.690	104	33.470

注：其他节距时的测量距可按表中数值乘其节距 p 即得。

2.3.4　铣削加工常见问题、产生原因和解决方法（见表 3-2-101）

表 3-2-101　铣削加工常见问题、产生原因和解决方法

问　　题	产生原因	解决方法
前刀面产生月牙洼	刀片与切屑焊住	1)用抗磨损刀片、涂层合金刀片 2)降低背吃刀量或铣削负荷 3)用较大的铣刀前角
刃边粘切屑	变化振动负荷造成铣削力增加与温度升高	1)将刀尖圆弧或倒角处用油石研光 2)改变合金牌号,增加刀片强度 3)减少每齿进给量,铣削硬材料时降低铣削速度 4)使用足够的润滑性能和冷却性能好的切削液
刀齿热裂	高温时迅速变化温度	1)改变合金牌号 2)降低铣削速度 3)适量使用切削液
刀齿变形	过高的铣削温度	1)用抗变形、抗磨损的刀片 2)适当使用切削液 3)降低铣削速度及进给量
刀齿刃边缺口或下陷	刀片受拉压交变应力;铣削硬材料刀片氧化	1)加大铣刀导角 2)将刀片切削刃用油石研光 3)降低进给量
镶齿切削刃破碎或刀片裂开	过高的铣削力	1)采用抗振合金牌号刀片 2)采用强度较高的负角铣刀 3)用较厚的刀片、刀垫 4)减小进给量或背吃刀量 5)检查刀片座是否全部接触
刃口过度磨损或边磨损	磨削作用、机械振动及化学反应	1)采用抗磨合金牌号刀片 2)降低铣削速度、增加进给量 3)进行刃磨或更换刀片
铣刀排屑槽结渣	不正常的切屑,容屑槽太小	1)增大容屑空间和排屑槽 2)铣削铝合金时,抛光排屑槽
铣削中工件产生鳞刺	过大的铣削力及过高的铣削温度	1)铣削硬度在 34HRC 以下软材料及硬材料时提高铣削速度 2)改变刀具几何角度,增大前角并保持刃口锋利 3)采用涂层刀片

（续）

问 题	产生原因	解决方法
工件产生冷硬层	铣刀磨钝，铣削厚度太小	1）刃磨或更换刀片 2）增加进给量 3）采用顺铣 4）用较大隙角和正前角铣刀
表面粗糙度值偏大	铣削用量偏大，铣削中产生振动，铣刀跳动，铣刀磨钝	1）降低进给量 2）采用宽刃大圆弧修光齿铣刀 3）检查工作台镶条，消除其间隙及其他运动部件的间隙 4）检查主轴孔与刀杆配合及刀杆与铣刀配合，消除其间隙或在刀杆上加装惯性飞轮 5）检查铣刀刀齿跳动，调整或更换刀片，用油石研磨刃口，降低刃口表面粗糙度值 6）刃磨与更换可转位刀片的刃口或刀片，保持刃口锋利 7）铣削侧面时，用有侧隙角的错齿或镶齿三面刃铣刀
平面度超差	铣削中工件变形，铣刀轴心线与工件不垂直，工件在夹紧中产生变形	1）减小夹紧力，避免产生变形 2）检查夹紧点是否在工件刚度最好的位置 3）在工件的适当位置增设可锁紧的辅助支承，以提高工件刚度 4）检查定位基面是否有毛刺，杂物是否全部清除 5）在工件的安装夹紧过程中，应遵照由中间向两侧或对角顺次夹紧的原则，避免由于夹紧顺序不当而引起的工件变形 6）减小背吃刀量，降低铣削速度，加大进给量，采用小余量、低速度大进给铣削，尽可能降低铣削时工件的温度变化 7）精铣前，放松工件后再夹紧，以消除粗铣时的工件变形 8）校准铣刀轴线与工件平面的垂直度，避免产生工件表面铣削时下凹
垂直度超差	立铣刀铣侧面时直径偏小，或振动、摆动；三面刃铣刀垂直于轴线进给铣侧面时，刀杆刚度不足	1）选用直径较大、刚度好的立铣刀 2）检查铣刀套筒或夹头与主轴的同轴度，以及内孔与外圆的同轴度，并消除安装中可能产生的歪斜 3）减小进给量或提高铣削速度 4）适当减小三面刃铣刀直径，增大刀杆直径，并降低进给量，以减小刀杆的弯曲变形
尺寸超差	立铣刀、键槽铣刀、三面刃铣刀等刀具本身摆动	1）检查铣刀刃磨后是否符合图样要求，及时更换已磨损的刀具 2）检查铣刀安装后的摆动是否超过精度要求范围 3）检查铣刀刀杆是否弯曲；检查铣刀与刀杆套筒接触之间的端面是否平整或与轴线是否垂直，或有杂物、毛刺未清除

2.3.5　铣削用量的选择

2.3.5.1　铣刀磨钝标准及寿命（见表 3-2-102、表 3-2-103）

表 3-2-102　铣刀磨钝标准

<table>
<tr><td colspan="8">高速钢铣刀</td></tr>
<tr><td colspan="2" rowspan="3">铣刀类型</td><td colspan="6">后面最大磨损限度/mm</td></tr>
<tr><td colspan="2">钢和铸钢</td><td colspan="2">耐热钢</td><td colspan="2">铸　铁</td></tr>
<tr><td>粗铣</td><td>精铣</td><td>粗铣</td><td>精铣</td><td>粗铣</td><td>精铣</td></tr>
<tr><td colspan="2">圆柱形铣刀和圆盘铣刀</td><td>0.40～0.60</td><td>0.15～0.25</td><td>0.5</td><td>0.20</td><td>0.50～0.80</td><td>0.20～0.30</td></tr>
<tr><td colspan="2">面铣刀</td><td>1.2～1.8</td><td>0.30～0.50</td><td>0.70</td><td>0.50</td><td>1.5～2.0</td><td>0.30～0.50</td></tr>
<tr><td rowspan="2">立铣刀</td><td>$d_0 \leqslant 15$mm</td><td>0.15～0.20</td><td>0.10～0.15</td><td rowspan="2">0.50</td><td rowspan="2">0.40</td><td>0.15～0.20</td><td>0.10～0.15</td></tr>
<tr><td>$d_0 > 15$mm</td><td>0.30～0.50</td><td>0.20～0.25</td><td>0.30～0.50</td><td>0.20～0.25</td></tr>
<tr><td colspan="2">切槽铣刀和切断铣刀</td><td>0.15～0.20</td><td>—</td><td>—</td><td>—</td><td>0.15～0.20</td><td>—</td></tr>
<tr><td rowspan="2">成形铣刀</td><td>尖齿</td><td>0.60～0.70</td><td>0.20～0.30</td><td>—</td><td>—</td><td>0.60～0.70</td><td>0.20～0.30</td></tr>
<tr><td>铲齿</td><td>0.30～0.40</td><td>0.20</td><td>—</td><td>—</td><td>0.30～0.40</td><td>0.20</td></tr>
<tr><td colspan="2">锯片铣刀</td><td colspan="2">0.50～0.70</td><td colspan="2">—</td><td colspan="2">0.60～0.80</td></tr>
<tr><td colspan="8">硬质合金铣刀</td></tr>
<tr><td colspan="2" rowspan="3">铣刀类型</td><td colspan="6">后面最大磨损限度/mm</td></tr>
<tr><td colspan="3">钢和铸钢</td><td colspan="3">铸　铁</td></tr>
<tr><td colspan="2">粗铣</td><td>精铣</td><td colspan="2">粗铣</td><td>精铣</td></tr>
<tr><td colspan="2">圆柱形铣刀</td><td colspan="3">0.5～0.6</td><td colspan="3">0.7～0.8</td></tr>
<tr><td colspan="2">圆盘铣刀</td><td colspan="3">1.0～1.2</td><td colspan="3">1.0～1.5</td></tr>
<tr><td colspan="2">面铣刀</td><td colspan="3">1.0～1.2</td><td colspan="3">1.5～2.0</td></tr>
<tr><td rowspan="2">立铣刀</td><td>带整体刀头</td><td colspan="3">0.2～0.3</td><td colspan="3">0.2～0.4</td></tr>
<tr><td>镶螺旋形刀片</td><td colspan="3">0.3～0.5</td><td colspan="3">0.3～0.5</td></tr>
</table>

注：1. 本表适于铣削钢的 P10、P20、P30 和铣削铸铁的 K30、K20 与 K01 硬质合金铣刀。
2. 铣削奥氏体不锈钢时，许用的后面最大磨损量为 0.2～0.4mm。

表 3-2-103　铣刀寿命 T　（单位：min）

<table>
<tr><td colspan="2">铣刀直径 d_0/mm　≤</td><td>25</td><td>40</td><td>63</td><td>80</td><td>100</td><td>125</td><td>160</td><td>200</td><td>250</td><td>315</td><td>400</td></tr>
<tr><td rowspan="7">高速钢铣刀</td><td>细齿圆柱形铣刀</td><td colspan="2">—</td><td>120</td><td colspan="2">180</td><td colspan="6">—</td></tr>
<tr><td>镶齿圆柱形铣刀</td><td colspan="3">—</td><td colspan="4">180</td><td colspan="4">—</td></tr>
<tr><td>圆盘铣刀</td><td colspan="3">—</td><td colspan="2">120</td><td colspan="2">150</td><td>180</td><td>240</td><td colspan="2">—</td></tr>
<tr><td>面铣刀</td><td>—</td><td>120</td><td colspan="5">180</td><td colspan="2">240</td><td colspan="2">—</td></tr>
<tr><td>立铣刀</td><td>60</td><td>90</td><td>120</td><td colspan="8">—</td></tr>
<tr><td>切槽铣刀、切断铣刀</td><td colspan="3">—</td><td>60</td><td>75</td><td>120</td><td>150</td><td>180</td><td colspan="3">—</td></tr>
<tr><td>成形铣刀、角铣刀</td><td>—</td><td colspan="3">120</td><td>180</td><td colspan="6">—</td></tr>
<tr><td rowspan="4">硬质合金铣刀</td><td>面铣刀</td><td colspan="3">—</td><td colspan="4">180</td><td colspan="2">240</td><td>300</td><td>420</td></tr>
<tr><td>圆柱形齿刀</td><td colspan="3">—</td><td colspan="4">180</td><td colspan="4">—</td></tr>
<tr><td>立铣刀</td><td>90</td><td>120</td><td>180</td><td colspan="8">—</td></tr>
<tr><td>圆盘铣刀</td><td colspan="3">—</td><td colspan="2">120</td><td>150</td><td>180</td><td>240</td><td colspan="3">—</td></tr>
</table>

2.3.5.2　高速钢面铣刀、圆柱形铣刀和圆盘铣刀铣削时的进给量（见表3-2-104）

表3-2-104　高速钢面铣刀、圆柱形铣刀和圆盘铣刀铣削时的进给量

粗铣时进给量 f_z/(mm/z)

铣床（铣头）功率/kW	工艺系统刚度	粗齿和镶齿铣刀				细齿铣刀			
		面铣刀与圆盘铣刀		圆柱形铣刀		面铣刀与圆盘铣刀		圆柱形铣刀	
		钢	铸铁及铜合金	钢	铸铁及铜合金	钢	铸铁及铜合金	钢	铸铁及铜合金
>10	大	0.2~0.3	0.3~0.45	0.25~0.35	0.35~0.50	—	—	—	—
	中	0.15~0.25	0.25~0.40	0.20~0.30	0.30~0.40				
	小	0.10~0.15	0.20~0.25	0.15~0.20	0.25~0.30				
5~10	大	0.12~0.20	0.25~0.35	0.15~0.25	0.25~0.35	0.08~0.12	0.20~0.35	0.10~0.15	0.12~0.20
	中	0.08~0.15	0.20~0.30	0.12~0.20	0.20~0.30	0.06~0.10	0.15~0.30	0.06~0.10	0.10~0.15
	小	0.06~0.10	0.15~0.25	0.10~0.15	0.12~0.20	0.04~0.08	0.10~0.20	0.06~0.08	0.08~0.12
<5	中	0.04~0.06	0.15~0.30	0.10~0.15	0.12~0.20	0.04~0.06	0.12~0.20	0.05~0.08	0.06~0.12
	小	0.04~0.06	0.10~0.20	0.06~0.10	0.10~0.15	0.04~0.06	0.08~0.15	0.03~0.06	0.05~0.10

半精铣时进给量 f/(mm/r)

要求表面粗糙度 Ra/μm	镶齿面铣刀和圆盘铣刀	圆柱形铣刀					
		铣刀直径 d_0/mm					
		40~80	100~125	160~250	40~80	100~125	160~250
		钢及铸钢			铸铁、铜及铝合金		
6.3	1.2~2.7	—					
3.2	0.5~1.2	1.0~2.7	1.7~3.8	2.3~5.0	1.0~2.3	1.4~3.0	1.9~3.7
1.6	0.23~0.5	0.6~1.5	1.0~2.1	1.3~2.8	0.6~1.3	0.8~1.7	1.1~2.1

注：1. 表中大进给量用于小的背吃刀量和铣削宽度；小进给量用于大的背吃刀量和铣削宽度。
2. 铣削耐热钢时，进给量与铣削钢时相同，但不大于0.3mm/z。

2.3.5.3　高速钢立铣刀、角铣刀、半圆铣刀、切槽铣刀和切断铣刀铣削钢时的进给量（见表3-2-105）

表3-2-105　高速钢立铣刀、角铣刀、半圆铣刀、切槽铣刀和切断铣刀铣削钢时的进给量

铣刀直径 d_0/mm	铣刀类型	铣削宽度 a_c/mm								
		3	5	6	8	10	12	15	20	30
		进给量 f_z/(mm/z)								
16	立铣刀	0.05~0.08	0.05~0.06	—	—	—	—	—	—	—
20		0.06~0.10	0.04~0.07	—						
25		0.07~0.12	0.05~0.09	0.04~0.08						
32	立铣刀	0.10~0.16	0.07~0.12	0.05~0.10	—	—	—	—	—	—
	半圆铣刀和角铣刀	0.04~0.08	0.05~0.07	0.04~0.06						

（续）

铣刀直径 d_0/mm	铣刀类型	铣削宽度 a_c/mm 3	5	6	8	10	12	15	20	30
		进给量 f_z/(mm/z)								
40	立铣刀	0.12~0.20	0.08~0.14	0.07~0.12	0.05~0.08	—	—	—	—	—
40	半圆铣刀和角铣刀	0.05~0.09	0.05~0.07	0.03~0.06	0.03~0.06	—	—	—	—	—
40	切槽铣刀	0.005~0.009	0.003~0.007	0.007~0.01	—	—	—	—	—	—
50	立铣刀	0.15~0.25	0.10~0.15	0.08~0.13	0.07~0.10	—	—	—	—	—
50	半圆铣刀和角铣刀	0.06~0.1	0.05~0.08	0.04~0.07	0.03~0.06	—	—	—	—	—
50	切槽铣刀	0.006~0.01	0.004~0.008	0.008~0.012	0.008~0.012	—	—	—	—	—
63	半圆铣刀和角铣刀	0.06~0.10	0.05~0.08	0.04~0.07	0.04~0.06	0.03~0.05	—	—	—	—
63	切槽铣刀	0.008~0.013	0.005~0.01	0.01~0.015	0.01~0.015	0.01~0.015	—	—	—	—
63	切断铣刀	—	—	0.015~0.025	0.012~0.022	0.01~0.02	—	—	—	—
80	半圆铣刀和角铣刀	0.08~0.12	0.06~0.10	0.05~0.09	0.05~0.07	0.04~0.06	0.03~0.06	—	—	—
80	切槽铣刀	—	0.005~0.015	0.01~0.025	0.01~0.022	0.01~0.02	0.008~0.017	0.007~0.015	—	—
80	切断铣刀	—	—	0.03~0.15	0.012~0.027	0.01~0.025	0.01~0.022	0.01~0.02	—	—
100	半圆铣刀和角铣刀	0.07~0.12	0.05~0.12	0.05~0.11	0.05~0.10	0.04~0.09	0.04~0.08	0.03~0.07	0.03~0.05	—
100	切断铣刀	—	—	0.02~0.03	0.016~0.028	0.015~0.027	0.015~0.023	0.012~0.022	0.013~0.023	—
125	切断铣刀	—	—	0.025~0.03	0.02~0.03	0.02~0.03	0.02~0.025	0.02~0.025	0.015~0.025	0.01~0.02
160	切断铣刀	—	—	—	—	—	—	0.02~0.03	0.015~0.025	0.01~0.02

注：1. 铣削铸铁件、铜件及铝合金件时，进给量可增加30%~40%。

2. 表中半圆铣刀的进给量适用于凸半圆铣刀；对于凹半圆铣刀，进给量应减少40%。

3. 当铣削宽度小于5mm时，切槽铣刀和切断铣刀采用细齿；当铣削宽度大于5mm时，采用粗齿。

2.3.5.4　硬质合金面铣刀、圆柱形铣刀和圆盘铣刀铣削平面和凸台时的进给量（见表3-2-106）

表3-2-106　硬质合金面铣刀、圆柱形铣刀和圆盘铣刀铣削平面和凸台时的进给量

机床功率/kW	钢		铸铁及铜合金	
	进给量 f_z/(mm/z)			
	P10	P30	K20	K30
5~10	0.09~0.18	0.12~0.18	0.14~0.24	0.20~0.29

（续）

机床功率/kW	钢		铸铁及铜合金	
	进给量 f_z/(mm/z)			
	P10	P30	K20	K30
>10	0.12~0.18	0.16~0.24	0.18~0.28	0.25~0.38

注：1. 表列数值用于圆柱铣刀背吃刀量 $a_p \leqslant 30$mm；当 $a_p > 30$mm 时，进给量应减少30%。
2. 用圆盘铣刀铣槽时，表列进给量应减小一半。
3. 用面铣刀铣削时，对称铣时进给量取小值；不对称铣时进给量取大值。主偏角大时取小值；主偏角小时取大值。
4. 铣削材料的强度或硬度较大时，进给量取小值；反之取大值。
5. 上述进给量用于粗铣，精铣时铣刀的进给量按下表选择：

要求达到的粗糙度 Ra/μm	3.2	1.6	0.8	0.4
进给量/(mm/r)	0.5~1.0	0.4~0.6	0.2~0.3	0.15

2.3.5.5 硬质合金立铣刀铣削平面和凸台时的进给量（见表3-2-107）

表 3-2-107 硬质合金立铣刀铣削平面和凸台时的进给量

铣刀类型	铣刀直径 d_0/mm	铣削宽度 a_c/mm			
		1~3	5	8	12
		进给量 f_z/(mm/z)			
带整体刀头的立铣刀	10~12	0.025~0.03	—	—	—
	14~16	0.04~0.06	0.03~0.04	—	—
	18~22	0.05~0.08	0.04~0.06	0.03~0.04	—
镶螺旋形刀片的立铣刀	20~25	0.07~0.12	0.05~0.10	0.03~0.10	0.05~0.08
	30~40	0.10~0.18	0.08~0.12	0.06~0.10	0.05~0.10
	50~60	0.10~0.20	0.10~0.16	0.08~0.12	0.06~0.12

注：1. 大进给量用于大功率机床上背吃刀量较小的粗铣；小进给量用于中等功率的机床上背吃刀量较大的铣削。
2. 由表列进给量可得到 $Ra=3.2\sim6.3\mu m$ 的表面粗糙度。

2.3.5.6 铣削速度（见表3-2-108）

表 3-2-108 铣削速度

工件材料	硬度 HBW	铣削速度/(m/min) 硬质合金铣刀	铣削速度/(m/min) 高速钢铣刀	工件材料	硬度 HBW	铣削速度/(m/min) 硬质合金铣刀	铣削速度/(m/min) 高速钢铣刀
低、中碳钢	<220	60~150	20~40	工具钢	200~250	45~80	12~25
	225~290	55~115	15~35	灰铸铁	100~140	110~115	25~35
	300~425	35~75	10~15		150~225	60~110	15~20
高碳钢	<220	60~130	20~35		230~290	45~90	10~18
	225~325	50~105	15~25		300~320	20~30	5~10
	>325~375	35~50	10~12	可锻铸铁	110~160	100~200	40~50
	>375~425	35~45	5~10		>160~200	80~120	25~35
合金钢	<220	55~120	15~35		>200~240	70~110	15~25
	225~325	35~80	10~25		>240~280	40~60	10~20
	>325~425	30~60	5~10	铝镁合金	95~100	360~600	180~300

（续）

工件材料	硬度 HBW	铣削速度/(m/min)		工件材料	硬度 HBW	铣削速度/(m/min)	
		硬质合金铣刀	高速钢铣刀			硬质合金铣刀	高速钢铣刀
不锈钢		70~90	20~35	黄铜		180~300	60~90
铸钢		45~75	15~25	青铜		180~300	30~50

注：精加工的铣削速度可比表值增加 30%左右。

2.3.5.7 涂层硬质合金铣刀的铣削用量（见表 3-2-109）

表 3-2-109　涂层硬质合金铣刀的铣削用量

工件材料		硬度 HBW	背吃刀量 a_p/mm	端铣平面		三面刃铣刀铣侧面及槽	
				进给量 f_z/(mm/z)	铣削速度 v/(m/min)	进给量 f_z/(mm/z)	铣削速度 v/(m/min)
碳素钢	低碳钢	125~225	1	0.2	275~335	0.13	205~250
			4	0.3	200~225	0.18	145~170
			8	0.4	160~175	0.23	115~135
	中碳钢	175~225	1	0.2	225	0.13	190
			4	0.3	190	0.18	140
			8	0.4	150	0.23	110
	高碳钢	175~225	1	0.2	245	0.13	185
			4	0.3	180	0.18	135
			8	0.4	140	0.23	105
合金钢	低碳钢	125~225	1	0.2	265~305	0.13	200~230
			4	0.3	205~225	0.18	150~170
			8	0.4	155~175	0.23	115~130
	中碳钢	175~225	1	0.2	250	0.13	190
			4	0.3	175	0.18	125~130
			8	0.4	135	0.23	90~105
	高碳钢	175~225	1	0.2	235	0.13	175
			4	0.3	160	0.18	120
			8	0.4	120	0.23	90
高强度钢		300~350	1	0.13	185	0.102	135
			4	0.18	120	0.13	90
			8	0.23	95	0.15	70
高速钢		200~275	1	0.18	135~150	0.102	100~115
			4	0.25	87~100	0.15	66~76
			8	0.36	67~79	0.2	50~59
不锈钢	奥氏体钢	135~185	1	0.2	200~215	0.13	130~185
			4	0.3	130~145	0.18	84~120
			8	0.4	100~105	0.23	64~95
	马氏体钢	135~225	1	0.2	235~245	0.13	150~160
			4	0.3	150~160	0.18	100~105
			8	0.4	100~115	0.23	64~72
灰铸铁		190~260	1	0.18	200~235	0.102	145~150
			4	0.25	130~155	0.15	100
			8	0.36	100~120	0.2	73~79
可锻铸铁		160~200	1	0.2	250	0.13	215
			4	0.3	165	0.18	175
			8	0.4	130	0.23	165

2.4 齿轮加工

2.4.1 各种齿轮加工方法（见表 3-2-110）

表 3-2-110 各种齿轮加工方法

齿轮类型	加工方法	加工示意图	加工特点	应用范围	加工精度等级	表面粗糙度 Ra /μm
圆柱齿轮	盘状成形铣刀铣齿		用盘状成形铣刀和指状成形铣刀加工直齿圆柱齿轮按成形法加工；加工斜齿圆柱齿轮按无瞬心包络法加工 这种加工方法是铣完一个齿槽后，分度机构将工件转过一个齿再铣另一个齿槽	加工精度较低。在大批大量生产中只能作为粗加工，在单件小批生产和修理工作中作为最后加工	9级	2.5~10
	指状成形铣刀铣齿					
	滚齿	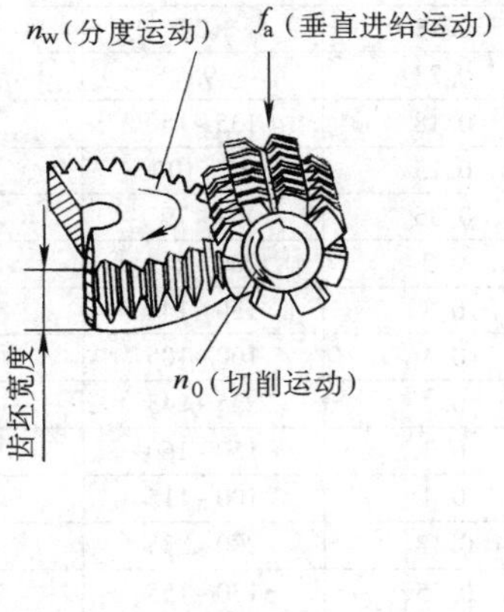	滚齿原理：相当一对交错轴斜齿圆柱齿轮啮合。它分为： 1）普通滚齿。除具有分度运动，还有垂直进给运动，当加工圆柱斜齿轮时，还有差动运动 2）对角滚齿。滚刀除沿工件轴向方向的进给运动，滚刀还沿滚刀轴向方向进给，这两个进给运动合成一个与工件轴向方向成一定角度的进给运动，与此同时，工件还需有一定的附加转动 只要模数和压力角相同，同一把滚刀可加工不同齿数的齿轮	用于加工外啮合的直齿和斜齿圆柱齿轮。滚齿在单件小批量生产和大批大量生产中得到广泛应用，是目前圆柱齿轮加工中应用最广的一种加工方法	6~9级	1.25~5

（续）

齿轮类型	加工方法	加工示意图	加工特点	应用范围	加工精度等级	表面粗糙度 Ra /μm
	插齿	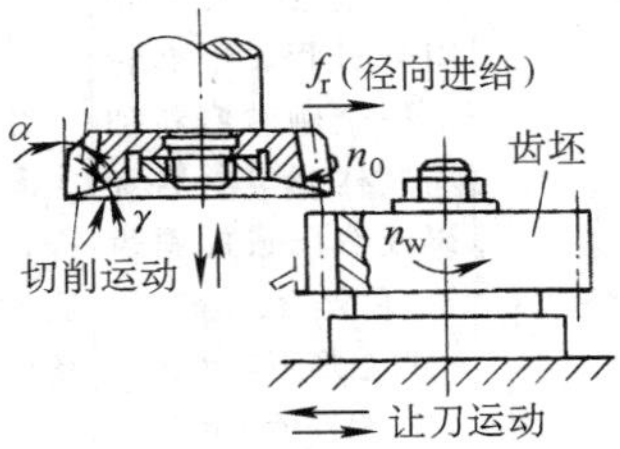	插齿原理：相当一对外啮合或内啮合的圆柱齿轮副啮合过程 只要模数和压力角相同，同一把插齿刀可加工不同齿数的齿轮	用于加工外啮合和内啮合的直齿、斜齿圆柱齿轮，特别适合加工多联齿轮。装上附件后，可加工齿条、锥度齿和端面齿轮	6～8 级	1.25～5
圆柱齿轮	剃齿	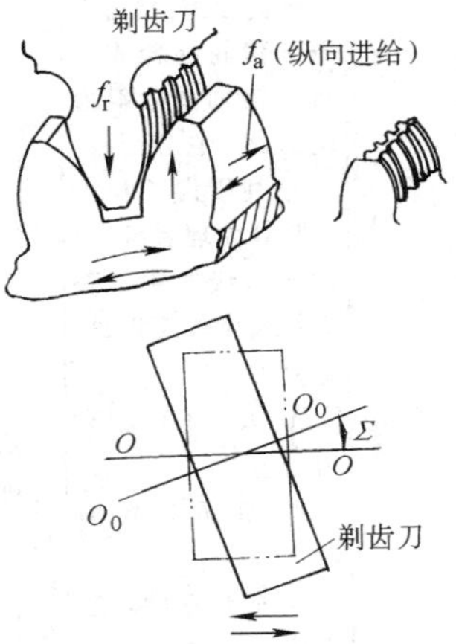	剃齿原理：相当一对交错轴圆柱齿轮啮合过程。剃齿刀和被剃工件自由传动。剃齿刀切削刃利用交错轴齿轮啮合时齿面间的相对滑动剃掉被加工齿面上的余量。它分为： 1）普通剃齿 2）对角剃齿 3）切向剃齿 4）径向剃齿 还有剃齿刀和被剃齿轮间有传动链的强制剃齿工艺和硬齿面剃齿工艺	主要用于精加工淬火前的直齿和斜齿圆柱齿轮。在大量生产中得到广泛应用 已开始应用于硬齿面剃齿	6～7 级	0.32～1.25
	挤齿	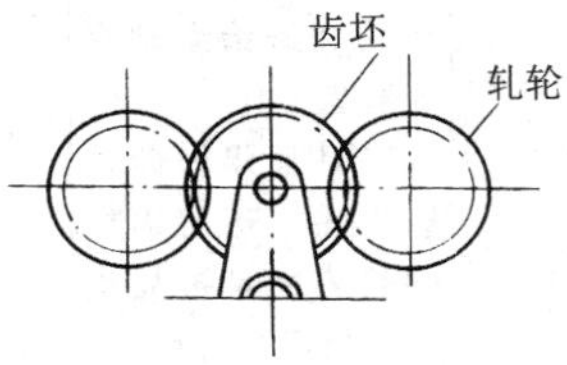	经过滚齿或插齿后的齿轮，用挤轮和被加工的齿轮在一定压力下进行对滚，使齿面表层金属产生塑性变形，以改善齿面粗糙度和齿面精度。它分为： 1）单轮挤齿 2）双轮挤齿 3）三轮挤齿 对于小模数齿轮，可以直接冷挤成形	挤齿工艺主要用在大量生产中	6～7 级	0.04～0.32

（续）

齿轮类型	加工方法	加工示意图	加工特点	应用范围	加工精度等级	表面粗糙度 Ra /μm
圆柱齿轮	珩齿	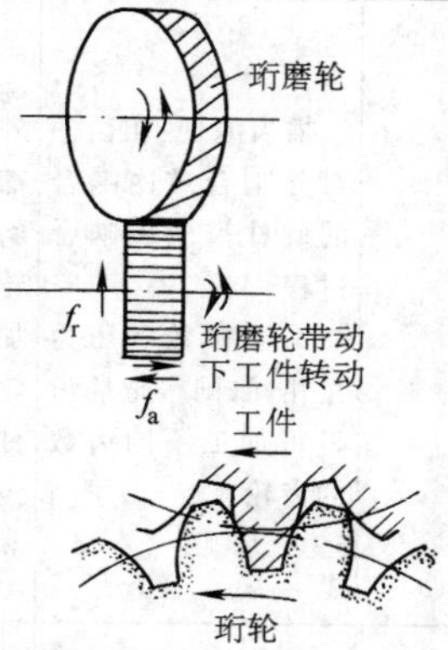	珩齿原理：相当一对交错轴圆柱齿轮啮合过程。珩磨轮是用金刚砂磨料加环氧树脂等材料浇铸或热压成的斜齿轮，它分为： 1）盘形珩轮珩齿 2）蜗杆珩轮珩齿 3）内珩轮珩外齿轮	主要用在大量生产中提高热处理后齿轮的精度	根据珩齿前齿轮精度和珩磨时间来确定	0.16~0.63
	磨齿	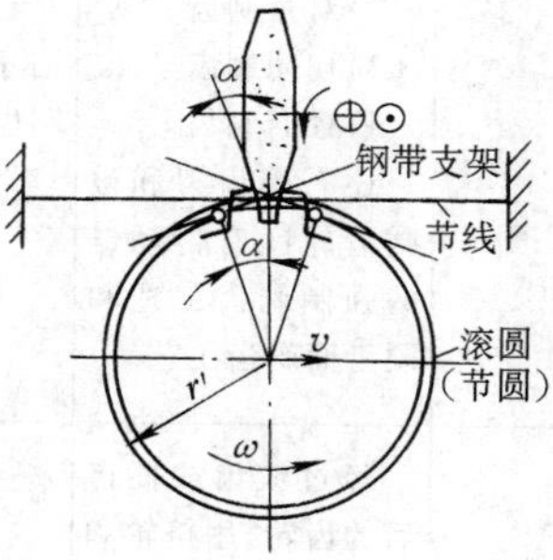	磨齿原理：相当齿条和齿轮啮合或一对交错轴圆柱斜齿轮啮合。它分为： 1）利用齿条和齿轮啮合原理磨齿法。砂轮形成的轨迹表面代表齿条齿侧面，它分为： ① 大平面砂轮磨齿法 ② 锥面砂轮磨齿法 ③ 碟形双砂轮磨齿法 2）利用一对交错轴斜齿圆柱齿轮啮合原理磨齿法。蜗杆砂轮代表一个圆柱斜齿轮，利用它同被加工齿轮的啮合运动和进给运动完成磨齿工作 3）环面蜗杆砂轮磨齿法。环面蜗杆砂轮表面是被加工齿轮齿面的包络面 4）成形砂轮磨齿法	磨淬火后的硬齿面齿轮，以提高齿轮精度。根据齿轮结构特点、精度要求、生产批量等特点，可选用不同的磨齿方法	4~7级（最高可达3级）	0.16~0.63

（续）

齿轮类型	加工方法	加工示意图	加工特点	应用范围	加工精度等级	表面粗糙度 Ra /μm
蜗轮	1）滚齿 2）飞刀铣齿	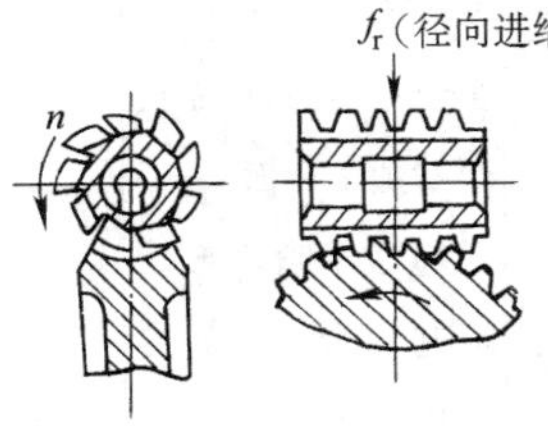	蜗轮加工原理：相当蜗杆和蜗轮啮合过程，滚刀或飞刀所形成的切削表面代表蜗杆齿侧面。它分为： 1）径向进给法加工蜗轮，滚刀相当于蜗杆 2）切向进给法加工蜗轮，滚刀相当于蜗杆 3）飞刀加工蜗轮，飞刀刀齿所形成的切削表面相当于蜗杆齿侧面	成批生产 成批生产 单件、小批量生产	6~8 级	1.25~2.5
蜗杆	1）车削蜗杆 2）铣削蜗杆 3）磨蜗杆	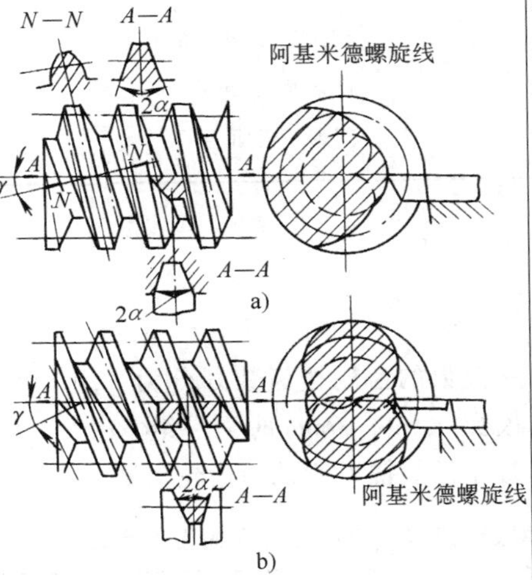	蜗杆加工原理：蜗杆加工原理与螺纹加工相似。蜗杆等角速度旋转，刀具沿蜗杆轴线等速移动，它们的合成运动即蜗杆加工运动。它分为： 1）车削蜗杆，在车床上用成形车刀加工 2）铣削蜗杆，在铣床上用成形铣刀加工 3）磨蜗杆，在蜗杆磨床或螺纹磨床上磨蜗杆	—	5~9 级	1.25~2.5 2.5~5 0.16~0.63
直齿锥齿轮	成形铣刀铣齿	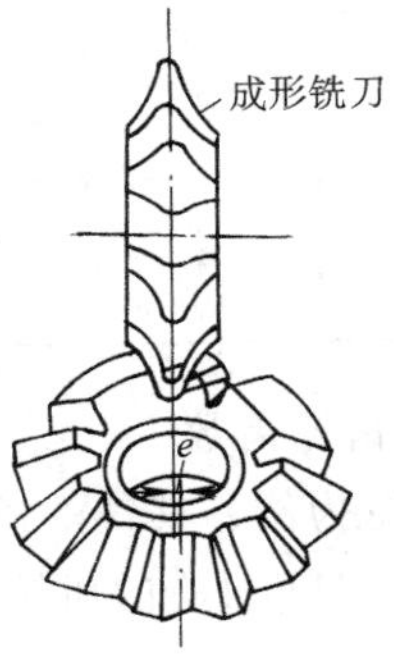	根据直齿锥齿轮大端模数和大端当量齿数设计铣刀齿形，根据小端齿槽宽度设计铣刀齿厚。它分盘形成形铣刀和指状成形铣刀两种加工方法，它们的加工精度都较低	主要用于粗加工及单件生产和维修工作中	9 级	0.25~10

（续）

齿轮类型	加工方法	加工示意图	加工特点	应用范围	加工精度等级	表面粗糙度 Ra /μm
直齿锥齿轮	刨齿	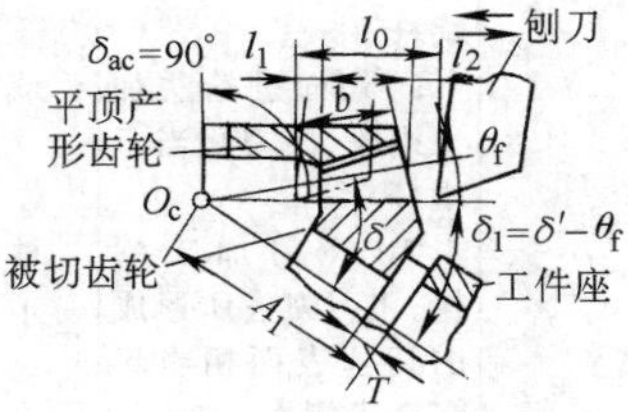	有三种刨齿方法： 1)靠模成形刨齿法。刀尖按靠模成形轨迹运动，按靠模形状加工齿面 2)按平顶产形轮原理刨齿法。刨刀切削刃所形成的切削表面相当于平顶产形轮齿面 3)按平面产形轮原理刨齿法。刨刀切削刃所形成的切削表面相当于平面产形轮齿面	中批生产	7~8级	1.25~5

2.4.2 成形法铣削齿轮

2.4.2.1 成形铣刀铣削直齿圆柱齿轮

（1）铣刀号数的选择　齿轮铣刀将同一模数的齿轮按齿数划分为一组 8 把或一组 15 把两种。通常模数 $m=1\sim8$mm 时为一组 8 把，模数 $m=9\sim16$mm 时为一组 15 把。

1）表 3-2-111 列出了一组 8 把模数铣刀和径节铣刀所铣的齿轮齿数。

表 3-2-111　一组 8 把模数铣刀和径节铣刀所铣的齿轮齿数

所铣齿轮齿数		12~13	14~16	17~20	21~25	26~34	35~54	55~134	135~齿条
铣刀号数	模数铣刀	1	2	3	4	5	6	7	8
	径节铣刀	8	7	6	5	4	3	2	1

2）表 3-2-112 列出了一组 15 把模数铣刀所铣的齿轮齿数。

（2）铣削过程　以 $m=3$mm、$z=24$ 直齿圆柱齿轮为例，其铣削过程如下：

1）铣刀的选定。已知 $m=3$mm，$z=24$，按表 3-2-111 对应的所铣齿轮齿数 21~25，应选用 4 号铣刀。

表 3-2-112　一组 15 把模数铣刀所铣的齿轮齿数

铣刀号数	所铣齿数	铣刀号数	所铣齿数
1	12	5	26~29
1½	13	5½	30~34
2	14	6	35~41
2½	15~16	6½	42~54
3	17~18	7	55~79
3½	19~20	7½	80~134
4	21~22	8	135~齿条
4½	23~25	—	—

2）分度头计算。按单式分度法计算公式计算分度头手柄的转数 n：

$$n=\frac{40}{z}=\frac{40}{24}=1\frac{16}{24}$$

即铣完一齿后，分度头手柄摇 1 转，再在 24 的孔圈上转过 16 个孔距。

3）工件装夹与找正。若所加工的是直齿圆柱齿轮轴，一般用分度头夹一端，尾座顶尖顶一端（见图 3-2-123）。若加工的是直齿圆柱齿轮，则应配制相应的心轴，将工件锁紧在心轴上后，同样用分度头夹心轴一端，尾座顶尖顶一端，但应保证加工时进、退出刀的余量。

装夹后应对工件进行下列找正：

① 校正工件的径向与端面的圆跳动。

② 校正分度头与尾座顶尖使其等高（即工件的等高）。

③ 校正工件对铣床升降导轨的平行度。

4）对刀及背吃刀量的控制。加工齿轮时，刀具对正工件中心一般采用切痕法（见图 3-2-124）将工作台上升，使齿坯接近铣刀，然后凭目测使铣刀廓形对称线大致对准齿坯中心，再开动机床使铣刀旋转并逐渐升高工作台，让铣刀的圆周切削刃和齿坯微微接触，同时来回移动横向工作台。这时齿坯上出现了一个椭圆形刀痕，接着调整铣刀廓形对称线使其对准椭圆中心即可。刀具对准后，应锁紧横向工作台。

背吃刀量应按 2.25m 计算，即 2.25m×3=6.75m。对一般的齿轮加工，为保证齿面的表面粗糙度，均按粗铣、精铣两次进行。一般粗铣后要留量 1.5~2mm 再精铣，所以该例中铣第一刀应以切深 4.75~5mm 为宜；在加工第二刀时，应对好齿轮所要求的尺寸后再完成铣削。

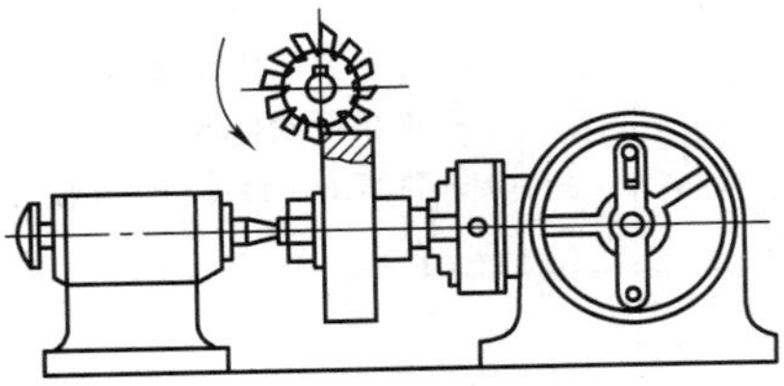
图 3-2-123　铣削直齿圆柱齿轮轴

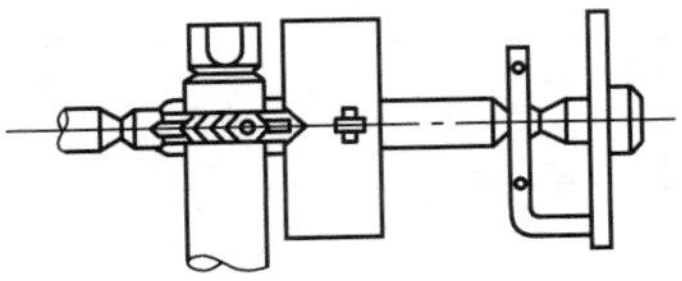
图 3-2-124　切痕法对中

2.4.2.2　成形铣刀铣削直齿条、斜齿条

齿条分直齿条和斜齿条两种，斜齿条按齿的偏斜方向又分右斜（旋）和左斜（旋）两种。

（1）铣削直齿条　齿条是基圆直径无限大的齿轮，因此加工齿条的铣刀应选择 8 号铣刀。

铣削直齿条时，铣刀应在齿条起始位置上对刀后加工第一条齿槽，齿槽深度基本上按 2.25m 计算调整。

铣削直齿条的方法见表 3-2-113。

表 3-2-113 铣削直齿条的方法

齿条类型	图示	采用方法的说明
	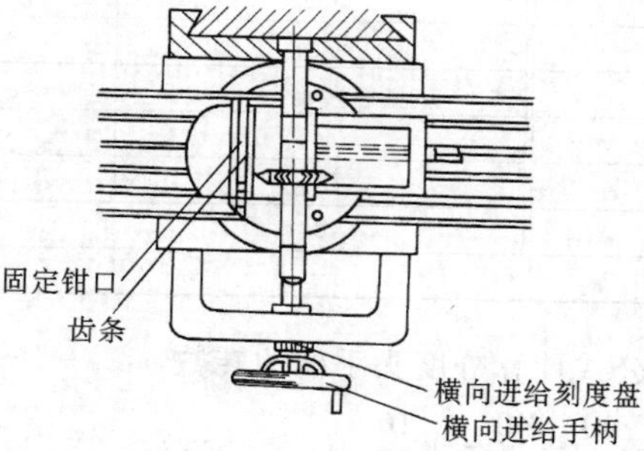	横向移距方法，即用铣床横向进给刻度盘控制齿距。其刻度盘转动格数计算如下： $n=\pi m/F$（格） 式中 m—齿条模数 F—刻度盘每格的移值量
短齿条	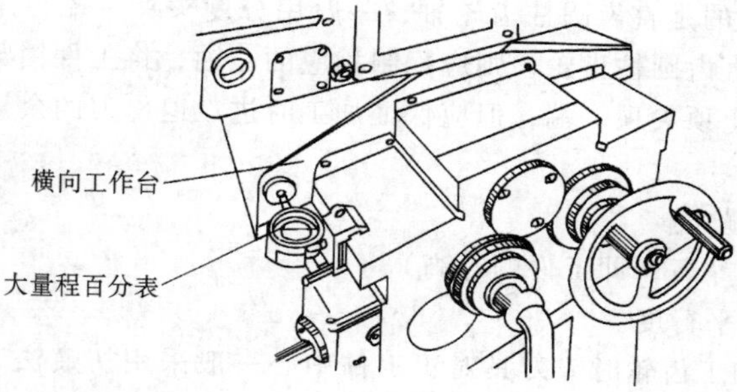	用大量程百分表移距方法。将百分表夹固在横向工作台导轨上，使百分表测头和横向工作台相接触，然后可按计算出的齿距进行分齿，这种方法分齿准确，而且简便、实用
	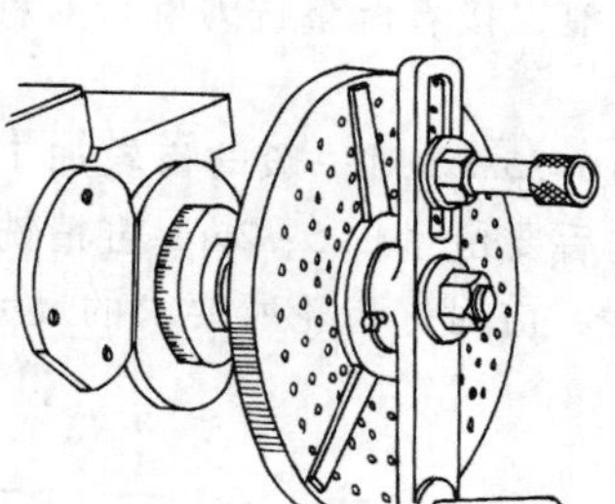	分度盘移距方法。此方法是将分度盘套在铣床工作台传动丝杠上，并将分度盘固定，再把分度手柄装在传动丝杠端部，移距时只要转动分度手柄即可。其计算公式如下： $n=\dfrac{\pi m}{P}$ 式中 n—分度手柄应转过的转数 m—齿条模数（mm） P—铣床工作台传动丝杠螺距（mm）
长齿条	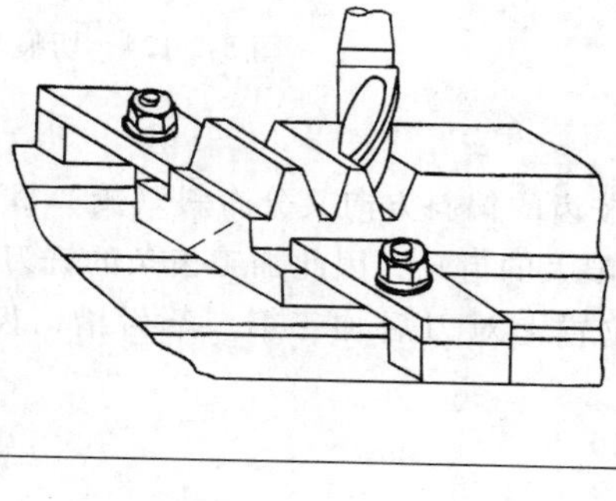	在立式铣床上用指状铣刀加工长齿条。装夹工件时，应保证齿条侧面与铣床工作台纵向进给方向的平行度及齿顶面与工作台面的平行度

（续）

齿条类型	图　示	采用方法的说明
长齿条	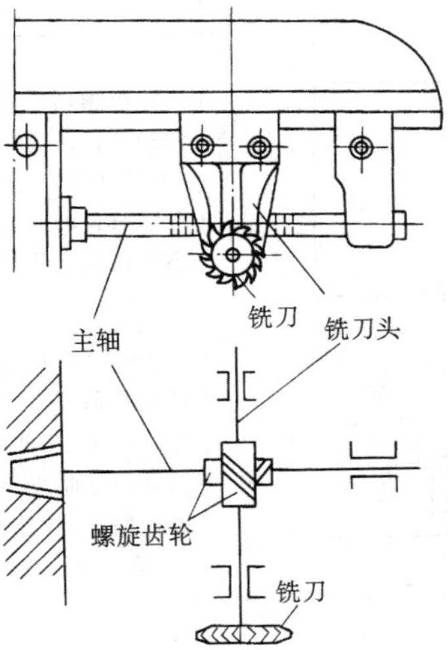	用横向刀架方法，即用一个横向托架通过一对螺旋齿轮使刀轴转过 90°，使铣刀的旋转平面和齿条的齿槽一致
	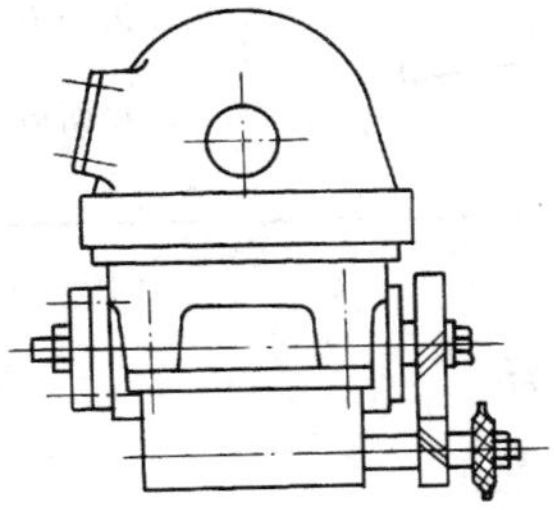	用万能铣头改装成横切专用铣刀装置的方法
	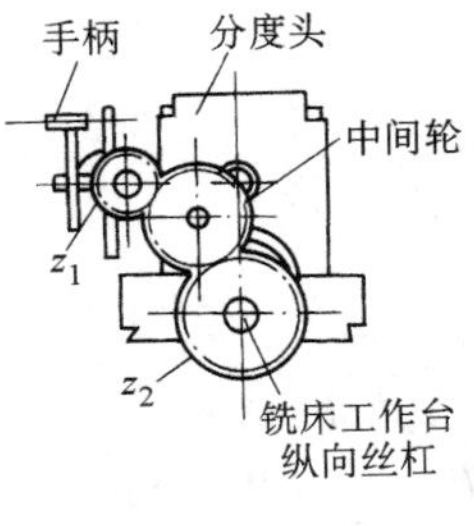	分度头侧轴挂轮方法。当铣床工作台纵向丝杠螺距 $P_丝=6$mm，被加工齿条模数为 m，小齿轮 $z_1=22$，大齿轮 $z_2=42$。手柄的回转数为 n，则 $\pi m=n\frac{z_1}{z_2}P_丝=n\times\frac{22}{42}\times6=n\times\frac{22}{7}$ 取 $\pi\approx\frac{22}{7}$，则 $m=n$ 所以，分度头手柄的回转数等于被加工齿条的模数。因此，在分齿时，只要按被加工齿条的模数 m 转动分度头手柄即可 若铣床工作台纵向丝杠 $P_丝=4$mm，则须把大齿轮齿数改为 $z_2=28$

（2）铣削斜齿条　斜齿条的各部几何尺寸计算与斜齿圆柱齿轮相同。其对刀、齿槽深度计算调整均与直齿条铣削相同。其铣削方法见表 3-2-114。

表 3-2-114　铣削斜齿条的铣削方法

斜齿条类型	图　示	采用方法的说明
短齿条	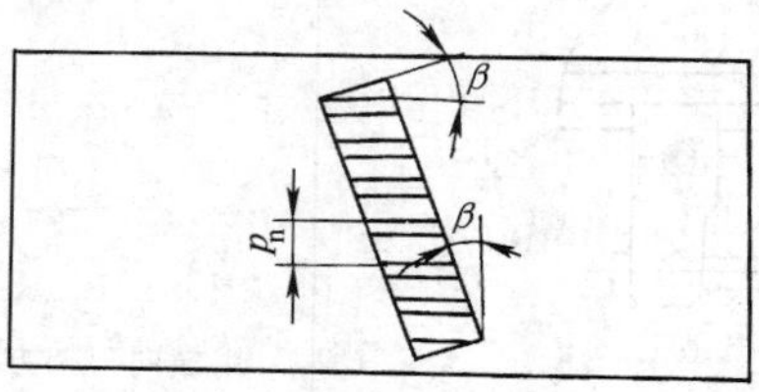	工件偏斜横向移距方法。校正时，把工件的侧面调整到与横向进给方向成 β 角（右旋齿条应逆时针转过 β 角，左旋齿条应顺时针转过 β 角）。移距尺寸为斜齿条的法向齿距，即 $p_n=\pi m_n$
	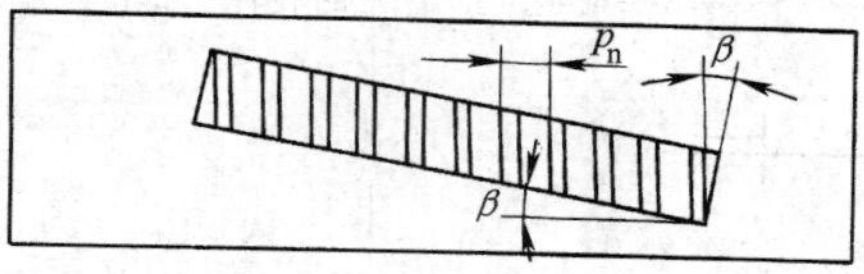	工件偏斜纵向移距方法。对 β 角较小，长度又不太长的斜齿条，可将工件偏斜装夹。校正时，可把工件的侧面调整到与纵向进给方向成一 β 角。用纵向移距方法进行加工，移距尺寸仍为斜齿条法向齿距，即 $p_n=\pi m_n$
长齿条	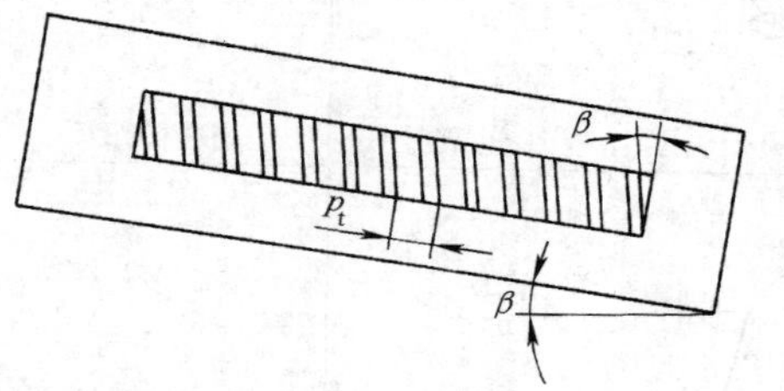	工作台扳转角度纵向移距方法。装夹时，先校正工件侧面与纵向进给方向的平行度，在按图样要求将工作台扳转一个 β 角。由于这种方法的移距方向与齿条的端面齿距方向一致，所以移距尺寸为斜齿条的端面齿距，即 $p_t=\dfrac{\pi m_n}{\cos\beta}$

2.4.2.3　成形铣刀铣削斜齿圆柱齿轮

1）选择铣刀号数。用当量齿数的计算公式为

$$z'=\frac{z}{\cos^3\beta}$$

式中　z'——斜齿轮当量齿数；

z——斜齿轮齿数；

β——斜齿轮螺旋角（°）。

[例]　已知斜齿圆柱齿轮 $z=24$，$m_n=4$，$\beta=45°$，求加工时应采用的铣刀号数。

解： $z'=\dfrac{z}{\cos^3\beta}=\dfrac{24}{\cos^3 45°}=\dfrac{24}{0.707^3}\approx 68$

查表 3-2-111，采用 7 号铣刀。

2）铣削斜齿圆柱齿轮用交换齿轮的计算：

$$传动比\ i=\frac{40P_{丝}}{P_h}=\frac{40P_{丝}}{d'\pi\cot\beta}$$

$$=\frac{40P_{丝}}{m_t z\pi\cot\beta}=\frac{40P_{丝}\sin\beta}{\pi m_n z}$$

$$=\frac{z_1z_3}{z_2z_4}$$

式中　40——分度头定数；

$P_{丝}$——工作台丝杠螺距（mm）；

P_h——工作导程（mm）；

d'——齿轮节圆直径（mm）；

β——齿轮螺旋角（°）；

m_t——端面模数（mm）；

m_n——法向模数（mm）；

z——齿数。

［例］ 加工一齿轮，$z=30$，$m_n=4$，$\beta=18°$，所用分度头定数为40，工作台丝杠螺距 $P_{丝}=6mm$，求传动比 i。

解： 传动比 $i=\dfrac{40P_{丝}\sin\beta}{\pi m_n z}=\dfrac{40\times6\times\sin18°}{3.1416\times4\times30}$

≈0.19673

查表3-2-133，有

$$i=\frac{z_1z_3}{z_2z_4}=\frac{55\times25}{70\times100}$$

3）工作台扳转角度。用盘形铣刀在万能铣床上铣削螺旋槽时，为了使螺旋槽方向和刀具旋转平面相一致，必须将万能铣床纵向工作台在水平面内旋转一个角度。工作台旋转角度的大小和方向与工件的螺旋角有关，即铣削右旋斜齿圆柱齿轮时，工作台逆时针转动一个螺旋角 β；铣削左旋斜齿圆柱齿轮时，工作台顺时针转动一个螺旋角 β。

4）工件旋转方向和工作台转动方向及中间轮装置见表3-2-115。

表3-2-115　工件旋转方向和工作台转动方向及中间轮装置

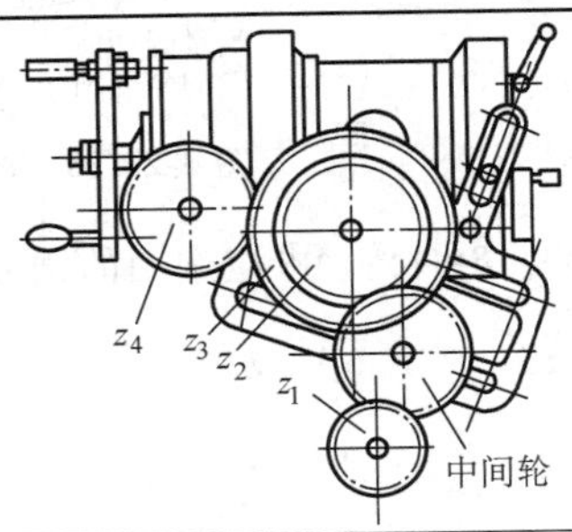

被加工齿轮螺旋方向	工作台转动方向和工件的旋转方向[①]	交换齿轮及中间轮	
		两对交换齿轮	三对交换齿轮
右旋	逆时针转动	不加中间轮	加一个中间轮
左旋	顺时针转动	加一个中间轮	不加中间轮

① 对着分度头主轴方向看。

5）铣削时应注意以下几点：

① 铣削斜齿圆柱齿轮时，分度头手柄定位销要插入孔盘中，使工件随着纵向工作台的进给而连续转动，这时应松开分度头主轴紧固手柄和孔盘紧固螺钉。

② 当铣削完一个齿槽后，停机将工作台下降一点后才能退刀，否则铣刀会擦伤已加工好的表面。铣削下一个齿槽时，再将工作台升到原来位置。切记，退刀要用手动。

③ 当削铣完一个齿槽后，按上述方法退刀后，将分度头手柄定位销从分度盘孔中拔出并

进行分度，然后再将定位销插好，重新上升工作台至原背吃刀量后，加工下一个齿槽。切记，由于分度头手柄定位销从分度盘孔中拨出后，切断了工件旋转和工作台进给运动的联系，所以这时绝对禁止移动工作台。

2.4.2.4　成形铣刀铣削直齿锥齿轮

在普通铣床上铣削锥齿轮时，要用专门加工锥齿轮的盘形成形铣刀，刀上印有“⏢”标记（见图3-2-125）。锥齿轮铣刀与圆柱齿轮盘形铣刀一样，每组8把，其铣刀刀号及加工范围也相同。

锥齿轮铣刀的齿形曲线按大端齿形设计制造，大端齿形与当量圆柱齿轮的齿形相同（见图3-2-126），而铣刀的厚度按小端设计制造，并且比小端的齿槽略小一些。因此，选择直齿锥齿轮铣刀时必须用当量齿数。

（1）选择铣刀号数　用当量齿数的计算公式为

$$z'=\frac{z}{\cos\delta}$$

式中　z'——当量齿数；

z——直齿锥齿轮齿数；

δ——直齿锥齿轮分锥角（°）。

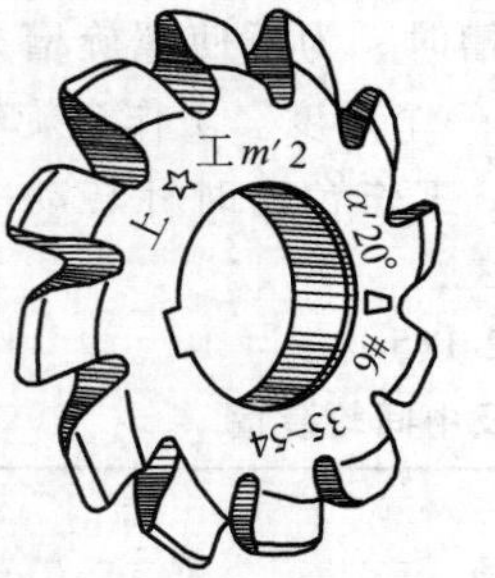

图3-2-125　直齿锥齿轮盘形成形铣刀

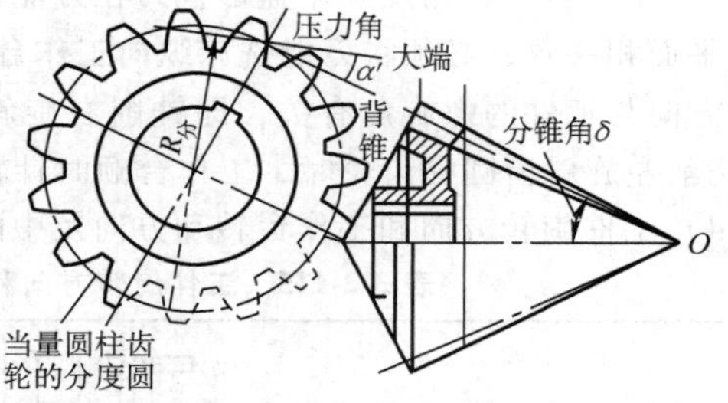

图3-2-126　选择锥齿轮铣刀的当量圆柱齿轮

［例］　要加工一锥齿轮，$z=39$，$\delta=45°$，求应选用的铣刀号数。

解：$z'=\dfrac{z}{\cos\delta}=\dfrac{39}{\cos45°}=\dfrac{39}{0.707}\approx55$

查表3-2-111，采用7号铣刀。

（2）铣削方法

1）分度头扳起角度计算。分度头扳起角度等于根锥母线与圆锥齿轮轴线的夹角 δ_f（根圆锥角），即切削角（见图3-2-127）。

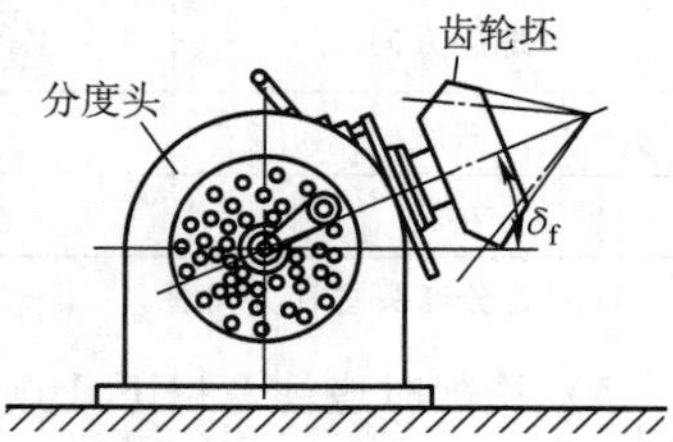

图3-2-127　分度头扳起角度

分度头扳起角度的计算：

$$\delta_f=\delta-\theta_f$$

式中　δ——分锥角（°）；

θ_f——齿根角（°）。

2）横向偏移量 S 的计算：

$$S=\frac{mb}{2R}$$

式中　m——模数（mm）；

b——齿面宽（mm）；

R——外锥距（mm）。

［例］　要加工一个直齿锥齿轮 $m=3$，$z=25$，分锥角 $\delta=45°$，齿宽 $b=18\text{mm}$，外锥距 $R=53\text{mm}$，求横向偏移量 S。

解：

$$S=\frac{mb}{2R}=\frac{3\times18}{2\times53}\text{mm}=0.53\text{mm}$$

3）铣削过程。将铣刀对准工件中心，按大端模数铣削至全齿深 $h=2.2m$，铣出全部直齿槽，并测出大端齿厚，然后铣削大端两侧余量。图 3-2-128 所示为铣削大端左侧余量。先按图 3-2-128a 箭头方向将工作台移动一个距离 S（横向偏移量），再按图 3-2-128b 箭头方向转动分度头（工作台移动方向与分度头转动方向相反），使铣刀左侧刃刚刚接触小端齿槽左侧后铣一刀（见图 3-2-128c）。立即用游标齿厚卡尺测量大端的齿厚，这时的尺寸 $=\frac{1}{2}\times$（开出直槽后的大端齿厚−图样要求的齿厚）+图样要求齿厚。如果还有余量，就应把分度头再转 1~2 个孔。铣大端右侧时，按上面移动的 S 值和分度头转数值反方向加倍摇好。

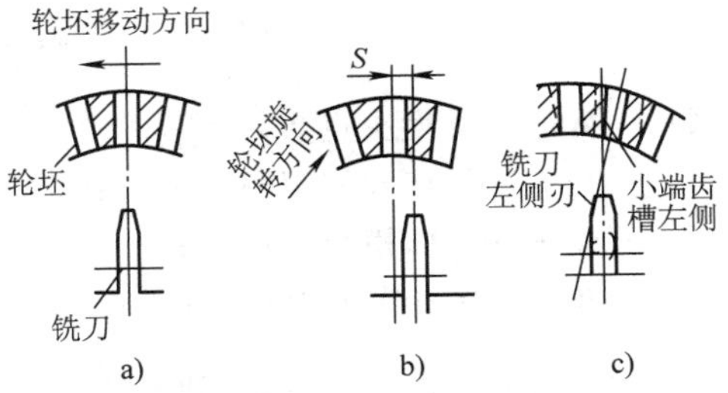

图 3-2-128　铣削大端左侧余量

这样加工出的齿轮，小端齿顶、齿根稍厚一些，若啮合要求较高，应对齿顶进行修锉。

2.4.3　飞刀展成铣削蜗轮

蜗轮、蜗杆啮合时，沿中心平面切面内的啮合相当于齿轮、齿条的啮合。蜗杆转动一圈，相当于齿条沿轴向移动一个齿距（单头蜗杆）或几个齿距（多头蜗杆），蜗轮相应地转过一个齿或几个齿。蜗杆继续转动，蜗轮也继续转过相应的齿数，即蜗轮做旋转运动时，蜗杆相似地做齿条的推进运动。飞刀相当于蜗杆上齿的一部分，利用飞刀做旋转运动就能进行切削。根据这一原理，可以利用飞刀展成铣削蜗轮。

（1）铣削方法　如图 3-2-129 所示，首先将立铣头扳一个角度，使刀杆轴线与水平面的夹角等于蜗轮的螺旋角，即等于蜗杆的螺旋升角。为了得到连续展成运动，必须将纵向工作台丝杠与分度头配轮轴之间用交换齿轮连接起来。在纵向工作台对应飞刀完成切向进给运动的同时，通过交换齿轮使蜗轮完成相应的转动。

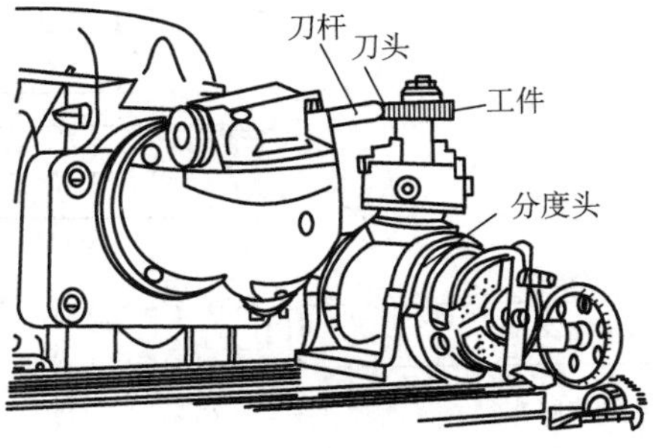

图 3-2-129　飞刀展成铣削蜗轮

由于飞刀转动与工件转动之间没有固定联系，因而不能连续分齿，要在展成切出一个齿后，将刀头转向上方，工作台退回原位，用手摇动分度头手柄，分过一齿后再铣下一个齿。

加工前，可采用图 3-2-130 所示的对刀方法，边调整工作台上、下位置，边用手转动刀杆，使刀尖能够均匀接触蜗轮凹圆弧两尖角 A、B 两点。

径向背吃刀量等于蜗轮齿全高 h_2，是通过横向工作台进给来完成的。蜗轮加工根据模数大小，一般分为2~3次进给完成。

用这种方法（连续展成、断续分齿法）加工出的蜗轮，是斜直槽而不是螺旋槽，因而当螺旋角较大时，啮合性能较差。

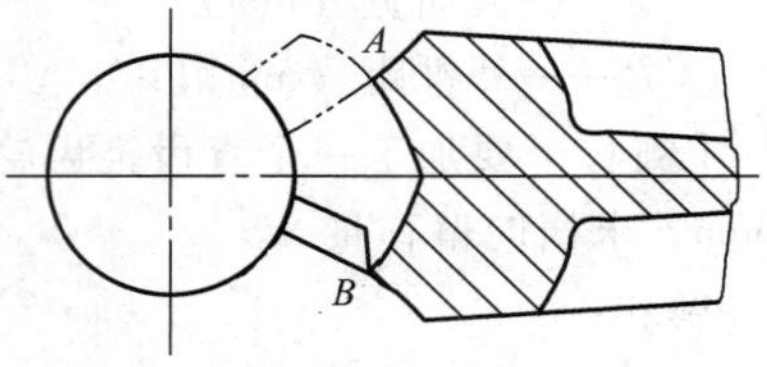

图 3-2-130 飞刀对刀方法

（2）交换齿轮计算

1）展成交换齿轮计算。根据展成原理，工件转过一个齿（1/z 转），工作台要相应地在纵向移动一个蜗轮齿距（蜗轮周节$=\pi m_x$）的距离，从而可以推导出交换齿轮的计算公式：

$$i=\frac{z_1z_3}{z_2z_4}=\frac{40P_{丝}}{z\pi m_x}=\frac{40P_{丝}}{\pi d_2}$$

式中 40——分度头定数；

$P_{丝}$——机床丝杠螺距（mm）；

m_x——端面模数（mm）；

d_2——蜗轮节圆直径（mm）。

2）分齿计算。根据蜗轮的齿数z_2，利用公式$n=\frac{40}{z}$计算出分度头手柄转数n。

（3）铣头扳转角度方向、工件旋转方向及中间轮装置（见表3-2-116）

（4）飞刀部分尺寸计算公式（见表3-2-117）

表 3-2-116 铣头扳转角度方向、工件旋转方向及中间轮装置

刀具位置	铣头扳转角度方向		工作台运动方向	工件旋转方向	两对交换齿轮	三对交换齿轮
	右旋蜗轮	左旋蜗轮	右旋蜗轮和左旋蜗轮一致			
在工件外边	顺时针	逆时针	←	逆时针	不加中间轮	加一中间轮
在工件里边	逆时针	顺时针	←	顺时针	加一中间轮	不加中间轮

表 3-2-117 飞刀部分尺寸计算公式

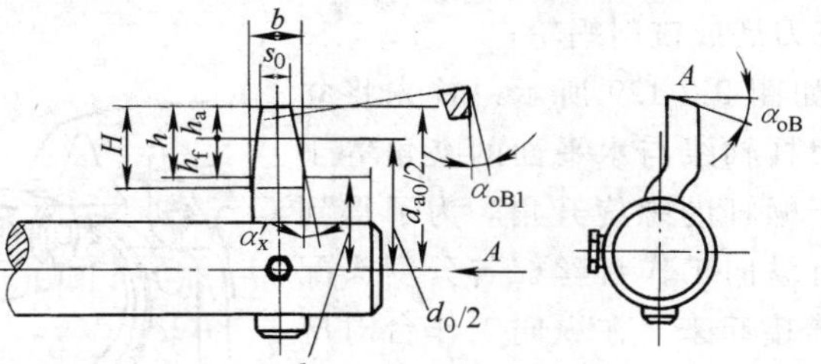

各部名称	计算公式	备注
飞刀节圆直径	$d_0=\frac{d_1}{\cos\beta}+am_x$	d_1是蜗杆节圆直径，β是螺旋角，当$\beta=3°\sim20°$时，取$a=0.1\sim0.3$
齿顶高	$h_a=fm_x+cm_x+0.1m_x$	f是蜗轮齿顶高系数，cm_x是标准径向间隙，$0.1m_x$是刃磨量，m_x是蜗杆轴向模数
齿根高	$h_f=fm_x+cm_x$	
全齿高	$h=h_a+h_f$	
飞刀节圆齿厚	$s_0=\frac{\pi m_x}{2}\cos\beta$	

（续）

各部名称	计算公式	备　注
飞刀外径	$d_{a0}=d_0+2h_a$	
飞刀根径	$d_{f0}=d_0-2h_f$	
飞刀顶刃后角	α_{oB} 一般取 10°~12°	
侧刃法向后角	$\tan\alpha_{oB1}=\tan\alpha_{oB}\sin\alpha_n$	α_n[①] 是蜗杆法向压力角。必须使 $\alpha_{oB1}\geqslant 3°$，若计算结果 $\alpha_{oB1}<3°$，则应增大顶刃后角
刀齿顶刃圆角半径	$r=0.2m_x$	
飞刀宽度	$b=s_0+2h_f\tan\alpha_n+2y$	$2y=0.5\sim2$mm（此值为加宽量）
刀齿深度	$H=\dfrac{d_{a0}-d_{f0}}{2}+K$	$K=\dfrac{\pi d_{a0}}{z}\tan\alpha_{oB}$
压力角	$\alpha_x'=\alpha_n-\dfrac{\sin^3\beta\times 90°}{z_1(\text{蜗杆头数})}$	当 $\beta\leqslant 20°$ 时，可取 $\alpha_x'=\alpha_n$

① $\tan\alpha_n=\tan\alpha_x\cos\beta$，$\alpha_x$ 是蜗杆轴向压力角，α_n 是蜗杆法向压力角。

[例]　已知一对蜗轮蜗杆，$m_x=3$mm，螺旋角 $\beta=12°30'$，蜗轮 $z_2=30$，节圆直径 $d_2=90$mm，蜗杆节圆直径 $d_1=54$mm，右旋，机床丝杠螺距 $P_{丝}=6$mm。求展成传动比、飞刀各部分尺寸及分度头手柄转数。

解：(1) 展成传动比

$$i=\frac{40P_{丝}}{\pi d_2}=\frac{40\times6}{3.1416\times90}\approx0.84883$$

查表 3-2-133，有 $i=\dfrac{z_1z_3}{z_2z_4}\approx\dfrac{80\times35}{55\times60}$

(2) 飞刀头各部分尺寸

1) 飞刀节圆直径：$\beta=12°30'$（在 3°~20°范围内），可取 $a=0.2$，则

$$d_0=\frac{d_1}{\cos\beta}+am_x=\frac{54\text{mm}}{\cos12°30'}+0.2\times3\text{mm}=\frac{54\text{mm}}{0.9763}+0.6\text{mm}=55.91\text{mm}$$

2) 齿顶高：

$$h_a=fm_x+cm_x+0.1m_x=1\times3\text{mm}+0.2\times3\text{mm}+0.1\times3\text{mm}=3.9\text{mm}$$

3) 齿根高：

$$h_f=fm_x+cm_x=1\times3\text{mm}+0.2\times3\text{mm}=3.6\text{mm}$$

4) 全齿高：

$$h=h_a+h_f=3.9\text{mm}+3.6\text{mm}=7.5\text{mm}$$

5) 飞刀节圆齿厚：

$$s_0=\frac{\pi m_x}{2}\cos\beta=\frac{3.14\times3\text{mm}}{2}\cos12°30'=4.71\text{mm}\times0.9763=4.598\text{mm}$$

6）飞刀回转外径：$d_{a0}=d_0+2h_a=55.91\text{mm}+2\times3.9\text{mm}=63.71\text{mm}$

7）飞刀根径：

$$d_{f0}=d_0-2h_f=55.91-2\times3.6\text{mm}=48.71\text{mm}$$

8）飞刀顶刃后角：

取
$$\alpha_{oB}=10°$$

9）侧刃法向后角：

取
$$\alpha_{oB1}=5°$$

10）刀齿顶刃圆角半径 r：

$$r=0.2m_x=0.2\times3\text{mm}=0.6\text{mm}$$

11）飞刀宽度：

$$b=s_0+2h_f\tan\alpha_n+2y$$

其中
$$\tan\alpha_n=\tan\alpha_x\cos\beta=\tan20°\times\cos12°30'=0.35534$$

取
$$2y=1\text{mm}$$

所以
$$\begin{aligned}b&=4.598\text{mm}+2\times3.6\text{mm}+0.35534+1\text{mm}\\&=4.598\text{mm}+7.2\text{mm}\times0.35534+1\text{mm}\\&=8.158\text{mm}\end{aligned}$$

12）刀齿深度：

$$H=\frac{d_{a0}-d_{f0}}{2}+K$$

因为
$$K=\frac{\pi d_{a0}}{z}\tan\alpha_{oB}$$

所以
$$\begin{aligned}H&=\frac{63.71\text{mm}-48.71\text{mm}}{2}+\frac{3.14\times63.71\text{mm}}{30}\times0.176\\&=7.5\text{mm}+1.174\text{mm}=8.674\text{mm}\end{aligned}$$

13）压力角：

$$\alpha_x'=\alpha_n-\frac{\sin^3\beta\times90°}{z_1}$$

因为
$$\beta=12°30'<20°$$

可取
$$\alpha_x'=\alpha_n$$

$$\tan\alpha_n=0.35534$$

所以
$$\alpha_x'=\alpha_n=19°34'$$

（3）分度头手柄转数

$$n=\frac{40}{z_2}=\frac{40}{30}=1\frac{8}{24}$$

即展成铣削一齿后，手柄回转一圈，再在分度盘的24孔圈上转过8个孔距数。

刀具安装在工件里边（见表3-2-116第二种情况）时，已知蜗轮是右旋，所以飞刀刀杆应逆时针扳起12°30′，算出的两对展成交换齿轮应加一中间轮，这样工件的转动方向为顺时针。

2.4.4　滚齿

滚齿是齿轮加工中应用最广的切齿方法，滚齿机的加工精度为5～7级（GB/T 10095.2—2008）。滚齿机可分为立式滚齿机和卧式滚齿机两种，常用的是立式滚齿机。

2.4.4.1　滚齿机传动系统

Y38滚齿机传动系统如图3-2-131所示。

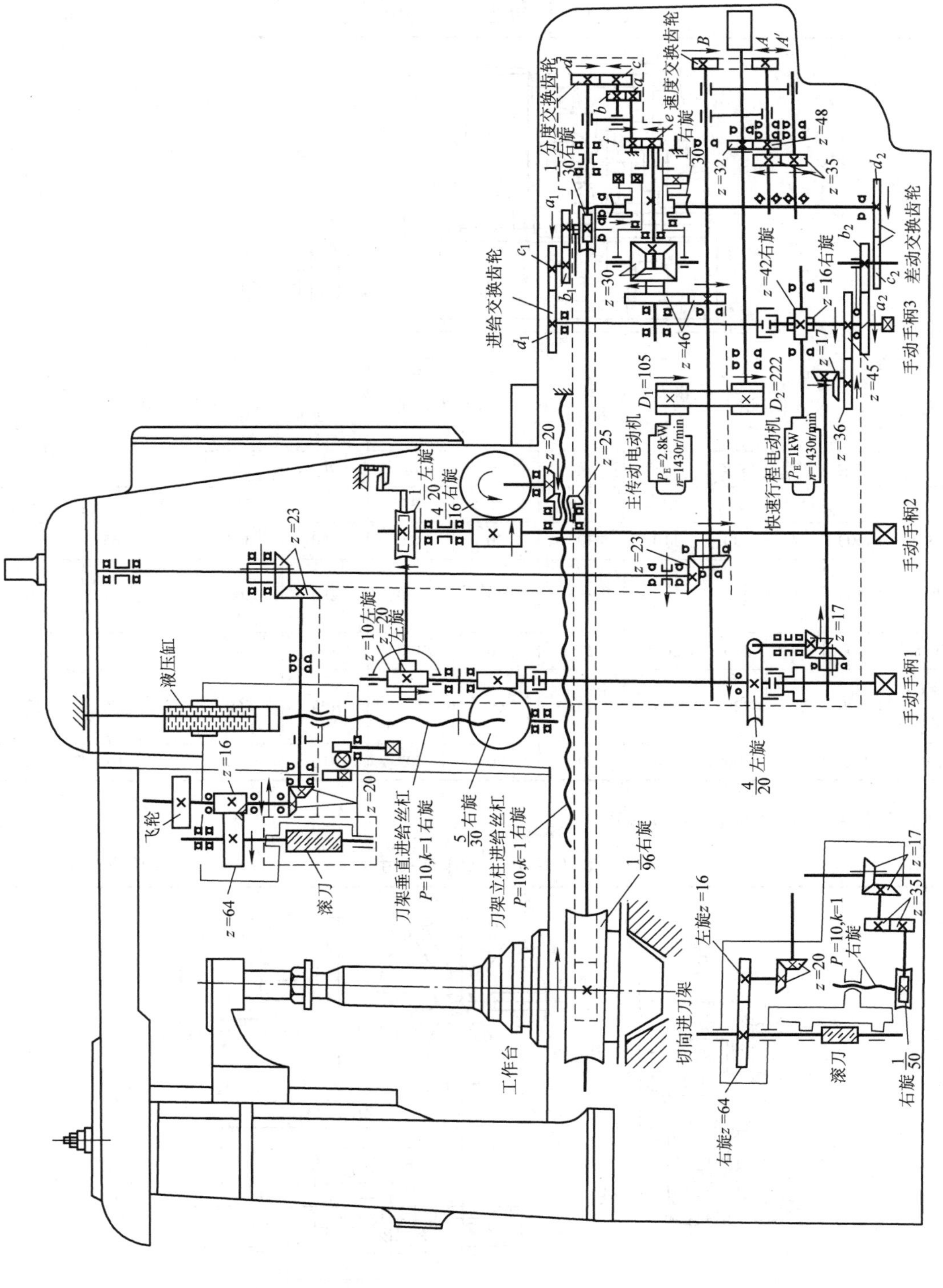

图 3-2-131　Y38 滚齿机传动系统

2.4.4.2　常用滚齿机的连接尺寸

1. 滚齿机主要相关尺寸(见表3-2-118)

表3-2-118　滚齿机主要相关尺寸　　(单位:mm)

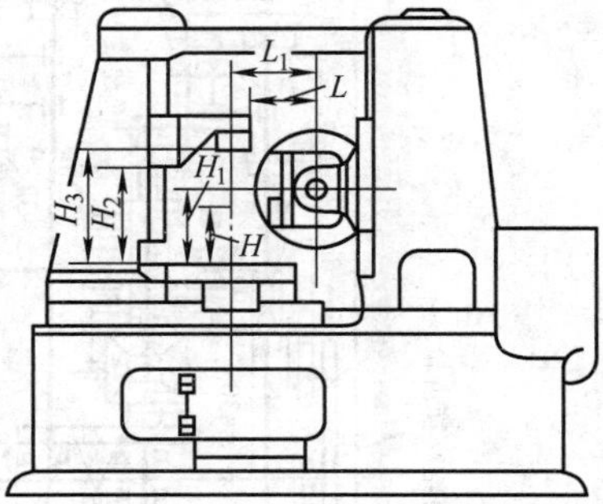

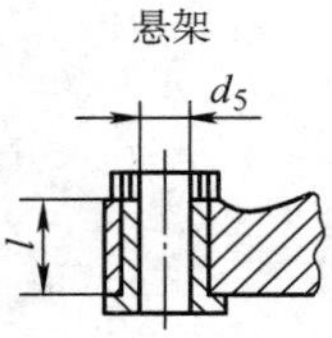

滚齿机型号	最大加工范围			滚刀轴中心线至工作台面的距离		滚刀轴中心线至工作台中心线距离		工作台面至悬架下面尺寸		悬架尺寸		可安装最大滚刀直径
	直径	模数	宽度	H	H_1	L	L_1	H_2	H_3	d_5	l	
Y31	125	1.5	80	50	150	15	85	60	210	12	40	55
Y32B	200	4	180	110	300	30	160	150	365	35	65	80
Y3150	500	6	240	170 110	350	25	320	280	500	25	71	120
Y38	800	8	240	205	275	80	470	420	780	25	80	120
Y38-1(Y3180A)	800	8	220	195	465	60	500	495	660	22.7	76	125
Y310	1000	12	300	210	590	90	605	310	650	35	105	200

2. 工作台尺寸(见表3-2-119)

表3-2-119　工作台尺寸　　(单位:mm)

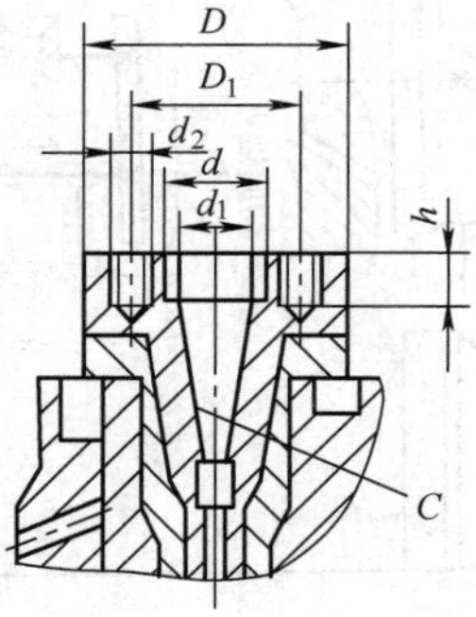

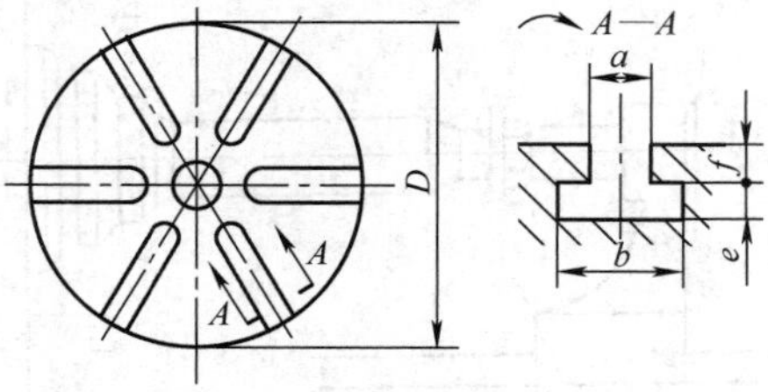

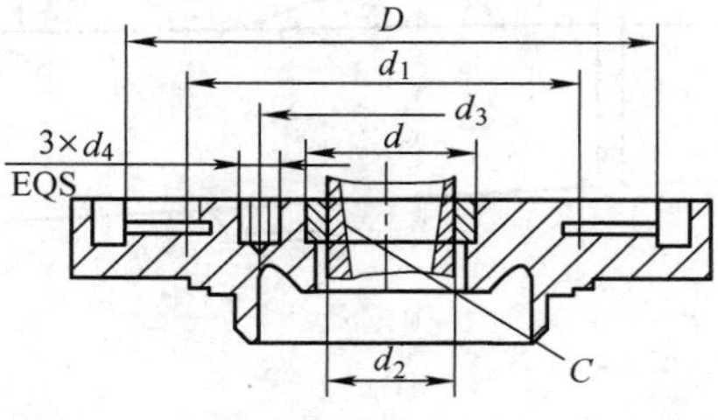

（续）

滚齿机型号	工作台尺寸						工件心轴座孔锥度	工作台尺寸									
	D	D_1	d	d_1	d_2	h	C	D	d	d_1	d_2	d_3	d_4	a	b	e	f
Y31	90	72	50	23.825	M8	15	莫氏 3 号	—	—	—	—	—	—	—	—	—	—
Y32B	150	72	65	31.267	M8	20	莫氏 4 号										
Y3150	—	—	—	—	—	—	65(直孔)	330	85	156	65	100	M8	14	24	11	15
Y38							莫氏 5 号	475	100	195	80	145	M12	18	30	14	20
Y38-1							莫氏 5 号	570	100	272	80	145	M12	18	—	—	—
Y310							莫氏 5 号	670	170	282	140	205	M8	22	—	—	—

3. 刀架及尾架尺寸（见表 3-2-120）

表 3-2-120　刀架及尾架尺寸

（单位：mm）

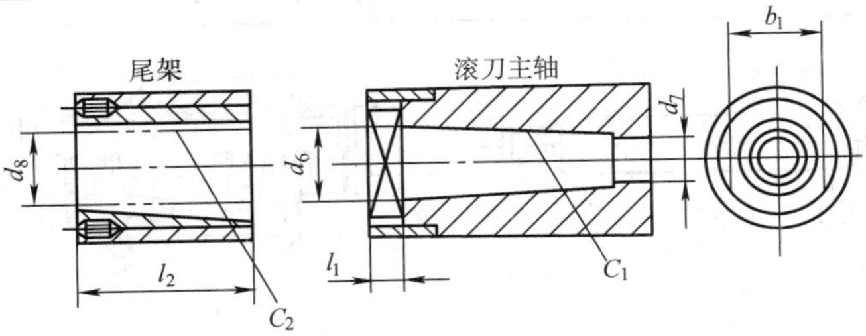

滚齿机型号	刀架最大垂直行程	刀架最大回转角度	主轴孔锥度 C_1	主轴尺寸				尾架尺寸		尾架孔锥度 C_2
				d_6	d_7	l_1	b_1	d_8	l_2	
Y31	100	360°	莫氏 2 号	17.780	12	7	32	13	30	1 : 5
Y32B	200	±60°	莫氏 4 号	31.267	16	15	32	22、27	50	1 : 5
Y3150	260	±90°	莫氏 4 号	31.267	16	—	32	22、27、32	65	1 : 5
Y38	270	360°	莫氏 5 号	44.399	20	16	45	22、27、32	65	1 : 5
Y38-1	270	360°	莫氏 4 号	31.267	16	12	32	22、27、32	60	1 : 5
Y310	280	240°	莫氏 5 号	44.399	20	16	48	27、32、40	95	1 : 5

注：表中有两个数据者系不同厂生产的同一型号产品的有关参数。

2.4.4.3　常用滚齿机用夹具及齿轮的安装（见表 3-2-121）

表 3-2-121　常用滚齿机用夹具及齿轮的安装

立式滚齿机用夹具及齿轮的安装			
小型带孔齿轮	中型带孔齿轮	带孔齿轮（用后立柱支撑）	轴齿轮
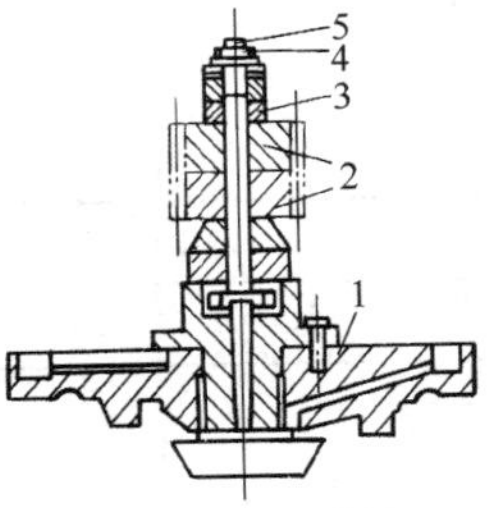 1—工作台　2—齿轮 3—垫圈　4—螺母　5—心轴	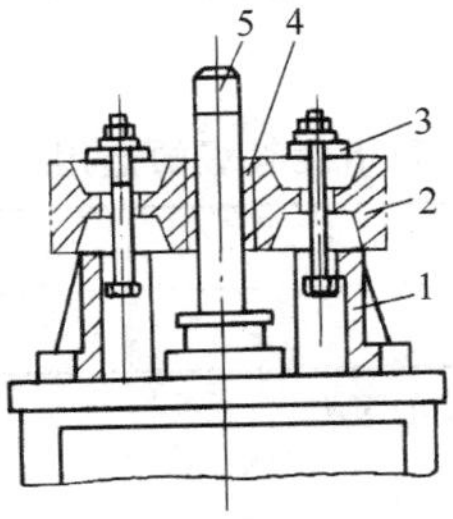 1—支座　2—齿轮　3—压板 4—可换套筒　5—心轴	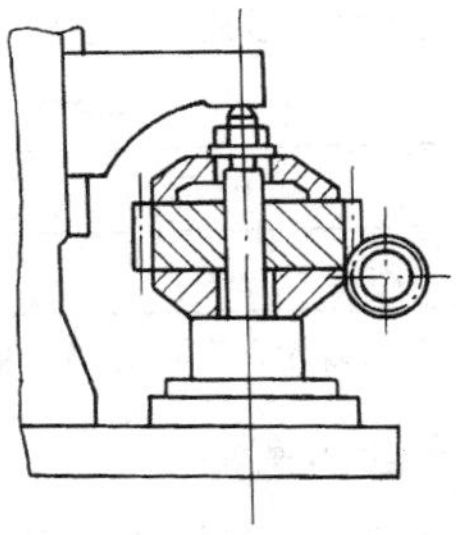	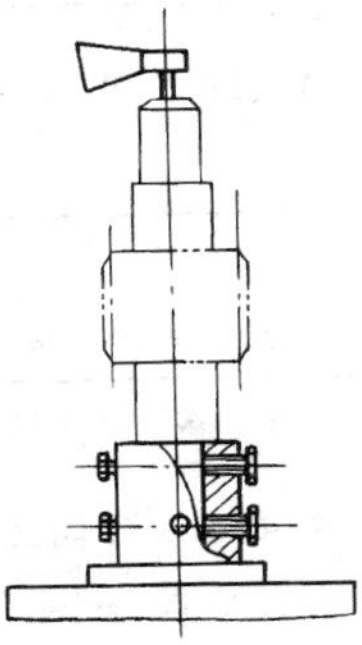

（续）

卧式滚齿机用夹具		
带孔齿轮	轴齿轮	人字齿轮
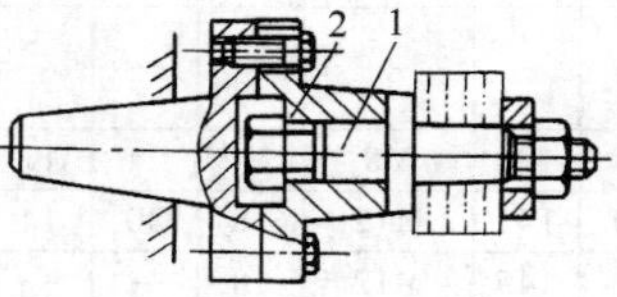 1—心轴　2—法兰盘	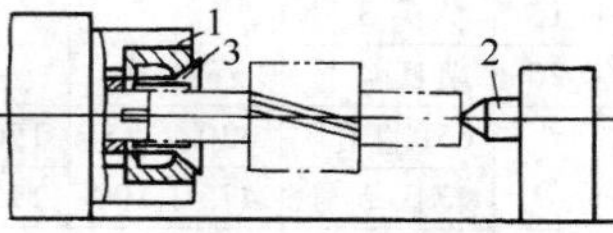 1—主轴　2—后顶尖　3—卡盘	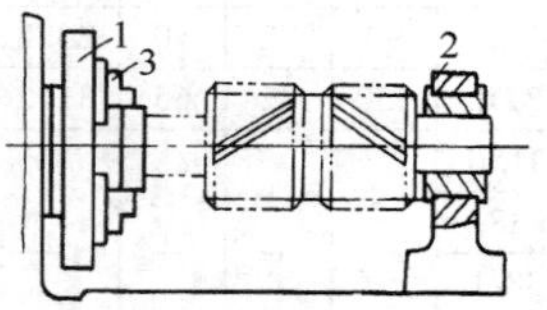 1—主轴　2—支架　3—卡盘

2.4.4.4　滚刀心轴和滚刀的安装要求（见表 3-2-122）

表 3-2-122　滚刀心轴和滚刀的安装要求

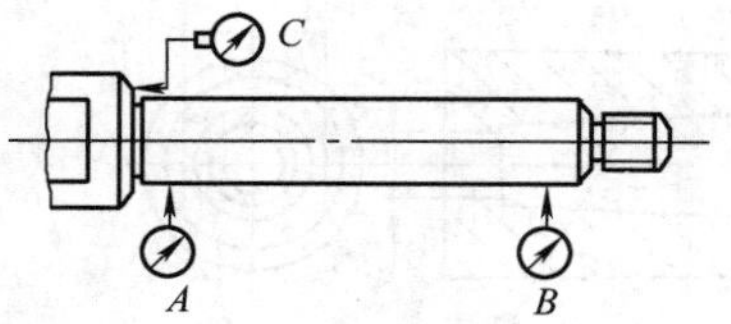

a)

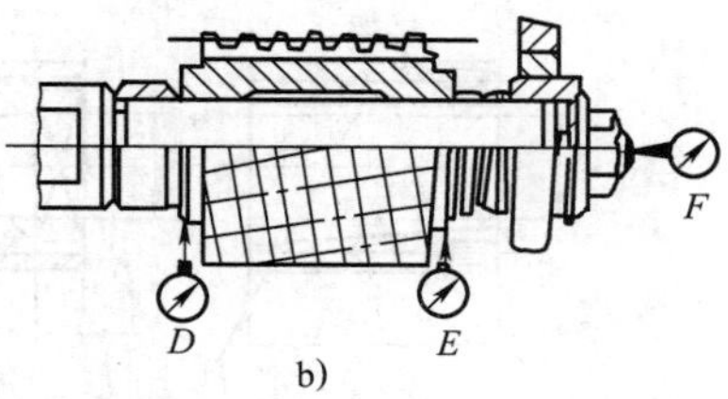

b)

齿轮精度等级	模数/mm	径向和轴向圆跳动公差/mm					
		滚刀心轴			滚刀台肩		轴向圆跳动
		A	*B*	*C*	*D*	*E*	*F*
5~6	≤2.5	0.003	0.006	0.003	0.005	0.007	0.005
	>2.5~10	0.005	0.008	0.005	0.010	0.012	
7	≤1	0.005	0.008	0.005	0.010	0.012	0.010
	>1~6	0.010	0.015	0.010	0.015	0.018	
	>6	0.020	0.025	0.020	0.020	0.025	
8	≤1	0.01	0.015	0.01	0.015	0.020	0.015
	>1~6	0.02	0.025	0.02	0.025	0.030	
	>6	0.03	0.035	0.025	0.030	0.040	
9	≤1	0.015	0.020	0.015	0.020	0.030	0.020
	>1~6	0.035	0.040	0.030	0.040	0.050	
	>6	0.045	0.050	0.040	0.050	0.060	

2.4.4.5　滚刀精度等级的选用（见表 3-2-123）

表 3-2-123　滚刀精度等级的选用

齿轮精度等级	6~7	7~8	8~9	10~12
滚刀精度等级	2A	A	B	C

注：滚切6级精度以上的齿轮，需设计制造更高精度的滚刀。

2.4.4.6　滚齿工艺参数的选择

1）高速钢滚刀滚切45钢齿轮常用切削用量见表 3-2-124。

2）走刀次数与滚齿余量分配见表 3-2-125。

表 3-2-124　高速钢滚刀滚切 45 钢齿轮常用切削用量

模数/mm	粗切		精切	
	v /(m/min)	f_a /(mm/r)	v /(m/min)	f_a /(mm/r)
≤10	25~30	1.5~3	30~40	1.0~2.0
>10	12~20	1.2~2.5	15~25	1.0~1.5

注：1. 加工铸铁齿轮，f_a 可增加 20%~30%。
2. 加工合金钢齿轮，f_a、v 需减少 20%左右。
3. 用氮化钛涂层滚刀，f_a、v 可增加 50%左右。

表 3-2-125　走刀次数与滚齿余量分配

模数/mm	走刀次数	滚齿余量分配
≤3	1	—
>3~8	2	留精切齿余量 1.5~2mm
>8	3	第 1 次留余量 8~10mm,第 2 次留余量 1.5~2mm

3）滚齿留剃余量见表 3-2-126。

4）滚齿切削液选用。高速钢滚刀加工碳素合金钢齿轮需用由矿物油和植物油合成的切削液，或者用由 L-AN 油、硫化切削油、油酸、氯化蜡等合成的极压切削液，可提高滚刀使用寿命和降低齿面粗糙度。

表 3-2-126　滚齿留剃余量　（单位：mm）

模数	工件直径			
	~100	100~200	200~500	500~1000
≤2	0.04~0.08	0.06~0.10	0.08~0.12	0.10~0.14
>2~4	0.06~0.10	0.08~0.12	0.10~0.14	0.12~0.18
>4~6	0.08~0.12	0.10~0.14	0.12~0.17	0.14~0.20
>6~8	0.10~0.14	0.12~0.16	0.14~0.19	0.18~0.22

注：1. 表中所列为双侧剃齿余量。
2. 采用本表余量必须用剃前滚刀加工齿轮。

2.4.4.7　滚齿调整

1. 交换齿轮计算及滚齿机定数

（1）分齿、进给、差动交换齿轮计算公式

1）分齿交换齿轮计算公式：

$$\frac{\text{分齿定数}\times K}{z}=\frac{a}{b}\times\frac{c}{d}$$

式中　K——滚刀头数；

z——齿数。

2）进给交换齿轮计算公式：

$$\text{垂直进给定数}\times f_{立}=\frac{a_1}{b_1}\times\frac{c_1}{d_1}$$

$$\text{水平进给定数}\times f_{平}=\frac{a_1}{b_1}\times\frac{c_1}{d_1}$$

式中 $f_{立}$——垂直进给量（mm）；

$f_{平}$——水平进给量（mm）。

3）差动交换齿轮计算公式：

$$\frac{差动定数\times\sin\beta}{m_n K}=\frac{a_2c_2}{b_2d_2}$$

式中 β——工件螺旋角（°）；

m_n——法向模数（mm）。

（2）Y38滚齿机定数（见表3-2-127）

表3-2-127 Y38滚齿机定数

分齿定数				进给定数		差动定数
$z\leqslant161$		$z>161$				
直齿圆柱齿轮	斜齿轮	直齿圆柱齿轮	斜齿轮	垂直	水平	
$e=36$  $f=36$ 定数24	$e=36$ 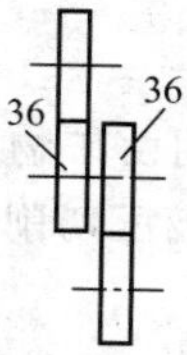 $f=36$ 定数24	$e=24$  $f=48$ 定数48	$e=24$ 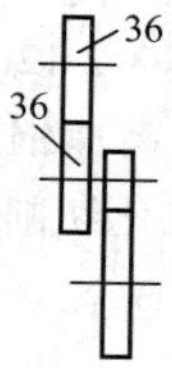 $f=48$ 定数48	$\frac{3}{4}$①	$\frac{5}{4}$	7.95775

① 若机床上与进给交换齿轮相连的蜗杆副是2/24，垂直进给定数应是3/10。

2. 滚刀安装角度、工作台回转方向及中间轮装置

1）在Y38上用右旋滚刀时，滚刀安装角度、工作台回转方向及中间轮装置见表3-2-128。

2）在Y38上用左旋滚刀时，滚刀安装角度、工作台回转方向及中间轮装置见表3-2-129。

表3-2-128 在Y38上用右旋滚刀时，滚刀安装角度、工作台回转方向及中间轮装置

齿轮类型	滚刀安装角度和工作台回转方向	齿轮 e 和 f		分齿交换齿轮及中间轮 $\frac{a}{b}\times\frac{c}{d}$		进给交换齿轮及中间轮 $\frac{a_1}{b_1}\times\frac{c_1}{d_1}$		差动交换齿轮及中间轮 $\frac{a_2}{b_2}\times\frac{c_2}{d_2}$	
		当 $z\leqslant161$ 时	当 $z>161$ 时	一对齿轮	两对齿轮	一对齿轮	两对齿轮	一对齿轮	两对齿轮
直齿圆柱齿轮	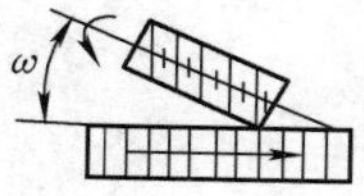	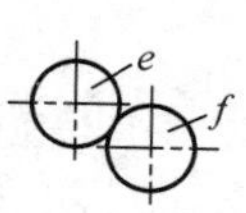	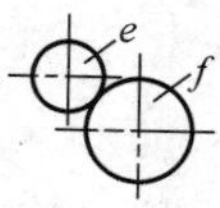	加一个中间轮	不加中间轮	加一个中间轮	不加中间轮	—	—
蜗轮	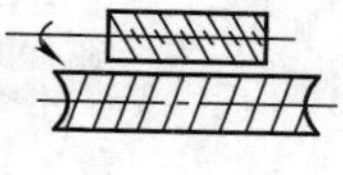	$\frac{e}{f}=\frac{36}{36}$	$\frac{e}{f}=\frac{24}{48}$	加一个中间轮	不加中间轮	加一个中间轮	不加中间轮	—	—

（续）

齿轮类型	滚刀安装角度和工作台回转方向	齿轮 e 和 f		分齿交换齿轮及中间轮 $\frac{a}{b}\times\frac{c}{d}$		进给交换齿轮及中间轮 $\frac{a_1}{b_1}\times\frac{c_1}{d_1}$		差动交换齿轮及中间轮 $\frac{a_2}{b_2}\times\frac{c_2}{d_2}$	
		当 $z\leqslant161$ 时	当 $z>161$ 时	一对齿轮	两对齿轮	一对齿轮	两对齿轮	一对齿轮	两对齿轮
右旋齿轮	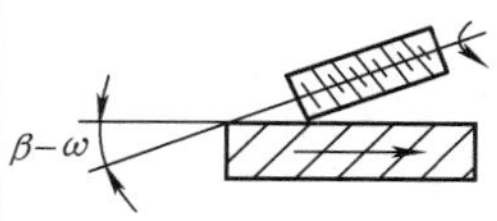	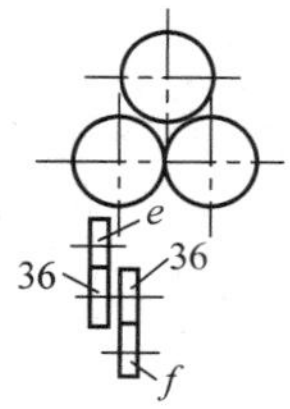	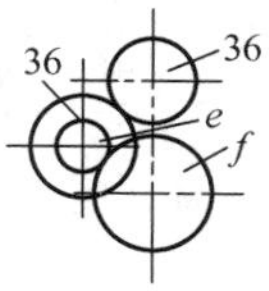	加一个中间轮	不加中间轮	加一个中间轮	不加中间轮	加一个中间轮	不加中间轮
左旋齿轮	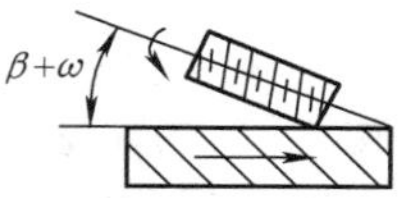	$\frac{e}{f}=\frac{36}{36}$	$\frac{e}{f}=\frac{24}{48}$	加一个中间轮	不加中间轮	加一个中间轮	不加中间轮	加两个中间轮	加一个中间轮

注：ω—滚刀螺旋角；β—工件螺旋角。

表 3-2-129　在 Y38 上用左旋滚刀时，滚刀安装角度、工作台回转方向及中间轮装置

齿轮类型	滚刀安装角度和工作台回转方向	齿轮 e 和 f		分齿交换齿轮及中间轮 $\frac{a}{b}\times\frac{c}{d}$		进给交换齿轮及中间轮 $\frac{a_1}{b_1}\times\frac{c_1}{d_1}$		差动交换齿轮及中间轮 $\frac{a_2}{b_2}\times\frac{c_2}{d_2}$	
		当 $z\leqslant161$ 时	当 $z>161$ 时	一对齿轮	两对齿轮	一对齿轮	两对齿轮	一对齿轮	两对齿轮
直齿圆柱齿轮	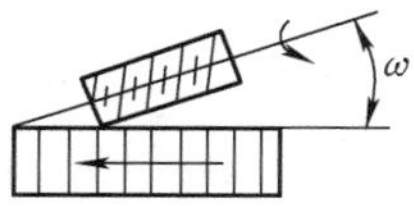	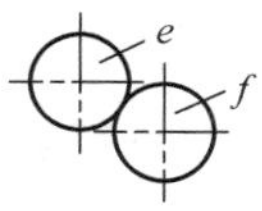	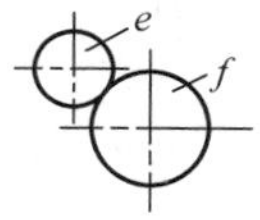	加两个中间轮	加一个中间轮	加两个中间轮	加一个中间轮	—	—
蜗轮	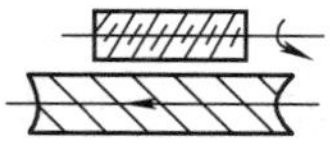	$\frac{e}{f}=\frac{36}{36}$	$\frac{e}{f}=\frac{24}{48}$	加两个中间轮	加一个中间轮	加两个中间轮	加一个中间轮	—	—
右旋齿轮	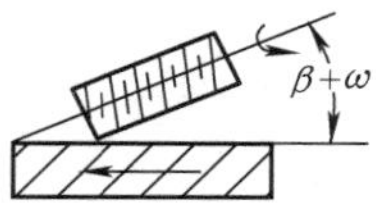	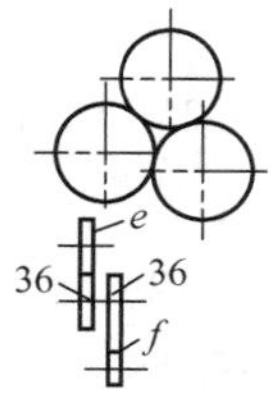	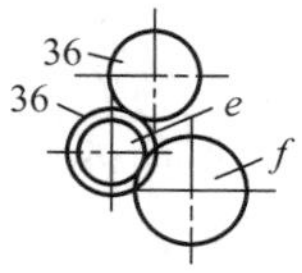	加两个中间轮	加一个中间轮	加两个中间轮	加一个中间轮	加两个中间轮	加一个中间轮
左旋齿轮	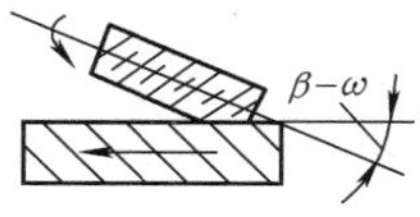	$\frac{e}{f}=\frac{36}{36}$	$\frac{e}{f}=\frac{24}{48}$	加两个中间轮	加一个中间轮	加两个中间轮	加一个中间轮	加一个中间轮	不加中间轮

2.4.4.8　滚切大质数齿轮

1. 滚切大质数直齿圆柱齿轮时各组交换齿轮计算

1）分齿交换齿轮计算：

$$\frac{24K}{z \pm p}=\frac{ac}{bd}$$

式中 K——滚刀头数；

$\pm p$——加减任意一个分数，但要保证使分子分母能互相约简。

当 $z \leqslant 161$ 时，定数用24；

当 $z > 161$ 时，定数用48。

2）进给交换齿轮计算：

$$\frac{3}{4}f_{立}=\frac{a_1c_1}{b_1d_1}$$

式中 $f_{立}$——垂直进给量（mm）。

3）差动交换齿轮计算：

$$\pm\frac{25^{\ominus}p}{f_{立}K}=\frac{a_2c_2}{b_2d_2}$$

若分齿交换齿轮计算公式中用“$z+p$”，则差动交换齿轮计算公式前取“-”号，表示差动补给运动与工作台转动方向一致，使工作台多转一点，用两对齿轮时不加中间轮；若分齿交换齿轮计算公式中用“$z-p$”，则差动交换齿轮计算公式前取“+”号，表示差动补给运动使工作台少转一点，用两对齿轮时，加一个中间轮。

［例］ 在Y38型滚齿机上要加工一个101齿的直齿圆柱齿轮，如果使用的是单头滚刀，进给量 $f_{立}=1\text{mm}$，试求各组交换齿轮。

解： 设 $p=\frac{1}{20}$，前边取“+”号，$\frac{e}{f}=\frac{36}{36}=1$，

则分齿交换齿轮：

$$\frac{24K}{z+p}=\frac{24\times1}{101+\frac{1}{20}}=\frac{24\times20}{2021}=\frac{20\times24}{43\times47}$$

进给交换齿轮：

$$\frac{3}{4}f_{立}=\frac{3}{4}\times1=\frac{30}{40}$$

差动交换齿轮：因分齿交换齿轮计算公式中用“$z+p$”，则差动交换齿轮公式前取“-”号，即

$$-\frac{25p}{f_{立}K}=-\frac{25\times\frac{1}{20}}{1\times1}=-\frac{25}{20}$$

$$=-\frac{5\times5}{5\times4}=-\frac{50\times25}{25\times40}$$

表示差动补给运动与工作台转动方向一致，即多转，不加中间轮。

2. 滚切大质数斜齿圆柱齿轮时各组交换齿轮计算

1）分齿交换齿轮计算：

$$\frac{24K}{z \pm p}=\frac{ac}{bd}$$

㊀ 即 π×差动定数＝π×7.95775≈25。

当 $z \leqslant 161$ 时，定数用 24；当 $z>161$ 时，定数用 48。

2）进给交换齿轮计算：

$$\frac{3}{4}f_{立}=\frac{a_1c_1}{b_1d_1}$$

3）差动交换齿轮计算：

$$\pm\frac{7.95775\sin\beta}{m_nK}\pm\frac{25^{㊀}p}{f_{立}K}=\frac{a_2c_2}{b_2d_2}$$

式中符号意义如下：

当工件与滚刀螺旋方向相同时，差动交换齿轮计算公式第一项前用“-”号；方向相反时，用“+”号。

当分齿交换齿轮公式中用 $z+p$ 时，差动交换齿轮计算公式第二项前用“-”号；当分齿交换齿轮中用 $z-p$ 时，差动交换齿轮计算公式第二项前用“+”号。

差动交换齿轮计算公式第一项和第二项若符号相同则相加；若符号相反则相减。其结果得“-”号，表示差动补给运动与工作台转动方向一致，使工作台多转一点，用两对齿轮时，不加中间轮；结果得“+”号，表示差动补给运动与工作台转动方向相反，使工作台少转一点，用两对齿轮时，加一个中间轮。

[例] 在 Y38 型滚齿机上，加工一右旋斜齿圆柱齿轮，$m_n=2$，$\beta=30°$，$z=103$，$f_{立}=1\text{mm}$，用右旋单头滚刀，试求各组挂轮。

解： 设 $p=\frac{1}{25}$，前边取“+”号。

则分齿交换齿轮：

$$\frac{24K}{z+p}=\frac{24\times1}{103+\frac{1}{25}}=\frac{24\times25}{2576}$$

$$=\frac{24\times25}{16\times7\times23}=\frac{25\times60}{70\times92}$$

进给交换齿轮：

$$\frac{3}{4}f_{立}=\frac{3}{4}\times1=\frac{30}{40}$$

差动交换齿轮：由于工件与滚刀螺旋方向相同，差动交换齿轮计算公式第一项前用“-”号。又因分齿交换齿轮计算公式中用 $z+p$，所以差动齿轮计算公式第二项前也用“-”号。

$$-\frac{7.95775\sin\beta}{m_nK}-\frac{25p}{f_{立}K}$$

$$=-\frac{7.95775\times\sin30°}{2\times1}-\frac{25\times\frac{1}{25}}{1\times1}$$

$$=-\frac{7.95775\times0.5}{2\times1}-1$$

$$=-1.98944-1$$

$$=-2.98944\approx-\frac{45\times95}{22\times65}$$

结果得“-”号，表示用两对齿轮时，不加中间轮。

㊀ 即 π×差动定数＝π×7.95775≈25。如果用其他机床，也可用这个公式计算各组交换齿轮，但需将分齿、进给、差动三个定数改为相应机床的定数。

注意，因为是质数齿轮，在加工中，差动运动（附加转动）是分度运动不可分割的一部分，即在加工过程中分度运动和差动运动不能分开，否则分齿就乱了。所以在加工中，如果切削第二刀时，只能先利用反车自动返回，然后再进行切削。

3. Y38滚齿机加工大质数直齿圆柱齿轮时的分齿、差动交换齿轮（见表3-2-130）

表3-2-130　Y38滚齿机加工大质数直齿圆柱齿轮（滚刀头数$K=1$）**时的分齿、差动交换齿轮**

齿数z	p	分齿交换齿轮	差动交换齿轮	
			$f_{立}=0.75$mm	$f_{立}=1$mm
101	1/20	24/43×20/47	55/33	50/40
137	1/20	25/43×25/83	55/33	50/40
241	1/20	23/33×20/70	40/24	50/40
362	1/20	59/89×20/100	55/33	50/40
386	1/20	33/65×24/98	95/57	50/40
389	−1/20	34/58×20/95	40/24	50/40
401	1/20	37/79×23/90	40/24	50/40
428	1/20	43/90×23/98	40/24	50/40
446	1/20	23/57×20/75	40/24	50/40
451	1/20	34/71×20/90	40/24	50/40
461	1/20	34/71×20/92	40/24	50/40
478	1/20	20/48×20/83	40/24	50/40
479	1/20	30/71×23/97	40/24	50/40
481	1/20	37/89×24/100	55/33	50/40
482	−1/15	24/61×20/79	50/20×40/45	55/33
483	1/20	40/83×20/97	55/33	30/24
489	1/15	24/67×20/73	50/20×40/45	55/33

注：表中p为“−”值时，则差动交换齿轮需加一个中间轮。

4. p的推荐值（见表3-2-131）

表3-2-131　p的推荐值

z	p	z	p	z	p
101	$\pm\frac{1}{4},-\frac{1}{17},\frac{1}{20},\frac{1}{24},-\frac{1}{35}$	139	$\frac{1}{30},-\frac{1}{35},\frac{1}{40}$	173	$-\frac{1}{5},-\frac{1}{17},-\frac{1}{25}$
103	$\pm\frac{1}{17},-\frac{1}{20},\frac{1}{23},\frac{1}{25}$	143	$-\frac{1}{5}$	179	$\pm\frac{1}{15},-\frac{1}{35},\frac{1}{45}$
107	$\pm\frac{1}{5},\frac{1}{17},-\frac{1}{45},-\frac{1}{48}$	149	$-\frac{1}{5},-\frac{1}{25},-\frac{1}{35}$	181	$\pm\frac{1}{15},\frac{1}{20},\pm\frac{1}{25},-\frac{1}{30}$
109	$\pm\frac{1}{5},-\frac{1}{15},\frac{1}{25}$	151	$-\frac{1}{5},\frac{1}{20},\frac{1}{34}$	191	$-\frac{1}{5},\frac{1}{17},-\frac{1}{20}$
113	$-\frac{1}{5},\frac{1}{15},\frac{1}{34}$	157	$-\frac{1}{5},\pm\frac{1}{17},-\frac{1}{20}$	193	$\frac{1}{5},-\frac{1}{17},-\frac{1}{25}$
127	$\frac{1}{5},\pm\frac{1}{10},\pm\frac{1}{17}$	163	$\pm\frac{1}{5},\frac{1}{30},-\frac{1}{35}$	197	$\pm\frac{1}{5},\pm\frac{1}{17}$
131	$\frac{1}{5},-\frac{1}{20},-\frac{1}{34}$	167	$\frac{1}{5},\pm\frac{1}{17},\frac{1}{25},\pm\frac{1}{33}$	199	$\pm\frac{1}{5},\pm\frac{1}{17},\frac{1}{21}$
137	$-\frac{1}{17},-\frac{1}{20},-\frac{1}{45}$	169	$\frac{1}{5}$		

2.4.4.9　滚齿加工常见缺陷、产生原因和解决方法（见表 3-2-132）

表 3-2-132　滚齿加工常见缺陷、产生原因和解决方法

缺　陷	产生原因	解决方法
齿数不正确	1)跨轮或分齿交换齿轮调整不正确 2)滚刀选用错误 3)工件毛坯尺寸不正确 4)滚切斜齿轮时,附加运动方向不对	1)重新调整跨轮、分齿交换齿轮,并检查中间轮装置是否正确 2)合理选用滚刀 3)更换工件毛坯 4)增加或减少差动交换齿轮中的中间轮
齿面出棱 	滚刀齿形误差太大或分度运动瞬时速比变化大,工件缺陷状况有四种: 1)滚刀刃磨后,刀齿等分性差 2)滚刀轴向窜动大 3)滚刀径向圆跳动大 4)滚刀用钝	主要方法:着眼于滚刀刃磨质量,滚刀安装精度及机床主轴的几何精度: 1)控制滚刀刃磨质量 2)保证滚刀的安装精度:安装滚刀时不能敲击;垫圈端面平整;螺母端面要垂直;锥孔内部应清洁;后托架装上后,不能留间隙 3)复查机床主轴的旋转精度,并修复调整机床前后轴承,尤其是止推垫片 4)更换新刀
齿形不对称 	1)滚刀安装不对中 2)滚刀刃磨后,前刀面的径向误差大 3)滚刀刃磨后,螺旋角或导程误差大 4)滚刀安装角的误差太大	1)用“啃刀花”法或对刀规对刀 2)控制滚刀刃磨质量 3)重新调整滚刀的安装角
齿形角不对 	1)滚刀本身的齿形角误差太大 2)滚刀刃磨后,前刀面的径向误差大 3)滚刀安装角的误差大	1)合理选用滚刀的精度 2)控制滚刀的刃磨质量 3)重新调整滚刀的安装角
齿形周期性误差 	1)滚刀安装后,径向圆跳动或轴向窜动大 2)机床工作台回转不均匀 3)跨轮或分齿交换齿轮安装偏心或齿面磕碰 4)刀架滑松有松动 5)工件装夹不合理,产生振摆	1)控制滚刀的安装精度 2)检查机床工作台分度蜗杆的轴向窜动,并调整修复之 3)检查跨轮及分齿交换齿轮的安装及运转状况 4)调整刀架滑板的塞铁 5)合理选用工件装夹的正确方案
齿圈径向圆跳动超差	工件内孔中心与机床工作台回转中心不重合 (1)有关机床、夹具方面 1)工作台径向圆跳动大 2)心轴磨损或径向圆跳动大 3)上下顶针有摆差或松动 4)夹具定位端面与工作台回转中心线不垂直 5)工件装夹元件,如垫圈和螺母精度不够 (2)有关工件方面 1)工件定位孔直径超差 2)用找正工件外圆装夹时,外圆与内孔的同轴度超差 3)工件夹紧刚度差	着眼于控制机床工作台的回转精度与工件的正确装夹 (1)有关机床和夹具方面 1)检查并修复工作台回转导轨 2)合理使用和保养工件心轴 3)修复后立柱及上顶针的精度 4)切削前,应校正夹具定位端面的端面圆跳动。定位端面只准内凹 5)装夹元件,垫圈两平面应平行:夹紧螺母端面对螺纹中心线应垂直 (2)有关工件方面 1)控制工件定位孔的尺寸精度 2)控制工件外圆与内孔的同轴度误差 3)夹紧力应施加于工件刚度足够的部位

（续）

缺　陷	产生原因	解决方法
齿向误差超差	滚刀垂直进给方向与齿坯内孔轴线方向偏斜太大。加工斜齿轮时，还有附加运动的不正确 (1)有关机床和夹具方面 1)立柱三角导轨与工作台轴线不平行 2)工作台端面圆跳动大 3)上、下顶尖不同轴 4)分度蜗轮副的啮合间隙大 5)分度蜗轮副的传动存在周期性误差 6)垂直进给丝杠螺距误差大 7)分齿、差动交换齿轮误差大 (2)有关工件方面 1)齿坯两端面不平行 2)工件定位孔与端面不垂直	着眼于控制机床几何精度和工件的正确安装。下列第4)~7)条，主要适用于加工斜齿轮 (1)有关机床和夹具方面 1)修复立柱精度，控制机床热变形 2)修复工作台的回转精度 3)修复后立柱或上、下顶针的精度 4)合理调整分度蜗轮副的啮合间隙 5)修复分度蜗轮副的零件精度，并合理调整安装之 6)垂直进给丝杠因使用磨损而精度达不到时，应及时更换 7)应控制差动交换齿轮的计算误差 (2)有关工件方面 1)控制齿坯两端面的平行度误差 2)控制齿坯定位孔与端面的垂直度
齿距累积误差超差	滚齿机工作台每一转中回转不均匀的最大误差太大： 1)分度蜗轮副传动精度误差 2)工作台的径向圆跳动与端面圆跳动大 3)分齿交换齿轮啮合太松或存在磕碰现象	着眼于分度运动链的精度，尤其是分度蜗轮副与滚刀： 1)修复分度蜗轮副的传动精度 2)修复工作台的回转精度 3)检查分齿交换齿轮的啮合松紧和运转状况
齿面撕裂 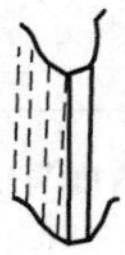	1)齿坯材质不均匀 2)齿坯热处理方法不当 3)切削用量选用不合理而产生积屑瘤 4)切削液效能不高 5)滚刀用钝，不锋利	1)控制齿坯材料质量 2)正确选用热处理方法，尤其是调质处理后的硬度，建议采用正火处理 3)正确选用切削用量，避免产生积屑瘤 4)正确选用切削液，尤其要注意它的润滑性能 5)更换新刀
齿面啃齿 	由于滚刀与齿坯的相互位置发生突然变化所造成： 1)立柱三角导轨太松，造成滚刀进给突然变化；立柱三角导轨太紧，造成爬行现象 2)刀架斜齿轮啮合间隙大 3)油压不稳定	寻找和消除一些突然因素： 1)调整立柱三角导轨，要求紧松适当 2)刀架斜齿轮若因使用时间久而磨损，应更换 3)合理保养机床，尤其是清洁，使油路保持畅通，油压保持稳定

（续）

缺　陷	产生原因	解决方法
齿面振纹 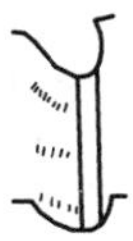	由于振动所造成： 1）机床内部某传动环节的间隙大 2）工件与滚刀的装夹刚度不够 3）切削用量选用太大 4）后托架安装后，间隙大	寻找与消除振动源： 1）对于使用时间久而磨损严重的机床及时进行大修 2）提高滚刀的装夹刚度，如缩小支承间距离，带柄滚刀应尽量加大轴径等 提高工件的装夹刚度，如尽量加大支承端面，支承端面（包括工件）只准内凹；缩短上下顶针间距离 3）正确选用切削用量 4）正确安装后托架
齿面鱼鳞 	齿坯热处理方法不当，这在加工调质处理后的钢件时比较多见	1）酌情控制调质处理的硬度 2）建议采用正火处理作为齿坯的预备热处理

2.4.5　交换齿轮参数选择（见表3-2-133）

表3-2-133　交换齿轮参数选择

传动比	交换齿轮				传动比	交换齿轮				传动比	交换齿轮				传动比	交换齿轮			
	z_1	z_2	z_3	z_4		z_1	z_2	z_3	z_4		z_1	z_2	z_3	z_4		z_1	z_2	z_3	z_4
14.40000	100	25	90	25	7.20000	100	25	90	50	5.40000	90	25	60	40	4.44444	100	30	80	60
12.80000	100	25	80	25	7.04000	80	25	55	25	5.33333	100	25	80	60	4.40000	100	25	55	50
12.00000	100	25	90	30	7.00000	100	25	70	40	5.28000	60	25	55	25	4.36364	100	25	60	55
11.52000	90	25	80	25	6.85714	100	25	60	35	5.25000	90	30	70	40	4.32000	90	25	60	50
11.20000	100	25	70	25	6.72000	70	25	60	25	5.23810	100	30	55	35	4.28571	100	30	90	70
10.66667	100	25	80	30	6.66667	100	30	80	40	5.23636	90	25	80	55	4.26667	80	25	40	30
10.28571	100	25	90	35	6.60000	90	25	55	30	5.14286	100	25	90	70	4.24242	100	30	70	55
10.08000	90	25	70	25	6.54545	100	25	90	55	5.13333	70	25	55	30	4.20000	90	25	70	60
9.60000	100	25	60	25	6.42857	100	35	90	40	5.12000	80	25	40	25	4.19048	80	30	55	35
9.33333	100	25	70	30	6.40000	100	25	80	50	5.09091	100	25	70	55	4.16667	100	30	50	40
9.14286	100	25	80	35	6.30000	90	25	70	40	5.04000	90	25	70	50	4.15584	100	35	80	55
9.00000	100	25	90	40	6.28571	100	25	55	35	5.02857	80	25	55	35	4.12500	90	30	55	40
8.96000	80	25	70	25	6.17143	90	25	60	35	5.00000	100	30	90	60	4.11429	90	25	80	70
8.80000	100	25	55	25	6.16000	70	25	55	25	4.95000	90	25	55	40	4.09091	100	40	90	55
8.64000	90	25	60	25	6.00000	100	25	90	60	4.84848	100	30	80	55	4.07273	80	25	70	55
8.57143	100	30	90	35	5.86667	80	25	55	30	4.80000	100	25	60	50	4.00000	100	25	90	90
8.40000	90	25	70	30	5.83333	100	30	70	40	4.76190	100	30	50	35	3.96000	90	25	55	50
8.22857	90	25	80	35	5.81818	100	25	80	55	4.71429	90	30	55	35	3.92857	100	35	55	40
8.00000	100	25	80	40	5.76000	90	25	80	50	4.67532	100	35	90	55	3.92727	90	25	60	55
7.92000	90	25	55	25	5.71429	100	35	80	40	4.66667	100	25	70	60	3.92000	70	25	35	25
7.68000	80	25	60	25	5.65714	90	25	55	35	4.58333	100	30	55	40	3.88889	100	30	70	60
7.61905	100	30	80	35	5.60000	100	25	70	50	4.58182	90	25	70	55	3.85714	90	35	60	40
7.50000	100	30	90	40	5.50000	100	25	55	40	4.57143	100	25	80	70	3.85000	70	25	55	40
7.46667	80	25	70	30	5.48571	80	25	60	35	4.50000	100	25	90	80	3.84000	80	25	60	50
7.33333	100	25	55	30	5.45455	100	30	90	55	4.48000	80	25	70	50	3.81818	90	30	70	55

（续）

传动比	交换齿轮				传动比	交换齿轮				传动比	交换齿轮				传动比	交换齿轮			
	z_1	z_2	z_3	z_4		z_1	z_2	z_3	z_4		z_1	z_2	z_3	z_4		z_1	z_2	z_3	z_4
3.80952	100	30	80	70	2.86364	90	40	70	55	2.24490	100	35	55	70	1.83673	90	35	50	70
3.77143	60	25	55	35	2.85714	100	35	90	90	2.24000	80	25	70	100	1.83333	100	30	55	100
3.75000	100	30	90	80	2.82857	90	25	55	70	2.22222	100	40	80	90	1.82857	80	25	40	70
3.74026	90	35	80	55	2.81250	100	40	90	80	2.20408	90	35	60	70	1.81818	100	55	90	90
3.73333	80	25	70	60	2.80519	90	35	60	55	2.20000	100	25	55	100	1.80000	100	50	90	100
3.67347	100	35	90	70	2.80000	100	25	79	100	2.18750	100	40	70	80	1.79592	80	35	55	70
3.66667	100	25	55	60	2.77778	100	30	50	60	2.18182	100	50	60	55	1.78571	100	35	50	80
3.65714	80	25	40	35	2.75000	100	25	55	80	2.16000	90	25	60	100	1.78182	70	25	35	55
3.63636	100	40	80	55	2.74286	80	25	60	70	2.14286	100	60	90	70	1.77778	100	50	80	90
3.60000	100	25	90	100	2.72727	100	55	90	60	2.13889	70	30	55	60	1.76786	90	35	55	80
3.57143	100	35	50	40	2.70000	90	25	60	80	2.13333	80	25	60	90	1.76000	80	25	55	100
3.55556	100	25	80	90	2.66667	100	30	80	100	2.12121	100	55	70	60	1.75000	100	40	70	100
3.53571	90	35	55	40	2.64000	60	25	55	50	2.10000	90	30	70	100	1.74603	100	35	55	90
3.52000	80	25	55	50	2.62500	90	30	70	80	2.09524	80	30	55	70	1.74545	80	50	60	55
3.50000	100	25	70	80	2.61905	100	30	55	70	2.08333	100	30	50	80	1.71875	100	40	55	80
3.49091	80	25	60	55	2.61818	90	50	80	55	2.07792	100	55	80	70	1.71429	100	35	60	100
3.42857	100	25	60	70	2.59740	100	35	50	55	2.07407	80	30	70	90	1.71111	70	25	55	90
3.39394	80	30	70	55	2.59259	100	30	70	90	2.06250	90	30	55	80	1.69697	80	55	70	60
3.36000	70	25	60	50	2.57143	100	35	90	100	2.05714	90	35	80	100	1.68750	90	40	60	80
3.33333	100	30	90	90	2.56667	70	25	55	60	2.04545	100	55	90	80	1.68000	70	25	60	100
3.30000	90	25	55	60	2.56000	80	25	40	50	2.04167	70	30	35	40	1.66667	100	60	90	90
3.27273	100	50	90	55	2.54545	100	50	70	55	2.04082	100	35	50	70	1.66234	80	35	40	55
3.26667	70	25	35	30	2.53968	100	35	80	90	2.03704	100	30	55	90	1.65000	90	30	55	100
3.26531	100	35	80	70	2.52000	90	25	70	100	2.03636	80	50	70	55	1.63636	100	55	90	100
3.21429	100	35	90	80	2.51429	80	25	55	70	2.02041	90	35	55	70	1.63333	70	25	35	60
3.20833	70	30	55	40	2.50000	100	40	90	90	2.00000	100	50	90	90	1.63265	100	35	40	70
3.20000	100	25	80	100	2.49351	80	35	60	55	1.98000	90	25	55	100	1.62963	80	30	55	90
3.18182	100	40	70	55	2.48889	80	25	70	90	1.96875	90	40	70	80	1.61616	100	55	80	90
3.15000	90	25	70	80	2.47500	90	25	55	80	1.96429	100	35	55	80	1.60714	100	70	90	80
3.14286	100	25	55	70	2.45455	90	40	60	55	1.96364	90	50	60	55	1.60417	70	30	55	80
3.11688	100	35	60	55	2.45000	70	25	35	40	1.96000	70	25	35	50	1.60000	100	50	80	100
3.11111	100	25	70	90	2.44898	100	35	60	70	1.95918	80	35	60	70	1.59091	100	55	70	80
3.08571	90	25	60	70	2.44444	100	25	55	90	1.95556	80	25	55	90	1.58730	100	35	50	90
3.08000	70	25	55	50	2.42424	100	55	80	60	1.94444	100	40	70	90	1.57500	90	40	70	100
3.05556	100	30	55	60	2.40000	100	25	60	100	1.93939	80	30	40	55	1.57143	100	35	55	100
3.05455	70	25	60	55	2.38095	100	30	50	70	1.92857	90	35	60	80	1.56250	100	40	50	80
3.04762	80	30	40	35	2.35714	90	30	55	70	1.92500	70	25	55	80	1.55844	100	55	60	70
3.03030	100	30	50	55	2.33766	100	55	90	70	1.92000	80	25	60	100	1.55556	100	50	70	90
3.00000	100	30	90	100	2.33333	100	30	70	100	1.90909	90	55	70	60	1.54688	90	40	55	80
2.96296	100	30	80	90	2.32727	80	25	40	55	1.90476	100	60	80	70	1.54286	90	35	60	100
2.93878	90	33	80	70	2.29107	100	30	33	80	1.88371	60	23	33	70	1.34000	70	23	33	100
2.93333	80	25	55	60	2.29091	90	50	70	55	1.87500	100	60	90	80	1.52778	100	40	55	90
2.91667	100	30	70	80	2.28571	100	35	80	100	1.87013	90	55	80	70	1.52727	70	50	60	55
2.90909	100	50	80	55	2.27273	100	40	50	55	1.86667	80	30	70	100	1.52381	80	35	60	90
2.88000	90	25	80	100	2.25000	100	40	90	100	1.85185	100	30	50	90	1.51515	100	55	50	60

（续）

传动比	交换齿轮				传动比	交换齿轮				传动比	交换齿轮				传动比	交换齿轮			
	z_1	z_2	z_3	z_4		z_1	z_2	z_3	z_4		z_1	z_2	z_3	z_4		z_1	z_2	z_3	z_4
1.50000	100	60	90	100	1.22500	70	25	35	80	1.01010	100	55	50	90	0.81818	90	55	50	100
1.48485	70	30	35	55	1.22449	100	35	30	70	1.00000	100	90	90	100	0.81667	70	30	35	100
1.48148	100	60	80	90	1.22222	100	50	55	90	0.99000	90	50	55	100	0.81633	80	35	25	70
1.46939	90	35	40	70	1.21212	100	55	60	90	0.98438	90	40	35	80	0.81481	80	60	55	90
1.46667	80	30	55	100	1.20313	70	40	55	80	0.98214	100	70	55	80	0.80808	100	55	40	90
1.45833	100	60	70	80	1.20000	100	50	60	100	0.98182	90	55	60	100	0.80357	90	70	50	80
1.45455	100	55	80	100	1.19048	100	60	50	70	0.98000	70	25	35	100	0.80208	70	60	55	80
1.44000	90	50	80	100	1.18519	80	30	40	90	0.97959	80	35	30	70	0.80000	100	50	40	100
1.43182	90	55	70	80	1.17857	90	60	55	70	0.97778	80	50	55	90	0.79545	100	55	35	80
1.42857	100	70	90	90	1.16883	90	55	50	70	0.97222	100	80	70	90	0.79365	100	70	50	90
1.42593	70	30	55	90	1.16667	100	60	70	100	0.96970	80	55	60	90	0.78750	90	80	70	100
1.42222	80	25	40	90	1.16364	80	50	40	55	0.96429	90	70	60	80	0.78571	100	70	55	100
1.41429	90	35	55	100	1.14583	100	60	55	80	0.96250	70	40	55	100	0.78125	100	40	25	80
1.41414	100	55	70	90	1.14545	90	55	70	100	0.96000	80	50	60	100	0.77922	100	55	30	70
1.40625	90	40	50	80	1.14286	100	70	80	100	0.95455	90	55	35	60	0.77778	100	90	70	100
1.40260	90	55	60	70	1.13636	100	55	50	80	0.95238	100	70	60	90	0.77143	90	70	60	100
1.40000	100	50	70	100	1.13131	80	55	70	90	0.94286	60	35	55	100	0.77000	70	50	55	100
1.39683	80	35	55	90	1.12500	100	80	90	100	0.93750	100	40	30	80	0.76563	70	40	35	80
1.38889	100	40	50	90	1.12245	55	35	50	70	0.93506	90	55	40	70	0.76389	100	80	55	90
1.37500	100	40	55	100	1.12000	80	50	70	100	0.93333	80	60	70	100	0.76364	70	55	60	100
1.37143	80	35	60	100	1.11364	70	40	35	55	0.92593	100	60	50	90	0.76190	80	70	60	90
1.36364	100	55	60	80	1.11111	100	80	80	90	0.91837	90	35	25	70	0.75758	100	55	25	60
1.36111	70	30	35	60	1.10204	90	35	30	70	0.91667	100	60	55	100	0.75000	100	80	60	100
1.35000	90	40	60	100	1.10000	100	50	55	100	0.91429	80	35	40	100	0.74242	70	55	35	60
1.34694	60	35	55	70	1.09375	100	40	35	80	0.90909	100	55	50	100	0.74074	100	60	40	90
1.33333	100	60	80	100	1.09091	100	55	60	100	0.90741	70	30	35	90	0.73469	60	35	30	70
1.32000	60	25	55	100	1.08889	70	25	35	90	0.90000	90	80	80	100	0.73333	80	60	55	100
1.31250	90	60	70	80	1.08000	90	50	60	100	0.89796	55	35	40	70	0.72917	100	60	35	80
1.30952	100	60	55	70	1.07143	100	70	60	80	0.89286	100	70	50	80	0.72727	100	55	40	100
1.30909	90	55	80	100	1.06944	70	40	55	90	0.89091	70	50	35	55	0.72000	90	50	40	100
1.30612	80	35	40	70	1.06667	80	50	60	90	0.88889	100	90	80	100	0.71591	90	55	35	80
1.29870	100	55	50	70	1.06061	100	55	35	60	0.88393	90	70	55	80	0.71429	100	70	50	100
1.29630	100	60	70	90	1.05000	90	60	70	100	0.88000	80	50	55	100	0.72196	70	60	55	90
1.28571	100	70	90	100	1.4762	80	60	55	70	0.87500	100	80	70	100	0.71111	80	50	40	90
1.28333	70	30	55	100	1.04167	100	60	50	80	0.87302	100	70	55	90	0.70707	100	55	35	90
1.28000	80	25	40	100	1.03896	100	55	40	70	0.87273	80	55	60	100	0.70313	90	40	25	80
1.27273	100	55	70	100	1.03704	80	60	70	90	0.85938	55	40	50	80	0.70130	90	55	30	70
1.26984	100	70	80	90	1.03125	90	60	55	80	0.85714	100	70	60	100	0.70000	100	50	35	100
1.26000	90	50	70	100	1.02857	90	70	80	100	0.85556	70	50	55	90	0.69841	80	70	55	90
1.25714	80	35	55	100	1.02273	90	55	50	80	0.84848	80	55	35	60	0.69444	100	80	50	90
1.25000	100	80	90	90	1.02083	70	30	35	80	0.84375	90	40	30	80	0.68750	100	80	55	100
1.24675	80	55	60	70	1.02041	100	35	25	70	0.84000	70	50	60	100	0.68571	80	70	60	100
1.24444	80	50	70	90	1.01852	100	60	55	90	0.83333	100	80	60	90	0.68182	100	55	30	80
1.23750	90	40	55	100	1.01818	80	55	70	100	0.83117	80	55	40	70	0.68056	70	40	35	90
1.22727	90	55	60	80	1.01587	80	35	40	90	0.82500	90	60	55	100	0.67500	90	80	60	100

（续）

传动比	交换齿轮				传动比	交换齿轮				传动比	交换齿轮				传动比	交换齿轮			
	z_1	z_2	z_3	z_4		z_1	z_2	z_3	z_4		z_1	z_2	z_3	z_4		z_1	z_2	z_3	z_4
0.67347	55	35	30	70	0.54545	100	55	30	100	0.44643	100	70	25	80	0.35000	90	90	35	100
0.66667	100	90	60	100	0.54444	70	50	35	90	0.44545	70	55	35	100	0.34921	55	70	40	90
0.66000	60	50	55	100	0.54000	90	50	30	100	0.44444	100	90	40	100	0.34722	100	80	25	90
0.65625	90	60	35	80	0.53571	100	70	30	80	0.44000	55	50	40	100	0.34375	55	80	50	100
0.65476	55	60	50	70	0.53472	70	80	55	90	0.43750	100	80	35	100	0.34286	80	70	30	100
0.65455	90	55	40	100	0.53333	80	90	60	100	0.43651	55	70	50	90	0.34091	60	55	25	80
0.64935	100	55	25	70	0.53030	70	55	25	60	0.43636	80	55	30	100	0.34028	70	80	35	90
0.64815	100	60	35	90	0.52500	90	60	35	100	0.42969	55	40	25	80	0.33750	90	80	30	100
0.64646	80	55	40	90	0.52381	60	70	55	90	0.42857	100	70	30	100	0.33333	100	90	30	100
0.64286	90	70	50	100	0.52083	100	60	25	80	0.42778	70	90	55	100	0.33000	55	50	30	100
0.64167	70	60	55	100	0.51948	80	55	25	70	0.42424	70	55	30	90	0.32813	35	40	30	80
0.64000	80	50	40	100	0.51852	80	60	35	90	0.42000	70	50	30	100	0.32738	55	60	25	70
0.63636	100	55	35	100	0.51563	55	40	30	80	0.41667	100	80	30	90	0.32727	60	55	30	100
0.63492	100	70	40	90	0.51429	90	70	40	100	0.41250	60	80	55	100	0.32468	50	55	25	70
0.63000	90	50	35	100	0.51136	90	55	25	80	0.40909	90	55	25	100	0.32407	70	60	25	90
0.62857	80	70	55	100	0.51042	70	60	35	80	0.40833	70	60	35	100	0.32143	90	70	25	100
0.62500	100	80	50	100	0.51020	50	35	25	70	0.40816	40	35	25	70	0.32083	55	60	35	100
0.62338	80	55	30	70	0.50926	55	60	50	90	0.40741	55	60	40	90	0.31818	70	55	25	100
0.62222	80	90	70	100	0.50909	80	55	35	100	0.40404	80	55	25	90	0.31746	80	70	25	90
0.61875	90	80	55	100	0.50794	80	70	40	90	0.40179	90	70	25	80	0.31429	55	70	40	100
0.61364	90	55	30	80	0.50505	100	55	25	90	0.40104	55	60	35	80	0.31250	100	80	25	100
0.61250	70	40	35	100	0.50000	100	80	40	100	0.40000	90	90	40	100	0.31169	40	55	30	70
0.61224	60	35	25	70	0.49495	70	55	35	90	0.39773	70	55	25	80	0.31111	80	90	35	100
0.61111	100	90	55	100	0.49107	55	70	50	80	0.39683	100	70	25	90	0.30625	70	80	35	100
0.60606	100	55	30	90	0.49091	90	55	30	100	0.39375	90	80	35	100	0.30612	30	35	25	70
0.60156	55	40	35	80	0.49000	70	50	35	100	0.39286	55	70	50	100	0.30556	55	90	50	100
0.60000	100	50	30	100	0.48980	40	35	30	70	0.39063	50	40	25	80	0.30303	60	55	25	90
0.59524	100	60	25	70	0.48889	80	90	55	100	0.38961	60	55	25	70	0.30000	90	90	30	100
0.59259	80	60	40	90	0.48611	100	80	35	90	0.38889	100	90	35	100	0.29762	50	60	25	70
0.58929	60	70	55	80	0.48485	80	55	30	90	0.38571	90	70	30	100	0.29464	55	70	30	80
0.58442	90	55	25	70	0.48214	90	70	30	80	0.38500	55	50	35	100	0.29167	70	80	30	90
0.58333	100	60	35	100	0.48125	70	80	55	100	0.38194	55	80	50	90	0.28646	55	60	25	80
0.58182	80	55	40	100	0.48000	80	50	30	100	0.38182	70	55	30	100	0.28571	80	70	25	100
0.57292	55	60	50	80	0.47727	70	55	30	80	0.38095	80	70	30	90	0.28409	50	55	25	80
0.57273	90	55	35	100	0.47619	100	70	30	90	0.37879	50	55	25	60	0.28283	40	55	35	90
0.57143	100	70	40	100	0.47143	60	70	55	100	0.37500	100	80	30	100	0.28125	90	80	25	100
0.56818	100	55	25	80	0.46875	90	60	25	80	0.37037	80	60	25	90	0.28000	40	50	35	100
0.56566	80	55	35	90	0.46753	60	55	30	70	0.36667	60	90	55	100	0.27778	100	90	25	100
0.56250	90	80	50	100	0.46667	80	60	35	100	0.36458	70	60	25	80	0.27500	55	80	40	100
0.56122	55	35	25	70	0.46296	100	60	25	90	0.36364	80	55	25	100	0.27344	35	40	25	80
0.56000	80	50	35	100	0.45833	60	80	55	90	0.36000	60	50	30	100	0.27273	60	55	25	100
0.55682	70	55	35	90	0.45714	80	70	40	100	0.35714	100	70	25	100	0.27222	70	90	35	100
0.55556	100	90	50	100	0.45455	100	55	25	100	0.35648	55	60	35	90	0.26786	60	70	25	80
0.55000	90	90	55	100	0.45370	70	60	35	90	0.35556	80	90	40	100	0.26736	55	80	35	90
0.54688	70	40	25	80	0.45000	90	80	40	100	0.35354	70	55	25	90	0.26667	80	90	30	100

（续）

传动比	交换齿轮				传动比	交换齿轮				传动比	交换齿轮				传动比	交换齿轮			
	z_1	z_2	z_3	z_4		z_1	z_2	z_3	z_4		z_1	z_2	z_3	z_4		z_1	z_2	z_3	z_4
0.26515	35	55	25	60	0.22727	50	55	25	100	0.18750	60	80	25	100	0.14205	25	55	25	80
0.26250	70	80	30	100	0.22500	60	80	30	100	0.18519	40	60	25	90	0.13889	50	90	25	100
0.26190	55	70	30	90	0.22321	50	70	25	80	0.18333	55	90	30	100	0.13636	30	55	25	100
0.26042	50	60	25	80	0.22222	80	90	25	100	0.18229	35	60	25	80	0.13393	30	70	25	80
0.25974	40	55	25	70	0.21875	70	80	25	100	0.18182	40	55	25	100	0.13333	40	90	30	100
0.25926	40	60	35	90	0.21825	55	70	25	90	0.17857	50	70	25	100	0.13125	35	80	30	100
0.25714	60	70	30	100	0.21818	40	55	30	100	0.17677	35	55	25	90	0.13021	25	60	25	80
0.25510	25	35	25	70	0.21429	60	70	25	100	0.17500	40	80	35	100	0.12626	25	55	25	90
0.25463	55	60	25	90	0.21389	55	90	35	100	0.17361	50	80	25	90	0.12500	40	80	25	100
0.25455	40	55	35	100	0.21212	35	55	30	90	0.17188	55	80	25	100	0.12153	35	80	25	90
0.25253	50	55	25	90	0.21000	35	50	30	100	0.17143	40	70	30	100	0.11905	30	70	25	90
0.25000	90	90	25	100	0.20833	60	80	25	90	0.17045	30	55	25	80	0.11667	35	90	30	100
0.24554	55	70	25	80	0.20625	55	80	30	100	0.16667	60	90	25	100	0.11574	25	60	25	90
0.24444	55	90	40	100	0.20202	40	55	25	90	0.16234	25	55	25	70	0.11364	25	55	25	100
0.24306	70	80	25	90	0.20000	60	90	30	100	0.16204	35	60	25	90	0.11161	25	70	25	80
0.24242	40	55	30	90	0.19886	35	55	25	80	0.15909	35	55	25	100	0.11111	40	90	25	100
0.24063	55	80	35	100	0.19841	50	70	25	90	0.15873	40	70	25	90	0.10938	35	80	25	100
0.24000	40	50	30	100	0.19643	55	70	25	100	0.15625	50	80	25	100	0.10714	30	70	25	100
0.23864	35	55	30	80	0.19531	25	40	25	80	0.15556	40	90	35	100	0.10417	30	80	25	90
0.23810	60	70	25	90	0.19481	30	55	25	70	0.15278	55	90	25	100	0.09921	25	70	25	90
0.23571	55	70	30	100	0.19444	70	90	25	100	0.15152	30	55	25	90	0.09722	35	90	25	100
0.23438	30	40	25	80	0.19097	55	80	25	90	0.15000	40	80	30	100	0.09375	30	80	25	100
0.23333	70	90	30	100	0.19091	35	55	30	100	0.14881	25	60	25	70	0.08929	25	70	25	100
0.23148	50	60	25	90	0.19048	40	70	30	90	0.14583	35	80	30	90	0.08681	25	80	25	90
0.22917	55	80	30	90	0.18939	25	55	25	60	0.14286	40	70	25	100	0.08333	30	90	25	100
															0.07813	25	80	25	100
															0.06944	25	90	25	100

2.4.6　插齿

插齿是按展成原理工作的，如同两个齿轮做无间隙的啮合运动，其一是插齿刀，另一个是被加工齿轮。它广泛用于加工直齿圆柱齿轮、斜齿轮、内齿轮、双联或三联齿轮等。

2.4.6.1　插齿机的组成及传动系统

图 3-2-132 所示为 Y5132 型插齿机的外形。立柱 2 和工作台 5 安装在床身 1 上，工作台在进给传动系统的传动下，可沿床身上的导轨做径向运动，刀架 3 在主传动系统的传动下，沿垂直方向做主切削运动。在展成传动链的传动下，刀具 4 和工作台 5 做展成运动。调整挡块支架 6 上的挡块位置，可以实现自动加工循环。

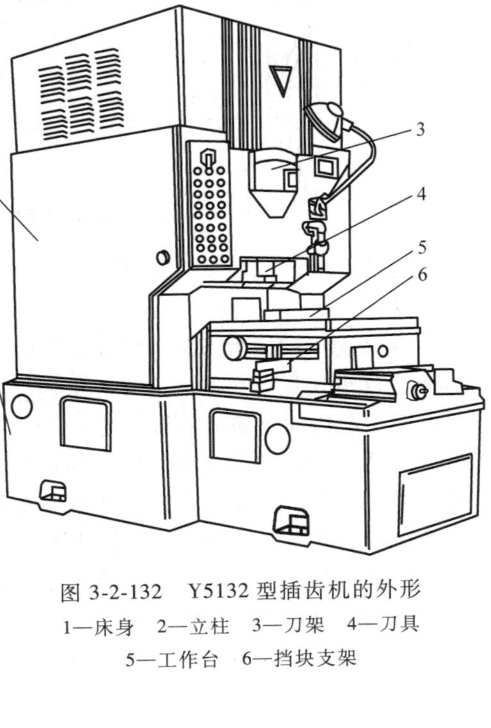

图 3-2-132　Y5132 型插齿机的外形
1—床身　2—立柱　3—刀架　4—刀具
5—工作台　6—挡块支架

图 3-2-133 所示为 Y5132 型插齿机的传动

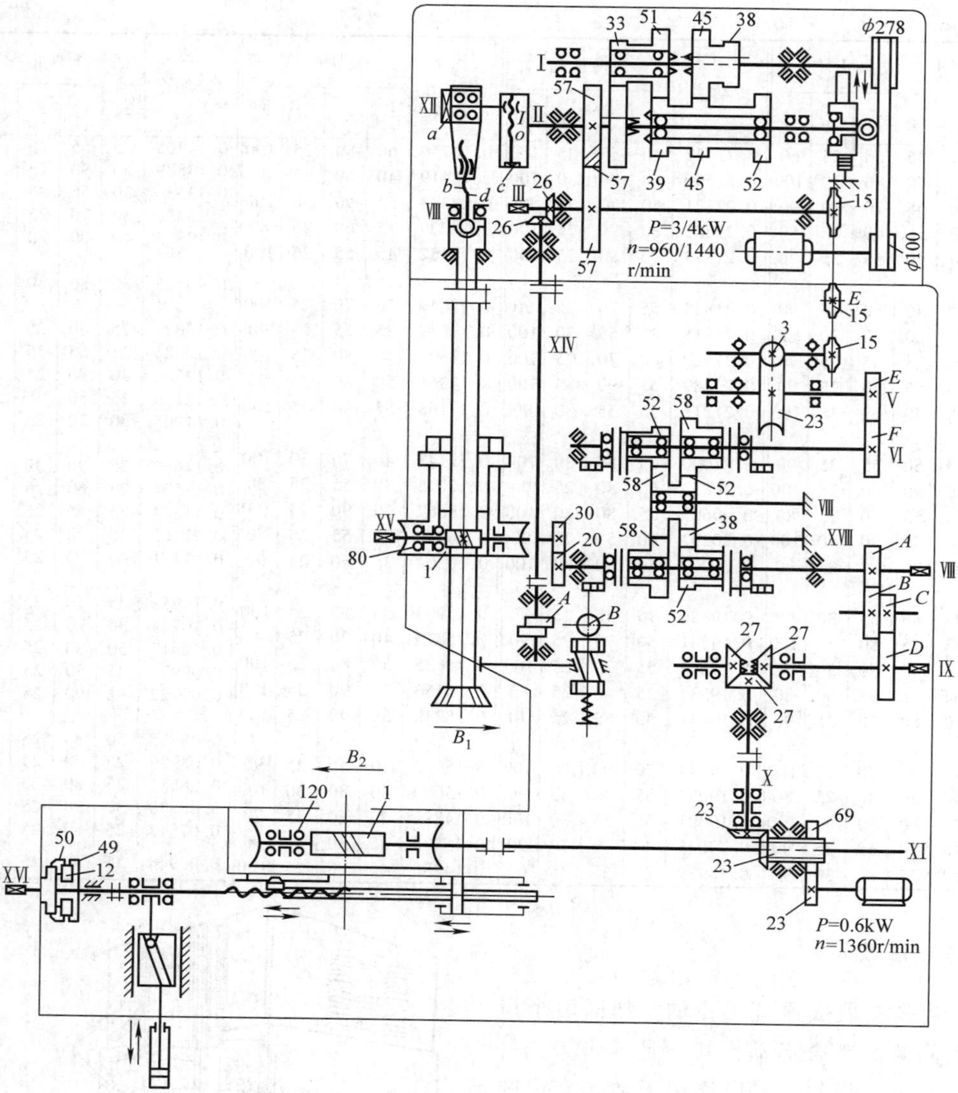

图 3-2-133　Y5132 型插齿机的传动系统

系统。它包括主运动（插齿刀往复行程运动）、分度展成运动、圆周进给运动、径向进给运动和让刀运动。

（1）主运动　即插齿刀沿其轴线所做的直线往复运动。

（2）分度展成运动　即插齿刀与工件二者在回转时应保证严格的传动比，以形成工件的渐开线齿廓。此传动链的运动精度决定工件的加工精度。

（3）圆周进给运动　插齿刀转动的快慢决定了工件转动的快慢，同时也决定了插齿刀每一次切削的切削负荷，所以称插齿刀的转动为圆周进给运动。圆周进给量用插齿刀每次往复行程中刀具在分度圆周上所转过的弧长计算。

（4）径向进给运动　即工作台沿水平方向的进给运动。当插削至一定深度后（插削至全齿深），刀具和工件对滚一周，便能加工出全部完整的齿廓。

（5）让刀运动　插齿刀向上运动时，为了避免擦伤工件已加工齿面和减少刀具磨损，刀具和工件之间应该让开一定的间隙，而当插齿刀向下开始工作行程之前，应迅速恢复到原位，以保证刀具进行下一次切削，这种让开和恢复原位的运动称为让刀运动。

插齿机的让刀运动可以由刀架来完成，也可以由工作台来完成。Y5132 型插齿机是由刀架完成让刀运动的。

2.4.6.2　插齿机的基本参数和工作精度

1. 插齿机的基本参数（见表 3-2-134）

表 3-2-134　插齿机的基本参数　（单位：mm）

最大工件直径 D		200	320	500(800)	1250(2000)	3150
最大模数 m		4	6	8	12	16
最大加工齿宽 b		50	70	100	160	240
插齿刀主轴	轴径 d	ϕ31.743				ϕ80
	锥孔(莫氏)	3 号	—	—	—	1∶20 锥孔
工作台	孔径 d_2	60	80	100	180	240
	T 形槽槽数	—	4	4	8	16
	槽宽	—	12	14	22	36

注：1. 插齿机主参数为最大工件直径，第二参数为最大模数。括号内的主要参数用于变型产品。

2. 当 D=1250mm 时，刀轴应增加轴颈为 ϕ88.9mm、ϕ101.6mm 的接套；当 D=3150mm 时，刀轴应增加轴颈为 ϕ31.743mm、ϕ88.9mm、ϕ101.6mm 的接套。

2. 常用插齿机的工作精度（见表 3-2-135）

表 3-2-135　常用插齿机的工作精度

型　　号	YM5116	Y5120A	Y5132	Y54	Y5150A	Y51160	YKD5130
精度等级	6 级	7 级	7 级	7 级	7 级	7 级	6 级
表面粗糙度 Ra/μm	0.80	1.6	1.6	1.6	1.6	1.6	1.6

2.4.6.3　常用插齿机的连接尺寸（见表 3-2-136）

表 3-2-136　常用插齿机的连接尺寸　（单位：mm）

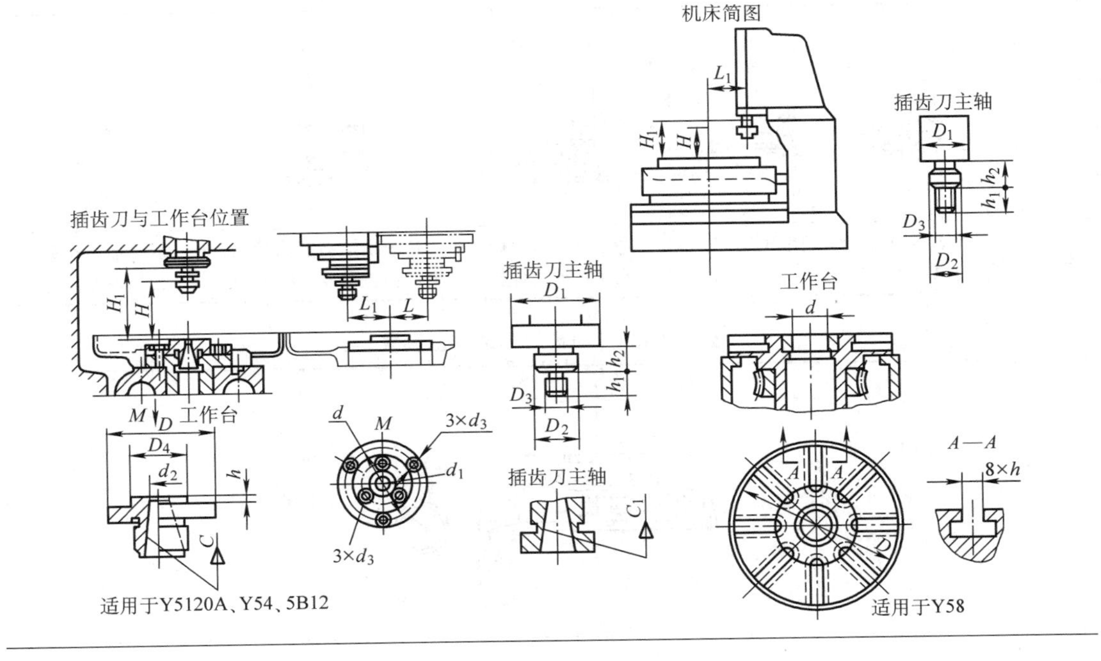

（续）

<table>
<tr><td colspan="2">插齿机型号</td><td>Y5120A</td><td>Y54</td><td>Y58</td><td>5B12</td><td>YM5116</td><td>Y5132</td><td>Y5150</td><td>Y5150A</td><td>YKD5130</td></tr>
<tr><td>插齿刀主轴端面至工作台面距离</td><td>H
H_1</td><td>$\frac{70}{140}$</td><td>$\frac{35}{160}$</td><td>$\frac{150}{350}$</td><td>$\frac{70}{140}$</td><td>$\frac{95}{145}$</td><td>$\frac{50}{200}$</td><td>$\frac{20}{270}$</td><td>$\frac{125}{250}$</td><td>$\frac{80}{155}$</td></tr>
<tr><td>插齿刀轴线至工作台轴线距离</td><td>L
L_1</td><td>$\frac{100}{150}$</td><td>$\frac{160}{350}$</td><td>$\frac{—}{750}$</td><td>$\frac{100}{150}$</td><td>$\frac{50}{120}$</td><td>$\frac{50}{230}$</td><td>$\frac{—}{340}$</td><td>$\frac{0}{330}$</td><td>$\frac{0}{225}$</td></tr>
<tr><td colspan="2">插齿刀计算直径</td><td>76</td><td>100</td><td>—</td><td>76</td><td>63</td><td>100</td><td>—</td><td>100</td><td>100</td></tr>
<tr><td>心轴安装孔锥度</td><td>C</td><td>1∶10</td><td>1∶10</td><td>—</td><td>1∶10</td><td>—</td><td>—</td><td>—</td><td>—</td><td>—</td></tr>
<tr><td rowspan="7">工作台台面尺寸</td><td>D</td><td>160</td><td>240</td><td>800</td><td>250</td><td rowspan="7">—</td><td>240</td><td>380</td><td>360</td><td>240</td></tr>
<tr><td>D_4</td><td>140</td><td>140</td><td>—</td><td>140</td><td rowspan="6">—</td><td>—</td><td>—</td><td>—</td></tr>
<tr><td>d</td><td>—</td><td>185</td><td>130</td><td>205</td><td>70</td><td>100</td><td>60</td></tr>
<tr><td>d_1</td><td>100</td><td>—</td><td>—</td><td>100</td><td rowspan="4">—</td><td rowspan="4">—</td><td rowspan="4">—</td></tr>
<tr><td>d_2</td><td>40</td><td>40</td><td>—</td><td>40</td></tr>
<tr><td>d_3</td><td>M10</td><td>M16</td><td>—</td><td>M10</td></tr>
<tr><td>h</td><td>8</td><td>15</td><td>22</td><td>6</td></tr>
<tr><td>插齿刀主轴孔锥度</td><td>C_1</td><td>莫氏3号</td><td>莫氏4号</td><td>—</td><td>莫氏3号</td><td>—</td><td>—</td><td>—</td><td>—</td><td>—</td></tr>
<tr><td rowspan="5">插齿刀主轴尺寸</td><td>D_2</td><td>31.751</td><td>31.751</td><td>44.399</td><td>31.751</td><td rowspan="5">—</td><td>31.751</td><td>31.751</td><td>31.745</td><td>31.751</td></tr>
<tr><td>D_1</td><td>60</td><td>85</td><td>82</td><td>45</td><td rowspan="4">—</td><td rowspan="4">—</td><td rowspan="4">—</td><td rowspan="4">—</td></tr>
<tr><td>D_3</td><td>M24</td><td>M24</td><td>M39×3</td><td>M24</td></tr>
<tr><td>h_1</td><td>25</td><td>20</td><td>23</td><td>25</td></tr>
<tr><td>h_2</td><td>15</td><td>26</td><td>22</td><td>15</td></tr>
</table>

2.4.6.4　插齿刀的调整

1）插齿刀安装方法及适用范围见表3-2-137。

2）插齿刀安装精度要求见表3-2-138。

3）插齿刀行程长度的调整见表3-2-139。

表3-2-137　插齿刀安装方法及适用范围

刀具安装简图	盘形插齿刀 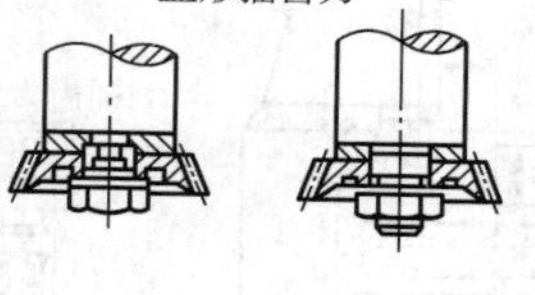	碗形插齿刀 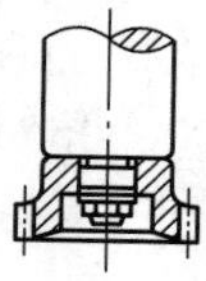	筒形插齿刀 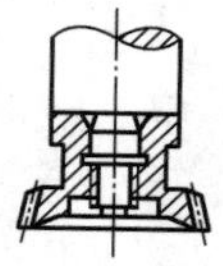	锥柄插齿刀 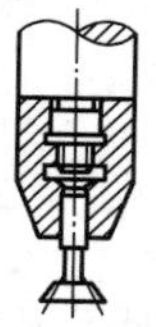
适用范围	适于加工外齿轮和直径较大的内齿轮	适于加工多联齿轮及带台阶内齿轮	适于加工多联齿轮、带台阶内齿轮及宽内齿轮	适于加工小模数小直径内外齿轮

表3-2-138　插齿刀安装精度要求

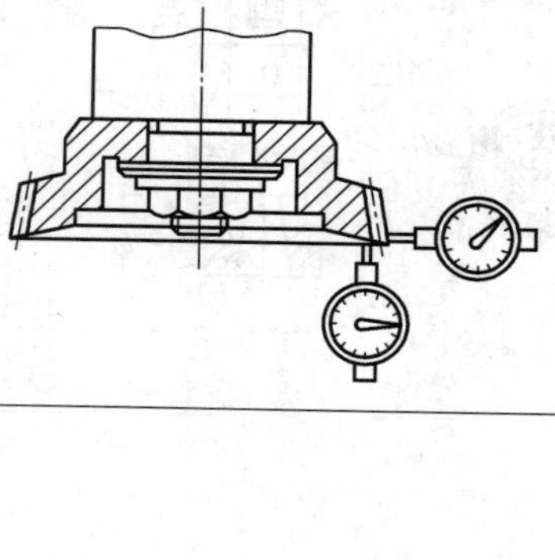

（续）

齿轮精度等级	插齿刀公称分度圆直径/mm	精度要求/μm	
		前端面跳动	外圆跳动
6	75	10～13	8～10
	100、125	13～16	10～13
	160、200	20	16～20
7	75	16～20	13～16
	100、125	20～25	16～20
	160、200	32	25～32

表 3-2-139　插齿刀行程长度的调整

刀位的确定	超越量 Δ 的确定
插齿刀行程长度 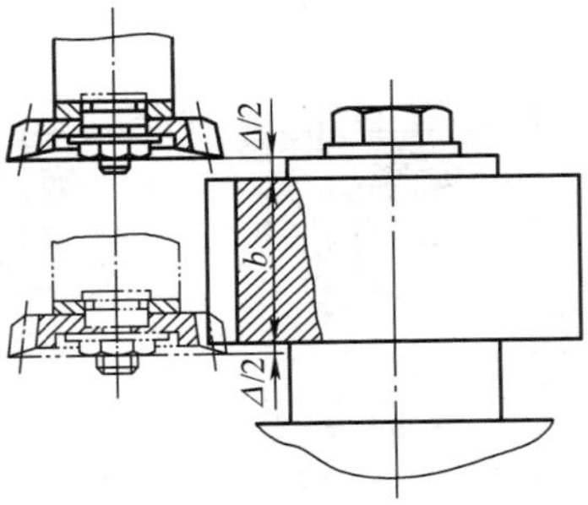 	插齿刀切入、切出长度与齿宽的关系 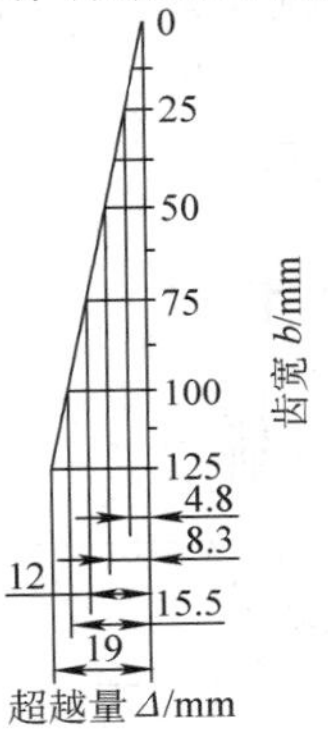

4）插齿刀往复行程数的确定。插齿刀每分钟往复行程数取决于插齿刀的行程长度和插削速度，其计算公式为

$$n=\frac{1000v}{2L}$$

式中　n——插齿刀每分钟往复行程数（dst/min）；

v——插削的平均速度（m/min）；

L——插齿刀行程长度（mm）。

式中插齿刀的行程长度 L 是根据被加工齿轮的宽度选定的，而插削速度 v 是根据工件的模数和材料选定的。

5）插齿刀旋转方向见表 3-2-140。

6）插齿刀精度等级的选用见表 3-2-141。

表 3-2-140　插齿刀旋转方向

插削外齿轮	插削内齿轮
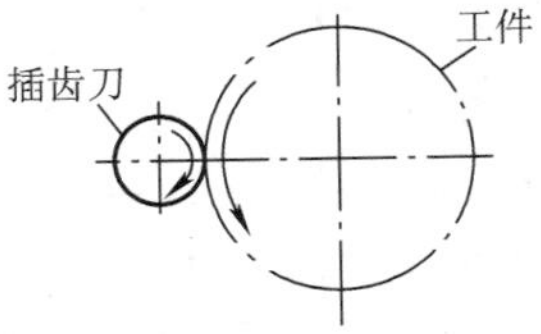 	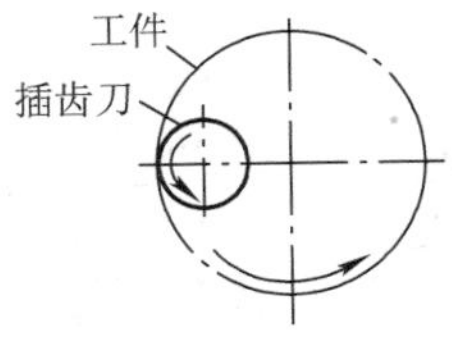

表 3-2-141 插齿刀精度等级的选用

插齿刀型式	直齿插齿刀			斜齿插齿刀	
	盘形(Ⅰ型)	碗形(Ⅱ型)	锥柄(Ⅲ型)	盘形	锥柄
插齿刀精度等级	AA、A、B	AA、A、B	A、B	A、B	A、B
被切齿轮精度等级	6、7、8	6、7、8	7、8	7、8	7、8

2.4.6.5 插齿用夹具及调整

1) 常用插齿夹具见表 3-2-142。

2) 插齿用夹具、心轴的技术要求见表 3-2-143。

3) 心轴的安装要求见表 3-2-144。

表 3-2-142 常用插齿夹具

适用情况	一般齿轮装夹	大直径齿圈的装夹	两个齿轮同时装夹	大直径齿轮的装夹	轴齿轮装夹
外啮合齿轮夹具	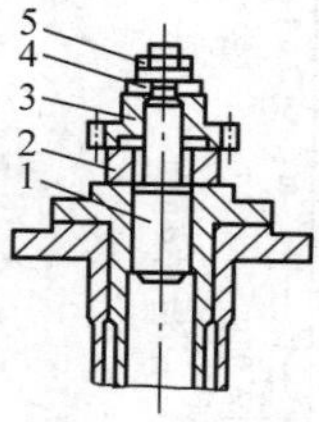	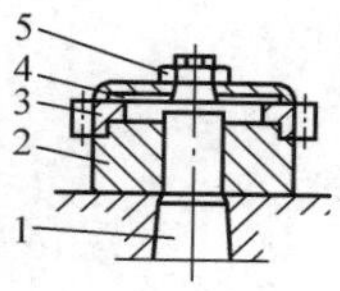	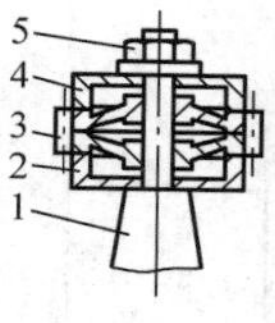	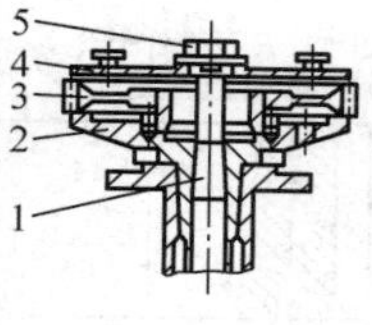	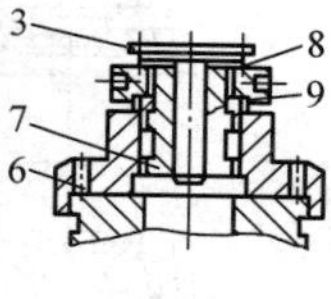
适用情况	轴齿轮装夹	带凸肩齿轮的装夹		用内凸缘定位的齿圈	用法兰定位的齿圈
内啮合齿轮夹具	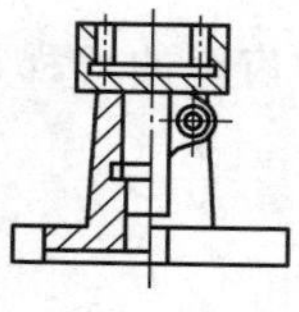	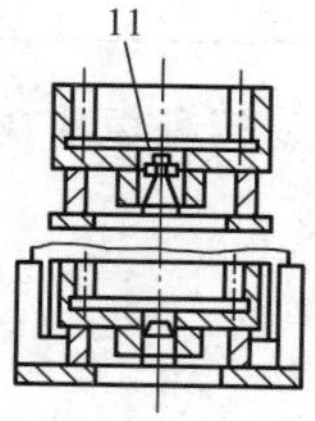	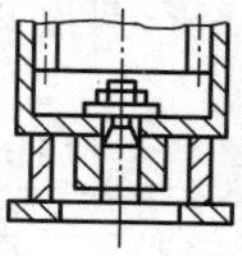	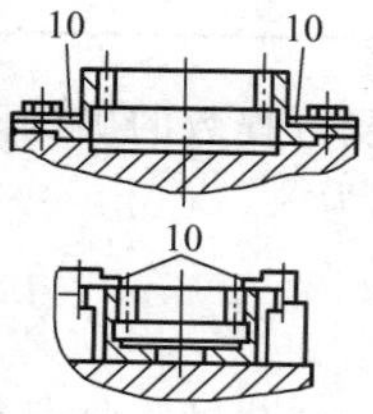	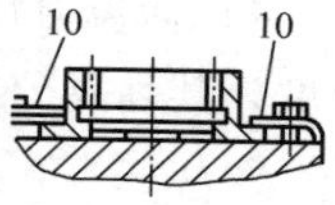

注：1—心轴；2—支座；3—被切齿轮；4—上压盘或垫圈；5—夹紧螺母；6—定心、夹紧锥套；7—弹性夹紧锥；8—齿轮柄部；9—夹紧圆螺母；10—压板；11—弹性夹头。

表 3-2-143 插齿用夹具、心轴的技术要求 （单位：μm）

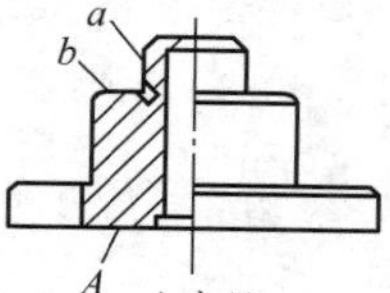

a) 夹具

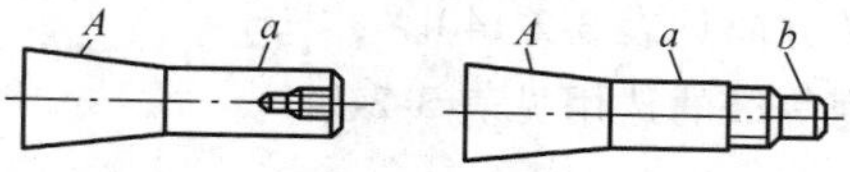

b) 心轴

齿轮精度	径向圆跳动	定位轴颈表面粗糙度 Ra	支承端面圆跳动	a、b 面对 A 面的同轴度或垂直度	倒锥部分		中心孔	
					表面粗糙度 Ra	接触区 (%)	表面粗糙度 Ra	接触区 (%)
6	3~5	0.2	6	3	0.2	80	0.1	80
7	5~10	0.4	10	5	0.4	75	0.1	70
8	15	0.8	12	10	0.8	70	0.4	65
9	20	0.8~1.6	15	15	0.8~1.6	70	0.8	60

表 3-2-144　心轴的安装要求　（单位：mm）

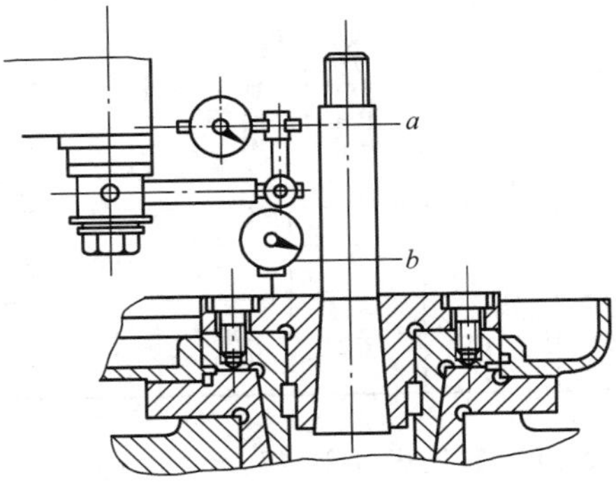

检查项目	a 点	b 点
径向圆跳动	不大于 0.01	不大于 0.008
端面圆跳动	0.005~0.03	

2.4.6.6　常用插齿机交换齿轮计算（见表 3-2-145）

表 3-2-145　常用插齿机交换齿轮计算

机床型号	主运动 $i_0=Cn_0$	分度展成运动 $i_1=C_1\frac{z_0}{z}=\frac{a}{b}\times\frac{c}{d}$	圆周进给运动 $i_2=C_2\frac{f_c}{d_0}=\frac{a_1}{b_1}$	径向进给运动 $i_3=C_3f_r=\frac{a_2}{b_2}$	让刀运动
Y5120A	$\frac{n_0}{940}$	$\frac{z_0}{z}$	$358\frac{f_c}{d_0}$ （计算直径 $d_0=75$mm）	凸轮进给	工作台让刀
Y54	$\frac{n_0}{514}$	$2.4\frac{z_0}{z}$	$366\frac{f_c}{d_0}$ （计算直径 $d_0=100$mm）	凸轮进给 $21f_r$	工作台让刀
Y5132	$\frac{n_0}{518}$ 或 $\frac{n_0}{345}$	$\frac{z_0}{z}$	$263\frac{f_c}{d_0}$ 或 $327\frac{f_c}{d_0}$ （计算直径 $d_0=100$mm）	液压系统操纵	刀具主轴摆动让刀
Y5150A	$\frac{n_0}{480}$	$\frac{z_0}{z}$	$190\frac{f_c}{d_0}$ （计算直径 $d_0=100$mm）	凸轮进给 $\frac{1}{8}f_r$(mm/min)	刀具主轴摆动让刀

注：1. C、C_1、C_2、C_3—定数；n_0—插齿刀每分钟往复行程数；z_0—插齿刀齿数；z—工件齿数；f_c—插齿刀每一往复行程的圆周进给量（mm）；d_0—插齿刀的分度圆直径；f_r—插齿刀每往复行程平均径向进给量。

2. 各种型号的插齿机，在机床说明书中或在机床上均有交换齿轮表，使用时可根据所用的插齿刀齿数及被切齿轮齿数直接选用。

2.4.6.7　插削余量及插削用量的选用

1）精插齿的加工余量见表 3-2-146。

表 3-2-146 精插齿的加工余量 （单位：mm）

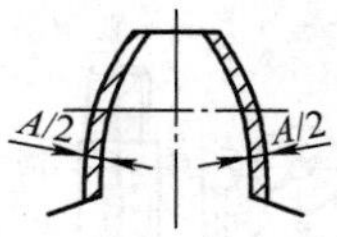

模数 m	2	3	4	5	6	7	8	9	10	11	12
余量 A	0.6	0.75	0.9	1.05	1.2	1.35	1.5	1.7	1.9	2.1	2.2

2）插削齿轮（钢件）的走刀次数见表 3-2-147。

表 3-2-147 插削齿轮（钢件）的走刀次数

模数 /mm	走刀次数			
	粗插齿	半精插齿	精插齿	合计
2~3			1	1
4~6	1		1	2
7~12	1	1	1	3
14~20	2	1	1	4
20~30	3	1	1	5

注：1. 插削 $m>12$mm 的齿轮，第一次粗走刀时，背吃刀量取 1~1.5mm；对各种模数的齿轮，精走刀时，背吃刀量均取 0.5~0.8mm，当半精走刀时，取 2~5mm。

2. 当用盘状成形铣刀或指状铣刀粗切时，插齿刀只完成半精加工和精加工。

3）圆周进给量见表 3-2-148。

表 3-2-148 圆周进给量 f_c

（工件材质：碳素钢硬度≤190HBW、铸铁硬度=170~207HBW）

加工性质	模数 /mm	插齿机传动功率/kW			
		<1.5	1.5~2.5	2.5~5.0	>5.0
		圆周进给量 f_c/(mm/dst)			
粗插齿	2~4	0.35	0.45	—	—
	5	0.25	0.40	—	—
	6	0.20	0.35	0.45	—
	8	—	—	0.35	0.45
	10	—	—	0.25	0.35
	12	—	—	0.15	0.25
精插齿	2~12	0.25~0.35			

当材料硬度改变时，f_c 的修正系数如下：

材质硬度 HBW	≤190	>190~220	>220~240	>240~290	>290~320
修正系数	1	0.9	0.8	0.7	0.6

4）径向进给量计算公式。径向进给量 f_r（mm/dst）为圆周进给量的 0.1~0.3 倍，即 $f_r=$

0. 1～0. $3f_c$。

5）插齿刀切削速度见表 3-2-149。

表 3-2-149　插齿刀切削速度

<table>
<tr><td rowspan="4">圆周进给量 f_c
/(mm/dst)</td><td colspan="7">切削速度/(m/min)</td></tr>
<tr><td colspan="6">实体齿坯粗、精插齿</td><td>开槽后精插齿</td></tr>
<tr><td colspan="7">模数/mm</td></tr>
<tr><td>2</td><td>4</td><td>6</td><td>8</td><td>10</td><td>12</td><td>2～12</td></tr>
<tr><td>0. 10</td><td>41</td><td>33</td><td>28</td><td>25</td><td>23</td><td>21</td><td>—</td></tr>
<tr><td>0. 13</td><td>36</td><td>29</td><td>24</td><td>22</td><td>20</td><td>19</td><td>—</td></tr>
<tr><td>0. 16</td><td>32</td><td>26</td><td>22</td><td>20</td><td>18</td><td>17</td><td>44</td></tr>
<tr><td>0. 20</td><td>29</td><td>23</td><td>20</td><td>18</td><td>17</td><td>16</td><td>39</td></tr>
<tr><td>0. 26</td><td>25</td><td>21</td><td>17</td><td>16</td><td>15</td><td>14</td><td>34</td></tr>
<tr><td>0. 32</td><td>23</td><td>18</td><td>15</td><td>14</td><td>13</td><td>13</td><td>31</td></tr>
<tr><td>0. 42</td><td>20</td><td>16</td><td>14</td><td>13</td><td>12</td><td>12</td><td>25</td></tr>
<tr><td>0. 52</td><td>18</td><td>14</td><td>12</td><td>11</td><td>10</td><td>10</td><td>—</td></tr>
<tr><td>刀具寿命 T/h　粗插齿</td><td colspan="3">5</td><td colspan="3">7</td><td rowspan="2">5</td></tr>
<tr><td>刀具寿命 T/h　精插齿</td><td colspan="6">4</td></tr>
</table>

2. 4. 6. 8　插齿加工中产生超差项目的主要原因和解决方法（见表 3-2-150）

表 3-2-150　插齿加工中产生超差项目的主要原因和解决方法

超差项目	主要原因	解决方法
公法线长度的变动量	1）刀架系统，如蜗轮偏心，主轴偏心等误差 2）刀具本身制造误差，安装偏心或倾斜 3）径向进给机构不稳定 4）工作台的摆动及让刀不稳定	修理恢复刀架系统精度，检查修理径向进给机构。调整工作台让刀及检验刀具安装情况
相邻齿距误差	1）工作台或刀架体分度蜗杆的轴向窜动过大 2）精插齿时余量过大	1）调整工作台或刀架体的分度蜗杆的轴向窜动 2）适当增加粗插齿次数，使精插齿时留量较少
齿距累积误差	1）工作台或刀架体分度蜗轮蜗杆有磨损，啮合间隙过大 2）工作台有较大的径向跳动	1）调整工作台或刀架分度窜轮窜杆的啮合间隙，必要时修复蜗轮副 2）仔细刮研工作台主轴及工作台壳体上的圆锥接触面
齿距累积误差	3）插齿刀主轴端面跳动（安装插齿刀部分）超差 4）进给凸轮的轮廓不精确 5）插齿刀安装后有径向与端面圆跳动 6）工件安装不符合要求 7）工件定位心轴本身精度不合要求	3）重新调整插齿刀的位置，使误差相互抵消，必要时修磨插齿刀主轴端面 4）修磨凸轮轮廓 5）修磨插齿刀的垫圈 6）工件定位心轴须与工作台回转轴线重合 工件的两端面须平行，安装时工件端面须与安装孔垂直 工件垫圈的两平面须平行，并不得有铁屑及污物粘着 7）检查工件定位心轴的精度，并加修正或更换新件

（续）

超差项目	主要原因	解决方法
齿形误差	1)分度蜗杆轴向窜动过大或其他传动链零件精度太差 2)工作台有较大的径向圆跳动 3)插齿刀主轴端面跳动(安装插齿刀部分)超差 4)插齿刀刃磨不良 5)插齿刀安装后有径向与端面圆跳动 6)工件安装不合要求	1)检查与调整分度蜗杆的轴向窜动。检查与更换传动链中精度太差的零件 2)与齿距累积误差2)相同 3)与齿距累积误差3)相同 4)重磨刃口 5)修磨插齿刀垫圈 6)与齿距累积误差6)相同
齿向误差	1)插齿刀主轴中心线与工作台轴线间的位置不正确 2)插齿刀安装后有径向与端面圆跳动 3)工件安装不合要求	1)重新安装刀架并进行校正 2)修磨插齿刀垫圈 3)与齿距累积误差6)相同
表面粗糙度	1)机床传动链的精度不高,某些环节在运转中出现振动或冲击以致影响机床传动平稳性 2)工作台主轴与工作台壳体圆锥导轨面接触情况不合要求,圆锥导轨面接触过硬,工作台转动沉重,运转时产生振动 3)分度蜗杆的轴向窜动或分度蜗杆蜗轮副的啮合间隙过大,运转中产生振动 4)让刀机构工作不正常,回刀时刮伤工件齿部表面 5)插齿刀刃磨质量不良 6)进给量过大 7)工件安装不牢靠,切削中产生振动 8)切削液太脏或冲入切削齿槽	1)找出精度不良环节,加以校正或更换新件 2)修刮圆锥导轨面,使其接触面略硬于平面导轨,并要求接触均匀 3)修磨调整垫片,纠正分度蜗杆的轴向窜动 调整分度蜗杆支座,以校正分度蜗杆蜗轮副的间隙大小 4)调整让刀机构 5)修磨刃口 6)选择适当的进给量 7)合理安装工件 8)更换切削液,将切削液对准切削区

2.4.7　剃齿

剃齿加工原理相当于交错轴斜齿轮副无侧隙啮合，剃齿刀带动工件旋转，在啮合齿面间产生相对滑动速度（切削速度），从工件上切除材料，以达到修整齿形及降低齿面表面粗糙度的目的（见图3-2-134）。

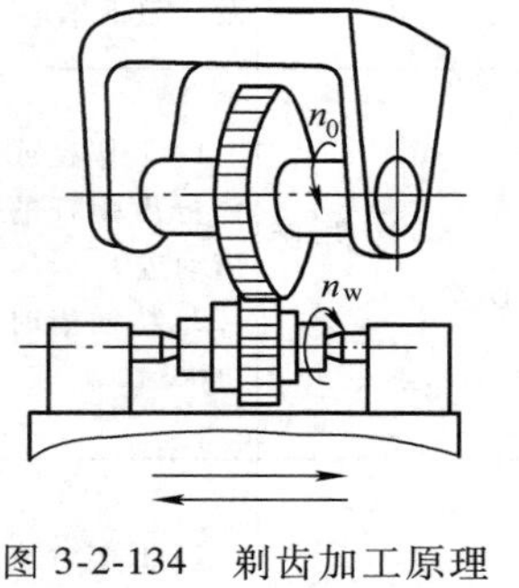

图3-2-134　剃齿加工原理

2.4.7.1　剃齿机及其精度要求

1）YWA4232型剃齿机的传动系统如图3-2-135所示。

2）剃齿机的几何精度检验见表3-2-151。

3）常用剃齿机的工作性能及工作精度见表3-2-152。

2.4.7.2　剃齿刀的基本尺寸

盘形剃齿刀的精度等级有A级和B级两种分为盘形轴向剃齿刀和盘形径向剃齿刀，分别用于加工6级和7级精度的齿轮。盘形轴向剃齿刀的基本尺寸见表3-2-153。

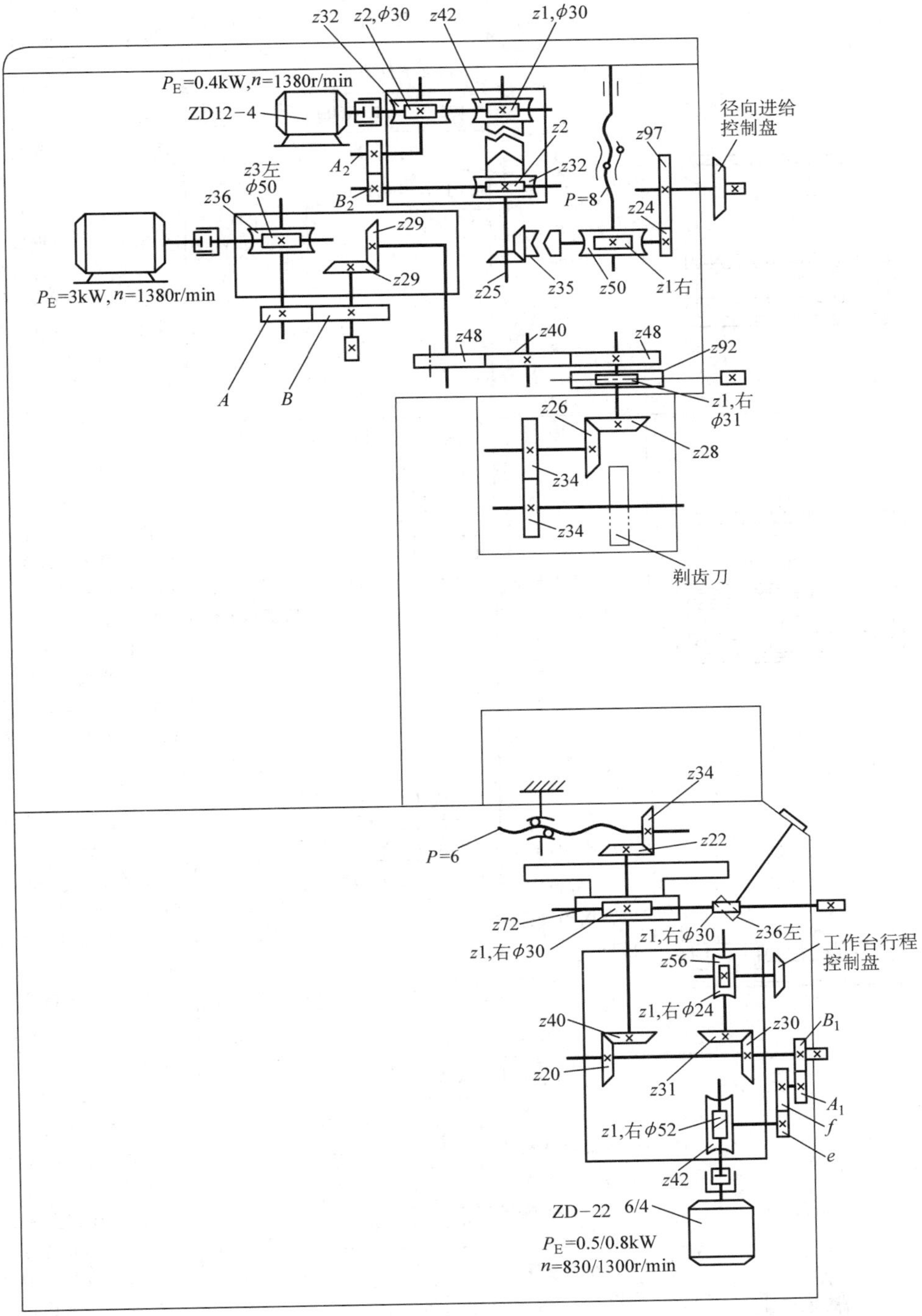

图 3-2-135　YWA4232 型剃齿机的传动系统

表 3-2-151 剃齿机的几何精度检验（JB/T 3732.5—2006）

<table>
<tr><th>序号</th><th>简　图</th><th>检验项目</th><th>允差/mm</th><th>检验工具</th><th>检验方法参照 GB/T 17421.1—1998 的有关条款</th></tr>
<tr><td>G1</td><td>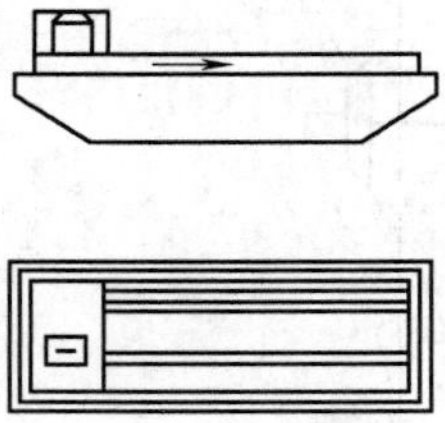</td><td>工作台导轨在垂直平面内的直线度</td><td><table><tr><td colspan="2">最大工件直径</td></tr><tr><td>125</td><td>>125~500</td></tr><tr><td colspan="2">在全长上为</td></tr><tr><td>0.015</td><td>0.020</td></tr></table></td><td>专用桥板
精密水平仪</td><td>5.2.1.2.2.1
将工作台置于行程的中间位置。在工作台导轨上放置专用桥板，在桥板上与工作台导轨平行放一水平仪。移动桥板检验
将水平仪的读数依次排列，画出导轨的误差曲线。误差以曲线对其两端点连线间坐标值的最大代数差值计</td></tr>
<tr><td>G2</td><td>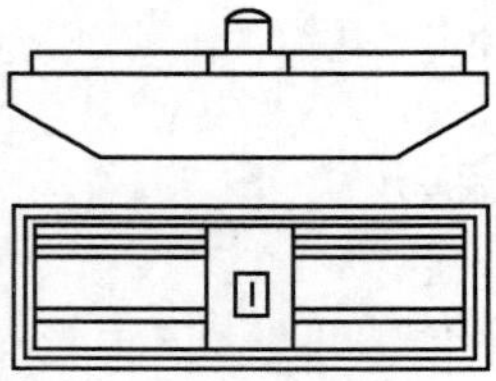
G2</td><td>工作台导轨的平行度</td><td><table><tr><td colspan="2">最大工件直径</td></tr><tr><td>125</td><td>>125~500</td></tr><tr><td colspan="2">在全长上为</td></tr><tr><td>0.03/1000</td><td>0.04/1000</td></tr></table></td><td>专用桥板
精密水平仪</td><td>5.4.1.2.7
将工作台置于行程的中间位置。在工作台导轨上放置专用桥板，在桥板上与工作台导轨垂直放一水平仪。移动桥板检验。在工作台导轨全长上至少记录三个读数
误差以水平仪在全长上读数的最大代数差值计</td></tr>
<tr><td>G3</td><td>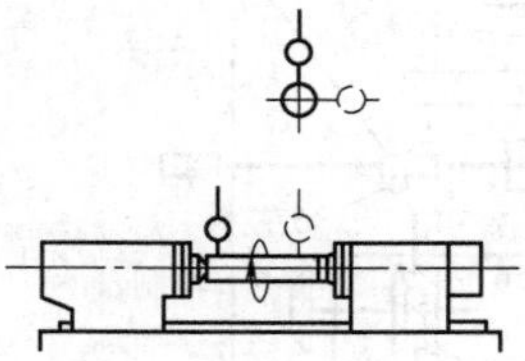</td><td>左右活动顶尖轴线的径向跳动</td><td><table><tr><td colspan="2">最大工件直径</td></tr><tr><td>≤200</td><td>>200~500</td></tr><tr><td>0.004</td><td>0.005</td></tr></table></td><td>指示器
检验棒</td><td>5.6.1.2.2
在左右活动顶尖间顶紧一根检验棒。固定指示器，使其测头触及检验棒上两端靠近顶尖的表面。旋转活动顶尖检验
误差以指示器读数的最大差值计</td></tr>
<tr><td>G4</td><td>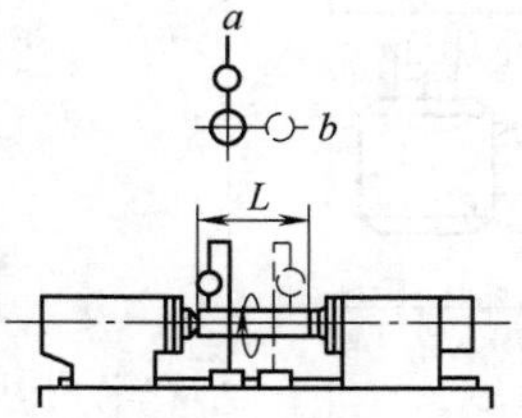</td><td>左右活动顶尖轴线对工作台导轨的等距度：
a)在垂直平面内
b)在水平面内</td><td><table><tr><td colspan="3">最大工件直径</td></tr><tr><td>≤200</td><td>>200~320</td><td>>320~500</td></tr><tr><td colspan="3">L</td></tr><tr><td>200</td><td colspan="2">300</td></tr><tr><td colspan="3">a 及 b</td></tr><tr><td>0.005</td><td>0.010</td><td>0.015</td></tr></table></td><td>指示器
检验棒</td><td>5.4.3.2
5.4.1.2.4
在左右活动顶尖间顶紧一根长度为 L 的检验棒，将专用表座放置在工作台导轨上。固定指示器，使其测头触及检验棒表面：a)在垂直平面内；b)在水平面内。移动指示器座，在检验棒两端检验
a、b 误差分别计算。误差以指示器读数的差值计</td></tr>
</table>

（续）

序号	简　　图	检验项目	允差/mm	检验工具	检验方法参照 GB/T 17421.1—1998 的有关条款
G5	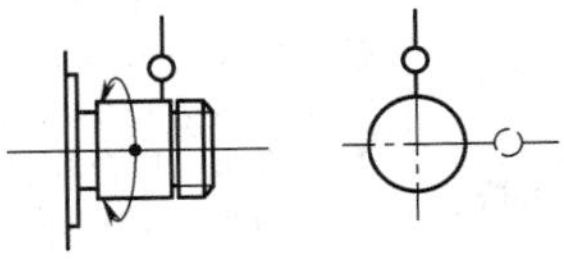	剃齿刀轴轴颈的径向跳动	最大工件直径 125 | >125~200 | >200~500 0.003 | 0.004 | 0.005	指示器	5.6.1.2.2 固定指示器，使其测头触及剃齿刀轴表面。旋转剃齿刀轴检验。 误差以指示器读数的最大差值计
G6	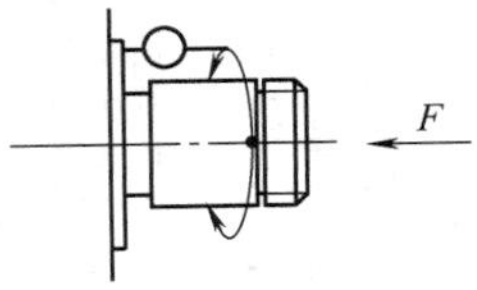	剃齿刀轴轴肩支承面的跳动	最大工件直径 125 | >125~500 0.004 | 0.005	指示器	5.6.3.2 固定指示器，使其测头触及剃齿刀轴轴肩支承面。旋转剃齿刀轴检验 误差以指示器读数的最大差值计 检验时，应通过剃齿刀轴轴线施加一个由制造厂规定的轴向力 *F*（对已消除轴向游隙的剃齿刀轴可不加力）
G7	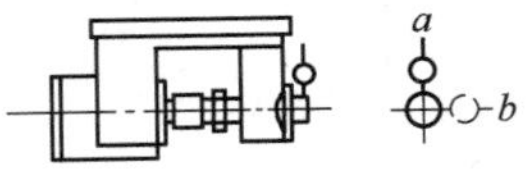	剃齿刀轴轴线对支承孔轴线的重合度（仅适用于有外支架结构的机床）： a）在垂直平面内 b）在水平面内	最大工件直径 125 | >125~500 *a* 及 *b* 0.006 | 0.008	指示器	5.4.4.2 将活动支承套入剃齿刀轴，固定指示器，使其测头触及剃齿刀轴伸出部分表面：a）在垂直平面内；b）在水平面内。锁紧和松开活动支承检验，记录锁紧时指示器的读数差 将剃齿刀轴旋转 180°，再同样检验一次 *a*、*b* 误差分别计算。误差以两次测量结果代数和之半加上剃齿刀轴与支承孔间隙之半计
G8	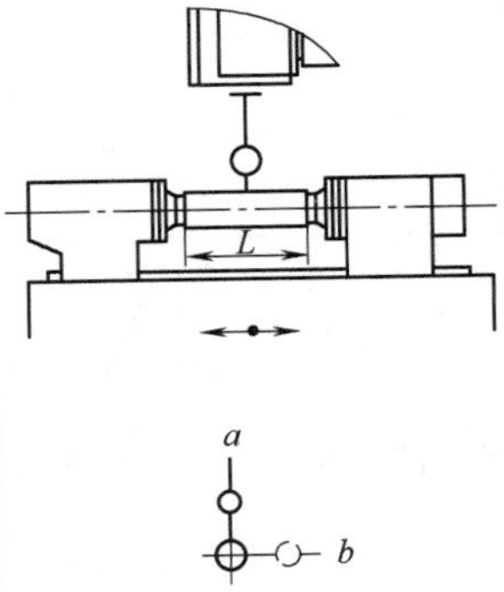	工作台移动对左右顶尖轴线的平行度： a）在垂直平面内 b）在水平面内	最大工件直径 125 | >125~500 在工作台全行程上 *a* 及 *b* 0.004 | 0.005	指示器 检验棒	5.4.2.2.3 将长度 *L* 为 120mm、300mm、500mm 的检验棒先后顶在左右顶尖间。在刀架上固定指示器，使其测头处在刀架回转中心位置处，并触及检验棒表面：a）在垂直平面内；b）在水平面内。移动工作台检验 将检验棒旋转 180°，再同样检验一次 *a*、*b* 误差分别计算。误差以两次测量结果代数和之半计 注：检验时所用检验棒根数应根据机床两顶尖最大距离确定

（续）

序号	简图	检验项目	允差/mm	检验工具	检验方法参照 GB/T 17421.1—1998 的有关条款
G9	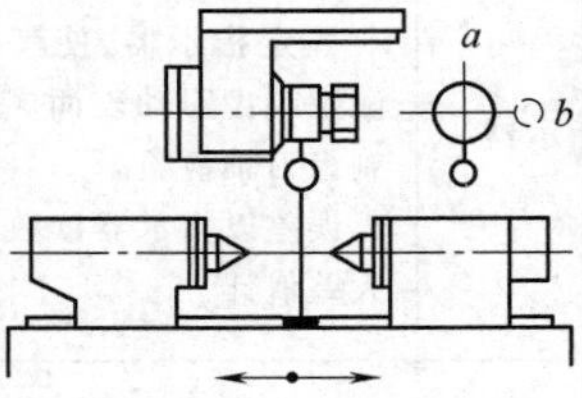	工作台移动对剃齿刀轴轴线的平行度： a）在垂直平面内 b）在水平面内	最大工件直径 125 | >125~500 在刀轴轴颈的全长上 a 及 b 0.003 | 0.004	指示器	5.4.2.2.3 固定指示器，使其测头触及剃齿刀轴表面：a）在垂直平面内；b）在水平面内。移动工作台检验 将剃齿刀轴回转180°，再同样检验一次 a、b 误差分别计算。误差以两次测量结果代数和之半计
G10	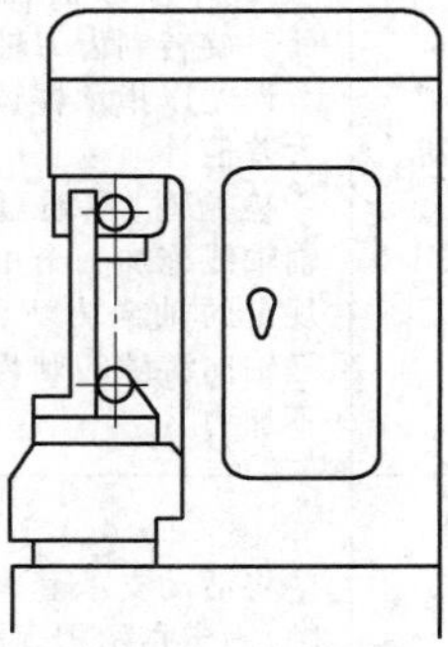	剃齿刀轴轴线和左右活动顶尖轴线应在同一平面内	最大工件直径 125 | >125~500 0.100 | 0.150	检验棒 塞尺 角尺 专用桥板	5.5.1.2.2 在左右活动顶尖间顶紧一根直径等于剃齿刀轴轴颈直径的检验棒。在工作台导轨上放置专用桥板，桥板上放置角尺，使角尺检验面紧靠在检验棒表面上（或剃齿刀轴轴颈表面上）。用塞尺测量角尺检验面与剃齿刀轴轴颈表面（或检验棒表面）间的间隙 误差以塞尺测得的数值计
G11	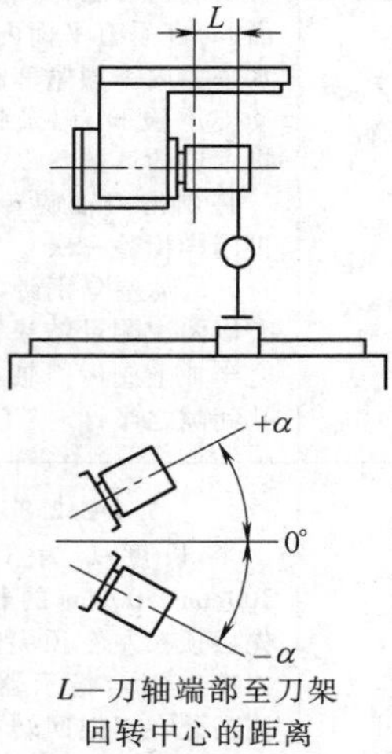 L—刀轴端部至刀架回转中心的距离 α—刀架最大回转角	剃齿刀架回转后刀轴轴线对工作台面的等距度（仅适用于万能剃齿机）	当 $L=100$ 时，为0.010	专用桥板 平尺 指示器	5.4.3.2 在工作台导轨上放置专用桥板，其上放置平尺，在平尺上固定指示器，使其测头触及剃刀轴颈的下母线 将刀架分别回转至 $+\alpha$、0°和 $-\alpha$ 位置，锁紧刀架，移动专用桥板和平尺检验 误差以指示器读数的最大差值计
G12	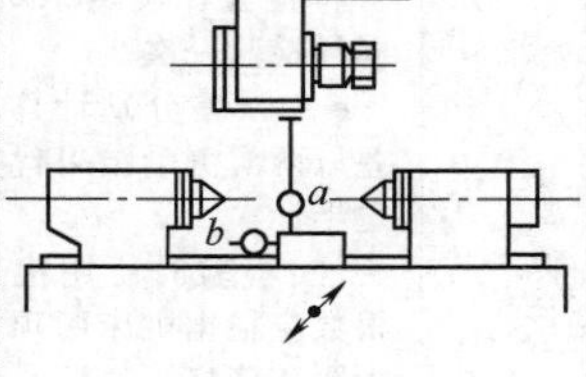	工作台切向移动对剃齿刀架的平行度 b）垂直平面内 b）水平面内（仅适用于万能剃齿机）	在切向全行程上 a 及 b 0.020	专用桥板 指示器	5.4.2.2.3 在工作台导轨上放置专用桥板，在刀架上固定指示器，使其测头触及专用桥板：a）在垂直平面内；b）在水平面内 切向移动工作台在全行程内检验 误差以指示器读数的最大差值计

表 3-2-152　常用剃齿机的工作性能及工作精度

型　　号	工作性能	工作精度	表面粗糙度 $Ra/\mu m$
Y4212 Y4212/D	用于直齿和斜齿圆柱齿轮的剃齿，可加工鼓形齿和小锥度齿。具有平行和径向剃齿性能，采用轴向剃齿时，工作台可实现定点停车，可预选径向进给量，可进行粗、精剃等	6级	1.25
YW4232 YWA4232	用于直齿和斜齿圆柱齿轮的剃齿，可加工鼓形齿和小锥度齿。具有轴向、对角和切向剃齿性能，以及粗、精剃齿功能，YWA4232还具有径向剃齿性能	6级	1.25
Y4236	可加工直齿和斜齿圆柱齿轮，以及鼓形齿齿轮	6级	1.25
Y4245	可加工直齿和斜齿圆柱齿轮	6级	1.25
Y42125A	可加工直齿、斜齿圆柱齿轮和内齿轮	6级	1.25

表 3-2-153　盘形轴向剃齿刀的基本尺寸

分度圆直径 d/mm	内孔直径 D/mm	模数 m_n/mm	宽度 B/mm	齿数 z_0	螺旋角 β/(°)	备　　注
85	31.743	1~1.5	16	86~58	10	材料：普通高速钢（63~66HRC）、高性能高速钢（>64HRC）
180	63.5	1.25~6	20	115~27	15	
					5	
240		2~8	25		15	
					5	

注：1. 一般一把剃齿刀可以重磨5~6次，共可剃削齿轮8000~15000个。另一说是允许修磨5~7次，共可剃削10000~35000个齿轮。

2. 盘形径向剃齿刀的基本尺寸见GB/T 21950—2008。

2.4.7.3　剃齿用心轴

剃齿用心轴的精度直接影响着剃齿后齿轮的精度。一般对心轴精度的要求有以下几点：

1）心轴径向圆跳动公差不大于0.003mm，端面圆跳动公差不大于0.005mm。当齿轮安装在心轴上以后，齿轮的径向圆跳动公差不大于0.01mm，而精密齿轮不大于0.005mm。

2）心轴与齿轮孔的配合间隙越小越好，可采用分组心轴的方法来保证（即按公差范围分为三个组）。

3）心轴在机床上安装，其松紧程度要适宜，心轴顶尖孔要与机床的顶尖配研，以保证接触良好。

典型剃齿用心轴结构如图3-2-136所示。

常用齿坯孔径和心轴直径公差及其配合后径向圆跳动最大值见表3-2-154。

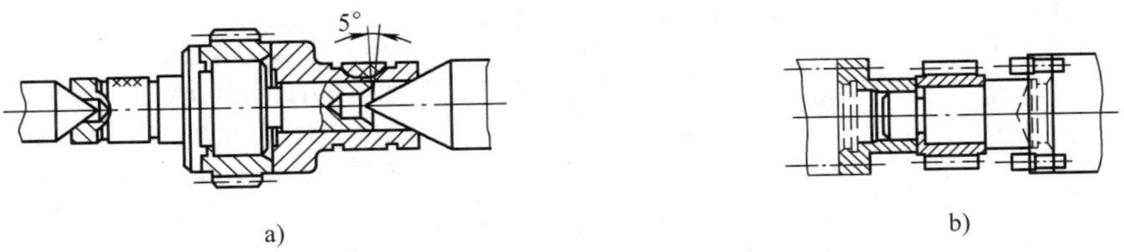

a)　　b)

图 3-2-136　典型剃齿用心轴结构

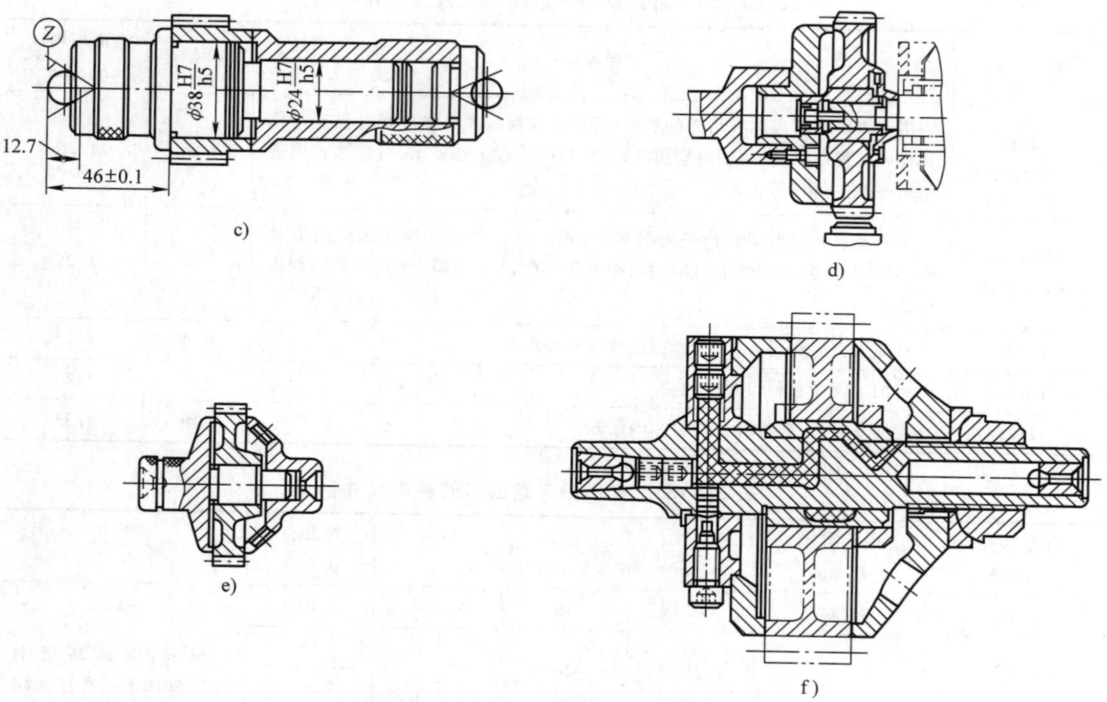

图 3-2-136　典型剃齿用心轴结构（续）

表 3-2-154　常用齿坯孔径和心轴直径公差及配合后径向圆跳动最大值

公称尺寸 /mm	齿坯孔径公差/μm			心轴直径公差 /μm	配合后径向圆跳动最大值 /μm		
	H6	H7	H8	h5	H6/h5	H7/h5	H8/h5
>6～10	0～+9	0～+15	0～+22	0～-6	15	21	28
>10～18	0～+11	0～+18	0～+27	0～-8	19	26	35
>18～30	0～+13	0～+21	0～+33	0～-9	22	30	42
>30～50	0～+16	0～+25	0～+39	0～-11	27	36	50
>50～80	0～+19	0～+30	0～+46	0～-13	32	43	59
>80～120	0～+22	0～+35	0～+54	0～-15	37	50	69

2.4.7.4　剃齿的切削用量（见表 3-2-155）

表 3-2-155　剃齿的切削用量（盘形剃齿刀）

剃齿刀的切削速度 v						
工件材料	碳素钢				合金钢	灰铸铁
	15	30	40		20Cr、35Cr、40Cr、20CrMnTi、30CrMnTi、12CrNi4A、20CrNiMo、12CrNi3、18CrNiWA、38CrMoAlA、5CrNiMo、6CrNiMo、0CrNi3Mo	
	20	35	45			
	25	—	50			
硬度 HBW	170	196	217	285	229	210
v/(m/min)	150	140	130	80	105	80

（续）

剃齿刀的进给量						
齿轮精度等级	齿面粗糙度 Ra/μm	齿数				单行程径向进给量 f_r/mm
		17	25	40	100	
		齿轮每转工作台纵向进给量 f_a/(mm/r)				
6	≥0.63	0.15~0.20	0.20~0.25	0.25~0.30	0.35~0.40	0.02~0.025
	1.25	0.20~0.25	0.25~0.30	0.35~0.40	0.50~0.60	
7	>0.63	0.15~0.20	0.20~0.25	0.25~0.30	0.35~0.40	0.04~0.05
	1.25	0.20~0.30	0.25~0.30	0.35~0.40	0.50~0.60	

注：1. 剃削 6 级精度齿轮时，须增光整行程的单行程数 4~6 次。
2. 剃削 7 级精度齿轮时，须增光整行程的单行程数 2~4 次。

2.4.7.5　剃齿加工余量

1）剃齿加工余量见表 3-2-156。

表 3-2-156　剃齿加工余量　（单位：mm）

模数	齿轮直径				
	<100	100~200	200~500	500~1000	>1000
3~5	0.08~0.12	0.10~0.15	0.12~0.18	0.12~0.18	0.15~0.20
5~7	0.10~0.14	0.12~0.16	0.15~0.18	0.15~0.18	0.16~0.20
7~10	0.12~0.16	0.15~0.18	0.18~0.20	0.18~0.22	0.18~0.22

注：1. 当加工直齿轮时，余量可减小 10%~25%。
2. 当加工螺旋角大于 15°的斜齿轮时，余量可增大 10%~15%。

2）小模数齿轮剃齿加工余量见表 3-2-157。

表 3-2-157　小模数齿轮剃齿加工余量　（单位：mm）

模数	加工余量	模数	加工余量
小于 1	0.011~0.029	1.75~2.5	0.029~0.044
1.5~1.7	0.018~0.037	2.5~3	0.037~0.066

2.4.7.6　剃齿方法

1. 剃齿机与刀具、夹具的调整精度（见表 3-2-158）

表 3-2-158　剃齿机与刀具、夹具的调整精度　（单位：mm）

项目	径向圆跳动	端面圆跳动	平行度	同轴度
剃齿刀装在机床主轴上①	<0.01	<0.01	—	—
剃齿刀轴装轴端支承套	<0.008	<0.005	—	—
夹具(或剃齿心轴)安装表面和支承表面	<0.005	<0.005	—	—
主轴垫圈	—	—	<0.003	—
工作台顶尖两轴线	—	—	—	<0.01
工作台纵向进给方向与工件轴线在工作行程长度上	—	—	<0.005	—

① 剃齿刀装在机床主轴上，在最大半径处测其端面，剃齿刀直径为 300mm 时，其端面圆跳动小于 0.02mm；直径为 240mm 时，小于 0.015mm；直径为 180mm 时，小于 0.01mm。

2. 轴交角的调整

轴交角 $\Sigma=\beta_w\pm\beta_0$，当剃齿刀与工件螺旋方向相同时取“+”，相反时取“−”。轴交角的调整见表 3-2-159。

表 3-2-159　轴交角的调整

齿轮材料		轴交角 Σ/(°)	剃齿刀螺旋角 β_0	齿轮螺旋角 β_w	轴交角 Σ
钢	开式齿轮	10~15	左旋	右旋	$\beta_w-\beta_0$
	内齿轮	3~10			
	多联齿轮		右旋	左旋	$\beta_w-\beta_0$
铸铁、非铁金属		20	右旋	右旋	$\beta_w+\beta_0$
			左旋	左旋	$\beta_w+\beta_0$

3. 常用的剃齿方法（见表 3-2-160）

表 3-2-160　常用的剃齿方法

剃齿方法	剃齿工作原理	运动说明	剃齿效果	
			优　点	缺　点
轴向剃齿法	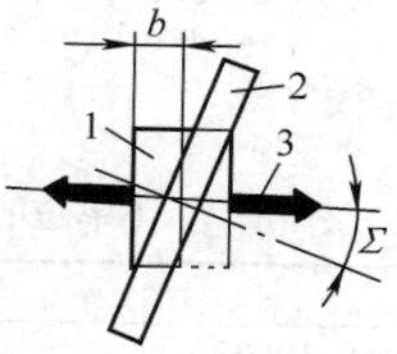 1—齿轮 2—剃齿刀 3—进给方向 b—齿轮宽度 Σ—轴交角	剃齿刀旋转，齿轮沿着自己轴线往复进给，每往复一次行程，做一次径向进给。最后两次行程可不进给	1）可剃削宽齿轮 2）利用机床摇摆机构可剃削鼓形齿	1）刀具仅在齿轮和刀具交叉点上进行切削，因此剃齿刀局部磨损大，影响刀具使用寿命 2）工作行程较长，行程次数较多，所以生产率和刀具寿命低于其他剃齿方法
对角剃齿法	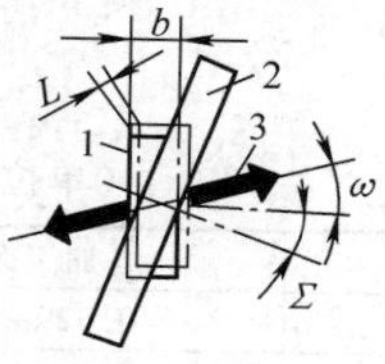 1—齿轮 2—剃齿刀 3—进给方向 L—工作行程长度 b—齿轮宽度 Σ—轴交角 ω—进给方向与齿轮轴线之间夹角	齿轮沿与齿轮轴线偏斜成一定角度的方向进给	1）工作行程长度短，缩短了机动时间，对加工齿宽 $b\leqslant$ 50mm 的齿轮有利 2）可加工带凸缘的齿轮和阶梯齿轮 3）刀具与齿轮啮合节点在加工过程中沿剃齿刀齿长方向连续移动，刀齿磨损均匀，寿命长，适用于成批大量生产	1）齿轮宽度增大时，剃齿刀宽度也要增大 2）剃齿刀精度要求比轴向剃齿法高 3）不宜加工过宽的齿轮
切向剃齿法	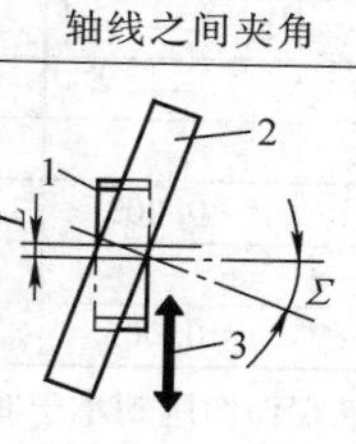 1—齿轮 2—剃齿刀 3—进给方向 L—工作行程长度 Σ—轴交角	剃齿刀沿齿轮的切线方向进给，因此剃齿机上须带有工作台导轨旋转到90°的机构。当剃削余量不大时，剃齿刀和齿轮的中心距不变，一次工作行程即可剃完。当余量较大时，须几次工作行程才可剃完，同时要有径向进给	1）工作行程长度短，可缩短机动时间 2）可剃削带凸缘的齿轮和多联圆柱齿轮 3）啮合节点位置连续变化，所以刀齿磨损均匀，寿命长 4）切削运动简单，可用通用机床加工，因齿轮可贯通运动，故适用于自动线生产	1）剃齿刀宽度应大于被剃齿轮宽度 2）须用修形剃齿刀进行鼓形齿修整 3）被剃齿轮齿面质量和加工精度稍差

（续）

剃齿方法	剃齿工作原理	运动说明	剃齿效果	
			优　点	缺　点
径向剃齿法	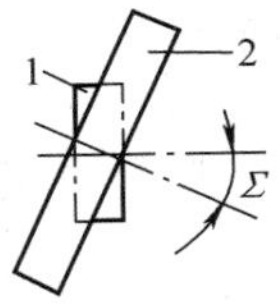 1—齿轮 2—剃齿刀 Σ—轴交角	剃齿刀只沿被剃齿轮半径方向进给，而沿轴向无进给、剃齿刀切削槽的排列须做成错位锯齿状	1）用较短的剃削时间可剃出整个齿面，故生产率高 2）剃齿刀与工件齿向接触面大，可提高齿向和齿形精度 3）能剃削双联齿轮和带凸缘的齿轮 4）剃削时匀速径向进给，刀齿各截面接触应力均匀，磨损减少	须用修形剃齿刀进行鼓形齿和小锥度齿的修整

2.4.7.7 剃齿误差与轮齿接触区偏差

1. 剃齿误差产生原因及解决方法（见表3-2-161）

表3-2-161 剃齿误差产生原因及解决方法

剃齿误差	产生原因	解决方法
齿形误差和基节偏差超差	1）剃齿刀齿形误差和基节误差 2）工件和剃齿刀安装偏心 3）轴交角调整不正确 4）齿轮齿根及齿顶余量过大 5）剃前齿轮齿形和基节误差过大 6）剃齿刀磨损	1）提高剃齿刀刃磨精度 2）仔细安装工件和剃齿刀 3）正确调整轴交角 4）保证齿轮剃前加工精度，减小齿根及齿顶余量 5）及时刃磨剃齿刀
齿距偏差超差	1）剃齿刀的齿距偏差误差较大 2）剃齿刀的径向圆跳动较大 3）剃前齿轮齿距偏差和径向圆跳动较大	1）提高剃齿刀安装精度 2）保证齿轮剃前加工的精度
齿距累积误差、公法线长度变动及齿圈径向圆跳动超差	1）剃前齿轮的齿距累积误差、公法线长度变动及齿圈径向圆跳动误差较大 2）在剃齿机上，齿轮齿圈径向圆跳动大（装夹偏心） 3）在剃齿机上，剃齿刀径向圆跳动大（装夹偏心）	1）提高剃前齿轮的加工精度 2）对剃齿刀的安装，要求其径向跳动量不能过大 3）提高齿轮的安装精度
在齿高中部形成“坑洼”	1）齿轮齿数太少（12~18） 2）重合度不大	保证剃齿时的重合度不小于1.5
齿向误差超差（两齿面同向）	1）剃前齿轮齿向误差较大 2）轴交角调整误差大	1）提高剃前齿轮加工精度 2）提高轴交角的调整精度
齿向误差超差（两齿面异向，呈锥形）	1）心轴或夹具的支承端面相对于齿轮旋转轴线歪斜 2）机床部件和心轴刚度不足 3）在剃削过程中，由于机床部件的位置误差和移动误差，使剃齿刀和齿轮之间的中心距不等	1）提高工件和刀具的安装精度 2）加强心轴刚度或减小剃齿余量
剃不完全	1）齿成形不完全，余量不合理 2）剃前齿轮精度太低	1）合理选用剃齿余量 2）提高剃前加工精度

（续）

剃齿误差	产生原因	解决方法
齿面表面粗糙度值太高	1）剃齿刀切削刃的缺陷 2）轴交角调整不准确 3）剃齿刀磨损严重 4）剃齿刀轴线与刀架旋转轴线不同轴 5）纵向进给量过大 6）切削液选用不对或供给不足 7）机床和夹具的刚度和抗振性不足 8）齿轮夹紧不牢固 9）剃齿刀和齿轮的振动 10）当加工少齿数齿轮时，剃齿刀正变位置偏大和轴交角过大	1）及时刃磨剃齿刀，保持切削刃锋利 2）准确调整机床和提高刀具安装精度 3）合理选择切削用量 4）合理选用切削液 5）正确装夹、紧固工件

2. 轮齿接触区的偏差与修正方法（见表3-2-162）

表3-2-162 轮齿接触区的偏差与修正方法

接触区的形式和分布		接触区修正方法	接触区的形式和分布		接触区修正方法
	在齿宽中部接触	理想接触区	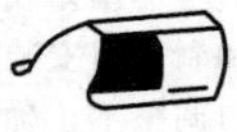	齿端接触，轮齿有螺旋角误差和锥度	改变轴交角，修正工件轴线对剃齿刀轴线的平行度
	齿顶和齿根接触较宽，中间缺口	修正剃齿刀的齿形		沿齿宽接触较长	增大轮齿的鼓形度，调整工作台摇摆机构
	沿齿廓高度接触较窄	修正剃齿刀的齿形		在齿端接触	增大工作台的行程长度
	齿廓顶部接触	修正剃齿刀的齿形		点接触，滚齿表面粗糙	降低滚齿表面粗糙度参数值
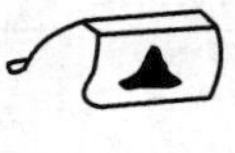	齿廓根部接触	减小轮齿的鼓形度，调整工作台摇摆机构	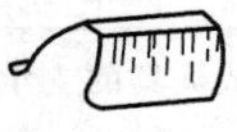	在齿顶和齿面上有划痕，齿面表面粗糙度值较大	刃磨剃齿刀，改用切削液，增大周围速度和轴交角，减小纵向进给量
	沿齿宽接触较短	减小轮齿的鼓形度，调整工作台摇摆机构			

2.4.8　齿轮检测

2.4.8.1　公法线长度的测量

1. 标准直齿圆柱齿轮公法线长度的测量

（1）公法线长度计算公式（见表 3-2-163）

表 3-2-163　公法线长度计算公式（简化后）

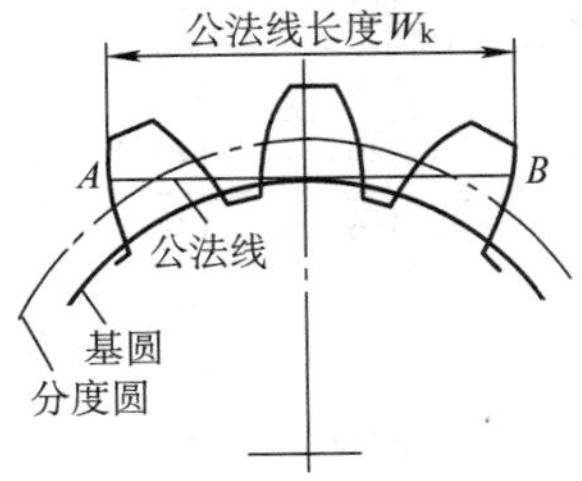

压力角 α/(°)	公法线长度 W_k/mm	跨测齿数 k
20	$W_k = m\cos20°[\pi(k-0.5)+0.0149z]$ $=m\times[2.952(k-0.5)+0.014z]$	$k=\dfrac{\alpha}{180°}z+0.5$ $=0.111z+0.5$
$14\dfrac{1}{2}$	$W_k = m\cos\left(14\dfrac{1}{2}\right)^{\circ}[\pi(k-0.5)+0.00555z]$ $=m\times[3.0415(k-0.5)+0.00537z]$	$k=\dfrac{\alpha}{180°}z+0.5$ $=0.08z+0.5$

（2）标准直齿圆柱齿轮公法线长度（见表 3-2-164）

表 3-2-164　标准直齿圆柱齿轮公法线长度（$m=1$mm，$\alpha=20°$）

被测齿轮总齿数 z	跨测齿数 k	公法线长度 W_k/mm	被测齿轮总齿数 z	跨测齿数 k	公法线长度 W_k/mm	被测齿轮总齿数 z	跨测齿数 k	公法线长度 W_k/mm	被测齿轮总齿数 z	跨测齿数 k	公法线长度 W_k/mm
10	2	4.5683	28	4	10.7246	46	6	16.8810	64	8	23.0373
11	2	4.5823	29	4	10.7386	47	6	16.8950	65	8	23.0513
12	2	4.5963	30	4	10.7526	48	6	16.9090	66	8	23.0653
13	2	4.6103	31	4	10.7666	49	6	16.9230	67	8	23.0793
14	2	4.6243	32	4	10.7806	50	6	16.9370	68	8	23.0933
15	2	4.6383	33	4	10.7946	51	6	16.9510	69	8	23.1074
16	2	4.6523	34	4	10.8086	52	6	16.9650	70	8	23.1214
17	2	4.6663	35	4	10.8226	53	6	16.9790	71	8	23.1354
18	2	4.6803	36	4	10.8367	54	6	16.9930	72	8	23.1494
19	3	7.6464	37	5	13.8028	55	7	19.9591	73	9	26.1155
20	3	7.6604	38	5	13.8168	56	7	19.9732	74	9	26.1295
21	3	7.6744	39	5	13.8308	57	7	19.9872	75	9	26.1435
22	3	7.6884	40	5	13.8448	58	7	20.0012	76	9	26.1575
23	3	7.7025	41	5	13.8588	59	7	20.0152	77	9	26.1715
24	3	7.7165	42	5	13.8728	60	7	20.0292	78	9	26.1855
25	3	7.7305	43	5	13.8868	61	7	20.0432	79	9	26.1995
26	3	7.7445	44	5	13.9008	62	7	20.0572	80	9	26.2135
27	3	7.7585	45	5	13.9148	63	7	20.0712	81	9	26.2275

（续）

被测齿轮总齿数 z	跨测齿数 k	公法线长度 W_k /mm	被测齿轮总齿数 z	跨测齿数 k	公法线长度 W_k /mm	被测齿轮总齿数 z	跨测齿数 k	公法线长度 W_k /mm	被测齿轮总齿数 z	跨测齿数 k	公法线长度 W_k /mm
82	10	29.1937	112	13	38.4703	142	16	47.7468	172	20	59.9755
83	10	29.2077	113	13	38.4843	143	16	47.7608	173	20	59.9895
84	10	29.2217	114	13	38.4983	144	16	47.7748	174	20	60.0035
85	10	29.2357	115	13	38.5123	145	17	50.7410	175	20	60.0175
86	10	29.2497	116	13	38.5263	146	17	50.7550	176	20	60.0315
87	10	29.2637	117	13	38.5403	147	17	50.7690	177	20	60.0456
88	10	29.2777	118	14	41.5064	148	17	50.7830	178	20	60.0596
89	10	29.2917	119	14	41.5205	149	17	50.7970	179	20	60.0736
90	10	29.3057	120	14	41.5344	150	17	50.8110	180	20	60.0876
91	11	32.2719	121	14	41.5484	151	17	50.8250	181	21	63.0537
92	11	32.2859	122	14	41.5625	152	17	50.8390	182	21	63.0677
93	11	32.2999	123	14	41.5765	153	17	50.8530	183	21	63.0817
94	11	32.3139	124	14	41.5905	154	18	53.8192	184	21	63.0957
95	11	32.3279	125	14	41.6045	155	18	53.8332	185	21	63.1097
96	11	32.3419	126	14	41.6185	156	18	53.8472	186	21	63.1237
97	11	32.3559	127	15	44.5846	157	18	53.8612	187	21	63.1377
98	11	32.3699	128	15	44.5986	158	18	53.8752	188	21	63.1517
99	11	32.3839	129	15	44.6126	159	18	53.8892	189	21	63.1657
100	12	35.3500	130	15	44.6266	160	18	53.9032	190	22	66.1319
101	12	35.3641	131	15	44.6406	161	18	53.9172	191	22	66.1459
102	12	35.3781	132	15	44.6546	162	18	53.9312	192	22	66.1599
103	12	35.3921	133	15	44.6686	163	19	56.8972	193	22	66.1739
104	12	35.4061	134	15	44.6826	164	19	56.9113	194	22	66.1879
105	12	35.4201	135	15	44.6966	165	19	56.9254	195	22	66.2019
106	12	35.4341	136	16	47.6628	166	19	56.9394	196	22	66.2159
107	12	35.4481	137	16	47.6768	167	19	56.9534	197	22	66.2299
108	12	35.5572	138	16	47.6908	168	19	56.9674	198	22	66.2439
109	13	38.4282	139	16	47.7048	169	19	56.9814	199	23	69.2101
110	13	38.4422	140	16	47.7188	170	19	56.9954	200	23	69.2241
111	13	38.4563	141	16	47.7328	171	19	57.0094	—	—	—

注：若模数 m 不等于 1mm，其 W_k 值等于表中的 W_k 值乘以 m。

内齿轮公法线长度可以按上表查得，测量方法如图 3-2-137 所示。

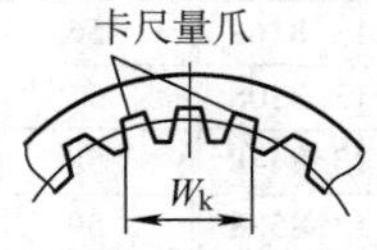

图 3-2-137　内齿轮公法线长度测量方法

（3）径节齿轮公法线长度（见表 3-2-165）

表 3-2-165　径节齿轮公法线长度$\left[P=1,\ \alpha=\left(14\frac{1}{2}\right)^{\circ}\right]$

被测齿轮总齿数 z	跨测齿数 k	公法线长度 W_k/mm	被测齿轮总齿数 z	跨测齿数 k	公法线长度 W_k/mm	被测齿轮总齿数 z	跨测齿数 k	公法线长度 W_k/mm
12		117.518	42		276.118	72		434.718
13		117.654	43		276.254	73	6	434.855
14		117.791	44		276.391	74		434.991
15		117.927	45	4	276.527	75		512.382
16		118.064	46		276.664	76		512.518
17		118.200	47		276.800	77		512.654
18	2	118.336	48		276.936	78		512.791
19		118.473	49		277.073	79		512.927
20		118.609	50		354.463	80		513.063
21		118.746	51		354.600	81	7	513.200
22		118.882	52		354.736	82		513.336
23		119.018	53		354.873	83		513.473
24		119.155	54		355.009	84		513.609
25		196.545	55		355.145	85		513.745
26		196.682	56	5	355.282	86		513.882
27		196.818	57		355.418	87		514.018
28		196.954	58		355.555	88		591.409
29		197.091	59		355.691	89		591.545
30		197.227	60		355.827	90		591.682
31	3	197.364	61		355.904	91		591.818
32		197.500	62		356.100	92		591.954
33		197.636	63		433.491	93		592.091
34		197.773	64		433.627	94	8	592.227
35		197.909	65		433.763	95		592.364
36		198.046	66		433.900	96		592.500
37		198.182	67	6	434.036	97		592.636
38		275.572	68		434.173	98		592.773
39		275.709	69		434.309	99		592.909
40	4	275.845	70		434.445	100		593.046
41		275.982	71		434.582			

注：若径节 P 不等于 1，其 W_k 值等于表中的 W_k 值除以 P。

2. 斜齿圆柱齿轮公法线长度的测量

(1) 公法线长度及跨测齿数计算公式

1) 公法线长度计算公式：

$$W_{kn}=m_n\cos\alpha_n[\pi(k-0.5)+z\mathrm{inv}\alpha_s]$$

式中　W_{kn}——法向公法线长度（mm）；

m_n——法向模数（mm）；

α_n——法向压力角（°）；

α_s——端面压力角（°）；

inv——渐开线函数；

k——跨测齿数。

一般加工时图样上给出 α_n，因此可用下面公式计算出 α_s：

$$\tan\alpha_s = \frac{\tan\alpha_n}{\cos\beta}$$

式中　β——螺旋角（°）。

2）跨测齿数计算公式：

$$k = \frac{\alpha_s z}{180°\cos^3\beta} + 0.5$$

注意，齿宽 $b \geqslant W_{kn}\sin\beta$ 时才能测量公法线长度。测量要在法线上进行（见图 3-2-138）。

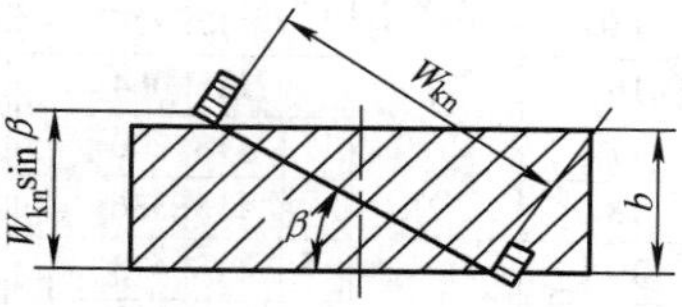

图 3-2-138　$b<W_{kn}\sin\beta$ 时斜齿轮不能测量公法线长度

[例]　已知一斜齿轮 $z=26$，$m_n=3.25$，$\alpha_n=20°$，螺旋角 $\beta=21°47'12''$。求该齿轮的公法线长度 W_{kn} 及跨测齿数 k。

解：先求出 α_s：

$$\tan\alpha_s = \frac{\tan\alpha_n}{\cos\beta} = \frac{\tan 20°}{\cos 21°47'12''} = 0.39196$$

则

$$\alpha_s = 21°24'11''$$

再求跨测齿数 k：

$$\begin{aligned} k &= \frac{\alpha_s z}{180°\cos^3\beta} + 0.5 \\ &= \frac{21°24'11''}{180°} \times \frac{26}{\cos^3 21°47'12''} + 0.5 \\ &= 4.17 \approx 4 \end{aligned}$$

由表 3-2-166 查得

$$\mathrm{inv}\alpha_s = \mathrm{inv}21°24'11'' = 0.0184$$

将上面所得数值代入公法线计算公式：

$$\begin{aligned} W_{kn} &= m_n\cos\alpha_n[\pi(k-0.5) + z\,\mathrm{inv}\alpha_s] \\ &= 3.25\mathrm{mm} \times \cos 20° \times \\ &\quad [3.1416(4-0.5) + 26 \times 0.0184] \\ &= 35.042\mathrm{mm} \end{aligned}$$

（2）渐开线函数表（见表 3-2-166）

表 3-2-166　渐开线函数表

α/(°)	各行前几位相同的数字	0′	5′	10′	15′	20′	25′	30′	35′	40′	45′	50′	55′
1	0.000	00177	00225	00281	00346	00420	00504	00598	00704	00821	00950	01992	01248
2	0.000	01418	01603	01804	02020	02253	02503	02771	03058	03364	03689	04035	04402
3	0.000	04790	05201	05634	06091	06573	07079	07610	08167	08751	09362	10000	10668
4	0.000	11364	12090	12847	13634	14453	15305	16189	17107	18059	19045	20067	21125
5	0.000	22220	23352	24522	25731	26978	28266	29594	30963	32374	33827	35324	36864
6	0.00	03845	04008	04175	04347	04524	04706	04897	05093	05280	05481	05687	05898
7	0.00	06115	06337	06564	06797	07035	07279	07528	07783	08044	08310	08582	08861
8	0.00	09145	09435	09732	10034	10343	10559	10980	11308	11643	11984	12332	12687
9	0.00	13048	13416	13792	14174	14563	14960	15363	15774	16193	16618	17051	17492

（续）

α /(°)	各行前几位相同的数字	0′	5′	10′	15′	20′	25′	30′	35′	40′	45′	50′	55′
10	0. 00	17941	18397	18860	19332	19812	20299	20795	21299	21810	22330	22859	23396
11	0. 00	23941	24495	25057	25628	26208	26797	27394	28001	28616	29241	29875	30518
12	0. 00	31171	31832	32504	33185	33875	34575	35285	36005	36735	37474	38224	38984
13	0. 00	39754	40534	41325	42126	42938	43760	44593	45437	46291	47157	48033	48921
14	0. 00	49819	50729	51650	52582	53526	54482	55448	56427	57417	58420	59434	60460
15	0. 00	61498	62548	63611	64686	65773	66873	67985	69110	70248	71398	72561	73738
16	0. 0	07493	07613	07735	07857	07982	08107	08234	08362	08492	08623	08756	08889
17	0. 0	09025	09161	09299	09439	09580	09722	09866	10012	10158	10307	10456	10608
18	0. 0	10760	10915	11071	11228	11387	11547	11709	11873	12038	12205	12373	12543
19	0. 0	12715	12888	13063	13240	13418	13598	13779	13963	14148	14334	14523	14713
20	0. 0	14904	15098	15293	15490	15689	15890	16092	16296	16502	16710	16920	17132
21	0. 0	17345	17560	17777	17996	18217	18440	18665	18891	19120	19350	19583	19817
22	0. 0	20054	20292	20533	20775	21019	21266	21514	21765	22018	22272	22529	22788
23	0. 0	23049	23312	23577	23845	24114	24386	24660	24936	25214	25495	25778	26062
24	0. 0	26350	26639	26931	27225	27521	27820	28121	28424	28729	29037	29348	29660
25	0. 0	29975	30293	30613	30935	31260	31587	31917	32249	32583	32920	33260	33602
26	0. 0	33947	34294	34644	34997	35352	35709	36069	36432	36798	37166	37537	37910
27	0. 0	38287	38666	39047	39432	39819	40209	40602	40997	41395	41797	42201	42607
28	0. 0	43017	43430	43845	44264	44685	45110	45537	45967	46400	46837	47276	47718
29	0. 0	48164	48612	49064	49518	49976	50437	50901	51368	51838	52312	52788	53268
30	0. 0	53751	54238	54728	55221	55717	56217	56720	57226	57736	58249	58765	59285
31	0. 0	59809	60336	60866	61400	61937	62478	63022	63570	64122	64677	65236	65799
32	0. 0	66364	66934	67507	68084	68665	69250	69838	70430	71026	71626	72230	72838
33	0. 0	73449	74064	74684	75307	75934	76565	77200	77839	78483	79130	79781	80437
34	0. 0	81097	81760	82428	83100	83777	84457	85142	85832	86525	87223	87925	88631
35	0. 0	89342	90058	90777	91502	92230	92963	93701	94443	95190	95924	96698	97459
36	0.	09822	09899	09977	10055	10133	10212	10292	10371	10452	10533	10614	10696
37	0.	10778	10861	10944	11028	11113	11197	11283	11369	11455	11542	11630	11718
38	0.	11806	11895	11985	12075	12165	12257	12348	12441	12534	12627	12721	12815
39	0.	12911	13006	13102	13199	13297	13395	13493	13592	13692	13792	13893	13995
40	0.	14097	14200	14303	14407	14511	14616	14722	14829	14936	15043	15152	15261
41	0.	15370	15480	15591	15703	15815	15928	16041	16156	16270	16386	16502	16619
42	0.	16737	16855	16974	17093	17214	17336	17457	17579	17702	17826	17951	18076
43	0.	18202	18329	18457	18585	18714	18844	18975	19106	19238	19371	19505	19639
44	0.	19774	19910	20047	20185	20323	20463	20603	20743	20885	21028	21171	21315
45	0.	21460	21606	21753	21900	22049	22108	22348	22490	22651	22804	22958	23112
46	0.	23268	23424	23582	23740	23899	24059	24220	24382	24545	24709	24874	25040
47	0.	25206	25374	25513	25713	25883	26055	26228	26401	26576	26752	26929	27107
48	0.	27285	27465	27646	27828	28012	28196	28381	28567	28755	28943	29133	29324
49	0.	29516	29709	29903	30098	30295	30492	30691	30891	31092	31295	31493	31703
50	0.	31909	32116	32324	32534	32745	32957	33171	33385	33601	33818	34037	34257
51	0.	34478	34700	34924	35149	35376	35604	35833	36063	36295	36529	36763	36990

（续）

α/(°)	各行前几位相同的数字	0′	5′	10′	15′	20′	25′	30′	35′	40′	45′	50′	55′
52	0.	37237	37476	37716	37958	38202	38446	38693	38941	39190	39441	39693	39947
53	0.	40202	40459	40717	40977	41239	41502	41767	42034	42302	42571	42843	43116
54	0.	43390	43667	43945	44225	44506	44789	45074	45361	45650	45904	46232	46526
55	0.	46822	47119	47419	47720	48023	48328	48635	48944	49255	49568	49882	50199
56	0.	50518	50838	51161	51486	51813	52141	52472	52805	53141	53478	53817	54159
57	0.	54503	54849	55197	55547	55900	56255	56612	56972	57333	57698	58064	58433
58	0.	58804	59178	59554	59933	60314	60697	61083	61472	61863	62257	62653	63052
59	0.	63454	63858	64265	64674	65086	65501	65919	66340	66763	67189	67618	68050

注：用法说明

1. 找出角 $\alpha=14°30'$的 inv。$\text{inv}\alpha=0.0055448$。
2. 找出角 $\alpha=22°18'25''$的 inv。在表中找出 $\text{inv}22°15'=0.020775$。表中 22°20′与 22°15′的差 5′（300″）对应的 inv 数值为 0.000244，则附加的 3′25″（205″）的 inv 数值应为$\dfrac{0.000244\times205}{300}=0.000167$，因此 $\text{inv}22°18'25''=0.020775+0.000167=0.020942$。

3. 公法线平均长度偏差及公差

（1）外齿轮公法线平均长度上偏差 E_{Wms}（为负值）和内齿轮公法线平均长度下偏差 E_{Wmi}（为正值）（见表 3-2-167）

表 3-2-167 外齿轮公法线平均长度上偏差 E_{Wms}（为负值）和内齿轮公法线平均长度下偏差 E_{Wmi}（为正值） （单位：μm）

侧隙种类	齿轮第Ⅱ公差组公差等级	法向模数/mm	分度圆直径/mm														
			≤50	>50~80	>80~125	>125~180	>180~250	>250~315	>315~400	>400~500	>500~630	>630~800	>800~1000	>1000~1250	>1250~1600	>1600~2000	>2000~2500
b	3	≥1~10	63	71	80	100	112	125	125	140	160	180	200	250	280	355	400
		>10~25	—	—	90	100	112	125	140	140	160	180	200	250	280	355	400
	4	≥1~10	63	71	90	100	112	125	140	140	160	180	200	250	280	355	400
		>10~25	—	—	90	100	112	125	140	160	160	180	224	250	280	355	400
	5	≥1~10	71	80	90	100	112	125	140	160	180	200	224	250	315	355	400
		>10~25	—	—	100	112	125	140	140	160	180	200	224	250	315	355	400
	6	≥1~10	80	90	100	112	125	140	140	160	180	200	224	250	315	355	400
		>10~25	—	—	112	125	140	160	160	160	180	200	224	280	315	355	450
	7	≥1~10	90	100	112	125	140	140	160	160	180	200	250	280	315	400	450
		>10~25	—	—	125	140	160	180	180	200	224	250	250	280	315	450	450
	8	≥1~10	100	112	125	140	160	180	180	200	200	224	250	280	315	400	450
		>10~25	—	—	140	160	180	180	200	224	224	250	280	315	355	400	450
	9	≥1~10	112	125	140	160	180	200	200	224	250	280	280	315	355	450	500
		>10~25	—	—	200	200	200	224	224	250	280	315	355	400	400	450	500
	10	≥1~10	140	160	180	180	200	224	224	250	280	315	355	355	400	450	500
		>10~25	—	—	224	250	250	250	280	280	315	355	355	400	450	560	560
c	3	≥1~10	40	50	56	63	71	80	90	100	100	125	140	160	180	224	250
		>10~25	—	—	56	63	71	80	90	100	112	125	140	160	180	224	250
	4	≥1~10	45	50	56	63	71	80	90	100	112	125	140	160	180	224	250
		>10~25	—	—	63	71	80	90	90	100	112	125	140	160	200	224	280
	5	≥1~10	50	63	63	71	80	90	100	100	112	125	140	160	200	224	280
		>10~25	—	—	80	90	90	100	112	112	125	140	160	180	200	250	280

（续）

侧隙种类	齿轮第Ⅱ公差组公差等级	法向模数/mm	分度圆直径/mm														
			≤50	>50~80	>80~125	>125~180	>180~250	>250~315	>315~400	>400~500	>500~630	>630~800	>800~1000	>1000~1250	>1250~1600	>1600~2000	>2000~2500
c	6	≥1~10	56	63	71	80	90	100	112	112	125	140	160	180	200	250	280
		>10~25	—	—	80	90	100	112	125	125	140	160	180	200	200	250	280
	7	≥1~10	71	71	80	90	100	112	125	140	140	160	180	200	224	250	315
		>10~25	—	—	100	112	125	125	140	140	160	180	200	224	250	280	315
	8	≥1~10	80	90	100	100	112	125	140	140	160	180	200	224	250	280	315
		>10~25	—	—	125	140	140	160	160	160	180	200	224	250	280	315	355
	9	≥1~10	100	112	125	125	140	160	160	180	180	200	224	250	280	315	355
		>10~25	—	—	160	180	180	200	200	224	224	224	250	280	315	355	450
	10	≥1~10	125	140	140	160	160	180	180	200	200	224	250	280	315	355	400
		>10~25	—	—	200	200	224	224	250	250	280	280	280	315	355	400	450
d	3	≥1~10	28	32	40	45	50	56	56	63	71	80	90	100	125	140	180
		>10~25	—	—	40	45	50	56	63	63	71	80	90	112	125	140	180
	4	≥1~10	36	40	40	45	50	56	63	63	71	80	90	112	125	140	180
		>10~25	—	—	50	56	63	63	63	71	80	90	100	112	125	160	180
	5	≥1~10	40	45	50	56	63	63	71	71	80	90	100	112	140	160	200
		>10~25	—	—	56	63	71	80	80	90	100	112	112	125	140	160	200
	6	≥1~10	50	56	56	63	71	71	80	90	90	100	125	125	140	160	200
		>10~25	—	—	71	80	90	90	90	90	100	112	125	140	160	200	200
	7	≥1~10	56	63	71	80	80	90	90	100	112	125	140	160	180	200	224
		>10~25	—	—	80	90	100	112	112	125	140	140	140	160	180	224	250
	8	≥1~10	71	71	80	90	100	112	112	112	125	125	140	160	180	224	250
		>10~25	—	—	112	112	112	125	125	140	160	160	160	180	200	224	280
	9	≥1~10	90	100	112	112	125	140	140	140	140	160	180	200	224	280	315
		>10~25	—	—	140	140	160	160	180	180	200	200	224	224	250	280	315
	10	≥1~10	112	125	125	140	160	160	160	160	180	180	200	224	250	280	355
		>10~25	—	—	180	180	200	200	200	224	224	250	280	280	280	315	355
e	3	≥1~10	22	25	28	32	36	40	40	45	50	56	63	71	90	100	125
		>10~25	—	—	36	40	40	40	45	50	56	56	63	80	90	100	125
	4	≥1~10	25	28	32	36	40	40	45	45	50	56	63	80	90	100	125
		>10~25	—	—	36	40	45	50	50	56	63	71	71	80	90	112	125
	5	≥1~10	32	36	40	45	50	50	56	63	71	71	80	90	100	112	140
		>10~25	—	—	50	56	56	56	63	63	71	80	90	100	112	125	140
	6	≥1~10	40	45	50	56	56	56	63	63	71	80	90	100	112	140	140
		>10~25	—	—	63	63	71	71	80	80	90	100	100	112	125	140	160
	7	≥1~10	50	56	56	63	71	80	80	80	90	90	100	125	140	160	180
		>10~25	—	—	80	90	90	90	90	100	112	112	125	140	140	180	200
	8	≥1~10	63	63	71	80	80	90	90	100	112	112	125	125	140	180	200
		>10~25	—	—	100	100	112	112	125	125	125	140	140	160	180	200	224
	9	≥1~10	80	90	90	100	112	112	125	125	140	140	160	160	180	224	250
		>10~25	—	—	140	140	140	140	160	160	160	180	200	200	224	250	280
	10	≥1~10	100	112	112	125	140	140	160	160	160	180	200	200	224	250	280
		>10~25	—	—	160	160	180	180	180	200	200	224	224	250	280	315	315

（2）公法线平均长度公差 T_{Wm}（见表 3-2-168）

表 3-2-168 公法线平均长度公差 T_{Wm} （单位：μm）

齿厚公差等级	法向模数/mm	分度圆直径/mm														
		≤50	>50~80	>80~125	>125~180	>180~250	>250~315	>315~400	>400~500	>500~630	>630~800	>800~1000	>1000~1250	>1250~1600	>1600~2000	>2000~2500
3	≥1~25	14	16	20	25	28	32	32	36	40	45	50	71	80	100	112
4		14	22	25	28	32	36	45	45	50	56	63	80	90	125	140
5		20	25	28	32	36	45	50	50	56	71	90	100	112	140	160
6		25	32	36	45	50	50	63	71	80	90	100	125	140	180	200
7		28	36	45	50	63	71	71	80	90	112	125	140	160	224	250
8		36	45	56	63	71	90	90	100	125	140	160	180	200	280	315
9		45	56	63	80	100	112	112	125	160	180	200	224	280	355	400
10		56	71	90	100	125	140	140	160	180	224	250	280	355	450	500

2.4.8.2 分度圆弦齿厚的测量

1. 分度圆弦齿厚的计算公式（见表 3-2-169）

表 3-2-169 分度圆弦齿厚的计算公式

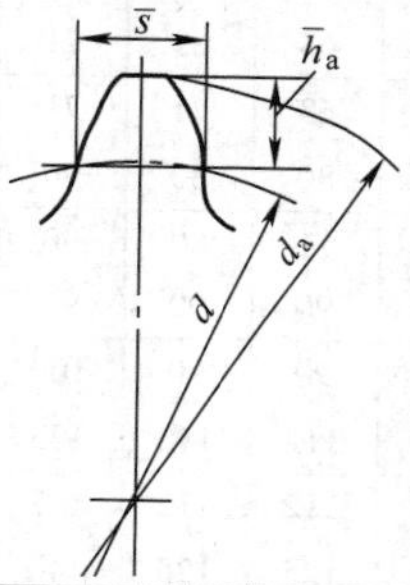

分度圆弦齿厚 $\bar{s}$	分度圆弦齿高 $\bar{h}_a$
$\bar{s}=mz\sin\dfrac{90°}{z}$	$\bar{h}_a=\dfrac{m}{2}\left[2+z\left(1-\cos\dfrac{90°}{z}\right)\right]$

注：1. 测量斜齿轮时，应以法向模数 m_n 和当量齿数 z_v 来代替公式中的 m 和 z。
2. 测量锥齿轮时，测量位置应取在大头，所以应以大端模数和当量齿数 z_v 来代替公式中的 m 和 z。

2. 分度圆弦齿厚的测量尺寸（见表 3-2-170）

表 3-2-170 分度圆弦齿厚的测量尺寸（$m=1$mm） （单位：mm）

齿数 z	弦齿厚 $\bar{s}$	弦齿高 $\bar{h}_a$	齿数 z	弦齿厚 $\bar{s}$	弦齿高 $\bar{h}_a$	齿数 z	弦齿厚 $\bar{s}$	弦齿高 $\bar{h}_a$	齿数 z	弦齿厚 $\bar{s}$	弦齿高 $\bar{h}_a$
10	1.5643	1.0615	18	1.5688	1.0342	25	1.5697	1.0247	33	1.5702	1.0187
11	1.5655	1.0560	19	1.5690	1.0324	26	1.5698	1.0237	34	1.5702	1.0181
12	1.5663	1.0513	20	1.5692	1.0308	27	1.5698	1.0228	35	1.5703	1.0176
13	1.5669	1.0474	21	1.5693	1.0294	28	1.5699	1.0220	36	1.5703	1.0171
14	1.5675	1.0440	22	1.5694	1.0280	29	1.5700	1.0212	37	1.5703	1.0167
15	1.5679	1.0411	23	1.5695	1.0268	30	1.5701	1.0205	38	1.5703	1.0162
16	1.5683	1.0385	24	1.5696	1.0257	31	1.5701	1.0199	39	1.5704	1.0158
17	1.5686	1.0363				32	1.5702	1.0193			

（续）

齿数 z	弦齿厚 $\bar{s}$	弦齿高 $\bar{h}_a$	齿数 z	弦齿厚 $\bar{s}$	弦齿高 $\bar{h}_a$	齿数 z	弦齿厚 $\bar{s}$	弦齿高 $\bar{h}_a$	齿数 z	弦齿厚 $\bar{s}$	弦齿高 $\bar{h}_a$
40	1.5704	1.0154	59	1.5706	1.0104	77	1.5707	1.0080	95	1.5707	1.0065
41	1.5704	1.0150	60	1.5706	1.0103	78	1.5707	1.0079	96	1.5707	1.0064
42	1.5704	1.0146	61	1.5706	1.0101	79	1.5707	1.0078	97	1.5707	1.0064
43	1.5704	1.0143	62	1.5706	1.0100	80	1.5707	1.0077	98	1.5707	1.0063
44	1.5705	1.0140	63	1.5706	1.0098	81	1.5707	1.0076	99	1.5707	1.0062
45	1.5705	1.0137	64	1.5706	1.0096	82	1.5707	1.0075	100	1.5707	1.0062
46	1.5705	1.0134	65	1.5706	1.0095	83	1.5707	1.0074	105	1.5708	1.0059
47	1.5705	1.0131	66	1.5706	1.0093	84	1.5707	1.0073	110	1.5708	1.0056
48	1.5705	1.0128	67	1.5706	1.0092	85	1.5707	1.0073	115	1.5708	1.0054
49	1.5705	1.0126	68	1.5706	1.0091	86	1.5707	1.0072	120	1.5708	1.0051
50	1.5705	1.0124	69	1.5706	1.0089	87	1.5707	1.0071	125	1.5708	1.0049
51	1.5705	1.0121	70	1.5706	1.0088	88	1.5707	1.0070	127	1.5708	1.0048
52	1.5706	1.0119	71	1.5707	1.0087	89	1.5707	1.0069	130	1.5708	1.0047
53	1.5706	1.0116	72	1.5707	1.0086	90	1.5707	1.0069	135	1.5708	1.0046
54	1.5706	1.0114	73	1.5707	1.0084	91	1.5707	1.0068	140	1.5708	1.0044
55	1.5706	1.0112	74	1.5707	1.0083	92	1.5707	1.0067	145	1.5708	1.0042
56	1.5706	1.0110	75	1.5707	1.0082	93	1.5707	1.0066	150	1.5708	1.0041
57	1.5706	1.0108	76	1.5707	1.0080	94	1.5707	1.0065	齿条	1.5708	1.0000
58	1.5706	1.0106									

注：测量斜齿轮和锥齿轮时，应按当量齿数 z_v 来查表。若 $m\neq 1$mm 时，表中数值乘以 m。

2.4.8.3　固定弦齿厚的测量

1. 固定弦齿厚的计算公式（见表 3-2-171）

表 3-2-171　固定弦齿厚的计算公式

计算简图	计算公式	简化计算公式		
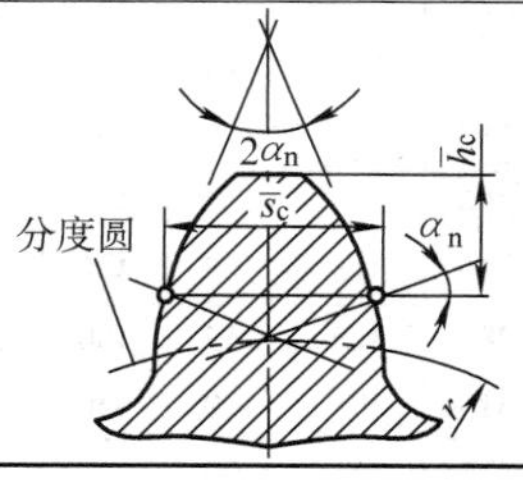	固定弦齿厚 $\bar{s}_c=\dfrac{\pi}{2}m_n\cos^2\alpha_n$ 固定弦齿高 $\bar{h}_c=h_a-\dfrac{\pi}{8}m_n\sin2\alpha_n$ 式中　m_n—法向模数(mm) α_n—法向压力角(°) h_a—齿顶高(mm)	α_n	$\bar{s}_c$	$\bar{h}_c$
		20°	$1.387m_n$	$0.748m_n$
		$\left(14\dfrac{1}{2}\right)^\circ$	$1.472m_n$	$0.810m_n$

2. 固定弦齿厚的测量尺寸（见表 3-2-172）

表 3-2-172　固定弦齿厚的测量尺寸　（单位：mm）

m	$\alpha_n=20°$		m	$\alpha_n=20°$		m	$\alpha_n=20°$	
	$\bar{s}_c$	$\bar{h}_c$		$\bar{s}_c$	$\bar{h}_c$		$\bar{s}_c$	$\bar{h}_c$
1	1.3871	0.7476	2.25	3.1209	1.6820	3.5	4.8547	2.6165
1.25	1.7338	0.9344	2.5	3.4677	1.8689	3.75	5.2017	2.8034
1.5	2.0806	1.1214	2.75	3.8144	2.0558	4	5.5482	2.9903
1.75	2.4273	1.3082	3	4.1612	2.2427	4.25	5.8950	3.1772
2	2.7741	1.4951	3.25	4.5079	2.4296	4.5	6.2417	3.3641

（续）

m	$\alpha_n=20°$		m	$\alpha_n=20°$		m	$\alpha_n=20°$	
	$\bar{s}_c$	$\bar{h}_c$		$\bar{s}_c$	$\bar{h}_c$		$\bar{s}_c$	$\bar{h}_c$
4.75	6.5885	3.5510	8	11.0964	5.9806	15	20.8057	11.2137
5	6.9353	3.7379	9	12.4834	6.7282	16	22.1928	11.9612
5.5	7.6288	4.1117	10	13.8705	7.4757	18	24.9669	13.4564
6	8.3223	4.4854	11	15.2575	8.2233	20	27.7410	14.9515
6.5	9.0158	4.8592	12	16.6446	8.9709	22	30.5151	16.4467
7	9.7093	5.2330	13	18.0316	9.7185	24	33.2892	17.9419
7.5	10.4029	5.6068	14	19.4187	10.4661	25	34.6762	18.6895

注：测量斜齿轮时，应按法向模数 m_n 来查表；测量锥齿轮时，应按大端模数来查表。

2.4.8.4 齿厚上偏差及公差

1. 齿厚上偏差 E_{ss}（见表 3-2-173）

表 3-2-173 齿厚上偏差 E_{ss}（为负值） （单位：μm）

侧隙种类	齿轮第Ⅱ公差组公差等级	法向模数/mm	分度圆直径/mm														
			≤50	>50~80	>80~125	>125~180	>180~250	>250~315	>315~400	>400~500	>500~630	>630~800	>800~1000	>1000~1250	>1250~1600	>1600~2000	>2000~2500
b	3	≥1~10	63	71	80	100	112	125	125	140	160	180	200	250	280	355	400
		>10~25	—	—	90	100	112	125	140	140	160	180	200	250	280	355	400
	4	≥1~10	63	71	90	100	112	125	140	140	160	180	200	250	280	355	400
		>10~25	—	—	90	100	112	125	140	160	160	180	224	250	280	355	400
	5	≥1~10	71	80	90	100	112	125	140	160	180	200	224	250	315	355	400
		>10~25	—	—	100	112	125	140	140	160	180	200	224	250	315	355	400
	6	≥1~10	71	80	90	112	125	140	140	160	180	200	224	250	315	355	400
		>10~25	—	—	100	112	125	140	160	160	180	200	224	280	315	355	450
	7	≥1~10	80	90	100	112	125	140	160	160	180	200	250	280	315	400	450
		>10~25	—	—	112	125	140	160	160	180	200	224	250	280	315	400	450
	8	≥1~10	90	100	112	125	140	160	160	180	200	224	250	280	315	400	450
		>10~25	—	—	125	140	160	160	180	200	200	224	250	315	355	400	450
	9	≥1~10	100	112	125	140	160	180	180	200	224	250	280	315	355	450	500
		>10~25	—	—	160	160	160	200	200	224	250	280	315	355	400	450	500
	10	≥1~10	125	140	160	160	180	200	200	224	250	280	315	355	400	450	500
		>10~25	—	—	180	200	200	224	250	250	280	315	315	355	400	500	560
c	3	≥1~10	40	50	56	63	71	80	90	100	100	125	140	160	180	224	250
		>10~25	—	—	56	63	71	80	90	100	112	125	140	160	180	224	250
	4	≥1~10	45	50	56	63	71	80	90	100	112	125	140	160	180	224	250
		>10~25	—	—	63	71	80	90	90	100	112	125	140	160	200	224	280
	5	≥1~10	45	56	63	71	80	90	100	100	112	125	140	160	200	224	280
		>10~25	—	—	71	80	80	90	100	112	125	140	160	180	200	250	280
	6	≥1~10	50	56	63	71	80	90	100	112	125	140	160	180	200	250	280
		>10~25	—	—	71	80	90	100	112	112	125	140	160	180	200	250	280
	7	≥1~10	56	63	71	80	90	100	112	125	125	140	160	200	224	250	315
		>10~25	—	—	80	90	100	112	125	125	140	160	180	200	224	280	315

（续）

侧隙种类	齿轮第Ⅱ公差组公差等级	法向模数/mm	分度圆直径/mm														
			≤50	>50~80	>80~125	>125~180	>180~250	>250~315	>315~400	>400~500	>500~630	>630~800	>800~1000	>1000~1250	>1250~1600	>1600~2000	>2000~2500
c	8	≥1~10	63	71	80	90	100	112	125	125	140	160	180	200	224	280	315
		>10~25	—	—	100	112	112	125	140	140	160	180	200	224	250	280	315
	9	≥1~10	80	90	100	112	125	140	140	160	160	180	200	224	280	315	355
		>10~25	—	—	125	140	140	160	160	180	180	200	224	250	280	315	400
	10	≥1~10	100	112	125	140	140	160	180	180	180	200	224	250	280	315	400
		>10~25	—	—	160	160	180	180	200	200	224	224	250	280	315	355	400
d	3	≥1~10	28	32	40	45	50	56	56	63	71	80	90	100	125	140	180
		>10~25	—	—	40	45	50	56	63	63	71	80	90	112	125	140	180
	4	≥1~10	32	36	40	45	50	56	63	63	71	80	90	112	125	140	180
		>10~25	—	—	45	50	56	63	63	71	80	90	100	112	125	160	180
	5	≥1~10	36	40	45	50	56	63	71	71	80	90	100	112	140	160	200
		>10~25	—	—	50	56	63	71	71	80	90	100	112	125	140	160	200
	6	≥1~10	40	45	50	56	63	63	71	80	80	90	112	125	140	160	200
		>10~25	—	—	56	63	71	71	80	80	90	100	112	125	140	180	200
	7	≥1~10	45	50	56	63	71	80	80	90	100	112	125	140	160	180	224
		>10~25	—	—	63	71	80	90	90	100	112	112	125	140	160	200	224
	8	≥1~10	56	56	63	71	80	90	90	100	112	112	125	140	160	200	224
		>10~25	—	—	80	90	90	100	100	112	125	125	140	160	180	200	250
	9	≥1~10	71	80	90	90	100	112	112	125	125	140	160	180	200	250	280
		>10~25	—	—	100	112	125	125	140	140	160	160	180	200	224	250	280
	10	≥1~10	90	100	100	112	125	125	140	140	160	160	180	200	224	250	315
		>10~25	—	—	140	140	160	160	160	180	180	200	224	224	250	280	315
e	3	≥1~10	22	25	28	32	36	40	40	45	50	56	63	71	90	100	125
		>10~25	—	—	32	36	36	40	45	50	56	56	63	80	90	100	125
	4	≥1~10	22	25	28	32	36	40	45	45	50	56	63	80	90	100	125
		>10~25	—	—	32	36	40	45	45	50	56	63	71	80	90	112	125
	5	≥1~10	28	32	36	40	45	45	50	56	63	63	71	90	100	112	140
		>10~25	—	—	40	45	50	50	56	56	63	71	80	90	100	125	140
	6	≥1~10	32	36	40	45	45	50	56	56	63	71	80	90	100	125	140
		>10~25	—	—	45	50	56	56	63	63	71	80	90	100	112	125	140
	7	≥1~10	36	40	45	50	56	63	63	71	80	80	90	112	125	140	160
		>10~25	—	—	56	63	63	71	71	80	90	90	100	112	125	160	180
	8	≥1~10	45	50	56	63	63	71	71	80	90	90	100	112	125	160	180
		>10~25	—	—	71	71	80	80	90	90	100	112	112	125	140	160	200
	9	≥1~10	63	71	71	80	90	90	100	100	112	125	140	140	160	200	224
		>10~25	—	—	100	100	112	112	125	125	125	140	160	160	180	224	250
	10	≥1~10	80	90	90	100	112	112	125	125	140	140	160	180	200	224	250
		>10~25	—	—	125	125	140	140	140	160	160	180	180	200	224	250	280

2. 齿厚公差 T_s（见表 3-2-174）

表 3-2-174　齿厚公差 T_s　　（单位：μm）

齿厚公差等级	法向模数/mm	分度圆直径/mm														
		≤50	>50~80	>80~125	>125~180	>180~250	>250~315	>315~400	>400~500	>500~630	>630~800	>800~1000	>1000~1250	>1250~1600	>1600~2000	>2000~2500
3	≥1~10	20	22	28	32	36	40	40	45	50	56	63	80	90	112	125
	>10~25	—	—	28	32	36	40	45	50	50	56	71	80	90	112	125
4	≥1~10	25	32	36	40	45	50	56	56	63	71	80	100	112	140	160
	>10~25	—	—	40	45	50	50	56	63	71	80	90	100	112	140	160
5	≥1~10	36	40	45	50	56	63	71	71	80	90	112	125	140	180	200
	>10~25	—	—	50	56	63	71	71	80	90	100	112	125	140	180	200
6	≥1~10	50	56	63	71	80	80	90	100	112	125	140	160	180	224	250
	>10~25	—	—	71	80	90	90	100	112	112	125	140	160	200	224	280
7	≥1~10	63	71	80	90	100	112	112	125	140	160	180	200	224	280	315
	>10~25	—	—	100	112	112	125	125	140	160	160	180	200	250	280	355
8	≥1~10	80	90	100	112	125	140	140	160	180	200	224	250	280	355	400
	>10~25	—	—	125	140	140	160	160	180	180	200	224	250	315	355	400
9	≥1~10	100	112	125	146	160	180	180	200	224	250	280	315	355	450	500
	>10~25	—	—	160	160	180	200	200	224	250	280	315	355	400	450	560
10	≥1~10	125	140	160	180	200	224	224	250	280	315	355	400	450	560	630
	>10~25	—	—	200	224	224	250	250	280	315	315	355	400	500	560	710

2.5　钻削、扩削、铰削加工

2.5.1　钻削

2.5.1.1　典型钻头举例

1. 群钻

群钻是以改进钻头几何形状为主要特征的高效麻花钻。它综合采用了各种修磨方法的特点，根据用途的不同，修磨有多种不同形式。

群钻与标准麻花钻相比，其轴向力可降低 35%~50%，转矩可减小 10%~30%，钻头寿命可提高 3~5 倍，切削效率高，加工质量好。

（1）几种群钻切削部分几何参数

1）基本型群钻切削部分的几何参数见表 3-2-175。

2）加工铸铁用群钻切削部分的几何参数见表 3-2-176。

3）加工纯铜用群钻切削部分的几何参数见表 3-2-177。

表 3-2-175　基本型群钻切削部分的几何参数

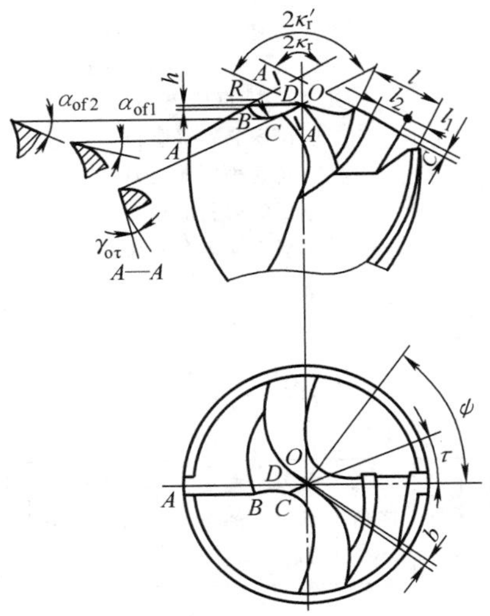

特点口诀
三尖七刃锐当先
月牙弧槽分两边
一侧外刃宽分屑
横刃磨低窄又尖

<table>
<tr><th rowspan="2">钻头直径
d</th><th rowspan="2">尖高
h</th><th rowspan="2">圆弧半径
R</th><th rowspan="2">外刃长
l</th><th rowspan="2">槽距
l_1</th><th rowspan="2">槽宽
l_2</th><th colspan="2">横刃长 b</th><th rowspan="2">槽深
C</th><th rowspan="2">槽数
Z</th><th colspan="2">外刃锋角
$2\kappa_r$</th><th rowspan="2">内刃锋角
$2\kappa_r'$</th><th colspan="2">横刃斜角
ψ</th><th rowspan="2">内刃前角
$\gamma_{o\tau}$</th><th rowspan="2">内刃斜角
τ</th><th rowspan="2">外刃后角
α_{of1}</th><th rowspan="2">圆弧后角
α_{of2}</th></tr>
<tr><th>Ⅰ</th><th>Ⅱ</th><th>Ⅰ</th><th>Ⅱ</th><th>Ⅰ</th><th>Ⅱ</th></tr>
<tr><td colspan="9">mm</td><td>条</td><td colspan="9">(°)</td></tr>
<tr><td>5~7</td><td>0.2</td><td>0.75</td><td>1.3</td><td rowspan="3">—</td><td rowspan="3">—</td><td>0.2</td><td>0.15</td><td rowspan="3">—</td><td rowspan="3">—</td><td rowspan="11">125</td><td rowspan="11">140</td><td rowspan="11">135</td><td rowspan="11">65</td><td rowspan="11">60</td><td rowspan="11">-10</td><td rowspan="3">20</td><td rowspan="3">15</td><td rowspan="3">18</td></tr>
<tr><td>>7~10</td><td>0.28</td><td>1</td><td>1.9</td><td>0.3</td><td>0.2</td></tr>
<tr><td>>10~15</td><td>0.36</td><td>1.5</td><td>2.6</td><td>0.4</td><td>0.3</td></tr>
<tr><td>>15~20</td><td>0.55</td><td>1.5</td><td>5.5</td><td>1.4</td><td>2.7</td><td>0.5</td><td>0.4</td><td rowspan="5">1</td><td rowspan="5">1</td><td rowspan="5">25</td><td rowspan="5">12</td><td rowspan="5">15</td></tr>
<tr><td>>20~25</td><td>0.7</td><td>2</td><td>7.0</td><td>1.8</td><td>3.4</td><td>0.6</td><td>0.48</td></tr>
<tr><td>>25~30</td><td>0.85</td><td>2.5</td><td>8.5</td><td>2.2</td><td>4.2</td><td>0.75</td><td>0.55</td></tr>
<tr><td>>30~35</td><td>1</td><td>3</td><td>10</td><td>2.5</td><td>5</td><td>0.9</td><td>0.65</td></tr>
<tr><td>>35~40</td><td>1.15</td><td>3.5</td><td>11.5</td><td>2.9</td><td>5.8</td><td>1.05</td><td>0.75</td></tr>
<tr><td>>40~45</td><td>1.3</td><td>4</td><td>13</td><td>2.2</td><td>3.25</td><td>1.15</td><td>0.85</td><td rowspan="3">1.5</td><td rowspan="3">2</td><td rowspan="3">30</td><td rowspan="3">10</td><td rowspan="3">12</td></tr>
<tr><td>>45~50</td><td>1.45</td><td>4.5</td><td>14.5</td><td>2.4</td><td>3.6</td><td>1.3</td><td>0.95</td></tr>
<tr><td>>50~60</td><td>1.65</td><td>5</td><td>17</td><td>2.9</td><td>4.25</td><td>1.45</td><td>1.05</td></tr>
</table>

注：1. Ⅰ—加工一般钢材；Ⅱ—加工铝合金。

2. 钻头类型、结构型式及规格尺寸见第 3 卷第 1.4.1 节。

3. 麻花钻的磨钝标准、钻头寿命及刃磨方法见第 3 卷第 2.1.2.2 节。

表 3-2-176　加工铸铁用群钻切削部分的几何参数

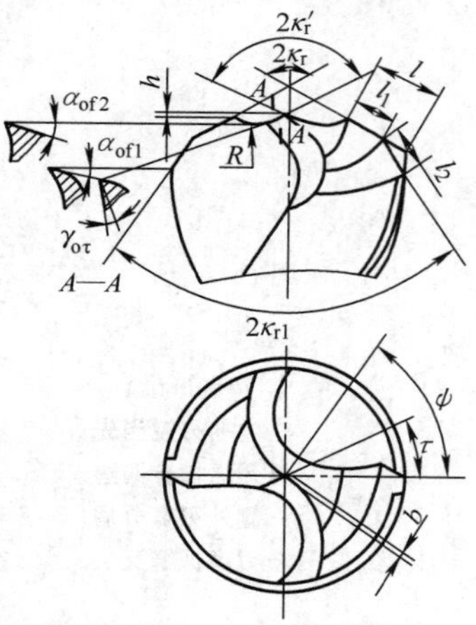

特点口诀
铸铁屑碎赛磨料
转速稍低大走刀
三尖刃利加冷却
双重锋角寿命高

钻头直径 d	尖高 h	圆弧半径 R	横刃长 b	总外刃长 l	分外刃长 $l_1=l_2$	外刃锋角 $2\kappa_{r1}$	第二锋角 $2\kappa_r$	内刃锋角 $2\kappa_r'$	横刃斜角 ψ	内刃前角 $\gamma_{o\tau}$	内刃斜角 τ	外刃后角 α_{of1}	圆弧后角 α_{of2}
mm						(°)							
5~7	0.11	0.75	0.15	1.9									
>7~10	0.15	1.25	0.2	2.6							20	18	20
>10~15	0.2	1.75	0.3	4									
>15~20	0.3	2.25	0.4	5.5									
>20~25	0.4	2.75	0.48	7									
>25~30	0.5	3.5	0.55	8.5	$\frac{3}{5}l$	120	70	135	65	−10	25	15	18
>30~35	0.6	4	0.65	10									
>35~40	0.7	4.5	0.75	11.5									
>40~45	0.8	5	0.85	13									
>45~50	0.9	6	0.95	14.5							30	13	15
>50~60	1	7	1.1	17									

表 3-2-177　加工纯铜用群钻切削部分的几何参数

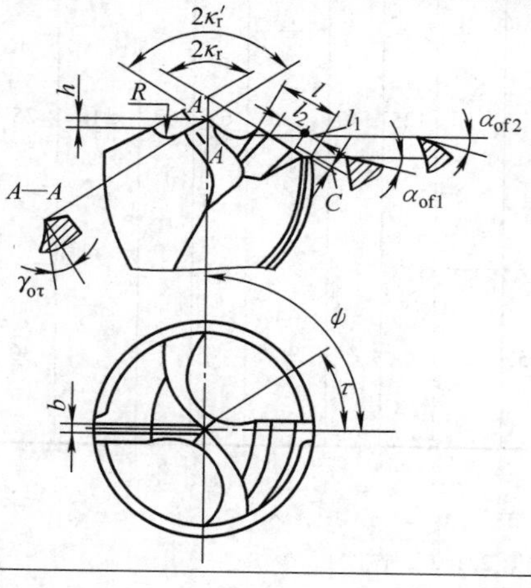

特点口诀
纯铜群钻钻心高
圆弧后角要减小
横刃斜角九十度
孔形光整无多角

（续）

钻头直径 d	尖高 h	圆弧半径 R	横刃长 b	外刃长 l	槽距 l_1	槽宽 l_2	槽数 z	外刃锋角 $2\kappa_r$	内刃锋角 $2\kappa_r'$	横刃斜角 ψ	内刃前角 $\gamma_{o\tau}$	内刃斜角 τ	外刃后角 α_{of1}	圆弧后角 α_{of2}
mm							条	(°)						
5~7	0.35	1.25	0.15	1.3	—	—	—	120	115	90	-25	30	15	12
>7~10	0.5	1.75	0.2	1.9										
>10~15	0.8	2.25	0.3	2.6										
>15~20	1.1	3	0.4	3.8										
>20~25	1.4	4	0.48	4.9										
>25~30	1.7	4	0.55	8.5	2.2	4.2	1					35	12	10
>30~35	2	4.5	0.65	10	2.5	5								
>35~40	2.3	5	0.75	11.5	2.9	5.8								

4）加工黄铜用群钻切削部分的几何参数见表 3-2-178。

5）加工薄板用群钻切削部分的几何参数见表 3-2-179。

6）毛坯扩孔用群钻切削部分的几何参数见表 3-2-180。

表 3-2-178　加工黄铜用群钻切削部分的几何参数

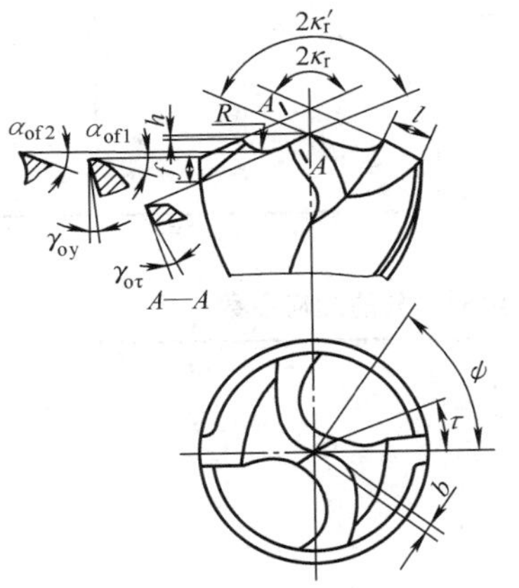

特点口诀
黄铜钻孔易“扎刀”
外刃前角要减小
棱边磨窄、修圆弧
孔圆、光整质量高

钻头直径 d	尖高 h	圆弧半径 R	横刃长 b	外刃长 l	修磨长度 f	外刃锋角 $2\kappa_r$ Ⅰ	外刃锋角 $2\kappa_r$ Ⅱ	内刃锋角 $2\kappa_r'$	横刃斜角 ψ	外刃纵向前角 γ_{oy}	内刃前角 $\gamma_{o\tau}$	内刃斜角 τ	外刃后角 α_{of1}	圆弧后角 α_{of2}
mm						(°)								
>5~7	0.2	0.75	0.15	1.3	1.5	125	110	135	65	8	-10	20	15	18
>7~10	0.3	1	0.2	1.9										
>10~15	0.4	1.5	0.3	2.6										
>15~20	0.55	2	0.4	3.8	3							25	12	15
>20~25	0.70	2.5	0.48	4.9										
>25~30	0.85	3	0.55	6										
>30~35	1	3.5	0.65	7.1										
>35~45	1.15	4	0.75	8.2										

注：Ⅰ—钻黄铜；Ⅱ—钻胶木。

表 3-2-179　加工薄板用群钻切削部分的几何参数

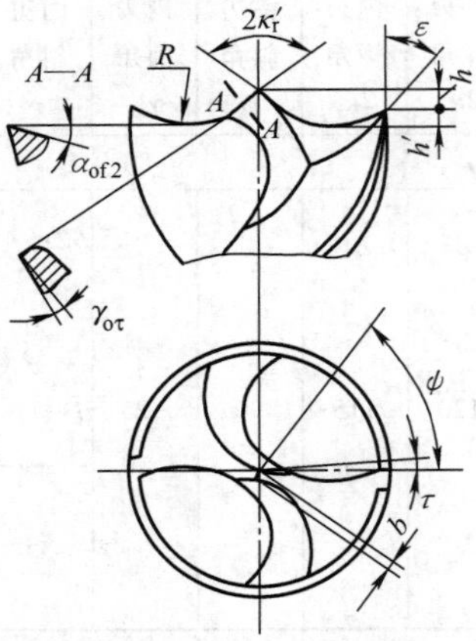

特点口诀
迂回、钳制靠三尖
内定中心外切圈
压力减轻变形小
孔形圆整又安全

钻头直径 d	横刃长 b	尖　高 h	圆弧半径 R	圆弧深度 h'	内刃锋角 $2\kappa_r'$	刃尖角 ε	内刃前角 $\gamma_{o\tau}$	圆弧后角 α_{of2}
mm					(°)			
5~7	0.15	0.5	用单圆弧连接	>(δ+1)	110	40	-10	15
>7~10	0.20							
>10~15	0.30							
>15~20	0.40	1	用双圆弧连接					12
>20~25	0.48							
>25~30	0.55							
>30~35	0.65	1.5						
>35~40	0.75							

注：δ 指料厚。

表 3-2-180　毛坯扩孔用群钻切削部分的几何参数

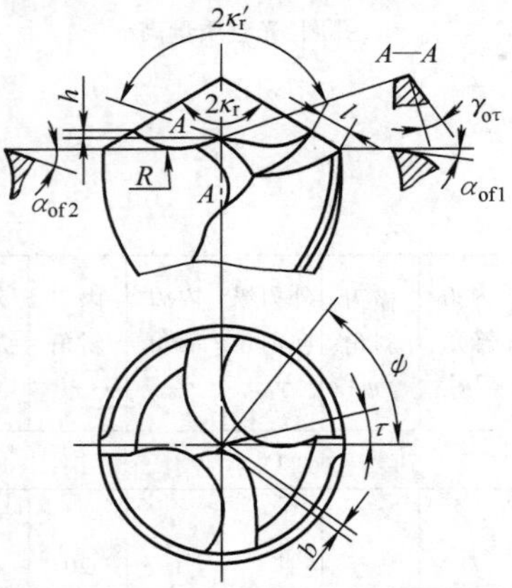

特点口诀
毛坯扩孔定心难
钻心低于两外尖
外刃切入手进给
再用机进也不偏

钻头直径 d	尖高 h	圆弧半径 R	横刃长 b	外刃长 l	外刃锋角 $2\kappa_r$	内刃锋角 $2\kappa_r'$	横刃斜角 ψ	内刃前角 $\gamma_{o\tau}$	内刃斜角 τ	外刃后角 α_{of1}	圆弧后角 α_{of2}
mm					(°)						
30~46	1.5	6	1.5	按扩孔余量决定	120	140	65	-15	30	12	12
>46~60	2	7	2						35	10	10
>60~80	2.5	8	2.5						40	8	8

（2）群钻手工刃磨方法　以标准中型群钻（直径 15~40mm）（见图 3-2-139）为例。

1）刃磨前修整砂轮如图 3-2-140 所示。

口诀：砂轮要求不特殊，通用砂轮就满足。
　　　外圆轮侧修平整，圆角可小月牙弧。

2）磨外直刃如图 3-2-141 所示。

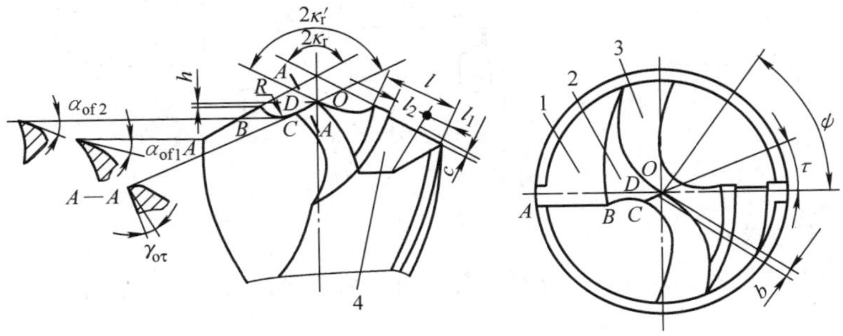

图 3-2-139　标准中型群钻（直径 15~40mm）

1—外刃后面　2—月牙槽后面　3—内刃前面　4—分屑槽

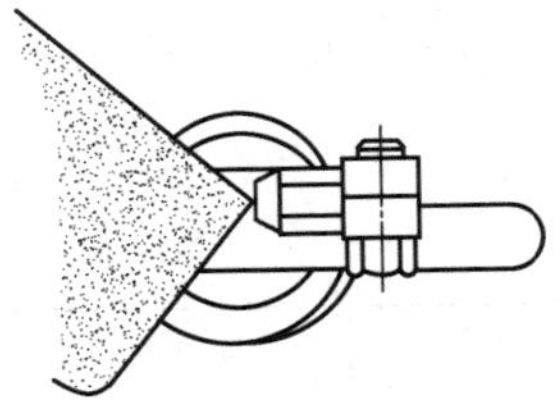

图 3-2-140　刃磨前修整砂轮

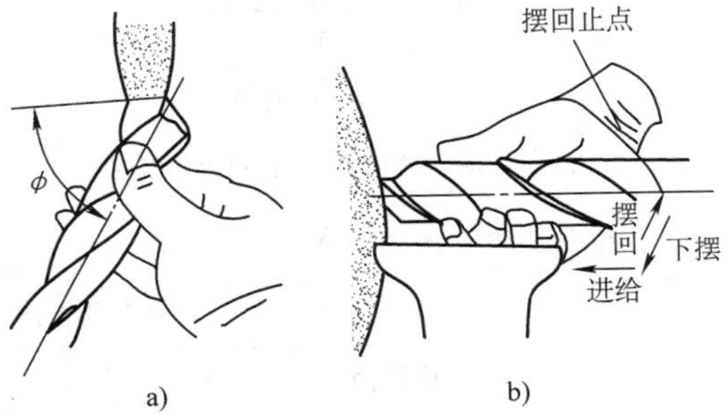

图 3-2-141　磨外直刃

口诀：钻刃摆平轮面靠，钻轴左斜出锋角。
　　　由刃向背磨后面，上下摆动尾别翘。

3）磨月牙槽如图 3-2-142 所示。

口诀：刀对轮角、刃别翘，钻尾压下弧后角（α_{of2}）。
　　　轮侧、钻轴夹 55°，上下勿动平进刀。

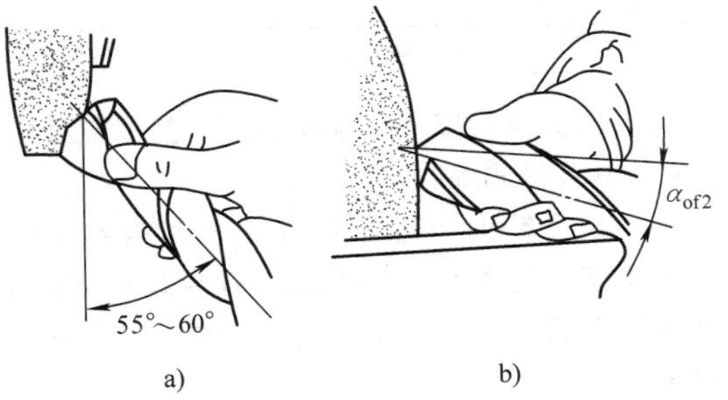

图 3-2-142　磨月牙槽

4）修磨横刃如图 3-2-143 所示。

口诀：钻轴左倾 15°，尾柄下压约 55°，
　　　外刃、轮侧夹“τ”角，钻心缓进别烧糊。

5）磨外直刃上的分屑槽如图 3-2-144 所示。

口诀：片砂轮或小砂轮，垂直刃口两平分，
　　　开槽选在高刃上，槽侧后角要留心。

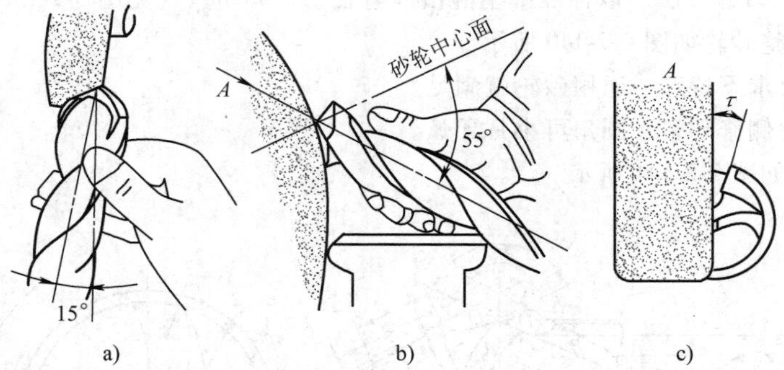

图 3-2-143　修磨横刃

2. 几种典型钻头举例

（1）分屑钻头（见图 3-2-145）　分屑钻头适用于加工碳素钢件与合金结构钢件。

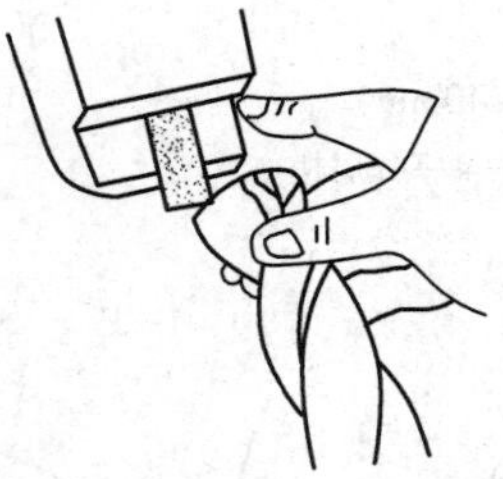

图 3-2-144　磨外直刃上的分屑槽

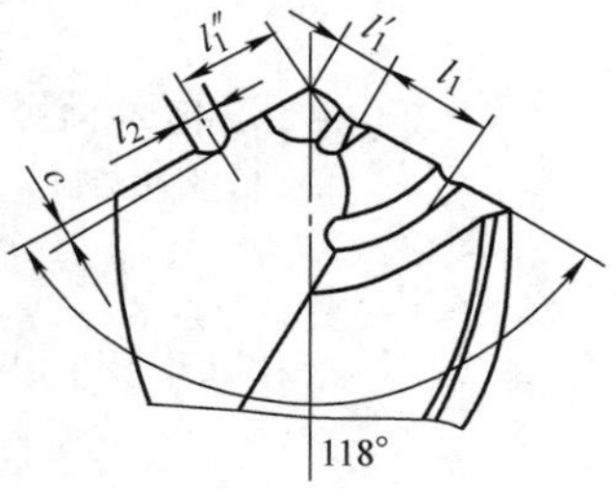

图 3-2-145　分屑钻头

分屑槽尺寸见表 3-2-181。

表 3-2-181　分屑槽尺寸

钻头直径/mm	总槽数/条	l_2/mm	c/mm	l'_1/mm	l_1/mm	l''_1/mm
12~18	2	0.85~1.3	0.6~0.9	2.3	4.6	—
>18~35	3	1.3~2.1	0.9~1.5	3.6	7.2	7.2
>35~50	5	2.1~3	1.5~2	5	10	10

注：有两条槽时，槽距应为10mm，具体尺寸可按钻头直径决定。

横刃长度为0.75~1.5mm，应注意修磨对称。采用分屑钻头，加工表面粗糙度 Ra 为 6.3~3.2μm，钻头排屑好。

（2）综合钻头（见图 3-2-146）　综合钻头适用于加工铸铁件。

钻头横刃长度为0.5~1mm；双后角 $l/3$ 的后面的后角 $\alpha_o=8°\sim12°$；其余为45°；双重锋角，近外圆处为75°；在4~5mm长度的棱边上磨出副后角 α_1，$\alpha_1=6°\sim8°$；两主切削刃和过渡刃要修磨对称。

采用综合钻头，加工表面粗糙度 Ra 为 6.3~3.2μm。

（3）钻不锈钢钻头（见图 3-2-147）　钻不锈钢钻头适用于加工不锈钢和耐热钢件。

钻头分屑槽尺寸：$l_2=1.5\sim17.5$mm，$c=0.5\sim0.6$mm，$l_1=\frac{d}{7}\sim\frac{d}{6}$。

修磨横刃，使该处为正前角，横刃长一般应根据钻头直径 d 确定，$d=6\sim25$mm，横刃长 $b=0.4\sim0.5$mm；$d>25\sim30$mm，$b=0.6\sim0.7$mm；$d>30$mm，$b=0.7\sim0.8$mm。

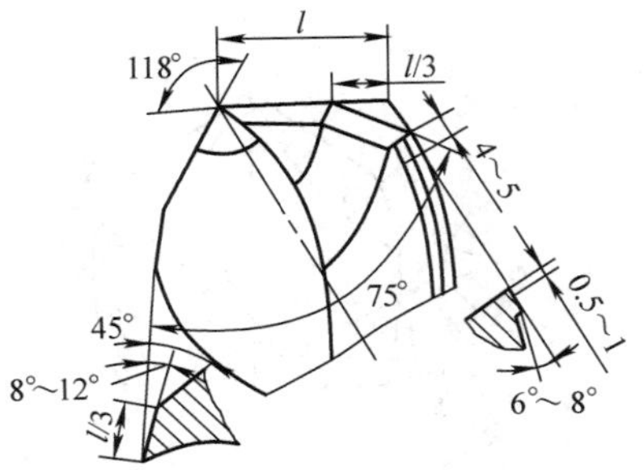

图 3-2-146　综合钻头

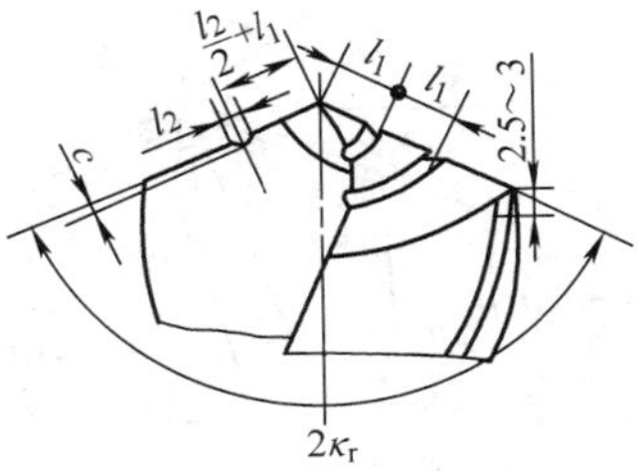

图 3-2-147　钻不锈钢钻头

锋角和后角尺寸见表 3-2-182。

表 3-2-182　锋角与后角尺寸

钻头直径 d/mm	锋角 $2\kappa_r$/(°)	后角 α_o/(°)
<15	135~140	12~15
>15~30	130~135	10~12
>30~40	125~130	8~10
>40	120~125	7~8

修磨棱边，宽度为 0.5~1mm，后角为 30°。

采用钻不锈钢钻头，加工表面粗糙度 Ra 为 3.2~6.3μm。加工时，应注意经常清除切削刃上的刀瘤，钻头未退出孔以前不要停车。

（4）钻铝合金钻头（见图 3-2-148）　钻铝合金钻头适用于加工铝合金件。

钻头前角 $\gamma_o=3°\sim5°$，外刃圆角半径 $R=\dfrac{d}{4}$，横刃与前面一起修磨成光滑圆弧连接，前面背光，不易粘刀瘤，切屑可顺利排出。

采用钻铝合金钻头，加工表面粗糙度 Ra 为 3.2~6.3μm。

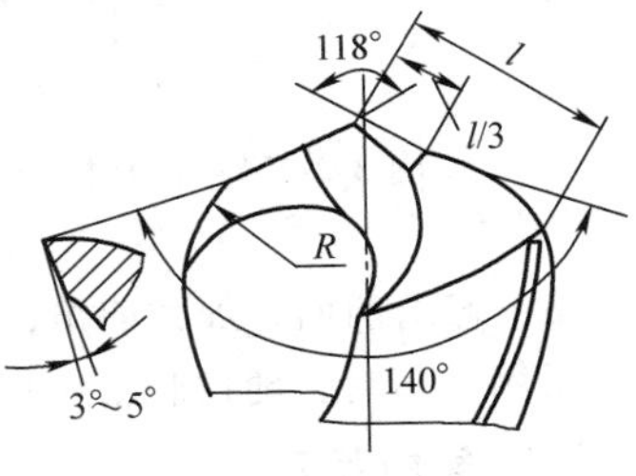

图 3-2-148　钻铝合金钻头

（5）钻高锰钢用硬质合金钻头（见图 3-2-149）　钻高锰钢用硬质合金钻头适用于加工高锰钢件。

钻头前角 $\gamma_o=0°\sim5°$，后角 $\alpha_o=10°\sim15°$，横刃斜角 $\psi=77°$，横刃长（b）：$d=16\sim18$mm 时，$b=1.2$mm；$d=20\sim22$mm 时，$b=1.5$mm；$d=24\sim30$mm 时，$b=1.8\sim2$mm。此外，硬质合金刀片上还应磨有与钻头轴线成 6°的斜角。

采用钻高锰钢用硬质合金钻头，最好用硫化乳化切削液。

（6）精钻孔钻头（见图 3-2-150）　精钻孔钻头适用于低碳钢、中碳钢和不锈钢件的扩孔。

钻头前角 $\gamma_o=15°\sim20°$，后角 $\alpha_o=15°\sim17°$，最外缘处约为 30°，锋角修磨要对称。加工脆性材料时 $2\kappa_r=100°\sim115°$，$2\kappa_{r1}=50°\sim60°$；加工韧性材料时 $2\kappa_r=100°\sim110°$，$2\kappa_{r1}=45°\sim50°$，$B\approx0.2d$。棱边宽度为 0.2~0.4mm，副后角 $\alpha_1=6°\sim8°$。

采用精钻孔钻头，加工精度为 IT6~IT8，表面粗糙度 Ra 为 0.8~0.4μm。

（7）钻软橡胶钻头（见图 3-2-151）　钻软橡胶钻头适用于加工软橡胶件，表面粗糙度 Ra 可达 6.3μm。

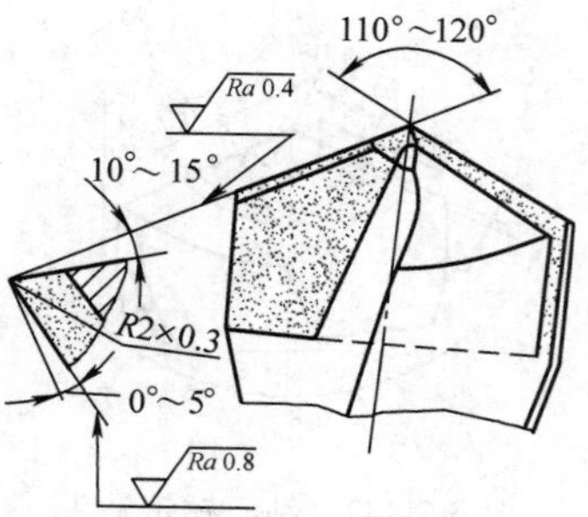

图 3-2-149 钻高锰钢用硬质合金钻头

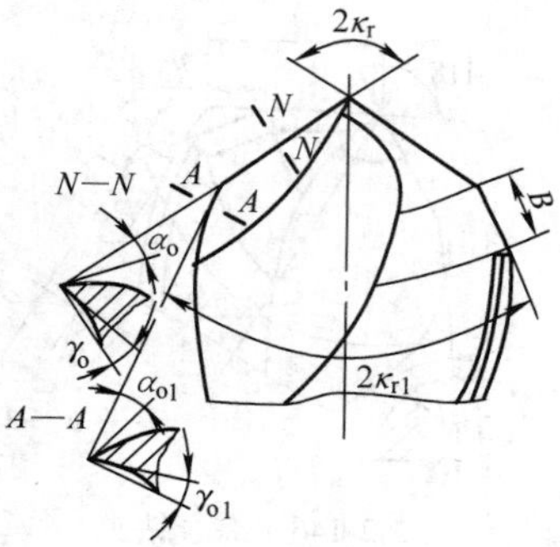

图 3-2-150 精钻孔钻头

（8）钻塑料、硬橡胶钻头（见图 3-2-152） 钻塑料、硬橡胶钻钻头适用于加工塑料和硬橡胶件。

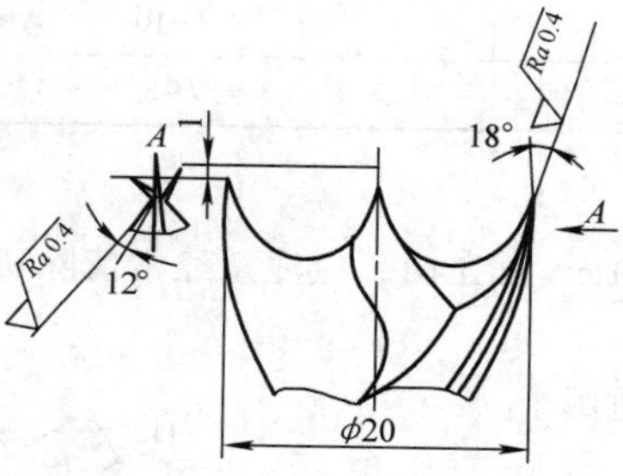

图 3-2-151 钻软橡胶钻头

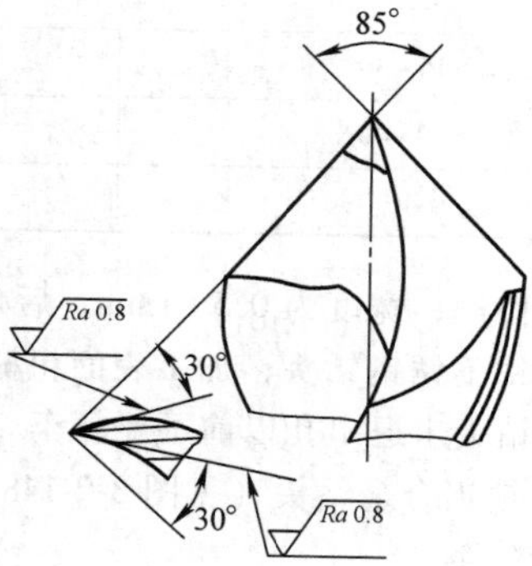

图 3-2-152 钻塑料、硬橡胶钻头

钻头修磨前面，加大前角，后角 $\alpha_o=30°$，横刃长为 0.3mm。

采用钻塑料、硬橡胶钻头，加工表面粗糙度 Ra 可达 6.3μm。

2.5.1.2 钻削方法

1. 常用装夹方法

（1）手握或用手虎钳夹持 钻直径≤6mm 的小孔，如果工件能用手握住，而且基本比较平整时，可以直接用手握住工件进行钻孔。

对于短小工件，用手不能握持时，必须用手虎钳或小型台虎钳来夹紧（见图 3-2-153）。

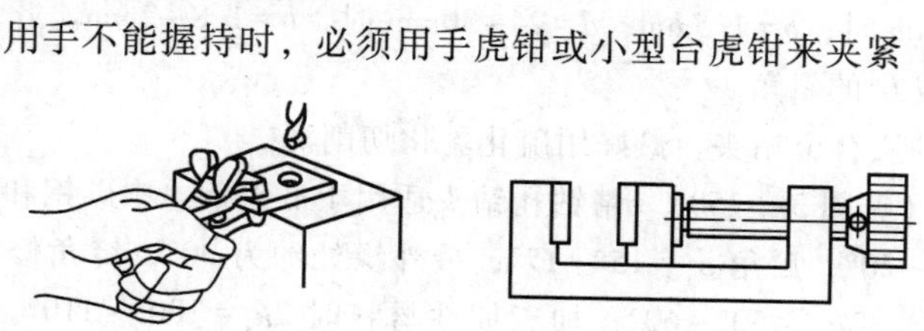

a） b）

图 3-2-153 钻小孔时的工件装夹

a）用手虎钳夹持工件 b）小型台虎钳

对于较长工件，虽然可用手握住，但最好在钻床台面上再用螺钉靠住长工件（见图3-2-154），这样比较安全。

（2）用机用平口虎钳装夹　在平整的工件上钻较大孔时，一般采用机用平口虎钳装夹。装夹时，在工件下面垫一木块，如果钻的孔较大，机用平口虎钳应用螺钉固定在钻床工作台面上（见图3-2-155）。

图3-2-154　用螺钉靠住长工件

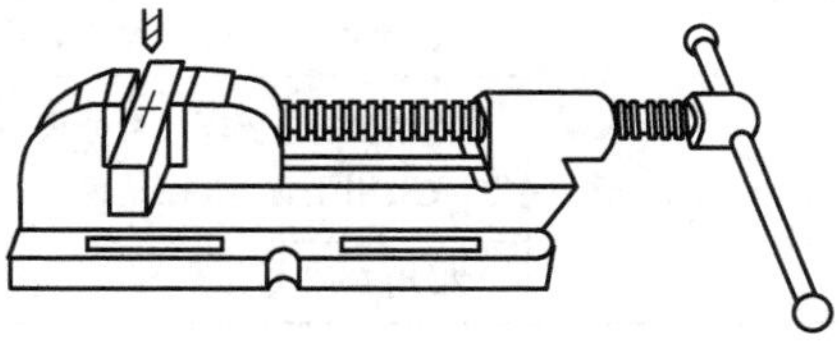

图3-2-155　用机用平口虎钳装夹工件

（3）用V形块装夹　在圆柱形或套筒类工件上钻孔时，一般把工件放在V形块上并配以压板压紧（见图3-2-156）。

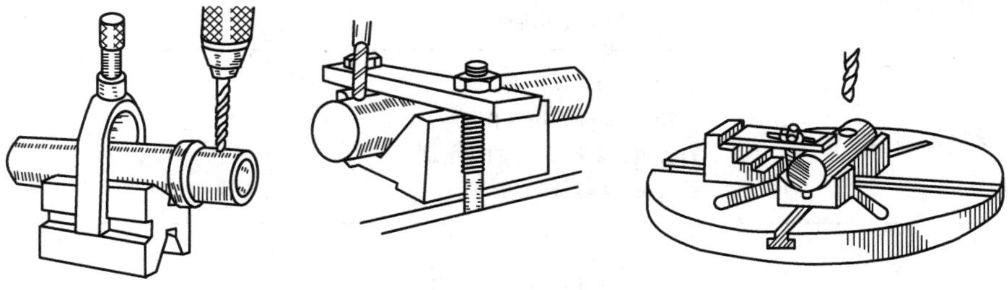

a)　b)　c)

图3-2-156　用V形块装夹工件

（4）用角铁装夹　将工件装夹于已固定在钻床工作台面上的角铁上（见图3-2-157）。

（5）在钻床工作台面上装夹工件　钻大孔或对不宜用机用平口虎钳装夹的工件，可直接用压板、螺栓把工件固定在钻床工作台面上（见图3-2-158）

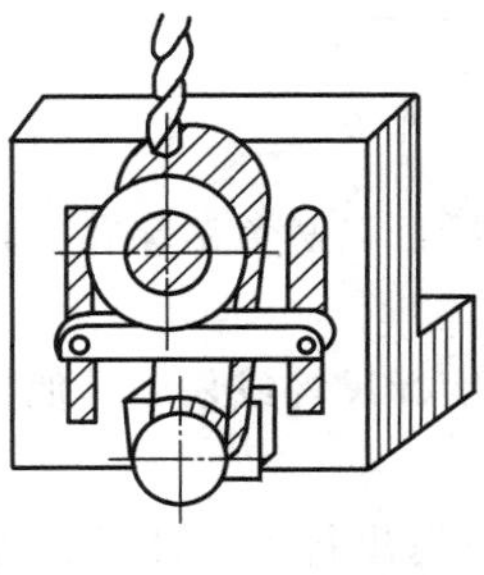

图3-2-157　用角铁装夹工件

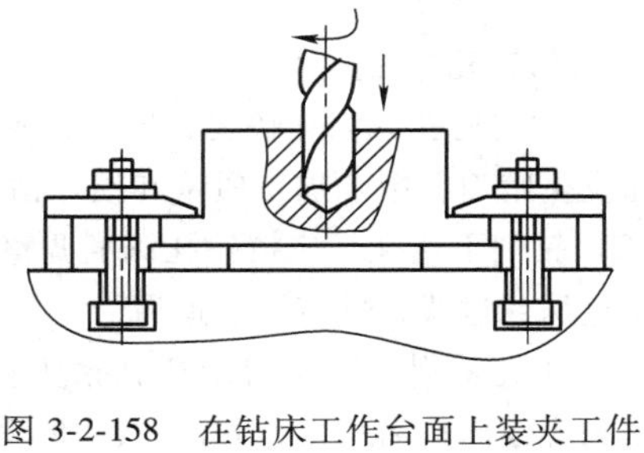

图3-2-158　在钻床工作台面上装夹工件

2. 常用钻床夹具（钻模）的型式及特点

各类钻床上进行钻、扩、铰孔的夹具，统称为钻床夹具（俗称钻模）。常用钻床夹具的分类、型式及特点见第2卷第2.3.4.2节。

3. 钻削不同孔距精度所用的加工方法（见表3-2-183）

表3-2-183 钻削不同孔距精度所用的加工方法

孔距精度/mm	加工方法	适用范围
±0.25~±0.5	划线找正、配合测量与简易钻模	单件、小批生产
±0.1~±0.25	用普通夹具或组合夹具配合快换卡头	中小批生产
	盘、套类工件可用通用分度夹具	
±0.03~±0.1	利用坐标工作台、百分表、量块、专用对刀装置或采用坐标、数控钻床	单件、小批生产
	采用专用夹具	大批量生产

4. 切削液的选用（见表3-2-184）

表3-2-184 切削液的选用

工件材料	切削液
碳素钢、合金钢	1)3%~5%乳化液 2)5%~10%极压乳化液
不锈钢、高温合金	1)10%~15%乳化液 2)10%~20%极压乳化液 3)含氯(氯化石蜡)的切削油 4)含硫、磷、氯的切削油
铸铁、黄铜	1)一般不加 2)3%~5%乳化液
纯铜、铝及其合金	1)3%~5%乳化液 2)煤油 3)煤油与菜籽油的混合油
硬橡胶、胶木、硬纸板	1)一般不加 2)风冷
有机玻璃	10%~15%乳化液

注：表中的百分数均为质量分数。

5. 常用钻孔方法

（1）钻削通孔　当孔快要钻穿时，应变自动进给为手动进给，以避免钻穿孔的瞬间因进给量剧增而发生啃刀，影响加工质量和损坏钻头。

（2）钻削不通孔　应按钻孔深度调整好钻床上的挡块、深度标尺等或采用其他控制方法，以免钻得过深或过浅，并应注意退屑。

（3）深孔钻削　背吃刀量达到钻头直径3倍时，钻头就应退出排屑。此后，每钻进一定深度，钻头应退出排屑一次，并注意冷却润滑，防止切屑堵塞、钻头过热退火或扭断。

（4）钻削直径超过 ϕ30mm 大孔　一般应分两次钻削，第一次用0.6~0.8倍孔径的钻头，第二次用所需直径的钻头扩孔。扩孔钻头应使两条主切削刃长度相等、对称，否则会使孔径扩大。

（5）钻 ϕ1mm 以下的小孔　开始进给力要小，防止钻头弯曲和滑移，以保证钻孔试切的正确位置。钻削过程要经常退出钻头排屑和加注切削液。切削速度可选在 2000r/min 以上，进给力应小而平稳，不宜过大过快。

6. 特殊孔的钻削方法（见表 3-2-185）

表 3-2-185　特殊孔的钻削方法

钻孔类型	图　示	方法要点
钻半(缺)圆孔	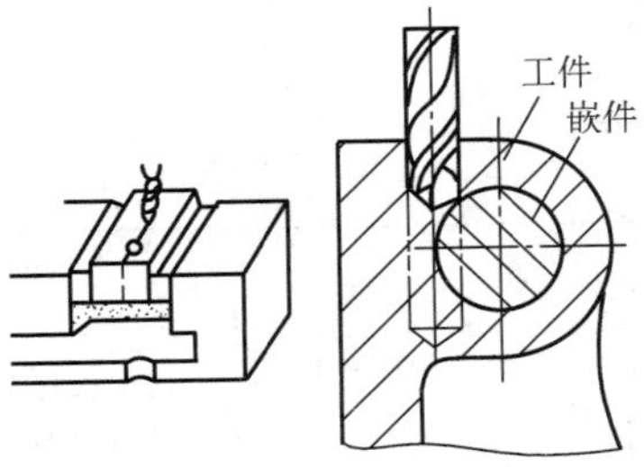 a)　b)	1)把两件合起来或用同样材料的垫块与工件并在一起进行钻削(见图 a) 2)用同样材料镶嵌在工件内,钻孔后去掉这块材料,就形成了缺圆孔(见图 b)
钻骑缝孔	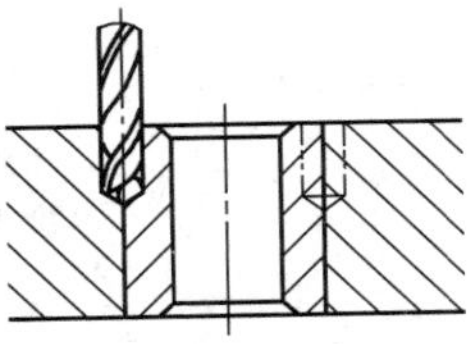	1)钻头伸出钻夹头的长度尽量短,且横刃应磨得较短 2)若两种零件材料不同,样冲眼应大部分打在硬材料上,并在钻孔时使钻头略偏向硬材料一边
钻斜面上的孔	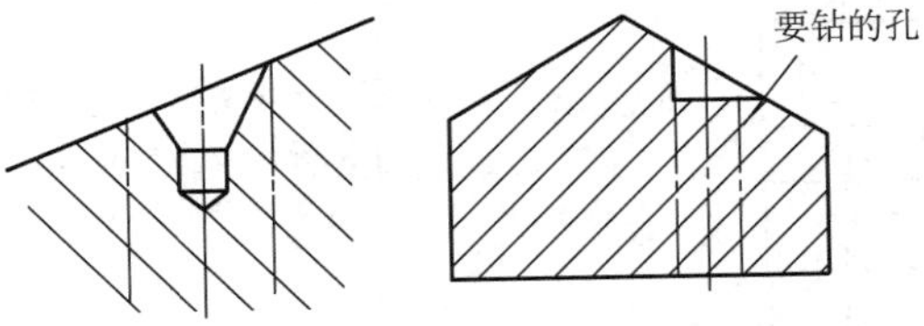 a) 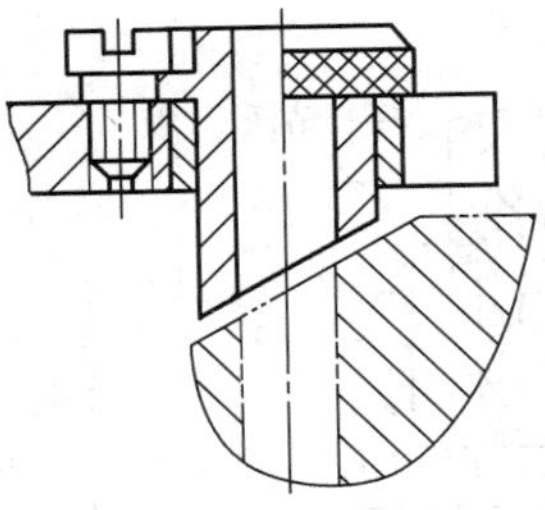 b)	1)先用样冲打一个较大的中心眼或用中心钻钻出中心孔,或者用铣刀铣出个小平台,再用钻头钻孔(见图 a) 2)先使斜面处于水平位置装夹工件,用钻头钻出一个浅窝,再使斜面倾斜一些装夹,将浅窝钻大,经几次倾斜逐渐扩大浅窝,然后放正工件正式钻孔 3)用斜面钻套进行钻孔(见图 b)

（续）

钻孔类型	图示	方法要点
钻圆弧面上的孔	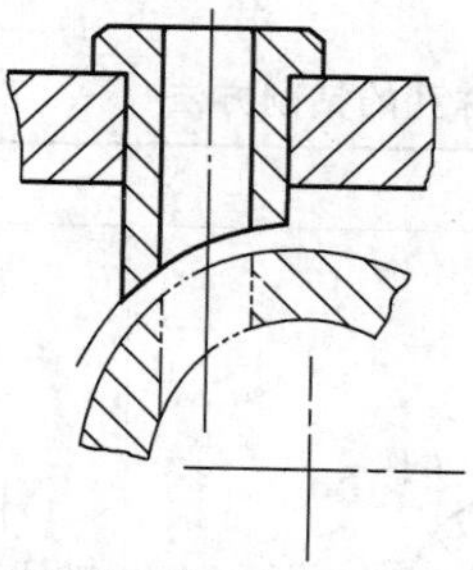	用圆弧面钻套进行钻孔
在工件凹腔内钻孔	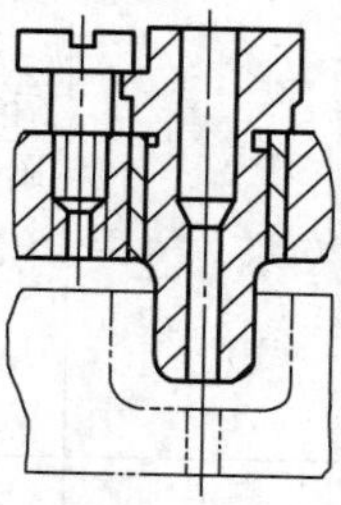	用加长钻套进行钻孔。装卸工件时，钻套可以提起，钻套上部孔径必须扩大，以减小与刀具的接触长度，减小摩擦
加工中心距较小的孔	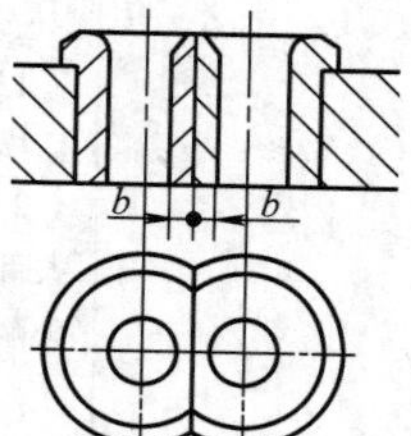	用削边钻套进行钻孔，但应保证削边厚度 b 不小于 1mm
加工间断孔	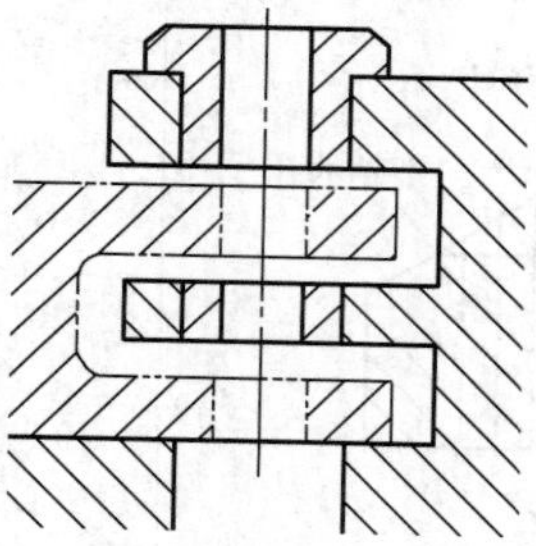	用中间钻套进行钻孔。实际作用为双导向或多导向，以免钻头偏斜
钻二联孔	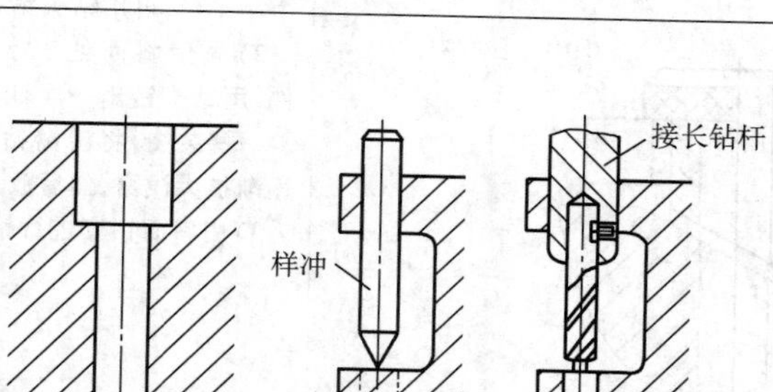 a) b) c)	1）先钻大孔至平底深度，再改用小钻头将小孔钻穿，然后用平底钻锪平底孔（见图a） 2）先钻出上面大孔。当钻头横刃刚接触下面孔平面时，用横刃划出一个小圆线，然后按小圆线找正中心，打一个样冲眼，再钻孔（见图b） 3）先钻出大孔，然后用一根外径与大孔为动配合的接长钻杆，装上中心钻头，先钻一个定位孔后，再换上与小孔直径相同的钻头钻孔（见图c）

2.5.1.3　钻削加工切削用量的选择

1. 高速钢钻头钻削不同材料时的切削用量（见表3-2-186）

表3-2-186　高速钢钻头钻削不同材料时的切削用量

工件材料		硬度 布氏HBW	硬度 洛氏	切削速度 v/(m/min)	钻头直径 d/mm <3	3~6	6~13	13~19	19~25	钻头螺旋角/(°)	钻尖角/(°)	备注
					进给量 f/(mm/r)							
铝及铝合金		45~105	≈62HRB	105	0.08	0.15	0.25	0.40	0.48	32~42	90~118	
铜及铜合金	高加工性	≈124	10~70HRB	60	0.08	0.15	0.25	0.40	0.48	15~40	118	
	低加工性	≈124	10~70HRB	20	0.08	0.15	0.25	0.40	0.48	0~25	118	
镁及镁合金		50~90	≈52HRB	45~120	0.08	0.15	0.25	0.40	0.48	25~35	118	
锌合金		80~100	41~62HRB	75	0.08	0.15	0.25	0.40	0.48	32~42	118	
碳素钢	≈0.25C	125~175	71~88HRB	24	0.08	0.13	0.20	0.26	0.32	25~35	118	
	≈0.50C	175~225	88~98HRB	20	0.08	0.13	0.20	0.26	0.32	25~35	118	
	≈0.90C	175~225	88~98HRB	17	0.08	0.13	0.20	0.26	0.32	25~35	118	
合金钢	0.12~0.25C	175~225	88~98HRB	21	0.08	0.15	0.20	0.40	0.48	25~35	118	
	0.30~0.65C	175~225	88~98HRB	15~18	0.05	0.09	0.15	0.21	0.26	25~35	118	
马氏体时效钢		275~325	28~35HRC	17	0.08	0.13	0.20	0.26	0.32	25~32	118~135	
不锈钢	奥氏体	135~185	75~90HRB	17	0.05	0.09	0.15	0.21	0.26	25~35	118~135	用含钴高速钢
	铁素体	135~185	75~90HRB	20	0.05	0.09	0.15	0.21	0.26	25~35	118~135	
	马氏体	135~185	75~88HRB	20	0.08	0.15	0.25	0.40	0.48	25~35	118~135	用含钴高速钢
	沉淀硬化	150~200	82~94HRB	15	0.05	0.09	0.15	0.21	0.26	25~35	118~135	用含钴高速钢
工具钢		196	94HRB	18	0.08	0.13	0.20	0.26	0.32	25~35	118	
		241	24HRC	15	0.08	0.13	0.20	0.26	0.32	25~35	118	
灰铸铁	软	120~150	≈80HRB	43~46	0.08	0.15	0.25	0.40	0.48	20~30	90~118	
	中硬	160~220	80~97HRB	24~34	0.08	0.13	0.20	0.26	0.32	14~25	90~118	
可锻铸铁		112~126	≈71HRB	27~37	0.08	0.13	0.20	0.26	0.32	20~30	90~118	
球墨铸铁		190~225	≈98HRB	18	0.08	0.13	0.20	0.26	0.32	14~25	90~118	
高温合金	镍基	150~300	≈32HRB	6	0.04	0.08	0.09	0.11	0.13	28~35	118~135	用含钴高速钢
	铁基	180~230	89~99HRB	7.5	0.05	0.09	0.15	0.21	0.26	28~35	118~135	
	钴基	180~230	89~99HRB	6	0.04	0.08	0.09	0.11	0.13	28~35	118~135	
钛及钛合金	纯钛	110~200	≈94HRB	30	0.05	0.09	0.15	0.21	0.26	30~38	135	
	α及α+β	300~360	31~39HRC	12	0.08	0.13	0.20	0.26	0.32	30~38	135	用含钴高速钢
	β	275~350	29~38HRC	7.5	0.04	0.08	0.09	0.11	0.13	30~38	135	

(续)

工件材料	硬度		切削速度 v/(m/min)	钻头直径 d/mm					钻头螺旋角/(°)	钻尖角/(°)	备注
	布氏 HBW	洛氏		<3	3~6	6~13	13~19	19~25			
				进给量 f/(mm/r)							
碳	—	—	18~21	0.04	0.08	0.09	0.11	0.13	25~35	90~118	
塑料	—	—	30	0.08	0.13	0.20	0.26	0.32	15~25	118	
硬橡胶	—	—	30~90	0.05	0.09	0.15	0.21	0.26	10~20	90~118	

2. 硬质合金钻头钻削不同材料时的切削用量（见表 3-2-187）

表 3-2-187 硬质合金钻头钻削不同材料时的切削用量

工件材料	抗拉强度 R_m/MPa	硬度 HBW	进给量 f/(mm/r)			切削速度 v/(m/min)			钻尖角/(°)	切削液
			钻头直径 d/mm							
			3~8	8~20	20~40	3~8	8~20	20~40		
工具钢、热处理钢	850~1200		0.02~0.04	0.04~0.08	0.08~0.12	25~32	30~38	35~40	115~120	非水溶性切削液
	1200~1800		0.02	0.02~0.04		10~15	12~18		115~120	
淬硬钢		≥50 HRC	0.01~0.02	0.02~0.03		8~10	10~12		120~140	非水溶性切削液
高锰钢（w_{Mn}=12%~14%）				0.03~0.05			10~16		120~140	
铸钢	≥700		0.02~0.05	0.05~0.12	0.12~0.18	25~32	30~38	35~40	115~120	
不锈钢			0.08~0.12	0.12~0.2		25~27	27~35		115~120	
耐热钢			0.01~0.05	0.05~0.1		3~6	5~8		115~120	
镍铬钢	1000	300	0.08~0.12	0.12~0.2		35~40	40~45		115~120	
	1400	420	0.04~0.05	0.05~0.08		15~20	20~25			
灰铸铁		≤250	0.04~0.08	0.08~0.16	0.16~0.3	40~60	50~70	60~80	115~120	干切或乳化液
合金铸铁		250~350	0.02~0.04	0.03~0.08	0.06~0.16	20~40	25~50	30~60	115~120	水溶性切削油或乳化液
		350~450	0.02~0.04	0.03~0.06	0.05~0.1	8~20	10~25	12~30		
冷硬铸铁		65~85HS	0.01~0.03	0.02~0.04	0.03~0.06	5~8	6~10	8~12	120~140	

（续）

工件材料	抗拉强度 R_m/MPa	硬度 HBW	进给量 f/(mm/r)			切削速度 v/(m/min)			钻尖角 /(°)	切削液
			钻头直径 d/mm							
			3~8	8~20	20~40	3~8	8~20	20~40		
可锻铸铁、球墨铸铁			0.03~0.05	0.05~0.1	0.1~0.2	40~45	45~50	50~60	115~120	干切或乳化液
黄铜			0.06~0.1	0.1~0.2	0.2~0.3	80~100	90~110	100~120	115~125	
铸造青铜			0.06~0.08	0.08~0.12	0.12~0.2	50~70	55~75	60~80	115~125	
磷青铜			0.15~0.2	0.2~0.5		50~85	80~85		115~125	
铝合金		≥80	0.06~0.1	0.1~0.18	0.18~0.25	100~120	110~130	120~140	115~120	乳化液或水溶性切削液
硅铝合金(w_{Si}=14%以上)			0.03~0.06	0.06~0.08	0.08~0.12	50~60	55~70	60~80	115~120	
硬质纸			0.08~0.12	0.12~0.18	0.18~0.25	60~100	80~120	100~140	90	—
热固性树脂（加入充填物）			0.04~0.06	0.06~0.12	0.12~0.2	60~80	70~90	80~100	80~130	—
玻璃			手进	手进	手进	9~10	10~11	11~12	玻璃锥	煤油、水
陶瓷器			手进	手进	手进	5~8	7~10	9~12	90	—
大理石、石板、砖			手进	手进	手进	18~24	21~27	24~30	大理石锥	
硬质岩混凝土			手进	手进	手进	3~5	4~6	5~8	90	水
塑料、胶木			手进	手进	手进	50~55	55~60	60~70	118	—
硬橡胶			0.05~0.06	0.06~0.15	0.12~0.22	18~21	21~24	24~26	60~70	
硬质纤维			0.2~0.4			80~150			140	—
酚醛树脂			0.2~0.4			100~120			70~80	—
玻璃纤维复合材料			0.063~0.127			198			118~130	—
贝壳			手进			30~60			60~70	—

3. 群钻加工钢件时的切削用量（见表3-2-188）

表3-2-188　群钻加工钢件时的切削用量

工件材料			深径比 l/d	切削用量	钻头直径 d/mm								
碳素钢（10、15、20、35、40、45、50等）	合金钢（40Cr、38CrSi、35CrMo、20CrMnTi等）	其他钢种			8	10	12	16	20	25	30	35	40
<207HBW 正火或 R_m<600MPa	<143HBW 或 R_m<50MPa	易切削钢	≤3	f/(mm/r)	0.24	0.32	0.40	0.5	0.6	0.67	0.75	0.81	0.9
				v/(m/min)	20	20	20	21	21	21	22	22	22
			3~8	f/(mm/r)	0.20	0.26	0.32	0.38	0.48	0.55	0.6	0.67	0.75
				v/(m/min)	16	16	16	17	17	17	18	18	18
170~229HBW 或 R_m=600~800MPa	143~207HBW 或 R_m=500~700MPa	碳素工具钢、铸钢	≤3	f/(mm/r)	0.2	0.28	0.35	0.4	0.5	0.56	0.62	0.69	0.75
				v/(m/min)	16	16	16	17	17	17	18	18	18
			3~8	f/(mm/r)	0.17	0.22	0.28	0.32	0.4	0.45	0.5	0.56	0.62
				v/(m/min)	13	13	13	13.5	13.5	13.5	14	14	14
229~285HBW 或 R_m=800~1000MPa	207~255HBW 或 R_m=700~900MPa	合金工具钢、合金铸钢、易切削不锈钢	≤3	f/(mm/r)	0.17	0.22	0.28	0.32	0.4	0.45	0.5	0.56	0.62
				v/(m/min)	12	12	12	12.5	12.5	12.5	13	13	13
			3~8	f/(mm/r)	0.13	0.18	0.22	0.26	0.32	0.36	0.4	0.45	0.5
				v/(m/min)	11	11	11	11.5	11.5	11.5	12	12	12
285~321HBW 或 R_m=1000~1200MPa	255~302HBW 或 R_m=900~1100MPa	奥氏体不锈钢	≤3	f/(mm/r)	0.18	0.22	0.26	0.32	0.36	0.40	0.45	0.56	0.62
				v/(m/min)	9	9	9	10	10	10	11	11	11
			3~8	f/(mm/r)	0.12	0.15	0.18	0.22	0.26	0.3	0.32	0.38	0.41
				v/(m/min)	9	9	9	10	10	10	11	11	11

注：1. 钻头平均寿命为60~120min。
2. 当钻床-刀具系统刚度低，钻孔精度要求高和排屑、冷却不良时，应适当降低进给量 f 和切削速度 v。
3. 全部使用切削液。

4. 群钻加工铸铁件时的切削用量（见表3-2-189）

表3-2-189　群钻加工铸铁件时的切削用量

工件材料		深径比 l/d	切削用量	钻头直径 d/mm								
灰铸铁	可锻铸铁、锰铸铁			8	10	12	16	20	25	30	35	40
163~229HBW（HT100、HT150）	可锻铸铁（≤229HBW）	≤3	f/(mm/r)	0.3	0.4	0.5	0.6	0.75	0.81	0.9	1	1.1
			v/(m/min)	20	20	20	21	21	21	22	22	22
		3~8	f/(mm/r)	0.24	0.32	0.4	0.5	0.6	0.67	0.75	0.81	0.9
			v/(m/min)	16	16	16	17	17	17	18	18	18
170~269HBW（HT200以上）	可锻铸铁（197~269HBW）锰铸铁	≤3	f/(mm/r)	0.24	0.32	0.4	0.5	0.6	0.67	0.75	0.81	0.9
			v/(m/min)	16	16	16	17	17	17	18	18	18
		3~8	f/(mm/r)	0.2	0.26	0.32	0.38	0.48	0.55	0.6	0.67	0.75
			v/(m/min)	13	13	13	14	14	14	15	15	15

注：1. 钻头平均寿命为120min。
2. 应使用乳化液冷却。
3. 当钻床-刀具系统刚度低，钻孔精度要求高和钻削条件不好时（如带铸造黑皮），应适当降低进给量 f 与切削速度 v。

2.5.1.4　麻花钻钻孔中常见问题、产生原因和解决方法（见表 3-2-190）

表 3-2-190　麻花钻钻孔中常见问题、产生原因和解决方法

问　题	产生原因	解决方法
孔径增大、误差大	1)钻头左、右切削刃不对称,摆差大 2)钻头横刃太长 3)钻头刃口崩刃 4)钻头刃带上有积屑瘤 5)钻头弯曲 6)进给量太大 7)钻床主轴摆差大或松动	1)刃磨时保证钻头左、右切削刃对称,将摆差控制在允许范围内 2)修磨横刃,减小横刃长度 3)及时发现崩刃情况,并更换钻头 4)将刃带上的积屑瘤用磨石修整到合格 5)矫直或更换 6)降低进给量 7)及时调整和维修钻床
孔径小	1)钻头刃带已严重磨损 2)钻出的孔不圆	1)更换合格钻头 2)见"钻孔时产生振动或孔不圆"的解决办法
钻孔时产生振动或孔不圆	1)钻头后角太大 2)无导向套或导向套与钻头配合间隙过大 3)钻头左、右切削刃不对称,摆差大 4)主轴轴承松动 5)工件夹紧不牢 6)工件表面不平整,有气孔砂眼 7)工件内部有缺口、交叉孔	1)减小钻头后角 2)钻杆伸出过长时必须有导向套,采用合适间隙的导向套或先打中心孔再钻孔 3)刃磨时保证钻头左、右切削刃对称,将摆差控制在允许范围内 4)调整或更换轴承 5)改进夹具与定位装置 6)更换合格毛坯 7)改变工序顺序或改变工件结构
孔位超差,孔歪斜	1)钻头的钻尖已磨钝 2)钻头左、右切削刃不对称,摆差大 3)钻头横刃太长 4)钻头与导向套配合间隙过大 5)主轴与导向套轴线不同轴,主轴与工作台面不垂直 6)钻头在切削时振动 7)工件表面不平整,有气孔、砂眼 8)工件内部有缺口、交叉孔 9)导向套底端面与工件表面间的距离大,导向套长度短 10)工件夹紧不牢 11)工件表面倾斜 12)进给量不均匀	1)重磨钻头 2)刃磨时保证钻头左、右切削刃对称,将摆差控制在允许范围内 3)修磨横刃,减小横刃长度 4)采用合适间隙的导向套 5)校正机床夹具位置,检查钻床主轴的垂直度 6)先打中心孔再钻孔,采用导向套或改为工件回转的方式 7)更换合格毛坯 8)改变工序顺序或改变工件结构 9)加长导向套长度 10)改进夹具与定位装置 11)工件正确定位安装 12)使进给量均匀

（续）

问　题	产生原因	解决方法
钻头折断	1)切削用量选择不当 2)钻头崩刃 3)钻头横刃太长 4)钻头已钝,刃带严重磨损呈正锥形 5)导向套底端面与工件表面间的距离太小,排屑困难 6)切削液供应不足 7)切屑堵塞钻头的螺旋槽,或者切屑卷在钻头上,使切削液不能进入孔内 8)导向套磨损成倒锥形,退刀时钻屑夹在钻头与导向套之间 9)快速行程终了位置距工件太近,快速行程转向工件进给时误差大 10)孔钻通时,由于进给阻力迅速下降而进给量突然增加 11)工件或夹具刚度不足,钻通时弹性恢复,使进给量突然增加 12)进给丝杠磨损,动力头重锤质量不足。动力液压缸反压力不足,当孔钻通时,动力头自动下落,使进给量增大 13)钻铸件时遇到缩孔 14)锥柄扁尾折断	1)减小进给量和切削速度 2)及时发现崩刃情况,当加工较硬的钢件时,后角要适当减小 3)修磨横刃,减小横刃长度 4)及时更换钻头,刃磨时将磨损部分全部磨掉 5)加大导向套与工件间的距离 6)切削液喷嘴对准加工孔口,加大切削液流量 7)减小切削速度、进给量;采用断屑措施;采用分级进给方式,使钻头退出数次 8)及时更换导向套 9)增加工作行程距离 10)修磨钻头顶角,尽可能降低钻孔轴向力;孔将要钻通时,改为手动进给,并控制进给量 11)减少机床、工件、夹具的弹性变形;改进夹紧定位,增加工件、夹具刚度;增加二次进给 12)及时维修机床,增加动力头重锤质量;增加二次进给 13)对估计有缩孔的铸件要减少进给量 14)更换钻头,并注意擦净锥柄上的油污
钻头寿命低	1)与"钻头折断"中1)、3)、4)、5)、6)、7)相同 2)钻头切削部分几何形状与所加工的材料不适应 3)其他	1)与"钻头折断"中1)、3)、4)、5)、6)、7)相同 2)加工铜件时,钻头应选用较小后角,避免钻头自动钻入工件,使进给量突然增加;加工低碳钢件时,可适当增大后角,以延长钻头寿命;加工较硬的钢件时,可采用双重钻头顶角,开分屑槽或修磨横刃等,以延长钻头寿命 3)改用新型适用的高速钢(铝高速钢、钴高速钢)钻头或采用涂层刀具;消除加工件的夹砂、硬点等不正常情况
孔壁表面粗糙	1)钻头不锋利 2)后角太大 3)进给量太大 4)切削液供给不足,切削液性能差 5)切屑堵塞钻头的螺旋槽 6)夹具刚度不够 7)工件材料硬度过低	1)将钻头磨锋利 2)采用适当后角 3)减小进给量 4)加大切削液流量,选择性能好的切削液 5)见"钻头折断"中7) 6)改进夹具 7)增加热处理工序,适当提高工件硬度

2.5.2 扩孔[㊀]

扩孔是用扩孔刀具对工件上已有的孔进行扩大加工，如钻孔、铸孔、锻孔和冲孔的扩大加

㊀ 扩孔钻的类型、规格范围及标准代号见第3卷第1.4.3节。

工。扩孔可以作为孔的最终加工，也可作为铰孔、磨孔前的预加工工序。扩孔后，孔的公差等级一般为IT9~IT10，表面粗糙度 Ra 为3.2~12.5μm。

2.5.2.1　扩孔方法

（1）用麻花钻扩孔　在实际生产中，常用经修磨的麻花钻当扩孔钻使用。

在实心材料上钻孔，如果孔径较大，不能用麻花一次钻出，常用直径较小的麻花钻预钻一孔，然后用大直径的麻花钻进行扩孔（见图3-2-159）。

在预钻孔上扩孔的麻花钻的几何参数与钻孔时基本相同。由于扩孔时避免了麻花钻横刃切削的不良影响，可适当提高切削用量。同时，由于吃刀深度减小，使切屑容易排出，因此扩孔后，孔的表面粗糙度值也有一定的降低。

用麻花钻扩孔时，扩孔前的钻孔直径为孔径的50%~70%，扩孔时的切削速度约为钻孔的1/2，进给量为钻孔的1.5~2倍。

（2）用扩孔钻扩孔　扩孔钻的切削条件要比麻花钻头好。由于它的切削刃较多，因此扩孔时切削比较平稳，导向作用好，不易产生偏移。为提高扩孔的精度，应注意以下几点：

1）钻孔后，在不改变工件和机床主轴相互位置的情况下，立即换上扩孔钻，进行扩孔。这样可使钻头与扩孔钻的中心重合，使切削均匀平稳，保证加工质量。

2）扩孔前，先用镗刀镗出一段直径与扩孔钻相同的导向孔（见图3-2-160），这样可使扩孔钻在一开始就有较好的导向，而不致随原有不正确的孔偏斜。这种方法多用于在铸孔、锻孔上进行扩孔。

3）也可采用钻套为导向进行扩孔。

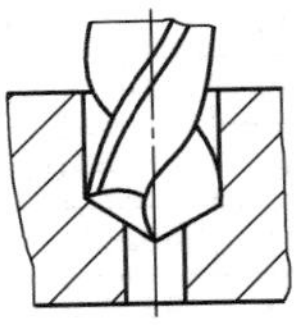

图3-2-159　用麻花钻扩孔

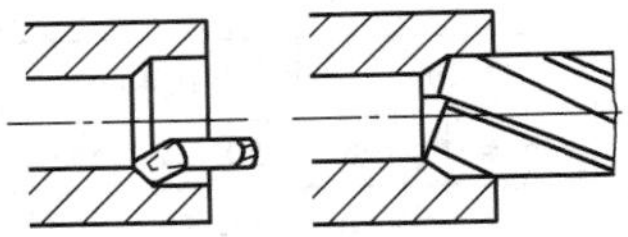

图3-2-160　扩孔前的镗孔

2.5.2.2　扩孔钻的切削用量（见表3-2-191）

表3-2-191　扩孔钻的切削用量

D_0	碳素结构钢 R_m=650MPa 加切削液							灰铸铁（195HBW）						
	f	v	n	v	n	v	n	f	v	n	v	n	v	n
		d=10mm		d=15mm		d=20mm			d=10mm		d=15mm		d=20mm	
25	≤0.2	45.7	581	48.8	621	—	—	0.2	43.9	559	45.7	581	—	—
	0.3	37.3	474	39.9	507	—	—	0.3	37.3	475	38.8	495	—	—
	0.4	32.3	411	34.5	439	—	—	0.4	33.2	423	34.6	441	—	—
	0.5	28.8	368	30.9	392	—	—	0.6	28.3	360	29.5	375	—	—
	0.6	26.3	336	28.1	359	—	—	0.8	25.2	320	26.3	334	—	—
	0.8	22.8	290	24.4	310	—	—	1.0	23.1	294	24	305	—	—
	1.0	20.4	260	21.8	278	—	—	1.2	21.4	272	22.3	284	—	—
	1.2	18.6	237	19.9	254	—	—	1.4	20.1	256	21	267	—	—
	—	—	—	—	—	—	—	1.6	19.1	243	19.8	253	—	—

（续）

D_0	碳素结构钢 R_m = 650MPa 加切削液							灰铸铁（195HBW）						
	f	v	n	v	n	v	n	f	v	n	v	n	v	n
		d = 10mm		d = 15mm		d = 20mm			d = 10mm		d = 15mm		d = 20mm	
30	≤0.2	46.4	491	49.1	520	53.5	566	0.2	44.6	473	15.9	487	47.8	507
	0.3	37.8	401	40.1	425	43.4	461	0.3	37.9	402	39.1	414	40.7	437
	0.4	33.8	348	34.7	368	37.6	400	0.4	33.8	359	34.8	369	36.2	384
	0.5	29.3	312	31.1	329	33.6	357	0.6	28.7	305	29.5	314	30.8	327
	0.6	26.8	284	28.3	301	30.7	326	0.8	25.6	271	26.3	279	27.5	291
	0.8	23.1	246	24.6	261	26.6	282	1.0	23.4	248	24.1	256	25.1	266
	1.0	20.7	219	22	233	23.9	252	1.2	21.8	231	22.4	238	23.3	247
	1.2	19	200	20	213	21.7	231	1.4	20.5	217	21.2	223	22	233
	—	—	—	—	—	—	—	1.6	19.4	206	20	212	20.8	221
40	≤0.2	43.4	346	48.6	387	55.8	444	0.3	38.2	304	39.1	311	41.9	334
	0.3	35.5	282	39.7	316	45.6	363	0.4	34.1	271	34.8	277	37.4	297
	0.4	30.7	245	34.4	273	39.5	314	0.6	28.9	231	29.6	236	31.8	253
	0.5	27.5	219	30.7	245	35.3	281	0.8	25.8	206	26.4	210	28.3	225
	0.6	25.1	199	28	223	32.2	256	1.0	23.6	188	24.1	192	25.9	206
	0.8	21.7	173	24.3	193	27.9	223	1.2	22	174	22.4	179	24	191
	1.0	19.4	155	21.7	173	25	198	1.4	20.6	165	21.1	168	22.6	180
	1.2	17.7	142	19.8	158	22.8	182	1.6	19.6	156	20	159	21.4	171
	—	—	—	—	—			1.8	18.7	149	19	152	20.5	163
50	f	d = 20mm		d = 30mm		d = 40mm		f	d = 20mm		d = 30mm		d = 40mm	
	0.2	46.6	296	50.6	321	58	369	0.3	38.4	245	40.1	255	12.9	273
	0.3	38.1	242	11.3	263	47.4	302	0.4	34.3	218	35.7	227	38.3	244
	0.4	32.9	210	35.8	228	41	262	0.6	29.1	185	30.3	193	32.5	207
	0.5	29.5	188	32	204	36.8	234	0.8	26	166	27.1	172	29	184
	0.6	26.9	171	29.2	186	33.6	214	1.0	23.8	151	24.7	158	26.5	169
	0.8	23.3	149	25.3	161	29	185	1.2	22.1	141	23	147	24.7	157
	1.0	20.8	133	22.6	144	26	166	1.4	20.7	133	21.6	138	23.1	148
	1.2	19	123	20.6	132	23.7	151	1.6	19.7	125	20.5	131	22	140
	1.4	17.6	112	19.5	122	22	140	1.8	18.8	119	19.6	125	20.9	134
60	f	d = 30mm		d = 40mm		d = 50mm		f	d = 30mm		d = 40mm		d = 50mm	
	0.3	39.3	208	12.6	220	19.1	261	0.4	35	186	36.4	193	39.1	207
	0.4	34.1	180	36.9	196	42.5	225	0.6	29.7	158	31	165	33.2	176
	0.5	30.4	162	33	175	38	202	0.8	26.5	141	27.6	147	29.6	157
	0.6	27.8	148	30.2	160	34.7	184	1.0	24.2	129	25.3	134	27.1	143
	0.8	24.1	128	26.1	139	30.1	159	1.2	22.5	119	23.5	125	25.2	134
	1.0	21.5	114	23.3	124	26.9	142	1.4	21.2	112	22.1	117	23.7	125
	1.2	19.7	104	21.4	113	24.6	130	1.6	20.1	107	20.9	111	22.4	119
	1.4	18.2	96	19.8	105	22.7	120	1.8	19.1	101	19.9	106	21.4	113
	1.6	17.1	90	18.4	98	21.3	113	2.0	18.4	98	19.1	101	20.5	109

注：f 为进给量（mm/r）；v 为切削速度（m/min）；n 为轴转速（r/min）；D_0 为扩孔钻直径（mm）；d 为工件底孔直径（mm）。

2.5.2.3　扩孔钻扩孔中常见问题、产生原因和解决方法（见表 3-2-192）

表 3-2-192　扩孔钻扩孔中常见问题、产生原因和解决方法

问　　题	产生原因	解决方法
孔径增大	1)扩孔钻切削刃摆差大 2)扩孔钻刃口崩刃 3)扩孔钻刃带上有切屑瘤 4)安装扩孔钻时,锥柄表面油污未擦干净,或者锥面有磕、碰伤	1)刃磨时保证摆差在允许范围内 2)及时发现崩刃情况,更换刀具 3)将刃带上的切屑瘤用磨石修整到合格 4)安装扩孔钻前,必须将扩孔钻锥柄及机床主轴锥孔内部油污擦干净,锥面有磕、碰伤处用磨石修光
孔表面粗糙	1)切削用量过大 2)切削液供给不足 3)扩孔钻过度磨损	1)适当降低切削用量 2)切削液喷嘴对准加工孔口;加大切削液流量 3)定期更换扩孔钻;刃磨时把磨损区全部磨去
孔位置精度超差	1)导向套配合间隙大 2)主轴与导向套同轴度误差大 3)主轴轴承松动	1)位置公差要求较高时,导向套与刀具配合要精密些 2)校正机床与导向套位置 3)调整主轴轴承间隙

2.5.3　锪孔

用锪钻对工件的孔口表面进行各种成形加工，称为锪孔（削）。常见的锪孔形式有锪圆柱形沉孔（见图 3-2-161）、锪圆锥形沉孔（见图 3-2-162）、锪凸台平面（见图 3-2-163）三种。

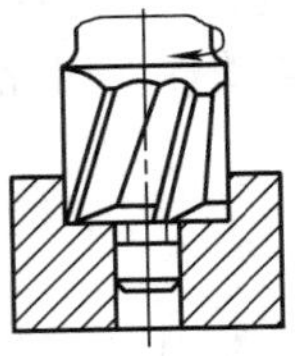

图 3-2-161　锪圆柱形沉孔

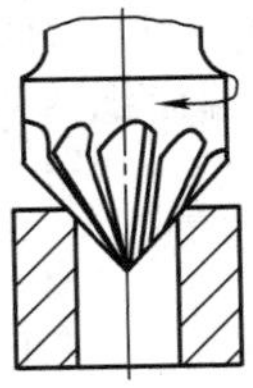

图 3-2-162　锪圆锥形沉孔

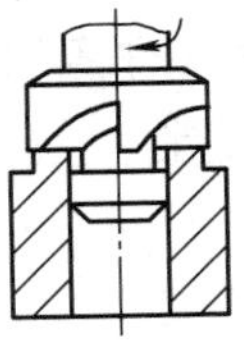

图 3-2-163　锪凸台平面

2.5.3.1　锪钻⊖

1. 用麻花钻改制锪钻

（1）用标准麻花钻改制成带导柱平底锪钻（见图 3-2-164）　一般选用比较短的麻花钻，在磨床上把麻花钻的端部磨出圆柱形导柱，其直径 d 与工件上已有的孔采用 f7 的间隙配合。端面上切削刃用薄片砂轮磨出，后角一般为 $\alpha_o=8°$，磨花钻的螺旋槽与导柱面形成的刃口要用磨石磨钝。

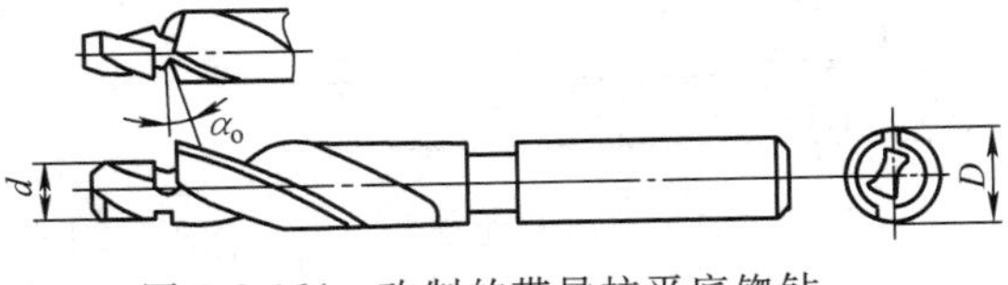

图 3-2-164　改制的带导柱平底锪钻

若将标准麻花钻改制成不带导柱平底锪钻（见图 3-2-165），则它即可锪圆柱形沉孔，又可以锪平孔口端面。如果将图 3-2-165 中的凸尖部全部磨平，则可用来锪平不通孔的孔底。

（2）用标准麻花钻改制成锥形锪钻（见图 3-2-166）　其锥角 2ϕ 按沉头孔规定的角度确

⊖　标准锪钻的种类及参数见第 3 卷第 1.4.4 节。

定。为了保证锪出的锥形沉头孔的表面粗糙度值较低，后角磨得小些，一般取 $\alpha_o = 6° \sim 10°$，并有 1~2mm 倒棱；麻花钻外缘处的前角也磨得小一些，一般取 $\gamma_o = 15° \sim 20°$，两切削刃要磨得对称。

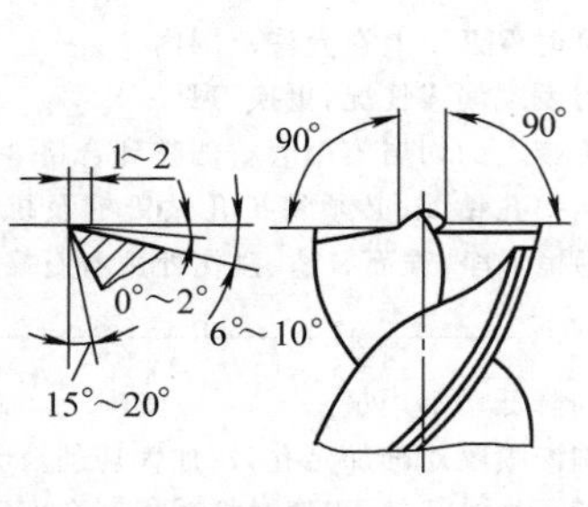

图 3-2-165 改制的不带导柱平底锪钻

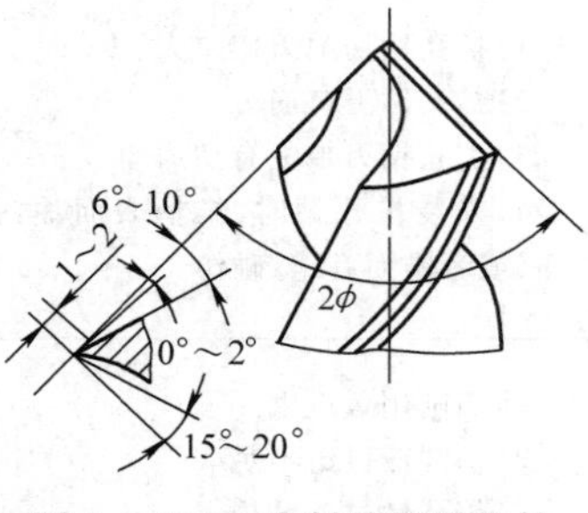

图 3-2-166 改制的锥形锪钻

2. 端面锪钻

(1) 简单端面锪钻 如图 3-2-167 所示，它由刀杆（镗杆）和刀片（高速钢）组成。刀杆上的方孔与刀片尺寸以 h6 的间隙配合，并与刀杆轴线垂直，刀杆的端部外圆直径与工件已有孔采用 f7 间隙配合，以保证良好的引导作用，使锪出的端面与孔轴线垂直。

刀片的角度：锪铸铁材料时 $\gamma_o = 5° \sim 10°$、锪钢材料时 $\gamma_o = 15° \sim 20°$，后角 $\alpha_o = 6° \sim 8°$，副后角 $\alpha_o' = 4° \sim 6°$。

图 3-2-168 所示为采用衬套作导向装置，反锪端面。

(2) 多齿端面锪钻 多齿端面锪钻的刀体为套式，只在端面上有切削刃（见图 3-2-169）。使用时与刀杆相配，靠紧定螺钉传递转矩。刀杆的圆柱部分伸入工件已有的孔内，起导向作用，保证锪削的平面与孔轴线垂直。由于端面锪钻的加工对象主要是铸铁件，因此一般刀体上镶硬质合金刀片。

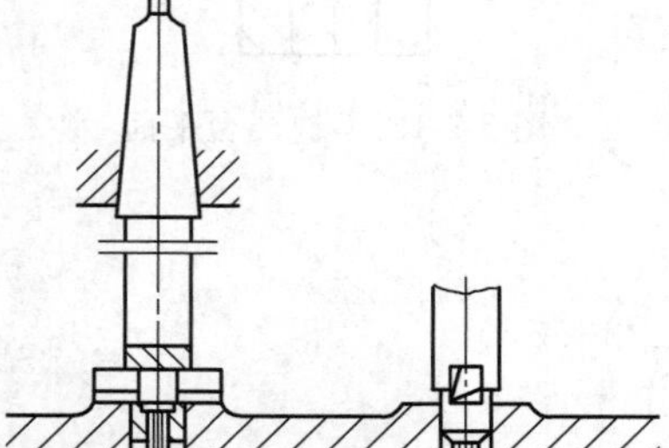

图 3-2-167 简单端面锪钻

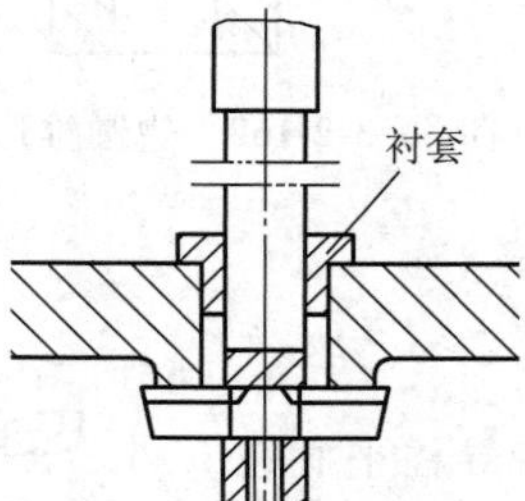

图 3-2-168 用衬套作导向装置

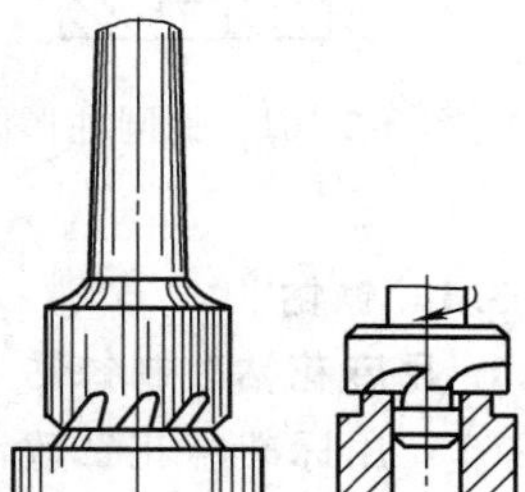

图 3-2-169 多齿端面锪钻

2.5.3.2 高速钢及硬质合金锪钻加工的切削用量（见表 3-2-193）

表 3-2-193 高速钢及硬质合金锪钻加工的切削用量

工件材料	高速钢锪钻		硬质合金锪钻	
	进给量 f/(mm/r)	切削速度 v/(m/min)	进给量 f/(mm/r)	切削速度 v/(m/min)
铝	0.13~0.38	120~245	0.15~0.30	15~245
黄铜	0.13~0.25	45~90	0.15~0.30	120~210

（续）

工件材料	高速钢锪钻		硬质合金锪钻	
	进给量 f/(mm/r)	切削速度 v/(m/min)	进给量 f/(mm/r)	切削速度 v/(m/min)
软铸铁	0.13~0.18	37~43	0.15~0.30	90~107
低碳钢	0.08~0.13	23~26	0.10~0.20	75~90
合金钢及工具钢	0.08~0.13	12~24	0.10~0.20	55~60

2.5.3.3 锪孔中常见问题、产生原因和解决方法（见表 3-2-194）

表 3-2-194　锪孔中常见问题、产生原因和解决方法

问　　题	产生原因	解决方法
锥面、平面呈多角形	1)前角太大,有扎刀现象 2)锪削速度太高 3)选择切削液不当 4)工件或刀具装夹不牢固 5)锪钻切削刃不对称	1)减小前角 2)降低锪削速度 3)合理选择切削液 4)重新装夹工件和刀具 5)正确刃磨
平面呈凹凸形	锪钻切削刃与刀杆旋转轴线不垂直	正确刃磨和安装锪钻
表面粗糙	1)锪钻几何参数不合理 2)选用切削液不当 3)刀具磨损	1)正确刃磨 2)合理选择切削液 3)重新刃磨

2.5.4 深孔钻削[⊖]

2.5.4.1 深孔钻削的适用范围、加工精度与表面粗糙度（见表 3-2-195）

表 3-2-195　深孔钻削的适用范围、加工精度与表面粗糙度

刀具种类		适用范围		刀具材料	刀片数目(切削刃数)	导条数目	排屑特点	选用冷却泵	加工后孔的公差等级 IT	加工后孔的表面粗糙度 Ra/μm
		直径/mm	孔深/mm					(压力/MPa)×[流量/(L/min)]		
分级进给深孔加工	特长麻花钻	1~75	每往复一次≤3	高速钢	2	0	向后		10~13	12.5~6.3
	油槽钻	3~50	≤3	高速钢					10~13	6.3~3.2
	扁钻	25~450	≤5	硬质合金					10~13	6.3~3.2

⊖ 深孔钻的类型和结构形式见第 3 卷第 1.4.7 节。

（续）

刀具种类			适用范围 直径/mm	适用范围 孔深/mm	刀具材料	刀片数目（切削刃数）	导条数目	排屑特点	选用冷却泵 （压力/MPa）×[流量/（L/min）]	加工后孔的公差等级 IT	加工后孔的表面粗糙度 Ra/μm
一次进给深孔加工	实心孔	枪钻	2~20	≤250	高速钢	1（2）	1,2	外排、向后	（3.5~10）×（2~60）	7~10	3.2~1.6
		BTA	6~180			>1			（2~5）×（80~350）	7~11	3.2~1.6
		喷射钻	18.4~65	≤100	硬质合金	3~5	2	内排、向后	（1~2）×（30~200）	7~11	3.2~1.6
		DF 系统	6~180			>1			（1~2）×（30~200）	7~11	1.6
	扩孔	枪钻	2~50	≤250		1（2）	1,2	外排，向后		8~12	3.2~1.6
		枪铰								7~8	0.8~0.4
		单刃铰刀	8~30		硬质合金	1		前，后		6~9	0.8~0.2
		BTA 方式扩孔钻	20~800	≤100			2			9~12	3.2~1.6
	套料	内排套料钻	47~500			1~4		内排，向后		9~12	3.2~1.6
		外排套料钻	50~500			2~4		外排，向后		10~12	3.2

2.5.4.2　深孔加工中每次进给深度（见表 3-2-196）

表 3-2-196　深孔加工中每次进给深度

工件材料	孔　深≤20d	孔　深>20d	工件材料	孔　深≤20d	孔　深>20d
铸铁件	（4~6）d	（3~4）d	钢件	（1~2）d	（0.5~1）d

注：d 为钻头直径。

2.5.4.3　内排屑深孔钻钻孔中常见问题、产生原因和解决方法（见表 3-2-197）

表 3-2-197　内排屑深孔钻钻孔中常见问题、产生原因和解决方法

问　题	产生原因	解决方法
孔表面粗糙	1）切屑粘接 2）同轴度未达到要求 3）切削速度过低，进给量过大或不均匀 4）刀具几何形状不合适	1）降低切削速度；避免崩刃；换用极压性高的切削液，并改善过滤情况；提高切削液的压力、流量 2）调整机床主轴与钻套的同轴度；采用合适的钻套直径 3）采用合适的切削用量 4）改变切削刃几何角度与导向块的形状
孔口呈喇叭形	同轴度未达到要求	调整机床主轴、钻套与支承套的同轴度；采用合适的钻套直径，及时更换磨损过大的钻套
钻头折断	1）断屑不好，切屑排不出 2）进给量过大、过小或不均匀 3）钻头过度磨损 4）切削液不合适	1）改变断屑槽的尺寸，避免过长、过浅；及时发现崩刃情况，并更换；加大切削液的压力、流量；采用材料组织均匀的工件 2）采用合适的切削用量 3）定期更换钻头，避免过度磨损 4）选用合适的切削液并改善过滤情况

（续）

问　　题	产生原因	解决方法
钻头寿命短	1)切削速度过高或过低,进给量过大 2)钻头不合适 3)切削液不合适	1)采用合适的切削用量 2)更换刀具材料;变动导向块的位置、形状 3)换用极压性高的切削液;增大切削液的压力、流量;改善切削液过滤情况
1)切屑成带状 2)切屑过小 3)切屑过大	1)断屑槽几何形状不合适;切削刃几何形状不合适;进给量过小;工件材料组织不均匀 2)断屑槽过短或过深;断屑槽半径过小 3)断屑槽过长或过浅;断屑槽半径过大	1)变动断屑槽及切削刃的几何形状;增大进给量;采用材料组织均匀的工件 2)变动断屑槽的几何形状 3)变动断屑槽的几何形状

2.5.5　铰削[㊀]

用铰刀对已经粗加工的孔进行精加工称为铰削（铰孔）。铰削可提高孔的尺寸精度和降低表面粗糙度值，铰削后孔的公差等级为 IT9~IT7，表面粗糙度 Ra 为 0.8~3.2μm。

2.5.5.1　铰削方法

1. 铰刀直径的确定及铰刀的研磨

铰刀的直径和公差直接影响被加工孔的尺寸精度。在确定铰刀的直径和公差时，应考虑被加工孔的公差、铰孔时的扩张或收缩量、铰刀使用时的磨损量，以及铰刀本身的制造公差等。

铰孔后孔径可能会缩小，其缩小因素很多，目前对收缩量的大小尚无统一规定。一般对铰刀直径的确定多采用经验数值。

铰削基准孔时，铰刀公差可按下式确定：

$$\text{上极限偏差}=\frac{2}{3}\text{被加工孔公差}$$

$$es=\frac{2}{3}\mathrm{IT}$$

$$\text{下极限偏差}=\frac{1}{3}\text{被加工孔公差}$$

$$ei=\frac{1}{3}\mathrm{IT}$$

［例］　若被加工孔的尺寸为 $\phi16^{+0.027}_{0}$mm，求所用铰刀的直径尺寸。

解： 铰刀直径的基本尺寸应为 ϕ16mm。

铰刀公差：

$$\text{上极限偏差 } es=\frac{2}{3}\mathrm{IT}=\frac{2}{3}\times0.027\text{mm}=0.018\text{mm}$$

$$\text{下极限偏差 } ei=\frac{1}{3}\mathrm{IT}=\frac{1}{3}\times0.027\text{mm}=0.009\text{mm}$$

因此，所选用铰刀尺寸应为 $\phi16^{+0.018}_{+0.009}$mm。

㊀　铰刀类型、规格范围及标准代号见第 3 卷第 1.4.8 节。

对于新的标准圆柱铰刀，直径上留有研磨余量，而且棱边的表面粗糙度值也较高，所以铰削标准公差等级为IT8以上的孔时，先要将铰刀直径研磨到所需要的尺寸精度。

研磨铰刀的工具与方法如下：

（1）径向调整式研磨工具（见图3-2-170）　它是由壳套、研套和调整螺钉组成的。孔径尺寸用精镗或由待研的铰刀铰出，研套上铣出开口斜槽，由调整螺钉控制研套弹性变形，进行研磨以达到要求的尺寸。

径向调整式研磨工具制造方便，但研套的孔径尺寸不易调成一致，所以研磨的精度不高。

（2）轴向调整式研磨工具（见图3-2-171）　它是由壳套、调整螺母、研套和限位螺钉组成的。研套和壳套以圆锥配合。研套沿轴向铣有开口直槽，这样可依靠弹性变形改变孔径的尺寸。研套外圆上还铣有直槽，可在限位螺钉的控制下，只能做轴向移动而不能转动。旋动两端的调整螺母，研套在轴向移动的同时使研套的孔径得到调整。

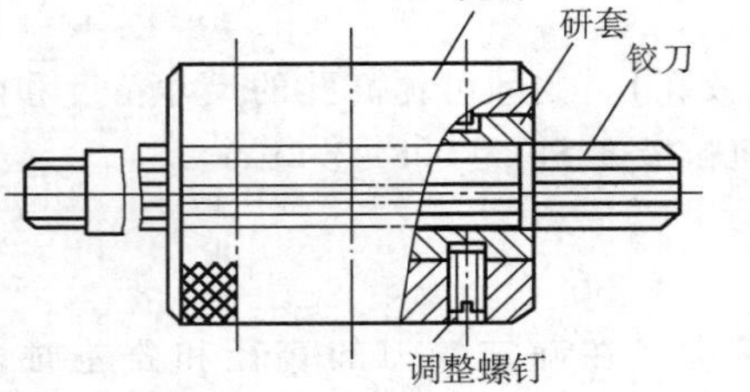

图3-2-170　径向调整式研磨工具

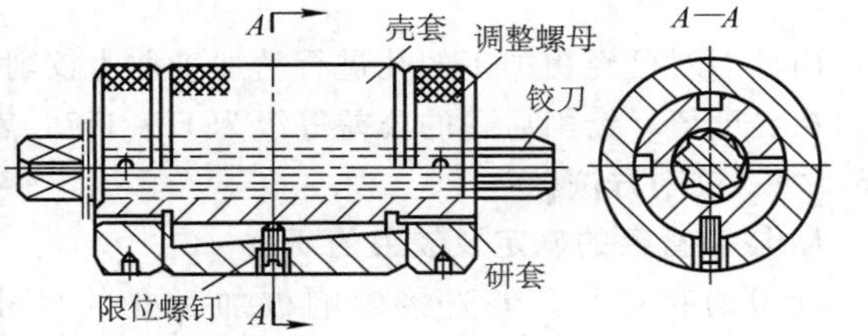

图3-2-171　轴向调整式研磨工具

轴向调整式研磨工具的研套孔径胀缩均匀、准确，能使尺寸公差控制在很小的范围内，所以适用于研磨精密铰刀。

（3）整体式研磨工具（见图3-2-172）　它是由铸铁棒经加工后，孔径尺寸最后由待研的铰刀铰出。这种研具制造简单，但没有调整量，只适用于研磨单件生产精度要求不高的铰刀。

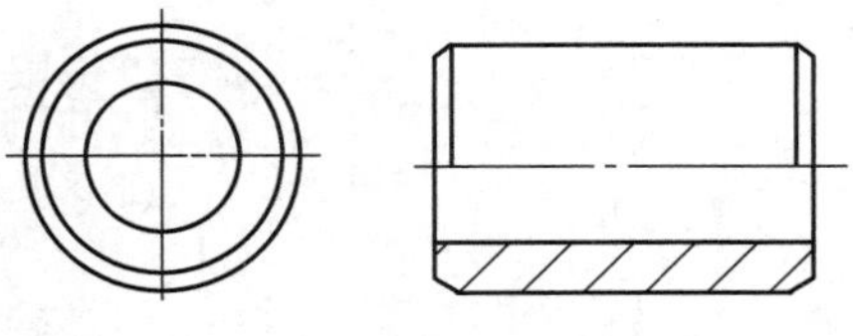
图3-2-172　整体式研磨工具

研磨工具的研套材料常用铸铁。所用的研磨剂可参考表3-4-63和表3-4-64，也可参考有关资料自行配制。

（4）研磨方法　无论采用哪种研具，研磨方法都相同。铰刀用两顶尖和拨盘装夹在车床上。研磨时，铰刀由拨盘带动旋转（见图3-2-173），旋转方向要与铰削方向相反，转速以40~60r/min为宜。研具套在铰刀的工作部分上，将研套孔的尺寸调整到能在铰刀上自由滑动和转动为宜。研磨剂放置要均匀。研磨时，用手握住研具做轴向均匀的往复移动。

研磨过程中要随时注意检查，及时清除铰刀沟槽中的研垢，并重新换上研磨剂再研磨。

2. 铰刀在使用中的修磨

铰刀在使用中可以通过手工修磨，保持和提高其良好的切削性能。

1）为了使切削刃顺利地过渡到校准部分，对研磨或修磨后的铰刀，必须用磨石仔细地将过渡处的尖角修成小圆弧（见图3-2-174），并要求各齿圆弧大小一致，以免因圆弧不一致而产生径向偏摆。

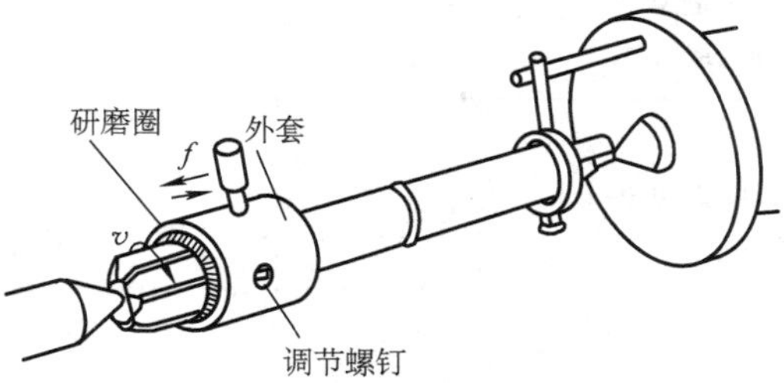

图 3-2-173　铰刀的研磨

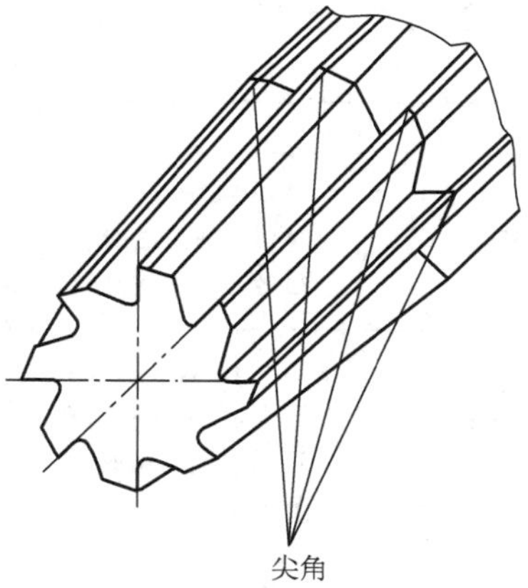

图 3-2-174　切削刃与校准部分过渡处尖角

2）铰刀刃口有毛刺或黏结有切屑瘤时，要用磨石研掉。

3）切削刃后面磨损不严重时，可用磨石沿切削刃垂直方向轻轻研磨，加以修光（见图 3-2-175）。

若要将铰刀刃带宽度磨窄时，也可用上述方法将刃带研出 1°左右的小斜面（见图 3-2-176），并保持需要的刃带宽度。但研磨后面时，不能将磨石沿切削刃方向推动（见图 3-2-177），这样很可能将刀齿刃口磨圆，从而降低其切削性能。

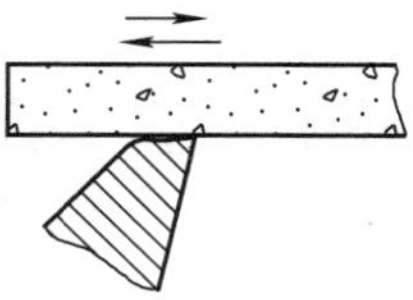

图 3-2-175　铰刀切削刃后面的研磨

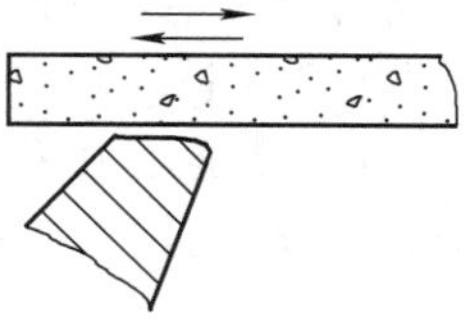

图 3-2-176　修磨铰刀刃带

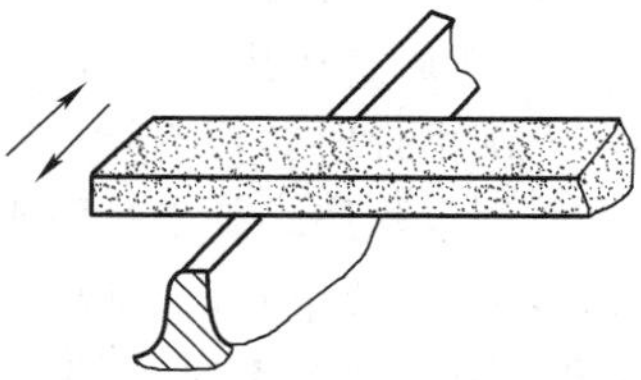

图 3-2-177　不正确的研磨方法

4）当刀齿前面需要研磨时，应将磨石紧贴在前面上，沿齿槽方向轻轻推动，进行研磨，但应特别注意不要研坏刃口。

5）铰刀在研磨时，切勿将刃口研凹，必须保持铰刀原有的几何形状。

3. 铰削余量的选择

正确选择铰削余量，既能保证加工孔的精度，又能提高铰刀的使用寿命。铰削余量应依据加工孔径的大小、精度、表面粗糙度、材料的软硬、上道工序的加工质量和铰刀类型等多种因素进行选择。对铰削精度要求较高的孔，必须经过扩孔或粗铰孔工序后进行精铰孔，这样才能保证铰孔的质量。一般铰削余量的选择可参考表 3-2-198。

表 3-2-198　一般铰削余量的选择　（单位：mm）

铰孔直径	<5	5～20	21～32	33～50	51～70
铰削余量	0.1～0.2	0.2～0.3	0.3	0.5	0.8

4. 铰削时切削液的选用(见表 3-2-199)

表 3-2-199 铰削时切削液的选用

工件材料	切削液
钢	1)10%~20%乳化液 2)铰孔要求高时,采用30%菜籽油和70%肥皂水 3)铰孔要求更高时,可采用菜籽油、柴油、猪油等
铸铁	1)一般不用 2)煤油,但易引起孔径缩小,收缩量为0.02~0.04mm 3)低浓度乳化液
铝	煤油
铜	乳化液

5. 手工铰孔应注意的事项

1) 工件装夹位置要正确，应使铰刀的轴线与孔的轴线重合。对薄壁工件，夹紧力不要过大，以免将孔夹扁，铰削后产生变形。

2) 在铰削过程中，两手用力要平衡，旋转铰手的速度要均匀，铰手不得摆动，以保持铰削的稳定性，避免将孔径扩大或将孔口铰成喇叭形。

3) 铰削进给时，不要对铰手施以过大的压力，而应随着铰刀的旋转轻轻地对铰手加压，使铰刀缓慢地引伸进入孔内，并均匀地进给，以保证孔的加工质量。

4) 注意变换铰刀每次停歇的位置，以消除铰刀在同一处停歇所造成的振痕。

5) 铰刀不能反转，即使退刀时也不能反转，即要按铰削方向边旋转边向上提起铰刀。铰刀反转会使切屑卡在孔壁和后面之间，将孔壁刮毛。同时，铰刀也容易磨损，甚至造成崩刃。

6) 铰削钢件时，切屑碎末容易黏附在刀齿上，应经常清除。

7) 铰削过程中，如果铰刀被切屑卡住，不能用力扳转铰手，以防损坏铰刀。应想办法将铰刀退出，清除切屑后，再加注切削液，继续铰削。

6. 机动铰孔应注意的事项

1) 必须保证钻床主轴、铰刀和工件孔三者的同轴度。

当孔精度要求较高时，应采用浮动式铰刀夹头装夹铰刀，以调整铰刀的轴线位置。

常用浮动式铰刀夹头有两种：图 3-2-178 所示为一种比较简单的浮动式铰刀夹头，只有销轴与夹头体为间隙配合，用于安装锥柄铰刀的套筒只能在此轴转动方向有浮动范围，所以铰刀轴线的调整受到一定限制，只适用于加工轴线偏差不大的工件。图 3-2-179 所示为万向浮动式铰刀夹头，套筒上端为球面，与垫块以点接触，这样在销轴与夹头体配合间隙许可的范围内，铰刀的浮动范围得到扩大，所以铰刀可以在任意方向调整铰刀轴线的偏差。这种铰刀夹头适用于加工对要求精度较高的孔。

2) 开始铰削时，先采用手动进给，当铰刀切削部分进入孔内以后，再改用自动进给。

3) 铰削不通孔时，应经常退刀，清除刀齿和孔内的切屑，以防切屑刮伤孔壁。

4) 铰削通孔时，铰刀校准部分不能全部铰出头，以免将孔的出口处刮坏。

5) 在铰削过程中，必须注入足够的切削液，以清除切屑和降低切削温度。

6) 铰孔完毕，应不停车退出铰刀，以免停车退出时拉伤孔壁。

7. 圆锥孔的铰削

1) 铰削尺寸较小的圆锥孔。先按圆锥孔小端直径并留铰削余量钻出圆柱孔，孔口按圆锥孔大端直径锪出 45°的倒角，然后用圆锥铰刀铰削。在铰削过程中，一定要及时地用精密配锥（或圆锥销）试深控制尺寸（见图 3-2-180）。

2）铰削尺寸较大的圆锥孔。铰孔前先将工件钻出阶梯孔（见图 3-2-181）。

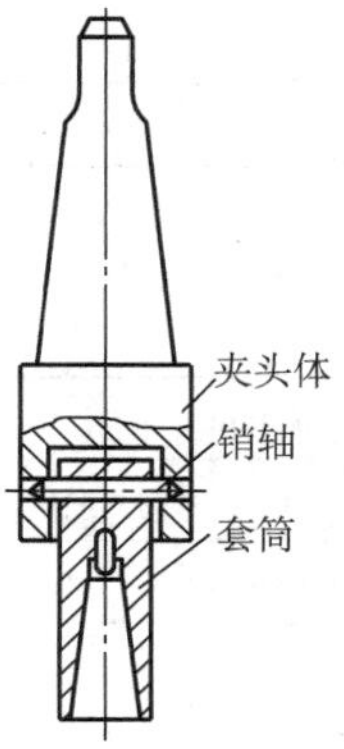

图 3-2-178　浮动式铰刀夹头

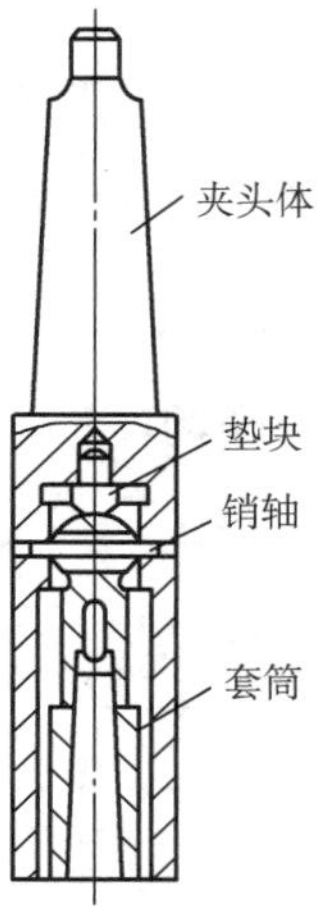

图 3-2-179　万向浮动式铰刀夹头

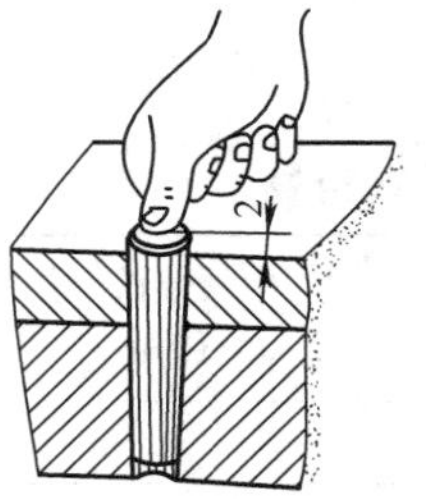

图 3-2-180　用圆锥销检查铰孔尺寸

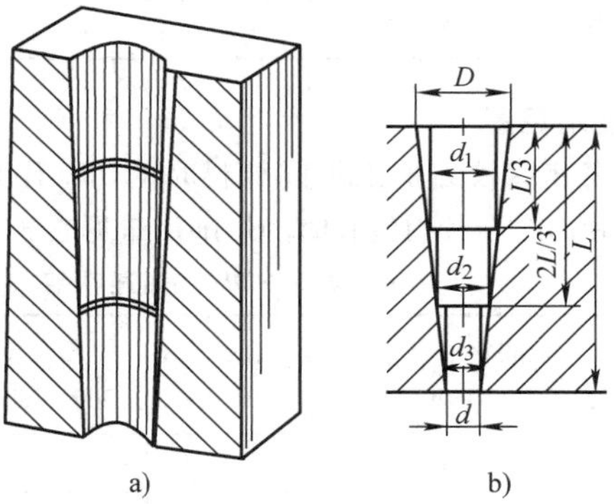

图 3-2-181　预钻阶梯孔

1∶50 的圆锥孔可钻两节阶梯孔；1∶10 圆锥孔、1∶30 圆锥孔、莫氏锥孔、圆锥管螺纹底孔可钻三节阶梯孔。阶梯孔的最小直径按锥孔小端直径确定，并留有铰削余量。其余各段直径可根据锥度计算公式求得。

2.5.5.2　铰削加工切削用量的选择

1. 铰刀磨钝标准及寿命

1）铰刀的磨钝标准见表 3-2-200。

表 3-2-200　铰刀的磨钝标准　（单位：mm）

刀具材料	工件材料	铰刀直径 d	
		≤20	>20
		后面最大磨损限度	
高速钢	钢	0.3~0.5	0.5~0.7
	铸铁	0.4~0.6	0.6~0.9

（续）

刀具材料	工件材料	铰刀直径 d	
		≤20	>20
		后面最大磨损限度	
硬质合金	钢(扩孔) 铸铁	0.4~0.6	0.6~0.8
	淬硬钢	0.3~0.35	

2）铰刀寿命见表3-2-201。

表3-2-201　铰刀寿命（单刀加工）

工件材料	刀具材料	铰刀直径 d/mm						
		6~10	11~20	21~30	31~40	41~50	51~60	61~80
		铰刀寿命 T/min						
结构钢、铸钢	高速钢	—	40	80		120		
	硬质合金	20	30	50	70	90	110	140
铸铁、铜合金、铝合金	高速钢	—	60	120		180		
	硬质合金	—	45	75	105	135	165	210

2. 铰削用量

1）高速钢铰刀加工不同材料时的切削用量见表3-2-202。

2）硬质合金铰刀铰孔时的切削用量见表3-2-203。

表3-2-202　高速钢铰刀加工不同材料时的切削用量

铰刀直径 d/mm	低碳钢 120~200HBW		低合金钢 200~300HBW		高合金钢 300~400HBW		软铸铁 130HBW		中硬铸铁 175HBW		硬铸铁 230HBW	
	f	v	f	v	f	v	f	v	f	v	f	v
6	0.13	23	0.10	18	0.10	7.5	0.15	30.5	0.15	26	0.15	21
9	0.18	23	0.18	18	0.15	7.5	0.20	30.5	0.20	26	0.20	21
12	0.20	27	0.20	21	0.18	9	0.25	36.5	0.25	29	0.25	24
15	0.25	27	0.25	21	0.20	9	0.30	36.5	0.30	29	0.30	24
19	0.30	27	0.30	21	0.25	9	0.38	36.5	0.38	29	0.36	24
22	0.33	27	0.33	21	0.25	9	0.43	36.5	0.43	29	0.41	24
25	0.51	27	0.38	21	0.30	9	0.51	36.5	0.51	29	0.41	24
铰刀直径 d/mm	可锻铸铁		铸造黄铜及青铜		铸造铝合金及锌合金		塑料		不锈钢		钛合金	
	f	v	f	v	f	v	f	v	f	v	f	v
6	0.10	17	0.13	46	0.15	43	0.13	21	0.05	7.5	0.15	9
9	0.18	20	0.18	46	0.20	43	0.18	21	0.10	7.5	0.20	9
12	0.20	20	0.23	52	0.25	49	0.20	24	0.15	9	0.25	12
15	0.25	20	0.30	52	0.30	49	0.25	24	0.20	9	0.25	12
19	0.30	20	0.41	52	0.38	49	0.30	24	0.25	11	0.30	12
22	0.33	20	0.43	52	0.43	49	0.33	24	0.30	12	0.38	18
25	0.38	20	0.51	52	0.51	49	0.51	24	0.36	14	0.51	18

注：v单位为m/min；f单位为mm/r。

表 3-2-203　硬质合金铰刀铰孔时的切削用量

工件材料		铰刀直径 d/mm	背吃刀量 a_p/mm	进给量 f/(mm/r)	切削速度 v/(m/min)
钢 R_m/MPa	≤1000	<10 10~20 20~40	0.08~0.12 0.12~0.15 0.15~0.20	0.15~0.25 0.20~0.35 0.30~0.50	6~12
	>1000	<10 10~20 20~40	0.08~0.12 0.12~0.15 0.15~0.20	0.15~0.25 0.20~0.35 0.30~0.50	4~10
铸钢(R_m≤700MPa)		<10 10~20 20~40	0.08~0.12 0.12~0.15 0.15~0.20	0.15~0.25 0.20~0.35 0.30~0.50	6~10
灰铸铁 HBW	≤200	<10 10~20 20~40	0.08~0.12 0.12~0.15 0.15~0.20	0.15~0.25 0.20~0.35 0.30~0.50	8~15
	>200	<10 10~20 20~40	0.08~0.12 0.12~0.15 0.15~0.20	0.15~0.25 0.20~0.35 0.30~0.50	5~10
冷硬铸铁(65~80HS)		<10 10~20 20~40	0.08~0.12 0.12~0.15 0.15~0.20	0.15~0.25 0.20~0.35 0.30~0.50	3~5
黄铜		<10 10~20 20~40	0.08~0.12 0.12~0.15 0.15~0.20	0.15~0.25 0.20~0.35 0.30~0.50	10~20
铸青铜		<10 10~20 20~40	0.08~0.12 0.12~0.15 0.15~0.20	0.15~0.25 0.20~0.35 0.30~0.50	15~30
铜		<10 10~20 20~40	0.08~0.12 0.12~0.15 0.15~0.20	0.15~0.25 0.20~0.35 0.30~0.50	6~12
铝合金	w_{Si}≤7%	<10 10~20 20~40	0.09~0.12 0.14~0.15 0.18~0.20	0.15~0.25 0.20~0.35 0.30~0.50	15~30
	w_{Si}>14%	<10 10~20 20~40	0.08~0.12 0.12~0.15 0.15~0.20	0.15~0.25 0.20~0.35 0.30~0.50	10~20
热塑性树脂		<10 10~20 20~40	0.09~0.12 0.14~0.15 0.18~0.20	0.15~0.25 0.20~0.35 0.30~0.50	15~30
热固性树脂		<10 10~20 20~40	0.08~0.12 0.12~0.15 0.15~0.27	0.15~0.25 0.20~0.35 0.30~0.50	10~20

注：粗铰（Ra=1.6~3.2μm）钢和灰铸铁时，切削速度也可增至 60~80m/min。

2.5.5.3 多刃铰刀铰孔中常见问题、产生原因和解决方法（见表3-2-204）

表3-2-204 多刃铰刀铰孔中常见问题、产生原因和解决方法

问　题	产生原因	解决方法
孔径增大，误差大	1)铰刀外径尺寸设计值偏大或铰刀刃口有毛刺 2)切削速度过高 3)进给量不当或加工余量太大 4)铰刀主偏角过大 5)铰刀弯曲 6)铰刀刃口上黏附着切屑瘤 7)刃磨时铰刀刃口摆差超差 8)切削液选择不合适 9)安装铰刀时，锥柄表面油污未擦干净，或者锥面有磕、碰伤 10)锥柄的扁尾偏位，装入机床主轴后与锥柄圆锥干涉 11)主轴弯曲或主轴轴承过松或损坏 12)铰刀浮动不灵活，与工件不同轴 13)手工铰孔时两手用力不均匀，使铰刀左右晃动	1)根据具体情况适当减小铰刀外径；将铰刀刃口毛刺修光 2)降低切削速度 3)适当调整进给量或减小加工余量 4)适当减小主偏角 5)矫直或报废弯曲铰刀 6)用磨石仔细修整到合格 7)控制摆差在允许范围内 8)选择冷却性能较好的切削液 9)安装铰刀前必须将铰刀锥柄及机床主轴锥孔内部油污擦干净，锥面有磕、碰伤处用磨石修光 10)修磨铰刀扁尾 11)调整或更换主轴轴承 12)重新调整浮动夹头，并调整同轴度 13)注意正确操作
孔径小	1)铰刀外径尺寸设计值偏小 2)切削速度过低 3)进给量过大 4)铰刀主偏角过小 5)切削液选择不合适 6)铰刀已磨损，刃磨时磨损部分未磨去 7)铰削薄壁钢件时，铰完孔后内孔弹性恢复使孔径缩小 8)铰削钢件时，余量太大或铰刀不锋利，亦易产生弹性恢复，使孔径缩小 9)内孔不圆，孔径不合格	1)更改铰刀外径尺寸 2)适当提高切削速度 3)适当降低进给量 4)适当增大主偏角 5)选择润滑性能好的油性切削液 6)定期更换铰刀，正确刃磨铰刀切削部分 7)设计铰刀尺寸时应考虑此因素，或者根据实际情况取值 8)进行试验性切削，取合适余量；将铰刀磨锋利 9)见“内孔不圆”一项
内孔不圆	1)铰刀过长，刚度不足，铰削时产生振动 2)铰刀主偏角过小 3)铰刀刃带窄 4)铰孔余量偏 5)孔表面有缺口、交叉孔 6)孔表面有砂眼、气孔 7)主轴轴承松动，无导向套，或者铰刀与导向套配合间隙过大 8)由于薄壁工件装夹得过紧，卸下后工件变形	1)刚度不足的铰刀可采用不等分齿距的铰刀；铰刀的安装应采用刚性连接 2)增大主偏角 3)选用合格铰刀 4)控制预加工工序的孔位误差 5)采用不等分齿距的铰刀；采用较长、较精密的导向套 6)选用合格毛坯 7)采用等齿距铰刀铰削较精密的孔时，对机床主轴间隙与导向套的配合间隙应要求较高 8)采用恰当的夹紧方法，减小夹紧力

（续）

问　　题	产生原因	解决方法
孔表面有明显的棱面	1)铰孔余量过大 2)铰刀切削部分后角过大 3)铰刀刃带过宽 4)工件表面有气孔砂眼 5)主轴摆差大	1)减小铰孔余量 2)减小切削部分后角 3)修磨刃带宽度 4)选用合格毛坯 5)调整机床主轴
孔表面粗糙	1)切削速度过高 2)切削液选择不合适 3)铰刀主偏角过大,铰刀刃口不等 4)铰孔余量太大 5)铰孔余量不均匀或太小,局部表面未铰到 6)铰刀切削部分摆差超差,刃口不锋利,表面粗糙 7)铰刀刃带过宽 8)铰孔时排屑不良 9)铰刀过度磨损 10)铰刀碰伤,刃口留有毛刺或崩刃 11)刃口有积屑瘤 12)由于材料关系,不适用零度前角或负前角铰刀	1)降低切削速度 2)根据加工材料选择切削液 3)适当减小主偏角,正确刃磨铰刀刃口 4)适当减小铰孔余量 5)提高铰孔前底孔位置精度与质量,或者增加铰孔余量 6)选用合格铰刀 7)修磨刃带宽度 8)根据具体情况减少铰刀齿数,加大容屑空间;采用带刃倾角铰刀,使排屑顺利 9)定期更换铰刀,刃磨时把磨损区全部磨去 10)铰刀在刃磨、使用及运输过程中应采取保护措施,避免磕、碰伤;对已碰伤的铰刀,应用特细的磨石将磕、碰伤修好,或者更换铰刀 11)用磨石修整到合格 12)采用前角为 5°~10°的铰刀
铰刀寿命短	1)铰刀材料不合适 2)铰刀在刃磨时烧伤 3)切削液选择不合适,切削液未能顺利地流到切削处 4)铰刀刃磨后表面粗糙度值太高	1)根据工件材料选择铰刀材料,可采用硬质合金铰刀或涂层铰刀 2)严格控制刃磨切削用量,避免烧伤 3)根据工件材料正确选择切削液;经常清除切屑槽内的切屑,使用足够压力的切削液 4)通过精磨或研磨达到要求
孔位置精度超差	1)导向套磨损 2)导向套底端距工件太远,导向套长度短,精度差 3)主轴轴承松动	1)定期更换导向套 2)加长导向套,提高导向套与铰刀间的配合精度 3)及时维修机床,调整主轴轴承间隙
铰刀刀齿崩刃	1)铰孔余量过大 2)工件材料硬度过高 3)切削刃摆差过大,切削载荷不均匀 4)铰刀主偏角太小,使切削宽度增大 5)铰削深孔或不通孔时,切屑太多,又未及时清除 6)刃磨时刃齿已磨裂	1)修改预加工的孔径尺寸 2)降低材料硬度,或者改用负前角铰刀或硬质合金铰刀 3)控制摆差在合格范围内 4)加大主偏角 5)注意及时清除切屑或采用带刃倾角铰刀 6)注意刃磨质量

（续）

问题	产生原因	解决方法
铰刀柄部折断	1)铰孔余量过大 2)铰削锥孔时,粗、精铰削余量分配及切削用量选择不合适 3)铰刀刀齿容屑空间小,切屑堵塞	1)修改预加工的孔径尺寸 2)修改余量分配,合理选择切削用量 3)减少铰刀齿数,加大容屑空间,或者将刀齿间隔磨去一齿
铰孔后孔的中心线不直	1)铰孔前的钻孔不直,特别是孔径较小时,由于铰刀刚度较差,不能纠正原有的弯曲度 2)铰刀主偏角过大,导向不良,使铰刀在铰削中容易偏差方向 3)切削部分倒锥过大 4)铰刀在断续孔中部间隙处产生位移 5)手工铰孔时,在一个方向上用力过大,迫使铰刀向一边偏斜,破坏了铰孔的垂直度	1)增加扩孔或镗孔工序以校正孔 2)减小主偏角 3)调换合适的铰刀 4)调换有导向部分或加长切削部分的铰刀 5)注意正确操作

2.6 镗削加工

2.6.1 镗刀

2.6.1.1 单刃镗刀

1) 普通单刃镗刀的型式和尺寸见表 3-2-205。

2) 机夹单刃镗刀的型式和尺寸见表 3-2-206。

3) 小孔镗刀的型式和尺寸见表 3-2-207。

4) 弯头镗刀的型式和尺寸见表 3-2-208。

表 3-2-205 普通单刃镗刀的型式和尺寸 （单位：mm）

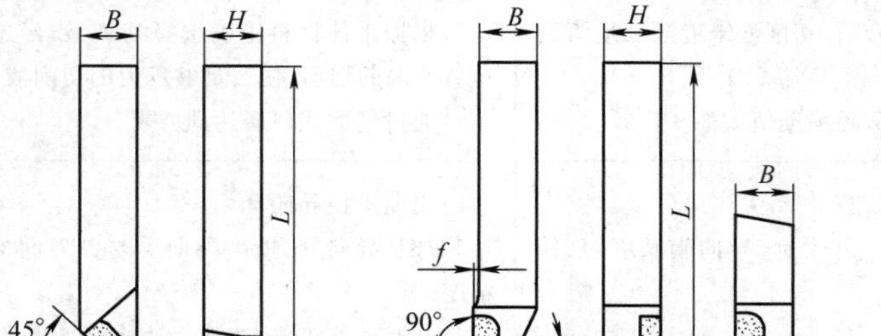

B×H	L	f
8×8	25~40	2
10×10	30~50	
12×12	50~70	
16×16	70~90	4
20×20	80~100	

2.6.1.2 双刃镗刀

双刃镗刀块分整体和可调两大类,安装方式有定装和浮动装两种。

(1)整体双刃镗刀块 图 3-2-182 所示为常用整体双刃镗刀块。尺寸不可调节,在镗杆上安装固定时,两切削刃与镗杆中心的对称度主要取决于镗刀块的制造和刃磨精度。适用于粗加工和半精加工。

整体双刃镗刀块的型式和尺寸见表 3-2-209。

表 3-2-206　机夹单刃镗刀的型式和尺寸　（单位：mm）

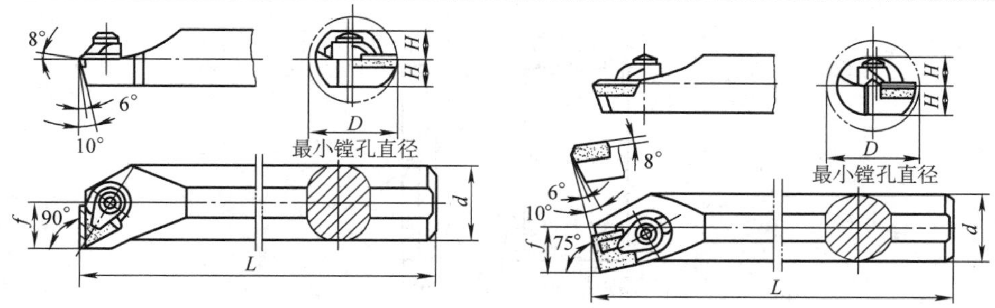

d	L	f	H	D 最小镗孔直径	刀片内切圆	
					三角形	四方形
16	200	11	7	20	6. 35	9. 525
20	250	13	9	25		
25	300	17	11	32	9. 525	12. 70
32	350	22	14	40		

注：根据条件和用途，刀片形状和长度 L 可自定。

表 3-2-207　小孔镗刀的型式和尺寸

类型	弯头镗刀	铲背镗刀	整体硬质合金镗刀
简图	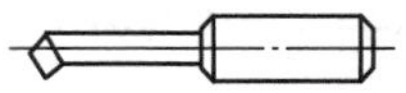	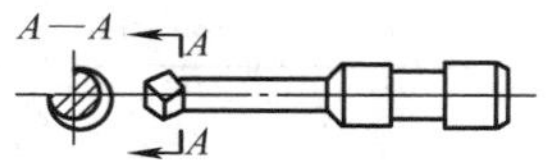	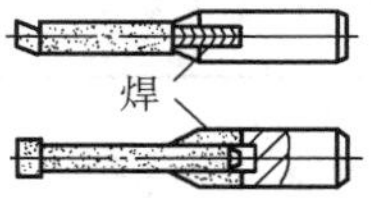
特点	制造简单，刃磨方便	刀头后面为阿基米德螺旋面，刃磨时只需磨前面	刀头、刀体采用整体硬质合金与钢制刀杆焊在一起，刚度好

注：小孔镗刀适用于加工直径不大于 10mm 的小孔。

表 3-2-208　弯头镗刀的型式和尺寸　（单位：mm）

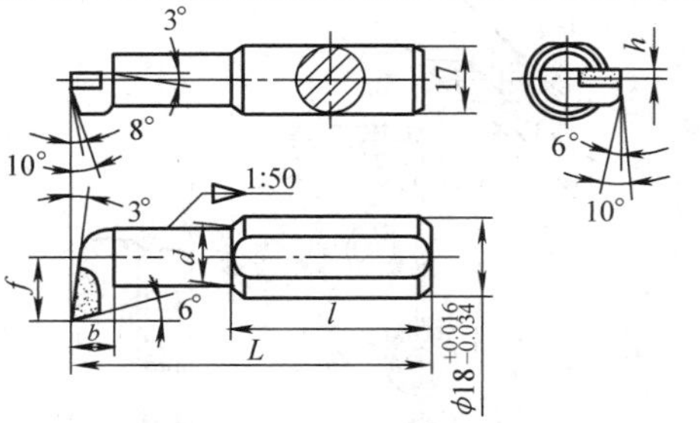

L	l	d	f	b	h
70	45	8	7	7	2
80		11	10		
90	50	14	12	9	1. 5
		16	15	10	
100		17	18	14	1
125			20		

注：若采用高速钢制作，杆部 l 可用 45 钢，于 d 交接处采取对焊。

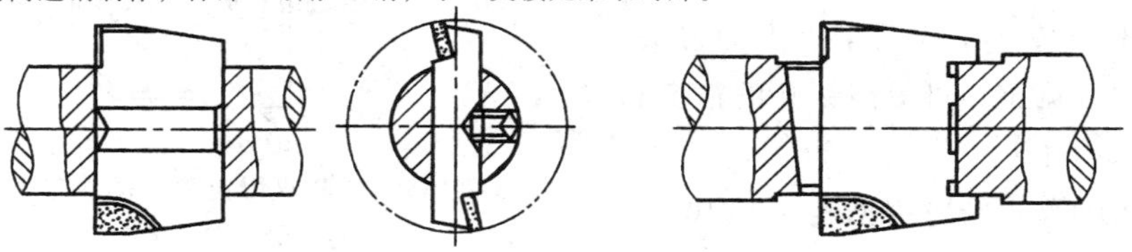

a)　　b)

图 3-2-182　整体双刃镗刀块

表 3-2-209 整体双刃镗刀块的型式和尺寸 （单位：mm）

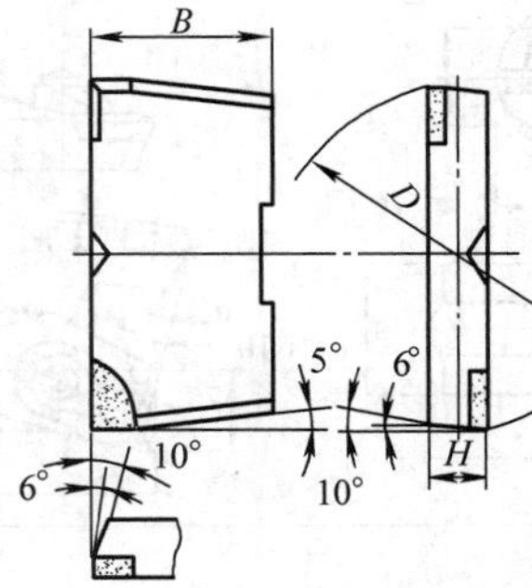

公称直径 D	B	H	公称直径 D	B	H	公称直径 D	B	H	公称直径 D	B	H
25~30			65~70			100~105			140~145		
30~35	20	8	70~75			105~110			145~150		
35~40			75~80			110~115			150~155		
40~45	30	10	80~85			115~120			155~160		
45~50			85~90	35	12	120~125	35	14	160~165	35	14
50~55			90~95			125~130			165~170		
55~60	35	12	95~100			130~135			170~175		
60~65						135~140					

（2）可调双刃镗刀块　图 3-2-183 所示为可调双刃镗刀块的调节和安装方法。镗刀7用螺钉8调节，拧紧螺母3与螺钉5的圆锥体即推动滑块4使其夹紧，镗刀块6则因螺钉1顶紧楔销2而固定。为了较快地取出镗刀块，只要将螺钉稍加松动，取出垫块9即可。这种镗刀块适用于半精加工和精加工。为保证镗杆、镗刀块有较好的强度，其镗杆直径应大于35mm，镗孔直径范围为50~260mm。

2.6.1.3 复合镗刀

按加工需要，复合镗刀通常在一个刀块或一根镗杆上安装两个或两个以上的刀头，每个刀头可单独调整，可提高镗孔的精度和效率。

复合镗刀的型式及应用见表 3-2-210。

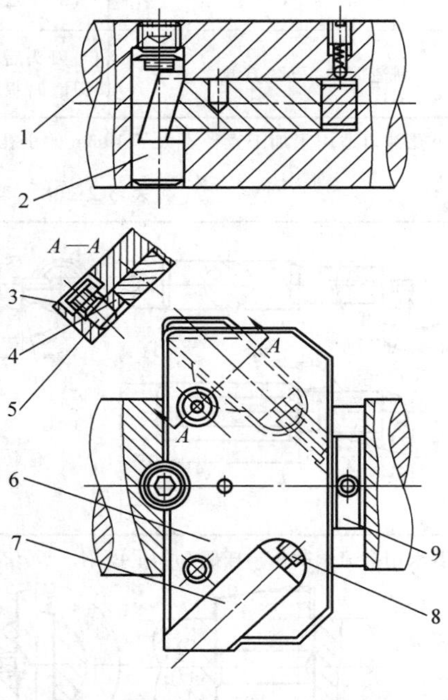

图 3-2-183 可调双刃镗刀块的调节和安装方法

1、5、8—螺钉 2—楔销 3—螺母 4—滑块 6—镗刀块 7—镗刀 9—垫块

表 3-2-210　复合镗刀的型式及应用

型　　式	图　　示	应　　用
镗通孔、倒角复合镗刀	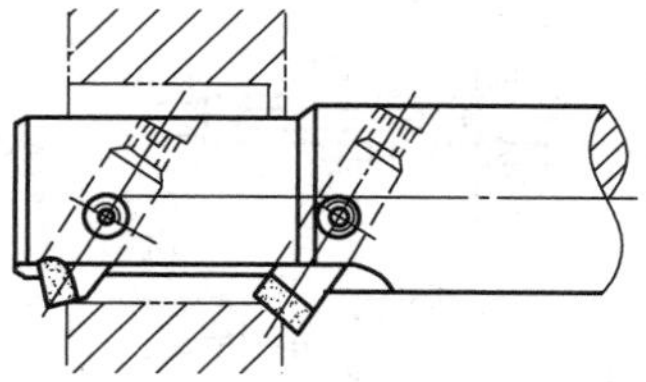	在刀杆上安装两把单刃镗刀，用以加工通孔和倒角
镗通孔、锪止口复合镗刀	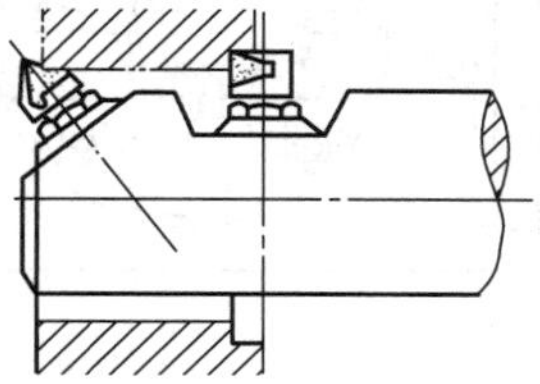	在刀杆上安装两套微调镗刀，用以加工阶梯孔或通孔、锪止口
锪止口、倒角镗刀块	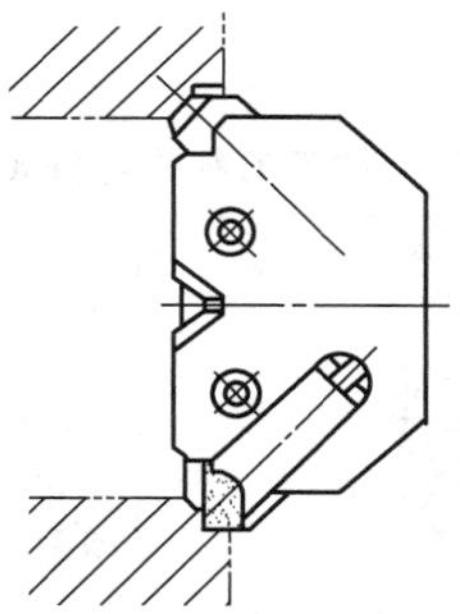	双刃镗刀块用以锪止口和倒角
粗精镗六刃镗刀块	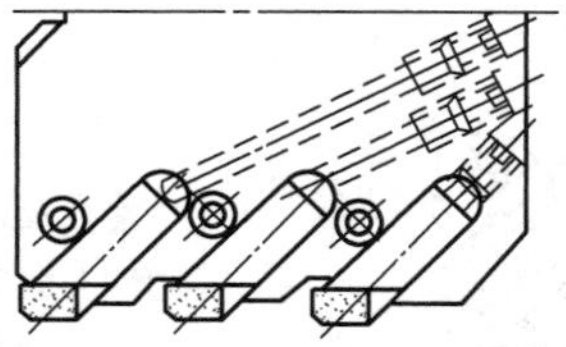	可加工阶梯孔和通孔。加工通孔时能切除较大的余量
双孔粗、精镗复合镗刀	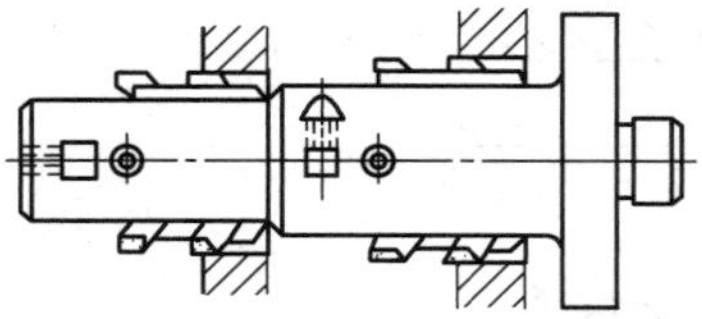	在专用镗杆上安装两把单刃镗刀和两个四刃镗刀块，可以一次加工完成两个不同直径的通孔
单孔粗、精镗复合镗刀	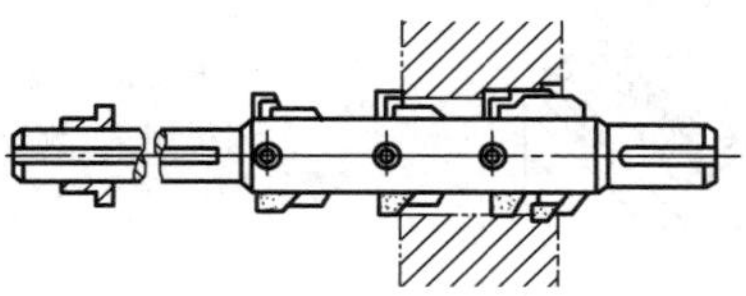	在专用镗杆上安装两个双刃镗刀块和一个四刃镗刀块，镗杆一端用导套支承，可以一次加工完成通孔或阶梯孔

（续）

型　式	图　示	应　用
三孔精镗复合镗刀	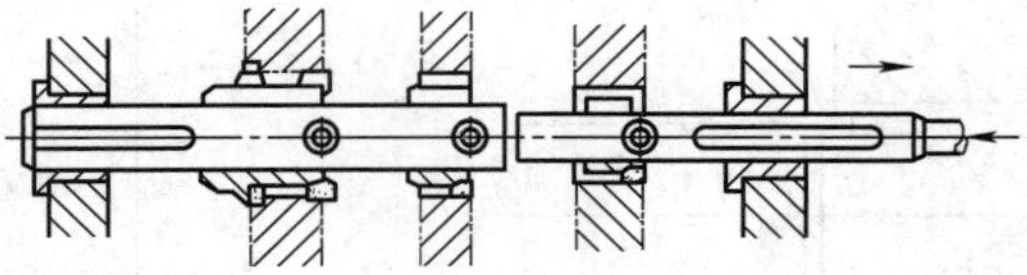	在专用镗杆上安装两个双刃镗刀块和一个四刃镗刀块，镗杆两端用导套支承，可以一次加工完成三个通孔，并在一个孔上锪止口和倒角
多部位终加工复合镗刀	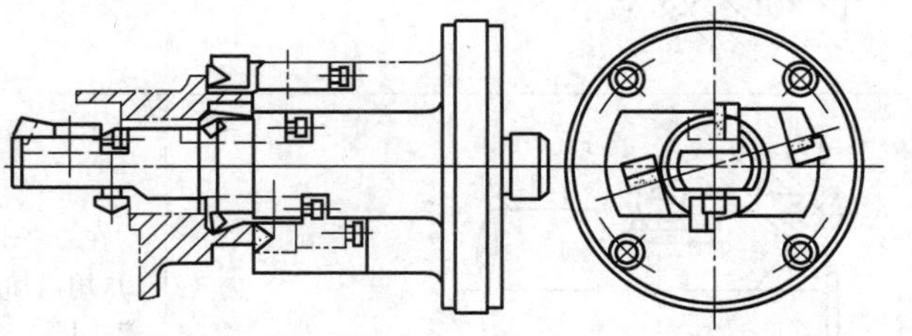	在专用镗杆上安装五套组合镗刀头和一套微调镗刀，可以一次加工完成通孔、倒角、阶梯孔、外圆和端面等

2.6.1.4 微调镗刀

微调镗刀多用于坐标镗床和数控镗床上。它具有结构简单、调节方便和调节精度高等优点，适用于孔的半精镗和精镗加工。

微调镗刀的结构与安装见表3-2-211。

表3-2-211 微调镗刀的结构与安装

结构与安装	图　示	说　明
结构	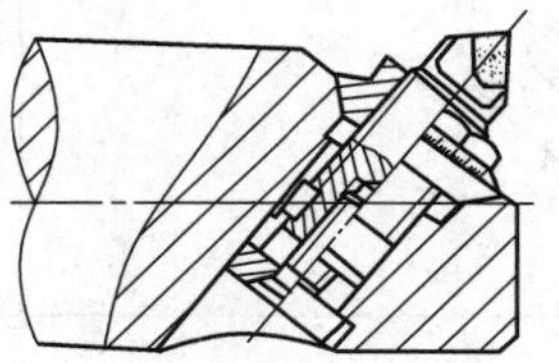	结构是用螺钉、垫圈将度盘拉紧。当调节尺寸时，先将螺钉松开，然后转动度盘，使刀头调节到所需尺寸，再拧紧螺钉。这种结构简单，刚度较好，但调节不便
	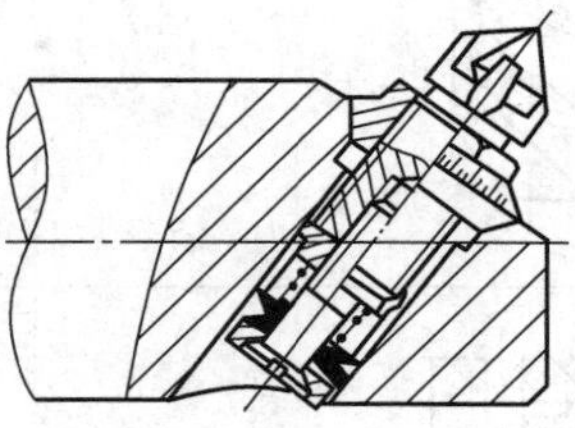	其结构增加了三个碟形弹簧，可使螺纹的一边相互紧贴（消除间隙），同时可在它允许弹性变形的范围内调节刀头，而不需要每次调节都去松紧螺钉，故调节方便
	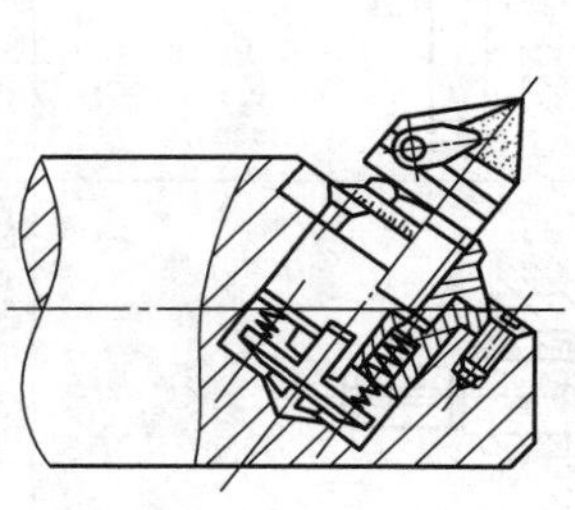	结构是以四个均布的弹簧的预紧力使螺纹的一边相互紧贴（消除间隙），调节范围较宽，但弹簧的预紧力是随调节量而变化的，即尺寸调得越大，预紧力越大；反之则小

（续）

结构与安装	图　示	说　明
安装	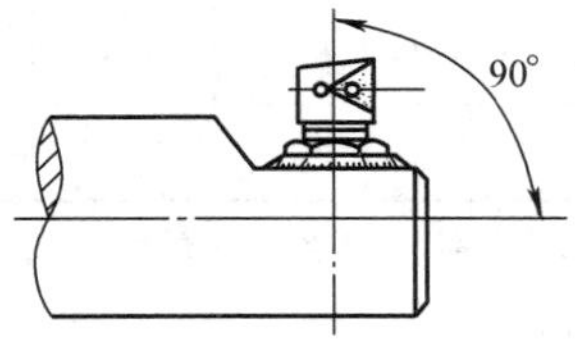	直角型
	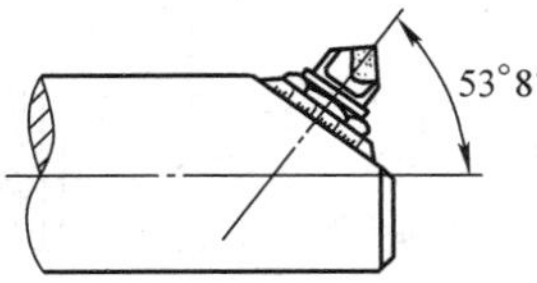	倾斜型。交角通常为 53°8′,因为 53°8′的正弦值为 0.8,在度盘上标注刻线方便,读数直观

2.6.1.5　镗床用攻螺纹夹头的结构与规格（见表 3-2-212）

表 3-2-212　镗床用攻螺纹夹头的结构与规格　（单位：mm）

	锥　柄	攻螺纹范围	浮动量
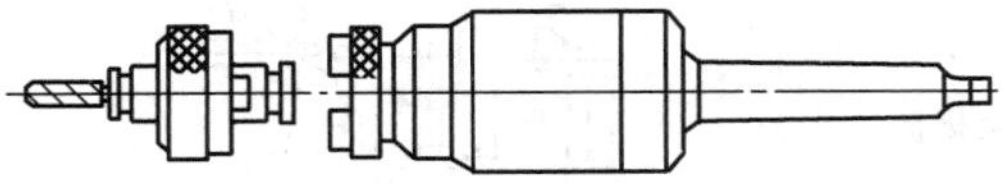	莫氏 2 号、3 号	M3～M12	前浮:15 后浮:5
	莫氏 4 号	M12～M24	前浮:20 后浮:8
	7∶24,ϕ44.45	M3～M12	前浮:15 后浮:5
	7∶24,ϕ69.85	M12～M24	前浮:20 后浮:8

2.6.2　卧式镗床镗削

镗削是用镗刀在镗床上加工孔和孔系的一种方法。镗削时，工件装夹在工作台上，镗刀安装在镗杆上并做旋转的主运动，进给运动由镗轴的轴向移动或工作台的移动来实现。

镗削可以加工机座、箱体、支架等外形复杂的大型零件上的直径较大的孔，以及有位置精度要求的孔和孔系。此外，可以进行钻孔、扩孔和铰孔及铣平面，还可以在卧式铣镗床的平旋盘上安装车刀，车削端面、短圆柱面及内外螺纹等。

镗削加工能获得较高的精度和较低的表面粗糙度。

卧式镗床的加工精度见表 3-2-213。

表 3-2-213　卧式镗床的加工精度

加工方式	加工精度/mm		表面粗糙度 Ra/μm		
	孔径公差	孔距偏差	铸铁	钢(铸钢)	铜铝及其合金
粗镗	H12～H10	±0.5～1.0	25～12.5	25	25～12.5
半精镗	H9～H8	±0.1～0.3	12.5～6.3	25～12.5	12.5～6.3

（续）

加工方式	加工精度/mm		表面粗糙度 Ra/μm		
	孔径公差	孔距偏差	铸铁	钢（铸钢）	铜铝及其合金
精镗	H8～H6①	±0.02～0.05	3.2～1.6	6.3～1.6	3.2～0.8
铰孔	H9～H7	±0.02～0.05	3.2～1.6	3.2～1.6	3.2～0.8

① 当加工精度为H6及表面粗糙度 Ra 为0.8μm以上的孔时，须采取相应措施。

2.6.2.1 卧式镗床基本工作范围（见表3-2-214）

表3-2-214 卧式镗床基本工作范围

麻花钻钻孔	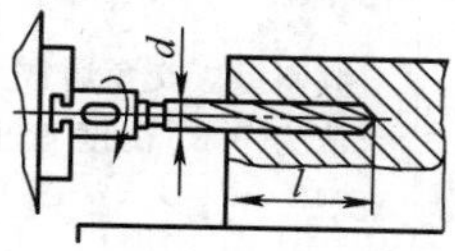	调头镗孔	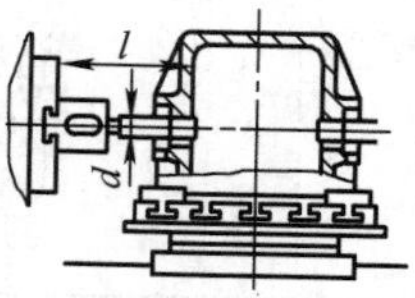 用于 $l=5d\sim6d$ 并配有回转工作台
整体或套式扩孔钻扩孔	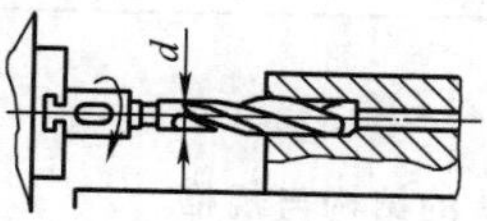	用坐标法镗孔	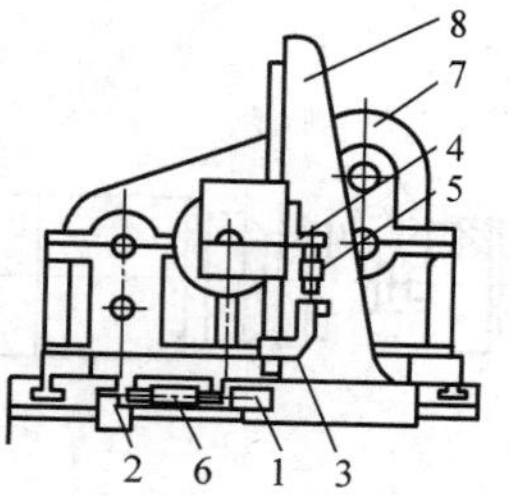 1、4—活动定位块 2、3—固定定位块 5、6—内径规 7—工件 8—镗床立柱
整体或套式铰刀铰孔	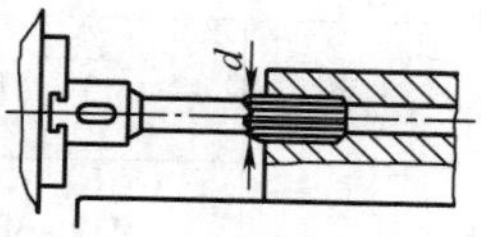		
单面镗孔（不用导向支承）	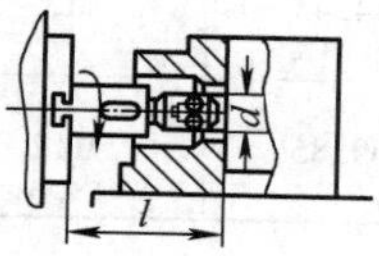 用于 $l<5d$		
单面镗孔（在花盘安装支承）	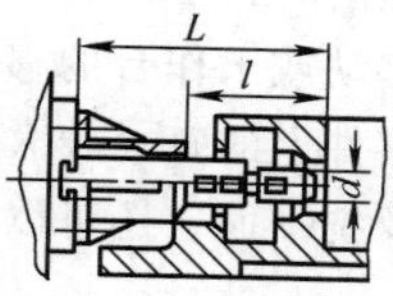 用于 $l=5d\sim6d$ 及 $L=5d\sim6d$	用镗模镗孔	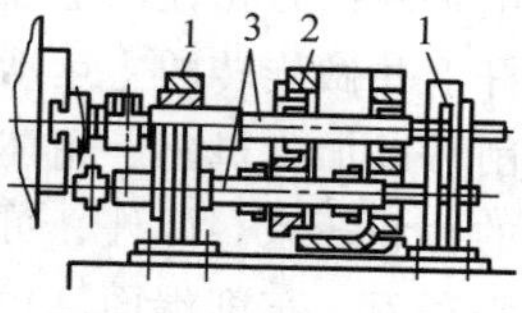 1—镗模 2—工件 3—镗杆
利用后支承架支承镗杆进行镗孔	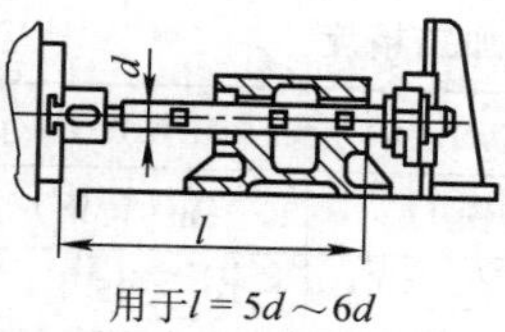 用于 $l=5d\sim6d$	锪端面	用于加工余量和直径 D 不大的工件

（续）

车端面	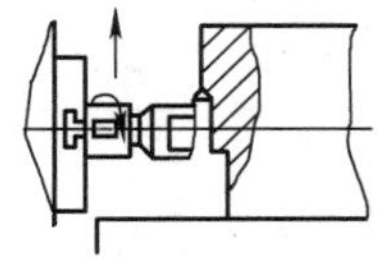 用于加工余量较大的工件
铣端面	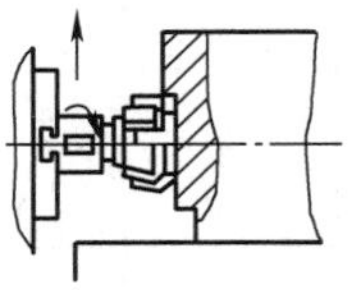 用于加工端面余量很大的工件
用径向刀架车槽	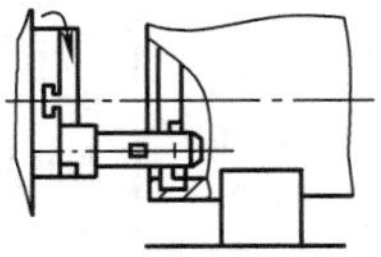 用于备有径向刀架的镗床

用飞刀架车内圆	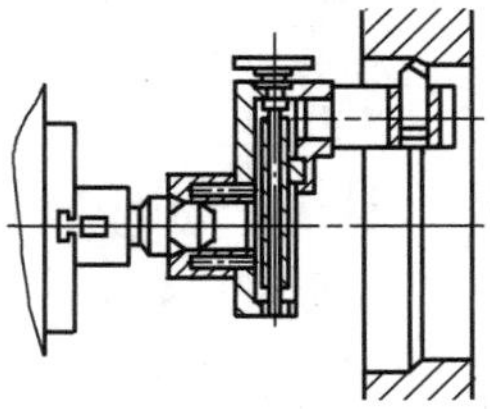 用于加工孔不深的工件
用飞刀架车端面	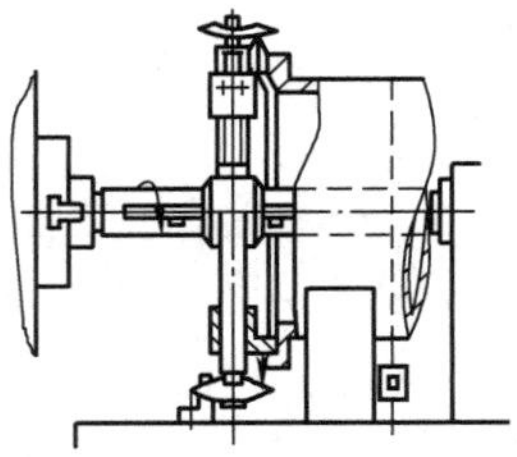 用于两端要求平行的端面
车半圆槽	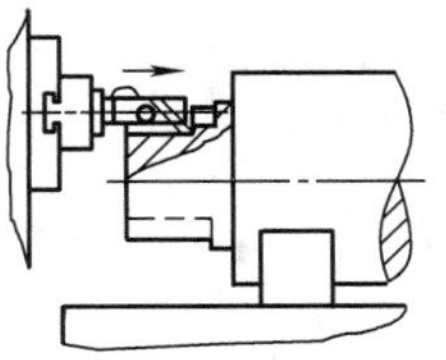

2.6.2.2　卧式镗床基本定位方法

1. 主轴轴线与镗孔轴线重合方法（见表 3-2-215）

2. 主轴轴线与后立柱刀杆支架轴线重合方法

在镗削较深孔时，镗刀杆和主轴需要伸出较大的长度，才能进行加工。为保证加工工艺系统刚度需要，将镗刀杆支承在后立柱刀杆支架上，即把悬伸镗削变为支承镗削。

对于支承镗削，只有在主轴轴线与所镗孔轴线重合（即完成镗刀杆定坐标）之后，才可找准后立柱刀杆支架轴线与主轴轴线的重合度。

在加工轴线分布较复杂的孔系时，可用两种方法找准后立柱刀杆支架轴线与主轴轴线的重合度：

1）在加工第一条轴线上的孔后用直接找准法。

2）加工其余各条轴线上的孔，则用间接找准法。间接找准法又分为垂直轴剖面内间接找准法与水平轴剖面内间接找准法两种。

主轴轴线与后立柱刀杆支架轴线重合方法举例见表 3-2-216。

2.6.2.3　导向装置布置的型式与特点（见表 3-2-217）

2.6.2.4　工件定位基准及定位方法（见表 3-2-218）

表 3-2-215　主轴轴线与镗孔轴线重合方法

类别	定位方式	简　图	定位精度/mm	特点和适用范围
机床坐标定位	游标尺定位	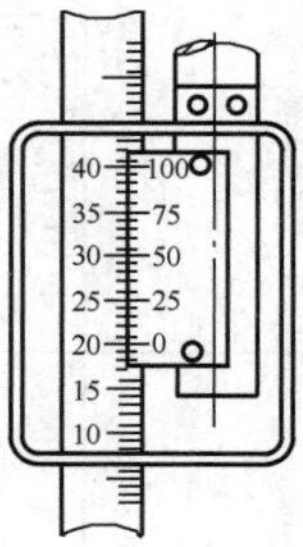	±0.08	机床上的游标尺，主标尺分度值为 1mm，游标尺分度值为 1/20mm，分度精度为 0.05mm，装有放大镜。适用于一般定位精度
	百分表、量块定位	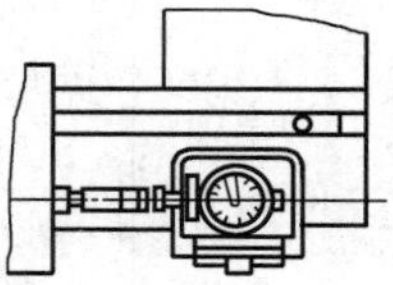 x方向  y方向	±0.03	用百分表、量块进行测量定位。万能性强，操作难度大，辅助时间长，是卧式镗床采用的基本定位方式
	金属线纹尺和光学读数头定位	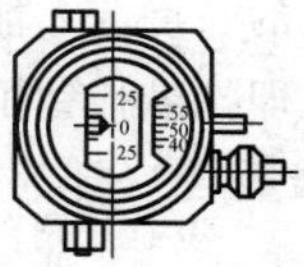	±0.02	金属线纹尺精度稳定可靠，分度精度为 0.01mm。适用于单件和中小批生产
	感应同步器数显定位	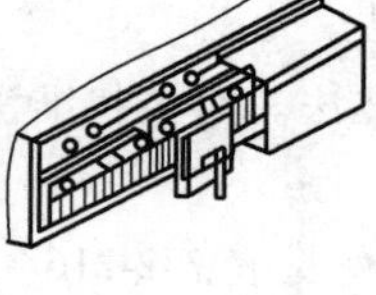	±0.02	感应同步器接长方便，配有数显装置，定位可靠，读数明显，最大允许误差为 0.01mm。适用于大距离的测量定位，多用于镗铣床、落地镗床

（续）

类别	定位方式	简　　图	定位精度/mm	特点和适用范围
工艺定位	顶尖找正定位	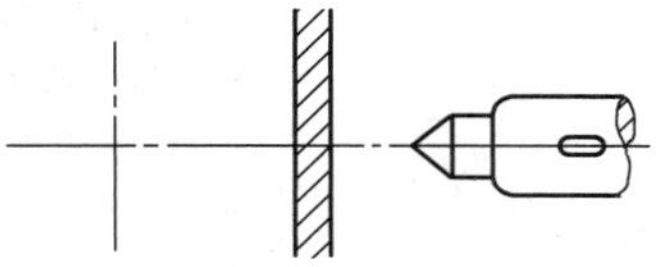	±0.3	先找好工件的水平和垂直位置，然后用安装在主轴孔中的顶尖找孔中心。适用于单件生产
	划针找正定位	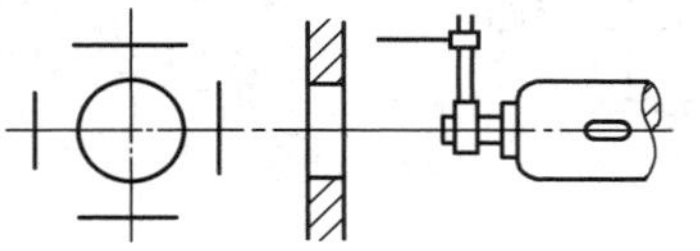	±0.5	在主轴上装一划针，转动主轴，使指针对准工件上两对平行线与中心线的四个交点即可。适用于单件生产
	孔距测量定位	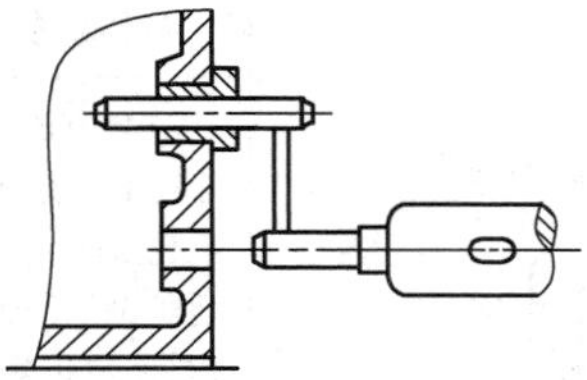	±0.03	用心轴、量具测量定位，镗好一孔后，利用该孔直接测量另一孔的距离，此方法直观、准确。适用于单件小批生产
	按模板找正定位	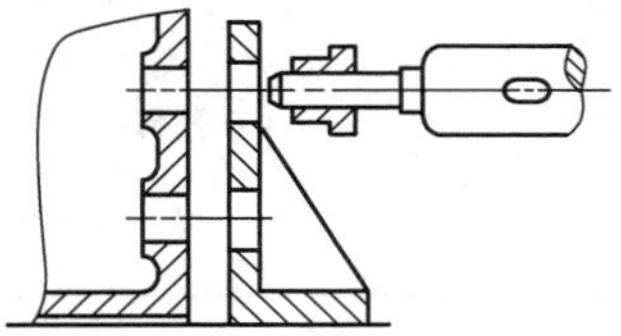	±0.02	利用心轴使主轴轴线与模板上的导套孔轴线对准，也可用百分表找正，定位可靠，但要求有一定的操作经验。适用于批量生产
	夹具定位	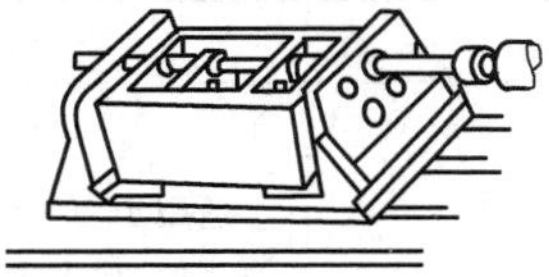	±0.02	工件孔位置精度靠夹具保证，主轴与镗杆一般采用浮动连接，加工前只要将夹具位置安装准确即可。适用于大中批生产

表3-2-216　主轴轴线与后立柱刀杆支架轴线重合方法举例

类别	方式	简　　图	说　　明
直接找准法	用镗床主轴和刀杆直接找准的方法	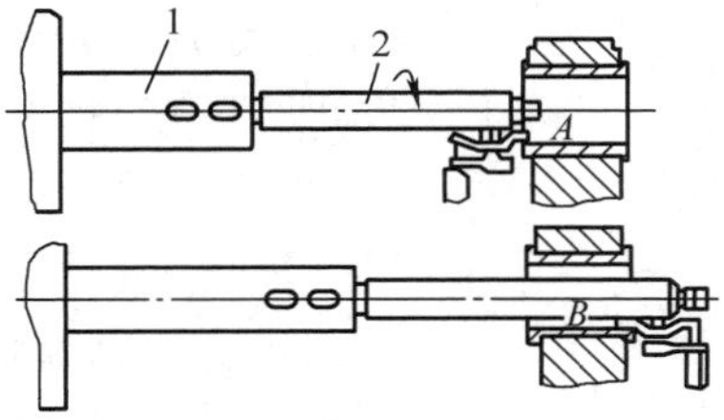 1—主轴　2—刀杆(或心轴)	用这种方法，能使镗床后立柱刀杆支架轴线与主轴轴线在水平轴剖面内具有较高的同轴度，但随着主轴和刀杆单臂悬伸长度增加，其挠度（弯曲变形）增大，因而降低了后立柱刀杆支架轴线与主轴轴线在垂直轴剖面内的同轴度。为减少这种挠度造成的误差，一般应采用最短的刀杆（或心轴），以全部利用主轴的伸出长度。采用特制的空心心轴，并保证心轴锥柄与主轴锥孔配合的精度

（续）

类别	方式	简　图	说　明
间接找准法	在垂直剖面内间接找准法	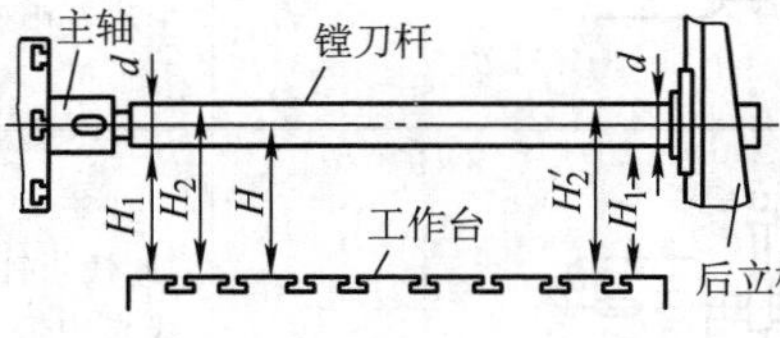	这种方法是用内径千分尺或游标高度卡尺在垂直轴剖面内来找准后立柱刀杆支架轴线与主轴轴线重合度的 先在镗刀杆的一端（靠近主轴）测量出 H_1 或 H_2［H 为镗刀杆轴线到工作台面（或底板）的距离］，然后在镗刀杆的另一端（靠近刀杆支架）测量 H_1' 或 H_2'。根据所测得的两端尺寸用下列公式计算： $H=H_1+\frac{d}{2}$ $H=H_2-\frac{d}{2}$ 最终要使两端所测尺寸数值一致
	在水平剖面内间接找准法	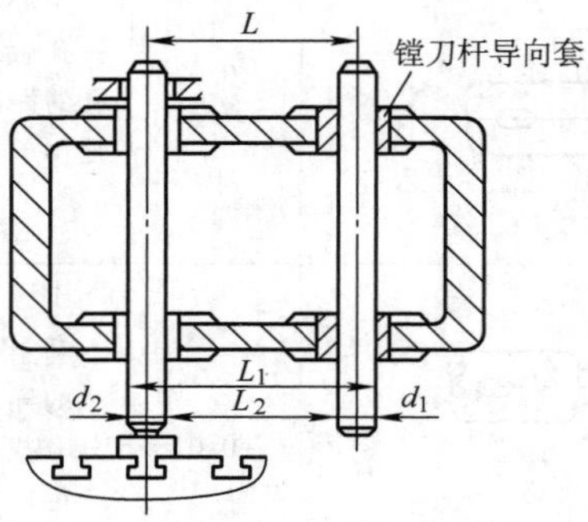	这种方法主要用于同平面的平行孔系第二个孔和其余各孔轴线的定坐标。由于第一个孔已加工完，因此后立柱刀杆支架轴线已与主轴轴线同轴。在加工第二个孔和其余各孔时，无须再定垂直轴剖面内的坐标（高度坐标），只要用检验棒确定镗刀杆轴线在水平轴剖面（侧向位置）内的坐标即可 测量调整两端 L（两孔中心距离）值相等，即 $L=L_1-\frac{d_1}{2}-\frac{d_2}{2}$　或 $L=L_2+\frac{d_1}{2}+\frac{d_2}{2}$

表 3-2-217　导向装置布置的型式与特点

型　式	简　图	特　点
单面前导向	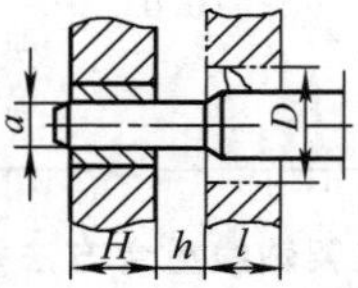	适用于 $D>60$mm、$l<D$ 的通孔。因为 $d<D$，换刀方便，加工不同直径的孔时，不用更换镗套。$h=(0.5\sim1)D$，以便排屑
单面后导向	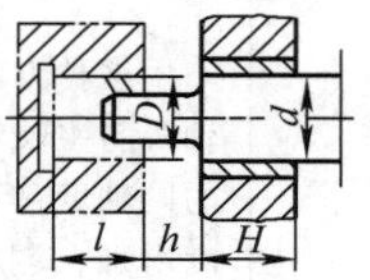	适用于加工 $l<D$、孔距精度要求高的孔，刀杆刚度好，换刀时不用更换镗套（卧式镗床 $h=60\sim100$mm，立式镗床 $h=20\sim40$mm）
	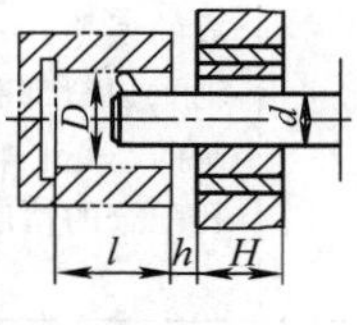	因为 $d<D$，所以在加工 $l>D$ 的长孔时，镗杆能进入被加工孔中，镗杆的悬伸量短，有利于缩短镗杆长度（卧式镗床 $h=60\sim100$mm，立式镗床 $h=20\sim40$mm）

（续）

型　式	简　　图	特　　点
单面双导向	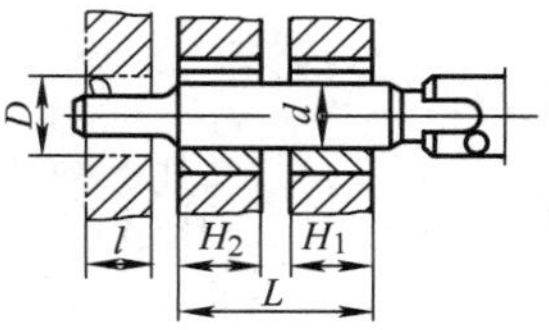	镗杆与机床主轴浮动连接，可减小机床主轴精度对工件精度的影响。更换镗杆和装卸刀具方便 $L \geqslant (1.5\sim5)l$，$H_1=H_2=(1\sim1.2)D$
双面单导向	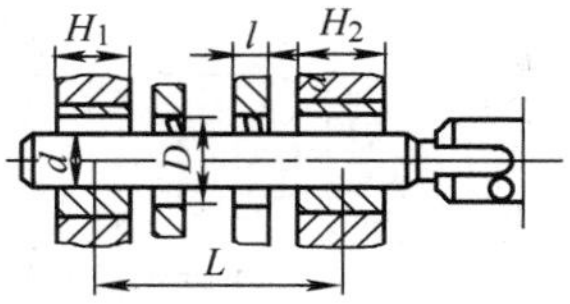	适用于镗 $l>1.5D$ 且在同一轴线上有两个以上的孔，能精确地保证各孔之间的同轴度，但两导向支架间距 L 应控制在 $10d$ 左右
中间导向	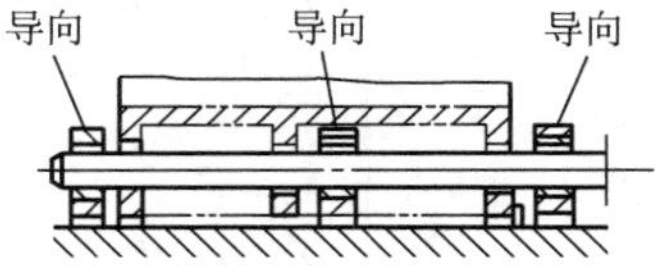	工件在同一轴线上有两个以上的孔且镗杆支承距 $L>10d$ 时，应考虑增加一个中间导向装置。图示装置为立置，适用于安装面敞开的工件
	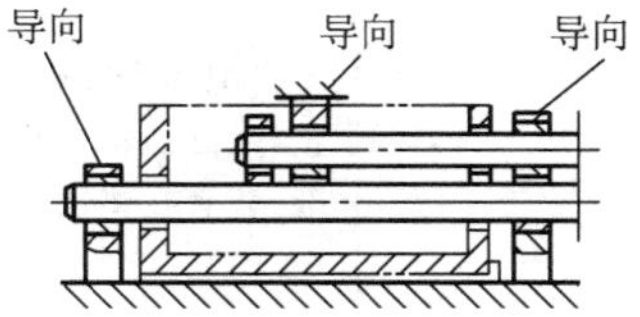	条件基本同上。图示装置为悬置，适用于安装面封闭的工件

表 3-2-218　工件定位基准及定位方法

定位基准	简　　图	方法说明
工件未经加工	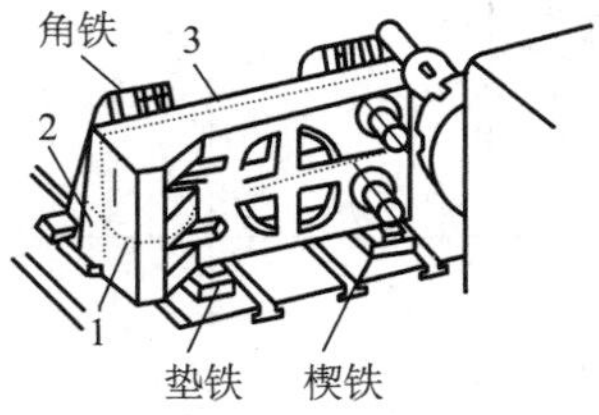	工件未经加工，工件装夹在镗床上配置的垫铁和角铁上，可用楔铁调整，按划线 1、2、3 进行找正
工件用一个已加工面作为定位基准	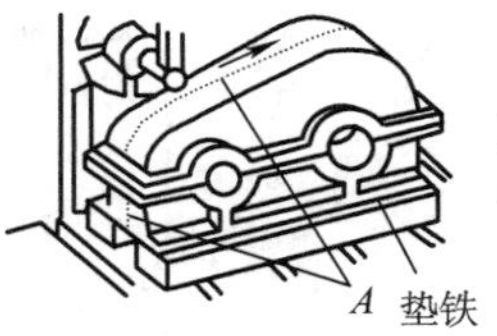	工件将已加工的底平面装夹在镗床上配置的长条垫铁上，按划线 A 进行找正

（续）

定位基准	简　图	方法说明
工件用直径相同的两个轴颈作为定位基准	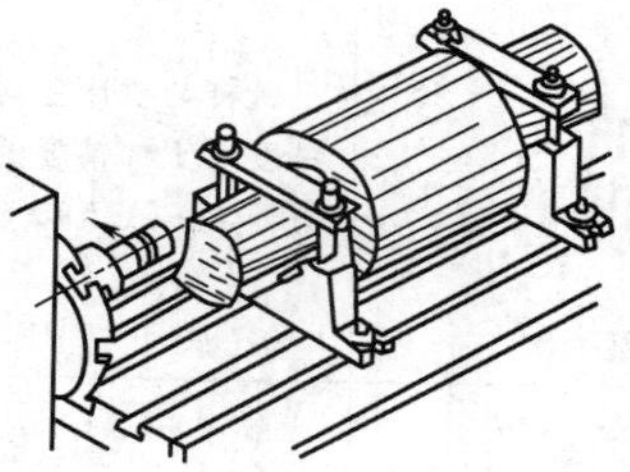	工件装夹在固定的V形块上，首件加工时须找正V形块，以后各件加工无须找正
工件用直径不相同的两个轴颈作为定位基准	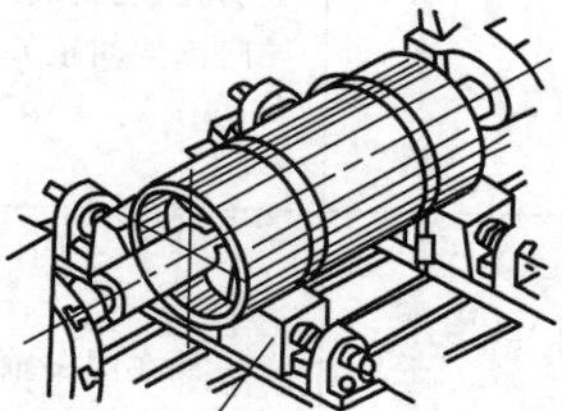	工件用前、后两个不同的轴颈作定位基准，将该轴颈安装在可调整的V形块上，按划线进行找正。若定位精度要求较高，也可用百分表测上母线和侧母线进行校正
工件用两个已加工面作为定位基准	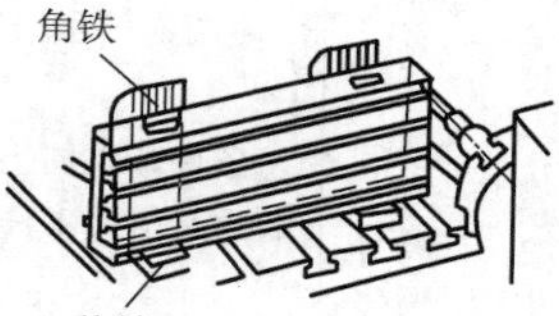	将配置在镗床上的垫铁和角铁预先校正好，然后将工件两个已加工面作为基准，装夹在垫铁上，并紧靠角铁即可
工件用一个已加工面及两个定位孔作为定位基准	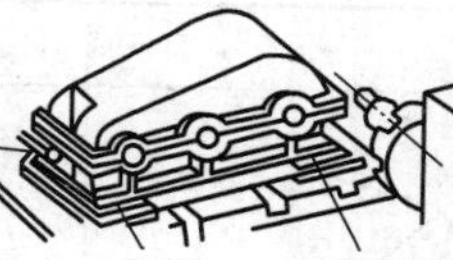	将镗床上配置的带有两个定位销的底板（即夹具）预先校正好，然后将工件的一个已加工面和两个相应的定位孔作为基准，装到夹具上即可
工件用一个已加工面及已镗好的通孔作为定位基准	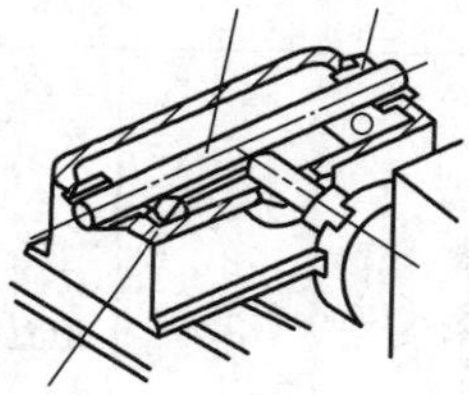	在没有配置精密回转工作台的镗床上加工垂直孔，可按已镗好的两个孔作为定位基准，穿入心轴，用百分表校正工件位置，以保证两孔轴线垂直

（续）

定位基准	简　图	方法说明
工件用V形导轨面和平导轨面作为定位基准		这种方法多用于箱体工件，选用装配基准面作为定位基准，这样可以减小或避免因定位基准的转换而引起的误差，因此定位可靠，精度高
工件用平面与燕尾导轨面作为定位基准	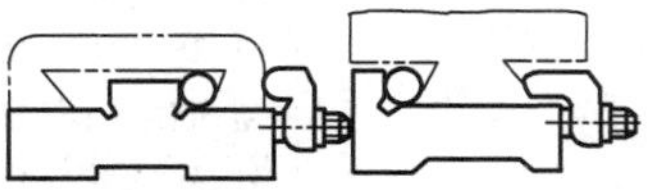	这种方法多用于箱体工件，选用装配基准面作为定位基准，这种方法定位可消除燕尾导轨的角度误差引起的定位误差

2.6.2.5 镗削基本方式及加工精度分析

在卧式镗床上进行镗削加工有两种基本方式：一种是用端镗刀杆的悬伸镗削；另一种是用后立柱刀杆支架或中间支承架支承镗刀杆的镗削。这两种镗削按进给方式又分为主轴送进的镗削与工作台送进的镗削。

1. 悬伸镗削基本方式及加工精度分析（见表3-2-219）

2. 支承镗削基本方式及加工精度分析（见表3-2-220）

表3-2-219 悬伸镗削基本方式及加工精度分析

基本方式	简　图	加工精度分析
工作台送进；加工同轴孔系时，主轴和镗刀杆的悬伸长度不变；镗刀杆不用导向套	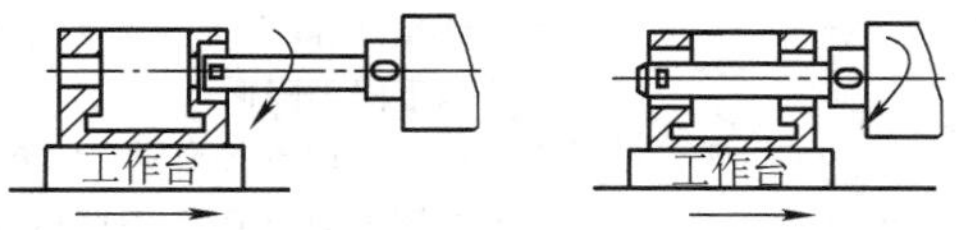	1）孔系轴线的直线度取决于工作台纵向送进方向的直线度 2）主轴和镗刀杆在本身重力和切削力作用下，产生的挠度改变了镗刀的坐标位置（镗刀下垂），从而改变了孔轴线的坐标位置。但是，由于工作台做送进运动，因此不论工作台移动到任何位置，这种改变都不会使孔轴线弯曲，因而这种改变是一定的 3）孔的圆柱度与床身导轨和主轴轴线的相对位置精度无关，故镗出的孔径是一定的 4）由于镗刀杆只固定了一端，刀具系统刚度较低，因此这种加工方式特别适用于镗削浅孔
工作台送进；主轴悬伸量一定，但镗削同一轴线上的各孔时，所用镗刀杆长度不同（第一孔加工后，将短刀杆换成长刀杆），镗刀杆不用导向套	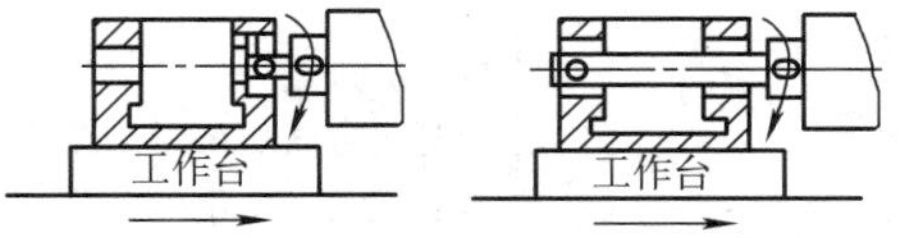	1）若工作台导轨是直的，那么镗出各孔的轴线也是直的 2）主轴悬伸长度一定，因此其挠度一定，即主轴对孔系轴线直线度的影响是一定的 3）镗削第二孔时，由于换了长刀杆，因此其挠度比镗削第一孔时所用的短刀杆挠度大，这样使同一轴线的各孔同轴度误差增大 4）虽然长、短刀杆的挠度不同，但这两个刀杆上的镗刀相对于工作台的进给运动的坐标位置（下垂量）是一致的，即各自挠度是一定的，也就是说，各自的刚度不变，因此不会影响每个孔轴线的直线度，同时也不影响每个孔的圆柱度 5）采用这种加工方式镗削第一孔时，采用了刚度较大的短刀杆，因此可用较大的切削用量，其生产率较高；镗削第二孔时由于使用了长刀杆，因此其生产率（比镗削第一孔时）降低 6）适用于加工轴线同轴度要求不太高且较浅的同轴孔系

（续）

基本方式	简 图	加工精度分析
工作台送进；主轴的悬伸长度一定，但镗削同一轴线上的各孔时，所用的刀杆长度不同（第一孔加工后，将短刀杆换为长刀杆），从加工第二孔开始，在先前加工过的孔内安装镗刀杆的导向套	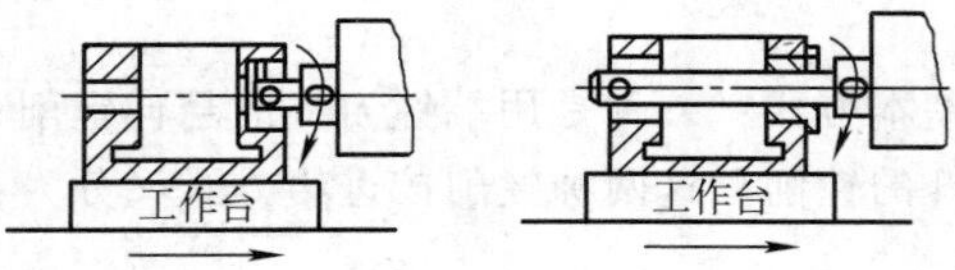	1）如果工作台导轨是直的，那么镗出的第一孔轴线也是直的 2）第二孔轴线的直线度不但取决于工作台导轨的直线度，而且还取决于长刀杆的直线度。因为镗刀杆在导向套内做轴向移动时，镗刀运动轨迹重复了刀杆的曲线形状，从而使孔轴线随之产生了直线度误差。另外，孔轴线的直线度还取决于刀杆从导向套端面算起的悬伸长度、刀杆与导向套的间隙大小、刀杆在主轴上的夹持刚度等。为保证加工精度，按这种方式加工则需要很精密的镗刀杆 3）镗削第二孔时，镗刀随着刀杆悬伸长度的增加，其刚度随之降低，镗刀在不同加工位置上的切削变形也不同。镗刀在开始镗孔的位置上，孔的变形误差最小，但镗到孔末端时，孔的变形误差为最大。这种变形误差，往往使孔口前端小、后端大 4）采用导向套，除增加刀具系统刚度，还起消振作用，从而能提高生产率 5）这种加工方式适用于轴线同轴度要求较高的孔系
主轴送进；镗削同轴孔系时，镗刀杆的长度一定，镗刀杆不用导向套	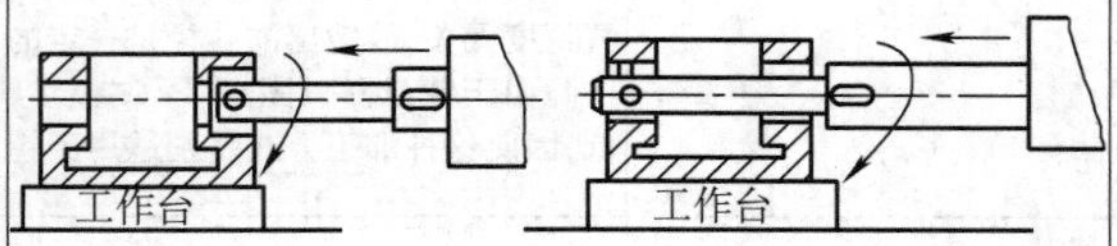	1）在切削力作用下，孔的直径尺寸精度、形状精度，随主轴悬伸长度的增加、主轴刚度的下降而降低 2）主轴因本身质量产生的挠度随主轴悬伸长度增加而增大，因此增大了孔系轴线的直线度误差 3）被加工孔直径比主轴直径小时，只好采用细长镗刀杆。因而，工件不得不装在离主轴端面较远的位置（至少要等于刀杆长度的位置）。镗削时，随着主轴送进，主轴和刀杆悬伸长度的不断增加，刀具系统刚度变得越来越低，降低了镗削精度。这种加工方式的不利因素较多，因此在一般情况下采用较少。它只用于工作台不能做纵向移动的镗床，或者在没有工作台的镗床上镗孔
主轴送进；镗削同一轴线上的各孔时，所用的镗刀杆长度不同（第一孔加工后，将短刀杆换成长刀杆再加工第二孔），镗刀杆不用导向套	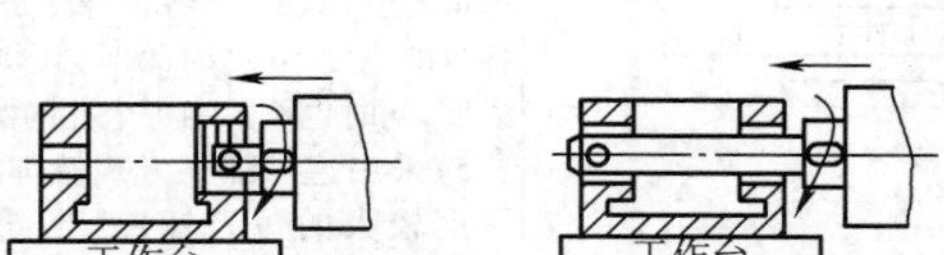	这种方式主要用于工作台不能做纵向移动的镗床，或者在没有工作台的镗床上镗孔。这种镗孔方式对加工精度的影响，虽然与上一种方式基本相同，但由于其刀具系统刚度较高，因此它的加工精度和生产率都比上一种方式高

（续）

基本方式	简　　图	加工精度分析
主轴送进；镗削同一轴线上各孔时，所用的镗刀杆长度不同（第一孔加工后，将短刀杆换成长刀杆），从第二孔开始，在已加工过的孔内装上导向套	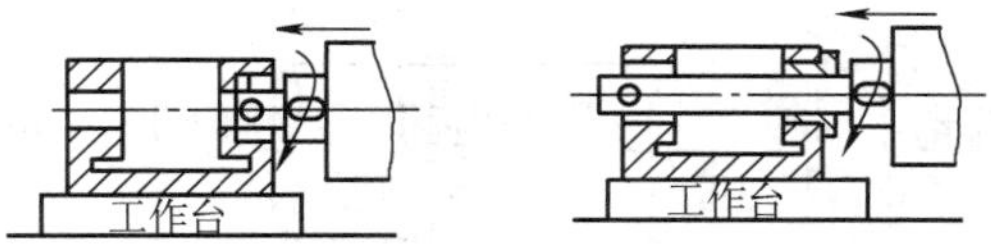	由于增加了镗刀杆导向套，与上一种加工方式相比，其刀具系统刚度较大、抗振性较好，因此这种方式镗孔精度较高

表 3-2-220　支承镗削基本方式及加工精度分析

基本方式	简　　图	加工精度分析
工作台送进，加工同轴孔系时，镗刀杆长度一定	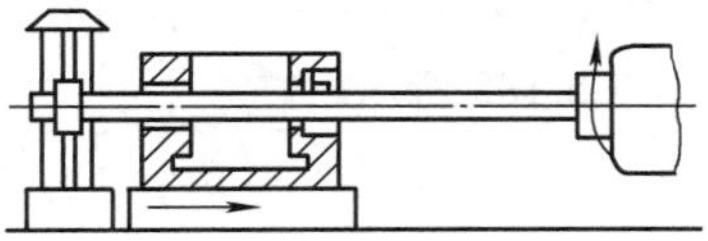	1）这种镗孔方式使用的镗刀杆长度一般是工件长度的 2 倍，但镗刀杆刚度比悬伸镗削方式大，这种方式的镗刀杆挠度是悬伸镗削方式的 1/2 2）由于工作台送进，镗刀杆在轴向内固定不动。这样镗刀杆的形状误差、后立柱刀杆支架轴线与主轴轴线的重合度误差，对镗孔精度的影响不大。虽然镗刀杆的弯曲影响了镗刀的径向位置，但这种影响在孔的全长上是一样的 3）这种镗孔方式比悬伸镗削方式更适合于加工精度较高、较深的孔系
工作台送进；加工同轴孔系时，只用一根镗刀杆，并且在镗刀杆的不同部位上安装镗刀	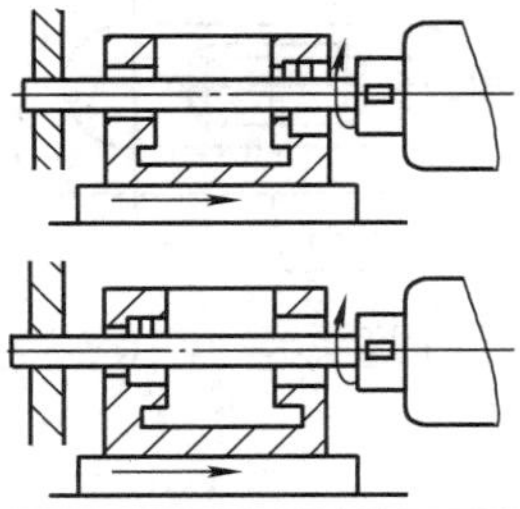	这种加工方式所使用的镗刀杆在不同的部位上安装镗刀，因此镗刀杆长度大大缩短（比工件长度大一些就可以了）。这种镗孔方式的镗刀杆刚度比上一种镗孔方式还大，所以更适合加工较深的孔系。这种方式生产率较高，应用较广泛 缺点是由于镗刀杆在各点上的挠度不同，镗刀杆上不同部位的镗刀径向圆跳动也不同，因此用这种方式加工出的孔系轴线有一些弯曲
主轴送进，随着主轴伸出长度的增加，镗刀杆的工作长度相对缩短（一部分工作长度悬伸出后立柱支架的外部）	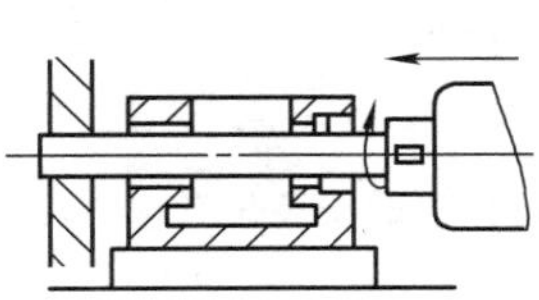	1）这种镗孔方式的刀具系统刚度比前面几种镗孔方式的刀具系统刚度大得多，而且引起振动的可能性很小。因此，可用宽切削刃镗孔，并可同时用几把刀镗削。适用于细长同轴孔系的加工，其生产率较高 2）镗刀杆因本身质量引起的挠度，使镗刀产生径向圆跳动，其跳动的大小和镗刀所在的位置有关。镗刀在两支承中间时，跳动最大；当逐渐移向支承架时，跳动随之减小；移至支承处，跳动为零。这样会使孔系轴线产生弯曲 3）在切削力的作用下，镗刀杆各处产生的挠度是不同的。因此，不同位置上的镗刀径向圆跳动也不同，结果使同一次调整好的镗刀镗出的孔径不一样。一般来说，镗刀杆支承处的孔径要大一些 4）加工出的孔径虽有变化，但孔是圆的。直径误差的大小，取决于切削力的大小 5）如果镗刀杆精度高，中间支架及后立柱刀杆支架轴线调整准确，轴承间隙相当，就可以降低孔系轴线直线度误差

2.6.2.6　镗削加工

1. 镗刀安装与对刀

(1)单刃镗刀的安装方式及用途(见表 3-2-221)

表 3-2-221　单刃镗刀的安装方式及用途

安装方式	用　途	安装方式	用　途
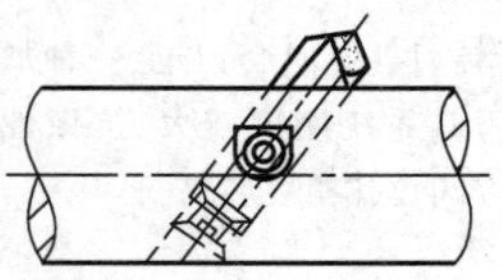	用于镗通孔	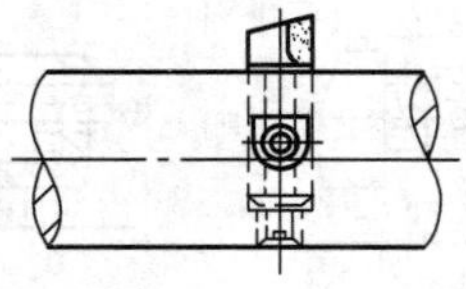	用于镗阶梯孔
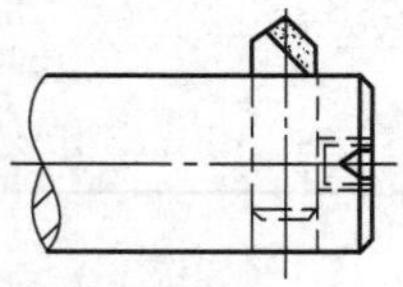	用于镗通孔	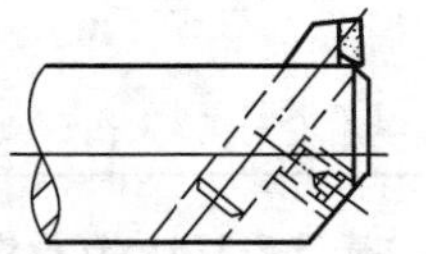	用于镗不通孔

(2) 镗刀块的安装　镗刀块与镗刀杆的安装应成垂直状态。镗刀块与镗刀杆矩形孔的配合精度一般为 H7/h6 或 H7/g6，镗刀杆矩形孔对轴线的垂直度和对称度应小于 0.01mm，表面粗糙度 Ra 为 0.2~0.4μm。镗刀块各面平行度一般控制在 0.005mm。镗杆矩形孔精度要求如图 3-2-184 所示，镗刀块在镗刀杆上的安装位置如图 3-2-185 所示。

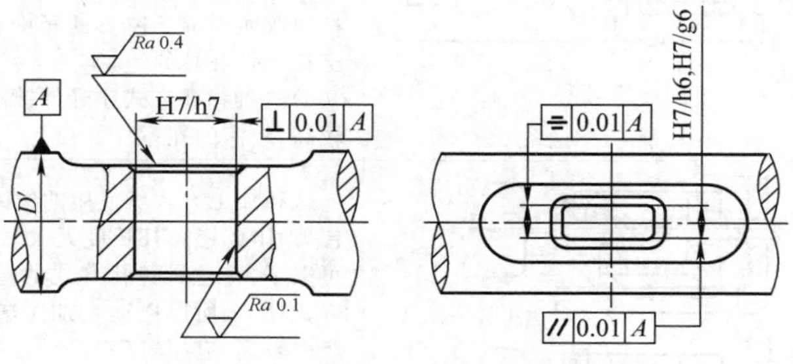

图 3-2-184　镗杆矩形孔精度要求

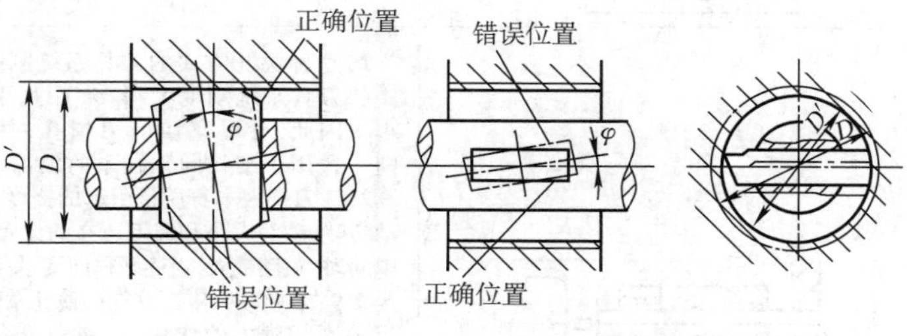

图 3-2-185　镗刀块在镗刀杆上的安装位置

(3) 对刀　对刀（即校正刀尖伸出量）可采用对刀表座（见图 3-2-186)。表座是一个 V 形体，以 V 形面放置在镗轴上，用百分表的测头顶在刀夹上，调整百分表零位，通过轻敲刀头来测量调整刀尖尺寸位置。对刀时应注意，V 形基准面要紧贴镗杆，不能倾斜测量，百分表测头不可与刀尖剧烈摩擦。

2. 粗镗和精镗

粗镗主要是对工件的毛坯孔（铸造孔）面或对钻、扩后的孔进行初加工，即采用较大的镗削用量（主要是背吃刀量 a_p 和进给量 f）切除工件表面不规则的硬层部分，为下一步半精镗、精镗加工达到要求奠定基础。

粗镗后一般单边留 2～3mm 作为半精镗和精镗孔的余量。对于精密的箱体类工件，一般粗镗后均安排回火或时效处理，消除内应力达到自然状态，最后再进行精镗。这时的精加工余量应根据毛坯精度和工件精度来确定。

采用单刃镗刀进行粗镗时，镗刀的几何角度：推荐选用前角 $\gamma_o=5°\sim10°$，后角 $\alpha_o=3°\sim8°$，主偏角 $\kappa_r=60°$，副偏角 $\kappa_r'=10°\sim15°$，刃倾角 $\lambda=0°\sim4°$。

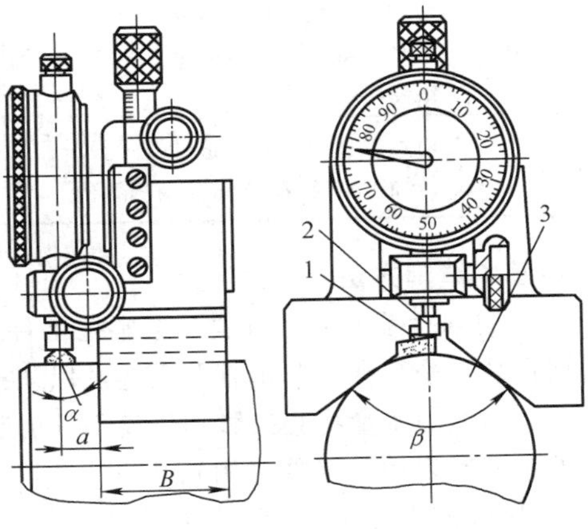

图 3-2-186　对刀表座
1—镗刀　2—测头　3—镗刀杆

半精镗是精镗的预备工序，主要是解决粗镗留下的余量不均匀部分。半精镗后一般留精镗余量为 0.3～0.4mm（单边），对精度要求不高的孔可直接精镗，不必增加半精镗工序。

精镗的目的是保证镗削孔的尺寸精度、孔的形状精度及较好的表面粗糙度。精镗是以较高的切削速度、较小的进给量切去前工序较少余量，通常精镗 $a_p\geqslant0.10$mm，$f\geqslant0.05$mm/r。

采用单刃镗刀进行精镗时，镗刀的几何角度：推荐选用前角 $\gamma_o=8°\sim15°$，后角 $\alpha_o=5°\sim12°$，主偏角 $\kappa_r=90°$，副偏角 $\kappa_r'=0°\sim10°$，刃倾角 $\lambda=-4°\sim0°$。

铸铁件不同精度孔的典型镗削工艺方案见表 3-2-222。

表 3-2-222　铸铁件不同精度孔的典型镗削工艺方案

加工精度	在实体上加工	在铸孔或锻孔上加工	备　　注
IT6		粗镗(双刀)、半精镗、精镗 粗镗(双刀)、精镗(双刀)	用粗、精四把镗刀的方案不很稳定
IT7	1)加工直径≤ϕ16mm 钻、铰、钻、扩、铰 2)加工直径>ϕ16mm 钻、扩、铰 钻、扩、粗铰、精铰	镗(双刀)、粗铰、精铰 扩(粗镗)、半精镗、精镗 粗镗、半精镗、精铰	
IT8	1)加工直径≤ϕ20mm 钻、扩、铰钻—铰复合 钻—镗复合 2)加工直径>ϕ20mm 钻、扩、铰	粗镗、精镗 粗镗、精镗(双刀) 镗(三把刀) 扩、铰	在加工壁厚不大的情况下： 表面粗糙度 Ra 要求为 3.2μm 时 表面粗糙度 Ra 要求为 1.6μm 时 当壁厚较薄时： 表面粗糙度 Ra 要求为 0.8μm 时

（续）

加工精度	在实体上加工	在铸孔或锻孔上加工	备　注
IT9～IT10	1）加工直径≤ϕ25mm 钻、扩、铰 2）加工直径>ϕ25mm 钻、镗 钻镗（双刀）	扩、铰 粗镗、精镗	按加工余量及表面粗糙度的要求合理选择
IT11	1）加工直径≤ϕ30mm 钻 2）加工直径>ϕ30mm 钻、扩钻、铰	粗镗 粗镗、精镗	当表面粗糙度值要求较低时

3. 基本镗削方法

（1）同轴孔系的镗削方法　通常把工件上一系列有相互位置精度要求的孔称为“孔系”，如同轴孔系、平行孔系和垂直孔系等。保证孔系的加工精度是工件加工的关键。

孔系加工的质量将直接影响传动部件的装配精度和机械工作性能，因此对孔系加工有一定的技术要求（以箱体工件为例）：

1）轴孔的尺寸精度和几何精度。

2）轴孔之间的孔距尺寸精度和相互位置精度（包括工件上同轴孔系的同轴度要求）。

3）主要平面的形状精度和轴孔主要平面的相互位置精度。

4）表面粗糙度。

同轴孔系就是在工件的同一轴线上有一组相同孔径或不同孔径的孔。同轴孔系镗削加工除应保证孔本身的尺寸精度和表面粗糙度要求，最主要的技术要求是保证各孔之间的同轴度。

同轴孔系的加工方法有悬伸镗削（见表3-2-219）、支承镗削（见表3-2-220）和调头镗削等。

调头镗削是先将工件一端孔镗好后，然后将工件旋转180°，再镗削另一端的孔。用这种方法镗削同心孔称为调头镗削。调头镗削方法见表3-2-223。

表3-2-223　调头镗削方法

镗削方法	简　图	说　明
转动工作台方法	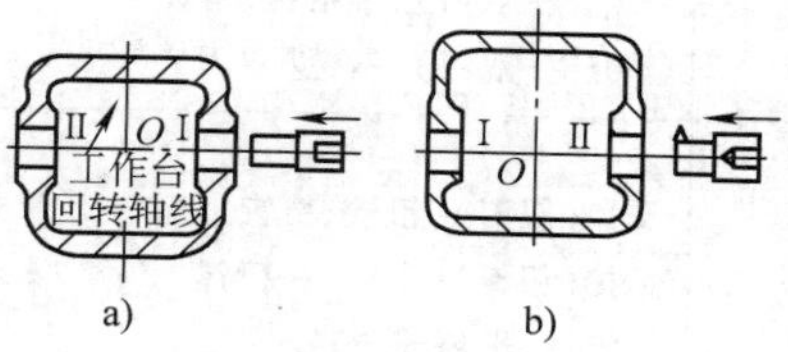	这种方法适用于中小型工件在回转工作台装置精度高的卧式镗床上使用
工件调头重新装夹方法	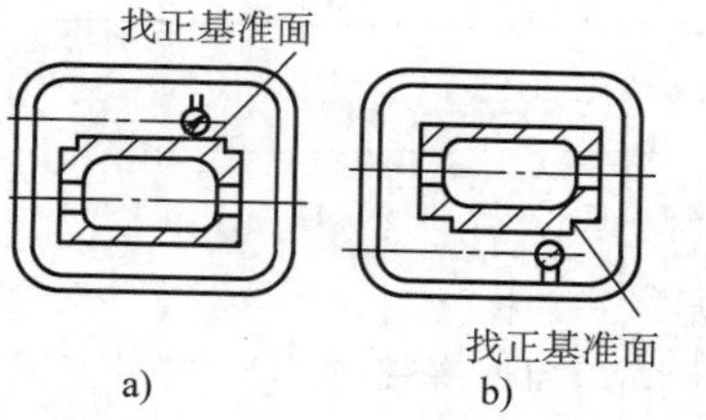	这种方法是利用工件基准面或工艺基准面找正，使平面与镗杆轴线平行。镗削一孔后，工件回转180°，重新校准平面使其与镗杆轴线平行，这样可保证同轴孔系中心的平行度

调头镗削方法的优点是可采用短粗的镗杆加工，而且孔端面的环槽、外圆和端面均可一并加工出来，测量方便，又能采用较高的切削速度，提高生产率等。其缺点是工件的加工精度主要取决镗床工作台的回转精度和工件调头后的找正误差。所以，当孔中心线较短、精度要求较高时，不宜采用调头镗削方法。

(2) 平行孔系的镗削加工　由若干个中心线相互平行的孔或同轴孔系所组成的一组孔称为平行孔系。平行孔系镗削加工中的主要问题是如何保证孔系的相互位置精度，孔与基准面的坐标位置精度，以及孔本身的尺寸、形状和位置精度。在大批量生产中，常采用镗模加工，在单件和小批量生产条件下，普遍采用坐标法加工。采用镗模加工时，零件的精度完全依赖于镗模的质量；采用坐标法加工时，各孔间的中心距是依靠坐标尺寸来保证的。坐标尺寸的累积误差必然会影响孔距精度，所以必须正确地选择起始孔（基准孔）和镗孔顺序，以消除或减小累积误差，保证加工质量。

起始孔的选择原则是该孔既与相关基准面有位置公差要求，又与相邻孔有位置公差要求，其本身的形状公差和尺寸精度及表面粗糙度要求都比较高。在加工中一旦有必要时，可以它为根据重新校验机床主轴中心所在的坐标位置，防止出现差错。镗孔顺序的选择主要考虑对有位置公差要求的两孔要顺序连续加工。

(3) 垂直孔系的镗削加工　两孔轴线处在同一平面内，并且相交成 90°夹角的孔系称为垂直孔系。垂直孔系有垂直相交和垂直交叉两种状态，如交角为 90°的直齿锥齿轮箱体上的两孔中心线为垂直相交，蜗轮减速器箱体上安装蜗杆和蜗轮的两孔中心线为垂直交叉。

垂直孔系加工中的主要问题是既要保证各孔自身的尺寸精度、形状精度和表面粗糙度要求，还应保证两轴线的垂直度要求，以及正确确定孔轴线相对于基准平面的尺寸要求和位置要求。

垂直孔系镗削方法见表 3-2-224。

表 3-2-224　垂直孔系镗削方法

镗削方法	简　图	说　明
回转法镗削垂直孔系	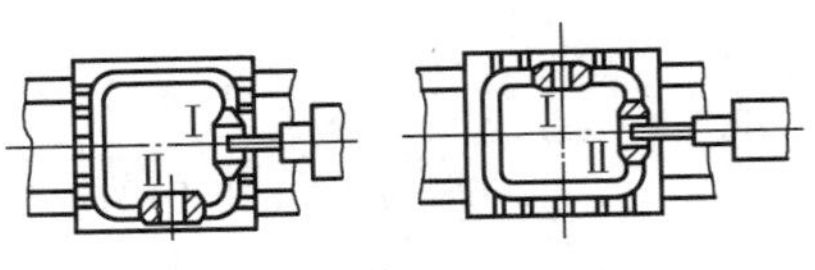 a)　b)	利用回转工作台镗削垂直孔系时，首先将工件装夹在工作台上，按侧面或基面找正，待加工孔中心线与镗杆轴心线同轴且镗好Ⅰ孔后，将工作台逆时针旋转 90°，再镗削Ⅱ孔。这种方法是依靠镗床工作台回转精度来保证孔系的垂直度
心轴校正法镗削垂直孔系	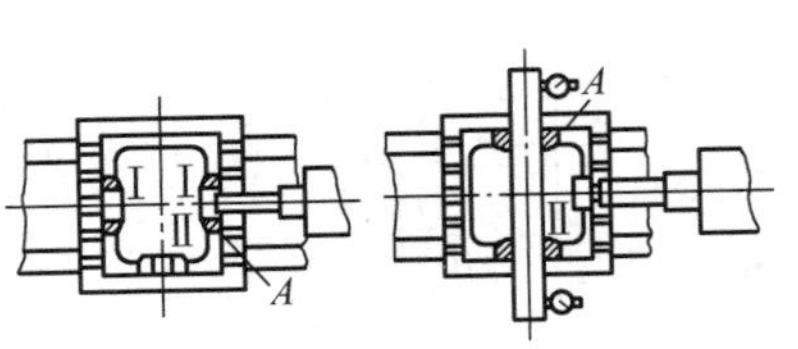 a)　b)	利用已加工好的Ⅰ孔，按Ⅰ孔选配检验心轴插入Ⅰ孔，镗杆上装百分表校对心轴两端，待两端等值后再加工Ⅱ孔 另一种方法是，镗出Ⅰ孔后，在一次装刀下镗出基准面 *A*，然后转动工作台按 *A* 面找正，使之与镗杆轴线平行，再镗出Ⅱ孔。这种方法，比仅依靠镗床工作台回转精度保证孔系的垂直度更加可靠
弯板与回转台结合镗削垂直孔系	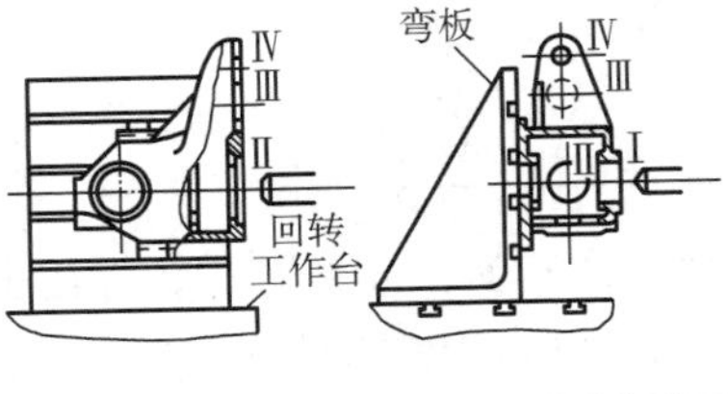	这种方法适用于较小工件。在回转工作台上装夹一块弯板，将工件的基准面夹压在弯板上，同样利用回转工作台保证垂直精度。工件不仅有垂直孔，而且还有平行孔，可先加工Ⅳ、Ⅲ、Ⅱ孔，转 90°后再加工Ⅰ孔，也可以先加工Ⅰ孔，转 90°后再加入Ⅳ、Ⅲ、Ⅱ孔

(4) 孔端面的刮削　孔端面的刮削主要适用于直径不大的孔端面的加工。可在孔加工前后进行，不用移动主轴中心位置，操作简单。但是，加工质量一般，如端面的平面度和孔中心

线的垂直度不如车削和铣削加工的质量好，特别是当刀杆较细且刮削面宽时质量更难保证。

刮削孔端面时多采用单刃刀刮削。单刃刀刮削易产生凹心及波纹，主要原因是刀杆刚度低、切削面长、刀方尺寸小和刀具后角大等，所以在选用刀杆时，应尽量选短而粗、刚度高的刀杆。对于那些因孔小限制了刀杆直径的孔端面的加工，可将孔预先加工到与刀杆滑配的尺寸，利用该孔支承刮削，然后再将孔加工至图样尺寸，也可在已加工好的孔中装入支承套支承刀杆刮削。

精刮孔端面时，一般使用高速钢刀具，最好采用双刃刀具刮削，如果采用单刃刀具，在加工前，须检查刀具安装在刀杆中的位置是否正确，主要是刀口对刀杆中心线的垂直度，可用直角尺紧贴在孔的表面上，以检查所装刀具的切削刃是否与尺面贴合。

孔端面刮削刀杆支承方式见表3-2-225，圆柱孔端面刮削方法见表3-2-226。

表3-2-225　孔端面刮削刀杆支承方式

支承方式	简　图	说　明
刀杆不加支承，直接刮削	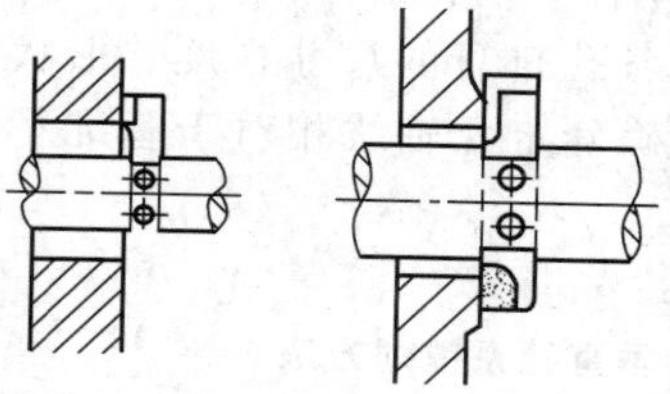	用于内孔较小且刮削端面也不大的孔端面刮削
利用内孔作支承刮削	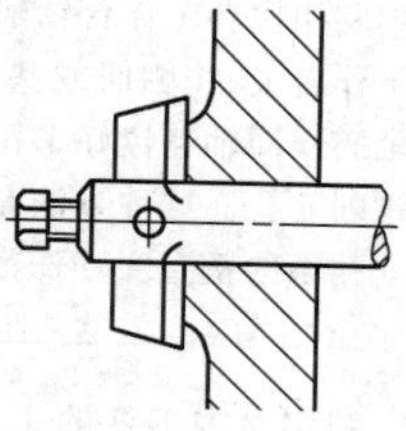	刀杆与孔（工艺孔）为滑配尺寸，端面刮削后，将孔加工至图样尺寸
利用衬套做支承刮削	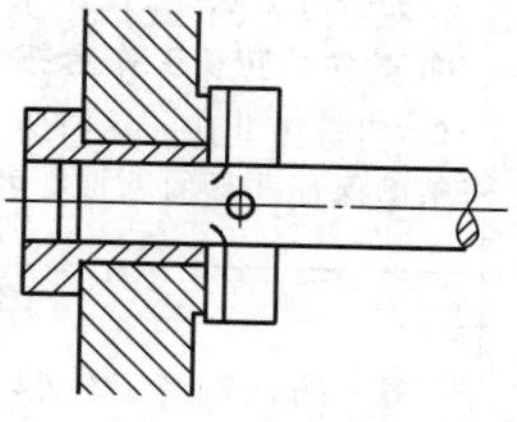	若镗孔精度要求高，表面质量也要求高，最好不采用这种方法

（5）铣削平面　在刨床、铣床等设备上不便加工的平面，或者对与孔有位置精度要求的平面，可采用镗床来加工平面。在镗床上铣削平面的关键在于铣刀的安装方法和刀具系统刚度的高低。

在镗床上铣削圆柱孔端面的方法见表3-2-227。

（6）内、外沟槽的镗削方法（见表3-2-228）

表 3-2-226　圆柱孔端面刮削方法

刮削方法	简　　图	说　　明
粗刮	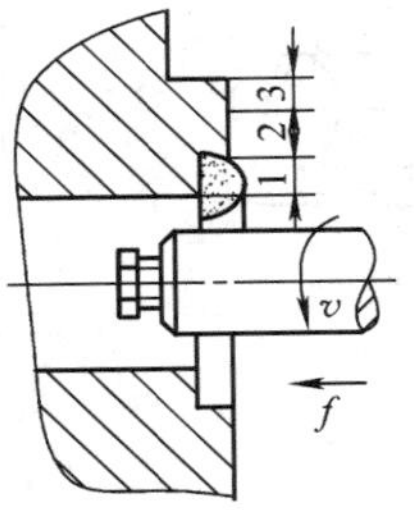 分段粗刮端面 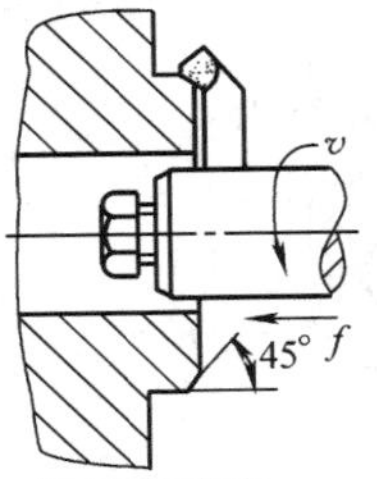 端面外圆倒角	粗刮一般使用硬质合金刀具。若孔的端面较大，可用 90°偏刀分段切除余量；若孔的端面是凸起面，且端面外缘处较硬，可先用 45°偏刀副切削刃将凸台外缘倒角，这样可以延长精刮时使用的高速钢刀具的寿命
精刮	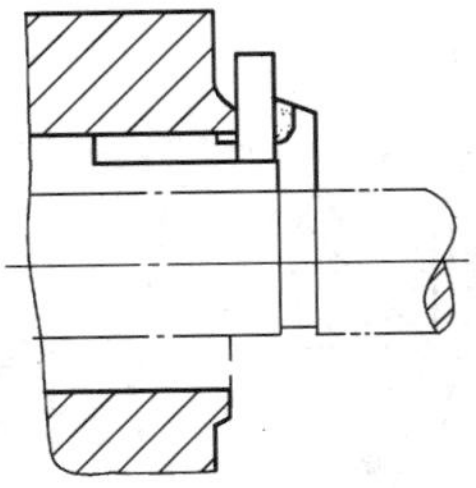 刀具与刀杆垂直程度检查	由于刮刀切削刃较长，切削转矩较大，所以精刮孔端面时的切削速度要低。刀具后角尽可能小些，可取 4°~8°。刀杆应尽量粗些，以提高刚度。若工件的孔端面过宽时，可分段刮削，但接刀处必须平整光滑

表 3-2-227　在镗床上铣削圆柱孔端面的方法

铣削方法	简　　图	说　　明
立铣刀铣削	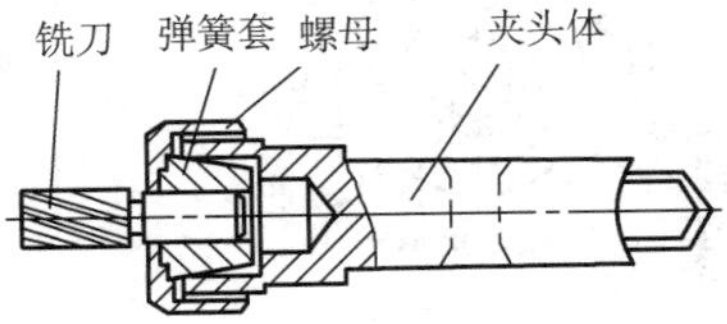 胀簧夹头	对直径小于 6mm 的直柄立铣刀，一般用钻夹头来装夹 对直径为 6~25mm 的直柄立铣刀，可采用胀簧夹头夹紧的方法

（续）

铣削方法	简　图	说　明
立铣刀铣削	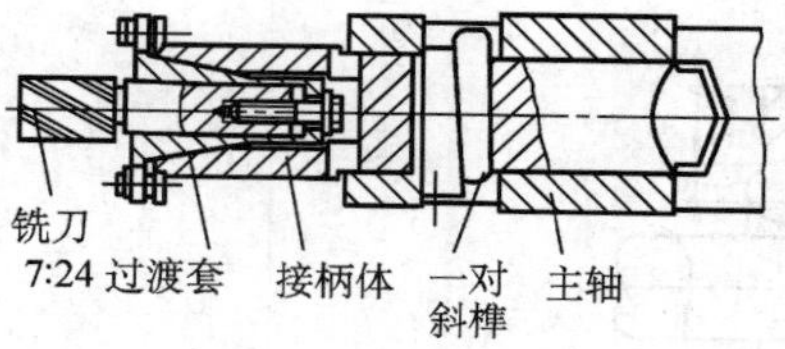 法兰固定式	立铣刀在镗床主轴上的连接方式采用法兰固定式，即把装好铣刀的锥套插进刀杆的锥孔，用螺栓把锥套法兰与刀杆法兰紧固在一起
	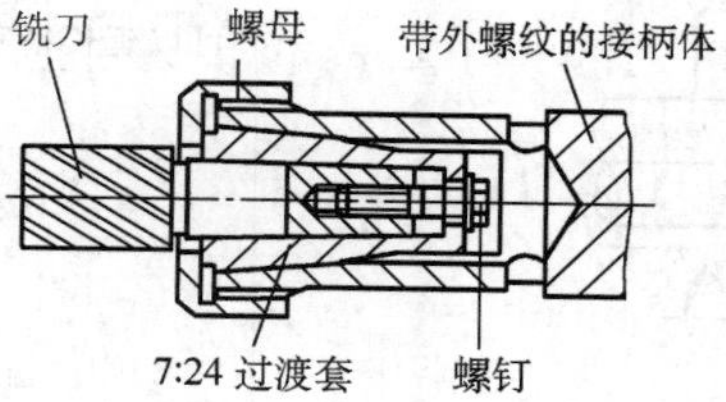 外螺纹固定式	外螺纹固定式：随着刀杆上外螺纹与螺母的旋紧，螺母平面将锥套紧紧固定在刀杆上
	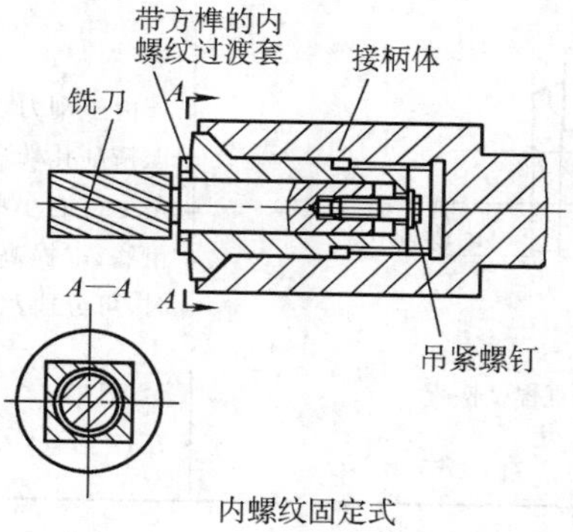 内螺纹固定式	内螺纹固定式：刀杆的内螺纹与锥套的尾部外螺纹相连接，用锥套端部四方头旋紧
面铣刀铣削	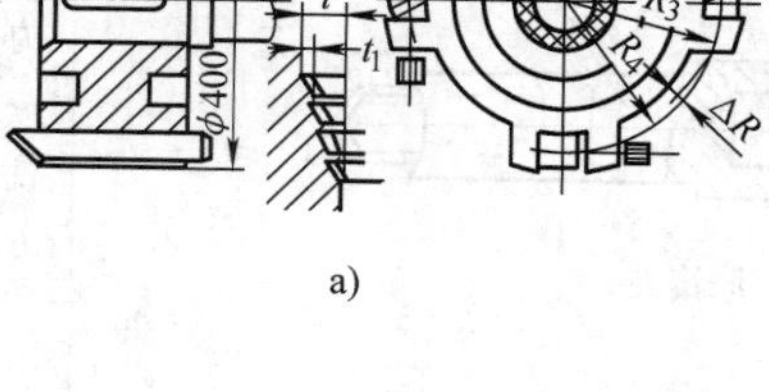 a)	面铣刀在镗床主轴上的连接方式： 铣刀盘直径小于250mm时，其刀盘直接装在刀杆上并用螺钉锁紧（图a）

（续）

铣削方法	简　图	说　明
面铣刀铣削	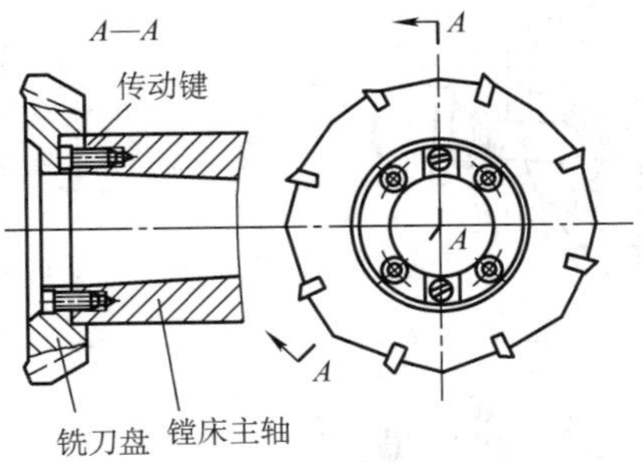 b) 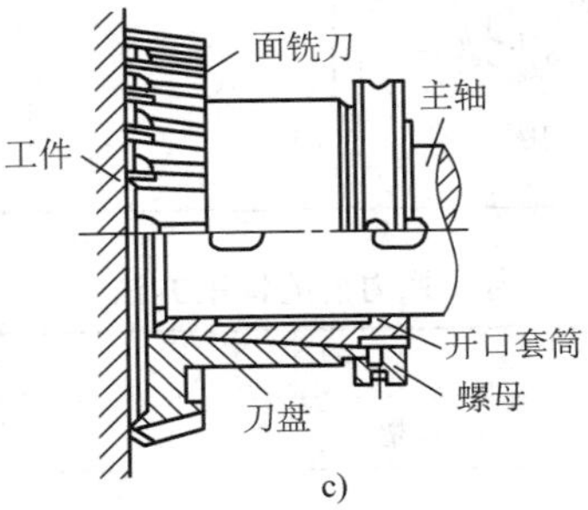 c)	铣刀盘直径大于 250mm 时，可将其装在端面上具有螺孔和键的镗床主轴上（图 b）或铣刀体通过锥形开口套筒用螺母直接紧固在主轴的外圆上（图 c）
主轴悬伸铣削	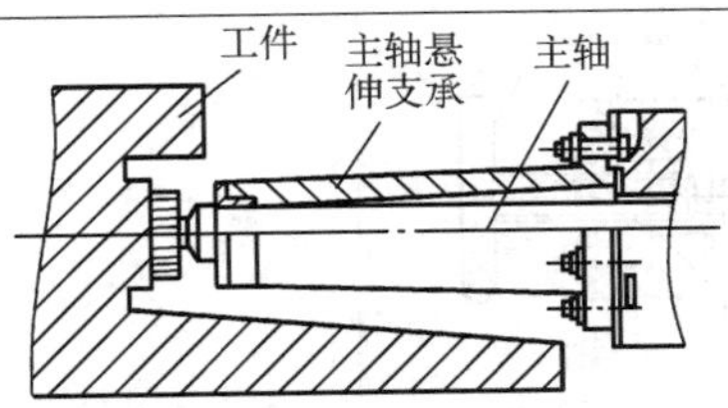	这种方法用于铣削内深平面，采用主轴悬伸支承进行加工。主轴悬伸支承一端与镗床的平旋盘连接，另一端托住悬伸过长的主轴一端，以提高铣削部位刚度
利用平旋盘进行铣削	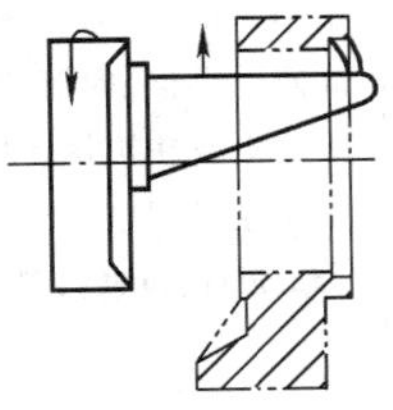 从里向外铣削 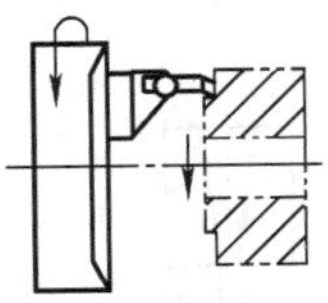 从外向里铣削	径向刀架进给方式：平旋盘做旋转运动时，径向刀架做径向进给运动。铣削前，必须调整好移动刀架的齿条间隙，以保证铣削的质量。当刀架从外向里铣削时，铣削的直径较大，刀具的线速度大，容易磨损，加工面易产生中间凸。反之，从里往外铣削，会产生中间凹的端面
	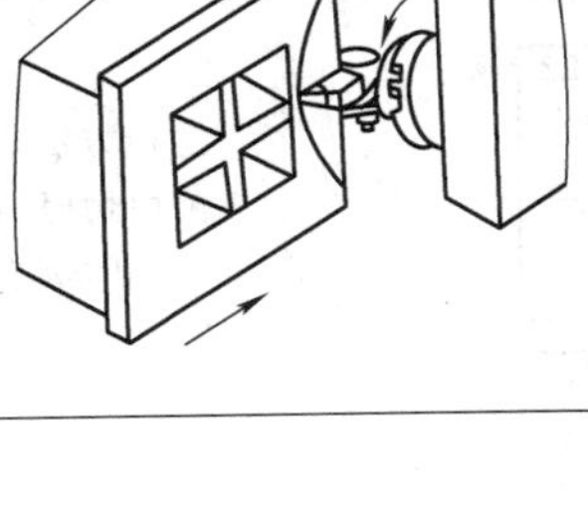	径向刀架固定方式：将径向刀架固定在平旋盘上，由工作台或主轴箱做进给。铣削大平面时，应考虑工作台横向行程是否够长。粗铣时，进给量不宜太大，避免产生振动；精铣时，采用较宽的修光刃，刃口线贴平加工面，加大进给量，使表面粗糙度降低

（续）

铣削方法	简　图	说　明
用镗床附件铣削	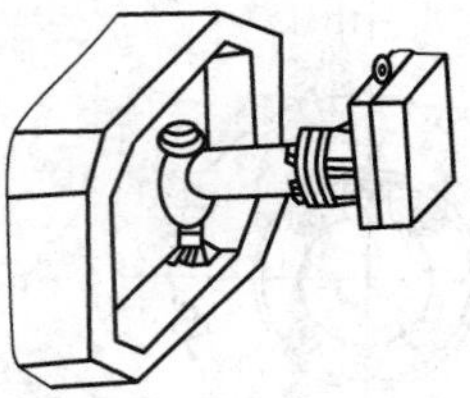	直角铣头铣削方法：直角铣头支座的一端与镗床连接，刀柄与支座用螺栓固定。铣头可在0°~360°内调整工作位置，以便铣削不同平面
	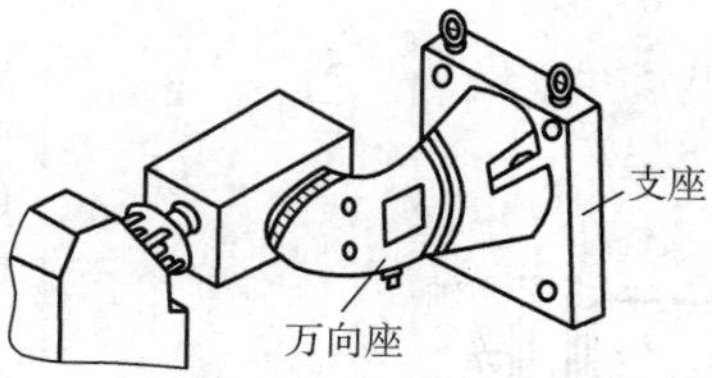	万能铣头铣削方法：可根据工件平面位置与形状，在垂直两个方向调整360°角度，以便铣削不同平面

表 3-2-228　内、外沟槽的镗削方法

镗削方法	简　图	说　明
	内沟槽	
斜榫式径向内沟槽镗刀杆及镗刀头	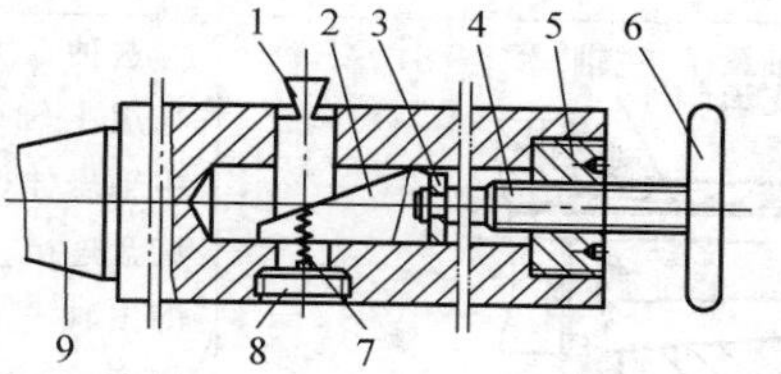 1—内槽镗刀　2—凹形斜榫　3—轴用挡圈　4—螺杆　5—倒顺牙螺母　6—手轮　7—拉簧　8—拉簧连接座　9—锥柄 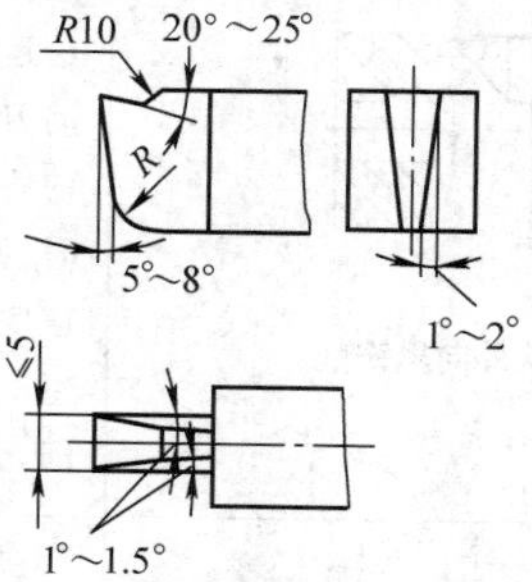 高速钢内槽镗刀头	利用这种专用工具完成刀具径向切入切出内槽。专用工具锥柄与镗床主轴锥孔连接，转动手轮和螺杆，在螺母中旋转并移动，凹形斜榫向前或向后平移，内槽镗刀在斜榫作用下从刀体方孔中伸出或在拉簧作用下内缩，完成切槽和回刀动作。镗刀切削刃宽度一般为≤5mm，当要求槽宽>5mm时，可通过镗床工作台移动完成槽宽加工
平旋盘镗削内沟槽	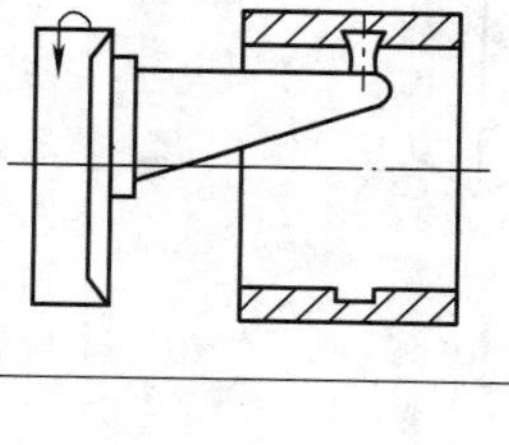	这种方法适用于内孔孔径较大的内槽加工。镗削内槽时，镗刀固定在平旋盘径向刀架刀杆上，刀架带动刀杆径向进给镗削出内槽

（续）

镗削方法	简　图	说　明
内沟槽		
用铣头镗削内沟槽	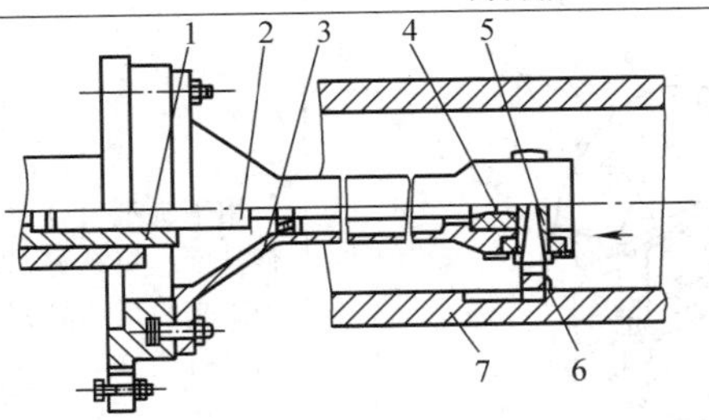 1—主轴　2—传动轴　3—本体　4—90°锥齿轮副 5—铣刀主轴　6—立铣刀　7—工件	这种方法适用于大型工件较大孔径上加工不通孔的内槽。镗床主轴通过传动轴使一对圆锥回转齿轮上的键带动铣头上主轴转动，完成镗削内槽工作，槽深由主轴箱升降来控制
外沟槽		
镗床主轴铣削直槽	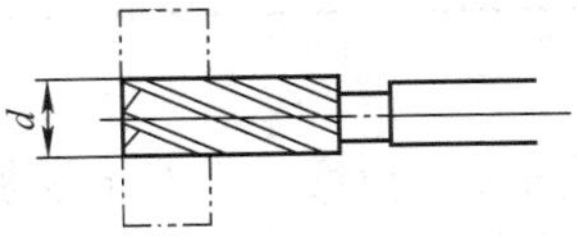	首先选用与所用铣刀直径相同的钻头，钻削出落刀孔，然后用立铣刀铣削直槽。这种方法也可完成 T 形槽、直槽等的加工
平旋盘镗削平面上环形槽	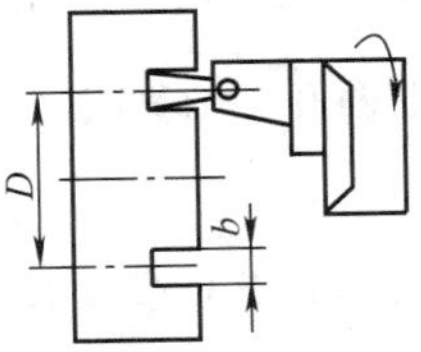 a) 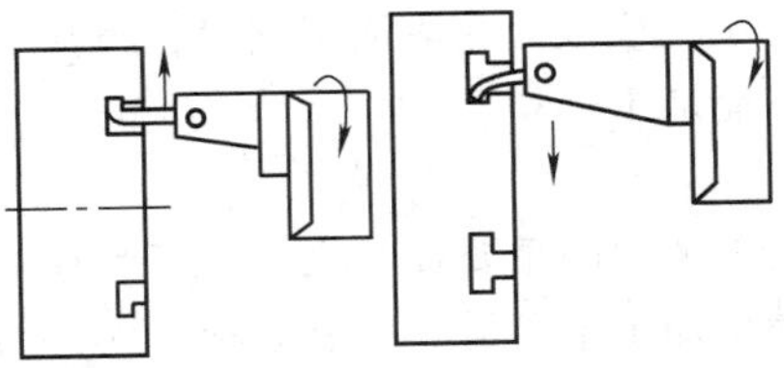 b)	镗削平面上环形槽时，可直接用平头刀镗削环形槽至要求深度（图 a）。当切削刃宽度小于槽宽时，移动平旋盘的径向刀架，重新切槽直至达到尺寸要求，并应保证槽深一致。这种方法也可完成 T 形环槽等的加工（图 b）

（7）外圆柱面的镗削方法（见表 3-2-229）

表 3-2-229　外圆柱面的镗削方法

镗削方法	简　图	说　明
专用镗杆镗削	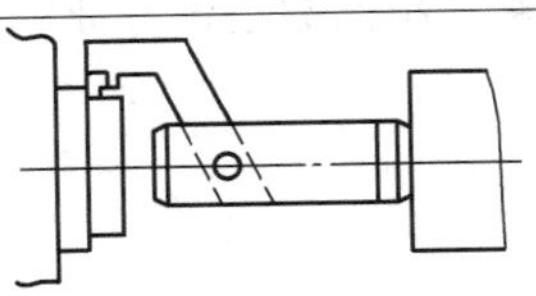 悬臂镗杆 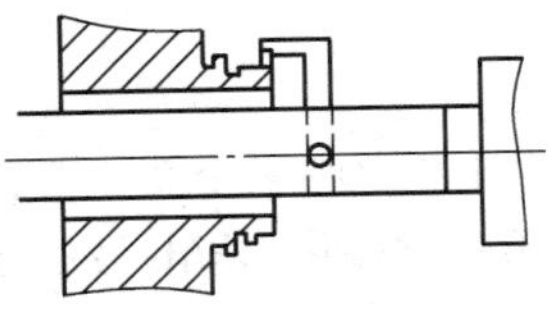 通孔镗杆	用专用镗杆及镗刀镗削外圆柱面时，刀杆一般为悬伸状态，镗刀刚度也较低，切削中容易产生振动

（续）

镗削方法	简　图	说　明
平旋盘装刀镗削	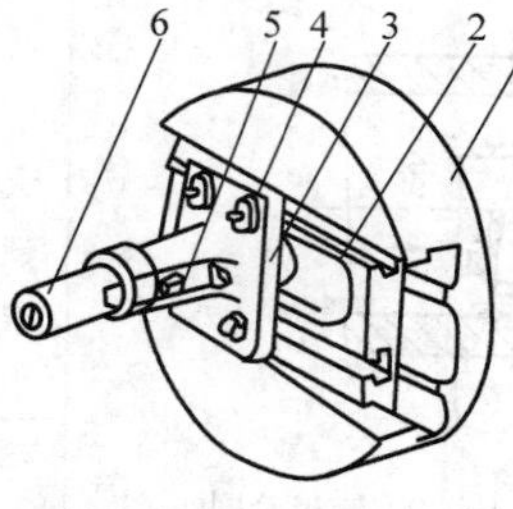 1—平旋盘　2—径向滑块　3—刀杆座 4—紧定螺钉　5—刀杆固定螺钉　6—刀杆	用平旋盘刀杆镗削外圆柱面时，刀杆悬伸长度越短越好，以提高刚度。这种方法加工直径范围较大，背吃刀量用微进给手轮进行调整

4. 用镗模加工

在成批生产中，利用镗模来保证孔系的位置精度，则要求镗模和镗杆均应有较高的刚度。镗杆与机床主轴为浮动连接，镗杆用镗套支承，孔系的精度由镗模保证。所以，镗模的孔坐标位置公差一般为给定公差的$\frac{1}{3}$~$\frac{1}{2}$，如工件上两孔中心距公差要求为±0.06mm，则镗模上相应两孔距离公差为±0.02~±0.03mm。

镗模上导向支承的形式多为前、后导向支承，这样便于使用插入主轴锥孔中的浮动接杆带动直柄刀杆进行切削加工。

当孔轴线短或同轴孔系的中间有小孔或被无孔隔墙阻断时，镗模上只有一端支承孔，加工前须用百分表对该支承孔找圆后，方能加工。

5. 镗孔坐标尺寸的计算

镗孔坐标尺寸计算，是镗削加工工艺中的重要环节之一。因为零件图样上所标注的尺寸多为孔中心距和一个坐标尺寸，不能满足加工中所需的所有坐标尺寸，因此须把孔距尺寸换算成两个坐标尺寸，以便移动机床的主轴箱和工作台。

在直角坐标系中用 x 轴和 y 轴分别表示水平方向和垂直方向的坐标，而这两个坐标轴须与工件上基准平面平行或重合（见图 3-2-187）。

（1）两个孔组成的简单孔系的坐标尺寸计算　以基准孔中心为直角坐标原点，用勾股定理求出另一孔中心的坐标（见图 3-2-188）或用三角函数法进行计算。

已知 R 及 a、b 中的一个尺寸，则

$$a=\sqrt{R^2-b^2}$$

$$b=\sqrt{R^2-a^2}$$

或者已知 R 及 a，则

$$a=R\sin\alpha$$

$$b=R\cos\alpha$$

（2）三个孔组成的三角形孔系的坐标尺寸计算　将三个孔中心连接起来组成一个三角形，从已知的三角形的两顶点坐标和三条边长（孔中心距）求出另一顶点（孔中心）坐标。图 3-2-189 所示为三个孔中心（即三角形三顶点）都不在坐标轴原点上的一种情况。

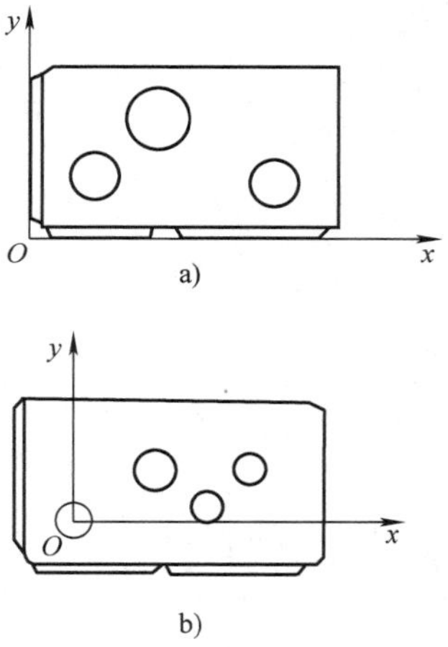

图 3-2-187　孔系坐标的确定

a）x、y 轴与工件基准面重合

b）x、y 轴原点与基准孔（或工艺孔）中心重合

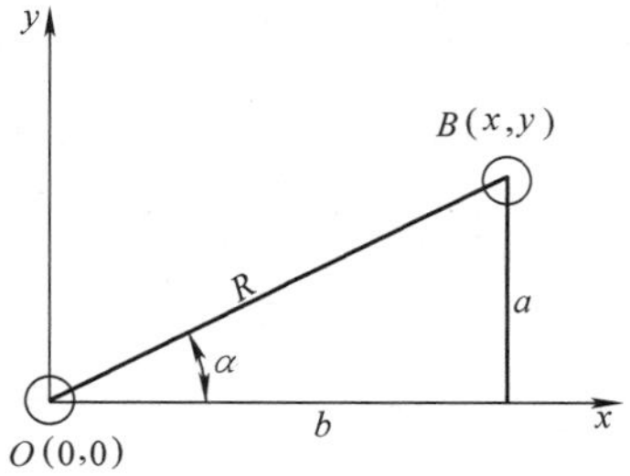

图 3-2-188　两个孔坐标尺寸的计算

已知 R_1、R_2、R_3 及 A（x_A、y_A）点、B（x_B、y_B）点坐标，求 C（x_C、y_C）点坐标。由图得

$$y_A-y_B=R_1\sin\alpha$$

所以

$$\sin\alpha=\frac{y_A-y_B}{R_1}$$

$$\alpha=\arcsin\frac{y_A-y_B}{R_1}$$

由三角形余弦定理得

$$R_3^2=R_1^2+R_2^2-2R_1R_2\cos\beta$$

$$\cos\beta=\frac{R_1^2+R_2^2-R_3^2}{2R_1R_2}$$

$$\beta=\arccos\frac{R_1^2+R_2^2-R_3^2}{2R_1R_2}$$

由图得

$$x_B-x_C=R_2\cos(\alpha+\beta)$$

$$y_C-y_B=R_2\sin(\alpha+\beta)$$

$$x_C=x_B-R_2\cos(\alpha+\beta)$$

$$y_C=y_B+R_2\sin(\alpha+\beta)$$

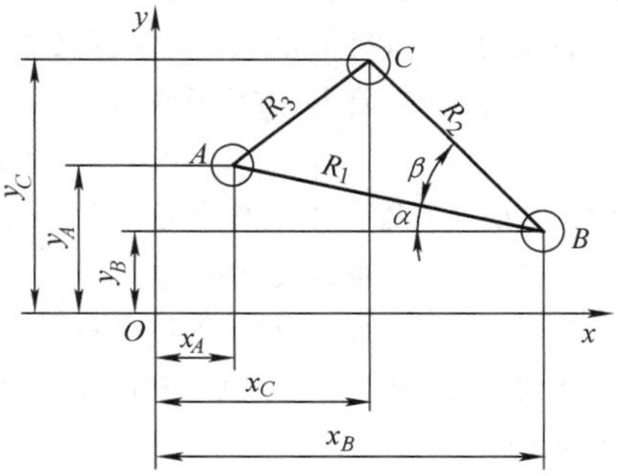

图 3-2-189　三个孔坐标尺寸计算

（3）四个以上孔组成的多边形孔系的坐标尺寸计算　这种坐标尺寸的计算，是用线段将各孔中心不交叉地连接起来，使其成为多边形（见图 3-2-190），再将多边形划为若干个不重叠的三角形，用三角函数法完成计算。

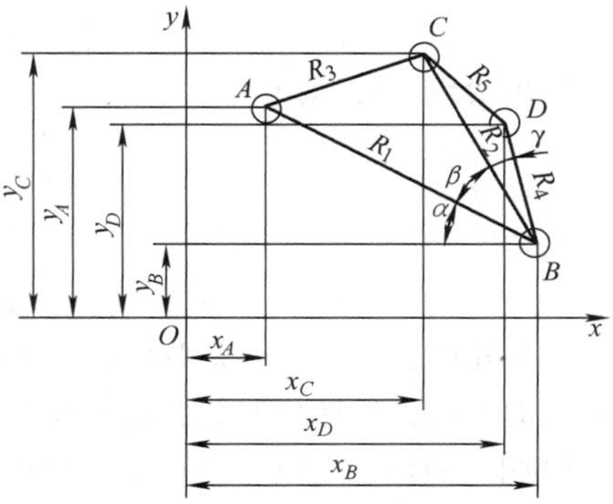

图 3-2-190　四个孔坐标尺寸计算

已知 R_1、R_2、R_3、R_4、R_5 及 A（x_A、y_A）点、B

(x_B、y_B) 点坐标，求 C (x_C、y_C) 点、D (x_D、y_D) 点坐标。

由图得

$$\sin\alpha=\frac{y_A-y_B}{R_1}$$

$$\cos\beta=\frac{R_1^2+R_2^2-R_3^2}{2R_1R_2}$$

$$\cos\gamma=\frac{R_2^2+R_4^2-R_5^2}{2R_2R_4}$$

所以

$$\alpha=\arcsin\frac{y_A-y_B}{R_1}$$

$$\beta=\arccos\frac{R_1^2+R_2^2-R_3^2}{2R_1R_2}$$

$$\gamma=\arccos\frac{R_2^2+R_4^2-R_5^2}{2R_2R_4}$$

由图得

$$x_D=x_B-R_4\cos(\alpha+\beta+\gamma)$$

$$y_D=y_B+R_4\sin(\alpha+\beta+\gamma)$$

所以

$$x_C=x_B-R_2\cos(\alpha+\beta)$$

$$y_C=y_B+R_2\sin(\alpha+\beta)$$

(4)孔坐标尺寸公差的计算　孔的坐标尺寸通过计算确定之后,为保证孔中心距的公差,还必须计算出坐标尺寸的公差,这样才能保证加工的精度。

孔中心距的公差应等于或大于两项坐标公差的几何和,即

$$(\Delta L)^2\geqslant(\Delta x)^2+(\Delta y)^2$$

式中　ΔL——两孔中心距的公差 (mm);

Δx——x 轴的尺寸公差 (mm);

Δy——y 轴的尺寸公差 (mm)。

由图 3-2-191 可知，Δx 平行于 x，Δy 平行于 y，两孔的坐标尺寸公差所组成的两个直角三角形相似。

所以

$$\frac{\Delta L}{\Delta x}=\frac{L}{x}$$

$$\frac{\Delta L}{\Delta y}=\frac{L}{y}$$

如果给定 ΔL，则

$$\Delta x=\frac{\Delta Lx}{L}$$

$$\Delta y=\frac{\Delta Ly}{L}$$

如果孔中心距的公差是单向的，那么坐标公差也应同向。若是双向的，那么坐标公差也应是双向的，而且坐标公差的上偏差和下偏差应分别计算。

[例]　由图 3-2-192 可知，$L=$ (90±0.1) mm，$x=75$mm，求 y、Δx 和 Δy。

解：用勾股定理求出 y，有

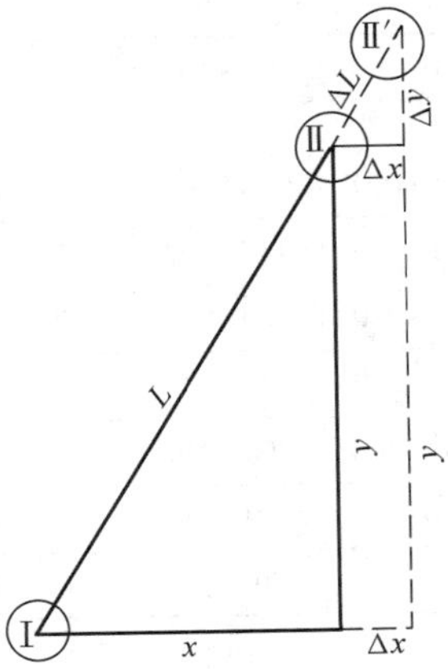

图 3-2-191　孔坐标尺寸公差计算

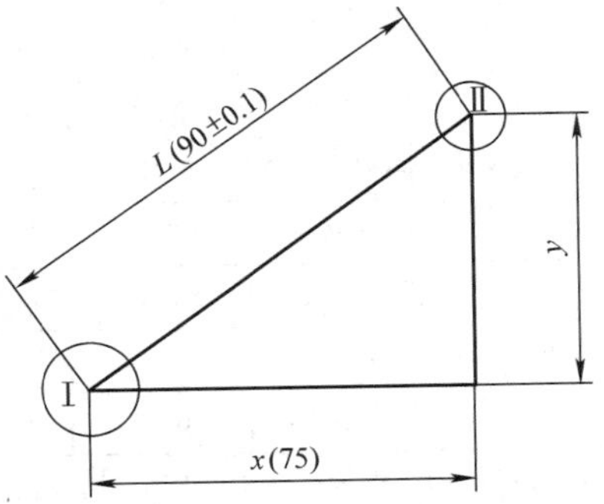

图 3-2-192　孔坐标尺寸公差计算举例

$$y=\sqrt{L^2-x^2}=\sqrt{(90\text{mm})^2-(75\text{mm})^2}\approx 49.749\text{mm}$$

$$\Delta x_{es}=\frac{\Delta L_{es}x}{L}=\frac{0.1\text{mm}\times 75\text{mm}}{90\text{mm}}\approx +0.08\text{mm}$$

$$\Delta x_{ei}=\frac{\Delta L_{ei}x}{L}=\frac{-0.1\text{mm}\times 75\text{mm}}{90\text{mm}}\approx -0.08\text{mm}$$

$$\Delta y_{es}=\frac{\Delta L_{es}y}{L}=\frac{0.1\text{mm}\times 49.749\text{mm}}{90\text{mm}}\approx +0.055\text{mm}$$

$$\Delta y_{ei}=\frac{\Delta L_{ei}y}{L}=\frac{-0.1\text{mm}\times 49.749\text{mm}}{90\text{mm}}\approx -0.055\text{mm}$$

6. 卧式镗床的镗削用量（见表 3-2-230）

表 3-2-230　卧式镗床的镗削用量

加工方式	刀具材料	刀具类型	铸铁		钢(包括铸钢)		铜、铝及其合金		a_p/mm（直径上）
			v /(m/min)	f /(mm/r)	v /(m/min)	f /(mm/r)	v /(m/min)	f /(mm/r)	
粗镗	高速钢	刀头	20~35	0.3~1.0	20~40	0.3~1.0	100~150	0.4~1.5	5~8
		镗刀块	25~40	0.3~0.8			120~150	0.4~1.5	
	硬质合金	刀头	40~80	0.3~1.0	40~60	0.3~1.0	200~250	0.4~1.5	
		镗刀块	35~60	0.3~0.8			200~250	0.4~1.0	
半精镗	高速钢	刀头	25~40	0.2~0.8	30~50	0.2~0.8	150~200	0.2~1.0	1.5~3
		镗刀块	30~40	0.2~0.6			150~200	0.2~1.0	
		粗铰刀	15~25	2.0~5.0	10~20	0.5~3.0	30~50	2.0~5.0	0.3~0.8
	硬质合金	刀头	60~100	0.2~0.8	80~120	0.2~0.8	250~300	0.2~0.8	1.5~3
		镗刀块	50~80	0.2~0.6			250~300	0.2~0.6	
		粗铰刀	30~50	3.0~5.0			80~120	3.0~5.0	0.3~0.8

（续）

加工方式	刀具材料	刀具类型	铸　铁		钢（包括铸钢）		铜、铝及其合金		a_p/mm（直径上）
			v /（m/min）	f /（mm/r）	v /（m/min）	f /（mm/r）	v /（m/min）	f /（mm/r）	
精镗	高速钢	刀头	15～30	0.15～0.5	20～35	0.1～0.6	150～200	0.2～1.0	0.6～1.2
		镗刀块	8～15	1.0～4.0	6.0～12	1.0～4.0	20～30	1.0～4.0	
		精铰刀	10～20	2.0～5.0	10～20	0.5～3.0	30～50	2.0～5.0	0.1～0.4
	硬质合金	刀头	50～80	0.15～0.5	60～100	0.15～0.5	200～250	0.15～0.5	0.6～1.2
		镗刀块	20～40	1.0～4.0	8.0～20	1.0～40	30～50	1.0～4.0	
		精铰刀	30～50	2.5～5.0			50～100	2.0～5.0	0.1～0.4

注：1. 镗杆以镗套支承时，v 取中间值；镗杆悬伸时，v 取小值。

2. 当加工孔径较大时，a_p 取大值；当加工孔径较小且加工精度要求较高时，a_p 取小值。

7. 卧式镗床常用测量方法及精度（见表 3-2-231）

表 3-2-231　卧式镗床常用测量方法及精度　　（单位：mm）

测量方法	图　示	精度	测量方法	图　示	精度
用游标卡尺测量孔间距离与平行度	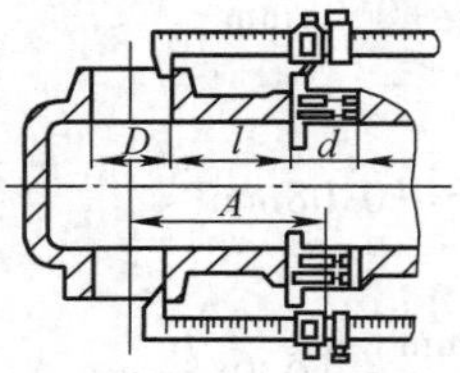	0.08	用装在镗杆上的千分表测量孔与端面的垂直度	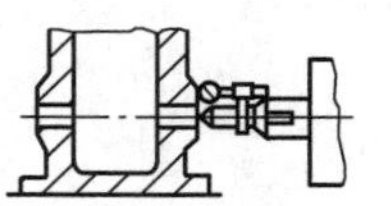	0.04
用游标卡尺或内径规测量孔间距离与平行度	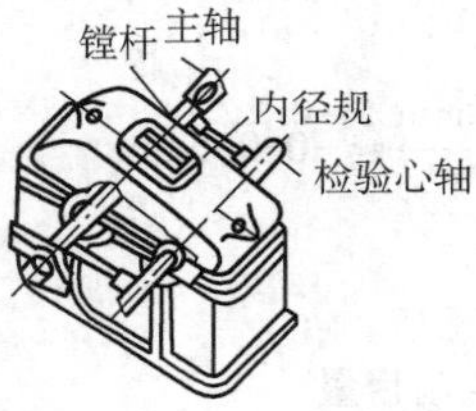	0.06	用游标高度卡尺测量三个孔轴线的同一平面度	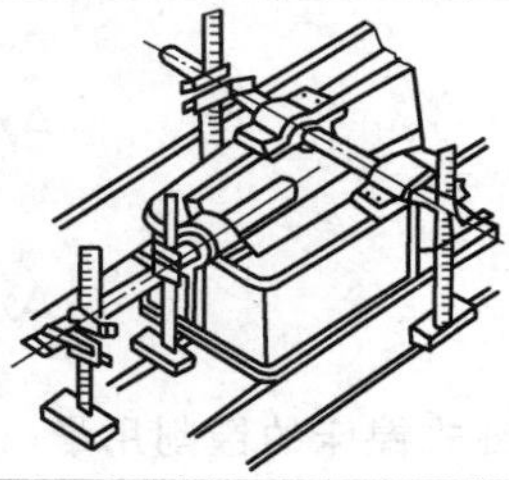	0.06
用千分尺测量孔间距离与平行度	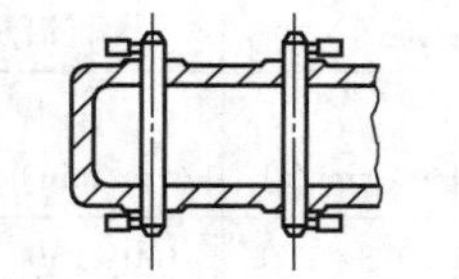	0.04	用检验心轴与塞尺测量孔轴线的同一平面度	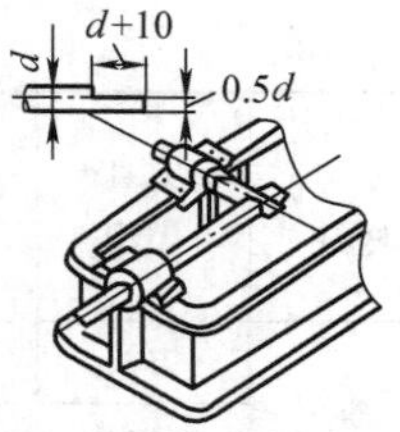	0.04
用定位器及内径规测量孔间距离与平行度	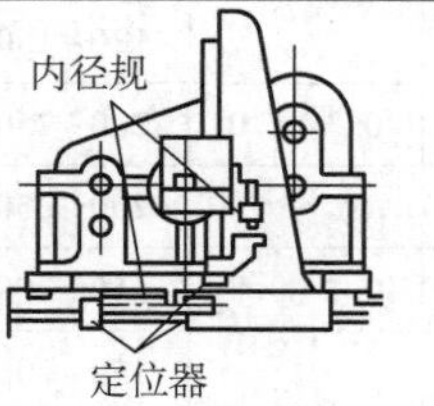	0.04	用装在镗杆上的千分表与检验心轴测量两孔的垂直度	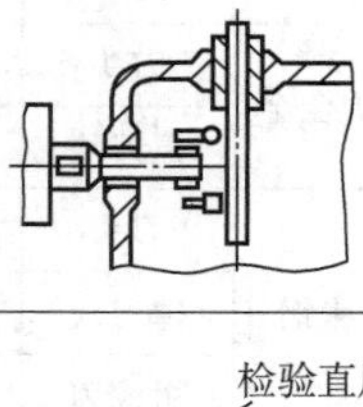	0.06
用游标高度卡尺或千分表测量基准面与孔的平行度	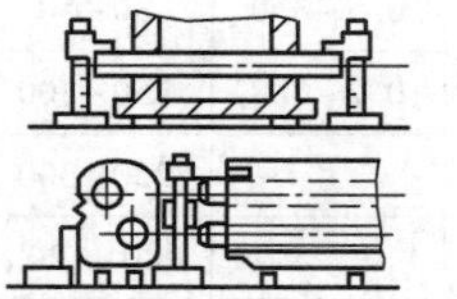	0.06	用内径规、检验直尺及检验心轴测量一个孔至另一个端面的距离	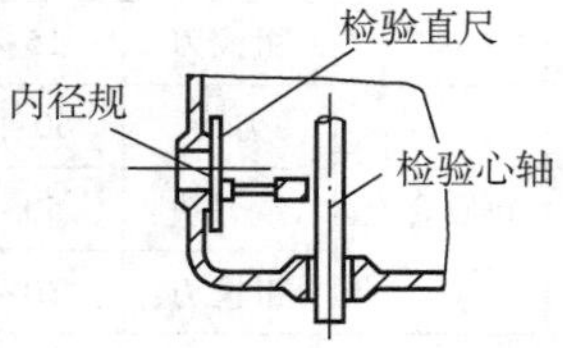	0.06

2.6.2.7 卧式镗床加工中常见的质量问题与解决方法(见表 3-2-232)

表 3-2-232 卧式镗床加工中常见的质量问题与解决方法

质量问题	影响因素	解决方法
尺寸精度超差	精镗的背吃刀量没掌握好	调整背吃刀量
	1)镗刀块切削刃磨损尺寸发生变化 2)镗刀块定位面间有脏物	1)调换合格的镗刀块 2)清除脏物重新安装
	用对刀规对刀时产生测量误差	利用样块对照仔细测量
	1)铰刀直径选择不对 2)切削液选择不对	1)试铰后选择直径合适的铰刀 2)调换切削液
	镗杆刚度不足有让刀	改用刚度高的镗杆或减小切削用量
	机床主轴径向圆跳动过大	调整机床
表面粗糙度参数值超差	镗刀刃口磨损	重新刃磨镗刀刃口
	镗刀几何角度不当	合理改变镗刀几何角度
	切削用量选择不当	合理调整切削用量
	刀具用钝或有损坏	调换刀具
	没有用切削液或选用不当	使用合适的切削液
	镗杆刚度不足,有振动	改用刚度高的镗杆或镗杆支承形式
圆柱度超差	用镗杆送进时,镗杆挠曲变形	采用工作台送进,增强镗杆刚度,减少切削用量
	用工作台送进时,床身导轨不平直	维修机床
	刀具的磨损	提高刀具的寿命;合理地选择切削用量
	刀具的热变形	使用切削液;降低切削用量;合理地选择刀具角度
圆度超差	主轴的回转精度差	维修、调整机床
	工作台送进方向与主轴轴线不平行	维修、调整机床
	镗杆与导向套的几何精度与配合间隙不当	使镗杆和导向套的几何形状符合技术要求,并控制合适的配合间隙
	加工余量不均匀,材质不均匀	适当增加走刀次数,合理地安排热处理工序,精加工采用浮动镗削
	切削深度很小时,多次重复走刀形成"溜刀"	控制精加工走刀次数与背吃刀量,采用浮动镗削
	夹紧变形	正确选择夹紧力、夹紧方向和着力点
	铸造内应力	进行人工时效,粗加工后停放一段时间
	热变形	粗、精加工分开,注意充分冷却
同轴度超差	镗杆的挠曲变形	减小镗杆的悬伸长度,采用工作台送进、调头镗;增强镗杆刚度,采用镗套或后立柱支承
	床身导轨的不平直	维修机床,修复导轨精度
	床身导轨与工作台的配合间隙不当	恰当地调整导轨与工作台间的配合间隙;镗削同一轴线孔时采用同一送进方向
	加工余量不均匀、不一致;切削用量不均衡	尽量使各孔的加工余量均匀一致;切削用量相近;增强镗杆刚度;适当降低切削用量,增加走刀次数
平行度超差	镗杆挠曲变形	增强镗杆刚度;采用工作台送进
	工作台与床身导轨不平行	维修机床

2.6.3 坐标镗床镗削

坐标镗床属高精度机床，它和普通镗床的主要区别在于它具有精确的坐标测量系统。利用其精确的坐标定位系统和精密的传动系统，可以加工具有精确位置要求的高精度孔、孔系及空间坐标孔，也可进行精密工件的测量和高精度的划线、刻线等。

在坐标镗床上加工孔时，加工工艺路线不同，达到的加工精度也不同。表 3-2-233 列出了几种加工工艺所能达到的加工精度。

2.6.3.1 坐标换算和加工调整（见表 3-2-234）

2.6.3.2 找正工具和找正方法（见表 3-2-235）

2.6.3.3 坐标测量（见表 3-2-236）

表 3-2-233 几种加工工艺所能达到的加工精度

加工工艺	孔距精度①	孔径精度	加工表面粗糙度 $Ra/\mu m$	适用孔径/mm
钻中心孔—钻—精钻 钻—扩—精钻	1.5~3	H7	3.2~1.6	<6
钻—半精镗—精镗	1.2~2			
钻中心孔—钻—精铰 钻—扩—精铰	1.5~3			<50
钻—半精镗—精铰	1.2~2		1.6~0.8	
钻—半精镗—精镗 粗镗—半精镗—精镗		H7~H6		一般

① 为机床定位精度的倍数。

表 3-2-234 坐标换算和加工调整

坐标换算与调整内容	坐标换算与调整方法	说明
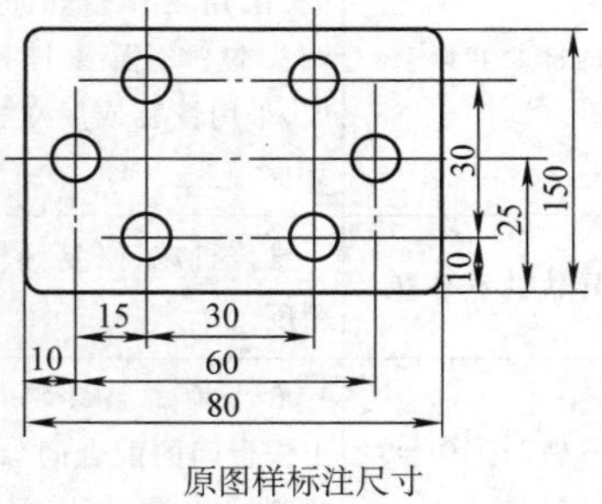 原图样标注尺寸	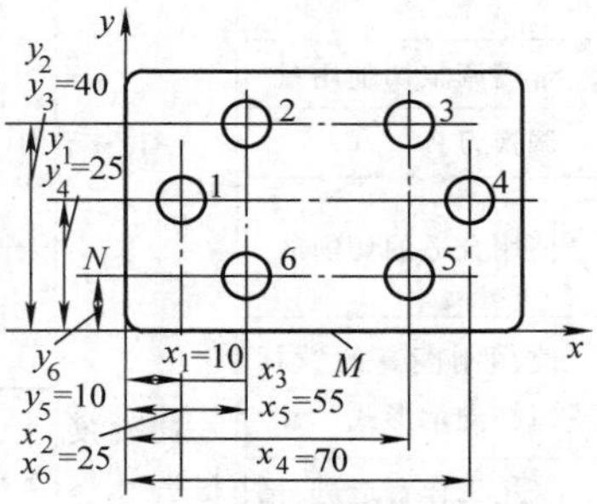 转换后的坐标尺寸	为了加工方便，将原图样标注的各孔尺寸换算成以边 M、N 为基准的直角坐标尺寸
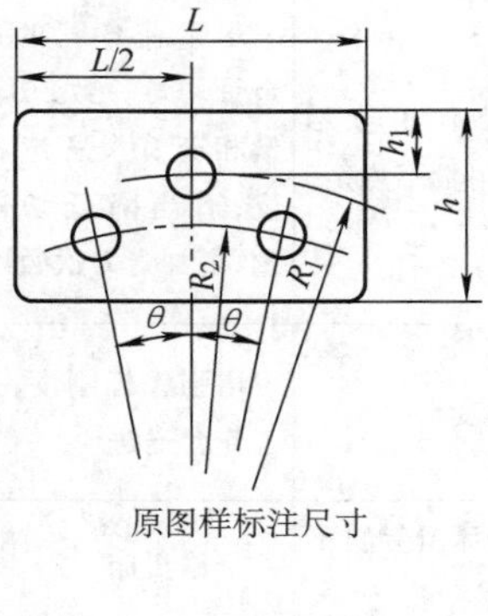 原图样标注尺寸	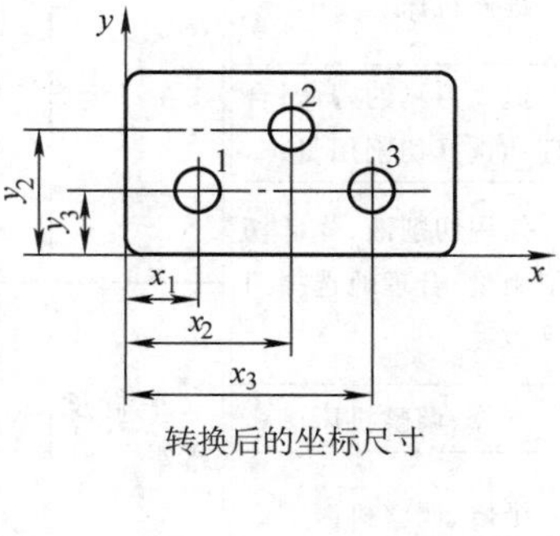 转换后的坐标尺寸	当缺少回转工作台或 R_1 圆弧半径已超出回转工作台台面尺寸时，可将图中所注尺寸按下式转换成直角坐标尺寸 孔 1：$x_1=L/2-R_2\sin\theta$ $y_1=h-h_1-(R_1-R_2)-R_2(1-\cos\theta)$ 孔 2：$x_2=L/2$ $y_2=h-h_1$ 孔 3：$x_3=L/2+R_2\sin\theta$ $y_3=y_1$

（续）

坐标换算与调整内容	坐标换算与调整方法	说　　明
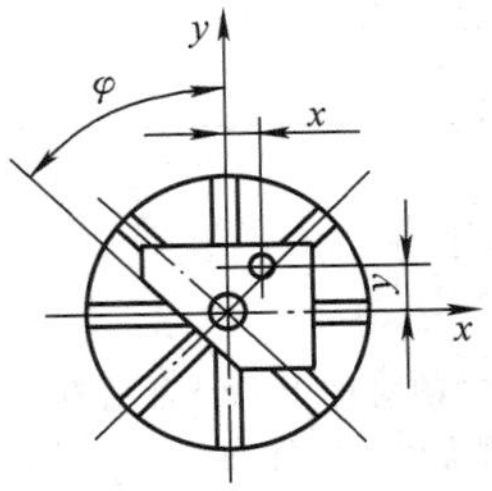 回转工作台回转后的坐标	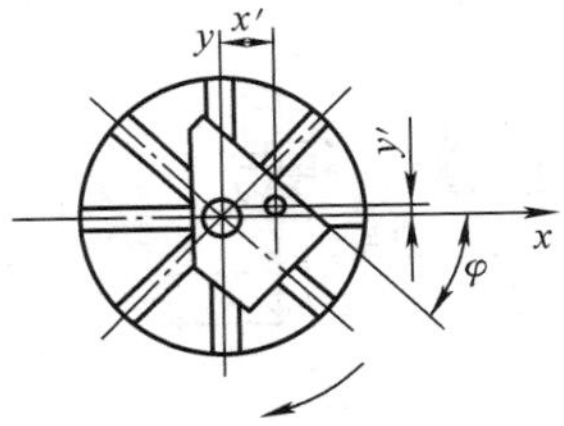 顺时针方向回转 φ 角	顺时针方向回转后的坐标尺寸计算： $x'=x\cos\varphi+y\sin\varphi$ $y'=y\cos\varphi-x\sin\varphi$
	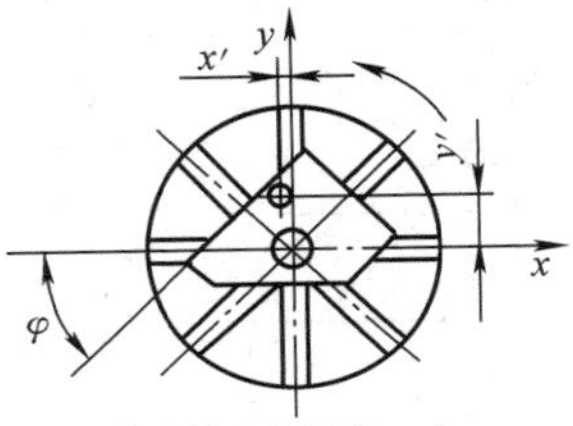 逆时针方向回转 φ 角	逆时针方向回转后的坐标尺寸计算： $x'=x\cos\varphi-y\sin\varphi$ $y'=y\cos\varphi+x\sin\varphi$
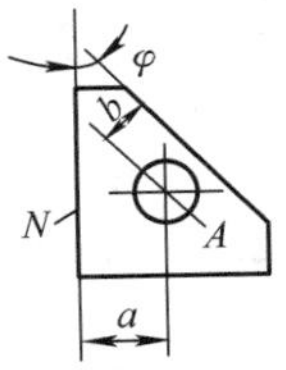 孔至斜面距离	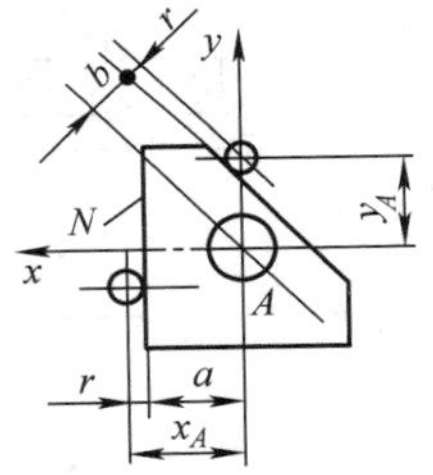 用千分表定位器找正，已知定位器半径 r	在 N 面用定位器半径 r 找正，按 $x_A=r+a$ 移动 X 向坐标，再在斜面上用定位器半径 r 找正，按 $y_A=\dfrac{b+r}{\sin\varphi}$ 移动 Y 向坐标，即为 A 孔中心
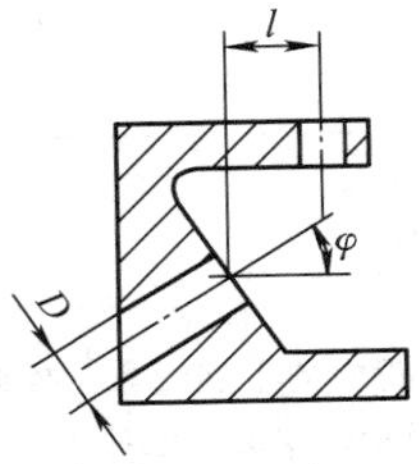 孔至交点距离	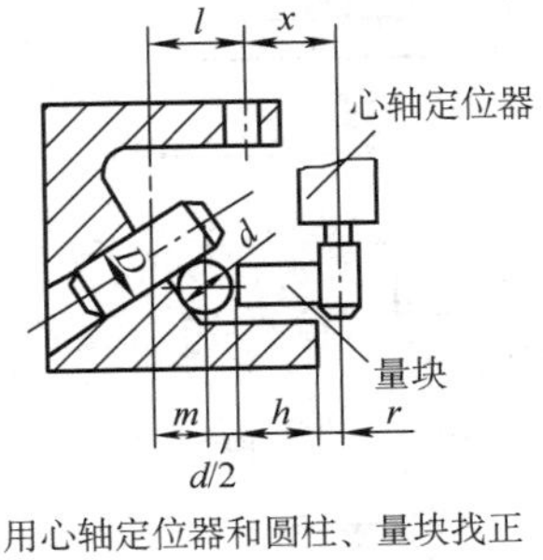 用心轴定位器和圆柱、量块找正	按 x 值移动坐标 $x=\left(m+\dfrac{d}{2}+h+r\right)-l$ $m=\dfrac{D+d}{2}\sin\varphi+\dfrac{d}{2}\cos\varphi$

表 3-2-235 找正工具和找正方法

找正工具类型	找正部位	图示	找正方法
千分表定位器	直接找正基面	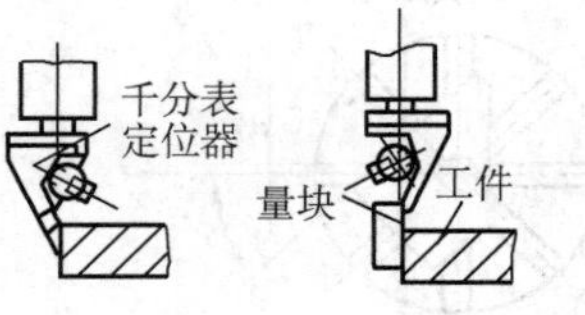	先将千分表直接靠在基面读数，然后在基面上靠上一个量块，将千分表旋转180°再读数，调整坐标，使两次读数相同，则机床主轴轴线与基面重合
	用槽规找正基面	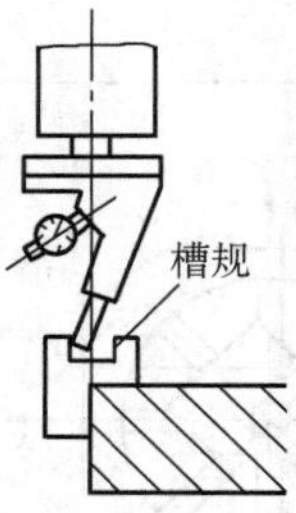	使专用槽规的对称中心与基面重合（制造槽规时，槽规上贴紧工件的竖直面，即为槽的对称平面）
	找正孔轴线	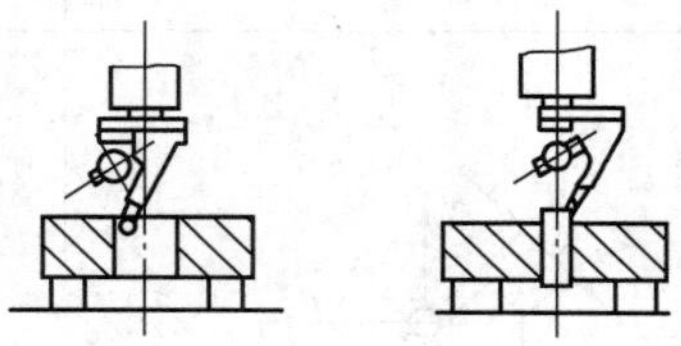	旋转表架并移动坐标，使千分表读数不变
	找正工件对称中心	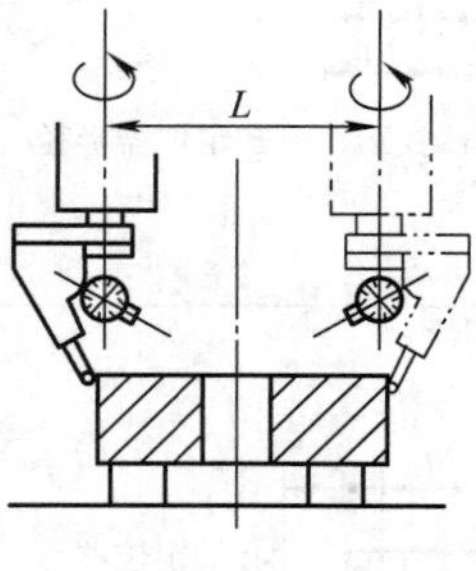	移动坐标，使千分表在工件两侧面读数一致，则坐标移动值 L 的一半为工件的对称中心位置
光学定位器	找正基准侧面	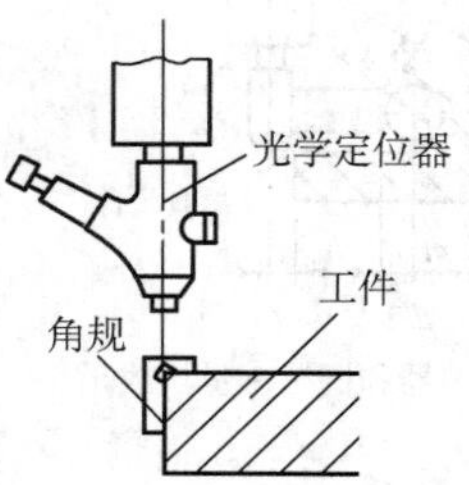	光学放大使镜中的十字线与工件基准边、基准线、冲刻点或角规的标记对准

（续）

找正工具类型	找正部位	图　　示	找正方法
心轴定位器	找正基面	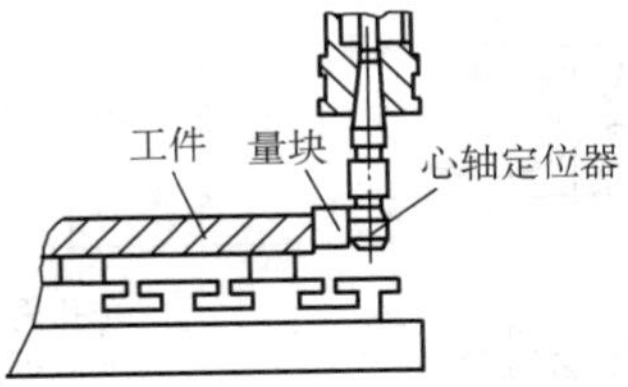	心轴定位器工作部分为标准圆柱面，在定位器与被测表面间垫一量块，主轴轴线与被测面间距离即为定位器圆柱面半径与量块尺寸之和
定位顶尖	找正孔轴线	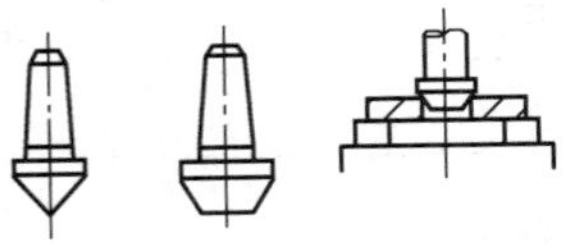	用顶尖锥面找正孔的轴线，可作初步定位，定位精度达 0.05mm
弹簧中心冲	找正孔中心	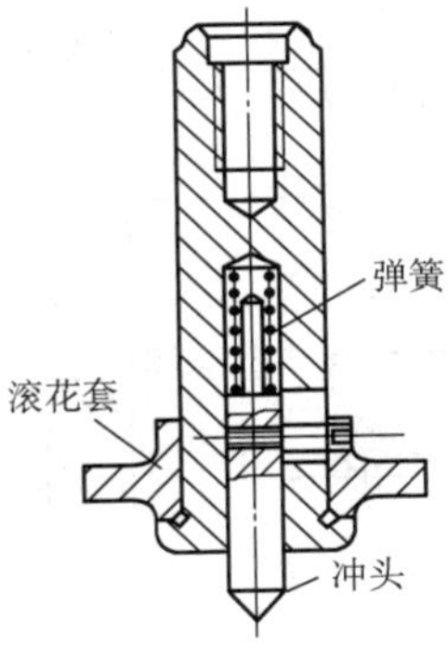	旋转滚花套，通过其螺旋端面与弹簧的作用，使中心冲头上下移动，在工件表面冲出凹点

表 3-2-236　坐标测量

测量项目	测量部位	测量方法简图	测量方法与计算
孔距或长度 a	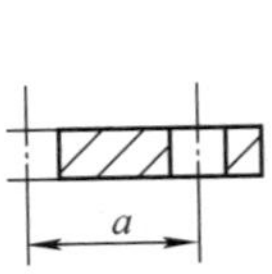	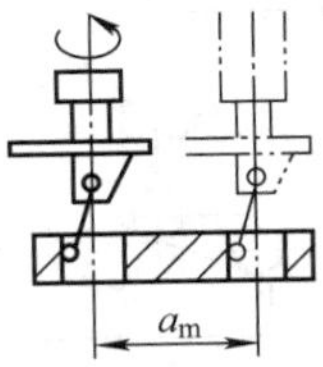	按图示部位测量两点距离，则 $a=a_m$ 式中　a_m—测量长度
	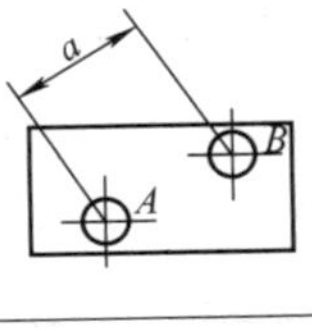	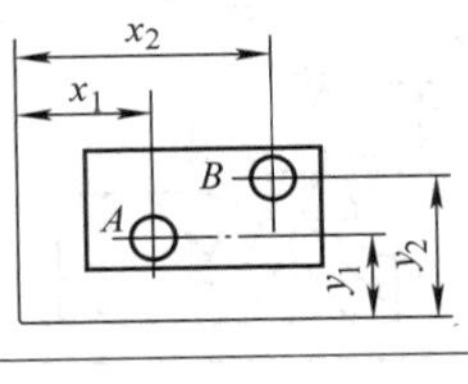	在孔 A、B 处测量，按 A、B 的坐标求出 a，即 $a=\sqrt{(x_2-x_1)^2+(y_2-y_1)^2}$

（续）

测量项目	测量部位	测量方法简图	测量方法与计算
孔径 D 和圆弧半径 R	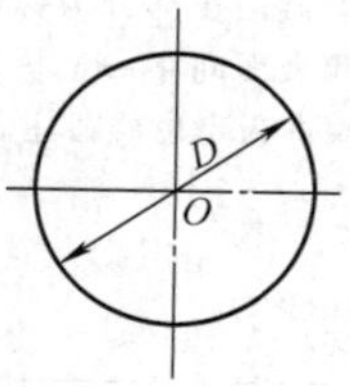	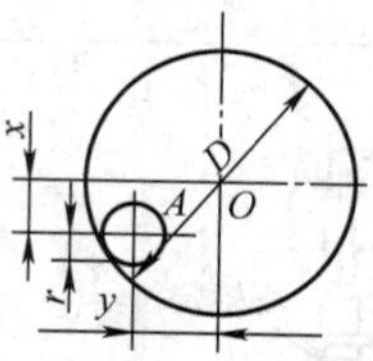	找正孔中心 O，测 A 处坐标为 x、y，则 $D=2(\sqrt{x^2+y^2}+r)$ 式中　r—心轴定位器半径
		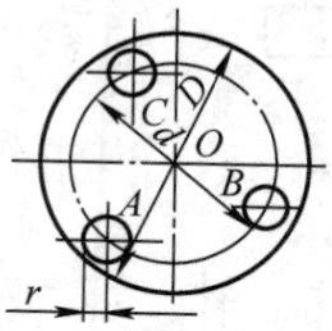	在孔内 A、B、C 三处测量，按照 A、B、C 的坐标求出 AB、BC、CA 的长，则 $D=2r+d$，$d=\dfrac{AB+BC+CA}{2\delta}$ $\delta=\sqrt{s(s-AB)(s-BC)(s-CA)}$ $s=\dfrac{AB+BC+CA}{2}$
	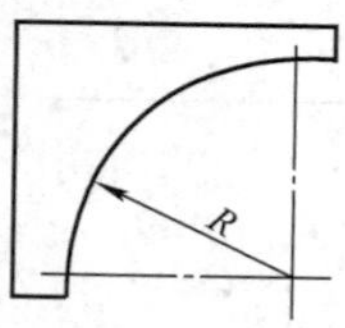	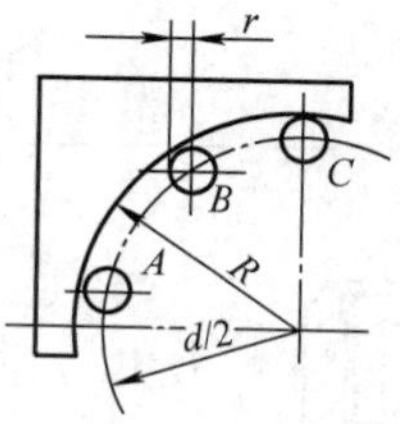	在圆弧 A、B、C 三处测量，按 A、B、C 的坐标求出 AB、BC、CA 的长，则 $R=r+\dfrac{d}{2}$ 式中　d—△ABC 的外接圆直径，计算方法同上栏
交点距离 a、c	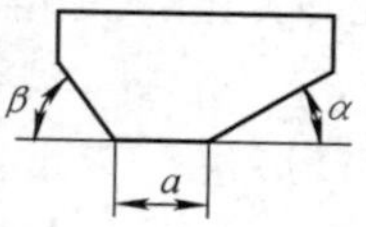	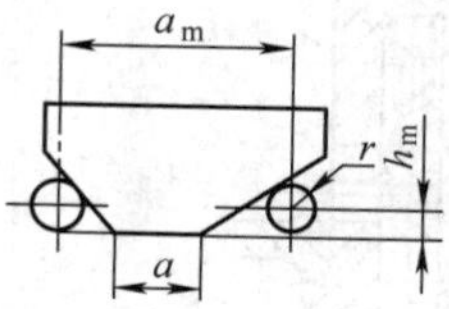	测得 a_m，并使 $h_m=r$，则 $a=a_m-r\left(\cot\dfrac{\alpha}{2}+\cot\dfrac{\beta}{2}\right)$ 式中　a_m—定位器测量距离
	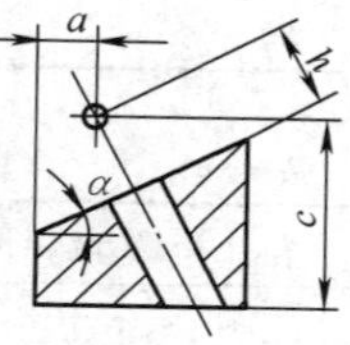	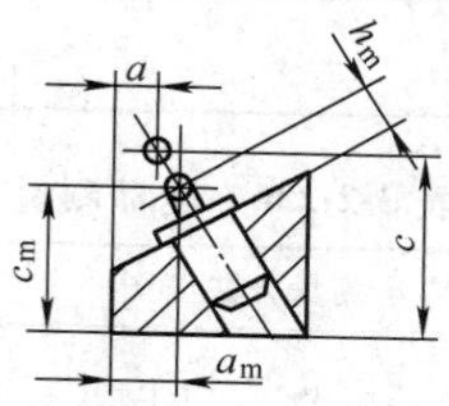	用定位球测得 a_m、c_m，则 $a=a_m-(h-h_m)\sin\alpha$ $c=c_m+(h-h_m)\cos\alpha$ 式中　a_m、c_m—定位球测量距离 h_m—定位球至端面距离，为已知值
角度测量	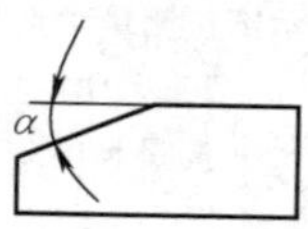	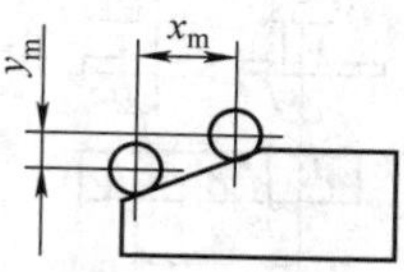	按图示测得 x_m、y_m，则 $\tan\alpha=\dfrac{y_m}{x_m}$
	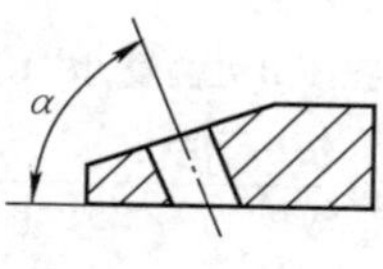	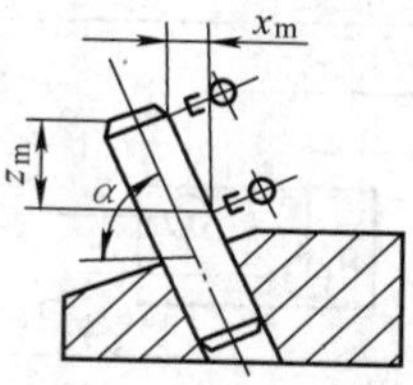	在孔内插圆柱，测得 x_m、z_m，则 $\tan\alpha=\dfrac{z_m}{x_m}$

2.6.3.4　坐标镗床的镗削用量（见表 3-2-237）

表 3-2-237　坐标镗床的镗削用量

<table>
<tr><th rowspan="2">加工方式</th><th rowspan="2">刀具材料</th><th colspan="5">v/(m/min)</th><th rowspan="2">f/(mm/r)</th><th rowspan="2">a_p/mm
(直径上)</th></tr>
<tr><th>低碳钢</th><th>中碳钢</th><th>铸铁</th><th>铝、镁合金</th><th>铜合金</th></tr>
<tr><td rowspan="2">半精镗</td><td>高速钢</td><td>18~25</td><td>15~18</td><td>18~22</td><td>50~75</td><td>30~60</td><td>0.1~0.3</td><td rowspan="2">0.1~0.8</td></tr>
<tr><td>硬质合金</td><td>50~70</td><td>40~50</td><td>50~70</td><td>150~200</td><td>150~200</td><td>0.08~0.25</td></tr>
<tr><td rowspan="2">精镗</td><td>高速钢</td><td>25~28</td><td>18~20</td><td>22~25</td><td>50~75</td><td>30~60</td><td>0.02~0.08</td><td rowspan="2">0.05~0.2</td></tr>
<tr><td>硬质合金</td><td>70~80</td><td>60~65</td><td>70~80</td><td>150~200</td><td>150~200</td><td>0.02~0.06</td></tr>
<tr><td>钻孔</td><td rowspan="3">高速钢</td><td>20~25</td><td>12~18</td><td>14~20</td><td>30~40</td><td>60~80</td><td>0.08~0.15</td><td>—</td></tr>
<tr><td>扩孔</td><td>22~28</td><td>15~18</td><td>20~24</td><td>30~50</td><td>60~90</td><td>0.1~0.2</td><td>2~5</td></tr>
<tr><td>精钻、精铰</td><td>6~8</td><td>5~7</td><td>6~8</td><td>8~10</td><td>8~10</td><td>0.08~0.2</td><td>0.05~0.1</td></tr>
</table>

注：1. 加工精度高、工件材料硬度高时，切削用量选低值。
2. 刀架不平衡或切屑飞溅大时，切削速度选低值。

2.6.3.5　镗削加工质量分析

影响镗削加工质量常见的因素有机床精度，夹具、辅具精度，镗杆和导向套配合间隙，镗杆刚度，刀具几何角度、切削用量、刀具刃磨质量，工件材质、热变形和受力变形，量具的精度、测量误差、操作方法等。

影响孔距加工精度的因素与解决方法见表 3-2-238。

表 3-2-238　影响孔距加工精度的因素与解决方法

<table>
<tr><th colspan="2">影响因素</th><th>简　图</th><th>影响情况</th><th>解决方法</th></tr>
<tr><td colspan="2">机床坐标定位精度</td><td>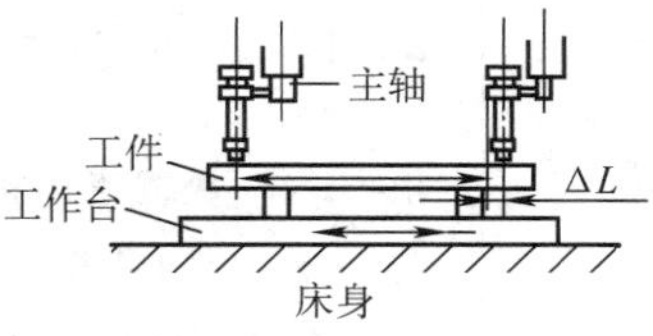</td><td>直接影响加工孔距精度</td><td>注意维护坐标测量检测原件和读数系统的精度，防止磨损、发热及损伤</td></tr>
<tr><td rowspan="3">机床几何精度</td><td>坐标移动直线度</td><td>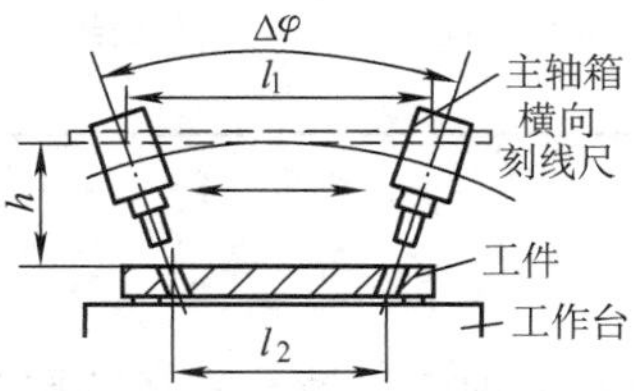</td><td>直线度误差 Δφ（弧度）引起的加工孔距误差为
$\Delta l = l_1 - l_2 = h \times \Delta\varphi$</td><td rowspan="3">1）注意导轨的维护，保持清洁和润滑良好
2）工件安装位置尽量接近检验机床坐标定位精度时的基准尺位置（基准尺安放位置在精度标准中有规定）
3）尽量减少坐标移动和主轴套筒移动
4）正确调整机床基准水平</td></tr>
<tr><td>纵、横坐标移动方向的垂直度</td><td>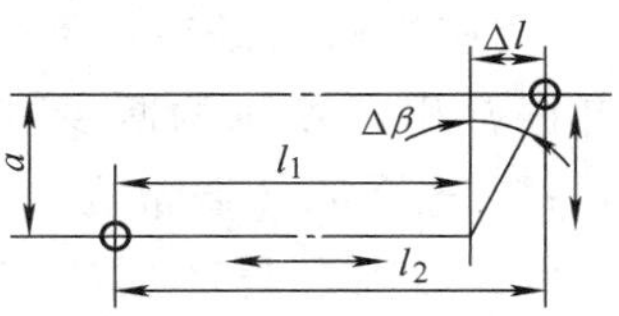</td><td>垂直度误差 Δβ（弧度）引起的加工孔距误差为
$\Delta l = a \times \Delta\beta$</td></tr>
<tr><td>主轴套筒移动方向对工作台面的垂直度</td><td>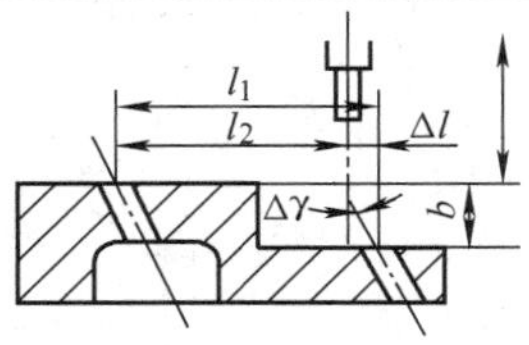</td><td>垂直度误差 Δγ（弧度）影响不同高度平面上的孔距误差为
$\Delta l = b \times \Delta\gamma$</td></tr>
</table>

（续）

影响因素		简　图	影响情况	解决方法
机床刚度	—	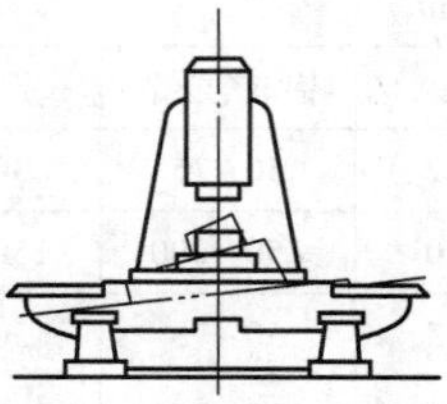	在切削力和工件重力作用下，机床构件系统产生弹性变形，影响机床几何精度和加工精度	1）工件尽量安放在工作台中间 2）增强刀具系统刚度，主轴套筒不宜伸出过长 3）合理选用切削用量
机床热变形	影响机床几何精度改变	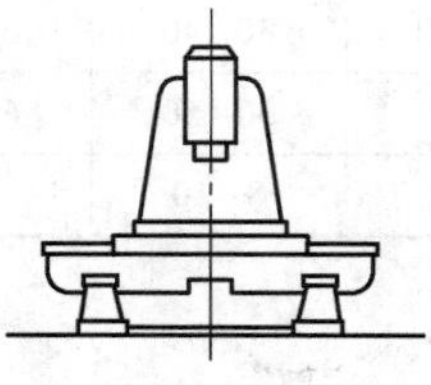	机床各部分产生明显温差，引起机床几何精度改变，从而影响加工孔距精度	1）隔离机床外部热源（如阳光、采暖设备等） 2）控制环境温度，一般温度变化以小于1℃为宜 3）控制机床内部热源：对液压系统、传动系统热源采用风扇冷却、循环冷却散热；对照明热源采用短时自动关闭或散热措施 4）加工前先空运转，在热变形稳定情况下加工 5）合理选用切削用量，避免产生大量切削热（背吃刀量不能过大等） 6）精镗工序应连续进行，避免隔班、隔日，保持机床热变形稳定
	影响主轴轴线产生位移	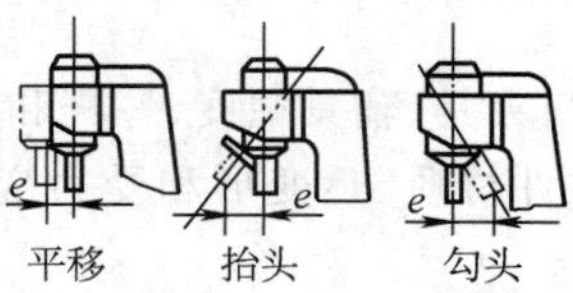	主轴部分受热变形产生平移和倾斜，影响加工孔距精度	
	坐标测量基准原件与工件的温差引起的热变形差	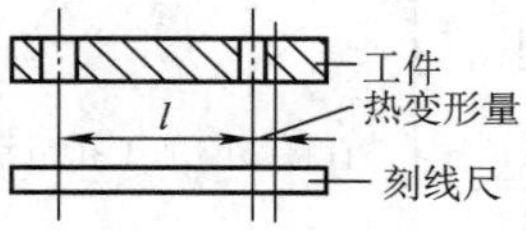	检测原件与工件的温差引起热变形量不同，影响加工孔距误差为 $\Delta l=[\alpha(t-20)-\alpha_0(t_0-20)]t$ 式中　t_0、t—检测原件和工件的温度 α_0、α—检测原件和工件的线胀系数	

2.6.4　精镗床加工

精镗床镗削属精密镗削，一般用于精密孔的加工。镗孔直径范围为10~200mm，精镗床一般有较好的防振、隔振措施，所以电动机、变速机构的振动传不到镗头上。刀头、刀杆在高速回转时产生的由动态不平衡引起的自振常用减振机构减少其影响。精镗床上由于使用高精度镗头，主轴跳动在0.001mm左右。进给量（通常在0.02~0.08mm/r）和背吃刀量（0.05~0.2mm）均很小，切削面积小，切削过程产生的切削力也小，所以镗孔精度可达H6，表面粗糙度 Ra 可达0.6μm，多轴镗孔时孔距误差可控制在±（0.005~0.01）mm。

2.6.4.1　精镗床的加工精度（见表3-2-239）

2.6.4.2　精镗床镗刀几何参数的选择

1）硬质合金镗刀几何参数的选择见表3-2-240。

表 3-2-239　精镗床的加工精度

工件材料	刀具材料	孔径精度	孔的形状误差/mm	表面粗糙度 $Ra/\mu m$
铸铁	硬质合金	IT6	0.004~0.005	3.2~1.6
钢（铸钢）				3.2~0.8
铜、铝及其合金	金刚石		0.002~0.003	1.6~0.2

表 3-2-240　硬质合金镗刀几何参数的选择

工件材料	加工条件	几何参数							特　点
		$\kappa_r/(°)$	$\gamma_o/(°)$	$\lambda_s/(°)$	r_ε/mm	$\kappa_r'/(°)$	$\alpha_o/(°)$	$\alpha_o'/(°)$	
铸铁	加工中等直径和大直径浅孔,镗杆刚度高	45~60	-6~-3	0	0.4~0.6	10~15	6~12	12~15	主偏角不能小于45°,否则会引起振动。刀具寿命长,加工表面质量好
	镗杆刚度低,镗深孔	75~90	0~3		0.1~0.2				能减小振动
钢(铸钢)	镗杆刚度和排屑均较好	45~60	-10~-5	连续切削、0°断续切削-15°~-5°	0.1~0.3,加工20Cr时,可取1	10~20	6~12	10~15	刀尖强度大,刀具寿命长,可以得到较好的加工质量
	镗杆刚度低,排屑尚好	75~90	≥0	—	0.05~0.1	10~20	6~12	10~15	能减小引起镗杆振动的径向力
	排屑条件差	75~90	-10~-5	—	≤0.3	10~20	6~12	10~15	当前面沿主、副切削刃磨有0.3~0.8mm宽、10°~15°倒棱时,能很好地卷屑
	加工不通孔	90	3~6	—	0.5	10~20	6~12	10~15	刀具寿命长,能使切屑从镗杆和孔壁的间隙中排出
铜、铝及其合金	系统刚度高	45~60	8~18	—	0.5~1	8~12	6~12	10~15	刀具寿命长,加工表面质量好
	系统刚性差	75~90	8~18	—	0.1~0.3	8~12	6~12	10~15	

注：κ_r—主偏角；κ_r'—副偏角；γ_o—前角；λ_s—刃倾角；r_ε—刀尖圆弧半径；α_o—后角；α_o'—副后角。

2）精密镗削铸铁件的镗刀几何参数见表 3-2-241。

3）精密镗削钢件的镗刀几何参数见表 3-2-242。

4）精密镗削铜、铝及其合金件的镗刀几何参数见表 3-2-243。

表 3-2-241　精密镗削铸铁件的镗刀几何参数

工件材料	刀具材料	刀具几何参数（$\kappa_r=45°\sim60°$；$\lambda_n=0°$）					
		κ_r'/（°）	γ_o/（°）	α_o/（°）	α_o'/（°）	r_ε/mm	b_γ/mm
HT100	K01	15	-3	12	12	0.5	—
	立方氮化硼					0.3	
HT150、HT200	K01	10	-6	12	12	0.5	0.2~0.4
	立方氮化硼					0.3	

（续）

工件材料	刀具材料	刀具几何参数（$\kappa_r=45°\sim60°$；$\lambda_n=0°$）					
		κ_r'/（°）	γ_o/（°）	α_o/（°）	α_o'/（°）	r_ε/mm	b_γ/mm
HT200、HT250	K01	10	−6	8	10	0.5	0.2~0.4
	立方氮化硼					0.3	
KTH300-06、KTH330-08	K01	15	0	12	15	0.5	
	立方氮化硼					0.3	
KTZ450-05、KTZ600-03	K01	15	0	12	15	0.5	
	立方氮化硼					0.3	
高强度铸铁	K01	10	−6	8	10	0.5	
	立方氮化硼					0.3	

注：b_γ—倒棱宽。

表3-2-242　精密镗削钢件的镗刀几何参数

工件材料	刀具材料	刀具几何参数（$\kappa_r=45°\sim60°$）					
		κ_r'/（°）	γ_o/（°）	α_o/（°）	α_o'/（°）	λ_s/（°）	r_ε/mm
优质碳素结构钢	P01	10	−5	8	12	0	0.2
	立方氮化硼		−10	10			0.3
合金结构钢	P01	20	−5	8	12	0	0.3
	立方氮化硼	10	−10	10		5	
不锈钢、耐热合金	P01	20	−5	12	15	5	0.1
	立方氮化硼	10	−10	10	12		0.3
铸钢	P01	20	−10	12	15	10	0.2
	立方氮化硼	10		10	12	5	0.3
调质结构钢（26~30HRC）	P01	10	−5	8	12	0	0.2
	立方氮化硼		−10	10		5	0.3
淬火结构钢（40~45HRC）	P01	20	−5	8	12	0	0.1
	立方氮化硼	10	−10	10		5	0.3

表3-2-243　精密镗削铜、铝及其合金件的镗刀几何参数

工件材料	刀具材料	几何参数					
		κ_r/（°）	κ_r'/（°）	γ_o/（°）	α_o/（°）	α_o'/（°）	r_ε/mm
铜、铝及其合金	K01	45~90	8~12	8~18	6~12	10~15	0.1~1.0
	立方氮化硼			−3~5	6~8		0.2~0.8
黄铜、纯铜	天然金刚石		0~10	0~3	8~12		

2.6.4.3　精镗床加工操作要求

1）镗头上的刀杆定位孔是H6的高精度孔，它与镗头主轴的回转轴线的同轴度误差在0.001mm内。刀杆上的定位轴颈与之配合精度H6/h6必须保证，同时要保证其接合面的精度。

2）要保证镗刀安装后的正确几何角度。

3）要保证刀杆回转轴线与夹具位置的准确性。在装夹工件时，要将工件、夹具清理干净。

4）要采用合理的切削用量及背吃刀量，保证平稳切削。

2.6.4.4　精镗床的精密镗削用量

1）铸铁件的精密镗削用量见表 3-2-244。

2）钢件的精密镗削用量见表 3-2-245。

3）铜、铝及其合金件的精密镗削用量见表 3-2-246。

表 3-2-244　铸铁件的精密镗削用量

工件材料	刀具材料	v/(m/min)	f/(mm/r)	a_p/mm	加工表面粗糙度 Ra/μm
HT100	YG3X	80~160	0.04~0.08	0.1~0.3	6.3~3.2
	立方氮化硼	160~200	0.04~0.06	0.05~0.3	3.2
HT150 HT200	YG3X	100~160	0.04~0.08	0.1~0.3	
	立方氮化硼	300~350	0.04~0.06		3.2~1.6
HT200 HT250	YG3X	120~160	0.04~0.08		
	立方氮化硼	500~550	0.04~0.06		1.6
KTH300-06 KTH380-08	YG3X	80~140	0.03~0.06		6.3~3.2
	立方氮化硼	300~350			3.2
KTZ450-05 KTZ600-03	YG3X	120~160			
	立方氮化硼	500~550	0.04~0.08		3.2~1.6
高强度铸铁	YG3X	120~160			
	立方氮化硼	500~550	0.04~0.06		1.6

表 3-2-245　钢件的精密镗削用量

工件材料	刀具材料	v/(m/min)	f/(mm/r)	a_p/mm	加工表面粗糙度 Ra/μm
优质碳素结构钢	YT30	100~180	0.04~0.08	0.1~0.3	3.2~1.6
	立方氮化硼	550~600	0.04~0.06		1.6~0.8
合金结构钢	YT30	120~180	0.04~0.08		
	立方氮化硼	450~500	0.04~0.06		0.8
不锈钢、耐热合金	YT30	80~120	0.02~0.04	0.1~0.2	1.6~0.8
	立方氮化硼	200~220			0.8
铸钢	YT30	100~160	0.02~0.06	0.1~0.3	3.2~1.6
	立方氮化硼	200~230			1.6
调质结构钢(26~30HRC)	YT30	120~180	0.04~0.08		3.2~0.8
	立方氮化硼	350~400	0.04~0.06		1.6~0.8
淬火结构钢(40~45HRC)	YT30	70~150	0.02~0.05	0.1~0.2	1.6
	立方氮化硼	300~350	0.02~0.04		1.6~0.8

表 3-2-246　铜、铝及其合金件的精密镗削用量

工件材料	刀具材料	v/（m/min）	f/（mm/r）	a_p/mm	加工表面粗糙度 Ra/μm
铝合金	K01	200~600	0.04~0.08	0.1~0.3	1.6~0.8
	立方氮化硼	300~600	0.02~0.06	0.05~0.3	0.8~0.4
	天然金刚石	300~1000	0.02~0.04	0.05~0.1	0.4~0.2
青铜	K01	150~400	0.04~0.08	0.1~0.3	1.6~0.4
	立方氮化硼	300~500	0.02~0.06		0.8~0.4
	天然金刚石	300~500	0.02~0.03	0.05~0.1	0.4~0.2
黄铜	K01	150~250	0.03~0.06	0.1~0.2	1.6~0.8
	立方氮化硼	300~350	0.02~0.04		0.4~0.2
	天然金刚石	300~350	0.02~0.03	0.05~0.1	
纯铜	K01	150~250	0.03~0.06	0.1~0.15	1.6~0.8
	立方氮化硼	250~300	0.02~0.04		0.8~0.4
	天然金刚石	250~300	0.01~0.03	0.4~0.08	0.4~0.2

2.7　刨削、插削加工

2.7.1　刨削

刨削适用于在多品种、小批量生产中用于加工各种平面、导轨面、直沟槽、燕尾槽、T形槽等。如果增加辅助装置，还可以加工曲面、齿条和齿轮等工件。

刨削加工公差等级一般为IT9~IT7，工件表面粗糙度 Ra 为1.6~6.3μm。

2.7.1.1　刨削加工方法

1）牛头刨床常见加工方法见表3-2-247。

2）龙门刨床常见加工方法见表3-2-248。

2.7.1.2　刨刀类型及切削角度的选择

1）刨刀的结构型式、特点及用途见表3-2-249。

2）常用刨刀的种类、特点及用途见表3-2-250。

3）刨刀切削角度的选择见表3-2-251。

2.7.1.3　刨削常用装夹方法（见表3-2-252）

2.7.1.4　刨削工具（见表3-2-253）

2.7.1.5　槽类工件的刨削与切断（见表3-2-254）

2.7.1.6　镶条的刨削（见表3-2-255）

表 3-2-247　牛头刨床常见加工方法

刨平面	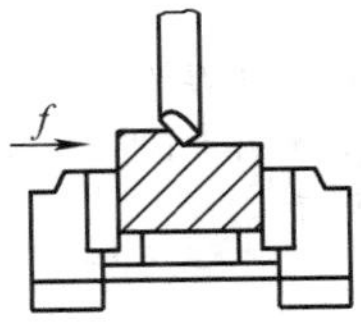	刨燕尾槽	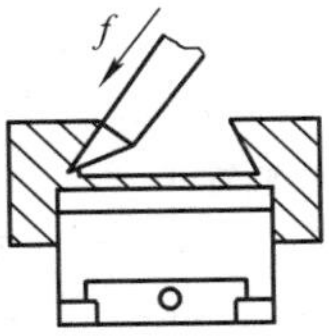
刨侧面	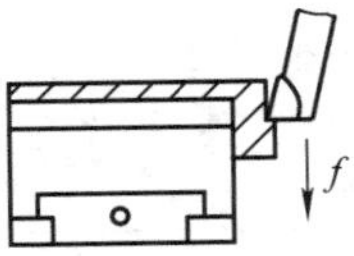	刨 T 形槽	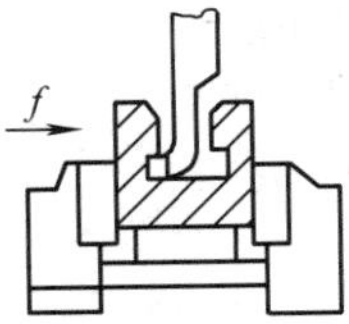
刨台阶	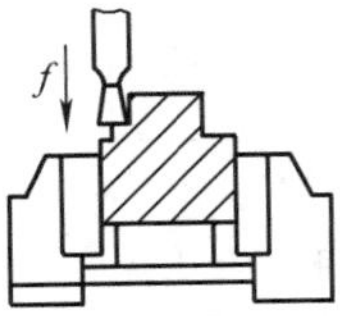	刨曲面	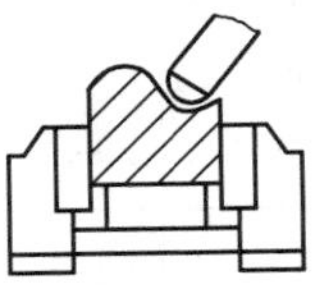
刨斜面	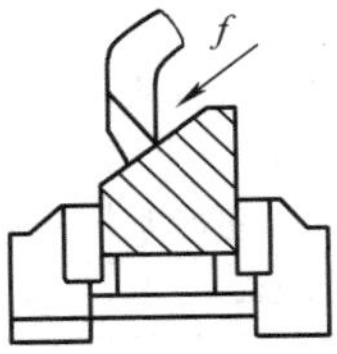	刨齿条	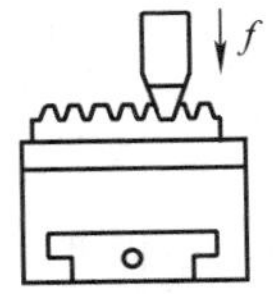
刨槽	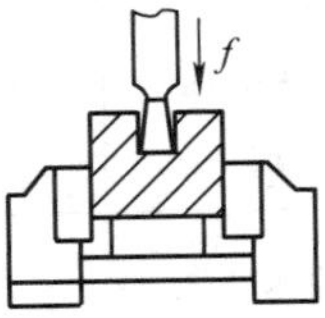	可转刀杆刨凹圆柱面	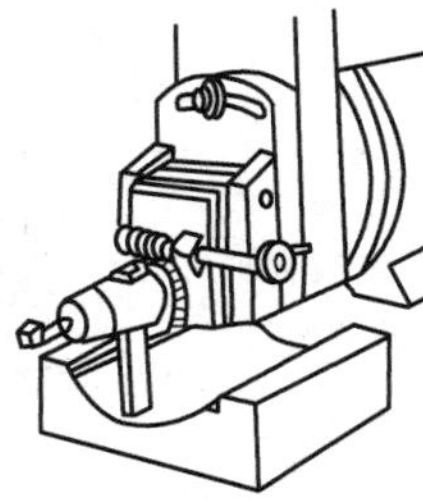
刨孔内槽	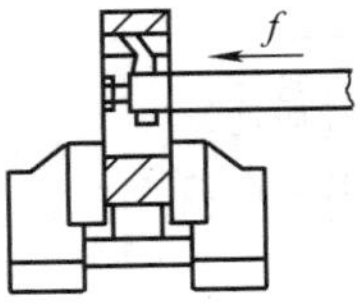	仿形法刨圆弧面	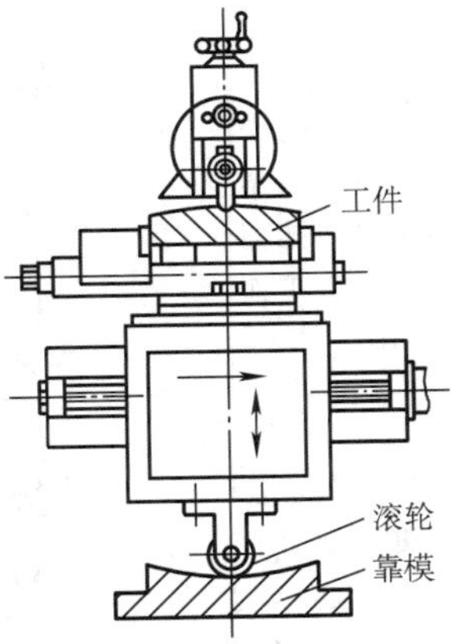
刨 V 形槽	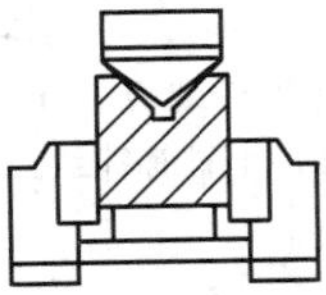		

表 3-2-248 龙门刨床常见加工方法

用垂直刀架加工一个平面	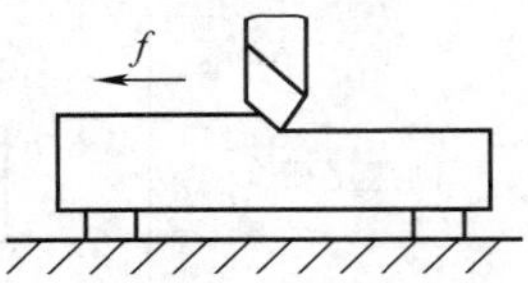
用两个垂直刀架同时加工两侧面	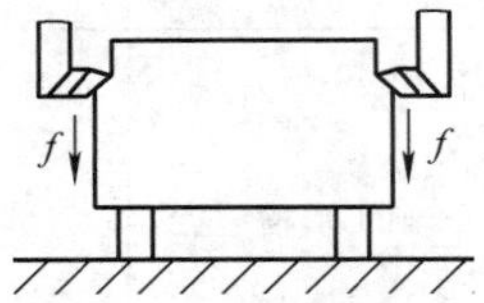
用水平刀架加工一个平面	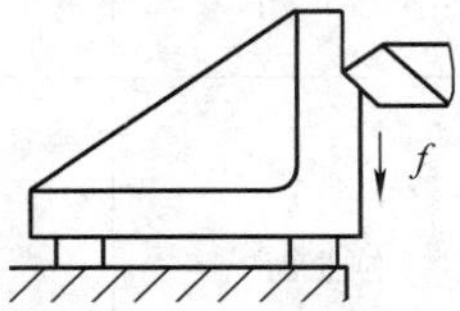
用两个水平刀架同时加工两侧面	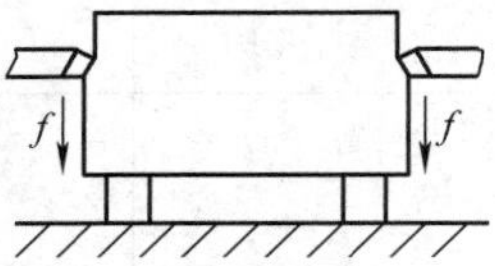
用垂直刀架加工一个与基准面平行的平面（用垫铁调整方法）	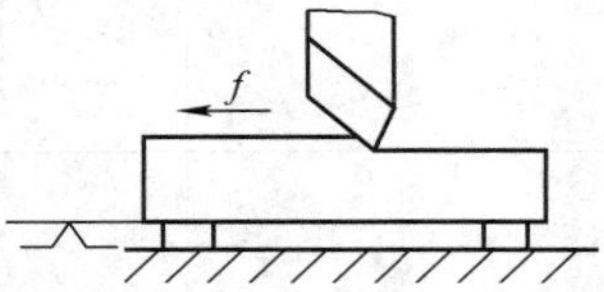
用垂直刀架与水平刀架同时加工两侧面	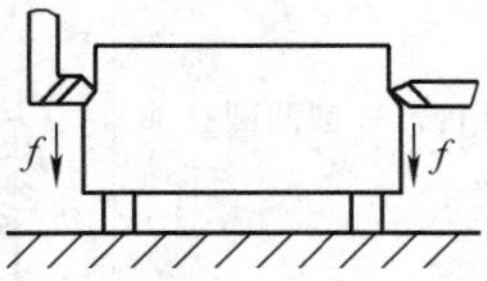
用水平刀架加工一个与基准面平行的平面（基准面用百分表校准）	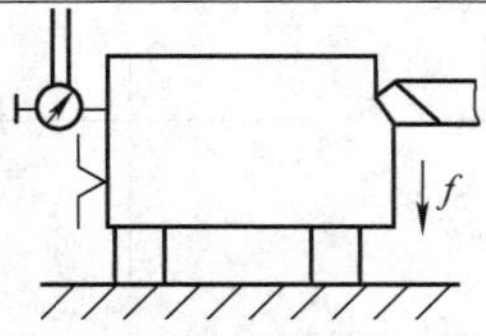
用垂直刀架与水平刀架同时加工上平面与侧面	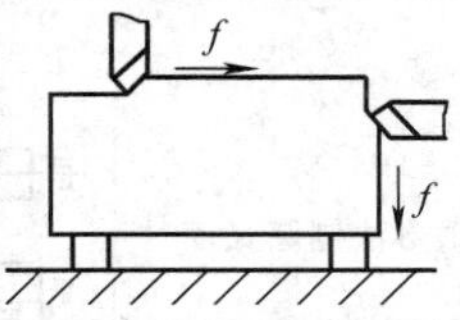
用两个垂直刀架同时加工上平面与侧面	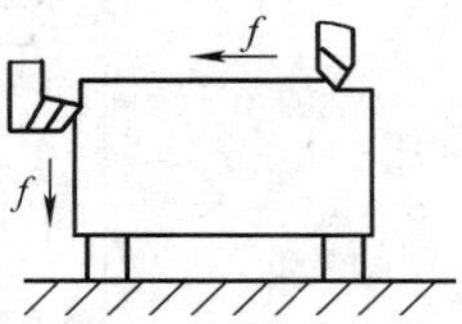
用水平刀架加工侧面上的T形槽	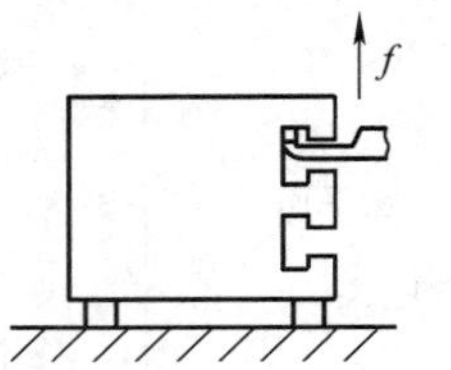
用两个水平刀架及一个垂直刀架同时加工上平面与侧面	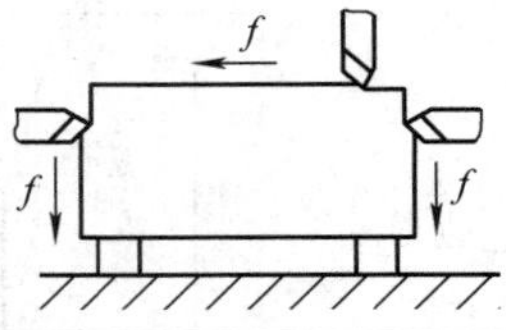
用垂直刀架加工齿条	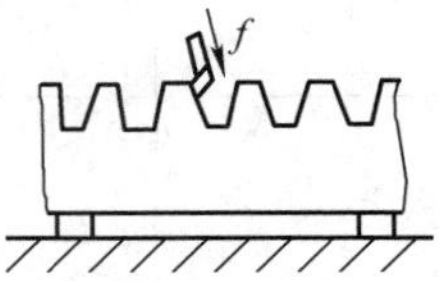
用水平刀架加工内表面	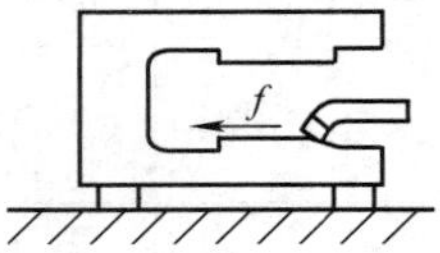
用两个垂直刀架和一个水平刀架同时加工导轨面	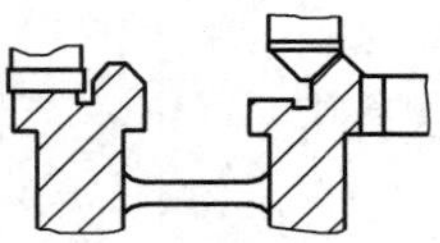
用垂直刀架加工内表面	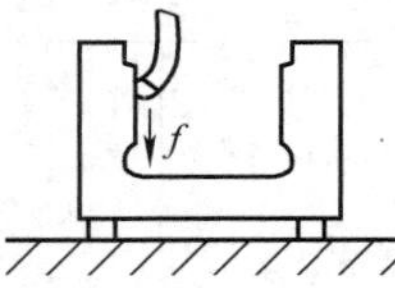
用垂直刀架扳角度加工斜面	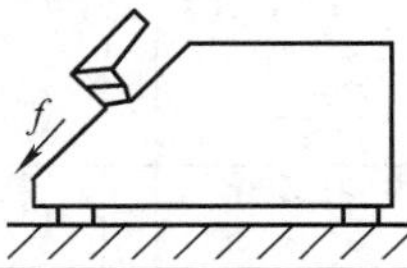
用垂直刀架加工上面的T形槽	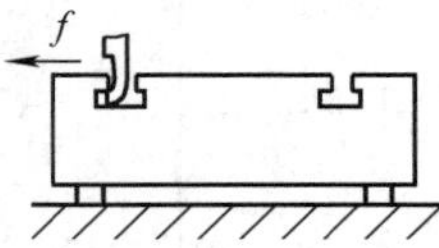
把工件装成斜度加工斜面	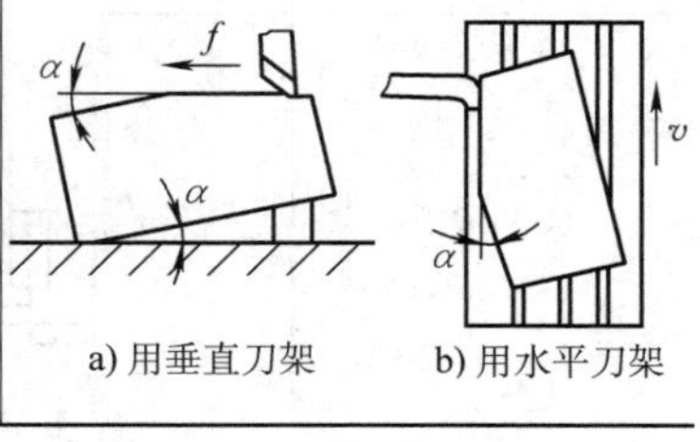 a) 用垂直刀架 b) 用水平刀架

表 3-2-249　刨刀的结构型式、特点及用途

结构型式	图　示	特点及用途
粗刨刀	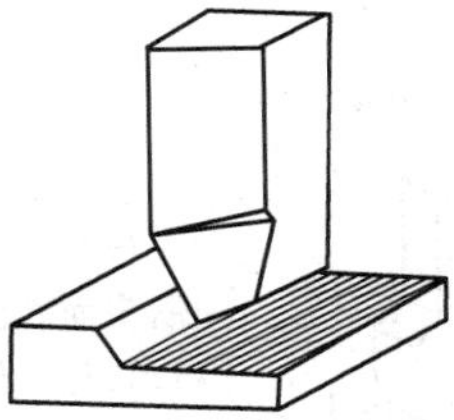	粗加工表面用刨刀。多为强力刨刀，以提高切削效率
精刨刀	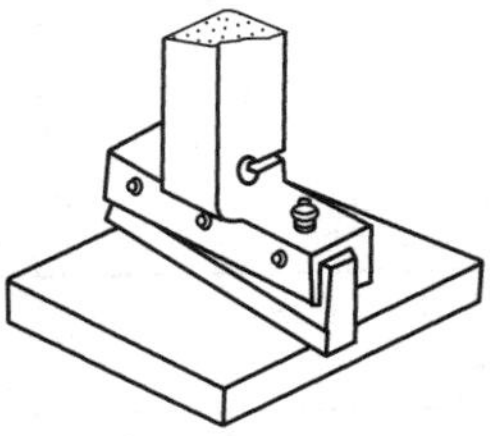	精细加工用刨刀。多为宽刃形式，以获得较低的表面粗糙度值
整体刨刀	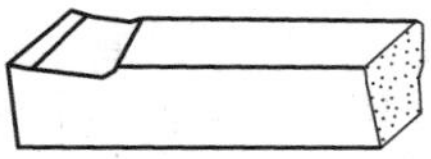	刀头与刀杆为同种材料制成。一般高速钢刀具多采用这种型式
焊接刨刀	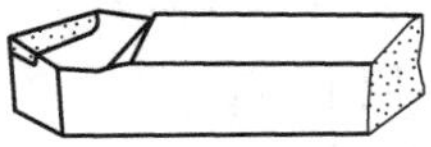	刀头与刀杆由两种材料焊接而成。刀头一般为硬质合金刀片
机械夹固式刨刀		刀头与刀杆为不同材料，用压板、螺栓等把刀头紧固在刀杆上

表 3-2-250　常用刨刀的种类、特点及用途

种类	图　示	特点及用途
直杆刨刀	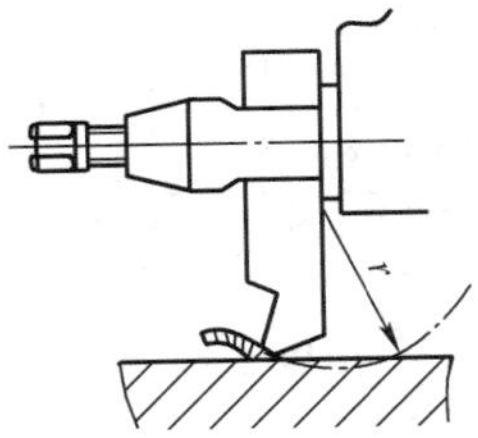	刀杆为直杆。粗加工用
弯颈刨刀	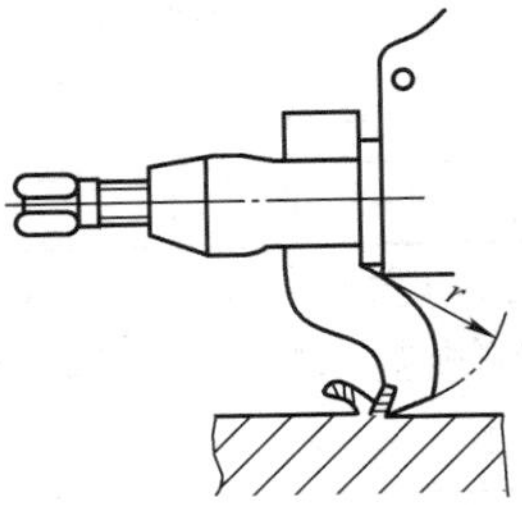	刀杆的刀头部分向后弯曲。在刨削力作用下，弯曲弹性变形，不扎刀。切断、切槽、精加工用
弯头刨刀	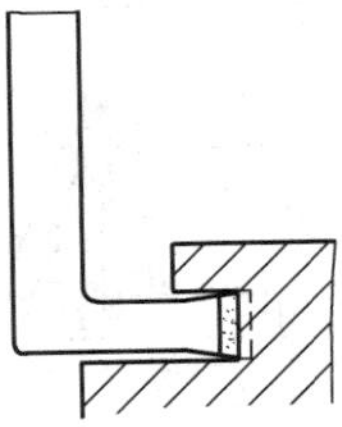	刀头部分向左或右弯曲。用于切槽
平面刨刀	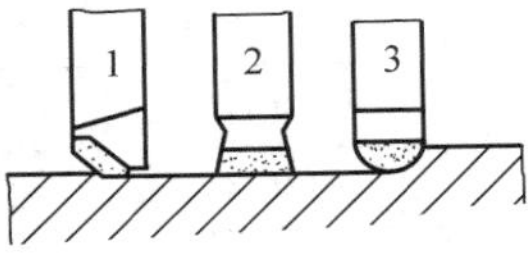 1 — 尖头平面刨刀 2 — 平头平面刨刀 3 — 圆头平面刨刀	粗、精刨平面用
偏刀	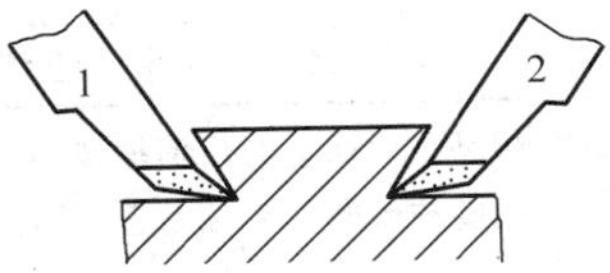 1 — 左偏刀　2 — 右偏刀	用于加工互成角度的平面、斜面、垂直面等
内孔刀	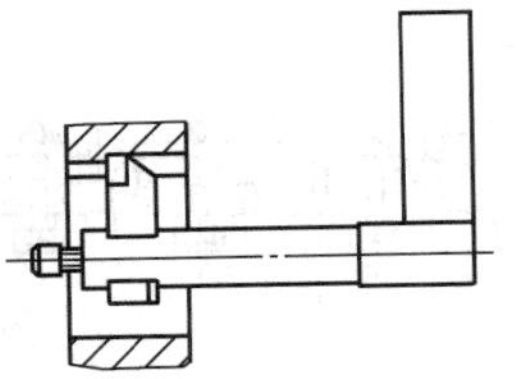	用于加工内孔表面与内孔槽

（续）

种类	图示	特点及用途	种类	图示	特点及用途
切刀	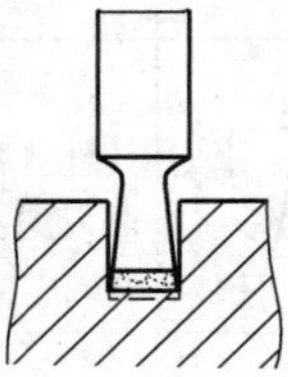	用于切槽、切断、刨台阶	成形刀	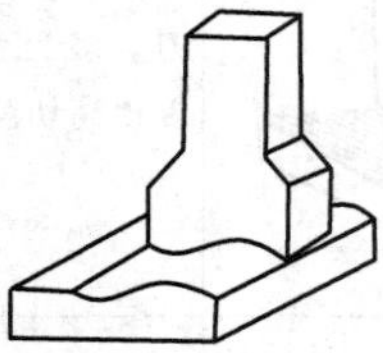	用于加工特殊形状表面。刨刀刀刃形状与工件表面一致，一次成形
弯切刀	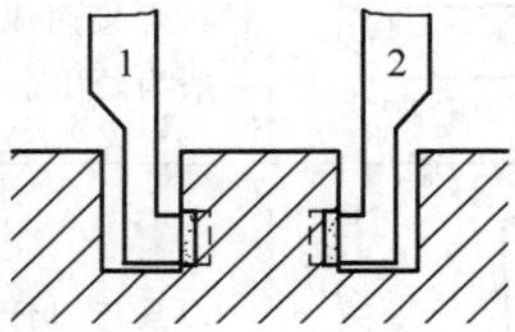 1—左弯切刀 2—右弯切刀	用于加工T形槽、侧面槽等			

表 3-2-251 刨刀切削角度的选择

加工性质	工件材料	刀具材料	前角 γ_o/(°)	后角 α_o①/(°)	刃倾角 λ_s/(°)	主偏角 κ_r②/(°)
粗加工	铸铁或黄铜	W18Cr4V	10~15	7~9	-15~-10	45~75
		K30、K20	10~13	6~8	-20~-10	
	钢 R_m<750MPa	W18Cr4V	15~20	5~7	-20~-10	
		M20、P10	15~18	4~6	-20~-10	
	淬硬钢	K30、K10	-15~-10	10~15	-20~-15	10~30
	铝	W18Cr4V	40~45	5~8	-8~-3	
精加工	铸铁或黄铜	W18Cr4V	-10~0	6~8	5~15	0~45
		K30、K10	-15~-10 10~20	3~5	0~10	
	钢 R_m<750MPa	W18Cr4V	25~30	5~7	3~15	45~75
		M20、K10	22~28	5~7	5~10	
	淬硬钢	K30	-15~-10	10~20	15~20	10~30
	铝	W18Cr4V	45~50	5~8	-5~0	

① 精刨时，可根据情况在后面上磨出消振棱。一般倒棱后角 $\alpha_{\alpha 1}=-1.5°\sim0°$，倒棱宽度 $b_{\alpha 1}=0.1\sim0.5$mm。

② 机床功率较小、刚度较低时，主偏角选大值；反之，选小值。主切削刃和副切削刃之间宜采用圆弧过渡。

表 3-2-252 刨削常用装夹方法

方法	分类与用途	图示	方法	分类与用途	图示
压板装夹	平压板和弯头压板	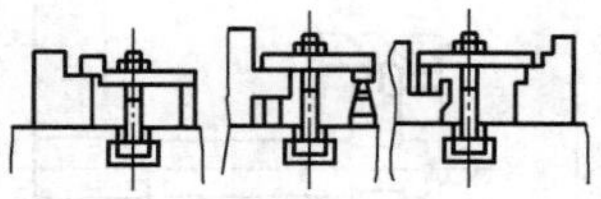	压板装夹	可调压板	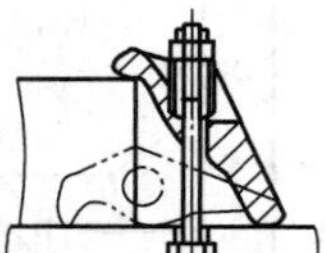

（续）

方法	分类与用途	图　示
压板装夹	孔内压板	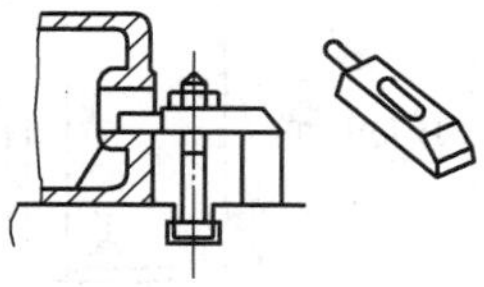
台虎钳装夹	刨一般平面	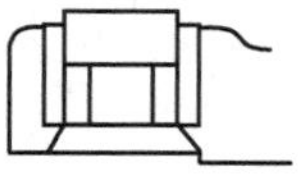
	平面 1、2 有垂直度要求时	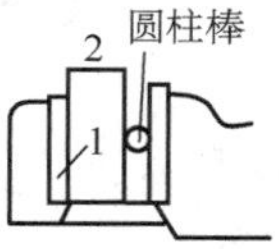
	平面 3、4 有平行度要求时	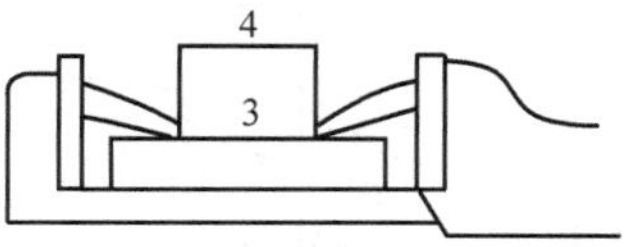
	台虎钳与螺栓配合装夹薄壁工件	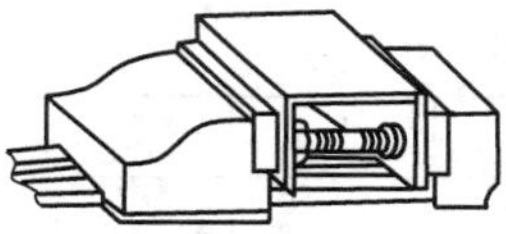
螺纹撑、螺纹挡装夹	螺纹撑	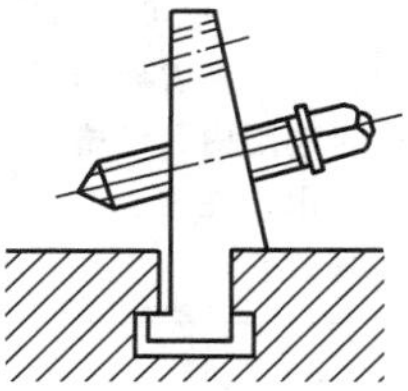 a) 用于 T 形槽的螺纹撑 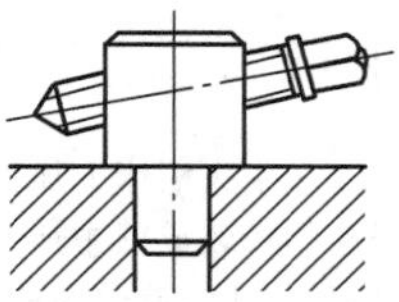 b) 用于圆柱孔内的螺纹撑
	螺纹挡	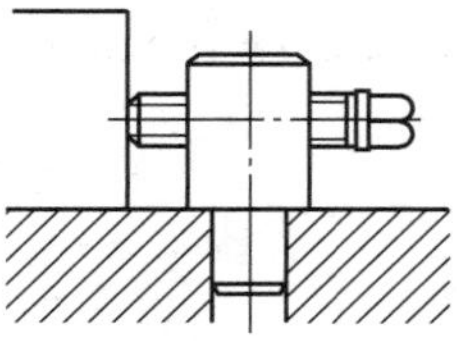
螺纹撑、螺纹挡装夹	用螺纹撑和挡块在工作台上装夹工件	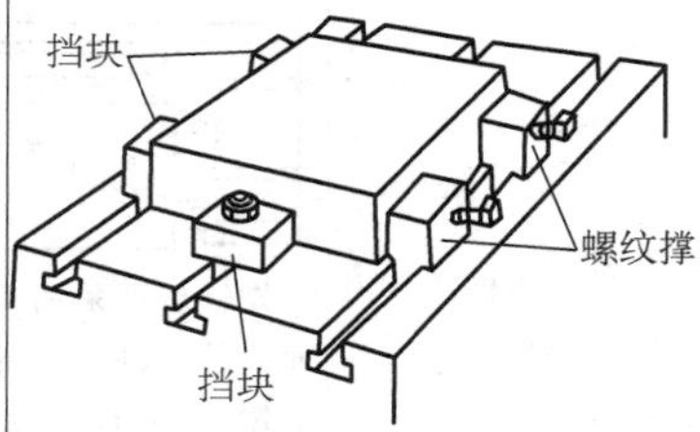
	用螺纹撑和挡块在工作台上装夹薄板工件	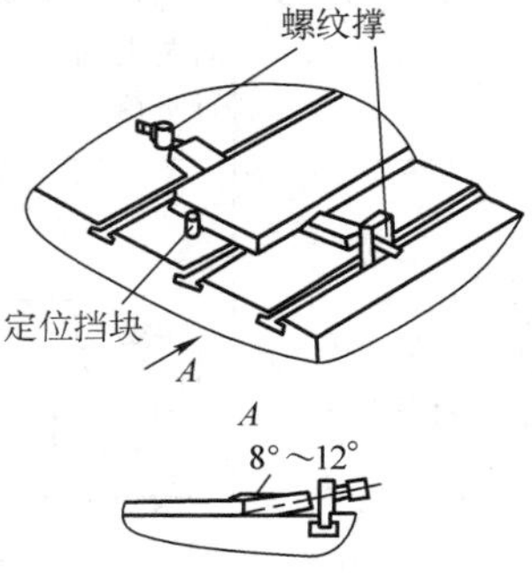
	用角度挡块和螺纹撑在工作台上装夹圆柱形工件	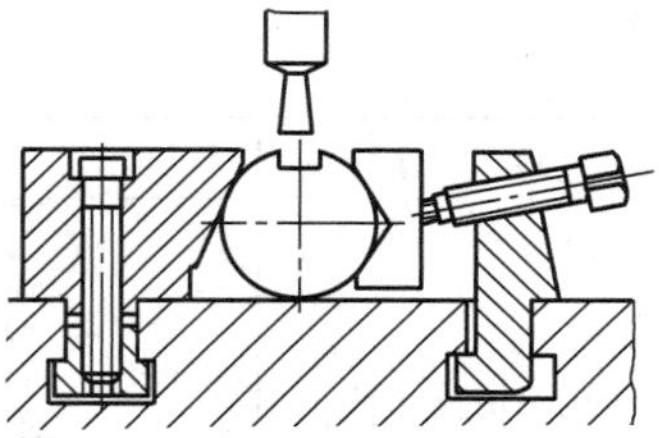 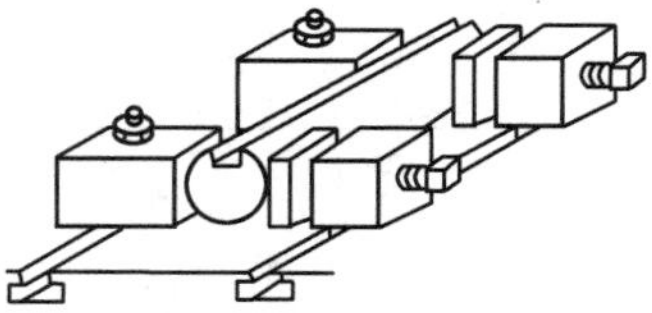
	用螺纹撑在工作台上装夹圆弧工件	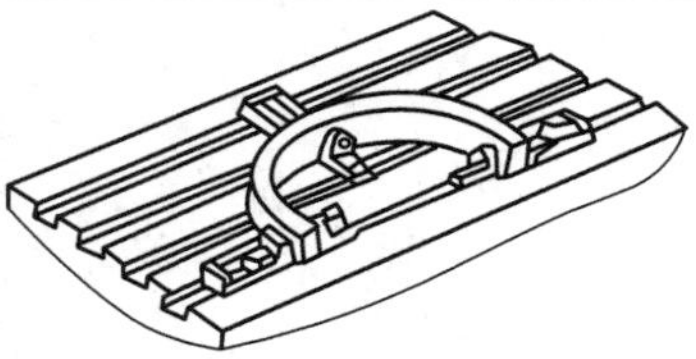
弯板装夹工件	刨垂直面及槽	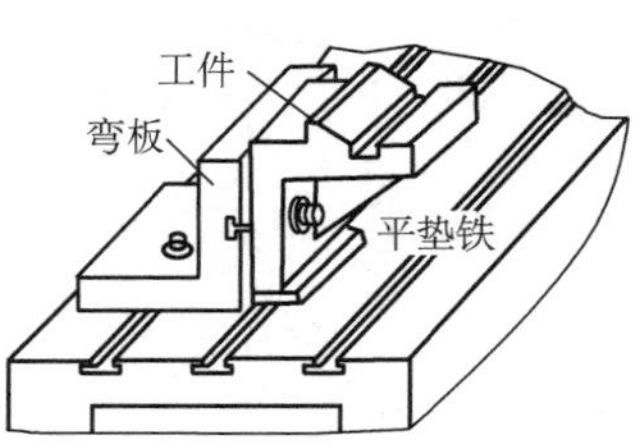

（续）

方法	分类与用途	图示	方法	分类与用途	图示
楔铁装夹工件	用楔铁装夹薄板工件	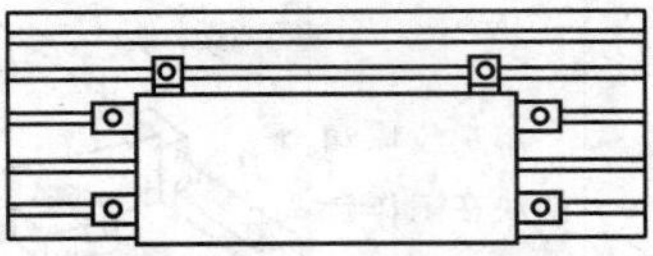 楔铁斜度采用1：100，适于加工薄而大的工件。粗加工时，考虑热变形的影响，必须将纵向的楔铁适当放松些，而且工件两面应轮流翻转，多次重新装夹加工，使两加工面的内应力接近平衡	其他装夹方法	压板与千斤顶配合装夹工件	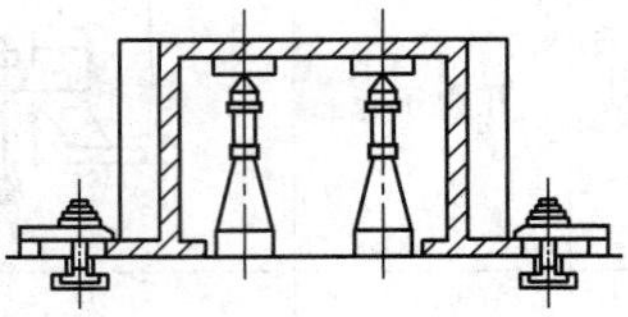
其他装夹方法	用挤压方法装夹工件	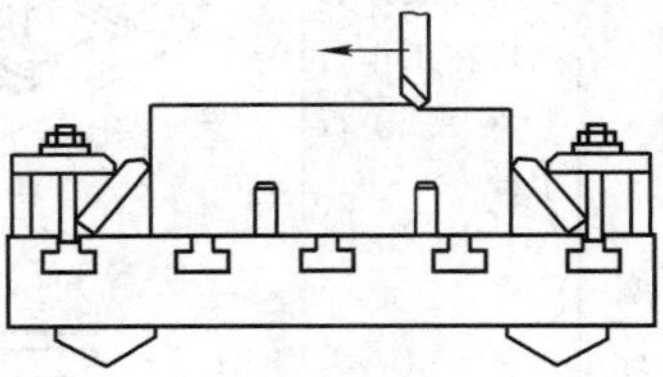		箱体工件的装夹方法	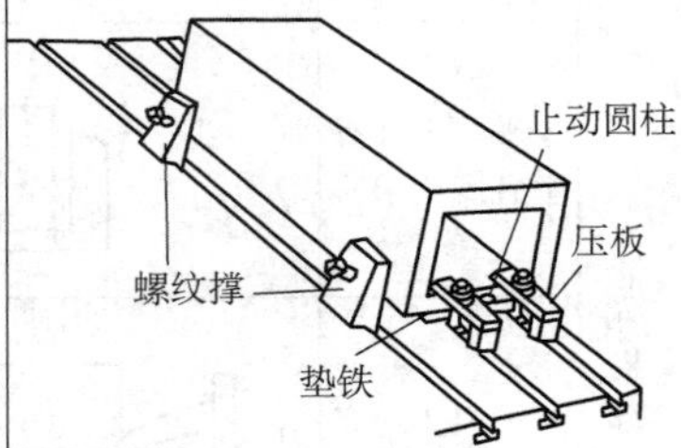

表 3-2-253　刨削工具

名称	简图	说明
刨削内槽工具	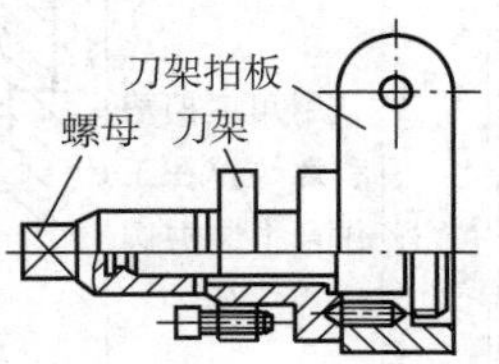	齿轮或带轮等内孔工件的键槽，一般采用插床加工，但也可采用牛头刨床来加工。加工时，只要拆除原来刀架拍板的刀杆，并加装图示的刀杆，即可刨削内孔键槽。刨削时宜将刀架拍板固定，以防由于往复运动引起刀架来回跳动，产生扎刀现象
刨削内、外圆弧工具	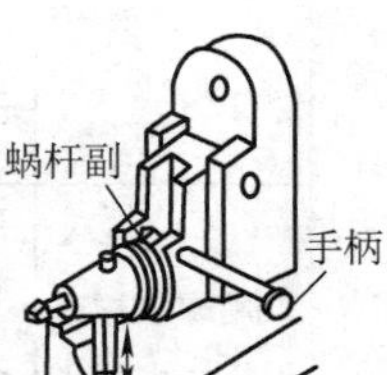 a) 刨内圆弧刀架 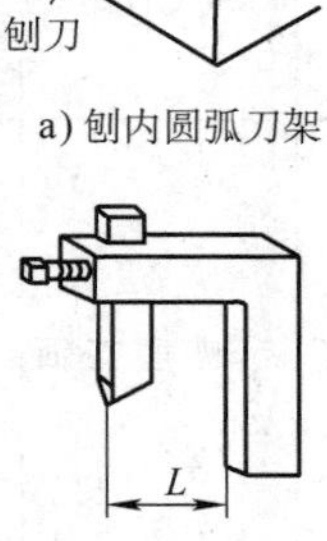 b) 刨外圆弧刀架	在牛头刨床上加工内、外圆弧曲面时，须把原刀架拍板改成图中所示刀架。加工时，每次回程进刀，匀速地旋转手柄，使刀头依蜗轮中心轴线转动进给，即可获得内圆弧曲面。刀尖与蜗轮轴线的距离，应等于圆弧曲面的半径 R。当拆除刨刀、改用刀杆时，同理可获得外圆弧曲面，但被加工件长度受刀杆装刀孔前面与刀杆内侧长度 L 的限制

（续）

名　称	简　图	说　明
四方刀架	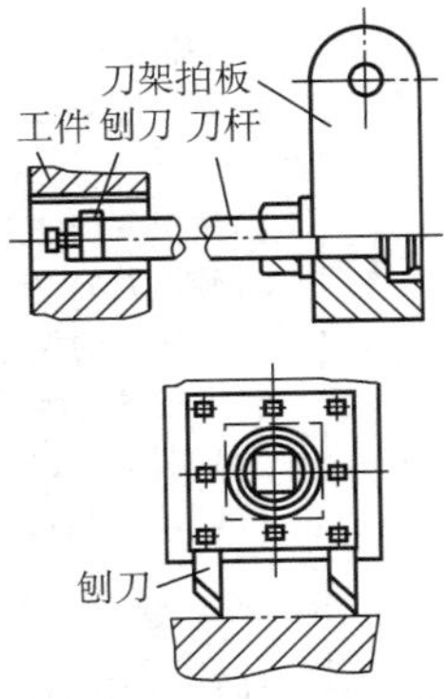	采用图示的四方刀架，可以同时安装几种用途的刀具，如为了提高生产率，可以同时安装两把刀具，作为粗、精加工平面等用途

表 3-2-254　槽类工件的刨削与切断

类别	图　示	加工方法
直角沟槽	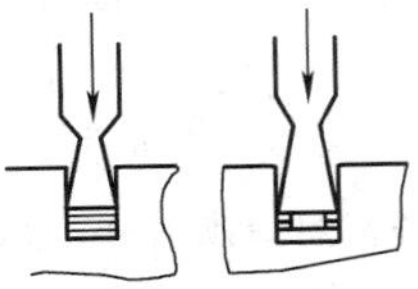 a)　b)	当槽的精度要求不高且又较窄时，可按图 a 所示，一次将槽刨完 当精度要求较高且宽度又较大时，可按图 b 所示，先用较窄的切槽刀开槽，然后用等宽的切槽刀精刨
	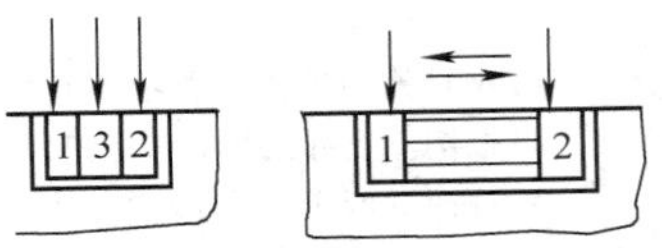 a)　b)	宽度很宽的槽，按下列两种方法加工： 图 a 所示为按 1、2、3 顺序用切刀垂直进给，三面各留余量 0.1～0.3mm，粗切后再进行精刨 图 b 所示为先用切槽刀刨出 1、2 槽，再用尖头刨刀粗刨中间，三面各留余量 0.1～0.3mm，最后换切槽刀精刨
轴上直通槽	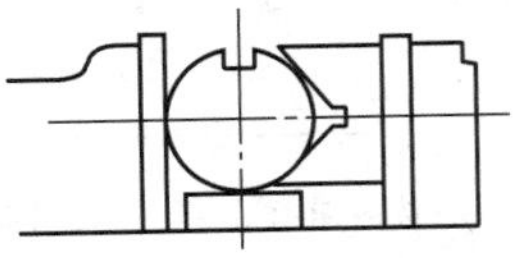 a) 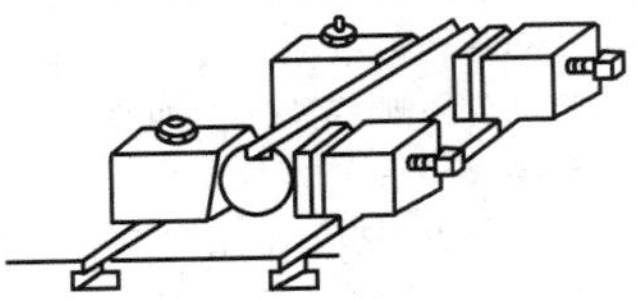 b) 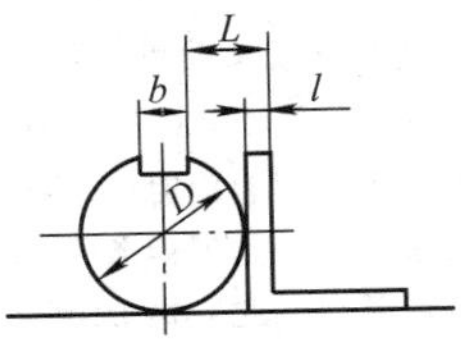 c)	短的工件可按图 a 所示用台虎钳装夹；长的工件可按图 b 所示直接装夹在工作台台面上 为了保证槽侧与轴线的平行度，装夹时应用百分表找正侧母线 粗刨直通槽方法与刨削直角沟槽相同 精刨时，先用切槽刀垂直进给精刨一个侧面，此时要特别注意：保证键槽对轴线的对称度 测量方法可参照图 c，其中 $L=\frac{D-b}{2}+l$（D 为轴的实际尺寸，b 为键槽按中间公差的宽度）。L 值可用卡尺或公法线千分尺测量。精刨完一侧后，再精刨另一侧，以达到槽宽要求

（续）

<table>
<tr><th>类别</th><th>图 示</th><th>加工方法</th></tr>
<tr><td>V形槽</td><td>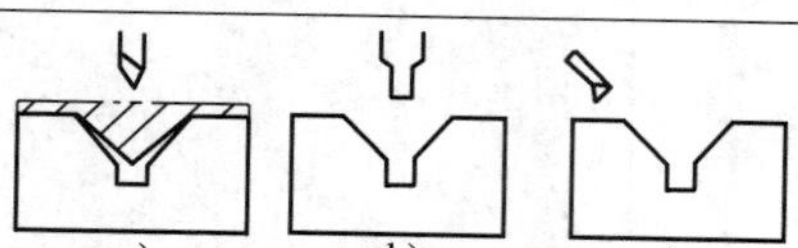
a) b) c)
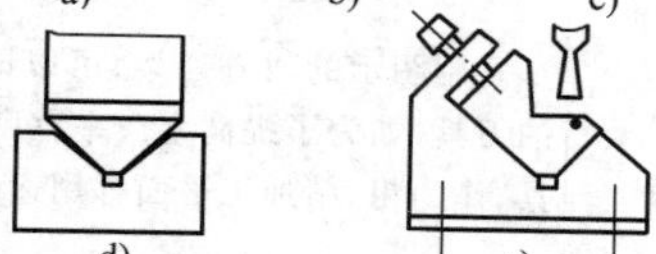
d) e)
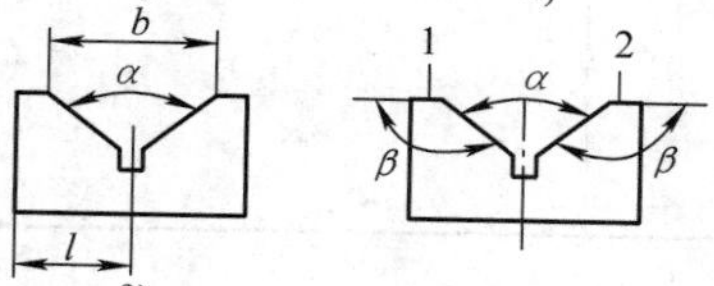

f) g)
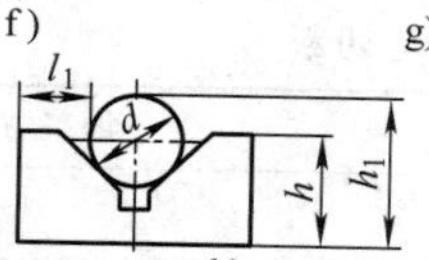

h)
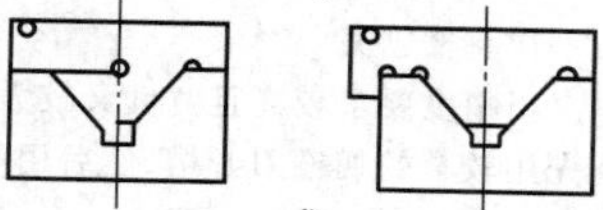
i)</td><td>（1）加工方法
1）按尺寸划线，用水平进给粗刨大部分余量（见图a）
2）按图b切空刀槽
3）倾斜刀架，用偏刀刨两斜面（见图c）
4）尺寸小的V形槽，可用样板刀精刨（见图d）
5）可按图e所示用夹具刨V形槽
（2）测量方法（V形槽尺寸要素见图f）
1）以1、2顶面为基准，按图g所示检查两β角，$\beta=90°+\frac{\alpha}{2}$。若$\beta$正确，则$\alpha$角正确，且$\alpha$的角平分线与1、2面垂直
2）按图h所示测量l_1：
$$l_1=l-\frac{d}{2}$$
3）按图h所示测量h_1：
$$h_1=\frac{d}{2\sin\frac{\alpha}{2}}+h+\frac{d}{2}-\frac{b}{2}\cot\frac{\alpha}{2}$$
若h_1准确，则尺寸b准确
4）成批生产时，可用样板检查（见图i）</td></tr>
<tr><td>T形槽</td><td>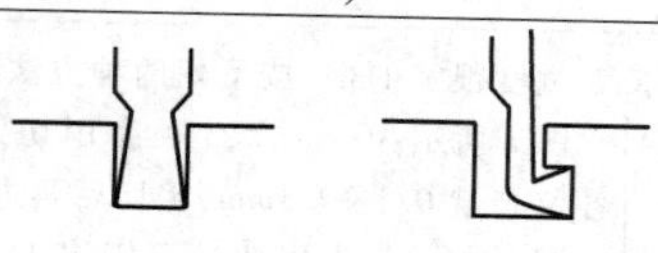
a) b)
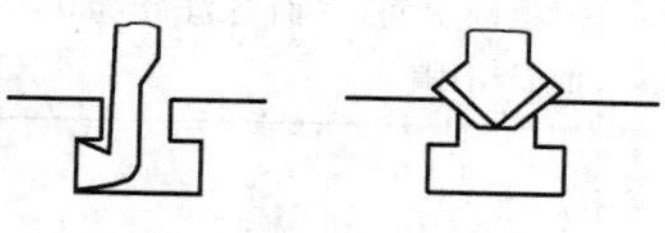
c) d)</td><td>1）用直槽刀按图a所示切直槽
2）按图b所示，用左弯头刀加工一侧面凹槽
3）按图c所示，用右弯头刀加工另一侧面凹槽
4）用45°倒角刀按图d所示倒角
注意：刨T形槽时，切削用量要小；刨刀回程时，必须将刀具抬出T形槽外</td></tr>
<tr><td>燕尾槽</td><td>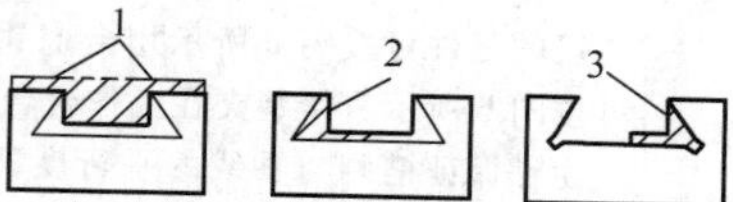

a) b) c)
斜燕尾在水平面内的斜度（$1:K_a$）和应偏转的斜角θ_a
<table>
<tr><th>斜镶条的斜度 $1:K_b$</th><th>斜镶条的斜角 θ_b</th><th>燕尾的倾斜角 $\alpha/(°)$</th><th>斜燕尾在水平面内的斜度 $1:K_a$</th><th>斜燕尾在水平面内应偏转的斜角 θ_a</th></tr>
<tr><td rowspan="2">1∶50</td><td rowspan="2">1°9′</td><td>55</td><td>1∶40.95</td><td>1°24′</td></tr>
<tr><td>60</td><td>1∶43.3</td><td>1°19′</td></tr>
<tr><td rowspan="2">1∶60</td><td rowspan="2">0°57′</td><td>55</td><td>1∶40.15</td><td>1°10′</td></tr>
<tr><td>60</td><td>1∶51.96</td><td>1°6′</td></tr>
<tr><td rowspan="2">1∶100</td><td rowspan="2">0°34′</td><td>55</td><td>1∶81.9</td><td>0°42′</td></tr>
<tr><td>60</td><td>1∶83.3</td><td>0°40′</td></tr>
</table></td><td>1）按要求找正装夹后，精刨1面到尺寸
2）按图a所示，用切槽刀刨直角槽。直角槽宽略小于燕尾槽小头宽度，直角槽深略小于燕尾槽深度
3）扳转刀架和拍板座，用偏刀刨斜面的方法，先粗刨后精刨一斜面2（见图b），并刨槽底相应部分到要求尺寸
4）反方向扳转刀架和拍板座，换反方向偏刀。如果是直燕尾槽，可直接加工另一斜面3（见图c）及相应槽底到要求尺寸，如果是斜燕尾槽，工件须偏转一角度θ_a后，要求再刨斜面和槽底到要求尺寸。注意：θ_a的方向和斜面在各边均有规定要求，从加工第一个燕尾斜面时就不能搞错。当燕尾槽所用的斜镶条的斜角为斜镶条纵剖面之值时（无特殊说明的斜镶条均如此），θ_a的值可由左表查出
5）切空刀槽、倒角（可分别穿插在3、4项中进行）</td></tr>
</table>

（续）

类别	图　示	加工方法
切断	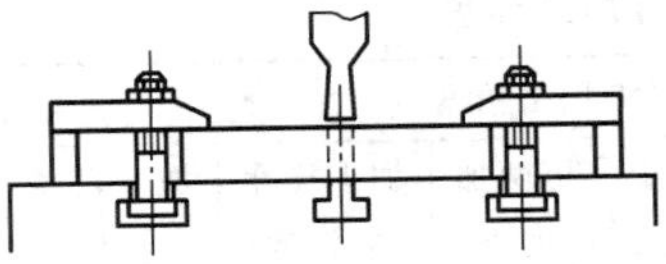	1)根据图样要求，按划线或用钢板尺进行对刀切断 2)工件接近切断时，进给量要减小 3)若工件较厚，可把工件翻转装夹，两面各刨一半 4)注意切断过程中的切口尺寸，不能因夹紧力而变小

表 3-2-255　镶条的刨削

类别	图　示	加工方法
直镶条	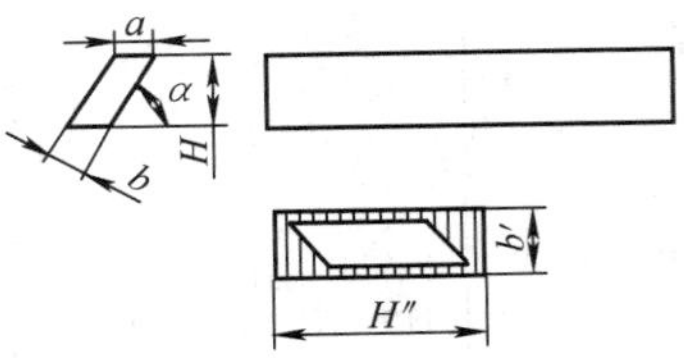	1)粗刨成矩形，每面留 1~1.5mm 余量，粗、精刨的目的是减少变形，便于装夹 2)精刨两宽面，控制厚度 $b=a\sin\alpha$，表面粗糙度 $Ra=3.2\mu m$，并留 0.1~0.2mm 刮削余量或 0.3~0.4mm 磨削余量，注意两面的平行度 3)用百分表校正平口钳钳口，使其与滑枕行程方向平行。按 α 角大小扳转刀架刨一窄面，并在锐角的一边刨 0.15~0.25mm 宽的倒角 4)翻转工件，刨另一窄面并倒角。注意方向不要搞错，以免刨成梯形截面
斜镶条	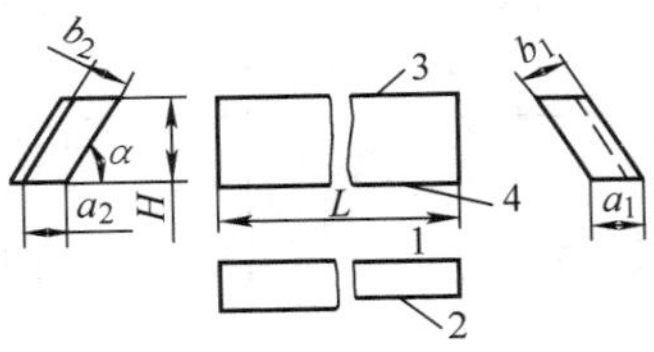a) 斜镶条 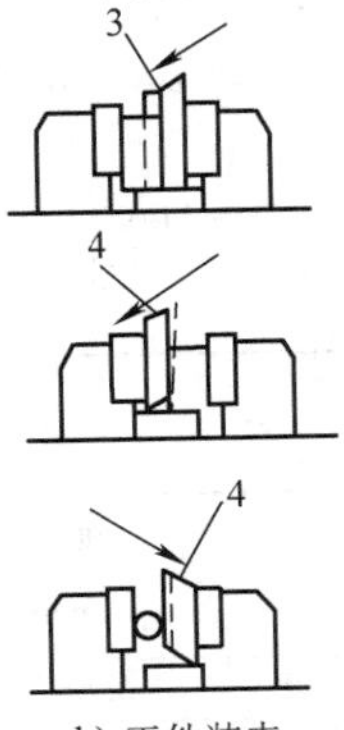b) 工件装夹	1)粗刨成矩形，每面留 1~1.5mm 余量 2)精刨基准宽面 1 3)以 1 面为基准，用与工件斜度相同的斜垫铁[其斜度 $S=\frac{b_1-b_2}{L}=\frac{(a_1-a_2)\sin\alpha}{L}$，在修配工作中，可借用与其相同的旧镶条]垫在工件底部，用撑板夹持工件，刨宽面 2，并注意留适当的刮削余量 4)按图 b 所示装夹刨小窄面 3，并倒角 注意：固定钳口并与滑枕方向平行；扳转角度为 α，方向不要搞错 5)按图 b 中间图所示装夹，刨小窄面 4 并倒角 按图 b 下面图所示装夹，刨小窄面 4，但要注意刀架扳转方向

2.7.1.7　刨床的经济加工精度（见表 3-2-256）

2.7.1.8　常用刨削用量（见表 3-2-257）

2.7.1.9　刨削常见问题、产生原因和解决方法

1）刨削平面常见问题、产生原因和解决方法见表 3-2-258。

2）刨削垂直面和阶台常见问题、产生原因和解决方法见表 3-2-259。

3）切断、刨削直槽及 T 形槽常见问题、产生原因和解决方法见表 3-2-260。

4）刨削斜面、V 形槽及镶条常见问题、产生原因和解决方法见表 3-2-261。

表 3-2-256　刨床的经济加工精度

刨床类型	主参数		刨床的经济加工精度					适用范围
	最大刨削宽度 /mm	最大刨削长度 /mm	加工面的平面度 /mm	加工面对工作台的平行度/mm	上、侧两加工面的垂直度/mm	加工尺寸的精度等级	加工表面粗糙度 $Ra/\mu m$	
龙门刨床	1000	3000	0.02/1000	0.02/1000	0.02/300	IT7～IT9	1.6	可用于加工床身、机座、支架、箱体等尺寸较大的工件
	1250	4000	0.03/1000	0.03/1000	0.02/300			
	1600	6000						
	2000	8000						
	2500	12000						
	3000	15000						
悬臂刨床	1000	3000	0.02/1000	0.02/1000	0.02/300			由于一侧敞开，可用于加工宽度较大的畸形工件。当工件宽度超出工作台宽度较多时，应加辅助导轨和辅助工作台
	1250	4000	0.03/1000	0.03/1000				
	1500	6000						
普通牛头刨床	190	160	0.02（全长）	0.02/全长	0.01/全长			可用于加工中小型工件的平面和沟槽等
	350	350						
	500	500	0.025（全长）	0.03/全长	0.02/全长			
	600	650						
液压牛头刨床	750	900	0.03（全长）	0.04/全长	0.03/全长			
移动式牛头刨床	1400	3000	0.03/300	0.06/300	0.03/300	IT8～IT10	3.2	可用于加工的工件尺寸较大，而加工面积较小且较分散时

表 3-2-257　常用刨削用量

工序名称	机床类型	刀具材料	工件材料[1]	背吃刀量 a_p /mm	进给量 f /(mm/dst)	切削速度 v /(m/min)
粗加工	牛头刨床	W18Cr4V	铸铁	4～6	0.66～1.33	15～25
			钢	3～5	0.33～0.66	15～25
		K30	铸铁	10～15	0.66～1.0	30～40
		P30	钢	8～12	0.33～0.66	25～35
	龙门刨床	W18Cr4V	铸铁	10～20	1.2～4.0	15～25
			钢	5～15	1.0～2.5	15～25
		K30	铸铁	25～50	1.5～3.0	30～60
		P30	钢	20～40	1.0～2.0	40～50

（续）

工序名称	机床类型	刀具材料	工件材料①	背吃刀量 a_p /mm	进给量 f /(mm/dst)	切削速度 v /(m/min)
精加工	牛头刨床	W18Cr4V	铸铁	0.03~0.05	0.33~2.33②	5~10
			钢	0.03~0.05	0.33~2.33	5~8
		K30 P30	铸铁	0.03~0.05	0.33~2.33	5~8
			钢	0.03~0.05	0.33~2.33	5~8
	龙门刨床	W18Cr4V	铸铁	0.005~0.01	1~15②	3~5
			钢	0.005~0.01	1~15	3~5
		K30 P30	铸铁	0.03~0.05	1~20	4~6
			钢	0.03~0.05	1~20	4~6

① 铸铁 170~240HBW；钢 R_m=700~1000MPa。

② 根据修光刃宽度来确定 f，一般取 f 为修光刃宽度的 0.6~0.8 倍。

表 3-2-258 刨削平面常见问题、产生原因和解决方法

问题	产生原因	解决方法
表面粗糙度参数值不符合要求	光整精加工切削用量选择不合理	最后光整精刨时采用较小 a_p、f、v
	刀具几何角度不合理，刀具不锋利	合理选用几何角度，刀具磨钝后及时刃磨
工件表面产生波纹	机床刚度低，滑动导轨间隙过大，切削产生振动	调整机床工作台、滑枕、刀架等部分的压板、镶条及地脚螺钉等
	工件装夹不合理或工件刚度低，切削时振动	注意装夹方法，垫铁不能松动，增加辅助支承，使工件薄弱环节的刚度得到加强
	刀具几何角度不合理或刀具刚度低，切削振动	合理选用刀具几何角度，加大 γ_o、κ_r、λ_s；缩短刨刀伸出长度，采用减振弹性刀
平面出现小沟纹或微小台阶	刀架丝杆与螺母间隙过大；调整刀架后未锁紧刀架	调整丝杆与螺母间隙或更新丝杆、螺母。调整刀架后，必须将刀架溜板锁紧
	拍板、滑枕、刀架溜板等配合间隙过大	调整间隙
	刨削时中途停车	精刨平面时避免中途停车
工件开始吃刀的一端形成倾斜倒棱	拍板、滑枕、刀架溜板间隙过大，刀架丝杆上端轴颈锁紧螺母松动	调整拍板、滑枕、刀架溜板间隙及刀架侧面镶条与导轨间隙。锁紧刀架丝杆上端螺母
	背吃刀量太大，刀杆伸出量过长	减小背吃刀量和刀杆伸出量
	刨刀 κ_r 和 γ_o 过小，吃刀抗力增大	适当选用较大的 κ_r 和 γ_o
平面局部有凹陷现象	牛头刨床大齿轮曲柄销的丝杆一端销紧螺母松动，造成滑枕在切削中有瞬时停滞现象	应停车检查，将此螺母拧紧
	在切削时，突然在加工表面停车	精刨平面时，不应在加工表面停车
	工件材质、余量不均，引起“扎刀”现象	选用弯颈式弹性刨刀，避免“扎刀”；多次分层切削，使精刨余量均匀

（续）

问　题	产生原因	解决方法
平面的平面度不符合要求	工件装夹不当，夹紧时产生弹性变形	装夹时应将工件垫实，夹紧力应作用在工件不易变形的位置
	刨刀几何角度、刨削用量选用不合适，产生较大的刨削力、刨削热而使工件变形	合理选用刨刀几何角度和刨削用量，必要时可等工件冷却一定时间再精刨
两相对平面不平行，两相邻平面不垂直	夹具定位面与机床主运动方向不平行或机床相关精度不够	装夹工件前应找正夹具基准面，调整机床精度
	工件装夹不正确，基准选择不当，定位基准有毛刺、异物，工件与定位面未贴实	正确选择基准面和定位面并清除毛刺、异物。检查工件装夹是否正确

表 3-2-259　刨削垂直面和阶台常见问题、产生原因和解决方法

问　题	产生原因	解决方法
垂直平面与相邻平面不垂直 相邻平面 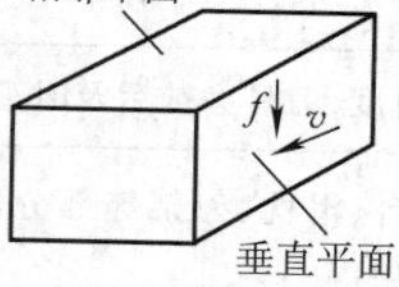 垂直平面	刀架垂直进给方向与工作台面不垂直	调整刀架进给方向，使之与工作台面垂直
	刀架镶条间隙上下不一致，使升降时松紧不一，造成受力后靠向一边	调整刀架镶条间隙，使之松紧一致
	工件装夹时在水平方向没校正，两端高低不平，或者工件伸出太长，切削时受力变形	找正工件；被加工面尽量减小伸出量
	工作台或刀架溜板水平进给丝杆与螺母间隙未消除	精切时应消除丝杆、螺母副的间隙
	刀架或刨刀伸出过长，切削中产生让刀；刀具刃口磨损	缩短刀架、刀杆伸出长度，选用刚度高的刀杆，及时刃磨
垂直平面与相邻侧面不垂直 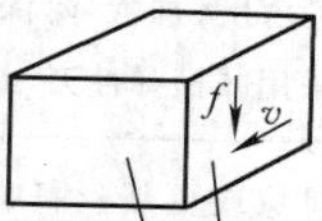 相邻平面　垂直平面	平口钳钳口与主运动方向不垂直	装夹前应找正钳口使其与主运动方向垂直
	刨削力过大，产生振动和移动	工件装夹牢固，合理选择刨削用量与刀具角度
表面粗糙度参数值达不到要求	刀具几何角度不合适，刀头太尖，刀具实际安装角度使副偏角过大	选择合适的刀具几何角度，加大刀尖圆弧半径，正确安装刨刀
	背吃刀量与进给量过大	精加工时选用较小的背吃刀量与进给量
阶台与工件基准面不平行即（$A \neq A'$、$B \neq B'$） 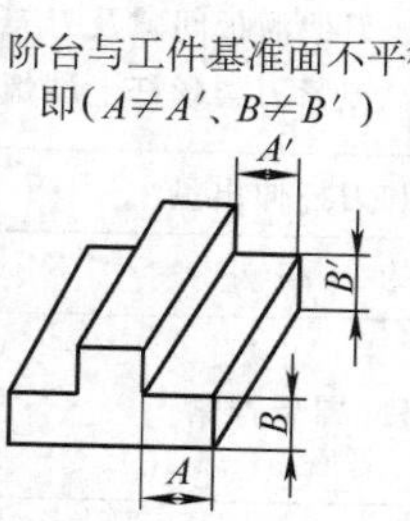 	工件装夹时未找正基准面	装夹工件时应找正工件的水平与侧面基准
	工件装夹不牢固，切削时工件移位或切削让刀	工件和刀具要装夹牢固，选用合理刨刀几何角度与刨削用量，以减小刨削力
阶台两侧面不垂直	刀架不垂直，龙门刨床横梁溜板紧固螺钉未拧紧而让刀	加工前找正刀架对工作台的垂直度，锁紧横梁溜板

表 3-2-260　切断、刨削直槽及 T 形槽常见问题、产生原因和解决方法

问　　题	产生原因	解决方法
切断面与相邻面不垂直	刀架与工作台面不垂直	刨削时，找正刀架垂直行程方向使其与工作台垂直
	切刀主切削刃倾斜让刀	刃磨时使主切削刃与刀杆中心线垂直，装刀时主切削刃不应歪斜
切断面不光	进给量太大或进给不匀	自动进给时，选用合适进给量；手动进给时，要均匀进给
	切刀副偏角、副后角太小	加大刀具副后角、副偏角
	抬刀不够高，回程划伤	抬刀应高出工件
直槽上宽下窄或槽侧有小阶台	刀架不垂直，刀架镶条上下松紧不一，刀架拍板松动	找正刀架使其垂直，调整镶条间隙，解决拍板松动
	刨刀刃磨不好或中途刃口磨钝后主切削刃变窄	正确刃磨切刀，延长寿命
槽与工件中心线不对称	分次切槽时，横向走刀造成中心偏移	由同一基准面至槽两侧应分别对刀，使其对称
T 形槽左、右凹槽的顶面不在同一平面	一次刨成凹槽时，左、右弯头切刀主切削刃宽度不等	刃磨，左、右弯头切刀主切削刃宽度应一致
	多次切成凹槽时，对刀不准确	对刀时左、右应一致
T 形槽两凹槽与中心线不对称	刨削左、右凹槽时，横向走刀未控制准确	控制左、右横向走刀使其一致

表 3-2-261　刨削斜面、V 形槽及镶条常见问题、产生原因和解决方法

问　　题	产生原因	解决方法
斜面与基面角度超差	装夹工件歪斜，水平面左、右高度不等	找正工件，使其符合等高要求
	用样板刀刨削时，刀具安装对刀不准	使样板刀角度与切削安装实际角度一致，对刀正确
	刀架上、下间隙不一致或间隙过大	调整刀架镶条，使上、下间隙合适
长斜面工件斜面全长上的直线度和平面度超差	精刨夹紧力过大，工件弯曲变形	精刨时适当放松夹紧力，消除装夹变形
	工件材料内应力致使加工后出现变形	精加工前工件经回火或时效处理
	基准面平面度不好或有异物存在	修正基准面，装夹时清理干净基面和工作台面
斜面粗糙度参数值达不到要求	进给量太大，刀杆伸出过长，切削时发生振动	选用合适进给量，刀杆伸出长度合理，用刚度高的刀杆
	刀具磨损或刀刃无修光刃	及时刃磨刀具，切削刃磨出 1～1.5mm 修光刃
V 形槽与底面、侧面的平行度和 V 形槽中心平面与底面的垂直度及与侧面的对称度不合要求	平行度误差由定位基准与主运动方向不一致造成	定位装夹时，找正侧面、底面使其与主运动方向平行
	垂直度误差与对称度误差由加工及测量方法不当造成	采用正确的加工与测量方法，或用定刀精刨：精刨 V 形第一面后将刀具和工件定位，工件调转 180°并以相同定位刨削第二面

（续）

问题	产生原因	解决方法
镶条弯曲变形	刨削用量过大，刀尖圆弧半径过大，切削刃不锋利，使刨削力和刨削热增大	减小刨削用量，刃磨刀具使切削刃锋利，改变刀具几何角度，使切削轻快，减少热变形
	装夹变形	装夹时将工件垫实再夹紧，避免强行找正
	加工翻转次数少，刨削应力未消除	加工中多翻转工件反复刨削各面或增加消除应力的工序

2.7.1.10 精刨

精刨是采用宽的平直切削刃，用很低的切削速度和极小的背吃刀量，在大进给量的前提下切去工件表面一层极薄的金属，使工件表面粗糙度 Ra 减小至 0.8~1.6μm，加工表面直线度在 1m 长度上不大于 0.02mm。

精刨广泛应用于加工机床工作台台面、机床导轨面、机座和箱体的重要接合面等。

1. 精刨的类型、特点与应用（见表 3-2-262）

表 3-2-262 精刨的类型、特点与应用

类型		简图	特点与应用
直线刃精刨	一般宽刃刀精刨	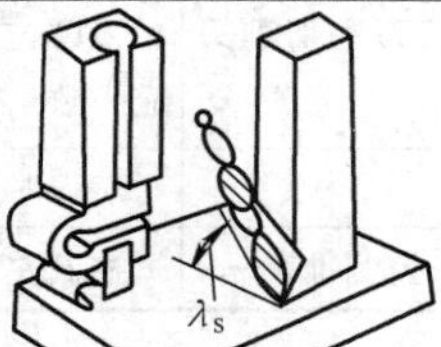	1）一般刃宽为 10~60mm 2）自动横向进给 3）适于在牛头刨床上加工铸铁件和钢件。加工铸铁件时，取 $\lambda_s=3°\sim8°$；加工钢件时，取 $\lambda_s=10°\sim15°$ 4）表面粗糙度 Ra 为 0.8~1.6μm
	宽刃刀精刨	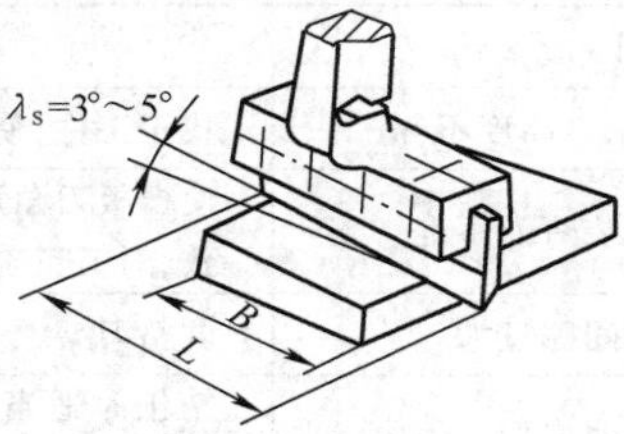	1）一般刃宽 $L=100\sim240$mm 2）$L>B$ 时，没有横向进给，只有垂直进给；$L\leqslant B$ 时，一般采用排刀法，常取进给量 $f=(0.2\sim0.6)L$，用千分表控制垂直进给量 3）适于在龙门刨床上加工铸铁件和钢件 4）表面粗糙度 Ra 为 0.8~1.6μm
曲线刃精刨	圆弧刃精刨	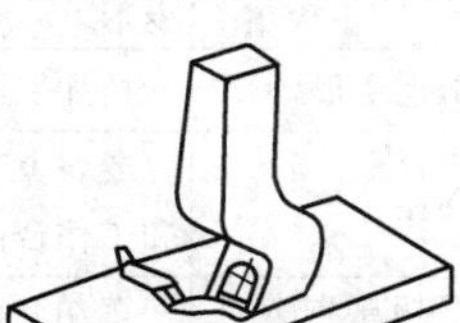	1）采用圆弧刃，在同样的切削用量下，单位刃长的负荷轻，刀尖强度高，耐冲击，因而寿命长 2）切削刃上每点的刃倾角都是变化的，可增大前角，减小切屑变形，因此在同样切削用量下，可减小刨削力和使切屑流畅排出，并能微量进给（0.01~0.1mm） 3）适于加工碳素工具钢件和合金工具钢件，比直线刃可提高效率 2~3 倍 4）表面粗糙度 Ra 为 0.8~1.6μm
	圆形刃精刨 不转圆形刃精刨	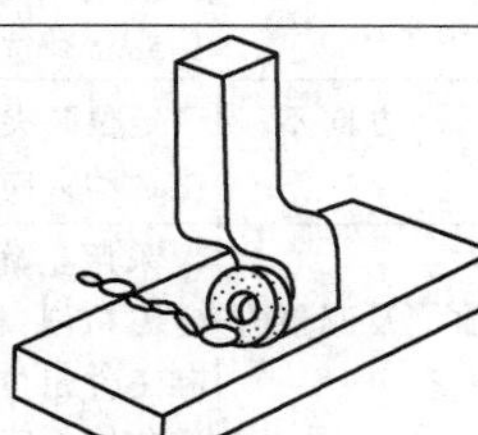	1）除具有圆弧刃的特点，刃磨一次可分段使用，这样相对寿命长 2）节省辅助时间 3）适于加工中碳钢件 4）表面粗糙度 Ra 为 1.6~3.2μm

（续）

类型			简图	特点与应用
曲线刃精刨	圆形刃精刨	滚切精刨	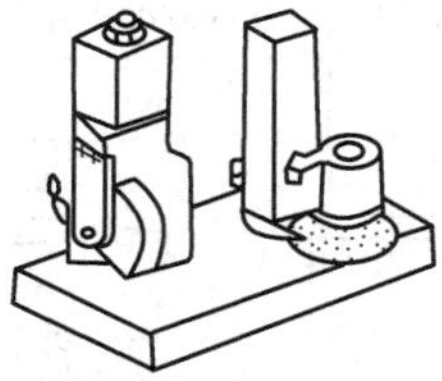	1）显著提高切削效率和刀具寿命 2）在后刀面上有一个压光棱带 $\alpha_{o1}=0°$，$b_{\alpha1}=0.2\sim1mm$ 因而可提高表面加工质量 3）适于加工铸铁、钢、石材等多种材料 4）表面粗糙度 Ra 为 0.8～1.6μm

2. 精刨加工对工艺系统的要求

（1）对机床的要求

1）机床应有较高的精度和足够的刚度。用于精刨的机床上不要进行粗刨加工。

2）机床工作台运行要平稳，低速无爬行，换向无冲击。刀架、滑板、拍板的配合间隙应调整到最小值。

3）床身导轨要润滑充足，以减小摩擦力和工作台热变形，提高加工精度。

（2）对工件及工件装夹的要求

1）工件刨削前必须进行时效处理，消除工件的内应力，减小加工变形。

2）工件本身组织要均匀，无砂眼、气孔等，加工面硬度要一致。

3）精刨工序工件的总余量一般为 0.2～0.5mm。每次精刨背吃刀量为 0.05～0.08mm，终刨背吃刀量为 0.05～0.1mm。

4）精刨前工件精刨面的表面粗糙度 Ra 不大于 3.2μm。锐边倒钝。

5）工件的定位基准面和工作台面要擦干净，保证定位基准平稳。

6）夹紧力作用点应在工件的定位支承面上。夹紧力应尽量小，以减小夹紧变形。对某些重型工件，只需用压板螺栓轻压，或者用螺纹撑、挡铁夹紧。

（3）对加工刀具的要求　典型精刨刀的结构型式和几何角度见表 3-2-263。

精刨刀切削部分一般要求切削刃全长上的直线度公差为 0.005mm，刀具前面和后面的表面粗糙度 Ra 小于 0.1μm。精刨刀必须进行研磨，高速钢和硬质合金刀片常用的研磨方法见表 3-2-264。

表 3-2-263　典型精刨刀的结构型式和几何角度

刀具名称	主要技术参数和简图						
可调刃倾角精刨刀	工件材料	刀片材料	刀杆材料	v/(m/min)	f/(mm/dst)	a_p/mm	适用机床
	钢、铸铁 有色金属	W18Cr4V 钢	45 钢	10～18	12～15	0.02～0.06	龙门刨床
	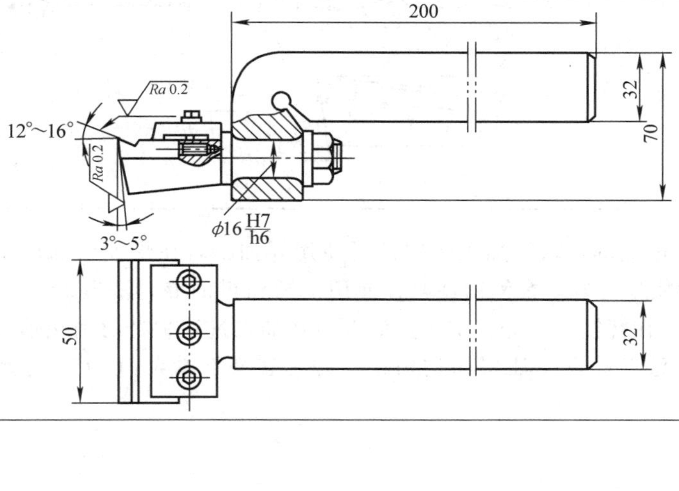						

（续）

刀具名称	工件材料	刀片材料	刀杆材料	v/(m/min)	f/(mm/dst)	a_p/mm	适用机床
宽刃精刨刀	铸铁	W18Cr4V 钢	45 钢	1~2	40~80	0.005~0.03	龙门刨床

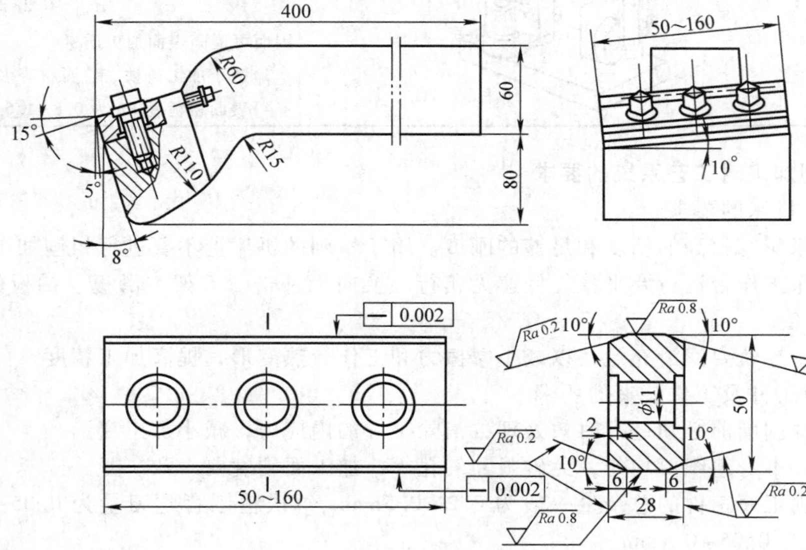

刀具名称	工件材料	刀片材料	刀杆材料	v/(m/min)	f/(mm/dst)	a_p/mm	适用机床
大前角宽刃硬质合金精刨刀	钢、铸铁	P30、K30	45 钢	5~8	8~20	0.03~0.06	龙门刨床

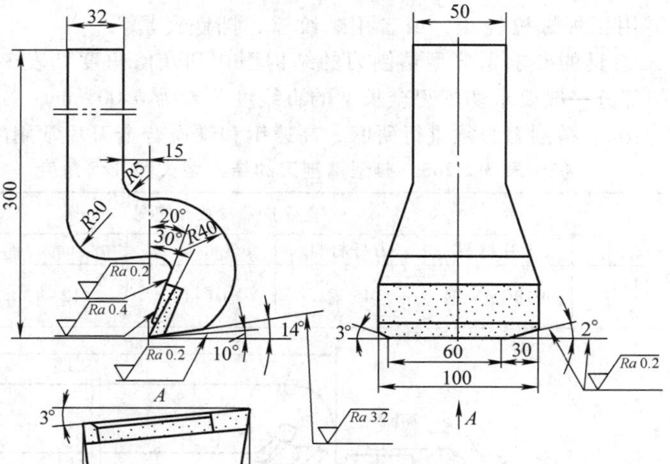

（4）对切削液的要求　加工铸铁件时使用煤油，若在煤油中加质量分数为0.03%的重铬酸钾，则表面质量更好。精刨钢件时，使用机油和煤油混合液（2∶1）或矿物油和松节油混合液（3∶1）。在精刨前，先将加工面润湿或在加工过程中将切削液连续喷射在刨刀切削部分附近，并要注意工件表面油层的均匀性，否则容易在缺油（液）之处产生刀痕，影响加工质量。

表 3-2-264　高速钢和硬质合金刀片常用的研磨方法

种　类	研磨简图	研磨方法
平直前面的研磨	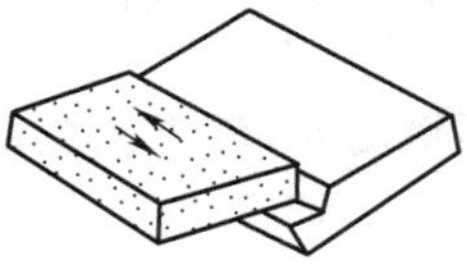	研磨前，先将磨石研平，按图示角度和方向研磨。为了防止把磨石研出沟痕，磨石在垂直于切削刃方向上有微小窜动 长方磨石：粗研用 F200～F240，精研用 F400～F800
带断屑槽前面的研磨	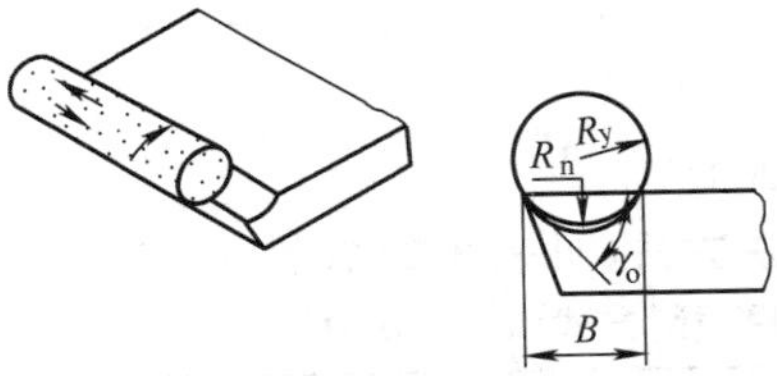	一般取圆柱磨石半径 $R_y=(1.2\sim1.3)R_n$，研磨后 $r_o=\arcsin\dfrac{B}{2R_y}$（$R_n$ 是刀具断屑槽半径） 研磨时，应使磨石不断地转动，以防把刀口研钝。圆柱磨石粒度同第一栏。在精研时，也可用铸铁或纯铜制成研棒，加上金刚砂研磨
后面的研磨	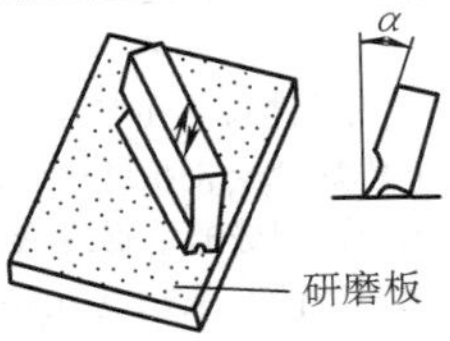	研磨时，不要沿切削刃方向运动，否则会将刃口研钝 研磨板用铸铁制成，刀片平面度应比工件高 1～2 级，表面粗糙度 Ra 不大于 0.4μm。金刚砂粒度为 F400～F800
滚切刀具的研磨	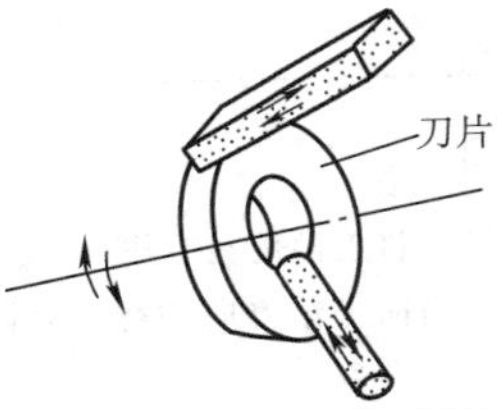	一定要在刀片旋转下进行研磨 研磨外锥面用长方磨石；研磨内锥面用圆柱磨石。圆柱磨石的直径一般取 10～20mm 磨石的粒度同第一栏

3. 精刨表面常见问题、产生原因和解决方法（见表 3-2-265）

表 3-2-265　精刨表面常见问题、产生原因和解决方法

表面波纹的形状	产生原因	解决方法
有规律的直纹	外界振动引起	消除外界振源
	刨削速度偏高	选择合适的刨削速度
	刨削钢件时前角过小，刃口不锋利	选择合适的刀具前角，按要求研磨刃口
	刀具没有弹簧槽，抗振性差	增设开口弹性槽或垫硬质橡胶
	刀具后角过大	应加消振倒棱，常取 $\alpha_{o1}=0°$，$b_{\alpha1}=0.2\sim0.5$mm
鱼鳞纹	刀杆与拍板、拍板与刀架体及拍板与销轴等接触不良	按精刨要求调整配合关系
	工作台传动蜗杆与齿条啮合间隙过大	必要时调整啮合间隙
	刀具后角过小	采用双后角：$\alpha_{o1}=3°\sim4°$，$\alpha_o=6°\sim8°$
	工件定位基面不平	调平垫实基面，提高工件刚度
交叉纹	导轨在水平面内直线度超差	按精刨要求调整机床导轨
	两导轨平行度误差引起工作台移动倾斜	

2.7.2　插削

插削主要用于加工工件的内表面，也可用于加工外表面。可加工方孔、多边孔、孔内键槽、花键孔、平面和曲面等。

插削加工公差等级一般为 IT9~IT7，工件表面粗糙度 Ra 可达 3.2μm。

2.7.2.1　常用插削方式和加工方法（见表 3-2-266）

2.7.2.2　插刀

1）常用插刀的类型及用途见表 3-2-267。

2）插刀几何角度的选择见表 3-2-268。

2.7.2.3　插削平面及槽的进给量（见表 3-2-269）

2.7.2.4　插削键槽常见缺陷、产生原因和解决方法（见表 3-2-270）

表 3-2-266　常用插削方式和加工方法

插削方式	图　示	加工方法
插削垂直面		将工件安装在工作台中间位置的两块等高垫铁上，并将划针安装在滑枕上，使滑枕上下移动，找正工件侧面上已划好的垂直线；然后横向移动工作台，用划针检查插削面与横向进给方向的平行度；最后进行插削加工
	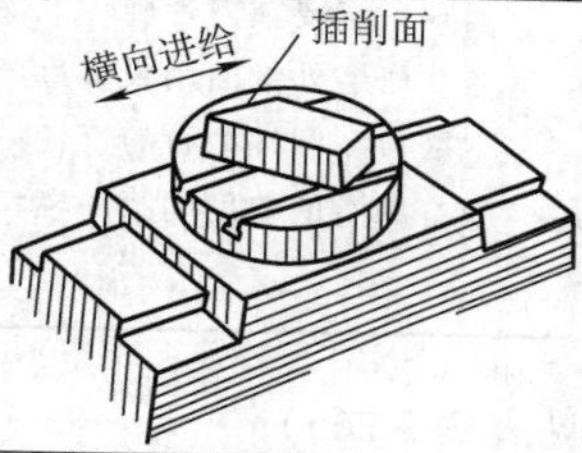	将工件放在工作台上，按划线找正工件，使加工面与横向进给方向平行；然后采用插削垂直面的方法进行插削加工
插削斜面	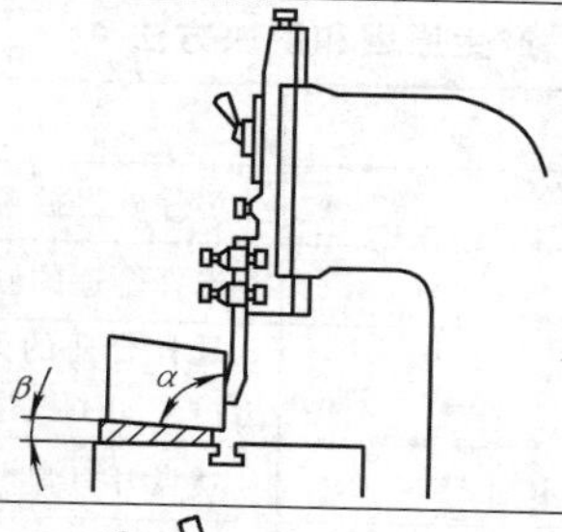	用斜垫铁将工件垫起，使待加工表面处于垂直状态；然后用插削垂直面的方法进行插削加工。垫铁角度为 $90°-\alpha$。这种方法适用于 $\beta \leqslant 11°25'$ 的工件
	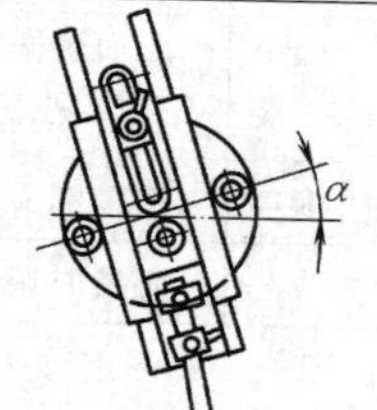 滑枕在横向垂直面内倾斜	工件平放在工作台上，将滑枕按工件的斜度倾斜一个角度进行插削加工

（续）

插削方式	图　示	加工方法
插削斜面	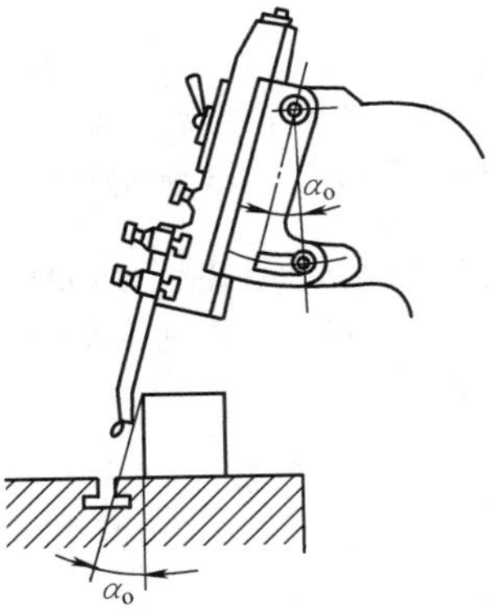 滑枕在纵向垂直面内倾斜	工件平放在工作台上，将滑枕按工件的斜度倾斜一个角度进行插削加工
	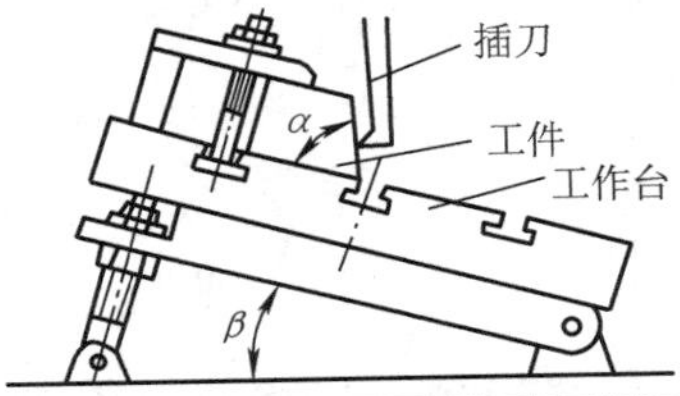	将工作台倾斜 $\beta(\beta=90°-\alpha)$ 角，然后按插削垂直面的方法插削斜面。此方法只适用于工作台可倾斜成一定角度的插床，或者可在工作台上加一个可倾斜的工作台
插削曲面	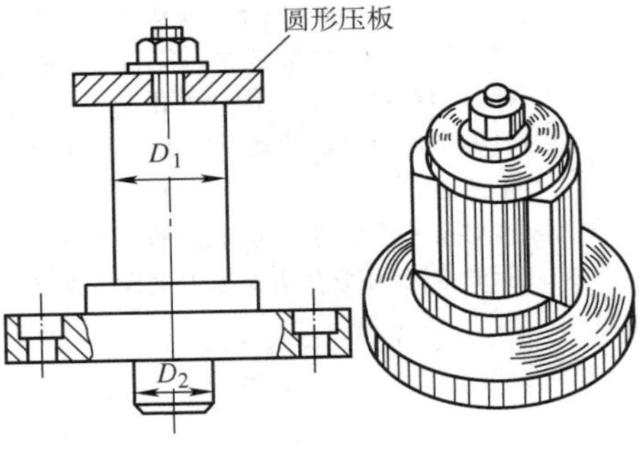	将夹具的定位圆置于工作台中心定位孔内，将夹具压紧在工作台上，然后把工件安装并夹紧在夹具上。按照插削垂直面的方法进行插削，工作台圆周进给。若生产批量较小，可用自定心卡盘或压板、螺栓直接在工作台上装夹工件
	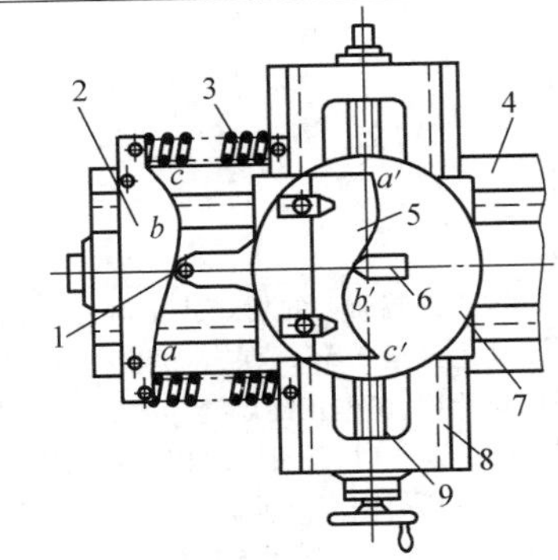 1—滚轮　2—靠模板　3—拉力弹簧 4—纵溜板座　5—工件　6—插刀 7—工作台　8—横溜板座　9—横向进给丝杆	在插床纵向导轨上固定一块靠模板，将纵向进给丝杆拆去，并用弹簧拉紧，使滚轮紧靠靠模板。这样利用工作台的横向进给，就可以插出与靠模板曲线形状相反的曲面

（续）

插削方式	图　示	加工方法
插削曲面	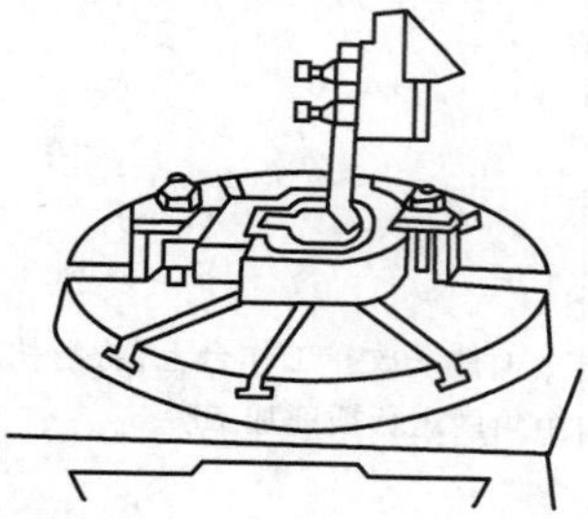	插削复杂的成形面时，先用划针按划线找正，利用工作台圆周进给加工圆弧表面，利用纵向或横向进给加工直线部分 插削简单的圆弧面，可采用赶弧法；插削批量较大的小尺寸成形内孔面，可采用成形刀插削
插削方孔	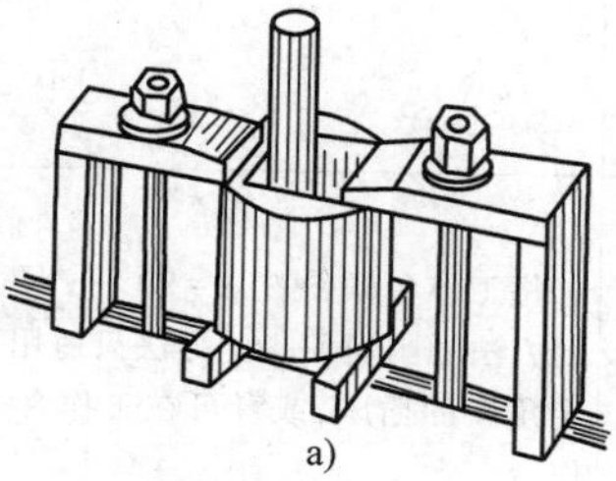 a) 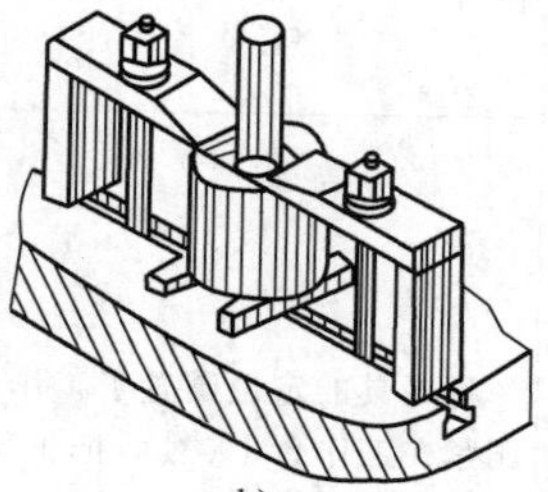 b) 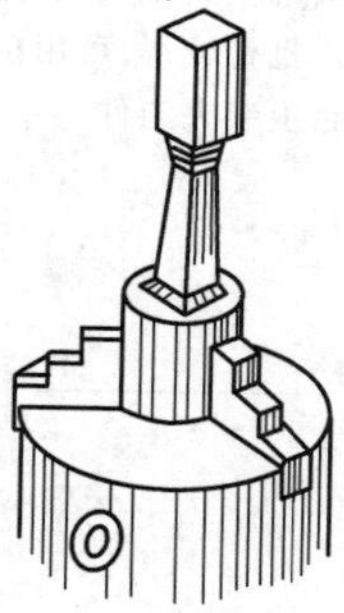 c)	按划线找正粗插各边（见图 a），每边留余量 0.2~0.5mm；将工作台转动 45°，用角度刀头插去四个内角上未插去的部分（见图 b）；精插第一边，测量该边至基面的尺寸。符合要求后，将工作台精确转动 180°，精插其相对的一边，并测量方孔宽度尺寸。符合要求后，再将工作台精确转动 90°，用上述方法插削第二边至第四边 对尺寸较小的方孔，在进行粗插加工后可按图 c 所示的方法，用整体方头插刀进行插削加工
插削键槽	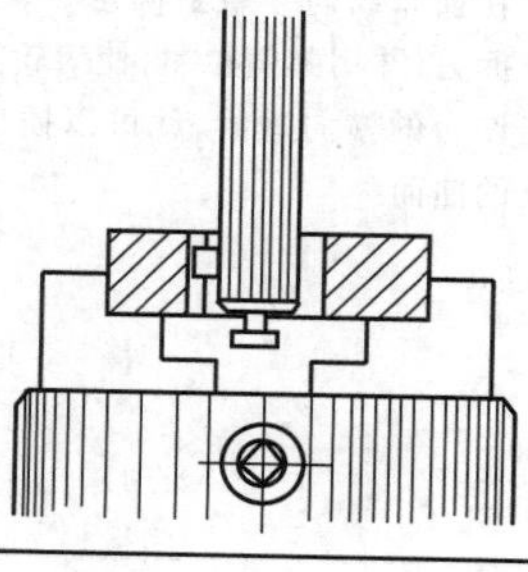	按工件端面上的划线找正对刀后，插削键槽。先用手动进给至 0.5mm 深，停机检查键槽宽度尺寸及键槽的对称度，调整正确后继续插削至要求尺寸 插刀找正时，将百分表固定在工作台上，使百分表测头触及插刀侧面。纵向移动工作台，测得插刀侧面的最高点，将工作台准确地转动 180°，按上述方法测得插刀另一侧面的最高点。前、后两次读数差的一半，即为主切削刃中心与工作台轴线的不重合度数值。此时可移动横向工作台，使插刀处于正确位置

表 3-2-267　常用插刀的类型及用途

类型	图　示	用　途	类型	图　示	用　途
尖刀	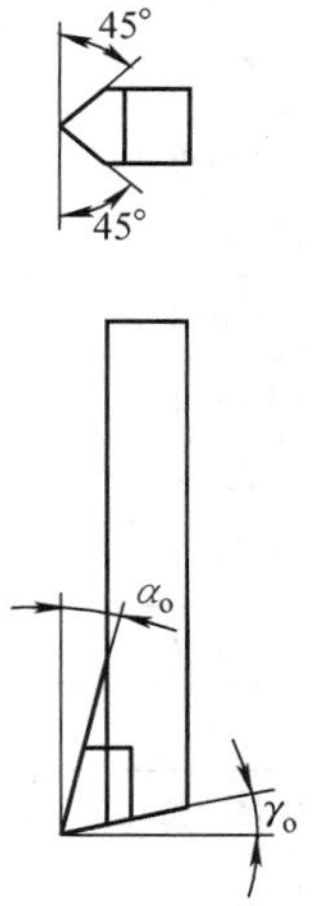	多用于粗插或插削多边形孔	小刀头	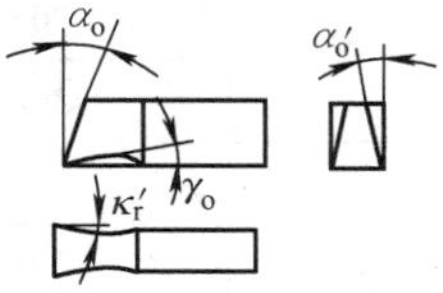	可按加工要求刃磨成各种形状，装夹在刀杆中。适用于粗、精和成形加工。因受刀杆限制，不适宜加工小孔、窄槽或不通孔
切刀	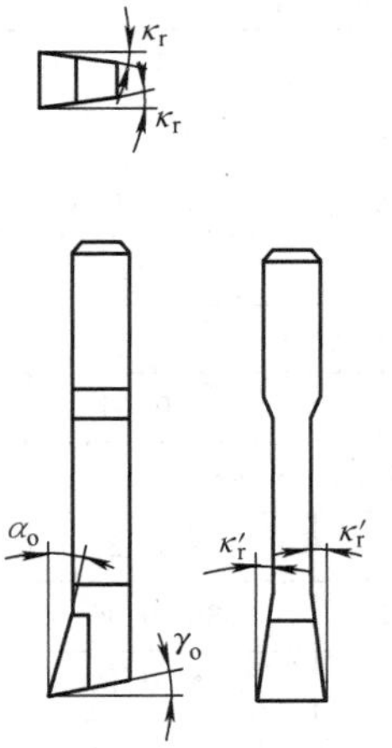	常用于插削直角形沟槽和各种多边形孔	成形刀	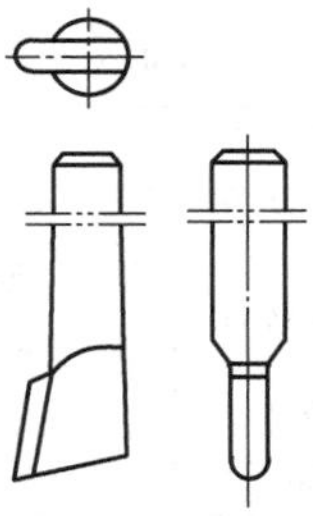	根据工件表面形状需要刃磨刀具。按形状分为角度、圆弧和齿形等成形刀

表 3-2-268　插刀几何角度的选择

图　示	前角 γ_o/(°)			后角 α_o/(°)	副偏角 κ_r'/(°)	副后角 α_o'/(°)
	普通钢	铸铁	硬韧钢			
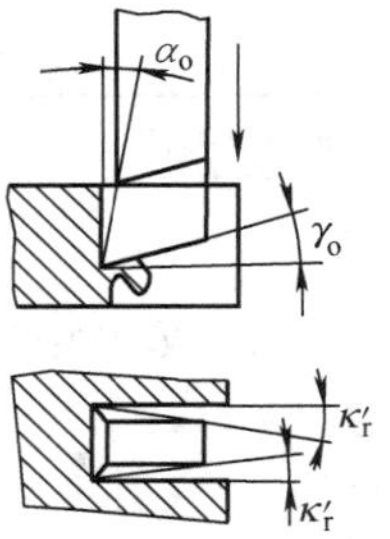	5～12	0～5	1～3	4～8	1～2	1～2

表 3-2-269　插削平面及槽的进给量

粗加工平面

工件材料	刀杆截面/mm	背吃刀量 a_p/mm 3	5	8
		进给量 f/(mm/dst)		
钢	16×25	1.2~1.0	0.7~0.5	0.4~0.3
	20×30	1.6~1.3	1.2~0.8	0.7~0.5
	30×45	2.0~1.7	1.6~1.2	1.2~0.9
铸铁	16×25	1.4~1.2	1.2~0.8	1.0~0.6
	20×30	1.8~1.6	1.6~1.3	1.4~1.0
	30×40	2.0~1.7	2.0~1.7	1.6~1.3

精加工平面

表面粗糙度 Ra/μm	工件材料	副偏角 κ_r'/(°)	刀尖圆弧半径/mm 1.0	2	3
			进给量 f/(mm/dst)		
6.3	钢	3~4	0.9~1.0	1.2~1.5	
	铸铁	5~10	0.7~0.8	1.0~1.2	
3.2	钢	2~3	0.25~0.4	0.5~0.7	0.7~0.9
	铸铁		0.35~0.5	0.6~0.8	0.9~1.0

精加工槽

机床—工件—夹具系统的刚度	工件材料	槽的长度/mm	槽宽 B/mm 5	8	10	>12
			进给量 f/(mm/dst)			
刚度高	钢	—	0.12~0.14	0.15~0.18	0.18~0.20	0.18~0.22
	铸铁	—	0.22~0.27	0.28~0.32	0.30~0.36	0.35~0.40
刚度低（工件孔径<100mm 的孔内槽）	钢	100	0.10~0.12	0.11~0.13	0.12~0.15	0.14~0.18
		200	0.07~0.10	0.09~0.11	0.10~0.12	0.10~0.13
		>200	0.05~0.07	0.06~0.09	0.07~0.08	0.08~0.11
	铸铁	100	0.18~0.22	0.20~0.24	0.22~0.27	0.25~0.30
		200	0.13~0.15	0.16~0.18	0.18~0.21	0.20~0.24
		>200	0.10~0.12	0.12~0.14	0.14~0.17	0.16~0.20

表 3-2-270　插削键槽常见缺陷、产生原因和解决方法

缺　陷	简　图	产生原因和解决方法
键槽对称度超差	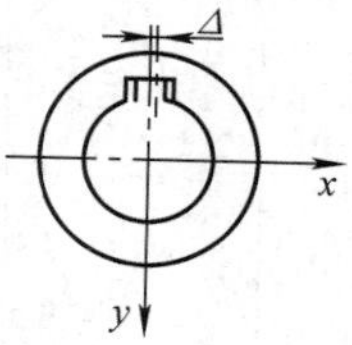	主要是对刀问题，可用对刀样板、刀尖划痕或百分表找正来解决

（续）

缺　　陷	简　　图	产生原因和解决方法
键侧平行度超差	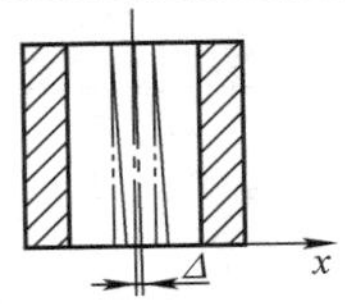	1）机床垂直导轨侧面与工作台面在 x 方向上不垂直或间隙过大 2）插刀两侧刃后角不对称或主刃有刀倾角 3）两侧刃研磨后锋利程度不一致 4）刀杆刚度低，刀杆上开的刀槽不对称
键槽底面对工件轴线的等高性超差	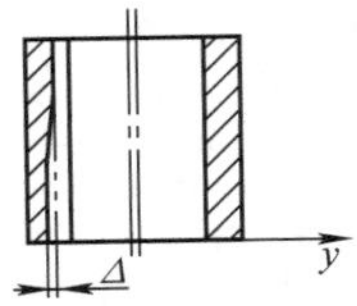	1）机床垂直导轨面与工作台面在 y 方向上不垂直或间隙过大，检查工件端面与轴线的垂直度 2）刀杆刚度低，可采用弹性刀杆 3）前角或后角过大 4）刀杆槽与刀具接触面呈凸形，采用凹槽插刀杆
	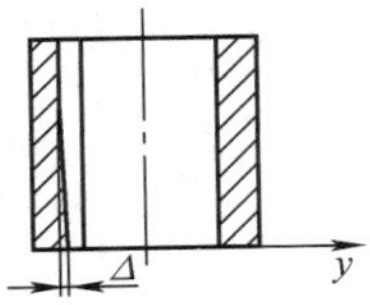	1）机床垂直导轨面与工作台面在 y 方向上不垂直或间隙过大 2）刀杆刚度低，若条件允许，可增加刀杆直径或采用弹性刀杆 3）插刀前角或后角过小
	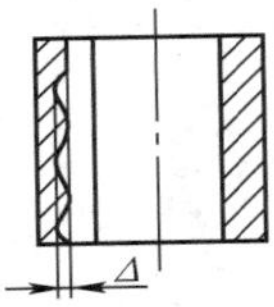	1）插刀前角或后角过大 2）刀杆槽底面呈凸形

2.8　拉削加工

拉削加工按拉刀和拉床的结构分为内表面拉削、外表面拉削、连续拉削及特种拉削四种类型。

内表面拉削多用于加工工件上贯通的圆孔、方孔、多边形孔、花键孔、键槽、内齿轮等。

外表面拉削多用于加工平面、成形面、直齿轮、花键轴等。

拉削加工精度高，加工表面粗糙度值低，拉削孔的公差等级一般为 IT7～IT9，表面粗糙度 Ra 为 1.6～3.2μm。

拉削加工方法在成批和大量生产中应用比较广泛。

2.8.1　常见的拉削分类、加工特点及应用（见表 3-2-271）

表 3-2-271　常见的拉削分类、加工特点及应用

拉削分类	采用机床	图　　示	加工特点及应用
内孔拉削	卧式内拉床	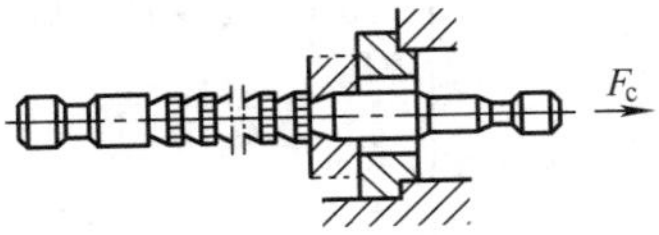	拉刀自重影响加工质量，拉刀磨损不均匀 用于成批或大批生产中加工圆孔、键槽和花键孔，中小批生产中加工涡轮盘榫槽

（续）

拉削分类	采用机床	图示	加工特点及应用
内孔拉削	下拉立式内拉床	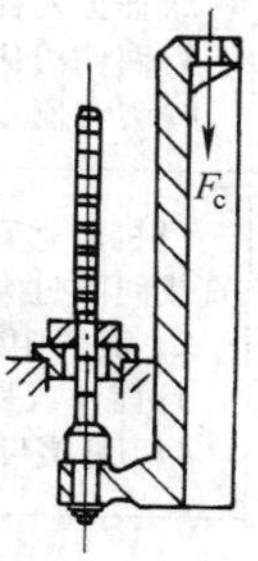	易实现自动化和多工位加工，拉刀自重不影响加工质量。在用双液压缸式时，由于不承受弯曲力矩，故拉刀磨损较均匀 用于大量生产中加工中小型工件的圆孔、键槽和花键孔等
	下拉双液压缸立式内拉床	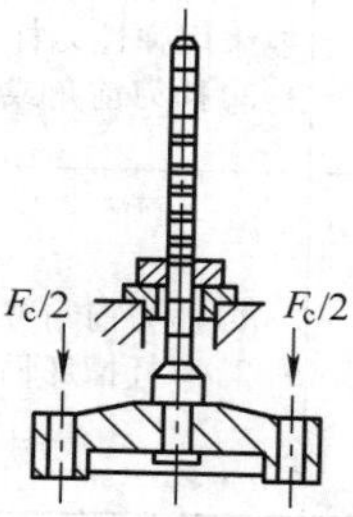	
	上拉立式内拉床	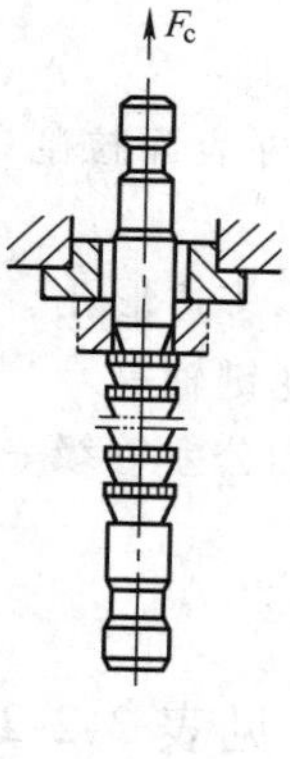	易于实现自动化，拉刀自重不影响加工质量。拉削时，切削液贮存在拉刀容屑槽内，润滑冷却效果好 用于大量生产中加工小型工件的圆孔和花键孔
	工件移动立式内拉床	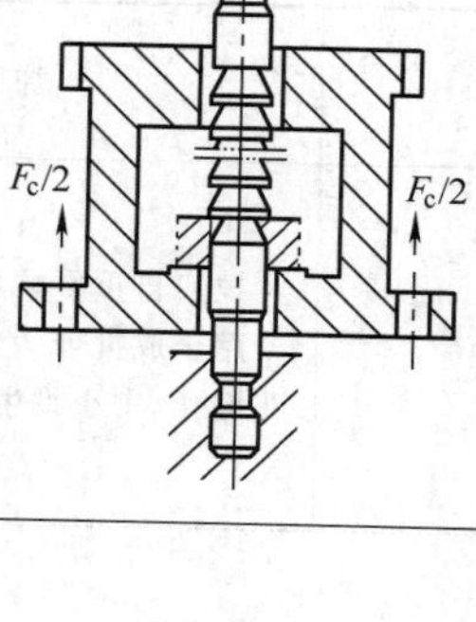	易于实现自动化，工作周期短，拉刀自重不影响加工质量 用于大量生产中加工小型工件的圆孔和花键孔

（续）

拉削分类	采用机床	图　示	加工特点及应用
外拉削	立式外拉床	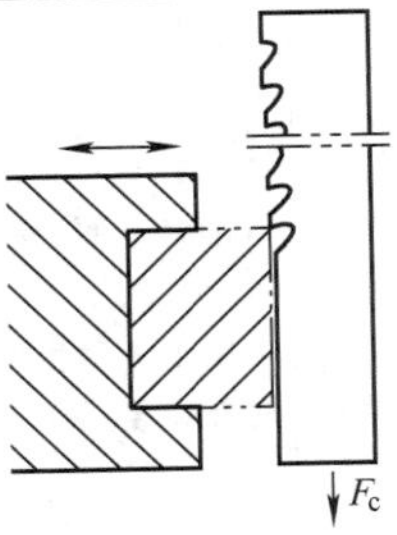	可选用固定式、往复式、倾斜式和回轮分度式工作台，易于实现自动化 用于大量、大批和成批生产中加工中小工件上的平面和复合型面
	带刀体转位机构的立式外拉床	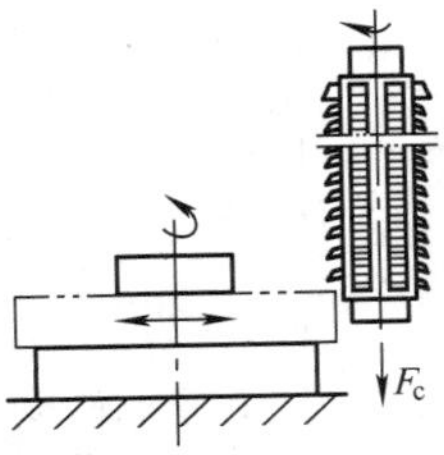	刀体能够自动转位，可安装多把拉刀，易于实现自动化 用于大批和成批生产中用普通立式外拉床行程不能满足加工余量要求的情况，如加工涡轮盘榫槽和铣刀盘齿槽等
	侧拉床	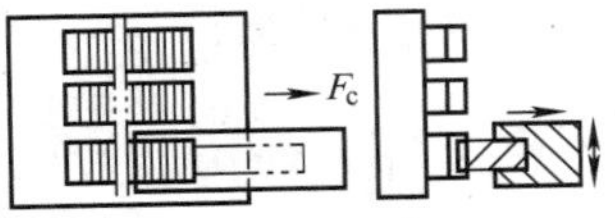	主溜板刀体上安装 1~3 排拉刀，进行单向拉削和往复拉削，自动化程度高 用于大量和大批生产中加工大中型工件上的平面和复合型面，如气缸体的轴承座和底面、涡轮盘的榫槽等
	平面拉床	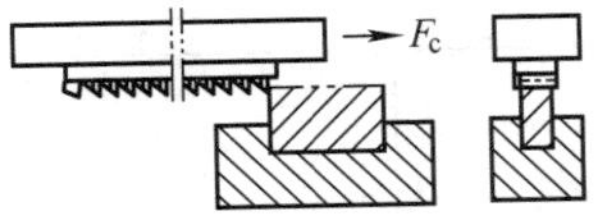	工作台位于主溜板的上面或下面，易于实现自动化，加工精度高 用于大量和大批生产中加工大中型工件上的平面和复合型面，如气缸体的轴承座等。多用于精加工
连续拉削	卧式连续拉床	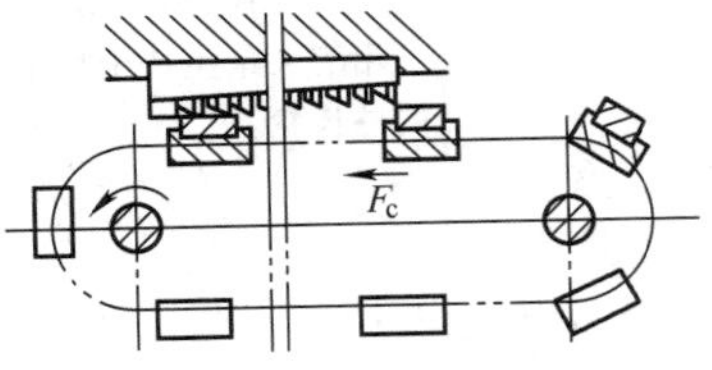	拉削连续进行，工件装在由链条驱动的随行夹具中，易于实现自动化，生产率比立式外拉床高 6~10 倍 用于大量和大批生产中加工中小工件上的平面和复合型面，如汽车连杆和连杆盖的结合面、定位面、端面和半圆弧面等
	立式连续拉床	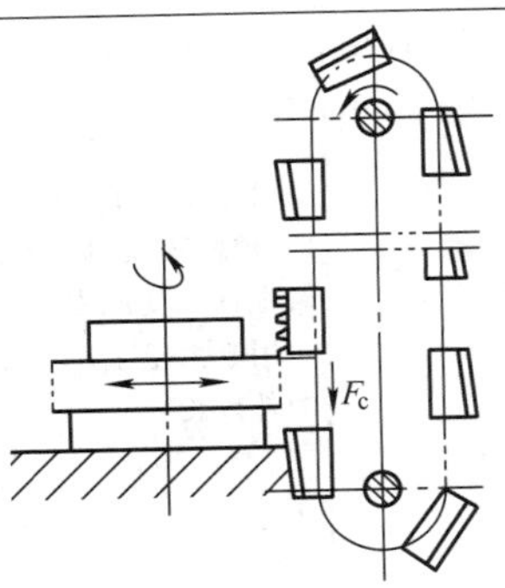	与高度相同的立式外拉床相比，拉削行程可增加 3~4 倍，生产率可提高 4~5 倍 用于大量和大批生产中加工平面和复合型面，如涡轮盘的榫槽和铣刀盘的刀齿槽等

（续）

拉削分类	采用机床	图　示	加工特点及应用
外齿轮拉削	工件上推式齿轮拉床	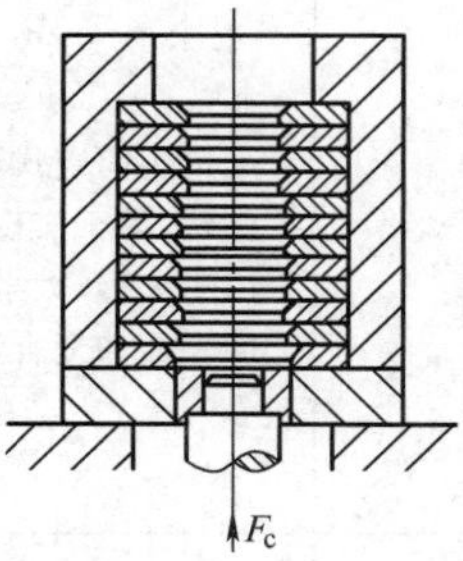	排屑方便，易于实现自动化，切削时推杆承受压力 用于大量生产中加工齿宽比较小的中小模数的外齿轮
	工件上拉式齿轮拉床	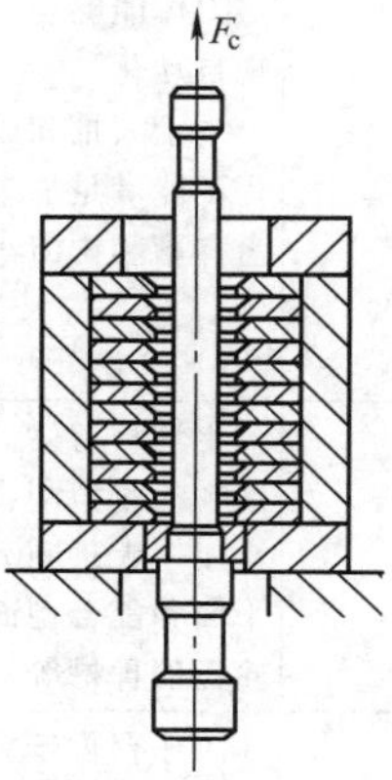	排屑方便，易于实现自动化，切削时拉杆承受拉力，不影响加工质量 用于大量生产中加工齿宽比较大的中小模数的外齿轮
	拉刀下推式齿轮拉床	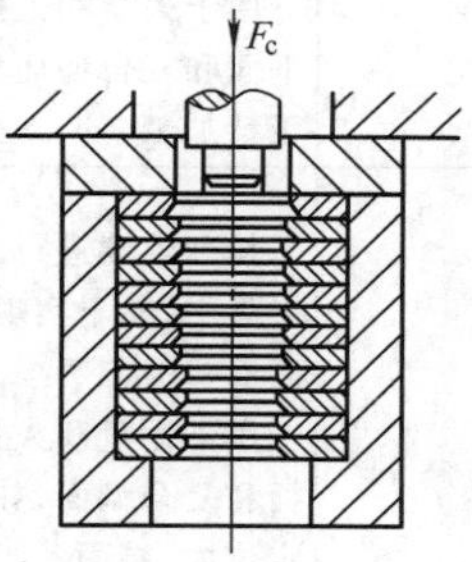	排屑方便，易于实现自动化，切削时承受压力 用于大量生产中加工齿宽比较小的中小模数的外齿轮
	工件下推式齿轮拉床	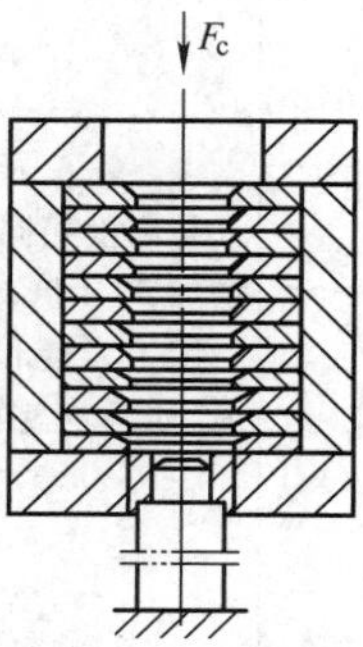	易于实现自动化。切屑落在拉刀的容屑槽内，清除困难，影响加工质量和拉刀寿命，切削时推杆承受压力 用于大量生产中加工齿宽比较小的中小模数的外齿轮

2.8.2　拉削方式

拉削方式指把拉削余量按什么方式和顺序从工件表面上切除，它决定每个刀齿切下的切削层的截面形状，即“拉削图形”。

拉削方式主要分为分层式和分块式两大类。分层式包括同廓式和渐成式两种；分块式常用的有轮切式。此外，还有将分层式拉削和分块式拉削结合在一支拉刀上应用的，称为综合轮切式（见表 3-2-272）。

表 3-2-272　拉削方式

方　式	拉削简图	说　明
同廓式	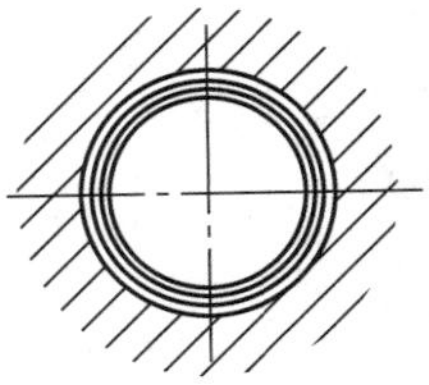 拉圆孔 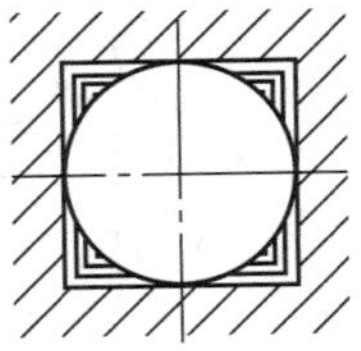 拉方孔	拉刀刀齿的切削刃廓形与加工表面的最终廓形相同，刀齿高度向后递增，加工余量被一层一层切除，拉刀的最后一个切削齿和校准齿切出工件的最终尺寸和表面。采用这种方式拉削后的工件表面粗糙度值较低 同廓式拉削常用于加工圆孔、方孔、平面及简单的成形表面
渐成式	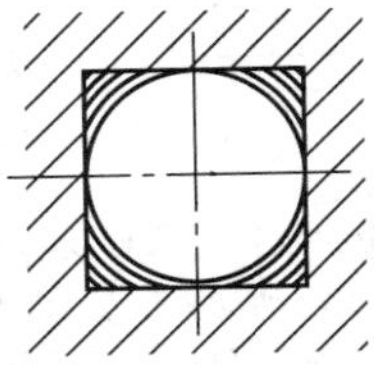 拉方孔 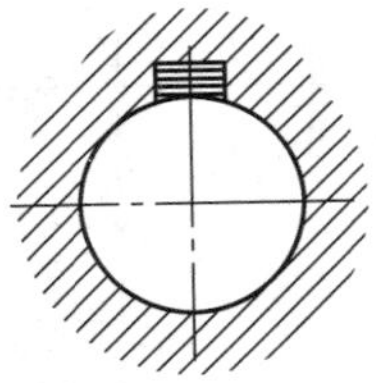 拉键槽	拉刀刀齿的切削刃形状与加工表面的最终形状不同，各刀齿可制成简单的直线形或弧形，加工表面的最终形状是由许多齿的副切削刃逐渐切成的。采用这种方式拉削后的工件表面质量较差 渐成式拉削常用于加工键槽、花键孔及多边形孔
轮切式	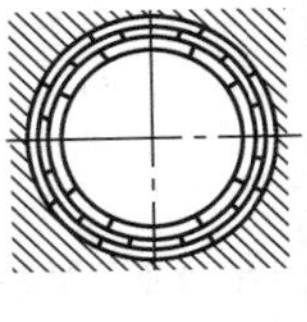 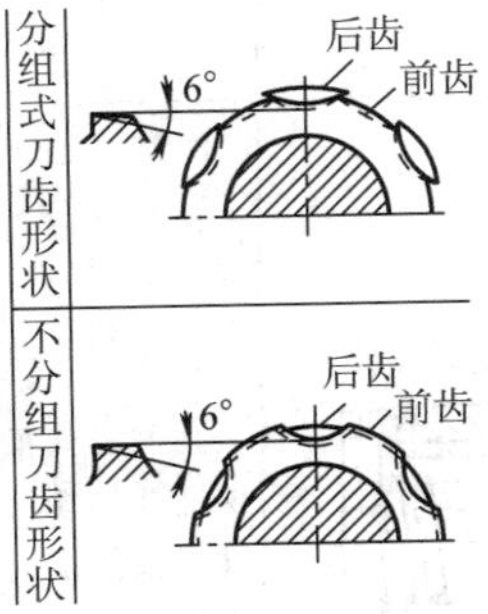	轮切式是一组直径或高度基本相同的刀齿在前、后不同位置上交错开出弧形槽，共同切除加工余量中的一层金属，而每个刀齿仅切除同一层中的一部分。采用这种方式拉削后的工件表面质量较差 轮切式拉削常用于加工平面、圆孔、宽键槽、矩形花键孔等
综合轮切式	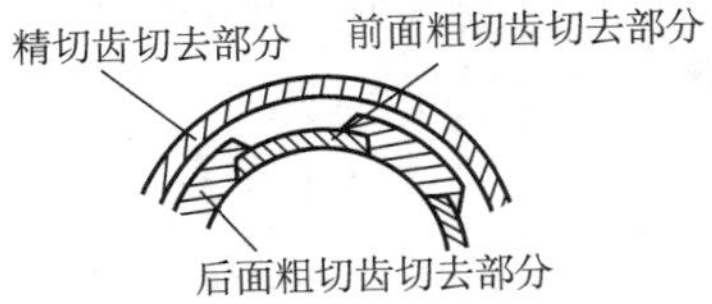	综合轮切式是粗切齿采用轮切式，并且粗切齿的前、后刀齿每齿都有齿升量，精切削采用同廓式，可缩短拉刀长度。这样，既提高了生产率，又能使工件获得较高的表面质量，是目前应用较多的一种拉削方式

2.8.3 拉削装置(见表 3-2-273)

在拉削加工中增加不同拉削装置,可扩大工艺范围,提高工件的拉削精度和工作效率。

表 3-2-273 拉削装置

装置类别	图示	说明
圆柱孔键槽拉削装置	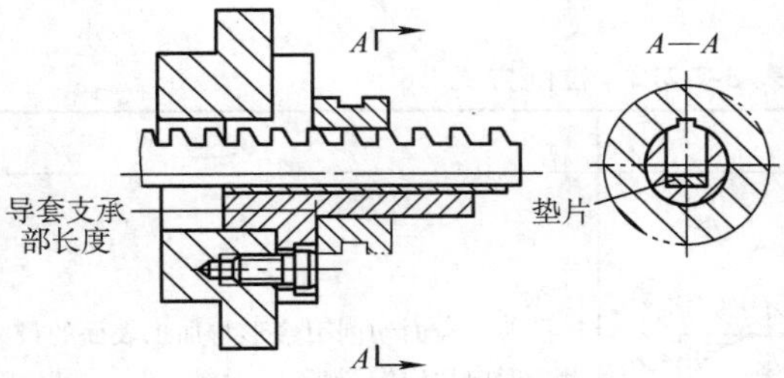	因多次行程才能达到键槽深度,所以每次行程后,须更换导套底部的垫片。导套的支承部长度要比工件长度大 20~30mm,使拉刀容易在导套内返回
圆锥孔键槽拉削装置	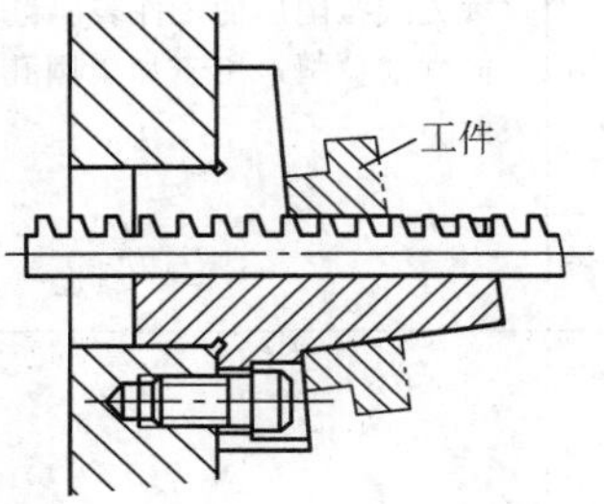	与圆柱孔键槽拉削装置基本相同,只是导套的形状不同
浮动支承装置	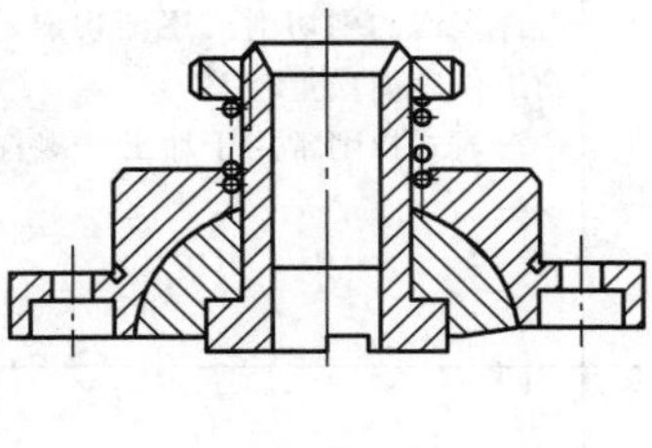	当工件端面与拉削孔轴线的垂直度不易保证时,可采用浮动支承装置,以改善拉刀的受力状态,防止崩刃和折断。为保证浮动灵活、可靠,球面垫与球面座的配合面应进行热处理,硬度为 40~45HRC,并经配研后装配
强制导向推孔装置	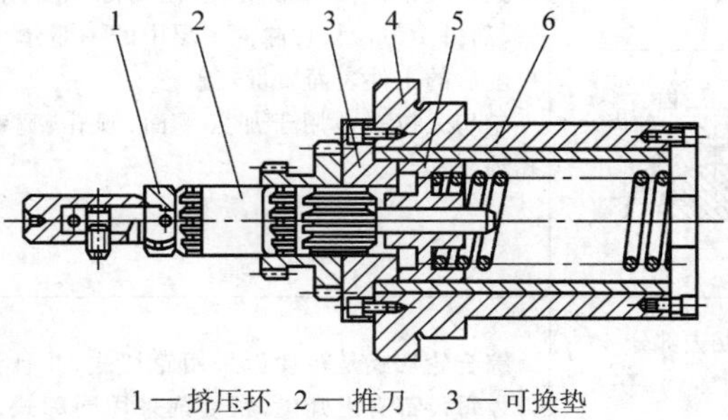1—挤压环 2—推刀 3—可换垫 4—基座 5—导向套 6—衬套	强制导向推孔能校正热处理后孔的变形,保证孔和端面的垂直度。推孔时,导向套和推刀只能沿衬套孔做轴向移动。当推刀插入工件孔内时,推刀的前导圆柱部分已进入导向套的孔中,便自动找正

（续）

装置类别	图　示	说　明
螺旋拉削装置	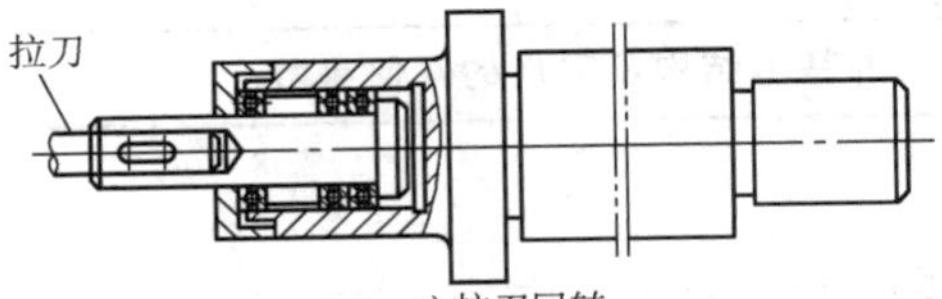 a) 拉刀回转 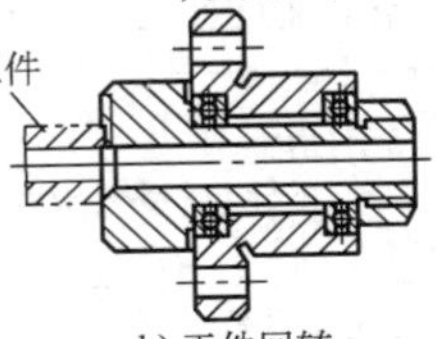 b) 工件回转 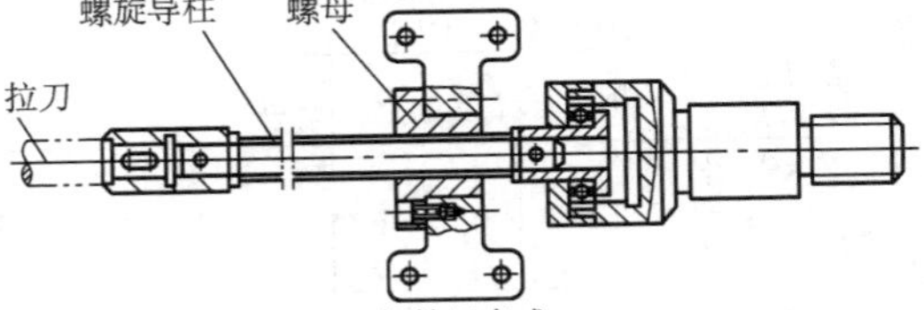 c) 螺旋导套式 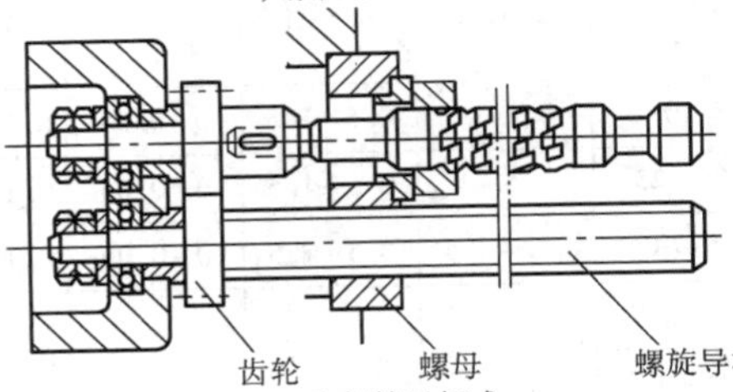 d) 螺旋导杆式 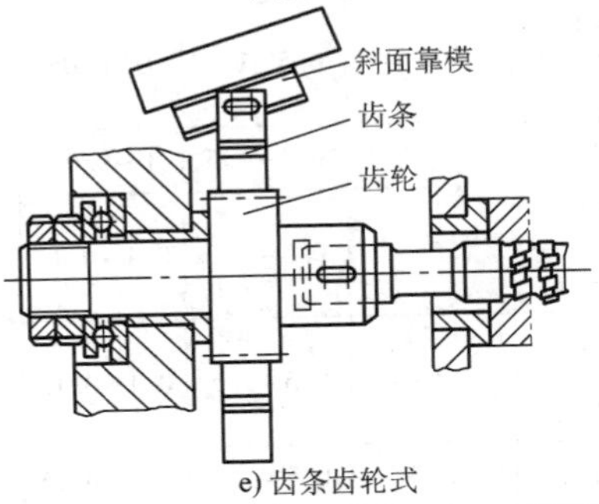 e) 齿条齿轮式	这种装置用于拉削内螺纹、螺旋花键孔和螺旋内齿轮的齿形等。拉削时，拉刀与工件做相对直线运动和回转运动。当螺旋角小于15°且对螺距或螺旋轨迹的精度要求不高时，可在拉刀卡头或夹具中放置推力轴承，并采用螺旋齿拉刀，使拉刀或工件在切削分力作用下自动产生相对回转运动（见图 a、图 b）。当螺旋角大于 15°时，须附加强制回转装置（见图 c、图 d、图 e）

2.8.4　拉刀[㊀]

2.8.4.1　拉刀的类型（见表 3-2-274）

2.8.4.2　拉刀的基本结构及刀齿的几何参数（见表 3-2-275）

表 3-2-274　拉刀的类型

按工作时受力方向分	拉刀 推刀 旋转拉刀	按结构分	整体拉刀 焊齿拉刀

㊀ 常用拉刀的型式和尺寸见第 3 卷第 1.9 节。

（续）

按结构分	装配拉刀	按拉削表面分	内拉刀
	镶齿拉刀		外拉刀

表 3-2-275 拉刀的基本结构及刀齿的几何参数

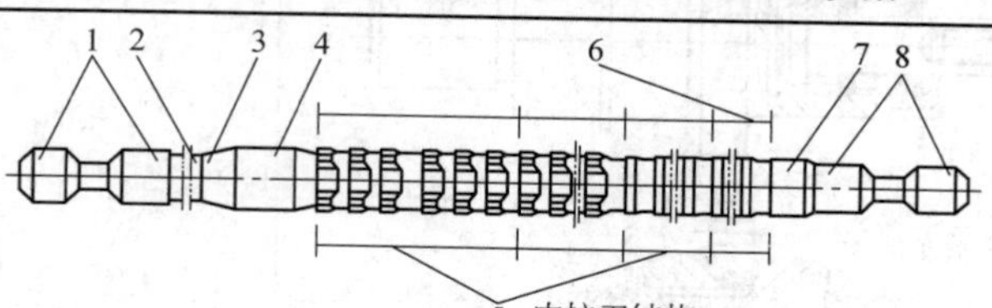

5 内拉刀结构

1—前柄 2—颈部 3—过渡锥 4—前导部 5—切削齿
6—校准齿 7—后导部 8—后柄

加工常用材料时的拉刀几何参数

拉刀类型	工件材料			前角 γ_o/(°) 粗切齿	前角 γ_o/(°) 精切齿 校准齿	后角 α_o/(°) 切削齿	后角 α_o/(°) 校准齿	刃带宽 $b_{\alpha1}$/mm 粗切齿	刃带宽 $b_{\alpha1}$/mm 精切齿	刃带宽 $b_{\alpha1}$/mm 校准齿
圆拉刀	钢	硬度HBW	≤229	15	15	2.5~4	0.5~1	0~0.05	0.1~0.15	0.3~0.5
			>229	10~12	10~12					
	灰铸铁	硬度HBW	≤180	8~10	8~10	2.5~4	0.5~1	0~0.05	0.1~0.15	0.3~0.5
			>180	5	5					
	可锻、球墨、蠕墨铸铁			10	10	2~3	0.5~1.5	0~0.05	0.1~0.15	0.3~0.5
	铝合金、巴氏合金			20~25	20~25	2.5~4	0.5~1.5	0~0.05	0.1~0.15	0.3~0.5
	铜合金			5~10	5~10	2~3	0.5~1.5	0~0.05	0.1~0.15	0.3~0.5
花键拉刀	钢	硬度HBW	≤229	15	15	2.5~4	0.5~1.5	0~0.05	0.1~0.15	0.3~0.6
			>229	10~12	10~12					
	铸铁	硬度HBW	≤180	8~10	8~10	2.5~4	0.5~1.5	0~0.05	0.1~0.15	0.3~0.6
			>180	5	5					
	铜合金			5	5	2~3	0.5~1.5	0~0.05	0.1~0.15	0.3~0.6
键槽拉刀 平面拉刀	钢	硬度HBW	≤229	15	15	2.5~4	0.5~1.5	0.1~0.15	0.2~0.3	0.5~0.8
			>229	10~12	10~12					
	铸铁	硬度HBW	≤180	8~10	8~10	2.5~4	0.5~1.5	0.1~0.15	0.2~0.3	0.5~0.8
			>180	5	5					
	铜合金			5	5	2~3	0.5~1.5	0.1~0.15	0.2~0.3	0.5~0.8
成形拉刀	钢	硬度HBW	≤229	15	15	0.5~4	0.5~1.5	0.1~0.15	0.2~0.3	0.5~0.8
			>229	10~12	10~12					
	铸铁	硬度HBW	≤180	8~10	8~10	2.5~4	0.5~1.5	0.1~0.15	0.2~0.3	0.5~0.8
			>180	5	5					
	铜合金			5	5	2~3	0.5~1.5	0.1~0.15	0.2~0.3	0.5~0.8
螺旋齿拉刀	钢	硬度HBW	≤229	15	15	2.5~4	0.5~1.5	0.1~0.15	0.2~0.3	0.5~0.8
			>229	10~12	10~12					
	铸铁	硬度HBW	≤180	8~10	8~10	2.5~4	0.5~1.5	0.1~0.15	0.2~0.3	0.5~0.8
			>180	5	5					
	铜合金			5	5	2~3	0.5~1.5	0.1~0.15	0.2~0.3	0.5~0.8

（续）

加工特种合金钢时拉刀的前角与后角						
拉刀类型	耐热合金钢			钛合金钢		
	前角 $\gamma_o/(°)$	切削齿后角 $\alpha_o/(°)$	校准齿后角 $\alpha_z/(°)$	前角 $\gamma_o/(°)$	切削齿后角 $\alpha_o/(°)$	校准齿后角 $\alpha_z/(°)$
内拉刀	15	3~5	2~3	3~5	5~7	2~3
外拉刀		10~12	5~7		10~12	8~10

2.8.5　拉削经济加工精度及表面粗糙度（见表 3-2-276）

表 3-2-276　拉削经济加工精度及表面粗糙度

加工条件	精度和表面粗糙度	加工型面				
		圆孔	键槽	花键孔	齿轮齿形	平面
一般	精度等级	IT7~IT9	IT10	一般级	7-8-8	IT10~IT11
	表面粗糙度 Ra/μm	1.6~3.2	6.3~12.5	3.2~6.3	3.2~6.3	3.2~6.3
特殊	公差等级	IT6~IT7	IT9	精密级	5-6-6~6-7-7	IT9~IT10
	表面粗糙度 Ra/μm	0.2~0.8	1.6~3.2	0.8~1.6	0.8~1.6	1.6~3.2
	备注	拉刀尾部带压光环或采用螺旋齿拉刀	刀齿带侧刃	采用整形拉刀或用强制导向推刀整形	采用整形拉刀或同心拉刀	采用斜齿拉刀或高速拉削，消除主溜板与导轨间的间隙

2.8.6　拉削工艺参数

2.8.6.1　拉削前对工件的要求

1）工件待加工表面应清理干净。拉削的孔径应具有一定的几何精度（如孔的同轴度、孔与基面的垂直度等）和表面粗糙度，孔两端应进行倒角，以免毛刺影响拉刀通过及工件的定位。

2）工件硬度为 180~210HBW 时，拉削能获得较好的表面质量；工件硬度低于 180HBW 或高于 210HBW 时，最好预先进行热处理改变硬度，以改善切削性能。

2.8.6.2　拉削余量的选择

1）圆孔的拉削余量见表 3-2-277。

2）多边形孔的拉削余量见表 3-2-278。

2.8.6.3　拉削用量

1）拉削速度分组和选用见表 3-2-279 和表 3-2-280。

2）拉削进给量见表 3-2-281。

2.8.6.4　拉削用切削液的选择（见表 3-2-282）

表 3-2-277　圆孔的拉削余量　（单位：mm）

拉削长度 L	被拉孔直径								
	拉前孔（精度 H12、H13，表面粗糙度 Ra=50~12.5μm）				拉前孔（精度 H11，表面粗糙度 Ra=6.3~3.2μm）				
	10~18	>18~30	>30~50	>50~80	10~18	>18~30	>30~50	>50~80	>80~120
6~10	0.5	0.6	0.8	0.9	0.4	0.5	0.6	0.7	0.8
>10~18	0.6	0.7	0.9	1.0	0.4	0.5	0.6	0.7	0.8
>18~30	0.7	0.9	1.0	1.1	0.5	0.6	0.7	0.8	0.9
>30~50	0.8	1.1	1.2	1.2	0.5	0.6	0.7	0.8	0.9
>50~80	0.9	1.2	1.2	1.3	0.6	0.7	0.8	0.9	1.0
>80~120	1.0	1.3	1.3	1.3	0.6	0.7	0.8	0.9	1.0
>120~180	1.0	1.3	1.3	1.4	0.7	0.8	0.9	1.0	1.1
>180	1.1	1.4	1.4	1.4	0.7	0.8	0.9	1.0	1.1

注：本表数据仅供参考，在选用时应根据具体情况加以确定。

表 3-2-278　多边形孔的拉削余量　　（单位：mm）

孔内最大边长	孔高和孔宽余量	预加工尺寸允许偏差	孔内最大边长	孔高和孔宽余量	预加工尺寸允许偏差
10~18	0.8	+0.24	>50~80	1.5	+0.40
>18~30	1.0	+0.28	>80~120	1.8	+0.46
>30~50	1.2	+0.34	—	—	—

表 3-2-279　拉削速度分组

材料名称	材料牌号	硬度 HBW	拉削速度分组
易切削钢及碳素钢	Y12、Y15、Y20	≤229	Ⅰ
	40、45、50、60	>229~269	Ⅱ
		>269~321	Ⅲ
	10、15、20	≤156	Ⅳ
	25、30	≤187	Ⅲ
	35	≤197	Ⅱ
		>197~269	Ⅰ
锰钢	15Mn、20Mn	≤187	Ⅲ
	30Mn	≤197	Ⅲ
		>197~269	Ⅱ
	40Mn、50Mn、60Mn、65Mn	≤229	Ⅰ
		>229~269	Ⅱ
	30Mn2、35Mn2、45Mn2、50Mn2	>269~321	Ⅲ
铬钢	15Cr、20Cr	≤187	Ⅱ
	30Cr、35Cr	≤229	Ⅰ
		>229~269	Ⅱ
	40Cr、45Cr、50Cr	>269~321	Ⅲ
硅锰钢	27SiMn、35SiMn	≤229	Ⅱ
		>229~269	Ⅲ
		>269~321	Ⅳ
铬钒钢	40CrVA、50CrVA	≤197	Ⅱ
		≤269	Ⅱ
		>269~321	Ⅲ

材料名称	材料牌号	硬度 HBW	拉削速度分组
铬硅钢	38CrSi	≤269	Ⅲ
		>269~321	Ⅳ
铬锰钢	20CrMn	≤187	Ⅱ
铬钼钢	20CrMo	≤187	Ⅱ
	30CrMo、35CrMo	≤229	Ⅱ
		>229~269	Ⅲ
铬镍钢	20CrNi	≤187	Ⅲ
	12CrNi2、12CrNi3、12Cr2Ni4	≤229	Ⅱ
	45CrNi、50CrNi	≤229	Ⅰ
		>229~269	Ⅱ
		>269~321	Ⅲ
铬锰硅钢	20CrMnSi、25CrMnSi、30CrMnSi	≤229	Ⅱ
	35CrMnSi	>269~321	Ⅲ
铬锰钼钢	20CrMnMo	≤229	Ⅱ
	40CrMnMo	≤229	Ⅰ
		>229~269	Ⅱ
		>269~321	Ⅲ
铬锰钛钢	20CrMnTi、30CrMnTi	≤229	Ⅱ
灰铸铁	—	≤180	Ⅰ
		>180	Ⅱ
可锻铸铁	—	—	Ⅰ

注：切削速度组别的选择，应按加工材料实际硬度的上限选用。

表 3-2-280　拉削速度的选用

拉削速度组别	圆柱拉刀 0.63~1.25	圆柱拉刀 1.25~2.5	圆柱拉刀 2.5~10	花键拉刀 1.25~2.5	花键拉刀 2.5~10	外表面与键槽拉刀 0.63~1.25	外表面与键槽拉刀 1.25~2.5	外表面与键槽拉刀 2.5~10	螺旋齿拉刀 0.32~1.25	螺旋齿拉刀 1.25~5	硬质合金齿拉刀 1.25~5	硬质合金齿拉刀 2.5~5
	拉刀类别与表面粗糙度 $Ra/\mu m$											
	拉削速度 $v/(m/min)$											
Ⅰ	5~4	6~4	8~5	5~4	8~5	6~5	7~4	10~8	10~8	15~10	12~10	10~8
Ⅱ	4~3	5~3.5	7~5	4.5~3.5	7~5	4~3.5	6~4	8~6	8~6	10~8	10~8	8~6
Ⅲ	3.5~2.5	4~3	6~4	3.5~3	6~4	3.5~2	5~3.5	7~5	6~4	8~6	6~4	6~4
Ⅳ	2.5~1.5	3~2.5	4~3	2.5~2	4~3	2.5~1.5	3.5~2.5	4~3	4~3	6~4	5~3	4~3

表 3-2-281　拉削进给量（单面的齿升量）　（单位：mm）

拉刀型式	钢 R_m/GPa ≤0.49	钢 R_m/GPa 0.49~0.735	钢 R_m/GPa >0.735	铸铁 灰铸铁	铸铁 可锻铸铁	铝	青铜、黄铜
圆柱拉刀	0.01~0.02	0.015~0.03	0.01~0.025	0.03~0.08	0.05~0.1	0.02~0.05	0.05~0.12
矩形齿花键拉刀	0.04~0.06	0.05~0.08	0.03~0.06	0.04~0.1	0.05~0.1	0.02~0.1	0.05~0.12
三角形及渐开线花键拉刀	0.03~0.05	0.04~0.06	0.03~0.05	0.04~0.08	0.05~0.08	—	—
键及槽拉刀	0.05~0.15	0.05~0.2	0.05~0.12	0.06~0.2	0.06~0.2	0.05~0.08	0.08~0.2
直角及平面拉刀	0.03~0.12	0.05~0.15	0.03~0.12	0.06~0.2	0.05~0.15	0.05~0.08	0.06~0.15
型面拉刀	0.02~0.05	0.03~0.06	0.02~0.05	0.03~0.08	0.05~0.1	0.02~0.05	0.05~0.12
正方形及六角形拉刀	0.015~0.08	0.02~0.15	0.015~0.12	0.03~0.15	0.05~0.15	0.02~0.1	0.05~0.2
各种类型的渐进拉刀	0.02~0.3	0.015~0.2	0.01~0.12	0.03	0.03~0.3	0.03~0.5	0.03~0.5

注：1. 小的进给量用于有提高拉削表面质量及尺寸精度要求的、零件刚度低的、必须带横向尺寸的拉刀。

2. 为了达到 $Ra=1.25\sim2.5\mu m$ 的表面粗糙度，当采用符合表内的切削速度时，拉刀的精加工部分的余量、齿数及进给量（单面）如下：

单面余量/mm	齿数或区段数①	精加工齿的进给量/mm
0.02~0.035	1~3	进给量是可变的且逐渐减小（最高的齿升量不大于 0.1）
0.035~0.07	4~5	
0.07~0.1	4~7	
0.1~0.16	6~8	

① 齿的精加工区段（同样尺寸的两个齿称为一个区段）用于渐进拉刀。渐进拉刀的精加工部分，可以既有区段齿又有逐齿升高的齿。

表 3-2-282　拉削用切削液的选择

工件材料	切削液 机床液压系统与切削液系统之间无渗漏	切削液 机床液压系统与切削液系统之间有渗漏	工件材料	切削液 机床液压系统与切削液系统之间无渗漏	切削液 机床液压系统与切削液系统之间有渗漏
碳素钢 合金结构钢	硫化矿物油、极压乳化液、极压切削油等	L-AN15、L-AN32 全损耗系统用油，极压切削油等	铝	松节油+煤油 黏性小的矿物油 混合矿物油+煤油	黏性小的矿物油
铸铁	空冷、混合矿物油+煤油	空冷、混合矿物油	铸铝与铝合金	混合矿物油 乳化液	混合矿物油
青铜	混合矿物油	混合矿物油			
黄铜	空冷、混合矿物油	空冷、混合矿物油	不锈钢与耐热合金	极压乳化液 极压切削油	极压切削油
铜	乳化液	空冷			

2.8.7 拉削中常见缺陷、产生原因和解决方法（见表3-2-283）

表3-2-283 拉削中常见缺陷、产生原因和解决方法

缺 陷	产生原因	解决方法
工件内表面出现环状波纹与啃切伤痕	拉刀齿升量分布不均匀，尤其是粗切齿和精切齿的齿升量分布不均匀，这是由于设计不合理或刃磨不正确所致	1）设计时合理分布齿升量 2）刃磨时要保证齿升量符合设计规定
	拉刀齿前角减小，是由于刃磨工艺和方法不正确所致	磨头轴线与拉刀轴线应在同一垂直平面内，磨头倾斜角与砂轮直径须正确选择
	拉刀齿距等距分布，造成拉削过程中周期性振动	设计时考虑不等齿距
	拉刀弯曲，同一圆周上刀齿的刃带宽窄不均，拉削时刀齿发生偏移，啃切工件表面	1）经刃磨后，刀齿上刃带太窄可用铸铁套加研磨砂研磨出适当的刃带 2）校准拉刀弯曲后再刃磨
	拉削速度太低，拉削过程中出现爬行 拉削速度太高，拉削过程中出现剧烈振动	选择适宜的拉削速度。工件表面粗糙度要求低时，拉削速度一般不宜超过3m/min
	拉削过程中的最大拉削力超过机床允许最大拉力的80%，可导致颤振现象发生	产品设计、拉刀设计及拉床选择方面保证拉削过程中拉削力不超过机床允许最大拉力的80%
	刃磨时，切削刃烧伤和切削刃毛刺未去除	刃磨时，砂轮保持锋利，进给量要均匀，不宜太大，刃磨后须用胶木板或铸铁板背磨刀齿，去除毛刺
工件表面局部条状划痕	拉刀保管不善或拉削中遇到氧化皮和材料中的硬质点等，使切削刃出现缺口，缺口处有切屑瘤，造成工件拉削表面局部条状划痕，该条状划痕沿拉削方向逐渐增宽、增深	1）要妥善管好拉刀，以防刀齿磕碰伤 2）拉削中发现刀齿缺口，应采取措施把缺口修磨掉后再继续使用
	未及时排除刀齿上的切屑而继续进行拉削	刀齿上的切屑可用刷子除掉或高压切削液冲掉
	拉刀设计容屑槽形不合理，或者经多次刃磨，容屑槽底圆弧变成台阶形，切屑卷曲状况恶化，排屑不畅	1）拉刀设计时，选择合理的容屑槽形 2）刃磨时应尽量保持容屑槽底圆弧的设计要求
	精切齿磨损较严重或最后几个精切齿的齿升量单面大于0.03mm时，由于没有分屑措施，会使切屑卷曲状况恶化	1）精切齿磨损带需修磨除掉 2）严格检查精切齿的齿升量，保持合理递减
工件表面有鳞刺	前角选择不适当	正确选择前角，一般可适当增大前角
	工件硬度低，一般低于180HBW时易产生鳞刺	用热处理方法适当提高工件硬度
	拉刀磨钝，刃口圆弧半径增大，切削条件恶化	按寿命制订刃磨标准，实行定时换刀
	拉削速度低	适当提高拉削速度
	冷却润滑条件差	合理选择切削液
	拉刀齿前面粗糙	经正确刃磨后，拉刀前面表面粗糙度 *Ra* 以0.16~0.32μm为宜

（续）

缺　陷	产生原因	解决方法
工件表面有挤亮点或多点划伤	后角太小，特别是粗切齿	适当增大后角
	切削液浇注不充分，变质、太稀，造成拉削表面冷却润滑条件不好	切削液的浇注方法要合理，供给要充分，要定期更换，并保持适当的配比
	工件硬度太高（240HBW以上）	用热处理方法适当降低工件硬度，适当减小前角，增加切削刃强度，减少崩齿发生
工件表面留有分屑槽痕迹	精切齿的拉削余量不足以消除粗切齿分屑槽造成的痕迹	适当修磨减小最后一个带分屑槽的切削齿的外径，并相应调整精切齿的齿升量
工件孔径两端尺寸大小不等	1）工件各部位孔壁厚薄不均匀 2）工件孔壁厚度相差不大，但拉削长度较大 3）孔壁较薄	1）拉刀刃口要保持锋利，减小拉削力和工件拉削变形，减小齿升量 2）拉刀的精切齿数、校准齿数可适当增加 3）切削液浇注合理、充分 4）可采取拉后工件再用推刀校整的工艺
拉削后孔径扩大	1）较新拉刀在刃磨后刀齿刃口毛刺未去除，会使刚开始拉削的几个工件孔径扩大 2）刀齿前角太大	1）刃磨后用铸铁板或胶木板清除刀齿上毛刺 2）适当减小前角
拉削后孔径缩小	1）拉刀经多次刃磨，校准齿直径变小 2）拉削薄壁长达60mm以上的工件，拉削后弹性复原，孔径缩小 3）拉刀前角太小或已钝化，拉削工件温度高，冷却后孔径缩小 4）切削液变质、浓度太低、浇注方法不正确等使冷却润滑条件变差，工件温度升高	1）检查拉刀校准齿直径，超过使用极限应及时报废或采取挤压方法使其直径增大 2）增加拉刀扩张量，减小齿升量，精切齿数、校准齿数适当增加，前角可适当增大，刀齿要保持锋利 3）切削液的配方要合理，浇注要充分
键槽和花键槽宽度变化	1）拉刀键齿和花键齿宽度超差或齿槽的螺旋度超差 2）拉刀齿上分屑倒角太窄，切屑的两侧面与工件的槽侧面摩擦挤压，并带走一部分工件材料，造成工件槽侧条状划痕，使槽宽略有扩大 3）刀齿尖角处磨损，使工件槽宽减小	1）提高拉刀制造精度 2）适当增大分屑倒角宽度，保证分屑可靠 3）刃磨时应注意将刀尖处的磨损部分磨去
键槽和花键槽侧面严重啃切	1）拉刀齿侧隙角偏小 2）刀齿尖角处严重磨损或磕碰伤 3）拉刀齿上分屑倒角太小	1）适当增大侧隙角（拉削钢件一般侧隙角可取2°30′~3°30′） 2）一般分屑倒角宽为齿宽的1/3
工件花键内孔表面严重啃切	1）拉刀底径太小，拉削时拉刀底径表面与工件内孔表面间隙大，切屑颗粒挤落在间隙中，引起啃切 2）拉刀底径大，拉削时，拉刀底径表面与工件内孔表面接触，或者由于同轴度误差，发生部分表面接触摩擦、挤压，引起啃切	1）提高拉刀制造质量 2）严格检查拉刀花键齿底径尺寸
工件内孔圆度超差	1）拉刀弯曲变形大 2）拉刀齿外圆与刃磨定位基准面的齿槽表面的同轴度超差 3）拉床精度下降，使拉刀的切削方向与工件定位夹具支承平面的垂直度发生偏差 4）工件定位基准面不平整，有磕、碰伤	1）拉刀须矫直 2）修整刃磨定位基准面，使其与拉刀齿外圆的同轴度误差减小 3）校准拉床精度 4）提高工件定位基准面的平面度，消除磕、碰伤

（续）

缺　陷	产生原因	解决方法
工件花键孔外圆与内孔表面的同轴度超差	1）拉刀弯曲变形大 2）拉刀后导向不稳定，花键拉刀底径被磨小，失去导向作用	1）拉刀须矫直 2）规定花键拉刀后导部花键底径尺寸公差
工件键槽或花键槽的螺旋度超差	1）拉刀制造精度超差（螺旋度超差） 2）拉刀后导部太短 3）拉床走刀机构精度下降	1）适当增加拉刀后导部的长度 2）修复拉床走刀机构精度 3）拉刀制造时应控制键齿的螺旋度误差
拉削平面的垂直度或平行度超差	拉床和夹具的精度及装夹的刚度低	1）修复拉床和夹具精度 2）调整夹紧力

2.9 难加工材料的切削加工

2.9.1 常用的难切削材料及应用（见表3-2-284）

表3-2-284 常用的难切削材料及应用

类　别	牌　号	用　途
高强度钢	40Cr 30CrMnSi 35CrMnSi 30CrMnTi	高强度零件和高强度结构零件
不锈钢	06Cr13 12Cr13 20Cr13 14Cr17Ni2	强腐蚀介质中工作的零件 弱腐蚀介质中工作的高强度零件 耐蚀高强度高温（550℃）下工作的零件 高强度耐蚀零件
不锈钢	1Cr18Ni9Ti[①] 06Cr17Ni12Mo2Ti	
不锈钢	12Cr21Ni5Ti 14Cr18Ni11Si4AlTi	
不锈钢	05Cr17Ni4Cu4Nb 07Cr17Ni7Al	

类　别		牌　号	用　途
高温合金	变形	GH2036 GH2132 GH2135 GH4037 GH4169 GH4033 GH4049	燃气轮机涡轮盘、涡轮叶片、导向叶片，燃烧室及其他高温承力件及紧固件
高温合金	铸造	K214 K418 K417	
钛合金	工业纯钛	TA1 TA2 TA3	因强度高、密度小、热强度高、耐蚀，广泛应用于航空、造船、化工医药部门
钛合金	α型	TA5 TA6 TA7 TA8	
钛合金	β型	TB2	
钛合金	α+β型	TC1 TC2 TC3 TC4 TC6 TC9 TC10	

① 曾用牌号。

2.9.2　难切削金属材料的可加工性比较（见表 3-2-285）

表 3-2-285　难切削金属材料的可加工性比较

影响可加工性的因素	难切削金属材料（淬火或析出硬化状态）												
	高锰钢	高强度钢			不锈钢				高温合金			钛合金
		低合金	高合金	马氏体时效钢	沉淀硬化型	奥氏体型	马氏体型	铁素体型	铁基	镍基	钴基	
硬度	1~2	3~4	2~3	4	1~3	1~2	2~3	1	2	2~3	2	2
高温强度	1	1	2	2	1	1~2	1	1	2~3	3	3	1
微观硬质点	1~2	1	2~3	1	1	1	1	1	2~3	3	2	1
与刀具亲和性	1	1	1	1	1	2	2	2	2	3	3	4
导热性	4	2	2	2	3	3	2	2	3~4	3~4	4	4
加工硬化性	4	2	2	1	2	3	2	1	3	3~4	3	2
黏附性	2	1	1	1	1~2	3	1	1	3	3~4	2	1
相对可加工性系数	0.2~0.4	0.2~0.5	0.2~0.45	0.1~0.25	0.3~0.4	0.5~0.6	0.5~0.7	0.6~0.8	0.15~0.3	0.08~0.2	0.05~0.15	0.25~0.38

注：1. 各项因素恶化可加工性的相对程度按顺序为 1→2→3→4。

2. 相对可加工性系数指在一定的寿命条件下，该材料的切削速度与 45 钢切削速度的比值。

2.9.3　高锰钢的切削加工

2.9.3.1　常用切削高锰钢的刀具材料（见表 3-2-286）

2.9.3.2　切削高锰钢用车刀与铣刀的主要角度（见表 3-2-287）

表 3-2-286　常用切削高锰钢的刀具材料

刀具材料	加工方法				
	精车、半精车	粗车	精铣、半精铣	粗铣	钻头、丝锥
陶瓷	AG2、AT6、T8、LT55、LT35、SG4				
涂层硬质合金	YB03①、YB02①、YB01①、YB21①、CN25、CN35		YB11①	—	YB03①、YB02①、YB21①、YB01①、CN25、CN35
非涂层硬质合金	YD10.2①、YM052、YG6A、YW2、712	YD20①、YM053、YW3、YC45、767②、643、813	SD15①、YD10.2①、YS25、YW3、813M、643、798	YC40①、SC30①	YD20①、YS2、YM052、YW2、YG8、798
高速钢	TiN 涂层 W2Mo9Cr4VCo8 W12Mo3Cr4V3Co5Si③ W6Mo5Cr4V2Al	W2Mo9Cr4VCo8 W12Mo3Cr4V3Co5Si③ W6Mo5Cr4V2Al	W2Mo9Cr4VCo8 W12Mo3Cr4VCo5Si③ W6Mo5Cr4V2Al	—	TiN 涂层 W2Mo9Cr4VCo8 W12Mo3Cr4VCo5Si③ W6Mo5Cr4V2Al

① 株洲硬质合金有限公司引进产品。

② 所有以数字为代号者均系自贡硬质合金有限公司产品。

③ 曾用牌号。

表 3-2-287　切削高锰钢用车刀与铣刀的主要角度

刀具材料	$\gamma_o/(°)$	$\alpha_o/(°)$	$\lambda_s/(°)$	$\kappa_r/(°)$	r_ε/mm
硬质合金	-5°~8°	6°~10°	-15°~0°	45°~90°	≥0.3
复合陶瓷	-15°~-4°	4°~12°	-10°~0°	15°~90°	≥0.5①

①　可采用圆刀片。

2.9.3.3 常用硬质合金刀具车削、铣削高锰钢时的切削用量（见表 3-2-288）

表 3-2-288 常用硬质合金刀具车削、铣削高锰钢时的切削用量

加工方法	车削																	面铣刀					
	涂层												非涂层										
刀具牌号	YB03			YB02			YB01			YB21			YD10.2			YD20		SD15			YD10.2		
f ①/(mm/r)	1.0	0.5	0.2	1.0	0.7	0.2	1.0	0.5	0.2	1.0	0.5	0.2	1.0	0.5	0.2	1.0	0.7	0.4	0.2	0.1	0.4	0.2	0.1
v/(m/min)	30	35	45	25	40	70	25	30	40	20	30	40	20	35	55	10	30	15	20	30	20	30	40

① 铣削为 f_z (mm/z)。

2.9.4 高强度钢的切削加工

2.9.4.1 常用切削高强度钢的高速钢刀具材料（见表 3-2-289）

表 3-2-289 常用切削高强度钢的高速钢刀具材料

材料牌号	用途
TiN 涂层 W2Mo9Cr4VCo8 W6Mo5Cr4V2Al W2Mo3Cr4V3Co5Si① W10Mo4Cr4V3Al①	主要用来制造钻头、铰刀、丝锥、板牙、拉刀和其他多刃、复杂刀具

① 曾用牌号。

2.9.4.2 常用切削高强度钢的硬质合金（见表 3-2-290）

表 3-2-290 常用切削高强度钢的硬质合金

加工方法	非涂层刀片	涂层刀片
粗车	YM052、YC45、YC35、YC30①、YC10①、YD15、YW3、YS25、758②、726、707	YB03①、YB01①、YB02①、CN25
半精车 精车	YC10①、YD10.2①、YD20①、YN05、YN10、YD05、YT05、YD15、YW3、YM051、YM052、726②、758、643、712、715、707	YB21① CN15 CN25
半精铣 精铣	SC30①、YC40①、YC10①、YD10.2①、SD15①、YC45、YC35、YS30、YS25、YS2、758②、726、640、798、813、813M	
钻头 丝锥	YD20①（整体式） YC30①、YC40①、YC10①、YC45、YS2、798②、813、813M	YB01①、YB03①、YB02①、YB11①

① 为株洲硬质合金有限公司引进产品。

② 所有以数字编号者均为自贡硬质合金有限公司产品。

2.9.4.3 切削高强度钢用车刀与铣刀的主要角度(见表3-2-291)

表3-2-291 切削高强度钢用车刀与铣刀的主要角度

车刀主要角度/(°)

刀具材料	高速钢	硬质合金	陶瓷(Al_2O_3+TiC,热压)
γ_o	3~12	-(10~8)	-(15~4)
α_o	5~10	6~12	4~10
λ_s	-4~2	-(12~0)	-(20~2)

铣刀主要角度/(°)

刀具材料		γ_o	λ_s	α_o	κ_r	γ_p	γ_f	β
硬质合金	面铣刀	-(15~6)	-(12~3)	8~12	30~75	-(15~6)	-(12~3)	
	立铣刀			4~10	90	-(15~5)	-(10~3)	
高速钢	立铣刀			7~10	90		3~5	30~35
Al_2O_3+TiC热压陶瓷面铣刀		-(20~8)	-(12~3)	4~10	30~75①			

注:γ_p—背前角;γ_f—侧前角;β—楔角。

① 也可采用圆刀片。

2.9.4.4 车削高强度钢时的切削用量(见表3-2-292)

表3-2-292 车削高强度钢时的切削用量

刀具材料		v/(m/min)	f/(mm/r)	a_p/mm
高速钢		3~11	0.03~0.3	0.3~2
陶瓷材料		70~210	0.05~1	0.1~4
CBN		40~220	0.03~0.3	≤0.8
硬质合金	粗车、荒车	10~90	0.3~1.2	4~20
	半精车	30~140	0.15~0.4	1~4
	精车	70~220	0.05~0.2	0.05~1.5

2.9.4.5 按工件硬度选择铣削用量（见表3-2-293）

表3-2-293　按工件硬度选择铣削用量（v 为 m/min，f_z 为 mm/z）

硬度 HBW	用量	高速钢			硬质合金				陶瓷		
		面铣刀	圆柱铣刀	三面刃铣刀	面铣刀精铣	面铣刀粗铣	圆柱铣刀	三面刃铣刀	面铣刀	圆柱铣刀	三面刃铣刀
250～350	v	10～18	10～15	10～15	84～127	70～100	61～100	61～100	100～300	100～300	100～300
	f_z	0.13～0.25	0.13～0.25	0.13～0.25	0.127～0.38	0.127～0.38	0.18～0.30	0.13～0.30	0.10～0.38	0.15～0.30	0.10～0.30
350～400	v	6～10	6～10	6～10	60～90	53～76	46～76	46～76	80～180	80～180	80～180
	f_z	0.08～0.20	0.13～0.20	0.08～0.20	0.12～0.30	0.12～0.30	0.18～0.30	0.13～0.30	0.08～0.30	0.13～0.30	0.10～0.30

2.9.5 高温合金的切削加工

2.9.5.1 常用切削高温合金的刀具材料（见表3-2-294）

2.9.5.2 车削高温合金常用刀具的前角与后角（见表3-2-295）

表3-2-294　常用切削高温合金的刀具材料

刀具种类	高速钢材料		硬质合金	
	变形高温合金	铸造高温合金	变形高温合金	铸造高温合金
车刀	W18Cr4V、W2Mo9Cr4VCo8、W6Mo5Cr4V2Al	W10Mo4Cr4V3Co10、W12Mo3Cr4V3Co5Si①、W10Mo4Cr4V3Al①	K30、W4、YG10H、YG10HT、YGRM、813、YG6X、YW2、YH1、YH2、YW3、YA6、643、623	W4、YG10H、YG10HT、YGRM
铣刀	W18Cr4V、W12Cr4V4Mo①、W10Mo4Cr4V3Al①、W6Mo5Cr4V2、W6Mo5Cr4V2Al	W2Mo9Cr4VCo8、W12Mo3Cr4V3Co5Si①、W10Mo4Cr4V3Al①、W6Mo5Cr4V2Al	YGRM、813、YG6X	YGRM、W4

注：硬质合金牌号为企业牌号。

① 曾用牌号。

表3-2-295　车削高温合金常用刀具的前角与后角

工件材料	每转进给量 f /(mm/r)	前角 γ_o /(°)	后角 α_o /(°)	工件材料	每转进给量 f /(mm/r)	前角 γ_o /(°)	后角 α_o /(°)
变形高温合金	<0.3	5	15	铸造高温合金	<0.3	5	15
	0.3～0.5	10	10		0.3～0.5	5～10	10
	0.02～0.06	10～15	8		0.02～0.06	3～5	8

2.9.5.3　车削高温合金切削用量举例（见表 3-2-296）

表 3-2-296　车削高温合金切削用量举例

工件材料	加工方式	刀具材料牌号	背吃刀量 a_p/mm	进给量 f/(mm/r)	切削速度 v/(m/min)	切削液	备注
GH4133A	粗加工	YG8、813、YA6、YG10H、YGRM	2~8	0.15~0.42	11~22	透明切削液	1)连续车削 2)透明切削液成分：碳酸钠、亚硝酸钠、三乙醇胺、水
	半精加工		0.5~2	0.14~0.21	16~30		
	精加工		0.1~0.5	0.05~0.15	17~35		
GH2036A	粗加工	YG8、813、YW2	5~8	0.25~0.75	48~54	1)乳化液 2)透明切削液 3)不用切削液	1)连续车削端面时，外径最大切削速度可比表列数据提高 10%~20% 2)断续车削，成形车削宜用低速
	半精加工		0.45~3	0.10~0.28	40~60		
	精加工		0.2~2	0.05~0.10	38~60		
GH4037 GH4049	粗加工	YG6X、W18Cr4V、W12Mo9Cr4、V08 等	2~5	0.56~0.37	<5.5	1)乳化液 2)机油 3)透明切削液	适用于断续车削
	半精加工		1~1.5	0.37~0.54	5~7		
	精加工		0.5~1.0	0.05~0.17	5~7		
GH2132	粗加工	YG10H、YG8、813	2.5~7.0	0.1~0.2	33~50	透明切削液或不用切削液	1)连续车削端面时，外径最大切削速度可比表列数据提高 10%~20% 2)成形车刀加工型面时，应尽量增强刀具刚度，后面磨损带不大于 0.1mm
	半精加工		0.5~2.0	0.2~0.3	31~45		
	精加工		0.3~0.5	0.12~0.2	40~60		
GH2135	粗加工	YA6、YG8、YG6X	≈6	0.15~0.3	42	乳化液	1)连续车削端面时，外径最大切削速度可比表列数据提高 10%~20% 2)车削型面时，后面磨损带不超过 0.2mm
	半精加工		2~5	0.15~0.2	40~35		
	精加工		0.2~1.0	0.16	40		
GH2901	半精加工	813、YGRM	1.3~1.75	0.26~0.38	20~29	1)乳化液 2)透明切削液	1)连续车削端面时，外径最大切削速度可比表列数据提高 10%~20% 2)车削形面时，后面磨损带不超过 0.2mm
	精加工	643M、YH1	0.21~0.5	0.06~0.25	21~47		

（续）

工件材料	加工方式	刀具材料牌号	背吃刀量 a_p/mm	进给量 f/(mm/r)	切削速度 v/(m/min)	切削液	备注
GH4169	粗加工	YA6、YG8、813	4~6	0.3~0.6	21~30	乳化液	1)连续车削端面时,外径最大切削速度可比表列数据提高10%~20% 2)车削形面时,后面磨损带不超过0.2mm
	半精加工		0.8~3.0	0.17~0.4	27~33		
	精加工		0.4~1.5	0.13~0.25	30~37		
各类铸造高温合金	粗加工	YG6X	1.3~2.5	0.13~0.8	5~12	乳化液或不加切削液	1)车削铸造高温合金宜采用小的前角 2)建议采用超细颗粒钨钴类硬质合金刀具 3)铸造高温合金牌号很多,性能差别很大,在选择切削用量时,对高性能合金取下限
	半精加工		0.5~2.5	0.08~0.3	5~17		
	精加工		0.2~1.0	0.02~0.10	5~27		

注：1. 表内数据绝大部分是实用数据，可供使用者根据具体条件参考使用。

2. 切削高温合金时，切削速度与刀具寿命的关系具有明显的驼峰性。随着刀具材料、刀具几何角度或进给量及切削条件的不同，v-T 曲线上的驼峰或右移或左移，所以在选用表中数据时，建议在所列范围内进行试切。

3. 刀具材料为硬质合金时，其牌号为企业牌号。

2.9.5.4 铣削高温合金切削用量举例（见表3-2-297）

表3-2-297 铣削高温合金切削用量举例

面铣刀铣削					
工件材料	刀具牌号	轴向背吃刀量 a_p/mm	每齿进给量 f_z/(mm/z)	切削速度 v/(m/min)	切削液
GH4037	W12Cr4V4Mo[③] W2Mo9Cr4VCo8 W18Cr4V	1~3	0.1~0.15	9~15	防锈切削液[①]
GH2036	W18Cr4V	1~3	0.2~0.25	20~25	防锈切削液
GH4049	W2Mo9Cr4VCo8 W6Mo5Cr4V2Al W18Cr4V	1~3	0.04~0.15	5~8	防锈切削液
K401	W2Mo9Cr4VCo8	0.5~0.55	0.06~0.1	5~3	防锈切削液
K417	W2Mo9Cr4VCo8	1.5~5.5	0.06~0.1	5~3	防锈切削液

（续）

立铣刀铣削						
工件材料	刀具牌号	径向背吃刀量 a_p/mm	每齿进给量 f_z/(mm/z) 铣刀直径 D/mm		切削速度 v/(m/min)	切削液
			<25	≥25		
GH4037	W12Cr4V4Mo③ W2Mo9Cr4VCo8 W6Mo5Cr4V2Al W18Cr4V	(0.3~0.5)D	0.05~0.12	0.05~0.20	5~11	透明切削液
GH4049	W2Mo9Cr4VCo8 W18Cr4V			0.05~0.20	5~10	防锈切削液
GH2036 GH2132	W2Mo9Cr4VCo8 W6Mo5Cr4V2Al	1~3	0.06~0.10		5~15	电解切削液②
GH2135	W2Mo9Cr4VCo8 W18Cr4V	≈3	0.10~0.05		2.5~6	乳化液
K401	K30	0.5~2.0	0.02~0.08		6~16	乳化液
K417	W2Mo9Cr4VCo8		0.16		6	防锈切削液

① 防锈切削液成分为三乙醇胺、癸二酸、亚硝酸钠、水。

② 电解切削液成分为硼酸、甘油、癸二酸、三乙醇胺、亚硝酸钠、水。

③ 曾用牌号。

2.9.6 钛合金的切削加工

2.9.6.1 常用切削钛合金的刀具材料（见表 3-2-298）

表 3-2-298　常用切削钛合金的刀具材料

刀具种类	刀具材料		刀具种类	刀具材料	
	高速钢	硬质合金②		高速钢	硬质合金②
车刀	W2Mo9Cr4VCo8、 W12Mo3Cr4V3Co5Si①、 W6Mo5Cr4V2Al	YG6X、YA6、 YG3X、YGRM、 YG8、YG10H、813、 643	铣刀	W12Cr4V4Mo①、 W2Mo9Cr4V4Co8、 W12Mo3Cr4V3Co5Si①、 W6Mo5Cr4V2Al、 W10Mo4Cr4V3Al①	YG8

① 曾用牌号。

② 企业牌号。

2.9.6.2 切削钛合金用车刀与铣刀的主要角度（见表 3-2-299）

表 3-2-299　切削钛合金用车刀与铣刀的主要角度

车刀主要角度								
刀　具	前角 γ_o/(°)	后角 α_o/(°)	主偏角 κ_r/(°)	副偏角 κ_r'/(°)	刃倾角 λ_s/(°)	刀尖圆弧半径 r_ε/mm	倒棱宽 b_{r1}/mm	第一前角 γ_{o1}/(°)
高速钢车刀	9~11	5~8	45	5~7	0~5	0.5~1.5	0.05~0.3	0~10
硬质合金车刀	5~8	10~15	45~75	15	0~10			
硬质合金镗刀	-3~-8	3~5	≈90	≈5	-3~-10			

（续）

铣刀类型	铣刀主要角度 前角 γ_o/(°)	背前角 γ_p/(°)	径向前角 γ_p'/(°)	主偏角 κ_r/(°)	后角 α_o/(°)	副后角 α_o'/(°)	副偏角 κ_r'/(°)	刃倾角 λ_s/(°)	楔角 β/(°)	刀尖圆弧半径 r_ε/mm
面铣刀（可转位硬质合金刀片）		5~8	-17~-13	12~60						
立铣刀（镶硬质合金刀片）	0				12	5~8	3~5		30	0.5~1.0
盘铣刀（高速钢）	0							10		

2.9.6.3 车削钛合金时的切削用量（见表 3-2-300）

表 3-2-300 车削钛合金时的切削用量（工件材料 TC4）

进给量 f/(mm/r)	切削速度 v/(m/min)	进给量 f/(mm/r)	切削速度 v/(m/min)
0.08~0.12	87~69	0.25~0.30	53~47
0.13~0.17	71~59	0.33~0.40	48~41
0.18~0.24	62~51	0.45~0.60	42~35

2.9.6.4 铣削钛合金时的切削用量（见表 3-2-301）

表 3-2-301 铣削钛合金时的切削用量

铣刀种类	刀具材料	工件材料抗拉强度/MPa	粗铣氧化皮 铣削速度 v/(m/min)	每齿进给量 f_z/(mm/z)	背吃刀量 a_p/mm	铣削宽度 a_e/mm	粗铣 铣削速度 v/(m/min)	每齿进给量 f_z/(mm/z)	背吃刀量 a_p/mm	铣削宽度 a_e/mm	精铣 铣削速度 v/(m/min)	每齿进给量 f_z/(mm/z)	背吃刀量 a_p/mm	铣削宽度 a_e/mm	切削液
面铣刀	硬质合金	≤1000	18~24	0.06~0.12	大于氧化层厚度	≤0.6D	24~37	0.1~0.15	1.5~5	≤0.6D①	30~45	0.04~0.08	0.2~0.5		乳化液
		>1000	15~20	0.06~0.1			20~24	0.08~0.12	1.5~5		24~30	0.04~0.06	0.2~0.5		
立铣刀	硬质合金						34~48	0.10~0.15	20	1~4					
	高速钢	≤1000					12~19	0.08~0.1	(0.5~2)D	1.5~3	12~19	0.04~0.08	(0.5~2)D		
		>1000					7.5~15	0.08~0.1		1.5~3	7.5~15	0.03~0.08			
		≤1000	5~10	0.1~0.13	大于氧化层厚度	大于氧化层厚度	10~19	0.1~0.13		1.5~3	10~19	0.04~0.08			
		>1000	4~8	0.1~0.13			8~15	0.1~0.13		1.5~3	8~15	0.04~0.08			
三面刃铣刀	高速钢	≤1000	7~14	0.06~0.08	大于氧化层厚度	6	11~22	0.06~0.08		1.5~3	14~28	0.04~0.07			
		>1000	6~12	0.06~0.08		6	7~14	0.07~0.1		1.5~3	9~22	0.05~0.07			

① D 为铣刀直径。

2.9.7 不锈钢的切削加工

2.9.7.1 常用切削不锈钢的刀具材料（见表3-2-302）

表3-2-302　常用切削不锈钢的刀具材料

刀具材料	牌　号②	刀具材料	牌　号②
高速钢	W6Mo5Cr4V2、W6Mo5Cr4V2Al、W12Cr-4V4Mo①、W2Mo9Cr4Co8、W10Mo4Cr4V3Al①	硬质合金	813、798、YA6、YH1

① 曾用牌号。
② 企业牌号。

2.9.7.2 切削不锈钢用车刀与铣刀的主要角度（见表3-2-303）

表3-2-303　切削不锈钢用车刀与铣刀的主要角度

车刀几何角度

刀具材料	前角 /(°)	后角 α_o/(°)	刃倾角 λ/(°)	主偏角 κ_r/(°)	副偏角 κ_r'/(°)	刀尖圆弧半径 r_e/mm
高速钢	20~30	8~12	连续切削：-6~-2 断续切削：-5~15	切削量大时:45 一般:60,75	8~15	0.2~0.8
硬质合金	10~20	6~10				

铣刀几何角度

角度名称	角度数值		说　明
	高速钢铣刀	硬质合金铣刀	
法向前角 γ_n/(°)	10~20	5~10	硬质合金面铣刀前面可磨出圆弧卷屑槽，前角可增大至20°~30°，切削刃上应留0.05~0.2mm宽的棱带
法向后角 α_n/(°)	面铣刀：10~20 立铣刀：15~20	面铣刀：5~10 立铣刀：12~16	

角度名称	角度数值		说　明
	高速钢铣刀	硬质合金铣刀	
副刃法向后角 α_n'/(°)	6~10	4~8	
主偏角 κ_r/(°)	60		面铣刀
副偏角 κ_r'/(°)	1~10		立铣刀和面铣刀等
螺旋角 β/(°)	立铣刀：35~45 波形刃立铣刀：15~20	立铣刀：5~10	铣不锈钢时螺旋角应大；铣薄壁零件，宜采用波形刃立铣刀

2.9.7.3　车削不锈钢时的切削用量（见表3-2-304）

表3-2-304　车削不锈钢时的切削用量（参考）

工件直径/mm	车外圆				镗孔		切断	
	粗车		精车					
	主轴转速 n /(r/min)	进给量 f /(mm/r)	主轴转速 n /(r/min)	进给量 f /(mm/r)	主轴转速 n /(r/min)	进给量 f /(mm/r)	主轴转速 n /(r/min)	进给量 f /(mm/r)
≤10	1200~955	0.19~0.60	1200~955	0.07~0.20	1200~955	0.07~0.30	1200~955	手动
>10~20	955~765		955~765		955~600		955~765	
>20~40	765~480	0.27~0.81	765~480	0.10~0.30	600~480	0.10~0.50	765~600	0.10~0.25
>40~60	480~380		480~380		480~380		600~480	
>60~80	380~305		380~305		380~230		480~305	
>80~100	305~230		305~230		305~185		380~230	0.08~0.20
>100~150	230~185		230~185		230~150		305~150	
>150~200	185~120		185~120		185~120		≤150	

注：1. 工件材料牌号为1Cr18Ni9Ti（曾用牌号）；刀具材料牌号为K30。

2. 当工件材料或刀具材料变化时，主轴转速可做适当调整。

3. 表中较小直径应选较大转速；较大直径应选较低转速。

2.9.7.4　高速钢铣刀铣削不锈钢时的切削用量（见表3-2-305）

表3-2-305　高速钢铣刀铣削不锈钢时的切削用量

铣刀种类	铣刀直径 D/mm	转速 n /(r/min)	进给量 f /(mm/min)	备注
立铣刀	3~4	1180~750	手动	1）当铣削宽度和背吃刀量较小时，进给量取大值；反之取小值 2）三面刃铣刀可参考相同直径圆片铣刀选取切削速度和进给量 3）铣削20Cr13钢时，可根据材料实际硬度调整切削用量 4）铣削耐浓硝酸不锈钢时，n 及 f 均应适当下降
	5~6	750~475	手动	
	8~10	600~375	手动	
	12~14	375~235	30~37.5	
	16~18	300~235	37.5~47.5	
	20~25	235~190	47.5~60	
	32~36	190~150	47.5~60	
	40~50	150~118	47.5~75	
圆片铣刀	75	235~150	23.5或手动	
	110	150~75		
	150	95~60		
	200	75~37.5		

第3章　磨料磨具

3.1　普通磨料磨具

3.1.1　普通磨料的类别、名称及代号（见表3-3-1）

表3-3-1　普通磨料的类别、名称及代号（GB/T 2476—2016）

类别		名称	代号
天然类		天然刚玉	NC
		金刚砂	E
		石榴石	G
人造类	刚玉系列	棕刚玉	A
		白刚玉	WA
		单晶刚玉	SA
		微晶刚玉	MA
		铬刚玉	PA
		锆刚玉	ZA
		黑刚玉	BA
		烧结刚玉	AS
		陶瓷刚玉	CA
	碳化物系列	黑碳化硅	C
		绿碳化硅	GC
		立方碳化硅	SC
		碳化硼	BC

3.1.2　磨料粒度号及其选择

1）粗磨粒粒度号及其粒径见表3-3-2。

表3-3-2　粗磨粒粒度号及其粒径（GB/T 2481.1—1998）

分类	粒度号	粒径/μm	分类	粒度号	粒径/μm
粗粒度			中粒度	F30	710～600
	F4	5600～4750		F36	600～500
	F5	4750～4000		F40	500～425
	F6	4000～3350		F46	425～355
	F7	3350～2800		F54	355～300
	F8	2800～2360		F60	300～250
	F10	2360～2000		F70	250～212
	F12	2000～1700		F80	212～180
	F14	1700～1400		F90	180～150
	F16	1400～1180		F100	150～125
	F20	1180～1000		F120	125～106
	F22	1000～850		F150	106～75
	F24	850～710		F180	90～63
				F220	75～53

2）微粉粒度号及其粒径见表3-3-3。

表3-3-3 微粉粒度号及其粒径（GB/T 2481.2—2020）

粒度号	粒径/μm			粒度号	粒径/μm		
	最大值	中值	最小值		最大值	中值	最小值
F230	82.0	53.0	34.0	F600	19.0	9.3	3.0
F240	70.0	44.5	28.0	F800	14.0	6.5	2.0
F280	59.0	36.5	22.0	F1000	10.0	4.5	1.0
F320	49.0	29.2	16.5	F1200	7.0	3.0	1.0
F360	40.0	22.8	12.0	F1500	5.0	2.0	0.8
F400	32.0	17.3	8.0	F2000	3.5	1.2	0.5
F500	25.0	12.8	5.0				

注：一般工业用途的F系列微粉若按X射线重力沉降法和电阻法测量，可分为13个粒度号，中值粒径为53~1.2μm（见本表）；若按沉降管法测量，可分为11个粒度号，中值粒径为57~1.2μm（见GB/T 2481.2—2020中的表2）。精密研磨用的J系列微粉的粒度组成见GB/T 2481.2—2020中的表3和表4。

3）不同粒度磨具的使用范围见表3-3-4。

表3-3-4 不同粒度磨具的使用范围

磨具粒度号	一般使用范围	磨具粒度号	一般使用范围
F14~F24	磨钢锭、铸件打毛刺、切断钢坯等	F120~F600	精磨、珩磨、螺纹磨
F36~F46	一般平磨、外圆磨和无心磨	F600以下	精细研磨、镜面磨削
F60~F100	精磨和刀具刃磨		

3.1.3 磨料硬度等级

磨料硬度等级用英文字母标记，见表3-3-5。

表3-3-5 磨料硬度等级（GB/T 2484—2018）

A	B	C	D	超软
E	F	G	—	很软
H	—	J	K	软
L	M	N	—	中
P	Q	R	S	硬
T	—	—	—	很硬
—	Y	—	—	超硬

3.1.4 磨具组织号及其适用范围（见表3-3-6）

表3-3-6 磨具组织号及其适用范围（GB/T 2484—2018）

磨粒率	磨粒率由大——→小														
磨具组织号	0,1,2,3,4,5,6,7,8,9,10,11,12,13,14														
GB 2484—1984(旧标准)															
组织号	0	1	2	3	4	5	6	7	8	9	10	11	12	13	14
磨粒率(%)	62	60	58	56	54	52	50	48	46	44	42	40	38	36	34
适用范围	重负荷磨削、成形、精密磨削，间断磨削及自由磨削，或加工硬脆材料等				无心磨，内、外圆磨和工具磨，淬火钢工件磨削及刀具刃磨等				粗磨和磨削韧性大、硬度不高的工件，机床导轨和硬质合金刀具磨削，适合磨削薄壁、细长工件，或砂轮与工件接触面大以及平面磨削等					磨削热敏性较大的钨银合金磁钢、有色金属，以及塑料、橡胶等非金属材料	

3.1.5 结合剂的代码及种类（见表 3-3-7）

表 3-3-7 结合剂的代码及种类（GB/T 2484—2018）

代码	结合剂种类	代码	结合剂种类
B	树脂或其他热固性有机结合剂	PL	热塑性塑料结合剂
BF	纤维增强树脂结合剂	R	橡胶结合剂
E	虫胶结合剂	RF	增强橡胶结合剂
MG	菱苦土结合剂	V	陶瓷结合剂

3.1.6 磨具形状代号和尺寸标记（GB/T 2484—2018）

1）通用砂轮的形状和尺寸标记见表 3-3-8。

表 3-3-8 通用砂轮的形状和尺寸标记

型号	简图	形状和尺寸标记
1	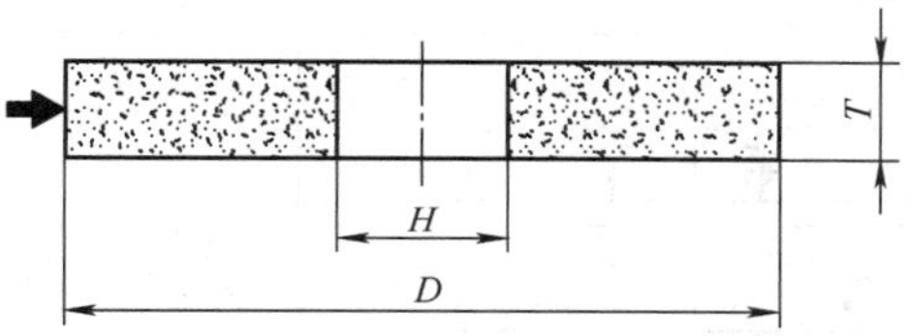	平形砂轮 1 型-圆周型面①-D×T×H
2	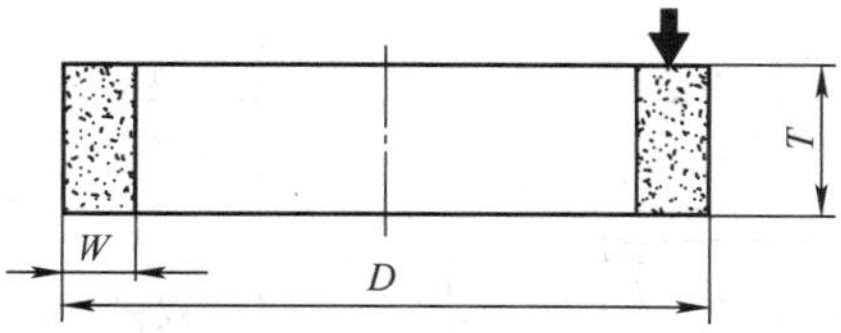	黏结或夹紧用筒形砂轮 2 型-D×T×W
3	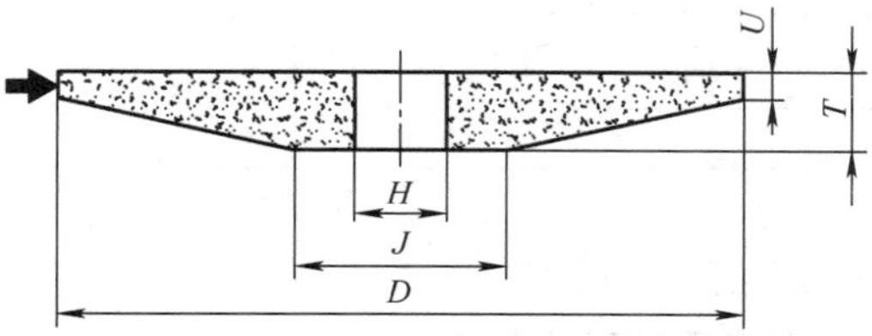	单斜边砂轮 3 型-D/J×T/U×H
4	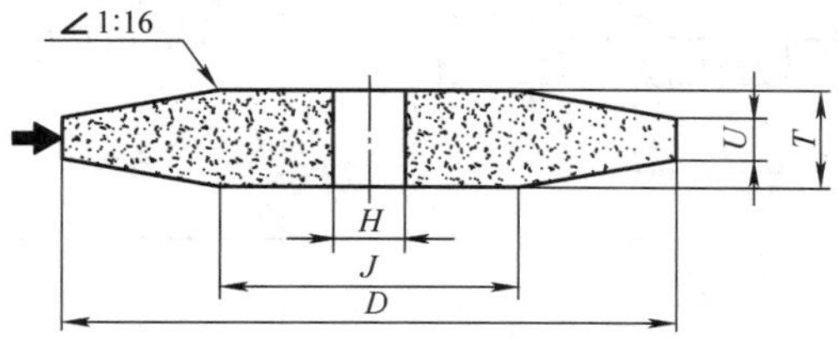	双斜边砂轮 4 型-D×T/U×H
5	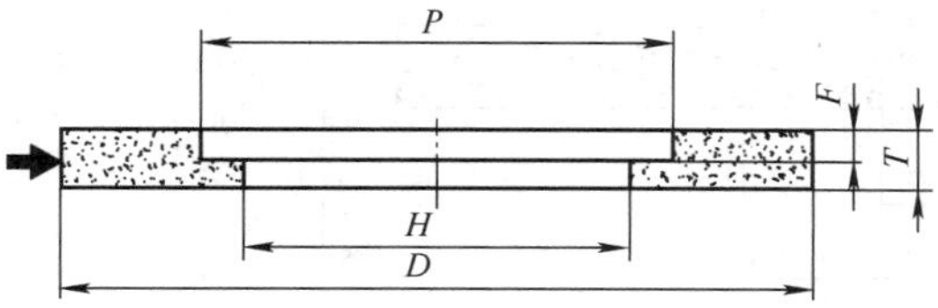	单面凹砂轮 5 型-圆周型面①-D×T×H-P×F

（续）

型　号	简　图	形状和尺寸标记
6	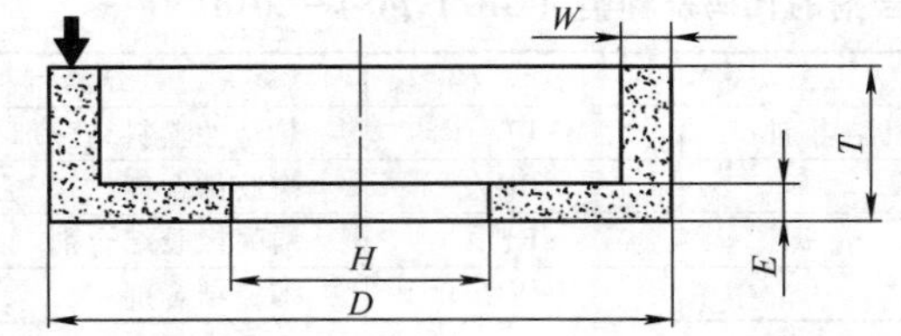	杯形砂轮 6 型-$D\times T\times H$-$W\times E$
7	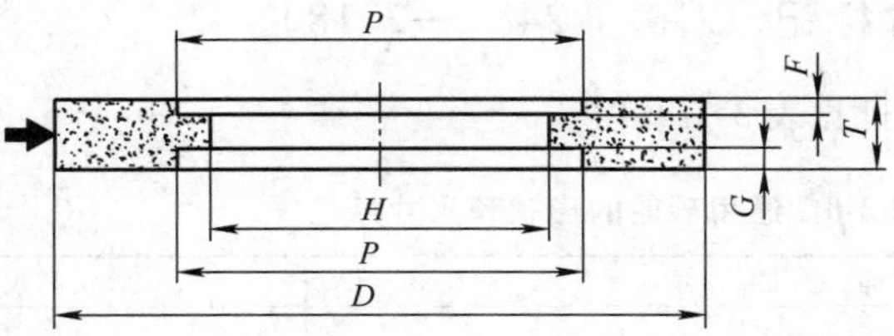	双面凹一号砂轮 7 型-圆周型面①-$D\times T\times H$-$P\times F/G$
8	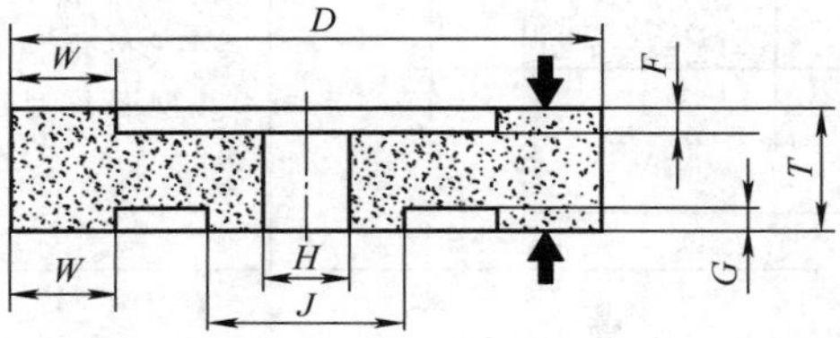	双面凹二号砂轮 8 型-$D\times T\times H$-$W\times J\times F/G$
9	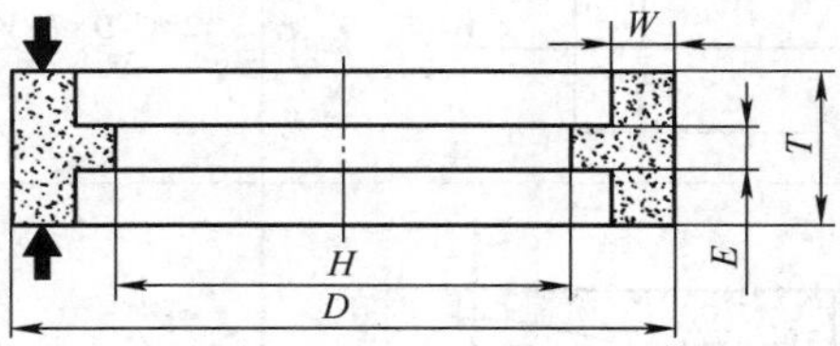	双杯形砂轮 9 型-$D\times T\times H$-$W\times E$
11	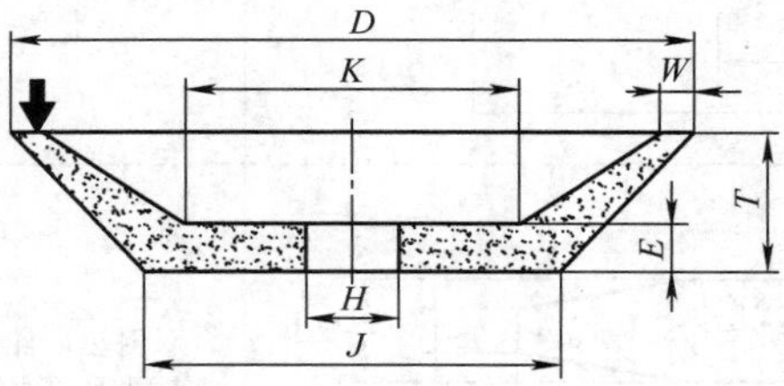	碗形砂轮 11 型-$D/J\times T\times H$-$W\times E$
12a	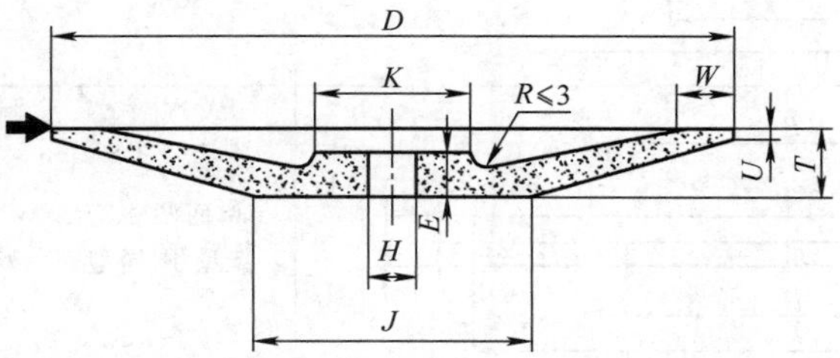	碟形一号砂轮 12a 型-$D/J\times T/U\times H$-$W\times E$

（续）

型号	简图	形状和尺寸标记
12b	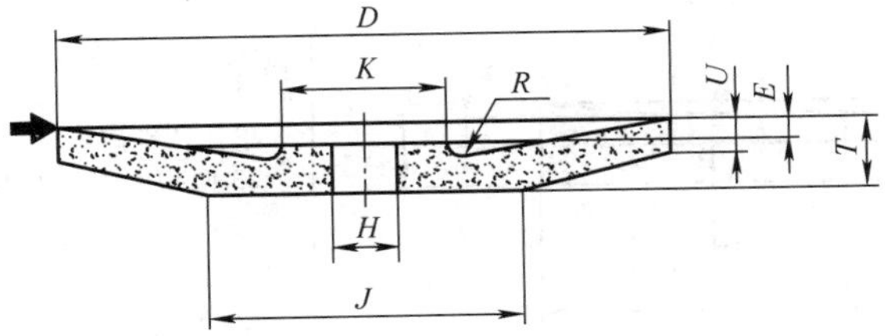	碟形二号砂轮 12b 型-$D/J\times T/U\times H$-E
13	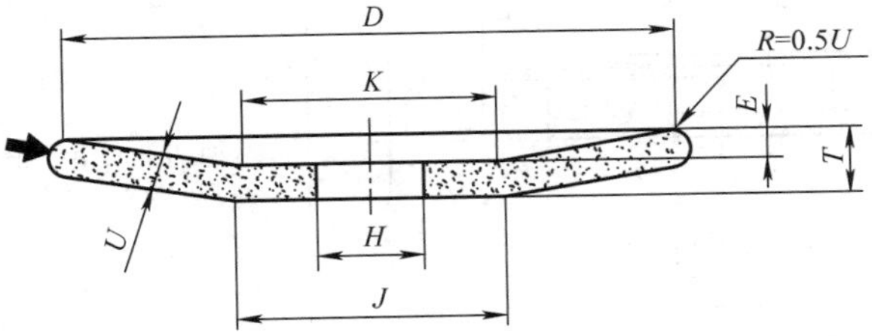	茶托形砂轮 13 型-$D/J\times T/U\times H$-E
20	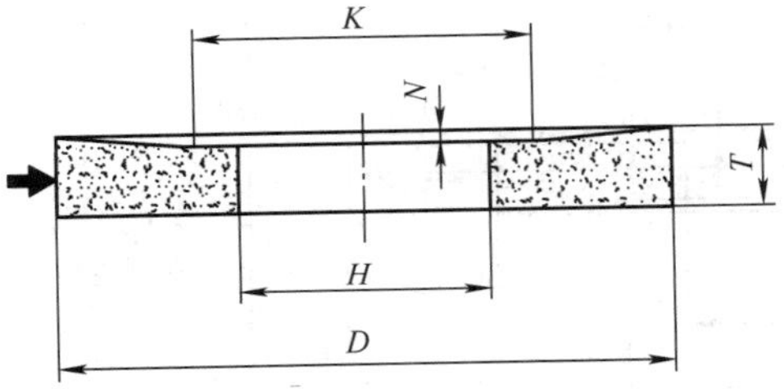	单面锥砂轮 20 型-$D\times T/N\times H$
21	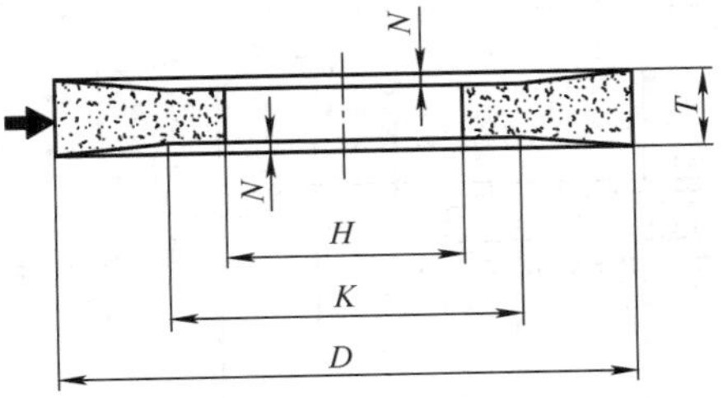	双面锥砂轮 21 型-$D\times T/N\times H$
22	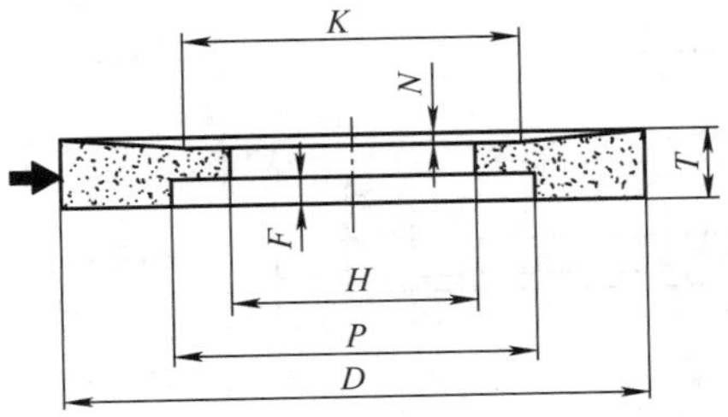	单面凹单面锥砂轮 22 型-$D\times T/N\times H$-$P\times F$

（续）

型　号	简　图	形状和尺寸标记
23	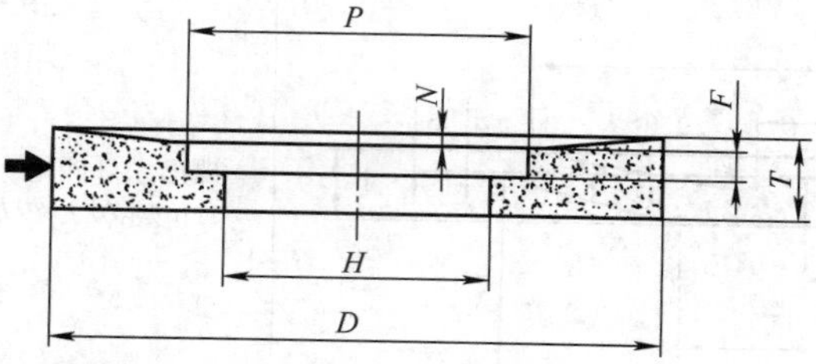	单面凹锥砂轮 23 型-$D×T/N×H$-$P×F$
24	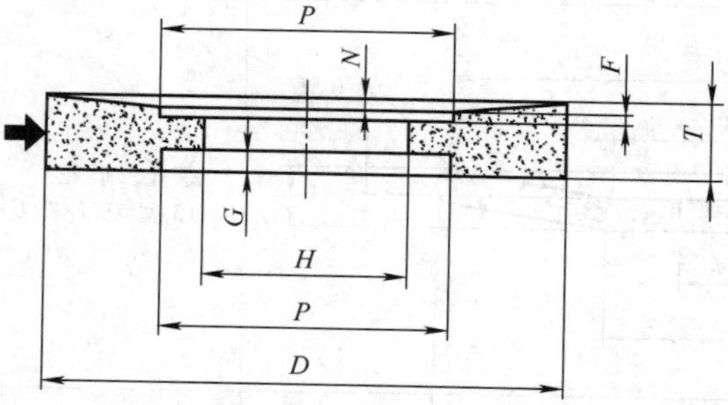	双面凹单面锥砂轮 24 型-$D×T/N×H$-$P×F/G$
25	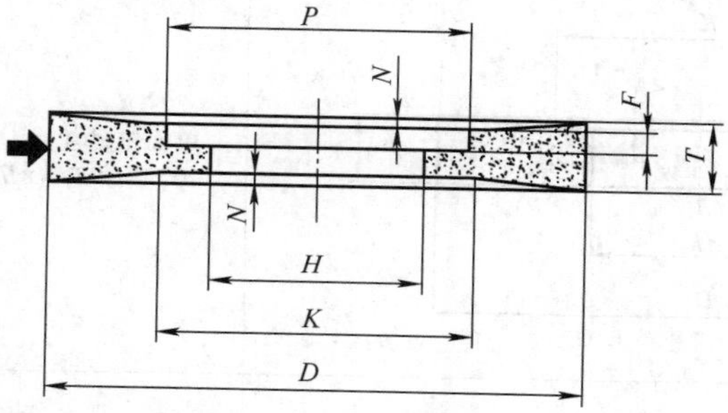	单面凹双面锥砂轮 25 型-$D×T/N×H$-$P×F$
26	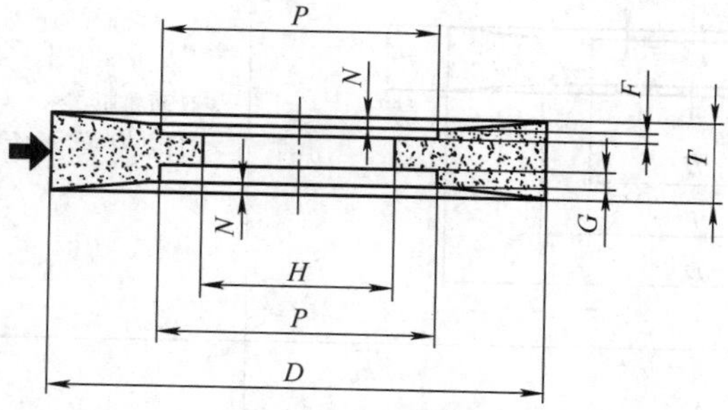	双面凹锥砂轮 26 型-$D×T/N×H$-$P×F/G$
27	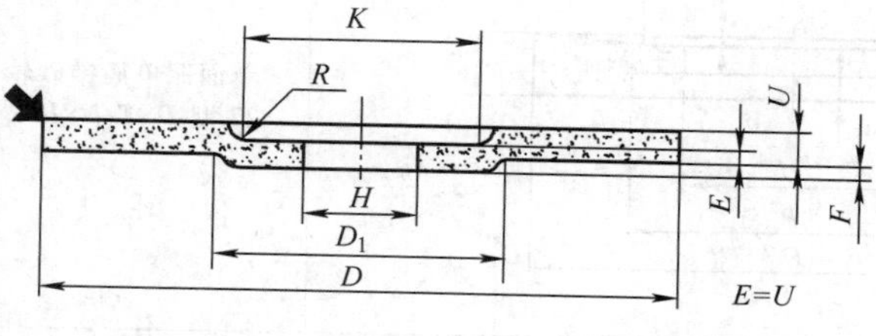	钹形砂轮，包括半柔性砂轮 27 型-$D×U×H$

（续）

型　　号	简　　图	形状和尺寸标记
28	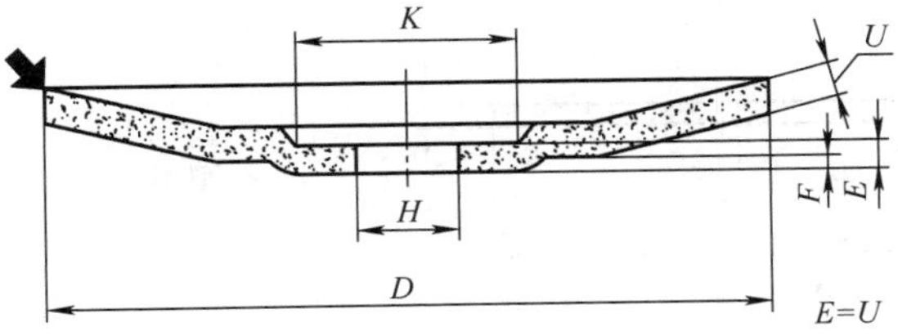	锥面钹形砂轮 28 型-D×U×H
35	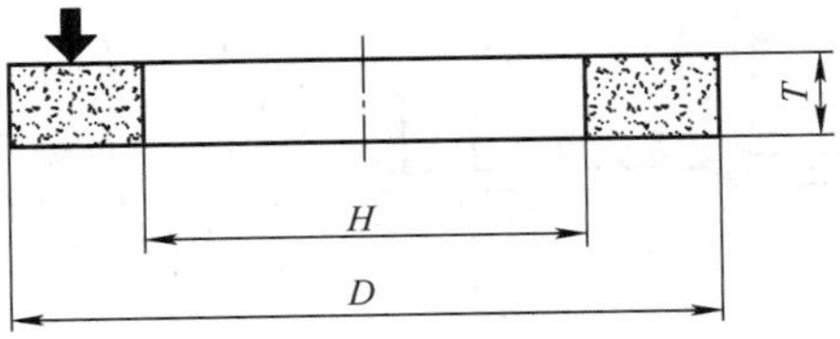	黏结或夹紧用圆盘砂轮 35 型-D×T×H
36	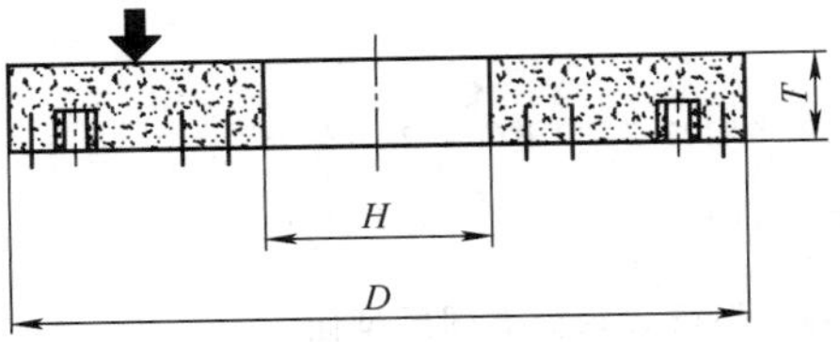	螺栓紧固平形砂轮 36 型-D×T×H-嵌装螺母②
37	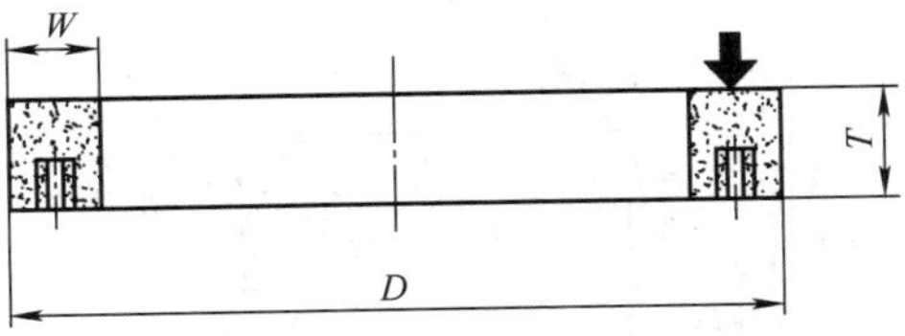	螺栓紧固筒形砂轮 37 型-D×T×W-嵌装螺母②
38	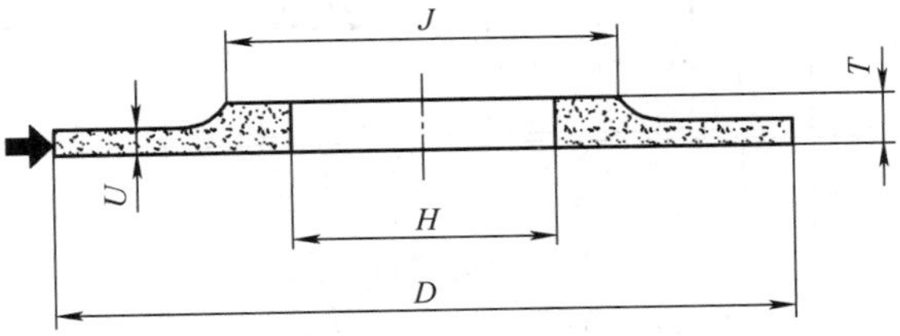	单面凸砂轮 38 型-圆周型面①-D/J×T/U×H
39	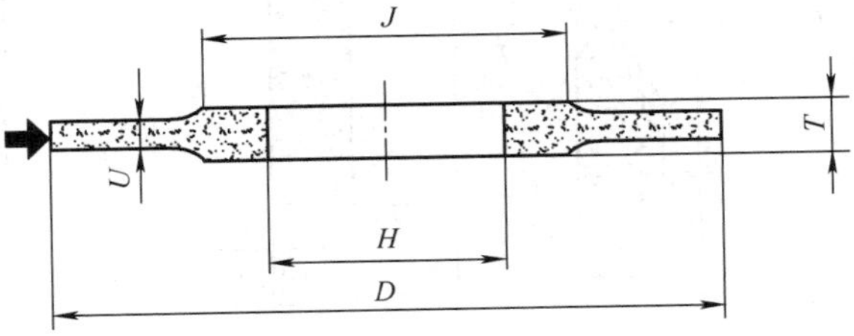	双面凸砂轮 39 型-圆周型面①-D/J×T/U×H

（续）

型　号	简　　图	形状和尺寸标记
41	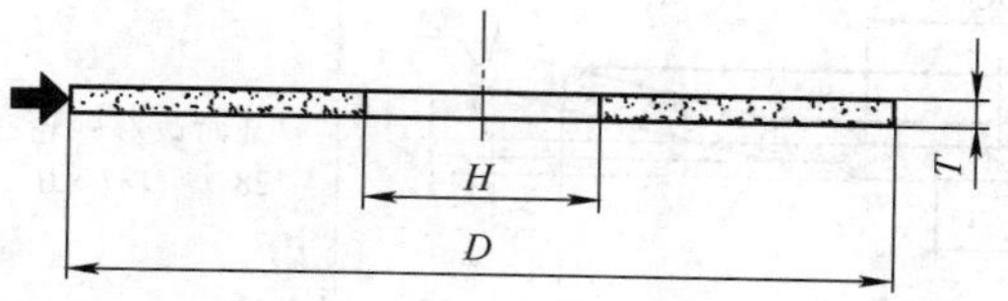	平形切割砂轮 41 型-$D\times T\times H$
42	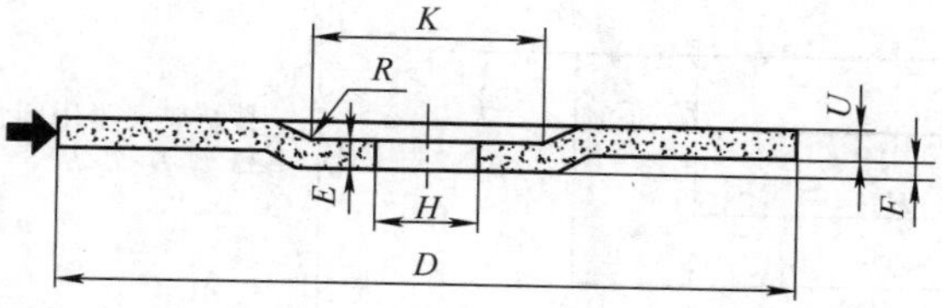	钹形切割砂轮 42 型-$D\times U\times H$

注：表图中有“➡”者为主要使用面。

① 对应的圆周型面见表 3-3-9。

② 嵌装螺母尺寸和位置见 GB/T 4127.5、GB/T 4127.7 和 GB/T 4127.13。

2）平行砂轮标准圆周型面见表 3-3-9。

表 3-3-9　平行砂轮标准圆周型面

代号	B	C	D	E	F
型面	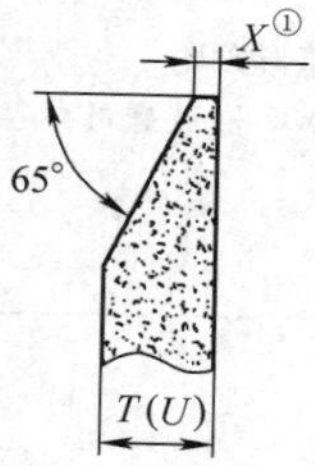	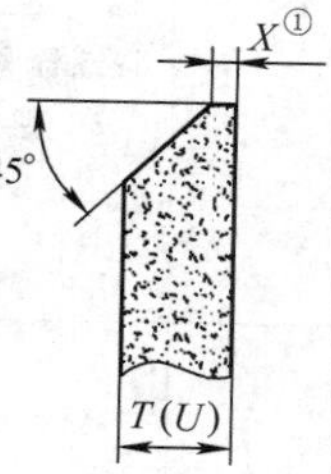	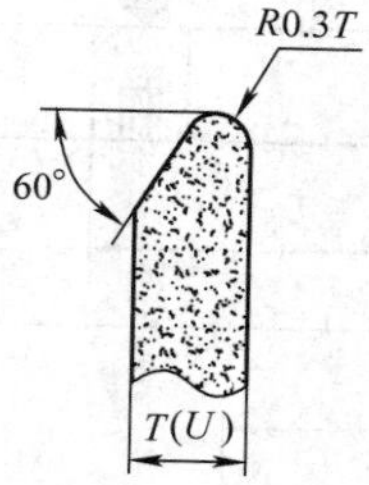	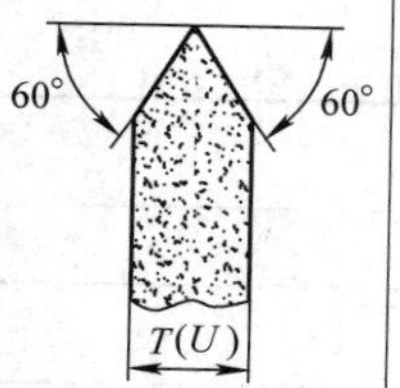	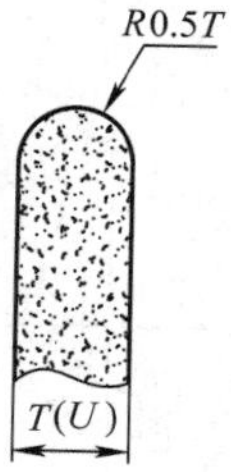
代号	G	H	I	J	K
型面	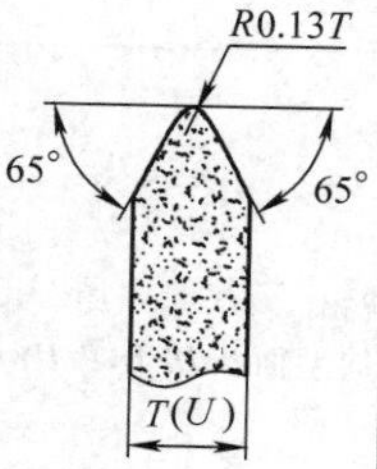	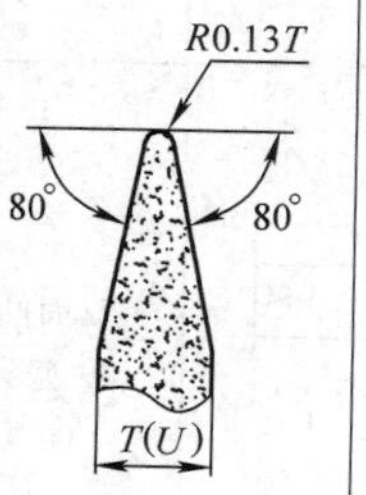	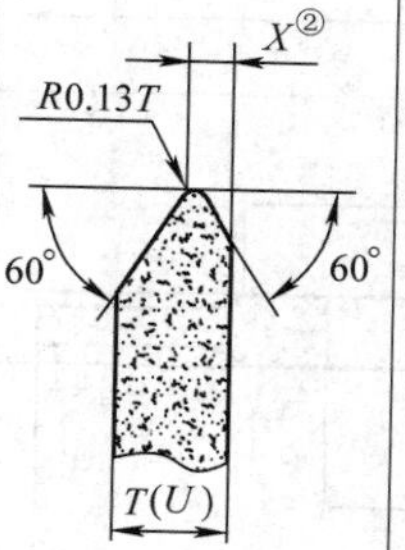	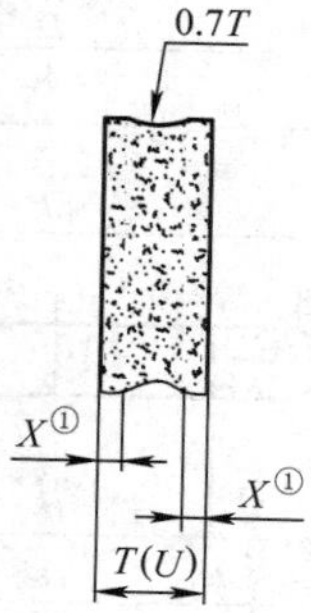	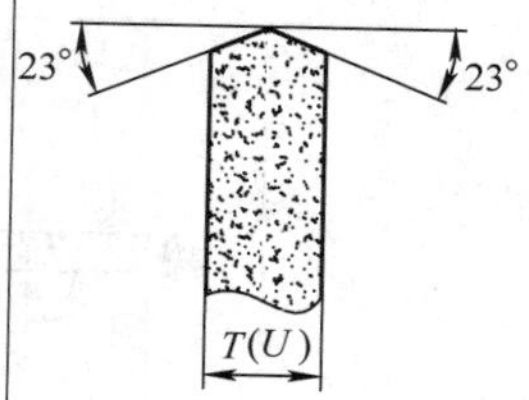

（续）

代号	L	M	N	P	Q
型面		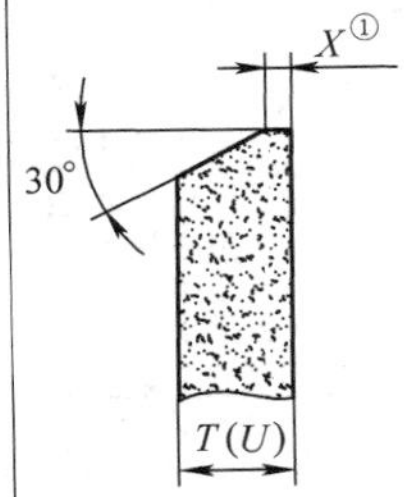	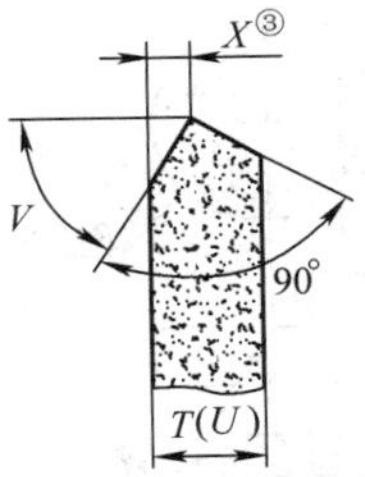	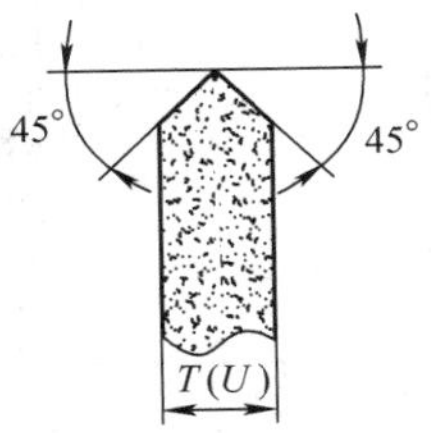	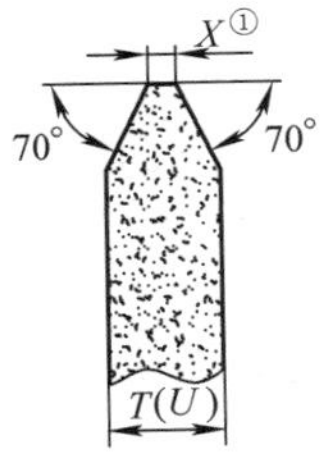

注：表图中的“$T(U)$”对于平形、单面凹和双面凹砂轮为“T”，对于单面凸和双面凸砂轮为“U”。

① $X=0.25T(U)$，$X\leqslant3.2$mm，除非另有规定。

② $X=0.33T(U)$。

③ 对于 N 型面，X 和 V 应有规定。

3）不带柄磨头的形状和尺寸标记见表 3-3-10。

表 3-3-10　不带柄磨头的形状和尺寸标记

型　号	简　图	形状和尺寸标记
16	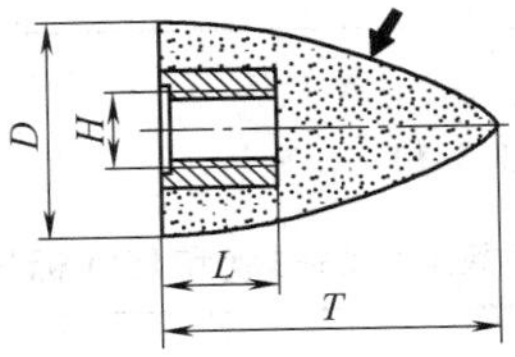	椭圆锥磨头 16 型-$D\times T\text{-}H\times L$
17	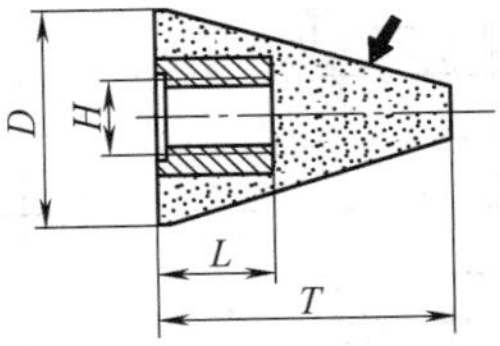	方头锥磨头 17 型-$D\times T\text{-}H\times L$
17R	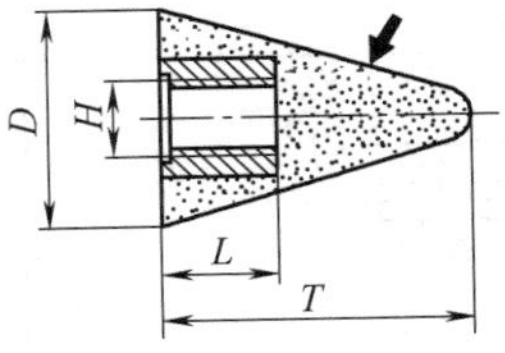	圆头锥磨头 17R 型-$D\times T\text{-}H\times L$
18	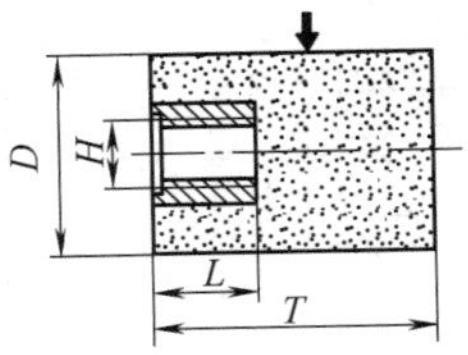	平头圆柱形磨头 18 型 -$D\times T\text{-}H\times L$

（续）

型　号	简　图	形状和尺寸标记
18R	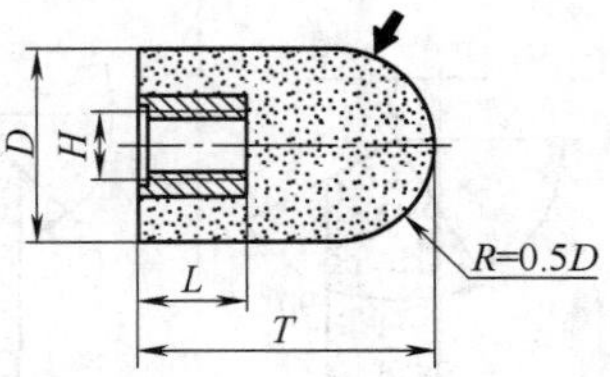	圆头圆柱形磨头 18R 型-$D \times T\text{-}H \times L$
19	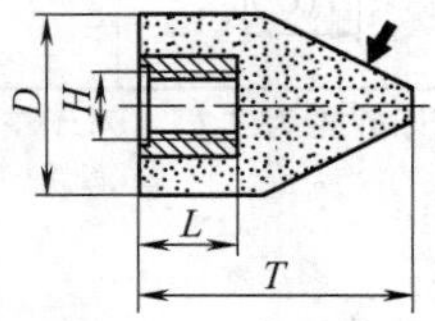	端面方头锥磨头 19 型-$D \times T\text{-}H \times L$
19R	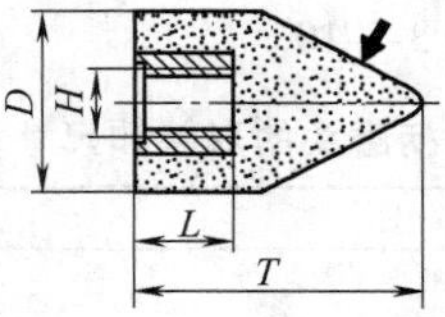	端面圆头锥磨头 19R 型-$D \times T\text{-}H \times L$

注：表图中有“➡”者为主要使用面。

4）带柄磨头的形状和尺寸标记见表 3-3-11。

表 3-3-11　带柄磨头的形状和尺寸标记

型　号	简　图	形状和尺寸标记
52	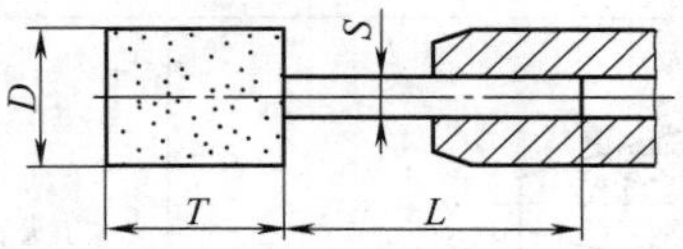	圆柱形带柄磨头 5201 型-$D \times T \times S$
	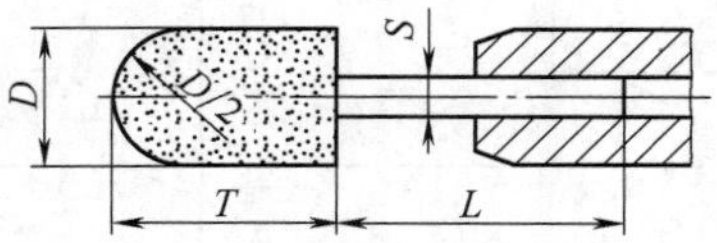	端面半球形带柄磨头 5203 型-$D \times T \times S$
	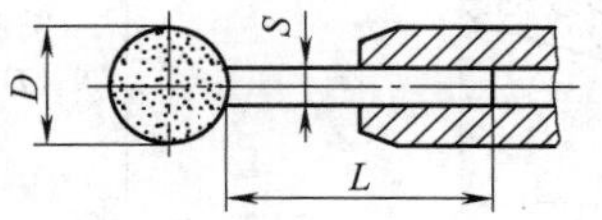	球形带柄磨头 5211 型-$D \times S$
	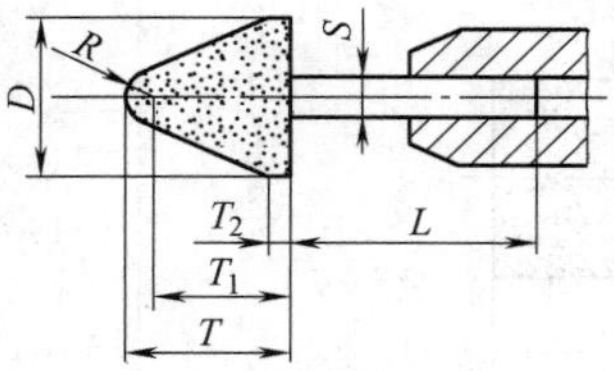	端面圆头锥形带柄磨头 5206 型-$D \times T \times S\text{-}T_1/T_2 \times R$

（续）

型　号	简　图	形状和尺寸标记
	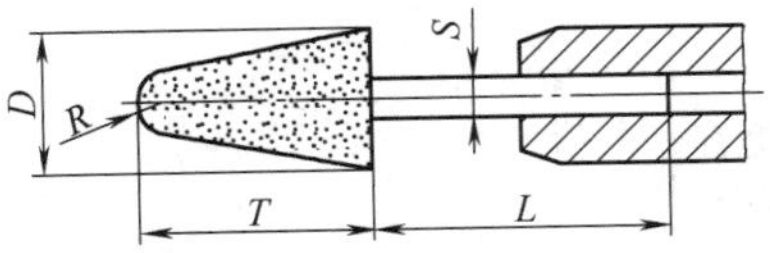	圆头锥形带柄磨头 5208 型-$D×T×S-R$
52	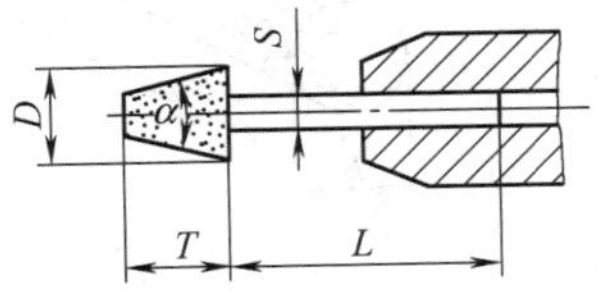	截锥形带柄磨头 5209 型-$D×T×S$
	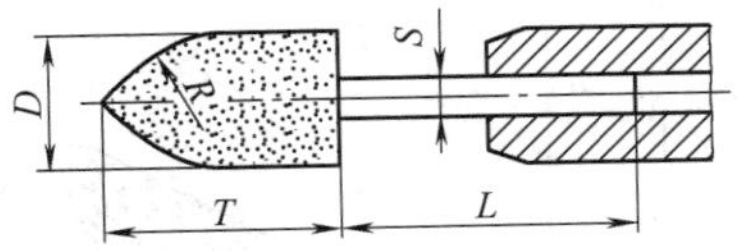	端面椭圆锥形带柄磨头 5210 型-$D×T×S-R$

注：表图中有“➡”者为主要使用面。

5）一般磨石的形状和尺寸标记见表 3-3-12。

表 3-3-12　一般磨石的形状和尺寸标记

型号	简　图	形状和尺寸标记	型号	简　图	形状和尺寸标记
54	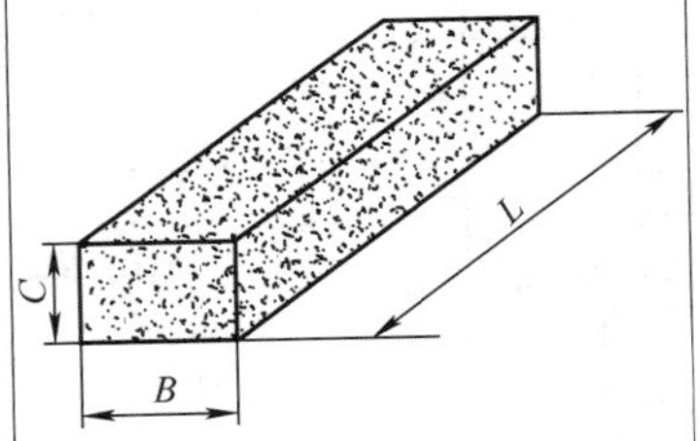	长方珩磨磨石 5410 型-$B×C-L$	54	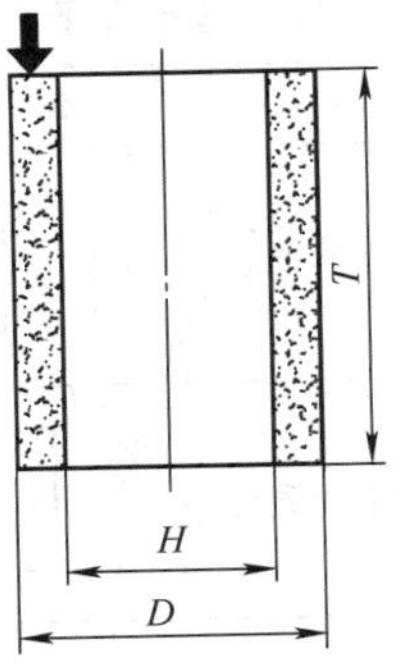	筒形珩磨磨石 5420 型-$D×T×H$
	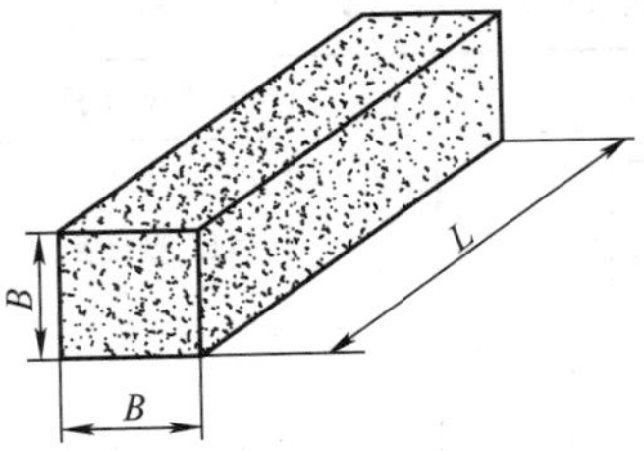	正方珩磨磨石 5411 型-$B×L$	90	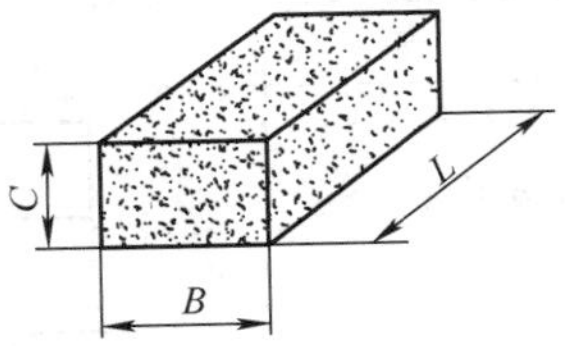	长方磨石 9010 型-$B×C×L$

（续）

型号	简图	形状和尺寸标记
90	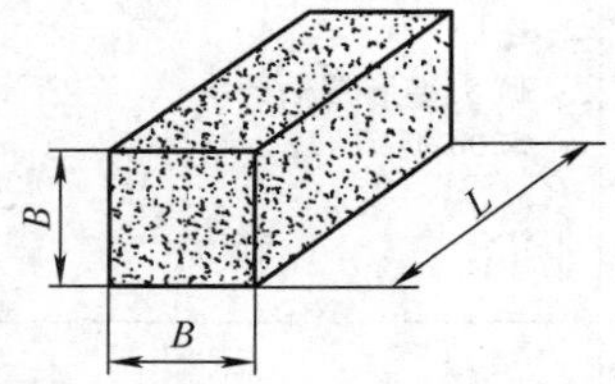	正方磨石 9011 型-*B*×*L*
	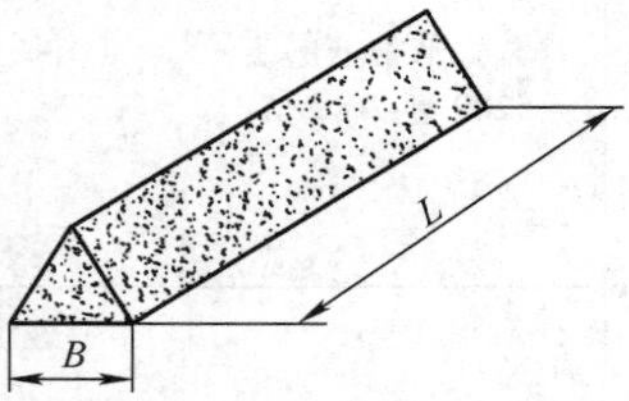	三角磨石 9020 型-*B*×*L*
	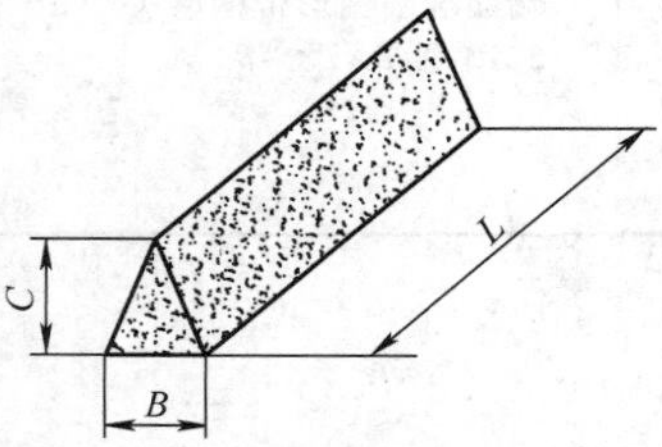	刀形磨石 9021 型-*B*×*C*×*L*
90	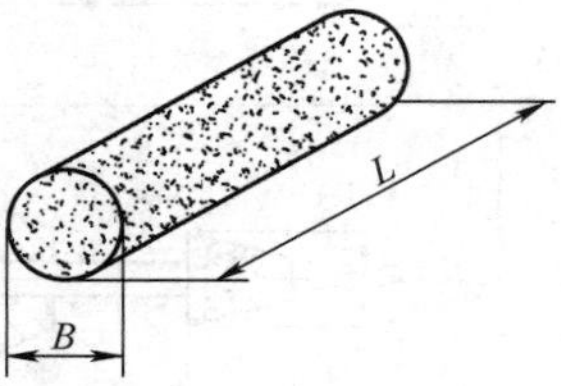	圆形磨石 9030 型-*B*×*L*
	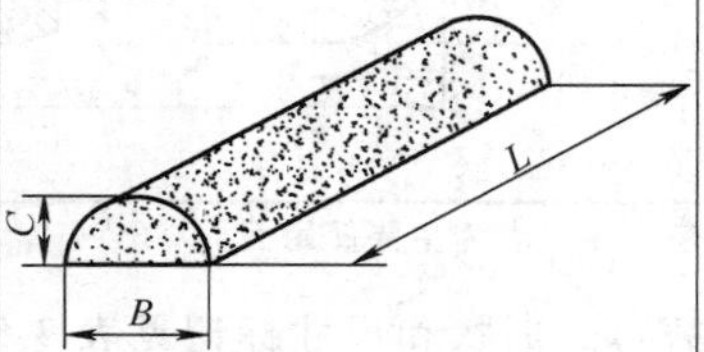	半圆形磨石 9040 型-*B*×*C*×*L*

注：表图中有“➡”者为主要使用面。

6）超精磨磨石代号及形状和尺寸标记见表 3-3-13。

表 3-3-13 超精磨磨石代号及形状和尺寸标记（GB/T 14319—2008）

代号	名称	形状图	形状和尺寸标记
5411	正方形超精磨磨石	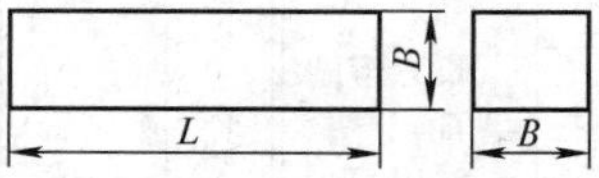	5411 型-*B*×*L*
5410	长方形超精磨磨石	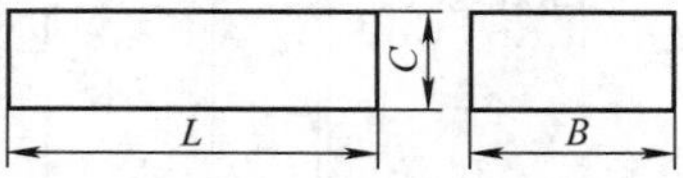	5410 型-*B*×*C*×*L*

7）陶瓷结合剂强力珩磨磨石代号及形状和尺寸标记见表 3-3-14。

表 3-3-14 陶瓷结合剂强力珩磨磨石代号及形状和尺寸标记（GB/T 14319—2008）

代号	名称	形状图	形状和尺寸标记
5411	正方形磨石	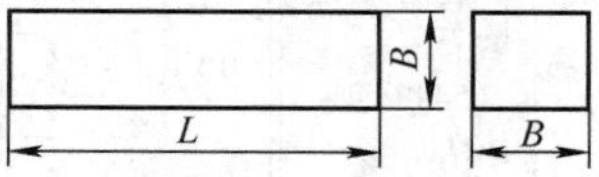	5411 型-*B*×*L*
5410	长方形磨石	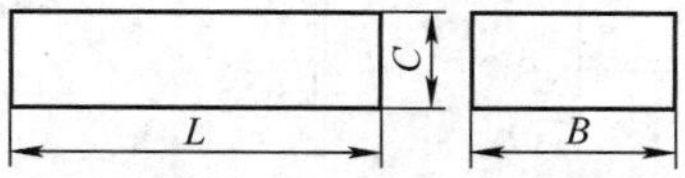	5410 型-*B*×*C*×*L*

8）砂瓦的形状和尺寸标记见表 3-3-15。

表 3-3-15 砂瓦的形状和尺寸标记（GB/T 2484—2018）

型号	简图	尺寸和形状标记	型号	简图	尺寸和形状标记
31	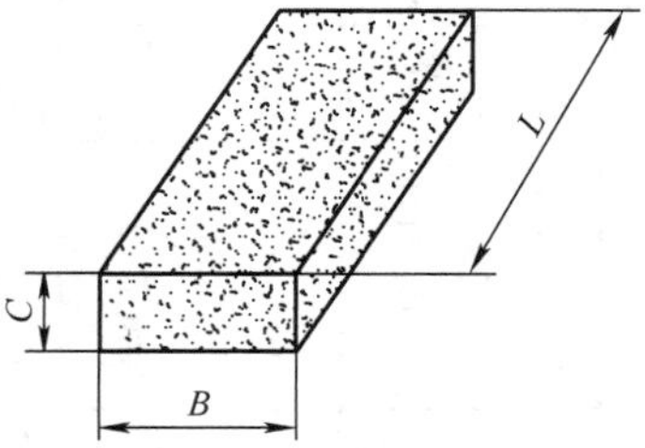	平形砂瓦 3101 型-*B*×*C*×*L*	31	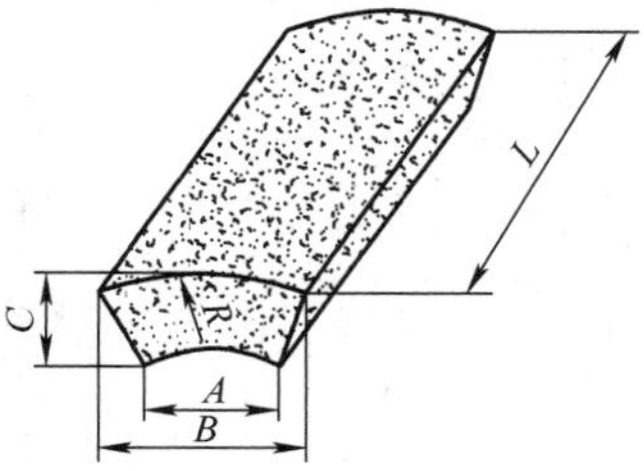	扇形砂瓦 3104 型-*B*/*A*×*C*×*R*×*L*
	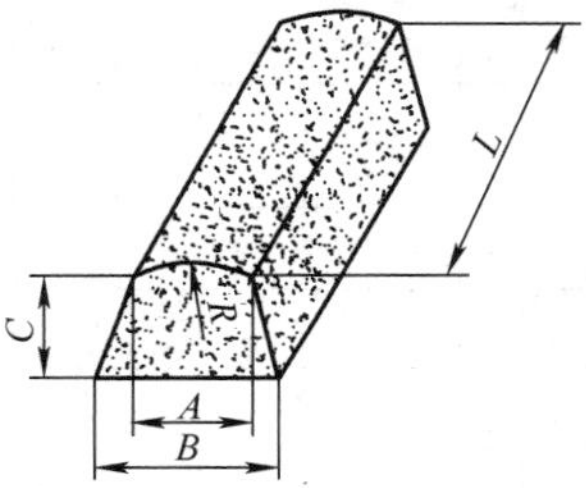	平凸形砂瓦 3102 型-*B*/*A*×*C*×*R*×*L*		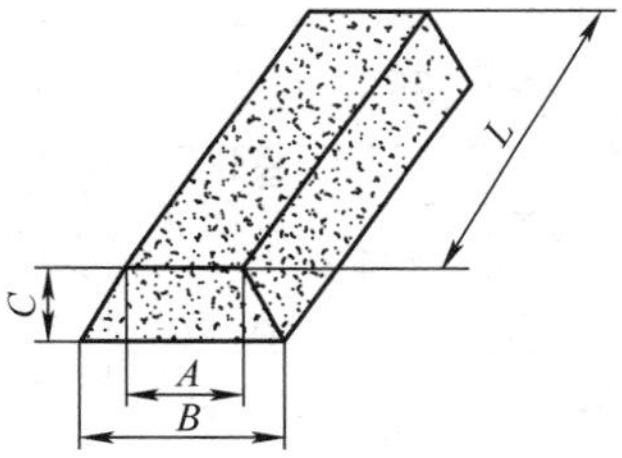	梯形砂瓦 3109 型-*B*/*A*×*C*×*L*
	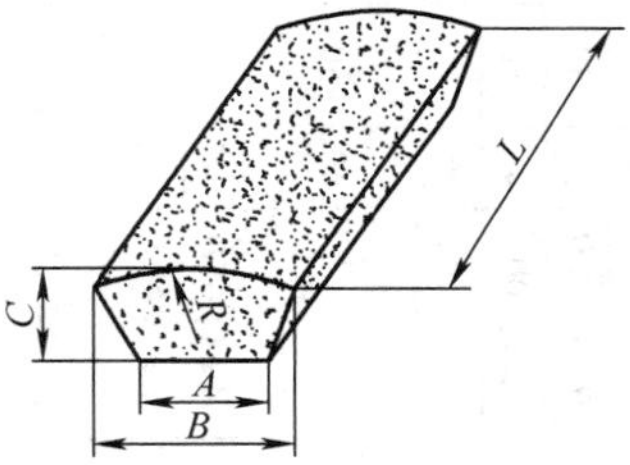	凸平形砂瓦 3103 型-*B*/*A*×*C*×*R*×*L*			

3.1.7 砂轮的标记方法示例（GB/T 2484—2018）

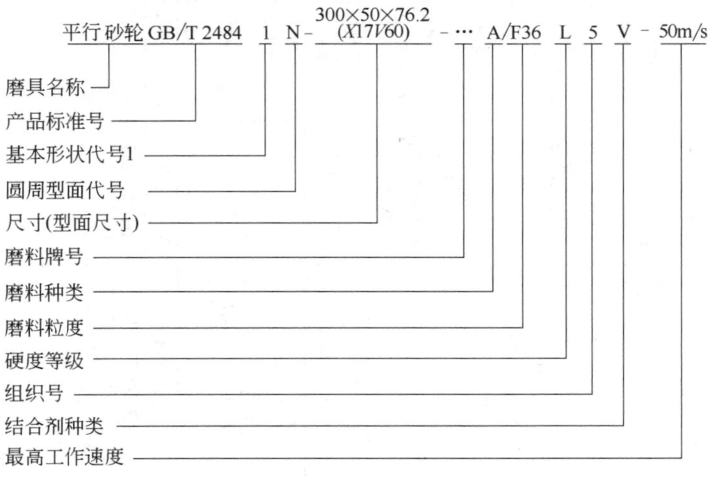

3.1.8 普通磨具的最高工作速度和尺寸界限（见表 3-3-16）

表 3-3-16 普通磨具的最高工作速度和尺寸界限（GB 2494—2014）

形状、名称、尺寸	机器类型	应用类型	一般要求								特殊要求						
			尺寸界限	最高工作速度/(m/s)							尺寸界限	最高工作速度/(m/s)					
				结合剂种类								结合剂种类					
				V	B	BF	R	RF	MG	PL		V	B	BF	R	RF	PL
平形砂轮 1型-圆周型面- $D\times T\times H$	固定式设备	机械操纵磨削	$H\leqslant 0.67D$	40	50	63	50	—	25①	50	$H\leqslant 0.67D$	63(60)	63(60)	—	63	63	63
									16②		$H\leqslant 0.50D$	80	80	80	80	80	—
		全封闭机械操纵磨削		—	—	—	—	—	—	—	$H\leqslant 0.50D$	125	100	100	100	—	—
		机械操纵重负荷磨削	$H\leqslant 0.50D$	—	63~80	—	—	—	—	—	—	—	—	—	—	—	—
		全封闭机械操纵重负荷磨削		—	—	—	—	—	—	—	$H\leqslant 0.33D$	—	100	—	—	—	—
	固定式设备和移动式设备	手动操纵磨削	$H\leqslant 0.67D$	35	40	63	35	50	25①	50	$H\leqslant 0.50D$	—	63	—	63	63	—
					25③		25③		16②		$H\leqslant 0.33D$	—	—	80	—	80	—
	手持式设备	手持磨削	$H\leqslant 0.25D$	40	50	63	35	63	—	50	$H\leqslant 0.25D$	—	63	—	63	—	—
黏结或夹紧用筒形砂轮 2型-$D\times T\times W$	固定式磨床	机械操纵磨削	$W<0.17D$	32	40	—	—	—	25	40	$W<0.17D$	63	63	—	—	—	50
		手动操纵磨削		25	32	—	—	—	—	40		—	50	—	—	—	50
单斜边砂轮 3型-$D/J\times T/U\times H$	固定式设备	机械操纵磨削	$H\leqslant 0.67D$	40	50	—	50	—	—	50	$H\leqslant 0.67D$	63(60)	63(60)	—	63	—	63
											$H\leqslant 0.50D$	80	80	—	80	—	—
		全封闭机械操纵磨削		—	—	—	—	—	—	—	$H\leqslant 0.50D$	125	100	100	100	—	—
		手动操纵磨削		35	40	—	—	—	—	—		—	—	—	—	—	—
双斜边砂轮 4型-$D\times T/U\times H$	固定式设备	手动操纵磨削	$H\leqslant 0.67D$	35	40	—	—	—	—	—	—	—	—	—	—	—	—
	手持式设备	手持磨削	$D\leqslant 200$	40	50	63	—	63	—	—	—	—	—	—	—	—	—
单面凹砂轮 5型-圆周型面- $D\times T\times H\text{-}P\times F$	固定式设备	机械操纵磨削	$H\leqslant 0.67D$ $E\geqslant 0.50T$	40	50	—	50	—	—	50	$H\leqslant 0.67D$ $E\geqslant 0.50T$	63(60)	63(60)	63	63	63	63
											$H\leqslant 0.50D$ $E\geqslant 0.50T$	80	80	80	80	80	—
		全封闭机械操纵磨削		—	—	—	—	—	—	—	$H\leqslant 0.50D$ $E\geqslant 0.50T$	100	100	—	100	—	—
	固定式设备和移动式设备	手动操纵磨削		35	40	—	35	—	—	50	$H\leqslant 0.50D$ $E\geqslant 0.50T$	—	—	63	—	63	—

（续）

形状、名称、尺寸	机器类型	应用类型	一般要求								特殊要求						
			尺寸界限	最高工作速度/(m/s)							尺寸界限	最高工作速度/(m/s)					
				结合剂种类								结合剂种类					
				V	B	BF	R	RF	MG	PL		V	B	BF	R	RF	PL
单面凹砂轮 5 型-圆周型面- $D\times T\times H\text{-}P\times F$	固定式设备和移动式设备	手动操纵磨削	$H\leqslant 0.67D$ $E\geqslant 0.50T$	35	40	—	35	—	—	50	$H\leqslant 0.33D$ $E\geqslant 0.50T$	—	—	80	—	80	—
	手持式设备	手持磨削	$H\leqslant 0.25D$ $E\geqslant 0.75T$	—	50	63	35	80	—	50	$H\leqslant 0.25D$ $E\geqslant 0.75T$	—	63	—	63	—	—
杯形砂轮 6 型- $D\times T\times H\text{-}W\times E$	固定式设备	机械操纵磨削	$E\geqslant 0.20T$	32	35	—	40	—	—	40	$E\geqslant 0.20T$	63(60)	63(60)	—	63	—	—
		手动操纵磨削		32	35	—	32	—	—	40		—	50	—	—	—	—
	手持式设备	手持磨削	$D\leqslant 180$ $T\leqslant 70$ $E\geqslant 0.25T$	—	40	—	—	—	—	—	—	—	—	—	—	—	—
双面凹砂轮 7 型-圆周型面- $D\times T\times H\text{-}P\times F/G$ 8 型-$D\times T\times H\text{-}$ $W\times J\times F/G$	固定式设备	机械操纵磨削	$H\leqslant 0.67D$ $E\geqslant 0.50T$	40	50	—	50	—	—	50	$H\leqslant 0.67D$ $E\geqslant 0.50T$	63(60)	63(60)	—	63	—	63
												80	80	—	80	—	—
		全封闭机械操纵磨削		—	—	—	—	—	—	—	$H\leqslant 0.50D$ $E\geqslant 0.50T$	100	100	—	100	—	—
		手动操纵磨削		35	40	—	25④ 35	40	—	—		—	—	—	—	—	—
双杯形砂轮 9 型-$D\times T\times H\text{-}W\times E$	固定式设备	机械操纵磨削	$E\geqslant 0.20T$	32	35	—	35	—	—	40	$E\geqslant 0.20T$	50	50	—	50	—	—
碗形砂轮 11 型-$D/J\times T\times$ $H\text{-}W\times E$	固定式设备	机械操纵磨削	$E\geqslant 0.20T$	32	40	—	40	—	—	40	$E\geqslant 0.20T$	50	50	—	50	—	—
		全封闭机械操纵磨削	—	—	—	—	—	—	—	—	$E\geqslant 0.20T$	63	80	—	63	—	50
		手动操纵磨削	$E\geqslant 0.20T$	32	35	—	32	—	—	40	—	—	—	—	—	—	—
	手持式设备	手持磨削	$E\geqslant 0.25T$	—	40	—	—	—	—	40	—	—	—	—	—	—	—
碟形砂轮 12a 型-$D/J\times T/U\times H$ 12b 型-$D/J\times T/U\times H\text{-}E$	固定式设备	机械操纵磨削	$E\geqslant 0.50T$	32	40	—	40	—	—	40	$E\geqslant 0.50T$	50	50	—	50	—	—
		全封闭机械操纵磨削	—	—	—	—	—	—	—	—	$E\geqslant 0.50T$	63	80	—	63	—	50
		手动操纵磨削（工具刃磨）	$E\geqslant 0.50T$	32	35	—	32	—	—	—	—	—	—	—	—	—	—
茶托形砂轮 13 型-$D/J\times$ $T/U\times H\text{-}E$	固定式设备	机械操纵磨削	$E\geqslant 0.50T$	32	40	—	40	—	—	40	$E\geqslant 0.50T$	50	50	—	50	—	—
		全封闭机械操纵磨削	—	—	—	—	—	—	—	—	$E\geqslant 0.50T$	63	80	—	63	—	50
		手动操纵磨削（工具刃磨）	$E\geqslant 0.50T$	32	35	—	32	—	—	—	—	—	—	—	—	—	—

（续）

形状、名称、尺寸	机器类型	应用类型	一般要求								特殊要求						
			尺寸界限	最高工作速度/(m/s)							尺寸界限	最高工作速度/(m/s)					
				结合剂种类								结合剂种类					
				V	B	BF	R	RF	MG	PL		V	B	BF	R	RF	PL
磨头 16型-D×T-H×L 17型-D×T-H×L 17R型-D×T-H×L 18型-D×T-H×L 18R型-D×T-H×L 19型-D×T-H×L	手持式设备	手持磨削	D≤80 T≤100	25	25	—	—	—	—	—	D≤80 T≤100	50	—	—	—	—	—
单面锥砂轮 20型-D×T/N×H	固定式设备	机械操纵磨削	H≤0.67D E≥0.50T	35	40	—	35	—	—	50	H≤0.67D E≥0.50T	63(60)	63(60)	—	63	—	63
											H≤0.50D E≥0.50T	80	80	—	80	—	—
		全封闭机械操纵磨削	H≤0.67D E≥0.50T	40	50	—	50	—	—	—	H≤0.67D E≥0.50T	100	100	—	100	—	—
双面锥砂轮 21型-D×T/N×H	固定式设备	机械操纵磨削	H≤0.67D E≥0.50T	35	40	—	35	—	—	50	H≤0.67D E≥0.50T	63(60)	63(60)	—	63	—	63
											H≤0.50D E≥0.50T	80	80	—	80	—	—
		全封闭机械操纵磨削	H≤0.67D E≥0.50T	40	50	—	50	—	—	—	H≤0.50D E≥0.50T	100	100	—	100	—	—
单面凹单面锥砂轮 22型-D×T/N×H-P×F	固定式设备	机械操纵磨削	H≤0.67D E≥0.50T	35	40	—	35	—	—	50	H≤0.67D E≥0.50T	63(60)	63(60)	—	63	—	63
											H≤0.50D E≥0.50T	80	80	—	80	—	—
		全封闭机械操纵磨削	H≤0.67D E≥0.50T	40	50	—	50	—	—	—	H≤0.50D E≥0.50T	100	100	—	100	—	—

（续）

形状、名称、尺寸	机器类型	应用类型	一般要求								特殊要求						
			尺寸界限	最高工作速度/(m/s)							尺寸界限	最高工作速度/(m/s)					
				结合剂种类								结合剂种类					
				V	B	BF	R	RF	MG	PL		V	B	BF	R	RF	PL
单面凹锥砂轮 23 型-$D\times T/N\times H\text{-}P\times F$	固定式设备	机械操纵磨削	$H\leqslant0.67D$ $E\geqslant0.50T$	35	40	—	35	—	—	50	$H\leqslant0.67D$ $E\geqslant0.50T$	63(60)	63(60)	—	63	—	63
											$H\leqslant0.50D$ $E\geqslant0.50T$	80	80	—	80	—	—
		全封闭机械操纵磨削	$H\leqslant0.67D$ $E\geqslant0.50T$	40	50	—	50	—	—	—	$H\leqslant0.50D$ $E\geqslant0.50T$	100	100	—	100	—	—
双面凹单面锥砂轮 24 型- $D\times T/N\times H\text{-}P\times F/G$	固定式设备	机械操纵磨削	$H\leqslant0.67D$ $E\geqslant0.50T$	35	40	—	35	—	—	50	$H\leqslant0.67D$ $E\geqslant0.50T$	63(60)	63(60)	—	63	—	63
											$H\leqslant0.50D$ $E\geqslant0.50T$	80	80	—	80	—	—
		全封闭机械操纵磨削	$H\leqslant0.67D$ $E\geqslant0.50T$	40	50	—	50	—	—	—	$H\leqslant0.67D$ $E\geqslant0.50T$	100	100	—	100	—	—
单面凹双面锥砂轮 25 型-$D\times T/N\times$ $H\text{-}P\times F$	固定式设备	机械操纵磨削	$H\leqslant0.67D$ $E\geqslant0.50T$	35	40	—	35	—	—	50	$H\leqslant0.67D$ $E\geqslant0.50T$	63(60)	63(60)	—	63	—	63
											$H\leqslant0.50D$ $E\geqslant0.50T$	80	80	—	80	—	—
		全封闭机械操纵磨削	$H\leqslant0.67D$ $E\geqslant0.50T$	40	50	—	50	—	—	—	$H\leqslant0.50D$ $E\geqslant0.50T$	100	100	—	100	—	—
双面凹锥砂轮 26 型-$D\times T/N\times$ $H\text{-}P\times F/G$	固定式设备	机械操纵磨削	$H\leqslant0.67D$ $E\geqslant0.50T$	35	40	—	35	—	—	50	$H\leqslant0.67D$ $E\geqslant0.50T$	63(60)	63(60)	—	63	—	63
											$H\leqslant0.50D$ $E\geqslant0.50T$	80	80	—	80	—	—
		全封闭机械操纵磨削	$H\leqslant0.67D$ $E\geqslant0.50T$	40	50	—	50	—	—	—	$H\leqslant0.67D$ $E\geqslant0.50T$	100	100	—	100	—	—

（续）

形状、名称、尺寸	机器类型	应用类型	一般要求								特殊要求						
			尺寸界限	最高工作速度/(m/s) 结合剂种类							尺寸界限	最高工作速度/(m/s) 结合剂种类					
				V	B	BF	R	RF	MG	PL		V	B	BF	R	RF	PL
钹形砂轮 27型-$D\times U\times H$	手持式设备	手持式磨削	$D\leqslant230$ $H\leqslant22.2$ $3.5\leqslant U\leqslant10$	—	—	70,80	—	—	—	—	—	—	—	—	—	—	—
锥面钹形砂轮 28型-$D\times U\times H$	手持式磨机	手持式磨削	$D\leqslant230$ $H\leqslant22.2$ $4<U\leqslant10$	—	—	70,80	—	—	—	—	—	—	—	—	—	—	—
柔性钹形砂轮 29型-$D\times U\times H$			$D\leqslant230$ $H\leqslant22.2$	—	—	70,80	—	—	—	—	—	—	—	—	—	—	—
砂瓦 31型-$B\times C\times L$	固定式设备	机械操纵磨削	夹头外端最大伸出长度 $L_f\leqslant1.50C$	32	40	—	—	—	25	—	夹头外端最大伸出长度 $L_f\leqslant1.50C$	63(60)	63(60)	—	—	—	—
		手动操纵磨削		32	32	—	—	—	25	—	—	—	—	—	—	—	—
黏结或夹紧用圆盘砂轮 35型-$D\times T\times H$	固定式设备	机械操纵磨削	$H\leqslant0.67D$	32	40	—	—	—	25	40	$H\leqslant0.67D$	63(60)	63(60)	—	—	—	50
		手动操纵磨削		32	35	—	—	—	—	40	—	—	—	—	—	—	—
螺栓紧固平形砂轮 36型-$D\times T\times H$-嵌装螺母	固定式设备	机械操纵磨削	$H\leqslant0.67D$	32	40	—	—	—	25	40	$H\leqslant0.67D$	63(60)	63(60)	—	—	—	50
		手动操纵磨削		32	35	—	—	—	—	40		—	—	—	—	—	—
螺栓紧固筒形砂轮 37型-$D\times T\times W$-嵌装螺母	固定式设备	机械操纵磨削	$W\leqslant0.17D$	32	40	—	—	—	—	40	$W\leqslant0.17D$	63(60)	63(60)	—	—	—	50
		手动操纵磨削		32	35	—	—	—	—	40	—	—	—	—	—	—	—
单面凸砂轮 38型-$D/J\times T/U\times H$	固定式设备	机械操纵磨削	$H\leqslant0.67D$ $U\geqslant0.025D$	40	50	—	50	—	—	50	$H\leqslant0.67D$ $U\geqslant0.005D$	63(60)	63(60)	—	63	—	—
											$H\leqslant0.50D$ $U\geqslant0.005D$	80	80	—	80	—	—
		全封闭机械操纵磨削		40	50	—	50	—	—	—	$H\leqslant0.50D$ $U\geqslant0.005D$	125	100	—	100	—	—

（续）

形状、名称、尺寸	机器类型	应用类型	一般要求								特殊要求						
			尺寸界限	最高工作速度/(m/s)							尺寸界限	最高工作速度/(m/s)					
				结合剂种类								结合剂种类					
				V	B	BF	R	RF	MG	PL		V	B	BF	R	RF	PL
双面凸砂轮 39型-$D/J×T/U×H$	固定式设备	机械操纵磨削	$H≤0.67D$ $U≥0.025D$	40	50	—	50	—	—	50	$H≤0.67D$ $U≥0.005D$	63(60)	63(60)	—	63	—	—
											$H≤0.50D$ $U≥0.005D$	80	80	—	80	—	—
		全封闭机械操纵磨削		40	50	—	50	—	—	—	$H≤0.50D$ $U≥0.005D$	125	100	—	100	—	—
平形切割砂轮 41型-$D×T×H$	固定式设备	机械操纵切割	$T≤0.02D$ $H≤0.33D$	—	63	100	63	70	—	—	$T≤0.02D$ $H≤0.33D$	—	—	—	80	100	—
		手动操纵切割	$T≤0.02D$ $H≤0.33D$	—	50	70,80	50	70	—	—	$T≤0.02D$ $H≤0.33D$	—	—	100	—	—	—
		全封闭机械操纵切割	—	—	—	100	—	—	—	—	$T≤0.02D$ $H≤0.33D$	—	100	125	100	125	—
	移动式设备	手动操纵切割	$T≤0.02D$ $H≤0.25D$	—	—	70,80	—	—	—	—	$T≤0.02D$ $H≤0.33D$	—	—	100	—	—	—
	手持式设备	手持式切割	$D≤230$ $T≤3.2$ $H≤22.2$	—	—	70,80	—	—	—	—	$T≤0.02D$ $H≤0.33D$	—	—	125	—	—	—
			$D=300\sim400$ $T≤0.015D$ $H≤0.25D$	—	—	70,80	—	—	—	—	$D=300\sim400$ $T≤0.015D$ $H≤0.25D$	—	—	100	—	—	—
钹形切割砂轮 42型-$D×U×H$	固定式设备	机械操纵切割	$U≤0.02D$ $H≤0.33D$	—	—	100	—	80	—	—	$U≤0.02D$ $H≤0.33D$	—	—	—	—	100	—
		手动操纵切割	$U≤0.02D$ $H≤0.33D$	—	—	80	—	80	—	—	—	—	—	100	—	—	—
		全封闭机械操纵切割	$U≤0.02D$ $H≤0.33D$	—	—	100	—	80	—	—	$U≤0.02D$ $H≤0.33D$	—	—	125	—	125	—

（续）

形状、名称、尺寸	机器类型	应用类型	一般要求								特殊要求						
			尺寸界限	最高工作速度/(m/s) 结合剂种类							尺寸界限	最高工作速度/(m/s) 结合剂种类					
				V	B	BF	R	RF	MG	PL		V	B	BF	R	RF	PL
钹形切割砂轮 42 型-$D×U×H$	移动式设备	手动操纵切割	$U≤0.02D$ $H≤0.25D$	—	—	80	—	80	—	—	—	—	—	100	—	—	—
	手持式设备	手持式切割	$D≤230$ $U≤3.2$ $H≤22.2$	—	—	70,80	—	—	—	—	—	—	—	100	—	—	—
带柄磨头 5201 型-$D×T×S$ 5203 型-$D×T×S$ 5208 型-$D×T×S$-R 5210 型-$D×T×S$-R 5209 型-$D×T×S$ 5211 型-$D×S$	固定式设备	机械操纵磨削 （内圆磨削）	$10<T<20$ $D≤80$	35	40	—	35	—	—	50	$10<T<20$ $D≤80$	63(60)	63(60)	—	63	—	—
	手持式设备	手持式磨削	$D≤80$ $T≤80$	25	25	—	25	—	—	50	—	50	63	—	—	—	—

① $D≤1000$mm。
② $D>1000$mm。
③ 抛光砂轮。
④ 导轮。

3.1.9　普通磨具的形状和尺寸

1. 砂轮的形状和尺寸（见表 3-3-17）

表 3-3-17　砂轮的形状和尺寸　（单位：mm）

外圆磨砂轮(GB/T 4127.1—2007)		
磨具名称	形 状 图	尺寸范围
平形砂轮(B 系列)	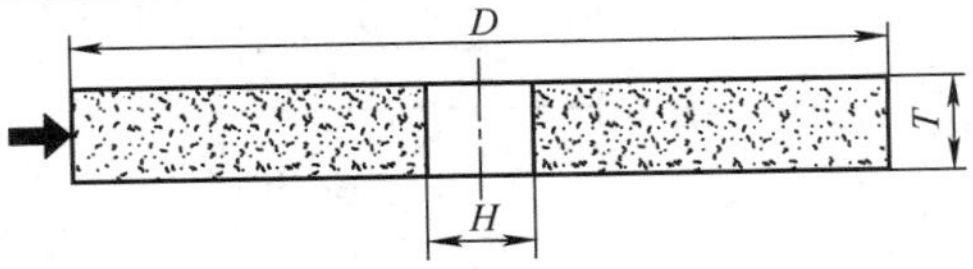	D×T×H 300×32×75～ 1600×150×305
单面凹砂轮(B 系列)	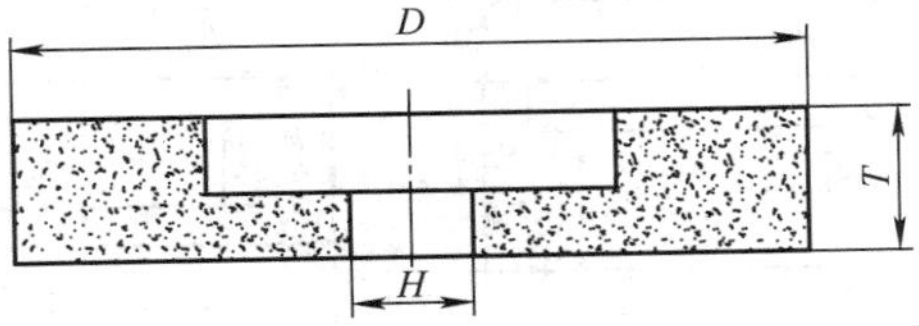	D×T×H 300×40×127～ 1200×150×305
双面凹砂轮(B 系列)	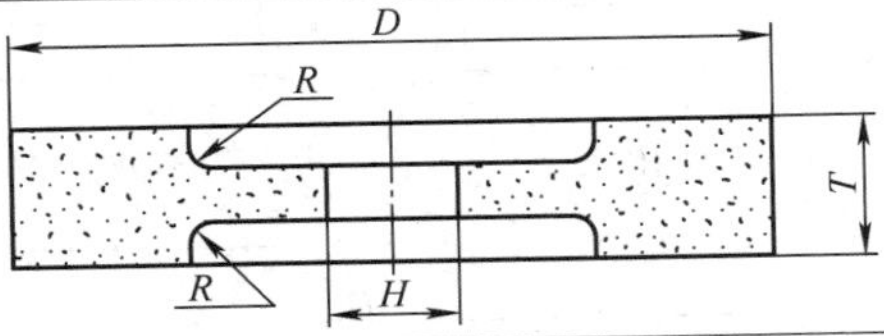	D×T×H 300×50×127～ 1600×105×900
单面凹带锥砂轮(B 系列)	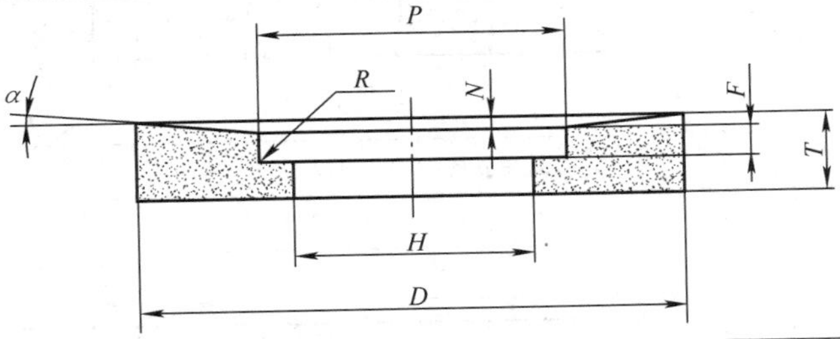	D×T×H 300×40×127～ 750×75×305
双面凹带锥砂轮(B 系列)	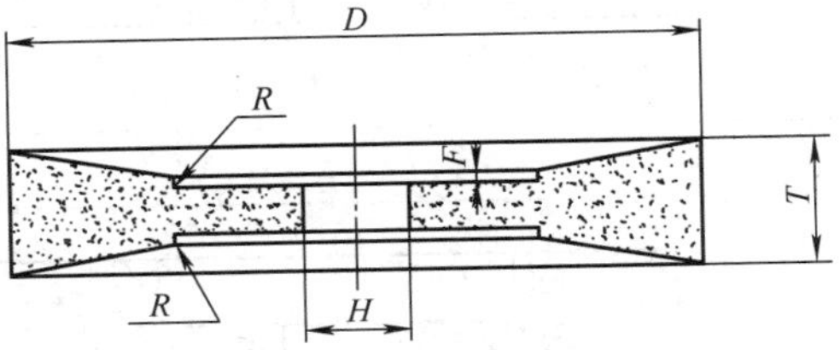	D×T×H 500×63×305～ 900×100×305
单面凸砂轮(B 系列)	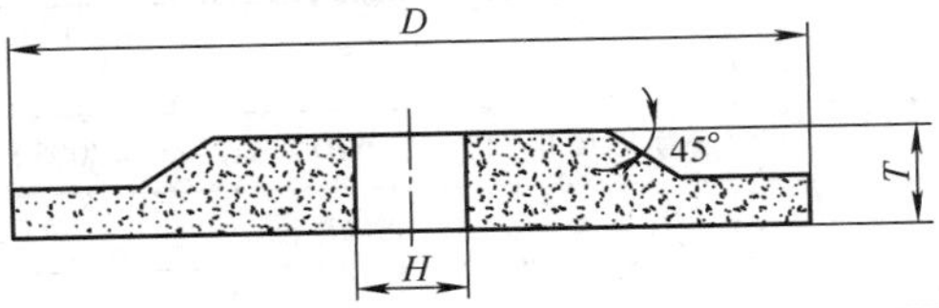	D×T×H 500×20×203～ 600×25×305
平形 N 型面砂轮	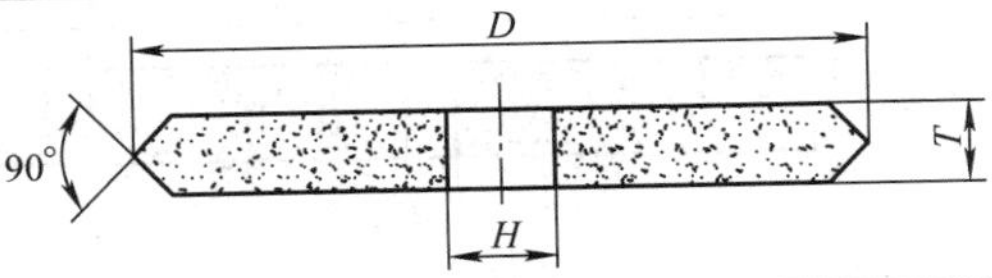	D×T×H 600×25×305～ 900×200×305

（续）

无心外圆磨砂轮（GB/T 4127.2—2007）

磨具名称	形状图	尺寸范围
无心磨砂轮（B系列）	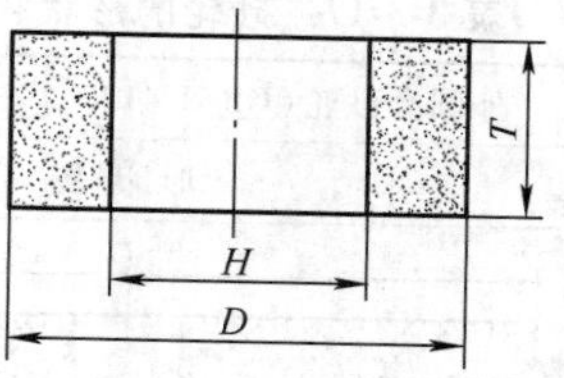 a) 平形砂轮 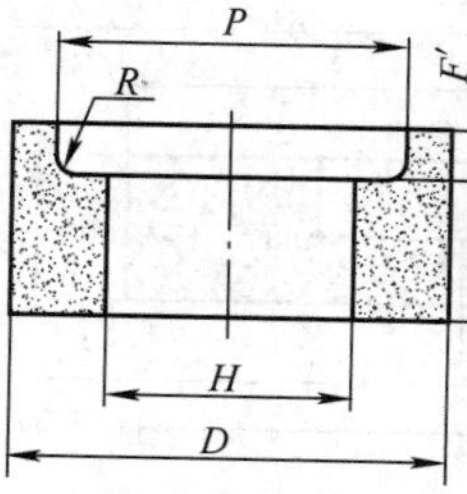 b) 单面凹砂轮 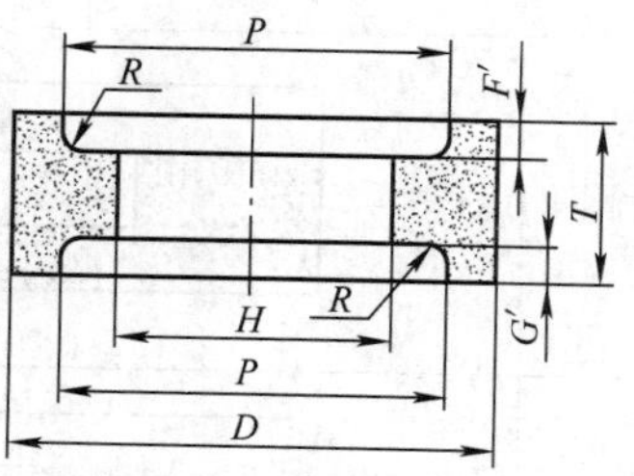 c) 双面凹砂轮	$D \times T \times H$ 300×100×127～750×500×350
导轮（B系列）	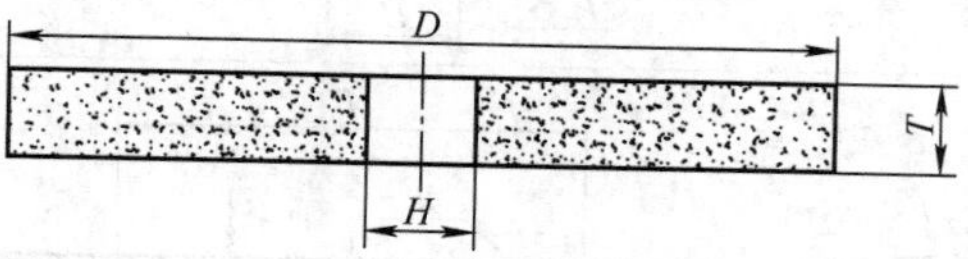	$D \times T \times H$ 200×100×75～400×380×225

内圆磨砂轮（GB/T 4127.3—2007）

磨具名称	形状图	尺寸范围
平形砂轮（B系列）	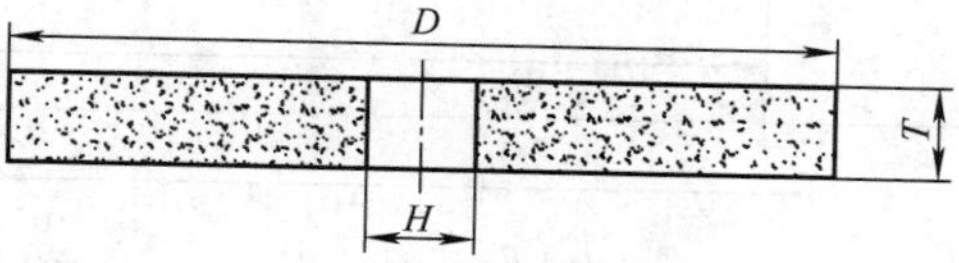	$D \times T \times H$ 3×6×1～150×120×32
单面凹砂轮（B系列）	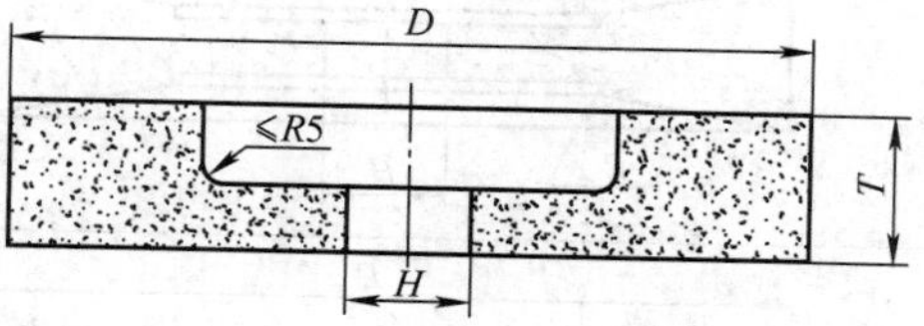	$D \times T \times H$ 10×13×3～150×50×32

平面磨削用周边磨砂轮（GB/T 4127.4—2008）

磨具名称	形状图	尺寸范围
平形砂轮	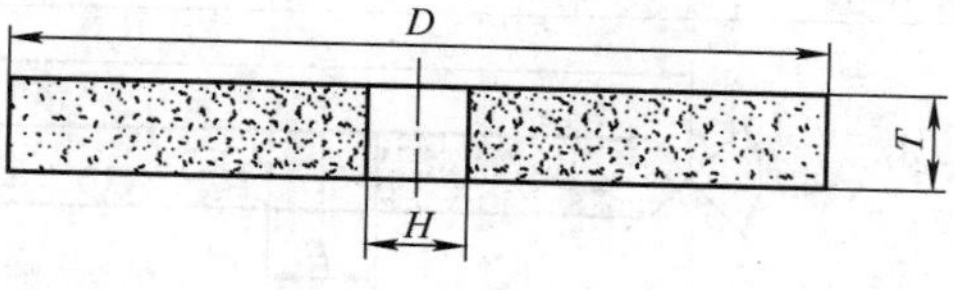	A系列：$D \times T \times H$ 150×13×32～762×160×304.8 B系列：200×13×75～900×150×305

（续）

平面磨削用端面磨砂轮（GB/T 4127.5—2008）		
磨具名称	形状图	尺寸范围
螺栓紧固平形砂轮	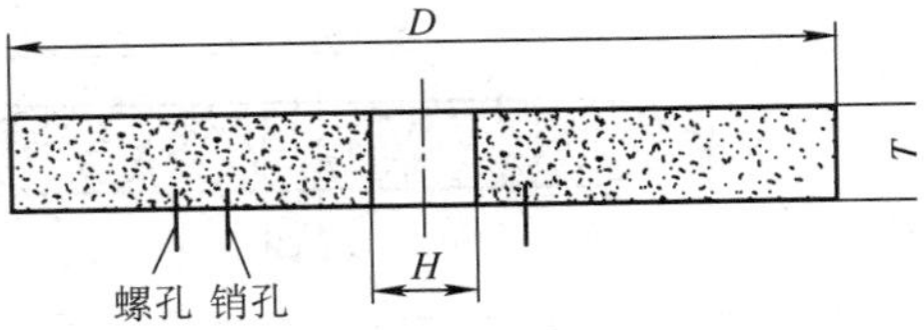	$D \times T \times H$ 300×40×16～ 1060×100×350
黏结或夹紧用筒形砂轮	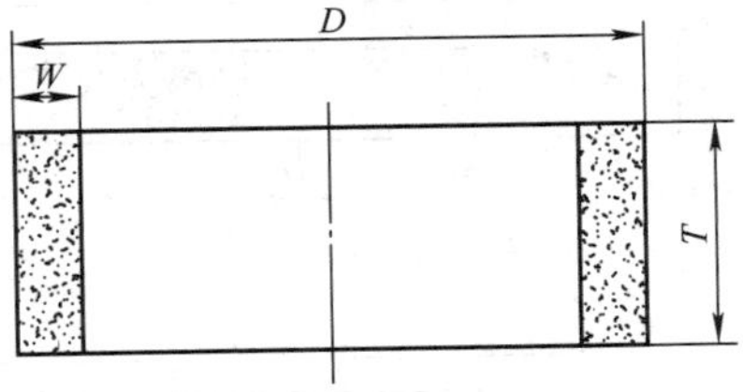	$D \times T \times W$ 90×80×7.5～ 600×100×60

工具磨用砂轮（GB/T 4127.6—2008）		
磨具名称	形状图	尺寸范围
杯形砂轮（B 系列）	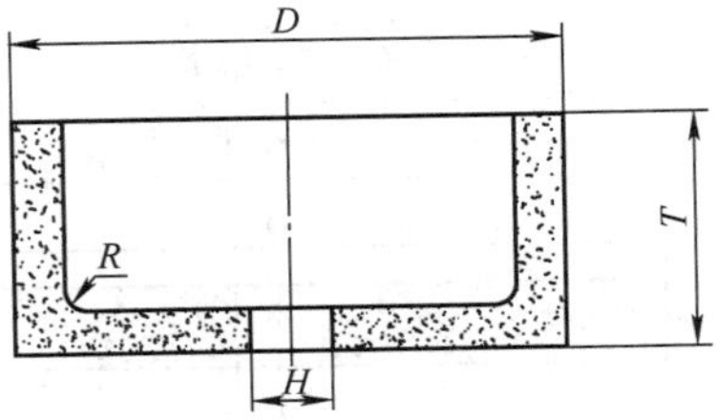	$D \times T \times H$ 40×25×13～ 250×100×150
碗形砂轮（B 系列）	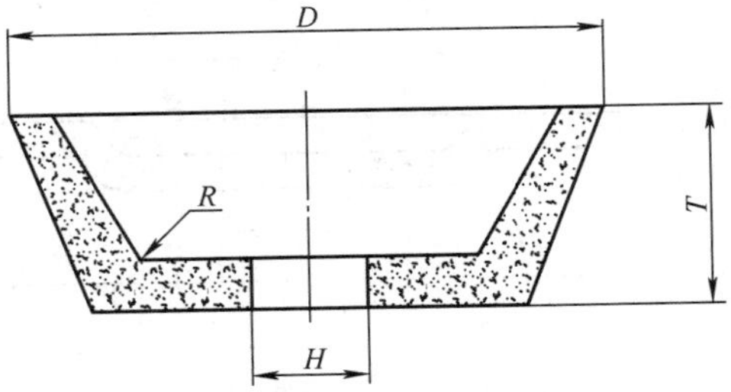	$D \times T \times H$ 50×25×13～ 300×150×140
碟形一号砂轮（B 系列）	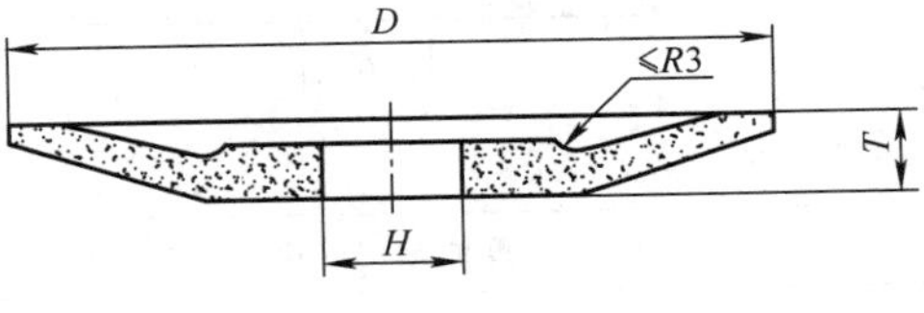	$D \times T \times H$ 75×8×13～ 800×35×400
碟形二号砂轮（B 系列）	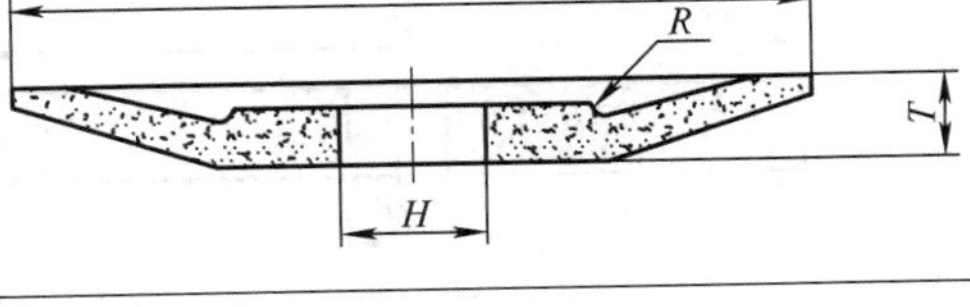	$D \times T \times H$ 225×18×40～ 450×29×127

（续）

工具磨用砂轮（GB/T 4127.6—2008）

磨具名称	形状图	尺寸范围
双斜边砂轮（B系列）	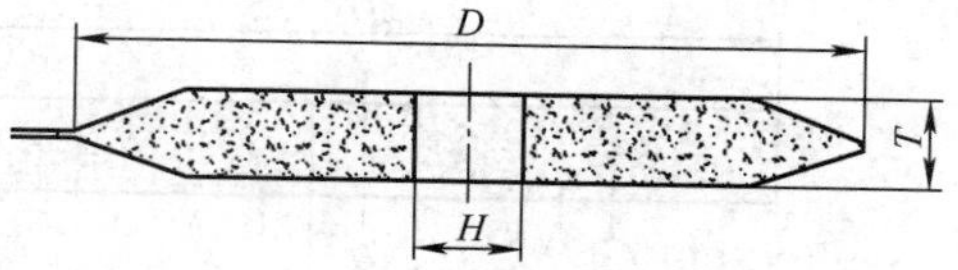	D×T×H 125×13×20～ 500×10×305
单斜边砂轮（B系列）	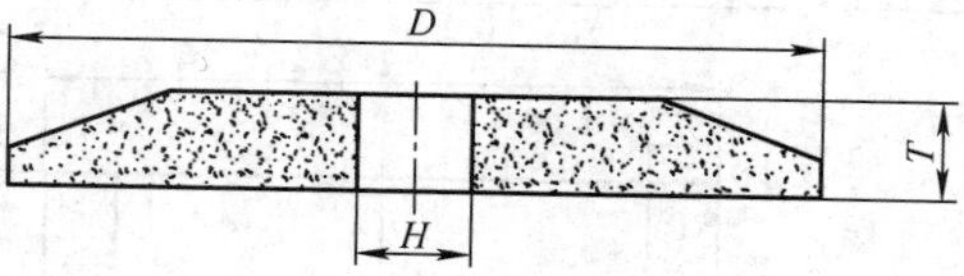	D×T×H 75×6×13～ 300×16×127
平形C型面砂轮（B系列）	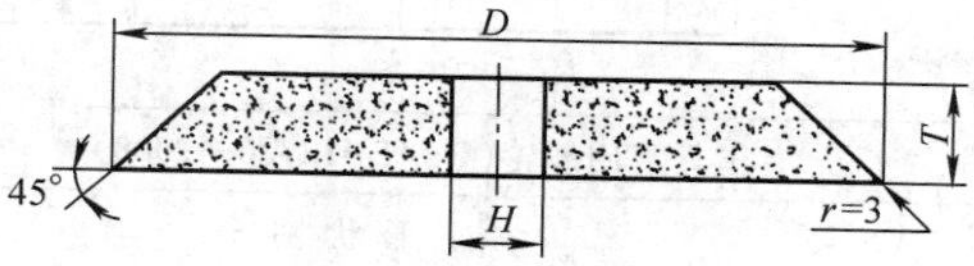	D×T×H 175×8×32～ 350×25×127

砂轮机用砂轮

磨具名称	形状图	尺寸范围
平形砂轮（A系列）（GB/T 4127.12—2008）	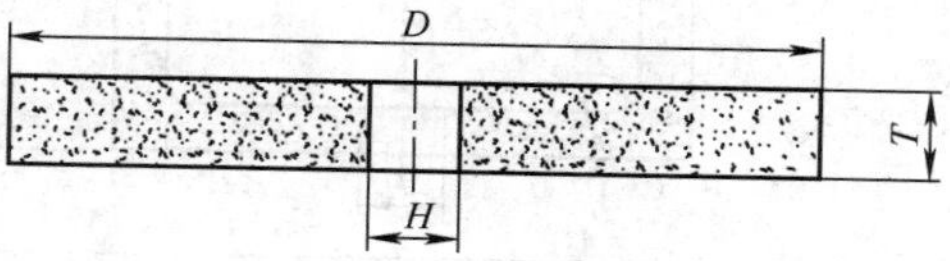	D×T×H 32×10×8～ 200×32×32
钹形砂轮（27型）（JB/T 3715—2016）	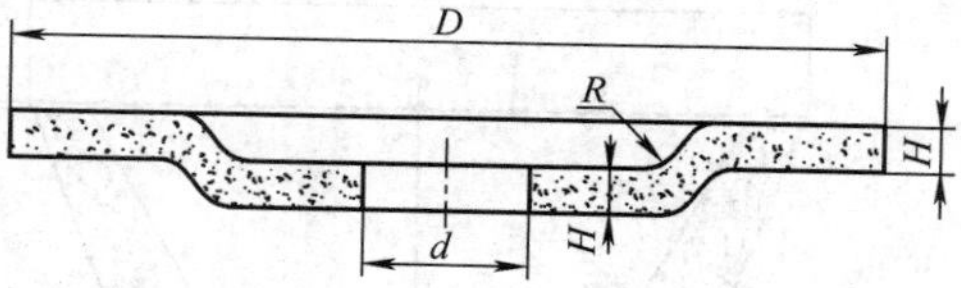	D×H×d 80×3×10～ 230×10×22
树脂和橡胶薄片砂轮（JB/T 6353—2015）	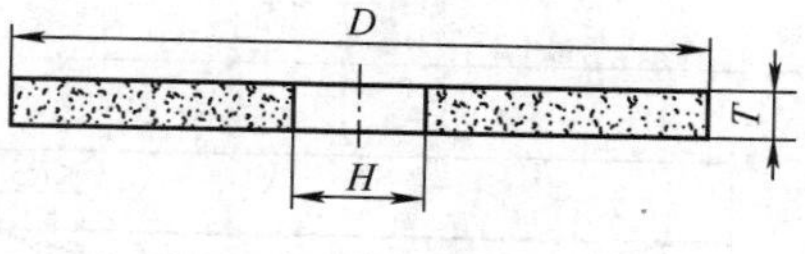	D×T×H 树脂结合剂 50×0.5×6～ 500×5×32 橡胶结合剂 50×0.5×10～ 400×3×32

磨曲轴用砂轮

磨具名称	形状图	尺寸范围
平形砂轮	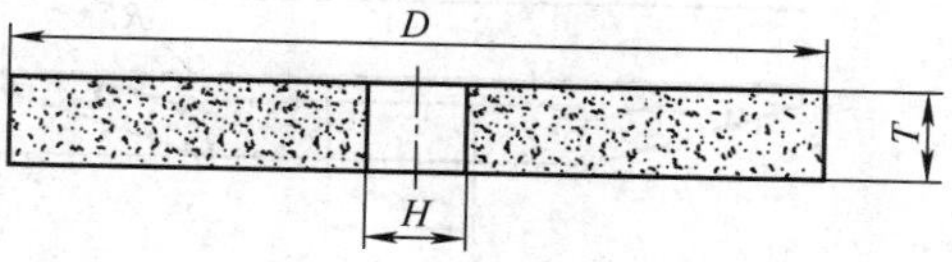	D×T×H 650×33×305～ 1600×120×305

（续）

磨曲轴用砂轮		
磨具名称	形状图	尺寸范围
专用双面凹一号砂轮	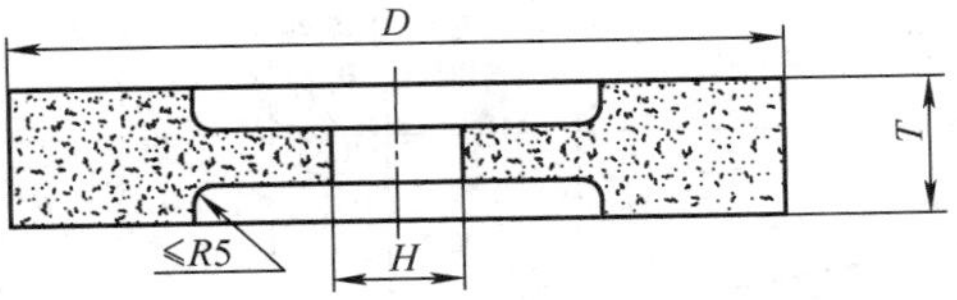	D×T×H 500×86×305～ 1400×75×450

2. 磨头（不带柄）的形状和尺寸（见表3-3-18）

表3-3-18　磨头（不带柄）的形状和尺寸（GB/T 4127.12—2008）　（单位：mm）

磨具名称	形状图	尺寸范围
圆柱磨头（B系列）	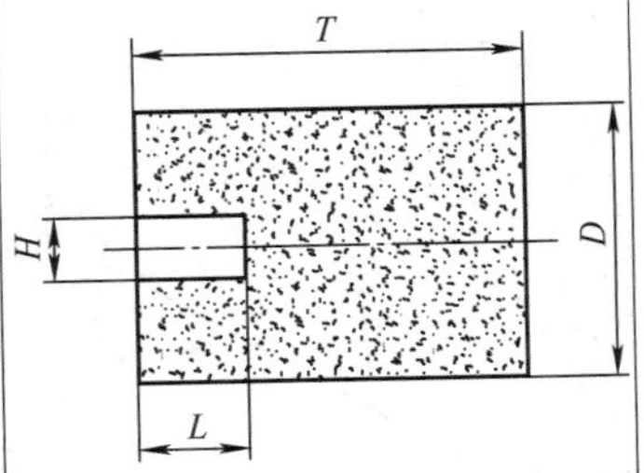	D×T×H 4×10×1.5～ 40×75×10
半球形磨头（B系列）	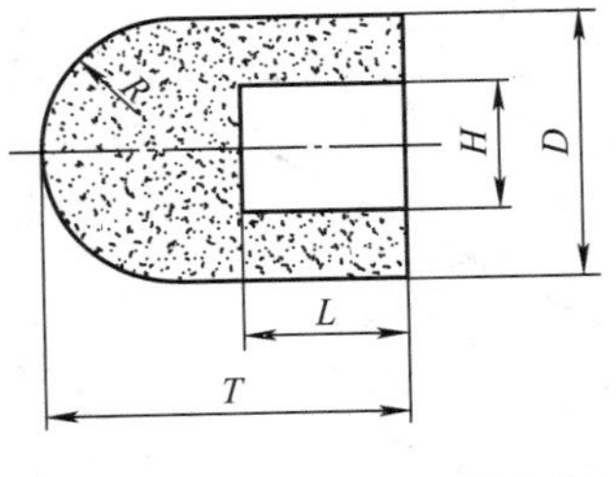	D×T×H 25×25×6
球形磨头（B系列）	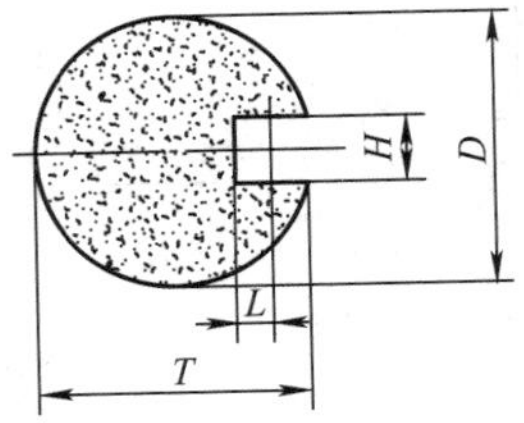	D×H×T 10×3×9～ 30×6×28.5
截锥磨头（B系列）	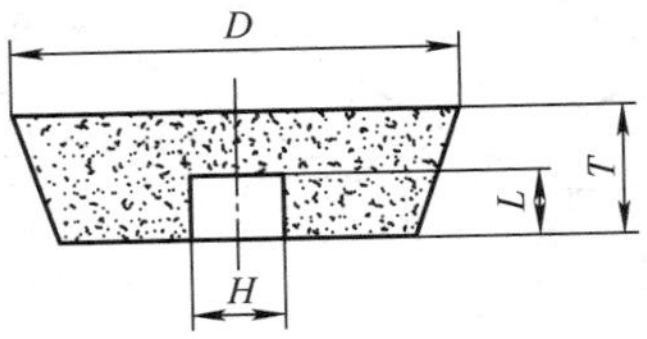	D×T×H 16×8×3 和30×10×6
椭圆锥磨头（B系列）	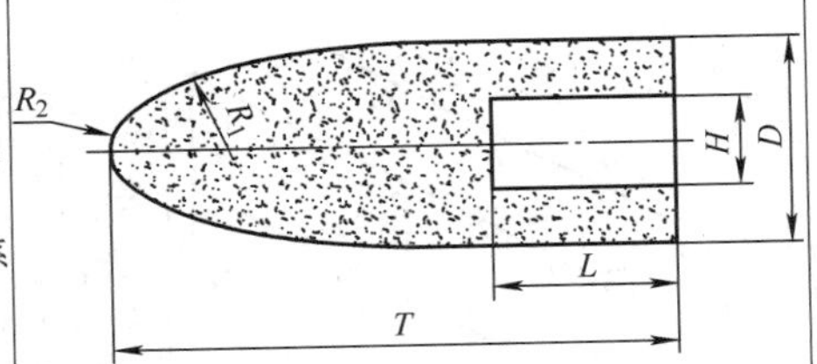	D×T×H 10×20×3 和20×40×6
60°锥磨头（B系列）	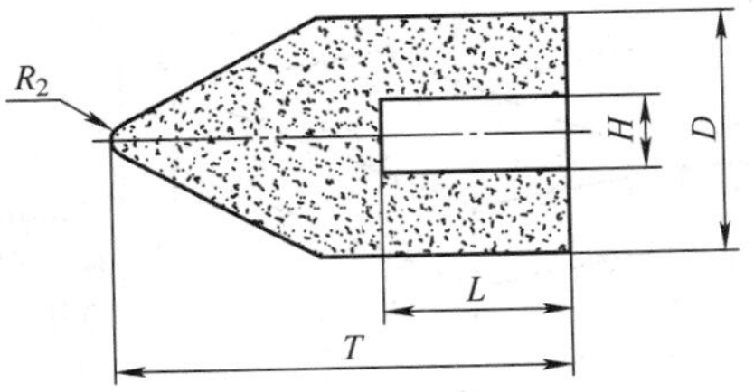	D×T×H 10×25×3～ 30×50×6
圆头锥磨头（B系列）	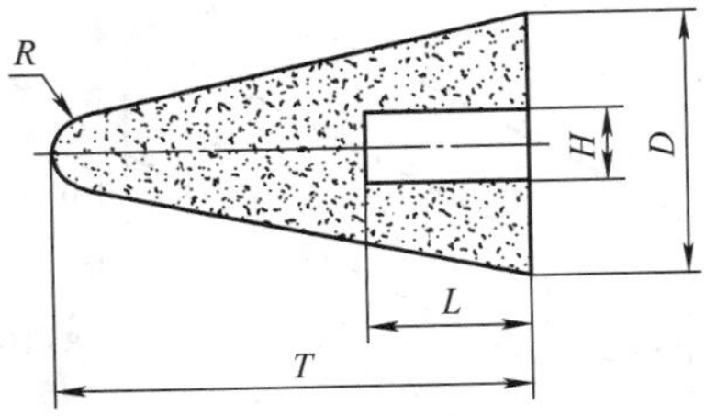	D×T×H 16×16×3～ 35×75×10

注：L尺寸范围见GB/T 4127.12—2008。

3. 一般磨石的形状和尺寸（见表 3-3-19）

表 3-3-19 一般磨石形状和尺寸（GB/T 4127.10—2008，GB/T 4127.11—2008）

（单位：mm）

磨具名称	形状图	尺寸范围	磨具名称	形状图	尺寸范围
长方珩磨磨石（B系列）	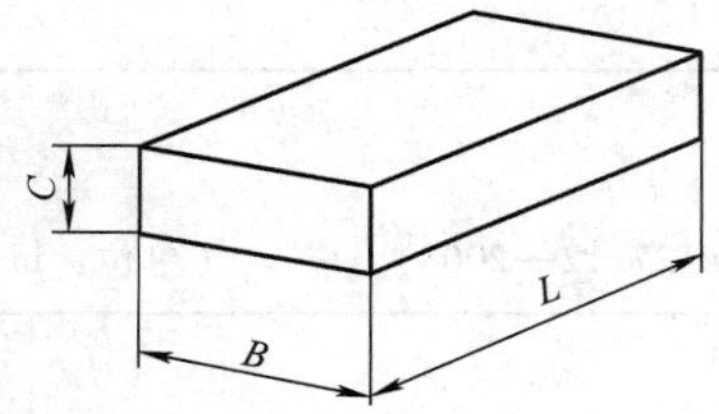	$B\times C\times L$ 6×5×63～16×13×160	三角抛光磨石	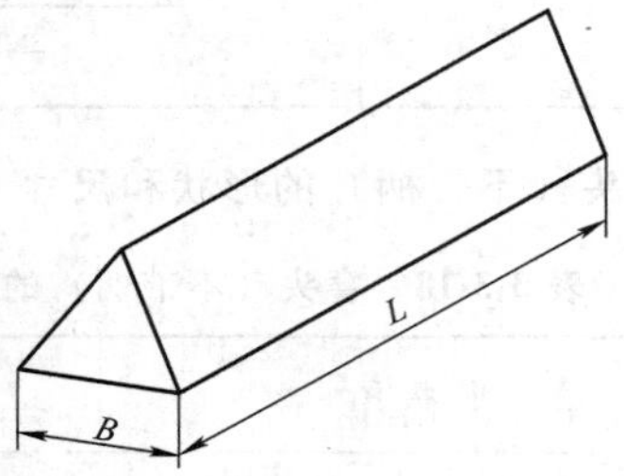	A系列： $B\times L$ 6×100～30×250 B系列： 8×150～25×300
正方珩磨磨石（B系列）	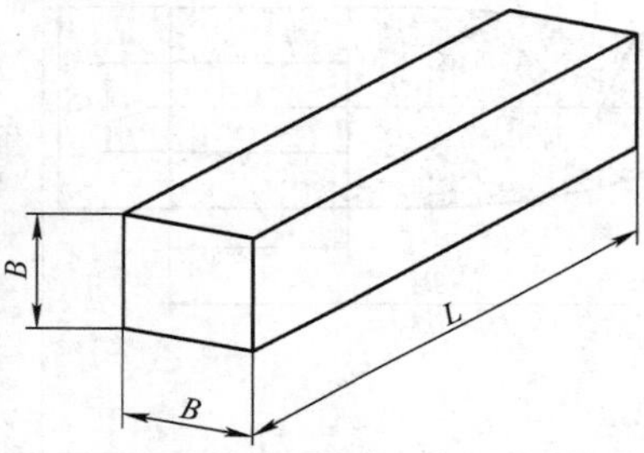	$B\times L$ 4×40～25×250	刀形抛光磨石（B系列）	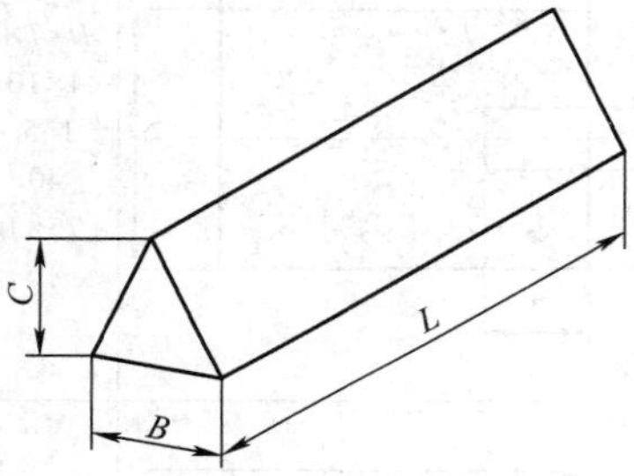	$B\times C\times L$ 10×25×150～20×50×150
长方抛光磨石（B系列）	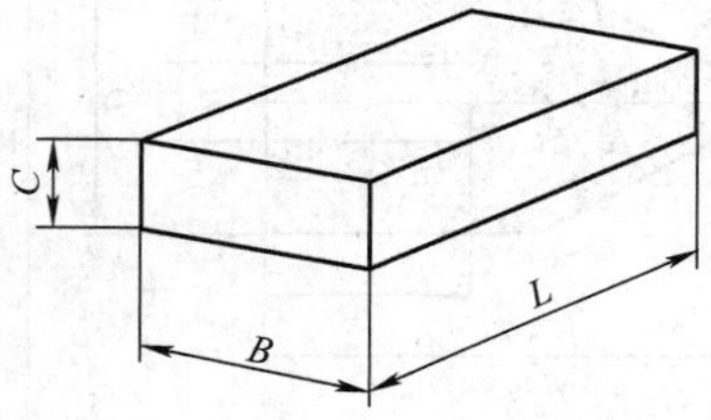	$B\times C\times L$ 20×6×125～75×50×200	圆形抛光磨石	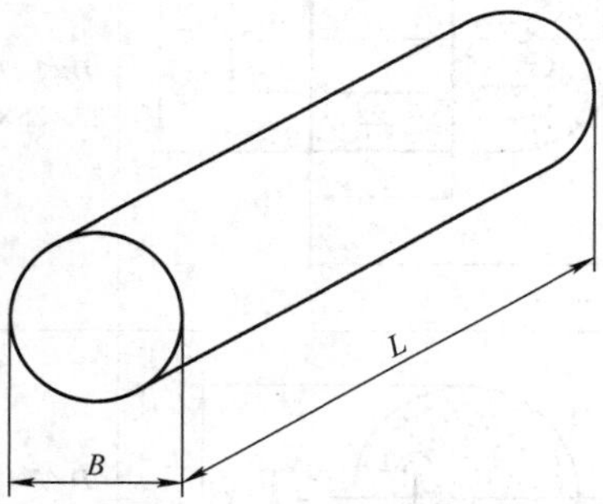	A系列： $B\times L$ 6×100～25×250 B系列： 20×150
正方抛光磨石	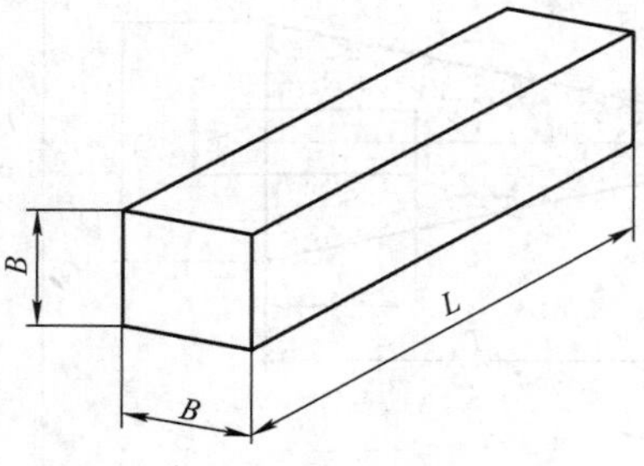	A系列： $B\times L$ 6×100～20×200 B系列： 8×100～40×250	半圆抛光磨石	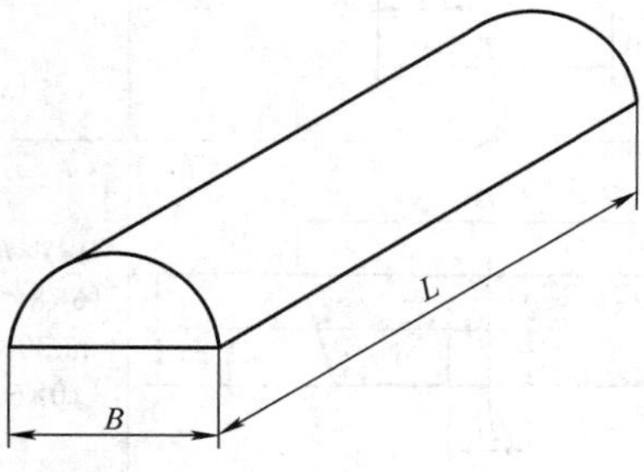	A系列： $B\times L$ 6×100～25×250 B系列： 25×200

4. 砂瓦的形状和尺寸（见表 3-3-20）

表 3-3-20 砂瓦的形状和尺寸（GB/T 4127.5—2008） （单位：mm）

磨具名称	形状图	尺寸范围	磨具名称	形状图	尺寸范围
3101 型砂瓦	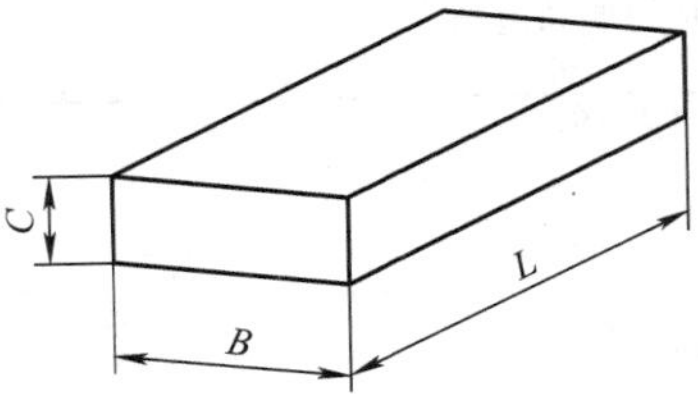	A 系列： B×C×L 50×25×150～120×40×200 B 系列： 80×50×200 和 90×35×150	3109 型砂瓦（B 系列）	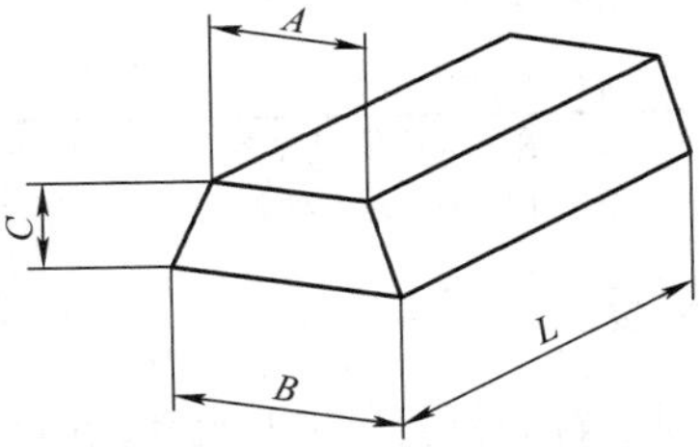	B×C×L 60×15×125 和 100×35×150
3104 型砂瓦（B 系列）	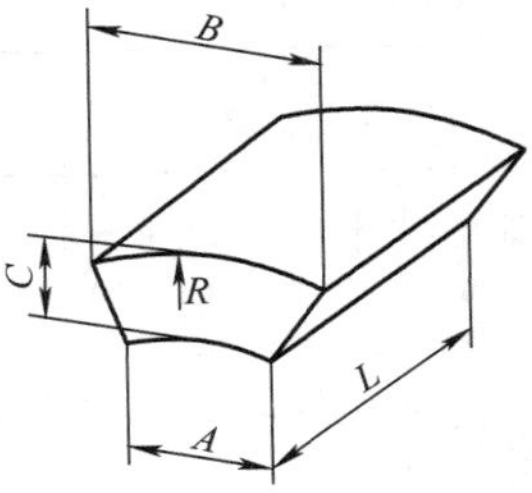	B×C×L 60×25×75 和 125×35×125			

注：A、R 尺寸范围见 GB/T 4127.5—2008。

3.2 超硬材料

超硬材料指金刚石、立方氮化硼等以显著高硬度为特征的磨料。

3.2.1 超硬磨料的品种、代号及推荐用途（见表 3-3-21）

表 3-3-21 超硬磨料的品种、代号及推荐用途

人造金刚石（GB/T 23536—2022）							
基本品种	代号	推荐用途					
		树脂结合剂磨具	陶瓷结合剂磨具	金属结合剂磨具（含电镀）	锯切、钻进工具（含电镀）	钎焊制品	修整工具
单晶（16/18～325/400）	D05	×	—	—	—	—	—
	D10	×	×	—	—	—	—
	D20	×	×	×	×	—	—
	D30	—	×	×	×	×	—
	D40	—	×	×	×	×	—
	D50	—	—	×	×	×	—
	D60	—	—	×	×	×	×
	D70	—	—	×	×	×	×
	D80	—	—	×	×	×	×
	D90	—	—	—	×	×	×
微粉	MD	精密磨削和切割、研磨、抛光工具，聚晶复合材料等					
纳米粉	ND	抛光工具，聚晶复合材料等					
大单晶	LD	修整工具、拉丝模具、刀具等					

（续）

立方氮化硼（GB/T 6408—2018）		
基本品种	代号	推荐用途
黑色立方氮化硼	CBN100 CBN300 CBN500	树脂、陶瓷、金属结合剂制品
琥珀色立方氮化硼	CBN200 CBN400 CBN600	硬、韧金属材料的研磨和抛光

注：1. D05为技术要求低于D10的产品，D10～D90的技术要求见JB/T 7989。

2. 推荐用途中“×”表示推荐，“—”表示不推荐。

3.2.2　粒度

1）超硬磨料的粒度标记及尺寸范围见表3-3-22。

表3-3-22　超硬磨料的粒度标记及尺寸范围（GB/T 6406—2012）

窄范围磨料粒度										
粒度标记		试样量		上限筛	上检查筛		下检查筛			下限筛
本标准粒度标记	ISO粒度标记	200mm筛	75mm筛	最少99.9%通过的筛孔尺寸	筛孔尺寸	筛上物（最多）	筛孔尺寸	筛上物（最少）	筛下物（最多）	最多0.5%通过的筛孔尺寸
		g	g	μm	μm	%	μm	%	%	μm
16/18	1181	80～120	9.6～14.5	1830	1280	5	1010	93	5	710
18/20	1001			1530	1080		850			600
20/25	851			1280	915		710			505
25/30	711			1080	770		600			425
30/35	601			915	645		505			360
35/40	501			770	541		425			302
40/45	426			645	455		360			255
45/50	356			541	384		302			213
50/60	301			455	322		255			181
60/70	251			384	271		213			151
70/80	213			322	277		181			127
80/100	181	40～60	4.8～7.2	271	197	7	151	90	7	107
100/120	151			227	165		127			90
120/140	126			197	139		107			75
140/170	107			165	116	8	90	88	8	65
170/200	91			139	97		75			57
200/230	76	20～30	2.4～3.6	116	85		65			49
230/270	64			97	75		57			41
270/325	54			85	65	12	49	83	12	32
325/400	46			75	57		41			28
400/500	39			65	49	15	32	80	15	25
500/600	33			57	41		28			20
宽范围磨料粒度										
16/20	1182	80～120	9.6～14.5	1830	1280	5	850	93	5	600
20/30	852			1280	915		600			425
25/35	712			1080	770		505			360
30/40	602			915	645		425			302
35/45	502			770	541		360			255
40/50	427			645	455		302			213
45/60	357			541	384		255			181
50/70	302			455	322		213			151
60/80	252			384	271		181			127

2）微粉粒度标记及尺寸范围见表3-3-23。

表3-3-23　微粉粒度标记及尺寸范围（JB/T 7990—2012）　（单位：μm）

粒度标记	公称尺寸范围 D	D_5(最小值)	D_{95}(最大值)	最大颗粒
M0/0.25	0~0.25	0.0	0.25	0.75
M0/0.5	0~0.5	0.0	0.5	1.50
M0/1	0~1	0.0	1.0	3.0
M0.5/1	0.5~1	0.5	1.0	3.0
M1/2	1~2	1.0	2.0	6.0
M2/4	2~4	2.0	4.0	9.0
M3/6	3~6	3.0	6.0	12.0
M4/8	4~8	4.0	8.0	15.0
M5/10	5~10	5.0	10.0	18.5
M6/12	6~12	6.0	12.0	20.0
M8/16	8~16	8.0	16.0	24.0
M10/20	10~20	10.0	20.0	26.0
M15/25	15~25	15.0	25.0	34.0
M20/30	20~30	20.0	30.0	40.0
M25/35	25~35	25.0	35.0	48.0
M30/40	30~40	30.0	40.0	52.0
M35/55	35~55	35.0	55.0	71.5
M40/60	40~60	40.0	60.0	78.0
M50/70	50~70	50.0	70.0	90.0

注：1. D_5 常用于表示粉体细端的粒度指标。
2. D_{95} 常用于表示粉体粗端的粒度指标。

3.2.3　超硬磨料结合剂及其代号、性能和应用范围（见表3-3-24）

表3-3-24　超硬磨料结合剂及其代号、性能和应用范围

结合剂及其代号		性　能	应用范围
树脂结合剂 B		磨具自锐性好，故不易堵塞，有弹性，抛光性能好，但结合强度差，不宜结合较粗磨粒，耐磨、耐热性差，故不适于较重负荷磨削，可采用镀敷金属衣磨料，以改善结合性能	树脂结合剂的金刚石磨具主要用于硬质合金工件和刀具，以及非金属材料的半精磨和精磨；树脂结合剂的立方氮化硼磨具主要用于高钒高速钢刀具的刃磨，以及工具钢、不锈钢、耐热合金钢工件的半精磨与精磨
陶瓷结合剂 V		耐磨性较树脂结合剂强，工作时不易发热和堵塞，热膨胀量小，且磨具易修整	陶瓷结合剂的磨具常用于精密螺纹、齿轮的精磨及接触面较大的成形磨，并适于加工超硬材料烧结体的工件
金属结合剂（烧结M、电镀Me、钎焊Mb）	青铜结合剂	结合强度较高，形状保持性好，使用寿命较长，且可承受较大负荷。但磨具自锐性能差，易堵塞发热，故不宜结合细粒度磨料，磨具修整也较困难	金属结合剂的金刚石磨具主要用于对玻璃、陶瓷、石料、半导体等非金属硬脆材料的粗、精磨及切割、成形磨，以及对各种材料的珩磨；金属结合剂的立方氮化硼磨具用于合金钢等材料的珩磨，效果显著
	电镀金属结合剂	结合强度高，表层磨粒密度较高，且均裸露于表面，故切削刃口锐利，加工效率高。但由于镀层较薄，因此使用寿命较短	电镀金属结合剂的磨具多用于成形磨削。电镀金属结合剂还用来制造小磨头、套料刀、切割锯片及修整滚轮等。电镀金属立方氮化硼磨具用于加工各种钢类工件的小孔，精度好，效率高，对小径不通孔的加工效果尤显优越

3.2.4 浓度代号（见表3-3-25）

表3-3-25 浓度代号（GB/T 35479—2017）

浓度(%)	磨料含量/(g/cm³)		代　号
	金刚石	立方氮化硼	
25	0.22	0.22	25
50	0.44	0.44	50
75	0.66	0.65	75
100	0.88	0.87	100
125	1.10	1.09	125
150	1.32	1.30	150
175	1.54	1.52	175
200	1.76	1.74	200

注：磨料在磨具的磨料层中的体积分数为25%时，其浓度规定为100%。当金刚石密度为3.52g/cm³时，此值相当于金刚石磨料含量等于0.88g/cm³；当立方氮化硼密度为3.48g/cm³时，此值相当于立方氮化硼磨料含量等于0.87g/cm³。其他浓度均按此比例计算。

3.2.5 砂轮、磨头及磨石的尺寸代号（见表3-3-26）

表3-3-26 砂轮、磨头及磨石的尺寸代号（GB/T 35479—2017）

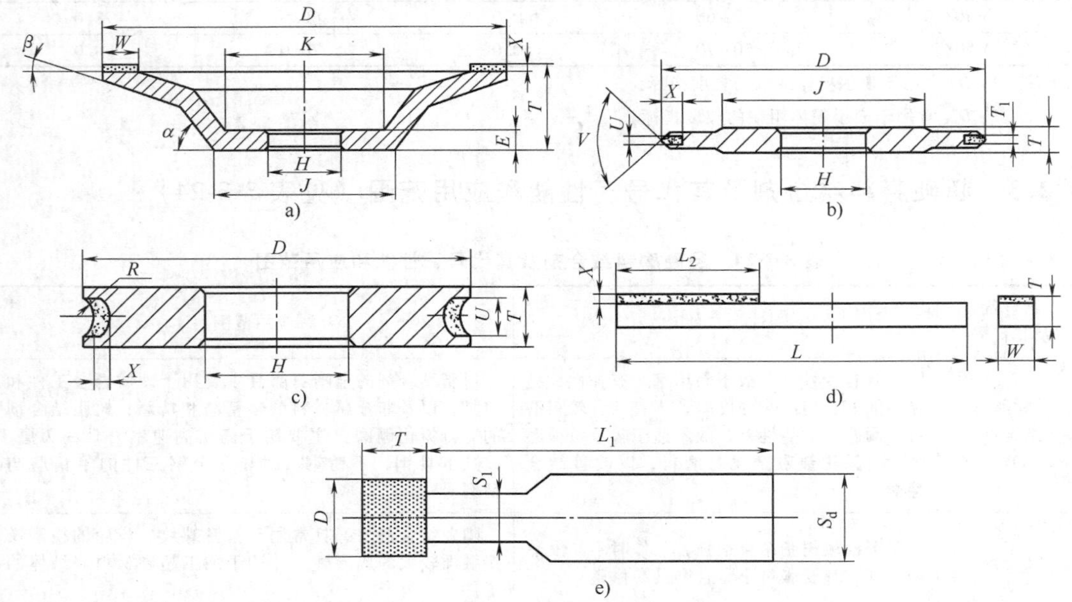

代　号	含　义	代　号	含　义
D	外径	L_1	基体齿的长度，带柄磨头柄的长度
E	碗形、蝶形、凹形、锥形砂轮或圆锯片的孔处厚度	L_2	带柄磨石磨料层长度
		R	半径
H	孔径	S_d	带柄磨头柄的直径
J	碗形、蝶形、斜边形或凸形砂轮的最小直径	S_1	带柄磨头除安装段外的柄的直径
		T	总厚度
K	碗形或蝶形砂轮的内底径	T_1	基体厚度
L	磨头、磨石总长度	U	磨料层厚度（当小于T或T_1时）

（续）

代　号	含　义	代　号	含　义
V	面角（磨料层）	α	砂轮基体角度
W	磨料层宽度	β	基体第二倾角角度
X	磨料层深度		

3.2.6　砂轮、磨头及磨石主要的形状和标记（见表 3-3-27）

表 3-3-27　砂轮、磨头及磨石主要的形状和标记（GB/T 35479—2017）

砂　轮			
标　记	形　状	标　记	形　状
1A1	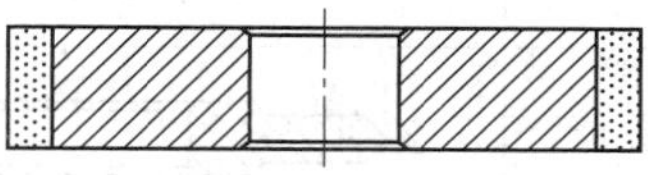	6A7	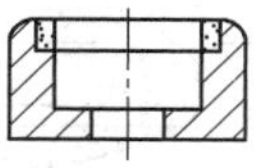
1A1R	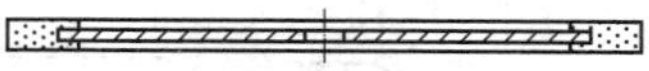	9A3	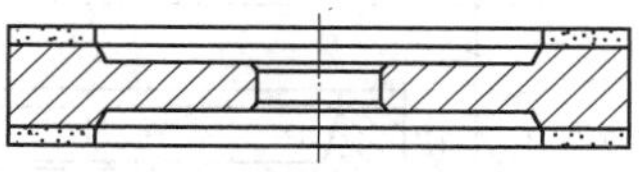
1A8	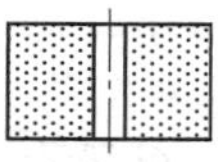	10A2	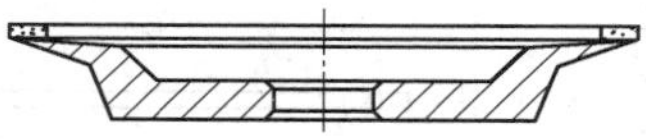
1EE1V	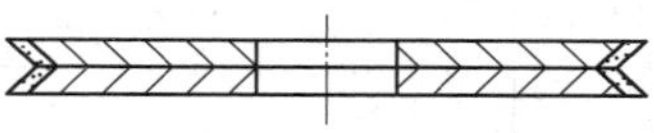	11A2	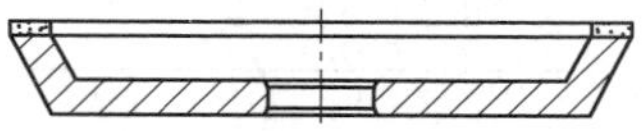
1V1	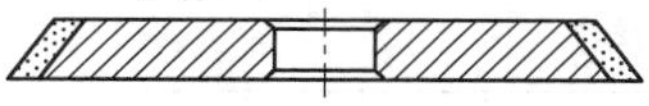	11VV2	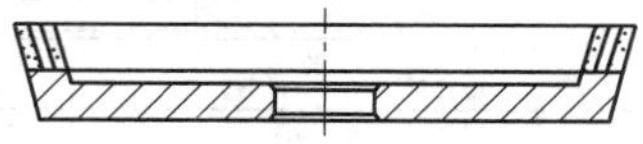
2F2/1	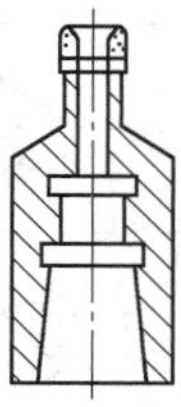	11V9	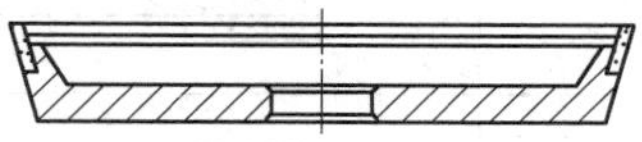
2F2/2	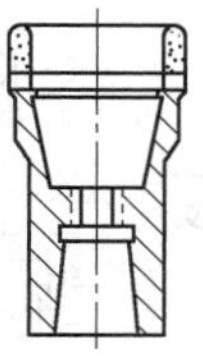	12A2	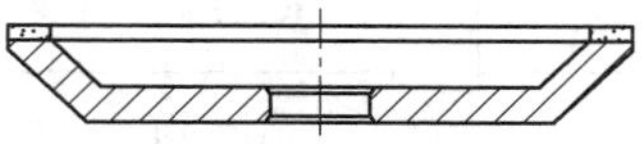
2F2/3	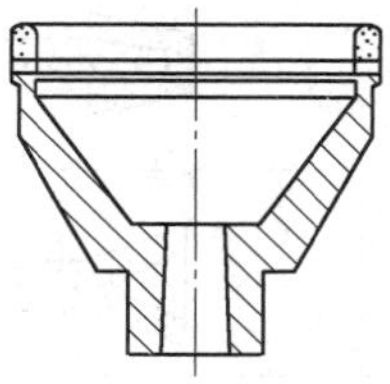	12V9	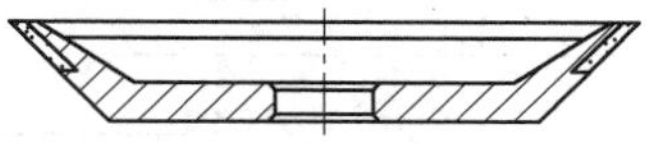

（续）

砂轮			
标　记	形　状	标　记	形　状
3A1	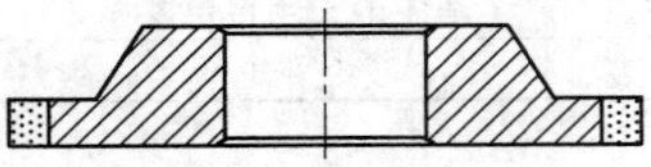	13A2	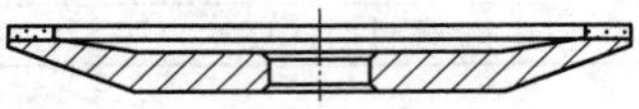
4A2	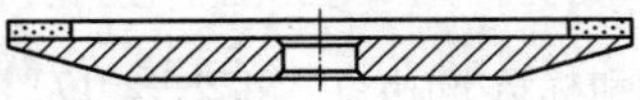	14A1	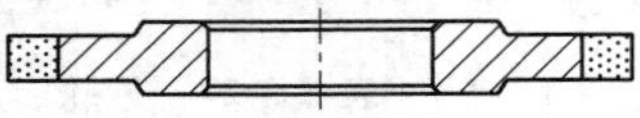
4BT9	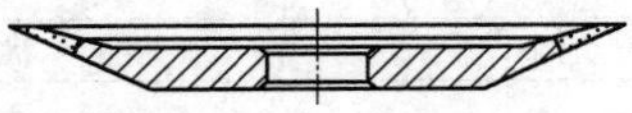	14AA1	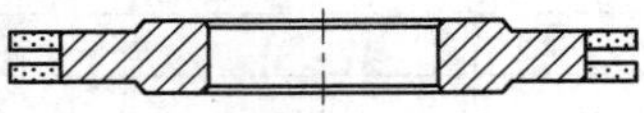
4V2	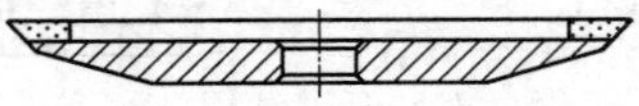	14E1	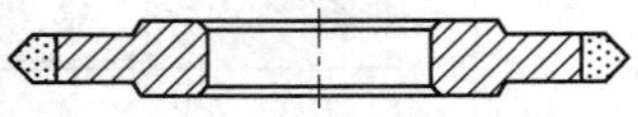
6A2	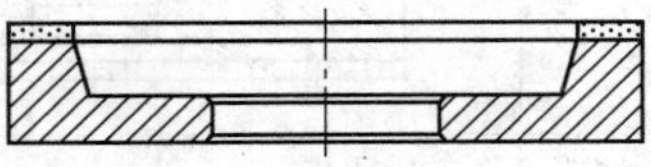	14F1	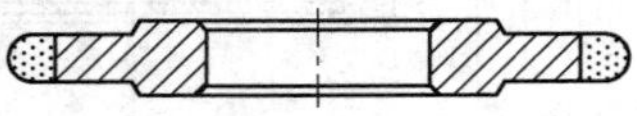
6AA2	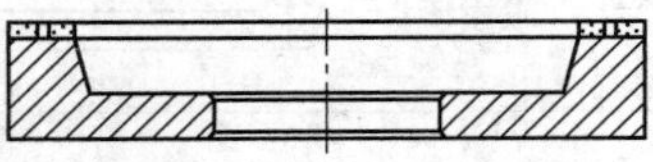	14FF1	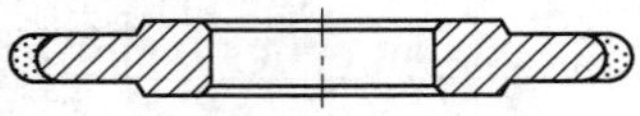
6A9	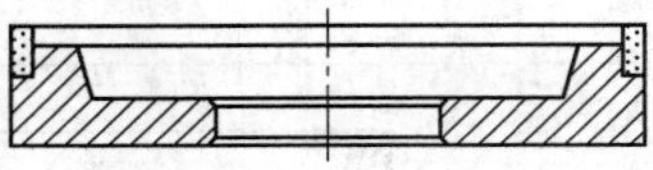	14FF6Y	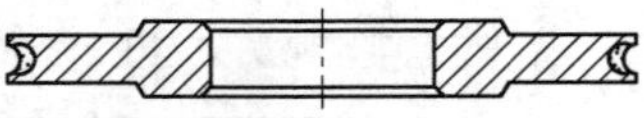

磨头			
标　记	形　状	标　记	形　状
1A1W	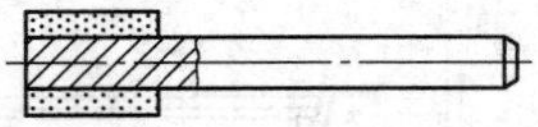	1K1W	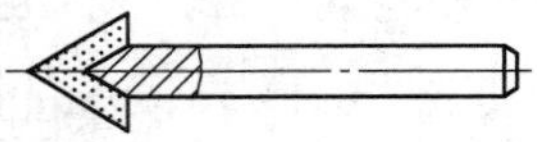
1A1PW	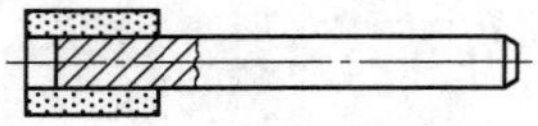	1R1W	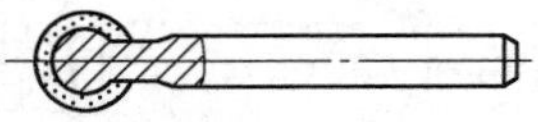
1D1W	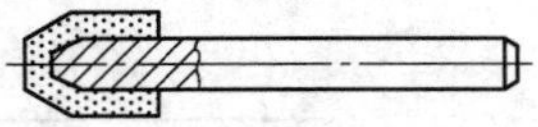	1T1W	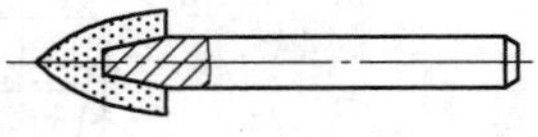
1E1W	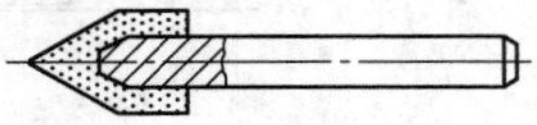	1U1W	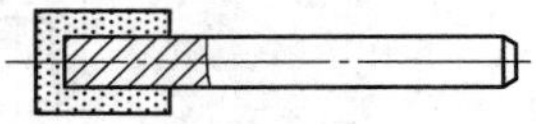
1F1W	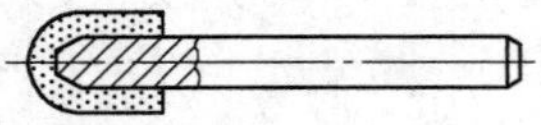	1V1W	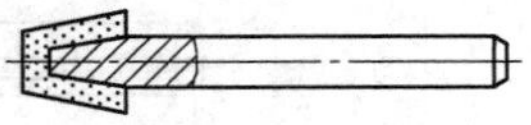
1G1W	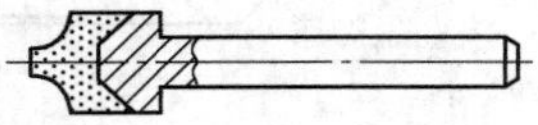	11V2W	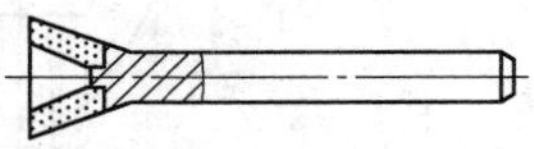

（续）

磨石			
标记	形状	标记	形状
HA	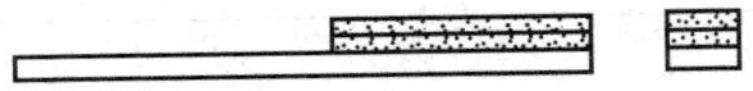	HMA/R	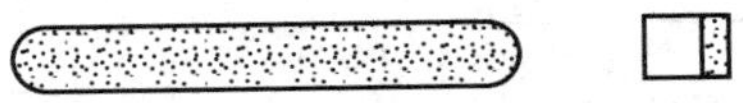
HH	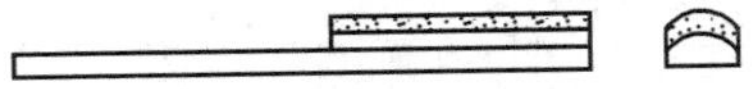	HMA/α	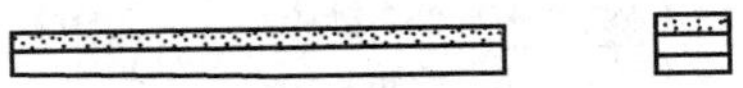
HEE	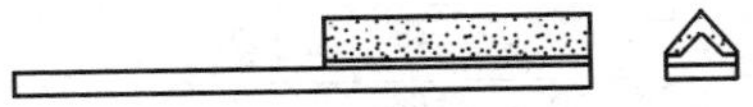	HMH	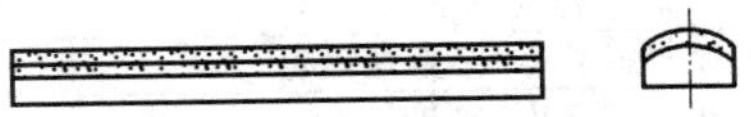
HMA	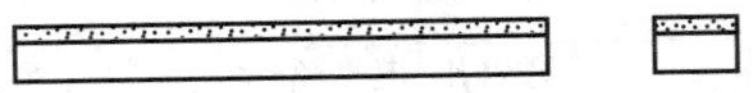	HMAA	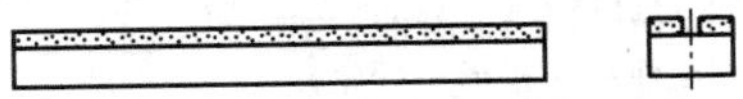

3.2.7 标记示例

超硬磨具及制品的标记，应包括产品形状标记、特征尺寸、磨料种类和粒度、结合剂代号、浓度等。

1. 砂轮

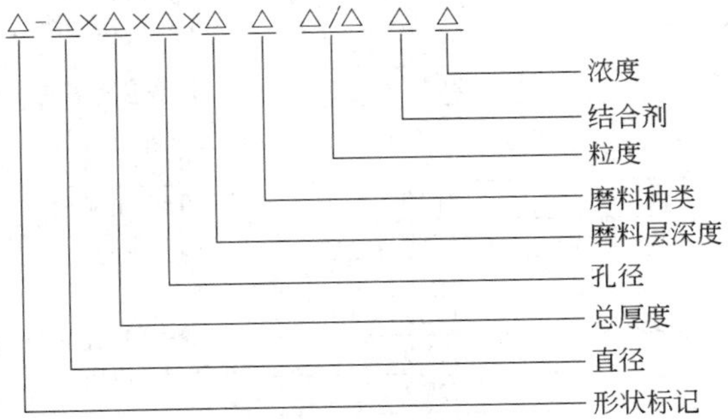

示例：形状标记为1A1、D=50mm、T=4mm、H=10mm、X=3mm、磨料种类RVD、粒度100/120、结合剂B、浓度75%的平形砂轮标记为：

1A1-50×4×10×3 RVD 100/120 B 75

2. 磨石

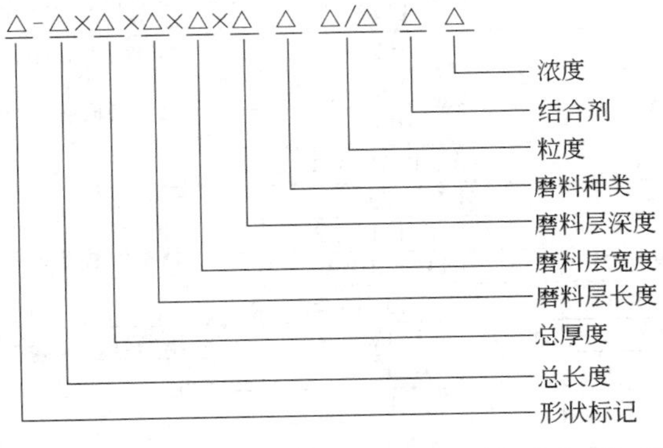

示例：形状标记为HA、L=150mm、T=10mm、L_2=40mm、W=10mm、X=2mm、磨料种类RVD、粒度120/140、结合剂B、浓度75%的磨石标记为：

HA-150×10×40×10×2 RVD 120/140 B 75

3.2.8 超硬材料制品形状标记及主要用途（见表3-3-28）

表3-3-28 超硬材料制品形状标记及主要用途

名称		形状标记	主要用途
平形砂轮		1A1	外圆、平面、内圆、无心磨，刃磨、螺纹磨、电解磨等
平形砂轮（平形倒角砂轮）		1L1	
平形砂轮（弧形砂轮）		1FF1	
平形砂轮（弧形砂轮）		1F1	
平形砂轮（平形燕尾砂轮）		1EE1V	
平形砂轮（切割砂轮）		1A6Q	切非金属材料
平形砂轮（薄片砂轮）		1A1R	
平形砂轮（平形小砂轮）		1A8	磨内孔、模具整形
平形砂轮（双斜边砂轮）		1E6Q	外圆磨、平面磨、内圆磨、无心磨、刃磨、螺纹磨、电解磨、磨槽、磨齿等
双面凸砂轮（双斜边砂轮）		14E6Q	
双面凸砂轮（双斜边砂轮）		14EE1	
双面凸砂轮（双斜边砂轮）		14E1	
平形砂轮（双斜边砂轮）		1DD1	
平形砂轮（单斜边砂轮）		4ET1（4B1）	
杯形砂轮（单面凹砂轮）		6A2	
双面凹砂轮		9A1	
双面凹砂轮		9A3	
筒形砂轮（筒形1号砂轮）		2F2/1	铣磨光学玻璃平面、球面、弧面等
筒形砂轮（筒形2号砂轮）		2F2/2	
筒形砂轮（筒形3号砂轮）		2F2/3	
杯形砂轮		6A9	刃磨
碗形砂轮		11A2	刃磨、电解磨
碗形砂轮		11V9	磨齿形面
碟形砂轮		12A2	磨铣刀、铰刀、拉刀、齿轮、齿面、锯齿，端面磨、平面磨、电解等
碟形砂轮		13A2	
碟形砂轮		12V9	
碟形砂轮		12V2	
磨边砂轮		1DD6Y	
双面凸砂轮		14A1	光学、镜片、玻璃磨边
磨边砂轮		2D9	光学、镜片、玻璃磨边
磨边砂轮		9A1	
精磨片1号		1P8/1	精磨和超精磨光学镜片、玻璃、陶瓷、宝石等
精磨片2号		1P8/2	
精磨片3号		1P8/3	
带柄长方磨石		HA	修磨硬质合金、钢制模具
带柄圆弧磨石		HH	
带柄三角磨石		HEE	
圆头珩磨磨石（平形带弧油石）		HMA/R（HMA/1）	
长方珩磨磨石（平形油石）		HMA（HMA/2）	精密珩磨淬火钢、不锈钢、铸铁、渗氮钢等内孔
弧面珩磨磨石（弧形油石）		HMH/1（HMH）	
平形带槽珩磨磨石（平形带槽油石）		HMAA（2HMA）	
长方带斜珩磨磨石（基体带斜油石）		HMA/α（HMA/S）	
磨头		1A1W	雕刻、内孔及复杂面
电镀什锦锉	圆柄平锉	PF	钳工修整工具、模具等
	方柄锉	IF	
	圆柄尖头锉	PIF-1～4	
	方柄尖头锉	ITF-1～4	
	圆柄异形锉	BF-1～5	

注：括号内为GB/T 6409.1—1994中超硬磨具的名称和形状标记。

3.2.9 超硬材料制品

1. 金刚石或立方氮化硼磨具形状和尺寸（GB/T 41403—2022）

（1）砂轮　常用砂轮的形状和尺寸见表3-3-29。

表3-3-29　常用砂轮的形状和尺寸　（单位：mm）

磨具名称	形状图	尺寸范围
平形砂轮 （1A1型）	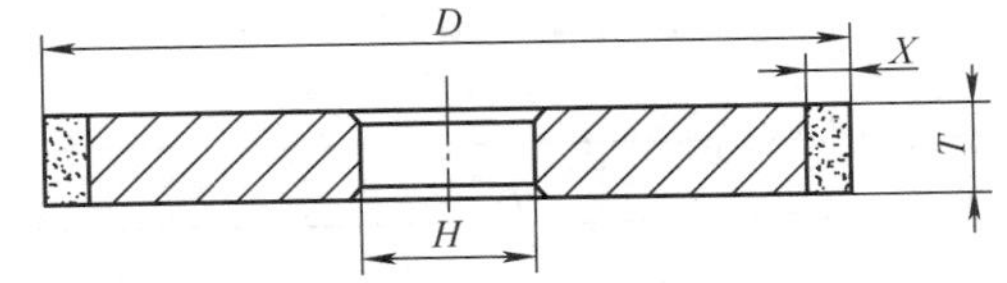	D×T×H 40×0.2×10～ 900×100×305
平形砂轮 （1L1型）	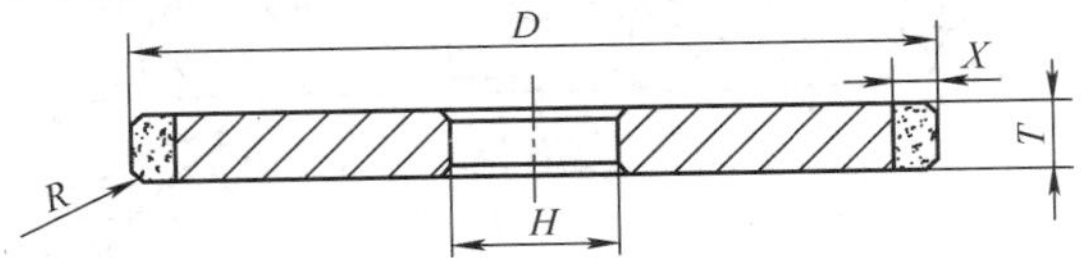	D×T×H 50×2×10～ 300×30×203
平形砂轮 （用于无心磨削， 1A1型和9A1型）	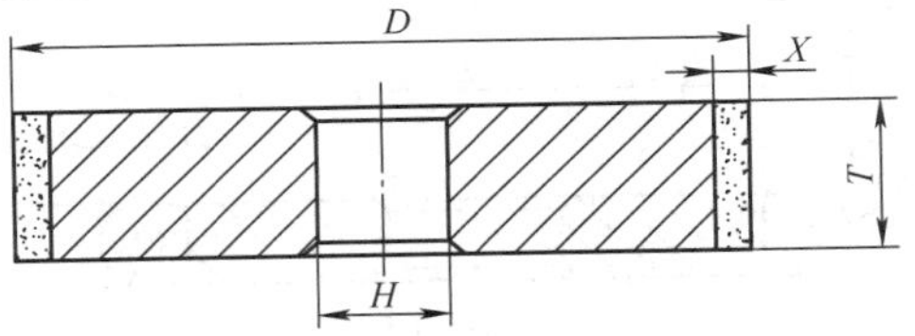 1A1型 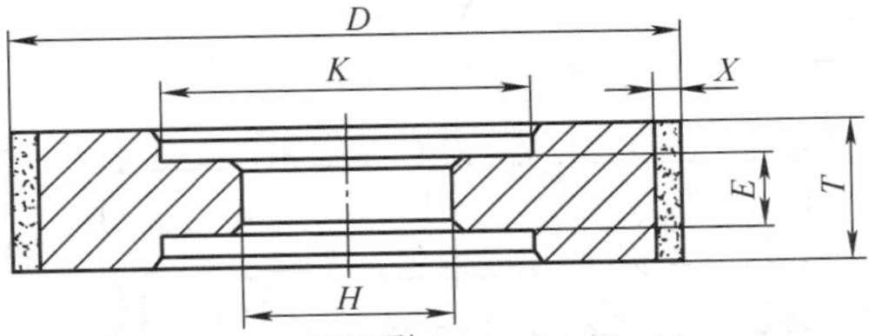 9A1型	D×T×H 1A1型 100×50×31.75～ 700×150×305 9A1型 300×100×120～ 610×405×304.8
双面凹砂轮 （9A3型）	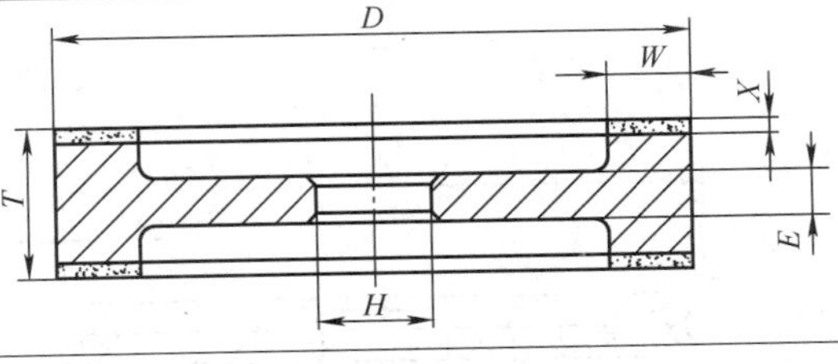	D×T×H 75×(15～20)×16～ 350×(25～50)×127
磨量规砂轮 （14A3型）	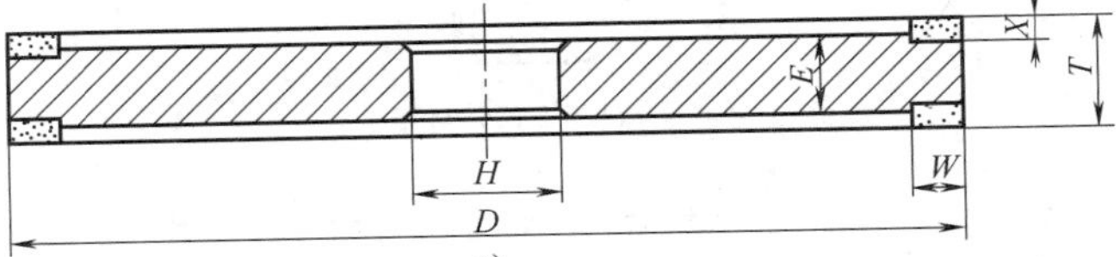 a) 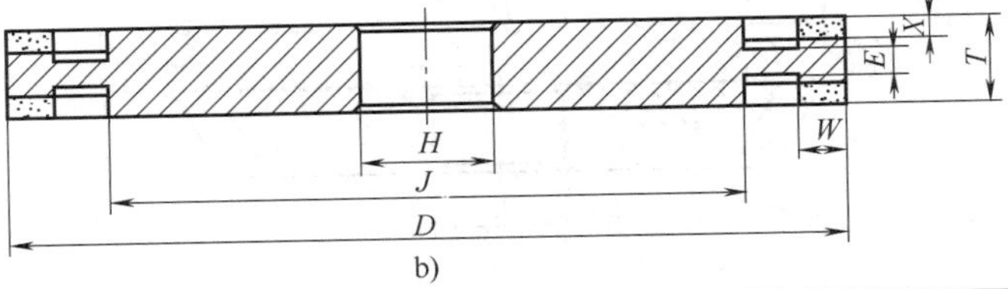 b)	D×T×H 125×12×31.75～ 230×20×75

（续）

磨具名称	形状图	尺寸范围
双面凸砂轮（14A1型）	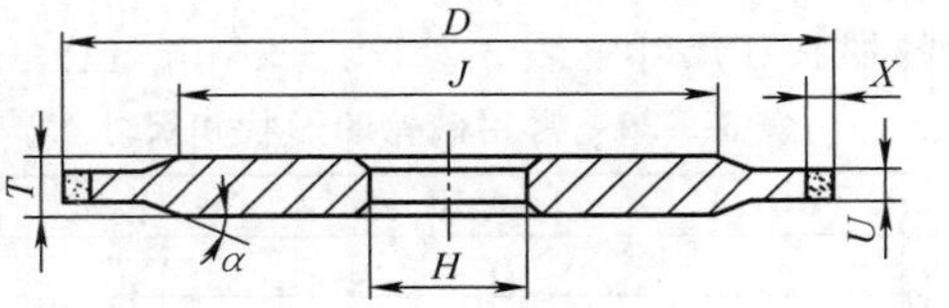	$D \times T \times H$ 75×6×20～ 700×20×305
平形砂轮（1FF1型）	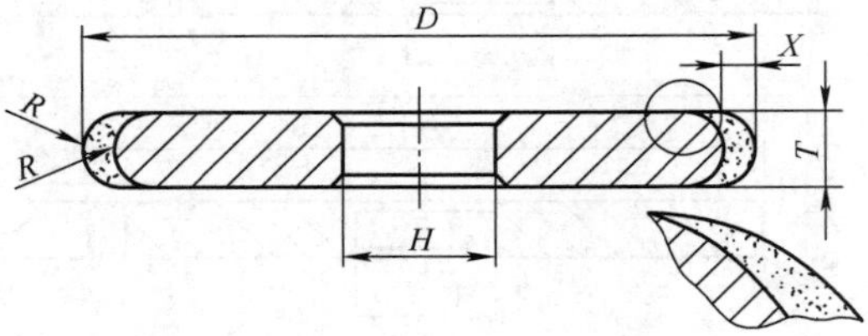	$D \times T \times H$ 50×4×10～ 200×20×32.75
平形砂轮（1F1型）	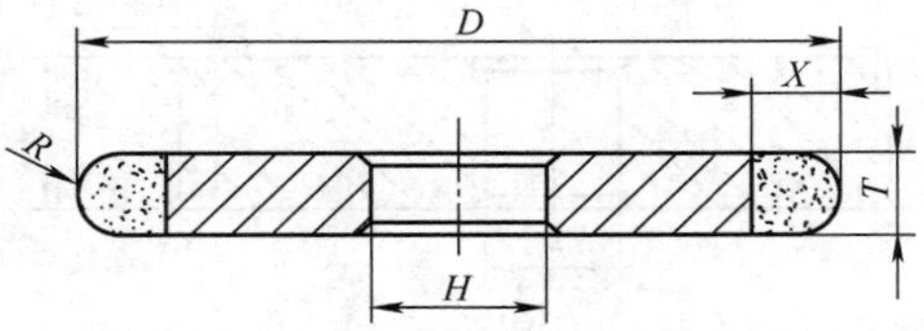 $R = T/2$	$D \times T \times H$ 12×(1～4)×3～ 400×(8～30)×203.2
平形砂轮（1GN1型）	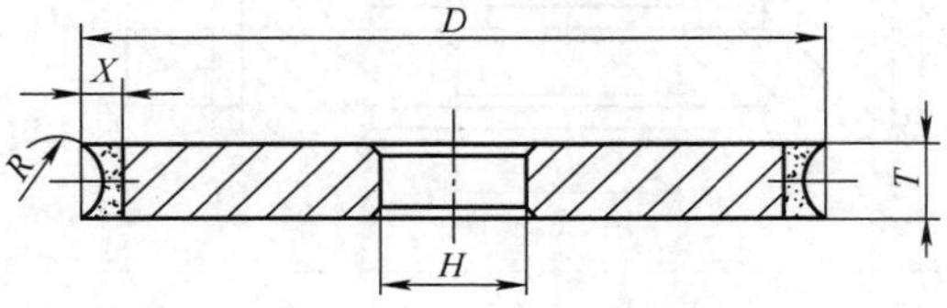	$D \times T \times H \times R$ 125×13×20×10～ 150×18×32×12
平形砂轮（1EE1V型）	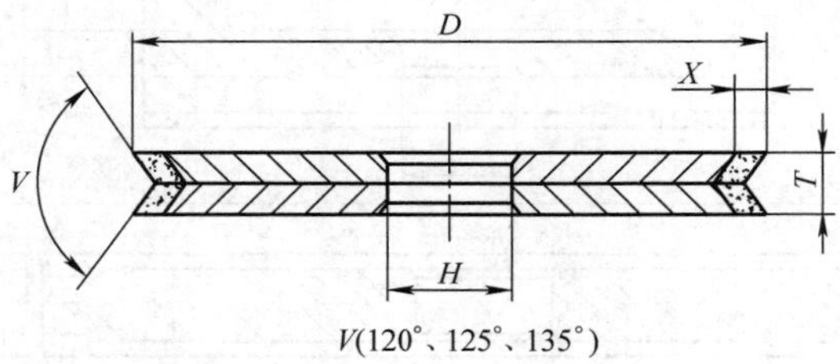 V(120°、125°、135°)	$D \times T \times H$ 100×7×20～ 175×15×32
平形砂轮（1V1型）	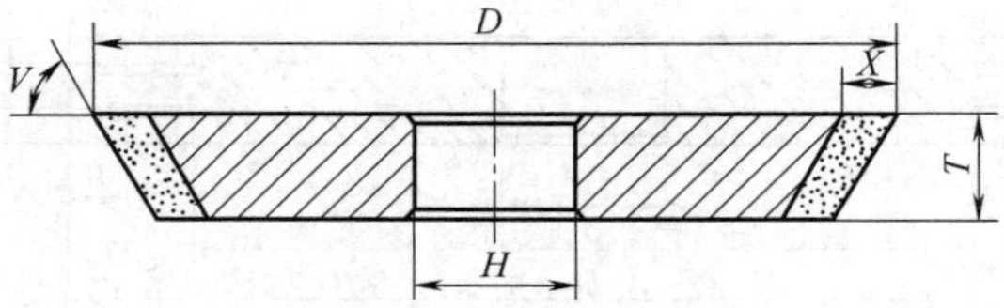	$D \times T \times H$ 45×(2～15)×10～ 400×(10～35)×203

（续）

磨具名称	形状图	尺寸范围
平形砂轮 （1A1R 型）	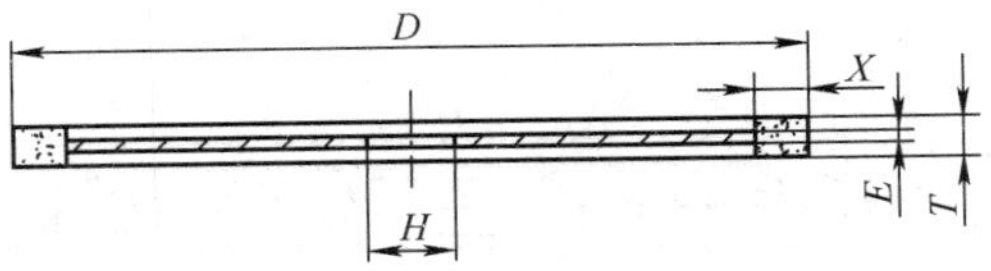	$D \times T/E \times H$ 60×0.8/0.5×10～ 400×1.6/1.2×75
平形砂轮 （1A6Q 型）	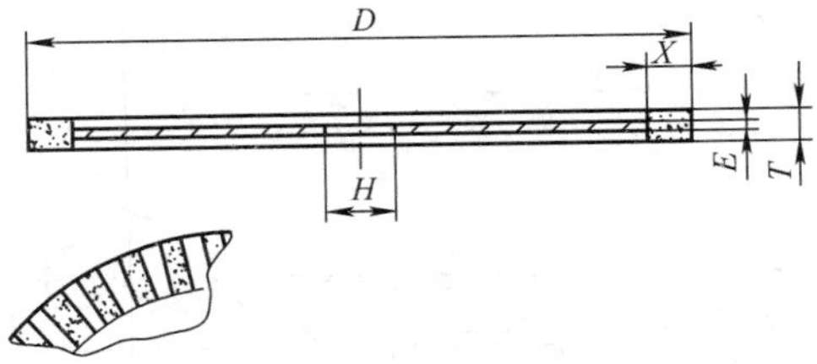	$D \times T \times H$ 250×1.2×32～ 400×2.1×40
平形砂轮 （1E6Q 型） 双面凸砂轮 （14E6Q 型）	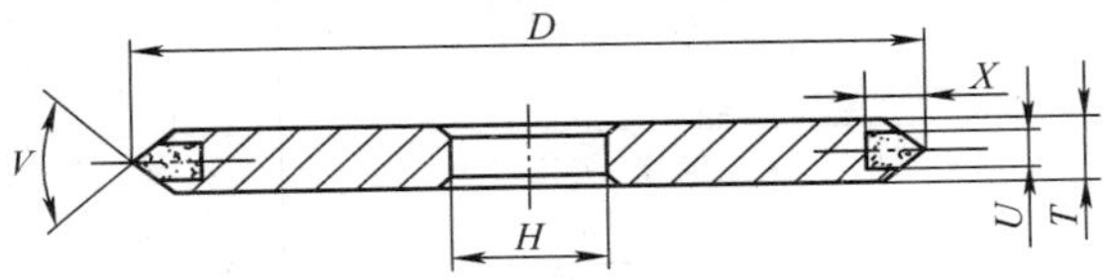 1E6Q型 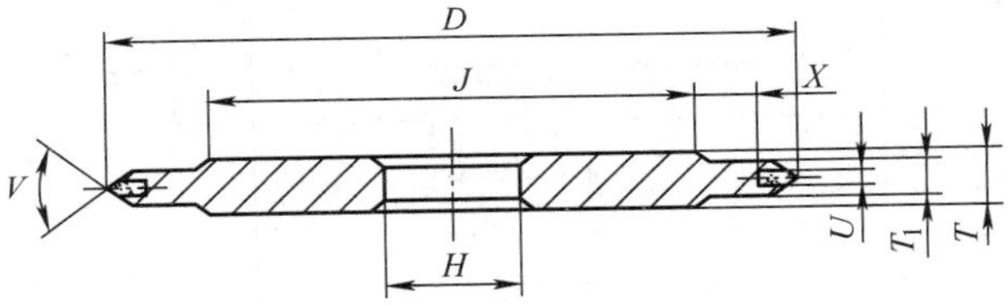 14E6Q型	$D \times T \times H$ 40×6×10～ 220×12×76.2
双面凸砂轮 （14EE1 型）	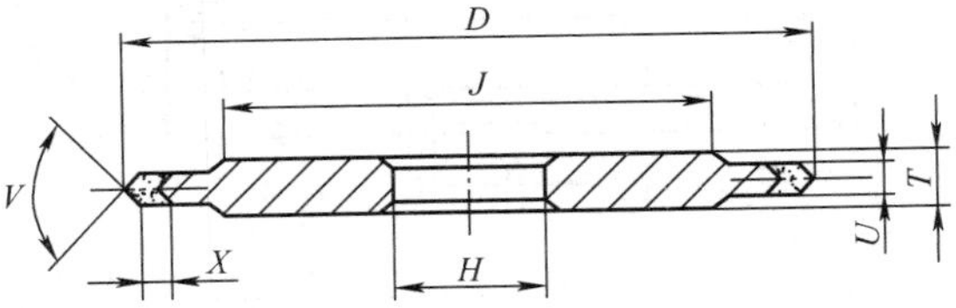 V(30°、35°、40°、45°、60°、90°)	$D \times T \times H$ 75×6×20～ 400×10×203
双面凸砂轮 （14E1 型）	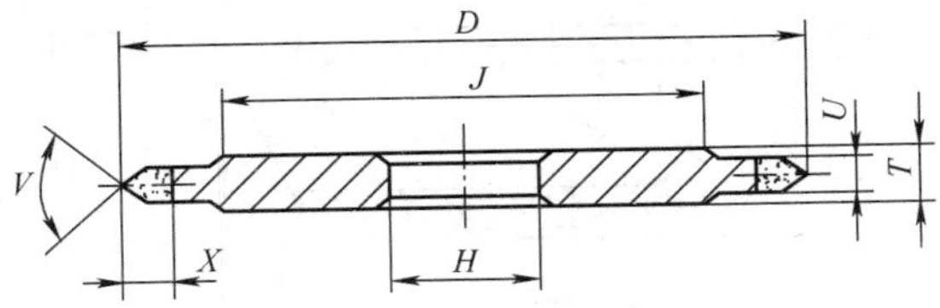 V(35°、40°、45°、60°、90°)	$D \times T \times H$ 50×(4～6)×10～ 400×(12～20)×203

（续）

磨具名称	形状图	尺寸范围
平形砂轮（1DD1型）	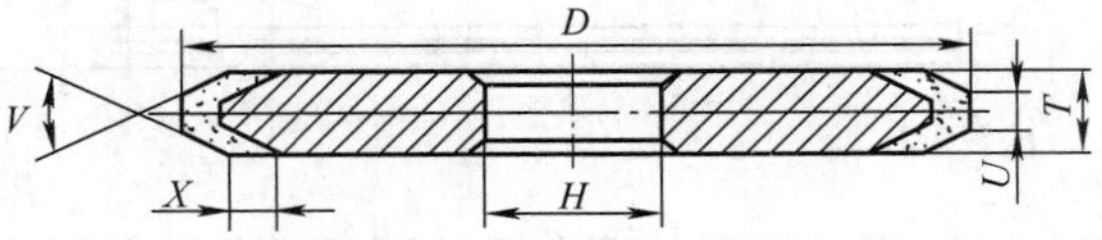	D×T×H 75×6×19.05～150×20×32
斜边砂轮（4ET1型）	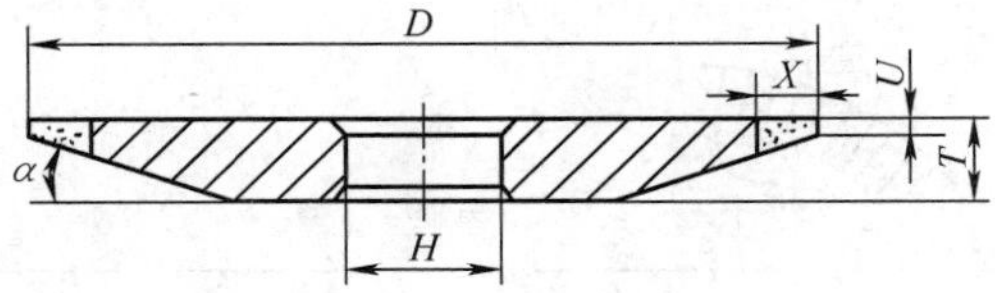 α(15°、20°、25°、30°)	D×T×H 75×(6～8)×10～400×(20～25)×203
杯形砂轮（6A2型）	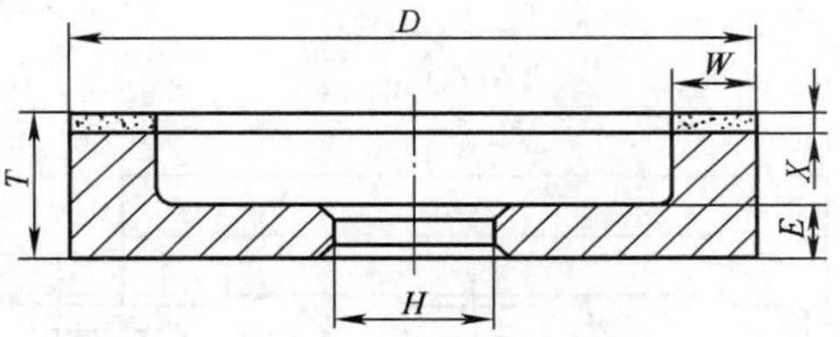	D×T×H 50×(10～25)×10～450×(30～80)×203
杯形砂轮（6A9型）	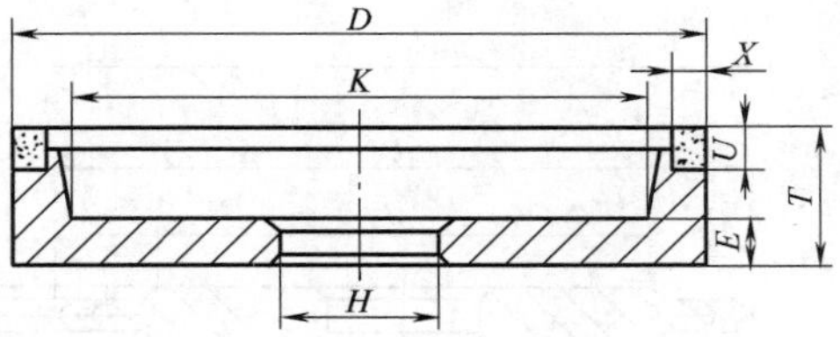	D×T×H 75×25×19.05～250×50×75
碗形砂轮（11A2型）	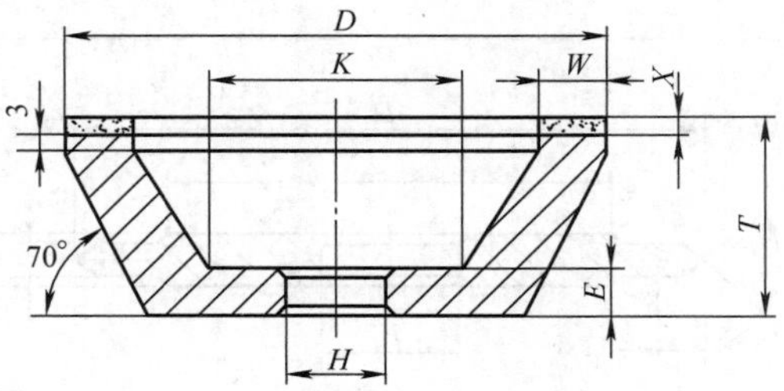	D×T×H 75×(20～30)×19.05～200×(30～50)×40

（续）

磨具名称	形状图	尺寸范围
碗形砂轮 （11V9 型和 11V2 型）	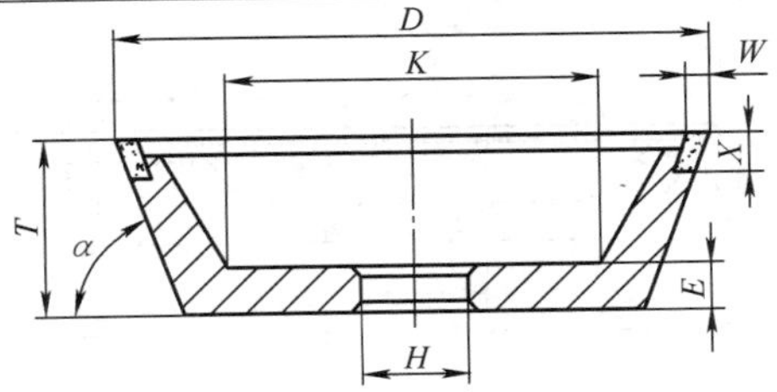 11V9型 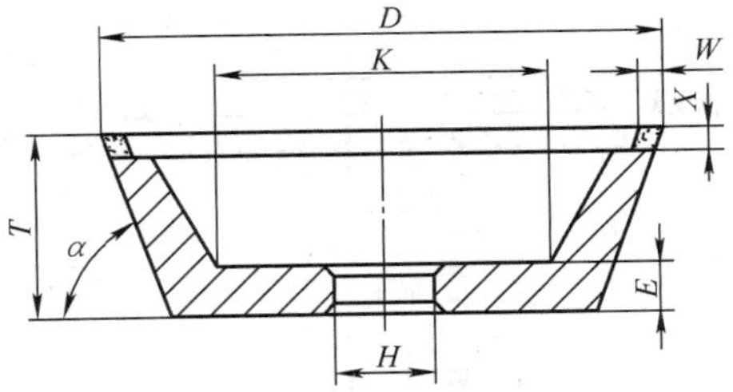 11V2型 α(65°、70°)	D×T×H 30×15×8～ 150×50×32
碗形砂轮 （11A9 型）	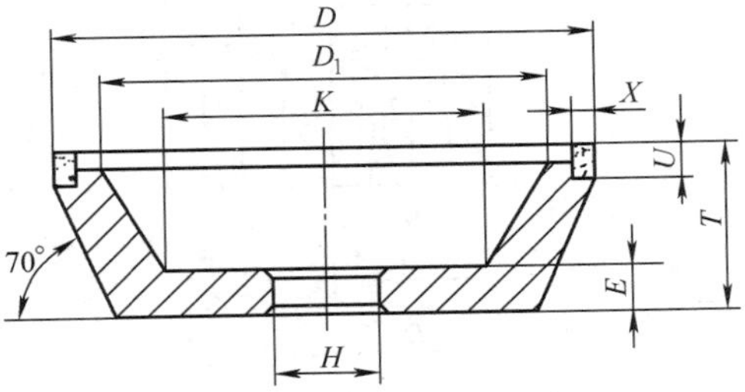	D×T×H 90×25×19.05～ 150×(25～40)×40
碟形砂轮 （13A2 型）	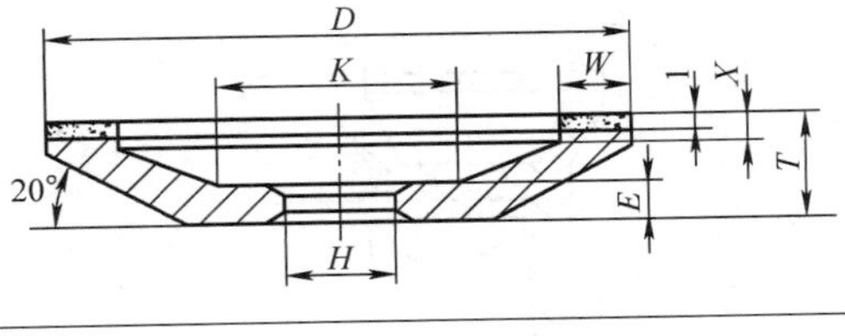	D×T×H 75×12×10～ 250×26×75
碟形砂轮 （12A2 型）	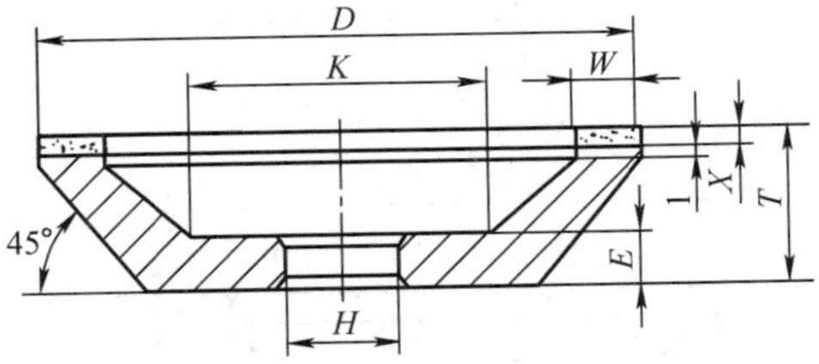	D×T×H 50×20×10～ 250×40×75
碟形砂轮 （13BT1 型）	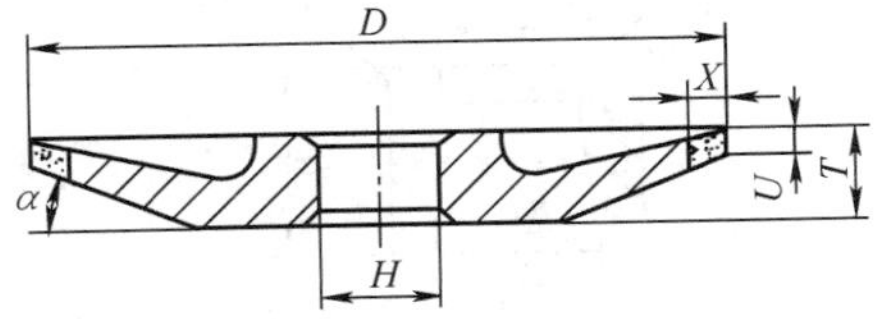 α(20°、25°)	D×T×H 50×6×10～ 125×15×32

（续）

磨具名称	形状图	尺寸范围
碟形砂轮（12V9 型）	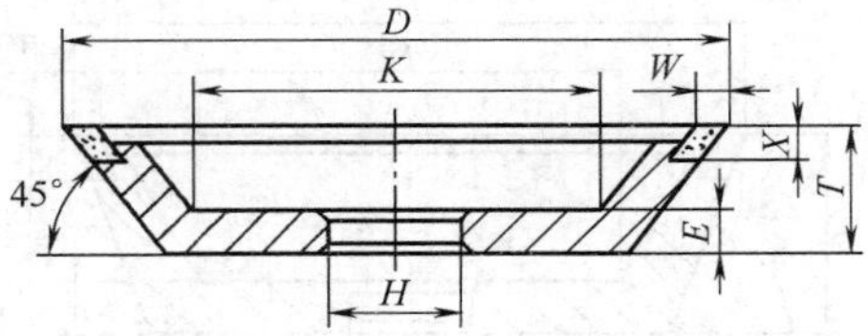	$D\times T\times H$ 75×20×19.05～ 150×25×32
碟形砂轮（12V2 型）	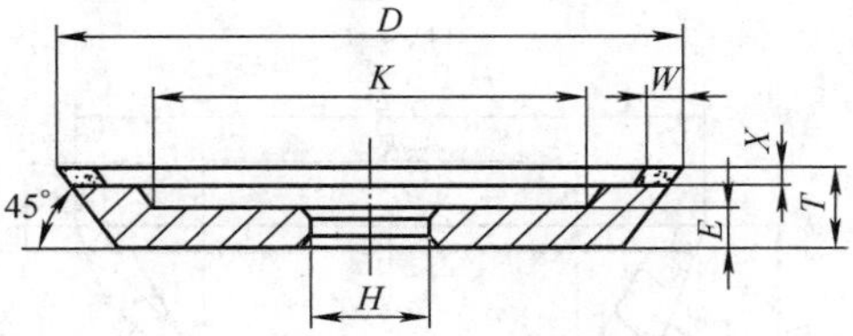	$D\times T\times H$ 50×10×10～ 250×30×127
筒形砂轮（2F2/1 型）	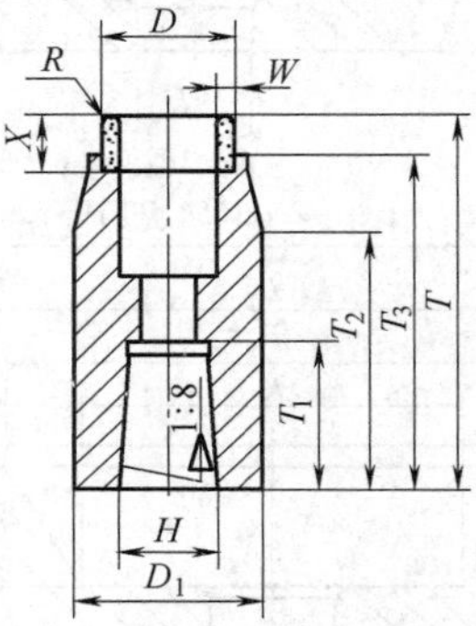	$D\times D_1\times T\times H$ 8×26×55×15.5～ 22.5×28×55×15.5
筒形砂轮（2F2/2 型）	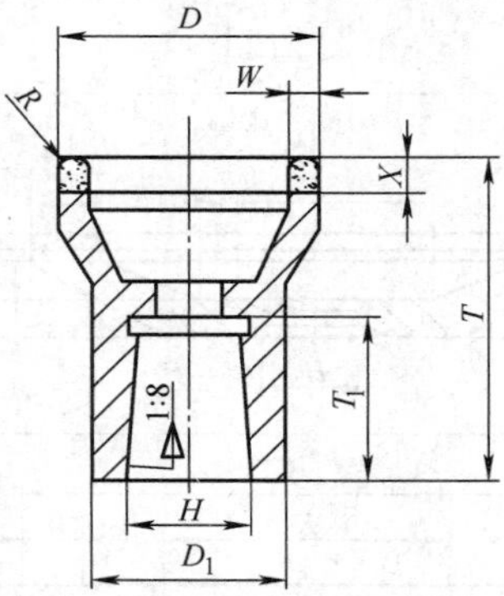	$D\times D_1\times T\times H$ 28×28×55×18～ 63×28×55×18
筒形砂轮（2F2/3 型）	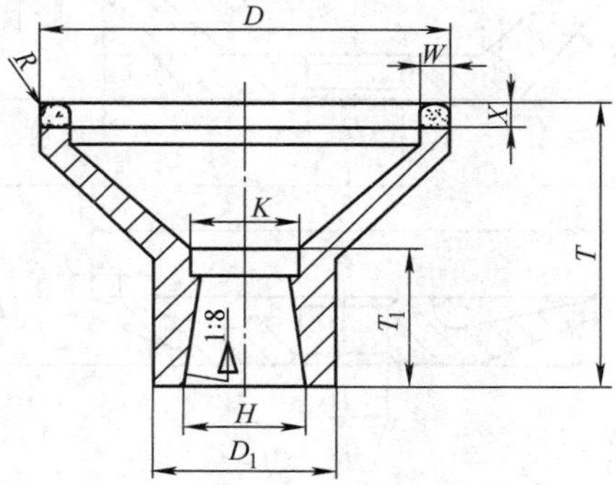	$D\times D_1\times T\times H$ 74×60×95×23～ 307×80×95×32

（续）

磨具名称	形状图	尺寸范围
筒形砂轮 （2A2T 型）	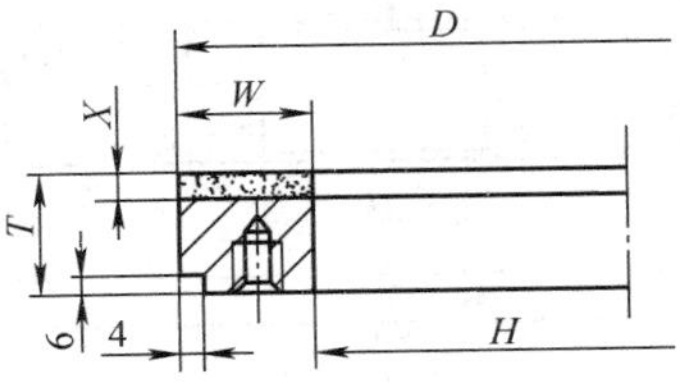 a) 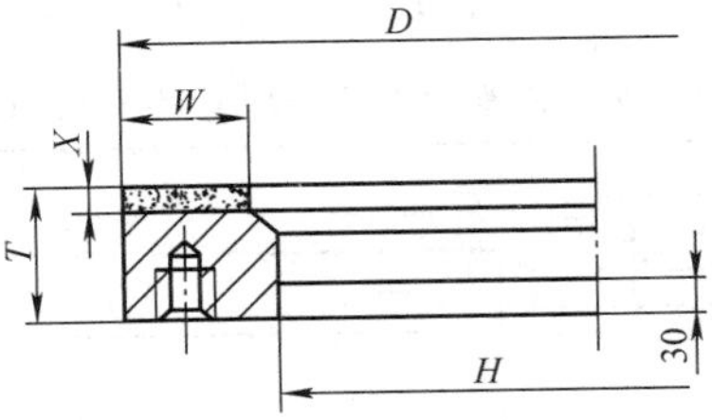 b)	$D \times T \times H$ 300×60×（250、240）~450×（50、80）×（370、360）
磨边砂轮 （1DD6Y 型）	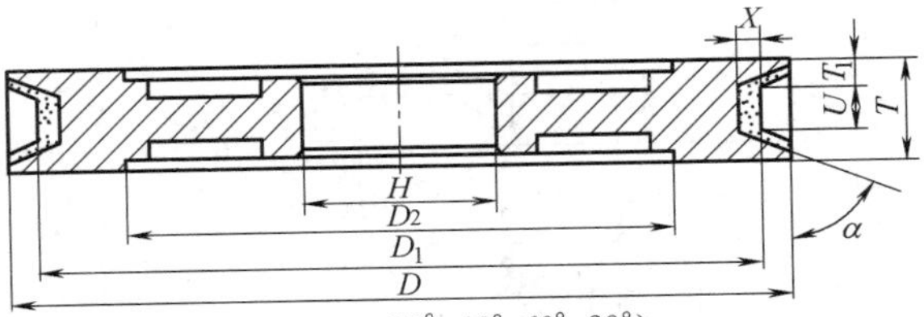 α(30°、45°、60°、90°)	$D \times T_1 \times U \times H$ 101×6×4×30~168×8×32×32
磨边砂轮 （14A1 型）	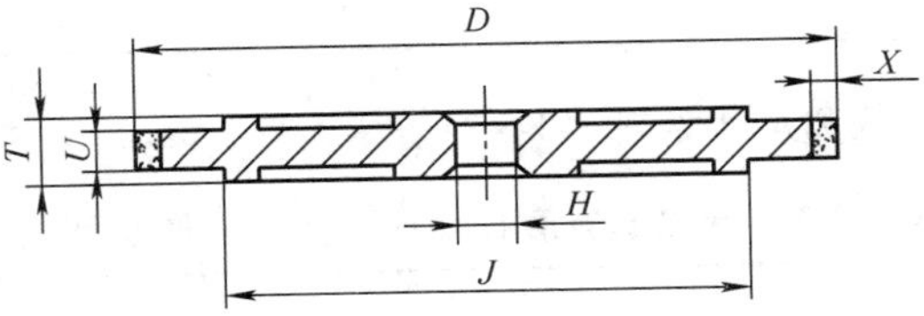	$D \times T \times U \times H$ 100×14×4×30~160×42×32×32
磨边砂轮 （2D9 型）	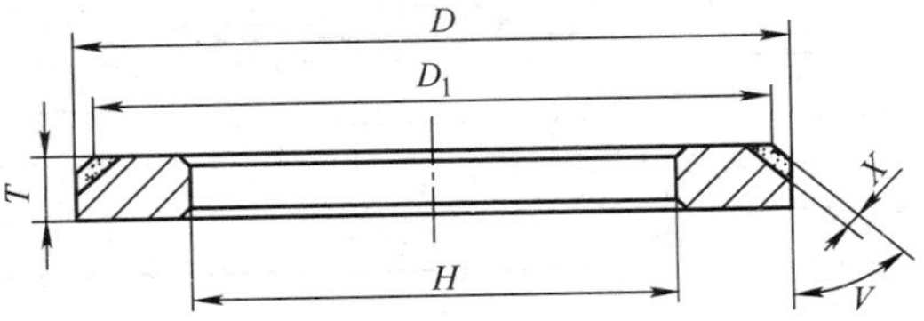 T=6mm($V \geqslant 45°$)，T=8mm($V<45°$)	$D \times T \times H$ 101×6×65~168×8×105
平行磨边砂轮 （9A1 型）	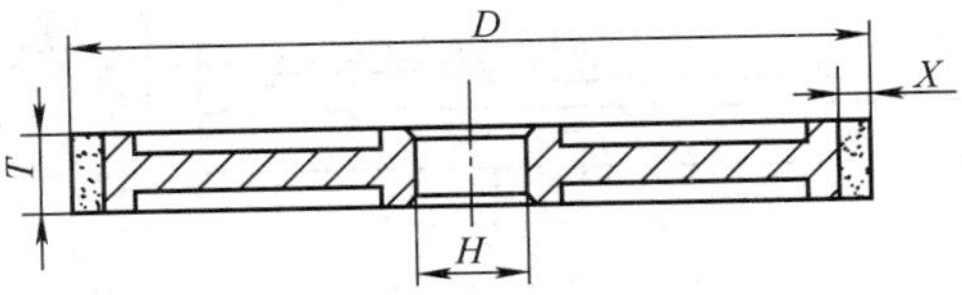	$D \times T \times H$ 160×25×16~190×25×16

（续）

磨具名称	形状图	尺寸范围
平形砂轮（1A8型）	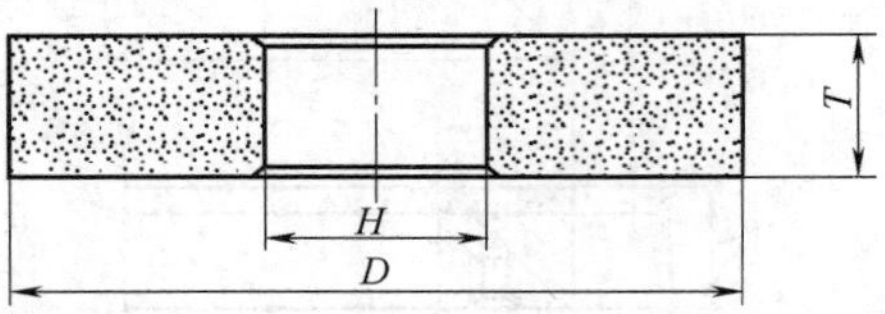	$D \times T \times H$ 6×4×2～ 40×23×14

注：具体尺寸参数见 GB/T 41403—2022。

（2）磨头　磨头（1A1W 型）的形状和尺寸见表 3-3-30。

表 3-3-30　磨头（1A1W 型）的形状和尺寸　　（单位：mm）

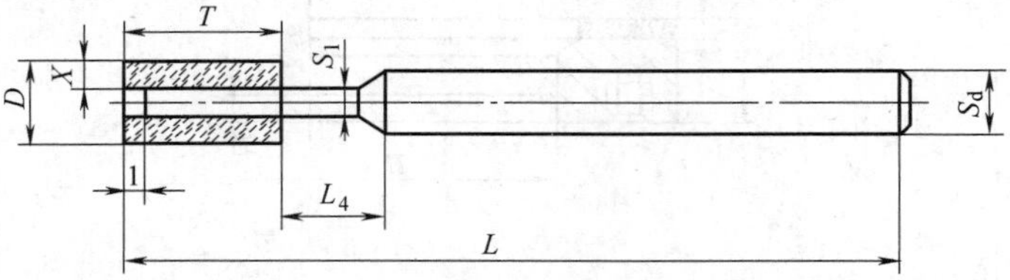

D	T	S_d	X	L	S_1	L_4
3	4,6	3	0.65	66	1.7	2～8
4	6,8		1.15			
5			1.65			
6		6	1.5		3	
8	6,8,10		2.0			
10	6,8,10,12		2.5		6	4～6
12		6,8,10	3.0	70		
14						
16						
20						

（3）磨石　磨石的形状和尺寸见表 3-3-31～表 3-3-37。

表 3-3-31　带柄长方磨石（HA 型）的形状和尺寸　　（单位：mm）

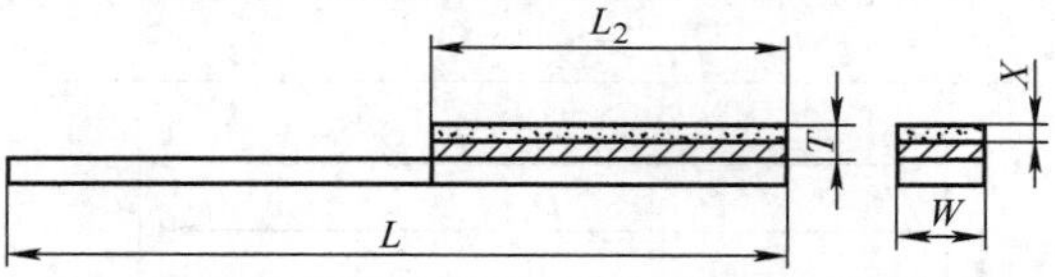

L	L_2	T	W	X
150	40	5	10	2

表 3-3-32　带柄圆弧磨石（HH 型）的形状和尺寸　　（单位：mm）

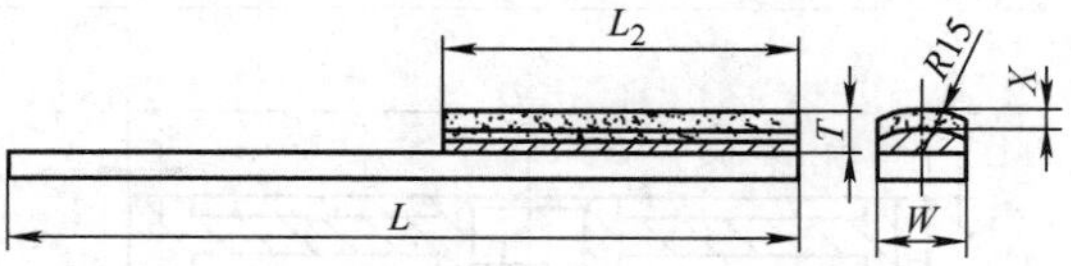

L	L_2	T	W	X
150	40	5	10	2

表 3-3-33 带柄三角磨石（HEE 型）的形状和尺寸 （单位：mm）

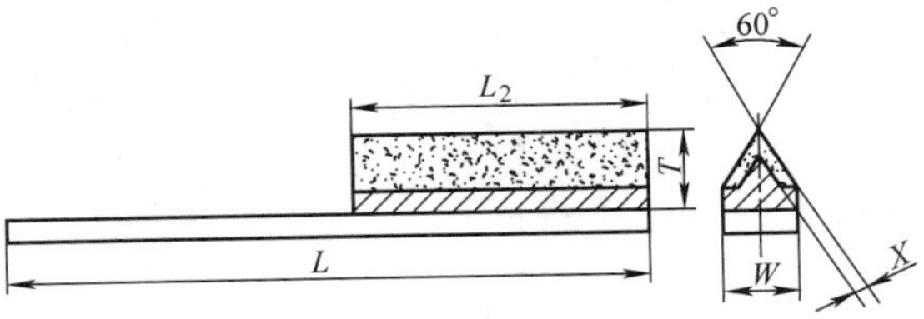

L	L_2	T	W	X
150	40	12	10	2

表 3-3-34 圆头珩磨磨石（HMA/R 型）的形状和尺寸 （单位：mm）

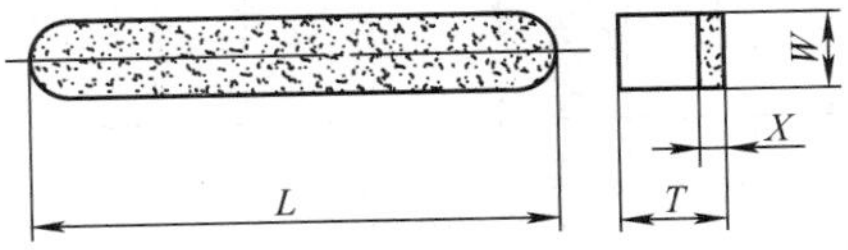

L	W				T		
	2.5	5	6	10	3	5	10
16	✓	✓			✓	✓	
20		✓	✓		✓	✓	
25		✓	✓		✓	✓	
26				✓			✓

注：1. 表中✓为有此尺寸规格。

2. 表图中尺寸 $X=1\text{mm}$，2mm。

表 3-3-35 长方珩磨磨石（HMA 型）、弧面珩磨磨石（HMH/1 型）、弧面斜头珩磨磨石（HMH/2 型）的形状和尺寸 （单位：mm）

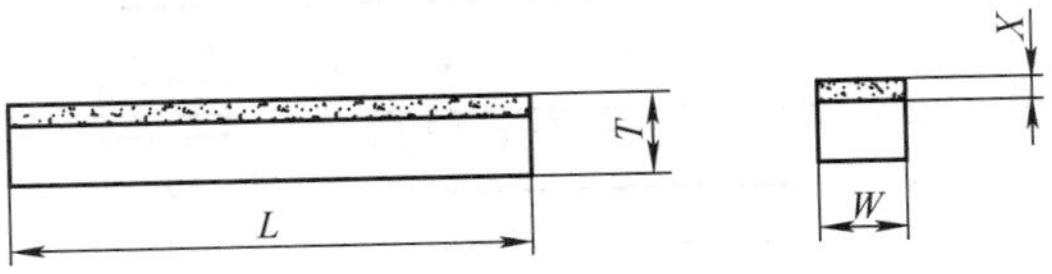

HMA型

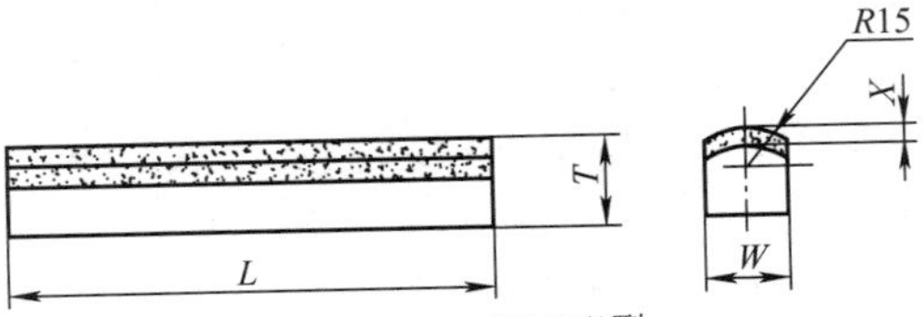

HMH/1型

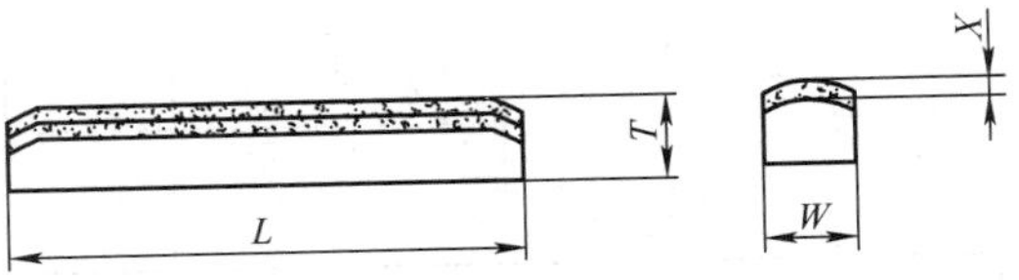

HMH/2型

（续）

L	W								T						
	3	5	6	8	10	12	13	16	3.5	5	6	8	10	13	14
16	✓	✓							✓	✓					
22	✓	✓							✓	✓					
26	✓	✓							✓	✓					
30	✓	✓								✓					
40	✓	✓								✓					
50			✓	✓							✓	✓			
63			✓	✓							✓	✓			
72			✓	✓								✓			
80				✓								✓	✓		
100					✓	✓							✓		
125					✓	✓							✓		
150						✓	✓						✓	✓	✓
160						✓	✓						✓	✓	✓
200						✓	✓	✓					✓	✓	✓

注：1. 表中✓为有此尺寸规格。

2. 表图中尺寸 X=1mm，2mm，3mm。

表 3-3-36 长方带斜珩磨磨石（HMA/α 型）的形状和尺寸 （单位：mm）

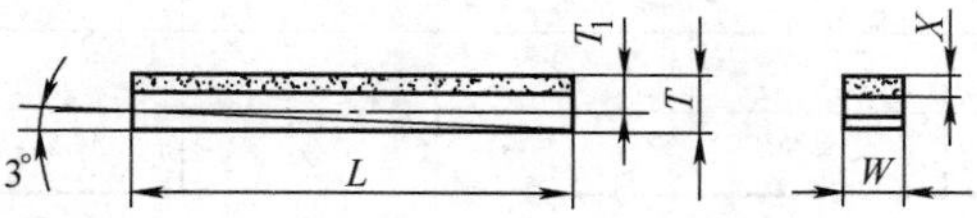

L	W	T	T_1	X		α
12	2.5	3.5	2.5	1	1.5	3°

表 3-3-37 平形带槽珩磨磨石（HMAA 型）的形状和尺寸 （单位：mm）

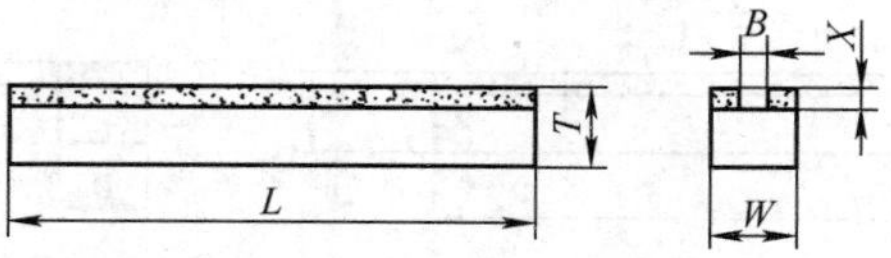

L	T				W						B
	6	8	10	12	5	6	7	8	9	10	
40	✓				✓	✓					1.5
63	✓				✓	✓					
80	✓				✓	✓					
100	✓				✓	✓					
125	✓				✓	✓	✓	✓	✓	✓	
160	✓	✓	✓		✓	✓	✓	✓	✓	✓	
200		✓	✓	✓	✓	✓	✓	✓	✓	✓	
250		✓	✓	✓	✓	✓	✓	✓	✓	✓	

注：1. 表中✓为有此尺寸规格。

2. 表图中尺寸 X=2mm，2.5mm，3mm。

2. 金刚石修整笔（JB/T 3236—2018）（见表3-3-38～表3-3-44）

表3-3-38 L系列链状金刚石修整笔的结构型式、尺寸和技术参数

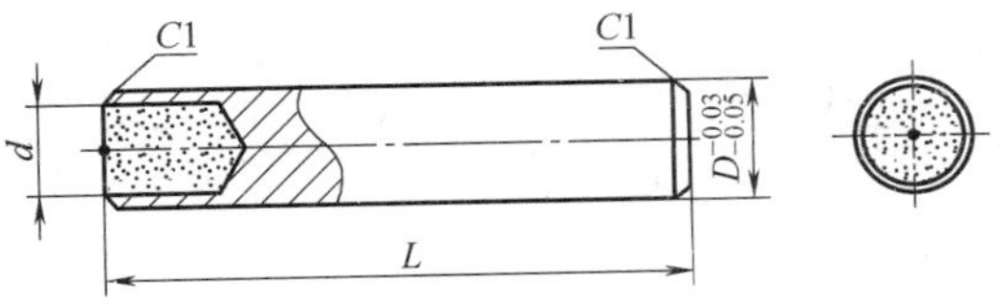

L1101～L1103

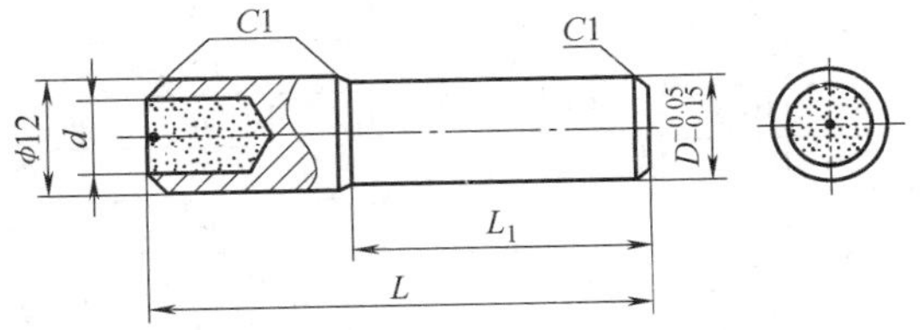

L1104～L1110

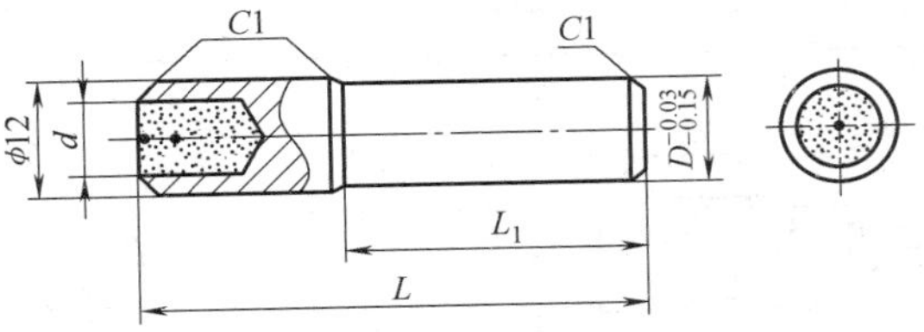

L2105、L2107、L2108、L2110

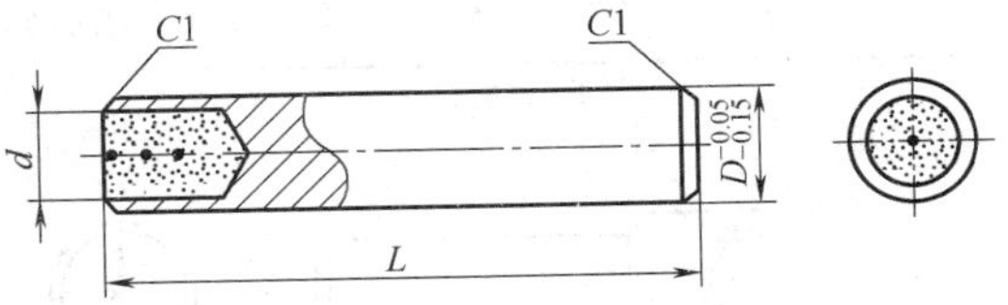

L3105、L3106

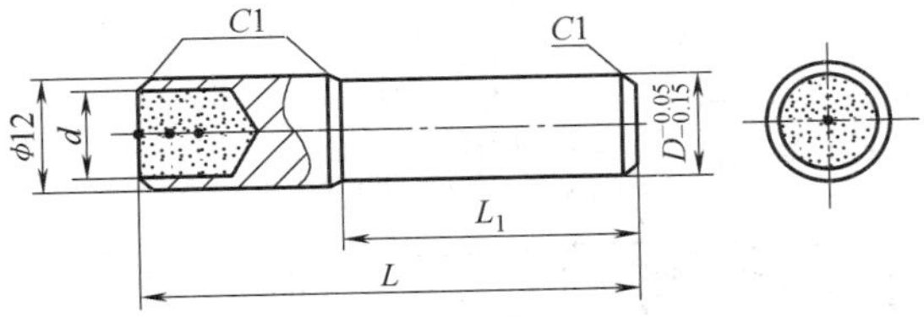

L3110

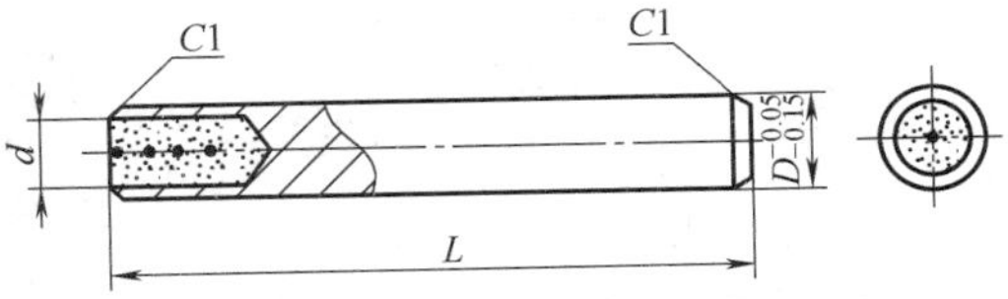

L4103、L4104、L4105

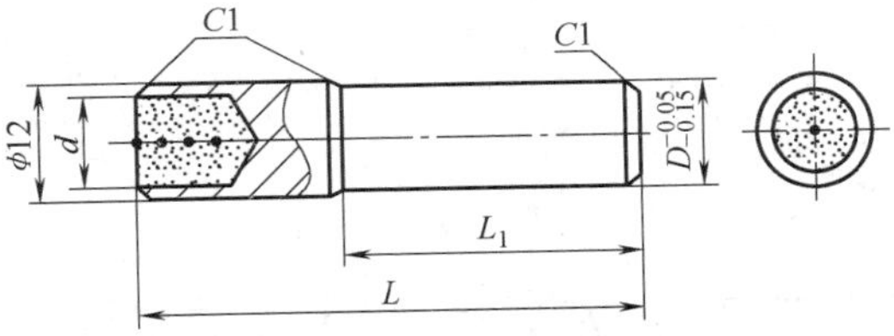

L4110

型　　号	金刚石总粒数	金刚石总质量/g	D/mm	L/mm	L_1/mm	d/mm
L1101	1	0.02	10	45,50	—	6,8
L1102		0.04				
L1103		0.06				
L1104		0.08			25,30	8,10
L1105		0.10				
L1106		0.12				
L1107		0.14				
L1108		0.16				
L1109		0.18				
L1110		0.20				
L2105	2	0.10				
L2107		0.14				
L2108		0.16				
L2110		0.20				

（续）

型　号	金刚石总粒数	金刚石总质量 /g	D /mm	L/mm	L_1 /mm	d/mm
L3105	3	0.10	10	45,50	—	8
L3106		0.12				
L3110		0.20			25,30	10
L4103	4	0.06	8		—	6
L4104		0.08				
L4105		0.10				
L4110		0.20	10		25,30	10

表 3-3-39　C 系列层状金刚石修整笔的结构型式、尺寸和技术参数

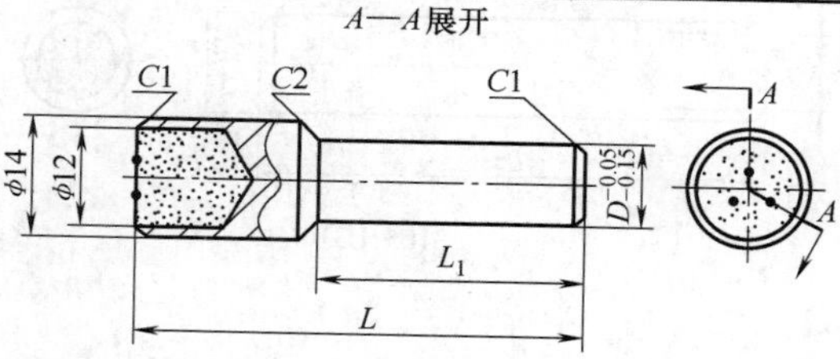

C1308

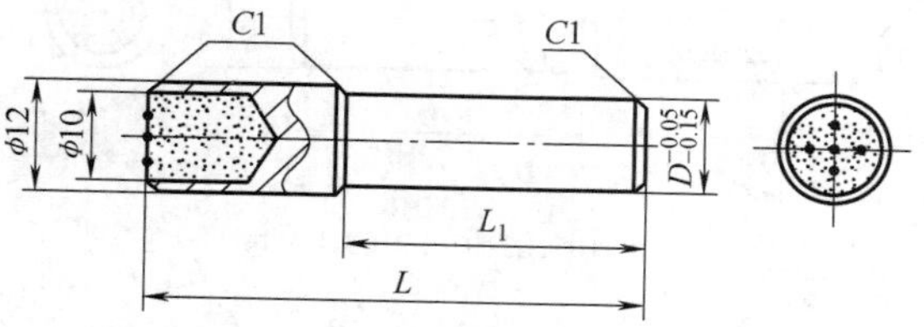

C1508

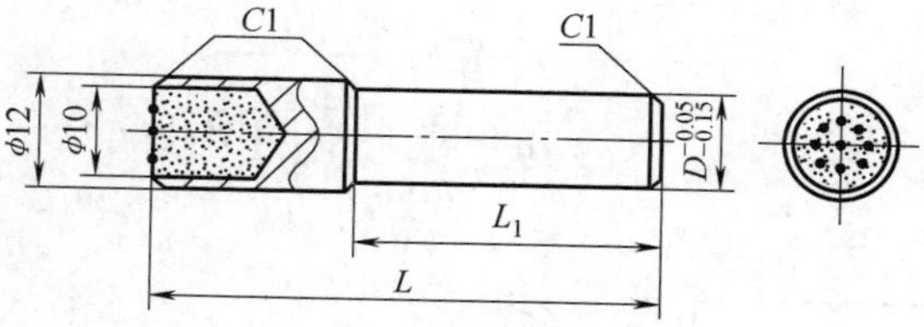

C1908

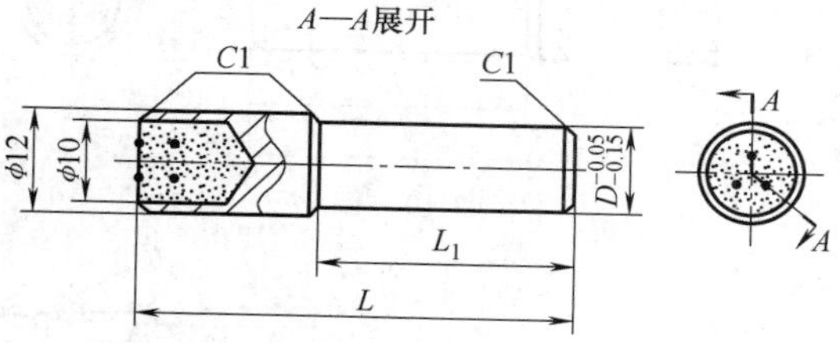

C2310

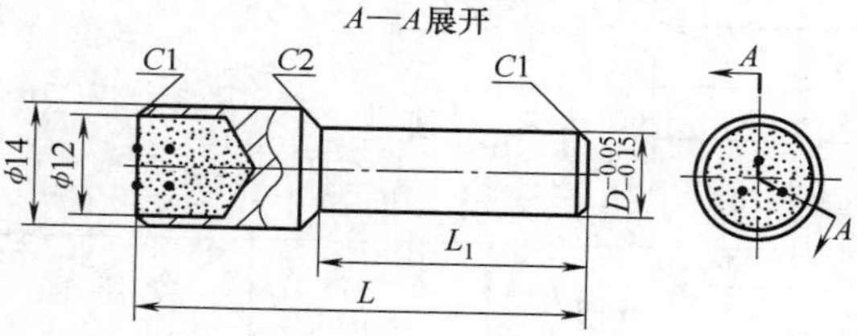

C2315

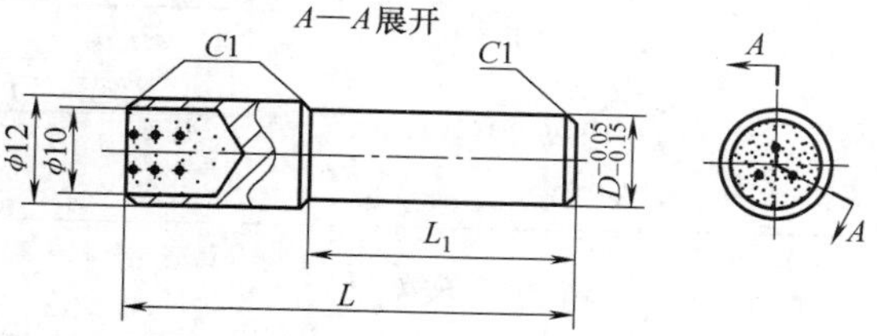

C3305、C3310

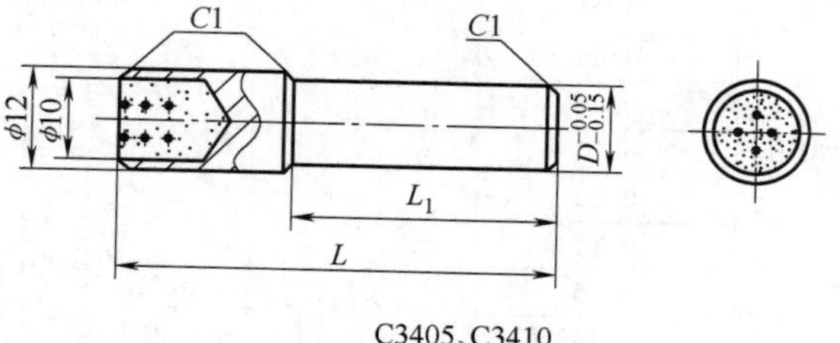

C3405、C3410

型号	金刚石层数	每层金刚石粒数	金刚石总质量 /g	D /mm	L /mm	L_1 /mm
C1308	1	3	0.16	10	45,50	25,30
C1508		5				
C1908		9				30,35

（续）

型号	金刚石层数	每层金刚石粒数	金刚石总质量 /g	D /mm	L /mm	L_1 /mm
C2310	2	3	0.20	10	45,50	25,30
C2315			0.30			
C3305	3		0.10			
C3310			0.20			
C3405		4	0.10			
C3410			0.20			

表 3-3-40　P 系列排片状金刚石修整笔的结构型式、尺寸和技术参数

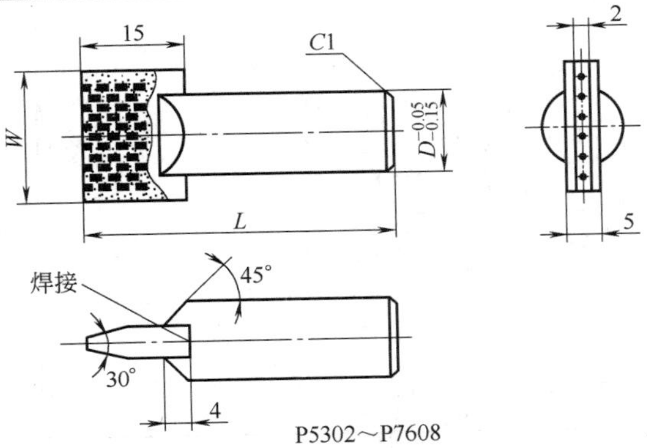

P5302～P7608

型号	金刚石总排数	每排金刚石粒数	金刚石总质量 /g	D /mm	L /mm	W /mm
P5302	5	3-2-3-2-3	0.04	10	45,50	8
P7403	7	4-3-4-3-4-3-4	0.06			
P5403	5	4-3-4-3-4	0.06	10,12		10
P7504	7	5-4-5-4-5-4-5	0.08			
P5605	5	6-5-6-5-6	0.10			15
P7706	7	7-6-7-6-7-6-7	0.12			
P7608	7	6-5-6-5-6-5-6	0.16			20

表 3-3-41　F 系列粉状金刚石修整笔的结构型式、尺寸和技术参数

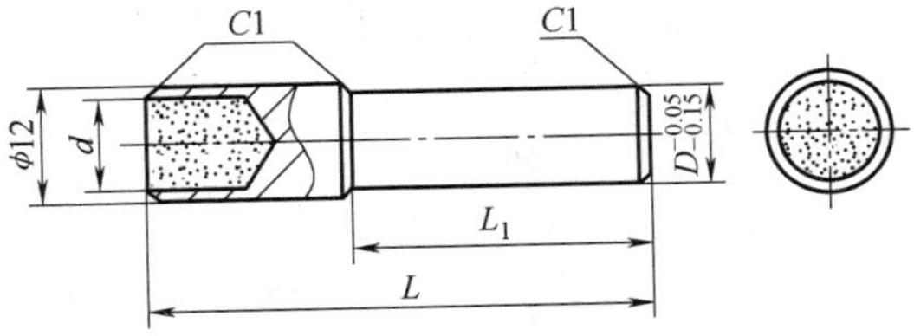

F16～F30(一)

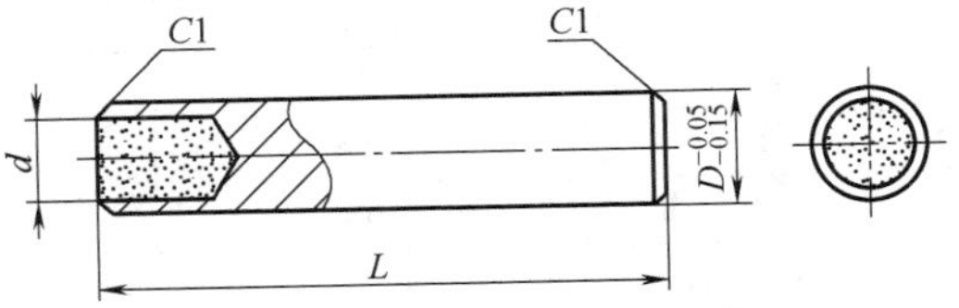

F16～F30(二)

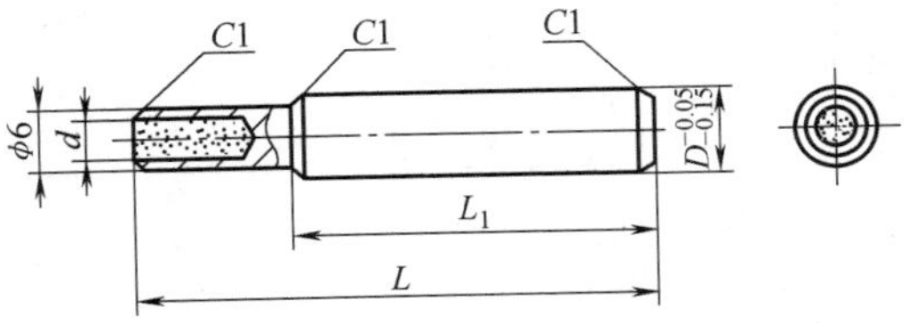

F35～F230

（续）

型号	金刚石总质量/g	金刚石颗粒的粒度	D/mm	L/mm	d/mm	L_1/mm
F16	0.2,0.3	16/18	10	50	10	25,30
					8	—
F18		18/20			10	25,30
					8	—
F20		20/25			10	25,30
					8	—
F25		25/30			10	25,30
					8	—
F30		30/35			10	25,30
					8	—
F35	0.1,0.2	35/40	8	50	4	35
F40		40/50				
F60		60/70				
F80		80/100				
F100		100/120				
F120		120/140				
F140		140/170				
F170		170/200				
F200		200/230				
F230		230/270				

表 3-3-42　N系列自然尖金刚石修整笔的结构型式、尺寸和技术参数

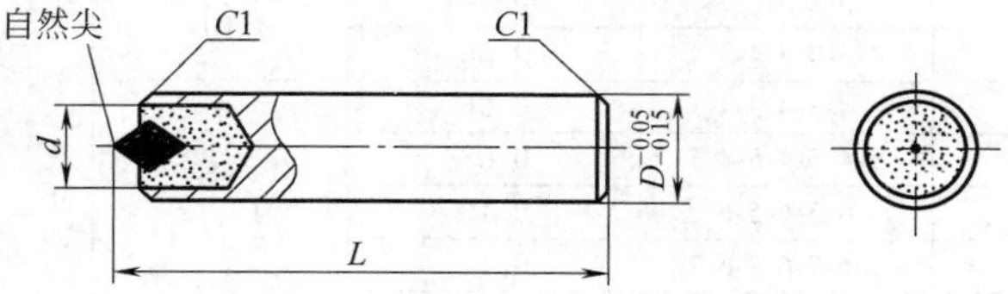

N01～N20

型号	金刚石总质量/g	D/mm	L/mm	d/mm
N01	0.02	8,10	30,50	6
N02	0.04			
N03	0.06			
N04	0.08			
N05	0.10	10,12	35,50,80	8
N06	0.12			
N08	0.16			
N10	0.20			
N12	0.24			
N15	0.30	12	50,80	10
N20	0.40			

注：根据用户需要，金刚石可以采用一级、二级、三级砂轮刀用天然金刚石和人造工业级优质大颗粒单晶。

表 3-3-43 M 系列磨尖金刚石修整笔的结构型式、尺寸和技术参数

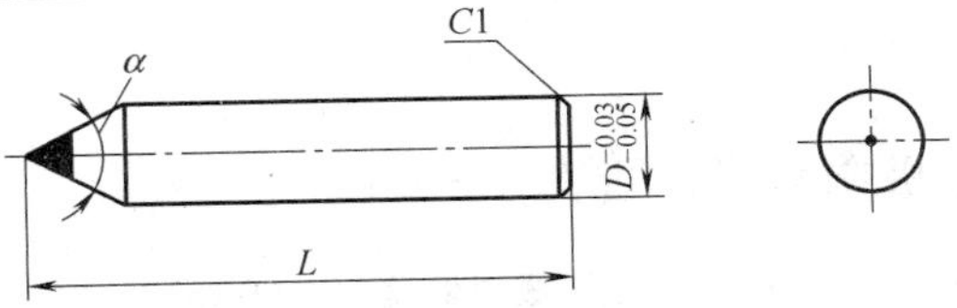

M60～M100

型号	α/(°)	D/mm	L/mm
M60	60	6,8,10	35,50
M70	70		
M80	80		
M90	90		
M100	100		

表 3-3-44 Z 系列凿形金刚石修整笔的结构型式、尺寸和技术参数

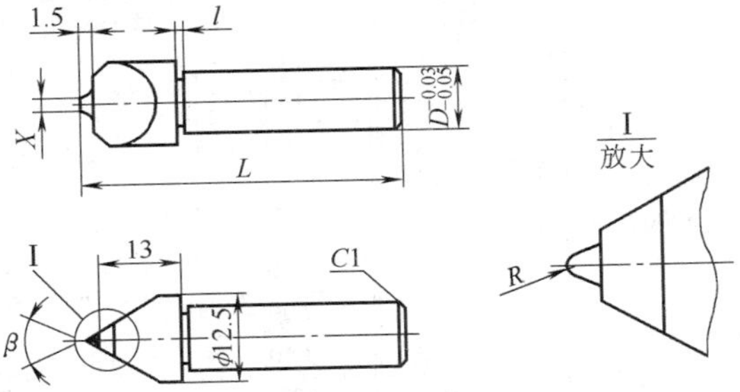

Z4001～Z7003

型号	β/(°)	R/mm	X/mm	D/mm	L/mm
Z4001	60	0.1	2.0,2.5,3.0,3.5,3.8,4.0	8,10	36,48
Z4002		0.2			
Z4003		0.3			
Z5001	50	0.1			
Z5002		0.2			
Z5003		0.3			
Z5501	55	0.1			
Z5502		0.2			
Z5503		0.3			
Z6001	60	0.1			
Z6002		0.2			
Z6003		0.3			
Z7001	70	0.1			
Z7002		0.2			
Z7003		0.3			

3.3 涂附磨具

3.3.1 砂页的尺寸和极限偏差(见表3-3-45)

表3-3-45 砂页的尺寸和极限偏差(GB/T 15305.1—2005) (单位:mm)

宽×长	极限偏差(宽或长)	宽×长	极限偏差(宽或长)
230×280	±3	93×230	±3
115×280		70×230	
115×140		70×115	
140×230			

3.3.2 砂卷的尺寸和极限偏差(见表3-3-46)

表3-3-46 砂卷的尺寸和极限偏差(GB/T 15305.2—2008) (单位:mm)

宽度 T		长度 L		宽度 T		长度 L	
尺寸	极限偏差	尺寸	极限偏差	尺寸	极限偏差	尺寸	极限偏差
12.5	±1	25000或50000	±(250~500)	115	±2	50000	±500
15				150			
25				200			
35	±2			230			
40				300			
50				600			
80				690	±3		
93				920			
100		50000	±500	1370			

3.3.3 砂带的尺寸和极限偏差(见表3-3-47和表3-3-48)

表3-3-47 优先选用的砂带尺寸和极限偏差(GB/T 15305.3—2009)(单位:mm)

宽度 T		长度 L	
尺 寸	极限偏差	尺 寸	极限偏差
6	±1	457	±3
		520	
		533	
		610	
10	±1	330	
14	±1	330	
		457	
		480	
		520	
		610	
		760	
		1120	±5
20	±1	450	±3
		480	
		520	
		610	

（续）

宽度 T		长度 L	
尺 寸	极限偏差	尺 寸	极限偏差
20	±1	2000	±5
		2500	
		3500	
		4000	
25	±1	450	±3
		480	
		610	
		760	
		1000	
		1500	±5
		2000	
		2500	
		3500	
30	±1	450	±3
		620	
		800	
		1000	
		1250	±5
		1500	
		2000	
		2500	
		3500	
		4000	
40	±1	450	±3
		620	
		750	
		800	
		1200	±5
		1500	
		1650	
		2000	
		2500	
		3500	
		4000	
50	±1	450	±3
		620	
		750	
		800	
		1000	±5
		1250	
		1500	
		1600	
		2000	
		2500	
		3000	
		3500	
		4000	

（续）

宽度 T		长度 L	
尺　寸	极限偏差	尺　寸	极限偏差
60	±2	400	±3
		2250	±5
		2500	
		3000	
		3500	
65	±2	410	±3
75	±2	457	±3
		480	
		533	
		610	
		1500	±5
		2000	
		2250	
		2500	
		3000	
		3500	
		4000	
100	±2	560	±3
		610	
		620	
		800	
		860	
		900	
		1000	
		1100	±5
		1500	
		1800	
		2000	
		2500	
		3000	
		3500	
		4000	
		8500	±20
		9000	
120	±2	450	±3
		1500	±5
		2000	
		2500	
		3000	
		3500	
		4000	
		7000	±20
		7600	
		7800	
		8000	
150	±2	1500	±5
		1750	
		2000	

（续）

宽度 T		长度 L	
尺寸	极限偏差	尺寸	极限偏差
150	±2	2250	±5
		2500	
		3000	
		3500	
		4000	
		5000	±10
		6000	±20
		6500	
		7000	
		7100	
		7200	
		7500	
		7700	
		7800	
		9000	
200	±2	550	±3
		750	
		1500	±5
		1600	
		1800	
		1850	
		2000	
		2500	
		3000	
		3500	
250	±2	750	±3
		1800	±5
		2500	
		3000	
300	±2	2000	±5
		2500	
		3000	
		3500	
		4000	
400	±2	1900	±5
		3200	
		3300	
630	±2	1900	±5
930	±2	1525	±5
		1900	
		2300	
1100	±3	1900	±10
		2100	
1120	±3	1900	±10
		2200	
		2620	
1150	±3	1900	±10
		2200	

（续）

宽度 T		长度 L	
尺　寸	极限偏差	尺　寸	极限偏差
1150	±3	2500	±10
		2620	
1300	±3	1900	±10
		2620	
		3250	
1320	±3	1900	±10
		2500	
		2620	
		3200	
1350	±3	1900	±10
		2100	
		2620	
		2800	
		3150	
		3250	
		3800	
1400	±3	1900	±10
		2500	
		2620	
		2800	
		3150	
		3250	
		3810	

表 3-3-48　不适合新设计用的砂带尺寸和极限偏差（GB/T 15305.3—2009）

（单位：mm）

宽度 T		长度 L	
尺　寸	极限偏差	尺　寸	极限偏差
13	±1	450	±3
		533	
20	±1	457	±3
		533	
30	±1	533	±3
		740	
40	±1	600	±3
50	±1	395	±3
		1020	±5
		2300	
		2400	
60	±2	2300	±5
75	±2	510	±3
100	±2	395	±3
		550	
		920	
		950	
		1480	±5
		1650	

（续）

宽度 T		长度 L	
尺　　寸	极限偏差	尺　　寸	极限偏差
100	±2	1830	±5
		2250	
		3350	
120	±2	6800	±20
		6880	
		7100	
150	±2	2170	±5
		2280	
		2600	
		2800	
		4800	±10
		4900	
		5400	
		6200	±20
		6630	
		6700	
		6800	
		6880	
		7300	
		7400	
		7600	
		8000	
		8500	
		9200	
200	±2	1900	±5
		2100	
		2350	
		3350	
		4000	
		10300	±20
210	±2	230	±3
610	±2	1900	±5
910	±2	1900	±5
930	±2	2500	±5
1010	±3	1900	±5
1100	±3	2150	±10
		2620	
1120	±3	2150	±10
1300	±3	2200	±10
1350	±3	2000	±10
1400	±3	2150	±10

注：砂带允许存在的两边长度差不应超过，砂带宽度 $T \geqslant 1000$mm 时为 5mm；砂带宽度 $T<1000$mm 时为 3mm。

3.3.4 砂盘的型式和尺寸（见表3-3-49）

表3-3-49 砂盘的型式和尺寸（GB/T 19759—2005） （单位：mm）

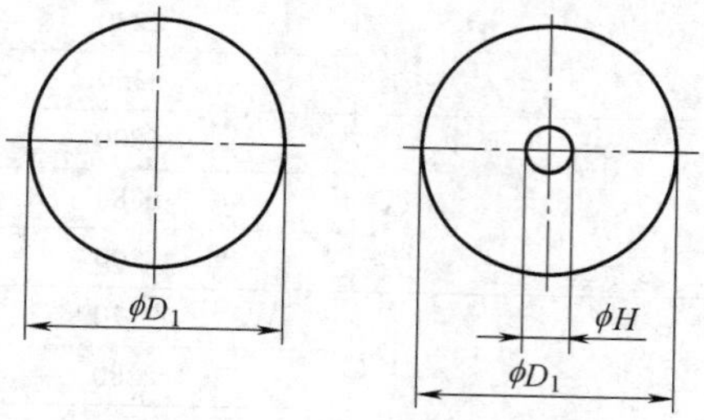

A型砂盘 B型砂盘

型号	D_1	极限偏差	H	极限偏差
A	80	±1.5	—	—
	100			
	115			
	125	±2		
	140			
	150			
	180			
	200	±3		
	235			
B	80	±1.5	8	$^{+1}_{0}$
	100		8	
			12	
			22	
	115		8	
			12	
			22	
	125	±2	8	$^{+1}_{0}$
			12	
			22	
	140		12	
			22	
	150		12	
			22	
	180		12	
			22	
			40	
	200	±3	22	
			40	
	235		22	
			40	

第 4 章　磨削加工及光整加工

4.1　磨削加工

4.1.1　常见的磨削方式（见表 3-4-1）

表 3-4-1　常见的磨削方式

磨削方式	图　　示	磨削方式	图　　示
周边磨削	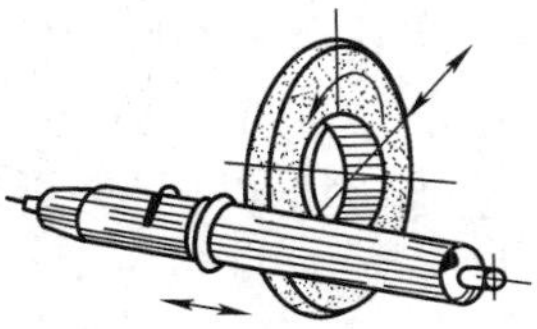 外圆纵磨	周边磨削	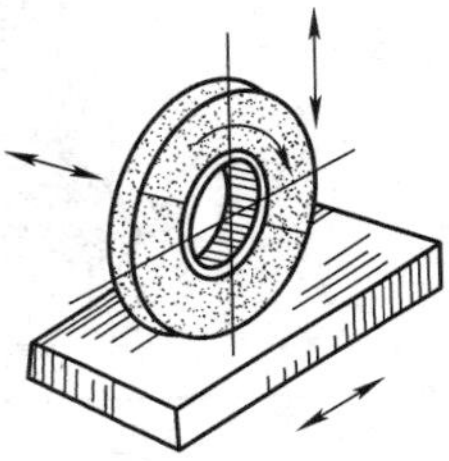 平面磨削
	 外圆径向切入磨削	端面磨削	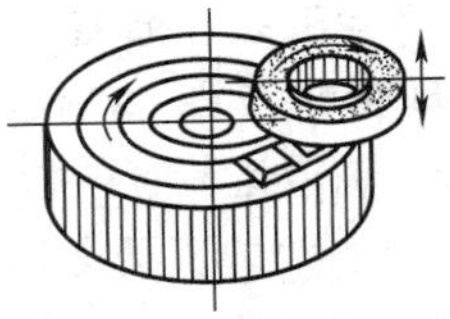 平面磨削
	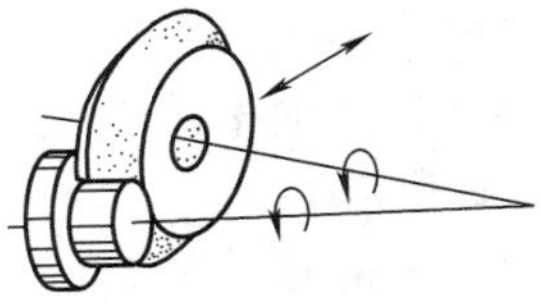 端面外圆切入磨削		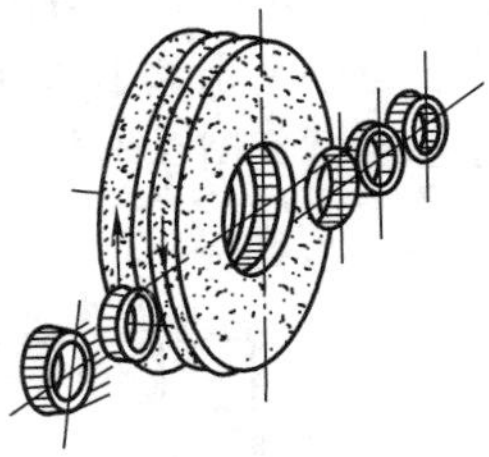 双端面磨削
	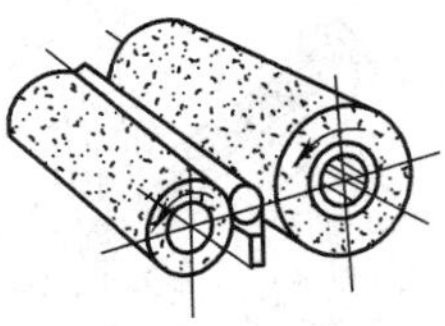 无心外圆磨削	成形磨削	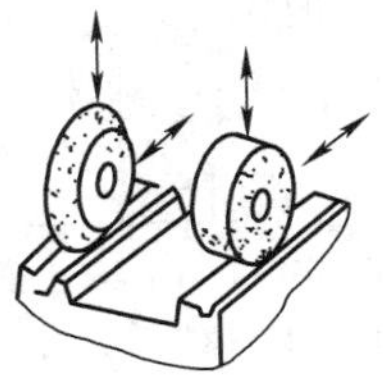 导轨磨削
	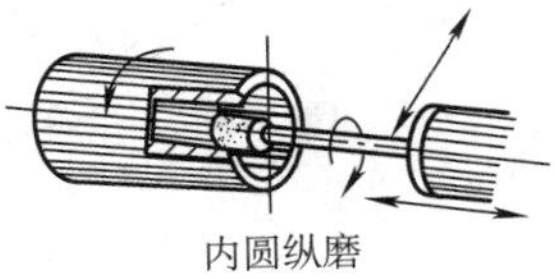 内圆纵磨		

（续）

磨削方式	图示	磨削方式	图示
成形磨削	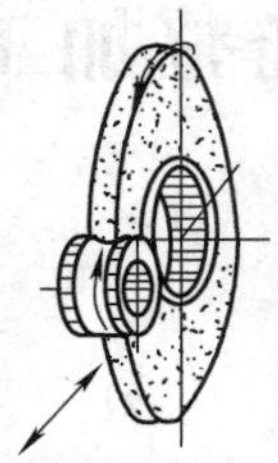 轴承滚道磨削	成形磨削	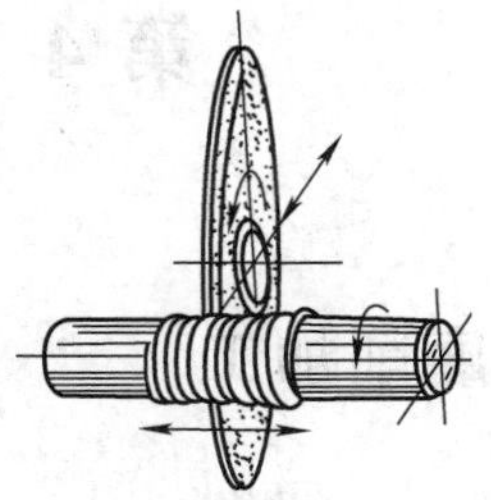 螺纹磨削
	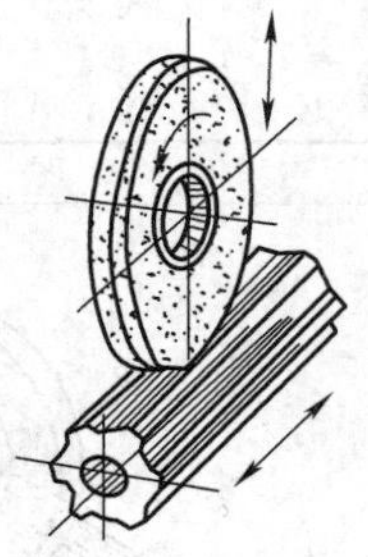 花键磨削		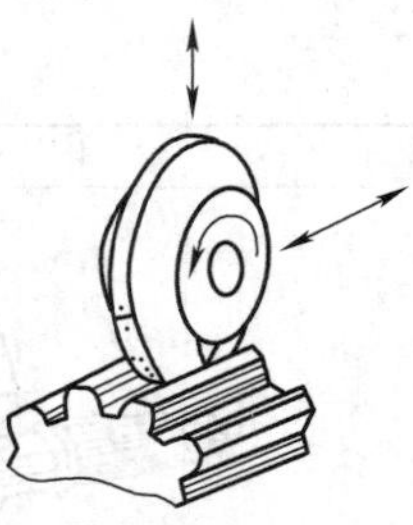 齿轮磨削

4.1.2 磨削加工基础

4.1.2.1 砂轮安装与修整

（1）砂轮的安装　砂轮安装一般采用法兰安装（见图 3-4-1）。安装时应注意以下几点：

1）安装前应进行音响检查。用绳子将砂轮吊起，轻击砂轮，声音应清脆，没有颤音或杂音。

2）两个法兰的直径必须相等，以便砂轮不受弯曲应力而导致破裂。法兰的最小直径应不小于砂轮直径的1/3，在没有防护罩的情况下应不小于2/3。

3）砂轮和法兰之间必须放置橡胶、毛毡等弹性材料，以增加接触面，使受力均匀。安装后，经静平衡，砂轮应在最高转速下试转5min后才能正式使用。

（2）砂轮静平衡调整方法　采用手工操作调整砂轮静平衡时，须使用平衡架（见图 3-4-2）、平衡心轴（见图 3-4-3）及平衡块、水平仪等工具。

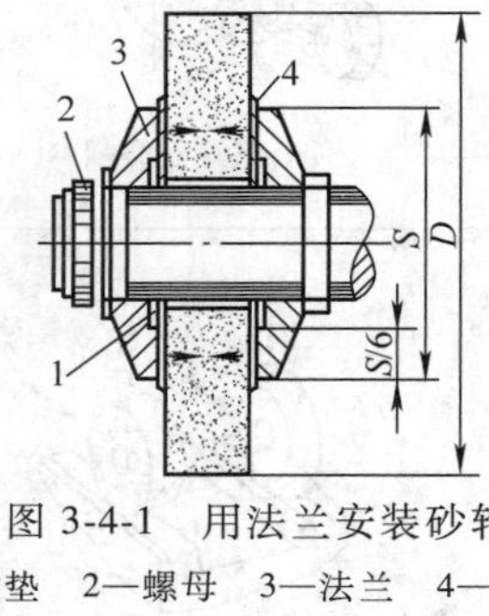

图 3-4-1　用法兰安装砂轮

1—铅衬垫　2—螺母　3—法兰　4—弹性衬垫

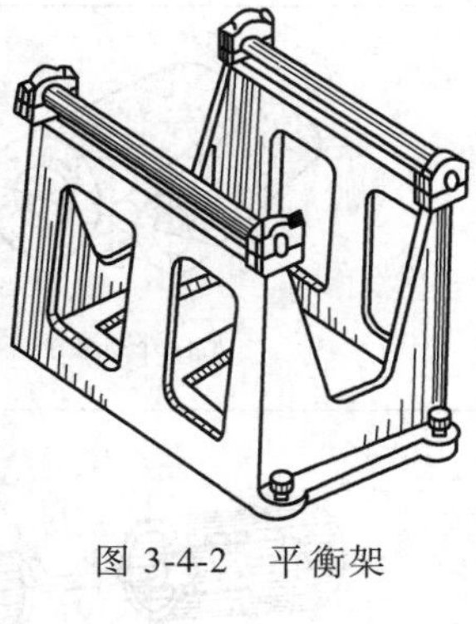

图 3-4-2　平衡架

1）调整方法如图 3-4-4 所示。

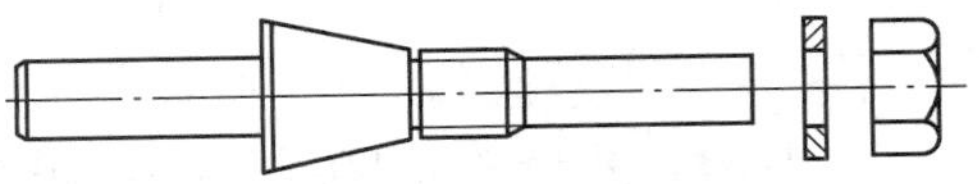

图 3-4-3　平衡心轴

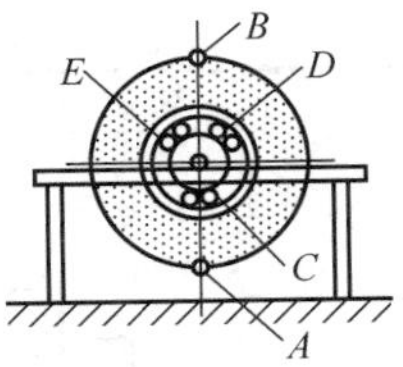

图 3-4-4　砂轮静平衡调整方法

① 找出通过砂轮重心的最下位置点 A。

② 与 A 点在同一直径上的对应点做一记号 B。

③ 加入平衡块 C，使 A 和 B 两点位置不变。

④ 再加入平衡块 D、E，并仍使 A 和 B 两点位置不变。若有变动，可上下调整 D、E 使 A、B 两点恢复原位。此时砂轮左右已平衡。

⑤ 将砂轮转动 90°，若不平衡，将 D、E 同时向 A 点或 B 点移动，直到 A、B 两点平衡为止。

⑥ 如此调整，直至砂轮能在任何方位上稳定下来，就完成了砂轮静平衡的调整。根据砂轮直径的大小，检查 6 个或 8 个方位即可。

2）调整时的注意事项。

① 平衡架要水平放置，特别是纵向。

② 将砂轮中的冷却液甩净。

③ 砂轮要紧固，法兰、平衡块要洗净。

④ 砂轮法兰内锥孔与平衡心轴配合要紧密，心轴不应弯曲。

⑤ 砂轮平衡后，平衡块应紧固。

⑥ 平衡架最好采用刀口式，因与心轴接触面小，反应较灵敏。

（3）修整砂轮

1）修整砂轮的基本原则。应根据工件表面精度要求、砂轮性质、工件材料和加工形式等决定砂轮表面修整的粗细及采用的方法。

① 表面精度要求高，砂轮修整得要平细。

② 工件材料硬、接触面大，砂轮修整得要粗糙。

③ 粗磨比精磨的砂轮修整得要粗糙。

④ 横向、纵向进给量大时，砂轮表面要粗糙。

⑤ 横向、纵向进给量小时，砂轮表面要平细。

⑥ 采用细粗糙度、高精度磨削时，砂轮应适当留有空进给。

2）砂轮修整的方法见表 3-4-2。

表 3-4-2　砂轮修整的方法

修整方法	图　示	修整工具及适用范围
车削法	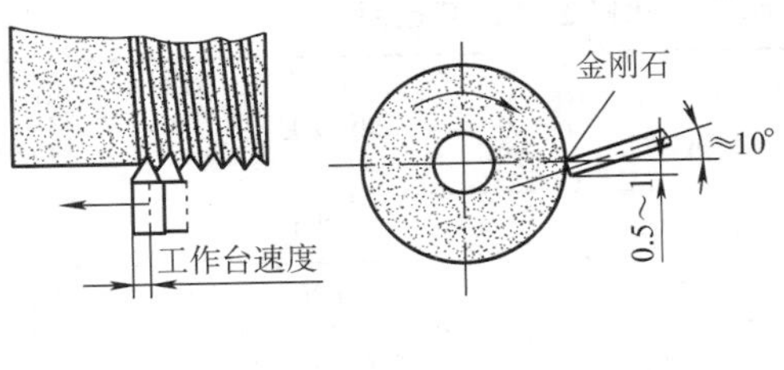	1）车削法是最常用的一种砂轮修整方法。多采用单颗粒金刚石工具，其颗粒大小应根据砂轮直径来确定。修整时，金刚石将磨粒打碎，形成切刃，并使磨粒脱落。适用于粗磨和精磨，能获得较好的修整效果，但天然金刚石价格高，修整工具的消耗大。金刚石顶角应保持 70°～80°，安装角度为 10°～15° 2）车削法修整还可采用天然金刚石片状修整器、金刚石修整笔等修整工具。片状修整器有较好的切削性能和较长的寿命，适用于无修磨大金刚石设施的企业。价格较低，货源较多

（续）

修整方法	图　示	修整工具及适用范围
磨削法	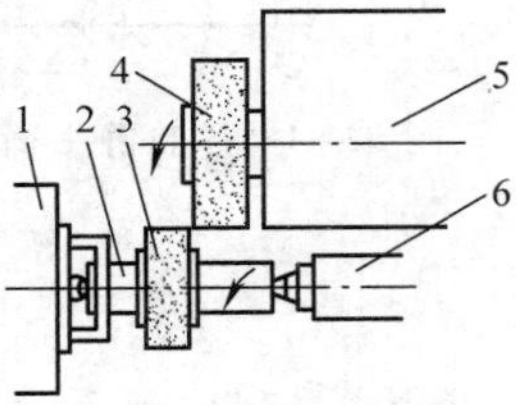 1—头架　2—心轴　3—碳化硅磨轮 4—砂轮　5—砂轮架　6—尾架	1)修整工具和砂轮之间的运动相似于外圆磨削。特点是简单而不需增加专用传动装置,并使砂轮与工件接触均匀 2)用磨削法修整的砂轮表面不锋利,其切削性能较车削法差,但用它来磨削的工件表面质量较好,通常用于成形修整或节省天然金刚石。修整工具往往采用碳化硅砂轮、硬质合金圆盘、金刚石滚轮等

4.1.2.2　砂轮修整工具及其选用

修整砂轮多采用金刚石工具,运用车削法进行。

(1)单颗粒金刚石　金刚石的顶角一般取70°~80°为合理,并应经常保持金刚石的锋利性。

金刚石安装的角度一般取为10°(见图3-4-5),其安装高度应低于砂轮中心0.5~1mm。

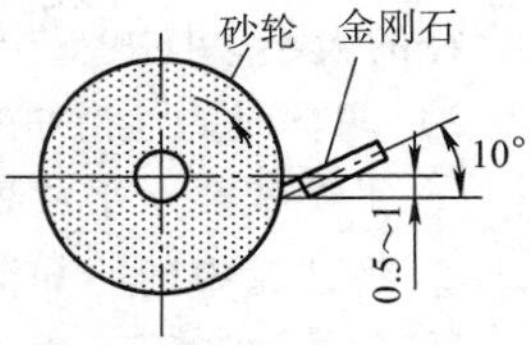

图3-4-5　金刚石的安装

修整时应浇注充分的冷却液,并浇注在整个砂轮宽度上。

干磨修整砂轮时,修几刀后应停一会,使金刚石得以冷却。

所采用的金刚石颗粒的大小,是根据砂轮直径确定的(见表3-4-3)。

表3-4-3　金刚石颗粒大小的选择

砂轮直径/mm	金刚石颗粒大小/ct①
200以下	0.15~0.25
200~300	0.25~0.35
300~500	0.5~0.75
500~600	1.0~1.25
600~900	1.25~1.75

①　ct是克拉，1ct=0.203g。

(2)　金刚石片状修整器　金刚石片状修整器由小的金刚石颗粒烧结而成，其规格的选用要根据砂轮直径大小来确定（见表3-4-4）。

表3-4-4　金刚石片状修整器及其选用

磨削方法	砂轮直径/mm	砂轮粒度号	金刚石片状修整器型号
外圆磨、平面磨、成形磨、外圆磨靠端面磨等，用于修整阶梯形、曲线	<750	F36~F60	YP_1-30
	<600	F46~F80	YP_1-50
	<500	细于F60	YP_1-80

（续）

<table>
<tr><th>磨削方法</th><th>砂轮直径
/mm</th><th>砂轮粒度号</th><th>金刚石片状
修整器型号</th></tr>
<tr><td rowspan="3">外圆磨、平面磨、外圆磨靠端面等</td><td rowspan="3">400~900</td><td>F36~F60</td><td>YP_2-30</td></tr>
<tr><td>F46~F80</td><td>YP_2-50</td></tr>
<tr><td>细于 F60</td><td>YP_2-80</td></tr>
<tr><td rowspan="3">内圆磨、平面磨等</td><td rowspan="3"><350</td><td>F36~F60</td><td>YT-30</td></tr>
<tr><td>F46~F80</td><td>YT-50</td></tr>
<tr><td>细于 F60</td><td>YT-80</td></tr>
<tr><td rowspan="3">平面磨及工具磨等修整圆弧</td><td rowspan="3">250~600</td><td>F36~F60</td><td>FP_1-30</td></tr>
<tr><td>F46~F80</td><td>FP_1-50</td></tr>
<tr><td>细于 F60</td><td>FP_1-80</td></tr>
<tr><td rowspan="3">外圆磨、无心磨等多砂轮磨削及筒形砂轮修整</td><td rowspan="3">400~1400</td><td>F36~F60</td><td>FP_2-30</td></tr>
<tr><td>F46~F80</td><td>FP_2-50</td></tr>
<tr><td>细于 F60</td><td>FP_2-80</td></tr>
</table>

（3）金刚石修整笔　根据金刚石在合金胎体中的分布状况及金刚石尖部特征，金刚石修整笔又分为 L 系列（链状）、C 系列（层状）、P 系列（排片状）、F 系列（粉状）、N 系列（自然尖）、M 系列（磨尖）和 Z 系列（凿形）。

金刚石修整笔的选用见表 3-4-5。

表 3-4-5　金刚石修整笔的选用

<table>
<tr><th colspan="3">磨削方法</th><th>砂轮直径/mm</th><th>金刚石修整笔型号</th></tr>
<tr><td colspan="3" rowspan="4">外圆磨</td><td>900~1100</td><td>L11××、C1×××</td></tr>
<tr><td>600~750</td><td>L21××、C23××</td></tr>
<tr><td>300~500</td><td>L31××、C33××</td></tr>
<tr><td>≤250</td><td>L41××、C34××</td></tr>
<tr><td colspan="3" rowspan="2">平面磨</td><td>300~500</td><td>L11××、L21××、C23××</td></tr>
<tr><td>≤250</td><td>L31××、C33××</td></tr>
<tr><td rowspan="5">无心磨</td><td rowspan="3">磨削轮</td><td colspan="2">300B≤100</td><td>L31××、C23××、C33××</td></tr>
<tr><td colspan="2">(400~600)B<200</td><td>L21××</td></tr>
<tr><td colspan="2">600B≥400</td><td>L11××</td></tr>
<tr><td rowspan="2">导轮</td><td colspan="2">300B<200</td><td>L41××、C34××</td></tr>
<tr><td colspan="2">(300~500)B≥250</td><td>L21××、L31××</td></tr>
<tr><td colspan="3" rowspan="3">内圆磨</td><td>12~60</td><td>L41××</td></tr>
<tr><td>70~150</td><td>L41××、C34××</td></tr>
<tr><td>>200</td><td>L31××、L41××、C34××</td></tr>
<tr><td colspan="3">磨沟槽</td><td>200</td><td rowspan="2">L41××、C33××</td></tr>
<tr><td colspan="3">磨槽侧</td><td>200</td></tr>
<tr><td colspan="3">齿轮磨</td><td>250</td><td>L31××、C34××</td></tr>
</table>

（续）

磨削方法		砂轮直径/mm	金刚石修整笔型号
螺纹磨螺距/mm	≤0.5	400	F100
	>0.5~0.8	400	F100
	>0.8~1.25	400	F80
	>1.25~2.0	400	F60
	>2.0~3.0	400	F40
	>3	400	F35

注：B—砂轮厚度与直径的比值。

4.1.2.3　常用磨削液的名称、组成及使用性能（见表3-4-6）

表3-4-6　常用磨削液的名称、组成及使用性能

名　称	原液组成（质量分数,%）		使用性能
69-1乳化液	石油磺酸钡 磺化蓖麻油 油酸 三乙醇胺 氢氧化钾 L-AN7~10全损耗系统用油	10 10 2.4 10 0.6 余量	用于磨削钢件与铸铁件 原液配比2%~5%
NL乳化液	石油磺酸钠 蓖麻油酸钠皂 三乙醇胺 苯骈三氮唑 L-AN7高速全损耗系统用油	36 19 6 0.2 余量	乳化剂含量高，低浓度，为浅色透明液 用于磨削钢铁件及非铁金属件 原液配比2%~3%
防锈乳化液	石油磺酸钠 石油磺酸钡 环烷酸钠 三乙醇胺 L-AN15全损耗系统用油	11~12 8~9 12 1 余量	用于磨削钢铁件及光学玻璃，加入0.3%亚硝酸钠及0.5%碳酸钠于已配好的乳化液中，可进一步提高防锈性能 原液配比2%~5%
半透明乳化液	石油磺酸钠 三乙醇胺 油酸 乙酸 L-AN15全损耗系统用油	39.4 8.7 16.7 4.9 余量	用于精磨，配制时可加苯乙醇胺 原液配比2%~3%
极压乳化液	防锈甘油络合物(硼酸62份、甘油92份、45%的氢氧化钠65份) 硫代硫酸钠 亚硝酸钠 三乙醇胺 聚乙二醇(相对分子质量400) 碳酸钠 水	22.4 9.4 11.7 7 2.5 5 余量	有良好的润滑和防锈性能，多用于钢铁件磨削 原液配比5%~10%

（续）

名　　称	原液组成（质量分数，%）	使用性能
420 号磨削液	甘油　0.5 三乙醇胺　0.4 苯甲酸钠　0.5 亚硝酸钠　0.8～1 水　余量	用于高速磨削与缓进给磨削，有时要加入消泡剂，如将甘油换为硫化油酸聚氧乙烯醚，可改善磨削效果；如换为氯化硬脂酸聚氧乙烯醚，可用于磨削 I_n-738 叶片
3 号高负荷磨削液	硫化油酸　30 三乙醇胺　23.3 非离子型表面活性剂　16.7 硼酸盐　5 水　25 消泡剂（有机硅）另加　2.5/1000	具有良好的清洗、冷却等性能，有较高的极压性（*PK* 值>2500N） 适用于缓进给强力磨削 原液配比 1.5%～3%
H-1 精磨液	蓖麻油顺丁烯二酸酐 二乙醇胺 三乙醇胺 癸二酸 硼酸	用于高精度磨床，精密磨削，也适用于普通磨削，可代替乳化液和苏打水（不含亚硝酸钠） 原液配比 3%～4%
磨削液	三乙醇胺　17.5 癸二酸　10 聚乙二醇（相对分子质量 400）　10 苯骈三氮唑　2 水　余量	用于磨削钢铁件与非铁金属件，不适于磨削铜件，可不加苯骈三氮唑 原液配比 1%～2%

4.1.3　外圆磨削

外圆磨削是对工件圆柱形和圆锥形外表面、多台阶轴外表面及旋转体外曲面进行的磨削。外圆磨削的表面粗糙度 *Ra* 一般为 0.32～1.25μm、加工公差等级为 IT6～IT7。

4.1.3.1　外圆磨削常用方法（见表 3-4-7）

表 3-4-7　外圆磨削常用方法

磨削方削	磨削表面特征	砂轮工作表面	图　示	砂轮运动	工件运动
纵向磨削	光滑外圆面	1	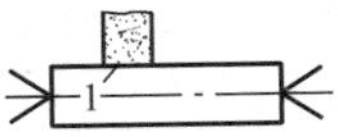	1）旋转 2）横向进给	1）旋转 2）纵向往复
	带端面及退刀槽的外圆面	1 2	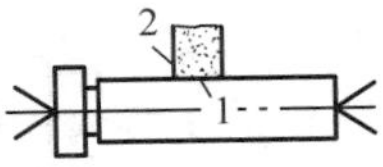	1）旋转 2）横向进给	1）旋转 2）纵向往复在端面处停靠
	带圆角及端面的外圆面	1 2 3	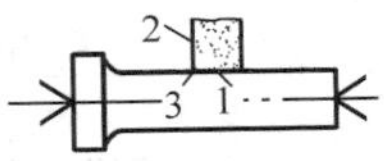	1）旋转 2）横向进给	1）旋转 2）纵向往复在端面处停靠
	光滑外圆锥面	1	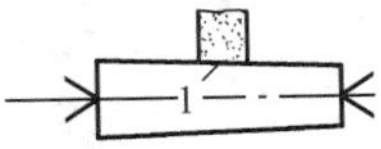	1）旋转 2）横向进给	1）旋转 2）纵向往复

（续）

磨削方法	磨削表面特征	砂轮工作表面	图示	砂轮运动	工件运动
纵向磨削	光滑锥台面	1	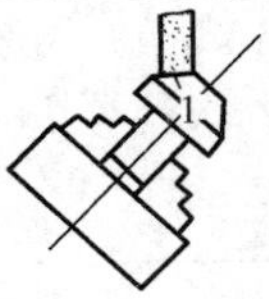 夹头扳转角度	1)旋转 2)横向进给	1)旋转 2)纵向往复
	光滑锥台面	1	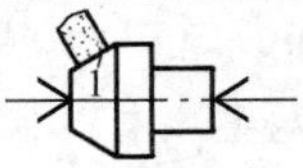 砂轮架扳转角度	1)旋转 2)纵向往复	1)旋转 2)横向进给
切入磨削	光滑短外圆面	1	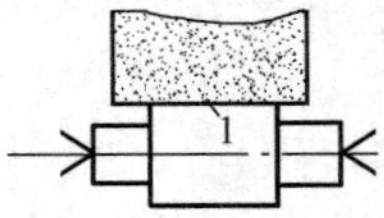	1)旋转 2)横向进给	旋转
	带端面的短外圆面	1 2	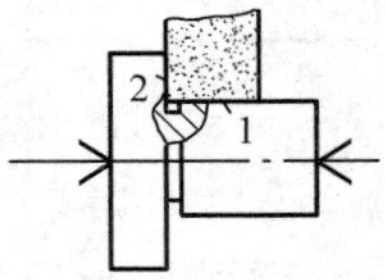	1)旋转 2)横向进给	1)旋转 2)纵向往复在端面处停靠
	带端面的短外圆面	1 2	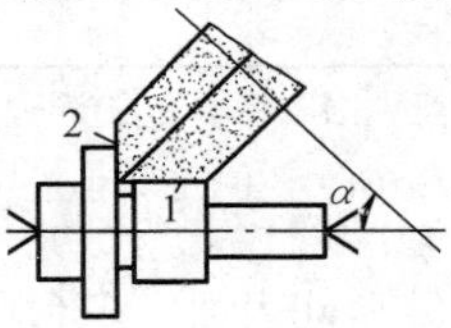 砂轮修整成形	1)旋转 2)横向进给	旋转
	端面	1	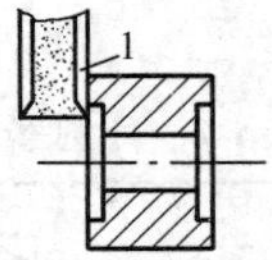	1)旋转 2)横向进给	旋转
	短锥台面	1	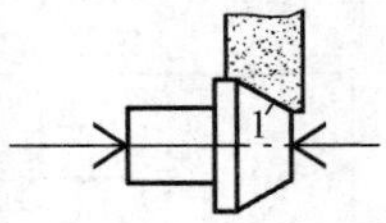	1)旋转 2)横向进给	旋转
	同轴间断光滑窄台阶面	1 1	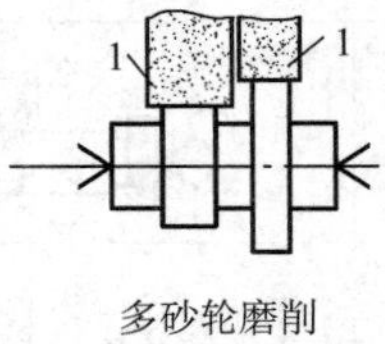 多砂轮磨削	1)旋转 2)横向进给	旋转
	光滑断续等径外圆面	1	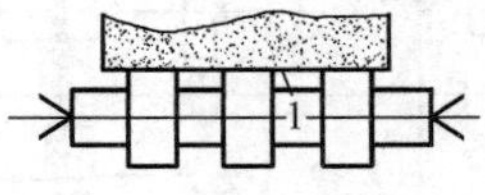 宽砂轮磨削	1)旋转 2)横向进给	旋转

（续）

磨削方法	磨削表面特征	砂轮工作表面	图　示	砂轮运动	工件运动
混合磨削	带端面的稍短外圆面	1 2	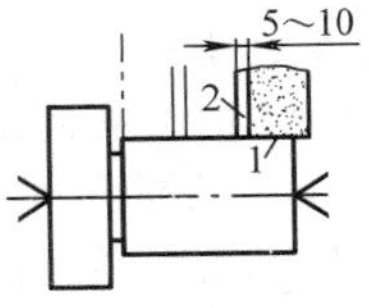	1）旋转 2）分段横向进给	1）旋转 2）纵向间歇运动 3）小距离纵向往复
	曲轴拐颈	1 2	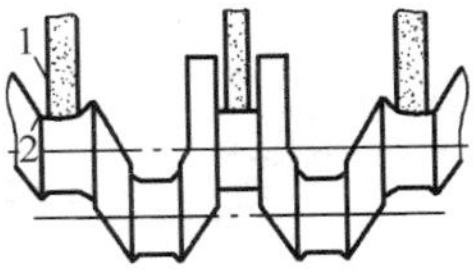	1）旋转 2）分段横向进给	1）旋转 2）纵向间歇运动 3）小距离纵向往复
深磨削	光滑外圆面	1 2	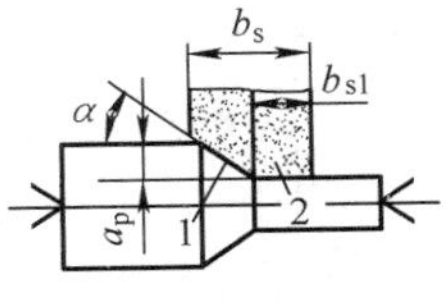砂轮修整成形	1）旋转 2）横向进给	1）旋转 2）纵向往复
	光滑外圆面	1 2 3	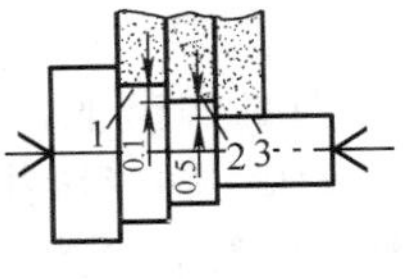砂轮修整成阶梯形	1）旋转 2）横向进给	1）旋转 2）纵向往复

4.1.3.2　工件的装夹

工件的装夹是否正确、稳固、迅速和方便，将直接影响工件的加工精度、表面粗糙度和生产率。

工件的形状、尺寸、加工要求及生产条件等具体情况不同，其装夹方法也不同。在外圆磨床上磨削外圆时，工件的装夹方法有以下几种。

（1）前、后顶尖装夹[⊖]　这种方法的特点是装夹方便、定位精度高。装夹时，利用工件两端的中心孔把工件支承在前顶尖和后顶尖之间，工件由头架的拨盘和拨杆带动夹头旋转（见图3-4-6），其旋转方向与砂轮旋转方向相同。磨削加工均采用固定顶尖（俗称死顶尖），它们固定在头架和尾架中，磨削时顶尖不旋转，这样头架主轴的径向圆跳动误差和顶尖本身的同轴度误差就不再对工件的旋转运动产生影响。只要中心孔和顶尖的形状正确，装夹得当，就可以使工件磨削的旋转轴线始终固定不变，获得较高的加工精度。

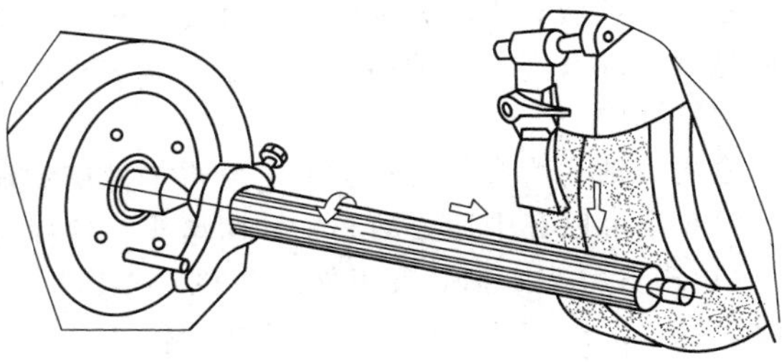

图3-4-6　前、后顶尖装夹工件

⊖ 中心孔的加工与修研见第3卷第2.1.2.3节。

（2）用自定心卡盘或单动卡盘装夹

1）用自定心卡盘装夹。自定心卡盘能自动定心，工件装夹后一般无须找正，但在加工同轴度要求较高的工件时，也须逐件找正。它适用于装夹外形规则，如圆柱形、正三边形、正六边形等工件。

自定心卡盘是通过法兰装到磨床主轴上的，法兰与卡盘通过“定心阶台”配合，然后用螺钉紧固。法兰的结构，根据磨床主轴结构不同而不同。带有锥柄的法兰（见图3-4-7）的锥柄与主轴前端内锥孔配合，用通过主轴贯穿孔的拉杆拉紧法兰。带有内锥孔的法兰（见图3-4-8）的内锥孔与主轴的外圆锥面配合，法兰用螺钉紧固在主轴前端的法兰上。安装时，须要用百分表检查它的端面圆跳动量，其值不大于0.015mm，然后把卡盘安装在法兰上。

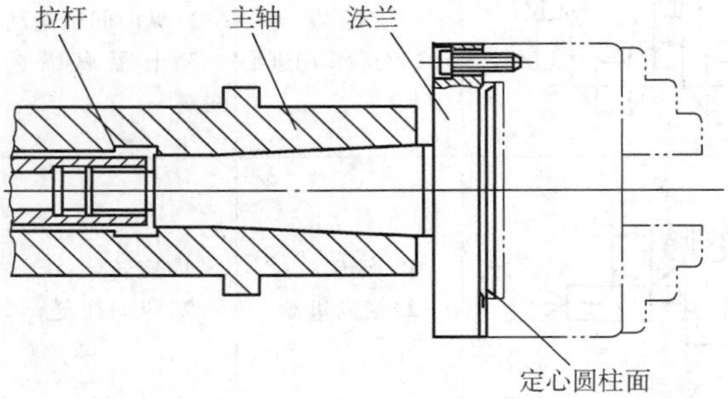

图3-4-7　带有锥柄的法兰

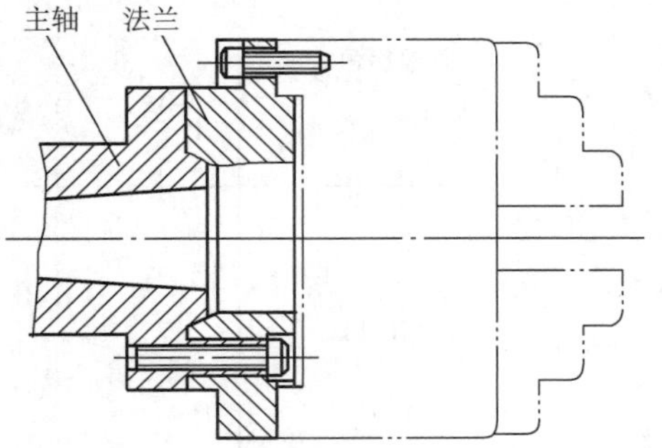

图3-4-8　带有内锥孔的法兰

2）用单动卡盘装夹。由于单动卡盘的四个爪各自独立运动，因此工件装夹时，必须对加工部分的旋转轴线进行找正，使其与磨床主轴旋转轴线重合后才能磨削。

单动卡盘的优点是夹紧力大，因此适用于装夹大型或形状不规则的工件。卡爪可装成正爪或反爪使用。

单动卡盘与磨床主轴的连接方法和自定心卡盘连接方法相同。

（3）用一夹一顶装夹（见图3-4-9）　该方法是一端用卡盘夹住，另一端用后顶尖顶住。这种方法装夹牢固、安全、刚度高，但应保证磨床主轴的旋转轴线与后顶尖在同一直线上。

（4）用心轴和堵头装夹　磨削中有时会碰到一些套类零件，而且多数要求要保证内外圆同轴度。这时一般先将工件内孔磨好，然后再以工件内表面为定位基准磨削外圆，这时就需要使用心轴装夹工件。

心轴两端做有中心孔，将心轴装夹在机床前后顶尖中间，工件则夹在心轴外圆上，这样就可以进行外圆磨削。心轴一端也可是与磨床头架主轴莫氏锥度相配合的锥柄，可装夹在磨床头架主轴锥孔中。

应用心轴和堵头装夹时，一定要将工件所需加工外圆表面及端面全部磨削完成后，才能拆卸，绝对不可以在中途松动心轴和两堵头，这样将无法保证加工精度要求。

1）用台阶式心轴装夹工件（见图3-4-10）。这种心轴的圆柱部分与工件孔之间保持较小间隙配合，工件靠螺母压紧，定位精度较低。

2）用小锥度心轴装夹工件（见表3-2-16小锥度心轴装夹）。心轴锥度为1∶1000～1∶5000。这种心轴制造简单，定位精度高。它是依靠工件装在心轴上所产生的弹性变形来定位并胀紧工件的，缺点是承受切削力小，装夹不太方便。

3）用胀力心轴装夹工件（见表3-2-16胀力心轴装夹）。胀力心轴依靠材料弹性变形所产生的胀力来固定工件，由于装夹方便，定位精度高，目前使用比较广泛。零星工件加工用胀力心轴可采用铸铁制成。

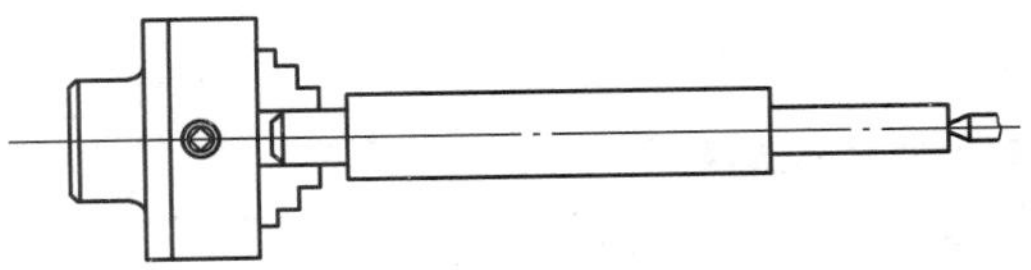

图 3-4-9　用一夹一顶装夹工件

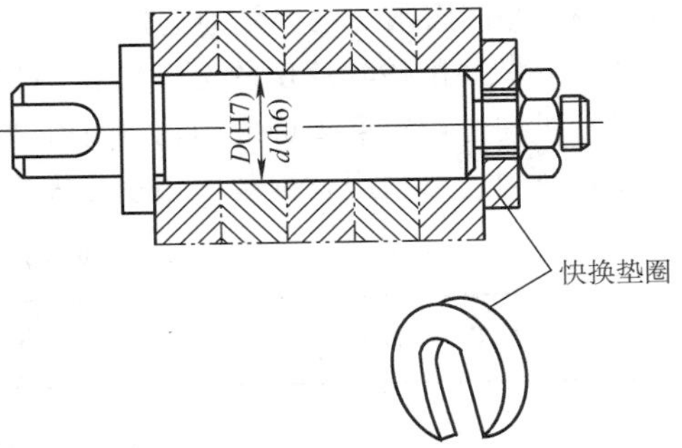

图 3-4-10　用台阶式心轴装夹工件

4）用堵头装夹工件。磨削较长的空心工件，不便使用心轴装夹时，可在工件两端装上堵头。堵头上有中心孔，可代替心轴装夹工件。如图 3-4-11 所示，左端的堵头 1 压紧在工件孔中，右端堵头 2 以圆锥面紧贴在工件锥孔中，堵头上的螺纹供拆卸时用。

图 3-4-12 所示为法兰式堵头，适用于两端孔径较大的工件。

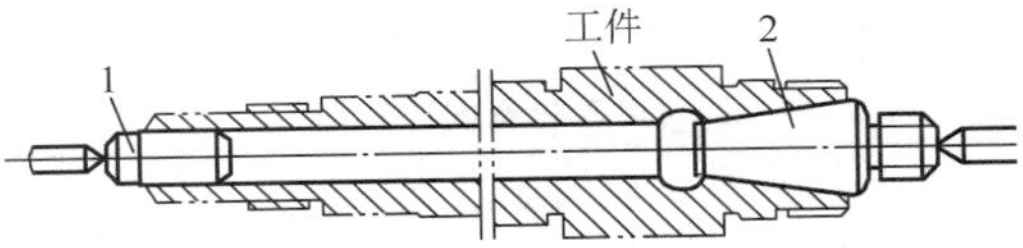

图 3-4-11　圆柱、圆锥堵头

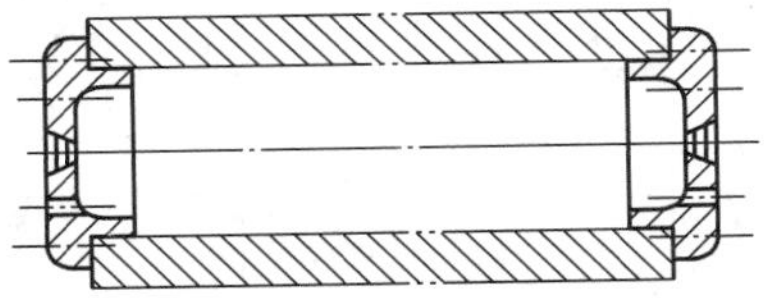

图 3-4-12　法兰式堵头

4.1.3.3　砂轮的选择

外圆磨削时，应根据所加工工件的材料及技术要求，选择适当磨料、粒度、硬度、结合剂的砂轮。一般加工可参考表 3-4-8 选用砂轮。

表 3-4-8　外圆磨砂轮的选择

工件材料	磨削要求	砂轮的特性				工件材料	磨削要求	砂轮的特性			
		磨料	粒度号	硬度等级	结合剂			磨料	粒度号	硬度等级	结合剂
未淬火的碳素钢及合金钢	粗磨	A	F36～F46	M～N	V	硬青铜	粗磨	WA	F24～F36	L～M	V
	精磨	A	F46～F60	M～Q	V		精磨	PA	F46～F60	L～P	V
软青铜	粗磨	C	F24～F36	K	V	调质的合金钢	粗磨	WA	F40～F60	L～M	V
	精磨	C	F46～F60	K～M	V		精磨	PA	F60～F80	M～P	V
不锈钢	粗磨	SA	F36	M	V	淬火的碳素钢及合金钢	粗磨	WA	F46～F60	K～M	V
	精磨	SA	F60	L	V		精磨	PA	F60～F100	L～N	V
铸铁	粗磨	C	F24～F36	K～L	V	渗氮钢（38CrMoAlA）	粗磨	PA	F46～F60	K～N	V
	精磨	C	F60	K	V		精磨	SA	F60～F80	L～M	V
纯铜	粗磨	C	F36～F46	K～L	B	高速钢	粗磨	WA	F36～F46	K～L	V
	精磨	MA	F60	K	V		精磨	PA	F60	K～L	V

注：A—棕刚玉，C—黑碳化硅，SA—单晶刚玉，MA—微晶刚玉，PA—铬刚玉，V—陶瓷结合剂，B—树脂或其他热固性有机结合剂。

4.1.3.4 外圆磨削切削用量的选择

1）外圆磨削砂轮速度的选择见表 3-4-9。

2）纵向进给粗磨外圆磨削用量见表 3-4-10。

3）纵向进给精磨外圆磨削用量见表 3-4-11。

表 3-4-9 外圆磨削砂轮速度的选择

砂轮速度/(m/s)	陶瓷结合剂砂轮	≤35
	树脂结合剂砂轮	<50

表 3-4-10 纵向进给粗磨外圆磨削用量

工件圆周速度							
工件磨削表面直径 d_w/mm	20	30	50	80	120	200	300
工件圆周速度 v_w/(m/min)	10~20	11~22	12~24	13~26	14~28	15~30	17~34

纵向进给量 $f_a=(0.5\sim0.8)b_s$

式中 b_s—砂轮宽度(mm)

背吃刀量 a_p					
工件磨削表面直径 d_w/mm	工件圆周速度 v_w/(m/min)	工件纵向进给量 f_a(以砂轮宽度计)/(mm/r)			
		0.5	0.6	0.7	0.8
		工作台单行程背吃刀量 a_p/(mm/st①)			
20	10 15 20	0.0216 0.0144 0.0108	0.0180 0.0120 0.0090	0.0154 0.0103 0.0077	0.0135 0.0090 0.0068
30	11 16 22	0.0222 0.0152 0.0111	0.0185 0.0127 0.0092	0.0158 0.0109 0.0079	0.0139 0.0096 0.0070
50	12 18 24	0.0237 0.0157 0.0118	0.0197 0.0132 0.0098	0.0169 0.0113 0.0084	0.0148 0.0099 0.0074
80	13 19 26	0.0242 0.0165 0.0126	0.0201 0.0138 0.0101	0.0172 0.0118 0.0086	0.0151 0.0103 0.0078
120	14 21 28	0.0264 0.0176 0.0132	0.0220 0.0147 0.0110	0.0189 0.0126 0.0095	0.0165 0.0110 0.0083
200	15 22 30	0.0287 0.0196 0.0144	0.0239 0.0164 0.0120	0.0205 0.0140 0.0103	0.0180 0.0122 0.0090
300	17 25 34	0.0287 0.0195 0.0143	0.0239 0.0162 0.0119	0.0205 0.0139 0.0102	0.0179 0.0121 0.0089

背吃刀量 a_p 的修正系数						
与砂轮寿命及砂轮直径有关 k_1					与工件材料有关 k_2	
寿命 T/s	砂轮直径 d_s/mm				工件材料	系数
	400	500	600	750		
360	1.25	1.4	1.6	1.8	耐热钢	0.85
540	1.0	1.12	1.25	1.4	淬火钢	0.95
900	0.8	0.9	1.0	1.12	非淬火钢	1.0
1440	0.63	0.71	0.8	0.9	铸　铁	1.05

注：工作台一次往复行程背吃刀量 a_p 应将表列数值乘 2。

① st—单行程。后同。

表 3-4-11　纵向进给精磨外圆磨削用量

工件圆周速度 v_w/(m/min)

工件磨削表面直径 d_w/mm	工件材料		工件磨削表面直径 d_w/mm	工件材料	
	非淬火钢及铸铁	淬火钢及耐热钢		非淬火钢及铸铁	淬火钢及耐热钢
20	15~30	20~30	120	30~60	35~60
30	18~35	22~35	200	35~70	40~70
50	20~40	25~40	300	40~80	50~80
80	25~50	30~50	—	—	—

纵向进给量 f_a

表面粗糙度 $Ra=0.8\mu m$　　$f_a=(0.4\sim0.6)b_s$

表面粗糙度 $Ra=0.4\sim0.2\mu m$　　$f_a=(0.2\sim0.4)b_s$

背吃刀量 a_p

工件磨削表面直径 d_w/mm	工件圆周速度 v_w/(m/min)	工件纵向进给量 f_a/(mm/r)								
		10	12.5	16	20	25	32	40	50	63
		工作台单行程背吃刀量 a_p (mm/st)								
20	16	0.0112	0.0090	0.0070	0.0056	0.0045	0.0035	0.0028	0.0022	0.0018
	20	0.0090	0.0072	0.0056	0.0045	0.0036	0.0028	0.0022	0.0018	0.0014
	25	0.0072	0.0058	0.0045	0.0036	0.0029	0.0022	0.0018	0.0014	0.0011
	32	0.0056	0.0045	0.0035	0.0028	0.0023	0.0018	0.0014	0.0011	0.0009
30	20	0.0109	0.0088	0.0069	0.0055	0.0044	0.0034	0.0027	0.0022	0.0017
	25	0.0087	0.0070	0.0055	0.0044	0.0035	0.0027	0.0022	0.0018	0.0014
	32	0.0068	0.0054	0.0043	0.0034	0.0027	0.0021	0.0017	0.0014	0.0011
	40	0.0054	0.0043	0.0034	0.0027	0.0022	0.0017	0.0014	0.0011	0.0009
50	23	0.0123	0.0099	0.0077	0.0062	0.0049	0.0039	0.0031	0.0025	0.0020
	29	0.0098	0.0079	0.0061	0.0049	0.0039	0.0031	0.0025	0.0020	0.0016
	36	0.0079	0.0064	0.0049	0.0040	0.0032	0.0025	0.0020	0.0016	0.0013
	45	0.0063	0.0051	0.0039	0.0032	0.0025	0.0020	0.0016	0.0013	0.0010
80	25	0.0143	0.0115	0.0090	0.0072	0.0058	0.0045	0.0036	0.0029	0.0023
	32	0.0112	0.0090	0.0071	0.0056	0.0045	0.0035	0.0028	0.0023	0.0018
	40	0.0090	0.0072	0.0057	0.0045	0.0036	0.0028	0.0022	0.0018	0.0014
	50	0.0072	0.0058	0.0046	0.0036	0.0029	0.0022	0.0018	0.0014	0.0011
120	30	0.0146	0.0117	0.0092	0.0074	0.0059	0.0046	0.0037	0.0029	0.0023
	38	0.0115	0.0093	0.0073	0.0058	0.0046	0.0036	0.0029	0.0023	0.0018
	48	0.0091	0.0073	0.0058	0.0046	0.0037	0.0029	0.0023	0.0019	0.0015
	60	0.0073	0.0059	0.0047	0.0037	0.0030	0.0023	0.0018	0.0015	0.0012
200	35	0.0162	0.0128	0.0101	0.0081	0.0065	0.0051	0.0041	0.0032	0.0026
	44	0.0129	0.0102	0.0080	0.0065	0.0052	0.0040	0.0032	0.0026	0.0021
	55	0.0103	0.0081	0.0064	0.0052	0.0042	0.0032	0.0026	0.0021	0.0017
	70	0.0080	0.0064	0.0050	0.0041	0.0033	0.0025	0.0020	0.0016	0.0013
300	40	0.0174	0.0139	0.0109	0.0087	0.0070	0.0054	0.0044	0.0035	0.0028
	50	0.0139	0.0111	0.0087	0.0070	0.0056	0.0043	0.0035	0.0028	0.0022
	63	0.0110	0.0088	0.0069	0.0056	0.0044	0.0034	0.0028	0.0022	0.0018
	70	0.0099	0.0079	0.0062	0.0050	0.0039	0.0031	0.0025	0.0020	0.0016

（续）

背吃刀量 a_p 的修正系数												
与加工精度及直径余量有关 k_1							与工件材料及砂轮直径有关 k_2					
公差等级	直径余量/mm						工件材料	砂轮直径 d_s/mm				
	0.11~0.15	0.2	0.3	0.5	0.7	1.0		400	500	600	750	900
IT5级	0.4	0.5	0.63	0.8	1.0	1.12	耐热钢	0.55	0.6	0.71	0.8	0.85
IT6级	0.5	0.63	0.8	1.0	1.2	1.4	淬火钢	0.8	0.9	1.0	1.1	1.2
IT7级	0.63	0.8	1.0	1.25	1.5	1.75	非淬火钢	0.95	1.1	1.2	1.3	1.45
IT8级	0.8	1.0	1.25	1.6	1.9	2.25	铸　铁	1.3	1.45	1.6	1.75	1.9

注：1. 工作台单行程背吃刀量 a_p 不应超过粗磨的 a_p。

2. 工作台一次往复行程的背吃刀量 a_p 应将表列数值乘以2。

4.1.3.5 外圆磨削余量的选择（见表3-4-12）

表3-4-12 外圆磨削余量（直径余量）的选择（单位：mm）

工件直径	余量限度	磨削前								粗磨后精磨前	精磨后研磨前
		未经热处理的轴				经热处理的轴					
		轴的长度									
		100以下	101~200	201~400	401~700	100以下	101~300	301~600	601~1000		
≤10	max	0.20	—	—	—	0.25	—	—	—	0.020	0.008
	min	0.10	—	—	—	0.15	—	—	—	0.015	0.005
11~18	max	0.25	0.30	—	—	0.30	0.35	—	—	0.025	0.008
	min	0.15	0.20	—	—	0.20	0.25	—	—	0.020	0.006
19~30	max	0.30	0.35	0.40	—	0.35	0.40	0.45	—	0.030	0.010
	min	0.20	0.25	0.30	—	0.25	0.30	0.35	—	0.025	0.007
31~50	max	0.30	0.35	0.40	0.45	0.40	0.50	0.55	0.70	0.035	0.010
	min	0.20	0.25	0.30	0.35	0.25	0.30	0.40	0.50	0.028	0.008
51~80	max	0.35	0.40	0.45	0.55	0.45	0.55	0.65	0.75	0.035	0.013
	min	0.20	0.25	0.30	0.35	0.30	0.35	0.45	0.50	0.028	0.008
81~120	max	0.45	0.50	0.55	0.60	0.55	0.60	0.70	0.80	0.040	0.014
	min	0.25	0.35	0.35	0.40	0.35	0.40	0.45	0.45	0.032	0.010
121~180	max	0.50	0.55	0.60	—	0.60	0.70	0.80	—	0.045	0.016
	min	0.30	0.35	0.40	—	0.40	0.50	0.55	—	0.038	0.012
181~260	max	0.60	0.60	0.65	—	0.70	0.75	0.85	—	0.050	0.020
	min	0.40	0.40	0.45	—	0.50	0.55	0.60	—	0.040	0.015

4.1.3.6　外圆磨削常见的工件缺陷、产生原因和解决方法(见表 3-4-13)

表 3-4-13　外圆磨削常见的工件缺陷、产生原因和解决方法

工件缺陷		产生原因和解决方法
表面直波纹		1)砂轮不平衡转动时产生振动。注意保持砂轮平衡;新砂轮须经二次静平衡;砂轮在使用过程出现不平衡,需要做静平衡;砂轮停车前先关掉切削液,让砂轮空转几分钟后再停车 2)砂轮硬度过高或砂轮本身硬度不均匀 3)砂轮用钝后没有及时修整 4)砂轮修得过细或金刚石顶角已磨钝,修出砂轮不锋利 5)工件转速过高或中心孔有毛刺 6)工件直径质量过大,不符合机床规格。这时可降低切削用量,增加支承架 7)砂轮主轴轴承磨损,配合间隙过大 8)头架主轴轴承松动 9)电动机不平衡 10)进给导轨磨损 11)机床结合面有松动。检查拨杆、顶尖、套筒等 12)油泵振动 13)传动带长短不均匀 14)砂轮卡盘与主轴锥度接触不好
表面螺旋纹		1)砂轮硬度过高或砂轮两边硬度高,修得过细,而背吃刀量过大 2)纵向进给量过大 3)砂轮磨损,母线不直 4)修整砂轮和磨削时切削液供应不足 5)工作台导轨润滑油过多,使台面运行产生摆动 6)工作台运行有爬行现象。可打开放气阀,排除液压系统中的空气或检修机床 7)砂轮主轴轴向窜动超差 8)砂轮主轴与头尾架轴线不平行 9)修整时金刚石运动轴线与砂轮轴线不平行
表面烧伤		1)砂轮太硬或粒度太细 2)砂轮修得过细,不锋利或砂轮太钝 3)切削用量过大或工件速度过低 4)磨削液不充分
圆柱度超差	锥度	1)工件旋转轴线与工作台运动方向不平行 2)工件和机床的弹性变形发生变化。校正锥度时砂轮一定要锋利,工作过程中也要保持砂轮锋利状态 3)工作台导轨润滑油过多
圆柱度超差	鼓形	1)工件刚度低,磨削时产生让刀现象。减少工件的弹性变形;减少背吃刀量,增加光磨次数;砂轮经常保持良好的切削性能;应使用中心架 2)中心架调整不适当。正确调整支承块的压力 3)机床导轨水平面内直线度超差
圆柱度超差	鞍形	1)磨细长轴时,顶尖顶得太紧,工件弯曲变形。调整尾架顶尖预紧力 2)中心架水平支承块压力过大 3)机床导轨水平面内直线度超差
两端尺寸较小(或较大)		1)砂轮越出工件端面太多(或太少)。正确调整换向撞块,砂轮越出工件端面为 1/3~1/2 砂轮宽度 2)工作台换向停留时间太长(或太短)
轴肩旁外圆尺寸较大		1)换向时工作台停留时间太短 2)砂轮边角磨损或母线不直
台肩端面跳动超差		1)吃刀过大,退刀过快。进刀时要均匀,光磨时间要充分 2)切削液不充分 3)砂轮主轴轴向窜动超差 4)头架主轴止推轴承间隙过大
端面与轴线的垂直度超差		1)砂轮轴线与工件轴线平行度超差 2)砂轮接触面较大。修整砂轮成内凹形,使砂轮接触工件宽度小于 2mm
圆度超差		1)中心孔形状不正确或中心孔内有污垢毛刺 2)中心孔或顶尖因润滑不良而磨损 3)工件顶得过紧或过松 4)顶尖锥孔接触不好,有松动 5)工件刚度低而毛坯形状误差又大,在磨削时因余量不均匀而引起背吃刀量变化,使工件弹性变形发生相应变化,磨削后未能消除原来全部误差。正确控制磨削用量,进给量应从大到小,并增加光磨行程 6)工件不平衡量过大,在运转时产生跳动,磨削后形成椭圆 7)砂轮主轴与轴承配合间隙过大 8)尾架套筒间隙过大 9)消除横向进给机构螺母间隙的压力太小或没有 10)用卡盘装夹磨削外圆时,头架主轴径向圆跳动量过大 11)砂轮过钝
阶梯轴同轴度超差		1)与圆度超差原因 1)~4)相同 2)磨削步骤安排不当。对各段同轴度要求高的工件,应分粗磨和精磨,同时尽可能在一次装夹中精磨完毕
拉毛划伤		1)切削液不清洁 2)砂轮硬度太软 3)工件对砂轮磨料不适应

4.1.4　内圆磨削

内圆磨削是对工件圆柱孔、圆锥孔、孔端面和特殊形状内孔表面进行的磨削。内圆磨削的表面粗糙度值 Ra 一般为 0.01~0.02μm，加工公差等级为 IT6~IT7。

4.1.4.1　内圆磨削常用方法（见表 3-4-14）

表 3-4-14　内圆磨削常用方法

磨削方法	磨削表面特征	砂轮工作表面	图示	砂轮运动	工件运动
纵向进给磨削	通孔	1	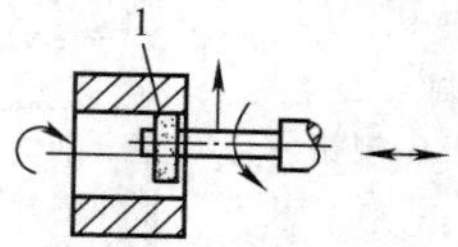	1)旋转 2)纵向往复 3)横向进给	旋转
	锥孔	1	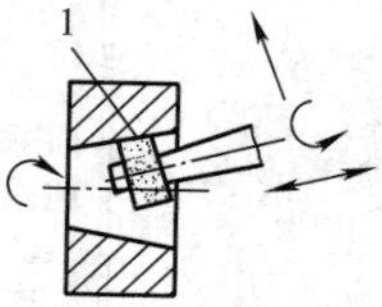 磨头扳转角度	1)旋转 2)纵向往复 3)横向进给	旋转
	锥孔	1	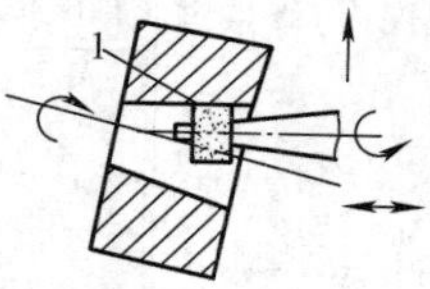 工件扳转角度	1)旋转 2)纵向往复 3)横向进给	旋转
	不通孔	1 2	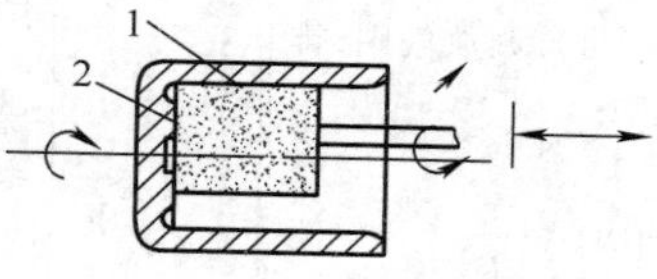	1)旋转 2)纵向往复 3)靠端面	旋转
	台阶孔	1 2	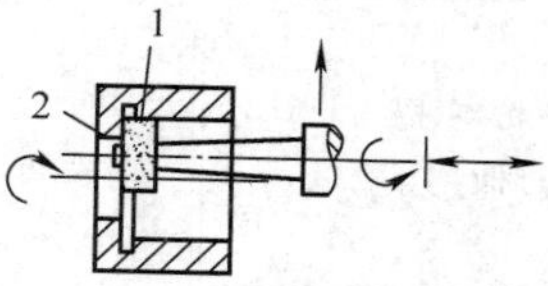	1)旋转 2)纵向往复 3)靠端面	旋转
	小直径深孔	1	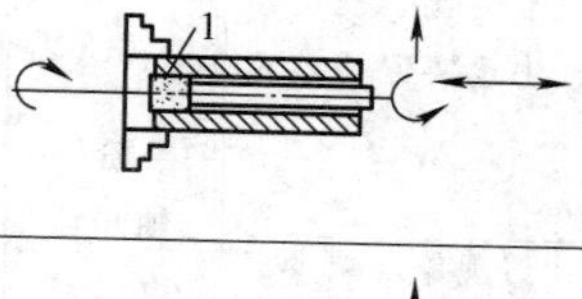	1)旋转 2)纵向往复 3)横向进给	旋转
	间断表面通孔	1	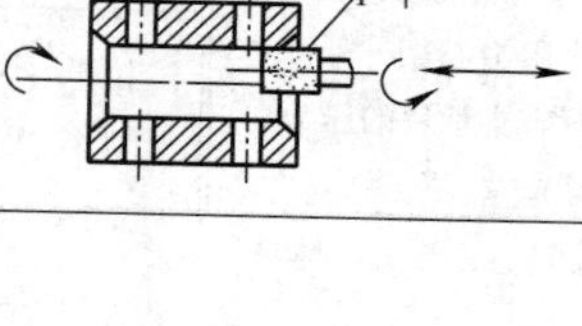	1)旋转 2)纵向往复 3)横向进给	旋转

（续）

磨削方法	磨削表面特征	砂轮工作表面	图 示	砂轮运动	工件运动
行星磨削	通孔	1	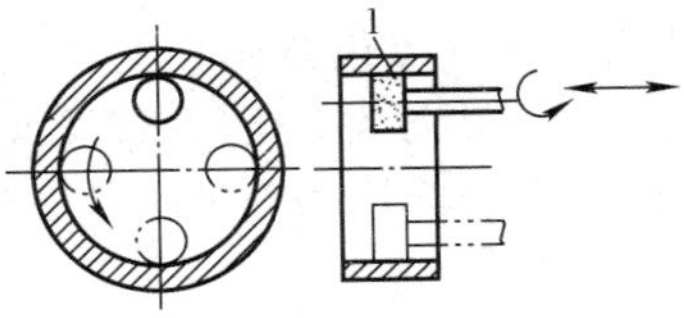	1）绕自身轴线旋转 2）绕孔中心线旋转，纵向往复	固定
	台阶孔	1 2	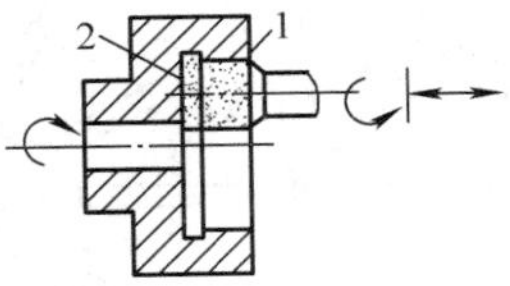	端面停靠，其余同上	固定
横向进给磨削	窄通孔	1	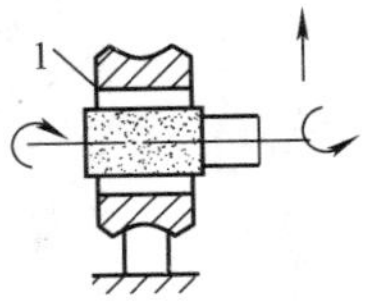	1）旋转 2）横向进给	旋转
	端面	2	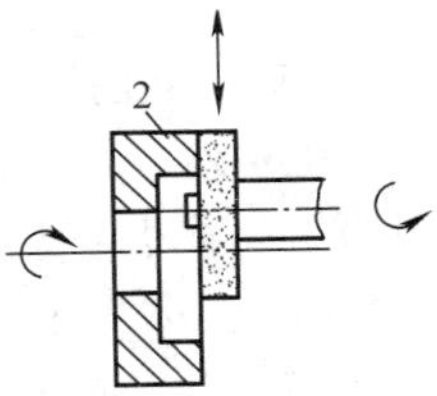	1）旋转 2）横向进给	旋转
成形磨削	带环状沟槽内圆面	1	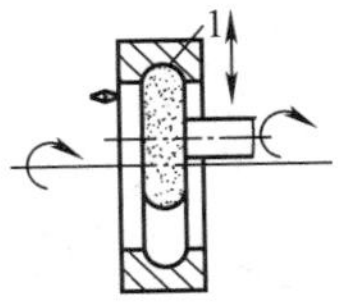	1）旋转 2）横向进给	旋转
	凹球面	1	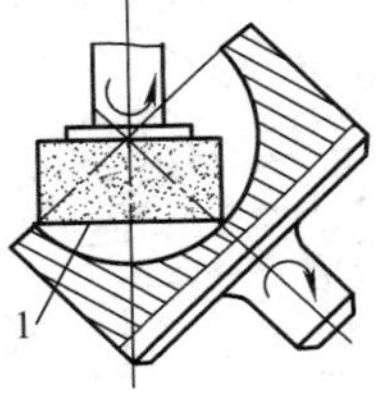 砂轮直径 $d_s=\sqrt{d_w\left(\frac{d_w}{2}+K\right)}$ 倾斜角 $\arcsin\alpha=\frac{d_s}{d_w}$ 式中 d_w—工件内球直径 K—补加系数。工件球面大于半圆为正，小于半圆为负，等于半圆为零	1）旋转 2）沿砂轮轴线微量位移	旋转

4.1.4.2 工件的装夹

(1) 用自定心卡盘或单动卡盘装夹 内圆磨削用自定心卡盘或单动卡盘装夹工件的方法与外圆磨削基本相同。与其磨床主轴连接所用法兰的形式也相同。

(2) 用花盘装夹 花盘主要用于装夹各种外形比较复杂的工件。通过花盘上的T形槽、通孔（或螺孔）将校正后的工件用螺栓、压板紧固在花盘上。装夹不对称工件时，应在花盘上加一配重块，并适当调整它的位置（见图3-4-13），使花盘保持平衡。根据加工的需要，也可采用花盘与角铁结合的方法装夹工件（见图3-4-14）。

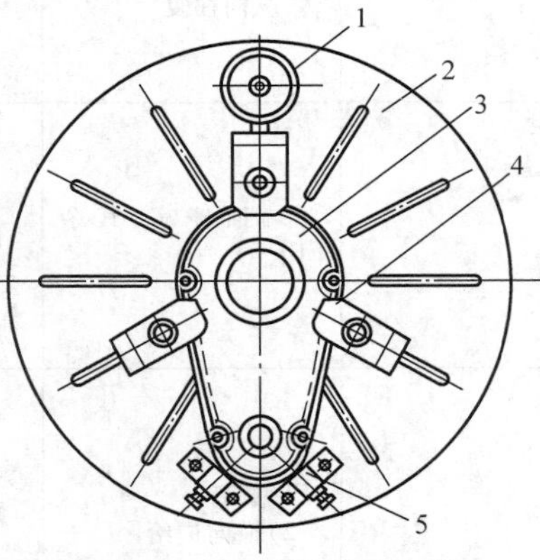

图3-4-13 用花盘装夹工件

1—配重块 2—花盘 3—工件 4—压板

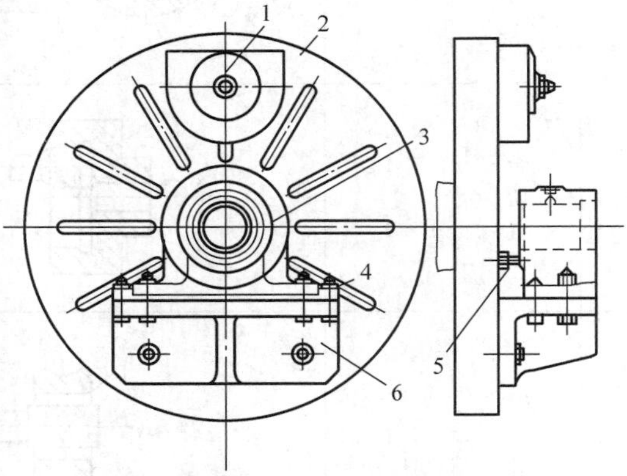

图3-4-14 用花盘和角铁装夹工件

1—配重块 2—花盘 3—工件 4—2×导向支撑块 5—止推螺钉 6—角铁

(3) 用卡盘和中心架装夹（见图3-4-15） 磨削较长的轴套类工件内孔时，可采用卡盘和中心架装夹工件，以提高工件安装定位的稳定性。中心架则采用闭式中心架。

1) 闭式中心架的结构（见图3-4-16）。闭式中心架由架体1、上盖9和爪8等组成。架体1用L形螺钉2紧固在工作台面上，上盖9与架体1用柱销铰链11连接。磨削时，上盖盖住，并用螺母7和螺钉6加以固定；装卸工件时，拧松螺母7并将螺钉6向外翻转，上盖便可打

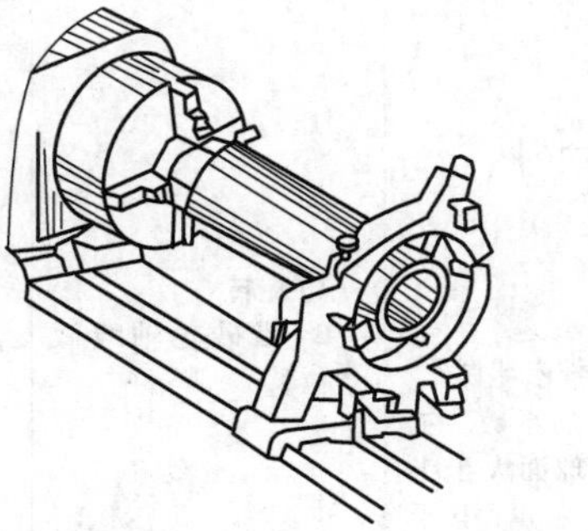

图3-4-15 用卡盘和中心架装夹工件

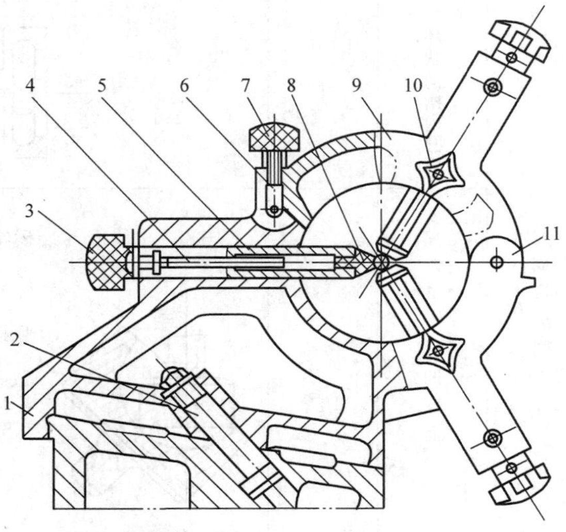

图3-4-16 闭式中心架的结构

1—架体 2—螺钉 3—捏手 4—螺杆 5—支承 6—螺钉 7—螺母 8—爪 9—上盖 10—夹紧捏手 11—铰链

开。利用捏手 3 转动螺杆 4 可调节爪 8 的位置，爪的支承圆须调整至与卡盘中心一致。

2）闭式中心架的调整方法。

① 工件较短且工件外圆的两端已粗磨或精磨后，可先将工件夹紧在单动卡盘上，校正工件左右两端，使其径向圆跳动量为 0.005～0.01mm，这时工件的中心线与头架主轴的中心线已重合；然后调整中心架的三个支承爪，使它们与工件轻轻接触。为了防止中心架走动，在调整时，需要用百分表进行测量（见图 3-4-17）。调整下面一个支承爪时，百分表顶在工件外圆的上侧；调整侧面一个支承爪时，百分表顶在支承爪同侧的工件的外圆上。将两个支承爪调整到要求的位置后，把上盖盖好，用上支承爪轻轻支牢工件。三个支承爪都调整好后，用锁紧螺钉锁紧，调整即结束。

② 工件较长且工件外圆的两端已粗磨或精磨后，可采用简便方法调整中心架，即利用万能磨床的尾座进行校正。将工件一端用卡盘夹紧，另一端用后顶尖顶住，然后调整中心架的三个支承爪，使它们轻轻地与工件外圆接触。中心架调好后，从工作台上取下尾座，就可以进行磨削了。

（4）薄壁工件的装夹

1）用开口套装夹工件（见图 3-4-18）。由于开口套与工件的接触面积大，夹紧力均匀分布在工件上，所以工件不易产生变形，能达到较高的同轴度。

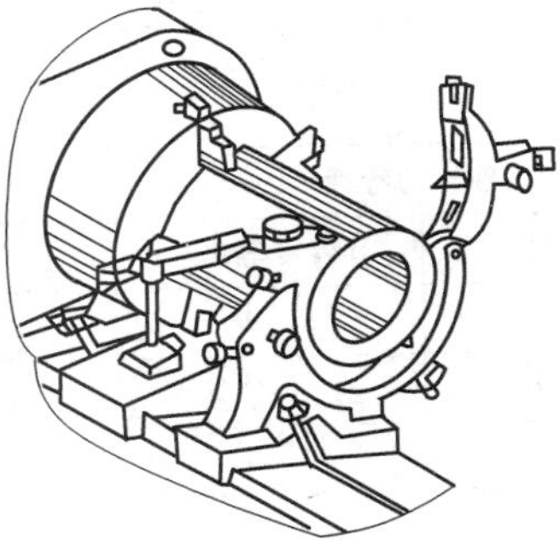

图 3-4-17　调整中心架

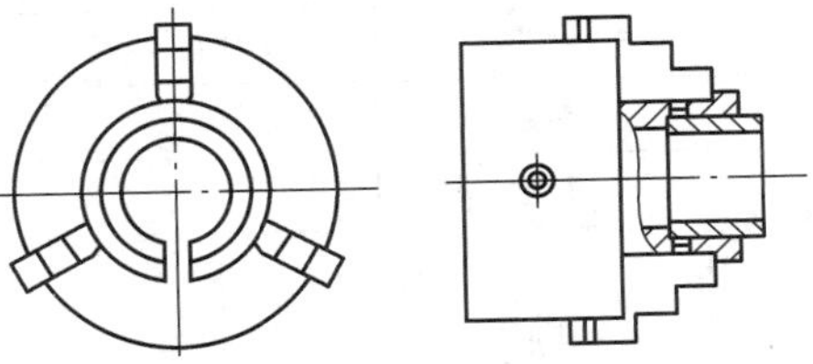

图 3-4-18　用开口套装夹工件

2）用花盘装夹工件（见图 3-4-19）。对于直径较大，尺寸精度和形状位置精度要求较高的薄壁圆盘类工件，可装夹在花盘上磨削。由于采用端面压紧方法，工件不易产生变形。

3）用专用夹具装夹工件（见表 3-2-16 轴向夹紧夹具装夹图）。依据加工工件的特点设计制作专用夹具，工件装入夹具体孔中（用外圆和端面定位），用锁紧螺母将工件轴向夹紧，可防止工件变形。

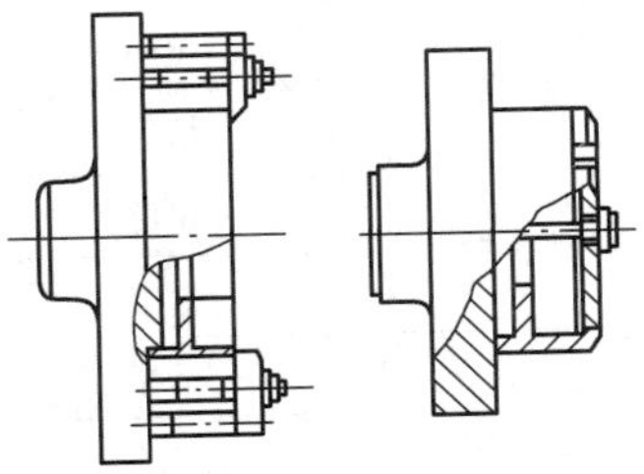

a)　b)

图 3-4-19　用花盘装夹工件

a）磨内孔　b）磨外圆

4.1.4.3　内圆磨砂轮的选择及安装

（1）砂轮的选择　内圆磨削时，由于磨径的限制，所用砂轮直径与外圆磨削相比较小，砂轮转速又受到内圆磨具转速的限制（目前一般内圆磨具的转速为 10000～20000r/min），因此磨削速度一般为 20～30m/s。由于磨削速度较低，磨削表面粗糙度值不易减小。

内圆磨削时，由于砂轮与工件为内切圆接触，砂轮与工件的接触弧比外圆磨削大，因此磨削热和磨削力均较大，磨粒容易磨钝，工件容易发热或烧伤。

内圆磨削时，切削液不易进入磨削区域，磨屑也不易排出，影响了砂轮磨削性能。

内圆磨削时，砂轮接长轴的刚度较低，容易产生弯曲变形和振动，对加工精度和表面粗糙度都有很大影响，同时也限制了磨削用量的提高。

综上内圆磨削的基本特点，因此内圆磨削时砂轮的选择，既要保证有理想的磨削速度，又要保证在磨削中有合理的切削力、切削热及排屑、冷却润滑等。

内圆磨砂轮的选择可参考表3-4-15。

表3-4-15　内圆磨砂轮的选择　（单位：mm）

砂轮直径的选择			
被磨孔的直径	砂轮直径	被磨孔的直径	砂轮直径
12~17	10	45~55	40
17~22	15	55~70	50
22~27	20	70~80	65
27~32	25	80~100	75
32~45	30	100~125	85

砂轮宽度的选择				
磨削长度	14	30	45	>50
砂轮宽度	10	25	32	40

砂轮特性的选择					
工件材料	磨削要求	砂轮的特性			
		磨料	粒度号	硬度等级	结合剂
未淬火的碳素钢	粗磨	A	F24~F46	K~M	V
	精磨	A	F46~F60	K~N	V
铝	粗磨	C	F36	K~L	V
	精磨	C	F60	L	V
铸铁	粗磨	C	F24~F36	K~L	V
	精磨	C	F46~F60	K~L	V
纯铜	粗磨	A	F16~F24	K~L	V
	精磨	A	F24	K~M	B
硬青铜	粗磨	A	F16~F24	J~K	V
	精磨	A	F24	K~M	V
调质合金钢	粗磨	A	F46	K~L	V
	精磨	WA	F60~F80	K~L	V
淬火的碳钢及合金钢	粗磨	WA	F46	K~L	V
	精磨	PA	F60~F80	K~L	V
渗氮钢	粗磨	WA	F46	K~L	V
	精磨	SA	F60~F80	K~L	V
高速钢	粗磨	WA	F36	K~L	V
	精磨	PA	F24~F36	M~N	B

注：A—棕刚玉，C—黑碳化硅，WA—微晶刚玉，PA—铬刚玉，SA—单晶刚玉，V—陶瓷结合剂，B—树脂或其他热固性有机结合剂。

（2）砂轮的安装　内圆磨砂轮一般安装在砂轮接长轴的一端，而接长轴的另一端与磨头主轴连接，也有些磨床内圆磨砂轮直接安装在内圆磨具的主轴上。砂轮紧固方法有螺纹紧固和黏结剂紧固两种方法，见表 3-4-16。

表 3-4-16　内圆磨砂轮的紧固方法

紧固方法	图　示	应注意的问题
螺纹紧固	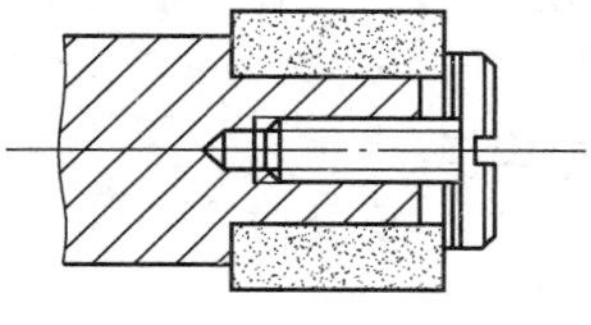 平形砂轮 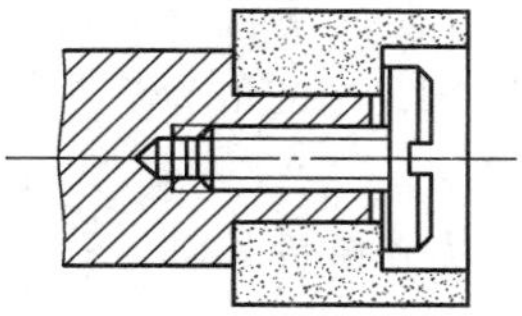 单面凹砂轮	1)因螺纹有较大的夹紧力，故可以使砂轮安装得比较牢固 2)砂轮内孔与接长轴的配合间隙要适当，一般不超过 0.2mm 3)砂轮的两个端面必须垫上厚度为 0.2~0.3mm 纸片或软性衬垫，这样可以使砂轮受力均匀，紧固可靠 4)接长轴端面要平整，与砂轮接触面不能太小 5)紧固螺钉的承压端面与螺纹要垂直。螺钉的螺旋方向应与砂轮旋转方向相反
黏结剂紧固	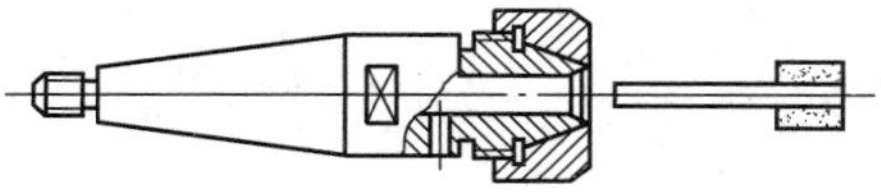	1)直径 ϕ15mm 以下的小砂轮，常用黏结剂紧固 2)砂轮内孔与接长轴的配合间隙要适当，一般应为 0.2~0.3mm。接长轴外圆表面应粗糙或压成网纹状 3)常用的黏结剂是用磷酸溶液（H_3PO_4）和氧化铜（CuO）粉末调配而成的一种糊状混合物。粘接时，黏结剂应涂满砂轮与接长轴外圆之间的间隙，待自然干燥或烘干，冷却 5min 左右即可

（3）砂轮接长轴　在内圆磨床或万能外圆磨床上都使用接长轴安装砂轮。常用的内圆磨砂轮接长轴如图 3-4-20 所示。各类接长轴可以按经常被磨孔的孔径和长度配制成不同规格，以备应用。

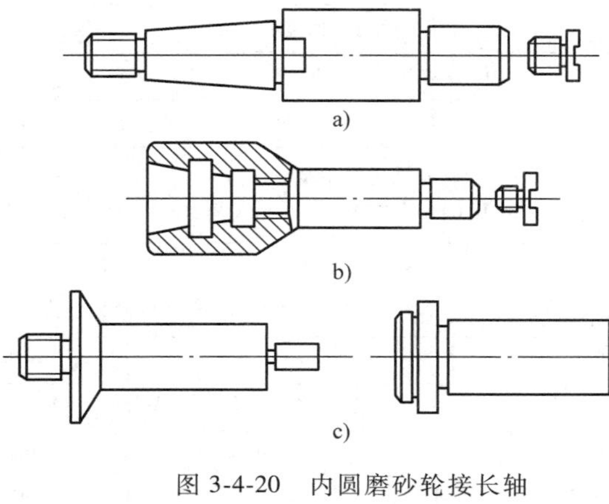

图 3-4-20　内圆磨砂轮接长轴
a）锥柄接长轴　b）锥孔接长轴　c）圆柱柄接长轴

在自行制作接长轴时，应注意以下几点：

1）接长轴材料常用40Cr钢，为提高刚度，可采用W18Cr4V高速钢。

2）保证接长轴上各段外圆与锥面的同轴度。接长轴锥面与磨床主轴锥面配合精度要高，一般接长轴外锥为莫氏或1∶20锥体，其配合面积不小于85%。

3）接长轴上的螺纹旋向应与砂轮旋向相反。

4）在保证加工需要的情况下，为提高刚度，接长轴伸出磨头主轴外的杆身长度应尽可能短，其直径大小则取决于采用砂轮的尺寸。

接长轴上应加工出削扁部位，便于装拆时使用。

（4）内圆磨砂轮的修整　在内圆磨削过程中，要及时修整砂轮，使砂轮经常保持锋利状态。

内圆磨砂轮通常用金刚石修整笔进行修整，金刚石修整笔笔尖必须锋利，笔尖的位置要顺着砂轮旋转方向向下偏移1~1.5mm，金刚石修整笔的轴线与砂轮水平中心线的夹角为12°~15°（见图3-4-21）。

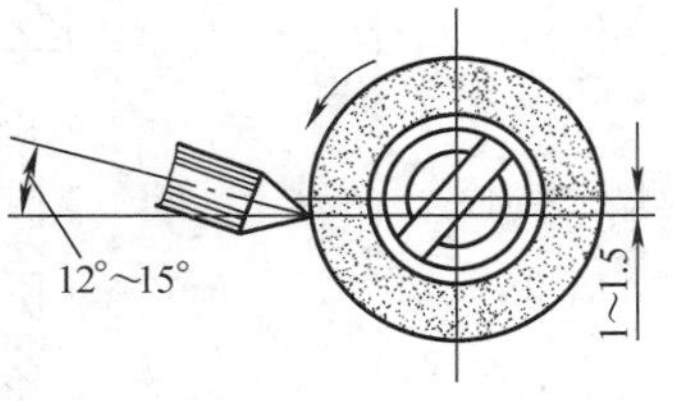

图3-4-21　内圆磨砂轮的修整

修整直径较小的砂轮时，应将主轴缩短，以增强接长轴的刚度，确保修出正确形状的砂轮。

当修整新安装的内圆磨砂轮时，可先用碳化硅砂轮的碎块对砂轮做粗略的修整，这样可以避免砂轮与接长轴因同轴度误差而引起的砂轮跳动，保证用金刚石修整笔修整时的平稳性。用砂轮碎块修整时，应注意安全操作，砂轮旋转时用点动法。

4.1.4.4　内圆磨削切削用量的选择

1）内圆磨削砂轮速度的选择见表3-4-17。

2）粗磨内圆磨削用量见表3-4-18。

表3-4-17　内圆磨削砂轮速度的选择

砂轮直径/mm	<8	9~12	13~18	19~22	23~25	26~30	31~33	34~41	42~49	>50
磨削钢件、铸铁件时的速度/(m/s)	10	14	18	20	21	23	24	26	27	30

表3-4-18　粗磨内圆磨削用量

工件圆周速度									
工件磨削表面直径 d_w/mm	10	20	30	50	80	120	200	300	400
工件圆周速度 v_w/(m/min)	10~20	10~20	12~24	15~30	18~36	20~40	23~46	28~56	35~70

纵向进给量

$f_a=(0.5\sim0.8)b_s$　式中　b_s—砂轮宽度(mm)

背吃刀量 a_p

工件磨削表面直径 d_w /mm	工件圆周速度 v_w /(m/min)	工件纵向进给量 f_a(以砂轮宽度计)/(mm/r)			
		0.5	0.6	0.7	0.8
		工作台一次往复行程背吃刀量 a_p/(mm/dst)			
20	10	0.0080	0.0067	0.0057	0.0050
	15	0.0053	0.0044	0.0038	0.0033
	20	0.0040	0.0033	0.0029	0.0025

（续）

工件磨削表面直径 d_w /mm	工件圆周速度 v_w /(m/min)	工件纵向进给量 f_a(以砂轮宽度计)/(mm/r)			
		0.5	0.6	0.7	0.8
		工作台一次往复行程背吃刀量 a_p/(mm/dst)			
25	10	0.0100	0.0083	0.0072	0.0063
	15	0.0066	0.0055	0.0047	0.0041
	20	0.0050	0.0042	0.0036	0.0031
30	11	0.0109	0.0091	0.0078	0.0068
	16	0.0075	0.0062	0.0053	0.0047
	20	0.006	0.0050	0.0043	0.0038
35	12	0.0116	0.0097	0.0083	0.0073
	18	0.0078	0.0065	0.0056	0.0049
	20	0.0059	0.0049	0.0042	0.0037
40	13	0.0123	0.0103	0.0088	0.0077
	20	0.0080	0.0067	0.0057	0.0050
	26	0.0062	0.0051	0.0044	0.0038
50	14	0.0143	0.0119	0.0102	0.0089
	21	0.0096	0.0079	0.0068	0.0060
	29	0.0069	0.0057	0.0049	0.0043
60	16	0.0150	0.0125	0.0107	0.0094
	24	0.0100	0.0083	0.0071	0.0063
	32	0.0075	0.0063	0.0054	0.0047
80	17	0.0188	0.0157	0.0134	0.0117
	25	0.0128	0.0107	0.0092	0.0080
	33	0.0097	0.0081	0.0069	0.0061
120	20	0.024	0.0200	0.0172	0.0150
	30	0.016	0.0133	0.0114	0.0100
	40	0.012	0.0100	0.0086	0.0075
150	22	0.0273	0.0227	0.0195	0.0170
	33	0.0182	0.0152	0.0130	0.0113
	44	0.0136	0.0113	0.0098	0.0085
180	25	0.0288	0.0240	0.0206	0.0179
	37	0.0194	0.0162	0.0139	0.0121
	49	0.0147	0.0123	0.0105	0.0092
200	26	0.0308	0.0257	0.0220	0.0192
	38	0.0211	0.0175	0.0151	0.0132
	52	0.0154	0.0128	0.0110	0.0096
250	27	0.0370	0.0308	0.0264	0.0231
	40	0.0250	0.0208	0.0178	0.0156
	54	0.0185	0.0154	0.0132	0.0115
300	30	0.0400	0.0333	0.0286	0.0250
	42	0.0286	0.0238	0.0204	0.0178
	55	0.0218	0.0182	0.0156	0.0136

（续）

工件磨削表面直径 d_w /mm	工件圆周速度 v_w /(m/min)	工件纵向进给量 f_a(以砂轮宽度计)/(mm/r)			
		0.5	0.6	0.7	0.8
		工作台一次往复行程背吃刀量 a_p/(mm/dst)			
400	33	0.0485	0.0404	0.0345	0.0302
	44	0.0364	0.0303	0.0260	0.0227
	56	0.0286	0.0238	0.0204	0.0179

背吃刀量 a_p 的修正系数

k_1(与砂轮寿命有关)						k_2(与砂轮直径 d_s 及工件直径 d_w 之比有关)			
T/s	≤96	150	240	360	600	$\frac{d_s}{d_w}$	0.4	≤0.7	>0.7
k_1	1.25	1.0	0.8	0.62	0.5	k_2	0.63	0.8	1.0

k_3(与工件材料及砂轮圆周速度有关)

工件材料	v_s/(m/s)		
	18~22.5	≤28	≤35
耐热钢	0.68	0.76	0.85
淬火钢	0.76	0.85	0.95
非淬火钢	0.80	0.90	1.00
铸铁	0.83	0.94	1.05

注:工作台单行程的背吃刀量 a_p 应将表列数值除以2。

3)精磨内圆磨削用量见表3-4-19。

表3-4-19 精磨内圆磨削用量

工件磨削表面直径 d_w/mm	工件圆周速度 v_w/(m/min)	
	工件材料	
	非淬火钢及铸铁	淬火钢及耐热钢
10	10~16	10~16
15	12~20	12~20
20	16~32	20~32
30	20~40	25~40
50	25~50	30~50
80	30~60	40~60
120	35~70	45~70
200	40~80	50~80
300	45~90	55~90
400	55~110	65~110

（续）

纵向进给量 f_a/(mm/r)

表面粗糙度 $Ra=1.6\sim0.8\mu m$　　$f_a=(0.5\sim0.9)b_s$

表面粗糙度 $Ra=0.4\mu m$　　$f_a=(0.25\sim0.5)b_s$

背吃刀量 a_p

工件磨削表面直径 d_w/mm	工件圆周速度 v_w/(m/min)	工件纵向进给量 f_a/(mm/r)							
		10	12.5	16	20	25	32	40	50
		工作台一次往复行程背吃刀量 a_p/(mm/dst)							
10	10	0.00386	0.00308	0.00241	0.00193	0.00154	0.00121	0.000965	0.000775
	13	0.00296	0.00238	0.00186	0.00148	0.00119	0.00093	0.000745	0.000595
	16	0.00241	0.00193	0.00150	0.00121	0.000965	0.000755	0.000605	0.000482
12	11	0.00465	0.00373	0.00292	0.00233	0.00186	0.00146	0.00116	0.000935
	14	0.00366	0.00294	0.00229	0.00183	0.00147	0.00114	0.000915	0.000735
	18	0.00286	0.00229	0.00179	0.00143	0.00114	0.000895	0.000715	0.000572
16	13	0.00622	0.00497	0.00389	0.00311	0.00249	0.00194	0.00155	0.00124
	19	0.00425	0.00340	0.00265	0.00212	0.00170	0.00133	0.00106	0.00085
	26	0.00310	0.00248	0.00195	0.00155	0.00124	0.00097	0.000775	0.00062
20	16	0.0062	0.0049	0.0038	0.0031	0.0025	0.00193	0.00154	0.00123
	24	0.0041	0.0033	0.0026	0.00205	0.00165	0.00129	0.00102	0.00083
	32	0.0031	0.0025	0.00193	0.00155	0.00123	0.00097	0.00077	0.00062
25	18	0.0067	0.0054	0.0042	0.0034	0.0027	0.0021	0.00168	0.00135
	27	0.0045	0.0036	0.0028	0.0022	0.00179	0.00140	0.00113	0.00090
	36	0.0034	0.0027	0.0021	0.00168	0.00134	0.00105	0.00084	0.00067
30	20	0.0071	0.0057	0.0044	0.0035	0.0028	0.0022	0.00178	0.00142
	30	0.0047	0.0038	0.0030	0.0024	0.0019	0.00148	0.00118	0.00095
	40	0.0036	0.0028	0.0022	0.00178	0.00142	0.00111	0.00089	0.00071
35	22	0.0075	0.0060	0.0047	0.0037	0.0030	0.0023	0.00186	0.00149
	33	0.0050	0.0040	0.0031	0.0025	0.0020	0.00155	0.00124	0.00100
	45	0.0037	0.0029	0.0023	0.00182	0.00146	0.00114	0.00091	0.00073
40	23	0.0081	0.0065	0.0051	0.0041	0.0032	0.0025	0.0020	0.00162
	25	0.0053	0.0042	0.0033	0.0027	0.0021	0.00165	0.00132	0.00106
	47	0.0039	0.0032	0.0025	0.00196	0.00158	0.00123	0.0099	0.00079
50	25	0.0090	0.0072	0.0057	0.0045	0.0036	0.0028	0.0023	0.00181
	37	0.0061	0.0049	0.0038	0.0030	0.0024	0.0019	0.00153	0.00122
	50	0.0045	0.0036	0.0028	0.0023	0.00181	0.00141	0.00113	0.00091
60	27	0.0098	0.0079	0.0062	0.0049	0.0039	0.0031	0.0025	0.00196
	41	0.0065	0.0052	0.0041	0.0032	0.0026	0.0020	0.00163	0.00130
	55	0.0048	0.0039	0.0030	0.0024	0.00193	0.00152	0.00121	0.00097
80	30	0.0112	0.0089	0.0070	0.0056	0.0045	0.0035	0.0028	0.0022
	45	0.0077	0.0061	0.0048	0.0038	0.0030	0.0024	0.0019	0.00153
	60	0.0058	0.0046	0.0036	0.0029	0.0023	0.0018	0.00143	0.00115

（续）

工件磨削表面直径 d_w/mm	工件圆周速度 v_w/(m/min)	工件纵向进给量 f_a/(mm/r)							
		10	12.5	16	20	25	32	40	50
		工作台一次往复行程背吃刀量 a_p/(mm/dst)							
120	35	0.0141	0.0113	0.0088	0.0071	0.0057	0.0044	0.0035	0.0028
	52	0.0095	0.0076	0.0059	0.0048	0.0038	0.0030	0.0024	0.0019
	70	0.0071	0.0057	0.0044	0.0035	0.0028	0.0022	0.00176	0.00141
150	37	0.0164	0.0131	0.0102	0.0082	0.0065	0.0051	0.0041	0.0033
	56	0.0108	0.0087	0.0068	0.0054	0.0043	0.0034	0.0027	0.0022
	75	0.0081	0.0064	0.0051	0.0041	0.0032	0.0025	0.0020	0.00161
180	38	0.0189	0.0151	0.0118	0.0094	0.0076	0.0059	0.0047	0.0038
	58	0.0124	0.0099	0.0078	0.0062	0.0050	0.0039	0.0031	0.0025
	78	0.0092	0.0074	0.0057	0.0046	0.0037	0.0029	0.0023	0.00184
200	40	0.0197	0.0158	0.0123	0.0099	0.0079	0.0062	0.0049	0.0039
	60	0.0131	0.0105	0.0082	0.0066	0.0052	0.0041	0.0033	0.0026
	80	0.0099	0.0079	0.0062	0.0049	0.0040	0.0031	0.0025	0.0020
250	42	0.0230	0.0184	0.0144	0.0115	0.0092	0.0072	0.0057	0.0046
	63	0.0153	0.0122	0.0096	0.0077	0.0061	0.0048	0.0038	0.0031
	85	0.0113	0.0091	0.0071	0.0057	0.0045	0.0036	0.0028	0.0023
300	45	0.0253	0.0202	0.0158	0.0126	0.0101	0.0079	0.0063	0.0051
	67	0.0169	0.0135	0.0106	0.0085	0.0068	0.0053	0.0042	0.0034
	90	0.0126	0.0101	0.0079	0.0063	0.0051	0.0039	0.0032	0.0025
400	55	0.0266	0.0213	0.0166	0.0133	0.0107	0.0083	0.0067	0.0053
	82	0.0179	0.0143	0.0112	0.0090	0.0072	0.0056	0.0045	0.0036
	110	0.0133	0.0106	0.0083	0.0067	0.0053	0.0042	0.0033	0.0027

背吃刀量 a_p 的修正系数

k_1（与加工精度和直径余量有关）						k_2（与工件材料和表面形状有关）			k_3（与磨削长度对直径之比有关）				
公差等级	直径余量/mm					工件材料	表面		$\frac{l_w}{d_w}$	≤1.2	≤1.6	≤2.5	≤4
	0.2	0.3	0.4	0.5	0.8		无圆角	带圆角					
IT6级	0.5	0.63	0.8	1.0	1.25	耐热钢	0.7	0.56	k_3	1.0	0.87	0.76	0.67
IT7级	0.63	0.8	1.0	1.25	1.6	淬火钢	1.0	0.75					
IT8级	0.8	1.0	1.25	1.6	2.0	非淬火钢	1.2	0.90					
IT9级	1.0	1.26	1.6	2.0	2.5	铸铁	1.6	1.2					

注：背吃刀量 a_p 不应大于粗磨的 a_p。

4.1.4.5 内圆磨削余量的选择（见表3-4-20）

表3-4-20 内圆磨削余量的选择（直径余量） （单位：mm）

孔径范围/mm	余量限度	磨削前								粗磨后精磨前
		未经淬火的孔				经淬火的孔				
		孔长/mm								
		<50	50~100	100~200	200~300	<50	50~100	100~200	200~300	
≤10	max	—	—	—	—	—	—	—	—	0.020
	min	—	—	—	—	—	—	—	—	0.015

（续）

孔径范围 /mm	余量限度	磨削前								粗磨后精磨前
		未经淬火的孔				经淬火的孔				
		孔长/mm								
		<50	50~100	100~200	200~300	<50	50~100	100~200	200~300	
11~18	max	0.22	0.25	—	—	0.25	0.28	—	—	0.030
	min	0.12	0.13	—	—	0.15	0.18	—	—	0.020
19~30	max	0.28	0.28	—	—	0.30	0.30	0.35	—	0.040
	min	0.15	0.15	—	—	0.18	0.22	0.25	—	0.030
31~50	max	0.30	0.30	0.35	—	0.35	0.35	0.40	—	0.050
	min	0.15	0.15	0.20	—	0.20	0.25	0.28	—	0.040
51~80	max	0.30	0.32	0.35	0.40	0.40	0.40	0.45	0.50	0.060
	min	0.15	0.18	0.20	0.25	0.25	0.28	0.30	0.35	0.040
81~120	max	0.37	0.40	0.45	0.50	0.50	0.50	0.55	0.60	0.070
	min	0.20	0.20	0.25	0.30	0.30	0.30	0.35	0.40	0.050
121~180	max	0.40	0.42	0.45	0.50	0.55	0.60	0.65	0.70	0.080
	min	0.25	0.25	0.25	0.30	0.35	0.40	0.45	0.50	0.060
181~260	max	0.45	0.48	0.50	0.55	0.60	0.65	0.70	0.75	0.090
	min	0.25	0.28	0.30	0.35	0.40	0.45	0.50	0.55	0.065

注：表中推荐的数据适合成批生产，要求有完整的工艺装备和合理的工艺规程，可根据具体情况选用。

4.1.4.6　内圆磨削常见的工件缺陷、产生原因和解决方法（见表 3-4-21）

表 3-4-21　内圆磨削常见的工件缺陷、产生原因和解决方法

工件缺陷		产生原因和解决方法	工件缺陷		产生原因和解决方法
圆度超差		1)床头的主轴轴承回转精度超差 2)工件毛坯精度太差,吃刀量又过大 3)工件装夹有变形 4)工件热变形 5)砂轮切削性能差或不锋利	圆柱度超差	鼓形或鞍形	1)工作台在水平方向运动精度不好 2)砂轮往复行程和换向停留时间选择不当。向孔两端加大往复行程能纠正腰鼓形缺陷,向孔两端缩小往复行程能纠正鞍形缺陷
圆柱度超差	锥度	1)工件旋转轴与工作台运动方向不平行 2)工件和砂轮间的弹性变形发生变化。保持砂轮锋利状态 3)砂轮往复行程和换向停留时间选择不当,往复行程应向锥孔小端方向延伸	表面烧伤		1)工件和砂轮接触面积太大,冷却不充分 2)其他见表 3-4-13
			表面其他缺陷		与外圆磨削相同(见表 3-4-13)

4.1.5　圆锥面磨削

4.1.5.1　圆锥面的磨削方法

磨削圆锥面时，一般要使工件旋转轴线相对于工作台运动方向偏斜一个圆锥半角，即圆锥母线与圆锥轴线之间的夹角（$\alpha/2$）。这是外圆锥磨削和内圆锥磨削共同的特点。

（1）外圆锥面的磨削　外圆锥面一般在外圆磨床或万能外圆磨床上磨削，根据工件形状和锥（角）度的大小不同，可采用不同的方法，见表 3-4-22。

（2）内圆锥面的磨削　内圆锥面一般在内圆磨床或万能外圆磨床上磨削。磨削内圆锥面的原理与磨削外圆锥面的原理相同，常用的方法见表 3-4-23。

表 3-4-22　外圆锥面磨削的几种方法

磨削方法	图　示	说　明
转动工作台磨削外圆锥面	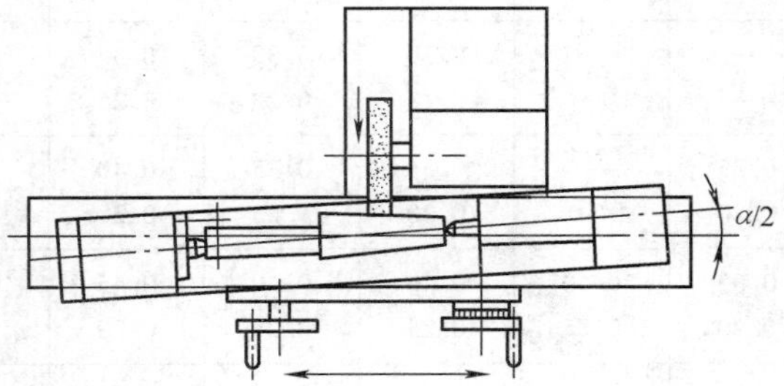	这种方法适用于锥度不大的外圆锥面。磨削时，把工件装夹在两顶尖之间，将上工作台相对下工作台逆时针转过 $\alpha/2$（工件圆锥半角）即可 磨削时，一般采用纵向磨削。工作台转动角度时，应按工作台右端标尺上的标记（标尺右边的标记为锥度，左边为相应的角度），但按标记转动角度并不十分精确，必须经试磨后再进行调整 在顶尖距为1m的外圆磨床上，工作台的回转角度逆时针一般为6°~9°，顺时针为3°。因此，用这种方法只能磨削圆锥角小于12°~18°的外圆锥 这种方法工件装夹简单，机床调整方便，精度容易保证
转动头架磨削外圆锥面	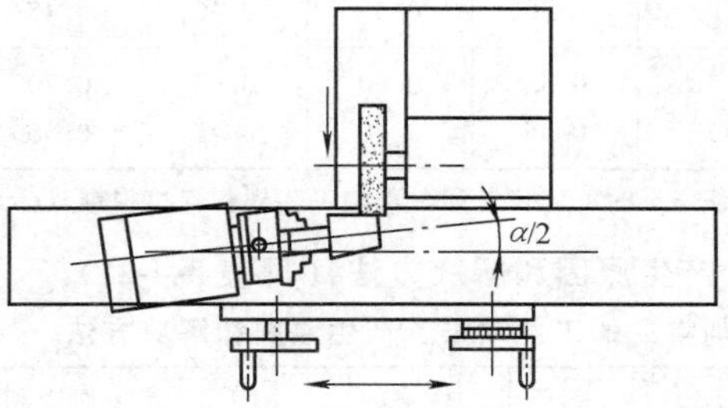	当工件的圆锥半角超过上工作台所能回转的角度时，可采用转动头架的方法来磨削外圆锥面。此法是把工件装夹在头架卡盘中，将头架逆时针转过 $\alpha/2$（工件圆锥半角）即可。角度值可从头架下面底座度盘上确定。但是，头架标尺标记并不十分精确，必须经试磨后再进行调整
同时转动工作台和头架磨削外圆锥面	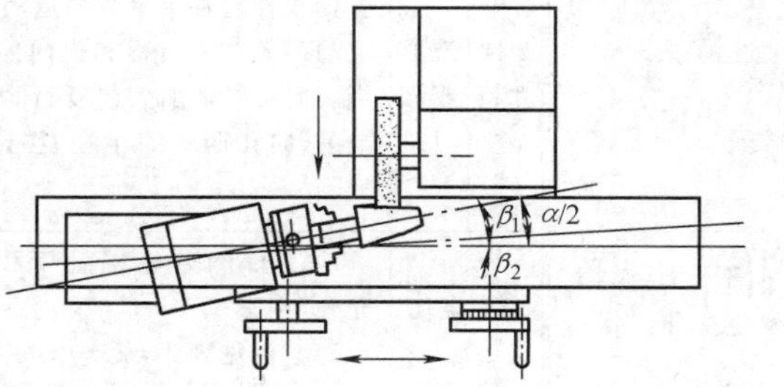	当采用转动头架磨削外圆锥面时，有时遇到工件伸出较长或外圆锥较大，砂轮架已退到极限位置，工件与砂轮相碰不能磨削，如果距离相差又不多时，可采用这种方法，即把上工作台逆时针偏移一个角度 β_2，这样使头架转动角度比原来小些，工件相对就退出了一些，这时头架转动的角度 β_1 与工作台转过的角度 β_2 之和应等于 $\alpha/2$（工件圆锥半角）
转动砂轮架磨削外圆锥面	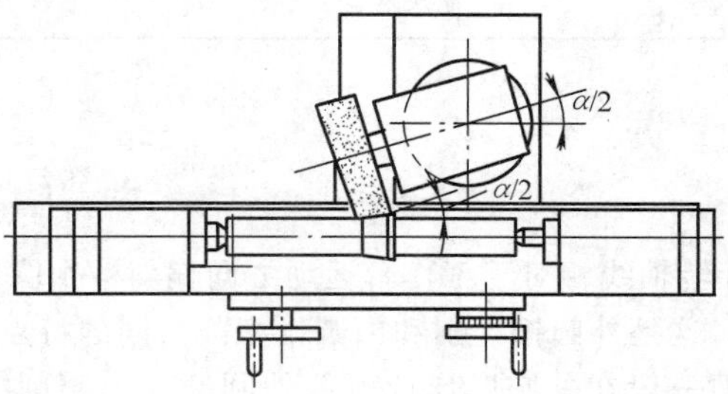	这种方法适用于磨削锥度较大而又较长的工件。采用这种方法时，砂轮架应转过 $\alpha/2$（工件圆锥半角），磨削时必须注意工作台不能做纵向进给，只能用砂轮的横向进给来进行磨削。当工件圆锥母线长度大于砂轮的宽度时，只能用分段接刀的方法进行磨削 修整砂轮时，必须将砂轮架转回到"零位"，这样来回调整比较麻烦，而且磨削时工作台不能纵向运动，这样会影响加工精度和表面粗糙度值，所以一般情况下很少采用

表 3-4-23　磨削内圆锥面磨削常用的方法

磨削方法	图　示	说　明
转动工作台磨削内圆锥面	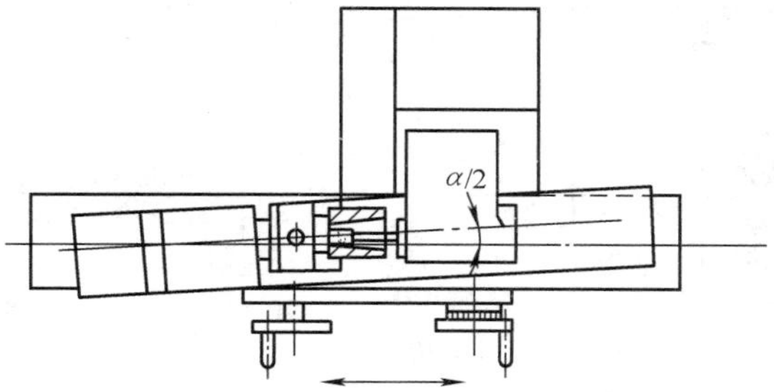	将工作台转过 $\alpha/2$（工件圆锥半角）。工作台做纵向往复运动，砂轮做横向进给 这种方法仅限于磨削圆锥角小于 18°（因受工作台转角的限制）、较长的内圆锥
转动头架磨削内圆锥面	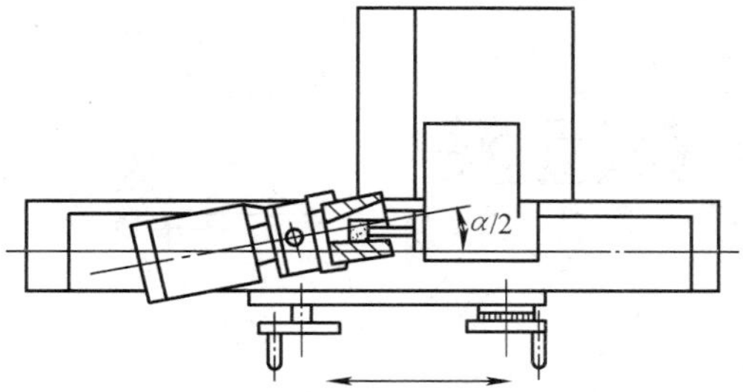	将头架转过 $\alpha/2$（工件圆锥半角）。工作台做纵向往复运动，砂轮做微量横向进给 这种方法适用于锥度较大、长度较短的内圆锥
转动头架磨削内圆锥面	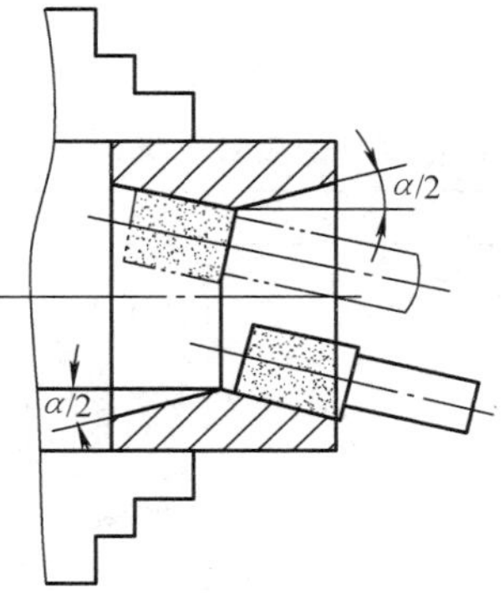	若工件两端有左右对称的内圆锥时，先把外端内圆锥面磨削正确，不变动头架的角度，将内圆磨砂轮摇向对面，再磨削里面一个内圆锥，这样可以保证两内圆锥的同轴度

4.1.5.2　圆锥面的精度检验

工件在磨削时和加工完成后都要进行精度检验，圆锥面的精度检验包括锥度（或角度）的检验和圆锥尺寸的检验。

锥度或角度的精度通常可用游标万能角度尺、角度样板、正弦规和圆锥量规等量具量仪来测量检验。

圆锥量规（见图 3-4-22）除有一个精确的圆锥形表面，在塞规和套规上分别具有一个阶台 a（或标尺标记 m）。该阶台（或标尺标记）距离就是检验工件圆锥大端和小端直径的公差范围。

当锥度已磨准确，检验工件时，工件端面在锥度量规阶台（或标尺标记）之间才算合格，如图 3-4-23 所示（这种检验方法在工厂俗称综合测量方法）。

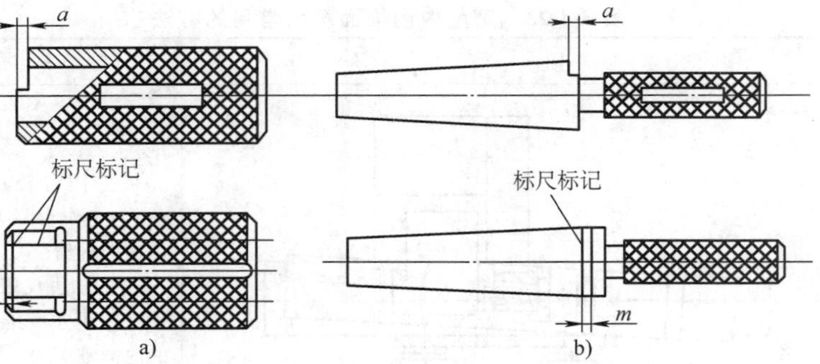

图 3-4-22　圆锥量规

a）圆锥套规　b）圆锥塞规

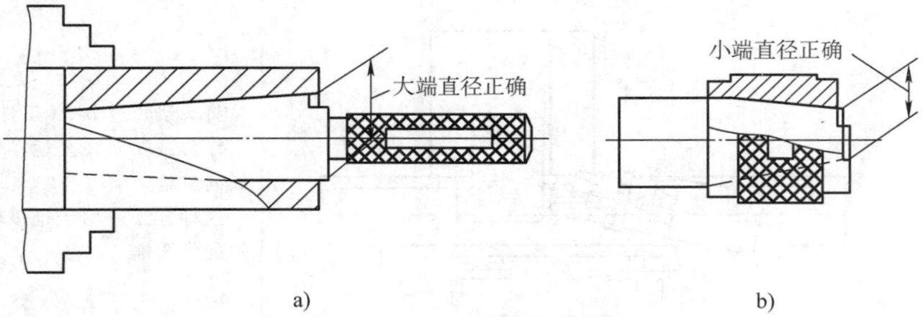

图 3-4-23　用锥度量规测量

a）测量锥孔　b）测量外锥体

4.1.5.3　圆锥面磨削的质量分析（见表 3-4-24）

表 3-4-24　圆锥面磨削的质量分析

缺　陷	产生原因	预防方法
锥度不正确	磨削时，因显示剂涂得太厚或用圆锥量规测量时摇晃造成测量误差。没有将工作台、头架或砂轮架角度调整正确	显示剂应涂得极薄和均匀，圆锥量规测量时不能摇晃，转动角度要在±30°以内。确定测量准确后，应固定工作台、头架或砂轮架的位置，再进行磨削
	用磨钝的砂轮磨削时，因弹性变形的影响使锥度发生变动	经常修整砂轮。精磨时须光磨到火花基本消失为止
	磨削直径小而长的内锥体时，由于砂轮接长轴细长，刚度低，再加上砂轮圆周速度低、切削能力差	砂轮接长轴尽量选得短而粗些；减小砂轮宽度；精磨余量留小些
圆锥母线不直(双曲线误差) 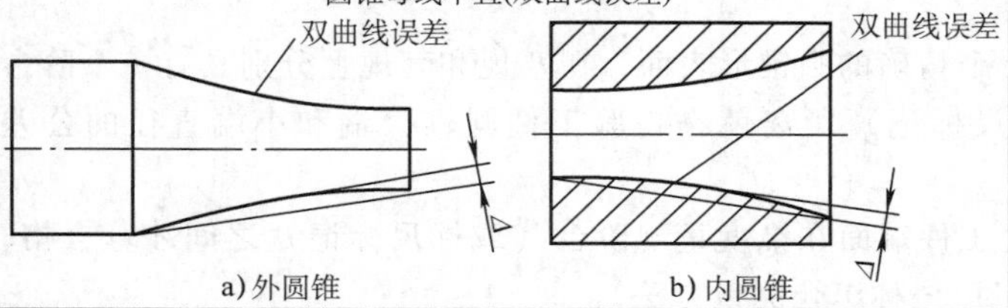	砂轮架（或内圆磨砂轮轴）的旋转轴线与工件旋转轴线不等高	修理或调整机床，使砂轮架（或内圆磨砂轮轴）的旋转轴线与工件的旋转轴线等高

4.1.6　平面磨削

在平面磨床上磨削平面，工件的公差等级为 IT7～IT6，表面粗糙度 Ra 为 0.16～0.63μm。采用精密平面磨床，工件表面粗糙度 Ra 可达 0.1μm，平行度误差在 1000mm 长度内为 0.01mm。

4.1.6.1　平面磨削方式及特点（见表 3-4-25）

表 3-4-25　平面磨削方式及特点

磨削方式	图示	特点	磨床类型
周边磨削	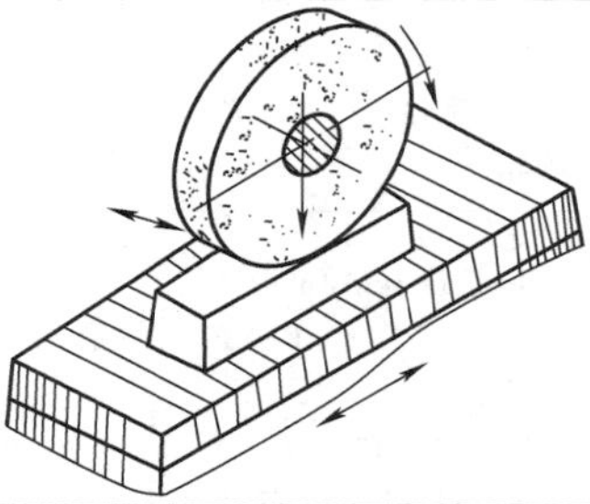	用砂轮圆周面磨削平面时，砂轮与工件的接触面积较小，磨削时的冷却和排屑条件较好，产生的磨削力和磨削热也较小，因此有利于提高工件的磨削精度。这种磨削方式适用于精磨各种平面，平面度公差一般为（0.01～0.02）mm/100mm 的，表面粗糙度 Ra 为 0.20～1.25μm。因磨削时要用间断的横向进给来完成整个工作表面的磨削，所以生产率较低	矩台卧轴平面磨床
	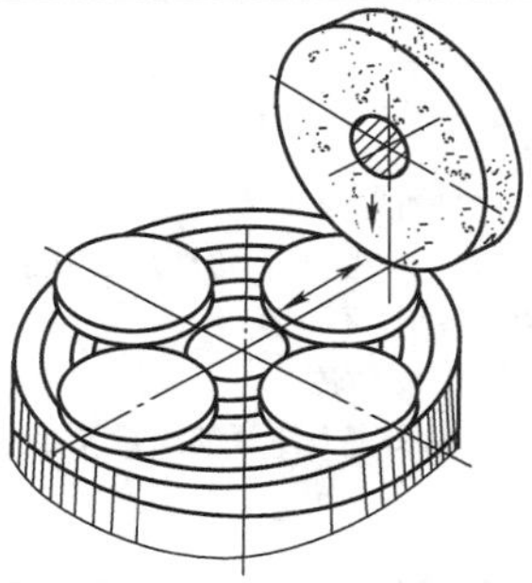		圆台卧轴平面磨床
端面磨削	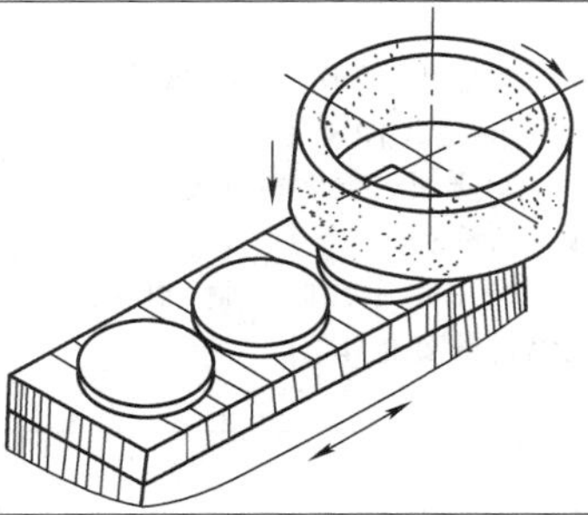	用筒形砂轮端面磨削时，砂轮主轴主要承受轴向力，因此主轴的弯曲变形小，刚度高，磨削时可选用较大的磨削用量。此外，用筒形砂轮端面磨削时，砂轮与工件的接触面积大，同时参加磨削的磨粒多，所以生产率高。但是，磨削过程中发热量较大，切削液不易直接浇注到磨削区，排屑也较困难，因而工件容易产生热变形和烧伤	矩台立轴平面磨床
	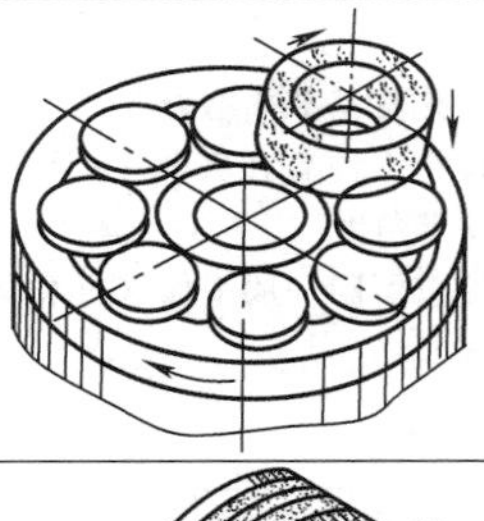		圆台立轴平面磨床
	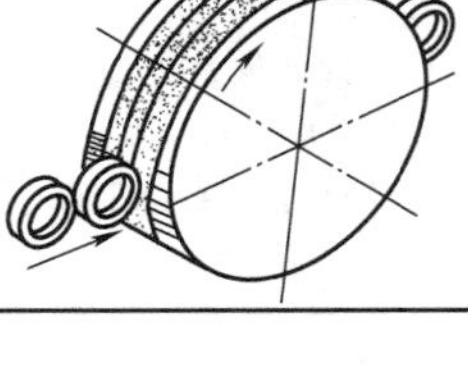		双端面磨床

4.1.6.2　平面磨削常用方法（见表 3-4-26）

表 3-4-26　平面磨削常用方法

磨削方法	磨削表面特征	图　示	磨削要点	夹　具
周边纵向磨削	较宽的长形平面	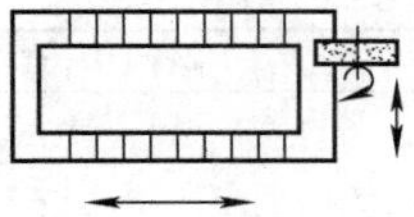	1)清除工件和吸盘上铁屑、毛刺 2)工件反复翻转磨削，左右不平，向左右翻转；前后不平，向前后翻转 3)粗磨、精磨、光磨都要修整砂轮	电磁吸盘
	平形平面	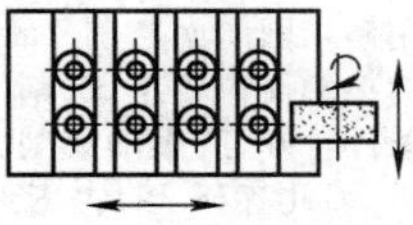	1)选准基准面 2)工件摆放在吸盘绝磁层的对称位置上 3)反复翻转 4)小尺寸工件磨削用量要小	电磁吸盘挡板或挡板夹具
	环形平面	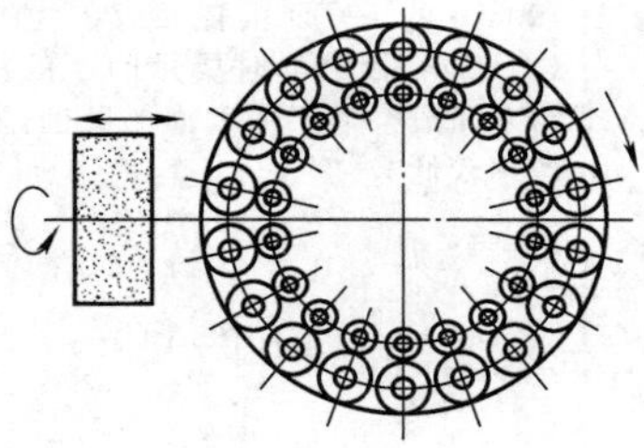	1)选准基准面 2)工件摆放在吸盘绝磁层的对称位置上 3)反复翻转 4)小尺寸工件磨削用量要小	圆吸盘
	薄片平面	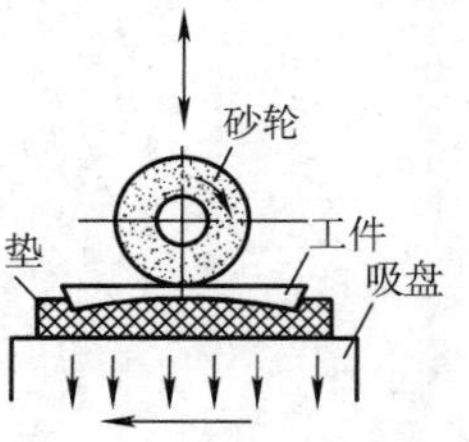	1)垫纸、橡胶、涂蜡、低熔点合金等，改善工件装夹 2)选用较软磨料砂轮，常修整以保持锋利 3)采用小背吃刀量、快速送进，磨削液要充分	电磁吸盘
	斜面	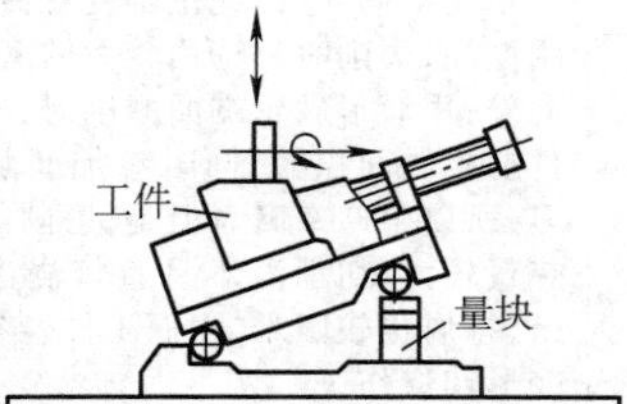	1)先将基准面磨好 2)将工件装在夹具上，调整夹具到要求角度 3)按磨削一般平面进行磨削	正弦精密平口钳、正弦电磁吸盘、精密角铁等
	直角槽	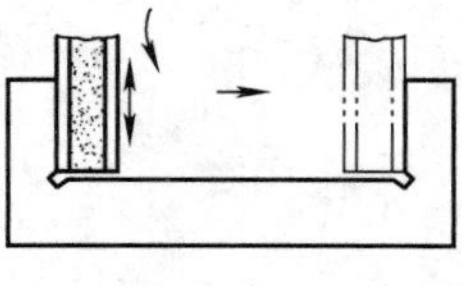	1)找正槽外侧基准面，使其与工作台进给方向平行 2)将砂轮两端修成凹形	电磁吸盘

（续）

磨削方法	磨削表面特征	图　　示	磨削要点	夹　　具
周边纵向磨削	圆柱端面	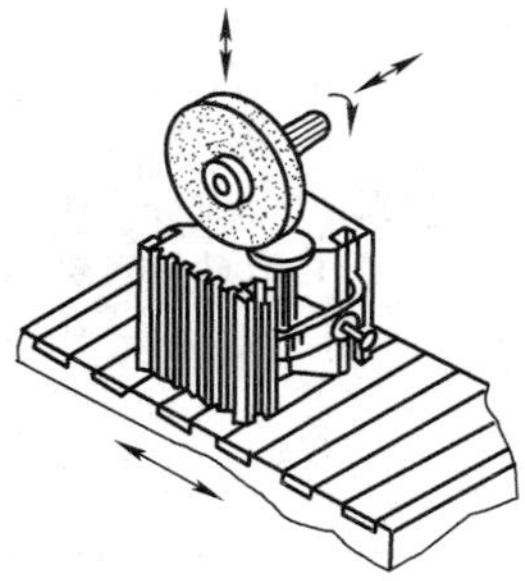	1）将圆柱面紧靠 V 形架装夹好 2）工件在 V 形架上悬伸不宜过高	电磁吸盘、精密 V 形铁
	多边形平面	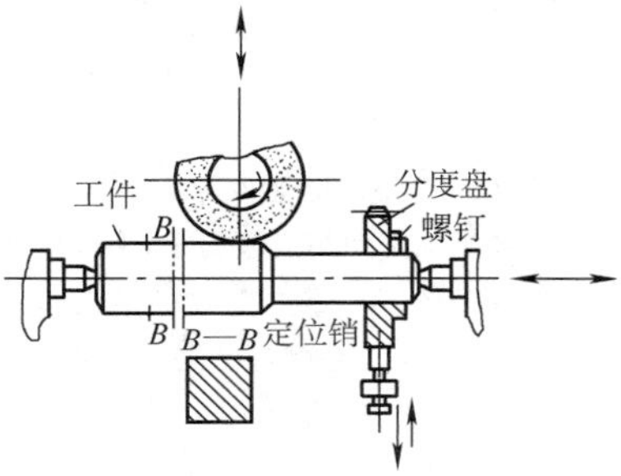	用分度夹具逐一进行磨削	分度装置
周边切入磨削	窄槽	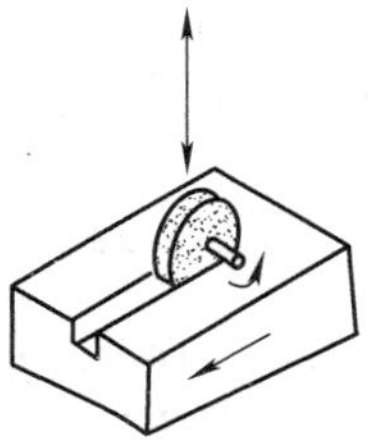	1）找正工件 2）调整好砂轮和工件相对位置 3）一次磨出直槽	电磁吸盘
	窄长平面	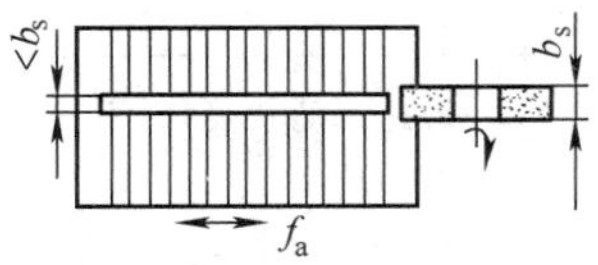	1）找正工件，调整好工件和砂轮相对位置 2）反复翻转磨削	电磁吸盘
端面纵向磨削	长形平面	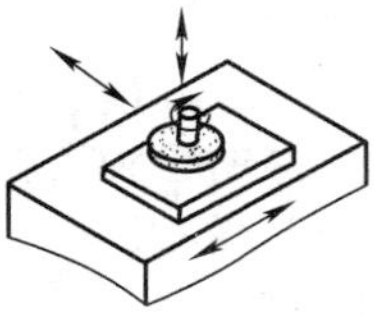	1）粗磨时，磨头倾斜一小角度；精磨时，磨头必须与工件垂直 2）工件反复翻转 3）粗磨、精磨都要修整砂轮	电磁吸盘
	垂直平面	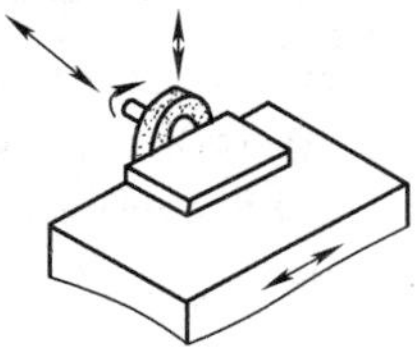	1）找正工件 2）正确安装基准面	电磁吸盘

（续）

磨削方法	磨削表面特征	图　　示	磨削要点	夹　　具
端面切入磨削	环形平面	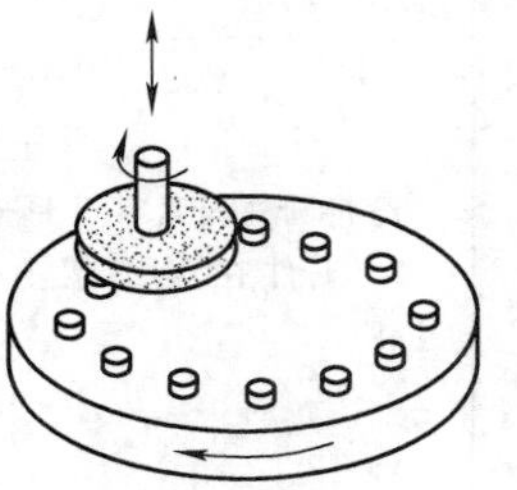	1)圆台中央部分不装夹工件 2)工件小，砂轮宜软，背吃刀量宜小	圆吸盘
	短圆柱形工件的双端平行平面	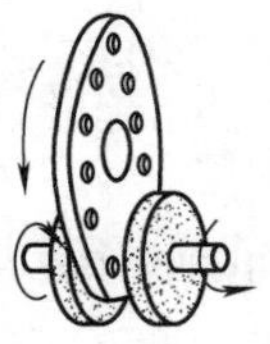	1)工件手动或自动放在送料盘上，送料盘带动工件在两砂轮间回转 2)将两砂轮在水平方向及垂直方向都调整成倾斜角，形成复合磨削区	圆送料盘
	扁的圆形工件双端平行平面	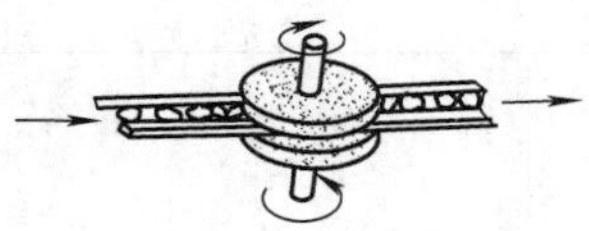	将两砂轮在水平方向调整成倾斜角，进口为工件尺寸+2/3磨削余量，出口为成品尺寸	导板送料机构
	大尺寸平行平面	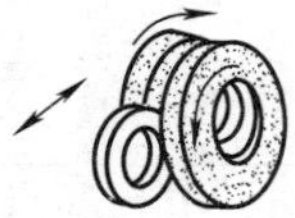	1)工件可在夹具中自转 2)两砂轮中的一个调整成倾斜角	专用夹具
	复杂形状工件平行平面		1)适于形状复杂、不宜连续送进的工件 2)砂轮倾斜角是摇臂在砂轮内的死点处。开口为成品尺寸	摇臂式夹具
导轨磨削	导轨面	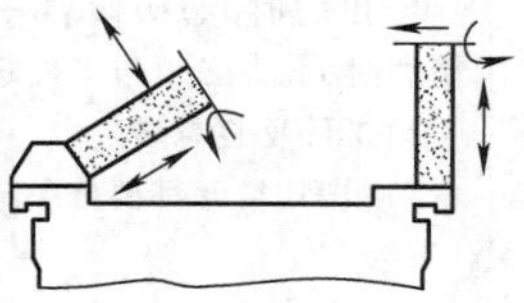	1)导轨面的周边磨削 2)导轨要正确支承和固定 3)调整好导轨面和砂轮的位置及方向	垫铁支承，磨头运动时导轨不固定，工件运动时要固定
		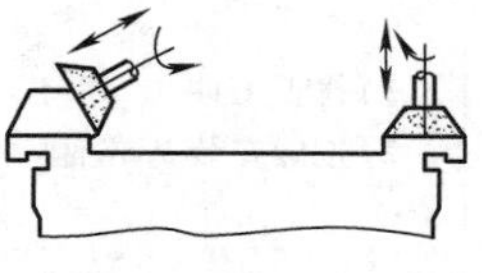	1)导轨面的端面磨削 2)导轨要正确支承和固定 3)调整好导轨面和砂轮的位置及方向	垫铁支承，磨头运动时导轨不固定，工件运动时要固定

（续）

磨削方法	磨削表面特征	图　示	磨削要点	夹　具
导轨磨削	导轨面	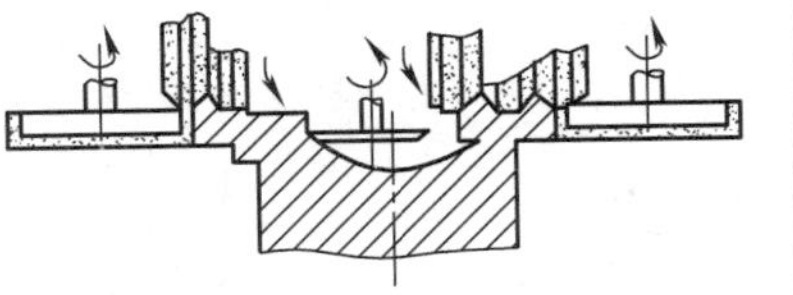	1）用成形砂轮分别磨削导轨面，用辅助磨头磨削侧面等 2）正确支承和安装导轨	支承垫铁、压板、螺钉
		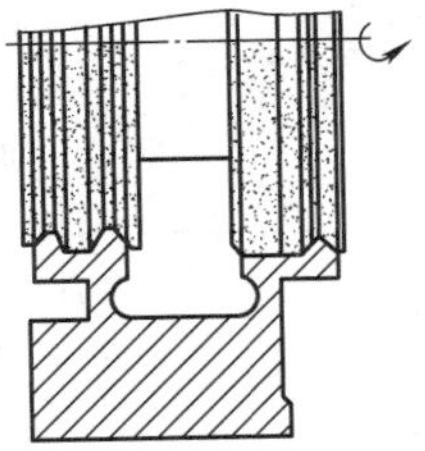	1）用组合成形砂轮一次磨出导轨面 2）正确支承和安装导轨	支承垫铁、压板、螺钉

4.1.6.3　工件的装夹方法（见表 3-4-27）

表 3-4-27　工件的装夹方法

装夹方法	图　示	说　明
在磨床工作台面上装夹	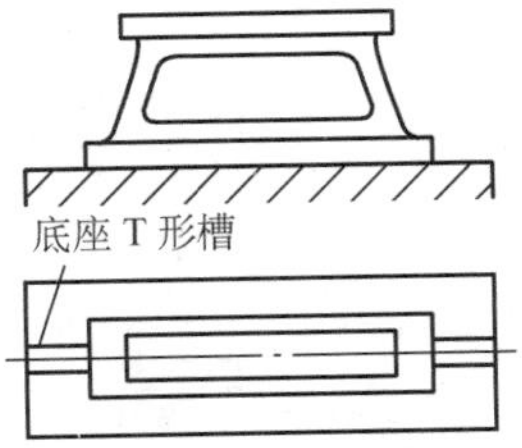	卸去磨床工作台面上的磁盘，用螺钉把工件固定在工件台面上进行磨削。这种方法适用于工件较高而被磨平面宽度不大的情况
用电磁（或永磁）吸盘装夹	 a) 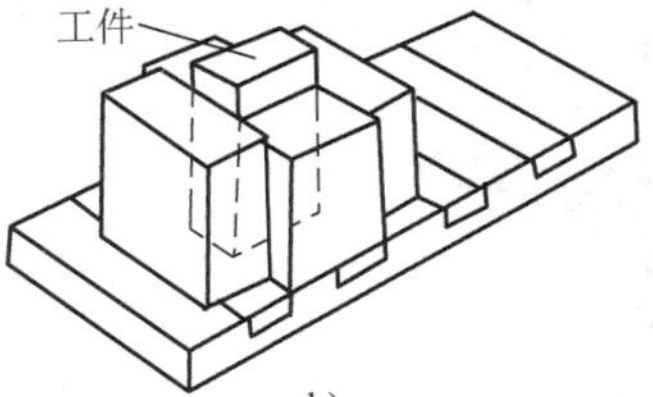 b)	电磁（或永磁）吸盘的外形有矩形和圆形两种，分别用于矩形工作台平面磨床和圆形工作台平面磨床 装夹时，工件定位表面应尽可能多盖住绝缘磁层条，以便充分利用磁性吸力。小而薄的工件（图a）应放在绝缘磁层中间，并在其左右放置低于工件厚度而面积较大的挡板，以防止磨削时工件松动 装夹高度较高而定位面积较小的工件时（图b），应在工件四周放上低于工件厚度而面积较大的挡板，以防止磨削时工件松动

（续）

装夹方法	图　示	说　明
用导磁铁装夹	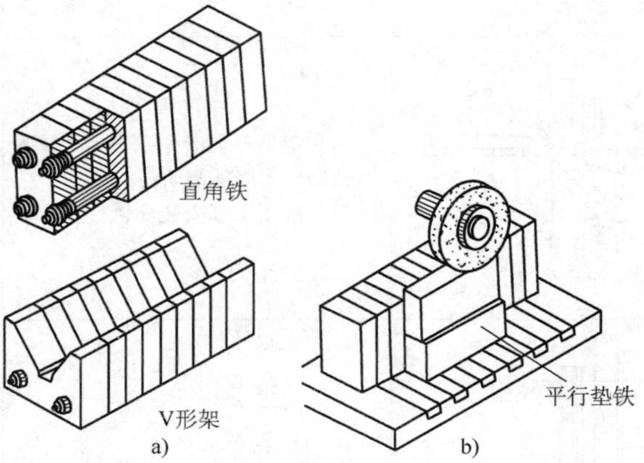	导磁铁有直角铁和V形架两种（见图a）。这些导磁铁经过精密加工，各面之间垂直度和平行度的精度都很高 使用时，使导磁直角铁的黄铜片与电磁吸盘的绝磁层对齐（见图b）。电磁吸盘上的磁力线会延伸到导磁直角铁上，因而当电磁吸盘通电时，导磁直角铁上同样带磁吸片工件。导磁V形架的结构和使用原理与导磁直角铁相同，它的两个工作表面间的夹角为90°
用正弦电磁吸盘装夹	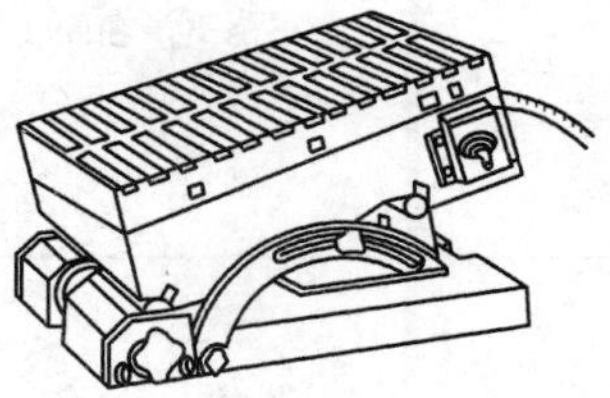	正弦电磁吸盘由带电磁吸盘的正弦规与底座组成。夹具最大的倾斜角度为45°，适用于磨削扁平工件
用精密平口钳装夹	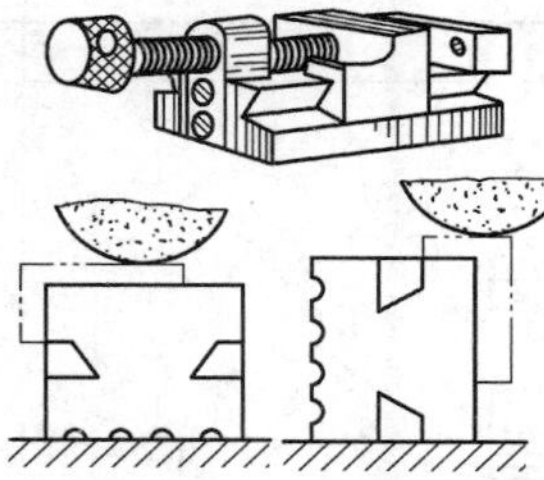	精密平口钳各面之间均具有精度很高的垂直度或平行度，各面之间的角度为90°±30″。因此，工件一次装夹后，通过翻转精密平口钳，可以磨出互相垂直的基准面。这种方法适用于小型精密工件的磨削
用正弦精密平口钳装夹	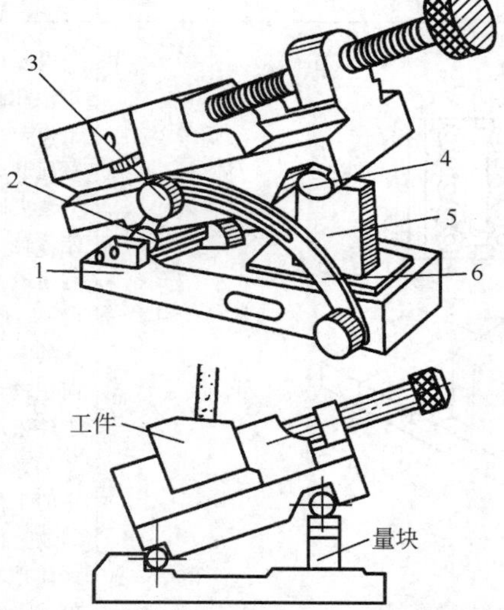 1—底座　2、4—正弦圆柱　3—螺钉　5—量块组　6—撑条	正弦精密平口钳由带精密平口钳的正弦规与底座组成 将工件夹紧在精密平口钳中，在正弦圆柱4和底座1的定位面之间垫入量块组5，使正弦规与工件一起倾斜成需要的角度。磨削时，正弦圆柱2须用锁紧装置紧固在底座的定位面上，同时旋紧螺钉3，以便通过撑条6把正弦规紧固。这种夹具最大的倾斜角度为45°

（续）

装夹方法	图　示	说　明
用精密角铁装夹	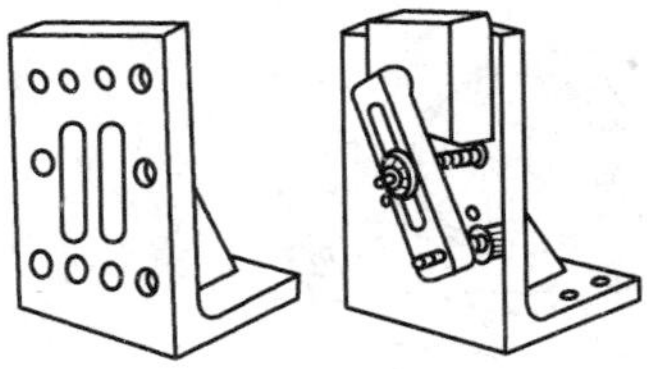	精密角铁由铸铁制成，角铁上两相互垂直的工作平面经过刮研加工，它们之间的垂直度误差很小，工作平面上有 T 形槽或通孔，用来装螺钉以夹紧工件 工件装夹在精密角铁上，通过校正，可以磨削各种斜面和垂直平面
用精密 V 形架装夹	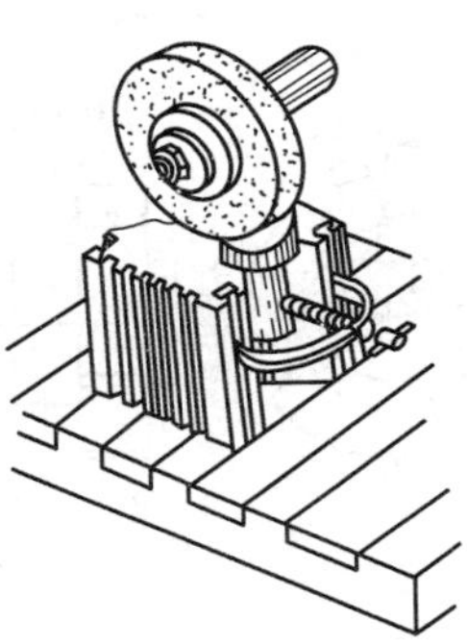	精密 V 形架由 V 形架、弓架、夹紧螺钉组成。V 形架的侧面、端面与底面相互垂直。V 形槽用标准圆柱心轴检验时，其轴线也垂直于 V 形架的端面，所以能保证圆柱体端面与外圆垂直 磨削圆柱形工件上的端面及相互垂直的平面时，可采用这种方法装夹工件
用专用夹具	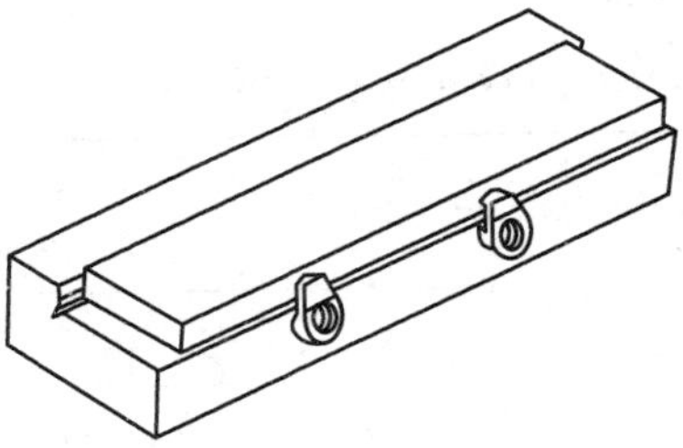	此例是采用侧面压紧磨削长条薄形工件。由于工件侧面宽度方向刚度高，工件不会产生夹紧变形
用组合夹具装夹	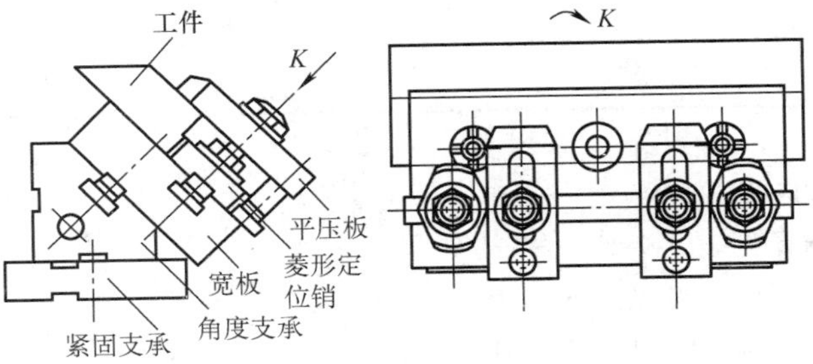 a)	图 a 所示为由组合夹具角度支承组成的磨削斜平面夹具

（续）

装夹方法	图示	说明
用组合夹具装夹	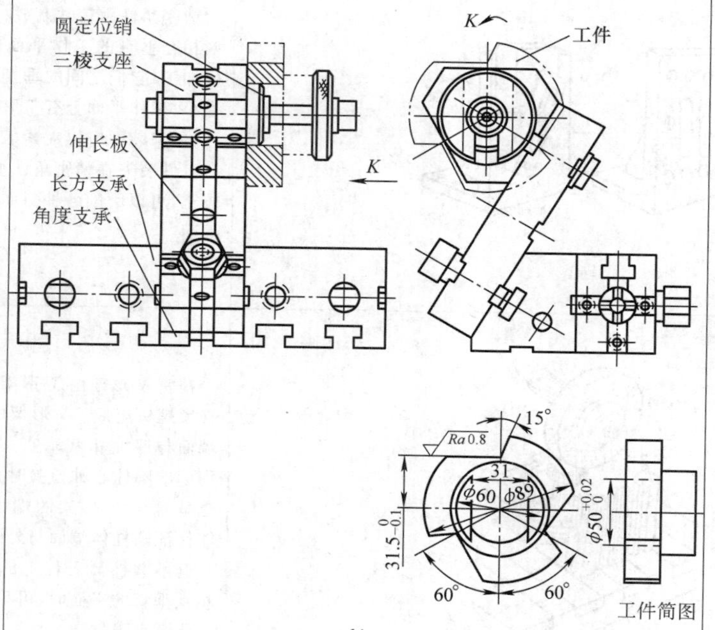 b)	图b所示为由角度支承和三菱支座组成的磨削三等分平面的夹具

4.1.6.4 平面磨削砂轮的选择（见表3-4-28）

表3-4-28 平面磨削砂轮的选择

工件材料		非淬火碳素钢	调质合金钢	淬火碳素钢、合金钢	铸 铁
砂轮的特性	磨料	A	A	WA	C
	粒度号	F36～F46	F36～F46	F36～F46	F36～F46
	硬度等级	L～N	K～M	J～K	K～M
	组织	5～6	5～6	5～6	5～6
	结合剂	V	V	V	V

4.1.6.5 平面磨削切削用量的选择

1）平面磨削砂轮速度的选择见表3-4-29。

2）往复式平面磨粗磨平面磨削用量见表3-4-30。

3）往复式平面磨精磨平面磨削用量见表3-4-31。

4）回转式平面磨粗磨平面磨削用量见表3-4-32。

5）回转式平面磨精磨平面磨削用量见表3-4-33。

表 3-4-29　平面磨削砂轮速度的选择　（单位：m/s）

磨削方式	工件材料	粗磨	精磨	磨削方式	工件材料	粗磨	精磨
周边磨削	灰铸铁	20～22	22～25	端面磨削	灰铸铁	15～18	18～20
	钢	22～25	25～30		钢	18～20	20～25

表 3-4-30　往复式平面磨粗磨平面磨削用量

纵向进给量						
加工性质	砂轮宽度 b_s/mm					
	32	40	50	63	80	100
	工作台单行程纵向进给量 f_a/(mm/st)					
粗磨	16～24	20～30	25～38	32～44	40～60	50～75

背吃刀量							
纵向进给量 f_a/(mm/r)（以砂轮宽度计）	寿命 T/s	工件圆周速度 v_w/(m/min)					
		6	8	10	12	16	20
		工作台单行程背吃刀量 a_p/(mm/st)					
0.5 0.6 0.8	540	0.066 0.055 0.041	0.049 0.041 0.031	0.039 0.033 0.024	0.033 0.028 0.021	0.024 0.020 0.015	0.019 0.016 0.012
0.5 0.6 0.8	900	0.053 0.042 0.032	0.038 0.032 0.024	0.030 0.025 0.019	0.026 0.021 0.016	0.019 0.016 0.012	0.015 0.013 0.0096
0.5 0.6 0.8	1440	0.040 0.034 0.025	0.030 0.025 0.019	0.024 0.020 0.015	0.020 0.017 0.013	0.015 0.013 0.0094	0.012 0.010 0.0076
0.5 0.6 0.8	2400	0.033 0.026 0.019	0.023 0.019 0.015	0.019 0.015 0.012	0.016 0.013 0.0098	0.012 0.0097 0.0073	0.0093 0.0078 0.0059

背吃刀量 a_p 的修正系数

k_1（与工件材料及砂轮直径有关）				
工件材料	砂轮直径 d_s/mm			
	320	400	500	600
耐热钢	0.7	0.78	0.85	0.95
淬火钢	0.78	0.87	0.95	1.06
非淬火钢	0.82	0.91	1.0	1.12
铸铁	0.86	0.96	1.05	1.17

k_2（与工作台充满系数 k_f 有关）

k_f	0.2	0.25	0.32	0.4	0.5	0.63	0.8	1.0
k_2	1.6	1.4	1.25	1.12	1.0	0.9	0.8	0.71

注：工作台一次往复行程的背吃刀量应将表列数值乘以 2。

表 3-4-31 往复式平面磨精磨平面磨削用量

纵向进给量

加工性质	砂轮宽度 b_s/mm					
	32	40	50	63	80	100
	工作台单行程纵向进给量 f_a/(mm/st)					
精磨	8~16	10~20	12~25	16~32	20~40	25~50

背吃刀量

工件圆周速度 v_w /(m/min)	工作台单行程纵向进给量 f_a/(mm/st)								
	8	10	12	15	20	25	30	40	50
	工作台单行程背吃刀量 a_p/(mm/st)								
5	0.086	0.069	0.058	0.046	0.035	0.028	0.023	0.017	0.014
6	0.072	0.058	0.046	0.039	0.029	0.023	0.019	0.014	0.012
8	0.054	0.043	0.035	0.029	0.022	0.017	0.015	0.011	0.0086
10	0.043	0.035	0.028	0.023	0.017	0.014	0.012	0.0086	0.0069
12	0.036	0.029	0.023	0.019	0.014	0.012	0.0096	0.0072	0.0058
15	0.029	0.023	0.018	0.015	0.012	0.0092	0.0076	0.0058	0.0046
20	0.022	0.017	0.014	0.012	0.0086	0.0069	0.0058	0.0043	0.0035

背吃刀量 a_p 的修正系数

k_1(与加工精度及加工余量有关)							k_2(与工件材料及砂轮直径有关)				
尺寸精度 /mm	加工余量/mm						工件材料	砂轮直径 d_s/mm			
	0.12	0.17	0.25	0.35	0.5	0.70		320	400	500	600
0.02	0.4	0.5	0.63	0.8	1.0	1.25	耐热钢	0.56	0.63	0.7	0.8
0.03	0.5	0.63	0.8	1.0	1.25	1.6	淬火钢	0.8	0.9	1.0	1.1
0.05	0.63	0.8	1.0	1.25	1.6	2.0	非淬火钢	0.96	1.1	1.2	1.3
0.08	0.8	1.0	1.25	1.6	2.0	2.5	铸铁	1.28	1.45	1.6	1.75

k_3(与工作台充满系数 k_f 有关)

k_f	0.2	0.25	0.32	0.4	0.5	0.63	0.8	1.0
k_3	1.6	1.4	1.25	1.12	1.0	0.9	0.8	0.71

注:1. 精磨的 f_a 不应该超过粗磨的 f_a 值。

2. 工件圆周速度,当加工淬火钢时用大值,加工非淬火钢及铸铁时取小值。

表 3-4-32 回转式平面磨粗磨平面磨削用量

纵向进给量

加工性质	砂轮宽度 b_s/mm					
	32	40	50	63	80	100
	工作台纵向进给量 f_a/(mm/r)					
粗磨	16~24	20~30	25~38	32~44	40~60	50~75

背吃刀量

纵向进给量 f_a/(mm/r) (以砂轮宽度计)	寿命 T/s	工件圆周速度 v_w/(m/min)						
		8	10	12	16	20	25	30
		磨头单行程背吃刀量 a_p/(mm/st)						
0.5	540	0.049	0.039	0.033	0.024	0.019	0.016	0.013
0.6		0.041	0.032	0.028	0.020	0.016	0.013	0.011
0.8		0.031	0.024	0.021	0.015	0.012	0.0098	0.0082

（续）

纵向进给量 f_a/(mm/r)（以砂轮宽度计）	寿命 T/s	工件圆周速度 v_w/(m/min)						
		8	10	12	16	20	25	30
		磨头单行程背吃刀量 a_p/(mm/st)						
0.5 0.6 0.8	900	0.038 0.032 0.024	0.030 0.025 0.019	0.026 0.021 0.016	0.019 0.016 0.012	0.015 0.013 0.0096	0.012 0.010 0.008	0.010 0.0085 0.0064
0.5 0.6 0.8	1440	0.030 0.025 0.019	0.024 0.020 0.015	0.020 0.017 0.013	0.015 0.013 0.0094	0.012 0.010 0.0076	0.0096 0.0080 0.0061	0.0080 0.0067 0.0050
0.5 0.6 0.8	2400	0.023 0.019 0.015	0.019 0.015 0.012	0.016 0.013 0.0098	0.012 0.0097 0.0073	0.0093 0.0078 0.0059	0.0075 0.0062 0.0047	0.0062 0.0052 0.0039

背吃刀量 a_p 的修正系数

k_1（与工件材料及砂轮直径有关）

工件材料	砂轮直径 d_s/mm			
	320	400	500	600
耐热钢	0.7	0.78	0.85	0.95
淬火钢	0.78	0.87	0.95	1.06
非淬火钢	0.82	0.91	1.0	1.12
铸铁	0.86	0.96	1.05	1.17

k_2（与工作台充满系数 k_f 有关）

k_f	0.25	0.32	0.4	0.5	0.63	0.8	1.0
k_2	1.4	1.25	1.12	1.0	0.9	0.8	0.71

表 3-4-33　回转式平面磨精磨平面磨削用量

纵向进给量

加工性质	砂轮宽度 b_s/mm					
	32	40	50	63	80	100
	工作台纵向进给量 f_a/(mm/r)					
精磨	8~16	10~20	12~25	16~32	20~40	25~50

背吃刀量

工件圆周速度 v_w/(m/min)	工作台纵向进给量 f_a/(mm/r)								
	8	10	12	15	20	25	30	40	50
	磨头单行程背吃刀量 a_p/(mm/st)								
8	0.067	0.054	0.043	0.036	0.027	0.0215	0.0186	0.0137	0.0107
10	0.054	0.043	0.035	0.0285	0.0215	0.0172	0.0149	0.0107	0.0086
12	0.045	0.0355	0.029	0.024	0.0178	0.0149	0.0120	0.0090	0.0072
15	0.036	0.0285	0.022	0.0190	0.0149	0.0114	0.0095	0.0072	0.00575
20	0.027	0.0214	0.018	0.0148	0.0107	0.0086	0.00715	0.00537	0.0043
25	0.0214	0.0172	0.0143	0.0115	0.0086	0.0069	0.00575	0.0043	0.0034
30	0.0179	0.0143	0.0129	0.0095	0.00715	0.0057	0.00477	0.00358	0.00286
40	0.0134	0.0107	0.0089	0.00715	0.00537	0.0043	0.00358	0.00268	0.00215

（续）

背吃刀量 a_p 的修正系数											
k_1（与加工精度及加工余量有关）								k_2（与工件材料及砂轮直径有关）			
尺寸精度/mm	加工余量/mm							工件材料	砂轮直径 d_s/mm		
	0.08	0.12	0.17	0.25	0.35	0.50	0.70		320	400	500	600
0.02	0.32	0.4	0.5	0.63	0.8	1.0	1.25	耐热钢	0.56	0.63	0.70	0.80
0.03	0.4	0.5	0.63	0.8	1.0	1.25	1.6	淬火钢	0.80	0.9	1.0	1.1
0.05	0.5	0.63	0.8	1.0	1.25	1.6	2.0	非淬火钢	0.96	1.1	1.2	1.3
0.08	0.63	0.8	1.0	1.25	1.6	2.0	2.5	铸铁	1.28	1.45	1.6	1.75

k_3（与工作台充满系数 k_f 有关）								
k_f	0.2	0.25	0.3	0.4	0.5	0.6	0.8	1.0
k_3	1.6	1.4	1.25	1.12	1.0	0.9	0.8	0.71

注：1. 精磨的 f_a 不应超过粗磨的 f_a 值。

2. 工件圆周速度，当加工淬火钢时取大值，加工非淬火钢及铸铁时取小值。

4.1.6.6　平面磨削余量的选择（见表3-4-34）

表3-4-34　平面磨削余量的选择　（单位：mm）

加工性质	加工面长度	加工面宽度					
		≤100		>100～300		>300～1000	
		余量	公差	余量	公差	余量	公差
工件在装置时未经校准	≤300	0.3	0.1	0.4	0.12	—	—
	>300～1000	0.4	0.12	0.5	0.15	0.6	0.15
	>1000～2000	0.5	0.15	0.6	0.15	0.7	0.15
工件装置在夹具中或用千分表校准	≤300	0.2	0.1	0.25	0.12	—	—
	>300～1000	0.25	0.12	0.3	0.15	0.4	0.15
	>1000～2000	0.3	0.15	0.4	0.15	0.4	0.15

注：1. 表中数值是每一加工面的加工余量。

2. 几个工件同时加工时，长度及宽度为装置在一起的各工件尺寸（长度或宽度）及各工件间的间隙之总和。

3. 热处理的工件磨前的加工余量是将表中数值乘以1.2。

4. 磨削的加工余量和公差用于有公差的表面的加工，其他尺寸按照自由尺寸的公差进行加工。

4.1.6.7　平面磨削的质量分析（见表3-4-35）

表3-4-35　平面磨削的质量分析

工件缺陷	产生原因和解决方法	工件缺陷	产生原因和解决方法
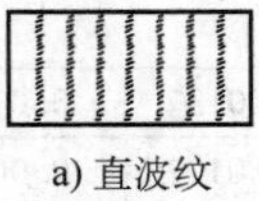 a) 直波纹 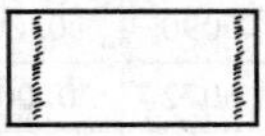 b) 两边直波纹 表面波纹	1)磨头系统刚度低 2)塞铁间隙过大 3)主轴轴承间隙过大 4)主轴部件动平衡不好 5)砂轮不平衡 6)砂轮过硬、组织不均、磨钝 7)电动机定子间隙不均匀 8)砂轮卡盘锥孔配合不好	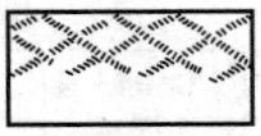 c) 菱形波纹 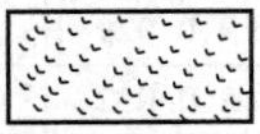 d) 花波纹 表面波纹	9)工作台换向冲击，易出现两边或一边的波纹；工作台换向一定时间与砂轮每转一定时间之比不为整倍数时，易出现菱形波纹 10)液压系统振动 11)垂直进给量过大及外源振动 消除措施：根据波距和工作台速度算出它的频率，然后对照机床上可能产生该频率的部件，采取相应措施消除

（续）

工件缺陷	产生原因和解决方法	工件缺陷	产生原因和解决方法
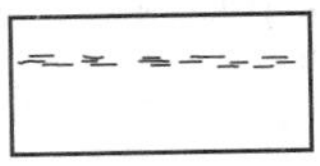 线性划伤	工件表面留有磨屑或细砂，当砂轮进入磨削区后，带着磨屑和细砂一起滑移而引起。调整好切削液喷嘴，加大切削液流量，使工件表面保持清洁	敞角或侧面呈喇叭口	1）轴承结构不合理或间隙过大 2）砂轮选择不当或不锋利 3）进给量过大 4）可以在两端加辅助工件一起磨削
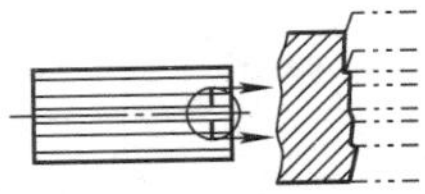 表面接刀痕	砂轮母线不直，纵向和横向进给量过大 机床应在热平衡状态下修整砂轮，金刚石宜放在工作台面上	表面烧伤和拉毛	与外圆磨削相同（见表 3-4-13）

4.1.7　成形磨削

成形面一般分为三类：旋转体成形面，如手柄、阀杆等；直母线成形面，如样板、圆柱凸轮、凸模、凹模等；立体（三维）成形面，如齿轮、成形模等。

磨削中比较多碰到的成形面是直母线成形面，它是由多个圆柱面与平面相切、相交组成的。成形磨削的基本原理是把形状复杂的几何线型分解成若干直线、圆弧等简单的几何线型，然后分段磨削，使其连接圆滑、光整、符合图样要求。

4.1.7.1　成形磨削的几种方法（见表 3-4-36）

表 3-4-36　成形磨削的几种方法

磨削方法	简　　图	说　　明
成形砂轮磨削	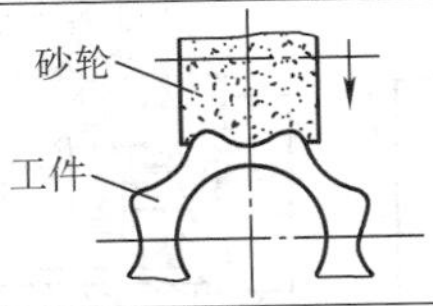	将砂轮用修整装置修整成与工件型面相对应的型面，用切入法磨削。可在外圆、内圆、平面、无心和工具磨床上进行磨削
成形夹具磨削	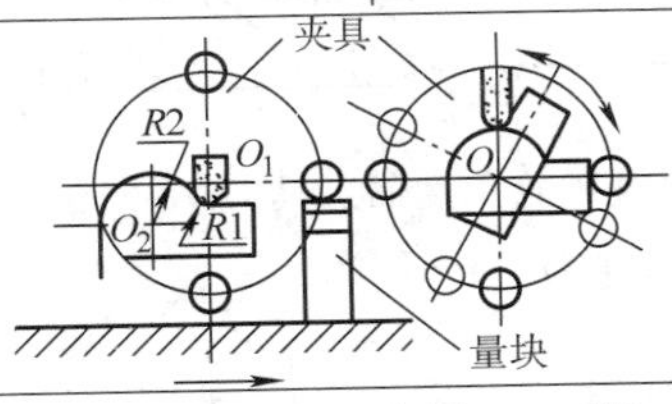	使用通用或专用夹具，在通用或专用磨床上对工件的型面进行磨削
仿形磨削	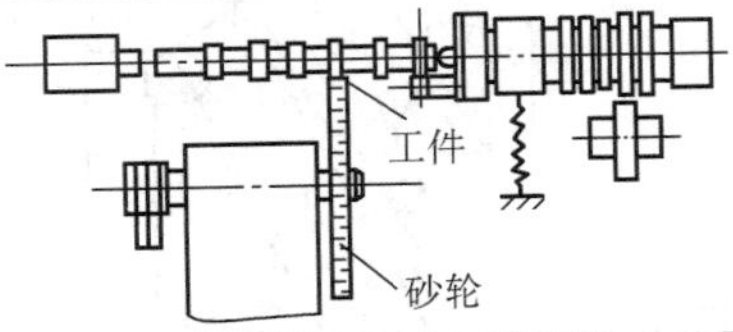	在专用磨床上，按放大样板（或靠模）或放大图样进行磨削
坐标磨削	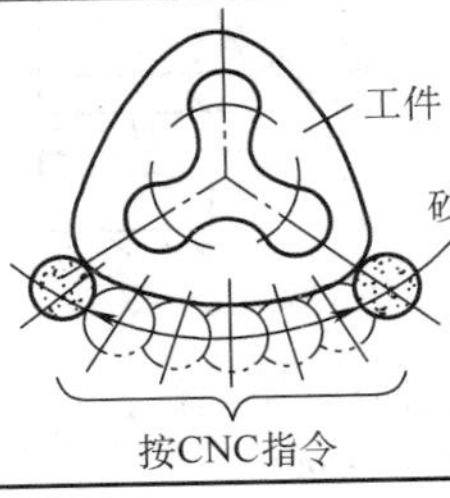	使用坐标磨床的回转工作台和坐标工作台，使工件按坐标运动及回转，利用磨头的上下、往复和行星运动，磨削工件的型面 使用数控坐标磨床磨削型面，磨头转速可达 200000r/min，轮廓精度在全行程面积内可达 7.5μm

4.1.7.2 成形砂轮的修整

在模具制造中采用成形砂轮磨削较为普遍，尤其是磨削多件相同型面的工件时，可保证几何形状的一致性，同时工件的装夹、调整都较简单。对于半径较小的凹圆弧及成形沟槽，在磨削时往往必须采用成形砂轮磨削，以成形砂轮配合专用夹具的使用效果更好。

1. 采用成形砂轮磨削时砂轮修整要点

1）采用金刚石刀修整成形砂轮时，金刚石刀尖应与夹具回转中心在同一平面内，修整时应通过砂轮主轴中心。

2）为了减少金刚石消耗，粗修成形砂轮时，可先用碳化硅砂轮条。

3）砂轮修整的型面，如果是两个凸圆弧相连接，应先修整大的凸弧；如果是一凸一凹圆弧相连接，应先修整凹弧；如果是两个凹圆弧连接，应先修整小凹圆弧；如果是凸圆弧与平面连接，应先修整平面；如果是凹圆弧与平面连接，应先修整凹圆弧。

4）修整凸圆弧时，砂轮半径应比所需磨削半径 R 小 0.01mm；修整凹圆弧时，砂轮半径应比所需磨削半径 R 大 0.01mm。

2. 砂轮角度面的修整

1）卧式修整砂轮角度面工具（见图 3-4-24）。滑块 1 以正弦规上的导轨导向，当转动手轮 3 时，通过齿轮齿条的传动使滑块 1 移动。当滑块角度调整好以后，用紧固螺母 2 将其紧固。

修整砂轮角度面时，应根据修整的角度 α 计算出应垫量块的高度 H（见图 3-4-25）。

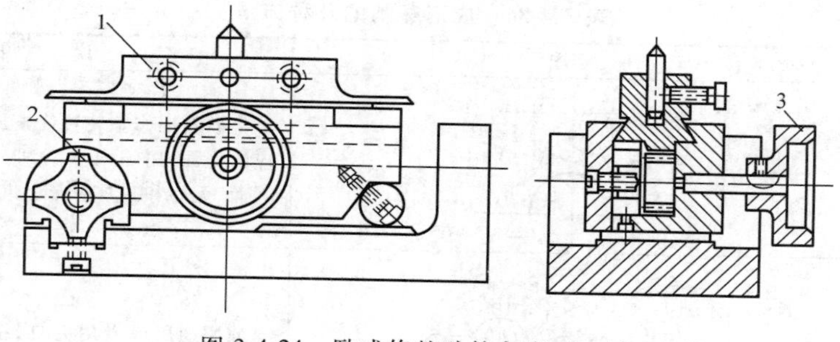

图 3-4-24 卧式修整砂轮角度面工具

1—滑块 2—紧固螺母 3—手轮

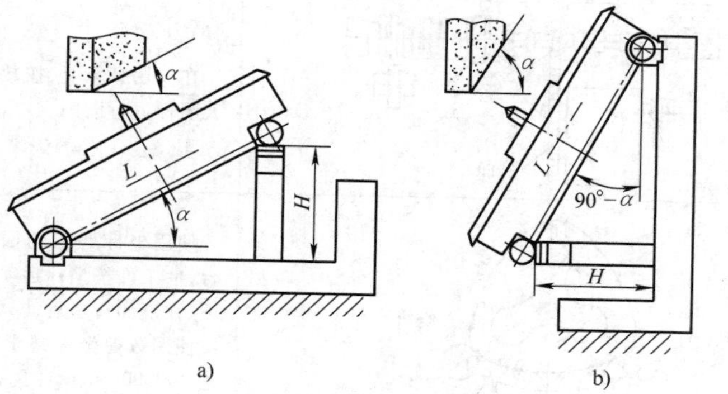

图 3-4-25 应垫量块高度 H 的计算（卧式修整）

a）$0° \leqslant \alpha \leqslant 45°$ b）$45° < \alpha \leqslant 90°$

① 当待修整砂轮的角度为 $0° \leqslant \alpha \leqslant 45°$ 时，以修整工具底面为安装基准（见图 3-4-25a），应垫量块的高度 H 为

$$H = L\sin\alpha$$

② 当待修整砂轮的角度为 $45° < \alpha \leqslant 90°$ 时，以修整工具垂直面为安装基准（见图 3-4-25b），应垫量块的高度 H 为

$$H = L\sin(90° - \alpha) = L\cos\alpha$$

2）立式修整砂轮角度面工具（见图 3-4-26）。滑块 1 以正弦规上的导轨导向，当转动手轮 3 时，通过齿轮齿条的传动使滑块 1 移动。当夹具用量块调整好角度后，用紧固螺母 2 将其紧固。4 为侧面正弦垫板，不用时可缩进底座内，以免影响底面正弦垫板安放量块。

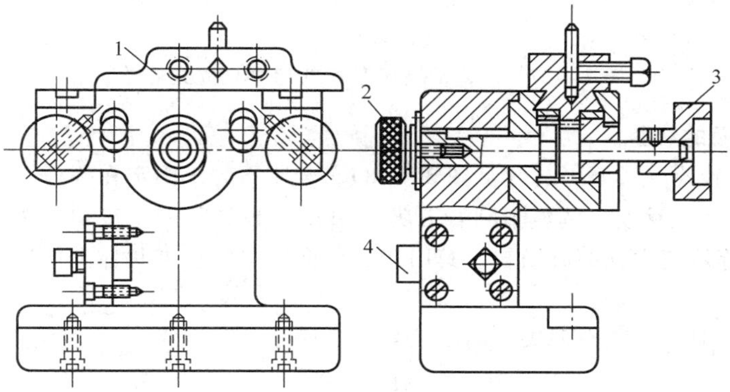

图 3-4-26 立式修整砂轮角度面工具
1—滑块 2—紧固螺母 3—手轮 4—侧面正弦垫板

修整砂轮角度面时，应根据修整的角度 α 计算出应垫量块的高度 H（见图 3-4-27）。

① 当待修整砂轮的角度为 $0° \leqslant \alpha \leqslant 45°$ 时，用底面的正弦垫板垫量块时（见图 3-4-27a），应垫量块高度 H 为

$$H = P - L\sin\alpha - \frac{d}{2}$$

② 当待修整砂轮的角度为 $45° < \alpha \leqslant 90°$，用侧面的正弦垫板垫量块时（见图 3-4-27b），应垫量块高度 H 为

$$H = P' + L\sin(90° - \alpha) - \frac{d}{2} = P' + L\cos\alpha - \frac{d}{2}$$

③ 当待修整砂轮的角度为 $90° < \alpha \leqslant 100°$，用侧面的正弦垫板垫量块时（见图 3-4-27c），应垫量块高度 H 为

$$H = P' - L\sin(\alpha - 90°) - \frac{d}{2} = P' - L\cos\alpha - \frac{d}{2}$$

式中 H——量块高度（mm）；

P——工具的回转中心至底面正弦垫板的距离（mm）；

P'——工具的回转中心至侧面正弦垫板的距离（mm）；

L——正弦圆柱至工具回转中心的距离（mm）；

d——正弦圆柱的直径（mm）；

α——待修整砂轮的角度（°）。

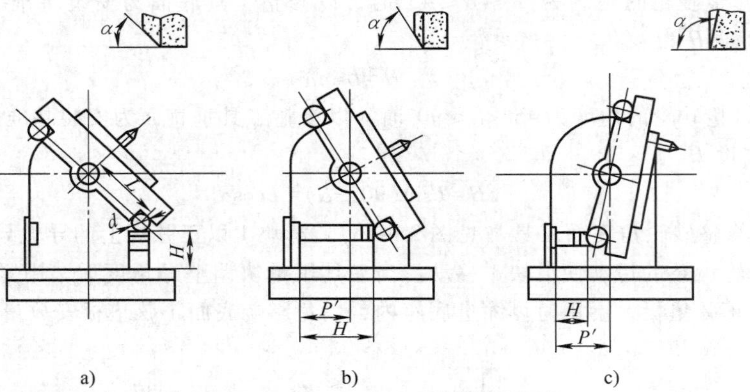

图 3-4-27 应垫量块高度 *H* 的计算（立式修整）

3. 砂轮圆弧面的修整

1）卧式修整砂轮圆弧面工具（见图 3-4-28）。金刚石刀 1 固定在摆杆 2 上，通过转动螺杆 3 使摆杆 2 在滑座 4 上移动，调整金刚石刀尖与回转中心的距离。转动手轮 8，使主轴 7 及固定在其上的滑座等均绕主轴中心回转，其回转的角度用固定在夹具体上的度盘 5、挡块 9 和角度尺 6 来控制。

修整凸圆弧面时，金刚石刀尖应高于工具中心：

$$H=P+R$$

修整凹圆弧面时，金刚石刀尖应低于工具中心：

$$H=P-R$$

式中 *H*——金刚石刀尖高度（mm）；

P——工具的中心高（mm）；

R——待修整砂轮圆弧半径（mm）。

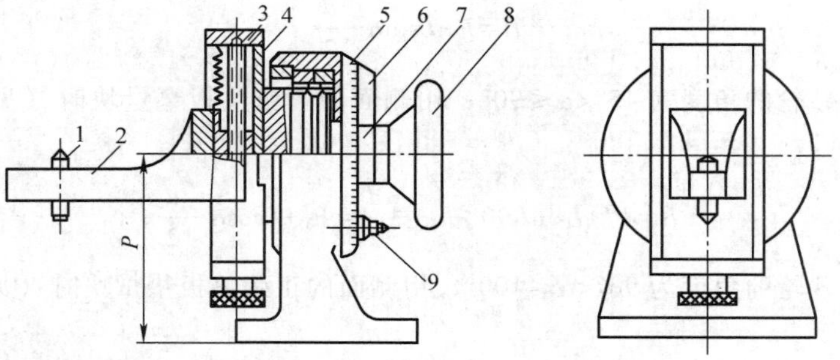

图 3-4-28 卧式修整砂轮圆弧面工具

1—金刚石刀 2—摆杆 3—螺杆 4—滑座 5—度盘

6—角度尺 7—主轴 8—手轮 9—挡块

2）立式修整砂轮圆弧面工具（见图 3-4-29）。支架 4 用螺钉 16、定位销 2 固定在转盘 1 上。定位销在图示位置定位时，支架上的定位面至回转中心的距离为 25mm。金刚石刀 5 装在支架 4 上，转动螺钉 6，使金刚石刀轴向移动，移动距离可用定位板 3 和量块 11 测量。当量块数值小于 25mm 时，即修整凸圆弧砂轮。

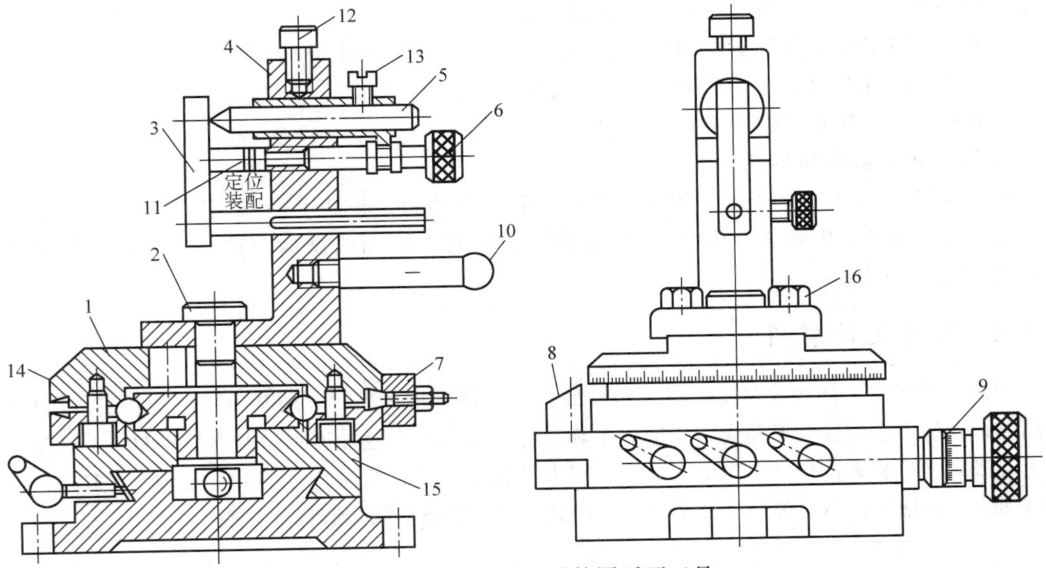

图 3-4-29　立式修整砂轮圆弧面工具

1—转盘　2—定位销　3—定位板　4—支架　5—金刚石刀　6、16—螺钉　7—可调节撞块　8—固定块　9—手轮　10—手柄　11—量块　12、13—紧固螺钉　14—轴承座　15—滑座

修整砂轮时，用紧固螺钉 12、13 紧固金刚石刀，同时拿掉定位板 3 和量块 11，回转的角度由两个装在转盘 1 的圆周槽中的可调节撞块 7 与固定块 8 相碰来控制，并通过固定块 8 读出转盘上的数值。转动手柄 10，使金刚石刀通过支架 4、转盘 1，绕轴承座 14 轴线转动。转动部分放置在滑座 15 上，滑座通过丝杠、螺母的传动，使其在底座的导轨上移动，其移动距离由手轮 9 上的度盘读出。

修整凸圆弧砂轮（见图 3-4-30a）时，定位销插入位于工具回转中心的孔中，此时量块高度为

$$H=P-R$$

修整凹圆弧砂轮（见图 3-4-30b）时，定位销插入另一孔中，此时量块高度为

$$H=P-a+R$$

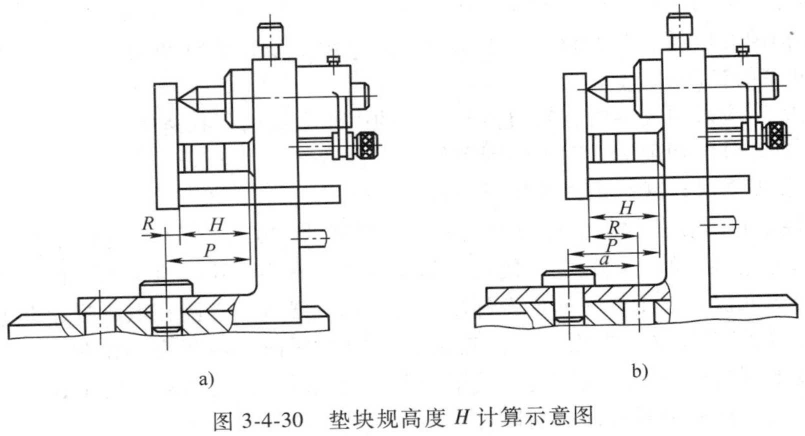

图 3-4-30　垫块规高度 H 计算示意图

a）修整凸圆弧砂轮　b）修整凹圆弧砂轮

式中　H——金刚石刀尖高度（即量块高度）（mm）；

P——当定位销位于工具回转中心时，支架上的基面至工具回转中心的距离（mm）；

a——转盘上两个定位孔的中心距（mm）；

R——待修整砂轮圆弧半径（mm）。

4. 用靠模工具修整砂轮

图3-4-31所示为一种外圆成形砂轮修整装置。修整时，转动手柄1，经丝杠2传动使滑座3纵向移动。滑座5由弹簧6作用紧靠着靠模7，并按靠模曲线做横向移动，金刚石刀即可修出砂轮的成形面来。

4.1.8　薄片工件磨削

垫圈、摩擦片、样板等厚度较薄或比较狭长的工件均称为薄片、薄板工件。这类工件刚度低，磨削时很容易产生受热变形和受力变形，尤其工件在磨削前有翘曲变形（见图3-4-32a），这时如果用电磁吸盘进行装夹，在吸力作用下会产生很大的弹性变形，翘曲暂时消失（见图3-4-32b），但去除吸紧力，放松工件后，弹性变形消失，工件又恢复成原来的翘曲形状（见图3-4-32c）。

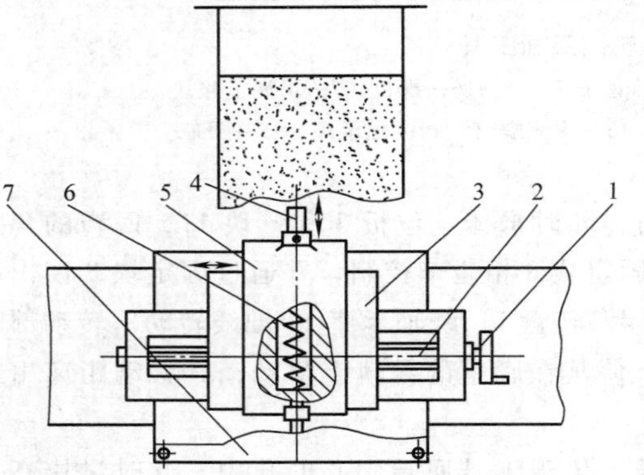

图3-4-31　外圆成形砂轮修整装置

1—手柄　2—丝杠　3、5—滑座

4—金刚石刀　6—弹簧　7—靠模

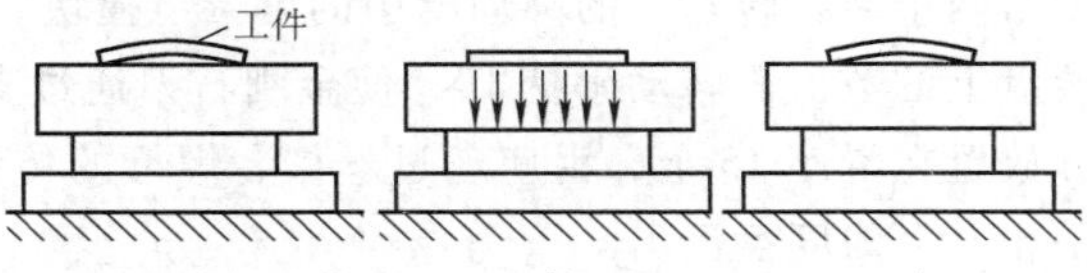

图3-4-32　薄片工件装夹的变形情况

针对薄片工件磨削的特点，可采用以下措施来减小工件因受热或受力变形。

1）磨削加工前的上道工序（如车、刨、铣），要严格保证平面的各项精度要求。

2）应选择硬度较低、粒度较粗、组织疏松的白刚玉砂轮进行磨削，并应及时对砂轮进行修整，保持砂轮的锋利。

3）磨削时，应采用较小的背吃刀量和较高的工作台纵向行程速度。

4）应供应充分的切削液，改善磨削条件。

5）改进装夹方法，减小工件的受力变形。

① 垫弹性垫片。在工件与电磁吸盘之间垫一层很薄（0.5～3mm）的橡胶垫或有密集孔的海绵垫，利用弹性垫片的可压缩性，使工件的弹性变形减小，这样磨出的工件比较平直。将工件反复翻面磨削几次，在工件平面度得到改善后，可直接将工件吸在电磁吸盘上进行磨削。

② 垫纸。先将工件放在平板上，检查确定出凹凸两面，将凹面用纸垫平作定位基准面，放在电磁吸盘上再进行磨削，这样磨出的第一个平面比较平；再将磨好的平面直接放在电磁吸盘上磨削另一面，这样反复翻面磨削即可。

③ 涂白蜡。在工件翘曲的部位表面涂上一层白蜡，然后在旧砂轮端面上摩擦，使工件凸

部的白蜡磨去，凹部的白蜡磨平，以此平面定位装夹在电磁吸盘上磨出第一平面，再以磨出的第一平面为基准磨削第二面，这样反复翻面磨削即可。

④ 垫布。如果两平面要求精度高，可在电磁吸盘和工件之间垫一薄油毛毡或呢布料，这样可以减小对工件的磁力，避免引起变形。

4.1.9　细长轴磨削

细长轴通常指长度与直径的比值（简称长径比）大于 10 的工件。

细长轴的刚度低，磨削时，在磨削力的作用下，工件会产生弯曲变形，使工件产生形状误差（如腰鼓形、竹节形、椭圆形和锥形等）、多角形振痕和径向圆跳动误差等。

因此，磨削细长轴的关键是减小磨削力和提高工件支承的刚度。

1）工件在磨削前，应增加矫直和消除应力的热处理工序，避免磨削时由于应力变形而使工件弯曲。

2）应选用粒度较粗、硬度较低的砂轮，以提高砂轮的自锐性。为了减小磨削阻力，还应选用宽度较窄的砂轮，或者将宽砂轮前端修窄。

3）确保两顶尖的同轴度。顶尖孔应经过修研，保证与顶尖有良好的接触面。

尾座顶尖的压力应适当，以减小顶紧力所引起的弯曲变形和因加工中产生的热膨胀伸长所引起的弯曲变形，并保证顶尖孔有良好的润滑。

4）采用双拨杆拨盘，使工件受力均衡，以减小振动和圆度误差。

5）磨削细长轴时，背吃刀量要小，工作台运行速度要慢，工件的转速要低，必要时在精磨时可采用空磨几次。

磨削细长轴时的磨削用量可参见表 3-4-37。

表 3-4-37　磨削细长轴时的磨削用量

磨削用量	粗　磨	精　磨
背吃刀量 a_p/mm	0.005～0.015	0.0025～0.005
纵向进给量 f/(mm/r)	0.5B	(0.2～0.3)B
工件圆周速度 v_w/(m/min)	3～6	2～5
砂轮圆周速度 v_s/(m/s)	25～30	30～40

注：B 为砂轮宽度（mm）。

6）磨削过程中，要经常使砂轮保持锋利状态，并注意充分冷却润滑，以减小磨削热的影响。

7）当工件长径比较大，而加工精度又要求较高时，可采用中心架支承（开式中心架），如图 3-4-33 所示。为了保证中心架上垂直支承块和水平撑块与工件成一个理想外圆接触，可在工件支承部位先用切入法磨出一小段外圆，然后以此段外圆作为中心架的支承圆。此外圆要磨得圆，并留有适当的精磨余量。磨好支承圆后，就可以调整中心架，使垂直支承块和水平撑块轻轻接触工件表面（防止工件受力太大）。当支承圆和工件全长接刀磨平后，随着工件直径的继续磨小，这时就需要定期调整中心架。

图 3-4-33　用中心架支承工件
1—中心架　2—垂直支承块　3—水平撑块

按工件的长径比不同，可采用两个或两个以上的中心架支承。中心架数量的选择可参见表 3-4-38。

表 3-4-38 中心架数量的选择

工件直径/mm	工件长度/mm					
	300	450	700	750	900	1050
	中心架数量					
26~30	1	2	2	4	4	4
31~50	—	1	2	3	3	3
51~60	—	1	1	2	2	2
61~75	—	1	1	1	2	2
76~100	—	—	1	1	1	2

4.1.10 刀具刃磨

4.1.10.1 工具磨床主要附件及其应用（见表 3-4-39）

表 3-4-39 工具磨床主要附件及其应用

附件名称	图示	应用
顶尖座	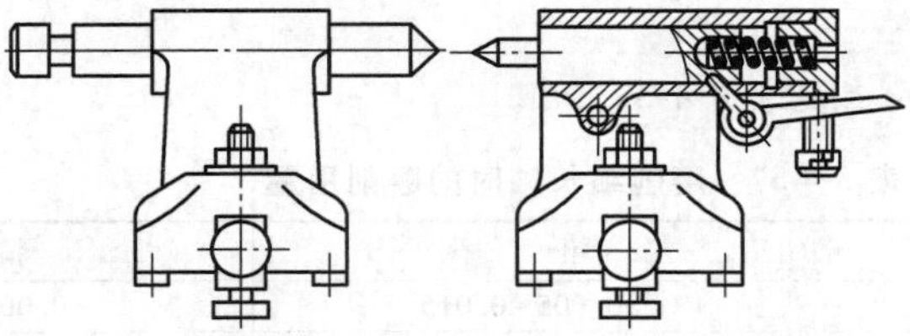 a) 前顶尖座 b) 后顶尖座	前、后顶尖座用螺钉固定在工作台上，用来安装刀具
万能夹头	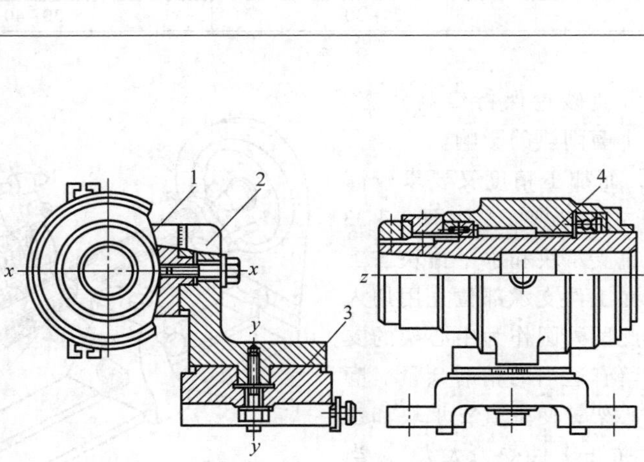 1—夹头体 2—角架 3—底座 4—主轴	万能夹头的夹头体 1 可在角架 2 上绕 x—x 轴线回转 360°；角架可绕 y—y 轴线回转 360°；装夹工件的主轴 4 能绕 z—z 轴线回转 360°。夹头体的主轴锥孔的锥度为 7∶24，用来安装各种心轴 万能夹头主要用来装夹面铣刀、立铣刀、三面刃铣刀等，以刃磨其端齿

（续）

附件名称	图 示	应 用
万能齿托架	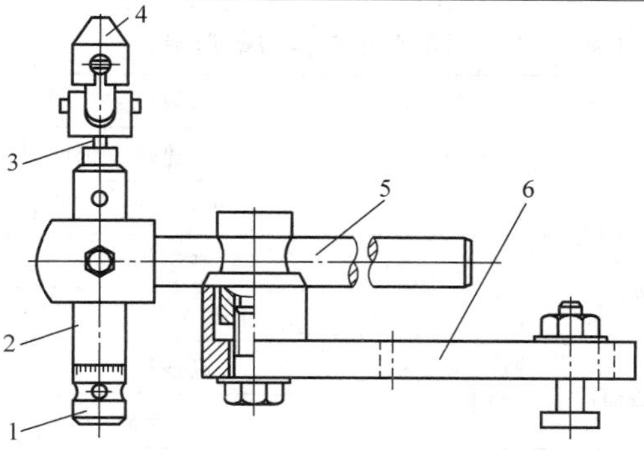 1—捏手 2—杆 3—螺杆 4—齿托片 5、6—支架	万能齿托架的用途是使刀具刀齿相对于砂轮处于正确的位置，以确保刃磨出正确的角度
齿托片	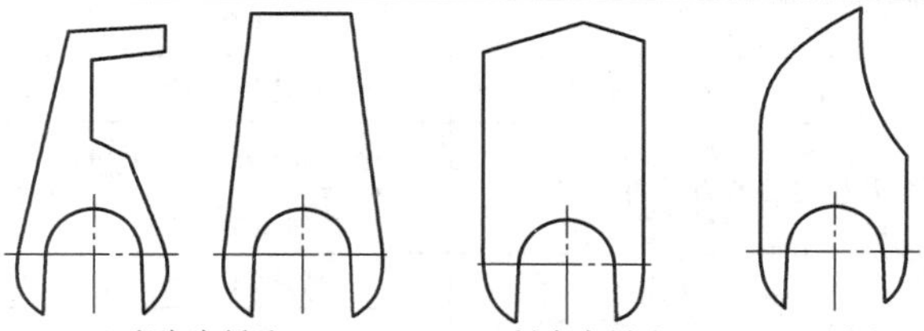 a) 直齿齿托片 b) 斜齿齿托片 c) 圆弧齿托片	直齿齿托片，适用于刃磨直槽尖齿刀具，如锯齿铣刀、角度铣刀等 斜齿齿托片，适用于刃磨各种错齿三面刃铣刀等 圆弧齿托片，适用于刃磨各种螺旋槽刀具，如圆柱形铣刀、锥柄立铣刀等
中心规	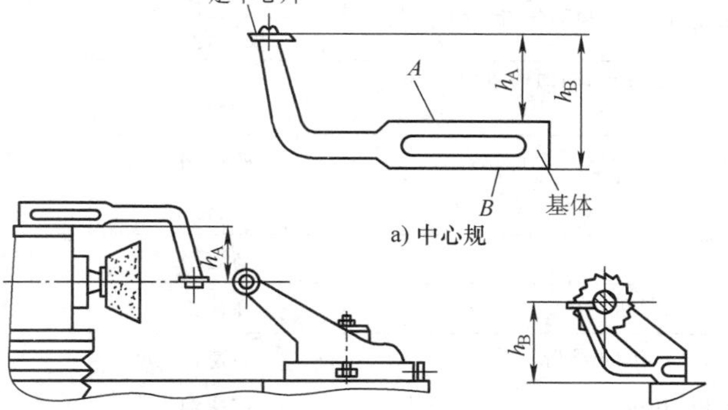 a) 中心规 b) 校正砂轮顶尖中心 c) 校正切削刃中心	中心规（图 a）是用来确定砂轮或顶尖中心高度的工具 当中心规的 A 面贴住磨头顶面时（图 b），定中心片所指高度即为砂轮中心高 h_A（即头架顶面至砂轮轴线的距离） 当中心规的 B 面放在磨床工作台时（图 c），定中心片所指高度 h_B 即为前、后顶尖的中心高度
可倾虎钳	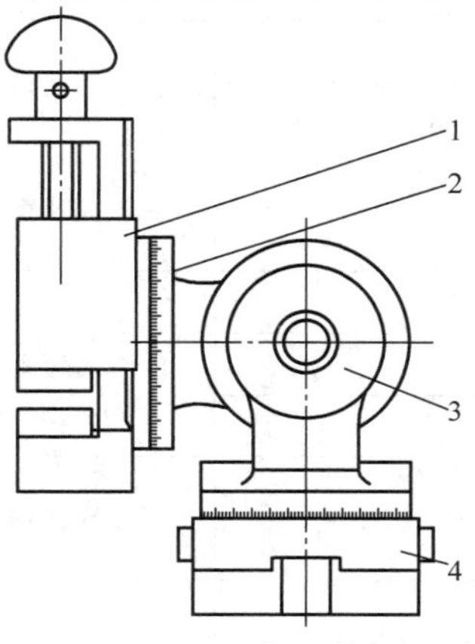 1—虎钳 2、3—转体 4—底盘	可倾虎钳常用来装夹块、条形刀具（如车刀、平面拉刀等）。可倾虎钳安装在转体 3 和 2 上，分别可以绕 $x—x$ 轴、$y—y$ 轴、$z—z$ 轴旋转，以刃磨所需要的角度

4.1.10.2　刀具刃磨砂轮的选择

1. 刀具刃磨时砂轮参数的选择（见表3-4-40）

表3-4-40　刀具刃磨时砂轮参数的选择

刀具名称	刃磨部位	刀具材料	选用砂轮的参数
铰刀	前面	高速钢	WAF60~80J~KV
		硬质合金	GCF100~120H~JV
	前锥刃和圆周刃后角	高速钢	WAF60~80J~KV
		硬质合金	GCF100H~JV
立铣刀	圆周齿及端面齿前面	高速钢	WAF80~120J~KV
		硬质合金	GCF80~120J~KV
	圆周齿及端面齿后面	高速钢	WAF80J~KV
		硬质合金	GCF100~120HV
圆柱形铣刀	前、后面	高速钢	WAF60~70KV
套式面铣刀	圆周刃、端面刃和主切削刃后角	高速钢	WAF46H~JV
		硬质合金	GCF100HV
三面刃铣刀	圆周齿前面	高速钢	WAF60~80H~JV
		硬质合金	GCF100H~JV
	端面齿后角、副偏角和圆周齿后角	高速钢	WAF60~80J~KV
		硬质合金	GCF100H~JV
镶硬质合金三面刃铣刀	圆周齿、端面齿后角、端面齿副偏角和45°过渡刃	硬质合金	GCF46H~JV
切口铣刀和细齿锯片铣刀	前、后面	高速钢	WAF46~80KV
		硬质合金	GCF100~120HV
镶齿圆锯片	前、后面	高速钢	WAF46~70J~KV
角度铣刀	斜面刃前角和后角	高速钢	WAF60~80K~LA
齿轮滚刀	前面(模数7~30mm铲齿)	高速钢	WAF46HV
	前面(模数>10mm)	高速钢	WAF60~70HV
	前面(模数>1mm)	硬质合金	金刚石砂轮
插齿刀	粗、精磨前面	高速钢	WAF60~80H~KV~B
	后面		WAF80~100J~KV
齿轮铣刀	前面(模数<1mm)	高速钢	WAF80KV
	前面(模数>1mm)		WAF46~70H~JV
圆拉刀	后面	高速钢	WAF60~70J~LV
	粗磨前面		WAF60~80J~KV
	精磨后面		GCF150K~LB
花键拉刀	粗磨前面	高速钢	WAF60~80J~KV
	精磨前面		GCF150K~LB
键槽拉刀	粗磨前面	高速钢	WAF60~70KV
	精磨前面		GCF120JB

2. 刃磨一般刀具时砂轮形状与外径的选择（见表 3-4-41）

表 3-4-41　刃磨一般刀具时砂轮形状与外径的选择

刃磨部位	形状与外径	刃磨范围	说　明
刀具前面	单斜边砂轮 碟形一号砂轮 外径 ϕ150mm	用于刃磨各种铲齿刀具、铰刀、立铣刀、面铣刀、角度铣刀、槽铣刀、圆柱形铣刀、拉刀、三面刃铣刀等	1）当磨不到槽根时，应改用外径为 ϕ50～ϕ75mm 的小砂轮 2）刃磨螺旋槽或斜槽刀具的前角时，应在砂轮斜面上磨削 3）刃磨直槽刀具的前角时，在砂轮的斜面或平面上磨削都可以
	平形砂轮	用于刃磨车刀、钻头、插齿刀等	刃磨插齿刀前面时，砂轮的直径要小于前面锥形的曲率半径
刀具后面	碗形砂轮 杯形砂轮 外径 ϕ75～ϕ125mm	用于刃磨各种铰刀、立铣刀、面铣刀、T 形槽铣刀、镶齿铣刀、圆柱形铣刀、三面刃铣刀等	磨削细齿刀具时，砂轮外径应减小至 ϕ100mm 以内，并须把砂轮外径调整到刀具的中心线以下，否则会产生磨坏邻齿的情况

4.1.10.3　砂轮和支片安装位置的确定（见表 3-4-42）

表 3-4-42　砂轮和支片安装位置的确定

磨削方式	砂轮形状	图　示	说　明
前角的刃磨	用碟形砂轮	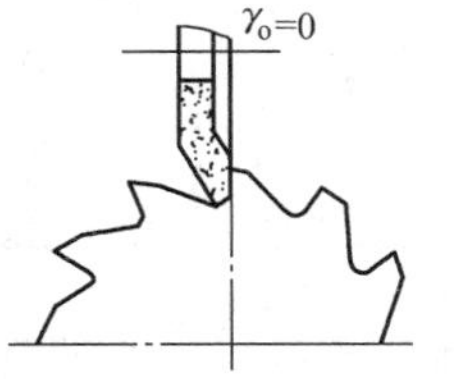	刃磨前角 $\gamma_o=0°$时，砂轮平面的延长线应通过刀具中心
		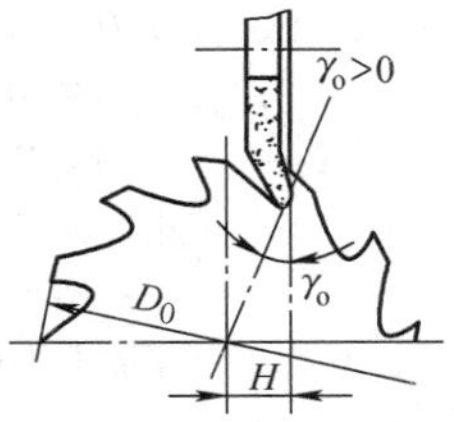	刃磨前角 $\gamma_o>0°$时，砂轮平面应偏移刀具轴线一定距离 H： $H=\frac{D_0（铣刀直径）}{2}\sin\gamma_o$
后角的刃磨	用杯形或碟形砂轮	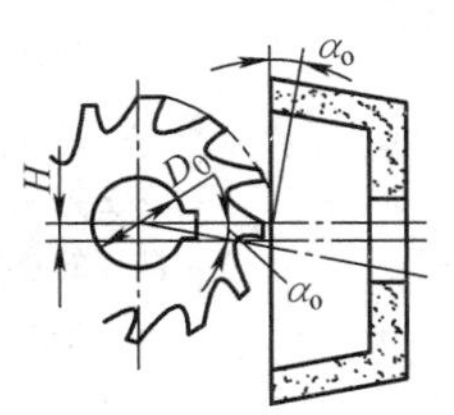	支片顶端相对刀具中心应下降一个 H 值： $H=\frac{D_0（铣刀直径）}{2}\sin\alpha_o$ 或　$H=0.087D_0$ 式中　α_o—刀具后角
	用平形砂轮	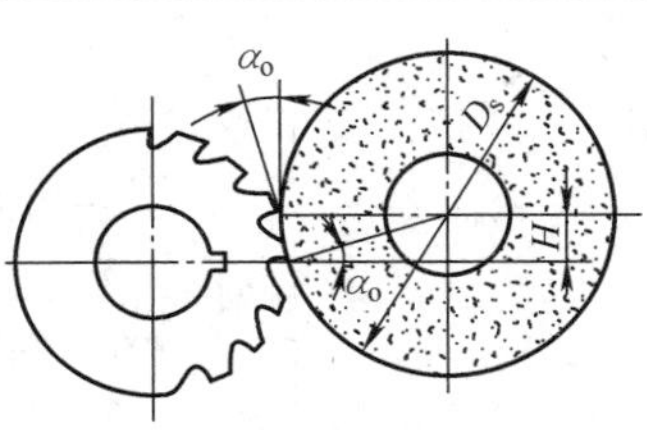	砂轮轴线应高于刀具轴线 H 值： $H=\frac{D_s（砂轮直径）}{2}\sin\alpha_o$ 式中　α_o—刀具后角

4.1.10.4　刀具刃磨实例

1. 铣刀刃磨（见表 3-4-43）

表 3-4-43　铣刀刃磨

刃磨部位	图　示	说　明
前面	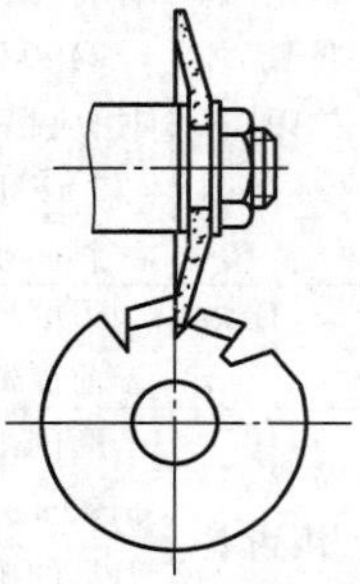	1）用于磨削前角 $\gamma_o=0°$ 的直齿三面刃铣刀及铲齿成形铣刀等 2）磨削时砂轮平面通过铣刀轴线
	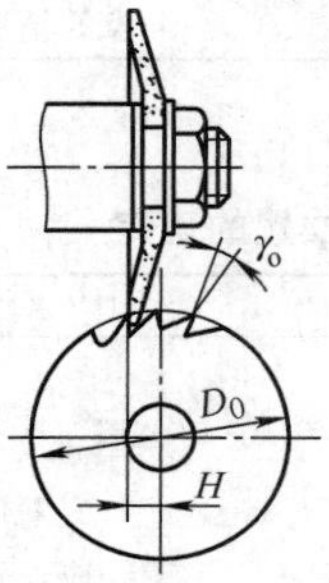	1）用于磨削前角 $\gamma_o>0°$ 的直齿三面刃铣刀，槽铣刀、角度铣刀等 2）磨削时，砂轮平面偏离铣刀轴线一个距离 H： $H=\dfrac{D_0}{2}\sin\gamma_o$ 式中　D_0—铣刀外径（mm） γ_o—铣刀刀齿前角（°）
	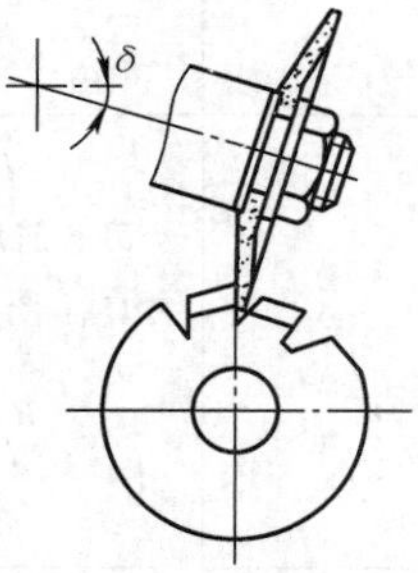	1）用于磨削法前角 $\gamma_n=0°$ 的斜齿（或螺旋齿）铣刀 2）磨削时，砂轮斜面的延长线应通过铣刀轴线 3）砂轮轴线自水平面向下扳一个等于砂轮斜角 δ 的倾角 4）砂轮轴线在水平面回转一个 ψ 角，使砂轮的磨削平面平行于刀齿前面，$\psi=\beta$，β 为铣刀的楔角
	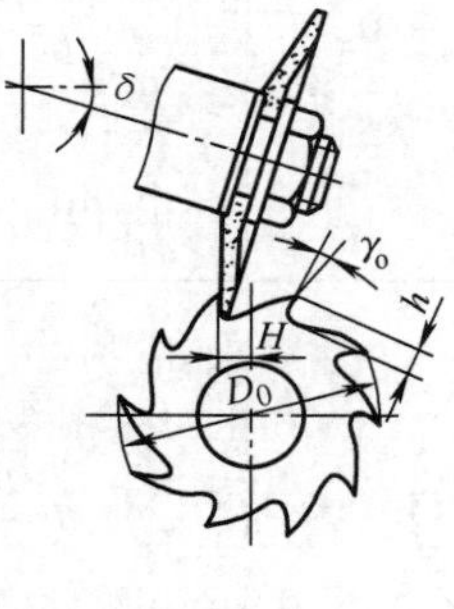	1）用于磨削法前角 $\gamma_n>0°$ 的斜齿或螺旋齿铣刀 2）磨削时，砂轮轴线在水平面向下扳一个等于砂轮斜角的倾角 δ，并回转一个 ψ 角，其大小等于刀齿的楔角 β 3）砂轮斜面的磨削平面偏离铣刀中心一个距离 H： $H=\dfrac{D_0}{2}\times\dfrac{1}{\cos^2\beta}\sin(\delta+\gamma_n)-h\sin\delta$ 式中　D_0—铣刀直径（mm） β—铣刀楔角（°） δ—砂轮斜角（°） γ_n—铣刀法前角（°） h—铣刀刀齿高度（mm）

（续）

刃磨部位	图　示	说　明
后面	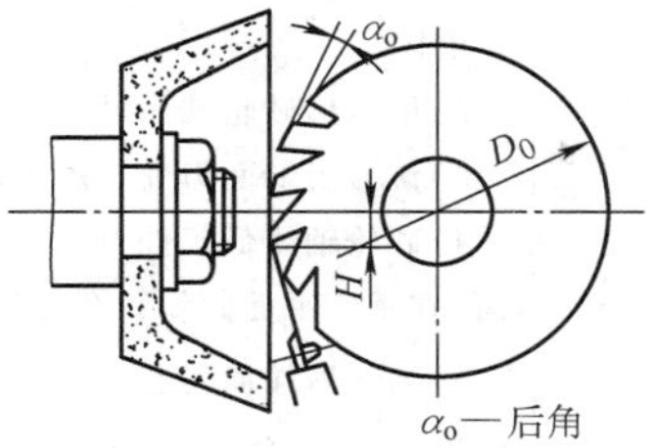 α_o—后角	1)用于磨削粗齿直齿铣刀 2)用碗形(或杯形)砂轮的端面进行磨削 3)砂轮与铣刀在同一轴线上 4)支片低于铣刀轴线高度 H
	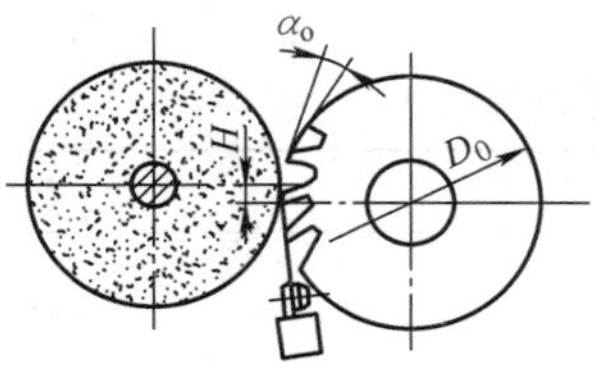	1)用于磨削粗齿直齿铣刀 2)用平形砂轮外圆进行磨削 3)砂轮轴线高于铣刀轴线高度 H 4)支片支撑在铣刀轴线高度上
	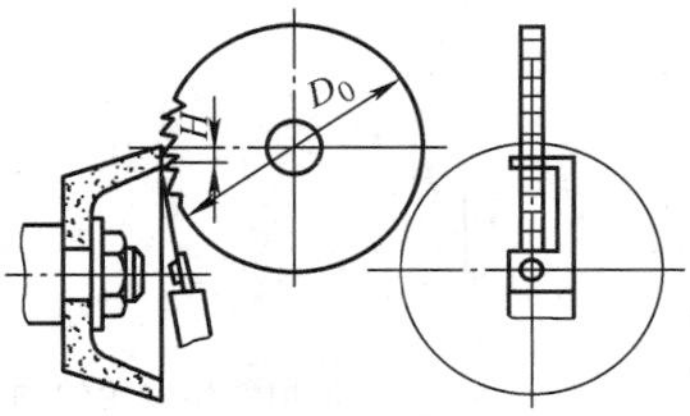	1)用于磨削细齿直齿铣刀 2)用碗形砂轮端面进行磨削 3)砂轮轴线低于铣刀轴线,并使砂轮外径接近铣刀刀齿后面 4)采用细齿支片,使支片低于铣刀轴线高度 H
	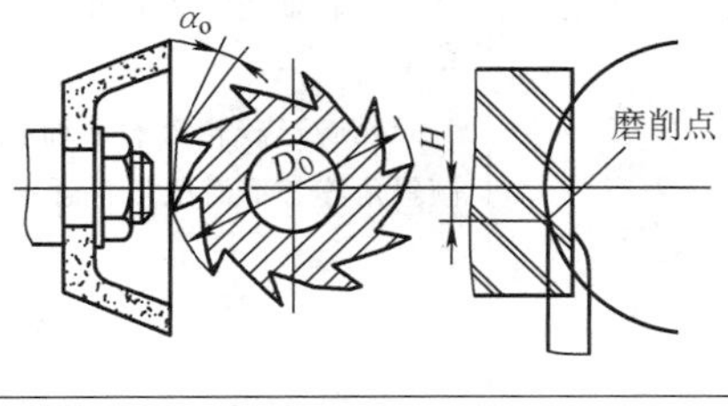	1)用于斜齿(或螺旋齿)铣刀磨削 2)用碗形(或杯形)砂轮端面进行磨削 3)支片低于铣刀轴线高度 H,并支于砂轮的磨削点下面(采用斜支片或螺旋支片) 4)磨削时,铣刀在轴向移动的同时,并连续旋转(使支片紧靠于前面上)
	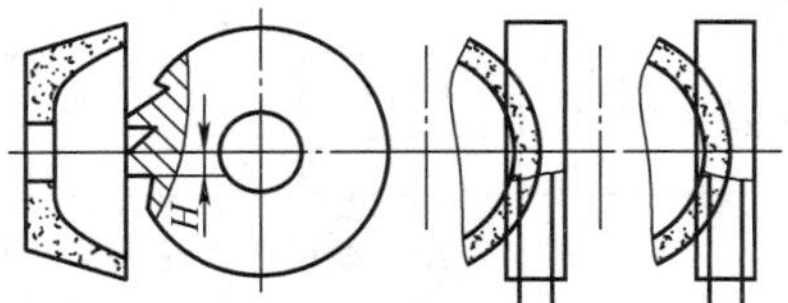 a) 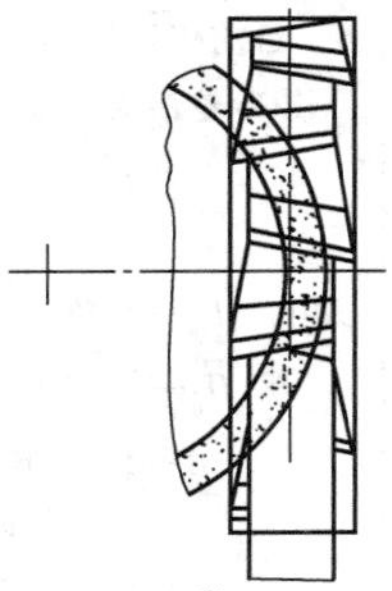 b)	1)用于磨削错齿(或镶齿)三面刃铣刀 2)砂轮与铣刀在同一轴线上 3)支片低于铣刀轴线高度 H,并支于砂轮磨削下面(用斜支片) 4)磨削时,前面紧靠于支片上,铣刀在轴向移动的同时,按斜槽方向旋转 5)左、右方向刀齿分两次磨削,磨完一个方向的齿,更换支片再磨另一方向的齿(见图 a) 6)左、右方向刀齿同时磨削时,采用双向斜支片,使支片的最高点位于左、右向刀齿的中点(见图 b)

（续）

刃磨部位	图示	说明
后面	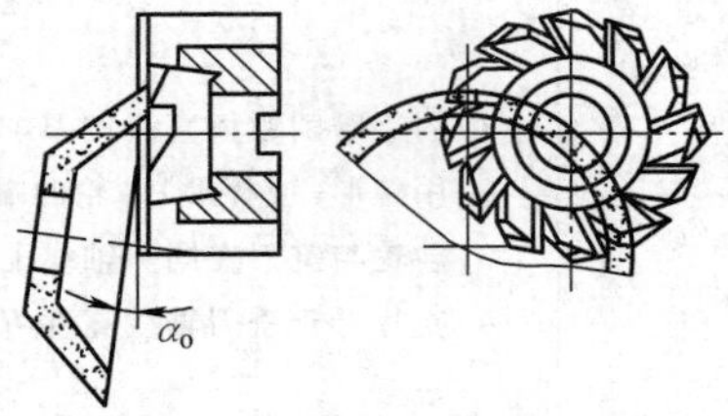	1)用于磨削立铣刀、三面刃铣刀、面铣刀端面刃的磨削 2)用碗形砂轮端面进行磨削 3)铣刀齿端面刃处于水平位置 4)砂轮轴线低于铣刀轴线，砂轮的磨削平面（端面）在垂直平面倾斜一个 α_o 角 5)当铣刀端面齿有 κ_r' 角时，铣刀轴线在水平内应转一个 κ_r' 角

2. 拉刀刃磨（见表 3-4-44）

表 3-4-44 拉刀刃磨

刃磨部位	图示	说明
平面拉刀前面	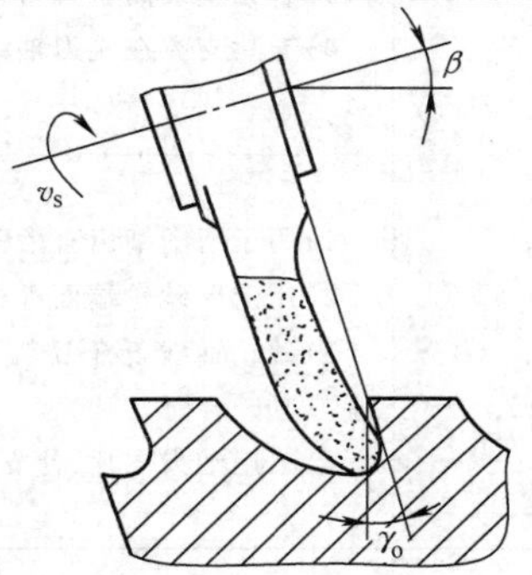	1)采用碟形砂轮的端面刃磨前面 2)砂轮轴线的倾斜角 β 等于平面拉刀齿前角 γ_o 3)用碗形砂轮刃磨平面拉刀后面时，磨头倾斜角等于平面拉刀后角 α_o
平面拉刀后面	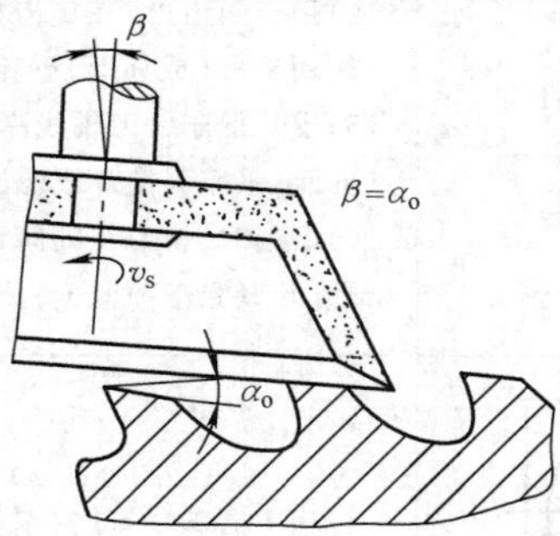	
圆拉刀前面	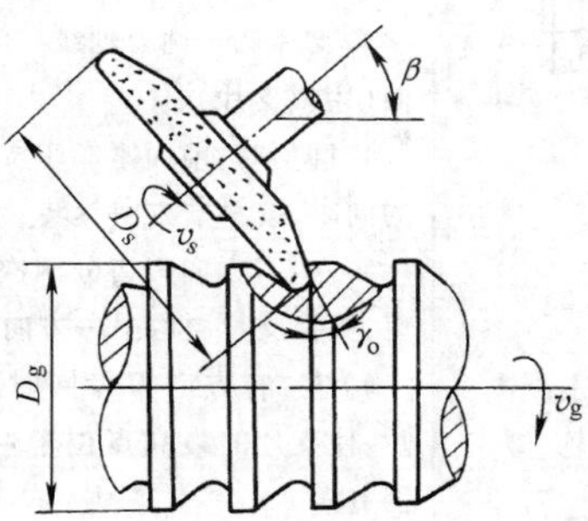 用直线锥面磨削法刃磨圆拉刀	用直线锥面砂轮刃磨出的前面，表面粗糙度值较高，拉削效果和质量较差。因方法简便，目前仍被采用 其砂轮最大直径计算如下： $$D_s=\frac{D_g\sin(\beta-\gamma_o)}{\sin\gamma_o}$$ 式中 D_s—允许选择的砂轮最大直径(mm) D_g—拉刀第一齿的外径(mm) β—磨头倾斜角（即砂轮的安装角）(°) γ_o—拉刀齿前角(°)

（续）

刃磨部位	图　示	说　明
圆拉刀前面	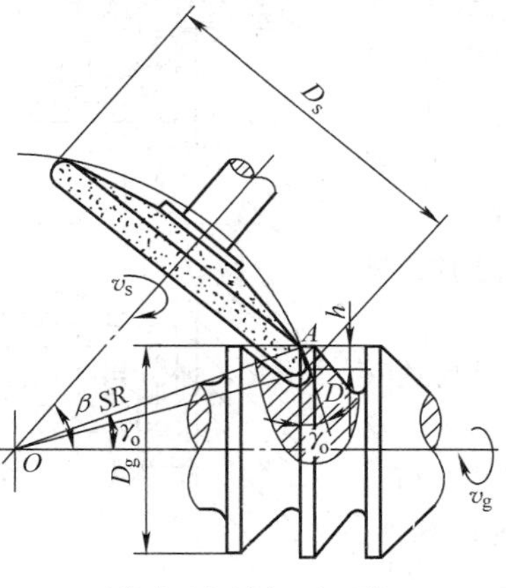 用弧线球面磨削法刃磨圆拉刀	用弧线球面砂轮刃磨出的前面，刃口锋利，有利卷屑，拉削效果和质量较好 其砂轮最大直径计算如下： $D_s = 1.05\sin\beta[D_g\cot\gamma_o + 2h\tan\gamma_o - \cot\beta(D_g - 2h)]$ 式中　D_s—允许选择的砂轮最大直径（mm） D_g—拉刀第一齿的外径（mm） β—磨头倾斜角（°） γ_o—拉刀齿前角（°） h—拉刀齿前面与槽底 r 的切点 D 到刀齿外径上一点 A 的垂直距离（一般可按图样要求选择）（mm）

4.1.11　高速与低粗糙度磨削

4.1.11.1　高速磨削

1. 高速磨削的特点

1）砂轮圆周速度高于 35m/s 的磨削称为高速磨削，目前已有采用 50m/s 以上的高速磨削。

2）砂轮圆周速度提高，单位时间内参加磨削的磨粒数目增多，假如进给量与普通磨削相同，则每颗磨粒磨去的磨削厚度减小，磨粒承受的磨削力也减小，从而提高了每颗磨粒以至整个砂轮的寿命。

3）砂轮圆周速度提高，如果保持每颗磨粒磨去的磨削厚度与普通磨削一样，则进给量可以大幅度提高，在磨削相同余量时，生产率会显著提高。

4）砂轮圆周速度提高，磨削厚度变薄，每颗磨粒在工作表面上留下的磨痕深度减小，从而使工件表面粗糙度值降低，可稳定达到 $Ra0.4 \sim 0.8\mu m$。

由于磨削厚度变薄，磨粒作用于工件上的径向力也相应减小，因而可以减少工件弯曲，提高工件精度，对于磨削细长轴类工件更为有利。

5）砂轮圆周速度提高，作用在砂轮上的离心力也增大，为了防止砂轮在高速旋转时不破裂，必须提高砂轮的强度，加大黏结剂的结合能力。

2. 高速磨削对机床的要求

1）为减少砂轮高速旋转引起的振动，首先要提高机床的刚度；其次砂轮在高速运转时，若有微小的不平衡，将会引起较大的振动。因此，对砂轮最好做两次平衡，每次在圆周的八个点上都能达到平衡要求，并采取一些消振措施。

2）为了保证砂轮具有高的圆周速度，应增加砂轮传动电动机的功率。

3）砂轮主轴与轴承之间的间隙要适当增大，因为砂轮主轴转速提高后，使轴与轴瓦之间的摩擦加剧，容易因发热膨胀而造成“咬死”现象，因此间隙可增大至 0.04～0.05mm。此外，为了使轴瓦受力均匀，防止因受力不均而造成单面磨损，应采用图 3-4-34 所示的传动带卸荷装置。

4）砂轮主轴应采用具有一定润滑作用而黏度较小的润滑油，一般可选用：2~4号专用主轴油；10%（质量分数）的22号汽轮机油+90%（质量分数）的煤油；50%（质量分数）的5号高速机油+50%（质量分数）的煤油混合使用。

润滑前，要将主轴箱清洗干净，润滑油要经仔细过滤，以免混入杂物，造成意外“抱轴”事故。

轴承的润滑方式最好为循环冷却方式（这种方式主轴温升小），也可用浸润式与静压轴承。

5）增加磨削液的供应和防止飞溅。由于高速旋转时离心力的作用，一般冷却装置不能满足要求，必须采用高压泵将磨削液经过特殊喷嘴（见图3-4-35），克服高速空气气流射入磨削区域，以改善散热条件，起到冷却作用。

6）为了防止砂轮在高速时破裂而造成事故，必须加厚砂轮防护罩和减小防护罩的开口角度（见图3-4-36）。

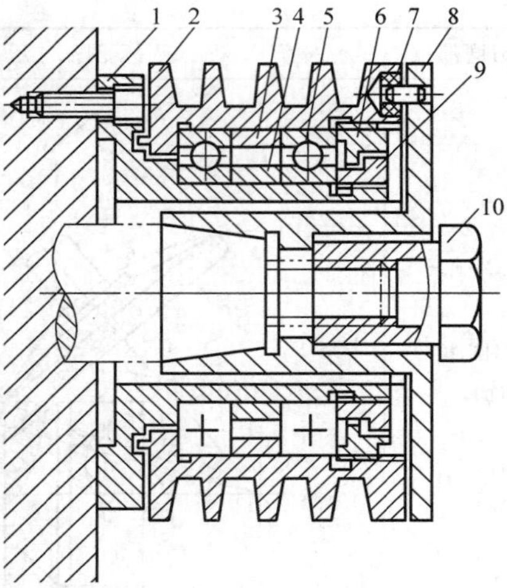

图3-4-34 传动带卸荷装置

1—体座 2—带轮 3、4—垫圈 5—轴承 6—法兰 7—衬套 8—锥套 9、10—螺母

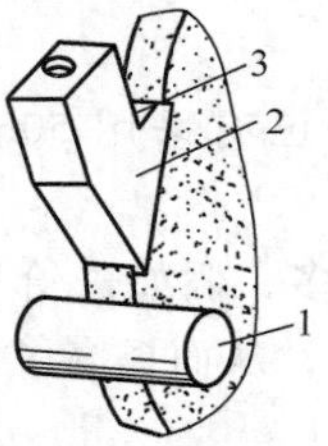

图3-4-35 带空气挡板的冷却喷嘴

1—工件 2—侧板 3—横板

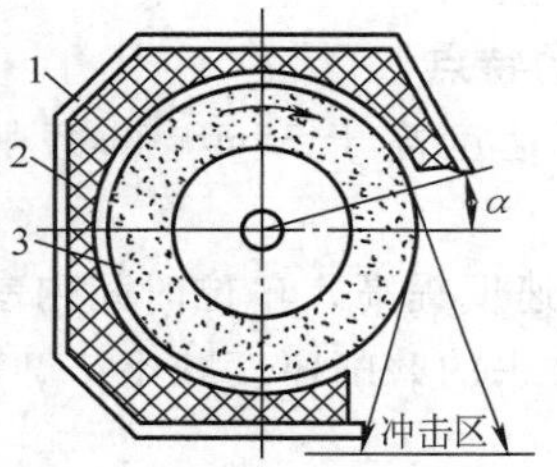

图3-4-36 砂轮罩壳的结构

1—砂轮罩壳 2—吸能层 3—砂轮

7）机床必须采取防振措施。磨削过程中，由于电动机、高速旋转的砂轮及传动带等的不平衡，V带的厚薄或长短不一致，油泵工作不平稳等，都会引起机床的强烈振动。另外，磨削过程中砂轮对工件产生的摩擦还会引起自激振动。

防止振动可采取如下几方面的措施：

① 高速旋转部件一定要经过仔细平衡。

② 传动带应长短一致，卸荷装置、轴承定位套及砂轮的径向圆跳动应小于0.02mm。

③ 轴承间隙要调整合适；砂轮架导轨选用贴塑导轨与滚柱导轨等，滚柱导轨应检查滚柱与导轨面的接触精度与滚柱的精度；头架、尾架和顶尖的莫氏锥度要接触良好；消除进给机构间隙。

④ 提高机床抗振性能，增强工艺系统的刚度。

⑤ 采取隔振措施，隔离外来振动的影响，如在砂轮电动机的底座和垫板之间垫上具有弹性的木板或硬橡皮等。

3. 高速磨削对砂轮的要求

1）高速磨削砂轮的选择见表3-4-45。

表 3-4-45　高速磨削砂轮的选择

砂轮圆周速度/(m/s)	磨　　料	硬度等级	粒 度 号
50~60	A、MA	K、L	F60~F70
80	MA、A、PA、WA	M、N	F80~F100

注：磨削普通碳素钢或合金钢件时，宜选用 A 和 MA；磨削球墨铸铁件时，采用 A 和 GC。

2）高速磨削砂轮修整参数的选择见表 3-4-46。

表 3-4-46　高速磨削砂轮修整参数的选择

砂轮圆周速度/(m/s)	修整背吃刀量/mm	修整导程/(mm/r)				修整总量/mm	冷却条件
		F46	F60	F80	F100		
50~60	0.01~0.015	0.32	0.24	0.18	0.14	≥0.1	充分冷却
80	0.015~0.02						

4. 高速外圆磨削钢件的磨削用量（见表 3-4-47）

表 3-4-47　高速外圆磨削钢件的磨削用量

砂轮圆周速度/(m/s)	纵向磨削		切入磨削/(mm/min)	速　比（砂轮圆周速度/工件圆周速度）
	纵向进给速度/(m/s)	背吃刀量/mm		
45	0.016~0.033	0.015~0.02	1~2	60~90
50~60	0.033~0.042	0.02~0.03	2~2.5	
80	0.042~0.05	0.04~0.05	2.5~3	60~100

4.1.11.2　宽砂轮磨削

1. 宽砂轮磨削的特点

1）宽砂轮磨削是靠增大磨削宽度来提高磨削效率的。一般外圆磨削砂轮的宽度仅为 50mm 左右，而宽砂轮外圆磨削砂轮的宽度可达 300mm，平面磨削砂轮的宽度可达 400mm，无心磨削砂轮的宽度为 800~1000mm。

2）外圆和平面磨削一般采用切入磨削，而无心磨削除用切入磨削，还采用通磨。

3）宽砂轮磨削工件精度可达 h6，表面粗糙度 Ra 可达 0.63μm。

4）为保证工件的几何精度，要求砂轮整体硬度要均匀，否则因砂轮磨损不均匀，影响零件的精度和表面质量。

5）砂轮经成形修整后，可磨削成形面，能保证零件成形精度，同时因采用切入磨削，比纵向往复磨削效率高。

6）由于磨削宽度大，所以磨削力、磨削功率大，磨削产生热量也多，应加强冷却。

7）因砂轮宽度大，主轴悬臂伸长较长。

2. 宽砂轮磨削对机床的要求

1）砂轮主轴系统刚度要高，主轴回转精度要高。主轴悬臂要短，并选择合理的轴承结构。采用静压轴承可得到较好的刚度和回转精度，并易于起动。

2）头架主轴和尾架套筒悬伸尽可能缩短，以便选用直径较大、悬伸较短的顶尖，保证头架、尾架有足够的刚度。

3）合理选择砂轮电动机功率（电动机功率一般根据加工要求由试验确定）。

4）要有充分磨削液供应系统。

3. 宽砂轮磨削砂轮的选择（见表 3-4-48）

表 3-4-48 宽砂轮磨削砂轮的选择

磨削性质	磨　料	粒度号	硬度等级
粗磨	A、SA、PA	F46~F60	J、K
精磨		F60~F80	K、L

注：宽砂轮磨削砂轮的选用与普通磨削砂轮的选择原则基本相同。

4. 宽砂轮磨削工艺参数的选择

1）宽砂轮磨削用量的选择见表 3-4-49。

表 3-4-49 宽砂轮磨削用量的选择

砂轮圆周速度 v_s /(m/s)	工件圆周速度 v_w /(m/s)	速比 v_s/v_w
≈35	0.233~0.283	≥120

2）宽砂轮磨削加工实例见表 3-4-50。

表 3-4-50 宽砂轮磨削加工实例

		冷打花键轴外圆	双曲线轧辊成形面	滑阀外圆
加工工件		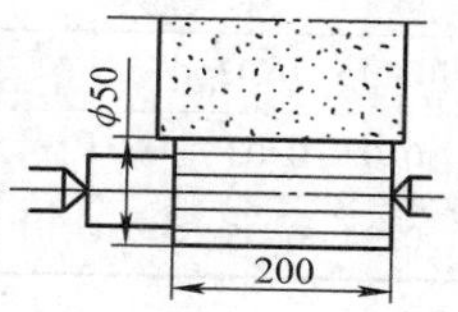	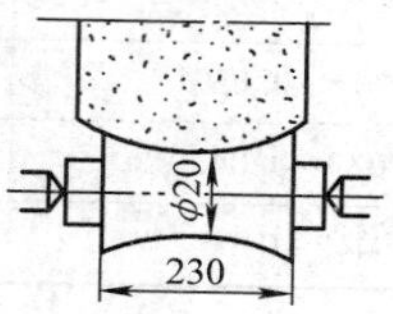	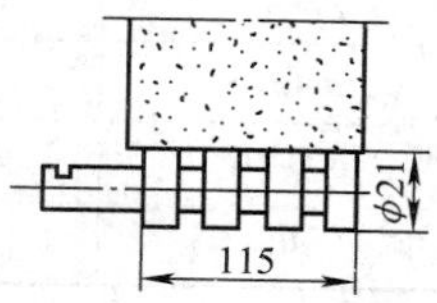
材料		40Cr	9Mn2V(64HRC)	20Cr 渗碳淬硬
加工机床		H107 宽砂轮磨床	MB1532	H107 宽砂轮磨床
砂轮		PSA600×250×305A46KV	PSA600×300×305A46KV	PSA600×150×305MA60KV
加工余量/mm		0.5	2	0.25
砂轮圆周速度/(m/s)		35	35	35
砂轮修整用量	f_d/(mm/r)	0.2	0.2	0.4
	a_d/(mm)	0.1	0.1	0.1
工件圆周速度/(m/min)		10	10	9.5
径向进给速度/(mm/min)		1.5	手进	1.3
光磨时间/s		火花消失为止	火花消失为止	15
表面粗糙度 Ra/μm		2.5~1.25	0.63~0.20	0.63~0.20
单件工时对比/min	普通外圆纵向磨削	4	1440	2
	宽砂轮切入磨削	0.33	30	0.5

4.1.11.3 低粗糙度磨削

（1）低粗糙度磨削分类（见表 3-4-51）

（2）低粗糙度磨削砂轮的选择（见表 3-4-52）

（3）低粗糙度磨削对机床的要求（见表 3-4-53）

表 3-4-51　低粗糙度磨削分类

磨削工序	加工表面粗糙度 $Ra/\mu m$	应用范围
高精磨削	0.16~0.04	液压滑阀、油泵油嘴针阀、机床主轴、滚动导轨、量规、四棱尺、高精度轴承和滚柱等
超精磨削	0.04~0.0125	高精度滚柱导轨、伺服阀、刻线尺、半导体硅片、标准环、塞规、精密机床主轴、量棒、金属带压延轧辊
镜面磨削	≤0.01	精密刻线尺、轧制微米级厚度零件的轧辊等

表 3-4-52　低粗糙度磨削砂轮的选择

磨削工序	磨料	粒度号	结合剂	硬度等级	组织	达到的表面粗糙度 $Ra/\mu m$	特点
超精磨削	WA PA	F60~F80	V	K、L	高密度	0.08~0.025	生产率高，砂轮易供应，容易推广，易拉毛
	A WA	F120~F240 F400~F800	B R	H、J	高密度	<0.025	质量较稳定，拉毛现象少，砂轮寿命较长
镜面磨削	WA WA+GC 石墨填料	F800 以下	B 或聚丙乙烯	E、F	高密度	0.01	可获得低的表面粗糙度值

注：用于磨削碳素钢、合金钢、工具钢和铸铁。

表 3-4-53　低粗糙度磨削对机床的要求

项　目	具体措施
磨床的几何精度	1）砂轮主轴应经过超精磨削，回转精度高于 1μm。要求选择合理的轴承相配 采用滑动轴承，须合理调整间隙至 0.01~0.05mm 范围。静压轴承应有较高的主轴回转精度，其圆跳动应小于 0.005mm；采用短三块新轴瓦，在间隙 0.005~0.01mm 及小载荷的条件下，回转精度应达到 0.001mm 左右，并应控制轴向窜动 2）床身纵向导轨直线度和平行度，床身横向导轨直线度，头架、尾架中心连线与工作台移动方向的平行度、砂轮主轴轴线对工作台移动方向的平行度及横向进给的精度都应达到普通磨床精密级要求
工作台低速运动稳定性	要求工作台以 10~15mm/min 低速运动时无爬行和冲击现象 1）若液压系统油路中有空气侵入，可在工作台左侧液压缸上增加一只放气阀，经打开放气阀排除空气 2）应提高工作台与床身导轨的接触质量，改善导轨润滑效果，以降低摩擦面的阻力 3）油压波动要小 4）工作台换向要平稳
减小机床振动	1）砂轮一般要进行两次精细静平衡 2）消除电动机振动 ① 轴承精度低或轴承磨损时应立即更换 A 级精度轴承 ② 将砂轮架电动机的转轴连同传动平带轮进行平衡，要求平衡后的振幅小于 1~2μm ③ 安装时，在电动机与砂轮架之间用硬橡胶或硬木块进行隔振 ④ 砂轮轴传动带要求长度一致，厚薄均匀，并尽可能减少传动带根数

（4）低粗糙度磨削的工艺参数

1）外圆低粗糙度磨削工艺参数见表 3-4-54。

2）内圆低粗糙度磨削工艺参数见表 3-4-55。

3）平面低粗糙度磨削工艺参数见表 3-4-56。

表 3-4-54　外圆低粗糙度磨削工艺参数

工艺参数	高精磨削	超精磨削		镜面磨削
砂轮粒度号	F60～F80	F60～F320	F600～F1000	F800～F1200
修整工具	单颗粒金刚石，金刚石片状修整器			锋利单颗粒金刚石
砂轮圆周转速/(m/s)	17～35	15～20	15～20	15～20
修整时纵向进给速度/(m/min)	15～20	10～15	10～25	6～10
修整时横向进给量/mm	≤0.005	0.002～0.003	0.002～0.003	0.002～0.003
修整时横向进给次数/(次/单行程)	2～4	2～4	2～4	2～4
光修次数(单行程)	—	1	1	1
工件圆周速度/(m/min)	10～15	10～15	10～15	<10
磨削时纵向进给速度/(m/min)	80～200	50～150	50～200	50～100
磨削时横向进给量/(mm/单行程)	0.002～0.005	<0.0025	<0.0025	<0.0025
磨削时横向进给次数(单行程)	1～3	1～3	1～3	1～3①
光磨次数(单行程)	1～3	4～6	5～15	22～30
磨前零件表面粗糙度 Ra/μm	0.4	0.2	0.1	0.025

①一次进给后，如压力稳定，可不再进给。

表 3-4-55　内圆低粗糙度磨削工艺参数

工艺参数	高精磨削	超精磨削	镜面磨削
砂轮圆周转速/(r/s)	167～333	167～250	167～250
修整时纵向进给速度/(m/min)	30～50	10～20	10～20
修整时横向进给次数(单行程)	2～3	2～3	2～6
修整时横向进给量/mm	≤0.005	≤0.005	0.002～0.003
光修次数(单行程)	1	1	1
工件圆周速度/(m/min)	7～9	7～9	7～9
磨削时纵向进给速度/(m/min)	120～200	60～100	60～100
磨削时横向进给量/(mm/单行程)	0.005～0.01	0.002～0.003	0.003～0.005
磨削时横向进给次数(单行程)	1～4	1～2	1
光磨次数(单行程)	4～8	10～20	20
磨前零件表面粗糙度 Ra/μm	0.4	0.20～0.10	0.05～0.025

注：1. 本表采用 WA60K 或 PA60K 砂轮磨削。
2. 修磨砂轮工具采用锋利的金刚石。

表 3-4-56　平面低粗糙度磨削工艺参数

工艺参数	高精磨削	超精磨削	镜面磨削
砂轮粒度号	F60～F80	F60～F320	F800～F1200
砂轮圆周速度/(m/s)	17～35	15～20	15～30
修整时磨头移动速度/(mm/min)	20～50	10～20	6～10
修整时垂直进给量/mm	0.003～0.05	0.002～0.003	0.002～0.003
修整时垂直进给次数	2～3	2～3	2～3
光修次数(单行程)	1	1	1
纵向进给速度/(m/min)	15～20	15～20	12～14
磨削时垂直进给量/mm	0.003～0.005	0.002～0.003	0.005～0.007
磨削时垂直进给次数	2～3	2～3	1
光磨次数(单行程)	1～2	2	3～4
磨前零件表面粗糙度 Ra/μm	0.4	0.2	0.025
磨头周期进给量/mm	0.2～0.25	0.1～0.2	0.05～0.1

4.2　光整加工

4.2.1　研磨

用研具和研磨剂，从工件上研去一层极薄表面层，以提高工件尺寸、形状精度和降低表面粗糙度值的精加工方法，称为研磨。

研磨精度可达 0.025μm，球体圆度可达 0.025μm，圆柱度可达 0.1μm，表面粗糙度 *Ra* 可达 0.01μm，并能使两个平面达到精密配合。研磨主要用于精密的零件，如量规、精密配合件、光学零件等。

研磨特点及作用如下：

1）研磨可以获得用其他方法难以达到的高尺寸精度和形状精度。

2）磨粒在工件表面不重复先前运动轨迹，易于切削掉加工表面凸峰，容易获得极低的表面粗糙度值。

3）经研磨后的零件能提高加工表面的耐磨性、抗腐蚀能力及疲劳强度，从而延长了零件的使用寿命。

4）加工方法简单，不需复杂设备，但加工效率较低。

4.2.1.1　研磨的分类及适用范围（见表 3-4-57）

表 3-4-57　研磨的分类及适用范围

分　类	适用范围
湿研磨	又称敷砂研磨。将稀糊状或液态研磨剂涂敷或连续注入研具表面，磨粒在工件与研具之间不停地滑动或滚动，形成对工件的切削运动，加工表面呈无光泽的麻点状。一般用于粗研磨
干研磨	又称嵌砂研磨或压砂研磨。在一定的压力下，将磨料均匀地压嵌在研具的表层中，研磨时只需在研具表面涂以少量的润滑剂即可。干研磨可获得很高的加工精度和低表面粗糙度值，但研磨效率较低，一般用于精研磨
半干研磨	采用糊状的研磨膏作研磨剂，其研磨性能介于湿研磨与干研磨之间，用于粗研磨和精研磨均可

4.2.1.2　研磨剂

研磨剂是由磨料和研磨液调和而成的混合剂。

1. 常用磨料及适用范围

磨料按硬度可分为硬磨料和软磨料两类。常用的磨料系列、特性和适用范围见表 3-4-58。

表 3-4-58　常用的磨料系列、特性和适用范围

系列	磨料名称	代号	特　性	适用范围
刚玉类	棕刚玉	A	棕褐色。硬度高，韧性大，价格便宜	适于粗、精研磨钢、铸铁、黄铜
	白刚玉	WA	白色。硬度比棕刚玉高，韧性比棕刚玉差	适于精研淬火钢、高速钢、高碳钢及薄壁零件
	铬刚玉	PA	玫瑰红或紫红色。韧性比白刚玉高，磨削表面质量好	适于研磨量具、仪表零件及高精度表面
	单晶刚玉	SA	淡黄色或白色。硬度和韧性比白刚玉高	适于研磨不锈钢、高钒高速钢等强度高、韧性大的材料

（续）

系列	磨料名称	代号	特 性	适用范围
碳化物类	墨碳化硅	C	黑色有光泽。硬度比白刚玉高，性脆而锋利，导热性和导电性良好	适于研磨铸铁、黄铜、铝、耐火材料及非金属材料
	绿碳化硅	GC	绿色。硬度和脆性比黑碳化硅高，具有良好的导热性和导电性	适于研磨硬质合金、硬铬、宝石、陶瓷、玻璃等材料
	碳化硼	BC	灰黑色。硬度仅次于金刚石，耐磨性好	适于精研和抛光硬质合金、人造宝石等硬质材料
金刚石类	人造金刚石	JR	无色透明或淡黄色、黄绿色或黑色。硬度高，比天然金刚石略脆，表面粗糙	适于粗、精研磨硬质合金、人造宝石、半导体等高硬度脆性材料
	天然金刚石	JT	硬度最高，价格昂贵	
软料磨类	氧化铁	—	红色至暗红色。比氧化铬软	适于精研或抛光钢、铁、玻璃等材料
	氧化铬	—	深绿色	

2. 微粉粒度的选择（见表 3-4-59）

表 3-4-59 微粉粒度的选择

微粉粒度号	适用范围			能达到的表面粗糙度 $Ra/\mu m$
	连续施加磨粒	嵌砂研磨	涂敷研磨	
F400	✓		✓	0.63～0.32
F600	✓		✓	0.32～0.16
	✓		✓	
F1000			✓	0.16～0.08
		✓	✓	
F1200		✓	✓	0.08～0.04
F1200 以下		✓	✓	0.04～0.02
		✓	✓	
F1200 以下		✓	✓	0.02～0.01
		✓	✓	
F1200 以下		✓	✓	<0.01

注：✓表示可选用。

3. 研磨液

研磨液主要起润滑、冷却作用，并使磨粒均布在研具表面上。常用的研磨液见表 3-4-60。

表 3-4-60 常用的研磨液

工件材料		研 磨 液
钢	粗研	煤油 3 份，L-AN10 全损耗系统用油 1 份，汽轮机油或锭子油（少量），轻质矿物油（适量）
	精研	L-AN10 全损耗系统用油
铸铁		煤油
铜		动物油（熟猪油与磨料拌成糊状后加 30 倍煤油）、锭子油（少量）、植物油（适量）

（续）

工件材料	研磨液
淬火钢、不锈钢	植物油、汽轮机油或乳化液
硬质合金	航空汽油
金刚石	橄榄油、圆度仪油或蒸馏水
金、银、白金	乙醇或氨水
玻璃、水晶	水

4. 研磨剂的配制

研磨剂主要有液态研磨剂和研磨膏两种。

（1）液态研磨剂　湿研磨时用煤油、混合脂、微粉配制，见表 3-4-61。

表 3-4-61　液态研磨剂配方

配方		调法	用途
金刚砂/g 硬脂酸/g 航空汽油/g 煤油	2～3 2～2.5 80～100 数滴	先将硬脂酸和航空汽油在清洁的瓶中混合，然后放入金刚砂摇晃至乳白状而金刚砂不易下沉为止，最后滴入煤油	适于研磨各种硬质合金刀具
白刚玉（F1000）/g 硬脂酸/g 蜂蜡/g 航空汽油/g 煤油/g	16 8 1 80 95	先将硬脂酸与蜂蜡溶解，冷却后加入航空汽油搅拌，然后用双层纱布过滤，最后加入磨料和煤油	适于精研高速钢刀具及一般钢材

干研磨时压砂用研磨剂配方见表 3-4-62。

表 3-4-62　干研磨时压砂用研磨剂配方

序号	成分		备注
1	白刚玉（F1200 以下）/g 硬脂酸混合脂/g 航空汽油/mL 煤油/mL	15 8 200 35	使用时不加任何辅料
2	白刚玉（F1200 以下）/g 硬脂酸混合脂/g 航空汽油/mL	25 0.5 200	使用时，平板表面涂以少量硬脂酸混合脂，并加数滴煤油
3	白刚玉/g 硬脂酸混合脂/g 航空汽油及煤油配成/mL	50 4～5 500	航空汽油与煤油的比例取决于磨料的粒度： F1200 以下：汽油 9 份，煤油 1 份 F1200：汽油 7 份，煤油 3 份
4	刚玉（F1000～F1200）适量，煤油 6～20 滴，直接放在平板上用氧化铬研磨膏调成稀糊状		—

（2）研磨膏 常用研磨膏有刚玉类研磨膏，主要用于钢铁件研磨；碳化硅、碳化硼类研磨膏，主要用于硬质合金、玻璃、陶瓷和半导体等研磨；氧化铬类研磨膏，主要用于精细抛光或非金属材料的研磨；金刚石类研磨膏，主要用于硬质合金等高硬度材料的研磨。常用研磨膏的成分及用途见表 3-4-63～表 3-4-65。

表 3-4-63 刚玉类研磨膏的成分及用途

粒度号	成分及比例(质量分数,%)				用途
	微粉	混合脂	油酸	其他	
F600	52	26	20	硫化油 2 或煤油少许	粗研
F800	46	28	26	煤油少许	半精研及研磨狭长表面
F1000	42	30	28	煤油少许	半精研
F1200	41	31	28	煤油少许	精研及研磨端面
F1200 以下	40	32	28	煤油少许	精研
	40	26	26	凡士林 8	精细研
	25	35	30	凡士林 10	精细研及抛光

表 3-4-64 碳化硅、碳化硼类研磨膏的成分及用途

研磨膏名称	成分及比例(质量分数,%)	用途
碳化硅	碳化硅(F240～F320)83、凡士林 17	粗研
碳化硼	碳化硼(F600)65、石蜡 35	半精研
	碳化硼(F1200 以下)76、石蜡 12、羊油 10、松节油 2	精细研

表 3-4-65 人造金刚石类研磨膏

粒度号	颜色	加工表面粗糙度 Ra/μm	粒度号	颜色	加工表面粗糙度 Ra/μm
F800	青莲	0.16～0.32	F1200 以下	橘红	0.02～0.04
F1000	蓝	0.08～0.32	F1200 以下	天蓝	0.01～0.02
F1200	玫红	0.08～0.16	F1200 以下	棕	0.008～0.012
F1200 以下	橘黄	0.04～0.08	F1200 以下	中蓝	≤0.01
F1200 以下	草绿	0.04～0.08			

4.2.1.3 研具

研具是用于涂敷或嵌入磨料并使磨粒发挥切削作用的工具。研具材料硬度一般应比工件材料硬度低，而且硬度一致性好，组织均匀，无杂质、异物、裂纹和缺陷。其结构要合理，并应具有较高的几何精度，耐磨性和散热性要好。

1. 研具材料

1）常用研具材料的性能及适用范围见表 3-4-66。

表 3-4-66　常用研具材料的性能及适用范围

材　　料	性能与要求	适用范围
灰铸铁	硬度为 120~160HBW，金相组织以铁素体为主，可适当增加珠光体比例，用石墨球化及磷共晶等办法提高使用性能	用于湿式研磨平板
高磷铸铁	硬度为 160~200HBW，以均匀细小的珠光体（体积分数为 70%~85%）为基体，可提高平板的使用性能	用于干式研磨平板及嵌砂平板
10 钢、20 钢、低碳钢	强度较高	用于铸铁研具强度不足时，如 M5 以下螺纹孔，d<8mm 小孔及窄槽等的研磨
黄铜、纯铜	磨粒易嵌入，研磨工效高，但强度低，不能承受过大的压力，耐磨性差，加工表面粗糙度值高	用于粗研余量大的工件及青铜件和小孔的研磨
木材	要求木质紧密、细致、纹理平直、无节疤、虫伤	用于研磨铜或其他软金属件
沥青	磨粒易嵌入，不能承受大的压力	用于玻璃、水晶、电子元件等的精研与镜面研磨
玻璃	脆性大，一般要求 10mm 厚度，并经 450°退火处理	用于精研，配用氧化铬研磨膏，可获得良好的研磨效果

2）常用干研磨嵌砂平板材料的化学成分见表 3-4-67。

表 3-4-67　常用干研磨嵌砂平板材料的化学成分

嵌砂粒度号	化学成分（质量分数，%）								金相组织及硬度
	C	Si	Mn	P	S	Sb	Ti	Cu	
F1200 以下	3.2	2.14	0.74	0.2	0.1	0.045	—	—	粗片状珠光体占 70%（体积分数），游离碳呈 A 型 4~5 级，硬度为 156HBW
	2.88	1.58	0.84	0.95	0.05	—	0.15	0.78	薄片状及细片状珠光体约占 85%（体积分数），二元磷共晶网状分布，游离碳呈 A 型 4~5 级，硬度为 192HBW

2. 通用研具

1）平面研具的类型、结构特点及适用范围见表 3-4-68。

表 3-4-68　平面研具的类型、结构特点及适用范围

类型	简　　图	结构特点	适用范围
研磨平板	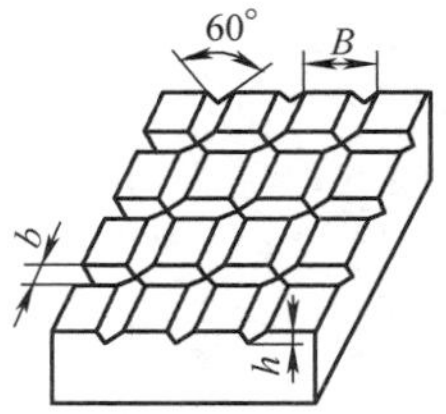	多制成正方形和长方形，常用于手工研磨，有开槽与不开槽两种。开槽的目的是刮去多余的研磨剂，使零件获得高的平面度。常开 60°，V 槽宽 b 和深 h 为 1~5mm，槽距 B 为 15~20mm	用于研磨平面

（续）

<table>
<tr><th colspan="2">类型</th><th>简　图</th><th>结构特点</th><th>适用范围</th></tr>
<tr><td rowspan="6">研磨圆盘</td><td>直角交叉型圆盘</td><td>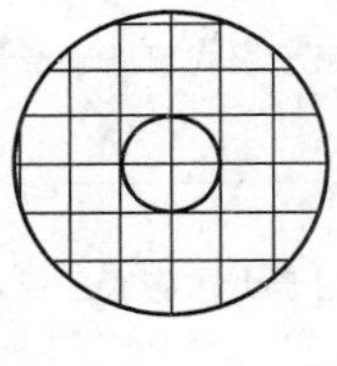</td><td rowspan="6">研磨圆盘也有开槽和不开槽两种。研磨圆盘多为螺旋槽，方向是使研磨液能向内侧循环移动，与离心力作用相抵消。采用研磨膏研磨时，选用阿基米德螺旋线槽较好
采用开槽圆盘研磨，工件的表面粗糙度值较高，因此若要求工件表面粗糙度值较低时，应选用不开槽圆盘研磨</td><td rowspan="6">适于研磨各种平面零件，主要用于小型零件的研磨</td></tr>
<tr><td>圆环射线型圆盘</td><td>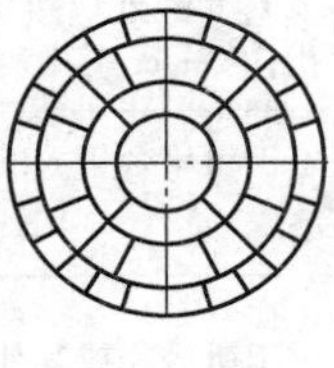</td></tr>
<tr><td>偏心圆环型圆盘</td><td>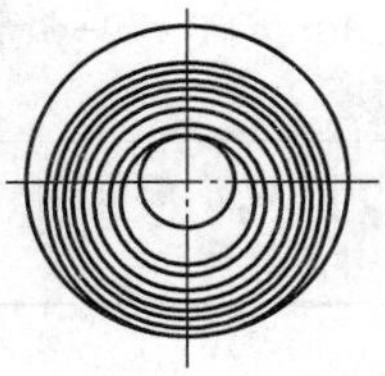</td></tr>
<tr><td>螺旋射线型圆盘</td><td>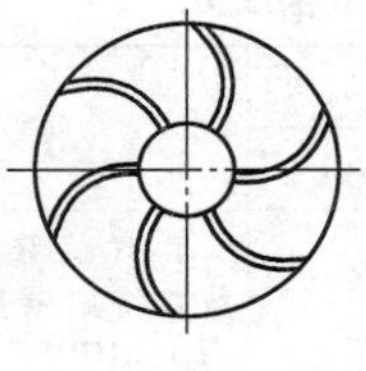</td></tr>
<tr><td>径向射线型圆盘</td><td>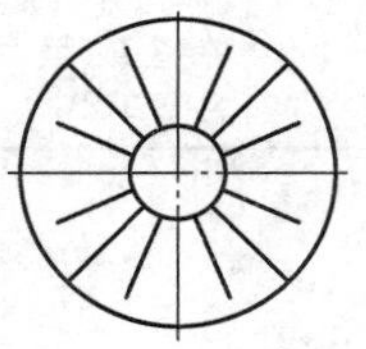</td></tr>
<tr><td>阿基米德螺旋线型圆盘</td><td>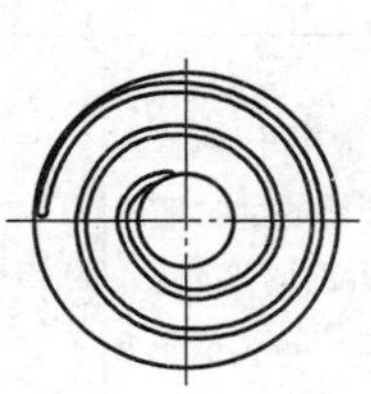</td></tr>
</table>

2）外圆柱面研具的类型、结构特点及适用范围见表 3-4-69。

表 3-4-69　外圆柱面研具的类型、结构特点及适用范围

类型	简　图	结构特点	适用范围
整体式研具	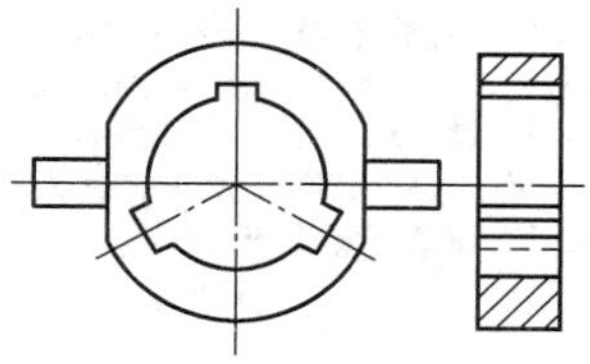	整体式外圆柱面研具是一个空心、整体不开口的研磨套，有均布的三个槽	用于研磨小直径的外圆柱面
带研磨套开口式研具	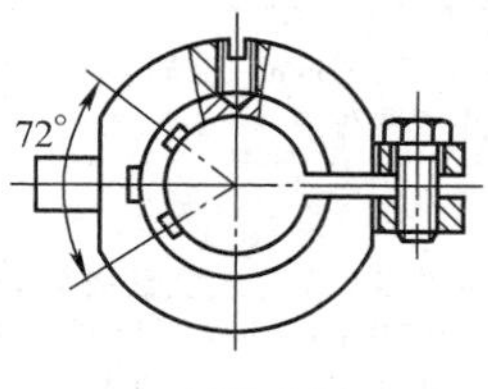 无槽式	研磨较大直径的外圆柱面时，孔内加研磨套，其内径比工件外径大 0.02～0.04mm，长度为加工表面长度的 1/4～1/2。研磨套内圆不开槽	用于研磨较大直径的外圆柱面
	 研磨套的外表面开槽	研磨套制成开口的，便于调节尺寸。除开口，还开有两个槽，使研磨套具有一定的弹性	用于研磨普通直径的外圆柱面
	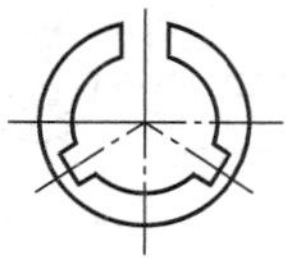 研磨套的内表面开槽	研磨套制成开口的，研磨大型工件时，可在套的内表面开槽，以增加弹性	用于研磨大型外圆柱面
三点式研具	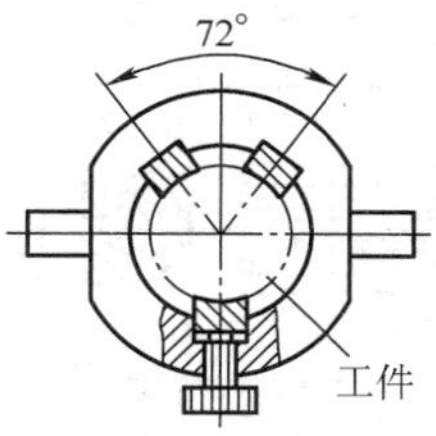	三点式研具是在整体式研具的内径上开有三个槽（角度如图所示），其中拧入调节螺栓的一槽较深。在三个槽内均镶嵌有一研磨块。研磨时，把三块研磨块车成研磨直径尺寸	用于研磨高精度的外圆柱面

3）内圆柱面研具的类型、结构特点及适用范围见表 3-4-70。

表 3-4-70　内圆柱面研具的类型、结构特点及适用范围

类型	简　图	结构特点	适用范围
整体式研具	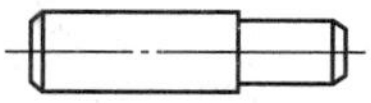 不开槽式	不开槽式整体研具是实心整体圆柱体，刚度高，研磨精度高	用于精研较小孔（直径＜8mm）的内圆柱面

（续）

类型	简图	结构特点	适用范围
整体式研具	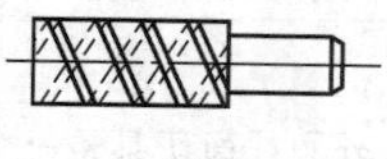 开槽式	开槽式整体研具是在实心圆柱体外圆表面上开有直槽、螺旋槽或交叉槽。螺旋槽研具研磨效率高，但研孔表面粗糙度值较高、圆度较差；交叉螺旋槽和十字交叉槽研具加工质量好，水平研磨开直槽较好，垂直研磨开螺旋槽较好	用于粗研较小孔（直径＜8mm）的内圆柱面
可调式研具	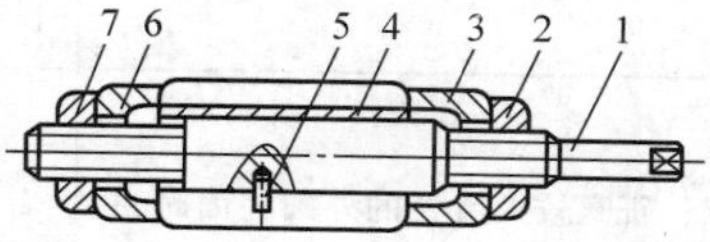 1—心棒　2、7—螺母　3、6—套 4—研磨套　5—销	心棒与研磨套的配合锥度为 1：20~1：50。锥套外径比工件小 0.01~0.02mm，其结构有开槽或不开槽两种	开槽可调式研具适用于粗研，不开槽可调式研具适用于精研
不通孔式研具	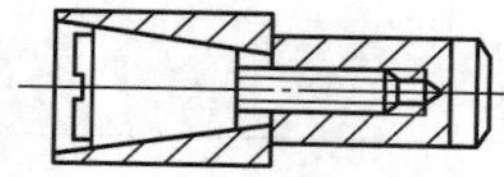	利用螺纹，通过锥度使外径胀大。研磨棒工作部分的长度尺寸必须比被研磨孔的长度尺寸大 20~30mm，锥度为 1：50~1：20。研磨不通孔时，由于磨料不易均布，可在外径上开螺旋槽，或者在轴向做成反锥	适用于研磨不通孔的内圆柱面

4）内圆柱面研磨棒的沟槽型式见表 3-4-71。

表 3-4-71　内圆柱面研磨棒的沟槽型式

型式	简图
单槽	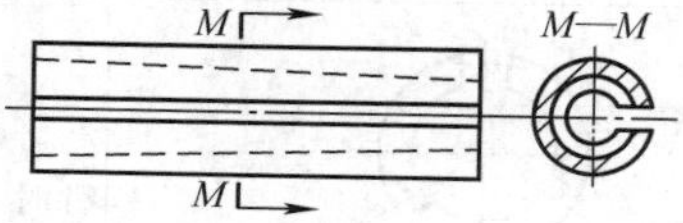
圆周短槽	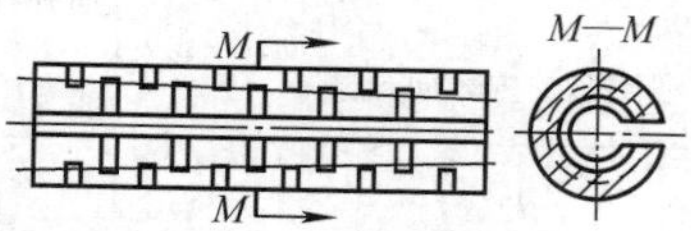
轴向直槽	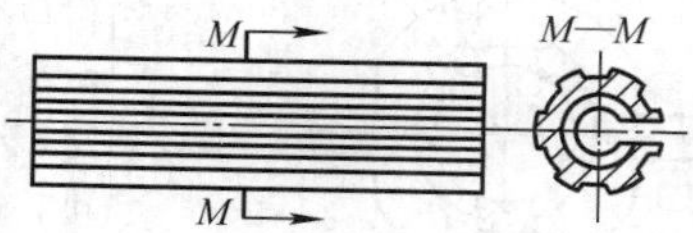
螺旋槽	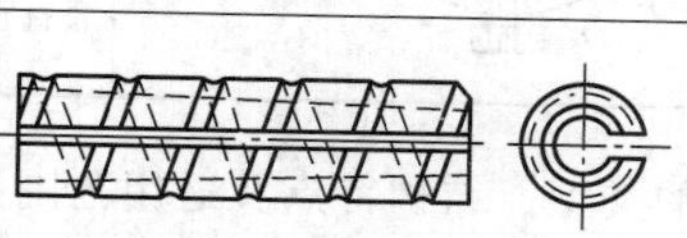
交叉螺旋槽	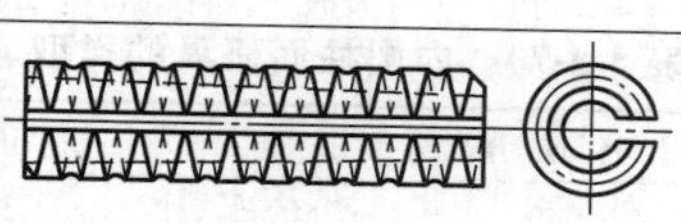
十字交叉槽	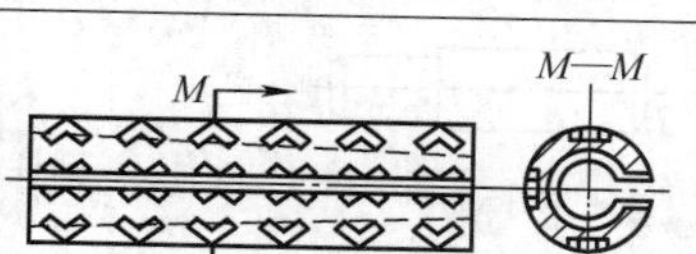

4.2.1.4 研磨方法

1. 常用研磨运动轨迹

1）手工研磨运动轨迹类型见表 3-4-72。

表 3-4-72 手工研磨运动轨迹类型

轨迹类型	简　图	适用范围
直线往复式		常用于研磨有台阶的狭长平面，如平面样板、角尺的测量面等。能获得较高的几何精度
摆动直线式		用于研磨某些圆弧面，如刀具角度样板、半径样板的圆弧测量面
螺旋式	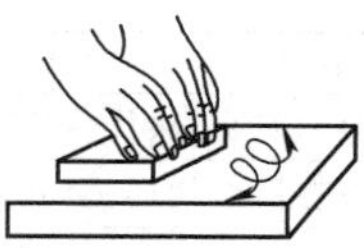	用于研磨圆片或圆柱形工件的端面，能获得较低的表面粗糙度值和较好的平面度
“8”字形或仿“8”字形	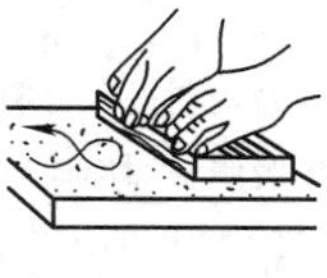	常用于研磨小平面工件，如量规的测量面等

2）机械研磨运动轨迹类型见表 3-4-73。

表 3-4-73 机械研磨运动轨迹类型

轨迹类型	轨迹图形	特点及适用范围
直线往复式	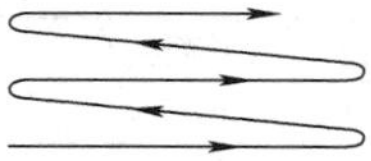	工件在平板上做平面平行运动，其研磨速度一致，研磨量均匀，运动较平稳，研磨行程的同一性较好，但研磨轨迹容易重复，平板磨损不一致。适用于加工底面狭长而高的工件
正弦曲线式	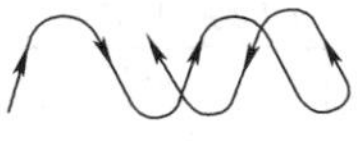	工件始终保持平面平行运动，主要是成形研磨。由于轨迹交错频繁，研磨表面粗糙度值比直线往复式有明显降低
周摆线式	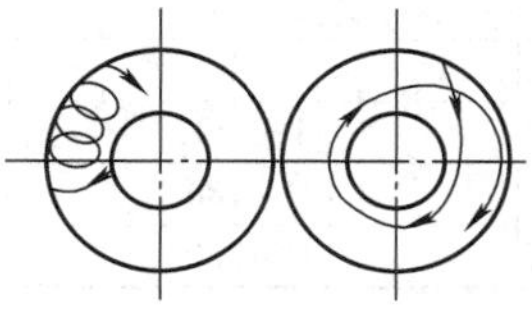	工件运动能走遍整个板面，结构简单，加工表面粗糙度值低。但因工件前导边始终不变换，且工件各点的行程不一致性较大，不易保持研磨盘的平面度。适用于加工扁平工件及圆柱工件的端面

（续）

轨迹类型	轨迹图形	特点及适用范围
内摆线式	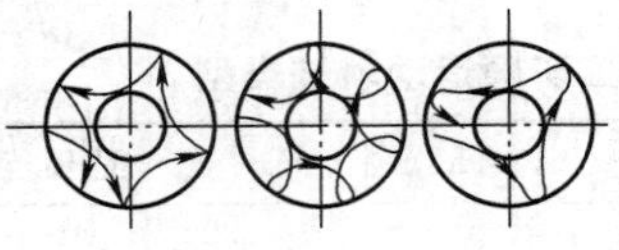	内、外摆线式轨迹适于研磨圆柱形工件端面，以及底面为正方形或矩形、长宽比小于2:1的扁平工件。这种轨迹的尺寸一致性好，平板磨损较均匀，故研磨质量好，效率较高，适用于大批生产
外摆线式	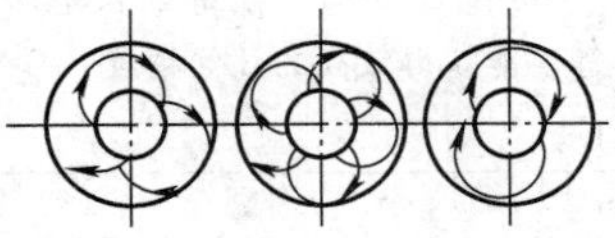	

2. 研具的压砂

研磨前研具可按表3-4-74所述的工序进行压砂。

表3-4-74 研具压砂工序

序号	工序名称	说　明
1	涂硬脂酸	用煤油清洗擦净研具，涂抹一层硬脂酸
2	倒砂，抹匀及晾干	将浸泡好的液态研磨剂摇晃均匀，并倒在研具表面，抹匀、晾干
3	滴加液态润滑剂	滴加适量煤油，把晾干的研磨粉调匀呈黏糊状，然后将另一块研具合上，开始嵌压砂
4	嵌压砂	按“8”字形运动推研研具，并经常调转上研具的方向，一般需3~5遍，才能使磨粒均匀嵌入并有一定深度
5	擦净	取下上研具，用脱脂棉擦净研具表面
6	试块检查	用与被研工件材料相同的试块，在研具表面直线往复推研几下。当试块推研时切削速度很快，且表面研磨条纹细密均匀，则说明研具表面嵌砂多而均匀，即可正式使用

3. 研磨工艺参数的选择

1）研磨余量的选择见表3-4-75~表3-4-77。

表3-4-75 平面研磨余量的选择（单位：mm）

平面长度	平面宽度		
	≤25	26~75	76~150
≤25	0.005~0.007	0.007~0.010	0.010~0.014
26~75	0.007~0.010	0.010~0.016	0.016~0.020
76~150	0.010~0.014	0.016~0.020	0.020~0.024
151~250	0.014~0.018	0.020~0.024	0.024~0.030

注：经过精磨的工件，手工研磨余量每面为3~5μm，机械研磨余量每面为5~10μm。

表3-4-76 外圆研磨余量的选择（单位：mm）

直　径	余　量	直　径	余　量
≤10	0.005~0.008	51~80	0.008~0.012
11~18	0.006~0.008	81~120	0.010~0.014
19~30	0.007~0.010	121~180	0.012~0.016
31~50	0.008~0.010	181~260	0.015~0.020

注：经过精磨的工件，手工研磨余量为3~8μm，机械研磨余量为8~15μm。

表 3-4-77　内孔研磨余量的选择　（单位：mm）

孔　　径	铸　　铁	钢
25~125	0.020~0.100	0.010~0.040
150~275	0.080~0.160	0.020~0.050
300~500	0.120~0.200	0.040~0.060

注：经过精磨的工件，手工研磨直径余量为5~10μm。

2）研磨速度的选择见表3-4-78。

表 3-4-78　研磨速度的选择　（单位：m/min）

研磨类型	平　　面		外　　圆	内　　孔	其　　他
	单　面	双　面			
湿研	20~120	20~60	50~75	50~100	10~70
干研	10~30	10~15	10~25	10~20	2~8

注：1. 工件材质软或精度要求高时，速度取小值。
2. 内孔指孔径范围为6~10mm。

3）研磨压力的选择见表3-4-79。

表 3-4-79　研磨压力的选择　（单位：MPa）

研磨类型	平　　面	外　　圆	内　　孔①	其　　他
湿研	0.10~0.15	0.15~0.25	0.12~0.28	0.08~0.12
干研	0.01~0.10	0.05~0.15	0.04~0.16	0.03~0.10

① 孔径范围为5~20mm。

4. 典型面研磨方法举例

（1）平面研磨方法　平面研磨一般分为粗研和精研。粗研用有槽的平板，精研用光滑平板。

研磨前，先用煤油或汽油把研磨平板的工作表面清洗干净并擦干，再在研磨平板上涂上适当的研磨剂，然后把工件需要研磨的表面合在研磨平板上。研磨时多采用“8”字形或螺旋形运动轨迹（见表3-4-72），但研磨狭窄平面时也常采用直线往复式轨迹，并用金属块作导靠（金属块平面应互相垂直），使金属块和工件紧靠在一起，并与工件一起研磨（见图3-4-37a），以保持侧面和平面的垂直，防止倾斜和产生圆角。若加工工件数量较多，可采用C形夹将几块工件夹在一起进行研磨（见图3-4-37b）。

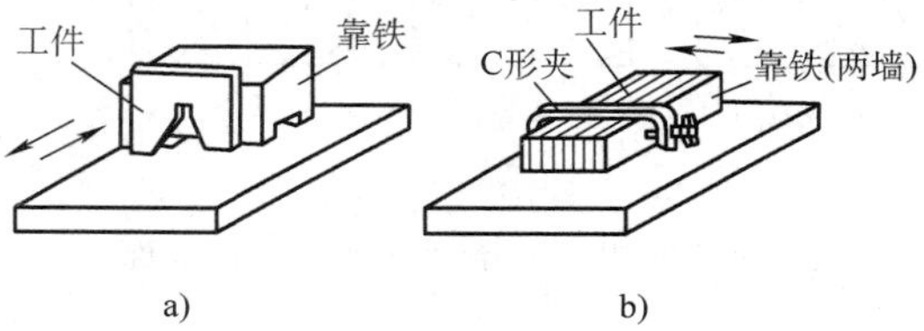

图 3-4-37　平面研磨方法

研磨平面时，压力应适中，粗研时压力可大些，精研时压力要小些。研磨速度一般控制在每分钟往复20~40次。

（2）外圆柱面研磨方法　外圆柱面的研磨方法有纯手工研磨和机械配合手工研磨两种。

1）纯手工研磨外圆柱面。如图3-4-38所示，先将工件安装在特制的工具上，并在工件外圆涂上一层薄而均匀的研磨剂，然后装入已固定好的研具孔内；调整好研磨间隙，手握工具手柄，使工件既做正、反方向转动，又做轴向往复移动，保证整个研磨面得到均匀的研磨。

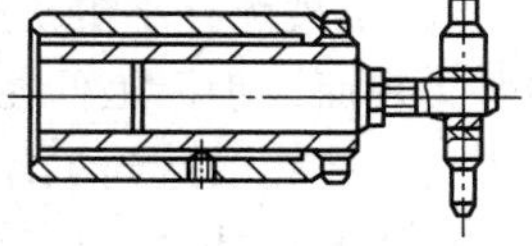
图 3-4-38　纯手工研磨外圆柱面

2）机械配合手工研磨外圆柱面。如图3-4-39所示，在研磨外圆柱面时，由机床夹住工件旋转，手握研具做轴向往复运动，进行研磨（见图3-4-39a、b）。

应根据表3-4-69选用相应的研具。在工件上均匀涂上研磨剂，套上研具，调整研磨环的研磨间隙，以手能转动为宜。研磨中，应随时调整研磨间隙。由于工件存在加工误差，研磨时，手握研具可感觉到松紧不同，紧的地方可多研几下，直到间隙合理而手感松紧很均匀为止。研具应常调头研磨。

研磨时，往复运动与工件旋转运动要有规律。一般工件的转速在直径小于 80mm 时为 100r/min，直径大于 100min 时为 50r/min。研具往复运动的速度，根据工件在研具上研磨出的网纹来控制（见图 3-4-39c）。当往复运动的速度适当，工件上研磨出的网纹成 45°交叉线；太快，网纹与工件轴线夹角就较小；太慢，网纹与工件轴线夹角较大。往复运动的速度不论太快还是太慢，都会影响工件的精度和耐磨性。

（3）内圆柱面（内孔）研磨方法　内圆柱面的研磨方法有纯手工研磨和机械配合手工研磨两种。

1）纯手工研磨内圆柱面（见图 3-4-40）。先将工件固定好，将研磨剂均匀涂在研具表面，然后装入工件中，用手转动研具（或将研具装在铰杠上），同时做轴向往复运动。

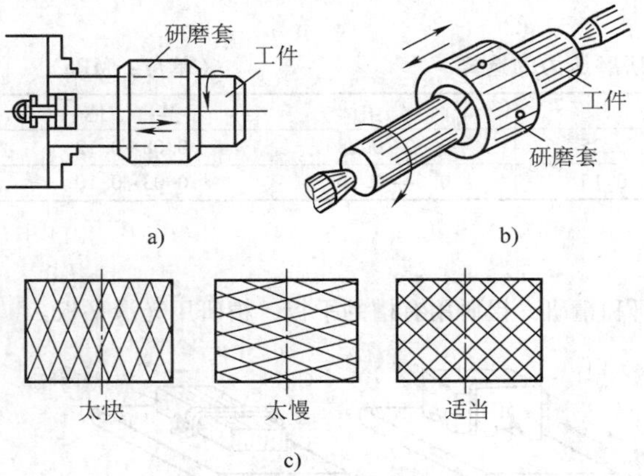

图 3-4-39　机械配合手工研磨外圆柱面

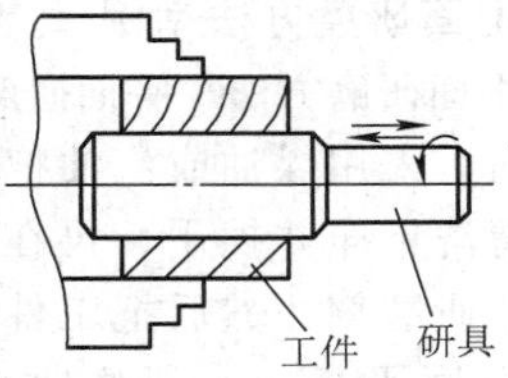

图 3-4-40　纯手工研磨内圆柱面

研具可采用整体式或可调式研具。整体式研具常采用 5 支一组的形式，其尺寸规定见表 3-4-80。

表 3-4-80　整体式成组研具的尺寸规定

号　数	尺寸规定	备　注
1	比被研磨孔小 0.015mm	开螺旋槽
2	比 1 号研具大 0.01~0.015mm	开螺旋槽
3	比 2 号研具大 0.005~0.008mm	开螺旋槽
4	比 3 号研具大 0.005mm	不开螺旋槽
5	比 4 号研具大 0.003~0.005mm	不开螺旋槽

2）机械配合手工研磨内圆柱面（见图 3-4-41）。研具夹在机床卡盘上，将研磨剂均匀涂在研具表面，手握工件在研具全长上做均匀往复移动，研磨速度取 0.3~1m/s。研磨中不断调大研具直径，以达到工件要求的尺寸和精度。

在调节研具时，与工件的配合要适当，配合太紧，易将孔面拉毛；配合太松，孔会研磨成椭圆形。研磨时，若工件端面有过多的研磨剂被挤出，应及时擦掉，否则会使孔口扩大，研磨成喇叭口形状；若孔口要求精度很高，可将研具的两端用砂布磨得略小一些，以避免产生孔口扩大的缺陷。

（4）不通孔研磨　研磨前，要求工件孔径尽量接近最终要求，研磨余量要尽量小。研具长度应长于工件5~10mm，并使其前端有大于直径0.01~0.03mm的倒锥。粗研时采用粒度为F600研磨剂，精研前洗净残留研磨剂，再用细研磨剂研磨。

（5）圆锥面研磨　圆锥面研磨包括圆锥孔（内圆锥面）和圆锥体（外圆锥面）。研具结构有整体式和可调式两种，其工作部分的长度应是工件研磨长度的1.5倍左右。整体式研具开有螺旋槽（见图3-4-42），可调式研具（套）的结构与圆柱面可调式研具（套）类似。

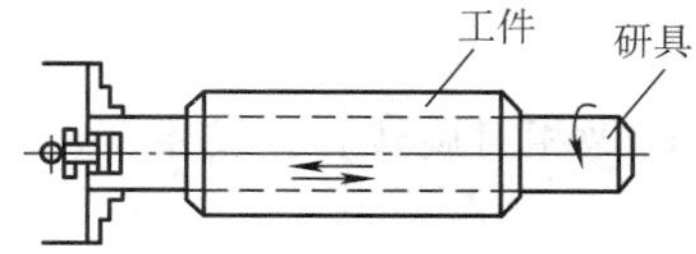

图3-4-41　机械配合手工研磨内圆柱面

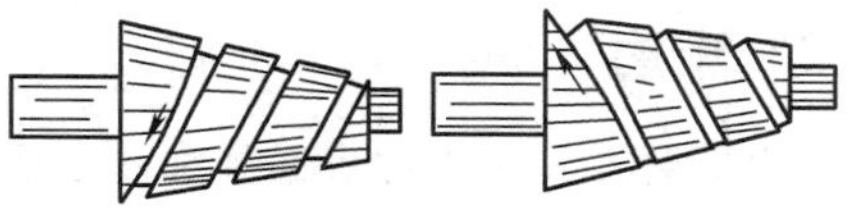

a)　b)

图3-4-42　带有螺旋槽的圆锥面研具

a）左向螺旋槽　b）右向螺旋槽

研磨一般在车床或钻床上进行，研具的转动方向应与螺旋槽方向一致。研磨时，研具（套）上应均匀地涂上一层研磨剂，插入工件圆锥孔（或锥体）（见图3-4-43）中进行研磨。研磨时需要多次擦净研具，重新涂上研磨剂，在做转动的同时，要不断地稍微拔出和推入，反复进行研磨；研磨到接近要求的精度时，拔出研具，擦掉研具和工件表面的研磨剂，重新套上进行抛光。

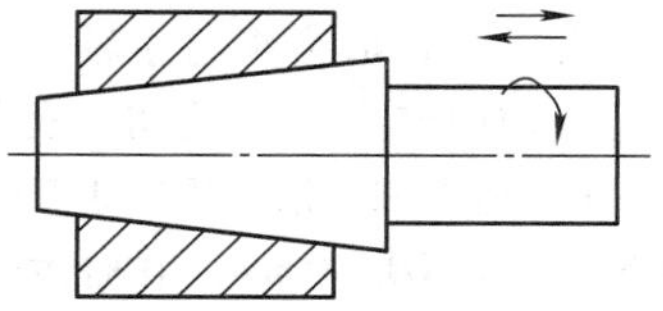

图3-4-43　研磨圆锥面

4.2.1.5　研磨的质量分析

1）平板压砂常见问题及产生原因见表3-4-81。

表3-4-81　平板压砂常见问题及产生原因

常见问题	产生原因
有不均匀的打滑现象，并伴有“吱吱”声响，平板表面发亮	主要是压砂不进，硬脂酸过多，平板材料有硬层
压砂不均匀	硬脂酸过多，平板不吻合，煤油过少，磨料分布不均匀
平板中部磨料密集	对研平板有凹心，煤油过多
平板表面有划痕	研磨剂中混有粗磨粒或磨料未嵌入，硬脂酸分布不均
平板表面出现黄色或茶褐色斑块烧伤	润滑剂少，对研速度过快或压力过高，研磨时间过长
研磨时噪声很大	磨粒呈脆性
平板表面光亮度不一致	磨粒分布不均匀或所施加的压力不均匀

2）研磨时常见缺陷及产生原因见表3-4-82。

表3-4-82　研磨时常见缺陷及产生原因

常见缺陷	产生原因
表面粗糙度值高	1）磨料太粗 2）研磨剂选用不当 3）研磨剂涂得薄而不均 4）研磨时忽视清洁工作，研磨剂中混入杂质
平面呈凸形	1）研磨时压力过大 2）研磨剂涂得太厚，工件边缘挤出的研磨剂未及时擦去仍继续研磨 3）运动轨迹没有错开 4）研磨平板选用不当
孔口扩大	1）研磨剂涂抹不均匀 2）研磨时孔口挤出的研磨剂未及时擦去 3）研具伸出太长 4）研具与工件孔之间的间隙太大，研磨时研具相对于工件孔的径向摆动太大 5）工件内孔本身或研具有锥度

（续）

常见缺陷	产生原因
孔呈椭圆形或圆柱有锥度	1)研磨时没有更换方向或及时调头 2)工件材料硬度不匀或研磨前加工质量差 3)研具本身的制造精度低

4.2.2 珩磨

利用珩磨工具对工件表面施加一定压力，珩磨工具同时做相对旋转和直线往复运动，切除工件上极小余量的精加工方法，称为珩磨。

珩磨是一种低速磨削，常用于内孔表面的光整、精加工。珩磨磨石装在特制的珩磨头上，由珩磨机主轴带动珩磨头做旋转和直线往复运动，并通过其中的胀缩机构使磨石伸出，向孔壁施加压力以做进给运动，从而切除工件上极薄的一层表面层，形成交叉而不重复的网纹。为提高珩磨质量，珩磨头与主轴一般都采用浮动连接，或者用刚性连接面配用浮动夹具，以减少珩磨机主轴回转中心与被加工孔的同轴度误差对珩磨质量的影响。

1）珩磨加工精度高。加工小孔，圆度可达0.5μm，圆柱度达1μm；加工中等孔，圆度可达3μm以下，孔长300~400mm，圆柱度在5μm以下。尺寸精度，小孔为1~2μm，中等孔可达10μm以下。

2）珩磨加工表面质量好。珩磨是面接触低速切削，磨粒的平均压力小，发热量小，变质层小。加工表面粗糙度 Ra 为0.04~0.4μm。

3）珩磨加工表面使用寿命长。珩磨加工的表面具有交叉网纹，有利于油膜的形成和保持，其使用寿命比其他加工方法长一倍以上。

4）珩磨加工切削效率高。因珩磨是面接触加工，同时参加切削的磨粒多，所以切削效率高。

5）珩磨加工范围广。珩磨主要用于加工各种圆柱形通孔、径向间断的表面孔、不通孔和多台阶孔等。加工圆柱孔径范围为1~1200mm或更大，长径比 $L/D \geqslant 10$。大多数金属材料均能加工。

4.2.2.1 珩磨机

1. 珩磨机的类型

珩磨机主要有立式珩磨机（见图3-4-44）和卧式珩磨机（见图3-4-45）两种。其基本结构由珩磨头、主轴回转机构、往复运动机构、进给机构（液压系统）、主柱（床身）、工作台、冷却系统、电气系统等组成。

2. 珩磨机的型号与技术参数（见表3-4-83）

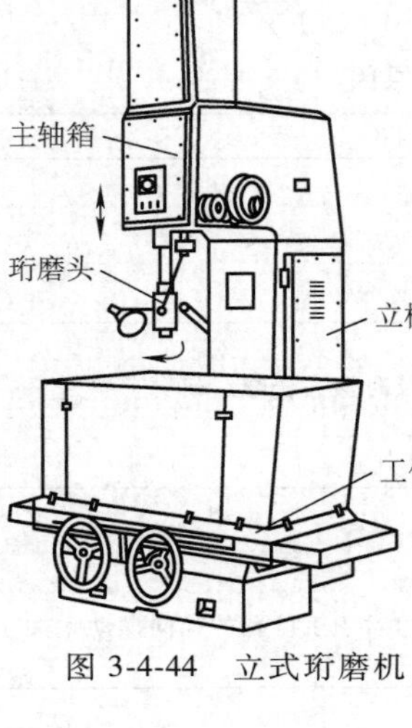

图3-4-44 立式珩磨机

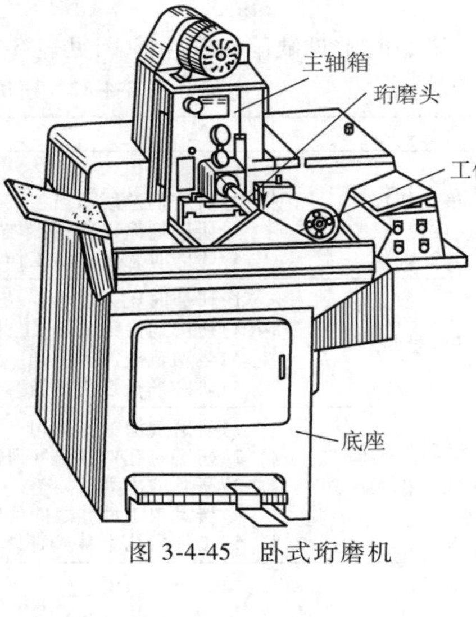

图3-4-45 卧式珩磨机

表 3-4-83　珩磨机的型号与技术参数

产品名称	型号	最大珩磨直径×长度/mm	技术参数													电动机			质量/kg	外形尺寸（长×宽×高）/mm	备注
			加工范围/mm		床头主轴电动机		磨杆箱主轴电动机		（工件往复运动）拖板往复运动		拖板往复牵引力/N		加工精度			功率/kW					
			珩磨直径	中心架支持工件直径	转速/（r/min）	级数	转速/（r/min）	级数	向前速度/（m/min）	向后速度/（m/min）	向前	向后	圆度/mm	圆柱度/mm	表面粗糙度 Ra/μm	主电动机	往复电动机	冷却泵			
半自动卧式珩磨机	MB4152×25	50×250	3～50		320 400 500 640 800 1000 1270 1600 2000											0.75	0.37	0.125		1280×1230×1575	
卧式珩磨机	2M2120	200×800	50～200	50～250	40～625	12	25～127	6	5～23		8000	8000	6 级	6 级	0.4	11	5.5	0.25	7300	8753×1807×1396	
	2M2125	250×1200	50～250	60～350			25～315	12	3～18（液压无级）					IT7 以上	0.4	15	15	0.25	8850	9250×1060×1760	
	2M2135	350×1200	80～350	100～420	10	定值	25～315	12	5～20（液压无级）					IT7 以上	0.4	15	11	0.45	32000	31560×1600×1780	

（续）

产品名称	型号	技术参数												电动机功率/kW	质量/kg	外形尺寸（长×宽×高）/mm	备注
		最大珩磨直径×长度/mm	加工范围/mm		主轴下端至工作台面距离/mm	主轴轴线至立柱前表面距离/mm	行程/mm	往复速度/(m/min)	转速/(r/min)	工作台尺寸(长×宽)(直径)/mm	加工精度						
			珩磨直径	珩磨深度							圆度/mm	圆柱度/mm	表面粗糙度 $Ra/\mu m$				
双进给半自动立式珩磨机	MBC4215/7	150×400	50~150	40~400	820~1370	350	主轴最大行程550	3~23	53 85 132 212					11.12	3900	1260×1040×3300	双进给，配带自动测量系统，配带缸套+输料夹紧装置
立式珩磨机	2MB2216×40	160×400	32~160	400	1150~1550	550	400	3~25	50 80 125 200 320 500	ϕ750				11.3		1653×1000×4005	
	2M2216	170×320	170	320	600		300	0~18	100~300		0.0025	0.005	0.2	1.1（2个）	1200	1800×1300×2200	
	MJ4220A	200×500	80~200	500	300~1150	430~760	450	4~20	40~300	1500×600	0.005	0.01	0.4	主电动机7.5 冷却泵用电动机0.125	2000	1500×1200×2230	加上特殊珩磨头，可珩磨直径范围：32~80mm
	MB4225×160A	250×1600	50~250	1600	848~2648	370	1800	5~20	55~350	1250×630				22.43	6000	2570×3800×3689	

（续）

产品名称	型号	最大珩磨直径×长度/mm	技术参数											电动机功率/kW	质量/kg	外形尺寸(长×宽×高)/mm	备注
			加工范围/mm		主轴下端至工作台面距离/mm	主轴轴线至立柱前表面距离/mm	行程/mm	往复速度/(m/min)	转速/(r/min)	工作台尺寸(长×宽)(直径)/mm	加工精度						
			珩磨直径	珩磨深度							圆度/mm	圆柱度/mm	表面粗糙度 Ra/μm				
立式珩磨机	2M2240×100	400×1000	80~400	1000	2025~3325		1360	3~18	20~160	1600×800				30.98			
	M4250A	500×1500	120~500	1500	2270~4020	550	1750	3~12	16~125	1000×1000	0.01	0.02	0.4	15	12000	4425×2520×6200	
半自动立式珩磨机	MB425×32B	50×320	10~50	30~320	480~880	200	主轴最大行程400	3~18	180 250 355 500 710 1000	ϕ500				3.825	2500	1600×2370×3000	脉冲定量进给系统
立式珩磨机	M428A/MC	80×320	20~80	320	580~1130	260	420	3~16	50~500	550×1050	0.0025	0.01	0.25	主电动机7.5 冷却泵用电动机0.125	2.8	1675×1050×2540	
立式液压珩磨机	M4214	140×350	140	350	300		370	3~18无级	80~370无级					3.0	2000	1612×1090×2478	

（续）

产品名称	型号	最大珩磨直径×长度/mm	加工范围/mm		主轴下端至工作台面距离/mm	主轴轴线至立柱前表面距离/mm	行程/mm	往复速度/(m/min)	转速/(r/min)	工作台尺寸(长×宽)(直径)/mm	加工精度			电动机功率/kW	质量/kg	外形尺寸(长×宽×高)/mm	备注
			珩磨直径	珩磨深度							圆度/mm	圆柱度/mm	表面粗糙度 Ra/μm				
立式简易珩磨机	MJ4214B	140×370	140	370	95	225	350	0	125～215	1000×430	0.0025	0.005	0.2	1.5（1个）0.095（1个）	750	1600×925×1870	
立式珩磨机	M4215	150×400	50～150	40～400	475～845	350	主轴最大行程370	3～18	112 160 224 31	480×1100				4.525	2100	1280×1680×2670	
	2M2216×32	170×320	35～170	30～320			主轴最大行程300	3～18	100～300（无级）					2.35	1200	1800×1300 2200	
	MB4215A	150×400	50～150	40～400	820～1370	350	主轴最大行程550	3～23	53 85 132 212	ϕ750				11.12	3950	1760×1040×3300	
	2MB2210×10A	100×100	20～100	100	830～910		20～80	75～360次/min	120～580	650×400				6.345		1405×1370×3020	
双进给半自动立式珩磨机	MB4215A/7	150×400	50～150	40～400	820～1370	350	主轴最大行程550	3～23	53 85 132 212	ϕ150				11.12	3950	1760×1040×3300	双进给具有平顶珩磨功能

4.2.2.2　珩磨头结构及连接方式

珩磨孔的加工精度、表面质量、珩磨效率和磨石寿命均受珩磨头结构的影响。所以，要求珩磨头结构刚度高，磨石座与头体的配合间隙小，磨石胀缩均匀，便于切削液注入，容易排屑等。

珩磨头有滑动式（见图3-4-46）和摆动式（见图3-4-47）两种。其中，滑动式又分为对称中心式和不对称中心式。

对称中心滑动式珩磨头的各组合零件对称，刚度高，易加工，便于修整被加工孔的形状精度，易达到高精度和高表面质量，切削效率高，因此使用广泛。

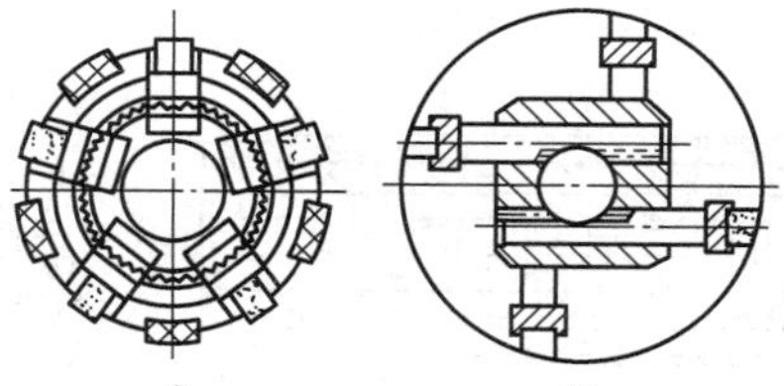

a)　　b)

图3-4-46　滑动式珩磨头

a）对称中心式　b）不对称中心式

图3-4-47　摆动式珩磨头

1. 常用珩磨头的结构（见表3-4-84）

表3-4-84　常用珩磨头的结构

名　称	结构图示
中等孔径珩磨头	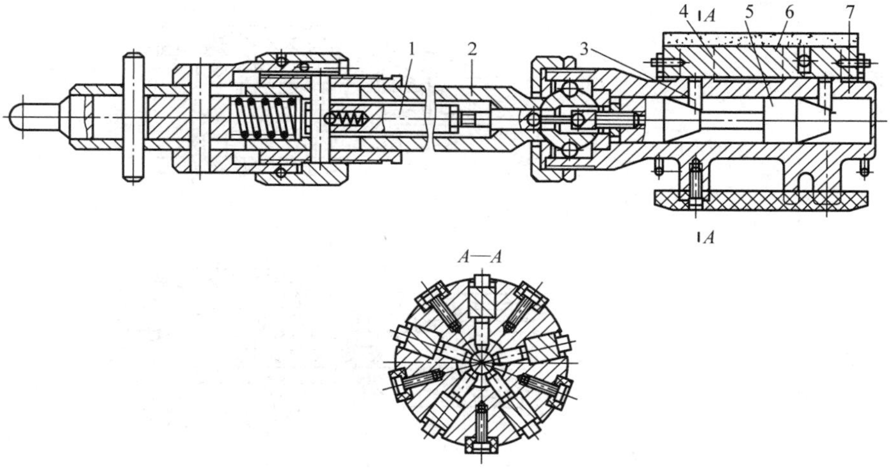 1—胀芯　2—接杆　3—顶销　4—磨石　5—锥体　6—磨石座　7—珩磨头体
较小孔径珩磨头	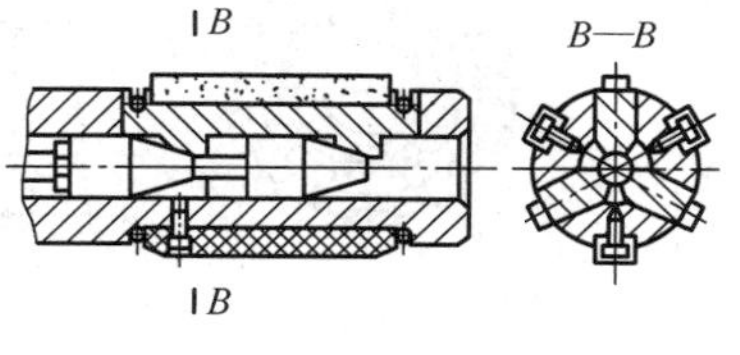

（续）

名　称	结构图示
小孔径珩磨头	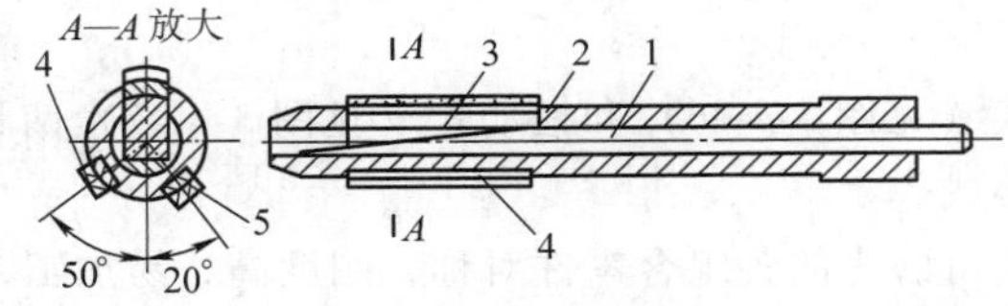 1— 胀楔　2— 本体　3— 磨石座　4— 辅助导向条　5— 主导向条
磨多台阶孔的长珩磨头	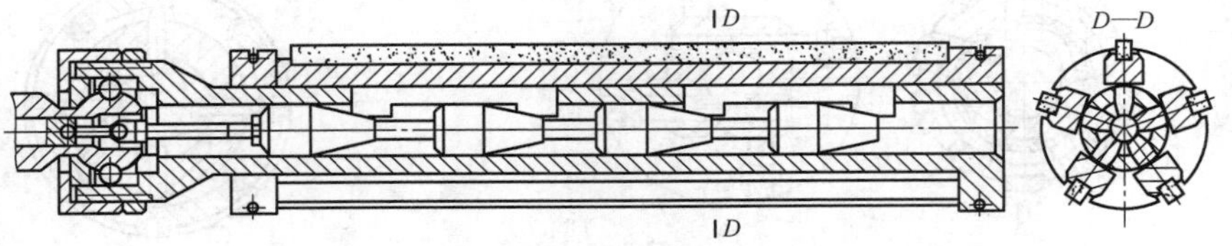
手动珩磨头	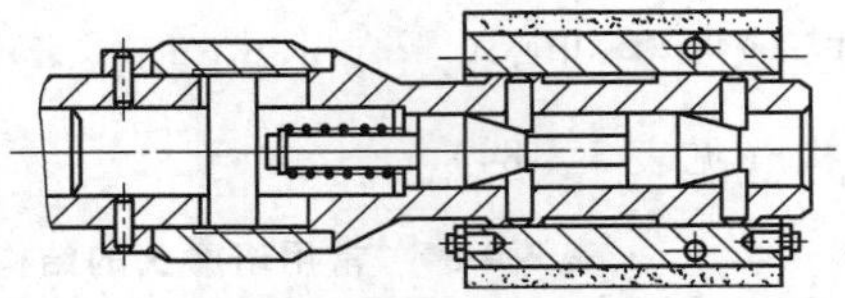 珩磨头与手动胀缩机构直接连接
无万向接头的珩磨头	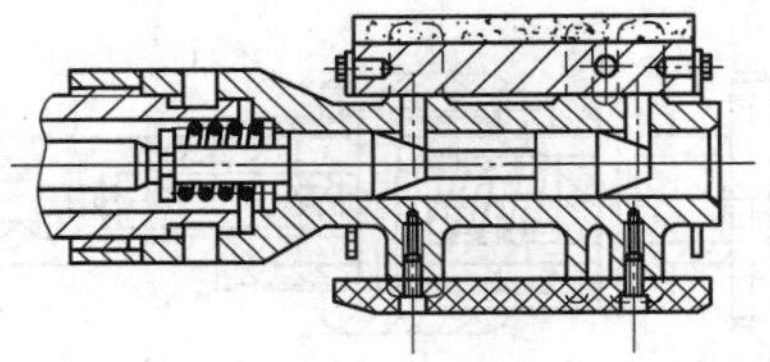
有万向接头的珩磨头	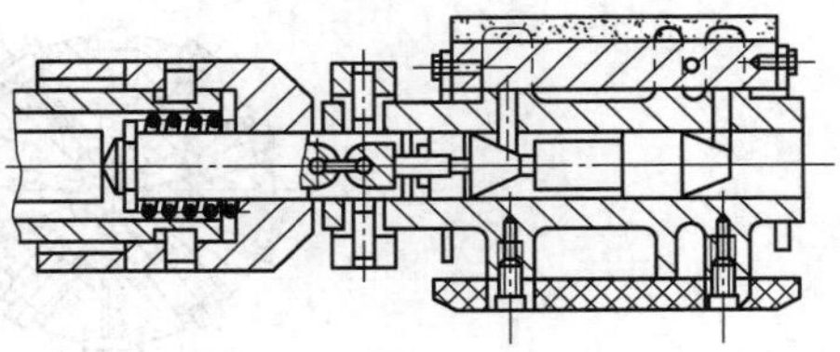
不通孔用珩磨头	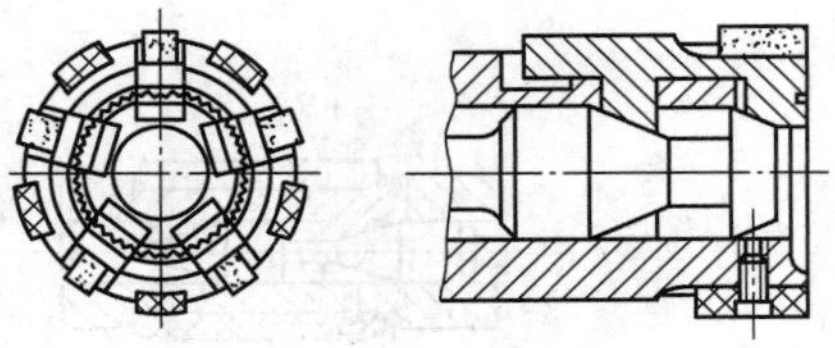

（续）

名　　称	结构图示
锥孔用珩磨头	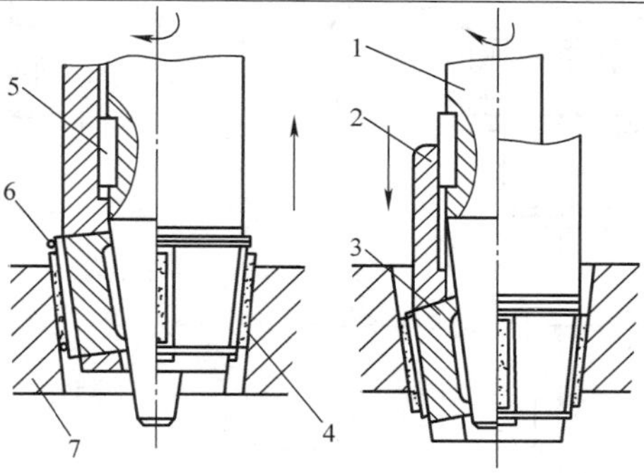 1—锥形心轴　2—磨头本体　3—磨石座　4—磨石　5—键　6—弹簧　7—工件

2. 珩磨头的连接方式

珩磨头是通过连接杆与珩磨机主轴连接的，连接方式有以下几种。

（1）浮动连接　珩磨头上下端分别使用万向接头连接。珩磨头在珩磨过程中可处于自由状态。图 3-4-48 所示为球头浮动连接杆，其结构简单、灵活，浮动范围大，并可用螺母调节浮头关节间的间隙。

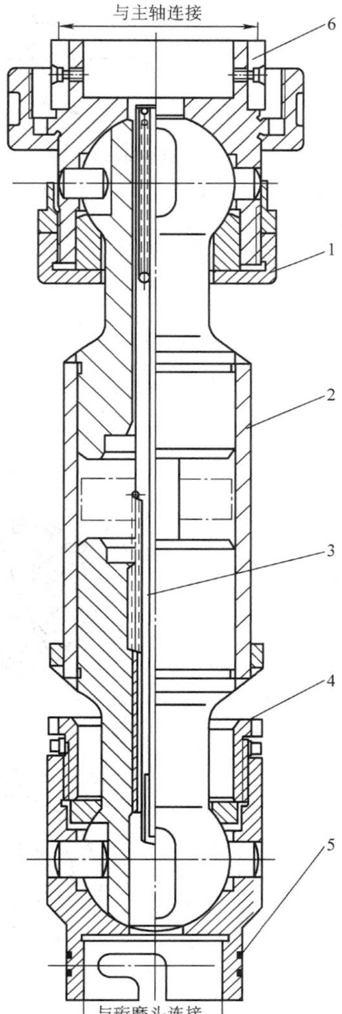

图 3-4-48　球头浮动连接杆
1—弹簧卡箍　2、5—调整螺母　3—进给推杆　4—双球头杆　6—键

（2）半浮动连接　半浮动连接杆只在接杆上端有一个万向接头，如图 3-4-49 所示。

（3）刚性连接

1）刚性连接杆如图 3-4-50 所示。

2）刚性连接整体结构的短孔珩磨头如图 3-4-51 所示。

3）螺纹刚性连接杆如图 3-4-52 所示。

刚性连接一般在夹具上采用浮动连接，以适应主轴、珩磨头与工件孔对中，并对其结构制造精度要求较高，多用于珩磨小孔、短孔和须伸入工件内部孔的加工。

4.2.2.3　珩磨夹具

常用的珩磨夹具有固定式和浮动式两种。固定式珩磨夹具多用于珩磨大件和较重的工件；浮动式珩磨夹具又分平面浮动（平面上两个自由度）和球面浮动（两个转动自由度）两种，浮动式用于珩磨短孔、小孔及套类件。

1. 珩磨加工常用夹具结构（见表 3-4-85）

2. 珩磨加工中的对中

珩磨夹具和珩磨头都有固定式（刚性）与浮动式两种，浮动的目的是补偿误差。珩磨夹具与珩磨头必须根据工件特征合理选择，搭配使用，以调整并保证工件孔在夹具中与导向套、珩磨机主轴之间的同轴度，即“对中”，这样才能减小误差，保证珩磨的加工质量。

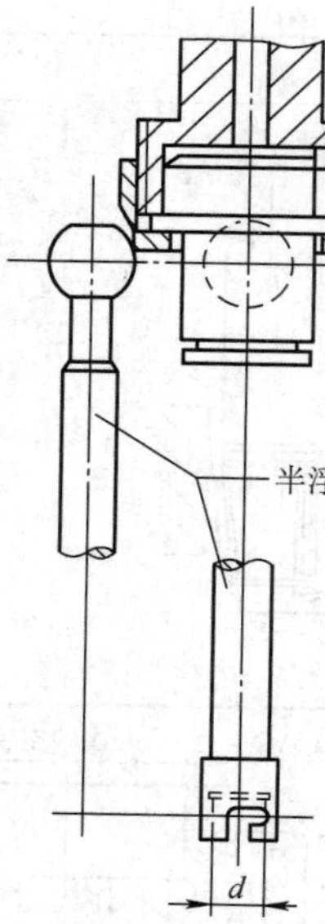

图 3-4-49 半浮动连接杆

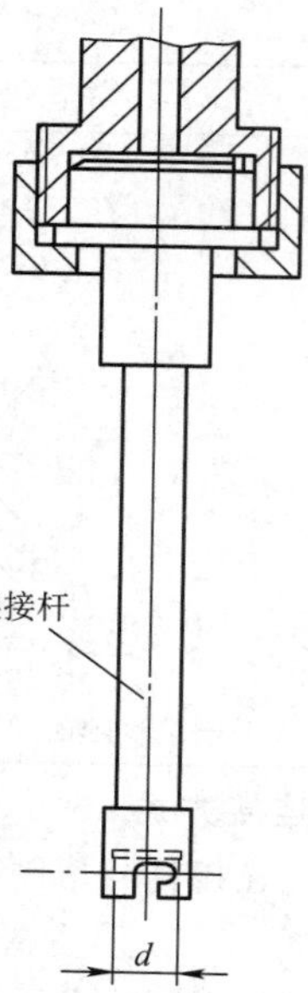

图 3-4-50 刚性连接杆

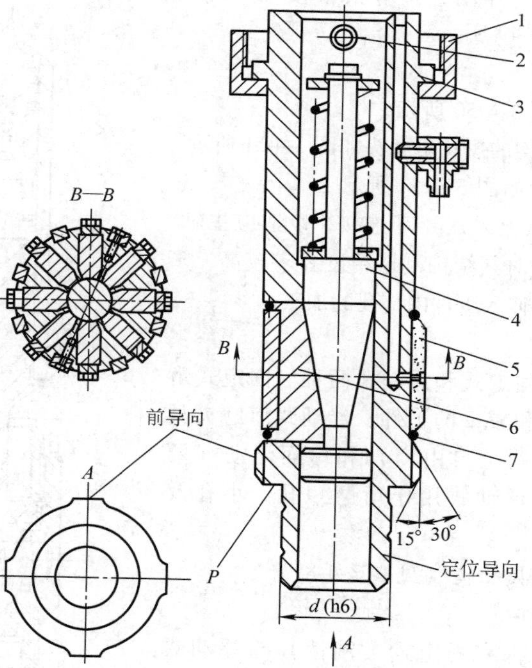

图 3-4-51 短孔珩磨头

1—连接螺母 2—短销 3—本体 4—胀锥
5—导向条 6—磨石座 7—弹簧

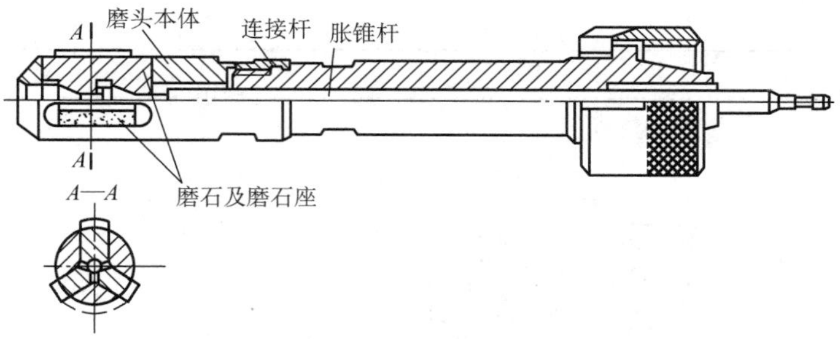

图 3-4-52　螺纹刚性连接杆

表 3-4-85　珩磨加工常用夹具结构

<table>
<tr><th>类　型</th><th>结构图示</th><th>用　途</th></tr>
<tr><td rowspan="2">平面浮动式</td><td>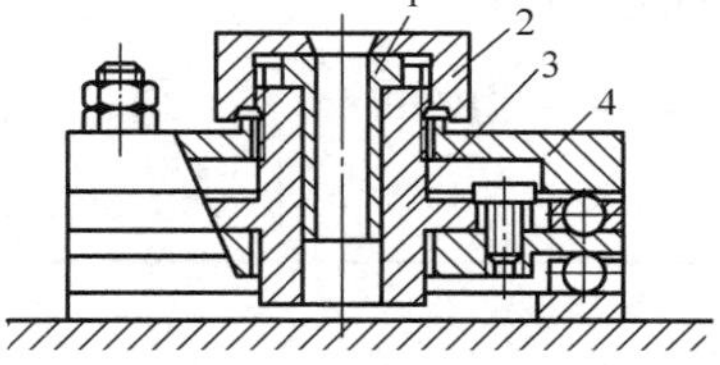
1 — 工件　2 — 压板　3 — 浮动体　4 — 本体底座</td><td>用于套类件珩磨夹具</td></tr>
<tr><td>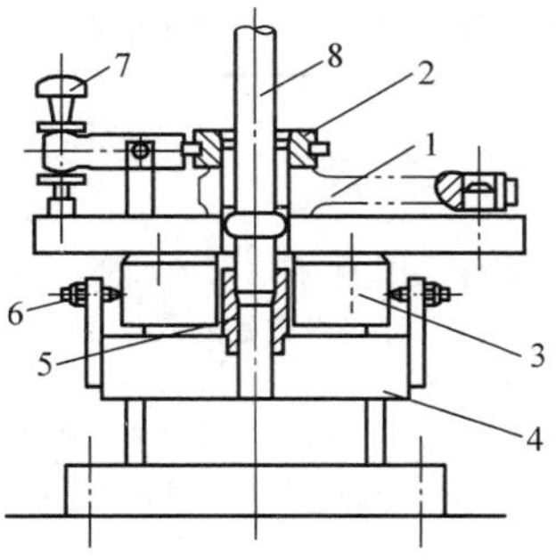
1 — 工件　2 — 压板　3 — 浮动体　4 — 夹具底座
5 — 导向套　6 — 限位螺钉　7 — 手轮　8 — 珩磨头</td><td>用于短孔类珩磨夹具。图中工件装在浮动体 3 的平板上，珩磨头 8 经压板 2 上的导向进入夹具底座 4 的固定导向套 5 内，转动手轮 7 压紧工件，即可进行珩磨</td></tr>
<tr><td>球面浮动式</td><td>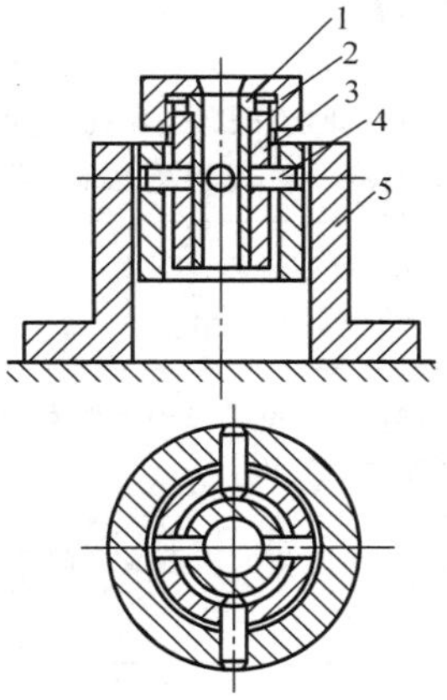
1 — 工件　2 — 压紧螺母　3 — 浮动体
4 — 滚柱　5 — 本体</td><td>用于小孔珩磨夹具</td></tr>
</table>

（续）

类　型	结构图示	用　途
弹性夹具	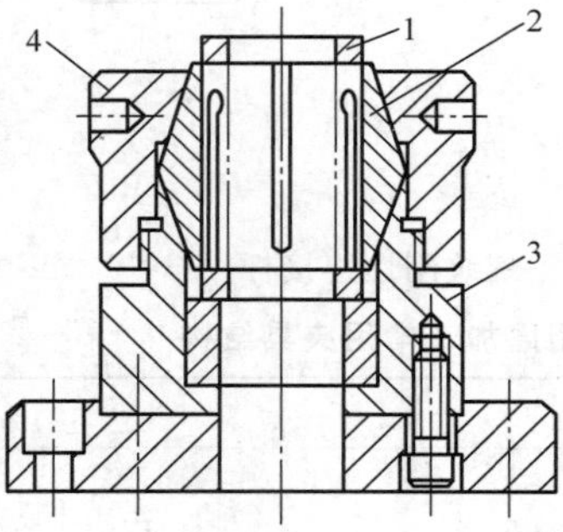 1—工件　2—弹簧套　3—本体　4—压紧螺母	采用弹簧套夹紧。多用于套筒类工件的珩磨

珩磨夹具与珩磨头的配用及对中要求见表3-4-86。

表3-4-86　珩磨夹具与珩磨头的配用及对中要求

珩磨夹具	配用的珩磨头连接方式	适用范围	对中误差/mm
固定式夹具	浮动连接	适于大、中型孔，外形复杂和不规则的较重工件的长孔，如各种缸孔及缸套孔，可获得较好的效果	<0.08
	半浮动连接	使用短磨石加工不通孔、短孔，但易受珩磨夹具与主轴对中误差的影响，需要保持稳定的对中精度才能保证珩磨质量	<0.05
	刚性连接	适于大量生产中的小孔、外形规则的工件孔的精密珩磨，需要较高的对中精度	≤0.01
平面浮动式夹具	刚性连接	适于珩磨短孔（$L<D$），如连杆孔、齿轮孔等，可适当修正孔的轴线与端面垂直度误差，珩磨精度高	<0.02
	半浮动连接	适于珩磨小套孔，在珩磨主轴转速不太高、夹具浮动量<1.0mm的条件下，可获得较高的精度	<0.05
球面浮动式夹具	刚性连接	适于各类小套孔珩磨，在较好的对中条件下，可获得直线度很高、表面粗糙度均匀的孔	<0.02
	半浮动连接	适于珩磨中、小套孔，在较长的磨石或导向条件下，可获得较高的珩磨精度	<0.05

4.2.2.4　珩磨磨石的选择

珩磨磨石须根据工件的材料、硬度，以及珩磨孔径的尺寸、珩磨精度和表面粗糙度等选用。

1. 珩磨磨石磨料的选择（见表 3-4-87）

表 3-4-87　珩磨磨石磨料的选择

磨料名称	代　号	适于加工的材料	应用范围
棕刚玉	A	未淬火的碳素钢、合金钢等	粗珩
白刚玉	WA	经热处理的碳素钢、合金钢等	精珩、半精珩
单晶刚玉	SA	韧性好的轴承钢、不锈钢、耐热钢等	粗珩、精珩
铬刚玉	PA	各种淬火与未淬火钢	精珩
黑色碳化硅	C	铸铁、铜、铝等及各种非金属材料	粗珩
绿色碳化硅	GC	铸铁、铜、铝等。多用于淬火钢及各种脆、硬的金属与非金属材料	精珩
人造金刚石	MB	各种钢、铸铁及脆、硬的金属与非金属材料，如硬质合金等	粗珩、半精珩
立方氮化硼	CBN	韧性好且硬度和强度较高的各种合金钢	粗珩、精珩

2. 珩磨磨石磨料粒度的选择（见表 3-4-88）

表 3-4-88　珩磨磨石磨料粒度的选择

磨　料	粒 度 号	要求的表面粗糙度 $Ra/\mu m$				备　注
		淬 火 钢	未淬火钢	铸　铁	有色金属	
刚玉	F100~F180	—	1.25~1.0	—	—	—
碳化硅		—	—	1.0	1.6~1.25	
刚玉	F240	0.63	1.0~0.8	—	—	—
碳化硅		—	—	0.63	1.25~1.0	
刚玉	F280	0.4~0.32	1.0~0.63	—	—	—
碳化硅		—	—	0.5~0.4	0.8	
刚玉	F320	—	—	—	—	—
碳化硅		0.32~0.25	0.63~0.50	0.5~0.4	0.8~0.63	钢件用绿碳化硅
刚玉	F400	—	—	—	—	—
碳化硅		0.2~0.16	0.32~0.25	0.32~0.25	0.5~0.4	钢件用绿碳化硅
刚玉	F600	—	—	—	—	—
碳化硅		0.6~0.10	0.25~0.20	0.16~0.125	0.4~0.32	钢件用绿碳化硅

3. 珩磨磨石硬度的选择（见表 3-4-89）

表 3-4-89　珩磨磨石硬度的选择

磨石粒度号	珩磨余量/mm（直径方向）	硬度级别	
		钢　件	铸　铁
F100~F150	0.05~0.5	L~Q	N~T
	0.01~0.1	N~T	Q~Y
F180~F280	0.05~0.5	J~P	L~R
	0.01~0.1	L~S	Q~T
F320~F600	0.05~0.15	E~M	K~Q
	0.01~0.05	M~R	M~T

注：1. 正常珩磨条件下，磨石硬度级别要在所示范围内选用偏软值。

2. 当工件材料硬度变动时，磨石硬度级别应朝相反方向变动 1~2 小级。

4. 结合剂的选择

普通磨料的珩磨磨石一般采用陶瓷、树脂结合剂。陶瓷结合剂（V）的磨石性能稳定，性脆，可用于各种材料的粗珩或精珩。树脂结合剂（B）的磨石有弹性，抗振，能在珩磨压力较高的条件下使用，多用于低粗糙度珩磨。

5. 组织和浓度的选择

一般采用疏松组织。当接触面积大、材料硬度低、韧性大且粗珩时选用粗一些，否则密一些。

超硬材料磨石浓度指 $1cm^3$ 体积中含磨料的质量。$1cm^3$ 体积中含磨料 4.4ct（1ct = 0.203g），定为 100%。珩磨磨石常用浓度为 50%、75%、100%、150%四种，其中 75%用于粗珩，100%用于精珩，这两种用得较多。当珩磨表面有沟槽、要求形状精度较高和工件材料较硬时，选用浓度要高一些，反之则选低一些。

6. 珩磨磨石长度的选择（见表 3-4-90）

表 3-4-90 珩磨磨石长度的选择

孔长 L	磨石长度 l	选择实例
一般孔	$l=\left(\frac{1}{3}\sim\frac{3}{4}\right)L$	珩磨 ϕ100mm×195mm 缸孔，l=100mm 珩磨 ϕ65mm×38mm 孔，l=40mm
短孔（$L/D<1$）	$l=(1\sim1.2)L$	
等径间断长孔	$l\geqslant$3 个孔的跨距	

7. 珩磨磨石数量和宽度的选择

在不影响珩磨头刚度的条件下，尽可能采用多块磨石，并适当减小磨石宽度。如果能保持磨石总宽度占孔周长的 0.15~0.28，则可获得较高的珩磨效率，并减小孔的变形。当工件有单、双槽或横向孔时，磨石数量最好采用 5 块以上奇数或磨石的宽度远大于槽宽，为槽宽或径向孔径的两倍以上。金刚石和立方氮化硼磨石的宽度为普通磨石宽度的 1/3~1/2。珩磨磨石数量和宽度的选择见表 3-4-91。

表 3-4-91 珩磨磨石数量和宽度的选择（单位：mm）

珩磨孔径	磨石数量/块	磨石断面尺寸（$B\times H$）	金刚石磨石断面尺寸（$B\times H$）
5~10	1~2	—	1.5×2.2
10~13	2	2×1.5	2×1.5
13~16	3	3×2.5	3×2.5
16~24	3	4×3.0	3×3.0
24~37	4	6×4.0	4×4.0
37~46	3~4	9×6.0	4×4.0
46~75	4~6	9×8.0	5×6.0
75~110	6~8	10×9,12×10	5×6.0
110~190	6~8	12×10,14×12	6×6.0
190~310	8~10	16×13,20×20	—
>310	>10	20×20,25×25	—

4.2.2.5 珩磨工艺参数的选择

1. 珩磨速度和珩磨交叉角

珩磨速度 v 由圆周速度 v_t 与往复速度 v_a 合成。磨粒在加工面上切削出交叉网纹，形成珩

磨交叉角 θ。一般珩磨交叉角选用 45°左右，若要求表面粗糙度值低一些，则珩磨交叉角要小一些。珩磨工艺参数的选用见表 3-4-92。

表 3-4-92 珩磨工艺参数的选用

工件材料	工序	珩磨速度 v/(m/min)	交叉角 θ/(°)	圆周速度 v_t/(m/min)	往复速度 v_a/(m/min)
灰铸铁	粗精	25~30 ≈35	45 45	23~28 32	10~12 13.5
球墨铸铁	粗精	22~25 ≈30	45 45	20~23 27	9~10 12
未淬火钢	粗精	20~25 ≈28	50~60 45	18~22 25	9~11 12
纯铁	粗精	20~30 ≈33	45 45	23~28 31	10~12 12
合金钢	粗精	25 ≈28	45 45	23 26	10 11
淬硬钢	粗精	15~22 ≈30	40 40	14~21 28	5~8 10
铝	粗精	25~30 ≈35	60 45	21~26 30	12~15 17.5
青铜	粗精	25~30 ≈35	60 45	21~26 30	12~15 17.5
黄铜	粗精	18~30 50	60 30	15~26 48	9~15 13
纯铜	粗精	25~30 40	60 45	21~26 38	12~15 16
硬铬	精	15~22	30	14~21	4~6
塑料	粗精	25~30 ≤40	45 30	23~28 37	10~12 11

2. 珩磨磨石的工作压力

珩磨磨石的工作压力，即磨石通过进给机构施加于工件表面上单位面积上的压力。工作压力增大时，材料磨除量和磨石磨耗量也增大，但珩磨精度较差，表面粗糙，当磨石的工作压力超过极限压力时，磨石即急剧磨耗。珩磨磨石的工作压力见表 3-4-93。

表 3-4-93 珩磨磨石的工作压力 （单位：MPa）

珩磨磨石的极限压力	珩磨工序	加工材料	磨石工作压力
陶瓷磨石 ≤2.5 树脂磨石 1.5~2.5 金刚石磨石 3.0~5.0 立方氮化硼磨石 2.0~3.5	粗珩	铸铁	0.5~1.5
		钢	0.8~2.0
	精珩	铸铁	0.2~0.5
		钢	0.4~0.8
	光珩	铸铁	0.05~0.10
		钢	0.05~0.15

3. 珩磨磨石的行程

珩磨头在往复运动中，必须保证磨石在孔的两端超出一定距离，这一距离通常称为“越程”。越程量的大小会直接影响孔的圆柱度（见图 3-4-53）。

越程量过大，则孔端多珩，孔易出现喇叭形；两端越程量均小，则磨石在中部的重叠珩磨时间过长，易出现腰鼓形；一端越程量大，一端越程量小易出现锥度。

当磨石长度为 l，孔长度为 L，上、下端越程量分别为 l_1、l_2 时，则磨石在孔两端的正常越程量一般选为

$$l_1 = l_2 = (1/5 \sim 1/3)\, l$$

则磨石的工作行程长度为

$$L_1 = L + l_1 + l_2 - l$$

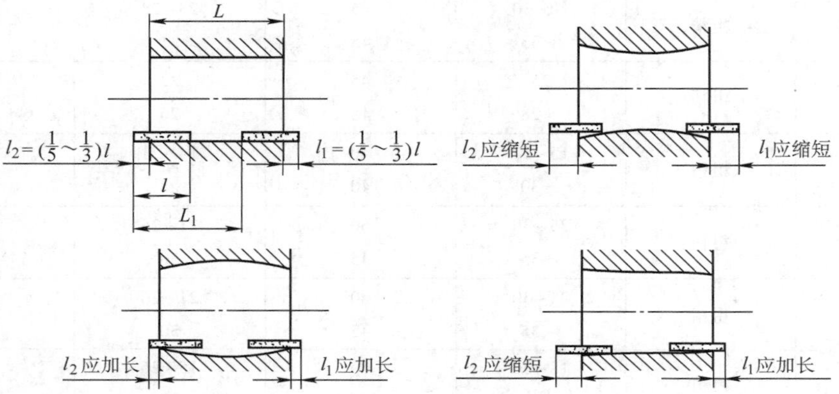

图 3-4-53 珩磨磨石行程与越程量的调整

4. 珩磨余量的选择

珩磨余量一般为前工序总误差的 2~2.5 倍，这样可以切除前工序的加工痕迹和形状误差。在保证珩磨质量条件下，尽量减小珩磨余量。珩磨余量的选择见表 3-4-94。

表 3-4-94 珩磨余量的选择 （单位：mm）

工件材料		珩磨余量		
		单件生产	成批大量生产	特殊情况
铸铁		0.06~0.15	0.02~0.03	≈0.4
钢	未淬硬	0.06~0.15	0.02~0.06	1~2
	淬硬	0.02~0.08	0.005~0.03	≈0.1
硬铬		0.03~0.08	0.02~0.03	
粉末冶金		0.1~0.2	0.05~0.08	
轻金属		0.03~0.1	0.02~0.08	≈0.2
非铁金属		0.04~0.08	0.02~0.08	

5. 珩磨液的选择

珩磨液有油剂和水剂两种（见表 3-4-95）。水剂珩磨液的冷却和冲洗性能好，适用于粗珩；油剂珩磨液宜适当加入硫化物，以提高其抗粘焊性和抗堵塞性。对高硬度和高脆性材料的珩磨，宜用低黏度的珩磨液。

树脂结合剂磨石不得采用含碱的珩磨液，因它会降低磨石的结合强度；立方氮化硼磨石不得使用水剂珩磨液，因它高温时会发生水解作用，使磨石出现急剧磨耗。

6. 对工件珩磨前的要求

1）严格控制孔的尺寸公差，以保证合理的珩磨余量。

2）珩磨前原始精度不宜太差，以免珩磨转矩过大。在珩磨刚度高的中等孔径时，珩磨前孔的圆柱度一般应小于 15μm。

表 3-4-95　珩磨液的选择

油剂

序号	成分比例(%)					适用范围
	煤油	L-AN32 全损耗系统用油或锭子油	油酸	松节油	其余	
1	80~90	10~20	40	5	—	钢、铸铁、铝
2	55					高强度钢、韧性材料
3	100					粗珩铸铁、青铜
4	98				石油磺酸钡	硬质合金
5	95				硫黄+猪油	铝、铸铁
6	90				硫化矿物油	铸铁
7	75~80				硫化矿物油	低碳钢
8	95				硫化矿物油	高碳钢

水剂

序号	磷酸三钠	环烷皂	硼砂	亚硝酸钠	火碱	磺化蓖麻油（太古油）	其余	用途
1	0.6	0.6	0.25	0.25	—	0.5	水	粗珩钢、铸铁、青铜及各种脆性材料
2	0.6		—	0.25			水	
3	0.25		0.25	0.25	0.25		水	
4	0.6		0.25	0.25	0.25		水	

注：表中百分数为质量分数。

3）珩磨前的加工表面不宜太粗糙，以防止珩磨转矩过大。为了珩磨顺利，孔表面也不宜太光滑，珩前加工表面粗糙度 Ra 应大于 5μm。

4）待珩表面不得有硬化层、残留氧化物、油漆和油垢等，以免珩磨困难和堵塞磨石。

5）不得使用钝化了的磨石，以免加工表面形成挤压硬化层。若为铸铁表面，则石墨会使珩磨很难进行，而且表面会出现麻坑。

4.2.2.6　珩磨的质量分析（见表 3-4-96）

表 3-4-96　珩磨的质量分析

缺陷名称	产生原因	解决方法
圆度超差	珩磨主轴（或导向套）与工件孔的对中误差过大	取下珩磨头与连接杆，调整主轴与导向套和工件孔的同轴度
	夹具夹紧力过大或夹紧位置不当	一般均为端面夹紧，薄壁件也可选用圆柱面均压夹紧
	孔壁厚不匀，珩磨温度高或珩磨压力过大	提高设计制造水平，控制壁厚使其一致。降低珩磨压力，减少珩磨热量

（续）

缺陷名称	产生原因	解决方法
圆度超差	工件内孔硬度或材质不均	观察内表面的表面粗糙度是否一致，要求提高坯料的质量
	珩磨液太少或供应不均匀，造成内表面冷热不均	要均匀地供应充足的珩磨液，注意容量和泵的流量情况
	孔预加工后圆度误差大或加工余量过小	孔预加工后的圆度误差最大不应超过珩磨余量的1/4，或者加大加工余量
	珩磨头浮动连接太松，转速高，摆动惯量大	适当调整浮动接头的调节螺母或降低转速
	珩磨头浮动连接杆不灵活，或刚性连接杆弯曲、摆差大等	调整调节螺母，检查刚性连接杆摆差并消除
	往复速度过高，磨石与孔相互修整不够	适当降低往复速度
圆柱度超差	珩磨磨石在孔上下端的越程量过大，出现喇叭口（两端大）；越程量过小，出现鼓形；上下越程量不一致，出现一端大，一端小	仔细调整磨石在孔的上下端越程量，使其为磨石长度的1/5~1/3，并上下相等。短孔珩磨时，越程量应选小值（1/5~1/4）
	工件夹紧变形，上下壁厚不一致，材质、硬度不一致	相应地降低夹紧力与改变夹紧位置（尽量使壁厚上下一致）
	孔预加工后的圆柱度误差大或珩磨余量过小	应控制孔预加工后的圆柱度误差，使其不超过珩磨余量的1/5~1/4
	磨石长度选择不当	按表3-4-90正确选用
	磨石硬度不一致，寿命短（软），磨耗不均匀（上下偏磨）	磨石全长硬度差不宜超过5HRC，硬度不宜太小
	珩磨主轴往复速度不一致	调整放气阀，排除液压缸内的空气，适当降低珩磨压力
	珩磨头上的磨石轴向位置变化	粘接磨石时，要控制磨石的上下位置，防止珩磨头上下窜动
	珩磨头新装磨石未经修磨或修磨后的圆柱度误差大	控制珩磨头修磨后的圆柱度：金刚石磨石≤0.01mm，普通磨料陶瓷结合剂磨石≤0.05mm
	珩磨机的往复行程位置精度低	调整或修理机床，或者加限位机构
孔的轴线与端面不垂直	夹具定位面与珩磨主轴不垂直或定位面过度磨损	调整夹具或工作台面，使其垂直主轴，根据需要修磨定位面
	孔预加工后的垂直度误差大	检查和提高孔的预加工精度
	短孔珩磨时未采用刚性连接的珩磨头	换用刚性珩磨头、平面浮动夹具
	工件底面不干净，定位面上有铁屑	清除工件底面毛刺，保持工件底面与定位基面的洁净
	压紧力不均匀，使工件一边抬起	压紧力要对称分布且均匀
	夹紧力过小使工件松动，脱离定位面	适当控制夹紧力，保证工件稳定
	夹紧力过大，短孔珩磨或叠装珩磨时，使端面不平的工件完全贴合后产生变形	适当调整压紧力，提高工件端面预加工后的平面度
	珩磨机主轴与工件孔对中不好	调整夹具，使其与主轴准确对中

（续）

缺陷名称	产生原因	解决方法
孔的直线度超差	珩磨磨石太短或珩磨头短且无导向	按孔的长度正确选择磨石的长度(见表3-4-90)，并加长导向
	磨石太软，磨损快，成形性不好	更换磨石，提高磨石寿命
	孔预加工后直线度超差	检查和提高孔的预加工质量
	珩磨头的浮动接头不灵活，影响珩磨头的导向性	调整或清洗润滑浮动接头，使浮动灵活且无间隙
	夹紧变形	调换夹紧部位或降低夹紧力
	珩磨往复速度或珩磨液供给不均匀	提高往复速度或增加珩磨液
	夹具与主轴或导向套对中不好	调整夹具，使其与主轴或导向套对中
孔的尺寸精度低(返修品和废品率高，尺寸不稳定)	珩磨热量高，冷却后尺寸变小	
	珩磨余量大，时间长	控制合适的珩磨余量和时间
	珩磨头转速高，往复速度低	根据珩磨要求正确选择两种速度
	磨石堵塞，自锐性不好	选择硬度较低的磨石
	珩磨进给太快、压力太大	适当降低进给速度与压力
	磨石磨料、粒度、组织选择不当	见珩磨磨石的选择
	工件材料强度高(硬、韧、黏)	选用超硬磨料，降低转速，提高 v_a，减小余量
	珩磨液不足或冷却性能差	采用低黏度的、大量的、温度不高的珩磨液
	工艺系统不稳定，尺寸时大时小	
	孔的预加工质量低，珩磨余量变化大	严格控制预加工的尺寸公差，采用珩磨自动测量装置
	磨石硬度不均匀，切削性能不稳定	选用硬度、组织均匀的磨石
	孔预加工表面有冷作硬化层，或者表面粗糙度值的变化范围大	定期换刀，控制珩磨前表面加工质量
	定时珩磨方法不能获得准确的珩磨孔径	在珩磨过程中配备自动测量系统
	珩磨头上的空气测量喷嘴磨损，间隙太大	更换喷嘴，修磨到规定间隙
	自动测量仪的放大倍数低，人工调整，控制不便	提高放大倍数，并用指针、数字显示尺寸
	自动测量仪信息反馈系统不灵敏、不可靠	及时检修或更换
	气压不稳，气源未过滤，珩磨液太脏	查出具体原因并做相应处理
表面粗糙度值达不到工艺要求	磨石粒度不够细或粒度号不准	根据表面粗糙度要求选择合适的磨石粒度，在同样条件下金刚石磨石粒度应细1~2级
	精珩时，圆周速度太低，往复速度高	按本节所述原则合理选择
	精珩余量过小，时间短或压力过大	精珩余量≥5μm 精珩压力≤5×10^5Pa
	珩磨液太脏，润滑性差(黏度低)，流量小	采用两级过滤法，提高润滑性，加大珩磨液流量
	精珩前的表面太粗糙	适当提高精珩前的表面质量，或者选用不同粒度的磨石进行粗精珩磨
	磨石太硬，易堵塞	更换较软的磨石
	磨石太软，精珩时无抛光作用	更换磨石
	工件材质太软	选较硬的或粒度较细、渗硫或注蜡的磨石

（续）

缺陷名称	产生原因	解决方法
珩磨表面刮伤	磨石太硬，组织不均匀，表面堵塞后积聚的铁屑（黑点）刮伤表面	选用较软、组织疏松均匀、有较好自锐性的磨石
	珩磨头在孔内的空隙太小，偶有机械加工铁屑不易排出而刮伤	适当减小珩磨头直径，保证径向间隙，使珩磨液排泄流畅
	珩磨压力太大，磨石被挤碎刮伤	减小压力，提高磨石强度
	珩磨液未过滤好，流量和压力小	须经两级过滤，加大流量和压力
	珩磨头退出时磨石未先缩回	1）磨石座被卡住，需改进设计 2）提前撤除进给油压 3）珩磨头转速太高，磨石座上的弹簧圈弹力太弱，需更换弹簧圈
	导向套与工件孔未对中，珩磨头退出时使尾端偏摆	调整工件孔与导向套，使其对中
	磨石太宽，铁屑不易排除脱落，积聚在磨石表面上形成硬点（块）	减小磨石宽度或中间开槽，清除磨石上的硬点
珩磨效率低	磨石硬度高，组织紧密，易堵塞	选择较软和较疏松的磨石，要求有较好的自锐性
	磨石粒度太细	选用粒度粗一些的磨石
	珩磨网纹交叉角太小	提高珩磨头的往复速度，使交叉角 $\theta=45°\sim70°$
	珩磨工作压力太小	适当提高珩磨工作压力
	珩磨速度或磨石胀开进给速度太低	合理选用这两种速度
	珩磨余量太大或孔预加工表面太光滑	对光洁的预加工表面应相应地减小珩磨余量
	孔预加工表面材质太硬或有冷作硬化层	选用较低的主轴转速和较软的珩磨磨石
	珩磨液黏度大或太脏，易堵塞磨石	更换黏度小的、干净的珩磨液，完善过滤措施
	磨石过宽，铁屑不易排除，影响自锐性	选较窄的磨石或开槽磨石
	磨石磨料与结合剂选择不当，或者磨石制造质量太差	要根据工件材料性质正确选用（见珩磨磨石的选择）
磨石寿命短（磨耗快）	磨石硬度太低，太疏松	将此磨石渗硫或更换较硬的磨石
	珩磨工作压力太大	适当降低珩磨工作压力
	珩磨头的往复速度过高，圆周速度太低	根据实际需要的网纹交叉角，适当调整 v_t 与 v_a
	孔的预加工较粗，或者为花键孔与间断孔	选用较硬或极硬的磨石
	树脂结合剂磨石出厂时间较长（树脂老化），或者水剂珩磨液中碱性太高	选用新产磨石，使用树脂磨石时要注意水剂珩磨液中的碱含量
珩磨时振动噪声大，磨石碎裂、脱落	珩磨头系统刚度低或珩磨液温度高，因而产生振动，促使磨石脱落、挤碎	调整连接杆和主轴间的间隙，降低主轴转速，或者降低珩磨液的温度，消除振源
	珩磨工作压力过大，磨石被压碎	应适当降低珩磨工作压力
	珩磨进给太快，磨石粘接不牢，磨石被剥落	调慢磨石胀开后的进给速度

4.2.3　抛光

抛光能降低工件表面粗糙度值，但不能提高工件形状精度和尺寸精度。普通抛光工件的表

面粗糙度 Ra 可达 0.4μm。

4.2.3.1　抛光轮材料的选用（见表 3-4-97）

表 3-4-97　抛光轮材料的选用

抛光轮用途	选用材料		
	品　名	柔软性	对抛光剂保持性
粗抛光	帆布、压毡、硬壳纸、软木、皮革、麻	差	一般
半精抛光	棉布、毛毡	较好	好
精抛光	细棉布、毛毡、法兰绒或其他毛织品	最好	最好
液中抛光	细毛毡（用于精抛）、脱脂木材（椴木）	好（木质松软）	浸含性好

4.2.3.2　磨料和抛光剂

1. 软磨料的种类和特性（见表 3-4-98）

表 3-4-98　软磨料的种类和特性

磨料名称	成　分	颜　色	硬　度	适用材料
氧化铁（红丹粉）	Fe_2O_3	红紫	比 Cr_2O_3 软	软金属、铁
氧化铬	Cr_2O_3	深绿	较硬，切削力强	钢、淬硬钢
氧化铈	Ce_2O_3	黄褐	抛光能力优于 Fe_2O_3	玻璃、水晶、硅、锗等
矾土		绿		

2. 固体抛光剂的种类与用途（见表 3-4-99）

表 3-4-99　固体抛光剂的种类与用途

类别	品种（通称）	抛光用软磨料	用途	
			适用工序	工件材料
油脂性	赛扎尔抛光膏	熔融氧化铝（Al_2O_3）	粗抛光	碳素钢、不锈钢、非铁金属
	金刚砂膏	熔融氧化铝（Al_2O_3）、金刚砂（Al_2O_3、Fe_2O_4）	粗抛光（半精抛光）	碳素钢、不锈钢等
	黄抛光膏	板状硅藻岩（SiO_2）	半精抛光	铁、黄铜、铝、锌（压铸件）、塑料等
	棒状氧化铁（紫红铁粉）	氧化铁（粗制）（Fe_2O_3）	半精抛光 精抛光	铜、黄铜、铝、镀铜面等
	白抛光膏	焙烧白云石（MgO、CaO）	精抛光	铜、黄铜、铝、镀铜面、镀镍面等
	绿抛光膏	氧化铬（Cr_2O_3）	精抛光	不锈钢、黄铜、镀铬面
	红抛光膏	氧化铁（精制）（Fe_2O_3）	精抛光	金、银、白金等
	塑料用抛光剂	微晶无水硅酸（SiO_2）	精抛光	塑料、硬橡皮、象牙
	润滑脂修整棒（润滑棒）	—	粗抛光	各种金属、塑料（作为抛光轮、抛光带、扬水轮等的润滑用加工油剂）
非油脂性	消光抛光剂	碳化硅（SiC）、熔融氧化铝（Al_2O_3）	消光加工（无光加工、梨皮加工），也用于粗抛光	各种金属及非金属材料，包括不锈钢、黄铜、锌（压铸件）、镀铜、镀镍、镀铬面及塑料等

4.2.3.3　抛光工艺参数

一般抛光的线速度为 2000m/min 左右。抛光工作压力随抛光轮的刚度不同而不同，最高不大于 1kPa，如果过大会引起抛光轮变形。一般在抛光 10s 后，可将前加工表面粗糙程度减小 1/10～1/3，减小程度随不同磨粒种类而有所不同。

第 5 章　钳工加工及装配技术

5.1　钳工加工㊀

5.1.1　划线

划线分平面划线和立体划线两种。平面划线是在工件的一个表面（即工件的二坐标体系内）上划线就能表示出加工界线的划线（见图 3-5-1），如在板料上划线、在盘状工件端面上划线等。立体划线是在工件的几个不同表面（即工件的三坐标体系内）上划线才能明确表示出加工界线的划线（见图 3-5-2），如在支架、箱体、曲轴等工件上划线。

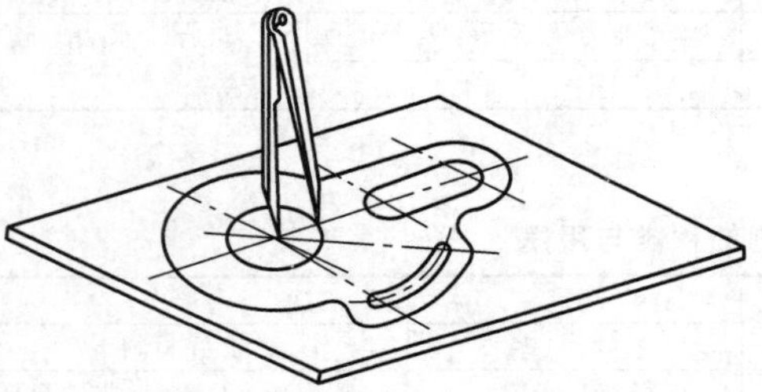

图 3-5-1　平面划线

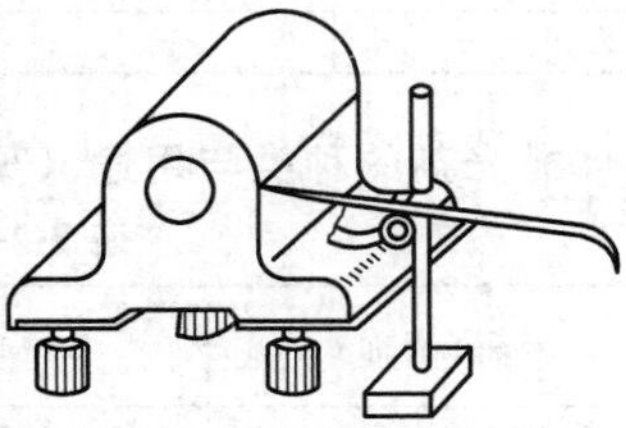

图 3-5-2　立体划线

5.1.1.1　常用划线工具名称及用途（见表 3-5-1）

表 3-5-1　常用划线工具名称及用途

工具名称	简　图	用　途
平板	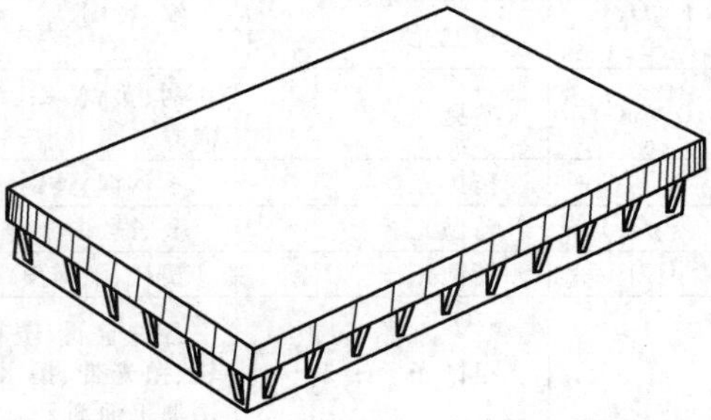	用铸铁制成，表面经过精刨或刮削加工。它的工作表面是划线及检测的基准
划线盘	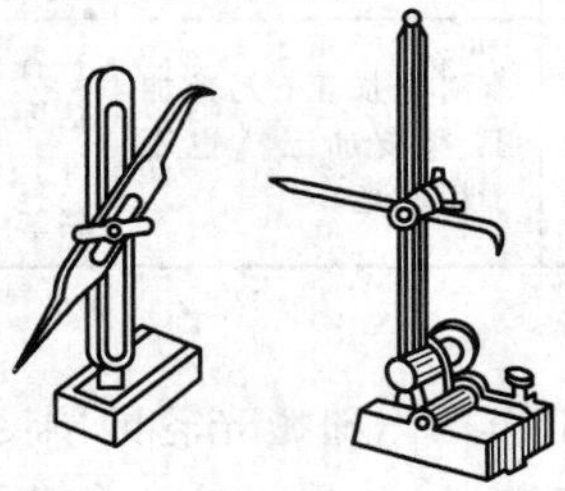	划线盘是用来在工件上划线或找正工件位置常用的工具。划针的直头一端（焊有高速钢或硬质合金）用来划线，而弯头一端常用来找正工件位置。 划线时，划针应尽量处于水平位置，不要倾斜太大，划针伸出部分应尽量短些，并要牢固地夹紧。操作时，划针应与被划线工件表面之间保持 40°~60°夹角（沿划线方向）

㊀ 钳工加工包括研磨，研磨的内容见第 3 卷第 4.2.1 节。

（续）

工具名称	简　图	用　途
划针	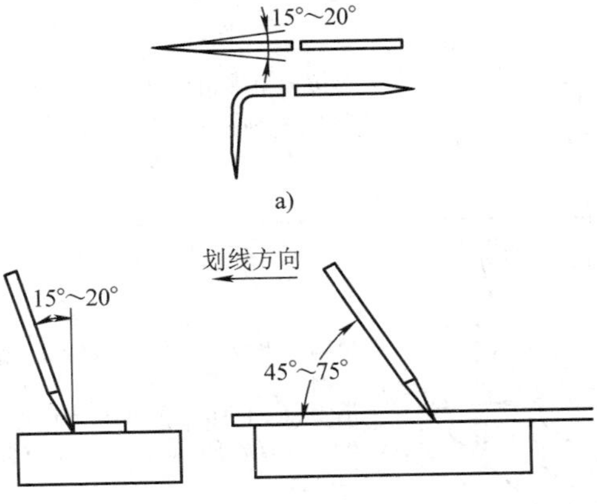	划针是划线用的基本工具。常用的划针是用 $\phi3 \sim \phi6$mm 弹簧钢丝或高速钢制成，尖端磨成 15°～20°的尖角（见图 a），并经过热处理，硬度为 55～60HRC。有的划针在尖端部位焊有硬质合金，使针尖能保持长期锋利 划线时，针尖要靠紧导向工具的边缘，上部向外侧倾斜 15°～20°，向划线方向倾斜 45°～75°（见图 b）。划线要做到一次划成，不要重复地划同一根线条。力度适当，才能使划出的线条既清晰又准确，否则线条变粗，反而模糊不清
划规	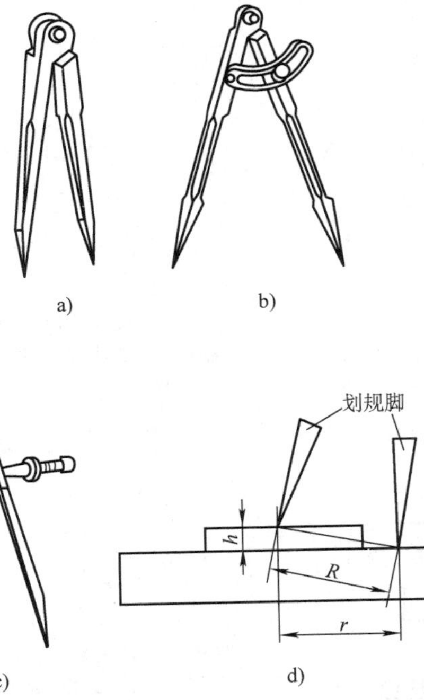	划规可用于划圆和圆弧、等分线段、等分角度及量取尺寸等。划规用中碳钢或工具钢制成，两脚尖端经过热处理，硬度为 48～53HRC。有的划规在两脚端部焊上一段硬质合金，使用时耐磨性更好 常用划规有普通划规（见图 a）、扇形划规（见图 b）和弹簧划规（见图 c）三种，使用划规划圆，有时两尖脚不在同一平面上（见图 d），即所划线中心高于（或低于）所划圆周平面，则两尖角的距离就不是所划圆的半径，此时应把划规两尖脚的距离调为： $R=\sqrt{r^2+h^2}$ 式中　r—所划圆的半径（mm） h—划规两尖角高低差的距离（mm）
大尺寸划规	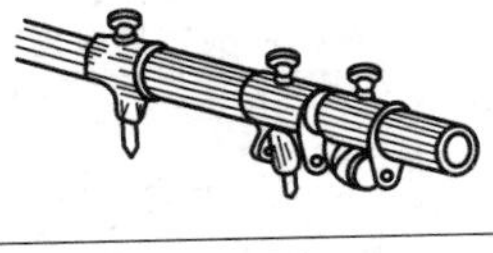	大尺寸划规是专门用来划大尺寸圆或圆弧的。在滑杆上调整两个划规角，就可得到所需的尺寸
游标划规	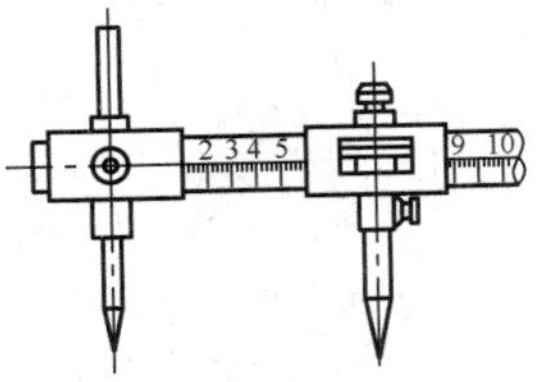	游标划规又称“地规”。游标划规带有游标刻度，一个划针可用于调整距离，另一划针可用于调整高低，适用于大尺寸划线和在阶梯面上划线

（续）

工具名称	简　图	用　途
专用划规	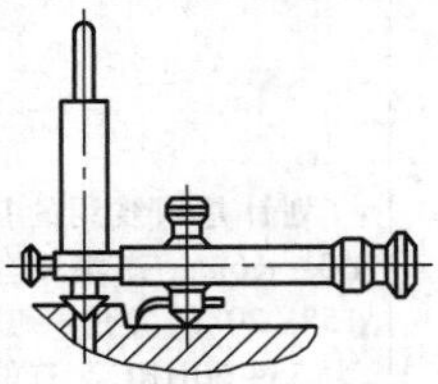	与游标划规相似，以零件上孔的圆心为圆心划同心圆或弧，也可以在阶梯面上划线
单脚划规	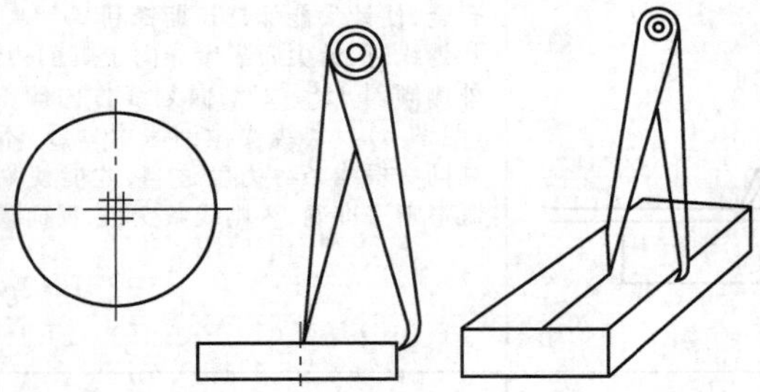 a)　b)	单脚划规用碳素工具钢制成，划线尖端焊上高速钢 单脚划规可用来求圆形工件中心（见图 a），操作比较方便，也可沿加工好的直面划平行线（见图 b）
游标高度尺	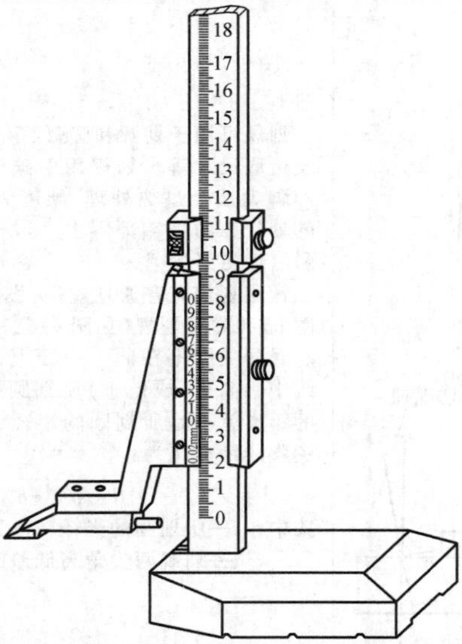	这是一种精密的划线与测量结合的工具，要注意保护划刀刃（有的划刀刃焊有硬质合金）
样冲		样冲用工具钢制成，并经热处理，硬度可达55~60HRC，其尖角磨成60°，也可用报废的刀具改制 使用时，样冲应先向外倾斜，以便样冲尖对准线条，对准后再立直，用锤子锤击
90°角尺	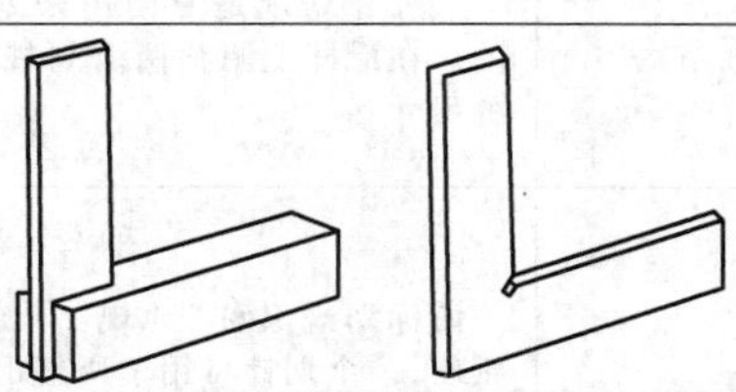	在划线时常用作划平行线或垂直线的导向工具，也可用来找正工件在划线平台上的垂直位置
三角板	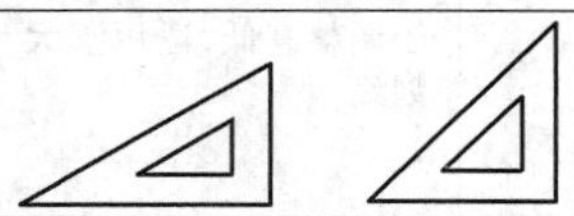	常用2~3mm的钢板制成，表面没有尺寸刻度，但有精确的两条直角边及30°、45°、60°斜面，通过适当组合，可用于划各种特殊角度线

（续）

工具名称	简　图	用　途
曲线板		用薄钢板制成，表面平整光洁，常用来划各种光滑的曲线
中心架	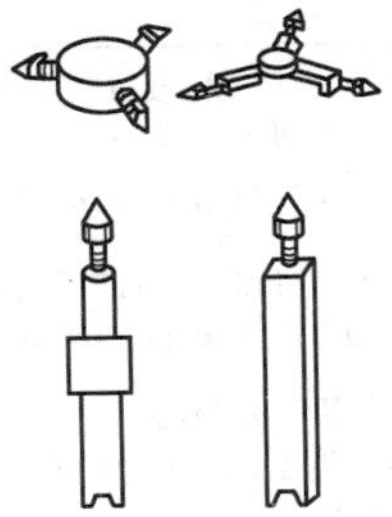	调整带尖头的可伸缩螺钉，可将中心架固定在工件的空心孔中，以便划中心线时在其上定出孔的中心
方箱	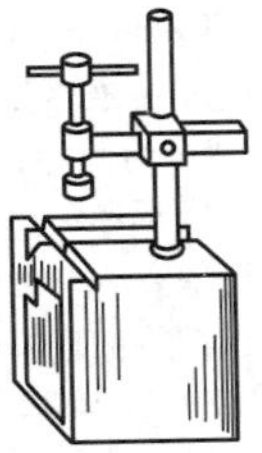	方箱是用灰铸铁制成的空心立方体或长方体，其相对平面互相平行、相邻平面互相垂直。划线时，可用 C 形夹头将工件夹于方箱上，再通过翻转方箱，便可在一次安装情况下将工件上互相垂直的线全部划出来 方箱上的 V 形槽平行于相应的平面，是装夹圆柱形工件用的
V 形块	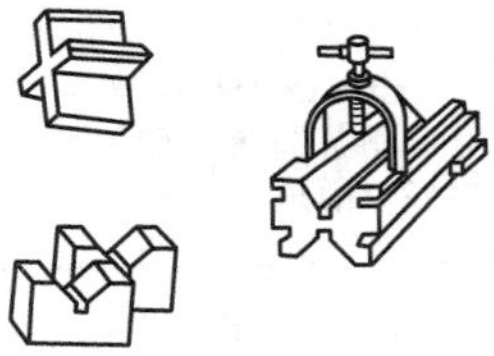	一般 V 形块都是一副两块，两块的平面与 V 形槽都是在一次安装中磨削加工的。V 形槽夹角为 90°或 120°，用来支承轴类零件；带 U 形槽的 V 形块可翻转三个方向，在工件上划出相互垂直的线
角铁	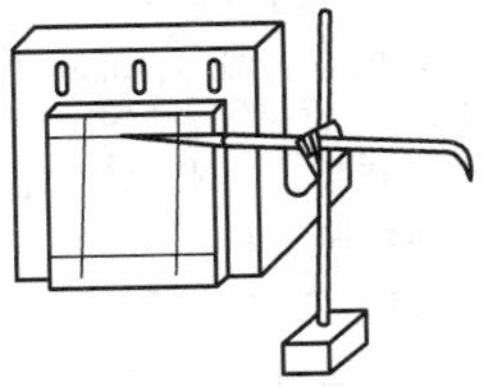	角铁一般是用铸铁制成的，它有两个互相垂直的平面。角铁上的孔或槽是搭压板时穿螺栓用的
千斤顶	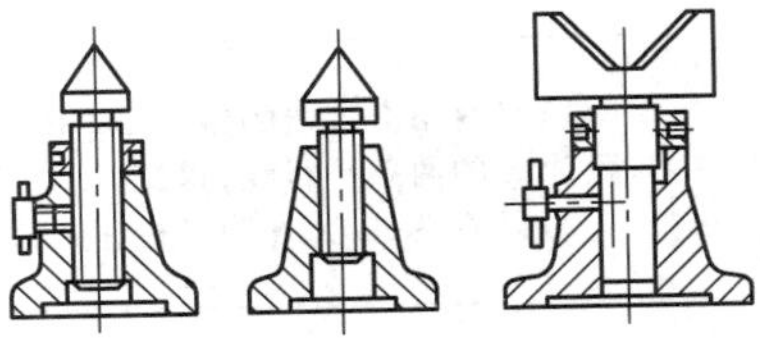	千斤顶是用来支持毛坯或形状不规则的工件而进行立体划线的工具。用它可调整工件的高度，以便安装不同形状的工件 用千斤顶支持工件时，一般要同时用三个千斤顶支承在工件的下部，三个支承点离工件重心应尽量远一些，三个支承点所组成的三角形面积应尽量大，在工件较重的一端放两个千斤顶，较轻的一端放一个千斤顶，这样比较稳定 带 V 形块的千斤顶，是用于支持工件圆柱面的
斜垫铁		用来支持和垫高毛坯工件，能对工件的高低做少量的调节

5.1.1.2 划线常用的基本方法（见表 3-5-2）

表 3-5-2 划线常用的基本方法

划线要求	划线方法	
等分直线 AB 为五等分（或若干等分）	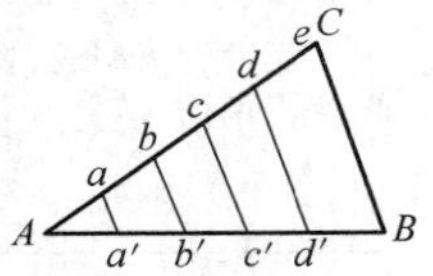	1）作线段 AC 与已知线段 AB 的夹角为 20°～40° 2）由 A 点起在 AC 上任意截取五等分点 a、b、c、d、e 3）连接 Be。过 d、c、b、a 分别作 Be 的平行线。各平行线在 AB 上的交点 d′、c′、b′、a′即为五等分点
作与 AB 距离为 R 的平行线	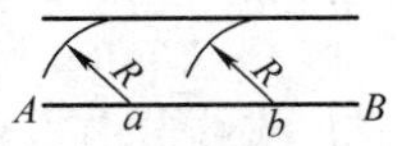	1）在已知线段 AB 上任意取两点 a、b 2）分别以 a、b 为圆心，R 为半径，在同侧划圆弧 3）作两圆弧的公切线，即为所求的平行线
过线外一点 P 作线段 AB 的平行线	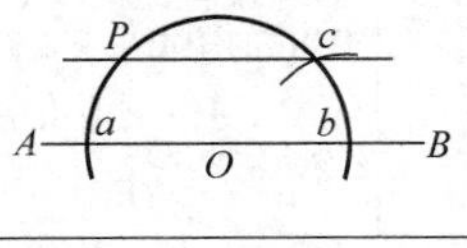	1）在线段 AB 的中段任取一点 O 2）以 O 为圆心，OP 为半径作圆弧，交 AB 于 a、b 3）以 b 为圆心，aP 为半径作圆弧，交圆弧 $\overset{\frown}{ab}$ 于 c 4）连接 Pc，即为所求平行线
过已知线段 AB 的端点 B 作垂线	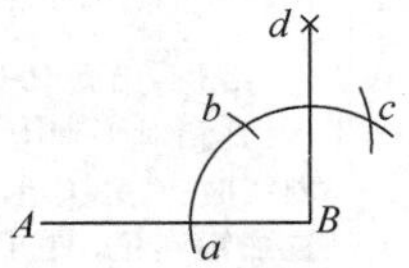	1）以 B 为圆心，取 Ba 为半径作圆弧交线段 AB 于 a 2）以 aB 为半径，在圆弧上截取 $\overset{\frown}{ab}$ 和 $\overset{\frown}{bc}$ 3）以 b、c 为圆心，Ba 为半径作圆弧，得交点 d。连接 dB，即为所求垂线
求作 15°、30°、45°、60°、75°、120°的角度	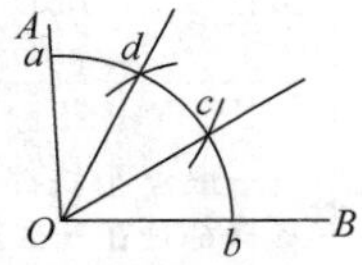	1）以直角的顶点 O 为圆心，任意长为半径作圆弧，与直角边 OA、OB 交于 a、b 2）以 Oa 为半径，分别以 a、b 为圆心作圆弧，交圆弧 $\overset{\frown}{ab}$ 于 c、d 两点 3）连接 Oc、Od，则∠bOc、∠cOd、∠dOa 均为 30°角 4）用等分角度的方法，也可作出 15°、45°、60°、75°及 120°的角
任意角度的近似做法	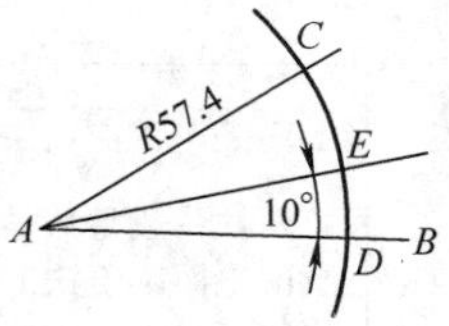	1）作线段 AB 2）以 A 为圆心，57.4mm 为半径作圆弧 $\overset{\frown}{CD}$ 3）以 D 为圆心，10mm 为半径在圆弧 $\overset{\frown}{CD}$ 上截取，得 E 点 4）连接 AE，则∠EAD 近似为 10°（半径每 1mm 所截弧长近似为 1°）
求已知弧的圆心	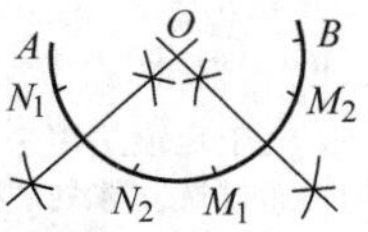	1）在已知圆弧 $\overset{\frown}{AB}$ 上取点 N_1、N_2、M_1、M_2，并分别作线段 N_1N_2 和 M_1M_2 的垂直平分线 2）两垂直平分线的交点 O，即为圆弧 $\overset{\frown}{AB}$ 的圆心
作圆弧与两相交直线相切	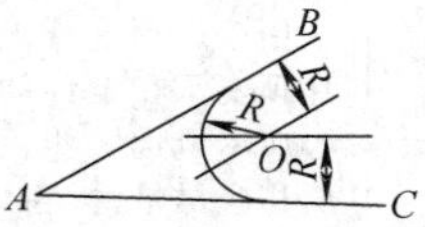	1）在两相交直线的锐角∠BAC 内侧，作与两直线相距为 R 的两条平行线，得交点 O 2）以 O 为圆心、R 为半径作圆弧即成
作圆弧与两圆外切	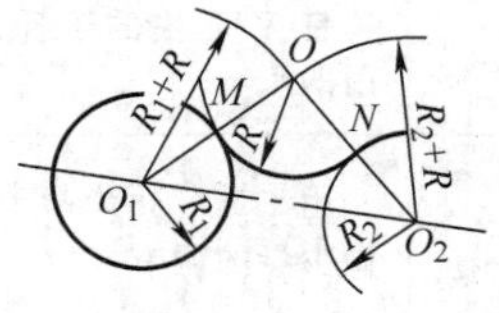	1）分别以 O_1 和 O_2 为圆心，以 R_1+R 及 R_2+R 为半径作圆弧交于 O 2）连接 O_1O 交已知圆于 M 点，连接 O_2O 交已知圆于 N 点 3）以 O 为圆心、R 为半径作圆弧即成

（续）

划线要求	划线方法	
作圆弧与两圆内切	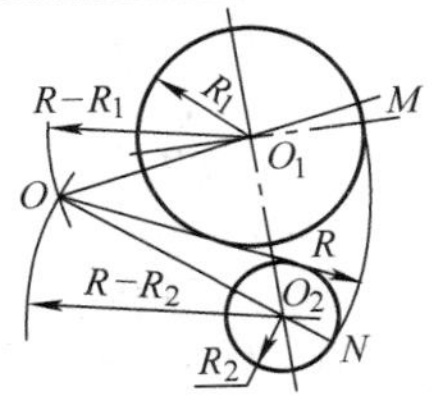	1）分别以 O_1 和 O_2 为圆心，$(R-R_1)$ 和 $(R-R_2)$ 为半径作弧交于 O 点 2）以 O 为圆心、R 为半径作圆弧即成
把圆周五等分	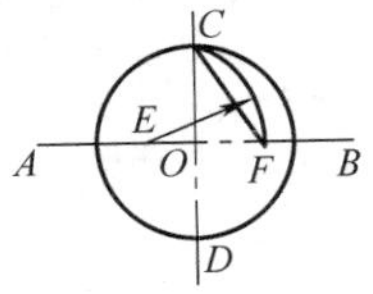	1）过圆心 O 作直径 $CD\perp AB$ 2）取 OA 的中点 E 3）以 E 为圆心、EC 为半径作圆弧交 AB 于 F 点，CF 即为圆周五等分的长度
任意等分半圆	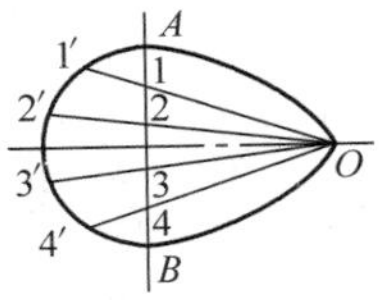	1）将圆的直径 AB 分为任意等分，得交点 1、2、3、4 2）分别以 A、B 为圆心、AB 为半径作圆弧交于 O 点 3）连接 $O1$、$O2$、$O3$、$O4$，并分别延长交半圆于 1′、2′、3′、4′。1′、2′、3′、4′即为半圆的等分点
作正八边形	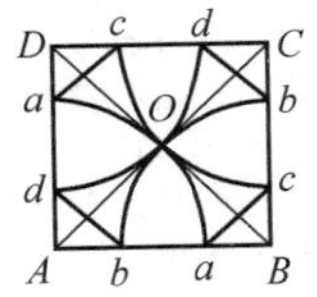	1）作正方形 $ABCD$ 的对角线 AC 和 BD，交于 O 点 2）分别以 A、B、C、D 为圆心，AO、BO、CO、DO 为半径作圆弧，交正方形于 a、a，b、b，c、c，d、d 3）连接 bd、ac、db、ca 即得正八边形
卵圆划法	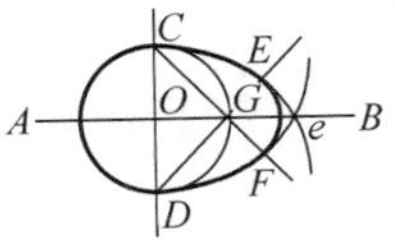	1）作线段 CD 垂直 AB，相交于 O 点 2）以 O 为圆心 OC 为半径作圆，交 AB 于 G 点 3）分别以 D、C 为圆心，DC 为半径作弧交于 e 4）连接 DG、CG 并延长，分别交圆弧于 E、F 5）以 G 为圆心、GE 为半径划弧，即得卵圆形
椭圆（用四心法）	已知：AB 为椭圆长轴，CD 为椭圆短轴 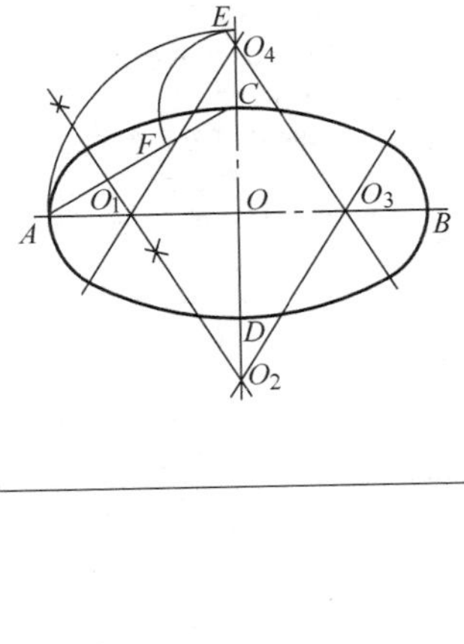	1）划 AB 和 CD 且相互垂直 2）连接 AC，以 O 为圆心，OA 为半径划圆弧交 OC 的延长线于 E 点 3）以 C 为圆心，CE 为半径划圆弧，交 AC 于 F 点 4）划 AF 的垂直平分线交 AB 于 O_1，交 CD 延长线于 O_2，并截取 O_1 和 O_2 对于 O 点的对称点 O_3 和 O_4 5）分别以 O_1、O_2 和 O_3、O_4 为圆心，O_1A、O_2C 和 O_3B、O_4D 为半径划出四段圆弧，圆滑连接后即得椭圆

（续）

划线要求	划线方法
椭圆（用同心圆法）	已知：AB为椭圆长轴，CD为椭圆短轴 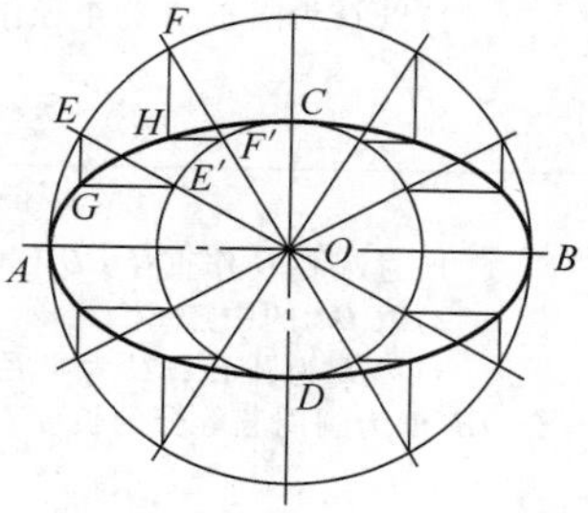 1）以 O 为圆心，分别用长、短轴 AB 和 CD 作直径划两个同心圆 2）通过 O 点相隔一定角度划一系列射线与两圆相交得交点 E、E′、F、F′…… 3）分别过 E、F……和 E′、F′……点划 AB 和 CD 的平行线相交于点 G、H…… 4）圆滑连接点 A、G、H、C……后即得椭圆
渐开线	已知：D为基圆直径 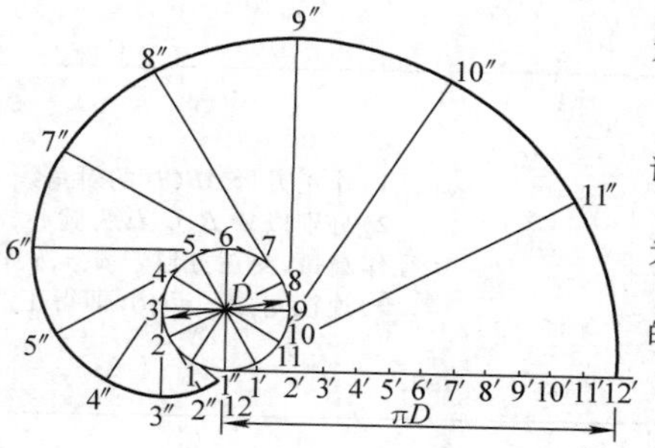 1）以直径 D 划渐开线的基圆，并等分圆周（图上为12等分），得各等分点1、2、3……12 2）从各等分点分别划基圆的切线 3）在切点12的切线上截取 12-12′=πD，并等分该线段得各等分点1′、2′、3′……12′ 4）在基圆各切线上依次截取线段，使其长度分别为 1-1″=12-1′，2-2″=12-2′，…，11-11″=12-11′ 5）圆滑连接12、1″、2″……12″各点即为已知基圆的渐开线
阿基米德螺线（等速运动曲线）	已知：R为螺旋升量 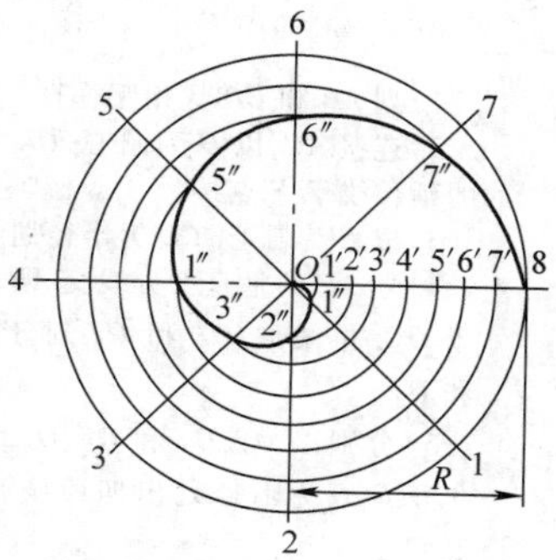 1）过半径为 R 之圆的圆心 O 作若干等分线 O-1、O-2、O-3……O-8 等分圆周（图上为8等分） 2）将 O-8 分成相同的8等分，得各等分点1′、2′、3′……8 3）过各等分点作同心圆与相应的等分线交于1″、2″、3″……8各点 4）圆滑连接各交点，即得阿基米德螺线

5.1.1.3　划线基准的选择

1. 划线基准选择原则

1）划线基准应尽量与设计基准重合。

2）形状对称的工件，应以对称中心线为基准。

3）有孔或搭子的工件，应以主要的孔或搭子中心线为基准。

4）在未加工的毛坯上划线，应以主要不加工面为基准。

5）在加工过的工件上划线，应以加工过的表面为基准。

2. 常用划线基准类型

1）以两个互相垂直的平面（或线）为基准。如图 3-5-3 所示，零件在两个相互垂直的平面（在图样上是一条线）方向上都有尺寸要求，因此应以两个平面为尺寸基准。

2）以一个平面（或直线）和一条中心线为基准。如图 3-5-4 所示，零件高度方向的尺寸是以底面为依据，宽度方向的尺寸对称于中心线。因此，在划高度尺寸线时应以底平面为尺寸基准，划宽度尺寸线时应以中心线为尺寸基准。

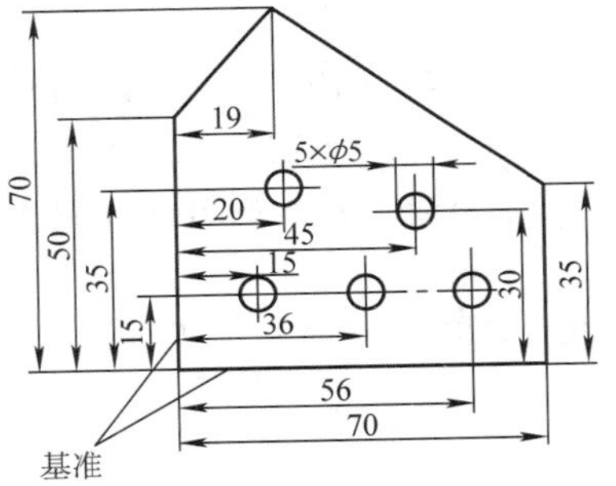

图 3-5-3　以两个互相垂直的平面为基准

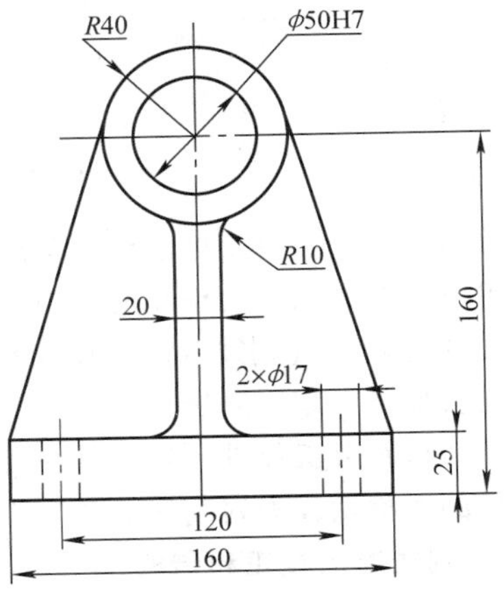

图 3-5-4　以一个平面和一条中心线为基准

3）以两条相互垂直的中心线为基准。如图 3-5-5 所示，零件两个方向尺寸与其中心线具有对称性，并且其他尺寸也是从中心线开始标注。因此，划线时应选择中心十字线为尺寸基准。

以上三种情况均以设计基准作为划线基准，适用于平面划线。

对于工艺要求复杂的工件，为了保证加工质量，需要分几次划线，才能完成整个划线工作。对同一个零件，在毛坯件上划线称之为第一次划线，待车或铣等加工后，再进行划线时，则称之为第二次划线……在选择划线基准时，需要根据不同的划线次数选择不同的划线基准，这种方法称“按划线次数选择划线基准”。如图 3-5-6 所示，第一次划线时，应选择 ϕ24mm 凸台的水平中心线为基准，距 50mm 划出底面 A 的加

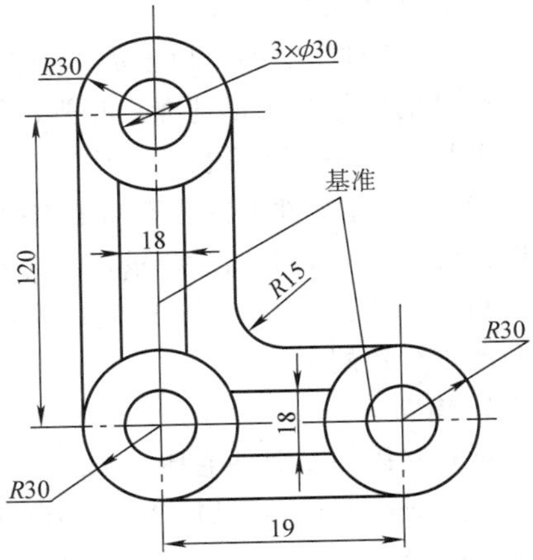

图 3-5-5　以两条相互垂直的中心线为基准

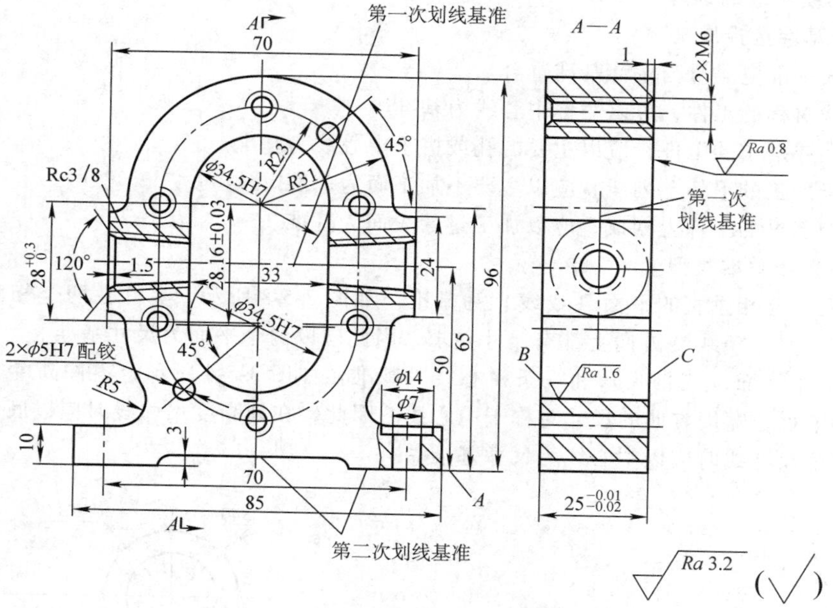

图 3-5-6　齿轮泵体的划线基准

工线，并以底面 A 的垂直中心线为基准，划出侧面 B、C 的加工线（选择 ϕ24mm 凸台为基准，保证了 Rc3/8 螺孔与凸台壁厚的均匀）。第二次划线是在 A、B、C 三个面加工后进行，这时应选择底面 A 为基准（划线基准与设计基准一致），划出距底面 A 为 50mm 的 Rc3/8 螺孔的中心线，这样就保证了划线质量。

此外，对圆形工件进行划线时，应以圆形工件的轴线为基准。对对称形工件进行划线时，应以工件的对称轴线为划线基准。

5.1.1.4　划线时的校正和借料

1. 校正的目的和原则

1）若毛坯工件上有不加工表面时，应按不加工面校正后再划线，这样可使待加工表面与不加工表面之间的尺寸均匀。

2）若工件上有两个以上的不加工表面时，应选择其中面积较大的、较重要的或外观质量要求较高的面作为校正基准，并兼顾其他较次要的不加工表面，这样可使划线后各不加工面之间厚度均匀，并使其形状误差反映到次要部位或不显著的部位上。

3）当毛坯工件上没有不加工表面时，通过对各待加工表面自身位置的校正后再划线，这样能使各加工表面的加工余量得到合理均匀的分布。

4）对于有装配关系的非加工部位，应优先作为校正基准，以保证工件经划线和加工后能顺利地进行装配。

2. 借料

对有些铸件或锻件毛坯，按划线基准进行划线时，会出现零件毛坯某些部位的加工余量不够。如果通过调整和试划，将各部位的加工余量重新分配，以保证各部位的加工表面均有足够的加工余量，使有误差的毛坯得以补救，这种用划线来补救的方法称为借料。

对毛坯借料划线的步骤如下：

1）测量毛坯的各部尺寸，找出偏移部位及偏移量。

2）根据毛坯偏移量对照各表面加工余量，分析此毛坯划线是否划得出，若能够划得出，则应确定借料的方向及尺寸，划出基准线。

3）按图样要求，以基准线为依据，划出其余所有的线。

4）复查各表面的加工余量是否合理，若发现还有的表面加工余量不够，则应继续借料重新划线，直至各表面都有合适的加工余量为止。

借料划线举例：图 3-5-7a 所示为某箱体铸件毛坯的实际尺寸，图 3-5-7b 所示为箱体图样标注的尺寸（已略去其他视图及与借料无关的尺寸）。

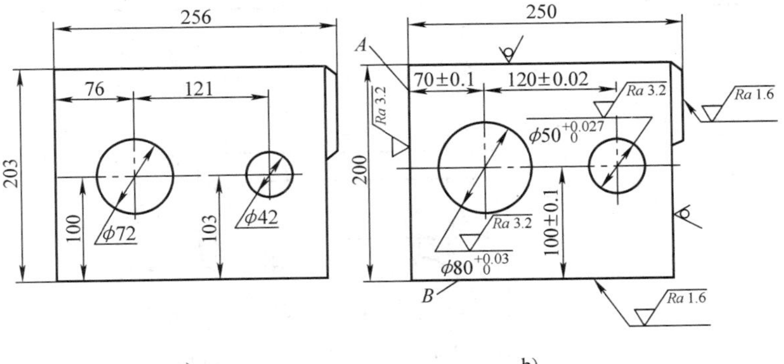

图 3-5-7　箱体

a）毛坯的实际尺寸　b）图样标注的尺寸

1）不采用借料划线时各加工平面的余量分析。首先应选择两相互垂直的平面 *A*、*B* 为划线基准（考虑各面余量均为 3mm）。

① 大孔的划线中心与毛坯孔中心相差 4.24mm（见图 3-5-8a）。

② 小孔的划线中心与毛坯孔中心相差 4mm（见图 3-5-8a）。

③ 如果不借料，以大孔毛坯中心为基准来划线（见图 3-5-8b），则底面与右侧面均无加工余量，此时小孔的单边余量最小处不到 0.9mm，很可能镗不圆。

④ 如果不借料，以小孔毛坯中心为基准来划线（见图 3-5-8c），则右侧面不但没有加工余量，还比图样尺寸小了 1mm，这时大孔的单边余量最小处不到 0.9mm，很可能镗不圆。

2）采用借料划线时的尺寸分析（见图 3-5-9）。

① 经借料后各平面加工余量分别为 4.5mm、2mm、1.5mm。

② 将大孔中心往上借 2mm，往左借 1.5mm（孔的中心实际借偏约 2.5mm），大孔获得单边最小加工余量为 1.5mm。

③ 将小孔中心往下借 1mm，往左借 2.5mm（孔的中心实际借偏约 2.7mm），小孔获得单边最小加工余量为 1.3mm。

应当指出，通过借料，高度尺寸比图样要求尺寸超出 1mm，但一般是允许的，否则应考虑其他方法借正。

图 3-5-10 所示为轴类零件借料。对一件有锻造缺陷的轴（毛坯），若按常规方法加工，则轴的大端、小端均有部分没有加工余量；若采用借料划线（轴类工件借料方法，应借调中心孔或外圆夹紧定位部位，使轴的两端外圆均有一定加工余量）进行校正后加工，即可补救锻造缺陷。

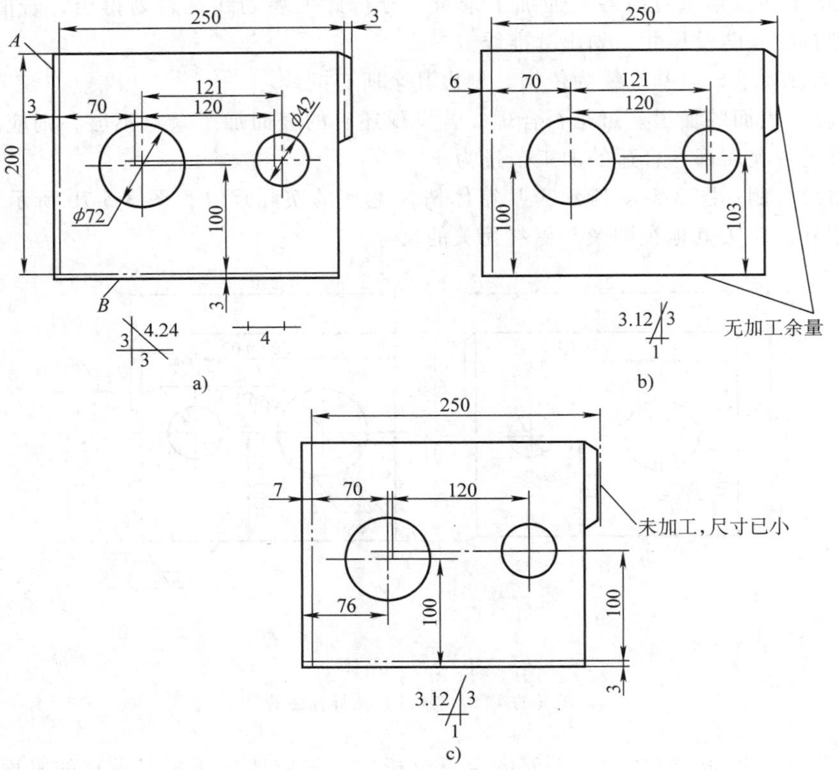

图 3-5-8　不借料时划线出现的情况

5.1.1.5　划线程序

1. 划线前的准备工作

1）若是铸件毛坯，应先清理、錾平残余型砂、毛刺、浇注系统及冒口，并且锉平划线部位的表面。对锻件毛坯，应将氧化皮除去。对于“半成品”的已加工表面，若有锈蚀，应用钢丝刷将浮锈刷去，修钝锐边、擦净油污。

2）按图样和技术要求仔细分析工件特点和划线要求，确定划线基准及放置支承位置，并检查工件的误差和缺陷，确定借料的方案。

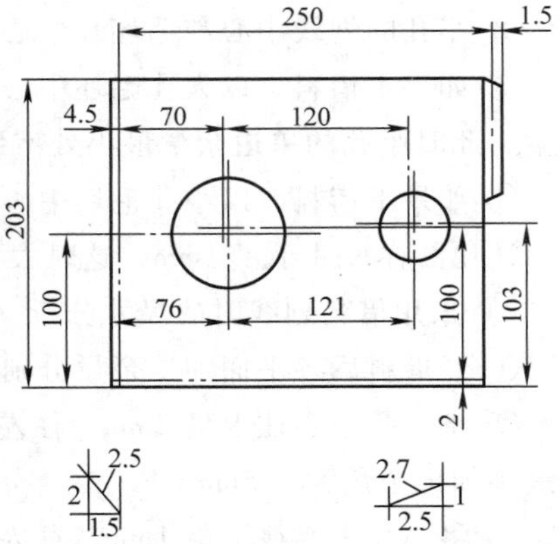

图 3-5-9　采用借料划线时的尺寸分析

3）为了划出孔的中心，在孔中要装入中心塞块。一般小孔多用木塞块（见图 3-5-11a）或铅塞块（见图 3-5-11b），大孔用可调式中心架（见图 3-5-11c）。

4）划线部位清理后应涂色。涂料要涂抹均匀，而且要薄。常用划线涂料见表 3-5-3。

2. 划线

1）把工件夹持稳当，调整支承、找正，结合借料方案进行划线。

2）先划基准线和位置线，再划加工线，即先划水平线，再划垂直线、斜线，最后划圆、圆弧和曲线。

3）立体工件按上述方法进行翻转放置，再依次划线。

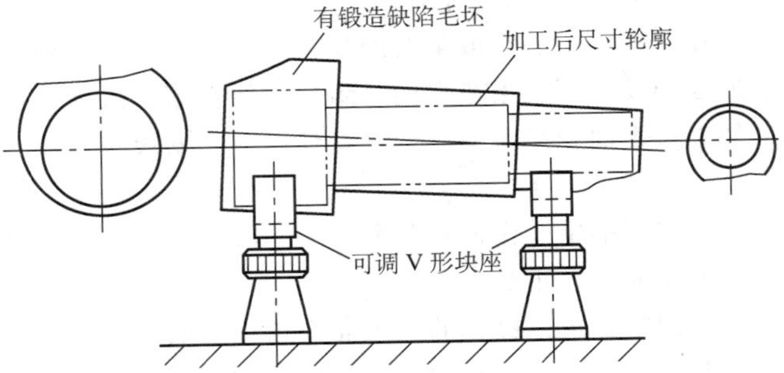

图 3-5-10　轴类零件借料

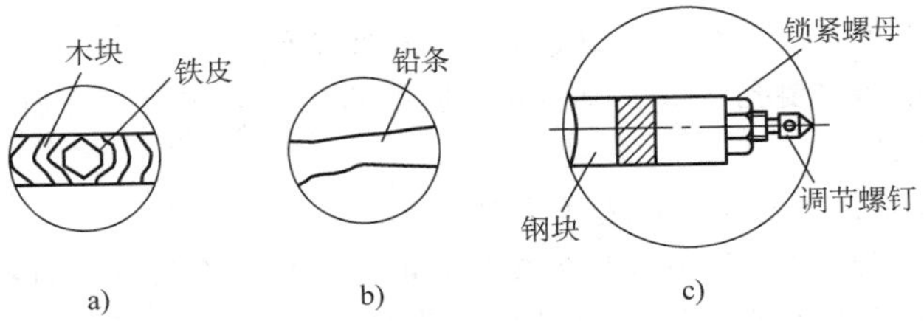

图 3-5-11　中心塞块

a）木塞块　b）铅塞块　c）可调式中心架

表 3-5-3　常用划线涂料

待涂表面	涂　　料
未加工表面 （黑皮表面）	白灰水（白灰、乳胶和水） 白垩溶液（白垩粉、水，并加入少量亚麻油和干燥剂） 粉笔
已加工表面	硫酸铜溶液（硫酸铜加水或乙醇） 蓝油（龙胆紫加虫胶和乙醇） 绿油（孔雀绿加虫胶和乙醇） 红油（品红加虫胶和乙醇）

3. 检查、打样冲眼

1）对照图样和工艺要求，对工件依划线顺序从基准开始逐项检查，对错划或漏划应及时改正，保证划线的准确。

2）检查无误后，在加工界线上打样冲眼。样冲眼必须打正，毛坯面要适当深些，已加工面或薄板件要浅些、稀些。精加工表面和软材料上可不打样冲眼。

5.1.1.6　立体划线

立体划线时，通常要利用方箱、角铁、千斤顶、斜垫铁等工具，把工件放置在划线平台上。对比较复杂的工件，要经过三次放置（即 x、y、z 空间三轴线位置）才能完全划出所要求的线条。对有角度尺寸要求的工件，甚至要放置四次或五次才能全部完成立体划线工作。其中，第一次划线位置的选择特别重要，而且在每次放置中都要在前后和左右两个方向上把工件找正，使其所找正的基准与平台平行或垂直。

1. 立体划线位置及校正基准的选择

(1) 第一次划线位置　划线位置选择原则。

1) 应使工件上主要孔、搭子中心线或重要的加工基准线在第一次划线位置中划出。

2) 应使相互关系最复杂及所划线条最多的一组尺寸线在第一次划线位置中划出。

3) 应尽量选择工件上所占面积最大的一个位置作第一次划线位置。

校正基准选择原则。

1) 以主要的孔或搭子的两端中心作校正基准。

2) 以不加工的最大毛坯面作校正基准。

3) 在加工过的工件上划线，应以最大的加工面作校正基准。

(2) 第二次划线位置　划线位置选择原则。

应使主要的孔或搭子的另一条中心线在第二次划线位置中划出。

校正基准选择原则。

1) 一个方向应以第一次划线位置中划出的最长线条作校正基准。

2) 另一方向仍选择主要孔、搭子中心或不加工的最大毛坯面，若加工过的工件应以加工过的最大面作校正基准。

(3) 第三次划线位置　划线位置选择原则。

1) 通常用与第一次和第二次划线位置相垂直的一个位置作第三次划线位置。

2) 该位置一般是次要的或工件上所占面积最小的一个位置，所划的是相互关系较简单、线条较少的一组尺寸线。

校正基准选择原则。

1) 一个方向以第一次划线位置中所划的最长线条作校正基准。

2) 另一方向以第二次划线位置中所划的最长线条作校正基准。

2. 实例

图3-5-12所示为车床尾座，图中所标注的是该工件三组互相垂直的尺寸：a组，a_1、a_2、a_3；b组，b_1；c组，c_1、c_2、c_3、c_4、c_5。

工件要以三次不同的位置安放，才能全部划完所有的线。划线基准选择Ⅰ—Ⅰ、Ⅱ—Ⅱ、Ⅲ—Ⅲ。

1) 第一次划线位置（划出a组尺寸）。按图3-5-13所示放置后，先确定D_0、D_1的中心。由于D_0是最大、最重要的毛坯外表面，外廓不加工，而且加工D_1孔后，要保证与D_0同心（即保证D_1孔的壁厚均匀），所以要以D_0外圆找正分别在两端求出D_1中心。确定中心后，用划线盘对准两端中心校正到同一高度，划出Ⅰ—Ⅰ基准线。

A、B两面（见图3-5-12）是不加工表面，调整千斤顶时，不但在纵向要使两端中心校正到同一高度，而且在横向要用90°角尺校正A面，使A面垂直，同时兼顾B面，用带弯头划针的划线盘校正B面，使其水平。若毛坯A、B两面不垂直，校正时应兼顾两个面进行校正，接着试划底面的加工线。若各处加工余量比较均匀，可确定，否则要重新调整（借料），重新确定中心，划出底面加工线，然后划a组尺寸线。

2) 第二次划线位置（划出b组尺寸）。按图3-5-14所示将尾座翻转90°后放置，用划线盘对准孔两端中心，调整到同一高度，同时用直角尺校正已划出的底面线（a_3），调整千斤顶，使a_3线垂直。这样，第二次安装位置校正就完成了。划出Ⅱ—Ⅱ基准线后，就可划b组尺寸线。

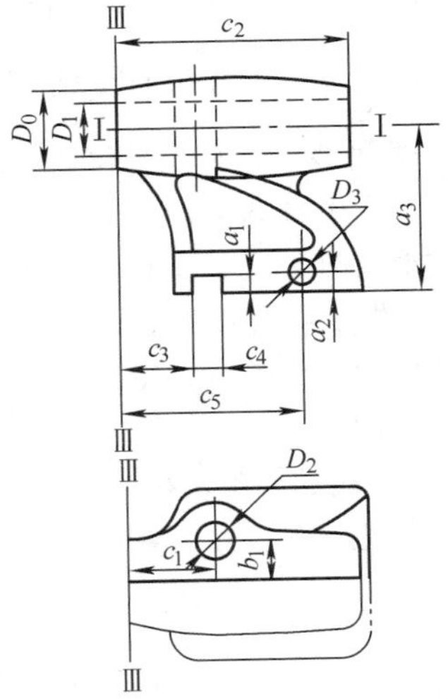

图 3-5-12　车床尾座

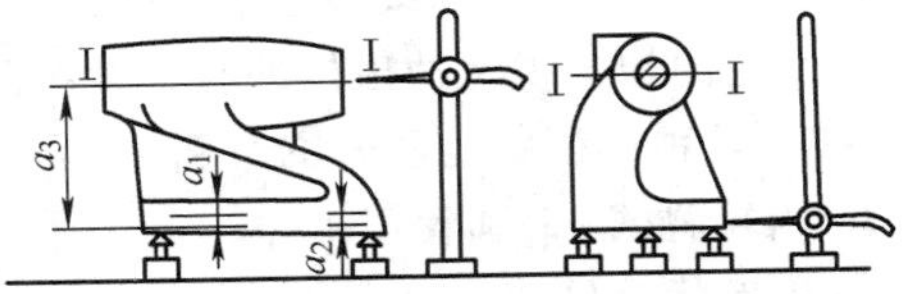

图 3-5-13　第一次划线位置

3）第三次划线位置（划出 c 组尺寸）。按图 3-5-15 所示将尾座再翻转 90°后放置，用 90°角尺分别校正Ⅰ—Ⅰ、Ⅱ—Ⅱ中心线，调整千斤顶，使Ⅰ—Ⅰ、Ⅱ—Ⅱ线均垂直，这样第三次安装位置校正就完成了。先根据筒形部分的尺寸 c_2，适当分配两端面加工余量，试划 c_1 尺寸线。若 D_2 孔在凸面中心，则可在工件四周划出Ⅲ—Ⅲ基准线；若 D_2 孔偏离凸面中心，则要进行借料。确定Ⅲ—Ⅲ基准线后，然后划 c 组尺寸线。

最后划出孔 D_1、D_2、D_3 的圆周线，待检查无误后，在所划线条上打样冲眼。

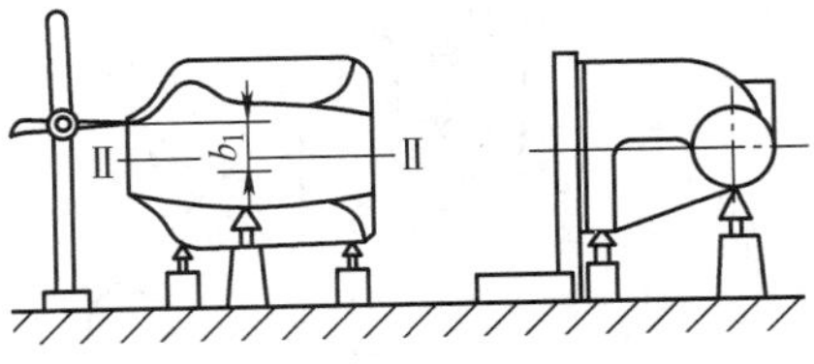

图 3-5-14　第二次划线位置

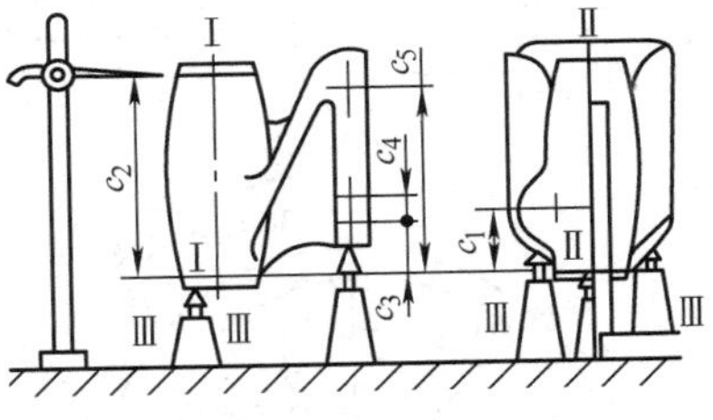

图 3-5-15　第三次划线位置

5.1.1.7　应用分度头划线

分度头是铣床附件，是用来对工件进行分度的工具。钳工划线时，可以使用分度头对较小的、规则的圆形工件进行等分圆周和不等分圆周划线或划倾斜角度线等，其使用方便，精确度较好。

分度头的结构、传动系统及分度方法见第 3 卷第 2.3.2 节。

应用分度头划等速凸轮曲线举例：

图 3-5-16a 所示的凸轮工作曲线 AB 为从 0°~270°的等速上升曲线，其升高量为 $H=40\text{mm}-31\text{mm}=9\text{mm}$；工作曲线 BA 为从 270°~360°下降曲线，其 H 仍等于 9mm。划线前，凸轮坯件除了外缘，其余部分均已加工至图样要求尺寸。其划线步骤如下：

1）以 ϕ25.5mm 的锥孔为基准，配作 1∶10 锥度心轴，先将心轴装夹在分度头的自定心卡盘上，校正；然后将凸轮坯件装夹在心轴上，以键槽定向，划出中心十字线（即定出 0 位）。

2）凸轮工作曲线 AB 在 270°范围内升高量 $H=9\text{mm}$。为计算方便，可将曲线分成 9 等分

（或18等分），每等分为30°（或15°），每等分升高量 $H=1\text{mm}$（或0.5mm）。从0位起，若按分度头每转过30°作射线，其分度头手柄应摇过 $3\frac{22}{66}$（即摇过三转后，再在66板孔上转过22孔），如图8-16b中的1、2、3……10（即在0°~270°范围内），共10条射线。此外，下降工作曲线 BA 按每等分45°将曲线分成2等分（即分度头手柄再转过5转），再划一条射线。

3）凸轮工作曲线 AB 按30°等分后，每等分升高量 $H=1\text{mm}$。定距离时，先将工件的0位转至最高点，用高度游标卡尺在射线1上截取 $R_1=31\text{mm}$ 得到第1点；然后将分度头转过30°，在射线2上截取 $R_2=32\text{mm}$ 得到第2点。依此类推，直至射线10上截取 $R_{10}=40\text{mm}$，得到第10点；再转过45°，在射线11上截取 $R_{11}=35.5\text{mm}$，得到第11点（见图3-5-16b）。

4）取下工件，用曲线板逐点连接工作曲线。注意，连线时应保证曲线的圆滑准确。

在凸轮的加工线上冲出样冲孔，并在凸轮工作曲线的起始点做出标记。

5.1.1.8 几种典型钣金展开图举例

1. 一端斜截45°圆管

（1）形状及尺寸（见图3-5-17）

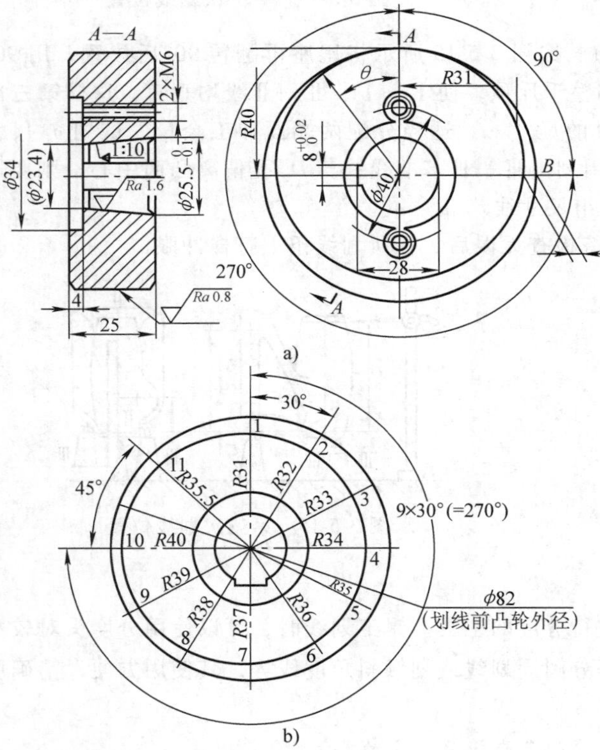

图3-5-16 凸轮

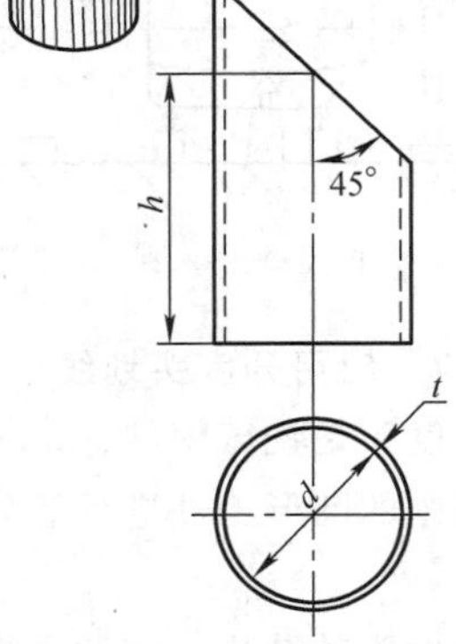

图3-5-17 一端斜截45°圆管的形状及尺寸（已知 h、d、t 和45°角）

（2）展开图画法（见图3-5-18） 图3-5-18a所示的俯视图和主视图为放样图。当圆管斜截后不铲坡口还能保持斜截角度时，可根据此放样图画展开图，只要求出 r、r' 即可。其计算式为

$$r=\frac{d+2t}{2}\qquad r'=\frac{d}{2}$$

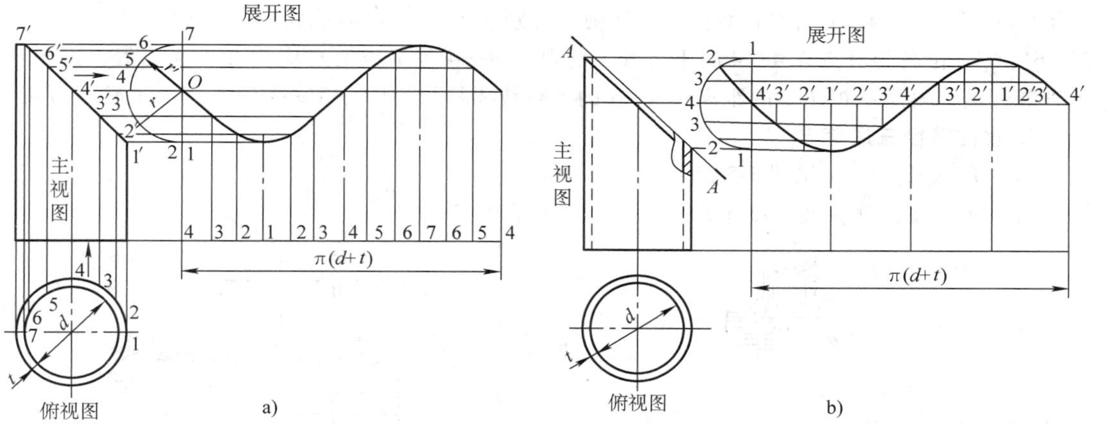

图 3-5-18　一端斜截 45°圆管展开图画法

计算出展开长度并分为 12 等分（不等于俯视图的等分）；由各等分点向上引垂线，由圆 O 的圆周等分点向右引水平线；把垂线和水平线的对应交点连成曲线，即得所求展开图（见图 3-5-18a）。

当圆管斜截成 45°后，要求外面铲坡口时，只要求出 r' 即可画出展开图（见图 3-5-18b）。

图 3-5-19　圆管弯头的形状

2. 圆管弯头

（1）形状（见图 3-5-19）

（2）展开图画法（见图 3-5-20）　先画辅视图，再画展开图。

1）辅视图画法：作 $B'C'$ 线与左视图的 BC 线平行且相等，BB'、CC' 垂直于 BC，再由点 A 作 BB' 的平行线，并与以点 B' 为中心、主视图中的 a 为半径所画圆弧交于点 A'。连接 $A'B'$，则 $A'B'$、$B'C'$ 即为两管的中心线，$\angle A'B'C'$ 即为实际角。用已知半径的距离 $\left(\frac{d}{2}+t\right)$ 引与中心线对称的平行线，对应交点连线即得出接合线 EH，再由点 A'、C' 分别引对中心线的垂直线得交点为 F、G、I、D，即完成辅视图的绘制。

2）展开图画法：在 ID 延长线上截取 MN 等于按管子中径的展开长度。由点 M、点 N 引 MN 的垂线 4—M、4—N。取 4—M、4—N 等于辅视图 $B'C'$。12 等分直线 4—4，等分点为 4、5、6、7、6……2、1、2、3、4。由各等分点作 4—4 的垂线，4—4 一端的垂线 4—N 与由接合线点 E（里皮）、B'、H（外皮）所作的 ID 的平行线的交点为 7′、4、1′。以点

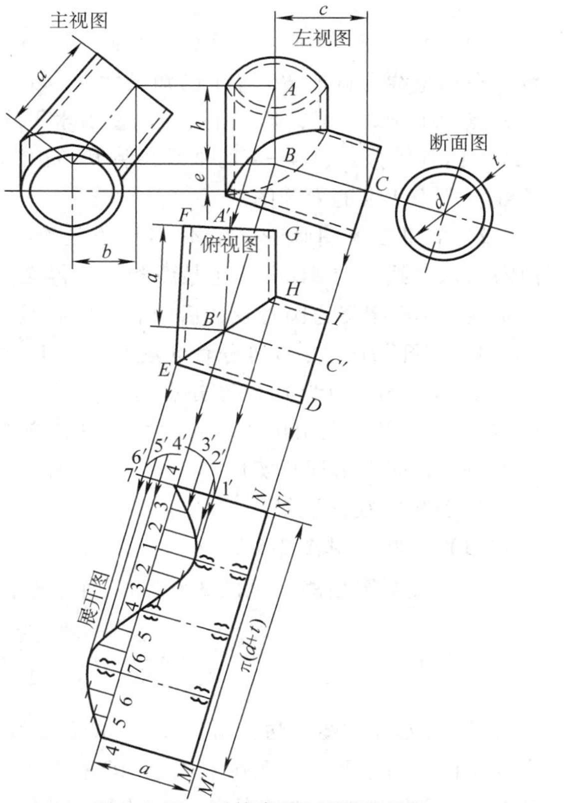

图 3-5-20　圆管弯头展开图画法

（已知 a、b、c、d、e、h、t）

4 为中心，7′—4、4—1′为半径画同心 1/4 圆。分别 3 等分 1/4 圆周，等分点为 1′、2′、3′、4′、5′、6′、7′。由各等分点作 4—4 的平行线，将其与 4—4 各垂线的对应交点连成曲线，即得出下管展开图，再用主视图 a 的距离作 4—4 的平行线 $M'N'$，则 4—N'—M'—4 即为上管展开图。

3. 直交等径三通管

（1）形状及尺寸（见图 3-5-21）

（2）展开图画法（见图 3-5-22）

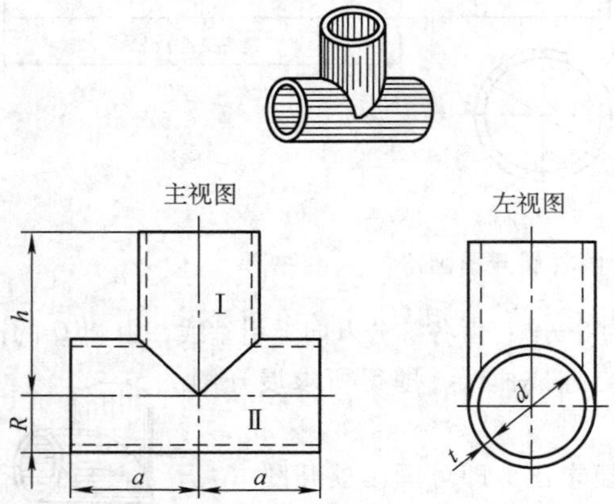

图 3-5-21 直交等径三通管的形状及尺寸（已知 a、d、h、t、R）

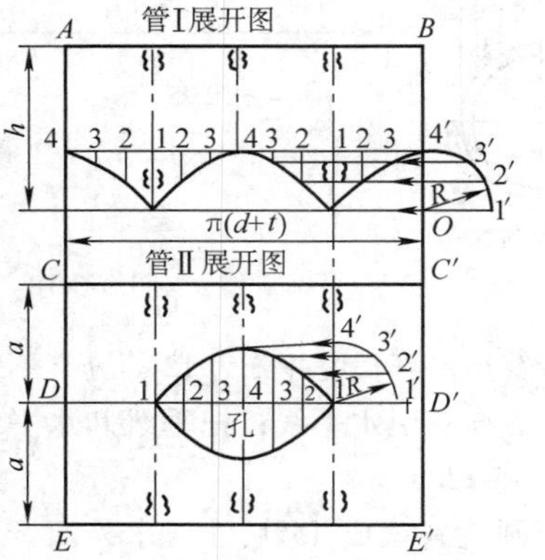

图 3-5-22 直交等径三通管展开图画法

1）管Ⅰ展开图画法：画水平线 AB 等于管Ⅰ中径的展开长度 π（d+t）。由点 B 引 AB 的垂线，在该垂线上截取 BO 等于已知尺寸 h。以 O 为圆心、R 为半径画 1/4 圆，3 等分 1/4 圆周，等分点为 1′、2′、3′、4′。由点 4′向左引水平线，与由点 A 引 AB 的垂线交于点 4，12 等分 4—4′线，由各等分点引 4—4′的垂线，将其与由 1/4 圆周各等分点向左引水平线的对应交点连成曲线，即为所求的展开图。

2）管Ⅱ展开图画法：在 A—4 向下延长线上取 CD 和 DE 等于已知尺寸 a，由点 C、D、E 向右引水平线，与 BO 向下延长线相交，得交点 C'、D'、E'。4 等分 CC'，由各等分点引 CC'的下垂线与 EE'相交为圆管卷成后的表面中心线，即得出所求展开图。

3）切孔的画法：6 等分管Ⅱ展开图的 1—1。以点 1 为中心、R 为半径画 1/4 圆，3 等分 1/4 圆周，等分点为 1′、2′、3′、4′。由各等分点向左引水平线与 1—1 各等分点引出的垂线相交，将各交点连成曲线，并在 1—1 下方画对称曲线，即得出切孔实形。

图 3-5-23 斜接等径三通管的形状

4. 斜接等径三通管

（1）形状（见图 3-5-23）

（2）展开图画法（见图 3-5-24） 作展开图要计算出 r'、r 两个尺寸，其计算公式为

$$\alpha=\frac{\beta}{2} \quad r'=\frac{d+2t}{2}\tan\alpha \quad r=\frac{d+2t}{2}\cot\alpha$$

1）管Ⅱ展开图画法：由点 A 引 AC 下垂线，取 $A'A''$等于按管Ⅱ中径的展开长度 π（d+t），由 $A'A''$向右引水平线，与由点 C 引 AC 的下垂线的对应交点为 C'、C''。$A'A''C''C'$即为管Ⅱ的展开图。4 等分 $A'A''$，由等分点向右引水平线与 $C'C''$相交，即为圆管卷成后的表面中心线（已知 a、b、d、t 及角 β）。

2）切孔的画法：由接合线点 E、B、F 引下垂线，与上中心线的对应交点为 4″、1、4′。以点 1 为中心，1—4′、1—4″为半径画同心 1/4 圆。分别 3 等分 1/4 圆周，等分点为 1′、2′、3′、4′及 1″、2″、3″、4″，由各等分点引下垂线。6 等分 1—1，等分点为 1、2、3、4、3、2、1，由各等分点引水平线与下垂线相交，将各交点连成曲线，即得出切孔实形。

3）管Ⅰ展开图画法：在 $A'C'$ 向右延长线上取 4—G 等于主视图上的尺寸 l，由点 4、G 引下垂线与 $A''C''$ 向右延长线相交，得交点为 4、H。12 等分 4—4，等分点为 4、3、2……2、3、4。由各等分点向右画水平线，以点 1 为圆心，r、r' 作半径画同心 1/4 圆，分别 3 等分 1/4 圆周，等分点为 1′、2′、3′、4′及 1″、2″、3″、4″。由各等分点引下垂线与水平线相交，将各交点连成曲线，即为所求的展开图。

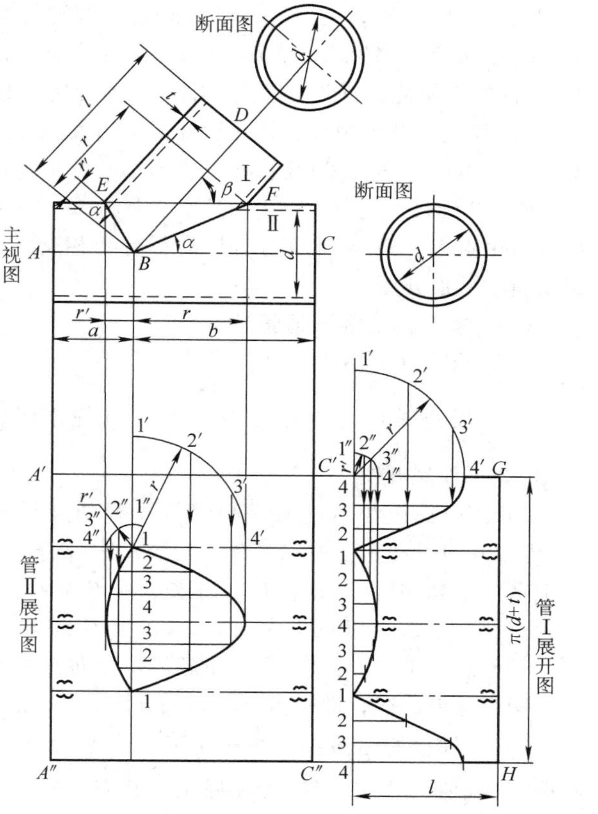

图 3-5-24　斜接等径三通管展开图画法

5. 直交不等径三通管

（1）形状及尺寸（见图 3-5-25）

（2）展开图画法（见图 3-5-26）

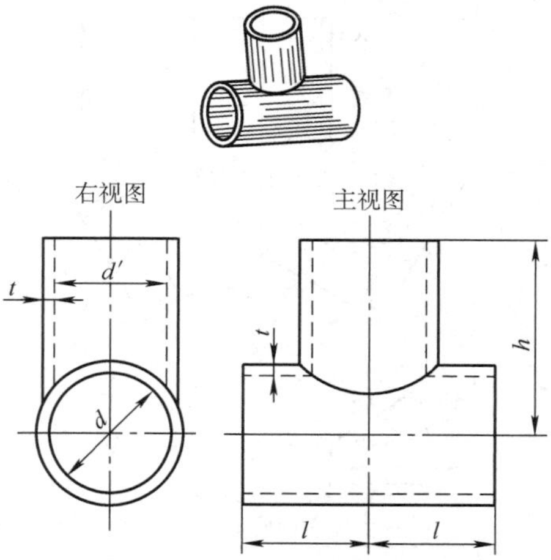

图 3-5-25　直交不等径三通管的形状及尺寸
（已知 h、l、d、d'、t）

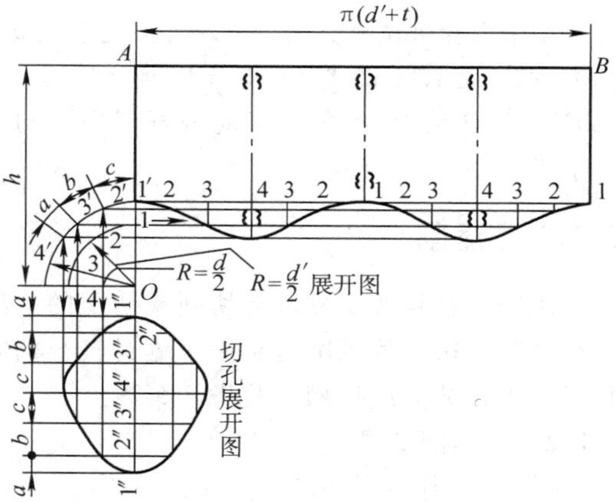

图 3-5-26　直交不等径三通管展开图画法

1）小圆管的展开图画法：画水平线 AB 等于小管中径展开长度 π（$d'+t$）。由点 A 引 AB 的垂线 AO 且等于已知尺寸 h。以点 O 为圆心，支管内径 1/2 作半径画 1/4 圆，3 等分 1/4 圆周，等分点为 1、2、3、4，再以点 O 为圆心、$\frac{d}{2}$ 作半径画圆弧，与由点 1、2、3、4 引 AO 的平行线相交，得交点为 1′、2′、3′、4′，即得小圆管与大圆管相交的接合点。由点 1′引 AB 的平行线 1′—1，其长等于 AB。12 等分 1′—1，由各等分点引下垂线，与由点 1′、2′、3′、4′向右引的与 AB 平行的线相交，将各交点连成曲线，即为所求的展开图。

2）切孔展开图画法：切孔展开图须用大圆管外径展开（大圆管则按普通圆管展开，不先开孔，故本例未作大圆管展开图）。当小圆管直径较小时，则可用样板画开孔切割线。

在 AO 延长线上取 1″—4″—1″等于大圆弧 1′—4′伸直的 2 倍，在其上照画各点，并作水平线，与由点 2′、3′、4′向下引 AO 的平行线相交，将各交点连成曲线，并在右边画对称曲线，得出所求的展开图。

6. 等角 V 形等径三通管

（1）形状（见图 3-5-27）

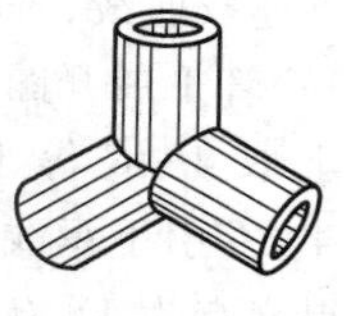

图 3-5-27　等角 V 形等径三通管的形状（已知 a、t、d，三通管直径相等，且角度均为 120°）

（2）展开图画法（见图 3-5-28）　首先求出 r 的距离，$r=\frac{d+2t}{2}\tan30°$，再作展开图。

1）展开图画法：画 AB 等于管子中径的展开长度 $\pi(d+t)$，由点 A、点 B 引 AB 的垂线 A—1、B—1。取 A—1 等于主视图中的尺寸 a，由点 1 向右引 AB 的平行线与 B—1 相交，交点为 1。12 等分 1—1。由各等分点引下垂线，以点 1 为圆心，r 作半径画 1/4 圆。3 等分 1/4 圆周，等分点为 1′、2′、3′、4′。由各等分点向左引水平线与垂线相交，将各交点连成曲线，即得出所求的展开图。

2）卡样板的画法：卡样板主要要求是角度精确，样板的长度按实际情况确定。画 O—4 直线。以点 O 为圆心，取任意长度 R 作半径画圆弧 1—2，与 O—4 交点为 1。以点 1 为圆心、R 作半径画圆弧，与 1—2 圆弧交点为 3。以点 3 为圆心、R 作半径画圆弧，与 1—2 圆弧交于点 2。连接 O—2，∠1O2 即为所求卡样板的实际角度 120°。4—O 和 O—5 的长度应根据三通管的实际大小确定。

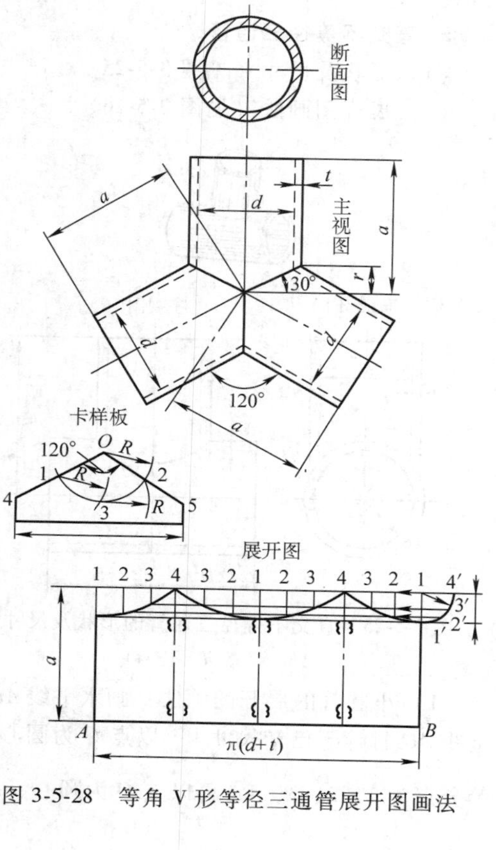

图 3-5-28　等角 V 形等径三通管展开图画法

5.1.2　锯削

用锯对材料或工件进行切断或切槽的加工方法称锯削。钳工的锯削是利用手锯对较小的材料和工件进行分割或切槽（见图 3-5-29）。

5.1.2.1　锯削工具

手工锯削所使用的工具是手锯，由锯架（弓）和锯条组成。

1. 锯架

（1）钢板锯架的型式和规格尺寸（见表 3-5-4）

（2）钢管锯架的型式和规格尺寸（见表 3-5-5）

2. 锯条

锯条长度是以两端安装孔的中心距来表示的。

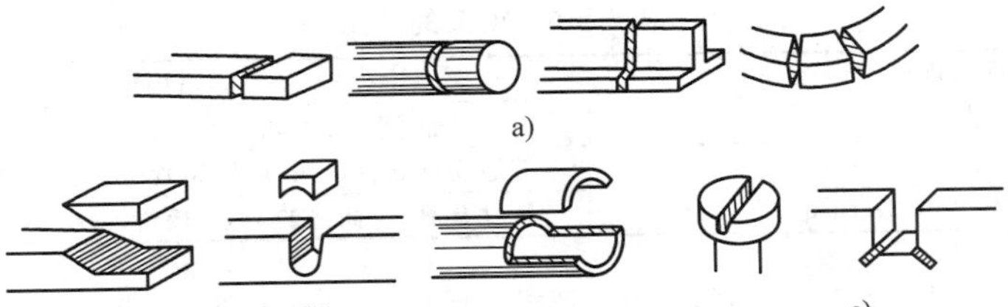

a)　b)　c)

图 3-5-29　锯削的应用

a）锯断各种材料或半成品　b）锯掉工件上多余部分　c）在工件上锯沟槽

表 3-5-4　钢板锯架的型式和规格尺寸（QB/T 1108—2015）　（单位：mm）

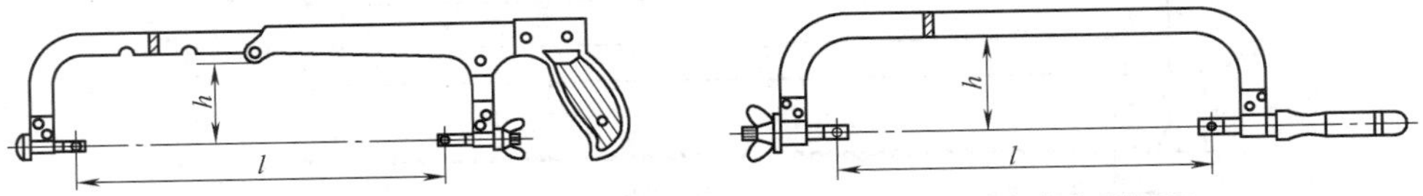

a) 调节式(代号为BT)　b) 固定式(代号为BD)

型式	规格 l[①]		弓深 h
调节式	300（250）		≥64
固定式	250	300	≥64

注：小型锯架的弓深和特殊规格产品可不受本表限制。

① l 为适用钢锯条长度，括号内数值为可调节使用钢锯条长度。

表 3-5-5　钢管锯架的型式和规格尺寸（QB/T 1108—2015）　（单位：mm）

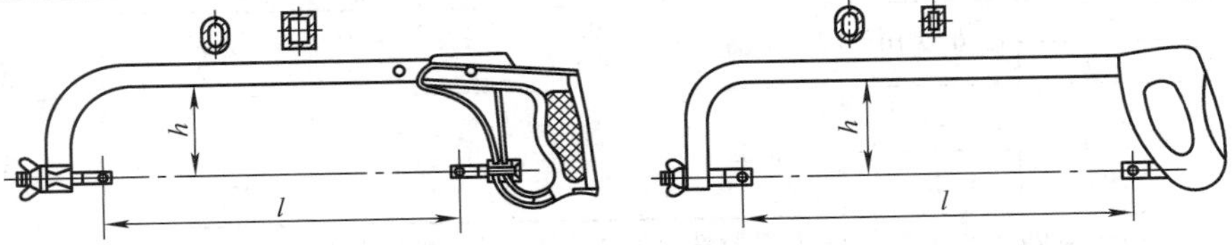

a) 调节式 (代号为GT)　b) 固定式 (代号为GD)

型式	规格 l		弓深 h
调节式	300(250)		≥74
固定式	250	300	≥74

注：见表 3-5-4。

锯条的许多锯齿在制造时按一定的规则左右错开，排列成一定的形状，称为锯路，锯路分为 J 型（交叉形）和 B 型（波浪形）两种（见图 3-5-30）。

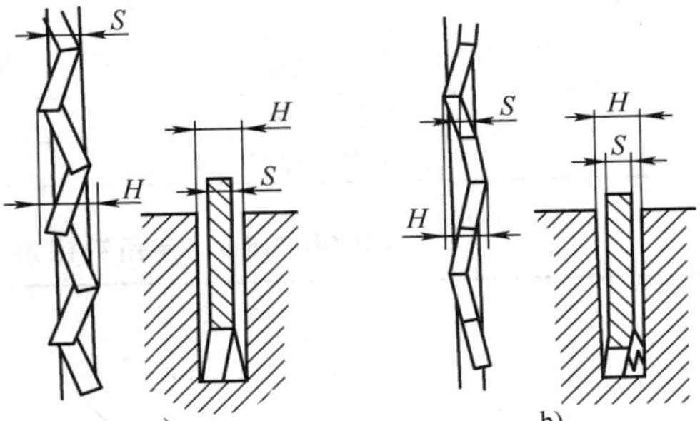

a)　b)

图 3-5-30　锯路

a）J 型　b）B 型

H—分齿宽　S—锯切刃宽

锯条根据齿距不同分为粗齿、中齿、细齿三种，不同齿距适用于锯削不同材料。锯条的选用见表 3-5-6。

（1）手用钢锯条的型式和尺寸（见表 3-5-7）

（2）锯条齿部硬度（见表 3-5-8）

（3）手用钢锯条齿形角（见表 3-5-9）

表 3-5-6　锯条的选用

锯齿规格	适用材料
粗齿(齿距为 1.4~1.8mm)	低硬度钢、铝、纯铜及较厚工件
中齿(齿距为 1.2mm)	普通钢材、铸铁、黄铜、厚壁管子、较厚的型钢等
细齿(齿距为 0.8~1mm)	硬性金属、小而薄的型钢、板料、薄壁管子等

表 3-5-7　手用钢锯条的型式和尺寸（GB/T 14764—2008）　　（单位：mm）

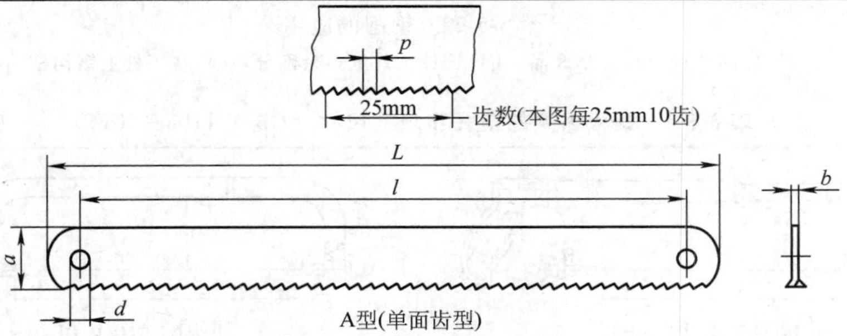

A型(单面齿型)

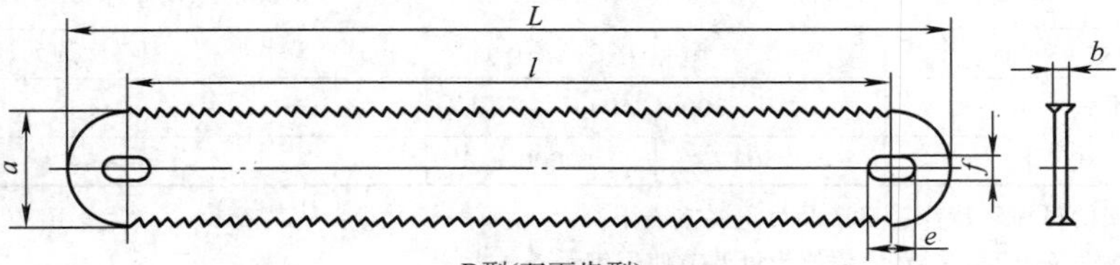

B型(双面齿型)

型式	长度 l	宽度 a	厚度 b	齿距 p	销孔 $d(e\times f)$	全长 L_{max}
A 型	300	12.0 或 10.7	0.65	0.8，1.0，1.2，1.4，1.5，1.8	3.8	315
	250					265
B 型	296	22	0.65	0.8 1.0 1.4	8×5	315
	292	25			12×6	

注：GB/T 14764—2008《手用钢锯条》按其特性分为全硬型（H）和挠性型（F）；按材质分为优质碳素结构钢（D）、碳素工具钢（T）、合金工具钢（M）、高速钢（G）和双金属复合钢（Bi）五种；按其型式分为单面齿型（A）、双面齿型（B）两种。

表 3-5-8　锯条齿部硬度（GB/T 14764—2008）

材　料	最小硬度 HRA
碳素结构钢	76
碳素工具钢	81
合金工具钢	
高速工具钢	82
双金属复合钢	

表 3-5-9　手用钢锯条齿形角（GB/T 14764—2008）

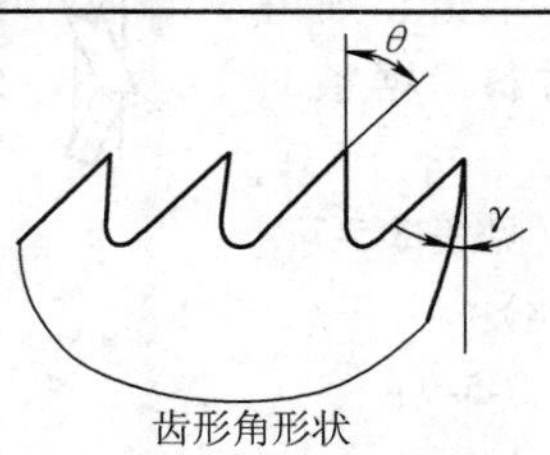

齿形角形状

（续）

齿距/mm	θ/(°)	γ/(°)
0.8、1.0、1.2	46~53	-2~2
1.4、1.5、1.8	50~58	

5.1.2.2　锯削方法（见表 3-5-10）

表 3-5-10　锯削方法

项　目	图　示	说　明
锯条的安装	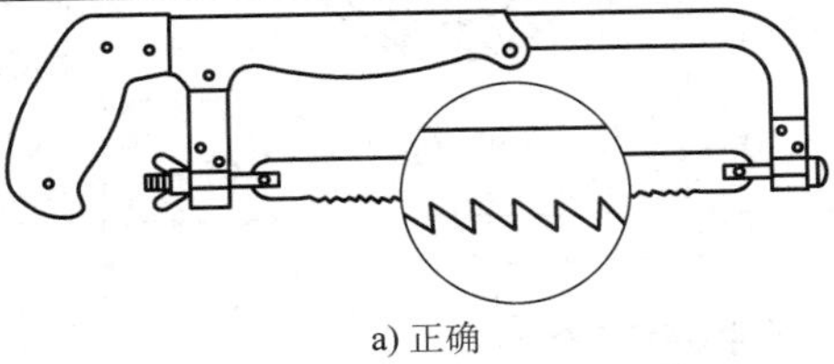 a) 正确 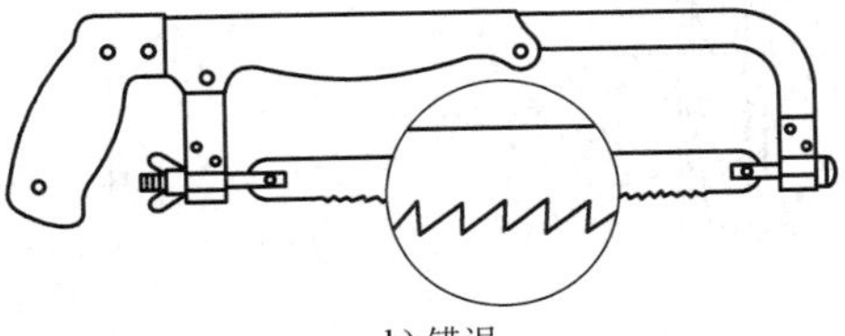 b) 错误	手锯是在向前推进时进行切削的，所以安装锯条时要保证齿尖向前，其松紧适当
起锯	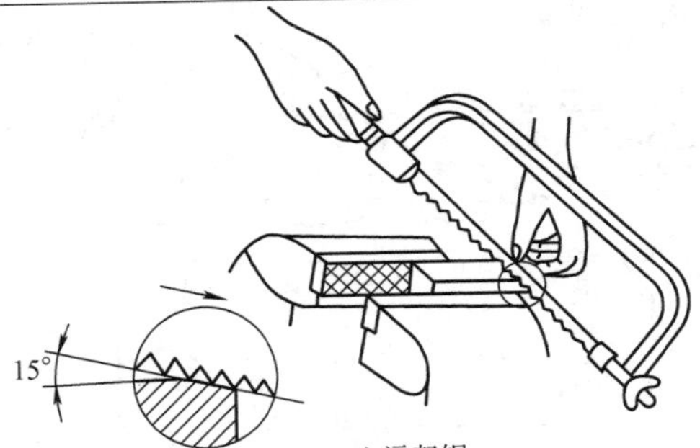 a) 远起锯 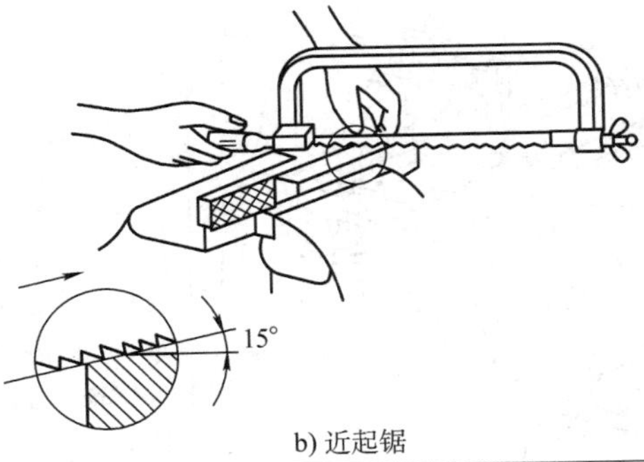 b) 近起锯 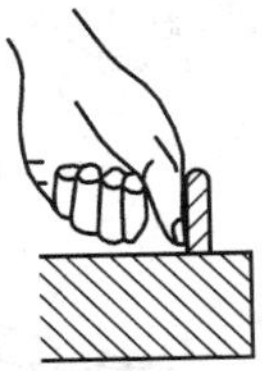 c) 用拇指引锯	1）远起锯，手锯俯倾 15°为宜（见图 a） 2）近起锯，手锯仰倾 15°为宜（见图 b） 3）用拇指引锯，主要用于防止锯条在工件表面上打滑（见图 c）
棒料的锯削	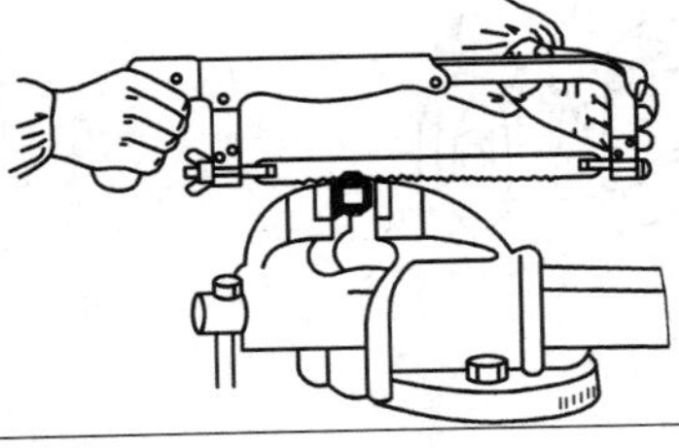	棒料锯削的断面如果要求比较平整，应从起锯开始连续锯到结束。若所锯削的断面要求不高，可改变几次锯削的方向，使棒料转过一个角度再锯

（续）

项　目	图　示	说　明
管子的锯削	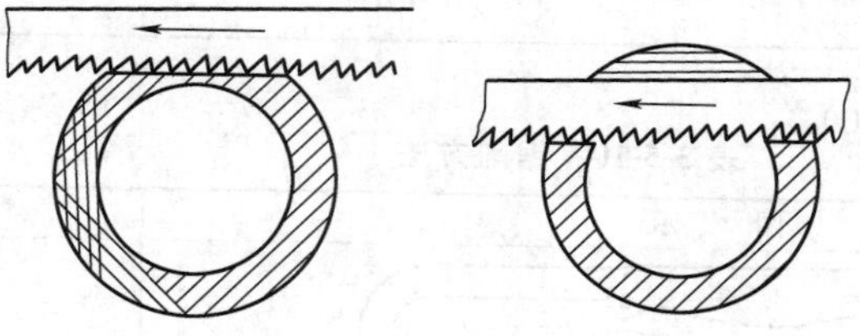 a) 正确　　b) 错误	锯削薄壁管子时，不应在一个方向从开始连续锯削到结束（见图b）。正确的方法是，先在一个方向锯到管子内壁处，然后把管子向推锯的方向转过一个角度，并连接原锯缝再锯到管子的内壁处，如此进行几次，直到锯断为止（见图a）
薄板料的锯削	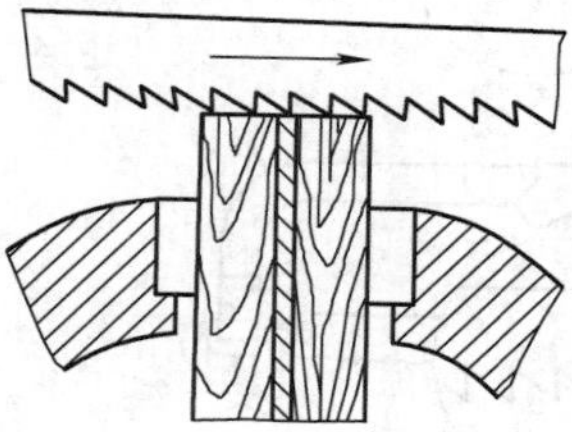 a) 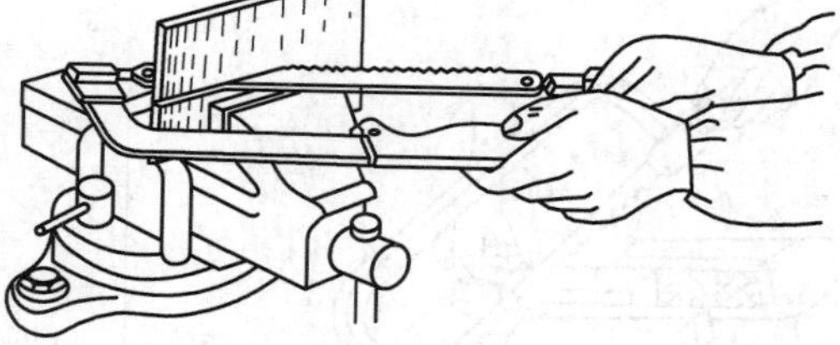 b)	锯削薄板料时，尽可能从宽面上锯下去。当一定要在板料的狭面上锯下去时，应该把板料夹在两块木板之间（见图a），连木块一起锯下去。另一种方法是把薄板料夹在台虎钳上（见图b），用手锯做横向斜推锯
深缝的锯削	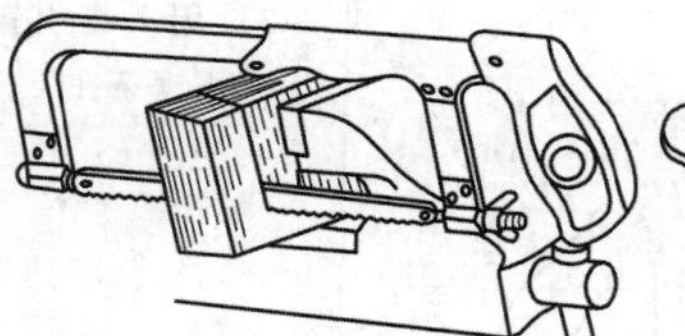 a) 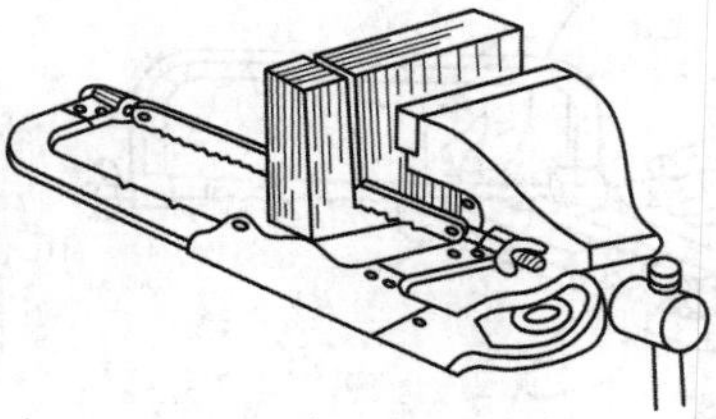 b) 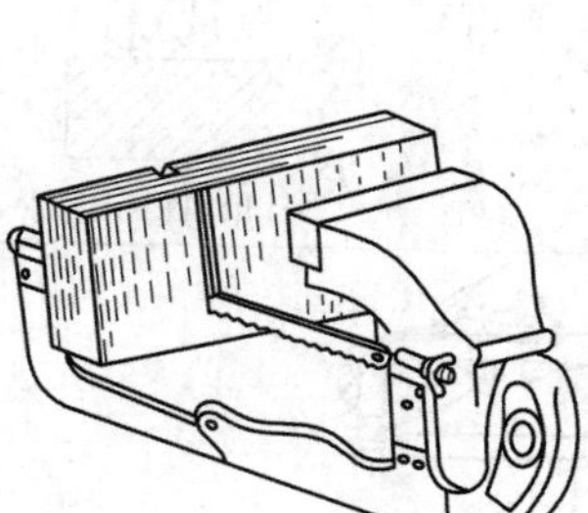 c)	当锯缝的深度到达锯架弓深时（见图a），为了防止锯架与工件相碰，应将锯条转过90°重新安装，使锯架转到工件的旁边再锯（见图b和图c） 工件夹紧要牢靠，并应使锯削部位处于钳口附近

5.1.3　錾削

錾削是用手锤敲击錾子对工件进行切削加工的一种方法。錾削主要用于不便于机械加工的场合。它的工作范围包括去除凸缘、毛刺、分割材料、錾油槽等。

5.1.3.1　錾子的种类、特点及用途（见表 3-5-11）

表 3-5-11　錾子的种类、特点及用途

种　类	简　图	特点及用途
扁錾		切削部分扁平，切削刃略带圆弧，常用于錾切平面，去除凸缘、毛边和分割材料
狭錾（尖錾）	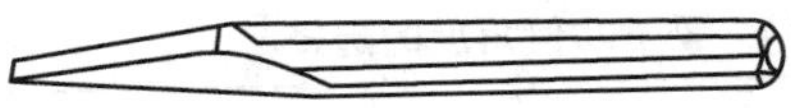	切削刃较短，切削部分的两个侧面从切削刃起向柄部逐渐变狭，主要用于錾槽和分割曲线形板料
油槽錾		切削刃短，并呈圆弧形或菱形，切削部分常做成弯曲形状，主要用于錾削润滑油槽

5.1.3.2　錾子切削部分及几何角度

1. 錾子的切削部分

它包括两个表面和一条切削刃。

1）前面——与切屑接触的表面称为前面。

2）后面——与切削表面（正在由切削刃切削形成的表面）相对的面称为后面。

3）切削刃——前面与后面的交线称为切削刃。

2. 錾子的几何角度

为了确定在切削时的几何角度，需要选定两个坐标平面。

（1）切削平面（见图 3-5-31）　通过切削刃且与切削表面相切的平面称为切削平面，錾子的切削平面与切削表面重合。

（2）基面（见图 3-5-31）　通过切削刃上任一点与切削速度 v 的方向垂直的平面称为基面（錾削时的切削速度与切削平面方向一致）。

切削平面与基面互相垂直，构成确定錾子几何角度的坐标平面。

1）楔角 β。前面与后面之间的夹角称为楔角。楔角越大，切削部分的强度越高，但錾削阻力也越大，切入越困难。所以，楔角的大小应根据工件材料的软硬来选择。

2）后角 α。后面与切削平面之间的夹角称为后角。后角的作用是减少后面与切削平面之间的摩擦，使刀具容易切入材料。后角的大小由錾削时錾子被手握的位置而决定。若后角太大，会使錾子切入太深导致錾削困难（见图 3-5-32a）；若后角太小，錾子不易切入，容易滑出工件表面（见图 3-5-32b）。

3）前角 γ。前面与基面之间的夹角称为前角。它的作用是减少錾削时切屑的变形和使切削轻快。前角越大切削越省力。由于基面垂直于切削平面，所以当后角 α 一定时，前角 γ 的数值由楔角 β 决定，即 $\gamma=90°-(\beta+\alpha)$。

錾削不同材料錾子几何角度的选择见表 3-5-12。

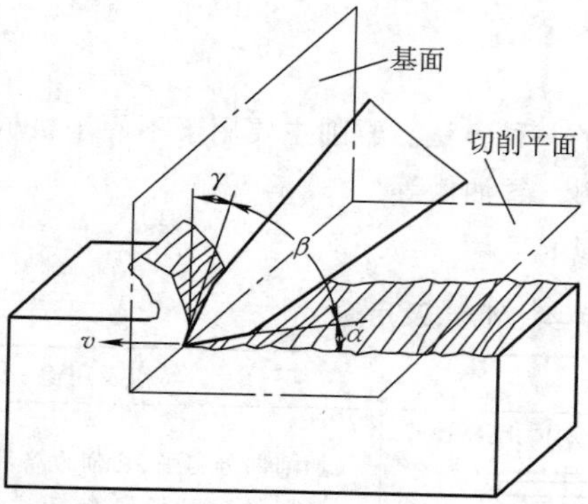

图 3-5-31 錾削时的角度

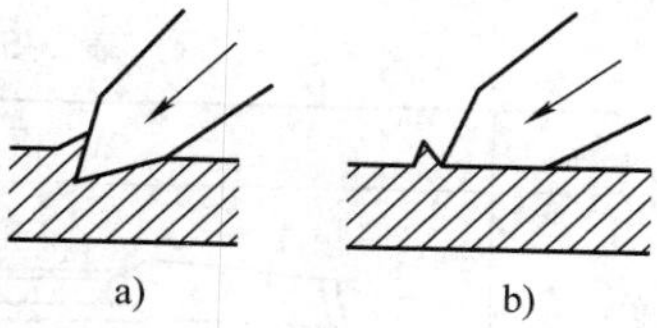

图 3-5-32 后角对錾削的影响

表 3-5-12 錾子几何角度的选择

工件材料	楔角 β/(°)	后角 α/(°)	前角 γ/(°)
工具钢、铸铁	60~70	5~8	$\gamma=90-(\beta+\alpha)$
结构钢	50~60	5~8	
铜、铝、锡	30~45	5~8	

5.1.3.3 錾子的刃磨及淬火方法

1. 錾子的刃磨方法

用錾子楔角刃磨（见图 3-5-33）时，握錾要右手在前、左手在后，前翘握持，在旋转着的砂轮缘上进行刃磨，这时錾的切削刃应高于砂轮中心，在砂轮全宽上左右来回平稳移动，并要控制錾子前面、后面的位置，保证磨出合格的楔角。刃磨时加在錾子上的压力不能过大，刃磨过程中錾子应经常浸水冷却，防止过热退火。

2. 錾子的淬火与回火方法

錾子是用非合金工模具钢（T7A 或 T8A）锻造而成的，锻造后的錾子要经过淬火、回火后才能使用。

淬火时，把已磨好的錾子的切削部分约 20mm 长的一端加热到 760~780℃（呈暗橘红色）后迅速从炉中取出，并垂直地把錾子放入水中冷却，浸入深度为 5~6mm（见图 3-5-34）。将錾子沿着水面缓慢地移动，由此造成水面波动，又使淬硬与不淬硬部分不致有明显的界线，避免了錾子在淬硬与不淬硬的界限处断裂。待冷却到錾子露出水面部分呈黑色时，从水中取出，这时

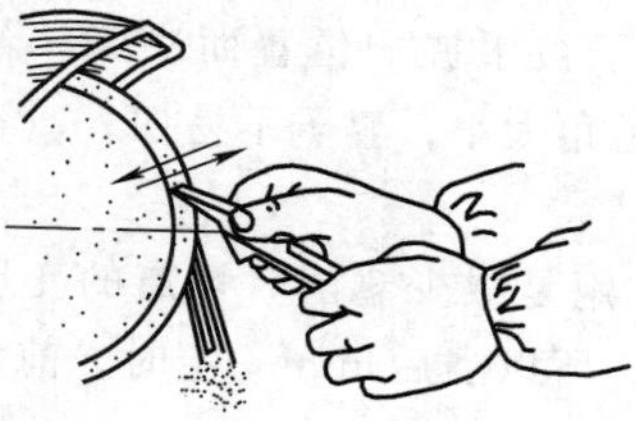

图 3-5-33 錾子的刃磨

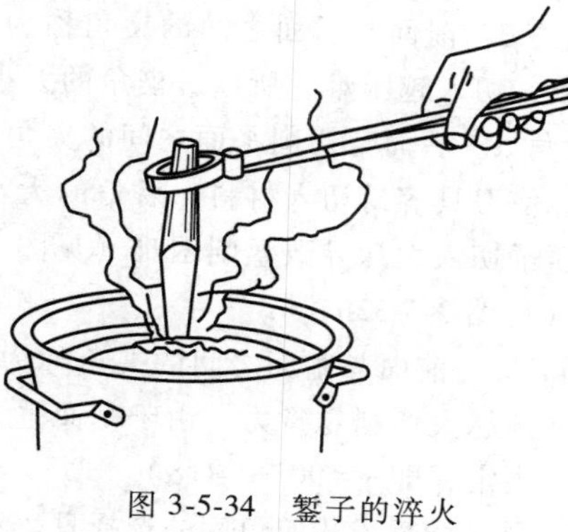

图 3-5-34 錾子的淬火

利用錾子上部的余热进行回火。首先，迅速擦去前面、后面上的氧化层和污物，然后观察切削部分随温度升高而颜色发生变化的情况。錾子刚出水时呈白色，随后由白色变为黄色，再由黄色变为蓝色。当变成黄色时，把錾子全部浸入水中冷却，这种情况下的回火俗称为“黄火”。如果变成蓝色时，把錾子全部浸入水中冷却，这种情况下的回火俗称为“蓝火”。“黄火”的硬度比“蓝火”的硬度高些，不易磨损，但“黄火”的韧性比“蓝火”的差些。所以，一般采用两者之间的硬度“黄蓝火”，这样既能获得较高的硬度，又能保持一定的韧性。

应注意，錾子出水后，由白色变为黄色，由黄色变为蓝色，时间很短，只有数秒钟，所以要取得“黄蓝火”就必须把握好时机。

5.1.3.4 錾削方法

1. 錾切板料的方法

1）工件夹在台虎钳上錾切。錾切时，板料要按划线（切断线）与钳口平齐，用扁錾沿着钳口并斜对着板料（约成45°角）自右向左錾切（见图3-5-35）。

錾切时，錾子的刃口不能正对板料錾切，否则由于板料的弹动和变形会造成切断处产生不平整或出现裂缝（见图3-5-36）。

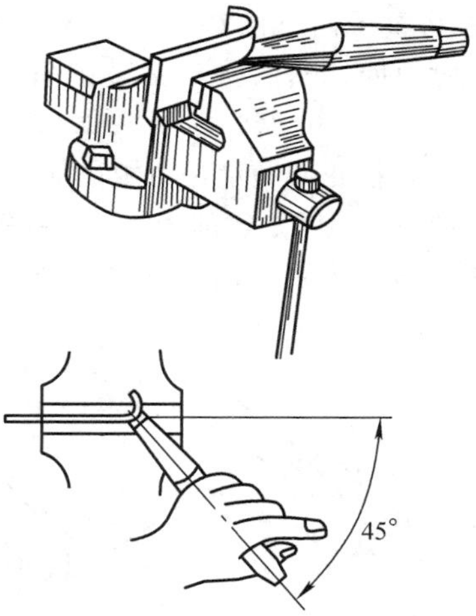

图3-5-35 在台虎钳上錾切板料

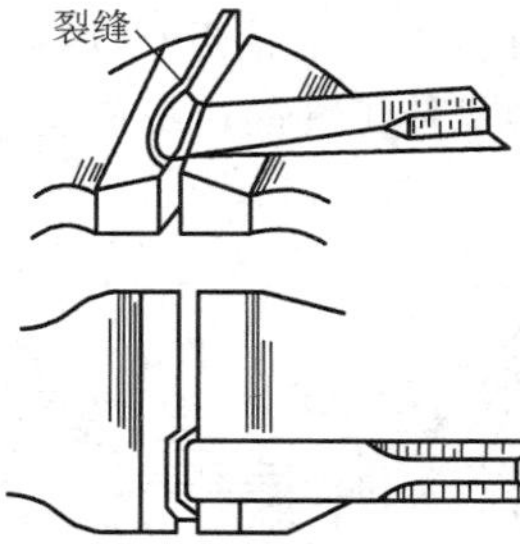

图3-5-36 不正确的錾切板料方法

2）在铁砧上或平板上錾切。对尺寸较大的板料，当不能用台虎钳夹持时，应放在铁砧上錾切（见图3-5-37）。切断用錾子的切削刃应磨有适当的弧形，这样既便于錾削，而且錾痕也齐整（见图3-5-38）。錾子切削刃的宽度应视需要而定。当錾切直线段时，扁錾切削刃可宽些；

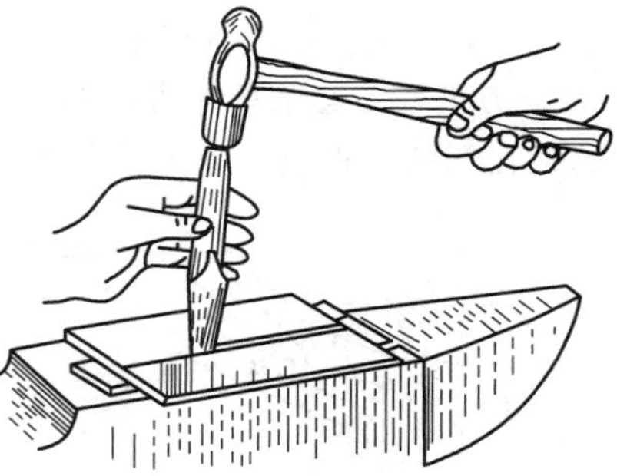

图3-5-37 在铁砧上錾切板料

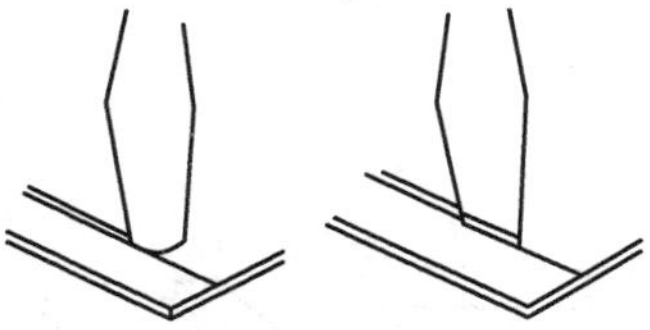

a) b)

图3-5-38 錾切板料方法

a）用圆弧刃錾錾痕易齐整 b）用平刃錾錾痕易错位

当錾切曲线段时，刃宽应根据曲率半径大小决定，使錾痕能与曲线基本一致。

錾切时，应由前向后排錾，先倾斜錾切，后垂直錾切，依次錾切（见图 3-5-39）。

3）用密集钻孔配合錾子錾切。当工件轮廓线比较复杂时，为了减少工件变形，一般先按轮廓线钻出密集的排孔，然后再用扁錾、狭錾逐步錾切（见图 3-5-40）。

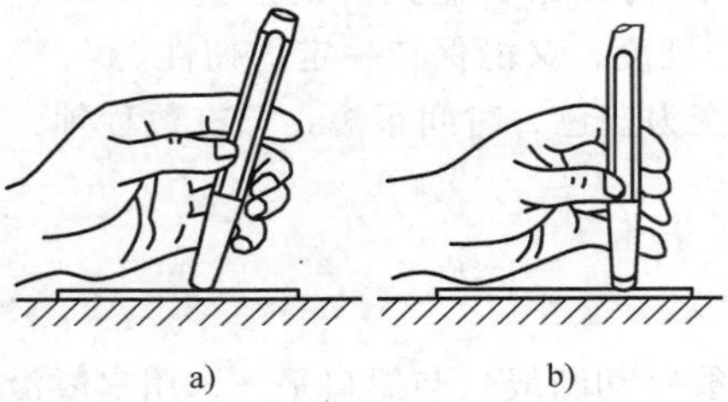

图 3-5-39 錾切步骤
a）先倾斜錾切 b）后垂直錾切

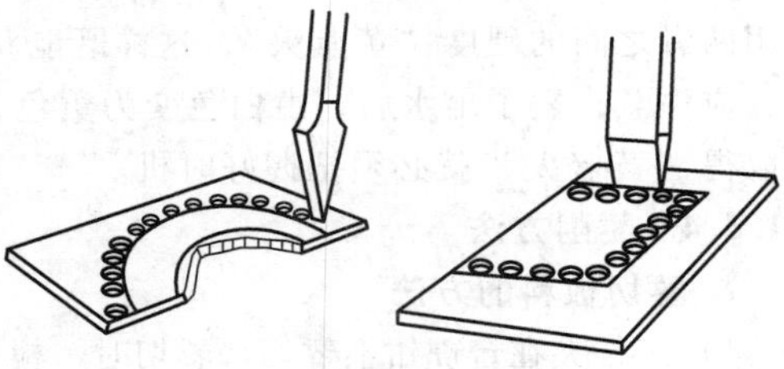

图 3-5-40 用密集钻孔配合錾子錾切

2. 錾削平面的方法

1）起錾与终錾。起錾应始于工件的边缘尖角处，并将錾子向下倾斜（见图 3-5-41a），只需轻轻敲打錾子，就容易錾出斜面，同时慢慢把錾子移向中间，然后按正常錾削角度进行錾削。若必须采用正面起錾的方法，此时錾子刃口要贴住工件的端面，錾子头部仍向下倾斜（见图 3-5-41b），轻轻敲打錾子，待錾出一个小斜面，然后再按正常角度进行錾削。

终錾，即当錾削快到尽头时，要防止工件边缘材料的崩裂，尤其是錾削铸铁、青铜等脆性材料时要特别注意。当錾削接近尽头 10~15mm 时，必须调头再錾削余下的部分（见图 3-5-42a），如果不调头就容易使工件的边缘崩裂（见图 3-5-42b）。

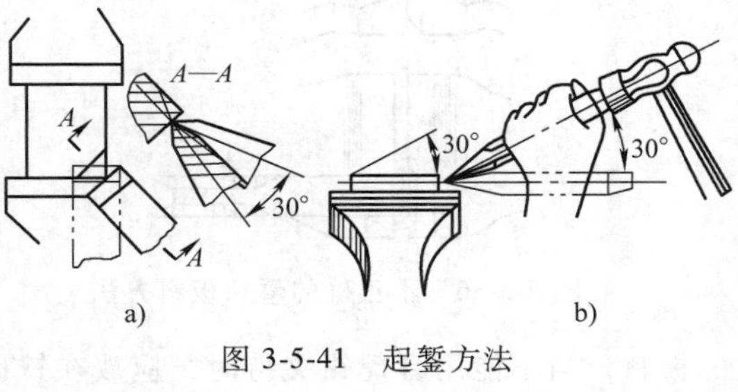

图 3-5-41 起錾方法

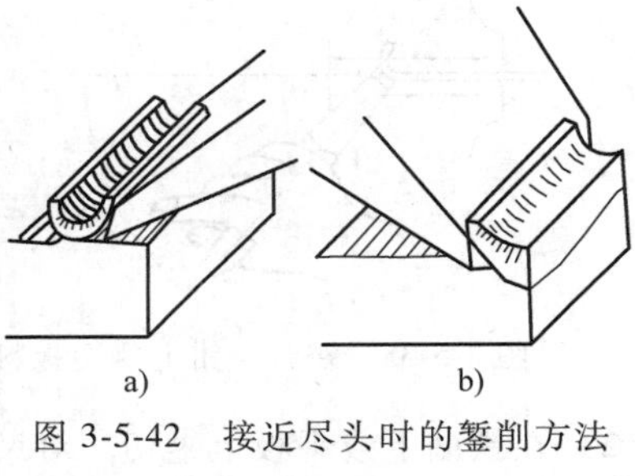

图 3-5-42 接近尽头时的錾削方法

2）錾削平面。錾削平面时可采用扁錾，每次錾削材料厚度一般为 0.5~2mm。

在錾削较宽的平面时，当工件被切削面的宽度超过錾子切削刃的宽度时，一般要先用狭錾以适当的间隔开出工艺直槽（见图 3-5-43），然后再用扁錾将槽间的凸起部分錾平。

在錾削较窄的平面时（如槽间凸起部分），錾子的切削刃最好与錾削前进方向倾斜一个角度（见图 3-5-44），使切削刃与工件有较多的接触面，这样在錾削过程中容易使錾子保持平稳。

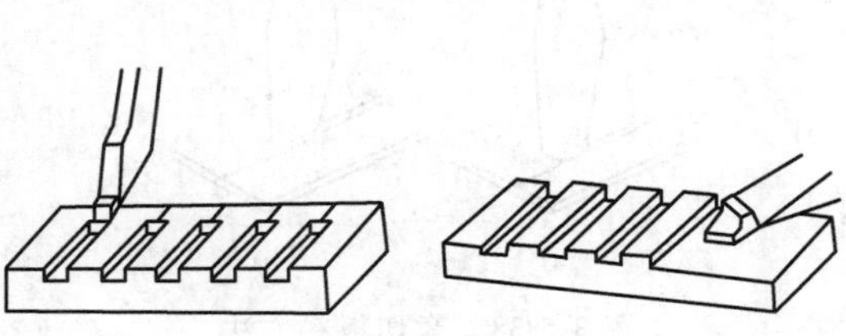

图 3-5-43 錾削较宽平面

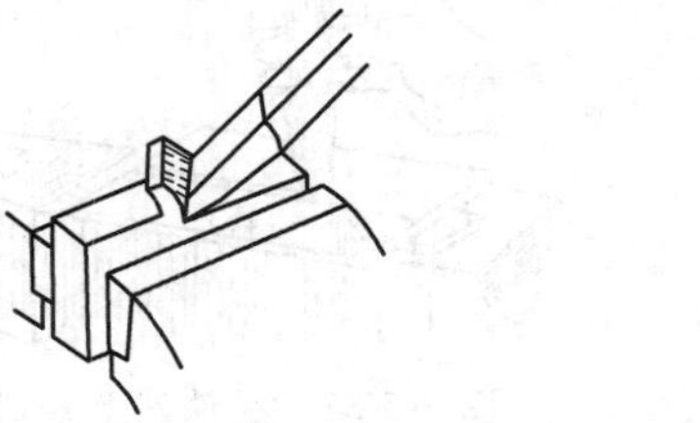

图 3-5-44 錾削较窄平面

3. 錾削油槽的方法（见图 3-5-45）

油槽錾的切削部分应根据图样上油槽的断面形状、尺寸进行刃磨。同时，在工件需錾削油槽部位划线。起錾时，錾子要慢慢地加深，以满足尺寸要求；錾到尽头时，刃口必须慢慢翘起，以保证槽底圆滑过渡。如果在曲面上錾油槽，錾子倾斜情况应随着曲面而变动，使錾削时的后角保持不变，保证錾削顺利进行。

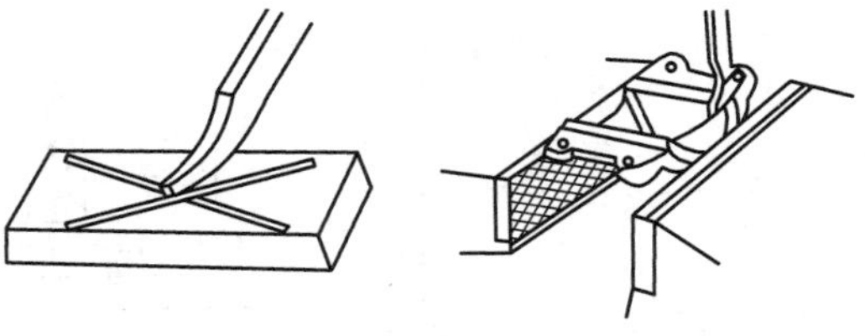

图 3-5-45　錾削油槽的方法

5.1.4　锉削

用锉刀对工件表面进行切削加工的方法称为锉削。锉削加工的精度可达 0.01mm，表面粗糙度值可达 Ra 0.8μm。锉削的应用范围较广，可以锉削工件的内、外表面和各种沟槽，钳工在装配过程中也经常用锉刀对零件进行修整。

5.1.4.1　锉刀的各部名称

锉刀一般用非合金工模具钢 T13A、T12A 或 T13、T12 制成，并经热处理，其硬度为 62~67HRC。

锉刀的各部分名称（见图 3-5-46）如下。

1）锉身：锉梢端至锉肩之间所包含的部分（L）。无锉肩的整形锉和异形锉以锉纹长度部分为锉身。

2）锉柄：锉身以外的部分（L_1）。

3）梢部：锉身截面尺寸开始逐渐缩小的始点到梢端之间的部分（l）。

4）主锉纹：在锉刀工作面上起主要锉削作用的锉纹。

5）辅锉纹：主锉纹覆盖的锉纹。

6）边锉纹：锉刀窄边或窄面上的锉纹。

7）主锉纹斜角：主锉纹与锉身轴线的最小夹角（λ）。

8）辅锉纹斜角：辅锉纹与锉身轴线的最小夹角（ω）。

9）边锉纹斜角：边锉纹与锉身轴线的最小夹角（θ）。

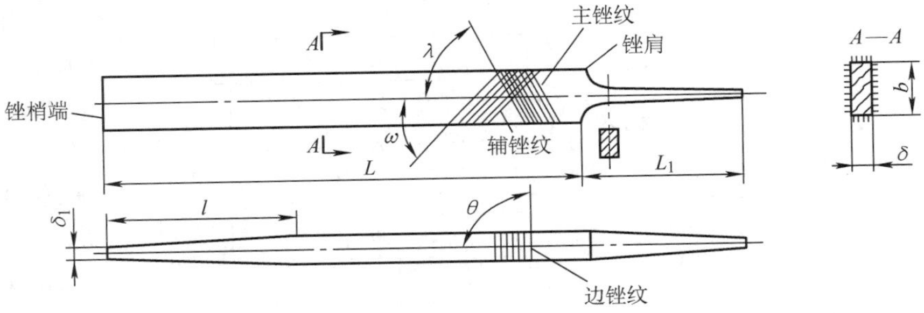

图 3-5-46　锉刀的各部分名称

5.1.4.2　锉刀的分类及基本参数（GB/T 5806—2003）

1. 锉刀编号规则

锉刀编号由类别代号、型式代号、其他代号、规格、锉纹号组成。

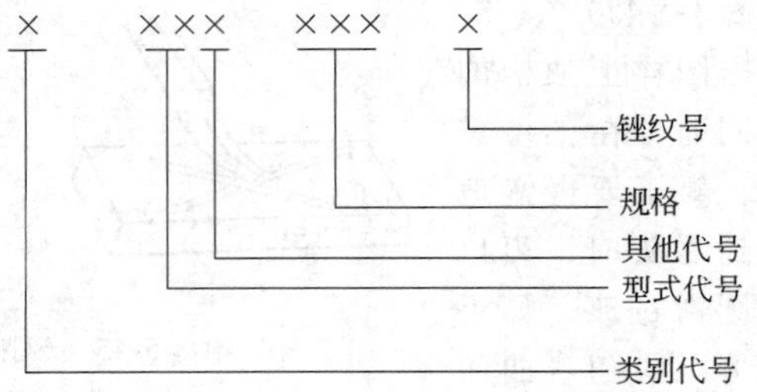

2. 锉刀的类别和型式代号（见表 3-5-13）

表 3-5-13 锉刀的类别和型式代号

类别代号	类别		型式代号	型式
Q	成形锉	钳工锉	01	钳工齐头扁锉
			02	钳工尖头扁锉
			03	钳工半圆锉
			04	钳工三角锉
			05	钳工方锉
			06	钳工圆锉
J		锯锉	01	齐头三角锯锉
			02	尖头三角锯锉
			03	齐头扁锯锉
			04	尖头扁锯锉
			05	菱形锯锉
			06	弧面菱形锯锉
			07	弧面三角锯锉
Z	精整锉	整形锉	01	整形齐头扁锉
			02	整形尖头扁锉
			03	整形半圆锉
			04	整形三角锉
			05	整形方锉
			06	整形圆锉
			07	整形单面三角锉
			08	整形刀形锉
			09	整形双半圆锉
			10	整形椭圆锉
			11	整形圆边扁锉
			12	整形菱形锉
Y		异形锉	01	异形齐头扁锉
			02	异形尖头扁锉
			03	异形半圆锉

（续）

类别代号	类别		型式代号	型式
Y	精整锉	异形锉	04	异形三角锉
			05	异形方锉
			06	异形圆锉
			07	异形单面三角锉
			08	异形刀形锉
			09	异形双半圆锉
			10	异形椭圆锉
B		钟表锉	01	钟表齐头扁锉
			02	钟表尖头扁锉
			03	钟表半圆锉
			04	钟表三角锉
			05	钟表方锉
			06	钟表圆锉
			07	钟表单面三角锉
			08	钟表刀形锉
			09	钟表双半圆锉
			10	钟表棱边锉
T		特殊钟表锉	01	特殊钟表齐头扁锉
			02	特殊钟表三角锉
			03	特殊钟表方锉
			04	特殊钟表圆锉
			05	特殊钟表单面三角锉
			06	特殊钟表刀形锉
M	木锉		01	扁木锉
			02	半圆木锉
			03	圆木锉
			04	家具半圆木锉

3. 其他代号（见表 3-5-14）

表 3-5-14　其他代号

代号	型别	代号	型别	代号	型别
p	普通型	h	厚型	t	特窄型
b	薄型	z	窄型	l	螺旋型

4. 锉纹参数

（1）钳工锉的锉纹参数（见表 3-5-15）

（2）整形锉、异形锉的锉纹参数（见表 3-5-16）

表 3-5-15 钳工锉的锉纹参数

规格(mm)	主锉纹条数					辅锉纹条数	边锉纹条数	主锉纹斜角 λ/(°)		辅锉纹斜角 ω/(°)		边锉纹斜角 θ/(°)
	锉纹号							1~3号锉纹	4~5号锉纹	1~3号锉纹	4~5号锉纹	
	1	2	3	4	5							
100	14	20	28	40	56	为主锉纹条数的75%~95%	为主锉纹条数的100%~120%	65	72	45	52	90
125	12	18	25	36	50							
150	11	16	22	32	45							
200	10	14	20	28	40							
250	9	12	18	25	36							
300	8	11	16	22	32							
350	7	10	14	20	—							
400	6	9	12	—	—							
450	5.5	8	11	—	—							
公差	±5%(其公差值不足0.5条时可圆整为0.5条)							±5				

注：锉纹号（主锉纹条数）为每10mm轴向长度内的锉纹条数。

表 3-5-16 整形锉、异形锉的锉纹参数

规格(mm)	主锉纹条数										辅锉纹条数	边锉纹条数	主锉纹斜角 λ/(°)	辅锉纹斜角 ω/(°)	边锉纹斜角 θ/(°)	切齿法	
	锉纹号															主锉纹斜角 λ/(°)	辅锉纹斜角 ω/(°)
	00	0	1	2	3	4	5	6	7	8							
75	—	—	—	—	50	56	63	80	100	112	为主锉纹条数的65%~85%	为主锉纹条数的90%~110%	72	52	80	55	40
100	—	—	—	40	50	56	63	80	100	112							
120	—	—	32	40	50	56	63	80	100	—							
140	—	25	32	40	50	56	63	80	—	—							
160	20	25	32	40	50	—	—	—	—	—							
170	20	25	32	40	50	—	—	—	—	—							
180	20	25	32	40	—	—	—	—	—	—							
公差	±5%												±4		±10	±5	

注：锉纹号（主锉纹条数）为每10mm轴向长度内的锉纹条数。

5.1.4.3 常用锉刀型式及尺寸

1. 钳工锉（QB/T 2569.1—2023）

（1）钳工齐头扁锉的型式及基本尺寸（见表3-5-17）

表 3-5-17 钳工齐头扁锉的型式及基本尺寸 （单位：mm）

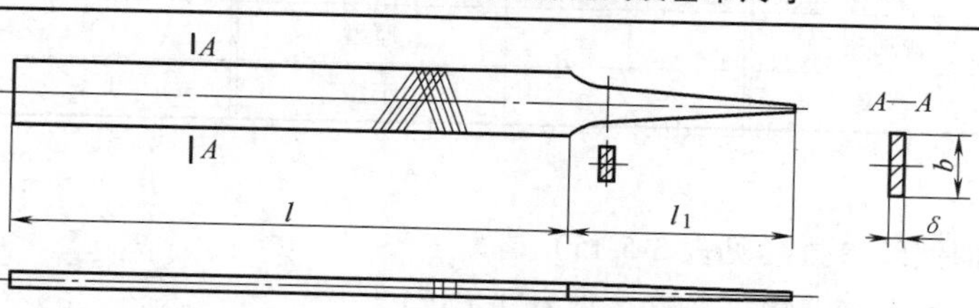

（续）

代　号	l		l_1		b		δ	
	规格/基本尺寸	极限偏差	基本尺寸	极限偏差	基本尺寸	极限偏差	基本尺寸	极限偏差
Q-01-100-1～5	100	±3	40	±3	12	0 -1.0	2.5(3)	0 -0.6
Q-01-125-1～5	125		40		14		3.0(3.5)	
Q-01-150-1～5	150		45		16		3.5(4)	
Q-01-200-1～5	200	±4	55	±4	20		4.5(5)	0 -0.8
Q-01-250-1～5	250		60(65)		24(26)		5.5(6)	
Q-01-300-1～5	300		70(75)		28(30)		6.5	
Q-01-350-1～5	350	±5	75(85)	±5	32(35)		7.5	0 -1.0
Q-01-400-1～5	400		80(90)		36		8.5	
Q-01-450-1～5	450		85(90)		40		9.5	

注：1. 表中尺寸为光坯尺寸。
　　2. 带括号的尺寸为非推荐尺寸。

（2）钳工尖头扁锉的型式及基本尺寸（见表 3-5-18）

表 3-5-18　钳工尖头扁锉的型式及基本尺寸　（单位：mm）

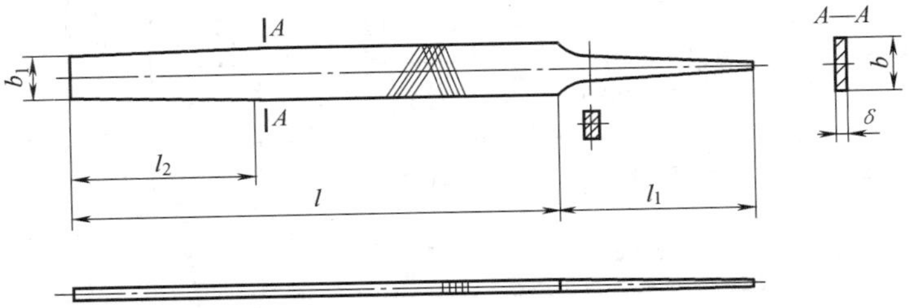

代　号	l		l_1		b		δ		b_1	l_2
	规格/基本尺寸	极限偏差	基本尺寸	极限偏差	基本尺寸	极限偏差	基本尺寸	极限偏差		
Q-02-100-1～5	100	±3	40	±3	12	0 -1.0	2.5(3)	0 -0.6	≤80%b	25%l～50%l
Q-02-125-1～5	125		40		14		3(3.5)			
Q-02-150-1～5	150		45		16		3.5(4)			
Q-02-200-1～5	200	±4	55	±4	20		4.5(5)	0 -0.8		
Q-02-250-1～5	250		60(65)		24(25)		5.5(6)			
Q-02-300-1～5	300		70(75)		28(30)		6.5			
Q-02-350-1～5	350	±5	75(85)	±5	32(35)		7.5	0 -1.0		
Q-02-400-1～5	400		80(90)		36		8.5			
Q-02-450-1～5	450		85(90)		40		9.5			

注：1. 表中尺寸为光坯尺寸。
　　2. 带括号的尺寸为非推荐尺寸。

（3）钳工半圆锉的型式及基本尺寸（见表 3-5-19）

（4）钳工三角锉的型式及基本尺寸（见表 3-5-20）

（5）钳工方锉的型式及基本尺寸（见表 3-5-21）

（6）钳工圆锉的型式及基本尺寸（见表 3-5-22）

表 3-5-19　钳工半圆锉的型式及基本尺寸　（单位：mm）

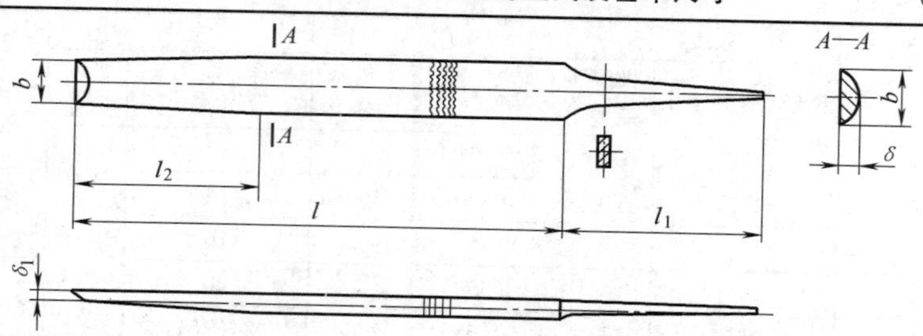

代号	l		l_1		b		δ		b_1	δ_1	l_2
	规格/基本尺寸	极限偏差	基本尺寸	极限偏差	基本尺寸	极限偏差	基本尺寸	极限偏差			
Q-$\frac{03b}{03h}$-100-1~5	100	±3	40	±3	12(11)	0 -1.0	4(3.5)	0 -0.6	≤80%b	≤80δ	25%l~50%l
Q-$\frac{03b}{03h}$-125-1~5	125		40		14		4.5(4)				
Q-$\frac{03b}{03h}$-150-1~5	150		45		16		5(4.5)				
Q-$\frac{03b}{03h}$-200-1~5	200	±4	55	±4	20	0 -1.2	6.0	0 -0.8			
Q-$\frac{03b}{03h}$-250-1~5	250		60(65)		24(25)		7.5				
Q-$\frac{03b}{03h}$-300-1~5	300		70(75)		28(30)		8.5				
Q-$\frac{03b}{03h}$-350-1~5	350	±5	75(85)	±5	32(35)	0 -1.4	9.5	0 -1.0			
Q-$\frac{03b}{03h}$-400-1~5	400		80(90)		36		10.5				

注：1. 表中尺寸为光坯尺寸。
2. 带括号的尺寸为非推荐尺寸。

表 3-5-20　钳工三角锉的型式及基本尺寸　（单位：mm）

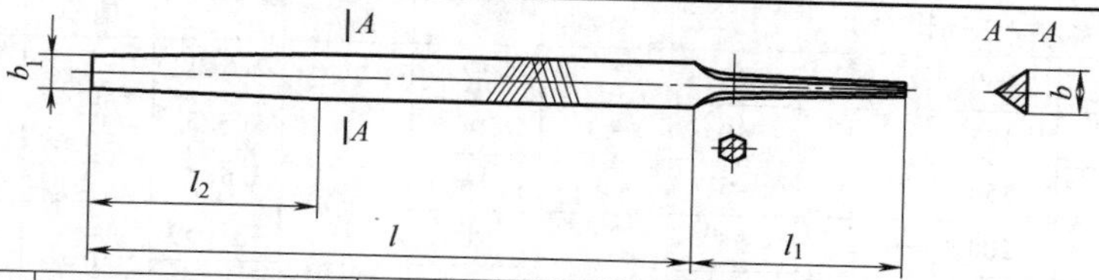

代号	l		l_1		b		b_1	l_2
	规格/基本尺寸	极限偏差	基本尺寸	极限偏差	基本尺寸	极限偏差		
Q-04-100-1~5	100	±3	35	±3	8	0 -1.0	≤80%b	25%l~50%l
Q-04-125-1~5	125		40		9.5			
Q-04-150-1~5	150		45		11			
Q-04-200-1~5	200	±4	55	±4	13(15)	0 -1.2		
Q-04-250-1~5	250		60(65)		16(17)			
Q-04-300-1~5	300		70(75)		19(20)			
Q-04-350-1~5	350	±5	75(85)	±5	22(24)	0 -1.4		
Q-04-400-1~5	400		80(90)		26			

注：1. 表中尺寸为光坯尺寸。
2. 带括号的尺寸为非推荐尺寸。

表 3-5-21　钳工方锉的型式及基本尺寸　　（单位：mm）

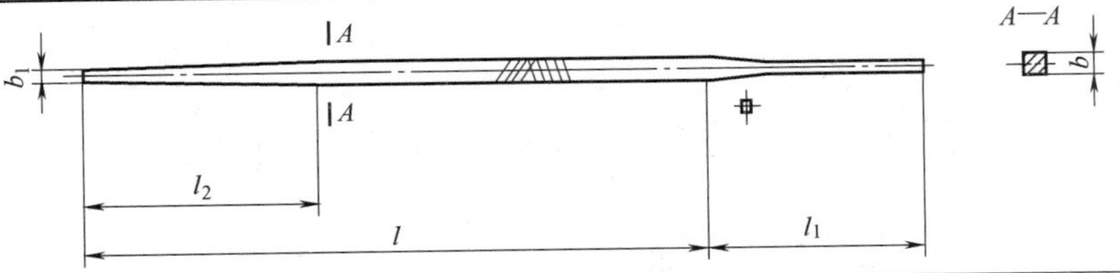

代　　号	l		l_1		b		b_1	l_2
	规格/基本尺寸	极限偏差	基本尺寸	极限偏差	基本尺寸	极限偏差		
Q-05-100-1～5	100	±3	35	±3	3.5(4)	0 -1.0	≤80%b	25%l～50%l
Q-05-125-1～5	125		40		4.5(5)			
Q-05-150-1～5	150		45		5.5(6)			
Q-05-200-1～5	200	±4	55	±4	7(8)	0 -1.2		
Q-05-250-1～5	250		60(65)		9(10)			
Q-05-300-1～5	300		70(75)		11(12)			
Q-05-350-1～5	350	±5	75(85)	±5	14(15)	0 -1.4		
Q-05-400-1～5	400		80(90)		18			
Q-05-450-1～5	450		90		22			

注：1. 表中尺寸为光坯尺寸。
2. 带括号的尺寸为非推荐尺寸。

表 3-5-22　钳工圆锉的型式及基本尺寸　　（单位：mm）

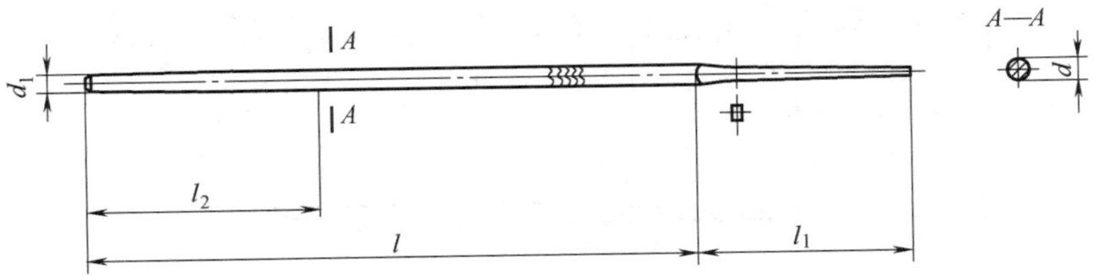

代　　号	l		l_1		d		d_1	l_2
	规格/基本尺寸	极限偏差	基本尺寸	极限偏差	基本尺寸	极限偏差		
Q-06-100-1～5	100	±3	35	±3	3.5(4)	0 -0.6	≤80%b	25%l～50%l
Q-06-125-1～5	125		40		4.5(5)			
Q-06-150-1～5	150		45		5.5(6)			
Q-06-200-1～5	200	±4	55	±4	7(7.5)	0 -0.8		
Q-06-250-1～5	250		60(65)		9(9.5)			
Q-06-300-1～5	300		70(75)		11(12)			
Q-06-350-1～5	350	±5	75(85)	±5	14(15)	0 -1.0		
Q-06-400-1～5	400		80(90)		18			

注：1. 表中尺寸为光坯尺寸。
2. 带括号的尺寸为非推荐尺寸。

2. 整形锉（QB/T 2569.2—2023）

（1）整形齐头扁锉的型式及尺寸（见表 3-5-23）

表 3-5-23　整形齐头扁锉的型式及尺寸　　（单位：mm）

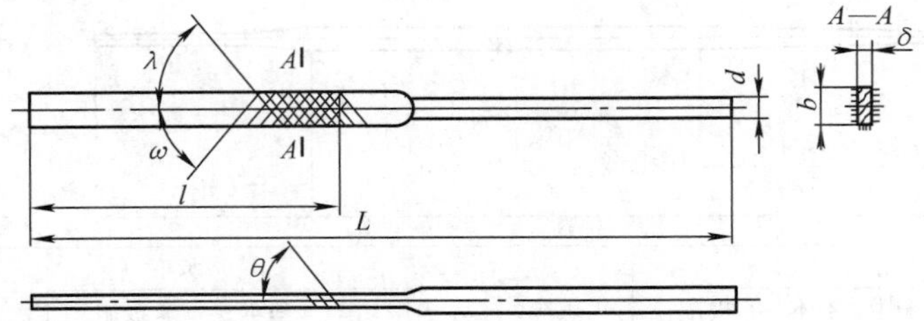

代　号	L	l	b	δ	d
Z-01-100-2~8	100	40	2.8	0.6	2
Z-01-120-1~7	120	50	3.4	0.8	2.5
Z-01-140-0~6	140	65	5.4	1.2	3
Z-01-160-00~3	160	75	7.3	1.6	4
Z-01-180-00~2	180	85	9.2	2.0	5

注：整形锉主锉纹斜角 λ、辅锉纹斜角 w、边锉纹斜角 θ 的取值见表 3-5-16，下同。

（2）整形尖头扁锉的型式及尺寸（见表 3-5-24）

表 3-5-24　整形尖头扁锉的型式及尺寸　　（单位：mm）

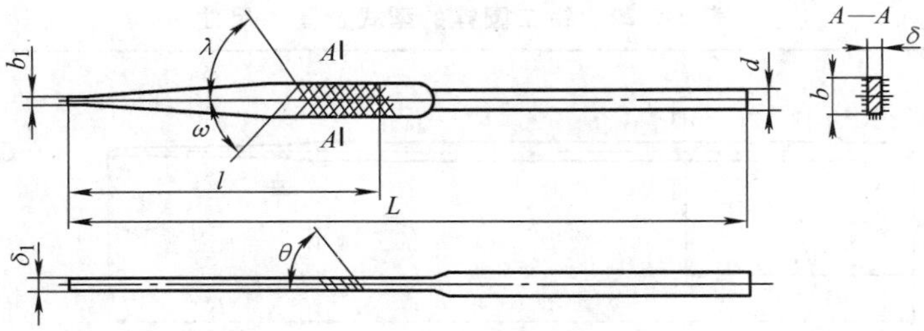

代　号	L	l	b	δ	b_1	δ_1	d
Z-02-100-2~8	100	40	2.8	0.6	0.4	0.5	2
Z-02-120-1~7	120	50	3.4	0.8	0.5	0.6	2.5
Z-02-140-0~6	140	65	5.4	1.2	0.7	1.0	3
Z-02-160-00~3	160	75	7.3	1.6	0.8	1.2	4
Z-02-180-00~2	180	85	9.2	2.0	1.0	1.7	5

注：梢部不小于锉身的 1/2。

（3）整形半圆锉的型式及尺寸（见表 3-5-25）

（4）整形三角锉的型式及尺寸（见表 3-5-26）

（5）整形方锉的型式及尺寸（见表 3-5-27）

（6）整形圆锉的型式及尺寸（见表 3-5-28）

（7）整形单面三角锉的型式及尺寸（见表 3-5-29）

（8）整形刀形锉的型式及尺寸（见表 3-5-30）

表 3-5-25　整形半圆锉的型式及尺寸　（单位：mm）

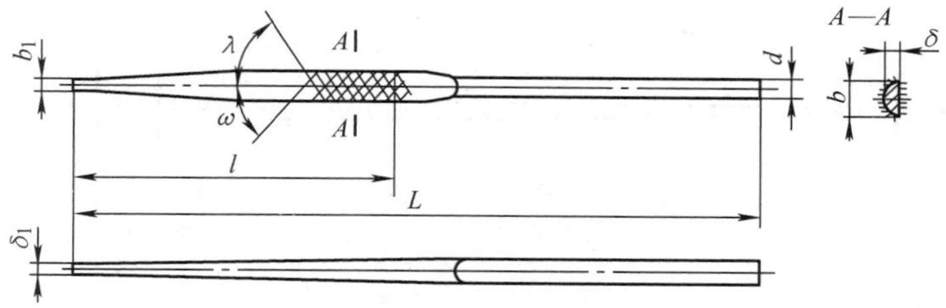

代　号	L	l	b	δ	b_1	δ_1	d
Z-03-100-2~8	100	40	2.9	0.9	0.5	0.4	2
Z-03-120-1~7	120	50	3.3	1.2	0.6	0.5	2.5
Z-03-140-0~6	140	65	5.2	1.7	0.8	0.6	3
Z-03-160-00~3	160	75	6.9	2.2	0.9	0.7	4
Z-03-180-00~2	180	85	8.5	2.9	1.0	0.9	5

注：梢部不小于锉身的 1/2。

表 3-5-26　整形三角锉的型式及尺寸　（单位：mm）

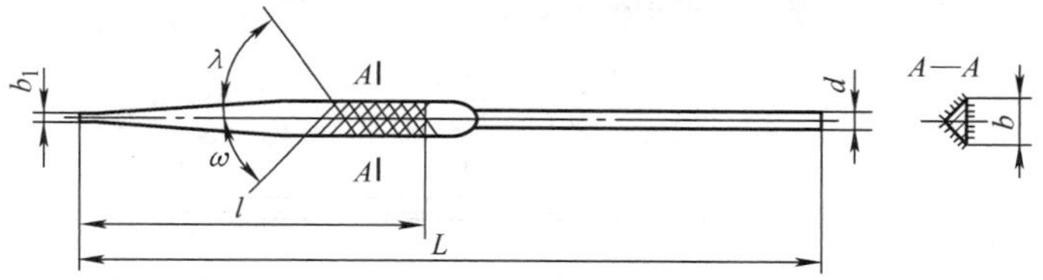

代　号	L	l	b	b_1	d
Z-04-100-2~8	100	40	1.9	0.4	2
Z-04-120-1~7	120	50	2.4	0.6	2.5
Z-04-140-0~6	140	65	3.6	0.7	3
Z-04-160-00~3	160	75	4.8	0.8	4
Z-04-180-00~2	180	85	6.0	1.1	5

注：梢部不小于锉身的 1/2。

表 3-5-27　整形方锉的型式及尺寸　（单位：mm）

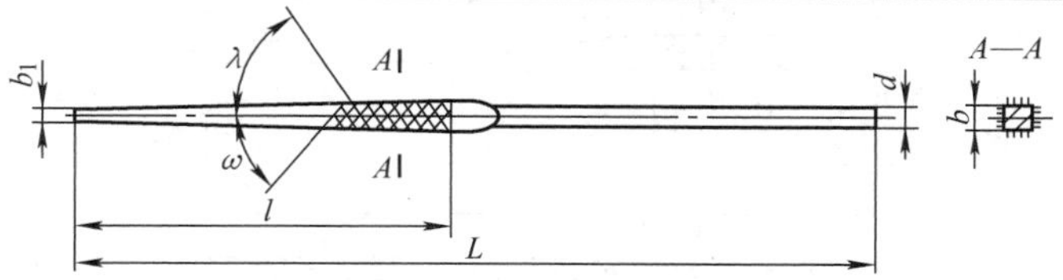

代　号	L	l	b	b_1	d
Z-05-100-2~8	100	40	1.2	0.4	2
Z-05-120-1~7	120	50	1.6	0.6	2.5
Z-05-140-0~6	140	65	2.6	0.7	3
Z-05-160-00~3	160	75	3.4	0.8	4
Z-05-180-00~2	180	85	4.2	1.0	5

注：梢部不小于锉身的 1/2。

表 3-5-28　整形圆锉的型式及尺寸　　（单位：mm）

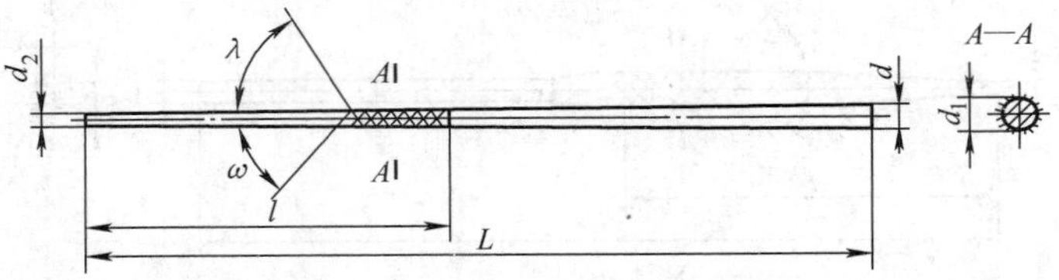

代　号	L	l	d_1	d_2	d
Z-06-100-2～8	100	40	1.4	0.4	2
Z-06-120-1～7	120	50	1.9	0.5	2.5
Z-06-140-0～6	140	65	2.9	0.7	3
Z-06-160-00～3	160	75	3.9	0.9	4
Z-06-180-00～2	180	85	4.9	1.1	5

注：梢部不小于锉身的1/2。

表 3-5-29　整形单面三角锉的型式及尺寸　　（单位：mm）

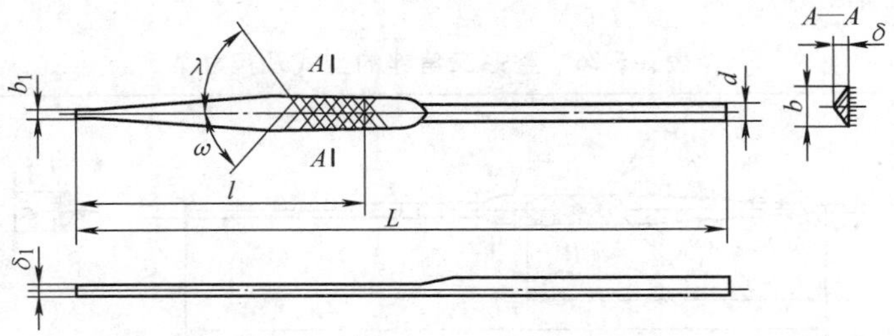

代　号	L	l	b	δ	b_1	δ_1	d
Z-07-100-2～8	100	40	3.4	1.0	0.4	0.3	2
Z-07-120-1～7	120	50	3.8	1.4	0.6	0.4	2.5
Z-07-140-0～6	140	65	5.5	1.9	0.7	0.5	3
Z-07-160-00～3	160	75	7.1	2.7	0.9	0.8	4
Z-07-180-00～2	180	85	8.7	3.4	1.3	1.1	5

注：梢部不小于锉身的1/2。

表 3-5-30　整形刀形锉的型式及尺寸　　（单位：mm）

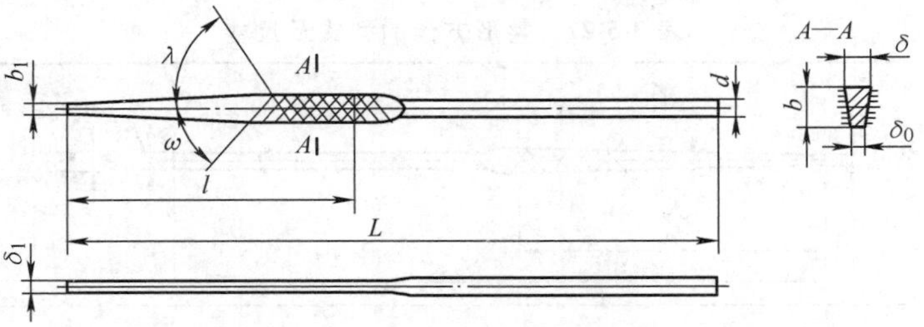

代　号	L	l	b	δ	b_1	δ_1	δ_0	d
Z-08-100-2～8	100	40	3.0	0.9	0.5	0.4	0.3	2
Z-08-120-1～7	120	50	3.4	1.1	0.6	0.5	0.4	2.5
Z-08-140-0～6	140	65	5.4	1.7	0.8	0.7	0.6	3
Z-08-160-00～3	160	75	7.0	2.3	1.1	1.0	0.8	4
Z-08-180-00～2	180	85	8.7	3.0	1.4	1.3	1.0	5

注：梢部不小于锉身的1/2。

(9) 整形双半圆锉的型式及尺寸（见表 3-5-31）
(10) 整形椭圆锉的型式及尺寸（见表 3-5-32）
(11) 整形圆边扁锉的型式及尺寸（见表 3-5-33）
(12) 整形菱形锉的型式及尺寸（见表 3-5-34）

表 3-5-31　整形双半圆锉的型式及尺寸　（单位：mm）

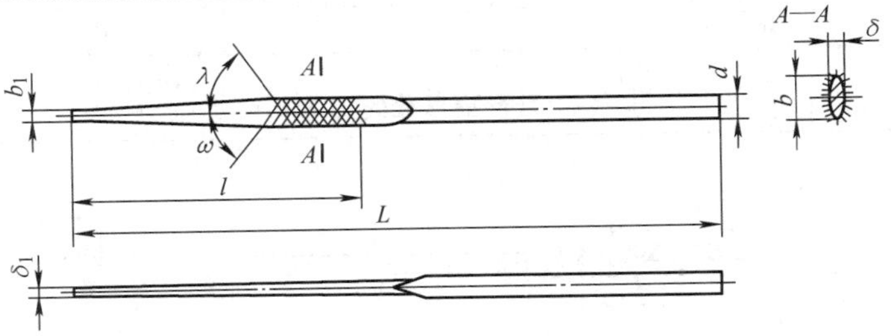

代　　号	L	l	b	δ	b_1	δ_1	d
Z-09-100-2～8	100	40	2.6	1.0	0.4	0.3	2
Z-09-120-1～7	120	50	3.2	1.2	0.6	0.5	2.5
Z-09-140-0～6	140	65	5.0	1.8	0.7	0.6	3
Z-09-160-00～3	160	75	6.3	2.5	0.8	0.6	4
Z-09-180-00～2	180	85	7.8	3.4	1.0	0.8	5

注：梢部不小于锉身的 1/2。

表 3-5-32　整形椭圆锉的型式及尺寸　（单位：mm）

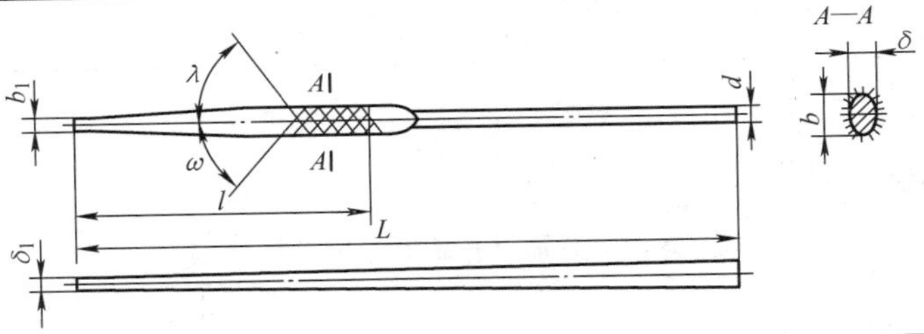

代　　号	L	l	b	δ	b_1	δ_1	d
Z-10-100-2～8	100	40	1.8	1.2	0.4	0.3	2
Z-10-120-1～7	120	50	2.2	1.3	0.6	0.5	2.5
Z-10-140-0～6	140	65	3.4	2.4	0.7	0.6	3
Z-10-160-00～3	160	75	4.4	3.4	0.9	0.8	4
Z-10-180-00～2	180	85	6.4	4.3	1.0	0.9	5

注：梢部不小于锉身的 1/2。

表 3-5-33　整形圆边扁锉的型式及尺寸　（单位：mm）

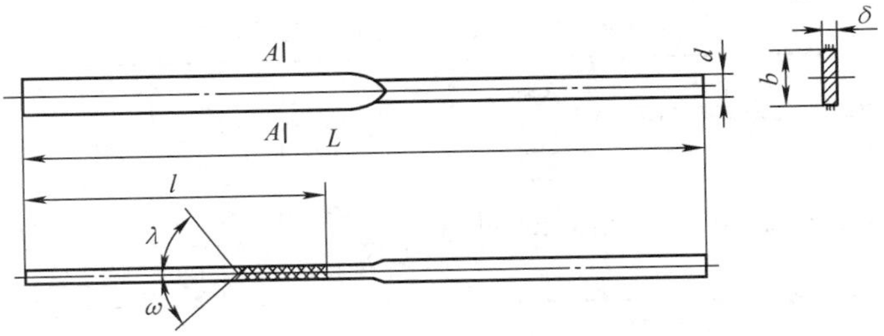

（续）

代 号	L	l	b	δ	d
Z-7-100-2～8	100	40	2.8	0.6	2
Z-7-120-1～7	120	50	3.4	0.8	2.5
Z-7-140-0～6	140	65	5.4	1.2	3
Z-7-160-00～3	160	75	7.3	1.6	4
Z-7-180-00～2	180	85	9.2	2.0	5

表 3-5-34 整形菱形锉的型式及尺寸 （单位：mm）

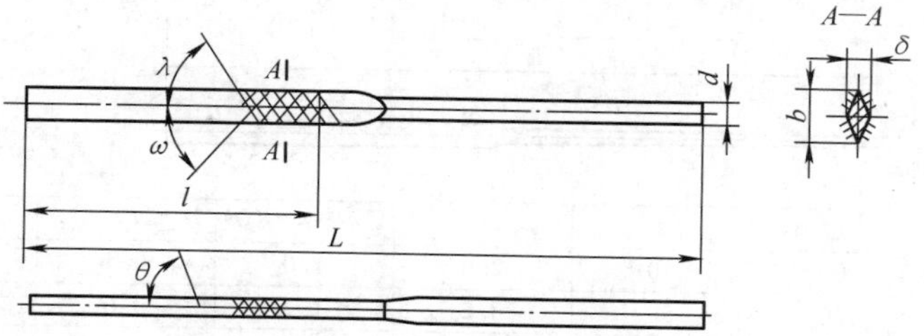

代 号	L	l	b	δ	d
Z-12-100-2～8	100	40	3.0	1.0	2
Z-12-120-1～7	120	50	4.0	1.3	2.5
Z-12-140-0～6	140	65	5.2	2.1	3
Z-12-160-00～3	160	75	6.8	2.7	4
Z-12-180-00～2	180	85	8.6	3.5	5

3. 异形锉（QB/T 2569.2—2023）

（1）异形齐头扁锉的型式及尺寸（见表 3-5-35）

表 3-5-35 异形齐头扁锉的型式及尺寸 （单位：mm）

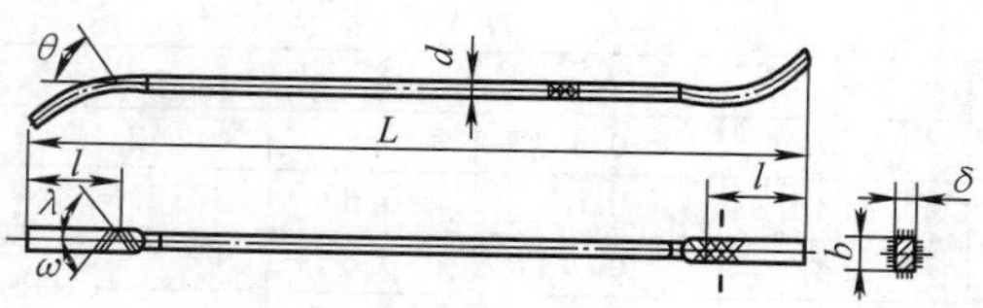

代 号	L	l	b	δ	d
Y-01-140-2	140	20	5.4	1.2	3
Y-01-160-2	160	30	7.3	1.6	4
Y-01-180-2	180	35	9.2	2.0	5

注：1. 两端型式尺寸相同，弯曲方向相反。

2. 异形锉主锉纹斜角 λ、辅锉纹斜角 ω、边锉纹斜角 θ 的取值见表 3-5-16，下同。

（2）异形尖头扁锉的型式及尺寸（见表 3-5-36）

表 3-5-36 异形尖头扁锉的型式及尺寸 （单位：mm）

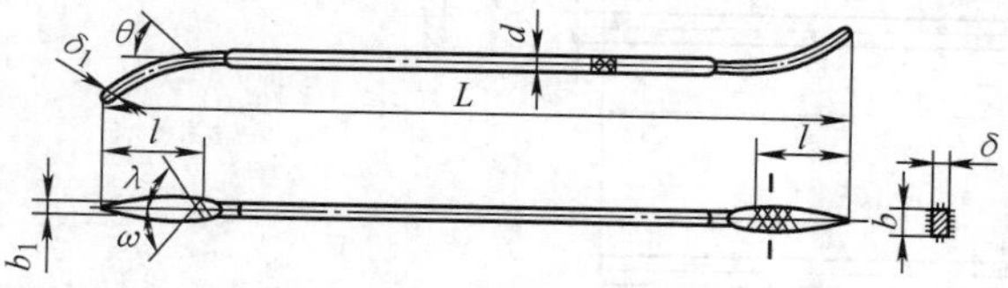

代 号	L	l	b	δ	b_1	δ_1	d
Y-02-140-2	140	25	5.2	1.1	0.8	0.9	3
Y-02-160-2	160	30	7.3	1.5	0.8	1.2	4
Y-02-180-2	180	35	9.2	2.0	0.9	1.7	5

注：两端型式尺寸相同，弯曲方向相反。

（3）异形半圆锉的型式及尺寸（见表 3-5-37）

表 3-5-37　异形半圆锉的型式及尺寸　（单位：mm）

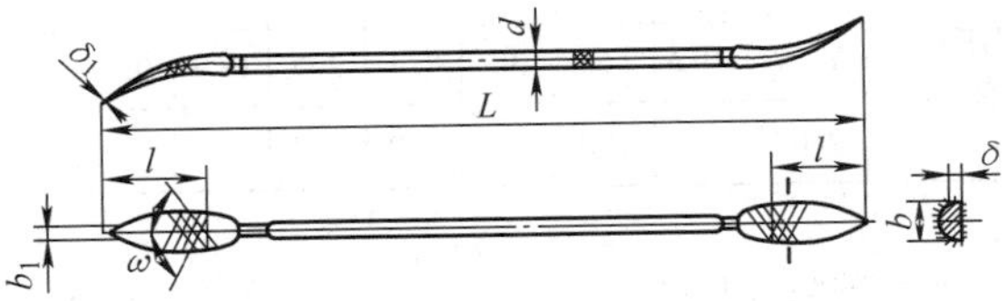

代　　号	L	l	b	δ	b_1	δ_1	d
Y-03-140-2	140	25	4.9	1.6	0.8	0.7	3
Y-03-160-2	160	30	6.9	2.2	0.9	0.8	4
Y-03-180-2	180	35	8.5	2.9	1.0	0.9	5

注：两端型式尺寸相同，弯曲方向相反。

（4）异形三角锉的型式及尺寸（见表 3-5-38）

表 3-5-38　异形三角锉的型式及尺寸　（单位：mm）

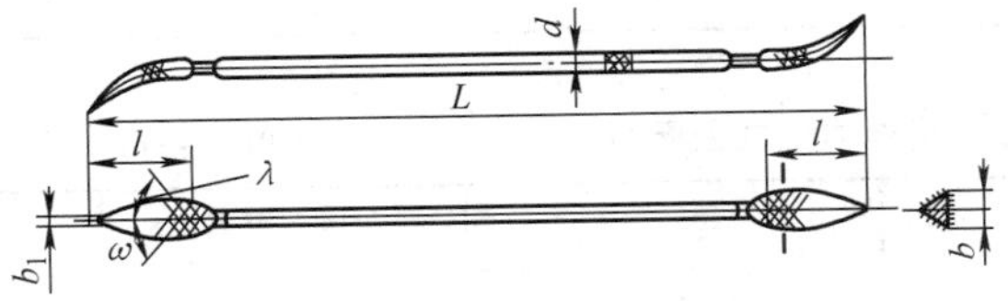

代　　号	L	l	b	b_1	d
Y-04-140-2	140	25	3.3	0.8	3
Y-04-160-2	160	30	4.8	0.9	4
Y-04-180-2	180	35	6.0	1.1	5

注：两端型式尺寸相同，弯曲方向相反。

（5）异形方锉的型式及尺寸（见表 3-5-39）

表 3-5-39　异形方锉的型式及尺寸　（单位：mm）

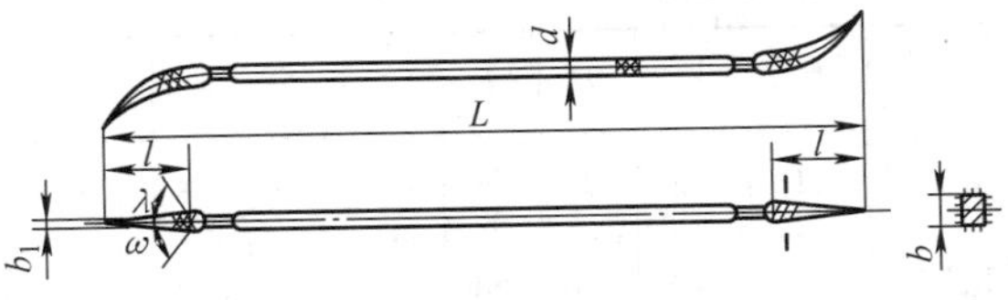

代　　号	L	l	b	b_1	d
Y-05-140-2	140	25	2.4	0.8	3
Y-05-160-2	160	30	3	0.9	4
Y-05-180-2	180	35	4.2	1.0	5

注：两端型式尺寸相同，弯曲方向相反。

（6）异形圆锉的型式及尺寸（见表 3-5-40）

表 3-5-40　异形圆锉的型式及尺寸　（单位：mm）

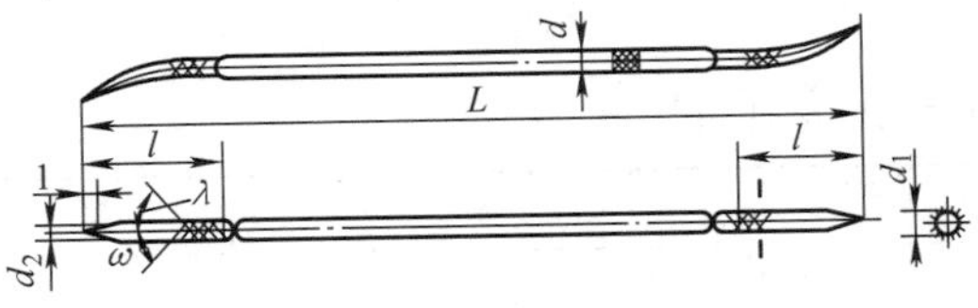

代　　号	L	l	d_1	d_2	d
Y-06-140-2	140	25	3	0.8	3
Y-06-160-2	160	30	4	0.9	4
Y-06-180-2	180	35	5	1.0	5

注：两端型式尺寸相同，弯曲方向相反。

（7）异形单面三角锉的型式及尺寸（见表 3-5-41）

（8）异形刀形锉的型式及尺寸（见表 3-5-42）

（9）异形双半圆锉的型式及尺寸（见表 3-5-43）

（10）异形椭圆锉的型式及尺寸（见表 3-5-44）

表 3-5-41 异形单面三角锉的型式及尺寸 (单位：mm)

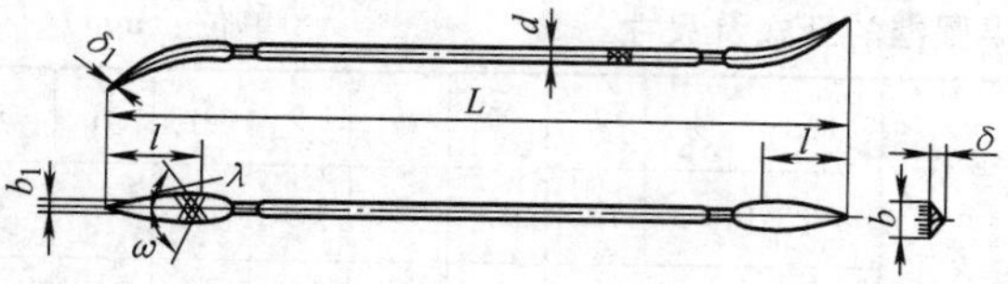

代 号	L	l	b	δ	b_1	δ_1	d
Y-07-140-2	140	25	5.2	1.9	0.8	0.7	3
Y-07-160-2	160	30	7.1	2.7	0.9	0.8	4
Y-07-180-2	180	35	8.7	3.4	1.3	1.1	5

注：两端型式尺寸相同，弯曲方向相反。

表 3-5-42 异形刀形锉的型式及尺寸 (单位：mm)

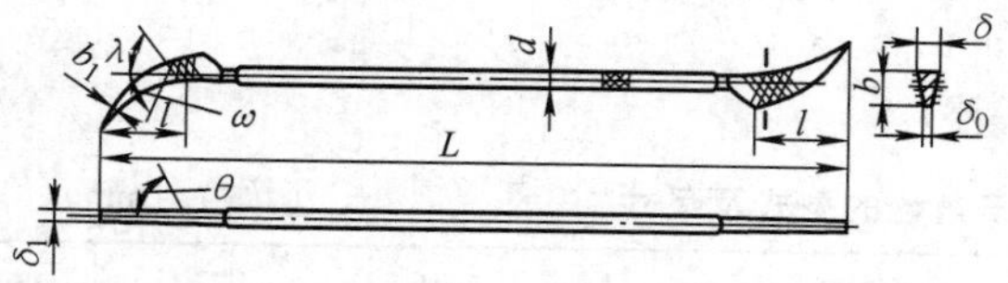

代 号	L	l	b	δ	b_1	δ_1	δ_0	d
Y-08-140-2	140	25	5	1.6	0.9	0.8	0.6	3
Y-08-160-2	160	30	7	2.3	1.1	1.0	0.8	4
Y-08-180-2	180	35	8.5	3.0	1.4	1.3	1.0	5

注：两端型式尺寸相同，弯曲方向相反。

表 3-5-43 异形双半圆锉的型式及尺寸 (单位：mm)

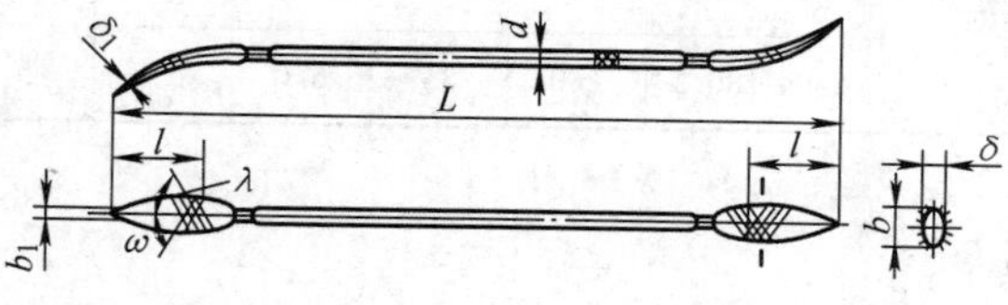

代 号	L	l	b	δ	b_1	δ_1	d
Y-09-140-2	140	25	5.2	1.9	0.8	0.7	3
Y-09-160-2	160	30	6.3	2.5	0.9	0.8	4
Y-09-180-2	180	35	7.8	3.4	1.0	0.9	5

注：两端型式尺寸相同，弯曲方向相反。

表 3-5-44 异形椭圆锉的型式及尺寸 (单位：mm)

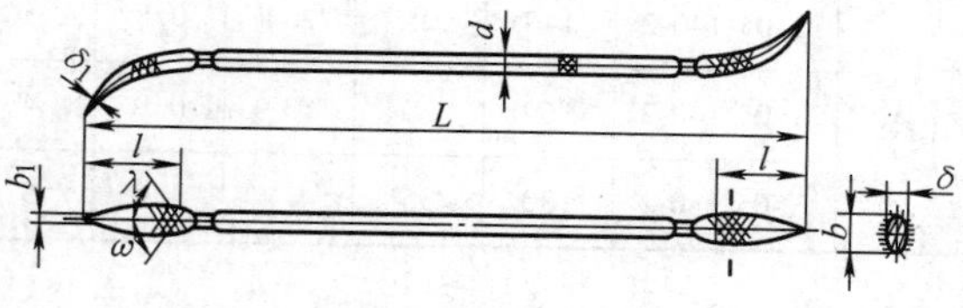

代 号	L	l	b	δ	b_1	δ_1	d
Y10-140-2	140	25	3.3	2.3	0.8	0.7	3
Y-10-160-2	160	30	4.4	3.4	0.9	0.8	4
Y-10-180-2	180	35	6.4	4.3	1.0	0.9	5

注：两端型式尺寸相同，弯曲方向相反。

5.1.4.4 锉刀的选用

1. 锉刀形状的选用（见表 3-5-45）

2. 锉刀锉纹粗细的选用（见表 3-5-46）

表 3-5-45 锉刀形状的选用

锉刀类别	用 途	示 例
扁锉	锉平面、外圆面、凸弧面	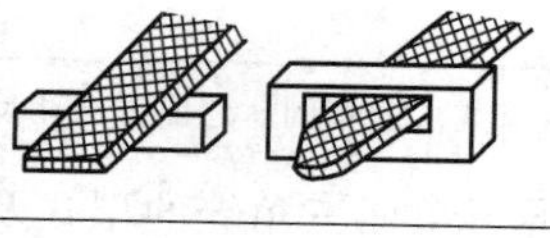
半圆锉	锉凹弧面、平面	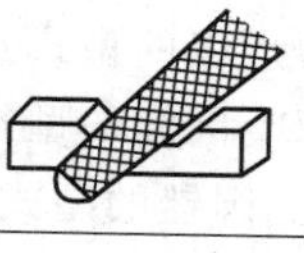

（续）

锉刀类别	用　途	示　例
三角锉	锉内角、三角孔、平面	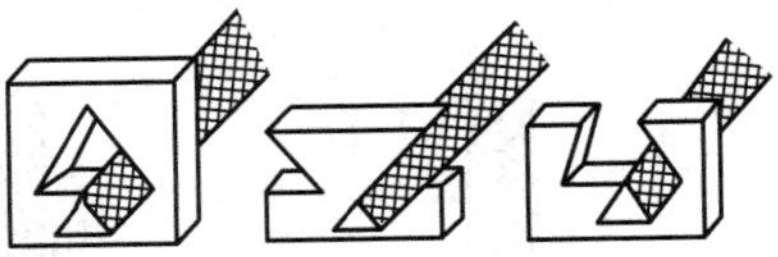
方锉	锉方孔、长方孔	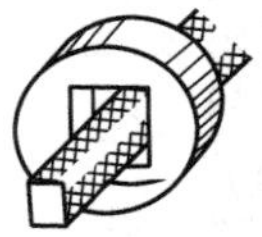
圆锉	锉圆孔、半径较小的凹弧面、椭圆面	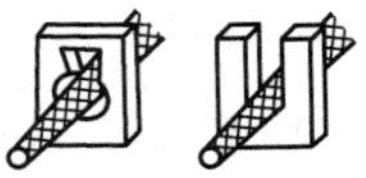
菱形锉	锉菱形孔、锐角槽	
刀形锉	锉内角、窄槽、楔形槽、锉方孔、三角孔、长方孔的平面	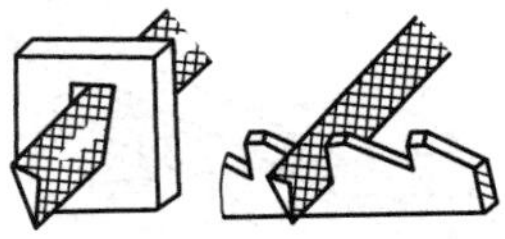

表 3-5-46　锉刀锉纹粗细的选用

锉刀类别	适用场合		
	锉削余量/mm	尺寸精度/mm	表面粗糙度 $Ra/\mu m$
粗齿锉刀	0.5～1	0.2～0.5	50～12.5
中齿锉刀	0.2～0.5	0.05～0.20	6.3～3.2
细齿锉刀	0.1～0.3	0.02～0.05	6.3～1.6
双细齿锉刀	0.1～0.2	0.01～0.02	3.2～0.8
油光锉	0.1 以下	0.01	0.8～0.4

5.1.4.5　锉削方法

1. 平面的锉削方法

（1）顺向锉法　顺着同一方向对工件进行锉削的方法称为顺向锉法（见图 3-5-47）。顺向锉法是最基本的锉削方法。其特点是锉痕正直、整齐美观。适用于锉削不大的平面和最后的锉光。

（2）交叉锉法　锉削时锉刀从两个交叉的方向对工件表面进行锉削的方法称为交叉锉法

（见图 3-5-48）。交叉锉法的特点是锉刀与工件的接触面大，锉刀容易保持平稳，锉削时还可以从锉痕上判断出锉削面高低情况，表面容易锉平，但锉痕不正直。所以，交叉锉法只适用于粗锉，精加工时要改用顺向锉法，才能得到正直的锉痕。

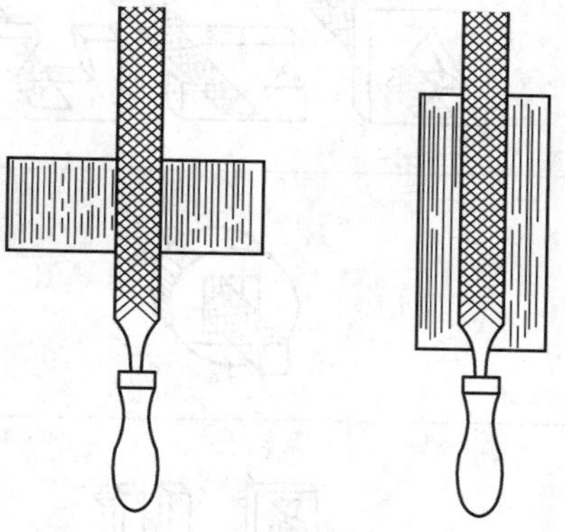

图 3-5-47 顺向锉法

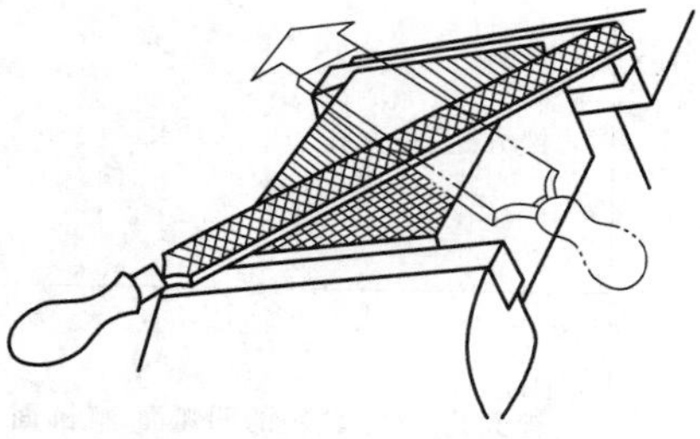

图 3-5-48 交叉锉法

在锉削平面时，无论是顺向锉还是交叉锉，为使整个平面都能得到均匀的锉削，一般每次退回锉刀时都要向旁边略为移动一些（见图 3-5-49）。

（3）推锉法 用两手对称地横握锉刀，用两大拇指推动锉刀顺着工件长度方向进行锉削的方法称为推锉法（见图 3-5-50）。推锉法一般在锉削狭长的平面或顺向锉法锉刀推进受阻时采用（见图 3-5-51）。推锉法切削效率不高，常用于加工余量较小和修正尺寸的场合。

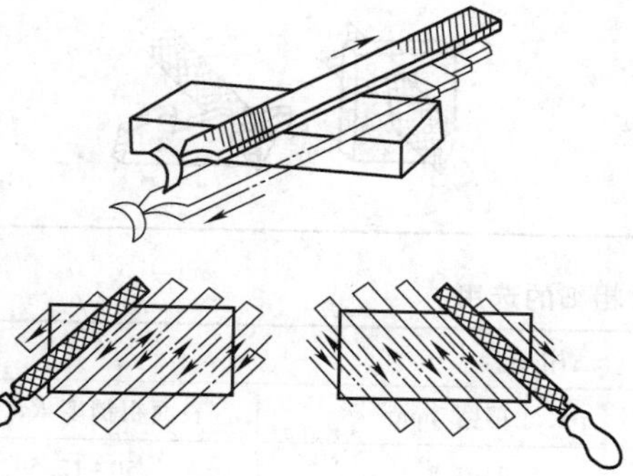

图 3-5-49 锉刀的移动

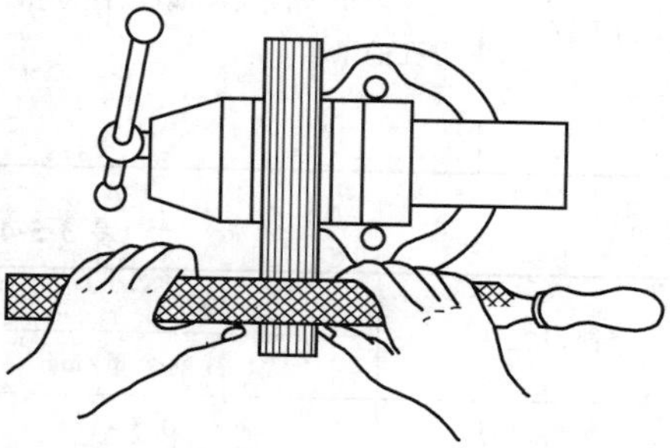

图 3-5-50 推锉法

2. 曲面的锉削方法

（1）外圆弧面的锉削方法 锉削外圆弧面时，锉刀要同时完成两个运动，即锉刀在做前进运动的同时，还应绕工件圆弧的中心转动。

1）顺着圆弧面锉削（见图 3-5-52a）。锉削时，右手把锉刀柄部向下压，左手把锉刀前端向上抬，这样锉出的圆弧面不会出现棱边现象，使圆弧面光洁圆滑。它的缺点是不易发挥锉削力量，而且锉削效率不高，只适用于加工余量较小或精锉圆弧面时采用。

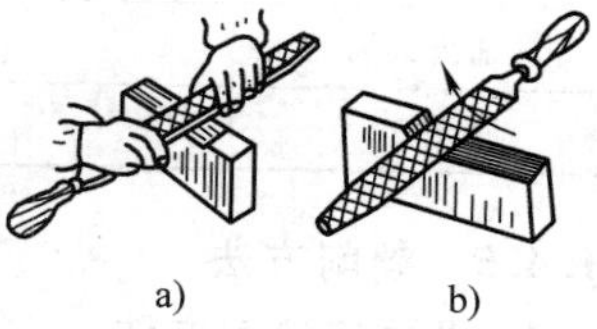

a) b)

图 3-5-51 推锉法的应用

a）推锉狭长平面

b）推锉内圆弧面

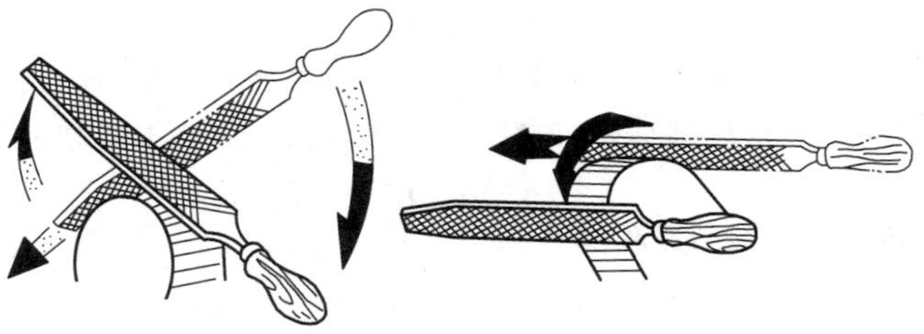

a)　　b)

图 3-5-52　外圆弧面的锉削方法

2）横着圆弧面锉削（见图 3-5-52b）。锉削时，锉刀按图示方向做直线推进，容易发挥锉削力量，能较快地把圆弧外的部分锉成接近圆弧的多棱形，然后再用顺着圆弧面锉削的方法精锉成圆弧。

（2）内圆弧面的锉削方法（见图 3-5-53）　锉削内圆弧面时，锉刀要同时完成三个运动，即前进运动、随圆弧面向左或向右移动（约半个到一个锉刀直径）和绕锉刀中心线转动（顺时针或逆时针方向转动）。

如果锉刀只做前进运动，即圆锉刀的工作面不做沿工件圆弧曲线的运动，而只做垂直于工件圆弧方向的运动，那么就会将圆弧面锉成凹形（深坑）（见图 3-5-54a）。

如果锉刀只有前进和向左（或向右）的移动，锉刀的工作面仍不做沿工件圆弧曲线的运动，而做沿工件圆弧的切线方向运动，那么锉出的圆弧面将成为棱形（见图 3-5-54b）。

锉削时只有将三个运动同时完成，才能使锉刀工作面沿工件的圆弧做锉削运动，从而加工出圆滑的内圆弧面（见图 3-5-54c）。

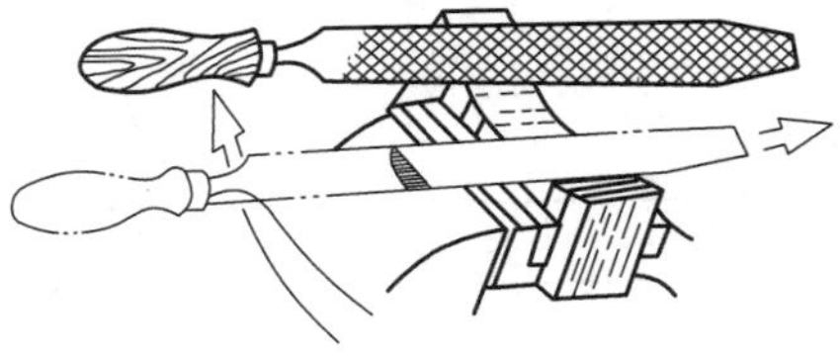

图 3-5-53　内圆弧面的锉削方法

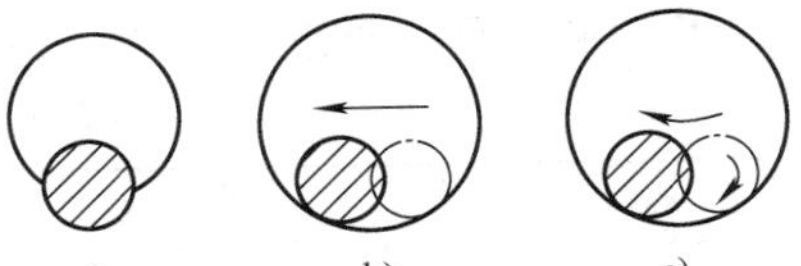

a)　b)　c)

图 3-5-54　内圆弧面锉削时的三个运动分析

3. 确定锉削顺序的一般原则

1）选择工件所有锉削面中最大的平面光锉，达到规定的平面度要求后作为其他平面锉削时的测量基准。

2）先锉平行面，达到规定的平面度要求后，再锉与其相关的垂直面，以便控制尺寸和精度要求。

3）平面与曲面连接时，应先锉平面后锉曲面，以便圆滑连接。

5.1.5　刮削

在工件已加工的表面上，用刮刀刮除工件表面薄层而达到精度要求的方法称为刮削。

刮削是在标准工具的工作面上涂以显示剂，与被刮工件两者合研显点（凸点），然后利用刮刀将高点金属刮除。这种方法具有切削量小、切削力小、产生热量小、加工方便和装夹变形小等特点。通过刮削后的工件表面，能获得很高的几何精度、尺寸精度、接触精度、传动精度及降低表面粗糙度值等。另外，刮削后留下的一层薄花纹，既可增加工件表面的美观又可储油，以润滑工件的接触表面，减少摩擦，延长工件的使用寿命。

刮削使用的工具简单，不受工件形状和位置的限制而能获得很高的精度，被广泛应用于机械制造中，如机床导轨面、转动轴颈和滑动轴承之间的接触面、工具和量具的接触面，以及密封表面等。

5.1.5.1 常见刮削的应用及刮削面种类

1. 常见刮削应用举例（见表3-5-47）

表 3-5-47 常见刮削应用举例

应用举例	刮削后的效果
相互运动的导轨副	有良好的接触率,承受压力大,耐磨性好,运动精度稳定
相互连接的结合面	增加连接刚性,传动件几何精度稳定,不易变形
密封性结合面	提高密封性能,防止泄漏气体和液体
具有配合公差的面(孔)	有良好的接触率、理想的配合精度,运动件精度稳定
机床装配几何精度	使各部件相互精度要求一致,保证机床工作精度

2. 刮削面种类（见表3-5-48）

表 3-5-48 刮削面种类

种类		示例
平面	单个平面	平板、平尺、工作台面等
	组合平面	平V形导轨面、燕尾槽导轨面、矩形导轨面等
曲面	圆柱面、圆锥面	圆孔、锥孔滑动轴承,圆柱导轨,锥形圆环导轨等
	球面	自位球面轴承、配合球面等
	成形面	齿条、蜗轮的齿面等

5.1.5.2 刮削工具[⊖]

1. 专用刮研工具（见表3-5-49）

表 3-5-49 专用刮研工具

名称	简图	用途
燕尾平板	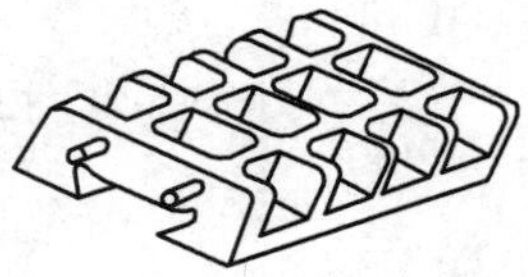	用于检验凸燕尾导轨
组合平板	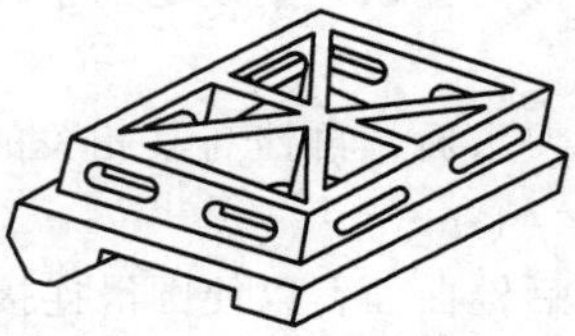	用于检验由一个平面和一个V形面组合的导轨

2. 刮刀

（1）刮刀的种类及用途　根据刮削面形状的不同，刮刀可分为平面刮刀和曲面刮刀两大类。

⊖ 刮削工具中，铸铁平尺的准确度等级分为00级、0级、1级、2级共4级，铸铁平尺的型式及公称尺寸见GB/T 24760。

1）平面刮刀。主要用于刮削平面，如平板、平面导轨、工作台等，也可用于刮削外曲面。按所刮削表面精度要求不同，可分为粗刮刀、细刮刀和精刮刀三种。

平面刮刀的种类及用途见表 3-5-50。

表 3-5-50　平面刮刀的种类及用途　（单位：mm）

普通手推平面刮刀

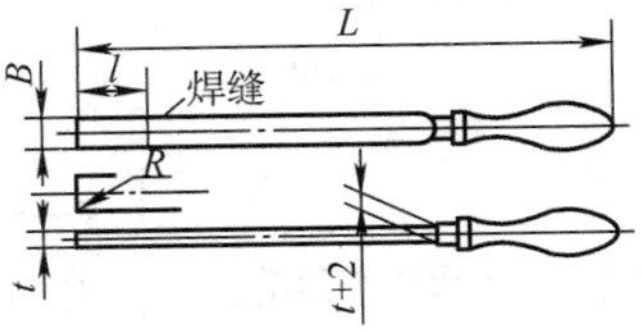

种　类	L	l	B	t	R	用　途
粗刮刀	450～600	150	25～30	4～4.5	120	粗刮
细刮刀	350～450	100	25	3～3.5	60	细刮
精刮刀	300～350	75	20	2.5～3	50	精刮或刮花
小刮刀	200～300	50	15	2.5	40	小工件精刮

挺刮式平面刮刀

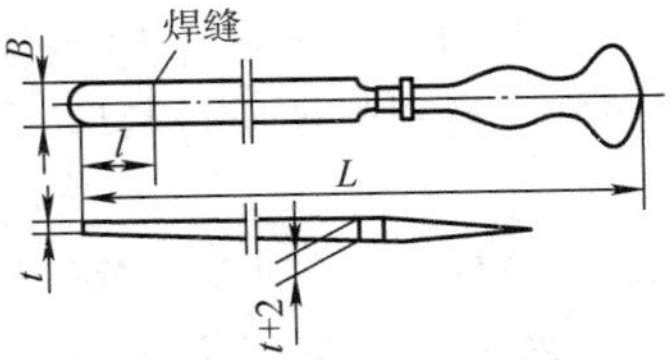

种　类	L	l	B	t	用　途
大型	600～700	150	25～30	4～5	粗刮大平面
小型	450～600	150	20～25	3.5～4	细刮大平面

拉刮刀

形状和尺寸	用　途
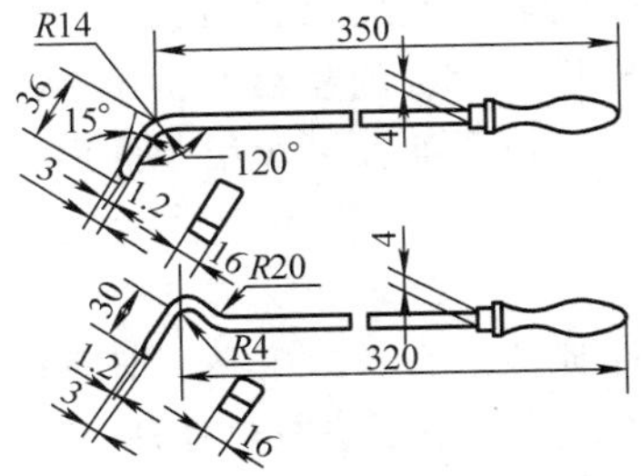	刀体呈曲形，弹性较强，刮削出的工件表面光洁，常用于精刮和刮花，也可拉刮带有台阶的平面

双刃刮花刀

形状和尺寸	用　途
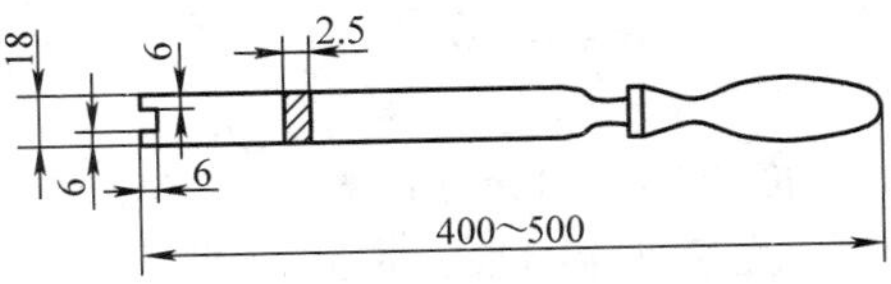	专用于刮削交叉花纹

2）曲面刮刀。主要用于刮削内曲面，如滑动轴承内孔等。常用曲面刮刀的种类及用途见表3-5-51。

表3-5-51 常用曲面刮刀的种类及用途

种 类	图 示	用 途
三角刮刀		常用三角锉刀改制,用于刮削各种曲面
蛇头刮刀	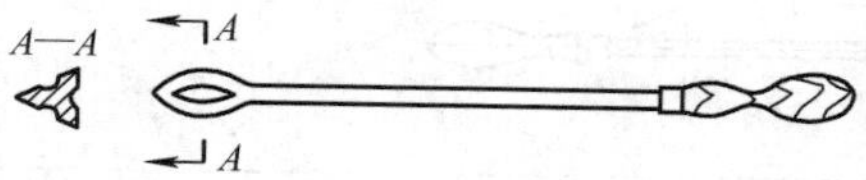	刮刀头部具有三个带圆弧形的切削刃,刀平面磨有凹槽,切削刃圆弧大小视工件的粗、精刮而定(粗刮刀圆弧的曲率半径大,精刮刀圆弧的曲率半径小),刮削时不易产生振痕,适用于精刮各种曲面
柳叶刮刀	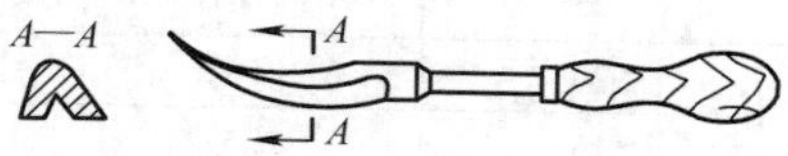	有两个切削刃,刀尖为精刮部分,后部为强力刮削部分,适用于精刮余量不多的各种曲面

（2）刮刀材料和热处理方法　刮刀的材料一般采用非合金工模具钢，如T8、T10、T12、T12A等或轴承钢，如GCr15锻制而成。当刮削硬质材料时，也可将硬质合金刀片焊在刀杆上使用。

若刮刀采用非合金工模具钢或轴承钢时，将刮刀粗磨好后须进行热处理，其过程由淬火+回火组成。方法是用氧乙炔火焰或炉火中加热至780~800℃（呈暗橘红色）后，迅速从炉中取出，并垂直地把刮刀放入冷却液中冷却。浸入深度，平面刮刀为5~8mm，三角刮刀为整个切削刃，蛇头刮刀为圆弧部分。将刮刀沿着水面缓慢移动（见图3-5-55），由此造成水面波动，又使淬硬与不淬硬部分不致有明显的界线，避免了刮刀在淬硬与不淬硬的界限处断裂。待冷却到刮刀露出水面部分呈黑色时，由冷却液中取出，这时利用刮刀上部的余热进行回火；当刮刀浸入冷却液部分的颜色呈白色后，再迅速将刮刀全部浸入冷却液中，至完全冷却后再取出。

冷却液有三种：第一种是水，一般用于平面粗刮刀及刮削铸铁或钢的曲面刮刀时的淬火，淬硬程度一般低于60HRC；第二种是含有体积分数为15%的盐溶液，用于刮削较硬金属的平面刮刀时的淬火，淬硬程度一般大于60HRC；第三种是油，一般用于曲面刮刀及平面精刮刀时的淬火，淬硬程度为60HRC左右。

（3）刮刀刃磨方法

1）平面刮刀的刃磨。平面刮刀的刃磨分三个阶段进行，即粗磨、细磨和精磨。

① 粗磨。粗磨是在砂轮上进行，使刀头基本成形，然后进行热处理。

② 细磨。刮刀淬火后进行细磨，先磨刮刀两个平面（见图3-5-56a）。将两个平面分别在砂轮的侧面磨平，要求达到平整，厚薄均匀，再将头部长度为30~60mm的平面磨到厚度为1.5~4mm（一般刮刀切削部分的厚度）的平面；然后磨出刮刀两侧窄面；最后将刮刀的顶端面在砂轮的外圆弧面上（见图3-5-56b）平稳地左右移动，刃磨到顶端面与刀身中心线垂直即可。

③ 精磨。经细磨后的刮刀，切削刃还不太符合平整和锋利的要求，必须在油石上进行精磨。精磨时，应在油石表面上滴上适量润滑油，先磨两个平面，再磨端面。

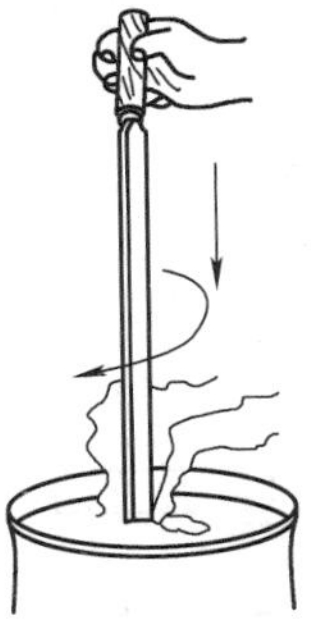

图 3-5-55　刮刀淬火

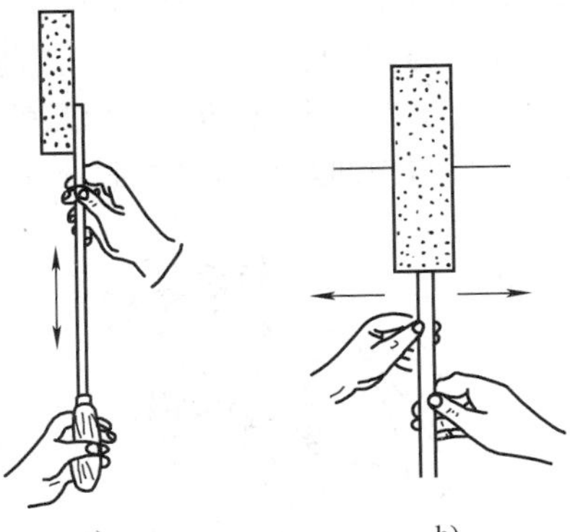

a)　b)

图 3-5-56　平面刮刀的刃磨

精磨两个平面时（见图 3-5-57a），应使刀头的平面平贴在油石上并来回移动。当一面磨好后再磨另一面。刮刀两平面经过多次反复刃磨，直到平面光洁平整为止。图 3-5-57b 所示的磨法是错误的，它会将平面磨成弧面，刃口不锋利。

刃磨刮刀顶端面（见图 3-5-58）时，右手握住靠近刀头部分，左手扶住刀柄，使刮刀直立在油石上，略带前倾并来回移动。当右手向前推时，刮刀稍微向前倾斜，使刀端前半面在油石上磨动；当向后拉回时，应略提起刀身，以免磨损刃口。当前半面磨好后，把刮刀翻转 180°，再用同样的方法刃磨刮刀的另半面。这样反复刃磨，直到符合精度要求为止。

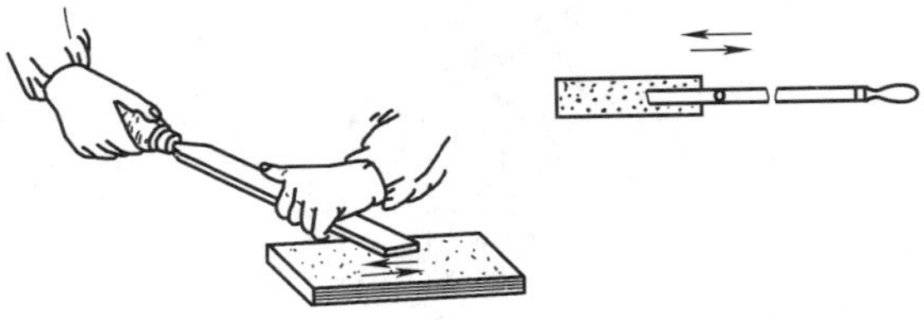

a)　b)

图 3-5-57　刮刀平面的精磨

图 3-5-58　刃磨刮刀顶端面方法（一）

图 3-5-59 所示为刃磨刮刀顶端面的又一种方法。它是用两手握住刀身，并将刮刀上部靠在操作者的肩前部，呈一定楔角；然后两手施加压力，将刮刀向后拉动，刃磨刀端的一个半面。当刮刀向前移动时，应将刮刀提起，以免损伤刃口，此半面磨好后，将刮刀翻转 180°，再用同样的方法刃磨另一半面，直至符合精度要求为止。这种方法容易掌握，但刃磨速度较慢。

刃磨刮刀顶端面时，应按粗刮刀、细刮刀、精刮刀的不同，磨出不同的楔角（见图 3-5-60）。

粗刮刀：β 为 90°~92.5°，切削刃必须平直。

细刮刀：β 为 95°左右，切削刃稍带圆弧。

精刮刀：β 为 97.5°左右，切削刃呈圆弧形，而圆弧半径要小于细刮刀。

2）曲面刮刀的刃磨。

① 三角刮刀的刃磨。一般先将锻好的毛坯在砂轮上粗磨（见图 3-5-61），右手握住三角刮

刀刀柄，左手将刮刀的刃口以水平位置轻压在砂轮的外圆弧面上，按切削刃弧形来回摆动。一面刃磨完毕后再以同样的方法刃磨其他两面，使三个面的交线形成弧形的切削刃，接着按图 3-5-62 所示，将三角刮刀的三个圆弧面在砂轮角上开槽。刃磨时，刮刀应上下左右移动，刀槽要开在两刃中间，切削刃边上只留 2~3mm 的棱边。

图 3-5-59　刃磨刮刀顶端面方法（二）

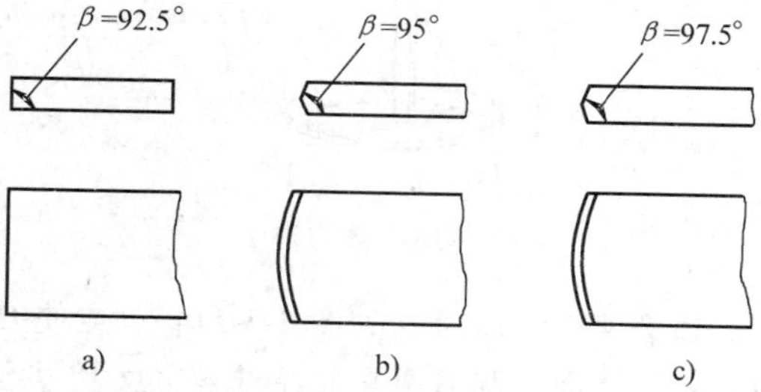

图 3-5-60　刮刀头部形状和角度
a）粗刮刀　b）细刮刀　c）精刮刀

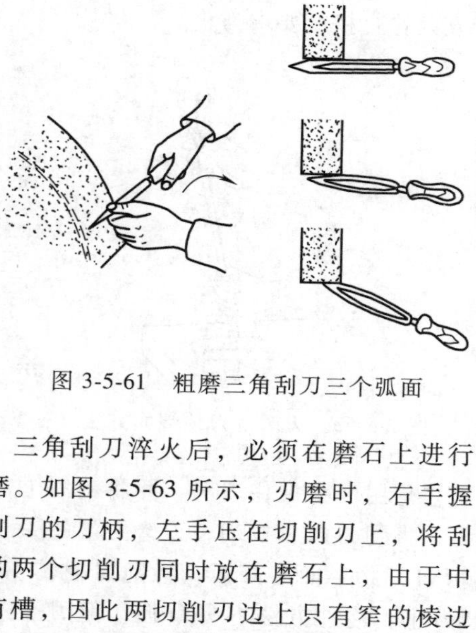

图 3-5-61　粗磨三角刮刀三个弧面

图 3-5-62　三角刮刀的开槽

三角刮刀淬火后，必须在磨石上进行精磨。如图 3-5-63 所示，刃磨时，右手握住刮刀的刀柄，左手压在切削刃上，将刮刀的两个切削刃同时放在磨石上，由于中间有槽，因此两切削刃边上只有窄的棱边被刃磨。使切削刃沿着油石长度方向来回移动，在切削刃来回移动的同时，还要按切削刃的弧形做上下摆动，直到切削刃锋利为止。

② 蛇头刮刀两平面的粗磨和精磨方法与平面刮刀相似，刀头的刃磨及开槽方法与三角刮刀相似。

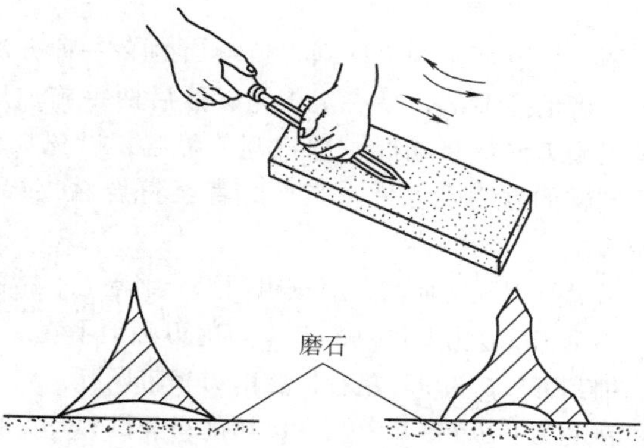

图 3-5-63　三角刮刀的精磨

5.1.5.3 刮削用显示剂的种类及应用范围（见表 3-5-52）

表 3-5-52 刮削用显示剂的种类及应用范围

种类	成分	特点	应用范围
红丹	一氧化铅再度氧化制成，俗称铅丹。配方为：红丹：N32G 液压油：煤油≈100：7：3	呈橘黄色，粒度细腻，研点真实，无腐蚀作用，但研点后颜色较淡，对眼睛有反光刺激，虽有铅毒现象产生，但对人体无较大妨害	用于铸钢件及部分非铁金属的刮削，是金属切削机床机械加工结合面接触检验及评定和锥孔接触精度评定的显示剂
	氧化铁红 配方同上	呈红褐色，粒度较粗，研点清楚，对眼睛无反光作用	可用于铸钢件及部分非铁金属的刮削，但不能作为接触精度评定的显示剂
普鲁士蓝油	普鲁士蓝粉混合适量 L-AN 牌号的油与蓖麻油	呈深蓝色，研点小而清楚，刮点显示真实，当室内温度较低时不易涂刷	用于精密零件，特别适用于有色金属刮削和检验
印红油	碱性品红溶解在乙醇中，加入甘油配制而成	呈鲜红色，对眼睛略有反光刺激，取材方便	用于锥孔接触及刮削面的接触判别，但不作为评定用显示剂
烟墨油	烟墨与 L-AN 牌号的油混合	点子成黑色，研点小而清楚	用于表面呈银白色的金属刮削和检验，较少采用
松节油或乙醇	松节油或乙醇	研点发光亮，特别精细真实，对零件有腐蚀作用，对眼睛有反光刺激	用于精密零件的刮削与检验，较少采用

在使用显示剂时，关键是显示剂的调和及涂布。显示剂的稀稠要适当，粗刮时，显示剂应当调稀些，这样既便于涂布，而且显示出的研点也大些。同时，一般应将显示剂涂在标准平板表面上，这样在刮削过程中，切屑不易黏附在刮刀的切削刃口上，刮削比较方便。精刮时，显示剂可调和得干些，涂布时应薄而均匀，一般应将显示剂涂布在工件表面上，这样工件表面显示出的研点呈红底黑点，不反光，容易看清，便于提高刮削精度。

5.1.5.4 刮削余量的选择

1. 平面刮削余量的选择（见表 3-5-53）

表 3-5-53 平面刮削余量的选择 （单位：mm）

零件宽度	零件长度				
	100～500	>500～1000	>1000～2000	>2000～4000	>4000～6000
≤100	0.10	0.15	0.20	0.25	0.30
>100～500	0.15	0.20	0.25	0.30	0.40
>500～1000	0.25	0.25	0.35	0.45	0.50

2. 内孔刮削余量的选择（见表 3-5-54）

表 3-5-54 内孔刮削余量的选择 （单位：mm）

内孔直径	内孔长度		
	≤100	>100～200	>200～300
≤80	0.04～0.06	0.06～0.09	0.09～0.12
>80～120	0.07～0.10	0.10～0.13	0.13～0.16
>120～180	0.10～0.13	0.13～0.16	0.16～0.19
>180～260	0.13～0.16	0.16～0.19	0.19～0.22
>260～360	0.16～0.19	0.19～0.22	0.22～0.25

5.1.5.5 刮削精度要求

刮削面的精度常用（25×25）mm^2 内的研点数目表示。

1. 平面刮点要求（见表3-5-55）

2. 滑动轴承刮点要求（见表3-5-56）

3. 金属切削机床刮点要求（见表3-5-57）

表3-5-55 平面刮点要求

表面类型	每(25×25)mm^2内的研点数	刮削前工件表面粗糙度 $Ra/\mu m$	应用举例
超精密面	>25	3.2	0级平板,精密量仪
精密面	20~25	3.2	1级平板,精密量具
	16~20	6.3	精密机床导轨、精密滑动轴承
一般	12~16	6.3	机床导轨及导向面,工具基准面
	8~12	6.3	一般基准面,机床导向面,密封结合面
	5~8	6.3	一般结合面
	2~5	6.3	较粗糙机件的固定结合面

表3-5-56 滑动轴承刮点要求

轴承直径/mm	金属切削机床			锻压设备、通用机械		动力机械、冶金设备	
	机床精度等级						
	Ⅲ级和Ⅲ级以上	Ⅳ级	Ⅴ级	重要	一般	重要	一般
	每(25×25)mm^2内的研点数						
≤120	20	16	12	12	8	8	5
>120	16	12	10	8	6	6	2

表3-5-57 金属切削机床刮点要求

机床精度等级	静压、滑、滚导轨		移置导轨		镶条压板滑动面	特别重要结合面
	每条导轨宽度/mm					
	≤250	>250	≤100	>100		
	每(25×25)mm^2内的研点数					
Ⅲ级和Ⅲ级以上	20	16	16	12	12	12
Ⅳ级	16	12	12	10	10	8
Ⅴ级	10	8	8	6	6	6

5.1.5.6 刮削方法

1. 平面的刮削方法

（1）显点方法　显点方法应根据工件的形状和刮削面积的大小而定。

工件显点前，被刮削表面一般都存在很小的毛刺，应采用研磨平整的大油石轻轻地清除被刮削表面上的毛刺，然后才能涂上显示剂显点。

中小型工件显点，一般是标准平板固定，工件被刮削面在平板上推研（见图 3-5-64）。研点时，施加压力要均匀，运动轨迹一般呈 8 字形或螺旋形，也可直线推拉。工件被刮削面小于平板时，研点范围不应超出平板；被刮削面等于或大于平板时，允许工件超出平板，超出部分应小于工件长度的 1/3。

大型工件显点，工件要固定，标准工具在工件被刮削面上研点。标准工具超出工件被刮削面的长度应小于标准工具的 1/5。

质量不对称工件的显点，推研时应在工件适当部位进行托或压（见图 3-5-65），托或压的力大小要适当、均匀、平稳。

图 3-5-64　中小型工件显点方法

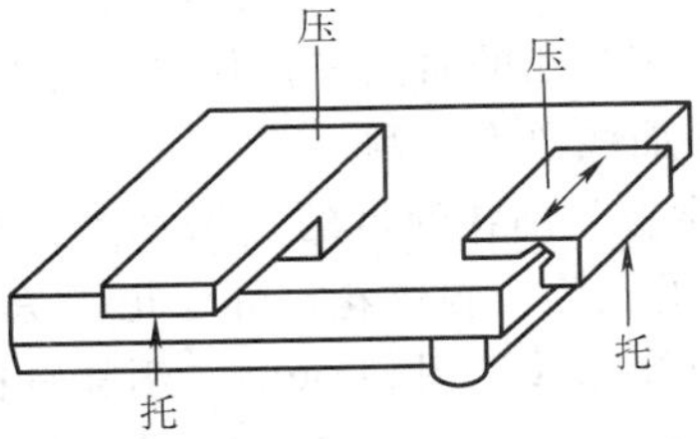

图 3-5-65　质量不对称工件显点方法

（2）平面刮削方式

1）手推式刮削。如图 3-5-66 所示，右手握刀柄，左手握刀杆，距刀刃 50~70mm，刮刀与被刮削表面成 25°~30°。同时，左脚前跨一步，上身向前倾。刮削时，右臂利用上身摆动向前推，左手向下压，并引导刮刀运动方向，在下压推挤的瞬间迅速抬起刮刀，这样就完成了一次刮削动作。

2）挺刮式刮削。如图 3-5-67 所示，将刮刀柄（圆柄处）顶在小腹下侧，双手握刀杆，距刀刃 70~80mm，左手在前，右手在后。刮削时，左手下压，落刀要轻，利用腿和臂部力量使刮刀向前推挤，双手引导刮刀前进。在推挤后的瞬间，用双手将刮刀提起，这样就完成了一次刮削动作。

图 3-5-66　手推式刮削

图 3-5-67　挺刮式刮削

（3）平面刮削步骤　平面刮削分粗刮、细刮、精刮和刮花四个步骤。

1）粗刮。经机械加工的工件，可先用粗刮刀普遍刮一遍。在整个刮削面上采用连续推铲的方法，使刮出的刀迹连成长片。粗刮时，有时会出现平面四周高、中间低的现象，故四周必须多刮几次，而且每刮一遍应转过 30°~45°的角度交叉刮削，直至每（25×25）mm^2 内含 4~6 个研点为止。

2）细刮。细刮的目的是刮去工件表面上的大块显点，进一步提高表面质量。细刮刀的宽度以15mm为宜。刮削时，刀迹长度不超过刀刃的宽度，每刮一遍要变换一个方向，以形成45°~60°网纹。整个细刮过程中，随着研点的增多，刀迹应逐渐缩短，直至每（25×25）mm^2内含12~25个研点为止。

3）精刮。精刮是在细刮的基础上进行。精刮时，应充分利用精刮刀刀头较窄、圆弧较小的特点。刀迹长度一般为5mm左右，落刀要轻，起刀后迅速挑起，每个研点上只能刮一刀，不能重复，并始终交叉进行。当研点数增至每（25×25）mm^2内有20个研点时，应按以下三个步骤刮削，直至达到规定的研点数。

① 最大、最亮的研点全部刮去。

② 中等稍浅的研点只将其中较高处刮去。

③ 小而浅研点不刮。

4）刮花。刮花的目的是增加工件刮削面的美观，以及在滑动件之间造成良好的润滑条件。常见的花纹有斜纹花、月牙花（鱼鳞花）和半月花三种。

① 斜纹花（见图3-5-68）。刮削斜花纹时，精刮刀与工件边成45°角方向刮削，花纹大小视刮削面大小而定。刮削时应一个方向刮定再刮削另一个方向。

② 月牙花（见图3-5-69）。刮削月牙花时，先用刮刀的右边（或左边）与工件接触，再用左手把刮刀压平并向前进，即左手在向下压的同时，还要把刮刀有规律地扭动一下，然后起刀，这样连续推扭刮削。

图3-5-68　斜纹花

图3-5-69　月牙花

③ 半月花（见图3-5-70）。此法是刮刀与工件呈45°，同刮“月牙花”一样，先用刮刀的一边与工件接触，再用左手把刮刀压平并向前推进。这时刮刀始终不离开工件，按一个方向连推带扭不断向前推进，连续刮出一串月牙花；然后再按相反方向刮出另一串月牙花。

除上述常见的三种花纹，还有波纹花、燕子花、地毯花、钻石花等。

（4）基准平板刮削方法　刮削基准平板（原始平板）采用三块对研方法（见表3-5-58）。

图3-5-70　半月花

表3-5-58　原始平板刮削方法

方　法	简　图
正研：先将三块平板单独进行粗刮，去除机械加工的刀痕和锈斑等；然后将三块平板分别标号进行刮研。其过程要经三次循环 一次循环：先设1号为基准，与2号互研互刮，与3号互研、单刮3号，使1与2号、2与3号相贴合	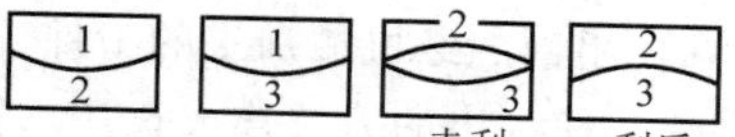

（续）

方　　法	简　　图
二次循环：在上一次基础上以 2 号平板为基准，1 号与 2 号平板互研，单刮 1 号，3 号与 1 号平板互研互刮	
三次循环：在上一次基础上，以 3 号为基准，2 号与 3 号平板互研，单刮 2 号，1 号与 2 号平板互研互刮（然后重复循环，直至规定要求）	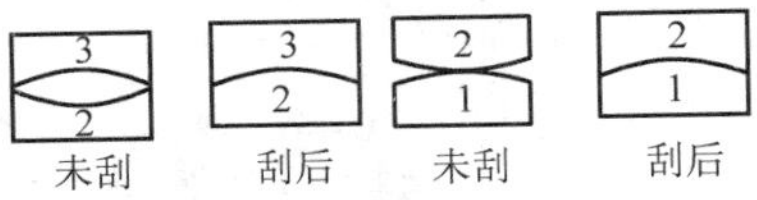
对角研：在正研过程中，三块平板还应转换方向（45°）互研，以免在平板对角部位产生扭曲现象 经互研发现有扭曲时，应根据研点修刮，直至研点分布均匀和消除扭曲，使三块平板相互之间，无论是直研、调头研、对角研，研点情况完全相同为止	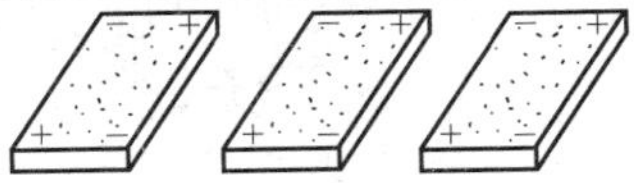 平面扭曲情况 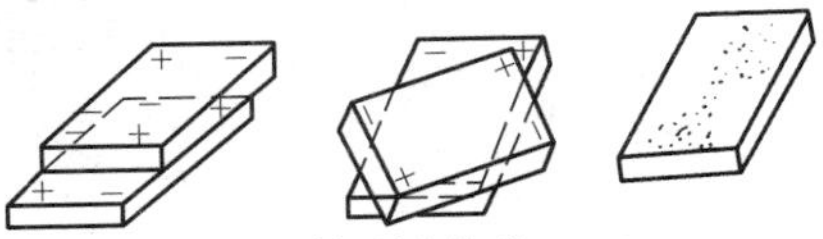 对角研点检查

2. 平行面的刮削方法

刮削前，应先确定被刮削平面中的一个平面为基准面，并进行粗、细、精刮削，当按规定达到每（25×25）mm^2 研点数的要求之后，就以此面为基准面，再刮削对应的平行面。刮削前，用百分表测量该面对基准面的平行度误差（见图 3-5-71），确定粗刮时各刮削部位的刮削量，并以标准平板为测量基准，结合显点刮削，以保证平面度要求。在保证平面度和初步达到平行度的情况下，进入细刮。细刮时，除用显点方法来确定刮削部位，还应结合百分表进行平行度测量，以进行刮削的修正。达到细刮要求后，进行精刮，直到每（25×25）mm^2 的研点数和平行度都符合要求为止。

3. 垂直面的刮削方法

垂直面的刮削方法与平行面刮削相似，刮削前先确定一个平面为基准面，进行粗、细、精刮削后作为基准面；然后对垂直面进行测量（见图 3-5-72），以确定粗刮的刮削部位和刮削量，并结合显点刮削，以保证达到平面度要求。细刮和精刮时，除按研点进行刮削，还要不断地进行垂直度测量，直到被刮削面每（25×25）mm^2 的研点数和垂直度都符合要求为止。

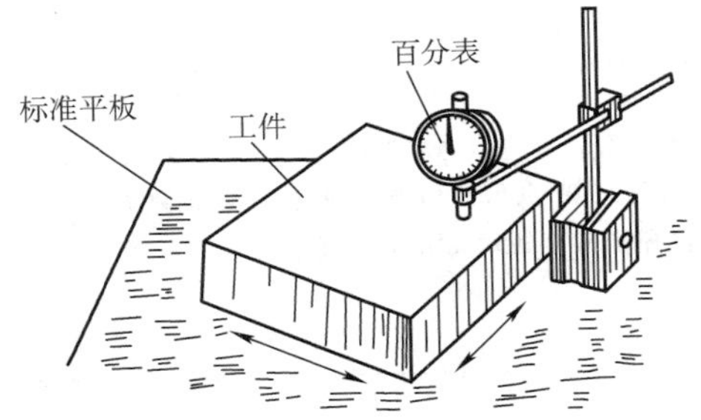

图 3-5-71　用百分表测量平行度误差

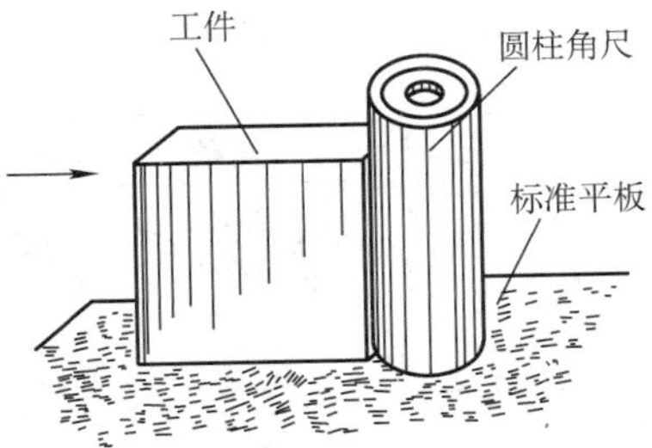

图 3-5-72　垂直度的测量方法

4. 曲面的刮削方法

曲面刮削一般指内曲面刮削；其刮削原理与平面刮削一样，但刮削方法及所用的工具不同。内曲面刮削常用三角刮刀或蛇头刮刀。刮削时，刮刀应在曲面内做后拉或前推的螺旋运动。

内曲面刮削一般以校准轴（又称工艺轴）或相配合的工作轴作为内曲面研点的校准工具。校准时，将显示剂涂布在轴的圆周面上，使轴在内曲面上来回旋转显示出研点（见图 3-5-73），然后根据研点进行刮削。

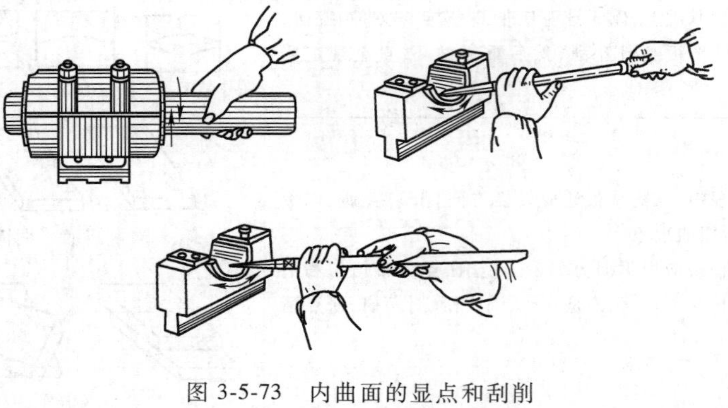

图 3-5-73 内曲面的显点和刮削

刮削时应注意以下几点：

1）刮削时用力不可太大，否则容易发生抖动，使表面产生振痕。

2）研点时，配合轴应沿内曲面来回旋转；精刮时，转动弧长应小于 25mm。切忌沿轴线方向直线研点。

3）每刮一遍之后，下一遍刮削应交叉进行，因为交叉刮削可避免刮削面产生波纹，研点也不会形成条状。

4）在一般情况下，由于孔的前、后端磨损快，因此刮削内孔时，前后端的研点要多些，中间段的研点可以少些。

5）曲面刮削的切削角度和用力方向见表 3-5-59。

表 3-5-59 曲面刮削的切削角度及用力方向

刮削类别	应用说明	
粗刮	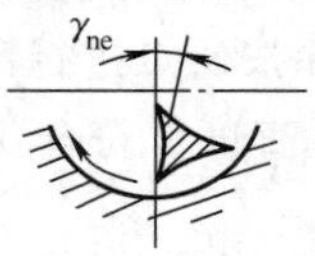	刮刀呈正前角，刮出的切屑较厚，故能获得较高的刮削效率
细刮	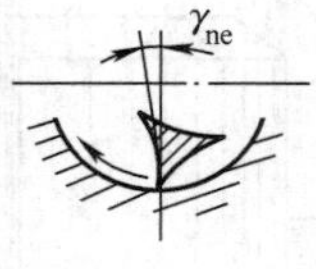	刮刀具有较小的负前角，刮出的切屑较薄，能很好地刮去研点，并能较快地把各处集中的研点改变成均匀分布的研点
精刮	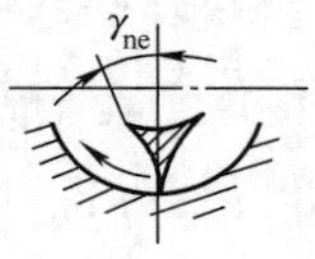	刮刀具有较大的负前角，刮出的切屑极薄，不会产生凹痕，故能获得较高的表面粗糙度值

5.1.5.7　刮削面缺陷的分析（见表 3-5-60）

表 3-5-60　刮削面缺陷的分析

缺　陷	特　征	产生原因
深凹痕	刮削面研点局部稀少或刀迹与显示研点高低相差太多	1)粗刮时用力不均、局部落刀太重或多次刀迹重叠 2)切削刃磨得过于弧形
撕痕	刮削面上有粗糙的条状刮痕，较正常刀迹深	1)切削刃不光滑和不锋利 2)切削刃有缺口或裂纹
振痕	刮削面上出现有规则的波纹	多次同向刮削，刀迹没有交叉
划道	刮削面上划出深浅不一的直线	研点时夹有砂粒、铁屑等杂质，或者显示剂不清洁
刮削面精密度不准确	显点情况无规律地改变且捉摸不定	1)推磨研点时压力不均，研具伸出工件太多，按出现的假点刮削造成 2)研具本身不准确

5.1.6　矫正和弯形

5.1.6.1　矫正

通过外力作用，消除材料或工件的弯曲、扭曲、凹凸不平等缺陷的加工方法称为矫正。

金属材料的变形有两种，一种是在外力作用下，材料发生变形，当外力去除后，仍能恢复原状，这种变形称为弹性变形；另一种是当外力去除后不能恢复原状，这种变形称为塑性变形。矫正是对塑性变形而言，所以只有对塑性好的材料才能进行矫正。

金属板材、型材矫正的实质，就是使它产生新的塑性变形来消除原来的不平、不直或翘曲变形。在矫正过程中，金属板材、型材要产生新的塑性变形，它的内部组织变得紧密，金属材料表面硬度增加，性质变脆。这种材料变硬的现象称为冷作硬化。冷硬后的材料给进一步的矫正或其他冷加工带来困难，必要时可进行退火处理，使材料恢复到原来的力学性能。

按矫正时产生矫正力的方法，矫正可分为手工矫正、机械矫正两种。

1. 手工矫正方法举例（见表 3-5-61）

2. 常用机械矫正方法举例（见表 3-5-62）

表 3-5-61　手工矫正方法举例

方　法	实例图示	说　明
扭转法	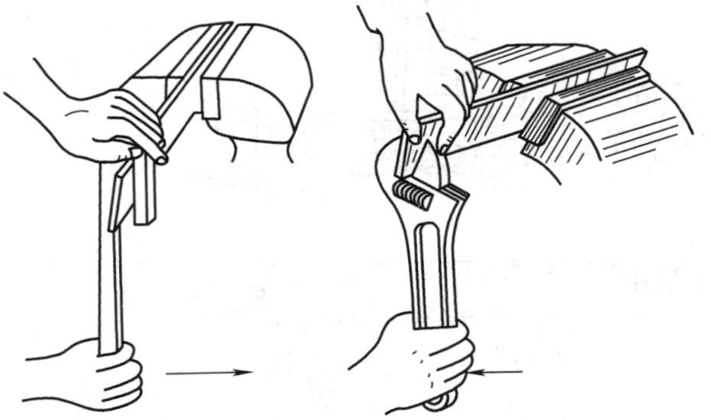 a)　b) 扁钢扭曲的矫正	将扁钢的一端用台虎钳夹住，另一端用叉形扳手（见图 a）或活扳手（见图 b）夹持扁钢向扭曲的相反方向扭转，待扭曲变形消失后，再用锤击将其矫平

（续）

方　法	实例图示	说　明
扭转法	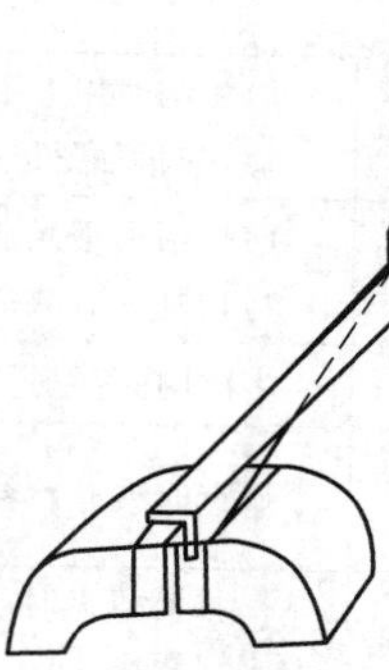 角钢扭曲的矫正	与扁钢扭曲矫正的方法相同
	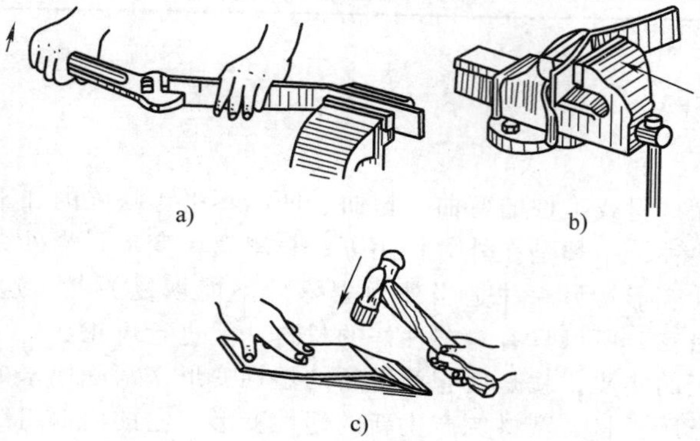 a) b) c) 扁钢弯曲的矫正	扁钢在厚度方向上弯曲时，将近弯曲处夹入台虎钳；然后在扁钢的末端用扳手朝相反方向扳动（见图a），或者将扁钢的弯曲处放在台虎钳口内，直接压直（见图b）；最后放到平板上或铁砧上用锤子锤打，矫正到平直（见图c）
弯曲法	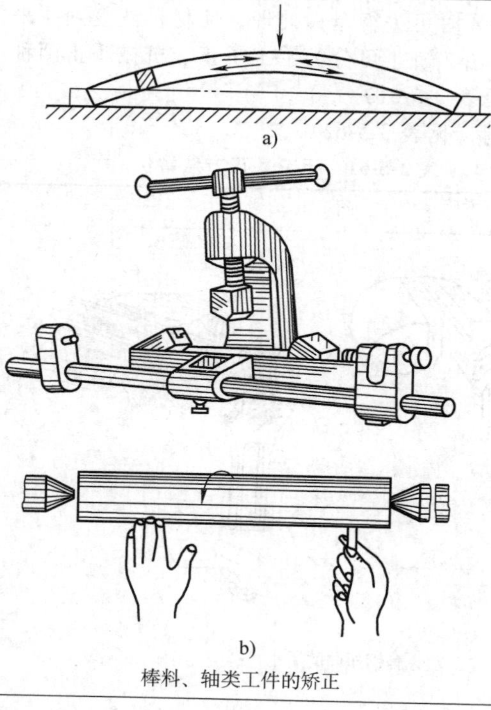 a) b) 棒料、轴类工件的矫正	直径小的棒料矫正同扁钢宽度方向上弯曲的矫正（见图a） 轴类工件的矫直一般用压力机进行（见图b）

（续）

方　法	实例图示	说　明
弯曲法	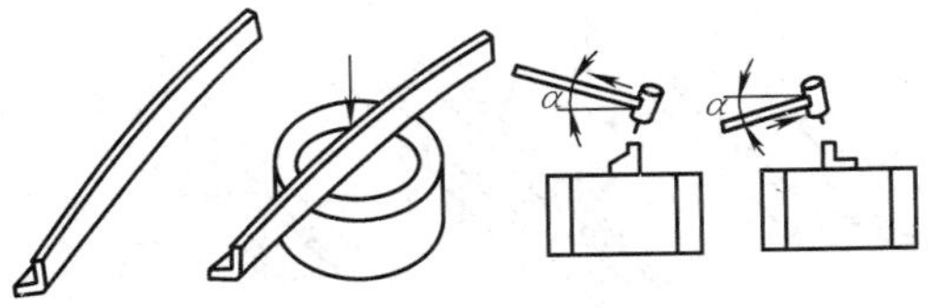 角钢外弯的矫正	矫正角钢外弯时，角钢可放在钢圈上或铁砧上。在用力锤击时，锤柄应稍微抬高或放低一个角度（α 约为 5°）
	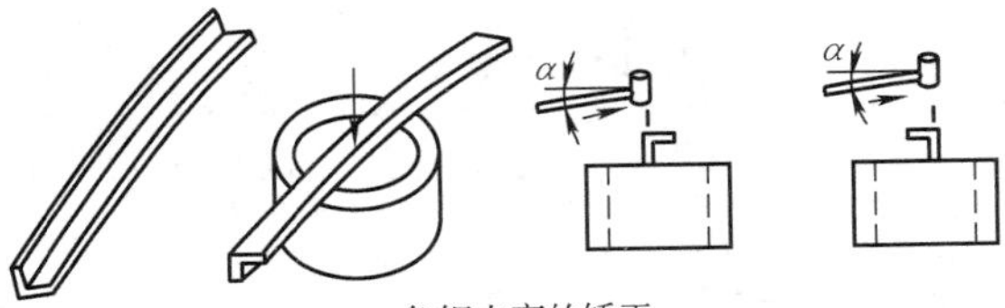 角钢内弯的矫正	矫正角钢内弯时，角钢应背（宽）面朝上立放，其矫正方法与外弯矫正方法相同
	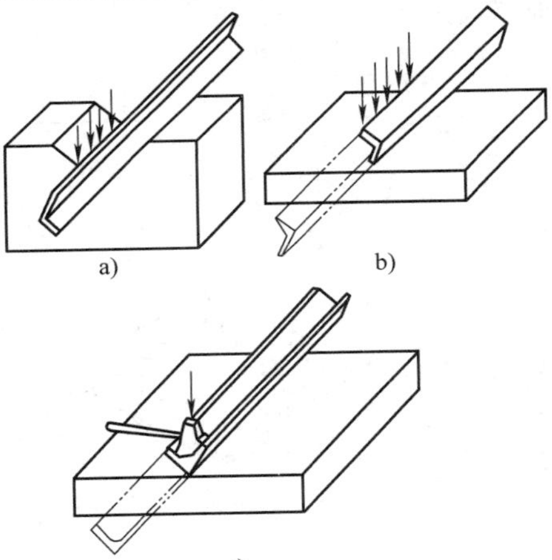 a)　b)　c) 角钢角变形的矫正	矫正角钢的角变形时，可以在 V 形铁上或平台上锤击矫正。图 a、图 b 所示为角钢夹角大于 90° 时的矫正，图 c 所示为角钢夹角小于 90° 时的矫正 如果角钢同时有几种变形，则应先矫正变形较大的部位，后矫正变形较小部位。如果角钢既有弯曲变形又有扭曲变形，应先矫正扭曲变形，然后矫正弯曲变形
	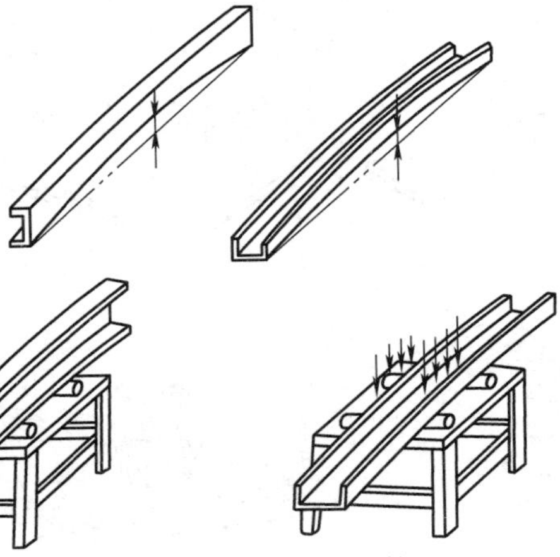 a)　b) 槽钢弯曲的矫正	槽钢弯曲变形有立弯（见图 a，腹板方向的弯曲）、旁弯（见图 b，翼板上的弯曲）。矫正方法是将槽钢用两根圆钢垫起，然后用大锤锤击

（续）

方　法	实例图示	说　明
弯曲法	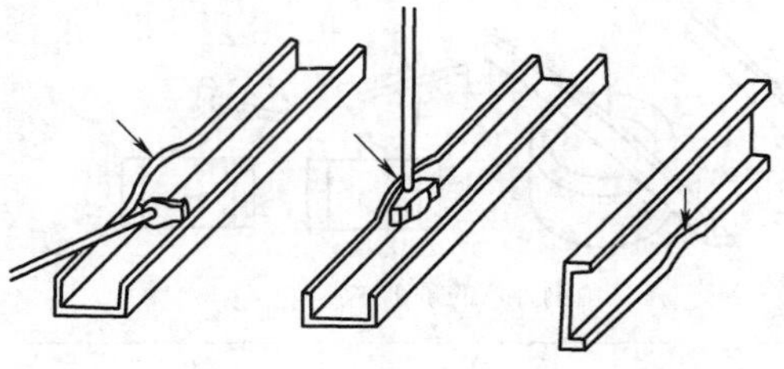 a)　b)　c) 槽钢翼板变形矫正	槽钢翼板有局部变形时，可用一个手锤垂直抵住（见图a）或横向抵住（见图b）翼板凸起部位，用另一个锤锤击翼板凸处。当翼板有局部凹陷时，也可将翼板平放（见图c），锤击凸起处，直接矫平
延展法	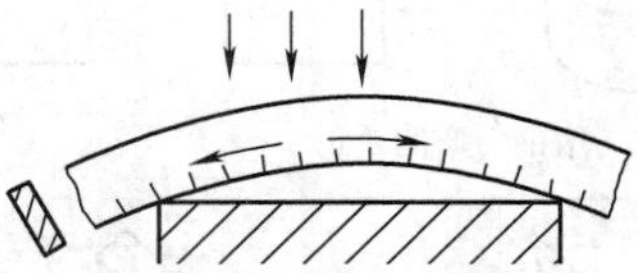 扁钢宽度方向上弯曲的矫正	扁钢在宽度方向上弯曲时，可先将扁钢的凸面向上放在铁砧上，锤打凸面，然后再将扁钢平放在铁砧上，锤击弯形里面（图中弧内短线部分为锤击部位），经锤击后使这一边材料伸长而变直
	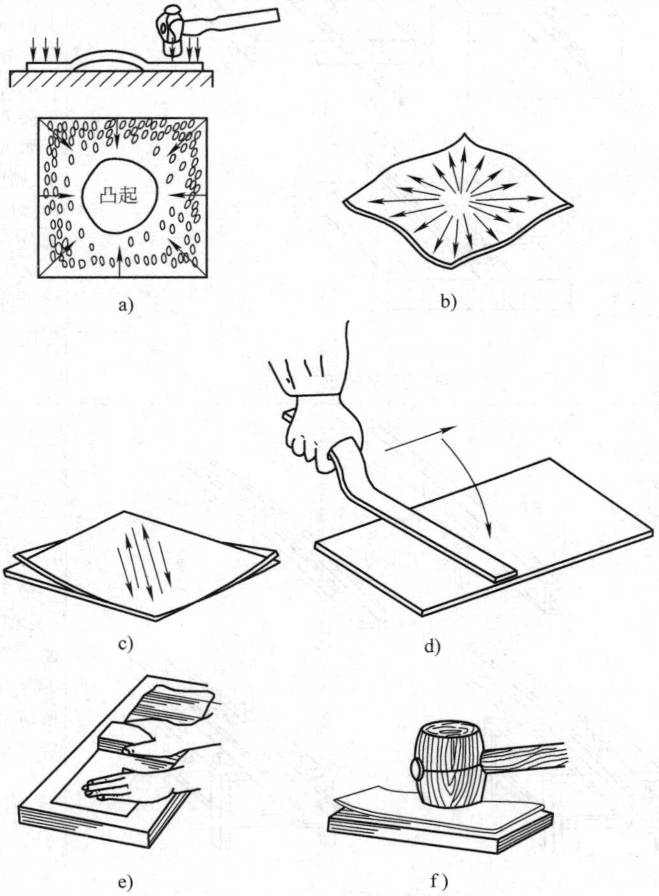 薄板的矫正	薄板中部凸起（见图a），矫正时可锤击板料的边缘，按图中箭头所示方向，从外到里锤击将材料矫平 薄板四周呈波纹状（见图b），矫正时锤击点应按图中箭头所示方向从中间向四周反复多次锤打，使其矫平 薄板对角翘曲变形（见图c），矫正时锤击点应沿另外没有翘曲的对角线锤击，使其延展而矫平 薄板有微小扭曲时（见图d），可用抽条从左到右（或从右到左）顺序抽打平面，容易达到平整 铜箔、铅箔等薄而软的箔片变形，可将箔片放在平板上，一手按住箔片，一手用木块沿变形处挤压（见图e），使其延展达到平整 也可用木锤或皮锤锤击矫平（见图f）

（续）

方　法	实例图示	说　明
延展法	厚板的矫正	由于厚板的刚度较好，矫正时可直接锤击凸起处
伸长法	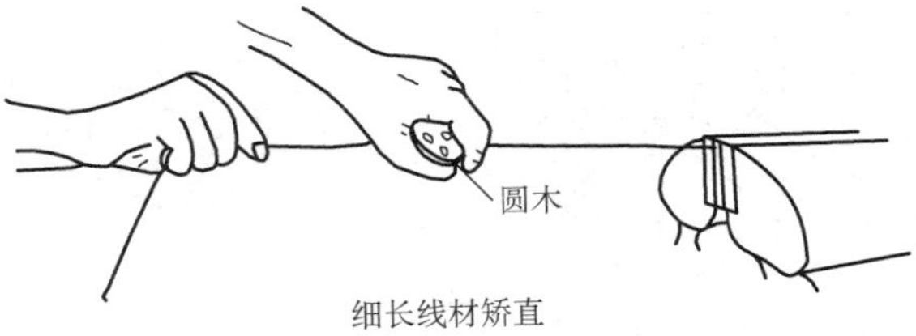 细长线材矫直	将蜷曲线材一端夹在台虎钳上，在钳口处把线材在圆木上绕一圈，用左手握住圆木向后拉，右手展开线材，线材在拉力作用下，得到伸长矫直

表 3-5-62　常用机械矫正方法举例

方　法	实例图示	说　明
用滚板机矫正板料	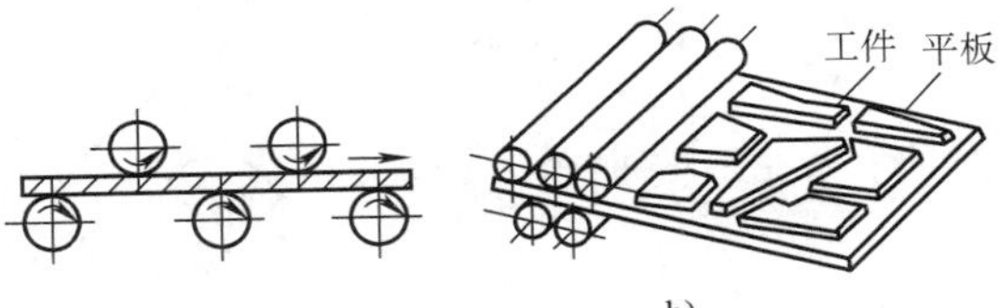 a)　b)	用滚板机矫正板料时，厚板辊少，薄板辊多，上辊双数，下辊单数（见图 a）。矫正厚度相同的小块板料时，可将其放在一块大面积的厚板上同时滚压多次，并翻转工件，直至矫平（见图 b）
用滚圆机矫正板料	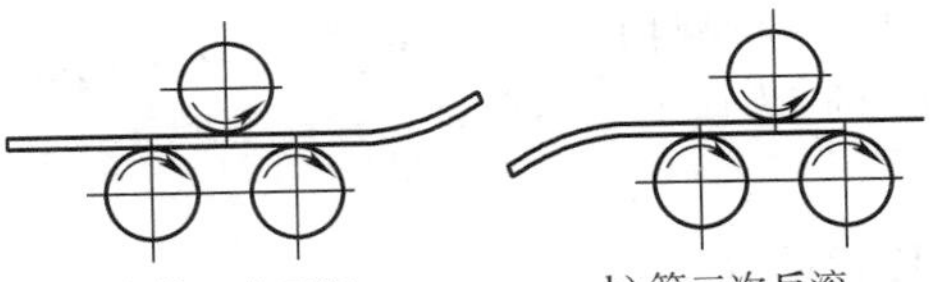 a) 第一次正滚　b) 第二次反滚	用三辊滚圆机矫正板料时，通过材料反复弯曲变形而使应力均匀，从而提高板料的平面度
用压力机矫正厚板	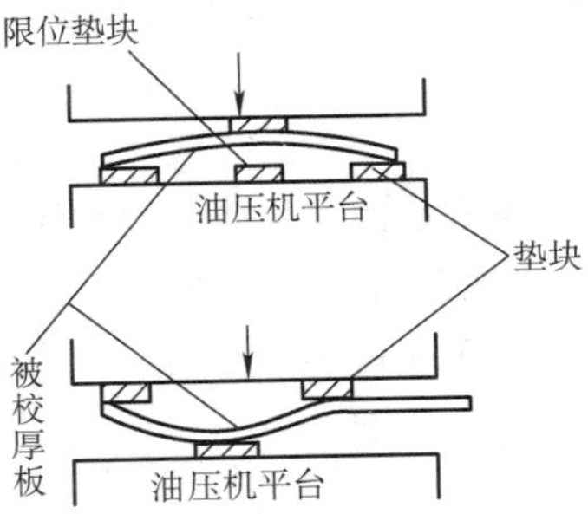	厚板矫正可用油压机进行。在工件凸起处施加压力，使材料内应力超过屈服极限，产生塑性变形，从而纠正原有变形，但应适当采用“矫枉过正”的方法，因为在矫正时材料由塑性变形而获得平整，但在卸载后还是有些部分弹性恢复

5.1.6.2　弯形

将原来平直的板料或型材弯成所需形状的加工方法称为弯形。

弯形是使材料产生塑性变形，因此只有塑性好的材料才能进行弯形。图 3-5-74a 所示为弯形前的钢板，图 3-5-74b 所示为钢板弯形后的情况。它的外层材料伸长（图中 e—e 和 d—d），内层材料缩短（图中 a—a 和 b—b），而中间一层材料（图中 c—c）在弯形后的长度不变，这一层称为中性层。材料弯曲部分的断面，虽然由于发生拉伸和压缩，使它产生变形，但其断面面积保持不变。

由于工件在弯形后，中性层的长度不变，因此在计算弯曲工件的毛坯长度时，可按中性层的长度计算。在一般情况下，工件弯形后，中性层不在材料的正中，而是偏向内层材料的一边。实验证明，中性层的位置与材料的弯曲半径 r 和材料厚度 t 有关（见图 3-5-75）。

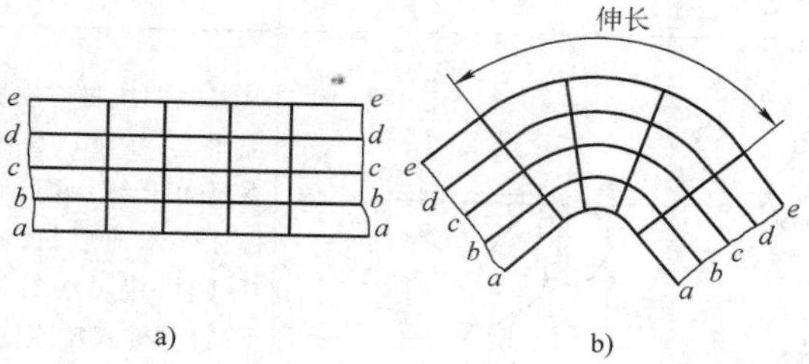

图 3-5-74 钢板弯形前后的情况

a）弯形前 b）弯形后

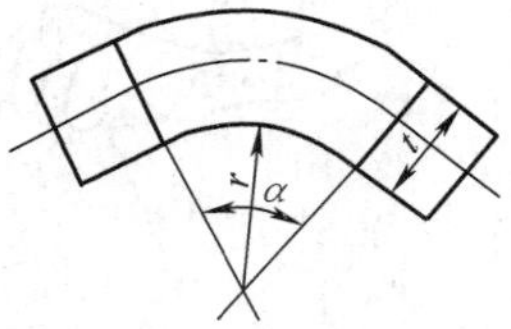

图 3-5-75 弯曲半径、材料厚度和弯曲角

在材料弯曲过程中，其变形大小与下列因素有关。

1）r/t 值越小，变形越大；反之，r/t 值越大，则变形越小。

2）弯曲角 α 越小，变形越小；反之，弯曲角 α 越大，则变形越大。

由此可见，当材料厚度不变时，弯曲半径越大，变形越小，而中性层越接近材料厚度的中间。若弯曲半径不变，材料厚度越小，而中性层也越接近材料厚度的中间。因此在不同的弯曲情况下，中性层的位置是不同的（见图 3-5-76）。

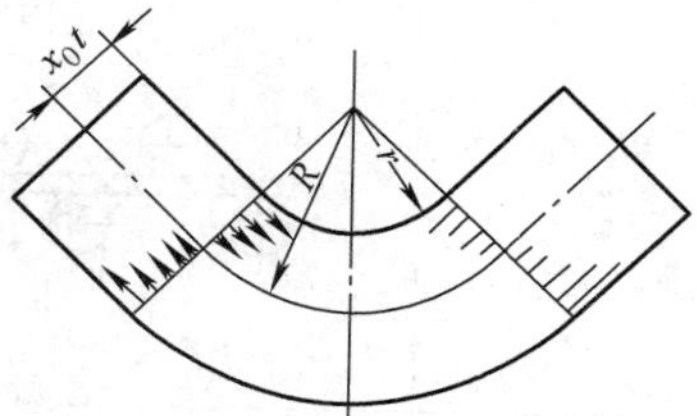

图 3-5-76 弯曲时中性层的位置

表 3-5-63 列出了弯曲中性层位置系数 x_0。

从表中 r/t 值可知，当弯曲半径 $r \geqslant 16$ 倍材料厚度 t 时，中性层在材料厚度的中间。在一般情况下，为了简化计算，当 $r/t \geqslant 5$ 时，即按 $x_0 = 0.5$ 进行计算。

1. 弯形件展开长度计算方法

（1）工件弯形前毛坯长度的计算

1）将工件复杂的弯形形状分解成几段简单的几何曲线和直线。

2）计算 r/t 值，按表 3-5-63 查出中性层位置系数 x_0 值。

3）按中性层分别计算各段几何曲线的展开长度：

$$A = \pi\ (r + x_0 t)\ \frac{\alpha}{180^\circ}$$

式中 A——圆弧部分的长度（mm）；

r——内弯曲半径（mm）；

x_0——中性层位置系数；

t——材料厚度（mm）；

α——弯形角（整圆弯曲时，$\alpha = 360^\circ$，直角弯曲时 $\alpha = 90^\circ$）。

对于内边弯成直角不带圆弧的制件，按 $r = 0$ 计算。

4）将各段几何曲线的展开长度和直线部分相加，即得工件毛坯的总长度。

（2）常用曲线展开长度计算公式（见表 3-5-64）

（3）不同弯形件展开长度计算（见表 3-5-65）

表 3-5-63 弯曲中性层位置系数 x_0

$\frac{r}{t}$	0.25	0.5	0.8	1	2	3	4	5	6	7	8	10	12	14	>16
x_0	0.2	0.25	0.3	0.35	0.37	0.4	0.41	0.43	0.44	0.45	0.46	0.47	0.48	0.49	0.5

表 3-5-64 常用曲线展开长度计算公式

曲线名称	简图	计算公式
圆周		$C=2\pi R=\pi D$
任意圆弧（AB 弧长）	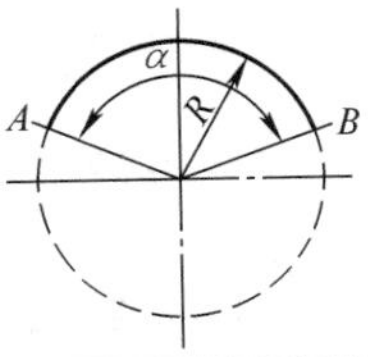	$L=\frac{\pi R\alpha}{180°}=0.01745R\alpha$
弓形	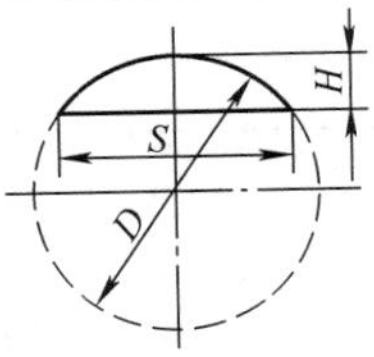	$D=H+\frac{S^2}{4H}$ $H=\frac{D-\sqrt{D^2-S^2}}{2}$ $S=2\sqrt{H(D-H)}$
椭圆	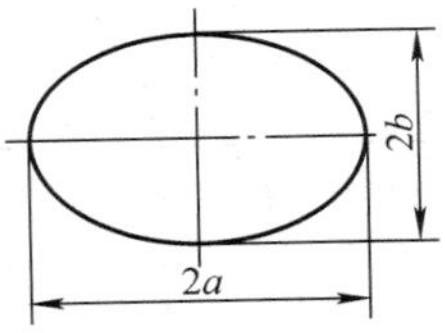	较精确值 $P=\pi\times\sqrt{2(a^2+b^2)-\frac{(a-b)^2}{4}}$ 近似值 $P=\pi(a+b)$

注：C—圆周长；R—半径；D—直径；α—任意圆弧 $\overset{\frown}{AB}$ 所对圆心角；H—弦高；S—弦长；a—椭圆长轴半径；b—椭圆短轴半径；P—椭圆周长。

表 3-5-65 不同弯形件展开长度计算

弯形件简图	计算方法
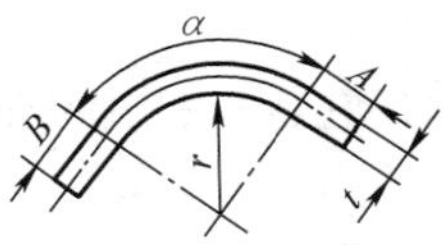弯曲部分有圆角的 $\frac{r}{t}>0.5$	弯曲部分（α 角范围内）中性层长度与不弯曲部分直线长度之和 $L=A+B+\frac{\alpha}{180°}(r+x_0t)\pi$。α>90°时，$x_0$ 值宜适当减小，反之宜大 弯曲件有几个弯角时，则将全部弯曲部分展开长加全部直线部分长即可
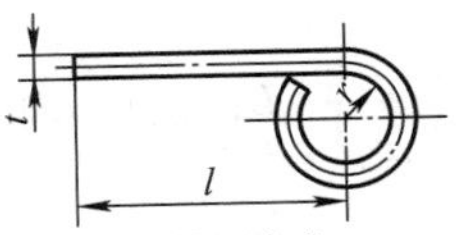铰链圈弯曲	$L=1.5\pi(r+x_0t)+r+l$ 铰链圈中性层位移系数 x_0 r/t: 0.5, 0.8, 1.0, 1.2, 1.5, 1.8, 2, 2.5, ≥3 x_0: 0.77, 0.73, 0.70, 0.67, 0.62, 0.58, 0.54, 0.52, 0.5

铰链圈中性层位移系数 x_0

r/t	0.5	0.8	1.0	1.2	1.5	1.8	2	2.5	≥3
x_0	0.77	0.73	0.70	0.67	0.62	0.58	0.54	0.52	0.5

（续）

弯形件简图	计算方法
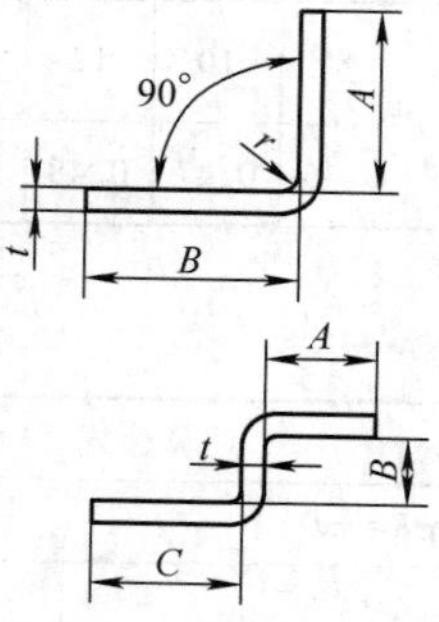 90°折角 $\left(\frac{r}{t}<0.5\right)$	$L=A+B+C+\cdots+nkt$ 式中　A、B—（包括多折角时的各段直边）内缘尺寸 n—折角数目 k—折角系数，无论单角、多角弯曲、每次只弯一个角，$k=0.4$，每次弯二个角 $k=0.3$，每次弯三个角以上，$k=0.25$
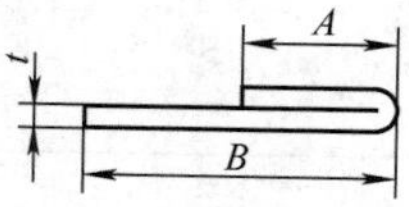 180°折角	$L=A+B-0.43t$
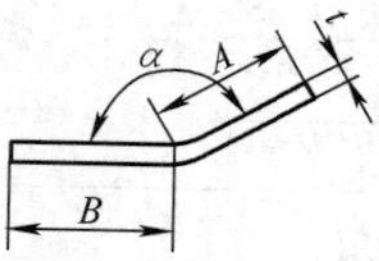 >90°折角	$L=A+B+\frac{180^\circ-\alpha}{90^\circ}\times0.4t$
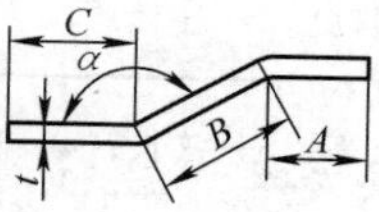 >90°多折角	当各折角相同时 $L=A+B+C+\cdots+\frac{180^\circ-\alpha}{90^\circ}nkt$ 当各折角不同时 $L=A+B+C+\cdots$ $\left(\frac{180^\circ-\alpha_1}{90^\circ}+\frac{180^\circ-\alpha_2}{90^\circ}+\cdots\right)kt$ k 的意义及取值参照本表90°折角一栏

注：L 为展开长度。

2. 弯形方法

弯形分为冷弯和热弯两种。冷弯指材料在常温下进行的弯形，它适于材料厚度小于5mm的钢材；热弯指材料在预热后进行的弯形。

按加工方法，弯形分为手工弯形和机械弯形两种。

（1）板料弯形

1）手工弯形方法举例。

① 卷边。在板料的一端划出两条卷边线，$L=2.5d$ 和 $L_1=\left(\frac{1}{4}\sim\frac{1}{3}\right)L$；然后按图3-5-77所示的步骤进行弯形。

按图a：把板料放到平台上，露出 L_1 长并弯成90°。

按图 b、图 c：边向外伸料边弯曲，直到 L 长为止。

按图 d：翻转板料，敲打卷边向里扣。

按图 e：将合适的钢丝放入卷边内，边放边锤扣。

按图 f：翻转板料，接口靠紧平台缘角，轻敲接口咬紧。

② 咬缝。咬缝基本类型有五种，如图 3-5-78 所示。与弯形操作方法基本相同，下料留出咬缝量，为缝宽×扣数。操作时，应根据咬缝种类留余量，决不可以搞平均。一弯一翻做好扣，二板扣合再压紧，边部敲凹防松脱（见图 3-5-79）。

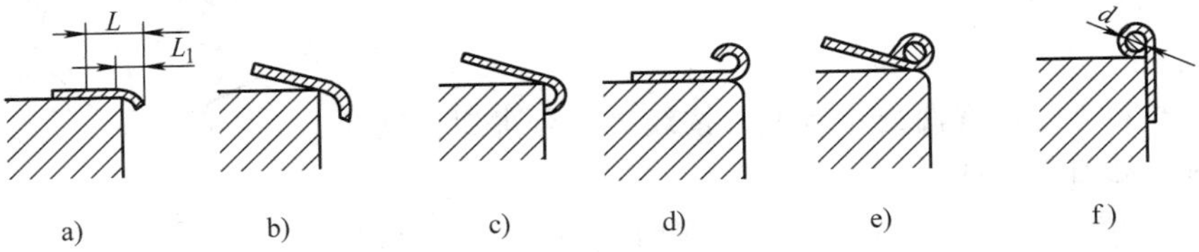

图 3-5-77　板料卷边弯形方法

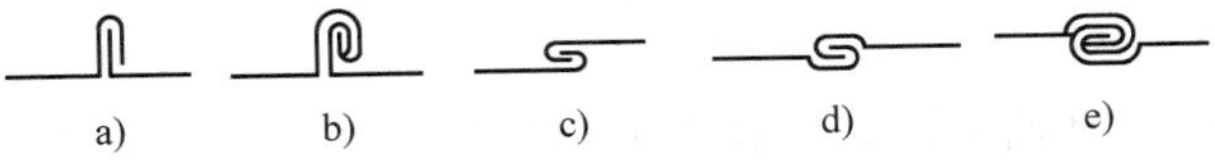

图 3-5-78　咬缝的类型

a）站缝单扣　b）站缝双扣　c）卧缝挂扣

d）卧缝单扣　e）卧缝双扣

③ 弯直角工件。如果工件形状简单、尺寸不大，而且能在台虎钳上夹持的，应在台虎钳上弯制直角（见图 3-5-80）。

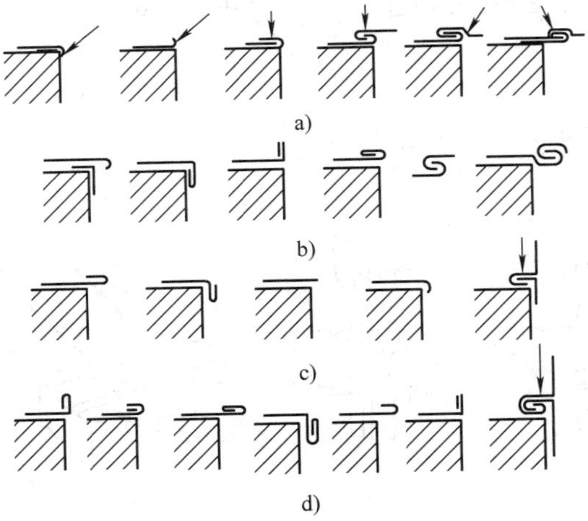

图 3-5-79　咬缝操作过程

a）卧缝单扣　b）卧缝双扣　c）站缝单扣　d）站缝双扣

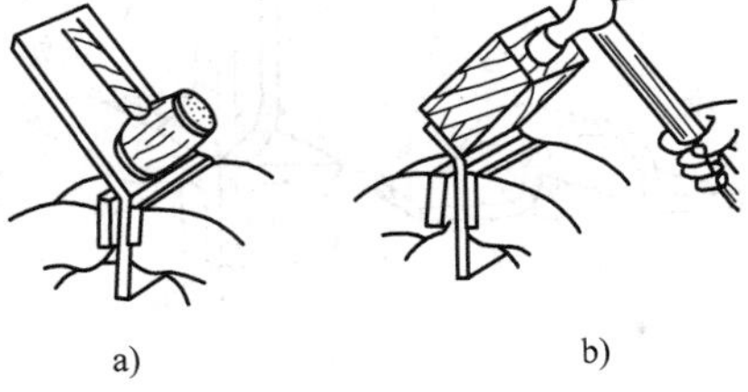

图 3-5-80　板料直角弯形方法

a）用锤子直接弯形　b）用垫块间隙变形

a. 先在弯曲部位划好线，线与钳口对齐夹持工件，两边要与钳口垂直。

b. 用木锤在靠近弯曲部位的全长上轻轻敲打，直到打到直角为止（见图 3-5-80a）。

c. 若弯曲线以上部分较短时，可用硬木块垫在弯曲处再敲打，弯成直角（见图 3-5-80b）。

当加工工件弯曲部位的长度大于钳口长度，而且工件两端又较长，无法在台虎钳上夹持时，可将一边用压板压紧在有 T 形槽的平板上，用锤子或垫上方木条锤击弯曲处（见

图 3-5-81)，使其逐渐弯成直角。

④ 弯多直角形工件。如图 3-5-82 所示，可用木垫或金属垫作辅助工具。工件弯形步骤如下：

a. 将板料按划线夹入台虎钳的两块角衬内，弯成 A 角（见图 3-5-82a）。

b. 再用衬垫①弯成 B 角（见图 3-5-82b）。

c. 最后用衬垫②弯成 C 角（见图 3-5-82c）。

⑤ 弯圆弧形工件。

方法 1：

a. 先在材料上划好弯曲处位置线，按线夹在台虎钳的两块角铁衬垫内（见图 3-5-83）。

b. 用方头锤子的窄头锤击，按图 3-5-83a、b、c 三步初步弯曲成形。

c. 最后在半圆模上修整圆弧至合格（见图 3-5-83d）。

方法 2：

a. 先划出圆弧中心线和两端转角弯曲线 Q（见图 3-5-84a）。

b. 沿圆弧中心线 R 将板料夹紧在钳口上弯形（见图 3-5-84b）。

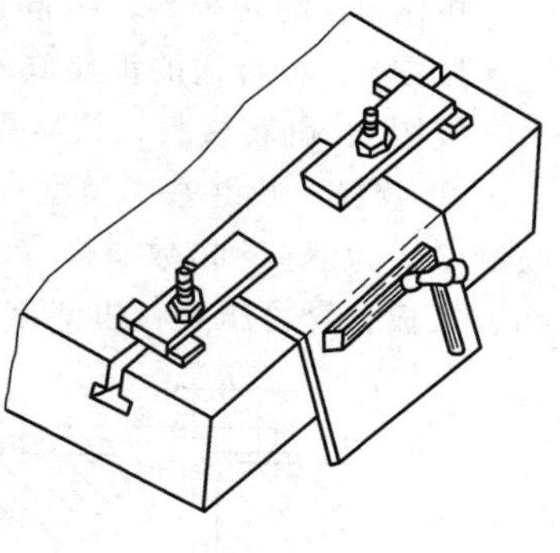

图 3-5-81　较大板料直角弯形方法

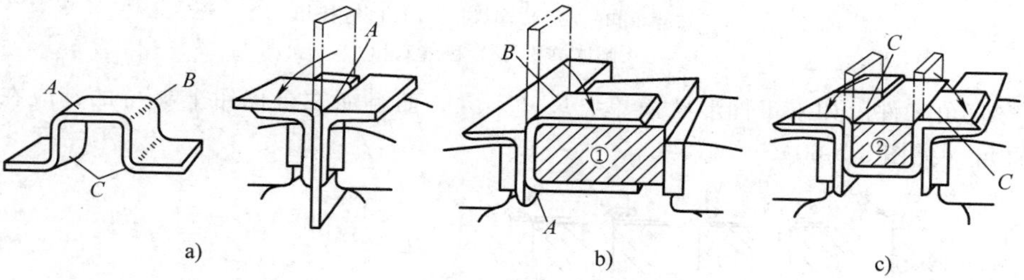

图 3-5-82　多直角形工件弯形方法

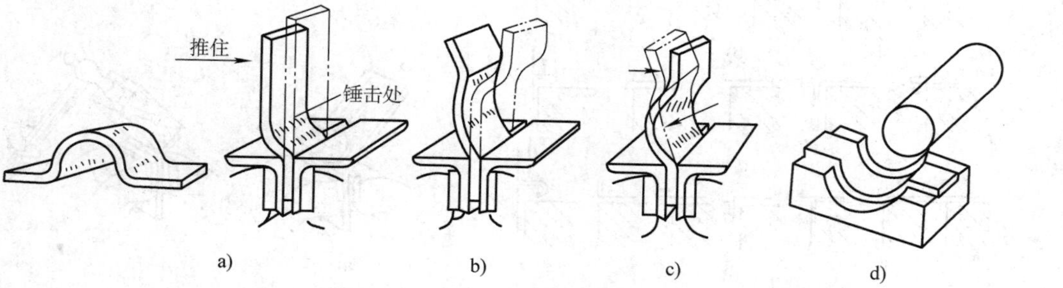

图 3-5-83　圆弧形工件弯形方法 1

c. 将心轴的轴线方向与板料弯形线 Q 对正，并夹紧在钳口上。应使钳口作用点 P 与心轴圆心 O 在一直线上，并使心轴的上表面略高于钳口平面，把 a 脚沿心轴弯形，使其紧贴在心轴表面上（见图 3-5-84c）。

d. 翻转板料，重复上述操作过程，把 b 脚沿心轴弯形，最后使 a、b 脚平行（见图 3-5-84d）。

⑥　圆弧和角度结合的工件。

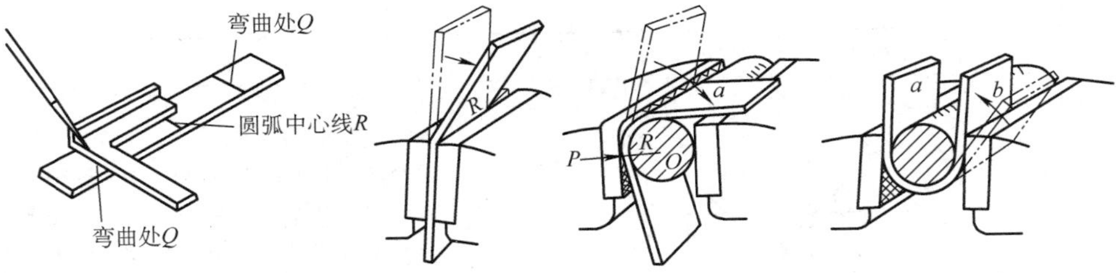

a)　b)　c)　d)

图 3-5-84　圆弧形工件弯形方法 2

a. 先在板料上划弯形线（见图 3-5-85a），并加工好两端的圆弧和孔。

b. 按划线将工件夹在台虎钳的衬垫内（见图 3-5-85b），先弯好两端 A、B 两处。

c. 最后在圆钢上弯工件的圆弧（见图 3-5-85c）。

2）常用机械弯形方法及适用范围（见表 3-5-66）。

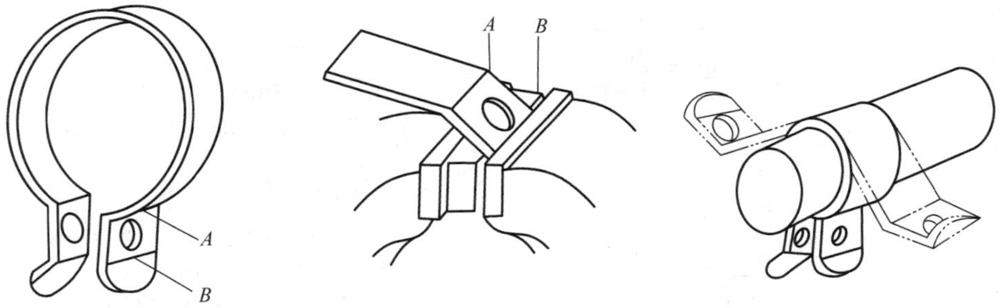

a)　b)　c)

图 3-5-85　圆弧和角度结合工件弯形方法

表 3-5-66　常用机械弯形方法及适用范围

方法	工序简图	适用范围
压弯	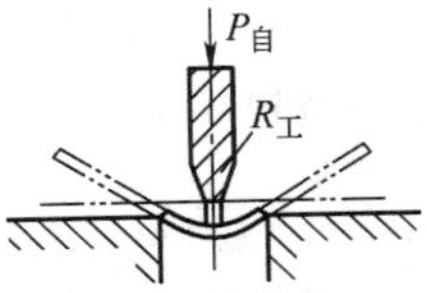 V形自由弯曲	凸模圆角半径(R_w)很小，工件圆角半径在弯曲时自然形成，调节凸模下死点位置，可以得到不同的弯曲角度及曲率半径。模具通用性强。这种弯曲变形程度较小，弹性回跳量大，故质量不易控制 适用于精度要求不高的大中型工件的小批量生产
	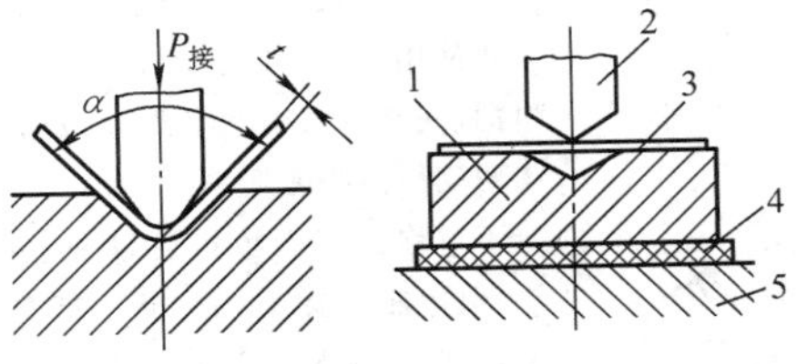 a)　b) V形接触弯曲 t—工件厚度　1—凹模　2—凸模 3—工件　4—强力橡胶　5—床面	凸模角度等于或稍小于(2°～3°)凹模角度，弯曲时凸模到下死点位置时应使弯曲件的弯曲角度 α 刚好与凹模的角度吻合，此时工件圆角半径等于自由弯曲半径。由于材料力学性能不稳定，厚度会有偏差，故工件精度不太高(介于自由弯曲和校正弯曲之间)，但弯曲力比矫正弯曲小。模具寿命长(见图 a) 此法主要适用于厚度、宽度都较大的弯曲件，如图 b 所示。用衬有强力橡胶的弯曲模，可以减少薄板弯曲时由于厚度不均等引起的弯曲角度误差

（续）

方法	工序简图	适用范围
压弯	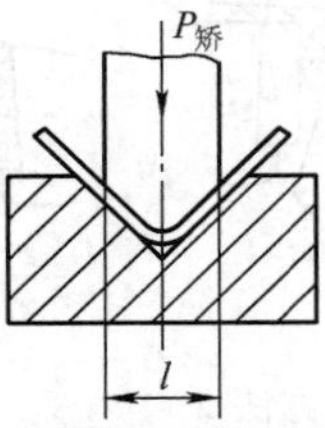 V形矫正弯曲 $P_{矫}=p_{矫}A$　$A=lB$ B—料宽　A—工件受压部分投影面积	凸模在下死点时与工件、凹模全部接触，并施加很大压力使材料内部应力增加，提高塑性变形程度，因而提高了弯曲精度。由于矫正压力很大，故适用于厚度及宽度较小的工件。为了避免压力机下死点位置不准引起机床超载而损坏，不宜使用曲柄压力机。$p_{矫}$ = 80 ~ 120MPa（详细数据参见有关资料）
	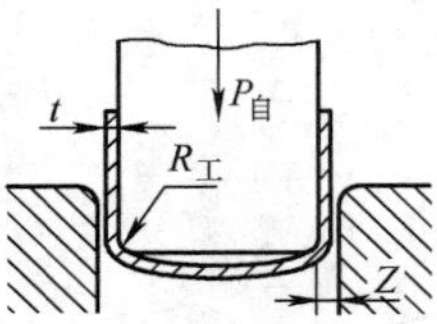 a) 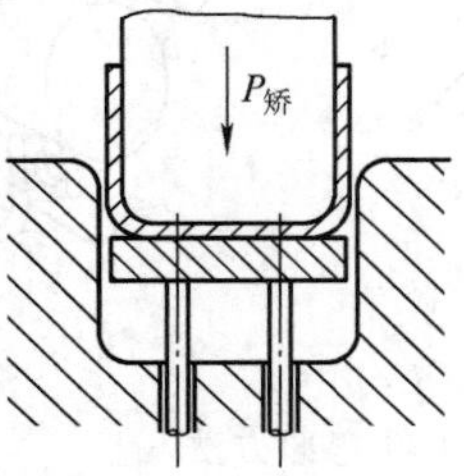 b) U形件弯曲	图a所示U形件弯曲模用于自由弯曲。底部呈弓形，弯曲结束，弓形部分回弹。U形件二侧便张开。弯曲件精度低，这种模具结构简单，冲压力小 图b所示的U形件弯曲模用于矫正弯曲。顶板在开始弯曲时对材料底部有一压力，避免弓形产生，保证了冲压后的质量 U形件弯曲模凸凹模之间的间隙Z太大会引起过大的回弹量，过小则会使材料表面擦伤，并增加弯曲力。通常，$Z\approx(1.05\sim1.2)t$
滚弯	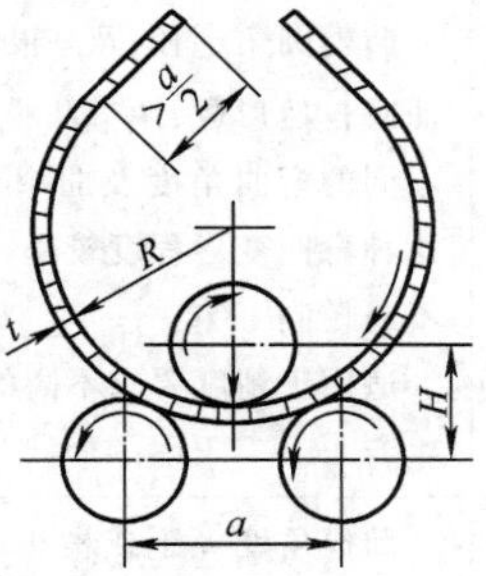 a) 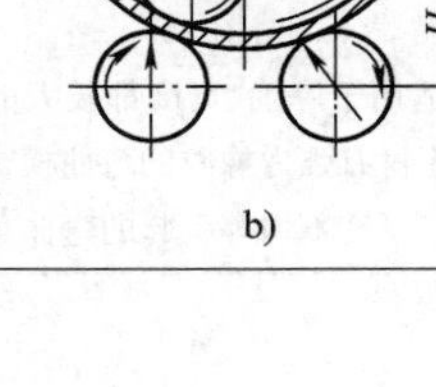 b) 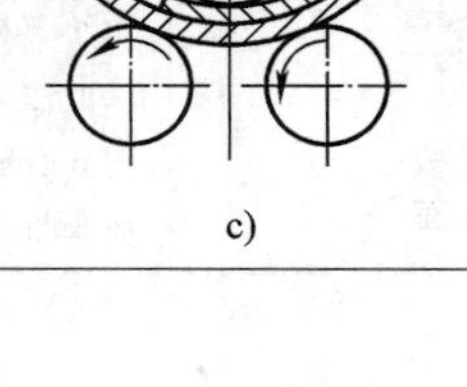 c)	板材置在一组（一般为三支）旋转着的辊轴之间，由于滚轴对板材的压力和摩擦力，使板材在辊轴间通过，在通过的同时又产生了弯曲变形 滚弯属于自由弯曲，因此回弹较大，一次辊压难以达到精度，但可多次滚压，并通过调节H使工件弯曲半径达到一定精度。特点是不需要特殊的工具和模具，通用性大。对称型三辊轴滚圆机使用时，工件两端有$a/2$长的一段未受到弯曲（见图a），因此必须在滚弯前先用压弯法将两端压出圆弧形 不对称三辊卷板机可以使直线部分减至最小，但弯曲力要大得多，且不能在一次滚压中将两端都滚弯（见图b）。厚度较薄及圆筒直径较大时，可将板料端部垫上已有一定曲率半径圆弧的厚垫板一起滚压，使其两端先滚出圆弧（见图c）

（续）

方法	工序简图	适用范围
折弯	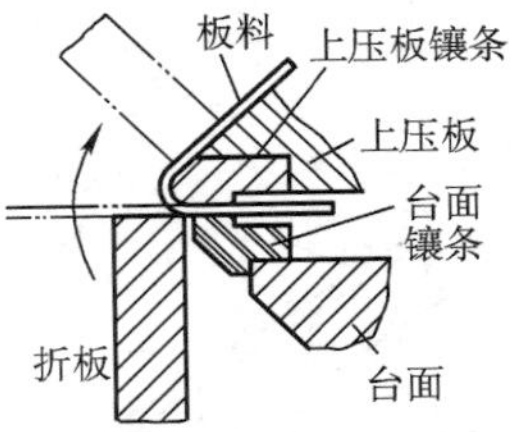	折弯是在折板机上进行的，主要用于长度较长、弯曲角较小的薄板件，控制折板的旋转角度及调换上压板的头部镶块，可以弯曲不同角度及不同弯曲半径的零件

3）常用板材最小弯曲半径（见表 3-5-67）。

表 3-5-67　常用板材最小弯曲半径　（单位：mm）

材料厚度	低碳钢	硬铝 2A12	铝	纯　铜	黄　铜
	最小弯曲半径				
0.3	0.5	1.0	0.5	0.3	0.4
0.4	0.5	1.5	0.5	0.4	0.5
0.5	0.6	1.5	0.5	0.5	0.5
0.6	0.8	1.8	0.6	0.6	0.6
0.8	1.0	2.4	1.0	0.8	0.8
1.0	1.2	3.0	1.0	1.0	1.0
1.2	1.5	3.6	1.2	1.2	1.2
1.5	1.8	4.5	1.5	1.5	1.5
2.0	2.5	6.5	2.0	1.5	2.0
2.5	3.5	9.0	2.5	2.0	2.5
3.0	5.5	11.0	3.0	2.5	3.5
4.0	9.0	16.0	4.0	3.5	4.5
5.0	13.0	19.5	5.5	4.0	5.5
6.0	15.5	22.0	6.5	5.0	6.5

（2）角钢弯形

1）角钢角度弯形。角钢角度弯形有三种，如图 3-5-86 所示：大于 90°的弯曲程度较小；等于 90°的弯曲程度中等；小于 90°的弯曲程度大。

弯形步骤：

① 计算锯切角 α 大小。

② 划线锯切 α 角槽，锯切时应保证 $\alpha/2$ 角的对称。两边要平整，必要时可以锉平。V 形尖角处要清根，以免弯形完了合不严实（见图 3-5-87a）。

③ 弯形。一般可夹在台虎钳上进行，边弯曲边锤打弯曲处（见图 3-5-87b）。β 角越小，弯形中锤打越要密些，力大点。对退火、正火处理的角钢，弯形可适当快些；对未做过处理的角钢，弯形中要密打弯曲处，以防裂纹。

2）角钢弯圆。角钢弯圆分为角钢边向里弯圆和角钢边向外弯圆两种。一般需要一个与弯圆圆弧一致的弯形工具配合弯形，必要时也可采用局部加热弯形。

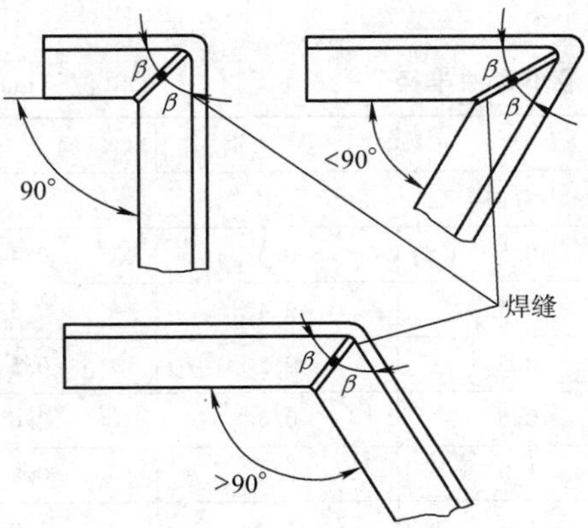

图 3-5-86　角钢角度弯形的类型

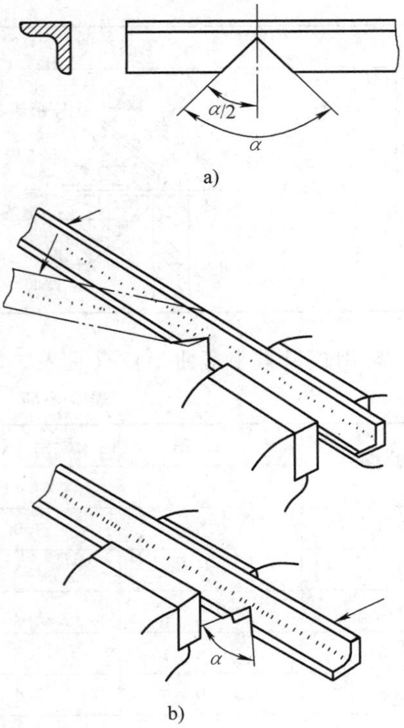

图 3-5-87　角钢角度弯形步骤

① 角钢边向里弯圆（见图 3-5-88）。

a. 将角钢 a 处与型胎工具夹紧。

b. 敲打 b 处，使之贴靠型胎工具，并将其夹紧。

c. 均匀敲打 c 处，使 c 处平整。

② 角钢边向外弯圆（见图 3-5-89）。

a. 将角钢 a'处与型胎工具夹紧。

b. 敲打 b'处使之贴靠型胎工具，并将其夹紧。

c. 均匀敲打 c'处，防止 c'翘起，使 c'处平整。

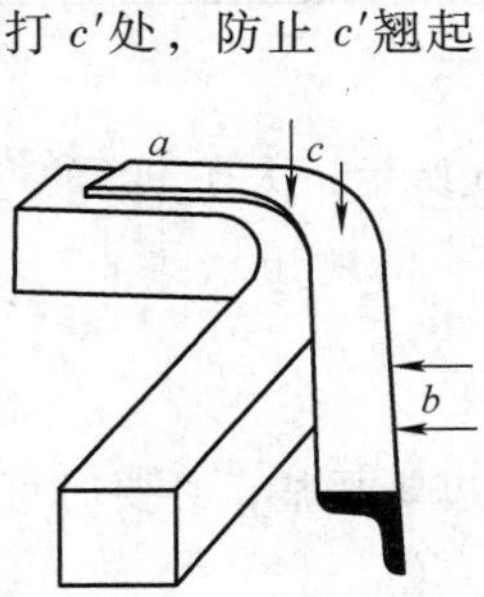

图 3-5-88　角钢边向里弯圆

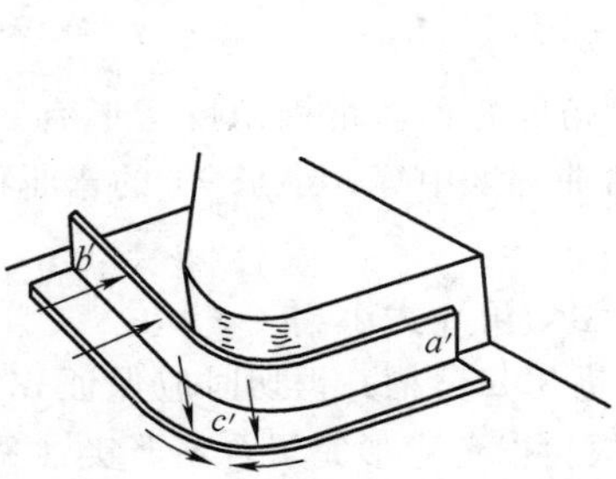

图 3-5-89　角钢边向外弯圆

（3）管子弯形

管子弯形分冷弯与热弯两种。直径≤12mm 的管子可采用冷弯方法，而直径>12mm 的管子则采用热弯，但弯管的最小弯曲半径必须大于管子直径的 4 倍。

管子弯形时管内填充材料的选择见表 3-5-68。当管子直径大于 10mm 时，弯形前必须在管内灌满填充材料，两端用木塞塞紧（见图 3-5-90）。对于有焊缝的管子，弯形时须将焊缝放在中性层的位置上（见图 3-5-91），以免弯形时焊缝裂开。

表 3-5-68　管子弯形时管内填充材料的选择

管子材料	管内填充材料	弯曲管子条件
钢管	普通黄砂	将黄砂充分烘炒干燥后填入管内,可进行热弯或冷弯
一般纯铜管、黄铜管	铅或松香	将铜管退火后再填充冷弯。应注意,铅在热熔时要严防滴水,以免溅伤
薄壁纯铜管、黄铜管	水	将铜管退火后灌水冰冻冷弯
塑料管	细黄砂 （也可不填充）	温热软化后迅速弯曲

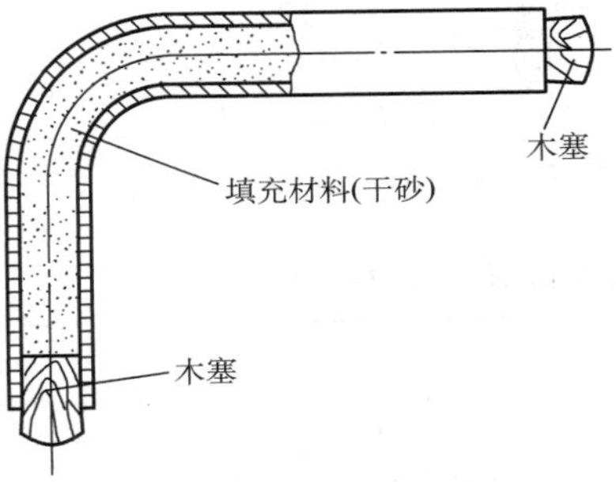

图 3-5-90　管内灌砂及两端塞上木塞

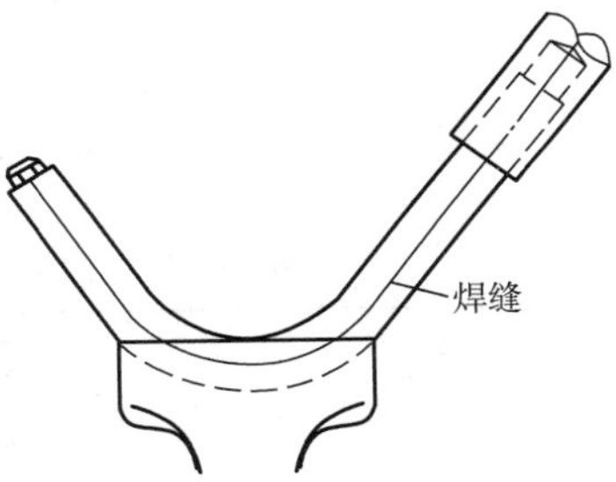

图 3-5-91　管子弯形时的焊缝位置

1）用手工冷弯管子。

① 对直径较小的铜管，采用手工弯形时，应将铜管退火后用手边弯边整形，修整弯形产生的扁圆形状，使弯形圆弧光滑圆整（见图 3-5-92）。切记不可一下子弯很大的弯曲度，这样不易修整产生的变形。

② 对钢管弯形（见图 3-5-93），首先应在管内装满砂子、封堵，并根据弯曲半径固定定位柱，然后再固定别挡。

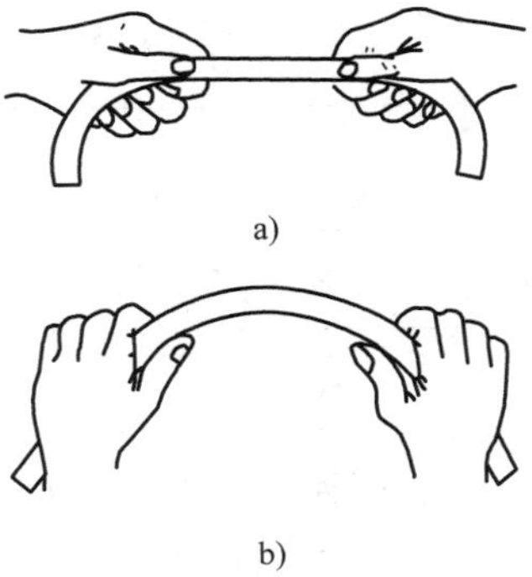
a)
b)
图 3-5-92　手工冷弯小直径铜管

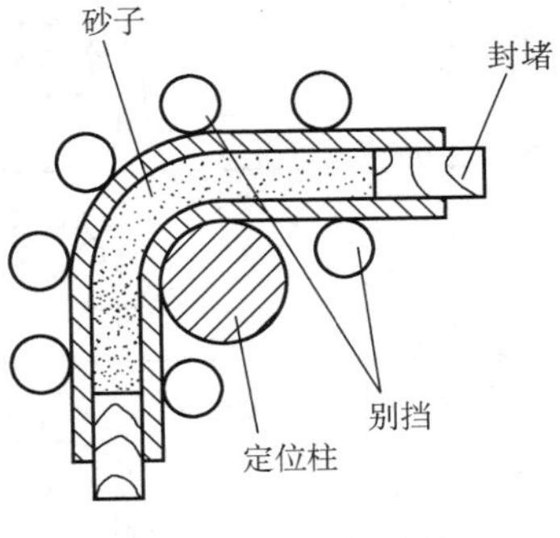

图 3-5-93　钢管弯形

弯形时逐步进行，将管子一个别挡一个别挡别进来，用铜锤锤打弯曲高处，也要锤打弯曲的侧面，以纠正弯形时产生的扁圆形状。

热弯直径较大管子时，可在管子弯曲处加热后采用这种方法弯形。

2）用弯管工具冷弯管子。冷弯小直径的油管一般在弯管工具上进行（见图 3-5-94）。弯管工具由底板、靠铁、转盘、钩子和手柄等组成。转盘圆周上和靠铁侧面上有圆弧槽，圆弧槽的尺寸按所弯的油管直径而定（最大直径可达 12mm）。当转盘和靠铁的位置固定后（两者均可转动，靠铁不可移动）即可使用。使用时，将油管插入转盘和靠铁的圆弧槽中，钩子钩住管子，按所需的弯曲位置扳动手柄，使管子跟随手柄弯到所需角度。

3）常用型材、管材最小弯形半径的计算公式见表 3-5-69。

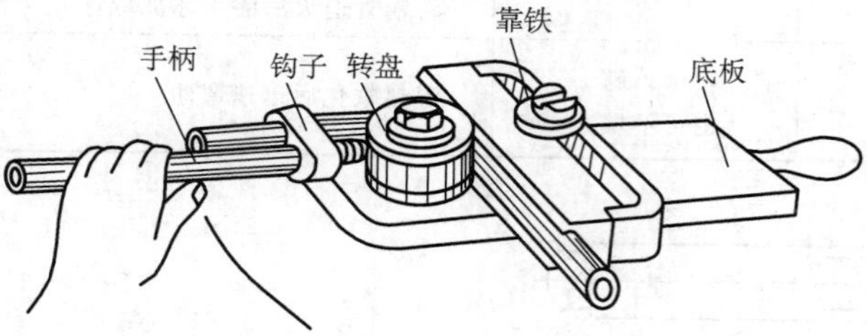

图 3-5-94 用弯管工具冷弯管子

表 3-5-69 常用型材、管材最小弯形半径的计算公式

碳素钢板弯曲	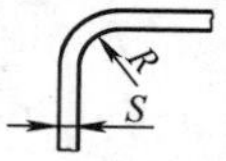	热	$R_{min}=S$
		冷	$R_{min}=2.5S$
扁钢弯曲	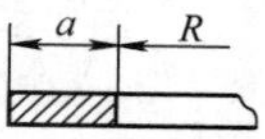	热	$R_{min}=3a$
		冷	$R_{min}=12a$
圆钢弯曲	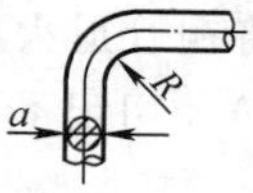	热	$R_{min}=a$
		冷	$R_{min}=2.5a$
方钢弯曲	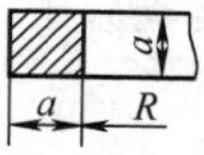	热	$R_{min}=a$
		冷	$R_{min}=2.5a$
无缝钢管弯曲	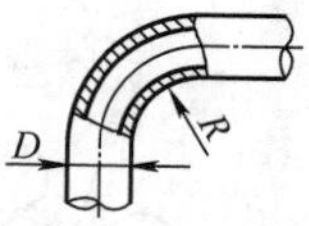	热	$D>20mm, R\approx 2D$
		冷	$D>20mm, R\approx 3D$
不锈钢钢板弯曲	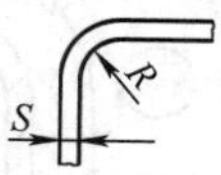	热	$R_{min}=S$
		冷	$R_{min}=(2\sim2.5)S$
不锈钢圆钢弯曲	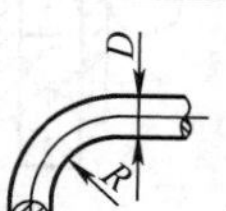	热	$R_{min}=D$
		冷	$R_{min}=(2\sim2.5)D$

（续）

不锈耐酸钢钢管弯曲	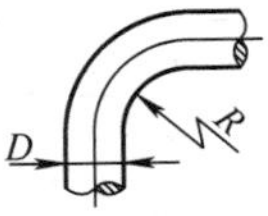	充砂加热	$R_{min}=3.5D$
		气焊嘴加热	弯曲一侧有折纹 $R_{min}=2.5D$
		不充砂冷弯	专门弯管机上弯 $R_{min}=4D$

4）铜、铝管最小弯形半径 R_{min} 见表 3-5-70。

表 3-5-70　铜、铝管最小弯形半径 R_{min}　（单位：mm）

纯铜管与黄铜管			铝材管		
d	R_{min}	壁厚	d	R_{min}	壁厚
5.0	10	1.0	—	—	—
6.0	10	1.0	6.0	10	1.0
7.0	15	1.0	—	—	—
8.0	15	1.0	8.0	15	1.0
10	15	1.0	10	15	1.0
12	20	1.0	12	20	1.0
14	20	1.0	14	20	1.0
15	30	1.0	—	—	—
16	30	1.5	16	30	1.5
18	30	1.5	—	—	—
20	30	1.5	20	30	1.5
24	40	1.5	—	—	—
25	40	1.5	25	50	1.5
28	50	1.5	30	60	1.5
35	60	1.5	40	80	1.5
45	80	1.5	50	100	2.0
55	100	2.0	60	125	2.0

注：一件上弯作几个弯曲处，如两个、三个等，均应不小于 R_{min}。

5）不锈钢管、不锈无缝钢管最小弯形半径 R_{min} 见表 3-5-71。

表 3-5-71　不锈钢管、不锈无缝钢管最小弯形半径 R_{min}　（单位：mm）

不锈无缝钢管			不锈钢管		
d	R_{min}	壁厚	d	R_{min}	壁厚
6.0	15	1.0	—	—	—
8.0	15	1.0	—	—	—
10	20	1.5	—	—	—
12	25	1.5	—	—	—
14	30	1.5	14	18	2.0

（续）

不锈无缝钢管			不锈钢管		
d	R_{min}	壁厚	d	R_{min}	壁厚
16	30	1.5	—	—	—
18	40	1.5	18	28	2.0
20	40	1.5	—	—	—
22	60	1.5	(22)	50	2.0
25	60	3.0	25	50	2.0
32	80	3.0	32	60	2.5
38	80	3.0	38	70	2.5
41	100	3.0	45	90	2.5
57	180	4.0	57	110	2.5
76	220	4.0	(76)	225	3.5
89	270	4.0	89	250	4.0
102	—	—	102	—	—
108	340	6.0	(108)	360	4.0
133	420	6.0	133	400	4.0

注：一件上弯作几个弯曲处，如两个、三个等，均应不小于 R_{min}。

6）无缝钢管最小弯形半径 R_{min} 见表3-5-72。

表3-5-72　无缝钢管最小弯形半径 R_{min}　　（单位：mm）

d	R_{min}	壁厚	d	R_{min}	壁厚
6	15	1.0	44.5	100	3.0
8	15	1.0	45	90	3.5
10	20	1.5	57	110	3.5
12	25	1.5	57	150	4.0
14	30	1.5	76	180	4.0
14	18	3.0	89	220	4.0
16	30	1.5	102	—	—
18	40	1.5	108	270	4.0
18	28	3.0	133	340	4.0
20	40	1.5	159	450	4.5
22	50	3.0	159	420	6.0
25	50	3.0	194	500	6.0
32	60	3.0	219	500	6.0
32	60	3.5	245	600	6.0
38	80	3.0	273	700	8.0
38	70	3.5	325	800	8.0

5.2　典型机构的装配与调整

5.2.1　螺纹连接

5.2.1.1　螺钉（螺栓）连接的几种方式（见表 3-5-73）

5.2.1.2　螺纹连接的装配要求

1）螺栓不应有歪斜或弯曲现象，螺母应与被连接件接触良好。

2）被连接件平面要有一定的紧固力，受力均匀，连接牢固。

3）拧紧力矩或预紧力的大小要根据装配要求确定，一般紧固螺纹连接无预紧力要求，可由装配者按经验控制。一般预紧力要求不严的紧固螺纹拧紧力矩可参照表 3-5-74。

涂密封胶的螺塞可参照表 3-5-75 所列拧紧力矩。

4）在多点螺纹连接中，应根据被连接件的形状、螺栓的分布情况，按一定顺序逐次（一般 2~3 次）拧紧螺母（见图 3-5-95）。若有定位销，拧紧要从定位销附近开始。

表 3-5-73　螺钉（螺栓）连接的几种方式

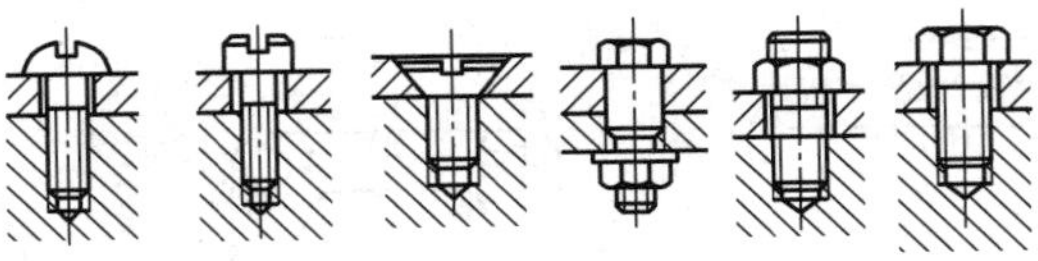

a)　b)　c)　d)　e)　f)

图　号	名　称	特　点
a	半圆头螺钉连接	多为小尺寸螺钉，螺钉头上有一字形或十字形槽，便于用旋具装卸。适于受力不大及一些轻小零件的连接。一般不用螺母，直接用螺钉拧入工件螺纹孔中。这类螺钉还有半沉头螺钉
b	圆柱头螺钉连接	
c	沉头螺钉连接	
d	小六角头铰制孔用螺栓连接	螺栓杆部与工件通孔配合良好，起紧固与定位作用，能承受侧向力，一般用于不必打销钉而又有定位要求的连接
e	双头螺栓连接	装配时一端拧入固定零件的螺纹孔中，再把被连接件用螺母夹紧。这种连接适用于被连接件的厚度较大或经常需要拆卸的场合
f	六角头螺栓连接	使用时不需螺母，通过零件的孔拧入另一零件的螺纹孔中。适于不经常拆卸的连接。螺钉头还有小六角、内六角和方形等

注：螺钉头类型较多，如 T 形螺钉、地脚螺钉和不同端部形式与头部形式的紧定螺钉等。

表 3-5-74 一般紧固螺纹拧紧力矩

螺纹直径 d/mm	螺纹强度级别				螺纹直径 d/mm	螺纹强度级别			
	4.6	5.6	6.8	10.9		4.6	5.6	6.8	10.9
	许用拧紧力矩/(N·m)					许用拧紧力矩/(N·m)			
6	3.5	4.6	5.2	11.6	22	190	256	290	640
8	8.4	11.2	12.6	28.1	24	240	325	366	810
10	16.7	22.3	25	56	27	360	480	540	1190
12	29	39	44	97	30	480	650	730	1620
14	46	62	70	150	36	850	1130	1270	2820
16	72	96	109	240	42	1350	1810	2030	4520
18	110	113	149	330	48	2030	2710	3050	6770
20	140	188	212	470					

注：螺栓强度级别见 GB/T 3098.1—2010。

表 3-5-75 涂密封胶的螺塞拧紧力矩

螺纹直径 d/in	拧紧力矩/(N·m)	螺纹直径 d/in	拧紧力矩/(N·m)
3/8	15±2	3/4	26±4
1/2	23±3	1	45±4

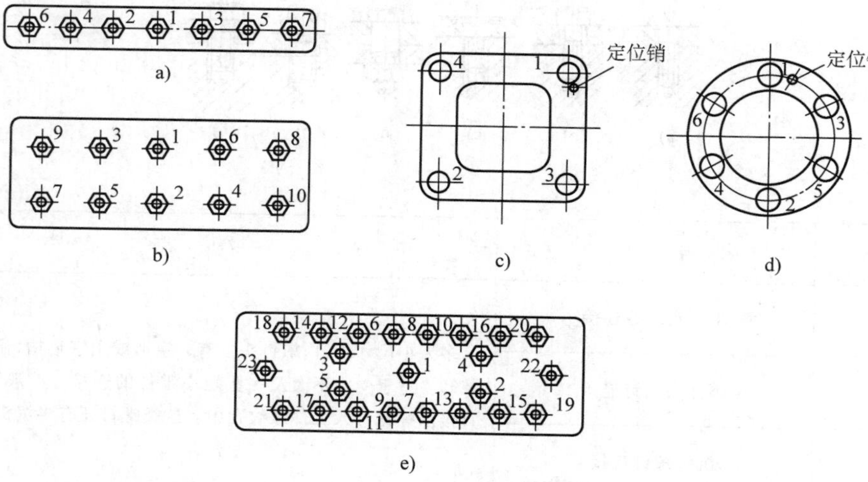

图 3-5-95 螺纹连接拧紧顺序

a）直线单排型 b）平行双排型 c）方框型 d）圆环型 e）多孔型

5.2.1.3 有规定预紧力螺纹连接装配方法

（1）力矩控制法 用定力矩扳手（手动、电动、气动、液压）控制，即拧紧螺母达到一定拧紧力矩后，可指示出拧紧力矩的数值或到达预先设定的拧紧力矩时发出信号或自行终止拧紧。图 3-5-96 所示为手动指针式扭力扳手。在工作时，扳手杆 5 和刻度板 7 一起向旋转的方向弯曲，因此指针尖 6 就在刻度板上指出拧紧力矩的大小。

力矩控制法的缺点是接触面的摩擦因数及材料弹性系数对力矩值有较大影响，误差大。其优点是使用方便，力矩值便于校验。

（2）力矩-转角控制法 先将螺母拧至一定起始力矩（消除结合面间隙），再将螺母转过一固定角度后，扳手停转。由于起始拧紧力矩值小，摩擦因数对其影响也较小，因此拧紧力矩值的精度较高。但在拧紧时必须计量力矩和转角两个参数，而且参数须事先进行试验和分析确定。

（3）控制螺栓伸长法（液压拉伸法）　如图 3-5-97 所示，螺母拧紧前，螺栓的原始长度为 L_1，按规定的拧紧力矩拧紧后，螺栓的长度为 L_2，测定 L_1 和 L_2，根据螺栓的伸长量，可以确定拧紧力矩是否准确。

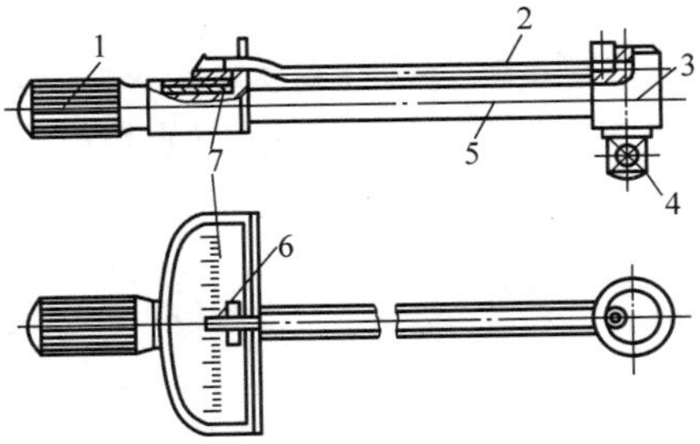

图 3-5-96　手动指针式扭力扳手
1—手柄　2—长指针　3—柱体　4—钢球
5—扳手杆　6—指针尖　7—刻度板

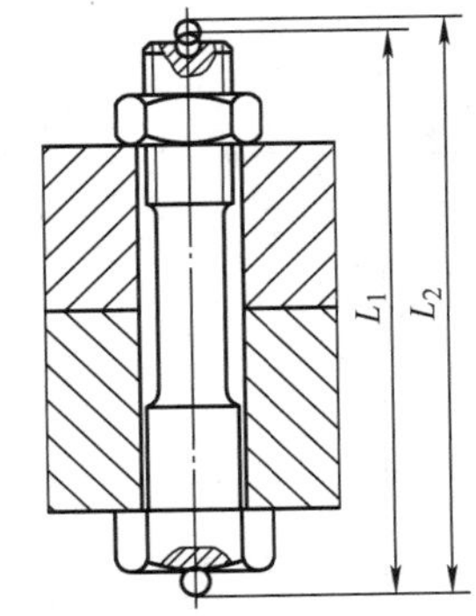

图 3-5-97　控制螺栓伸长法

这种方法常用于大型螺栓，螺栓材料一般采用中碳钢或合金钢。用液压拉伸器使螺栓达到规定的伸长量，以控制预紧力，螺栓不承受附加力矩，误差较小。

5.2.1.4　螺纹连接的防松方法

螺纹连接一般都有自锁性，在承受静载荷和工作温度变化不大时，不会自行松脱，但在冲击、振动或变载荷作用下，以及工作温度变化很大时，螺纹连接就有可能回松。为了保证连接可靠，必须采用防松方法。

常用螺纹防松方法见表 3-5-76。

表 3-5-76　常用螺纹防松方法

防松方法	简　图	说　明
双螺母防松	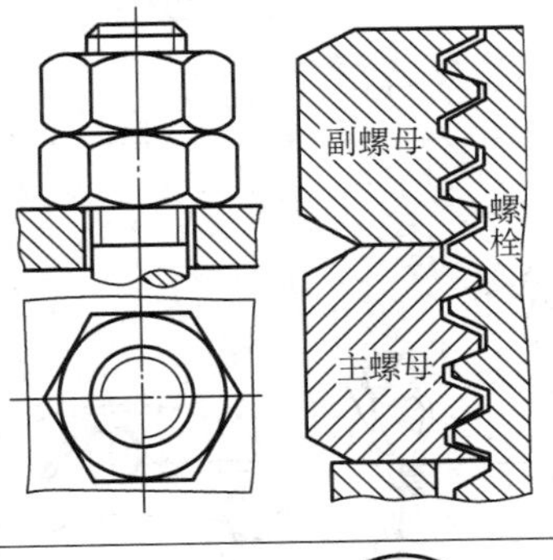	依靠两螺母间产生的摩擦力来防松。这种方法会增加被连接件的质量和占用空间，在高速和振动时使用不够可靠
弹簧垫圈防松	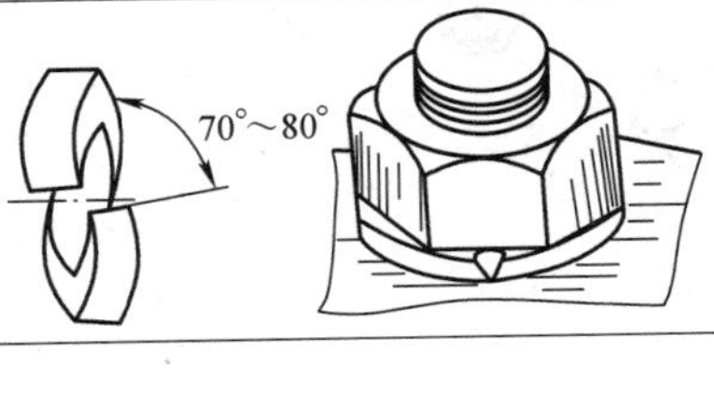	依垫圈的弹力使螺母稍许偏斜，增加了螺纹之间的摩擦力，并且垫圈的尖角切入螺母的支撑面，可阻止螺母放松

（续）

防松方法	简 图	说 明
开口销与带槽螺母防松	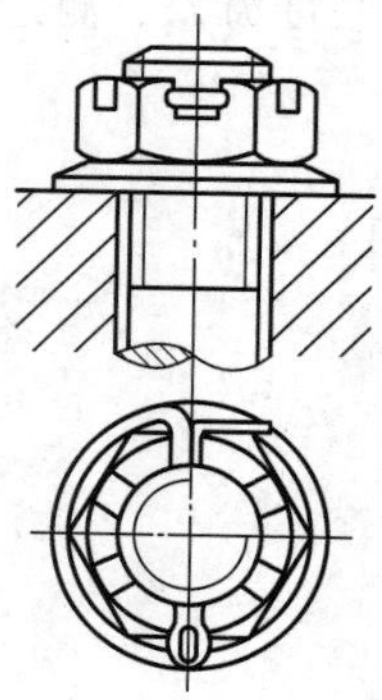	在螺栓上钻孔，穿入开口销，把螺母直接锁紧在螺栓上。这种方法防松可靠，多用于受冲击和振动的场合
圆螺母与止动垫圈防松	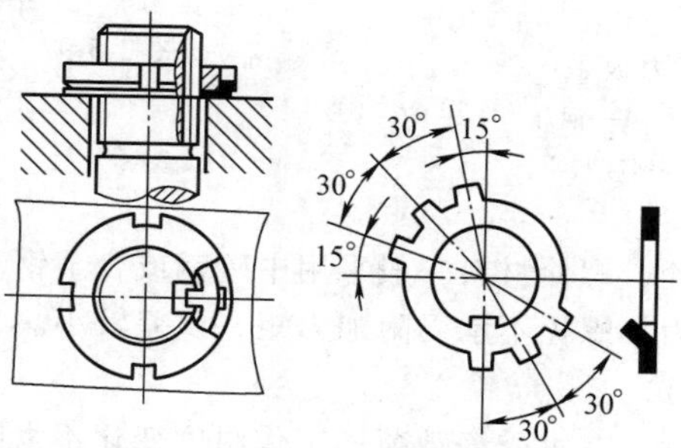	应用于圆螺母的防松。垫圈内翅插入螺杆槽中，圆螺母拧紧后，再把一个外翅弯到圆螺母的一个槽中。这种方式多用于滚动轴承结构中
六角螺母与带耳止动垫圈防松	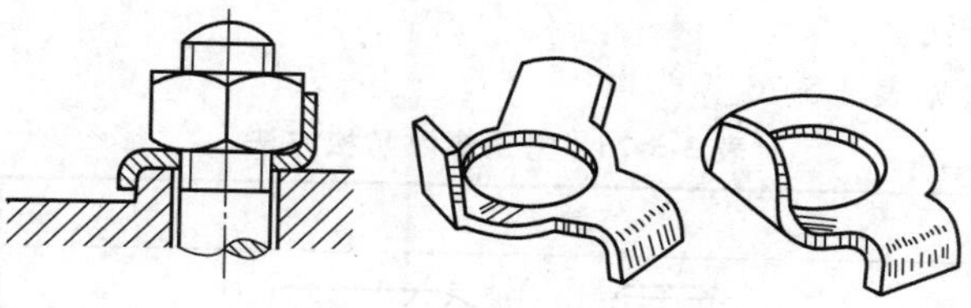	先将垫圈一耳边向下弯折，使之与被连接件的一边贴紧，当拧紧螺母后，再将垫圈的另一耳边向上弯折与螺母的边缘贴紧而起到防松作用
串联钢丝防松	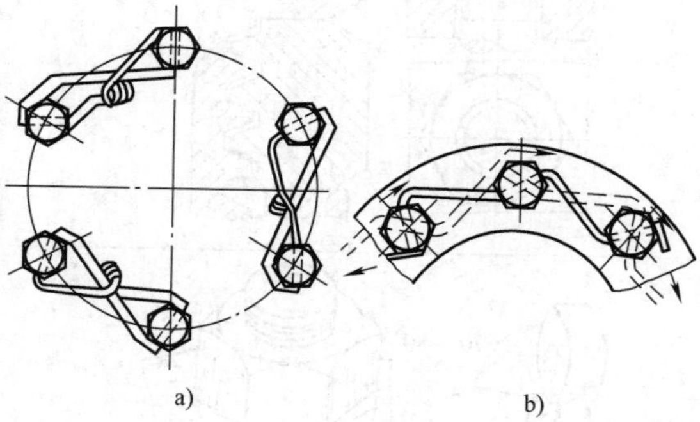 a) b)	这种方法是用钢丝连续穿过一组螺钉头部的小孔（或螺母），利用拉紧的钢丝作用来防止回松。它适用于布置较紧凑的成组螺纹连接。装配时应注意钢丝的穿绕方向。图中虚线所示的钢丝穿绕方向是错误的，螺钉仍可回松

（续）

防松方法	简　图	说　明
点铆方法防松	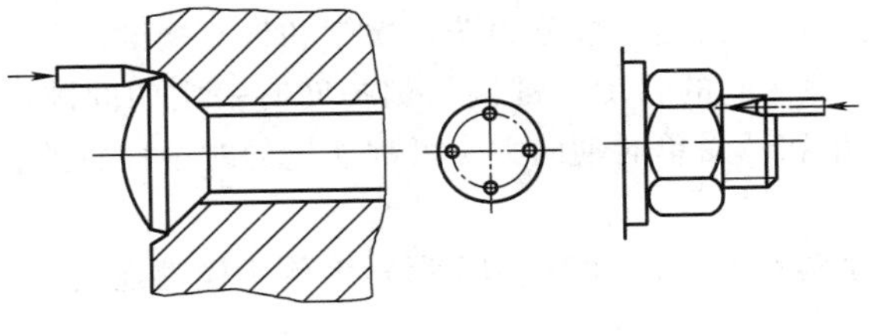 a)　b)	装配时，当螺钉或螺母被拧紧后，用样冲在端面、侧面点铆可防止回松。图 a 所示为在螺钉上点铆，图 b 所示为在螺母侧面点铆
粘接防松方法	—	一般采用厌氧胶黏剂，涂于螺纹旋合表面，拧紧后，胶黏剂能自行固化，从而达到防止回松的目的

5.2.2　键连接

键是用来连接轴和轴上零件的一种标准零件，主要用于周向固定，传递转矩。它具有结构简单、工作可靠、装拆方便等优点。根据结构特点和用途不同，可分为松键连接、紧键连接、切向键连接和花键连接等。

5.2.2.1　松键连接装配

松键连接所采用的键有普通平键连接、导向平键连接和半圆键连接三种（见图 3-5-98～图 3-5-100）。其特点是靠键的侧面来传递转矩，只能对轴上零件做周向固定，不能承受轴向力。松键连接的对中性好，在高速及精密的连接中应用较多。

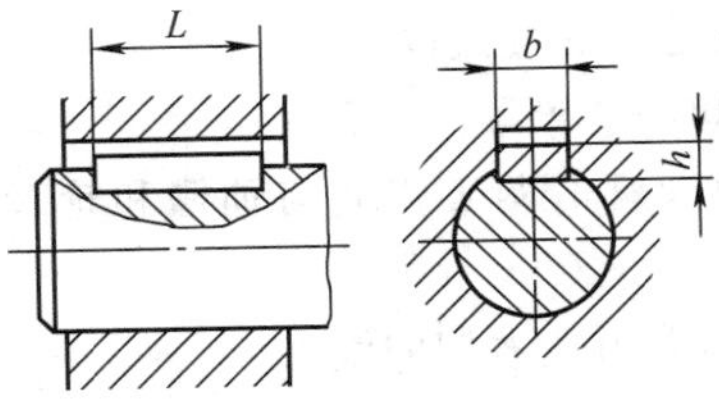

图 3-5-98　普通平键连接

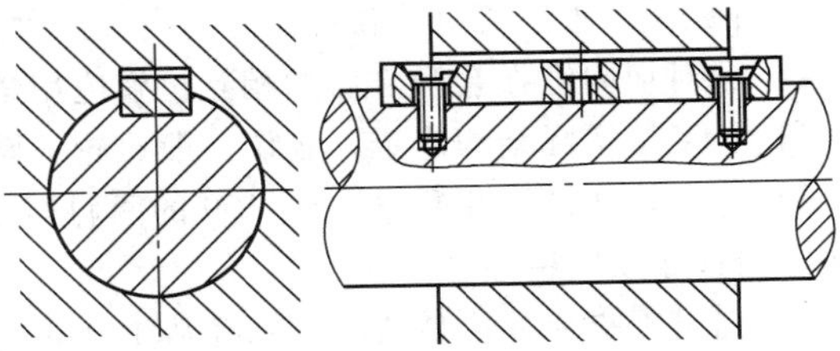

图 3-5-99　导向平键连接

普通平键和导向平键一般连接时，轴取 N9、毂取 JS9；较松的连接时，轴取 H9，毂取 D10；较紧的连接时，轴和毂均取 P9。半圆键一般连接时，轴取 N9，毂取 JS9；较紧的连接时，轴和毂均取 P9。

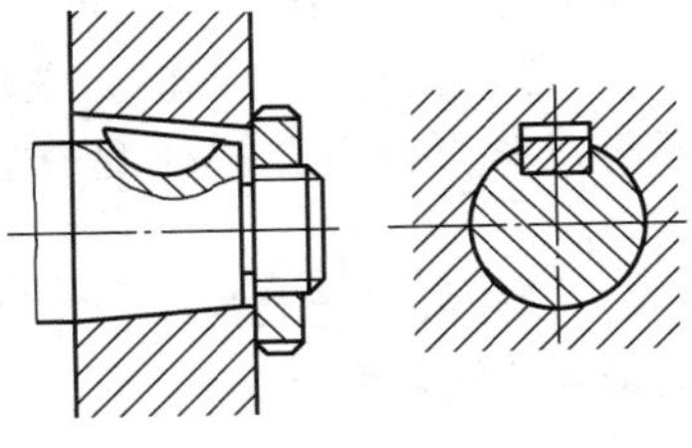

图 3-5-100　半圆键连接

松键连接装配要点：

1）必须清理键与键槽毛刺，以防影响配合的可靠性。

2）对重要的键，装配前应检查键侧直线度、键槽对轴线的对称度。

3）用键头与轴槽试配，应保证其配合性质。锉配键长和键头时，应留 0.1mm 间隙。

4）配合面上加 L-AN 油后将键压装轴槽中，使键与槽底接触。

5.2.2.2　紧键连接装配

紧键连接主要指楔键连接。楔键连接分为普通楔键和钩头楔键两种。在键的上表面和与它相接触的轮毂槽底面均有 1∶100 的斜度，键侧与键槽间有一定的间隙。装配时将键打入，形成紧键连接，用于传递转矩和承受单向轴向力。紧键连接的对中性较差，故多用于对中性要求不高、转速较低的场合。

图 3-5-101 所示为普通楔键连接，图 3-5-102 所示为钩头楔键连接。

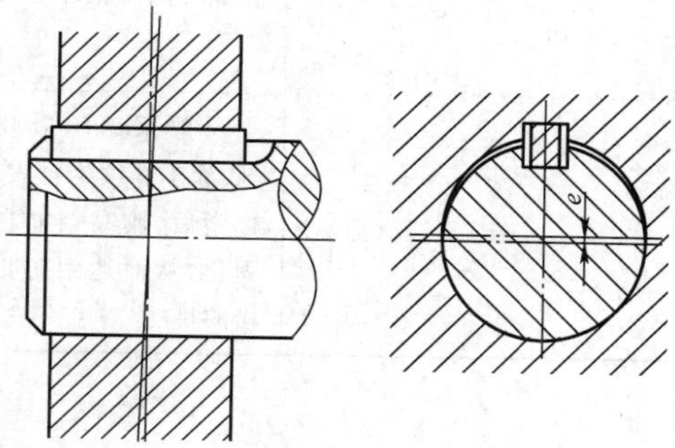

图 3-5-101　普通楔键连接

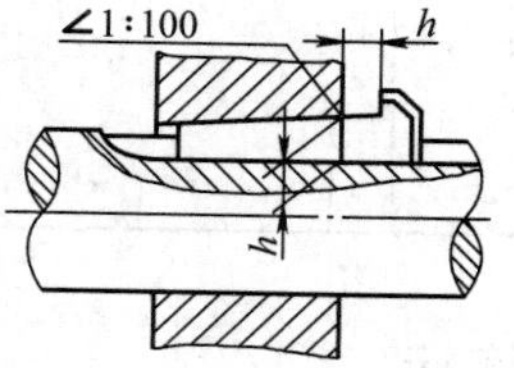

图 3-5-102　钩头楔键连接

紧键连接装配要点：

1）键的斜度要与轮毂槽的斜度一致（装配时应用涂色检查斜面接触情况），否则套件会发生歪斜。

2）键的上下工作表面与轴槽、轮槽的底部应贴紧，而两侧面要留有一定间隙。

3）对于钩头楔键，不能使钩头紧贴套件的端面，必须留出一定的距离，以便拆卸。

5.2.2.3　切向键连接装配[⊖]

切向键有普通型切向键和强力型切向键两种类型。切向键连接装配要点：

1）一对切向键在装配之后的相互位置应用销或其他适当的方法固定。

2）长度按实际结构确定，建议一般比轮毂厚度长 10%～15%。

3）一对切向键在装配时，1∶100 的两斜面之间，以及键的两工作面与轴槽和轮毂槽的工作面之间都必须紧密结合。

4）当出现交变冲击负荷时，轴径从 100mm 起，推荐选用强力切向键。

5）两副切向键如果 120°安装有困难时，也可以 180°安装。

5.2.2.4　花键连接

花键连接按工作方式不同，可分为静连接和动连接两种。花键连接装配要点：

1）静连接花键装配时，花键孔与花键轴允许有少量过盈，装配时可用铜棒轻轻敲入，但不得过紧，否则会拉伤配合表面。过盈较大的配合，可将套件加热至 80～120℃ 后进行装配。

2）动连接花键装配时，花键孔在花键轴上应滑动自如，没有阻滞现象，但不能过松。应保证精确的间隙配合。

⊖ 见第 1 卷第 3.3.1.4 节。

5.2.3　销连接

销主要用于定位（见图 3-5-103），也可用于连接零件（见图 3-5-104），还可作为安全装置中过载保护元件（见图 3-5-105）。

1. 圆柱销连接装配要点

1）圆柱销与销孔的配合全靠少量的过盈，以保证连接或定位的紧固性和准确性，故一经拆卸失去过盈就必须调换。

2）圆柱销装配时，为保证两销孔的轴线重合，一般都将两销孔同时进行钻铰，其表面粗糙度值 *Ra* 要求达 1.6μm 或更小。

3）装配时在销子上涂油，用铜棒垫在销子端面上，把销子打入孔中，也可用 C 形夹头把销子压入孔内（见图 3-5-106），这种情况下销子不会变形，工件间也不会移动。

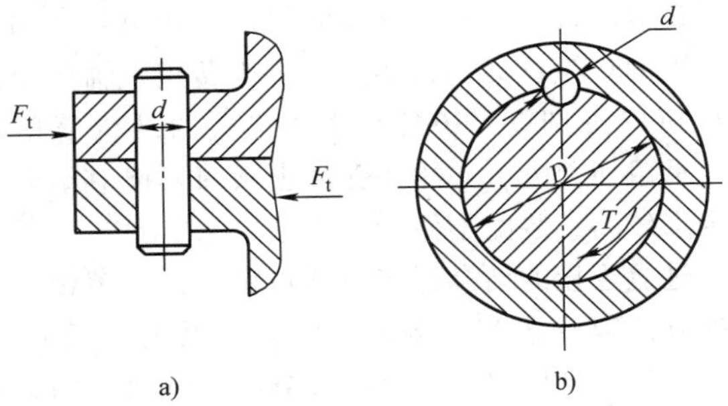

图 3-5-103　定位作用销

F_t—横向力（N）

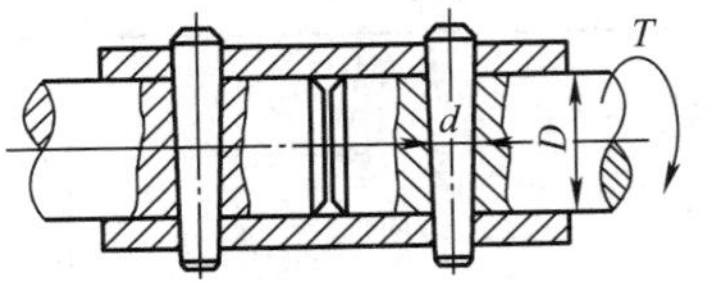

图 3-5-104　连接作用销

T—转矩（N · mm）

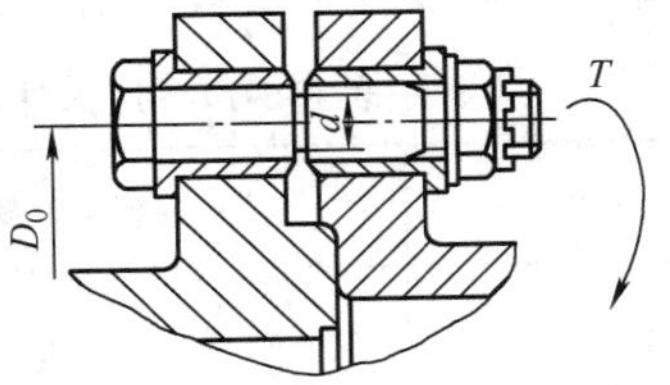

图 3-5-105　保护作用销

D_0—安全销中心圆直径

T—转矩（N · mm）

2. 圆锥销连接装配要点

1）圆锥销以小端直径和长度表示其规格。

2）装配时，被连接或定位的两销孔也应同时钻铰，但必须控制好孔径大小。一般用试装法测定，即能用手将圆锥销塞入孔内 80%左右（见图 3-5-107）为宜。

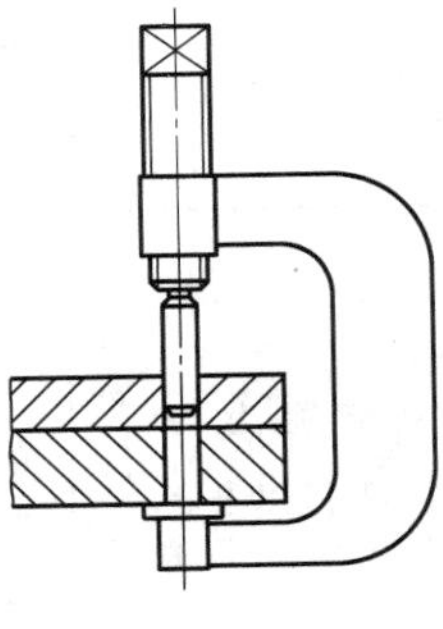

图 3-5-106　用 C 形夹头装配销子

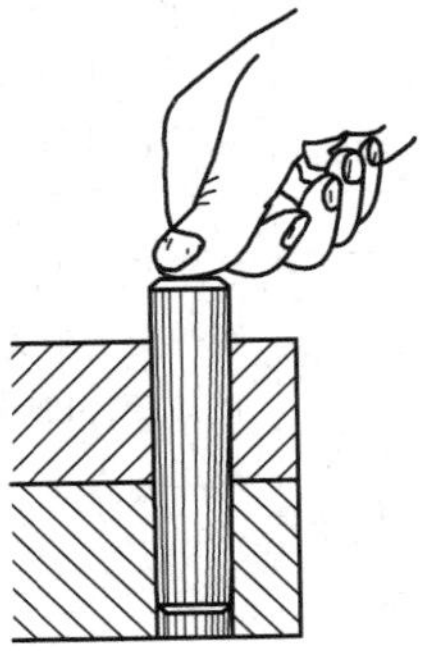

图 3-5-107　试装圆锥销方法

3）销子装配时用铜锤打入。锥销的大端可稍露出或平齐被连接件表面，锥销的小端应平齐或缩进被连接件表面。

5.2.4 过盈连接

过盈连接是依靠包容件（孔）和被包容件（轴）配合后的过盈值来达到紧固连接的目的。

过盈连接后，由于材料的弹性，在包容件和被包容件结合面间产生压力和摩擦力来传递转矩、轴向力或两者复合载荷（见图3-5-108）。这种连接的结构简单，同轴度高，承载能力大，并能承受冲击载荷，但对结合面加工精度要求较高，装配不便。

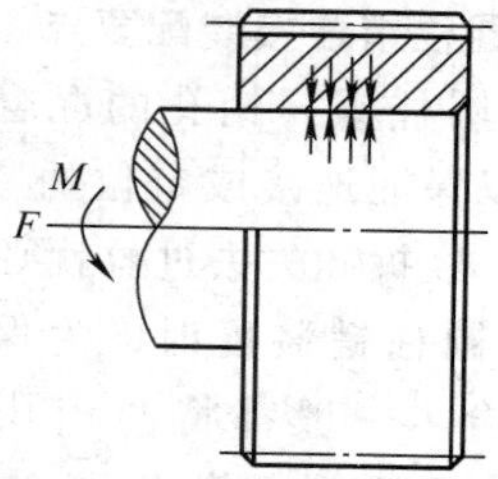

图3-5-108 过盈连接

过盈连接的结合面多为圆柱面，也有圆锥结合面。连接的方法有压入法、温差法，以及具有可拆性的液压套装。在连接过程中，包容件与被包容件要清洁，相对位置要准确，实际过盈量必须符合要求。

5.2.4.1 压入法

圆柱面过盈连接的过盈量或尺寸较小时，一般用压入法装配。

1. 压入法的装配工艺要点及应用范围（见表3-5-77）

2. 压入法常用工具及设备举例（见表3-5-78）

表3-5-77 压入法的装配工艺要点及应用范围

装配方法	设备和工具	装配工艺要点	特点	应用范围
敲击压入	锤子或重物敲击	1)压入过程应保持连续,不宜太快。压入速度常用2~4mm/s,不宜超过10mm/s,并须准确控制压入行程 2)薄壁或配合面较长的连接件,最好垂直压入,以防变形 3)对于细长的薄壁件,应特别注意检查其过盈量和几何偏差 4)配合面应涂润滑油 5)压入配合后,被包容件的内孔有一定的收缩。若内孔尺寸有严格要求,可预先加大或装配后重新加工	简便,但导向性不易控制,易出现歪斜	适用于配合要求低、长度短的零件装配,如销、短轴等。多用于单件生产
工具压入	螺旋式、杠杆式、气动式压入工具		导向性比敲击压入好,生产率较高	适用于小尺寸连接件的装配,如套筒和一般要求的滚动轴承等。多用于中小批生产
压力机压入	齿条式、螺旋式、杠杆式气动压力机或液压机		压力范围为10~10000kN(1~1000tf)。配合夹具使用,可提高导正性	适用于轻、中型静配合的连接件,如齿圈、轮毂等。成批生产中广泛采用

表 3-5-78　压入法常用工具及设备举例

工具及设备	图　示	工具及设备	图　示
用锤子敲击压入	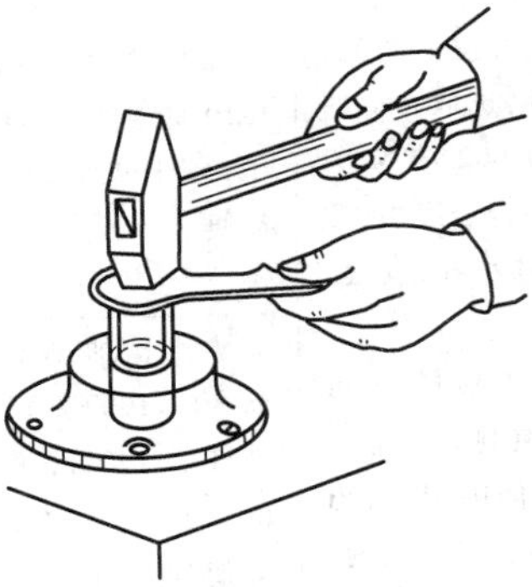	专用螺旋的C形夹头	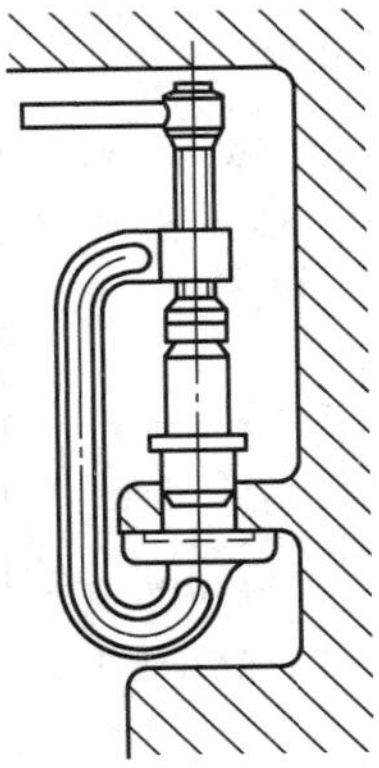
螺旋压力机	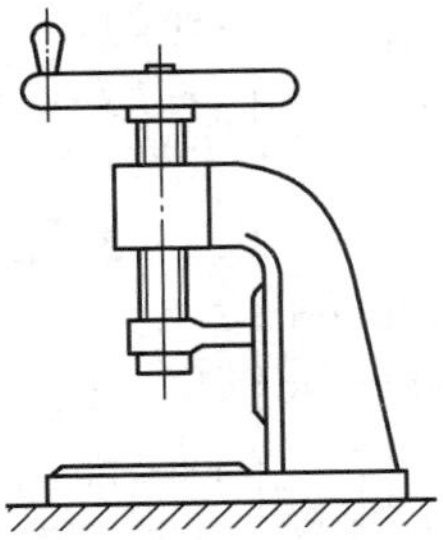	齿条压力机	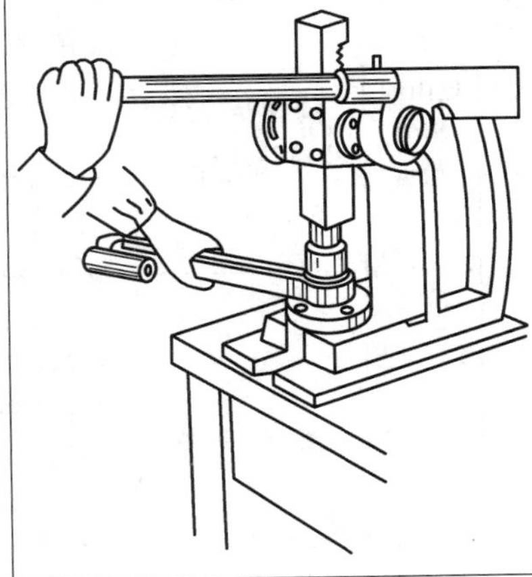
气动杠杆压力机	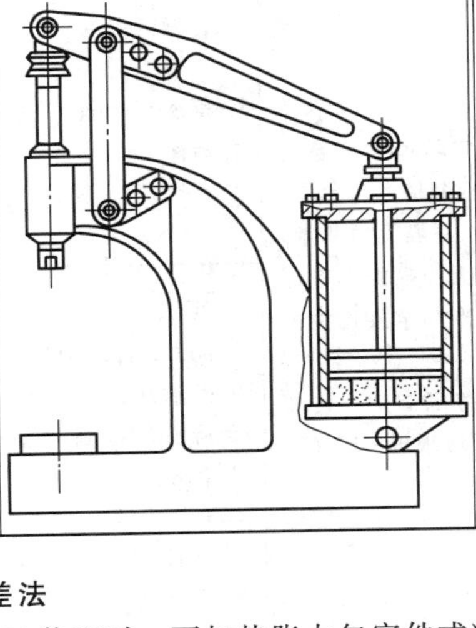		

5.2.4.2　温差法

采用温差法装配时，可加热胀大包容件或冷却收缩被包容件，也可同时加热包容件和冷却被包容件，以形成装配间隙。由于这个装配间隙可使零件配合面保持原来状态，而且配合面的粗糙度不影响其结合强度，因此连接的承载能力比用压入法装配大。

温差法的装配工艺要点及应用范围见表 3-5-79。

表 3-5-79　温差法的装配工艺要点及应用范围

<table>
<tr><th colspan="2">装配方法</th><th>设备和工具</th><th>装配工艺要点</th><th>特　点</th><th>应用范围</th></tr>
<tr><td rowspan="4">热胀法</td><td>火焰加热</td><td>喷灯、氧乙炔、丙烷加热器、炭炉</td><td rowspan="4">1)包容件因加热而胀大,使过盈量消失,并有一定间隙。根据具体条件,选取合适的装配间隙。一般取(0.001~0.002)d(d为配合直径)。包容件质量小,旋合长度短,配合直径大,操作比较熟练,可选小些;反之,则应选大些
2)采用热胀法时,实际尺寸不易测量,可按下列公式通过计算温度来控制。装配时间要短,以防因温度变化而使间隙消失,出现"咬死"现象。工件加热温度计算公式为
$$t=\frac{\delta+\Delta}{\alpha d}+t_0$$
式中　t—工件加热温度(℃)
δ—实际过盈量(mm)
Δ—热配合间隙(0.001~0.002mm)
t_0—环境温度(℃)
α—包容件线胀系数(℃$^{-1}$)
d—包容件孔径(mm)
3)用热油槽加热时,加热温度应比所用油的闪点低20~30℃。加热一般结构钢时,不应高于400℃,加热和温升应均匀
4)较大尺寸的包容件经热胀配合,其轴向尺寸均有收缩。收缩量与包容件的轴向厚度和配合面过盈量有关</td><td>加热温度<350℃。使用加热器,热量集中,易于控制,操作简便</td><td>适用于局部加热中等或大型连接件</td></tr>
<tr><td>介质加热</td><td>沸水槽、蒸汽加热槽、热油槽</td><td>沸水槽加热温度为80~100℃,蒸汽槽可达120℃,热油槽为90~320℃,均可使连接件去污干净,热胀均匀</td><td>适用于过盈量较小的连接件,如滚动轴承、连杆衬套等</td></tr>
<tr><td>电阻和辐射加热</td><td>电阻炉、红外线辐射加热箱</td><td>加热温度可达400℃以上,热胀均匀,表面洁净,加热温度易自动控制</td><td>适用于中、小型连接件成批生产</td></tr>
<tr><td>感应加热</td><td>感应加热器</td><td>加热温度可达400℃以上,加热时间短,调节温度方便,热效率高</td><td>适用于采用特重型和重型静配合的中、大型连接件</td></tr>
<tr><td rowspan="3">冷缩法</td><td>干冰冷缩</td><td>干冰冷缩装置(或以乙醇、丙酮、汽油为介质)</td><td rowspan="3">1) 被包容件冷缩时的实际尺寸不易测量,一般按冷缩温度控制冷缩量
2) 冷却至液氮温度时,一般无须测量。当冷缩装置中液氮表面层无明显的翻腾蒸发现象时,被包容件即已冷却至接近液氮温度
3) 小型被包容件浸入液氮冷却时,冷却时间约为15min,套装时间应很短,以保证装配间隙消失前套装完毕
4) 须防止冻伤</td><td>可冷至-78℃,操作简便</td><td>适用于过盈量小的小型连接件和薄壁衬套等</td></tr>
<tr><td>低温箱冷缩</td><td>各种类型低温箱</td><td>可冷至-40~-140℃,冷缩均匀,表面洁净,冷缩温度易自动控制,生产率高</td><td>适用于配合面精度较高的连接件,以及在热态下工作的薄壁套筒件</td></tr>
<tr><td>液氮冷缩</td><td>移动或固定式液氮槽</td><td>可冷至-195℃,冷缩时间短,生产率高</td><td>适用于过盈量较大的连接件</td></tr>
</table>

5.2.4.3　圆锥面过盈连接装配方法

圆锥面过盈连接是利用轴和孔产生相对轴向位移互相压紧而达到过盈连接的目的。它的特点是压合距离短、装拆方便，装拆时配合面不易擦伤，可用于多次装拆的场合，但其配合表面加工困难。常用的装配方法有两种：

（1）用螺母压紧圆锥面的过盈连接　这种连接（见图 3-5-109）可使结合面压紧形成过盈结合，多用于轴端连接。结合面的锥度小时，所需轴向力小，但不易拆卸；锥度大时拆卸方便，但所需轴向力大。通常锥度可取（1∶30）~（1∶8）。

（2）液压装拆圆锥面的过盈连接　这种方法是利用高压油完成装配。装配时，用高压油泵将液压油由包容件（见图 3-5-110a）或被包容件（见图 3-5-110b）上的油孔和油槽压入结合面间，使包容件内径胀大，被包容件外径缩小；同时，施加一定的轴向力，使孔轴相互压紧。当压紧到预定的轴向位置后，排出高压油，即可形成过盈结合。

同样，这种连接也可利用高压油拆卸。

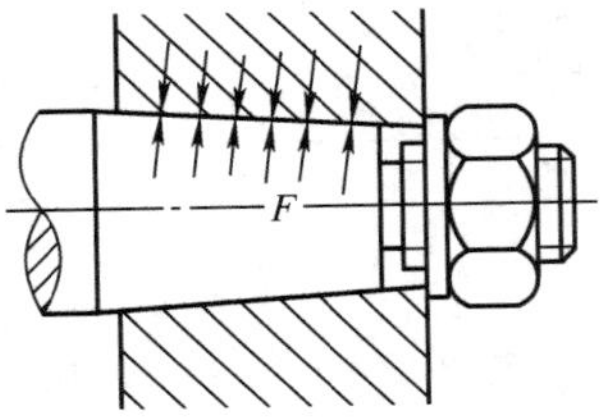

图 3-5-109　螺母压紧圆锥面的过盈连接

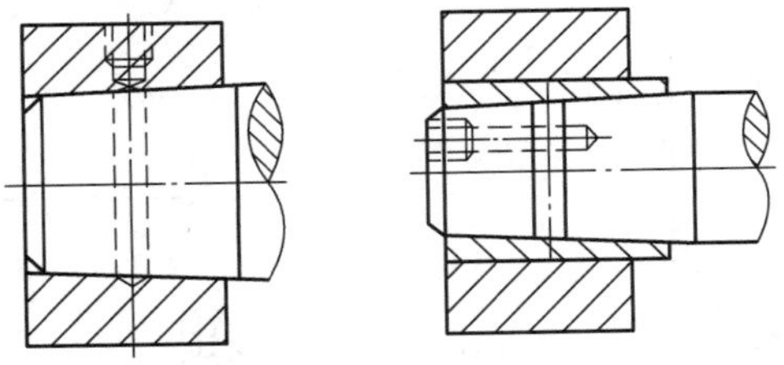

图 3-5-110　液压装拆圆锥面的过盈连接

液压套装工艺要求严格，配合面的接触要均匀，面积应大于 80%。其工艺要点及应用范围见表 3-5-80。

表 3-5-80　液压套装的装配工艺要点及应用范围

设备和工具	装配工艺要点	特　点	应用范围
高压油泵、增压器等液压附件	1）对圆锥面连接件，应严格控制压入行程 2）开始压入时，压入速度应很小 3）到行程后，先消除径向油压，后去轴向油压 4）拆卸时，油压比套装时低 5）套装时，配合面干净并涂轻质润滑油	油压为 150 ~ 200MPa，操作工艺要求严格。套装后，可以拆卸	适于过盈量较大的大、中型连接件，尤其是定位要求严格的零件

5.2.5　铆接

铆接是板件连接的方法之一，特别在薄板连接中应用较广。一般铆接的特点是构件简单、连接可靠、操作简便。

5.2.5.1 铆接方式（见表 3-5-81）

表 3-5-81 铆接方式

方 式	图 示	说 明
搭接	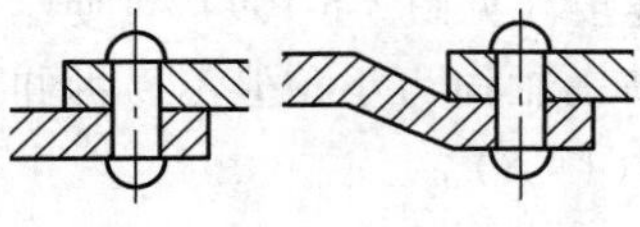 a) b)	搭接是最简单的一种铆接形式，可分两块平板搭接（见图 a）和一块板折弯后搭接两种（见图 b）
对接	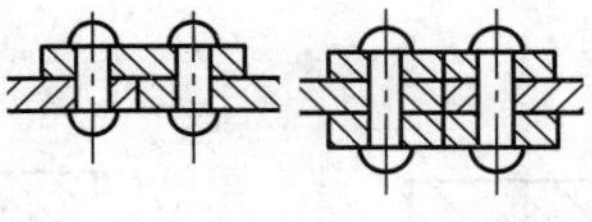 a) b)	对接分为单盖板式对接（见图 a）和双盖板式对接两种（见图 b）
角接	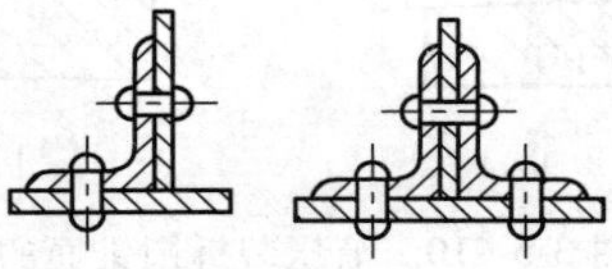 a) b)	角接分为单角钢式（见图 a）和双角钢式（见图 b）两种
相互铆接	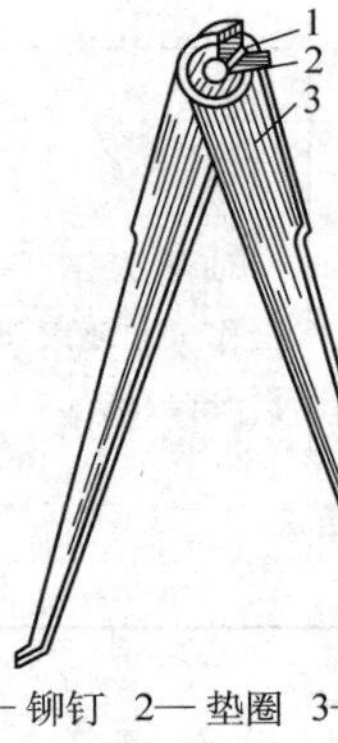 1— 铆钉 2— 垫圈 3— 卡脚	两件或两件以上，形状相同或类似形状的零件，相互重叠或结合在一起的铆接为相互铆接

5.2.5.2　铆接工具（见表 3-5-82）

表 3-5-82　铆接工具

名　　称	简　　图	说　　明
压紧冲头		当铆钉插入被铆接板的孔内后，用压紧冲头把铆合板件相互压紧
罩模和顶模	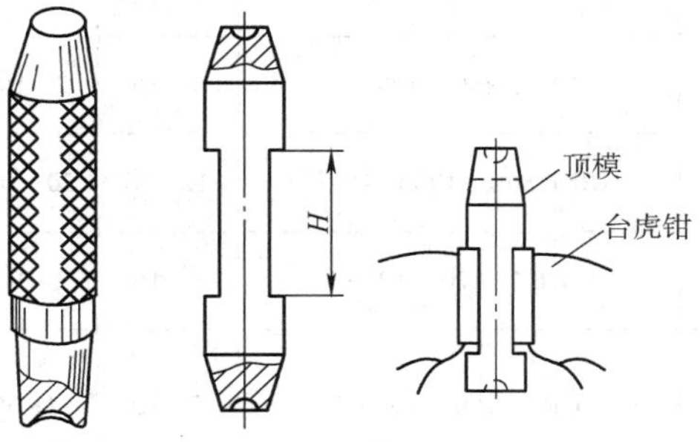 a)　b)	罩模（见图 a）和顶模（见图 b）。其工作部分一般都制成半圆形的凹球面，用于铆接半圆头铆钉。也有按平头铆钉的头部制成凹形的，用来铆接平头铆钉。罩模与顶模的区别在于柄部，罩模的柄是圆柱形的，便于手握；顶模的柄部制成扁身，以便夹持在台虎钳上
铆接空心铆钉用冲头	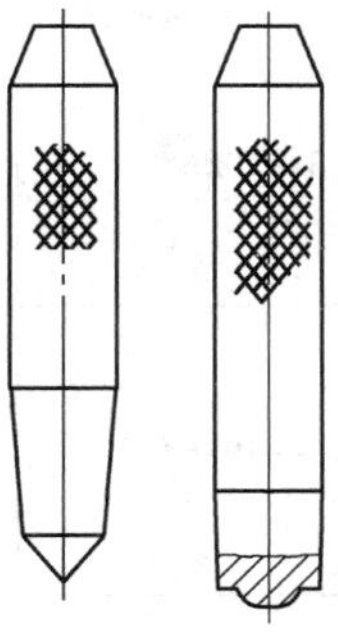	铆接空心铆钉用冲头两个一组，一个制成顶尖形的用于撑开铆钉上端；一个制成带圆凸形冲头，用于铆接

5.2.5.3　铆钉

铆钉按钉头形状不同有多种形式。为适应不同工作要求，有实心铆钉、空心铆钉、半空心铆钉之分。其制造材料有铝合金、低碳钢、合金钢、钛合金等。

实心铆钉用于受剪力大的金属材料连接，半空心铆钉多用于金属薄板与其他非金属材料的连接，空心铆钉用于受剪力不大的材料连接。

常用铆钉形状及应用见表 3-5-83。

表 3-5-83 常用铆钉形状及应用 （单位：mm）

名称		形状	标准	规格范围 d①	规格范围 l①	应用
实心铆钉	半圆头	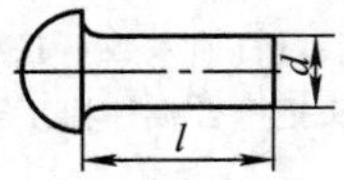	GB/T 863.1—1986(粗制)②	12～36	20～200	用于承受较大横向载荷的铆缝，应用最广
			GB/T 867—1986②	0.6～16	1～110	
	小半圆头		GB/T 863.2—1986(粗制)	10～36	12～200	
	平锥头	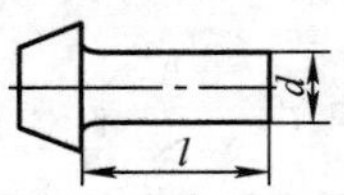	GB/T 864—1986(粗制)	12～36	20～200	用于承受较大横向载荷，并有腐蚀性介质的铆缝
			GB/T 868—1986②	2～16	3～110	
	沉头	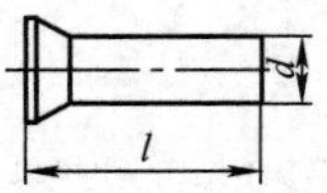	GB/T 865—1986(粗制)②	12～36	20～200	用于表面须平滑、受载不大的铆缝
			GB/T 869—1986②	1～16	2～100	
	半沉头	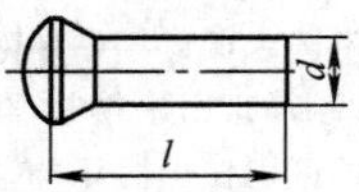	GB/T 866—1986(粗制)	12～36	20～200	多用于薄板中表面要求光滑、受载不大的铆缝
			GB/T 870—1986	1～16	2～100	
	平头	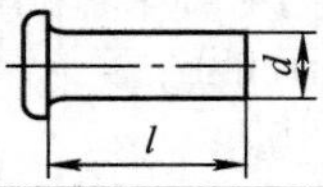	GB/T 109—1986②	2～10	4～30	用于受载不大的铆缝
	扁平头	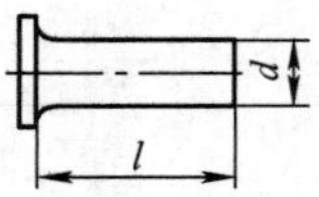	GB/T 872—1986②	1.2～10	1.5～50	用于金属薄板、皮革、塑料、帆布等的铆接
半空心铆钉	扁圆头	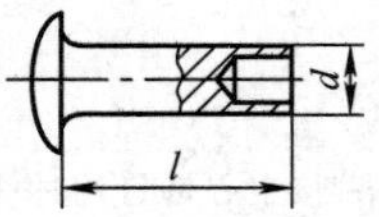	GB/T 873—1986②	1.4～10	2～50	铆接方便，钉头较弱，只适用于受载小的材料连接
	扁平头	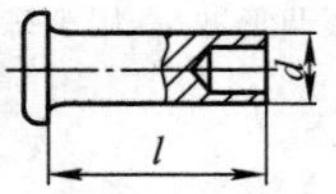	GB/T 875—1986②	1.2～10	1.5～50	用于金属薄板或非金属材料受载小的连接
空心铆钉		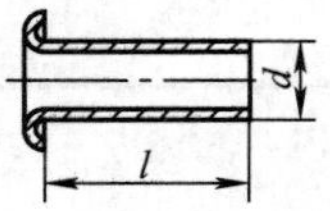	GB/T 876—1986②	1.4～6	1.5～15	质量轻、钉头弱，仅用于受载小的薄板、脆性或弹性材料的连接

① d 和 l 均为公称尺寸。

② 大部分规格有商品供应。

5.2.5.4　铆钉孔直径和铆钉长度的确定

（1）铆钉孔直径（钻孔直径）的确定　铆接时，铆钉孔直径与铆钉杆直径的配合必须适当。铆钉孔直径可根据不同安装要求按表 3-5-84 选择。

（2）铆钉长度的确定　铆接时，铆钉所需长度是铆接板料的厚度加上形成铆合头部分的长度。铆钉长度可按表 3-5-85 计算确定。

表 3-5-84　铆钉孔直径的选择（GB/T 152.1—1988）　（单位：mm）

铆钉公称直径 d		2	2.5	3	3.5	4	5	6	8	10	12	14	16	18	20	22	24	27	30	36
钉孔直径 d_0	精装配	2.1	2.6	3.1	3.6	4.1	5.2	6.2	8.2	10.3	12.4	14.5	16.5	—	—	—	—	—	—	—
	粗装配	—	—	—	—	—	—	6.5	8.5	11	13	15	17	19	21.5	23.5	25.5	28.5	32	38

表 3-5-85　小型铆钉长度的确定　（单位：mm）

铆钉公称直径 d	铆钉长度 L	铆头直径 D	铆头高度 h	简　图
2~3	$1.4d+S$	$(1.5\pm0.1)d$	$0.4d$	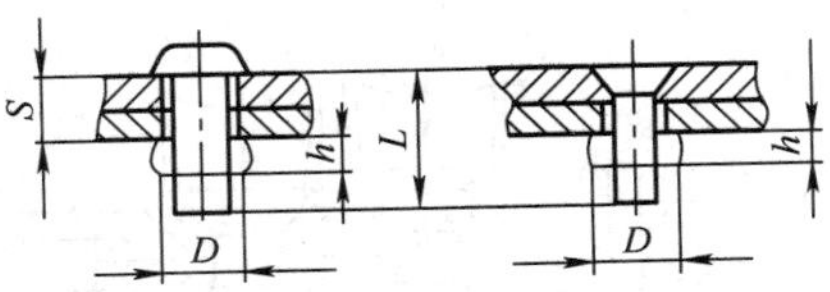
3.5~4.0	$1.3d+S$			
5~6	$1.2d+S$	$(1.45\pm0.1)\ d$		

注：双面埋头铆钉的长度 $L=S+(0.6\sim0.8)\ d$。

5.2.5.5　铆接方法[⊖]

机械装配中常用的铆接方法有锤铆和压铆。锤铆和压铆操作简单、速度快、成本低。

铆接又分冷铆和热铆。塑性良好的铜、铝合金等铆钉广泛使用冷铆。钢铆钉直径小于 10mm 的可在常温下冷铆，用于不重要和受载不大的构件连接；直径大于 10mm 的须加热到 1000~1100℃ 进行热铆。

1. 铆接加工时应注意的事项

1）铆接件与铆钉孔要清洁，钉孔对准。铆接件应紧密贴合。

2）铆接时，铆钉全长被镦粗，要填实整个铆钉孔。

3）采用机铆时，加压的压杆中心要与铆钉头同心。

4）采用热铆时，铆钉加热温度应准确，并迅速送至工件，立即进行铆合。热铆的压力须维持一定冷却时间，使工件牢固紧密地结合。

2. 铆接方法举例

（1）半圆头铆钉的铆接（见图 3-5-111）

1）铆钉插入孔后，将顶模置于垂直而稳固的状态；使铆钉半圆头与顶模凹圆相接。用压紧冲头把被铆接件压紧贴实（见图 3-5-111a）。

2）用锤子锤打铆钉伸出部分使其镦粗（见图 3-5-111b）。

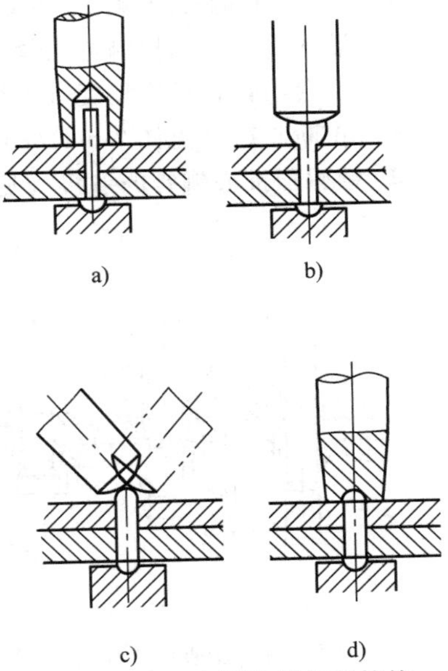

图 3-5-111　半圆头铆钉的铆接

⊖ 铆接方法中还有一种较新的铆接技术——辗铆，这里没介绍。

3）用锤子适当斜着均匀锤打周边（见图3-5-111c）。

4）用尺寸适宜的罩模铆打成形，不时地转动罩模，垂直锤打（见图3-5-111d）。

（2）沉头铆钉的铆接（见图3-5-112）

1）将铆钉插入孔中，在被铆接件下面支承好淬火平铁，正中镦粗面1、2。

2）铆合面2、1。

3）最后用平头冲子修整。

（3）空心铆钉的铆接（见图3-5-113）

1）铆钉一端有铆钉头，将其杆部装入铆接件孔中，垫好下端铆钉头一面。

2）用手锤打样冲，把上端撑开使其与铆接件相接触（见图3-5-113a）。

3）用圆凸冲头将其头部铆成。要分几下锤打铆成，以免大力快铆出现裂纹（见图3-5-113b）。

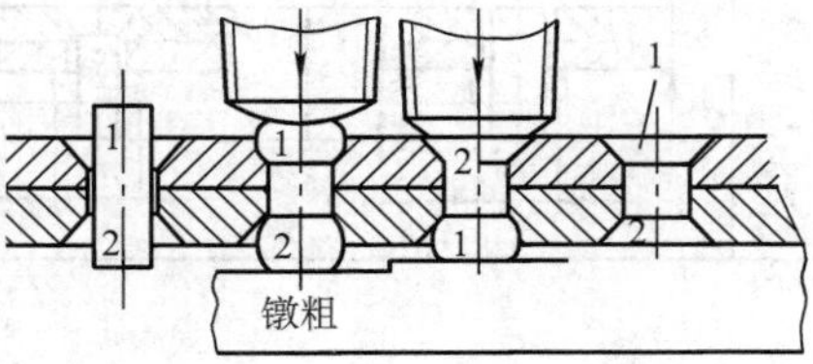

图3-5-112　沉头铆钉的铆接

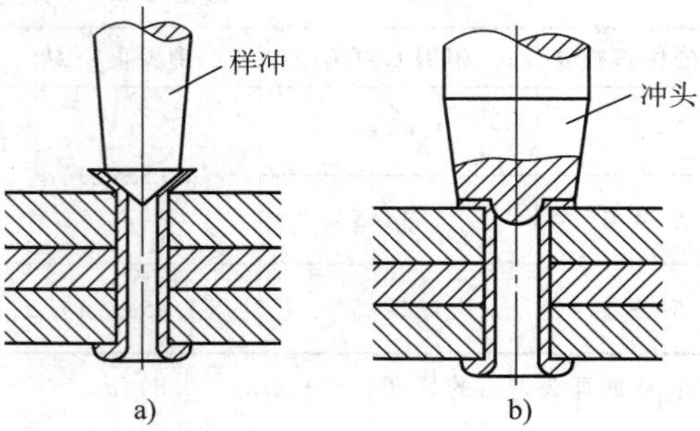

图3-5-113　空心铆钉的铆接

5.2.5.6　单面铆接

只能从一面接近工件完成铆接，称为单面铆接或盲铆。单面铆接一般都用抽心铆钉。

1. 普通抽心铆钉的铆接（见图3-5-114）。

1）装入铆钉，用拉铆枪拉紧心杆，使其底端圆柱挤入钉套（见图3-5-114a）。

2）钉套与钉孔形成轻度过盈结合（见图3-5-114b）。

3）拉断心杆（见图3-5-114c）。

2. 锁圈型抽心铆钉的铆接（见图3-5-115）。

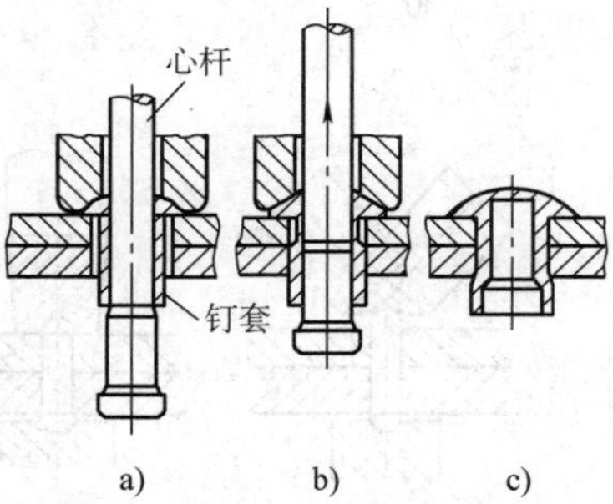

图3-5-114　普通抽心铆钉的铆接

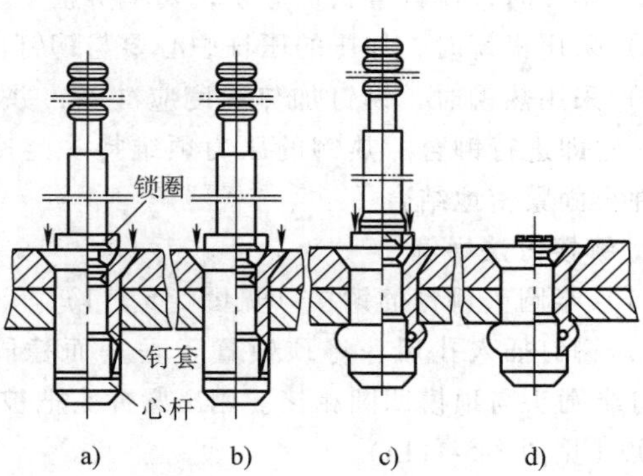

图3-5-115　锁圈型抽心铆钉的铆接

1）装入铆钉开始拉铆（见图3-5-115a）。

2）消除铆接件间的间隙（见图3-5-115b）。

3）压入锁圈（见图 3-5-115c）。

4）拉断心杆（见图 3-5-115d）。

5.2.5.7　铆接常见缺陷、产生原因及防止措施（见表 3-5-86）

表 3-5-86　铆接常见缺陷、产生原因及防止措施

缺　陷	图　示	产生原因	防止措施	消除办法
铆钉头与镦头不在同一轴线上		1）铆接时风枪未垂直铆接件 2）风压过大使钉杆弯曲 3）钉孔倾斜	1）开始铆接时开小风门 2）风枪中心线与钉杆中心线保持重合 3）钻孔（或冲孔）时刀具与铆接件垂直	偏心 ≥ $0.1d$ 时更换铆钉
铆钉头四周未与铆接件表面密合		1）孔径过小或钉杆有毛刺 2）风压不够 3）顶钉力不够或未顶严	1）铆接前先检查孔径 2）引钉时消除钉杆毛刺和氧化皮 3）风压不足停止铆接 4）开始铆接时开小风门	更换铆钉
铆钉头有一部分和铆接件表面未密合		1）铆窝头偏斜 2）钉杆长度不够	1）风枪保持垂直 2）计算好铆钉杆长度	更换铆钉
铆接件被铆钉胀开	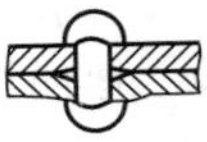	1）铆接件相互贴合不严 2）螺栓未紧固或松得太快 3）孔径过小	1）铆接前先检查铆接件是否贴合和孔径大小 2）紧固螺栓及铆接后再拆除螺栓	更换铆钉
铆钉形成突头及刻伤板料	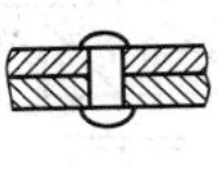	1）风枪放置不垂直 2）钉杆长度不足 3）铆窝头过大	1）铆接时风枪应与铆接件表面垂直 2）计算好所需铆钉杆的长度 3）更换铆窝头	更换铆钉
铆钉杆在钉孔内弯曲	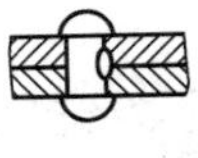	铆钉与钉孔配合间隙过大	1）选用适当的铆钉 2）开始铆接时开小风门	更换铆钉
铆钉头与镦头上有裂纹	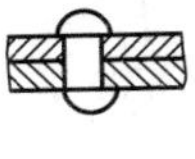	铆钉材料塑性不好	检查铆钉材质，试验铆钉的塑性	更换铆钉
铆钉头周围有帽缘	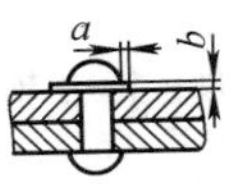	1）钉杆太长 2）铆窝头太小 3）铆接时过长	1）计算所需钉杆长度 2）更换铆窝头 3）减少过多的击打	$a \geq 3$mm、$b \geq 1.5$ 拆除更换

（续）

缺　　陷	图　　示	产生原因	防止措施	消除办法
铆钉头过小,高度不够	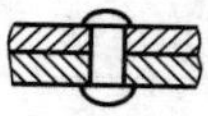	1)钉杆较短或孔径过大 2)铆窝头过大	1)计算或按实际需要加长钉杆 2)更换铆窝头	更换铆钉
铆钉头上刻有伤痕	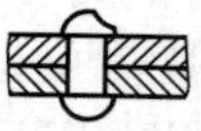	铆窝头击在铆钉头上	注意紧握风枪,防止跳动过高	更换铆钉
铆钉头位置偏移	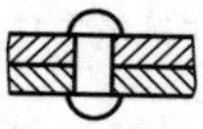	顶钉位置不当	顶钉顶在铆钉与顶杆同一轴线上	偏心≥0.1d 更换铆钉
铆钉头不成半圆形		1)开始铆接时钉杆弯曲 2)未将钉杆镦粗	开始铆接时风枪放置垂直,开小风门镦粗成圆头时,则开大风门	更换铆钉

5.2.6 滑动轴承的装配

当轴承和轴颈相对运动时，它们的接触面产生滑动摩擦，这种轴承称为滑动轴承。它的主要特点是运转平稳、无噪声，润滑油膜具有吸振能力，所以能承受较大的冲击载荷。

5.2.6.1 滑动轴承的分类

1. 按滑动轴承润滑的方式分

（1）动压滑动轴承　利用润滑油的黏性和轴颈的高速旋转，把润滑油带进轴承的楔形空间建立起压力油膜，使轴颈与轴承被油膜隔开，这种轴承称为动压滑动轴承（见图3-5-116）。

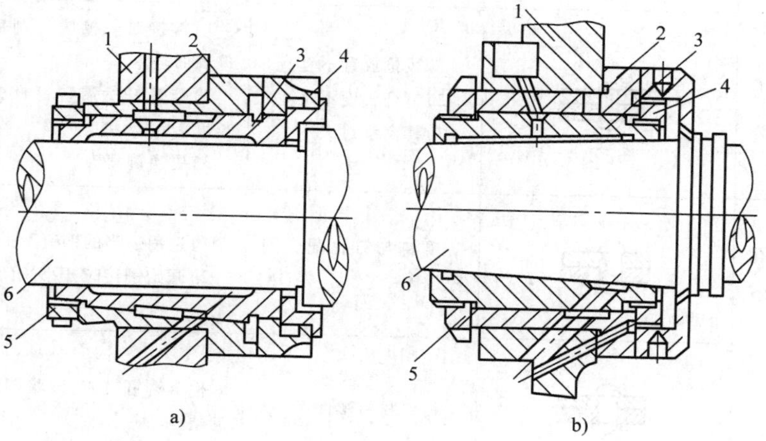

图3-5-116　径向动压滑动轴承

a）内柱外锥式　b）外柱内锥式

1—箱体　2—主轴承外套　3—主轴承　4、5—螺母　6—主轴

（2）静压滑动轴承　利用外界的油压系统供给一定压力的润滑油，使轴颈与轴承处于完

全液体摩擦状态，油膜的形成和压力大小与轴的转速无关，所以能保证轴承在不同的工作状态下获得稳定的液体润滑。这种轴承称为静压滑动轴承，如图 3-5-117 所示。其中，在轴瓦的内圆表面上，开有四个对称均布的油腔，油腔与油腔之间开有回油槽，回油槽与油腔间有封油面。来自油泵具有一定压力的油液，经过节流器后进入轴承的油腔，再流经封油面与轴颈间隙回到油池（节流器指对流液有一定阻力的通道）。

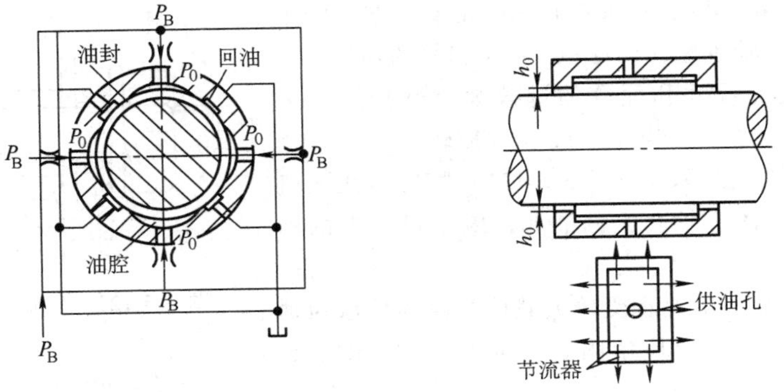

图 3-5-117　静压滑动轴承

2. 按滑动轴承的结构分

（1）整体式滑动轴承　整体式滑动轴承是在机架上或轴承座上镶入整体轴瓦后加工而成的（见图 3-5-118）。它的结构简单，但工作面磨损后无法调整间隙，必须重新更换新的轴瓦。

（2）剖分式滑动轴承　如图 3-5-119 所示，剖分式滑动轴承由轴承座、轴承盖、两个对开轴瓦、垫片及双头螺栓组成。

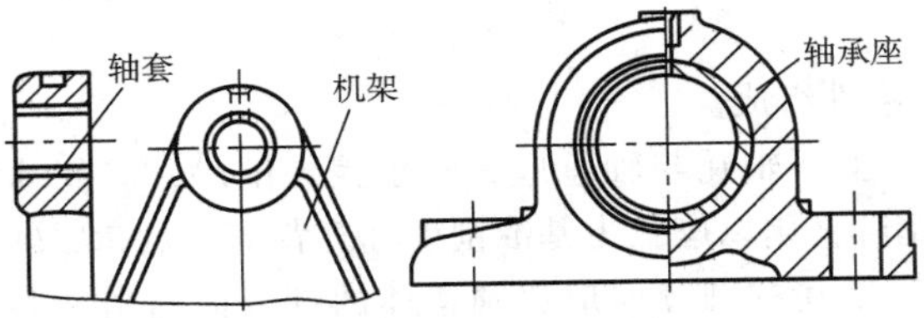

图 3-5-118　整体式滑动轴承

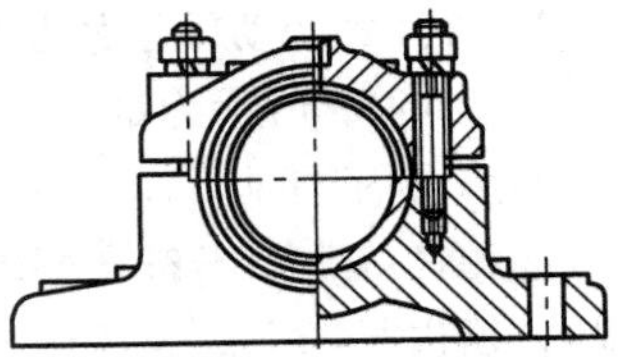

图 3-5-119　剖分式滑动轴承

（3）锥形表面滑动轴承　其结构有内柱外锥式（见图 3-5-116a）和外柱内锥式（见图 3-5-116b）两种。

（4）多瓦自动调位轴承（又称扇形瓦轴承）　其结构有三瓦式（见图 3-5-120a）和五瓦式（见图 3-5-120b）两种。

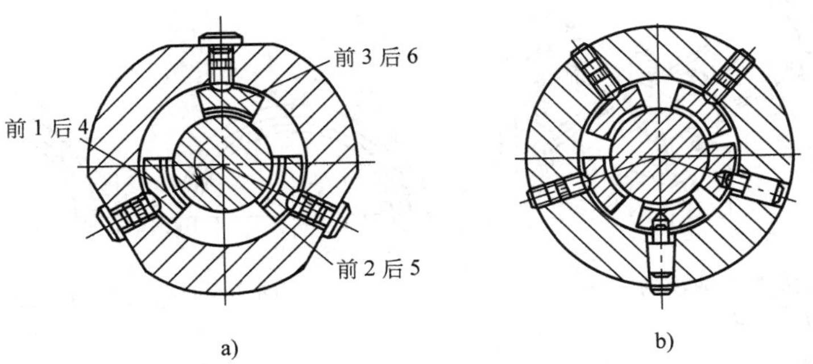

图 3-5-120　多瓦自动调位轴承

5.2.6.2 滑动轴承的装配

对滑动轴承装配的要求，主要是轴颈与轴承孔之间获得所需要的间隙和良好的接触，使轴在轴承中运转平稳。

滑动轴承的装配方法取决于它们的结构形式。

1. 整体式滑动轴承（又称轴套）的装配

1）将加工合格的轴套和轴承孔除去毛刺，并擦洗干净，在轴套外径或轴承座孔内涂抹 L-AN 牌号的油。

2）根据轴套的尺寸和配合的过盈大小选择压入方法，将轴套压入机体中。若尺寸或过盈量较大，则宜用压力机压入或用拉紧工具（见图 3-5-121）把轴套压入机体中。压入时，应注意轴套上的油孔，应与机体上的油孔对准。

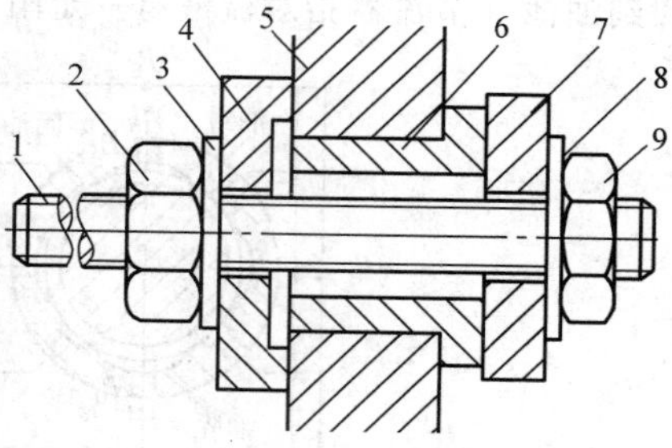

图 3-5-121 压轴套用拉紧工具

1—螺杆 2、9—螺母 3、8—垫圈 4、7—挡圈 5—机体 6—轴套

3）压入轴套后，对要承受较大载荷的滑动轴承的轴套，还要用紧定螺钉或定位销固定，定位方式如图 3-5-122 所示。

4）压装后，检查轴套内孔，若内孔缩小或变形，可用铰削或刮削等方法对轴套进行修整。

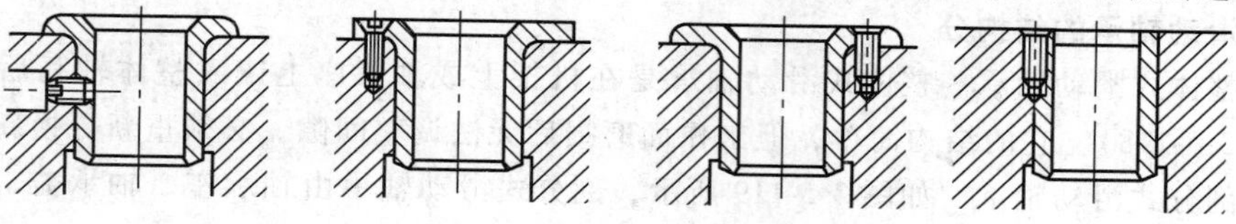

图 3-5-122 轴套的定位方式

2. 剖分式滑动轴承的装配

图 3-5-123 所示为剖分式滑动轴承的零件组成。

（1）轴瓦与轴承座、轴承盖的装配 上下轴瓦与轴承座、轴承盖装配时，应使轴瓦背与座孔接触良好，如不符合要求时，对厚壁轴瓦则以座孔为基准刮削轴瓦背部。对薄壁轴瓦则不修刮，须进行选配。为达到配合的要求，轴瓦的剖分面应比轴承体的剖分面高出一些，其值 $\Delta h=\pi\delta/4$（δ 为轴瓦与机体孔配合过盈量），一般 Δh 取 0.05～0.10mm（见图 3-5-124）。轴瓦装入时，在剖分面上应垫上木板，用锤子轻轻敲入，避免将剖分面敲毛，影响装配质量。

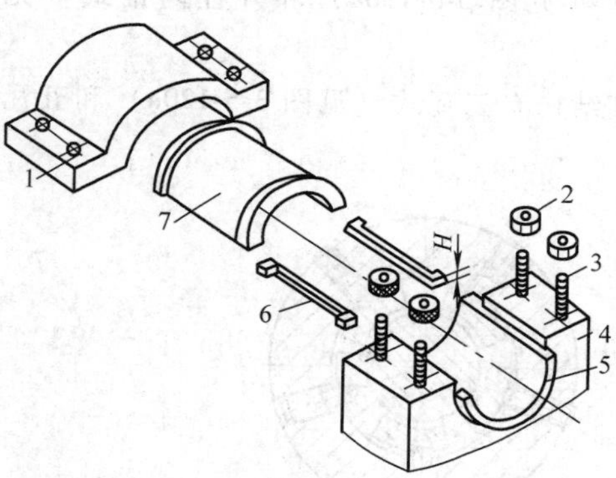

图 3-5-123 剖分式滑动轴承的零件组成

1—轴承盖 2—螺母 3—双头螺柱 4—轴承座 5—下轴瓦 6—垫片 7—上轴瓦

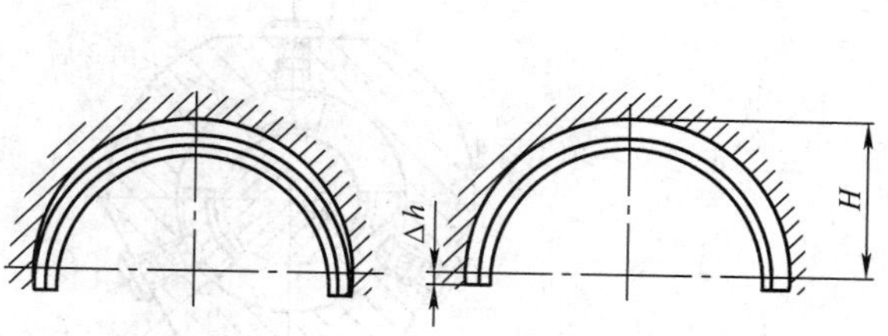

图 3-5-124 薄壁轴瓦的配合

（2）轴瓦的定位　轴瓦安装在机体中，无论在圆周方向和轴向都不允许有位移。通常用定位销和轴瓦上的凸台来止动（见图3-5-125）。

（3）轴瓦孔的配刮　用与轴瓦配合的轴来研点，通常先刮研下轴瓦，再刮研上轴瓦。在刮研下轴瓦时可不装轴瓦盖，当下轴瓦接触点基本符合要求时，再将上轴瓦盖压紧，并拧上螺母，在修刮上轴瓦的同时进一步修正下轴瓦的接触点。配刮轴的松紧，可随着刮削次数调整垫片尺寸。当螺母均匀紧固后，配刮轴能够轻松地转动，而且无明显间隙，接触点也符合要求时即可。

5.2.7　滚动轴承的装配

滚动轴承由外圈、内圈、滚动体和保持架四部分组成（见图3-5-126）。工作时，滚动体在内、外圈的滚道上滚动，形成滚动摩擦。它具有摩擦小、效率高、轴向尺寸小、装拆方便等优点。

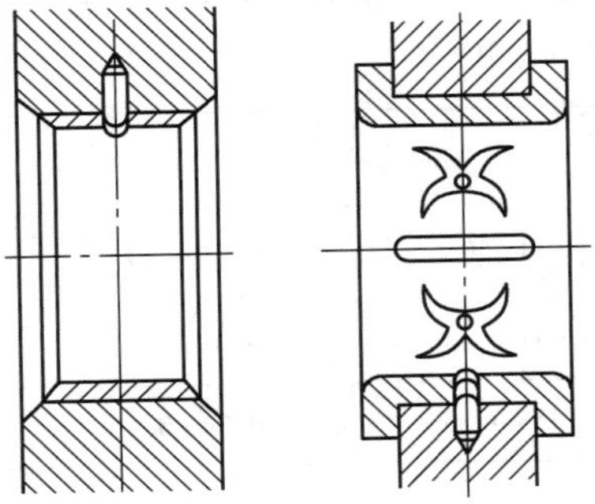

图3-5-125　轴瓦的定位

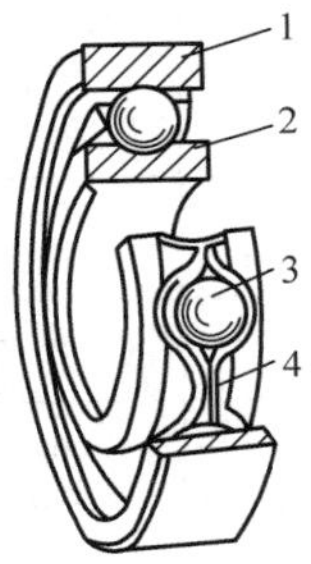

图3-5-126　滚动轴承的构造

1—外圈　2—内圈　3—滚动体　4—保持架

5.2.7.1　滚动轴承的预紧和调整

（1）滚动轴承游隙要求和测量　滚动轴承的游隙分为径向游隙和轴向游隙两类（见图3-5-127）。它们分别表示一个套圈固定时，另一个套圈沿径向或轴向由一个极限位置到另一个极限位置的移动量。这两类游隙之间有着密切关系：一般说来，径向游隙越大，则轴向游隙也越大；反之径向游隙越小，轴向游隙也越小。测量游隙的方法如图3-5-128所示。

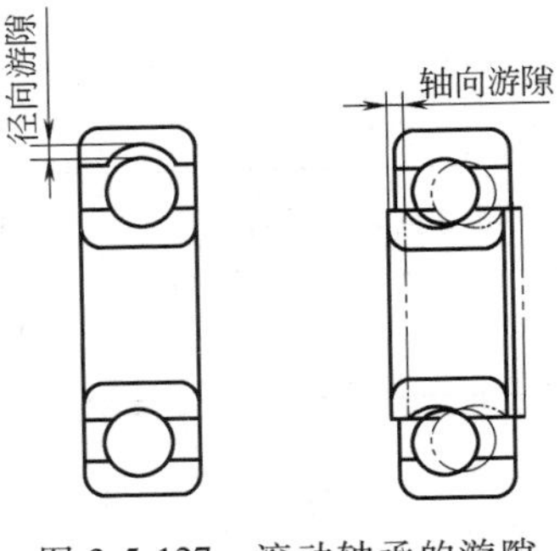

图3-5-127　滚动轴承的游隙

在一般机械中，安装轴承时均有工作游隙。工作游隙过大，轴承内载荷不稳定，运转时产生振动，精度和疲劳强度差，寿命缩短，工作游隙过小，将造成运转温度过高，易产生过热“咬住”，以至损坏。所以，安装轴承时，应根据工作精度、使用场合、转速高低来选择合适的轴承工作游隙。

选用时，高速运转的轴承一般采用较大的工作游隙；低速重载荷的轴承，采用较小的工作游隙，以保证轴承正常工作，延长使用寿命。

滚动轴承的轴向游隙要求见表3-5-87。

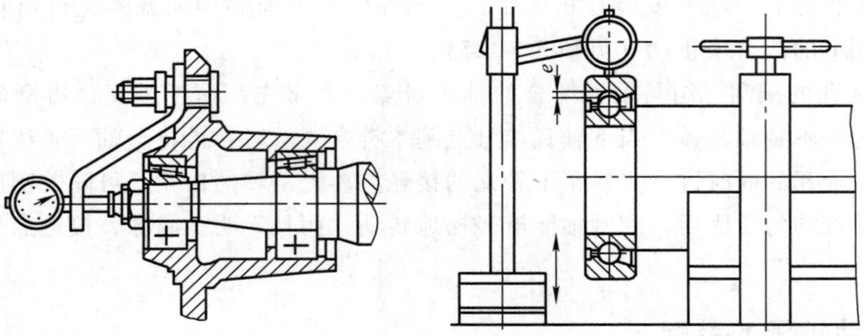

a) b)

图 3-5-128 测量游隙的方法

a）轴向游隙测量 b）径向游隙测量

表 3-5-87 滚动轴承的轴向游隙要求 （单位：mm）

系列	轴的直径			
圆锥滚子轴承的轴向游隙				
系　列	≤30	>30~50	>50~80	>80~120
轻系列	0.03~0.10	0.04~0.11	0.05~0.13	0.06~0.15
中系列及重系列	0.04~0.11	0.05~0.13	0.06~0.15	0.07~0.18
角接触球轴承的轴向游隙				
系　列	≤30	>30~50	>50~80	>80~120
轻系列	0.02~0.06	0.03~0.09	0.04~0.10	0.05~0.12
中系列及重系列	0.03~0.09	0.04~0.10	0.05~0.12	0.06~0.15
双列角接触球轴承的轴向游隙				
系　列	≤30	>30~50	>50~80	>80~120
轻系列	0.03~0.08	0.04~0.10	0.05~0.12	0.06~0.15
中系列及重系列	0.05~0.11	0.06~0.12	0.07~0.14	0.10~0.18

（2）滚动轴承的预紧方法　若给轴承内圈或外圈施以一定的轴向预加载荷，这时内、外圈将发生相对的位移，结果消除了内、外圈与滚动体的游隙，并产生了初始的接触弹性变形。这种方法称为预紧（见图 3-5-129）。

预紧后的轴承能控制正确的游隙，从而提高了轴的旋转精度。

预紧分为径向和轴向两类，两者通常是相互有关的。径向预紧可利用锥孔轴承在其配合锥颈上做轴向位移，使内圈胀大来实现（见图 3-5-130）。

轴向预紧常用的方法见表 3-5-88。

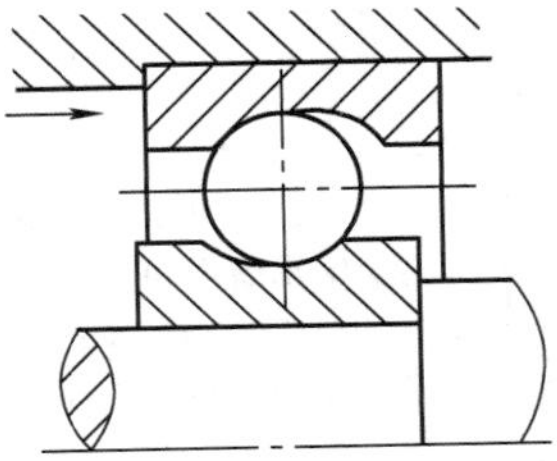

图 3-5-129　预紧的原理

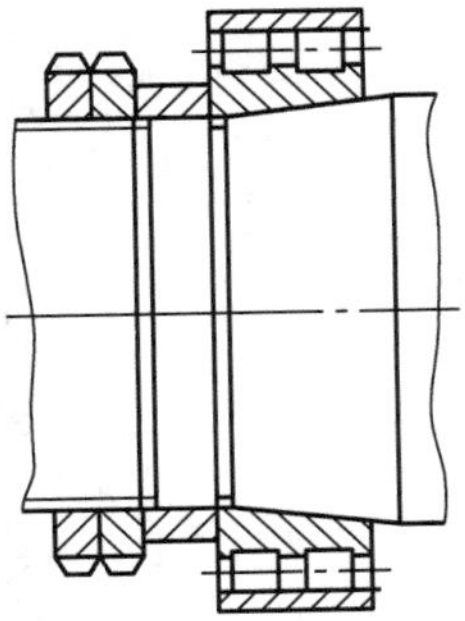

图 3-5-130　径向预紧

表 3-5-88　轴向预紧常用的方法

预紧方法	图　例	说　明
采用成对安装角接触球轴承	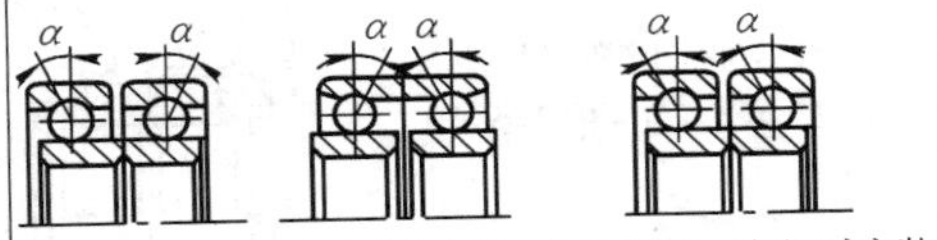 a) 磨窄外圈　b) 磨窄内圈　c) 外圈宽、窄相对安装	无须进行调整，装配后即能获得精确的预紧力。适用于成批生产及精度要求较高的轴承部件
在成对安装的轴承外圈或内圈之间置以衬垫	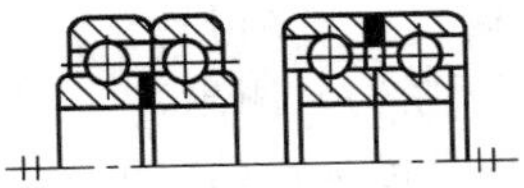	成对组合的轴承并排安装在部件内时，应用不同厚度的衬垫能得到不同的预紧力
在成对安装的轴承内圈和外圈中间配置不同厚度的间隔套	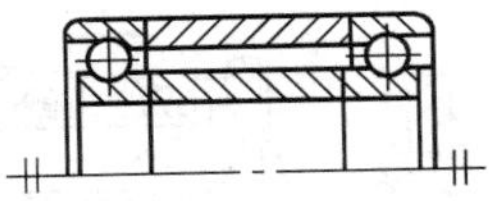	为提高成对组合轴承的刚度，两轴承有一定的轴向距离时，通过改变内外间隔套的厚度，能得到不同的预紧力
带螺纹的端盖使轴承内、外圈做相对轴向位移	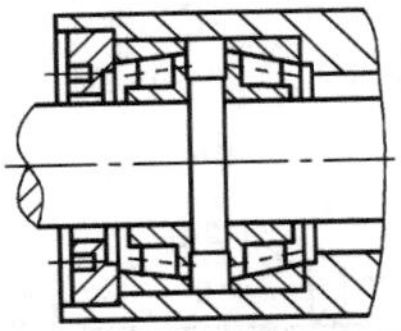	调整端盖轴向位置，即可得到所需要的预紧力
用双螺母使轴承预紧	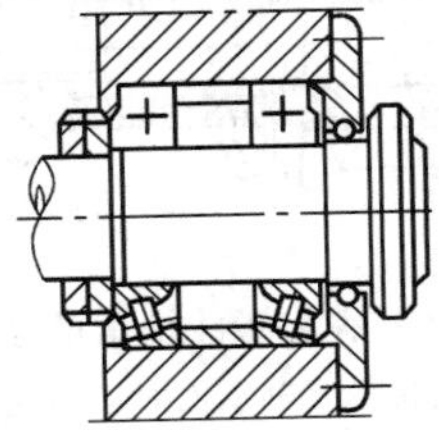	调整螺母轴向位移，获得不同预紧力

（续）

预紧方法	图 例	说 明
用弹性挡圈及间隔套预紧	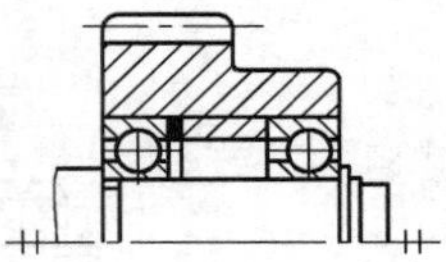	按弹性挡圈位置，调整间隔套厚度，得到所需预紧力
利用经常作用于轴承外圈上的弹簧定压预紧	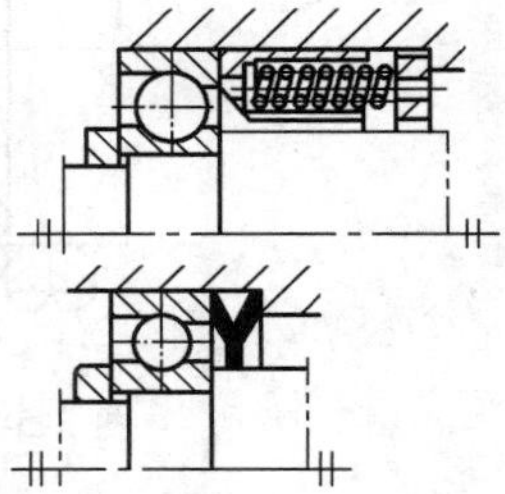	不受轴承磨损和轴向热变形的影响，能保持一定的预紧力。预紧力大小靠弹簧调整

（3）滚动轴承预紧力的测量

1）采用衬垫或间隔套的预紧方法时，必须测出轴承在给定的预紧力 F 作用下，轴承内外圈端面的错位量，以调整衬垫或内外间隔套的厚度，如图 3-5-131 所示。

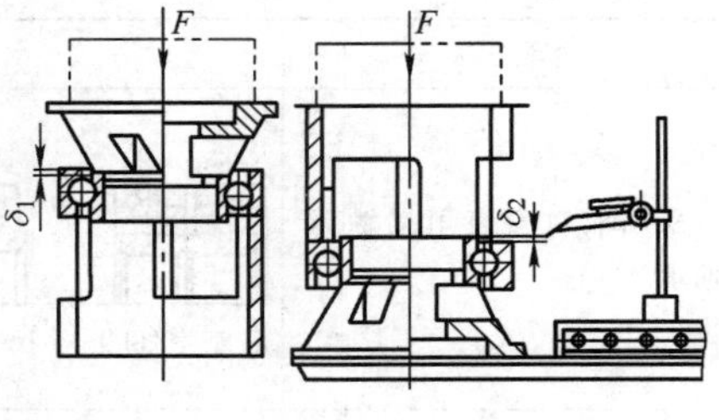

图 3-5-131 给定预紧力 F 测量轴承内外圈端面的错位量

2）精密部件轴承的装配可采用图 3-5-132 所示的方法进行。此法比较精确，适用于批量生产。

如图 3-5-132a、b 所示，通过转动螺母，压缩弹簧至 H 尺寸，使弹簧的胀力符合规定的预紧力，测出 B 值，与定位值 A 进行比较，得出轴承内外圈端面的错位量，即为安装轴承时内外间隔套所需的配磨量。

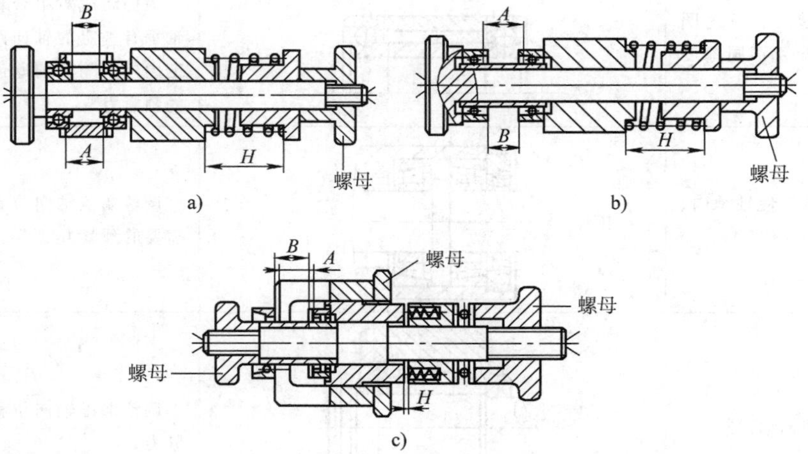

图 3-5-132 精密部件轴承的装配

a）角接触球轴承背对背装配 b）角接触球轴承面对面装配 c）角接触球轴承串联装配

如图 3-5-132c 所示，首先转动左端螺母给轴承以少量预紧；调节中间螺母，使两轴承受力相等；再转动右端螺母，压缩弹簧至规定的预紧力（即 H 值），测出 B 与 A 的差值，即为所需的外间隔套调整量。

3）对预紧力较小或仅需消除轴承游隙时，除采用上述方法测量，还可由操作者凭感觉测量。如图 3-5-133 所示，用手或重块直接压紧轴承外圈或内圈（压紧力相当于预紧力），另一只手拨动内、外间隔套，验证预紧力是否适当，如果感觉松紧一样或阻力适中，即内、外间隔套的厚度差已符合要求。

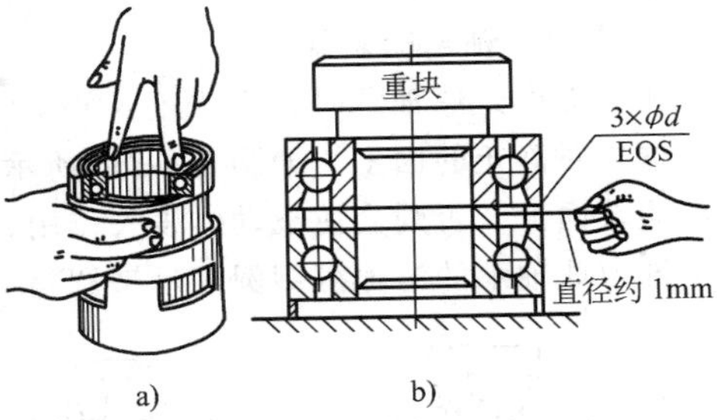

图 3-5-133　用感觉法预紧轴承

a）手拨法　b）棒拨法

5.2.7.2　一般滚动轴承的装配

滚动轴承有圆柱孔和圆锥孔两类。其装配方法与轴承结构、尺寸大小、轴承部件配合性质有关。装配压力应直接加在配合的套圈端面上（见图 3-5-134），严禁借用滚动体传递压力，破坏轴承精度。

1. 圆柱孔滚动轴承的装配

1）不可分离型滚动轴承的装配。当采用内圈与主轴过盈配合，外圈与外壳孔间隙配合时，可先将轴承安装在主轴轴颈上，压装时在轴承端面垫上套筒（见图 3-5-134a），然后将装好轴承的主轴组件装入外壳孔中。

当采用轴承外圈与外壳孔为过盈配合，内圈与主轴为间隙配合时，应将轴承先压入外壳孔中。压装时采用的装配套筒外径应略小于外壳孔的直径（见图 3-5-134b）。

当采用轴承内圈与轴、外圈与外壳孔都是过盈配合时，压装时采用的装配套筒端面应制成能同时压入轴承内、外圈的圆环端面（见图 3-5-134c），使压力同时传递给内、外圈而将轴承压入轴和外壳孔。

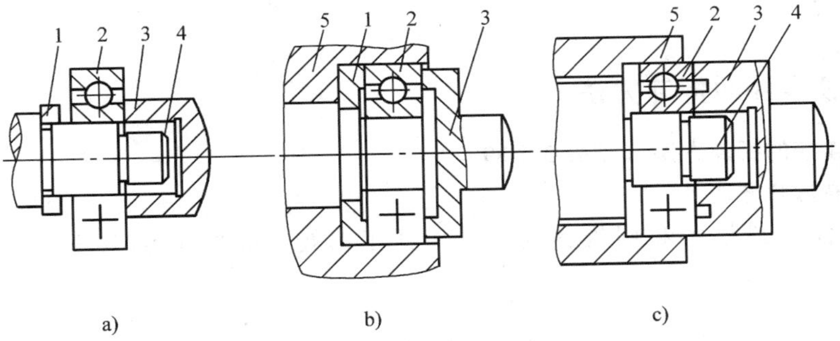

图 3-5-134　不可分离型滚动轴承的装配

1—拆卸挡圈　2—轴承　3—套筒　4—轴　5—壳体

2）分离型滚动轴承的装配。对圆锥滚子轴承，可分别将外圈装入外壳孔中，内圈装入主轴轴颈，然后调整工作游隙。

对精密轴承或配合过盈量较大的轴承，常采用温差法装配，以减少变形量。其加热温度不应高于 100℃，冷却温度不应低于 −80℃。加热介质常用油液，加热时应注意轴承不能直接接触油槽底部。冷却轴承常采用低温箱或固态二氧化碳（干冰）冷却。

2. 圆锥孔滚动轴承的装配

调心滚子轴承、调心球轴承的内锥孔可直接安装在有锥度的主轴颈上，或者安装在紧定套和退卸套的锥面上（见图3-5-135）。其配合过盈量取决于轴承内圈沿轴颈锥面的轴向移动量。

3. 推力球轴承的装配

在装配推力球轴承时，应注意区分紧环和松环。松环的内孔比紧环的内孔大，故紧环应靠在与轴相对静止的面上。如图3-5-136所示，右端的紧环靠在轴肩端面上，左端的紧环靠在圆螺母的端面上，否则会使滚动体丧失作用，同时会加速配合零件间的磨损。

推力球轴承的游隙可用圆螺母来调整。

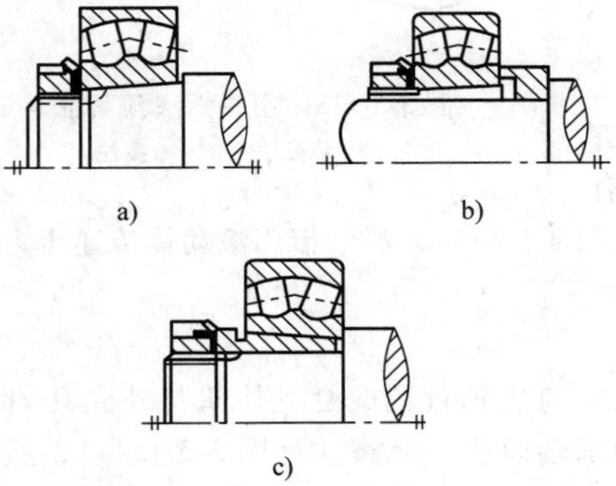

图3-5-135 圆锥孔滚动轴承的装配
a）直接安装在主轴颈上 b）装在紧定套上
c）装在退卸套上

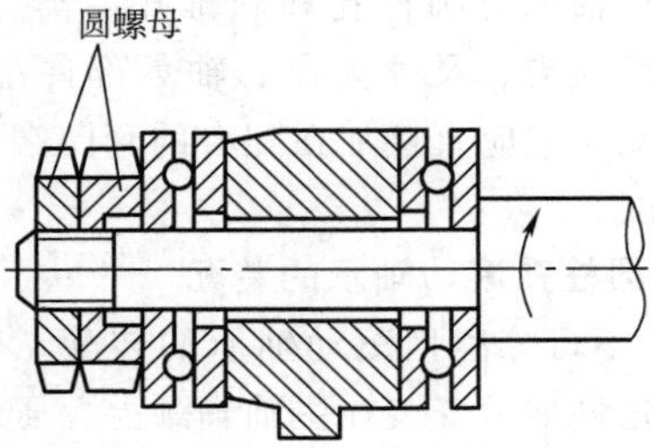

图3-5-136 推力球轴承的装配

5.3 修配技术

5.3.1 一般零件的拆卸方法

5.3.1.1 键连接的拆卸方法（见表3-5-89）

5.3.1.2 销的拆卸方法

1）拆卸普通圆柱销和圆锥销时，可用锤子敲出，圆锥销从小端向外敲出（见图3-5-137）。

表3-5-89 键连接的拆卸方法

键的类型	图示	说明
普通平键	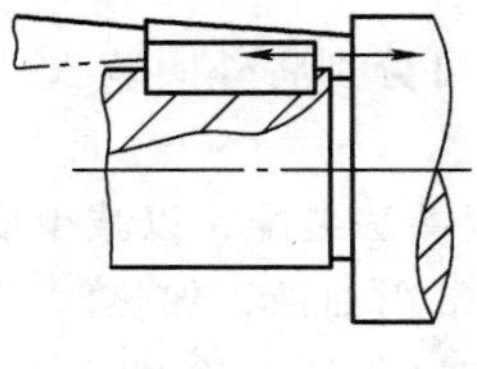	可用平头冲子顶在键的一端，用锤子适当敲打，另一端可用两侧面带有斜度的平头冲子按图中箭头所示部位挤压，这样可以完成键的拆卸

（续）

键的类型	图　　示	说　　明
钩头楔键	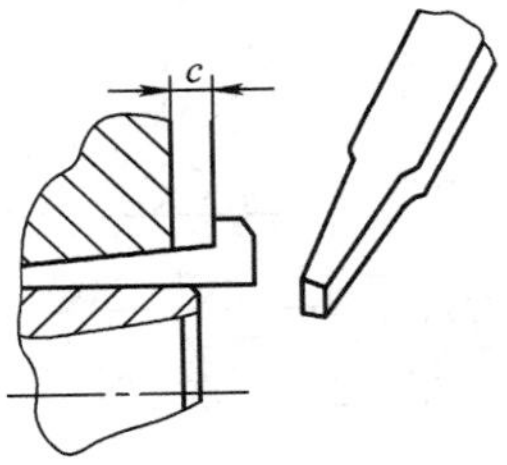	当钩头楔键与轴端面之间的空间尺寸 c 较小时，可用一定斜度的平头冲子在 c 处挤压，取出钩头楔键
	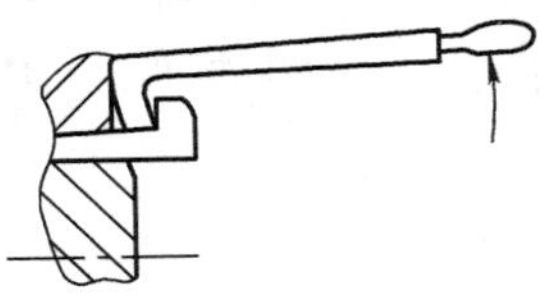	当钩头楔键与轴端面之间的空间尺寸 c 较大时，可用图中所示工具取出钩头楔键
	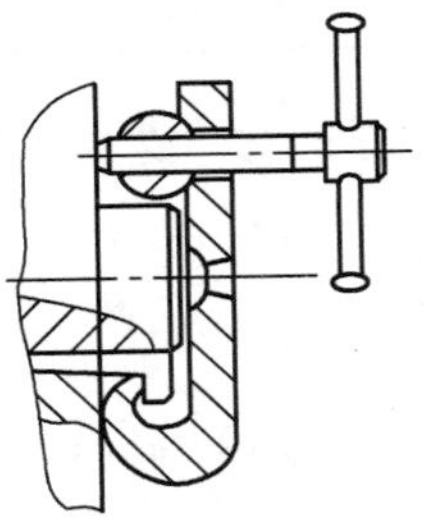 a) 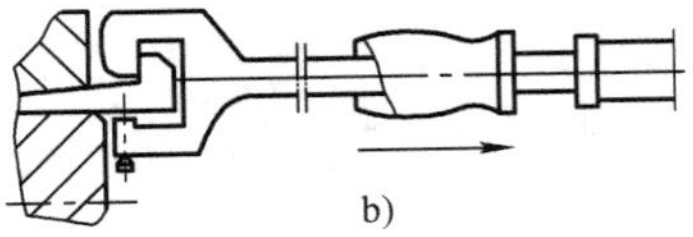 b)	当钩头楔键锈蚀较重，不易拆卸时，可采用图中所示的两种工具进行拆卸

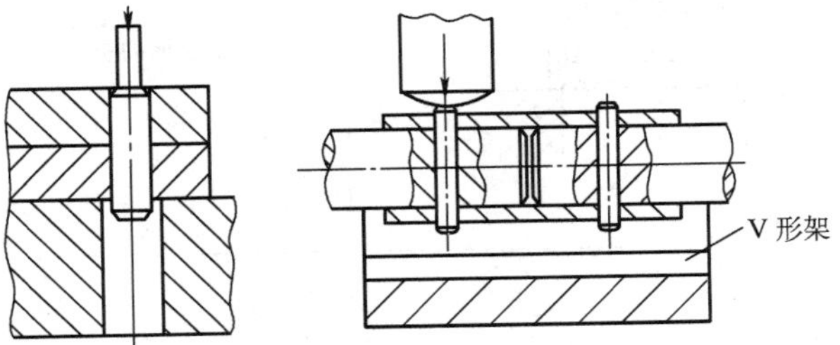

a)　　b)

图 3-5-137　普通圆柱销和圆锥销的拆卸

a）用带孔垫铁支承工件　b）用 V 形架支承工件

2）拆卸有螺尾的圆锥销，可用螺母旋出（见图 3-5-138）。

3）拆卸带内螺纹的圆柱销和圆锥销，可用拔销器取出（见图 3-5-139）。

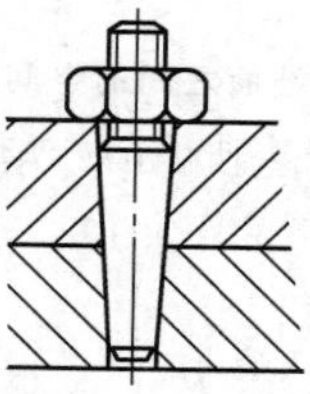

图 3-5-138 有螺尾的圆锥销的拆卸

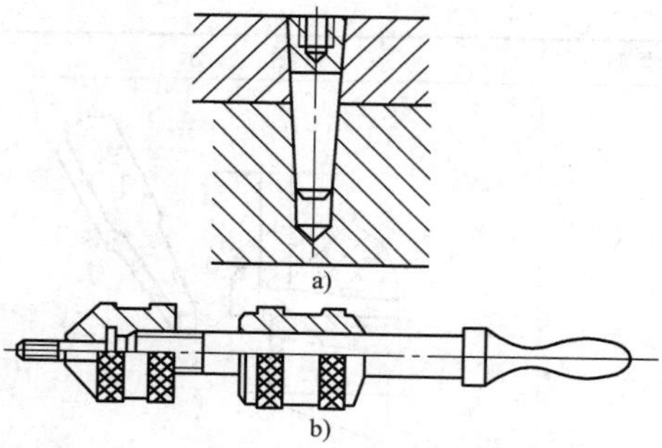

图 3-5-139 带内螺纹的圆锥销和拔销器
a）圆锥销 b）拔销器

5.3.1.3 滚动轴承的拆卸方法

1. 圆柱孔轴承的拆卸方法（见表 3-5-90）

表 3-5-90 圆柱孔轴承的拆卸方法

方法	图示	说明
用压力机	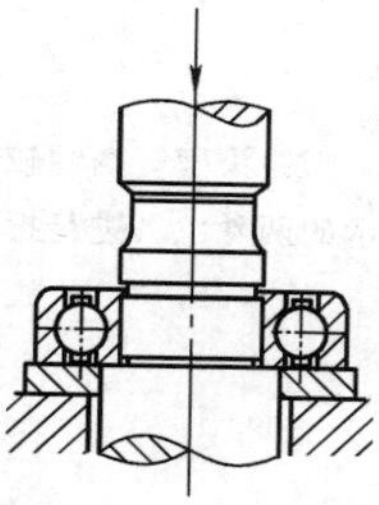	从轴上拆卸轴承
	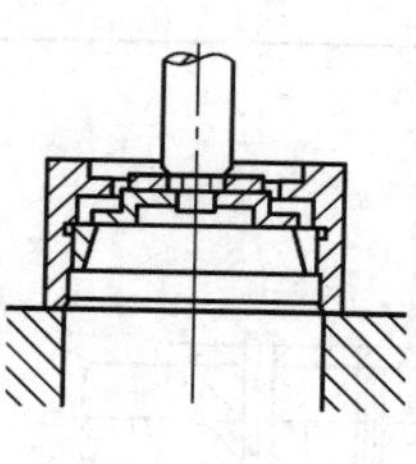	可分离轴承的拆卸
用拉出器	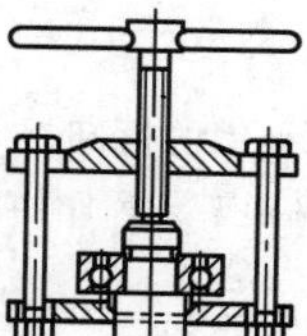	用双杆拉出器拆卸轴承

（续）

方　　法	图　　示	说　　明
用拉出器	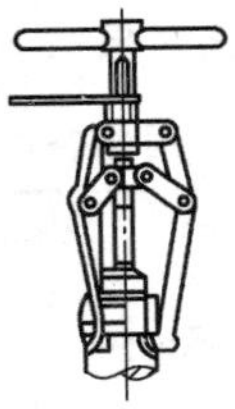	用三杆拉出器拆卸轴承
	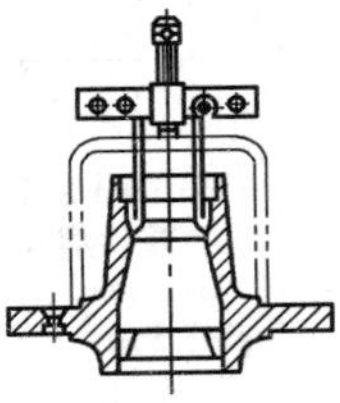	用拉杆拆卸器拆卸轴承

2. 圆锥孔轴承的拆卸方法

1）对直接装在锥形轴颈上或装在紧定套上的轴承，可拧松锁紧螺母，然后用软金属棒和锤子向锁紧螺母方向将轴承敲出（见图3-5-140）。

2）对装在退卸套上的轴承，可先将轴上的锁紧螺母卸掉，然后用退卸螺母将退卸套从轴承套圈中拆出（见图3-5-141）。

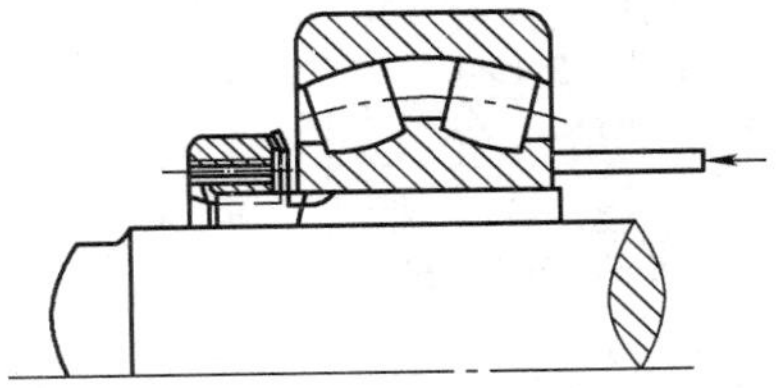

图3-5-140　装在紧定套上轴承的拆卸

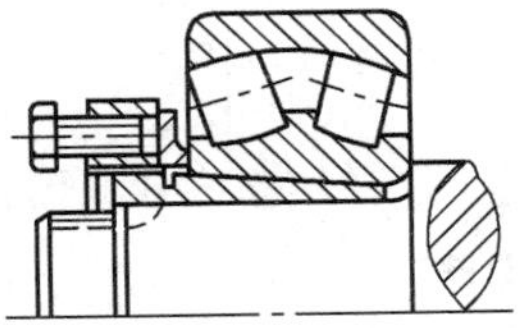

图3-5-141　装在退卸套上轴承的拆卸

5.3.1.4　衬套的拆卸方法

1）将一圆盘垫在衬套上，直接用压力或敲打方法拆卸衬套（见图3-5-142）。

2）将大于衬套外径的套支在零件端面上，用拉力拉出衬套（见图3-5-143）。

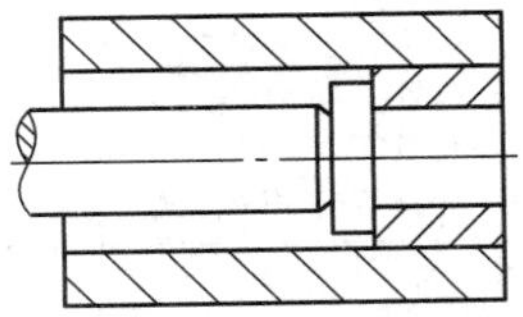

图3-5-142　用压力或敲打方法拆卸衬套

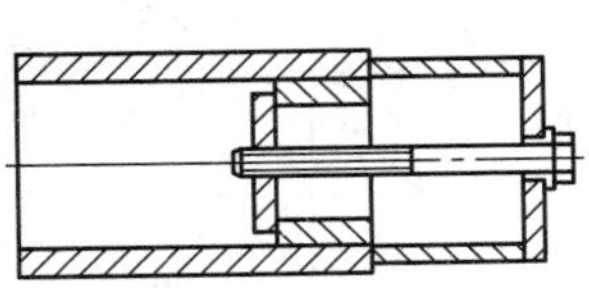

图3-5-143　用拉力拉出衬套

5.3.2 粘接技术

5.3.2.1 常用黏结剂的牌号或名称、固化条件及粘接对象

1. 环氧树脂类黏结剂的牌号或名称、固化条件及粘接对象（见表3-5-91）

表3-5-91 环氧树脂类黏结剂的牌号或名称、固化条件及粘接对象

牌号或名称	组分与配比	固化条件	粘接对象
HN-302	E-51 100 丁腈 4 磷酸三甲酚酯 15 氧化铝粉（粒度为0.05mm）（300目） 50 乙二胺 10~12	压力0.3~1MPa 25~30℃×2d或80~90℃×3h	金属、金属-橡胶、陶瓷、木材、水泥等
环氧黏结剂	E-51 100 邻苯二甲酸二丁酯 15 石英粉（粒度为0.071mm）（200目） 30~80 二乙氨基丙胺 7	60℃×4h或80℃×3h	热固性塑料、陶瓷、玻璃、木材等
HYJ-6	E-51 100 邻苯二甲酸二丁酯 15 氧化铝 25 白炭黑 2~5 四乙烯五胺 13	室温×3d或70℃×2h	金属-玻璃钢、金属、木材、玻璃等
环氧黏结剂	E-51（或E-44） 100 650聚酰胺 80 多乙烯多胺 10	室温×24h或60~80℃×4h	金属、金属-塑料、塑料-塑料等
环氧黏结剂	E-51 100 癸二酸二丁酯 10 651聚酰胺 5 间苯二甲胺 12	室温×1~2d或80℃×3h	金属、酚醛塑料、玻璃、陶瓷等
703胶	E-51 100 501稀释剂 5~10 650聚酰胺 105 氧化铝粉 适量	室温×1~2d或60℃×3h	金属、电木、层压板、硬聚苯乙烯泡沫等
环氧—聚酰胺黏结剂	E-51 100 650聚酰胺 16 β羟基乙二胺 12 邻苯二甲酸二丁酯 10 还原铁粉 50	室温×1~2d或60℃×4h	金属、玻璃、陶瓷、木材、层压板等
XY-3胶	E-44 100 邻苯二甲酸二丁酯 15 己二胺 12 六次甲基四胺 5 丙酮 0~5	室温×24h或60~70℃×6~8h	金属、非金属等
环氧黏结剂	E-44 100 顺酐 37.5 石英粉（粒度为0.071mm）（200目） 50 白炭黑 5	120℃×1h或150℃×4h	热固性塑料、金属、陶瓷等
J-11胶	E-44 120 200#聚酰胺 100 600稀释剂 24 间苯二胺 6.5 KH-550 2.5	25℃×2h或100℃×4h	金属、酚醛塑料等
环氧-酚醛黏结剂	E-44 100 醇溶性酚醛 30 乙二胺 5~6	100℃×4h或120℃×3h	金属、热固性塑料、陶瓷等
农机2号胶	A：E-44 100 邻苯二甲酸二丁酯 15 生石灰 30 B：农机二号固化剂 20 一组成：二乙烯三胺 50 硫脲 18.7 Dmp-30 31.4	室温×3~4h或60℃×1h	金属、硬质塑料、陶瓷、层压板等
常温固化3号胶	E-42 100 乙二胺氨基甲酸酯 15 石英粉 20 生石灰 60 水 10	35℃×2.5h或45℃×40min	聚苯乙烯泡沫塑料-钢板粘接
HY-919胶	双酚A环树脂 端羧丁腈 105缩胺	20℃×2d	金属、ABS、PVC、有机玻璃等
KH-511胶	E-51 100 液体丁腈-40 20 间苯二胺 80 2-乙基-4甲基咪唑 2	120℃×3~4h	铝-玻璃钢、金属、硬质塑料
KH-512胶	E-51 100 液体丁腈-40 20 647酸酐 80 2-乙基-4甲基咪唑 2	120℃×3~4h	

（续）

牌号或名称	组分与配比	固化条件	粘接对象
65-01 胶	A：E-51　100 丁腈-40　4 磷酸三甲酚酯　15 氧化铝（粒度为 0.05mm）（300 目）　50 B：间苯二胺　15 A：B＝100：9	室温×1d 或 150℃×2h	金属、皮革、橡胶、塑料、玻璃钢等
KH-225 胶	E-51　100 液体丁腈　25～35 2-乙基-4 甲基咪唑　10 白炭黑　1～3	80℃×4h 或 120℃×2～3h	钢、不锈钢、铝、玻璃钢、硬质塑料、陶瓷、玻璃等
KH-802 胶	E-51　100 液体丁腈　15～25 二氰二胺　9 白炭黑　1～3 填料　适量	150～160℃×3h 或 170℃×1h	
J-13 胶	E-51　100 D-17　20 4.41-二羟二苯砜环氧　100 200#聚酰胺　200 KH-550　4	涂胶后晾置 0.5～1h；再 25℃×24h 或 60℃×6h	耐碱金属零件的粘接
HY-914 胶	A：711 环氧　70 712 环氧　30 E-20　20 聚硫橡胶　20 石英粉（粒度为 0.052mm）（270 目）　40 白炭黑　2 B：703 固化剂　36 KH-550　2 DMP-30　1 A：B＝4：6.1	20℃×5h	金属、陶瓷、玻璃、玻璃钢以及小件快速修理
导热结构胶	E-44　100 丁腈-40　20 间苯二胺　13 间苯二酚　1 乙炔炭黑　5 银粉　25	压力 0.2MPa，150℃×4h	金属导热材料的粘接

2. 酚醛树脂类黏结剂的牌号或名称、固化条件及粘接对象（见表 3-5-92）

3. 丙烯酸酯类黏结剂的牌号或名称、固化条件及粘接对象（见表 3-5-93）

4. 聚氨酯与聚异氰酸酯类黏结剂的牌号或名称、固化条件及粘接对象（见表 3-5-94）

5. 其他类黏结剂的牌号或名称、固化条件及粘接对象（见表 3-5-95）

表 3-5-92　酚醛树脂类黏结剂的牌号或名称、固化条件及粘接对象

牌号或名称	组分与配比	固化条件	粘接对象
铁锚 201	锌酚醛树脂　125 聚乙烯醇缩甲醛　100 没食子酸丙酯（加入量为树脂量的 2%） 苯：乙醇＝6：4　适量	涂胶三次，每次晾置 15～20min 压力 0.1MPa 160℃×3h	金属、层压板、玻璃钢等
铁锚 204	酚醛树脂 聚乙烯醇缩丁醛 有机硅	压力 0.1～0.2MPa 180℃×2h	金属、层压板、玻璃钢、制动片等
FS-2	氨酚醛树脂　100 聚乙烯醇缩丁醛　100 乙醇　900	涂胶后晾置，150～155℃×1h	金属、塑料、玻璃、木材等
J-01 胶	钡酚醛树脂　7 丁腈酚醛接枝共聚物　20 没食子酸　0.95 乙酸乙酯　适量	压力 0.3～0.5MPa，160℃×3h	铝等金属的粘接
KH-506	混炼丁腈橡胶　100 钡酚醛树脂　135 乙酸乙酯　264 乙酸丁酯　240	涂胶后晾置，80℃×2h	金属、摩擦片等

表 3-5-93 丙烯酸酯类黏结剂的牌号或名称、固化条件及粘接对象

牌号或名称	组分与配比	固化条件	粘接对象	牌号或名称	组分与配比	固化条件	粘接对象
KH-502胶	α-氰基丙烯酸乙酯 100 磷酸三甲酚酯 15 聚甲基丙烯酸甲酯酚 7.5 对苯二酚 适量 二氧化硫 适量	涂胶后立即粘接 常温×24h	金属、塑料、橡胶等小零件的粘接	Y-150厌氧胶	甲基丙烯酸环氧树脂等(市场有成品出售)	涂胶绝氧,室温,固化几小时	螺钉紧固、高压密封与固定等
				GY-340厌氧胶	甲基丙烯酸环氧树脂等(市场有成品出售)		
J-39胶	A:甲基丙烯酸甲酯 75 ABC 25 促进剂 5 B:甲基丙烯酸甲酯 75 ABS 25 过氧化物 9	将A、B分别涂于被粘接表面,立即黏合 室温×20min~8h	金属、工程塑料、玻璃钢等	GY-280厌氧胶	甲基丙烯酸酯等(市场上有成品出售)	涂胶绝氧,室温,固化几小时	用于铸件砂眼浸渗堵漏
S-40	309树脂 100 307树脂 20 丙烯酸 12 引发剂、促进剂等 适量	60℃×12h	金属、有机玻璃等	铁锚系列厌氧胶			金属零件的防松、密封、固持、浸渗等

表 3-5-94 聚氨酯与聚异氰酸酯类黏结剂的牌号或名称、固化条件及粘接对象

牌号或名称	组分与配比	固化条件	粘接对象	牌号或名称	组分与配比	固化条件	粘接对象
JQ-1胶	三异氰酸酯三苯甲烷 20 氯苯 80	压力0.2~0.3MPa,140℃×20~30min	金属、橡胶、塑料等	长城202	A:氯丁橡胶 B:三苯甲烷三异氰酸酯 A:B=5:1	涂胶后晾置,室温×24h	金属、橡胶、织物、塑料等
J-38胶	A:JQ-1胶 100 B:亚硝基-N、N′-二甲基苯胺 10	室温×2d或60℃×5h	金属与橡胶的粘接				
聚氨酯1号胶	蓖麻油改性异氰酸酯预聚体 100 改性聚氨酯溶液 10 生石灰 20~60 甘油 8~12 溶剂 0~30	室温×2~7d	软PVC与金属、非金属材料的粘接	1号超低温胶	A:三羟基聚氧化丙烯醚聚氨酯 100 B:3、3′-二氯-44二氨基二苯基甲烷 20(即MoCa)	60℃×1h+100℃×3h	超低温金属与非金属材料(耐-196℃低温)

表 3-5-95 其他类黏结剂的牌号或名称、固化条件及粘接对象

牌号或名称	组分与配比	固化条件	粘接对象	牌号或名称	组分与配比	固化条件	粘接对象
GPS-2	A:107硅橡胶 100 气相白炭黑 20 氧化铁 2 二苯基硅二醇 4 钛白粉 4 B:正硅酸乙酯 7 硼酸正丁酯 3 钛酸正丁酯 3 二月桂酸二丁 2 A:B=9:1	涂胶后晾置10~30min黏合 压力0.1~0.2MPa 室温×2d	金属、玻璃、塑料等(有优异的导电性能)	F-1	氟-246三元共聚物 100 酚醛树脂 100 丁腈-40 100 过氧化二异丙苯 6 防老剂 4 氧化镁 20 氧化锌 10 乙酸乙酯 适量	60℃×2h或130℃×6h	用于聚四氟乙烯与金属、橡胶、玻璃的粘接
				DBI	15%聚苯并咪唑的二甲基乙酰胺溶液	压力0.1MPa 120℃×0.5h+200℃×0.5h+250℃×3h	粘接耐高温的金属零件(可耐高温达350℃)

5.3.2.2　粘接工艺（见表 3-5-96）

表 3-5-96　粘接工艺

工　　序	工作内容及注意事项
初清洗	去除被粘接工件被粘接表面的油污、积灰、漆皮、氧化皮等附着物，以便正确检查被粘接表面的情况和选择粘接方法。初清洗通常用汽油、清洗剂等。对于要求高的零件则用有机溶剂
确定粘接方案	在检查工件的材料性质、损坏程度，分析所承受的工况（载荷、温度、介质）等情况的基础上，选择并确定最佳的粘接（或修复）方案，其中包括选用黏结剂、确定粘接接头形式和粘接方法、表面处理方法等
粘接接头机械加工	根据已确定的粘接接头形式进行必要的机械加工，包括对粘接表面的加工，待粘接面本身的加工及加固件的制作，对于待修复的裂纹部位开坡口、钻孔止裂等
粘接表面处理	被粘接工件的表面处理是整个粘接工艺流程中的一个重要工序，也是粘接成败的关键，这是因为黏结剂对被粘接物表面的润湿性和界面的分子间作用力（即黏附力）是取得牢固粘接的重要因素，而表面的性质则与表面处理有很大的关系。由于粘接件（或修复件）在加工、运输、保管过程中，表面会受到不同程度的污染，从而直接影响粘接强度。常用的表面处理方法有： 1）溶剂清洗。可根据粘接件表面情况，采用不同的溶剂进行蒸发脱脂，或者用脱脂棉、干净布块浸透溶剂擦洗，直到被粘接表面无污物为止。除溶剂清洗，还可以用加热除油和化学除油的方法。在用溶剂清洗某些塑料、橡胶件时，要注意不能使粘接件被溶解和腐蚀。因溶剂往往易燃和有毒，使用时还要注意防火和通风 2）机械处理。目前常用的机械处理方法有喷砂处理、机械加工处理或手工打毛，包括用金刚砂打毛、砂布打毛或砂轮打毛等。至于采用何种方法，要因地制宜，喷砂操作方便，效果好，容易实现机械化；手工打毛简易可行，不需要什么特殊条件，对薄型和小型粘接件较为适用。不管用什么机械处理方法，其表面的坑凹不能太深，以表面粗糙度 $Ra50\mu m$ 左右为宜 3）化学处理。对于要求很高的工件，目前已普遍采用化学处理的方法。所谓化学处理，就是以铬酸盐和硫酸的溶液或其他酸液、碱液及某些无机盐溶液，在一定温度下，将被粘接表面的疏松氧化层和其他污物除去，以获得牢固的粘接层。其他如阳极化、火焰法、等离子处理法等，也属于化学处理类的方法。
调胶或配胶	如果是市售的胶种，可按产品说明书进行调胶，要求混合均匀、无颗粒或胶团 对于自行配制的胶种，可按典型配方和以下顺序调配 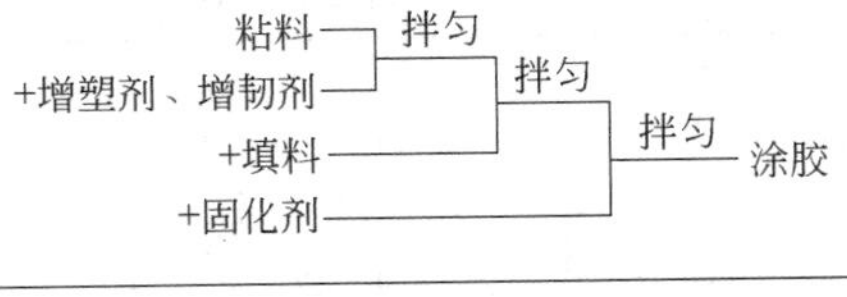
涂胶与粘接	涂胶工艺视胶的状态及被粘接面的大小，可以采用涂抹、刷涂或喷涂等方法。要求涂抹均匀，不得有缺胶或气泡，并使胶完全润湿被粘接面。对于涂盖修复的胶层（如涂盖修复裂纹或表面堵漏），表面应平滑，胶与基体过渡处胶层宜薄些，过渡要平缓，以免受外力时引起剥离 胶层厚薄要适中，一般情况下薄一些为好。胶层太厚往往导致强度下降，这是因为一般胶种的黏附力较内聚力为大。通常胶层厚度应为 0.05~0.15mm，涂胶的范围应小于表面处理的面积。某些胶种对涂胶温度有一定的要求（如 J-17 胶），则应按要求去做 涂胶后是否应马上进行粘接，要看所用的黏结剂内是否含有溶剂，无溶剂胶涂后可立即进行粘接，对于快固化胶种尤其应迅速操作，使之在初凝前粘接好；对于含有溶剂的胶种，则要依据情况将涂胶的表面晾置一定时间，使溶剂挥发后再进行粘接，否则会影响强度。进行粘接操作中，特别要防止两被粘接面间产生并留有气泡

（续）

工　序	工作内容及注意事项
装配与固化	装配与固化是粘接工艺中最重要的环节。有的粘接件只要求粘牢，对位置偏差没有特别要求，这类粘接只要将涂胶件粘接在一起，给以适当压力和固化就行了。对尺寸、位置要求精确的粘接件，则应采用相应的组装夹具，细致地进行定位和装配，以免在固化时产生位移。对大型部件的粘接，有时还可借助点焊或加几滴“502”瞬干胶，使粘接件迅速定位。装配后的粘接件即可进行固化 对热固型黏结剂，它的固化过程是使其中的聚合物由线型分子交联成网状体型结构，得到相应的最大内聚强度的过程。在此过程中，使黏结剂完成对被粘接物的充分润湿和黏附，并形成具有粘接强度的物质，把被粘接物紧密地粘接在一起 固化过程中的压力、温度，以及在一定压力、温度下保持的时间，是三个重要参数。每一个参数的变化都会对固化过程及粘接性能产生最直接的影响 固化时加压的必要性在于：可促进黏结剂对被粘接表面的润湿，使两粘接面紧密接触；有助于排出黏结剂中的挥发性组分或固化过程中产生的低分子物（如水、氨等），防止产生气泡；均匀加压可以保证黏结剂胶层厚薄均匀致密；可保证粘接件正确的形状或位置 加压是必要的，但要适度，太大或太小会使胶层的厚度太薄或太厚。环氧树脂黏结剂不含有溶剂，在固化过程中又不产生低分子物，所以只需较小的接触压力，以保证胶层厚度均匀就行了；对于酚醛类黏结剂，因固化过程中有低分子物（水）产生，因此固化压力必须高于这些气体的分压，以使它排出胶层 对热固性黏结剂来说，没有一定的温度就难以完成交联（或很缓慢），因此也不能固化。不同黏结剂的固化温度不同，而固化温度的差异将直接影响粘接接头的性能 在固化时，某种粘接接头升到一定温度后还需保持一定时间，固化才进行的比较彻底，而时间的长短又取决于温度的高低。一般来说，提高温度以缩短时间或延长时间以降低温度都可达到同样的结果。大型部件的粘接不便加热，就可以用延长时间来使固化完全。相对来说，温度比时间对固化更重要，因为有的黏结剂在低于某一温度时很难或根本就不能固化，而温度过高，又会导致固化反应激烈，使粘接强度下降 因此，在确定固化工艺时，一定要确定固化压力、固化温度和固化时间
粘接质量的检验	为达到粘接的尺寸规格、强度及美观要求，固化后要对粘接接头胶层的质量进行检查，如胶层表面是否光滑，有无气孔及剥离现象，固化是否完全等。对于有密封性要求的粘接件，还要进行密封性检查或试验
修理加工	经检验合格的粘接接头，有时还要根据形状、尺寸的要求进行修理加工，为达到美观要求，还可以进行修饰或涂防护涂层，以提高抗介质和抗老化等性能

5.3.3　电喷涂工艺

金属喷涂是把熔化的金属用高速气流喷敷在已经准备好的粗糙的零件表面上。用电弧熔化金属的称为电喷涂（见图3-5-144），用乙炔火焰熔化金属的称为气喷涂。

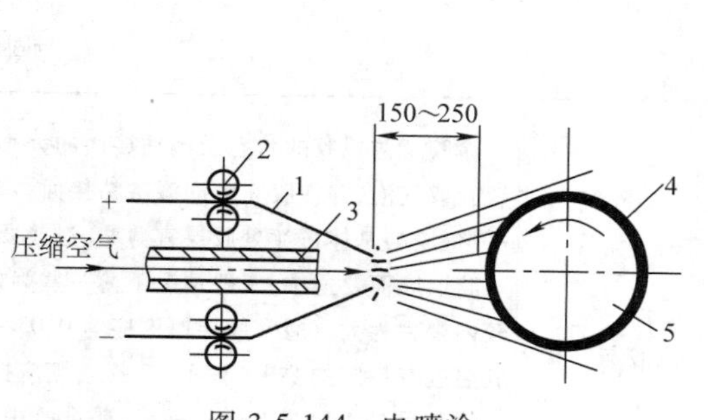

图3-5-144　电喷涂

1—钢丝　2—送丝轮　3—喷嘴　4—镀层　5—曲轴

5.3.3.1　电喷涂修复方法的特点

1）无须加热零件，喷涂时零件的温度不超过70℃，因此零件不会产生变形。

2）可以获得较大的加厚层。

3）选用高碳钢丝，可获得硬度高的涂层。涂层具有多孔性，吸油性良好，因而喷涂层耐磨性较好。

4）设备简单，操作方便，生产率高。

5）涂层与基体金属结合强度很低。

6）在喷涂直径较小的零件时，金属耗量较大。

5.3.3.2　电喷涂修复工艺

1. 零件喷涂前的表面处理

1）为保证涂层有足够的厚度，可先将零件车小。对曲轴来说，直径应车小 0.5～1mm，表面尽可能粗糙。

2）由于曲轴轴颈表面硬度较高，车削困难，可以采用磨削加工后进行喷砂或电火花拉毛，使涂层表面粗糙。

3）有些轴在磨损处带有键槽或油孔，为了保护键槽和油孔，喷涂前应在键槽和油孔内镶入木块或铅块（曲轴油孔可用炭精棒堵塞）（见图 3-5-145），并高出涂层 1.5mm，以便喷涂完后的清除。

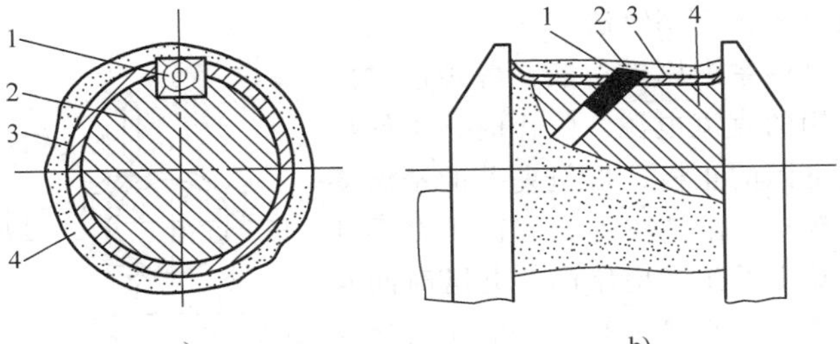

图 3-5-145　堵塞键槽、油孔

a）堵塞键槽

1—木块　2—工件　3—加工后的喷涂层　4—喷涂层

b）堵塞油孔

1—炭精棒　2—喷涂层　3—加工后的喷涂层　4—基体金属

为了防止涂层剥落，可在轴颈端部车成燕尾槽或电焊上一圈（见图 3-5-146）。

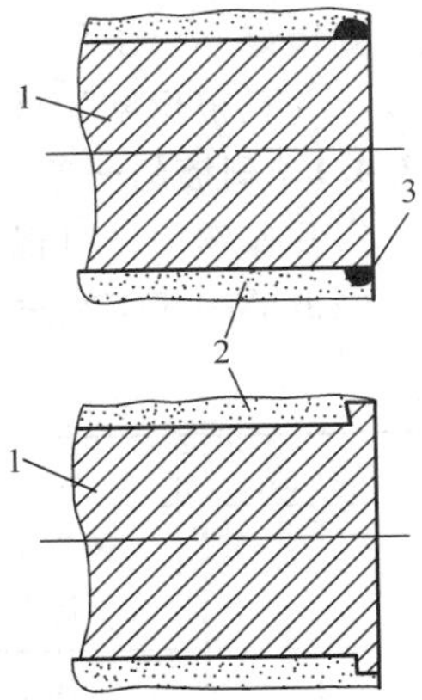

图 3-5-146　轴头的准备

1—工件　2—喷涂层

3—电焊圈

2. 喷涂

喷涂时的操作规范取决于喷枪形式、喷涂金属的材料及零件的工作条件。

1）曲轴等轴类零件的喷涂工作是在机床上进行的，零件安装在机床卡盘上或顶尖间，喷枪装在刀架上。

2）喷涂前和喷涂后的切削，以及在喷涂过程中的定位基准和装夹方法始终应保持一致。

3）根据所用金属电喷涂的机械型号不同，应按说明书规定，选用合理的空气工作压力、电压、电流、喷射距离、零件旋转速度和钢丝直径。

4）根据喷涂零件对硬度要求的不同，应选用不同材质的钢丝。一般用碳素弹簧钢丝，若需较高的硬度和耐磨性时，可用高碳工具钢丝。钢丝使用前应清理、除油、除锈。

5）喷涂应连续进行，不可间断。同时，应注意零件受热不应超过 70℃，喷涂的金属射流要尽量垂直于被喷表面。

喷涂曲轴时，先喷涂圆角，再喷涂轴颈中间；曲轴每转一转，喷枪轴向移动5mm。

6）一般轴类零件，如曲轴等喷涂加工后的涂层最小厚度为0.3mm。

3. 喷涂后的加工

1）喷涂完毕，要对喷涂层进行检查。通常用锤子轻轻地敲击喷涂层，如果发出清脆的声音，表示喷涂层结合良好；如果声音低哑，则为喷涂层不够紧密，应除掉重喷。

2）零件喷涂后，由于喷涂层较硬，因此加工时应先车削，而且切削用量尽量选得小一点，而后再磨削，砂轮粒度尽量选得粗而软。

3）磨削后要对曲轴进行全面的无损检测，合格后方可使用。

5.3.4　电刷镀工艺

刷镀是依靠一个与阳极接触的垫或刷提供电镀需要的电解液，电镀时，垫或刷在被镀的阴极上移动。这种电镀方法称为刷镀法。

刷镀使用专门研制的系列刷镀溶液，各种形式的镀笔和阳极，以及专用的直流电源。工作时，工件接电源的负极，镀笔接电源的正极，靠包裹着的浸满溶液的阳极在工作表面擦拭，溶液中的金属离子在零件表面与阳极接触的各点上发生放电结晶，并随时间延长镀层逐渐加厚。由于工件与镀笔有一定的相对运动速度，因而对镀层上的各点来说，是一个断续结晶过程。刷镀工作原理如图3-5-147所示。

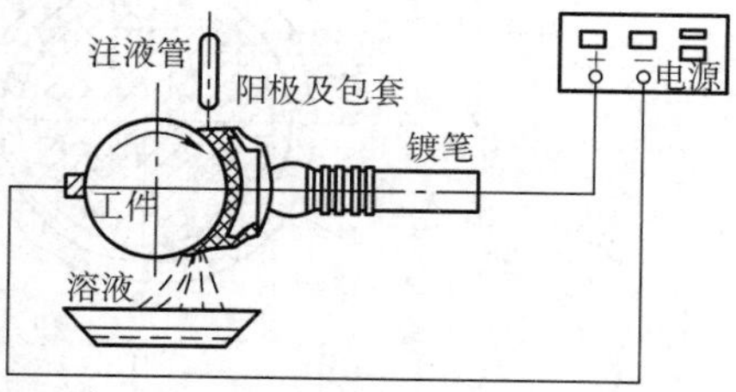

图3-5-147　刷镀工作原理

这种刷镀技术的特点是设备简单，操作方便，安全可靠，镀积速度快，镀层与基体结合强度高，镀后工件不变形，一般无须机械加工。它不仅能用于零件的维修，而且能用于零件的表面强化、防腐和装饰。因此，得到了广泛的应用。

不同材料上的刷镀工艺，主要在于确定适宜的表面准备，镀底层和镀工作层的工艺。因此，要镀好一个工件，首先要确定好表面预处理工艺，再进行镀层设计，确定镀层结构和镀层厚度，并且根据基体材料和设计要求编制出整个刷镀工艺规程。

5.3.4.1　刷镀的一般工艺过程

实际操作中，可视不同的基体材料和表面要求，增加或减少相应的工序。

刷镀的一般工艺过程见表3-5-97。

表3-5-97　刷镀的一般工艺过程

工序号	操作内容	主要设备及材料
1	镀前准备：1）被镀部位机械加工；2）机械法或化学法去除油污和锈蚀	机床、砂轮、砂纸等
2	工件表面电化学除油（电净）	电源、镀笔、电净液
3	水冲洗工件表面	清水
4	保护非镀表面	绝缘胶带、塑料布
5	工件表面电解刻蚀（活化）	电源、镀笔、活化液
6	水冲洗	清水

（续）

工 序 号	操作内容	主要设备及材料
7	镀底层	电源、镀笔、打底层溶液
8	水冲洗	清水
9	镀尺寸层	电源、镀笔、镀尺寸层溶液
10	水冲洗	清水
11	镀工作层	电源、镀笔、镀工作层溶液
12	温水冲洗	温水(50℃左右)
13	镀后处理(打磨或抛光、擦干后涂防锈油)	油石、抛光轮、砂布、防锈油

5.3.4.2 灰铸铁件刷镀工艺（见表 3-5-98）

5.3.4.3 球墨铸铁件刷镀工艺

球墨铸铁的组织、力学性能及成分的均匀性都要比灰铸铁好，所以在球墨铸铁件上来用与灰铸铁件相同的刷镀工艺（见表 3-5-98）可获得较好的效果。

表 3-5-98 灰铸铁件刷镀工艺

工序号	工序名称	工序内容及目的	主要工艺参数		
			极性接法	电压/V	相对运动速度/(m/min)
1	表面清洗	用 6%850 水剂清洗剂清洗工件表面油污	—	—	—
2	有机溶剂除油	用丙酮擦拭待镀表面	—	—	—
3	电化学除油	选用零号电净液清洗表面,除油效果好	接负极	14	4~6
4	水冲洗	用热水或温水冲洗表面	—	—	—
5	一次活化	用 2 号活化液活化,除去表面氧化膜、疲劳层,表面呈黑色为正常	接正极	12	4~6
6	水冲洗	清水冲洗即可除去表面脏物与残液	—	—	—
7	二次活化	用 3 号活化液除去表面炭黑物,使表面呈现银灰色	接正极	20	4~6
8	水冲洗	清水冲洗后,表面露出银白色	—	—	—
9	镀底层	选用中性或稍偏碱性溶液,一般选用快速镍溶液	接负极	12	6~8
10	水冲洗	用清水冲洗即可	—	—	—
11	镀工作层	根据工件表面要求选用合适的溶液刷镀	—	—	—
12	冲洗	先用温水冲洗,再用 10%850 水剂清洗剂彻底清洗工件表面	—	—	—
13	干燥	吹干或擦干工件表面	—	—	—
14	涂油	涂上一层 L-AN 牌号的油,防锈	—	—	—

5.3.5 浇铸巴氏合金及补焊巴氏合金工艺

5.3.5.1 浇铸巴氏合金

零星修配一般采用手工浇铸巴氏合金的方法。其工艺过程如下：

（1）清理轴瓦 清理轴瓦的目的是为了使巴氏合金与轴瓦能黏合得牢固。首先将轴瓦置于90℃左右、质量分数大于35%的苛性苏打溶液内，煮6min左右，然后取出并用工业盐酸侵蚀10～20s，再放入约90℃、质量分数为5.5%稀苏打溶液中清洗，最后用90～96℃清水中清洗并涂上一层硼酸水，取出烘干或自然干燥。

（2）挂锡处理 挂锡的目的也是为了使巴氏合金与轴瓦能黏合得牢固。挂锡前，轴瓦要预先涂上一层饱和的氯化锌溶液，将其加热到300℃，再次涂上上述溶液并撒上一些氯化铵粉末。挂锡使用的锅必须纯净，其挂锡温度必须维持在350℃左右。小型轴瓦可整体投入锡锅中，大型轴瓦可将熔化的锡涂在轴瓦表面。

（3）浇铸 巴氏合金浇铸前的温度为420～440℃，σ_k 为500～520℃，其他含锡巴氏合金的温度为450～470℃。巴氏合金加热温度可用热电偶测量。浇铸前，先将浇铸用的模具在电炉上或用喷灯预热到150～200℃，然后将轴瓦加热到200～300℃。

浇铸时，将轴瓦装入浇铸用的模具中（见图3-5-148），应用经预热的铁钩及时将浮游在巴氏合金表面的熔渣、碳渣和脏物除去，免得浇入轴瓦内。浇铸用的勺子应有足够的容积，要求大于浇铸所需合金的体积。勺子使用前要预热，浇铸动作要快，浇铸的熔液流动要均匀、连续，浇铸距离要短，金属注入面要大。浇铸接近终了时，要减慢液流速度。待完全冷却后，从模具中取出轴瓦，消除垢皮，并将轴瓦的对合面铲平和进行修整。

（4）巴氏合金浇铸后的冷却 巴氏合金浇铸后的冷却方向对巴氏合金层的质量影响很大，如瓦底先冷、型芯后冷，则靠近轴瓦底部的巴氏合金能紧密黏合在轴瓦上，靠近型芯的巴氏合金能够补偿收缩，这样冷却方向是正确的。中间先冷，端部后冷，这也是正确的冷却方向，否则是不正确的冷却方向（见图3-5-149）。

图3-5-148 主轴承巴氏合金的浇铸

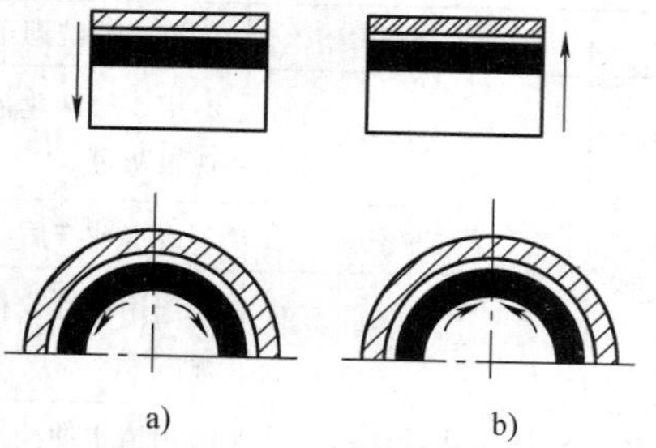

图3-5-149 巴氏合金浇铸后的冷却方向
a）正确的 b）错误的

5.3.5.2 补焊巴氏合金

对局部磨损的巴氏合金，可采用补焊的方法进行。其工艺过程如下：

1）用汽油或煤油清洗轴瓦油污。

2）对补焊的部位，应先用刮刀将补焊的部分及周围刮净，露出金属光泽，并用热碱溶液洗去除油污；然后把轴瓦底部浸在水中，水面应低于补焊表面 10～15mm（见图 3-5-150）。

3）可采用乙炔焊具来溶化焊条进行补焊。

4）若发现补焊层有裂纹、局部脱壳、气孔或其他缺陷，可用乙炔焊具将缺陷部位熔融，直至最深处，然后重新进行补焊。

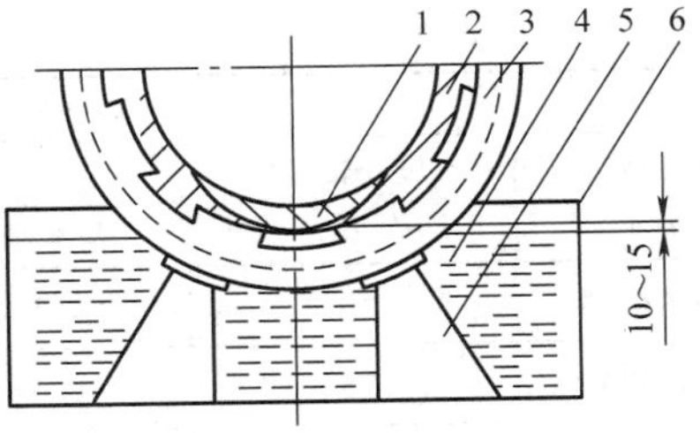

图 3-5-150　巴氏合金的补焊

1—磨损处的补焊金属　2—巴氏合金衬里　3—底瓦胎　4—冷却水　5—支架　6—水槽

5.4　钳工常用工具

5.4.1　旋具类

5.4.1.1　一字槽螺钉旋具[⊖]

一字槽螺钉旋具分为 1 型木柄型、2 型塑料柄型、3 型方形旋杆型和 4 型粗短型。其中，普通式用“P”表示，穿心式用“C”表示。一字槽螺钉旋具的型式及规格尺寸见表 3-5-99。

表 3-5-99　一字槽螺钉旋具的型式及规格尺寸　（单位：mm）

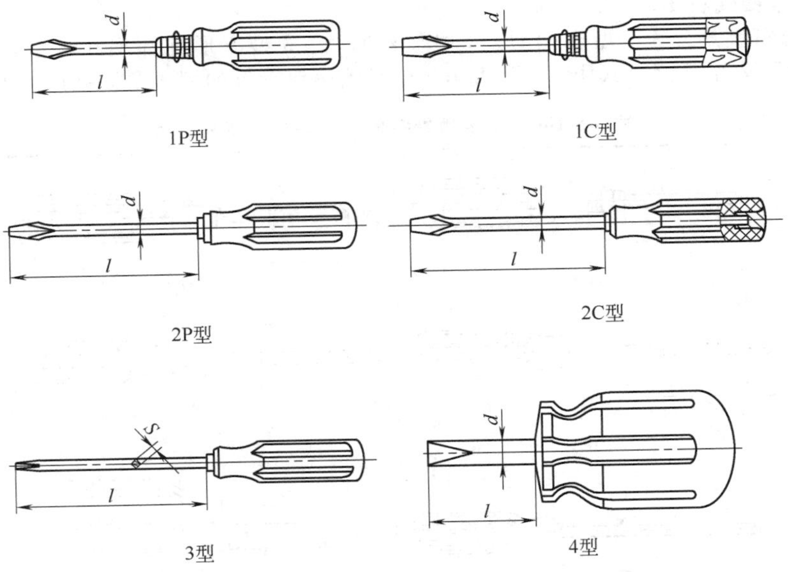

⊖ 不包括带电作业用的一字槽螺钉旋具。

（续）

1～3型一字槽螺钉旋具基本尺寸					
规格 $l \times a \times b$	旋杆长度 l	圆形旋杆直径 d		方形旋杆对边宽度 S	
		基本尺寸	极限偏差	基本尺寸	极限偏差
50×0.4×2.5	50	3	0 -0.1	5	0 -0.1
75×0.6×4	75	4			
100×0.6×4	100	5			
125×0.8×5.5	125	6		6	
150×1×6.5	150	7	0 -0.2		
200×1.2×8	200	8		7	0 -0.2
250×1.6×10	250	9			
300×2×13	300			8	
350×2.5×16	350	11			

4型一字槽螺钉旋具基本尺寸					
规格 $l \times a \times b$	旋杆长度 l	圆形旋杆直径 d		方形旋杆对边宽度 S	
		基本尺寸	极限偏差	基本尺寸	极限偏差
25×0.8×5.5	25	6	0 -0.1	6	0 -0.1
40×1.2×8	40	8	0 -0.2	7	0 -0.2

注：$l \times a \times b$ 为旋杆长度×口厚×口宽。

5.4.1.2 十字槽螺钉旋具[⊖]

十字槽螺钉旋具分为1型木柄型、2型塑料柄型、3型方形旋杆型和4型粗短型。其中，普通式用“P”表示，穿心式用“C”表示。十字槽螺钉旋具的型式及规格尺寸见表3-5-100。

表3-5-100 十字槽螺钉旋具的型式及规格尺寸 （单位：mm）

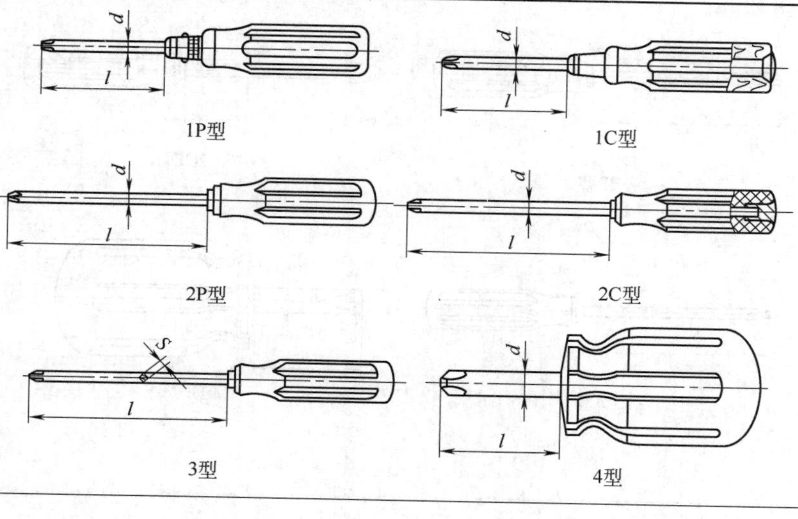

⊖ 不包括带电作业用的十字槽螺钉旋具。

（续）

1～3 型十字槽螺钉旋具基本尺寸					
槽 号	旋杆长度 l	圆形旋杆直径 d		方形旋杆对边宽度 S	
		基本尺寸	极限偏差	基本尺寸	极限偏差
0	75	3	0 -0.1	4	0 -0.1
1	100	4		5	
2	150	6		6	
3	200	8	0 -0.2	7	0 -0.2
4	250	9		8	
4 型十字槽螺钉旋具基本尺寸					
槽 号	旋杆长度 l	圆形旋杆直径 d		方形旋杆对边宽度 S	
		基本尺寸	极限偏差	基本尺寸	极限偏差
1	25	4.5	0 -0.1	5	0 -0.1
2	40	6.0		6	

5.4.1.3 螺旋棘轮螺钉旋具

螺旋棘轮螺钉旋具有 A 型和 B 型两种，并配有四种型式的旋具头。螺旋棘轮螺钉旋具的型式及规格尺寸见表 3-5-101。

表 3-5-101 螺旋棘轮螺钉旋具的型式及规格尺寸

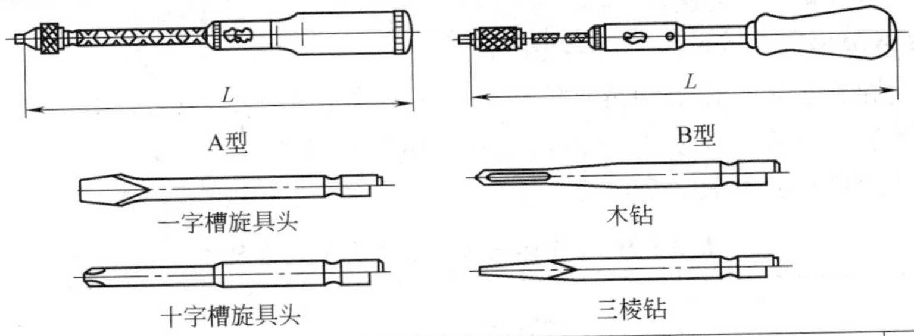

型 式	规格 /mm	L /mm	工作行程 /mm	全行程旋转圈数	扭矩 /(N·m)
A 型	220	220	>50	$>1\frac{1}{4}$	>3.5
	300	300	>70	$>1\frac{1}{2}$	>6.0
B 型	300	300	>70	$>1\frac{1}{2}$	>6.0
	450	450	>140	$>2\frac{1}{2}$	>8.0

型 式	旋具附件及其数量			
	一字槽旋杆	十字槽旋杆（槽号）	木 钻	三 棱 锥
A 型	2	2(1 号、2 号各 1)	1	1
	2		1	1
B 型	3	2(1 号、2 号各 1)	—	—

5.4.2 虎钳

5.4.2.1 普通台虎钳（QB/T 1558.2—2017）

普通台虎钳的型式有固定式和回转式两大类。其规格尺寸见表 3-5-102。

表 3-5-102 普通台虎钳的型式及规格尺寸

固定式　　回转式

规　格		75	90	100	115	125	150	200
钳口宽度/mm		75	90	100	115	125	150	200
开口度/mm ≥	重级	75	90	100	115	125	150	200
	轻级	50	64	75	90	100	125	150
喉部深度/mm	重级	45	50	55	60	65	75	100
	轻级	40	43	45	50	55	65	80
夹紧力/kN	重级	15.0	18.0	20.0	22.0	25.0	30.0	40.0
	轻级	7.5	9.0	10.0	11.0	12.0	15.0	20.0

注：钳口宽度、开口度、喉部深度的定义见 QB/T 1558.1。

5.4.2.2 多用台虎钳（QB/T 1558.3—2017）

多用台虎钳在其固定钳体上端铸有铁砧面，便于对小工件进行锤击加工。在其平钳口下部设有一对带圆弧装置的管钳口及V形钳口，专门用于夹持小直径的管材等圆柱形工件。多用台虎钳的型式及规格尺寸见表 3-5-103。

表 3-5-103 多用台虎钳的型式及规格尺寸

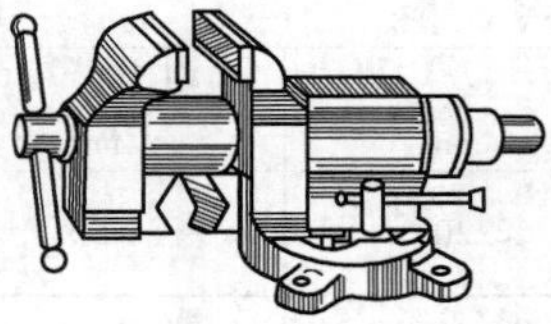

规　格		75	100	120	125	150
钳口宽度/mm		75	100	120	125	150
开口度/mm ≥	重级	60	80	100		120
	轻级	45	50	55		75
管钳口夹持范围/mm	重级	6~40	10~50	15~60		15~65
	轻级	6~30	10~40	15~50		15~60
夹紧力/kN	重级	15	20	25		30
	轻级	9	12	16		18

5.4.2.3　方孔桌虎钳（QB/T 2096.3—2017）

方孔桌虎钳的型式及规格尺寸见表 3-5-104。

表 3-5-104　方孔桌虎钳的型式及规格尺寸

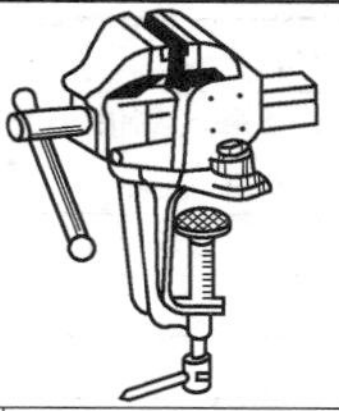

规　格	40	50	60	65
钳口宽度/mm	40	50	60	65
开口度/mm　>	35	45	55	55
紧固范围/mm　>	10~30	15~45		
夹紧力/kN	4.0	5.0	6.0	

5.4.2.4　手虎钳

手虎钳的型式及规格尺寸见表 3-5-105。

表 3-5-105　手虎钳的型式及规格尺寸

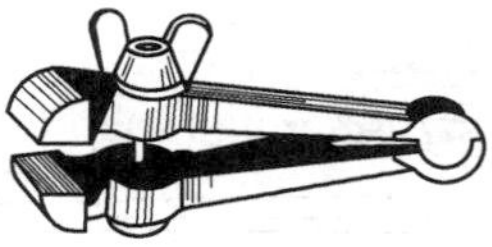

规格(钳口宽度)/mm	25	30	40	50
钳口弹开尺寸/mm	15	20	30	36

5.4.3　钢锯及锯条

见本章 5.1.2 锯削一节。

5.4.4　锉刀

见本章 5.1.4 锉削一节。

5.4.5　限力扳手

5.4.5.1　双向棘轮扭力扳手的型式和尺寸（见表 3-5-106）

表 3-5-106　双向棘轮扭力扳手的型式和尺寸

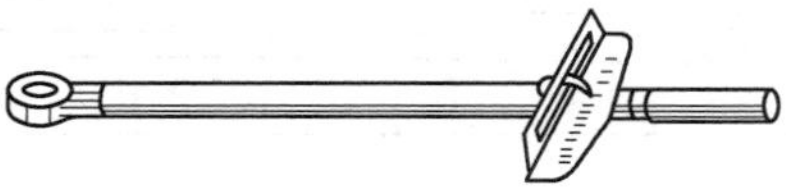

型　号	力矩范围/(N·m)	公差(%)	方榫尺寸/mm
PBA	0~300	5	12.7×12.7

5.4.5.2 指示表式测力矩扳手的型式和尺寸（见表3-5-107）

表3-5-107 指示表式测力矩扳手的型式和尺寸

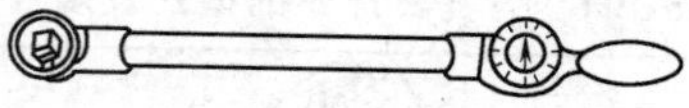

型　号	力矩范围/(N·m)	每格读数值/(N·cm)	公差(%)	外形尺寸（长度/mm×直径/mm）
Z6447-48	0~10	5	5	278×40
Z6447-42	10~50	50	5	301×40
Z6447-38	30~100	50	5	382×46
Z6447-46	50~200	100	5	488×54
Z6447-45	100~300	100	5	570×60

5.4.6 管道工具

5.4.6.1 管子钳

管子钳按钳柄所用材料分为铸钢（铁）型（代号Z）、锻钢型（代号D）和铸铝型（代号L），按管子钳活动钳口螺纹部分与钳柄体的位置关系分为通用型（无代号）和角度型（代号J）；按钳柄体是否伸缩分为伸缩型（代号S）和非伸缩型（无代号），如图3-5-151所示。管子钳的规格尺寸见表3-5-108。

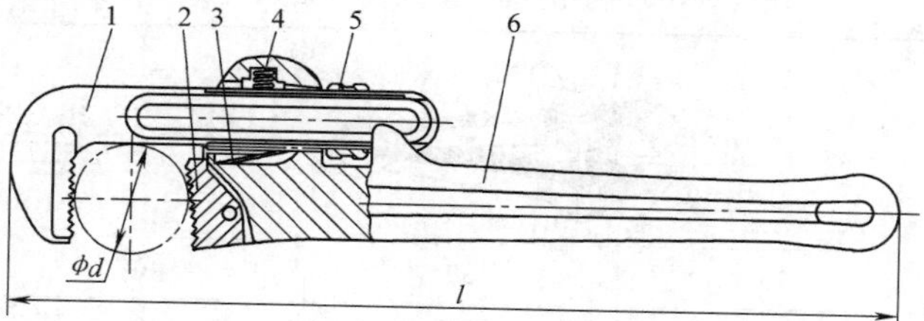

a)

1—活动钳口 2—固定钳口 3—片弹簧 4—圆柱弹簧 5—调节螺母 6—钳柄体

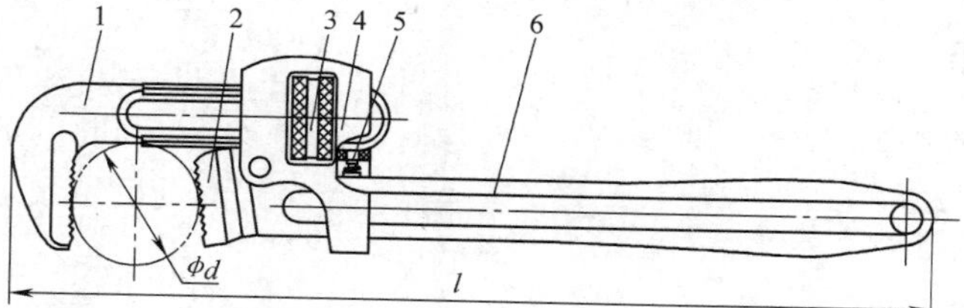

b)

1—活动钳口 2—固定钳口 3—调节螺母 4—活动框 5—圆锥弹簧 6—钳柄体

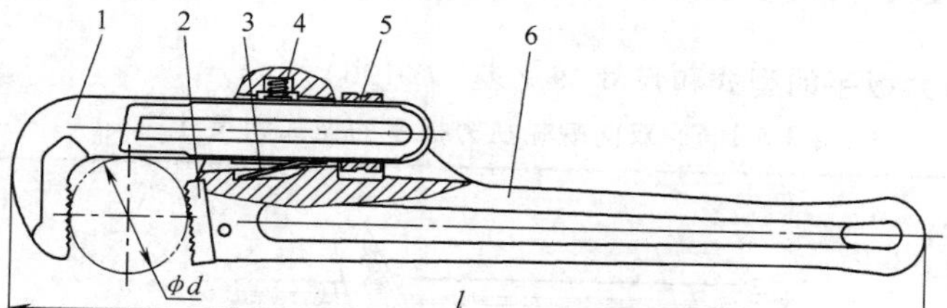

c)

1—活动钳口 2—固定钳口 3—片弹簧 4—圆柱弹簧 5—调节螺母 6—钳柄体

图3-5-151 管子钳的型式

a）铸钢（铁）通用型（Z型） b）锻钢通用型（D型） c）铸铝通用型（L型）

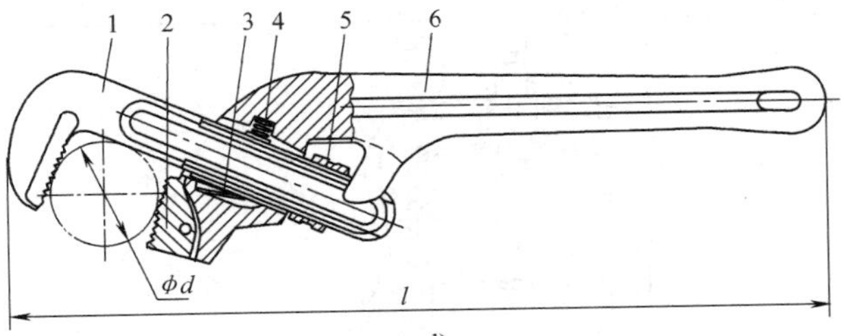

d)

1—活动钳口　2—固定钳口　3—片弹簧　4—圆柱弹簧　5—调节螺母　6—钳柄体

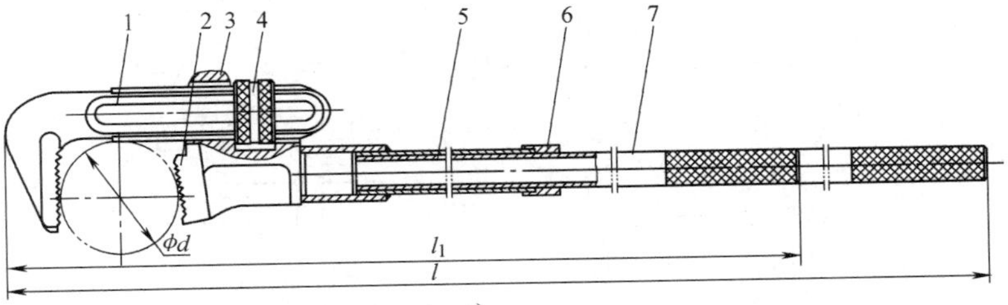

e)

1—活动钳口　2—固定钳口　3—钳体　4—调节螺母　5—钳柄　6—固定套　7—伸缩柄

图 3-5-151　管子钳的型式（续）

d）铸钢（铁）角度型（ZJ 型）　e）伸缩型（S 型）

注：图 e 中，l 为夹持最大有效夹持直径 d 且伸缩柄拉出最大小；

l_1 为夹持最大有效夹持直径 d 且伸缩柄缩进最小时。

表 3-5-108　管子钳的规格尺寸　（单位：mm）

规　　格	全长①l	最大有效夹持管径 d
200	200	27
250	250	33
300	300	42
350	350	48
450	450	60
600	600	73
900	900	102
1200	1200	141

注：角度型和伸缩型管子钳的规格尺寸见 QB/T 2508—2016。

① 夹持最大有效夹持直径 d 时。

5.4.6.2　管子台虎钳

管子台虎钳的型式、规格及有效夹持范围见表 3-5-109。

表 3-5-109 管子台虎钳的型式、规格及有效夹持范围（QB/T 2211—2017）

（单位：mm）

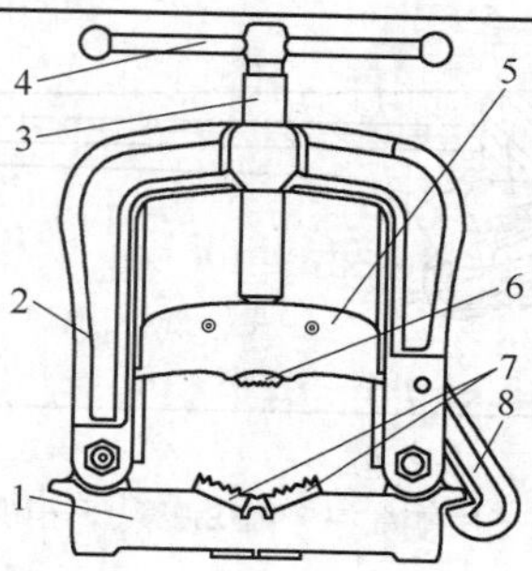

a) 桌面型管子台虎钳

1—底座 2—支架 3—丝杠 4—扳杠 5—导板 6—上牙板 7—下牙板 8—挂钩

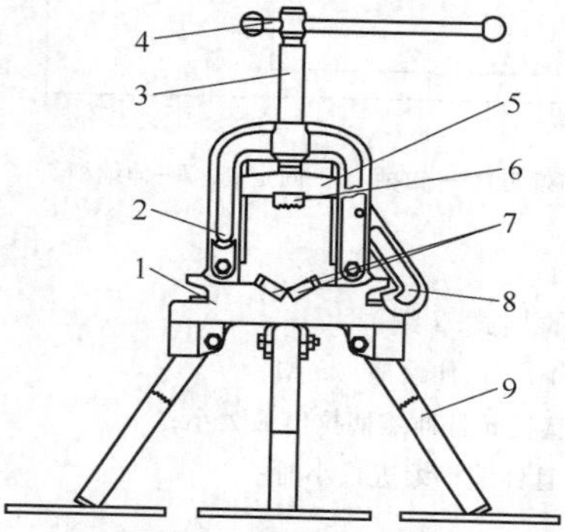

b) 三脚架型管子台虎钳

1—底座 2—支架 3—丝杠 4—扳杠 5—导板 6—上牙板 7—下牙板 8—挂钩 9—管脚

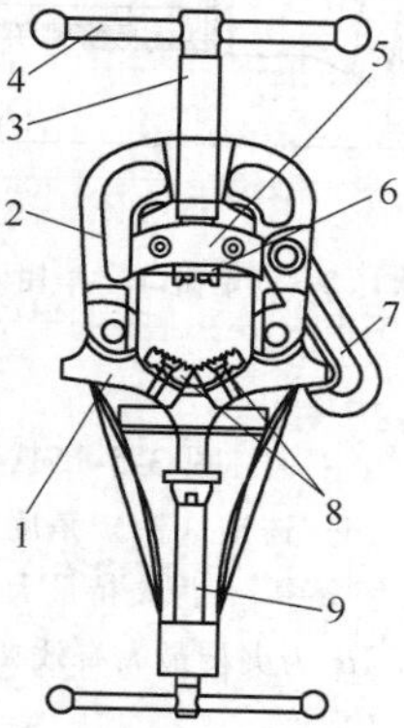

c) 轻便型管子台虎钳

1—底座 2—支架 3—丝杠 4—扳杠 5—导板 6—上牙板 7—挂钩 8—下牙板 9—紧固螺钉

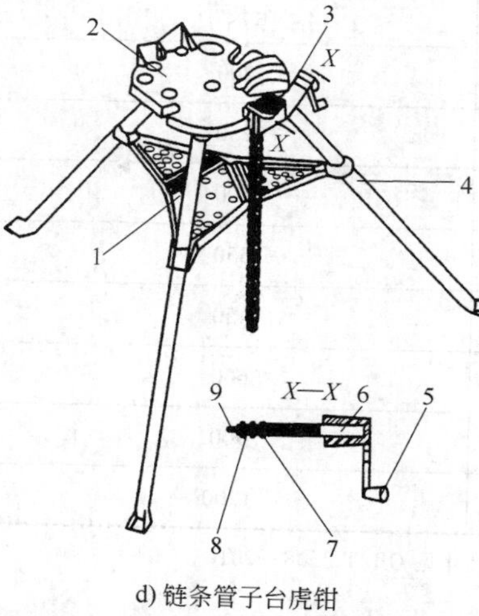

d) 链条管子台虎钳

1—托盘 2—支架 3—牙板 4—管脚 5—扳手 6—丝杠 7—销轴 8—外链板 9—内链板

规格	40	60	75	90	100	115	165	220	325
有效夹持范围	10~40	10~60	10~75	15~90	15~100	15~115	30~165	30~220	30~325

5.4.6.3　管螺纹铰板及板牙

1. 管螺纹铰板的标记

管螺纹铰板的标记由产品名称、规格、型式代号和采用的标准号组成。60mm 的万能型管铰板标记为：

管螺纹铰板　60W QB/T 2509—2001

2. 管螺纹铰板的型式（见图 3-5-152）

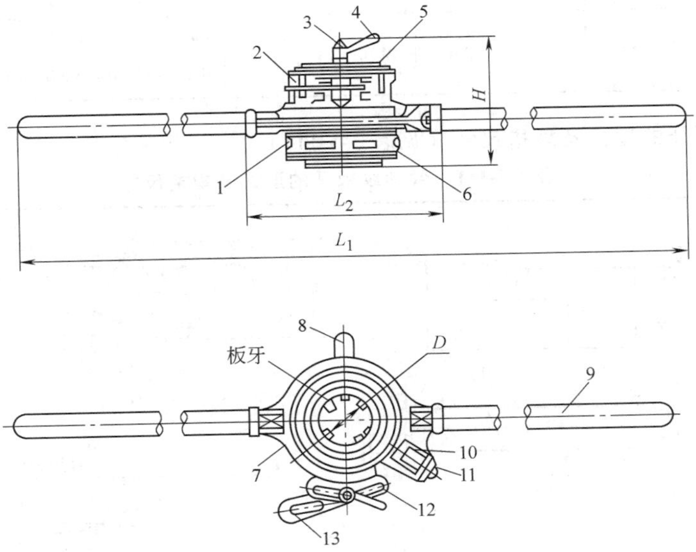

a)

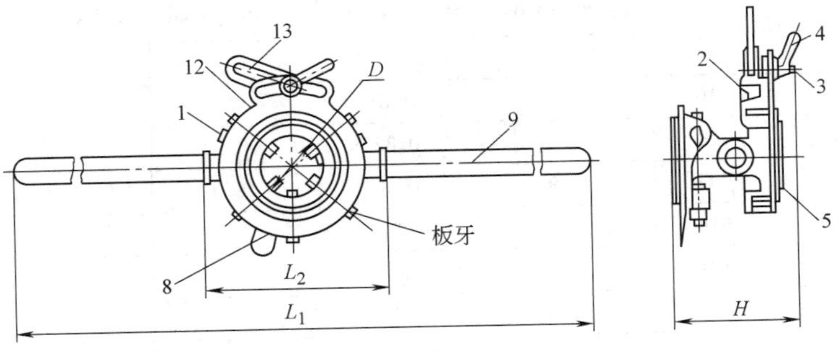

b)

图 3-5-152　管螺纹铰板的型式

a）万能型　b）普通型

1—卡爪　2—主体　3—固定螺杆　4—锁紧手柄　5—压丝　6—卡爪体　7—间歇套　8—盘丝　9—扳杆　10—换向环　11—止动销　12—凸轮盘　13—偏心扳手

3. 管螺纹铰板的规格尺寸（见表 3-5-110）

表 3-5-110 管螺纹铰板的规格尺寸 （单位：mm）

规格	外形尺寸/mm				扳杆数/根	铰螺纹范围		结构特性
	L_1	L_2	D	H		管子外径/mm	管子内径/mm	
	最小	最小	±2	±2				
60	1290	190	150	110	2	21.3~26.8	12.70~19.05	无间歇机构
60W	1350	250	170	140	2	33.5~42.3 48.0~60.0	25.40~31.75 38.10~50.80	有间歇机构，其使用具有万能性
114W	1650	335	250	170	2	66.5~88.5 101.0~114.0	57.15~76.20 88.90~101.60	

4. 管螺纹板牙的型式及规格尺寸（见表 3-5-111）

表 3-5-111 管螺纹板牙的型式及规格尺寸 （单位：mm）

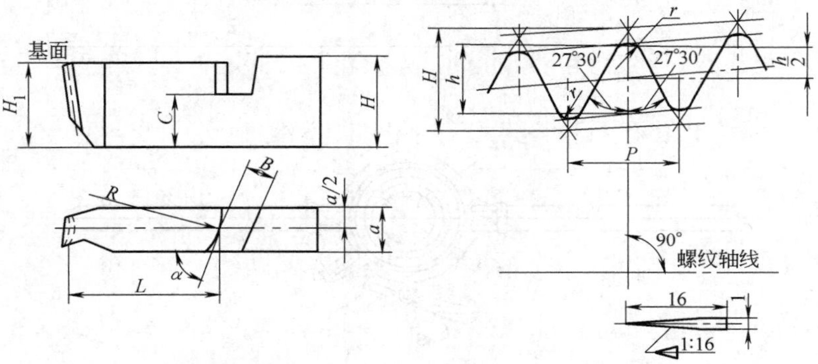

a) 板牙型式　　b) 牙型

项目	符号	公差等级	规格尺寸				
			21.3~26.8	33.5~42.3	48.0~60.0	66.5~88.5	101.0~114.0
			管子内径				
			12.70~19.05	25.40~31.75	38.70~50.80	57.15~76.20	88.90~101.60
后高	H	h11	25.4			30.0	
前高	H_1	h10	23.8			28.5	
厚度	a	e10	10.32			14.00	
前长	L	js13	42.9	35.8	28.0	48.7	33.5
槽底高	C	h14	15			18	
槽宽	B	H14	8.4			11.2	
弧面半径	R_{min}		45			50	
槽斜角	α		72°±40′			73°30′±40′	
斜角			1°47′24″				
牙型半角			27°30′				
螺距	P		7.814	2.309			
牙型高度	h		1.162	1.479			
圆弧半径	r		0.249	0.317			

5.4.6.4　管子割刀

管子割刀的型式、规格及基本参数见表 3-5-112。

表 3-5-112　管子割刀的型式、规格及基本参数（QB/T 2350—1997）（单位：mm）

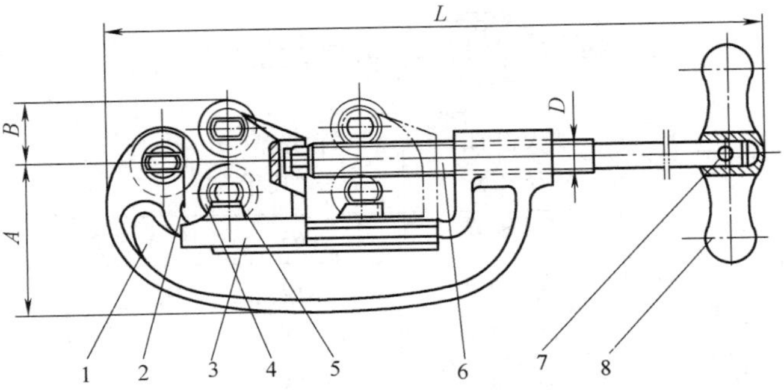

a) 通用型(GT型)

1—割刀体　2—刀片　3—滑块　4—滚轮　5—轴销　6—螺杆　7—手柄销　8—手柄

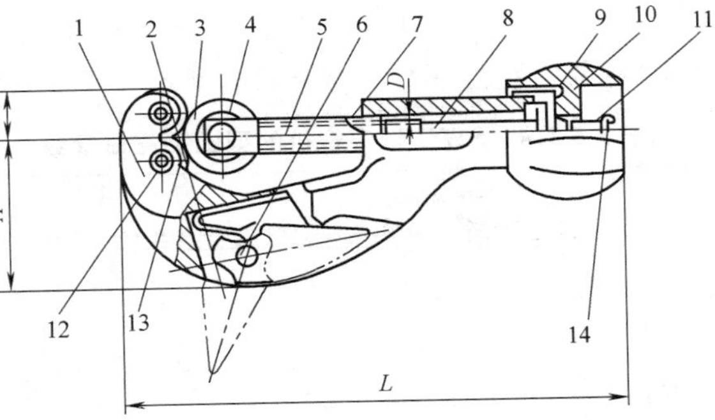

b) 轻型(GQ型)

1—割刀体　2—刮刀片　3—刀片　4—刀片螺钉　5—刀杆　6—撑簧　7—刮刀销　8—螺杆　9—螺母　10—手轮　11—垫圈　12—滚轮轴　13—滚轮　14—半圆头螺钉

型式	规格代号	A	B	L	D	可切断管子的最大外径和壁厚
GQ	1	41	12.7	124	左 M8×1	25×1
GT	1	60	22	260	M12×17.5	33.50×3.25
	2	76	31	375	M16×2	60×3.50
	3	111	44	540	M20×2.5	88.50×4
	4	143	63	665	M20×2.5	114×4

5.4.6.5　扩管器

扩管器是以轧制方式扩胀管端的工具，主要用于扩大管子内径尺寸。扩管器胀管范围为8~100mm，管子扩大值为1~7mm。扩管器的型式及规格尺寸见表3-5-113。

表3-5-113　扩管器的型式及规格尺寸　（单位：mm）

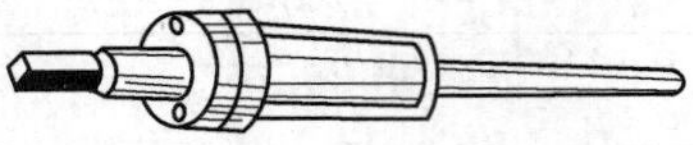

扩管器基本尺寸	扩杆长度	扩大管子内径尺寸	扩管器基本尺寸	扩杆长度	扩大管子内径尺寸
19	161	16~20	63	323	56~63
25	184	20~26	70	346	61~70
32	208	24~32	76	369	67~76
38	231	32~38	83	392	72~82
43	254	38~44	89	415	78~88
50	277	44~50	100	461	89~101
57	300	52~59	—	—	—

5.4.6.6　手动弯管机

手动弯管机用于手动冷弯金属管。SWG型弯管机的型式及弯曲参数见表3-5-114。

表3-5-114　SWG型弯管机的型式及弯曲参数

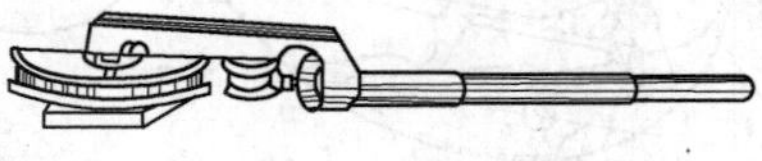

钢管规格/mm	外径	8	10	12	14	16	19	22
	壁厚	2.25				2.75		
冷弯角度		180°						
弯曲半径/mm	≥	40	50	60	70	80	90	110

5.4.7　电动工具

5.4.7.1　电钻

电钻是用来对金属或其他材料制品进行钻孔的电动工具。电钻的形式有以下几种。

1. 4mm 规格的直筒式电钻（见图3-5-153）

2. 6mm 规格的枪柄式电钻（见图3-5-154）

3. 10~13mm 规格的环柄式电钻（见图3-5-155）

4. 10~13mm 规格的双侧手柄式电钻（见图3-5-156）

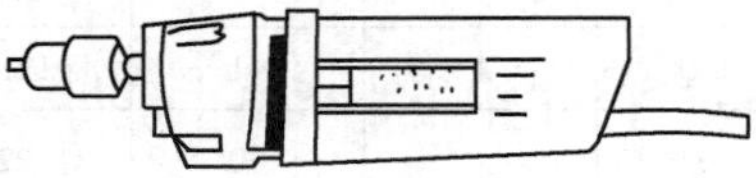

图3-5-153　直筒式电钻

5. 16、19、23mm 规格的具有后托架的双侧手柄式电钻（见图3-5-157）

电钻规格指电钻钻削钢材时所允许使用的最大钻头直径。同一直径的电钻，根据其参数的不同可分为A型、B型和C型，其规格及基本参数见表3-5-115。

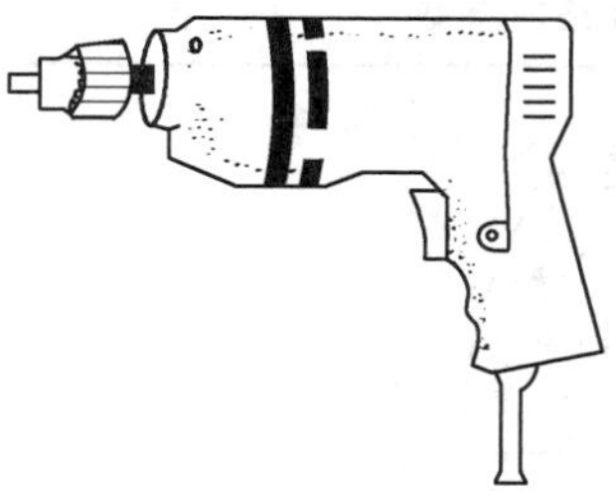

图 3-5-154　枪柄式电钻

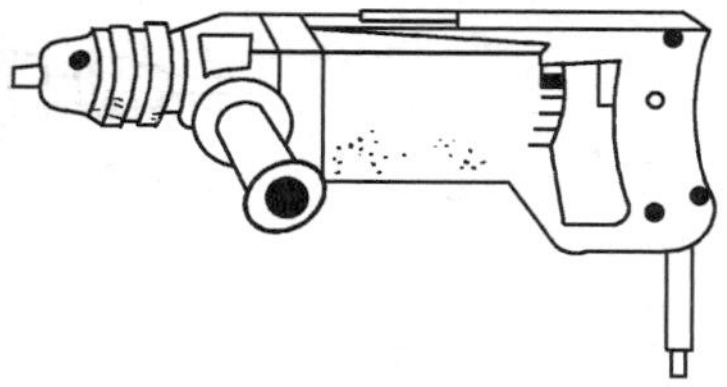

图 3-5-155　环柄式电钻

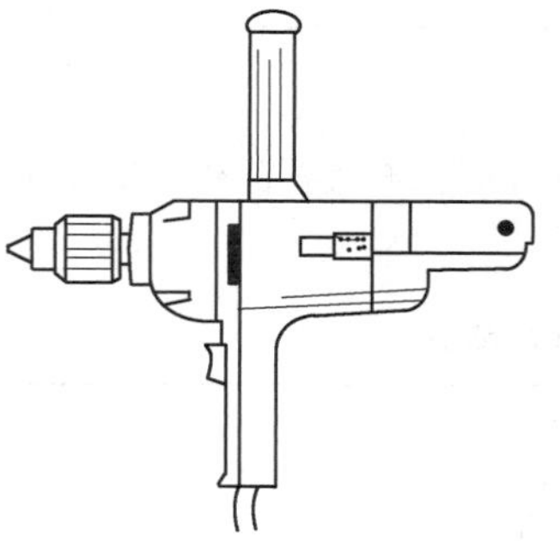

图 3-5-156　双侧手柄式电钻

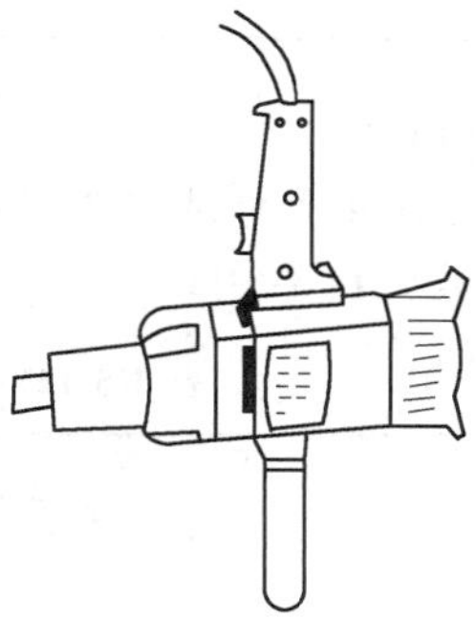

图 3-5-157　具有后托架的双侧手柄式电钻

表 3-5-115　电钻的规格及基本参数

规格（mm）		额定输出功率/W	额定转矩/(N·m)	规格（mm）		额定输出功率/W	额定转矩/（N·m）
4	A 型	≥80	≥0.35	10	B 型	≥230	≥3.00
6	C 型	≥90	≥0.50	13	C 型	≥200	≥2.50
6	A 型	≥120	≥0.85	13	A 型	≥230	≥4.00
6	B 型	≥160	≥1.20	13	B 型	≥320	≥6.00
8	C 型	≥120	≥1.00	16	A 型	≥320	≥7.00
8	A 型	≥160	≥1.60	16	B 型	≥400	≥9.00
8	B 型	≥200	≥2.20	19	A 型	≥400	≥12.00
10	C 型	≥140	≥1.50	23	A 型	≥400	≥16.00
10	A 型	≥180	≥2.20				

5.4.7.2　攻螺纹机

电动攻螺纹机主要用于加工钢件、铸铁件、黄铜件、铝件等金属零件的内螺纹。它具有正反转机构和过载时自行脱扣等优点。攻螺纹机的型式及基本参数见表 3-5-116。

表 3-5-116 攻螺纹机的型式及基本参数

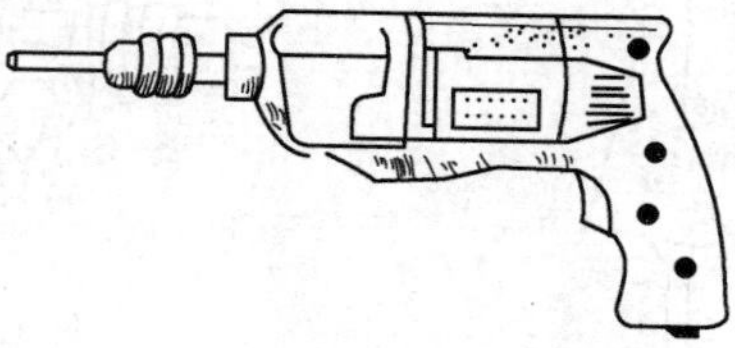

型 号	攻螺纹范围	额定电压/V	额定转数/(r/min)
J1S-8	M4~M8	220	290

5.4.7.3 电动拉铆枪

电动拉铆枪适用于各种结构件的铆接，尤其适用于封闭结构、不通孔的铆接。电动拉铆枪的型式及基本参数见表 3-5-117。

表 3-5-117 电动拉铆枪的型式及基本参数

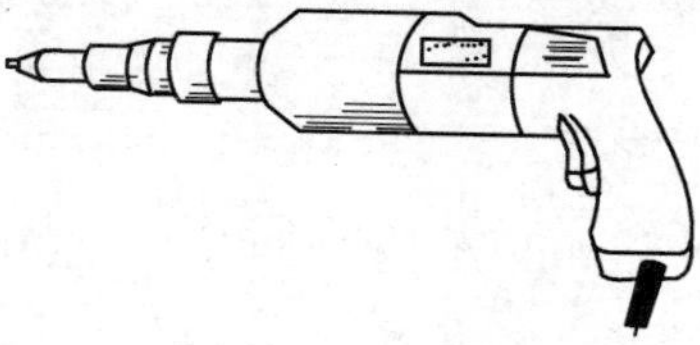

型 号	最大拉铆钉/mm	额定电压/V	输入功率/W	最大拉力/kN
P1M-5	$\phi5$	220	280~350	7.5~8.0

5.4.7.4 电冲剪

电冲剪主要用于冲切各种金属板料及非金属材料，也可用于冲切各种几何形状的内孔。电冲剪的规格指电冲剪冲切抗拉强度为390MPa热轧钢板的最大厚度。电冲剪的型式及基本参数见表 3-5-118。

表 3-5-118 电冲剪的型式及基本参数

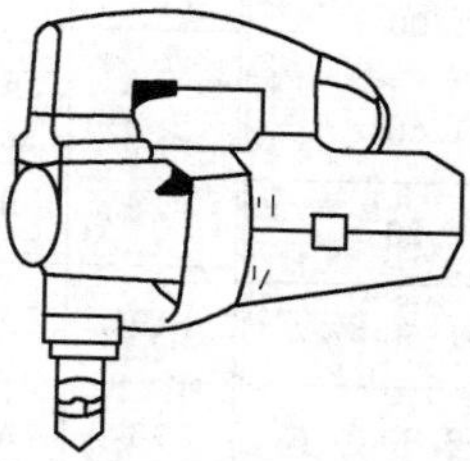

型 号	冲切最大厚度/mm	额定功率/W	冲切次数/(次/min)	型 号	冲切最大厚度/mm	额定功率/W	冲切次数/(次/min)
J1H-1.3	1.3	230	1260	J1H-2.5	2.5	430	700
J1H-1.5	1.5	370	1500	J1H-3.2	3.2	650	900

5.4.8　气动工具

5.4.8.1　气钻

1. 直柄式气钻的型式及基本参数（见表 3-5-119）

表 3-5-119　直柄式气钻的型式及基本参数

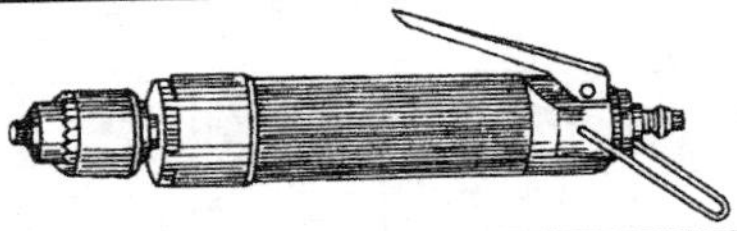

型　号	钻孔直径/mm	空载转速/(r/min)	功率/hp①	机重/kg	型　号	钻孔直径/mm	空载转速/(r/min)	功率/hp①	机重/kg
Z4Z190	4	19000	0.25	0.6	Z8Z27	8	2700	0.30	0.75
Z6Z170	6	17000	0.30	0.75	Z8Z21	8	2100	0.30	0.75
Z6Z47	6	4700	0.25	0.6	Z8Z10	8	1000	0.23	0.8
Z6Z30	6	3000	0.25	0.6	Z10Z09	10	900	0.27	1.05
Z6Z23	6	2300	0.25	0.6	Z10Z06	10	550	0.27	1.05
Z8Z44	8	4400	0.30	0.75	—	—	—	—	—

① 1hp = 745.700W。

2. 枪柄式气钻的型式及基本参数（见表 3-5-120）

3. 万向式气钻

万向式气钻的工作部分可以变换任何角度，其型式及基本参数见表 3-5-121。

表 3-5-120　枪柄式气钻的型式及基本参数

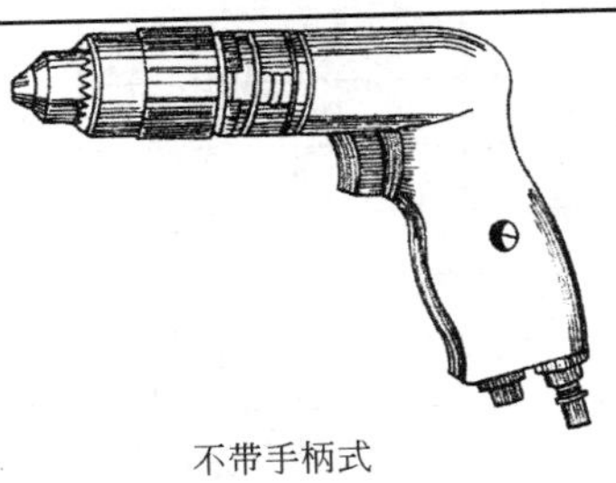

不带手柄式

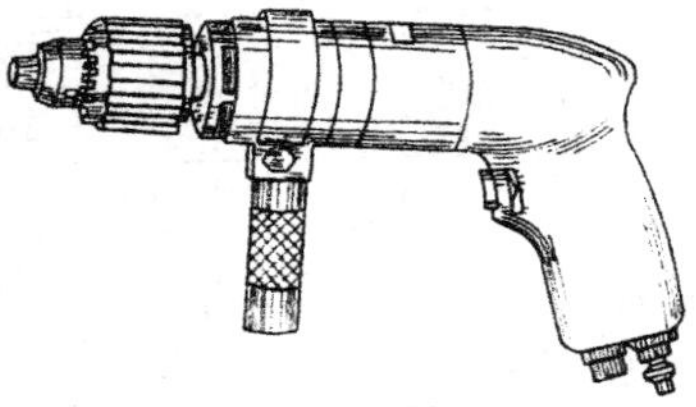

带手柄式

型　号	钻孔直径/mm	空载转速/(r/min)	功率/hp①	机重/kg	型　号	钻孔直径/mm	空载转速/(r/min)	功率/hp①	机重/kg
Z4Q190	4	19000	0.25	0.7	Z8Q21	8	2100	0.30	0.9
Z6Q170	6	17000	0.30	0.9	Z8Q10	8	1000	0.23	0.9
Z6Q47	6	4700	0.25	0.7	Z10Q25	10	2500	0.40	1.7
Z6Q30	6	3000	0.25	0.7	Z10Q16	10	1600	0.40	1.7
Z6Q28	6	2800	0.20	0.7	Z10Q09	10	900	0.27	1.2
Z6Q23	6	2300	0.25	0.7	Z10Q06	10	550	0.27	1.2
Z8Q44	8	4400	0.30	0.9	Z13Q05	13	500	0.36	2.6
Z8Q27	8	2700	0.30	0.9	Z13Q03	13	320	0.36	2.6

① 1hp = 745.700W。

表 3-5-121 万向式气钻的型式及基本参数

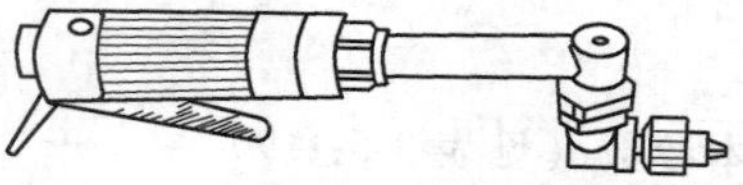

型　　号	钻孔直径/mm	空载转速/(r/min)	弯头高/mm	功率/hp①	机重/kg
Z4W42	4	4200	41	0.21	1.0
Z4W27	4	2700	41	0.21	1.0
Z4W21	4	2100	41	0.21	1.0

① 1hp = 745.700W。

5.4.8.2 直柄式气动螺钉旋具

直柄式气动螺钉旋具的型式及基本参数见表 3-5-122。

表 3-5-122 直柄式气动螺钉旋具的型式及基本参数

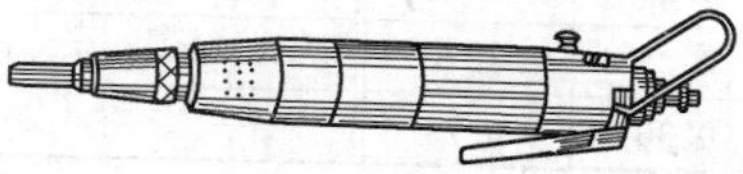

型　　号	适用螺钉规格尺寸/mm	空载转速/(r/min)	空载耗气量/(m^3/min)	重量/kg
LS3Z25	M3	2500	0.18	0.5
LS3Z06	M3	600	0.18	0.5
LS4Z12	M4	1200	0.2	0.65
LS4Z18	M4	1800	0.2	0.65
LSC4Z18	M4	1800	0.2	0.65
LS6Z21	M6	2100	0.35	—
LSC6Z21	M6	2100	0.35	
LS6Z16	M6	1600	0.35	
LSC6Z16	M6	1600	0.35	
LS6Z07	M6	700	0.35	
LSC6Z07	M6	700	0.35	

注：LSC 型刀头有磁性。

5.4.8.3 气动攻螺纹机

气动攻螺纹机的型式及基本参数见表 3-5-123。

表 3-5-123 气动攻螺纹机的型式及基本参数

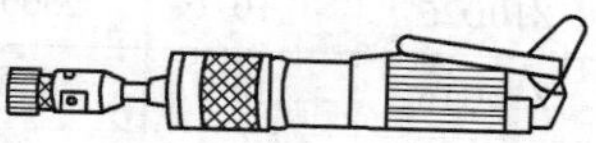

直柄式

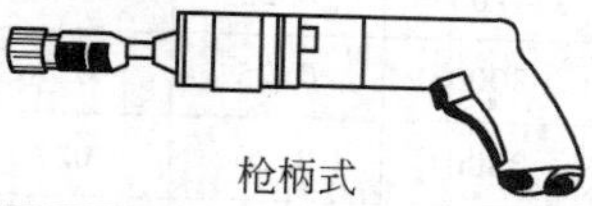

枪柄式

型　　号	攻螺纹直径/mm		空载转速/(r/min)		功率/hp①	机重/kg
	铝件	钢件	正转	反转		
GS6Z10	6	5	1000	2000	0.23	1.1
GS6Q10	6	5	1000	2000	0.23	1.2

（续）

型　号	攻螺纹直径/mm		空载转速/(r/min)		功率/hp①	机重/kg
	铝件	钢件	正转	反转		
GS8Z09	8	6	900	1800	0.27	1.5
GS8Q09	8	6	900	1800	0.27	1.7
GS10Z06	10	8	550	1100	0.27	1.5
GS10Q06	10	8	550	1100	0.27	1.7

① 1hp = 745.700W。

5.4.8.4　气扳机

冲击式气扳机按手柄型式分为以下四种：

1. 直柄式气扳机（见图 3-5-158）

2. 枪柄式气扳机（见图 3-5-159）

3. 环柄式气扳机（见图 3-5-160）

4. 侧柄式气扳机（见图 3-5-161）

冲击式气扳机的基本参数见表 3-5-124。

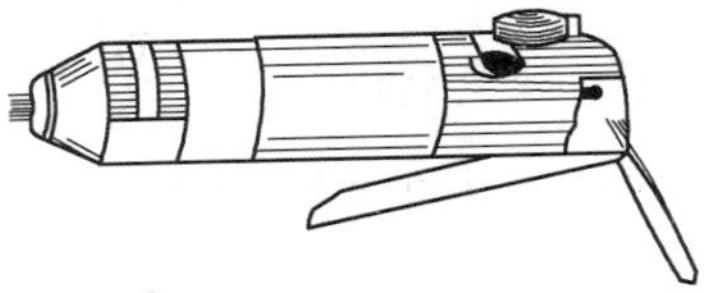

图 3-5-158　直柄式气扳机

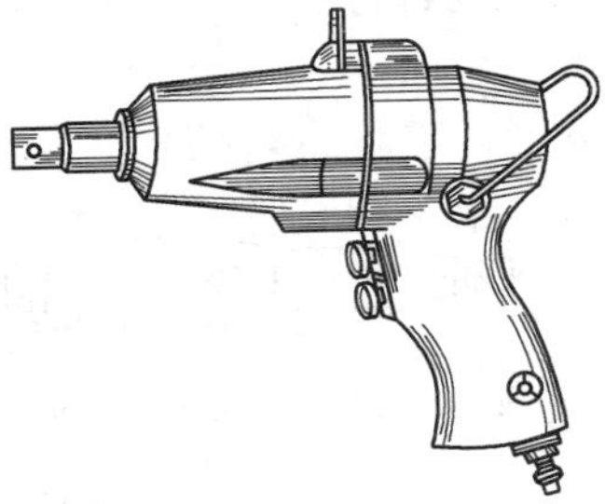

图 3-5-159　枪柄式气扳机

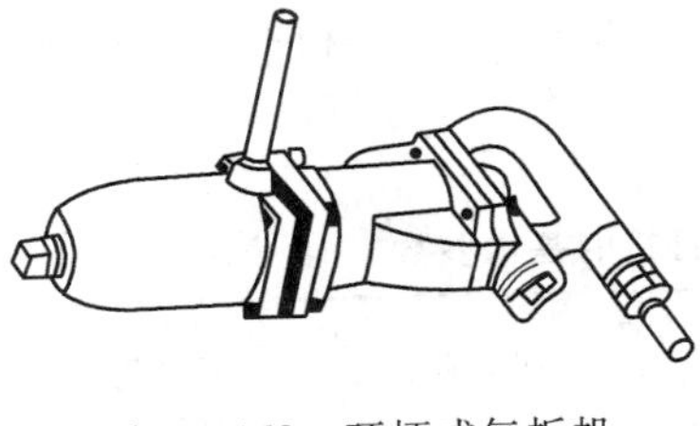

图 3-5-160　环柄式气扳机

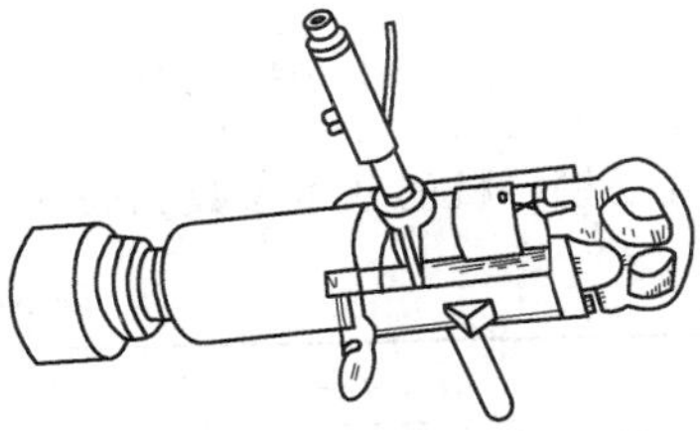

图 3-5-161　侧柄式气扳机

表 3-5-124　冲击式气扳机的基本参数

基本参数	产品系列												
	6	8	10	14	16	20	24	30	36	42	56	76	100
拧紧螺纹范围/mm	5~6	6~8	8~10	12~14	14~16	18~20	22~24	24~30	32~36	38~42	45~56	58~76	78~100
拧紧扭矩/(N·m)≥	20	50	70	150	196	490	735	882	1350	1960	6370	14700	34300
拧紧时间/s≤	—	2					3		5		10	20	30
负荷耗气量/(L/s)≤	10	16	16		18	30		40	25	50	60	75	90
空转转速/(r/min)≥	8000	8000	6500	6000	5000	5000	4800	4800	—	2800	—		
	3000	3000	2500	1500	1400	1000		800					

（续）

基本参数	产品系列												
	6	8	10	14	16	20	24	30	36	42	56	76	100
噪声（声功率级）/dB（A）≤	—	113				118				123			
机重/kg≤	1.0	1.2	2.0	2.5	3.0	5.0	6.0	9.5	12.0	16.0	30.0	36.0	76.0
	1.5	1.5	2.2	3.0	3.5	8.0	9.5	13.0	12.7	20.0	40.0	56.0	96.0
气管内径/mm	8	8	13			16			13	19		25	
传动四方系列	6.3,10,12.5,16					20	25			40	40(63)	63	

注：1. 验收气压为0.63MPa。
2. 产品的空转转速和机重栏上、下两行分别适用于无减速机构型和有减速机构型产品。
3. 机重不包括机动套筒扳手、进气接头、辅助手柄、吊环等。
4. 括号内数字尽可能不用。

5.4.8.5 气动铆钉机

气动铆钉机按结构型式不同有以下四种：

1. 直柄式气动铆钉机（见图3-5-162）

2. 枪柄式气动铆钉机（见图3-5-163）

3. 弯柄式气动铆钉机（见图3-5-164）

4. 环柄式气动铆钉机（见图3-5-165）

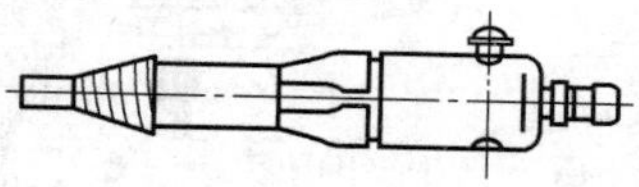

图3-5-162 直柄式气动铆钉机

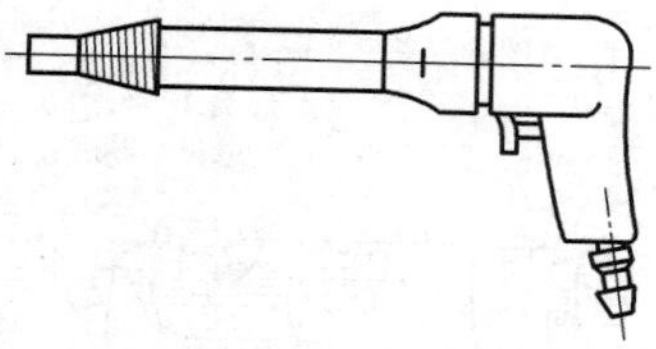

图3-5-163 枪柄式气动铆钉机

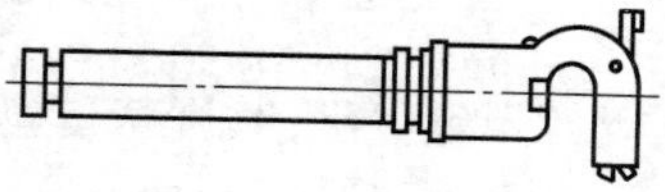

图3-5-164 弯柄式气动铆钉机

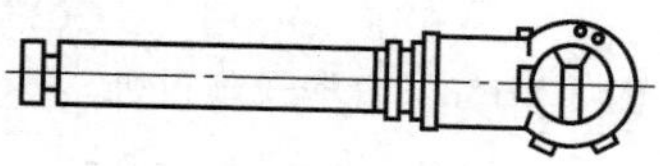

图3-5-165 环柄式气动铆钉机

气动铆钉机的基本参数见表3-5-125。

表3-5-125 气动铆钉机的基本参数

规格	铆钉直径/mm		窝头尾柄规格/mm	机重/kg	验收气压/MPa	冲击能/J	冲击频率/Hz	耗气量/(L/s)	气管内径/mm	噪声（声功率级）/dB(A)
	冷铆硬铝2A10	热铆钢2C								
4	4		10×32	≤1.2	0.63	≥2.9	≥35	≤6.0	10	≤114
5	5		10×32	≤1.5		≥4.3	≥24	≤7.0		
			12×45	≤1.8			≥28			
6	6		12×45	≤2.3		≥9.0	≥13	≤9.0	12.5	≤116
				≤2.5			≥20	≤10		
12	8	12	17×60	≤4.5		≥16.0	≥15	≤12		
16		16	31×70	≤7.5		≥22.0	≥20	≤18	16	≤118
19		19		≤8.5		≥26.0	≥18			
22		22		≤9.5		≥32.0	≥15	≤19		
28		28		≤10.5		≥40.0	≥14			
36		36		≤13.0		≥60.0	≥10	≤22		

5.4.8.6　气动拉铆枪

气动拉铆枪的型式及技术参数见表 3-5-126。

表 3-5-126　气动拉铆枪的型式及技术参数

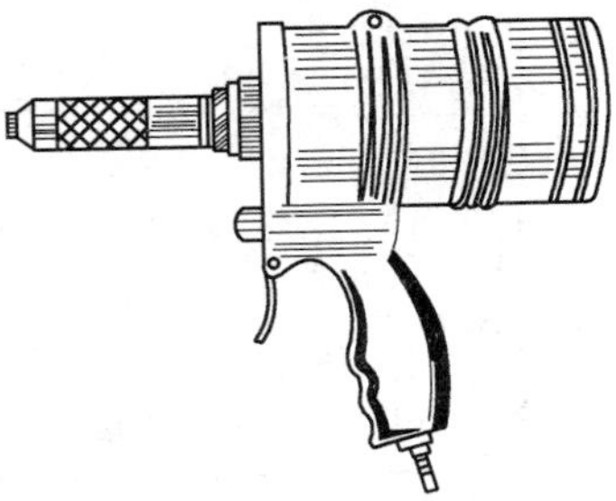

型　号	铆钉直径/mm	产生拉力/N	机重/kg
MLQ-1	3~5.5	7200	2.25

5.4.8.7　气动压铆机

气动压铆机的型式及技术参数见表 3-5-127。

表 3-5-127　气动压铆机的型式及技术参数

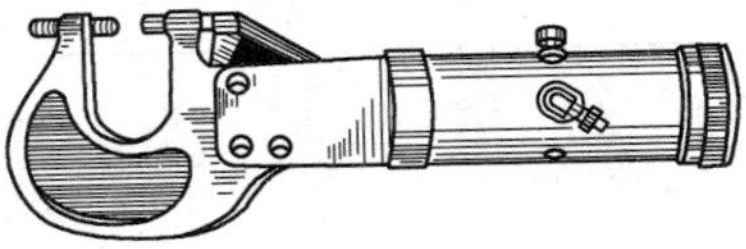

型　号	铆钉直径/mm	最大压铆力/kN	机重/kg
MY5	5	40	3.3

5.4.8.8　气剪刀

气剪刀的型式及技术参数见表 3-5-128。

表 3-5-128　气剪刀的型式及技术参数

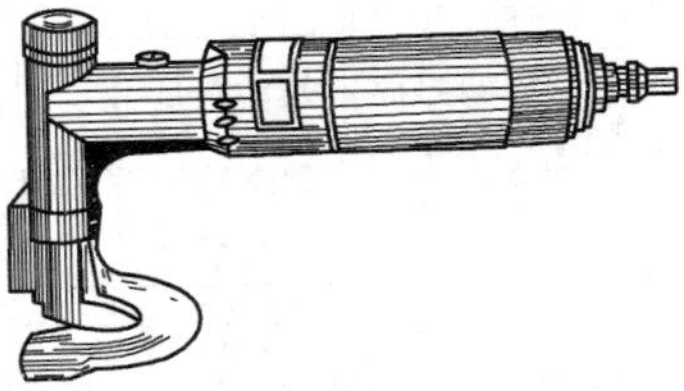

型　号	最大剪切厚度/mm			空载剪切次数/（次/min）	最小剪切半径/mm	功率/hp①	机重/kg
	低碳钢	不锈钢	铝				
JD2	2	1.2	2.5	1800	30	0.28	1.6

① 1hp=745.700W。

第6章 技术测量及量具

6.1 测量与测量误差

6.1.1 测量常用术语（见表3-6-1）

表3-6-1 测量常用术语

术语	定义	术语	定义
测量	通过实验获得并可合理赋予某量一个或多个量值的过程	示值范围	极限示值界限内的一组量值。对模拟显示，可被称为标尺范围
实物量具	具有所赋量值，使用时以固定形态复现或提供一个或多个量值的测量器具，如线纹尺、量块	测量范围	在规定条件下，由具有一定的仪器测量不确定度的测量仪器或测量系统能够测量出的一组同量的量值
标尺间距	沿着标尺长度的同一条线测得的两相邻标尺标记之间的距离	示值误差	测量仪器示值与对应输入量的参考量值之差
标尺间隔（分度值）	对应两相邻标尺标记的两个值之差	测量力	指量具的测量面与被测件接触时所产生的力

6.1.2 测量方法的分类（见表3-6-2）

表3-6-2 测量方法的分类

测量方法	意义	测量方法	意义
直接测量法	不必测量与被测量有函数关系的其他量，而能直接得到被测量值的测量方法	零位测量法	通过调整一个或几个已知量值的量与已知关系的被测量达到平衡确定被测量值的测量方法（被测量与可调整量可以是不同种类的量）
间接测量法	通过测量与被测量有函数关系的其他量，得到被测量值的测量方法	直接比较测量法	将被测量直接与已知量值的同种量相比较的测量方法，如用刻度尺测量长度
替代测量法	将选定的且已知量值的同种量代替被测量，使在指示装置上得到相同效应，以确定被测量值的测量方法，如借助天平和已知质量的砝码，利用波大替代方法确定质量	定义测量法	根据量的定义确定该量的测量方法
		主动测量	加工过程中进行的测量，测量结果直接用来控制工件的加工精度
微差测量法	将被测量与同它只有微小差别的已知同种量相比较，通过测量这两个量值间的差值确定被测量值的测量方法，如借助量块和比较仪进行活塞直径测量	被动测量	加工完毕后进行的测量，以确定工件的有关参数值
		静态测量	对不随时间变化的量值的测量
		动态测量	对随时间变化量值的瞬间量值的测量

6.1.3 测量误差的分类、产生原因及消除方法（见表3-6-3）

表3-6-3 测量误差的分类、产生原因及消除方法

分类	产生原因	消除方法
系统误差	在相同条件下，重复测量同一量值时，误差的大小和方向保持不变，或者当条件改变时，误差按一定的规律变化，这种误差可在测量结果中修正或消除	1）检查测量器具刻度的准确度，并消除刻度误差 2）检查并校正测量器具的工具误差 3）检查测量环境温度并加以调整

（续）

分　类	产生原因	消除方法
随机误差	在相同条件下重复测量同一量值时，误差的大小和方向都是变化的，而且没有确定的规律，因而这种误差无法从测量结果中消除或校正	1）检查并消除测量器具各部分间隙及变形 2）测量时测量力要合理 3）读数要正确
粗大误差	由于测量时的疏忽大意或环境条件的突变所造成的误差	1）选择正确合理的测量方法 2）检查测量器具内部结构及精度，消除其缺陷及误差 3）检查并消除读写错误

6.2　机械零件常规检测

6.2.1　常用测量计算举例

6.2.1.1　常用几何图形计算公式（见表 3-6-4）

表 3-6-4　常用几何图形计算公式

名称	图　形	计算公式
正方形	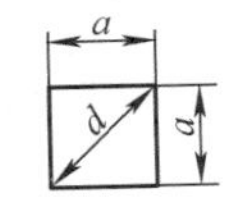	面积 $A=a^2$　$a=0.707d$　$d=1.414a$
长方形	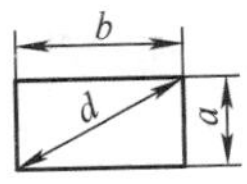	面积 $A=ab$　$d=\sqrt{a^2+b^2}$　$a=\sqrt{d^2-b^2}$　$b=\sqrt{d^2-a^2}$
平行四边形	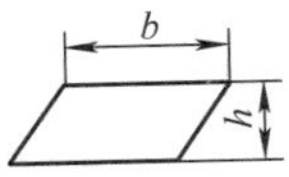	面积 $A=bh$　$h=\frac{A}{b}$　$b=\frac{A}{h}$
菱形	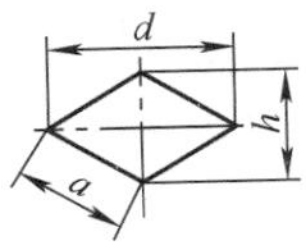	面积 $A=\frac{dh}{2}$　$a=\frac{1}{2}\sqrt{d^2+h^2}$　$h=\frac{2A}{d}$；$d=\frac{2A}{h}$
梯形	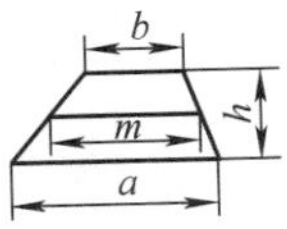	面积 $A=\frac{a+b}{2}h$　$m=\frac{a+b}{2}$　$h=\frac{2A}{a+b}$　$a=\frac{2A}{h}-b$　$b=\frac{2A}{h}-a$
斜梯形	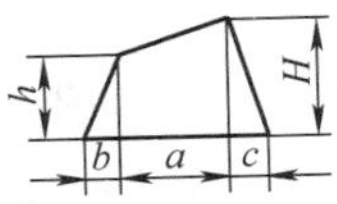	面积 $A=\frac{(H+h)a+bh+cH}{2}$
等边三角形	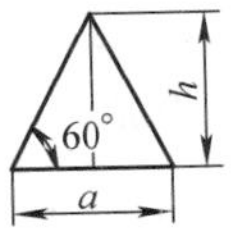	面积 $A=\frac{ah}{2}$ $=0.433a^2$　$a=1.155h$ $=0.578h^2$　$h=0.866a$
直角三角形	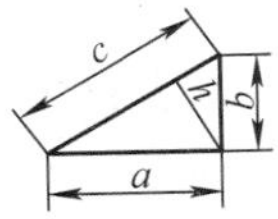	面积 $A=\frac{ab}{2}$　$c=\sqrt{a^2+b^2}$　$h=\frac{ab}{c}$
圆形	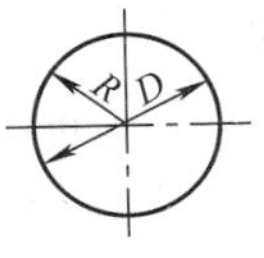	面积 $A=\frac{1}{4}\pi D^2$　周长 $c=\pi D$ $=0.7854D^2$　$D=0.318c$ $=\pi R^2$
椭圆形	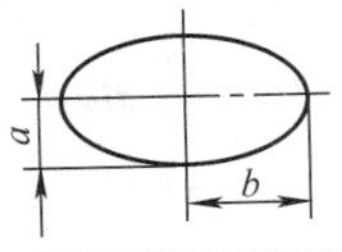	面积 $A=\pi ab$
圆环形	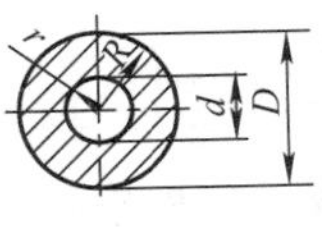	面积 $A=\frac{\pi}{4}(D^2-d^2)$ $=0.785(D^2-d^2)$ $=\pi(R^2-r^2)$
扇形	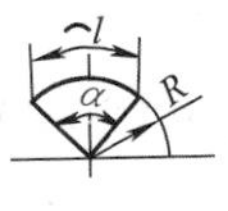	面积 $A=\frac{\pi R^2\alpha}{360°}=0.008727\alpha R^2$ $=\frac{Rl}{2}$　$\hat{l}=\frac{\pi R\alpha}{180°}=0.01745R\alpha$

（续）

名称	图形	计算公式
弓形	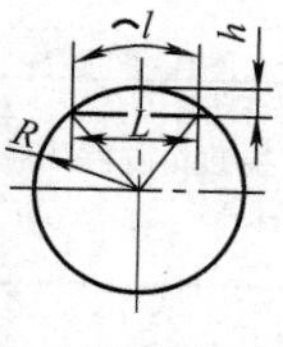	面积 $A=\frac{\hat{l}R}{2}-\frac{L(R-h)}{2}$ $R=\frac{L^2+4h^2}{8h}$ $h=R-\frac{1}{2}\sqrt{4R^2-L^2}$
局部圆环形	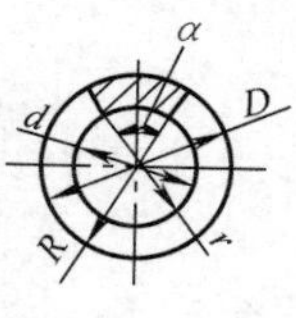	面积 $A=\frac{\pi\alpha}{360°}(R^2-r^2)$ $=0.00873\alpha(R^2-r^2)$ $=\frac{\pi\alpha}{4\times360°}(D^2-d^2)$ $=0.00218\alpha(D^2-d^2)$
抛物线弓形	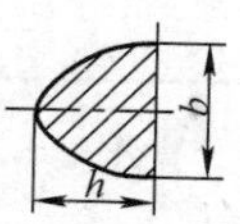	面积 $A=\frac{2}{3}bh$
角椽	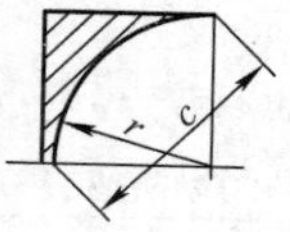	面积 $A=r^2-\frac{\pi r^2}{4}=0.215r^2$ $=0.1075c^2$
正多边形	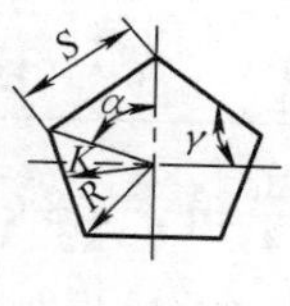	面积 $A=\frac{SK}{2}n=\frac{1}{2}nSR\cos\frac{\alpha}{2}$ 圆心角 $\alpha=\frac{360°}{n}$ 内角 $\gamma=180°-\frac{360°}{n}$ 式中 S—正多边形边长 n—正多边形边数
圆柱体	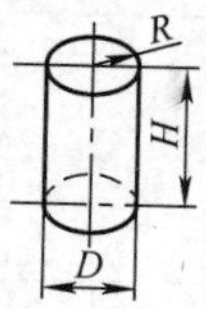	体积 $V=\pi R^2H=\frac{1}{4}\pi D^2H$ 侧表面积 $A_0=2\pi RH$
斜底圆柱体	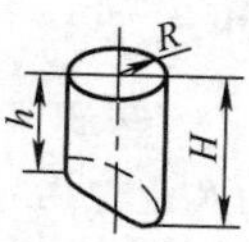	体积 $V=\pi R^2\frac{H+h}{2}$ 侧表面积 $A_0=\pi R(H+h)$
空心圆柱体	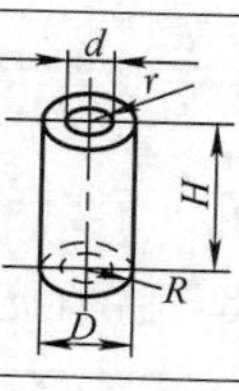	体积 $V=\pi H(R^2-r^2)$ $=\frac{1}{4}\pi H(D^2-d^2)$ 侧表面积 $A_0=2\pi H(R+r)$
圆锥体	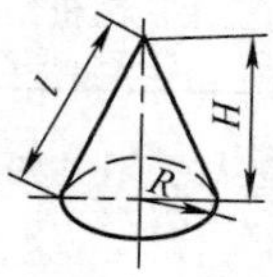	体积 $V=\frac{1}{3}\pi HR^2$ 侧表面积 $A_0=\pi Rl$ $=\pi R\sqrt{R^2+H^2}$ 母线 $l=\sqrt{R^2+H^2}$
截顶圆锥体	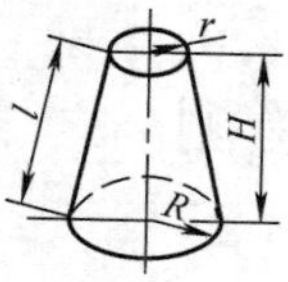	体积 $V=(R^2+r^2+Rr)\frac{\pi H}{3}$ 侧表面积 $A_0=\pi l(R+r)$ 母线 $l=\sqrt{H^2+(R-r)^2}$
正方体	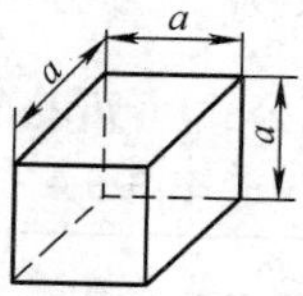	体积 $V=a^3$
长方体	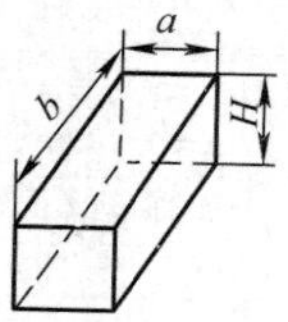	体积 $V=abH$
角锥体	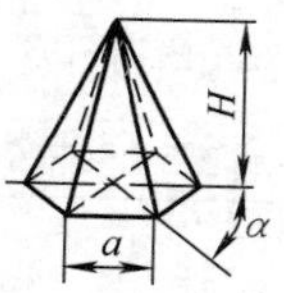	体积 $V=\frac{1}{3}H\times$底面积 $=\frac{na^2H}{12}\cot\frac{\alpha}{2}$ 式中 n—正多边形边数 $\alpha=\frac{360°}{n}$
截顶角锥体	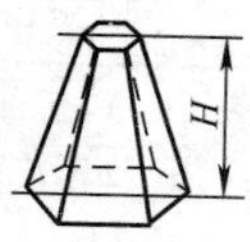	体积 $V=\frac{1}{3}H(A_1+A_2+\sqrt{A_1A_2})$ 式中 A_1—顶面积 A_2—底面积
正方锥体	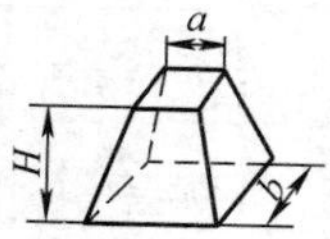	体积 $V=\frac{1}{3}H(a^2+b^2+ab)$
正六角体	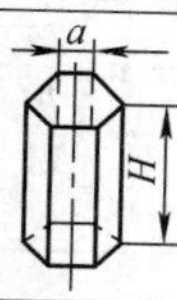	体积 $V=2.598a^2H$
球体		体积 $V=\frac{4}{3}\pi R^3=\frac{1}{6}\pi D^3$ 表面积 $A_n=12.57R^2=3.142D^2$

（续）

名称	图形	计算公式	名称	图形	计算公式
圆球环体	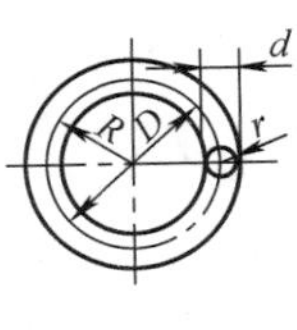	体积 $V=2\pi^2Rr^2=19.739Rr^2$ $=\frac{1}{4}\pi^2Dd^2$ $=2.4674Dd^2$ 表面积 $A_n=4\pi^2Rr=39.48Rr$	内接三角形	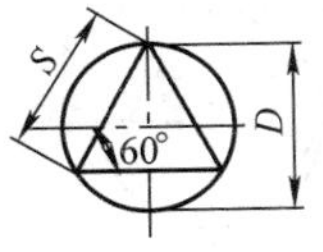	$D=1.154S$ $S=0.866D$
截球体	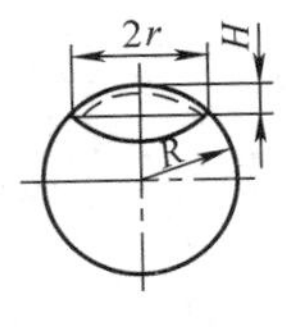	体积 $V=\frac{1}{6}\pi H(3r^2+H^2)$ $=\pi H^2\left(R-\frac{H}{3}\right)$ 侧表面积 $A_0=2\pi RH$	内接四边形	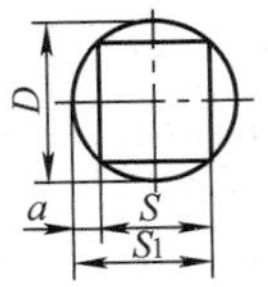	$D=1.414S$ $S=0.707D$ $S_1=0.854D$ $a=0.147D=\frac{D-S}{2}$
球台体	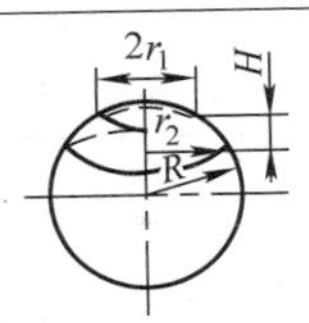	体积 $V=\frac{1}{6}\pi H[3(r_1^2+r_2^2)+H^2]$ 侧表面积 $A_0=2\pi RH$	内接五边形	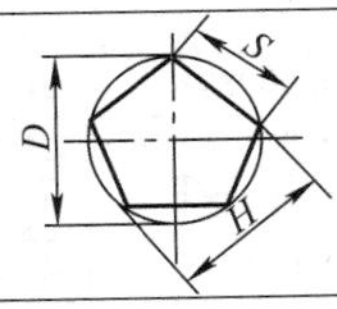	$D=1.701S$ $S=0.588D$ $H=0.951D=1.618S$
内接三角形	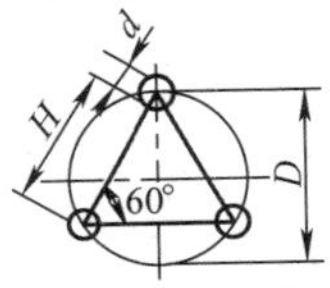	$D=1.155(H+d)$ $H=\frac{D-1.155d}{1.155}$	内接六边形	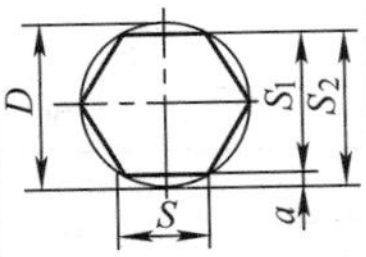	$D=2S=1.155S_1$ $S=\frac{1}{2}D$ $S_1=0.866D$ $S_2=0.933D$ $a=0.067D=\frac{D-S_1}{2}$

6.2.1.2 圆的几何图形计算

1. 圆周等分系数（见表 3-6-5）

表 3-6-5 圆周等分系数

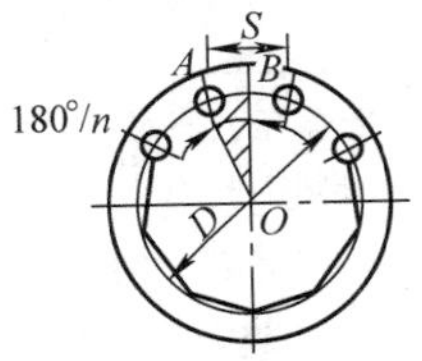

$S=D\sin\frac{180°}{n}=DK$

$K=\sin\frac{180°}{n}$

式中　n—等分数

K—圆周等分系数（查表）

n	K	n	K	n	K	n	K
3	0.86603	15	0.20791	27	0.11609	39	0.080467
4	70711	16	19509	28	11196	40	078460
5	58779	17	18375	29	10812	41	076549
6	50000	18	17365	30	10453	42	074730
7	43388	19	16459	31	10117	43	072995
8	38268	20	15643	32	098017	44	071339
9	34202	21	14904	33	095056	45	069757
10	30902	22	14231	34	092268	46	068242
11	28173	23	13617	35	089640	47	066793
12	25882	24	13053	36	087156	48	065403
13	23932	25	12533	37	084806	49	064070
14	22252	26	12054	38	082579	50	062791

2. 圆弧长度计算（见表3-6-6）

表3-6-6 圆弧长度计算

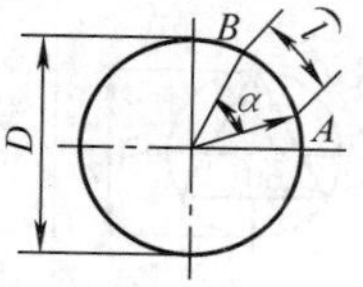

AB 弧长$\widehat{l}=r\times$弧度数

或$\widehat{l}=0.017453r\alpha$

$=0.008727D\alpha$

式中 α—圆心角（°）

角度	弧度	角度	弧度	角度	弧度	角度	弧度	角度	弧度
1″	0.000005	40″	0.000194	20′	0.005818	9°	0.157080	150°	2.617994
2″	0.000010	50″	0.000242	30′	0.008727	10°	0.174533	180°	3.141593
3″	0.000015	1′	0.000291	40′	0.011636	20°	0.349066	200°	3.490659
4″	0.000019	2′	0.000582	50′	0.014544	30°	0.523599	250°	4.363323
5″	0.000024	3′	0.000873	1°	0.017453	40°	0.698132	270°	4.712389
6″	0.000029	4′	0.001164	2°	0.034907	50°	0.872665	300°	5.235988
7″	0.000034	5′	0.001454	3°	0.052360	60°	1.047198	360°	6.283185
8″	0.000039	6′	0.001745	4°	0.069813	70°	1.221730	1rad(弧度)=57°17′44.8″	
9″	0.000044	7′	0.002036	5°	0.087266	80°	1.396263		
10″	0.000048	8′	0.002327	6°	0.104720	90°	1.570796		
20″	0.000097	9′	0.002618	7°	0.122173	100°	1.745329		
30″	0.000145	10′	0.002909	8°	0.139626	120°	2.094395		

6.2.1.3 内圆弧与外圆弧计算（见表3-6-7）

表3-6-7 内圆弧与外圆弧计算

名称	图形	计算公式	应用举例
内圆弧	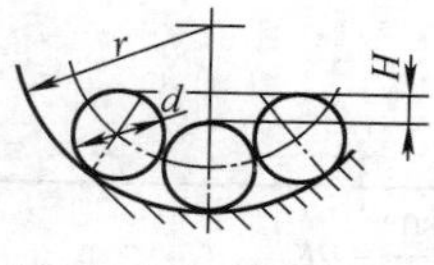	$r=\dfrac{d(d+H)}{2H}$ $H=\dfrac{d^2}{2\left(r-\dfrac{d}{2}\right)}$	〔例〕 已知钢柱直径 $d=20$mm，深度尺读数 $H=2.3$mm，求圆弧工件的半径 r 〔解〕 $r=\dfrac{20(20+2.3)}{2\times2.3}$mm≈96.96mm
外圆弧	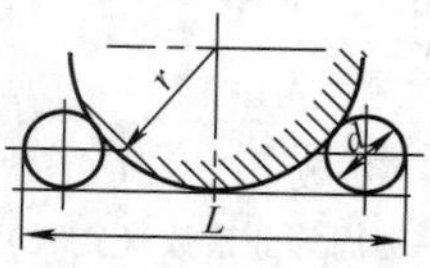	$r=\dfrac{(L-d)^2}{8d}$	〔例〕 已知钢柱直径 $d=25.4$mm，$L=158.699$mm，求外圆弧半径 r 〔解〕 $r=(L-d)^2/(8d)=[(158.699-25.4)^2/(8\times25.4)]mm=87.444$mm

6.2.1.4 V形槽宽度、角度计算（见表3-6-8）

表3-6-8 V形槽宽度、角度计算

名称	图形	计算公式	应用举例
V形槽宽度	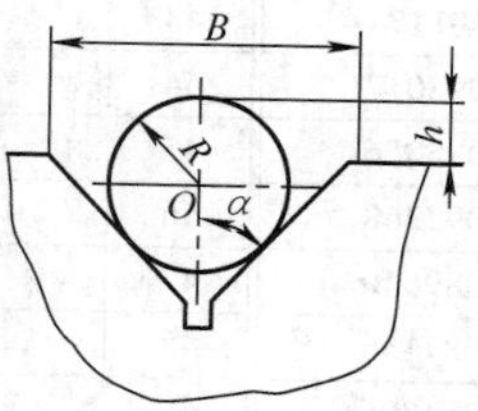	$B=2\tan\alpha\times\left(\dfrac{R}{\sin\alpha}+R-h\right)$	〔例〕 已知钢柱半径 $R=12.5$mm，$\alpha=30°$，量得 $H=9.52$mm，求槽宽度 〔解〕 $B=2\tan30°\times\left(\dfrac{12.5}{\sin30°}+12.5-9.52\right)$ mm ≈32.309mm

（续）

名　称	图　形	计算公式	应用举例
V 形槽角度	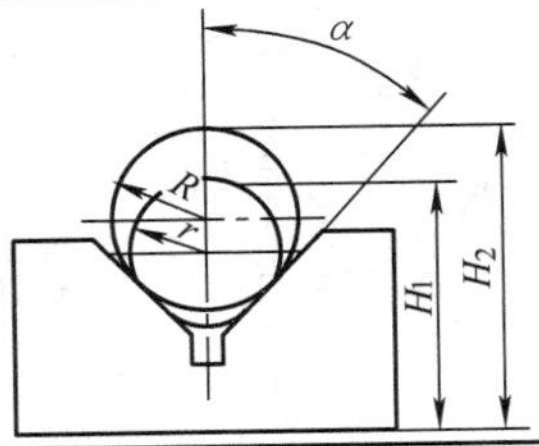	$\sin\alpha=\dfrac{R-r}{(H_2-R)-(H_1-r)}$	〔例〕　已知大钢柱半径 $R=15\text{mm}$，小钢柱半径 $r=10\text{mm}$，高度尺读数 $H_2=55.6\text{mm}$，$H_1=43.53\text{mm}$，求 V 形槽斜角 α 〔解〕　$\sin\alpha=\dfrac{15-10}{(55.6-15)-(43.53-10)}\approx0.7072$ $\alpha=45°0'27''$

6.2.1.5　燕尾与燕尾槽宽度计算（见表 3-6-9）

表 3-6-9　燕尾与燕尾槽宽度计算

图　形	计算公式	应用举例
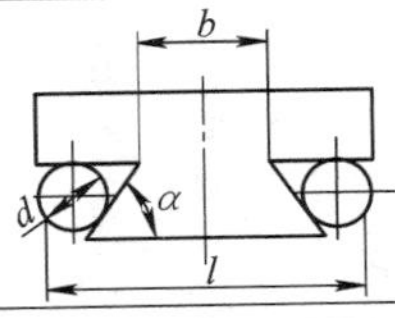	$l=b+d\left(1+\cot\dfrac{\alpha}{2}\right)$ $b=l-d\left(1+\cot\dfrac{\alpha}{2}\right)$	〔例〕　已知钢柱直径 $d=10\text{mm}$，$b=60\text{mm}$，$\alpha=55°$，求 l 读数 〔解〕　$l=[60+10\times(1+1.9210)]\text{mm}\approx89.21\text{mm}$
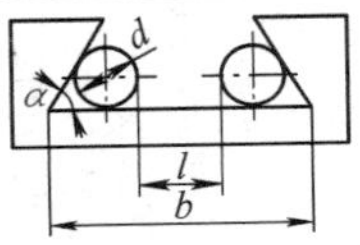	$l=b-d\left(1+\cot\dfrac{\alpha}{2}\right)$ $b=l+d\left(1+\cot\dfrac{\alpha}{2}\right)$	〔例〕　已知钢柱直径 $d=10\text{mm}$，$b=72\text{mm}$，$\alpha=55°$，求 l 读数 〔解〕　$l=[72-10\times(1+1.9210)]\text{mm}=42.79\text{mm}$

6.2.1.6　内圆锥与外圆锥计算（见表 3-6-10）

表 3-6-10　内圆锥与外圆锥计算

名　称	图　形	计算公式	应用举例
外圆锥	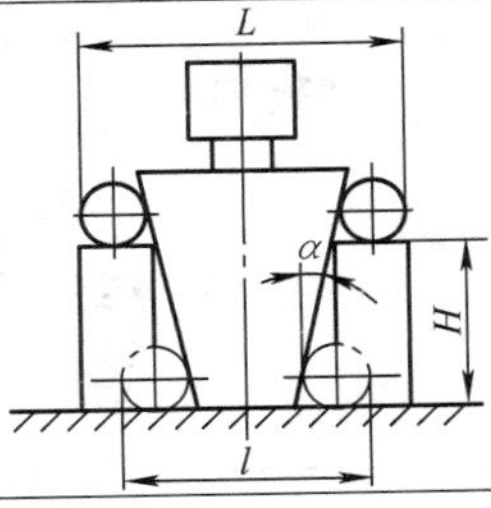	$\tan\alpha=\dfrac{L-l}{2H}$	〔例〕　已知游标卡尺读数，$L=32.7\text{mm}$，$l=28.5\text{mm}$，$H=15\text{mm}$，求斜角 α 〔解〕　$\tan\alpha=\dfrac{32.7-28.5}{2\times15}=0.1400$ $\alpha=7°58'11''$
内圆锥	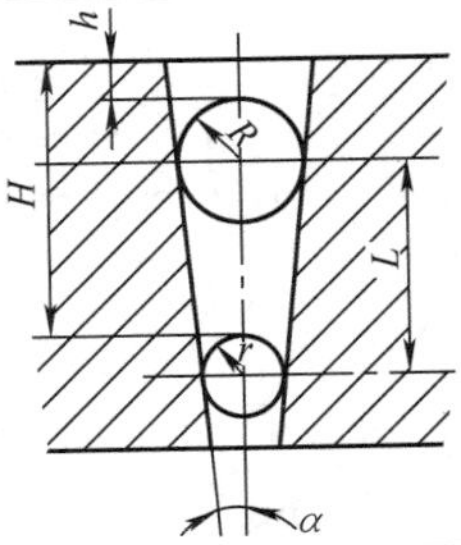	$\sin\alpha=\dfrac{R-r}{L}=\dfrac{R-r}{H+r-R-h}$	〔例〕　已知大钢球半径 $R=10\text{mm}$，小钢球半径 $r=6\text{mm}$，深度游标卡尺读数 $H=24.5\text{mm}$，$h=2.2\text{mm}$，求斜角 α 〔解〕　$\sin\alpha=\dfrac{10-6}{24.5+6-10-2.2}\approx0.2186$ $\alpha=12°37'$
	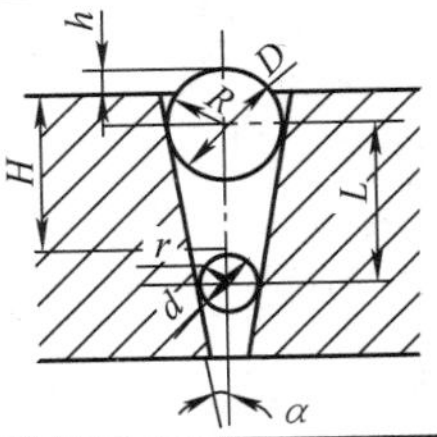	$\sin\alpha=\dfrac{R-r}{L}=\dfrac{R-r}{H+h-R+r}$	〔例〕　已知大钢球半径 $R=10\text{mm}$，小钢球半径 $r=6\text{mm}$，深度游标卡尺读数 $H=18\text{mm}$，$h=1.8\text{mm}$，求斜角 α 〔解〕　$\sin\alpha=\dfrac{10-6}{18+1.8-10+6}\approx0.2532$ $\alpha=14°40'$

6.2.2 几何误差的检测（GB/T 1958—2017）

几何误差的检测与验证方案见表 3-6-11～表 3-6-24。检测与验证方案中常用的符号及说明见表 3-6-25。

表 3-6-11 直线度误差的检测与验证方案

序号	图例	测量装置	检测与验证方案	检验操作集	备注
1	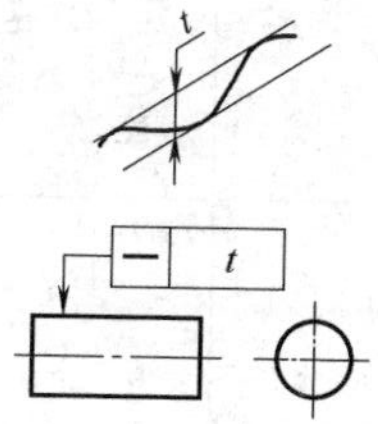	1）样板直尺（或平尺） 2）光源 3）厚薄规 4）量块 5）平晶	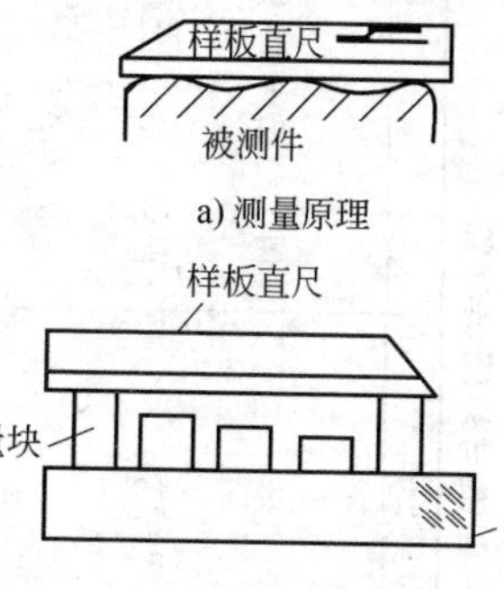 a）测量原理 b）标准光隙	1. 预备工作 样板直尺（或平尺）与被测素线直接接触，并置于光源和眼睛之间的适当位置，调整样板直尺，使最大光隙尽可能最小 2. 被测要素测量与评估 1）拟合：样板直尺（或平尺）与被测素线直接接触，并置于光源和眼睛之间的适当位置，调整样板直尺，使最大光隙尽可能最小 2）评估：样板直尺（或平尺）与被测件之间的最大间隙值即为被测素线的直线度误差 按上述方法测量若干条素线，取其中的最大值作为被测件的直线度误差 误差值的测量：当光隙较大时，用厚薄规测量；当光隙较小时，用样板直尺（或平尺）与量块组成的标准光隙相比较，估读出所求直线度误差值 3. 符合性比较 将得到的误差值与图样上给出的公差值进行比较，判定被测要素的直线度是否合格	1）该方案中，样板直尺（或平尺）用于模拟理想直线，将被测素线与样板直尺（或平尺）直接接触进行比较测量，采用的是实物拟合操作，样板直尺（或平尺）是理想要素的实际模拟物 2）该方案适用于中凸或中凹形状较小平面及短圆柱（锥）面等的直线度误差测量
2	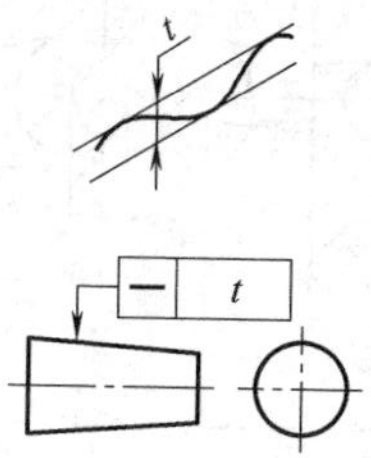	1）平板 2）正弦规 3）量块组 4）带指示计的测量架	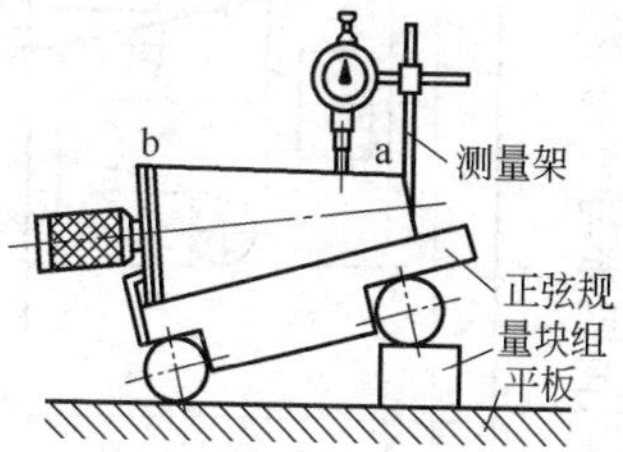	1. 预备工作 采用正弦规和量块将被测直线的两端点调整为相对于平板等高 2. 被测要素测量与评估 1）分离：确定被测要素及其测量界限 2）提取：沿被测素线方向移动指示器，采用一定的提取方案进行测量，同时记录各测点示值，获得提取线 3）拟合：采用最小区域法对提取线进行拟合，获得拟合直线	1）提取操作：根据被测件的功能要求、结构特点和提取操作设备的情况等，参考 GB/T 1958—2017 中的图 B.1 选择合理的提取方案 2）对为获得被测要素误差值而进行的拟合操作，拟合方法有最小二乘法、最小区域法两种。若在图样上未明确示出或说明，则缺省约定采用最小区域法

（续）

序号	图例	测量装置	检测与验证方案	检验操作集	备注
2	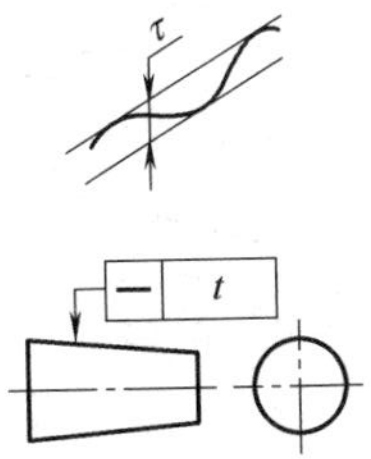	1）平板 2）正弦规 3）量块组 4）带指示计的测量架	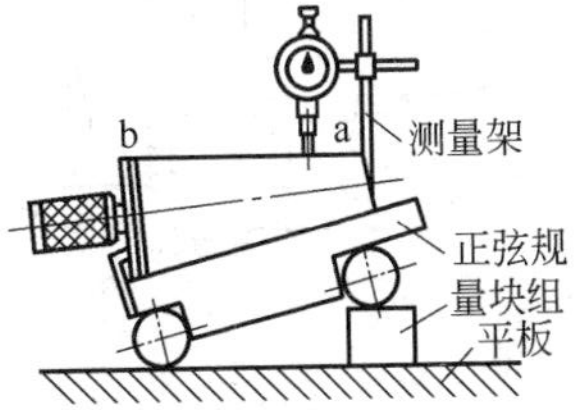	4）评估：误差值为提取线上的最高峰点、最低谷点到拟合直线之间的距离值之和 按上述方法测量多条素线，取其中最大的误差值作为该被测件的直线度误差值 3. 符合性比较 将得到的误差值与图样上给出的公差值进行比较，判定被测件的直线度是否合格	3）误差值的评估参数有T、P、V、Q，缺省为T（本例） 4）根据GB/T 1958—2017第9章进行测量不确定度评估，并依据GB/T 1958—2017第10章进行合格评定
3	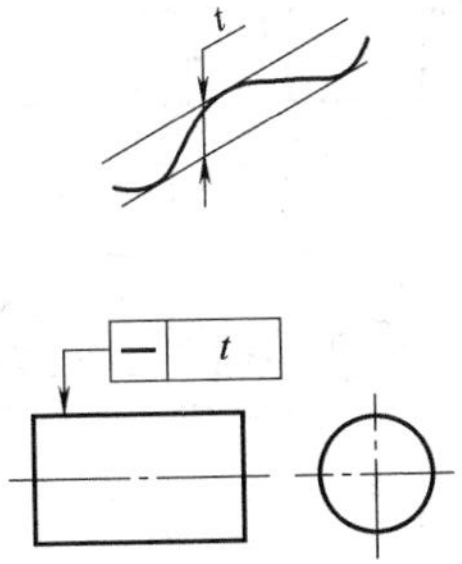	1）平板 2）直角座 3）带指示计的测量架	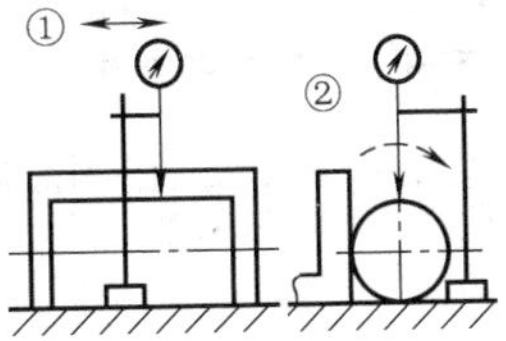	1. 预备工作 将被测件放置在平板上，并使其紧靠直角座 2. 被测要素测量与评估 1）分离：确定被测要素及其测量界限 2）提取：沿被测素线方向移动指示器，采用一定的提取方案进行测量，同时记录各测点示值，获得提取线 3）拟合：采用最小区域法对提取线进行拟合，获得拟合直线 4）评估：误差值为提取线上的最高峰点、最低谷点到拟合直线之间的距离值之和 按上述方法测量多条素线，取其中最大的误差值作为该被测件的直线度误差值 3. 符合性比较 将得到的误差值与图样上给出的公差值进行比较，判定被测件的直线度是否合格	备注说明同本表序号2的备注

（续）

序号	图例	测量装置	检测与验证方案	检验操作集	备注
4	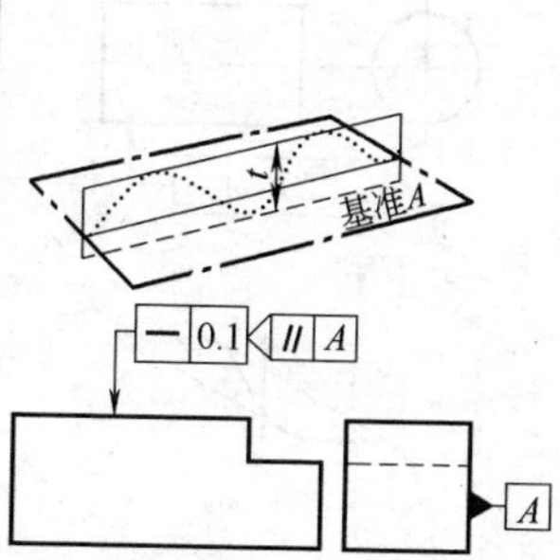	1）水平仪 2）桥板	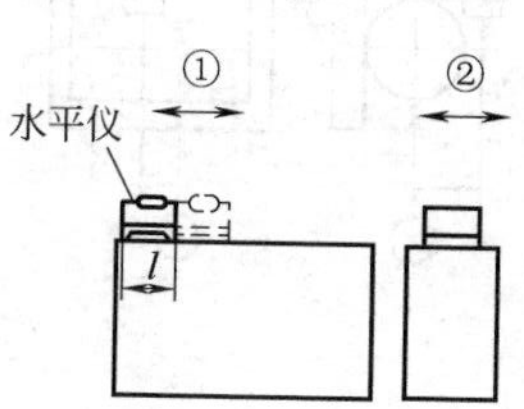	1. 预备工作 将固定有水平仪的桥板放置在被测件上，调整被测件至水平位置 2. 被测要素的测量与评估 1）分离：确定被测要素的测量方向及其测量界限 2）提取：水平仪按节距 l 沿与基准 A 平行的被测直线方向移动，同时记录水平仪的读数，获得提取线 3）拟合：采用最小区域法对提取线进行拟合，得到拟合直线 4）评估：误差值为提取线上的最高峰点、最低谷点到拟合直线之间的距离值之和 按上述方法测量多条直线，取其中最大的误差值作为该被测件的直线度误差值 3. 符合性比较 将得到的误差值与图样上给出的公差值进行比较，判定被测要素的直线度是否合格	1）图例中的相交平面框格◁// A 表示被测要素是提取表面上与基准平面 A 平行的直线。其测量方向与基准 A 平行 2）其余备注说明同本表序号 2 的备注
5	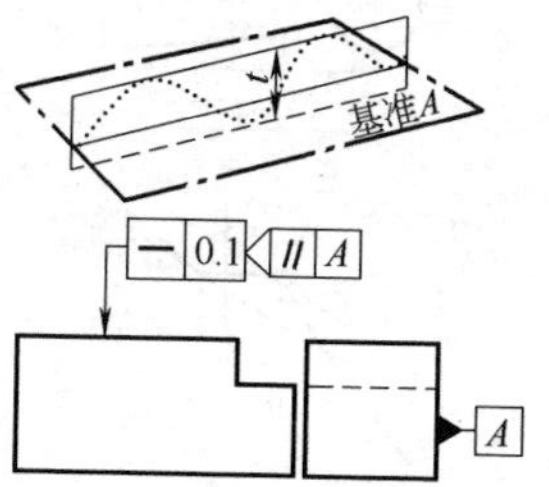	1）自准直仪 2）反射镜 3）桥板	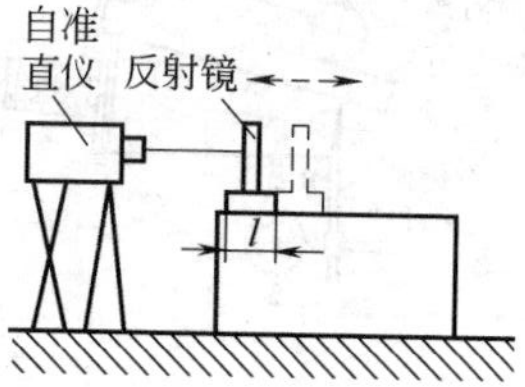	1. 预备工作 将反射镜放在被测表面上直线的两端，调整自准直仪使光轴与两端点连线平行 2. 被测要素的测量与评估 1）分离：确定被测要素的测量方向及其测量界限 2）提取：反射镜按节距 l 沿与基准 A 平行的被测直线方向移动，同时记录垂直方向上的示值，获得提取线 3）拟合：采用最小区域法对提取线进行拟合，得到拟合直线	1）图例中的相交平面框格◁// A 表示被测要素是提取表面上与基准平面 A 平行的直线。其测量方向与基准 A 平行

（续）

<table>
<tr><th>序号</th><th>图例</th><th>测量装置</th><th>检测与验证方案</th><th>检验操作集</th><th>备注</th></tr>
<tr><td>5</td><td>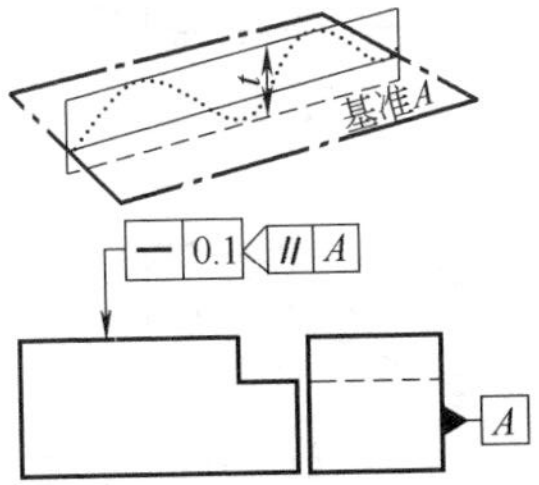</td><td>1）自准直仪
2）反射镜
3）桥板</td><td>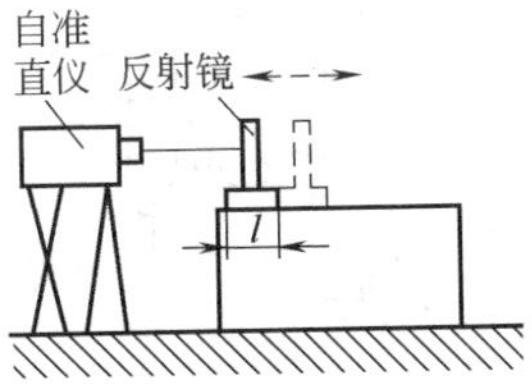</td><td>4）评估：误差值为提取线上的最高峰点、最低谷点到拟合直线之间的距离值之和
按上述方法测量多条直线，取其中最大的误差值作为该被测件的直线度误差值
3. 符合性比较
将得到的误差值与图样上给出的公差值进行比较，判定被测要素的直线度是否合格</td><td>2）其余备注说明同本表序号 2 的备注</td></tr>
<tr><td>6</td><td>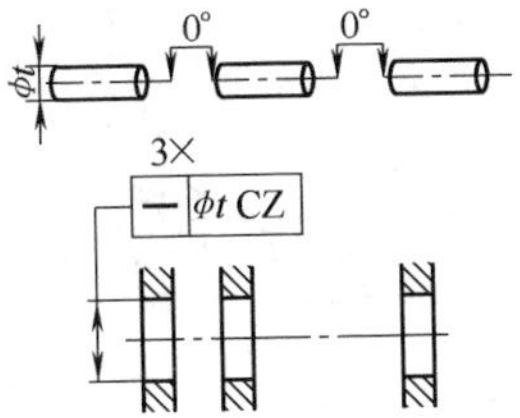</td><td>1）准直望远镜
2）瞄准靶</td><td>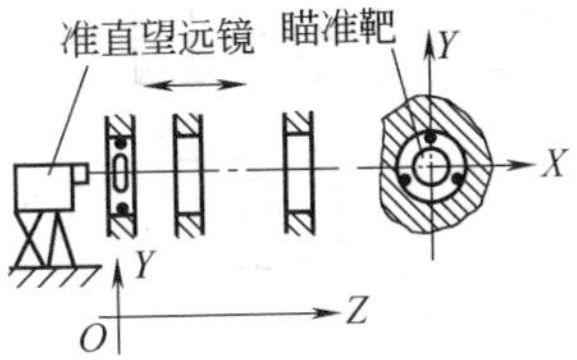</td><td>1. 预备工作
将瞄准靶放在前后端两孔中，调整准直望远镜使其光轴与两端孔的中心连线同轴。以几何光轴作为测量基线，测出被测轴线相对该基线的偏离量
2. 被测要素测量与评估
1）分离：确定被测轴线及其测量界限（此处为三个孔的轴线）
2）提取：将瞄准靶分别放在被测件的各孔中，同时记录各测点的水平和垂直方向示值，获得三个孔的提取要素
3）拟合：采用最小区域法对三个孔的提取要素同时进行拟合，得到公共的拟合导出要素（轴线）
4）评估：误差值为提取要素上的点到公共的拟合导出要素（轴线）的最大距离值的 2 倍
3. 符合性比较
将得到的误差值与图样上给出的公差值进行比较，判定直线度是否合格</td><td>1）本图例中，CZ 符号表示三个孔中心线具有组合的公差带
2）此方法适用于测量大型的孔类零件
3）其余备注说明同本表序号 2 的备注</td></tr>
</table>

（续）

序号	图例	测量装置	检测与验证方案	检验操作集	备注
7	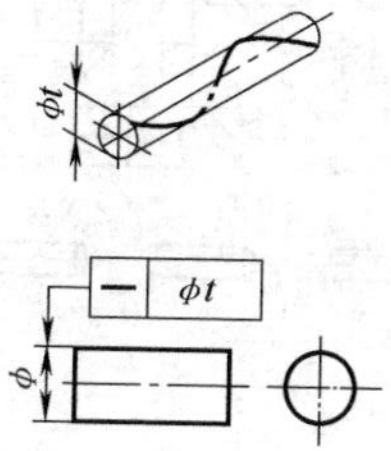	1）精密分度装置 2）带指示计的测量架	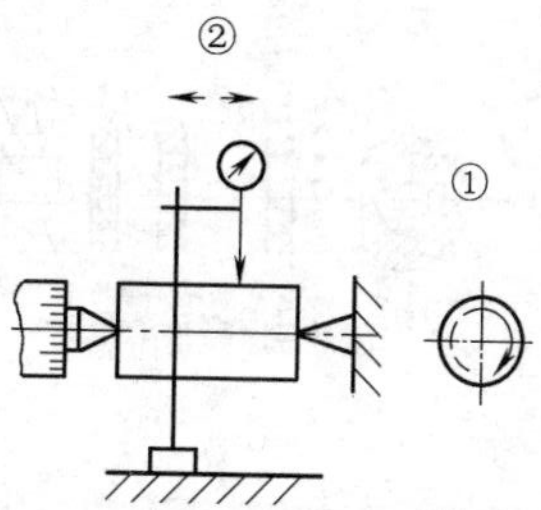	1. 预备工作 将被测件安装在精密分度装置的顶尖上 2. 被测要素测量与评估 1）分离：确定被测要素的组成要素及其测量界限 2）提取：采用等间距布点策略，沿被测圆柱横截面圆周进行测量，在轴线方向等间距测量多个横截面，得到多个提取截面圆 3）拟合：采用最小二乘法分别对每个提取截面圆进行拟合，得到各提取截面圆的圆心 4）组合：将各提取截面圆的圆心进行组合，得到被测件的提取导出要素（中心线） 5）拟合：采用最小区域法对提取导出要素进行拟合，得到拟合导出要素（轴线） 6）评估：误差值为提取导出要素上的点到拟合导出要素的最大距离值的2倍 3. 符合性比较 将得到的误差值与图样上给出的公差值进行比较，判定直线度是否合格	1）对为获得被测要素误差值而进行的拟合操作，拟合方法有最小二乘法和最小区域法两种。若在图样上未明确示出或说明，则缺省约定采用最小区域法。本示例采用最小区域法 2）其余备注说明同本表序号2备注的1）、3）、4）
8	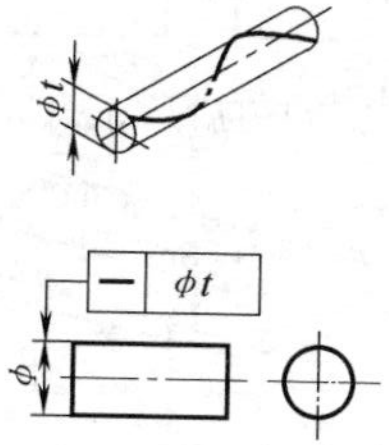	圆柱度仪	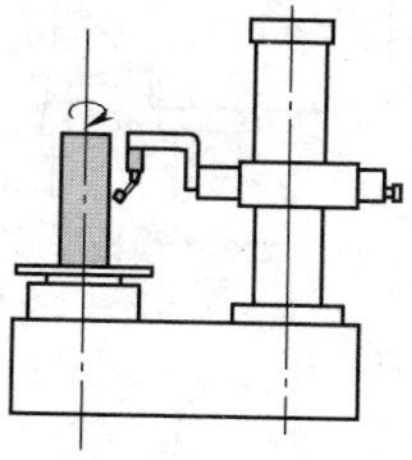	1. 预备工作 将被测件放置在圆柱度仪的工作台上，并进行调心和调平 2. 被测要素测量与评估 步骤同序号7 3. 符合性比较 将得到的误差值与图样上给出的公差值进行比较，判定直线度是否合格	备注说明同本表序号7的备注

（续）

序号	图例	测量装置	检测与验证方案	检验操作集	备注
9	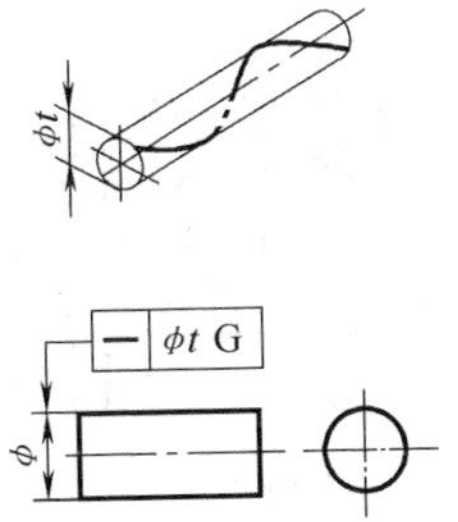	坐标测量机	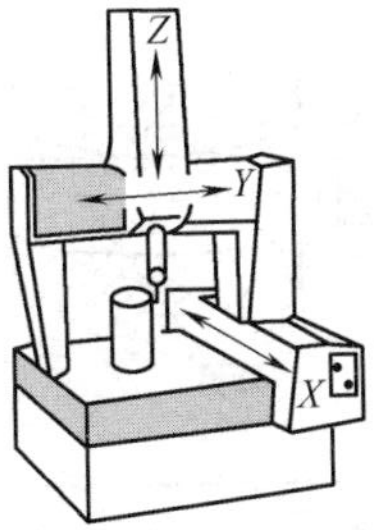	1. 预备工作 将被测件稳定地放置在坐标测量机的工作台上 2. 被测要素测量与评估 1)分离:确定被测要素的组成要素及其测量界限 2)提取:采用一定的布点策略对被测圆柱进行测量,得到提取圆柱面 3)拟合:采用最小二乘法对提取圆柱面进行拟合,得到拟合圆柱面 4)构建:采用垂直于拟合圆柱面轴线的平面构建出等间距的一组合适分布的平面 5)分离、提取:构建平面与提取圆柱面相交,将其相交线从圆柱上分离出来,并提取得到系列提取截面圆 6)拟合:采用最小二乘法分别对每个提取截面圆进行拟合,得到各提取截面圆的圆心 7)组合:将各提取截面圆的圆心进行组合,得到被测件的提取导出要素(中心线) 8)拟合:根据图样规范,符号 G 要求采用最小二乘法对提取导出要素进行拟合,得到拟合导出要素(轴线) 9)评估:误差值为提取导出要素上的点到拟合导出要素(轴线)的最大距离值的 2 倍 3. 符合性比较 将得到的误差值与图样上给出的公差值进行比较,判定直线度是否合格	1)对为体现被测要素而进行的拟合操作,拟合方法有最小二乘法、最大内切法、最小外接法和最小区域法,若在图样上未明确示出或说明,则缺省约定采用最小二乘法 2)对为获得被测要素误差值而进行的拟合操作,拟合方法有最小二乘法和最小区域法两种。在本例中,图样采用符号 G 明确示出了采用最小二乘法。若在图样上未明确示出或说明,则缺省约定采用最小区域法 3)其余备注说明同本表序号 2 备注的 1)、3)、4)

（续）

序号	图例	测量装置	检测与验证方案	检验操作集	备注
10	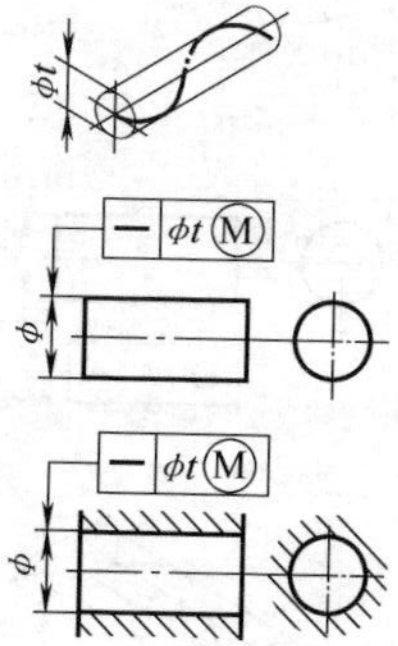	1）功能量规 2）千分尺	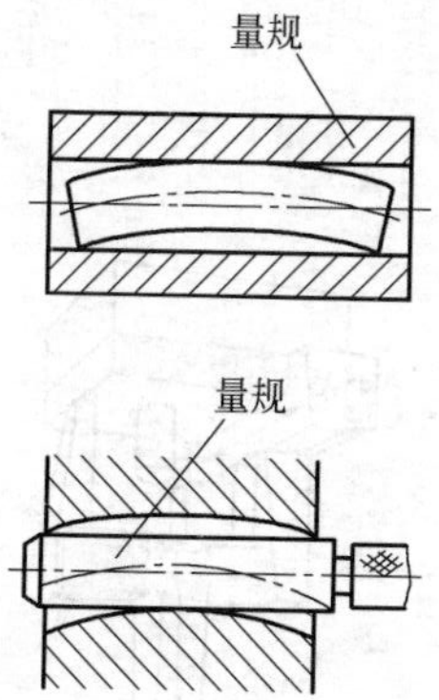	1. 预备工作 采用整体型功能量规 2. 被测要素测量与评估 1）局部实际尺寸的检验：采用普通计量器具（如千分尺等）测量被测要素实际轮廓的局部实际尺寸，其任一局部实际尺寸均不得超越其最大实体尺寸和最小实体尺寸 2）体外作用尺寸的检验：功能量规的检验部位与被测要素的实际轮廓相结合，如果被测件能通过功能量规，说明被测要素实际轮廓的体外作用尺寸合格 3. 符合性比较 局部实际尺寸和体外作用尺寸全部合格时，才可判定被测要素合格	1）最大实体要求应用于被测要素时的检验，需要同时控制被测要素的局部实际尺寸和体外作用尺寸；直线度合格的条件为：任一局部实际尺寸均不得超越最大实体尺寸和最小实体尺寸，体外作用尺寸不得超越最大实体实效尺寸 2）功能量规是用来确定被测要素实际轮廓是否超出最大实体实效边界的全形通规。功能量规检验部位的公称尺寸为被测要素的最大实体实效尺寸 3）最大实体实效尺寸等于最大实体尺寸加上（对被包容面）或减去（对包容面）所规范的几何公差差值，见GB/T 16671
11	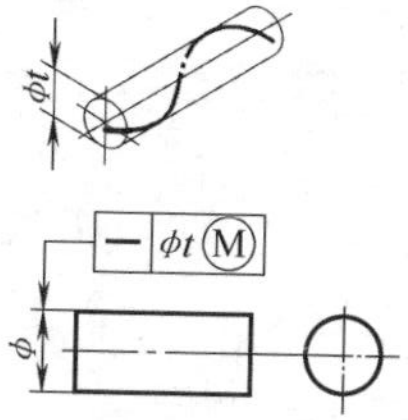	坐标测量机	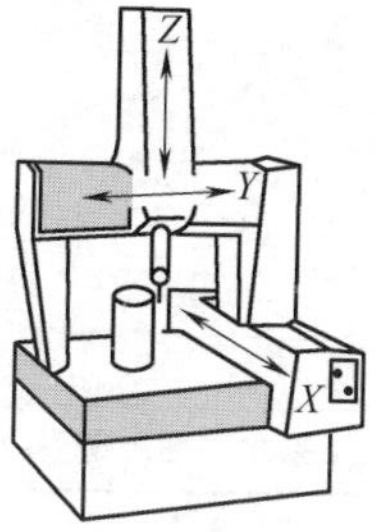	1. 预备工作 将被测件安装在坐标测量机的工作台上 2. 被测要素测量与评估 1）提取：采用一定的提取方案对被测圆柱面进行提取，获得提取圆柱面 2）拟合：对提取圆柱面在实体外约束下采用最小外接圆柱法进行拟合，得到被测圆柱面的拟合圆柱和拟合圆柱的轴线	1）本示例是采用数字化计量方式。用最小实体尺寸和最大实体尺寸控制局部实际尺寸，用最大实体实效尺寸控制体外作用尺寸

（续）

序号	图例	测量装置	检测与验证方案	检验操作集	备注
11	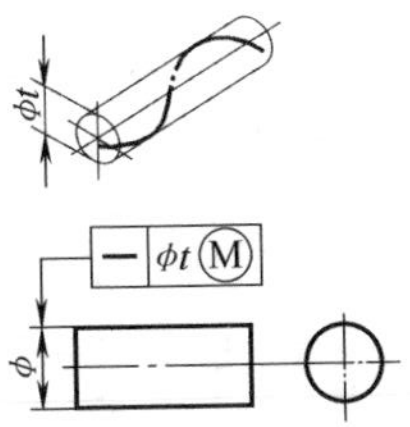	坐标测量机	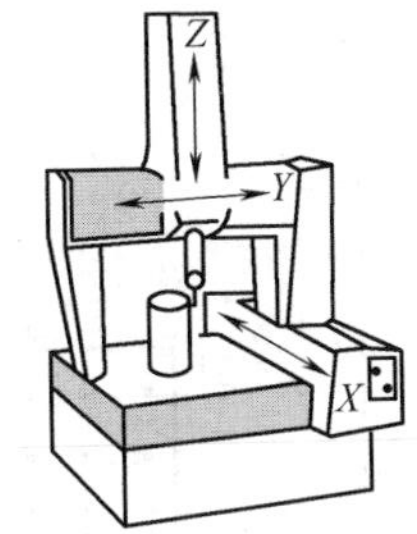	3）评估：拟合圆柱的直径即为被测轴的体外作用尺寸。同时，由提取圆柱面上的点到拟合圆柱轴线的距离可计算求得局部实际直径 3. 符合性比较 将体外作用直径与最大实体实效尺寸进行比较，任一局部实际直径与最大实体尺寸和最小实体尺寸进行比较，判定被测件直径是否合格 被测件合格的条件为：体外作用直径不得大于最大实体实效尺寸，任一局部实际直径不得超越其最大实体尺寸和最小实体尺寸	2）其余备注说明同本表序号 10 的备注

表 3-6-12　平面度误差的检测与验证方案

序号	图例	测量装置	检测与验证方案	检验操作集	备注
1	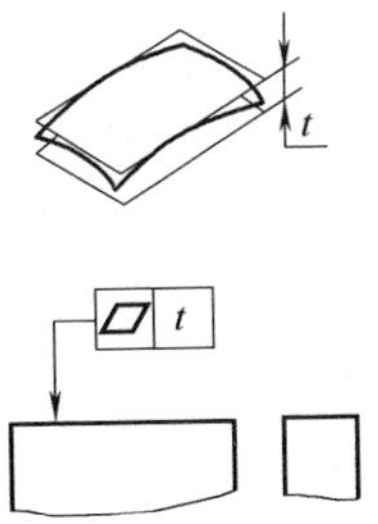	平晶	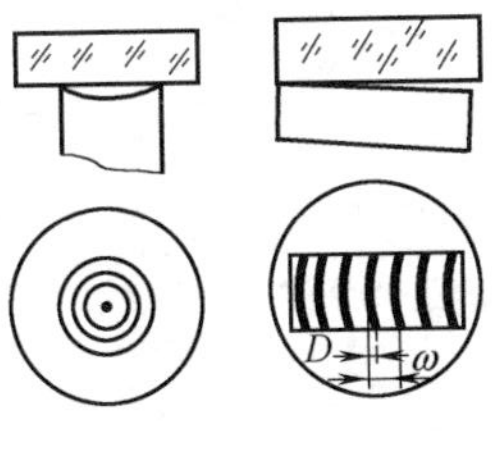 a）封闭条纹　b）不封闭条纹	1. 预备工作 将平晶以微小角度逐渐与被测面相贴合，观察干涉条纹 2. 被测要素测量与评估 1）拟合：将平晶与被测表面按最小区域法直接接触，即保持二者之间接触的最大距离为最小 2）评估：当出现环形条纹时，应调整平晶的位置，使干涉带数为最少，平面度误差值为封闭的干涉条纹数乘以光波波长之半 当出现不封闭的弯曲条纹时，应调整平晶位置，使之出现 3~5 条干涉带，平面度误差值为条纹的弯曲度与相邻两条纹间距之比再乘以光波波长之半 3. 符合性比较 将得到的误差值与图样上给出的公差值进行比较，判定平面度是否合格	1）该方案中，平晶用于模拟理想平面，将被测平面与平晶直接接触进行比较测量，采用的是实物拟合操作，平晶是理想要素的实际模拟物 2）该方案适用于测量高精度的（平晶能全部覆盖的）小平面

（续）

序号	图例	测量装置	检测与验证方案	检验操作集	备注
2	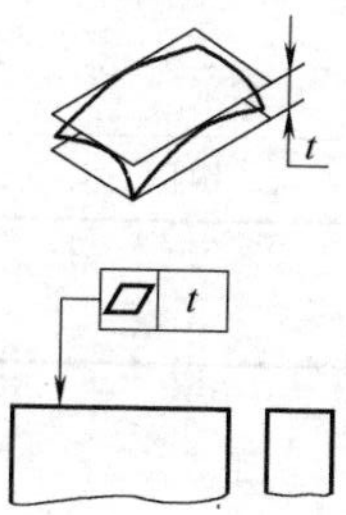	1）平板 2）带指示计的测量架 3）固定和可调支承	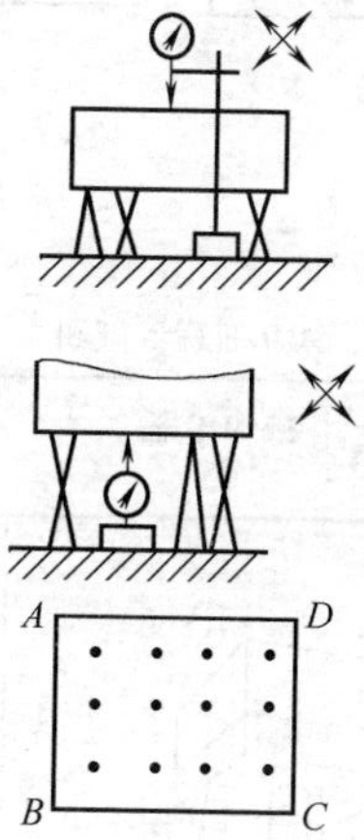	1. 预备工作 将被测件支承在平板上，将任意三远点调成等高或大致等高（也可调整两对角线的角点） 2. 被测要素测量与评估 1）分离：确定被测表面及测量界限 2）提取：按一定的测量布点方式逐点移动测量装置，同时记录各测量点相对于测量基面（用平板体现）的坐标值，得到提取表面 3）拟合：采用最小区域法对提取表面进行拟合，得到拟合平面 4）评估：误差值为提取表面上的最高峰点、最低谷点到拟合平面的距离值之和 3. 符合性比较 将得到的误差值与图样上给出的公差值进行比较，判定被测表面的平面度是否合格	1）提取操作：根据被测件的功能要求、结构特点和提取操作设备的情况等，参考 GB/T 1958—2017 图 B.1 选择合理的提取方案。例如，对被测要素进行提取操作时，为便于数据处理，一般采用等间距提取方案，但也允许采用不等间距提取方案 2）对为获得被测要素误差值而进行的拟合操作，拟合方法有最小二乘法和最小区域法两种。若在图样上未明确示出或说明，则缺省约定采用最小区域法（本例） 3）误差值评估参数有 T、P、V、Q，缺省为 T（本例） 4）根据 GB/T 1958—2017 第 9 章进行测量不确定度评估，并依据 GB/T 1958—2017 第 10 章进行合格评定

（续）

序号	图例	测量装置	检测与验证方案	检验操作集	备注
3	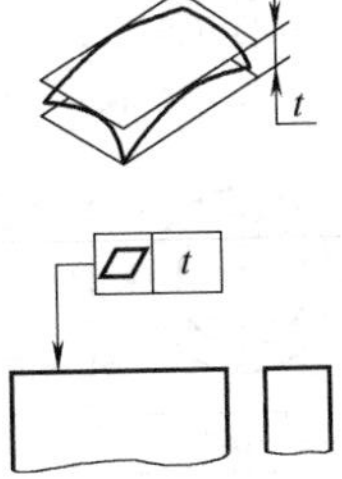	1）平板 2）水平仪 3）固定和可调支承	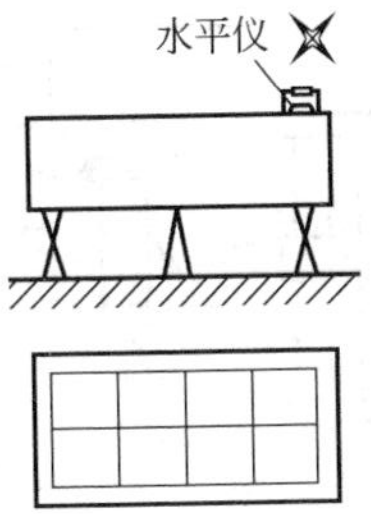	1. 预备工作 将被测件支承在平板上，将两对角线的角点分别调成等高或大致等高（也可调整任意三远点） 2. 被测要素测量与评估 1）分离：确定被测表面及测量界限 2）提取：用水平仪按一定的测量布点方式逐点移动测量装置，同时记录各测量点的示值并转换为线值，得到提取表面 3）拟合：采用最小区域法对提取表面进行拟合，得到拟合平面 4）评估：误差值为提取表面上的最高峰点、最低谷点到拟合平面的距离值之和 3. 符合性比较 将得到的误差值与图样上给出的公差值进行比较，判定被测表面的平面度是否合格	备注说明同本表序号2的备注
4	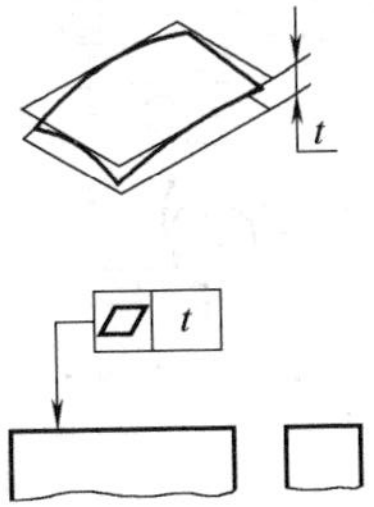	坐标测量机	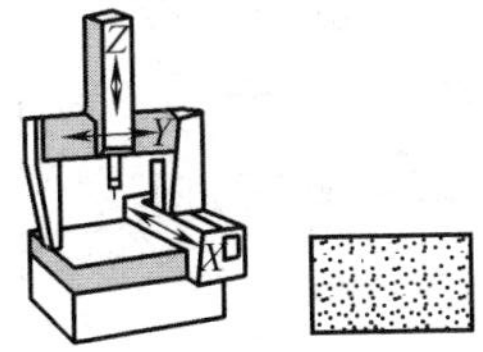	1. 预备工作 将被测件稳定放置在坐标测量机的工作台上 2. 被测要素测量与评估 1）分离：确定被测表面及测量界限 2）提取：采用散点布点方式对被测表面进行提取，记录各提取点测量数据值，得到提取表面 3）拟合：采用最小区域法对提取表面进行拟合，得到拟合平面 4）评估：误差值为提取表面上的最高峰点、最低谷点到拟合平面的距离值之和 3. 符合性比较 将得到的误差值与图样上给出的公差值进行比较，判定被测表面的平面度是否合格	备注说明同本表序号2的备注

表 3-6-13 圆度误差的检测与验证方案

序号	图例	测量装置	检测与验证方案	检验操作集	备注
1	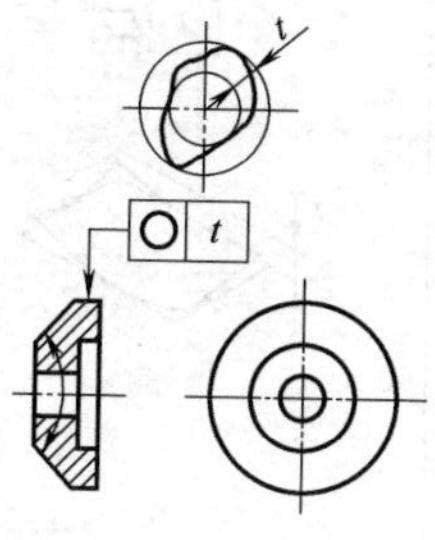	投影仪或其他类似量仪	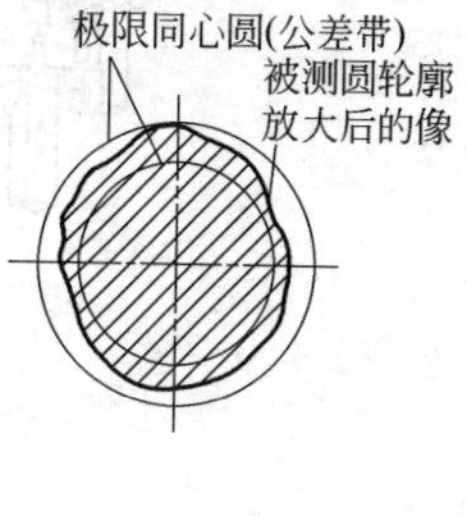	1. 预备工作 将被测件放置在玻璃工作台上,由灯泡发出的照明光经准直透镜后平行照射到被测件上,被测件的截面圆轮廓经投影物镜和反射镜成像在投影屏上 2. 被测要素的测量与评估 1)拟合:将被测圆轮廓的投影与事先绘制好的两极限同心圆相比较(同心圆间距按被测件的圆度公差带选取,并放大 K 倍) 2)评估:误差值为两极限圆之间的距离值与被测轮廓的放大倍数 K 之比 3. 符合性比较 将得到的误差值与图样上给出的公差值进行比较,判定被测件的圆度是否合格	1)该方案是将被测轮廓的投影与理论的极限同心圆直接进行比较测量 2)该方案适用于测量具有刃口形边缘的小型零件
2	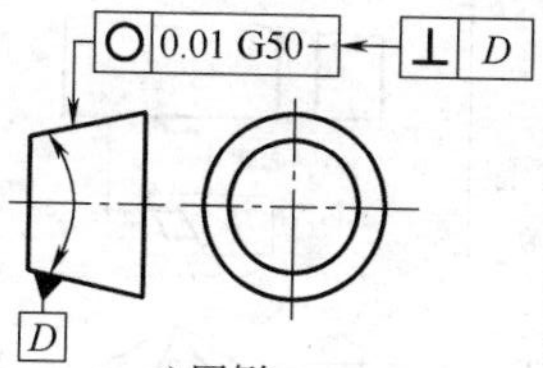 a) 图例一 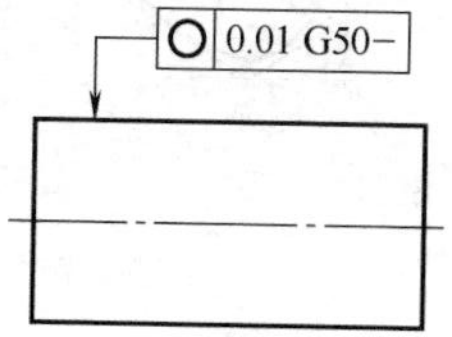 b) 图例二	圆度仪(或类似量仪)	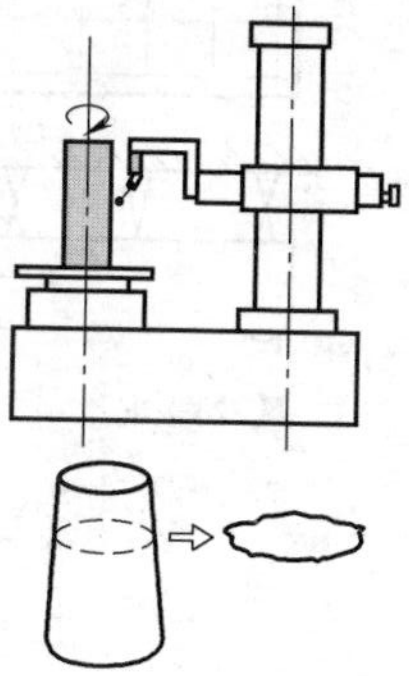	1. 预备工作 将被测件放置在圆度仪上,同时调整被测件的轴线,使它与量仪的回(旋)转轴线同轴 2. 被测要素测量与评估 1)分离:确定被测要素及其测量界限 2)提取:采用一定的提取方案沿被测件横截面圆周进行测量,得到提取截面圆 3)滤波:采用嵌套指数为 50UPR 的低通高斯滤波器对提取截面圆进行滤波,获得滤波截面圆轮廓 4)拟合:采用最小区域法对滤波后的提取截面圆进行拟合,获得提取截面圆的拟合导出要素(圆心) 5)评估:被测截面圆的圆度误差值为提取截面圆上的点到拟合导出要素(圆心)之间的最大、最小距离值之差。	1)←⊥ D 是方向要素框格,用来标识公差带宽度的方向,框格中的"⊥"符号表示公差带的宽度方向垂直于基准 D" 2)提取操作:根据被测件的功能要求、结构特点和提取操作设备的情况等,参考 GB/T 1958—2017 图 B.1 选择合理的提取方案。例如,对被测要素进行提取操作时,为便于数据处理,一般采用等间距提取方案,但也允许采用不等间距提取方案 3)滤波操作:本图例给出了需要采用滤波操作的规范,符号 G 表示采用高斯滤波器,数值 50 表

（续）

序号	图例	测量装置	检测与验证方案	检验操作集	备注
2	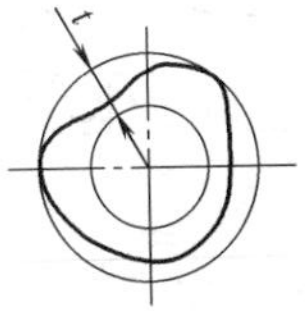 c) 公差带	圆度仪（或类似量仪）	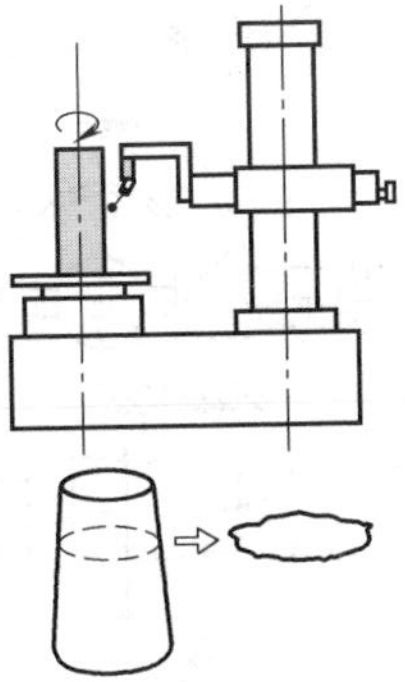	重复上述操作，沿被测件轴线方向测量多个横截面，得到各个截面的误差值，取其中的最大误差值为圆度误差值 3. 符合性比较 将圆度误差值与图样上给出的公差值进行比较，判定被测件的圆度是否合格	示嵌套指数为 50 UPR，数值后面的“-”，表示这是一个低通滤波器；若数值前面的“-”，则表示是高通滤波器 4）对为获得被测要素误差值而进行的拟合操作，拟合方法有最小二乘法、最小外接法、最大内切法、最小区域法四种。若在图样上未明确示出或说明，则根据缺省约定采用最小区域法。 5）误差值评估参数有 T、P、V、Q，缺省为 T（本例） 6）根据 GB/T 1958—2017 第 9 章进行测量不确定度评估，并依据 GB/T 1958—2017 第 10 章进行合格评定
3	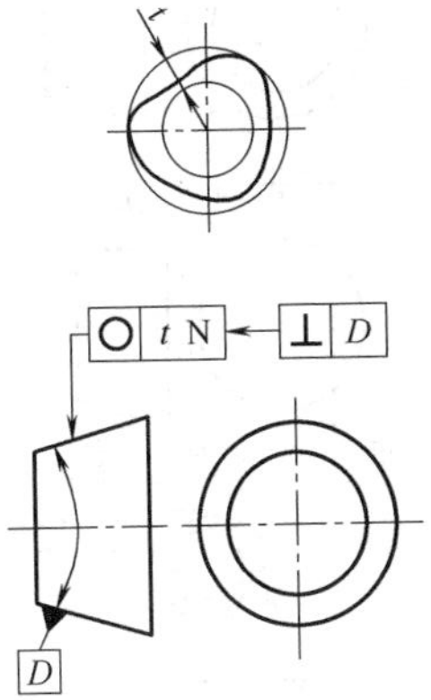	坐标测量机	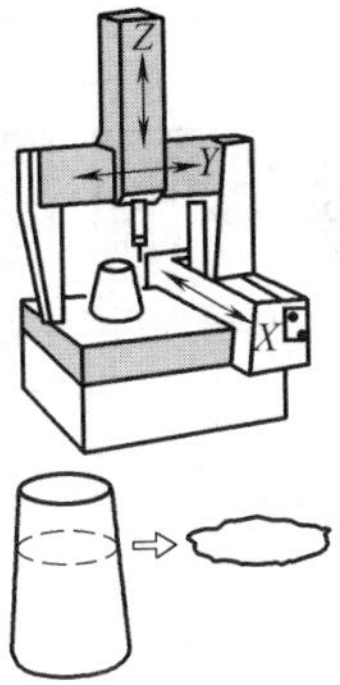	1. 预备工作 将被测件放置在坐标测量机工作台上 2. 被测要素测量与评估 1）分离：确定被测要素及其测量界限 2）提取：在被测横截面上采用一定的提取方案进行测量，得到提取截面圆 3）拟合：根据图样规范要求，采用最小外接法对提取截面圆进行拟合，获得提取截面圆的拟合导出要素（圆心） 4）评估：被测截面的圆度误差值为提取截面圆上的点到拟合导出要素（圆心）之间的最大、最小距离值之差 重复上述操作，沿轴线方向测量多个横截面，得到各个截面的误差值，取其中的最大值为圆度误差值 3. 符合性比较 将得到的圆度误差值与图样上给出的公差值进行比较，判定被测件的圆度是否合格	1）在本图例中，图样上的符号 N 表明了圆度误差值评估时采用最小外接法获得理想要素的位置 2）滤波操作：本图例未规定滤波操作规范，因此不进行滤波操作 3）其余备注说明同本表序号 2 备注的 1）、2）、4）、5）、6）

（续）

序号	图例	测量装置	检测与验证方案	检验操作集	备注
4	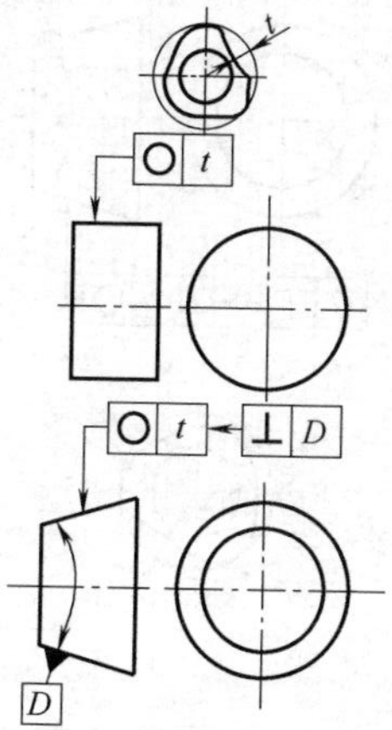	1）平板 2）带指示计的测量架 3）V形块 4）固定和可调支承	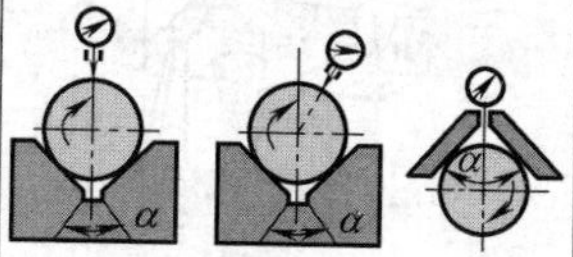	1. 预备工作 将被测件放在V形块上，使其轴线垂直于测量截面，同时固定轴向位置 2. 被测要素测量与评估 1）分离：确定被测要素及其测量界限 2）提取：在被测件横截面上采用一定的提取方案进行测量，记录被测件回转一周过程中指示计的最大、最小读数值 3）评估：被测截面的圆度误差值为指示计的最大、最小读数差值与反映系数 F 之比 重复上述操作，沿轴线方向测量多个横截面，得到各个截面的误差值，取其中的最大误差值为圆度误差值 3. 符合性比较 将得到的圆度误差值与图样上给出的公差值进行比较，判定被测件的圆度是否合格	1）该方案属于圆度误差的近似测量法（三点法），测量结果的可靠性取决于截面形状误差和V形块夹角的综合效果，适用于具有奇数棱的圆截面 2）测量方法与被测件的棱数是否已知直接有关。如果棱数已知，直接按GB/T 4380选用反映系数 F 较大的测量装置；如果棱数未知，一次测量不能正确得出零件的圆度误差，应采用两点法和三点法进行组合，组合方案见GB/T 4380。 3）其余备注说明同本表序号2备注的1）、2）、4）、5）、6）
5	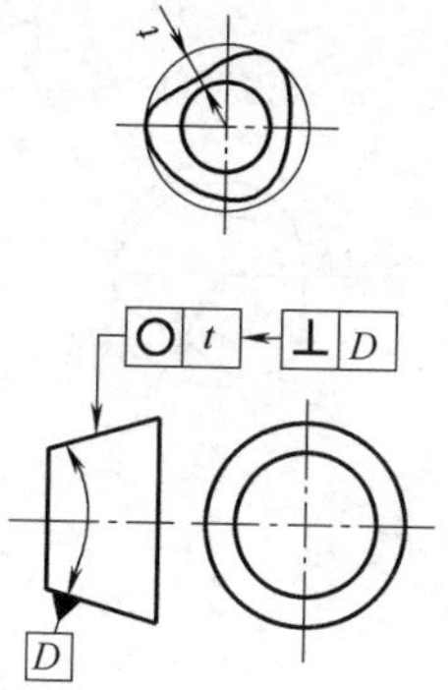	1）平板 2）支承 3）带指示计的测量架或千分尺	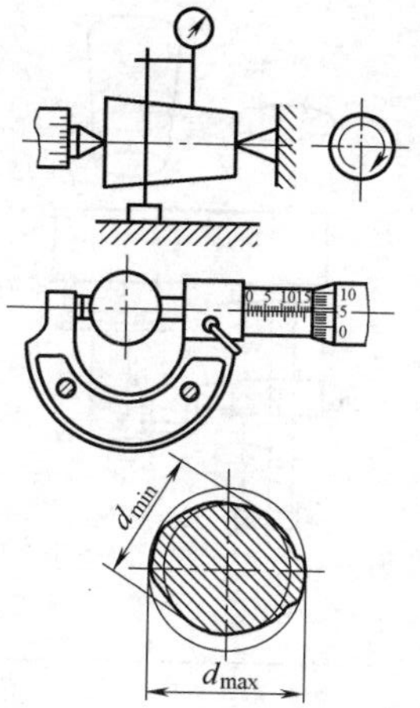	1. 预备工作 将被测件放在支承上，同时固定轴向位置 2. 被测要素测量与评估 1）分离：确定被测要素及其测量界限 2）提取：采用指示计测量时，调整指示计使被测轴线垂直于测量截面，在被测件旋转一周过程中，记录指示计的最大、最小示值 采用千分尺测量时，在被测件横截面上多处测量其直径值 3）评估：被测截面圆的圆度误差值为指示计的最大、最小示值差值的一半或最大、最小直径值之差的一半 重复上述操作，沿轴线方向测量多个横截面，得到各个截面的误差值，取其中的最大值为圆度误差值 3. 符合性比较 将得到的圆度误差值与图样上给出的公差值进行比较，判定被测件的圆度是否合格	1）该方案属于圆度误差的近似测量法（两点法），适用于具有偶数棱的圆截面 2）其余备注说明同本表序号2备注的1）、2）、4）、5）、6）

表 3-6-14　圆柱度误差的检测与验证方案

序号	图例	测量装置	检测与验证方案	检验操作集	备注
1	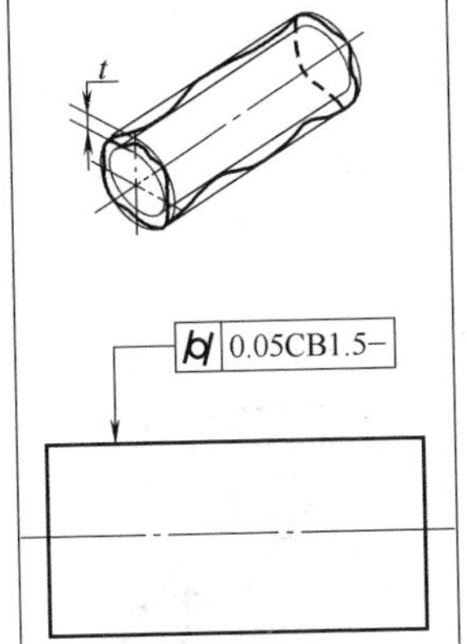	圆柱度仪（或其他类似仪器）	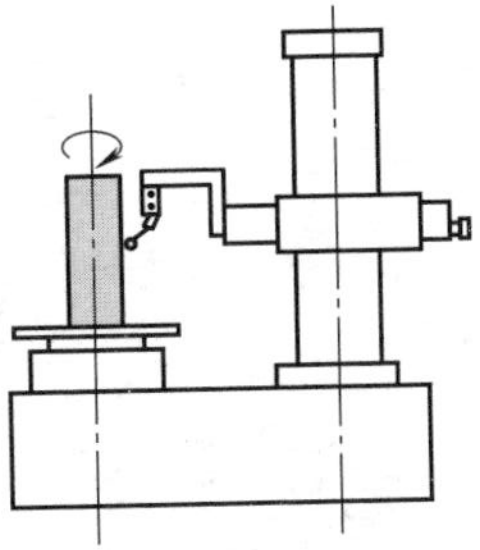	1. 预备工作 将被测件安装在圆柱度仪工作台上，并进行调心和调平 2. 被测要素测量与评估 1）分离：确定被测圆柱面及其测量界限 2）提取：在被测件圆柱面上采用一定的提取方案进行测量，得到提取圆柱面 3）滤波：采用结构元素为半径 1.5mm 的封闭球形态学低通滤波器对提取圆柱面进行滤波，获得滤波后的提取圆柱面 4）拟合：采用最小区域法对滤波后的提取圆柱面进行拟合，得到被测圆柱面的拟合导出要素（轴线） 5）评估：圆柱度误差值为提取圆柱面上各点到拟合导出要素（轴线）的最大、最小距离值之差 3. 符合性比较 将得到的圆柱度误差值与图样上给出的公差值进行比较，判定被测件的圆柱度是否合格	1）提取操作：根据被测工件的功能要求、结构特点和提取操作设备的情况等，参考 GB/T 1958—2017 图 B.1 选择合理的提取方案。例如，对被测要素进行提取操作时，为便于数据处理，一般采用等间距提取方案，但也允许采用不等间距提取方案 2）滤波操作：本图例给出了需要采用滤波操作的规范，符号 CB 表示采用封闭球形态学滤波器，数值 1.5 表示球半径为 1.5mm，数值 1.5 后面的“-”，表示这是一个低通滤波器 3）对为获得被测要素误差值而进行的拟合操作，拟合方法有最小二乘法、最小外接法、最大内切法、最小区域法四种。若在图样上未明确示出或说明，则缺省约定采用最小区域法（如本例） 4）误差值评估参数有 T、P、V、Q，缺省为 T（本例） 5）根据 GB/T 1958—2017 第 9 章进行测量不确定度评估，并依据 GB/T 1958—2017 第 10 章进行合格评定

（续）

序号	图例	测量装置	检测与验证方案	检验操作集	备注
2	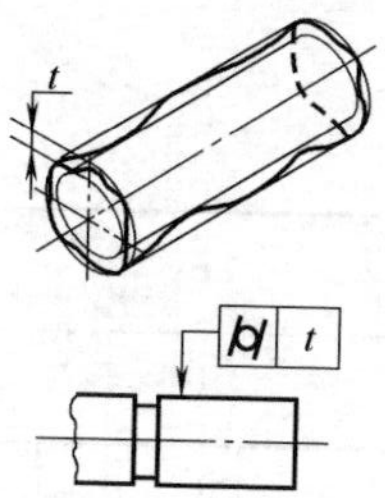	坐标测量机	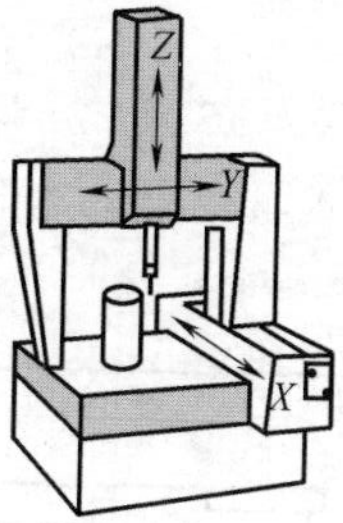	1. 预备工作 将被测件稳定地放置在坐标测量机工作台上 2. 被测要素测量与评估 1)分离：确定被测圆柱面及其测量界限 2)提取：在被测圆柱面上采用一定的提取方案进行测量，得到提取圆柱面 3)拟合：采用最小区域法对提取圆柱面进行拟合，得到被测圆柱面的拟合导出要素(轴线) 4)评估：圆柱度误差值为提取圆柱面上各点到拟合导出要素(轴线)的最大、最小距离值之差 3. 符合性比较 将得到的圆柱度误差值与图样上给出的公差值进行比较，判定被测件的圆柱度是否合格	1)滤波操作：本图例未规定滤波操作规范，因此不进行滤波操作 2)其余备注说明同本表序号1的备注1)、3)、4)、5)
3	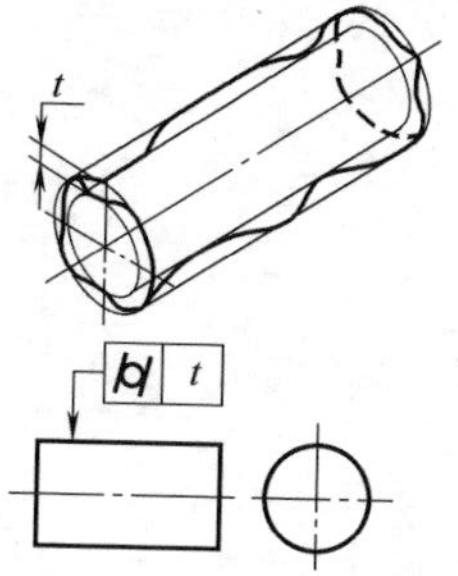	1)平板 2)V形块 3)带指示计的测量架	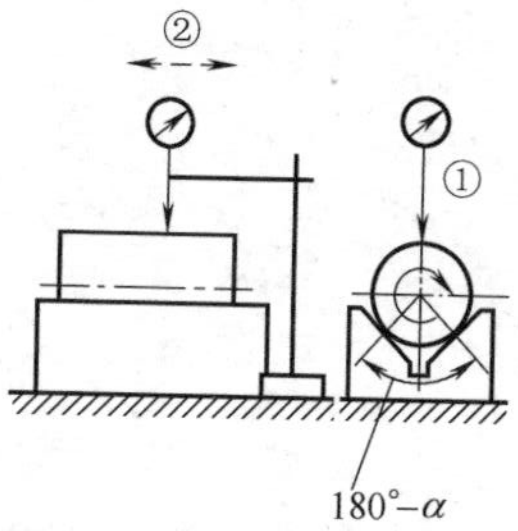	1. 预备工作 将被测件放在平板上的V形块内(V形块的长度要大于被测件的长度) 2. 被测要素测量与评估 1)分离：确定被测圆柱面及其测量界限 2)提取：在被测圆柱横截面上采用一定的提取方案进行测量，得到该圆截面的最大、最小读数值 3)评估：连续测量若干个横截面，然后取各截面内所测得的所有读数值中的最大与最小读数值之差与反映系数 F 之比为圆柱度误差值 3. 符合性比较 将得到的圆柱度误差值与图样上给出的公差值进行比较，判定圆柱度是否合格	1)该方案属于圆柱度误差的近似测量法(三点法)，适用于测量具有奇数棱的圆柱面 2)为测量准确，通常使用夹角 $\alpha=90°$ 和 $\alpha=120°$ 的两个V形块分别测量 3)滤波操作：本图例未规定滤波操作规范，因此不进行滤波操作 4)其余备注说明同本表序号1的备注1)、3)、4)、5)

表 3-6-15　线轮廓度误差的检测与验证方案

序号	图例	测量装置	检测与验证方案	检验操作集	备注
1	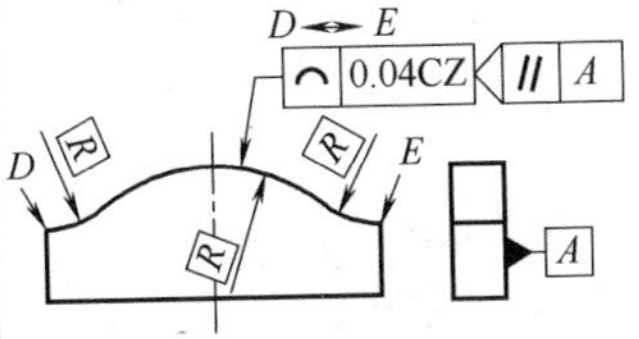 a) 图例 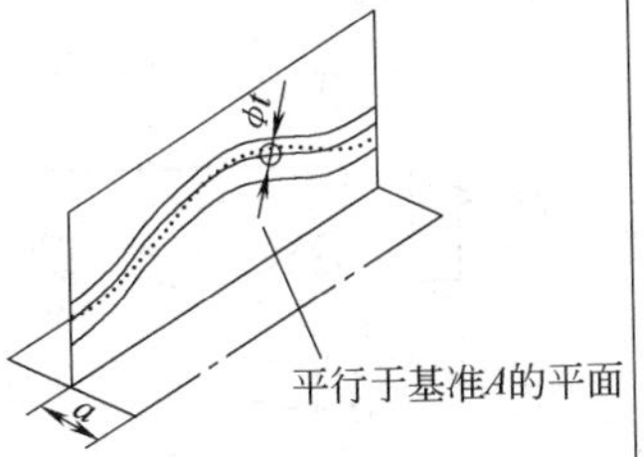 b) 公差带 *a*—任一距离	1) 仿形测量装置 2) 指示计 3) 固定和可调支承 4) 轮廓样板	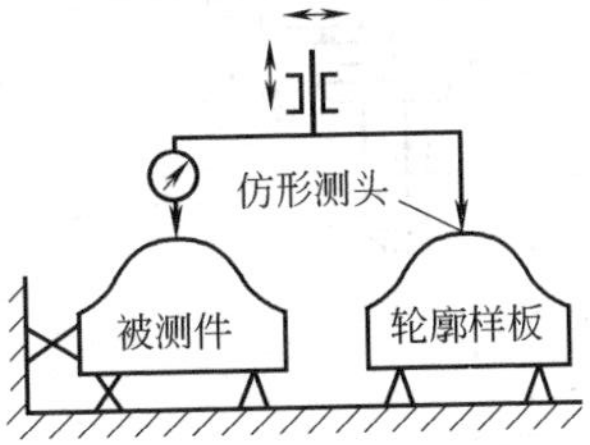 	1. 预备工作 调整被测件相对于仿形测量装置和轮廓样板的位置，再将指示计调零 2. 被测要素测量与评估 1) 拟合：将被测轮廓与轮廓样板的形状进行比较 2) 评估：误差值为仿形测头上各测点的指示计最大示值的 2 倍 重复进行多次测量，取其最大的值作为误差值 3. 符合性比较 将得到的误差值与图样上给出的公差值进行比较，判定被测轮廓的线轮廓度是否合格	1) 该方案中，将被测线轮廓的形状与轮廓样板的形状进行比较测量，轮廓样板为理想要素的实际模拟物。指示计的测头应与仿形测头形状相同 2) 图例中的相交平面框格 ◁// A 表示被测要素是提取表面上与基准平面 *A* 平行的直线。其测量方向与基准 *A* 平行。图例中的 *D*↔*E* 表示被测要素的测量界限范围，*D* 和 *E* 分别表示被测要素的起始点和终止点。图例中的 CZ 表示从 *D* 到 *E* 的被测要素具有公共的公差带 3) 该方案属于轮廓度近似、实用的测量方法之一，可测量一般的中、低精度零件 4) 根据 GB/T 1958—2017 第 9 章进行测量不确定度评估，并依据 GB/T 1958—2017 第 10 章进行合格评定
2	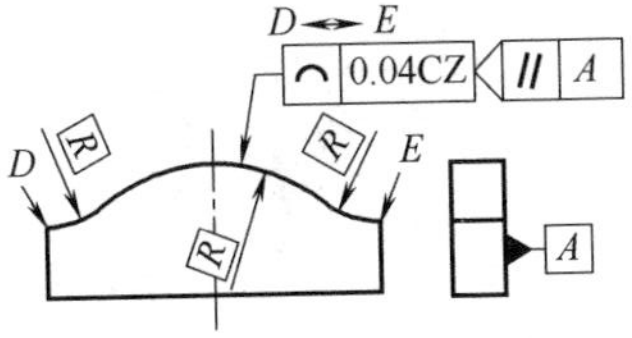 a) 图例	轮廓样板	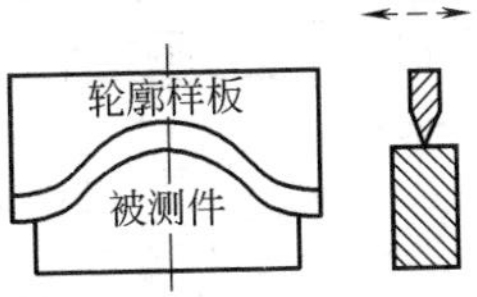 	1. 预备工作 选择样板，调正被测件与轮廓样板的位置，使二者之间的最大缝隙为最小 2. 被测要素测量与评估 1) 拟合：将轮廓样板与被测轮廓直接接触，并使二者之间的最大缝隙为最小 2) 评估：误差值为被测轮廓与轮廓样板之间的最大缝隙值	1) 该方案中，将被测轮廓与轮廓样板直接接触进行比较测量，采用的是实物拟合操作，轮廓样板为是理想要素的实际模拟物 2) 图例中 ◁// A 、*D*↔*E* 和 CZ 说明同序号 1 的备注 2)

（续）

序号	图例	测量装置	检测与验证方案	检验操作集	备注
2	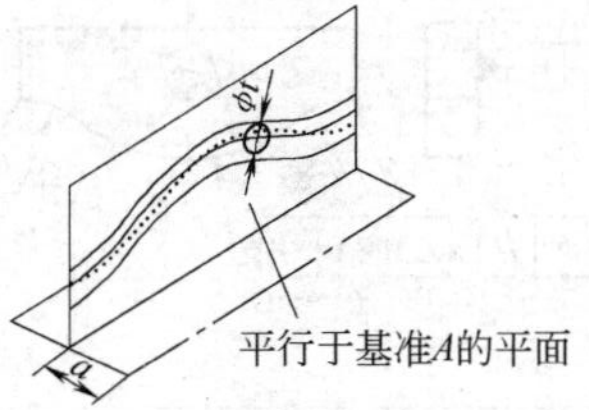 b) 公差带 a—任一距离	轮廓样板	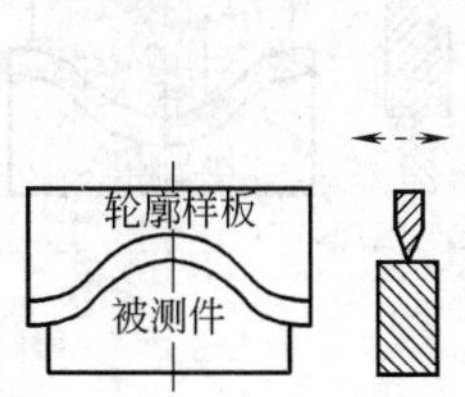	3. 符合性比较 将得到的误差值与图样上给出的公差值进行比较，判定线轮廓度是否合格	3）该方案属于轮廓度近似、实用的测量方法之一，可测量尺寸较小和薄的零件 4）根据 GB/T 1958—2017 第9章进行测量不确定度评估，并依据 GB/T 1958—2017 第10章进行合格评定
3	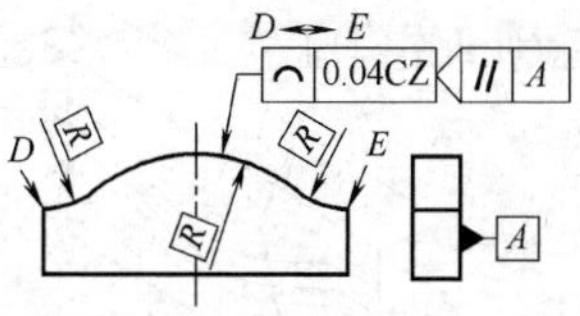 a) 图例 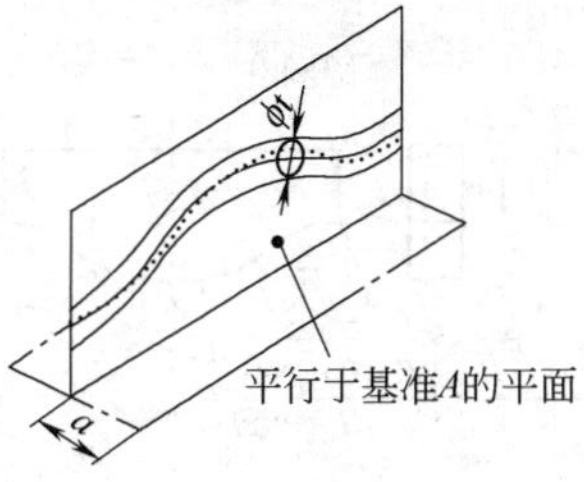 b) 公差带 a—任一距离	直线式轮廓仪	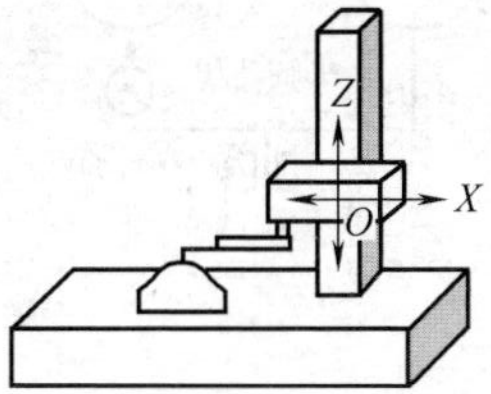	1. 预备工作 找正被测件并确认被测轮廓在直线式轮廓仪测量范围内 2. 被测要素测量与评估 1）提取：直线式轮廓仪测头在被测轮廓线上横向移动，同时记录下各测点的 X 坐标值和 Z 坐标值，获得提取线轮廓 2）拟合：采用最小区域法对提取线轮廓进行拟合，得到提取线轮廓的拟合线轮廓的位置。其中，拟合线轮廓的形状由理论正确尺寸 R 确定（即由理论曲线方程确定） 3）评估：线轮廓误差值为提取线轮廓上的点到拟合线轮廓的最大距离值的2倍 对任意截面上的被测要素重复上述操作，取其最大的值作为误差值 3. 符合性比较 将得到的线轮廓度误差值与图样上给出的公差值进行比较，判定线轮廓度是否合格	1）提取操作：根据被测件的功能要求、结构特点和提取操作设备的情况等，参考 GB/T 1958—2017 图 B.1 选择合理的提取方案。例如，对被测要素进行提取操作时，为便于数据处理，一般采用等间距提取方案，但也允许采用不等间距提取方案 2）对为获得被测要素误差值而进行的拟合操作，拟合方法有最小二乘法和最小区域法两种。若在图样上未明确示出或说明，则根据缺省约定采用最小区域法 3）图例中 ◁// A▷、D↔E 和 CZ 说明同序号1的备注2） 4）根据 GB/T 1958—2017 第9章进行测量不确定度评估，并依据 GB/T 1958—2017 第10章进行合格评定

（续）

序号	图例	测量装置	检测与验证方案	检验操作集	备注
4	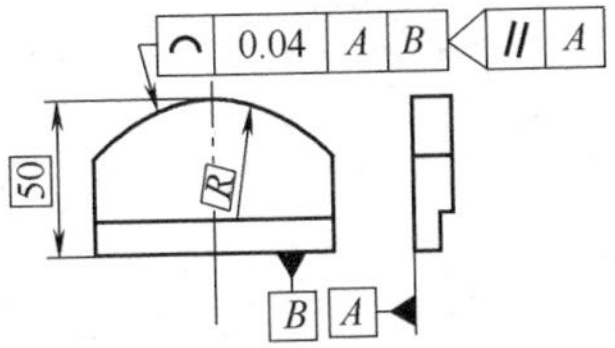 a) 图例 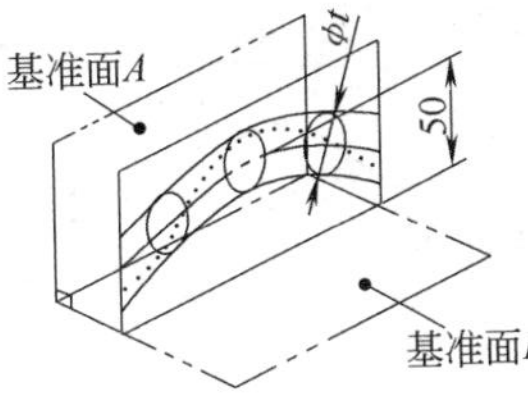 b) 公差带	坐标测量机	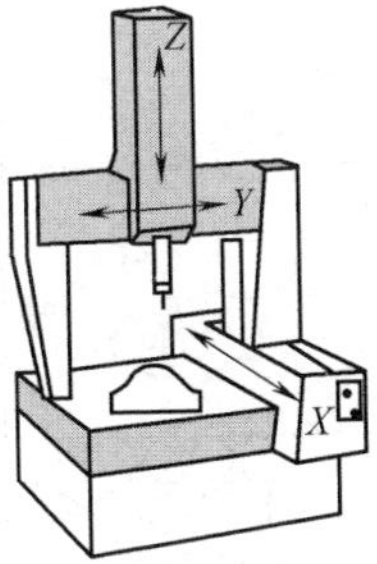	1. 预备工作 将被测件稳定地放置在坐标测量机工作台上 2. 基准体现 1)分离:确定基准要素 A 及其测量界限 2)提取:按一定的提取方案对基准要素 A 进行提取,得到基准要素 A 的提取表面 3)拟合:采用最小区域法对提取表面在实体外进行拟合,得到其拟合平面,并以该平面体现基准 A 4)分离:确定基准要素 B 及其测量界限 5)提取:按一定的提取方案对基准要素 B 进行提取,得到基准要素 B 的提取表面 6)在保证与基准要素 A 的拟合平面垂直的约束下,采用最小区域法在实体外对基准要素 B 的提取表面进行拟合,得到其拟合平面,并以该拟合平面体现基准 B 3. 被测要素测量与评估 1)分离:确定被测线轮廓及其测量界限 2)提取:在已建立好的基准体系下,沿与基准 A 平行的方向上,采用一定的提取方案对被测轮廓进行测量,测得实际线轮廓的坐标值,获得提取线轮廓 3)拟合:采用最小区域法对提取线轮廓进行拟合,得到提取线轮廓的拟合线轮廓。其中,拟合线轮廓的形状和位置由理论正确尺寸(R、50)和基准 A、B 确定 4)评估:线轮廓误差值为提取线轮廓上的点到拟合线轮廓的最大距离值的2倍 按上述方法测量多条线轮廓,取其中最大的误差值作为该被测件的线轮廓度误差值 4. 符合性比较 将得到的线轮廓度误差值与图样上给出的公差值进行比较,判定线轮廓度是否合格	备注说明同本表序号3的备注

表 3-6-16　面轮廓度误差的检测与验证方案

序号	图例	测量装置	检测与验证方案	检验操作集	备注
1	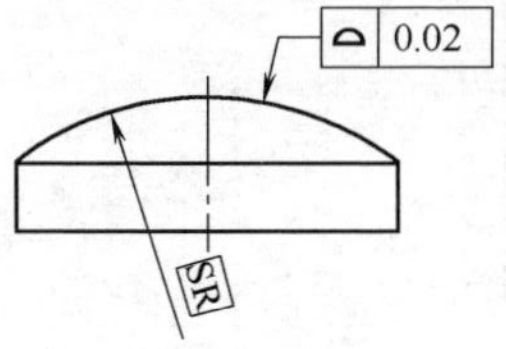 a) 图例 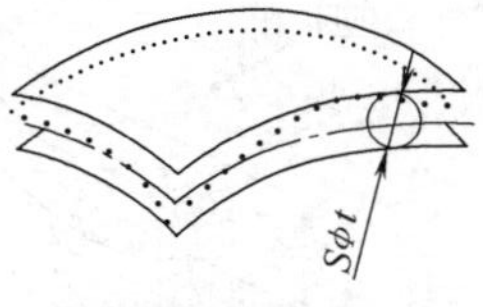 b) 公差带	1) 仿形测量装置 2) 固定和可调支承 3) 轮廓样板 4) 指示计	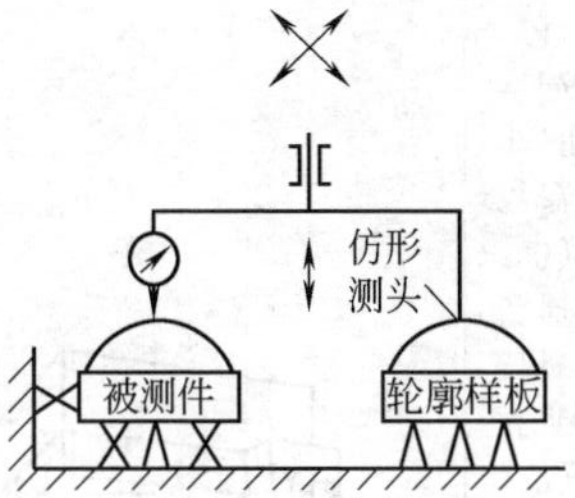	1. 预备工作 调整被测件相对于仿形系统测量装置和轮廓样板的位置，再将指示计调零 2. 被测要素测量与评估 1) 拟合：将被测轮廓与轮廓样板的形状进行比较 2) 评估：误差值为仿形测头上各测点的指示计最大示值的 2 倍 重复进行多次测量中，取最大误差值进行评估 3. 符合性比较 将得到的误差值与图样上给出的公差值进行比较，判定被测要素的直线度是否合格	1) 该方案中，将被测面轮廓与轮廓样板进行比较测量，轮廓样板为理想要素的实际模拟物。指示计的测头应与仿形测头形状相同 2) 该方案属于轮廓度近似、实用的测量方法之一，可测量一般的中、低精度零件 3) 根据 GB/T 1958—2017 第 9 章进行测量不确定度评估，并依据 GB/T 1958—2017 第 10 章进行合格评定
2	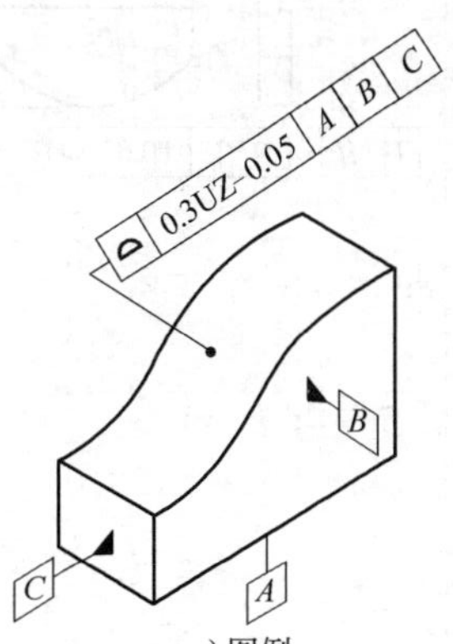 a) 图例	坐标测量机	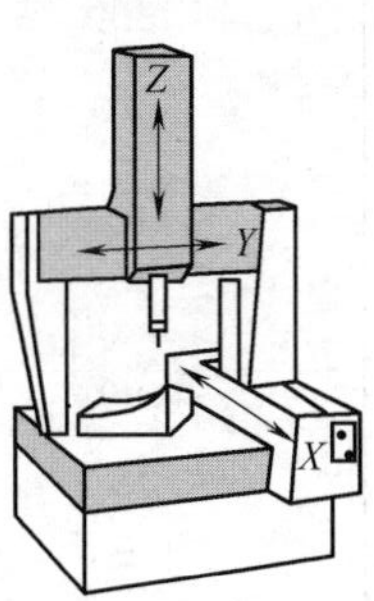	1. 预备工作 将被测件稳定地放置在坐标测量机工作台上 2. 基准体现 1) 分离：确定基准要素 A、B、C 及其测量界限 2) 提取：按一定的提取方案分别对基准要素 A、B、C 进行提取，得到基准要素 A、B、C 的提取表面 3) 拟合：采用最小区域法对提取表面 A 在实体外进行拟合，得到其拟合平面，并以此平面体现基准 A 在保证与基准要素 A 的拟合平面垂直的约束下，采用最小区域法在实体外对基准要素	1) 提取操作：根据被测件的功能要求、结构特点和提取操作设备的情况等，参考 GB/T 1958—2017 图 B.1 选择合理的提取方案。例如，对被测要素进行提取操作时，为便于数据处理，一般采用等间距提取方案，但也允许采用不等间距提取方案

（续）

序号	图例	测量装置	检测与验证方案	检验操作集	备注
2	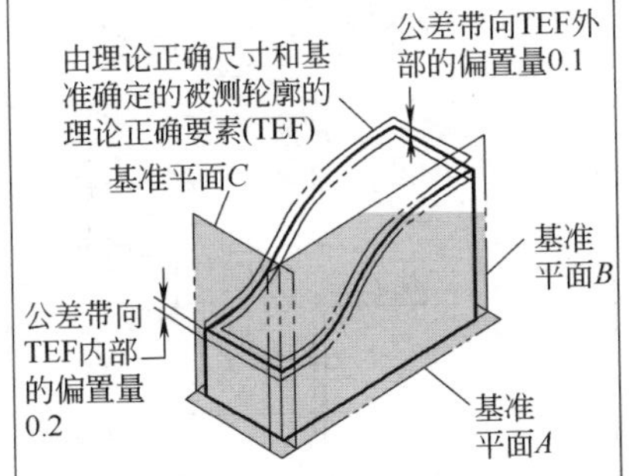 b) 公差带	坐标测量机	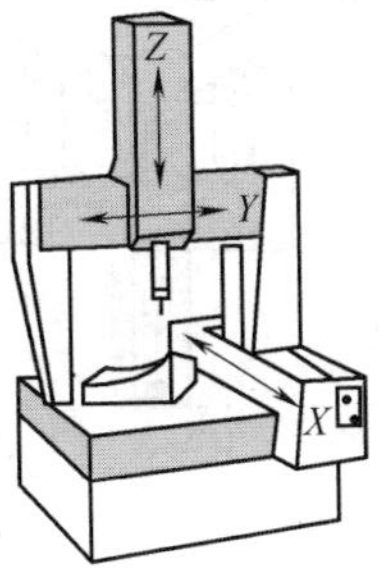	B 的提取表面进行拟合，得到其拟合平面，并以此拟合平面体现基准 B 在保证与基准要素 A 的拟合平面垂直，然后又与基准要素 B 的拟合平面垂直的约束下，采用最小区域法在实体外对基准要素 C 的提取表面进行拟合，得到其拟合平面，并以此拟合平面体现基准 C 3. 被测要素测量与评估 1）分离：确定被测面轮廓及其测量界限 2）提取：在已建立好的基准体系下，采用一定的提取方案对被测表面进行测量，获得实际面轮廓的坐标值 3）拟合：采用最小区域法对提取面轮廓进行拟合，获得提取面轮廓的拟合面轮廓。其中，拟合面轮廓的形状由理论正确尺寸确定，拟合面轮廓的位置由基准和由 UZ 所定义的偏置量确定。拟合面轮廓的位置即是面轮廓度公差带的中心位置，在本图例中，拟合面轮廓的位置处于从基准所确定的实际轮廓处再向材料内偏置-0.05mm 4）评估：面轮廓误差值为提取面轮廓上的点到拟合面轮廓的距离值 4. 符合性比较 将得到的面轮廓度误差值与公差值进行比较，判定被测面轮廓的面轮廓度是否合格，即提取面轮廓上的点向轮廓外的偏移量不得大于 0.1mm（即 0.3/2-0.05），向轮廓内的偏移量不得大于 0.2mm（即 0.3/2+0.05）mm	2）对为获得被测要素误差值而进行的拟合操作，拟合方法有最小二乘法和最小区域法两种。若在图样上未明确示出或说明，则根据缺省约定采用最小区域法 3）图例中的 UZ 表示公差带的中心位置相对于由理论正确尺寸所确定的理论正确要素是偏置的，后面跟的数据-0.05 为偏置量，偏置量前的符号表示偏置的方向，如为负号表示公差带的中心位置由理论正确轮廓向材料内偏置，如为正号表示公差带的中心位置由理论正确轮廓向材料外偏置 4）根据 GB/T 1958—2017 第 9 章进行测量不确定度评估，并依据 GB/T 1958—2017 第 10 章进行合格评定

（续）

序号	图例	测量装置	检测与验证方案	检验操作集	备注
3	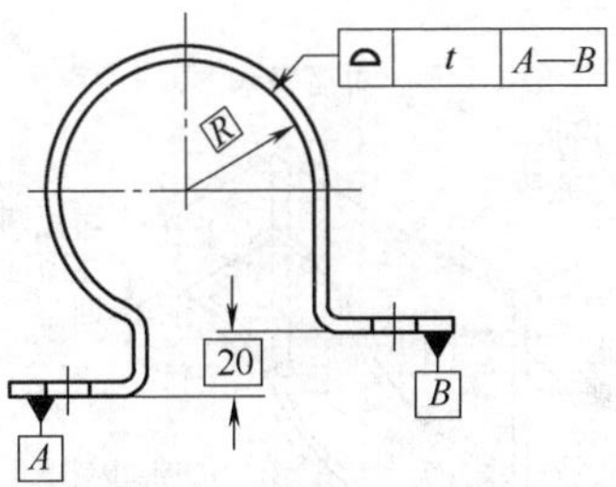 a) 图例 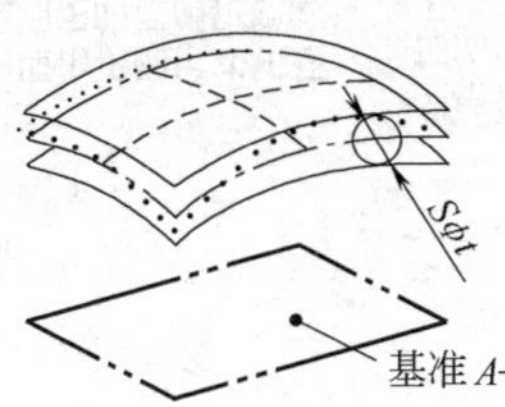 b) 公差带	坐标测量机	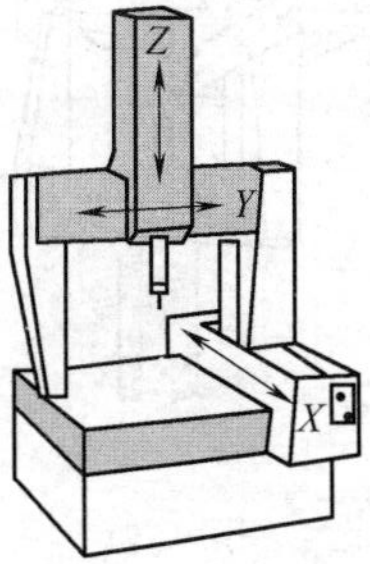	1. 预备工作 将被测件稳定地放置在坐标测量机工作台上 2. 基准体现 1）分离：确定基准要素 A、B 及其测量界限 2）提取：按一定的提取方案分别对基准要素 A、B 进行提取，得到基准要素 A、B 的提取表面 3）拟合：在实体外约束下，采用最小区域法对 A、B 两实际组成要素在相互平行的方向约束下和距离由理论正确尺寸 20 定义的位置约束下同时进行拟合，得到两个拟合平面 基准由组合的两拟合平面之间的方位要素建立。组合的两拟合平面的恒定类为平面类，其方位要素为两拟合平面的中心平面（基准 $A—B$） 3. 被测要素测量与评估 1）分离：确定被测面轮廓及其测量界限 2）提取：采用一定的提取方案进行测量，获得实际面轮廓的坐标值 3）拟合：采用最小区域法对提取面轮廓进行拟合，获得提取面轮廓的拟合面轮廓。其中，拟合面轮廓的形状由理论正确尺寸确定，拟合面轮廓的位置由基准确定 4）评估：面轮廓误差值为提取面轮廓上的点到拟合面轮廓的最大距离值的 2 倍 4. 符合性比较 将得到的面轮廓度误差值与公差值进行比较，判定被测面轮廓的面轮廓度是否合格	1）关于提取操作的备注说明同本表序号 2 的备注 1 2）对为获得被测要素误差值而进行的拟合操作，拟合方法有最小二乘法和最小区域法两种。若在图样上未明确示出或说明，则根据缺省约定采用最小区域法 3）根据 GB/T 1958—2017 第 9 章进行测量不确定度评估，并依据 GB/T 1958—2017 第 10 章进行合格评定

表 3-6-17　平行度误差的检测与验证方案

序号	图例	测量装置	检测与验证方案	检验操作集	备注
1	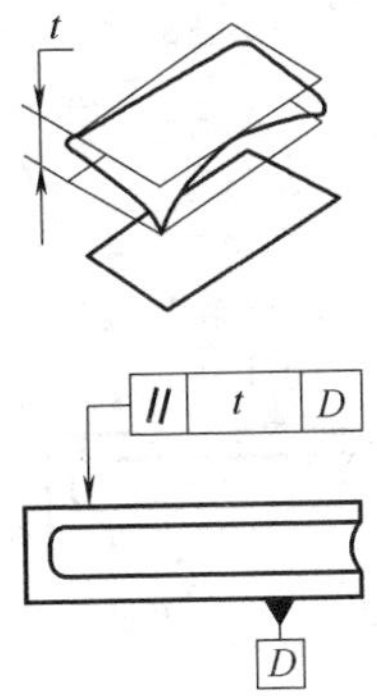	1)平板 2)带指示计的测量架	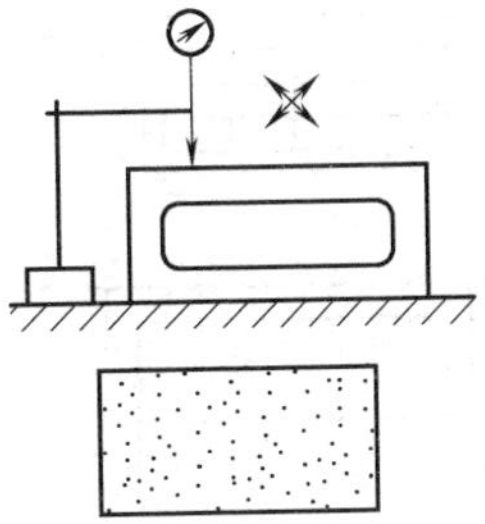	1. 预备工作 将被测件稳定地放置在平板上,且尽可能使基准表面 D 与平板表面之间的最大距离为最小 2. 基准体现 采用平板(模拟基准要素)体现基准 D 3. 被测要素测量与评估 1)分离:确定被测表面及其测量界限 2)提取:按一定的提取方案(如随机布点方案)对被测表面进行测量,获得提取表面 3)拟合:在与基准表面 D 平行的约束下,采用最小区域法对提取表面进行拟合,获得具有方位特征的拟合平行平面(即定向最小区域) 4)评估:包容提取表面的两定向平行平面之间的距离,即平行度误差值 4. 符合性比较 将得到的误差值与图样上给出的公差值进行比较,判定被测要素对基准的平行度是否合格	1)提取操作:根据被测件的功能要求、结构特点和提取操作设备的情况等,参考 GB/T 1958—2017 图 B.1 选择合理的提取方案。例如,对被测要素进行提取操作时,为便于数据处理,一般采用等间距提取方案,但也允许采用不等间距提取方案 2)若在图样上的方向公差值后面带有最大内切(Ⓧ)、最小外接(Ⓝ)、最小二乘(Ⓖ)、最小区域(Ⓒ)、贴切(Ⓣ)等符号时,则表示该方向公差是对被测要素的拟合要素的要求 若方向公差值后面无相应的符号,则表示是对被测要素本身的方向公差要求(如本图例) 3)对为获得被测要素方向误差值而进行的拟合操作,拟合方法缺省约定采用定向最小区域法 4)该方案中采用模拟基准要素体现基准,简便实用,但会产生相应的测量不确定度 5)根据 GB/T 1958—2017 第 9 章进行测量不确定度评估,并依据 GB/T 1958—2017 第 10 章进行合格评定

（续）

序号	图例	测量装置	检测与验证方案	检验操作集	备注
2	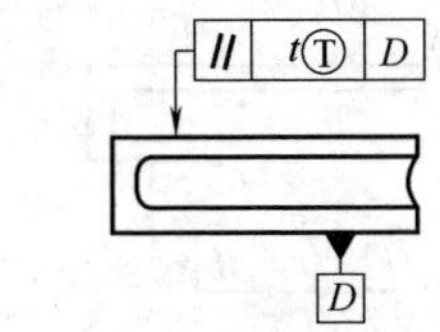 a) 图例 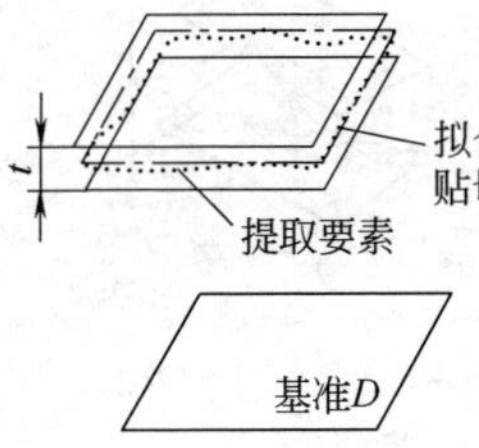 b) 公差带	1）平板 2）带指示计的测量架	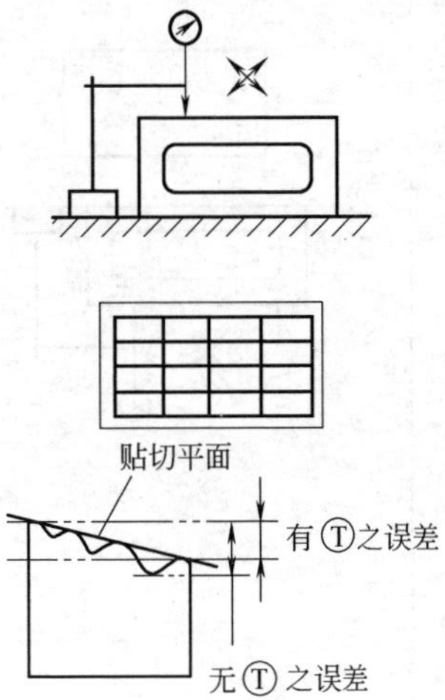	1. 预备工作 将被测件稳定地放置在平板上，且尽可能使基准表面 *D* 与平板表面之间的最大距离为最小 2. 基准体现 采用平板（模拟基准要素）体现基准 *D* 3. 被测要素测量与评估 1）分离：确定被测表面及其测量界限 2）提取：按一定的提取方案（如矩形栅格方案）对被测表面进行测量，获得提取表面 3）拟合：采用（外）贴切法对被测要素的提取表面进行拟合，获得提取表面的（贴切）拟合平面 4）拟合：在与基准表面 *D* 平行的约束下，采用最小区域法对提取表面的（贴切）拟合平面进行拟合，获得具有方位特征的拟合平行平面（即定向最小区域） 5）评估：包容提取表面的（贴切）拟合平面的两定向平行平面之间的距离，即平行度误差值 4. 符合性比较 将得到的误差值与图样上给出的公差值进行比较，判定被测要素对基准的平行度是否合格	1）本图例中，符号Ⓣ表示是对被测要素的贴切要素的方向公差要求 2）其余备注说明同本表序号 1 备注的 1）、3）、4）、5）

（续）

序号	图例	测量装置	检测与验证方案	检验操作集	备注
3	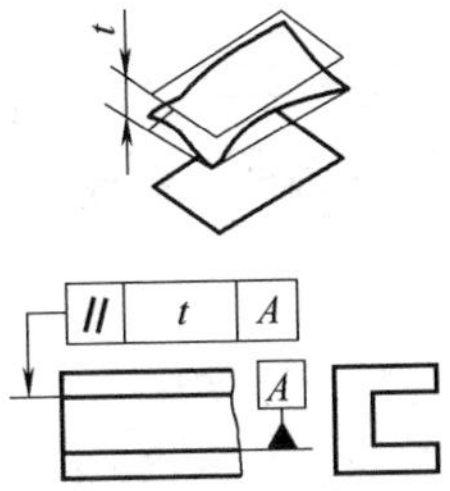	带指示计的测量架	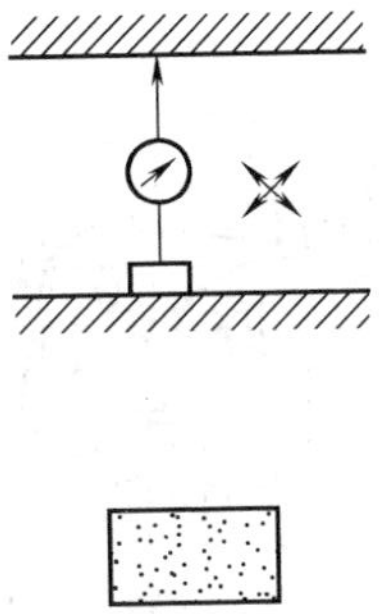	1. 预备工作 带指示计的测量架直接放基准 *A* 上 2. 基准体现 采用直接法(基准要素本身)体现基准 3. 被测要素测量与评估 1)分离:确定被测表面及其测量界限 2)提取:按一定的提取方案(如随机布点方案)对被测表面进行测量,获得提取表面 3)拟合:在与基准 *A* 平行的约束下,采用最小区域法对提取表面进行拟合,获得具有方位特征的拟合平行平面(即定向最小区域) 4)评估:包容提取表面的两定向平行平面之间的距离,即平行度误差值 4. 符合性比较 将得到的误差值与图样上给出的公差值进行比较,判定被测要素对基准的平行度是否合格	1)本图例中,采用直接法(基准要素本身)体现基准,会产生相应的测量不确定度 2)其余备注说明同本表序号1备注的1)、2)、3)、5)
4	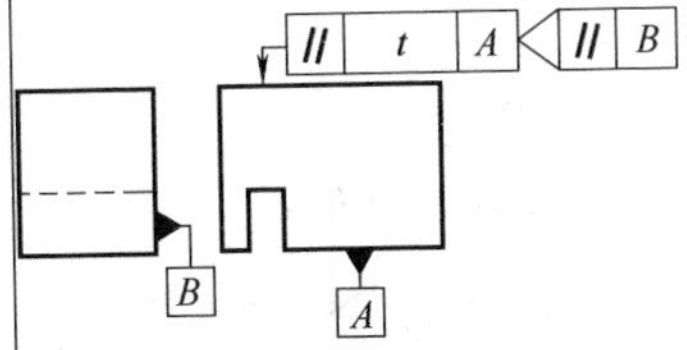 a) 图例	坐标测量机	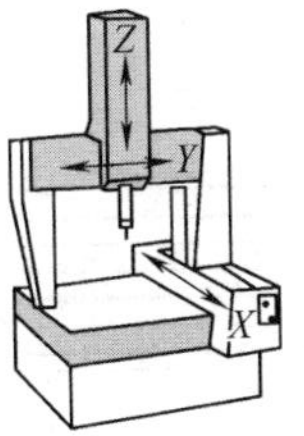	1. 预备工作 将被测件稳定地放置在坐标测量机工作台上 2. 基准体现 1)分离:确定基准要素 *A* 及其测量界限 2)提取:按一定的提取方案(如平行线方案)对基准要素 *A* 进行提取,得到基准要素 *A* 的提取表面 3)拟合:采用最小区域法对提取表面在实体外进行拟合,得到其拟合平面,并以此平面体现基准 *A* 3. 被测要素测量与评估 1)分离:确定被测表面及其测量界限 2)提取:沿与平面 *A* 和平面 *B* 平行的方向,采用平行线布点方案对被测表面进行测量,获得提取线	1)在体现基准的拟合操作中,一般缺省的拟合方法有最小外接法(对于被包容面)、最大内切法(对于包容面)或实体外约束的最小区域法(对于平面、曲面)等,详见 GB/T 1958—2017 附录 B 的 B.10

（续）

序号	图例	测量装置	检测与验证方案	检验操作集	备注
4	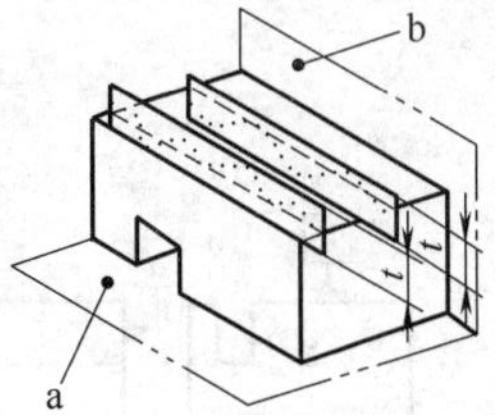 b) 公差带 a—基准平面*A*　　b—基准平面*B*	坐标测量机	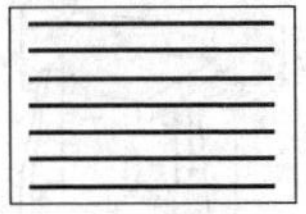	3）拟合：在与基准平面 *A* 平行的约束下，采用最小区域法对提取线进行拟合，获得具有方位特征的拟合平行线（即定向最小区域） 4）评估：包容提取线的两定向平行线之间的距离，即平行度误差值 4. 符合性比较 将得到的误差值与图样上给出的公差值进行比较，判定被测要素对基准的平行度是否合格	2）图例中的 // *B* 表示被测要素是提取表面上与基准平面 *B* 平行的直线，其测量方向与基准平面 *B* 平行 3）其余备注说明同本表序号1备注的1）、2）、3）、5）
5	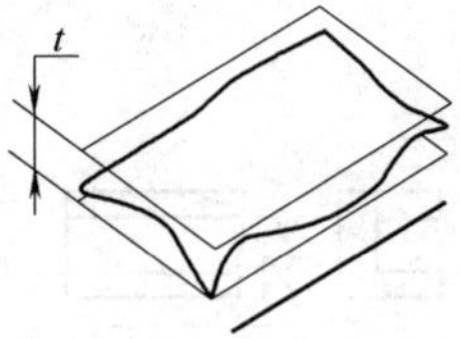 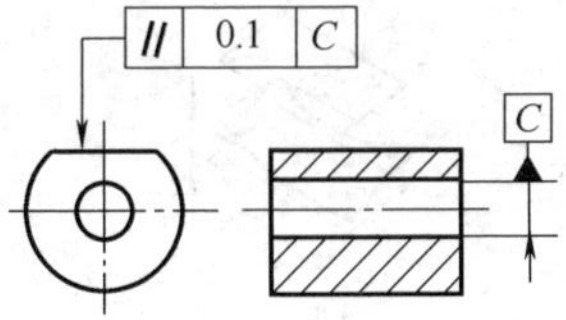	坐标测量机	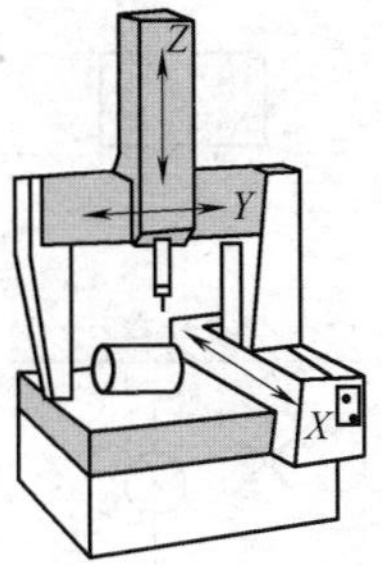	1. 预备工作 将被测件稳定地放置在坐标测量机工作台上 2. 基准体现 1）分离：确定基准要素 *C* 及其测量界限 2）提取：按一定的提取方案对被测内圆柱面进行提取，得到提取内圆柱面 3）拟合：采用最大内切法对提取内圆柱面在实体外进行拟合，得到其导出拟合轴线，并以此轴线体现基准 *C* 3. 被测要素测量与评估 1）分离：确定被测表面及其测量界限 2）提取：沿与基准轴线 *C* 平行的方向，采用平行线布点方案对被测表面进行测量，获得提取表面 3）拟合：在与基准轴线 *C* 平行的约束下，采用最小区域法对提取表面进行拟合，获得具有方位特征的拟合平行平面（即定向最小区域） 4）评估：包容提取表面的两定向平行平面之间的距离，即平行度误差值 4. 符合性比较 将得到的误差值与图样上给出的公差值进行比较，判定被测要素对基准的平行度是否合格	1）在体现基准的拟合操作中，一般缺省的拟合方法有最小外接法（对于被包容面）、最大内切法（对于包容面）或实体外约束的最小区域法（对于平面、曲面）等，详见 GB/T 1958—2017 附录B的B.10 2）备注说明同本表序号1备注的1）、2）、3）、5）

（续）

序号	图例	测量装置	检测与验证方案	检验操作集	备注
6	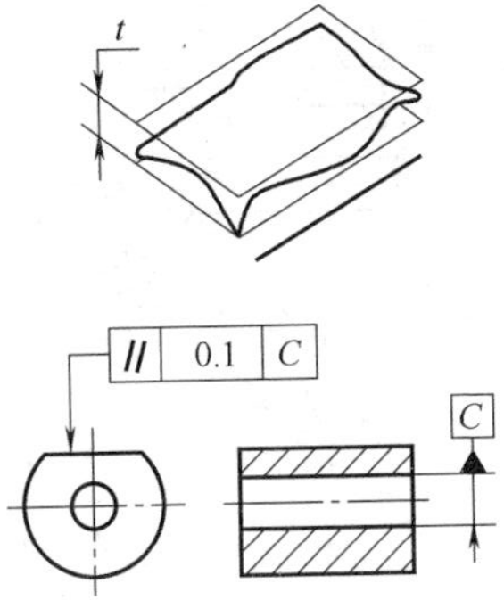	1)平板 2)等高支承 3)心轴 4)带指示计的测量架	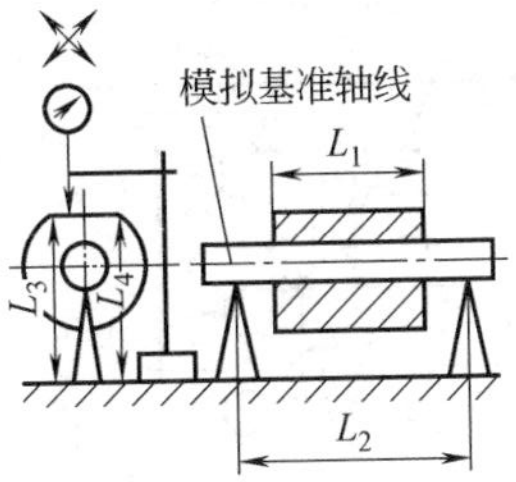	1. 预备工作 基准要素由心轴模拟体现。安装心轴，且尽可能使心轴与基准孔之间的最大间隙为最小；将等高支承支承在心轴上，调整（转动）被测件使 $L_3=L_4$ 2. 基准体现 采用心轴（模拟基准要素）体现基准 *C* 3. 被测要素测量与评估 1)分离：确定被测表面及其测量界限 2)提取：选择一定的提取方案对被测表面进行测量，获得提取表面 3)拟合：在给定方向上保持与基准 *C* 平行的约束下，采用最小区域法对提取表面进行拟合，获得具有方位特征的拟合平行平面（即定向最小区域） 4)评估：包容提取表面的两定向平行平面之间的距离，即平行度误差值 4. 符合性比较 将得到的误差值与图样上给出的公差值进行比较，判定被测轴线对基准的平行度是否合格	备注说明同本表序号1的备注
7	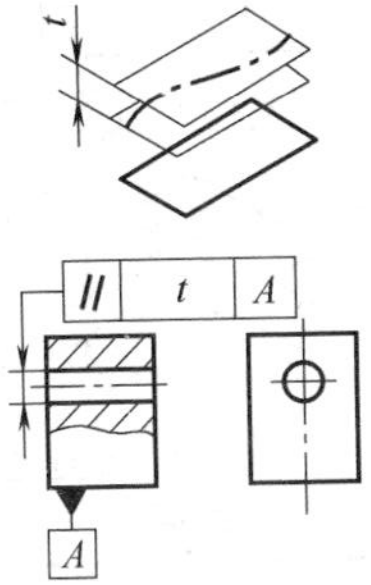	1)平板 2)带指示计的测量架 3)心轴	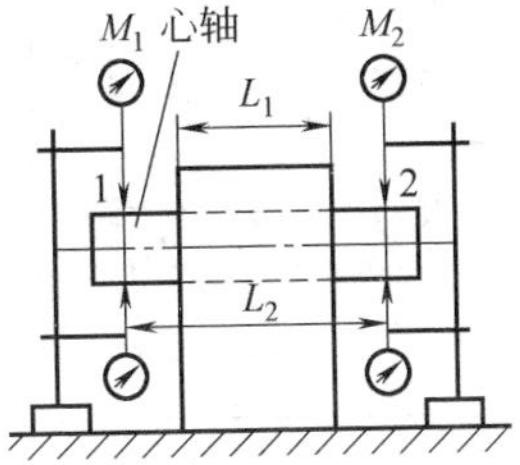	1. 预备工作 将被测件稳定地放置在平板上，且尽可能保持基准表面与平板表面之间的最大距离为最小。安装心轴，且尽可能使心轴与被测孔之间的最大间隙为最小，被测孔的轴线由心轴模拟 2. 基准体现 采用平板（模拟基准要素）体现基准 *A* 3. 被测要素测量与评估 1)分离：确定被测要素的模拟被测要素（心轴）及其测量界限	该方案中： 1)被测要素由心轴模拟体现。通过对模拟被测要素（心轴）的提取、拟合及组合等操作，获得的被测要素的提取导出要素（中心线） 2)该方法是一种简便实用的检测方法，但由于该方法不是直接对被测要素的组成要素进行提取，且提取部位

（续）

序号	图例	测量装置	检测与验证方案	检验操作集	备注
7	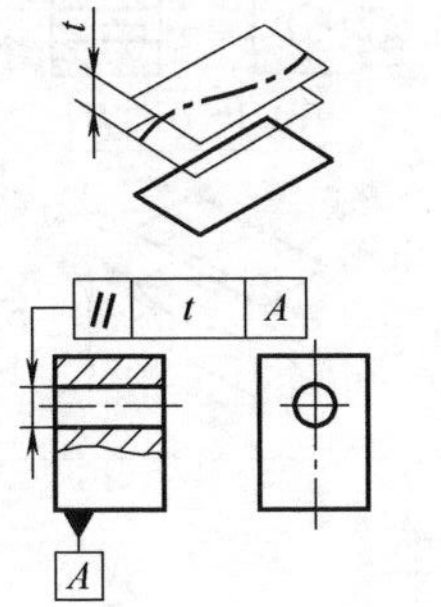	1）平板 2）带指示计的测量架 3）心轴	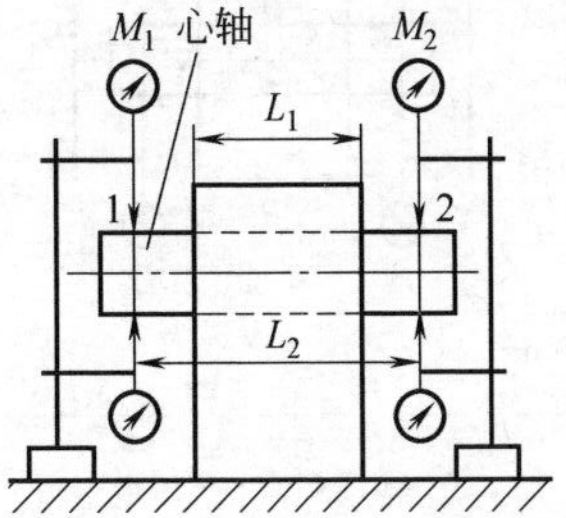	2）提取：在轴向相距为 L_2 的两个垂直于基准平面 A 的正截面上测量，分别记录测位 1 和测位 2 上的指示计示值差 M_1 和 M_2 3）评估：平行度误差值按下式进行计算得到： $$f=\frac{L_1}{2L_2}\lvert M_1-M_2\rvert$$ 4. 符合性比较 将得到的给定方向的平行度误差值与图样上给出的公差值进行比较，判定被测要素对基准的给定方向的平行度是否合格	与被测要素不完全重合，由此会产生相应的测量不确定度 3）在模拟被测要素（心轴）上，提取截面之间的距离与被测要素的长度不等时，其平行度误差值的评估需按比例折算 4）其余备注说明同本表序号 1 备注的 1）、2）、3）、5）
8	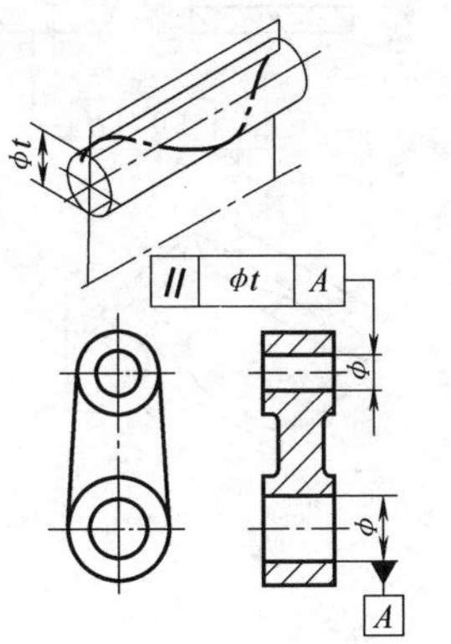	1）平板 2）心轴 3）等高支承 4）带指示计的测量架	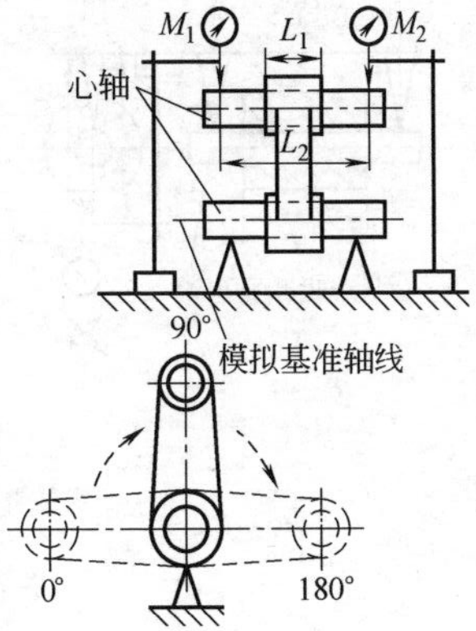	1. 预备工作 被测要素和基准要素均由心轴模拟体现。安装心轴，且尽可能使心轴与基准孔、心轴与被测孔之间的最大间隙为最小；采用等高支承将模拟基准要素的心轴调整至与平板平面平行的方向上 2. 基准体现 采用心轴（模拟基准要素）体现基准 A 3. 被测要素测量与评估 1）分离：确定被测要素的模拟被测要素（心轴）及其测量界限 2）提取：在靠近被测件两端面的两个截面（距离为 L_2）或多个截面上，按截面圆周法提取方案对模拟被测要素（心轴）进行提取操作，得到被测要素的各提取截面圆 3）拟合：采用最小二乘法对被测要素的各提取截面圆分别进行拟合，得到各提取截面圆的圆心 4）组合：将各提取截面圆的圆心进行组合，得到被测要素的提取导出要素（中心线）	该方案中被测要素和基准要素均由心轴模拟体现 其余备注说明同本表序号 6 的备注

（续）

序号	图例	测量装置	检测与验证方案	检验操作集	备注
8	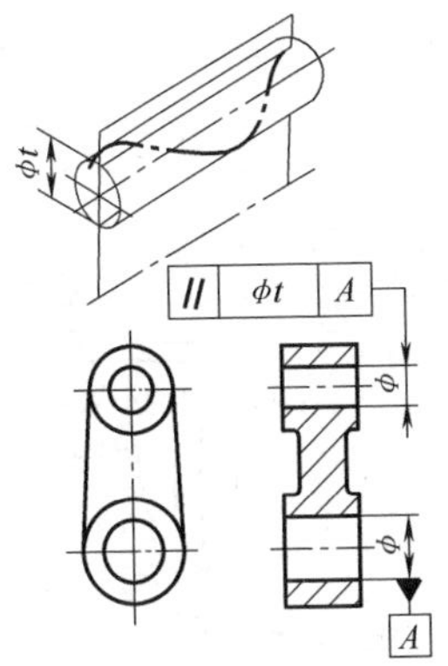	1)平板 2)心轴 3)等高支承 4)带指示计的测量架	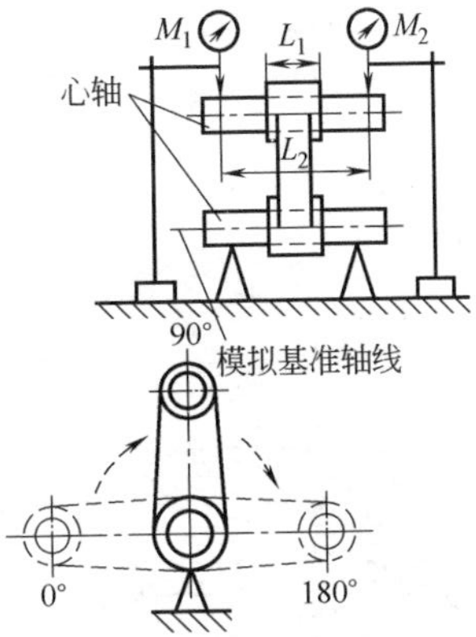	5)拟合:在与基准 A 平行的约束下,采用最小区域法对提取导出要素(中心线)进行拟合,获得具有方位特征的拟合圆柱面(即定向最小区域) 6)评估:包容提取导出要素(中心线)的定向拟合圆柱面的直径即为平行度误差值 4. 符合性比较 将得到的误差值与图样上给出的公差值进行比较,判定被测要素对基准的平行度是否合格	该方案中被测要素和基准要素均由心轴模拟体现 其余备注说明同本表序号 6 的备注
9	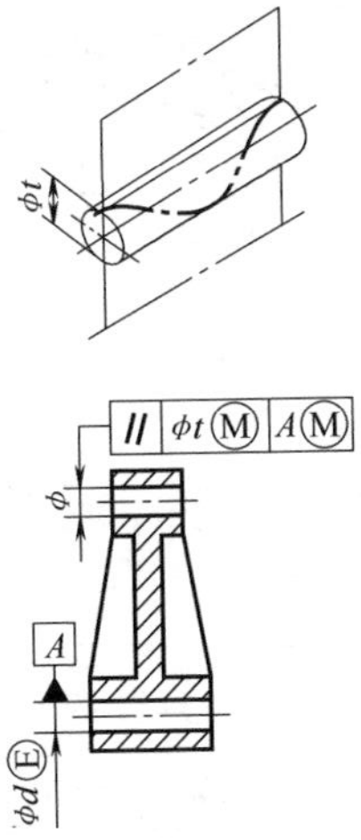	1)功能量规 2)千分尺	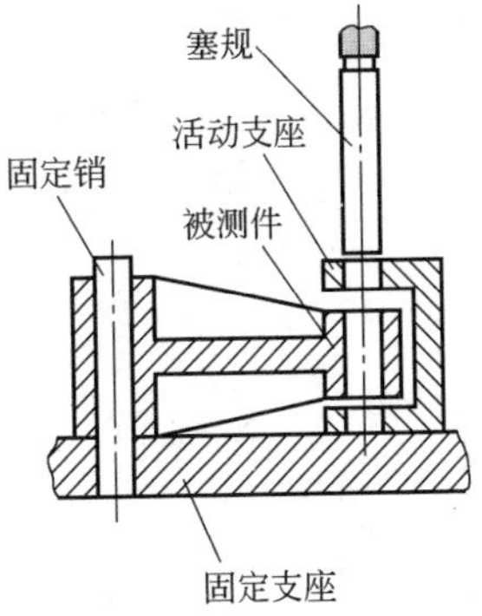	1. 预备工作 采用插入型功能量规。将被测件放置在固定支座上,固定销为功能量规的定位部位,活动支座为功能量规的导向部位 2. 基准的体现 用功能量规的定位部位体现基准 3. 基准要素和被测要素的测量与评估 1)采用依次检验方式　固定销是用来检验基准 A 的光滑极限量规通规,其公称尺寸为基准 A 的最大实体尺寸,将被测件的基准孔套在量规的固定销上,基准要素 A 用固定销检验合格后,然后在基准的定向约束下用塞规检验被测要素的平行度误差,如果塞规能自由通过被测孔,说明被测孔实际轮廓的平行度误差合格,其体外作用尺寸也合格	1)该方案是最大实体要求同时应用于被测要素和基准要素的检验 2)检验被测要素的功能量规,其检验部位的公称尺寸为被测要素的最大实体实效尺寸。检验时,如果功能量规能通过被测件,说明被测要素实际轮廓的体外作用尺寸合格 3)检验基准要素的功能量规一般是检验被测要素功能量规的定位部位

（续）

序号	图例	测量装置	检测与验证方案	检验操作集	备注
9	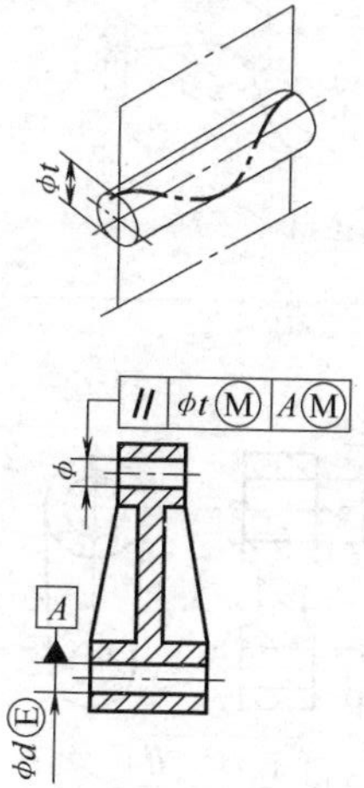	1)功能量规 2)千分尺	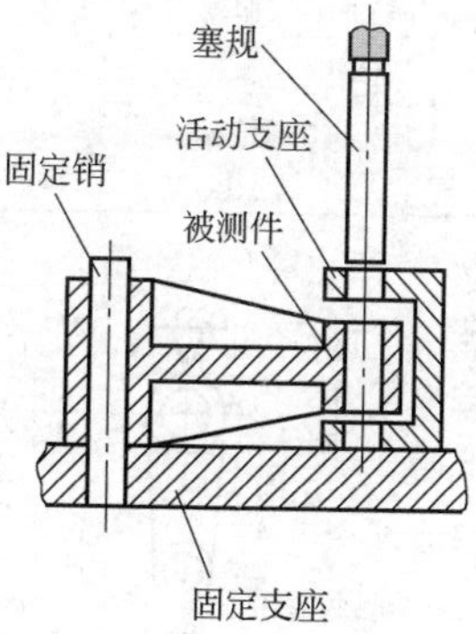	2)采用普通计量器具(如千分尺等)测量被测孔的局部实际尺寸,其任一局部实际尺寸均不得超越其最大实体尺寸和最小实体尺寸 4. 符合性比较 实际尺寸和体外作用尺寸全部合格时,可判定被测要素合格	若基准要素为中心要素,且本身不采用最大实体要求[即基准本身采用包容要求(如本例)或独立原则],则功能量规定位部位的尺寸、形状、方向和位置由基准要素的最大实体边界确定 若基准要素为中心要素,且也采用了最大实体要求,则功能量规定位部位的尺寸、形状、方向和位置由基准要素的最大实体实效边界确定 若基准要素为轮廓要素,则功能量规定位部位的尺寸、形状、方向和位置应与基准要素的理想要素相同(其理想要素由其提取要素的拟合要素或模拟基准要素体现)

表 3-6-18　垂直度误差的检测与验证方案

序号	图例	测量装置	检测与验证方案	检验操作集	备注
1	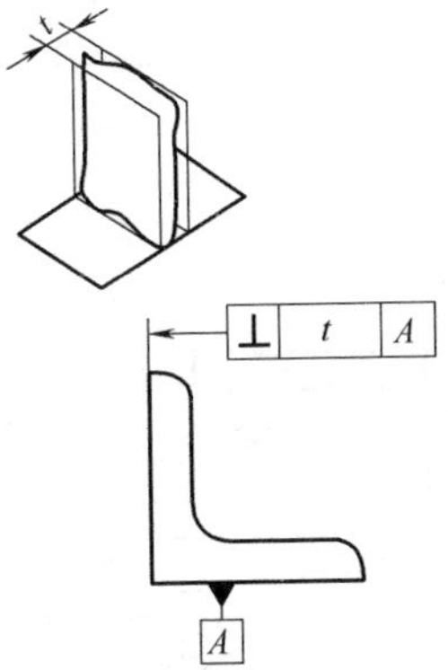	1）平板 2）直角座 3）带指示计的测量架	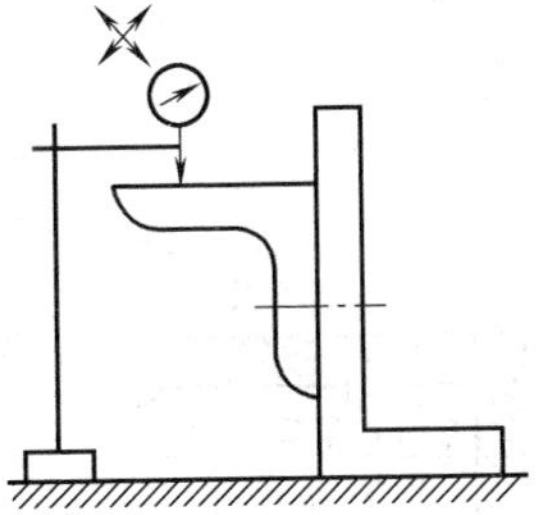	1. 预备工作 将被测件的基准平面固定在直角座上，同时调整靠近基准的被测表面的指示计示值之差为最小值 2. 基准体现 采用直角座（模拟基准要素）体现基准 *A* 3. 被测要素测量与评估 1）分离：确定被测表面及其测量界限 2）提取：选择一定的提取方案（如米字形提取方案），对被测表面进行测量，获得提取表面 3）拟合：在与基准 *A* 垂直的约束下，采用最小区域法对提取表面进行拟合，获得具有方位特征的拟合平行平面（即定向最小区域） 4）评估：包容提取表面的两定向平行平面之间的距离，即垂直度误差 4. 符合性比较 将得到的误差值与图样上给出的公差值进行比较，判定被测要素对基准的垂直度是否合格	1）提取操作：根据被测工件的功能要求、结构特点和提取操作设备的情况等，参考 GB/T 1958—2017 图 B. 1 选择合理的提取方案。例如，对被测要素进行提取操作时，为便于数据处理，一般采用等间距提取方案，但也允许采用不等间距提取方案 2）若在图样上的方向公差值后面带有最大内切（Ⓧ）、最小外接（Ⓝ）、最小二乘（Ⓖ）、最小区域（Ⓒ）、贴切（Ⓣ）等符号时，则表示该方向公差是对被测要素的拟合要素的要求 若方向公差值后面无相应的符号，则表示该方向公差是对被测要素本身的要求（如本图例） 3）对为获得被测要素方向误差值而进行的拟合操作，拟合方法缺省约定采用定向最小区域法 4）该方案中采用模拟基准要素体现基准，简便实用，但会产生相应的测量不确定度 5）根据 GB/T 1958—2017 第 9 章进行测量不确定度评估，并依据 GB/T 1958—2017 第 10 章进行合格评定

（续）

序号	图例	测量装置	检测与验证方案	检验操作集	备注
2	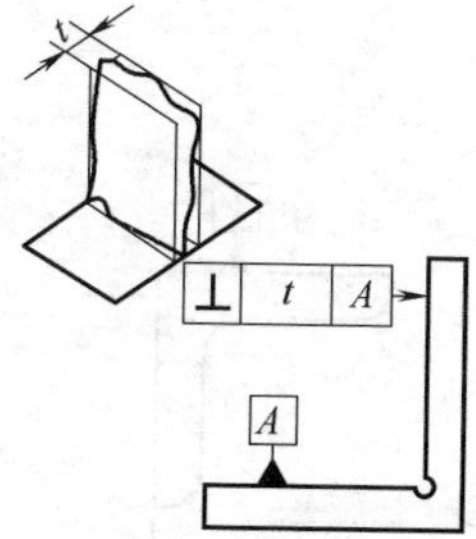	1）准直望远镜 2）转向棱镜 3）瞄准靶	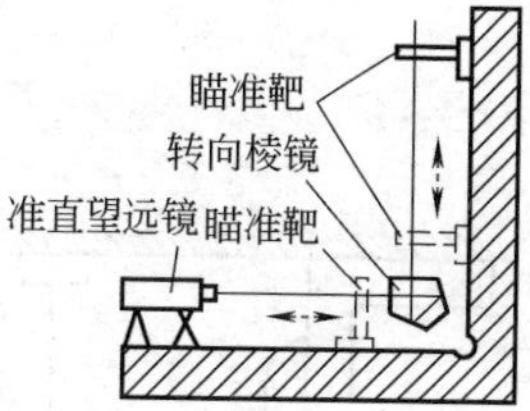	1. 预备工作 将准直望远镜放置在基准表面上，同时调整准直望远镜使其光轴与基准表面平行 2. 基准体现 采用准直望远镜的光轴体现基准 A 3. 被测要素测量与评估 1）分离：确定被测表面及其测量界限 2）提取：选择一定的提取方案（如平行线提取方案），对被测表面进行测量，获得提取表面 3）拟合：在与基准 A 垂直的约束下，采用最小区域法对提取表面进行拟合，获得具有方位特征的拟合平行平面（即定向最小区域） 4）评估：包容提取表面的两定向平行平面之间的距离，即垂直度误差 4. 符合性比较 将得到的误差值与图样上给出的公差值进行比较，判定被测要素对基准的垂直度是否合格	备注说明同本表序号1的备注
3	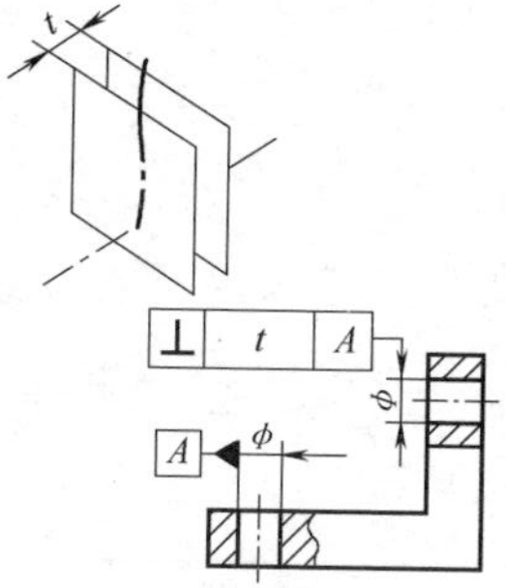	1）平板 2）直角尺 3）心轴 4）固定和可调支承 5）带指示计的测量架	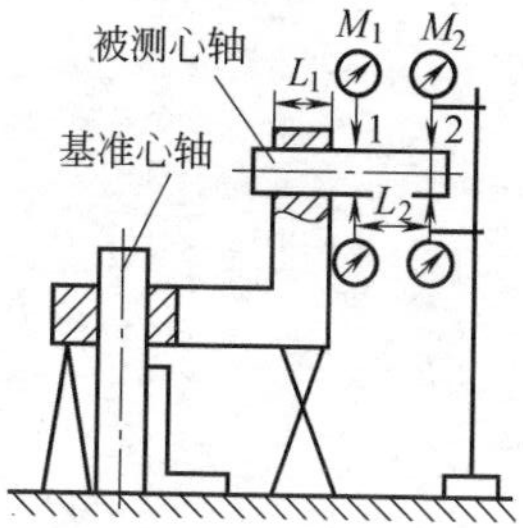	1. 预备工作 基准轴线和被测轴线均由心轴模拟。安装心轴，且尽可能使心轴与被测孔、心轴与基准孔之间的最大间隙为最小。将被测件放置在等高支承上，并调整模拟基准要素（心轴）与测量平板垂直 2. 基准体现 采用心轴（模拟基准要素）体现基准 A 3. 被测要素测量与评估 1）分离：确定被测要素的模拟被测要素（心轴）及其测量界限	该方案中： 1）被测要素和基准要素均由心轴模拟体现 2）通过对模拟被测要素（心轴）的提取、拟合及组合等操作，获得的被测要素的提取导出要素（中心线）。该方法是一种简便实用的检测方法，但由于该方法不是直接对被测要素的组成要素进行提取，且提取部位与被测要素不重合，由此会产生相应的测量不确定度

（续）

序号	图例	测量装置	检测与验证方案	检验操作集	备注
3	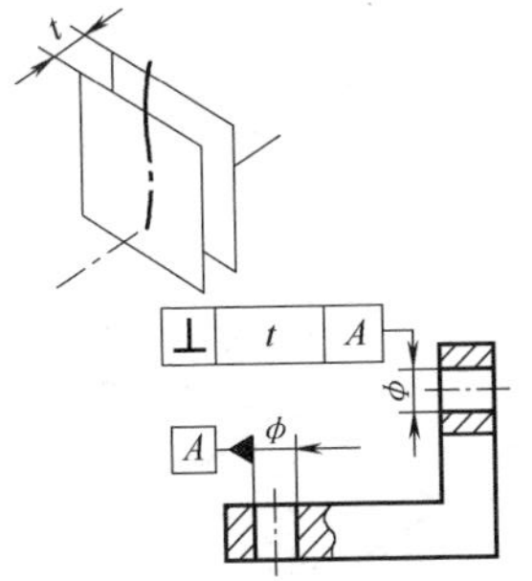	1）平板 2）直角尺 3）心轴 4）固定和可调支承 5）带指示计的测量架	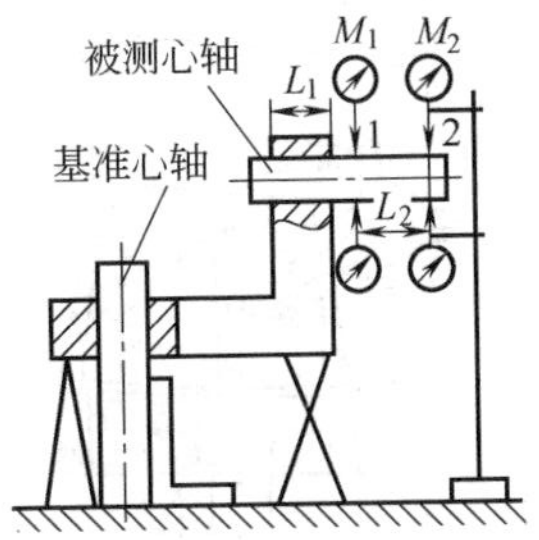	2）提取：在轴向相距为 L_2 的两个平行于基准轴线 A 的正截面上测量，分别记录测位1和测位2上的指示计示值差 M_1 和 M_2 3）评估：垂直度误差值按下式进行计算得到： $f=\frac{L_1}{2L_2}\|M_1-M_2\|$ 4. 符合性比较 将得到的误差值与图样上给出的公差值进行比较，判定被测要素对基准的垂直度是否合格	3）在模拟被测要素（心轴）上，提取截面之间的距离与被测要素的长度不等时，其垂直度误差值的评估可按比例折算 4）其余备注说明同本表序号1备注的1）、2）、3）、5）
4	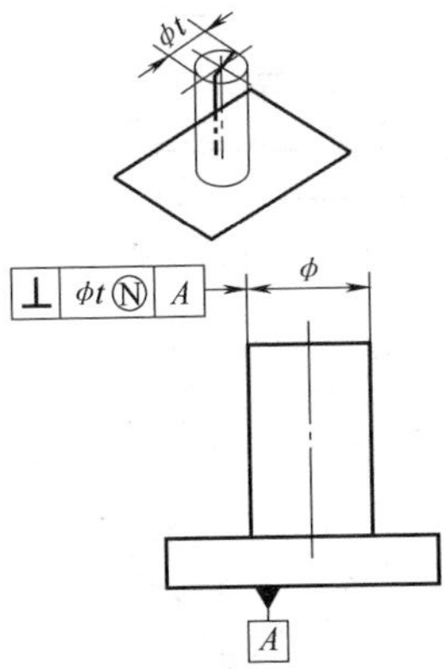	1）转台 2）直角座 3）带指示计的测量架	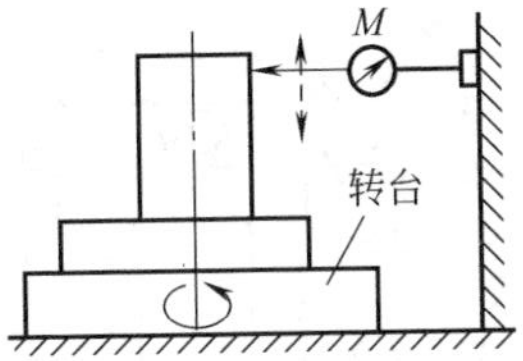	1. 预备工作 将被测件放置在转台上，对被测件进行调心和调平，使被测件的基准要素与转台平面之间的最大距离为最小，同时被测轴线与转台回转轴线对中 2. 基准体现 采用转台（模拟基准要素）体现基准 A 3. 被测要素测量与评估 1）分离：确定被测要素的组成要素及其测量界限 2）提取：选择一定的提取方案对被测中心线的组成要素进行测量，即测量若干个截面轮廓的测值，获得提取圆柱面 3）拟合：按图样规范，符号Ⓝ要求对提取圆柱面采用最小外接法进行拟合，得到提取圆柱面的拟合导出要素（轴线） 4）拟合：在与基准 A 垂直的约束下，采用最小区域法对拟合导出要素（轴线）进行拟合，获得具有方位特征的拟合圆柱面（即定向最小区域）	1）本图例中，符号Ⓝ表示是对被测要素的最小外接拟合要素有方向公差的要求 2）其余备注说明同本表序号1的备注

（续）

序号	图例	测量装置	检测与验证方案	检验操作集	备注
4	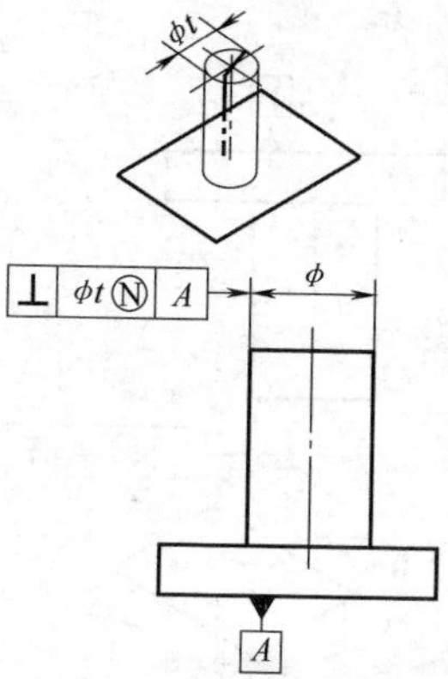	1）转台 2）直角座 3）带指示计的测量架	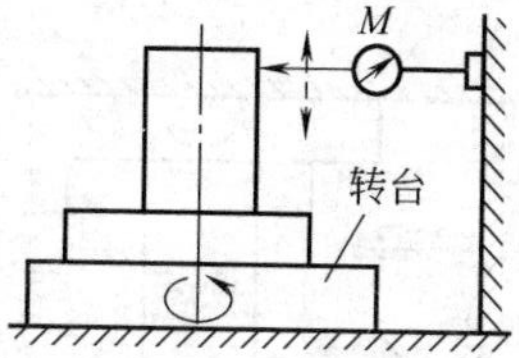	5）评估：包容提取导出要素的定向拟合圆柱面的直径，即为被测要素（任意方向）的垂直度误差 4. 符合性比较 将得到的误差值与图样上给出的公差值进行比较，判定被测要素对基准的垂直度是否合格	1）本图例中，符号Ⓝ表示是对被测要素的最小外接拟合要素有方向公差的要求 2）其余备注说明同本表序号1的备注
5	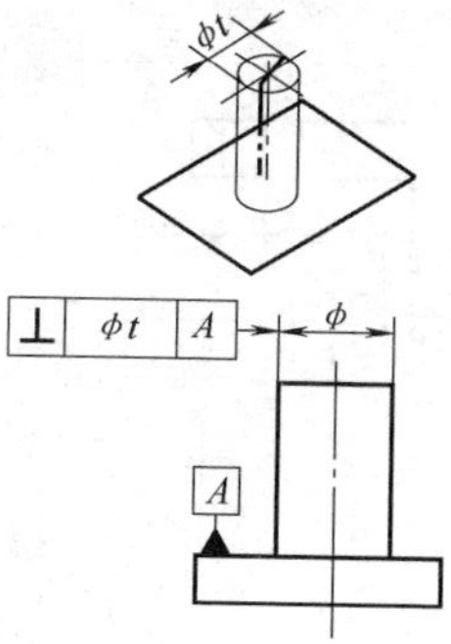	坐标测量机	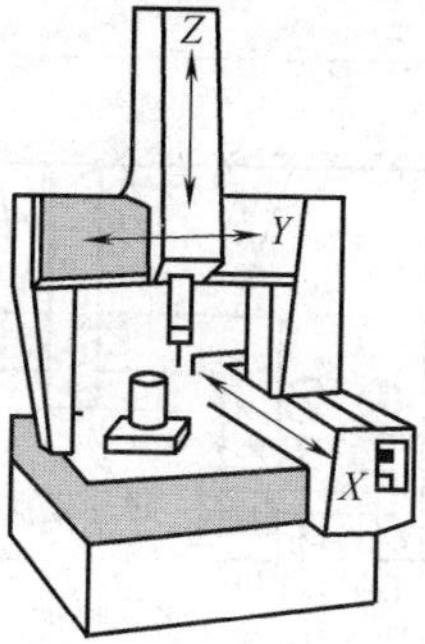	1. 预备工作 将被测件稳定放置在坐标测量机的工作台上 2. 基准体现 1）分离：确定基准要素及其测量界限 2）提取：按一定的提取方案对基准要素进行提取，得到基准要素的提取表面 3）拟合：采用最小区域法对提取表面在实体外进行拟合，得到其拟合平面，并以此平面体现基准 A 3. 被测要素测量与评估 1）分离：确定被测要素的组成要素及其测量界限 2）提取：选择一定的提取方案对被测中心线的组成要素进行测量，获得提取圆柱面 3）拟合：采用最小二乘法对提取圆柱面进行拟合，获得拟合圆柱面的轴线	1）在体现基准的拟合操作中，缺省的拟合方法有最小外接法（对于被包容面）、最大内切法（对于包容面）或实体外约束的最小区域法（对于平面、曲面）等，详见 GB/T 1958—2017 附录 B 的 B.10 2）其余备注说明同本表序号1备注的1）、2）、3）、5）

（续）

序号	图例	测量装置	检测与验证方案	检验操作集	备注
5	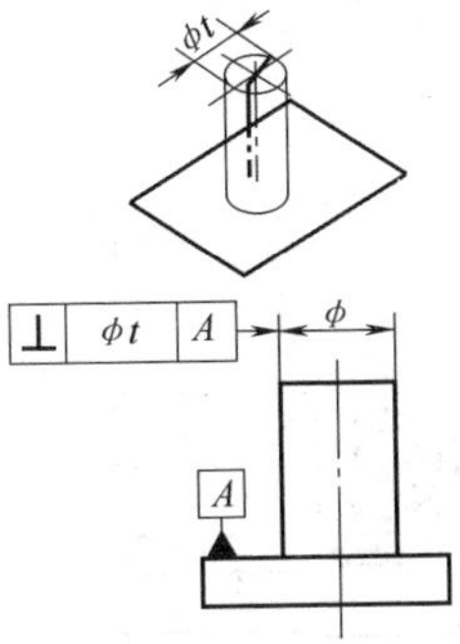	坐标测量机	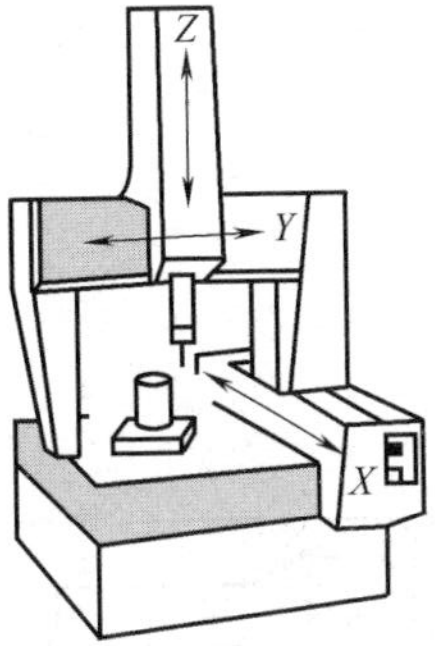	4）构建、分离：垂直于拟合圆柱面的轴线，通过构建和分离操作，获得一系列提取截面圆 5）拟合：采用最小二乘法分别对一系列提取截面圆进行拟合，得到一系列截面圆圆心 6）组合：将各提取截面圆的圆心进行组合，得到被测件的提取导出要素（中心线） 7）拟合：在与基准 A 垂直的约束下，采用最小区域法对提取导出要素进行拟合，获得具有方位特征的定向拟合圆柱面（即定向最小区域） 8）评估：包容提取导出要素的定向拟合圆柱面的直径，即垂直度误差值 4. 符合性比较 将得到的误差值与图样上给出的公差值进行比较，判定被测要素对基准的垂直度是否合格	1）在体现基准的拟合操作中，一般缺省的拟合方法有最小外接法（对于被包容面）、最大内切法（对于包容面）或实体外约束的最小区域法（对于平面、曲面）等，详见 GB/T 1958—2017 附录 B 的 B.10 2）其余备注说明同本表序号 1 备注的 1）、2）、3）、5）
6	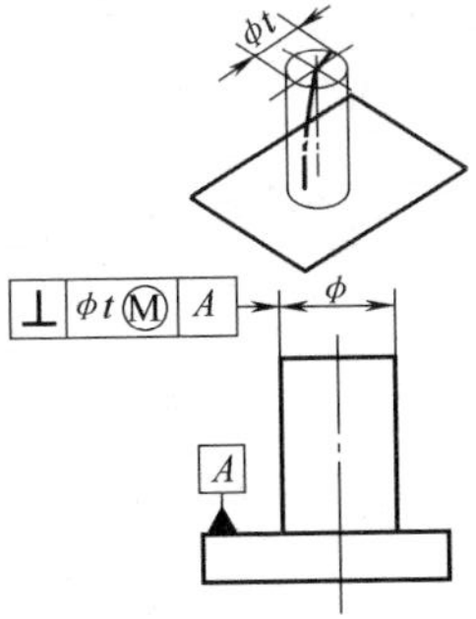	1）功能量规 2）千分尺	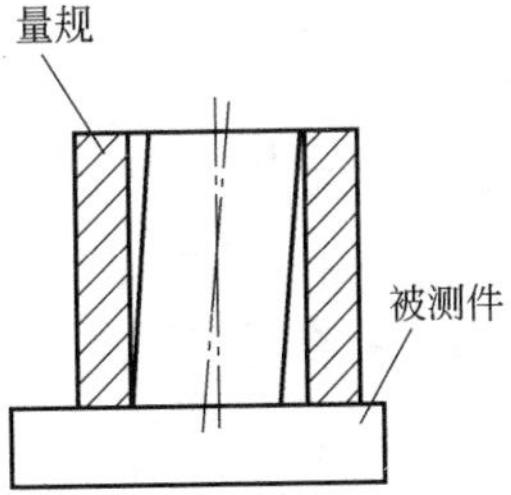	1. 预备工作 采用整体型功能量规，将量规套在被测表面上，量规的定位部位与基准表面稳定接触 2. 基准的体现 用功能量规的定位部位体现基准 3. 被测要素的测量与评估 1）实际尺寸的检验：采用普通计量器具（如千分尺等）测量被测要素实际轮廓的局部实际尺寸，其任一局部实际尺寸均不得超越其最大实体尺寸和最小实体尺寸 2）体外作用尺寸的检验：功能量规的检验部位与被测要素的实际轮廓相结合，如果被测件能通过功能量规，说明被测要素实际轮廓的体外作用尺寸合格 4. 符合性比较 局部实际尺寸和体外作用尺寸全部合格时，才可判定被测要素合格	1）本示例中，最大实体要求应用于被测要素，采用功能量规进行检验 2）功能量规检验部位的公称尺寸为被测要素的最大实体实效尺寸。基准要素为轮廓要素，因此功能量规定位部位的尺寸、形状、方向和位置与基准要素的理想要素相同 3）其余备注说明参见平行度（表 3-6-17）序号 9 的备注

（续）

序号	图例	测量装置	检测与验证方案	检验操作集	备注
7	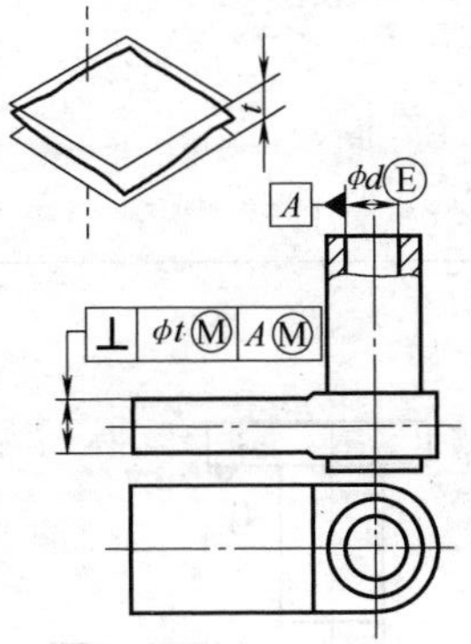	1）功能量规 2)千分尺	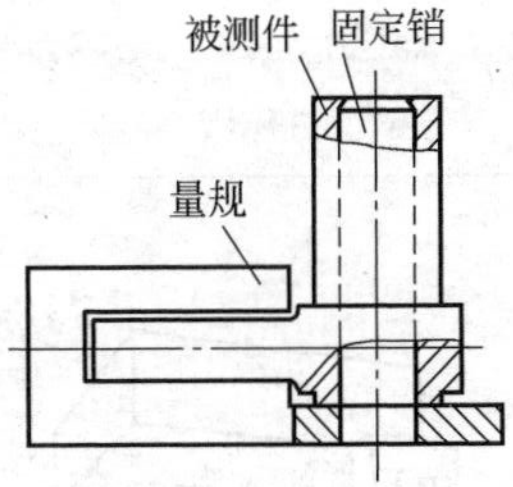	1. 预备工作 采用插入型功能量规。将被测件放置在固定支座上，固定销为功能量规的定位部位 2. 基准的体现 用功能量规的定位部位体现基准 3. 基准要素和被测要素测量与评估 1)采用依次检验方式。固定销是用来检验基准 A 的光滑极限量规通规，其公称尺寸为基准 A 的最大实体尺寸，将被测件的基准孔套在量规的固定销上，基准要素 A 用固定销检验合格后，然后回转被测件，用功能量规检验被测要素的垂直度误差，如果被测表面能自由通过量规的凹槽，说明被测要素的垂直度误差合格，被测表面的体外作用尺寸也合格 2)采用普通计量器具(如千分尺等)测量被测表面的局部实际尺寸，其任一局部实际尺寸均不得超越其最大实体尺寸和最小实体尺寸 4. 符合性比较 局部实际尺寸和体外作用尺寸全部合格时，可判定被测要素合格	1)本示例中最大实体要求应用于基准要素和被测要素，且基准本身采用了包容要求。量规为插入型功能量规，采用依次检验方式分别检验基准要素和被测要素是否合格 2)功能量规检验部位的公称尺寸为被测要素的最大实体实效尺寸，功能量规定位部位的公称尺寸为基准要素的最大实体尺寸 3)其余备注说明参见平行度(表 3-6-17)序号 9 的备注

表 3-6-19 倾斜度误差的检测与验证方案

序号	图例	测量装置	检测与验证方案	检验操作集	备注
1	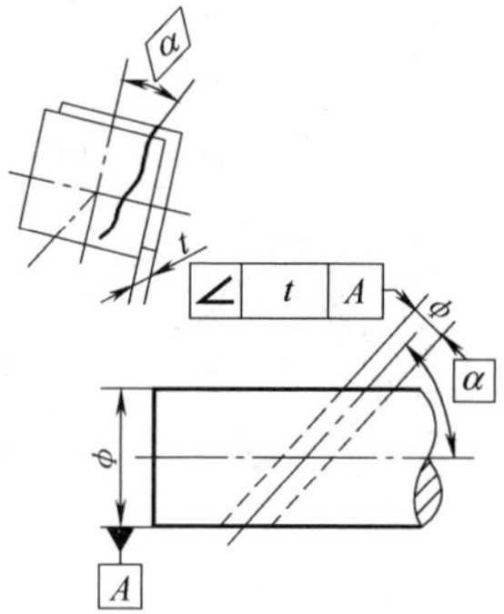	1)定角样板 2)心轴 3)塞尺	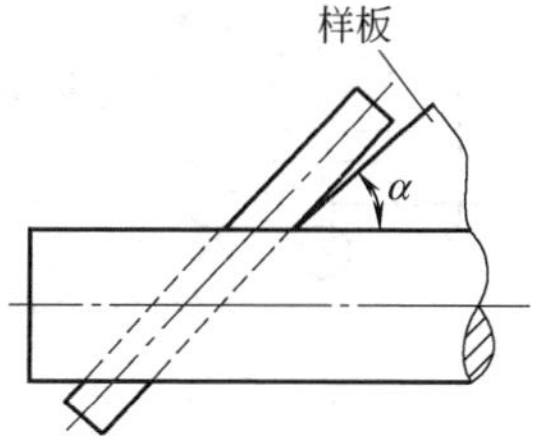	1. 预备工作 被测要素由心轴模拟体现，安装心轴，且尽可能使心轴与被测孔之间的最大间隙为最小 2. 基准的体现 基准轴线由其外圆柱面体现 3. 被测要素测量与评估 1)拟合：在被测件的轴剖面内，将定角样板的一条边(或面)与体现基准的外圆柱面直接接触并使二者之间的最大缝隙为最小 2)评估：用塞尺测量定角样板的另一条边(或面)与心轴(被测模拟要素)之间的最大缝隙值，该值即为倾斜度误差值 4. 符合性比较 将得到的误差值与图样上给出的公差值进行比较，判定被测轴线的倾斜度是否合格	1)该方案中，被测要素由心轴模拟体现，无须对被测要素进行提取操作，直接将模拟被测要素(心轴)与定角样板直接接触进行比较测量，采用的是实物拟合操作，定角样板是理想要素的实际模拟物 2)该方案中，也可不需评估出误差值大小，直接进行符合性比较：用厚度等于倾斜度公差值的塞尺测量心轴和定角样板之间的最大缝隙。如果塞尺塞不进去，说明倾斜度合格；如果塞尺能塞进去，说明倾斜度不合格 3)该方案属于倾斜度误差近似、实用的测量方法之一，适用于低精度被测件的倾斜度误差测量 4)根据 GB/T 1958—2017 第9章进行测量不确定度评估，并依据 GB/T 1958—2017 第10章进行合格评定

（续）

序号	图例	测量装置	检测与验证方案	检验操作集	备注
2	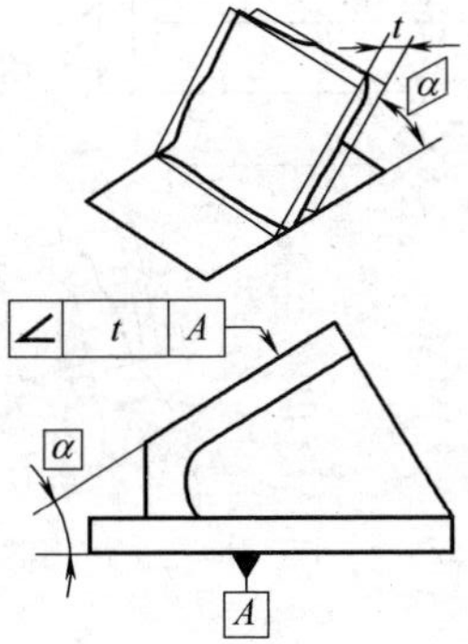	1)平板 2)定角座［定角座可用正弦尺(或精密转台)代替］ 3)固定支承 4)带指示计的测量架	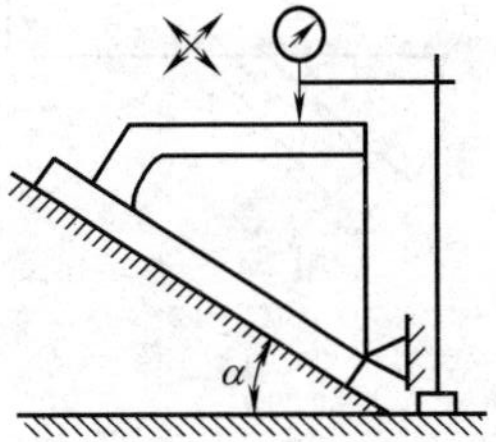	1. 预备工作 将被测件稳定地放置在定角座上，且尽可能保持基准表面与定角座之间的最大距离为最小 2. 基准体现 采用定角座(模拟基准要素)体现基准 A 3. 被测要素测量与评估 1)分离：确定被测表面及其测量界限 2)提取：选择一定的提取方案(如米字形提取方案)，对被测表面进行测量，获得提取表面 3)拟合：在与基准 A 倾斜角为 α 的约束下，采用最小区域法对提取表面进行拟合，获得具有方位特征的定向拟合平行平面(即定向最小区域) 4)评估：包容提取要素的两定向平行平面之间的距离，即被测要素的倾斜度误差值 4. 符合性比较 将得到的误差值与图样上给出的公差值进行比较，判定被测要素对基准的倾斜度是否合格	1)提取操作：根据被测件的功能要求、结构特点和提取操作设备的情况等，参考 GB/T 1958—2017 图 B. 1 选择合理的提取方案。例如，对被测要素进行提取操作时，为便于数据处理，一般采用等间距提取方案，但也允许采用不等间距提取方案 2)若在图样上的方向公差值后面带有最大内切(Ⓧ)、最小外接(Ⓝ)、最小二乘(Ⓖ)、最小区域(Ⓒ)、贴切(Ⓣ)等符号时，则表示该方向公差是对被测要素的拟合要素的要求。若方向公差值后面无相应的符号，则表示该方向公差是对被测要素本身的要求(如本图例) 3)对为获得被测要素方向误差值而进行的拟合操作，拟合方法缺省约定采用定向最小区域法 4)该方案中采用模拟基准要素体现基准，简便实用，但会产生相应的测量不确定度 5)根据 GB/T 1958—2017 第 9 章进行测量不确定度评估，并依据 GB/T 1958—2017 第 10 章进行合格评定

（续）

序号	图例	测量装置	检测与验证方案	检验操作集	备注
3	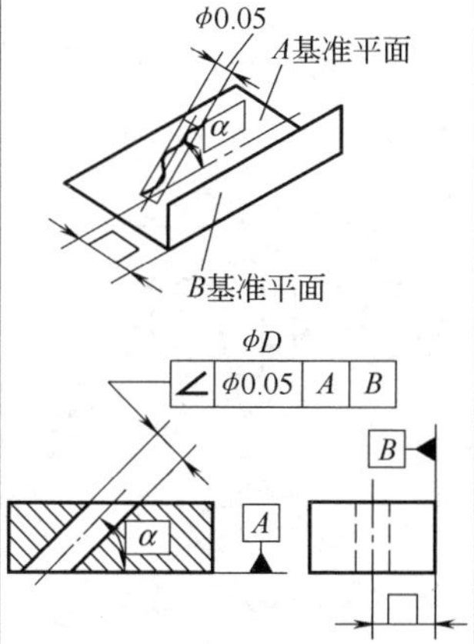	1）平板 2）直角座 3）定角垫块 4）固定支承 5）心轴 6）带指示计的测量架	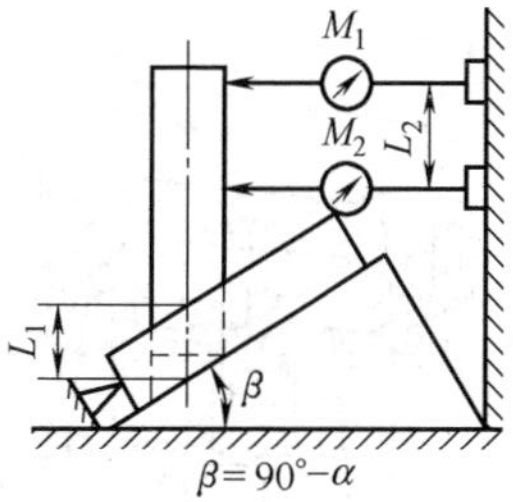	1. 预备工作 将被测件放在直角座的定角垫块上，且尽可能保持基准表面与定角垫块之间的最大距离为最小；安装固定支承与基准 B 稳定接触 被测轴线由心轴模拟。安装心轴，且尽可能使心轴与被测孔之间的最大间隙为最小 2. 基准体现 在采用直角座和定角垫块（模拟基准要素）体现基准 A 的前提下，采用固定支承体现基准 B 3. 被测要素测量与评估 1）分离：确定被测要素的模拟被测要素（心轴）及其测量界限 2）提取：在模拟被测要素（心轴）上、距离为 L_2 的两个截面或多个截面上，按截面圆周法提取方案对模拟被测要素（心轴）进行提取操作，得到被测要素的各提取截面圆 3）拟合：采用最小二乘法对基准要素的各提取截面圆分别进行拟合，得到各提取截面圆的圆心 4）组合：将各提取截面圆的圆心进行组合，得到被测要素的提取导出要素（中心线） 5）拟合：在基准 A、B 和理论正确尺寸（角度）的约束下，采用最小区域法对提取导出要素（中心线）进行拟合，获得具有方位特征的定向圆柱面（即定向最小区域） 6）评估：包容提取导出要素（中心线）的定向拟合圆柱面的直径即为被测要素的倾斜度误差 4. 符合性比较 将得到的误差值与图样上给出的公差值进行比较，判定被测要素对基准的倾斜度是否合格	该方案中： 1）被测要素由心轴模拟体现。通过对模拟被测要素（心轴）的提取、拟合及组合等操作，获得的被测要素的提取导出要素（中心线） 2）该方法是一种简便实用的检测方法，但由于该方法不是直接对被测要素的组成要素进行提取，且提取部位与被测要素不重合，由此会产生相应的测量不确定度 3）在模拟被测要素（心轴）上，提取截面之间的距离与被测要素的长度不等时，其倾斜度误差值的评估可按比例折算 4）其余备注说明同本表序号 2 的备注

（续）

序号	图例	测量装置	检测与验证方案	检验操作集	备注
4	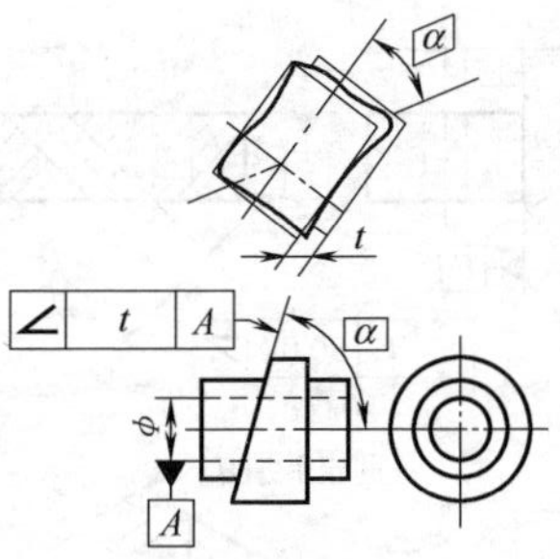	坐标测量机	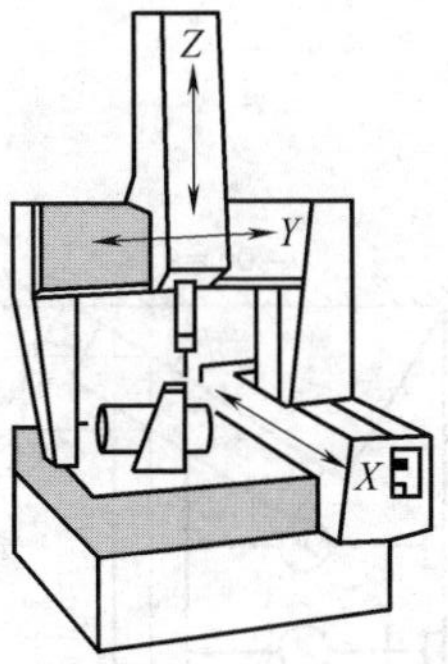	1. 预备工作 将被测件放置在坐标测量机工作台上 2. 基准体现 1)分离：确定基准要素 A 及其测量界限 2)提取：按一定的提取方案对被测内圆柱面进行提取，得到提取内圆柱面 3)拟合：采用最大内切法对提取内圆柱面在实体外进行拟合，得到其导出拟合轴线，并以此轴线体现基准 A 3. 被测要素测量与评估 1)分离：确定被测表面及其测量界限 2)提取：选择一定的提取方案，对被测表面进行测量，获得提取表面 3)拟合：在基准 A 及理论正确尺寸 α 的约束下，采用最小区域法对提取表面进行拟合，获得具有方位特征的定向拟合平行平面(即定向最小区域) 4)评估：包容提取表面的两定向平行平面之间的距离，即被测要素的倾斜度误差值 4. 符合性比较 将得到的误差值与图样上给出的公差值进行比较，判定被测要素对基准的倾斜度是否合格	1)在体现基准的拟合操作中，一般缺省的拟合方法有最小外接法(对于被包容面)、最大内切法(对于包容面)和实体外约束的最小区域法(对于平面、曲面)等，详见 GB/T 1958—2017 附录 B 的 B. 10。本例依此采用最大内切法拟合体现基准 A 2)其余备注说明同本表序号 2 备注的 1)、2)、3)、5)
5	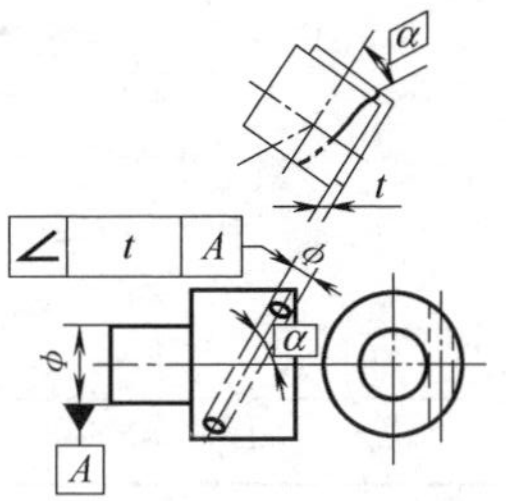	1)平板 2)定角导向座 3)心轴 4)带指示计的测量架	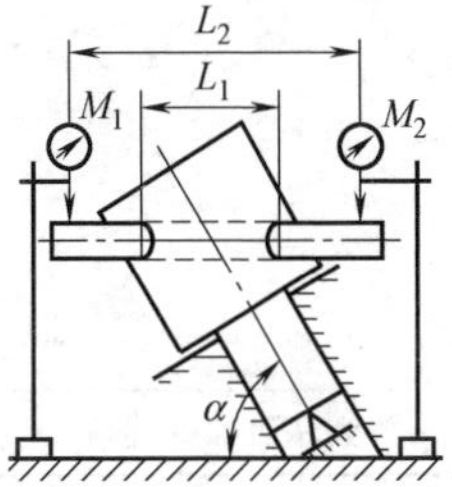	1. 预备工作 基准由定角导向座模拟体现，将被测件放在定角导向座上，调整使心轴平行于测量装置导向座定角 α 所在平面 被测要素由心轴模拟体现，安装心轴，且尽可能使心轴与被测孔之间的最大间隙为最小 2. 基准体现 采用定角导向座(模拟基准要素)体现基准 A	备注说明同本表序号 3 的备注

（续）

序号	图例	测量装置	检测与验证方案	检验操作集	备注
5	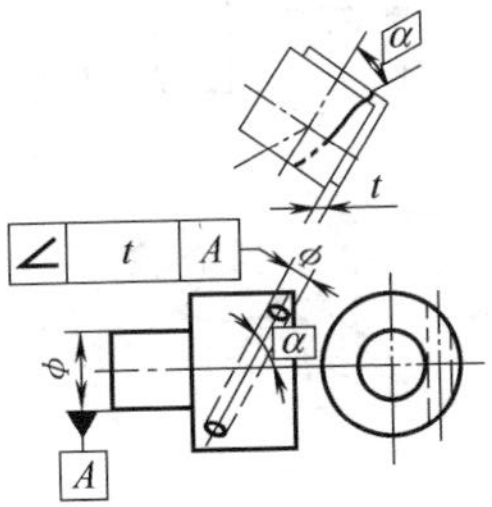	1）平板 2）定角导向座 3）心轴 4）带指示计的测量架	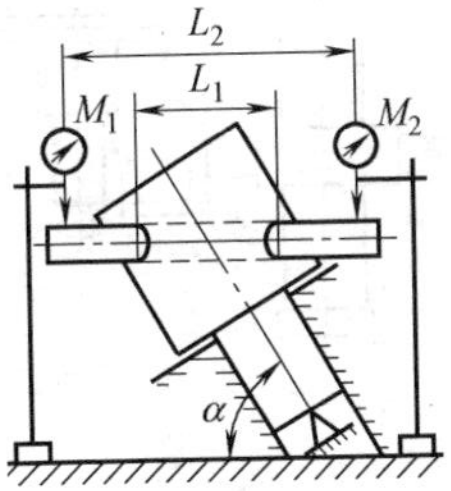	3. 被测要素测量与评估 1）分离：确定被测要素的模拟被测要素（心轴）及其测量界限 2）提取：在模拟被测要素（心轴）上、距离为 L_2 的两个截面或多个截面上，按截面圆周法提取方案对模拟被测要素（心轴）进行提取操作，得到被测要素的各提取截面圆 3）拟合：采用最小二乘法对被测要素的各提取截面圆分别进行拟合，得到各提取截面圆的圆心 4）组合：将各提取截面圆的圆心进行组合，得到被测要素的提取导出要素（中心线） 5）拟合：在基准 *A* 和理论正确尺寸（角度）的约束下，采用最小区域法对提取导出要素（中心线）在给定方向上进行拟合，获得具有方位特征的定向两拟合平行平面（即定向最小区域） 6）评估：包容提取导出要素（中心线）的定向拟合平行平面的距离，即被测要素给定方向的倾斜度误差值 4. 符合性比较 将得到的误差值与图样上给出的公差值进行比较，判定被测要素对基准的倾斜度是否合格	备注说明同本表序号3的备注

表 3-6-20 同轴度误差的检测与验证方案

序号	图例	测量装置	检测与验证方案	检验操作集	备注
1	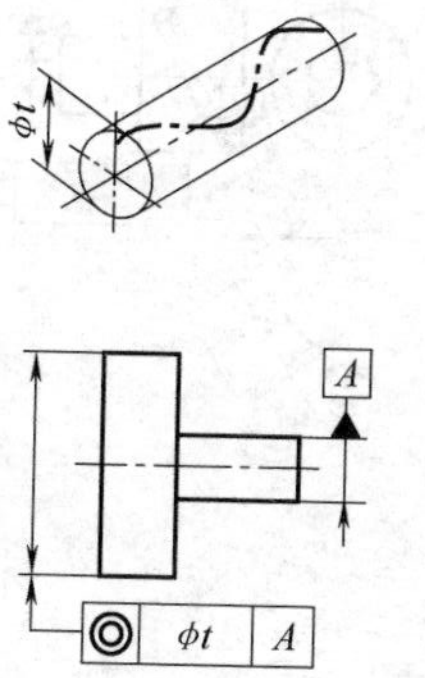	圆柱度仪	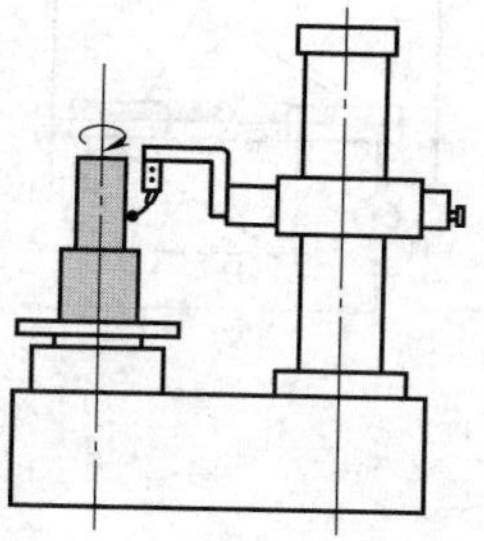	1. 预备工作 将被测件放置在圆柱度仪回转工作台上，并调整被测件使其基准轴线与工作台回转中心同轴 2. 基准体现 1）分离：确定基准要素的组成要素及其测量界限 2）提取：采用周向等间距提取方案，垂直于回转轴线，对基准要素的多个提取截面进行测量，得到基准要素的提取圆柱面 3）拟合：在实体外采用最小外接圆柱法对提取圆柱面进行拟合，得到拟合圆柱面的轴线（方位要素），并以此轴线（拟合导出要素）体现基准 3. 被测要素测量与评估 1）分离：确定被测要素的组成要素及其测量界限 2）提取：采用周向等间距提取方案，垂直于回转轴线，对被测要素的组成要素进行测量，获得一系列提取截面圆 3）拟合：采用最小二乘法分别对一系列提取截面圆进行拟合，得到一系列提取截面圆圆心 4）组合：对各提取截面圆的圆心进行组合操作，获得被测要素的提取导出要素	1）提取操作：根据被测件的功能要求、结构特点和提取操作设备的情况等，参考 GB/T 1958—2017 图 B.1 选择合理的提取方案。例如，对被测要素进行提取操作时，为便于数据处理，一般采用等间距提取方案，但也允许采用不等间距提取方案 2）对为体现被测要素而进行的拟合操作，拟合方法有最小二乘法、最大内切法、最小外接法和最小区域法，若在图样上未明确示出或说明，则缺省约定采用最小二乘法 3）对为获得被测要素位置误差值而进行的拟合操作，拟合方法缺省约定采用定位最小区域法

（续）

序号	图例	测量装置	检测与验证方案	检验操作集	备注
1	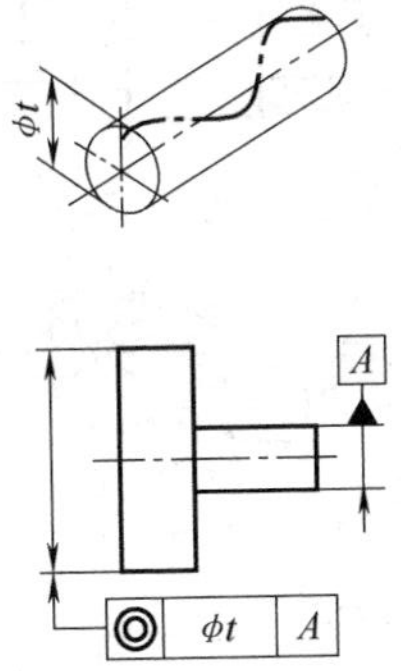	圆柱度仪	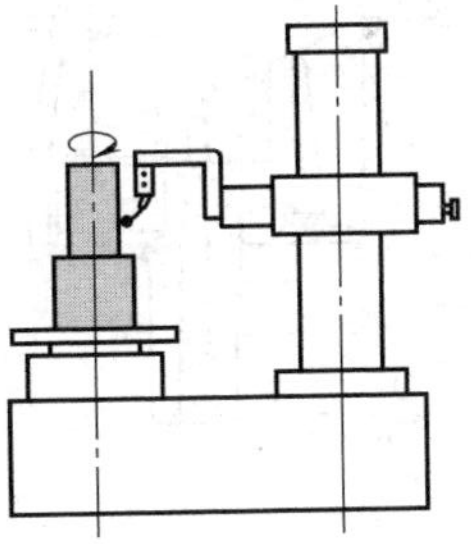	5）拟合：在与基准同轴的约束下，采用最小区域法对提取导出要素进行拟合，获得具有方位特征的拟合圆柱面（即定位最小区域） 6）评估：包容提取导出要素的定位拟合圆柱面的直径，即同轴度误差值 4. 符合性比较 将得到的同轴度误差值与图样上给出的公差值进行比较，判定被测要素对基准 *A* 的同轴度是否合格	4）若在图样上的位置公差值后面带有最大内切（Ⓧ）、最小外接（Ⓝ）、最小二乘（Ⓖ）、最小区域（Ⓒ）、贴切（Ⓣ）等符号时，则表示该位置公差是对被测要素的拟合要素的要求 若位置公差值后面无相应的符号，则表示该位置公差是对被测要素本身的要求（如本图例） 5）对为获得被测要素位置误差值而进行的拟合操作，拟合方法缺省约定采用定位最小区域法 6）在体现基准的拟合操作中，一般缺省的拟合方法有最小外接法（对于被包容面）、最大内切法（对于包容面）和实体外约束的最小区域法（对于平面、曲面）等，详见 GB/T 1958—2017 附录 B 的 B.10 7）根据 GB/T 1958—2017 第 9 章进行测量不确定度评估，并依据 GB/T 1958—2017 第 10 章进行合格评定

（续）

序号	图例	测量装置	检测与验证方案	检验操作集	备注
2	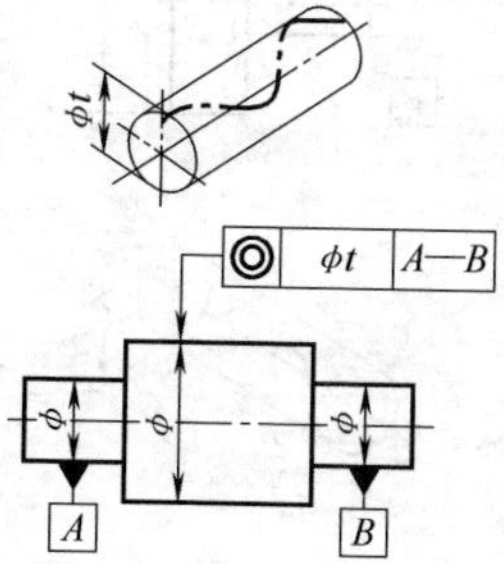	坐标测量机	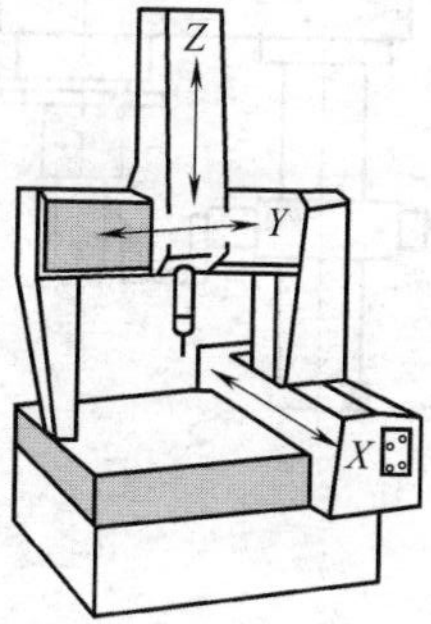	1. 预备工作 被测件放置在坐标测量机工作台上 2. 基准体现 1)分离:确定基准要素的组成要素及其测量界限 2)提取:采用一定的提取方案,分别对基准要素 A、B 进行测量,得到基准要素 A、B 的提取组成要素 3)拟合:采用一组同轴圆柱面,在实体外、同时对 A、B 的提取组成要素采用最小外接法进行拟合,得到拟合组成要素共有的拟合导出要素(轴线),并以此共有的轴线体现基准 $A—B$ 3. 被测要素测量与评估 1)分离:确定被测要素的组成要素及其测量界限 2)提取:选择一定的提取方案对被测中心线的组成要素进行测量,获得提取圆柱面 3)拟合:采用最小二乘法对提取圆柱面进行拟合,获得拟合圆柱面的轴线 4)构建、分离:垂直于拟合圆柱面的轴线,通过构建和分离操作,获得一系列提取截面圆 5)拟合:采用最小二乘法分别对一系列提取截面圆进行拟合,得到一系列截面圆圆心 6)组合:将各提取截面圆的圆心进行组合,获得被测要素的提取导出要素(轴线) 7)拟合:在与基准 $A—B$ 同轴的约束下,采用最小区域法对被测要素的提取导出要素(轴线)进行拟合,获得具有方位特征的拟合圆柱(即定位最小区域) 8)评估:具有方位特征的拟合圆柱的直径,即同轴度误差值 4. 符合性比较 将得到的误差值与图样上给出的公差值进行比较,判定被测要素对基准的同轴度是否合格	该方案中: 1)为体现图中 $A—B$ 公共基准轴线的拟合操作,必须在保证方向和/或位置约束的前提下,同时对 A 和 B 的提取组成要素进行拟合,获得共有的拟合组成要素的方位要素(共有的拟合导出要素)体现公共基准轴线 $A—B$ 2)其余备注说明同本表序号1的备注

（续）

序号	图例	测量装置	检测与验证方案	检验操作集	备注
3	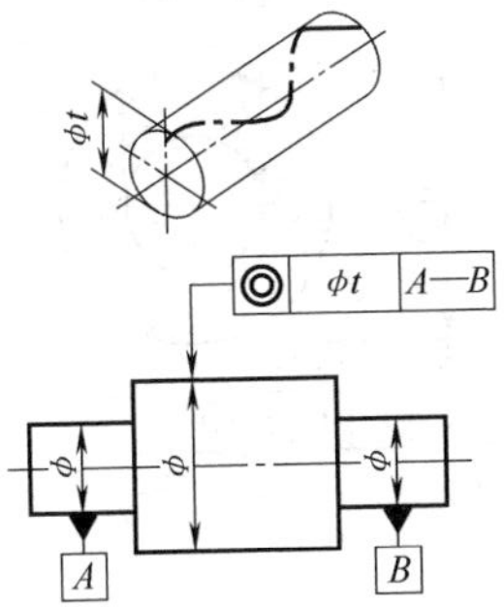	1）一对同轴导向套筒 2）平板 3）支承 4）带指示计的测量架	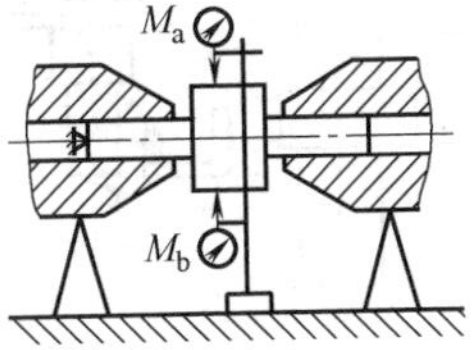	1. 预备工作 采用一对同轴导向套筒模拟公共基准轴线 $A—B$。将两指示计分别在铅垂轴截面内相对于基准轴线对称地分别调零 2. 基准体现 采用一对同轴导向套筒（模拟基准要素）体现公共基准 $A—B$ 3. 被测要素测量与评估 1）分离：确定被测要素的组成要素及其测量界限 2）提取：测头垂直于回转轴线，采用周向等间距提取方案对被测要素的组成要素进行测量，记录各测量点 M_a、M_b 值 3）评估：以各圆截面上对应测量点的差值 $\|M_a-M_b\|$ 的最大值作为该圆截面的同轴度误差 按上述方法，在若干个截面上测量，取各截面测得的示值差值绝对值的最大值作为该被测件的同轴度误差 4. 符合性比较 将得到的同轴度误差值与图样上给出的公差值进行比较，判定被测要素对基准 $A—B$ 的同轴度是否合格	该方案中： 1）采用一对同轴导向套筒（模拟基准要素）体现基准 $A—B$ 时，一对同轴导向套筒对公共基准轴线拟合会引起相应的测量不确定度 2）其余备注说明同本表序号 1 的备注
4	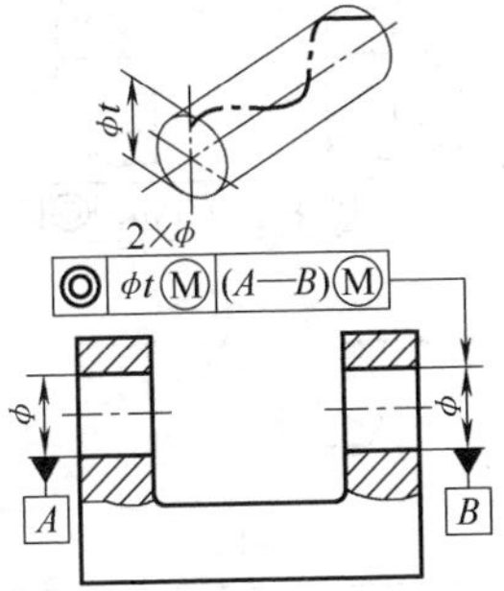	1）整体型功能量规 2）千分尺	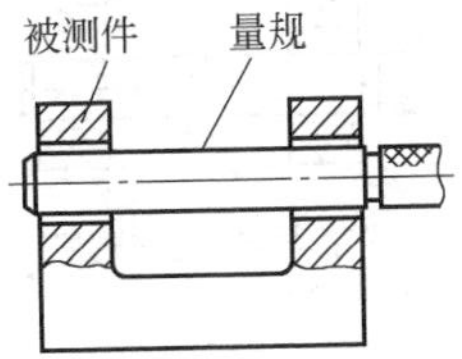	1. 预备工作 采用整体型功能量规，将量规与被测表面相结合 2. 基准的体现 用功能量规的定位部位体现基准 3. 被测要素的测量与评估 1）实际尺寸的检验：采用普通计量器具（如千分尺等）测量被测要素实际轮廓的局部实际尺寸，其任一局部实际尺寸均不得超越其最大实体尺寸和最小实体尺寸	1）本示例中，最大实体要求同时应用于基准要素和被测要素，量规为整体型功能量 2）检验被测要素的功能量规，其检验部位的公称尺寸为被测要素的最大实体实效尺寸。检验时，如果功能量规能通过被测件，说明被测要素实际轮廓的体外作用尺寸合格

（续）

序号	图例	测量装置	检测与验证方案	检验操作集	备注
4	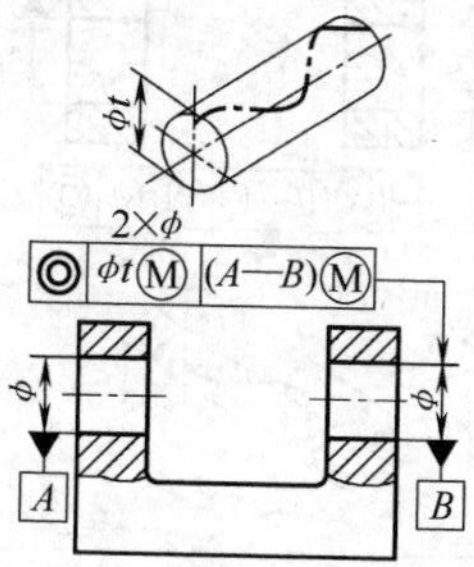	1）整体型功能量规 2）千分尺	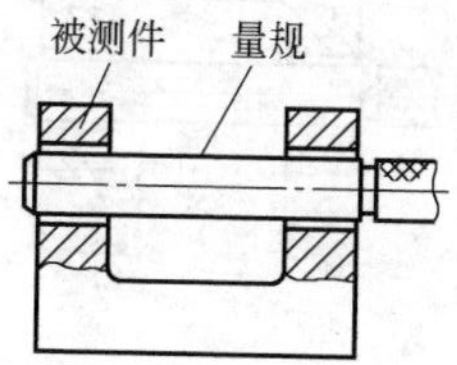	2）体外作用尺寸的检验：功能量规的检验部位与被测要素的实际轮廓相结合，如果被测件能通过功能量规，说明被测要素实际轮廓的体外作用尺寸合格 4. 符合性比较 局部实际尺寸和体外作用尺寸全部合格时，才可判定被测要素合格	3）本示例中，基准要素与被测要素为同一要素，其定位部位与检验部位为同一部位 4）其余备注说明参见表3-6-17中序号9的备注
5	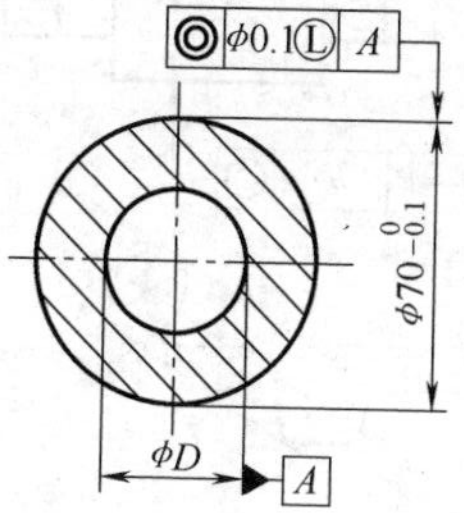	圆柱度仪或类似仪器	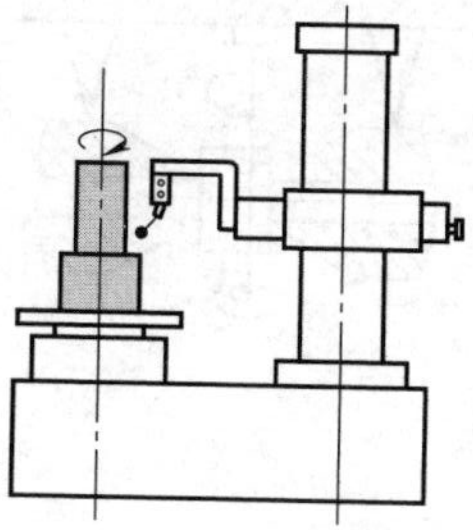	1. 预备工作 将被测件安装在工作台上，并进行调心和调平 2. 基准的体现 1）分离：确定基准要素的组成要素及其测量界限 2）提取：采用一定的提取方案，对基准要素A进行测量，得到基准要素A的提取组成要素 3）拟合：在实体外对A的提取组成要素采用最大内切法进行拟合，得到拟合圆柱面的拟合导出要素（轴线），并以此轴线体现基准A 3. 被测要素的测量与评估 1）分离：确定被测要素的组成要素及其测量界限 2）提取：采用一定的提取方案，对被测要素进行提取，得到提取圆柱面 3）拟合：在与基准A同轴的约束下，采用最大内切圆柱法对提取圆柱面进行拟合，得到被测圆柱面的拟合圆柱和轴线	1）本示例是采用数字化计量方式。最小实体要求应用于被测要素，需要同时控制被测要素的局部实际尺寸和体内作用尺寸。其中，其任一局部实际尺寸均不得超越其最大实体尺寸和最小实体尺寸，体内作用尺寸不得超越最小实体实效尺寸 2）最小实体实效尺寸等于最小实体尺寸减去（对被包容面）或加上（对包容面）所规范的几何公差差值，见GB/T 16671 3）其余备注说明同本表序号1的备注

（续）

序号	图例	测量装置	检测与验证方案	检验操作集	备注
5	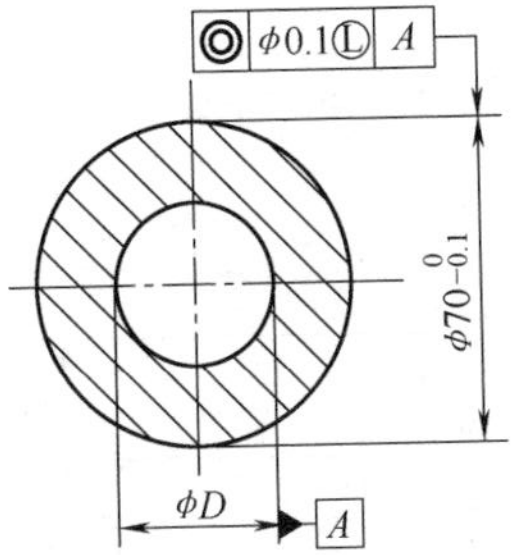	圆柱度仪或类似仪器	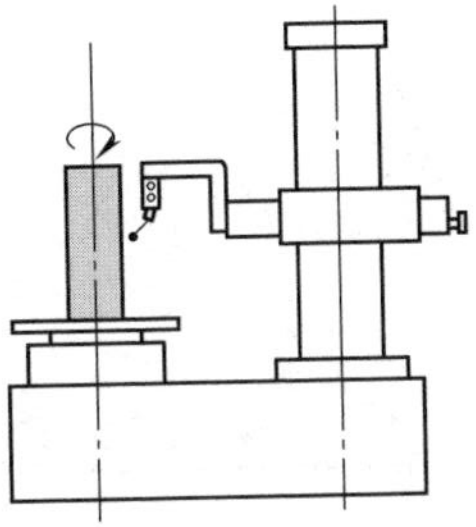	4)评估:拟合圆柱的直径即为被测圆柱面的体内作用直径。同时,由提取圆柱面上的点到拟合圆柱轴线的距离可计算求得局部实际直径 4. 符合性比较 将体内作用直径与最小实体实效尺寸进行比较,局部实际直径与最大实体尺寸进行比较,判定被测件直径是否合格 被测件合格的条件为:体内作用直径不得大于最小实体实效尺寸,局部实际直径不得超越其最大实体尺寸和最小实体尺寸	1)本示例是采用数字化计量方式。最小实体要求应用于被测要素,需要同时控制被测要素的局部实际尺寸和体内作用尺寸。其中,其任一局部实际尺寸均不得超越其最大实体尺寸和最小实体尺寸,体内作用尺寸不得超越最小实体实效尺寸 2)最小实体实效尺寸等于最小实体尺寸减去(对被包容面)或加上(对包容面)所规范的几何公差差值,见GB/T 16671 3)其余备注说明同本表序号1的备注

表 3-6-21　对称度误差的检测与验证方案

序号	图例	测量装置	检测与验证方案	检验操作集	备注
1	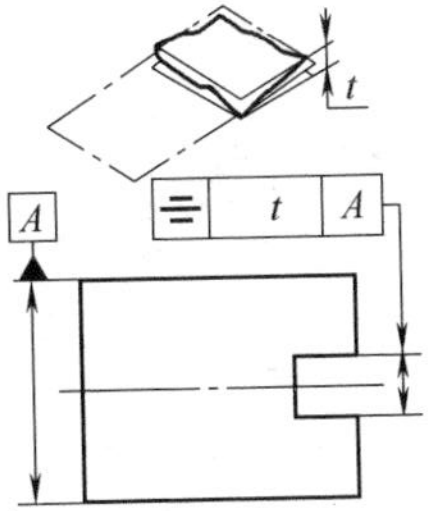	1)平板 2)带指示计的测量架	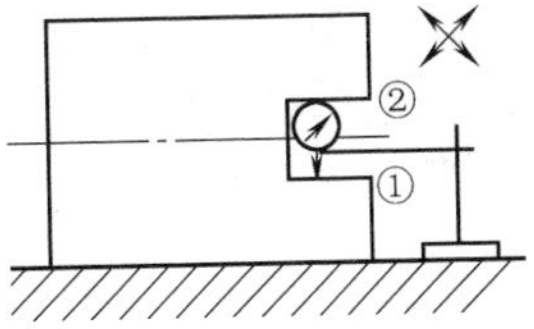	1. 预备工作 将被测件稳定地放置在平板上 2. 基准的体现 1)分离:确定基准要素的组成要素及其测量界限	1)提取操作:根据被测件的功能要求、结构特点和提取操作设备的情况等,参考GB/T 1958—2017图B.1选择合理的提取方案。例如,对被测要素进行提取操作时,为便于数据处理,一般采用等间距提取方案,但也允许采用不等间距提取方案

（续）

序号	图例	测量装置	检测与验证方案	检验操作集	备注
1	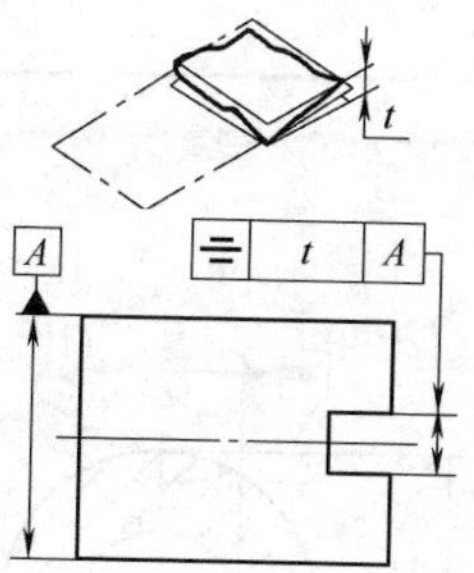	1）平板 2）带指示计的测量架	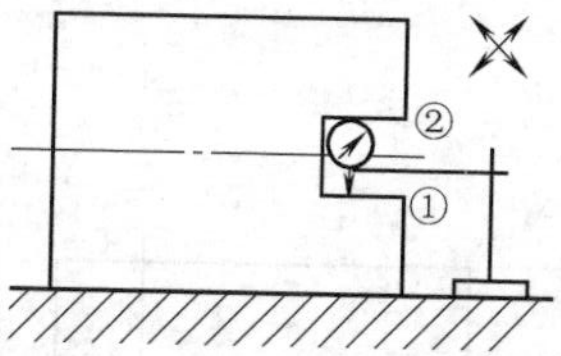	2）提取：选择一定的提取方案，对基准要素的组成要素进行测量，得到两个提取表面（提取组成要素） 3）拟合：采用一组满足平行约束的平行平面，在实体外、同时对两个提取组成要素进行最大内切法拟合，得到拟合组成要素的拟合中心平面（方位要素），并以此拟合中心平面体现基准 *A* 3. 被测要素测量与评估 1）分离：确定被测要素的组成要素及其测量界限 2）提取：选择一定的提取方案，对被测要素的组成要素（①和②）进行测量，得到两个提取表面（提取组成要素） 3）分离、组合：将提取表面（提取组成要素）的各对应点连线中点进行分离、组合操作，得到被测要素的提取导出要素（中心面） 4）拟合：在基准 *A* 的约束下，采用最小区域法对被测要素的提取导出要素（中心面）进行拟合，获得具有方位特征的两定位拟合平行平面（即定位最小区域） 5）评估：包容提取导出要素（中心面）的两定位平行平面之间的距离，即对称度误差值 4. 符合性比较 将得到的误差值与图样上给出的公差值进行比较，判定被测中心平面对基准的对称度是否合格	2）对为获得被测要素位置误差值而进行的拟合操作，拟合方法缺省约定采用定位最小区域法 3）在体现基准的拟合操作中，一般缺省的拟合方法有最小外接法（对于被包容面）、最大内切法（对于包容面）、实体外约束的最小区域法（对于平面、曲面）等，详见 GB/T 1958—2017 附录 B 的 B.10 4）若在图样上的位置公差值后面带有最大内切（Ⓧ）、最小外接（Ⓝ）、最小二乘（Ⓖ）、最小区域（Ⓒ）、贴切（Ⓣ）等符号时，则表示该位置公差是对被测要素的拟合要素的要求 若位置公差值后面无相应的符号，则表示该位置公差是对被测要素本身的要求（如本图例） 5）根据 GB/T 1958—2017 第 9 章进行测量不确定度评估，并依据 GB/T 1958—2017 第 10 章进行合格评定

（续）

序号	图例	测量装置	检测与验证方案	检验操作集	备注
2	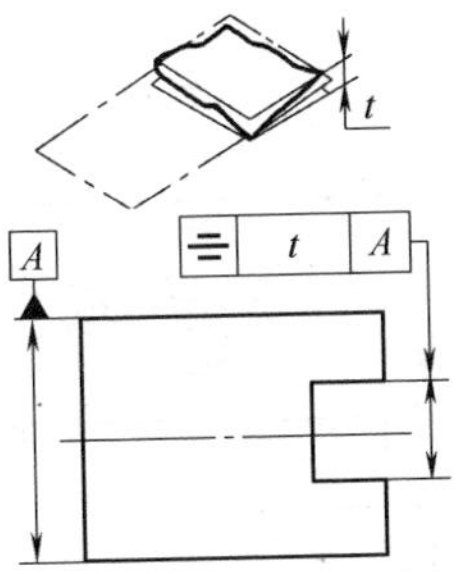	1）平板 2）与平板平行的定位块 3）带指示计的测量架	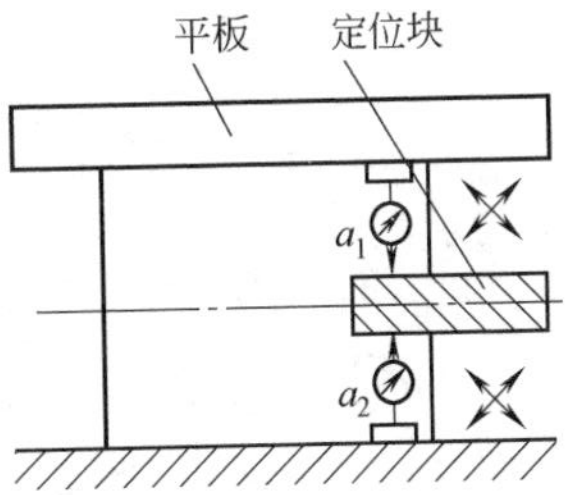	1. 预备工作 将被测件稳定地放置在两块平行的平板之间，且尽可能保持它们之间的最大距离为最小。将定位块放置于被测槽中，且尽可能保持定位块与槽的上下表面之间的最大距离为最小 2. 基准体现 采用两块平行的平板（模拟基准要素）体现基准 A 3. 被测要素测量与评估 1）分离：确定被测要素的模拟被测要素（定位块）及其测量界限 2）提取：选择平行线提取方案，在模拟被测要素（定位块）上下两测量面的对应点处进行测量，得到上下两测量面多个对应测量点值 3）评估：以上下两测量面对应测量点的差值的最大值作为被测要素的对称度误差值 4. 符合性比较 将得到的误差值与图样上给出的公差值进行比较，判定被测中心平面对基准的对称度是否合格	1）被测要素由定位块模拟体现。通过对模拟被测要素（定位块）的提取、组合等操作，获得的被测要素的提取导出要素（中心面） 2）该方法是一种简便实用的检测方法，但由于该方法不是直接对被测要素的组成要素进行提取，且提取部位与被测要素不完全重合，由此会产生相应的测量不确定度 3）如果模拟被测要素（定位块）的长度大于被测要素的长度，其对称度误差值的评估可按比例折算 4）其余备注说明同本表序号 1 的备注

（续）

序号	图例	测量装置	检测与验证方案	检验操作集	备注
3	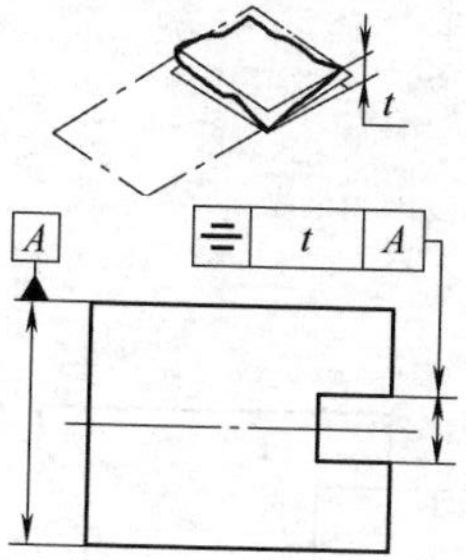	1）千分尺 2）平板	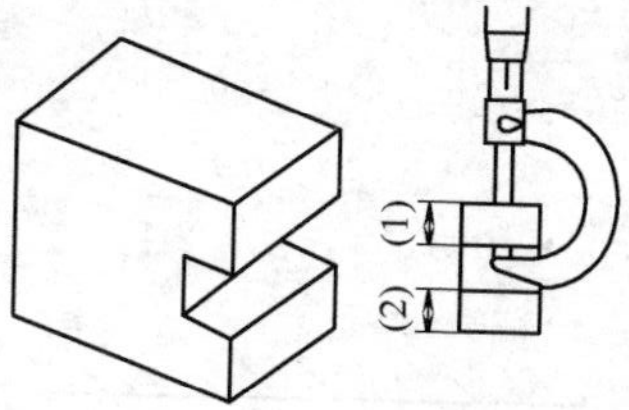	1. 预备工作 将被测件稳定地放置在平板上 2. 基准的体现 采用模拟基准要素（平板）与基准要素的组成要素稳定接触，体现基准 A 3. 被测要素测量与评估 1）分离：确定被测要素的组成要素及其测量界限 2）提取：采用一定的提取方案，在多个测量点处用千分尺测量槽的壁厚值［（1）或（2）］，得到上下两测量面多个对应测量点值 3）评估：上下两测量面对应测量点的壁厚差值的最大值为被测要素的对称度误差值 4. 符合性比较 将得到的误差值与图样上给出的公差值进行比较，判定被测中心平面对基准的对称度是否合格	1）该方案是一种简便实用的检测方法，仅适用于测量形状误差较小的零件 2）备注说明同本表序号 1 备注的 1）、3）、4）
4	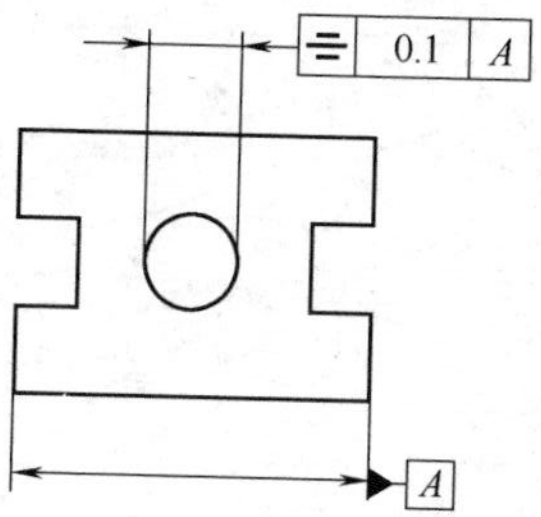	1）平板 2）带指示计的测量架	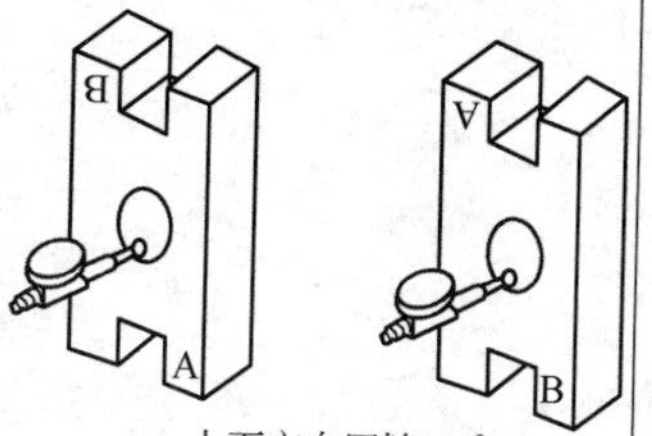上下方向回转180° a)　　b)	1. 预备工作 将被测件稳定地放置在两块平行的平板之间，且尽可能保持它们之间的最大距离为最小 2. 基准体现 采用两块平行的平板（模拟基准要素）体现基准 A 3. 被测要素测量与评估 1）分离：确定被测要素的组成要素及其测量界限 2）提取：按图 a 所示进行测量，沿孔素线方向测量（至少测量三个点），然后将被测件上下方向回转 180°，按图 b 所示进行测量，沿孔素线方向对应测量几个点，得到两条提取线 3）评估：两条提取线各对应点之间的差值作为被测要素的对称度误差值 4. 符合性比较 将得到的误差值与图样上给出的公差值进行比较，判定被测中心平面对基准的对称度是否合格	备注说明同本表序号 1 备注的 1）、3）、4）

（续）

序号	图例	测量装置	检测与验证方案	检验操作集	备注
5	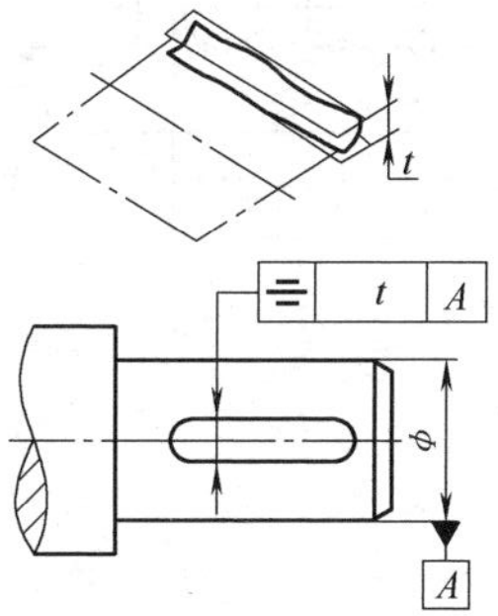	坐标测量机	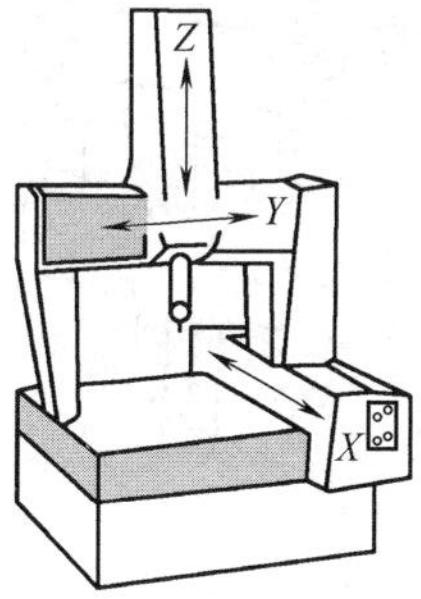	1. 预备工作 将被测件放置在坐标测量机工作台上 2. 基准体现 1）分离：确定基准要素 A 的组成要素及其测量界限 2）提取：按一定的提取方案对被测圆柱面进行提取，得到提取圆柱面 3）拟合：采用最小外接法对提取圆柱面在实体外进行拟合，得到其导出拟合轴线，并以此轴线体现基准 A 3. 被测要素测量与评估 1）分离：确定被测要素的组成要素（两平行表面）及其测量界限 2）提取：选择一定的提取方案，分别对被测要素的组成要素（两平行表面）进行测量，得到两个提取表面 3）拟合：对两个提取表面同时采用最小二乘法进行拟合、得到的两个提取表面的拟合导出要素（提取导出中心面） 4）拟合：在以基准 A 为对称中心面的约束下，采用最小区域法对提取导出中心面进行拟合，获得具有方位特征的两定位拟合平行平面（即定位最小区域） 5）评估：两定位平行平面之间的距离，即被测要素的对称度误差值 4. 符合性比较 将得到的误差值与图样上给出的公差值进行比较，判定被测中心平面对基准的对称度是否合格	1）对为体现被测要素而进行的拟合操作，拟合方法有最小二乘法、最大内切法、最小外接法和最小区域法，若在图样上未明确示出或说明，则缺省约定采用最小二乘法 2）其余备注说明同本表序号 1 的备注

（续）

序号	图例	测量装置	检测与验证方案	检验操作集	备注
6	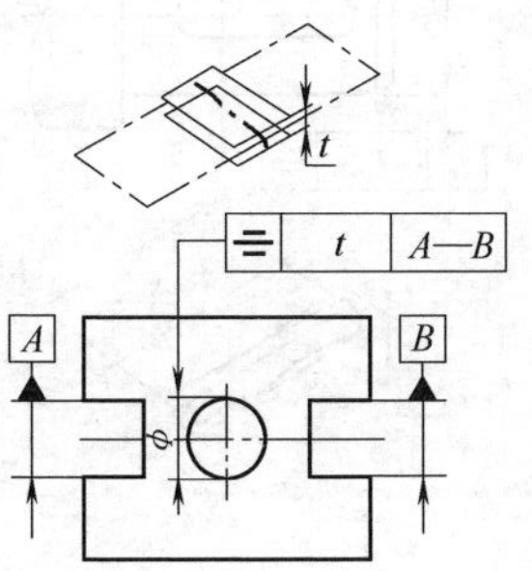	坐标测量机	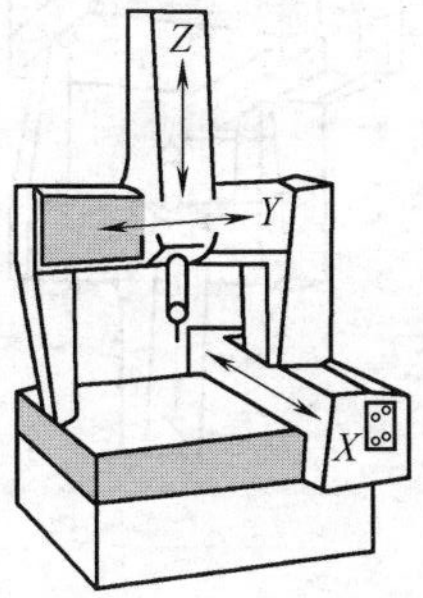	1. 预备工作 将被测件放置坐标测量机工作台上 2. 基准体现 1）分离：确定基准要素的组成要素及其测量界限 2）提取：选择一定的提取方案，对基准要素的组成要素进行测量，分别得到基准要素 A、B 的两组提取组成要素 3）拟合：采用两组满足平行且对称中心平面共面约束的平行平面，在实体外、同时对基准要素 A、B 的两组实际表面（或提取组成要素）进行最小区域法拟合，得到拟合组成要素共有的拟合中心平面（方位要素），并以此共有的拟合中心平面体现基准 $A—B$。 3. 被测要素测量与评估 1）分离：确定与被测要素的组成要素及其测量界限 2）提取：按截面圆周法提取方案对被测内圆柱面进行多截面测量，得到被测要素的各截面提取截面圆 3）拟合：采用最小二乘法对被测要素的各提取截面圆分别进行拟合，得到各提取截面圆的圆心 4）组合：对各提取截面圆的圆心进行组合操作，获得被测内圆柱面的提取导出要素（中心线） 5）拟合：在基准 $A—B$ 的约束下，采用最小区域法对被测要素的提取导出要素（中心线）进行拟合，获得具有方位特征的两定位拟合平行平面（即定位最小区域） 6）评估：包容提取导出要素（中心线）的两定位平行平面之间的距离，即被测要素对称度的误差值 4. 符合性比较 将得到的误差值与图样上给出的公差值进行比较，判定被测中心线对基准的对称度是否合格	该方案中： 1）为体现图中 $A—B$ 公共基准中心平面的拟合操作，必须在保证方向和位置约束的前提下、同时对 A 和 B 的提取组成要素进行拟合，获得共有的拟合组成要素的方位要素（共有的拟合导出要素）体现公共基准中心平面 $A—B$ 2）其余备注说明同本表序号 1 的备注

（续）

序号	图例	测量装置	检测与验证方案	检验操作集	备注
7	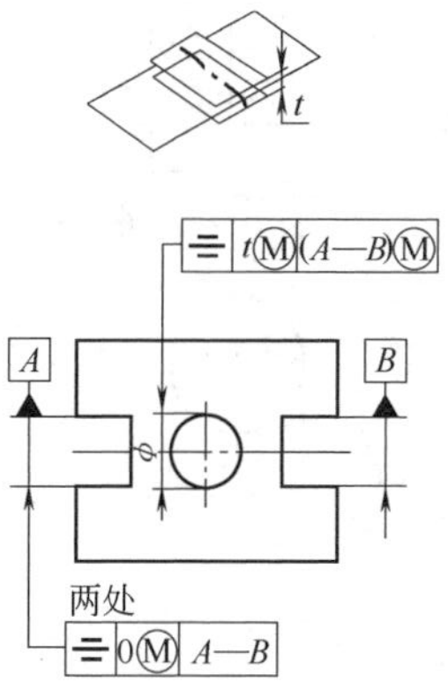	1）功能量规 2）千分尺	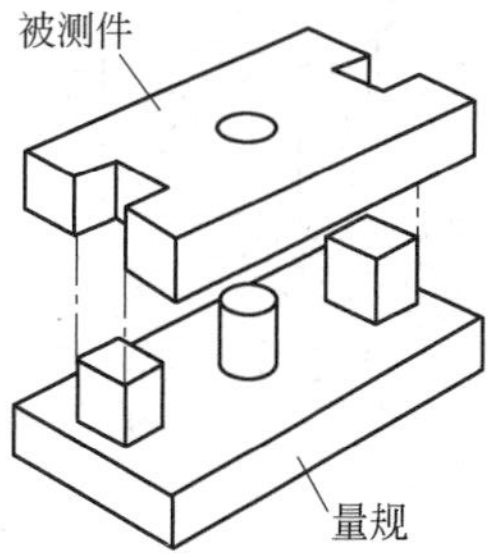	1. 预备工作 采用组合型功能量规，被测件与功能量规的检验部位和定位部位相结合 2. 基准的体现 用功能量规的定位部位体现基准 3. 基准要素和被测要素的测量与评估 1）采用共同检验方式，同时检验基准要素和被测要素的合格性 定位块是用来检验和体现公共基准 $A—B$ 的合格性，其宽度的公称尺寸为基准的最大实体实效尺寸（本例中最大实体实效尺寸等于最大实体尺寸），如果基准要素 $A—B$ 可以自由地通过两定位块，说明基准要素合格 圆柱销用来检验被测要素的合格性，如果在基准定位约束的前提下，被测表面能自由通过圆柱销，说明被测要素的对称度误差合格，被测要素的体外作用尺寸也合格 2）采用普通计量器具（如千分尺等）测量被测要素的局部实际尺寸，其任一局部实际尺寸均不得超越其最大实体尺寸和最小实体尺寸 4. 符合性比较 局部实际尺寸和体外作用尺寸全部合格时，可判定被测要素合格	1）本方案对被测要素和基准要素均采用了最大实体要求，且基准要素应用了零几何公差的最大实体要求的检验 2）检验被测要素的功能量规，其检验部位的公称尺寸为被测要素的最大实体实效尺寸。检验时，如果功能量规能通过被测件，说明被测要素实际轮廓的体外作用尺寸合格 3）本例中，基准要素本身也采用了最大实体要求，则功能量规定位部位的公称尺寸为基准要素的最大实体实效尺寸。由于几何公差值为 0，所以最大实体实效尺寸等于最大实体尺寸 4）其余备注说明参考平行度（表 3-6-17）序号 9 的备注

表 3-6-22 位置度误差的检测与验证方案

序号	图例	测量装置	检测与验证方案	检验操作集	备注
1	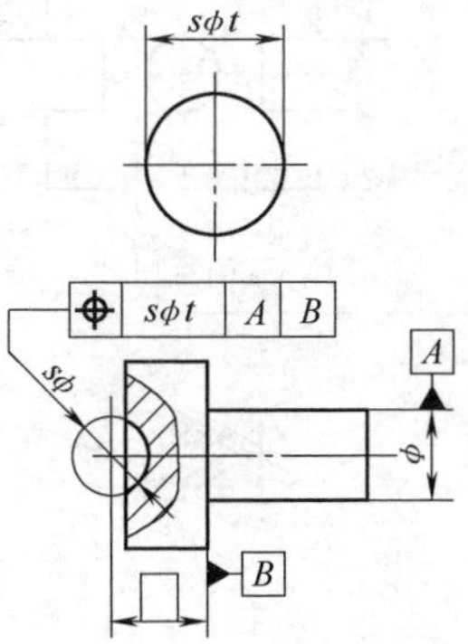	1)标准钢球 2)回转定心夹头 3)平板 4)带指示计的测量架	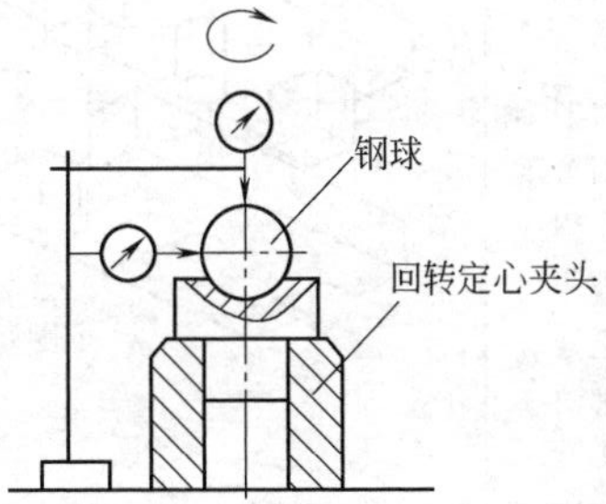	1. 预备工作 被测件稳定地放置在回转定心夹头上,且被测件与回转定心夹头的内孔和上表面稳定接触,使它们之间的最大距离为最小 将标准钢球放置在被测件的球面上且稳定接触,使二者之间的最大距离为最小 2. 基准体现 采用回转定心夹头的中心线和上表面(模拟基准要素)体现基准 A 和 B 3. 被测要素测量与评估 1)分离:确定被测要素的模拟被测要素(标准钢球)及其测量界限 2)提取:在标准钢球回转一周过程中,采用等间距提取方案对标准钢球面进行提取操作,记录径向指示计最大示值差值之半为相对基准轴线 A 的径向误差 f_x 和垂直方向指示计相对于基准 B 的轴向误差 f_y 3)评估:被测点位置度误差值为 $f=2\sqrt{f_x^2+f_y^2}$ 4. 符合性比较 将得到的误差值与图样上给出的公差值进行比较,判定球心的位置度是否合格	1)被测要素由标准钢球模拟体现 2)该方案是一种简便实用的检测方法,但由于该方案不是直接对被测要素的组成要素进行提取,由此会产生相应的测量不确定度 3)根据 GB/T 1958—2017 第 9 章进行测量不确定度评估,并依据 GB/T 1958—2017 第 10 章进行合格评定

（续）

序号	图例	测量装置	检测与验证方案	检验操作集	备注
2	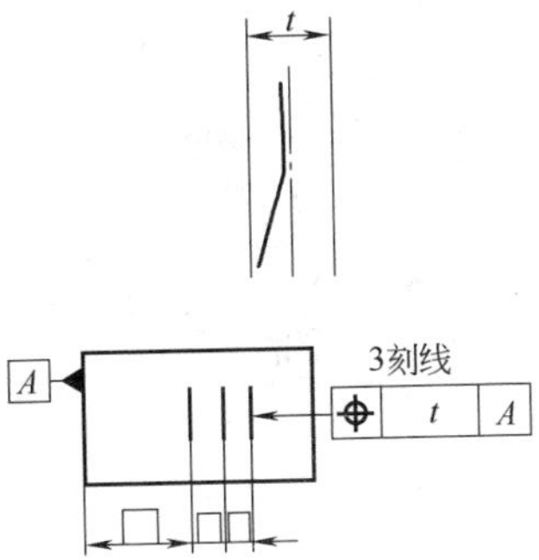	坐标测量机	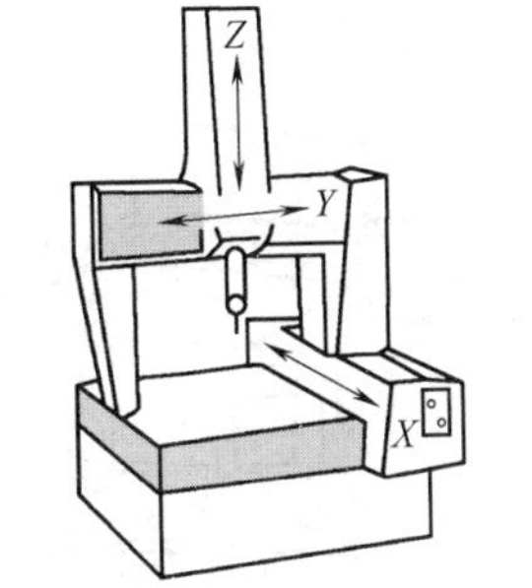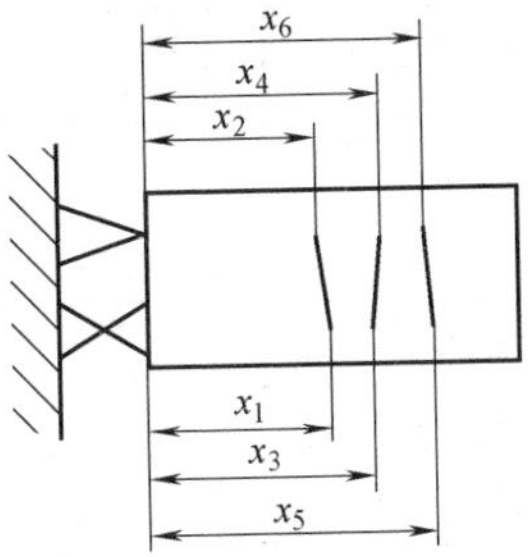	1. 预备工作 将被测件放置在坐标测量机工作台上 2. 基准体现 采用坐标测量装置的工作台(模拟基准要素)体现基准 A 3. 被测要素测量与评估 1)确定被测刻线及其测量界限 2)提取:分别对三条被测刻线进行提取操作,得到各被测刻线的最大和最小的坐标值:x_1-x_2、x_3-x_4、x_5-x_6 3)评估:将测得的各坐标值分别与相应的理论正确尺寸比较,取其中的最大差值乘以2,作为该零件的位置度误差值 4. 符合性比较 将得到的误差值与图样上给出的公差值进行比较,判定被测刻线的位置度是否合格	1)提取操作:根据被测件的功能要求、结构特点和提取操作设备的情况等,参考 GB/T 1958—2017 图 B.1 选择合理的提取方案。例如,对被测要素进行提取操作时,为便于数据处理,一般采用等间距提取方案,但也允许采用不等间距提取方案 2)若在图样上的位置公差值后面带有最大内切(Ⓧ)、最小外接(Ⓝ)、最小二乘(Ⓖ)、最小区域(Ⓒ)、贴切(Ⓣ)等符号时,则表示该位置公差是对被测要素的拟合要素的要求 若位置公差值后面无相应的符号,则表示该位置公差是对被测要素本身的要求(如本图例) 3)根据 GB/T 1958—2017 第 9 章进行测量不确定度评估,并依据 GB/T 1958—2017 第 10 章进行合格评定

（续）

序号	图例	测量装置	检测与验证方案	检验操作集	备注
3	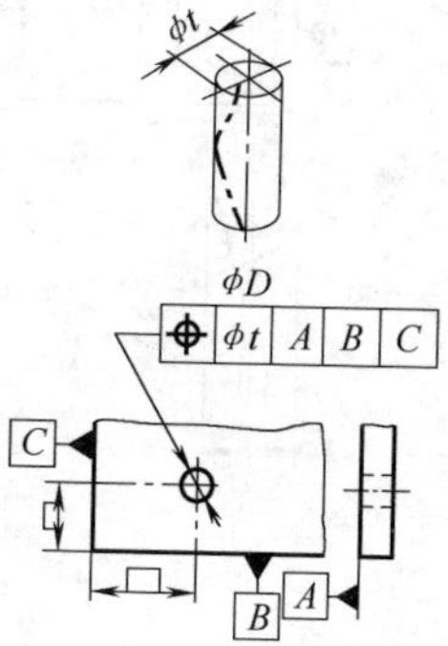	坐标测量机	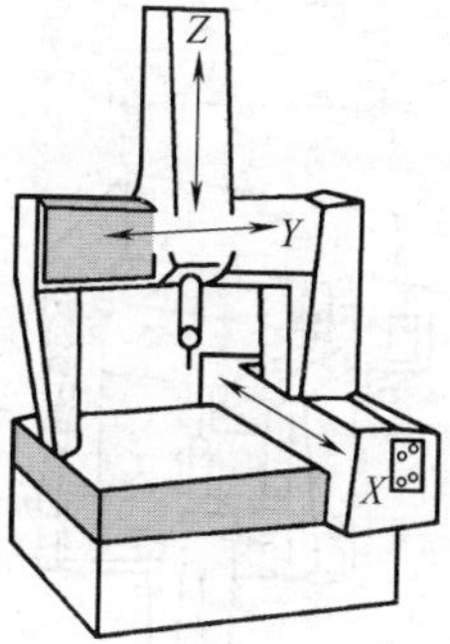	1. 预备工作 将被测件放置在坐标测量机工作台上 2. 基准体现 1）分离：确定基准要素 A、B、C 及其测量界限 2）提取：按米字形提取方案分别对基准要素 A、B、C 进行提取，得到基准要素 A、B、C 的提取表面 3）拟合：采用最小区域法对提取表面 A 在实体外进行拟合，得到其拟合平面，并以此平面体现基准 A 在保证与基准要素 A 的拟合平面垂直的约束下，采用最小区域法在实体外对基准要素 B 的提取表面进行拟合，得到其拟合平面，并以此拟合平面体现基准 B 在保证与基准要素 A 的拟合平面垂直，然后又与基准要素 B 的拟合平面垂直的约束下，采用最小区域法在实体外对基准要素 C 的提取表面进行拟合，得到其拟合平面，并以此拟合平面体现基准 C 3. 被测要素测量与评估 1）分离：确定被测要素的组成要素及其测量界限	1）提取操作：根据被测件的功能要求、结构特点和提取操作设备的情况，参考 GB/T 1958—2017 图 B.1 选择合理的提取方案。例如，对被测要素进行提取操作时，为便于数据处理，一般采用等间距提取方案，但也允许采用不等间距提取方案 2）对为体现被测要素而进行的拟合操作，拟合方法有最小二乘法、最大内切法、最小外接法和最小区域法，若在图样上未明确示出或说明，则一般缺省约定采用最小二乘法

（续）

序号	图例	测量装置	检测与验证方案	检验操作集	备注
3	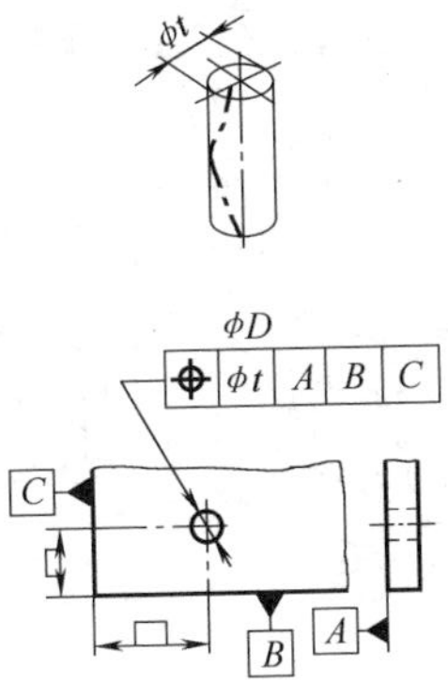	坐标测量机	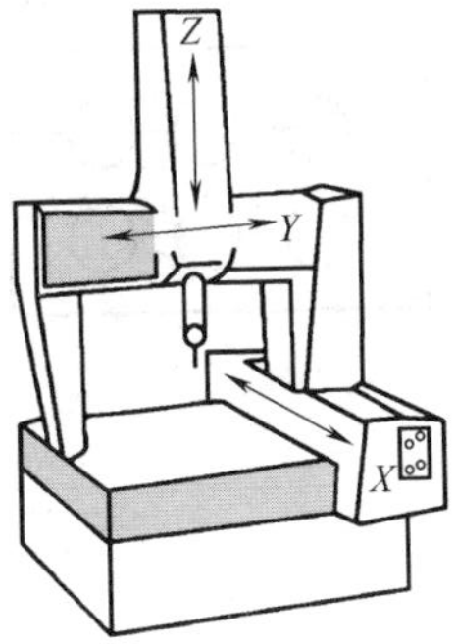	2）提取：采用等间距布点策略沿被测圆柱横截面圆周进行测量，在轴线方向等间距测量多个横截面，得到多个提取截面圆 3）拟合：采用最小二乘法分别对每个提取截面圆进行拟合，得到各提取截面圆的圆心 4）组合：将各提取截面圆的圆心进行组合，得到被测件的提取导出要素（中心线） 5）拟合：在基准 A、B、C 的约束下，以由理论正确尺寸确定的理想轴线的位置为轴线，采用最小区域法对提取导出要素进行拟合，得到包容提取导出要素（中心线）的圆柱 6）评估：误差值为包容提取导出要素（中心线）圆柱的直径值 4. 符合性比较 将得到的误差值与图样上给出的公差值进行比较，判定位置度是否合格 对于多孔孔组的位置度误差的测量与评估，则可按上述方法逐孔测量和计算	3）对体现基准的拟合操作中，一般缺省的拟合方法有最小外接法（对于被包容面）、最大内切法（对于包容面）和实体外约束的最小区域法（对于平面、曲面）等，详见 GB/T 1958—2017 附录 B 的 B.10 4）对为获得被测要素位置误差值而进行的拟合操作，拟合方法缺省约定采用定位最小区域法 5）其余备注说明同本表序号 2 备注的 2）、3）

（续）

序号	图例	测量装置	检测与验证方案	检验操作集	备注
4	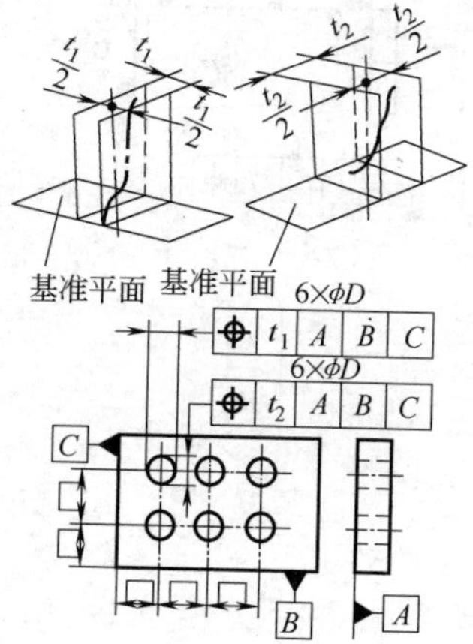	1）坐标测量机 2）可胀式心轴	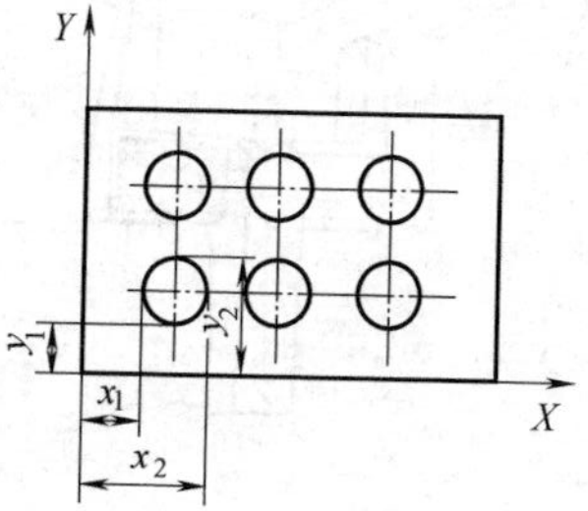	1. 预备工作 将被测件放置在坐标测量机工作台上。按基准调整被测件，使其与测量装置的坐标方向一致 安装心轴，并尽可能使心轴与被测孔之间的最大间隙为最小。以心轴的轴线模拟体现被测孔的中心线 2. 基准体现 采用坐标测量机工作台面（模拟基准要素）体现基准 A，采用基准要素本身（直接法）体现基准 B 和 C 3. 被测要素测量与评估 1）分离：确定被测要素的模拟被测要素（心轴）及其测量界限 2）提取：在模拟被测要素（心轴）上、靠近被测件的板面处，测量 x_1、x_2、y_1、y_2。按下式分别计算出坐标尺寸 x、y： X 方向坐标尺寸：$x=\frac{x_1+x_2}{2}$ Y 方向坐标尺寸：$y=\frac{y_1+y_2}{2}$ 3）评估：将 x、y 分别与相应的理论正确尺寸比较，得到 f_x 和 f_y，位置度误差值为 $f=2\sqrt{f_x^2+f_y^2}$ 然后把被测件翻转，对其背面按上述方法重复测量，取其中的误差较大值作为该零件被测孔的位置度误差值 对于多孔孔组，则按上述方法逐孔测量和计算 若位置度公差带为给定两个互相垂直的方向，则直接取 $2f_x$、$2f_y$ 分别作为该零件在两个方向上的位置度误差值 4. 符合性比较 将得到的误差值与图样上给出的公差值进行比较，判定位置度是否合格	1）该方案是一种简便实用的检测方法，但由于该方案不是直接对被测要素的组成要素进行提取，且提取部位与被测要素不完全重合，由此会产生相应的测量不确定度 2）在模拟被测要素（心轴）上，若提取截面之间的距离与被测要素的实际长度不等时，其位置度误差值的评估可按比例折算 3）其余备注说明同本表序号 2 备注的 2）、3）

（续）

序号	图例	测量装置	检测与验证方案	检验操作集	备注
5	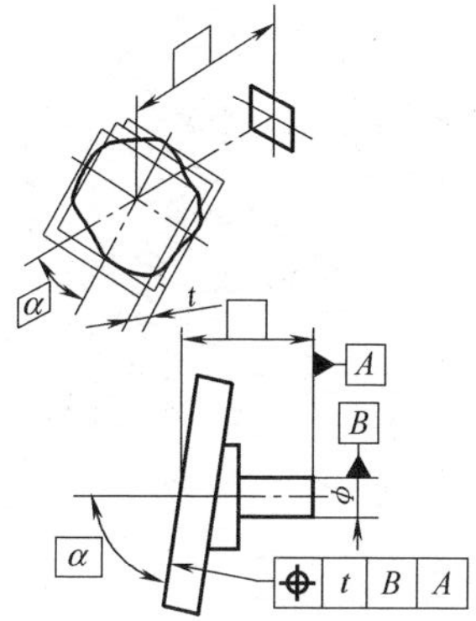	1）平板 2）专用测量支架 3）带指示计的测量架	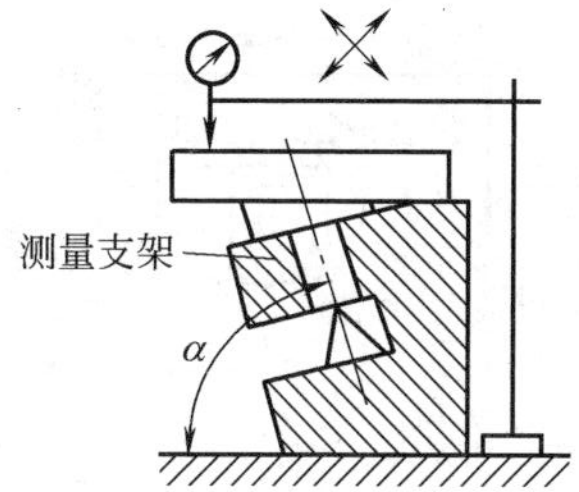	1. 预备工作 将被测件安装于专用测量支架上，调整被测件在专用支架上的位置，使指示计的示值差为最小。指示计按专用的标准零件调零 2. 基准体现 采用专用测量支架上孔和支承点（模拟基准要素）体现基准 B 和 A 3. 被测要素测量与评估 1）分离：确定被测表面及其测量界限 2）提取：按米字形提取方案对被测要素进行提取操作，得到提取表面 3）拟合：在基准 B、A 约束下，以由理论正确尺寸确定的理想平面为中心，采用最小区域法对提取表面进行拟合，获得具有方位特征的两定位拟合平行平面（即定位最小区域） 4）评估：两定位拟合平行平面之间的距离，即被测面的位置度误差值 4. 符合性比较 将得到的误差值与图样上给出的公差值进行比较，判定被测平面的位置度是否合格	备注说明同本表序号3的备注
6	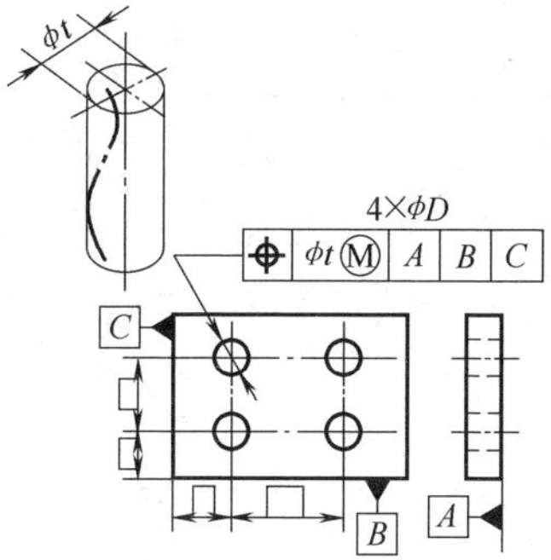	1）功能量规 2）千分尺	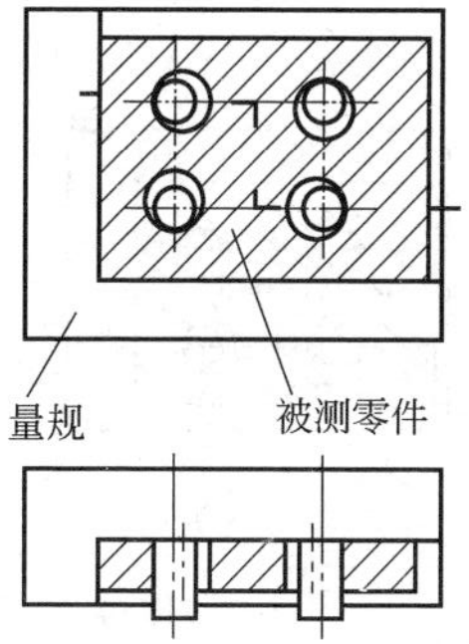	1. 预备工作 采用整体型或组合型功能量规，被测轮廓与量规的检验部位相结合，同时保证量规的定位部位与被测件的基准表面稳定接触 2. 基准的体现 用功能量规的定位部位体现基准 3. 被测要素的测量与评估	1）本示例中，最大实体要求应用于被测要素 2）功能量规检验部位的公称尺寸为被测要素的最大实体实效尺寸

（续）

序号	图例	测量装置	检测与验证方案	检验操作集	备注
6	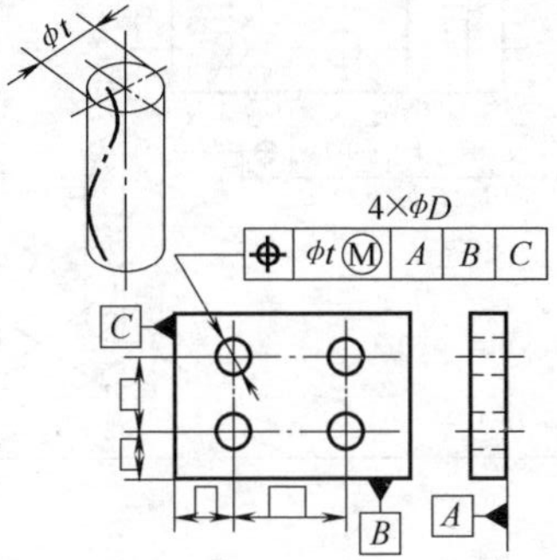	1）功能量规 2）千分尺	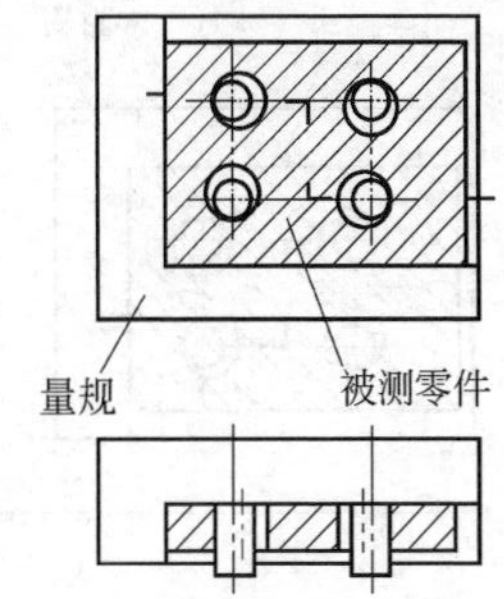	1）实际尺寸的检验：采用普通计量器具（如千分尺等）测量被测要素实际轮廓的局部实际尺寸，其任一局部实际尺寸均不得超越其最大实体尺寸和最小实体尺寸 2）体外作用尺寸的检验：功能量规的检验部位与被测要素的实际轮廓相结合，如果被测件能通过功能量规，说明被测要素实际轮廓的体外作用尺寸合格 4. 符合性比较 局部实际尺寸和体外作用尺寸全部合格时，才可判定被测要素合格	3）基准要素为三个轮廓要素，因此功能量规定位部位的尺寸、形状、方向和位置与基准要素的理想要素相同 4）其余备注说明参见平行度（表3-6-17）序号9的备注
7	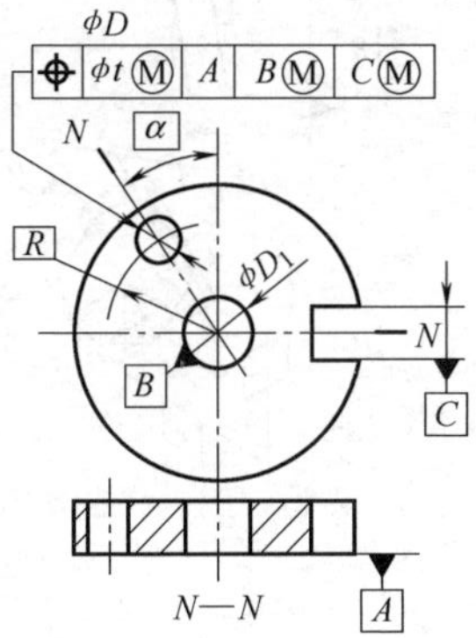	1）功能量规 2）千分尺	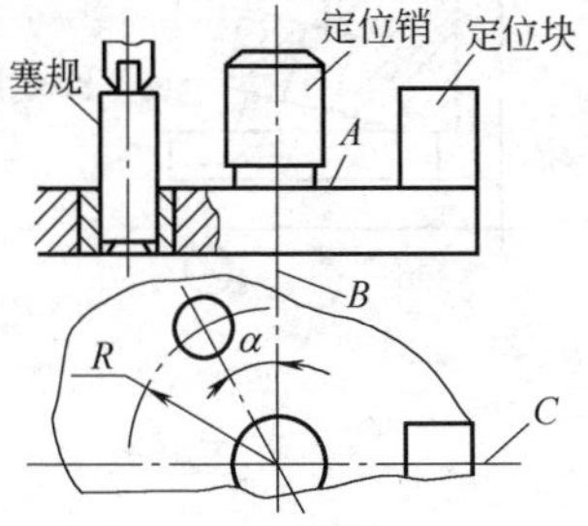	1. 预备工作 采用插入型功能量规。被测轮廓与量规的检验部位相结合，同时保证量规的定位部位与被测件的基准表面稳定接触 2. 基准的体现 用功能量规的定位部位体现基准 3. 被测要素的测量与评估 1）采用依次检验方式。量规上定位销是用来检验基准 B 的光滑极限量规通规，其公称尺寸为基准 B 的最大实体尺寸，量规上的定位块是用来检验基准 C 光滑极限量规通规，其公称尺寸为槽宽的最大实体尺寸。在保证与量规定位部位 A 稳定接触的约束下，将被测件的基准孔 B 和基准对称中心面 C 分别与量规的定位销和定位块相结合，若量规能自由通过被测件，则被测件的基准要素合格	1）本示例中最大实体要求应用于基准要素和被测要素，量规为插入型功能量规，采用依次检验方式分别检验基准要素和被测要素是否合格 2）功能量规检验部位的公称尺寸为被测要素的最大实体实效尺寸，功能量规定位部位的公称尺寸为基准要素的最大实体尺寸 3）其余备注说明参见平行度（表3-6-17）序号9的备注

（续）

序号	图例	测量装置	检测与验证方案	检验操作集	备注
7	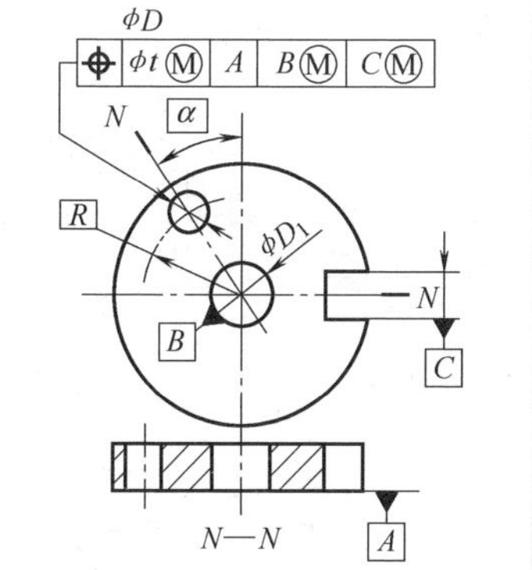	1）功能量规 2）千分尺	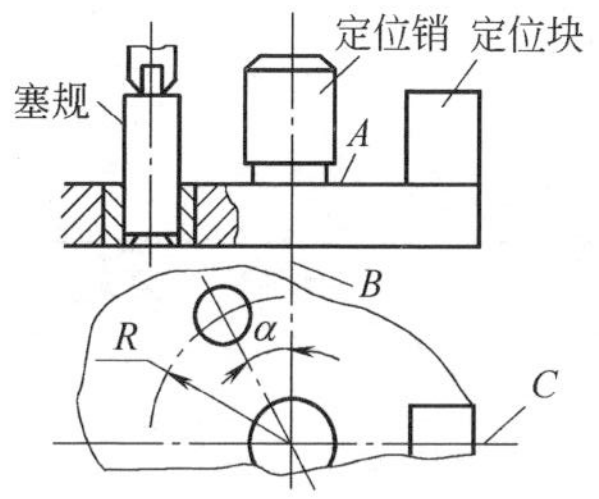	然后在基准的定位约束下，用塞规检验被测要素的位置度误差，如果塞规能自由通过被测孔，说明被测孔实际轮廓的位置度误差合格，其体外作用尺寸也合格 2）采用普通计量器具（如千分尺等）测量被测表面的局部实际尺寸，其任一局部实际尺寸均不得超越其最大实体尺寸和最小实体尺寸 4. 符合性比较 局部实际尺寸和体外作用尺寸全部合格时，可判定被测要素合格	1）本示例中最大实体要求应用于基准要素和被测要素，量规为插入型功能量规，采用依次检验方式分别检验基准要素和被测要素是否合格 2）功能量规检验部位的公称尺寸为被测要素的最大实体实效尺寸，功能量规定位部位的公称尺寸为基准要素的最大实体尺寸 3）其余备注说明参见平行度（表 3-6-17）序号 9 的备注
8	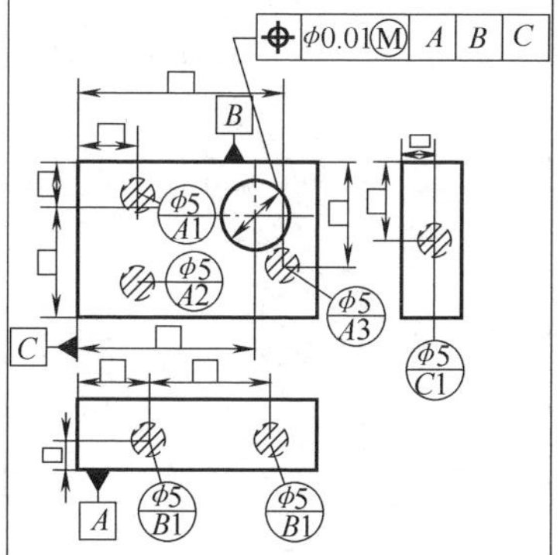	1）功能检具 2）千分尺	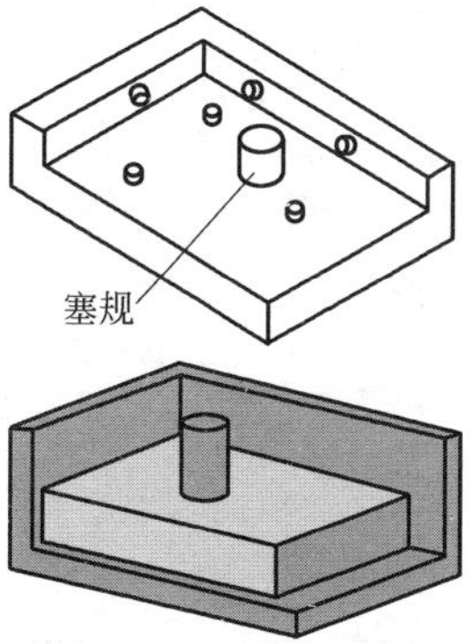	1. 预备工作 将被测件稳定地放置在检具上 2. 基准的体现 基准目标法（检具上的小平面）体现基准 3. 被测要素测量与评估 1）实际尺寸的检验：采用普通计量器具（如千分尺等）测量被测要素实际轮廓的局部实际尺寸，其任一局部实际尺寸均不得超越其最大实体尺寸和最小实体尺寸 2）体外作用尺寸的检验：功能量规的检验部位与被测要素的实际轮廓相结合，如果被测件能通过功能量规，说明被测要素实际轮廓的体外作用尺寸合格 4. 符合性比较 局部实际尺寸和体外作用尺寸全部合格时，才可判定被测要素合格	备注说明同本表序号 6 的备注

表 3-6-23 圆跳动的检测与验证方案

序号	图例	测量装置	检测与验证方案	检验操作集	备注
1	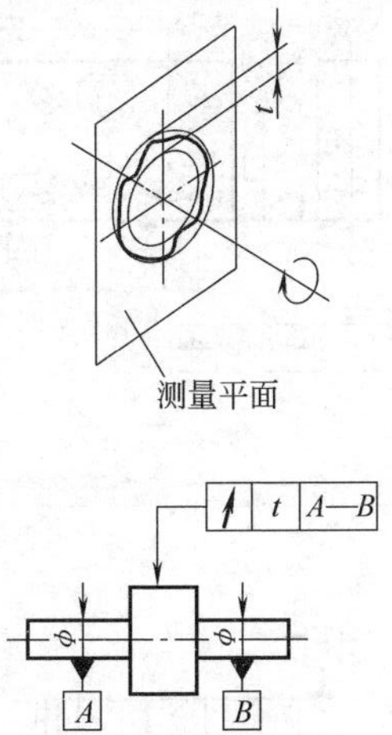	1)一对同轴圆柱导向套筒 2)带指示计的测量架	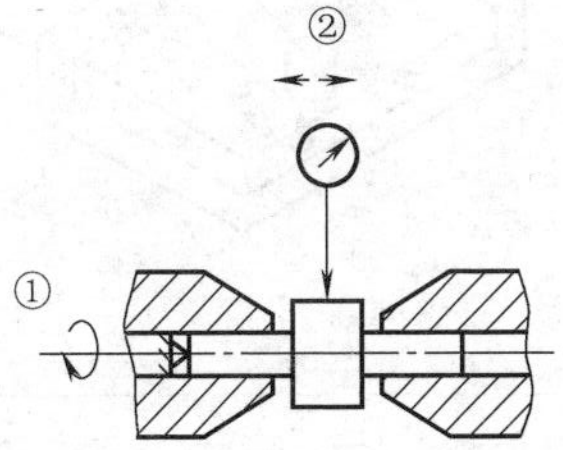	1. 预备工作 将被测件支承在两个同轴圆柱导向套筒内,并在轴向定位 2. 基准体现 采用同轴圆柱导向套筒(模拟基准要素)体现基准 $A—B$ 3. 被测要素测量与评估 1)分离:确定被测要素及其测量界限 2)提取:在垂直于基准 $A—B$ 的截面(单一测量平面)上,且当被测件回转一周的过程中,对被测要素进行测量,得到一系列测量值(指示计示值) 3)评估:取其指示计示值最大差值,即为单一测量平面的径向圆跳动 重复上述提取、评估操作,在若干个截面上进行测量。取各截面上测得的径向圆跳动量中的最大值,作为该零件的径向圆跳动 4. 符合性比较 将得到的径向圆跳动值与图样上给出的公差值进行比较,判定被测件的径向圆跳动是否合格	1)径向圆跳动属于特定检测方法定义的项目,简单实用 2)基准的体现:采用模拟基准要素体现基准 3)被测要素测量与评估,需要:①构建测量面(测量平面);②明确提取策略与方法;③评估:无须拟合,可直接由指示计的最大、最小示值之差即得到相应的跳动值
2	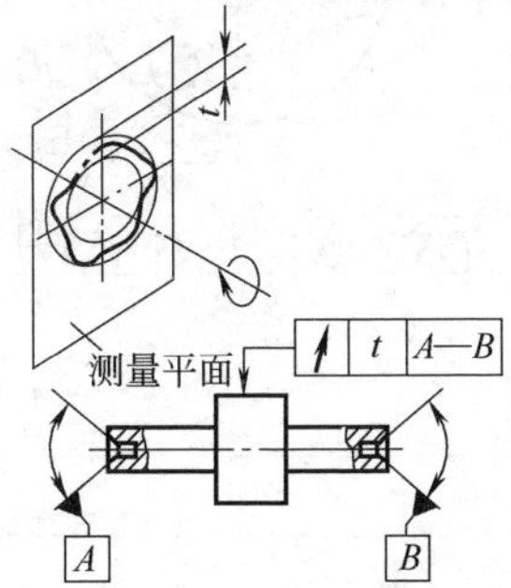	1)一对同轴顶尖 2)带指示计的测量架	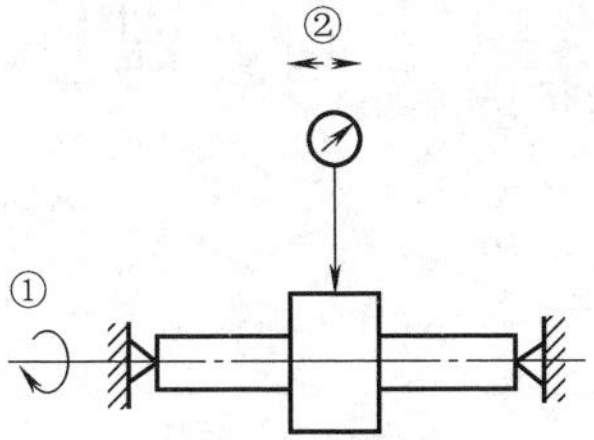	1. 预备工作 将被测件安装在两同轴顶尖之间 2. 基准体现 采用同轴顶尖(模拟基准要素)的公共轴线体现基准 $A—B$ 3. 被测要素测量与评估 其余步骤同本表序号 1	备注说明同本表序号 1 的备注

（续）

序号	图例	测量装置	检测与验证方案	检验操作集	备注
3	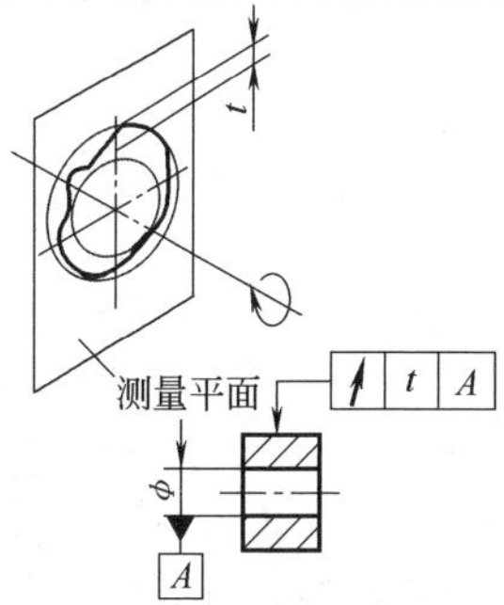	1）一对同轴顶尖（或V形架） 2）导向心轴 3）带指示计的测量架	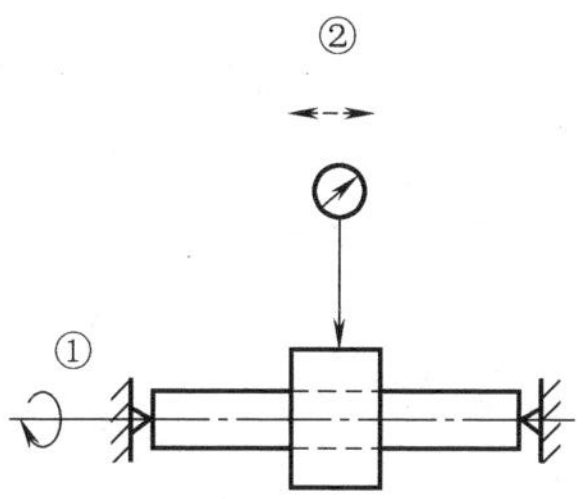	1. 预备工作 将被测件固定在导向心轴上，并安装在两同轴顶尖（或等高V形架）之间 2. 基准体现 采用导向心轴及同轴顶尖（模拟基准要素）体现基准 A 3. 被测要素测量与评估 其余步骤同本表序号1	备注说明同本表序号1的备注
4	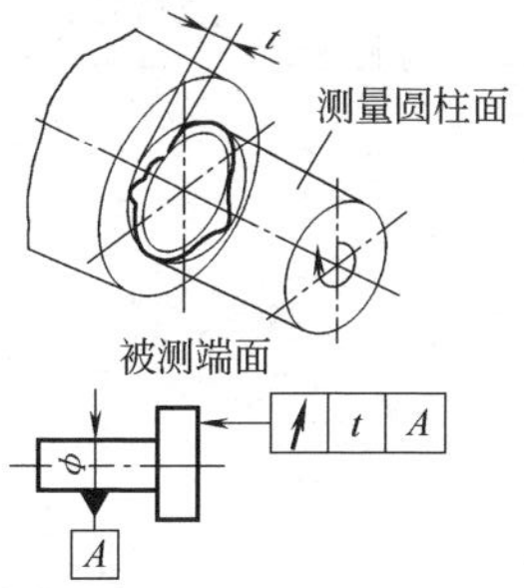	1）导向套筒 2）带指示计的测量架	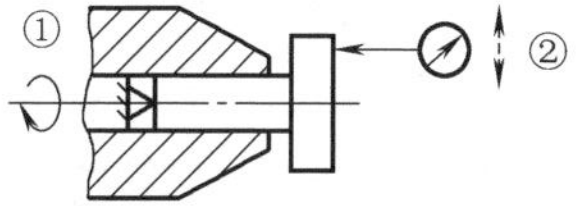	1. 预备工作 将被测件固定在导向套筒内，并在轴向上固定 2. 基准体现 采用导向套筒（模拟基准要素）体现基准 A 3. 被测要素测量与评估 1）分离：确定被测要素（端面）及其测量界限 2）构建、提取：在被测要素（端面）的某一半径位置处，沿被测件的轴向，构建相应与基准A同轴的测量圆柱面；在测量圆柱面上，且当被测件回转一周的过程中，对被测要素进行测量，得到一系列测量值（指示计示值） 3）评估：取其指示计示值的最大差值，即为单一测量圆柱面的端面圆跳动 重复上述构建、提取、评估操作，在对应被测要素（端面）不同半径位置处的测量圆柱面上进行测量。取各测量圆柱面上测得的端面圆跳动量中的最大值，作为该零件的端面圆跳动 4. 符合性比较 将得到的端面圆跳动值与图样上给出的公差值进行比较，判定被测件端面圆跳动是否合格	1）端面圆跳动属于特定检测方法定义的项目，简单实用 2）基准的体现：采用模拟基准要素体现基准 3）被测要素测量与评估，需要①构建测量面（测量圆柱面）；②明确提取策略与方法；③评估：无须拟合，可直接由指示计的最大、最小示值之差即得到相应的跳动值

（续）

序号	图例	测量装置	检测与验证方案	检验操作集	备注
5	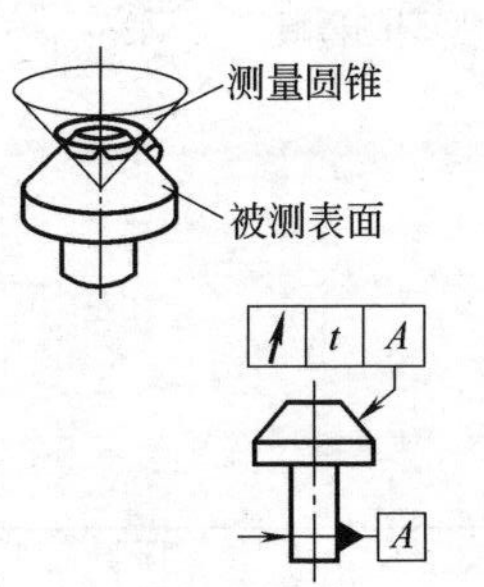	1)导向套筒 2)带指示计的测量架	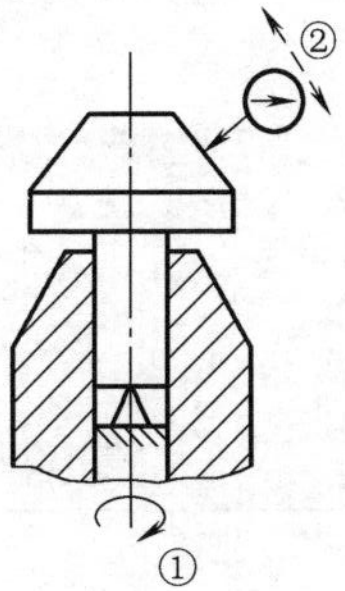	1. 预备工作 将被测件固定在导向套筒内,并在轴向固定 2. 基准体现 采用导向套筒(模拟基准要素)体现基准 A 3. 被测要素测量与评估 1)分离:确定被测要素(圆锥面)及其测量界限 2)构建、提取:在被测要素(圆锥面)某一半径位置处,沿与锥面素线垂直的方向(或图样规范明确要求的方向)上,构建与基准 A 同轴的测量圆锥面;在测量圆锥面上,且当被测件回转一周的过程中,对被测要素进行测量,得到一系列测量值(指示计示值) 3)评估:取其指示计示值的最大差值,即为单一测量圆锥面的斜向圆跳动 重复上述构建、提取、评估操作,在对应被测要素不同半径位置处的测量圆锥面上进行测量。取各测量圆锥面上测得的斜向圆跳动量中的最大值,作为该零件的斜向圆跳动 4. 符合性比较 将得到的斜向圆跳动值与图样上给出的公差值进行比较,判定被测件锥面的斜向圆跳动是否合格	1)斜向圆跳动属于特定检测方法定义的项目,简单实用 2)基准的体现:采用模拟基准要素体现基准 3)被测要素测量与评估,需要:①构建测量面(测量圆锥面);②明确提取策略与方法;③评估:无须拟合,可直接由指示计的最大、最小示值之差即得到相应的跳动值

表 3-6-24 全跳动的检测与验证方案

序号	图例	测量装置	检测与验证方案	检验操作集	备注
1	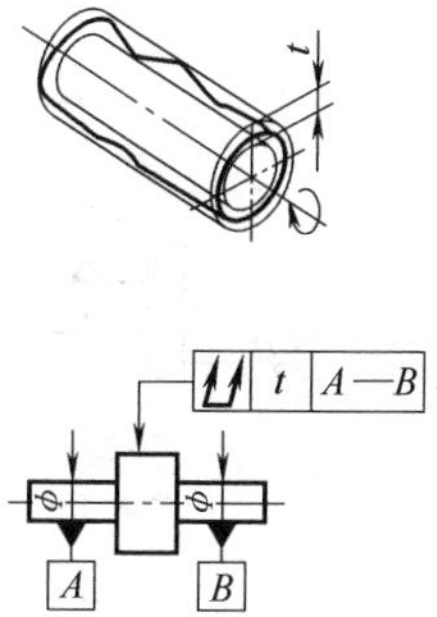	1)一对同轴导向套筒 2)平板 3)支承 4)带指示计的测量架	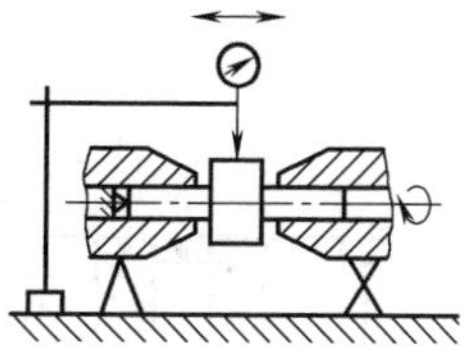	1. 预备工作 将被测件固定在两同轴导向套筒内,同时在轴向上固定,并调整两导向套筒,使其同轴且与测量平板平行 2. 基准体现 采用同轴导向套筒(模拟基准要素)体现基准 *A—B* 3. 被测要素测量与评估 1)分离:确定被测要素(外圆柱面)及其测量界限 2)提取:在被测件相对于基准 *A—B* 连续回转、指示计同时沿基准 *A—B* 方向作直线运动的过程中,对被测要素进行测量,得到一系列测量值(指示计示值) 3)评估:取其指示计示值最大差值,即为该零件的径向全跳动 4. 符合性比较 将得到的径向全跳动值与图样上给出的公差值进行比较,判定被测件的径向全跳动是否合格	1)径向全跳动属于特定检测方法定义的项目,简单实用 2)基准的体现:采用模拟基准要素体现基准 3)被测要素测量与评估,需要:①构建测量面;②明确提取策略与方法;③评估:无须拟合,可直接由指示计的最大、最小示值之差即得到相应的跳动值

（续）

序号	图例	测量装置	检测与验证方案	检验操作集	备注
2	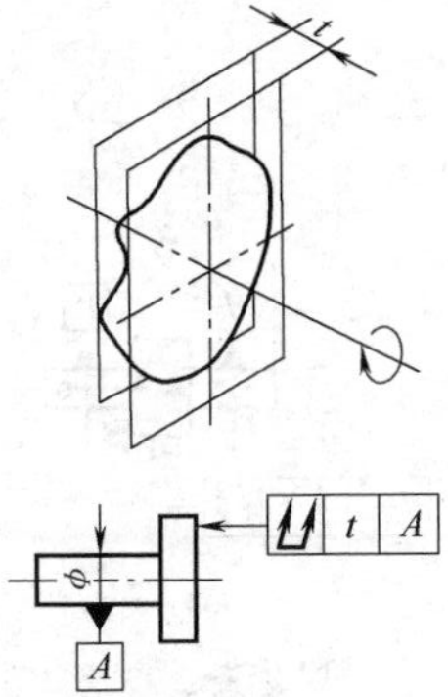	1）导向套筒 2）平板 3）支承 4）带指示计的测量架	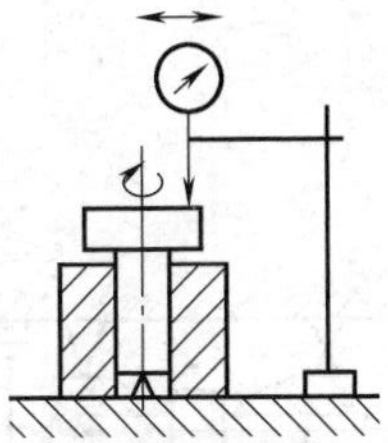	1. 预备工作 将被测件支承在导向套筒内，并在轴向上固定。导向套筒的轴线应与测量平板垂直 2. 基准体现 采用导向套筒（模拟基准要素）体现基准 *A* 3. 被测要素测量与评估 1）分离：确定被测要素（端面）及其测量界限 2）提取：在被测件相对于基准 *A* 连续回转、指示计同时沿垂直于基准 *A* 方向作直线运动的过程中，对被测要素（端面）进行测量，得到一系列测量值（指示计示值） 3）评估：取其指示计示值最大差值，即为该零件的轴向全跳动 4. 符合性比较 将得到的轴向全跳动值与图样上给出的公差值进行比较，判定被测件轴向全跳动是否合格	1）轴向全跳动属于特定检测方法定义的项目，简单实用 2）基准的体现：采用模拟基准要素体现基准 3）被测要素测量与评估，需要：①构建测量面；②明确提取策略与方法；③评估：无须拟合，可直接由指示计的最大、最小示值之差即得到相应的跳动值

表 3-6-25 常用的符号及说明

序号	符号	说明	序号	符号	说明	序号	符号	说明
1		平板、平台（或测量平面）	5		间断直线移动	9		旋转
2	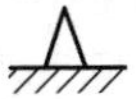	固定支承	6		沿几个方向直线移动	10		指示计
3	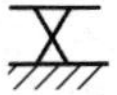	可调支承	7		连续转动（不超过一周）	11	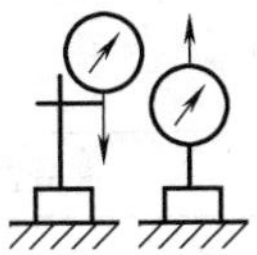	带有测量表具的测量架（测量架的符号，根据测量设备的用途，可画成其他式样）
4		连续直线移动	8		间断转动（不超过一周）			

6.2.3　表面粗糙度的检测

6.2.3.1　表面粗糙度的测量方法、特点及应用（见表 3-6-26）

6.2.3.2　表面粗糙度标准器具

1. 表面粗糙度标准样块（见表 3-6-27）

表 3-6-26　表面粗糙度的测量方法、特点及应用

测量方法	特点及应用	测量范围 *Ra*/μm
目测法	将被测表面与标准样块进行比较。在车间应用于外表面检测	3.2～50
触觉法	用手指或指甲抚摸被测表面，并与标准样块进行比较。在车间应用于内、外表面检测	0.8～6.3
电容法	电容极板（极板应与被测面形状相同）靠三个支承点与被测表面接触，按电容量大小评定。适用于外表面检测，用于大批量 100% 检验表面粗糙度的场合	0.2～6.3
光切法	用光切原理测量表面粗糙度，常用量仪为光切显微镜。适用于平面、外圆表面检测，在车间、实验室均可应用	0.4～25
干涉法	用光波干涉原理对被测表面的微观不平度和光波波长进行比较，检测表面粗糙度常用量仪为干涉显微镜。适用于在实验室对平面、外圆表面检测	0.008～0.2
针描法	用触针直接在被测表面上轻轻划过，由指示表读出 *Ra* 数值，方法简单。常用量仪有电感轮廓仪（电感法），压电轮廓仪（压电法）。适用于内、外表面检测，但不能用于检测柔软和易划伤表面。电感法用于实验室，压电法用于实验室和车间	电感法 0.008～6.3 压电法 0.05～25
印模法	用塑性材料黏合在被测表面上，将被检表面轮廓复制成印模，然后测量印模。适用于对深孔、不通孔、凹槽、内螺纹、大工件及其难测部位检测	0.1～100

表 3-6-27　表面粗糙度标准样块

类　型	轮廓形状与技术参数	图　例	用　途	*Ra* 或沟槽深平均值的标准偏差（%）
单刻线（单或几个沟槽）样块	平底宽沟槽 深度：0.3～100μm 宽度：100～500μm	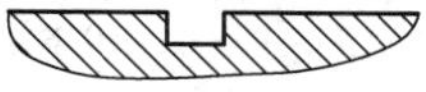	检验干涉显微镜、双管显微镜、针描式轮廓仪垂直放大倍数	2～3
	圆弧底宽沟槽 深度：0.1～100μm 半径：0.75～1.5mm			
多刻线（重复平行沟槽）样块	正弦波轮廓 *Ra*：0.1～30μm 波长：0.08mm、0.25mm、0.8mm、2.5mm	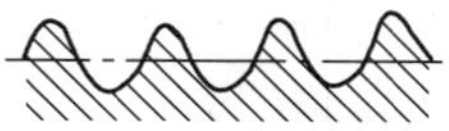	检验针描式轮廓仪的示值与传输特性	2～3
	三角形轮廓 *Ra*：0.1～30μm 沟槽间距：0.08mm、0.25mm、0.8mm、2.5mm 沟槽夹角：144°～178°			

（续）

类　型	轮廓形状与技术参数	图　例	用　途	*Ra* 或沟槽深平均值的标准偏差（%）
多刻线（重复平行沟槽）样块	模拟正弦波沟槽 峰谷为圆弧或平面的三角形轮廓。谐波含量有效值不超过基波有效值10%		检验针描式轮廓仪的示值与传输特性	2～3
窄沟槽样块	三角形沟槽、沟槽夹角150° *Ra* 为0.5μm时沟槽间距近似为15μm		检查触针针尖	5
单向不规则的磨削样块	平行于加工纹路方向上轮廓形状基本恒定 垂直于加工纹路的横截面上呈不规则磨削轮廓，但有一定重复性 *Ra*：0.15μm、0.5μm、1.5μm		综合校验仪器示值	3～4

2. 表面粗糙度比较样块

（1）机械加工表面粗糙度比较样块（见表3-6-28）

表3-6-28　机械加工表面粗糙度比较样块（GB/T 6060.2—2006）

纹理形式	加工方法	样块表面形式	粗糙度参数 *Ra* 公称值/μm	表面纹理特征图
直纹理	圆周磨削	平面 圆柱凸面	0.025、0.05、0.1、0.2、0.4、0.8、1.6、3.2	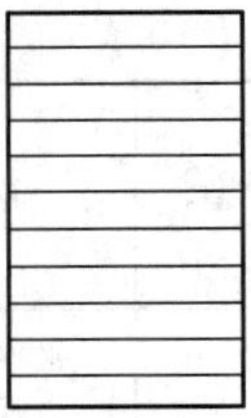
	车	圆柱凸面	0.4、0.8、1.6、3.2、6.3、12.5	
	镗	圆柱凹面		
	平铣	平面	0.4、0.8、1.6、3.2、6.3、12.5	
	插	平面	0.8、1.6、3.2、6.3、12.5、25	
	刨	平面		
弓形纹理	端车	平面	0.4、0.8、1.6、3.2、6.3、12.5	
	端铣			
交叉式弓形纹理	端磨	平面	0.025、0.05、0.1、0.2、0.4、0.8、1.6、3.2	
	端铣	平面	0.4、0.8、1.6、3.2、6.3、12.5	

（2）机械加工比较样块的允许偏差（见表3-6-29）

表3-6-29　机械加工比较样块的允许偏差（GB/T 6060.2—2006）

样块的制造方法	平均值公差（公称值百分率　%）	标准偏差(有效值百分率　%)			
		评定长度所包括的取样长度数目			
		3个	4个	5个	6个
磨、铣	+12 -17	12	10	9	8
车、镗、插、刨		5	4		
		4	3		

注：取样长度数目为3个、4个、6个的标准偏差是按取样长度数目为5个的标准偏差计算的。

（3）机械加工比较样块的最小长度（见表3-6-30）

表3-6-30　机械加工比较样块的最小长度（GB/T 6060.2—2006）

粗糙度参数公称值 Ra/μm	0.025～3.2	6.3～12.5	25
每边最小长度/mm	20	30	50

注：表面粗糙度参数 Ra 公称值为6.3～12.5μm的样块，当取样长度为2.5mm时，其表面每边的最小长度可为20mm。

6.3　常用计量器具

6.3.1　卡尺

1. 游标、带表和数显卡尺的型式和最大允许误差（见表3-6-31）

表3-6-31　游标、带表和数显卡尺的型式和最大允许误差（GB/T 21389—2008）

（单位：mm）

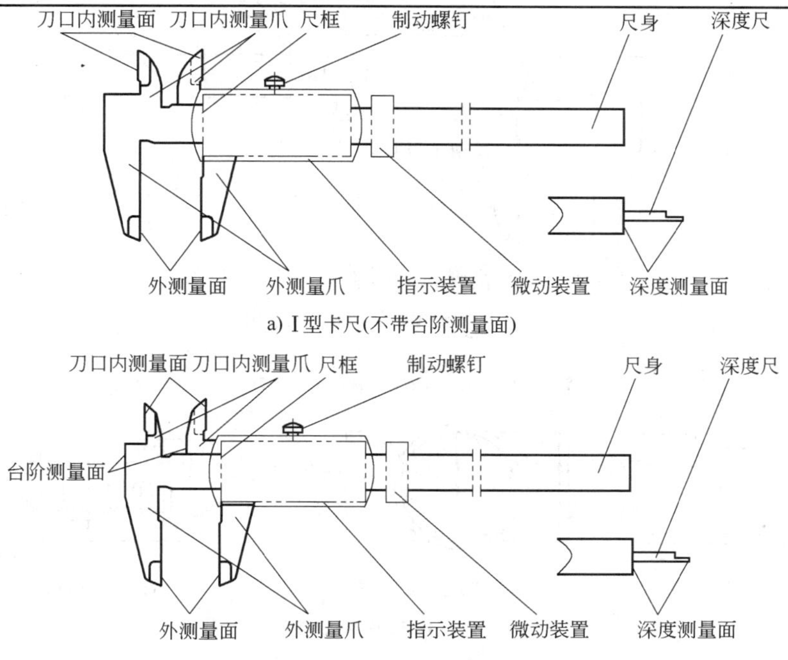

a) Ⅰ型卡尺(不带台阶测量面)

b) Ⅱ型卡尺(带台阶测量面)

（续）

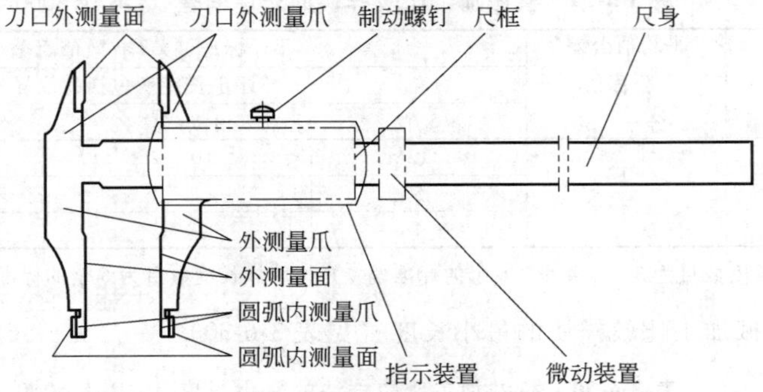

c) Ⅲ型卡尺

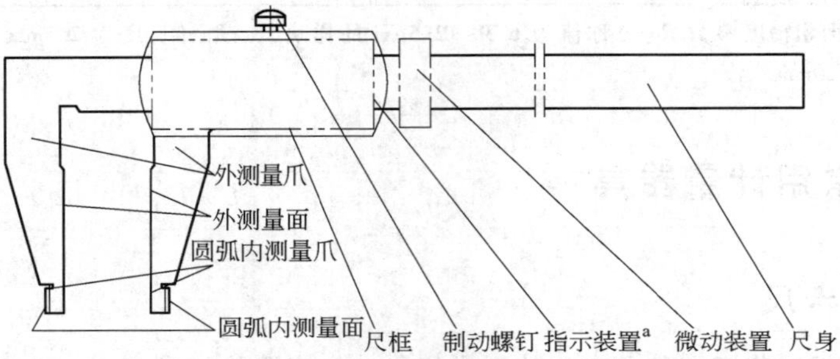

d) Ⅳ型卡尺(不带台阶测量面)

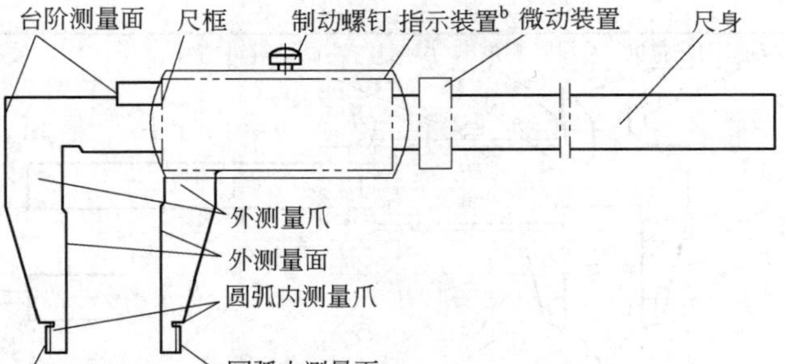

e) Ⅴ型卡尺(带台阶测量面)

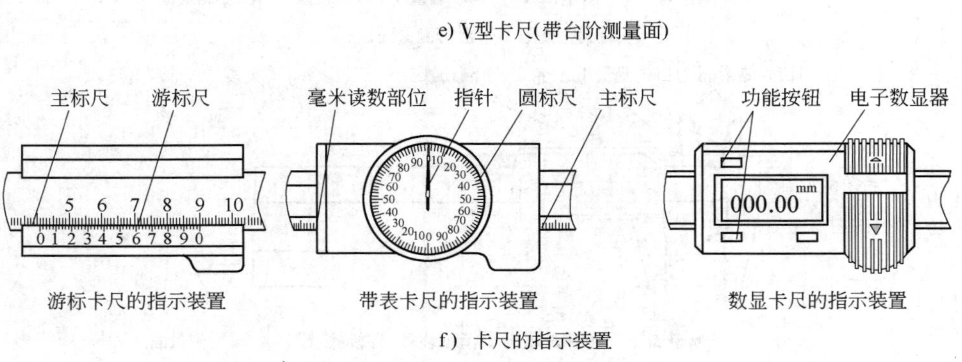

游标卡尺的指示装置　　带表卡尺的指示装置　　数显卡尺的指示装置

f) 卡尺的指示装置

（续）

测量范围上限	卡尺外测量和刀口内测量爪的最大允许误差					
	最大允许误差					
	分度值/分辨力					
	0.01;0.02		0.05		0.10	
	最大允许误差计算公式	计算值	最大允许误差计算公式	计算值	最大允许误差计算公式	计算值
70	±(20±0.05*L*)μm	±0.02	±(40±0.06*L*)μm	±0.05	±(50±0.1*L*)μm	±0.10
150		±0.03		±0.05		
200		±0.03		±0.05		
300		±0.04		±0.06		
500		±0.05		±0.07		
1000		±0.07		±0.10		±0.15
1500	±(20±0.06*L*)μm	±0.11	±(40+0.08*L*)μm	±0.16		±0.20
2000		±0.14		±0.20		±0.25
2500	±(20±0.08*L*)μm	±0.22		±0.24		±0.30
3000		±0.26	±(40+0.09*L*)μm	±0.31		±0.35
3500		±0.30		±0.36		±0.40
4000		±0.34		±0.40		±0.45

深度、台阶测量的最大允许误差

分度值/分辨力	最大允许误差	分度值/分辨力	最大允许误差
0.01;0.02	±0.03	0.05;0.10	±0.05

注：表中最大允许误差计算公式中的 *L* 为测量范围上限值，以毫米计。计算结果应四舍五入到 10μm，且其值不能小于数字级差（分辨力）或游标标尺间隔。

2. 游标深度卡尺的型式和最大允许误差（见表 3-6-32）

表 3-6-32　游标深度卡尺的型式和最大允许误差(GB/T 21388—2008)(单位：mm)

图　示	测量范围上限	分度值		
		0.01、0.02	0.05	0.10
		最大允许误差		
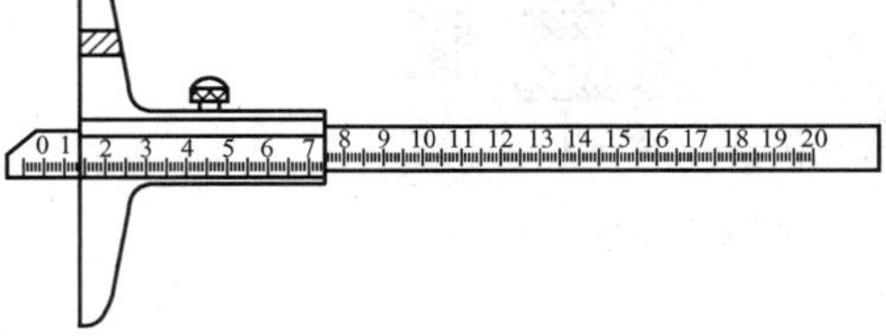	150	±0.03	±0.05	±0.10
	200			
	300	±0.04	±0.06	
	500	±0.05	±0.07	
	1000	±0.07	±0.10	±0.15

3. 游标高度卡尺的型式和最大允许误差（见表 3-6-33）

表 3-6-33　游标高度卡尺的型式和最大允许误差（GB/T 21390—2008）（单位：mm）

图　　示	测量范围上限	分度值 0.01、0.02	分度值 0.05	分度值 0.10
		最大允许误差		
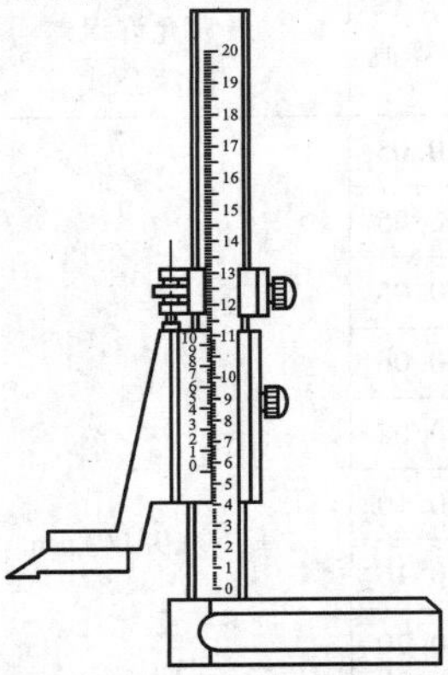	150	±0.03	±0.05	±0.10
	200			
	300	±0.04	±0.06	
	500	±0.05	±0.07	
	1000	±0.07	±0.10	±0.15

4. 游标齿厚卡尺的型式和最大允许误差（见表 3-6-34）

表 3-6-34　游标齿厚卡尺的型式和最大允许误差（GB/T 6316—2008）（单位：mm）

图　　示	测量齿轮模数范围	分度值	最大允许误差
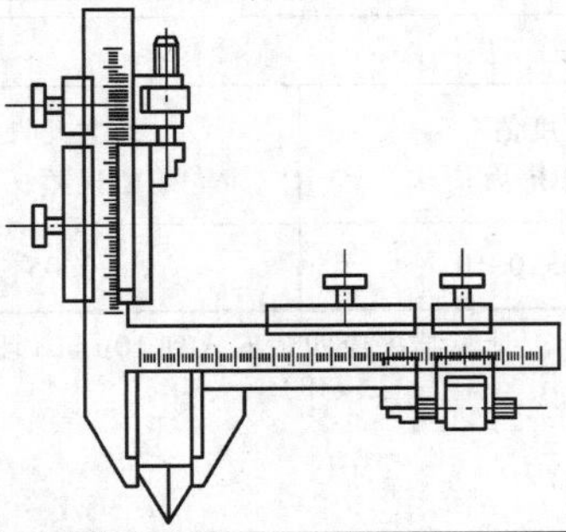	1~16	0.01、0.02	齿厚尺，±0.03 齿高尺，±0.03 齿厚卡尺，±0.04
	1~26		
	5~32		
	15~55		

6.3.2　千分尺

6.3.2.1　外径千分尺的型式和技术要求（见表 3-6-35）

表 3-6-35　外径千分尺的型式和技术要求（GB/T 1216—2018）

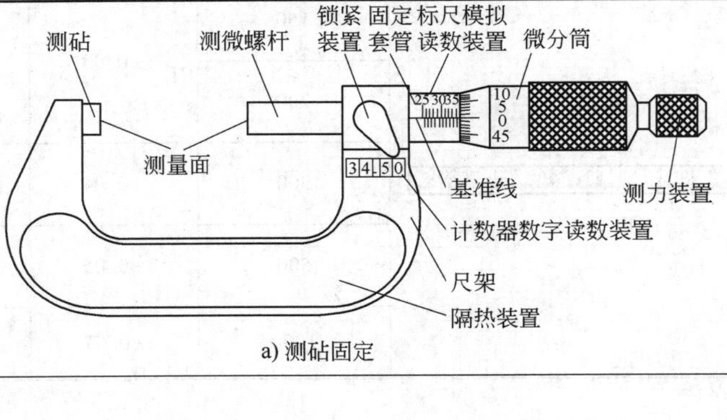

a) 测砧固定

（续）

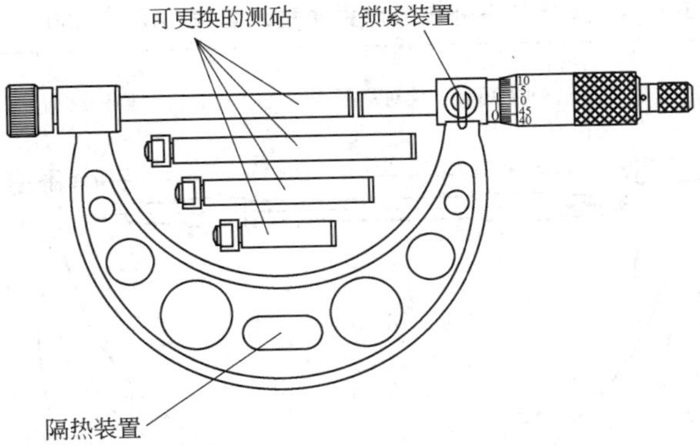

b) 测砧可更换

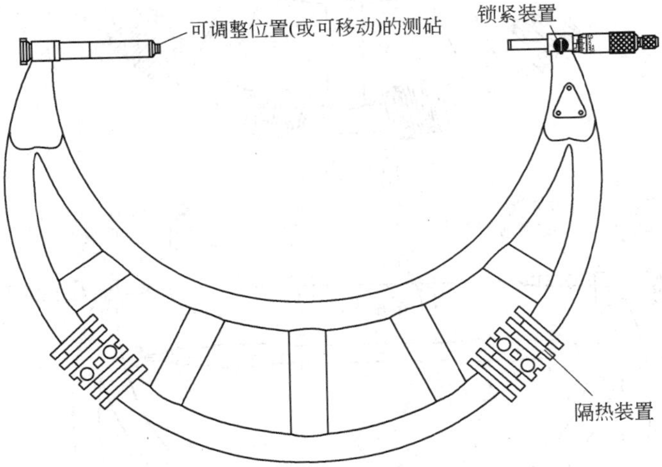

c) 测砧可调整位置(或可移动)

测量范围/mm	示值最大允许误差	平行度公差	尺架受 10N 力时的变形量
	μm		
0~15、0~25	4(2)	2(1)	2
25~50	5(3)	2(1.5)	
50~75、75~100		3(2)	3
100~125、125~150	6	3	4
150~175、175~200	7	4	5
200~225、225~250	8	4	6
250~275、275~300	9	5	7
300~325、325~350	10	5	8
350~375、375~400	11	6	9
400~425、425~450	12	6	10
450~475、475~500	13	7	11
500~600	14	9	12
600~700	16	11	14
700~800	18	13	16
800~900	20	15	18
900~1000	22	17	20

注：括号（　）中数值为分度值 0.001mm 的外径千分尺相应要求。

6.3.2.2 大外径千分尺的型式和技术要求（见表 3-6-36）

表 3-6-36 大外径千分尺的型式和技术要求(JB/T 10007—2012)

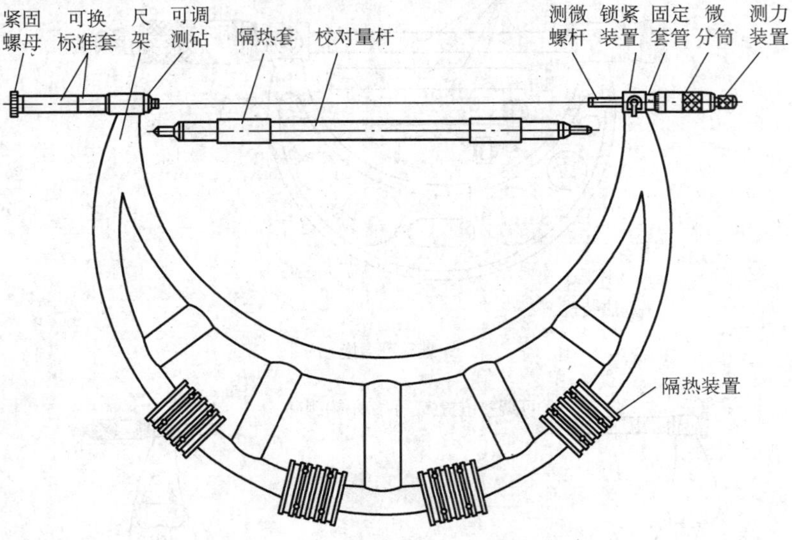

a)可调测砧

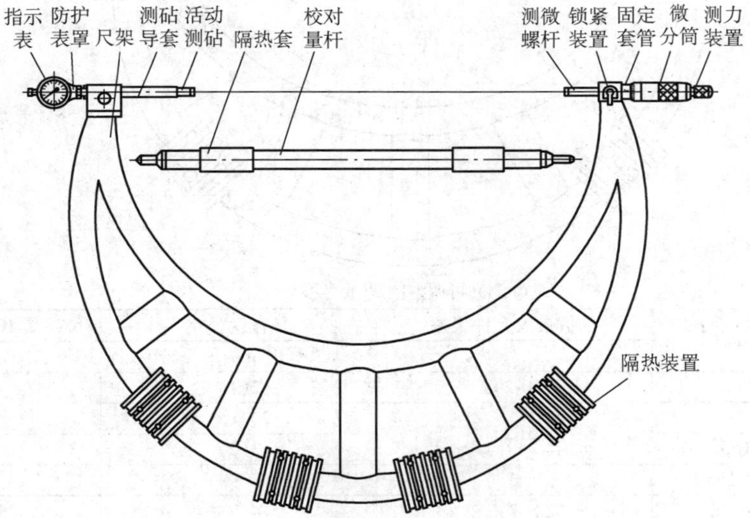

b)带表

测量范围上限	最大允许误差	两平面测量面的平面度公差	尺架受 12N 力时的变形量
/mm	μm		
1100	23	21	22
1200	24	22	24
1300	26	23	26
1400	28	25	28
1500	29	26	30
1600	31	27	32
1700	32	29	34
1800	34	30	36
1900	35	31	38

（续）

测量范围上限/mm	最大允许误差	两平面测量面的平面度公差	尺架受 12N 力时的变形量
	μm		
2000	37	33	40
2200	40	35	44
2400	43	38	48
2500	44	39	50
2600	46	41	52
2800	49	43	56
3000	52	46	60

6.3.2.3　公法线千分尺的型式和技术要求（见表 3-6-37）

表 3-6-37　公法线千分尺的型式和技术要求（GB/T 1217—2022）　（单位：mm）

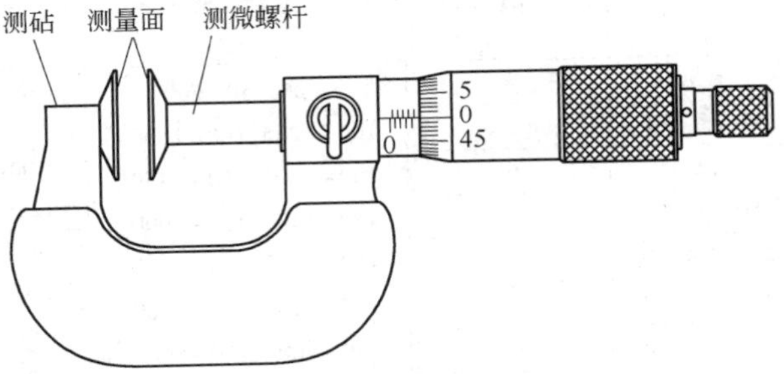

a) 测量面为圆盘形的公法线千分尺

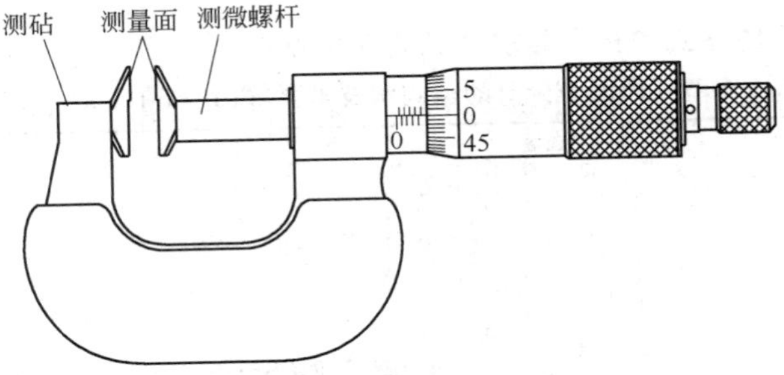

b) 测量面为鸭嘴形的公法线千分尺

测量范围/mm	最大允许误差/μm	平行度公差/μm		尺架变形量/μm
		圆盘形	鸭嘴形	
0～25、25～50	4	4	3	2
50～75、75～100	5	5	4	3
100～125、125～150	6	6	4	4
150～175、175～200	7	6	5	5
200～225、225～250	8	7	5	6
250～275、275～300	9	7	6	7
300～325、325～350	10	9	8	8
350～375、375～400	11	9	8	9
400～425、425～450	12	11	10	10
450～475、475～500	13	11	10	11

注：公法线千分尺的测量范围跨越表 1 分挡时，按测量范围的上限查该表。

6.3.2.4　两点内径千分尺的型式和技术要求（见表3-6-38）

表3-6-38　两点内径千分尺的型式和技术要求（GB/T 8177—2004）

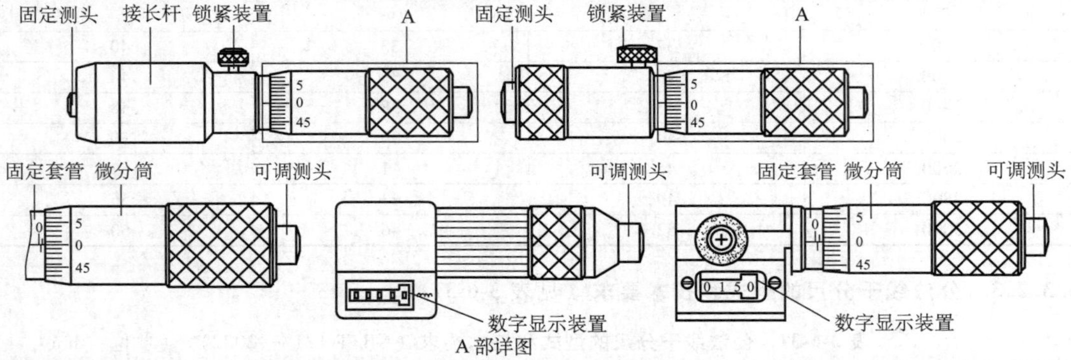

A部详图

主要规格/mm	测量长度 l/mm	最大允许误差/μm
5～250、50～600、100～1225、100～1500、100～5000、150～1250、150～1400、150～2000、150～3000、150～4000、150～5000、250～2000、250～4000、250～5000、1000～3000、1000～4000、1000～5000、2500～5000	$l \leqslant 50$	4
	$50 < l \leqslant 100$	5
	$100 < l \leqslant 150$	6
	$150 < l \leqslant 200$	7
	$200 < l \leqslant 250$	8
	$250 < l \leqslant 300$	9
	$300 < l \leqslant 350$	10
	$350 < l \leqslant 400$	11
	$400 < l \leqslant 450$	12
	$450 < l \leqslant 500$	13
	$500 < l \leqslant 800$	16
	$800 < l \leqslant 1250$	22
	$1250 < l \leqslant 1600$	27
	$1600 < l \leqslant 2000$	32
	$2000 < l \leqslant 2500$	40
	$2500 < l \leqslant 3000$	50
	$3000 < l \leqslant 4000$	60
	$4000 < l \leqslant 5000$	72
	$5000 < l \leqslant 6000$	80

6.3.2.5　内测千分尺的型式和技术要求（见表3-6-39）

表3-6-39　内测千分尺的型式和技术要求（JB/T 10006—2018）

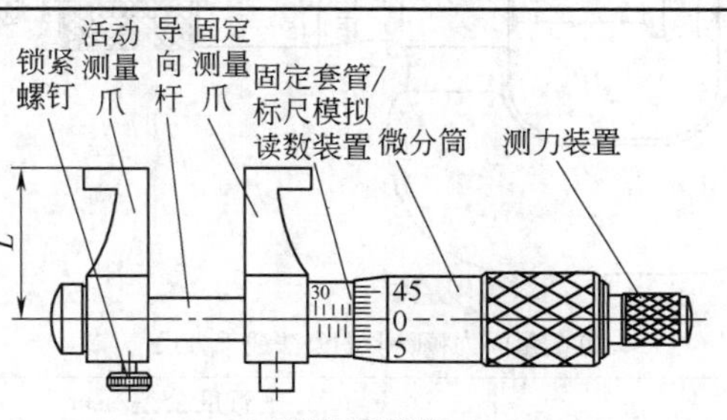

a) Ⅰ型(标尺读数)

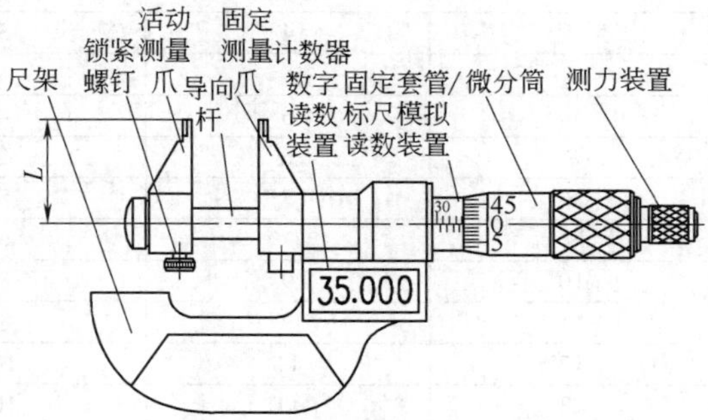

b) Ⅱ型(数字读数)

（续）

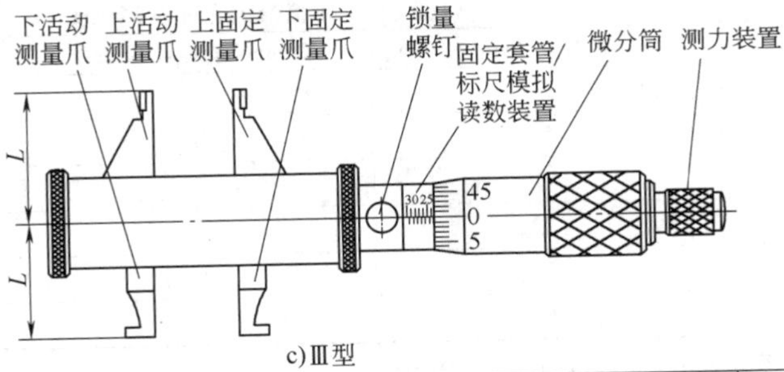

c)Ⅲ型

测量范围/mm	最大允许误差(MPE)/μm	测量范围/mm	最大允许误差(MPE)/μm
5～30	7	100～125、125～150	11
25～50	8	150～175、175～200	12
50～75	9	200～225、225～250	13
75～100	10	250～275、275～300	14

6.3.2.6 三爪内径千分尺的型式和技术要求（见表 3-6-40）

表 3-6-40 三爪内径千分尺的型式和技术要求（GB/T 6314—2018）

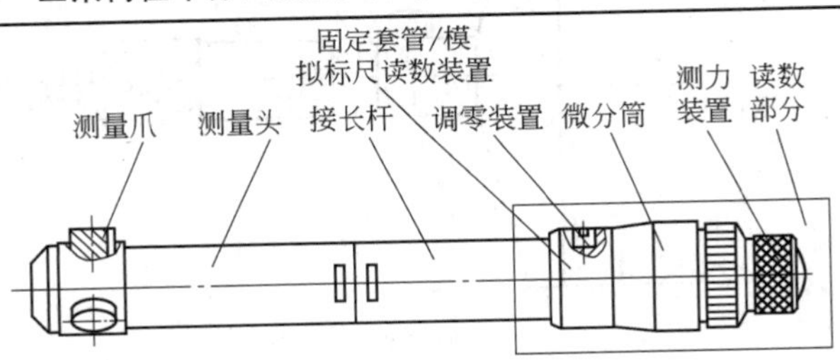

a) Ⅰ型(通孔型)

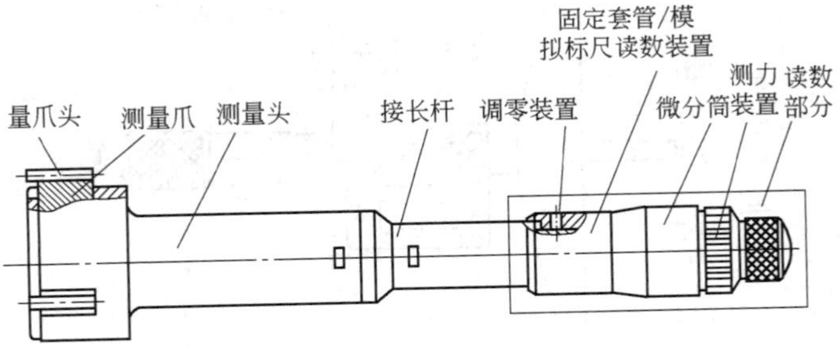

b) Ⅱ型(盲孔型)

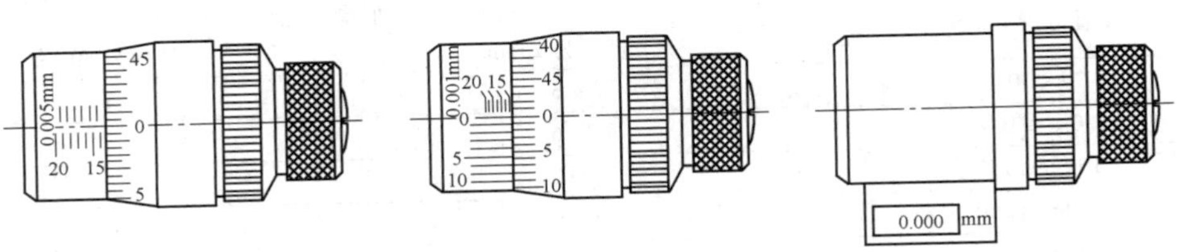

分度值0.005mm　　分度值0.001mm　　分辨力0.001mm

c) 读数部分的型式

（续）

测量范围上限 $A_{上}$/mm	示值最大允许误差/μm		
	量程≤25mm	25mm<量程≤50mm	量程>50mm
$A_{上}\leqslant 50$	4	—	—
$50<A_{上}\leqslant 100$	5	6	—
$100<A_{上}\leqslant 150$	6	7	—
$150<A_{上}\leqslant 200$	7	8	9
$200<A_{上}\leqslant 250$	8	9	10
$250<A_{上}\leqslant 300$	9	10	11

注：示值误差的测量条件为在全量程范围内单向移动。

6.3.2.7　深度千分尺的型式和技术要求（见表3-6-41）

表3-6-41　深度千分尺的型式和技术要求（GB/T 1218—2018）

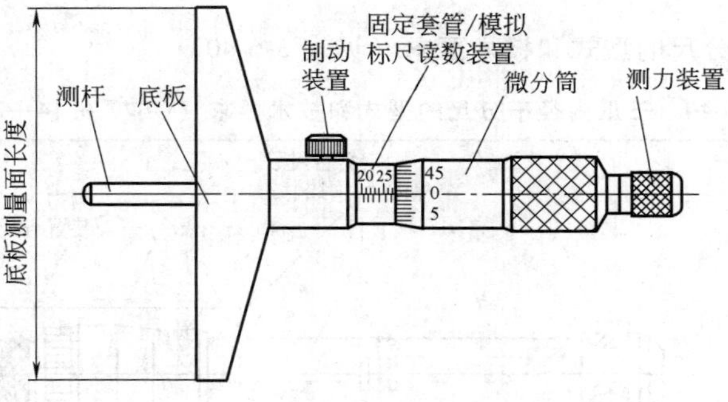

a) Ⅰ型(标尺读数)

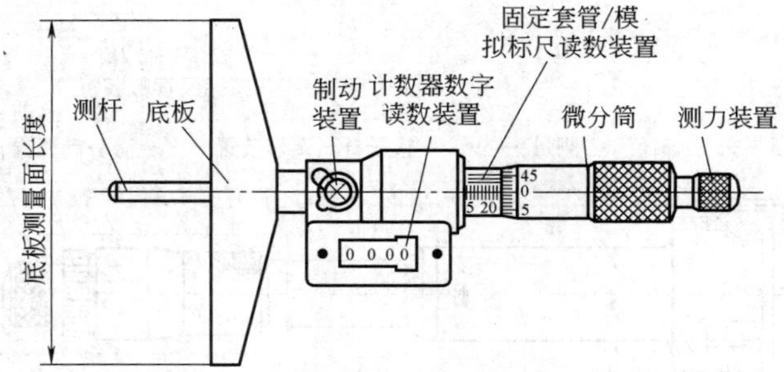

b) Ⅱ型(数字读数)

测量范围 l/mm	深度千分尺示值最大允许误差/μm	
	量程为25mm	量程为50mm
$l\leqslant 50$	5	7
$50<l\leqslant 100$	6	8
$100<l\leqslant 150$	7	9
$150<l\leqslant 200$	8	10
$200<l\leqslant 250$	9	11
$250<l\leqslant 300$	10	12

注：示值误差的测量条件为在全量程范围内单向移动。

6.3.2.8　螺纹千分尺的型式和技术要求（见表3-6-42）

表3-6-42　螺纹千分尺的型式和技术要求（GB/T 10932—2004）

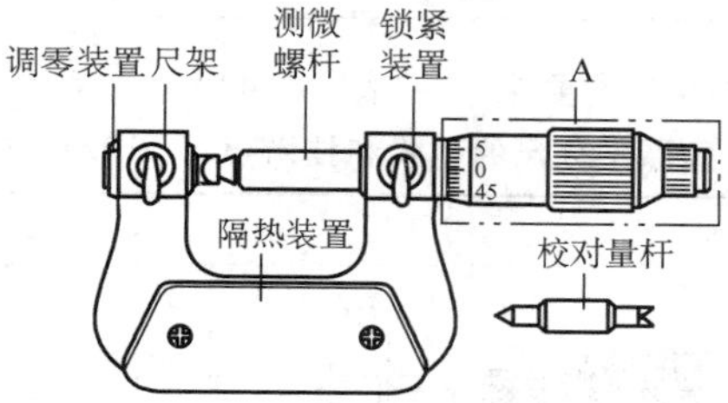

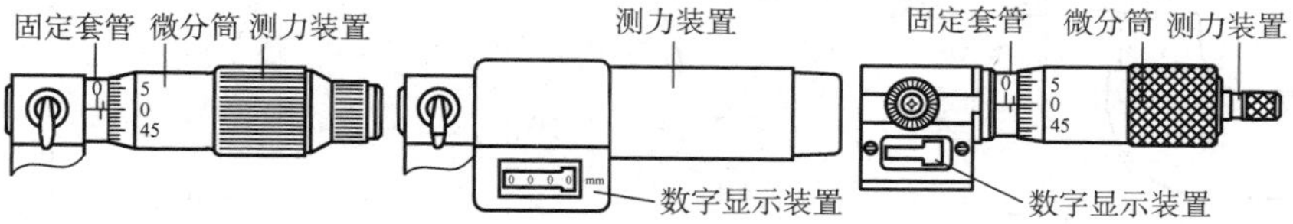

A部详图

测量范围/mm	最大允许误差/μm	测头对最大允许误差的影响/μm	尺架受12N力时的弯曲变形量/μm
0~25、25~50	4	8	2
50~75、75~100	5	10	3
100~125、125~150	6	15	4
150~175、175~200	7	15	5

6.3.2.9　杠杆千分尺的型式和技术要求（见表3-6-43）

表3-6-43　杠杆千分尺的型式和技术要求（GB/T 8061—2022）

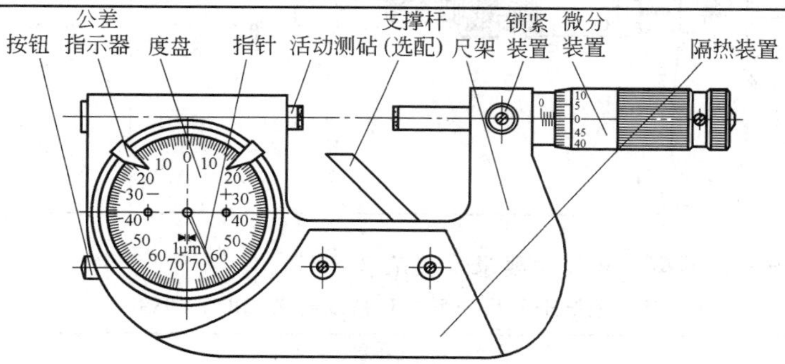

a) 指针式

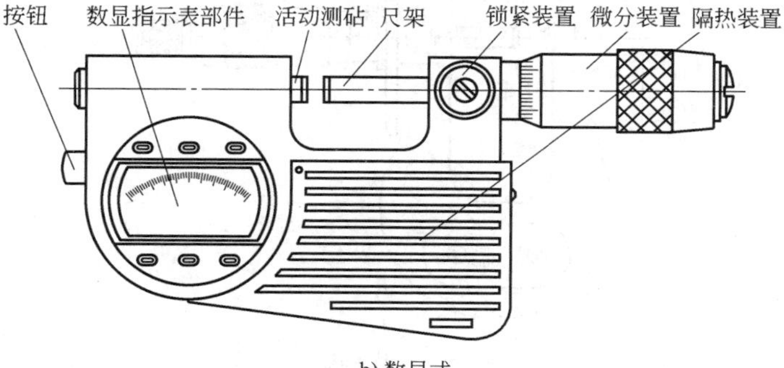

b) 数显式

（续）

测量范围上限/mm	最大允许误差/μm	测量范围上限/mm	最大允许误差/μm
≤50	±3	>50~100	±4

6.3.2.10 壁厚千分尺的型式和技术要求（见表 3-6-44）

表 3-6-44 壁厚千分尺的型式和技术要求（GB/T 6312—2004） （单位：mm）

图示	型式	测量范围	最大允许误差
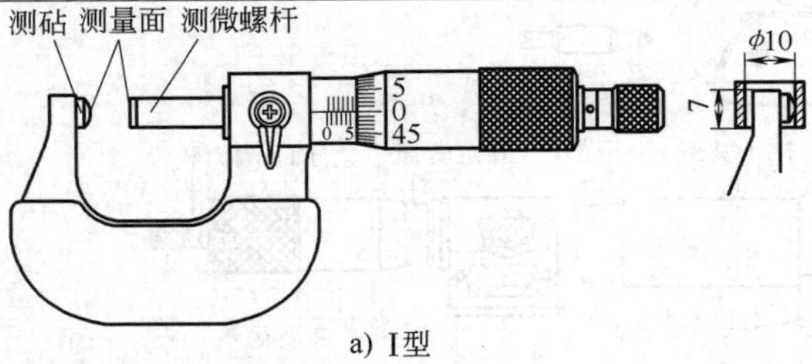 a) Ⅰ型	Ⅰ型	0~25	0.004
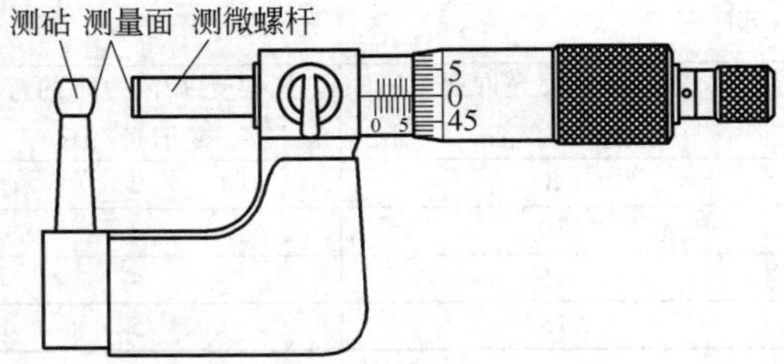 b) Ⅱ型 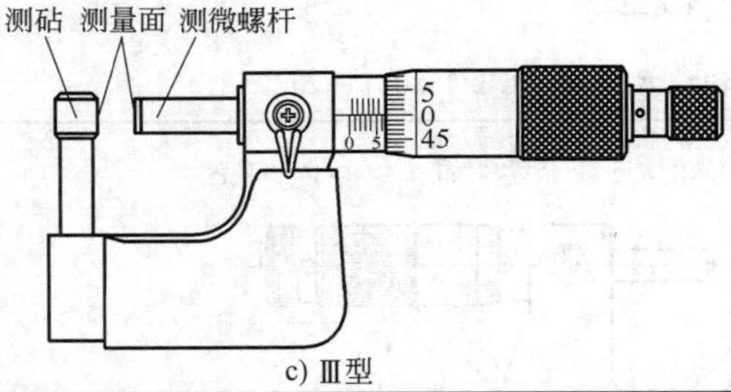 c) Ⅲ型	Ⅱ型、Ⅲ型	0~25	0.006

6.3.2.11 板厚千分尺的型式和技术要求（见表 3-6-45）

表 3-6-45 板厚千分尺的型式和技术要求（JB/T 2989—1999） （单位：mm）

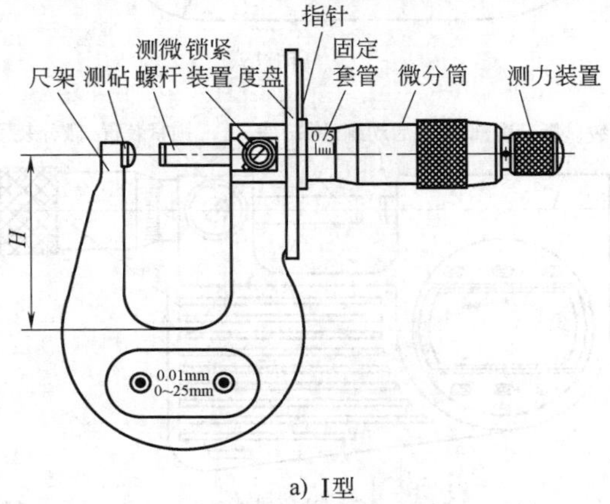

a) Ⅰ型

（续）

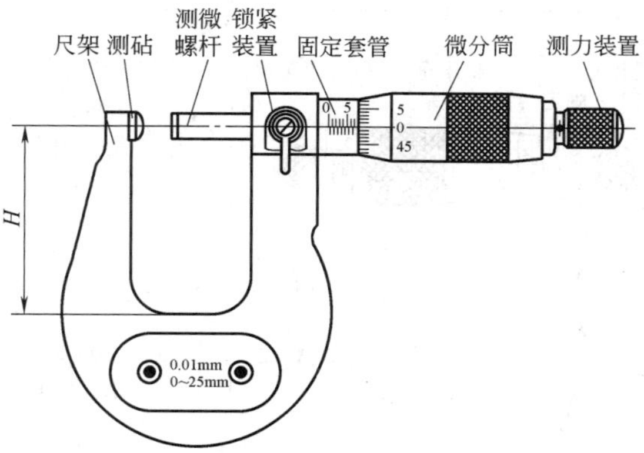

b) Ⅱ型

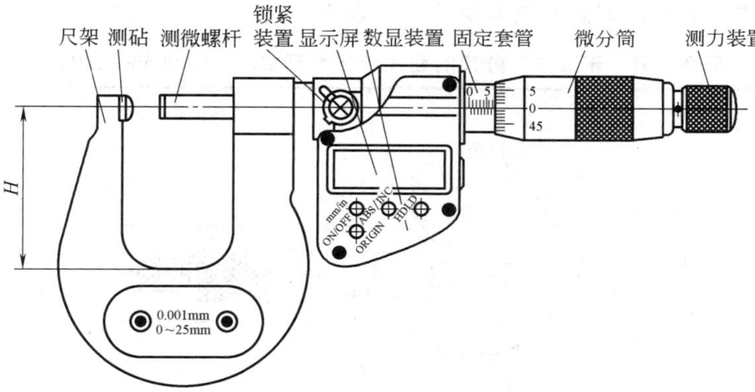

c) Ⅲ型(电子数显)

测量范围上限 t	最大允许误差[①]				重复性	
	尺架弓深 H					
	$H\leqslant150$		$H>150$		$H\leqslant150$	$H>150$
	量程≤25	量程>25	量程≤25	量程>25		
$t\leqslant50$	±0.004	±0.006	±0.005	±0.007	0.001	0.003
$50<t\leqslant100$	±0.005	±0.007	±0.006	±0.008		
$100<t\leqslant150$	±0.007	±0.009	±0.008	±0.010		
$150<t\leqslant200$	±0.008	±0.010	±0.009	±0.011	0.002	
$200<t\leqslant250$	±0.010	±0.012	±0.011	±0.013		
$250<t\leqslant300$	±0.011	±0.013	±0.012	±0.014		

注：尺架弓深 H 尺寸（mm）系列为 40、50、70、75、80、100、110、120、150、200、250、300、350、400。

① 最大允许误差值仅适用于尺架弓深 H 不大于 400mm 的条件下。

6.3.2.12 尖头千分尺的型式和技术要求（见表3-6-46）

表3-6-46 尖头千分尺的型式和技术要求(GB/T 6313—2018) （单位:mm）

图示	测量范围	最大允许误差
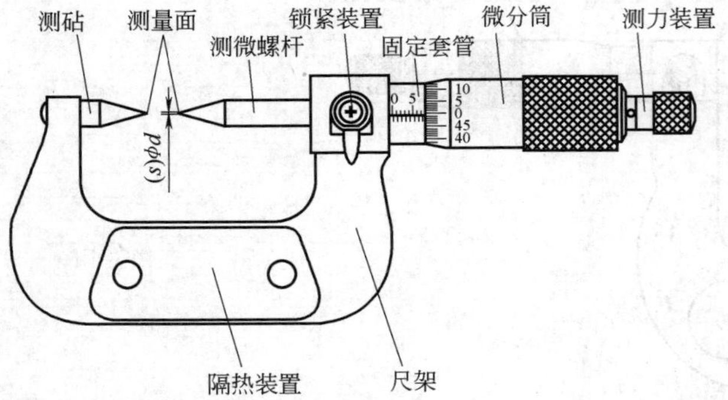	0~25 25~50	0.004
	50~75 75~100	0.005

6.3.2.13 奇数沟千分尺的型式和技术要求（见表3-6-47）

表3-6-47 奇数沟千分尺的型式和技术要求(GB/T 9058—2004)

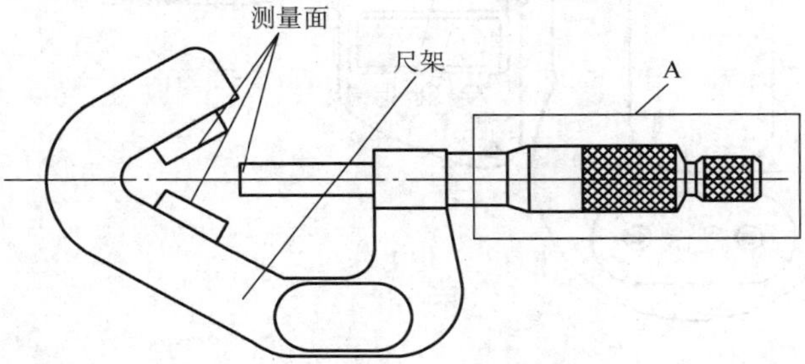

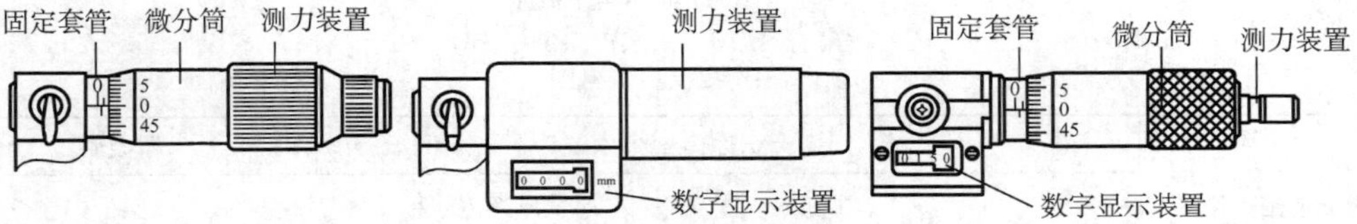

A部详图

基本型式	测微螺杆螺距/mm	测砧间夹角 α	测量范围/mm
三沟千分尺	0.75	60°	1~15、5~20、20~35、35~50、50~65、65~80
五沟千分尺	0.559	108°	5~25、25~45、45~65、65~85
七沟千分尺	0.5275	128°34′17″	

测量上限 l_{max}/mm	最大允许误差/mm	两测量面平行度公差/mm
$l_{max} \leqslant 50$	0.004	0.004
$50 < l_{max} \leqslant 100$	0.005	0.005

6.3.3　机械式测微仪

6.3.3.1　指示表的型式和技术要求（见表 3-6-48）

表 3-6-48　指示表的型式和技术要求（GB/T 1219—2008）

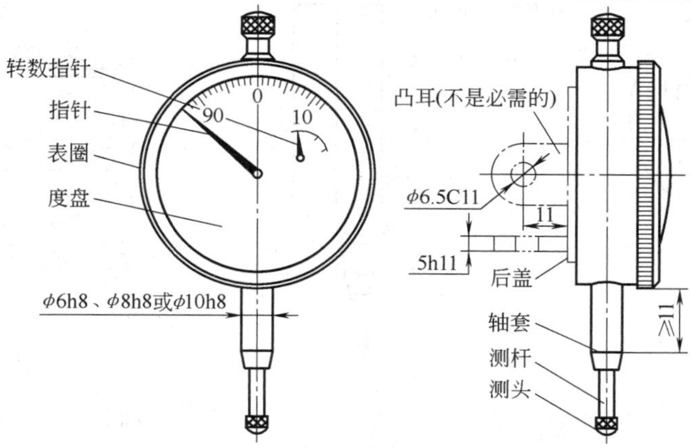

分度值	量程 S	最大允许误差							回程误差	重复性	测量力	测量力变化	测量力落差
		任意 0.05mm	任意 0.1mm	任意 0.2mm	任意 0.5mm	任意 1mm	任意 2mm	全量程					
mm		μm									N		
0.10	$S\leqslant 10$	—	—	—	—	±25	—	±40	20	10	0.4~2.0	—	1.0
	$10<S\leqslant 20$	—	—	—	—	±25	—	±50	20	10	2.0	—	1.0
	$20<S\leqslant 30$	—	—	—	—	±25	—	±60	20	10	2.2	—	1.0
	$30<S\leqslant 50$	—	—	—	—	±25	—	±80	25	20	2.5	—	1.5
	$50<S\leqslant 100$	—	—	—	—	±25	—	±100	30	25	3.2	—	2.2
0.01	$S\leqslant 3$	—	±5	—	±8	±10	±12	±14	3	3	0.4~1.5	0.5	0.5
	$3<S\leqslant 5$	—	±5	—	±8	±10	±12	±16	3	3	0.4~1.5	0.5	0.5
	$5<S\leqslant 10$	—	±5	—	±8	±10	±12	±20	3	3	0.4~1.5	0.5	0.5
	$10<S\leqslant 20$	—	—	—	—	±15	—	±25	5	4	2.0	—	1.0
	$20<S\leqslant 30$	—	—	—	—	±15	—	±35	7	5	2.2	—	1.0
	$30<S\leqslant 50$	—	—	—	—	±15	—	±40	8	5	2.5	—	1.5
	$50<S\leqslant 100$	—	—	—	—	±15	—	±50	9	5	3.2	—	2.2
0.001	$S\leqslant 1$	±2	—	±3	—	—	—	±5	2	0.3	0.4~2.0	0.5	0.6
	$1<S\leqslant 3$	±2.5	—	±3.5	—	±5	±6	±8	2.5	0.5	0.4~2.0	0.5	0.6
	$3<S\leqslant 5$	±2.5	—	±3.5	—	±5	±6	±9	2.5	0.5	0.4~2.0	0.5	0.6
0.002	$S\leqslant 1$	±3	—	±4	—	—	—	±7	2	0.5	0.4~2.0	0.6	0.6
	$1<S\leqslant 3$	±3	—	±5	—	—	—	±9	2	0.5	0.4~2.0	0.6	0.6
	$3<S\leqslant 5$	±3	—	±5	—	—	—	±11	2	0.5	0.4~2.0	0.6	0.6
	$5<S\leqslant 10$	±3	—	±5	—	—	—	±12	2	0.5	0.4~2.0	0.6	0.6

注：1. 表中数值均为按标准温度在 20℃ 给出。

2. 指示表在测杆处于垂直向下或水平状态时的规定；不包括其他状态，如测杆向上。

3. 任意量程示值误差是指在示值误差曲线上，符合测量间隔的任何两点之间所包含的受检点的最大示值误差与最小示值误差之差应满足该表的规定。

4. 采用浮动零位原则判定示值误差时，示值误差的带宽不应超过最大允许误差允许值“±”后面所对应的规定值。

6.3.3.2　电子数显指示表的型式和技术要求（见表 3-6-49）

表 3-6-49　电子数显指示表的型式和技术要求（GB/T 18761—2007）（单位：mm）

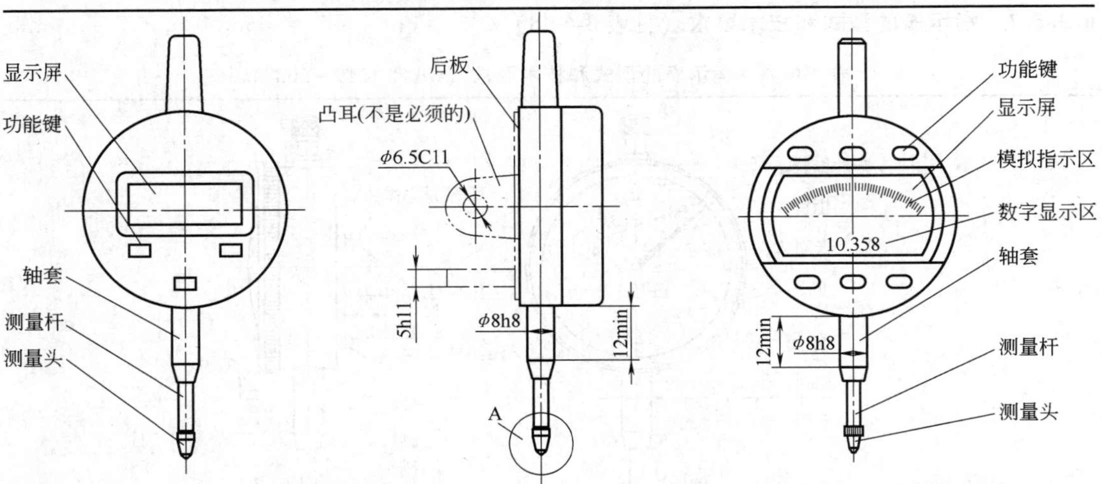

a) 电子数显指示表　　　　b) 带模拟指示的电子数显指示表

分辨力	测量范围上限 t	最大允许误差① 任意 0.02	任意 0.2	任意 1.0	任意 2.0	全量程	回程误差	重复性
0.01	$t \leqslant 10$	—	±0.010	—	—	±0.020	0.010	0.010
0.01	$10<t \leqslant 30$	—	±0.010	±0.020	—	±0.030	0.010	0.010
0.01	$30<t \leqslant 50$	—	±0.010	—	±0.020	±0.030	0.010	0.010
0.01	$50<t \leqslant 100$	—	±0.010	—	±0.020	±0.030	0.010	0.010
0.005	$t \leqslant 10$	—	±0.10	—	—	±0.015	0.005	0.005
0.005	$10<t \leqslant 30$	—	±0.10	±0.010	—	±0.015	0.005	0.005
0.005	$30<t \leqslant 50$	—	±0.10	—	±0.015	±0.020	0.005	0.005
0.001	$t \leqslant 1$	±0.002	—	—	—	±0.003	0.001	0.001
0.001	$1<t \leqslant 3$	±0.002	±0.003	—	—	±0.005	0.002	0.002
0.001	$3<t \leqslant 10$	±0.002	±0.003	±0.004	—	±0.007	0.002	0.002
0.001	$10<t \leqslant 30$	±0.002	±0.003	±0.005	—	±0.010	0.003	0.003

注：任意测量段最大允许误差指相应的各个连续测量段内的示值误差取最大值的极限值，如任意 0.2mm 的最大示值误差指 0~0.2mm、0.2~0.4mm……9.8~10mm 等一系列 0.2mm 测量段内的示值误差中的最大值。

① 采用浮动零位原则判定示值误差时，示值误差的带宽不应超过最大允许误差允许值"±"后面所对应的规定值。

6.3.3.3　杠杆指示表的型式和技术要求（见表 3-6-50）

表 3-6-50　杠杆指示表的型式和技术要求（GB/T 8123—2007）　（单位：mm）

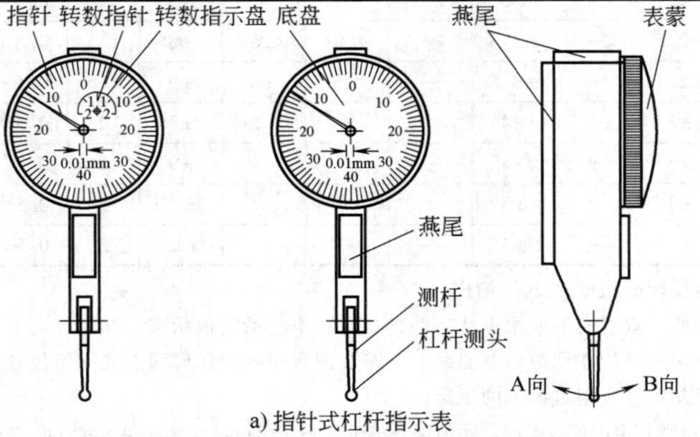

a) 指针式杠杆指示表

（续）

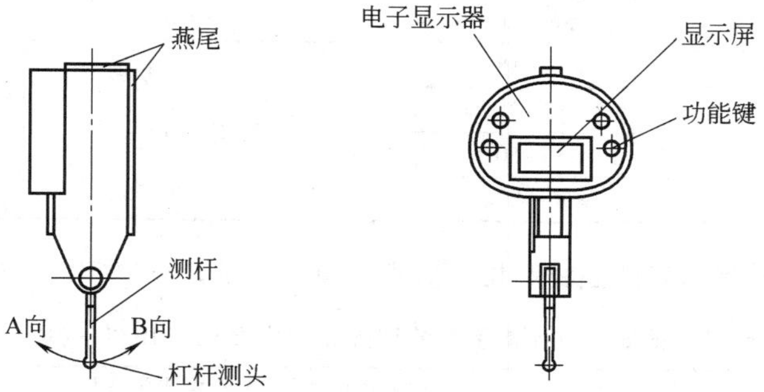

b) 电子数显杠杆指示表

指针式杠杆指示表

分度值	量程	最大允许误差					回程误差	重复性
		任意 5 个标尺标记	任意 10 个标尺标记	任意 1/2 量程（单向）	单向量程	双向量程		
0.01	0.8	±0.004	±0.005	±0.008	±0.010	±0.013	0.003	0.003
	1.6			±0.010	±0.020	±0.023		
0.002	0.2	—	±0.002	±0.003	±0.004	±0.006	0.002	0.001
0.001	0.12	—	±0.002	±0.003	±0.003	±0.005		

电子数显杠杆指示表

分辨力	量程	最大允许误差					回程误差	重复性
		任意 5 个分辨力	任意 10 个分辨力	任意 1/2 量程（单向）	单向量程	双向量程		
0.01	0.5	±0.01	±0.01	—	±0.02	±0.03	0.01	0.01
0.001	0.4	—	±0.004	±0.006	±0.008	±0.010	0.002	0.001

注：1. 在量程内，任意状态下（任意方位、任意位置）的杠杆指示表均应符合表中的规定。
2. 杠杆指示表的示值误差判定，适用浮动零位的原则（即示值误差的带宽不应超过表中最大允许误差“±”符号后面对应的规定值）。

6.3.3.4　内径指示表的型式和技术要求（见表 3-6-51）

表 3-6-51　内径指示表的型式和技术要求（GB/T 8122—2004）　（单位：mm）

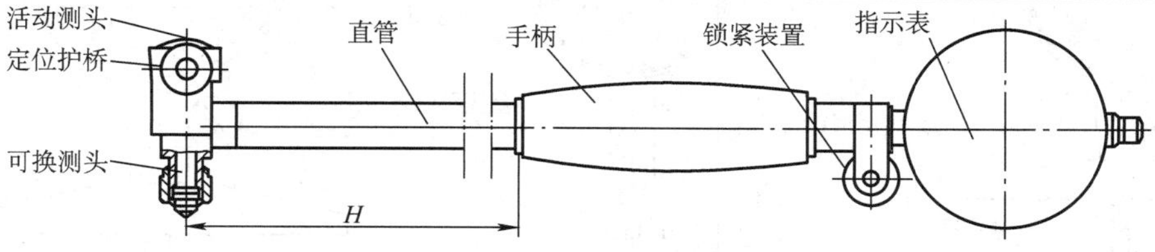

H—手柄下部长度，H≥40mm。

分度值	测量范围	活动测量头的工作行程	最大允许误差
0.01	6~10	≥0.6	±0.012
	>10~18	≥0.8	
	>18~35	≥1.0	±0.015
	>35~50	≥1.2	
	>50~450	≥1.6	±0.018

（续）

分度值	测量范围	活动测量头的工作行程	最大允许误差
0.001	>6~10	≥0.6	±0.005
	>10~18	≥0.8	
	>18~35		±0.006
	>35~50		
	>50~450		±0.007

6.3.3.5　涨簧式内径指示表的型式和技术要求（见表 3-6-52）

表 3-6-52　涨簧式内径指示表的型式和技术要求（JB/T 8791—2012）（单位：mm）

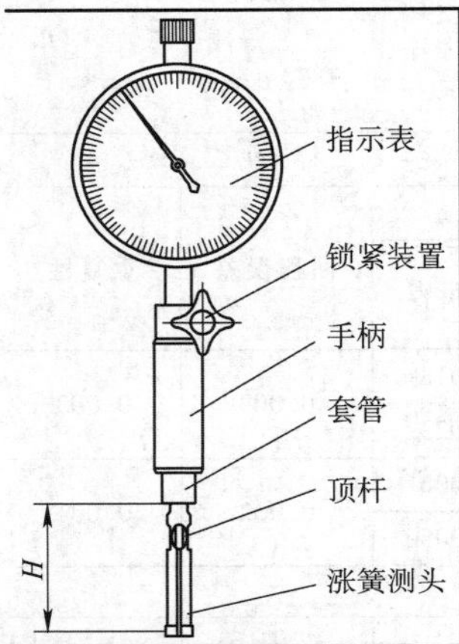

分度值	测量范围	涨簧测头量程 t	最大允许误差	
0.01	1~2	≥0.2	$t\leqslant0.6$	±0.010
	2~3	≥0.3		
	3~4			
	4~6	≥0.6	$0.6<t\leqslant1.2$	±0.012
	6~10	≥1.2	$t>1.2$	±0.015
	10~18			
0.001	1~2	≥0.2	$t\leqslant0.6$	±0.005
	2~3	≥0.3		
	3~4			
	4~6	≥0.6	$0.6<t\leqslant1$	±0.006
	6~10	≥1	$t>1$	±0.007
	10~18			

注：H 为测量深度，其最小值为 10mm。

6.3.3.6　深度指示表的型式和技术要求（见表 3-6-53）

表 3-6-53　深度指示表的型式和技术要求（JB/T 6081—2007）　（单位：mm）

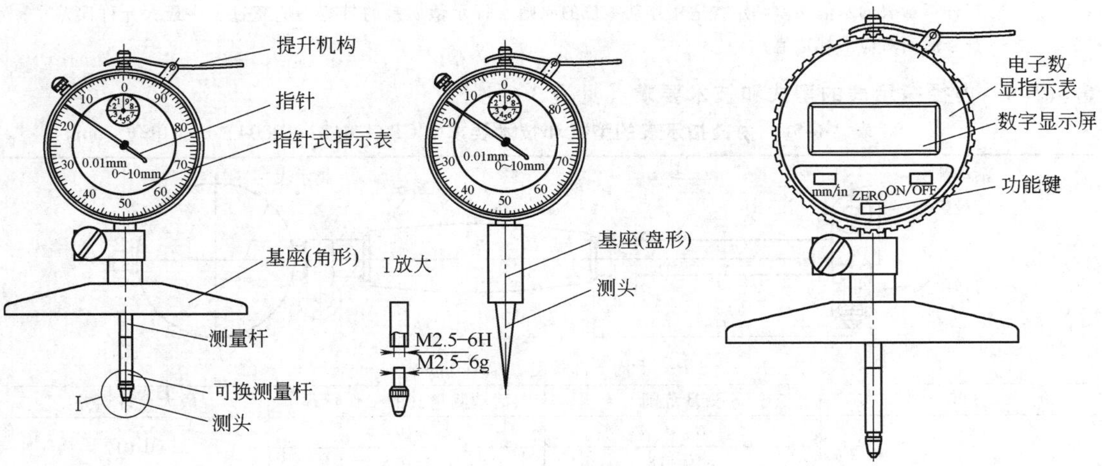

a) 指针式深度指示表　　　　b) 电子数显深度指示表

（续）

所配指示表的量程 S	允许误差 分度值/分辨力 0.01 指针式深度指示表	0.01 电子数显深度指示表	0.001 指针式深度指示表	0.001 电子数显深度指示表	0.005 电子数显深度指示表
$S \leqslant 1$	—	—	±0.007	±0.004	—
$1<S \leqslant 3$			±0.009	±0.006	
$3<S \leqslant 10$	±0.020	±0.020	±0.010	±0.008	±0.015
$10<S \leqslant 30$	±0.030	±0.030	±0.015	±0.012	±0.020
$30<S \leqslant 50$	±0.040	±0.040	—	—	±0.030
$50<S \leqslant 100$	±0.050	±0.050			—

注：允许误差不包括可换测量杆的误差。

6.3.3.7　球式内径指示表的型式和技术要求（见表 3-6-54）

表 3-6-54　球式内径指示表的型式和技术要求（JB/T 8790—2012）（单位：mm）

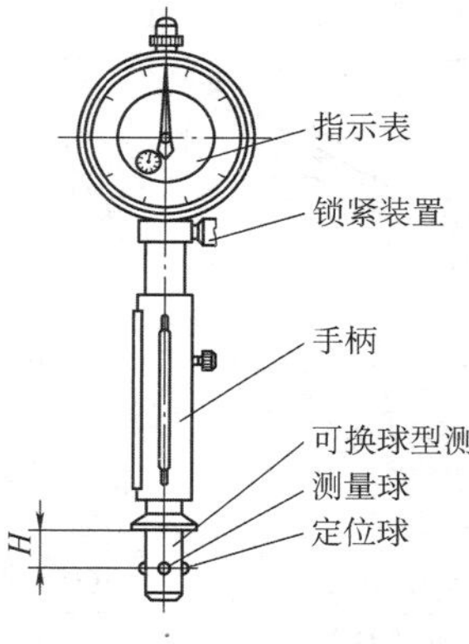

分度值	测量范围	测量头量程 t	最大允许误差	
0.01	3~4	≥0.3	$t \leqslant 0.5$	±8μm
	4~10	≥0.6	$0.5<t \leqslant 1.0$	±10μm
	10~18	≥1.0	$1.0<t \leqslant 2.0$	±12μm
0.001	3~4	≥0.3	$2.0<t \leqslant 3.5$	±15μm
	4~10	≥0.6	$t \leqslant 3.5$	±5μm
	10~18	≥0.8		

注：内径表配有多个测量头，其对应的测量头量程和测量深度 H 也不同，表中仅规定了测量头量程和测量深度 H 的最小值。

6.3.4　角度量具

6.3.4.1　刀口形直尺的型式和尺寸（见表 3-6-55）

表 3-6-55　刀口形直尺的型式和尺寸（GB/T 6091—2022）　（单位：mm）

型　式：

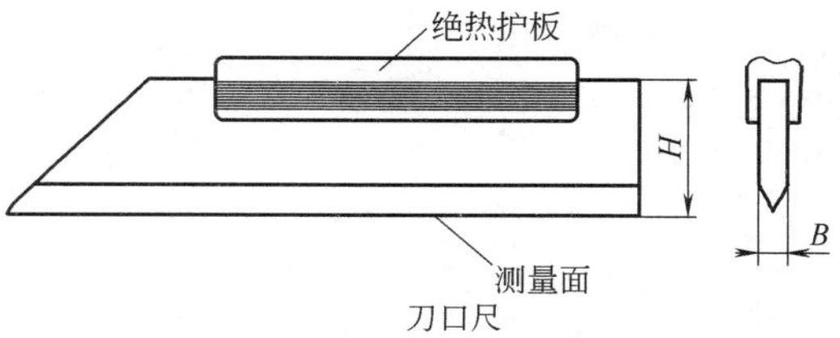

L	B	H
75、100	6	22
125、150、175	6	27
200、225	8	30
300	8	40
400	8	45
500	10	50

（续）

型式	尺寸		
	L	*B*	*H*
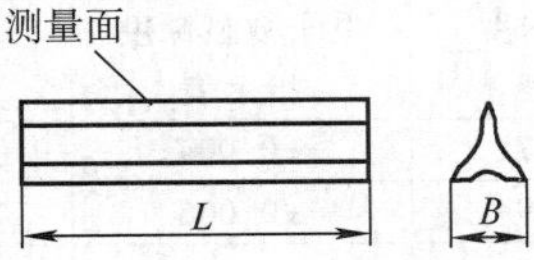 三棱尺	200	26	
	300	30	
	500	40	
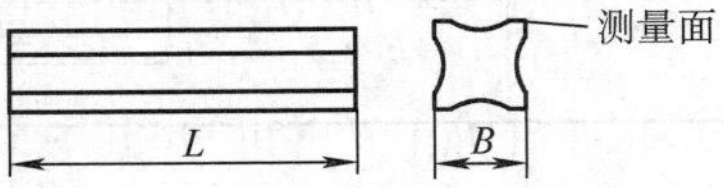 四棱尺	200	20	
	300	25	
	500	35	

6.3.4.2 万能角度尺的型式和尺寸（见表3-6-56）

表3-6-56 万能角度尺的型式和尺寸（GB/T 6315—2008） （单位：mm）

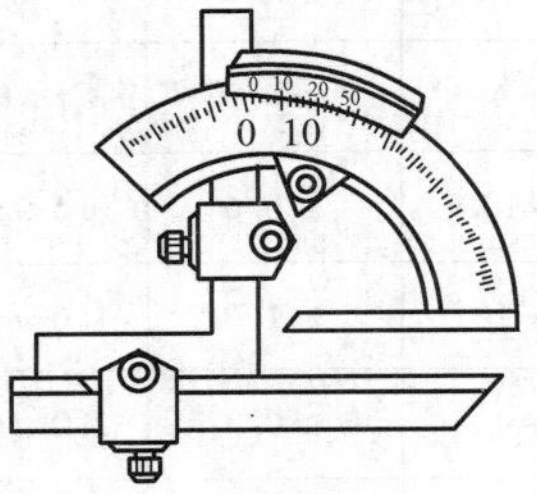

a) Ⅰ型游标万能角度尺

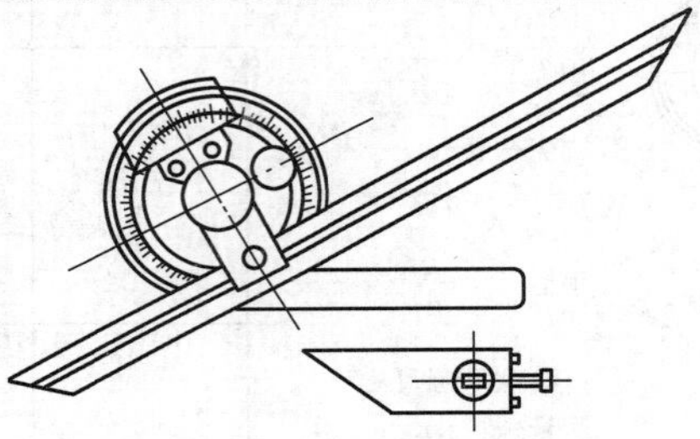
b) Ⅱ型游标万能角度尺

型式	游标分度值	测量范围	直尺测量面	附加直尺测量面	其他测量面
			标称长度		
Ⅰ型	2′、5′	0°~320°	≥150	—	≥50
Ⅱ型	5′	0°~360°	150、200、300	≥70	

注：带表万能角度尺和数显万能角度尺的型式与基本参数等见GB/T 6315—2008。

6.3.4.3 直角尺的型式和尺寸（见表3-6-57）

表3-6-57 直角尺的型式和尺寸（GB/T 6092—2021） （单位：mm）

圆柱直角尺

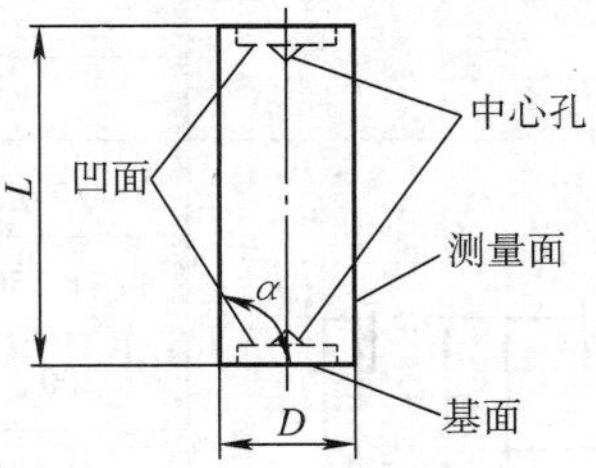

注：图中α角为直角尺的工作角

准确度等级		00级、0级				
基本尺寸	*D*	200	315	500	800	1250
	L	80	100	125	160	200

（续）

矩形直角尺

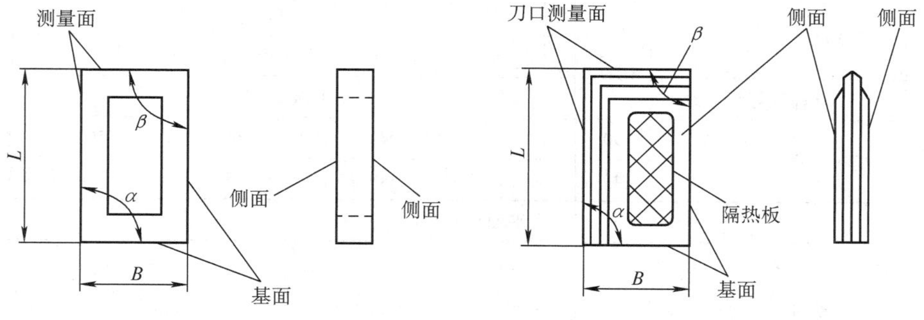

a) 矩形直角尺　　b) 刀口矩形直角尺

注：图中 α、β 角为直角尺的工作角

<table>
<tr><td rowspan="3">矩形
直角尺</td><td colspan="2">准确度等级</td><td colspan="5">00 级、0 级、1 级</td></tr>
<tr><td rowspan="2">基本尺寸</td><td>L</td><td>125</td><td>200</td><td>315</td><td>500</td><td>800</td></tr>
<tr><td>B</td><td>80</td><td>125</td><td>200</td><td>315</td><td>500</td></tr>
<tr><td rowspan="3">刀口矩形
直角尺</td><td colspan="2">准确度等级</td><td colspan="5">00 级、0 级</td></tr>
<tr><td rowspan="2">基本尺寸</td><td>L</td><td>63</td><td colspan="2">125</td><td colspan="2">200</td></tr>
<tr><td>B</td><td>40</td><td colspan="2">80</td><td colspan="2">125</td></tr>
</table>

三角形直角尺

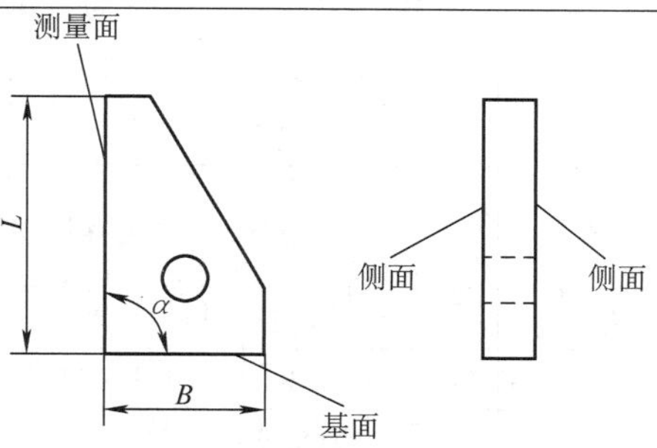

注：图中 α 角为直角尺的工作角

<table>
<tr><td colspan="2">准确度等级</td><td colspan="6">00 级、0 级</td></tr>
<tr><td rowspan="2">基本尺寸</td><td>L</td><td>125</td><td>200</td><td>315</td><td>500</td><td>800</td><td>1250</td></tr>
<tr><td>B</td><td>80</td><td>125</td><td>200</td><td>315</td><td>500</td><td>800</td></tr>
</table>

刀口形直角尺

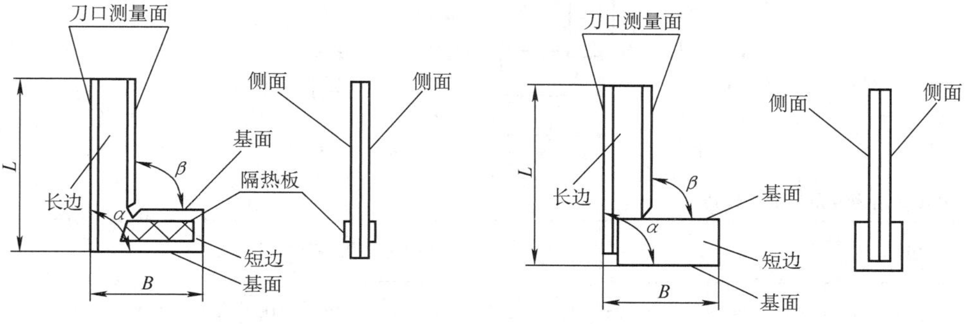

a) 刀口形直角尺　　b) 宽座刀口形直角尺

注：图中 α、β 角为直角尺的工作角

（续）

刀口形直角尺	准确度等级		0级、1级									
	基本尺寸	*L*	50	63	80	100	125	160	200			
		B	32	40	50	63	80	100	125			
宽座刀口形直角尺	准确度等级		0级、1级									
	基本尺寸	*L*	50	75	100	150	200	250	300	500	750	1000
		B	40	50	70	100	130	165	200	300	400	550

平面形直角尺

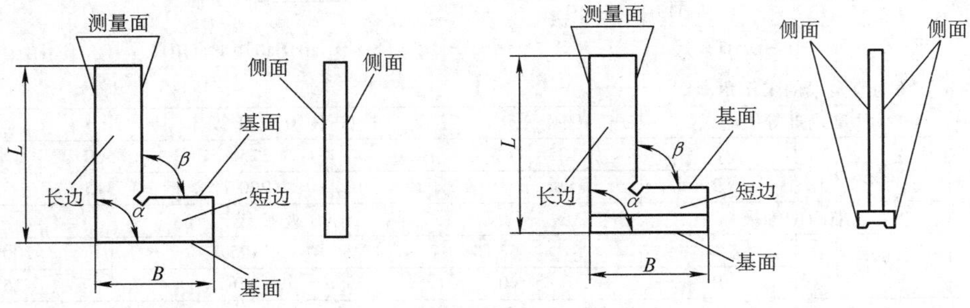

a) 平面形直角尺　　b) 带座平面形直角尺

注：图中 α、β 角为直角尺的工作角

平面形直角尺和带座平面形直角尺	准确度等级		0级、1级和2级									
	基本尺寸	*L*	50	75	100	150	200	250	300	500	750	1000
		B	40	50	70	100	130	165	200	300	400	550

宽座直角尺

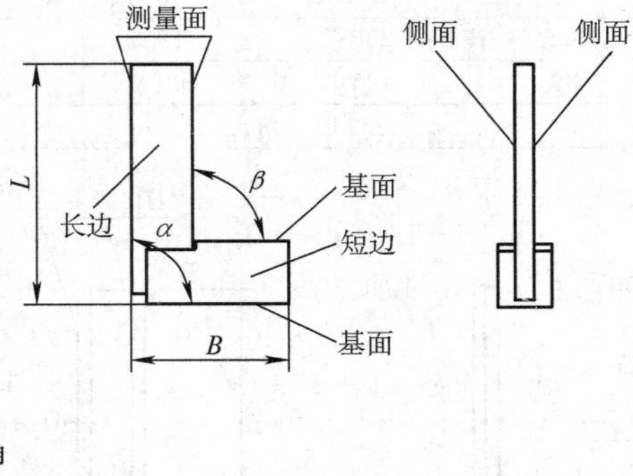

注：图中 α、β 角为直角尺的工作角

准确度等级		0级、1级和2级													
基本尺寸	*L*	63	80	100	125	160	200	250	315	400	500	630	800	1000	1250	1600
	B	40	50	63	80	100	125	160	200	250	315	400	500	630	800	1000

6.3.4.4　方形角尺的型式和尺寸（见表 3-6-58、表 3-6-59）

表 3-6-58　方形角尺的型式和尺寸（JB/T 10027—2010）　（单位：mm）

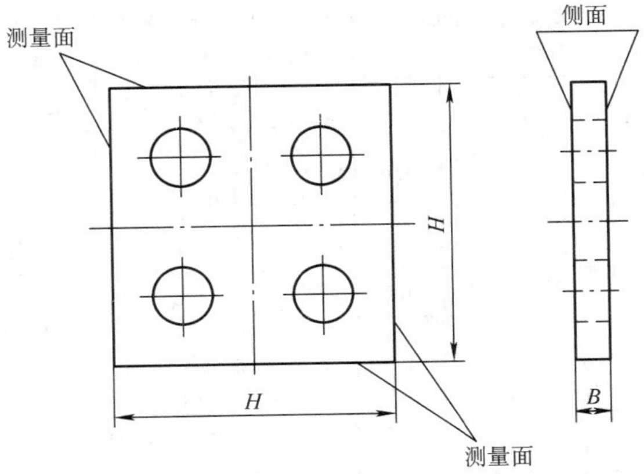

a) Ⅰ型

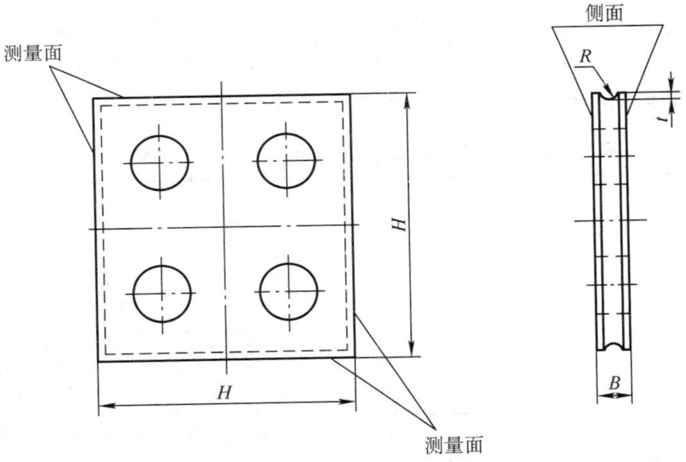

b) Ⅱ型

H	*B*	*R*	*t*
100	16	3	2
150	30	4	2
160	30	4	2
200	35	5	3
250	35	6	4
300	40	6	4
315	40	6	4
400	45	8	4
500	55	10	5
630	65	10	5

表 3-6-59 方形角尺的准确度

H/mm	准确度等级												两侧面间的平行度/μm	
	00	0	1	00	0	1	00	0	1	00	0	1		
	相邻两测量面的垂直度/μm			测量面的平面度或直线度/μm			相对测量面间的平行度/μm			两侧面对测量面的垂直度/μm			00 级	0 级、1 级
100	1.5	3.0	6.0	0.9	1.8	3.6	1.5	3.0	6.0	15	30	60	18	70
150														
160	2.0	4.0	8.0				2.0	4.0	8.0	20	40	80	24	100
200														
250	2.2	4.5	9.0	1.0	2.0	4.0	2.2	4.5	9.0	22	45	90	27	120
300														
315	2.6	5.2	10.0	1.1	2.3	4.5	2.6	5.2	10.0	26	50	100	31	130
400	3.0	6.0	12.0	1.3	2.6	5.2	3.0	6.0	12.0	30	60	120	36	150
500	3.5	7.0	14.0	1.5	3.0	6.0	3.5	7.0	14.0	35	70	140	42	170
630	4.0	8.0	16.0	2.0	4.0	7.0	4.0	8.0	16.0	42	80	160	50	200

注：1. 各测量面只允许呈凹形，不允许凸，在各测量面相交处 3mm 范围内的平面度或直线度不检测。
2. 表中垂直度公差值、平面度公差值、平行度公差值为温度在 20℃ 时的规定值。

6.3.4.5 正弦规的型式和尺寸（见表 3-6-60）

表 3-6-60 正弦规的型式和尺寸（GB/T 22526—2008）

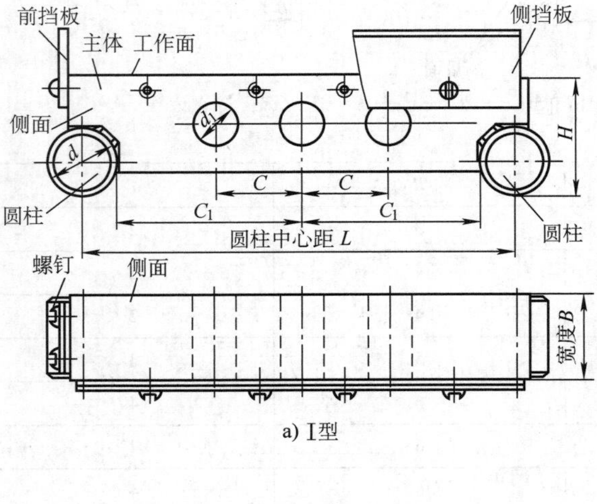

a) Ⅰ型

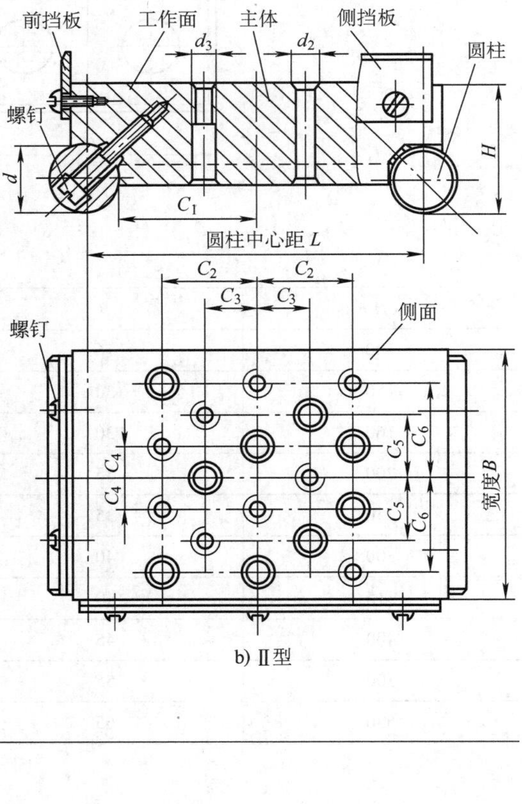

b) Ⅱ型

（续）

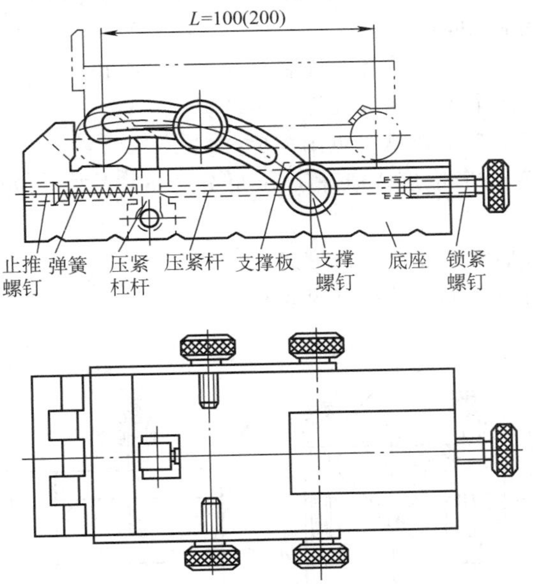

c) Ⅱ型正弦规用支承板

基本尺寸/mm

型式	L	B	d	H	C	C_1	C_2	C_3	C_4	C_5	C_6	d_1	d_2	d_3
Ⅰ型	100	25	20	30	20	40	—	—	—	—	—	12	—	—
	200	40	30	55	40	85	—	—	—	—	—	20	—	—
Ⅱ型	100	80	20	40	—	40	30	15	10	20	30	—	7B12	M6
	200	80	30	55	—	85	70	30	10	20	30	—	7B12	M6

综合误差

项　　目			$L=100$mm		$L=200$mm		备　　注
			0 级	1 级	0 级	1 级	
两圆柱中心距的偏差	Ⅰ型	μm	±1	±2	±1.5	±3	
	Ⅱ型		±2	±3	±2	±4	
两圆柱轴线的平行度	Ⅰ型		1	1	1.5	2	全长上
	Ⅱ型		2	3	2	4	
主体工作面上各孔中心线间距离的偏差	Ⅱ型		±150	±200	±150	±200	
同一正弦规的两圆柱直径差	Ⅰ型		1	1.5	1.5	2	
	Ⅱ型		1.5	3	2	3	
圆柱工作面的圆柱度	Ⅰ型		1	1.5	1.5	2	
	Ⅱ型		1.5	2	1.5	2	
正弦规主体工作面平面度			1	2	1.5	2	中凹
正弦规主体工作面与两圆柱下部母线公切面的平行度			1	2	1.5	3	
侧挡板工作面与圆柱轴线的垂直度			22	35	30	45	全长上
前挡板工作面与圆柱轴线的平行度	Ⅰ型		5	10	10	20	
	Ⅱ型		20	40	30	60	
正弦规装置成 30°时的综合误差	Ⅰ型		±5″	±8″	±5″	±8″	
	Ⅱ型		±8″	±16″	±8″	±16″	

注：1. 表中数值是温度为 20℃时的数值。

2. 表中所列误差在工作面边缘 1mm 范围上不计。

6.3.4.6 V形架的型式和尺寸（JB/T 8047—2007）

V形架适用于公称直径为3~300mm的轴类零件加工或测量时作紧固或定位用。

V形架的基本型式有四种：

1）Ⅰ型V形架，带一个V形槽和紧固装置（见图3-6-1）。

2）Ⅱ型V形架，带四个V形槽（见图3-6-2）。

3）Ⅲ型V形架，带三个V形槽（见图3-6-3）。

4）Ⅳ型V形架，带一个锥度V形槽，α角分为60°、72°、90°、108°、120°五种（见图3-6-4）。

图3-6-5所示为带U形紧固装置的V形架。

V形架的规格、尺寸和准确度等级（见表3-6-61）。

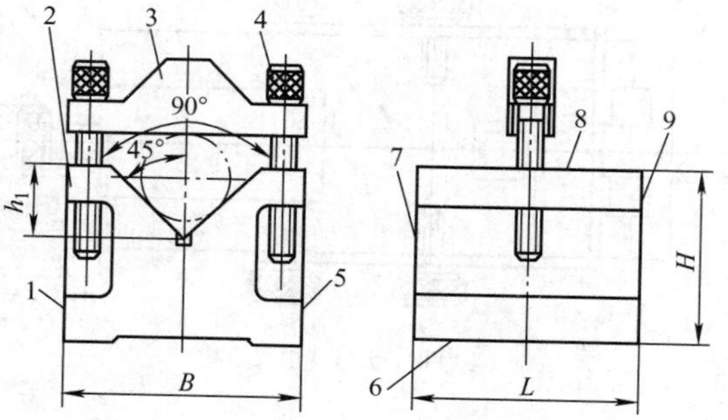

图3-6-1 Ⅰ型V形架

1、5—侧面 2—V形架主体 3—压板 4—紧固螺钉 6—底面 7、9—端面 8—上面

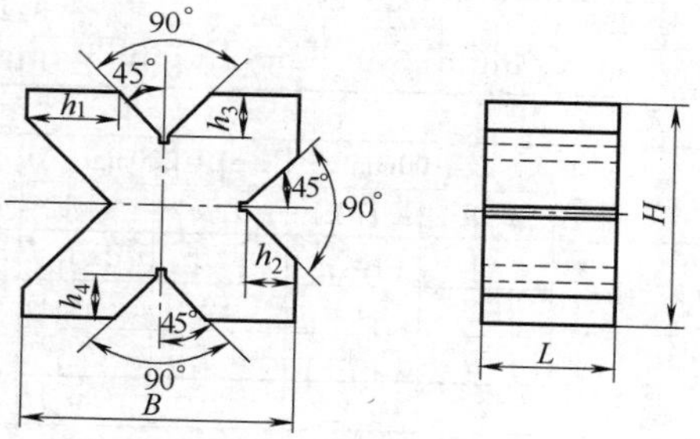

图3-6-2 Ⅱ型V形架

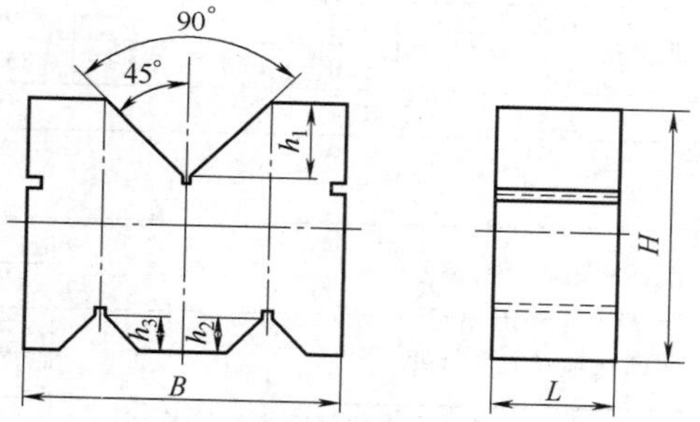

图3-6-3 Ⅲ型V形架

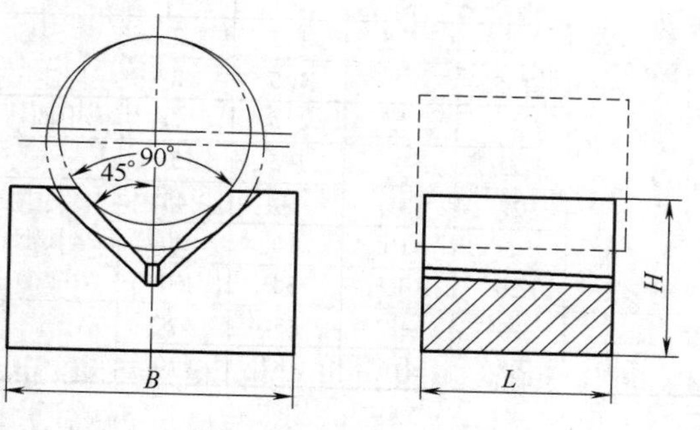

图3-6-4 Ⅳ型V形架

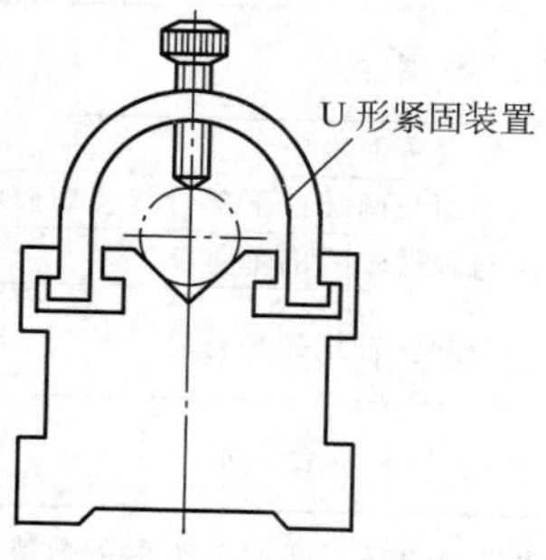

图3-6-5 带U形紧固装置的V形架

表 3-6-61　V 形架的规格、尺寸和准确度等级　　(单位:mm)

型式	型号	尺寸 L	B	H	h_1	h_2	h_3	h_4	准确度等级	适用直径范围 min	max
Ⅰ	Ⅰ-1	35	35	30	6	—			0,1,2	3	15
	Ⅰ-2	60	60	50	15					5	40
	Ⅰ-3	100	105	80	32					8	80
Ⅱ	Ⅱ-1	60	100	90	32	25	20	16		8	80
	Ⅱ-2	80	150	125	50	32	25	20	1,2	12	135
	Ⅱ-3	100	200	180	60	50	32	25		20	160
	Ⅱ-4	125	300	270	110	80	60	50		30	300
Ⅲ	Ⅲ-1	75	100	75	60	12	12	—	1,2	20	160
	Ⅲ-2	100	130	100	85	17.5	17.5	—		30	300
Ⅳ	Ⅳ-1	40	50	36	—	—			1	3	15
	Ⅳ-2	60	80	55						5	40
	Ⅳ-3	100	130	90						8	80

注：1. 未特别注明时，V 形架的 V 形槽角度为 90°。
2. 表中适用直径范围为推荐值。

6.3.5　量块及量规[㊀]

6.3.5.1　成套量块（见表 3-6-62 和表 3-6-63）

表 3-6-62　成套量块组合尺寸(GB/T 6093—2001)

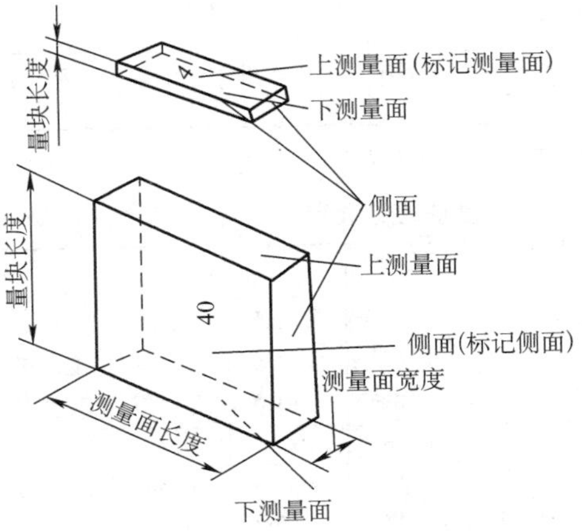

㊀ 角度量块的型式与基本参数见 GB/T 22521。

（续）

套别	总块数	精度等级	尺寸系列/mm	间隔/mm	块数
1	91	0,1	0.5	—	1
			1	—	1
			1.001、1.002……1.009	0.001	9
			1.01、1.02……1.49	0.01	49
			1.5、1.6……1.9	0.1	5
			2.0、2.5……9.5	0.5	16
			10、20……100	10	10
2	83	0,1,2	0.5	—	1
			1	—	1
			1.005	—	1
			1.01、1.02……1.49	0.01	49
			1.5、1.6……1.9	0.1	5
			2.0、2.5……9.5	0.5	16
			10、20……100	10	10
3	46	0,1,2	1	—	1
			1.001、1.002……1.009	0.001	9
			1.01、1.02……1.09	0.001	9
			1.1、1.2……1.9	0.1	9
			2、3……9	1	8
			10、20……100	10	10
4	38	0,1,2	1	—	1
			1.005	—	1
			1.01、1.02……1.09	0.01	9
			1.1、1.2……1.9	0.1	9
			2、3……9	1	8
			10、20……100	10	10
5	10^-	0,1	0.991、0.992……1	0.001	10

套别	总块数	精度等级	尺寸系列/mm	间隔/mm	块数
6	10^+	0,1	1、1.001……1.009	0.001	10
7	10^-	0,1	1.991、1.992……2	0.001	10
8	10^+	0,1	2、2.001、2.002……2.009	0.001	10
9	8	0,1,2	125、150、175、200、250、300、400、500	—	8
10	5	0,1,2	600、700、800、900、1000	—	5
11	10	0,1,2	2.5、5.1、7.7、10.3、12.9、15、17.6、20.2、22.8、25	—	10
12	10	0,1,2	27.5、30.1、32.7、35.3、37.9、40、42.6、45.2、47.8、50	—	10
13	10	0,1,2	52.9、55.1、57.7、60.3、62.9、65、67.6、70.2、72.8、75	—	10
14	10	0,1,2	77.5、80.1、82.7、85.3、87.9、90、92.6、95.2、97.8、100	—	10
15	12	3	10、20（二块）、41.2、51.2、81.5、101.2、121.5、121.8、191.8、201.5、291.8	—	12
16	6	3	101.2、200、291.5、375、451.8、490	—	6
17	6	3	201.2、400、581.5、750、901.8、990	—	6

注：对于套别11、12、13、14，允许制成圆形的。

表3-6-63　量块的等级和偏差（GB/T 6093—2001）　　（单位：μm）

标称长度/mm		0级		1级		2级		3级		K级	
大于	至	量块长度的极限偏差	长度变动量允许值	量块长度的极限偏差	长度变动量允许值	量块长度的极限偏差	长度变动量允许值	量块长度的极限偏差	长度变动量允许值	量块长度的极限偏差	长度变动量允许值
—	10	±0.12	0.10	±0.20	0.16	±0.45	0.30	±1.0	0.50	±0.20	0.05
10	25	±0.14	0.10	±0.30	0.16	±0.60	0.30	±1.2	0.50	±0.30	0.05
25	50	±0.20	0.10	±0.40	0.18	±0.80	0.30	±1.6	0.55	±0.40	0.06
50	75	±0.25	0.12	±0.50	0.18	±1.00	0.35	±2.0	0.55	±0.50	0.06
75	100	±0.30	0.12	±0.60	0.20	±1.20	0.35	±2.5	0.60	±0.60	0.07
100	150	±0.40	0.14	±0.80	0.20	±1.60	0.40	±3.0	0.65	±0.80	0.08
150	200	±0.50	0.16	±1.00	0.25	±2.00	0.40	±4.0	0.70	±1.00	0.09

（续）

标称长度 /mm		0 级		1 级		2 级		3 级		K 级	
大于	至	量块长度的极限偏差	长度变动量允许值	量块长度的极限偏差	长度变动量允许值	量块长度的极限偏差	长度变动量允许值	量块长度的极限偏差	长度变动量允许值	量块长度的极限偏差	长度变动量允许值
200	250	±0.60	0.16	±1.20	0.25	±2.40	0.45	±5.0	0.75	±1.20	0.10
250	300	±0.70	0.18	±1.40	0.25	±2.80	0.50	±6.0	0.80	±1.40	0.10
300	400	±0.90	0.20	±1.80	0.30	±3.60	0.50	±7.0	0.90	±1.80	0.12
400	500	±1.10	0.25	±2.20	0.35	±4.40	0.60	±9.0	1.0	±2.20	0.14
500	600	±1.30	0.25	±2.60	0.40	±5.00	0.70	±11.0	1.1	±2.60	0.16
600	700	±1.50	0.30	±3.00	0.45	±6.00	0.70	±12.0	1.2	±3.00	0.18
700	800	±1.70	0.30	±3.40	0.50	±6.50	0.80	±14.0	1.3	±3.40	0.20
800	900	±1.90	0.35	±3.80	0.50	±7.50	0.90	±15.0	1.4	±3.80	0.20
900	1000	±2.00	0.40	±4.20	0.60	±8.00	1.00	±17.0	1.5	±4.20	0.25

注：1. 0 级、1 级、2 级和 3 级为准确度级别，K 级为校准级。

2. 距离测量面边缘 0.5mm 范围内不计。

6.3.5.2　光滑极限量规（GB/T 10920—2008）

1. 光滑极限量规的型式和适用的公称尺寸范围（见表 3-6-64）。

表 3-6-64　光滑极限量规的型式和适用的公称尺寸范围　（单位：mm）

光滑极限量规型式		适用的公称尺寸 D	光滑极限量规型式		适用的公称尺寸 D
孔用极限量规	针式塞规（测头与手柄）	1～6	轴用极限量规	圆柱环规	1～100
	锥柄圆柱塞规（测头）	1～50		双头组合卡规	1～3
	三牙锁紧式圆柱塞规（测头）	>40～120		单头双极限组合卡规	1～3
	三牙锁紧式非全形塞规（测头）	>80～180		双头卡规	>3～10
	非全形塞规	>180～260		单头双极限卡规	1～260
	球端杆规	>120～500			

2. 孔用极限量规的型式和尺寸（见表 3-6-65）。

表 3-6-65　孔用极限量规的型式和尺寸　（单位：mm）

类型	型　式	公称尺寸 D	L	L_1	L_2
针式塞规	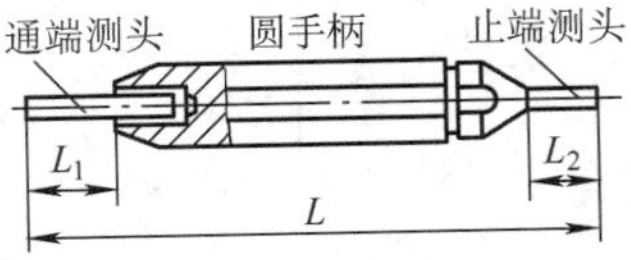	1～3	65	12	8
	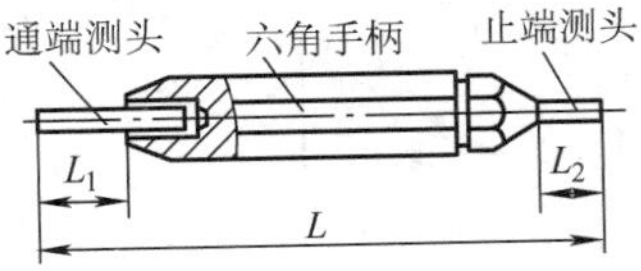	>3～6	80	15	10

（续）

类型	型　　式	公称尺寸 D	L	L_1	L_2
锥柄圆柱塞规	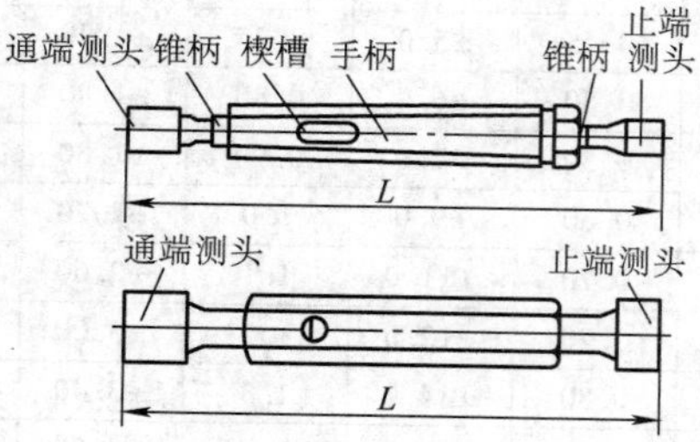	1~3	62		
		>3~6	74		
		>6~10	85		
		>10~14	97		
		>14~18	110	—	—
		>18~24	132		
		>24~30	136		
		>30~40	145		
		>40~50	171		
三牙锁紧式圆柱塞规	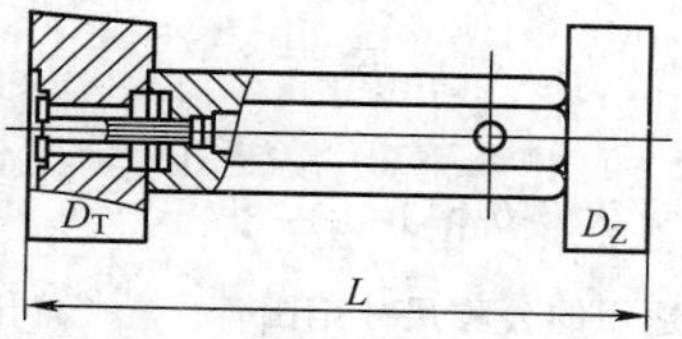双头手柄	公称尺寸 D	L（双头手柄）	L_1（单头手柄通端塞规）	L_1（单头手柄止端塞规）
	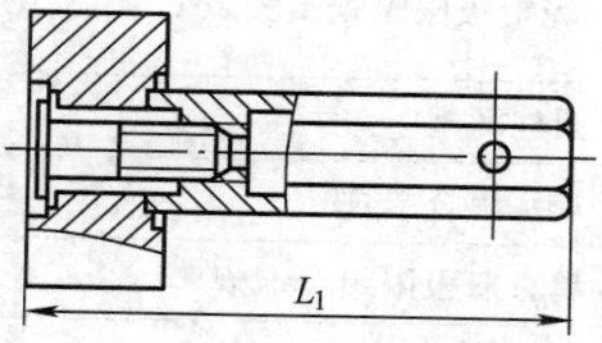单头手柄	>40~50	164	148	141
		>50~65	169	153	141
		>65~110	—	173	165
		>110~120	—	178	165
三牙锁紧式非全形塞规	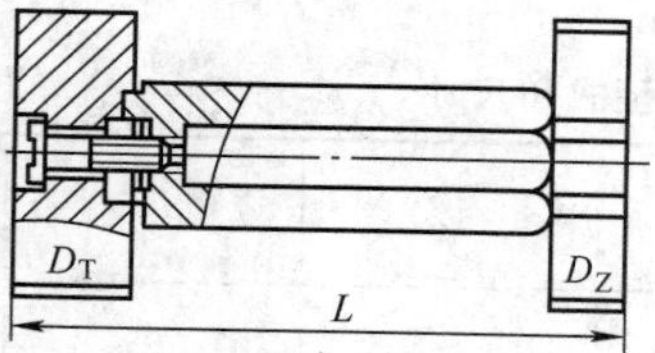双头手柄	公称直径 D	L（双头手柄）	L_1（单头手柄通端塞规）	L_2（单头手柄止端塞规）
	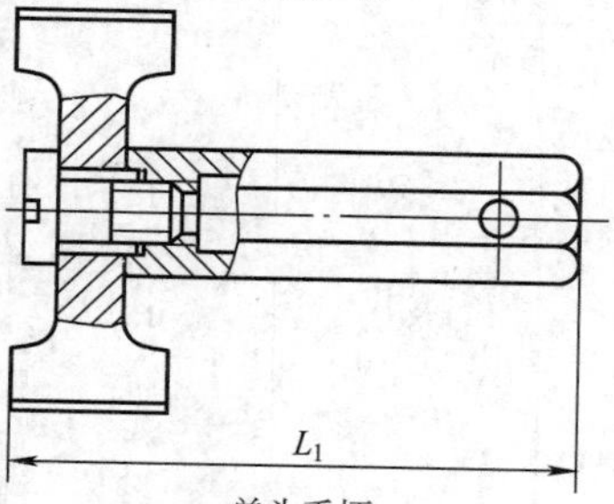单头手柄	>80~100	181	158	148
		>100~120	186	163	148
		>120~150	—	181	168
		>150~180	—	183	168

（续）

类型	型　式	公称尺寸 D	L 通端塞规	L 止端塞规
非全形塞规	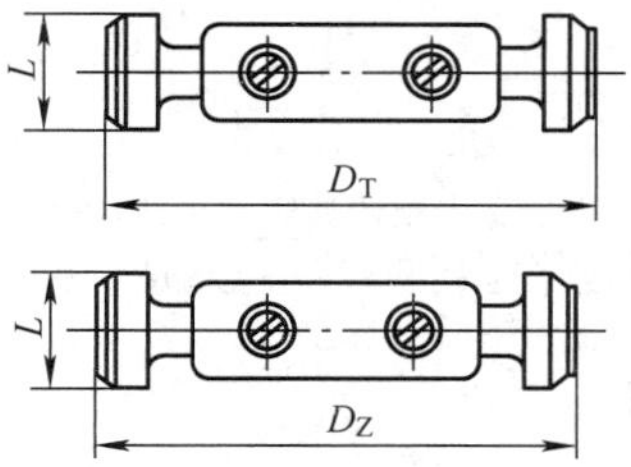	>180～200 >200～220 >220～240 >240～260	52	42

类型	型　式	公称尺寸 D	a	b	c	e	f	g	h	l_1	l_2
球端杆规	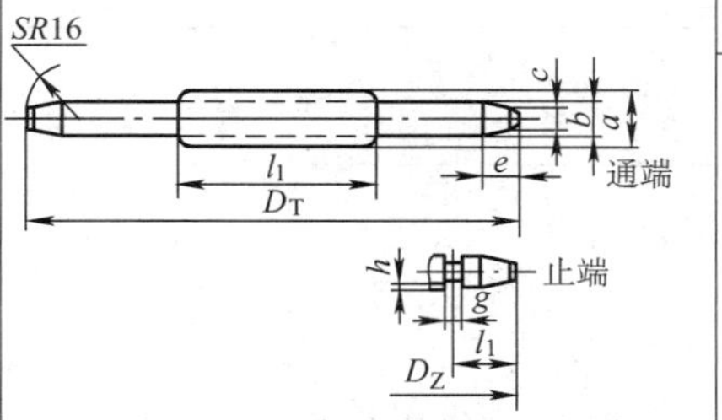 120mm< D≤250mm 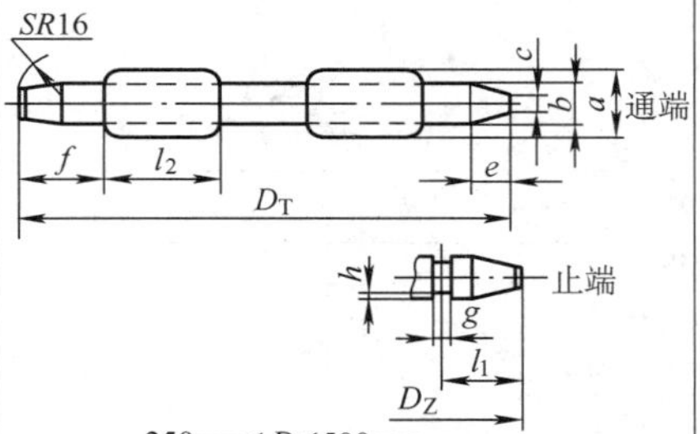 250mm< D≤500mm	>120～180	16	12	8	12	—	2	0.6	22	60
		>180～250	16	12	8	12	—	2	0.6	22	80
		>250～315	20	16	12	16	30	2	0.6	26	50
		>315～500	24	18	14	20	45	2.5	0.8	32	60

注：D_T—通端，D_Z—止端。

3. 轴用极限量规的型式和尺寸（见表 3-6-66）。

表 3-6-66　轴用极限量规的型式和尺寸　　（单位：mm）

名称	型　式	公称尺寸 D	D_1	L_1	L_2	b	公称尺寸 D	D_1	L_1	L_2	b
圆柱环规	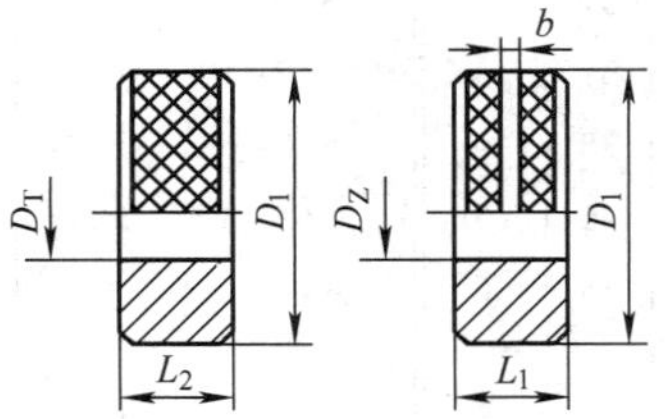 通端　止端	1～2.5	16	4	6	1	>32～40	71	18	24	2
		>2.5～5	22	5	10		>40～50	85	20	32	
		>5～10	32	8	12		>50～60	100	20	32	
		>10～15	38	10	14		>60～70	112	24	32	
		>15～20	45	12	16		>70～80	125	24	32	3
		>20～25	53	14	18	2	>80～90	140	24	32	
		>25～32	63	16	20		>90～100	160	24	32	

（续）

名称	型式	公称尺寸 *D*	备注
双头组合卡规	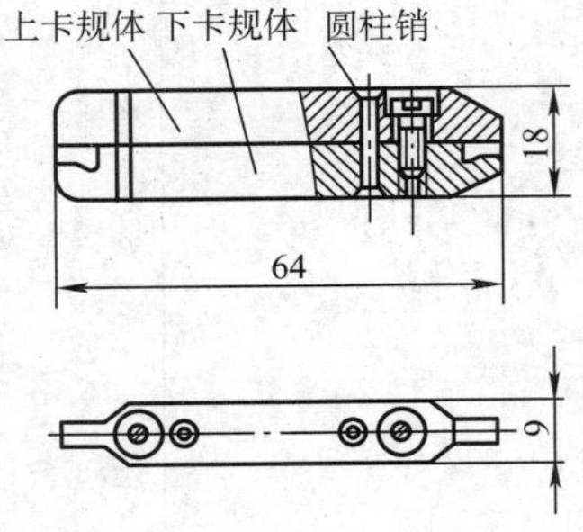	1~3	上、下卡规体具体尺寸见 GB/T 10920—2008 双头组合卡规上、下卡规体尺寸图
单头双极限组合卡规	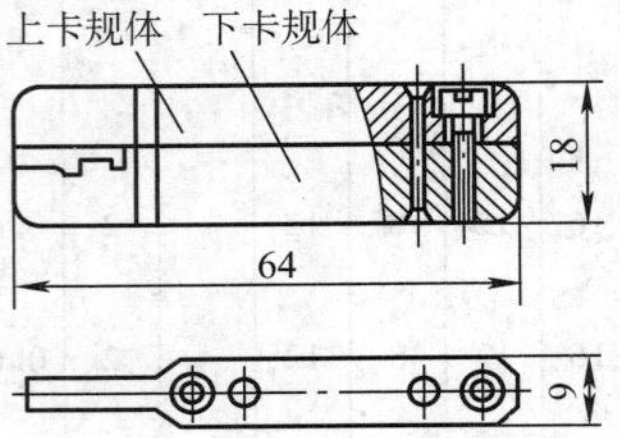	1~3	上、下卡规体具体尺寸见 GB/T 10920—2008 单头双极限组合卡规上、下卡规体尺寸图

名称	型式	公称尺寸 *D*	*L*	*l*	*B*	*d*	*b*
双头卡规	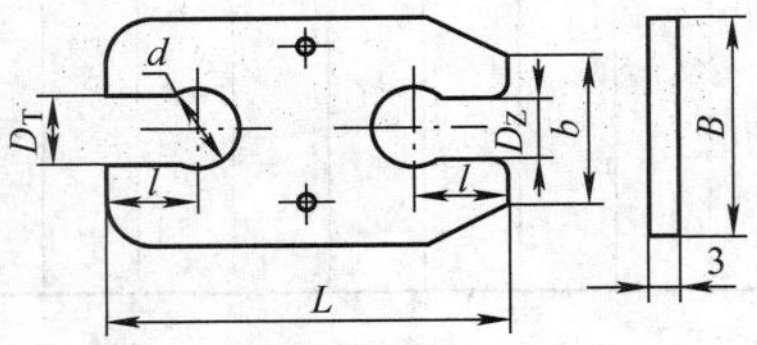	>3~6	45	22.5	26	10	14
		>6~10	52	26	30	12	20

名称	型式	公称尺寸 *D*	D_1	*H*	*B*	公称尺寸 *D*	D_1	*H*	*B*
单头双极限卡规	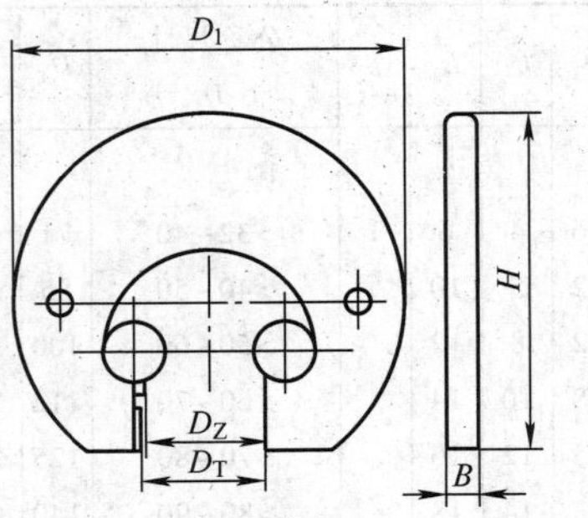 *D*=1～80mm	1~3	32	31	3	>30~40	82	72	8
		>3~6	32	31	4	>40~50	94	82	8
		>6~10	40	38	4	>50~65	116	100	10
		>10~18	50	46	5	>65~80	136	114	10
		>18~30	65	58	6				

（续）

名称	型　式	公称尺寸 D	D_1	H	B
单头双极限卡规	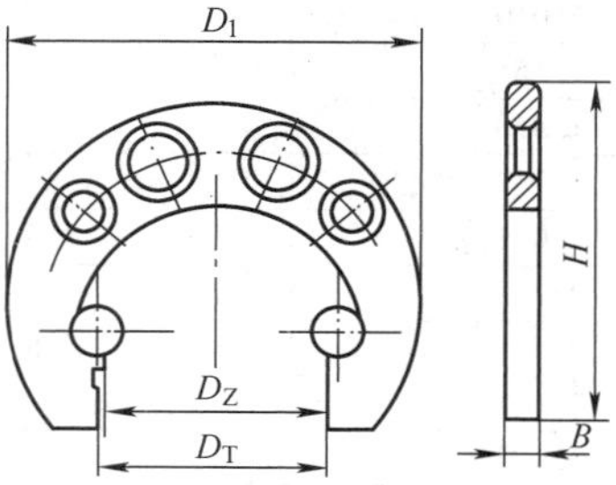 80mm<D≤120mm	>80~90 >90~105 >105~120	150 168 186	129 139.5 153	10
单头双极限卡规	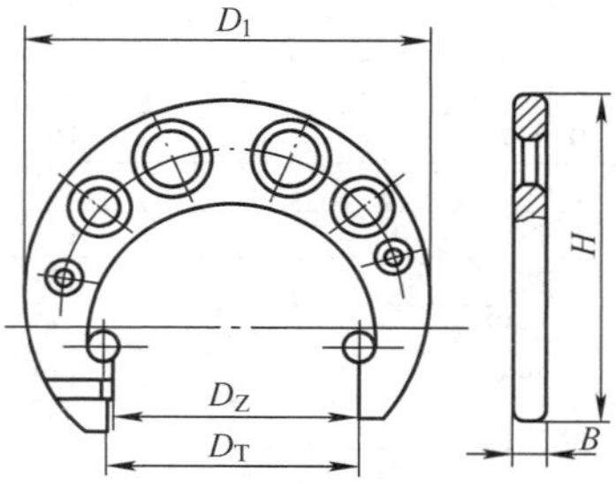 120mm<D≤260mm	>120~135 >135~150 >150~165 >165~180 >180~200 >200~220 >220~240 >240~260	204 222 240 258 278 298 318 338	168.5 178 192.5 202 216.5 227 242.5 252	10 10 12 12 14 14 14 14

6.3.5.3　量针的型式和尺寸（见表 3-6-67）

表 3-6-67　量针的型式和尺寸（GB/T 22522—2021）　（单位：mm）

Ⅰ型量针

公称直径 D=0.115~0.577mm

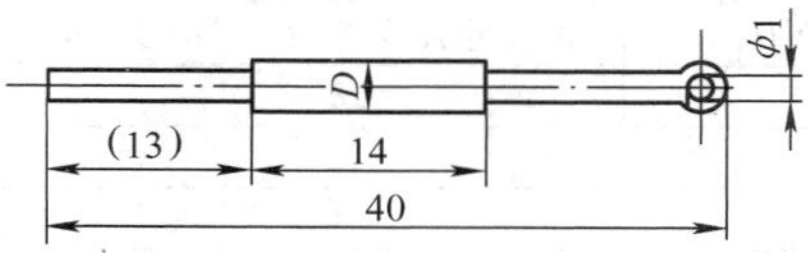

Ⅱ型量针

公称直径 D=0.722~1.629mm

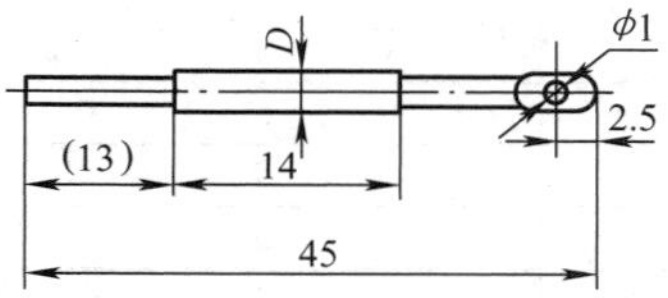

Ⅲ型量针

公称直径 D>1.732mm

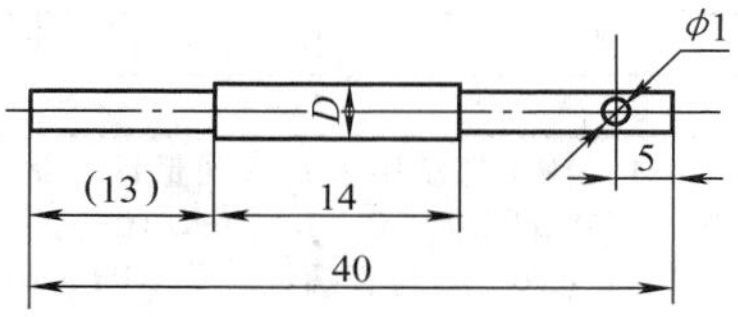

（续）

测量普通螺纹（M）中径的量针			
量针公称直径 *D*	被测螺纹的螺距 *P*	量针公称直径 *D*	被测螺纹的螺距 *P*
0.115	0.2	0.866	1.5
0.144	0.25	1.010	1.75
0.173	0.3	1.155	2
0.202	0.35	1.443	2.5
0.231	0.4	1.732	3
0.260	0.45	2.021	3.5
0.289	0.5	2.309	4
0.346	0.6	2.598	4.5
0.404	0.7	2.887	5
0.433	0.75	3.175	5.5
0.462	0.8	3.464	6
0.577	1	4.619	8
0.722	1.25	—	—
测量统一螺纹（UN）中径的量针			
量针公称直径 *D*	每英寸长度上的螺纹牙数	量针公称直径 *D*	每英寸长度上的螺纹牙数
0.183	80	0.917	16
0.204	72	1.047①	14①
0.229	64	1.128	13
0.262	56	1.222	12
0.306	48	1.275①	11.5①
0.333	44	1.333	11
0.367	40	1.466	10
0.407	36	1.629	9
0.458	32	1.833①	8[a]
0.524	28	2.095	7
0.543①	27①	2.444	6
0.611	24	2.933	5
0.733	20	3.259	4.5
0.815①	18①	3.666	4
测量管螺纹（G、R）中径的量针			
量针公称直径 *D*	每英寸长度上的螺纹牙数	量针公称直径 *D*	每英寸长度上的螺纹牙数
0.511	28	1.023	14
0.754	19	1.302	11
测量梯形螺纹（Tr）中径的量针			
量针公称直径 *D*	被测螺纹的螺距 *P*	量针公称直径 *D*	被测螺纹的螺距 *P*
0.776	1.5	7.247	14
1.035	2	8.282	16
1.553	3	9.317	18
2.071	4	10.353	20
2.588	5	11.388	22
3.106	6	12.423	24
3.623	7	14.494	28
4.141	8	16.564	32
4.659	9	18.635	36
5.176	10	20.706	40
6.212	12	22.776	44

注：GB/T 22522—2021《测量螺纹用米制系列量针》适用于检测升角小于5°，具有标准螺距的普通螺纹（M）、统一螺纹（UN）、55°管螺纹（G、R）、梯形螺纹（Tr）中径。

①这些量针也可以用于测量60°密封管螺纹，如NPT、NPSC、NPTF。

6.3.5.4　成组半径样板的型式和尺寸（见表 3-6-68）

表 3-6-68　成组半径样板的型式和尺寸（JB/T 7980—2010）　（单位：mm）

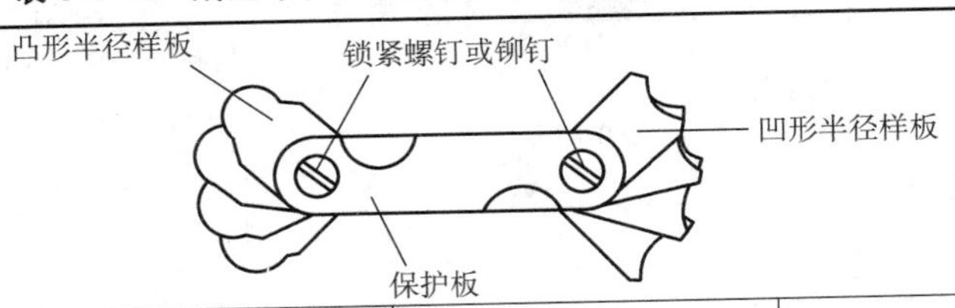

样板半径	样板宽度	样板厚度	半径尺寸系列及组装顺序	成组半径样板中的片数	
				凸形	凹形
1~6.5	13.5	0.5	1、1.25、1.5、1.75、2、2.25、2.5、2.75、3、3.5、4、4.5、5、5.5、6、6.5	16	16
7~14.5	20.5		7、7.5、8、8.5、9、9.5、10、10.5、11、11.5、12、12.5、13、13.5、14、14.5		
15~25			15、15.5、16、16.5、17、17.5、18、18.5、19、19.5、20、21、22、23、24、25		

6.3.5.5　成组螺纹样板的型式和尺寸（见表 3-6-69）

表 3-6-69　成组螺纹样板的型式和尺寸（JB/T 7981—2010）

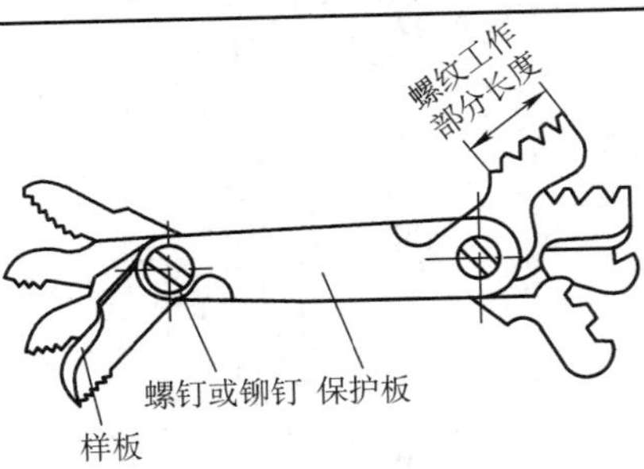

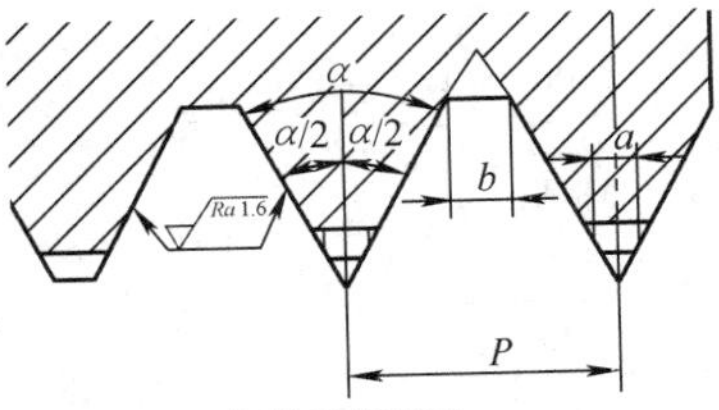

螺纹样板牙型

普通螺纹样板的牙型尺寸							
螺距 P		基本牙型角 α/(°)	牙型半角 α/2 极限偏差 /(′)	牙顶和牙底宽度/mm			螺纹工作部分长度 /mm
公称尺寸 /mm	极限偏差 /mm			a		b	
				最小	最大	最大	
0.40	±0.010	60	±60	0.10	0.16	0.05	5
0.45				0.11	0.17	0.06	
0.50			±50	0.13	0.21	0.06	
0.60				0.15	0.23	0.08	

（续）

普通螺纹样板的牙型尺寸

螺距P 公称尺寸/mm	螺距P 极限偏差/mm	基本牙型角α/(°)	牙型半角α/2极限偏差/(′)	牙顶和牙底宽度/mm a 最小	a 最大	b 最大	螺纹工作部分长度/mm
0.70	±0.015	60	±50	0.18	0.26	0.09	10
0.75			±40	0.19	0.27	0.09	
0.80				0.20	0.28	0.10	
1.00				0.25	0.33	0.13	
1.25			±35	0.31	0.43	0.16	
1.50			±30	0.38	0.50	0.19	
1.75	±0.020			0.44	0.56	0.22	16
2.00				0.50	0.62	0.25	
2.50			±25	0.63	0.75	0.31	
3.00				0.75	0.87	0.38	
3.50				0.88	1.03	0.44	
4.00				1.00	1.15	0.50	
4.50			±20	1.13	1.28	0.56	
5.00				1.25	1.40	0.63	
5.50				1.38	1.53	0.69	
6.00				1.50	1.65	0.75	

统一螺纹样板的牙型尺寸

螺距P 每英寸牙数	螺距P 公称尺寸/mm	螺距P 极限偏差/mm	基本牙型角α/(°)	牙型半角α/2极限偏差/(′)	牙顶和牙底宽度/mm a 最小	a 最大	b 最大	螺纹工作部分长度/mm
28	0.9071	±0.015	55	±40	0.22	0.30	0.15	10
24	1.0583				0.27	0.39	0.18	
20	1.2700			±35	0.29	0.41	0.19	
					0.31	0.43	0.21	
18	1.4111			±30	0.33	0.45	0.22	
16	1.5875				0.35	0.47	0.24	
14	1.8143	±0.020			0.39	0.51	0.27	
12	2.1167				0.45	0.57	0.30	16
11	2.3091				0.52	0.64	0.35	
10	2.5400			±25	0.57	0.69	0.38	
9	2.8222				0.62	0.74	0.42	
8	3.1750				0.69	0.81	0.47	
7	3.6286				0.77	0.92	0.53	
6	4.2333				0.89	1.04	0.60	
5	5.0800			±20	1.04	1.19	0.70	
4½	5.6444				1.24	1.39	0.85	
4	6.3500				1.38	1.53	0.94	

6.3.5.6　中心规的型式和尺寸（见表3-6-70）

表3-6-70　中心规的型式和尺寸

	公称尺寸规格/(°)	基本尺寸		
		L/mm	B/mm	φ/(°)
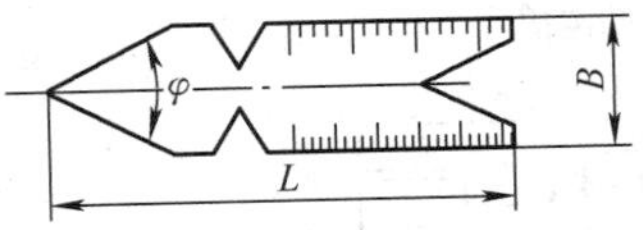	60 55	57 57	20 20	60 55

6.3.5.7　成组塞尺的型式和尺寸（见表3-6-71）

表3-6-71　成组塞尺的型式和尺寸（GB/T 22523—2008）

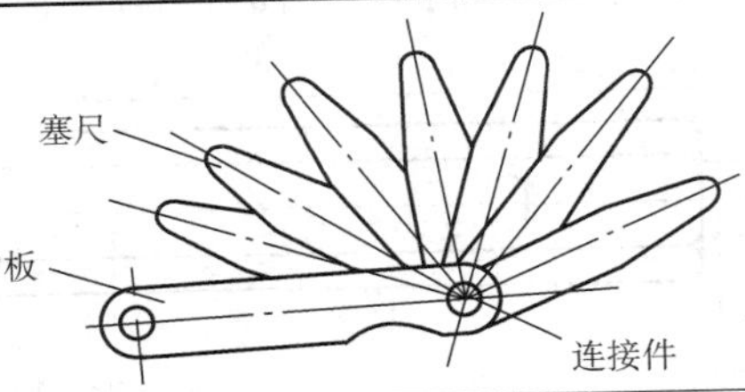

成组塞尺的片数	塞尺的长度/mm	塞尺厚度尺寸及组装顺序/mm
13	100、150、200、300	0.10、0.02、0.02、0.03、0.03、0.04、0.04、0.05、0.05、0.06、0.07、0.08、0.09
14		1.00、0.05、0.06、0.07、0.08、0.09、0.10、0.15、0.20、0.25、0.30、0.40、0.50、0.75
17		0.50、0.02、0.03、0.04、0.05、0.06、0.07、0.08、0.09、0.10、0.15、0.20、0.25、0.30、0.35、0.40、0.45
20		1.00、0.05、0.10、0.15、0.20、0.25、0.30、0.35、0.40、0.45、0.50、0.55、0.60、0.65、0.70、0.75、0.80、0.85、0.90、0.95
21		0.50、0.02、0.02、0.03、0.03、0.04、0.04、0.05、0.05、0.06、0.07、0.08、0.09、0.10、0.15、0.20、0.25、0.30、0.35、0.40、0.45

注：保护片厚度建议采用≥0.30mm。

6.3.5.8　普通螺纹量规[㊀]（GB/T 10920—2008）

1. 普通螺纹量规名称及适用公称直径的范围（见表3-6-72）

表3-6-72　普通螺纹量规名称及适用公称直径的范围（GB/T 10920—2008）

（单位：mm）

普通螺纹量规名称		适用公称直径范围
内螺纹用螺纹量规	锥度锁紧式螺纹塞规	1～100
	双头三牙锁紧式螺纹塞规	40～62
	单头三牙锁紧式螺纹塞规	40～120
	套式螺纹塞规	40～120
	双柄式螺纹塞规	>120～180
外螺纹用螺纹量规	整体式螺纹环规	1～120
	双柄式螺纹环规	>120～180

㊀　梯形螺纹量规见GB/T 8125。

2. 普通螺纹量规的型式和尺寸（见表 3-6-73~表 3-6-78）

表 3-6-73 锥度锁紧式螺纹塞规的型式和尺寸 （单位:mm）

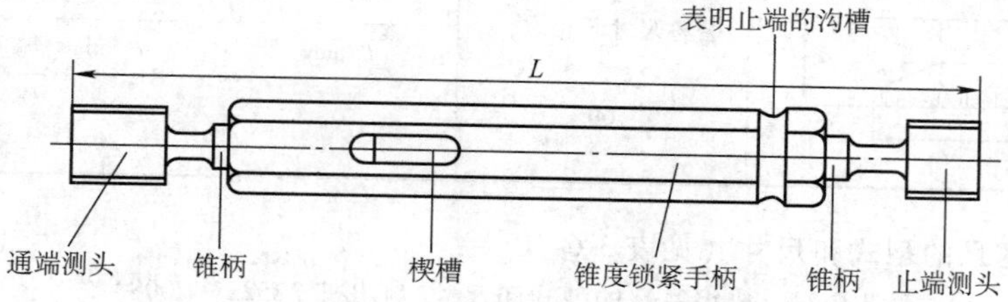

a) 适用于公称直径 d=1~14mm

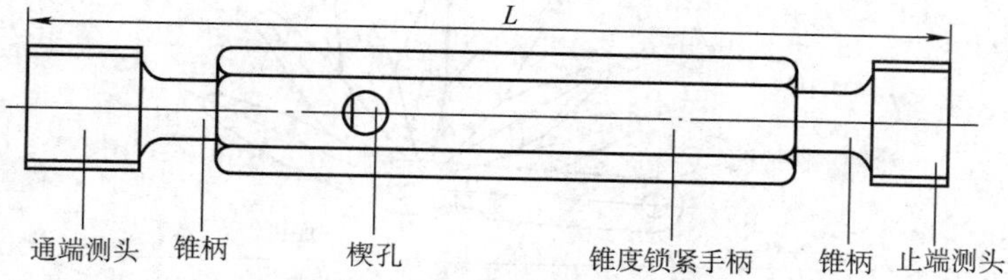

b) 适用于公称直径 d>14~100mm

公称直径 d	螺距 P	L
1~3	0.2、0.25、0.3、0.35、0.4、0.45、0.5	62.5
>3~6	0.35、0.5、0.6、0.7、0.75	70.5
	0.8、1	74
>6~10	0.75	83
	1	84
	1.25、1.5	90
>10~14	0.75、1	91
	1.25、1.5	97
	1.75、2	105
>14~18	1	106
	1.5	112
	2	116
	2.5	124
>18~24	1	124
	1.5	126
	2	132
	2.5	140
	3	144

公称直径 d	螺距 P	L
>24~30	1、1.5	128
	2	132
	3	144
	3.5	150
>30~40	1.5	146
	2	150
	3	162
	3.5、4	174
>40~50	1.5、2	154
	3	167
	4	183
	4.5、5	191
>50~62	1.5、2	172
	3	183
	4	197
	5	210
	5.5	217
>62~100	1.5、2	172
	3	183
	4	194
	6	225

表 3-6-74　三牙锁紧式螺纹塞规的型式和尺寸　（单位：mm）

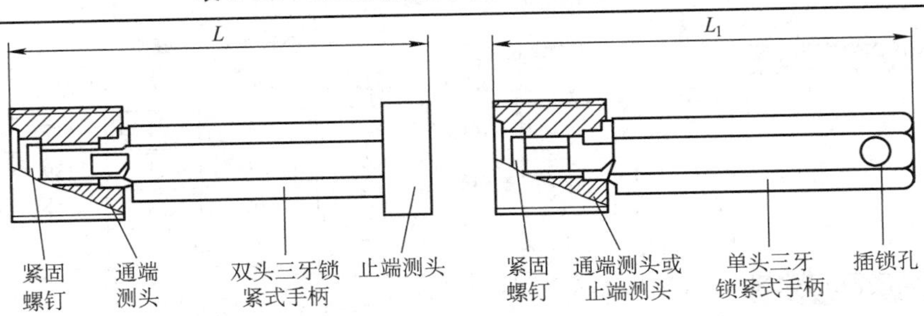

a) 适用于公称直径 d=40～62mm

公称直径 d	螺距 P	双头手柄	单头手柄	
			通端	止端
		L	L_1	
40～50	1.5、2	153	139	139
	3	162	148	139
	4	178	155	148
	4.5、5	186	163	
>50～62	1.5、2	153	139	139
	3	162	148	139
	4	178	155	148
	5	191	168	
	5.5	198		155

b) 适用于公称直径 d>62～120mm

公称直径 d	螺距 P	双头手柄	单头手柄	
			通端	止端
		L	L_1	
>62～80	1.5、2	—	159	159
	3		168	159
	4		173	168
	6		186	173
82、85、90、95、100、105、110、115、120、	1.5、2	—	159	159
	3		168	159
	4		173	168
	6		186	173

表 3-6-75　套式螺纹塞规的型式和尺寸　（单位：mm）

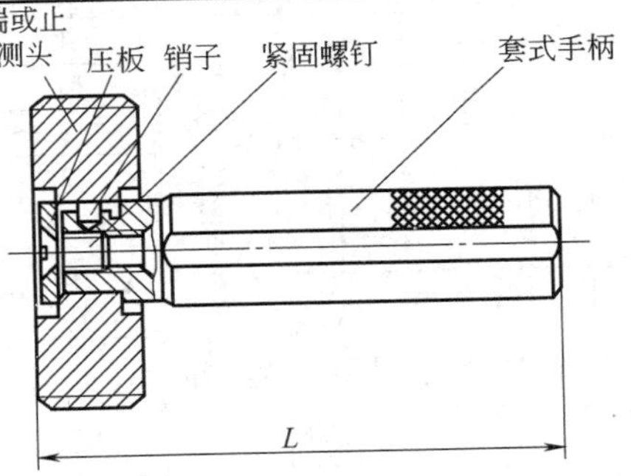

适用于公称直径 d=40～120mm

公称直称 d	螺距 P	L	
		通　端	止　端
40～50	1.5、2	119	119
	3	126	119
	4	133	126
	4.5、5	141	126
>50～62	1.5、2	119	119
	3	126	119
	4	133	126
	5、5.5	141	133
>62～80	1.5、2	119	119
	3	126	119
	4	136	126
	6	151	136
82、85、90、95、100、105、110、115、120	1.5、2	119	119
	3	126	119
	4	136	126
	6	151	136

表 3-6-76 双柄式螺纹塞规的型式和尺寸

（单位：mm）

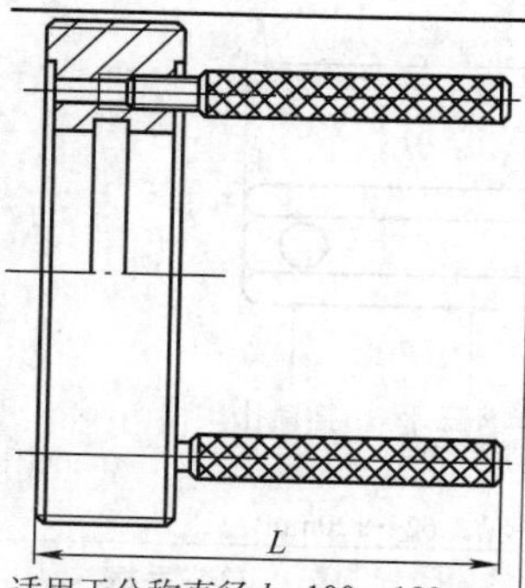

适用于公称直径d = 100～180mm

公称直径 d	螺距 P	L 通端	L 止端
105、110、115、125、130、135、140、145、150	2	109	109
	3	117	
	4	129	117
	6	145	124
	8	154	126

公称直径 d	螺距 P	L 通端	L 止端
155、160	3	117	109
	4	129	117
	6	152	124
	8	161	126
165、170、175、180	3	121	114
	4	129	119
	6	152	124
	8	161	126

表 3-6-77 整体式螺纹环规的型式和尺寸

（单位：mm）

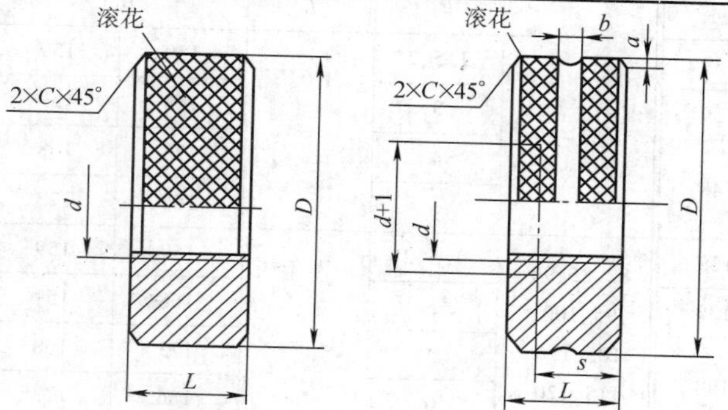

a) 通端环规　b) 止端环规

适用于公称直径d = 1～120mm

止端环规测头的螺纹牙数过多时，可在其一端切成台阶（或在其两端切成120°的倒棱），但长度s（或中间螺纹部分）上应有不少于4个完整牙数

公称直径 d	螺距 P	通端 D	通端 L	通端 C	止端 D	止端 L	止端 a	止端 b	止端 C
1～2.5	0.2、0.25、0.3、0.35、0.4、0.45	22	4	0.4	22	4	0.6	0.6	0.4
>2.5～5	0.35、0.5、0.6、0.7、0.75、0.8		5			5			
>5～10	0.75	32	8	0.8	32	5	0.6	1	0.4
	1						0.8		
	1.25		10	1.2		8			0.6
	1.5		12						0.8
>10～15	0.75、1	38	8	0.8	38	6	1	2	0.6
	1.25		10	1.2		8			
	1.5		12						0.8
	1.75		14			10			1.2
	2		16	1.5					
>15～20	1	45	8	0.8	45	6			0.6
	1.5		12	1.5		8			0.8
	2		16			12			1.2
	2.5		20	2					
>20～25	1	53	8	0.8	53	8			0.6
	1.5		14	1.5		8			0.8
	2		16			12			1.2
	2.5、3		24	2		16			

公称直径 d	螺距 P	通端 D	通端 L	通端 C	止端 D	止端 L	止端 a	止端 b	止端 C
>25～32	1	63	8	0.8	63	8	1	2	0.8
	1.5		16	1.5					
	2					12			1.2
	3		24	2		18			2
	3.5		28	2.5		24			2
>32～40	1	71	12	1.2	71	8	1.5	3	0.8
	1.5		16	1.5		10			
	2					12			1.2
	3		24	2		18			2
	3.5		32	3					
	4					24			
>40～50	1.5	85	16	1.5	85	10			0.8
	2					12			1.2
	3		24	2		18			2
	4		32	3		24			
	4.5、5		40			30			
>50～60	1.5、2	100	16	1.5	100	12			1.2
	3		24	2		18			2
	4		32	3		24			
	5		45			30			
	5.5					32			3

（续）

公称直径 *d*	螺距 *P*	通端 *D*	通端 *L*	通端 *C*	止端 *D*	止端 *L*	止端 *a*	止端 *b*	止端 *C*
>60～70	1.5、2	112	16	1.5	112	12	1.5	3	1.2
	3		24	2		18			2
	4		32	3		24			
	6		50			32			3
>70～80	1.5、2	125	16	1.5	125	12			1.2
	3		24	2		18			2
	4		32	3		24			
	6		50			32			3
82、85、90	1.5、2	140	16	1.5	140	14			1.2
	3		24	2		18			2
	4		32	3		24			
	6		50			32			3

公称直径 *d*	螺距 *P*	通端 *D*	通端 *L*	通端 *C*	止端 *D*	止端 *L*	止端 *a*	止端 *b*	止端 *C*
95、100	2	160	16	1.5	160	14	1.5	3	1.2
	3		24	2		18			2
	4		32	3		24			
	6		50			32			3
105、110	2	170	20	1.5	170	16			1.5
	3		28	2		20			2
	4		36	3		24			
	6		56			32			3
115、120	2	180	20	1.5	180	16			1.5
	3		28	2		20			2
	4		36	3		24			
	6		56			32			3

表 3-6-78　双柄式螺纹环规的型式和尺寸　（单位：mm）

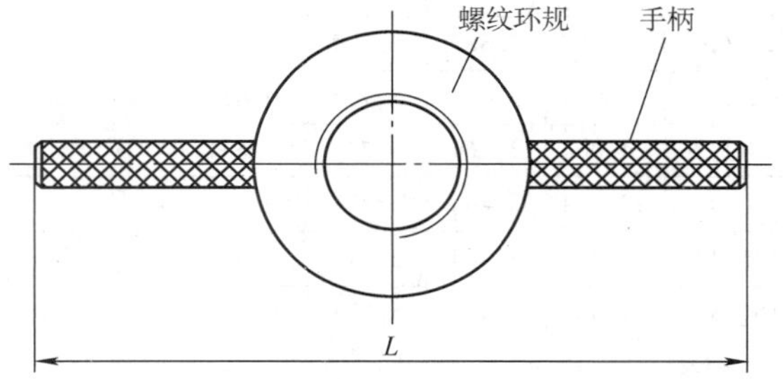

适用于公称直径$d=120\sim180$mm

公称直径 *d*	螺距 *P*	*L*
125、130	2、3、4、6	372
135、140		382
145、150		394
155、160		406
165、170		418
175、180		432

6.3.5.9　全牙型圆锥螺纹工作塞规和工作环规的型式和尺寸（见表 3-6-79）

表 3-6-79　全牙型圆锥螺纹工作塞规和工作环规的型式和尺寸（JB/T 10031—2019）

（单位：mm）

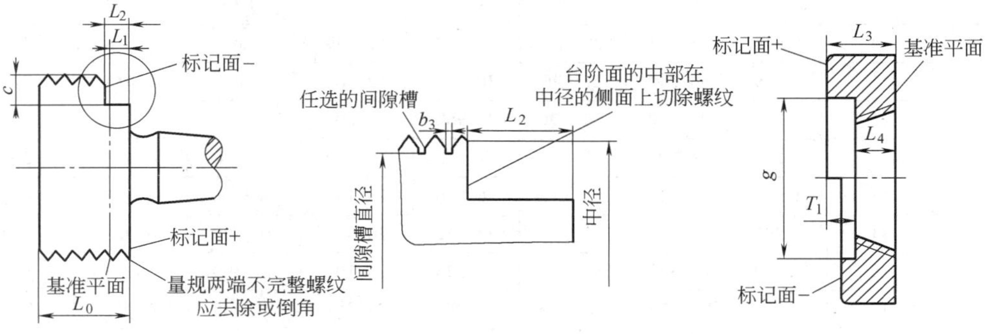

a) 工作塞规　　　　b) 工作环规

（续）

工作塞规

螺纹尺寸代号	n	螺距 P	基准平面上的尺寸			L_0	L_1	L_2	b_3	c
			大径 D	中径 D_2	小径 D_1					
		mm								
1/16	28	0.907	7.723	7.142	6.561	5.6	1.135	1.815	—	1.8
1/8	28	0.907	9.728	9.147	8.566	5.6	1.135	1.815	—	1.8
1/4	19	1.337	13.157	12.301	11.445	8.4	1.671	2.674	0.4±0.04	2.4
3/8	19	1.337	16.662	15.806	14.950	8.8	1.671	2.674	0.4±0.04	2.4
1/2	14	1.814	20.955	19.793	18.631	11.4	2.268	3.629	0.5±0.04	3.3
3/4	14	1.814	26.441	25.279	24.117	12.7	2.268	3.629	0.5±0.04	4.5
1	11	2.309	33.249	31.770	30.291	14.5	2.887	4.619	0.6±0.04	5.8
1¼	11	2.309	41.910	40.431	38.952	15.587	2.887	4.619	0.6±0.04	5.8
1½	11	2.309	47.803	46.324	44.845	15.587	2.887	4.619	0.6±0.04	5.8
2	11	2.309	59.614	58.135	56.656	18.787	2.887	4.619	0.6±0.04	5.8
2½	11	2.309	75.184	73.705	72.226	20.964	3.464	5.773	0.6±0.04	6.9
3	11	2.309	87.884	86.405	84.926	24.064	3.464	5.773	0.6±0.04	6.9
4	11	2.309	113.030	111.551	110.072	28.864	3.464	5.773	0.6±0.04	6.9
5	11	2.309	138.430	136.951	135.472	32.064	3.464	5.773	0.6±0.04	10
6	11	2.309	163.830	162.351	160.872	32.064	3.464	5.773	0.6±0.04	10

工作环规

螺纹尺寸代号	n	螺距 P	基准平面上的尺寸			全牙型圆锥螺纹工作环规			
			大径 d	中径 d_2	小径 d_1	L_3	L_4	T_1	g
		mm							
1/16	28	0.907	7.723	7.142	6.561	4.876	2.948	1.814	9.5
1/8	28	0.907	9.728	9.147	8.566	4.876	2.948	1.814	11.5
1/4	19	1.337	13.157	12.301	11.445	7.353	4.345	2.674	15.5
3/8	19	1.337	16.662	15.806	14.950	7.687	4.345	2.674	19.0
1/2	14	1.814	20.955	19.793	18.631	9.979	5.896	3.628	23.5
3/4	14	1.814	26.441	25.279	24.117	11.339	5.896	3.628	29.0
1	11	2.309	33.249	31.770	30.291	12.700	7.504	4.618	36.0
1¼	11	2.309	41.910	40.431	38.952	15.009	7.504	4.618	44.5
1½	11	2.309	47.803	46.324	44.845	15.009	7.504	4.618	50.5
2	11	2.309	59.614	58.135	56.656	18.184	8.659	4.618	62.0
2½	11	2.309	75.184	73.705	72.226	20.926	10.390	6.927	77.5
3	11	2.309	87.884	86.405	84.926	24.101	10.390	6.927	90.5
4	11	2.309	113.030	111.551	110.072	28.864	11.545	6.927	115.5
5	11	2.309	138.430	136.951	135.472	32.039	12.700	6.927	141.0
6	11	2.309	163.830	162.351	160.872	32.039	12.700	6.927	166.5

注：n 为每 25.4mm 内所包含的牙数，见 GB/T 7306.2—2000。

6.3.5.10　莫氏与公制圆锥量规（见表3-6-80和表3-6-81）

表3-6-80　莫氏与公制圆锥量规的型式和尺寸（GB/T 11853—2003）（单位：mm）

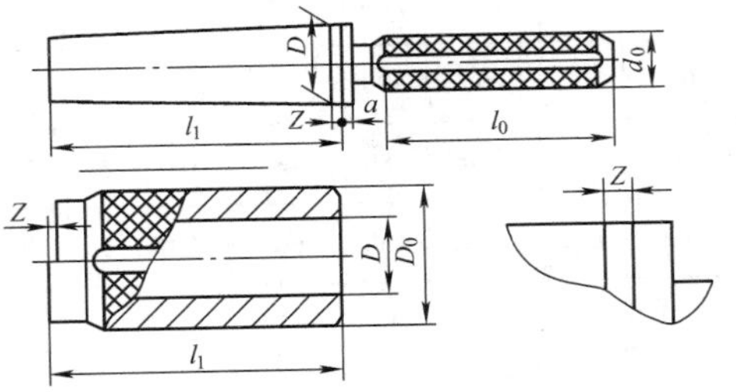

A型（不带扁尾）

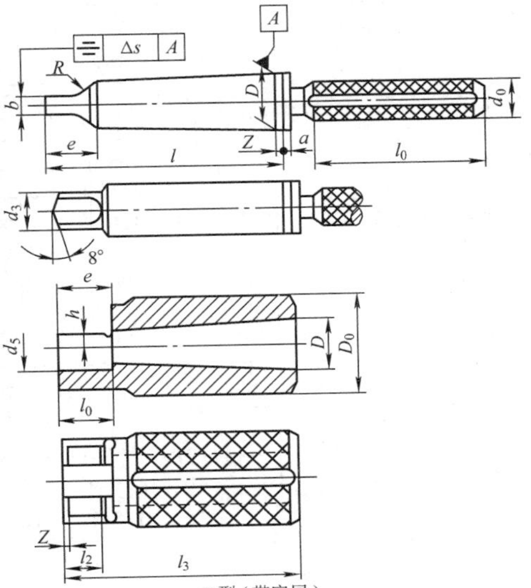

B型（带扁尾）

莫氏与公制圆锥塞规

圆锥规格		锥度 C	锥角 α	公称尺寸										参考尺寸	
				D ±IT5/2	a ⩾	b h8	e ⩽	d_3	l_1 ±IT10/2	l_3	R ⩽	Δs	Z ±0.05	d_0	l_0
公制圆锥	4	1∶20=0.05	2°51′51.1″	4	2	—	—	—	23	—	—	—	0.5	7	60
	6			6	3	—	—	—	32	—	—	—	0.5	7	60
莫氏圆锥	0	0.6246∶12=1∶19.212=0.05205	2°58′53.8″	9.045	3	4.05	10.5	6	50	56.5	4	0.012	1	10	60
	1	0.59858∶12=1∶20.047=0.04988	2°51′26.7″	12.065	3.5	5.35	13.5	8.7	53.5	62	5	0.012	1	12	65
	2	0.59941∶12=1∶20.020=0.04995	2°51′41.0″	17.780	5	6.46	16	13.5	64	75	6	0.015	1	16	70
	3	0.60235∶12=1∶19.922=0.05020	2°52′31.5″	23.825	5	8.06	20	18.5	81	94	7	0.015	1	20	80
	4	0.62326∶12=1∶19.254=0.05194	2°58′30.6″	31.267	6.5	12.07	24	24.5	102.5	117.5	8	0.020	1.5	25	90
	5	0.63151∶12=1∶19.002=0.05263	3°0′52.4″	44.399	6.5	16.07	29	35.7	129.5	149.5	10	0.020	1.5	32	100
	6	0.62565∶12=1∶19.180=0.05214	2°59′11.7″	63.380	8	19.18	40	51	182	210	13	0.025	2	35	110

（续）

莫氏与公制圆锥塞规

圆锥规格		锥度 C	锥角 α	公称尺寸										参考尺寸	
				D ±IT5/2	a ≥	b h8	e ≤	d_3	l_1 ±IT10/2	l_3	R ≤	Δs	Z ±0.05	d_0	l_0
公制圆锥	80	1∶20＝0.05	2°51′51.1″	80	8	26.18	48	67	196	220	24	0.025	2	40	115
	100			100	10	32.19	58	85	232	260	30	0.030	2	40	115
	120			120	12	38.19	68	102	268	300	36	0.030	2	40	115
	160			160	16	50.20	88	138	340	380	48	0.040	3	40	120
	200			200	20	62.22	108	174	412	460	60	0.040	3	40	120

莫氏与公制圆锥环规

圆锥规格		锥度 C	锥角 α	公称尺寸								参考尺寸	
				D ±IT5/2	h +IT8	l_2 ±IT11/2	l_0 ≤	e ≤	l_1 ±IT11/2	l_3 −IT10	Z ±0.05	D_0	d_5
公制圆锥	4	1∶20＝0.05	2°51′51.1″	4	—	—	—	—	23	—	0.5	12	—
	6			6	—	—	—	—	32	—	0.5	16	—
莫氏圆锥	0	0.6246∶12＝1∶19.212＝0.05205	2°58′53.8″	9.045	2.01	6.5	10.5	10.5	50	56.5	1	20	6.7
	1	0.59858∶12＝1∶20.047＝0.04988	2°51′26.7″	12.065	2.66	8.5	13.5	13.5	53.5	62	1	25	9.7
	2	0.59941∶12＝1∶20.020＝0.04995	2°51′41.0″	17.780	3.21	10	16	16	64	75	1	35	14.7
	3	0.60235∶12＝1∶19.922＝0.05020	2°52′31.5″	23.825	4.01	13	20	20	81	94	1	40	20.2
	4	0.62326∶12＝1∶19.254＝0.05194	2°58′30.6″	31.267	6.01	16	24	24	102.5	117.5	1.5	50	26.5
	5	0.63151∶12＝1∶19.002＝0.05263	3°0′52.4″	44.399	8.01	19	29	29	129.5	149.5	1.5	70	38.2
	6	0.62565∶12＝1∶19.180＝0.05214	2°59′11.7″	63.380	9.56	27	40	40	182	210	2	92	54.6
公制圆锥	80	1∶20＝0.05	2°51′51.1″	80	13.06	24	48	48	196	220	2	120	71.5
	100			100	16.06	28	58	58	232	260	2	150	90
	120			120	19.06	32	68	68	268	300	2	180	108.5
	160			160	25.06	40	88	88	340	380	3	240	145.5
	200			200	31.06	48	108	108	412	460	3	300	182.5

表 3-6-81 莫氏与公制圆锥量规的锥角公差等级和极限偏差（GB/T 11853—2003）

工作塞规

圆锥规格		测量长度 L_P	圆锥工作量规的锥角公差等级 / 圆锥工作塞规的锥角极限偏差								
			1级			2级			3级		
			AT_α		AT_{DP}	AT_α		AT_{DP}	AT_α		AT_{DP}
		mm	μrad	(″)	μm	μrad	(″)	μm	μrad	(″)	μm
公制圆锥	4	19	—	—	—	±40.0	±8.0	±0.8	−200	−41	−4
	6	26	—	—	—	±31.5	±6.0	±0.8	−160	−33	−4
莫氏圆锥	0	43	±10.0	±2.0	±0.5	±25.0	±5.0	±1.0	−125	−26	−5
	1	45	±10.0	±2.0	±0.5	±25.0	±5.0	±1.1	−125	−26	−6
	2	54	±8.0	±1.5	±0.5	±20.0	±4.0	±1.1	−100	−21	−5
	3	69	±8.0	±1.5	±0.6	±20.0	±4.0	±1.4	−100	−21	−7
	4	87	±6.3	±1.3	±0.6	±16.0	±3.0	±1.4	−80	−16	−7
	5	114	±6.3	±1.3	±0.8	±16.0	±3.0	±1.8	−80	−16	−9
	6	162	±5.0	±1.0	±0.8	±12.5	±2.5	±2.0	−63	−13	−10
公制圆锥	80	164	±5.0	±1.0	±0.8	±12.5	±2.5	±2.0	−63	−13	−10
	100	192	±5.0	±1.0	±1.0	±12.5	±2.5	±2.4	−63	−13	−12
	120	220	±4.0	±0.8	±0.9	±10.0	±2.0	±2.2	−50	−10	−11
	160	276	±4.0	±0.8	±1.1	±10.0	±2.0	±2.8	−50	−10	−14
	200	332	±3.2	±0.5	±1.1	±8.0	±1.5	±2.7	−40	−8	−13

工作环规

圆锥规格		测量长度 L_P	圆锥工作量规的锥角公差等级 / 圆锥工作环规的锥角极限偏差								
			1级			2级			3级		
			AT_α		AT_{DP}	AT_α		AT_{DP}	AT_α		AT_{DP}
		mm	μrad	(″)	μm	μrad	(″)	μm	μrad	(″)	μm
公制圆锥	4	19	—	—	—	±40.0	±8.0	±0.8	+200	+41	+4
	6	26	—	—	—	±31.5	±6.0	±0.8	+160	+33	+4
莫氏圆锥	0	43	±10.0	±2.0	±0.5	±25.0	±5.0	±1.0	+125	+26	+5
	1	45	±10.0	±2.0	±0.5	±25.0	±5.0	±1.1	+125	+26	+6
	2	54	±8.0	±1.5	±0.5	±20.0	±4.0	±1.1	+100	+21	+5
	3	69	±8.0	±1.5	±0.6	±20.0	±4.0	±1.4	+100	+21	+7
	4	87	±6.3	±1.3	±0.6	±16.0	±3.0	±1.4	+80	+16	+7
	5	114	±6.3	±1.3	±0.8	±16.0	±3.0	±1.8	+80	+16	+9
	6	162	±5.0	±1.0	±0.8	±12.5	±2.5	±2.0	+63	+13	+10
公制圆锥	80	164	±5.0	±1.0	±0.8	±12.5	±2.5	±2.0	+63	+13	+10
	100	192	±5.0	±1.0	±1.0	±12.5	±2.5	±2.4	+63	+13	+12
	120	220	±4.0	±0.8	±0.9	±10.0	±2.0	±2.2	+50	+10	+11
	160	276	±4.0	±0.8	±1.1	±10.0	±2.0	±2.8	+50	+10	+14
	200	332	±3.2	±0.5	±1.1	±8.0	±1.5	±2.7	+40	+8	+13

（续）

校对塞规											
圆锥规格		测量长度 L_P	圆锥工作量规的锥角公差等级								
			1级			2级			3级		
			校对塞规的锥角极限偏差								
			AT_α		AT_{DP}	AT_α		AT_{DP}	AT_α		AT_{DP}
		mm	μrad	(″)	μm	μrad	(″)	μm	μrad	(″)	μm
公制圆锥	4	19	—	—	—	+40	+8.0	+0.8	+100.0	+21.0	+2.0
	6	26	—	—	—	+31.5	+6.0	+0.8	+80.0	+17.0	+2.0
莫氏圆锥	0	43	+10.0	+2.0	+0.5	+25.0	+5.0	+1.0	+63.0	+13.0	+2.5
	1	45	+10.0	+2.0	+0.5	+25.0	+5.0	+1.1	+63.0	+13.0	+3.0
	2	54	+8.0	+1.5	+0.5	+20.0	+4.0	+1.1	+50.0	+11.0	+2.5
	3	69	+8.0	+1.5	+0.6	+20.0	+4.0	+1.4	+50.0	+11.0	+3.5
	4	87	+6.3	+1.3	+0.6	+16.0	+3.0	+1.4	+40.0	+8.0	+3.5
	5	114	+6.3	+1.3	+0.8	+16.0	+3.0	+1.8	+40.0	+8.0	+4.5
	6	162	+5.0	+1.0	+0.8	+12.5	+2.5	+2.0	+31.5	+6.0	+5.0
公制圆锥	80	164	+5.0	+1.0	+0.8	+12.5	+2.5	+2.0	+31.5	+6.0	+5.0
	100	192	+5.0	+1.0	+1.0	+12.5	+2.5	+2.4	+31.5	+6.0	+6.0
	120	220	+4.0	+0.8	+0.9	+10.0	+2.0	+2.2	+25.0	+5.0	+5.5
	160	276	+4.0	+0.8	+1.1	+10.0	+2.0	+2.8	+25.0	+5.0	+7.0
	200	332	+3.2	+0.5	+1.1	+8.0	+1.5	+2.7	+40.0	+4.0	+6.5

注：1. 用于检验圆锥锥角和尺寸的莫氏与公制 A 型圆锥量规，规定有三个公差等级。

2. 锥角公差 AT_{DP} 的数值是根据测量长度 L_P 给定的，即

$$AT_{DP}=AT_\alpha L_P\times10^{-3}$$

式中 L_P—测量长度（mm）；

AT_{DP}—对应于测量长度 L_P 上用线值表示的锥角公差（μm）；

AT_α—用角度值表示的锥角公差（μrad）。

6.3.5.11 7∶24 工具圆锥量规（见表 3-6-82 和表 3-6-83）

表 3-6-82 7∶24 工具圆锥量规的型式和尺寸（GB/T 11854—2016）（单位：mm）

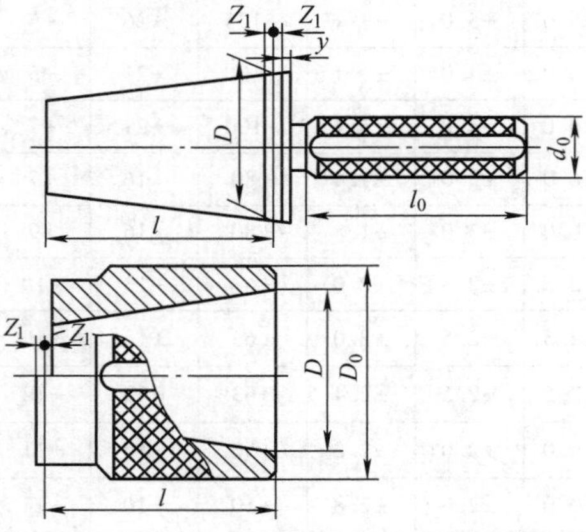

A 型

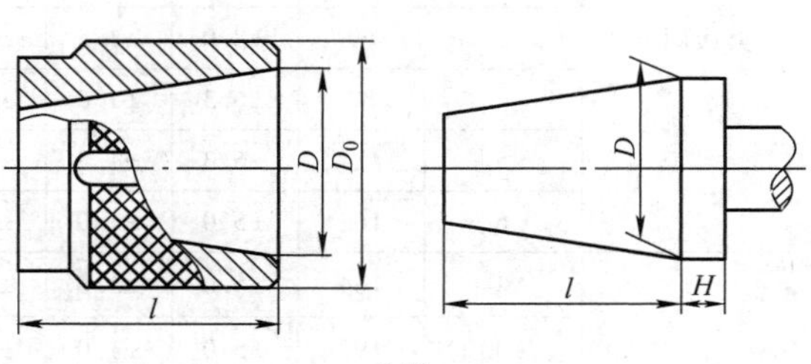

C 型

（续）

7∶24 工具圆锥塞规

圆锥规格	锥度 C	锥角 α	公称尺寸				参考尺寸		
			D ±IT5/2	l ±IT11/2	y	Z_1 ±0.05	H	d_0	l_0
30	1∶3.428571=0.291667	16°35′39.4″	31.750	48.4	1.6	0.4	10	25	90
40			44.450	65.4	1.6			32	100
45			57.150	82.8	3.2			32	100
50			69.850	101.8	3.2			35	110
55			88.900	126.8	3.2			40	115
60			107.950	161.8	3.2			40	115
65			133.350	202.0	4			40	115
70			165.100	252.0	4			40	115
75			203.200	307.0	5			45	120
80			254.000	394.0	6			50	120

7∶24 工具圆锥环规

圆锥规格	锥度 C	锥角 α	公称尺寸			参考尺寸
			D ±IT5/2	l ±IT11/2	Z_1 ±0.05	D_0
30	1∶3.428571=0.291667	16°35′39.4″	31.750	48.4	0.4	58
40			44.450	65.4		64
45			57.150	82.8		80
50			69.850	101.8		95
55			88.900	126.8		118
60			107.950	161.8		140
65			133.350	202.0		168
70			165.100	252.0		204
75			203.200	307.0		245
80			254.000	394.0		300

表 3-6-83　7∶24 工具圆锥量规的锥角公差等级和极限偏差（GB/T 11854—2016）

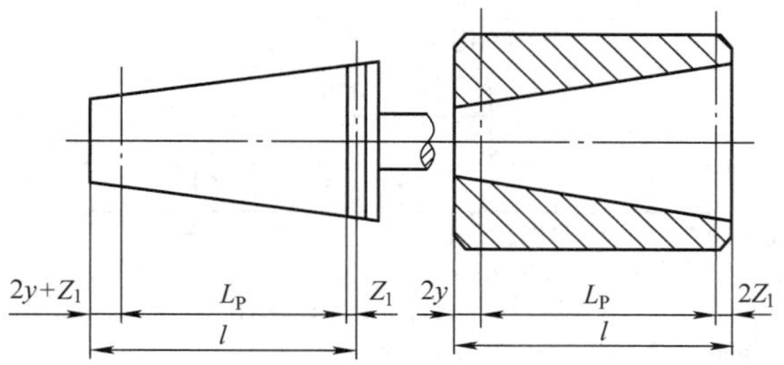

（续）

工作量规

圆锥规格	测量长度 L_P	工作量规的锥角公差等级								
		1级			2级			3级		
		锥角极限偏差								
		AT_α		AT_{DP}	AT_α		AT_{DP}	AT_α		AT_{DP}
	mm	μrad	(″)	μm	μrad	(″)	μm	μrad	(″)	μm
30	44	±10	±2.0	±0.5	±25.0	±5.0	±1.2	±63.0	±13.0	±3.0
40	61	±8.0	±1.5	±0.5	±20.0	±4.0	±1.3	±50.0	±11.0	±3.0
45	76	±8.0	±1.5	±0.6	±20.0	±4.0	±1.6	±50.0	±11.0	±4.0
50	95	±6.3	±1.3	±0.6	±16.0	±3.0	±1.6	±40.0	±8.0	±4.0
55	120	±6.3	±1.3	±0.8	±16.0	±3.0	±2.0	±40.0	±8.0	±5.0
60	155	±5.0	±1.0	±0.8	±13.0	±2.5	±2.0	±31.5	±6.5	±5.0
65	193	±5.0	±1.0	±1.0	±13.0	±2.5	±2.6	±31.5	±6.5	±6.0
70	243	±4.0	±0.8	±1.0	±10.0	±2.0	±2.5	±25.0	±5.0	±6.0
75	296	±4.0	±0.8	±1.2	±10.0	±2.0	±3.0	±25.0	±5.0	±8.0
80	381	±4.0	±0.8	±1.5	±10.0	±2.0	±3.9	±25.0	±5.0	±10.0

校对塞规

圆锥规格	测量长度 L_P	工作量规的锥角公差等级								
		1级			2级			3级		
		锥角极限偏差								
		AT_α		AT_{DP}	AT_α		AT_{DP}	AT_α		AT_{DP}
	mm	μrad	(″)	μm	μrad	(″)	μm	μrad	(″)	μm
30	44	+10	+2.0	+0.5	+25.0	+5.0	+1.2	+63.0	+13.0	+3.0
40	61	+8.0	+1.5	+0.5	+20.0	+4.0	+1.3	+50.0	+11.0	+3.0
45	76	+8.0	+1.5	+0.6	+20.0	+4.0	+1.6	+50.0	+11.0	+4.0
50	95	+6.3	+1.3	+0.6	+16.0	+3.0	+1.6	+40.0	+8.0	+4.0
55	120	+6.3	+1.3	+0.8	+16.0	+3.0	+2.0	+40.0	+8.0	+5.0
60	155	+5.0	+1.0	+0.8	+13.0	+2.5	+2.0	+31.5	+6.5	+5.0
65	193	+5.0	+1.0	+1.0	+13.0	+2.5	+2.6	+31.5	+6.5	+6.0
70	243	+4.0	+0.8	+1.0	+10.0	+2.0	+2.5	+25.0	+5.0	+6.0
75	296	+4.0	+0.8	+1.2	+10.0	+2.0	+3.0	+25.0	+5.0	+8.0
80	381	+4.0	+0.8	+1.5	+10.0	+2.0	+3.9	+25.0	+5.0	+10.0

工作量规的圆锥形状公差

圆锥工作量规等级	圆锥量规规格									
	30	40	45	50	55	60	65	70	75	80
	圆锥形状公差 T_F/μm									
1级	0.5		0.5		0.8		1.0		1.2	1.5
2级	0.8		1.1		1.3		1.7		2.0	2.6
3级	2.0		2.7		3.3		4.0		5.3	6.7

注：1. 用于检验圆锥和尺寸的7∶24工具圆锥量规，规定有三个公差等级。

2. 锥角公差 AT_{DP} 的数值是根据测量长度 L_P 给定的，即

$$AT_{DP}=AT_\alpha\times L_P\times10^{-3}$$

式中　L_P—测量长度(mm)，$L_P=l-2(y+Z_1)$；

AT_{DP}—对应于测量长度 L_P 上用线值表示的锥角公差(μm)；

AT_α—用角度值表示的锥角公差(μrad)。

参 考 文 献

[1] 薛源顺. 机床夹具图册 [M]. 北京：机械工业出版社，2013.

[2] 张展. 机械设计通用手册 [M]. 北京：机械工业出版社，2008.

[3] 李旦，王先逵，孙凤池，等. 机械加工工艺手册：第 1 卷 加工工艺基础卷 [M]. 3 版. 北京：机械工业出版社，2022.

[4] 孙凤池，王先逵，李旦，等. 机械加工工艺手册：第 2 卷 常规加工技术卷 [M]. 3 版. 北京：机械工业出版社，2022.

[5] 刘胜新. 新编钢铁材料手册 [M]. 2 版. 北京：机械工业出版社，2016.

[6] 孙玉福，严亮. 新编有色金属材料手册 [M]. 2 版. 北京：机械工业出版社，2016.

[7] 中国机械工程学会热处理分会. 热处理手册：第 1 卷 工艺基础 [M]. 4 版. 北京：机械工业出版社，2013.

[8] 原北京第一通用机械厂. 机械工人切削手册 [M]. 9 版. 北京：机械工业出版社，2022.

[9] 陈宏钧. 典型零件机械加工生产实例 [M]. 3 版. 北京：机械工业出版社，2015.

[10] 全国产品几何技术规范标准化技术委员会. 产品几何技术规范（GPS）线性尺寸公差 ISO 代号体系 第 1 部分：公差、偏差和配合的基础：GB/T 1800.1—2020 [S]. 北京：中国标准出版社，2020.

[11] 全国钢标准化技术委员会. 低合金高强度结构钢：GB/T 1591—2018 [S]. 北京：中国标准出版社，2018.

[12] 全国产品几何技术规范标准化技术委员会. 产品几何技术规范（GPS）几何公差 形状、方向、位置和跳动公差标注：GB/T 1182—2018 [S]. 北京：中国标准出版社，2018.

[13] 全国齿轮标准化技术委员会. 圆柱齿轮 ISO 齿面公差分级制：第 1 部分 齿面偏差的定义和允许值：GB/T 10095.1—2022 [S]. 北京：中国标准出版社，2022.

[14] 全国齿轮标准化技术委员会. 齿条精度：GB/T 10096—2022 [S]. 北京：中国标准出版社，2022.

[15] 全国链传动标准化技术委员会. 齿形链和链轮：GB/T 10855—2016 [S]. 北京：中国标准出版社，2016.

[16] 全国产品几何技术规范标准化技术委员会. 产品几何技术规范（GPS） 楔体：第 1 部分 角度与斜度系列：GB/T 4096.1—2022 [S]. 北京：中国标准出版社，2022.

[17] 全国铸造标准化技术委员会. 等温淬火球墨铸铁件：GB/T 24733—2023 [S]. 北京：中国标准出版社，2023.

[18] 全国磨料磨具标准化技术委员会. 超硬磨料制品 金刚石修整笔：JB/T 3236—2018 [S]. 北京：机械工业出版社，2019.

[19] 全国螺纹标准化技术委员会. 梯形和锯齿形螺纹收尾、肩距、退刀槽和倒角：GB/T 32537—2016 [S]. 北京：中国标准出版社，2016.

[20] 全国有色金属标准化技术委员会，硬质合金牌号：第 1 部分 切削工具用硬质合金牌号：GB/T 18376.1—2008 [S]. 北京：中国标准出版社，2008.

参考文献